ALLE · ZEIT · WACH · 1842

HÜTTE

Die Grundlagen der Ingenieurwissenschaften

29., völlig neubearbeitete Auflage

Im Auftrag des Wissenschaftlichen Ausschusses
des Akademischen Vereins Hütte e.V., Berlin

Herausgegeben von

Horst Czichos

Berichtigter Nachdruck

Mit 1586 Abbildungen

Springer-Verlag Berlin Heidelberg New York
London Paris Tokyo Hong Kong 1991

Wissenschaftlicher Ausschuß des Akademischen Vereins Hütte e. V., Berlin
Dr.-Ing. Werner Sommerfeld, Vorsitzender

Herausgeber:
Professor Dr.-Ing. Horst Czichos
Bundesanstalt für Materialforschung und -prüfung (BAM), Berlin

Redaktion der HÜTTE
Dipl.-Ing. Ulrich Kluge
Carmerstraße 12, 1000 Berlin 12

ISBN 3-540-19077-5 29. Auflage Springer-Verlag Berlin Heidelberg New York
ISBN 0-387-19077-5 29th edition Springer-Verlag New York Berlin Heidelberg

CIP-Titelaufnahme der Deutschen Bibliothek
Hütte: die Grundlagen der Ingenieurwissenschaften / im
Auftr. d. Wiss. Ausschusses d. Akad. Vereins Hütte e.V.
Berlin. Hrsg. von Horst Czichos. — 29., völlig neubearb. Aufl. — Berichtigter Nachdr.
Berlin ; Heidelberg ; New York ; London ; Paris ; Tokyo ;
Hong Kong : Springer, 1991
NE: Czichos, Horst [Hrsg.]

Lichtsatz: INTERDRUCK, Leipzig
Druck: Saladruck, Berlin
Bindearbeiten: Lüderitz & Bauer, Berlin
2068/3020-5432 — Gedruckt auf säurefreiem Papier

Mitarbeiter

Joachim Ahrendts, Professor Dr.-Ing., Institut für Thermodynamik, Universität der Bundeswehr Hamburg

Wolfgang Beitz, Professor Dr.-Ing., Institut für Maschinenkonstruktion, Technische Universität Berlin

Jürgen Borck, Rechtsanwalt und Notar, Berlin

Karl Bühler, Professor Dr.-Ing. habil., Institut für Strömungslehre und Strömungsmaschinen, Universität Karlsruhe

Horst Clausert, Professor Dr.-Ing., Fachbereich Regelungs- und Datentechnik, Technische Hochschule Darmstadt

Horst Czichos, Professor Dr.-Ing., Vizepräsident, Bundesanstalt für Materialforschung und -prüfung, Berlin

Thomas Flik, Dr.-Ing., Institut für Technische Informatik, Technische Universität Berlin

Lutz Haase, Dipl.-Ing., Institut für Werkstoffe der Elektrotechnik, Technische Universität Berlin

Erich Häusser, Dr., Präsident, Deutsches Patentamt, München

Karl Hoffmann, Professor Dr.-Ing., Fachbereich Elektrische Nachrichtentechnik, Technische Hochschule Darmstadt

Hans Liebig, Professor Dr.-Ing., Institut für Technische Informatik, Technische Universität Berlin

Heinz Niedrig, Professor Dr.-Ing., Optisches Institut, Technische Universität Berlin

Bodo Plewinsky, Privatdozent Dr. rer. nat., Bundesanstalt für Materialforschung und -prüfung, Berlin

Wulff Plinke, Professor Dr. rer. oec., Fachbereich Wirtschaftswissenschaft, Freie Universität Berlin

Peter Rechenberg, Professor Dr.-Ing., Institut für Informatik, Universität Linz

Helmut Reihlen, Professor Dr.-Ing. Sc. D., DIN Deutsches Institut für Normung e. V., Berlin

Peter Ruge, Professor Dr.-Ing. habil., Institut für Angewandte Mechanik, Technische Universität Braunschweig

Hans-Rolf Tränkler, Professor Dr.-Ing., Institut für Meß- und Automatisierungstechnik, Universität der Bundeswehr München

Heinz Unbehauen, Professor Dr.-Ing., Lehrstuhl für Elektrische Steuerung und Regelung, Ruhr-Universität Bochum

Manfred Wermuth, Professor Dr. rer. nat., Institut für Stadtbauwesen, Technische Universität Braunschweig

Gunther Wiesemann, Professor Dr.-Ing., Fachhochschule Braunschweig/Wolfenbüttel

Jens Wittenburg, Professor Dr.-Ing., Institut für Technische Mechanik, Universität Karlsruhe

Jürgen Zierep, Professor Dr.-Ing. habil. Dr. techn. E. h., Institut für Strömungslehre und Strömungsmaschinen, Universität Karlsruhe

Helmut Zürneck, Professor Dr.-Ing., Fachbereich Elektrische Energietechnik, Technische Hochschule Darmstadt

Geleitwort

Im Jahre 1846 schlossen sich Studenten des Königlichen Gewerbeinstituts in Berlin, des Vorgängers der Technischen Hochschule Charlottenburg und heutigen Technischen Universität Berlin, zu einem „Verein der Zöglinge des Königlichen Gewerbeinstituts“ zusammen. Sie gaben sich später den Namen „Akademischer Verein Hütte“. Seine Mitglieder waren 1856 wesentlich an der Gründung des Verein Deutscher Ingenieure (VDI) beteiligt.

Von Anfang an hatte sich der Akademische Verein Hütte die Förderung und Veröffentlichung wissenschaftlichen Schrifttums zur Aufgabe gestellt. Eine Generalversammlung beschloß im Jahre 1856, „eine Kommission von acht Mitgliedern zu wählen, die aus den Vorträgen der Herren Lehrer des Instituts ein Vademecum zusammenstellen soll“. Es erschien im Jahr 1857 mit dem Titel „Des Ingenieurs Taschenbuch“, herausgegeben vom Verein der Hütte.

Dieser Band aus dem Jahre 1857 erlebte rasch weitere Auflagen. Seit 1908, ab der 20. Auflage, trägt das Werk den Haupttitel HÜTTE. Durch die schnelle Entwicklung der Ingenieurwissenschaften wurde es im Laufe der Zeit unmöglich, den angewachsenen Stoff in einem Band zu vereinigen. So erschienen insgesamt bis zur 28. Auflage 14 verschiedene (Teil-)Ausgaben, einige davon auch in französischer, italienischer, spanischer und russischer Übersetzung.

Auch der hier nunmehr vorliegende Band, die sogenannte „Grundlagen-HÜTTE“, die seit über 130 Jahren viele Generationen von Ingenieuren in Studium und Praxis begleitet hat, erscheint in einem neuen Gewand. Doch die seit der ersten Auflage festgelegte Konzeption des Buches wurde im wesentlichen beibehalten. Es sei ein Satz aus dem Vorwort jenes Bandes zitiert:

> „Die Kommission hat sich bestrebt, in diesem Werke die sämtlichen Hauptwissenschaften des Ingenieurs, besonders mit Rücksicht auf ihre Anwendung in der Praxis, zu behandeln, und war dabei bemüht, eine übersichtliche Anordnung des Ganzen, gedrängte Kürze und Vollständigkeit des Inhalts möglichst miteinander zu verbinden.“

Diesen vor über 130 Jahren geschriebenen Worten ist nichts hinzuzufügen. Sie gelten auch für die neue Grundlagen-HÜTTE.

Der Akademische Verein Hütte dankt Herrn Professor Dr.-Ing. Horst Czichos für sein großes Engagement bei der Herausgabe dieses Buches. Besonderer Dank gilt den Autoren, die ihr fachliches Wissen und ihre didaktischen Erfahrungen eingebracht haben, und dem Redakteur der HÜTTE, Herrn Dipl.-Ing. Ulrich Kluge.

Dem Springer-Verlag danken wir für die vertrauensvolle Zusammenarbeit und die hervorragende Ausstattung des Buches.

Berlin, im Juni 1989

Dr.-Ing. Werner Sommerfeld
Vorsitzender des wissenschaftlichen
Ausschusses des Akademischen Vereins
Hütte e. V. Berlin

Vorwort

Das vorliegende Werk enthält in komprimierter Form das Grundlagenwissen der Ingenieurdisziplinen. Die „Grundlagen-HÜTTE“ soll damit sowohl ein Kompendium für Technik- und Ingenieurstudenten als auch eine fundierte Arbeitsunterlage und ein umfassendes Nachschlagewerk für alle Ingenieure sein. Der Inhalt des völlig neu konzipierten Werkes orientiert sich an den Studienplänen der Technischen Universitäten und Fachhochschulen. Die seit der letzten Auflage im Jahr 1955 erzielten Fortschritte der Wissenschaft und der Technik haben neben der Neufassung der bisher enthaltenen Fächer die Aufnahme weiterer grundlegender Wissensgebiete erforderlich gemacht.

Der Teil *Mathematik und Statistik* vermittelt die für die Ingenieurwissenschaften erforderlichen mathematischen Kenntnisse; er reflektiert die zunehmende Tendenz zu einer strukturierten Schreibweise (Matrizen), zur Behandlung nichtelementarer Feldprobleme (Differentialgeometrie, Metrik, Tensoren) und zu einer Sensibilität gegenüber numerischen Prozessen sowie zur statistischen Behandlung von Ingenieurproblemen. Die *Physik*, gegliedert in „Teilchen und Teilchensysteme“, „Wechselwirkungen und Felder“, „Wellen und Quanten“, vereinigt die klassischen und modernen Teilgebiete als Fundamente der verschiedenen Bereiche der Technik. In der *Chemie* werden neben den anorganischen und organischen stoffchemischen Grundlagen besonders die stöchiometrischen Verfahren für analytische sowie thermodynamische und kinetische Berechnungen dargestellt.

Der Teil *Werkstoffe* behandelt die Konstruktions- und Funktionsmaterialien der Technik, ihre Eigenschaften, Kennwerte und potentiellen Schädigungsprozesse und erläutert Verfahren des Materialschutzes, der Materialprüfung und der Materialauswahl für technische Anwendungen.

Die *Technische Mechanik* umfaßt in kompakter mathematischer Darstellung mit praktischen Anwendungsbeispielen die „Mechanik fester Körper“, gegliedert in Kinematik, Statik, Kinetik, Schwingungen, Festigkeitslehre, Elastizitätstheorie, Plastizitätstheorie und die „Strömungsmechanik“, unterteilt in Fluideigenschaften, Hydro- und Aerostatik, Gasdynamik, inkompressible, kompressible, reibungsfreie und reibungsbehaftete Strömungen. Die *Technische Thermodynamik* ist mit den in der Theorie der Wärme als Variablen mitgeführten Stoffmengen für Anwendungen nicht nur in der Energietechnik, sondern auch in der Verfahrenstechnik besonders geeignet. Die *Elektrotechnik* gliedert sich in fünf Teilgebiete: Der Abschnitt „Netzwerke“ behandelt die Grundlagen von Gleichstrom-, Wechselstrom- und Mehrphasensystemen und vermittelt Berechnungsverfahren für Ströme und Spannungen in Netzwerken. Der Abschnitt „Felder“ behandelt nach den Leitungen die elektromagnetischen Felder und Wellen. Schwerpunkt der „Energietechnik“ ist die Energieumwandlung mechanisch-elektrisch und elektrisch-mechanisch unter Ausnutzung elektromagnetischer Erscheinungen und der modernen Leistungselektronik. Die „Nachrichtentechnik“ enthält in systemtechnischer Darstellung die Prinzipien und Verfahren der Informations- und Kommunikationstechnik. Die „Elektronik“ gibt eine Übersicht über die wichtigsten analogen und digitalen Grundschaltungen und die Bauelemente der Halbleitertechnik und Optoelektronik.

In der *Meßtechnik* werden anhand des Prinzips der Meßkette die Sensoren und die Meßsignalverarbeitung bis hin zur Mikroelektronik und Mikrotechnik behandelt. Der Teil *Regelungs- und Steuerungstechnik* vermittelt gleichzeitig die für die Automatisierungstechnik wichtigen Grundlagen; er umfaßt neben den klassischen Modellen, Systemeigenschaften und Reglertypen auch die modernen Entwicklungen, wie nichtlineare Regelsysteme, adaptive Regelungen, Zustandsregelungen sowie digitale Steuerungen. Die *Technische Informatik* orientiert sich am Computer als dem wichtigsten Repräsentanten dieses Gebietes; sie ist in drei Abschnitte gegliedert: Der Abschnitt „Digitale Systeme“ behandelt die Grundlagen der Schaltungstechnik aus logischer Sicht,

Operations- und Steuerwerke sowie Struktur und Funktion leistungsfähiger Mikroprozessoren. „Rechnerorganisation“ umfaßt die Codierung von Informationen, Programmiermodelle für Prozessoren, busorientierte Rechnersysteme und grundlegende Funktionen der Betriebssysteme. Bei der „Programmierung“ stehen grundlagenorientierte Darstellungen von Algorithmen und Datenstrukturen, Programmiersprachen und die Softwaretechnik im Vordergrund. Im Teil *Entwicklung und Konstruktion* werden die für die Konstruktionsmethoden und Konstruktionselemente technischer Produkte wesentlichen generellen Zusammenhänge, Vorgehensstrategien und Prinzipien herausgearbeitet; die Konzentration auf Grundsätzliches erlaubt einen schnellen Überblick über die Lösungsprinzipien der Entwicklungs- und Konstruktionstechnik.

Ergänzend sind die für Studium und Berufspraxis ebenfalls wichtigen Gebiete Normung, Recht, Patentwesen und Betriebswirtschaft neu aufgenommen worden.

Im Teil *Normung* werden Aufbau und Funktion der Normenorganisationen, der Werdegang von Normen sowie ihre Wirkung als Dokumente des Standes der Technik und als Instrumente technischen Handelns dargestellt mit Beispielen aus den Bereichen Rationalisierung, Ergonomie, Sicherheit, Umweltschutz und rechnerunterstützte Techniken. Der Teil *Recht* gibt einen Überblick über das Rechtssystem der Bundesrepublik Deutschland und eine schwerpunktartige Behandlung zahlreicher für die Technik relevanter Rechtsgebiete. Beim *Patentwesen* liegt der Schwerpunkt auf der Darstellung der Patentfähigkeit und der Anmeldeverfahren für Erfindungen und Gebrauchsmuster im nationalen, europäischen und internationalen Raum, der Erläuterung des Gesetzes über Arbeitnehmererfindungen und der Bedeutung gewerblicher Schutzrechte für technischen Fortschritt und Innovation. Die *Betriebswirtschaft* beschäftigt sich mit den Betrieben als den Elementen der Wirtschaftsbereiche sowie den zugehörigen konstitutiven Entscheidungstatbeständen (Betriebsgründung, Rechtsformen, Betriebsverfassung, Betriebsbeendigung) und den funktionsbezogenen Tatbeständen (Informationssystem, Realgütersystem, Soziales System, Finanzsystem, Organisation, Rechnungswesen).

Die Neuauflage der Grundlagen-HÜTTE wurde durch den Wissenschaftlichen Ausschuß des Akademischen Vereins Hütte, Berlin, initiiert und durch Herrn Prof. Dr. G. W. Becker, Präsident der Bundesanstalt für Materialforschung und -prüfung (BAM), Berlin, in dankenswerter Weise unterstützt. Mein herzlicher Dank gilt allen beteiligten Autoren; ihrem großen Engagement und der ausgezeichneten kollegialen Zusammenarbeit ist es zu verdanken, daß nach vierjähriger intensiver gemeinsamer Arbeit dieses Werk in der vorliegenden Form entstehen konnte. Außerdem danke ich neben zahlreichen Mitarbeitern der BAM besonders meiner Frau Barbara und meinem Sohn Carsten für ihre Mithilfe und Geduld sowie Frau Rückward und Frau Pfeifer für die zielstrebige Mitarbeit bei der Erstellung des gesamten Sachverzeichnisses. Abschließend sei den beteiligten Mitarbeitern des Springer-Verlages und der HÜTTE-Redaktion für die engagierte und sachkundige Zusammenarbeit bei der Planung und der redaktionellen Bearbeitung der Manuskripte und dem Verlag für die vorzügliche Ausstattung des Buches gedankt.

Berlin, im Juli 1989 H. Czichos

Der innerhalb kurzer Zeit erforderlich gewordene Nachdruck gab Gelegenheit, Druckfehler und Einzelheiten der Darstellung zu verbessern.

Berlin, im November 1990 H. C.

Inhaltsübersicht

A **Mathematik und Statistik** . . . . A 1-A 150
Mathematik *(P. Ruge)* . . . . A 1-A 125
Wahrscheinlichkeitsrechnung und Statistik *(M. Wermuth)* . A 125-A 150

B **Physik** *(H. Niedrig)* . . . . B 1-B 240

C **Chemie** *(B. Plewinsky)* . . . . C 1-C 79

D **Werkstoffe** *(H. Czichos)* . . . . D 1-D 85

E **Technische Mechanik** . . . . E 1-E 188
Mechanik fester Körper *(J. Wittenburg)* . . . . E 1-E 119
Strömungsmechanik *(J. Zierep, K. Bühler)* . . . . . . E 120-E 188

F **Technische Thermodynamik** *(J. Ahrendts)* . . . . . . F 1-F 48

G **Elektrotechnik** . . . . G 1-G 153
Netzwerke *(G. Wiesemann)* . . . . G 1-G 35
Felder *(H. Clausert)* . . . . G 36-G 58
Energietechnik *(H. Zürneck)* . . . . G 59-G 72
Nachrichtentechnik *(K. Hoffmann)* . . . . G 72-G 101
Elektronik *(K. Hoffmann, G. Wiesemann, L. Haase)* . . . G 101-G 153

H **Meßtechnik** *(H.-R. Tränkler)* . . . . H 1-H 81

I **Regelungs- und Steuerungstechnik** *(H. Unbehauen)* . . I 1-I 91

J **Technische Informatik** . . . . J 1-J 111
Digitale Systeme *(H. Liebig)* . . . . J 1-J 37
Rechnerorganisation *(Th. Flik)* . . . . J 38-J 73
Programmierung *(P. Rechenberg)* . . . . J 73-J 111

K **Entwicklung und Konstruktion** *(W. Beitz)* . . . . . . K 1-K 60

L **Normung** *(H. Reihlen)* . . . . L 1-L 10

M **Recht** *(J. Borck)* . . . . M 1-M 12

N **Patentwesen** *(E. Häußer)* . . . . N 1-N 13

O **Betriebswirtschaft** *(W. Plinke)* . . . . O 1-O 19

Sachverzeichnis . . . . S 1-S 67

Inhalt

A **Mathematik und Statistik**
P. Ruge, M. Wermuth

Mathematik
P. Ruge

1	**Mengen, Logik**	A 1
1.1.	Mengen 1.1.1 Grundbegriffe der Mengenlehre — 1.1.2 Mengenrelationen und -operationen.	A 1
1.2	Verknüpfungsmerkmale spezieller Mengen	A 2
1.3	Logik; Boolesche Algebra	A 3
2	**Zahlen, Abbildungen, Folgen**	A 4
2.1	Reelle Zahlen 2.1.1 Zahlenmengen, Mittelwerte. — 2.1.2 Potenzen, Wurzeln, Logarithmen.	A 4
2.2	Stellenwertsysteme	A 5
2.3	Komplexe Zahlen 2.3.1 Grundoperationen; Koordinatendarstellung. — 2.3.2 Potenzen, Wurzeln.	A 5
2.4	Intervalle	A 6
2.5.	Abbildungen, Folgen und Reihen 2.5.1 Abbildungen, Funktionen. – 2.5.2 Folgen und Reihen – 2.5.3 Potenzen von Reihen.	A 6
3	**Matrizen und Tensoren**	A 8
3.1	Matrizen 3.1.1 Bezeichnungen, spezielle Matrizen. – 3.1.2 Rechenoperationen. – 3.1.3 Matrixnormen.	A 8
3.2	Determinanten	A 11
3.3	Vektoren 3.3.1 Vektoreigenschaften. — 3.3.2 Basis. — 3.3.3 Inneres oder Skalarprodukt. — 3.3.4 Äußeres oder Vektorprodukt. — 3.3.5 Spatprodukt, Mehrfachprodukte.	A 12
3.4	Tensoren 3.4.1 Tensoren *n*-ter Stufe. — 3.4.2 Tensoroperationen.	A 15
4	**Elementare Geometrie**	A 15
4.1	Koordinaten 4.1.1 Koordinaten, Basen. — 4.1.2 Kartesische Koordinaten. — 4.1.3 Polarkoordinaten. — 4.1.4 Flächenkoordinaten. — 4.1.5 Volumenkoordinaten. — 4.1.6 Zylinderkoordinaten. — 4.1.7 Kugelkoordinaten.	A 15
4.2	Kurven, Flächen 1. und 2. Ordnung 4.2.1 Gerade in der Ebene. — 4.2.2 Ebene im Raum. — 4.2.3 Gerade im Raum. — 4.2.4 Kurven 2. Ordnung. — 4.2.5 Flächen 2. Ordnung.	A 17
4.3	Planimetrie, Stereometrie	A 22
5	**Projektionen**	A 29

6 Algebraische Funktionen einer Veränderlichen . . . . A 30

6.1 Sätze über Nullstellen . . . . A 30
6.2 Quadratische und kubische Gleichungen . . . . A 32

7 Transzendente Funktionen . . . . A 32

7.1 Exponentialfunktionen . . . . A 32
7.2 Trigonometrische Funktionen . . . . A 32
7.3 Hyperbolische Funktionen . . . . A 35

8 Höhere Funktionen . . . . A 36

8.1 Algebraische Funktionen 3. und 4. Ordnung . . . . A 36
8.2 Zykloiden, Spiralen . . . . A 37
8.3 Delta-, Heaviside-, Gammafunktionen . . . . A 37

9 Differentiation reeller Funktionen einer Variablen . . . . A 40

9.1 Grenzwert, Stetigkeit . . . . A 40
9.2 Ableitung einer Funktion . . . . A 41
9.2.1 Funktionsdarstellung nach Taylor. — 9.2.2 Grenzwerte durch Ableitungen. — 9.2.3 Extrema, Wendepunkte.

10 Integration reeller Funktionen einer Variablen . . . . A 45

10.1 Unbestimmtes Integral . . . . A 45
10.2 Bestimmtes Integral . . . . A 48
10.2.1 Integrationsregeln. — 10.2.2 Uneigentliche Integrale.

11 Differentiation reeller Funktionen mehrerer Variablen . . . . . A 50

11.1 Grenzwert, Stetigkeit . . . . A 50
11.2 Ableitungen . . . . A 50
11.2.1 Funktionsdarstellung nach Taylor. — 11.2.2 Extrema.

12 Integration reeller Funktionen mehrerer Variablen . . . . A 53

12.1 Parameterintegrale . . . . A 53
12.2 Doppelintegrale . . . . A 53
12.3 Uneigentliche Bereichsintegrale . . . . A 54
12.4 Dreifachintegrale . . . . A 54
12.5 Variablentransformation . . . . A 55
12.6 Kurvenintegrale . . . . A 56
12.7 Oberflächenintegrale . . . . A 57

13 Differentialgeometrie der Kurven . . . . A 57

13.1 Ebene Kurven . . . . A 57
13.1.1 Tangente, Krümmung. — 13.1.2 Hüllkurve.
13.2 Räumliche Kurven . . . . A 59

14 Räumliche Drehungen . . . . A 60

15 Differentialgeometrie gekrümmter Flächen . . . . A 60

16 Differentialgeometrie im Raum . . . . A 62

16.1 Basen, Metrik . . . . A 62
16.2 Krummlinige Koordinaten . . . . A 62

17 Differentiation und Integration in Feldern . . . . A 63

17.1 Nabla-Operator . . . . A 63
17.2. Fluß, Zirkulation . . . . A 65
17.3 Integralsätze . . . . A 66

18 Differentiation und Integration komplexer Funktionen . . . . . . A 67

18.1 Darstellung, Stetigkeit komplexer Funktionen . . . . A 67
18.2 Ableitung . . . . A 68
18.3 Integration . . . . A 68

19 Konforme Abbildung . . . A 71

20 Orthogonalsysteme . . . A 72

21 Fourierreihen . . . A 73

21.1 Reelle Entwicklung . . . A 73
21.2 Komplexe Entwicklung . . . A 74

22 Polynomentwicklungen . . . A 76

23 Integraltransformationen . . . A 77

23.1 Fourier-Transformation . . . A 77
23.2 Laplace-Transformation . . . A 77
23.3 Z-Transformation . . . A 80

24 Gewöhnliche Differentialgleichungen . . . A 81

24.1 Einteilung . . . A 81
24.2 Geometrische Interpretation . . . A 82

25 Lösungsverfahren für gewöhnliche Differentialgleichungen . . . A 82

25.1 Trennung der Veränderlichen . . . A 82
25.2 Totales Differential . . . A 83
25.3 Substitution . . . A 83
25.4 Lineare Differentialgleichungen . . . A 83
25.5 Lineare Differentialgleichungen, konstante Koeffizienten . . . A 84
25.6 Normiertes Fundamentalsystem . . . A 85
25.7 Greensche Funktion . . . A 86
25.8 Integration durch Reihenentwicklung . . . A 87
25.9 Integralgleichungen . . . A 87

26 Systeme von Differentialgleichungen . . . A 87

27 Selbstadjungierte Differentialgleichung . . . A 89

28 Klassische nicht-elementare Differentialgleichungen . . . A 90

29 Partielle Differentialgleichungen 1. Ordnung . . . A 91

30 Partielle Differentialgleichungen 2. Ordnung . . . A 92

31 Lösungen partieller Differentialgleichungen . . . A 94

31.1 Spezielle Lösungen der Wellen- und Potentialgleichung . . . A 94
31.2 Fundamentallösungen . . . A 95

32 Variationsrechnung . . . A 96

32.1 Funktionale . . . A 96
32.2 Optimierung . . . A 99
32.3 Lineare Optimierung . . . A 100

33 Lineare Gleichungssysteme . . . A 101

33.1 Gestaffelte Systeme . . . A 101
33.2 Gaußverwandte Verfahren . . . A 102
33.3 Überbestimmte Systeme . . . A 104
33.4 Testmatrizen . . . A 104

34 Nichtlineare Gleichungen . . . A 105

34.1 Fixpunktiteration, Konvergenzordnung . . . A 105
34.2 Spezielle Iterationsverfahren . . . A 106
34.3 Nichtlineare Gleichungssysteme . . . A 108

35 Matrizeneigenwertproblem . . . A 108

35.1 Homogene Matrizenfunktionen, Normalformen . . . A 108
35.2 Symmetrische Matrizenpaare . . . A 111

35.3 Testmatrizen . . . . A 112
35.4 Singulärwertzerlegung . . . . A 113

36 Interpolation . . . . A 114
36.1 Nichtperiodische Interpolation . . . . A 114
36.2 Periodische Interpolation . . . . A 117
36.3 Integration durch Interpolation . . . . A 118

37 Numerische Integration von Differentialgleichungen . . . . . . A 120
37.1 Anfangswertprobleme . . . . A 120
37.2 Randwertprobleme . . . . A 123

Wahrscheinlichkeitsrechnung und Statistik

M. Wermuth

38 Wahrscheinlichkeitsrechnung . . . . A 125
38.1 Zufallsexperiment und Zufallsereignis . . . . A 125
38.2 Wahrscheinlichkeit von Zufallsereignissen . . . . A 126
38.3 Bedingte Wahrscheinlichkeit . . . . A 126
38.4 Unabhängigkeit von Ereignissen . . . . A 127
38.5 Rechenregeln für Wahrscheinlichkeiten . . . . A 127

39 Zufallsvariable und Wahrscheinlichkeitsverteilung . . . . . A 128
39.1 Zufallsvariablen . . . . A 128
39.2 Wahrscheinlichkeits- und Verteilungsfunktion einer diskreten Zufallsvariablen . . . . A 129
39.3 Wahrscheinlichkeits- und Verteilungsfunktion einer stetigen Zufallsvariablen . . . . A 129
39.4 Kenngrößen von Wahrscheinlichkeitsverteilungen . . . . . . A 130
39.4.1 Erwartungswert einer Funktion einer Zufallsgröße. — 39.4.2 Lageparameter einer Verteilung. — 39.4.3 Streuungsparameter einer Verteilung.
39.5 Stochastische Unabhängigkeit von Zufallsgrößen . . . . A 131
39.6 Korrelation von Zufallsgrößen . . . . A 131
39.7 Wichtige Wahrscheinlichkeitsverteilungen . . . . A 131

40 Deskriptive Statistik . . . . A 138
40.1 Aufgaben der Statistik . . . . A 138
40.2 Grundbegriffe . . . . A 138
40.3 Häufigkeit und Häufigkeitsverteilung . . . . A 139
40.4 Kenngrößen empirischer Verteilungen . . . . A 140
40.4.1 Lageparameter — 40.4.2 Streuungsparameter.
40.5 Empirischer Korrelationskoeffizient . . . . A 141

41 Induktive Statistik . . . . A 142
41.1 Stichprobenauswahl . . . . A 142
41.2 Stichprobenfunktionen . . . . A 142
41.3 Statistische Schätzverfahren . . . . A 142
41.3.1 Schätzfunktion. — 41.3.2 Punktschätzung. — 41.3.3 Intervallschätzung.
41.4 Statistische Prüfverfahren . . . . A 144
41.5 Prüfen der Unabhängigkeit zweier Zufallsgrößen (Korrelationskoeffizient) . . . . A 144
41.6 Regression . . . . A 145
41.6.1 Grundlagen. — 41.6.2 Schätzwerte für α, β und σ^2. — 41.6.3 Konfidenzintervalle für die Parameter β, σ^2 und $\mu(x)$. — 41.6.4 Prüfen einer Hypothese über den Regressionskoeffizienten. — 41.6.5 Beispiel zur Regressionsrechnung.

Literatur . . . . A 148

B Physik

H. Niedrig

1 Physikalische Größen und Einheiten . . . . B 1

1.1 Physikalische Größen . . . . B 1
1.2 Basisgrößen und -einheiten . . . . B 1
1.3 Das Internationale Einheitensystem . . . . B 1

I. Teilchen und Teilchensysteme

2 Kinematik . . . . B 5

2.1 Geradlinige Bewegung . . . . B 5
2.2 Kreisbewegung . . . . B 7
2.3 Gleichförmig translatorische Relativbewegung . . . . B 8
2.3.1 Galilei-Transformation. — 2.3.2 Lorentz-Transformation. — 2.3.3 Relativistische Kinematik.
2.4 Geradlinig beschleunigte Relativbewegung . . . . B 11
2.5 Rotatorische Relativbewegung . . . . B 11

3 Kraft und Impuls . . . . B 12

3.1 Trägheitsgesetz . . . . B 12
3.2 Kraftgesetz . . . . B 12
3.2.1 Gewichtskraft (Schwerkraft). — 3.2.2 Federkraft. — 3.2.3 Reibungskräfte.
3.3 Reaktionsgesetz . . . . B 15
3.3.1 Kräfte bei elastischen Verformungen. — 3.3.2 Kräfte zwischen freien Körpern („innere Kräfte").
3.4 Äquivalenzprinzip: Schwer- und Trägheitskräfte . . . . . . B 16
3.5 Trägheitskräfte bei Rotation . . . . B 16
3.5.1 Zentripetal- und Zentrifugalkraft. — 3.5.2 Coriolis-Kraft.
3.6 Drehmoment und Gleichgewicht . . . . B 17
3.7 Drehimpuls (Drall) . . . . B 17
3.8 Drehimpulserhaltung . . . . B 18

4 Arbeit und Energie . . . . B 18

4.1 Beschleunigungsarbeit, kinetische Energie . . . . B 19
4.2 Potentielle Energie, Hub- und Spannungsarbeit . . . . B 19
4.3 Energieerhaltung bei konservativen Kräften . . . . B 21
4.4 Energiesatz bei nichtkonservativen Kräften . . . . B 21
4.5 Relativistische Dynamik . . . . B 22

5 Schwingungen . . . . B 23

5.1 Kinematik der harmonischen Bewegung . . . . B 24
5.2 Der ungedämpfte, harmonische Oszillator . . . . B 24
5.2.1 Mechanische harmonische Oszillatoren. — 5.2.2 Schwingungsgleichung und Schwingungsenergie des harmonischen Oszillators.
5.3 Freie gedämpfte Schwingungen . . . . B 28
5.3.1 Periodischer Fall (Schwingfall). — 5.3.2 Aperiodischer Grenzfall. — 5.3.3 Aperiodischer Fall (Kriechfall). — 5.3.4 Abklingzeit.
5.4 Erzwungene Schwingungen, Resonanz . . . . B 30
5.4.1 Resonanz. — 5.4.2 Leistungsaufnahme des Oszillators.
5.5 Überlagerung von harmonischen Schwingungen . . . . B 32
5.5.1 Schwingungen gleicher Frequenz. — 5.5.2 Schwingungen verschiedener Frequenz.
5.6 Gekoppelte Oszillatoren . . . . B 36
5.6.1 Gekoppelte Pendel. — 5.6.2 N gekoppelte Oszillatoren.

6 Teilchensysteme . . . . B 38

6.1 Schwerpunkt (Massenzentrum), Impuls und Drehimpuls von Teilchensystemen . . . . B 39
6.1.1 Schwerpunktbewegung ohne äußere Kräfte. — 6.1.2 Schwerpunktbewegung bei Einwirkung äußerer Kräfte. — 6.1.3 Drehimpuls eines Teilchensystems.

6.2 Energieinhalt von Teilchensystemen . . . . B 42
6.2.1 Energieerhaltungssatz in Teilchensystemen. — 6.2.2 Bindungsenergie eines Teilchensystems.

6.3 Stöße . . . . B 43
6.3.1 Zentraler elastischer Stoß. — 6.3.2 Nichtzentraler elastischer Stoß. — 6.3.3 Unelastischer Stoß.

7 Dynamik starrer Körper . . . . B 48

7.1 Translation und Rotation eines starren Körpers . . . . B 48
7.2 Rotationsenergie, Trägheitsmoment . . . . B 49
7.3 Drehimpuls eines starren Körpers . . . . B 51
7.4 Kreisel . . . . B 52
7.5 Vergleich Translation — Rotation . . . . B 53

8 Statistische Mechanik — Thermodynamik . . . . B 53

8.1 Kinetische Theorie der Gase . . . . B 53
8.2 Temperaturskalen, Gasgesetze . . . . B 56
8.3 Freiheitsgrade, Gleichverteilungssatz . . . . B 59
8.4 Reale Gase, tiefe Temperaturen . . . . B 60
8.5 Energieaustausch bei Vielteilchensystemen . . . . B 64
8.5.1 Volumenarbeit. — 8.5.2 Wärme. — 8.5.3 Energieerhaltungssatz für Vielteilchensysteme.

8.6 Wärmemengen bei thermodynamischen Prozessen . . . . B 66
8.6.1 Spezifische und molare Wärmekapazitäten. — 8.6.2 Phasenumwandlungswärmen.

8.7 Zustandsänderungen bei idealen Gasen . . . . B 71
8.8 Kreisprozesse . . . . B 72
8.8.1 Wärmekraftmaschine. — 8.8.2 Kältemaschine und Wärmepumpe.

8.9 Richtungsablauf physikalischer Prozesse . . . . B 75

9 Transporterscheinungen . . . . B 79

9.1 Stoßquerschnitt, mittlere freie Weglänge . . . . B 79
9.2 Molekulardiffusion . . . . B 80
9.3 Wärmeleitung . . . . B 81
9.4 Innere Reibung: Viskosität . . . . B 82

10 Hydro- und Aerodynamik . . . . B 85

10.1 Strömungen idealer Flüssigkeiten . . . . B 86
10.2 Strömungen realer Flüssigkeiten . . . . B 90

II. Wechselwirkungen und Felder

11 Gravitationswechselwirkung . . . . B 92

11.1 Der Feldbegriff . . . . B 92
11.2 Planetenbewegung: Kepler-Gesetze . . . . B 93
11.3 Newtonsches Gravitationsgesetz . . . . B 93
11.4 Das Gravitationsfeld . . . . B 94
11.5 Satellitenbahnen im Zentralfeld . . . . B 96

12 Elektrische Wechselwirkung . . . . B 99

12.1 Elektrische Ladung, Coulomb-Gesetz . . . . B 99
12.2 Das elektrostatische Feld . . . . B 100
12.3 Elektrisches Potential . . . . B 103
12.4 Quantisierung der elektrischen Ladung . . . . B 105
12.5 Energieaufnahme im elektrischen Feld . . . . B 106
12.6 Elektrischer Strom . . . . B 107
12.7 Elektrische Leiter im elektrostatischen Feld, Influenz . . . . . . B 109
12.8 Kapazität leitender Körper . . . . B 110
12.9 Nichtleitende Materie im elektrischen Feld, elektrische Polarisation . B 112

13 Magnetische Wechselwirkung . . . B 117
13.1 Das magnetostatische Feld, stationäre Magnetfelder . . . B 117
13.2 Die magnetische Kraft auf bewegte Ladungen . . . B 120
13.3 Die magnetische Kraft auf stromdurchflossene Leiter . . . B 123
13.4 Materie im magnetischen Feld, magnetische Polarisation . . . B 124

14 Zeitveränderliche elektromagnetische Felder . . . B 130
14.1 Zeitveränderliche magnetische Felder: Induktion . . . B 130
14.2 Selbstinduktion . . . B 134
14.3 Energieinhalt des Magnetfeldes . . . B 135
14.4 Wirkung zeitveränderlicher elektrischer Felder . . . B 135
14.5 Maxwellsche Gleichungen . . . B 136

15 Elektrische Stromkreise . . . B 137
15.1 Ohmsches Gesetz . . . B 137
15.2 Gleichstromkreise, Kirchhoffsche Sätze . . . B 138
15.3 Wechselstromkreise . . . B 139
15.3.1 Wechselstromarbeit. — 15.3.2 Transformator. — 15.3.3 Scheinwiderstand von R, L und C.
15.4 Elektromagnetische Schwingungen . . . B 143
15.4.1 Freie, gedämpfte elektromagnetische Schwingungen. — 15.4.2 Erzwungene elektromagnetische Schwingungen, Resonanzkreise. — 15.4.3 Selbsterregung elektromagnetischer Schwingungen durch Rückkopplung.

16 Transport elektrischer Ladung: Leitungsmechanismen . . . B 147
16.1 Elektrische Struktur der Materie . . . B 147
16.1.1 Atomstruktur. — 16.1.2 Elektronen in Festkörpern.
16.2 Metallische Leitung . . . B 155
16.3 Supraleitung . . . B 157
16.4 Halbleitung . . . B 161
16.4.1 Eigenleitung. — 16.4.2 Störstellenleitung. — 16.4.3 Hall-Effekt in Halbleitern. — 16.4.4 PN-Übergänge.
16.5 Elektrolytische Leitung . . . B 165
16.6 Stromleitung in Gasen . . . B 166
16.6.1 Unselbständige Gasentladung. — 16.6.2 Selbständige Gasentladung. — 16.6.3 Der Plasmazustand.
16.7 Elektrische Leitung im Hochvakuum . . . B 169
16.7.1 Elektronenemission. — 16.7.2 Bewegung freier Ladungsträger im Vakuum.

17 Starke und schwache Wechselwirkung: Atomkerne und Elementarteilchen . . . B 174
17.1 Atomkerne . . . B 175
17.2 Massendefekt, Kernbindungsenergie . . . B 176
17.3 Radioaktiver Zerfall . . . B 178
17.3.1 Alpha-Zerfall. — 17.3.2 Beta-Zerfall
17.4 Künstliche Kernumwandlungen, Kernenergiegewinnung . . . B 180
17.5 Elementarteilchen . . . B 184

III. Wellen und Quanten

18 Wellenausbreitung . . . B 187
18.1 Beschreibung von Wellenbewegungen, Wellengleichung . . . B 187
18.2 Elastische Wellen, Schallwellen . . . B 191
18.3 Doppler-Effekt, Kopfwellen . . . B 193

19 Elektromagnetische Wellen . . . B 195
19.1 Erzeugung und Ausbreitung elektromagnetischer Wellen . . . B 196
19.2 Elektromagnetisches Spektrum . . . B 200

20 Wechselwirkung elektromagnetischer Strahlung mit Materie . . . B 202
20.1 Ausbreitung elektromagnetischer Wellen in Materie, Dispersion . . . B 202

20.2 Emission und Absorption des schwarzen Körpers, Plancksches Strahlungsgesetz . . . . B 204
20.3 Quantisierung des Lichtes, Photonen . . . . B 207
20.4 Stationäre Energiezustände, Spektroskopie . . . . B 210
20.5 Induzierte Emission, Laser . . . . B 212

21 Reflexion und Brechung, Polarisation . . . . B 214
21.1 Reflexion, Brechung, Totalreflexion . . . . B 215
21.2 Optische Polarisation . . . . B 218

22 Geometrische Optik . . . . B 219
22.1 Optische Abbildung . . . . B 220
22.2 Abbildungsfehler . . . . B 223

23 Interferenz und Beugung . . . . B 225
23.1 Huygenssches Prinzip . . . . B 225
23.2 Fraunhofer-Beugung an Spalt und Gitter . . . . B 227

24 Wellenaspekte bei der optischen Abbildung . . . . B 230
24.1 Abbesche Mikroskoptheorie . . . . B 230
24.2 Holographie . . . . B 232

25 Materiewellen . . . . B 233
25.1 Teilchen, Wellen, Unschärferelation . . . . B 233
25.2 Die De-Broglie-Beziehung . . . . B 234
25.3 Die Schrödinger-Gleichung . . . . B 236
25.4 Elektronenbeugung, Elektroneninterferenzen . . . . B 237
25.5 Elektronenoptik . . . . B 238

Literatur . . . . B 239

C Chemie

B. Plewinsky

1 Stöchiometrie . . . . C 1
1.1 Grundgesetze der Stöchiometrie . . . . C 1
1.1.1 Gesetz von der Erhaltung der Masse. — 1.1.2 Gesetz der konstanten Proportionen. — 1.1.3 Gesetz der multiplen Proportionen.
1.2 Stoffmenge, Avogadro-Konstante . . . . C 1
1.3 Die molare Masse . . . . C 2
1.4 Quantitative Beschreibung von Mischphasen . . . . C 2
1.4.1 Der Massenanteil w_i. — 1.4.2 Der Stoffmengenanteil x_i. — 1.4.3 Die Konzentration (oder Stoffmengenkonzentration) c_i.
1.5 Chemische Formeln . . . . C 3
1.6 Chemische Gleichungen . . . . C 3
1.7 Stöchiometrische Berechnungen . . . . C 4
1.7.1 Gravimetrische Analyse. — 1.7.2 Maßanalyse. — 1.7.3 Verbrennungsvorgänge.

2 Atombau . . . . C 5
2.1 Atommodell von Rutherford . . . . C 5
2.2 Das Bohrsche Atommodell . . . . C 5
2.3 Ionisierungsenergie, Elektronenaffinität . . . . C 6
2.4 Das quantenmechanische Atommodell . . . . C 7
2.4.1 Die Ψ-Funktion. — 2.4.2 Die Schrödinger-Gleichung für das Wasserstoffatom. — 2.4.3 Darstellung der Wasserstoff-Orbitale. — 2.4.4 Mehrelektronensysteme.
2.5 Besetzung der Energieniveaus . . . . C 9

2.6 Darstellung der Elektronenkonfiguration . . . . C 9
2.7 Aufbau des Atomkerns . . . . C 9

3 Das Periodensystem der Elemente . . . . C 9

3.1 Aufbau des Periodensystems . . . . C 11
3.2 Periodizität einiger Eigenschaften . . . . C 11

4 Chemische Bindung . . . . C 11

4.1 Atombindung (Kovalente Bindung) . . . . C 12
4.1.1 Modell nach Lewis. — 4.1.2 Molekülorbitale. — 4.1.3 Hybridisierung. — 4.1.4 Elektronegativität.
4.2 Ionenbindung . . . . C 14
4.2.1 Gitterenergie. — 4.2.2 Born-Haberscher Kreisprozeß. — 4.2.3 Atom- und Ionenradien.
4.3 Metallische Bindung . . . . C 15
4.4 Van-der-Waalssche Bindung und Wasserstoffbrückenbindung . . . C 16

5 Gase . . . . C 16

5.1 Ideale Gase . . . . C 16
5.1.1 Zustandsgleichung idealer Gase. — 5.1.2 Spezialfälle der Zustandsgleichung idealer Gase.
5.2 Reale Gase . . . . C 17
5.2.1 Die Virialgleichung. — 5.2.2 Die van-der-Waalssche Gleichung. Der kritische Punkt.

6 Flüssigkeiten . . . . C 20

6.1 Einteilung der Flüssigkeiten . . . . C 20
6.2 Struktur von Flüssigkeiten . . . . C 20
6.3 Eigenschaften des flüssigen Wassers . . . . C 21
6.4 Gläser . . . . C 21

7 Festkörper . . . . C 22

7.1 Kristalle . . . . C 22
7.1.1 Elementarzelle. — 7.1.2 Kristallsysteme.
7.2 Bindungszustände in Kristallen . . . . C 22
7.2.1 Struktur von Metallkristallen. — 7.2.2 Struktur von Ionenkristallen. — 7.2.3 Kovalente Kristalle. — 7.2.4 Kristalle mit komplexen Bindungsverhältnissen.
7.3 Reale Kristalle . . . . C 25

8 Thermodynamik chemischer Reaktionen. Das chemische Gleichgewicht . . . . C 25

8.1 Grundlagen . . . . C 25
8.1.1 Einteilung der thermodynamischen Systeme. — 8.1.2 Die Umsatzvariable (Reaktionsvariable, Reaktionslaufzahl).
8.2 Anwendung des 1. Hauptsatzes der Thermodynamik auf chemische Reaktionen . . . . C 26
8.2.1 Der 1. Hauptsatz der Thermodynamik. — 8.2.2 Die Reaktionsenergie. — 8.2.3 Die Reaktionsenthalpie. — 8.2.4 Der Heßsche Satz. — 8.2.5 Die Standardbildungsenthalpie von Verbindungen. — 8.2.6 Temperatur- und Druckabhängigkeit der Reaktionsenthalpie.
8.3 Anwendung des 2. und 3. Hauptsatzes der Thermodynamik auf chemische Reaktionen . . . . C 29
8.3.1 Grundlagen. — 8.3.2 Reaktionsentropie. — 8.3.3 Die Freie Enthalpie und das chemische Potential. — 8.3.4 Die Freie Reaktionsenthalpie. Die Gibbs-Helmholtzsche Gleichung. — 8.3.5 Phasenstabilität.
8.4 Das Massenwirkungsgesetz . . . . C 32
8.4.1 Chemisches Gleichgewicht. — 8.4.2 Homogene Gasreaktionen. — 8.4.3 Heterogene Reaktionen. — 8.4.4 Berechnung von Gleichgewichtskonstanten aus thermochemischen Tabellen. — 8.4.5 Temperaturabhängigkeit der Gleichgewichtskonstante. — 8.4.6 Prinzip des kleinsten Zwanges. – 8.4.7 Gekoppelte Gleichgewichte.

9 Geschwindigkeit chemischer Reaktionen; Reaktionskinetik . . . . C 35

9.1 Reaktionsgeschwindigkeit und Freie Reaktionsenthalpie . . . . . C 35
9.2 Reaktionsgeschwindigkeit und Reaktionsordnung . . . . C 35
9.3 Elementarreaktion, Reaktionsmechanismus und Molekularität . . . C 36
9.4 Konzentrationsabhängigkeit der Reaktionsgeschwindigkeit . . . . C 36
9.4.1 Zeitgesetz 1. Ordnung. — 9.4.2 Zeitgesetz 2. Ordnung.
9.5 Reaktionsgeschwindigkeit und Massenwirkungsgesetz . . . . . . C 37
9.6 Temperaturabhängigkeit der Reaktionsgeschwindigkeit . . . . . . C 38
9.7 Kettenreaktionen . . . . C 38
9.8 Explosionen . . . . C 39
9.9 Katalyse . . . . C 39
9.9.1 Grundlagen. — 9.9.2 Homogene Katalyse. — 9.9.3 Heterogene Katalyse. — 9.9.4 Haber-Bosch-Verfahren.

10 Stoffe und Reaktionen in Lösung . . . . C 41

10.1 Disperse Systeme . . . . C 41
10.1.1 Kolloide. — 10.1.2 Lösungen. — 10.1.3 Elektrolyte, Elektrolytlösungen.
10.2 Kolligative Eigenschaften von Lösungen . . . . C 42
10.2.1 Dampfdruckerniedrigung. — 10.2.2 Gefrierpunktserniedrigung und Siedepunktserhöhung. — 10.2.3 Osmotischer Druck.
10.3 Löslichkeit von Gasen in Flüssigkeiten . . . . C 44
10.4 Verteilung gelöster Stoffe zwischen zwei Lösungsmitteln . . . . . C 44
10.5 Wasser als Lösungsmittel . . . . C 44
10.6 Eigendissoziation des Wassers, Ionenprodukt des Wassers . . . . . C 45
10.7 Säuren und Basen . . . . C 45
10.7.1 Definition nach Arrhenius und Brönsted. — 10.7.2 Starke und schwache Säuren und Basen. — 10.7.3 Der pH-Wert. — 10.7.4 pH-Wert der Lösung einer starken Säure bzw. Base. — 10.7.5 pH-Wert der Lösung einer schwachen Säure bzw. Base. — 10.7.6 pH-Wert von Salzlösungen (Hydrolyse).
10.8 Löslichkeitsprodukt . . . . C 48
10.9 Härte des Wassers . . . . C 49

11 Redoxreaktionen . . . . C 49

11.1 Oxidationszahl . . . . C 49
11.2 Oxidation und Reduktion, Redoxreaktionen . . . . C 50
11.3 Beispiele für Redoxreaktionen . . . . C 51
11.3.1 Verbrennungsvorgänge. — 11.3.2 Auflösen von Metallen in Säuren. — 11.3.3 Darstellung von Metallen durch Reduktion von Metalloxiden.
11.4 Redoxreaktionen in elektrochemischen Zellen . . . . C 52
11.5 Elektrodenpotentiale, elektrochemische Spannungsreihe . . . . . C 52
11.5.1 Definition von Anode und Kathode. — 11.5.2 Berechnung der EMK elektrochemischer Zellen aus Elektrodenpotentialen. — 11.5.3 Edle und unedle Metalle.
11.6 Elektrochemische Korrosion . . . . C 53
11.7 Erzeugung von elektrischem Strom durch Redoxreaktionen . . . . C 53
11.8 Elektrolyse, Faraday-Gesetz . . . . C 54
11.8.1 Technische Anwendungen elektrolytischer Vorgänge.

12 Die Hauptgruppenelemente und ihre Verbindungen . . . . C 55

12.0 Wasserstoff . . . . C 55
12.1 I. Hauptgruppe: Alkalimetalle . . . . C 55
12.2 II. Hauptgruppe: Erdalkalimetalle . . . . C 56
12.3 III. Hauptgruppe: die Borgruppe . . . . C 57
12.3.1 Bor. — 12.3.2 Aluminium.
12.4 IV. Hauptgruppe: die Kohlenstoffgruppe . . . . C 58
12.4.1 Kohlenstoff. — 12.4.2 Silicium. — 12.4.3 Germanium, Zinn und Blei.
12.5 V. Hauptgruppe: die Stickstoffgruppe . . . . C 60
12.5.1 Stickstoff. — 12.5.2 Phosphor. — 12.5.3 Arsen, Antimon.
12.6 VI. Hauptgruppe: Chalkogene . . . . C 61
12.6.1 Sauerstoff. — 12.6.2 Schwefel.

12.7 VII. Hauptgruppe: Halogene . . . . C 63
12.7.1 Fluor. — 12.7.2 Chlor. — 12.7.3 Brom und Iod.

12.8 VIII. Hauptgruppe: Edelgase . . . . C 64

13 Organische Verbindungen . . . . C 64

13.1 Organische Chemie: Überblick . . . . C 64
13.2 Isomerie bei organischen Molekülen . . . . C 65
13.2.1 Strukturisomerie. — 13.2.2 Stereoisomerie.

14 Kohlenwasserstoffe . . . . C 66

14.1 Aliphatische Kohlenwasserstoffe . . . . C 66
14.1.1 Alkane C_nH_{2n+2}. — 14.1.2 Alkene C_nH_{2n}. — 14.1.3 Alkine C_nH_{2n-2}. —
14.1.4 Kohlenwasserstoffe mit zwei oder mehr Doppelbindungen.

14.2 Alicyclische Kohlenwasserstoffe . . . . C 70
14.3 Aromatische Kohlenwasserstoffe . . . . C 70
14.3.1 Benzol C_6H_6.

15 Verbindungen mit funktionellen Gruppen . . . . C 72

15.1 Halogenderivate der aliphatischen Kohlenwasserstoffe . . . . . . C 72
15.2 Alkohole . . . . C 73
15.3 Aldehyde . . . . C 74
15.4 Ketone . . . . C 75
15.5 Carbonsäuren und ihre Derivate . . . . C 75
15.5.1 Carbonsäurederivate. — 15.5.2 Aminocarbonsäuren (Aminosäuren).

Literatur . . . . C 77

D Werkstoffe

H. Czichos

1 Übersicht . . . . D 1

1.1 Der Materialkreislauf . . . . D 1
1.2 Gliederung des Werkstoffgebietes . . . . D 2

2 Aufbau der Werkstoffe . . . . D 2

2.1 Aufbauprinzipien von Festkörpern . . . . D 2
2.2 Mikrostruktur . . . . D 4
2.3 Werkstoffoberflächen . . . . D 5
2.4 Werkstoffgruppen . . . . D 6

3 Metallische Werkstoffe . . . . D 7

3.1 Herstellung metallischer Werkstoffe . . . . D 7
3.2 Einteilung der Metalle . . . . D 8
3.3 Eisenwerkstoffe . . . . D 8
3.3.1 Eisen-Kohlenstoff-Zustandsdiagramm. — 3.3.2 Wärmebehandlung. —
3.3.3 Stahl. — 3.3.4 Gußeisen.

3.4 Nichteisenmetalle und ihre Legierungen . . . . D 15
3.4.1 Aluminium. — 3.4.2 Magnesium. — 3.4.3 Titan. —
3.4.4 Kupfer. — 3.4.5 Nickel. — 3.4.6 Zinn. — 3.4.7 Zink. — 3.4.8 Blei.

3.5 Metallische Gläser . . . . D 17

4 Anorganisch-nichtmetallische Werkstoffe . . . . D 18

4.1 Anorganische Naturstoffe . . . . D 18
4.2 Kohlenstoff, Graphit . . . . D 18
4.3 Keramische Werkstoffe . . . . D 19
4.3.1 Herstellung keramischer Werkstoffe. — 4.3.2 Silikatkeramik. —
4.3.3 Oxidkeramik. — 4.3.4 Nichtoxidkeramik.

4.4 Glas . . . . D 22

4.5 Glaskeramik . . . . D 22
4.6 Baustoffe . . . . D 23
4.6.1 Bindemittel. — 4.6.2 Zement. — 4.6.3 Beton.
4.7 Erdstoffe . . . . D 24

5 Organische Stoffe; Polymerwerkstoffe . . . . D 25
5.1 Organische Naturstoffe . . . . D 25
5.1.1 Holz und Holzwerkstoffe. — 5.1.2 Fasern.
5.2 Papier und Pappe . . . . D 26
5.3 Herstellung von Polymerwerkstoffen . . . . D 26
5.4 Aufbau von Polymerwerkstoffen . . . . D 27
5.5 Thermoplaste . . . . D 28
5.6 Duroplaste . . . . D 31
5.7 Elastomere . . . . D 31

6 Verbundwerkstoffe . . . . D 31
6.1 Teilchenverbundwerkstoffe . . . . D 32
6.2 Faserverbundwerkstoffe . . . . D 32
6.3 Stahlbeton und Spannbeton . . . . D 33
6.4 Schichtverbundwerkstoffe . . . . D 33
6.5 Oberflächentechnologien . . . . D 33

7 Technische Fluide . . . . D 35
7.1 Rheologische Grundlagen . . . . D 35
7.1.1 Newtonsche und nicht-newtonsche Fluide. — 7.1.2 Viskosität und Viskositätsfunktionen.
7.2 Hydraulikflüssigkeiten . . . . D 36
7.3 Schmierstoffe . . . . D 36

8 Beanspruchung von Werkstoffen . . . . D 37
8.1 Volumenbeanspruchungen . . . . D 38
8.2 Oberflächenbeanspruchungen . . . . D 39
8.3 Zeitlicher Verlauf von Beanspruchungen . . . . D 39

9 Werkstoffeigenschaften und Werkstoffkennwerte . . . . . . D 40
9.1 Dichte . . . . D 40
9.2 Mechanische Eigenschaften . . . . D 41
9.2.1 Elastizität. — 9.2.2 Viskoelastizität. — 9.2.3 Festigkeit und Verformung. — 9.2.4 Kriechen und Zeitstandverhalten. — 9.2.5 Ermüdung und Wechselfestigkeit. — 9.2.6 Bruchmechanik. — 9.2.7 Maßnahmen zur Festigkeitssteigerung.
9.3 Thermische Eigenschaften . . . . D 51
9.3.1 Wärmekapazität und Wärmeleitfähigkeit. — 9.3.2 Thermische Ausdehnung. — 9.3.3 Schmelztemperatur.
9.4 Sicherheitstechnische Kenndaten . . . . D 55
9.4.1 Sicherheitsbeiwerte von Konstruktionswerkstoffen. — 9.4.2 Sicherheitstechnische Kenngrößen brennbarer Stoffe.
9.5 Elektrische Eigenschaften . . . . D 56
9.6 Magnetische Eigenschaften . . . . D 58
9.7 Optische Eigenschaften . . . . D 60

10 Materialschädigung und Materialschutz . . . . D 61
10.1 Schadenskunde: Übersicht . . . . D 61
10.2 Bruch . . . . D 61
10.2.1 Gewaltbruch. — 10.2.2 Schwingbruch. — 10.2.3 Warmbruch.
10.3 Alterung . . . . D 63
10.4 Korrosion . . . . D 63
10.4.1 Korrosionsarten. — 10.4.2 Korrosionsmechanismen. — 10.4.3 Korrosionsschutz.

10.5 Biologische Materialschädigung . . . . D 64
10.5.1 Materialschädigungsarten. — 10.5.2 Materialschädlinge und Schadformen. — 10.5.3 Materialschutz gegen Organismen.
10.6 Tribologie . . . . D 66
10.6.1 Reibungszustände. — 10.6.2 Verschleißarten. — 10.6.3 Verschleißmechanismen. — 10.6.4 Verschleißschutz.
10.7 Methodik der Schadensanalyse . . . . D 69

11 Materialprüfung . . . . D 69

11.1 Planung von Messungen und Prüfungen . . . . D 70
11.2 Chemische Analyse von Werkstoffen . . . . D 70
11.3 Mikrostruktur-Untersuchungsverfahren . . . . D 71
11.3.1 Gefügeuntersuchungen. — 11.3.2 Oberflächenrauheitsmeßtechnik. — 11.3.3 Oberflächenanalytik.
11.4 Experimentelle Beanspruchungsanalyse . . . . D 73
11.4.1 Dehnungs- und Verformungsanalyse. — 11.4.2 Spannungsanalyse.
11.5 Mechanisch-Technologische Prüfverfahren . . . . D 74
11.5.1 Festigkeitsprüfungen. — 11.5.2 Bruchmechanische Prüfungen. — 11.5.3 Härteprüfungen. — 11.5.4 Technologische Prüfungen.
11.6 Physikalische Prüfverfahren . . . . D 77
11.7 Zerstörungsfreie Prüfverfahren . . . . D 77
11.7.1 Akustische Verfahren; Ultraschallprüfung. — 11.7.2 Elektrische und magnetische Verfahren. — 11.7.3 Radiographie und Computertomographie.
11.8 Komplexe Prüfverfahren . . . . D 79
11.8.1 Bewitterungsprüfungen. — 11.8.2 Korrosionsprüfungen. — 11.8.3 Tribologische Prüfungen. — 11.8.4 Biologische Prüfungen.
11.9 Bescheinigungen über Materialprüfungen . . . . D 81

12 Materialauswahl für technische Anwendungen . . . . D 82

12.1 Strukturmaterialien . . . . D 82
12.2 Funktionsmaterialien . . . . D 82
12.3 Auswahlkriterien . . . . D 82
12.4 Systemmethodik zur Materialauswahl . . . . D 83

Literatur . . . . D 84

E Technische Mechanik

J. Wittenburg, J. Zierep, K. Bühler

Mechanik fester Körper

J. Wittenburg

1 Kinematik . . . . E 1

1.1 Kinematik des Punktes . . . . E 1
1.1.1 Lage. Lagekoordinaten. — 1.1.2 Geschwindigkeit. Beschleunigung.
1.2 Kinematik des starren Körpers . . . . E 2
1.2.1 Winkellage. Koordinatentransformation. — 1.2.2 Winkelgeschwindigkeit. — 1.2.3 Winkelbeschleunigung.
1.3 Kinematik des Punktes mit Relativbewegung . . . . E 8
1.4 Freiheitsgrade der Bewegung. Kinematische Bindungen . . . . . E 8
1.5 Virtuelle Verschiebungen . . . . E 9
1.6 Kinematik offener Gelenkketten . . . . E 10

2 Statik starrer Körper . . . . E 11

2.1 Grundlagen . . . . E 11
2.1.1 Kraft. Moment. — 2.1.2 Äquivalenz von Kräftesystemen. — 2.1.3 Zerlegung von Kräften. — 2.1.4 Resultierende von Kräften mit gemeinsamem Angriffspunkt. — 2.1.5 Reduktion von Kräftesystemen. —

2.1.6 Ebene Kräftesysteme. — 2.1.7 Schwerpunkt. Massenmittelpunkt. — 2.1.8 Das Newtonsche Axiom „actio-reactio". — 2.1.9 Innere Kräfte und äußere Kräfte. — 2.1.10 Eingeprägte Kräfte und Zwangskräfte. — 2.1.11 Gleichgewichtsbedingungen für einen starren Körper. — 2.1.12 Das Schnittprinzip. — 2.1.13 Arbeit. Leistung. — 2.1.14 Potentialkraft. Potentielle Energie. — 2.1.15 Virtuelle Arbeit. Generalisierte Kräfte. — 2.1.16 Prinzip der virtuellen Arbeit.

2.2 Lager. Gelenke . . . . E 20
2.2.1 Lagerreaktionen. Lagerwertigkeit. — 2.2.2 Statisch bestimmte Lagerung. — 2.2.3 Berechnung von Lagerreaktionen.

2.3 Fachwerke . . . . E 23
2.3.1 Statische Bestimmtheit. — 2.3.2 Nullstäbe. — 2.3.3 Knotenschnittverfahren. — 2.3.4 Rittersches Schnittverfahren für ebene Fachwerke. — 2.3.5 Prinzip der virtuellen Arbeit. — 2.3.6 Methode der Stabvertauschung.

2.4 Ebene Seil- und Kettenlinien . . . . E 24
2.4.1 Das gewichtslose Seil mit Einzelgewichten. — 2.4.2 Die schwere Gliederkette. — 2.4.3 Das schwere Seil. — 2.4.4 Das schwere Seil mit Einzelgewicht. — 2.4.5 Das rotierende Seil.

2.5 Coulombsche Reibungskräfte . . . . E 26
2.5.1 Ruhereibungskräfte. — 2.5.2 Gleitreibungskräfte.

2.6 Stabilität von Gleichgewichtslagen . . . . E 28

3 Kinetik starrer Körper . . . . E 29

3.1 Grundlagen . . . . E 29
3.1.1 Inertialsystem und absolute Beschleunigung. — 3.1.2 Impuls. — 3.1.3 Newtonsche Axiome. — 3.1.4 Impulssatz. Impulserhaltungssatz. — 3.1.5 Kinetik der Punktmasse im beschleunigten Bezugssystem. — 3.1.6 Trägheitsmomente. Trägheitstensor. — 3.1.7 Drall. — 3.1.8 Drallsatz (Axiom von Euler). — 3.1.9 Drallerhaltungssatz. — 3.1.10 Kinetische Energie. — 3.1.11 Energieerhaltungssatz. — 3.1.12 Arbeitssatz.

3.2 Kreiselmechanik . . . . E 35
3.2.1 Reguläre Präzession. — 3.2.2 Nutation. — 3.2.3 Linearisierte Kreiselgleichungen. — 3.2.4 Präzessionsgleichungen.

3.3 Bewegungsgleichungen für holonome Mehrkörpersysteme . . . . . E 37
3.3.1 Die synthetische Methode. — 3.3.2 Die Lagrangesche Gleichung. — 3.3.3 Das d'Alembertsche Prinzip.

3.4 Stöße . . . . E 40
3.4.1 Vereinfachende Annahmen über Stoßvorgänge. — 3.4.2 Stöße an Mehrkörpersystemen. — 3.4.3 Der schiefe exzentrische Stoß. — 3.4.4 Der gerade zentrale Stoß. — 3.4.5 Gerader Stoß gegen ein Pendel.

3.5 Körper mit veränderlicher Masse . . . . E 42
3.6 Gravitation und Satellitenbahnen . . . . E 43
3.7 Stabilität . . . . E 44

4 Schwingungen . . . . E 45

4.1 Lineare Eigenschwingungen . . . . E 46
4.1.1 Systeme mit einem Freiheitsgrad. — 4.1.2 Eigenschwingungen bei endlich vielen Freiheitsgraden.

4.2 Erzwungene lineare Schwingungen . . . . E 48
4.2.1 Systeme mit einem Freiheitsgrad. — 4.2.2 Erzwungene Schwingungen bei endlich vielen Freiheitsgraden.

4.3 Lineare parametererregte Schwingungen . . . . E 52
4.4 Freie Schwingungen eindimensionaler Kontinua . . . . E 52
4.4.1 Saiten. Zugstäbe. Torsionsstäbe. — 4.4.2 Biegeschwingungen von Stäben.

4.5 Näherungsverfahren zur Bestimmung von Eigenfrequenzen . . . . E 56
4.5.1 Rayleigh-Quotient. — 4.5.2 Ritz-Verfahren.

4.6 Autonome nichtlineare Schwingungen mit einem Freiheitsgrad . . . E 57
4.6.1 Methode der kleinen Schwingungen. — 4.6.2 Harmonische Balance. — 4.6.3 Störungsrechnung nach Lindstedt. — 4.6.4 Methode der multiplen Skalen.

4.7 Erzwungene nichtlineare Schwingungen . . . . E 60
4.7.1 Harmonische Balance. — 4.7.2 Methode der multiplen Skalen. — 4.7.3 Subharmonische, superharmonische und Kombinationsresonanzen.

5 **Festigkeitslehre. Elastizitätstheorie** . . . . E 61

5.1 Kinematik des deformierbaren Körpers . . . . E 61
5.1.1 Verschiebungen. Verzerrungen. Verzerrungstensor. — 5.1.2 Kompatibilitätsbedingungen. — 5.1.3 Koordinatentransformation. — 5.1.4 Hauptdehnungen. Dehnungshauptachsen. — 5.1.5 Mohrscher Dehnungskreis.

5.2 Spannungen . . . . E 63
5.2.1 Normal- und Schubspannungen. Spannungstensor. — 5.2.2 Koordinatentransformation. — 5.2.3 Hauptnormalspannungen. Spannungshauptachsen. — 5.2.4 Hauptschubspannungen. — 5.2.5 Kugeltensor. Spannungsdeviator. — 5.2.6 Ebener Spannungszustand. Mohrscher Spannungskreis. — 5.2.7 Volumenkraft. Gleichgewichtsbedingungen.

5.3 Hookesches Gesetz . . . . E 65

5.4 Geometrische Größen für Stabquerschnitte . . . . E 67
5.4.1 Flächenmomente 2. Grades. — 5.4.2 Statische Flächenmomente. — 5.4.3 Querschubzahlen. — 5.4.4 Schubmittelpunkt oder Querkraftmittelpunkt. — 5.4.5 Torsionsflächenmomente. — 5.4.6 Wölbwiderstand.

5.5 Schnittgrößen in Stäben . . . . E 73
5.5.1 Definition der Schnittgrößen für gerade Stäbe. — 5.5.2 Berechnung von Schnittgrößen für gerade Stäbe.

5.6 Spannungen in Stäben . . . . E 76
5.6.1 Zug und Druck. — 5.6.2 Gerade Biegung. — 5.6.3 Schiefe Biegung. — 5.6.4 Druck und Biegung. Kern eines Querschnitts. — 5.6.5 Biegung von Stäben aus Verbundwerkstoff. — 5.6.6 Biegung vorgekrümmter Stäbe. — 5.6.7 Reiner Schub. — 5.6.8 Torsion ohne Wölbbehinderung (Saint-Venant-Torsion). — 5.6.9 Torsion mit Wölbbehinderung.

5.7 Verformungen von Stäben . . . . E 80
5.7.1 Zug und Druck. — 5.7.2 Gerade Biegung. — 5.7.3 Schiefe Biegung. — 5.7.4 Stab auf elastischer Bettung (Winkler Bettung). — 5.7.5 Biegung von Stäben aus Verbundwerkstoff. — 5.7.6 Querkraftbiegung. — 5.7.7 Torsion ohne Wölbbehinderung (Saint-Venant-Torsion). — 5.7.8 Torsion mit Wölbbehinderung.

5.8 Energiemethoden der Elastostatik . . . . E 87
5.8.1 Formänderungsenergie. Äußere Arbeit. — 5.8.2 Das Prinzip der virtuellen Arbeit. — 5.8.3 Arbeitsgleichung oder Verfahren mit einer Hilfskraft. — 5.8.4 Sätze von Castigliano. — 5.8.5 Steifigkeitsmatrix. Nachgiebigkeitsmatrix. Satz von Maxwell und Betti. — 5.8.6 Statisch unbestimmte Systeme. Kraftgrößenverfahren. — 5.8.7 Satz von Menabrea. — 5.8.8 Verfahren von Ritz für Durchbiegungen.

5.9 Rotierende Stäbe und Ringe . . . . E 93

5.10 Flächentragwerke . . . . E 94
5.10.1 Scheiben. — 5.10.2 Platten. — 5.10.3 Schalen.

5.11 Dreidimensionale Probleme . . . . E 99
5.11.1 Einzelkraft auf Halbraumoberfläche (Boussinesq-Problem). — 5.11.2 Einzelkraft im Vollraum (Kelvin-Problem). — 5.11.3 Druckbehälter. Kesselformeln. — 5.11.4 Kontaktprobleme. Hertzsche Formeln. — 5.11.5 Kerbspannungen.

5.12 Stabilitätsprobleme . . . . E 101
5.12.1 Knicken von Stäben. — 5.12.2 Biegedrillknicken. — 5.12.3 Kippen. — 5.12.4 Plattenbeulung. — 5.12.5 Schalenbeulung.

5.13 Finite Elemente . . . . E 106
5.13.1 Elementmatrizen. Formfunktionen. — 5.13.2 Matrizen für das Gesamtsystem. — 5.13.3 Aufgabenstellungen bei Finite-Elemente-Rechnungen.

5.14 Übertragungsmatrizen . . . . E 110
5.14.1 Übertragungsmatrizen für Stabsysteme. — 5.14.2 Übertragungsmatrizen für rotierende Scheiben. — 5.14.3 Ergänzende Bemerkungen.

5.15 Festigkeitshypothesen . . . . E 114

6 Plastizitätstheorie . . . . E 114

6.1 Fließkriterien . . . . E 114
6.2 Fließregeln . . . . E 115
6.3 Gleitlinien . . . . E 116
6.4 Elementare Theorie technischer Umformprozesse . . . . E 116
6.4.1 Schrankensatz für Umformleistung. — 6.4.2 Streifen-, Scheiben- und Röhrenmodell.
6.5 Traglast . . . . E 117
6.5.1 Fließgelenke. Fließschnittgrößen. — 6.5.2 Traglastsätze. — 6.5.3 Traglasten für Durchlaufträger. — 6.5.4 Traglasten für Rahmen.

Strömungsmechanik

J. Zierep, K. Bühler

7 Einführung in die Strömungsmechanik . . . . E 120

7.1 Eigenschaften von Fluiden . . . . E 120
7.2 Newtonsche und nicht-newtonsche Medien . . . . E 121
7.3 Hydrostatik und Aerostatik . . . . E 121
7.4 Gliederung der Darstellung: Nach Viskositäts- und Kompressibilitätseinflüssen . . . . E 122

8 Hydrodynamik: Inkompressible Strömungen mit und ohne Viskositätseinfluß . . . . E 122

8.1 Eindimensionale reibungsfreie Strömungen . . . . E 122
8.1.1 Grundbegriffe. — 8.1.2 Grundgleichungen der Stromfadentheorie. — 8.1.3 Anwendungsbeispiele.
8.2 Zweidimensionale reibungsfreie, inkompressible Strömungen . . . . E 127
8.2.1 Kontinuität. — 8.2.2 Eulersche Bewegungsgleichungen. — 8.2.3 Stationäre, ebene Potentialströmungen. — 8.2.4 Anwendungen elementarer und zusammengesetzter Potentialströmungen. — 8.2.5 Stationäre räumliche Potentialströmungen
8.3 Reibungsbehaftete inkompressible Strömungen . . . . E 132
8.3.1 Grundgleichungen für Masse, Impuls und Energie. — 8.3.2 Kennzahlen. — 8.3.3 Lösungseigenschaften der Navier-Stokesschen Gleichungen. — 8.3.4 Spezielle Lösungen für laminare Strömungen. — 8.3.5 Turbulente Strömungen. — 8.3.6 Grenzschichttheorie. — 8.3.7 Impulssatz.
8.4 Druckverlust und Strömungswiderstand . . . . E 141
8.4.1 Durchströmungsprobleme. — 8.4.2 Umströmungsprobleme.
8.5 Strömungen in rotierenden Systemen . . . . E 151

9 Gasdynamik . . . . E 152

9.1 Erhaltungssätze für Masse, Impuls und Energie . . . . E 152
9.2 Allgemeine Stoßgleichungen . . . . E 153
9.2.1 Rankine-Hugoniot-Relation. — 9.2.2 Rayleigh-Gerade. — 9.2.3 Schallgeschwindigkeit. — 9.2.4 Senkrechter Stoß. — 9.2.5 Schiefer Stoß. — 9.2.6 Busemann-Polare. — 9.2.7 Herzkurve.
9.3 Kräfte auf umströmte Körper . . . . E 158
9.4 Stromfadentheorie . . . . E 159
9.4.1 Lavaldüse.
9.5 Zweidimensionale Strömungen . . . . E 162
9.5.1 Kleine Störungen, $M_\infty \lesseqgtr 1$. — 9.5.2 Transformation auf Charakteristiken. — 9.5.3 Prandtl-Meyer-Expansion. — 9.5.4 Düsenströmungen. — 9.5.5 Profilumströmungen. — 9.5.6 Transsonische Strömungen.

10 Gleichzeitiger Viskositäts- und Kompressibilitätseinfluß . . . . . E 170

10.1 Eindimensionale Rohrströmung mit Reibung . . . . E 170
10.2 Kugelumströmung, Naumann-Diagramm für c_W . . . . E 172
10.3 Grundsätzliches über die laminare Plattengrenzschicht . . . . . . E 172
10.4 (M,Re)-Ähnlichkeit in der Gasdynamik . . . . E 174
10.5 Auftriebs- und Widerstandsbeiwerte aktueller Tragflügel . . . . . E 174

Literatur . . . . E 182

F Technische Thermodynamik

J. Ahrendts

1 **Grundlagen** . . . . F 1

1.1 Energie und Energieformen . . . . F 1
1.1.1 Erster Hauptsatz der Thermodynamik F 1. — 1.1.2 Zweiter Hauptsatz der Thermodynamik.

1.2 Fundamentalgleichungen . . . . F 3
1.2.1 Innere Energie. — 1.2.2 Spezifische, molare und partielle molare Größen. — 1.2.3 Legendre-Transformierte der inneren Energie.

1.3 Gleichgewichte . . . . F 6
1.3.1 Extremalbedingungen. — 13.2 Notwendige Gleichgewichtsbedingungen. — 1.3.3 Stabilitätsbedingungen und Phasenzerfall.

1.4 Messung der thermodynamischen Temperatur . . . . F 9

1.5 Bilanzgleichungen der Thermodynamik . . . . F 10
1.5.1 Stoffmengen- und Massenbilanzen. — 1.5.2 Energiebilanzen. — 1.5.3 Entropiebilanzen. Bernoullische Gleichung.

1.6 Energieumwandlung . . . . F 14
1.6.1 Beispiele stationärer Energiewandler. Kreisprozesse. — 1.6.2 Wertigkeit von Energieformen.

2 **Stoffmodelle** . . . . F 18

2.1 Reine Stoffe . . . . F 18
2.1.1 Ideale Gase. — 2.1.2 Inkompressible Fluide. — 2.1.3 Reale Fluide.

2.2 Gemische . . . . F 25
2.2.1 Ideale Gasgemische. — 2.2.2 Gas-Dampf-Gemische. Feuchte Luft. — 2.2.3 Reale Gemische.

3 **Phasengleichgewichte** . . . . F 34

3.1 Phasengleichgewichte reiner Stoffe . . . . F 35
3.1.1 p,v,T-Fläche. — 3.1.2 Koexistenzkurven. — 3.1.3 Sättigungsgrößen des Naßdampfgebietes. — 3.1.4 Eigenschaften von nassem Dampf. — 3.1.5 T,s- und h,s-Diagramm.

3.2 Phasengleichgewichte fluider Mehrstoffsysteme . . . . F 40
3.2.1 Phasendiagramme. — 3.2.2 Differentialgleichungen der Phasengrenzkurven. — 3.2.3 Punktweise Berechnung von Phasengleichgewichten.

Literatur . . . . F 46

G Elektrotechnik

H. Clausert, L. Haase, K. Hoffmann, G. Wiesemann, H. Zürneck

Netzwerke

G. Wiesemann

1 **Elektrische Stromkreise** . . . . G 1

1.1 Elektrische Ladung und elektrischer Strom . . . . G 1
1.1.1 Elementarladung. — 1.1.2 Elektrischer Strom. — 1.1.3 1. Kirchhoffscher Satz (Satz von der Erhaltung der Ladungen; Strom-Knotengleichung).

1.2 Energie und elektrische Spannung; Leistung . . . . G 2
1.2.1 Definition der Spannung. — 1.2.2 Energieaufnahme eines elektrischen Zweipols. — 1.2.3 Elektrisches Potential. — 1.2.4 Spannungsquellen. — 1.2.5 2. Kirchhoffscher Satz (Satz von der Erhaltung der Energie; Spannungs-Maschengleichung).

1.3 Elektrischer Widerstand . . . . G 4
1.3.1 Ohmsches Gesetz. – 1.3.2 Spezifischer Widerstand und Leitfähigkeit. – 1.3.3 Temperaturabhängigkeit des Widerstandes.

2 Wechselstrom . . . . . G 6

2.1 Beschreibung von Wechselströmen und -spannungen . . . . . G 6
2.2 Mittelwerte periodischer Funktionen . . . . . G 7
2.3 Wechselstrom in Widerstand, Spule und Kondensator . . . . . G 7
2.4 Zeigerdiagramm . . . . . G 8
2.5 Impedanz und Admittanz . . . . . G 9
2.6 Kirchhoffsche Sätze für die komplexen Effektivwerte . . . . . G 9

3 Lineare Netze . . . . . G 9

3.1 Widerstandsnetze . . . . . G 9
3.1.1 Gruppenschaltungen. — 3.1.2 Brückenschaltungen. — 3.1.3 Stern-Dreieck-Umwandlung.
3.2 Strom- und Spannungsberechnung in linearen Netzen . . . . . G 12
3.2.1 Der Überlagerungssatz (Superpositionsprinzip). — 3.2.2 Aktive Ersatzzweipole. — 3.2.3 Maschen- und Knotenanalyse.
3.3 Vierpole . . . . . G 17
3.3.1 Vierpolgleichungen in der Leitwertform. — 3.3.2 Vierpolgleichungen in der Widerstandsform. — 3.3.3 Vierpolgleichungen in der Kettenform.

4 Schwingkreise . . . . . G 18

4.1 Phasen- und Betragsresonanz . . . . . G 18
4.2 Einfache Schwingkreise . . . . . G 18
4.2.1 Reihenschwingkreis. — 4.2.2 Parallelschwingkreis. — 4.2.3 Spannungsüberhöhung am Reihenschwingkreis. — 4.2.4 Bandbreite.
4.3 Parallelschwingkreis mit Wicklungsverlusten . . . . . G 20
4.4 Reaktanzzweipole . . . . . G 20
4.4.1 Verlustloser Reihen- und Parallelschwingkreis. — 4.4.2 Kombinationen verlustloser Schwingkreise.

5 Leistung in linearen Schaltungen . . . . . G 21

5.1 Leistung in Gleichstromkreisen . . . . . G 21
5.1.1 Wirkungsgrad. — 5.1.2 Leistungsanpassung. — 5.1.3 Belastbarkeit von Leitungen.
5.2 Leistung in Wechselstromkreisen . . . . . G 22
5.2.1 Wirk-, Blind- und Scheinleistung. — 5.2.2 Wirkleistungsanpassung.

6 Der Transformator . . . . . G 24

6.1 Schaltzeichen . . . . . G 24
6.2 Der eisenfreie Transformator . . . . . G 24
6.2.1 Transformator-Gleichungen. — 6.2.2 Verlustloser Transformator. — 6.2.3 Verlust- und streuungsfreier Transformator. — 6.2.4 Idealer Transformator. — 6.2.5 Streufaktor und Kopplungsfaktor. — 6.2.6 Vierpolersatzschaltungen. — 6.2.7 Zweipolersatzschaltung.
6.3 Transformator mit Eisenkern . . . . . G 26

7 Drehstrom . . . . . G 26

7.1 Spannungen symmetrischer Drehstromgeneratoren . . . . . G 26
7.2 Die Spannung zwischen Generator- und Verbrauchersternpunkt . . . G 28
7.3 Symmetrische Drehstromsysteme (symmetrische Belastung symmetrischer Drehstromgeneratoren) . . . . . G 28
7.4 Asymmetrische Belastung eines symmetrischen Generators . . . . G 29
7.4.1 Verbraucher-Sternschaltung. — 7.4.2 Verbraucher-Dreieckschaltung.
7.5 Wirkleistungsmessung im Drehstromsystem (Zwei-Leistungsmesser-Methode, Aronschaltung) . . . . . G 30

8 Nichtlineare Schaltungen . . . . . G 30

8.1 Linearität . . . . . G 30
8.2 Nichtlineare Kennlinien . . . . . G 30
8.2.1 Beispiele nichtlinearer Strom-Spannungskennlinien von Zweipolen. — 8.2.2 Verstärkungskennlinie des Operationsverstärkers.

8.3 Graphische Lösung durch Schnitt zweier Kennlinien . . . . G 32
8.3.1 Arbeitsgerade und Verbraucherkennlinie. — 8.3.2 Stabile und instabile Arbeitspunkte einer Schaltung mit nichtlinearem Zweipol. — 8.3.3 Rückkopplung von Operationsverstärkern.
8.4 Graphische Zusammenfassung von Strom-Spannungs-Kennlinien . . G 35
8.4.1 Reihenschaltung. — 8.4.2 Parallelschaltung.
8.5 Lösung durch abschnittweises Linearisieren . . . . G 35

Felder

H. Clausert

9 Leitungen . . . . G 36
9.1 Die Differentialgleichungen der Leitung und ihre Lösungen . . . . G 36
9.2 Die charakteristischen Größen der Leitung . . . . G 37
9.3 Die Leitungsgleichungen . . . . G 37
9.4 Der Eingangswiderstand . . . . G 37
9.5 Der Reflexionsfaktor . . . . G 38

10 Elektrostatische Felder . . . . G 38
10.1 Skalare und vektorielle Feldgrößen . . . . G 38
10.2 Die elektrische Feldstärke . . . . G 38
10.3 Die elektrische Flußdichte . . . . G 39
10.4 Die Potentialfunktion spezieller Ladungsverteilungen . . . . . . G 40
10.5 Influenz . . . . G 40
10.6 Die Kapazität . . . . G 40
10.7 Die Kapazität spezieller Anordnungen . . . . G 41
10.8 Energie und Kräfte . . . . G 42
10.9 Bedingungen an Grenzflächen . . . . G 43

11 Stationäre elektrische Strömungsfelder . . . . G 44
11.1 Die Grundgesetze . . . . G 44
11.2 Methoden zur Berechnung von Widerständen . . . . G 44
11.3 Bedingungen an Grenzflächen . . . . G 45

12 Stationäre Magnetfelder . . . . G 45
12.1 Die magnetische Flußdichte . . . . G 45
12.2 Die magnetische Feldstärke . . . . G 46
12.3 Der magnetische Fluß . . . . G 47
12.4 Bedingungen an Grenzflächen . . . . G 47
12.5 Magnetische Kreise . . . . G 48

13 Zeitlich veränderliche Magnetfelder . . . . G 49
13.1 Das Induktionsgesetz . . . . G 49
13.2 Die magnetische Energie . . . . G 50
13.3 Induktivitäten . . . . G 51
13.3.1 Die Selbstinduktivität. — 13.3.2 Die Gegeninduktivität. — 13.3.3 Berechnung von Selbst- und Gegeninduktivitäten. — 13.3.4 Die gespeicherte Energie.
13.4 Kräfte im Magnetfeld . . . . G 53

14 Elektromagnetische Felder . . . . G 54
14.1 Die Maxwellschen Gleichungen in integraler und differentieller Form G 54
14.2 Die Einteilung der elektromagnetischen Felder . . . . G 54
14.3 Die Maxwellschen Gleichungen bei harmonischer Zeitabhängigkeit . G 55

15 Elektromagnetische Wellen . . . . G 55
15.1 Die Wellengleichung . . . . G 55
15.2 Die Anregung elektromagnetischer Wellen . . . . G 56
15.3 Die abgestrahlte Leistung . . . . G 57
15.4 Die Phase und aus dieser abgeleitete Begriffe . . . . G 58

Energietechnik

H. Zürneck

16 Prinzipien der Energieumwandlung . . . . G 59

16.0 Grundbegriffe . . . . G 59
16.0.1 Energie, Leistung, Wirkungsgrad. — 16.0.2 Energietechnische Betrachtungsweisen. — 16.0.3 Definitionen.

16.1 Elektrodynamische Energieumwandlung . . . . G 60
16.1.1 Energiedichte in magnetischen und elektrischen Feldern. — 16.1.2 Energiewandlung in elektrischen Maschinen. — 16.1.3 Kommutatormaschinen. — 16.1.4 Magnetisches Drehfeld. — 16.1.5 Synchronmaschine. — 16.1.6 Asynchronmotoren.

16.2 Elektromagneten . . . . G 65

16.3 Thermische Wirkungen des elektrischen Stromes . . . . G 66
16.3.1 Widerstandserwärmung. — 16.3.2 Bogenentladung.

16.4 Chemische Wirkungen des elektrischen Stromes . . . . G 66
16.4.1 Primärelemente. — 16.4.2 Akkumulatoren.

16.5 Direkte Energiewandlung, Photovoltaischer Effekt, Solarzellen . . . G 67

17 Übertragung elektrischer Energie . . . . G 67

17.1 Leistungsdichte, Spannungsabfall . . . . G 67

17.2 Stabilitätsprobleme . . . . G 68

17.3 Grundsätzliches zum Berührungsschutz . . . . G 69
17.3.1 Körperströme. — 17.3.2 Schutzmaßnahmen.

18 Umformung elektrischer Energie . . . . G 70

18.1 Schalten . . . . G 70

18.2 Gleichrichter, Wechselrichter, Umrichter . . . . G 71
18.2.1 Leistungselektronik. — 18.2.2 Netzgeführte Stromrichter mit natürlicher Kommutierung. — 18.2.3 Selbstgeführte Stromrichter mit Zwangskommutierung oder abschaltbaren Ventilen.

Nachrichtentechnik

K. Hoffmann

Grundlagen der Nachrichtentechnik . . . . G 72

19 Grundbegriffe . . . . G 72

19.1 Signal, Information, Nachricht . . . . G 72
19.1.1 Beschreibung zeitabhängiger Signale. — 19.1.2 Deterministische und stochastische Signale. — 19.1.3 Symbolische Darstellungsweise, Bewertung. — 19.1.4 Unverschlüsselte und codierte Darstellung.

19.2 Aufbereitung, Übertragung, Verarbeitung . . . . G 74
19.2.1 Grundprinzip der Signalübertragung. — 19.2.2 Eigenschaften von Quellen und Senken. — 19.2.3 Grundschema der Kommunikation. — 19.2.4 Betriebsweise der Vielfachnutzung.

19.3 Schnittstelle, Funktionsblock, System . . . . G 75
19.3.1 Konstruktive und funktionelle Abgrenzung. — 19.3.2 Mathematische Beschreibungsformen. — 19.3.3 Darstellung in Funktionsblockbildern. — 19.3.4 Zusammenwirken und Betriebsverhalten.

20 Signaleigenschaften . . . . G 76

20.1 Signaldynamik, Verzerrungen . . . . G 76
20.1.1 Dämpfungsmaß und Pegelangaben. — 20.1.2 Lineare und nichtlineare Verzerrungen.

20.2 Auflösung, Störungen, Störabstand . . . . G 76
20.2.1 Empfindlichkeit und Aussteuerung. — 20.2.2 Störungsarten und Auswirkungen. — 20.2.3 Maßnahmen zur Störverminderung.

20.3 Informationsfluß, Nachrichtengehalt . . . . G 77
20.3.1 Herleitung des Entscheidungsbaumes. — 20.3.2 Darstellung mit Nachrichtenquader. — 20.3.3 Grenzwerte und Mittelungszeitraum. — 20.3.4 Kanalkapazität und Informationsverlust.

20.4 Relevanz, Redundanz, Fehlerkorrektur . . . . G 78
20.4.1 Erkennungssicherheit bei Mustern. — 20.4.2 Störeinflüsse und Redundanz. — 20.4.3 Fehlererkennung und Fehlerkorrektur.

21 Beschreibungsweisen . . . . G 78

21.1 Signalfilterung, Korrelation . . . . G 78
21.1.1 Reichweite des Filterungsbegriffes. — 21.1.2 Lineare und nichtlineare Verzerrungen. — 21.1.3 Redundanzverteilung in Mustern. — 21.1.4 Kreuz- und Autokorrelation. — 21.1.5 Änderung der Redundanzverteilung.

21.2 Analoge und digitale Signalbeschreibung . . . . G 79
21.2.1 Lineare Beschreibungsweise, Überlagerung. — 21.2.2 Beschreibung nichtlinearer Zusammenhänge. — 21.2.3 Parallele und serielle Bearbeitung.

Verfahren der Nachrichtentechnik . . . . G 80

22 Aufbereitungsverfahren . . . . G 80

22.1 Basisbandsignale, Signalwandler . . . . G 80
22.1.1 Dynamik der Signalquellen. — 22.1.2 Direktwandler, Steuerungswandler.

22.2 Abtastung, Quantisierung, Codierung . . . . G 81
22.2.1 Zeitquantisierung, Abtasttheorem. — 22.2.2 Amplitudenquantisierung. — 22.2.3 Differenz- und Blockcodierung. — 22.2.4 Quellen- und Kanalcodierung

22.3 Sinusträger- und Pulsträgermodulation . . . . G 84
22.3.1 Modulationsprinzip und Darstellungsarten. — 22.3.2 Zwei-, Ein- und Restseitenbandmodulation. — 22.3.3 Frequenz- und Phasenmodulation. — 22.3.4 Zeitkontinuierliche Umtastmodulation. — 22.3.5 Kontinuierliche Pulsmodulation. — 22.3.6 Pulscode- und Deltamodulation.

22.4 Raum-, Frequenz- und Zeitmultiplex . . . . G 88
22.4.1 Baum- und Matrixstruktur. — 22.4.2 Durchschalt- und Speicherverfahren. — 22.4.3 Zugänglichkeit und Blockierung. — 22.4.4 Trägerfrequenzverfahren. — 22.4.5 Geschlossene und offene Systeme. — 22.4.6 Zeitschlitz- und Amplitudenauswertung.

23 Signalübertragung . . . . G 91

23.1 Kanaleigenschaften, Übertragungsrate . . . . G 91
23.1.1 Eigenschaften, Verzerrungen, Entzerrung. — 23.1.2 Nutzungsgrad und Kompressionssysteme.

23.2 Leitungsgebundene Übertragungswege . . . . G 92
23.2.1 Symmetrische und unsymmetrische Leitungen. — 23.2.2 Hohlleiter- und Glasfaserarten. — 23.2.3 Kabelnetze.

23.3 Datennetze, integrierte Dienste . . . . G 93
23.3.1 Netzgestaltung, Vermittlungsprotokoll. — 23.3.2 Fernschreiben, Bildfernübertragung. 23.3.3 Verbundnetze mit Dienstintegration

23.4 Richtfunk, Rundfunk, Sprechfunk . . . . G 94
23.4.1 Funkwege, Antennen, Wellenausbreitung. 23.4.2 Punkt-zu-Punkt-Verbindung, Systemparameter. — 23.4.3 Ton- und Fernsehrundfunk. — 23.4.4 Stationärer und mobiler Sprechfunk.

24 Signalverarbeitung . . . . G 96

24.1 Detektionsverfahren, Funkmessung . . . . G 96
24.1.1 Detektionsprinzipien, Auflösungsgrenze. — 24.1.2 Aussteuerung und Verzerrungen. — 24.1.3 Amplituden- und Frequenzdemodulation. — 24.1.4 Pulsdemodulation, Augendiagramm. — 24.1.5 Funkmeßprinzip und Signalauswertung.

24.2 Signalrekonstruktion, Signalspeicherung . . . . G 98
24.2.1 Systemadaption und Umsetzalgorithmen. — 24.2.2 Speicherdichte, Schreib- und Leserate. — 24.2.3 Flüchtige und remanente Speicherung. — 24.2.4 Magnetische, elektrische und optische Speicher.

24.3 Signalverarbeitung und Signalvermittlung . . . . G 99
24.3.1 Strukturen für die Verarbeitung analoger und digitaler Signale. — 24.3.2 Signalauswertung und Parametersteuerung. — 24.3.3 Rekursion, Adaption, Stabilität, Verklemmung. — 24.3.4 Netzarten, Netzführung, Ausfallverhalten. — 24.3.5 Belegungsdichte, Verlust- und Wartezeitsysteme.

Elektronik

K. Hoffmann, G. Wiesemann, L. Haase

25 Analoge Grundschaltungen . . . . G 101

25.1 Passive Netzwerke (RLC-Schaltungen) . . . . G 102
25.1.1 Tief- und Hochpaßschaltung. — 25.1.2 Differenzier- und Integrierglieder. — 25.1.3 Bandpässe, Bandsperren, Allpässe. — 25.1.4 Resonanzfilter und Übertrager.

25.2 Nichtlineare Zweipole (Dioden) . . . . G 104
25.2.1 Diodenverhalten (Beschreibung). — 25.2.2 Gleichrichterschaltungen. — 25.2.3 Mischer und Demodulatoren. — 25.2.4 Besondere Diodenschaltungen.

25.3 Aktive Dreipole (Transistoren) . . . . G 108
25.3.1 Transistorverhalten. — 25.3.2 Lineare Kleinsignalverstärker. — 25.3.3 Lineare Großsignalverstärker (A- und B-Betrieb). — 25.3.4 Nichtlineare Großsignalverstärker

25.4 Operationsverstärker . . . . G 116
25.4.1 Verstärkung. — 25.4.2 Idealer und realer Operationsverstärker. — 25.4.3 Komparatoren. — 25.4.4 Anwendungen des Umkehrverstärkers. — 25.4.5 Anwendungen des Elektrometerverstärkers. — 25.4.6 Mitkopplungsschaltungen (Schmitt-Trigger).

26 Digitale Grundschaltungen . . . . G 124

26.1 Gatter . . . . G 124
26.1.1 Diodengatter. — 26.1.2 Der Transistor als Inverter. — 26.1.3 DTL-Gatter. — 26.1.4 TTL-Gatter. — 26.1.5 Schaltkreisfamilien (Übersicht). — 26.1.6 Beispiele digitaler Schaltnetze.

26.2 Ein-Bit-Speicher . . . . G 129
26.2.1 Einfache Kippschaltungen. — 26.2.2 Getaktete SR-Flipflops. — 26.2.3 Flipflops mit Zwischenspeicherung (Master-slave-Flipflops, Zählflipflops).

26.3 Schaltwerke . . . . G 132
26.3.1 Auffang- und Schieberegister. — 26.3.2 Zähler.

27 Halbleiterbauelemente . . . . G 135

27.1 Grundprinzipien elektronischer Halbleiterbauelemente . . . . . . G 135
27.1.1 Ladungsträger in Silizium. — 27.1.2 Das Bändermodell. — 27.1.3 Stromleitung in Halbleitern. — 27.1.4 Ausgleichsvorgänge bei der Injektion von Ladungsträgern.

27.2 Halbleiterdioden . . . . G 138
27.2.1 Aufbau und Wirkungsweise des PN-Überganges. — 27.2.2 Der PN-Übergang in Flußpolung. — 27.2.3 Der PN-Übergang in Sperrpolung. — 27.2.4 Durchbruchmechanismen. — 27.2.5 Kennliniengleichung des PN-Überganges. — 27.2.6 Zenerdioden. — 27.2.7 Tunneldioden. — 27.2.8 Kapazitätsdioden („Varaktoren"). — 27.2.9 Leistungsgleichrichterdioden, PIN-Dioden. — 27.2.10 Mikrowellendioden, Rückwärtsdioden.

27.3 Bipolare Transistoren . . . . G 142
27.3.1 Prinzip und Wirkungsweise. — 27.3.2 Universaltransistoren. Kleinleistungstransistoren. — 27.3.3 Schalttransistoren.

27.4 Halbleiterleistungsbauelemente . . . . G 145
27.4.1 Der Thyristor. — 27.4.2 Der abschaltbare Thyristor. — 27.4.3 Zweirichtungs-Thyristordiode (Diac). — 27.4.4 Bidirektionale Thyristordiode (Triac).

27.5 Feldeffektbauelemente . . . . G 147
27.5.1 Sperrschicht-Feldeffekt-Transistoren (Junction-FET, PN-FET, MSFET oder JFET). — 27.5.2 Feldeffekttransistoren mit isoliertem Gate (IG-FET, MISFET, MOSFET oder MNSFET).

27.6 Optoelektronische Halbleiterbauelemente . . . . G 149
27.6.1 Innerer Photoeffekt. — 27.6.2 Der Photowiderstand. — 27.6.3 Der PN-Übergang bei Lichteinwirkung. — 27.6.4 Der Phototransistor. — 27.6.5 Die Lumineszenzdiode (LED).

Literatur . . . . G 152

H Meßtechnik

H.-R. Tränkler

1 Grundlagen der Meßtechnik . . . . H 1

1.1 Übersicht . . . . H 1
1.1.1 Meßsysteme und Meßketten. — 1.1.2 Anwendungsgebiete und Aufgabenstellungen der Meßtechnik.

1.2 Übertragungseigenschaften von Meßgliedern . . . . H 2
1.2.1 Statische Kennlinien von Meßgliedern. — 1.2.2 Dynamische Übertragungseigenschaften von Meßgliedern. — 1.2.3 Testfunktionen und Übergangsfunktionen für Übertragungsglieder. — 1.2.4 Das Frequenzverhalten des Übertragungsgliedes 1. Ordnung. — 1.2.5 Das Frequenzverhalten des Übertragungsgliedes 2. Ordnung. — 1.2.6 Sprungantwort eines Übertragungsgliedes 2. Ordnung. — 1.2.7 Frequenzgang eines Übertragungsgliedes 2. Ordnung. — 1.2.8 Kenngrößen für Meßglieder höherer Ordnung.

1.3 Meßfehler . . . . H 8
1.3.1 Zufällige und systematische Fehler. — 1.3.2 Definition von Fehlern, Fehlerkurven unbd Fehleranteilen. — 1.3.3 Linearitätsfehler und zulässige Fehlergrenzen. — 1.3.4 Einflußgrößen und Einflußeffekt. — 1.3.5 Diskrete Verteilungsfunktionen zufälliger Meßwerte. — 1.3.6 Die Normalverteilung. — 1.3.7 Gaußsche Fehlerwahrscheinlichkeit. — 1.3.8 Wahrscheinlichkeitspapier. — 1.3.9 Fehlerfortpflanzung zufälliger Fehler. — 1.3.10 Fehlerfortpflanzung systematischer Fehler.

2 Strukturen der Meßtechnik . . . . H 14

2.1 Meßsignalverarbeitung durch strukturelle Maßnahmen . . . . . . H 14
2.1.1 Die Kettenstruktur. — 2.1.2 Die Parallelstruktur (Differenzprinzip). — 2.1.3 Die Kreisstruktur.

2.2 Das Modulationsprinzip . . . . H 16

2.3 Struktur eines digitalen Instrumentierungssystems . . . . H 17
2.3.1 Erhöhung des nutzbaren Informationsgehalts. — 2.3.2 Struktur von Mikroelektroniksystemen mit dezentraler Intelligenz.

3 Meßgrößenaufnehmer (Sensoren) . . . . H 18

3.1 Sensoren und deren Umfeld . . . . H 18
3.1.1 Aufgabe der Sensoren. — 3.1.2 Meßeffekt und Einflußeffekt. — 3.1.3 Anforderungen an Sensoren. — 3.1.4 Signalform der Sensorsignale.

3.2 Sensoren für geometrische und kinematische Größen . . . . . . H 20
3.2.1 Resistive Weg- und Winkelaufnehmer. — 3.2.2 Induktive Weg- und Längenaufnehmer. — 3.2.3 Kapazitive Aufnehmer für Weg und Höhenstand. — 3.2.4 Magnetische Aufnehmer. — 3.2.5 Codierte Weg- und Winkelaufnehmer. — 3.2.6 Inkrementale Aufnehmer. — 3.2.7 Laser-Interferometer. — 3.2.8 Drehzahlaufnehmer. — 3.2.9 Beschleunigungsaufnehmer.

3.3 Sensoren für mechanische Beanspruchungen . . . . H 27
3.3.1 Dehnungsmessung mit Dehnungsmeßstreifen. — 3.3.2 Kraftmessung mit Dehnungsmeßstreifen. — 3.3.3 Druckmessung mit Dehnungsmeßstreifen. 3.3.4 Drehmomentmessung mit Dehnungsmeßstreifen. — 3.3.5 Messung von Kräften über die Auslenkung von Federkörpern. — 3.3.6 Messung von Drücken über die Auslenkung von Federkörpern. — 3.3.7 Kraftmessung über Schwingsaiten. — 3.3.8 Waage mit elektrodynamischer Kraftkompensation. — 3.3.9 Piezoelektrische Kraft- und Druckaufnehmer.

3.4 Sensoren für strömungstechnische Kenngrößen . . . . H 32
3.4.1 Durchflußmessung nach dem Wirkdruckverfahren. — 3.4.2 Schwebekörper-Durchflußmessung. — 3.4.3 Durchflußmessung über magnetische Induktion. — 3.4.4 Ultraschall-Durchflußmessung. — 3.4.5 Turbinen-Durchflußmesser (mittelbare Volumenzähler mit Meßflügeln). — 3.4.6 Verdrängungszähler (unmittelbare Volumenzähler).

3.5 Sensoren zur Temperaturmessung . . . . H 35
3.5.1 Platin-Widerstandsthermometer. — 3.5.2 Andere Widerstandsthermometer. — 3.5.3 Thermoelemente als Temperaturaufnehmer. — 3.5.4 Strahlungsthermometer (Pyrometer).

3.6 Sensorspezifische Meßsignalverarbeitung . . . . H 39
3.6.1 Analoge Meßsignalverarbeitung. — 3.6.2 Inkrementale Meßsignalverarbeitung. — 3.6.3 Digitale Grundverknüpfungen und Grundfunktionen. — 3.6.4 Physikalische Modellfunktionen für einen Sensor. — 3.6.5 Skalierung und Linearisierung von Sensorkennlinien durch Interpolation. — 3.6.6 Interpolation von Sensorkennlinien mit kubischen Splines. — 3.6.7 Ausgleichskriterien zur Approximation von Sensorkennlinien. — 3.6.8 Korrektur von Einflußeffekten auf Sensorkennlinien. — 3.6.9 Dynamische Korrektur von Sensoren.

4 Meßschaltungen und Meßverstärker . . . . H 44

4.1 Signalumformung mit verstärkerlosen Meßschaltungen . . . . . . H 44
4.1.1 Strom-Spannungs-Umformung mit Meßwiderstand. — 4.1.2 Spannungsteiler und Stromteiler. — 4.1.3 Direktanzeigende Widerstandsmessung.

4.2 Meßbrücken und Kompensatoren . . . . H 47
4.2.1 Qualitative Behandlung der Prinzipschaltungen. — 4.2.2 Spannungs- und Stromkompensation. — 4.2.3 Meßbrücken im Ausschlagverfahren (Teilkompensation). — 4.2.4 Wheatstone-Brücke im Abgleichverfahren. — 4.2.5 Wechselstrombrücken.

4.3 Grundschaltungen von Meßverstärkern . . . . H 50
4.3.1 Operationsverstärker. — 4.3.2 Anwendung von Operationsverstärkern als reine Nullverstärker. — 4.3.3 Das Prinzip der Gegenkopplung am Beispiel des reinen Spannungsverstärkers. — 4.3.4 Die vier Grundschaltungen gegengekoppelter Meßverstärker.

4.4 Ausgewählte Meßverstärker-Schaltungen . . . . H 53
4.4.1 Vom Stromverstärker mit Spannungsausgang zum Invertierer. — 4.4.2 Aktive Brückenschaltung. — 4.4.3 Addier- und Subtrahierverstärker. — 4.4.4 Der Elektrometerverstärker (Instrumentation Amplifier). — 4.4.5 Präzisionsgleichrichtung. — 4.4.6 Aktive Filter. — 4.4.7 Ladungsverstärker. — 4.4.8 Integrationsverstärker für Spannungen.

5 Analoge Meßtechnik . . . . H 56

5.1 Analoge Meßwerke . . . . H 57
5.1.1 Prinzip des linearen Drehspulmeßwerks. — 5.1.2 Statische Eigenschaften des linearen Drehspulmeßwerks.

5.2 Funktionsbildung und Verknüpfung mit Meßwerken . . . . . . H 58
5.2.1 Kernmagnetmeßwerk mit radialem Sinusfeld. — 5.2.2 Quotientenbestimmung mit Kreuzspulmeßwerken. — 5.2.3 Bildung von linearen Mittelwerten und Extremwerten. — 5.2.4 Bildung von quadratischen Mittelwerten. — 5.2.5 Multiplikation mit elektrodynamischen Meßwerken. — 5.2.6 Integralwertbestimmung mit Induktionszählern.

5.3 Prinzip und Anwendung des Elektronenstrahl-Oszillographen . . . H 63
5.3.1 Elektronenstrahlröhre. Ablenkempfindlichkeit. — 5.3.2 Darstellung des zeitlichen Verlaufs periodischer Meßsignale. — 5.3.3 Blockschaltbild eines Oszillographen in Standardausführung. — 5.3.4 Anwendung eines Oszillographen im x, y-Betrieb. — 5.3.5 Frequenzkompensierter Eingangsteiler.

6 Digitale Meßtechnik . . . . H 67

6.1 Quantisierung und digitale Signaldarstellung . . . . H 67
6.1.1 Informationsverlust durch Quantisierung. — 6.1.2 Der relative Quantisierungsfehler.

6.2 Abtasttheorem und Abtastfehler . . . . H 68
6.2.1 Das Shannonsche Abtasttheorem. — 6.2.2 Frequenzgang bei Extrapolation nullter Ordnung. — 6.2.3 Abtastfehler eines Haltekreises.

6.3 Digitale Zeit- und Frequenzmessung . . . . H 70
6.3.1 Prinzip der digitalen Zeit- und Frequenzmessung. — 6.3.2 Der Quarzoszillator. — 6.3.3 Digitale Zeitmessung. — 6.3.4 Digitale Frequenzmessung. — 6.3.5 Auflösung und Meßzeit bei der Periodendauer- bzw. Frequenzmessung. — 6.3.6 Reziprokwertbildung und Multiperiodendauermessung.

6.4 Analog-Digital-Umsetzung über Zeit oder Frequenz als Zwischengrößen . . . . H 73
6.4.1 Charge-balancing-Umsetzer. — 6.4.2 Dual-slope-Umsetzer. — 6.4.3 Integrierende Filterung bei integrierenden Umsetzern.

6.5 Analog-Digital-Umsetzung nach dem Kompensationsprinzip . . . . H 76
6.5.1 Prinzip der Analog-Digital-Umsetzung nach dem Kompensationsprinzip. — 6.5.2 Digital-Analog-Umsetzer mit bewerteten Leitwerten. — 6.5.3 Digital-Analog-Umsetzer mit Widerstandskettenleiter. — 6.5.4 Nachlaufumsetzer mit Zweirichtungszähler. — 6.5.5 Analog-Digital-Umsetzer mit sukzessiver Approximation.

6.6 Schnelle Analog-Digital-Umsetzung und Transientenspeicherung . . H 79
6.6.1 Parallele Analog-Digital-Umsetzer (Flash-Converter). — 6.6.2 Transientenspeicherung.

Literatur . . . . H 80

I Regelungs- und Steuerungstechnik

H. Unbehauen

1 Einführung . . . . I 1

1.1 Einordnung der Regelungs- und Steuerungstechnik . . . . I 1
1.2 Darstellung im Blockschaltbild . . . . I 1
1.3 Unterscheidung zwischen Regelung und Steuerung . . . . I 1
1.4 Beispiele von Regel- und Steuerungssystemen . . . . I 2

2 Modelle und Systemeigenschaften . . . . I 4

2.1 Mathematische Modelle . . . . I 4
2.2 Systemeigenschaften . . . . I 4
2.2.1 Lineare und nichtlineare Systeme. — 2.2.2 Systeme mit konzentrierten und verteilten Parametern. — 2.2.3 Zeitvariante und zeitinvariante Systeme. — 2.2.4 Systeme mit kontinuierlicher und diskreter Arbeitsweise. — 2.2.5 Systeme mit deterministischen oder stochastischen Variablen. — 2.2.6 Kausale Systeme. — 2.2.7 Stabile und instabile Systeme. — 2.2.8 Eingrößen- und Mehrgrößensysteme.

3 Beschreibung linearer kontinuierlicher Systeme im Zeitbereich . . I 8

3.1 Beschreibung mittels Differentialgleichungen . . . . I 8
3.1.1 Elektrische Systeme. — 3.1.2 Mechanische Systeme. — 3.1.3 Thermische Systeme.

3.2 Beschreibung mittels spezieller Ausgangssignale . . . . I 10
3.2.1 Die Übergangsfunktion (Normierte Sprungantwort). — 3.2.2 Die Gewichtsfunktion (Impulsantwort). — 3.2.3 Das Faltungsintegral (Duhamelsches Integral).

3.3 Zustandsraumdarstellung . . . . I 11
3.3.1 Zustandsraumdarstellung für Eingrößensysteme. — 3.3.2 Zustandsraumdarstellung für Mehrgrößensysteme.

4 Beschreibung linearer kontinuierlicher Systeme im Frequenzbereich I 12

4.1 Die Laplace-Transformation . . . . I 12
4.2 Die Fourier-Transformation . . . . I 13
4.3 Der Begriff der Übertragungsfunktion . . . . I 14
4.3.1 Definition. — 4.3.2 Pole und Nullstellen der Übertragungsfunktion. — 4.3.3 Das Rechnen mit Übertragungsfunktionen. — 4.3.4 Zusammenhang zwischen $G(s)$ und der Zustandsraumdarstellung. — 4.3.5 Die komplexe G-Ebene.

4.4 Die Frequenzgangdarstellung . . . . I 16
4.4.1 Definition. — 4.4.2 Ortskurvendarstellung des Frequenzganges. — 4.4.3 Darstellung des Frequenzganges durch Frequenzkennlinien (Bode-Diagramm).

4.5 Das Verhalten der wichtigsten Übertragungsglieder . . . . I 17
4.5.1 Das proportional wirkende Glied (P-Glied). — 4.5.2 Das integrierende Glied (I-Glied). — 4.5.3 Das differenzierende Glied (D-Glied). — 4.5.4 Das Verzögerungsglied 1. Ordnung (PT_1-Glied). — 4.5.5 Das Verzögerungsglied 2. Ordnung (PT_2-Glied und PT_2S-Glied). — 4.5.6 Bandbreite eines Übertragungsgliedes. — 4.5.7 Systeme mit minimalem und nichtminimalem Phasenverhalten.

5 Das Verhalten linearer kontinuierlicher Regelkreise . . . . . . I 23

5.1 Dynamisches Verhalten des Regelkreises . . . . I 23
5.2 Stationäres Verhalten des Regelkreises . . . . I 24
5.3 Der PID-Regler und die aus ihm ableitbaren Reglertypen . . . . . I 25

6 Stabilität linearer kontinuierlicher Regelsysteme . . . . I 28

6.1 Definition der Stabilität . . . . I 28
6.2 Algebraische Stabilitätskriterien . . . . I 28
6.2.1 Das Hurwitz-Kriterium. — 6.2.2 Das Routh-Kriterium.
6.3 Das Nyquist-Verfahren . . . . I 29
6.3.1 Das Nyquist-Kriterium in der Ortskurvendarstellung. — 6.3.2 Das Nyquist-Kriterium in der Frequenzkennlinien-Darstellung. — 6.3.3 Vereinfachte Formen des Nyquist-Kriteriums.

7 Das Wurzelortskurvenverfahren . . . . I 32

7.1 Der Grundgedanke des Verfahrens . . . . I 32
7.2 Regeln zur Konstruktion von Wurzelortskurven . . . . I 33

8 Entwurfsverfahren für lineare kontinuierliche Regelsysteme . . . I 35

8.1 Problemstellung . . . . I 35
8.2 Entwurf im Zeitbereich . . . . I 35
8.2.1 Gütemaße im Zeitbereich. — 8.2.2 Integralkriterien. — 8.2.3 Quadratische Regelfläche. — 8.2.4 Ermittlung optimaler Einstellwerte eines Reglers nach dem Kriterium der minimalen quadratischen Regelfläche. — 8.2.5 Empirisches Vorgehen.
8.3 Entwurf im Frequenzbereich . . . . I 40
8.3.1 Kenndaten des geschlossenen Regelkreises im Frequenzbereich und deren Zusammenhang mit den Gütemaßen im Zeitbereich. — 8.3.2 Die Kenndaten des offenen Regelkreises und deren Zusammenhang mit den Gütemaßen des geschlossenen Regelkreises im Zeitbereich. — 8.3.3 Reglerentwurf nach dem Frequenzkennlinien-Verfahren. — 8.3.4 Korrekturglieder für Phase und Amplitude. — 8.3.5 Reglerentwurf mit dem Wurzelortskurvenverfahren.
8.4 Analytische Entwurfsverfahren . . . . I 44
8.4.1 Vorgabe des Verhaltens des geschlossenen Regelkreises. — 8.4.2 Das Verfahren nach Truxal-Guillemin. — 8.4.3 Algebraisches Entwurfsverfahren.

9 Nichtlineare Regelsysteme . . . . I 49

9.1 Allgemeine Eigenschaften nichtlinearer Regelsysteme . . . . . . I 49
9.2 Regelkreis mit Zwei- und Dreipunktreglern . . . . I 49
9.3 Analyse nichtlinearer Regelsysteme mit Hilfe der Beschreibungsfunktion . . . . I 50
9.3.1 Definition der Beschreibungsfunktion. — 9.3.2 Stabilitätsuntersuchung mittels der Beschreibungsfunktion.
9.4 Analyse nichtlinearer Regelsysteme in der Phasenebene . . . . . I 51
9.4.1 Zustandskurven. — 9.4.2 Anwendung der Methode der Phasenebene zur Untersuchung von Relaissystemen.
9.5 Stabilitätstheorie nach Ljapunow . . . . I 53
9.5.1 Der Grundgedanke der direkten Methode von Ljapunow. — 9.5.2 Stabilitätssätze von Ljapunow. — 9.5.3 Ermittlung geeigneter Ljapunow-Funktionen.
9.6 Das Stabilitätskriterium von Popov . . . . I 54
9.6.1 Absolute Stabilität. — 9.6.2 Formulierung des Popov-Kriteriums. — 9.6.3 Geometrische Auswertung der Popov-Ungleichung.

10 Lineare zeitdiskrete Systeme (digitale Regelung) . . . . I 56

10.1 Arbeitsweise digitaler Regelsysteme . . . . I 56
10.2 Darstellung im Zeitbereich . . . . I 57
10.3 Die z-Transformation . . . . I 58
10.3.1 Definition der z-Transformation.
10.4 Darstellung im Frequenzbereich . . . . I 59
10.4.1 Die Übertragungsfunktion diskreter Systeme. — 10.4.2 Die z-Übertragungsfunktion kontinuierlicher Systeme.

10.5 Stabilität diskreter Regelsysteme . . . . I 60
10.5.1 Stabilitätsbedingungen. — 10.5.2 Stabilitätskriterien.
10.6 Regelalgorithmen für die digitale Regelung . . . . I 62
10.6.1 PID-Algorithmus. — 10.6.2 Der Entwurf diskreter Kompensationsalgorithmen. — 10.6.3 Kompensationsalgorithmus für endliche Einstellzeiten.

11 Zustandsraumdarstellung linearer Regelsysteme . . . . I 65
11.1 Allgemeine Darstellung . . . . I 65
11.2 Normalformen für Eingrößensysteme . . . . I 65
11.3 Steuerbarkeit und Beobachtbarkeit . . . . I 66
11.4 Synthese linearer Regelsysteme im Zustandsraum . . . . I 67
11.4.1 Das geschlossene Regelsystem. — 11.4.2 Der Grundgedanke der Reglersynthese. — 11.4.3 Die modale Regelung. — 11.4.4 Das Verfahren der Polvorgabe. — 11.4.5 Optimaler Zustandsregler nach dem quadratischen Gütekriterium. — 11.4.6 Das Meßproblem.

12 Systemidentifikation . . . . I 70
12.1 Deterministische Verfahren zur Systemidentifikation . . . . I 70
12.1.1 Wendetangenten- und Zeitprozentkennwerte-Verfahren. — 12.1.2 Identifikation im Frequenzbereich. — 12.1.3 Berechnung des Frequenzganges aus der Übergangsfunktion. — 12.1.4 Berechnung der Übergangsfunktion aus dem Frequenzgang.
12.2 Statistische Verfahren zur Systemidentifikation . . . . I 73
12.2.1 Korrelationsanalyse. — 12.2.2 Spektrale Leistungsdichte. — 12.2.3 Statistische Bestimmung dynamischer Eigenschaften linearer Systeme. — 12.2.4 Systemidentifikation mittels Parameterschätzverfahren.

13 Adaptive Regelsysteme . . . . I 75
13.1 Begriffsdefinition . . . . I 75
13.2 Drei wichtige Grundstrukturen adaptiver Regelsysteme . . . . . . I 76
13.3 „On-line“-Identifikation der Regelstrecke . . . . I 77
13.4 Zwei wichtige Entwurfsprinzipien . . . . I 77

14 Binäre Steuerungstechnik . . . . I 78
14.1 Grundstruktur binärer Steuerungen . . . . I 78
14.1.1 Signalflußplan. — 14.1.2 Klassifizierung binärer Steuerungen.
14.2 Grundlagen der Kombinatorik und der Theorie sequentieller Schaltungen . . . . I 79
14.2.1 Kombinatorische Schaltungen. — 14.2.2 Synthese und Analyse sequentieller Schaltungen.
14.3 Darstellung von Zuständen durch Zustandsgraphen und Petri-Netze . I 82
14.4 Technische Realisierung von verbindungsprogrammierten Steuerungseinrichtungen . . . . I 84
14.4.1 Relaistechnik. — 14.4.2 Diskrete Bausteinsysteme (DTL- und TTL-Logikfamilien).
14.5 Speicherprogrammierbare Steuerungen . . . . I 84
14.5.1 Arbeitsweise einer speicherprogrammierbaren Steuerung (SPS). — 14.5.2 Sprachen für speicherprogrammierbare Steuerungen.

Literatur . . . . I 89

J Technische Informatik

H. Liebig, Th. Flik, P. Rechenberg

Digitale Systeme

H. Liebig

1 Schaltnetze . . . . J 2
1.1 Signaldurchschaltung und -verknüpfung . . . . J 3
1.2 Funktionen in der Booleschen Algebra . . . . J 7

1.3 Schaltnetze zur Datenverarbeitung und zum Datentransport . . . . J 9
1.4 Schaltnetze zur Datencodierung/-decodierung und -speicherung . . J 13

2 Schaltwerke . . . . J 16

2.1 Signalverzögerung und -speicherung . . . . J 17
2.2 Registertransfer und Datenspeicherung . . . . J 20
2.3 Schaltwerke zur Datenverarbeitung . . . . J 24
2.4 Schaltwerke zur Programmsteuerung und zur programmgesteuerten Datenverarbeitung . . . . J 26

3 Prozessoraufbau . . . . J 28

3.1 Mikroprogrammierung und Prozessorstruktur . . . . J 29
3.2 Befehlsformate, Befehlsvorrat . . . . J 31
3.3 Prozessorbau mit Prozessorbausteinen . . . . J 33
3.4 Architektur eines 32-Bit-Mikroprozessors . . . . J 35

Rechnerorganisation

Th. Flik

4 Informationsdarstellung und -verarbeitung . . . . J 38

4.1 Zeichen- und Zifferncodes . . . . J 38
4.2 Codesicherung . . . . J 40
4.3 Assemblersprache und Maschinencode . . . . J 41
4.4 Datentypen . . . . J 43

5 Prozessorfunktionen . . . . J 46

5.1 Registersatz und Prozessorstatus . . . . J 46
5.2 Adressierungsarten . . . . J 47
5.3 Ablaufsteuerung . . . . J 48
5.4 Betriebsarten und Ausnahmebehandlung . . . . J 50

6 Rechnersysteme . . . . J 52

6.1 Busse . . . . J 52
6.2 Speicherorganisation . . . . J 56
6.3 Ein-/Ausgabeorganisation . . . . J 59
6.4 Mehrprozessorsysteme und Rechnernetze . . . . J 63

7 Betriebssysteme . . . . J 67

7.1 Betriebssystemarten . . . . J 67
7.2 Prozeß-, Datei- und Ein-/Ausgabeverwaltung . . . . J 68
7.3 Hauptspeicherverwaltung . . . . J 71

Programmierung

P. Rechenberg

8 Algorithmen . . . . J 73

8.1 Begriffe . . . . J 73
8.2 Darstellungsarten . . . . J 74
8.3 Einteilungen . . . . J 76
8.4 Komplexität . . . . J 78

9 Datenstrukturen und Datentypen . . . . J 79

9.1 Begriffe . . . . J 79
9.2 Elementare Datentypen . . . . J 81
9.3 Lineare Datenstrukturen . . . . J 82
9.4 Bäume und Graphen . . . . J 83
9.5 Mengen . . . . J 86
9.6 Dateien . . . . J 86

10 **Programmiersprachen** . . . . J 88
10.1 Begriffe und Einteilungen . . . . J 88
10.2 Beschreibungsverfahren . . . . J 90
10.3 Konstruktionen algorithmischer Sprachen . . . . J 92
10.4 Programmiersprachen für technische Anwendungen . . . . J 95

11 **Softwaretechnik** . . . . J 98
11.1 Begriffe, Aufgaben und Probleme . . . . J 98
11.2 Problemanalyse und Anforderungsdefinition . . . . J 100
11.3 Entwurf und Programmentwicklung . . . . J 101
11.4 Test . . . . J 104
11.5 Qualitätssicherung . . . . J 105
11.6 Dokumentation . . . . J 105

Literatur . . . . J 107

K Entwicklung und Konstruktion

W. Beitz

1 **Produktentstehung** . . . . K 1
1.1 Lebensphasen eines Produkts . . . . K 1
1.1.1 Technischer Lebenszyklus. — 1.1.2 Wirtschaftlicher Lebenszyklus.
1.2 Produktplanung . . . . K 2
1.2.1 Bedeutung. — 1.2.2 Grundlagen. — 1.2.3 Vorgehensschritte.
1.3 Produktentwicklung . . . . K 5
1.3.1 Generelles Vorgehen. — 1.3.2 Produktspezifisches Vorgehen.

2 **Aufbau technischer Produkte** . . . . K 8
2.1 Funktionszusammenhang . . . . K 8
2.1.1 Allgemeines. — 2.1.2 Spezielle Funktionen.
2.2 Wirkzusammenhang . . . . K 10
2.2.1 Physikalische, chemische und biologische Effekte. — 2.2.2 Geometrische und stoffliche Merkmale.
2.3 Bauzusammenhang . . . . K 13
2.4 Systemzusammenhang . . . . K 13
2.5 Generelle Zielsetzungen für technische Produkte . . . . K 13
2.6 Anwendungen . . . . K 14

3 **Konstruktionsmethoden** . . . . K 14
3.1 Allgemeine Lösungsmethoden . . . . K 14
3.1.1 Allgemeiner Lösungsprozeß. — 3.1.2 Systemtechnisches Vorgehen. — 3.1.3 Problem- und Systemstrukturierung. — 3.1.4 Allgemeine Hilfsmittel.
3.2 Methoden des Konzipierens . . . . K 17
3.2.1 Intuitiv betonte Methoden. — 3.2.2 Diskursiv betonte Methoden.
3.3 Methoden zur Gestaltung . . . . K 18
3.3.1 Grundregeln der Gestaltung. — 3.3.2 Gestaltungsprinzipien. — 3.3.3 Gestaltungsrichtlinien.
3.4 Baustrukturen . . . . K 24
3.4.1 Baureihen. — 3.4.2 Baukästen. — 3.4.3 Differentialbauweise. — 3.4.4 Integralbauweise. — 3.4.5 Verbundbauweise.
3.5 Methoden der Auswahl . . . . K 27

4 **Konstruktionselemente** . . . . K 30
4.1 Bauteilverbindungen . . . . K 31
4.1.1 Funktionen und generelle Wirkungen. — 4.1.2 Formschluß. — 4.1.3 Reibschluß. — 4.1.4 Stoffschluß. — 4.1.5 Allgemeine Anwendungsrichtlinien.

4.2 Federn . . . . K 33
4.2.1 Funktionen und generelle Wirkungen. — 4.2.2 Zug-Druckbeanspruchte Metallfedern. — 4.2.3 Biegebeanspruchte Metallfedern. — 4.2.4 Drehbeanspruchte Metallfedern. — 4.2.5 Gummifedern. — 4.2.6 Gasfedern. — 4.2.7 Allgemeine Anwendungsrichtlinien.

4.3 Kupplungen und Gelenke . . . . K 36
4.3.1 Funktionen und generelle Wirkungen. — 4.3.2 Feste Kupplungen. — 4.3.3 Drehstarre Ausgleichskupplungen. — 4.3.4 Elastische Kupplungen. — 4.3.5 Schaltkupplungen. — 4.3.6 Allgemeine Anwendungsrichtlinien.

4.4 Lagerungen und Führungen . . . . K 40
4.4.1 Funktionen und generelle Wirkungen. — 4.4.2 Wälzlagerungen und -führungen. — 4.4.3 Hydrodynamische Gleitlagerungen und -führungen. — 4.4.4 Hydrostatische Gleitlagerungen und -führungen. — 4.4.5 Magnetische Lagerungen und -führungen. — 4.4.6 Allgemeine Anwendungsrichtlinien.

4.5 Mechanische Getriebe . . . . K 43
4.5.1 Funktionen und generelle Wirkungen. — 4.5.2 Zahnradgetriebe. — 4.5.3 Kettengetriebe. — 4.5.4 Riemengetriebe. — 4.5.5 Reibradgetriebe. — 4.5.6 Kurbel-(Gelenk-) und Kurvengetriebe. — 4.5.7 Allgemeine Anwendungsrichtlinien.

4.6 Hydraulische Getriebe . . . . K 48
4.6.1 Funktionen und generelle Wirkungen. — 4.6.2 Hydrostatische Getriebe (Hydrogetriebe). — 4.6.3 Hydrodynamische Getriebe (Föttinger-Getriebe). — 4.6.4 Allgemeine Anwendungsrichtlinien.

4.7 Elemente zur Führung von Fluiden . . . . K 50
4.7.1 Funktionen und generelle Wirkungen. — 4.7.2 Rohrnetze. — 4.7.3 Absperr- und Regelorgane (Armaturen).

5 Konstruktionsmittel . . . . K 52

5.1 Zeichnungen . . . . K 52
5.2 Rechnerunterstützte Konstruktion . . . . K 52
5.2.1 Grundlagen. — 5.2.2 Rechnereinsatz in den Konstruktionsphasen.

5.3 Normen . . . . K 54
5.4 Kostenerkennung, Wertanalyse . . . . K 55
5.4.1 Beeinflußbare Kosten. — 5.4.2 Methoden der Kostenerkennung. — 5.4.3 Wertanalyse.

Literatur . . . . K 57

L Normung

H. Reihlen

1 Normung in Deutschland . . . . L 1

1.1 Normung: eine technisch-wissenschaftliche und wirtschaftliche Optimierung . . . . L 1
1.2 Das DIN Deutsches Institut für Normung e.V. . . . . L 1
1.3 DIN-Normen — Verfahren zu ihrer Erarbeitung und rechtliche Bedeutung . . . . L 2

2 Internationale und westeuropäische Normung . . . . . . L 3

2.1 Internationale Normung . . . . L 3
2.2 Westeuropäische Normung . . . . L 4
2.3 Übernahme internationaler Normen in das deutsche Normenwerk . . L 4

3 Ergebnisse der Normung . . . . L 4

3.1 Terminologie . . . . L 5
3.2 Rationalisierung . . . . L 5
3.3 Sicherheit . . . . L 6
3.4 Ergonomie . . . . L 6
3.5 Qualitätssicherung . . . . L 6

3.6 Verbraucherschutz . . . . L 7
3.7 Umweltschutz . . . . L 7
3.8 Informationstechnik — Kommunikation offener Systeme (Open Systems Interconnection OSI) . . . . L 8
3.9 Rechnergestützte Entwicklung, Konstruktion und Produktion (CAE, CAD, CIM) . . . . L 9

Literatur . . . . L 10

M Recht
J. Borck

1 **Materielles Recht: Überblick** . . . . M 1

2 **Verfahrensrecht** . . . . M 1
2.1 Gerichtsbarkeiten . . . . M 1
2.2 Klage und Mahnverfahren . . . . M 2
2.3 Zwangsvollstreckung und Konkurs . . . . M 3
2.4 Strafprozeß und Bußgeldverfahren . . . . M 3

3 **Verträge und Haftung** . . . . M 4
3.1 Kauf- und Werkvertrag . . . . M 4
3.2 Bauvertrag . . . . M 4
3.3 Architekten- und Ingenieurvertrag . . . . M 4
3.4 Internationale Anlagenverträge . . . . M 5
3.5 Mietvertrag und Leasing . . . . M 5
3.6 Haftung und Schadensersatz . . . . M 6

4 **Wirtschaftsrecht** . . . . M 6

5 **Arbeitsrecht** . . . . M 7
5.1 Quellen . . . . M 7
5.2 Arbeitnehmerschutzrechte . . . . M 7
5.3 Urlaub . . . . M 8
5.4 Mitwirkungs- und Mitbestimmungsrechte . . . . M 8
5.5 Urheberrecht . . . . M 8

6 **Verwaltungsrecht** . . . . M 8
6.1 Verwaltung . . . . M 8
6.2 Allgemeines Verwaltungsrecht . . . . M 8
6.3 Verwaltungsverfahren . . . . M 9
6.4 Besonderes Verwaltungsrecht . . . . M 9

7 **Steuern und Sozialversicherung** . . . . M 9

8 **Datenschutz** . . . . M 10

9 **Energierecht** . . . . M 10

10 **Umweltschutz** . . . . M 10

Literatur . . . . M 11

N Patentwesen
E. Häußer

1 **Bedeutung des Patentwesens** . . . . N 1
1.1 Technische Schutzrechte . . . . N 1
1.2 Technische Information . . . . N 1

1.3 Deutsches und Europäisches Patentamt . . . . N 2
1.4 Patentstatistik . . . . N 2

2 Patente . . . . N 3

2.1 Voraussetzungen der Patentfähigkeit . . . . N 3
2.1.1 Technische Erfindung. — 2.1.2 Neuheit. — 2.1.3 Erfindungshöhe. — 2.1.4 Gewerbliche Anwendbarkeit.
2.2 Die Patentanmeldung . . . . N 4
2.3 Erteilungsverfahren . . . . N 5
2.3.1 Offensichtlichkeitsprüfung und Offenlegung. — 2.3.2 Prüfung auf Patentfähigkeit.
2.4 Einspruchsverfahren . . . . N 6
2.5 Schutzdauer, Jahresgebühren und Zahlungserleichterungen . . . . N 6
2.6 Nichtigkeitsverfahren . . . . N 7
2.7 Verfügungen über das Patent und Lizenzvereinbarungen . . . . . N 7
2.8 Wirkungen des Patents . . . . N 7

3 Europäisches Patentrecht . . . . N 7

3.1 Die europäische Patentanmeldung . . . . N 8
3.2 Das europäische Verfahren . . . . N 8
3.3 Das erteilte europäische Patent . . . . N 8
3.4 Vor- und Nachteile des europäischen Patents . . . . N 9

4 (Internationaler) Patentzusammenarbeitsvertrag (PCT) . . . . . N 9

4.1 Die PCT-Anmeldung . . . . N 9
4.2 Das PCT-Verfahren . . . . N 9
4.3 Vor- und Nachteile . . . . N 10

5 Gebrauchsmuster . . . . N 10

5.1 Schutzfähige Erfindungen . . . . N 10
5.2 Neuheit und Erfindungshöhe . . . . N 10
5.3 Anmeldung und Eintragung . . . . N 10
5.4 Wirkungen und Laufzeit des Gebrauchsmusters . . . . N 11

6 Arbeitnehmererfindungsrecht . . . . N 11

6.1 Freie und gebundene Erfindungen . . . . N 11
6.2 Meldung und Inanspruchnahme . . . . N 12
6.3 Pflichten des Arbeitgebers . . . . N 12
6.4 Vergütungsanspruch . . . . N 12
6.5 Streitigkeiten . . . . N 13

Literatur . . . . N 13

O Betriebswirtschaft

W. Plinke

1 Gegenstand der Betriebswirtschaftslehre . . . . O 1

2 Das Grundmodell der Betriebswirtschaftslehre . . . . O 1

3 Konstitutive Entscheidungen . . . . O 2

3.1 Die Gründung des Betriebes . . . . O 2
3.1.1 Einflußfaktoren der Gründungsentscheidung. — 3.1.2 Der betriebliche Standort.
3.2 Das Wachstum des Betriebes . . . . O 3
3.3 Die Beendigung des Betriebes . . . . O 3
3.4 Die Verfassung des Betriebes . . . . O 4
3.4.1 Die Rechtsform des Betriebes. — 3.4.2 Die Mitbestimmung.
3.5 Betriebliche Zusammenschlüsse . . . . O 6

4 Funktionsbezogene Entscheidungen . . . . O 7

4.1 Das Realgütersystem . . . . O 7
4.1.1 Beschaffung. — 4.1.2 Produktion. — 4.1.3 Absatz.

4.2 Das Finanzsystem . . . . O 9

4.3 Das soziale System . . . . O 9
4.3.1 Die Organisation des Betriebes. — 4.3.2 Personalwirtschaft. — 4.3.3 Mitarbeiterführung.

4.4 Das Informationssystem . . . . O 12
4.4.1 Informationssysteme des Betriebes. — 4.4.2 Das externe Rechnungswesen. — 4.4.3 Das interne Rechnungswesen.

Literatur . . . . O 19

Sachverzeichnis . . . . S 1

A Mathematik und Statistik

P. Ruge, M. Wermuth

Mathematik

P. Ruge

1 Mengen, Logik

1.1 Mengen

1.1.1 Grundbegriffe der Mengenlehre

Nach Cantor ist eine Menge M eine Gesamtheit bestimmter, wohlunterschiedener Objekte m unserer Anschauung oder unseres Denkens, wobei von jedem Objekt eindeutig feststeht, ob es zu dieser Menge gehört oder nicht. Die zu einer Menge M gehörenden Objekte heißen Elemente von M. Es gilt also:

Entweder $m \in M$: m ist ein Element von M,
oder $m \notin M$; m ist nicht Element von M.

Die zu einer Menge gehörenden Elemente werden einzeln oder durch eine Bildungsvorschrift angegeben und durch geschweifte Klammern zusammengefaßt.

$M = \{m \mid E\}$ Menge aller Elemente m mit der Eigenschaft E, z. B. $M_1 = \{m \mid m^4 + 4 = 0\}$ oder $M_1 = \{1 + \mathrm{j}, 1 - \mathrm{j}, -1 + \mathrm{j}, -1 - \mathrm{j}\}$.

Gewisse Standardmengen von Zahlen werden durch bestimmte Buchstabensymbole gekennzeichnet.

Tabelle 1-1. Standardmengen von Zahlen

Natürlich	Reell	Komplex	Ganz	Rational
$\mathbb{N}$	$\mathbb{R}$	$\mathbb{C}$	$\mathbb{Z}$	$\mathbb{Q}$

Leere Menge enthält kein Element $\emptyset = \{\,\}$

Endliche Menge enthält endlich viele Elemente

Mächtigkeit $|M|$ auch Kardinalität card (M) einer endlichen Menge M ist die Anzahl ihrer Elemente

Gleichmächtigkeit A ist gleichmächtig B, $A \sim B$, wenn sich jedem Element von A genau ein Element von B zuordnen läßt und umgekehrt.
Zum Beispiel:

$$\mathbb{N} \setminus \{0\} = \{1, 2, 3, 4, 5, \ldots\},$$
$$\mathbb{U} \quad = \{1, 3, 5, 7, 9, \ldots\}.$$

Zu jedem Element k aus $\mathbb{N} \setminus \{0\}$ gibt es ein Element $2k - 1$ aus $\mathbb{U}$ und umgekehrt. Zudem sind alle Elemente von $\mathbb{U}$ in $\mathbb{N} \setminus \{0\}$ enthalten.

Unendliche Menge Eine Menge A ist unendlich, falls sich eine echte Teilmenge B von A angeben läßt, die mit A gleichmächtig ist.

Abzählbarkeit Jede unendliche Menge, die mit $\mathbb{N}$ gleichmächtig ist, heißt abzählbar.

Kontinuum Eine nicht abzählbar unendliche Menge hat die Mächtigkeit des Kontinuums.

1.1.2 Mengenrelationen und -operationen

Mengen und ihre Beziehungen zueinander lassen sich durch Punktmengen in der Ebene, z. B. Ellipsen, veranschaulichen; sog. Venn-Diagramme, siehe Bild 1-1.

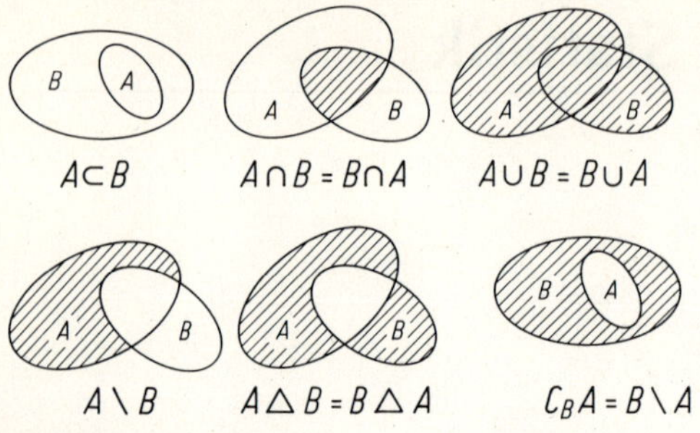

Bild 1-1. Venn-Diagramme. Ergebnismengen sind schraffiert.

Gleichheit $A = B$
Jedes Element von A ist auch Element von B und umgekehrt.

Teilmenge $A \subseteqq B$
A Teilmenge von B. Jedes Element von A ist auch Element von B. Gleichheit ist möglich.

Echte Teilmenge, $A \subset B$
Gleichheit wird ausgeschlossen.

Potenzmenge, $P(M)$
Potenz von M. Menge aller Teilmengen der Menge M. Zum Beispiel $M = \{a, b\}$,
$P(M) = \{\emptyset, \{a\}, \{b\}, \{a, b\}\}$.

Durchschnitt, $A \cap B$
A geschnitten mit B. Menge aller Elemente, die sowohl zu A als auch zu B gehören.

Vereinigung, $A \cup B$
A vereinigt mit B. Menge aller Elemente, die zumindest zu A oder B gehören.

Differenz, $B \setminus A$
B ohne A. Menge aller Elemente von B, die nicht gleichzeitig Elemente von A sind.

Komplement, $C_B A$
Komplement von A bezüglich B. Für $A \subseteqq B$ ist $C_B A = B \setminus A$.

Diskrepanz, $A \triangle B$
Diskrepanz (symmetrische Differenz) von A und B. Menge aller Elemente von A und B außerhalb des Durchschnitts:
$$A \triangle B = (A \setminus B) \cup (B \setminus A) = (A \cup B) \setminus (A \cap B).$$

Produktmenge, $A \times B$
A kreuz B. Menge aller geordneten Paare (a_i, b_j), die sich aus je einem Element der Menge A und der Menge B bilden lassen. Zum Beispiel
$A = \{a_1, a_2, a_3\}$, $B = \{b_1, b_2\}$,
$A \times B = \{(a_1, b_1), (a_1, b_2), (a_2, b_1), (a_2, b_2), (a_3, b_1), (a_3, b_2)\}$.
Anmerkung: Bei einem geordneten Paar ist die Reihenfolge von Bedeutung: $(x, y) \neq (y, x)$ für $x \neq y$.

$A_1 \times A_2 \times \ldots \times A_n$
Menge aller geordneten n-Tupel $(A_{1i}, A_{2j}, \ldots, A_{nk})$ aus je einem Element der beteiligten Mengen.

1.2 Verknüpfungsmerkmale spezieller Mengen

Charakteristische Eigenschaften von Verknüpfungen und Relationen sind:

Kommutativität, $a \circ b = b \circ a$
a verknüpft mit b. Falls die Reihenfolge der Verknüpfung zweier Elemente a und b einer Menge unerheblich ist, dann ist die betreffende Verknüpfung in der Menge kommutativ.

Assoziativität, $a \circ (b \circ c) = (a \circ b) \circ c$
Gilt dies für alle Tripel (a, b, c) einer Menge, so ist die betreffende Verknüpfung in der Menge assoziativ.

Distributivität, $a \circ (b \diamond c) = (a \circ b) \diamond (a \circ c)$
Gilt dies für zwei verschiedenartige Verknüpfungen (Kreis und Karo) angewandt auf alle Tripel einer Menge, so sind die Verknüpfungen in der Menge distributiv.

Reflexivität, $a \circ a$
Relation $\circ$ reflektiert a auf sich selbst; z. B. $a = a$, g parallel g (g Gerade)

Symmetrie, $a \circ b \leftrightarrow b \circ a$
Relation ist symmetrisch; z. B. $a = b$, g parallel h (g, h Geraden)

Transitivität, $a \circ b$ und $b \circ c \rightarrow a \circ c$
Zum Beispiel aus $a = b$ und $b = c$ folgt $a = c$. Aus $A \subset B$ und $B \subset C$ folgt $A \subset C$.

Äquivalenz
Eine Relation, die reflexiv, symmetrisch und transitiv ist, heißt Äquivalenzrelation, z. B. die Gleichheitsrelation.

Drei in der modernen Mathematik wichtige algebraische Strukturen sind Gruppen, Ringe und Körper.

Gruppe: Eine Menge $G = \{a_1, a_2, \ldots\}$ heißt Gruppe, wenn in G eine Operation $a_1 \circ a_2 = b$ erklärt ist und gilt:

1. $b \in G$ — Abgeschlossenheit
2. $(a_i \circ a_j) \circ a_k = a_i \circ (a_j \circ a_k)$ — Assoziativität
3. $a_i \circ e = e \circ a_i = a_i$, $e \in G$ — Existenz eines Einselementes
4. $a_i \circ a_i^{-1} = a_i^{-1} \circ a_i = e$ — Existenz von inversen Elementen

Abelsche Gruppe. Es gilt zusätzlich:

5. $a_i \circ a_j = a_j \circ a_i$. — Kommutativität

Ring: Eine Menge $R = \{r_1, r_2, \ldots\}$ heißt assoziativer Ring, wenn in R zwei Operationen $\circ$ und $\diamond$ erklärt sind und folgendes gilt:

1. R ist eine Abelsche Gruppe bezüglich der Operation $\circ$
2. $r_i \diamond r_j = c$, $c \in R$ — Abgeschlossenheit

Tabelle 1-2. Aussagenverknüpfungen der Logik

Symbol	Lesart	Bezeichnung
a	Aussage a	Atomare Form
$\neg a$, auch $\bar{a}$	nicht a	Negation
$a \wedge b$, auch $a \cdot b$	und; sowohl als auch	Konjunktion
$a \vee b$, auch $a + b$	oder; (das eine oder das andere oder beides)	Disjunktion
Abgeleitete Verknüpfungen		
$a \supset b$	a impliziert b: $\bar{a} \vee b$; $\bar{a} + b$	Implikation
$a \equiv b$	a äquivalent b: $(a \wedge b) \vee (\bar{a} \wedge \bar{b})$ $(a \cdot b) + (\bar{a} \cdot \bar{b})$	Äquivalenz
$a \not\equiv b$	a antivalent b: $(a \wedge \bar{b}) \vee (\bar{a} \wedge b)$ $(a \cdot \bar{b}) + (\bar{a} \cdot b)$	Antivalenz
$a \bar{\wedge} b$	a nand b: $\overline{a \wedge b} = \bar{a} \vee \bar{b}$; $\overline{a \cdot b} = \bar{a} + \bar{b}$	NAND-Funktion
$a \bar{\vee} b$	a nor b: $\overline{a \vee b} = \bar{a} \wedge \bar{b}$ $\overline{a + b} = \bar{a} \cdot \bar{b}$	NOR-Funktion

3. $r_i \diamond (r_j \diamond r_k) = (r_i \diamond r_j) \diamond r_k$ Assoziativität
4. $r_i \diamond (r_j \circ r_k) = (r_i \diamond r_j) \circ (r_i \diamond r_k)$ Distributivität
   $(r_i \circ r_j) \diamond r_k = (r_i \diamond r_k) \circ (r_j \diamond r_k)$

Kommutativer Ring: Es gilt zusätzlich

5. $r_i \diamond r_j = r_j \diamond r_i$ Kommutativität

Kommutativer Ring mit Einselement: Es gilt zusätzlich

6. $r_i \diamond r_i^{-1} = r_i^{-1} \diamond r_i = e$ Einselement

Körper: Kommutativer Ring mit Einselement ohne Division durch Null.

1.3 Logik; Boolesche Algebra

Gegenstand der Logik sind Aussagen a und ihre Verknüpfungen. a heißt eine Aussage, wenn a einen Tatbestand ausdrückt. Besonders wichtig ist die Menge A_2 der zweiwertigen Aussagen, die entweder wahr (true) oder falsch (false) sein können; üblich ist auch eine Codierung durch die Zahlen

1 (wahr, W, true) und 0 (falsch, F, false).

Die Elemente 0 und 1 bilden als Wahrheitswerte die Menge B_2 mit einer zweielementigen Booleschen Algebra: $B_2 = \{0, 1\}$. Aussagenverknüpfungen ordnen je zwei Aussagen aus A_2 ein Element aus A_2 zu.

Boolesche Funktionen sind erklärt als Abbildung f der Menge aller aus B_2 gebildeten n-Tupel auf die Menge B_2.

$$f\colon B_2^n \to B_2 . \tag{1}$$

Die logischen Verknüpfungen in Tabelle 1-3 stehen im Einklang mit den *Axiomen der Booleschen Algebra*.

$$\begin{aligned}
&a \cdot b = b \cdot a,\ a + b = b + a,\\
&(a \cdot b) \cdot c = a \cdot (b \cdot c) = a \cdot b \cdot c,\\
&(a + b) + c = a + (b + c) = a + b + c,\\
&(a + b) \cdot c = (a \cdot c) + (b \cdot c),\\
&(a \cdot b) + c = (a + c) \cdot (b + c),\\
&a \cdot 1 = a, \quad a + 0 = a, \quad \bar{a} \cdot a = 0, \quad a + \bar{a} = 1,
\end{aligned} \tag{2}$$

wobei die gewählte Notation (·, +) gewisse Ähnlichkeiten zur gewöhnlichen Algebra erkennen läßt. Aus (2) folgen weitere

Rechenregeln:

$$a \cdot a = a, \quad a + a = a, \quad 0 \cdot a = 0, \quad 1 + a = 1,$$

$$a + (a \cdot b) = a, \quad a \cdot (a + b) = a,$$

$$a + (\bar{a} \cdot b) = a + b, \quad a \cdot (\bar{a} + b) = a \cdot b.$$

Doppelte Verneinung $\bar{\bar{a}} = a$.

$$\text{De-Morgansche Regeln } \bar{a} \cdot \bar{b} = \overline{(a + b)}, \quad \bar{a} + \bar{b} = \overline{a \cdot b}. \tag{3}$$

Aussagenverknüpfungen, die unabhängig vom Wahrheitswert der Einzelaussagen stets den Wert 1 annehmen, heißen *Tautologien* oder *Identitäten*.

Mit Hilfe von Wahrheitstabellen lassen sich die Wahrheitswerte von Aussagenverknüpfungen sy-

Tabelle 1-3. Wahrheitswerte von Aussagenverknüpfungen $a \circ b$ (a verknüpft mit b)

		$a \wedge b$	$a \vee b$	$a \supset b$	$a \equiv b$	$a \bar{\wedge} b$	$a \bar{\vee} b$
a	b	UND	ODER	Impliziert	Äquivalent	NAND	NOR
0	0	0	0	1	1	1	1
0	1	0	1	1	0	1	0
1	0	0	1	0	0	1	0
1	1	1	1	1	1	0	0

Tabelle 1-4. Beispiele von Tautologien

Abtrennungsregel	$(a \cdot (a \supset b)) \supset b$
Indirekter Beweis	$(a \cdot (\bar{b} \supset \bar{a})) \supset b$
Fallunterscheidung	$((a \vee b) \cdot (a \supset c) \cdot (b \supset c)) \supset c$
Kettenschluß	$((a \supset b) \cdot (b \supset c)) \supset (a \supset c)$
Schluß auf eine Äquivalenz	$((a \supset b) \cdot (b \supset a)) \supset (a \equiv b)$
Kontraposition	$(a \supset b) \supset (\bar{b} \supset \bar{a})$
	$(\bar{b} \supset \bar{a}) \supset (a \supset b)$

Tabelle 1-5. Wahrheitstabelle für Kettenschluß

a	0	1	0	1	0	1	0	1
b	0	0	1	1	0	0	1	1
c	0	0	0	0	1	1	1	1
$u = a \supset b$	1	0	1	1	1	0	1	1
$v = b \supset c$	1	1	0	0	1	1	1	1
$w = a \supset c$	1	0	1	0	1	1	1	1
$x = u \cdot v$	1	0	0	0	1	0	1	1
$x \supset w$	1	1	1	1	1	1	1	1

Tabelle 1-6. Methode der vollständigen Induktion

Eine Aussage „Für jedes x aus der Menge X gilt $p(x)$ mit $X = \{x | (x \in \mathbb{N}) \wedge (x \geqq a)\}$, $a \in \mathbb{N}$" ist wahr, wird in 4 Schritten bewiesen.

1. Induktionsbeginn. Nachweis der Wahrheit von $p(a)$.
2. Induktionsannahme. $p(k)$ mit beliebigem $k > a$ sei wahr.
3. Induktionsschritt. Berechnung von $p(k+1)$ als $P(k+1)$ von $p(k)$ ausgehend.
4. Induktionsschluß. $p(x)$ ist wahr, falls $P(k+1) = p(k+1)$.

Beispiel.

Aussage: $p(x) = 1^2 + 2^2 + \ldots + x^2 = x(x+1)(2x+1)/6$.

1. $a = 1$. $p(1) = 1^2 = 1(1+1)(2+1)/6$.
2. $p(k) = k(k+1)(2k+1)/6$.
3. $P(k+1) = p(k) + (k+1)^2 = (k+1)\,k(2k+1)/6 + (k+1) = (k+1)(2k^2 + 7k + 6)/6$.
4. $p(k+1) = (k+1)(k+2)(2k+3)/6 = P(k+1)$.

stematisch ermitteln. Bei Tautologien muß die Schlußzeile (Tabelle 1-5) überall den Wahrheitswert 1 aufweisen.

Identitäten wie in Tabelle 1-4 liefern die Bausteine zum Beweis von Beweistechniken, so zum Beispiel der *Methode der vollständigen Induktion*.

Die Logik der Aussagen und ihrer Verknüpfungen im *Aussagenkalkül* findet ihre Erweiterung in der Logik der Aussageformen, auch Prädikate genannt, und dem dazugehörigen *Prädikatenkalkül*.

Beispiel: „7 ist größer als 5" ist eine Aussage a mit dem Wahrheitswert 1. „x ist größer als y" ist eine Aussageform oder Prädikat $a(x, y)$, dessen Wahrheitswert von den Variablen x, y abhängt. Für ein konkretes Paar, z. B. $x = 7$, $y = 5$, wird $a(7, 5)$ zur Aussage.

2 Zahlen, Abbildungen, Folgen

2.1 Reelle Zahlen

2.1.1 Zahlenmengen, Mittelwerte

Mit Hilfe der Zahlen können reale Ereignisse quantifiziert und geordnet werden. Rationale Zahlen lassen sich durch ganze Zahlen einschließlich Null darstellen.

$$\textbf{Natürliche Zahlen: } \mathbb{N} = \{0, 1, 2, 3, \ldots\},$$
$$\textbf{Ganze Zahlen: } \mathbb{Z} = \{\ldots, -2, -1, 0, 1, 2, \ldots\}, \quad (1)$$
$$\textbf{Rationale Zahlen: } \mathbb{Q} = \left\{\frac{a}{b} \middle| a \in \mathbb{Z} \wedge b \in \mathbb{N} \setminus \{0\}\right\},$$
$$a, b \text{ teilerfremd}.$$

Algebraische und transzendente Zahlen, z. B. als Lösungen x der Gleichungen $x^2 = 2$ bzw. $\sin x = 1$, erweitern die Menge $\mathbb{Q}$ der rationalen Zahlen zur Menge $\mathbb{R}$ der reellen Zahlen. Die Elemente der Menge $\mathbb{R}$ bilden einen Körper bezüglich der Addition und Multiplikation. Für jedes Paar $r_1, r_2 \in \mathbb{R}$ gilt genau eine der drei Ordnungsrelationen:

$$r_1 < r_2 \quad \text{oder} \quad r_1 = r_2 \quad \text{oder} \quad r_1 > r_2. \quad (2)$$

Zur Charakterisierung einer Menge n positiver Zahlen sind gewisse Mittelwerte erklärt:

Arithmetischer Mittelwert:
$$A = (a_1 + \ldots + a_n)/n.$$
Geometrischer Mittelwert:
$$G^n = a_1 \cdot a_2 \cdot \ldots \cdot a_n. \quad (3)$$
Harmonischer Mittelwert:
$$H^{-1} = (a_1^{-1} + \ldots + a_n^{-1})/n.$$

Es gilt stets: $H \leqq G \leqq A$.

2.1.2 Potenzen, Wurzeln, Logarithmen

Potenzen. Die Potenz a^b (a hoch b) mit der Basis a und dem Exponenten b ist für die drei Fälle $a > 0 \wedge b \in \mathbb{R}$, $a \neq 0 \wedge b \in \mathbb{Z}$, $a \in \mathbb{R} \wedge b \in \mathbb{N}$ reell.

Rechenregeln:

$$a^1 = a, \quad a^0 = 1 \; (a \neq 0), \quad 1^b = 1,$$
$$a^{-b} = 1/a^b, \quad a^b a^c = a^{b+c},$$
$$(ab)^c = a^c b^c, \quad (a^b)^c = a^{bc}, \quad a^b/a^c = a^{b-c}, \quad (4)$$
$$(a/b)^c = a^c/b^c.$$

Wurzeln. Die Wurzel $\sqrt[b]{c} = c^{1/b} = a$ (b-te Wurzel aus c) ist eine Umkehrfunktion zur Potenz $c = a^b$ mit dem „Wurzelexponenten" b und dem Radikanden c. Für $c > 0 \wedge b \neq 0$ ist a reell. Bei der Quadratwurzel schreibt man die 2 in der Regel nicht an: $\sqrt[2]{c} = \sqrt{c}$.

Rechenregeln:

$$\sqrt[1]{c} = c,\quad \sqrt[b]{1} = 1,\quad \sqrt[b]{c^b} = c,\quad \sqrt[b]{c^a} = c^{a/b},$$
$$\sqrt[ab]{d^{ac}} = \sqrt[b]{d^c},\quad \sqrt[ab]{c} = \sqrt[a]{\sqrt[b]{c}} = \sqrt[b]{\sqrt[a]{c}},$$
$$\sqrt[a]{c}\cdot\sqrt[b]{c} = \sqrt[ab]{c^{a+b}},\quad \sqrt[c]{ab} = \sqrt[c]{a}\cdot\sqrt[c]{b}, \qquad (5)$$
$$\sqrt[c]{a/b} = \sqrt[c]{a}\,/\,\sqrt[c]{b}.$$

Logarithmen. Der Logarithmus $\log_a c = b$ (Logarithmus vom Numerus c zur Basis a) ist eine weitere Umkehrfunktion zur Potenz $c = a^b$. Für $a > 1 \wedge c > 0$ ist b reell. Bevorzugte Basen sind

$a = 10$, Dekadischer (Briggscher) Logarithmus $\log_{10} c = \lg c$.

$a = \mathrm{e}$, Natürlicher Logarithmus $\log_{\mathrm{e}} c = \ln c$.

Rechenregeln:

$$\log_a 1 = 0,\quad \log_a a^b = b,\quad a^{\log_a c} = c,$$
$$\log_a(1/b) = -\log_a b,$$
$$\log_a(bc) = \log_a b + \log_a c, \qquad (6)$$
$$\log_a(b/c) = \log_a b - \log_a c,$$
$$\log_a b^c = c\log_a b,\quad \log_a \sqrt[c]{b} = c^{-1}\log_a b.$$

Umrechnung zwischen verschiedenen Basen:

$$\log_a c = \log_a b \log_b c,\quad \log_a b = 1/\log_b a,$$
$$\lg c = \ln c \lg \mathrm{e},\quad \ln c = \lg c \ln 10, \qquad (7)$$
$$\lg \mathrm{e} = 1/\ln 10 = M,$$
$$[M] = [0{,}434\,294,\ 0{,}434\,295]$$

2.2 Stellenwertsysteme

Natürliche Zahlen $n \in \mathbb{N}$ werden durch Ziffernfolgen dargestellt, wobei jedes Glied einen *Stellenwert* bezüglich einer Basis g besitzt:

$$n = [a_m \dots a_1 a_0]_g = a_m g^m + \dots + a_0 g^0,$$
$$\text{mit}\quad a_i \in \{0, 1, \dots, g-1\}. \qquad (8)$$

Dezimalsystem $g = 10$. $a_i \in \{0, 1, \dots, 9\}$.

Beispiel: $n = [5309]_{10}$
$= 5\cdot 10^3 + 3\cdot 10^2 + 0\cdot 10^1 + 9\cdot 10^0$.

Dualsystem $g = 2$. $a_i \in \{0, 1\}$,

Beispiel: $n = [10100]_2 = 1\cdot 2^4 + 0\cdot 2^3 + 1\cdot 2^2$
$+ 0\cdot 2^1 + 0\cdot 2^0 = [20]_{10}$.

2.3 Komplexe Zahlen

2.3.1 Grundoperationen; Koordinatendarstellung

Die Menge $\mathbb{C}$ der komplexen Zahlen z besteht aus geordneten Paaren reeller Zahlen a und b.

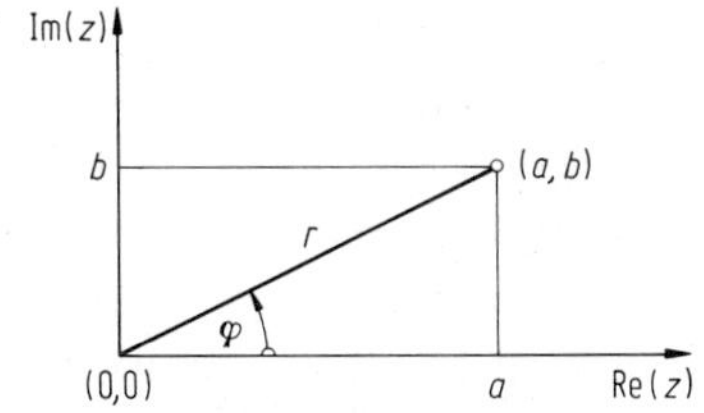

Bild 2-1. Komplexe Zahl z in Polarkoordinaten r, φ.

$$z = a + \mathrm{j}b,\ \text{auch}\ z = (a, b),$$
$$\mathrm{j}\ \textit{imaginäre Einheit}\ \text{mit}\ \mathrm{j}^2 = -1, \qquad (9)$$
$$a \in \mathbb{R},\ \text{Realteil von}\ z,\ \mathrm{Re}(z) = a,$$
$$b \in \mathbb{R},\ \text{Imaginärteil von}\ z,\ \mathrm{Im}(z) = b.$$

Grundoperationen

$$z_1 + z_2 = (a_1 + a_2) + \mathrm{j}(b_1 + b_2),$$
$$z_1 - z_2 = (a_1 - a_2) + \mathrm{j}(b_1 - b_2),$$
$$z_1 \cdot z_2 = (a_1 a_2 - b_1 b_2) + \mathrm{j}(a_1 b_2 + b_1 a_2),$$
$$z_1/z_2 = \frac{a_1 + \mathrm{j}b_1}{a_2 + \mathrm{j}b_2}\cdot\frac{a_2 - \mathrm{j}b_2}{a_2 - \mathrm{j}b_2} \qquad (10)$$
$$= \frac{(a_1 a_2 + b_1 b_2) + \mathrm{j}(b_1 a_2 - a_1 b_2)}{a_2^2 + b_2^2}.$$

Konjugiert komplexe Zahl $\bar{z}$ zu z:

$$z = a + \mathrm{j}b;\quad \bar{z} = a - \mathrm{j}b$$
$$z\bar{z} = a^2 + b^2. \qquad (11)$$

Die Paare (a, b) können als kartesische Koordinaten eines Punktes in einer Zahlenebene aufgefaßt werden. Die gerichtete Strecke vom Ursprung $(0, 0)$ zum Punkt $z = (a, b)$ heißt auch *Zeiger*.

$$\text{Zeigerlänge:}\ \sqrt{z\bar{z}} = \sqrt{a^2 + b^2}. \qquad (12)$$

Sinnvoll ist ebenfalls eine Umrechnung in Polarkoordinaten $z = (r, \varphi)$ nach Bild 2-1 mit Zeigerlänge r und Winkel φ.

$$a = r\cos\varphi,\quad b = r\sin\varphi,$$
$$r = +\sqrt{a^2 + b^2}. \qquad (13)$$
$$z_1 z_2 = r_1 r_2 [\cos(\varphi_1 + \varphi_2) + \mathrm{j}\sin(\varphi_1 + \varphi_2)],$$
$$z_1/z_2 = (r_1/r_2)[\cos(\varphi_1 - \varphi_2) + \mathrm{j}\sin(\varphi_1 - \varphi_2)].$$

2.3.2 Potenzen, Wurzeln

Potenz. Für Exponenten $a \in \mathbb{Z}$ gilt die *Moivresche Formel*:

$$z = r(\cos\varphi + \mathrm{j}\sin\varphi)$$
$$a \in \mathbb{Z}\colon\ z^a = r^a[\cos(a\varphi) + \mathrm{j}\sin(a\varphi)]. \qquad (14)$$

Im allgemeinen ist die Potenz jedoch mehrdeutig:

$a \in \mathbb{R}$: $z^a = r^a\{\cos[a(\varphi + 2k\pi)]$
$+ \mathrm{j}\sin[a(\varphi + 2k\pi)]\}, \quad k \in \mathbb{Z}$.

Hauptwert für $k = 0$: (15)

$z^a = r^a[\cos(a\varphi) + \mathrm{j}\sin(a\varphi)]$.

Wurzel. Umkehrfunktion $\sqrt[a]{b} = b^{\frac{1}{a}} = z$ zur Potenz $b = z^a$. Die Wurzeln – auch reeller Zahlen – sind a-fach.

$a \in \mathbb{N}$:

$$\sqrt[a]{z} = \sqrt[a]{r}\left(\cos\frac{\varphi + 2k\pi}{a} + \mathrm{j}\sin\frac{\varphi + 2k\pi}{a}\right),$$

$$k \in \{0, 1, \ldots, a-1\}. \tag{16}$$

Beispiel:

$z = \sqrt[4]{1} = \sqrt[4]{\cos 0 + \mathrm{j}\sin 0}$,

$z = \{1, \mathrm{j}, -1, -\mathrm{j}\}$.

2.4 Intervalle

Beim Rechnen mit konkreten Zahlen muß man sich mit endlich vielen Stellen begnügen, also mit Näherungszahlen. Aussagekräftiger sind Zahlenangaben durch gesicherte untere und obere Schranken. An die Stelle diskreter reeller Zahlen tritt die Menge I der abgeschlossenen *Intervalle* mit Elementen

$$[u] = [\underline{u}, \overline{u}] = \{u \mid u \in \mathbb{R}, \underline{u} \leqq u \leqq \overline{u}\}. \tag{17}$$

Grundrechenarten

$$[u] + [v] = [\underline{u} + \underline{v}, \overline{u} + \overline{v}],$$
$$[u] - [v] = [\underline{u} - \overline{v}, \overline{u} - \underline{v}],$$
$$[u] \cdot [v] = [p_{\min}, p_{\max}], \; p = \{\underline{u}\underline{v}, \underline{u}\overline{v}, \overline{u}\underline{v}, \overline{u}\overline{v}\},$$
$$[u] \,/\, [v] = [q_{\min}, q_{\max}], \; q = \{\underline{u}/\underline{v}, \underline{u}/\overline{v}, \overline{u}/\underline{v}, \overline{u}/\overline{v}\}. \tag{18}$$

Runden: $\underline{u}$ abrunden, $\overline{u}$ aufrunden.

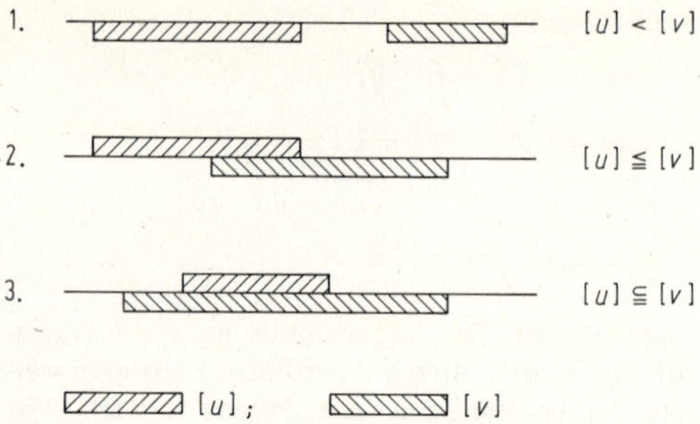

Bild 2-2. Ordnungsrelationen von Intervallen.

Beispiel:

$A = (a + b)\;(a - b), \quad a^2 = 9{,}9, \quad b = \pi$.

$[a] = [3{,}146, 3{,}147], \quad [b] = [3{,}141, 3{,}142]$,

$[a] + [b] = [6{,}287, 6{,}289]$,

$[a] - [b] = [4{,}000 \cdot 10^{-3}, 6{,}000 \cdot 10^{-3}]$,

$[A] \quad = [2{,}514 \cdot 10^{-2}, 3{,}774 \cdot 10^{-2}]$.

In der Menge der Intervalle definiert man *Ordnungsrelationen* nach Bild 2-2.

1. $[u] < [v]$ gilt, wenn $\overline{u} < \underline{v}$
2. $[u] \leqq [v]$ gilt, wenn $\underline{u} \leqq \underline{v}$ und $\overline{u} \leqq \overline{v}$. (19)
3. $[u] \subseteqq [v]$ gilt, wenn $\underline{v} \leqq \underline{u}$ und $\overline{u} \leqq \overline{v}$.

Weiteres zur Intervallrechnung findet man in [1].

2.5 Abbildungen, Folgen und Reihen

2.5.1 Abbildungen, Funktionen

X und Y seien zwei Mengen. Dann heißt $A \subset X \times Y$ eine Abbildung der Menge X in die Menge Y, falls zu jedem Original $x \in X$ nur ein einziges Bild $y \in Y$ gehört, also eine eindeutige Zuordnung existiert. Statt Abbildung spricht man auch von Funktion oder Operator f:

Tabelle 2-1. Einteilung der Funktionen $y = f(x)$

Name	Darstellung	Beispiel
Algebraisch	$P_n(x)\,y^n + \ldots + P_1(x)\,y + P_0(x) = 0, \quad n \in \mathbb{N}$ $P_k(x)$: Polynome in x	$x\sqrt{y} = y + 1$ d.h. $y^2 + y(2 - x^2) + 1 = 0$
Algebraisch ganz rational	$P_n(x)$ bis $P_2(x) = 0, \quad P_1(x) = 1$: $y = a_0x^n + a_1x^{n-1} + \ldots + a_{n-1}x + a_n$	$y = 4x^3 - 1$
Algebraisch gebrochen rational	$P_n(x)$ bis $P_2(x) = 0$, $y = \dfrac{a_0x^m + \ldots + a_{m-1}x + a_m}{b_0x^n + \ldots + b_{n-1}x + b_n}$ $m < n$: echt-, sonst unecht gebrochen	$y = \dfrac{x^2 + 7x}{x^3 - 1}$
Algebraisch nicht rational: Irrational		$y = x^{1/n}$
Nicht algebraisch: Transzendent		$y = a^x, \quad y = \sin x$

$f\colon x \to y$. f bildet x in y ab.
Auch $x \to y = f(x)$. (20)

Bei Gültigkeit der Abbildung (20) sowie $S \subset X$ und $T \subset Y$ sind die Begriffe

Bildmenge $f(S)$ von S, $f(S) = \{f(x) \mid x \in S\}$,
Urbildmenge $f^{-1}(T)$ von T,
$f^{-1}(T) = \{x \mid f(x) \in T\}$,

definiert.
Injektiv heißt eine Abbildung (20) dann, wenn keine zwei Elemente von X auf dasselbe Element y abgebildet werden.
Surjektiv heißt eine Abbildung (20) dann, wenn jedes Element $y \in Y$ Bild eines Originals $x \in X$ ist.
Bijektiv heißt eine Abbildung (20) dann, wenn sie injektiv und surjektiv ist. Für diesen Sonderfall hat die inverse Relation f^{-1} den Charakter einer Abbildung und heißt Umkehrfunktion.

2.5.2 Folgen und Reihen

Unter einer Folge mit Gliedern a_k, $k = 1, 2, \ldots,$ versteht man eine Funktion f, die auf der Menge $\mathbb{N}$ der natürlichen Zahlen definiert ist.

Arithmetische Folge. Die Differenzen Δ^k k-ter Ordnung von $k+1$ aufeinanderfolgenden Gliedern sind konstant.

$$\begin{aligned} k=1&\colon\ \Delta_j^1 = a_{j+1} - a_j = const \\ k=2&\colon\ \Delta_j^2 = \Delta_{j+1}^1 - \Delta_j^1 = const \end{aligned} \qquad (21)$$

Geometrische Folge. Der Quotient q von zwei aufeinanderfolgenden Gliedern ist konstant.

Reihen. Die Summe der Glieder von Folgen nennt man Reihen.

Einige Reihen. Summation jeweils von $k = 1$ bis $k = n$.

$$\begin{aligned}
&\sum k = n(n+1)/2.\\
&\sum k^2 = n(n+1)\ (2n+1)/6.\\
&\sum k^3 = [n(n+1)/2]^2.\\
&\sum k^4 = n(n+1)\\
&\qquad \times (2n+1)\ (3n^2+3n-1)/30.\\
&\sum (2k-1) = n^2.\\
&\sum (2k-1)^2 = n(2n-1)\ (2n+1)/3.\\
&\sum (2k-1)^3 = n^2(2n^2-1).\\
&\sum k x^{k-1} = [1-(n+1)\,x^n + n x^{n+1}]/(1-x)^2,\\
&\qquad x \neq 1.\\
&\sum \frac{k}{2^k} = 2 - \frac{n+2}{2^n}.
\end{aligned} \qquad (22)$$

Konvergenz. Eine Folge von Gliedern a_k, $k = 1, 2, \ldots, n$, heißt konvergent und g der Grenzwert der Folge,

$$\lim_{k\to\infty} a_k = g, \quad \text{falls} \quad |g - a_n| < \varepsilon, \quad n > N, \qquad (23)$$

falls bei beliebig kleinem $\varepsilon > 0$
stets ein gewisser Index N angebbar ist, ab dem die Ungleichung (23) gilt.

Beispiel:
$$\lim_{k\to\infty} a^k = \begin{cases} \infty & \text{für} \quad a > 1 \\ 1 & \text{für} \quad a = 1 \\ 0 & \text{für} \quad -1 < a < 1 \\ \text{divergent} & \text{für} \quad a \leqq -1 \end{cases}$$

Eine unendliche Reihe

$$r = \sum_{k=1}^{\infty} a_k, \quad s_n = \sum_{k=1}^{n} a_k, \qquad (24)$$

heißt konvergent, wenn die Folge der Teilsummen s_n konvergiert.
Notwendige Bedingung:

$$\lim_{k\to\infty} a_k = 0. \qquad (25)$$

Absolute Konvergenz:

$$r = \sum_{k=1}^{\infty} a_k \quad \text{absolut konvergent,}$$
$$\text{falls} \quad \tilde{r} = \sum_{k=1}^{\infty} |a_k| \quad \text{konvergiert.} \qquad (26)$$

Rechenregel:

$$r_1 = \sum_{k=1}^{\infty} a_k, \quad r_2 = \sum_{l=1}^{\infty} b_l \quad \text{absolut konvergent;}$$
$$\to r_1 r_2 = \sum_{k=1}^{\infty} \sum_{l=1}^{k} a_{k+1-l}\, b_l. \qquad (27)$$

Majorantenprinzip. Wenn

$$\begin{aligned} &r_1 = \sum_{k=1}^{\infty} |a_k| \quad \text{konvergent und} \\ &|b_k| \leqq |a_k| \quad \text{dann ist auch} \\ &r_2 = \sum_{k=1}^{\infty} |b_k| \quad \text{konvergent} \end{aligned} \qquad (28)$$

Hinreichende Konvergenzkriterien.

$$\lim_{k\to\infty} \sqrt[k]{|a_k|} < 1, \quad \text{Wurzelkriterium;}$$
$$\lim_{k\to\infty} \left|\frac{a_{k+1}}{a_k}\right| < 1, \quad \text{Quotientenkriterium.} \qquad (29)$$

Notwendig und hinreichend für alternierende Reihen (wechselndes Vorzeichen):

$$\lim_{k\to\infty} |a_k| = 0. \qquad (30)$$

Potenzreihen sind ein Spezialfall von Reihen mit

veränderlichen Gliedern und vorgegebenen Koeffizienten a_k:

$$p = \sum_{k=1}^{\infty} a_k x^k. \tag{31}$$

Der Konvergenzbereich $|x| < \varrho \neq 0$ einer Potenzreihe wird durch den Konvergenzradius ϱ bestimmt. Für gleichmäßige Konvergenz im Bereich $|x| < \varrho$ darf die n-te Teilsumme $s_n(x)$ ab einem gewissen Index N ($n > N$) eine vorgegebene Differenz $\varepsilon > 0$ zum Grenzwert $p(x)$ der Reihe nicht überschreiten.

$$s_n(x) = \sum_{k=1}^{n} a_k x^k, \quad p(x) = \sum_{k=1}^{\infty} a_k x^k.$$

$$|p(x) - s_n(x)| \leqq \varepsilon \quad \text{für} \quad n > N. \tag{32}$$

$$\varrho^{-1} = \lim_{k \to \infty} \sqrt[k]{|a_k|} \quad \text{oder} \quad \varrho = \lim_{k \to \infty} \left| \frac{a_k}{a_k + 1} \right|.$$

Potenzreihen dürfen innerhalb des Konvergenzbereiches differenziert und integriert werden.

Beispiel:

$$p(x) = \sum_{k=1}^{\infty} x^k / k.$$

$$\left.\begin{aligned} \varrho &= \lim_{k \to \infty} \left| \frac{k+1}{k} \right| = 1 \\ \varrho^{-1} &= \lim_{k \to \infty} \sqrt[k]{\frac{1}{k}} = 1 \end{aligned}\right\} \to |x| < 1.$$

2.5.3 Potenzen von Reihen

Polynomiale Sätze beschreiben die Bildung der Potenzen von Reihen.

$$(a_1 + a_2 + \ldots + a_n)^m. \tag{33}$$

Wichtig ist der Fall $n = 2$ der binomialen Sätze. Mit dem Symbol $n!$ (n Fakultät) und den *Binomialkoeffizienten* b_{ck} (lies: c über k) gilt der *Binomische Satz*.

$$b_{ck} = \binom{c}{k} = \frac{c(c-1)\ (c-2) \ldots [c - (k-1)]}{k!},$$

$$k \in \mathbb{N}, \quad c \in \mathbb{R}, \quad k! = 1 \cdot 2 \cdot \ldots \cdot k, \tag{34}$$

$$(a+b)^n = \sum_{k=0}^{n} \binom{n}{k} a^{n-k} b^k, \quad n \in \mathbb{N}.$$

Beispiel:

$$(a \pm b)^5 = a^5 \pm 5a^4 b + 10a^3 b^2 \pm 10a^2 b^3 + 5ab^4 \pm b^5.$$

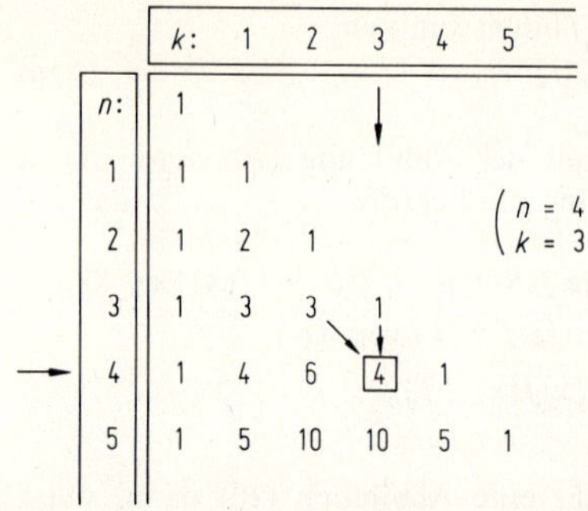

Bild 2-3. Pascalsches Dreieck. Nicht-Eins-Elemente gleich Summe aus darüberstehendem Element und dessen linken Nachbarn.

Die Binomialkoeffizienten lassen sich aus dem Pascalschen Dreieck in Bild 2-3 ablesen.

Rechenregeln:

$$\binom{k}{0} = 1, \quad \binom{n}{k} = \binom{n}{n-k}, \quad 0! = 1,$$

$$\binom{n}{k} + \binom{n}{k+1} = \binom{n+1}{k+1}. \tag{35}$$

3 Matrizen und Tensoren

3.1 Matrizen

3.1.1 Bezeichnungen, spezielle Matrizen

Eine zweidimensionale Anordnung von $m \times n$ Zahlen a_{ij} in einem Rechteckschema nennt man Matrix $\boldsymbol{A}$, auch genauer (m, n)-Matrix $\boldsymbol{A} = (a_{ij})$. Die Zahlen a_{ij} heißen auch Elemente.

$$\boldsymbol{A} = (a_{ij}) = \begin{bmatrix} a_{11} \ldots a_{1n} \\ \vdots \quad \vdots \\ a_{m1} \ldots a_{mn} \end{bmatrix}, \tag{1}$$

1. Index i: Zeilenindex, m Zeilenanzahl.
2. Index j: Spaltenindex, n Spaltenzahl.

Teilfelder des Rechteckschemas kann man zu Untermatrizen zusammenfassen; so speziell zu n Spalten $\boldsymbol{a}_i$ oder m Zeilen $\boldsymbol{a}^j$.

$$\boldsymbol{A} = [\boldsymbol{a}_1 \ldots \boldsymbol{a}_n] = \begin{bmatrix} \boldsymbol{a}^1 \\ \vdots \\ \boldsymbol{a}^m \end{bmatrix}, \quad \boldsymbol{a}_i = \begin{bmatrix} a_{1i} \\ \vdots \\ a_{mi} \end{bmatrix}, \tag{2}$$

$$\boldsymbol{a}^j = [a_{j1} \ldots a_{jn}].$$

Durch Vertauschen von Zeilen und Spalten entsteht die sogenannte *transponierte Matrix* $\boldsymbol{A}^{\mathrm{T}}$ (gesprochen: $\boldsymbol{A}$ transponiert) zu $\boldsymbol{A}$.

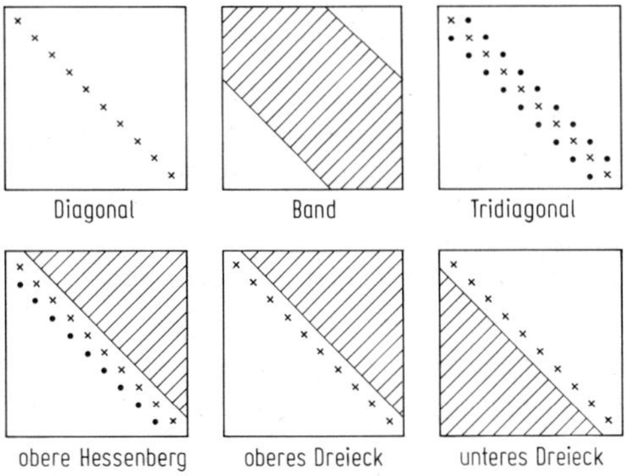

Bild 3-1. Spezielle Matrizen. Kreuze × stehen für Hauptdiagonalelemente.

$$A^{\mathrm{T}} = \begin{bmatrix} a_{11}\dots a_{m1} \\ \vdots \quad\quad \vdots \\ a_{1n}\dots a_{mn} \end{bmatrix} = \begin{bmatrix} \boldsymbol{a}_1^{\mathrm{T}} \\ \vdots \\ \boldsymbol{a}_n^{\mathrm{T}} \end{bmatrix} = [\boldsymbol{a}_{\mathrm{T}}^1 \dots \boldsymbol{a}_{\mathrm{T}}^m],$$

$$\boldsymbol{a}_{\mathrm{T}}^j = \begin{bmatrix} a_{j1} \\ \vdots \\ a_{jn} \end{bmatrix}, \quad \boldsymbol{a}_i^{\mathrm{T}} = [a_{1i} \dots a_{mi}]. \tag{3}$$

Durch Vertauschen von Zeilen und Spalten der komplexen Matrix $\boldsymbol{C}$ und zusätzlichem Austausch der Elemente $c_{ik} = a_{ik} + \mathrm{j}\, b_{ik}$ durch die konjugiert komplexen $\bar{c}_{ik} = a_{ik} - \mathrm{j}\, b_{ik}$ entsteht die *konjugiert Transponierte* $\bar{\boldsymbol{C}}^{\mathrm{T}}$ zu $\boldsymbol{C}$.

Beispiel:

$$\boldsymbol{C} = \begin{bmatrix} 3-\mathrm{j} & 2 \\ 5+\mathrm{j} & 1+\mathrm{j} \end{bmatrix}, \quad \bar{\boldsymbol{C}}^{\mathrm{T}} = \begin{bmatrix} 3+\mathrm{j} & 5-\mathrm{j} \\ 2 & 1-\mathrm{j} \end{bmatrix}.$$

Spezielle Matrizen (auch Bild 3-1)

Diagonalmatrix	$\boldsymbol{D}$ mit $d_{ij} = 0$ für $i \neq j$. $\boldsymbol{D} = \mathrm{diag}(d_1 \dots d_n)$.
Einheitsmatrix	$\boldsymbol{I} = \mathrm{diag}(1 \dots 1)$, auch $\boldsymbol{1}$ oder $\boldsymbol{E}$ (4)
Nullmatrix	$\boldsymbol{A} = \boldsymbol{0}$ mit $a_{ij} = 0$
Rechteckmatrix	Zeilenanzahl ≠ Spaltenanzahl
Quadratische Matrix	Zeilenanzahl = Spaltenanzahl
Symmetrische Matrix	$\boldsymbol{A}^{\mathrm{T}} = \boldsymbol{A}, \quad a_{ij} = a_{ji}$
Antimetrische Matrix	$\boldsymbol{A}^{\mathrm{T}} = -\boldsymbol{A}, \quad a_{ii} = 0,$ $a_{ij} = -a_{ji}$
Hermitesche Matrix	$\bar{\boldsymbol{A}}^{\mathrm{T}} = \boldsymbol{A}, \quad a_{ij} = \bar{a}_{ji}.$
Schiefhermitesche Matrix	$\bar{\boldsymbol{A}}^{\mathrm{T}} = -\boldsymbol{A}, \quad a_{ij} = -\bar{a}_{ji}$

3.1.2 Rechenoperationen

Addition $\boldsymbol{A} = \boldsymbol{B} \pm \boldsymbol{C}$	Voraussetzung Zeilenanzahlen $m_B = m_C$ und Spaltenanzahlen $n_B = n_C$ sind gleich: $a_{ij} = b_{ij} \pm c_{ij}$
$\boldsymbol{B} = k\boldsymbol{A} = \boldsymbol{A}k$	Multiplikation mit Skalar k: $b_{ij} = k a_{ij}$
$\boldsymbol{A} = \boldsymbol{A}_{\mathrm{s}} + \boldsymbol{A}_{\mathrm{a}}$	Aufspaltung einer unsymmetrischen quadratischen Matrix $\boldsymbol{A}$ in symmetrischen und antimetrischen Teil: $\boldsymbol{A}_{\mathrm{s}} = (\boldsymbol{A} + \boldsymbol{A}^{\mathrm{T}})/2 \; \boldsymbol{A}_{\mathrm{a}} = (\boldsymbol{A} - \boldsymbol{A}^{\mathrm{T}})/2$
Spur	Spur einer Matrix, kurz sp $\boldsymbol{A}$, ist die Summe der Hauptdiagonalelemente sp $\boldsymbol{A} = \sum a_{ii}$
Rang	einer Matrix ist die Anzahl der linear unabhängigen Spalten oder Zeilen von $\boldsymbol{A}$

Multiplikation

Matrizenprodukt. Das Produkt $\boldsymbol{C} = \boldsymbol{AB}$ (Signifikanz der Reihenfolge) zweier Matrizen ist nur bei passendem Format ausführbar: Spaltenanzahl von $\boldsymbol{A}$ gleich Zeilenanzahl von $\boldsymbol{B}$.

$$\boxed{(m_{\mathrm{A}}, n_{\mathrm{A}})\text{-Matrix } \boldsymbol{A}} \cdot \boxed{(m_{\mathrm{B}}, n_{\mathrm{B}})\text{-Matrix } \boldsymbol{B}}$$
$$\text{ist gleich } \boxed{(m_{\mathrm{A}}, n_{\mathrm{B}})\text{-Matrix } \boldsymbol{C}} \text{ falls } n_{\mathrm{A}} = m_{\mathrm{B}}. \tag{5}$$

Skalarprodukt: Das Produkt einer Zeile $\boldsymbol{a}^1$ (n_1 Elemente) mit einer Spalte $\boldsymbol{a}_2$ (n_2 Elemente) ist berechenbar für $n_1 = n_2$ und unabhängig von der Reihenfolge.

$$c = \boldsymbol{a}^1 \boldsymbol{a}_2 = \boldsymbol{a}_2^{\mathrm{T}} \boldsymbol{a}_{\mathrm{T}}^1, \quad \text{falls} \quad n_1 = n_2. \tag{6}$$

Dyadisches Produkt. Die Dyade $\boldsymbol{C} = \boldsymbol{a}\boldsymbol{b}^{\mathrm{T}}$ als Anordnung linear abhängiger Spalten $\boldsymbol{c}_k = b_k \boldsymbol{a}$ oder Zeilen $\boldsymbol{c}^k = a_k \boldsymbol{b}$ ist erklärt für beliebige Elementanzahl n_{a}, n_{b} und hat den Rang 1.

Tabelle 3-1. Praxis der Matrizenmultiplikation. Vier Versionen zur Berechnung der Matrix $\boldsymbol{C} = \boldsymbol{AB}$ sind praktikabel.

1. Elementweise über Skalarprodukte
$$c_{ij} = \boldsymbol{a}^i \boldsymbol{b}_j.$$
2. Blockweise über Summation von Dyaden
$$\boldsymbol{C} = \sum_{k=1}^{n} \boldsymbol{a}_k \boldsymbol{b}^k, \quad n = n_A = m_B.$$
3. Spaltenweise
$$\boldsymbol{C} = [\boldsymbol{A}\boldsymbol{b}_1 \quad \boldsymbol{A}\boldsymbol{b}_2 \dots \boldsymbol{A}\boldsymbol{b}_n], \quad n = n_B.$$
4. Zeilenweise
$$\boldsymbol{C} = \begin{bmatrix} \boldsymbol{a}^1 \boldsymbol{B} \\ \vdots \\ \boldsymbol{a}^n \boldsymbol{B} \end{bmatrix}, \quad n = m_A.$$

Beispiel:

$$A = \begin{bmatrix} 1 & 0 & 1 \\ 2 & 1 & 1 \end{bmatrix}, \quad B = \begin{bmatrix} 1 & 3 & 0 \\ 1 & -1 & 0 \\ 1 & 1 & 1 \end{bmatrix}.$$

Typisches Skalarprodukt

$$a^1 b_1 = [1 \;\; 0 \;\; 1] \begin{bmatrix} 1 \\ 1 \\ 1 \end{bmatrix} = 2.$$

Typische Dyade

$$a_1 b^1 = \begin{bmatrix} 1 \\ 2 \end{bmatrix} [1 \;\; 3 \;\; 0] = \begin{bmatrix} 1 & 3 & 0 \\ 2 & 6 & 0 \end{bmatrix}.$$

$$AB = \begin{bmatrix} a^1 b_1 & a^1 b_2 & a^1 b_3 \\ a^2 b_1 & a^2 b_2 & a^2 b_3 \end{bmatrix} = \begin{bmatrix} 2 & 4 & 1 \\ 4 & 6 & 1 \end{bmatrix},$$

$$AB = a_1 b^1 + a_2 b^2 + a_3 b^3$$

$$= \begin{bmatrix} 1 & 3 & 0 \\ 2 & 6 & 0 \end{bmatrix} + \begin{bmatrix} 0 & 0 & 0 \\ 1 & -1 & 0 \end{bmatrix} + \begin{bmatrix} 1 & 1 & 1 \\ 1 & 1 & 1 \end{bmatrix}$$

$$= \begin{bmatrix} 2 & 4 & 1 \\ 4 & 6 & 1 \end{bmatrix}.$$

Das Produkt BA ist nicht ausführbar, da Spaltenanzahl von B und Zeilenanzahl von A nicht übereinstimmen.

Multiplikative Eigenschaften

Orthogonale Matrizen (quadratisch) enthalten Spalten a_i (Zeilen a^k), deren Skalarprodukte $a_i^T a_j$ entweder 1 $(i = j)$ oder 0 $(i \neq j)$ werden:

$$A^T A = A A^T = I \tag{7}$$

Beispiel:

$$A = \begin{bmatrix} c & -s \\ s & c \end{bmatrix}, \quad s = \sin\varphi, \quad c = \cos\varphi.$$

Unitäre Matrizen (quadratisch) erweitern die reelle Orthogonalität auf komplexe Matrizen:

$$\bar{A}^T A = A \bar{A}^T = I \tag{8}$$

Beispiel:

$$A = \begin{bmatrix} c & js \\ js & c \end{bmatrix}, \quad \bar{A}^T = \begin{bmatrix} c & -js \\ -js & c \end{bmatrix},$$

$$s = \sin\varphi, \quad c = \cos\varphi.$$

Involutorische Matrizen sind orthogonal und symmetrisch (reell) bez. unitär und hermitesch (komplex):

$$A^2 = I. \tag{9}$$

Beispiel:

$$A = \begin{bmatrix} c & s \\ s & -c \end{bmatrix}, \quad A = \begin{bmatrix} -c & js \\ -js & c \end{bmatrix}$$

Die *Kehrmatrix* oder *inverse Matrix* A^{-1} zu einer gegebenen Matrix A ist erklärt als Faktor zu A derart, daß die Einheitsmatrix entsteht:

$$AA^{-1} = A^{-1}A = I. \tag{10}$$

Bei quadratischen (2,2)-Matrizen gilt

$$A = \begin{bmatrix} a_{11} & a_{12} \\ a_{21} & a_{22} \end{bmatrix}, \quad A^{-1} = A^{-1} \begin{bmatrix} a_{22} & -a_{12} \\ -a_{21} & a_{11} \end{bmatrix},$$

$$\text{falls } A = \det(A) = a_{11}a_{22} - a_{12}a_{21} \neq 0. \tag{11}$$

Rechenregeln:

$$\begin{aligned} &AB \neq BA, \text{ von Sonderfällen abgesehen} \\ &ABC = (AB)\,C = A\,(BC) \\ &(A_1 A_2 \ldots A_k)^T = A_k^T \ldots A_2^T A_1^T \\ &(A_1 A_2 \ldots A_k)^{-1} = A_k^{-1} \ldots A_2^{-1} A_1^{-1} \\ &A\,(B + C) = AB + AC \\ &(A + B)\,C = AC + BC \end{aligned} \tag{12}$$

3.1.3 Matrixnormen

Bei der Beurteilung und globalen Abschätzung von linearen Operationen sind Normen von großer Bedeutung.

Abschätzung eines Skalarproduktes

$$|a^T b| \leqq \begin{cases} \|a\|_2 \;\; \|b\|_1 \\ \|a\|_1 \;\; \|b\|_2 \, . \\ \|a\|_3 \;\; \|b\|_3 \end{cases} \tag{13}$$

Tabelle 3-2. Notwendige Eigenschaften von Normen

Name	Spaltennorm $\|a\|$	Matrixnorm $\|A\|$
	$\|a\| > 0$ für $a \neq 0$	$\|A\| > 0$ für $A \neq 0$
Homogenität	$\|ca\| = \|c\|\,\|a\|$	$\|cA\| = \|c\|\,\|A\|$
Dreiecks- ungleichung	$\|a + b\| \leqq \|a\| + \|b\|$	$\|A + B\| \leqq \|A\| + \|B\|$
	$\|a^T b\| \leqq \|a\|_j \, \|b\|_k$	$\|AB\| \leqq \|A\|_j \, \|B\|_k$

Tabelle 3-3. Spezielle Normen und Abschätzungen

Spaltennorm $\|a\|$	
$\|a\|_1 = \max\limits_{k=1}^{n} \|a_k\|$	Maximumnorm
$\|a\|_2 = \sum\limits_{k=1}^{n} \|a_k\|$	Betragssummennorm
$\|a\|_3 = \sqrt{\bar{a}^T a}$	Euklidische Norm
Matrixnorm $\|A\|$	
$\|A\|_1 = \max\limits_{k=1}^{n} \|a^k\|_2$	Zeilennorm
$\|A\|_2 = \max\limits_{k=1}^{n} \|a_k\|_2$	Spaltennorm
$\|A\|_3 = \sqrt{\sum\limits_{i=1}^{n} \sum\limits_{k=1}^{n} \|a_{ik}\|^2} = \sqrt{\mathrm{sp}\,(\bar{A}^T A)}$	Euklidische Norm

Abschätzung einer linearen Abbildung

$$\|\boldsymbol{Ax}\|_k \leqq \|\boldsymbol{A}\|_k \|\boldsymbol{x}\|_k, \quad k = 1, 2 \text{ oder } 3. \qquad (14)$$

Beispiele:

$\boldsymbol{a}^{\mathrm{T}} = [1 \;\; 2 \;\; 3 \;\; -4]$, $\boldsymbol{b}^{\mathrm{T}} = [1 \;\; 1 \;\; 1 \;\; -2]$

mit $\boldsymbol{a}^{\mathrm{T}}\boldsymbol{b} = 14$.

$\|\boldsymbol{a}\|_1 = 4$, $\|\boldsymbol{a}\|_2 = 10$, $\|\boldsymbol{a}\|_3 = \sqrt{30}$.

$\|\boldsymbol{b}\|_1 = 2$, $\|\boldsymbol{b}\|_2 = 5$, $\|\boldsymbol{b}\|_3 = \sqrt{7}$.

$(\boldsymbol{a}^{\mathrm{T}}\boldsymbol{b} = 14) \leqq 10 \cdot 2, \quad 4 \cdot 5, \quad \sqrt{30 \cdot 7} = 14{,}5$

$$\boldsymbol{A} = \begin{bmatrix} 5 & -1 & 2 \\ -1 & 0 & 2 \\ 3 & -2 & 1 \end{bmatrix}, \quad \boldsymbol{x} = \begin{bmatrix} 1 \\ -\mathrm{j} \\ 2 \end{bmatrix},$$

$$\boldsymbol{y} = \boldsymbol{Ax} = \begin{bmatrix} 9 + \mathrm{j} \\ 3 \\ 5 + 2\mathrm{j} \end{bmatrix}.$$

	$k = 1$	$k = 2$	$k = 3$
$\|\boldsymbol{A}\|_k$	8	9	$\sqrt{49} = 7$
$\|\boldsymbol{x}\|_k$	2	4	$\sqrt{6}$
$\|\boldsymbol{A}\|_k \|\boldsymbol{x}\|_k$	16	36	17,15
$\|\boldsymbol{y}\|_k$	$\sqrt{82}$	17,44	$\sqrt{120}$

Für inverse Formen gibt es folgende Abschätzungen, die für alle Normen $k = 1, 2, 3$ gelten:

$$\|(\boldsymbol{A} + \boldsymbol{B})^{-1}\| \leqq \frac{\|\boldsymbol{A}^{-1}\|}{1 - \|\boldsymbol{A}^{-1}\boldsymbol{B}\|}$$

falls Nenner >0, (15)

$$\|(\boldsymbol{A} + \boldsymbol{B})^{-1}\| \leqq \frac{\|\boldsymbol{A}^{-1}\|}{1 - \|\boldsymbol{A}^{-1}\| \; \|\boldsymbol{B}\|}$$

falls Nenner >0.

3.2 Determinanten

Die Determinante ist eine skalare Kenngröße einer quadratischen Matrix mit reellen oder komplexen Elementen:

$$A = \det(\boldsymbol{A}) = \begin{vmatrix} a_{11} \ldots a_{1n} \\ \vdots \qquad \vdots \\ a_{n1} \ldots a_{nn} \end{vmatrix} = |\boldsymbol{A}|. \qquad (16)$$

Theoretisch ist $\det(\boldsymbol{A})$ gleich der Summe der $n!$ Produkte

$$\det(\boldsymbol{A}) = \sum (-1)^r a_{1k_1} a_{2k_2} \ldots a_{nk_n} \qquad (17)$$

mit den $n!$ verschiedenen geordneten Indexketten $k_1, k_2, \ldots, k_n$; $k_i \in \{1, 2, \ldots, n\}$. Der Exponent $r \in \mathbb{N}$ gibt die Anzahl der Austauschungen innerhalb der Folge $1, 2, \ldots, n$, $1, 2, \ldots, n$ an. Die praktische Berechnung erfolgt über eine Dreieckszerlegung.

Beispiel: $n = 3$, $n! = 6$

k_1	k_2	k_3	r	Summand
1	2	3	0	$a_{11} \; a_{22} \; a_{33}$
1	3	2	1	$-a_{11} \; a_{23} \; a_{32}$
2	3	1	0	$a_{12} \; a_{23} \; a_{31}$
2	1	3	1	$-a_{12} \; a_{21} \; a_{23}$
3	1	2	0	$a_{13} \; a_{21} \; a_{32}$
3	2	1	1	$-a_{13} \; a_{22} \; a_{31}$

Adjungierte Elemente A_{ij} zu a_{ji} (Indexvertauschung) sind als partielle Ableitungen der Determinante erklärt oder als Unterdeterminanten D_{ji} des Zahlenfeldes der Matrix $\boldsymbol{A}$, das durch Streichen der i-ten Spalte und j-ten Zeile entsteht.

$$A_{ij} = \frac{\partial A}{\partial a_{ji}}, \quad A_{ij} = (-1)^{i+j} D_{ji} \qquad (18)$$

Die adjungierte Matrix $\boldsymbol{A}_{\text{adj}} = (A_{ij})$ zu $\boldsymbol{A}$ ist gleich dem A-fachen der Inversen:

$$\boldsymbol{A}_{\text{adj}} = (A_{ij}), \quad \boldsymbol{A}\boldsymbol{A}_{\text{adj}} = \boldsymbol{A}_{\text{adj}}\boldsymbol{A} = A\boldsymbol{I},$$
$$\boldsymbol{A}_{\text{adj}} = A\boldsymbol{A}^{-1}. \qquad (19)$$

Rechenregeln:

1. $\det(\boldsymbol{A}) = \det(\boldsymbol{A}^{\mathrm{T}}) = A$
2. $\det(\boldsymbol{a}_1, \lambda\boldsymbol{a}_2, \boldsymbol{a}_3, \ldots)$
 $= \lambda \det(\boldsymbol{a}_1, \boldsymbol{a}_2, \boldsymbol{a}_3, \ldots)$
 $\det(\lambda\boldsymbol{A}) = \lambda^n A$, $\boldsymbol{A} = (\boldsymbol{a}_1, \ldots, \boldsymbol{a}_n)$
3. Additivität
 $\det(\boldsymbol{a}_1, \boldsymbol{a}_2 + \boldsymbol{b}_2, \boldsymbol{a}_3, \ldots)$
 $= \det(\boldsymbol{a}_1, \boldsymbol{a}_2, \boldsymbol{a}_3, \ldots) + \det(\boldsymbol{a}_1, \boldsymbol{b}_2, \boldsymbol{a}_3, \ldots)$
4. Antisymmetrie. Vorzeichenänderung pro Austausch
 $\det(\boldsymbol{a}_1, \boldsymbol{a}_3, \boldsymbol{a}_2, \boldsymbol{a}_4, \ldots)$
 $= -\det(\boldsymbol{a}_1, \boldsymbol{a}_2, \boldsymbol{a}_3, \boldsymbol{a}_4, \ldots)$
5. Lineare Kombination von Zeilen und/oder Spalten verändert A nicht. (20)
 $\det(\boldsymbol{a}_1, \boldsymbol{a}_2 + \lambda\boldsymbol{a}_1, \boldsymbol{a}_3, \ldots)$
 $= \det(\boldsymbol{a}_1, \boldsymbol{a}_2, \boldsymbol{a}_3, \ldots)$
6. det (Dreiecksmatrix) = Produkt der Hauptdiagonalelemente
7. $\det(\boldsymbol{AB}) = \det(\boldsymbol{A}) \det(\boldsymbol{B}) = \det(\boldsymbol{BA})$
8. Regeln 2 bis 5 gelten analog für Zeilen.
9. Hadamardsche Ungleichung
 $[\det \boldsymbol{A}]^2 \leqq \prod_{i=1}^{n} \sum_{k=1}^{n} a_{ik}^2$
10. $$\det \begin{bmatrix} \boldsymbol{A} & \boldsymbol{B} \\ \boldsymbol{C} & \boldsymbol{D} \end{bmatrix} = \det(\boldsymbol{A}) \det(\boldsymbol{D} - \boldsymbol{C}\boldsymbol{A}^{-1}\boldsymbol{B})$$

3.3 Vektoren

3.3.1 Vektoreigenschaften

In der Physik treten gerichtete Größen auf, die durch einen Skalar alleine nicht vollständig bestimmt sind; so zum Beispiel das Moment. Zu seiner Charakterisierung benötigt man insgesamt drei Angaben, die zusammengenommen einen Vektor $\boldsymbol{v}$ bestimmen. Bildlich wird $\boldsymbol{v}$ durch einen Pfeil dargestellt, siehe (Bild 3-2).
Ein Vektor ist gekennzeichnet durch die drei Größen *Betrag* (Länge, Norm), *Richtung* und *Richtungssinn* (Orientierung).
Im dreidimensionalen Raum unserer Anschauung lassen sich Vektoren als geordnetes Paar eines Anfangspunktes A und eines Endpunktes E darstellen; sog. gerichtete Strecke. Dabei ist die absolute Lage der End- oder Anfangspunkte unerheblich, siehe Bild 3-2. In der Physik kommen Vektoren besonderer Art vor, die zusätzliche Merkmale aufweisen. Beim starren Körper z. B. verursachen nur solche Kräfte identische Wirkungen, die in Betrag, Wirkungslinie und Richtungssinn übereinstimmen, wobei die Wirkungslinie die Richtung enthält, Bild 3-3.

Tabelle 3-4. Merkmale von Vektoren

	Merkmale			
Freier Vektor	B	R	RS		
Linienflüchtiger Vektor	B		RS	W	
Gebundener Vektor	B		RS	W	A

B Betrag, R Richtung, RS Richtungssinn, W Wirkungslinie, A Angriffspunkt

In der Mathematik versteht man unter einem „Vektor" stets einen *freien Vektor*.
Wird im Raum (mit dem Sonderfall der Ebene) ein Bezugspunkt (auch: Initialpunkt) O ausgezeichnet, so nennt man die gerichtete Strecke von O zu einem beliebigen anderen Punkt P *Ortsvektor*. *Einheitsvektoren* haben den Betrag 1 und werden durch den Exponenten Null oder mit dem Buchstaben $\boldsymbol{e}$ bezeichnet.

Vektor $\boldsymbol{a}$, Betrag $a = |\boldsymbol{a}|$,
Richtungseinheitsvektor $\boldsymbol{a}^0$ oder $\boldsymbol{e}_a$ zu $\boldsymbol{a}$: (21)
$\boldsymbol{e}_a = \boldsymbol{a}^0 = \boldsymbol{a}/a$.

Ein Vektor mit der Länge Null heißt Nullvektor $\boldsymbol{o}$.
Die Norm (Betrag, Länge) eines Vektors hat die Eigenschaften der Spaltennorm.

Kollineare Vektoren sind einander parallel.
Komplanare Vektoren im Raum haben eine gemeinsame Senkrechte. (22)

Addition zweier Vektoren geschieht im Raum unserer Anschauung durch Aneinanderreihung der Vektoren (Vektorzug), wobei der Summenvektor $\boldsymbol{s}$ als gerichtete Strecke vom willkürlichen Anfangspunkt A bis zum abhängigen Endpunkt E unabhängig von der Reihung der Vektorsummanden ist, siehe Bild 3-4.

$$\begin{aligned} &\boldsymbol{a} + \boldsymbol{b} = \boldsymbol{b} + \boldsymbol{a}, \\ &\boldsymbol{a} + \boldsymbol{b} + \boldsymbol{c} = \boldsymbol{a} + (\boldsymbol{b} + \boldsymbol{c}) = (\boldsymbol{a} + \boldsymbol{b}) + \boldsymbol{c}, \\ &\boldsymbol{a} - \boldsymbol{b} = \boldsymbol{a} + (-\boldsymbol{b}) = (-\boldsymbol{b}) + \boldsymbol{a}, \\ &\boldsymbol{a} + (-\boldsymbol{a}) = \boldsymbol{o}. \end{aligned} \quad (23)$$

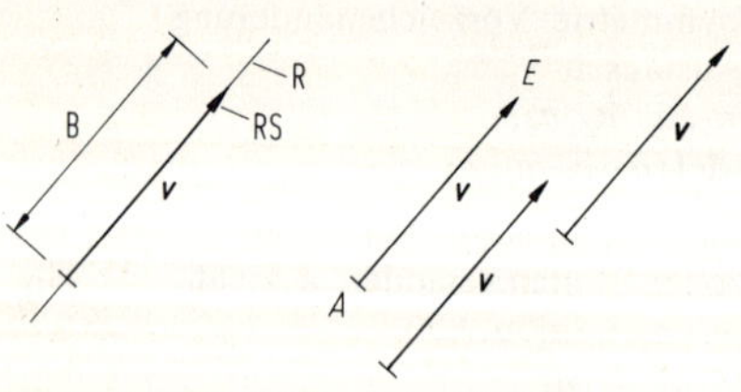

Bild 3-2. Feld gleicher freier Vektoren $\boldsymbol{v}$.
B: Betrag; R: Richtung; RS: Richtungssinn.

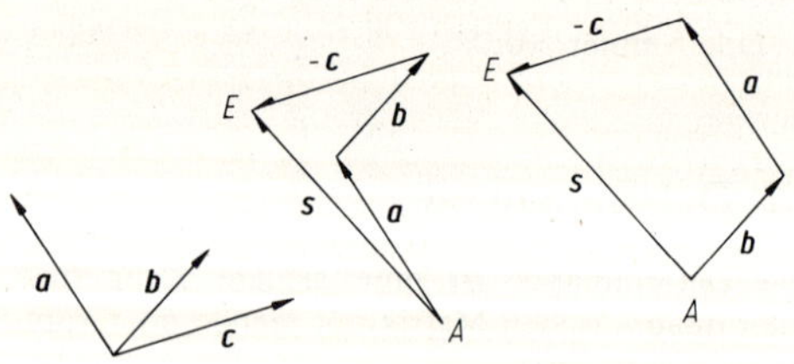

Bild 3-4. Vektoraddition $\boldsymbol{s} = \boldsymbol{a} + \boldsymbol{b} - \boldsymbol{c} = \boldsymbol{b} + \boldsymbol{a} - \boldsymbol{c}$.

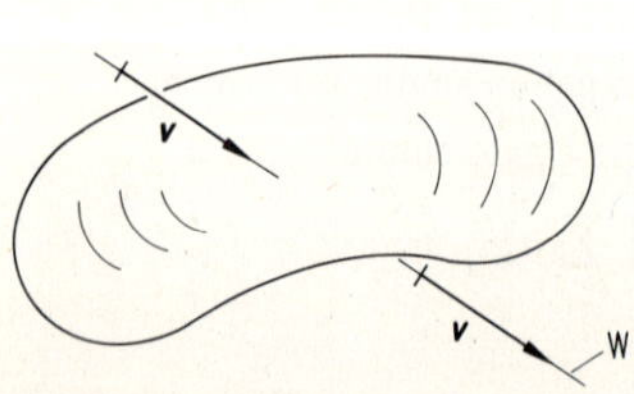

Bild 3-3. Feld gleicher linienflüchtiger Vektoren v beim starren Körper. W: Wirkungslinie.

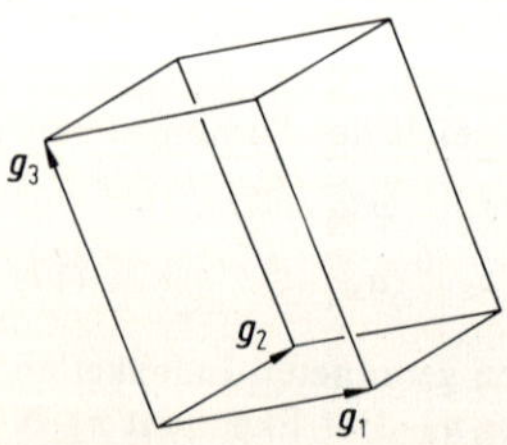

Bild 3-5. Spat eines nicht komplanaren Tripels $\boldsymbol{g}_i$.

Der negative Vektor $-\boldsymbol{a}$ unterscheidet sich von $\boldsymbol{a}$ nur durch den Richtungssinn. Bezüglich der Multiplikation eines Vektors mit einem Skalar c verhalten sich Vektoren wie Skalare.

$$\begin{aligned} c_1(c_2\boldsymbol{a}) &= (c_1c_2)\,\boldsymbol{a}, \\ c(\boldsymbol{a}+\boldsymbol{b}) &= c\boldsymbol{a}+c\boldsymbol{b}, \\ (c_1+c_2)\,\boldsymbol{a} &= c_1\boldsymbol{a}+c_2\boldsymbol{a}. \end{aligned} \tag{24}$$

3.3.2 Basis

Die Vektoren $\boldsymbol{g}_1$, $\boldsymbol{g}_2$, $\boldsymbol{g}_3$ im Raum sind linear unabhängig voneinander, wenn zwei beliebige von ihnen nicht den dritten darstellen können:

$$c_1\boldsymbol{g}_1 + c_2\boldsymbol{g}_2 + c_3\boldsymbol{g}_3 = \boldsymbol{o} \text{ nur für } c_1 = c_2 = c_3 = 0\,. \tag{25}$$

Dies ist gegeben, falls das Vektortripel nicht komplanar ist, also ein Volumen *(Parallelepiped, Spat)* nach Bild 3-5 aufspannt. Jeder Vektor $\boldsymbol{v}$ des Raumes läßt sich dann eindeutig als Linearkombination des Tripels $\boldsymbol{g}_i$ darstellen. Man spricht in diesem Zusammenhang von einer Koordinatendarstellung des Vektors $\boldsymbol{v}$ bezüglich der Basis $\boldsymbol{g}_i$.

$$\begin{aligned} &\text{Falls (25) für } \boldsymbol{g}_1, \boldsymbol{g}_2, \boldsymbol{g}_3 \text{ gilt: } \boldsymbol{g}_i \text{ Basis.} \\ &\boldsymbol{v} = v^i\boldsymbol{g}_i = v^1\boldsymbol{g}_1 + v^2\boldsymbol{g}_2 + v^3\boldsymbol{g}_3\,. \end{aligned} \tag{26}$$

v^i, auch v_i, *Koordinaten*; $v^i\boldsymbol{g}_i$, auch $v_i\boldsymbol{g}^i$, *Komponenten*.

Der Kopfzeiger $i \in \mathbb{N}$ ist eine Numerierungsgröße und keine Potenz.

Summationskonvention: Über gleiche Indizes ist zu summieren.

Eine Basis $\boldsymbol{g}_i$ bildet ein *Rechtssystem*, wenn beim Drehen von $\boldsymbol{g}_1$ nach $\boldsymbol{g}_2$ auf kürzestem Wege eine Rechtsschraube in die Richtung von $\boldsymbol{g}_3$ vorrücken würde oder wenn $\boldsymbol{g}_1$ dem Daumen, $\boldsymbol{g}_2$ dem Zeigefinger und $\boldsymbol{g}_3$ dem Mittelfinger der gespreizten rechten Hand zugeordnet werden kann.

Koordinatendarstellungen für Vektoren ermöglichen das konkrete Rechnen besonders im Fall nur einer einheitlichen Basis $\boldsymbol{g}_i$. Die Addition reduziert sich dann auf die skalare Addition der Koordinaten.

$$\begin{aligned} \text{Addition } \boldsymbol{s} &= \boldsymbol{u} + \boldsymbol{v}, \\ \boldsymbol{u} &= u^i\boldsymbol{g}_i, \quad \boldsymbol{v} = v^i\boldsymbol{g}_i, \\ \boldsymbol{s} &= (u^i + v^i)\,\boldsymbol{g}_i. \end{aligned} \tag{27}$$

Tabelle 3-5. Spezielle Basen

Bezeichnung	Darstellung
Allgemein	$\boldsymbol{x} = x^1\boldsymbol{g}_1 + x^2\boldsymbol{g}_2 + x^3\boldsymbol{g}_3 = x^i\boldsymbol{g}_i$
Normiert	$\boldsymbol{x} = x^i\boldsymbol{g}_i$, $\lvert\boldsymbol{g}_i\rvert = 1$
Orthogonal	$\boldsymbol{g}_1, \boldsymbol{g}_2, \boldsymbol{g}_3$ senkrecht zueinander
Orthonormal	$\boldsymbol{x} = x^i\boldsymbol{e}_i$, $\lvert\boldsymbol{e}_i\rvert = 1$ und $\boldsymbol{e}_1, \boldsymbol{e}_2, \boldsymbol{e}_3$ senkrecht zueinander; x^i heißen hier kartesische Koordinaten

Die Multiplikation zweier Vektoren $\boldsymbol{a}$ und $\boldsymbol{b}$ wird in zweckmäßiger Weise zurückgeführt auf die skalare Multiplikation der Koordinaten. Die Motivation für die zwei eingeführten Multiplikationstypen

inneres (Skalar-, Punkt-)Produkt
$\boldsymbol{a}\cdot\boldsymbol{b} = c$, c Skalar;

äußeres (Vektor-, Kreuz-)Produkt
$\boldsymbol{a}\times\boldsymbol{b} = \boldsymbol{c}$, $\boldsymbol{c}$ Vektor;

ergibt sich aus den Anwendungen.

3.3.3 Inneres oder Skalarprodukt

Das Skalarprodukt von zwei Vektoren $\boldsymbol{a}$ und $\boldsymbol{b}$ im Raum ist bei einheitlicher orthonormaler Basis gleich dem Skalarprodukt ihrer Koordinatenspalten.

$$\begin{aligned} &\boldsymbol{a} = a^i\boldsymbol{e}_i, \quad \boldsymbol{b} = b^i\boldsymbol{e}_i, \quad \boldsymbol{e}_i \text{ orthonormal}, \\ &\boldsymbol{a}\cdot\boldsymbol{b} = \boldsymbol{a}^{\mathrm{T}}\boldsymbol{b} = a^1b^1 + a^2b^2 + a^3b^3 = a^ib^i. \end{aligned} \tag{28}$$

Im Raum unserer Anschauung, Bild 3-6, entspricht das Skalarprodukt der Projektion des Einheitsvektors $\boldsymbol{e}_a$ in die Richtung $\boldsymbol{e}_b$ multipliziert mit dem Produkt der Beträge a, b und umgekehrt.

$$\begin{aligned} &\boldsymbol{a}\cdot\boldsymbol{b} = ab\,\boldsymbol{e}_a\cdot\boldsymbol{e}_b = ab\cos\varphi, \\ &a = \lvert\boldsymbol{a}\rvert, \quad b = \lvert\boldsymbol{b}\rvert, \\ &\varphi \text{ Winkel zwischen } \boldsymbol{a} \text{ und } \boldsymbol{b},\ 0 \leqq \varphi \leqq \pi. \end{aligned} \tag{29}$$

Rechenregeln:

$$\begin{aligned} \cos\varphi &= \boldsymbol{a}\cdot\boldsymbol{b}/(ab), \\ \boldsymbol{a}\cdot\boldsymbol{b} &= \boldsymbol{b}\cdot\boldsymbol{a}, \\ (c\boldsymbol{a})\cdot\boldsymbol{b} &= c(\boldsymbol{a}\cdot\boldsymbol{b}), \\ \boldsymbol{a}\cdot(\boldsymbol{b}+\boldsymbol{c}) &= \boldsymbol{a}\cdot\boldsymbol{b} + \boldsymbol{a}\cdot\boldsymbol{c}, \\ \boldsymbol{a}\cdot\boldsymbol{a} &= a^2 = \lvert\boldsymbol{a}\rvert^2. \end{aligned} \tag{30}$$

Beliebige Basis $\boldsymbol{a}_i$, $\boldsymbol{u} = u^i\boldsymbol{a}_i$, $\boldsymbol{v} = v^i\boldsymbol{a}_i$

$$\begin{aligned} \boldsymbol{u}\cdot\boldsymbol{v} = {} & u^1v^1\boldsymbol{a}_1\cdot\boldsymbol{a}_1 + u^1v^2\boldsymbol{a}_1\cdot\boldsymbol{a}_2 + u^1v^3\boldsymbol{a}_1\cdot\boldsymbol{a}_3 \\ & + u^2v^1\boldsymbol{a}_2\cdot\boldsymbol{a}_1 + u^2v^2\boldsymbol{a}_2\cdot\boldsymbol{a}_2 + u^2v^3\boldsymbol{a}_2\cdot\boldsymbol{a}_3 \\ & + u^3v^1\boldsymbol{a}_3\cdot\boldsymbol{a}_1 + u^3v^2\boldsymbol{a}_3\cdot\boldsymbol{a}_2 + u^3v^3\boldsymbol{a}_3\cdot\boldsymbol{a}_3 \\ = {} & \sum_{j=1}^{3}\sum_{k=1}^{3} u^jv^k\boldsymbol{a}_j\cdot\boldsymbol{a}_k = u^jv^ka_{jk}. \end{aligned} \tag{31}$$

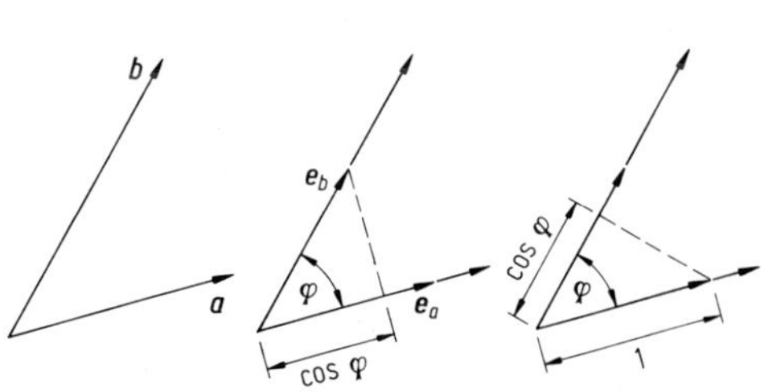

Bild 3-6. Skalarprodukt.

$a_{jk} = a_{kj} = \boldsymbol{a}_j \cdot \boldsymbol{a}_k$ *Metrikkoeffizienten*. (32)

$v = \sqrt{\boldsymbol{v} \cdot \boldsymbol{v}} = \sqrt{v^j v^k a_{jk}}$. (33)

Skalarprodukt orthonormaler Basisvektoren $\boldsymbol{e}_i$

$$\boldsymbol{e}_i \cdot \boldsymbol{e}_j = \delta_{ij} = \begin{cases} 0 \text{ für } i \neq j \\ 1 \text{ für } i = j \end{cases}, \quad (34)$$

δ_{ij} Kronecker-Symbol.

Beispiel:

$\boldsymbol{a} = 5\boldsymbol{e}_1 + 2\boldsymbol{e}_2 + \boldsymbol{e}_3$

$\boldsymbol{b} = -\boldsymbol{e}_1 - 4\boldsymbol{e}_2 + 2\boldsymbol{e}_3$

Koordinatenspalten

$$\boldsymbol{a} = \begin{bmatrix} 5 \\ 2 \\ 1 \end{bmatrix}, \quad \boldsymbol{b} = \begin{bmatrix} -1 \\ -4 \\ 2 \end{bmatrix}$$

$$\cos\varphi = \frac{\boldsymbol{a} \cdot \boldsymbol{b}}{ab} = \frac{\boldsymbol{a}^{\mathrm{T}}\boldsymbol{b}}{\sqrt{30}\,\sqrt{21}} = \frac{-11}{\sqrt{630}} = -0{,}438,$$

$\varphi = 64{,}0°$.

3.3.4 Äußeres oder Vektorprodukt

Das Vektorprodukt von zwei Vektoren $\boldsymbol{a}$ und $\boldsymbol{b}$ im Raum ist bei einheitlicher orthonormaler Basis erklärt als schiefsymmetrische Linearkombination der beteiligten Koordinatenspalten.

$\boldsymbol{a} = a^i \boldsymbol{e}_i, \quad \boldsymbol{b} = b^i \boldsymbol{e}_i,$

$\boldsymbol{a} \times \boldsymbol{b} = \boldsymbol{c}, \quad \boldsymbol{c} = c^i \boldsymbol{e}_i,$

$$\begin{bmatrix} c^1 \\ c^2 \\ c^3 \end{bmatrix} = \begin{bmatrix} b^3a^2 - b^2a^3 \\ -b^3a^1 + b^1a^3 \\ b^2a^1 - b^1a^2 \end{bmatrix} \begin{matrix} = (\boldsymbol{a} \times)\,\boldsymbol{b} \\ = -(\boldsymbol{b} \times)\,\boldsymbol{a}, \end{matrix} \quad (35)$$

$$(\boldsymbol{a} \times) = \begin{bmatrix} 0 & -a^3 & a^2 \\ a^3 & 0 & -a^1 \\ -a^2 & a^1 & 0 \end{bmatrix} = \tilde{\boldsymbol{a}}.$$

Im Raum unserer Anschauung, Bild 3-7, entspricht das Vektorprodukt $\boldsymbol{a} \times \boldsymbol{b}$ einem Vektor $\boldsymbol{c}$ mit folgenden Eigenschaften:

$\boldsymbol{c} = \boldsymbol{a} \times \boldsymbol{b}$:

Richtung: Senkrecht auf $\boldsymbol{a}$ und $\boldsymbol{b}$

Richtungssinn: $\boldsymbol{a}$, $\boldsymbol{b}$, $\boldsymbol{c}$ bilden in dieser Reihenfolge ein Rechtssystem

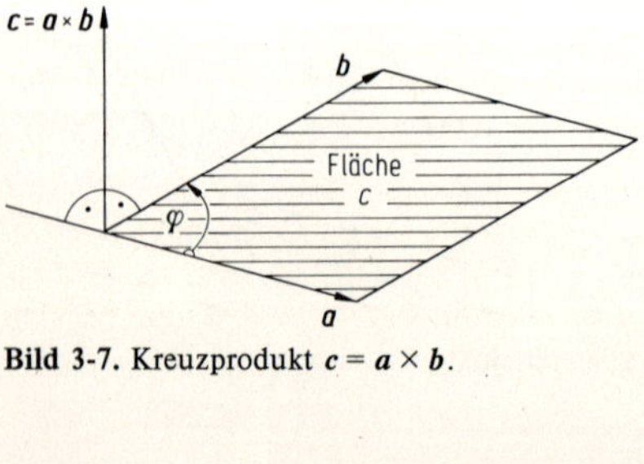

Bild 3-7. Kreuzprodukt $\boldsymbol{c} = \boldsymbol{a} \times \boldsymbol{b}$.

Betrag: $c = ab \sin\varphi,\ 0 \leqq \varphi \leqq \pi$ (36)
φ Winkel zwischen $\boldsymbol{a}$ und $\boldsymbol{b}$
c gleich der Fläche des Parallelogramms mit den Kanten $\boldsymbol{a}$ und $\boldsymbol{b}$.

Rechenregeln:

$\boldsymbol{a} \times \boldsymbol{b} = -\boldsymbol{b} \times \boldsymbol{a},$

$(c\boldsymbol{a}) \times \boldsymbol{b} = c(\boldsymbol{a} \times \boldsymbol{b}),$

$\boldsymbol{a} \times (\boldsymbol{b} + \boldsymbol{c}) = \boldsymbol{a} \times \boldsymbol{b} + \boldsymbol{a} \times \boldsymbol{c},$

$\boldsymbol{a} \times \boldsymbol{a} = \boldsymbol{o},$ (37)

$\boldsymbol{e}_1 \times \boldsymbol{e}_2 = \boldsymbol{e}_3, \quad \boldsymbol{e}_3 \times \boldsymbol{e}_1 = \boldsymbol{e}_2, \quad \boldsymbol{e}_2 \times \boldsymbol{e}_3 = \boldsymbol{e}_1,$

$$\sin\varphi = \frac{|\boldsymbol{a} \times \boldsymbol{b}|}{ab}.$$

3.3.5 Spatprodukt, Mehrfachprodukte

Das gemischte Produkt $(\boldsymbol{a}_1 \times \boldsymbol{a}_2) \cdot \boldsymbol{a}_3$ eines Vektortripels ist ein Skalar, dessen Betrag bei Priorität des Vektorproduktes unabhängig ist von der Reihung der Vektoren und Verknüpfungen. Bei Veränderung des Zyklus 1, 2, 3 verändert sich lediglich das Vorzeichen. Im Anschauungsraum entspricht das Produkt $(\boldsymbol{a}_1 \times \boldsymbol{a}_2) \cdot \boldsymbol{a}_3$ dem Volumen V des Parallelepipeds mit $\boldsymbol{a}_1$, $\boldsymbol{a}_2$ und $\boldsymbol{a}_3$ als Kanten; es wird deshalb auch *Spatprodukt* genannt.

$(\boldsymbol{a}_1, \boldsymbol{a}_2, \boldsymbol{a}_3) = (\boldsymbol{a}_i \times \boldsymbol{a}_j) \cdot \boldsymbol{a}_k = \boldsymbol{a}_i \cdot (\boldsymbol{a}_j \times \boldsymbol{a}_k).$

i, j, k sind zyklisch: $(\boldsymbol{a}_i, \boldsymbol{a}_j, \boldsymbol{a}_k) = V.$ (38)
i, j, k antizyklisch: $(\boldsymbol{a}_i, \boldsymbol{a}_k, \boldsymbol{a}_j) = -V.$

Bei einheitlicher orthonormaler Basis für alle 3 Vektoren ist V gleich der Determinante.

$$\boldsymbol{a}_1 = a^{i1}\boldsymbol{e}_i, \quad \boldsymbol{a}_2 = a^{i2}\boldsymbol{e}_i, \quad \boldsymbol{a}_3 = a^{i3}\boldsymbol{e}_i, \qquad (39)$$
$$V = \det(\boldsymbol{A}), \quad \boldsymbol{A} = (a^{ij}).$$

Regeln

$(\boldsymbol{a}, \boldsymbol{b}, \boldsymbol{c} + \boldsymbol{d}) = (\boldsymbol{a}, \boldsymbol{b}, \boldsymbol{c}) + (\boldsymbol{a}, \boldsymbol{b}, \boldsymbol{d}).$

$(\boldsymbol{a}, \boldsymbol{b}, \boldsymbol{c} + \boldsymbol{a}) = (\boldsymbol{a}, \boldsymbol{b}, \boldsymbol{c}).$ (40)

$(\boldsymbol{a}, \boldsymbol{b}, \boldsymbol{c}) = 0$ heißt, daß $\boldsymbol{a}$, $\boldsymbol{b}$, $\boldsymbol{c}$ komplanar sind.

Doppeltes Kreuzprodukt

$\boldsymbol{a} \times (\boldsymbol{b} \times \boldsymbol{c}) = (\boldsymbol{a} \cdot \boldsymbol{c})\,\boldsymbol{b} - (\boldsymbol{a} \cdot \boldsymbol{b})\,\boldsymbol{c}.$

$(\boldsymbol{a} \times \boldsymbol{b}) \times (\boldsymbol{c} \times \boldsymbol{d}) = (\boldsymbol{a}, \boldsymbol{c}, \boldsymbol{d})\,\boldsymbol{b} - (\boldsymbol{b}, \boldsymbol{c}, \boldsymbol{d})\,\boldsymbol{a}$
$\qquad = (\boldsymbol{a}, \boldsymbol{b}, \boldsymbol{d})\,\boldsymbol{c} - (\boldsymbol{a}, \boldsymbol{b}, \boldsymbol{c})\,\boldsymbol{d}.$

$\boldsymbol{d} = [(\boldsymbol{d}, \boldsymbol{b}, \boldsymbol{c})\,\boldsymbol{a} + (\boldsymbol{a}, \boldsymbol{d}, \boldsymbol{c})\,\boldsymbol{b} + (\boldsymbol{a}, \boldsymbol{b}, \boldsymbol{d})\,\boldsymbol{c}]/V,$ (41)

falls $V = (\boldsymbol{a}, \boldsymbol{b}, \boldsymbol{c}) \neq 0$.

$(\boldsymbol{a} \times \boldsymbol{b}) \cdot (\boldsymbol{c} \times \boldsymbol{d}) = (\boldsymbol{a} \cdot \boldsymbol{c})(\boldsymbol{b} \cdot \boldsymbol{d}) - (\boldsymbol{a} \cdot \boldsymbol{d})(\boldsymbol{b} \cdot \boldsymbol{c}).$

$(\boldsymbol{a} \times \boldsymbol{b}) \cdot (\boldsymbol{a} \times \boldsymbol{b}) = a^2 b^2 - (\boldsymbol{a} \cdot \boldsymbol{b})^2.$

3.4 Tensoren

3.4.1 Tensoren n-ter Stufe

Vektoren im Raum unserer Anschauung, kurz im $\mathbb{R}^3$, stehen für reale, z. B. physikalische Größen, die drei skalare Einzelinformationen enthalten. Die Beschreibung eines Vektors $\boldsymbol{v}$ in verschiedenen Basen $\boldsymbol{a}_i$ und $\boldsymbol{b}_i$ mit entsprechenden Koordinaten ändert nichts an seinem eigentlichen Wert; man nennt $\boldsymbol{v}$ auch eine invariante Größe.

$$\boldsymbol{v} = v_a^i \boldsymbol{a}_i = v_b^i \boldsymbol{b}_i . \tag{42}$$

Die Menge aller invarianten Größen nennt man Tensor. Ein Skalar ist dann ein Tensor, wenn er als Skalarprodukt $\boldsymbol{u} \cdot \boldsymbol{v}$ von zwei Vektoren gebildet wird.

$$\begin{aligned} &\text{Skalar } T^{(0)} = \boldsymbol{u} \cdot \boldsymbol{v} \quad \text{Tensor 0. Stufe.} \\ &\text{Vektor } T^{(1)} = T^i \boldsymbol{g}_i \quad \text{Tensor 1. Stufe.} \end{aligned} \tag{43}$$

T^i: Koordinaten des Tensors bezüglich der Basis $\boldsymbol{g}_i$.

Tabelle 3-6. Eigenschaften des tensoriellen Produktes $T = \boldsymbol{uv}$

$\boldsymbol{u}, \boldsymbol{v}, \boldsymbol{w} \in T^{(1)}, c \in \mathbb{R}$.	
$\boldsymbol{u}(\boldsymbol{v}+\boldsymbol{w}) = \boldsymbol{uv} + \boldsymbol{uw}, \quad (\boldsymbol{u}+\boldsymbol{v})\boldsymbol{w} = \boldsymbol{uw} + \boldsymbol{vw}$	Distributiv
$(c\boldsymbol{u})\boldsymbol{v} = \boldsymbol{u}(c\boldsymbol{v}) = c\boldsymbol{uv}$	Assoziativ bez. Skalar
Koordinatendarstellung $\boldsymbol{u} = u^i\boldsymbol{g}_i, \quad \boldsymbol{v} = v^j\boldsymbol{g}_j$,	
$T = u^i v^j \boldsymbol{g}_i\boldsymbol{g}_j = t^{ij}\boldsymbol{g}_i\boldsymbol{g}_j$, t^{ij} Tensorkoordinaten, $\boldsymbol{g}_i\boldsymbol{g}_j$ Basis	
Indexnotation $T = t^{ij}\boldsymbol{g}_i\boldsymbol{g}_j$	
Matrixnotation $T = \begin{bmatrix} t^{11} & t^{12} & t^{13} \\ t^{21} & t^{22} & t^{23} \\ t^{31} & t^{32} & t^{33} \end{bmatrix} \boldsymbol{g}_i\boldsymbol{g}_j$	

Tabelle 3-7. Skalar- und Kreuzprodukte aus $T^{(1)} = \boldsymbol{u}$ und $T^{(2)} = \boldsymbol{vw}$

Verknüpfung	Umrechnung	Typ des Produktes
$T^{(1)} \cdot T^{(2)}$	$\boldsymbol{u} \cdot (\boldsymbol{vw}) = (\boldsymbol{u} \cdot \boldsymbol{v})\boldsymbol{w}$	$T^{(1)}$
$T^{(2)} \cdot T^{(1)}$	$(\boldsymbol{vw}) \cdot \boldsymbol{u} = \boldsymbol{v}(\boldsymbol{w} \cdot \boldsymbol{u})$	$T^{(1)}$
$T^{(1)} \times T^{(2)}$	$\boldsymbol{u} \times (\boldsymbol{vw}) = (\boldsymbol{u} \times \boldsymbol{v})\boldsymbol{w}$	$T^{(2)}$
$T^{(2)} \times T^{(1)}$	$(\boldsymbol{vw}) \times \boldsymbol{u} = \boldsymbol{v}(\boldsymbol{w} \times \boldsymbol{u})$	$T^{(2)}$

Tabelle 3-8. Skalar- und Kreuzprodukte aus $T_1 = \boldsymbol{ab}$ und $T_2 = \boldsymbol{uv}$, $T_1, T_2 \in T^{(2)}$

Verknüpfung	Umrechnung	Typ des Produktes
$T_1 \cdot T_2$	$(\boldsymbol{ab}) \cdot (\boldsymbol{uv}) = (\boldsymbol{b} \cdot \boldsymbol{u})(\boldsymbol{av})$	$T^{(2)}$
$T_1 \times T_2$	$(\boldsymbol{ab}) \times (\boldsymbol{uv}) = \boldsymbol{a}(\boldsymbol{b} \times \boldsymbol{u})\boldsymbol{v}$	$T^{(3)}$
$T_1 \cdot\cdot T_2$	$(\boldsymbol{ab}) \cdot\cdot (\boldsymbol{uv}) = (\boldsymbol{a} \cdot \boldsymbol{v})(\boldsymbol{b} \cdot \boldsymbol{u})$	$T^{(0)}$ Doppel-Skalar-Produkt
$E^{(2)} \cdot\cdot T^{(2)}$	$\delta^{ij} t^{kl} (\boldsymbol{e}_i\boldsymbol{e}_j) \cdot\cdot (\boldsymbol{e}_k\boldsymbol{e}_l) = t_{ii}$	Spur von T

Rein operativ kommt man zu Tensoren höherer Stufe durch Definition des *dyadischen oder tensoriellen Produktes* $T = \boldsymbol{uv}$ von zwei Vektoren. Zwischen den Vektoren ist keine Verknüpfung erklärt. Allgemeiner Tensor n-ter Stufe ist eine invariante Größe $T^{(n)}$, deren Basis ein tensorielles Produkt von n Grundvektoren ist:

$$\begin{aligned} T^{(0)} &= t, \\ T^{(1)} &= t^i \boldsymbol{g}_i, \\ T^{(2)} &= t^{ij} \boldsymbol{g}_i \boldsymbol{g}_j, \\ T^{(3)} &= t^{ijk} \boldsymbol{g}_i \boldsymbol{g}_j \boldsymbol{g}_k, \\ T^{(4)} &= t^{ijkl} \boldsymbol{g}_i \boldsymbol{g}_j \boldsymbol{g}_k \boldsymbol{g}_l \quad \text{usw.} \end{aligned} \tag{44}$$

Spezielle Tensoren und Tensoreigenschaften:

$$\begin{aligned} &\text{Einheitstensor} && E^{(2)} = \delta^{ij}\boldsymbol{e}_i\boldsymbol{e}_j = \boldsymbol{I}\boldsymbol{e}_i\boldsymbol{e}_j \\ &\text{Transposition} && T = \boldsymbol{uv}, \quad T^{\mathrm{T}} = \boldsymbol{vu} \\ &\text{Symmetrie} && T^{\mathrm{T}} = T \\ &\text{Antimetrie} && T^{\mathrm{T}} = -T \\ &\text{Inverser Tensor} && TT^{-1} = T^{-1}T = E \end{aligned} \tag{45}$$

3.4.2 Tensoroperationen

Addition: Erklärt für Tensoren gleicher Stufe. Zum Beispiel

$$\begin{aligned} &T_1^{(3)} + T_2^{(3)} = T_3^{(3)}, \\ &T_1^{(3)} = t_1^{ijk} \boldsymbol{g}_i\boldsymbol{g}_j\boldsymbol{g}_k, \quad T_2^{(3)} = t_2^{ijk} \boldsymbol{g}_i\boldsymbol{g}_j\boldsymbol{g}_k, \\ &T_3^{(3)} = (t_1^{ijk} + t_2^{ijk})\, \boldsymbol{g}_i\boldsymbol{g}_j\boldsymbol{g}_k. \end{aligned} \tag{46}$$

Tensorielles Produkt:

$$\begin{aligned} &T^{(m)} T^{(n)} = T^{(m+n)}, \\ &\text{Zum Beispiel } T^{(2)} = t^{ij} \boldsymbol{g}_i\boldsymbol{g}_j, \quad T^{(1)} = t^k \boldsymbol{g}_k, \\ &T^{(2)} T^{(1)} = t^{ij} t^k \boldsymbol{g}_i\boldsymbol{g}_j\boldsymbol{g}_k = t^{ijk} \boldsymbol{g}_i\boldsymbol{g}_j\boldsymbol{g}_k. \end{aligned} \tag{47}$$

Beispiel:

Volumenbezogenes elastisches Potential Π.
Verzerrungstensor $\varepsilon \in T^{(2)}$,
Elastizitätstensor $E \in T^{(4)}$,
$2\Pi = \varepsilon \cdot\cdot E \cdot\cdot \varepsilon \in T^{(0)}$.

4 Elementare Geometrie

4.1 Koordinaten

4.1.1 Koordinaten, Basen

Der Lagebeschreibung eines Punktes dienen nach 3.3.2 Ortsvektoren mit bestimmten Koordinaten bezüglich einer vorgegebenen Basis. Die Basen selbst können punktweise verschieden sein (lokale Basis; siehe Differentialgeometrie), müssen aber vor einer Verknüpfung miteinander auf eine gemeinschaftliche Basis (globale Basis) transformiert werden.

4.1.2 Kartesische Koordinaten

Sie sind bezüglich einer rechtshändigen Orthonormalbasis definiert, siehe Tabelle 3-5, und werden bevorzugt als globales Bezugssystem benutzt.

$$\begin{aligned} &\boldsymbol{x} = x_1\boldsymbol{e}_1 + x_2\boldsymbol{e}_2 + x_3\boldsymbol{e}_3 \\ \text{auch}\quad &\boldsymbol{x} = x\boldsymbol{e}_1 + y\boldsymbol{e}_2 + z\boldsymbol{e}_3 . \end{aligned} \tag{1}$$

4.1.3 Polarkoordinaten

Ein Punkt in der Ebene (z. B. $\boldsymbol{e}_1$,$\boldsymbol{e}_2$-Ebene nach Bild 4-1) wird durch Nullpunktabstand $r \geqq 0$ und Orientierung zur $\boldsymbol{e}_1$-Richtung bestimmt.

Koordinaten r, φ. $\quad x = r\cos\varphi, \quad y = r\sin\varphi$. (2)

Koordinatenlinien

r = const: Kreise um Koordinatenursprung 0.

φ = const: Geraden durch 0.

4.1.4 Flächenkoordinaten

Für Operationen in Dreiecksnetzen (Bild 4-2) ist ein Koordinatentripel (L_1, L_2, L_3) zweckmäßig. Rein anschaulich entspricht zum Beispiel die L_1-Koordinate des Punktes P dem Verhältnis der schraffierten Fläche A_{P23} zur gesamten A_{123}.

$$\begin{aligned} &L_1 = A_{P23}/A_{123}, \quad A_{123} = \text{Fläche } 123 . \\ &L_1 + L_2 + L_3 = (A_{P23} + A_{P13} + A_{P12})/A_{123} = 1 . \end{aligned} \tag{3}$$

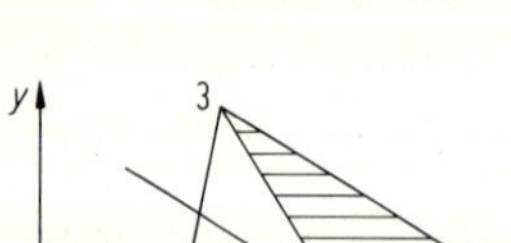

Bild 4-1. Polarkoordinaten.

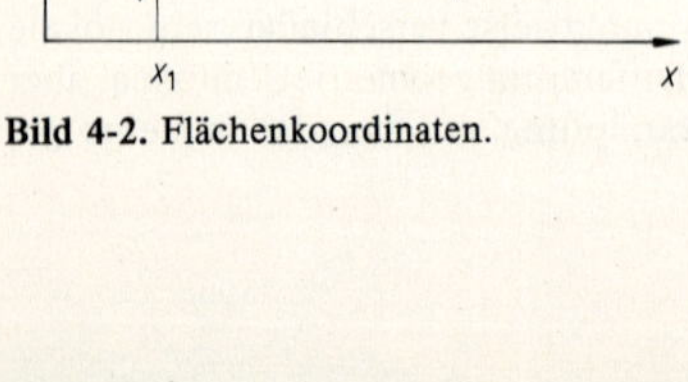

Bild 4-2. Flächenkoordinaten.

Koordinatenlinien

L_1 = const: Linien parallel zur Dreiecksseite 23.

L_2, L_3 = const: entsprechend.

Die Flächenkoordinaten entstehen durch lineare Transformation der kartesischen Koordinaten x, y mittels der speziellen Paare (x_i, y_i), der 3 Eckpunkte des Dreiecks $i = 1, 2, 3$.

$$\begin{aligned} x &= x_1L_1 + x_2L_2 + x_3L_3 , \\ y &= y_1L_1 + y_2L_2 + y_3L_3 , \\ 1 &= L_1 + L_2 + L_3 . \end{aligned} \tag{4}$$

Die Integration von Flächenkoordinatenpotenzen über der Dreiecksfläche gestaltet sich einfach:

$$\int\limits_{A_{123}} L_1^p L_2^q L_3^r \, \mathrm{d}A = \frac{p!q!r!}{(p+q+r+2)!} \cdot 2A_{123} . \tag{5}$$

4.1.5 Volumenkoordinaten

Für Operationen in räumlichen Tetraedernetzen (Bild 4-3) sind Volumenkoordinaten L_1, L_2, L_3, L_4 zweckmäßig. Rein anschaulich entspricht der L_1-Koordinate des Punktes P das Verhältnis des Teilvolumens V_{P234} zum gesamten.

$$\begin{aligned} &L_1 = V_{P234}/V_{1234}, \; V_{1234} = \text{Volumen } 1234 . \\ &L_1 + L_2 + L_3 + L_4 \\ &= (V_{P234} + V_{P134} + V_{P124} + V_{P123})/V_{1234} = 1 . \end{aligned} \tag{6}$$

Koordinatenflächen

L_1 = const: Flächen parallel zur Fläche 234.

L_2, L_3, L_4 = const: entsprechend.

Volumen- und kartesische Koordinaten sind linear verknüpft mittels der Eckpunktkoordinaten (x_i, y_i, z_i), $i = 1, 2, 3, 4$.

$$\begin{aligned} x &= x_1L_1 + x_2L_2 + x_3L_3 + x_4L_4 , \\ y &= y_1L_1 + y_2L_2 + y_3L_3 + y_4L_4 , \\ z &= z_1L_1 + z_2L_2 + z_3L_3 + z_4L_4 , \\ 1 &= L_1 + L_2 + L_3 + L_4 . \end{aligned} \tag{7}$$

Die Integration von Volumenkoordinatenpoten-

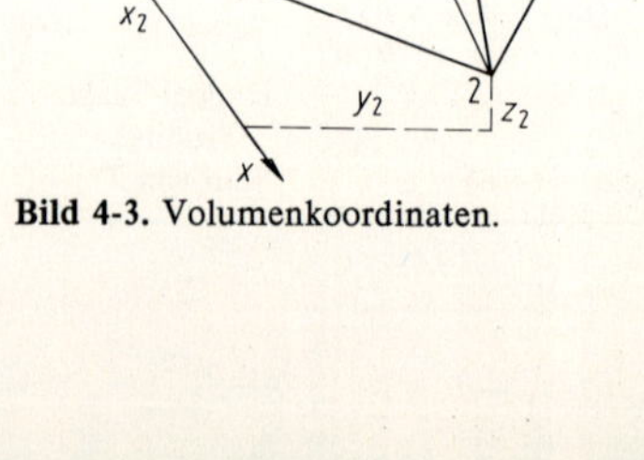

Bild 4-3. Volumenkoordinaten.

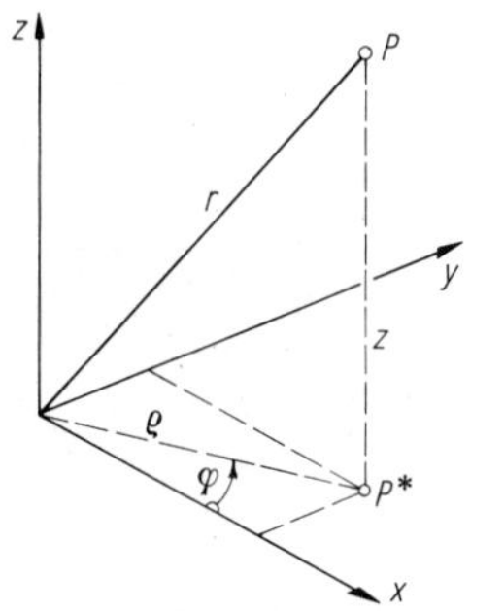

Bild 4-4. Zylinderkoordinaten.

zen im Bereich des Tetraedervolumens gestaltet sich einfach:

$$\int_{V_{1234}} L_1^p L_2^q L_3^r L_4^s \, \mathrm{d}V = \frac{p!q!r!s!}{(p+q+r+s+3)!} \cdot 6V_{1234}. \tag{8}$$

4.1.6 Zylinderkoordinaten

Ein Punkt P im kartesischen Raum kann nach Bild 4-4 durch seine z-Koordinate und die Polarkoordinaten ϱ, φ seiner Projektion P^* in die $\boldsymbol{e}_1, \boldsymbol{e}_2$-Ebene dargestellt werden.

Koordinaten ϱ, φ, z.

$$x = \varrho \cos\varphi, \quad y = \varrho \sin\varphi, \quad z = z. \tag{9}$$
$$r^2 = \varrho^2 + z^2.$$

Koordinatenflächen

ϱ = const: Zylinder mit $\boldsymbol{e}_3$ als Achse.
φ = const: Ebenen durch die $\boldsymbol{e}_3$-Achse. (10)
z = const: Ebenen senkrecht zur $\boldsymbol{e}_3$-Achse.

4.1.7 Kugelkoordinaten

Ein Punkt P im kartesischen Raum kann nach Bild 4-5 durch seine Projektion in die z-Achse und die Polarkoordinaten seiner Projektion P^* in die $\boldsymbol{e}_1, \boldsymbol{e}_2$-Ebene beschrieben werden.

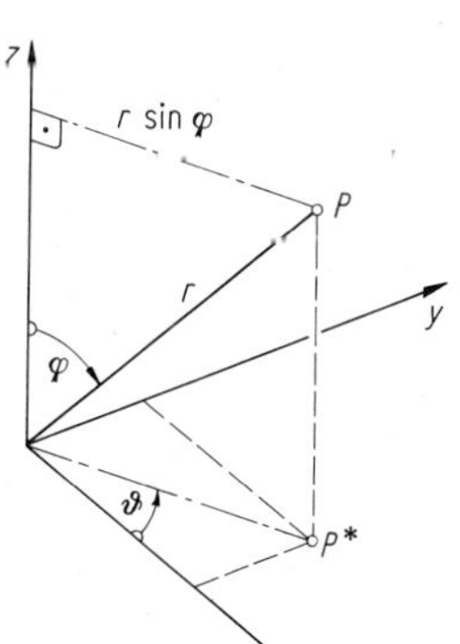

Bild 4-5. Kugelkoordinaten.

Koordinaten r, ϑ, φ.

$$x = r\sin\varphi\cos\vartheta, \quad y = r\sin\varphi\sin\vartheta, \tag{11}$$
$$z = r\cos\varphi.$$

Koordinatenflächen

r = const: Kugeln um den Koordinatenursprung O.
ϑ = const: Ebenen durch die $\boldsymbol{e}_3$-Achse. (12)
φ = const: Kegel mit $\boldsymbol{e}_3$ als Achse und O als Spitze.

4.2 Kurven, Flächen 1. und 2. Ordnung

4.2.1 Gerade in der Ebene

In einem kartesischen x,y-System nach Bild 4-6 ist jede Gerade der Graph einer linearen Funktion

$ax + by + c = 0$ mit $a^2 + b^2 > 0$,
$a = 0$: Parallele zur x-Achse mit $y = -c/b$,
$b = 0$: Parallele zur y-Achse mit $x = -c/a$, (13)
$c = 0$: Gerade durch den Nullpunkt,

wobei ein Koeffizient beliebig zu 1 normiert werden kann. Das Tripel (a, b, c) bestimmt alle charakteristischen Größen einer Gerade.

Achsenabschnitte
$\hat{x} = -c/a$ zu $\hat{y} = 0$ falls $a \neq 0$,
$\hat{y} = -c/b$ zu $\hat{x} = 0$ falls $b \neq 0$. (14)

Richtungsvektor $\boldsymbol{v} = \pm\begin{bmatrix} b \\ -a \end{bmatrix}$.
Normalenvektor $\boldsymbol{n} = \pm\begin{bmatrix} a \\ b \end{bmatrix}$. (15)

Steigung $m = -a/b = \tan\alpha$, $y = mx - c/b$
Abstand Gerade — Ursprung

$$d_0 = |\boldsymbol{r}^\mathrm{T}\boldsymbol{n}| / \sqrt{a^2+b^2} = |c| / \sqrt{a^2+b^2} \tag{16}$$

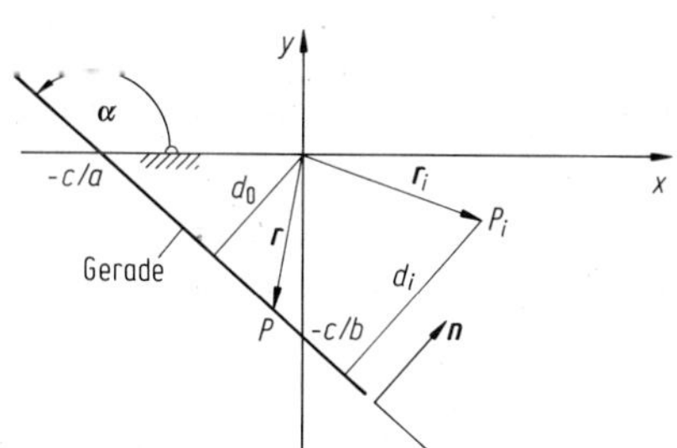

Bild 4-6. Gerade in kartesischer Basis.

$\boldsymbol{r}$: Ortsvektor zu einem Punkt P der Geraden.

Abstand d_i eines beliebigen Punktes $P_i(x_i, y_i)$ von der Geraden:

$$d_i = \frac{ax_i + by_i + c}{\sqrt{a^2 + b^2}}(-\operatorname{sgn} c). \tag{17}$$

sgn c: Vorzeichen von c.
$d_i > 0$: Gerade zwischen P_i und Ursprung.

Beispiel: Der Punkt P_1 $(x_1 = 2, y_1 = 1)$ hat nach (17) von der Geraden $3x + 4y + 12 = 0$ den Abstand

$$\frac{3 \cdot 2 + 4 \cdot 1 + 12}{\sqrt{9 + 16}}(-1) = -4{,}4,$$

wobei das Minuszeichen anzeigt, daß P_1 und Ursprung gleichseitig zur Geraden liegen.

Tabelle 4-1. Darstellung einer Geraden in der Ebene

Gegeben	Geradengleichung
Achsenabschnitte x_a auf x-Achse y_a auf y-Achse	$\frac{x}{x_a} + \frac{y}{y_a} = 1$
2 Punkte $P_1 \neq P_2$ $P_i(x_i,\ y_i)$	$(y - y_1)(x_2 - x_1) = (x - x_1)(y_2 - y_1)$ oder $\begin{vmatrix} x & y & 1 \\ x_1 & y_1 & 1 \\ x_2 & y_2 & 1 \end{vmatrix} = 0$
Punkt P_1 Steigung m	$y - y_1 = m(x - x_1)$
Punkt P_1 Richtung $\boldsymbol{v}$	$\boldsymbol{r} = \boldsymbol{r}_1 + t\boldsymbol{v}$, t beliebiger Skalar $\boldsymbol{r}_1$ Ortsvektor zum Punkt P_1

Drei Punkte P_1, P_2, P_3 liegen auf einer Geraden, falls ihre Koordinatendeterminante D verschwindet; ansonsten ist D gleich dem doppelten Flächeninhalt des Dreiecks A_{123}. Bei positivem Umlaufsinn P_1, P_2, P_3 (x-Achse auf kürzestem Wege in die y-Achse gedreht) ist die Determinante positiv.

$$D = \begin{vmatrix} x_1 & y_1 & 1 \\ x_2 & y_2 & 1 \\ x_3 & y_3 & 1 \end{vmatrix} = 2A_{123}. \tag{18}$$

Zwei nicht parallele Geraden g_1, g_2 schneiden sich in einem Punkt mit den Koordinaten (x_s, y_s).

$$g_1\colon a_1x + b_1y + c_1 = 0 \quad \text{oder} \quad y = m_1x + n_1$$

$$g_2\colon a_2x + b_2y + c_2 = 0 \quad \text{oder} \quad y = m_2x + n_2$$

$$x_s = \frac{b_1c_2 - b_2c_1}{a_1b_2 - a_2b_1} = \frac{n_1 - n_2}{m_2 - m_1} \tag{19}$$

$$y_s = \frac{c_1a_2 - c_2a_1}{a_1b_2 - a_2b_1} = \frac{m_2n_1 - m_1n_2}{m_2 - m_1}.$$

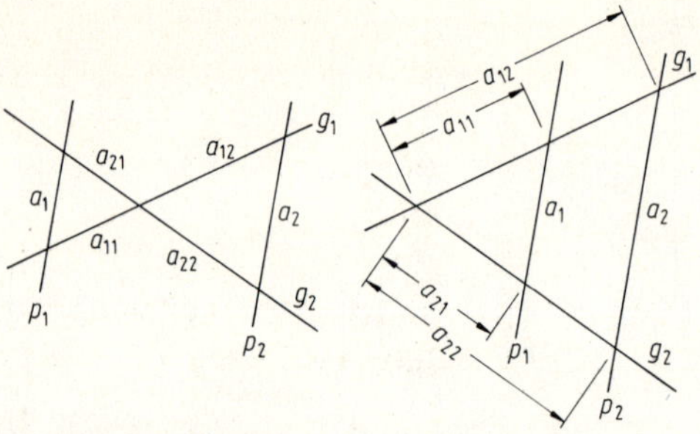

Bild 4-7. Geradenabschnitte für die Strahlensätze.

Drei Geraden $a_ix + b_ix + c_i = 0$, $i = 1, 2, 3$, sind parallel oder schneiden sich in einem Punkt, falls ihre Koeffizienten linear abhängig sind:

$$\begin{vmatrix} a_1 & b_1 & c_1 \\ a_2 & b_2 & c_2 \\ a_3 & b_3 & c_3 \end{vmatrix} = 0. \tag{20}$$

Strahlensätze beschreiben die Relationen der Abschnitte a_i auf Parallelen p_1, p_2 und a_{ij} auf nicht parallelen Geraden g_1, g_2 nach Bild 4-7.

$$\frac{a_{22}}{a_{21}} = \frac{a_{12}}{a_{11}}, \quad \frac{a_{22} - a_{21}}{a_{21}} = \frac{a_{12} - a_{11}}{a_{11}} \cdot \frac{a_2}{a_1} = \frac{a_{22}}{a_{21}},$$

$$\frac{a_2}{a_1} = \frac{a_{12}}{a_{11}}.$$

4.2.2 Ebene im Raum

In einem kartesischen x, y, z-System nach Bild 4-8 ist jede Ebene der Graph einer linearen Funktion

$$\begin{aligned} &ax + by + cz + d = 0 \quad \text{mit} \quad a^2 + b^2 + c^2 > 0, \\ &a = 0\colon \text{ Ebene parallel zur } x\text{-Achse}, \\ &a = b = 0\colon \text{ Ebene parallel zur } x,y\text{-Ebene}, \\ &d = 0\colon \text{ Ebene durch den Nullpunkt}, \end{aligned} \tag{21}$$

wobei ein Koeffizient beliebig zu 1 normiert werden kann. Das Quadrupel (a, b, c, d) bestimmt alle charakteristischen Größen einer Ebene.

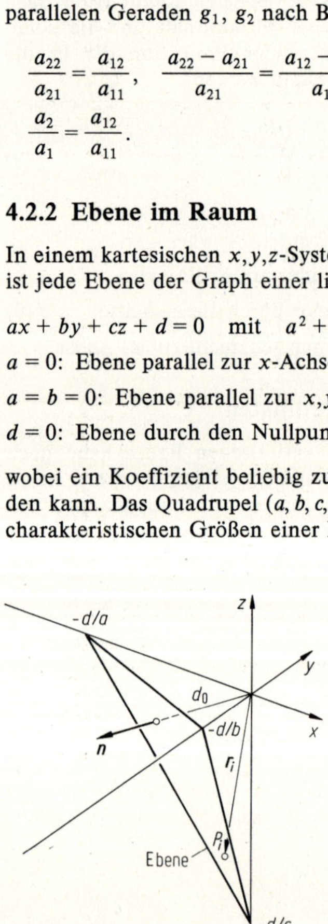

Bild 4-8. Ebene in kartesischer Basis.

Achsenabschnitte

$\hat{x} = -d/a$ zu $\hat{y} = \hat{z} = 0$ falls $a \neq 0$,

$\hat{y} = -d/b$ zu $\hat{x} = \hat{z} = 0$ falls $b \neq 0$,

$\hat{z} = -d/c$ zu $\hat{x} = \hat{y} = 0$ falls $c \neq 0$.

Normalenvektor $\boldsymbol{n}^{\mathrm{T}} = \pm[a \quad b \quad c]$, (22)

Abstand Ebene — Ursprung

$$d_0 = |\boldsymbol{r}^{\mathrm{T}}\boldsymbol{n}|/n = |d|/n, \quad n^2 = a^2 + b^2 + c^2. \quad (23)$$

Abstand d_i eines beliebigen Punktes $P_i(x_i, y_i, z_i)$ von der Ebene.

$$d_i = \frac{ax_i + by_i + cz_i + d}{\sqrt{a^2 + b^2 + c^2}} (-\operatorname{sgn} d). \quad (24)$$

sgn d: Vorzeichen von d.
$d_i > 0$: Ebene zwischen P_i und Ursprung.

Tabelle 4-2. Darstellungen einer Ebene

Gegeben	Ebenengleichung
Achsenabschnitte x_a auf x-Achse y_a auf y-Achse z_a auf z-Achse	$\frac{x}{x_a} + \frac{y}{y_a} + \frac{z}{z_a} = 1$
3 Punkte nicht auf einer Geraden	$\begin{vmatrix} x & y & z & 1 \\ x_1 & y_1 & z_1 & 1 \\ x_2 & y_2 & z_2 & 1 \\ x_3 & y_3 & z_3 & 1 \end{vmatrix} = 0$
Punkt P_1 Normale $\boldsymbol{n}$	$\boldsymbol{n}^{\mathrm{T}} = [a \quad b \quad c]$, $a(x - x_1) + b(y - y_1) + c(z - z_1) = 0$
Punkt P_1, 2 Vektoren $\boldsymbol{a} \neq \boldsymbol{b}$ in der Ebene	$\boldsymbol{r} = \boldsymbol{r}_1 + u\boldsymbol{a} + v\boldsymbol{b}$, u, v beliebige Skalare $\boldsymbol{r}_1$ Ortsvektor zum Punkt P_1

Vier Punkte P_1, P_2, P_3, P_4 liegen in einer Ebene, falls ihre Koordinatendeterminante D verschwindet; ansonsten ist D gleich dem sechsfachen Volumen des Tetraeders V_{1234}. Das Vorzeichen ist abhängig vom Umlaufsinn.

$$D = \begin{vmatrix} x_1 & y_1 & z_1 & 1 \\ x_2 & y_2 & z_2 & 1 \\ x_3 & y_3 & z_3 & 1 \\ x_4 & y_4 & z_4 & 1 \end{vmatrix} = 6V_{1234}. \quad (25)$$

Der *Flächeninhalt* A dreier Punkte P_i in der Ebene $ax + by + cz + d = 0$ wird für $d \neq 0$ durch die Koordinaten von P_i (x_i, y_i, z_i) und den Abstand d_0 bestimmt. Das Vorzeichen ist abhängig vom Umlaufsinn.

$$A = \frac{1}{2d_0} \begin{vmatrix} x_1 & y_1 & z_1 \\ x_2 & y_2 & z_2 \\ x_3 & y_3 & z_3 \end{vmatrix}, \quad d_0^2 = \frac{d^2}{a^2 + b^2 + c^2}. \quad (26)$$

Beispiel. Eine Ebene ist gegeben durch ihre Achsenabschnitte mit den Punkten P_1 $(x_a, 0, 0)$, P_2 $(0, y_a, 0)$, P_3 $(0, 0, z_a)$. Gesucht ist die von P_1, P_2, P_3 aufgespannte Fläche A. Aus der Achsenabschnittsform $x/x_a + y/y_a + z/z_a = 1$ folgt die Normalform $xy_az_a + yx_az_a + zx_ay_a + d = 0$ mit $d = -x_ay_az_a$ und $d_0^2 = x_a^2y_a^2z_a^2/(y_a^2z_a^2 + x_a^2z_a^2 + x_a^2y_a^2)$ nach (26). Die Koeffizientendeterminante in (26) ist nur in der Hauptdiagonale belegt, und es gilt

$$A = x_ay_az_a/(2d_0) = \sqrt{y_a^2z_a^2 + x_a^2z_a^2 + x_a^2y_a^2}\,/2.$$

Der Schnittpunkt P_s (x_s, y_s, z_s) dreier Ebenen E_1 bis E_3 berechnet sich aus einem linearen System.

$$E_i\colon\ a_{i1}x + a_{i2}y + a_{i3}z + d_i = 0,$$
$$\boldsymbol{A}\boldsymbol{r}_s + \boldsymbol{d} = \boldsymbol{o}, \quad \boldsymbol{A} = (a_{ij}), \quad (27)$$
$$\boldsymbol{d}^{\mathrm{T}} = [d_1 \quad d_2 \quad d_3].$$

Die Normalenvektoren $\boldsymbol{n}_1$ und $\boldsymbol{n}_2$ zweier Ebenen bestimmen den Winkel α zwischen den Ebenen und einen Vektor $\boldsymbol{v}$ in Richtung der Schnittgerade.

$$\cos\alpha = \boldsymbol{n}_1 \cdot \boldsymbol{n}_2/(n_1n_2), \quad \boldsymbol{n}_i^{\mathrm{T}} = [a_i \quad b_i \quad c_i],$$
$$n_i^2 = a_i^2 + b_i^2 + c_i^2, \quad \boldsymbol{v} = \boldsymbol{n}_1 \times \boldsymbol{n}_2. \quad (28)$$

4.2.3 Gerade im Raum

Die Gerade g im Raum entsteht als Schnittlinie $\boldsymbol{v}$ (28) zweier Ebenen E_1, E_2 mit den Normalenvektoren $\boldsymbol{n}_1$, $\boldsymbol{n}_2$.
Drei Punkte P_1, P_2, P_3 liegen auf einer Geraden (sind kollinear), falls die von P_1, P_2, P_3 aufgespannte Fläche A in (26) verschwindet.

Tabelle 4-3. Darstellungen einer Geraden im Raum

Gegeben	Geradengleichung
2 Punkte P_1, P_2	$\frac{x - x_1}{x_2 - x_1} = \frac{y - y_1}{y_2 - y_1} = \frac{z - z_1}{z_2 - z_1}$
Punkt P_1 Richtung $\boldsymbol{v}$	$\boldsymbol{r} = \boldsymbol{r}_1 + t\boldsymbol{v}$, t beliebiger Skalar

Tabelle 4-4. Lagebeziehungen zweier räumlicher Geraden g_1, g_2: g_1: $\boldsymbol{r} = \boldsymbol{r}_1 + t_1\boldsymbol{v}_1$, g_2: $\boldsymbol{r} = \boldsymbol{r}_2 + t_2\boldsymbol{v}_2$.

Kreuzprodukt $\boldsymbol{v}_1 \times \boldsymbol{v}_2$	Richtungsbeziehung Abstand d
$\boldsymbol{o}$	Geraden parallel $d = \lvert\boldsymbol{v}_i \times (\boldsymbol{r}_1 - \boldsymbol{r}_2)\rvert / \lvert\boldsymbol{v}_i\rvert$, $i = 1$ oder 2
$\neq \boldsymbol{o}$	Geraden nicht parallel $d = \frac{\lvert(\boldsymbol{r}_2 - \boldsymbol{r}_1)(\boldsymbol{v}_1 \times \boldsymbol{v}_2)\rvert}{\lvert\boldsymbol{v}_1 \times \boldsymbol{v}_2\rvert}$ $d = 0$: Geraden schneiden einander $d \neq 0$: Windschiefe Geraden

4.2.4 Kurven 2. Ordnung

Sie genügen einer quadratischen Gleichung mit 2 Koordinaten und beschreiben *Kegelschnitte*: *Ellipse*, *Hyperbel* und *Parabel*.

$$xc_{11}x + xc_{12}y + b_1x$$
$$+ yc_{12}x + yc_{22}y + b_2y + a_0 = 0,$$

$$\text{kurz } \boldsymbol{x}^\mathrm{T}\boldsymbol{C}\boldsymbol{x} + \boldsymbol{b}^\mathrm{T}\boldsymbol{x} + a_0 = 0, \ \boldsymbol{C}, \ \boldsymbol{b}, \ a_0 \in \mathbb{R}, \quad (29)$$

$$\boldsymbol{C} = \begin{bmatrix} c_{11} & c_{12} \\ c_{12} & c_{22} \end{bmatrix} = \boldsymbol{C}^\mathrm{T}, \quad \boldsymbol{b} = \begin{bmatrix} b_1 \\ b_2 \end{bmatrix}, \quad \boldsymbol{x} = \begin{bmatrix} x \\ y \end{bmatrix}.$$

Kegelschnitte entstehen als Schnittkurven von Ebenen und Kreiskegeln. Geht die Ebene durch die Kegelspitze, entstehen entartete Kegelschnitte, Geradenpaare oder auch nur ein Punkt. Koeffizientenpaarungen $\boldsymbol{C}$, $\boldsymbol{b}$, a_0, die nicht durch reelle Koordinaten erfüllt werden können, nennt man imaginäre Kegelschnitte.

Beispiel: $a^2x^2 + b^2y^2 + 1 = 0$.

Eine globale Klassifikation gelingt durch 2 Koeffizientendeterminanten.

$$C = |\boldsymbol{C}|, \quad D = \begin{vmatrix} \boldsymbol{C} & \boldsymbol{b}/2 \\ \boldsymbol{b}^\mathrm{T}/2 & a_0 \end{vmatrix}. \quad (30)$$

	$C>0$	$C<0$	$C=0$
$D \neq 0$	Ellipse (reell oder imaginär)	Hyperbel	Parabel
$D = 0$	Punkt	Geradenpaar, nicht parallel	Geradenpaar, parallel (reell oder imaginär)

Mittelpunktform nennt man eine Darstellung von (29) ohne linearen Term, wobei der Vektor $\boldsymbol{r}$ (bezogen auf die alte Basis $\boldsymbol{e}_1$, $\boldsymbol{e}_2$) vom Mittelpunkt M (falls vorhanden) ausgeht.

$$\boldsymbol{r}^\mathrm{T}\boldsymbol{C}\boldsymbol{r} + d = 0, \quad \boldsymbol{x} = \boldsymbol{x}_M + \boldsymbol{r},$$
$$2\boldsymbol{x}_M = -\boldsymbol{C}^{-1}\boldsymbol{b}, \quad d = a_0 + \boldsymbol{x}_M^\mathrm{T}\boldsymbol{b}/2. \quad (31)$$

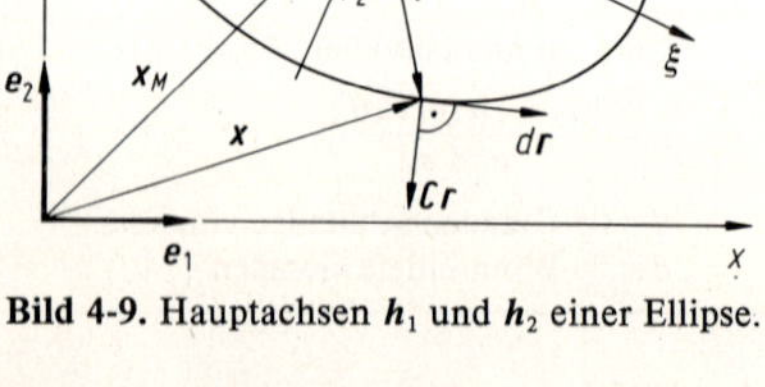

Bild 4-9. Hauptachsen $\boldsymbol{h}_1$ und $\boldsymbol{h}_2$ einer Ellipse.

Differenzieren der Mittelpunktform (31) ergibt den Normalenvektor $\boldsymbol{n}$, senkrecht zum Vektor $\mathrm{d}\boldsymbol{r}$ in Tangentenrichtung.

$$d\boldsymbol{r}^\mathrm{T}\boldsymbol{C}\boldsymbol{r} + \boldsymbol{r}^\mathrm{T}\boldsymbol{C}d\boldsymbol{r} = 2\,\mathrm{d}\boldsymbol{r}^\mathrm{T}\boldsymbol{C}\boldsymbol{r} = 0 \rightarrow \boldsymbol{n} = \boldsymbol{C}\boldsymbol{r}. \quad (32)$$

Hauptachsen $\boldsymbol{h}$ liegen vor, wenn Vektor $\boldsymbol{r} = \boldsymbol{h}$ und Normale $\boldsymbol{n} = \boldsymbol{C}\boldsymbol{h}$ parallel sind mit einem Proportionalitätsfaktor λ.

$$\boldsymbol{C}\boldsymbol{h} = \lambda\boldsymbol{h}, \quad \lambda \text{ aus } |\boldsymbol{C} - \lambda\boldsymbol{I}| = 0. \quad (33)$$

Dieses spezielle Eigenwertproblem hat 2 Lösungspaare $\boldsymbol{h}_i$, λ_i mit zueinander senkrechten *Hauptrichtungen*.

$$\boldsymbol{h}_1^\mathrm{T}\boldsymbol{h}_2 = 0 \quad \text{und} \quad \boldsymbol{h}_1^\mathrm{T}\boldsymbol{C}\boldsymbol{h}_2 = 0. \quad (34)$$

Normalform der Kegelschnittgleichung ist die Darstellung in Hauptachsenkomponenten mit Koordinaten ξ und η.

$$\boldsymbol{r} = \xi\boldsymbol{h}_1^0 + \eta\boldsymbol{h}_2^0, \quad |\boldsymbol{h}_i^0| = 1,$$
$$\xi^2\lambda_1 + \eta^2\lambda_2 + d = 0. \quad (35)$$

$$\textbf{Hauptachsenlängen} \quad r_i = \sqrt{-d/\lambda_i}\,. \quad (36)$$

Die drei Werte λ_1, λ_2, d enthalten ähnlich wie (30) die Kegelschnittcharakteristik.

Beispiel:

$$\text{Gegeben } \boldsymbol{C} = \begin{bmatrix} 17 & -6 \\ -6 & 8 \end{bmatrix}, \quad \boldsymbol{b} = \begin{bmatrix} -22 \\ -4 \end{bmatrix},$$
$$a_0 = -7.$$

$$\boldsymbol{x}_M = -\frac{1}{2} \cdot \frac{1}{100} \begin{bmatrix} 8 & 6 \\ 6 & 17 \end{bmatrix} \begin{bmatrix} -22 \\ -4 \end{bmatrix} = \begin{bmatrix} 1 \\ 1 \end{bmatrix},$$

$$d = -7 + \frac{1}{2}[1 \quad 1] \begin{bmatrix} -22 \\ -4 \end{bmatrix} = -20,$$

Eigenwerte aus

$$\begin{vmatrix} 17-\lambda & -6 \\ -6 & 8-\lambda \end{vmatrix} = 0: \ \lambda_1 = 5, \quad \lambda_2 = 20.$$

$$\boldsymbol{h}_1 = \begin{bmatrix} 1 \\ 2 \end{bmatrix}, \quad \boldsymbol{h}_2 = \begin{bmatrix} 2 \\ -1 \end{bmatrix}, \quad r_1 = \sqrt{\frac{20}{5}} = 2,$$
$$r_2 = 1.$$

λ_1, $\lambda_2 > 0$, $d < 0$ bestimmen eine Ellipse.

Standardparabel $y^2 = 2px$, siehe Bild 4-10. Scheitel S im Ursprung, Brennpunkt F $(p/2, 0)$. Konstruktion: Leitlinie $x = -p/2$ zeichnen. Beliebigen Punkt L auf Leitlinie wählen. Mittelsenkrechte auf LF (gleichzeitig Tangente in P) und Parallele zur x-Achse durch L schneiden sich im Parabelpunkt P.

Standardellipse $b^2x^2 + a^2y^2 = a^2b^2$, siehe Bild 4-11.
Brennpunkte F_1 $(-e, 0)$, F_2 $(e, 0)$. $e^2 = a^2 - b^2$, $a > b$.

Konstruktion: Leitkreis um F_1 mit Radius $2a$ zeichnen. Beliebigen Punkt L auf Leitkreis wählen. Mittelsenkrechte auf LF_2 (gleichzeitig Tangente in K) schneidet Leitstrahl F_1L im Kegelschnittpunkt K.
Speziell: $\overline{F_1K} + \overline{F_2K} = 2a$.

Standardhyperbel $b^2x^2 - a^2y^2 = a^2b^2$, siehe Bild 4-12.
Brennpunkte und Konstruktion wie bei Ellipse.
$e^2 = a^2 + b^2$.

Speziell: $\overline{F_1K} - \overline{F_2K} = 2a$.

Asymptoten $ay = \pm bx$.

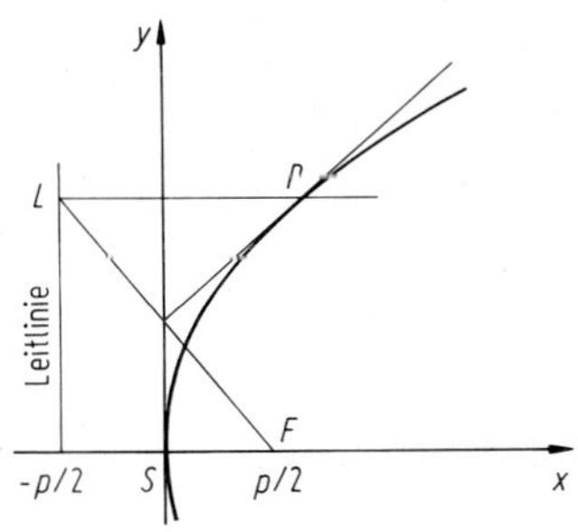

Bild 4-10. Standardparabel.

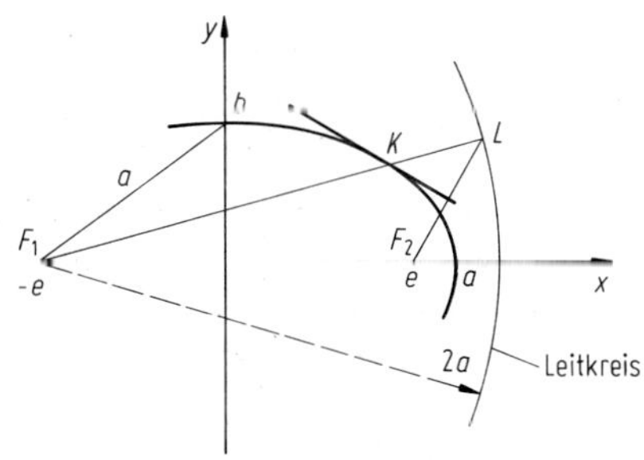

Bild 4-11. Standardellipse.

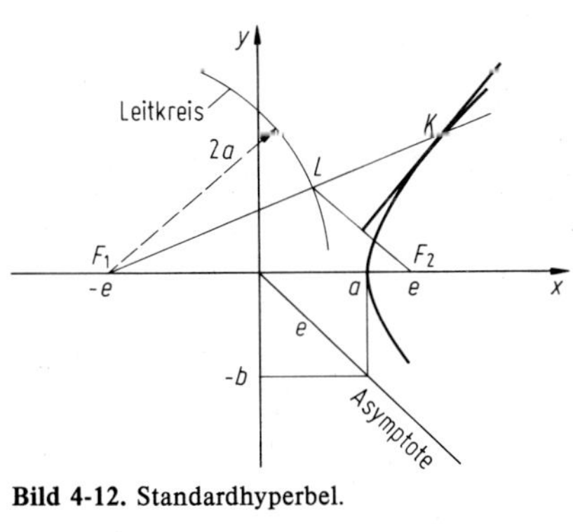

Bild 4-12. Standardhyperbel.

4.2.5 Flächen 2. Ordnung

Sie entstehen durch Rotation von Kurven 2. Ordnung um deren Hauptachsen und genügen einer quadratischen Gleichung mit 3 Koordinaten.

$$\begin{aligned} &xc_{11}x + xc_{12}y + xc_{13}z + b_1x \\ &+ yc_{12}x + yc_{22}y + yc_{23}z + b_2y \\ &+ zc_{13}x + zc_{23}y + zc_{33}z + b_3z + a_0 = 0, \end{aligned}$$

$$\text{kurz } \boldsymbol{x}^{\mathrm{T}}\boldsymbol{C}\boldsymbol{x} + \boldsymbol{b}^{\mathrm{T}}\boldsymbol{x} + a_0 = 0, \quad \boldsymbol{C}, \boldsymbol{b}, a_0 \in \mathbb{R}, \qquad (37)$$

$$\boldsymbol{C} = \begin{bmatrix} c_{11} & c_{12} & c_{13} \\ c_{12} & c_{22} & c_{23} \\ c_{13} & c_{23} & c_{33} \end{bmatrix}, \quad \boldsymbol{b} = \begin{bmatrix} b_1 \\ b_2 \\ b_3 \end{bmatrix}, \quad \boldsymbol{x} = \begin{bmatrix} x \\ y \\ z \end{bmatrix}.$$

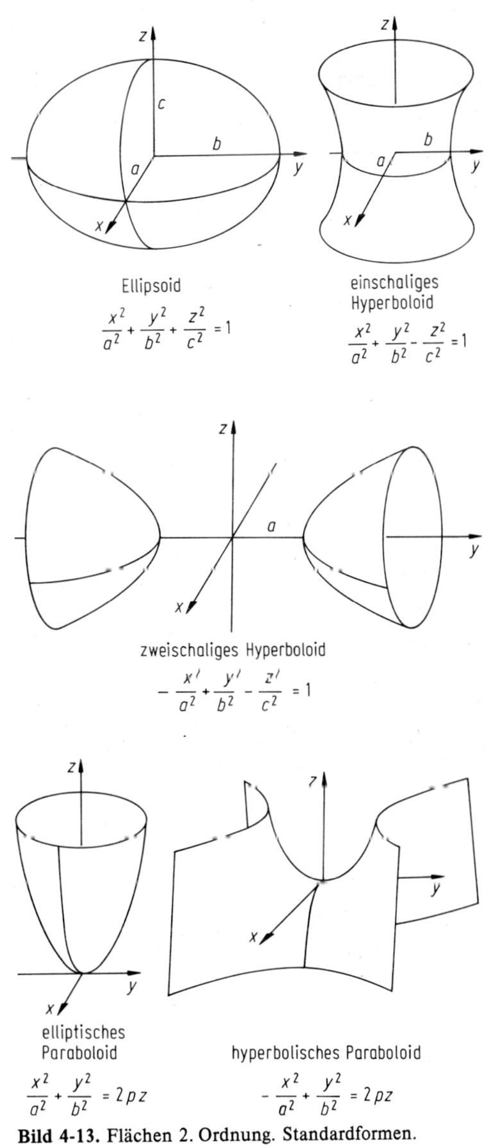

Bild 4-13. Flächen 2. Ordnung. Standardformen.

Tabelle 4-5. Klassifizierung der Flächen $\lambda_1\xi^2 + \lambda_2\eta^2 + \lambda_3\zeta^2 + d = 0$ im Reellen

λ_1	λ_2	λ_3	d	Name
>0	>0	>0	<0	Ellipsoid
>0	>0	>0	$=0$	Nullpunkt
>0	>0	<0	<0	Einschaliges Hyperboloid
>0	>0	<0	>0	Zweischaliges Hyperboloid
>0	>0	<0	$=0$	Elliptischer Doppelkegel mit Achse e_3
>0	>0	$=0$	<0	Elliptischer Zylinder
>0	>0	$=0$	$\neq 0$	Hyperbolischer Zylinder
>0	<0	$=0$	$=0$	Paar sich schneidender Ebenen parallel zur e_3-Achse
>0	$=0$	$=0$	$=0$	Koordinatenebene e_2, e_3

Mittelpunktform (falls $C \neq O$) $r^T Cr + d = 0$ entsprechend (31).

Hauptrichtungen h_1, h_2, h_3 aus (33).

Orthogonalität

$$h_i^T h_j = h_i^T C h_j = 0\,, \quad ij = 12, 13, 23\,. \tag{38}$$

Normalform für Nicht-Paraboloide in Hauptachsenkomponenten.

$$\begin{aligned} r &= \xi h_1^0 + \eta h_2^0 + \zeta h_3^0\,, \\ &\xi^2\lambda_1 + \eta^2\lambda_2 + \zeta^2\lambda_3 + d = 0\,. \end{aligned} \tag{39}$$

Hauptachsenlängen $r_i = \sqrt{-d/\lambda_i}\,.$ (40)

4.3 Planimetrie, Stereometrie

Schiefwinklige ebene Dreiecke besitzen drei ausgezeichnete Punkte nach Bild 4-14.

Schwerpunkt S im Schnittpunkt der Seitenhalbierenden s_i;

Mittelpunkt M_i des Innenkreises im Schnittpunkt der Winkelhalbierenden w_i, Radius r;

Mittelpunkt M_a des Außenkreises im Schnittpunkt der Mittelsenkrechten m_i, Radius R.

$$\begin{aligned} r^2 &= (s-a)\,(s-b)\,(s-c)/s\,, \\ 2s &= a + b + c\,, \\ r &= s \tan\frac{\alpha}{2} \tan\frac{\beta}{2} \tan\frac{\gamma}{2}\,, \\ R &= abc/(4rs)\,, \\ r/R &= 4 \sin\frac{\alpha}{2} \sin\frac{\beta}{2} \sin\frac{\gamma}{2}\,. \end{aligned} \tag{42}$$

Beziehungen zwischen Seitenlängen und Winkeln. Formeln für a und α gelten entsprechend zyklisch fortgesetzt für die anderen Größen.

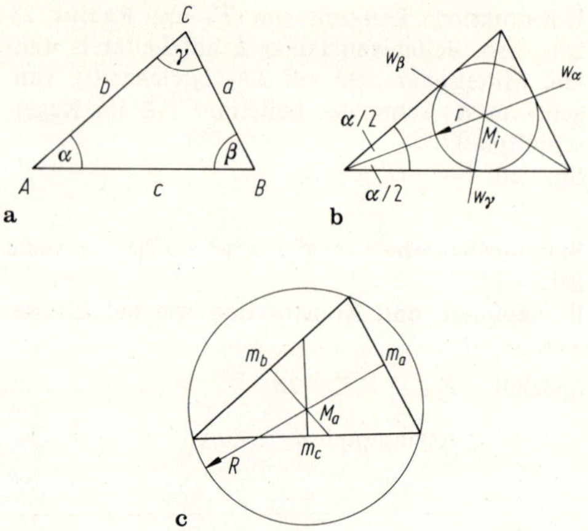

Bild 4-14. Ebenes Dreieck mit Innenkreis und Außenkreis.

$$\begin{aligned} &\alpha + \beta + \gamma = 180° \mathrel{\hat{=}} \pi\,, \\ &\sin\alpha = \sin(\beta + \gamma)\,, \\ &\cos\alpha = -\cos(\beta + \gamma)\,. \end{aligned} \tag{43}$$

Sinussatz:

$$a/\sin\alpha = b/\sin\beta = c/\sin\gamma = 2R\,. \tag{44}$$

$$\begin{aligned} &\text{Cosinussatz: } a^2 = b^2 + c^2 - 2bc\cos\alpha\,, \\ &(\alpha = \pi/2\text{: Satz des Pythagoras})\,. \end{aligned} \tag{45}$$

$$\begin{aligned} \text{Tangenssatz: } &(a-b)\tan\frac{\alpha-\beta}{2} \\ &= (a+b)\tan\frac{\alpha-\beta}{2}\,. \end{aligned} \tag{46}$$

Halbwinkelsatz:

$$\begin{aligned} \left(\sin\frac{\alpha}{2}\right)^2 &= \frac{(s-b)\,(s-c)}{bc}\,, \\ \left(\cos\frac{\alpha}{2}\right)^2 &= \frac{s(s-a)}{bc}\,. \end{aligned} \tag{47}$$

Mollweide-Formel:

$$\begin{aligned} (b+c)\sin(\alpha/2) &= a\cos[(\beta-\gamma)/2]\,, \\ (b-c)\cos(\alpha/2) &= a\sin[(\beta-\gamma)/2]\,. \end{aligned} \tag{48}$$

Nichtebene Dreiecke werden mit den Mitteln der Differentialgeometrie behandelt. Kugeldreiecke sind wichtig für Geographie und Geodäsie. Die Schnittlinie von Kugel und Mittelpunktebene ist ein Großkreis mit dem Kugelradius R. Durch 2 Punkte A, B auf der Kugeloberfläche, die nicht auf einem Durchmesser liegen, läßt sich genau ein Großkreis zeichnen. Der kürzere Bogen ist der kürzeste Weg auf der Oberfläche von A nach B *(geodätische Linie)*.

Tabelle 4-6. Fläche A, Volumen V, Umfang U, Oberfläche S ausgewählter Gebilde

Dreieck

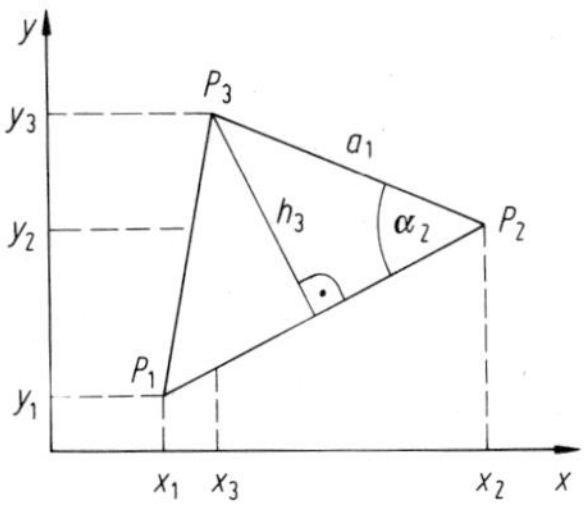

$\alpha_1 + \alpha_2 + \alpha_3 = \pi \mathrel{\hat{=}} 180°$

$A^2 = s(s - a_1)(s - a_2)(s - a_3)$ mit $2s = a_1 + a_2 + a_3$

$h_i = 2A/a_i$

$2A = (x_2 - x_1)(y_3 - y_1) - (x_3 - x_1)(y_2 - y_1)$

Innenkreis $r_i = s \tan\frac{\alpha_1}{2} \tan\frac{\alpha_2}{2} \tan\frac{\alpha_3}{2} = A/s$

Außenkreis $r_a = \frac{a_1 a_2 a_3}{4A}$ $\quad r_i/r_a = 4 \sin\frac{\alpha_1}{2} \sin\frac{\alpha_2}{2} \sin\frac{\alpha_3}{2}$

Viereck

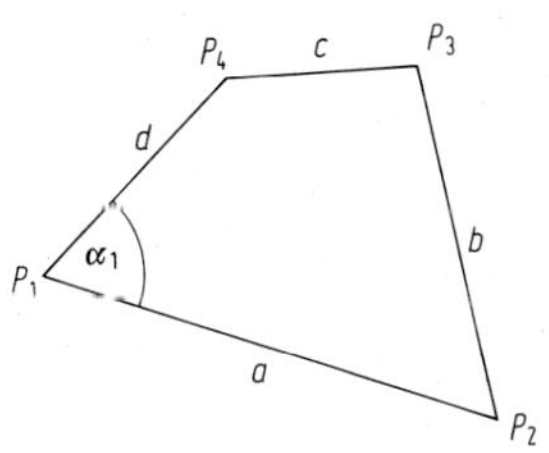

Berechnung durch Aufteilung in 2 Dreiecke

$\alpha_1 + \alpha_2 + \alpha_3 + \alpha_4 = 2\pi \mathrel{\hat{=}} 360°$

$\left|\cos\frac{\alpha_1 + \alpha_3}{2}\right| = \left|\cos\frac{\alpha_2 + \alpha_4}{2}\right| = w$

$2s = a + b + c + d$

$A^2 = (s - a)(s - b)(s - c)(s - d) - abcdw^2$

Sehnenviereck

Alle Punkte P_i liegen auf einem Kreis; es existiert ein Außenkreis.

$\alpha_1 + \alpha_3 = \alpha_2 + \alpha_4 = \pi \mathrel{\hat{=}} 180°$

Tangentenviereck

Es existiert ein Innenkreis $a + c = b + d$

Trapez

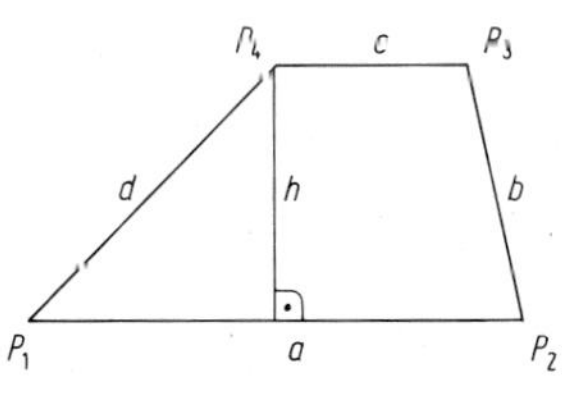

Viereck mit parallelem Seitenpaar a, c.

$A = h\frac{a + c}{2}$

Parallelogramm

Viereck mit zwei parallelen Seitenpaaren.

$a = c,\ a \parallel c, \quad b = d,\ b \parallel d$

$A = ah$

Rhombus

Parallelogramm mit 4 gleichen Seiten.

$a = b = c = d$

---

n-Eck

Durch n Geraden begrenzte Fläche.

Regelmäßiges n-Eck

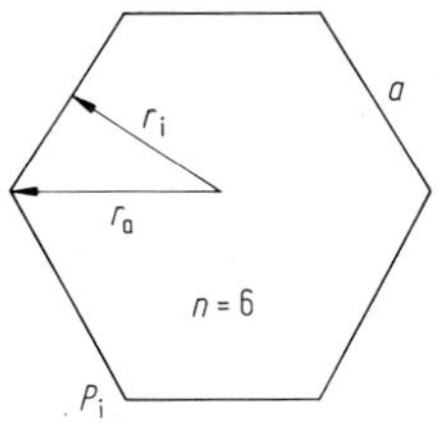

Alle Seiten a_i sind gleich lang $a_i = a$.

Alle Ecken P_i liegen auf einem Kreis.

$a^2 = 4(r_a^2 - r_i^2)$

$A = nar_i/2 = na\sqrt{r_a^2 - a^2/4}\,/2$

Tabelle 4-6 (Fortsetzung)

Kreis

$A = \pi r^2, \quad U = 2\pi r$

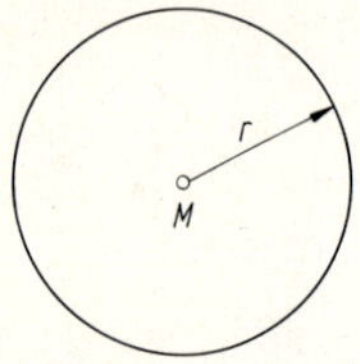

Kreisring

$A = \pi(r_a^2 - r_i^2) = \pi(r_a + r_i)(r_a - r_i)$

r_a Außenradius, r_i Innenradius

Kreissektor

$A = \pi r^2 \alpha°/360° = r^2 \alpha/2$

$\alpha°$ Winkel im Gradmaß (rechter Winkel ≙ 90°)
α Winkel im Bogenmaß (rechter Winkel ≙ $\pi/2$)

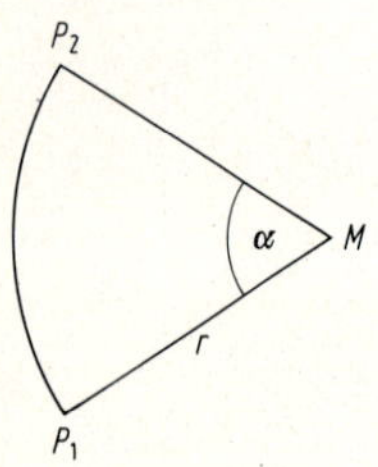

Kreissegment

$2A = r^2\ (\alpha - \sin\alpha)$

Bogen $P_1P_2 = \alpha r$

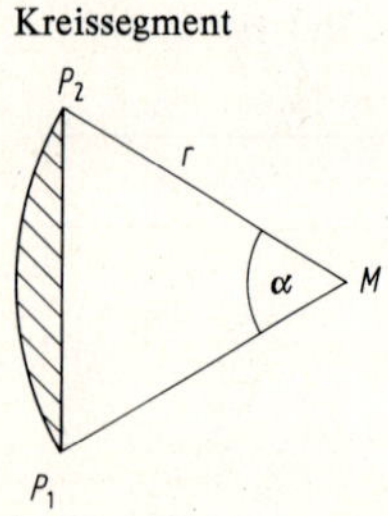

Polynomfläche

$y = b(x/a)^n$

$$A_1 = \frac{n}{n+1}ab$$

$$A_2 = \frac{1}{n+1}ab$$

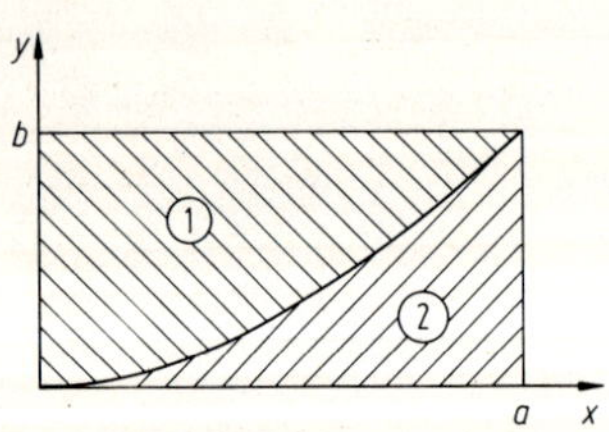

Ellipse

$A = \pi ab$ Exzentrizität $e = \sqrt{1 - b^2/a^2}$

$$U = 4aE(e) = 2\pi a\left[1 - \left(\frac{1}{2}\right)^2 e^2 - \left(\frac{1\cdot 3}{2\cdot 4}\right)^2 \frac{e^4}{3} - \left(\frac{1\cdot 3\cdot 5}{2\cdot 4\cdot 6}\right)^2 \frac{e^6}{5} - \dots\right],$$

$E\left(e, \frac{\pi}{2}\right)$ vollständiges elliptisches Integral zweiter Gattung.

$$U = \pi(a+b)\left[1 + \frac{\lambda^2}{4} + \frac{\lambda^4}{64} + \frac{\lambda^6}{256} + \frac{25\lambda^8}{16\,384} + \dots\right], \quad \lambda = \frac{a-b}{a+b}$$

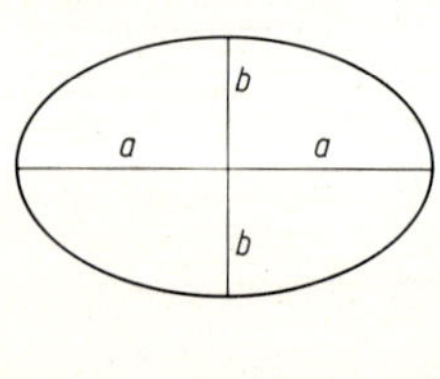

Polyeder

Von ebenen Flächen begrenzter Körper

Prisma

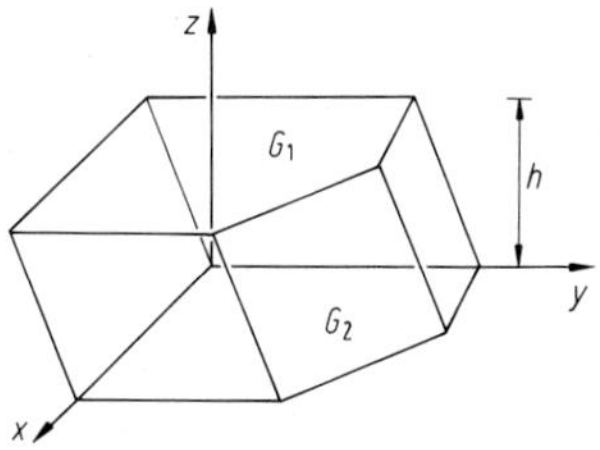

Grundflächen G_1, G_2 sind kongruente Vielecke. Die Mantelflächen sind Parallelogramme.

$V = Ah$ falls $G_1 \| G_2$ mit $A_1 = A_2 = A$

Für ein Prisma mit nicht parallelen Deckflächen sei l der Abstand der Flächenschwerpunkte von G_1 und G_2, A_3 der Flächeninhalt des zu l senkrechten Schnittes.

$V = lA_3$

Gerades Prisma

Mantelkanten sind senkrecht zu den Grundflächen

Reguläres Prisma

Gerades Prisma mit regelmäßigen n-Ecken als Grundflächen

Quader

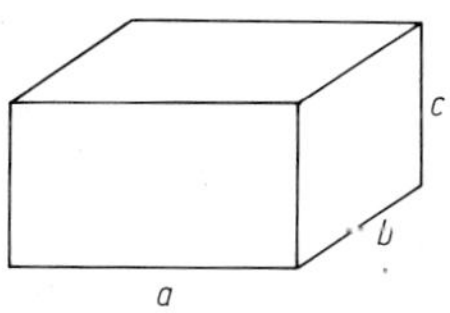

Spezielles reguläres Prisma

$V = abc$

Pyramide

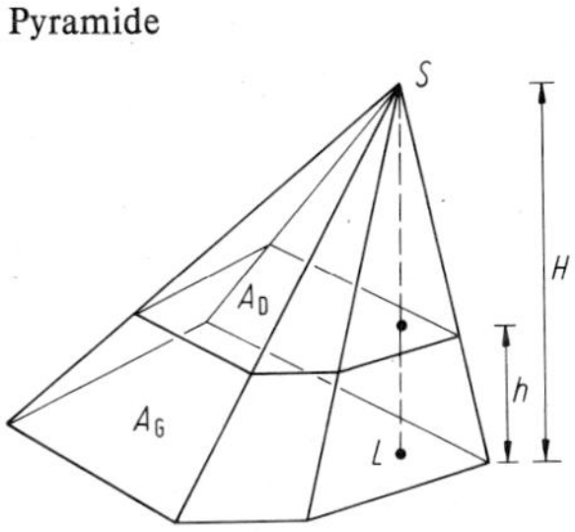

Körper mit n-Eck als ebener Grundfläche A_G und Spitze S, die mit allen Ecken P_i verbunden ist.

$V = A_G H/3$, H Abstand von S zu A_G.

Pyramidenstumpf

Entsteht aus Pyramide durch ebenen Schnitt parallel zur Grundfläche A_G mit der Schnitt- gleich Deckfläche A_D.

$V = \frac{h}{3}\left(A_G + \sqrt{A_G A_D} + A_D\right)$, h Abstand zwischen Grund- und Deckfläche

Reguläre Pyramide

Pyramide mit regelmäßigem n-Eck als Grundfläche und Spitze S lotrecht über dem Mittelpunkt der Grundfläche.

Tetraeder

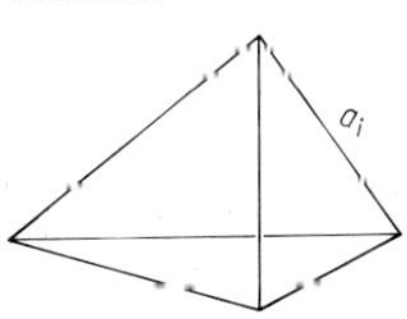

Pyramide mit 4 begrenzenden Dreiecken mit Flächen A_i.

Falls alle Kanten $a_i = a$ und damit $A_1 = A_2 = A_3 = A_4 = A$ gilt $V = a^3\sqrt{2}/12$, $S = a^2\sqrt{3}$

$r_a = a\sqrt{6}/4$, $r_i = a\sqrt{6}/12$

r_a Radius Außenkugel, r_i Radius Innenkugel

Oktaeder

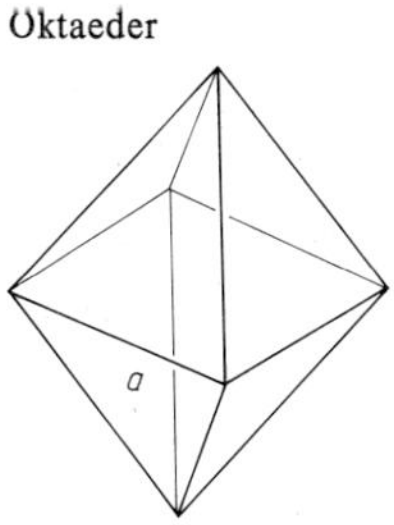

Polyeder mit 8 gleichseitigen Dreiecken, 6 Ecken, 12 Kanten

$r_a = a\sqrt{2}/2$, $r_i = a\sqrt{6}/6$

$S = 2a^2\sqrt{3}$, $V = a^3\sqrt{2}/3$

Tabelle 4-6 (Fortsetzung)

Pentagondodekaeder

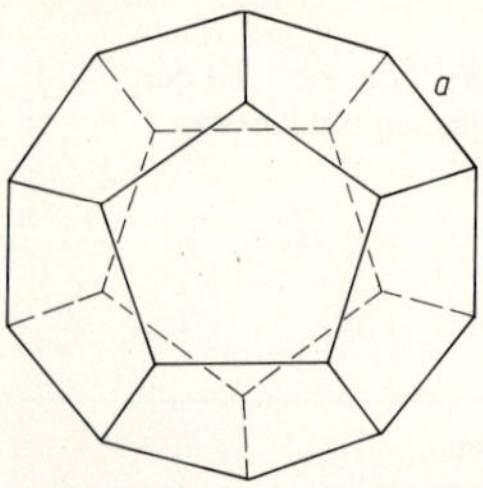

Polyeder mit 12 gleichseitigen Fünfecken, 20 Ecken, 30 Kanten

$r_a = a\sqrt{6(3+\sqrt{5})}/4, \quad r_i = a\sqrt{\frac{5}{2}+\frac{11}{10}\sqrt{5}}/2$

$S = 15a^2\sqrt{1+2\sqrt{5}/5}, \quad V = a^3(15+7\sqrt{5})/4$

Ikosaeder

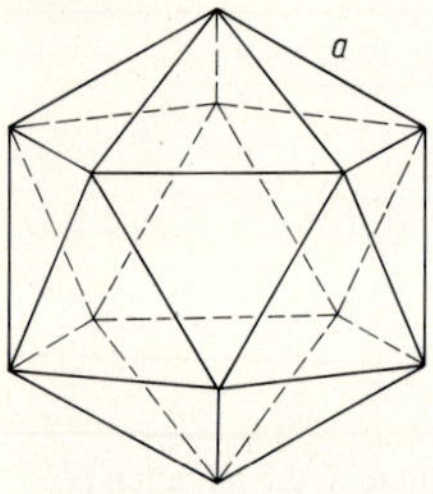

Polyeder mit 20 gleichseitigen Dreiecken, 12 Ecken, 30 Kanten

$r_a = a\sqrt{10+2\sqrt{5}}/4, \quad r_i = a(3+\sqrt{5})/(4\sqrt{3})$

$S = 5a^2\sqrt{3}, \quad V = 5a^3(3+\sqrt{5})/12$

Keil

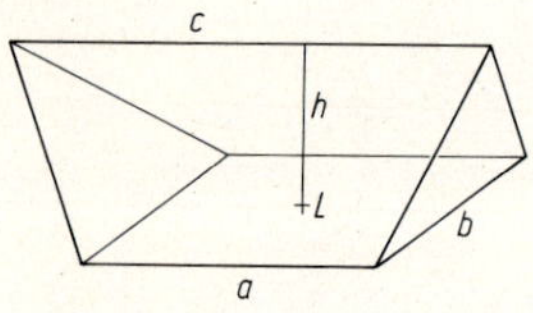

Grundfläche rechteckig. Jeweils zwei gleichschenklige Manteldreiecke und Manteltrapeze. Höhe h, Gratkante c.

$V = (2a + c)\, bh/6$

Zylinder

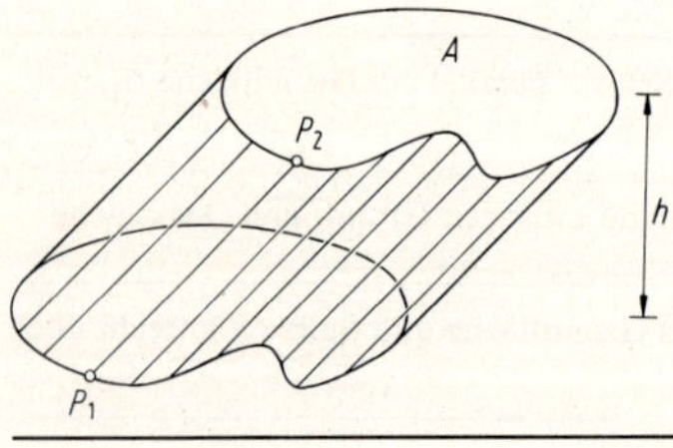

Körper mit identischer Deck- und Mantelfläche in parallelen Ebenen mit parallelen Geraden P_1P_2 entsprechender Punkte.

$V = Ah$

Gerader Kreiszylinder

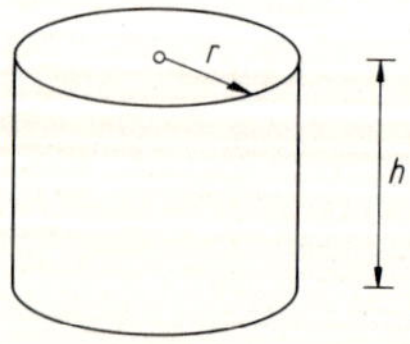

$V = \pi r^2 h, \quad S = 2\pi r(r + h)$

Schräg abgeschnittener Kreiszylinder

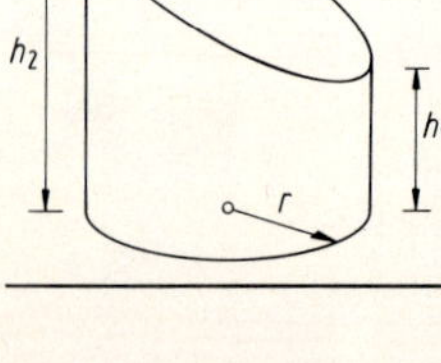

$V = \pi r^2(h_1 + h_2)/2$

$h_1 = h_{\min}, \quad h_2 = h_{\max}$

$S = \pi r\left[h_1 + h_2 + r + \sqrt{r^2 + \left(\frac{h_2 - h_1}{2}\right)^2}\right]$

Kegel

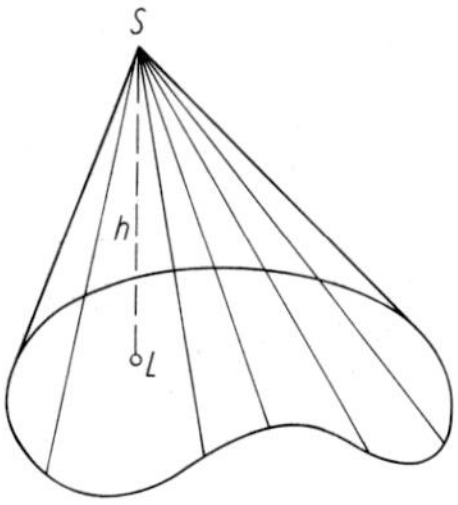

Körper mit ebener Grundfläche A und geraden Mantellinien SP_i

$V = Ah/3$

Gerader Kreiskegel

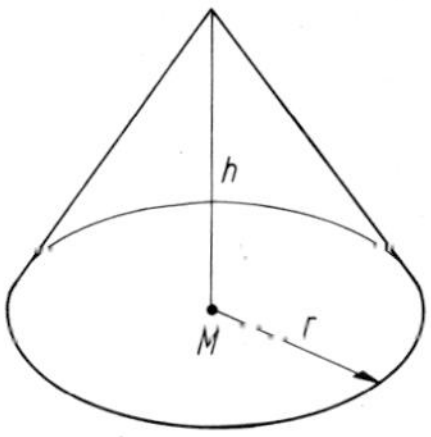

Grundfläche ist ein Kreis. Spitze S liegt lotrecht über Mittelpunkt M.

$V = \pi r^2 h/3$.

$S = \pi r(r + a), \quad a^2 = h^2 + r^2$

Kugel

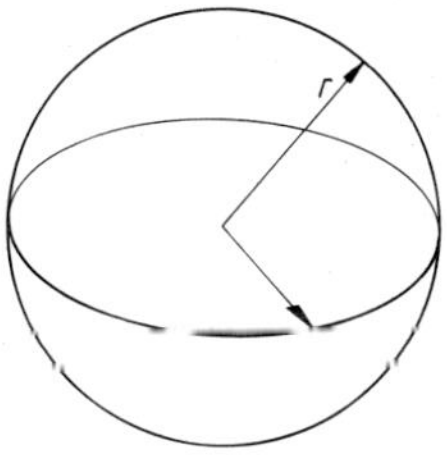

Radius r. Großkreis mit Radius r entsteht bei ebenem Kugelschnitt, der durch den Mittelpunkt geht.

$V = 4\pi r^3/3$

$S = 4\pi r^2$

Kugelkappe

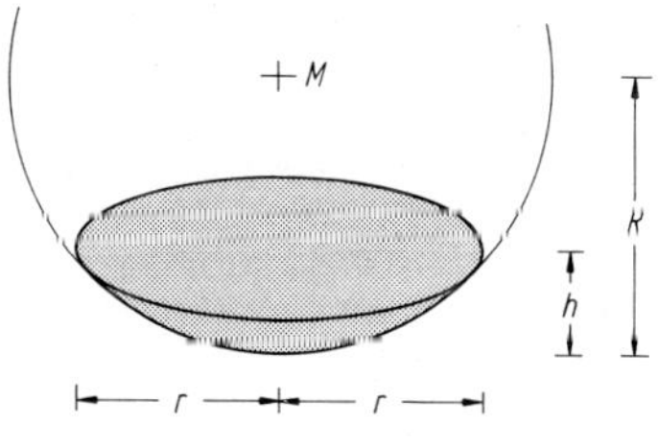

$r^2 = h(2R - h)$

$V = \pi h(3r^2 + h^2)/6 = \pi h^2(3R - h)/3$

$S = \pi(2Rh + r^2) = \pi(h^2 + 2r^2)$

Kugelsektor

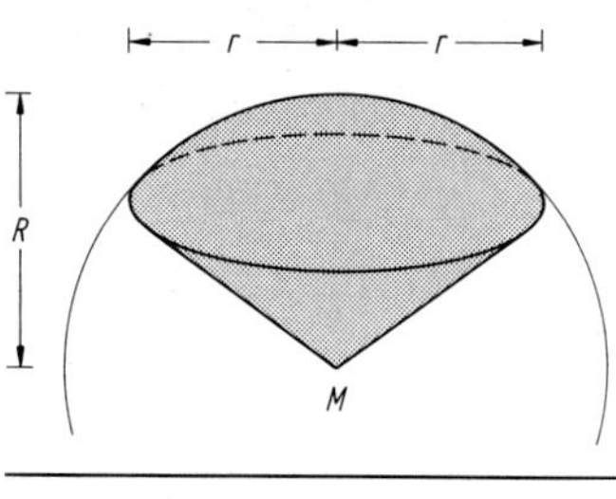

$V = 2\pi R^2 h/3$

$S = \pi R(2h + r)$

Tabelle 4-6 (Fortsetzung)

Kugelschicht

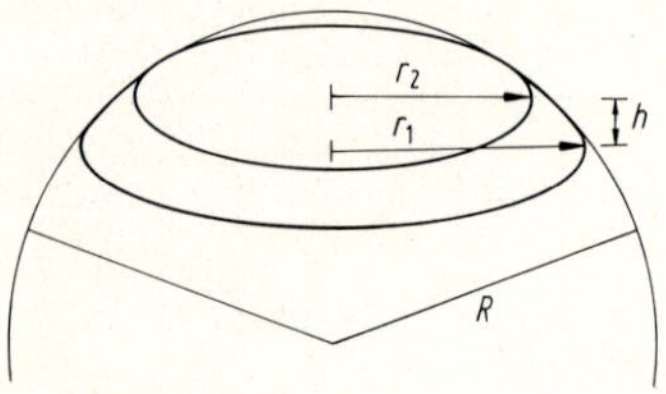

$$R^2 = r_1^2 + (r_1^2 - r_2^2 - h^2)^2/(2h)^2$$
$$V = \pi h(3r_1^2 + 3r_2^2 + h^2)/6$$
$$S = \pi(2Rh + r_1^2 + r_2^2)$$

Ellipsoid

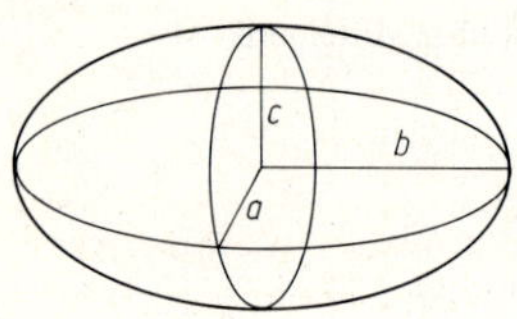

$$V = 4\pi abc/3$$

Umdrehungsfläche

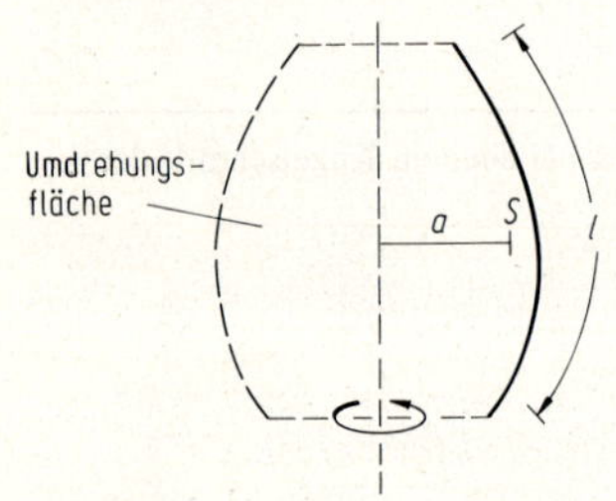

Ebene Kurve der Länge l dreht sich um eine in ihrer Ebene liegende, sie nicht schneidende Achse.

a Abstand des Kurvenschwerpunktes von der Achse

1. Guldinsche Regel: Mantelfläche $S = 2\pi al$

Umdrehungskörper

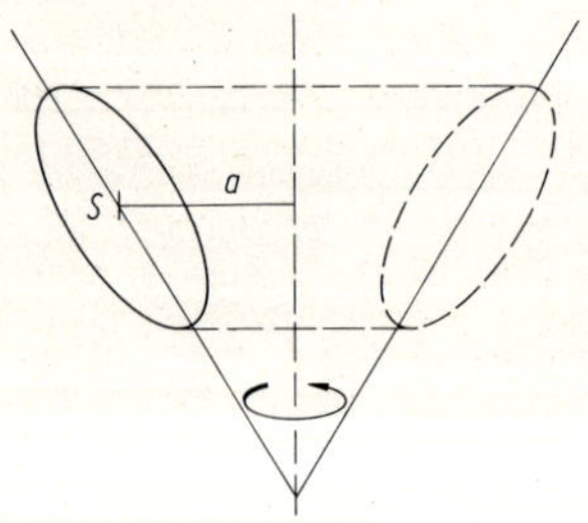

Ebene Fläche mit Inhalt A dreht sich um eine in ihrer Ebene liegende, sie nicht schneidende Achse.

a Abstand des Flächenschwerpunktes von der Achse

2. Guldinsche Regel: Volumen $V = 2\pi aA$

Torus

A speziell Kreisfläche mit Radius r

$$V = 2\pi^2 ar^2$$
$$S = 4\pi^2 ar$$

Rotationsparaboloid

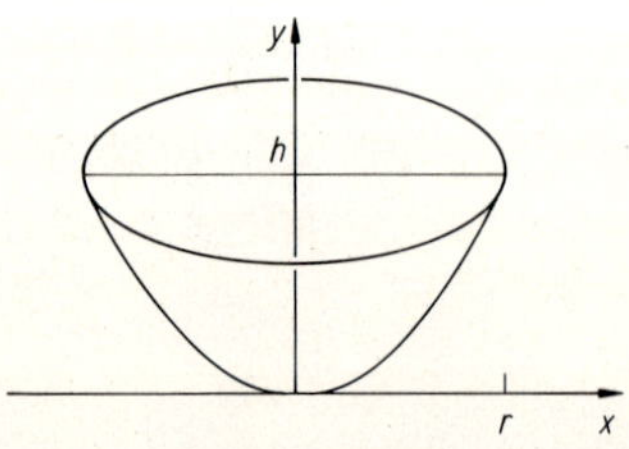

Erzeugende Kurve $y = h(x/r)^2$, Drehung um y-Achse

$$V = \pi r^2 h/2$$

5 Projektionen

Die ebene Abbildung räumlicher Gebilde auf dem Zeichenpapier – der Projektionsebene – soll einen möglichst realistischen Eindruck der Wirklichkeit vermitteln und die eindeutige Reproduktion geometrischer Daten ermöglichen. Typische Merkmale bei der Abbildung eines Dreieckes $P_1P_2P_3$ (Seitenlänge a_i, Winkel α_i) in das Bild $P'_1P'_2P'_3$ (Seitenlänge a'_i, Winkel α'_i) sind

(S) Strecken $a_i \leftrightarrow a'_i$
(W) Winkel $\alpha_i \leftrightarrow \alpha'_i$
(A) Flächen $A_{P_1P_2P_3} \leftrightarrow A_{P'_1P'_2P'_3}$
(P) Parallelität
(V) Streckenverhältnis
(T) Teilungsverhältnis zwischen 3 Punkten einer Geraden
(I) Inzidenz (Zugehörigkeit von mehr als 2 Punkten zu einer Geraden)

Axonometrische Bilder vermitteln einen anschaulichen Eindruck und liefern zudem alle geometrisch relevanten Daten, indem das Objekt zusammen mit einem Koordinatenkreuz $\boldsymbol{e}_1$, $\boldsymbol{e}_2$, $\boldsymbol{e}_3$ dargestellt wird. Bei *normaler Axonometrie* ist die Projektionsrichtung $\boldsymbol{p}$ senkrecht zur Projektionsebene Π, die durch das Spurendreieck der Achsendurchstoßpunkte S_1, S_2, S_3 durch Π bestimmt wird; siehe Bild 5-2. Durch Klappung um die Spurenachsen $s_{ij} = \overline{S_iS_j}$ erzeugt man nach Bild 5-3 ein unverzerrtes Bild der e_i, e_j-Ebene mit den orthogonalen Achsen e_i, e_j und den wahren Längen e im Thaleskreis. Die Längenverhältnisse sind quadratisch gekoppelt.

$$m_i = e_i/e, \quad m_1^2 + m_2^2 + m_3^2 = 2\,. \tag{1}$$

Durch Klappen um das Bild $\overline{O'A_i}$ der Achse $\boldsymbol{e}_i$ in

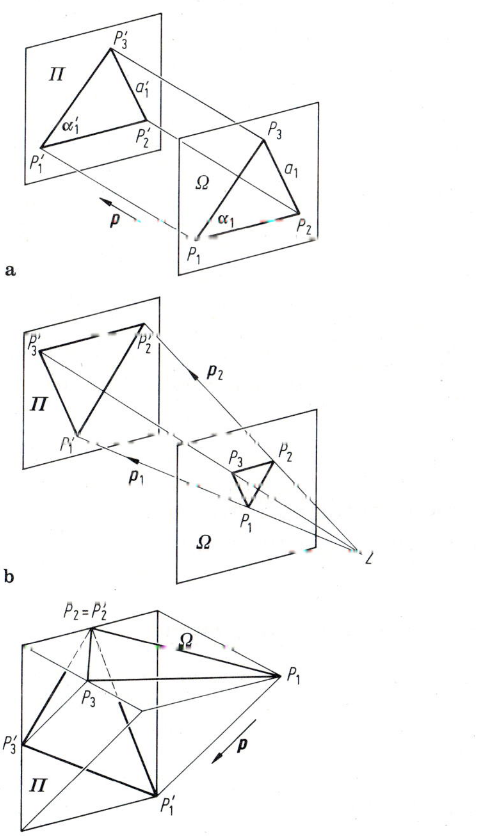

Bild 5-1. Projektionen. **a** Parallelprojektion mit $\Omega \parallel \Pi$; **b** Zentralprojektion mit $\Omega \parallel \Pi$; **c** Parallelprojektion mit $\Omega \nparallel \Pi$.

Tabelle 5-1. Projektionen einer ebenen Figur in der Originalebene Ω in die Projektionsebene Π nach Bild 5-1

Typ	Invariante Größen (durch Abbildung nicht verändert)
Zentralprojektion $\Omega \parallel \Pi$	W, P, V, T, I Ähnlichkeit
Zentralprojektion $\Omega \nparallel \Pi$	I
Parallelprojektion $\Omega \parallel \Pi$	S, W, A, P, V, T, I Kongruenz
Parallelprojektion $\Omega \nparallel \Pi$	P, T, I

Tabelle 5-2. Parallelprojektionen (PP) eines Körpers auf eine Ebene Π

Typ	Eigenschaften
Orthogonale oder normale PP	Projektionsstrahlen $\boldsymbol{p}$ senkrecht zur Ebene; das Bild in Π heißt auch Riß
Schräge PP	$\boldsymbol{p}$ nicht senkrecht zu Π z. B. Militär- und Kavalierperspektive

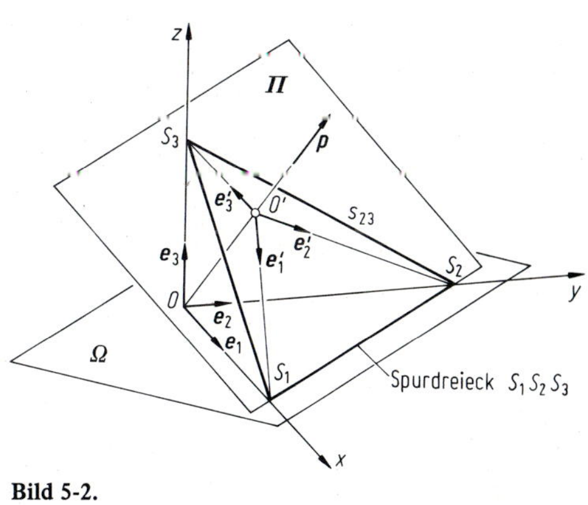

Bild 5-2.
Axonometrische Abbildung mit Projektionsrichtung $\boldsymbol{p}$.

Tabelle 5-3. Axonometrische Abbildungen.
Maßstäbe $m_i = e_i/e$ und Winkel α_{ij} zwischen den Bildern e'_i der Achsen

Maßstäbe	Winkel	Typ der Abbildung
$m_1 = m_2 = m_3 = m$	$\alpha_{ij} = 120°$	Isometrie. $m = \sqrt{2/3}$
$m_1 = m/2$, $m_2 = m_3 = m$	$\alpha_{12} = \alpha_{13} = 131{,}42°$ $\alpha_{23} = 97{,}18°$	Sonderfall der Dimetrie; auch Ingenieuraxonometrie genannt. $m = 2\sqrt{2}/3$
$m_1 \neq m_2 \neq m_3$	—	Trimetrie. Alle 3 Maßstäbe verschieden

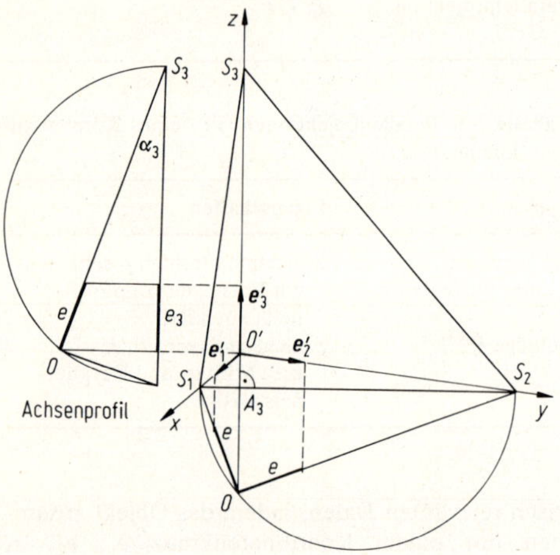

Bild 5-3. Normale Axonometrie.

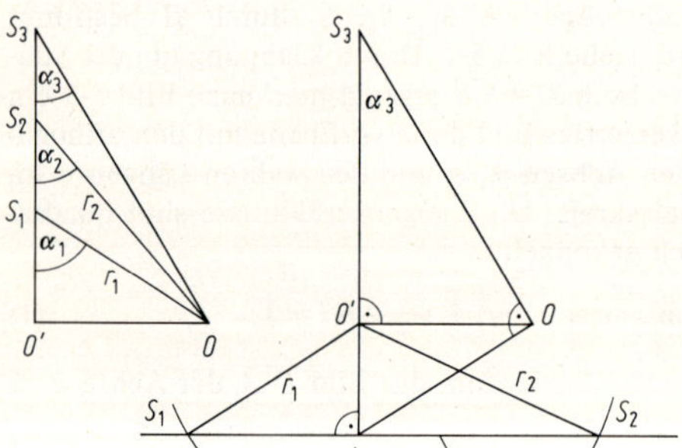

Bild 5-4. Konstruktion des Spurdreieckes bei vorgegebenen Maßstäben $m_i = \cos\alpha_i$.

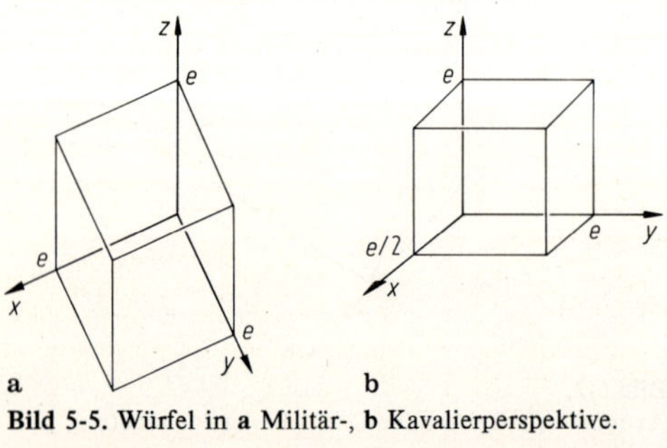

a **b**

Bild 5-5. Würfel in **a** Militär-, **b** Kavalierperspektive.

Bild 5-3 erhält man das *Achsenprofil* mit dem typischen Winkel α_i als Funktion des Maßstabes.

$$e_i = e\cos\alpha_i, \quad \cos\alpha_i = m_i, \quad \alpha_i < \pi/2\,. \tag{2}$$

Bei vorgegebenen Maßstäben e_i bez. Winkeln α_i zeichnet man wie im Bild 5-4 zunächst die z-Achse mit Winkel α_3 bei S_3 sowie den Ursprung O' in beliebigem Abstand von S_3. Der Ursprung O im Achsenprofil $O'S_3O$ folgt ebenso zwangsläufig wie der Punkt L_3 mit der Senkrechten s_{12} zu $\overline{S_3L_3}$ als Ort für S_1 und S_2. Das Dreieck $S_3O'O$ überträgt man in eine Hilfsskizze, ergänzt die Winkel α_1, α_2 und findet die Radien $r_1 = \overline{O'S_1}$, $r_2 = \overline{O'S_2}$ zweier Kreise, die im Hauptbild um O' geschlagen sowohl S_1 (zu r_1) als auch S_2 (zu r_2) auf der Spurgerade s_{12} markieren.

Militärperspektive ist eine schräge Parallelprojektion mit der $\boldsymbol{e}_1,\boldsymbol{e}_2$-Ebene als Projektionsebene Π und der $\boldsymbol{e}_3$-Achse lotrecht nach oben (Projektionsrichtung $\boldsymbol{p}$ unter 45° zu Π). Alle Maßstäbe werden gleich gewählt, wobei Flächen parallel zu Π und Längen parallel $\boldsymbol{e}_3$ unverzerrt erhalten bleiben, siehe Bild 5-5a.

Kavalierperspektive ist eine schräge Parallelprojektion mit der $\boldsymbol{e}_2,\boldsymbol{e}_3$-Ebene als Bildebene Π, $\boldsymbol{p}$ unter 45° zu Π und $m_2 = m_3 = m$ sowie $m_1 = m/2$ siehe Bild 5-5b. Der Winkel zwischen den Bildern der $\boldsymbol{e}_1$ und $\boldsymbol{e}_2$-Achsen wird meist zu 30° oder 45° gewählt.

6 Algebraische Funktionen einer Veränderlichen

6.1 Sätze über Nullstellen

Rationale Funktionen enthalten nur die Grundoperationen Addition, Subtraktion, Multiplikation und Division. *Ganzrationale Funktionen*

$$P_n(z) = a_n z^0 + a_{n-1} z^1 + \ldots + a_1 z^{n-1} + a_0 z^n, \quad n \in \mathbb{N}, \quad a_0 \neq 0, \tag{1}$$

auch Polynome n-ten Grades genannt, enthalten keine Division. Die Variablen z und die Koeffizienten a_i können auch komplex sein. Die Berechnung von Funktionswerten für spezielle Werte z

geschieht effektiv nach dem *Horner-Schema*, siehe 34.2, Gl. (13).

Algebraische Gleichungen haben die Form $P_n(z) = 0$; in der Normalform ist der Koeffizient $a_0 = 1$. Ihre Lösungen werden auch Wurzeln genannt. Sie entsprechen den Nullstellen z_i des Polynoms $P_n(z)$.

Fundamentalsatz der Algebra. Jede algebraische Gleichung n-ten Grades besitzt n Lösungen z_i, wobei r-fache Wurzeln r-mal zu zählen sind; jedes Polynom n-ten Grades läßt sich als Produkt seiner Linearfaktoren $(z - z_i)$ darstellen:

$$P_n(z) = \sum_{i=0}^{n} a_{n-i} z^i = a_0(z - z_1) \dots (z - z_n)$$
$$= a_0 \prod_{i=1}^{n} (z - z_i); \quad z_i,\, a_i \in \mathbb{C}. \quad (2)$$

Reelle Koeffizienten a_i. Die Nullstellen können weiterhin komplex sein, doch treten sie paarweise konjugiert komplex auf.

$a_i \in \mathbb{R}$: r Nullstellen reell,

t Paare komplex, $z = x \pm \mathrm{j}y$;

$$0 = a_0 \left\{ \prod_{i=1}^{r} (z - z_i) \right\} \times \left\{ \prod_{k=1}^{t} (z^2 - 2x_k z + x_k^2 + y_k^2) \right\}, \quad (3)$$

$$r + 2t = n.$$

Durch Ausmultiplizieren der faktorisierten Normalform $P_n(z) = 0$, $a_0 = 1$, erhält man die **Vietaschen Wurzelsätze**.

$$z_1 + z_2 + \dots + z_n = \sum_{i=1}^{n} z_i = -a_1,$$

$$z_1 z_2 + z_1 z_3 + \dots + z_{n-1} z_n = \sum_{\substack{i,k=1\\(i<k)}}^{n} z_i z_k = a_2,$$

$$z_1 z_2 z_3 + z_1 z_2 z_4 + \dots + z_{n-2} z_{n-1} z_n = \sum_{\substack{i,j,k=1\\(i<j<k)}}^{n} z_i z_j z_k = -a_3, \quad (4)$$

$$\prod_{i=1}^{n} z_i = (-1)^n a_n.$$

Bei *Stabilitätsuntersuchungen* dynamischer Systeme profitiert man von generellen Aussagen über die Realteile x_k der komplexen Nullstellen

$$z_k = x_k + \mathrm{j} y_k.$$

Gegeben: $P(z) = a_n + a_{n-1} z + \dots + a_1 z^{n-1} + z^n = 0$.
Gesucht: Bedingungen für ausschließlich negative Realteile ($x_k < 0$).

Notwendig: *Stodola:* $a_k > 0, \quad k = 1, 2, \dots, n.$ (5)

Hinreichend: *Hurwitz:* $H_k > 0, \quad k = 1, 2, \dots, n.$
H_k sind die Hauptabschnittsdeterminanten der (n,n)-*Hurwitz-Matrix.*

$$\boldsymbol{H} = \begin{bmatrix} a_1 & 1 & 0 & 0 & 0 & 0 & \dots & 0 \\ a_3 & a_2 & a_1 & 1 & 0 & 0 & \dots & 0 \\ a_5 & a_4 & a_3 & a_2 & a_1 & 1 & \dots & 0 \\ . & & & . & & & & . \\ . & & & & . & & & . \\ . & & & & & . & & . \\ 0 & 0 & 0 & 0 & 0 & 0 & \dots & a_n \end{bmatrix}, \quad (6)$$

$H_1 = a_1, \quad H_2 = a_1 a_2 - a_3,$
$H_3 = a_3 H_2 - a_1(a_1 a_4 - a_5)$ usw.

Lienard-Chipart:

$$a_n > 0, \quad H_{n-1} > 0, \quad a_{n-2} > 0, \quad H_{n-3} > 0, \quad \dots, \quad H_1 = a_1 > 0. \quad (7)$$

Tabelle 6-1. Nullstellen y_1, y_2, y_3 einer kubischen Gleichung nach (10)

	$A < 0$		$A > 0$
	$D \leqq 0$	$D > 0$	
	$\cos \Phi = \frac{B}{2R^3}$	$\cosh \Phi = \frac{B}{2R^3}$	$\sinh \Phi = \frac{B}{2R^3}$
y_1	$-2R \cos \frac{\Phi}{3}$	$-2R \cosh \frac{\Phi}{3}$	$-2R \sinh \frac{\Phi}{3}$
y_2	$-2R \cos\left(\frac{\Phi}{3} + \frac{2\pi}{3}\right)$	$R \cosh \frac{\Phi}{3} + j\sqrt{3}\, R \sinh \frac{\Phi}{3}$	$R \sinh \frac{\Phi}{3} + j\sqrt{3}\, R \cosh \frac{\Phi}{3}$
y_3	$-2R \cos\left(\frac{\Phi}{3} + \frac{4\pi}{3}\right)$	$R \cosh \frac{\Phi}{3} - j\sqrt{3}\, R \sinh \frac{\Phi}{3}$	$R \sinh \frac{\Phi}{3} - j\sqrt{3}\, R \cosh \frac{\Phi}{3}$

Routh:

$$R_k > 0, \quad k = 1, 2, \ldots, n,$$
$$R_k = H_k / H_{k-1}, \quad H_0 = 1. \tag{8}$$

6.2 Quadratische und kubische Gleichungen

Für die quadratische Gleichung gibt es eine explizite Lösung, wobei zugunsten der numerischen Stabilität der Vietasche Satz herangezogen wird.

$$az^2 + bz + c = 0, \quad a \neq 0, \quad D = b^2 - 4ac,$$
$$z_1 = \left(-b - \operatorname{sgn}(b)\sqrt{D}\right)/2a, \tag{9}$$
$$z_2 = c/z_1, \quad b \neq 0.$$

Der formelmäßige Lösungsweg für eine kubische Gleichung ist bereits umfangreich (Tabelle 6-1):

$$0 = z^3 + az^2 + bz + c.$$

Reduzierte Gleichung

$$y^3 + Ay + B = 0, \quad z = y - a/3,$$
$$A = b - a^2/3, \quad B = 2a^3/27 - ab/3 + c. \tag{10}$$

Hilfsgrößen $R = (\operatorname{sgn} B)\sqrt{|A|/3}$,

$$D = A^3/27 + B^2/4.$$

Für höhere Potenzen sind numerische Verfahren zu benutzen.

7 Transzendente Funktionen

7.1 Exponentialfunktionen

Von den Exponentialfunktionen $y = a^x$ mit der allgemeinen Basis a und dem variablen Exponenten $x \in \mathbb{C}$ ist die mit Basis e besonders wichtig.

$$f(x) = e^x, \quad \text{Umkehrfunktion } f(x) = \ln x. \tag{1}$$

Die trigonometrischen und hyperbolischen Funktionen lassen sich auf e^x zurückführen:

$$\sin x = (e^{jx} - e^{-jx})/2j,$$
$$\cos x = (e^{jx} + e^{-jx})/2,$$
$$\sinh x = (e^x - e^{-x})/2, \tag{2}$$
$$\cosh x = (e^x + e^{-x})/2, \quad x \in \mathbb{R}.$$
$$e^{jx} = \cos x + j \sin x.$$

$$\sin jx = j \sinh x, \quad \cos jx = \cosh x.$$
$$\sinh jx = j \sin x, \quad \cosh jx = \cos x. \tag{3}$$

Diese Exponentialdarstellungen erlauben die Herleitung von Summen- und Produktformeln.

Beispiel:

$$y = (\sin x)^3 = (e^{jx} - e^{-jx})^3/(2j)^3$$
$$= (e^{3jx} - 3e^{2jx}e^{-jx} + 3e^{jx}e^{-2jx} - e^{-3jx})/(-8j)$$
$$= (3\sin x - \sin 3x)/4.$$

7.2 Trigonometrische Funktionen

Allgemein benutzt werden vier trigonometrische Funktionen (Kreisfunktionen),

$$\text{Sinus} \quad f(x) = \sin x = \frac{g}{h},$$
$$\text{Cosinus} \quad f(x) = \cos x = \frac{a}{h},$$
$$\text{Tangens} \quad f(x) = \tan x = \frac{g}{a}, \tag{4}$$
$$\text{Cotangens} \quad f(x) = \cot x = \frac{a}{g},$$

die am Kreis nach Bild 7-1 für ein rechtwinkliges Dreieck mit Gegenkathete g, Ankathete a und Hypothenuse h darstellbar sind.

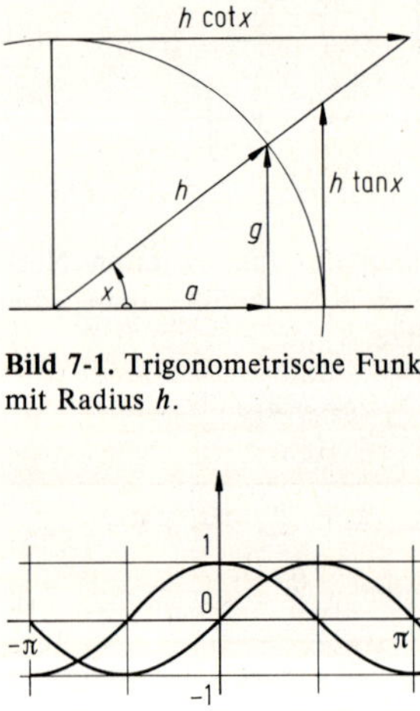

Bild 7-1. Trigonometrische Funktionen am Kreis mit Radius h.

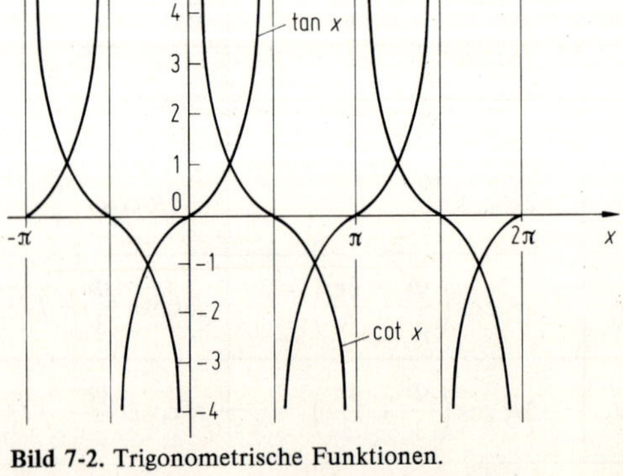

Bild 7-2. Trigonometrische Funktionen.

Tabelle 7-1. Spezielle Werte trigonometrischer Funktionen

Bogenmaß x	0	$\pi/6$	$\pi/4$	$\pi/3$	$\pi/2$
Gradmaß x	$0°$	$30°$	$45°$	$60°$	$90°$
$\sin x$	0	$1/2$	$\sqrt{2}/2$	$\sqrt{3}/2$	1
$\cos x$	1	$\sqrt{3}/2$	$\sqrt{2}/2$	$1/2$	0
$\tan x$	0	$\sqrt{3}/3$	1	$\sqrt{3}$	—
$\cot x$	—	$\sqrt{3}$	1	$\sqrt{3}/3$	0

Für die Rechenpraxis sind spezielle Funktionswerte (Vielfache von $\pi/12$) von Nutzen.
Umrechnung zwischen Bogenmaß und Gradmaß:

$$180 x_{\text{Bogen}} = \pi x_{\text{Grad}} . \tag{5}$$

Periodizität:

$$\begin{aligned} &\sin(x+2\pi k) = \sin x, \\ &\cos(x+2\pi k) = \cos x, \\ &\tan(x+\pi k) = \tan x, \\ &\cot(x+\pi k) = \cot x ; \quad k \in \mathbb{Z} . \end{aligned} \tag{6}$$

$$\begin{aligned} &\sin(-x) = -\sin x, \quad \cos(-x) = \cos x, \\ &\tan(-x) = -\tan x, \quad \cot(-x) = -\cot x . \end{aligned} \tag{7}$$

Tabelle 7-2. Periodizität bezüglich $\pi/2$

y	$\frac{\pi}{2}+x$	$\pi + x$	$\frac{3}{2}\pi + x$
$\sin y =$	$\cos x$	$-\sin x$	$-\cos x$
$\cos y =$	$-\sin x$	$-\cos x$	$\sin x$
$\tan y =$	$-\cot x$	$\tan x$	$-\cot x$
$\cot y =$	$-\tan x$	$\cot x$	$-\tan x$

Zusammenhang zwischen den trigonometrischen Funktionen bei gleichem Argument:

$$\begin{aligned} &\sin^2 x + \cos^2 x = 1, \quad \tan x = \sin x / \cos x, \\ &\tan x \cdot \cot x = 1 . \end{aligned} \tag{8}$$

Additionstheoreme:
Für Summe und Differenz zweier Argumente:

$$\begin{aligned} &\sin(x \pm y) = \sin x \cos y \pm \cos x \sin y ; \\ &\cos(x \pm y) = \cos x \cos y \mp \sin x \sin y ; \\ &\tan(x \pm y) = \frac{\tan x \pm \tan y}{1 \mp \tan x \tan y} ; \\ &\cot(x \pm y) = \frac{\cot x \cot y \mp 1}{\cot y \pm \cot x} . \end{aligned} \tag{9}$$

Für Vielfache des Argumentes:

$$\begin{aligned} &\sin 2x = 2 \sin x \cos x = \frac{2 \tan x}{1+\tan^2 x} ; \\ &\sin 3x = 3 \sin x - 4 \sin^3 x ; \\ &\sin 4x = 8 \cos^3 x \sin x - 4 \cos x \sin x ; \\ &\cos 2x = \cos^2 x - \sin^2 x = \frac{1-\tan^2 x}{1+\tan^2 x} ; \\ &\cos 3x = 4 \cos^3 x - 3 \cos x ; \\ &\cos 4x = 8 \cos^4 x - 8 \cos^2 x + 1 ; \\ &\tan 2x = \frac{2 \tan x}{1-\tan^2 x} = \frac{2}{\cot x - \tan x} ; \\ &\tan 3x = \frac{3 \tan x - \tan^3 x}{1 - 3 \tan^2 x} ; \\ &\tan 4x = \frac{4 \tan x - 4 \tan^3 x}{1 - 6 \tan^2 x + \tan^4 x} ; \\ &\cot 2x = \frac{\cot^2 x - 1}{2 \cot x} = \frac{\cot x - \tan x}{2} ; \\ &\cot 3x = \frac{\cot^3 x - 3 \cot x}{3 \cot^2 x - 1} ; \\ &\cot 4x = \frac{\cot^4 x - 6 \cot^2 x + 1}{4 \cot^3 x - 4 \cot x} . \end{aligned} \tag{10}$$

Für halbe Argumente: (Das Vorzeichen ist entsprechend dem Argument $x/2$ zu wählen.)

$$\sin \frac{x}{2} = \pm \sqrt{\frac{1-\cos x}{2}} ;$$

$$\cos \frac{x}{2} = \pm \sqrt{\frac{1+\cos x}{2}} ;$$

Tabelle 7-3. Beziehungen zwischen trigonometrischen Funktionen gleichen Arguments

	$\sin^2 x$	$\cos^2 x$	$\tan^2 x$	$\cot^2 x$
$\sin^2 x =$	—	$1-\cos^2 x$	$\frac{\tan^2 x}{1+\tan^2 x}$	$\frac{1}{1+\cot^2 x}$
$\cos^2 x =$	$1-\sin^2 x$	—	$\frac{1}{1+\tan^2 x}$	$\frac{\cot^2 x}{1+\cot^2 x}$
$\tan^2 x =$	$\frac{\sin^2}{1-\sin^2 x}$	$\frac{1-\cos^2 x}{\cos^2 x}$	—	$\frac{1}{\cot^2 x}$
$\cot^2 x =$	$\frac{1-\sin^2 x}{\sin^2 x}$	$\frac{\cos^2 x}{1-\cos^2 x}$	$\frac{1}{\tan^2 x}$	—

Tabelle 7-4. Additionstheoreme für Summe und Differenz zweier trigonometrischer Funktionen

f	g	$f+g$	$(f \pm g)$	$f-g$
$\sin x$	$\sin y$	$2\sin\frac{x+y}{2}\cos\frac{x-y}{2}$;		$2\cos\frac{x+y}{2}\sin\frac{x-y}{2}$
$\cos x$	$\cos y$	$2\cos\frac{x+y}{2}\cos\frac{x-y}{2}$;		$-2\sin\frac{x+y}{2}\sin\frac{x-y}{2}$
$\cos x$	$\sin x$		$\sqrt{2}\sin\left(\frac{\pi}{4} \pm x\right) = \sqrt{2}\cos\left(\frac{\pi}{4} \mp x\right)$	
$\tan x$	$\tan y$		$\frac{\sin(x \pm y)}{\cos x \cos y}$	
$\cot x$	$\cot y$		$\pm\frac{\sin(x \pm y)}{\sin x \sin y}$	
$\tan x$	$\cot y$	$\frac{\cos(x-y)}{\cos x \sin y}$		
$\cot x$	$\tan y$			$\frac{\cos(x+y)}{\sin x \cos y}$

$$\tan\frac{x}{2} = \pm\sqrt{\frac{1-\cos x}{1+\cos x}} = \frac{\sin x}{1+\cos x} = \frac{1-\cos x}{\sin x}\,;$$
$$\cot\frac{x}{2} = \pm\sqrt{\frac{1+\cos x}{1-\cos x}} = \frac{\sin x}{1-\cos x} = \frac{1+\cos x}{\sin x}\,. \qquad (11)$$

Produkte von Funktionen:

$$\sin(x+y)\sin(x-y) = \cos^2 y - \cos^2 x\,;$$
$$\cos(x+y)\cos(x-y) = \cos^2 y - \sin^2 x\,;$$
$$\left.\begin{matrix}\sin x \sin y\\ \cos x \cos y\end{matrix}\right\} = \frac{1}{2}\left\{\cos(x-y) \mp \cos(x+y)\,;\right. \qquad (12)$$
$$\left.\begin{matrix}\sin x \cos y\\ \cos x \sin y\end{matrix}\right\} = \frac{1}{2}\left\{\sin(x+y) \pm \sin(x-y)\,.\right.$$

Potenzen:

$$\sin^2 x = \frac{1}{2}(1-\cos 2x)\,;$$
$$\cos^2 x = \frac{1}{2}(1+\cos 2x)\,;$$
$$\sin^3 x = \frac{1}{4}(3\sin x - \sin 3x)\,;$$
$$\cos^3 x = \frac{1}{4}(3\cos x + \cos 3x)\,; \qquad (13)$$
$$\sin^4 x = \frac{1}{8}(\cos 4x - 4\cos 2x + 3)\,;$$
$$\cos^4 x = \frac{1}{8}(\cos 4x + 4\cos 2x + 3)\,.$$

Bezug zu *harmonischen Schwingungen* mit der Frequenz ω, der Zeit t, der Amplitude A und der Phase φ:

$$f(t) = a\sin\omega t + b\cos\omega t = A\sin(\omega t + \varphi)\,,$$
$$A^2 = a^2 + b^2\,, \quad \tan\varphi = b/a\,.$$
$$\sum_{i=1}^{n} A_i \sin(\omega t + \varphi_i) = A\sin(\omega t + \varphi_s)\,, \qquad (14)$$
$$n = 2{:}\ \tan\varphi_s = (A_1\sin\varphi_1 + A_2\sin\varphi_2)/(A_1\cos\varphi_1 + A_2\cos\varphi_2)\,.$$

Inverse trigonometrische Funktionen

Sie werden auch Arcus- oder zyklometrische Funktionen genannt und ergeben sich durch Spiegelung an der Geraden $y = x$. Allgemein werden vier Arcusfunktionen benutzt, siehe Bild 7-3.

Arcussinus	$f(x) = \arcsin x$ (auch $\sin^{-1} x$),
Arcuscosinus	$f(x) = \arccos x$ (auch $\cos^{-1} x$),
Arcustangens	$f(x) = \arctan x$ (auch $\tan^{-1} x$),
Arcuscotangens	$f(x) = \operatorname{arccot} x$ (auch $\cot^{-1} x$). (15)

Die Arcusfunktionen sind mehrdeutig; deshalb werden sogenannte *Hauptwerte* definiert:

$$\begin{aligned} -\pi/2 \leqq \arcsin x &\leqq +\pi/2, && \text{auch Arcsin}\,x,\\ 0 \leqq \arccos x &\leqq \pi, && \text{auch Arccos}\,x,\\ -\pi/2 < \arctan x &< +\pi/2, && \text{auch Arctan}\,x,\\ 0 < \operatorname{arccot} x &< \pi, && \text{auch Arccot}\,x. \end{aligned} \qquad (16)$$

Beziehungen im Bereich der Hauptwerte

$$\arcsin x = \pi/2 - \arccos x = \arctan\left(x/\sqrt{1-x^2}\right),$$
$$\arccos x = \pi/2 - \arcsin x = \operatorname{arccot}\left(x/\sqrt{1-x^2}\right),$$
$$\arctan x = \pi/2 - \operatorname{arccot} x = \arcsin\left(x/\sqrt{1+x^2}\right),$$
$$\operatorname{arccot} x = \pi/2 - \arctan x = \arccos\left(x/\sqrt{1+x^2}\right),$$
$$\operatorname{arccot} x = \begin{cases}\arctan(1/x)\,, & \text{für } x > 0\,,\\ \pi + \arctan(1/x) & \text{für } x < 0\,.\end{cases} \qquad (17)$$

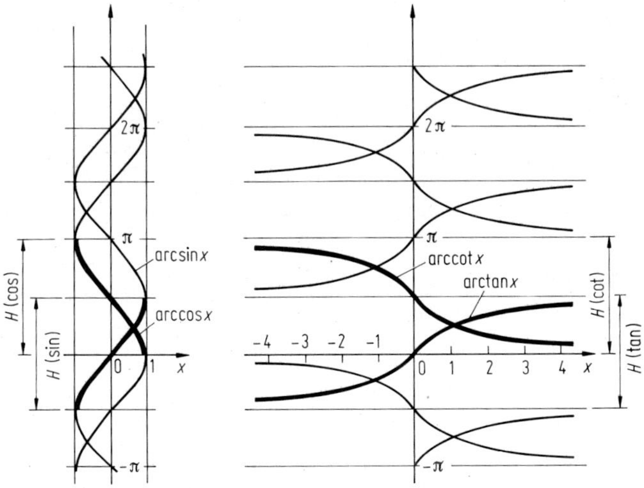

Bild 7-3. Inverse trigonometrische Funktionen. Kennzeichnung der Hauptwerte durch $H(\,)$.

7.3 Hyperbolische Funktionen

Allgemein benutzt werden vier hyperbolische Funktionen, auch *Hyperbelfunktionen* genannt, siehe Bild 7-4.

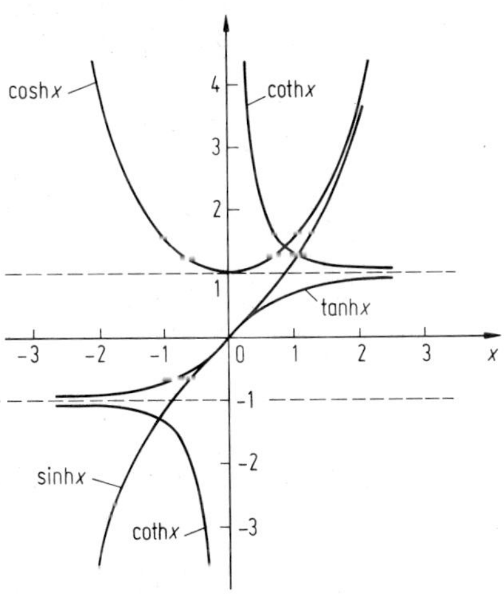

Bild 7-4. Hyperbolische Funktionen.

Hyperbolischer Sinus, Hyperbelsinus
$\sinh x = (e^x - e^{-x})/2$,

Hyperbolischer Cosinus, Hyperbelcosinus
$\cosh x = (e^x + e^{-x})/2$,

Hyperbolischer Tangens, Hyperbeltangens (18)
$\tanh x = (e^x - e^{-x})/(e^x + e^{-x})$,

Hyperbolischer Cotangens, Hyperbelcotangens
$\coth x = (e^x + e^{-x})/(e^x - e^{-x})$.

Beziehungen zwischen den hyperbolischen Funktionen entstehen formal aus den entsprechenden trigonometrischen Gleichungen, wenn man $\sin x$ durch $\mathrm{j} \sinh x$ ersetzt und $\cos x$ durch $\cosh x$.

Beispiel:

$\sin 2x = 2 \sin x \cos x \to \mathrm{j} \sinh 2x = 2\mathrm{j} \sinh x \cosh x$

$\to \sinh 2x = 2 \sinh x \cosh x$.

Spezielle Beziehungen bei gleichem Argument:

$\cosh^2 x - \sinh^2 x = 1$, $\tanh x = \sinh x / \cosh x$,

$\tanh x \coth x = 1$.

Tabelle 7-5. Beziehungen zwischen hyperbolischen Funktionen gleichen Arguments

	$\sinh^2 x$	$\cosh^2 x$	$\tanh^2 x$	$\coth^2 x$
$\sinh^2 x$	—	$\cosh^2 x - 1$	$\frac{\tanh^2 x}{1 - \tanh^2 x}$	$\frac{1}{\coth^2 x - 1}$
$\cosh^2 x$	$\sinh^2 x + 1$	—	$\frac{1}{1 - \tanh^2 x}$	$\frac{\coth^2 x}{\coth^2 x - 1}$
$\tanh^2 x$	$\frac{\sinh^2 x}{\sinh^2 x + 1}$	$\frac{\cosh^2 x - 1}{\cosh^2 x}$	—	$\frac{1}{\coth^2 x}$
$\coth^2 x$	$\frac{\sinh^2 x + 1}{\sinh^2 x}$	$\frac{\cosh^2 x}{\cosh^2 x - 1}$	$\frac{1}{\tanh^2 x}$	—

Additionstheoreme für Summe und Differenz zweier Argumente:

$$\sinh(x \pm y) = \sinh x \cosh y \pm \cosh x \sinh y\,;$$
$$\cosh(x \pm y) = \cosh x \cosh y \pm \sinh x \sinh y\,;$$
$$\tanh(x \pm y) = \frac{\tanh x \pm \tan y}{1 \pm \tanh x \tanh y}\,; \qquad (19)$$
$$\coth(x \pm y) = \frac{1 \pm \coth x \coth y}{\coth x \pm \coth y}\,.$$

Theoreme für doppeltes und halbes Argument:

$$\sinh 2x = 2 \sinh x \cosh x\,;$$
$$\cosh 2x = \sinh^2 x + \cosh^2 x\,;$$
$$\tanh 2x = \frac{2 \tanh x}{1 + \tanh^2 x}\,;$$
$$\coth x = \frac{1 + \coth^2 x}{2 \coth x}\,; \qquad (20)$$
$$\sinh^2 x = (\cosh 2x - 1)/2\,;$$
$$\cosh^2 x = (\cosh 2x + 1)/2\,;$$
$$\tanh x = \frac{\cosh 2x - 1}{\sinh 2x} = \frac{\sinh 2x}{\cosh 2x + 1}\,.$$

Summe und Differenz zweier Funktionen:

$$\sinh x \pm \sinh y = 2 \sinh \frac{1}{2}(x \pm y) \cosh \frac{1}{2}(x \mp y)\,;$$
$$\cosh x + \cosh y = 2 \cosh \frac{1}{2}(x + y) \cosh \frac{1}{2}(x - y)\,; \qquad (21)$$
$$\cosh x - \cosh y = 2 \sinh \frac{1}{2}(x + y) \sinh \frac{1}{2}(x - y)\,;$$
$$\tanh x \pm \tanh y = \sinh(x \pm y)/\cosh x \cosh y\,.$$

Potenzen werden nach (2) über e-Funktionen berechnet.

Satz von Moivre:

$$(\cosh x \pm \sinh x)^n = \cosh nx \pm \sinh nx = e^{\pm nx}\,. \qquad (22)$$

Inverse hyperbolische Funktionen

Sie werden auch *Areafunktionen* genannt (entsprechend der Flächenzuordnung an der Einheitshyperbel) und ergeben sich durch Spiegelung an der Geraden $y = x$, siehe Bild 7-5.

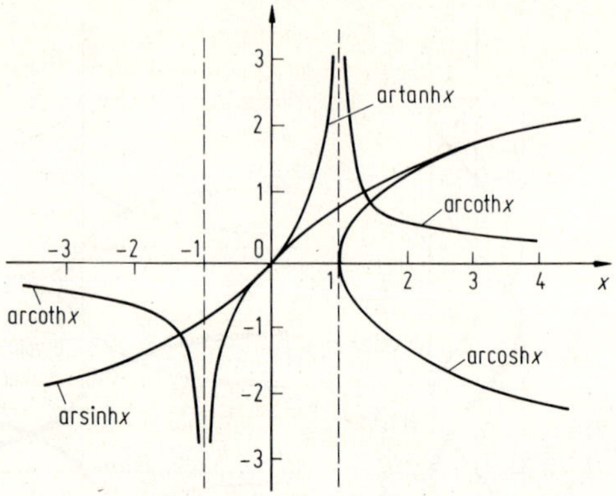

Bild 7-5. Inverse hyperbolische Funktionen.

Areasinus	$f(x) = \operatorname{arsinh} x$;
Areacosinus	$f(x) = \operatorname{arcosh} x$;
Areatangens	$f(x) = \operatorname{artanh} x$;
Areacotangens	$f(x) = \operatorname{arcoth} x$.

Statt Areasinus usw. sagt man auch Areasinus hyperbolicus oder Areahyperbelsinus.

Explizite Darstellung durch logarithmische Funktionen:

$$y = \operatorname{arcosh} x = \begin{cases} \ln\left(x + \sqrt{x^2 - 1}\right), & x > 1,\ y \geqq 0 \\ \ln\left(x - \sqrt{x^2 - 1}\right), & x \geqq 1,\ y \leqq 0, \end{cases}$$
$$\operatorname{arsinh} x = \ln\left(x + \sqrt{x^2 + 1}\right),$$
$$\operatorname{artanh} x = \frac{1}{2} \ln \frac{1 + x}{1 - x}, \quad |x| < 1, \qquad (23)$$
$$\operatorname{arcoth} x = \frac{1}{2} \ln \frac{x + 1}{x - 1}, \quad |x| > 1\,.$$

8 Höhere Funktionen

8.1 Algebraische Funktionen 3. und 4. Ordnung

Algebraische Kurven in der Ebene sind Graphen von Potenzfunktionen mit ganzzahligen Exponenten.

$$F(x^m, y^n) = 0\,. \qquad (1)$$

Tabelle 8-1. Einige Kurven 3. und 4. Ordnung

Name	Kartesische Koordinaten	Polarkoordinaten
Zissoide	$y^2(a - x) = x^3$	$r = a \sin^2 \varphi / \cos \varphi$
Strophoide	$(a - x) y^2 = (a + x) x^2$	$r = -a \cos 2\varphi / \cos \varphi$
Kartesisches Blatt	$x^3 + y^3 = 3axy$	$r = \dfrac{3a \sin \varphi \cos \varphi}{\sin^3 \varphi + \cos^3 \varphi}$
Konchoide	$(x - a)^2 (x^2 + y^2) = x^2 b^2$	$r = b + a/\cos \varphi$
Cassinische Kurve	$(x^2 + y^2)^2 - 2a^2(x^2 - y^2) = b^4 - a^4$	$r^2 = a^2 \cos 2\varphi \pm \sqrt{b^4 - a^4 \sin^2 2\varphi}$ Bild 8-1

Die Vielfalt ihrer Erscheinungsformen ist sehr groß, und die Hervorhebung spezieller Funktionen ist weitgehend historisch bedingt, siehe Tabelle 8-1.

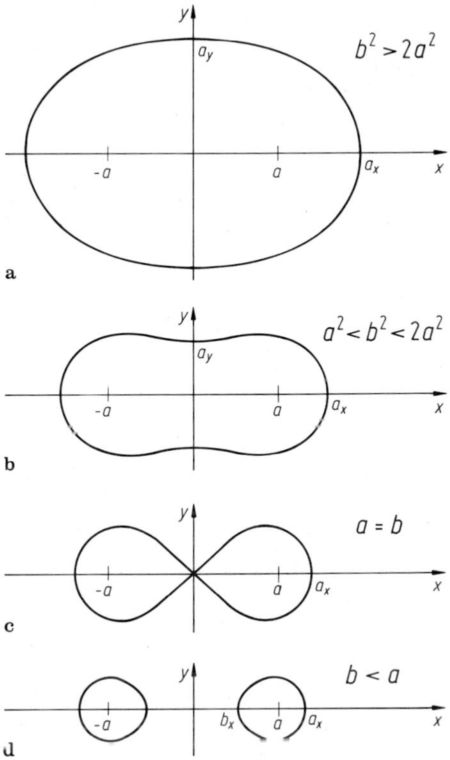

Bild 8-1. Cassinische Kurven. $a_x^2 = a^2 + b^2$, $b_x^2 = a^2 - b^2$, $a_y^2 = -a^2 + b^2$. Fall c auch Lemniskate.

8.2 Zykloiden, Spiralen

Zykloiden (Rollkurven) entstehen durch Abrollen eines zentrischen Kreises mit Radius r auf einer Kreisscheibe K mit Radius R_S längs einer Leitkurve k_L, indem man die Bahn eines fest gewählten Punktes P auf K mit Mittelpunktabstand r_P aufzeichnet, siehe Bild 8-2 und Tabellen 8-2, 8-3. (Bilder 8-3 und 8-4 siehe S. A 39.)

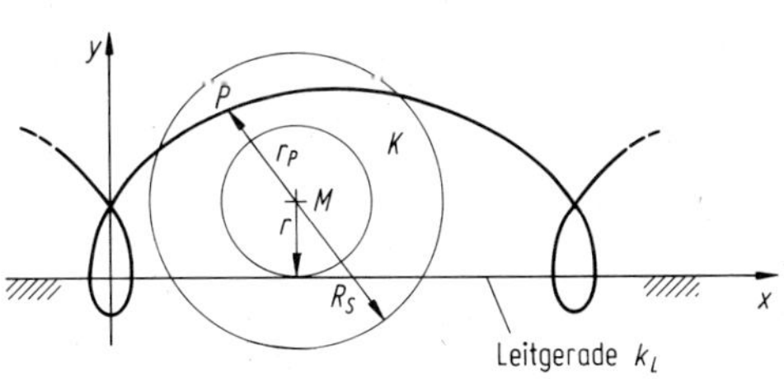

Bild 8-2. Verlängerte Zykloide mit $r_p > r$.

8.3 Delta-, Heaviside-, Gammafunktionen

Deltafunktion von Dirac. Sie ist definiert über die Integraltransformation einer Funktion $f(x)$, die an einer Stelle $x = x_i$ stetig ist. Bei gleicher Gewichtung der Randwerte $x_i = a$ und $x_i = b$ spricht man von einer symmetrischen Deltafunktion:

$$\int_a^b f(x)\,\delta(x - x_i)\,\mathrm{d}x = \begin{cases} 0 & \text{für} \quad x_i < a \\ \frac{1}{2} f(a) & \text{für} \quad x_i = a \\ f(x_i) & \text{für} \quad a < x_i < b \\ 0 & \text{für} \quad x_i > b \\ \frac{1}{2} f(b) & \text{für} \quad x_i = b. \end{cases} \tag{2}$$

Für $f(x) \equiv 1$ erhält man die *Sprung- oder Heaviside-Funktion* mit

$$\frac{\mathrm{d}}{\mathrm{d}x} H(x - x_i) = \delta(x - x_i).$$

$$\text{Symmetrisch} \quad H(x - x_i) = \begin{cases} 0 & \text{für} \quad x < x_i \\ \frac{1}{2} & \text{für} \quad x = x_i \\ 1 & \text{für} \quad x > x_i, \end{cases}$$

$$\text{Anti-metrisch} \quad H_-(x - x_i) = \begin{cases} 0 & \text{für} \quad x < x_i \\ 1 & \text{für} \quad x \geqq x_i, \end{cases} \tag{3}$$

$$H_+(x - x_i) = \begin{cases} 0 & \text{für} \quad x \leqq x_i \\ 1 & \text{für} \quad x > x_i. \end{cases}$$

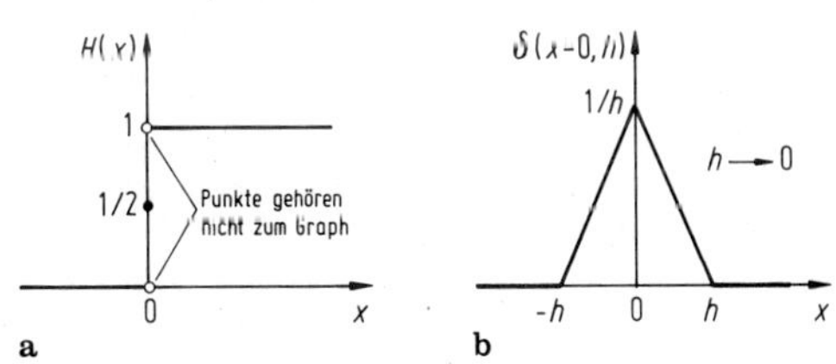

Bild 8-5. a Heaviside-Funktion, b Approximation der δ-Funktion.

Eine exakte mathematische Analyse der Deltafunktion erfolgt in der Theorie der *Distributionen*; kontinuierliche Approximationen der Delta- und Sprungfunktion beruhen auf einer Kontraktion der wirksamen „Belastungslänge" a, so zum Beispiel:

$$\delta(x - 0): \left[\frac{a}{\pi(x^2 + a^2)}\right], \quad \left[\frac{1}{a\sqrt{\pi}} \exp(-x^2/a^2)\right]. \tag{4}$$

$$H(x - 0): \left[\frac{1}{2} + \frac{1}{\pi} \arctan(x/a)\right].$$

Jeweils $a \to 0$.

Tabelle 8-2. Zykloiden
$r_P = r$ Gewöhnliche Form, $r_P > r$ verlängerte Form, $r_P < r$ verkürzte Form

Leitkurve	Name	Parameterdarstellung
Gerade	Zykloide	$x = rt - r_P \sin t$ $y = rt - r_P \cos t$
Kreis K_L mit Radius R	Abrollen auf Außenseite von K_L: Epizykloide	$x = (R + r)\cos\left(\frac{rt}{R}\right) - r_P \cos\left(\frac{R+r}{R}t\right)$ $y = (R + r)\sin\left(\frac{rt}{R}\right) - r_P \sin\left(\frac{R+r}{R}t\right)$
Kreis K_L mit Radius $R > r$	Abrollen auf Innenseite von K_L: Hypozykloide	$x = (R - r)\cos\left(\frac{rt}{R}\right) + r_P \cos\left(\frac{R-r}{R}t\right)$ $y = (R - r)\sin\left(\frac{rt}{R}\right) - r_P \sin\left(\frac{R-r}{R}t\right)$
Kreis $r = R$	Epizykloide: Kardioide (Herzkurve)	Kartesisch/Polar $(x^2 + y^2 - r_P^2)^2 = 4r_P^2[(x - r_P)^2 + y^2]$ $\varrho = 2r_P(1 - \cos\varphi)$, siehe Bild 8-3a
Kreis $r = r_P = R/4$	Hypozykloide: Astroide (Sternkurve)	$(x^2 + y^2 - R^2)^3 + 27R^2x^2y^2 = 0$ siehe Bild 8-3b

Tabelle 8-3. Weitere kinematisch begründete Kurven

Name	Entstehung, Darstellung
Kreisresolvente	Bahn des Angriffspunktes A an einem Faden, der straff von einer festen Rolle mit Radius r abgewickelt wird, wobei der jeweils freie „Fadenstrahl" AB die Rolle in B tangiert. $\tau = t/r$. $x = r(\cos\tau + \tau\sin\tau)$, $y = r(\sin\tau - \tau\cos\tau)$. t: abgewickelte Kreisbogenlänge. Siehe Bild 8-4a.
Kettenlinie	Gleichgewichtsform eines Seiles (keine Biegesteifigkeit) mit konstantem Querschnitt, das im Schwerefeld zwischen 2 Punkten aufgehängt ist. $y = a\cosh(x/a)$.
Schleppkurve auch Traktrix	Evolvente der Kettenlinie. $x = h(t - \tanh t)$, $y = h/\cosh t$. Der Tangentenabschnitt von einem beliebigen Kurvenpunkt P bis zum Schnitt T der Tangente in P mit der x-Achse ist für alle P konstant.
Archimedische Spirale	Bahn eines Punktes P, dessen Abstand r zum Nullpunkt 0 proportional ist zum Umlaufwinkel φ, der von einem festen Anfangsstrahl durch 0 gemessen wird, siehe Bild 8-4b. $r = a\varphi$, $0 \leqq \varphi < \infty$.
Hyperbolische Spirale	Gekennzeichnet durch inverse Proportionalität zwischen r und φ. $r = a/\varphi$, $0 < \varphi < \infty$.
Logarithmische Spirale	$r = a\,\mathrm{e}^{m\varphi}$, $m > 0$, $a > 0$. Die Tangente in einem Spiralenpunkt P bildet mit dem Strahl $0P$ einen konstanten Winkel τ. $\tau = \operatorname{arccot} m$
Klothoide (Cornusche Spirale)	Ihre Bogenlänge s ist proportional zur Krümmung: $s = a^2\,\mathrm{d}\alpha/\mathrm{d}s$. $x = \int_0^s \cos\left(\frac{\sigma^2}{2a^2}\right)\mathrm{d}\sigma$, $y = \int_0^s \sin\left(\frac{\sigma^2}{2a^2}\right)\mathrm{d}\sigma$. C, S: Fresnelsche Integrale. $\sigma = ta\sqrt{\pi}$. $C = \int_0^u \cos\left(\frac{\pi}{2}t^2\right)\mathrm{d}t = u - \left(\frac{\pi}{2}\right)^2 \cdot \frac{u^5}{2!5} + \left(\frac{\pi}{2}\right)^4 \cdot \frac{u^9}{4!9} - + \ldots$ $S = \int_0^u \sin\left(\frac{\pi}{2}t^2\right)\mathrm{d}t = \frac{\pi}{2} \cdot \frac{u^3}{1!3} - \left(\frac{\pi}{2}\right)^3 \cdot \frac{u^7}{3!7} + \left(\frac{\pi}{2}\right)^5 \cdot \frac{u^{11}}{5!11} - + \ldots$

Rechenregeln für $H(x)$ und $\delta(x)$.

$$\frac{\mathrm{d}}{\mathrm{d}x}H(x)=\delta(x),\quad x\delta(x)=0,$$

$$\delta(ax)=(1/a)\delta(x)\quad(a>0),$$

$$\delta\,[f(x)]=\sum_j\frac{\delta(x-x_j)}{|f'(x_j)|}\ \text{mit}$$

$$f(x_j)=0\quad\text{einfache Nullstelle,}$$

$$\frac{\mathrm{d}^n}{\mathrm{d}x^n}\,\delta(x)=(-1)^n n!\,\frac{\delta(x)}{x^n},$$

$$\int_{-\infty}^{\infty}\delta(x_i-x)\,\delta(x-x_j)\,\mathrm{d}x=\delta(x_i-x_j),$$

$$\int_{-\infty}^{\infty}f(x)\,\delta'(x_j-x)\,\mathrm{d}x=f'(x_j)$$

$$\text{(falls } f' \text{ in } x_j \text{ stetig),}$$

$$H(s)=\frac{1}{2\pi}\int_{-\infty}^{\infty}\frac{\sin st}{t}\,\mathrm{d}t+\frac{1}{2},$$

$$\delta(x-a)=\frac{1}{2\pi}\int_{-\infty}^{\infty}\mathrm{e}^{(x-a)\mathrm{j}t}\,\mathrm{d}t. \qquad (5)$$

Gammafunktion $\Gamma(x)$ und *Gaußsche Pi-Funktion* $\Pi(x)$ sind Erweiterungen der Fakultät-Funktion auf nichtganzzahlige Argumente x, siehe Bild 8-6.

Formeln für $\Gamma(x)$, $\Pi(x)$.

$$\Gamma(x)=\Pi(x-1)=\int_0^{\infty}\mathrm{e}^{-t}t^{x-1}\,\mathrm{d}t,\quad x>0.$$

$$\Gamma(x)=\lim_{n\to\infty}\frac{n^x(n-1)!}{x(x+1)\,(x+2)\ldots(x+n-1)},$$

$$x\neq-1,-2,\ldots$$

$$\Gamma(x+1)=x\Gamma(x),$$

$$\Gamma(x)\Gamma(1-x)=\pi/(\sin\pi x)\ \text{für}\ x^2\neq0,1,4,9,\ldots,$$

$$n=0,1,2,\ldots:\ \Gamma(n+1)=\Pi(n)=n!,$$

$$\Gamma\left(n+\frac{1}{2}\right)=(2n)!\,\sqrt{\pi}/(n!\,2^{2n}). \qquad (6)$$

Betafunktion

$$B(x,y)=\int_0^1 t^{x-1}(1-t)^{y-1}\,\mathrm{d}t=\frac{\Gamma(x)\Gamma(y)}{\Gamma(x+y)}. \qquad (7)$$

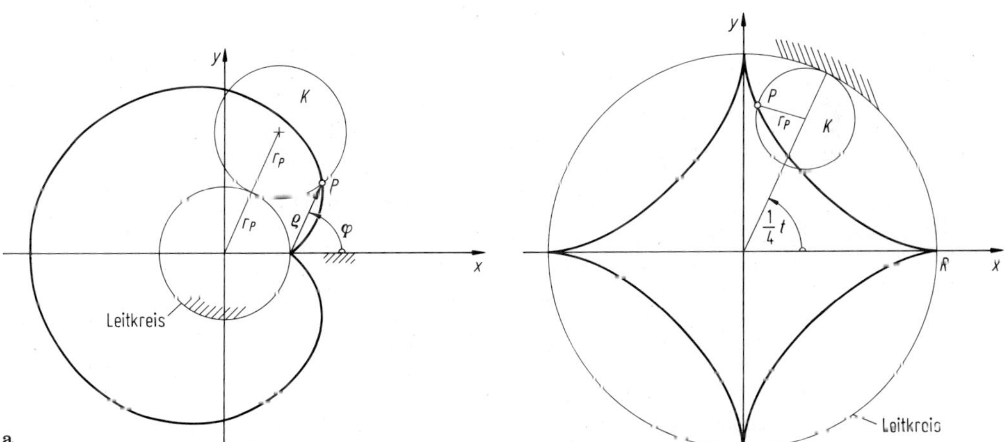

Bild 8-3. **a** Gewöhnliche Epizykloide mit $r=r_P$, **b** gewöhnliche Hypozykloide mit $r=r_P=R/4$.

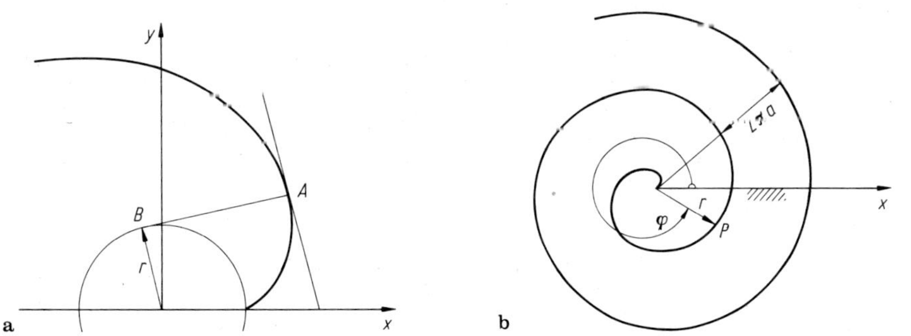

Bild 8-4. **a** Kreisresolvente, **b** Archimedische Spirale.

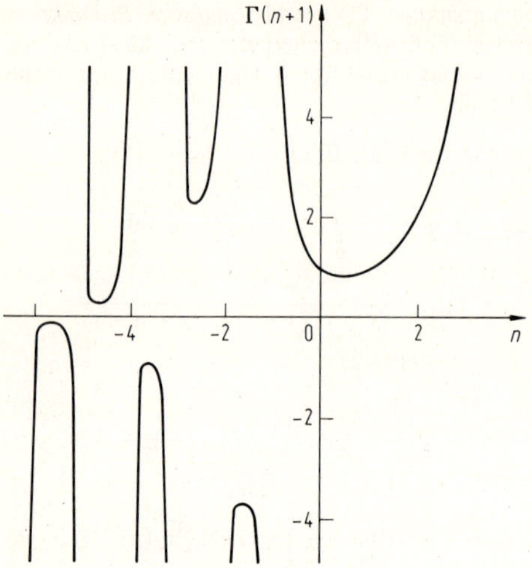

Bild 8-6. Gammafunktion.

9 Differentiation reeller Funktionen einer Variablen

9.1 Grenzwert, Stetigkeit

Reellwertige Funktionen beschreiben eindeutige Zuordnungen von Elementen y einer Teilmenge W der reellen Zahlen zu den Elementen x einer Teilmenge D der reellen Zahlen

D: Definitionsbereich (-menge), Argumentmenge der Funktion (Abbildung) f (1)
W: Bildbereich (-menge), Wertebereich der Funktion f

$$W(f) = \{y \mid y = f(x) \quad \text{für} \quad x \in D\}.$$

Die Eindeutigkeit der Zuordnung ist das kennzeichnende Merkmal von Funktionen. Der Definitionsbereich muß kein Kontinuum sein. Funktionen können z. B. durch Gleichungen mit zwei

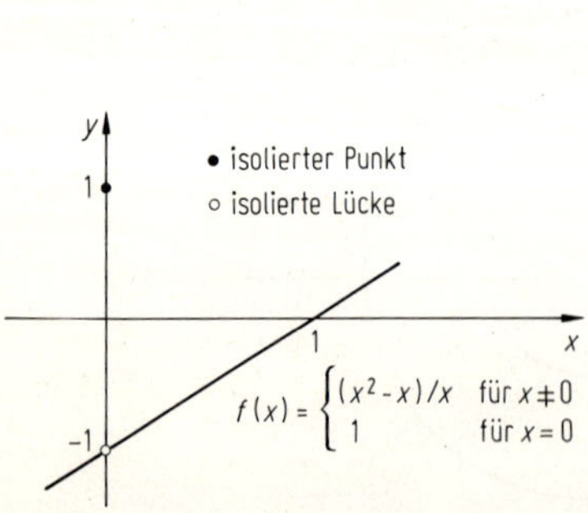

Bild 9-1. Unstetige Funktion.

Variablen x und y erklärt sein oder durch Wertetabellen, die durch graphische Darstellungen veranschaulicht werden können.

Beispiel 1:

$$f_1: y = (x^2 - x)/x, \quad D = \mathbb{R} \setminus \{0\}, \text{ d. h., } x \neq 0,$$
$$W = \mathbb{R} \setminus \{-1\}, \text{ d. h., } y \neq -1.$$

Beispiel 2:

$$f_2: y = \begin{cases} (x^2 - x)/x & \text{für} \quad x \neq 0 \\ 1 & \text{für} \quad x = 0. \end{cases}$$

Nicht zur Funktion gehörende Paare $\{x, y = f(x)\}$ werden in der Abbildung durch einen leeren Kreis markiert, siehe Bild 9-1.

Grenzwert. Ist eine Funktion für einen Wert x_0 nicht erklärt, wohl aber für eine beliebig kleine Umgebung, zum Beispiel $x_n = x_0 + \frac{1}{n}$ mit dem Grenzwert $\lim\limits_{n \to \infty} x_n = x_0$, so ist der Grenzwert g einer Funktion erklärt:

$$\lim_{x \to x_0} f(x) = g_0. \tag{2}$$

Dabei müssen x_0 und g_0 nicht zum Definitionsbereich der Funktion f gehören.

Allgemein gilt: $f(x)$ besitzt in x_0 einen Grenzwert g, wenn für jede Folge (x_n) mit $x_n \in D$ und $\lim\limits_{n \to \infty} x_n = x_0$ die Folge (y_n) mit $y_n = f(x_n)$ gegen g konvergiert. Man unterscheidet 3 *Grenzwerte*:

$$\begin{aligned} &\text{Grenzwert, allgemein:} && \lim_{x \to x_0} f(x) = g, \\ &\text{Grenzwert, linksseitig:} && \lim_{x \to x_0 - 0} f(x) = g_1, \\ &\text{Grenzwert, rechtsseitig:} && \lim_{x \to x_0 + 0} f(x) = g_r. \end{aligned} \tag{3}$$

Beispiel 3:

$$\lim_{x \to x_0 = 0} f_2 = \lim_{n \to \infty} \left(\frac{1}{n} - 1\right) = -1.$$

Grenzwertsätze. Mit lim für $\lim\limits_{x \to x_0}$ und $\lim f_1(x) = g_1$ und $\lim f_2(x) = g_2$ sowie $g_1, g_2, c \in \mathbb{R}$ gilt:

$$\begin{aligned} &\lim cf = c \lim f = cg, \\ &\lim (f_1 \pm f_2) = (\lim f_1) \pm (\lim f_2) = g_1 \pm g_2, \\ &\lim (f_1 f_2) = (\lim f_1)(\lim f_2) = g_1 g_2, \\ &\lim (f_1/f_2) = (\lim f_1)/(\lim f_2) = g_1/g_2, \quad g_2 \neq 0. \end{aligned} \tag{4}$$

Stetigkeit. Eine Funktion $f(x)$ heißt an der Stelle x_0 ihres Definitionsbereiches stetig, wenn dort der Grenzwert g_0 existiert und $g_0 = f(x_0)$ gilt:

$$\lim_{x \to x_0} f(x) = f(x_0). \tag{5}$$

Beispiel 4:

f_2 ist bei $x_0 = 0$ nicht stetig, weil $g_0 = -1$ und $f_2(x_0) = 1$ nicht übereinstimmen.

Beispiel 5:

$$f_3\colon\; y = \begin{cases} \dfrac{x^2(x^2-1)}{(x+1)(x-1)} & \text{für} \quad x \neq \pm 1 \\ 1 & \text{für} \quad x = \pm 1 \end{cases},$$

f_3 stetig für alle $x \in \mathbb{R}$.

9.2 Ableitung einer Funktion

Eine Funktion f ist in x_0 differenzierbar, wenn der **Differenzenquotient**

$$\frac{f(x) - f(x_0)}{x - x_0} \quad \text{mit} \quad x, x_0 \in D \quad \text{und} \quad x \neq x_0 \qquad (6)$$

für x gegen x_0 einen Grenzwert besitzt, den man mit f' (f Strich) oder auch $\dot{f}$ (f Punkt, falls x z. B. für die Zeit steht) bezeichnet und auch *Ableitung der Funktion f* nennt.

$$f'(x_0) = \lim_{\Delta x \to 0} \frac{f(x_0 + \Delta x) - f(x_0)}{\Delta x}$$

$$= \lim_{\Delta x \to 0} \frac{\Delta f}{\Delta x}, \; x = x_0 + \Delta x. \qquad (7)$$

Nach Bild 9-2 steht der Differenzenquotient für die Steigung $\tan\alpha = \Delta y/\Delta x$ der Sekante, die für x gegen x_0 gegen die Tangente im Punkt $(x_0, f(x_0))$ konvergiert, falls f' in x_0 existiert. Den Grenzwert des Differenzenquotienten nennt man auch *Differentialquotient*; sein Zähler $\mathrm{d}f = \mathrm{d}y$ gibt den differentiellen Zuwachs der Funktion beim Fortschreiten um $\mathrm{d}x$ in x-Richtung an.

$$f' = \lim_{\Delta x \to 0} \frac{\Delta f}{\Delta x} = \frac{\mathrm{d}y}{\mathrm{d}x} \quad \text{oder} \quad \mathrm{d}y = f'\,\mathrm{d}x,$$
$$f(x_0 + \mathrm{d}x) = f(x_0) + \mathrm{d}y. \qquad (8)$$

Beispiel 1:

$$f(x) = x^2 + x.$$

$$f'(x_0) = \lim_{\Delta x \to 0} \frac{[(x_0 + \Delta x)^2 + x_0 + \Delta x] - [x_0^2 + x_0]}{\Delta x}$$

$$= \lim_{\Delta x \to 0} (2x_0 + \Delta x + 1) = 2x_0 + 1.$$

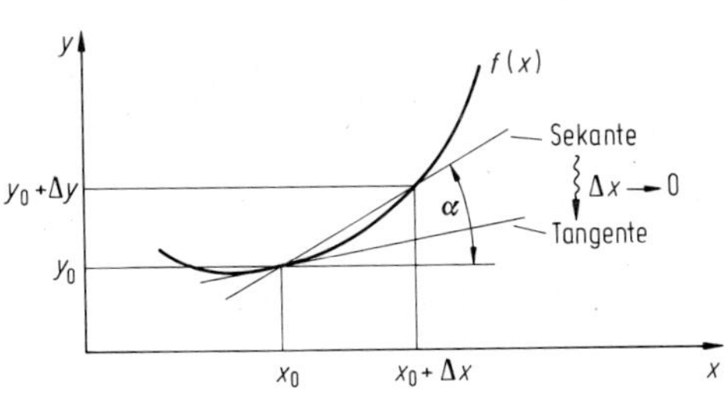

Bild 9-2. Sekante und Tangente.

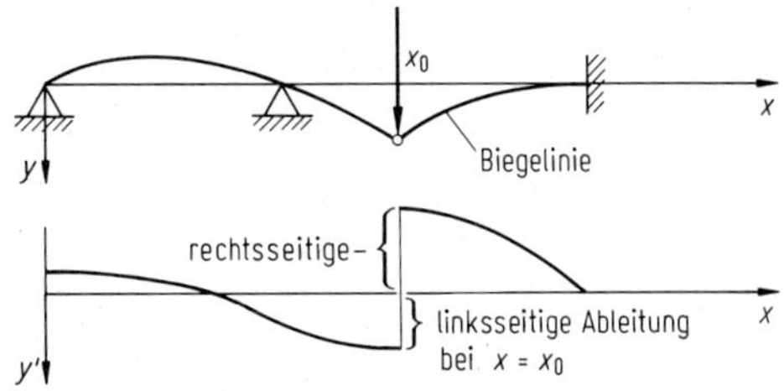

Bild 9-3. Einseitige Ableitungen bei einem Gelenkträger.

Beispiel 2:

$$f(x) = \sin x.$$

$$f'(x_0) = \lim_{\Delta x \to 0} \frac{\sin(x_0 + \Delta x) - \sin x_0}{\Delta x}$$

$$= \lim_{\Delta x \to 0} \frac{\sin x_0 \cos \Delta x + \cos x_0 \sin \Delta x - \sin x_0}{\Delta x}$$

$$= \sin x_0 \lim_{\Delta x \to 0} \frac{\cos \Delta x - 1}{\Delta x}$$

$$+ \cos x_0 \lim_{\Delta x \to 0} \frac{\sin \Delta x}{\Delta x} = \cos x_0.$$

Für die Grenzwertberechnung der Quotienten benutze man die Reihenentwicklungen in Tabelle 9-3.

Einseitige Ableitungen in x_0 sind dann von Bedeutung, wenn der Grenzwert des Differenzenquotienten (6) nur bei einseitiger Annäherung an den Wert x_0 existiert. Man spricht dann von links- oder rechtsseitiger Ableitung, siehe Bild 9-3.

Ableitungsregeln. Bei Existenz der Ableitungen f' und g' zweier Funktionen $f(x)$ und $g(x)$ gilt:

$$\begin{aligned} &(f \pm g)' = f' \pm g', \\ &(fg)' = f'g + fg', \\ &f = \text{const} = c\colon (cg)' = cg', \\ &(f/g)' = (f'g - fg')/g^2, \quad g \neq 0. \end{aligned} \qquad (9)$$

Kettenregel. Läßt sich eine Funktion als ineinandergeschachtelter Ausdruck von differenzierbaren Teilfunktionen darstellen, dann ist die Kettenregel von Nutzen, wobei die einzelnen Differentialquotienten als Einheit zu behandeln sind.

$f(x) = f[g(x)]$	$f(x) = f\{g[h(x)]\}$
$f'(x) = \left(\dfrac{\mathrm{d}f}{\mathrm{d}g}\right) \cdot \left(\dfrac{\mathrm{d}g}{\mathrm{d}x}\right)$	$f'(x) = \left(\dfrac{\mathrm{d}f}{\mathrm{d}g}\right) \cdot \left(\dfrac{\mathrm{d}g}{\mathrm{d}h}\right) \cdot \left(\dfrac{\mathrm{d}h}{\mathrm{d}x}\right)$

(10)

Die Quotientenkette läßt sich beliebig weiterführen.

Beispiel 1:

$$f(x) = \sin(x^2). \quad g(x) = x^2.$$

$$f' = \left[\frac{\mathrm{d}(\sin g)}{\mathrm{d}g}\right] \left[\frac{\mathrm{d}(x^2)}{\mathrm{d}x}\right]$$

$$= (\cos g)\, 2x = 2x \cos x^2.$$

Tabelle 9-1. Ableitungen elementarer reeller Funktionen. D: Bereich der Differenzierbarkeit

$f(x)$	f'	D	$f(x)$	f'	D
c	0	$C \in \mathbb{R}$	$x^n\ (n \in \mathbb{N})$	nx^{n-1}	$x \in \mathbb{R}$
$x^r\ (r \in \mathbb{R})$	rx^{r-1}	$x > 0$	$x^{1/n}\ (n \in \mathbb{N})$	$\dfrac{1}{nx^{1-1/n}}$	$x > 0$
e^x	e^x auch $\exp(x)$	$x \in \mathbb{R}$	$\ln x$	x^{-1}	$x > 0$
$\sin x$	$\cos x$	$x \in \mathbb{R}$	$\arcsin x$	$\dfrac{1}{\sqrt{1-x^2}}$	$\lvert x\rvert < 1$
$\cos x$	$-\sin x$	$x \in \mathbb{R}$	$\arccos x$	$-\dfrac{1}{\sqrt{1-x^2}}$	$\lvert x\rvert < 1$
$\tan x$	$\dfrac{1}{\cos^2 x} = 1 + \tan^2 x$	$x \neq \pi/2 + n\pi$	$\arctan x$	$\dfrac{1}{1+x^2}$	$x \in \mathbb{R}$
$\cot x$	$-\dfrac{1}{\sin^2 x} = -1 - \cot^2 x$	$x \neq n\pi$	$\operatorname{arccot} x$	$-\dfrac{1}{1+x^2}$	$x \in \mathbb{R}$
$\sinh x$	$\cosh x$	$x \in \mathbb{R}$	$\operatorname{arsinh} x$	$\dfrac{1}{\sqrt{1+x^2}}$	$x \in \mathbb{R}$
$\cosh x$	$\sinh x$	$x \in \mathbb{R}$	$\operatorname{arcosh} x$	$\dfrac{1}{\sqrt{x^2-1}}$	$x > 1$
$\tanh x$	$\dfrac{1}{\cosh^2 x} = 1 - \tanh^2 x$	$x \in \mathbb{R}$	$\operatorname{artanh} x$	$\dfrac{1}{1-x^2}$	$\lvert x\rvert < 1$
$\coth x$	$-\dfrac{1}{\sinh^2 x} = 1 - \coth^2 x$	$x \neq 0$	$\operatorname{arcoth} x$	$\dfrac{1}{1-x^2}$	$\lvert x\rvert > 1$

Beispiel 2:

$$f(x) = [\sin x^2]^3. \quad g(x) = \sin h, \quad h(x) = x^2.$$
$$f' \quad = (3g^2)(\cos h)\, 2x = 6x\,[\sin x^2]^2 \cos x^2.$$

Ableitungen von Umkehrfunktionen. Bei Umkehrfunktionen wird die Gleichberechtigung von x und $y = f(x)$ benutzt.

$$\frac{dy}{dx} = \left(\frac{dx}{dy}\right)^{-1}. \qquad (11)$$

Beispiel:

$$f(x) = y = \arcsin x. \text{ Umkehrung } x = \sin y.$$
$$dx/dy = \cos y = \sqrt{1-x^2}, \quad f' = 1/\sqrt{1-x^2}.$$

Logarithmisches Ableiten. Statt $f(x)$ wird die logarithmierte Hilfsform $h = \ln f(x)$ abgeleitet.

$$h' = f'/f \quad \text{(Kettenregel)} \quad \to f' = h'f. \qquad (12)$$

Beispiel:

$$f(x) = x\sqrt{1+x}/(1+x^2).$$
$$h \quad = \ln f(x) = \ln x + \frac{1}{2}\ln(1+x) - \ln(1+x^2).$$
$$f' = \left(\frac{1}{x} + \frac{1}{2(1+x)} - \frac{2x}{1+x^2}\right) x\sqrt{1+x}/(1+x^2).$$

Ableitungen höherer Ordnung. Die n-te Ableitung $f^{(n)}$ einer entsprechend oft differenzierbaren Funktion f ist die einfache Ableitung von $f^{(n-1)}$.

$$f^{(n)} = \frac{df^{(n-1)}}{dx} = \frac{d}{dx}\left[\frac{df^{(n-2)}}{dx}\right]$$
$$= \ldots = \frac{d^n f}{dx^n}. \qquad (13)$$

Man schreibt auch $f^{(0)} = f$, $f^{(1)} = f'$, $f^{(2)} = f''$ usw.

Mehrfache Ableitung eines Produktes

$$f(x) = u(x)\, v(x).$$
$$[u(x)\, v(x)]^{(n)} = \sum_{k=0}^{n} \binom{n}{k} u^{(n-k)} v^{(k)}. \qquad (14)$$

Die Binomialkoeffizienten entnimmt man zweckmäßig dem Pascalschen Dreieck, siehe 2.5.3.

Beispiel:

$$(uv)''' = u'''v + 3u''v' + 3u'v'' + uv'''.$$

9.2.1 Funktionsdarstellung nach Taylor

Jedes Polynom n-ten Grades $p(x)$ läßt sich durch seine n Ableitungswerte an einer beliebigen Stelle x_0 darstellen.

Taylor-Formel für Polynome:

$$p(x) = \sum_{k=0}^{n} a_k x^k = \sum_{k=0}^{n} \frac{f^{(k)}(x_0)}{k!}(x - x_0)^k. \qquad (15)$$

Für eine beliebige Funktion $f(x)$, die in der Umgebung von x_0 $(n+1)$-fach differenzierbar ist, gilt

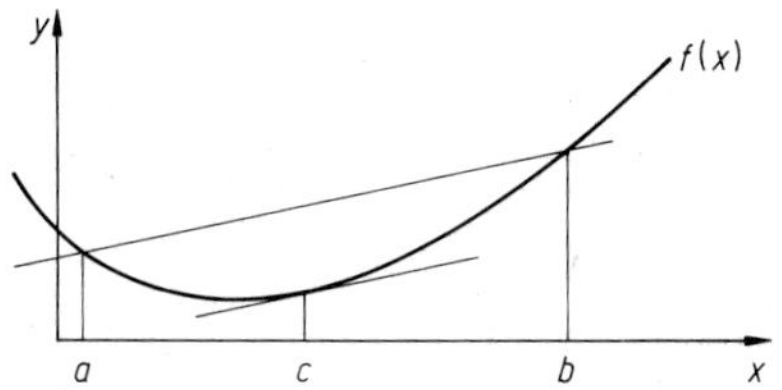

Bild 9-4. Mittelwertsatz.

eine entsprechende Formel, die in der Regel nicht abbricht, sondern ein Restglied R_n hinterläßt.

Allgemeine Taylor-Formel:

$$f(x) = \sum_{k=0}^{n} \frac{f^{(k)}(x_0)}{k!}(x-x_0)^k + R_n(x, x_0), \qquad (16)$$

$$R_n(x, x_0) = \frac{f^{(n+1)}\big(x_0 + \xi(x-x_0)\big)}{(n+1)!}(x-x_0)^{n+1},$$

$$0 < \xi < 1 .$$

Mittelwertsatz. Die Restgliedformel in (16) folgt aus dem Mittelwertsatz für eine im abgeschlossenen Intervall $a \leqq x \leqq b$ stetige und im offenen Intervall $a < x < b$ differenzierbare Funktion $f(x)$. Es existiert wenigstens eine Stelle $x = c$ zwischen $x = a$ und $x = b$ mit einer Steigung gleich der der Sekante von $x = a$ nach $x = b$, siehe Bild 9-4.

$$f'(c) = \frac{f(b) - f(a)}{b - a}, \qquad (17)$$

$$c = a + \xi(b - a), \quad 0 < \xi < 1 .$$

MacLaurin-Formel ist eine spezielle Taylor-Form mit $x_0 = 0$.

$$f(x) = \sum_{k=0}^{n} \frac{f^{(k)}(0)}{k!} x^k + \frac{f^{(n+1)}(\xi x)}{(n+1)!} x^{n+1}, \qquad (18)$$

$$0 < \xi < 1 .$$

Mit (17) und (18) können Funktionen durch Polynome approximiert werden, wodurch auch Entwicklungen für spezielle Konstanten wie $\arctan 1 = \pi/4$, e oder $\ln 2$ entstehen (Tabelle 9-3).

Beispiel:

$$f(x) = e^x = 1 + \frac{x}{1!} + \frac{x^2}{2!} + \frac{x^3}{3!} + R_3 .$$

Speziell

$$x = 1\colon\ e \leqq 1 + 1 + \frac{1}{2} + \frac{1}{6} + \frac{e}{24}. \quad e \leqq 2{,}783 .$$

9.2.2 Grenzwerte durch Ableitungen

Hat eine Funktion $f(x)$ für $x = x_0$ eine numerisch unbestimmte Form wie

$$\frac{0}{0}, \quad \frac{\infty}{\infty}, \quad 0 \cdot \infty, \quad \infty - \infty, \quad 0^0, \quad \infty^0, \quad 1^\infty, \qquad (19)$$

kann dennoch ein Grenzwert $\lim\limits_{x=x_0} f(x)$ existieren.

Für die grundlegenden Quotientenformen 0/0 und ∞/∞ gilt die

Regel von de l'Hospital für $\frac{0}{0}, \frac{\infty}{\infty}$:

$$f(x_0) = \frac{u(x_0)}{v(x_0)} = \lim_{x \to x_0} \frac{u(x)}{v(x)} = \lim_{x \to x_0} \frac{u'(x)}{v'(x)}. \qquad (20)$$

Falls erforderlich, ist die Ableitungsordnung zu erhöhen, siehe Beispiel 1.

Die anderen Fälle in (19) werden auf (20) zurückgeführt.

$$f(x_0) = u(x_0) \cdot v(x_0) = 0 \cdot \infty = \frac{u(x_0)}{v^{-1}(x_0)}; \quad \text{Typ } \frac{0}{0}.$$

$$f(x_0) = u(x_0) - v(x_0) = \infty - \infty \qquad (21)$$

$$= \frac{v^{-1}(x_0) - u^{-1}(x_0)}{[u(x_0)\, v(x_0)]^{-1}}; \quad \text{Typ } \frac{0}{0}.$$

$$f = [u(x_0)]^{v(x_0)} = \begin{cases} 0^0 \\ \infty^0 ; \\ 1^\infty \end{cases}$$

$$\ln f = v(x_0) \ln [u(x_0)]; \quad \text{Typ } 0 \cdot \infty .$$

Tabelle 9-2. MacLaurin-Restglieder mit Abschätzung $R_n(x\xi) \leq \bar{R}_n(x)$

$f(x)$	$R_n(x\xi)$	$\bar{R}_n(x)$
e^x	$\frac{e^{\xi x}}{(n+1)!} x^{n+1}$	$\frac{e^{\lvert x\rvert}}{(n+1)!} \lvert x\rvert^{n+1}$
$\ln(1+x)$	$\frac{(-1)^n}{(1+\xi x)^{n+1}} \cdot \frac{x^{n+1}}{n+1}$	$\frac{x^{n+1}}{n+1}\ (x \geqq 0)$
		$\frac{\lvert x\rvert^{n+1}}{1+x}\ (-1 < x < 0)$
$(1+x)^r$	$B(1+\xi x)^{r-n-1} x^{n+1}$	$\lvert B\rvert x^{n+1} (x \geqq 0,\ r < n+1)$
$x > -1,\ r \in \mathbb{R}$	$B = \binom{r}{n+1}$	$(n+1)\lvert B\rvert \lvert x\rvert^{n+1}\ (r \geqq 1,\ -1 < x < 0)$
		$(n+1)\lvert B\rvert \frac{\lvert x\rvert^{n+1}}{(1+x)^{1-r}}\ (r < 1,\ -1 < x < 0)$

Tabelle 9-3. MacLaurin-Reihen

$f(x)$	Allgemein	Erste 4 Glieder; Konvergenz
$(1+x)^r$	$\sum_{n=0}^{\infty} \binom{r}{n} x^n$	$1+rx+\frac{r(r-1)}{2!}x^2+\frac{r(r-1)(r-2)}{3!}x^3$ $\lvert x\rvert<1,\quad r\in\mathbb{R};\quad -1<x\leqq 1,\quad r>-1$ $x\in\mathbb{R},\quad r\in\mathbb{N};\quad -1\leqq x\leqq 1,\quad r>0$
$\frac{1}{1+x}$	$\sum_{n=0}^{\infty} (-1)^n x^n$	$1-x+x^2-x^3;\quad \lvert x\rvert<1$
$\sqrt{1+x}$	$\sum_{n=0}^{\infty} \binom{1/2}{n} x^n$	$1+\frac{1}{2}x-\frac{1}{8}x^2+\frac{1}{16}x^3;\quad \lvert x\rvert\leqq 1$
$\frac{1}{\sqrt{1+x}}$	$\sum_{n=0}^{\infty} \binom{-1/2}{n} x^n$	$1-\frac{1}{2}x+\frac{3}{8}x^2-\frac{5}{16}x^3;\quad -1<x<1$
e^x	$\sum_{n=0}^{\infty} \frac{x^n}{n!}$	$1+x+\frac{x^2}{2!}+\frac{x^3}{3!};\quad \lvert x\rvert<\infty$ $\rightarrow e=2{,}718\,28\ldots$
$\ln(1+x)$	$\sum_{n=1}^{\infty} (-1)^{n+1}\frac{x^n}{n}$	$x-\frac{x^2}{2}+\frac{x^3}{3}-\frac{x^4}{4};\quad -1<x\leqq 1$ $\ln 2=0{,}693\,147\ldots$
$\sin x$	$\sum_{n=0}^{\infty} (-1)^n\frac{x^{2n+1}}{(2n+1)!}$	$x-\frac{x^3}{3!}+\frac{x^5}{5!}-\frac{x^7}{7!};\quad \lvert x\rvert<\infty$
$\cos x$	$\sum_{n=0}^{\infty} (-1)^n\frac{x^{2n}}{(2n)!}$	$1-\frac{x^2}{2!}+\frac{x^4}{4!}-\frac{x^6}{6!};\quad \lvert x\rvert<\infty$
$\tan x$	—	$x+\frac{1}{3}x^3+\frac{2}{3\cdot 5}x^5+\frac{17}{9\cdot 5\cdot 7}x^7;\quad \lvert x\rvert<\frac{\pi}{2}$
$x\cot x$	—	$1-\frac{1}{3}x^2-\frac{1}{3^2\cdot 5}x^4-\frac{2}{3^3\cdot 5\cdot 7}x^6;\quad \lvert x\rvert<\pi$
$\arcsin x$	$\sum_{n=0}^{\infty} \frac{(2n)!\,x^{2n+1}}{4^n(n!)^2(2n+1)}$	$x+\frac{1}{6}x^3+\frac{3}{40}x^5+\frac{5}{112}x^7;\quad \lvert x\rvert<1$
$\arctan x$	$\sum_{n=0}^{\infty} (-1)^n\frac{x^{2n+1}}{2n+1}$	$x-\frac{x^3}{3}+\frac{x^5}{5}-\frac{x^7}{7};\quad \lvert x\rvert\leqq 1$ $\rightarrow \arctan 1=\frac{\pi}{4}=1-\frac{1}{3}+\frac{1}{5}-\frac{1}{7}\ldots$
$\sinh x$	$\sum_{n=0}^{\infty} \frac{x^{2n+1}}{(2n+1)!}$	$x+\frac{x^3}{3!}+\frac{x^5}{5!}+\frac{x^7}{7!};\quad \lvert x\rvert<\infty$
$\cosh x$	$\sum_{n=0}^{\infty} \frac{x^{2n}}{(2n)!}$	$1+\frac{x^2}{2!}+\frac{x^4}{4!}+\frac{x^6}{6!};\quad \lvert x\rvert<\infty$

Beispiel 1:

$f(x)=\frac{x^2}{\exp x}$. Gesucht $\lim_{x\to\infty} f=g$. Typ $\frac{\infty}{\infty}$.

$$g=\lim_{x\to\infty}\frac{2x}{\exp x}$$

$$\left(\text{immer noch } \frac{\infty}{\infty}\right)=\lim_{x\to\infty}\frac{2}{\exp x}=0\,.$$

Beispiel 2:

$f(x)=[\cos x]^{1/x}$.

Gesucht $\lim_{x\to 0} f(x)=g$. Typ 1^{∞}.

$$\ln g=\lim_{x\to 0}\frac{\ln(\cos x)}{x}=\lim_{x\to 0}\frac{\frac{-\sin x}{\cos x}}{1}=0\rightarrow g=1\,.$$

Grenzwertberechnungen durch eine Reihenentwicklung nach Taylor oder MacLaurin sind oft nützlich.

Beispiel 3:

$$f(x) = \frac{\tan x - x}{x \cos x - \sin x}.$$

Gesucht $\lim\limits_{x \to 0} f = g$. Typ $\frac{0}{0}$.

$$f(x) = \frac{\frac{1}{3}x^3 + \frac{2}{15}x^5 + \ldots}{\left(x - \frac{x^3}{2} + \ldots\right) - \left(x - \frac{x^3}{6} + \ldots\right)},$$

$$\lim_{x \to 0} f(x) = \frac{1/3}{-1/2 + 1/6} = -1.$$

9.2.3 Extrema, Wendepunkte

Extrema sind Maxima oder Minima. Strenge oder eigentliche Maxima (Minima) einer Funktion $f(x_0)$ für $x = x_0$ zeichnen sich dadurch aus, daß in ihrer Umgebung kein größerer (kleinerer) Wert existiert. Man nennt sie auch relative oder lokale Extrema.
Der Größtwert (Kleinstwert) der Funktion $f(x)$ innerhalb des vorgegebenen Intervalls $a \leqq x \leqq b$ heißt absolutes oder globales Maximum (Minimum). Ein Wert $f(x_0)$ kann sowohl lokal als auch global extremal sein, siehe Bild 9-5.

Lokale Extrema $f(x_0)$ bei $x = x_0$:
Notwendige Bedingung $f'(x_0) = 0$.
Hinreichende Bedingung aus Vorzeichenverhalten von $f'(x_0 - \delta)$ und $f'(x_0 + \delta)$ bei Differenzierbarkeit in lokaler Umgebung von x_0; $\delta > 0$.

$f'(x_0 - \delta)$	$f'(x_0 + \delta)$	
>0	>0	kein relatives
<0	<0	Extremum
<0	>0	Minimum
>0	<0	Maximum

(22)

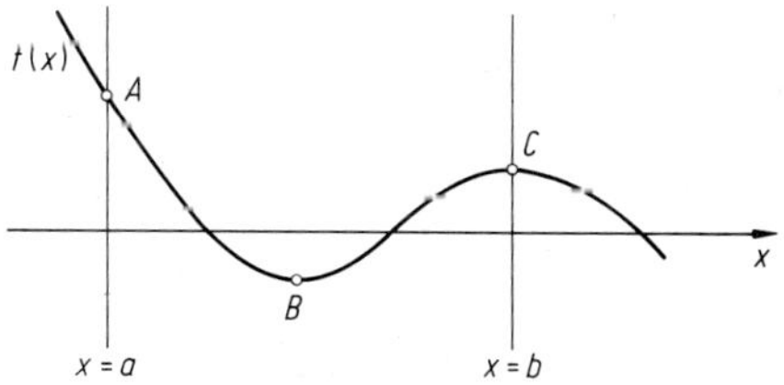

Bild 9-5. Lokale und globale Extrema im Intervall $a \leqq x \leqq b$.
A globales Maximum, *B* lokales und globales Minimum, *C* lokales Maximum.

Hinreichende Bedingung aus höheren Ableitungen $f^{(k)}(x_0)$ mit $k > 1$.

$$f''(x_0) \begin{matrix} < 0\text{: Maximum} \\ > 0\text{: Minimum} \end{matrix},$$

$f''(x_0) = 0$: So lange differenzieren und $x = x_0$ setzen, bis $f^{(k)}(x_0) \neq 0$, $k > 2$.
Wenn k gerade:

$$f^{(k)}(x_0) \begin{matrix} < 0\text{: Maximum} \\ > 0\text{: Minimum} \end{matrix}, \tag{23}$$

wenn k ungerade: kein Extremum.

Wendepunkte: Die Funktion $f(x)$ hat an der Stelle x_0 einen Wendepunkt, wenn die Ableitung f' bei x_0 ein relatives Extremum besitzt mit der notwendigen Bedingung $f''(x_0) = 0$.

Sattel- oder Stufenpunkt: $f'(x_0) = 0$, $f''(x_0) = 0$.

Beispiel:

$f(x) = (x-1)^3(x+1), \quad -\infty < x < \infty.$

$f' = (x-1)^2(4x+2). \quad f'(-1/2) = 0, \quad f'(1) = 0$

$f'\left(-\frac{1}{2} - \delta\right) < 0,\ f'\left(-\frac{1}{2} + \delta\right) > 0 \rightarrow$ Minimum.

$f'(1-\delta) > 0, \quad f'(1+\delta) > 0$

$\rightarrow$ kein relatives Extremum.

$f'' = (x-1)(12x). \quad f''(1) = 0, \quad f''(0) = 0.$

$f''(0-\delta) > 0, \quad f''(0+\delta) < 0 \rightarrow$ Wendepunkt.

$f''(1-\delta) < 0, \quad f''(1+\delta) > 0 \rightarrow$ Wendepunkt.

Sattelpunkt bei $x_0 = 1$.

10 Integration reeller Funktionen einer Variablen

10.1 Unbestimmtes Integral

Die zum Differenzieren inverse Operation nennt man Integration.

Gegeben: $f(x)$.

Gesucht: $F(x) = \int f(x)\,\mathrm{d}x$ so, daß

$$F'(x) = \frac{\mathrm{d}F}{\mathrm{d}x} = f(x). \tag{1}$$

$F(x)$: *Stamm- oder Integralfunktion* zu $f(x)$.

Beispiel.

Gegeben: $f(x) = \cos x$.

$F = C + \sin x, \quad C \in \mathbb{R}, \quad$ da

$F' = (C + \sin x)' = 0 + \cos x = f(x).$

Die Menge aller Stammfunktionen, die sich durch eine reelle Konstante $C \in \mathbb{R}$ unterscheiden, nennt man unbestimmtes Integral.
Tabelle 10-1 wird durch die Umkehrung der Ableitungstabelle 9-1 gewonnen.

Tabelle 10-1. Elementare Integralfunktionen $\int f(x)\,dx = F(x) + C$

$f(x)$	$F(x) = \int f(x)\,dx$	$f(x)$	$F(x)$
a	ax	x^r	$\frac{x^{r+1}}{r+1}$, $r \neq -1$
e^x	e^x	$\frac{1}{x}$	$\ln\lvert x\rvert$
$\cos x$	$\sin x$	$\frac{1}{\sqrt{1-x^2}}$	$\arcsin x$ / $-\arccos x$
$\sin x$	$-\cos x$		
$\frac{1}{\cos^2 x}$	$\tan x$	$\frac{1}{1+x^2}$	$\arctan x$ / $-\operatorname{arccot} x$
$\frac{1}{\sin^2 x}$	$-\cot x$		
$\cosh x$	$\sinh x$	$\frac{1}{\sqrt{1+x^2}}$	$\operatorname{arsinh} x$
$\sinh x$	$\cosh x$	$\frac{1}{\sqrt{x^2-1}}$	$\operatorname{arcosh} x$
$\frac{1}{\cosh^2 x}$	$\tanh x$	$\frac{1}{1-x^2}$	$\operatorname{artanh} x$, $\lvert x\rvert < 1$ / $\operatorname{arcoth} x$, $\lvert x\rvert > 1$
$\frac{1}{\sinh^2 x}$	$-\coth x$		

Integrationsregeln

$$\int r f(x)\,dx = r\int f(x)\,dx, \quad r \in \mathbb{R}. \qquad (2)$$
$$\int \big(f(x) + g(x)\big)\,dx = \int f(x)\,dx + \int g(x)\,dx.$$

Integrationstechniken haben das Ziel, eine gegebene Funktion $f(x)$ so umzuformen, daß ein Grundintegral entsteht.

Partielle Integration ist die inverse Differentiation eines Produktes $u(x)\,v(x)$. Sie ist nur dann sinnvoll, wenn $u'v$ einfacher zu integrieren ist als uv'.

$$\int uv'\,dx = uv - \int u'v\,dx. \qquad (3)$$

Beispiel:

$$\int x\cos x\,dx = x\sin x - \int 1\cdot\sin x\,dx$$
$$= x\sin x + \cos x.$$

Die *Substitutionsmethode* ist das Analogon zur Kettenregel, wobei die geeignete Wahl einer Hilfsfunktion von entscheidender Bedeutung ist; s. Tabelle 10-2.

$$\int f[g(x)]\,dx = \int \frac{f(g)}{g'}\,dg. \qquad (4)$$

Beispiel 1:

$$\int [\cos(3x+1)]\,dx = \int \frac{\cos g}{3}\,dg$$
$$= \frac{1}{3}\sin(3x+1) + C.$$

Tabelle 10-2. Geeignete Hilfsfunktionen zur Substitution

Typ	$f(x)$	$g(x)$
1	$f\left(x, \sqrt[n]{\frac{ax+b}{cx+d}}\right)$	$\sqrt[n]{\frac{ax+b}{cx+d}}$
2	$f\left(x, \sqrt{1 \pm x^2}\right)$	$\sqrt{1 \pm x^2}$
3	$f\left(x, \sqrt{ax^2+bx+c}\right)$	$\Delta > 0$: $\frac{2ax+b}{\sqrt{\Delta}} \to$ Typ 2
	$\Delta = b^2 - 4ac$	$\Delta < 0$: $\frac{2ax+b}{\sqrt{-\Delta}} \to$ Typ 2
4	$f(e^x)$	e^x
5	$f(\cos x, \sin x)$	$\tan\frac{x}{2}$; trigonometrische Umformungen nutzen
6	$f(\sinh x, \cosh x)$	e^x

Beispiel 2:

$$\int \frac{x\,dx}{\sqrt{x^2+a}}. \quad g = \sqrt{x^2+a},$$

$$g' = x/\sqrt{x^2+a} \to F = \int dg = \sqrt{x^2+a} + C.$$

Partialbruchzerlegung. Sie ist anwendbar bei einer echt gebrochen rationalen Funktion $f(x) = u_n(x)/v_m(x)$ (Nennergrad $m >$ Zählergrad n), die sich nach den Regeln der Algebra in eine Summe von Partialbrüchen $P(x)$ zerlegen läßt. Die Zerlegung wird durch die Nullstellen des Nennerpolynoms gesteuert.

k-fache reelle Nullstelle x_0:

$$P(x) = \sum_{i=1}^{k} \frac{A_i}{(x-x_0)^i}$$

k-fache konjugiert komplexe Nullstelle (5)

$x_0 = s_0 \pm j t_0$:

$$P(x) = \sum_{i=1}^{k} \frac{B_i + xC_i}{(x^2 - 2s_0x + s_0^2 + t_0^2)^i}.$$

Die Koeffizienten A_i, B_i, C_i werden bestimmt durch Koeffizientenvergleich, Gleichsetzen an den Nullstellen x_0 oder Gleichsetzen an beliebigen Stellen x_i.

Beispiel:

$$f(x) = \frac{2x^3 + 2x^2 - 4x + 4}{(x-1)^2\,(x^2+1)}$$
$$= \frac{A_1}{x-1} + \frac{A_2}{(x-1)^2} + \frac{B_1 + C_1x}{x^2+1}.$$

Koeffizientenvergleich aus

$$2x^3 + 2x^2 - 4x + 4 = A_1(x-1)\,(x^2+1)$$
$$+ A_2(x^2+1) + (B_1 + C_1x)\,(x-1)^2.$$

Tabelle 10-3. Ausgewählte Integralfunktionen $\int f(x)\,\mathrm{d}x = F(x) + C$

$f(x)$	$F(x)$	
$(ax+b)^n$	$(ax+b)^{n+1}/\big(a(n+1)\big)$	$n \neq -1$
	$\ln\lvert ax+b\rvert/a$	$n = -1$
$(a^2+x^2)^{-1}$	$a^{-1}\arctan(x/a)$	
$(a^2-x^2)^{-1}$	$\frac{1}{2a}\ln\left\lvert\frac{a+x}{a-x}\right\rvert$	
$(ax^2+bx+c)^{-1}$, $\Delta^2 = 4ac-b^2$	$\Delta^2>0$: $\frac{2}{\Delta}\arctan\frac{2ax+b}{\Delta}$	
	$\Delta=0$: $-2/(2ax+b)$	
	$\Delta^2<0$: $\frac{\mathrm{j}}{\Delta}\ln\left\lvert\frac{2ax+b+\mathrm{j}\Delta}{2ax+b-\mathrm{j}\Delta}\right\rvert$	
$\frac{x}{ax^2+bx+c}$	$\frac{1}{2a}\ln\lvert ax^2+bx+c\rvert - \frac{b}{2a}\int\frac{\mathrm{d}x}{ax^2+bx+c}$	
$1/\sqrt{a^2-x^2}$	$\arcsin(x/a)$; $-\arccos(x/a)$	
$1/\sqrt{a^2+x^2}$	$\ln\left(x+\sqrt{x^2+a^2}\right)$	
$\sqrt{a^2-x^2}$	$(x/2)\sqrt{a^2-x^2}+(a^2/2)\arcsin(x/a)$	
$\sqrt{x^2+a^2}$	$(x/2)\sqrt{x^2+a^2}+(a^2/2)\ln\left(x+\sqrt{x^2+a^2}\right)$	
$\sin mx\cos nx$	$-\frac{\cos(m-n)x}{2(m-n)}-\frac{\cos(m+n)x}{2(m+n)}$	$m \neq \pm n$
$\sin mx\sin nx$	$\frac{\sin(m-n)x}{2(m-n)}-\frac{\sin(m+n)x}{2(m+n)}$	$m \neq \pm n$
$\cos mx\cos nx$	$\frac{\sin(m-n)x}{2(m-n)}+\frac{\sin(m+n)x}{2(m+n)}$	$m \neq \pm n$
$e^{ax}\sin bx$	$e^{ax}(a\sin bx-b\cos bx)/(a^2+b^2)$	
$e^{ax}\cos bx$	$e^{ax}(a\cos bx+b\sin bx)/(a^2+b^2)$	
$1/\sin x$	$\ln\lvert\tan(x/2)\rvert$	
$1/(1+\cos x)$	$\tan(x/2)$	
$\tan x$	$-\ln\lvert\cos x\rvert$	
$1/\sinh x$	$-2\,\mathrm{artanh}(\mathrm{e}^x)$	
$\ln x$	$x\ln x - x$	
$\arcsin x$	$x\arcsin x+\sqrt{1-x^2}$	
$\arccos x$	$x\arccos x-\sqrt{1-x^2}$	
$\arctan x$	$x\arctan x-\ln\sqrt{1+x^2}$	
$\mathrm{arccot}\, x$	$x\,\mathrm{arccot}\, x+\ln\sqrt{1+x^2}$	
$\sin^2 x$	$(2x-\sin 2x)/4$	
$\tan^2 x$	$\tan x - x$	
$x\sin x$	$\sin x - x\cos x$	
$x^2\sin x$	$2x\sin x-(x^2-2)\cos x$	
$1/\cos x$	$\ln\lvert\tan(x/2+\pi/4)\rvert$	
$1/(1-\cos x)$	$-\cot(x/2)$	
$\cot x$	$\ln\lvert\sin x\rvert$	
$1/\cosh x$	$2\arctan(\mathrm{e}^x)$	
$\ln x/x$	$(\ln x)^2/2$	
$\mathrm{arsinh}\, x$	$x\,\mathrm{arsinh}\, x-\sqrt{1+x^2}$	
$\mathrm{arcosh}\, x$	$x\,\mathrm{arcosh}\, x-\sqrt{x^2-1}$	
$\mathrm{artanh}\, x$	$x\,\mathrm{artanh}\, x+\ln\sqrt{1-x^2}$	
$\mathrm{arcoth}\, x$	$x\,\mathrm{arcoth}\, x+\ln\sqrt{x^2-1}$	
$\cos^2 x$	$(2x+\sin 2x)/4$	
$\cot^2 x$	$-\cot x - x$	
$x\cos x$	$\cos x + x\sin x$	
$x^2\cos x$	$2x\cos x+(x^2-2)\sin x$	

Tabelle 10-4. Nichtelementare Integralfunktionen

$f(x)$	$F(x)=\int f(x)\,\mathrm{d}x$
	Integralsinus
$\frac{\sin x}{x}$	$\sum_{k=0}^{\infty}\frac{(-1)^k x^{2k+1}}{(2k+1)(2k+1)!}+C$
	Integralcosinus
$\frac{\cos x}{x}$	$\ln x+\sum_{k=1}^{\infty}\frac{(-1)^k x^{2k}}{2k(2k)!}+C,\quad 0<x.$
	Hyperbolischer Integralsinus
$\frac{\sinh x}{x}$	$\sum_{k=0}^{\infty}\frac{x^{2k+1}}{(2k+1)(2k+1)!}+C$
	Hyperbolischer Integralcosinus
$\frac{\cosh x}{x}$	$\ln x+\sum_{k=1}^{\infty}\frac{x^{2k}}{2k(2k)!}+C,\quad 0<x.$
$(\ln x)^{-1}$	$\ln\lvert\ln x\rvert+\sum_{k=1}^{\infty}\frac{(\ln x)^k}{kk!}+C,\quad 0<x.$
	Gaußsches Fehlerintegral
e^{-x^2}	$\sum_{k=0}^{\infty}\frac{(-1)^k x^{2k+1}}{k!(2k+1)}$

Gleichsetzen bei

$x_0=1:\ 4=2A_2$ also $A_2=2$.

$x_0=\mathrm{j}:\ -6\mathrm{j}+2=(B_1+\mathrm{j}C_1)(-2\mathrm{j})$ also $B_1=3,\quad C_1=1$.

$x_i=0:\ 4=-A_1+2+3$ also $A_1=1$.

Integration durch Umformung zu Grundintegralen.

$$\int\left(\frac{1}{x-1}+\frac{2}{(x-1)^2}+\frac{3+x}{x^2+1}\right)\mathrm{d}x$$
$$=\ln\lvert x-1\rvert-2(x-1)^{-1}+\frac{1}{2}\ln\lvert x^2+1\rvert+3\arctan x+C.$$

Die Darstellung einer Integralfunktion durch elementare Funktionen ist relativ selten. Als Ausweg bleibt die numerische Integration oder die gliedweise Integration einer Reihenentwicklung von $f(x)$.

10.2 Bestimmtes Integral

10.2.1 Integrationsregeln

Die Fläche zwischen der x-Achse und dem Bild der Funktion $f(x)$ in Bild 10-1 läßt sich als Flächensumme über- oder unterschießender Rechtecke darstellen, die im Übergang zu unendlich vielen Streifen dem wahren Wert der Fläche A zustrebt.

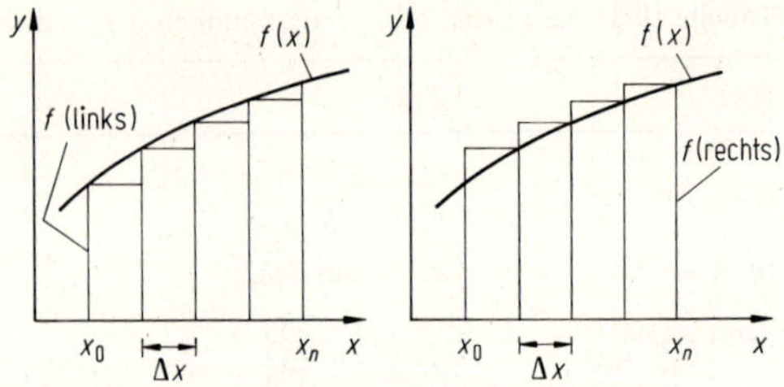

Bild 10-1. Geometrische Interpretation des bestimmten Integrals im Intervall $x_0 \leqq x \leqq x_n$.

$$\sum_{i=1}^{n} f_i\ (\text{links})\ \Delta x \leqq A \leqq \sum_{i=1}^{n} f_i\ (\text{rechts})\ \Delta x,$$
$$A=\lim_{n\to\infty}\sum_{i=1}^{n} f_i\Delta x=\int_{x_a}^{x_e} f\,\mathrm{d}x,\quad x_e \geqq x_a. \tag{6}$$

Für die konkrete Rechnung wesentlich ist der **Hauptsatz der Differential- und Integralrechnung**

$$\int_{x_a}^{x_e} f(x)\,\mathrm{d}x=F(x_e)-F(x_a),\quad F'(x)=f(x). \tag{7}$$

Das bestimmte Integral ist vorzeichenbehaftet und positiv erklärt für $f(x)>0$ sowie $x_e \geqq x_a$. Für im Intervall $x_a \leqq x \leqq x_e$ stetige Funktionen gelten folgende *Regeln für bestimmte Integrale* ($x_a=a$, $x_e=e$):

$$\int_a^a f(x)\,\mathrm{d}x=0,\quad \int_a^e f(x)\,\mathrm{d}x=-\int_e^a f(x)\,\mathrm{d}x.$$
$$\int_a^z f(x)\,\mathrm{d}x+\int_z^e f(x)\,\mathrm{d}x=\int_a^e f(x)\,\mathrm{d}x,\quad a\leqq z\leqq e.$$
$$\left|\int_a^e f(x)\,\mathrm{d}x\right| \leqq \int_a^e \lvert f(x)\rvert\,\mathrm{d}x. \tag{8}$$
$$\int_a^e f(x)\,\mathrm{d}x \leqq \int_a^e g(x)\,\mathrm{d}x\quad \text{falls}\quad f(x)\leqq g(x).$$

$$\left(\int_a^e f(x)\,g(x)\,\mathrm{d}x\right)^2 \leqq \left(\int_a^e f^2(x)\,\mathrm{d}x\right)\left(\int_a^e g^2(x)\,\mathrm{d}x\right), \tag{9}$$
Schwarzsche Ungleichung;

$$\left|\int_a^e [f(x)+g(x)]\,\mathrm{d}x\right| \leqq \int_a^e \lvert f(x)\rvert\,\mathrm{d}x+\int_a^e \lvert g(x)\rvert\,\mathrm{d}x, \tag{10}$$
Dreiecksungleichung;

Tabelle 10-5. Einige Werte bestimmter Integrale

$f(x)$	a	e	$F = \int_a^e f(x)\,dx$
$(\sin x)^{2n}$ $(\cos x)^{2n}$	0	$\frac{\pi}{2}$	$\frac{\pi}{2} \cdot \frac{1 \cdot 3 \cdot 5 \ldots (2n-1)}{2 \cdot 4 \cdot 6 \ldots (2n)}, \quad n \in \mathbb{N} \setminus \{0\}.$
$(\sin x)^{2n+1}$ $(\cos x)^{2n+1}$	0	$\frac{\pi}{2}$	$\frac{2 \cdot 4 \cdot 6 \ldots (2n)}{3 \cdot 5 \cdot 7 \ldots (2n+1)}, \quad n \in \mathbb{N}.$
$\cos mx \cos nx$ $\sin mx \sin nx$	0	π	$\begin{cases} 0 & \text{für } m \neq n \\ \frac{\pi}{2} & \text{für } m = n \end{cases}, \quad m, n \in \mathbb{N}.$
$(\sin x)^{2m+1} (\cos x)^{2n+1}$	0	$\frac{\pi}{2}$	$\frac{\Gamma(m+1)\Gamma(n+1)}{2\Gamma(m+n+2)}; \quad m, n \neq -1.$ $\frac{m!\,n!}{2(m+n+1)!}; \quad m, n \in \mathbb{N} \setminus \{0\}.$ Gammafunktion Γ $\Gamma(r) = \lim_{n \to \infty} \frac{n^r n!}{r(r+1)(r+2)\ldots(r+n)}, \quad r > 0.$
$e^{-x} x^{r-1}$	0	∞	$\begin{cases} \Gamma(r), & r > 0. \\ (r-1)!, & r \in \mathbb{N} \setminus \{0\}. \end{cases}$
$e^{-ax} \cos bx$	0	∞	$a/(a^2 + b^2), \quad 1/a$ für $b = 0$
$e^{-ax} \sin bx$	0	∞	$b/(a^2 + b^2)$
$\exp(-x^2 a^2)$	0	∞	$\sqrt{\pi}/(2a)$
$\sin(mx)\cos(nx)$ $m - n = d$	0	π	$\begin{cases} 0 & d \text{ gerade} \\ \frac{2m}{m^2 - n^2} & d \text{ ungerade} \end{cases}$

$$\begin{cases} \int_a^e f(x)\,dx = f(z)\,(e-a), \quad a \leqq z \leqq e, \\ \text{Mittelwertsatz der Integralrechnung.} \end{cases} \tag{11}$$

10.2.2 Uneigentliche Integrale

Bei unbeschränkten Integrationsgrenzen oder unbeschränkten Funktionswerten $f(\xi)$ an einer Stelle $x = \xi$ berechnet man die unbestimmten Integrale als Grenzwerte bestimmter Integrale.

$$\int_a^\infty f(x)\,dx = \lim_{b \to \infty} \int_a^b f(x)\,dx.$$

$$\int_{-\infty}^\infty f(x)\,dx = \lim_{\substack{a \to -\infty \\ b \to \infty}} \int_a^b f(x)\,dx, \tag{12}$$

$a \to -\infty$ und $b \to \infty$ unabhängig voneinander.

$$\int_a^b f(x)\,dx = \lim_{\substack{\varepsilon \to 0 \\ \delta \to 0}} \left[\int_a^{\xi - \varepsilon} f(x)\,dx + \int_{\xi + \delta}^b f(x)\,dx \right],$$

$\varepsilon \to 0$, $\delta \to 0$ unabhängig voneinander falls $f(\xi)$ unbeschränkt; $\varepsilon, \delta > 0$.

Bei zweiseitiger Annäherung mit gleicher Rate spricht man vom *Cauchyschen Hauptwert*.

$$\int_{-\infty}^\infty f(x)\,dx = \lim_{a \to \infty} \int_{-a}^a f(x)\,dx$$
$$\int_a^b f(x)\,dx = \lim_{\varepsilon \to 0} \left[\int_a^{\xi - \varepsilon} f(x)\,dx + \int_{\xi + \varepsilon}^b f(x)\,dx \right], \tag{13}$$

$\varepsilon > 0$, falls $f(\xi)$ unbeschränkt.

Beispiel 1:

$\int_{-\infty}^\infty x\,dx$ ist unbestimmt. Der Cauchysche Hauptwert ist bestimmt, und zwar Null.

Beispiel 2:

$$\int_0^1 \ln x\,dx = \lim_{\varepsilon \to 0} \int_\varepsilon^1 \ln x\,dx$$
$$= \lim_{\varepsilon \to 0} [x \ln x - x]_\varepsilon^1 = \lim_{\varepsilon \to 0} (-1 + \varepsilon - \varepsilon \ln \varepsilon)$$
$$= -1.$$

$$\lim_{\varepsilon \to 0} \varepsilon \ln \varepsilon = \lim \frac{\ln \varepsilon}{\varepsilon^{-1}} = \lim \frac{\varepsilon^{-1}}{-\varepsilon^{-2}} = 0.$$

11 Differentiation reeller Funktionen mehrerer Variablen

11.1 Grenzwert, Stetigkeit

Reellwertige Funktionen mit mehreren Veränderlichen beschreiben eine eindeutige Zuordnung von Elementen $f(\boldsymbol{x})$ einer Teilmenge W der reellen Zahlen zu den Elementen x_1 bis x_n ($n \in \mathbb{N}$), (auch zusammengefaßt zur Spalte $\boldsymbol{x}$), einer Teilmenge D der reellen Zahlen des $\mathbb{R}^n$.

D: Definitionsbereich (-menge) der Funktion.

W: Wertebereich (-menge) der Funktion.

$$W(f) = f(\boldsymbol{x}) \quad \text{für} \quad \boldsymbol{x} \in D. \tag{1}$$

Übliche Bezeichnung bei $n = 2$ Veränderlichen:

$x_1 = x,\ x_2 = y; \quad f(x, y) = z.$

Im dreidimensionalen Raum $\mathbb{R}^3$ unserer Anschauung sei jedem Punkt (x, y) ein Wert z eindeutig zugeordnet, vgl. Bild 11-1. Für vorgegebene konstante z-Werte c erhält man sogenannte Niveaulinien $c = f(x, y)$.

Beispiel:

$z = f(x, y) = \sqrt{1 - x^2 - y^2}$.

Halbkugel. Niveaulinien mit $0 \leqq c < 1$ sind Kreise mit dem Radius $\sqrt{1 - c^2}$.

Grenzwert. Ist eine Funktion für ein Wertepaar $P_{00} = (x_0, y_0)$ nicht erklärt, wohl aber für eine beliebig kleine Umgebung, zum Beispiel $P_{mn} = (x_m = x_0 + 1/m,\ y_n = y_0 + 1/n)$ mit dem Grenzwert $\lim P_{mn} = P_{00}$ für m und n unabhängig voneinander gegen Unendlich, so existiert der Grenzwert g der Funktion, falls die Folge $f(x_m, y_n)$ einem einzigen endlichen Wert zustrebt.

$$\lim_{(x,y)\to(x_0,y_0)} f(x, y) = \lim_{(m,n)\to(\infty,\infty)} f(x_m, y_n) = g. \tag{2}$$

m, n unabhängig voneinander.

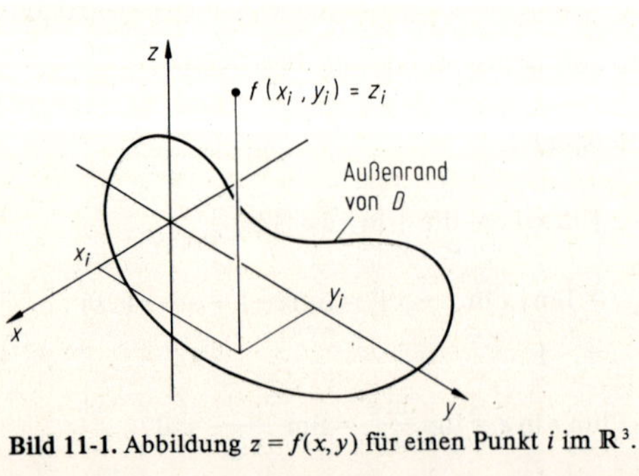

Bild 11-1. Abbildung $z = f(x, y)$ für einen Punkt i im $\mathbb{R}^3$.

Beispiel:

$f = (x^2 + y^2)/(xy)$.

$$\lim_{\substack{x\to 0\\ y\to 0}} f = \lim_{\substack{m\to\infty\\ n\to\infty}} \left(\frac{n}{m} + \frac{m}{n}\right).$$

$m = \alpha n$: $\lim f = \alpha + 1/\alpha$ ist kein Grenzwert, da nicht unabhängig vom Annäherungsverhältnis m/n.

Es gelten die Grenzwertsätze und der Stetigkeitsbegriff nach 9.1.

11.2 Ableitungen

Eine reellwertige Funktion $f(x, y)$ ist in einem beliebigen Punkt $(x, y) \in D$ partiell differenzierbar, wenn die Differenzenquotienten beim Grenzübergang

$$\begin{aligned} &\lim_{\Delta x\to 0} \frac{f(x + \Delta x, y) - f(x, y)}{\Delta x} \\ &= f_{,x}(x, y) = \frac{\partial f}{\partial x}(x, y), \\ &\lim_{\Delta y\to 0} \frac{f(x, y + \Delta y) - f(x, y)}{\Delta y} \\ &= f_{,y}(x, y) = \frac{\partial f}{\partial y}(x, y) \end{aligned} \tag{3}$$

jeweils Grenzwerte besitzen; man nennt diese *partielle Ableitungen*. Bei der Berechnung von $f_{,x}$ ist y als unveränderlich, also wie eine Konstante zu behandeln; entsprechendes gilt für $f_{,y}$ bzw. x.

Zur Bezeichnung. Statt $f_{,x}$ und $f_{,y}$ schreibt man oft nur f_x und f_y.
Zur Unterscheidung gegenüber Indizes, besonders bei Tensoren und Matrizen, ist das zusätzliche Komma sehr zu empfehlen. (4)

Die partiellen Ableitungen entsprechen nach Bild 11-2 den Tangentensteigungen in den Koordinatenflächen.

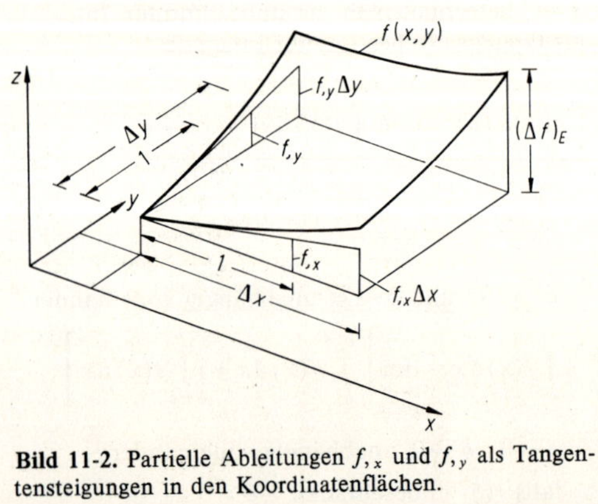

Bild 11-2. Partielle Ableitungen $f_{,x}$ und $f_{,y}$ als Tangentensteigungen in den Koordinatenflächen.

Entsprechende Differenzierbarkeit vorausgesetzt, sind höhere partielle Ableitungen möglich.

$$\frac{\partial}{\partial x}(f_{,x}) = f_{,xx} = \frac{\partial^2 f}{\partial x^2},$$
$$\frac{\partial}{\partial y}(f_{,x}) = f_{,xy} = \frac{\partial^2 f}{\partial x \partial y}, \qquad (5)$$
$$\frac{\partial}{\partial x}(f_{,y}) = f_{,yx} = \frac{\partial^2 f}{\partial y \partial x}.$$

Wenn $f_{,xy}$ und $f_{,yx}$ stetig in D, dann $f_{,xy} = f_{,yx}$.

Für die partiellen Ableitungen gelten die Ableitungsformeln nach 9.2.

Beispiel. $f = xy^2 \sin(xy)$.

$$f_{,x} = y^2[\sin(xy) + xy\cos(xy)],$$
$$f_{,y} = x[2y\sin(xy) + y^2 x\cos(xy)],$$
$$f_{,xy} = 2y[\sin(xy) + xy\cos(xy)] + y^2[x\cos(xy) - x^2 y\sin(xy) + x\cos(xy)],$$
$$f_{,yx} = 2y\sin(xy) + y^2 x\cos(xy) + x[2y^2\cos(xy) - y^3 x\sin(xy) + y^2\cos(xy)].$$

Eine reellwertige Funktion ist total differenzierbar, wenn die Differenz der Funktionszuwächse $(\Delta f)_l$ und $(\Delta f)_e$ bei Annäherung der Punkte (x, y) und $(x + \Delta x, y + \Delta y)$ relativ zum Abstand r gegen Null strebt (l: Lineare Entwicklung, e: exakt).

$$\lim_{r\to 0}[(\Delta f)_e - (\Delta f)_l]/r = 0, \quad r^2 = \Delta x^2 + \Delta y^2,$$
$$(\Delta f)_e = f(x + \Delta x, y + \Delta y) - f(x, y), \qquad (6)$$
$$(\Delta f)_l = f_{,x}\Delta x + f_{,y}\Delta y.$$

Dies ist für stetige partielle Ableitungen gewährleistet. Beim Übergang von Differenzen Δx, Δy zu Differentialen dx, dy entsteht das

totale Differential

$$df = f_{,x}\,dx + f_{,y}\,dy, \qquad (7)$$
$$\text{allgemein} \quad df = \sum_{k=1}^{n} f_{,k}\,dx_k, \quad f_{,k} = \partial f/\partial x_k.$$

Gleichung der Tangentialebene im Punkt (x_0, y_0):

$$z(x, y) = f(x_0, y_0) + f_{,x}(x_0, y_0)(x - x_0) + f_{,y}(x_0, y_0)(y - y_0). \qquad (8)$$

Totale Differentiale höherer Ordnung

$$d^2 f = f_{,xx}(dx)^2 + 2f_{,xy}\,dx\,dy + f_{,yy}(dy)^2 = (\partial_{,x}\,dx + \partial_{,y}\,dy)^2 f, \quad \partial_{,x} = \partial/\partial x,$$
$$d^k f = (\partial_{,x}\,dx + \partial_{,y}\,dy)^k f, \qquad (9)$$
$$\text{allgemein} \quad d^k f = \left(\sum_{r=1}^{n} \partial_{,r}\,dx_r\right)^k f, \quad \partial_{,r} = \partial/\partial x_r.$$

Kettenregel. Sind die Argumente x und y in $f(x, y)$ ihrerseits differenzierbare Funktionen $x(t), y(t)$ (Parameterdarstellung in $t \in \mathbb{R}$) oder $x(u, v)$, $y(u, v)$, so gilt für die totalen Differentiale dx, dy (7).

$$x(t), y(t): \quad df = f_{,x}x_{,t}\,dt + f_{,y}y_{,t}\,dt. \qquad (10)$$

$x(u, v), y(u, v)$:

$$df = f_{,x}(x_{,u}\,du + x_{,v}\,dv) + f_{,y}(y_{,u}\,du + y_{,v}\,dv) = f_{,u}\,du + f_{,v}\,dv.$$

$$\to \operatorname*{grad}_u f = \boldsymbol{J} \operatorname*{grad}_x f, \quad \boldsymbol{u} = \begin{bmatrix} u \\ v \end{bmatrix}, \quad \boldsymbol{x} = \begin{bmatrix} x \\ y \end{bmatrix}, \qquad (11)$$

Jacobi- oder *Funktionalmatrix:* $\boldsymbol{J} = \begin{bmatrix} x_{,u} & y_{,u} \\ x_{,v} & y_{,v} \end{bmatrix}$,

Gradient von f nach $\boldsymbol{x}$: $\operatorname*{grad}_x f = \begin{bmatrix} f_{,x} \\ f_{,y} \end{bmatrix}$,

Umkehrung: $\operatorname*{grad}_x f = \boldsymbol{J}^{-1} \operatorname*{grad}_u f$.

Beispiel: Gesucht $F = f_{,x}^2 + f_{,y}^2$ in Polarkoordinaten

$$r \mathrel{\hat=} u \quad \text{und} \quad \varphi \mathrel{\hat=} v, \quad x = r\cos\varphi, \quad y = r\sin\varphi.$$
$$\boldsymbol{J} = \begin{bmatrix} \cos\varphi & \sin\varphi \\ -r\sin\varphi & r\cos\varphi \end{bmatrix},$$
$$\boldsymbol{J}^{-1} = \frac{1}{r}\begin{bmatrix} r\cos\varphi & -\sin\varphi \\ r\sin\varphi & \cos\varphi \end{bmatrix}.$$
$$F = [f_{,x} \;\; f_{,y}]\begin{bmatrix} f_{,x} \\ f_{,y} \end{bmatrix} = [f_{,u} \;\; f_{,v}]\boldsymbol{J}^{-\mathrm{T}}\boldsymbol{J}^{-1}\begin{bmatrix} f_{,u} \\ f_{,v} \end{bmatrix}.$$
$$\boldsymbol{J}^{-\mathrm{T}}\boldsymbol{J}^{-1} = \begin{bmatrix} 1 & 0 \\ 0 & 1/r^2 \end{bmatrix} \to F = f_{,u}^2 + f_{,v}^2/r^2.$$

Zweite Ableitung.

$$f_{,uu} = (f_{,u})_{,u}.$$
$$f_{,uu} = (f_{,xx}x_{,u} + f_{,xy}y_{,u})x_{,u} + (f_{,yx}x_{,u} + f_{,yy}y_{,u})y_{,u}. \qquad (12)$$

Implizites Differenzieren ist nützlich, wenn eine Funktion $y = f(x)$ nur einer Veränderlichen x in der sogenannten impliziten Form $F(x, y) = 0$ vorliegt. Durch Bilden des totalen Differentials $dF/dx = 0$ nach (7) gilt

$$f'(x) = -F_{,x}/F_{,y}. \qquad (13)$$

Entsprechend gilt für $z = f(x, y)$ in impliziter Form, $F(x, y, z) = 0$:

$$f_{,x} = -F_{,x}/F_{,z}; \quad f_{,y} = -F_{,y}/F_{,z}. \qquad (14)$$

Beispiel:

$$F(x, y) = x^2 - xy + y^2 = 0,$$
$$f' = dy/dx = -(2x - y)/(2y - x), \quad x \neq 2y.$$

Vollständiges Differential. Eine Form $df = g_1(x, y)\,dx + g_2(x, y)\,dy$ mit 2 gegebenen Funktionen g_1, g_2 hat dann den Charakter eines totalen

Differentials $\mathrm{d}f = f_{,x}\mathrm{d}x + f_{,y}\mathrm{d}y$, wenn g_1 und g_2 auf f rückführbar sind.

$$f_{,x} = g_1, f_{,y} = g_2 \quad \text{oder} \quad f_{,xy} = g_{1,y}, f_{,yx} = g_{2,x}.$$

Aus $f_{,xy} = f_{,yx}$ folgt die Bedingung, daß $g_1(x,y)$ und $g_2(x,y)$ ein vollständiges Differential bilden:

$$g_{1,y} = g_{2,x}. \tag{15}$$

Beispiel:

$g_1 = 3x^2y$ und $g_2 = x^3$ bilden wegen $g_{1,y} = g_{2,x} = 3x^2$ ein vollständiges Differential mit $\mathrm{d}f$. Aus $g_1 = f_{,x}$ und $g_2 = f_{,y}$ folgt $f = x^3y + C$.

11.2.1 Funktionsdarstellung nach Taylor

Für eine reellwertige Funktion $f(x,y)$, die in der Umgebung

$$x = x_0 + th_x, \quad y = y_0 + th_y, \quad |t| \leqq 1 \text{ von } (x_0, y_0)$$

$(n+1)$-mal differenzierbar ist, gilt eine Entwicklung zunächst im Parameter t,

$$f(x,y) = f(t) = \sum \frac{t^k}{k!} \frac{\mathrm{d}^k f(t=0)}{(\mathrm{d}t)^k} + R_n(t,0), \tag{16}$$

wobei die Zuwächse $\mathrm{d}^k f$ durch partielle Ableitungen bezüglich x und y darstellbar sind.

$$\mathrm{d}f/\mathrm{d}t = f_{,x}h_x + f_{,y}h_y,$$
$$\mathrm{d}^2f/\mathrm{d}t^2 = f_{,xx}h_x^2 + 2f_{,xy}h_xh_y + f_{,yy}h_y^2, \tag{17}$$

allgemein

$$\mathrm{d}^nf/\mathrm{d}t^n = \sum_{r=0}^{n} \binom{n}{r} h_x^{n-r} h_y^r \frac{\partial^n f}{\partial x^{n-r}\partial y^r}.$$

Für $t = 1$, also $x = x_0 + h_x$, $y = y_0 + h_y$, entsteht die *Taylor-Formel mit Restglied*:

$$f(x_0 + h_x, y_0 + h_y) = f(x_0, y_0) + \sum_{k=1}^{n} \frac{\mathrm{d}^k f(x_0, y_0)}{(\mathrm{d}t)^k n!} + R_n(\xi, x_0, y_0), \tag{18}$$

$$R_n(\xi, x_0, y_0) = \frac{1}{(n+1)!} \cdot \frac{\mathrm{d}^{n+1} f(x_0 + \zeta h_x, y_0 + \xi h_y)}{(\mathrm{d}t)^{n+1}},$$

$0 < \xi < 1$, ξ aus Abschätzung des Restgliedes.

Mittelwertsatz. Das Restglied in (18) folgt aus dem Mittelwertsatz für eine im Intervall $x_0 \leqq x \leqq (x_0 + h_x)$ und $y_0 \leqq y \leqq (y_0 + h_y)$ stetige und differenzierbare Funktion. Es gibt wenigstens eine Stelle $x = x_0 + \xi h_x$, $y = y_0 + \xi h_y$ im Intervall, wo Funktionsdifferenz und totaler Zuwachs übereinstimmen:

$$f(1) - f(0) = f_{,x}(\xi)\, h_x + f_{,y}(\xi)\, h_y,$$
$$f(r) = f(x_0 + rh_x, y_0 + rh_y), \quad r = 0, 1, \xi. \tag{19}$$

Für $x_0 = 0, y_0 = 0$ sowie $h_x = x, h_y = y$ entsteht aus (18) die *MacLaurin-Formel*:

$$f(x,y) = f(0,0) + \sum_{k=1}^{n} \frac{\mathrm{d}^k f(0,0)}{(\mathrm{d}t)^k n!} + R_n(\xi, 0, 0),$$

$$\mathrm{d}^k f/\mathrm{d}t^k = \sum_{r=0}^{k} \binom{k}{r} x^{n-r} y^r \frac{\partial^k f}{\partial x^{k-r}\partial y^r}, \tag{20}$$

$$R_n(\xi, 0, 0) = \frac{1}{(n+1)!} \cdot \frac{\mathrm{d}^{n+1} f(\xi x, \xi y)}{(\mathrm{d}t)^{n+1}},$$

$0 < \xi < 1$.

Beispiel:

$f(x,y) = (\sin x)(\sin y)$. Gesucht: Entwicklung an der Stelle $x = 0$, $y = 0$ für $n = 2$.

$$f(x,y) = [f_{,x}(0,0)\, x + f_{,y}(0,0)\, y] + \frac{1}{2}[f_{,xx}(0,0)\, x^2 + 2f_{,xy}(0,0)\, xy + f_{,yy}(0,0)\, y^2] + R_2 = xy + R_2.$$

$$R_2 = \frac{1}{6}[f_{,xxx}(\xi x, \xi y)\, x^3 + 3f_{,xxy}(\xi x, \xi y)\, x^2y + 3f_{,xyy}(\xi x, \xi y)\, xy^2 + f_{,yyy}(\xi x, \xi y)\, y^3]$$
$$= -\frac{1}{6}[x(x^2 + 3y^2)\cos\xi x \sin\xi y + y(3x^2 + y^2)\sin\xi x \cos\xi y], \quad 0 < \xi < 1.$$

Abschätzung:

$$|R_2| \leqq \frac{1}{6}[|x|(x^2 + 3y^2) + |y|(3x^2 + x^2)],$$

$$|R_2| \leqq \frac{1}{6}(|x| + |y|)^3.$$

11.2.2 Extrema

Wie in 9.2.3 dargestellt, zeichnen sich relative oder lokale Maxima (Minima) einer Funktion $f(x,y)$ an einer Stelle (x_0, y_0) dadurch aus, daß in ihrer Umgebung kein größerer (kleinerer) Wert existiert. Der Größtwert (Kleinstwert) der Funktion $f(x,y)$ innerhalb eines vorgegebenen Gebietes G, $(x,y) \in G$, heißt absolutes Maximum (Minimum).

Notwendige Bedingung für Extremum bei (x_0, y_0):

$$\mathrm{d}f(x_0, y_0) = 0 \rightarrow f_{,x}(x_0, y_0) = 0, f_{,y}(x_0, y_0) = 0. \tag{21}$$

$f(x_0, y_0)$ heißt auch stationärer Wert.

Durch Diskussion der Taylor-Entwicklung (18) an der Stelle (x_0, y_0) mit $n = 2$ entsprechend der Theorie von Flächen 2. Ordnung (6.2.5) klärt man den Charakter des stationären Punktes.

$D = f_{,xx}(x_0, y_0) f_{,yy}(x_0, y_0) - f^2_{,xy}(x_0, y_0)$

$D > 0$ $f_{,xx} > 0$ Minimum,

$D > 0$ $f_{,xx} < 0$ Maximum,

$D < 0$ Sattelpunkt, (22)

$D = 0$ Untersuchung durch Taylor-Entwicklung mit $n > 2$ im stationären Punkt.

Für eine Funktion $f(\boldsymbol{x})$ endlich vieler Argumente x_1 bis x_n verläuft die Berechnung und Klassifizierung von Extrema ähnlich.
Notwendige Bedingungen für Extremum bei $\boldsymbol{x}_0$:

$$f_{,i}(\boldsymbol{x}_0) = 0 \quad \text{für} \quad i = 1 \text{ bis } n.$$

Charakter des stationären Punktes erkennbar aus der Definitheit der *Hesse-Matrix* $\boldsymbol{H}$.

$$\boldsymbol{H} = \begin{bmatrix} f_{,11} & f_{,12} & \cdots & f_{,1n} \\ f_{,21} & f_{,22} & \cdots & f_{,2n} \\ \vdots & & & \vdots \\ f_{,n1} & \cdots & \cdots & f_{,nn} \end{bmatrix}, \quad f_{,ij} = f_{,ji}(\boldsymbol{x}_0). \tag{23}$$

$\boldsymbol{H}$ positiv definit: Minimum,
$\boldsymbol{H}$ negativ definit: Maximum,
$\boldsymbol{H}$ indefinit: kein Extremum.

Extrema mit Nebenbedingungen. Wird die Argumentmenge D einer Funktion $f(\boldsymbol{x})$ mit $\boldsymbol{x} \in D$ durch die Erfüllung zusätzlicher Bedingungen

$$g_1(\boldsymbol{x}) = 0 \text{ bis } g_r(\boldsymbol{x}) = 0, \quad \text{kurz} \quad \boldsymbol{g}(\boldsymbol{x}) = \boldsymbol{o},$$

eingeschränkt, so kann man die sogenannten Nebenbedingungen $\boldsymbol{g} = \boldsymbol{o}$ zur Elimination von r Argumenten aus $\boldsymbol{x}$ benutzen oder aber eine Darstellung mit Hilfe der **Lagrangeschen Multiplikatoren** λ_1 bis λ_r, kurz $\boldsymbol{\lambda}$:

Darstellung 1: $z = f(\boldsymbol{x})$ mit $\boldsymbol{g}(\boldsymbol{x}) = \boldsymbol{o}$.

$$\text{Darstellung 2: } F(\boldsymbol{x}, \boldsymbol{\lambda}) = f(\boldsymbol{x}) + \boldsymbol{\lambda}^{\mathrm{T}} \boldsymbol{g}(\boldsymbol{x}), \quad \boldsymbol{g}(\boldsymbol{x}) = \boldsymbol{o}. \tag{24}$$

Darstellung 1 und Darstellung 2 sind gleichwertig.
Notwendige Bedingungen für Extrema von

$F(\boldsymbol{x}_0, \boldsymbol{\lambda}_0)$ an der Stelle $\boldsymbol{x}_0, \boldsymbol{\lambda}_0$:

$$F_{,i}(\boldsymbol{x}_0, \boldsymbol{\lambda}_0) = f_{,i}(\boldsymbol{x}_0) + \boldsymbol{\lambda}_0^{\mathrm{T}} \boldsymbol{g}_{,i}(\boldsymbol{x}_0) = 0, \quad i = 1 \text{ bis } n,$$
$$g_k(\boldsymbol{x}_0) = 0, \quad k = 1 \text{ bis } r. \tag{25}$$

Es gibt insgesamt $n + r$ Gleichungen für n Argumente in $\boldsymbol{x}_0$ und r Multiplikatoren in $\boldsymbol{\lambda}_0$.

Beispiel: Auf einer Halbkugel $z = +\sqrt{1 - x^2 - y^2}$ sind Extrema mit der Nebenbedingung $g = x + y - 1 = 0$ gesucht.

$$f_{,1} + \lambda_0 g_{,1} = \frac{-x_0}{z_0} + \lambda_0 = 0,$$
$$f_{,2} + \lambda_0 g_{,2} = \frac{-y_0}{z_0} + \lambda_0 = 0,$$
$$x_0 + y_0 - 1 = 0,$$
$$\rightarrow x_0 = y_0 = 1/2, \quad \lambda_0 = 1/\sqrt{2}; \quad z_0 = 1/\sqrt{2}.$$

12 Integration reeller Funktionen mehrerer Variablen

12.1 Parameterintegrale

Eine Funktion $F(x)$ kann als bestimmtes Integral

$$F(x) = \int_{y_1(x)}^{y_2(x)} f(x, y)\,\mathrm{d}y \tag{1}$$

einer Variablen y dargestellt werden. Bezüglich der Integration ist x ein konstanter Parameter, daher der Name Parameterintegral. Bei differenzierbaren Grenzen kann die Ableitung nach x gebildet werden.

Leibniz-Regel

$$\frac{\mathrm{d}F(x)}{\mathrm{d}x} = \int_{y_1(x)}^{y_2(x)} f_{,x}\,\mathrm{d}x + f(x, y_2(x))\,y_{2,x}(x) - f(x, y_1(x))\,y_{1,x}(x). \tag{2}$$

Beispiel: Gammafunktion $\Gamma(x) = \int_0^\infty \mathrm{e}^{-y} y^{x-1}\,\mathrm{d}y$.

Sie ist von zweifach uneigentlichem Charakter: Unbeschränkte obere Grenze und unbeschränkter Integrand für $y = 0$, falls $0 < x < 1$. Durch partielle Integration erweist sich $\Gamma(x)$ als Fakultätsfunktion für reelle Argumente.

$$\int_0^\infty \mathrm{e}^{-y} y^{x-1}\,\mathrm{d}y = \left[-y^{x-1}\mathrm{e}^{-y}\right]_0^\infty + \int_0^\infty (x-1)\,y^{x-2}\mathrm{e}^{-y}\,\mathrm{d}y = 0 + \frac{1}{x}\Gamma(x+1).$$

$$\rightarrow \Gamma(x+1) = x\Gamma(x), \quad x \in \mathbb{R}.$$

12.2 Doppelintegrale

Ist in der x, y-Ebene eine stetige Funktion $f(x, y)$ auf einem Definitionsbereich B gegeben, der

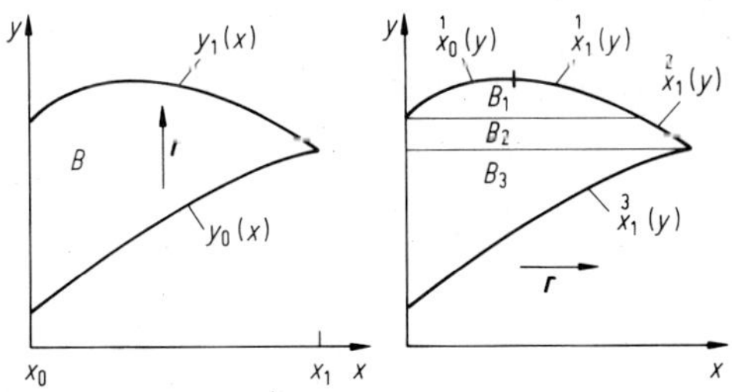

Bild 12-1. Aufteilung der Berandung des Definitionsbereiches B in stetige Funktionen. $\boldsymbol{r}$: Integrationsrichtung.

durch stetige Funktionen $y(x)$ bzw. $x(y)$ begrenzt wird (hierbei sind eventuell Bereichsunterteilungen nach Bild 12-1 erforderlich), so sind folgende Parameterintegrale erklärt:

$$F_y(y) = \int_{x_0(y)}^{x_1(y)} f(x,y)\,\mathrm{d}x, \quad F_x(x) = \int_{y_0(x)}^{y_1(x)} f(x,y)\,\mathrm{d}y. \quad (3)$$

Deren neuerliche Integration ergibt denselben Wert.

$$V = \int_{x_0}^{x_1} \left(\int_{y_0(x)}^{y_1(x)} f(x,y)\,\mathrm{d}y \right) \mathrm{d}x$$

$$= \int_{y_0}^{y_1} \left(\int_{x_0(y)}^{x_1(y)} f(x,y)\,\mathrm{d}x \right) \mathrm{d}y = \int_B f(x,y)\,\mathrm{d}B. \quad (4)$$

Im Raum $\mathbb{R}^3$ unserer Anschauung entspricht der Wert V dem Volumen zwischen der ebenen Grundfläche des Definitionsbereiches B und der Deckfläche als Darstellung der Funktion $f(x,y)$. Die Mantelfläche steht senkrecht auf der x,y-Ebene. Entsprechend dieser Interpretation kann das Volumen V auch als Summe von Elementarquadern dargestellt werden:

$$V = \lim_{n \to \infty} \sum_{k=1}^{n} f(x_k, y_k)\,\Delta B_k. \quad (5)$$

Die Unterteilung des Definitionsbereiches B in Gebiete mit eindeutigen Berandungsfunktionen ist abhängig von der Reihenfolge der Integrationen, so daß diese mit Bedacht festzulegen ist. Es gelten folgende Regeln:

$$\int_B cf\,\mathrm{d}B = c\int_B f\,\mathrm{d}B,$$

$$\int_B (f+g)\,\mathrm{d}B = \int_B f\,\mathrm{d}B + \int_B g\,\mathrm{d}B, \quad (6)$$

$$\sum_{k=1}^{n} \int_{B_k} f\,\mathrm{d}B = \int_B f\,\mathrm{d}B.$$

$$\left\{ \begin{array}{l} \int_B f\,\mathrm{d}B = f(\xi,\eta)\,B, \\ P(\xi,\eta) \in B \quad \text{(Mittelwertsatz)}. \end{array} \right. \quad (7)$$

Speziell für $f \equiv 1$:

$\int_B \mathrm{d}B = B$. Fläche des Grundgebietes, beschrieben durch den Definitionsbereich $(x, y) \in B$. (8)

Beispiel: Gesucht ist das Integral $B = \int_B \mathrm{d}B$ über dem schraffierten Gebiet in Bild 12-2.

$$V = \int_0^1 \left(\int_{y^2}^{2-\sqrt{y}} \mathrm{d}x \right) \mathrm{d}y = \int_0^1 (2 - \sqrt{y} - y^2)\,\mathrm{d}y = 1$$

oder

$$V = \int_0^1 \left(\int_0^{\sqrt{x}} \mathrm{d}y \right) \mathrm{d}x + \int_1^2 \left(\int_0^{(x-2)^2} \mathrm{d}y \right) \mathrm{d}x = 1.$$

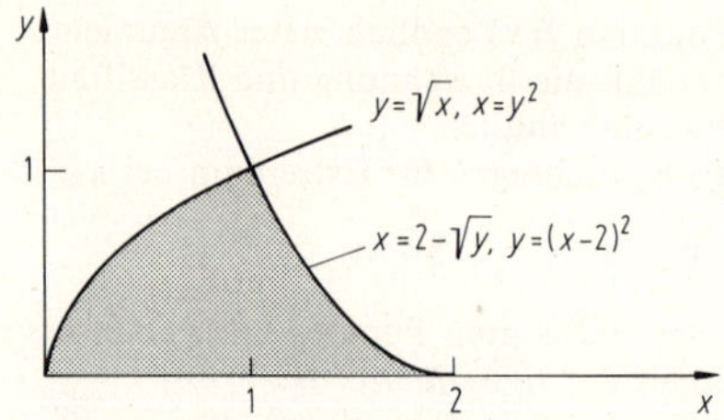

Bild 12-2. Mehrfach berandeter Definitionsbereich in der Ebene.

12.3 Uneigentliche Bereichsintegrale

Sie entstehen bei unbeschränktem Integranden $f(x_0, y_0)$ in einem Punkt $P_0(x_0, y_0)$ und/oder bei unbeschränktem Definitionsgebiet B.

Unbeschränktes Gebiet: $B \to B_\infty$. Falls $f > 0$ in B, gilt

$$\int_{B_\infty} f\,\mathrm{d}B = \lim_{n \to \infty} \int_{B_n} f\,\mathrm{d}B. \quad (9)$$

$B_1, B_2, \ldots$ ist eine Folge mit $\lim_{n \to \infty} B_n = B_\infty$.

Integrand f unbeschränkt (singulär) für $f(x,y) \to f(x_0, y_0)$:

$$\int_{B_0} f\,\mathrm{d}B = \lim_{n \to \infty} \int_{B_n} f\,\mathrm{d}B. \quad (10)$$

$B_1, B_2, \ldots$ ist eine Folge mit $\lim_{n \to \infty} B_n = B_0 = 0$.

Beispiel 1: Gesucht ist $V = \iint \mathrm{e}^{-(x+y)}\,\mathrm{d}x\,\mathrm{d}y$ im Definitionsbereich $x, y \geqq 0$.

$$V = \int_0^\infty \int_0^\infty \mathrm{e}^{-(x+y)}\,\mathrm{d}x\,\mathrm{d}y = \lim_{n \to \infty} \int_0^n \int_0^n \mathrm{e}^{-(x+y)}\,\mathrm{d}x\,\mathrm{d}y$$

$$= \lim_{n \to \infty} \left[\int_0^n \mathrm{e}^{-x}\,\mathrm{d}x \right]^2 = 1.$$

Tabelle 10-5: $\int_0^\infty \mathrm{e}^{-x}\,\mathrm{d}x = 1$.

Beispiel 2: Gesucht ist $V = \iint \left(y/\sqrt{x}\right)\mathrm{d}x\,\mathrm{d}y$ über dem Gebiet $0 \leqq x \leqq 1$, $0 \leqq y \leqq 1$. $P(0,y)$ ist unbeschränkt.

$$V = \lim_{\varepsilon \to 0} \int_\varepsilon^1 x^{-1/2} \left(\int_0^1 y\,\mathrm{d}y \right) \mathrm{d}x = \lim_{\varepsilon \to 0} \left[\sqrt{x}\right]_\varepsilon^1 = 1.$$

12.4 Dreifachintegrale

Ist auf einem räumlichen Definitionsbereich B (z. B. beschrieben durch ein kartesisches x, y, z-System) eine stetige Funktion $f(x, y, z)$ gegeben, so ist das Dreifachintegral erklärt als Grenzwert der mit f gewichteten Elementarvolumina ΔB.

$$R = \lim_{n \to \infty} \sum_{k=1}^{n} f(x_k, y_k, z_k)\,\Delta B_k = \int_B f\,\mathrm{d}B. \tag{11}$$

Der Wert R entspricht einem Volumen im vierdimensionalen Riemann-Raum ($\mathbb{R}^4$). Für die konkrete Berechnung ist das Volumenintegral in Produkte von Parameterintegralen zu zerlegen. Die Reihenfolge der Integration folgt aus einer zweckmäßigen Aufteilung des Definitionsbereiches. Entscheidend sind auch hier eindeutige Berandungsfunktionen.

$$R = \int_B f\,\mathrm{d}B = \int_{z_0}^{z_1}\left(\int_{y_0(z)}^{y_1(z)}\left(\int_{x_0(y,z)}^{x_1(y,z)} f\,\mathrm{d}x\right)\mathrm{d}y\right)\mathrm{d}z = R_{xyz}. \tag{12}$$

Entsprechend gilt:

$$R = R_{xzy} = R_{yxz} = R_{yzx} = R_{zxy} = R_{zyx} = R_{xyz}.$$

Für $f \equiv 1$ entspricht R dem Volumen

$$V = \int_B \mathrm{d}B. \tag{13}$$

Es gelten entsprechende Regeln wie (6), (7) bei Doppelintegralen. Uneigentliche Integrale werden entsprechend (9), (10) behandelt. Günstiger sind hierfür häufig Kugelkoordinaten.

Beispiel: Über dem Fünfflächner nach Bild 12-3 ist das Flächenmoment 2. Grades $R = \int x^2\,\mathrm{d}B$ zu berechnen.

$$R = \int_0^1\left(\int_0^{1-x}\left(\int_0^{2-2x-y} x^2\,\mathrm{d}z\right)\mathrm{d}y\right)\mathrm{d}x$$

$$= \int_0^1\left(\int_0^{1-x} x^2(2-2x-y)\,\mathrm{d}y\right)\mathrm{d}x$$

$$= \int_0^1 [2x^2(1-x)^2 - x^2(1-x)^2/2]\,\mathrm{d}x = 1/20.$$

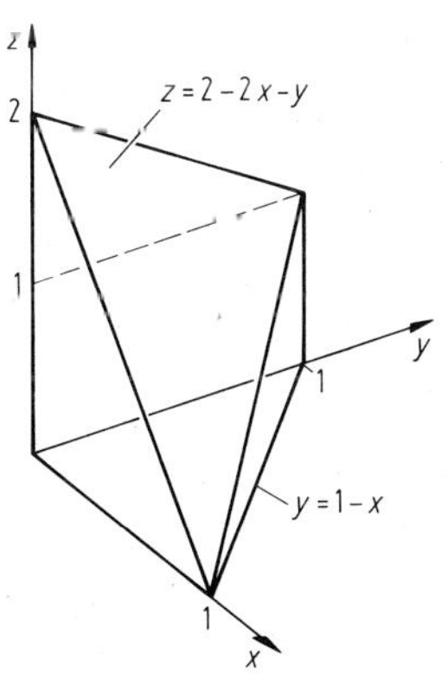

Bild 12-3. Fünffach begrenzter Definitionsbereich im Raum.

12.5 Variablentransformation

Bei der Integration kann eine Transformation der Variablen sehr nützlich sein. Wesentlich ist dabei die Determinante J der *Jacobi- oder Funktionalmatrix*, siehe 11.2, Gl. (11) und Tabelle 12-1 (siehe Seite A 56).

Doppelintegrale

$$x = x(u, v), \quad y = y(u, v);$$

$$\iint_B f\,\mathrm{d}x\,\mathrm{d}y = \iint_T fJ\,\mathrm{d}u\,\mathrm{d}v, \quad J > 0. \tag{14}$$

B: Originalbereich.
T: Transformierter Bereich.

$$J = \begin{vmatrix} x_{,u} & y_{,u} \\ x_{,v} & y_{,v} \end{vmatrix}.$$

Dreifachintegrale

$$x = x(u, v, w), \quad y = y(u, v, w), \quad z = z(u, v, w);$$

$$\iiint_B f\,\mathrm{d}x\,\mathrm{d}y\,\mathrm{d}z = \iiint_T fJ\,\mathrm{d}u\,\mathrm{d}v\,\mathrm{d}w, \quad J > 0.$$

$$J = \begin{vmatrix} x_{,u} & y_{,u} & z_{,u} \\ x_{,v} & y_{,v} & z_{,v} \\ x_{,w} & y_{,w} & z_{,w} \end{vmatrix}. \tag{15}$$

Transformation in das Einheitsdreieck nach Bild 12-4a. Sie folgt aus einer linearen Transformation mit punktweiser Zuordnung der Eckkoordinaten.

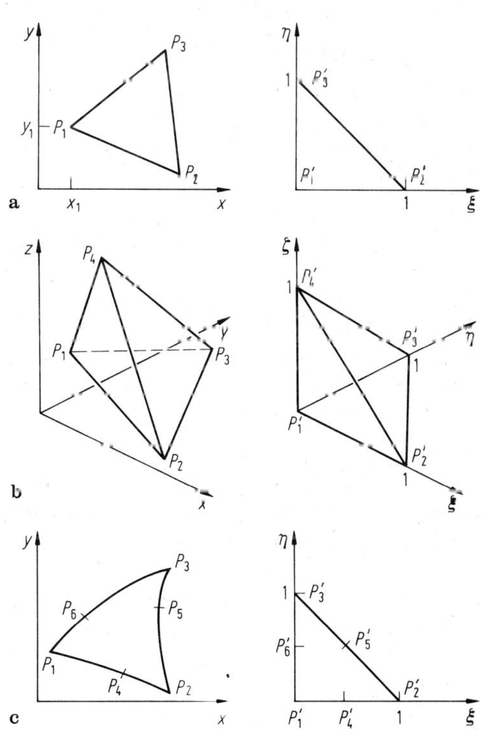

Bild 12-4. Transformationen auf Einheitsgebiete.

Tabelle 12-1. Krummlinige Koordinaten

Koordinaten	J	$J\,\mathrm{d}u\,\mathrm{d}v(\mathrm{d}w)$
Polarkoordinaten (r, φ) (siehe 4.1.3)	$\begin{bmatrix} \cos\varphi & \sin\varphi \\ -r\sin\varphi & r\cos\varphi \end{bmatrix}$	$r\,\mathrm{d}r\,\mathrm{d}\varphi$
Zylinderkoordinaten (z, ϱ, φ) (siehe 4.1.6)	$\begin{bmatrix} 0 & 0 & 1 \\ \cos\varphi & \sin\varphi & 0 \\ -\varrho\sin\varphi & \varrho\cos\varphi & 0 \end{bmatrix}$	$\varrho\,\mathrm{d}z\,\mathrm{d}\varphi\,\mathrm{d}\varphi$
Kugelkoordinaten (r, φ, ϑ) (siehe 4.1.7)	$\begin{bmatrix} \sin\varphi\cos\vartheta & \sin\varphi\sin\vartheta & \cos\varphi \\ r\cos\varphi\cos\vartheta & r\cos\varphi\sin\vartheta & -r\sin\varphi \\ -r\sin\varphi\sin\vartheta & r\sin\varphi\cos\vartheta & 0 \end{bmatrix}$	$r^2\sin\varphi\,\mathrm{d}r\,\mathrm{d}\varphi\,\mathrm{d}\vartheta$

$$x = a_0 + a_1\xi + a_2\eta, \quad y = b_0 + b_1\xi + b_2\eta.$$

$$P_1\colon\ x = x_1,\quad y = y_1;\quad \xi = 0,\quad \eta = 0.$$

$$P_2\colon\ x = x_2,\quad y = y_2;\quad \xi = 1,\quad \eta = 0.$$

$$P_3\colon\ x = x_3,\quad y = y_3;\quad \xi = 0,\quad \eta = 1.$$

$$\begin{bmatrix} x_1 \\ x_2 \\ x_3 \end{bmatrix} = \begin{bmatrix} 1 & 0 & 0 \\ 1 & 1 & 0 \\ 1 & 0 & 1 \end{bmatrix} \begin{bmatrix} a_0 \\ a_1 \\ a_2 \end{bmatrix} \quad \text{ergibt} \quad a_i(x_i).$$

$$\begin{bmatrix} x \\ y \end{bmatrix} = \begin{bmatrix} x_1 \\ y_1 \end{bmatrix} + \begin{bmatrix} x_2 - x_1 & x_3 - x_1 \\ y_2 - y_1 & y_3 - y_1 \end{bmatrix} \begin{bmatrix} \xi \\ \eta \end{bmatrix}. \tag{16}$$

$$\text{Jacobi-Matrix } \boldsymbol{J} = \begin{bmatrix} x_2 - x_1 & y_2 - y_1 \\ x_3 - x_1 & y_3 - y_1 \end{bmatrix},$$

$$\to \iint f\,\mathrm{d}x\,\mathrm{d}y = \iint f J\,\mathrm{d}\xi\,\mathrm{d}\eta,$$

$$J = 2A_\triangle = (x_2 - x_1)(y_3 - y_1) - (x_3 - x_1)(y_2 - y_1).$$

Transformation zum Einheitstetraeder nach Bild 12-4 b.

$$\begin{bmatrix} x \\ y \\ z \end{bmatrix} = \begin{bmatrix} x_1 \\ y_1 \\ z_1 \end{bmatrix} + \begin{bmatrix} x_2 - x_1 & x_3 - x_1 & x_4 - x_1 \\ y_2 - y_1 & y_3 - y_1 & y_4 - y_1 \\ z_2 - z_1 & z_3 - z_1 & z_4 - z_1 \end{bmatrix} \begin{bmatrix} \xi \\ \eta \\ \zeta \end{bmatrix},$$

$$\text{kurz} \quad \boldsymbol{x} = \boldsymbol{x}_1 + \boldsymbol{J}\boldsymbol{\xi}, \tag{17}$$

$$\iiint f\,\mathrm{d}x\,\mathrm{d}y\,\mathrm{d}z = \iiint f J\,\mathrm{d}\xi\,\mathrm{d}\eta\,\mathrm{d}\zeta, \quad J = 6\,V.$$

V Volumen des Originaltetraeders.

Nichtlineare kartesische Transformationen ermöglichen die *Abbildung von krummlinig begrenzten Gebieten* auf gradlinig begrenzte. Für ein krummliniges Dreieck nach Bild 12-4 c gilt

$$\begin{aligned} x &= a_0 + a_1\xi + a_2\eta + a_3\xi^2 + a_4\xi\eta + a_5\eta^2, \\ y &= b_0 + b_1\xi + b_2\eta + b_3\xi^2 + b_4\xi\eta + b_5\eta^2. \end{aligned} \tag{18}$$

Aus sechsmaliger Koordinatenzuordnung $(x_i, y_1) \to (\xi_i, \eta_i)$ folgt

$$\boldsymbol{a} = \boldsymbol{A}\boldsymbol{x}, \quad \boldsymbol{b} = \boldsymbol{A}\boldsymbol{y},$$

$$\boldsymbol{A} = \begin{bmatrix} 1 & 0 & 0 & 0 & 0 & 0 \\ -3 & -1 & 0 & 4 & 0 & 0 \\ -3 & 0 & -1 & 0 & 0 & 4 \\ 2 & 2 & 0 & -4 & 0 & 0 \\ 4 & 0 & 0 & -4 & 4 & -4 \\ 2 & 0 & 2 & 0 & 0 & -4 \end{bmatrix}, \tag{19}$$

$$\boldsymbol{a}^{\mathrm{T}} = [a_0 \ a_1 \ a_2 \ a_3 \ a_4 \ a_5],$$

$$\boldsymbol{b}^{\mathrm{T}} = [b_0 \ b_1 \ b_2 \ b_3 \ b_4 \ b_5],$$

$$\boldsymbol{x}^{\mathrm{T}} = [x_1 \ x_2 \ x_3 \ x_4 \ x_5 \ x_6],$$

$$\boldsymbol{y}^{\mathrm{T}} = [y_1 \ y_2 \ y_3 \ y_4 \ y_5 \ y_6].$$

$$\to \iint f\,\mathrm{d}x\,\mathrm{d}y = \iint f J\,\mathrm{d}\xi\,\mathrm{d}\eta,$$

$$J = J(\xi, \eta) = \begin{vmatrix} a_1 + 2a_3\xi + a_4\eta & b_1 + 2b_3\xi + b_4\eta \\ a_2 + a_4\xi + 2a_5\eta & b_2 + b_4\xi + 2b_5\eta \end{vmatrix}.$$

12.6 Kurvenintegrale

Ist über einer Kurve K nach Bild 12-5 eine eindeutige Funktion $f(\boldsymbol{x})$ gegeben, so sind über dem Definitionsbereich D zwei Kurvenintegrale erklärt.

Nichtorientiert:

$$\int_K f(\boldsymbol{x})\,\mathrm{d}s = \lim_{n \to \infty} \sum_{k=1}^{n} f(\boldsymbol{x}_k)\,\Delta s_k. \tag{20}$$

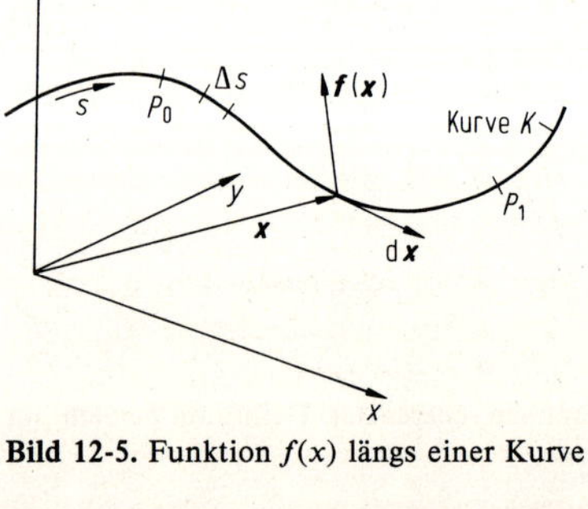

Bild 12-5. Funktion $f(x)$ längs einer Kurve K.

Orientiert (als Skalarprodukt):

$$\int_K \boldsymbol{f}(\boldsymbol{x}) \cdot \mathrm{d}\boldsymbol{x} = \lim_{n \to \infty} \sum_{k=1}^{n} \boldsymbol{f}(\boldsymbol{x}_k) \cdot \Delta \boldsymbol{x}_k . \qquad (21)$$

Bei einer Parameterdarstellung $\boldsymbol{x} = \boldsymbol{x}(t)$ ergeben sich gewöhnliche Integrale in t.

$\boldsymbol{x} = \boldsymbol{x}(t)$:

$$\mathrm{d}s = \sqrt{\mathrm{d}x^2 + \mathrm{d}y^2 + \mathrm{d}z^2} = \sqrt{\dot{x}^2 + \dot{y}^2 + \dot{z}^2}\, \mathrm{d}t, \qquad (22)$$

$$\mathrm{d}(\,)/\mathrm{d}t = (\,)^{\bullet}, \quad \mathrm{d}x = \dot{x}\,\mathrm{d}t .$$

Für $f = 1$ folgt aus (20) die *Bogenlänge*

$$s = \int_{t_0}^{t_1} \sqrt{\dot{x}^2 + \dot{y}^2 + \dot{z}^2}\, \mathrm{d}t . \qquad (23)$$

Beispiel: Für die Kurve

$\boldsymbol{x}^{\mathrm{T}}(t) = [\sin t, \cos t, \sin 2t],\ 0 \leqq t \leqq \pi,$ und

$\boldsymbol{f}^{\mathrm{T}}(\boldsymbol{x}) = [z, 1, y]$

ist das Kurvenintegral (21) zu berechnen.

$$\int \boldsymbol{f}(\boldsymbol{x}) \cdot \mathrm{d}\boldsymbol{x} = \int_0^{\pi} \boldsymbol{f}(t) \cdot \dot{\boldsymbol{x}}\, \mathrm{d}t$$

$$= \int_0^{\pi} \begin{bmatrix} \sin 2t \\ 1 \\ \cos t \end{bmatrix} \cdot \begin{bmatrix} \cos t \\ -\sin t \\ 2\cos 2t \end{bmatrix} \mathrm{d}t$$

$$= \frac{4}{3} - 2 + 0 = -\frac{2}{3} .$$

Wegunabhängiges Kurvenintegral. Das Kurvenintegral (21) zwischen zwei Punkten P_0 und P_1 auf K ist unabhängig vom Integrationsweg, falls $\boldsymbol{f}$ Gradient einer Funktion Φ ist.

$$\boldsymbol{f}^{\mathrm{T}}(\boldsymbol{x}) = [\Phi_{,x} \quad \Phi_{,y} \quad \Phi_{,z}],$$

$$\int_{P_0}^{P_1} \boldsymbol{f}(\boldsymbol{x}) \cdot \mathrm{d}\boldsymbol{x} = \Phi_1 - \Phi_0 . \qquad (24)$$

12.7 Oberflächenintegrale

Ist über einer Oberfläche S nach Bild 12-6 eine eindeutige Funktion $f(\boldsymbol{x})$ gegeben, so sind über dem Definitionsbereich D zwei Oberflächenintegrale erklärt.
Nichtorientiert:

$$\int_S f(\boldsymbol{x})\, \mathrm{d}S = \iint_S f(\boldsymbol{x}(\boldsymbol{u})) |\boldsymbol{x}_{,u} \times \boldsymbol{x}_{,v}|\, \mathrm{d}u\, \mathrm{d}v .$$

Falls $z(x, y)$ die Oberfläche beschreibt, gilt

$$\int_S f(\boldsymbol{x})\, \mathrm{d}S = \iint_S f(x, y, z(x, y)) \sqrt{1 + z_{,x}^2 + z_{,y}^2}\, \mathrm{d}x\, \mathrm{d}y . \qquad (25)$$

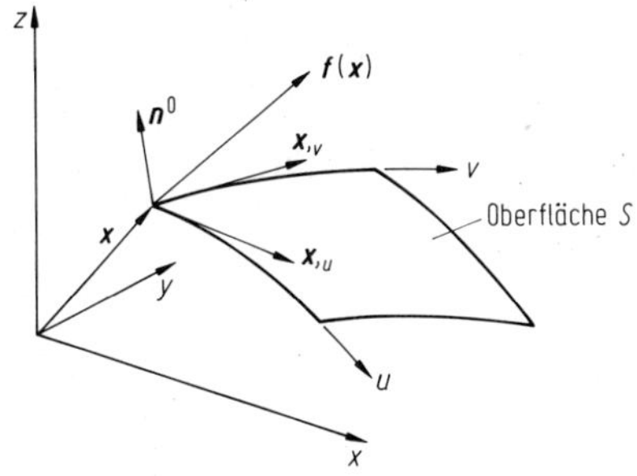

Bild 12-6. Funktion $f(x)$ über einer Oberfläche S.

Orientiert (als Skalarprodukt):

$$\int_S \boldsymbol{f}(\boldsymbol{x}) \cdot \mathrm{d}S = \iint_S \boldsymbol{f}(\boldsymbol{x}(\boldsymbol{u})) \cdot (\boldsymbol{x}_{,u} \times \boldsymbol{x}_{,v})\, \mathrm{d}u\, \mathrm{d}v$$

$$= \int_S \boldsymbol{f}(\boldsymbol{x}) \cdot \boldsymbol{n}^0\, \mathrm{d}S . \qquad (26)$$

Für $f = 1$ folgt aus (25) der Flächeninhalt A der Oberfläche S:

$$A = \iint_S \sqrt{1 + z_{,x}^2 + z_{,y}^2}\, \mathrm{d}x\, \mathrm{d}y . \qquad (27)$$

13 Differentialgeometrie der Kurven

13.1 Ebene Kurven

13.1.1 Tangente, Krümmung

Ist der Ortsvektor $\boldsymbol{x}$ im Raum $\mathbb{R}^2$ unserer Anschauung eine Funktion eines unabhängigen Parameters t, so wird durch $\boldsymbol{x}(t)$ eine ebene Kurve nach Bild 13-1 beschrieben.

$$\boldsymbol{x}(t) = x(t)\, \boldsymbol{e}_1 + y(t)\, \boldsymbol{e}_2 . \qquad (1)$$

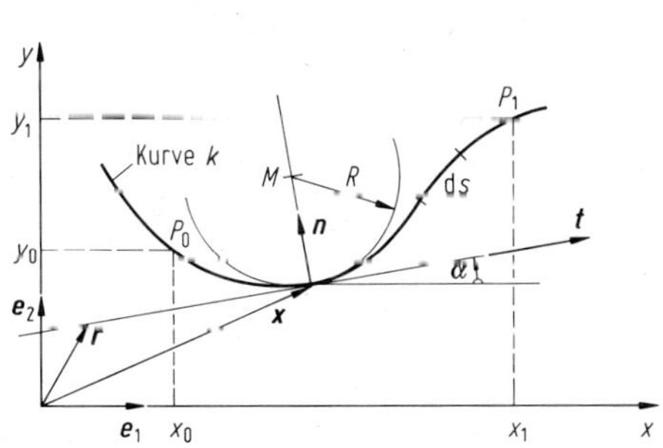

Bild 13-1. Ebene Kurve.

Durch Elimination des Parameters t entstehen zwei typische Formen:

$$\text{Explizit: } y = f(x) \quad \text{oder} \quad x = g(y), \qquad \text{implizit: } F(x,y) = 0. \tag{2}$$

Beispiel. Für eine Ellipse (Halbachse a in e_1-Richtung, Halbachse b in e_2-Richtung) sind die Darstellungen (1), (2) anzugeben. Parameterdarstellung $x = a\cos t$, $y = b\sin t$.
Implizit: $F(x,y) = x^2/a^2 + y^2/b^2 - 1 = 0$. Explizit: $y = b\sqrt{1 - x^2/a^2}$ oder $x = a\sqrt{1 - y^2/b^2}$.
Bei entsprechender Differenzierbarkeit zeigt der Differentialvektor $\mathrm{d}\boldsymbol{x}$ mit dem Betrag $\mathrm{d}s$ als Bogenlänge in Richtung der Tangente $\boldsymbol{t}$, die in der Regel als Einheitsvektor mit $\boldsymbol{t}\cdot\boldsymbol{t} = 1$ eingeführt wird.

$$\mathrm{d}\boldsymbol{x} = \mathrm{d}s\,\boldsymbol{t} = \mathrm{d}x\,\boldsymbol{e}_1 + \mathrm{d}y\,\boldsymbol{e}_2, \quad \mathrm{d}s^2 = \mathrm{d}x^2 + \mathrm{d}y^2. \tag{3}$$

Bogenlänge $s = \int_{P_0}^{P_1} \mathrm{d}s.$

Mit Parameter t:

$$s = \int_{t_0}^{t_1} \sqrt{\dot{x}^2 + \dot{y}^2}\,\mathrm{d}t, \quad (\,)^{\cdot} = \mathrm{d}(\,)/\mathrm{d}t.$$

Ohne Parameter:

$$s = \begin{cases} \int_{x_0}^{x_1} \sqrt{1 + (\mathrm{d}y/\mathrm{d}x)^2}\,\mathrm{d}x \\ \int_{y_0}^{y_1} \sqrt{(\mathrm{d}x/\mathrm{d}y)^2 + 1}\,\mathrm{d}y \end{cases}. \tag{4}$$

Tangente

$$\boldsymbol{t} = \mathrm{d}\boldsymbol{x}/\mathrm{d}s = \frac{\mathrm{d}\boldsymbol{x}}{\mathrm{d}t}\cdot\frac{\mathrm{d}t}{\mathrm{d}s} = \begin{bmatrix}\dot{x}\\ \dot{y}\end{bmatrix}\frac{1}{\sqrt{\dot{x}^2 + \dot{y}^2}}, \tag{5}$$

$$\boldsymbol{t} = \begin{bmatrix}1\\ \mathrm{d}y/\mathrm{d}x\end{bmatrix}\frac{1}{\sqrt{1 + (\mathrm{d}y/\mathrm{d}x)^2}} = \begin{bmatrix}\mathrm{d}x/\mathrm{d}y\\ 1\end{bmatrix}\frac{1}{\sqrt{(\mathrm{d}x/\mathrm{d}y)^2 + 1}}.$$

Geradengleichung der Tangente:

$\boldsymbol{r} = \boldsymbol{x} + \tau\boldsymbol{t}$, τ Skalar,

$\boldsymbol{x}$ Ortsvektor zum Kurvenpunkt mit der Tangente $\boldsymbol{t}$. (6)

Steigung:

$$\tan\alpha = \mathrm{d}y/\mathrm{d}x = \dot{y}/\dot{x}. \tag{7}$$

Normale:

$\boldsymbol{n}$ senkrecht zu $\boldsymbol{t}$, $\boldsymbol{n}\cdot\boldsymbol{t} = 0$.

$$\boldsymbol{n} = \begin{bmatrix}-\dot{y}\\ \dot{x}\end{bmatrix}\frac{1}{\sqrt{\dot{x}^2 + \dot{y}^2}}, \tag{8}$$

$$\boldsymbol{n} = \begin{bmatrix}-\mathrm{d}y/\mathrm{d}x\\ 1\end{bmatrix}\frac{1}{\sqrt{1 + (\mathrm{d}y/\mathrm{d}x)^2}} = \begin{bmatrix}-1\\ \mathrm{d}x/\mathrm{d}y\end{bmatrix}\frac{1}{\sqrt{(\mathrm{d}x/\mathrm{d}y)^2 + 1}}.$$

Bei Vorgabe der Kurve in Polarkoordinaten r, φ mit $r = r(\varphi)$ folgt aus der trigonometrischen Parameterdarstellung $x = r\cos\varphi$, $y = r\sin\varphi$ die Steigung in Polarkoordinaten

$$\tan\alpha = \frac{\dot{y}}{\dot{x}} = \frac{\dot{r}\sin\varphi + r\cos\varphi}{\dot{r}\cos\varphi - r\sin\varphi}, \qquad r = r(\varphi), \quad \dot{r} = \mathrm{d}r/\mathrm{d}\varphi. \tag{9}$$

Die *Krümmung* $\varkappa$ ist definiert als Änderung der Tangentenneigung beim Fortschreiten entlang der Bogenlänge.

$$\varkappa = \mathrm{d}\alpha/\mathrm{d}s = \frac{\mathrm{d}\alpha}{\mathrm{d}t}\cdot\frac{\mathrm{d}t}{\mathrm{d}s} = \frac{\dot{\alpha}}{\sqrt{\dot{x}^2 + \dot{y}^2}}, \quad \tan\alpha = \frac{\dot{y}}{\dot{x}}. \tag{10}$$

Jedem Punkt $P(x,y)$ oder $P(r,\varphi)$ der Kurve k kann ein Kreis mit Radius R – der Krümmungskreis – zugeordnet werden, der in P Tangente und Krümmung $\varkappa = 1/R$ mit der Kurve k gemeinsam hat.

Evolute einer Kurve k_1 ist die Kurve k_2 als Verbindungslinie aller Krümmungskreis-Mittelpunkte; k_2 ist die Einhüllende der Normalenschar von k_1. Umgekehrt nennt man k_1 die Evolvente zu k_2.

Beispiel. Für eine Kurve k in Parabelform $y^2 = 2ax$ erhält man durch implizites Ableiten $y'y = a$ und $y''y + y'^2 = 0$ und damit die Koordinaten (x_M, y_M) des Krümmungskreis-Mittelpunktes. Wählt man y als Parameter der Kurve k, folgt aus Tabelle 13-1:

$$\begin{bmatrix}x_M\\ y_M\end{bmatrix} = \begin{bmatrix}y^2/2a\\ y\end{bmatrix} + \frac{y^3(1 + a^2/y^2)}{(-a^2)}\begin{bmatrix}-a/y\\ 1\end{bmatrix}$$

und daraus $x_M = 3y^2/2a + a$, $y_M = -y^3/a^2$. Diese Evolutendarstellung im Parameter y läßt sich durch Elimination von y in eine explizite Form $27ay_M^2 - 8(x_M - a)^3 = 0$ überführen; dies ist die Gleichung einer *Neilschen Parabel*.

13.1.2 Hüllkurve

Eine implizite Kurvengleichung $F(x, y, \lambda) = 0$ mit kartesischen Koordinaten x, y kann zusätzlich von einem Parameter λ abhängen, wodurch eine ganze Kurvenschar beschrieben wird. Unter gewissen notwendigen Voraussetzungen kann die Schar durch eine Hüllkurve *(Enveloppe)* umhüllt werden, die jede Scharkurve in einem Punkt berührt (gemeinsame Tangente) und nur aus solchen Punkten besteht.
Notwendig für Existenz einer Hüllkurve:

$$\partial^2 F/\partial\lambda^2 \neq 0, \quad \begin{vmatrix}\partial F/\partial x & \partial F/\partial y\\ \partial^2 F/(\partial x\,\partial\lambda) & \partial^2 F/(\partial y\,\partial\lambda)\end{vmatrix} \neq 0. \tag{11}$$

Tabelle 13-1. Krümmungskreis mit Radius $R = 1/|\varkappa|$ und Mittelpunkt $M(x_M, y_M)$ zum Kurvenpunkt $\boldsymbol{x}$

Kurven-darstellung	Krümmung $\varkappa$	Mittelpunkt $\boldsymbol{x}_M$
Invariante Darstellung	$\begin{vmatrix} \mathrm{d}x/\mathrm{d}s & \mathrm{d}y/\mathrm{d}s \\ \mathrm{d}^2x/\mathrm{d}s^2 & \mathrm{d}^2y/\mathrm{d}s^2 \end{vmatrix}$ s Bogenlänge	$\boldsymbol{x}_M = \boldsymbol{x} + \frac{1}{\varkappa}\boldsymbol{n}$
$x = x(t)$ $y = y(t)$	$\frac{\dot{x}\ddot{y} - \dot{y}\ddot{x}}{(\dot{x}^2 + \dot{y}^2)^{3/2}}, \quad (\dot{\ }) = \frac{\mathrm{d}(\,)}{\mathrm{d}t}$	$\boldsymbol{x}_M = \boldsymbol{x} + \frac{\dot{x}^2 + \dot{y}^2}{\dot{x}\ddot{y} - \dot{y}\ddot{x}} \begin{bmatrix} -\dot{y} \\ \dot{x} \end{bmatrix}$
$y = y(x)$	$\frac{y''}{(1 + y'^2)^{3/2}}, \quad (\,)' = \frac{\mathrm{d}(\,)}{\mathrm{d}x}$	$\boldsymbol{x}_M = \boldsymbol{x} + \frac{1 + y'^2}{y''} \begin{bmatrix} -y' \\ 1 \end{bmatrix}$
$r = r(\varphi)$	$\frac{r^2 + 2\dot{r}^2 - r\ddot{r}}{(r^2 + \dot{r}^2)^{3/2}}, \quad (\dot{\ }) = \frac{\mathrm{d}(\,)}{\mathrm{d}\varphi}$	$\boldsymbol{x}_M = \boldsymbol{x} - \varrho \begin{bmatrix} r\cos\varphi + \dot{r}\sin\varphi \\ r\sin\varphi - \dot{r}\cos\varphi \end{bmatrix}$ $\varrho = \frac{r^2 + \dot{r}^2}{r^2 + 2\dot{r}^2 - r\ddot{r}}$

Parameterdarstellung $x(\lambda), y(\lambda)$ aus der Lösung zweier Gleichungen:

$$\partial F/\partial\lambda = F_{,\lambda}(x, y, \lambda) = 0, \quad F(x, y, \lambda) = 0. \tag{12}$$

Beispiel. Für die Kurvenschar

$$F(x, y, \lambda) = x^2 + (y - \lambda)^2 - \lambda^2/4 = 0$$

nach Bild 13-2 gelten die Voraussetzungen (11) und mit $F_{,\lambda} = 2(y - \lambda)(-1) - \lambda/2$ erhält man die Gleichungen (12) mit den Lösungen $y = 3\lambda/4$ und $x^2 = 3\lambda^2/16$. Nach Elimination von λ erweist sich die Hüllkurve als Paar $y = \pm x\sqrt{3}$ von Nullpunktgeraden.

13.2 Räumliche Kurven

Ist der Ortsvektor $\boldsymbol{x}$ im Raum $\mathbb{R}^3$ unserer Anschauung eine Funktion einer Veränderlichen t (man kann dabei an die Zeit denken), so wird durch $\boldsymbol{x}(t)$ eine Raumkurve nach Bild 13-3 beschrieben.

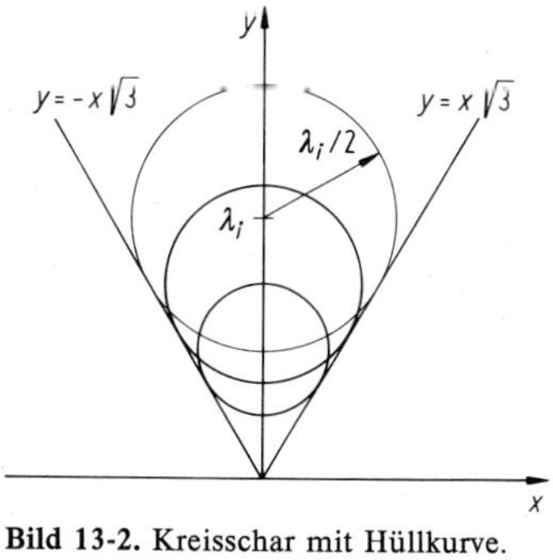

Bild 13-2. Kreisschar mit Hüllkurve.

$$\boldsymbol{x}(t) = x(t)\,\boldsymbol{e}_1 + y(t)\,\boldsymbol{e}_2 + z(t)\,\boldsymbol{e}_3$$

oder

$$\boldsymbol{x}(t) = \sum_{i=1}^{3} x_i(t)\,\boldsymbol{e}_i \tag{13}$$

$$= x_i(t)\,\boldsymbol{e}_i \text{ (Summationskonvention).}$$

Bei entsprechender Differenzierbarkeit zeigt der Differentialvektor $\mathrm{d}\boldsymbol{x}$ mit dem Betrag $\mathrm{d}s$ in Richtung der Tangente $\boldsymbol{t}$, mit $\boldsymbol{t}\cdot\boldsymbol{t} = 1$.

$$\mathrm{d}\boldsymbol{x} = \boldsymbol{t}\,\mathrm{d}s, \quad \mathrm{d}s^2 = (\mathrm{d}\boldsymbol{x})\cdot(\mathrm{d}\boldsymbol{x})$$
$$\rightarrow \boldsymbol{t} = \frac{\mathrm{d}\boldsymbol{x}}{\mathrm{d}s}\cdot\frac{\mathrm{d}t}{\mathrm{d}t} = \dot{\boldsymbol{x}}/\sqrt{(\dot{\boldsymbol{x}})\cdot(\dot{\boldsymbol{x}})}, \quad (\dot{\ }) = \mathrm{d}(\,)/\mathrm{d}t. \tag{14}$$

Die Ableitung $\mathrm{d}(\boldsymbol{t}\cdot\boldsymbol{t} - 1)/\mathrm{d}t = 2\mathrm{d}\boldsymbol{t}\cdot\boldsymbol{t} = 0$ erweist $\mathrm{d}\boldsymbol{t}$ als Senkrechte zur Tangente. Die dazugehörige Richtung nennt man Normalenrichtung $\boldsymbol{n}$ mit $\boldsymbol{n}\cdot\boldsymbol{n} = 1$.

$$\boldsymbol{n} = \dot{\boldsymbol{t}}/\sqrt{\dot{\boldsymbol{t}}\cdot\dot{\boldsymbol{t}}} \quad \text{(Normale).} \tag{15}$$

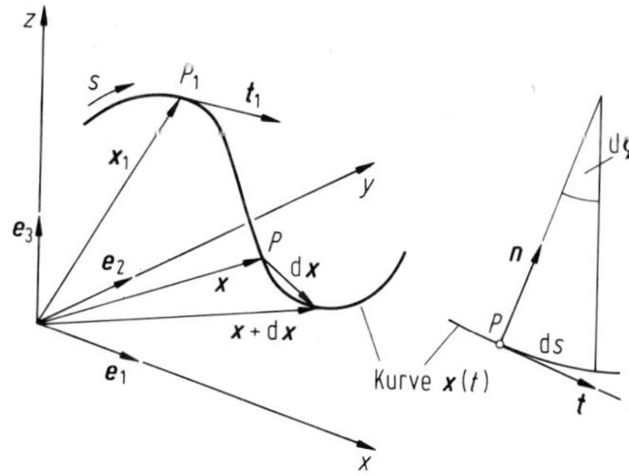

Bild 13-3. Raumkurve als Graph eines Vektors $\boldsymbol{x}$ mit nur einer Variablen s.

Die Einheitsvektoren $\boldsymbol{t}$ und $\boldsymbol{n}$ spannen eine Ebene auf, in die man nach Bild 13-3 einen Kreissektor mit Radius ϱ und Öffnungswinkel $\mathrm{d}\varphi$ einbeschreiben kann. Mit $\varrho \mathrm{d}\varphi = \mathrm{d}s$ und $\mathrm{d}\boldsymbol{t} = \boldsymbol{n}\mathrm{d}\varphi$ enthält $\mathrm{d}\boldsymbol{t}/\mathrm{d}s$ die *Krümmung* $|k| = 1/\varrho$.

$$\boldsymbol{t}' = \mathrm{d}\boldsymbol{t}/\mathrm{d}s = \boldsymbol{n}/\varrho, \quad (\;)' = \mathrm{d}(\;)/\mathrm{d}s. \qquad (16)$$

Insgesamt bilden $\boldsymbol{t}$, $\boldsymbol{n}$ und die Binormale $\boldsymbol{b} = \boldsymbol{t} \times \boldsymbol{n}$ das *begleitende orthogonale Dreibein*:

$$\begin{aligned} \boldsymbol{t} &= \boldsymbol{x}' = \dot{\boldsymbol{x}}/\sqrt{\dot{\boldsymbol{x}} \cdot \dot{\boldsymbol{x}}}, \\ \boldsymbol{n} &= \varrho \boldsymbol{t}' = \dot{\boldsymbol{t}}/\sqrt{\dot{\boldsymbol{t}} \cdot \dot{\boldsymbol{t}}}, \\ \boldsymbol{b} &= \boldsymbol{t} \times \boldsymbol{n}; \quad (\;)' = \mathrm{d}(\;)/\mathrm{d}s, \quad (\dot{\;}) = \mathrm{d}(\;)/\mathrm{d}t. \end{aligned} \qquad (17)$$

Die Veränderung $\mathrm{d}\boldsymbol{b}$ der Binormalen beim Fortschreiten in positiver s-Richtung ist ein Vielfaches von $\boldsymbol{n}$, welches man *Windung* $1/\tau$ nennt:

$$\boldsymbol{b}' = \mathrm{d}\boldsymbol{b}/\mathrm{d}s = -\boldsymbol{n}/\tau. \qquad (18)$$

Bei gegebenem Ortsvektor $\boldsymbol{x}(t)$ kann man Krümmung $1/\varrho$ und Windung $1/\tau$ berechnen.

$$\begin{aligned} &\boldsymbol{x}(t) \text{ gegeben} \rightarrow \dot{\boldsymbol{x}}, \ddot{\boldsymbol{x}}. \\ &\dot{s} = \mathrm{d}s/\mathrm{d}t = \sqrt{\dot{\boldsymbol{x}} \cdot \dot{\boldsymbol{x}}}, \\ &\varrho^{-1} = |\dot{\boldsymbol{x}} \times \ddot{\boldsymbol{x}}|/\dot{s}^3, \\ &\tau^{-1} = (\dot{\boldsymbol{x}}, \ddot{\boldsymbol{x}}, \dddot{\boldsymbol{x}})/(\dot{\boldsymbol{x}} \times \ddot{\boldsymbol{x}})^2. \end{aligned} \qquad (19)$$

(Spatprodukt, siehe 3.3.5)

Die Differentialbeziehungen (16), (18) und $\boldsymbol{n}' = (\boldsymbol{b} \times \boldsymbol{t})' = \boldsymbol{b}' \times \boldsymbol{t} + \boldsymbol{b} \times \boldsymbol{t}' = -\boldsymbol{n} \times \boldsymbol{t}/\tau + \boldsymbol{b} \times \boldsymbol{n}/\varrho$ ergeben zusammen die *Frenetschen Formeln* der Basis $\boldsymbol{N} = [\boldsymbol{t} \;\; \boldsymbol{n} \;\; \boldsymbol{b}]$:

$$\frac{\mathrm{d}}{\mathrm{d}s}[\boldsymbol{t} \;\; \boldsymbol{n} \;\; \boldsymbol{b}] = [\boldsymbol{t} \;\; \boldsymbol{n} \;\; \boldsymbol{b}] \begin{bmatrix} 0 & -1/\varrho & 0 \\ 1/\varrho & 0 & -1/\tau \\ 0 & 1/\tau & 0 \end{bmatrix}, \qquad (20)$$

$$\text{kurz} \quad \boldsymbol{N}' = \boldsymbol{N}\tilde{\boldsymbol{\varkappa}}, \quad \boldsymbol{\varkappa}^{\mathrm{T}} = [1/\tau \;\; 0 \;\; 1/\varrho].$$

$\boldsymbol{\varkappa}$ *Darbouxscher Vektor*. $\tilde{\boldsymbol{\varkappa}}$ siehe 3.3.4, Gl. (35).

14 Räumliche Drehungen

Die Drehung eines beliebigen Vektors $\boldsymbol{x} = x_i \boldsymbol{e}_i$ (Summationskonvention für $i = 1, 2, 3$) in sein Bild $\boldsymbol{y} = y_i \boldsymbol{e}_i$ ist dann winkel-, richtungs- und längentreu, wenn die Abbildungsmatrix $\boldsymbol{A}$ orthonormal (3.3.2) ist.

Drehung von $\boldsymbol{x}$ in $\boldsymbol{y}$:

$$\boldsymbol{y} = \boldsymbol{A}\boldsymbol{x}, \quad \boldsymbol{A}^{\mathrm{T}}\boldsymbol{A} = \boldsymbol{A}\boldsymbol{A}^{\mathrm{T}} = \boldsymbol{I}, \quad \det \boldsymbol{A} = 1. \qquad (1)$$

Speziell die Achsen $\boldsymbol{e}_i$ werden in die Achsen $\boldsymbol{a}_i$ (Spalten von $\boldsymbol{A}$) gedreht. Durch die Forderung $\boldsymbol{A}^{\mathrm{T}}\boldsymbol{A} = \boldsymbol{I}$ werden 6 Bestimmungsgleichungen für die 9 Koeffizienten a_{ij} formuliert. Für die Beschreibung der eigentlichen Drehung verbleiben dann noch 3 Parameter. Durch ein gegebenes Paar $(\boldsymbol{x}, \boldsymbol{y})$ wird die Drehung bestimmt.

Drehachse: $\boldsymbol{c} = \boldsymbol{x} \times \boldsymbol{y} / |\boldsymbol{x} \times \boldsymbol{y}|$,

Drehwinkel δ: $\boldsymbol{x} \cdot \boldsymbol{y} = |\boldsymbol{x}||\boldsymbol{y}| \cos \delta$.

$$\begin{aligned} \boldsymbol{A} &= \cos \delta \boldsymbol{I} + (1 - \cos \delta)\boldsymbol{c}\boldsymbol{c}^{\mathrm{T}} + \sin \delta \tilde{\boldsymbol{c}}. \\ \tilde{\boldsymbol{c}} &= (\boldsymbol{c} \times), \text{ siehe 3.3.4 Gl. (35)}, \; \boldsymbol{c} \cdot \boldsymbol{c} = \boldsymbol{c}^{\mathrm{T}}\boldsymbol{c} = 1. \end{aligned} \qquad (2)$$

Man kann unabhängig von einem Paar $(\boldsymbol{x}, \boldsymbol{y})$ diese Matrix $\boldsymbol{A}$ auch als Funktion von vier Parametern mit einer Nebenbedingung auffassen.

Parameter einer Drehung:

Drehachse $\boldsymbol{c}$ mit $\boldsymbol{c}^{\mathrm{T}}\boldsymbol{c} = 1$ und Drehwinkel δ. (3)

Andere Parameter (*Euler*, *Gibbs* usw.) lassen sich auf $\boldsymbol{c}$ und δ zurückführen.
Bei einer Drehung mit einem beliebig kleinen Winkel $\mathrm{d}\delta \neq 0$ ($\sin \mathrm{d}\delta = \mathrm{d}\delta$, $\cos \mathrm{d}\delta = 1$) spricht man von einer *infinitesimalen Drehung*

$$\begin{aligned} \boldsymbol{y} &= (\boldsymbol{I} + \mathrm{d}\delta \tilde{\boldsymbol{c}})\boldsymbol{x} = \boldsymbol{x} + \mathrm{d}\delta \boldsymbol{c} \times \boldsymbol{x}, \\ \boldsymbol{c}^{\mathrm{T}}\boldsymbol{c} &= \boldsymbol{c} \cdot \boldsymbol{c} = 1. \end{aligned} \qquad (4)$$

Die Achsen $\boldsymbol{a}_i$ als Spalten der Matrix $\boldsymbol{A}$ werden speziell in ihre Bilder $\boldsymbol{b}_i$ als Spalten der Matrix $\boldsymbol{B}$ gedreht, wobei $\boldsymbol{B} - \boldsymbol{A}$ zu deuten ist als infinitesimale Basisveränderung infolge Drehung mit $\mathrm{d}\delta$ um die Achse $\boldsymbol{c}$, $\boldsymbol{c}^{\mathrm{T}}\boldsymbol{c} = 1$.

$$\begin{aligned} &\boldsymbol{B} = \boldsymbol{A} + \mathrm{d}\delta \tilde{\boldsymbol{c}}\boldsymbol{A} \rightarrow \boldsymbol{B} - \boldsymbol{A} = \mathrm{d}\delta \tilde{\boldsymbol{c}}\boldsymbol{A} \\ &\text{oder} \quad \mathrm{d}\boldsymbol{A}/\mathrm{d}\delta = \tilde{\boldsymbol{c}}\boldsymbol{A} = -\boldsymbol{A}\tilde{\boldsymbol{c}}. \end{aligned} \qquad (5)$$

$$\tilde{\boldsymbol{c}} = (\boldsymbol{c} \times) = \begin{bmatrix} 0 & -c_3 & c_2 \\ c_3 & 0 & -c_1 \\ -c_2 & c_1 & 0 \end{bmatrix}, \quad \boldsymbol{c} = \begin{bmatrix} c_1 \\ c_2 \\ c_3 \end{bmatrix}.$$

Die schiefsymmetrische Struktur in (5) ist von fundamentaler Bedeutung für die räumliche Kinematik.

15 Differentialgeometrie gekrümmter Flächen

Ist ein Ortsvektor $\boldsymbol{x}$ im Raum $\mathbb{R}^3$ unserer Anschauung Funktion von zwei Veränderlichen u_1, u_2, so wird durch $\boldsymbol{x}(u_1, u_2)$ eine gekrümmte Fläche beschrieben:

$$\boldsymbol{x}(u_1, u_2) = \sum_{i=1}^{3} x_i(u_1, u_2)\,\boldsymbol{e}_i. \qquad (1)$$

Bei entsprechender Differenzierbarkeit liegt der Differentialvektor $\mathrm{d}\boldsymbol{x}$ im Flächenpunkt P_{00} in der Tangentialebene in P_{00}, die durch die Vektoren $\boldsymbol{x}_{,1}$ und $\boldsymbol{x}_{,2}$ aufgespannt wird:

$$\begin{aligned} \mathrm{d}\boldsymbol{x} &= \boldsymbol{x}_{,1}\mathrm{d}u_1 + \boldsymbol{x}_{,2}\mathrm{d}u_2 = \boldsymbol{x}_{,\alpha}\mathrm{d}u_\alpha. \\ \boldsymbol{x}_{,\alpha} &= \partial \boldsymbol{x}/\partial u_\alpha. \end{aligned} \qquad (2)$$

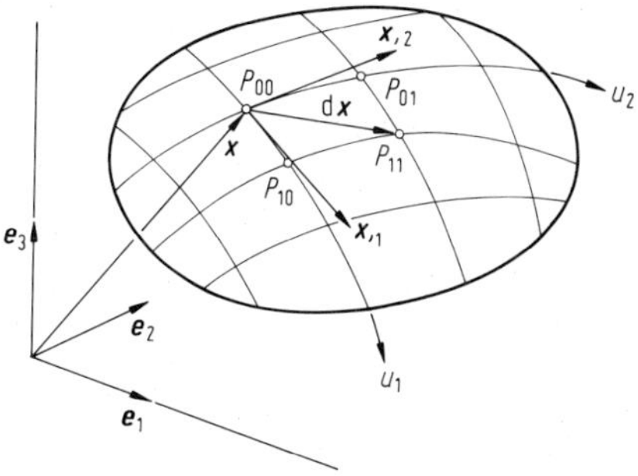

Bild 15-1. Raumfläche als Graph eines Vektors x mit zwei unabhängig Veränderlichen u_1 und u_2.

Summationskonvention: Über gleiche Indizes wird summiert. $i, j, k = 1, 2, 3$; $\alpha, \beta = 1, 2$.

Die Richtungsfelder $x_{,1}(u_1, u_2)$ und $x_{,2}(u_1, u_2)$ bilden ein *Gaußsches Koordinatennetz* nach Bild 15-1.
Falls $x_{,1} \cdot x_{,2} = f(u_1, u_2) \equiv 0$, ist es speziell ein Orthogonalnetz.
Die Fläche $\mathrm{d}S$ des infinitesimalen Vierecks $P_{00} P_{10} P_{11} P_{01}$ in Bild 15-1 wird in erster Näherung durch das Parallelogramm mit den Seiten $x_{,1}\,\mathrm{d}u_1$ und $x_{,2}\,\mathrm{d}u_2$ beschrieben.

$$\mathrm{d}S = |\, x_{,1} \times x_{,2} \,|\, \mathrm{d}u_1\, \mathrm{d}u_2$$
$$\text{mit} \quad |\, x_{,1} \times x_{,2} \,| = \sqrt{(x_{,1} \times x_{,2})^2} = \sqrt{g_{11}\, g_{22} - g_{12}{}^2} = \sqrt{G}\,, \tag{3}$$
$$S = \iint \sqrt{G}\; \mathrm{d}u_1\, \mathrm{d}u_2\,.$$

Das Kreuzprodukt in (3) beschreibt auch den Normalenvektor f, der senkrecht zur Tangentialfläche steht:

$$f = (x_{,1} \times x_{,2}) / \sqrt{G}\,. \quad f \cdot f = 1. \tag{5}$$

Metrikkoeffizienten

$$g_{\alpha\beta} = x_{,\alpha} \cdot x_{,\beta}; \quad \alpha, \beta = 1, 2;$$
$$G = \begin{bmatrix} g_{11} & g_{12} \\ g_{21} & g_{22} \end{bmatrix}, \quad g_{12} = g_{21}. \tag{4}$$

Das Kreuzprodukt in (3) beschreibt auch den Normalenvektor f, der senkrecht zur Tangentialfläche steht:

$$f = (x_{,1} \times x_{,2}) / \sqrt{G}\,. \quad f \cdot f = 1. \tag{5}$$

Durch Reduktion der Variablen $u_1 = u_1(t)$ und $u_2 = u_2(t)$ auf eine einzige unabhängige Größe t werden Kurven $x(t)$ auf der Fläche $x(u_1, u_2)$ beschrieben. Über die Tangente $t = \mathrm{d}x\big(u_1(t), u_2(t)\big)/\mathrm{d}s$ erhält man auch die Kurvennormale $n = \varrho\, \mathrm{d}t/\mathrm{d}s$.

$$t = \frac{\mathrm{d}x\, \mathrm{d}t}{\mathrm{d}t\, \mathrm{d}s} = (x_{,1}\, \dot{u}_1 + x_{,2}\, \dot{u}_2) \frac{\mathrm{d}t}{\mathrm{d}s}, \quad (\,)^{\cdot} = \mathrm{d}(\,)/\mathrm{d}t,$$
$$n/\varrho = \frac{\mathrm{d}t\, \mathrm{d}t}{\mathrm{d}t\, \mathrm{d}s} \tag{6}$$
$$= (x_{,\alpha\beta}\, \dot{u}_\alpha\, \dot{u}_\beta + x_{,\alpha}\, \ddot{u}_\alpha) \left(\frac{\mathrm{d}t}{\mathrm{d}s}\right)^2 + x_{,\alpha}\, \dot{u}_\alpha \frac{\mathrm{d}^2 t}{\mathrm{d}s^2}.$$

Der Winkel γ zwischen Flächennormale f und Kurvennormale n folgt aus ihrem Skalarprodukt:

$$\cos\gamma = f \cdot n = f \cdot x_{,\alpha\beta}\, \dot{u}_\alpha\, \dot{u}_\beta \left(\frac{\mathrm{d}t}{\mathrm{d}s}\right)^2 \varrho.$$

Aus (2) folgt

$$(\mathrm{d}x)^2 = \mathrm{d}s^2 = g_{11}\, \mathrm{d}u_1^2 + 2 g_{12}\, \mathrm{d}u_1\, \mathrm{d}u_2 + g_{22}\, \mathrm{d}u_2^2 = g_{\alpha\beta}\, \mathrm{d}u_\alpha\, \mathrm{d}u_\beta. \tag{7}$$
$$(\mathrm{d}s/\mathrm{d}t)^2 = g_{\alpha\beta}\, \dot{u}_\alpha\, \dot{u}_\beta.$$

Die Skalarprodukte $f \cdot x_{,\alpha\beta}$ erklärt man zu Komponenten des *Krümmungstensors* B:

$$b_{\alpha\beta} = f \cdot x_{,\alpha\beta} = \frac{(x_{,1} \times x_{,2}) \cdot x_{,\alpha\beta}}{\sqrt{G}}. \tag{8}$$

Für $\cos\gamma = 1$ sind f und n parallel. Die dazugehörigen Krümmungen $(1/\varrho_1)$, $(1/\varrho_2)$ nennt man Hauptkrümmungen, die Hauptkrümmungsrichtungen $\dot{x} = x_{,\alpha}\, \dot{u}_\alpha$ ergeben sich aus den Eigenvektoren des zu (7) gehörenden Eigenwertproblems.

Hauptkrümmungen $1/\varrho = \lambda$,

Koordinaten $h^{\mathrm{T}} = [\dot{u}_1, \dot{u}_2]$ der Hauptkrümmungsrichtungen aus $\cos\gamma = 1$ in (7):

$$\lambda = \frac{b_{\alpha\beta}\, \dot{u}_\alpha\, \dot{u}_\beta}{g_{\alpha\beta}\, \dot{u}_\alpha\, \dot{u}_\beta} = \frac{h^{\mathrm{T}} B h}{h^{\mathrm{T}} G h}, \quad B^{\mathrm{T}} = B, \quad G^{\mathrm{T}} = G.$$

Eigenwertproblem (9)

$$(B - \lambda G)\, h = o$$

ergibt Lösungen λ_1, h_1; λ_2, h_2.

Für die Eigenwerte λ_1, λ_2 gelten die Vietaschen Wurzelsätze, siehe 6.1, Gl. (4).

Gaußsches Krümmungsmaß:

$$K = \frac{1}{\varrho_1 \varrho_2} = \frac{B}{G} = \frac{b_{11} b_{22} - b_{12}^2}{g_{11} g_{22} - g_{12}^2}. \tag{10}$$

Mittlere Krümmung:

$$H = \frac{1}{2}\left(\frac{1}{\varrho_1} + \frac{1}{\varrho_2}\right) = \frac{1}{2G}(g_{11} b_{22} - 2 g_{12} b_{12} + g_{22} b_{11}).$$

Klassifizierung der Flächen:

$K(x_P) > 0$: elliptischer Flächenpunkt P,

$K(x_P) < 0$: hyperbolischer Flächenpunkt P, (11)

$K(x_P) = 0$: parabolischer Flächenpunkt P.

16 Differentialgeometrie im Raum

16.1 Basen, Metrik

Vektoren im Raum $\mathbb{R}^3$ unserer Anschauung werden durch 3 Komponenten in den 3 Richtungen einer Basis $\boldsymbol{g}_1$, $\boldsymbol{g}_2$, $\boldsymbol{g}_3$ dargestellt, wobei man als Bezugssystem gerne eine kartesische Basis $\boldsymbol{e}_1$, $\boldsymbol{e}_2$, $\boldsymbol{e}_3$ benutzt.
Die Basisvektoren müssen einen Raum aufspannen (Spatprodukt $\neq 0$) und sind ansonsten bezüglich Betrag und Richtung zueinander vollkommen beliebig. In der Vektoranalysis und -algebra erweist es sich als nützlich, einer Basis $\boldsymbol{g}_1$, $\boldsymbol{g}_2$, $\boldsymbol{g}_3$ eine andere $\boldsymbol{g}^1$, $\boldsymbol{g}^2$, $\boldsymbol{g}^3$ zuzuordnen, und zwar so, daß die Basen zueinander orthonormal sind.

$$\begin{aligned} &\text{Allgemeine Basis} && \boldsymbol{g}_i \cdot \boldsymbol{g}^j = \delta_i^j, \\ &\text{kartesische Basis} && \boldsymbol{e}_j = \boldsymbol{e}^j, \\ &\text{Kronecker-Symbol} && \delta_i^j = \begin{cases} 1 & \text{für } i=j \\ 0 & \text{für } i \neq j \end{cases}. \end{aligned} \tag{1}$$

Die willkürlich mit unterem Index bezeichnete Basis nennt man *kovariant*, die mit oberem Index *kontravariant*. Die dazugehörigen Koordinaten x^i bzw. x_i ordnet man „umgekehrt" den Basen zu, wobei eine besondere Summationsregel gilt.

Summationsregel
Tritt in einem Produkt ein Zeiger sowohl als Kopf- als auch als Fußzeiger auf, ist über ihn im $\mathbb{R}^n$ von 1 bis n zu summieren.
Speziell im $\mathbb{R}^3$: $\boldsymbol{x} = x^k \boldsymbol{g}_k = x^1 \boldsymbol{g}_1 + x^2 \boldsymbol{g}_2 + x^3 \boldsymbol{g}_3$. (2)

Durch Einklammerung eines Index wird die Summationsregel blockiert.

Tabelle 16-1. Darstellung eines Vektors $\boldsymbol{x} = x^k \boldsymbol{g}_k = x_k \boldsymbol{g}^k$.

	Kovariant	Kontravariant
Basis	$\boldsymbol{g}_1, \boldsymbol{g}_2, \boldsymbol{g}_3$	$\boldsymbol{g}^1, \boldsymbol{g}^2, \boldsymbol{g}^3$
Koordinaten	x^1, x^2, x^3	x_1, x_2, x_3
Metrikkoeffizienten	$g_{ij} = \boldsymbol{g}_i \cdot \boldsymbol{g}_j$	$g^{ij} = \boldsymbol{g}^i \cdot \boldsymbol{g}^j$

Die Beziehungen (1) zwischen ko- und kontravarianten Elementen erlauben die Berechnung von x_i und $\boldsymbol{g}^i$ bei gegebenem x^i und $\boldsymbol{g}_i$ (und umgekehrt):

$$\begin{aligned} &x_i = g_{ij} x^j, \; x^i = g^{ij} x_j, \\ &\boldsymbol{g}_i = g_{ij} \boldsymbol{g}^j, \; \boldsymbol{g}^i = g^{ij} \boldsymbol{g}_j, \quad \text{mit} \quad g^{ij} g_{jk} = \delta_k^i. \end{aligned} \tag{3}$$

Die Matrizen der Metrikkoeffizienten sind invers zueinander: $(g_{jk}) = (g^{ij})^{-1}$.

Möglich ist auch eine Berechnung der $\boldsymbol{g}^i$ über Kreuzprodukte.

$$\begin{aligned} &R^3\colon\; \boldsymbol{g}^i = (\boldsymbol{g}_j \times \boldsymbol{g}_k)/(\boldsymbol{g}_1, \boldsymbol{g}_2, \boldsymbol{g}_3), \\ &i, j, k \text{ zyklisch vertauschen.} \end{aligned} \tag{4}$$

(Spatprodukt siehe 3.3.5).

16.2 Krummlinige Koordinaten

Im $\mathbb{R}^3$ ist ein Vektor $\boldsymbol{x} = x^k \boldsymbol{e}_k$ in kartesischen Komponenten gegeben, wobei die Koordinaten x^k ihrerseits Funktionen von 3 allgemeinen Koordinaten Θ^k sind:

$$\boldsymbol{x} = x^k \boldsymbol{e}_k, \quad x^k = x^k(\Theta^1, \Theta^2, \Theta^3). \tag{5}$$

Das Differential $\mathrm{d}\boldsymbol{x}$ ordnet jedem Raumpunkt mit dem Ortsvektor $\boldsymbol{x}$ eine lokale Basis $\boldsymbol{g}_k$ zu.

$$\mathrm{d}\boldsymbol{x} = \boldsymbol{x}_{,k} \, \mathrm{d}\Theta^k, \quad (\,)_{,k} = \partial(\,)/\partial\Theta^k. \tag{6}$$

Lokale Basis $\leftrightarrow$ kartesische Basis

$$\left.\begin{aligned} \boldsymbol{g}_k &= \boldsymbol{x}_{,k} = (\partial x^i/\partial\Theta^k)\, \boldsymbol{e}_i \\ \boldsymbol{e}_k &= (\partial\Theta^i/\partial x^k)\, \boldsymbol{g}_i \end{aligned}\right\} \; \frac{\partial x^i}{\partial\Theta^k} \cdot \frac{\partial\Theta^j}{\partial x^i} = \delta_k^j. \tag{7}$$

Die partiellen Ableitungen $\boldsymbol{g}_{i,j}$ der Basisvektoren $\boldsymbol{g}_i$ aus (7) enthalten eine Kette von Differentiationen, für die man spezielle Symbole Γ eingeführt hat:

$$\boldsymbol{g}_{i,j} = \frac{\partial^2 x^k}{\partial\Theta^i \partial\Theta^j} \boldsymbol{e}_k = \Gamma_{ij}^m \boldsymbol{g}_m.$$

Christoffel-Symbole

$$\Gamma_{ij}^m = \frac{\partial^2 x^k}{\partial\Theta^i \partial\Theta^j} \cdot \frac{\partial\Theta^m}{\partial x^k}, \quad \Gamma_{ij}^m = \Gamma_{ji}^m. \tag{8}$$

Entsprechend $\boldsymbol{g}^i{}_{,j} = -\Gamma_{jm}^i \boldsymbol{g}^m$.

Die Christoffel-Symbole lassen sich auf partielle Ableitungen der Metrikkoeffizienten g_{ij} und g^{ij} zurückführen:

$$\Gamma_{jk}^i = \frac{1}{2} g^{im} (g_{km,j} + g_{mj,k} - g_{jk,m}). \tag{9}$$

Beispiel: Für Kugelkoordinaten nach Bild 16-1 sind die Basen, Metrikkoeffizienten und Christof-

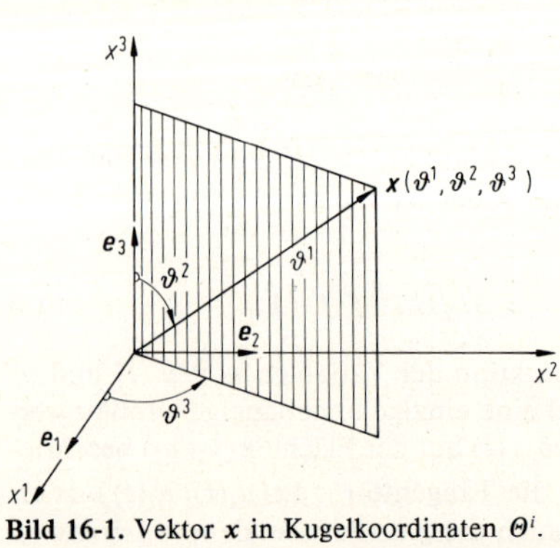

Bild 16-1. Vektor $\boldsymbol{x}$ in Kugelkoordinaten Θ^i.

fel-Symbole als Funktion der Koordinaten Θ^1 bis Θ^3 zu berechnen.

$$x^1 = \Theta^1 \sin\Theta^2 \cos\Theta^3,\ x^2 = \Theta^1 \sin\Theta^2 \sin\Theta^3,$$
$$x^3 = \Theta^1 \cos\Theta^2 .$$

$$\boldsymbol{g}_k = \frac{\partial x^i}{\partial \Theta^k}\boldsymbol{e}_i = \boldsymbol{E}\begin{bmatrix}\partial x^1/\partial\Theta^k\\ \partial x^2/\partial\Theta^k\\ \partial x^3/\partial\Theta^k\end{bmatrix}, \quad \boldsymbol{E} = [\boldsymbol{e}_1\boldsymbol{e}_2\boldsymbol{e}_3].$$

$$[\boldsymbol{g}_1\boldsymbol{g}_2\boldsymbol{g}_3] = \boldsymbol{E}\begin{bmatrix}\sin\Theta^2\cos\Theta^3 & \Theta^1\cos\Theta^2\cos\Theta^3 & -\Theta^1\sin\Theta^2\sin\Theta^3\\ \sin\Theta^2\sin\Theta^3 & \Theta^1\cos\Theta^2\sin\Theta^3 & \Theta^1\sin\Theta^2\cos\Theta^3\\ \cos\Theta^2 & -\Theta^1\sin\Theta^2 & 0\end{bmatrix},$$

$$(g_{ij}) = \begin{bmatrix}1 & 0 & 0\\ 0 & (\Theta^1)^2 & 0\\ 0 & 0 & (\Theta^1\sin\Theta^2)^2\end{bmatrix},$$

$$(g^{ij}) = (g_{ij})^{-1} = \begin{bmatrix}1 & 0 & 0\\ 0 & (\Theta^1)^{-2} & 0\\ 0 & 0 & (\Theta^1\sin\Theta^2)^{-2}\end{bmatrix}.$$

Aus $\boldsymbol{g}^j = g^{ij}\boldsymbol{g}_i$ folgt wegen $g^{ij} = 0$ für $i \neq j$: $\boldsymbol{g}^k = g^{(kk)}\boldsymbol{g}_k$, z. B. $\boldsymbol{g}^2 = \boldsymbol{g}_2/(\Theta^2)^2$.

Christoffel-Symbole. Wegen $g_{ij} = g^{ij} = 0$ für $i \neq j$ gilt speziell $2\Gamma^i_{jk} = g^{ii}(g_{ki,j} + g_{ij,k} - g_{jk,i})$, z. B.

$$2\Gamma^3_{23} = g^{33}(g_{33,2} + g_{32,3} - g_{23,3}) = g^{33}g_{33,2}$$
$$= (\Theta^1\sin\Theta^2)^{-2}\, 2(\Theta^1\sin\Theta^2)\,\Theta^1\cos\Theta^2$$
$$= 2\cot\Theta^2 .$$

$$(\Gamma^1_{ij}) = \begin{bmatrix}0 & 0 & 0\\ 0 & \Theta^1 & 0\\ 0 & 0 & -\Theta^1(\sin\Theta^2)^2\end{bmatrix},$$

$$(\Gamma^2_{ij}) = \begin{bmatrix}0 & 1/\Theta^1 & 0\\ 1/\Theta^1 & 0 & 0\\ 0 & 0 & -\sin\Theta^2\cos\Theta^2\end{bmatrix},$$

$$(\Gamma^3_{ij}) = \begin{bmatrix}0 & 0 & 1/\Theta^1\\ 0 & 0 & \cot\Theta^2\\ 1/\Theta^1 & \cot\Theta^2 & 0\end{bmatrix}.$$

17 Differentiation und Integration in Feldern

Wenn z. B. im dreidimensionalen Raum $\mathbb{R}^3$ unserer Anschauung jedem Punkt – mit dem Ortsvektor $\boldsymbol{x}$ – eindeutig ein Skalar, Vektor oder Tensor zugeordnet ist, spricht man von einem Feld. Die Orientierung im Raum erfolgt durch eine kartesische Basis mit orthonormalen Einheitsrichtungen $\boldsymbol{e}_1, \boldsymbol{e}_2, \boldsymbol{e}_3$ und Koordinaten x_1, x_2, x_3. Bei krummlinigen Koordinaten $\Theta^1, \Theta^2, \Theta^3$ (Kopfzeiger, keine Exponenten) benutzt man zusätzlich lokale Basen $\boldsymbol{g}_1, \boldsymbol{g}_2, \boldsymbol{g}_3$.

Global:

$$\boldsymbol{x} = x_1\boldsymbol{e}_1 + x_2\boldsymbol{e}_2 + x_3\boldsymbol{e}_3,\ \boldsymbol{e}_i\cdot\boldsymbol{e}_j = \delta_{ij},$$
$$\delta_{ij} = \begin{cases}1 & \text{für } i=j\\ 0 & \text{für } i\neq j.\end{cases} \qquad (1)$$

Lokal:

$x_j = x_j(\Theta^1, \Theta^2, \Theta^3)$.

Kovariante Basis $\boldsymbol{g}_k = \partial\boldsymbol{x}/\partial\Theta^k$,

$\boldsymbol{g}_i\cdot\boldsymbol{g}_j = g_{ij} \neq \delta_{ij}$. (2)

Kontravariante Basis $\boldsymbol{g}^k = (g_{ij})^{-1}\boldsymbol{g}_k$,

$\boldsymbol{g}^i\cdot\boldsymbol{g}^j = g^{ij} \neq \delta_{ij}$.

Summation nach 16.1, Gl. (2).

17.1 Nabla-Operator

In den Anwendungen treten typische Verkettungen partieller Ableitungen auf, für die man besondere Symbole und einen speziellen vektoriellen Operator ∇ (Nabla) eingeführt hat:

Nabla-Operator

$$\nabla(\,) = \frac{\partial(\,)}{\partial x_1}\boldsymbol{e}_1 + \frac{\partial(\,)}{\partial x_2}\boldsymbol{e}_2 + \frac{\partial(\,)}{\partial x_3}\boldsymbol{e}_3 = \boldsymbol{E}\begin{bmatrix}\partial(\,)/\partial x_1\\ \partial(\,)/\partial x_2\\ \partial(\,)/\partial x_3\end{bmatrix},$$
$$\boldsymbol{E} = [\boldsymbol{e}_1\ \boldsymbol{e}_2\ \boldsymbol{e}_3]. \qquad (3)$$

Der relative Zuwachs in einer vorgegebenen Einheitsrichtung $\boldsymbol{n}$ wird beschrieben durch die Projektion des *Gradienten* in $\boldsymbol{n}$.

Tabelle 17-1. Ableitungen von Feldgrößen f

Typ der Feldgröße (allg. Tensor n-ter Stufe)	Name der Ableitung	Darstellung mit Nabla-Operator	Typ der Ableitung (allg. Tensor k-ter Stufe)
Skalar v	grad v (Gradient)	$\nabla(v)$	Vektor ($k = n + 1$)
Vektor $\boldsymbol{v}$	div $\boldsymbol{v}$ (Divergenz)	$\nabla\cdot\boldsymbol{v}$	Skalar ($k = n - 1$)
Vektor $\boldsymbol{v}$	rot $\boldsymbol{v}$ (Rotation)	$\nabla\times\boldsymbol{v}$	Vektor ($k = n$)

Tabelle 17-2. Koordinatendarstellungen der Ableitungen

	Kartesische Basis $\boldsymbol{v} = v_1\boldsymbol{e}_1 + v_2\boldsymbol{e}_2 + v_3\boldsymbol{e}_3$; $(\,)_{,i} = \partial(\,)/\partial x_i$	Krummlinige Basis $(\,)_{,i} = \partial(\,)/\partial \Theta^i$
grad v	$v_{,1}\,\boldsymbol{e}_1 + v_{,2}\,\boldsymbol{e}_2 + v_{,3}\,\boldsymbol{e}_3$	$v_{,k}\,\boldsymbol{g}^k$
div $\boldsymbol{v}$	$v_{1,1} + v_{2,2} + v_{3,3}$	$(v^j_{,i} + v^k\Gamma^j_{ki})\,\boldsymbol{g}^i\cdot\boldsymbol{g}_j$
rot $\boldsymbol{v}$	$(v_{3,2} - v_{2,3})\,\boldsymbol{e}_1 + (v_{1,3} - v_{3,1})\,\boldsymbol{e}_2 + (v_{2,1} - v_{1,2})\,\boldsymbol{e}_3$	$(\boldsymbol{g}^j \times \boldsymbol{g}^k)\,v_{k,j} + (\boldsymbol{g}^j \times \boldsymbol{g}^k_{,j})\,v_k$

Richtungsableitung:

$$\partial f/\partial n = f_{,n} = (\operatorname{grad} f)\cdot\boldsymbol{n},\ \boldsymbol{n}\cdot\boldsymbol{n} = 1\,. \tag{4}$$

Beziehungen zwischen grad, div und rot:

$$\begin{aligned}
\operatorname{grad}(u+v) &= \operatorname{grad} u + \operatorname{grad} v,\\
\operatorname{grad}(u\,v) &= v \operatorname{grad} u + u \operatorname{grad} v,\\
\operatorname{grad}(\boldsymbol{u}\cdot\boldsymbol{v}) &= (\nabla\cdot\boldsymbol{v})\,\boldsymbol{u} + (\nabla\cdot\boldsymbol{u})\,\boldsymbol{v} + \boldsymbol{u}\times\operatorname{rot}\boldsymbol{v}\\
&\quad + \boldsymbol{v}\times\operatorname{rot}\boldsymbol{u},\\
\operatorname{rot}(\boldsymbol{u}+\boldsymbol{v}) &= \operatorname{rot}\boldsymbol{u} + \operatorname{rot}\boldsymbol{v},\\
\operatorname{rot}(\lambda\,\boldsymbol{u}) &= \lambda \operatorname{rot}\boldsymbol{u} + (\operatorname{grad}\lambda)\times\boldsymbol{u},\\
\operatorname{rot}(\boldsymbol{u}\times\boldsymbol{v}) &= (\nabla\cdot\boldsymbol{v})\,\boldsymbol{u} - (\nabla\cdot\boldsymbol{u})\,\boldsymbol{v} + \boldsymbol{u}\operatorname{div}\boldsymbol{v}\\
&\quad - \boldsymbol{v}\operatorname{div}\boldsymbol{u},\\
\operatorname{div}(\boldsymbol{u}+\boldsymbol{v}) &= \operatorname{div}\boldsymbol{u} + \operatorname{div}\boldsymbol{v},\\
\operatorname{div}\lambda\boldsymbol{u} &= \lambda\operatorname{div}\boldsymbol{u} + \boldsymbol{u}\cdot\operatorname{grad}\lambda,\\
\operatorname{div}(\boldsymbol{u}\times\boldsymbol{v}) &= \boldsymbol{v}\cdot\operatorname{rot}\boldsymbol{u} - \boldsymbol{u}\cdot\operatorname{rot}\boldsymbol{v},\\
\operatorname{rot}(\operatorname{grad} u) &= \boldsymbol{0},\quad \operatorname{div}(\operatorname{rot}\boldsymbol{u}) = 0\,.
\end{aligned} \tag{5}$$

Laplace-Operator $\nabla\cdot\nabla = \Delta$ (Delta).

$$\begin{aligned}
\Delta(\,) &= (\,)_{,11} + (\,)_{,22} + (\,)_{,33}\,,\\
\Delta u &= \operatorname{div}(\operatorname{grad} u)\,,\\
\Delta\boldsymbol{u} &= \operatorname{grad}(\operatorname{div}\boldsymbol{u}) - \operatorname{rot}(\operatorname{rot}\boldsymbol{u})\,,\\
\Delta(uv) &= u\Delta v + v\Delta u + 2(\operatorname{grad} u)\cdot(\operatorname{grad} v)\,.
\end{aligned} \tag{6}$$

Spezielle Darstellung in Zylinder- und Kugelkoordinaten:
Die dazugehörigen Basen $\boldsymbol{g}_1, \boldsymbol{g}_2, \boldsymbol{g}_3$ sind orthogonal ($g^{ij} = g_{ij} = 0$ für $i \neq j$) aber nicht zu Eins normiert. Es ist üblich und zweckmäßig, auf Einheitsrichtungen $g_k/\sqrt{g_{kk}}$ überzugehen, wobei sogenannte *physikalische Koordinaten* X_i auftreten, die hier zur Unterscheidung von Index und Potenz fußindiziert sind.

Zylinderkoordinaten

$$\left.\begin{aligned}
&x_1 = \varrho\cos\varphi,\ x_2 = \varrho\sin\varphi,\ x_3 = z\,.\\
&\Theta^1 = \varrho,\ \Theta^2 = \varphi,\ \Theta^3 = z\,.\\
&\boldsymbol{x} = X_1\boldsymbol{g}^0_1 + X_2\boldsymbol{g}^0_2 + X_3\boldsymbol{g}^0_3\,.\\
&\boldsymbol{g}^0_1 = \boldsymbol{g}_1 = \begin{bmatrix}\cos\varphi\\ \sin\varphi\\ 0\end{bmatrix},\ \boldsymbol{g}^0_2 = \boldsymbol{g}_2/\varrho = \begin{bmatrix}-\sin\varphi\\ \cos\varphi\\ 0\end{bmatrix},\\
&\boldsymbol{g}^0_3 = \boldsymbol{g}_3 = \begin{bmatrix}0\\ 0\\ 1\end{bmatrix}.
\end{aligned}\right\} \tag{7}$$

$$\left.\begin{aligned}
&\textit{Volumenelement}\quad \mathrm{d}V = \varrho\,\mathrm{d}\varrho\,\mathrm{d}\varphi\,\mathrm{d}z\,.\\
&\textit{Linienelement}\,\mathrm{d}s,\ \ \mathrm{d}s^2 = \mathrm{d}\varrho^2 + \varrho^2\,\mathrm{d}\varphi^2 + \mathrm{d}z^2\,.
\end{aligned}\right\} \tag{8}$$

$$\left.\begin{aligned}
&(\operatorname{grad} u)^{\mathrm{T}} = \left[\frac{\partial u}{\partial\varrho},\ \frac{1}{\varrho}\cdot\frac{\partial u}{\partial\varphi},\ \frac{\partial u}{\partial z}\right],\\
&\operatorname{div}\boldsymbol{u} = \frac{\partial U_1}{\partial\varrho} + \frac{U_1}{\varrho} + \frac{1}{\varrho}\cdot\frac{\partial U_2}{\partial\varphi} + \frac{\partial U_3}{\partial z},\\
&\boldsymbol{u} = U_1\boldsymbol{g}^0_1 + U_2\boldsymbol{g}^0{}_2 + U_3\boldsymbol{g}^0_3,\\
&(\operatorname{rot}\boldsymbol{u})^{\mathrm{T}} = \left[\frac{1}{\varrho}\cdot\frac{\partial U_3}{\partial\varphi} - \frac{\partial U_2}{\partial z},\ \frac{\partial U_1}{\partial z} - \frac{\partial U_3}{\partial\varrho},\right.\\
&\qquad\qquad \left.\frac{\partial U_2}{\partial\varrho} - \frac{1}{\varrho}\cdot\frac{\partial U_1}{\partial\varphi} + \frac{U_2}{\varrho}\right].
\end{aligned}\right\} \tag{9}$$

$$\Delta u = \frac{1}{\varrho}\cdot\frac{\partial u}{\partial\varrho} + \frac{\partial^2 u}{\partial\varrho^2} + \frac{1}{\varrho^2}\cdot\frac{\partial^2 u}{\partial\varphi^2} + \frac{\partial^2 u}{\partial z^2},$$

$$\Delta\boldsymbol{u} = \begin{bmatrix}
\dfrac{\partial^2 U_1}{\partial\varrho^2} + \dfrac{1}{\varrho}\cdot\dfrac{\partial U_1}{\partial\varrho} - \dfrac{U_1}{\varrho^2} + \dfrac{1}{\varrho^2}\cdot\dfrac{\partial^2 U_1}{\partial\varphi^2} + \dfrac{\partial^2 U_1}{\partial z^2} - \dfrac{2}{\varrho^2}\cdot\dfrac{\partial U_2}{\partial\varphi}\\[2ex]
\dfrac{\partial^2 U_2}{\partial\varrho^2} + \dfrac{1}{\varrho}\cdot\dfrac{\partial U_2}{\partial\varrho} - \dfrac{U_2}{\varrho^2} + \dfrac{1}{\varrho^2}\cdot\dfrac{\partial^2 U_2}{\partial\varphi^2} + \dfrac{\partial^2 U_2}{\partial z^2} + \dfrac{2}{\varrho^2}\cdot\dfrac{\partial U_1}{\partial\varphi}\\[2ex]
\dfrac{\partial^2 U_3}{\partial\varrho^2} + \dfrac{1}{\varrho}\cdot\dfrac{\partial U_3}{\partial\varrho} + \dfrac{1}{\varrho^2}\cdot\dfrac{\partial^2 U_3}{\partial\varphi^2} + \dfrac{\partial^2 U_3}{\partial z^2}
\end{bmatrix}. \tag{10}$$

Kugelkoordinaten

$$\left.\begin{aligned}
&x_1 = r\cos\vartheta\sin\varphi,\ \ x_2 = r\sin\vartheta\sin\varphi,\\
&x_3 = r\cos\varphi\,.\\
&\Theta^1 = r,\ \ \Theta^2 = \varphi,\ \ \Theta^3 = \vartheta\,.\\
&\boldsymbol{x} = X_1\boldsymbol{g}^0_1 + X_2\boldsymbol{g}^0_2 + X_3\boldsymbol{g}^0_3\,.\\
&\boldsymbol{g}^0_1 = \boldsymbol{g}_1 = \begin{bmatrix}\sin\varphi\ \cos\vartheta\\ \sin\varphi\ \sin\vartheta\\ \cos\varphi\end{bmatrix},\\
&\boldsymbol{g}^0_2 = \boldsymbol{g}_2/r = \begin{bmatrix}\cos\varphi\ \cos\vartheta\\ \cos\varphi\ \sin\vartheta\\ -\sin\varphi\end{bmatrix},\\
&\boldsymbol{g}^0_3 = \boldsymbol{g}_3/(r\sin\varphi) = \begin{bmatrix}-\sin\vartheta\\ \cos\vartheta\\ 0\end{bmatrix}.
\end{aligned}\right\} \tag{11}$$

Volumenelement
$\mathrm{d}V = r^2 \sin\varphi \,\mathrm{d}r\,\mathrm{d}\varphi\,\mathrm{d}\vartheta.$
Linienelement $\mathrm{d}s$,
$\mathrm{d}s^2 = \mathrm{d}r^2 + r^2\sin^2\varphi\,\mathrm{d}\vartheta^2 + r^2\,\mathrm{d}\varphi^2.$ (12)

$$(\operatorname{grad} u)^{\mathrm{T}} = \left[\frac{\partial u}{\partial r},\ \frac{1}{r}\cdot\frac{\partial u}{\partial \varphi},\ \frac{1}{r\sin\varphi}\cdot\frac{\partial u}{\partial \vartheta}\right].$$

$$\operatorname{div} \boldsymbol{u} = \frac{\partial U_1}{\partial r} + \frac{1}{r}\cdot\frac{\partial U_2}{\partial \varphi} + \frac{1}{r\sin\varphi}\cdot\frac{\partial U_3}{\partial \vartheta} + \frac{2}{r}U_1 + \frac{\cot\varphi}{r}U_2.$$

$$\operatorname{rot} \boldsymbol{u} = \begin{bmatrix} \frac{1}{r}\cdot\frac{\partial U_3}{\partial \varphi} - \frac{1}{r\sin\varphi}\cdot\frac{\partial U_2}{\partial \vartheta} + \frac{\cot\varphi}{r}U_3 \\ \frac{1}{r\sin\varphi}\cdot\frac{\partial U_1}{\partial \vartheta} - \frac{\partial U_3}{\partial r} - \frac{1}{r}U_3 \\ \frac{\partial U_2}{\partial r} - \frac{1}{r}\cdot\frac{\partial U_1}{\partial \varphi} + \frac{1}{r}U_2 \end{bmatrix} \quad (13)$$

$$\Delta u = \frac{1}{r^2}\cdot\frac{\partial}{\partial r}\left(r^2\frac{\partial u}{\partial r}\right) + \frac{1}{r^2\sin\varphi}\cdot\frac{\partial}{\partial\varphi}\left(\sin\varphi\frac{\partial u}{\partial \varphi}\right) + \frac{1}{(r\sin\varphi)^2}\cdot\frac{\partial^2 u}{\partial\vartheta^2}, \quad (14)$$

$$\Delta \boldsymbol{u} = \frac{\partial^2}{\partial r^2}\boldsymbol{U} + \frac{1}{r^2}\cdot\frac{\partial^2}{\partial\varphi^2}\boldsymbol{U} + \frac{1}{(r\sin\varphi)^2}\cdot\frac{\partial^2}{\partial\vartheta^2}\boldsymbol{U} + \frac{2}{r}\cdot\frac{\partial}{\partial r}\boldsymbol{U} + \frac{\cot\varphi}{r^2}\frac{\partial}{\partial\varphi}\boldsymbol{U}$$

$$+\begin{bmatrix} -\frac{2}{r^2}\cdot\frac{\partial U_2}{\partial\varphi} - \frac{2}{r^2\sin\varphi}\cdot\frac{\partial U_3}{\partial\vartheta} - \frac{2U_1}{r^2} - \frac{2\cot\varphi}{r^2}U_2 \\ -\frac{2\cos\varphi}{(r\sin\varphi)^2}\cdot\frac{\partial U_3}{\partial\vartheta} + \frac{2}{r^2}\cdot\frac{\partial U_1}{\partial\varphi} - \frac{1}{(r\sin\varphi)^2}U_2 \\ \frac{2}{r^2\sin\varphi}\cdot\frac{\partial U_1}{\partial\vartheta} + \frac{2\cos\varphi}{(r\sin\varphi)^2}\cdot\frac{\partial U_2}{\partial\vartheta} - \frac{1}{(r\sin\varphi)^2}U_3 \end{bmatrix},$$

$$\boldsymbol{U} = \begin{bmatrix} U_1 \\ U_2 \\ U_3 \end{bmatrix}, \quad \boldsymbol{u} = U_i\boldsymbol{g}_i^0. \quad (15)$$

Polarkoordinaten in der Ebene ergeben sich aus Zylinderkoordinaten mit $\varrho = r$, $\vartheta = \varphi$ und $z = 0$.

$$(\operatorname{grad} u)^{\mathrm{T}} = \left[\frac{\partial u}{\partial r},\ \frac{1}{r}\cdot\frac{\partial u}{\partial\varphi},\ 0\right],$$

$$\operatorname{div}\boldsymbol{u} = \frac{\partial U_1}{\partial r} + \frac{U_1}{r} + \frac{1}{r}\cdot\frac{\partial U_2}{\partial\varphi},$$

$$(\operatorname{rot}\boldsymbol{u})^{\mathrm{T}} = \left[0,\ 0,\ \frac{\partial U_2}{\partial r} - \frac{1}{r}\cdot\frac{\partial U_1}{\partial\varphi} + \frac{U_2}{r}\right], \quad (16)$$

$$\Delta u = \frac{1}{r}\cdot\frac{\partial u}{\partial r} + \frac{\partial^2 u}{\partial r^2} + \frac{1}{r^2}\cdot\frac{\partial^2 u}{\partial\varphi^2}.$$

Zweifache Anwendung des Laplace-Operators beschreibt die *Bipotentialgleichung* $\Delta(\Delta u) = \Delta\Delta u$.

Kartesische Koordinaten x_1, x_2:

$$\Delta\Delta u = \left(\frac{\partial^2}{\partial x_1^2} + \frac{\partial^2}{\partial x_2^2}\right)^2 u = u_{,1111} + 2u_{,1122} + u_{,2222}. \quad (17)$$

Polarkoordinaten r, φ:

$$\Delta\Delta u = \left(\frac{\partial^2}{\partial r^2} + \frac{1}{r}\cdot\frac{\partial}{\partial r} + \frac{1}{r^2}\cdot\frac{\partial^2}{\partial\varphi^2}\right)^2 u.$$

17.2 Fluß, Zirkulation

Die mit div und rot bezeichneten Ableitungskombinationen lassen sich auf natürliche, koordinatenunabhängige Weise durch Grenzwerte gewisser Integrale darstellen, wobei zwei physikalisch motivierte Begriffe von Belang sind.

Fluß F eines Vektorfeldes $\boldsymbol{f}(\boldsymbol{x})$ durch eine Fläche S:

$$F = \int_S \boldsymbol{f}(\boldsymbol{x})\cdot\mathrm{d}\boldsymbol{S} = \int_S \boldsymbol{f}(\boldsymbol{x})\cdot\boldsymbol{n}\,\mathrm{d}S. \quad (18)$$

$\boldsymbol{n}$ Normaleneinheitsvektor auf S.

Zirkulation Z eines Vektorfeldes $\boldsymbol{f}(\boldsymbol{x})$ längs einer geschlossenen Kurve C:

$$Z = \oint_C \boldsymbol{f}(\boldsymbol{x})\cdot\mathrm{d}\boldsymbol{x} = \oint_C \boldsymbol{f}(\boldsymbol{x})\cdot\boldsymbol{t}\,\mathrm{d}k. \quad (19)$$

$\oint$ Ringintegral, $\mathrm{d}k$ Kurvendifferential.
$\boldsymbol{t}$ Tangenteneinheitsvektor an C.

Divergenz eines Vektorfeldes $\boldsymbol{f}(\boldsymbol{x})$ im Punkt $\boldsymbol{x}$ des $\mathbb{R}^3$ ist definiert über den Fluß $\oint_S \boldsymbol{f}(\boldsymbol{x})\cdot\boldsymbol{n}\,\mathrm{d}S$ durch eine geschlossene Oberfläche S nach Bild 17-1, die ein Volumen V (zum Beispiel Kugel mit Radius r) einschließt, das nach einem Grenzübergang ($r \to 0$) nur noch den Punkt $\boldsymbol{x}$ enthält:

$$\operatorname{div}\boldsymbol{f}(\boldsymbol{x}) = \lim_{V\to 0}\frac{\oint_S \boldsymbol{f}(\boldsymbol{x})\cdot\boldsymbol{n}\,\mathrm{d}S}{V(r)}. \quad (20)$$

Rotation (hier speziell als Projektion $\boldsymbol{n}\cdot\operatorname{rot}\boldsymbol{f}$ in eine Einheitsrichtung $\boldsymbol{n}$) eines Vektorfeldes $\boldsymbol{f}(\boldsymbol{x}_p)$

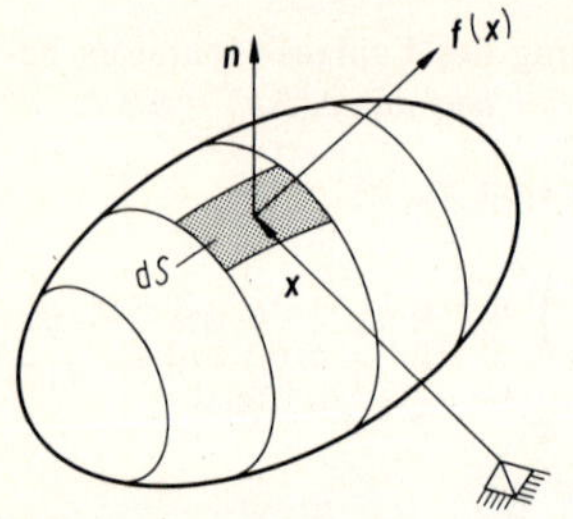

Bild 17-1. Zum Fluß des Vektorfeldes $f(x)$ durch ein Oberflächenelement dSn.

im Punkt x_p des $\mathbb{R}^3$ ist definiert über die Zirkulation $\oint_C f(x) \cdot dx$ längs einer eindeutigen ebenen Kurve C um P (zum Beispiel einem Kreis um P mit Radius r), die eine Fläche A einschließt. Der Einheitsvektor n steht dabei senkrecht auf der Ebene E mit der Kurve C.

$$n \cdot \operatorname{rot} f(x) = \lim_{A \to 0} \frac{\oint_C f(x) \cdot dx}{A(r)}. \tag{21}$$

17.3 Integralsätze

Die Integralsätze erlauben die Reduktion von Volumenintegralen auf Oberflächenintegrale und von Oberflächenintegralen auf Randintegrale. Auch der umgekehrte Weg kann in der Rechenpraxis zweckmäßig sein. Sie gelten bei Stetigkeit der beteiligten partiellen Ableitungen und bei bereichsweise eindeutigen Berandungsfunktionen.

Integralsatz von Gauß im Raum:

$$\int_V \operatorname{div} f \, dV = \oint_S f \cdot n \, dS, \quad n \cdot n = 1. \tag{22}$$

V ist das Volumen, das von der Oberfläche S eingeschlossen wird. Der Normalenvektor n zeigt zur volumenabgewandten Seite.

Beispiel: Für ein Zentralkraftfeld

$$f^{\mathrm{T}} = r[x_1, x_2, x_3], \quad r^2 = x_1^2 + x_2^2 + x_3^2,$$

ist der Fluß durch eine Kugeloberfläche $x_1^2 + x_2^2 + x_3^2 = R^2$ zu berechnen.
Mit $\operatorname{div} f = 4r$ gilt in Kugelkoordinaten (12)

$$\oint_S f \cdot n \, dS = \iiint_V 4r\, r^2 \sin\varphi \, dr \, d\varphi \, d\vartheta$$

$$= 4 \int_0^R r^3 \int_0^\pi \sin\varphi \, d\varphi \int_0^{2\pi} d\vartheta = 4\pi R^4.$$

Integralsatz von Gauß in der Ebene:

$$\int_A \operatorname{div} f \, dA = \oint_C f \cdot n \, dk, \quad n \cdot n = 1. \tag{23}$$

A ist die Fläche, die von der Kurve C eingeschlossen wird. Der Normalenvektor n steht senkrecht zur Kurve C und zeigt zur flächenabgewandten Seite.

Wendet man den Gauß-Satz auf die spezielle Vektorfunktion $f = u \operatorname{grad} v$ zweier Skalarfelder $u(x)$ und $v(x)$ an, so gelangt man über die Umformung

$$\operatorname{div}(u \operatorname{grad} v) = \sum_{i=1}^{3} \frac{\partial u}{\partial x_i} \cdot \frac{\partial v}{\partial x_i} + u \Delta v, \tag{24}$$
$$\Delta v = v_{,11} + v_{,22} + v_{,33},$$

zu den drei *Greenschen Formeln* (Summation über $i = 1, 2, 3$):

1. $$\int_V u_{,i} v_{,i} \, dV + \int_V u(\Delta v) \, dV = \oint_S u n \cdot (\operatorname{grad} v) \, dS. \tag{25}$$

2. $$\int_V (u \Delta v - v \Delta u) \, dV = \oint_S (u \operatorname{grad} v - v \operatorname{grad} u) \cdot n \, dS. \tag{26}$$

3. Speziell für $u = 1$:

$$\int_V \Delta v \, dV = \oint_S (\operatorname{grad} v) \cdot n \, dS. \tag{27}$$

Weitere Sonderformen des Integralsatzes von Gauß:

$$\int_V \operatorname{grad} f \, dV = \oint_S f n \, dS,$$
$$\oint_S f \times n \, dS = -\int_V \operatorname{rot} f \, dV. \tag{28}$$

Der Integralsatz von Stokes stellt eine Beziehung her zwischen Oberflächenintegralen über einer Fläche S und Integralen über deren geschlossene Berandungskurve C, wobei der Umlaufsinn auf der Kurve C im Rechtssystem mit der Richtung der Normalen n übereinstimmen muß; siehe Bild 17-2.

Integralsatz von Stokes:

$$\oint_C f(x) \cdot dx = \int_S (\operatorname{rot} f(x)) \cdot n \, dS. \tag{29}$$

$$n \, dS = x_{,1} \times x_{,2} \, dx_1 \, dx_2, \quad \text{vgl. Kap. 15.}$$

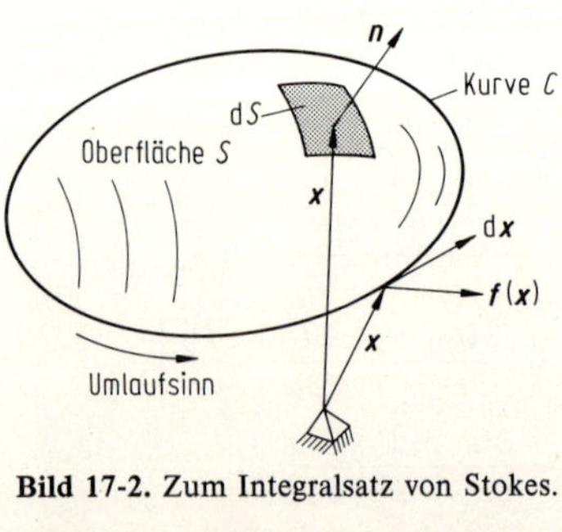

Bild 17-2. Zum Integralsatz von Stokes.

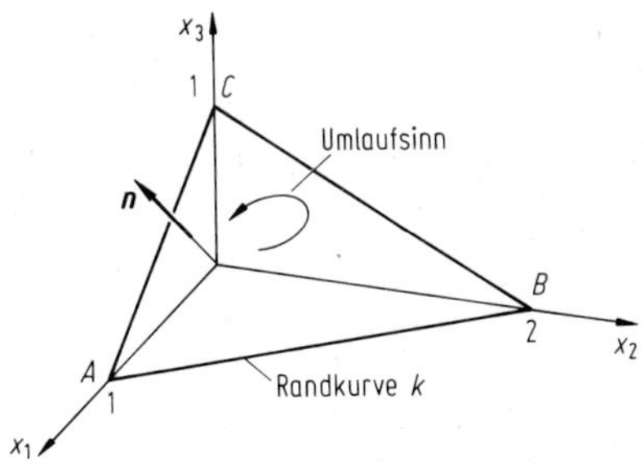

Bild 17-3. Beispiel zum Satz von Stokes.

Beispiel: Gegeben ist ein Vektorfeld

$$\boldsymbol{f}^{\mathrm{T}}(\boldsymbol{x}) = [x_2x_3, -x_1x_3, x_1x_2]$$

und die zusammengesetzte Raumkurve k in Bild 17-3 von A über B und C zurück nach A. Gesucht ist die Zirkulation Z von $\boldsymbol{f}$ längs k mit Hilfe des Satzes von Stokes.

$$(\mathrm{rot}\,\boldsymbol{f})^{\mathrm{T}} = [2x_1, 0, -2x_3].$$

Fläche $\boldsymbol{x}$ mit der gegebenen Randkurve:

$$\boldsymbol{x}^{\mathrm{T}} = [x_1, x_2, 1 - x_1 - x_2/2]; \quad \boldsymbol{x},_1^{\mathrm{T}} = [1, 0, -1],$$

$$\boldsymbol{x},_2^{\mathrm{T}} = [0, 1, -1/2].$$

$$\boldsymbol{n}^{\mathrm{T}}\mathrm{d}S = [1, 1/2, 1]\,\mathrm{d}x_1\,\mathrm{d}x_2.$$

$$Z = \iint\limits_S (2x_1 - 2x_3)\,\mathrm{d}x_1\,\mathrm{d}x_2$$

$$= 2\int\limits_0^1 \left(\int\limits_0^{2(1-x_1)} (-1 + 2x_1 + x_2/2)\,\mathrm{d}x_2 \right) \mathrm{d}x_1 = 0.$$

18 Differentiation und Integration komplexer Funktionen

18.1 Darstellung, Stetigkeit komplexer Funktionen

Eine komplexe Zahl z kann in dreifacher Form dargestellt werden:

$$z = x + \mathrm{j}y, \tag{1a}$$

$$z = r(\cos\varphi + \mathrm{j}\sin\varphi), \tag{1b}$$

$$z = r\mathrm{e}^{\mathrm{j}\varphi}, \tag{1c}$$

$$r = |z| = \sqrt{x^2 + y^2}, \quad \tan\varphi = y/x,$$

wobei x, y Koordinaten in der Gaußschen Zahlenebene (Bild 18-1) sind und r, φ Länge und Richtung eines *Zeigers*. Die Identität der Formen (1b) und (1c) folgt aus der *Euler-Formel*

$$\mathrm{e}^{\mathrm{j}\varphi} = \cos\varphi + \mathrm{j}\sin\varphi, \tag{2}$$

die anhand der Taylor-Reihen (9.2.1) für $\exp(\mathrm{j}\varphi)$, $\cos\varphi$ und $\sin\varphi$ bewiesen werden kann:

$$\begin{aligned}\exp(\mathrm{j}\varphi) &= 1 + \mathrm{j}\varphi + (\mathrm{j}\varphi)^2/2! + (\mathrm{j}\varphi)^3/3! + \ldots \\ &= (1 - \varphi^2/2! + \ldots) + \mathrm{j}(\varphi - \varphi^3/3! + \ldots) \\ &= \cos\varphi + \mathrm{j}\sin\varphi.\end{aligned} \tag{3}$$

Die exponentielle Form erlaubt eine einfache Formulierung der Multiplikation und Division:

$$\begin{aligned} z_1z_2 &= r_1r_2\,\mathrm{e}^{\mathrm{j}(\varphi_1+\varphi_2)}. \\ z_1/z_2 &= (r_1/r_2)\,\mathrm{e}^{\mathrm{j}(\varphi_1-\varphi_2)}. \\ 1/z &= (1/r)\,\mathrm{e}^{-\mathrm{j}\varphi}. \end{aligned} \tag{4}$$

Tabelle 18-1. Geometrische Bedeutung von Einheitsmultiplikationen für einen Zeiger z

Faktor z_0	exp-Form	z_0z Geometrische Deutung
j	$\exp(\mathrm{j}\pi/2)$	Zeiger z wird um $\varphi = \pi/2$ gedreht
(−j)	$\exp(\mathrm{j}\cdot 3\pi/2)$	Zeiger z wird um $\varphi = 3\pi/2$ gedreht
1	$\exp(\mathrm{j}\cdot 0)$	Zeiger z bleibt unverändert
(−1)	$\exp(\mathrm{j}\pi)$	Zeiger z wird um $\varphi = \pi$ gedreht

Komplexwertige Funktionen $f(z)$ beschreiben eindeutige Zuordnungen von Elementen z einer Teilmenge D der komplexen Zahlen zu Elementen w als Teilmenge W der komplexen Zahlen.

D: Definitionsbereich der Funktion f, Argumentmenge.

W: Wertebereich der Funktion f.

$$W(f) = \{w \mid w = f(z) \quad \text{für} \quad z \in D\}. \tag{5}$$

Die kreisförmige ε-Umgebung eines Punktes z_0 in der Gaußschen Zahlenebene enthält nach Bild 18-1 alle Punkte $z \in D$ innerhalb des Kreises.

ε-Umgebung $|z - z_0| < \varepsilon, \quad z \subset D$.

Häufungspunkt z_0: ε-Umgebung enthält unendlich viele $z_k \subset D$. (6)

Isolierter Punkt z_0: ε-Umgebung enthält keine weiteren $z_k \in D$.

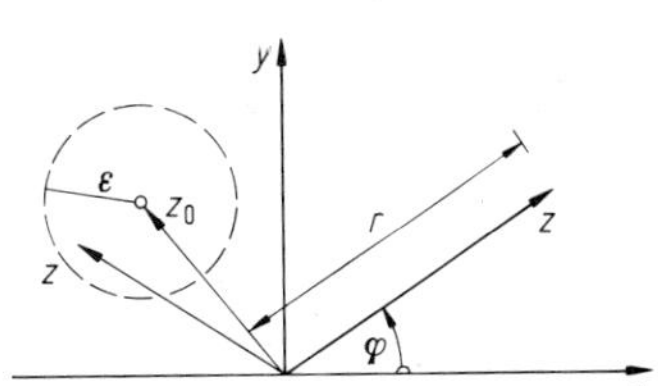

Bild 18-1. Zeiger z in Polarkoordinaten, ε-Umgebung eines Punktes z_0 mit $|z - z_0| < \varepsilon$.

Stetigkeit einer komplexen Funktion $f(z = x + \mathrm{j}x) = w = u(x,y) + \mathrm{j}v(x,y)$ im Punkt z_0 liegt vor, wenn der Grenzwert g für $z \to z_0$ existiert und mit dem Funktionswert $f(z_0)$ übereinstimmt. Falls die reellen Funktionen $u(x,y)$ und $v(x,y)$ in z_0 stetig sind, so gilt dies auch für die komplexe Funktion $f(z)$.

18.2 Ableitung

Ableitung der Funktion $f(z)$ im Punkt $z = x + \mathrm{j}y$ ist definiert als Grenzwert

$$\lim_{\Delta z \to 0} \frac{f(z+\Delta z) - f(z)}{\Delta z} = \lim_{\Delta z \to 0} \frac{\Delta f}{\Delta z} = f' = \mathrm{d}f/\mathrm{d}z, \tag{7}$$

falls dieser existiert, wobei die Art der Annäherung an den Punkt z beliebig ist.

$f(z) = u(x,y) + \mathrm{j}v(x,y)$.

Annäherung parallel zur x-Achse; $\Delta z = \Delta x$.

$$f' = \lim_{\Delta x \to 0} \frac{\Delta f}{\Delta x} = \lim_{\Delta x \to 0} \left(\frac{\Delta u}{\Delta x} + \mathrm{j} \frac{\Delta v}{\Delta x} \right) = u_{,x} + \mathrm{j}v_{,x}.$$

Annäherung parallel zur y-Achse; $\Delta z = \mathrm{j}\Delta y$.

$$f' = \lim_{\Delta y \to 0} \frac{\Delta f}{\mathrm{j}\Delta y} = \lim_{\Delta y \to 0} \left(\frac{\Delta u}{\mathrm{j}\Delta y} + \mathrm{j} \frac{\Delta v}{\mathrm{j}\Delta y} \right)$$
$$= -\mathrm{j}u_{,y} + v_{,y}.$$

Daraus folgt die notwendige und auch hinreichende Bedingung für die Differenzierbarkeit der Funktion $f(z)$:

Cauchy-Riemannsche Differentialgleichung:

$$u_{,x} - v_{,y} = 0 \quad \text{und} \quad v_{,x} + u_{,y} = 0. \tag{8}$$

$$\text{Ableitung } f' = u_{,x} + \mathrm{j}v_{,x} = v_{,y} - \mathrm{j}u_{,y}. \tag{9}$$

Funktionen mit der Eigenschaft (8) heißen *holomorphe Funktionen*.
Durch partielles Ableiten der Gleichungen (8) nach x und y erhält man isolierte Gleichungen für $u(x,y)$ und $v(x,y)$, die notwendigerweise erfüllt sein müssen, wenn $u + \mathrm{j}v$ eine holomorphe Funktion sein soll.

$$\Delta(\,) = (\,)_{,xx} + (\,)_{,yy} \quad \text{(Laplace-Operator)},$$
$$\Delta u = 0, \quad \Delta v = 0. \tag{10}$$

Die Ableitungsbedingung (8) läßt sich auch in Polarkoordinaten formulieren.

Cauchy-Riemannsche Differentialgleichung:

$$f(z) = u(r,\varphi) + \mathrm{j}v(r,\varphi),$$
$$ru_{,r} - v_{,\varphi} = 0 \quad \text{und} \quad u_{,\varphi} + rv_{,r} = 0. \tag{11}$$

Beispiel: Gegeben ist eine Funktion $u(x,y) = x^3 - 3xy^2$. Zunächst ist zu prüfen, ob u Summand einer holomorphen Funktion sein kann. Trifft dies zu, berechne man den Partner $v(x,y)$ und die Ableitung $\mathrm{d}f/\mathrm{d}z = f'$.
Mit $u_{,xx} = 6x$ und $u_{,yy} = -6x$ gilt $\Delta u = 0$. Den Partner $v(x,y)$ liefert die Integration der Cauchy-Riemann-Gleichung:

$v_{,y} = u_{,x} = 3x^2 - 6y^2$

$\to v = 3x^2y - 2y^3 + f(x) + c_1$.

$v_{,x} = -u_{,y} = 6xy$

$\to v = 3x^2y + f(y) + c_2$.

Insgesamt $v(x,y) = 3x^2y - 2y^3 + c$.

Ableitungsfunktion
$f' = u_{,x} + \mathrm{j}v_{,x} = (3x^2 - 6y^2) + \mathrm{j}(6xy)$.

18.3 Integration

Das bestimmte Integral einer Funktion $f(z)$ längs eines vorgegebenen Weges k in der Gaußschen Zahlenebene von einem Anfangspunkt A bis zu einem Endpunkt E wird an einem zugeordneten n-gliedrigen Polygonzug nach Bild 18-2 erklärt. Die elementweisen Produkte $(z_i - z_{i-1}) f(\tilde{z}_i)$ mit einem beliebigen Zwischenpunkt $\tilde{z}_i$ streben zusammengenommen für $n \to \infty$ einem Grenzwert zu.

$$\lim_{n \to \infty} \sum_{i=1}^{n} (z_i - z_{i-1}) f(\tilde{z}_i) = \int_k f(z)\,\mathrm{d}z. \tag{12}$$

k: vorgegebener Integrationsweg von z_A nach z_E.

Mit $w = f(z) = u(x,y) + \mathrm{j}v(x,y),\ z = x + \mathrm{j}y$:

$$\int f(z)\,\mathrm{d}z = \int (u\,\mathrm{d}x - v\,\mathrm{d}y) + \mathrm{j}\int (u\,\mathrm{d}y + v\,\mathrm{d}x). \tag{13}$$

Parameterdarstellung
$x = x(t),\ y = y(t),\ \mathrm{d}(\,)/\mathrm{d}t = (\dot{\,})$:

$$\int f(z)\,\mathrm{d}z = \int (u\dot{x} - v\dot{y})\,\mathrm{d}t + \mathrm{j}\int (u\dot{y} + v\dot{x})\,\mathrm{d}t;$$
$$\text{oder} \quad \int f\,\mathrm{d}z = \int f\dot{z}\,\mathrm{d}t. \tag{14}$$

Jede Punktmenge G in der Gauß-Ebene, die nur aus inneren Häufungspunkten besteht, nennt man Gebiet. Gehören die Randpunkte von G zur Punktmenge, spricht man von einem abgeschlossenen Gebiet. Ein n-fach zusammenhängendes

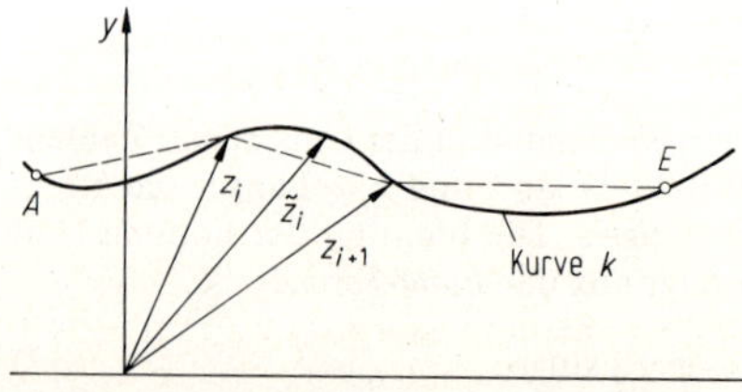

Bild 18-2. Integral längs der Kurve k von A nach E.

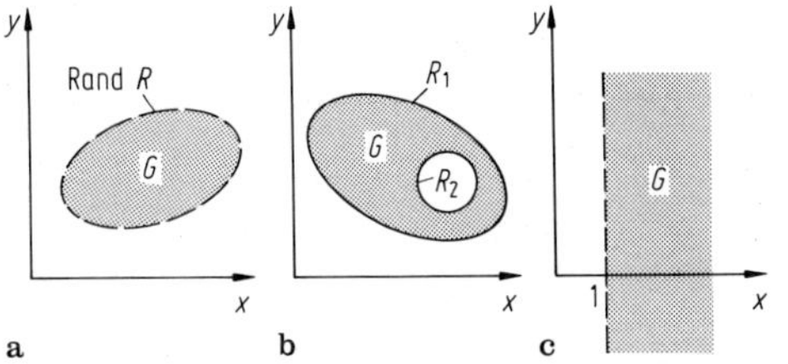

Bild 18-3. Gebiete. **a** einfach zusammenhängend, Rand R gehört nicht zu G; **b** zweifach zusammenhängend, abgeschlossen, R_1 und R_2 gehören zu G; **c** unbeschränktes Gebiet mit $\operatorname{Re}(z) > 1$.

Gebiet besitzt n geschlossene Ränder. Ferner gibt es unbeschränkte Gebiete, siehe Bild 18-3.
Es gelten analoge Integrationsregeln wie bei reellen Funktionen.

Beispiel: Das Integral $\int \bar{z}\,\mathrm{d}z$ ist auszurechnen von $z_A = 0$ bis $z_E = 2 + \mathrm{j}$. $\bar{z} = x - \mathrm{j}y$.
1. Weg entlang der Kurve $z = 2t^2 + \mathrm{j}t$.
2. Weg von $z_A = 0$ bis $z_D = 2$ und von $z_D = 2$ bis $z_E = 2 + \mathrm{j}$. $f(z) = \bar{z} = x - \mathrm{j}y$, also $u(x,y) = x$ und $v(x,y) = -y$.
1. Weg: $x(t) = 2t^2$, $\dot{x} = 4t$, $y(t) = t$, $\dot{y} = 1$. $0 \leqq t \leqq 1$.

$$\int \bar{z}\,\mathrm{d}z = \int (x\dot{x} + y\dot{y})\,\mathrm{d}t + \mathrm{j}\int (x\dot{y} - y\dot{x})\,\mathrm{d}t.$$

$$\int_0^{2+\mathrm{j}} \bar{z}\,\mathrm{d}z = \int_0^1 (8t^3 + t)\,\mathrm{d}t + \mathrm{j}\int_0^1 (2t^2 - 4t^2)\,\mathrm{d}t = 5/2 - \mathrm{j}2/3.$$

2. Weg: Von z_A bis z_B gilt $v = 0$, $\mathrm{d}y = 0$.
Von z_B bis z_E gilt $u = 2$, $\mathrm{d}x = 0$.

$$\int_0^{2+\mathrm{j}} \bar{z}\,\mathrm{d}z = \int_0^2 x\,\mathrm{d}x + \int_0^1 (+y)\,\mathrm{d}y + \mathrm{j}\int_0^1 2\,\mathrm{d}y = 5/2 + 2\mathrm{j}.$$

Im allgemeinen ist der Wert des bestimmten Integrals vom Integrationsweg abhängig, doch gilt der *Cauchysche Integralsatz:*

> Ist die Funktion $f(z)$ in einem einfach zusammenhängenden Gebiet G der Gauß-Ebene holomorph, so hat das Integral $\int_A^E f(z)\,\mathrm{d}z$ für jeden Integrationsweg in G von z_A nach z_E denselben Wert. (15)

Ist dieser Weg eine geschlossene, hinreichend glatte Kurve k in G, so gilt

$$\oint_k f(z)\,\mathrm{d}z = 0, \text{ falls } f(z) \text{ in } G \text{ holomorph.} \quad (16)$$

Eine wesentliche Bedeutung hat das Integral $\int z^{-1}\,\mathrm{d}z$. Es ist auszurechnen für einen Kreis um den Nullpunkt mit Radius $r > 0$ als Integrationsweg. Bis auf den Nullpunkt $z_0 = 0$ ist $f(z) = z^{-1}$ in der gesamten Zahlenebene holomorph. Der Cauchysche Integralsatz (16) ist also nicht anwendbar.

$$I = \int f\,\mathrm{d}z = \int f(z)\,\dot{z}\,\mathrm{d}t, \quad z(t) = r\mathrm{e}^{\mathrm{j}t}, \quad 0 \leqq t \leqq 2\pi.$$

$$I = \int_0^{2\pi} \frac{1}{z}\, r\mathrm{j}\mathrm{e}^{\mathrm{j}t}\,\mathrm{d}t = \int_0^{2\pi} \mathrm{j}\,\mathrm{d}t = \mathrm{j}\cdot 2\pi.$$

$$\int_0^{2\pi} \frac{1}{z}\,\mathrm{d}z = \mathrm{j}\cdot 2\pi. \quad (17)$$

Als Konsequenz des Integralsatzes erhält man die *Cauchyschen Integralformeln:*
$f(z)$ sei in einem n-fach zusammenhängenden beschränkten Gebiet G holomorph. Falls der Integrationsweg k ganz in G liegt, so gilt für einen Punkt z_0 (Bild 18-4) innerhalb des Weges k:

$$f(z_0) = \frac{1}{2\pi\mathrm{j}} \oint_k \frac{f(z)}{z - z_0}\,\mathrm{d}z,$$
$$f^{(n)}(z_0) = \frac{n!}{2\pi\mathrm{j}} \oint_k \frac{f(z)}{(z - z_0)^{n+1}}\,\mathrm{d}z. \quad (18)$$

Ist die Kurve k speziell ein Kreis mit Radius R, so gilt für einen Punkt $z = r\mathrm{e}^{\mathrm{j}\varphi}$ $(r < R)$ innerhalb des Kreises die *Poisson-Formel für einen Kreis in Polarkoordinaten.*

$$f(z_0) = \frac{1}{2\pi} \int_0^{2\pi} \frac{(R^2 - r^2) f(R\,\mathrm{e}^{\mathrm{j}\varphi})}{R^2 - 2Rr\cos(\varphi_0 - \varphi) + r^2}\,\mathrm{d}\varphi. \quad (19)$$
$$z_0 = r\exp(\mathrm{j}\varphi_0).$$

Ist $f(z)$ in der oberen Halbebene $(y \geqq 0)$ holomorph, so gilt eine entsprechende Formel für jeden Punkt z_0 der oberen Halbebene.
Poisson-Formel für Halbebene $y \geqq 0$.

$$z_0 = x_0 + \mathrm{j}y_0.$$
$$f(z_0) = \frac{1}{\pi} \int_{-\infty}^{\infty} \frac{y_0 f(x)}{(x - x_0)^2 + y_0^2}\,\mathrm{d}x. \quad (20)$$

Entwicklung einer Funktion. In der Umgebung G eines Punktes z_0 nach Bild 18-5 läßt sich jede holomorphe Funktion darstellen als *Taylor-Reihe*

$$f(z) = \sum_{k=0}^{\infty} \frac{1}{k!} [f^{(k)}(z_0)] (z - z_0)^k. \quad (21)$$

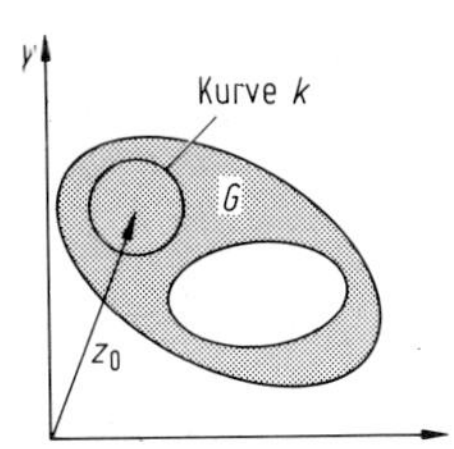

Bild 18-4. Integrationsweg k in G um einen Punkt z_0.

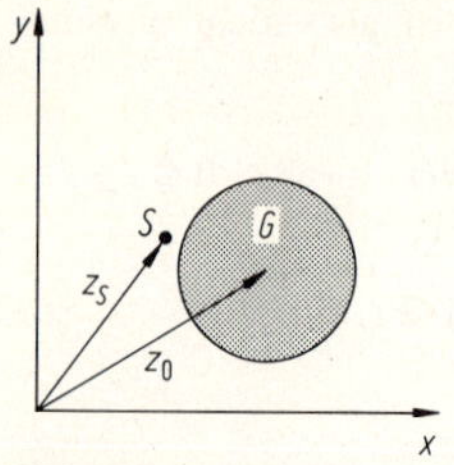

Bild 18-5. Umgebung G eines Punktes z_0 ohne singulären Punkt z_s.

Sie konvergiert, solange der Kreis um z_0 keine singulären Punkte enthält.

Ist eine Funktion f in der Umgebung des Punktes z_0 nicht holomorph, wohl aber in dem Kreisgebiet nach Bild 18-6 mit Zentrum in z_0, so spaltet sich die Taylor-Reihe in zwei Anteile auf; das ist die **Laurent-Reihe**

$$f(z) = \sum_{k=1}^{\infty} a_k (z - z_0)^{-k} + \sum_{k=0}^{\infty} b_k (z - z_0)^k$$

kurz

$$f(z) = \sum_{k=-\infty}^{\infty} c_k (z - z_0)^k, \quad r < |z - z_0| < R. \tag{22}$$

$$c_k = \frac{1}{2\pi j} \oint \frac{f(z)\,dz}{(z - z_0)^{k+1}}.$$

Ist $f(z)$ auch im inneren Kreis einschließlich z_0 holomorph, so geht (22) in (21) über.

Beispiel: Gesucht ist die Laurent-Reihe für die Funktion $f(z) = (z-1)^{-1}(z-4)^{-1}$. Sie ist offensichtlich für $z = 1$ und $z = 4$ singulär, also im Ringgebiet $1 < |z| < 4$ holomorph. Durch Partialbruchzerlegung erzeugt man aus $f(z)$ eine Summe einzeln entwickelbarer Teile. Dabei ergibt sich eine Darstellung nach (22).

$$f(z) = \left(\frac{-1}{z-1} + \frac{1}{z-4}\right)\frac{1}{3}.$$

$$\frac{1}{z-1} = \sum_{k=1}^{\infty} z^{-k}, \quad |z| > 1;$$

$$\frac{1}{1 - z/4} = \sum_{k=0}^{\infty} (z/4)^k, \quad |z| < 4;$$

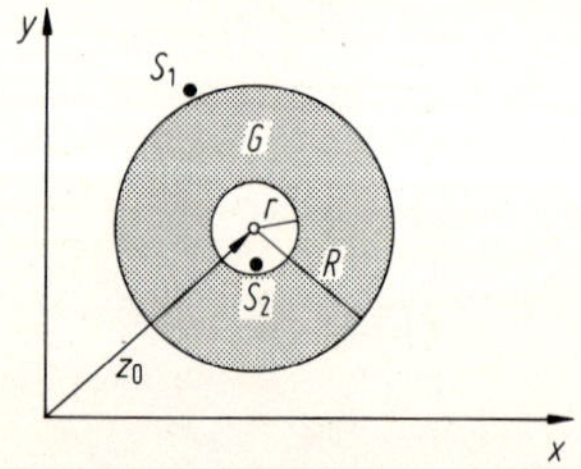

Bild 18-6. Entwicklungsgebiet G mit Zentrum z_0 ohne die singulären Punkte S_i.

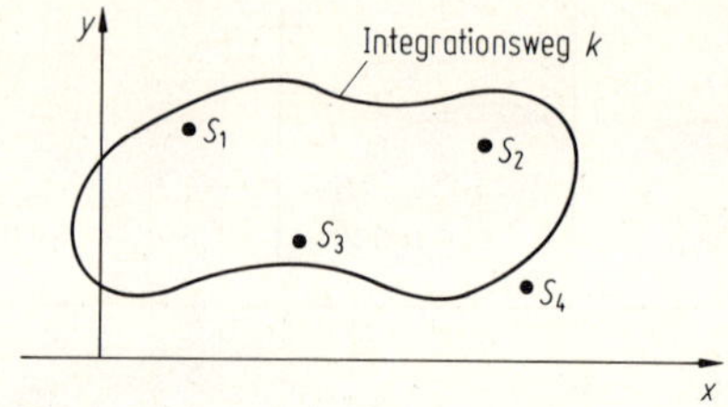

Bild 18-7. Integrationsweg k in G mit drei relevanten singulären Punkten S_1 bis S_3.

also insgesamt

$$f(z) = -\frac{1}{3}\left[\sum_{k=1}^{\infty} z^{-k} + \frac{1}{4}\sum_{k=0}^{\infty} (z/4)^k\right].$$

Über die Laurent-Reihe kann das Randintegral längs einer Kurve k in G berechnet werden, die nach Bild 18-7 mehrere singuläre Punkte z_1 bis z_s enthält.

$$\begin{aligned} f(z) = {} & \sum_{k=1}^{\infty} a_{1k}(z - z_1)^{-k} + \sum_{k=0}^{\infty} b_{1k}(z - z_1)^k \\ + {} & \quad \vdots \quad \vdots \qquad\qquad \vdots \quad \vdots \\ + {} & \sum_{k=1}^{\infty} a_{sk}(z - z_s)^{-k} + \sum_{k=0}^{\infty} b_{sk}(z - z_s)^k, \end{aligned} \tag{23}$$

$$\oint f(z)\,dz = 2\pi j \sum_{k=1}^{s} a_{k1}.$$

Die Koeffizienten a_{k1} nennt man auch *Residuum* der Funktion f an der singulären Stelle z_k.

$$\operatorname{Res} f(z)|_{z_k} = a_{k1}. \tag{24}$$

Für eine singuläre Stelle m-ter Ordnung gilt allgemeiner

$$\operatorname{Res} f(z)|_{z_k} = \frac{1}{(m-1)!} \lim_{z \to z_k} [(z - z_k)^m f(z)]^{(m-1)}.$$

Speziell für $m = 1$: (25)

$$\operatorname{Res} f(z) = \lim_{z \to z_k} [(z - z_k) f(z)].$$

Beispiel: $f(z) = \dfrac{z^4 - 2}{z^2(z-1)}$. Gesucht ist das Ringintegral längs des Kreises $z(t) = 2e^{jt}$. $z_1 = 0$ ist doppelte Nullstelle $(m = 2)$, $z_2 = 1$ einfacher Pol.

$$\operatorname{Res} f|_{z_2} = \lim_{z \to 1} \frac{z^4 - 2}{z^2} = -1,$$

$$\operatorname{Res} f|_{z_1} = \lim_{z \to 0} \left[\frac{z^4 - 2}{z - 1}\right]' = 2.$$

Also $\oint f\,dz = 2\pi j$.

Stammfunktion $F(z)$ zu $f(z)$ heißt eine in G holomorphe Funktion dann, wenn ihre Ableitung F'

gleich f ist.

$$F'(z) = f(z)\text{: } F \text{ Stammfunktion zu } f. \tag{26}$$

Für eine in G holomorphe Funktion $f(z)$ ist das bestimmte Integral in F darstellbar und unabhängig vom Integrationsweg.

$$\int_A^E f(z)\,\mathrm{d}z = F(z_E) - F(z_A) = [F(z)]_A^E. \tag{27}$$

Die entsprechende Tabelle 10-1 für Stamm- oder Integralfunktionen reeller Variablen in 10.1 gilt auch für komplexwertige Argumente.

Exponentialfunktionen mit komplexen Argumenten werden häufig benötigt. Es gelten weiterhin die Additionstheoreme aus 7.2 und 7.3.

$$\begin{aligned}
\sin z &= (\mathrm{e}^{\mathrm{j}z} - \mathrm{e}^{-\mathrm{j}z})/(2\mathrm{j}),\\
\cos z &= (\mathrm{e}^{\mathrm{j}z} + \mathrm{e}^{-\mathrm{j}z})/2,\\
\sin \mathrm{j}z &= \mathrm{j}\sinh z, \quad \cos \mathrm{j}z = \cosh z,\\
\sinh \mathrm{j}z &= \mathrm{j}\sin z, \quad \cosh \mathrm{j}z = \cos z,\\
\arcsin z &= (-\mathrm{j}) \ln\left[\mathrm{j}z + \sqrt{1-z^2}\,\right],\\
\arccos z &= (-\mathrm{j}) \ln\left[z + \sqrt{z^2-1}\,\right],\\
\arctan z &= \frac{1}{2\mathrm{j}} \ln\frac{1+\mathrm{j}z}{1-\mathrm{j}z},\\
\operatorname{arccot} z &= \frac{1}{2\mathrm{j}} \ln\frac{z+\mathrm{j}}{z-\mathrm{j}},\\
\operatorname{arsinh} z &= \ln\left[z + \sqrt{z^2+1}\,\right],\\
\operatorname{arcosh} z &= \ln\left[z + \sqrt{z^2-1}\,\right],\\
\operatorname{artanh} z &= \frac{1}{2} \ln\frac{1+z}{1-z},\\
\operatorname{arcoth} z &= \frac{1}{2} \ln\frac{z+1}{z-1}.
\end{aligned} \tag{28}$$

Beispiel:

$f(z) = \cos \mathrm{j} = (\mathrm{e}^{-1} + \mathrm{e}^{1})/2 = \cosh 1 = 1{,}543\,08\ldots.$

Trigonometrische Funktionen eines komplexen Argumentes können also betragsmäßig größer als 1 werden, was bei reellen Argumenten ausgeschlossen ist.

19 Konforme Abbildung

Die Abbildung einer komplexen Zahl $z = x + \mathrm{j}y$ in ihr Bild $w = u(x, y) + \mathrm{j}v(x, y)$ kann auch durch zugeordnete Vektoren beschrieben werden:

$$\boldsymbol{z} = \begin{bmatrix} x \\ y \end{bmatrix}, \quad \boldsymbol{f}(\boldsymbol{z}) = \boldsymbol{w} = \begin{bmatrix} u(x,y) \\ v(x,y) \end{bmatrix}. \tag{1}$$

Die totalen Zuwächse spannen in jedem Punkt mit dem Ortsvektor $\boldsymbol{z}$ eine lokale Basis auf,

$$\begin{aligned}
\mathrm{d}\boldsymbol{z} &= \boldsymbol{z}_{,x}\,\mathrm{d}x + \boldsymbol{z}_{,y}\,\mathrm{d}y = \begin{bmatrix} 1 \\ 0 \end{bmatrix}\mathrm{d}x + \begin{bmatrix} 0 \\ 1 \end{bmatrix}\mathrm{d}y,\\
\mathrm{d}\boldsymbol{f} &= \boldsymbol{f}_{,x}\,\mathrm{d}x + \boldsymbol{f}_{,y}\,\mathrm{d}y = \begin{bmatrix} u_{,x} \\ v_{,x} \end{bmatrix}\mathrm{d}x + \begin{bmatrix} u_{,y} \\ v_{,y} \end{bmatrix}\mathrm{d}y,
\end{aligned} \tag{2}$$

die auch für das Bild $\boldsymbol{f}$ orthogonal ist, wenn man die Cauchy-Riemann-Bedingung, Gl. (8) in 18-2 beachtet.

$$\boldsymbol{f}_{,y} = \begin{bmatrix} u_{,y} \\ v_{,y} \end{bmatrix} = \begin{bmatrix} -v_{,x} \\ u_{,x} \end{bmatrix} \rightarrow \boldsymbol{f}_{,x} \cdot \boldsymbol{f}_{,y} = 0. \tag{3}$$

Die Längenquadrate $\mathrm{d}\boldsymbol{z}^2$ vom Original und $\mathrm{d}\boldsymbol{f}^2$ vom Bild stehen in jedem Punkt P in einem konstanten Verhältnis zueinander, das unabhängig ist von der Orientierung in P.

$$\begin{aligned}
\mathrm{d}\boldsymbol{z}^2 &= \mathrm{d}x^2 + \mathrm{d}y^2,\\
\mathrm{d}\boldsymbol{f}^2 &= (\mathrm{d}x^2 + \mathrm{d}y^2)(u_{,x}^2 + v_{,x}^2) \rightarrow \mathrm{d}\boldsymbol{f}^2/\mathrm{d}\boldsymbol{z}^2 = |f'|^2.
\end{aligned} \tag{4}$$

Insgesamt ist die Abbildung f von z nach w winkeltreu und lokal maßstabstreu, falls die Funktion f holomorph ist. Diese besondere Abbildung nennt man *konform*.

Inverse Abbildung nennt man die Abbildung $w = 1/z$.

$$\begin{aligned}
z &= x + \mathrm{j}y \rightarrow w = (x - \mathrm{j}y)/\sqrt{x^2+y^2}.\\
z &= r\mathrm{e}^{\mathrm{j}\varphi} \rightarrow w = \mathrm{e}^{-\mathrm{j}\varphi}/r.
\end{aligned} \tag{5}$$

Der längenbezogene Teil $1/r$ dieser Abbildung ist eine sogenannte Spiegelung am Einheitskreis, der richtungsbezogene Teil eine Spiegelung an der reellen Achse.

Tabelle 19-1. Eigenschaften von $w = 1/z$

z-Ebene	w-Ebene
Kreis nicht durch Nullpunkt	Kreis nicht durch Nullpunkt
Gerade nicht durch Nullpunkt	Kreis durch Nullpunkt
Kreis durch Nullpunkt	Gerade nicht durch Nullpunkt
Gerade durch Nullpunkt	Gerade durch Nullpunkt

Beispiel: Das Gebiet *ABCD* im Bild 19-1 wird begrenzt durch 2 Kreisbögen $\widehat{AB}$, $\widehat{CD}$ und durch 2 Geraden *BC*, *AD* jeweils durch den Nullpunkt. Nach Tabelle 18-1 wird das Bildgebiet $w = 1/z$ nur durch Geraden begrenzt.

Lineare Abbildung nennt man $w = a + bz$; $a, b \in \mathbb{C}$. Geometrisch interpretiert ist dies eine Kombination von Translation und Drehstreckung, also eine Ähnlichkeitsabbildung.

Gebrochen lineare Abbildung nennt man

$$w = \frac{a_0 + a_1 z}{b_0 + b_1 z}; \quad a_i, b_i \in \mathbb{C}. \tag{6}$$

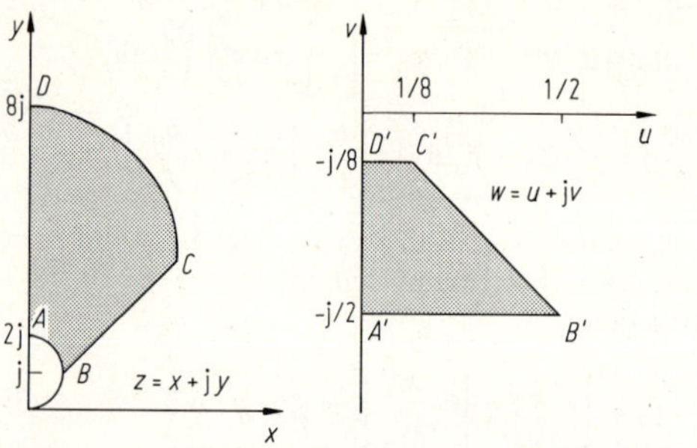

Bild 19-1. Konforme Abbildung eines Kreisgebietes *ABCD* in ein Trapez *A'B'C'D'*.

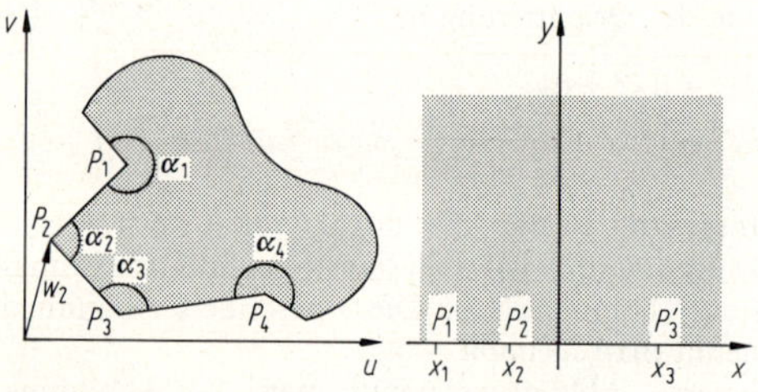

Bild 19-2. Schwarz-Christoffel-Abbildung.

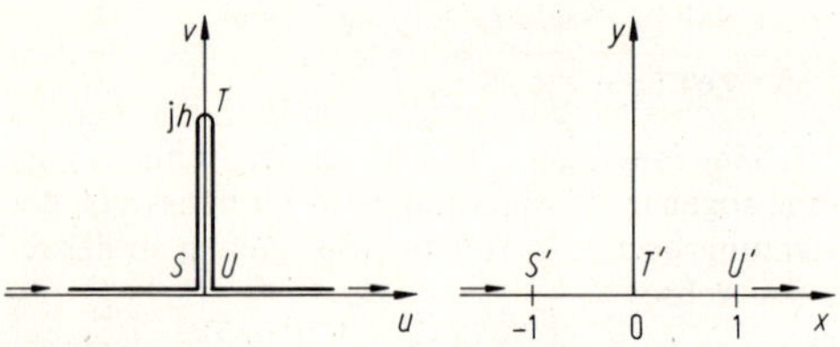

Bild 19-3. Abbildung eines geschlitzten Gebietes in die obere z-Ebene.

Diese Abbildung ist eine Zusammenfassung inverser und linearer Funktionen, wobei eine Umformung nützlich sein kann.

$$w = a_2 + \frac{a_3}{b_0 + b_1 z}, \quad a_2 = \frac{a_1}{b_1}, \qquad a_3 = \frac{a_0 b_1 - a_1 b_0}{b_1}. \tag{7}$$

Durch die Vorgabe von 3 Paaren (z_k, w_k) ist die gebrochen lineare Abbildung bestimmt zu

$$\frac{w - w_1}{w - w_3} \cdot \frac{w_2 - w_3}{w_2 - w_1} = \frac{z - z_1}{z - z_3} \cdot \frac{z_2 - z_3}{z_2 - z_1}. \tag{8}$$

Die Abbildung eines durch ein Polygon begrenzten Gebietes nach Bild 19-2 in den oberen Teil der z-Ebene bei Vorgabe der Bildpunktkoordinaten x_k zu drei beliebigen Polygonecken w_k leistet die *Schwarz-Christoffel-Abbildung*:

$$\frac{\mathrm{d}w}{\mathrm{d}z} = Ap(z), \quad p(z) = \prod_{k=1}^{n} (z - x_k)^{-1 + a_k/\pi},$$
$$w(z) = A \int p(z)\,\mathrm{d}z + B, \tag{9}$$

a_k Innenwinkel im Bogenmaß.
Falls $x_n = \infty$ gewählt wird, ist das Produkt nur bis $n - 1$ zu erstrecken.

Beispiel: Das geschlitzte Gebiet in Bild 19-3 ist auf die obere z-Ebene abzubilden. Mit den Winkeln $a_S = a_U = \pi/2$ sowie $a_T = 2\pi$ und den drei vorgegebenen Punkten $x_{S'} = -1$, $x_{T'} = 0$, $x_{U'} = +1$ erhält man das Produkt

$$p = (z+1)^{-1/2} \cdot (z-0)^1 \cdot (z-1)^{-1/2} = z \big/ \sqrt{z^2 - 1}.$$

Aus Integration und der Zuordnung

$$\begin{aligned} S \to S'&: \text{ für } w = 0 \text{ ist } z = -1, \\ U \to U'&: \text{ für } w = 0 \text{ ist } z = +1, \\ T \to T'&: \text{ für } w = \mathrm{j}h \text{ ist } z = 0 \end{aligned}$$

folgt die gesuchte Abbildung $w(z) = h\sqrt{z^2 - 1}$.

20 Orthogonalsysteme

Eine Menge von Funktionen $\beta_k(x)$ mit der besonderen Integraleigenschaft

$$\int_a^b \beta_i(x)\,\beta_j(x)\,\mathrm{d}x = \begin{cases} 0 & \text{für } i \neq j \\ c_k^2 & \text{für } i = k, \quad j = k \end{cases} \tag{1}$$

bildet ein Orthogonalsystem im Intervall $a \leqq x \leqq b$, das speziell für $c_k = 1$ zum normierten Orthogonalsystem wird. Eine gegebene hinreichend glatte Funktion $f(x)$ läßt sich durch eine Reihenentwicklung in den Funktionen $\beta_k(x)$ darstellen,

$$f(x) = \sum_{k=1}^{\infty} a_k \beta_k(x), \tag{2}$$

wobei die Koeffizienten a_k durch Multiplikation mit $\beta_k(x)$ und Integration im Intervall $a \leqq x \leqq b$ isolierbar sind.

$$\int_a^b f\beta_k\,\mathrm{d}x = a_k \int_a^b \beta_k^2\,\mathrm{d}x = a_k c_k^2. \tag{3}$$

$$\to f(x) = \sum_{k=1}^{\infty} \frac{\int_a^b f\beta_k\,\mathrm{d}x}{\int_a^b \beta_k \beta_k\,\mathrm{d}x}\,\beta_k. \quad f_n(x) = \sum_{k=1}^{n} (\,). \tag{4}$$

Bei vorzeitigem Abbruch der Summation in (4) ist die Differenz δ zwischen gegebener Funktion $f(x)$ und deren Approximation $f_n(x)$ theoretisch angebbar:

$$\delta = f(x) - f_n(x) = \sum_{k=n+1}^{\infty} a_k \beta_k(x). \quad (5)$$

Orthogonalisierung einer gegebenen Menge nicht orthogonaler linear unabhängiger Funktionen $p_k(x)$ ist ein stets möglicher Prozeß. Entsprechend der Vorschrift

$$\begin{aligned} \beta_0 &= p_0 \\ \beta_1 &= c_{10}p_0 + p_1 \\ \beta_2 &= c_{20}p_0 + c_{21}p_1 + p_2 \quad \text{usw.} \end{aligned} \quad (6)$$

sind die Koeffizienten c_{jk} sukzessive aus der Orthogonalitätsforderung zu berechnen.

Beispiel: Die Polynome $p_k = x^k$, $k = 0, 1, 2$, sind für das Intervall $-1 \leqq x \leqq 1$ in ein Orthogonalsystem zu überführen. Mit der Abkürzung $\int_{-1}^{1} f_1(x) f_2(x)\,\mathrm{d}x = (f_1, f_2)$ gilt

$$\begin{aligned} &k=0{:}\ \beta_0 = 1. \\ &k=1{:}\ \beta_1 = c_{10} + x. \quad (\beta_1, \beta_0) = 0 \rightarrow c_{10} = 0. \\ &k=2{:}\ \beta_2 = c_{20} + c_{21}x + x^2. \\ &\qquad (\beta_2, \beta_0) = 0 \rightarrow c_{20} = -1/3, \\ &\qquad (\beta_2, \beta_1) = 0 \rightarrow c_{21} = 0. \end{aligned}$$

Insgesamt: $\beta_0 = 1$; $\beta_1 = x$; $\beta_2 = x^2 - 1/3$.

Führt man die Entwicklung des vorgehenden Beispiels weiter und normiert speziell auf $\beta_k(x=1) \overset{!}{=} 1$, so entstehen die *Legendreschen oder Kugelfunktionen* $P_k(x)$.
Mit $P_0 = 1$, $P_1 = x$ erhält man alle weiteren aus

$$\begin{aligned} &P_k = [(2k-1)xP_{k-1} - (k-1)P_{k-2}]/k, \\ &\int_{-1}^{1} P_k P_k\,\mathrm{d}x = c_k^2 = \frac{2}{2k+1}. \\ &P_0 = 1, \quad P_1 = x, \\ &P_2 = (3x^2-1)/2, \\ &P_3 = (5x^3 - 3x)/2 \quad \text{usw.} \end{aligned} \quad (7)$$

Ein Funktionssystem in trigonometrischer Parameterdarstellung

$$P_k = \cos kt = P_k(\cos t) \quad \text{mit} \quad \cos t = x, \quad (8)$$

mit der Rückführung aller k fachen Argumente auf $\cos t$ und anschließender Abbildung auf $x = \cos t$ erzeugt ein sogenanntes gewichtetes Orthogonalsystem

$$\int_{-1}^{1} w(x) P_i(x) P_j(x)\,\mathrm{d}x = \begin{cases} 0 & \text{für } i \neq j \\ c_k^2 & \text{für } i=k,\ j=k \end{cases}, \quad (9)$$

falls man als Gewichtsfunktion $w(x) \overset{!}{=} (1-x^2)^{-1/2}$ wählt. Mit der Normierung $P_k(x=1) \overset{!}{=} 1$ erhält man die *Tschebyscheff- oder T-Polynome.*

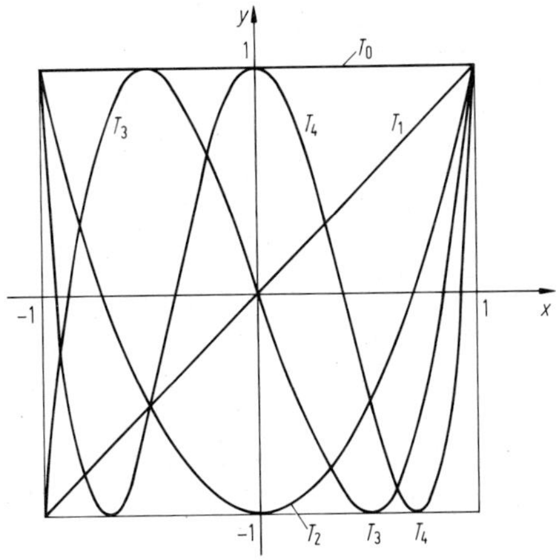

Bild 20-1. Tschebyscheff-Polynome T_0 bis T_4 mit Beschränkung $T^2 \leqq 1$ im Intervall $x^2 \leqq 1$.

$$\int_{-1}^{1} \frac{T_i T_j}{\sqrt{1-x^2}}\,\mathrm{d}x = 0 \quad \text{für} \quad i \neq j.$$

Mit $T_0 = 1$, $T_1 = \cos t = x$ erhält man alle weiteren aus

$$\begin{aligned} T_k &= 2xT_{k-1} - T_{k-2}, \\ T_2 &= \cos 2t = 2x^2 - 1, \\ T_3 &= \cos 3t = 4x^3 - 3x, \\ T_4 &= \cos 4t = 8x^4 - 8x^2 + 1. \end{aligned} \quad (10)$$

Das Bild 20-1 zeigt das auf den Extremalwert $T^2 = 1$ begrenzte Oszillieren der T-Polynome im Intervall, was die gleichmäßige Approximation einer Funktion $f(x)$ nach (2) ermöglicht.

21 Fourier-Reihen

21.1 Reelle Entwicklung

Ein Orthogonalsystem besonderer Bedeutung bilden die trigonometrischen Funktionen im Intervall $-\pi \leq \xi \leq \pi$.

$$\begin{aligned} s_k(\xi) &= \sin k\xi, \quad k = 1, 2, 3 \ldots, \\ c_k(\xi) &= \cos k\xi, \quad k = 0, 1, 2 \ldots. \end{aligned} \quad (1)$$

$$\int_{-\pi}^{\pi} f_1(\xi) f_2(\xi)\,\mathrm{d}\xi = (f_1, f_2). \quad (2)$$

$$(s_j, s_k) = (c_j, c_k) = \begin{cases} 0 & \text{für } j \neq k \\ \pi & \text{für } j = k \neq 0 \end{cases}, \quad (3)$$

$$(s_j, c_k) = 0.$$

Die Periodizität der trigonometrischen Funktionen läßt sie besonders geeignet erscheinen zur

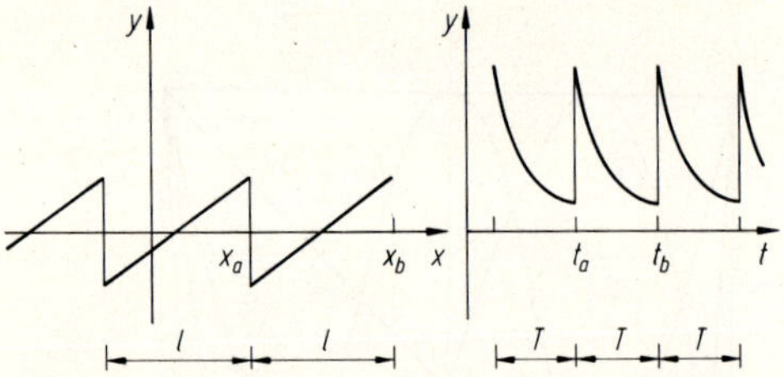

Bild 21-1. Periodische Funktionen in Ort $(l = x_b - x_a)$ und Zeit $(T = t_b - t_a)$.

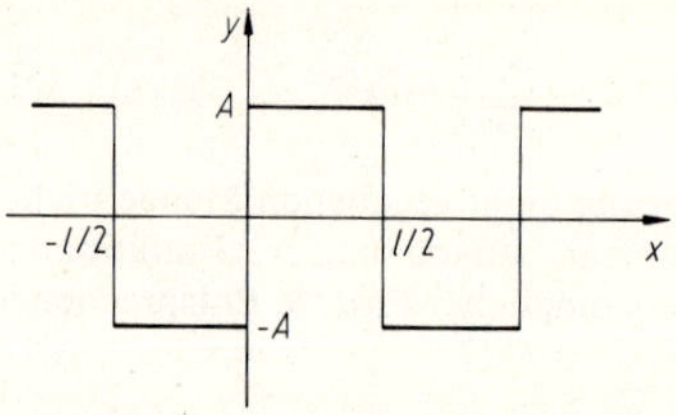

Bild 21-2. Ungerade periodische Funktion.

Darstellung periodischer Funktionen der Zeit t oder des Ortes x nach Bild 21-1, wobei eine vorbereitende Normierung der Zeitperiode T oder der Wegperiode l auf das Intervall $-\pi \leqq \xi \leqq \pi$ erforderlich ist.

$f(t)$ mit Periode T im Intervall $t_a \leqq t \leqq t_b$,
$T = t_b - t_a$.

$$t = \frac{t_a + t_b}{2} + \frac{T}{2\pi}\xi \rightarrow \xi = \frac{2\pi}{T}\left[t - \frac{t_a + t_b}{2}\right]. \tag{4}$$

Entsprechend

$$x = \frac{x_a + x_b}{2} + \frac{l}{2\pi}\xi \rightarrow \xi = \frac{2\pi}{l}\left[x - \frac{x_a + x_b}{2}\right].$$

Die Koeffizienten a_k, b_k der Fourier-Reihe

$$\mathrm{F}[f(\xi)] = a_0 + \sum_{k=1}^{\infty} (a_k \cos k\xi + b_k \sin k\xi) \tag{5}$$

erhält man durch Multiplikation von (5) mit $\cos k\xi$ sowie $\sin k\xi$ und Integration im Intervall $-\pi \leqq \xi \leqq \pi$:

$$a_0 = \frac{1}{2\pi}\int_{-\pi}^{\pi} f\,\mathrm{d}\xi,$$

$$a_k = \frac{1}{\pi}\int_{-\pi}^{\pi} f\cos k\xi\,\mathrm{d}\xi, \quad b_k = \frac{1}{\pi}\int_{-\pi}^{\pi} f\sin k\xi\,\mathrm{d}\xi. \tag{6}$$

Symmetrieeigenschaften der gegebenen Funktion $f(\xi)$ erleichtern die Berechnung.

$f(-\xi) = f(+\xi)$.
f ist symmetrisch zur y-Achse; (7)
Sinus-Anteile $b_k = 0$.

$f(-\xi) = -f(\xi)$.
f ist punktsymmetrisch zum Nullpunkt; (8)
Cosinus-Anteile $a_k = 0$.

Unstetige Funktionen im Punkt ξ_u werden approximiert durch das arithmetische Mittel der beidseitigen Grenzwerte $g(\xi_u - \delta)$, $g(\xi_u + \delta)$.

$$F(\xi_u) = [g(\xi_u - \delta) + g(\xi_u + \delta)]/2, \quad \delta > 0. \tag{9}$$

Die Integration über unstetige Funktionen im Periodenintervall wird stückweise durchgeführt.

Beispiel: Die punktsymmetrische Funktion $f(x) = A$ für $0 < x \leqq l/2$ und $f(x) = -A$ für $-l/2 \leqq x < 0$ nach Bild 21-2 ist durch eine Fourier-Reihe darzustellen. Nach (8) gilt $a_k = 0$.

$$\pi b_k = \int_{-\pi}^{0} (-A)\sin k\xi\,\mathrm{d}\xi + \int_{0}^{\pi} (+A)\sin k\xi\,\mathrm{d}\xi,$$

$$\xi = 2\pi x/l.$$

$$\pi b_k = 2A\int_{0}^{\pi} \sin k\xi\,\mathrm{d}\xi = -2A(\cos k\pi - 1)/k$$

$$\rightarrow b_{2k-1} = \frac{4A}{(2k-1)\pi},$$

$$b_{2k} = 0; \quad k = 1, 2, \ldots,$$

oder

$$\mathrm{F}[f(x)] = \frac{4A}{\pi}\left(\sin\frac{2\pi x}{l} + \frac{1}{3}\sin 3\frac{2\pi x}{l} + \frac{1}{5}\sin 5\frac{2\pi x}{l} + \ldots\right),$$

$$-l/2 \leqq x \leqq +l/2.$$

$$\mathrm{F}[f(x=0)] = 0 = [f(-0) + f(+0)]/2 = (-A + A)/2.$$

21.2 Komplexe Entwicklung

Mit der exponentiellen Darstellung der trigonometrischen Funktionen in 18.3, Gl. (28) $\cos x = (\mathrm{e}^{\mathrm{j}x} + \mathrm{e}^{-\mathrm{j}x})/2$, $\sin x = (\mathrm{e}^{\mathrm{j}x} - \mathrm{e}^{-\mathrm{j}x})2$, läßt sich die Reihe (5) umschreiben,

$$\mathrm{F}[f(\xi)] = a_0 + \sum_{k=1}^{\infty} \{(a_k - \mathrm{j}b_k)\mathrm{e}^{\mathrm{j}k\xi} + (a_k + \mathrm{j}b_k)\mathrm{e}^{-\mathrm{j}k\xi}\}/2,$$

und mit komplexen Koeffizienten kompakt formulieren:

$$\mathrm{F}[f(\xi)] = \sum_{-\infty}^{\infty} c_k\,\mathrm{e}^{\mathrm{j}k\xi},$$

$$c_k = \frac{1}{2\pi}\int_{-\pi}^{\pi} f(\xi)\,\mathrm{e}^{-\mathrm{j}k\xi}\,\mathrm{d}\xi; \quad k = 0, \pm 1, \pm 2, \ldots. \tag{10}$$

Tabelle 21-1. Fourier-Reihen

Bild	$f(\xi)$;	$F(\xi) = F[f(\xi)]$
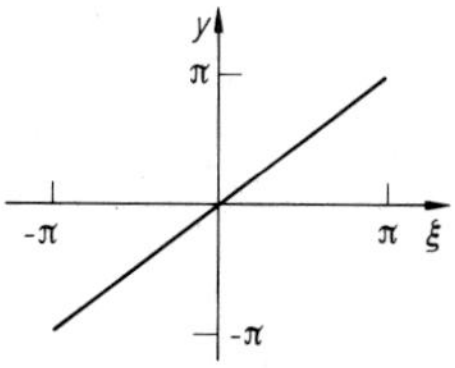	$f = \xi$;	$F = 2\left(\frac{\sin\xi}{1} - \frac{\sin 2\xi}{2} + \frac{\sin 3\xi}{3} - \ldots\right)$
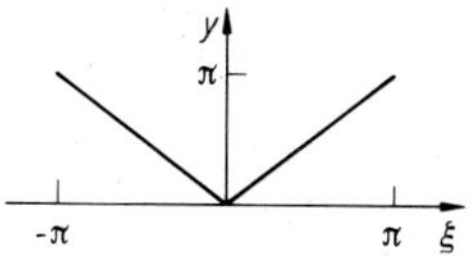	$f = \lvert\xi\rvert$;	$F = \frac{\pi}{2} - \frac{4}{\pi}\left(\cos\xi + \frac{\cos 3\xi}{9} + \frac{\cos 5\xi}{25} + \ldots\right)$
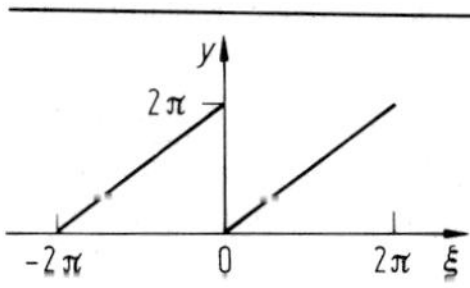	$f = \xi$;	$F = \pi - 2\left(\frac{\sin\xi}{1} + \frac{\sin 2\xi}{2} + \frac{\sin 3\xi}{3} + \ldots\right)$
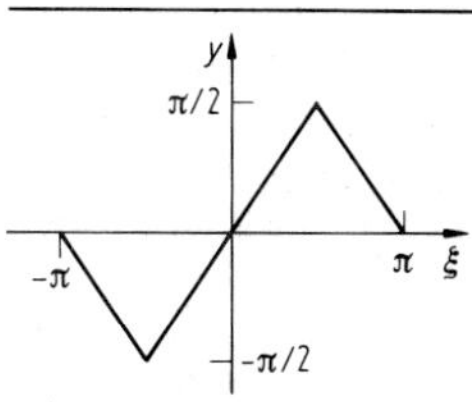		$F = \frac{4}{\pi}\left(\sin\xi - \frac{\sin 3\xi}{9} + \frac{\sin 5\xi}{25} - \ldots\right)$
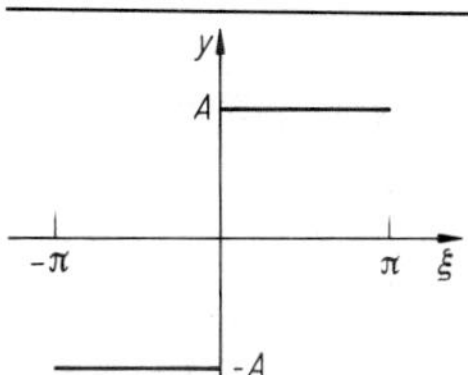		$F = \frac{4A}{\pi}\left(\frac{\sin\xi}{1} + \frac{\sin 3\xi}{3} + \frac{\sin 5\xi}{5} + \ldots\right)$
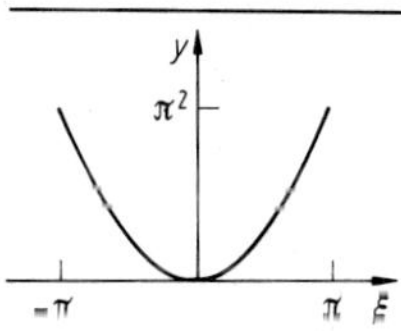	$f = \xi^2$;	$F = \frac{\pi^2}{3} - 4\left(\cos\xi - \frac{\cos 2\xi}{4} + \frac{\cos 3\xi}{9} - \ldots\right)$
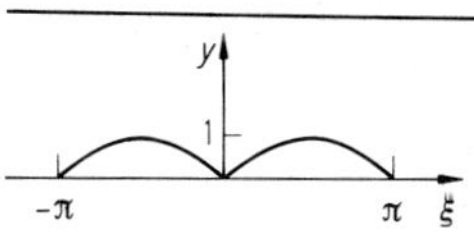	$f = \lvert\sin\xi\rvert$;	$F = \frac{2}{\pi} - \frac{4}{\pi}\left(\frac{\cos 2\xi}{1\cdot 3} + \frac{\cos 4\xi}{3\cdot 5} + \frac{\cos 6\xi}{5\cdot 7} + \ldots\right)$
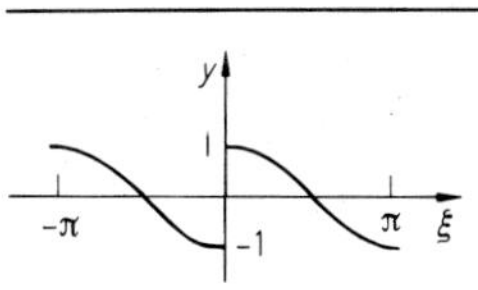		$F = \frac{4}{\pi}\left(\frac{2\sin 2\xi}{1\cdot 3} + \frac{4\sin 4\xi}{3\cdot 5} + \frac{6\sin 6\xi}{5\cdot 7} + \ldots\right)$
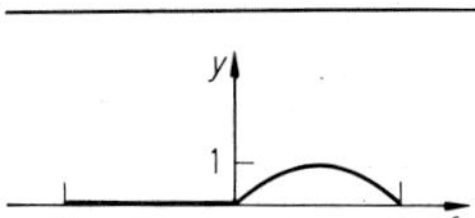		$F = \frac{1}{\pi} + \frac{1}{2}\sin\xi - \frac{2}{\pi}\left(\frac{\cos 2\xi}{1\cdot 3} + \frac{\cos 4\xi}{3\cdot 5} + \ldots\right)$

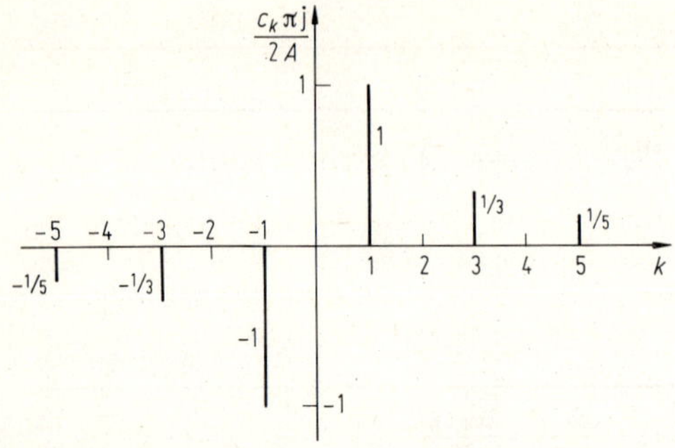

Bild 21-3. Diskretes Fourier-Spektrum.

Im Zeitbereich $-T/2 \leqq t \leqq T/2$ erhält man mit

$$\xi = 2\pi \frac{t}{T}, \quad \omega = 2\pi/T,$$

$$\mathrm{F}[f(t)] = \sum_{-\infty}^{\infty} \frac{1}{T} \left\{ \int_{-T/2}^{T/2} f(t)\, \mathrm{e}^{-\mathrm{j}\omega kt}\, \mathrm{d}t \right\} \mathrm{e}^{\mathrm{j}\omega kt}. \tag{11}$$

Die Koeffizienten c_k bilden das sogenannte *diskrete Spektrum* der fourierentwickelten Funktion $f(t)$.

Beispiel: Für die Rechteckfunktion nach Bild 21-2 erhält man die Spektralfolge

$$c_k = \frac{1}{2\pi} \int_{-\pi}^{0} (-A)\, \mathrm{e}^{-\mathrm{j}k\xi}\, \mathrm{d}\xi + \frac{1}{2\pi} \int_{0}^{\pi} (+A)\, \mathrm{e}^{-\mathrm{j}k\xi}\, \mathrm{d}\xi$$
$$= \frac{\mathrm{j}A}{k\pi} (\cos k\pi - 1).$$

Daraus folgt:

$$c_0 = 0; \quad k \text{ gerade:} \quad c_k = c_{-k} = 0,$$
$$k \text{ ungerade:} \quad c_k = \frac{2A}{k\pi \mathrm{j}}.$$

Das diskrete Spektrum der c_k-Werte zeigt Bild 21-3.

22 Polynomentwicklungen

Nichtorthogonale Polynomentwicklungen einer Funktion $f(x)$ spielen im Rahmen der Approximationstheorien eine große Rolle. Man unterscheidet folgende Typen:

1. Entwicklung in rationaler Form von einem Punkt (x_k) aus *(Taylor)*.
2. Entwicklung in gebrochen rationaler Form von einem Punkt (x_k) aus *(Padé)*.
3. Entwicklung in rationaler Form von zwei Punkten (x_0), (x_1) aus *(Hermite)*.
4. Entwicklung in rationaler Form von vielen Punkten (Stützstellen x_i) aus *(Lagrange)*.

Padé-Entwicklungen $P(m, n)$ sind gebrochen rationale Darstellungen der Taylor-Entwicklung $T(x)$; Tabelle 22-1.

$$P(m, n) = \frac{a_0 + a_1 x + \ldots + a_m x^m}{b_0 + b_1 x + \ldots + b_n x^n} = T(x). \tag{1}$$

Die Koeffizienten a_k, b_k folgen aus einem Koeffizientenvergleich. Von besonderem Interesse ist die Entwicklung der e-Funktion.

$$T(\mathrm{e}^x) = \left(1 + x + \frac{x^2}{2} + \frac{x^3}{6} + \ldots\right) = P(m, n). \tag{2}$$

Hermite-Entwicklungen, üblicherweise im nor-

Tabelle 22-1. $P(m,n)$-Entwicklungen von e^x

	$m = 0$	$m = 1$	$m = 2$
$n = 0$	$\frac{1}{1}$	$\frac{1+x}{1}$	$\frac{1+x+\frac{1}{2}x^2}{1}$
$n = 1$	$\frac{1}{1-x}$	$\frac{1+\frac{1}{2}x}{1-\frac{1}{2}x}$	$\frac{1+\frac{2}{3}x+\frac{1}{6}x^2}{1-\frac{1}{3}x}$
$n = 2$	$\frac{1}{1-x+\frac{1}{2}x^2}$	$\frac{1+\frac{1}{3}x}{1-\frac{2}{3}x+\frac{1}{6}x^2}$	$\frac{1+\frac{1}{2}x+\frac{1}{12}x^2}{1-\frac{1}{2}x+\frac{1}{12}x^2}$
$n = 3$	$\frac{1}{1-x+\frac{1}{2}x^2-\frac{1}{6}x^3}$	$\frac{1+\frac{1}{4}x}{1-\frac{3}{4}x+\frac{1}{4}x^2-\frac{1}{24}x^3}$	$\frac{1+\frac{2}{5}x+\frac{1}{20}x^2}{1-\frac{3}{5}x+\frac{3}{20}x^2-\frac{1}{60}x^3}$

mierten Intervall $0 \leqq x \leqq 1$, benutzen die Funktionswerte $f^{(k)}$ an den Intervallrändern; Tabelle 22-2.

$$f(x) = H(m, n) = \sum_{i=0}^{m} h_{0i}(x) f^{(i)}(0) + \sum_{k=0}^{n} h_{1k}(x) f^{(k)}(1). \quad (3)$$

Lagrange-Entwicklungen benutzen die Funktionswerte $f(x_i)$ an n Stützstellen x_i; Tabelle 22-3.

$$l_i(x) = \prod_{j=1, j \neq i}^{n} \frac{(x - x_j)}{(x_i - x_j)}, \quad f(x) = \sum_{i=1}^{n} l_i(x) f(x_i), \quad (4)$$

z. B. $l_3 = \dfrac{(x - x_1)(x - x_2)\,1\,(x - x_4)}{(x_3 - x_1)(x_3 - x_2)\,1\,(x_3 - x_4)}$

für $n = 4$.

Tabelle 22-2. Hermite-Entwicklungen

$n = m$	$f(x)$
0	$(1 - x) f(0) + x f(1)$
1	$(1 - 3x^2 + 2x^3) f(0) + (x - 2x^2 + x^3) f'(0)$ $+ (3x^2 - 2x^3) f(1) + (-x^2 + x^3) f'(1)$
2	$(1 - 10x^3 + 15x^4 - 6x^5) f(0)$ $+ (x - 6x^3 + 8x^4 - 3x^5) f'(0)$ $+ (x^2 - 3x^3 + 3x^4 - x^5)/2 f''(0)$ $+ (10x^3 - 15x^4 + 6x^5) f(1)$ $+ (-4x^3 + 7x^4 - 3x^5) f'(1)$ $+ (x^3 - 2x^4 + x^5)/2 f''(1)$.

Tabelle 22-3. Lagrange-Entwicklungen in Intervall [0, 1] bei äquidistanten Stützstellen

n	x_1 bis x_n	l_1 bis l_n
2	0, 1	$1 - x,\ x$
3	0, 1/2, 1	$2(x - 1/2)(x - 1)$, $-4x(x - 1)$, $2x(x - 1/2)$
4	0, 1/3, 2/3, 1	$-\frac{9}{2}\left(x - \frac{1}{3}\right)\left(x - \frac{2}{3}\right)(x - 1)$, $\frac{27}{2} x \left(x - \frac{2}{3}\right)(x - 1)$, $-\frac{27}{2} x \left(x - \frac{1}{3}\right)(x - 1)$, $\frac{9}{2} x \left(x - \frac{1}{3}\right)\left(x - \frac{2}{3}\right)$

23 Integraltransformationen

23.1 Fourier-Transformation

Periodische Funktionen $f(t + T) = f(t)$ mit der Periode T lassen sich nach Kap. 21 durch ein diskretes Spektrum exponentieller (trigonometrischer) Funktionen $\exp(\mathrm{j}k \cdot 2\pi t/T)$ darstellen.

$$2\pi t = T\xi, \quad -T/2 \leqq t \leqq T/2,$$

$$f(t) = \sum_{-\infty}^{\infty} \frac{1}{T} c_k \exp\left(\mathrm{j}\frac{2\pi}{T} kt\right), \quad (1)$$

$$c_k = \int_{-T/2}^{T/2} f(t) \left[\exp\left(-\mathrm{j}\frac{2\pi}{T} kt\right)\right] \mathrm{d}t.$$

Durch den Übergang von diskreten Werten k zum Kontinuum, beschrieben durch Zuwächse $\mathrm{d}k = (k + 1) - k = 1$, gelangt man heuristisch zu einer kontinuierlichen sogenannten Spektraldarstellung in einem Parameter ω:

$$\omega = (2\pi/T)\,k, \quad \mathrm{d}\omega = 2\pi/T, \quad \mathrm{d}\omega \to 0 \text{ für } T \to \infty. \quad (2)$$

Spektralfunktion oder Fourier-Transformierte

$$F(\omega) = \int_{-\infty}^{\infty} f(t)\,\mathrm{e}^{-\mathrm{j}\omega t}\,\mathrm{d}t = \mathrm{F}[f(t)]. \quad (3)$$

Die Umkehrtransformation überführt $F(\omega)$ zurück in die Originalfunktion $f(t)$:

$$f(t) = \int_{-\infty}^{\infty} \frac{1}{2\pi} F(\omega)\,\mathrm{e}^{\mathrm{j}\omega t}\,\mathrm{d}\omega.$$

Hinreichende Bedingungen für die Fourier-Transformation, denen $f(t)$ genügen muß:

Dirichletsche Bedingungen: Endlich viele Extrema und endlich viele Sprungstellen mit endlichen Sprunghöhen in einem beliebigen endlichen Intervall (stückweise Stetigkeit) und

$$\int_{-\infty}^{\infty} |f(t)|\,\mathrm{d}t < \infty. \quad (4)$$

23.2 Laplace-Transformation

Die Einschränkung der Fourier-Transformation durch den endlichen Wert des Integrals $\int_{-\infty}^{\infty} |f|\,\mathrm{d}t$ läßt sich abschwächen, wenn man die Gewichtsfunktion $\exp(-\mathrm{j}\omega t)$ exponentiell dämpft mit $\exp(-\sigma t)$, $\sigma + \mathrm{j}\omega = s$, und den Integrationsbereich auf die positive t-Achse beschränkt.

Tabelle 23-1. Originale $f(t)$ und Bilder $F(\omega)$ der Fourier-Transformation

$f(t)$	$F(\omega) = \mathrm{F}[f(t)]$
$\delta(t)$, Dirac-Distribution	1
Heaviside-, Sprungfunktion $H(t)$, $\varepsilon(t)$	$\frac{1}{\mathrm{j}\omega} + \pi\delta(\omega)$
1	$2\pi\delta(\omega)$
$tH(t)$	$\mathrm{j}\pi\delta(\omega) - \frac{1}{\omega^2}$
$\|t\|$	$-\frac{2}{\omega^2}$
$\mathrm{e}^{-at}H(t), \quad a > 0$	$\frac{1}{a + \mathrm{j}\omega}$
$t\,\mathrm{e}^{-at}H(t), \quad a > 0$	$\frac{1}{(a + \mathrm{j}\omega)^2}$
$\exp(-a\|t\|), \quad a > 0$	$\frac{2a}{(a^2 + \omega^2)}$
$\exp(-at^2), \quad a > 0$	$\sqrt{\frac{\pi}{a}} \exp\left(-\frac{\omega^2}{4a}\right)$
$\cos \Omega t$	$\pi[\delta(\omega - \Omega) + \delta(\omega + \Omega)]$
$\sin \Omega t$	$-\mathrm{j}\pi[\delta(\omega - \Omega) - \delta(\omega + \Omega)]$
$H(t) \cos \Omega t$	$\frac{\pi}{2}[\delta(\omega - \Omega) + \delta(\omega + \Omega)] + \frac{\mathrm{j}\omega}{\Omega^2 - \omega^2}$
$H(t) \sin \Omega t$	$-\frac{\mathrm{j}\pi}{2}[\delta(\omega - \Omega) - \delta(\omega + \Omega)] + \frac{\Omega}{\Omega^2 - \omega^2}$
$H(t)\,\mathrm{e}^{-at} \sin \Omega t$	$\frac{\Omega}{(a + \mathrm{j}\omega)^2 + \Omega^2}$
$1 - \|t\|/h$ für $\|t\| < h$; 0 für $\|t\| > h$	$h\left[\frac{\sin(\omega h/2)}{\omega h/2}\right]^2$

Laplace-Transformierte $\mathrm{L}[f t)]$ von $f(t)$:

$$f(t) \to F(s) = \int_0^\infty f(t)\,\mathrm{e}^{-st}\,\mathrm{d}t = \mathrm{L}[f(t)].$$

Die Umkehrtransformation reproduziert $f(t)$ aus $F(s)$:

$$f(t) = \frac{1}{2\pi\mathrm{j}} \lim_{\omega \to \infty} \int_{\sigma - \mathrm{j}\omega}^{\sigma + \mathrm{j}\omega} F(s)\,\mathrm{e}^{st}\,\mathrm{d}s. \tag{5}$$

$f(t)$ Originalfunktion; Darstellung im Zeitbereich

$F(s)$ Bildfunktion; Darstellung im Frequenzbereich.

Hinreichende Bedingungen für die Laplace-Transformation, denen $f(t)$ genügen muß:

a) Die Dirichletschen Bedingungen müssen erfüllt sein.

b) $\int_0^\infty |f(t)|\,\mathrm{e}^{-\sigma t}\,\mathrm{d}t < \infty$. (6)

Für Operationen mit Laplace-Transformierten gelten folgende Rechenregeln:

Addition

$$\mathrm{L}[f_1(t) + f_2(t)] = \mathrm{L}[f_1(t)] + \mathrm{L}[f_2(t)]. \tag{7}$$

Bei Verschiebung eines Zeitvorganges $f(t)$ um eine Zeitspanne b in positiver Zeitrichtung spricht man von einer *Variablentransformation im Zeitbereich*.

$$\mathrm{L}[f(t - b)] = \mathrm{e}^{-sb}\mathrm{L}[f(t)], \quad s = \sigma + \mathrm{j}\omega. \tag{8}$$

(Stauchung und Phasenänderung)

Eine lineare Transformation des Spektralparameters s bewirkt eine Dämpfung der Funktion $f(t)$:

Variablentransformation im Frequenzbereich

$$F(s + a) = \int_0^\infty f(t)\,\mathrm{e}^{-(s+a)t}\,\mathrm{d}t = \mathrm{L}[\mathrm{e}^{-at}f(t)]. \tag{9}$$

Differentiation im Zeitbereich setzt voraus, daß die Laplace-Transformierte von $\dot{f} = \mathrm{d}f/\mathrm{d}t$ existiert.

$$\mathrm{L}[\dot{f}] = \int_0^\infty \frac{\mathrm{d}f}{\mathrm{d}t}\mathrm{e}^{-st}\,\mathrm{d}t = [f\mathrm{e}^{-st}]_0^\infty + s\int_0^\infty f\mathrm{e}^{-st}\,\mathrm{d}t$$
$$= s\mathrm{L}[f(t)] - f(0). \tag{10}$$
$$\mathrm{L}[\ddot{f}] = s^2\mathrm{L}[f] - sf(0) - \dot{f}(0).$$

Allgemein:

$$L[\mathrm{d}^n f(t)/\mathrm{d}t^n] = s^n L[f(t)] - s^{n-1} f(0) - s^{n-2}\dot{f}(0) - \ldots - f^{(n-1)}(0). \quad (11)$$

Zu gegebenen Paaren $f_1(t)$, $F_1(s)$ und $f_2(t)$, $F_2(s)$ ist das Bildprodukt $F_1(s) \cdot F_2(s)$ ausführbar; gesucht ist das dazugehörige Original, das als symbolisches Produkt $f_1 * f_2$ geschrieben wird. Es gilt der sogenannte *Faltungssatz* (f_1 gefaltet mit f_2):

Es sei F_1 das Bild zum Original f_1,
F_2 das Bild zum Original f_2,
$f_1 * f_2$ das Original zum Bild $F_1 \cdot F_2$,

dann ist

$$f_1 * f_2 = \int_0^t f_1(t-\tau) f_2(\tau)\,\mathrm{d}\tau = \int_0^t f_2(t-\tau) f_1(\tau)\,\mathrm{d}\tau. \quad (12)$$

Aus dem Faltungssatz folgt mit $f_2 \equiv 1$ der *Integrationssatz:*

$$L\left[\int_0^t f(\tau)\,\mathrm{d}\tau\right] = L[f(t)]/s. \quad (13)$$

Ähnlichkeitssatz:

$$L[f(at)] = \frac{1}{a} F(s/a), \quad a > 0. \quad (14)$$

Multiplikationssatz für $n \in \mathbb{N}$:

$$L[t^n f(t)] = (-1)^n [F(s)]^{(n)}. \quad (15)$$

Divisionssatz:

$$L[t^{-1} f(t)] = \int_s^\infty F(r)\,\mathrm{d}r. \quad (16)$$

Transformation einer periodischen Funktion:
$f(t) = f(t+T)$.

$$L[f(t)] = (1 - \mathrm{e}^{-sT})^{-1} \int_0^T \mathrm{e}^{-st} f(t)\,\mathrm{d}t, \quad \sigma > 0. \quad (17)$$

Der Nutzen der Integraltransformationen liegt darin, daß sich gegebene Funktionalgleichungen (z. B. Differentialgleichungen) im Originalbereich nach der Transformation in den Bildbereich dort einfacher lösen lassen. Abschließend ist die Lösung $F(s)$ dann allerdings in den Originalbereich zurück zu transformieren. Dazu benutzt man Korrespondenztabellen zwischen $f(t)$ und $F(s)$, wobei das Bild $F(s)$ gelegentlich vorweg aufzubereiten ist. So zum Beispiel durch eine Partialbruchzerlegung

$$F(s) = \frac{Z(s)}{N(s)} = \sum_k \left(\frac{c_{k1}}{s - s_k} + \frac{c_{k2}}{(s - s_k)^2} + \ldots + \frac{c_{kr_k}}{(s - s_k)^{r_k}} \right), \quad (18)$$

s_k: Nullstellen des Nenners mit Vielfachheit r_k,

oder durch eine Reihenentwicklung der Bildfunktion $F(s)$.

Bei einfachen Nullstellen s_k des Nenners in (18) gilt mit der Korrespondenz $L[\mathrm{e}^{at}] = 1/(s-a)$ der *Heavisidesche Entwicklungssatz*

$$f(t) = \sum_k \frac{Z(s_k)}{N'(s_k)} \mathrm{e}^{s_k t}. \quad N' = \mathrm{d}N/\mathrm{d}s. \quad (19)$$

Tabelle 23-2. Originale $f(t)$ und Bilder $F(s)$ der Laplace-Transformation

$f(t) \quad t \geqq 0$	$F(s) = L[f(t)]$
$\delta(t)$, Dirac-Distribution	1/2
$\delta(t-a), \quad a > 0$	$\exp(-as)$
$\delta_+(t)$	1
$H(t) = 1$ für $t \geqq 0$	$\frac{1}{s}$
$t^n, \quad n \in \mathbb{N}$	$\frac{n!}{s^{n+1}}$
$t^n \mathrm{e}^{at}$	$\frac{n!}{(s-a)^{n+1}} \quad (0! = 1)$
$1 - \mathrm{e}^{at}$	$\frac{-a}{s(s-a)}$
$(\mathrm{e}^{at} - 1 - at)\frac{1}{a^2}$	$\frac{1}{s^2(s-a)}$
$(1 + at)\,\mathrm{e}^{at}$	$\frac{s}{(s-a)^2}$
$\frac{t^2}{2}\mathrm{e}^{at}$	$\frac{1}{(s-a)^3}$
$\sin \Omega t$	$\frac{\Omega}{s^2 + \Omega^2}$
$\cos \Omega t$	$\frac{s}{s^2 + \Omega^2}$
$t \sin \Omega t$	$\frac{2\Omega s}{(s^2 + \Omega^2)^2}$
$t \cos \Omega t$	$\frac{s^2 - \Omega^2}{(s^2 + \Omega^2)^2}$
$\mathrm{e}^{at} \sin \Omega t$	$\frac{\Omega}{(s-a)^2 + \Omega^2}$
$\mathrm{e}^{at} \cos \Omega t$	$\frac{s-a}{(s-a)^2 + \Omega^2}$
$\mathrm{e}^{at} f(t)$	$F(s-a)$
$(-t)^n f(t)$	$\frac{\mathrm{d}^n F(s)}{\mathrm{d}s^n}$

Beispiel: Die Lösungsfunktion $u(t)$ der Differentialgleichung $\dot{u} + cu = P \cos \Omega t$ ist mit Hilfe der Laplace-Transformation für beliebige Anfangswerte u_0 zu berechnen.

a) Laplace-Transformation

$$sL[u] - u_0 + cL[u] = P\frac{s}{s^2 + \Omega^2},$$

$$L[u] = P\frac{s}{(s^2 + \Omega^2)(s + c)} + \frac{u_0}{s + c}.$$

b) Partialbruchzerlegung

$$\mathrm{L}[u] = \frac{u_0}{s+c} - \frac{Pc}{(c^2+\Omega^2)} \cdot \frac{1}{(s+c)} + \frac{Pc}{c^2+\Omega^2} \cdot \frac{s}{s^2+\Omega^2} + \frac{P\Omega}{c^2+\Omega^2} \cdot \frac{\Omega}{s^2+\Omega^2}.$$

c) Umkehrtransformation mit Tabelle 23-2

$$u(t) = u_0 \mathrm{e}^{-ct} + \frac{P}{c^2+\Omega^2}[-c\mathrm{e}^{-ct} + c\cos\Omega t + \Omega \sin \Omega t].$$

23.3 Z-Transformation

Integraltransformationen verknüpfen zeitkontinuierliche Original- und Bildfunktionen. Die Z-Transformation überführt eine Folge $f_0, f_1, f_2, \ldots$ diskreter Werte in eine Bildfunktion $F(z)$.

$$\mathrm{Z}[f_n] = \sum_{n=0}^{\infty} f_n z^{-n} = F(z), \qquad (20)$$

$$\mathrm{Z}[f_{k+1} - f_k] = (z-1)\,F(z) - zf_0.$$

Auf diese Weise werden Differenzengleichungen in algebraische Gleichungen transformiert.

Beispiel 1: Für $f_n = 1$ für alle n gilt

$$\mathrm{Z}[1] = 1 + z^{-1} + z^{-2} + \ldots = \frac{z}{z-1}.$$

Konvergenz für $|z| > 1$.

Tabelle 23-3. Originale f_n und Bilder $\mathrm{Z}[f_n]$ der Z-Transformation

$f_n \quad (n = 0, 1, \ldots)$	$\mathrm{Z}[f_n]$
δ_+	1
$H(n) = 1 \quad \text{für} \quad n \geqq 0$	$\frac{z}{z-1}$
n	$\frac{z}{(z-1)^2}$
n^2	$\frac{z(z+1)}{(z-1)^3}$
n^3	$\frac{z(z+4z+1)}{(z-1)^4}$
$\binom{n}{k}$	$\frac{z}{(z-1)^{k+1}}$
a^n	$\frac{z}{z-a}$
e^{an}	$\frac{z}{z-\mathrm{e}^a}$
$n\mathrm{e}^{an}$	$\frac{\mathrm{e}^a z}{(z-\mathrm{e}^a)^2}$
$n^2\mathrm{e}^{an}$	$\frac{\mathrm{e}^a z(z+\mathrm{e}^a)}{(z-\mathrm{e}^a)^3}$
$1-\mathrm{e}^{an}$	$\frac{(1-\mathrm{e}^a)\,z}{(z-1)(z-\mathrm{e}^a)}$
$\sin n\Omega$	$\frac{z\sin\Omega}{z^2-2z\cos\Omega+1}$
$\cos n\Omega$	$\frac{z^2-z\cos\Omega}{z^2-2z\cos\Omega+1}$
$\mathrm{e}^{an}\sin n\Omega$	$\frac{\mathrm{e}^a z\sin\Omega}{z^2-2\mathrm{e}^a z\cos\Omega+\mathrm{e}^{2a}}$
$\mathrm{e}^{an}\cos n\Omega$	$\frac{z^2-\mathrm{e}^a z\cos\Omega}{z^2-2\mathrm{e}^a z\cos\Omega+\mathrm{e}^{2a}}$
$1-(1-an)\,\mathrm{e}^{an}$	$\frac{z}{z-1} - \frac{z}{z-\mathrm{e}^a} + \frac{a\mathrm{e}^a z}{(z-\mathrm{e}^a)^2}$
$1 + \frac{b\mathrm{e}^{an} - a\mathrm{e}^{bn}}{a-b}$	$\frac{z}{z-1} + \frac{bz}{(a-b)(z-\mathrm{e}^a)} - \frac{az}{(a-b)(z-\mathrm{e}^b)}$

Tabelle 23-4. Gebräuchliche Transformationen

Integraltransformationen

Laplace-Transformation

$$\mathrm{L}[f(t)] = \int_0^\infty f(t)\,\mathrm{e}^{-st}\,\mathrm{d}t; \quad s \text{ komplex}$$

Fourier-Transformation

$$\mathrm{F}[f(t)] = \int_{-\infty}^\infty f(t)\,\mathrm{e}^{-\mathrm{j}\omega t}\,\mathrm{d}t; \quad \omega \text{ reell}$$

Mellin-Transformation

$$\mathrm{M}[f(t)] = \int_0^\infty f(t)\,t^{s-1}\,\mathrm{d}t; \quad s \text{ komplex}$$

Stieltjes-Transformation

$$\mathrm{S}[f(t)] = \int_0^\infty \frac{f(t)}{t+s}\,\mathrm{d}t; \quad s \text{ komplex}, |\arg s| < \pi$$

Hilbert-Transformation

$$\mathrm{H}[f(t)] = \frac{1}{\pi} \int_{-\infty}^\infty \frac{f(t)}{t-\omega}\,\mathrm{d}t; \quad \omega \text{ reell}$$

Fourier-Cosinus-Transformation

$$\mathrm{F_c}[f(t)] = \int_0^\infty f(t)\cos(\omega t)\,\mathrm{d}t; \quad \omega > 0, \quad \text{reell}$$

Fourier-Sinus-Transformation

$$\mathrm{F_s}[f(t)] = \int_0^\infty f(t)\sin(\omega t)\,\mathrm{d}t; \quad \omega > 0, \quad \text{reell}$$

Diskrete Transformationen

Z-Transformation

$$\mathrm{Z}[f_n] = \sum_{n=0}^\infty f_n z^{-n}$$

Diskrete Laplace-Transformation

$$\mathrm{L}[f_n] = \sum_{n=0}^\infty f_n\,\mathrm{e}^{-ns}; \quad s \text{ komplex}$$

Beispiel 2: Aus der Differenzengleichung $u_{k+1} - u_k = 2k$ berechne man mit Hilfe der Z-Transformation die Lösung $u_n = f(n)$ mit der Anfangsbedingung $u_0 = 1$.

a) Z-Transformation

$$(z-1)F(z) - z \cdot 1 = 2 \cdot \frac{z}{(z-1)^2}$$

$$\to F(z) = \frac{z}{z-1} + \frac{2z}{(z-1)^3}.$$

b) Rücktransformation mit Tabelle 23-3.

$$u_n = 1 + 2\binom{n}{2} = 1 + n(n-1).$$

24 Gewöhnliche Differentialgleichungen

24.1 Einteilung

Die Bestimmungsgleichung für eine Funktion f heißt gewöhnliche Differentialgleichung (Dgl.) n-ter Ordnung, wenn $f = y(x)$ Funktion nur einer Veränderlichen (hier x) ist und $y^{(n)}$ die höchste in der Gleichung

$$F(x, y, y', \dots, y^{(n)}) = 0, \quad y^{(n)} = \mathrm{d}^n y/\mathrm{d}x^n, \tag{1}$$

vorkommende Ableitung ist. Ist (1) nach $y^{(n)}$ auflösbar, spricht man von der *Normal- oder expliziten Form*

$$y^{(n)} = f(x, y, y', \dots, y^{(n-1)}). \tag{2}$$

Eine gewöhnliche lineare Dgl. n-ter Ordnung

$$a_n(x)\,y^{(n)} + \dots + a_0(x)\,y = r(x) \tag{3}$$

mit nichtkonstanten Koeffizienten $a_k(x)$ wird nach der Existenz der rechten Seite (Störglied) nochmals klassifiziert.

Inhomogene gewöhnliche lineare Dgl., falls $r(x) \not\equiv 0$,

Homogene gewöhnliche lineare Dgl., falls $r(x) \equiv 0$. (4)

Periodische Koeffizienten $a_k(x+l) = a_k(x)$ mit der Periode l oder konstante Koeffizienten sind weitere Sonderfälle von (3).
Wie auch bei der Berechnung unbestimmter Integrale enthält die Lösungsschar, auch allgemeine Lösung genannt, einer Dgl. n-ter Ordnung n zunächst freie Integrationskonstanten C_i. Durch Vorgabe von n Paaren $[x_i, y(x_i)]$ bis $\{x_j, [y(x_j)]^{(k)}\}$, $k \leqq n-1$, wird die allgemeine zur partikulären oder speziellen Lösung. Je nach Lage der Stellen x_j unterscheidet man 2 Gruppen:

Anfangswertaufgaben:

Alle Vorgaben – hier Anfangsbedingungen – betreffen eine einzige Stelle x_j des Definitionsbereiches der Dgl. (5)

Randwertaufgaben:

Die Vorgaben – hier Randbedingungen – betreffen verschiedene Stellen des Definitionsbereiches. (6)

Eine homogene Randwertaufgabe heißt *Eigenwertaufgabe*, wenn Dgl. und/oder Randbedingungen einen zunächst freien Parameter λ enthalten. Gibt es für spezielle Werte λ_j nichttriviale Lösungen $y_j(x) \not\equiv 0$, so spricht man von *Eigenpaaren* mit dem *Eigenwert* λ_j und der *Eigenfunktion* $y_j(x)$.

24.2 Geometrische Interpretation

Explizite Differentialgleichungen erster Ordnung, $y' = f(x,y)$, ordnen jedem Punkt (x,y) der Ebene eine Richtung zu. Durch Vorgabe eines Punktes (x_0, y_0) wird genau eine Kurve bestimmt, die in das Richtungsfeld hineinpaßt. Das aufwendige punktweise Zeichnen des Richtungsfeldes erleichtert man sich durch das Eintragen von Linien gleicher Steigung c – Isoklinen – mit mehrfacher Antragung der Steigungen.

Beispiel: Das Isoklinenfeld für die Dgl. $y' = x/(x-y)$ ist zu zeichnen und die Lösungskurven für $x_0 = 0$, $y_0 = 1$ sowie $x_0 = 0$, $y_0 = -1$ sind einzutragen.
Isoklinenfeld: $c = x/(x-y) \rightarrow y = x(c-1)/c$.
Für $c = 0, \infty, 1, -1, 1/2$ sind die Geraden $y(x,c)$ und die Lösungsspiralen in Bild 24-1 eingetragen.
Ist die Funktion $f(x,y)$ in einem abgeschlossenen Gebiet G um einen Punkt P_k (x_k, y_k) stetig und beschränkt und zudem die *Lipschitz-Bedingung*

$$|f,_y| \leqq L \quad \text{oder}$$
$$|f(x_k, y_k) - f(x_k, y_k + \Delta y)| \leqq |\Delta y| L, \qquad (7)$$
L Lipschitz-Konstante,

für $y' = f(x,y)$ *in G* erfüllt, so gibt es genau eine Lösungskurve in G zu dem Startpunkt P_k; ansonsten ist P_k ein singulärer Punkt.
Im Sonderfall $y' = g/f$ mit $f(x_0, y_0) = g(x_0, y_0) = 0$ ist (x_0, y_0) ein isolierter singulärer Punkt, dessen Charakteristik aus den Eigenwerten λ der zugehörigen *Jacobi-Matrix* $\boldsymbol{J}$ folgt.

$$\boldsymbol{J} = \begin{bmatrix} f,_x & g,_x \\ f,_y & g,_y \end{bmatrix} \quad \text{zu} \quad y' = \frac{g(x,y)}{f(x,y)},$$
$$f,_x = \partial f/\partial x.$$
$$\text{Eigenwerte } \lambda \text{ aus } \det|\boldsymbol{J} - \lambda \boldsymbol{I}| = 0. \qquad (8)$$

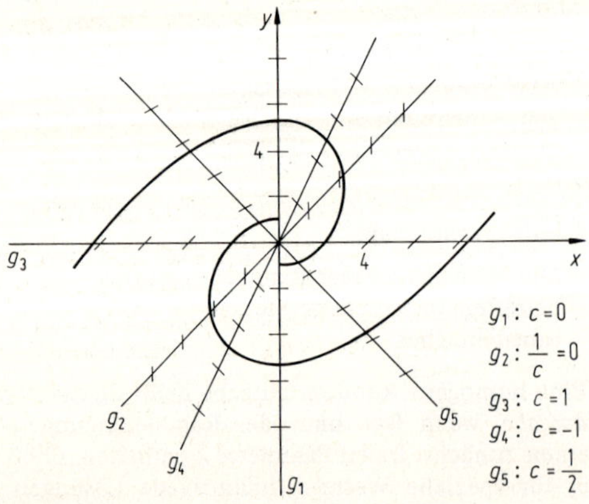

Bild 24-1. Isoklinenfeld $y = x(1 - 1/c)$ für verschiedene Steigungen c.

$$\lambda_1, \lambda_2 \in \mathbb{R}: \begin{array}{ll} \lambda_1 \cdot \lambda_2 > 0 & \text{Knotenpunkt}, \\ \lambda_1 \cdot \lambda_2 < 0 & \text{Sattelpunkt}. \end{array}$$
$$\lambda_1, \lambda_2 = \alpha \pm \mathrm{j}\beta, \alpha \neq 0 \quad \text{Strudelpunkt}.$$
$$\lambda_1, \lambda_2 = \pm \mathrm{j}\beta \quad \text{Wirbelpunkt}. \qquad (9)$$

Eine Darstellung der Dgl. $y' = g/f$ mit einem Parameter t (z. B. die Zeit),

$$\dot{x} = f(x,y), \; \dot{y} = g(x,y) \quad \text{mit}$$
$$\dot{y}/\dot{x} = y' = g/f, \; \dot{y} = \mathrm{d}y/dt, \qquad (10)$$

ordnet jedem Wert t einen Punkt (x,y) des sogenannten *Phasenporträts* zu. Falls eine Funktion H mit dem vollständigen Differential

$$\mathrm{d}H = H,_x \mathrm{d}x + H,_y \mathrm{d}y = \mathrm{d}x(H,_x + y'H,_y) = 0$$

die Dgl. $y' = g/f$ erzeugt, nennt man H die *Hamilton-Funktion* zu $y' = g/f$:

$$H,_x = -g \quad \text{und} \quad H,_y = f. \qquad (11)$$

Beispiel, *Fortsetzung:* Für die Dgl. $y' = x/(x-y)$ mit $g(x,y) = x$ und $f(x,y) = x - y$ ist der Nullpunkt $x_0 = y_0 = 0$ isoliert singulär. Die Eigenwerte $\lambda_{1,2} = (1 \pm \mathrm{j}\sqrt{3})/2$ aus

$$\begin{vmatrix} 1-\lambda & 1 \\ -1 & -\lambda \end{vmatrix} = \lambda^2 - \lambda + 1 = 0$$

kennzeichnen den Nullpunkt als Strudelpunkt.

25 Lösungsverfahren für gewöhnliche Differentialgleichungen

25.1 Trennung der Veränderlichen

Läßt sich in $y' = f(x,y)$ die rechte Seite gemäß $f(x,y) = f_1(x) f_2(y)$ mit $f_2(y) \neq 0$ separieren, so verbleiben 2 gewöhnliche Integrale:

$$y' = f_1(x) f_2(y) \rightarrow \int [f_2(y)]^{-1} \mathrm{d}y = \int f_1(x)\, \mathrm{d}x + C. \qquad (1)$$

Ein Sonderfall ist die lineare Dgl. $y' + a(x)y = r(x)$ mit nichtkonstantem Koeffizienten a. Hierfür gilt

$$y(x) = \left[C + \int r\varepsilon(x)\, \mathrm{d}x\right] / \varepsilon(x),$$
$$\varepsilon(x) = \exp\left[\int a(x)\, \mathrm{d}x\right]. \qquad (2)$$

Beispiel: Dgl. $y' + y/x = x^2$. $\varepsilon(x) = x$,
$y = (C + x^4/4)/x$.

25.2 Totales Differential

Aus dem Vergleich von Differentialgleichung

$$f(x,y)\,dx + g(x,y)\,dy = 0$$

und totalem Differential

$$F_{,x}\,dx + F_{,y}\,dy = dF = 0$$

folgt:

$$\left.\begin{array}{l} \text{Falls } f = F_{,x} \quad \text{und} \quad g = F_{,y}, \\ \text{d. h. wenn } f_{,y} = g_{,x} = F_{,xy}, \\ \text{gilt } F(x,y) = C, \quad C = \text{const}. \end{array}\right\} \quad (3)$$

Beispiel:

Dgl. $2x\cos y + 3x^2 + (4y^3 - x^2 \sin y)\,y' = 0$.

a) Prüfung:

$$f = 2x\cos y + 3x^2, \quad f_{,y} = -2x\sin y,$$

$$g = 4y^3 - x^2 \sin y, \quad g_{,x} = -2x\sin y.$$

b) Integration:

$$F_{,x} = f \rightarrow F = x^2\cos y + x^3 + h_1(y),$$

$$F_{,y} = g \rightarrow F = x^2\cos y + y^4 + h_2(x).$$

c) Lösung:

$$x^2\cos y + x^3 + y^4 = C.$$

Gilt die Bedingung $f_{,y} - g_{,x} = 0$ eines totalen Differentials nicht, so kann es einen *integrierenden Faktor* $\varphi(x,y)$ geben, so daß gilt

$$\left.\begin{array}{l} (\varphi f)_{,y} = (\varphi g)_{,x} \\ \text{Sonderfälle:} \\ \text{Falls} \quad (f_{,y} - g_{,x})/g = q(x), \quad \text{gilt} \\ \qquad \varphi(x) = \exp\left[\int q\,dx\right]; \\ \text{falls} \quad (g_{,x} - f_{,y})/f = q(y), \quad \text{gilt} \\ \qquad \varphi(y) = \exp\left[\int q\,dy\right]. \end{array}\right\} \quad (4)$$

25.3 Substitution

Von der Vielzahl der Möglichkeiten wird hier nur eine Auswahl vorgeführt.
Gleichgradige Dgln. $y' = f(x,y)$ zeichnen sich aus durch eine Streckungsneutralität:

$$f(sx, sy) = f(x,y).$$

Durch die Substitution

$$z(x) = y(x)/x \rightarrow y(x) = xz, \quad y' = z + xz' \quad (5)$$

läßt sich die Form $z' = f_1(x) f_2(z)$ erreichen.
Die *Eulersche Dgl.* mit nichtkonstanten Koeffizienten läßt sich in eine solche mit konstanten Faktoren überführen.

$$\begin{array}{l} \text{Aus} \quad a_n x^n y^{(n)} + \ldots + a_0 y = 0, \quad y^{(n)} = d^n y/dx^n, \\ \text{wird mit} \quad x = e^t, \quad dx = x\,dt, \\ b_n y^{(n)} + \ldots + b_0 y = 0, \quad y^{(n)} = d^n y/dt^n. \end{array} \quad (6)$$

Die nichtlineare *Bernoullische Dgl.* läßt sich in eine lineare Dgl. überführen:

$$\begin{array}{l} \text{Aus} \quad y' + a(x)\,y + b(x)\,y^n = 0 \\ \text{wird mit} \quad y = z^{1/(1-n)}, \quad n \neq 1, \\ z' + (1-n)(az + b) = 0. \end{array} \quad (7)$$

Das *Verfahren der wiederholten Ableitung* kann zu einfacheren Dgln. führen:

$$\begin{array}{l} \text{Aus} \quad y = F(x,y') \\ \text{wird mit} \quad y' = z \\ y' = dF/dx = z = F_{,x} + F_{,z} z'. \end{array} \quad (8)$$

Die nichtlineare *Riccatische Dgl.* läßt sich in eine lineare homogene Dgl. 2. Ordnung überführen:

$$\begin{array}{l} \text{Aus} \quad y' + a(x)\,y^2 + b(x)\,y = r(x) \\ \text{wird mit} \quad y = z'/(az) \\ a(x)\,z'' - (a' - ab)\,z' + a^2 rz = 0. \end{array} \quad (9)$$

Bei Kenntnis einer partikulären Lösung y_1 gilt:

$$\begin{array}{l} \text{Aus} \quad y' + ay^2 + by = r \\ \text{wird mit} \quad y = y_1 + 1/z; \quad y' = y_1' - z'/z^2 \\ z' - a(2y_1 z + 1) - bz = 0. \end{array} \quad (10)$$

Beispiel:

Aus der Dgl. $y' + y^2 = 4x + 1/\sqrt{x}$ wird mit

$$y_1 = 2\sqrt{x}: \; z' = 4\sqrt{x}\,z + 1.$$

25.4 Lineare Differentialgleichungen

Lineare Differentialgleichungen formuliert man auch abkürzend mit Hilfe des linearen Differentialoperators L, der die wichtigen Eigenschaften der *Additivität* und *Homogenität* besitzt:

$$\begin{array}{l} L[y] = a_n(x)\,y^{(n)} + \ldots + a_0(x)\,y = r(x). \\ L[y_1 + y_2] = L[y_1] + L[y_2], \\ L[\alpha y_1] = \alpha L[y_1]. \end{array} \quad (11)$$

Die homogene Dgl. $L[y] = 0$ n-ter Ordnung besitzt n linear unabhängige Lösungsfunktionen y_1 bis y_n, die man zum *Fundamentalsystem* der Dgl. $L[y] = 0$ zusammenfaßt:

$$y_1(x), \ldots, y_n(x). \quad (12)$$

Jede Linearkombination ist Lösung:

$$L[y] = 0 \quad \text{für} \quad y = C_1 y_1(x) + \ldots + C_n y_n(x).$$

Eine Menge von n Funktionen $y_1(x)$ bis $y_n(x)$ ist

dann linear abhängig – also kein Fundamentalsystem –, wenn im Definitionsbereich $a \leqq x \leqq b$ der Dgl. ein Wert $x = x_0$ existiert, für den die *Wronski-Determinante*

$$W(x) = \begin{vmatrix} y_1(x) & y_2(x) & \dots & y_n(x) \\ \vdots & \vdots & & \vdots \\ y_1^{(n-1)}(x) & y_2^{(n-1)}(x) & \dots & y_n^{(n-1)}(x) \end{vmatrix} \tag{13}$$

verschwindet.
Fundamentalsystem und eine partikuläre Lösung y_p einer gegebenen rechten Seite $r(x)$ bilden zusammengenommen die

Gesamtlösung für $L[y] = 0 + r(x)$:

$$L[y_p] = r, \quad L[y_k] = 0, \tag{14}$$

$$y(x) = \sum_{k=1}^{n} C_k y_k(x) + y_p(x). \quad C_k\text{: Konstante}.$$

Die Partikularlösung y_p einer Summe $r_1(x)$ bis $r_s(x)$ von rechten Seiten ist gleich der Summe der jeweiligen Partikularlösungen; es gilt das sog. *Superpositionsprinzip:*

Gegeben: $L[y] = r_1(x) + \dots + r_s(x)$.

Mit $L[y_{p1}] = r_1(x), \dots, L[y_{ps}] = r_s(x)$ (15)

gilt $y_p = y_{p1} + \dots + y_{ps}$.

Variation der Konstanten C in (12) ist eine Möglichkeit, bei bekanntem Fundamentalsystem eine partikuläre Lösung von $L[y] = r$ zu bestimmen:

$$L[y] = r, L[C_1 y_1 + \dots + C_n y_n] = 0,$$
$$y_p = C_1(x) y_1(x) + \dots + C_n(x) y_n(x). \tag{16}$$

Die neuerliche Integrationsaufgabe zur Berechnung der n Funktionen $C(x)$ eröffnet eine Mannigfaltigkeit weiterer Integrationskonstanten.
Durch $n - 1$ Vorgaben

$$C'_1 y_1^{(k)} + \dots + C'_n y_n^{(k)} = 0 \quad \text{für} \quad k = 0 \text{ bis } n - 2$$

und Einsetzen des Ansatzes (16) in die Dgl. erhält man genau n Gleichungen zur Berechnung der n Funktionen C_k.

$$\begin{bmatrix} y_1(x) & y_2(x) & \dots & y_n(x) \\ \vdots & \vdots & & \vdots \\ y_1^{(n-1)} & y_2^{(n-1)} & \dots & y_n^{(n-1)} \end{bmatrix} \begin{bmatrix} C'_1(x) \\ \vdots \\ C'_n(x) \end{bmatrix} = \begin{bmatrix} 0 \\ \vdots \\ 0 \\ r(x)/a_n(x) \end{bmatrix}, \tag{17}$$

kurz $\boldsymbol{W}(x)\, \boldsymbol{C}(x) = \boldsymbol{R}(x)$, $\boldsymbol{W}$: Wronski-Matrix.

Speziell $n = 2$:

Dgl. $y'' + f(x) y' + g(x) y = r(x)$.

C' aus $\begin{bmatrix} y_1 & y_2 \\ y'_1 & y'_2 \end{bmatrix} \begin{bmatrix} C'_1 \\ C'_2 \end{bmatrix} = \begin{bmatrix} 0 \\ r(x) \end{bmatrix}$,

$$W(x) = y_1 y'_2 - y_2 y'_1. \tag{18}$$

$$y_p = y_2(x) \int y_1(x) \frac{r(x)}{W(x)} \mathrm{d}x - y_1(x) \int y_2(x) \frac{r(x)}{W(x)} \mathrm{d}x.$$

Beispiel: Gegeben ist eine lineare Eulersche Dgl.

$x^2 y'' + xy' - y = \ln x$ mit dem Fundamentalsystem $y_1 = x$, $y_2 = 1/x$.

$$W(x) = x(-1/x^2) - (1/x) = -2/x,$$
$$r(x) = \ln x / x^2.$$

$$y_p = -1/(2x) \int \ln x \,\mathrm{d}x + (x/2) \int (\ln x / x^2)\, \mathrm{d}x = -\ln x.$$

25.5 Lineare Differentialgleichung, konstante Koeffizienten

Das Fundamentalsystem der homogenen Gleichung dieses Typs läßt sich stets aus e-Funktionen mit noch unbekannten Argumenten λ bilden:

$$L[y] = 0 + r(x), \quad L[y] = a_n y^{(n)} + \dots + a_0 y.$$

Homogene Lösung $y = \exp(\lambda x)$. Einsetzen in die Dgl. gibt die charakteristische Gleichung (19)

$$P_n(\lambda) = a_n \lambda^n + \dots + a_0 = 0.$$

Folgende Situationen bezüglich der Wurzeln $\lambda_k \in \mathbb{C}$ sind typisch:

Verschiedene Wurzeln λ_k, die jeweils nur einmal auftreten, korrespondieren mit der Lösung $\exp(\lambda_k x)$.

Mehrfache Wurzeln λ_j, die k-fach auftreten, entsprechen einer Lösungsmenge $\exp(\lambda_j x)$, $x \exp(\lambda_j x)$ bis $x^{k-1} \exp(\lambda_j x)$.

Komplexe Wurzeln treten paarweise konjugiert komplex auf. Aufgrund der Euler-Formel $\exp(\mathrm{j}\varphi) = \cos\varphi + \mathrm{j} \sin\varphi$ korrespondiert ein Wurzelpaar $\lambda = \alpha \pm \mathrm{j}\beta$ mit dem Lösungspaar

$$\exp(\alpha x) \cos(\beta x), \quad \exp(\alpha x) \sin(\beta x).$$

Beispiel: Dgl. des Bernoulli-Balkens mit Biegesteifigkeit EI und Axialdruck H. $EIw'''' + Hw'' = 0$. Charakteristische Gleichung:

$$\lambda^4 + \delta^2 \lambda^2 = 0, \quad \delta^2 = H/(EI), \quad \lambda_{11} = 0,$$
$$\lambda_{12} = 0, \quad \lambda_2 = \pm \mathrm{j}\delta.$$

Fundamentalsystem:
$y_{11} = 1$, $y_{12} = x$, $y_{21} = \cos\delta x$, $y_{22} = \sin\delta x$.

Partikuläre Lösungen der inhomogenen Dgl. erhält man über die Variation der Konstanten oder oft einfacher durch einen *Ansatz nach Art* der *rechten Seite* mit noch freien Faktoren, die aus einem Koeffizientenvergleich folgen.

Beispiel: Eine partikuläre Lösung der Dgl.

$y'' + ay' + by = \cos \Omega x$ wird gesucht.

Ansatz nach Art der rechten Seite: $y_p = p \cos \Omega x + q \sin \Omega x$. Einsetzen in die Dgl. gibt 2 Gleichungen für p und q.

$$\begin{bmatrix} b - \Omega^2 & a\Omega \\ -a\Omega & b - \Omega^2 \end{bmatrix} \begin{bmatrix} p \\ q \end{bmatrix} = \begin{bmatrix} 1 \\ 0 \end{bmatrix}.$$

25.6 Normiertes Fundamentalsystem

Die Linearkombination des Fundamentalsystems mit Faktoren C_k kann in eine solche mit Faktoren $y(0)$, $y'(0)$ bis $y^{(n-1)}(0)$ umgeschrieben werden.

$$L[y] = a_n y^{(n)} + \ldots + a_0 y = 0,$$

$$y(x) = C_1 y_1(x) + \ldots + C_n y_n(x).$$

Normiertes Fundamentalsystem: (20)

$$y(x) = y(0) f_1(x) + y'(0) f_2(x) + \ldots + y^{(n-1)}(0) f_n(x).$$

Die auf Randdaten $y^{(k)}$ an der Stelle $x = 0$ normierten Funktionen f_{k+1} sind selbst Linearkombinationen des nicht normierten Systems. Die konkrete Berechnung erfordert die Lösung eines algebraischen Gleichungssystems der Ordnung n.

Beispiel: Für die Dgl. $y'''' - y = 0$ mit dem Fundamentalsystem $\sin x$, $\cos x$, $\sinh x$, $\cosh x$ bestimme man die normierte Version.
Normierung von

$y(x) = C_0 \sin x + C_1 \cos x + C_2 \sinh x + C_3 \cosh x$:

$$\begin{bmatrix} y(0) \\ y'(0) \\ y''(0) \\ y'''(0) \end{bmatrix} = \begin{bmatrix} 0 & 1 & 0 & 1 \\ 1 & 0 & 1 & 0 \\ 0 & -1 & 0 & 1 \\ -1 & 0 & 1 & 0 \end{bmatrix} \begin{bmatrix} C_0 \\ C_1 \\ C_2 \\ C_3 \end{bmatrix}$$

kurz $\boldsymbol{y}_0 = \boldsymbol{KC}$.

Umkehrung gibt die Elimination der C_i durch Randdaten

$$\boldsymbol{C} = \frac{1}{2} \begin{bmatrix} 0 & 1 & 0 & -1 \\ 1 & 0 & -1 & 0 \\ 0 & 1 & 0 & 1 \\ 1 & 0 & 1 & 0 \end{bmatrix} \boldsymbol{y}_0$$

und das normierte Fundamentalsystem

$$\begin{aligned} 2y(x) = {} & (\cosh x + \cos x) y(0) \\ & + (\sinh x + \sin x) y'(0) \\ & + (\cosh x - \cos x) y''(0) \\ & + (\sinh x - \sin x) y'''(0). \end{aligned}$$

Das normierte Fundamentalsystem erleichtert die Berechnung einer partikulären Lösung $L[y_p] = r$. Die Wirkung der rechten Seite $r(\xi)\,\mathrm{d}\xi$ an der Stelle ξ nach Bild 25-1, $0 \leqq \xi \leqq x$, auf die Lösung $y_p(x)$ an der Stelle x entspricht der Wirkung von $y^{(n-1)}(0)$.

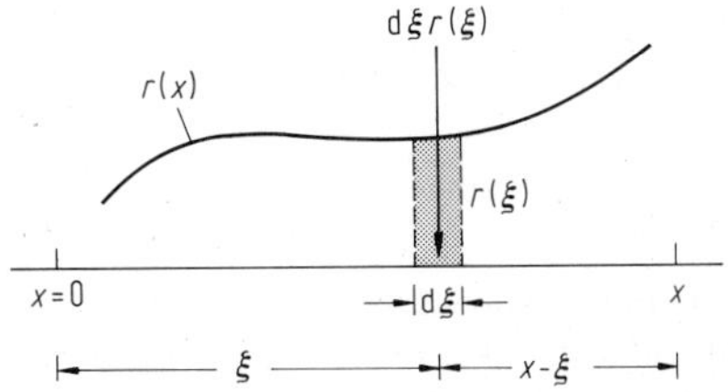

Bild 25-1. Über die Länge $\mathrm{d}\xi$ integrierte Wirkung der rechten Seite $r(\xi)$.

Normiertes Fundamentalsystem:

$$y(x) = y(0) f_1(x) + \ldots + y^{(n-1)}(0) f_n(x).$$

Duhamel-Formel: (21)

$$y_p(x) = \frac{1}{a_n} \int_0^x r(\xi) f_n(x - \xi)\,\mathrm{d}\xi,$$

$f_n(x - \xi)$: f_n mit dem Argument $x - \xi$.

Die Duhamel-Formel hat den Charakter eines Faltungsintegrals, wie aus einer entsprechenden Analyse mit Hilfe der Laplace-Transformation hervorgeht.

Beispiel 1: Für die Dgl. $y'''' - y = x$ ist eine partikuläre Lösung gesucht.
Mit $f_n = (\sinh x - \sin x)/2$ vom vorigen Beispiel gilt

$$y_p(x) = \frac{1}{2} \int_0^x \xi[\sinh(x - \xi) - \sin(x - \xi)]\,\mathrm{d}\xi.$$

$$y_p(x) = \frac{1}{2}(-x + \sinh x - x + \sin x)$$

$$= (\sin x + \sinh x)/2 - x.$$

Beispiel 2: Speziell für die Dgl. des gedämpften Einmassenschwingers

$$m\ddot{x} + b\dot{x} + kx = f(t), \quad (\dot{\ }) = \mathrm{d}(\ )/\mathrm{d}t,$$

gilt mit den Abkürzungen

$$\omega_0^2 = k/m, \quad 2D = b/\sqrt{km}$$

und weiter

$$\delta = \omega_0 D, \quad \omega = \omega_0 \sqrt{1 - D^2}:$$

Normiertes Fundamentalsystem:

$$x(t) = e^{-\delta t}\left(\cos\omega t + \frac{\delta}{\omega}\sin\omega t\right)x_0 + e^{-\delta t}\frac{\sin\omega t}{\omega}\dot{x}_0 .$$

$$x_0 = x(t=0), \quad \dot{x}_0 = \dot{x}(t=0).$$

Partikularlösung über Duhamel-Formel:

$$y_p = \frac{1}{m\omega}\int_0^t e^{-\delta(t-\tau)}[\sin\omega(t-\tau)]f(\tau)\,d\tau.$$

Die normierte Fundamentallösung (20) mit ihren $n-1$ Ableitungen beschreibt den Einfluß des Zustandes $z(0)$ an der Stelle $x = 0$ auf den Zustand $z(x)$ an einer beliebigen Stelle x mittels der *Übertragungsmatrix* $\ddot{\boldsymbol{U}}$:

$$z(x) = \ddot{\boldsymbol{U}}(x)\,z_0, \quad z = \begin{bmatrix} y \\ y' \\ \vdots \\ y^{(n-1)} \end{bmatrix},$$

$$\ddot{\boldsymbol{U}} = \begin{bmatrix} f_1 & \dots f_n \\ f_1' & f_n' \\ \vdots & \vdots \\ f_1^{(n-1)} & \dots f_n^{(n-1)} \end{bmatrix}. \qquad (22)$$

$\ddot{\boldsymbol{U}}$ entspricht der Wronski-Matrix.

Aus dem Zusammenhang (22) folgen einige *Eigenschaften der Übertragungsmatrix*.

$\ddot{\boldsymbol{U}}(x=0) = \boldsymbol{I}$, (Einheitsmatrix),

$\ddot{\boldsymbol{U}}(x)\,\ddot{\boldsymbol{U}}(-x) = \boldsymbol{I}$,

$\ddot{\boldsymbol{U}}(x_2)\,\ddot{\boldsymbol{U}}(x_1) = \ddot{\boldsymbol{U}}(x_1 + x_2)$, (23)

allgemein

$$\ddot{\boldsymbol{U}}(x_n)\cdot\ldots\cdot\ddot{\boldsymbol{U}}(x_1) = \ddot{\boldsymbol{U}}(s), \quad s = \sum_{k=1}^{n} x_k.$$

25.7 Greensche Funktion

Während Duhamel-Formel (21) und Übertragungsmatrix (22) die Lösung vom Nullpunkt aus entwickeln, was dem Vorgehen bei Anfangswertproblemen entspricht, erzeugt die Greensche Funktion $G(x, \xi)$ die partikuläre Lösung y_p zur rechten Seite $r(x)$ einer Randwertaufgabe im Definitionsbereich $a \leqq x \leqq b$.

$$\text{Dgl. } L[y] = a_n y^{(n)} + \ldots + a_0 y = r(x),$$

$$L[y_p] = r, \quad y_p = \int_a^b G(x, \xi)\,r(\xi)\,d\xi. \qquad (24)$$

Randbedingungen $R_a[y] = r_a, \quad R_b[y] = r_b$.

Durch Ableiten von y_p und Einsetzen in die Randwertaufgabe ergeben sich die notwendigen Eigenschaften von $G(x, \xi)$:

a) $L[G(x, \xi)] = 0$ für $x \neq \xi$.
Ableitungen betreffen nur die Variable x.
b) $G(x, \xi)$ muß die Randbedingung erfüllen.
c) $\partial^k G/\partial x^k$ ($k = 0$ bis $k = n-2$) muß an der Stelle ξ stetig sein.
d) Die $(n-1)$-te Ableitung muß an der Stelle $x = \xi$ einen Einheitssprung aufweisen. (25)

$$[\partial^{n-1}G(x, \xi)/\partial x^{n-1}]_{x=\xi-0}^{x=\xi+0} = \frac{1}{a_n(x)}.$$

Die praktische Berechnung der Greenschen Funktion geht aus von einer Linearkombination der Lösungsfunktionen $y_1(x)$ bis $y_n(x)$ des Fundamentalsystems, wobei wegen der Unstetigkeit bei $x = \xi$ zwei Bereiche unterschieden werden.

$$G(x, \xi) = \begin{cases} \sum_{k=1}^{n}(c_k + d_k)\,y_k\,; & x \leqq \xi \\ \sum_{k=1}^{n}(c_k - d_k)\,y_k\,; & x \geqq \xi \end{cases}, \qquad (26)$$

$$c_k = c_k(\xi), \quad d_k = d_k(\xi), \quad y_k = y_k(x).$$

Berechnung der n Funktionen d_k:

Stetigkeit $\partial^i G/\partial x^i$ ($i = 0$ bis $n-2$) für $x = \xi$ gibt $n-1$ Gleichungen.

$$\sum_{k=1}^{n} d_k(\xi)\,y_k^{(i)}(\xi) = 0.$$

Einheitssprung von $\partial^{n-1}G/\partial x^{n-1}$ für $x = \xi$, (27)

$$\sum_{k=1}^{n} d_k(\xi)\,y_k^{(n-1)}(\xi) = -\frac{1}{2a_n}.$$

Berechnung der n Unbekannten c_k:

Erfüllung der jeweils $n/2$ Randbedingungen in $R_a[G]$ und in $R_b[G]$ für $x = a$ und $x = b$ gibt:

$$R_a\left[\sum_{k=1}^{n}(c_k + d_k)\,y_k\right] = r_a, \qquad (28)$$

$$R_b\left[\sum_{k=1}^{n}(c_k - d_k)\,y_k\right] = r_b.$$

Beispiel: Zur Dgl. $y'' - \delta^2 y = 0 + r$ berechne man die Greensche Funktion für das Intervall $0 \leqq x \leqq l$ mit den Randbedingungen $R_0[y] = y'(0) = 0$ und $R_l[y] = y(l) = 0$.
Mit dem Fundamentalsystem $y_1 = \cosh\delta x$, $y_2 = \sinh\delta x$ wird (26) zu:

$$G(x, \xi) = \begin{cases} (c_1 + d_1)\cosh\delta x + (c_2 + d_2)\sinh\delta x\,; \\ x \leqq \xi \\ (c_1 - d_1)\cosh\delta x + (c_2 - d_2)\sinh\delta x\,; \\ x \geqq \xi. \end{cases}$$

Berechnung der d_k nach (27):

$$\begin{bmatrix} \cosh\delta\xi & \sinh\delta\xi \\ \delta\sinh\delta\xi & \delta\cosh\delta\xi \end{bmatrix} \begin{bmatrix} d_1 \\ d_2 \end{bmatrix} = \begin{bmatrix} 0 \\ -1/2 \end{bmatrix},$$

$$d_1 = \frac{\sinh\delta\xi}{2\delta}, \quad d_2 = \frac{-\cosh\delta\xi}{2\delta}.$$

Berechnung der c_k nach (28):

$$(c_1 + d_1)\,y_1'(0) + (c_2 + d_2)\,y_2'(0) = 0,$$

$$(c_1 - d_1)\,y_1(l) + (c_2 - d_2)\,y_2(l) = 0,$$

$$\rightarrow \begin{bmatrix} 0 & 1 \\ \cosh\delta l & \sinh\delta l \end{bmatrix} \begin{bmatrix} c_1 \\ c_2 \end{bmatrix} = \begin{bmatrix} -d_2 \\ d_1\cosh\delta l + d_2\sinh\delta l \end{bmatrix}.$$

Nach einigen Umformungen erhält man die Greensche Funktion, wobei oberer und unterer Teil in x und ξ symmetrisch sind.

$$G(x,\xi) = \begin{cases} \dfrac{\cosh\delta x}{\delta}\cdot\dfrac{\sinh\delta(\xi - l)}{\cosh\delta l}, & x \leqq \xi \\[2ex] \dfrac{\cosh\delta\xi}{\delta}\cdot\dfrac{\sinh\delta(x - l)}{\cosh\delta l}, & x \geqq \xi. \end{cases}$$

25.8 Integration durch Reihenentwicklung

Unter gewissen Voraussetzungen kann die Lösung einer Differentialgleichung durch Potenzreihen an einer Entwicklungsstelle x_0 approximiert werden.

$$y = \sum_{k=0}^{\infty} a_k (x - x_0)^k. \tag{29}$$

Durch Einsetzen in die Dgl. und Ordnen nach Potenzen erhält man algebraische Gleichungen für die Koeffizienten.
Die explizite Anfangswertaufgabe

$$y^{(n)} = f(x, y, \ldots, y^{(n-1)})$$

mit gegebenen Anfangswerten (30)

$$y(0) = y_0 \quad \text{bis} \quad y^{(n-1)}(0) = y_0^{(n-1)}$$

ist an der Stelle x_0 nach (29) entwickelbar, falls die rechte Seite f in (30) als Funktion

$f(y)$ an der Stelle y_0 in y entwickelbar ist,

$\vdots$

$f(y^{(n-1)})$ an der Stelle $y_0^{(n-1)}$ in $y^{(n-1)}$ entwickelbar ist.

Bei linearen Dgln. zweiter Ordnung,

$$y'' + a(x)\,y' + b(x)\,y = r, \tag{31}$$

kann die an der Stelle $x_0 = 0$ nicht mögliche Entwicklung nach (29) in einem Pol erster Ordnung von $a(x)$ und einem solchen zweiter Ordnung von $b(x)$ begründet sein, sowie es sich in folgender Dgl. darstellt:

$$y'' + \frac{A(x)}{x}y' + \frac{B(x)}{x^2}y = 0,$$

$A(x)$, $B(x)$ in $x_0 = 0$ stetig. (32)

Für eine Dgl. nach (32) ist $x_0 = 0$ eine Stelle der Bestimmtheit mit einer verallgemeinerten Form der Entwicklung für das Fundamentalsystem.

$$y_1 = x^{\lambda_1}\sum_{k=0}^{\infty} a_k x^k, \quad y_2 = x^{\lambda_2}\sum_{k=0}^{\infty} b_k x^k. \tag{33}$$

$\lambda_1 - \lambda_2 \neq 0, \pm 1, \pm 2, \ldots.$

λ_1, λ_2 Wurzeln der determinierenden Gleichung

$\lambda(\lambda - 1) + \lambda A(0) + B(0) = 0.$

25.9 Integralgleichungen

Die Greensche Funktion (24) erzeugt die partikuläre Lösung $y(x)$ zu einer beliebigen rechten Seite $r(x)$ für ein Randwertproblem im Definitionsbereich $a \leqq x \leqq b$.

$$y(x) = \int_a^b G(x,\xi)\,r(\xi)\,\mathrm{d}\xi,$$

$G(x,\xi)$, $r(\xi)$ gegeben; $y(x)$ gesucht.

Die Umkehrung dieser Aufgabenstellung, zu einer gegebenen linken Seite die passende „Belastung" zu finden, definiert die Integralgleichung 1. Art:

$$r(x) = \int_a^b K(x,\xi)\,y(\xi)\,\mathrm{d}\xi,$$

Kern $K(x,\xi)$, $r(x)$ gegeben; $y(\xi)$ gesucht. (34)

Verallgemeinerungen von (34) enthalten $y(x)$ auch außerhalb des Integrals:

$$g(x)\,y(x) = \int_a^b K(x,\xi)\,y(\xi)\,\mathrm{d}\xi + r(x),$$

$g(x) = 1$: Integralgleichung 2. Art,
$g(x)$ beliebig: Integralgleichung 3. Art. (35)

Für feste Integrationsgrenzen spricht man von *Fredholmschen*, sonst von *Volterraschen* Integralgleichungen.

26 Systeme von Differentialgleichungen

Systeme von Differentialgleichungen – hier werden nur lineare mit konstanten Koeffizienten behandelt – in der kompakten Matrizenschreibweise

$$\begin{aligned} &\dot{z}(t) = Az(t) + b(t), \\ &z^T = [z_1(t) \ldots z_n(t)], \quad (\dot{\ }) = \mathrm{d}(\,)/\mathrm{d}t, \\ &\text{homogen:} \quad \dot{z} - Az = o, \\ &\text{inhomogen:} \quad \dot{z} - Az = b, \end{aligned} \tag{1}$$

ergeben sich direkt bei Problemen mit mehreren Freiheitsgraden oder durch Umformulierung einer Dgl. n-ter Ordnung in n Dgl. 1. Ordnung. Dazu werden $n-1$ neue abhängig Veränderliche eingeführt, die möglichst eine physikalische Bedeutung haben sollen.

Beispiel:

Dgl. 4. Ordnung des Biegebalkens:

$EIw'''' = q_z$. Sinnvolle abhängig Veränderliche:

Neigung $\varphi = -w'$, $(\,)' = \mathrm{d}(\,)/\mathrm{d}x$,

Moment $M = EI\varphi'$,

Querkraft $Q = M'$.

Zusammen mit der ursprünglichen Dgl. in neuer Form $Q' = -q_z$ gilt

$$z = \begin{bmatrix} w \\ \varphi \\ M \\ Q \end{bmatrix}, \quad A = \begin{bmatrix} 0 & -1 & 0 & 0 \\ 0 & 0 & 1/(EI) & 0 \\ 0 & 0 & 0 & 1 \\ 0 & 0 & 0 & 0 \end{bmatrix}, \tag{2}$$

$$b^T = [0 \;\; 0 \;\; 0 \;\; -q_z].$$

Homogene Lösungen zu (1) erhält man auf einem ersten möglichen Weg durch einen Exponentialansatz

$z(t) = c\,e^{\lambda t}$, c konstante Spalte.

Eingesetzt in $Az - \dot{z} = o$ gibt charakteristisches Gleichungssystem (3)

$(A - \lambda I)\,c = o$ für λ_1, c_1 bis λ_n, c_n.

Notwendige Bedingung für Lösungen:

$$|A - \lambda I| = \lambda^n + a_1\lambda^{n-1} + \ldots + a_n = 0. \tag{4}$$

Die Berechnung der Nullstellen als Eigenwerte λ des speziellen Eigenwertproblems $(A - \lambda I)\,c = o$ erfolgt mit Hilfe bewährter numerischer Verfahren.

Ein alternativer Weg strebt die Lösung in Form einer *Übertragungsmatrix* an:

$$z(t) = \exp[A \cdot (t - t_0)]\, z(t_0).$$

Speziell für $t_0 = 0$:

$$\exp(At) = I + At + \frac{1}{2!}(At)^2 + \frac{1}{3!}(At)^3 + \ldots. \tag{5}$$

Mit $\dfrac{\mathrm{d}}{\mathrm{d}t}\exp(At) = A\exp(At) = [\exp(At)]\,A$

gilt in der Tat $\dot{z} - Az = o$.

Für die Reihenentwicklung der e-Funktion mit Matrixexponenten gilt eine der skalaren Darstellungen entsprechende Form.

In der Regel ist die Reihe nach einem bestimmten Kriterium abzubrechen. Im Sonderfall der Matrix A aus (2) verschwindet bereits A^4 und damit alle folgenden Potenzen.

Beispiel: Biegebalken nach (2) mit dem Verfahren der Reihenentwicklung.

$$\text{Mit} \quad A^2 = \begin{bmatrix} 0 & 0 & -1 & 0 \\ 0 & 0 & 0 & 1 \\ 0 & 0 & 0 & 0 \\ 0 & 0 & 0 & 0 \end{bmatrix} \frac{1}{EI},$$

$$A^3 = \begin{bmatrix} 0 & 0 & 0 & -1 \\ 0 & 0 & 0 & 0 \\ 0 & 0 & 0 & 0 \\ 0 & 0 & 0 & 0 \end{bmatrix} \frac{1}{EI}, \quad A^4 = O,$$

gilt $z(x) = \ddot{U}(x)\, z(0)$,

$$\ddot{U}(x) = \begin{bmatrix} 1 & -x & -\dfrac{x^2}{2EI} & -\dfrac{x^3}{6EI} \\ 0 & 1 & \dfrac{x}{EI} & \dfrac{x^2}{2EI} \\ 0 & 0 & 1 & x \\ 0 & 0 & 0 & 1 \end{bmatrix}.$$

Das charakteristische Polynom (4) dient nicht nur der Berechnung der gesuchten Eigenwerte λ. Es gilt darüber hinaus der wichtige *Satz von Cayley-Hamilton:*

Die Matrix A erfüllt ihr eigenes charakteristisches Polynom: $\det(A - \lambda I) = 0$.

$$\begin{aligned} &\text{Aus (4):} \quad \lambda^n + a_1\lambda^{n-1} + \ldots + a_n 1 = 0 \\ &\text{folgt:} \quad A^n + a_1A^{n-1} + \ldots + a_n I = O. \end{aligned} \tag{6}$$

Damit kann jede ganzzahlige Potenz A^k mit $k \geqq n$ durch ein Polynom mit höchstens A^{n-1} dargestellt werden; dies gilt auch für die Entwicklung

$$\begin{aligned} &\exp(At) = a_0 I + a_1 A + a_2 A^2 + \ldots + a_{n-1}A^{n-1}, \\ &a_k = a_k(t), \end{aligned} \tag{7}$$

mit weiteren Faktorfunktionen $a_k(t)$, die über die Eigenwerte λ_k mit den Basislösungen $\exp(\lambda_k t)$ verknüpft sind. Bei n verschiedenen λ-Werten gilt

$$\begin{bmatrix} 1 & \lambda_1 & \ldots & \lambda_1^{n-1} \\ 1 & \lambda_2 & \ldots & \lambda_2^{n-1} \\ \vdots & \vdots & & \vdots \\ 1 & \lambda_n & & \lambda_n^{n-1} \end{bmatrix} \begin{bmatrix} a_0(t) \\ a_1(t) \\ \vdots \\ a_{n-1}(t) \end{bmatrix} = \begin{bmatrix} \exp(\lambda_1 t) \\ \exp(\lambda_2 t) \\ \vdots \\ \exp(\lambda_n t) \end{bmatrix}. \tag{8}$$

Die auf Anfangswerte $z(0)$ normierte Übertragungsform (5) erschließt entsprechend der Duhamel-Formel Gl. (21) in 25.6 auch die partikuläre Lösung $\dot{z}_p - Az_p = b$,

$$z_p(t) = \int_0^t \exp[A(t-\tau)]\, b(\tau)\, \mathrm{d}\tau. \tag{9}$$

Tabelle 26-1. Spezielle Ansätze $z_p(t)$ zur Lösung der Dgl. $z_p' - Az_p = b$

b	Ansatz	Lösungssystem für die Ansatzkoeffizienten
$b_0 t^m,\quad m \in \mathbb{N}$	$\sum_{k=0}^{m} a_k t^k$	$Aa_m = -b_0$ $Aa_{m-1} = ma_m$ $\vdots \quad \vdots$ $Aa_0 = 1\ a_1$
$b_0\,e^{\alpha t}$	$a\,e^{\alpha t}$	$(A - \alpha I)\,a = -b_0$ falls $\alpha \neq$ Eigenwert von A
$c_0 \cos \omega t$ $+ s_0 \sin \omega t$	$a \cos \omega t +$ $b \sin \omega t$	$\begin{bmatrix} A & -\omega I \\ \omega I & A \end{bmatrix} \begin{bmatrix} a \\ b \end{bmatrix} = \begin{bmatrix} -c_0 \\ -s_0 \end{bmatrix}$

Für spezielle rechte Seiten empfiehlt sich die Benutzung der Tabelle 26-1.

27 Selbstadjungierte Differentialgleichung

Bei Bilinearformen Zeile × Matrix × Spalte ist das skalare Ergebnis unabhängig von der links- oder rechtsseitigen Multiplikation mit a oder b, falls die Matrix A symmetrisch ist.
Bilineare Form:

$$\begin{aligned} &\text{Allgemein:} && a^T A b = b^T A^T a, \\ &\text{speziell } A^T = A: && a^T A b = b^T A a. \end{aligned} \tag{1}$$

Die Symmetrieeigenschaft hat weitgehende analytische und numerische Konsequenzen; so sind zum Beispiel die Eigenwerte λ des homogenen Problems $(A - \lambda B)\,x = o$ für definites B stets reell und die Eigenvektoren x haben *Orthogonalitätseigenschaften.*
Falls $(A - \lambda_k B)\,x_k = o$, $k = 1$ bis n, $A = A^T, B = B^T$ gilt

$$\begin{aligned} &x_i^T B x_j = 0, \quad \text{falls} \quad i \neq j. \\ &x_i^T A x_j = \begin{cases} 0, & \text{falls} \quad i \neq j \\ \lambda_k x_k^T B x_k, & \text{falls} \quad i = j = k \end{cases} \end{aligned} \tag{2}$$

Die letzte Beziehung in (2) läßt sich nach λ_k auflösen, wobei der entstehende Quotient für beliebige x infolge seiner Extremaleigenschaft fundamentale Bedeutung hat; es ist dies der *Rayleigh-Quotient:*

$$R = \frac{x^T A x}{x^T B x}, \quad A = A^T, \quad B = B^T, \tag{3}$$

$$\begin{aligned} &R_{\text{extr}} \text{ aus } R_{,i} = 0, \ i = 1 \ldots n, \ (\,)_{,i} = \partial R / \partial x_i. \\ &\to (A - R_{\text{extr}} B)\,x_{\text{extr}} = o \to R_{\text{extr}} = \lambda_k. \end{aligned} \tag{4}$$

Aus dem Vergleich von (4) mit (2) erweisen sich die extremalen Werte des Rayleigh-Quotienten als Eigenwerte λ_k des Paares A, B. Sie werden angenommen, wenn für x die Eigenvektoren x_k eingesetzt werden.
Eine Übertragung von Matrizen A auf lineare Differentialoperatoren L führt zunächst zur Definition des *adjungierten Operators* $\bar{L}$ zu L:

$$\int u(x)\,L[v(x)]\,dx \overset{!}{=} \int v(x)\,\bar{L}[u(x)]\,dx \to \bar{L}, \tag{5}$$

und zur besonderen Benennung der wichtigen Situation, falls

$$\int u(x)\,L[v(x)]\,dx = \int v(x)\,L[u(x)]\,dx. \tag{6}$$

$\bar{L} = L$ ist selbstadjungierter Operator.

Die Überprüfung von (6) bezüglich der Berechnung von $\bar{L}$ aus (5) erfolgt durch partielle Integration, wobei die entstehenden Randterme zunächst nicht beachtet werden. Operatoren der Form

$$\begin{aligned} L[y] &= a_0 y - (a_1 y')' + (a_2 y'')'' - \ldots \\ &\quad + (-1)^m (a_m y^{(m)})^{(m)}, \\ a_k &= a_k(x), \quad y = y(x), \end{aligned} \tag{7}$$

sind für hinreichend oft differenzierbare Funktionen a_k selbstadjungiert.
Für ein homogenes Randwertproblem,

$$\begin{aligned} &\text{Dgl. } M[y] - \lambda N[y] = 0, \\ &\text{Randbedingungen } R_0[y] = 0, \quad R_1[y] = 0, \end{aligned} \tag{8}$$

gelten für die Eigenwerte λ_k und Eigenlösungen $y_k(x)$ bei selbstadjungierten Operatoren ebenfalls Orthogonalitätsbedingungen:
Falls

$$M[y_k] - \lambda_k N[y_k] = 0, \quad R_0[y_k] = 0, \quad R_1[y_k] = 0$$

und

$$\bar{M} = M, \quad \bar{N} = N \quad \text{gilt:}$$

$$\begin{aligned} &N_{ij} = \int y_i N[y_j]\,dx = 0, \quad \text{falls} \quad i \neq j, \\ &M_{ij} = \int y_i M[y_j]\,dx = \begin{cases} 0, & \text{falls} \quad i \neq j \\ \lambda_k N_{kk}, & \text{falls} \quad i = j = k. \end{cases} \end{aligned} \tag{9}$$

Falls in R_0 und R_1 noch diskrete Randelemente (in der Mechanik sind dies Federn und Massen) enthalten sind, ist (9) zur sogenannten belasteten Orthogonalität zu erweitern.
Die letzte Aussage in (9) führt wie bei Matrizen zum *Rayleigh-Quotienten*:

$$R = \frac{\int y M[y]\,dx}{\int y N[y]\,dx}, \quad M = \bar{M}, \quad N = \bar{N}, \tag{10}$$

$$\begin{aligned} &R_{\text{extr}} \quad \text{aus} \quad M[y_{\text{extr}}] - R_{\text{extr}} N[y_{\text{extr}}] = 0 \\ &\text{mit} \quad R_0[y_{\text{extr}}] = 0, \quad R_1[y_{\text{extr}}] = 0. \\ &\to R_{\text{extr}} = \lambda_k. \end{aligned} \tag{11}$$

Die extremalen Werte des Rayleigh-Quotienten entsprechen den Eigenwerten λ_k der Randwertaufgabe (8), falls zur Extremwertberechnung nur solche Funktionen $y(x)$ zugelassen werden, welche die Randbedingungen erfüllen. Sie heißen *Vergleichsfunktionen*:

$$R_0[y] = 0\,, \quad R_1[y] = 0\,. \tag{12}$$

Für die konkrete Rechnung ist es vorteilhaft, die Operatoren M und N durch partielle Integration gleichmäßig nach links und rechts aufzuteilen:

$$\begin{aligned} &\int yM[y]\,\mathrm{d}x \to \int \{P[y]\}\{P[y]\}\,\mathrm{d}x\,, \\ &\int yN[y]\,\mathrm{d}x \to \int \{Q[y]\}\{Q[y]\}\,\mathrm{d}x\,. \end{aligned} \tag{13}$$

Beispiel:

Dgl. des Knickstabes mit

$$w'''' + \lambda^2 w'' = 0\,, \quad \lambda^2 = F/EI\,,$$

$$w(0) = 0\,, \quad w'(0) = 0\,, \quad w(l) = 0\,, \quad w''(l) = 0\,.$$

$$\int wM[w]\,\mathrm{d}x = \int ww''''\,\mathrm{d}x$$

$$= [ww''' - w'w'']_0^l + \int w''w''\,\mathrm{d}x\,,$$

$$\int wN[w]\,\mathrm{d}x = -\int ww''\,\mathrm{d}x = -[ww']_0^l + \int w'w'\,\mathrm{d}x\,.$$

Alle Randterme sind wegen der Randbedingungen gleich Null.

28 Klassische nichtelementare Differentialgleichungen

Die gewöhnlichen Dgln. 2. Ordnung mit variablen Koeffizienten,

$$\begin{aligned} &y'' + a_1(x)y' + a_0(x)y = 0 \\ &\text{oder} \quad (p(x)y')' + q(x)y = 0 \\ &\text{mit} \quad p(x) = \exp \int a_1\,\mathrm{d}x\,, \quad q(x) = a_0 p(x) \end{aligned} \tag{1}$$

sind für spezielle Paare $a_1(x)$, $a_0(x)$ mit traditionellen Namen belegt. Die nachfolgende Aufstellung enthält charakteristische Merkmale einiger klassischer Dgln.

Hypergeometrische Dgl.:

$$x(x-1)y'' + [(a+b+1)x - c]y' + aby = 0\,. \tag{2}$$

Stellen der Bestimmtheit $x = 0; 1; \infty$.

Eine Lösung ist

$$y = F(a, b, c; x) = 1 + \frac{ab}{c}x + \frac{1}{2!}\cdot\frac{a(a+1)b(b+1)}{c(c+1)}x^2 + \frac{1}{3!}\cdot\frac{a(a+1)(a+2)b(b+1)(b+2)}{c(c+1)(c+2)}x^3 + \ldots$$

Fundamentalsysteme:

$$\begin{aligned} &y_1 = F(a, b, c; x) \\ &y_2 = x^{1-c}F(a-c+1, b-c+1, 2-c; x) \\ &c \text{ nicht ganzzahlig, } |x| < 1\,. \\ &y_1 = F(a, b, a+b-c+1; 1-x) \\ &y_2 = (1-x)^{c-a-b} \\ &\quad \cdot F(c-b, c-a, c-a-b+1; 1-x) \\ &a+b-c \text{ nicht ganzzahlig, } |x-1| < 1\,. \\ &y_1 = x^{-a}F(a, a-c+1, a-b+1; 1/x) \\ &y_2 = x^{-b}F(b, b-c+1, b-a+1; 1/x) \\ &a-b \text{ nicht ganzzahlig, } |x| > 1\,. \end{aligned} \tag{3}$$

Legendresche Dgl.:

$$(1-x^2)y'' - 2xy' + (n+1)ny = 0\,,$$

$n \geqq 0$ ganz.

Stellen der Bestimmtheit $x = -1; +1$.

Eine Lösung ist

$$P_n(x) = F\left(-n, n+1, 1; \frac{1-x}{2}\right). \tag{4}$$

$$\int_{-1}^{1} P_m(x)P_n(x)\,\mathrm{d}x = \begin{cases} 0 & m \neq n \\ \dfrac{2}{2n+1} & m = n \end{cases}.$$

Tschebyscheffsche Dgl.:

$$(1-x^2)y'' - xy' + n^2 y = 0\,.$$

Eine Lösung ist

$$T_n(x) = F\left(n, -n, \frac{1}{2}; \frac{1-x}{2}\right). \tag{5}$$

$$\int_{-1}^{1} \frac{T_m(x)T_n(x)\,\mathrm{d}x}{\sqrt{1-x^2}} = \begin{cases} 0 & m \neq n \\ \pi/2 & m = n \neq 0\,. \\ \pi & m = n = 0 \end{cases}$$

Laguerresche Dgl.:

$$xy'' + (1-x)y' + ny = 0\,.$$

Eine Lösung ist (6)

$L_n(x) = n!\,K(-n, 1; x)$ mit der

konfluenten hypergeometrischen Reihe:

$$K(a, c; x) = 1 + \frac{a}{c}x + \frac{1}{2!}\cdot\frac{a(a+1)}{c(c+1)}x^2 + \frac{1}{3!}\cdot\frac{a(a+1)(a+2)}{c(c+1)(c+2)}x^3 + \ldots\,.$$

$$\int_0^\infty \mathrm{e}^{-x}L_m L_n\,\mathrm{d}x = \begin{cases} 0 & n \neq m \\ (n!)^2 & n = m \end{cases}. \tag{7}$$

$$L_{n+1}(x) = (2n+1-x)\,L_n(x) - n^2 L_{n-1}(x)\,.$$

Dgl. der Hermiteschen Polynome:

$$y'' - 2xy' + 2ny = 0\,. \tag{8}$$

Eine Lösung ist

$$H_n(x) = (-1)^n \exp(x^2) \frac{d^n(x)}{dx^n} [\exp(-x^2)].$$

$$\int_{-\infty}^{\infty} \exp(-x^2) H_m(x) H_n(x)\, dx = \begin{cases} 0 & m \neq n \\ 2^n n! \sqrt{\pi} & m = n \end{cases}.$$

Besselsche Dgl.:

$$x^2 y'' + xy' + (x^2 - n^2) y = 0. \qquad (9)$$

Eine Lösung sind die *Zylinderfunktionen 1. Art*

$$J_n(x) = \left(\frac{x}{2}\right)^n \sum_{k=0}^{\infty} (-1)^k \frac{1}{2^{2k} k! (n+k)!} x^{2k},$$

$x > 0$;

auch die *Zylinderfunktionen 2. Art* oder *Neumannsche Funktionen*

$$N_n(x) = \frac{1}{\sin(n\pi)} [\cos(n\pi) J_n(x) - J_{-n}(x)]; \quad (10)$$

auch die *Zylinderfunktionen 3. Art* oder *Hankelsche Funktionen*

$$\begin{aligned} H_n^1(x) &= J_n(x) + jN_n(x) \\ H_n^2(x) &= J_n(x) - jN_n(x). \end{aligned} \qquad (11)$$

Eine besondere Bedeutung hat die *Mathieusche Dgl.:*

$$\ddot{y} + (\lambda - 2h \cos 2t) y = 0 \qquad (12)$$

mit einem periodischen Koeffizienten $\cos 2t = \cos 2(t + \pi)$. Es gibt nach *Floquet* stets Lösungen

$$y(t + \pi) = e^{\alpha\pi} y(t), \qquad (13)$$

deren Stabilität vom Exponenten α abhängt. Im konkreten Fall wird man von $y(t = 0)$ ausgehend durch numerische Integration $y(\pi)$ errechnen, wobei der Quotient $y(\pi)/y(0)$ stabilitätsentscheidend ist. Bei einem System 1. Ordnung mit Periode T,

$$\dot{z} = A(t) z, \quad A(t + T) = A(t), \qquad (14)$$

integriert man über eine Periode (zweckmäßig von $t = 0$ bis $t = T$) und erhält die Übertragungsmatrix $\ddot{U}$ (auch *Transitionsmatrix*):

$$z_1 = \ddot{U} z_0, \quad z_0 = z(t = 0), \quad z_1 = z(t = T). \qquad (15)$$

Der Lösungsansatz $z_k = \alpha^k z_0$ überführt (15) in ein Eigenwertproblem.

$$(\ddot{U} - \alpha I) z_0 = o \rightarrow \alpha = a + jb = \sqrt{a^2 + b^2}\, e^{j\varphi}. \qquad (16)$$

Stabilität, falls $a^2 + b^2 \leq 1$.

29 Partielle Differentialgleichungen 1. Ordnung

Eine Bestimmungsgleichung für die Funktion $u(x_1, \ldots, x_n)$ von n unabhängig Veränderlichen x_i heißt partielle Differentialgleichung k-ter Ordnung, falls u in partiell abgeleiteter Form $\partial^j u / \partial x_i^j$ erscheint, wobei die höchste Ableitung $j_{\max} = k$ die Ordnung der Dgl. bestimmt. Das Wesentliche einer linearen Dgl. 1. Ordnung,

$$\sum_{i=1}^{n} a_i(\boldsymbol{x})\, u_{,i} + b(\boldsymbol{x})\, u + c(\boldsymbol{x}) = 0, \quad \boldsymbol{x} = \begin{bmatrix} x_1 \\ \vdots \\ x_n \end{bmatrix}, \qquad (1)$$

$$\partial(\,)/\partial x_i = (\,)_{,i},$$

zeigt sich in der verkürzten homogenen Form

$$\sum_{i=1}^{n} a_i(\boldsymbol{x})\, u_{,i} = 0 \quad \text{kurz} \quad \boldsymbol{a}^{\mathrm{T}}(\boldsymbol{x}) \operatorname{grad} u = 0. \qquad (2)$$

Mit einer zunächst noch unbekannten Darstellung

$$u[\boldsymbol{x}(t)] = c, \quad c = \text{const}, \qquad (3)$$

der Lösung in Form eines parametergesteuerten Zusammenhanges zwischen den Variablen (Reduktion der Vielfalt auf $n - 1$) ist über den Zuwachs

$$dc/dt = 0 = \sum_{i=1}^{n} u_{,i}\, dx_i/dt \qquad (4)$$

ein implizites Erfüllen der Dgl. (2) garantiert, falls die Koeffizienten von $u_{,i}$ in (2) und (4) übereinstimmen. Insgesamt gibt dies die n *charakteristischen Gleichungen* für $\boldsymbol{x}(t)$,

$$\begin{aligned} dx_1/dt &= a_1(x_1, \ldots, x_n) \\ &\vdots \\ dx_n/dt &= a_n(x_1, \ldots, x_n), \quad x_k = x_k(t), \end{aligned} \qquad (5)$$

die unter Einbeziehung von n Integrationskonstanten zu integrieren sind. Durch Elimination des Parameters t erhält man die *Grundcharakteristiken*

$$\begin{aligned} C_1 &= f_1(x_1, \ldots, x_{n-1}) \\ &\vdots \\ C_{n-1} &= f_{n-1}(x_1, \ldots, x_{n-1}), \quad C_k = \text{const}, \end{aligned} \qquad (6)$$

die in beliebiger funktioneller Verknüpfung

$$\begin{aligned} &\Phi(f_1, \ldots, f_{n-1}) = u, \\ &\boldsymbol{a}^{\mathrm{T}}(\boldsymbol{x}) \operatorname{grad} u = 0, \end{aligned} \qquad (7)$$

eine spezielle Lösung der Dgl. (2) darstellen, falls nur Φ stetige partielle Ableitungen 1. Ordnung besitzt. Auf diese Weise lassen sich beliebig viele Lösungen $u(x)$ erzeugen.

Beispiel: Für die Dgl. $xu,_x + yu,_y + 2(x^2+y^2)\,u,_z = 0$ mit $x_1 = x$, $x_2 = y$, $x_3 = z$ berechne man die Grundcharakteristiken f_1, f_2 und weise nach, daß $\Phi(f_1, f_2) = f_1 f_2$ ebenfalls Lösung der Dgl. ist. Durch Integration der Dgln. $\mathrm{d}x/\mathrm{d}t = x$, $\mathrm{d}y/\mathrm{d}t = y$, $\mathrm{d}z/\mathrm{d}t = 2(x^2+y^2)$ erhält man zunächst $x(t) = c_1 \mathrm{e}^t$, $y(t) = c_2 \mathrm{e}^t$ und daraus über $\mathrm{d}z/\mathrm{d}t = 2\mathrm{e}^{2t}(c_1^2 + c_2^2)$ die Parameterdarstellung $z(t) = (c_1^2 + c_2^2)\,\mathrm{e}^{2t} + c_3$. Elimination von t liefert die Grundcharakteristiken $y/x = c_2/c_1 = C_1$, $C_2 = c_3 = z - (x^2+y^2)$. Die partiellen Ableitungen der Funktion $\Phi = C_1 \cdot C_2$ ergeben in der durch die Dgl. bestimmten Kombination in der Tat die Summe Null.

$$\left.\begin{aligned} x \mid \Phi,_x &= -\frac{yz}{x^2} - y\left(1 - \frac{y^2}{x^2}\right) \\ y \mid \Phi,_y &= \frac{z}{x} - \left(x + \frac{3y^2}{x}\right) \\ 2(x^2+y^2) \mid \Phi,_z &= \frac{y}{x} \end{aligned}\right\} \sum = 0 .$$

30 Partielle Differentialgleichungen 2. Ordnung

Das Charakteristische einer linearen partiellen Differentialgleichung 2. Ordnung

$$\begin{aligned} L[u] = \; & a_{11}(\boldsymbol{x})\,u,_{11} + a_{12}(\boldsymbol{x})\,u,_{12} + \ldots + a_{1n}(\boldsymbol{x})\,u,_{1n} \\ & + a_{12}(\boldsymbol{x})\,u,_{12} + a_{22}(\boldsymbol{x})\,u,_{22} + \ldots + a_{2n}(\boldsymbol{x})\,u,_{2n} \\ & \;\vdots \qquad\qquad \vdots \\ & + a_{1n}(\boldsymbol{x})\,u,_{1n} + a_{2n}(\boldsymbol{x})\,u,_{2n} + \ldots + a_{nn}(\boldsymbol{x})\,u,_{nn} \\ & + b_1(\boldsymbol{x})\,u,_1 + b_2(\boldsymbol{x})\,u,_2 + \ldots + b_n(\boldsymbol{x})\,u,_n \\ & + c(\boldsymbol{x})\,u = r(\boldsymbol{x}), \quad \boldsymbol{x}^{\mathrm{T}} = [x_1, x_2, \ldots, x_n], \end{aligned} \tag{1}$$

mit n Variablen x_i und der gesuchten Funktion $u(\boldsymbol{x})$ zeigt sich in den Eigenwerten $\lambda_1(\boldsymbol{x})$ bis $\lambda_n(\boldsymbol{x})$ der Koeffizientenmatrix $\boldsymbol{A}(\boldsymbol{x})$, die ihrerseits eine Funktion der Koordinaten $\boldsymbol{x}$ des Definitionsgebietes ist; Tabelle 30-1.

Tabelle 30-1. Klassifikation von Dgln. 2. Ordnung

Eigenschaften aller λ_i in allen Punkten x	Typ der Dgl.
Alle $\lambda_i \neq 0$ und dasselbe Vorzeichen	elliptisch
Alle $\lambda_i \neq 0$ und genau ein Vorzeichen entgegengesetzt zu allen anderen	hyperbolisch
Mindestens ein $\lambda_i = 0$	parabolisch

Im Sonderfall $n = 2$ entscheidet die Koeffizientendeterminante

$$A = -\begin{vmatrix} a_{11}(\boldsymbol{x}) & a_{12}(\boldsymbol{x}) \\ a_{12}(\boldsymbol{x}) & a_{22}(\boldsymbol{x}) \end{vmatrix} \tag{2}$$

über den Typ der Dgl.:

$$n = 2\colon\; A(\boldsymbol{x}) \begin{cases} < 0 & \text{für alle } \boldsymbol{x}\text{: elliptisch} \\ = 0 & \text{für alle } \boldsymbol{x}\text{: parabolisch} \\ > 0 & \text{für alle } \boldsymbol{x}\text{: hyperbolisch.} \end{cases} \tag{3}$$

Wie quadratische Formen auf Diagonalform mit $a_{ij} = 0$ für $i \neq j$ transformiert werden können, lassen sich Dgln. auf ihre Normalformen transformieren. Mit neuen Variablen ξ, η anstelle von $x_1 = x$ und $x_2 = y$ sowie entsprechenden Ableitungen nach ξ und η,

$$\begin{aligned} \xi &= \xi(x,y), \quad \eta = \eta(x,y), \\ u &= u[x(\xi,\eta), y(\xi,\eta)] \leftrightarrow u[\xi(x,y), \eta(x,y)], \\ u,_x &= v,_\xi \xi,_x + v,_\eta \eta,_y \quad \text{usw.,} \end{aligned} \tag{4}$$

läßt sich der Übergang zur transformierten Form anschreiben.

$$\begin{aligned} u = f_1(x,y)\colon\; & a_{11}\,u,_{xx} + 2a_{12}\,u,_{xy} + a_{22}\,u,_{yy} \\ & + F(x,y,u,u,_x,u,_y) = 0, \\ u = f_2(\xi,\eta)\colon\; & b_{11}\,u,_{\xi\xi} + 2b_{12}\,u,_{\xi\eta} + b_{22}\,u,_{\eta\eta} \\ & + G(\xi,\eta,u,u,_\xi,u,_\eta) = 0, \\ a_{ij} = f_{ij}(x,y), \quad & b_{ij} = g_{ij}(\xi,\eta). \\ b_{11} = a_{11}\,\xi^2,_x & + 2a_{12}\,\xi,_x\xi,_y + a_{22}\,\xi^2,_y, \\ b_{22} = a_{11}\,\eta^2,_x & + 2a_{12}\,\eta,_x\eta,_y + a_{22}\,\eta^2,_y, \\ b_{12} = a_{11}\,\xi,_x\eta,_x & + a_{12}(\xi,_x\eta,_y + \xi,_y\eta,_x) + a_{22}\,\xi,_y\eta,_y. \end{aligned} \tag{5}$$

Der Typ der Dgl. und die Eindeutigkeit der Umkehrung $(\xi,\eta) \leftrightarrow (x,y)$ ist gewährleistet durch die Jacobi-Determinante

$$\xi,_x\eta,_y - \xi,_y\eta,_x \neq 0. \tag{6}$$

Alle Bedingungen der Tabelle 30-2 lassen sich zu zwei Dgln. für $\xi,_x$ und $\xi,_y$ bez. $\eta,_x$ und $\eta,_y$ zusammenführen:

Tabelle 30-2. Normalformen für $n = 2$

Normalform	Bedingungen für B_{ij}	Typ
$u,_{\xi\eta} + G_1(\xi,\eta,u,u,_\xi,u,_\eta) = 0$	$B_{11} = 0$, $B_{22} = 0$, $B_{12} \neq 0$	hyperbolisch
$u,_{\xi\xi} - u,_{\eta\eta} + G_2(\xi,\eta,u,u,_\xi,u,_\eta) = 0$	$B_{11} + B_{22} = 0$, $B_{12} = 0$	hyperbolisch
$u,_{\xi\xi} + G(\xi,\eta,u,u,_\xi,u,_\eta) = 0$	$B_{11} \neq 0$, $B_{12} = B_{22} = 0$	parabolisch
$u,_{\xi\xi} + u,_{\eta\eta} + G(\xi,\eta,u,u,_\xi,u,_\eta) = 0$	$B_{11} = B_{22} \neq 0$, $B_{12} = 0$	elliptisch

$$a_{11}\,\varphi_{,x} + \left(a_{12} + \sqrt{A}\right)\varphi_{,y} = 0,$$
$$a_{11}\,\varphi_{,x} + \left(a_{12} - \sqrt{A}\right)\varphi_{,y} = 0,$$
$$\varphi = \{\xi(x,y),\ \eta(x,y)\}.$$

Charakteristische Gleichung:

$$a_{11}\,y'(x) = a_{12} + \sqrt{A}, \quad a_{11}\,y' = a_{12} - \sqrt{A}$$

oder zusammengefaßt zu

$$a_{11}\,y'^2 - 2a_{12}\,y' + a_{22} = 0. \qquad (7)$$

Aus den Charakteristiken $\varphi_1(x, y)$ und $\varphi_2(x, y)$ folgen die Transformationen

$$C_1 = \varphi_1(x,y) = \xi, \quad C_2 = \varphi_2(x,y) = \eta. \qquad (8)$$

Beispiel. Die Dgl.

$$2yu_{,xx} + 2(x+y)\,u_{,xy} + 2xu_{,yy} + u = 0$$

ist im Gebiet ohne $x = y$ auf Normalform zu transformieren.
Der Typ ist zufolge $A = (x+y)^2 - 4xy = (x-y)^2 > 0$ hyperbolisch. Die charakteristische Gleichung

$$2yy'^2 - 2(x+y)\,y' + 2x = 2(yy' - x)(y' - 1) = 0$$

hat die Lösungen $\varphi_1 = y^2 - x^2 = C_1$ und $\varphi_2 = y - x = C_2$ aus der getrennten Integration der Faktoren. Daraus folgen die Transformation mitsamt der Umkehrung:

$$\xi = y^2 - x^2 = (y+x)(y-x), \quad \eta = y - x,$$
$$2x = (-\eta + \xi/\eta), \quad 2y = \eta + \xi/\eta.$$

Zum Einsetzen in die anfangs gegebene Dgl. werden die partiellen Ableitungen von $u[\xi(x,y),\ \eta(x,y)]$ benötigt.

$$u_{,x} = u_{,\xi}(-2x) + u_{,\eta}(-1),$$
$$u_{,y} = u_{,\xi}(2y) + u_{,\eta}\ (1),$$
$$u_{,xx} = 4x^2\,u_{,\xi\xi} + 4xu_{,\xi\eta} + u_{,\eta\eta} - 2u_{,\xi},$$
$$u_{,yy} = 4y^2\,u_{,\xi\xi} + 4yu_{,\xi\eta} + u_{,\eta\eta} + 2u_{,\xi},$$
$$u_{,xy} = -[4xy\,u_{,\xi\xi} + 2(x+y)\,u_{,\xi\eta} + u_{,\eta\eta}].$$

Mit

$$x = x(\xi, \eta) \quad \text{und} \quad y = y(\xi, \eta)$$

erscheint die Ausgangsdgl. in der Tat in der Normalform:

$$u_{,\xi\eta} + u_{,\xi}/\eta - u/(4\eta^2) = 0.$$

Im Sonderfall konstanter Koeffizienten a_{ij} werden die Charakteristiken zu Geraden

$$C_1 = a_{11}\,y - \left(a_{12} + \sqrt{A}\right)x,$$
$$C_2 = a_{11}\,y - \left(a_{12} - \sqrt{A}\right)x, \qquad (9)$$
$$A = a_{12}^2 - a_{11}\,a_{22}.$$

Tabelle 30-3. Allgemeine Lösungen für einfachste Normalformen. F, G sind stetig differenzierbare, ansonsten beliebige Funktionen.

Einfachste Form	Lösungen
$u_{,xy} = 0$	$u = F(x) + G(y)$
$u_{,xx} = 0$	$u = xF(y) + G(y)$
$u_{,xx} + a^2 u_{,yy} = 0$	$u = F(y + \mathrm{j}ax) + G(y - \mathrm{j}ax)$
$u_{,xx} - a^2 u_{,yy} = 0$	$u = F(y + ax) + G(y - ax)$

Separationsverfahren in Form von Produktansätzen

$$L[u(x)] = r(x),$$
$$u(x_1, \ldots, x_n) = f_1(x_1)\,f_2(x_2) \cdot \ldots \cdot f_n(x_n) \qquad (10)$$

für die Normalformen können auch bei Dgln. mit nichtkonstanten Koeffizienten erfolgreich sein, wenn es nur gelingt, eine Funktion $f_k(x_k)$ zusammen mit der Variablen x_k zu separieren; so zum Beispiel für $k = 1$:

$$F_1(x_1, f_1, f_{1,1}, f_{1,11})$$
$$= -F(x_2, \ldots, x_n, f_2, \ldots, f_n, f_{2,2}, \ldots) = c_1,$$
$$c_1 = \text{const.} \qquad (11)$$

Beginnend mit der Lösung der gewöhnlichen Dgl. $F_1(x_1, f_1, f_{1,1}, \ldots) = c_1$ gelangt man über eine gleichartige sukzessive Behandlung des Restes zur Gesamtlösung.

Beispiel. Die Dgl. $u_{,xy} + yu_{,x} - xu_{,y} = 0$ ist mittels des Ansatzes $u(x, y) = f_1(x)\,f_2(y)$ zu lösen. Einsetzen und Separation liefert $xf_1/f_{1,x} = 1 + yf_2/f_{2,y}$. Aus der Integration von $xf_1/f_{1,x} = c_1$ zu $f_1 = c_0 \exp\left(\dfrac{x^2}{2c_1}\right)$ und der Integration der rechten Seite zu $f_2 = c_2 \exp\left(\dfrac{y^2}{2(c_1 - 1)}\right)$ folgt die Gesamtlösung

$$u(x, y) = C_0 \exp\left[\frac{C_1}{2}\left(x^2 + \frac{y^2}{1 - C_1}\right)\right].$$

Beispiel. Man zeige, daß die speziellen Lösungen $u = (y + \mathrm{j}ax)^n$ die Dgl. $u_{,xx} + a^2 u_{,yy} = 0$ erfüllen. Mit

$$u_{,xx} = n(n-1)(y + \mathrm{j}ax)^{n-2}(-a^2),$$
$$u_{,yy} = n(n-1)(y + \mathrm{j}ax)^{n-2}$$

wird in der Tat die Dgl. befriedigt.

31 Lösungen partieller Differentialgleichungen

31.1 Spezielle Lösungen der Wellen- und Potentialgleichung

Mit der *Wellengleichung*

$$\Delta \Phi = a\ddot{\Phi} + 2b\dot{\Phi} + c\Phi, \quad (\ )^{\cdot} = \mathrm{d}(\ )/\mathrm{d}t, \tag{1}$$

Δ Laplace-Operator; a, b, c Konstante,
$\Delta\Phi = \Phi_{,xx} + \Phi_{,yy} + \Phi_{,zz}$ in kartesischen Koordinaten,

erfaßt man einen weiten Bereich von Schwingungserscheinungen in den Ingenieurwissenschaften. Ein Produktansatz

$$\Phi(x, t) = u(x)\, v(t), \tag{2}$$

getrennt für Zeit t und Ort x, ermöglicht eine Separation

$$\frac{\Delta u}{u} = \frac{a\ddot{v} + 2b\dot{v} + cv}{v} = -\lambda^2 \tag{3}$$

mit der Konstanten $(-\lambda^2)$. Die Integration der Zeitgleichung beläßt Integrationskonstanten A, B zum Anpassen an gegebene Anfangsbedingungen.

$$a\ddot{v} + 2b\dot{v} + (c + \lambda^2)\, v = 0.$$

$$v(t) = \begin{cases} e^{-\frac{b}{a}t}(A\cos\omega t + B\sin\omega t) \\ \text{mit } \omega^2 = \dfrac{\lambda^2 + c}{a} - \left(\dfrac{b}{a}\right)^2. \\ b = 0\text{: } A\cos\omega t + B\sin\omega t \\ \text{mit } \omega^2 = (\lambda^2 + c)/a. \\ a = 0\text{: } A\exp\left(-\dfrac{c+\lambda^2}{2b}t\right). \end{cases} \tag{4}$$

Die Integration der Ortsgleichung $\Delta u + \lambda^2 u = 0$, auch *Helmholtz-Gleichung* genannt, hat gegebene Randbedingungen zu berücksichtigen. Für den Sonderfall nur einer unabhängig Veränderlichen x steht dafür ein weiteres Paar D, E von Integrationskonstanten zur Verfügung.

Dgl. $u_{,xx} + \lambda^2 u = 0$.
Lösung $u(x) = D\sin\lambda x + E\cos\lambda x$.
Spezielle Randbedingungen
$u(x = 0) = 0, \quad u(x = l) = 0$.
Aus $u(x = 0) = 0$ folgt $E = 0$. (5)
Aus $u(x = l) = 0$ folgt $0 = D\sin\lambda l$ mit beliebig vielen Lösungsparametern oder Eigenwerten $\lambda_i l = i\pi, \quad i = 1, 2, 3, \ldots$ und Eigenfunktionen $u_i(x) = D\sin i\pi\, x/l$.

Die Gesamtlösung (2) setzt sich aus den Anteilen (4) und (5) zusammen; z. B. für $b = c = 0$:

$$\Phi(x, t) = \sum_i (\sin i\pi\, x/l)\left(F_i\cos\frac{i\pi}{l\alpha}t + G_i\sin\frac{i\pi}{l\alpha}t\right),$$
$$\alpha^2 = a. \tag{6}$$

Die Konstantenpaare F_i, G_i werden durch die gegebene Anfangskonstellation

$$\Phi(x, t = 0) = u_0(x), \quad \dot{\Phi}(x, t = 0) = \dot{u}_0(x) \tag{7}$$

bestimmt, indem man die Orthogonalität der Eigenfunktionen aus (5)

$$\int_0^l u_i(x)\, u_j(x)\, \mathrm{d}x = 0 \quad \text{für} \quad i \neq j \tag{8}$$

derart ausnutzt, daß man die Gln. (7) jeweils mit $u_k(x)$ multipliziert und über dem Definitionsbereich $0 \leqq x \leqq l$ integriert.

$$\begin{aligned} &\sum_i F_i \sin\frac{i\pi}{l}x = u_0(x) \\ &\to F_k = \frac{2}{l}\int_0^l u_0(x)\sin\frac{k\pi}{l}x\,\mathrm{d}x, \\ &\sum_i G_i\frac{i\pi}{l\alpha}\sin\frac{i\pi}{l}x = \dot{u}_0(x) \\ &\to G_k = \frac{2\alpha}{k\pi}\int_0^l \dot{u}_0(x)\sin\frac{k\pi}{l}x\,\mathrm{d}x. \end{aligned} \tag{9}$$

Die Gleichungsfolge (2) bis (9) ist typisch für alle eindimensionalen Ortsprobleme in der Zeit.
Für ebene und räumliche Gebiete besteht zwar kein Mangel an Lösungsfunktionen, so zum Beispiel im Raum,

$$\begin{aligned} &u_{,xx} + u_{,yy} + u_{,zz} + \lambda^2 u = 0, \\ &u(x, y, z) = A\exp[\mathrm{j}(\pm\alpha x \pm \beta y \pm \gamma z)] \\ &\text{mit} \quad \lambda^2 = \alpha^2 + \beta^2 + \gamma^2, \quad \mathrm{j}^2 = -1, \end{aligned} \tag{10}$$

doch gelingt es damit in aller Regel nicht, vorgegebene Randbedingungen zu erfüllen.

Beispiel. Ein lösbarer Sonderfall betrifft die Helmholtz-Gleichung $\Delta u + \lambda^2 u = 0$ in einem homogenen achsenparallelen Quader mit den Kantenlängen a_x, a_y, a_z und vorgeschriebenen Werten $u = 0$ auf allen 6 Oberflächen.

Eigenfunktionen

$$u_{ijk} = A_{ijk}\sin\frac{i\pi}{a_x}x\sin\frac{j\pi}{a_y}y\sin\frac{k\pi}{a_z}z,$$

$$\Delta u_{ijk} = \pi^2\left(-\frac{i^2}{a_x^2} - \frac{j^2}{a_y^2} - \frac{k^2}{a_z^2}\right)u = -\lambda^2 u,$$

Eigenwerte

$$\lambda_{ijk}^2 = \pi^2\left(\frac{i^2}{a_x^2} + \frac{j^2}{a_y^2} + \frac{k^2}{a_z^2}\right); \quad i, j, k \in \mathbb{N},$$

$$\text{z. B.} \quad \lambda_{min}^2 = \pi^2\left(\frac{1}{a_x^2} + \frac{1}{a_y^2} + \frac{1}{a_z^2}\right).$$

Tabelle 31-1. Lösungsvielfalt für Δu, $\Delta\Delta u$

Differentialgleichung	Lösungen
$u_{,xx} + u_{,yy} = \Delta u = 0$ Kartesische Koordinaten	Alle holomorphen Funktionen $u = F(x + \mathrm{j}y) + G(x - \mathrm{j}y)$, z. B. Real- und Imaginärteil von $(x \pm \mathrm{j}y)^k$ oder $\exp[\alpha(x \pm \mathrm{j}y)]$.
$u_{,rr} + \frac{1}{r} u_{,r} + \frac{1}{r^2} u_{,\varphi\varphi} = 0$ Polarkoordinaten	$u = r^{\pm\alpha} \mathrm{e}^{\mathrm{j}\alpha\varphi}$, α beliebig $u = A + B \ln\frac{r}{r_0}$, A, B, r_0 beliebig. $r^k \cos k\varphi$, $r^k \sin k\varphi$, $k = \ldots -2, -1, 0, 1, 2 \ldots$
$u_{,xx} + u_{,yy} + u_{,zz} = 0$	$u = [(x - a_x)^2 + (y - a_y)^2 + (z - a_z)^2]^{-\frac{1}{2}}$ a_x, a_y, a_z beliebig. $u = \exp\left[\frac{x}{a_x} + \frac{y}{a_y} + \frac{z}{a_z}\right]$ mit $\left(\frac{1}{a_x}\right)^2 + \left(\frac{1}{a_y}\right)^2 + \left(\frac{1}{a_z}\right)^2 = 0$. $u = A + Bx + Cy + Dz$.
$u_{,rr} + \frac{1}{r} u_{,r} + \frac{1}{r^2} u_{,\varphi\varphi} + u_{,zz} = 0$ Zylinderkoordinaten	$u = \exp[\pm\mathrm{j}(\alpha z + \beta\varphi)] Z_\beta(\mathrm{j}\alpha r)$, Z: Zylinderfunktion. $u = (Az + B) r^\alpha \mathrm{e}^{\pm\mathrm{j}\alpha\varphi}$. $u = (Az + B)(C\varphi + D)\left(E + F \ln\frac{r}{r_0}\right)$.
$u_{,xxxx} + u_{,yyyy} + 2u_{,xxyy} = \Delta\Delta u = 0$ Kartesische Koordinaten	Mit $\Delta v = 0$ gilt $u = v$; xv; yv; $(x^2 + y^2) v$ z. B. $\sinh \alpha y \sin \alpha x$, $x \cos \alpha y \sinh \alpha x$.
$\Delta(\Delta u) = 0$ mit $\Delta(\,) = (\,)_{,rr} + \frac{1}{r}(\,)_{,r} + \frac{1}{r^2}(\,)_{,\varphi\varphi}$ Polarkoordinaten	z. B. $u = r^2$, $\ln\frac{r}{r_0}$, $r^2 \ln\frac{r}{r_0}$, φ, $r^2\varphi$, $\varphi \ln\frac{r}{r_0}$, $r^2\varphi \ln\frac{r}{r_0}$, $r \ln\frac{r}{r_0} \cos\varphi$, $r\varphi \cos\varphi$, $r^k \cos k\varphi$.

Besonders augenfällig ist die Lösungsvielfalt für die Potentialgleichung $\Delta u = 0$ und die Bipotentialgleichung $\Delta\Delta u = 0$ in der Ebene.

31.2 Fundamentallösungen

Die Vielzahl möglicher Lösungen für lineare partielle Dgln. $LP[u(\boldsymbol{x}, t)] + r = 0$ läßt den Wunsch nach einer charakteristischen oder *Fundamentallösung* aufkommen. Sie ist definiert als Antwort $u(\boldsymbol{x}, t, \boldsymbol{x}_0, t_0)$ des Systems in einem Ort $\boldsymbol{x}$ und zu einer Zeit t auf eine punktuelle Einwirkung entsprechend dem Charakter der Störung r im Raum-Zeit-Punkt $\boldsymbol{x}_0$, t_0, auch Aufpunkt genannt. Die punktuelle Einwirkung wird so normiert, daß ihr Integral im Definitionsgebiet zu Eins wird.

$LP[u(\boldsymbol{x}, t)] + [\delta(\boldsymbol{x} - \boldsymbol{x}_0)][\delta(t - t_0)] = 0$ im Gebiet G
$\to u(\boldsymbol{x}, t, \boldsymbol{x}_0, t_0)$ Fundamentallösung.

$$\begin{aligned} &\delta(\boldsymbol{x} - \boldsymbol{x}_0) = 0 \quad \text{für} \quad \boldsymbol{x} \neq \boldsymbol{x}_0, \\ &\delta(t - t_0) = 0 \quad \text{für} \quad t \neq t_0, \\ &\int_G [\delta(\boldsymbol{x} - \boldsymbol{x}_0)][\delta(t - t_0)] \, \mathrm{d}G = 1, \\ &\int_G v(\boldsymbol{x}, t)[\delta(\boldsymbol{x} - \boldsymbol{x}_0)][\delta(t - t_0)] \, \mathrm{d}G = v(\boldsymbol{x}_0, t_0). \end{aligned} \tag{11}$$

Im Gegensatz zur Greenschen Funktion wird die Fundamentallösung nicht durch die Randbedingungen bestimmt, sondern allein durch die Forderung nach totaler Symmetrie bezüglich des Aufpunktes. Die Berandung des Integrationsgebietes ist durch zusätzliche Maßnahmen in die Lösungsmenge einzuführen, zum Beispiel nach dem Konzept der Randintegralmethoden, mit der numerischen Verwirklichung als Randelementmethode (BEM = Boundary Element Method).

Beispiel. Für die Potentialgleichung $\Delta u + \delta(r - r_0) = 0$ mit $r_0 = 0$ in Kugelkoordinaten bestimme man die Fundamentallösung. Bei totaler

Tabelle 31-2. Grundlösungen einiger linearer partieller Dgln. $LP[u] + \delta(x-0)\,\delta(t-0) = 0$

Operator LP	Grundlösung
$u,_{xx} + \delta(x-0) = 0$	$u = r/2\,, \quad r = \sqrt{x^2}$
$u,_{xx} + \lambda^2 u + \delta(x-0) = 0$	$u = -\dfrac{1}{2\lambda}\sin(\lambda r)\,, \quad r = \sqrt{x^2}$
$u,_{xx} - \dfrac{1}{k}u,_t + \delta(x-0)\,\delta(t-0) = 0$	$u = \dfrac{-H(t)}{\sqrt{4\pi kt}}\exp\left(-\dfrac{x^2}{4kt}\right)$, H: Heaviside-Funktion $H(t<0) = 0\,, \quad H(t \geqq 0) = 1$
$u,_{xx} + u,_{yy} + \delta(r-0) = 0$	$u = \dfrac{1}{2\pi}\ln\dfrac{R}{r}\,, \quad r^2 = x^2 + y^2\,,$ R: Konstante
$k_1 u,_{xx} + k_2 u,_{yy} + \delta(r-0) = 0$	$u = \dfrac{1}{2\pi\sqrt{k_1 k_2}}\ln\dfrac{R}{r}\,, \quad r^2 = \dfrac{x^2}{k_1} + \dfrac{y^2}{k_2}\,.$
$c^2(u,_{xx} + u,_{yy}) - u,_{tt} + \delta(r-0)\,\delta(t-0) = 0$	$u = \dfrac{H(ct-r)}{2\pi c\sqrt{c^2t^2 - r^2}\,,} \quad r^2 = x^2 + y^2\,.$
$u,_{tt} - \lambda^2\Delta\Delta u + \delta(r-0)\,\delta(t-0) = 0$	$u = \dfrac{H(t)}{4\pi\lambda}\,S\left(\dfrac{r}{4\lambda t}\right)\,, \quad S(\xi) = -\int\limits_{\xi}^{\infty}\dfrac{\sin z}{z}\,\mathrm{d}z\,.$
$u,_{xx} + u,_{yy} + u,_{zz} + \delta(r-0) = 0$	$u = \dfrac{1}{4\pi r}\,, \quad r^2 = x^2 + y^2 + z^2$
$u,_{xx} + u,_{yy} + u,_{zz} + \lambda^2 u + \delta(r-0) = 0$	$u = \dfrac{1}{4\pi r}\exp(-\mathrm{j}\lambda r)$
$k_1 u,_{xx} + k_2 u,_{yy} + k_3 u,_{zz} + \delta(r-0) = 0$	$u = \dfrac{1}{4\pi r}\cdot\dfrac{1}{\sqrt{k_1 k_2 k_3}}\,, \quad r^2 = \dfrac{x^2}{k_1} + \dfrac{y^2}{k_2} + \dfrac{z^2}{k_3}\,.$
$c^2(u,_{xx} + u,_{yy} + u,_{zz}) - u,_{tt} + \delta(r-0)\,\delta(t-0) = 0$	$u = \dfrac{\delta\left(t - \dfrac{r}{c}\right)}{4\pi r}$

Symmetrie gilt $u,_\varphi = u,_\vartheta = 0$ und es verbleibt eine gewöhnliche Dgl. zunächst für $r \neq r_0 = 0$,

$$\frac{1}{r^2}(r^2 u,_r),_r = u,_{rr} + 2u,_r/r = 0\,,$$

mit der Lösung $u(r) = A/r$. Integration der Dgl. in einem beliebig kleinen Kugelgebiet um den Aufpunkt liefert mit Hilfe der 3. Greenschen Formel $\int \Delta u\,\mathrm{d}V = \int u,_n\,\mathrm{d}S$ aus 17.3 mit $u,_n = u,_r$ und $\mathrm{d}S = r^2\sin\varphi\,\mathrm{d}\varphi\,\mathrm{d}\vartheta$ eine Bestimmungsgleichung für die Konstante A.

$$\int(\Delta u + \delta r)\,\mathrm{d}V = \int\limits_{\varphi=0}^{\pi}\int\limits_{\vartheta=0}^{2\pi} u,_r r^2\sin\varphi\,\mathrm{d}\varphi\,\mathrm{d}\vartheta + 1$$
$$= -4A\pi + 1 = 0$$
$$\rightarrow A = \frac{1}{4\pi}\,, \quad u = \frac{1}{4\pi r}\,.$$

32 Variationsrechnung

32.1 Funktionale

Die Lösungsfunktionen $\boldsymbol{y}$ mancher Aufgaben der Angewandten Mathematik lassen sich durch Extremalaussagen charakterisieren mit der Fragestellung, für welche Funktionen $\boldsymbol{y}(\boldsymbol{x})$ eines oder mehrerer Argumente $\boldsymbol{x}$ ein bestimmtes Integral J als Funktion von $\boldsymbol{y}$ einen zumindest stationären Wert annimmt.

Speziell: Gesucht eine Funktion y einer Veränderlichen x.

$$\text{Gegeben: } J = \int\limits_a^b F(x, y, y' \ldots, y^{(n)})\,\mathrm{d}x, \quad y^{(n)} = \frac{\mathrm{d}^n y}{\mathrm{d}x^n}\,.$$

Gesucht: Lösungsfunktionen $y_\mathrm{E}(x)$, für die J stationär wird.

J: *Funktional.*

y_E: *Extremale* des Variationsproblems. (1)

Während die Extremalwerte gewöhnlicher Funktionen $y(x)$ durch die Stelle x_E mit verschwindendem Zuwachs $dy|x_E = 0$ markiert werden, bedarf die Ableitung nach Funktionen einer zusätzlichen Idee. Durch Einbettung der Extremalen y_E in eine lineare Vielfalt von Variationsfunktionen $v(x)$ mit einem Parameter ε wird das Funktional unter anderem auch zu einer gewöhnlichen Funktion des Skalars ε, wobei die Lösungsstelle mit verschwindendem Zuwachs $dJ/d\varepsilon = 0$ durch den besonderen Wert $\varepsilon = 0$ markiert wird.

$$y(x) = y_E(x) + \varepsilon v(x)$$
$$\rightarrow J = J(x, y_E, v, \dots, y_E^{(n)}, v^{(n)}, \varepsilon).$$
$$y = y_E \quad \text{für} \quad \varepsilon = 0. \tag{2}$$

Notwendige Bedingung für stationäres J:

$$\left.\frac{dJ}{d\varepsilon}\right|_{\varepsilon=0} = \delta J = 0. \tag{3}$$

δJ: Variation des Funktionals
$\delta y = v$. Variation der Extremalen.

Die Ableitung im Punkt $\varepsilon = 0$ nennt man auch Variation δJ des Funktionals. Mit Hilfe partieller Ableitungen läßt sich der Integrand von δJ als Produkt mit Faktor v formulieren,

$$\delta J = \int_a^b v\, G(x, y_E, \dots, y_E^{(2n)})\, dx + \text{Randterme} = 0, \tag{4}$$

das bei beliebiger Variationsfunktion v nur verschwindet für

$$G(x, y_E, \dots, y_E^{(2n)}) = 0 \tag{5}$$

(Eulersche Dgl. der Ordnung $2n$ des Variationsproblems).

Damit erhält man eine Bestimmungsgleichung für die Extremale $y_E(x)$, die im Zusammenhang mit der Variationsrechnung speziell *Eulersche Dgl.* genannt wird.
Im Sonderfall $n = 1$ erhält man über das

Funktional $J = \int_a^b F(x, y, y')\, dx$, die

Einbettung $y(x) = y_E(x) + \varepsilon v(x)$, die

Kettenregel

$$\frac{dF}{d\varepsilon} = \frac{\partial F}{\partial y} \cdot \frac{dy}{d\varepsilon} + \frac{\partial F}{\partial y'} \cdot \frac{dy'}{d\varepsilon} = F_{,y} v + F_{,y'} v' \tag{6}$$

und durch partielle Integration

$$\frac{dJ}{d\varepsilon} = \int_a^b \left[F_{,y} - \frac{d}{dx} F_{,y'}\right] v\, dx + [F_{,y'} v]_a^b = 0$$

die sogenannte *Euler-Lagrangesche Gleichung* des Variationsproblems für die Extremale $y_E(x)$:

$$\left[F_{,y} - \frac{d}{dx} F_{,y'}\right]_{\varepsilon=0} = 0. \tag{7}$$

In der Regel ist (7) eine Dgl. 2. Ordnung für $y(x)$. In Sonderfällen sind sog. *erste Integrale* angebbar:

$$F = F(x, y'): \quad F_{,y'} = \text{const.} \tag{8}$$

$$F = F(y, y'): \quad y'\left(F_{,y} - \frac{d}{dx} F_{,y'}\right) = \frac{d}{dx}(F - y'F_{,y'}) = 0$$
$$\rightarrow F - y'F_{,y'} = \text{const.} \tag{9}$$

Beispiel. In einer vertikalen Ebene im Schwerefeld liege ein Punkt P um ein Stück $y_P = h$ unter dem Ursprung O und um $x_P = a$ horizontal gegenüber O versetzt. Gesucht ist die Kurve $y(x)$ minimaler Fallzeit T von O nach P. Dem Funktional J entspricht hier die Zeitspanne $T = \int_O^P dt = \int ds/v$ mit der Bogenlänge $ds^2 = dx^2 + dy^2$ und der Bahngeschwindigkeit $v = \sqrt{2gy}$ nach den Regeln der Mechanik, g ist die Erdbeschleunigung; insgesamt ergibt sich ein Minimalfunktional vom Typ (6) mit dem 1. Integral (9).

$$T = \int_0^P F\, dx \rightarrow \text{Minimum}, \quad F = \sqrt{\frac{1 + y'^2}{2gy}}.$$

Euler-Lagrangesche Bestimmungsgleichung:

$$\sqrt{\frac{1 + y_E'^2}{y_E}} = y_E' \frac{y_E'}{\sqrt{y_E(1 + y_E'^2)}} + c_1$$
$$\text{oder} \quad y_E(1 + y_E'^2) = c_2^2.$$

Bei der praktischen Rechnung wird der Index E fortgelassen. Die Lösung der Dgl. ist eine Zykloide als Kurve kürzester Fallzeit, auch *Brachystochrone* genannt.

Quadratische Funktionale (hier für den häufigen Fall $n = 2$ formuliert) führen auf lineare Dgln. mit Randtermen, wobei jeder Summand für sich verschwinden muß.
Gesucht: J_{extr} von

$$J = \frac{1}{2} \int_a^b (f_2 y''^2 + f_1 y'^2 + f_0 y^2 + 2r_1 y + r_0)\, dx.$$

Notwendige Bedingung für Extremale y_E:

$$\delta J = \left.\frac{dJ}{d\varepsilon}\right|_{\varepsilon=0} = 0$$
$$= \int_a^b [(f_2 y_E'')'' - (f_1 y_E')' + f_0 y_E + r_1]\, v\, dx \tag{10}$$
$$+ [f_2 y_E'' v' - (f_2 y_E'')' v + f_1 y_E' v]_a^b.$$

Randterme allgemein: $[R[y_E] \cdot S[v]]_a^b$.

Falls $R[y_E] = 0$: R natürliche Randbedingung mit $S[v]$ beliebig. (11)

Falls $R[y_E] \neq 0$: S wesentliche Randbedingung mit $S[v] \doteq 0$.

Wenn der Faktor $R[y_E]$ die Randbedingungen des Randwertproblems darstellt, sind die Randwerte $S[v]$ der Variationsfunktion unbeschränkt. Anderenfalls ist der Extremalpunkt J_{extr} nur extremal bezüglich einer durch $S[v] \doteq 0$ beschränkten Variationsvielfalt.

Bei Variationsaufgaben $J = \int_a^b F(x, y, y')\,\mathrm{d}x \to$ Extremum mit festen Grenzen werden die zwei Konstanten bei der Integration der Dgl. $F_{,y} - \frac{\mathrm{d}}{\mathrm{d}x} f_{,y'} = 0$ durch je eine Bedingung pro Rand bestimmt. Bei Variationsaufgaben mit noch freien Grenzen sind diese in den Variationsprozeß einzubeziehen und liefern entsprechende Bestimmungsgleichungen für die Integrationskonstanten.

Variation bei fester unterer Grenze und *freier oberer Grenze:*

$$J = \int_{x_0}^{x_1} F(x, y, y')\,\mathrm{d}x \to \text{Extremum}$$

mit $\delta x_0 = 0$ und $\delta x_1 \neq 0$.

Notwendige Extremalbedingungen:

$$F_{,y} - \frac{\mathrm{d}}{\mathrm{d}x} F_{,y'} = 0$$
$$\text{und} \quad [F - y' F_{,y'}]_{x_1}\,\delta x_1 + [F_{,y'}]_{x_1}\,\delta y_1 = 0. \tag{12}$$

Soll die *Variation* des Endpunktes (x_1, y_1) *längs einer vorgeschriebenen Kurve* $y_1 = f(x_1)$ verlaufen, so gilt die *Transversalitätsbedingung*

$$[F + (f' - y') F_{,y'}]_{x_1} = 0 \quad \text{und} \quad F_{,y} = \frac{\mathrm{d}}{\mathrm{d}x} F_{,y'}. \tag{13}$$

Funktionale mit mehreren gesuchten Extremalen $y_{E1}(x)$ bis $y_{En}(x)$ werden durch voneinander unabhängige Variationen

$$y_j(x) = y_{Ej}(x) + \varepsilon_j v_j(x), \quad j = 1, \ldots, n, \tag{14}$$

zu gewöhnlichen Funktionen in ε_j, deren lokaler Zuwachs $\mathrm{d}J$ im Extremalpunkt mit $\varepsilon_j = 0$ verschwinden muß.

Gegeben:

$$J = \int_a^b F(x, \boldsymbol{y}, \boldsymbol{y}')\,\mathrm{d}x \to \text{Extremum},$$
$$\boldsymbol{y}^{\mathrm{T}} = [y_1(x), \ldots, y_n(x)].$$

Notwendige Bedingungen:

$$F_{,y_j} - \frac{\mathrm{d}}{\mathrm{d}x} F_{,y'_j} = 0, \quad j = 1, 2, \ldots, n. \tag{15}$$

Variationsproblemen mit Nebenbedingungen ordnet man zwei Typen zu. Erster Typ:

$$\text{Nebenbedingungen} \quad g_k(x, \boldsymbol{y}, \boldsymbol{y}') = 0, \quad k = 1, \ldots, m.$$
$$\text{Funktional} \quad J = \int_a^b F(x, \boldsymbol{y}, \boldsymbol{y}')\,\mathrm{d}x \to \text{Extremum},$$
$$\boldsymbol{y}^{\mathrm{T}} = [y_1(x), \ldots, y_n(x)]. \tag{16}$$

Verknüpft man Funktional und Nebenbedingungen mittels Lagrangescher Multiplikatoren λ_1 bis λ_m, so ist die Hilfsfunktion F^* wie üblich zu variieren.

$$F^* = F + \boldsymbol{\lambda}^{\mathrm{T}} \boldsymbol{g}.$$

Notwendige Bedingungen:

$$F^*_{,y_j} - \frac{\mathrm{d}}{\mathrm{d}x} F^*_{,y'_j} = 0, \quad j = 1, 2, \ldots, n,$$
$$g_k(x, \boldsymbol{y}, \boldsymbol{y}') = 0, \quad k = 1, 2, \ldots, m. \tag{17}$$

Insgesamt $n + m$ Gleichungen für n Funktionen $y_j(x)$ und m Funktionen $\lambda_k(x)$.

Der zweite Typ, auch *isoperimetrisches* Problem genannt, wird durch Nebenbedingungen in Form konstant vorgegebener anderer Funktionale charakterisiert.

$$\text{Nebenbedingung} \quad \int_a^b G_k(x, \boldsymbol{y}, \boldsymbol{y}')\,\mathrm{d}x = c_k,$$
$$k = 1, \ldots, m.$$
$$\text{Funktional} \quad J = \int_a^b F(x, \boldsymbol{y}, \boldsymbol{y}')\,\mathrm{d}x \to \text{Extremum}. \tag{18}$$

Verknüpft man Funktional und Nebenbedingungen mittels Lagrangescher Multiplikatoren λ_1 bis λ_m, so ist zunächst deren Konstanz beweisbar und es verbleibt die Variation einer Hilfsfunktion F^*.

$$F^* = F + \boldsymbol{\lambda}^{\mathrm{T}} \boldsymbol{G}, \quad \boldsymbol{\lambda} \text{ Konstantenspalte.}$$

Notwendige Bedingung für J_{extr}

$$F^*_{,y_j} - \frac{\mathrm{d}}{\mathrm{d}x} F^*_{,y'_j} = 0, \quad j = 1, 2, \ldots, n,$$
$$\int_a^b G_k\,\mathrm{d}x = c_k, \quad k = 1, 2, \ldots, m. \tag{19}$$

Insgesamt $n + m$ Gleichungen für n Funktionen $y_j(x)$ und m Konstante λ_k.

Funktionale mit mehrdimensionalen Integralen zum Beispiel einer gesuchten Extremalen $u_E(x, y, z)$ führen auf partielle Dgln.:

Gegeben:

$$J = \int_a^b F(x, y, z, u, u_{,x}, u_{,y}, u_{,z})\,\mathrm{d}V \to \text{Extremum}$$

Einbettung der Extremalen u_E:

$$u(x, y, z) = u_E(x, y, z) + \varepsilon v(x, y, z).$$

Notwendige Bedingung:

$$\delta J = \frac{\mathrm{d}J}{\mathrm{d}\varepsilon}\bigg|_{\varepsilon=0} = 0 = \int_a^b E(u)\,v\,\mathrm{d}V + \text{Randterm}$$

mit der Eulerschen Dgl.

$$E(u) = F_{,u} - \frac{\partial}{\partial x}F_{,u,x} - \frac{\partial}{\partial y}F_{,u,y} - \frac{\partial}{\partial z}F_{,u,z} = 0. \tag{20}$$

Die *Potentialgleichung* in ebenen kartesischen Koordinaten mit der Feldgleichung

$$u_{,xx} + u_{,yy} = r_0(x,y)$$

und den Randbedingungen

$$u_{,n} + r_1(s)\,u(s) = r_2(s);$$

$u_{,n}$ Normalableitung am Rand, s Bogenkoordinate des Randes, (21)

läßt sich als notwendige Bedingung einer zugeordneten Variationsaufgabe formulieren mit

$$J = \int_G [u_{,x}^2 + u_{,y}^2 + 2r_0 u]\,\mathrm{d}x\,\mathrm{d}y + \int_R [r_1 u^2 - 2r_2 u]\,\mathrm{d}s \to \text{Extremum}, \tag{22}$$

G: endliches Gebiet, R: endlicher Rand.

Die *Bipotentialgleichung* bestehend aus Feldgleichung

$$u_{,xxxx} + 2u_{,xxyy} + u_{,yyyy} = r_0(x,y)$$

und speziellen Randbedingungen

$$u = 0, \quad u_{,n} = 0 \quad \text{längs aller Ränder} \tag{23}$$

läßt sich als notwendige Bedingung einer zugeordneten Variationsaufgabe formulieren mit

$$J = \int_G [u_{,xx}^2 + u_{,yy}^2 + 2u_{,xy}^2 - 2r_0 u]\,\mathrm{d}x\,\mathrm{d}y \to \text{Extremum}. \tag{24}$$

Für allgemeinere Randbedingungen ist J entsprechend zu ergänzen.

Rayleigh-Quotient ist ein Extremalfunktional in Quotientenform.

$$R = J_1/J_2, \quad J_k = \int_a^b F_k(x,y,y',\ldots y^{(n)})\,\mathrm{d}x.$$

Gesucht:

Lösungsfunktion $y_E(x)$, für die R stationär wird; $R(y_E) = R_{\mathrm{stat}}$.

Notwendige Bedingung

$$\delta R = \delta J_1 / J_2 - (J_1/J_2^2)\,\delta J_2 = 0,$$
$$0 = (\delta J_1 - R_{\mathrm{stat}}\,\delta J_2)/J_2.$$

Bei quadratischen Funktionalen J_k nach (10) erweist sich der stationäre Wert R_{stat} als Eigenwert einer zugeordneten homogenen Variationsgleichung.

32.2 Optimierung

Bei der Bewertung dynamischer Prozesse liegt es nahe, die Systemenergie zu minimieren. Enthält der Zustandsvektor $\boldsymbol{x}$ die Zustandsgrößen und deren zeitliche Ableitungen, ist die quadratische Form $\boldsymbol{x}^T\boldsymbol{x}$ ein Energiemaß. Eine Variante $\boldsymbol{x}^T\boldsymbol{Q}\boldsymbol{x}$ mit symmetrischer positiv definiter Matrix $\boldsymbol{Q}$ erlaubt eine Gewichtung der einzelnen Energieanteile. Ein Prozeßablauf $\boldsymbol{x}(t)$ mit linearer Zustandsgleichung $\mathrm{d}\boldsymbol{x}/\mathrm{d}t = \dot{\boldsymbol{x}} = \boldsymbol{A}\boldsymbol{x}$ und der Forderung nach minimaler Prozeßenergie wird bestimmt durch die

Ljapunow-Gleichung.
Energieminimierung mit der Prozeßgleichung $\dot{\boldsymbol{x}} = \boldsymbol{A}\boldsymbol{x}$ als Nebenbedingung.

$$J = \frac{1}{2}\int_0^\infty \boldsymbol{x}^T\boldsymbol{Q}\boldsymbol{x}\,\mathrm{d}t + \int_0^\infty \boldsymbol{\lambda}^T(\boldsymbol{A}\boldsymbol{x} - \dot{\boldsymbol{x}})\,\mathrm{d}t \to \text{Minimum}. \tag{25}$$

$\delta J = 0$ mit $\boldsymbol{Q} = \boldsymbol{Q}^T$ führt auf

$$\begin{bmatrix} \boldsymbol{A} & \boldsymbol{O} \\ -\boldsymbol{Q} & -\boldsymbol{A}^T \end{bmatrix}\begin{bmatrix} \boldsymbol{x} \\ \boldsymbol{\lambda} \end{bmatrix} = \begin{bmatrix} \dot{\boldsymbol{x}} \\ \dot{\boldsymbol{\lambda}} \end{bmatrix}. \tag{26}$$

Der Ansatz $\boldsymbol{\lambda} = \boldsymbol{P}\boldsymbol{x}$ überführt (26) in die Ljapunow-Gleichung

$$\dot{\boldsymbol{P}} + \boldsymbol{Q} + \boldsymbol{A}^T\boldsymbol{P} + \boldsymbol{P}\boldsymbol{A} = \boldsymbol{O}. \tag{27}$$

Bei Systemen mit Stellgrößen $\boldsymbol{u}$ stellt sich die Frage nach deren optimaler Dimensionierung, die ebenfalls über eine Bilanz aus Systemenergie $\boldsymbol{x}^T\boldsymbol{Q}\boldsymbol{x}$ und Stellenenergie $\boldsymbol{u}^T\boldsymbol{R}\boldsymbol{u}$ beantwortet werden kann.

Riccati-Gleichung.
Energieminimierung mit der Prozeßgleichung $\dot{\boldsymbol{x}} = \boldsymbol{A}\boldsymbol{x} + \boldsymbol{B}\boldsymbol{u}$ als Nebenbedingung.

$$J = \frac{1}{2}\int_0^\infty (\boldsymbol{x}^T\boldsymbol{Q}\boldsymbol{x} + \boldsymbol{u}^T\boldsymbol{R}\boldsymbol{u})\,\mathrm{d}t + \int_0^\infty \boldsymbol{\lambda}^T(\boldsymbol{A}\boldsymbol{x} + \boldsymbol{B}\boldsymbol{u} - \dot{\boldsymbol{x}})\,\mathrm{d}t \to \text{Minimum}. \tag{28}$$

$\delta J = 0$ mit $\boldsymbol{Q} = \boldsymbol{Q}^T$, $\boldsymbol{R} = \boldsymbol{R}^T$ führt auf

$$\boldsymbol{u} = -\boldsymbol{R}^{-1}\boldsymbol{B}^T\boldsymbol{\lambda} \quad \text{und} \tag{29}$$

$$\begin{bmatrix} \boldsymbol{A} & -\boldsymbol{B}\boldsymbol{R}^{-1}\boldsymbol{B}^T \\ -\boldsymbol{Q} & -\boldsymbol{A}^T \end{bmatrix}\begin{bmatrix} \boldsymbol{x} \\ \boldsymbol{\lambda} \end{bmatrix} = \begin{bmatrix} \dot{\boldsymbol{x}} \\ \dot{\boldsymbol{\lambda}} \end{bmatrix}. \tag{30}$$

Der Ansatz $\boldsymbol{\lambda} = \boldsymbol{P}\boldsymbol{x}$ überführt (30) in die Riccati-Gleichung

$$\dot{\boldsymbol{P}} + \boldsymbol{Q} + \boldsymbol{A}^T\boldsymbol{P} + \boldsymbol{P}\boldsymbol{A} - \boldsymbol{P}\boldsymbol{B}\boldsymbol{R}^{-1}\boldsymbol{B}^T\boldsymbol{P} = \boldsymbol{O}. \tag{31}$$

Eine allgemeinere Optimierung aktiver Systeme mit der Systemgleichung

$$\dot{\boldsymbol{x}} = \boldsymbol{f}(\boldsymbol{x}, \boldsymbol{u}, t),$$

der Extremalforderung

$$\int_{t_0}^{t_1} G(\boldsymbol{x}, \boldsymbol{u}, t)\,\mathrm{d}t \to \text{Extremum}$$

und den Randbedingungen

$$\boldsymbol{x}(t_0) - \boldsymbol{x}_0 = \boldsymbol{o},$$

$$[r_1(\boldsymbol{x}, t)]_{t=t_1} = 0 \quad \text{bis} \quad [r_\alpha(\boldsymbol{x}, t)]_{t=t_1} = 0 \tag{32}$$

gelingt über die *Hamilton-Funktion*

$$H = p_0 G + \sum_{i=1}^{n} p_i f_i, \tag{33}$$

$p_i(t)$ adjungierte Funktionen (Lagrange-Multiplikatoren).

Die Variation $\delta \int_{t_0}^{t_1} H\,\mathrm{d}t = 0$ über der Prozeßstrecke führt auf Bestimmungsgleichungen für $\boldsymbol{x}$ und $\boldsymbol{p}$,

$$\dot{x}_i = \partial H/\partial p_i \quad \text{plus Randbedingungen},$$

$$\dot{p}_i = -p_0\,\partial G/\partial x_i - \sum_{j=1}^{n} p_j\,\partial f_j/\partial x_i$$

$$\text{und} \quad p_i(t_1) = -\left[\sum_{j=1}^{\alpha} \lambda_j\,\partial r_j/\partial x_i\right]_{t_1} \tag{34}$$

mit noch freien Parametern $\boldsymbol{\lambda}$, die aus den Randbedingungen für $\boldsymbol{x}$ zum Zeitpunkt t_1 folgen. Nach dem *Pontrjaginschen Prinzip* erhält man schließlich die optimale Steuerung $\boldsymbol{u}_{\text{opt}}$ derart, daß die Hamilton-Funktion damit extremal wird.

$$H(\boldsymbol{x}, \boldsymbol{u}_{\text{opt}}, \boldsymbol{p}, t) = \text{Extremum von } H(\boldsymbol{x}, \boldsymbol{u}, \boldsymbol{p}, t). \tag{35}$$

Dieses Prinzip gilt auch für Systeme mit Stellgrößenbeschränkungen.

Beispiel. Ein lineares System $\dot{\boldsymbol{x}} = \boldsymbol{A}\boldsymbol{x} + \boldsymbol{b}u$ mit den Randbedingungen $\boldsymbol{x}(t_0 = 0) = \boldsymbol{o}$ und $2x_1 + x_2 - 2 = 0$ zum Endzeitpunkt $t_1 = 1$ soll so gesteuert werden, daß die Stellenergie $\int_0^2 \frac{1}{2} u^2\,\mathrm{d}t$ minimal wird.

Gegeben:

$$\boldsymbol{A} = \begin{bmatrix} 0 & 1 \\ 0 & 0 \end{bmatrix}, \quad \boldsymbol{b} = \begin{bmatrix} 1 \\ 1 \end{bmatrix}, \quad \text{also} \quad \boldsymbol{f} = \begin{bmatrix} x_2 + u \\ u \end{bmatrix},$$

$$G = \frac{1}{2} u^2, \quad r_1 = 2x_1 + x_2 - 2.$$

Hamilton-Funktion

$$H = p_0 \frac{1}{2} u^2 + p_1(x_2 + u) + p_2 u.$$

Die Integration des adjungierten Systems $\dot{\boldsymbol{p}} = -\boldsymbol{A}^{\mathrm{T}}\boldsymbol{p}$, $p_1 = 0$, $\dot{p}_2 = -p_1$, mit den Endbedingungen $p_1(t_1 = 1) = -\lambda_1 2$, $p_2(t_1 = 1) = -\lambda_1$ beläßt zunächst den Multiplikator λ_1: $p_1 = -2\lambda_1$, $p_2 = \lambda_1(2t - 3)$.

Partielles Ableiten der Hamilton-Funktion nach u gibt eine Bestimmungsgleichung $p_0 u + (p_1 + p_2) = 0$ mit einer willkürlichen Skalierungsmöglichkeit für p_0; üblich ist die Wahl $p_0 = -1$ mit der Lösung $u = p_1 + p_2 = \lambda_1(2t - 5)$. Der Multiplikator λ_1 wird durch die Endbedingung für $\boldsymbol{x}$ bestimmt, was die vorherige Lösung der Systemgleichung erfordert. Aus $\dot{x}_1 = x_2 + u$ und $\dot{x}_2 = u$ erhält man zunächst $x_2 = \lambda_1(t^2 - 5t)$ und $x_1 = \lambda_1(2t^3 - 9t^2 - 30t)/6$ und schließlich über $2x_1 + x_2 = 2$ zum Zeitpunkt $t_1 = 1$ den Parameter $\lambda_1 = -6/49$ mit der endgültigen Stellgrößenfunktion
$u = -6(2t - 5)/49$ und dem Endpunkt
$\boldsymbol{x}^{\mathrm{T}}(t_1 = 1) = [37,\ 24]/49$.

32.3 Lineare Optimierung

Die Suche nach Extremwerten linearer Funktionen $z = c_1 x_1 + \ldots + c_n x_n = \boldsymbol{c}^{\mathrm{T}}\boldsymbol{x}$ unter Beachtung gewisser Nebenbedingungen in Form von linearen Ungleichungen $y_1(\boldsymbol{x}) \geqq 0$ bis $y_m(\boldsymbol{x}) \geqq 0$ ist eine Aufgabe der linearen Optimierung, die nicht mit Hilfe der Differentialrechnung gelöst werden kann, da die Extremalwerte von z infolge des linearen Charakters nur auf dem Rand des Definitionsgebietes liegen können. Bei realen Problemen sind die Variablen $\boldsymbol{x}$ stets positive Größen.

$$\begin{array}{llr} \boldsymbol{I}\boldsymbol{x} & \geqq \boldsymbol{o} & n \text{ Ungleichungen} \\ \boldsymbol{y} = \boldsymbol{A}\boldsymbol{x} + \boldsymbol{b} & \geqq \boldsymbol{o} & m \text{ Ungleichungen} \\ \hline z = \boldsymbol{c}^{\mathrm{T}}\boldsymbol{x} \to \text{Extremum: Zielfunktion} & & \end{array} \tag{36}$$

Die Variablen $\boldsymbol{x}$ und $\boldsymbol{y}$ (Schlupfvariable) sind formal gleichberechtigt und werden in der Tat beim bewährten *Simplexverfahren* so ausgetauscht, daß die Zielfunktion stetig gegen ihr Extremum strebt. Grundlage dieses Verfahrens ist die Erkenntnis, daß die Menge der zulässigen Lösungen ein von m Hyperebenen begrenztes Polyeder P im $\mathbb{R}^n$ darstellt. Die lineare Zielfunktion nimmt ihr Extremum in mindestens einer Ecke von P an. Im Sonderfall $n = 2$ ist der graphische Lösungsweg durchaus konkurrenzfähig.

Beispiel. Drei Verkaufsstellen, V_1 (12), V_2 (18), V_3 (20), sollen von zwei Depots, D_1 (24), D_2 (26), mit Paletten beliefert werden, wobei in Klammern die erwünschten bez. abgebbaren Stückzahlen notiert sind. Die Entfernung in Kilometern zwischen den Depots und Verkaufsstellen ist in einer Tabelle gegeben:

	V_1	V_2	V_3
D_1	3	8	10
D_2	8	4	12

Gesucht ist eine Verteilung derartig, daß die Summe aller Lieferfahrtstrecken von D_i nach V_j minimal wird. Die insgesamt 6 gesuchten Stückzahlen lassen sich auf zwei unabhängig Veränderliche reduzieren, wobei die Zuordnung von x_1, x_2 zu $D_1 V_1$, $D_1 V_2$ willkürlich und ohne Einfluß auf das Extremalergebnis ist.

D_1 nach V_1	$x_1 \geqq 0$
D_1 nach V_2	$x_2 \geqq 0$
D_1 nach V_3	$y_1 = -x_1 - x_2 + 24 \geqq 0$
D_2 nach V_1	$y_2 = -x_1 + 12 \geqq 0$
D_2 nach V_2	$y_3 = -x_2 + 18 \geqq 0$
D_2 nach V_3	$y_4 = x_1 + x_2 - 4 \geqq 0$

$$z = -3x_1 + 6x_2 + 360 \rightarrow \text{Minimum}$$

Die Zielfunktion folgt aus den Stückzahlen x_1, x_2, y_1 bis y_4 multipliziert mit den jeweiligen Entfernungen zu $z = 3x_1 + 8x_2 + 10(-x_1 - x_2 + 24) + 8(-x_1 + 12) + 4(-x_2 + 18) + 12(-4 + x_1 + x_2)$. Im Bild 32-1 umschreiben die Bedingungen $x_i = 0$ und $y_i = 0$ ein zulässiges Lösungsgebiet. Eine spezielle Zielgerade wird für einen zeichentechnisch günstigen Wert (hier $z = 360$) eingetragen; alle Zielgeraden sind parallel zueinander, wobei die Richtung zunehmender z-Werte durch einen Pfeil gekennzeichnet ist. Im Punkt E mit $x_1 = 12$, $x_2 = 0$ findet man den Minimalwert mit $z_{\text{Min}} = -36 + 360 = 324$ km; die dazugehörigen weiteren Stückzahlen sind $y_1 = 12$, $y_2 = 0$, $y_3 = 18$, $y_4 = 8$.

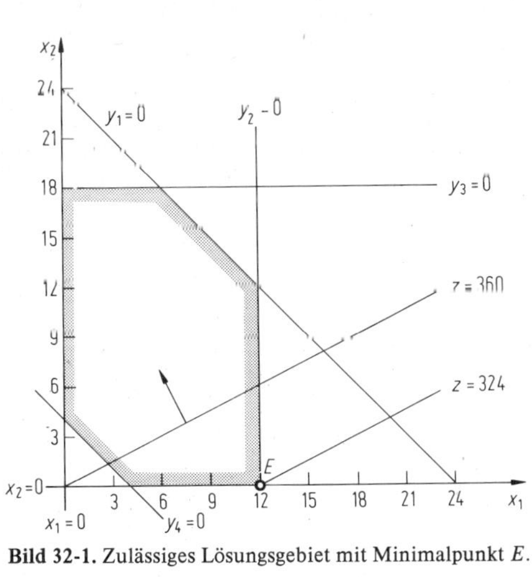

Bild 32-1. Zulässiges Lösungsgebiet mit Minimalpunkt E.

33 Lineare Gleichungssysteme

33.1 Gestaffelte Systeme

Die Lösung von n linearen Gleichungen mit n Unbekannten x_1 bis x_n geht zweckmäßig von einer Matrixdarstellung aus:

$$\boldsymbol{A}\boldsymbol{x} = \boldsymbol{r},$$

$$\boldsymbol{A} = \begin{bmatrix} \boldsymbol{a}^1 \\ \boldsymbol{a}^2 \\ \vdots \\ \boldsymbol{a}^n \end{bmatrix} = \begin{bmatrix} a_{11} & a_{12} & \dots & a_{1n} \\ a_{21} & a_{22} & \dots & a_{2n} \\ \vdots & & & \vdots \\ a_{n1} & a_{n2} & \dots & a_{nn} \end{bmatrix},$$

$$\boldsymbol{r} = \begin{bmatrix} r_1 \\ r_2 \\ \vdots \\ r_n \end{bmatrix}, \quad \boldsymbol{x} = \begin{bmatrix} x_1 \\ x_2 \\ \vdots \\ x_n \end{bmatrix}. \tag{1}$$

Das Prinzip aller Verfahren besteht darin, das vollbesetzte Koeffizientenschema $\boldsymbol{A}$ durch Transformationen in eine gestaffelte Matrix $\boldsymbol{A}'$ zu überführen derart, daß es eine skalare Gleichung (im folgenden Beispiel die 3.) für nur eine Unbekannte (x_2) gibt, eine zweite Gleichung (im Beispiel die 1.) mit einer weiteren Unbekannten (x_4) und so fort. Durch Umsortieren der Zeilen und Spalten von $\boldsymbol{A}$ tritt die Staffelungsstruktur besonders deutlich hervor, wobei *untere Dreiecksform* $\boldsymbol{L}$ (L steht für lower) und *obere Dreiecksform* $\boldsymbol{U}$ (U steht für upper) gleichermaßen geeignet sind. Für $n = 4$ gilt

$$\boldsymbol{L} = \begin{bmatrix} l_{11} & & & \boldsymbol{O} \\ l_{21} & l_{22} & & \\ l_{31} & l_{32} & l_{33} & \\ l_{41} & l_{42} & l_{43} & l_{44} \end{bmatrix},$$

$$\boldsymbol{U} = \begin{bmatrix} u_{11} & u_{12} & u_{13} & u_{14} \\ & u_{22} & u_{23} & u_{24} \\ & & u_{33} & u_{34} \\ \boldsymbol{O} & & & u_{44} \end{bmatrix}. \tag{2}$$

Beispiel. Gestaffeltes Gleichungssystem, $n = 4$.

$$\begin{bmatrix} 0 & 3 & 0 & 5 \\ 1 & -1 & 0 & 2 \\ 0 & 2 & 0 & 0 \\ 2 & 1 & 3 & -1 \end{bmatrix} \begin{bmatrix} x_1 \\ x_2 \\ x_3 \\ x_4 \end{bmatrix} = \begin{bmatrix} 8 \\ 0 \\ 2 \\ 4 \end{bmatrix} = \begin{bmatrix} r_1 \\ r_2 \\ r_3 \\ r_4 \end{bmatrix}.$$

3. Zeile liefert $x_2 = 1$,

1. Zeile liefert $x_4 = (8 - 3x_1)/5 = 1$,

2. Zeile liefert $x_1 = (x_2 - 2x_4) = -1$,

4. Zeile liefert $x_3 = (-2x_1 - x_2 + x_4 + 4)/3 = 2$.

Zeilentausch:
$$\begin{bmatrix} 2 & 1 & 3 & -1 \\ 1 & -1 & 0 & 2 \\ 0 & 3 & 0 & 5 \\ 0 & 2 & 0 & 0 \end{bmatrix} \boldsymbol{x} = \begin{bmatrix} r_4 \\ r_2 \\ r_1 \\ r_3 \end{bmatrix}$$

Spaltentausch gibt $\boldsymbol{U}$:
$$\begin{bmatrix} 3 & 2 & -1 & 1 \\ 0 & 1 & 2 & -1 \\ 0 & 0 & 5 & 3 \\ 0 & 0 & 0 & 2 \end{bmatrix} \begin{bmatrix} x_3 \\ x_1 \\ x_4 \\ x_2 \end{bmatrix} = \begin{bmatrix} 4 \\ 0 \\ 8 \\ 2 \end{bmatrix};$$

Zeilentausch:
$$\begin{bmatrix} 0 & 2 & 0 & 0 \\ 0 & 3 & 0 & 5 \\ 1 & -1 & 0 & 2 \\ 2 & 1 & 3 & -1 \end{bmatrix} \boldsymbol{x} = \begin{bmatrix} r_3 \\ r_1 \\ r_2 \\ r_4 \end{bmatrix}$$

Spaltentausch gibt $\boldsymbol{L}$:
$$\begin{bmatrix} 2 & 0 & 0 & 0 \\ 3 & 5 & 0 & 0 \\ -1 & 2 & 1 & 0 \\ 1 & -1 & 2 & 3 \end{bmatrix} \begin{bmatrix} x_2 \\ x_4 \\ x_1 \\ x_3 \end{bmatrix} = \begin{bmatrix} 2 \\ 8 \\ 0 \\ 4 \end{bmatrix}.$$

33.2 Gaußverwandte Verfahren

Bei gegebener Matrix $\boldsymbol{A}$ (1) erhält man die 1. Spalte der $\boldsymbol{U}$-Matrix, indem man in einem 1. Gaußschritt das $(-a_{j1}/a_{11})$-fache der 1. Zeile $\boldsymbol{a}^1$ zur j-ten Zeile $\boldsymbol{a}^j$ ($j=2$ bis n) hinzufügt. Den Fortschritt der Rechnung für $n=4$ zeigt Tabelle 33-1.

Die Transformationsmatrizen $\boldsymbol{G}_i$ in Tabelle 33-1 zeichnen sich durch analytisch angebbare Inverse aus,

$$\boldsymbol{G}_i = \boldsymbol{I} - \boldsymbol{q}_i\boldsymbol{e}^i, \quad \boldsymbol{G}_i^{-1} = \boldsymbol{I} + \boldsymbol{q}_i\boldsymbol{e}^i, \tag{3}$$

da die Produkte $\boldsymbol{q}_i^{\mathrm{T}}\boldsymbol{e}_i$ mit der i-ten Einheitsspalte Null sind. Die Transformationskette von $\boldsymbol{A}$ bis $\boldsymbol{U}$ läßt sich demnach durch sukzessive Linksmultiplikation mit $\boldsymbol{G}_k^{-1}$ nach $\boldsymbol{A}$ auflösen, wobei automatisch eine Faktorisierung $\boldsymbol{A} = \boldsymbol{LU}$ auftritt.

Gauß-Transformation von $\boldsymbol{Ax} = \mathrm{r}$:

$$\begin{aligned} &\boldsymbol{G}_n \ldots \boldsymbol{G}_1\boldsymbol{A} = \boldsymbol{G}_n \ldots \boldsymbol{G}_1\boldsymbol{r}, \\ &\boldsymbol{G}_n \ldots \boldsymbol{G}_1\boldsymbol{A} = \boldsymbol{U}, \quad \boldsymbol{U} \text{ obere Dreiecksmatrix.} \end{aligned} \tag{4}$$

Auflösen nach $\boldsymbol{A}$ ergibt die

Gauß-Banachiewicz-Zerlegung:

$$\begin{aligned} &\boldsymbol{A} = \boldsymbol{G}_1^{-1}\boldsymbol{G}_2^{-1} \ldots \boldsymbol{G}_n^{-1}\boldsymbol{U} = \boldsymbol{LU}, \\ &\boldsymbol{L} = \boldsymbol{I} + \sum_{k=1}^{n-1} \boldsymbol{q}_k\boldsymbol{e}^k, \quad \boldsymbol{L} \text{ untere Dreiecksmatrix.} \end{aligned} \tag{5}$$

Die Determinante von $\boldsymbol{A}$ ist das Produkt der Determinanten von $\boldsymbol{L}$ und $\boldsymbol{U}$:

$$\boldsymbol{A} = \boldsymbol{LU} \rightarrow \boldsymbol{A} = \det \boldsymbol{A} = \prod_{k=1}^{n} l_{kk} u_{kk}. \tag{6}$$

Tabelle 33-1. Gauß-Transformation für $n=4$

	Aktuelle Koeffizientenmatrix
Anfangsmatrix $\boldsymbol{A}$	$\boldsymbol{A} = \begin{bmatrix} \boldsymbol{a}^1 \\ \boldsymbol{a}^2 \\ \boldsymbol{a}^3 \\ \boldsymbol{a}^4 \end{bmatrix} = \begin{bmatrix} a_{11} & \ldots & a_{14} \\ \vdots & & \vdots \\ a_{41} & \ldots & a_{44} \end{bmatrix}$
Nach 1. Gaußschritt	$\begin{bmatrix} \boldsymbol{a}^1 \\ \boldsymbol{a}^2 - (a_{21}/a_{11})\,\boldsymbol{a}^1 \\ \boldsymbol{a}^3 - (a_{31}/a_{11})\,\boldsymbol{a}^1 \\ \boldsymbol{a}^4 - (a_{41}/a_{11})\,\boldsymbol{a}^1 \end{bmatrix} = \begin{bmatrix} a_{11} & a_{12} & a_{13} & a_{14} \\ 0 & b_{11} & b_{12} & b_{13} \\ 0 & b_{21} & b_{22} & b_{23} \\ 0 & b_{31} & b_{32} & b_{33} \end{bmatrix} = \boldsymbol{G}_1\boldsymbol{A} \quad \text{mit} \quad \boldsymbol{G}_1 = \boldsymbol{I} - \boldsymbol{q}_1\boldsymbol{e}^1.$ $\boldsymbol{q}_1^{\mathrm{T}} = \begin{bmatrix} 0 & \frac{a_{21}}{a_{11}} & \frac{a_{31}}{a_{11}} & \frac{a_{41}}{a_{11}} \end{bmatrix}, \quad \boldsymbol{e}^1 = [\,1 \quad 0 \quad 0 \quad 0\,].$
Nach 2. Gaußschritt	$\begin{bmatrix} \boldsymbol{a}^1 & \\ 0 & \boldsymbol{b}^1 \\ 0 & \boldsymbol{b}^2 - (b_{21}/b_{11})\,\boldsymbol{b}^1 \\ 0 & \boldsymbol{b}^3 - (b_{31}/b_{11})\,\boldsymbol{b}^1 \end{bmatrix} = \begin{bmatrix} a_{11} & a_{12} & a_{13} & a_{14} \\ 0 & b_{11} & b_{12} & b_{13} \\ 0 & 0 & c_{11} & c_{12} \\ 0 & 0 & c_{21} & c_{22} \end{bmatrix} = \boldsymbol{G}_2\boldsymbol{G}_1\boldsymbol{A} \quad \text{mit} \quad \boldsymbol{G}_2 = \boldsymbol{I} - \boldsymbol{q}_2\boldsymbol{e}^2.$ $\boldsymbol{q}_2^{\mathrm{T}} = \begin{bmatrix} 0 & 0 & \frac{b_{21}}{b_{11}} & \frac{b_{31}}{b_{11}} \end{bmatrix}, \quad \boldsymbol{e}^2 = [\,0 \quad 1 \quad 0 \quad 0\,].$
Nach 3. Gaußschritt	$\begin{bmatrix} \boldsymbol{a}^1 & & \\ 0 & \boldsymbol{b}^1 & \\ 0 & 0 & \boldsymbol{c}^1 \\ 0 & 0 & \boldsymbol{c}^2 - (c_{21}/c_{11})\,\boldsymbol{c}^1 \end{bmatrix} = \begin{bmatrix} a_{11} & a_{12} & a_{13} & a_{14} \\ 0 & b_{11} & b_{12} & b_{13} \\ 0 & 0 & c_{11} & c_{12} \\ 0 & 0 & 0 & d_{11} \end{bmatrix} = \boldsymbol{G}_3\boldsymbol{G}_2\boldsymbol{G}_1\boldsymbol{A} \quad \text{mit} \quad \boldsymbol{G}_3 = \boldsymbol{I} - \boldsymbol{q}_3\boldsymbol{e}^3.$ $\boldsymbol{q}_3^{\mathrm{T}} = \begin{bmatrix} 0 & 0 & 0 & \frac{c_{21}}{c_{11}} \end{bmatrix}, \quad \boldsymbol{e}^3 = [\,0 \quad 0 \quad 1 \quad 0\,].$

Das Wissen von der Existenz der Zerlegung von $\boldsymbol{A}$ hat zu verschiedenen direkten numerischen Zugängen zu $\boldsymbol{L}$ und $\boldsymbol{U}$ geführt.

$$\boldsymbol{A}=\boldsymbol{LDU} \quad \text{mit} \quad l_{kk}=u_{kk}=1 \quad \text{und} \quad \boldsymbol{D}=\operatorname{diag}(d_{kk})\,. \tag{7}$$

Doolittle-Algorithmus: Abwechselndes Berechnen der Zeilen $\boldsymbol{u}^k$ und Spalten $\boldsymbol{l}_k$.
Crout-Zerlegung: $\boldsymbol{A}=\boldsymbol{LU}$ mit $u_{kk}=1$.

Symmetrische Matrizen $\boldsymbol{A}=\boldsymbol{A}^{\mathrm{T}}$ lassen sich symmetrisch zerlegen:

$$\boldsymbol{A}=\boldsymbol{LDL}^{\mathrm{T}} \text{ mit } l_{kk}=1 \text{ und } \boldsymbol{D}=\operatorname{diag}(d_{kk})\,. \tag{8}$$

$$\textit{Cholesky-Zerlegung: } \boldsymbol{A}=\boldsymbol{LL}^{\mathrm{T}}\,. \tag{9}$$

Die Cholesky-Zerlegung (9) erfordert Wurzelziehen und gelingt ohne Modifikation nur bei positiv definiten Matrizen. Die Variante (8) vermeidet beide Nachteile.

Determinantenberechnung für $\boldsymbol{A}=\boldsymbol{A}^{\mathrm{T}}$:

$$\boldsymbol{A}=\boldsymbol{LDL}^{\mathrm{T}} \rightarrow A=\prod_{k=1}^{n} d_{kk}\,.$$

Falls alle $d_{kk}>0$, ist $\boldsymbol{A}$ positiv definit.

$$\boldsymbol{A}=\boldsymbol{LL}^{\mathrm{T}} \rightarrow A=\prod_{k=1}^{n} l_{kk}^2\,. \tag{10}$$

Die Zerlegung $\boldsymbol{A}=\boldsymbol{LDL}^{\mathrm{T}}$ erfolgt zeilenweise, beginnend mit d_{11}, l_{12} bis l_{1n}, d_{22}, l_{23} bis l_{2n} und so fort. Die Zerlegung $\boldsymbol{A}=\boldsymbol{LL}^{\mathrm{T}}$ mit l_{kk} anstelle von d_{kk} geschieht ebenso mit der ersten typischen Wurzel $l_{11}=\sqrt{a_{11}}$.

Beispiel. Für die Matrix $\boldsymbol{A}=\boldsymbol{A}^{\mathrm{T}}$ bestimme man die Zerlegung $\boldsymbol{A}=\boldsymbol{LDL}^{\mathrm{T}}$ und prüfe die Definitheit. Für eine Matrix $\boldsymbol{B}=\boldsymbol{B}^{\mathrm{T}}$ wird die Cholesky-Zerlegung gesucht.

$$\boldsymbol{A}=\begin{bmatrix} 2 & 2 & 4 \\ 2 & 0 & 1 \\ 4 & 1 & 3 \end{bmatrix},$$

$$\boldsymbol{LDL}^{\mathrm{T}}=\begin{bmatrix} 1 & & \\ 1 & 1 & \\ 2 & 1{,}5 & 1 \end{bmatrix}\begin{bmatrix} 2 & & \\ & -2 & \\ & & -0{,}5 \end{bmatrix}\begin{bmatrix} 1 & 1 & 2 \\ & 1 & 1{,}5 \\ & & 1 \end{bmatrix}.$$

Infolge verschiedener Vorzeichen der Elemente d_{kk} von $\boldsymbol{D}$ ist $\boldsymbol{A}$ indefinit.

$$\boldsymbol{B}=\begin{bmatrix} 2 & 2 & 4 \\ 2 & 3 & 3 \\ 4 & 3 & 12 \end{bmatrix},$$

$$\boldsymbol{B}=\boldsymbol{LL}^{\mathrm{T}},\ \boldsymbol{L}=\begin{bmatrix} \sqrt{2} & & \\ \sqrt{2} & 1 & \\ 2\sqrt{2} & -1 & \sqrt{3} \end{bmatrix}.$$

Infolge der Möglichkeit der Cholesky-Zerlegung im Reellen ist $\boldsymbol{B}$ positiv definit.

Die Zerlegungen $\boldsymbol{A}=\boldsymbol{LDU}$ oder $\boldsymbol{A}=\boldsymbol{LDL}^{\mathrm{T}}$ für $\boldsymbol{A}=\boldsymbol{A}^{\mathrm{T}}$ führen bei der Lösung von Gleichungssystemen auf natürliche Art zu einer Strategie der *Vorwärts- und Rückwärtselimination:*

$\boldsymbol{Ax}=\boldsymbol{r}$, $\quad \boldsymbol{A}=\boldsymbol{A}^{\mathrm{T}}$.

$\boldsymbol{LDL}^{\mathrm{T}}\boldsymbol{x}=\boldsymbol{r}$ wird aufgeteilt in

$\boldsymbol{Ly}=\boldsymbol{r}$, „Vorwärts"-Berechnung der Hilfsgrößen y_1 bis y_n, und

$\boldsymbol{L}^{\mathrm{T}}\mathrm{x}=\boldsymbol{D}^{-1}\boldsymbol{y}$, „Rückwärts"-Berechnung der Unbekannten x_n bis x_1.

$\boldsymbol{Ax}=\boldsymbol{r}$, $\quad \boldsymbol{A}\neq\boldsymbol{A}^{\mathrm{T}}$. (11)

$\boldsymbol{LDUx}=\boldsymbol{r}$ wird aufgeteilt in

$\boldsymbol{Ly}=\boldsymbol{r}$, „Vorwärts"-Berechnung y_1 bis y_n, und

$\boldsymbol{Ux}=\boldsymbol{D}^{-1}\boldsymbol{y}$, „Rückwärts"-Berechnung x_n bis x_1.

Pivotstrategien. Die schrittweise Überführung einer Matrix $\boldsymbol{A}$ in die faktorisierte Form weist den Hauptdiagonalelementen a_{kk}, b_{kk}, c_{kk} und so fort in Tabelle 33-1 und damit auch in (7) und (8) eine besondere Bedeutung zu. Sie sind „Drehpunkte" der Elimination oder auch die sogenannten Pivotelemente. Sind sie numerisch null, bricht die Rechnung zusammen; dabei ist zu beachten, daß der wahre Wert null in der Regel nur sehr unvollkommen durch die Numerik wiedergegeben wird. Zugunsten der numerischen Stabilität sollten die Beträge der Pivotelemente möglichst groß sein. Im 1. Gaußschritt wählt man deshalb das betragsgrößte Element aller a_{ij} zum Drehpunkt, im 2. Gaußschritt das betragsgrößte b_{ij} und so fort.

Skalierung. Die Pivotstrategie kann nur bei einer numerisch ausgewogenen Belegung der Matrix $\boldsymbol{A}$ funktionieren. Aus diesem Grund wird eine Skalierung empfohlen.

$$\boldsymbol{A}=\begin{bmatrix} a_{11} & \dots & a_{1n} \\ \vdots & & \vdots \\ a_{n1} & \dots & a_{nn} \end{bmatrix}.$$

k-te Zeilensumme $\quad z_k=\sum_{i=1}^{n}|a_{ki}|$,

k-te Spaltensumme $\quad s_k=\sum_{i=1}^{n}|a_{ik}|$.

$$\hat{\boldsymbol{A}}=\{\operatorname{diag}(1/z_k)\}\,\boldsymbol{A}\,\{\operatorname{diag}(1/s_k)\}\,. \tag{12}$$

Zerlegung modifizierter Matrizen. Im Zuge des Entwurfs eines technischen Systems mit der algebraischen Beschreibung $\boldsymbol{Ay}=\boldsymbol{r}$ ist die Änderung des Systems, die zu einer neuen Matrix $\boldsymbol{B}$ und unveränderter rechter Seite führt, ein Standardproblem. Unterscheiden sich $\boldsymbol{A}$ und $\boldsymbol{B}$ nur in einer Dyade $\boldsymbol{bc}^{\mathrm{T}}$, geht man wie folgt vor.

Gegeben:

$\boldsymbol{Ay}=\boldsymbol{r}$ mit $\quad \boldsymbol{A}=\boldsymbol{LDU}$, $\boldsymbol{r}$, $\boldsymbol{y}$.

Gesucht:
Lösung x für $Bx = r$ mit $B = A - bc^T$.

$$x = y + \frac{c^T y}{1 - c^T h} h, \quad \text{mit Hilfsspalte} \tag{13}$$

h aus $Ah = b$ (Zerlegung von A siehe oben).

Beispiel. Das Problem $Ay = r$ mit

$$A = LL^T = \begin{bmatrix} 1 & 1 & 1 & 0 \\ 1 & 2 & 0 & 1 \\ 1 & 0 & 3 & 1 \\ 0 & 1 & 1 & 6 \end{bmatrix}, \quad L = \begin{bmatrix} 1 & & & \\ 1 & 1 & & \\ 1 & -1 & 1 & \\ 0 & 1 & 2 & 1 \end{bmatrix},$$

$$y = \begin{bmatrix} 2 \\ 1 \\ 0 \\ -1 \end{bmatrix}, \quad r = \begin{bmatrix} 3 \\ 3 \\ 1 \\ -5 \end{bmatrix}$$

ist gegeben, ebenso die Störung mit $c^T = b^T = [0 \ \ 1 \ \ 0 \ \ -1]$.
Gesucht ist die Lösung x der modifizierten Aufgabe $(A - bb^T)\,x = r$. Aus Vorwärtselimination $Lz = b$ folgt z und aus Rückwärtselimination $L^T h = z$ folgt h.

$$z^T = [0 \ \ 1 \ \ 1 \ \ -4], \quad h^T = [-23 \ \ 14 \ \ 9 \ \ -4].$$

$$b^T y = 2, \quad b^T h = 18.$$

$$x^T = [2 \ \ 1 \ \ 0 \ \ -1] + \frac{2}{-17}[-23 \ \ 14 \ \ 9 \ \ -4].$$

$$x^T = [80 \ \ -11 \ \ -18 \ \ -9]/17.$$

33.3 Überbestimmte Systeme

Stehen für die Berechnung von n Unbekannten x_1 bis x_n mehr als n untereinander gleichberechtigte Bestimmungsgleichungen zur Verfügung, so sind diese nur in einem gewissen ausgewogenen Mittel möglichst gut erfüllbar derart, daß das Defekt- oder Residuenquadrat bezüglich x minimal wird.

Gegeben A, r.
Gesucht x.

$$x = \begin{bmatrix} x_1 \\ \vdots \\ x_n \end{bmatrix}, \quad A = \begin{bmatrix} a_{11} & \dots & a_{1n} \\ \vdots & & \vdots \\ a_{m1} & \dots & a_{mn} \end{bmatrix}, \quad r = \begin{bmatrix} r_1 \\ \vdots \\ r_m \end{bmatrix}.$$

$Ax = r$, $m > n$.

Defekt $d = Ax - r$.

Gauß-Ausgleich:

$$\underset{x}{\operatorname{grad}}\,(d^T d) \overset{!}{=} o$$

bestimmt die *Normalgleichung:*

$$A^T A x = A^T r, \quad A^T A = (A^T A)^T. \tag{14}$$

Die Koeffizientenmatrix $A^T A$ in (14) ist symmetrisch, doch ist die Kondition der quasi-quadrierten Matrix schlecht, so daß eine Transformation von A zur oberen Dreiecksform $R = QA$ nach (15) mit Hilfe einer normerhaltenden Methode – Spiegelung oder *Householder-Transformation* – empfohlen wird.

Gegeben

$$\begin{bmatrix} a_{11} & \dots & a_{1n} \\ \vdots & & \vdots \\ a_{m1} & \dots & a_{mn} \end{bmatrix} \begin{bmatrix} x_1 \\ \vdots \\ x_n \end{bmatrix} = \begin{bmatrix} r_1 \\ \vdots \\ r_m \end{bmatrix}, \quad Ax = r.$$

Gesucht (15)

$$\begin{bmatrix} r_{11} & \dots & r_{1n} \\ & \ddots & \vdots \\ O & & r_{mn} \\ \hline & O & \end{bmatrix} \begin{bmatrix} x_1 \\ \vdots \\ x_n \end{bmatrix} = \begin{bmatrix} c_1 \\ \vdots \\ c_n \\ \hline c_{n+1} \\ c_m \end{bmatrix}, \quad \begin{aligned} Rx &= c, \\ R &= QA, \\ c &= Qr, \end{aligned}$$

mit Erhaltung der Spaltennormen

$$r_{11}^2 = \sum_{k=1}^{m} a_{k1}^2, \quad r_{12}^2 + r_{22}^2 = \sum_{k=1}^{m} a_{k2}^2 \quad \text{usw.} \tag{16}$$

und der speziellen

Transformationseigenschaft

$$Q = Q_n \dots Q_1, \quad Q_k Q_k = I, \tag{17}$$

Normalgleichung

$$R_{nn} x = c_n, \quad R_{nn} \text{ oberes Dreieck}. \tag{18}$$

Die Orthogonaleigenschaft $Q_k Q_k = I$ wird erfüllt durch die *Householder-Transformation*.

$$Q = I - 2\frac{ww^T}{w^T w} \quad \text{mit} \quad Q^2 = I. \tag{19}$$

1. Householder-Schritt $Q_1 a_1 \overset{!}{=} r_{11} e_1$.

$$a_1 - 2\frac{w_1^T a_1}{w_1^T w_1} w_1 \overset{!}{=} r_{11} e_1, \quad r_{11}^2 = \sum_{k=1}^{m} a_{k1}^2,$$

Richtung von $w_1 = a_1 - r_{11} e_1$.

Beispiel. Für $a_1^T = [1 \ \ 2 \ \ 3 \ \ 1 \ \ 2]$ bestimme man Q_1.

$$r_{11}^2 = (1 + 4 + 9 + 1 + 4) = 19.$$

$$w_1^T = \left[(1 - \sqrt{19}) \ \ 2 \ \ 3 \ \ 1 \ \ 2\right].$$

$$Q_1 = I - \frac{1}{19 - \sqrt{19}} w_1 w_1^T.$$

33.4 Testmatrizen

Zum Test vorliegender Rechenprogramme eignen sich Matrizen mit einfach angebbaren Elementen a_{ij} und ebensolchen Elementen b_{ij} der zugehörigen Inversen, die man spaltenweise (b_k) als Lösung einer rechten Einheitsspalte $r = e_k$ auffassen kann.

Tabelle 33-2. Testmatrizen der Ordnung n

Name	Elemente a_{ij} der Ausgangsmatrix $\boldsymbol{A}$ Elemente b_{ij} der Inversen $\boldsymbol{B} = \boldsymbol{A}^{-1}$.
Dekker $\boldsymbol{A}: = \boldsymbol{D}$	$a_{ij} = \frac{n}{i+j-1} \binom{n+i-1}{i-1} \binom{n-1}{n-j}$. $b_{ij} = (-1)^{i+j} a_{ij}$. $\varkappa > \left(\frac{2^{3n}}{13n}\right)^2$.
Hilbert $\boldsymbol{A}: = \boldsymbol{H}$	$a_{ij} = 1/(i+j-1)$. $b_{ij} = \frac{(-1)^{i+j}}{i+j-1} a_{ij} q_i q_j$, $q_k = \frac{(n+k-1)!}{(k-1)!^2 (n-k)!}$.
Zielke $\boldsymbol{A}: = \boldsymbol{Z}$	$\boldsymbol{A} = \boldsymbol{C} - \boldsymbol{e}_n \boldsymbol{e}^n + \boldsymbol{E}$, $e_{ij} \begin{cases} 1 & \text{für} \quad i+j \leqq n \\ 0 & \text{für} \quad i+j > n \end{cases}$ c beliebiger Skalar, $c_{ij} = c$. $\varkappa \sim 2nc^2$. $\boldsymbol{b}_{ij} \begin{cases} b_{11} = -c, \quad b_{nn} = -c-1 \\ b_{1n} = b_{n1} = c \\ 1 \quad \text{für} \quad i+j=n \\ -1 \quad \text{für} \quad i+j=n+1 \quad \text{mit} \quad i,j \neq n \\ 0 \quad \text{sonst.} \end{cases}$

$$\boldsymbol{A}\boldsymbol{b}_k = \boldsymbol{e}_k, \quad \boldsymbol{B} = [\boldsymbol{b}_1 \ \ldots \ \boldsymbol{b}_n] = \boldsymbol{A}^{-1}. \tag{20}$$

Interessant sind speziell Matrizen mit unangenehmen numerischen Eigenschaften, was sich in einer großen Konditionszahl $\varkappa$ ausdrückt; siehe auch [1, 2] und Tabelle 33-2.

$$\varkappa = \frac{|\lambda_{\max}|}{|\lambda_{\min}|}, \quad \lambda \text{ Eigenwerte der Matrix } \boldsymbol{A},$$
$$\varkappa_{\text{optimal}} = 1, \det \boldsymbol{A} \neq 0. \tag{21}$$

Beispiel. Für $n = 4$ werden die Testmatrizen explizit angegeben.

$$\boldsymbol{D}_4 = \begin{bmatrix} 4 & 6 & 4 & 1 \\ 10 & 20 & 15 & 4 \\ 20 & 45 & 36 & 10 \\ 35 & 84 & 70 & 20 \end{bmatrix},$$

$$\boldsymbol{D}_4^{-1} = \begin{bmatrix} 4 & -6 & 4 & -1 \\ -10 & 20 & -15 & 4 \\ 20 & -45 & 36 & -10 \\ -35 & 84 & -70 & 20 \end{bmatrix}.$$

$$\boldsymbol{H}_4 = \begin{bmatrix} 1/1 & 1/2 & 1/3 & 1/4 \\ 1/2 & 1/3 & 1/4 & 1/5 \\ 1/3 & 1/4 & 1/5 & 1/6 \\ 1/4 & 1/5 & 1/6 & 1/7 \end{bmatrix},$$

$$\boldsymbol{H}_4^{-1} = \begin{bmatrix} 16 & -120 & 240 & -140 \\ -120 & 1\,200 & -2\,700 & 1\,680 \\ 240 & -2\,700 & 6\,480 & -4\,200 \\ -140 & 1\,680 & -4\,200 & 2\,800 \end{bmatrix}.$$

$$Z_4 = \begin{bmatrix} c+1 & c+1 & c+1 & c \\ c+1 & c+1 & c & c \\ c+1 & c & c & c \\ c & c & c & c-1 \end{bmatrix},$$

$$Z_4^{-1} = \begin{bmatrix} -c & 0 & 1 & c \\ 0 & 1 & -1 & 0 \\ 1 & -1 & 0 & 0 \\ c & 0 & 0 & -c-1 \end{bmatrix}.$$

34 Nichtlineare Gleichungen

34.1 Fixpunktiteration, Konvergenzordnung

Die Berechnung der Nullstellen x nichtlinearer Funktionen $f(x) = 0$ läßt sich stets auch als Abbildung von x mittels einer zugeordneten Funktion $F(x)$ in sich selbst formulieren.

$$x = F(x) \leftrightarrow f(x) = 0,$$

allgemein: $F(x) = x + \lambda(x) f(x)$, $\lambda(x) \neq 0$.

In der Regel gibt es bei gegebenem $f(x)$ mehrere zugeordnete Funktionen $F(x)$.

Beispiel 1: Für $f(x) = x^2 - 4x + 3 = 0$ erhält man über verschiedene Auflösungsmöglichkeiten nach x folgende zugeordnete Darstellungen $x = F(x)$:

$$F_1(x) = (x^2 + 3)/4, \quad F_2(x) = 4 - 3/x,$$
$$F_3(x) = 3/(4-x).$$

Fixpunktiteration ist eine Interpretation der Zuordnung (1) derart, daß ein Startwert ξ_0 so lange der Abbildung

$$\xi_{k+1} = F(\xi_k), \quad k = 0, 1, 2, \ldots, \tag{2}$$

unterworfen wird, bis ξ_{k+1} und $\boldsymbol{F}(\xi_k)$ numerisch ausreichend übereinstimmen und mit $\xi_k = x$ eine Nullstelle $f(x) = 0$ vorliegt; formal spricht man in dieser besonderen Situation von ξ_k als einem Fixpunkt der Abbildung $x \rightarrow \boldsymbol{F}(x)$. Die Konvergenz der Folge (2) gegen eine Nullstelle $x = \xi_k$ der Funktion $f(x)$ ist gesichert, falls der Betrag der Steigung von $\boldsymbol{F}$, also $|\boldsymbol{F}' = \mathrm{d}\boldsymbol{F}/\mathrm{d}\xi|$, kleiner ist als der Betrag der Steigung der linken Seite in (2), also $\mathrm{d}\xi/\mathrm{d}\xi = 1$; siehe Bild 34-1.

Konvergenz der Iteration

$$\xi_{k+1} = F(\xi_k) \quad \text{für} \quad |F'| < 1: \tag{3}$$

F ist kontrahierende Abbildung.

In der Theorie der Normen hat F' die Bedeutung einer *Lipschitz-Konstanten L*.

$$\frac{\| F(\xi_{k+1}) - F(\xi_k) \|}{\| \xi_{k+1} - \xi_k \|} \leqq L. \tag{4}$$

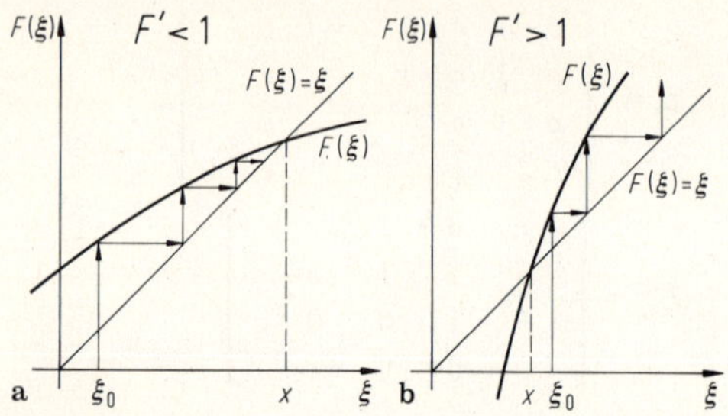

Bild 34-1. Iterationsfolge $\xi_{k+1} = F(\xi_k)$. **a** konvergent; **b** divergent.

Die Konvergenz hängt durchaus ab von der Art der $f(x)$ zugeordneten Funktion $F(x)$.

Beispiel 1, *Fortsetzung:* Die Konvergenzbereiche der Abbildungen F_i sind unterschiedlich.

F_i	$\dfrac{3+\xi^2}{4}$	$4-\dfrac{3}{\xi}$	$\dfrac{3}{4-\xi}$
F_i'	$\xi/2$	$3/\xi^2$	$3/(4-\xi)^2$
$\lvert F_i' \rvert < 1$ für	$\xi^2 < 4$	$\xi^2 > 3$	$\xi < 4-\sqrt{3}$ $\xi > 4+\sqrt{3}$

Bei dem Startwert $\xi_0 = 5/2$ kann demnach nur die Version $F_2 = 4 - 3/\xi$ erfolgreich sein. Folgende Tabelle belegt die, wenn auch langsame, Konvergenz gegen die Nullstelle $x = 3$

k	0	1	2	3	4	5
ξ_k	2,500	2,800	2,929	2,976	2,992	2,997
$K_k = \dfrac{\lvert \xi_{k+1} - 3 \rvert}{\lvert \xi_k - 3 \rvert}$	0,40	0,35	0,34	0,33	0,33	—

Als Maß für die Konvergenzgeschwindigkeit dient der *Konvergenzquotient*

$$\frac{\lvert \xi_{k+1} - x \rvert}{\lvert \xi_k - x \rvert^p} = K_k, \qquad (5)$$

ξ_k Iterierte, x Nullstelle $f(x) = 0$,
p Konvergenzordnung,

der bei ausreichend hoher Iterationsstufe k und passendem Exponenten p gegen einen Grenzwert K konvergiert. Im Sonderfall $p = 1$ läßt sich $K = K(F')$ als Funktion der Abbildung F formulieren.

$$p = 1:\; K = \lvert F'(x) \rvert < 1.$$
$$p > 1:\; K \leqq \frac{1}{p!} \max \lvert F^{(p)}(\xi) \rvert, \quad \lvert F'(\xi) \rvert < 1. \qquad (6)$$

Im obigen Beispiel stellt man in der Tat für $p = 1$ eine recht schnelle Konvergenz der Quotienten K_k gegen 0,33 fest; ein Wert, der mit $F' = 3/\xi^2 = 3/9$ hinreichend übereinstimmt.

34.2 Spezielle Iterationsverfahren

In der Regel wird man sich bei der Suche nach Nullstellen x einer Funktion $f(x)$ vorweg einen groben Eindruck vom ungefähren Funktionsverlauf verschaffen, wobei x-Intervalle $I = [a, b]$ mit wechselndem Vorzeichen der Funktionen auftreten werden $(f(a) f(b) < 0)$. Aus Stetigkeitsgründen liegt in einem solchen Intervall mindestens eine Nullstelle $f(x) = 0$.
Intervallschachtelung ist ein Verfahren, das den Funktionswert $f(\xi_k)$ in Intervallmitte $\xi_k = (a + b)/2$ nutzt, um das aktuelle Intervall zu halbieren. Falls $f(a) f(\xi_k) < 0$, wiederholt man die Prozedur für $I = [a, \xi_k]$, ansonsten für $I = [\xi_k, b]$.

Intervallschachtelung.

Startintervall $I = [a, b]$ mit $f(a) f(b) < 0$,

ξ_k Intervallmittelpunkt nach k Halbierungen.
x gesuchte Nullstelle mit $f(x) = 0$.

A-priori-Fehlerabschätzung:

$$\lvert \xi_k - x \rvert \leqq \frac{b-a}{2^{k+1}}, \quad k = 0, 1, 2, \ldots. \qquad (7)$$

Konvergenzordnung $p = 1$.

Regula falsi ist eine Variante, die ebenfalls ein Startintervall $I = [a, b]$ mit $f(a) f(b) < 0$ benötigt, den Zwischenwert ξ_k des nächstkleineren Intervalls jedoch durch lineare Interpolation bestimmt:

Regula falsi.

Startintervall
$I = [a, b]$ mit $f(a) f(b) < 0$,

Zwischenwert

$$\xi_k = \frac{af(b) - bf(a)}{f(b) - f(a)}. \tag{8}$$

Konvergenzordnung

$p = 1$ falls $f'(x), f''(x) \neq 0$.

Durch zusätzliche Entscheidungen läßt sich die Regula falsi in der Form der *Pegasusmethode* zur Konvergenzordnung $p = 1{,}642$ verbessern.

Sekantenmethode heißt eine Alternative zur Intervallschachtelung, die unabhängig von den Vorzeichen $f(a)$, $f(b)$ zweier Startwerte $\xi_{k-1} = a$, $\xi_k = b$ durch lineare Interpolation eine Näherungs-Nullstelle ξ_{k+1} liefert. Durch Wiederholung des Vorganges mit ξ_{k+1} und ξ_k oder ξ_{k-1} gelangt man zu einer Nullstelle x, falls die monotone Abnahme der Folge $|f(\xi_k)|$ garantiert ist.

Sekantenmethode:

Startpaare

$[\xi_{k-1}, f_{k-1} = f(\xi_{k-1})]$, $[\xi_k, f_k = f(\xi_k)]$.

Interpolation

$$\xi_{k+1} = \xi_k - f_k \frac{\xi_k - \xi_{k-1}}{f_k - f_{k-1}}. \tag{9}$$

Konvergenzordnung

$p = (1 + \sqrt{5})/2 = 1{,}618$, falls

$f'(x), f''(x) \neq 0$.

Newton-Verfahren. Diese Iteration zur Bestimmung einer Nullstelle von f wird gerne benutzt für den Fall, daß die Ableitung $\mathrm{d}f/\mathrm{d}x = f'$ problemlos zu beschaffen ist. Durch lineare Approximation der Funktion $f(\xi_k)$ im aktuellen Näherungswert ξ_k mittels ihrer Tangente (lineare Taylor-Entwicklung im Punkt ξ_k) erhält man eine Folge

$$\xi_{k+1} = \xi_k - \frac{f(\xi_k)}{f'(\xi_k)}. \tag{10}$$

Konvergenzordnung $p \geqq 2$, falls

$f'(x) \neq 0$.

Falls ξ_n bereits ein guter Näherungswert ist, dann verkürztes *Newton-Verfahren*

mit $p = 1$:

$$\xi_{k+1} = \xi_k - \frac{f(\xi_k)}{f'(\xi_n)}, \quad k \geqq n. \tag{11}$$

Deflation. Bei bekanntem x_1 mit $f(x_1) = 0$ möchte man bei der Suche nach einer weiteren Nullstelle x_2 nicht abermals auf x_1 zusteuern. Mittels Division der Originalfunktion $f(x)$ durch $x - x_1$ erzeugt man eine modifizierte Form $\bar{f} = f/(x - x_1)$, die bei $x = x_1$ eine Polstelle besitzt. Bei Polynomfunktionen ist diese Division aus Genauigkeitsgründen auf keinen Fall tatsächlich durchzuführen; vielmehr verbleibt die Differenz $(x - x_1)$ explizit im Iterationsprozeß z. B. des Newton-Verfahrens:

Newton-Iteration für die $(n+1)$-te Nullstelle x_{n+1} bei bekannten Nullstellen x_1 bis x_n:

$$\xi_{k+1} = \xi_k - \left\{\frac{f'(\xi_k)}{f(\xi_k)} - \sum_{i=1}^{n} (\xi_k - x_i)^{-1}\right\}^{-1},$$

$$\xi_k \to x_{n+1}. \tag{12}$$

Horner-Schema. Die Berechnung der Funktionswerte $P(\xi)$ und $P'(\xi)$ eines Polynoms $P(x)$, z. B. im Rahmen des Newton-Verfahrens, kann sehr effektiv nach Horner in rekursiver Art erfolgen.

Gegeben:

$P_n(x) = a_0 x^n + \ldots + a_{n-1} x + a_n$, $a_0 \neq 0$.

Gesucht: $P_n(\xi)$, $P'_n(\xi)$, $P''_n(\xi)$ usw.

Startend mit $b_0 = a_0$ gilt

$$\begin{aligned} &b_1 = a_1 + \xi b_0, \quad b_2 = a_2 + \xi b_1, \ \ldots, \\ &b_n = a_n + \xi b_{n-1} = P_n(\xi). \\ &\text{Start } c_0 = a_0\text{: } c_1 = b_1 + \xi c_0, \ \ldots, \\ &\quad c_{n-1} = a_{n-1} + \xi b_{n-2} = P'_n(\xi). \\ &\text{Start } d_0 = a_0\text{: } d_1 = c_1 + \xi d_0, \ \ldots, \\ &\quad d_{n-2} = a_{n-2} + \xi c_{n-3} = P''_n(\xi). \end{aligned} \tag{13}$$

Beispiel: Der fünffache Eigenwert $x = 1$ des Polynoms

$$P(x) = x^5 - 5x^4 + 10x^3 - 10x^2 + 5x - 1 = (x-1)^5$$

ist mit dem Newton-Verfahren einschließlich Deflation zu berechnen, wobei jeweils 20 Iterationsschritte mit $\xi_0 = 0$ beginnend durchzuführen sind.

Iteration bezüglich	$x_1 = 1$	$x_2 = 1$	$x_3 = 1$	$x_4 = 1$	$x_5 = 1$
	ξ_k:	ξ_k:	ξ_k:	ξ_k:	ξ_k:
$k = 0$	0,0	0,0	0,0	0,0	0,0
$k = 5$	0,672 320	0,764 967	0,873 778	0,979 439	1,000 50
$k = 10$	0,892 626	0,946 790	1,022 00	1,005 41	1,000 15
$k = 15$	0,964 816	0,987 606	1,004 87	1,000 89	1,000 05
$k = 20$	0,988 471	0,993 692	1,001 37	1,000 35	1,000 02
$\lvert P(\xi_{20}) \rvert$	$2{,}04 \cdot 10^{-10}$	$9{,}98 \cdot 10^{-12}$	$4{,}85 \cdot 10^{-15}$	$5{,}13 \cdot 10^{-18}$	$2{,}01 \cdot 10^{-24}$

Offensichtlich nimmt die Güte der Ergebnisse für gleiche Iterationsstufen k mit fortschreitender Deflation zu. In der Rechenpraxis wird man ein Abbruchkriterium

$$|(\xi_{k+1} - \xi_k)/\xi_k| < \varepsilon \quad \text{für} \quad \xi_k \neq 0 \quad \text{benutzen.}$$

34.3 Nichtlineare Gleichungssysteme

Die simultane Lösung n gekoppelter nichtlinearer Gleichungen

$$\begin{matrix} f_1(x_1, \ldots, x_n) = 0 \\ \vdots \\ f_n(x_1, \ldots, x_n) = 0 \end{matrix} \quad , \quad \text{kurz} \quad \boldsymbol{f}(\boldsymbol{x}) = \boldsymbol{o} \tag{14}$$

für n Unbekannte x_i kann über eine lineare Taylor-Entwicklung der Vektorfunktion $\boldsymbol{f}$ an der Stelle ξ_k einer Näherungslösung für $\boldsymbol{x}$ erfolgen. Ein Startwert ξ_0 ist vorzugeben.

$$f_1(\xi + \Delta\xi) = f_1(\xi) + f_{1,1}(\xi)\,\Delta\xi_1 + \ldots + f_{1,n}(\xi)\,\Delta\xi_n \stackrel{!}{=} 0,$$
$$\vdots$$
$$f_n(\xi + \Delta\xi) = f_n(\xi) + f_{n,1}(\xi)\,\Delta\xi_1 + \ldots + f_{n,n}(\xi)\,\Delta\xi_n \stackrel{!}{=} 0,$$
$$f_{k,i} = \partial f_k / \partial x_i . \quad \xi \equiv \xi_k .$$

Matrizendarstellung:

$$\boldsymbol{f}(\boldsymbol{\xi}_k) + \boldsymbol{J}(\boldsymbol{\xi}_k)\,\Delta\boldsymbol{\xi}_k = \boldsymbol{o}, \quad \boldsymbol{\xi}_{k+1} = \boldsymbol{\xi}_k + \Delta\boldsymbol{\xi}_k \tag{15}$$

mit der Funktional- oder Jacobi-Matrix

$$\boldsymbol{J} = \begin{bmatrix} f_{1,1} & \cdots & f_{1,n} \\ \vdots & & \vdots \\ f_{n,1} & \cdots & f_{n,n} \end{bmatrix} = [\boldsymbol{f}_{,1} \ \ldots \ \boldsymbol{f}_{,n}]. \tag{16}$$

Die dem Newton-Verfahren entsprechende Iteration (15) konvergiert quadratisch, wobei man durch Mitführen der Fehlernorm $\boldsymbol{f}^{\mathrm{T}}(\boldsymbol{\xi}_k)\boldsymbol{f}(\boldsymbol{\xi}_k) = \delta^2$ die Monotonie der Iteration überprüfen sollte. Ist diese nicht gegeben, ist die Rechnung mit neuem Startwert ξ_0 zu wiederholen. Zur Verringerung des erheblichen Rechenaufwandes infolge einer ständig neuen Koeffizientenmatrix $\boldsymbol{J}$ in (15) empfiehlt es sich, die Jacobi-Matrix für eine gewisse Anzahl von Schritten unverändert beizubehalten. Eine weitere Variante verzichtet auf die simultane Berechnung aller Verbesserungen $\Delta\xi$. Vielmehr wird das Inkrement $\Delta\xi^i$ der i-ten Komponente ξ_k^i der k-ten Iterationsstufe mit Hilfe schon neuer Werte ξ_{k+1}^1 bis ξ_{k+1}^{i-1} und der noch alten Werte ξ_k^{i+1} bis ξ_k^n berechnet.

Newtonsches Einzelschrittverfahren:

$$\Delta\xi^i = \xi_{k+1}^i - \xi_k^i$$
$$= -\Omega \frac{f_i(\xi_{k+1}^1, \xi_{k+1}^2, \ldots, \xi_{k+1}^{i-1}, \xi_k^i, \ldots, \xi_k^n)}{f_{i,i}(\xi_{k+1}^1, \xi_{k+1}^2, \ldots, \xi_{k+1}^{i-1}, \xi_k^i, \ldots, \xi_k^n)}. \tag{17}$$

Häufig ist es zweckmäßig, die Verbesserung mit einem *Relaxationsfaktor* Ω, $0 \leqq \Omega \leqq 2$, zu multiplizieren, also nicht mit dem „an sich richtigen" Wert $\Omega = 1$.

Gradientenverfahren suchen die Lösung $\boldsymbol{x}$ nichtlinearer Gleichungssysteme $\boldsymbol{f}(\boldsymbol{x}) = \boldsymbol{o}$ als Null- und gleichzeitig Minimalpunkte einer zugeordneten quadratischen Form

$$\begin{aligned} Q &= \boldsymbol{f}^{\mathrm{T}}\boldsymbol{f} = 0, \quad \operatorname{grad} Q = 2\boldsymbol{J}^{\mathrm{T}}\boldsymbol{f}, \\ (\operatorname{grad} Q)^{\mathrm{T}} &= [Q_{,1} \ \ldots \ Q_{,n}]. \end{aligned} \tag{18}$$

Bei Vorliegen einer Näherung $\boldsymbol{\xi}_k$ mit dem Wert $Q_k = Q(\boldsymbol{f}_k)$ findet man eine Verbesserung $\Delta\boldsymbol{\xi}$ mit einem besseren Wert $Q_{k+1} = Q_k + (\operatorname{grad} Q)^{\mathrm{T}}\Delta\boldsymbol{\xi} + \ldots = 0$ in Richtung des Gradienten $\Delta\boldsymbol{\xi} = t \operatorname{grad} Q$. Aus der Forderung $Q_{k+1} = 0$ der linearen Entwicklung folgt der Skalar t und damit

$$\Delta\boldsymbol{\xi} = \boldsymbol{\xi}_{k+1} - \boldsymbol{\xi}_k = -\left\{\frac{Q_k}{2(\boldsymbol{J}^{\mathrm{T}}\boldsymbol{f})^{\mathrm{T}}(\boldsymbol{J}^{\mathrm{T}}\boldsymbol{f})}\boldsymbol{J}^{\mathrm{T}}\boldsymbol{f}\right\}_k. \tag{19}$$

Beispiel. Gegeben ist ein System von zwei nichtlinearen algebraischen Gleichungen.

$$f_1 = 3(x_1^2 + x_2^2) - 10x_1 - 14x_2 + 23 = 0 \quad \text{(Ellipse)},$$
$$f_2 = x_1^2 - 2x_1 - x_2 + 3 = 0 \quad \text{(Parabel)}.$$

Mit der Jacobi-Matrix

$$\boldsymbol{J} = \begin{bmatrix} 6x_1 - 10 & 6x_2 - 14 \\ 2x_1 - 2 & -1 \end{bmatrix}$$

konvergiert die Anfangslösung $\xi_0 = \boldsymbol{o}$ gegen eine Lösung $\boldsymbol{x}^{\mathrm{T}} = [1, 2]$. Folgende Tabelle zeigt den Iterationsverlauf des vollständigen Newton-Verfahrens.

k	0	1	2	3	5	7
ξ_k	0 0	1,055 0,888 9	0,203 8 1,908	0,934 1 1,471	0,986 8 1,956	1,000 2,000

35 Matrizeneigenwertproblem

35.1 Homogene Matrizenfunktionen, Normalformen

Die Eigenwerttheorie fragt nach nichttrivialen Lösungen $\boldsymbol{x}$ für homogene Gleichungssysteme $\boldsymbol{F}\boldsymbol{x} = \boldsymbol{o}$, wobei $\boldsymbol{F}$ zunächst quadratisch und reell sei und einen Parameter λ enthalte.

Gegeben: $\boldsymbol{F}(\lambda)\,\boldsymbol{x} = \boldsymbol{o}$.

Gesucht: Lösungen $\boldsymbol{x} \neq \boldsymbol{o}$.

Notwendige Bedingung: $F = \det \boldsymbol{F} = 0 = \mathrm{f}(\lambda)$

Charakteristische Gleichung $f(\lambda) = 0$ zur Berechnung der Eigenwerte $\lambda_1, \lambda_2, \ldots$. (1)

Tabelle 35-1. Typische Matrizenfunktionen $F(\lambda)$.
F quadratisch, f_{ij} reell, n Zeilen/Spalten

Name	Gleichung	Anzahl Eigenwerte	λ reell falls
L EWP Speziell	$\boldsymbol{F} = \boldsymbol{A} - \lambda \boldsymbol{I}$	n	$\boldsymbol{A} = \boldsymbol{A}^{\mathrm{T}}$
L EWP Allgemein	$\boldsymbol{F} = \boldsymbol{A} - \lambda \boldsymbol{B}$	n	$\boldsymbol{A} = \boldsymbol{A}^{\mathrm{T}}, \quad \boldsymbol{B} = \boldsymbol{B}^{\mathrm{T}}$ und $\boldsymbol{B}$ positiv oder negativ definit
NL EWP Matrizen-polynom	$\boldsymbol{F} = \boldsymbol{A}_0 + \lambda \boldsymbol{A}_1 + \ldots + \lambda^k \boldsymbol{A}_k$	nk	—
NL EWP Allgemein	Elemente f_{ij} von $\boldsymbol{F}$ sind beliebige Funktionen z. B. $f_{ij} = \exp(\lambda)$	∞	—

NL: Nichtlineares, L: Lineares, EWP: Eigenwertproblem.

Die Eigenwerte λ_k sind im allgemeinen konjugiert-komplex, doch gibt es Klassen spezieller Matrizenfunktionen mit stets reellen Eigenwerten; siehe Tabelle 35-1.

Beispiel: Eigenwerte für verschiedene Funktionen $F(\lambda)$.

$$\boldsymbol{F} = \begin{bmatrix} 3 & 2 \\ -1 & 1 \end{bmatrix} - \lambda \boldsymbol{I},$$

$$f(\lambda) = (3 - \lambda)(1 - \lambda) + 2 = 0, \quad \lambda = 2 + \mathrm{j}, 2 - \mathrm{j}.$$

$$\boldsymbol{F} = \begin{bmatrix} 4 & 1 \\ 1 & 0 \end{bmatrix} - \lambda \begin{bmatrix} 3 & 2 \\ 2 & 1 \end{bmatrix},$$

$$f(\lambda) = -\lambda^2 - 1 = 0, \quad \lambda = \mathrm{j}, -\mathrm{j}.$$

$$\boldsymbol{F} = \begin{bmatrix} 1 & 1 \\ 0 & 2 \end{bmatrix} + \lambda \begin{bmatrix} 0 & 1 \\ 0 & -2 \end{bmatrix} + \lambda^2 \begin{bmatrix} 1 & 4 \\ 0 & 1 \end{bmatrix},$$

$$f(\lambda) = (-1 + \lambda^2)(2 - 2\lambda + \lambda^2) = 0,$$

$$\lambda = -1, 1, 1 + \mathrm{j}, 1 - \mathrm{j}.$$

$$\boldsymbol{F} = \begin{bmatrix} \sin\lambda & \sinh\lambda \\ \cos\lambda & \cosh\lambda \end{bmatrix},$$

$$f(\lambda) = \sin\lambda \cosh\lambda - \sinh\lambda \cos\lambda = 0,$$

$$\lambda = 0;\ 3{,}9266;\ 7{,}0686;\ 10{,}210;\ 13{,}352;\ \ldots;$$

$$\lambda_{k+1} \approx (k + 0{,}25)\pi.$$

Expansion. Ein nichtlineares EWP mit $\boldsymbol{F}$ als Matrizenpolynom kann stets zu einem äußerlich linearen *Hypersystem* expandiert werden; für $k = 2$ gilt:

$$\begin{aligned} &\text{Aus} \quad (\boldsymbol{A}_0 + \lambda \boldsymbol{A}_1 + \lambda^2 \boldsymbol{A}_2)\boldsymbol{x} = \boldsymbol{o} \\ &\text{wird} \quad (\boldsymbol{H}_0 + \lambda \boldsymbol{H}_1)\boldsymbol{y} = \boldsymbol{o} \quad \text{mit} \\ &\boldsymbol{H}_0 = \begin{bmatrix} \boldsymbol{O} & \boldsymbol{R} \\ \boldsymbol{A}_0 & \boldsymbol{A}_1 \end{bmatrix}, \\ &\boldsymbol{H}_1 = \begin{bmatrix} -\boldsymbol{R} & \boldsymbol{O} \\ \boldsymbol{O} & \boldsymbol{A}_2 \end{bmatrix}, \quad \boldsymbol{y} = \begin{bmatrix} \boldsymbol{x} \\ \lambda \boldsymbol{x} \end{bmatrix}. \end{aligned} \tag{2}$$

$\boldsymbol{R}$ reguläre Hilfsmatrix, zweckmäßig $\boldsymbol{R} = \boldsymbol{I}$.

Bei symmetrischen, zudem positiv definiten Matrizen $\boldsymbol{A}_k$ werden $\boldsymbol{H}_0$, $\boldsymbol{H}_1$ für $\boldsymbol{R} = \boldsymbol{A}_0$ ebenfalls symmetrisch. Dennoch sind die Eigenwerte λ komplex, da $\boldsymbol{H}_1$ indefinit ist. Die erste Blockzeile in (2) enthält keine problemrelevante Information; zudem überträgt sich eine gewisse Diagonalstruktur der $\boldsymbol{A}_k$ in keiner Weise auf die $\boldsymbol{H}_j$. Beide Nachteile vermeidet die Diagonalexpansion nach Falk.

Die innere Struktur einer Matrix $\boldsymbol{A}$ kann durch eine Links-rechts-Transformation aufgedeckt werden, wobei drei Typen unterschieden werden.

Gegeben
$(\boldsymbol{A} - \lambda \boldsymbol{I})\boldsymbol{x} = \boldsymbol{o}$ oder $(\boldsymbol{A} - \lambda \boldsymbol{B})\boldsymbol{x} = \boldsymbol{o}$.

Transformation
$(\hat{\boldsymbol{A}} - \lambda \boldsymbol{LIR})\boldsymbol{y} = \boldsymbol{o}$ oder $(\hat{\boldsymbol{A}} - \lambda \hat{\boldsymbol{B}})\boldsymbol{y} = \boldsymbol{o}$
$\boldsymbol{x} = \boldsymbol{R}\boldsymbol{y}, \quad \hat{\boldsymbol{A}} = \boldsymbol{LAR}, \quad \hat{\boldsymbol{B}} = \boldsymbol{LBR},$ (3)
$\boldsymbol{L}, \boldsymbol{R}$ regulär.

Äquivalenz
$\boldsymbol{LIR} \neq \boldsymbol{I}$,

Ähnlichkeit als spezielle Äquivalenz
$\boldsymbol{LIR} = \boldsymbol{RIL} = \boldsymbol{I}, \quad \boldsymbol{L} = \boldsymbol{R}^{-1}, \quad \boldsymbol{R} = \boldsymbol{L}^{-1}.$

Kongruenz als spezielle Ähnlichkeit
$\boldsymbol{L} = \boldsymbol{R}^{\mathrm{T}}$ mit $\boldsymbol{R}^{\mathrm{T}}\boldsymbol{IR} = \boldsymbol{I}$

Für ein Paar $\boldsymbol{A}$, $\boldsymbol{B}$ mit den Eigenschaften

$$\begin{aligned} &\boldsymbol{B} = \boldsymbol{B}^{\mathrm{T}} \text{ und definit,} \\ &\boldsymbol{A}^{\mathrm{T}}\boldsymbol{B}^{-1}\boldsymbol{A} = \boldsymbol{A}\boldsymbol{B}^{-1}\boldsymbol{A}^{\mathrm{T}}, \\ &\boldsymbol{B} = \boldsymbol{I}: \boldsymbol{A} \text{ heißt normal,} \\ &\boldsymbol{B} \neq \boldsymbol{I}: \boldsymbol{A} \text{ heißt } \boldsymbol{B}\text{-normal,} \end{aligned} \tag{4}$$

gibt es stets eine Kongruenztransformation auf Diagonalformen $\boldsymbol{D}_k$:

$$\left.\begin{array}{l} X^{\mathrm{T}} A X = D_1, \quad X^{\mathrm{T}} B X = D_2 . \\ X = [x_1 \dots x_n] \quad \text{Modalmatrix} \\ \text{mit Eigenvektoren } x \text{ aus} \quad Ax = \lambda Bx . \\ \text{Falls} \\ X^{\mathrm{T}} B X = I, \quad \text{gilt} \quad X^{\mathrm{T}} A X = \Lambda, \\ \Lambda = \operatorname{diag}(\lambda_k), \quad k = 1 \text{ bis } n . \end{array}\right\} \quad (5)$$

Ferner gilt die *dyadische Spektralzerlegung*

$$F(\lambda) = \sum_{k=1}^{n} (\lambda_k - \lambda)\, S_k = A - \lambda B, \qquad S_k = \frac{(Bx_k)\,(Bx_k)^{\mathrm{T}}}{x_k^{\mathrm{T}} B x_k} . \qquad (6)$$

Bei komplexen Eigenwerten und Eigenvektoren ist x^{T} durch $\bar{x}^{\mathrm{T}}$ (konjugiert transponiert) zu ersetzen.

Beispiel: Für das Matrizenpaar

$$A = \begin{bmatrix} -1 & -3 & 8 \\ 3 & 15 & 12 \\ 8 & -12 & 26 \end{bmatrix}, \quad B = \operatorname{diag}(1 \;\; 1 \;\; 2)$$

gilt die Normalitätsbedingung (4). Mit den Eigenwerten

$$\Lambda = \operatorname{diag}(15 + 9\mathrm{j} \quad 15 - 9\mathrm{j} \quad -3)$$

und der Modalmatrix

$$X = \frac{1}{18} \begin{bmatrix} \mathrm{j} & -\mathrm{j} & 4 \\ 3 & 3 & 0 \\ 2\mathrm{j} & -2\mathrm{j} & -1 \end{bmatrix}$$

verifiziert man

die Diagonaltransformation $\bar{X}^{\mathrm{T}} B X = I$,

$\bar{X}^{\mathrm{T}} A X = \Lambda$ und die Zerlegung (6).

Die simultane Diagonaltransformation eines Tripels (A_0, A_1, A_2) mit $A_0 = A_0^{\mathrm{T}}$, und definitem $A_2 = A_2^{\mathrm{T}}$ gelingt nur im Fall der *Vertauschbarkeitsbedingung*

$$A_1 A_2^{-1} A_0 = A_0 A_2^{-1} A_1 . \qquad (7)$$

Typischer Sonderfall (*modale Dämpfung* in der Strukturdynamik):

$$\left.\begin{array}{l} A_1 = a_0 A_0 + a_2 A_2 . \\ \text{Statt} \quad (\lambda^2 A_2 + \lambda A_1 + A_0)\, x = o \\ \text{berechnet man } (\sigma A_2 + A_0)\, x = o, \\ \lambda_{k1}, \lambda_{k2} \quad \text{aus} \quad \lambda^2 + \lambda(a_2 - \sigma_k a_0) - \sigma_k = 0 . \end{array}\right\} \quad (8)$$

Nichtnormale Matrizen sind bestenfalls durch Ähnlichkeitstransformation zu reduzieren auf die sogenannte Jordansche Normalform

$$\left.\begin{array}{l} J = T^{-1} A T, \quad j_{kl} = 0 \quad \text{bis auf} \\ j_{kk}\ (k = 1 \text{ bis } n) \neq 0 \text{ und} \\ j_{k,k+1}\ (k = 1 \text{ bis } n-1) \neq 0 \\ \text{für wenigstens einen Index } k. \end{array}\right\} \quad (9)$$

Tabelle 35-2. Nützliche Beziehungen zwischen Eigenwerten und Eigenvektoren algebraisch verwandter Eigenwertproblem-Paare

Verwandte Paare	Eigenvektoren	Eigenwerte
$\begin{cases} Ax = \lambda x \\ A^k y = \sigma y \end{cases}$	$x = y$	$\sigma = \lambda^k$
$\begin{cases} Ax = \lambda Bx \\ (AB^{-1})^k A y = \sigma B y \end{cases}$	$x = y$	$\sigma = \lambda^{k+1}$
$\begin{cases} Ax = \lambda Bx \\ By = \sigma A y \end{cases}$	$x = y$	$\sigma\lambda = 1$
$\begin{cases} Ax = \lambda Bx \\ (A - \Lambda B)\, y = \sigma B y \end{cases}$	$x = y$	$\lambda = \Lambda + \sigma$, Λ Konstante
$\begin{cases} Ax = \lambda Bx \\ By = \sigma (A - \Lambda B)\, y \end{cases}$	$x = y$	$\lambda = \Lambda + \frac{1}{\sigma}$ $\sigma \to \infty$: $\lambda \to \Lambda$
$\begin{cases} Ax = \lambda Bx \\ A^{\mathrm{T}} y = \sigma B^{\mathrm{T}} y \end{cases}$	$x \neq y$	$\lambda = \sigma$
$\begin{cases} Ax = \lambda Bx \\ LARy = \sigma LBRy \end{cases}$	L, R regulär $x = Ry$	$\lambda = \sigma$
$\begin{cases} Ax = \lambda Bx \\ (AB^{-1}A - sA + pB)\, y = \sigma B y \end{cases}$	$x = y$	$\sigma = (\lambda - \Lambda_0)(\lambda - \Lambda_1)$, $s = \Lambda_0 + \Lambda_1$, $p = \Lambda_0 \Lambda_1$

35.2 Symmetrische Matrizenpaare

Ein Paar $(\boldsymbol{A}, \boldsymbol{B})$ reellsymmetrischer Matrizen mit zumindest einem definiten Partner hat nur reelle Eigenwerte.

$$\boldsymbol{Ax} = \lambda \boldsymbol{Bx}, \quad \boldsymbol{A} = \boldsymbol{A}^{\mathrm{T}}, \quad \boldsymbol{B} = \boldsymbol{B}^{\mathrm{T}}, \quad \boldsymbol{B} \text{ definit}$$

Faktorisierung 33.2, Gl. (8) entscheidet über Definitheit:

$$\boldsymbol{B} = \boldsymbol{LDL}^{\mathrm{T}}, \quad \boldsymbol{D} = \operatorname{diag}(d_{kk}), \quad l_{kk} = 1 .$$

$$\text{alle} \quad d_{kk} \begin{cases} > 0 & \boldsymbol{B} \text{ positiv definit} \\ < 0 & \boldsymbol{B} \text{ negativ definit} \end{cases} \tag{10}$$

Der dem EWP (10) zugeordnete *Rayleigh-Quotient*

$$R = \frac{\boldsymbol{v}^{\mathrm{T}}\boldsymbol{Av}}{\boldsymbol{v}^{\mathrm{T}}\boldsymbol{Bv}}, \quad R_{\mathrm{extr}} = R(\boldsymbol{x}_k) = \lambda_k,$$

mit dem reellen Wertebereich

$$\lambda_1 \leqq R \leqq \lambda_n, \quad \lambda_1 \leqq \lambda_2 \leqq \ldots \leqq \lambda_n, \tag{11}$$

nimmt seine lokalen Extrema $R = \lambda_2$ bis λ_{n-1} und globalen Extrema $R = \lambda_1, \lambda_n$, an, wenn man für die an sich beliebigen Vektoren $\boldsymbol{v}$ speziell die Eigenvektoren $\boldsymbol{x}_k$ von (10) einsetzt. Die Vielfalt von „Eigenwertlösern" läßt sich in 2 Gruppen einteilen:

Selektionsalgorithmen.
Separate oder gruppenweise Bereicherung einiger Eigenwerte unabhängig von den anderen.
Typische Vertreter: 1. *Vektoriteration* nach v. Mises – auch Potenzmethode genannt – mit *Spektralverschiebung* nach Wielandt.
2. *Ritz-Iteration* für den Rayleigh-Quotienten mittels sukzessiver Unterraumprojektion.

Globalalgorithmen.
Gleichzeitige Ansteuerung aller Eigenwerte durch sukzessive Transformation des Eigenwertproblems auf Diagonalform. Sinnvolle Vorarbeit hierzu ist eine Transformation des Paares $(\boldsymbol{A}, \boldsymbol{B})$ auf eine Tridiagonalmatrix $\boldsymbol{T}$ zum Partner $\boldsymbol{I}$ mit Hilfe zum Beispiel des *Lanczos-Verfahrens*, das gleichzeitig als Projektionsverfahren in einen Unterraum gedeutet werden kann und somit eine Ordnungserniedrigung ermöglicht.
Das *Jacobi-Rotationsverfahren* ist ein klassischer Globalalgorithmus, allerdings mit dem Nachteil der Profil- oder Bandbreitenzerstörung.

Bei der Eigenwertanalyse technischer Systeme sind in aller Regel nur einige Eigenwerte λ von Interesse, wofür Selektionsalgorithmen besonders geeignet sind; sie arbeiten grundsätzlich iterativ. Die wesentliche Frage nach dem Index k des Eigenwertes λ_k, den ein aktueller Näherungswert Λ ansteuert, beantwortet der
Sylvester-Test.

Gegeben: $\boldsymbol{Ax} = \lambda \boldsymbol{Bx}$, Λ, Ordnung n.
$\boldsymbol{A} = \boldsymbol{A}^{\mathrm{T}}$, $\boldsymbol{B} = \boldsymbol{B}^{\mathrm{T}}$ positiv definit.

Gesucht: Anzahl der Eigenwerte mit $\lambda < \Lambda$.

Verfahren: Zerlegung (12)

$$(\boldsymbol{A} - \Lambda \boldsymbol{B}) = \boldsymbol{LDL}^{\mathrm{T}}, \quad l_{ii} = 1, \quad \boldsymbol{D} = \operatorname{diag}(d_{ii}),$$

$$\text{liefert} \begin{cases} k & \text{Werte } d_{ii} < 0, \\ n-k & \text{Werte } d_{ii} > 0. \end{cases}$$

Demnach gibt es k Eigenwerte λ kleiner als Λ.

Vektoriteration. Beginnend mit einem beliebigen Startvektor $\boldsymbol{v}_0$ oder $\boldsymbol{u}_0$ konvergieren die Vektorfolgen

$$\boldsymbol{Av}_{k+1} = \boldsymbol{Bv}_k, \quad R_{k+1} = R(\boldsymbol{v}_{k+1}) \to \lambda_{\min}$$

$$\boldsymbol{Bu}_{k+1} = \boldsymbol{Au}_k, \quad R_{k+1} = R(\boldsymbol{u}_{k+1}) \to \lambda_{\max}$$

zum Eigenwertproblem

$$\boldsymbol{Ax} = \lambda \boldsymbol{Bx}, \quad R = (\boldsymbol{v}^{\mathrm{T}}\boldsymbol{Av})/(\boldsymbol{v}^{\mathrm{T}}\boldsymbol{Bv}) \tag{13}$$

gegen die äußeren Eigenwerte und die dazugehörigen Vektoren des Paares $(\boldsymbol{A}, \boldsymbol{B})$. Die Konvergenzgeschwindigkeit ist proportional der Inversen der Konditionszahl $\varkappa$:

$$\text{Konvergenzgeschwindigkeit} \sim \varkappa^{-1} = |\lambda_{\min}|/|\lambda_{\max}| . \tag{14}$$

Die Nichtkonvergenz signalisiert die Ansteuerung eines Unterraumes mit mehrfachem Eigenwert oder eines Nestes. In diesem Fall hilft eine *Simultaniteration der Ordnung s:*

$$\boldsymbol{x} = \boldsymbol{V}_k \boldsymbol{n}, \quad \boldsymbol{V} = [\overset{1}{\boldsymbol{v}} \; \overset{2}{\boldsymbol{v}} \ldots \overset{s}{\boldsymbol{v}}],$$

$$\boldsymbol{n}^{\mathrm{T}} = [n_1 \; n_2 \ldots n_s], \quad \boldsymbol{AV}_{k+1} = \boldsymbol{BV}_k,$$

wobei den Rayleigh-Quotienten ein Unterraum-Eigenwertproblem der Ordnung s zugeordnet ist.

$$\hat{\boldsymbol{A}} = \boldsymbol{V}_{k+1}^{\mathrm{T}} \boldsymbol{AV}_{k+1}, \quad \hat{\boldsymbol{B}} = \boldsymbol{V}_{k+1}^{\mathrm{T}} \boldsymbol{BV}_{k+1} .$$

$$\hat{\boldsymbol{A}}\boldsymbol{n} = R\hat{\boldsymbol{B}}\boldsymbol{n} \to R_1 \ldots R_s, \tag{15}$$

$$\boldsymbol{N} = [\boldsymbol{n}_1 \; \boldsymbol{n}_2 \ldots \boldsymbol{n}_s], \quad \boldsymbol{V}_{k+1} := \boldsymbol{V}_{k+1}\boldsymbol{N}.$$

Das unerwünschte wiederholte Anlaufen bereits berechneter Eigenwerte λ_1 bis λ_r auf den dazugehörigen Eigenvektorpfaden wird durch die Abspaltung der Projektionen des aktuellen Iterationsvektors $\boldsymbol{v}$ in die Richtungen $\boldsymbol{x}_1$ bis $\boldsymbol{x}_r$ verhindert.

Bereinigung, auch *Deflation:*

$$\boldsymbol{v} := \boldsymbol{v} - \sum_{k=1}^{r} \frac{\boldsymbol{v}^{\mathrm{T}}\boldsymbol{Bx}_k}{\boldsymbol{x}_k^{\mathrm{T}}\boldsymbol{Bx}_k} \boldsymbol{x}_k . \tag{16}$$

Spektralverschiebung. Die nach Abspalten der Anteile $\boldsymbol{x}_1$ bis $\boldsymbol{x}_{r-1}$ zum nächsten Eigenpaar $\boldsymbol{x}_r$, λ_r tendierende Iteration kann bei Kenntnis einer Näherung Λ_r für λ_r wesentlich beschleunigt werden durch eine

Spektralverschiebung:

$$\lambda = \Lambda_r + \sigma \quad \text{führt auf}$$

$$(\boldsymbol{A} - \Lambda \boldsymbol{B})\, \boldsymbol{v}_{k+1} = \boldsymbol{Bv}_k . \tag{17}$$

Beispiel: Die Eigenwerte $\lambda = 2, 4, 6, 8$ eines speziellen EWP $\boldsymbol{Ax} = \lambda \boldsymbol{x}$ mit

$$\boldsymbol{A} = \begin{bmatrix} 5 & -1 & -2 & 0 \\ -1 & 5 & 0 & 2 \\ -2 & 0 & 5 & 1 \\ 0 & 2 & 1 & 5 \end{bmatrix} \quad \text{seien bekannt.}$$

Beginnend mit $\boldsymbol{v}_0^{\mathrm{T}} = [1 \ -1 \ -1 \ 1]$ zeigt folgende Tabelle die Iteration einmal für $\Lambda = 0$ mit $|\lambda_{\min}/\lambda_{\max}| = 0{,}25$ und dann für $\Lambda = 2{,}1$ mit $|\sigma_{\min}/\sigma_{\max}| = 0{,}1/5{,}9 = 0{,}017$. Die Unterschiede in der Konvergenzgeschwindigkeit sind offensichtlich.

Transzendente Transformation.

$$\boldsymbol{R} := \boldsymbol{S}, \quad s_{ij} = \sqrt{\frac{2}{n+1}} \sin \frac{ij}{n+1}. \tag{20}$$

$$\boldsymbol{S}^2 = \boldsymbol{I}.$$

Beispiel: Für $n = 4$ erzeuge man eine $\boldsymbol{P}$-Version mit $c = -1$ und die $\boldsymbol{S}$-Transformation. $i, j: 1$ bis $n = 4$. Für

$$p_{ij} = \left(\frac{2i-1}{2n}\right)^{j-1} \quad \text{gilt} \quad \boldsymbol{p}_j = \begin{bmatrix} 1/8 \\ 3/8 \\ 5/8 \\ 7/8 \end{bmatrix}^{j-1},$$

$$\boldsymbol{P} = \begin{bmatrix} 1 & 1/8 & 1^2/8^2 & 1^3/8^3 \\ 1 & 3/8 & 3^2/8^2 & 3^3/8^3 \\ 1 & 5/8 & 5^2/8^2 & 5^3/8^3 \\ 1 & 7/8 & 7^2/8^2 & 7^3/8^3 \end{bmatrix}.$$

$$\boldsymbol{S} = \sqrt{\frac{2}{5}} \begin{bmatrix} \sin\beta & \sin 2\beta & \sin 3\beta & \sin 4\beta \\ \sin 2\beta & \sin 4\beta & \sin 6\beta & \sin 8\beta \\ \sin 3\beta & \sin 6\beta & \sin 9\beta & \sin 12\beta \\ \sin 4\beta & \sin 8\beta & \sin 12\beta & \sin 16\beta \end{bmatrix},$$

$$\beta = \frac{\pi}{5}.$$

k	1	2	3	4	5	6
R_k für $\Lambda = 0$	3,84	2,2417	2,0818	2,0177	2,0041	2,0010
R_k für $\Lambda = 2{,}1$	1,66	1,9996	2,0000	2,000	2,000	2,000

35.3 Testmatrizen

Zum Test vorhandener Rechenprogramme eignen sich Matrizen mit einfach angebbaren Elementen a_{ij}, b_{ij} und ebensolchen Eigenwerten und Eigenvektoren. Ganzzahlige Eigenwerte mit weitgehender Vielfachheit liefert die Links-rechts-Multiplikation eines Paares $\boldsymbol{D} = \operatorname{diag}(d_{ii})$, $\boldsymbol{I}$ mit regulären Matrizen $\boldsymbol{L}$, $\boldsymbol{R}$.

Vorgabe: Paar $\operatorname{diag}(d_{ii})\,\boldsymbol{x} = \lambda \boldsymbol{x}$ mit vorgegebenen Eigenwerten $\lambda_i = d_{ii}$ und Einheitsvektoren $\boldsymbol{e}_i$ als Eigenvektoren $\boldsymbol{x}_i$.
Konstruktion eines vollbesetzten Paares:

$$\boldsymbol{Ay} = \sigma \boldsymbol{By} \quad \text{mit} \quad \sigma_i = \lambda_i, \quad \boldsymbol{Ry}_i = \boldsymbol{e}_i:$$

$$\boldsymbol{A} = \boldsymbol{LDR}, \quad \boldsymbol{B} = \boldsymbol{LR}, \quad \boldsymbol{L}, \boldsymbol{R} \text{ regulär.} \tag{18}$$

$$\boldsymbol{A} = \boldsymbol{A}^{\mathrm{T}} \quad \text{für} \quad \boldsymbol{L} = \boldsymbol{R}^{\mathrm{T}}.$$

Reguläre Matrizen $\boldsymbol{L}$, $\boldsymbol{R}$ mit linear unabhängigen Spalten und Zeilen liefern diskrete Abtastwerte kontinuierlicher Funktionen. Analog zu einer Folge x^j von Polynomen mit kontinuierlicher Argumentmenge x konstruiert man Spalten i^j mit diskreten Argumenten i. Durch Nutzung von Orthogonalsystemen lassen sich mühelos Kongruenztransformationen (3) erzeugen.

Polynomtransformation

$$\boldsymbol{R} := \boldsymbol{P}, \quad p_{ij} = \begin{cases} i^{j+c}, & \left(\dfrac{2i-1}{2}\right)^{j+c} \\ \left(\dfrac{i}{n}\right)^{j+c}, & \left(\dfrac{2i-1}{2n}\right)^{j+c} \end{cases} \tag{19}$$

n: Zeilen- und Spaltenzahl von $\boldsymbol{P}$.
$i, j = 1$ bis n, c: beliebige Konstante.

Ein Eigenwertspektrum $-2 < \varkappa < +2$ mit Verdichtung an den Rändern erzeugt ein spezielles Paar $\boldsymbol{Ks} = \varkappa \boldsymbol{s}$ aus der Theorie der Differenzengleichungen.

Für $\boldsymbol{Ks} = \varkappa \boldsymbol{s}$ mit

$$k_{ij} = \begin{cases} 1 & \text{für} \quad (i-j)^2 = 1 \\ 0 & \text{sonst} \end{cases},$$

$$\boldsymbol{K} = \begin{bmatrix} 0 & 1 & & & \boldsymbol{O} \\ 1 & \cdot & \cdot & & \\ & \cdot & \cdot & \cdot & \\ & & \cdot & \cdot & 1 \\ \boldsymbol{O} & & & 1 & 0 \end{bmatrix}, \tag{21}$$

gilt $\varkappa_j = 2\cos j\beta, \quad \beta = \dfrac{\pi}{n+1}, \quad j = 1, \ldots, n.$

$$\boldsymbol{s}_j^{\mathrm{T}} = \sqrt{\frac{2}{n+1}}\,[\sin j\beta \quad \sin 2j\beta \ldots \sin nj\beta].$$

Durch Potenzierung, Spektralverschiebung und weitere Operationen gemäß Tabelle 35-2 erhält man aus (21) einen ganzen Vorrat an Testpaaren; siehe auch [1], S. 24-28.

$$\begin{aligned}&(\boldsymbol{K}+c\boldsymbol{I})\,\boldsymbol{x}=\lambda\boldsymbol{x}, \quad x_j=s_j, \quad \lambda_j=\varkappa_j+c.\\ &\boldsymbol{K}^k\boldsymbol{y}=\sigma\boldsymbol{y}, \quad y_j=s_j \quad \sigma_j=\varkappa_j^k. \qquad (22)\\ &\boldsymbol{K}^k\text{: symmetrisch, mit Bandstruktur.}\end{aligned}$$

Bei einem Test auf komplexe Eigenwerte zum Beispiel eines Tripels $(\lambda^2\boldsymbol{A}_2+\lambda\boldsymbol{A}_1+\lambda\boldsymbol{A}_0)\,\boldsymbol{x}=\boldsymbol{o}$ übergibt man einem Programm das Problem in der Hyperform (2), wobei man die Matrizen $\boldsymbol{A}_k$ durch Aufblähung einer Diagonalform erzeugt oder die Vertauschbarkeitsbedingung in der einfachen Form (8) in Verbindung mit der Differenzenmatrix $\boldsymbol{K}$ aus (21) nutzt.

Vorgabe:

$$\begin{aligned}&\text{Tripel} \quad (\lambda^2\boldsymbol{I}+\lambda\boldsymbol{F}+\boldsymbol{G})\,\boldsymbol{x}=\boldsymbol{o}.\\ &\boldsymbol{F}=\operatorname{diag}(f_{ii}), \quad \boldsymbol{G}=\operatorname{diag}(g_{ii}).\end{aligned}$$

Eigenwerte paarweise als $\Lambda_{j1}, \Lambda_{j2}$ vorgebbar.

$$\begin{aligned}&(\lambda-\Lambda_{j1})(\lambda-\Lambda_{j2})=0\rightarrow f_{jj}=-(\Lambda_{j1}+\Lambda_{j2}),\\ &g_{jj}=\Lambda_{j1}\Lambda_{j2}. \quad \Lambda_{j1}=\bar{\Lambda}_{j2}\rightarrow f_{jj}, \quad g_{jj} \quad \text{reell.}\end{aligned}$$

Konstruktion eines vollbesetzten Tripels.

$$\begin{aligned}&(\sigma^2\boldsymbol{A}_2+\sigma\boldsymbol{A}_1+\boldsymbol{A}_0)\,\boldsymbol{y}=\boldsymbol{o}, \quad \boldsymbol{x}=\boldsymbol{R}\boldsymbol{y}, \quad \sigma=\lambda,\\ &\boldsymbol{A}_2=\boldsymbol{L}\boldsymbol{R}, \quad \boldsymbol{A}_1=\boldsymbol{L}\boldsymbol{F}\boldsymbol{R}, \quad \boldsymbol{A}_0=\boldsymbol{L}\boldsymbol{G}\boldsymbol{R}.\end{aligned} \qquad (23)$$

Beispiel 1: Das Eigenwertproblem $\boldsymbol{A}\boldsymbol{x}=\lambda\boldsymbol{x}$, $n=4$, mit $\boldsymbol{A}=(\boldsymbol{K}+3\boldsymbol{I})^2$ hat Eigenwerte nach (22).

$$n=4, \; c=3: \; \boldsymbol{K}+3\boldsymbol{I}=\begin{bmatrix}3&1&0&0\\1&3&1&0\\0&1&3&1\\0&0&1&3\end{bmatrix},$$

$$(\boldsymbol{K}+3\boldsymbol{I})^2=\begin{bmatrix}10&6&1&0\\6&11&6&1\\1&6&11&6\\0&1&6&10\end{bmatrix}.$$

$$\left.\begin{aligned}&\lambda=\left(3+2\cos\frac{\pi}{5}\right)^2; \quad \left(3+2\cos\frac{2\pi}{5}\right)^2;\\ &\lambda=\quad 21{,}326; \qquad\qquad 13{,}090;\end{aligned}\right\}$$

$$\left.\begin{aligned}&\lambda=\left(3+2\cos\frac{3\pi}{5}\right)^2; \quad \left(3+2\cos\frac{4\pi}{5}\right)^2.\\ &\lambda=\quad 5{,}673\,8; \qquad\qquad 1{,}909\,8.\end{aligned}\right\}$$

Beispiel 2: Mit $\boldsymbol{L}=\boldsymbol{R}^{\mathrm{T}}$ ist nach (23) ein Tripel mit $n=3$ und 3 vorgegebenen Eigenwertpaaren zu konstruieren.

$$\begin{aligned}&\text{Vorgabe:} \quad \Lambda=1,1,\mathrm{j},-\mathrm{j}, \quad -1+\mathrm{j}, \quad -1-\mathrm{j}.\\ &f_{jj}=-2,0,2. \quad g_{jj}=1,1,2.\end{aligned}$$

$$\text{Mit} \quad \boldsymbol{R}=\begin{bmatrix}1&1&1\\1&2&-1\\1&3&1\end{bmatrix}$$

erhält man ein Tripel

$$\boldsymbol{A}_2=\boldsymbol{R}^{\mathrm{T}}\boldsymbol{I}\boldsymbol{R}=\begin{bmatrix}3&6&1\\6&14&2\\1&2&3\end{bmatrix},$$

$$\boldsymbol{A}_1=\boldsymbol{R}^{\mathrm{T}}\boldsymbol{F}\boldsymbol{R}=\begin{bmatrix}0&4&0\\4&16&4\\0&4&0\end{bmatrix},$$

$$\boldsymbol{A}_0=\boldsymbol{R}^{\mathrm{T}}\boldsymbol{G}\boldsymbol{R}=\begin{bmatrix}4&9&2\\9&23&5\\2&5&4\end{bmatrix}.$$

Es gilt: $\sigma=\Lambda$ mit $(\sigma^2\boldsymbol{A}_2+\sigma\boldsymbol{A}_1+\boldsymbol{A}_0)\,\boldsymbol{x}=\boldsymbol{o}$.

35.4 Singulärwertzerlegung

Eine symmetrische Matrix $\boldsymbol{A}=\boldsymbol{A}^{\mathrm{T}}$ der Ordnung n läßt sich nach (5) auf Diagonalform transformieren.

$$\begin{aligned}&\boldsymbol{X}^{\mathrm{T}}\boldsymbol{A}\boldsymbol{X}=\boldsymbol{\Lambda} \quad \text{mit} \quad \boldsymbol{X}^{\mathrm{T}}\boldsymbol{X}=\boldsymbol{I}.\\ &\boldsymbol{\Lambda}=\operatorname{diag}(\lambda_1\dots\lambda_n), \quad \boldsymbol{X}=[\boldsymbol{x}_1\dots\boldsymbol{x}_n],\\ &\boldsymbol{x}_i,\lambda_i \quad \text{Eigenvektoren und Eigenwerte}\\ &\text{des speziellen EWP } \boldsymbol{A}\boldsymbol{x}=\lambda\boldsymbol{x}.\end{aligned} \qquad (24)$$

Durch Multiplikation der Gl. (24) von rechts mit $\boldsymbol{X}^{\mathrm{T}}$ und von links mit $\boldsymbol{X}$ erhält man die Spektralzerlegung (6) für $\boldsymbol{A}$.

$$\boldsymbol{A}=\boldsymbol{X}\boldsymbol{\Lambda}\boldsymbol{X}^{\mathrm{T}}=\sum_{i=1}^{n}\lambda_i\boldsymbol{x}_i\boldsymbol{x}_i^{\mathrm{T}}, \quad \boldsymbol{x}_i^{\mathrm{T}}\boldsymbol{x}_i=1. \qquad (25)$$

Die Inverse von $\boldsymbol{A}$ folgt aus der Inversion von (24).

$$\begin{aligned}&(\boldsymbol{X}^{\mathrm{T}}\boldsymbol{A}\boldsymbol{X})^{-1}=\boldsymbol{X}^{-1}\boldsymbol{A}^{-1}\boldsymbol{X}^{-\mathrm{T}}=\boldsymbol{\Lambda}^{-1},\\ &\boldsymbol{A}^{-1}=\boldsymbol{X}\boldsymbol{\Lambda}^{-1}\boldsymbol{X}^{\mathrm{T}}=\sum_{i=1}^{n}\frac{1}{\lambda_i}\boldsymbol{x}_i\boldsymbol{x}_i^{\mathrm{T}}.\end{aligned} \qquad (26)$$

Wenn $\lambda=0$ s-facher Eigenwert ist, definiert man mit $r=n-s$ die Pseudoinverse

$$\boldsymbol{A}^{+}=\sum_{i=1}^{r}\frac{1}{\lambda_i}\boldsymbol{x}_i\boldsymbol{x}_i^{\mathrm{T}}, \quad \lambda_i\neq 0. \qquad (27)$$

Entsprechend definiert man die Singulärwertzerlegung

$$\boldsymbol{A}=\sum_{i=1}^{r}\lambda_i\boldsymbol{x}_i\boldsymbol{x}_i^{\mathrm{T}}, \quad \lambda_1 \text{ bis } \lambda_r\neq 0, \qquad (28)$$

Die eigentliche Motivation zur Einführung von (27) und (28) liefern Rechteckmatrizen.

$$\boldsymbol{R}=\begin{bmatrix}r_{11}&\dots&r_{1n}\\ \vdots&&\vdots\\ r_{m1}&\dots&r_{mn}\end{bmatrix}, \quad m>n.$$

Die Eigenwerte $\sigma_i^2 \neq 0$ und die dazugehörigen Eigenvektoren $\boldsymbol{h}_i$ des speziellen EWP

$$\boldsymbol{R}^{\mathrm{T}}\boldsymbol{R}\boldsymbol{h} = \sigma^2\boldsymbol{h}, \quad \sigma_1^2 \text{ bis } \sigma_r^2 > 0, \tag{29}$$

bestimmen die spektrale Zerlegung.

Singulärwertzerlegung

$$\boldsymbol{R} = \sum_{i=1}^{r} \sigma_i \boldsymbol{g}_i \boldsymbol{h}_i^{\mathrm{T}} = \sum_{i=1}^{r} \boldsymbol{R}\boldsymbol{h}_i\boldsymbol{h}_i^{\mathrm{T}}$$
$$\text{mit} \quad \boldsymbol{g}_i = \frac{1}{\sigma_i}\boldsymbol{R}\boldsymbol{h}_i, \quad \sigma_i \neq 0. \tag{30}$$

Pseudoinverse

$$\boldsymbol{R}^+ = \sum_{i=1}^{r} \frac{1}{\sigma_i}\boldsymbol{h}_i\boldsymbol{g}_i^{\mathrm{T}} = \sum_{i=1}^{r} \frac{1}{\sigma_i^2}\boldsymbol{h}(\boldsymbol{R}\boldsymbol{h})^{\mathrm{T}}. \tag{31}$$

Eigenschaften der Pseudoinversen:

$$\boldsymbol{R}\boldsymbol{R}^+\boldsymbol{R} = \boldsymbol{R}, \quad \boldsymbol{R}^+\boldsymbol{R}\boldsymbol{R}^+ = \boldsymbol{R}^+,$$
$$(\boldsymbol{R}\boldsymbol{R}^+)^{\mathrm{T}} = \boldsymbol{R}\boldsymbol{R}^+, \quad (\boldsymbol{R}^+\boldsymbol{R})^{\mathrm{T}} = \boldsymbol{R}^+\boldsymbol{R}. \tag{32}$$

Beispiel. Die singulären Werte $\sigma_i^2 \neq 0$ der Matrix

$$\boldsymbol{R}^{\mathrm{T}} = \begin{bmatrix} 1 & 2 & 0 & 3 \\ 2 & 1 & 3 & 0 \\ 1 & 1 & 1 & 1 \end{bmatrix}$$

aus $\boldsymbol{R}^{\mathrm{T}}\boldsymbol{R}\boldsymbol{h} = \sigma^2\boldsymbol{h}$ sind $\sigma_1^2 = 10$, $\sigma_2^2 = 22$,

$$\boldsymbol{h}_1^{\mathrm{T}} = [-1 \;\; 1 \;\; 0]/\sqrt{2}, \quad \boldsymbol{h}_2^{\mathrm{T}} = [3 \;\; 3 \;\; 2]/\sqrt{22},$$
$$(\boldsymbol{R}\boldsymbol{h}_1)^{\mathrm{T}} = [1 \;\; -1 \;\; 3 \;\; -3]/\sqrt{2},$$
$$(\boldsymbol{R}\boldsymbol{h}_2)^{\mathrm{T}} = [1 \;\; 1 \;\; 1 \;\; 1]\,11/\sqrt{22}.$$

Pseudoinverse:

$$\boldsymbol{R}^+ = \frac{1}{110}\begin{bmatrix} 2 & 13 & -9 & 24 \\ 13 & 2 & 24 & -9 \\ 5 & 5 & 5 & 5 \end{bmatrix},$$
$$\boldsymbol{R}^+\boldsymbol{R} = \frac{1}{11}\begin{bmatrix} 10 & -1 & 3 \\ -1 & 10 & 3 \\ 3 & 3 & 2 \end{bmatrix}.$$

Mit $\boldsymbol{R}^+\boldsymbol{R}$ verifiziert man in der Tat $\boldsymbol{R}(\boldsymbol{R}^+\boldsymbol{R}) = \boldsymbol{R}$ nach (32).

36 Interpolation

Bei der Interpolation bildet man eine Menge von $k = 0$ bis n diskreten Stützpunkten $P_k(x_k, y_k)$ in der Ebene oder $P_k(x_k, y_k, z_k)$ im Raum auf einen kontinuierlichen Bereich ab; dadurch ist man in der Lage, zu differenzieren, zu integrieren und beliebige Zwischenwerte $y(x)$ in der Ebene und $z(x, y)$ im Raum zu berechnen. Hier wird im wesentlichen die ebene Interpolation behandelt.

36.1 Nichtperiodische Interpolation

Besonders geeignet sind Polynome und gebrochen rationale Funktionen.

Gegeben: $n + 1$ Punkte $P_k(x_k, y_k, z_k)$.

Gesucht: Polynome.

$$\begin{aligned} &y = P_n(x) = c_i x^i, \quad i = 0 \text{ bis } n \quad \text{(Ebene)}. \\ &z = P_{n_x n_y}(x, y) = c_{ij} x^i y^j, \\ &i = 0 \text{ bis } n_x, \quad j = 0 \text{ bis } n_y, \\ &(n_x + 1)(n_y + 1) = n + 1 \quad \text{(Raum)}. \end{aligned} \tag{1}$$

Gesucht: Gebrochen rationale Funktionen.

$$y = P_{km} = \frac{a_0 + a_1 x + \ldots + a_k x^k}{1 + b_1 x + \ldots + b_m x^m}, \quad k + 1 + m = n + 1. \tag{2}$$

Tabelle 36-1. Typische Interpolationen in der Ebene. Insgesamt $n + 1$ Paare (x_k, y_k), (x_k, y'_k), (x_k, y''_k) usw. sind gegeben

Name/Typ	Berechnung der Koeffizienten
Lagrange	Explizite Darstellung $P_n(x) = \sum_{k=0}^{n} y_k l_k(x)$, $l_k = \prod_{i=0, i \neq k}^{n} \frac{(x - x_i)}{(x_k - x_i)}$, siehe Kap. 22, Gl. (4).
Newton	$P_n = c_0 + (x - x_0)c_1 + (x - x_0)(x - x_1)c_2 + \ldots + \left[\prod_{i=0}^{n-1}(x - x_i)\right]c_n$. Die letzte Stützstelle x_n erscheint nicht explizit in $P_n(x)$. Rekursive Berechnung nach (3) aus den Paaren (x_0, y_0) bis (x_n, y_n).
Hermite	Rekursive Berechnung aus den Werten y_k, y'_k, y''_k usw. an verschiedenen Stützstellen x_k.
Splines	Implizite Berechnung aus Paaren (x_k, y_k) mit intern erzwungener Stetigkeit in Neigung y' und „Krümmung" y''.
Padé	Implizite Berechnung in der Regel aus Paaren (x_k, y_k) mittels einer gebrochen rationalen Darstellung (2).
Bézier	Interpolation der Ortsvektoren $\boldsymbol{r}_k$ in parametrischer Form.

Newton-Interpolation. Mit dem Ansatz in Tabelle 36-1 ergeben sich die Koeffizienten c_k als Lösungen eines gestaffelten Gleichungssystems. Bei Hinzunahme eines $(n + 2)$-ten Stützpunktes kann die vorhergegangene Rechnung vollständig eingebracht werden.

$$
\begin{aligned}
P_n(x_0) &= y_0: \\
P_n(x_1) &= y_1: \\
P_n(x_2) &= y_2: \\
&\vdots \\
P_n(x_j) &= y_j: \\
&\vdots \\
P_n(x_n) &= y_n:
\end{aligned}
\begin{bmatrix}
1 & & & & & \\
1 & a_{11} & & & \mathbf{o} & \\
1 & a_{21} & a_{22} & & & \\
\vdots & \vdots & \vdots & \ddots & & \\
1 & a_{j1} & a_{j2} & \dots & a_{jj} & \\
\vdots & & & & & \ddots \\
1 & a_{n1} & a_{n2} & \dots & \dots & a_{nn}
\end{bmatrix} \boldsymbol{c} = \boldsymbol{y}. \tag{3}
$$

$$\boldsymbol{c}^{\mathrm{T}} = [c_0 \dots c_n], \quad \boldsymbol{y}^{\mathrm{T}} = [y_0 \dots y_n],$$

$$a_{jk} = (x_j - x_0)(x_j - x_1) \dots (x_j - x_{k-1}) = \prod_{i=0}^{k-1} (x_j - x_i)$$

$$j = 1 \text{ bis } n, \quad k \leqq j,$$

z. B. $a_{22} = (x_2 - x_0)(x_2 - x_1)$.

Die Berechnung der Funktion $y(x)$ an einer Zwischenstelle $x \neq x_k$ beginnt mit der inneren Klammer in (4) und dringt nach außen vor, ein Verfahren, das dem von Horner (34.2, Gl. (13)) entspricht.

Horner-ähnliche Berechnung eines Zwischenwertes

$$P_n(x), \quad x \neq x_k, \quad \text{für} \quad n = 4.$$

$$P_4(x) = c_0 + (x - x_0)$$

$$\times \underset{1}{\big[} c_1 + (x - x_1) \underset{2}{\big[} c_2 + (x - x_2) \underset{3}{[} c_3 + (x - x_3) c_4 \underset{3}{]} \underset{2}{\big]} \underset{1}{\big]}.$$

Start mit Hilfsgröße $b_4 = c_4$: (4)

$$b_3 = c_3 + (x - x_3)\, b_4, \quad b_2 = c_2 + (x - x_2)\, b_3,$$

$$b_1 = c_1 + (x - x_1)\, b_2, \quad b_0 = c_0 + (x - x_0)\, b_1.$$

$$P_4(x) = b_0.$$

Hermite-Interpolation. Stehen an einer Stützstelle x_k Funktionswert y_k und Ableitungen y'_k, y''_k bis $y_k^{(\nu)}$ zur Verfügung, ist die Differenz $x - x_k$ im Newton-Ansatz bis zur $(\nu + 1)$-ten Potenz einzubringen. Das letzte Paar $(x_r, y_r^{(\alpha)})$ geht nicht explizit in den Ansatz ein; also ist $(x - x_r)^\alpha$ die höchste Potenz mit x_r.

Beispiel:
Hermite-Interpolation der 4 Paare (x_k, y'_k), (x_k, y_k), $k = 0,1$.

$$P_3(x) = c_0 + (x - x_0) \underset{1}{\big[} c_1 + (x - x_0) \underset{2}{[} c_2 + (x - x_1) c_3 \underset{2}{]} \underset{1}{\big]}.$$

$$
\begin{aligned}
P_3(x) &= c_0 + (x - x_0)\, c_1 \\
&\quad + (x - x_0)^2 c_2 + (x - x_0)^2 (x - x_1)\, c_3,
\end{aligned}
$$

$$
\begin{aligned}
P'_3(x) &= c_1 + 2(x - x_0)\, c_2 \\
&\quad + (x - x_0)[2(x - x_1) + (x - x_0)]\, c_3.
\end{aligned}
$$

Berechnung der c_k-Werte aus $P_k(x_k) = y_k$, $P'_k(x_k) = y'_k$.

$$
\begin{bmatrix}
1 & 0 & 0 & 0 \\
0 & 1 & 0 & 0 \\
1 & (x_1 - x_0) & (x_1 - x_0)^2 & 0 \\
0 & 1 & 2(x_1 - x_0) & (x_1 - x_0)^2
\end{bmatrix}
\begin{bmatrix} c_0 \\ c_1 \\ c_2 \\ c_3 \end{bmatrix}
= \begin{bmatrix} y_0 \\ y'_0 \\ y_1 \\ y'_1 \end{bmatrix}.
$$

Splines. Eine Menge von $n + 1$ Stützpunkten $P_k(x_k, y_k)$ in der Ebene wird in jedem Teilintervall $[x_i, x_j]$, $j = i + 1$, durch ein Polynom $s_{ij}(x)$ ungerader Ordnung $p = 3,5, \dots$ approximiert.
Durch Stetigkeitsforderungen

$$
\left.
\begin{aligned}
s'_{ij}(x_j) &= s'_{jk}(x_j) \\
&\vdots \\
s_{ij}^{(p-1)}(x_j) &= s_{jk}^{(p-1)}(x_j)
\end{aligned}
\right\}
\begin{aligned}
&\text{stetig für } x = x_j, \\
&j = 1 \text{ bis } n - 1,
\end{aligned} \tag{5}
$$

in den Intervallübergängen wird die Interpolation insgesamt nur durch die y_k-Werte bestimmt. Besonders bewährt haben sich

kubische Polynome $s(x)$ in jedem Intervall $[x_i, x_j]$, $j = i + 1$. Stetigkeit in s' und s''. (6)

$$
\begin{aligned}
s_{ij}(x) &= a_{ij}(x - x_i)^3 + b_{ij}(x - x_i)^2 \\
&\quad + c_{ij}(x - x_i) + d_{ij}.
\end{aligned}
$$

Bilanz der Bestimmungsgleichungen:
Unbekannt sind n Quadrupel $(a_{ij}, b_{ij}, c_{ij}, d_{ij})$, also $4n$ Parameter.
Gleichungen folgen

— aus der Interpolation in jedem Intervall:

$$s_{ij}(x_i) = y(x_i) = y_i$$

$$s_{ij}(x_j) = y(x_j) = y_j$$

(Insgesamt $2n$ Gleichungen.)

— aus Stetigkeiten in jedem Innenpunkt:

$$s'_{ij}(x_j) = s'_{jk}(x_j)$$

$$s''_{ij}(x_j) = s''_{jk}(x_j).$$

(Insgesamt $2(n - 1)$ Gleichungen.)

Insgesamt $4n - 2$ Gleichungen für $4n$ Unbekannte.

Abhilfe: y''_0, y''_n vorgeben
oder y'_0, y'_n vorgeben (7)

In der konkreten Rechnung formuliert man pro Intervall die Randgrößen

$$
\begin{aligned}
s_{ij}(x_i) &= y_i: \\
s_{ij}(x_j) &= y_j: \\
s''_{ij}(x_i) &= y''_i: \\
s''_{ij}(x_j) &= y''_j: \\
s'_{ij}(x_i) &= y'_i: \\
s'_{ij}(x_j) &= y'_j:
\end{aligned}
\begin{bmatrix}
0 & 0 & 0 & 1 \\
h_{ij}^3 & h_{ij}^2 & h_{ij} & 1 \\
0 & 2 & 0 & 0 \\
6h_{ij} & 2 & 0 & 0 \\
0 & 0 & 1 & 0 \\
3h_{ij}^2 & 2h_{ij} & 1 & 0
\end{bmatrix}
\begin{bmatrix} a_{ij} \\ b_{ij} \\ c_{ij} \\ d_{ij} \end{bmatrix}
= \begin{bmatrix} y_i \\ y_j \\ y''_i \\ y''_j \\ y'_i \\ y'_j \end{bmatrix}.
$$

$$h_{ij} = x_j - x_i. \tag{8}$$

Elimination der a_{ij} bis d_{ij} durch y_i, y_j, y_i'', y_j'' mittels der ersten 4 Gleichungen aus (8).

$$\begin{bmatrix} 6h_{ij}a_{ij} \\ 2b_{ij} \\ 6h_{ij}c_{ij} \\ d_{ij} \end{bmatrix} = \begin{bmatrix} 0 & 0 & -1 & 1 \\ 0 & 0 & 1 & 0 \\ -6 & 6 & -2h_{ij}^2 & -h_{ij}^2 \\ 1 & 0 & 0 & 0 \end{bmatrix} \begin{bmatrix} y_i \\ y_j \\ y_i'' \\ y_j'' \end{bmatrix}. \tag{9}$$

Die Stetigkeitsforderungen in den Stützpunkten bestimmen schließlich ein Gleichungssystem mit tridiagonaler symmetrischer und diagonal dominanter Koeffizientenmatrix. Die allgemeine Struktur ergibt sich offensichtlich aus dem Sonderfall $n = 5$, also bei 4 inneren Stützpunkten.

$n = 5$. $y_0'', y_n'' = y_5''$ vorgegeben.

$$\begin{bmatrix} 2(h_{01}+h_{12}) & h_{12} & & \\ h_{12} & 2(h_{12}+h_{23}) & h_{23} & \\ & h_{23} & 2(h_{23}+h_{34}) & h_{34} \\ & & h_{34} & 2(h_{34}+h_{45}) \end{bmatrix} \begin{bmatrix} y_1'' \\ y_2'' \\ y_3'' \\ y_4'' \end{bmatrix} = \boldsymbol{r},$$

$$\boldsymbol{r} = 6 \begin{bmatrix} -(y_1-y_0)/h_{01} + (y_2-y_1)/h_{12} - h_{01}y_0''/6 \\ -(y_2-y_1)/h_{12} + (y_3-y_2)/h_{23} \\ -(y_3-y_2)/h_{23} + (y_4-y_3)/h_{34} \\ -(y_4-y_3)/h_{34} + (y_5-y_4)/h_{45} - h_{45}y_5''/6 \end{bmatrix}. \tag{10}$$

$n = 4$. $y_0', y_n' = y_4'$ vorgegeben.

$$\begin{bmatrix} 2h_{01} & h_{01} & & & \\ h_{01} & 2(h_{01}+h_{12}) & h_{12} & & \\ & h_{12} & 2(h_{12}+h_{23}) & h_{23} & \\ & & h_{23} & 2(h_{23}+h_{34}) & h_{34} \\ & & & h_{34} & 2h_{34} \end{bmatrix} \begin{bmatrix} y_0'' \\ y_1'' \\ y_2'' \\ y_3'' \\ y_4'' \end{bmatrix} = \boldsymbol{r},$$

$$\boldsymbol{r} = 6 \begin{bmatrix} (y_1-y_0)/h_{01} - y_0' \\ (y_2-y_1)/h_{12} - (y_1-y_0)/h_{01} \\ (y_3-y_2)/h_{23} - (y_2-y_1)/h_{12} \\ (y_4-y_3)/h_{34} - (y_3-y_2)/h_{23} \\ y_4' - (y_4-y_3)/h_{34} \end{bmatrix}. \tag{11}$$

Padé-Interpolation. Eine gebrochen rationale Interpolation ist besonders dann empfehlenswert, wenn die zu interpolierenden Stützpunkte einen Pol anstreben oder eine Asymptote aufweisen.

Beispiel. 3 Punkte (0, 10), (2, 1) und (10, −4) sind durch eine Funktion

$$P = \frac{a_0 + a_1 x}{1 + b_1 x} \quad \text{zu interpolieren.}$$

Aus $(1 + b_1 x_k) y_k = a_0 + a_1 x_k$ oder $a_0 + a_1 x_k - b_1 x_k y_k = y_k$ für $k = 1, 2, 3$ folgt:

$$\begin{bmatrix} 1 & 0 & 0 \\ 1 & 2 & -2 \\ 1 & 10 & 40 \end{bmatrix} \begin{bmatrix} a_0 \\ a_1 \\ b_1 \end{bmatrix} = \begin{bmatrix} 10 \\ 1 \\ -4 \end{bmatrix}, \quad \boldsymbol{a} = \begin{bmatrix} 10 \\ -3{,}88 \\ 0{,}62 \end{bmatrix}.$$

$$\text{Grenzwert} \lim_{x\to\infty} P = \frac{a_1}{b_1} = -6{,}258.$$

Bézier-Interpolation. Eine Menge von Stützpunkten $P_k(x_k, y_k)$ in der Ebene mit Ortsvektoren $\boldsymbol{r}_k$ wird in jedem Teilintervall $[\boldsymbol{r}_i, \boldsymbol{r}_j]$, $j = i + 1$, in Parameterform (Parameter t) interpoliert.

Kubische Bézier-Splines in jedem Intervall $[\boldsymbol{r}_i, \boldsymbol{r}_j]$.

$$\boldsymbol{r}_{ij} = f_0(t)\,{}^0\boldsymbol{a}_{ij} + f_1(t)\,{}^1\boldsymbol{a}_{ij} + f_2(t)\,{}^2\boldsymbol{a}_{ij} + f_3(t)\,{}^3\boldsymbol{a}_{ij}.$$

$$f_k(t) = \sum_{l=k}^{3} (-1)^{l+k} \binom{3}{l} \binom{l-1}{l-k} t^l.$$

$$\boldsymbol{r}_{ij} = {}^0\boldsymbol{a}_{ij} + (3t - 3t^2 + t^3)\,{}^1\boldsymbol{a}_{ij} + (3t^2 - 2t^3)\,{}^2\boldsymbol{a}_{ij} + t^3\,{}^3\boldsymbol{a}_{ij}. \tag{12}$$

$$\boldsymbol{r}_{ij}(t=0) = {}^0\boldsymbol{a}_{ij} \stackrel{!}{=} \boldsymbol{r}_i.$$

$$\boldsymbol{r}_{ij}(t=1) = {}^0\boldsymbol{a}_{ij} + {}^1\boldsymbol{a}_{ij} + {}^2\boldsymbol{a}_{ij} + {}^3\boldsymbol{a}_{ij} \stackrel{!}{=} \boldsymbol{r}_j. \tag{13}$$

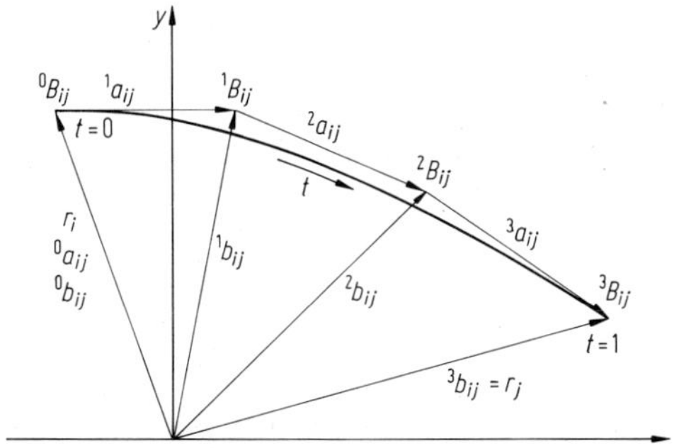

Bild 36-1. Vektoren ${}^k\boldsymbol{b}_{ij}$ zu den Bezier-Punkten ${}^k\boldsymbol{B}_{ij}$ des Intervalls $[\boldsymbol{r}_i, \boldsymbol{r}_j]$. ${}^1\boldsymbol{a}_{ij}$ Tangente in ${}^0\boldsymbol{B}_{ij}$, ${}^3\boldsymbol{a}_{ij}$ Tangente in ${}^3\boldsymbol{B}_{ij}$.

Mit Koeffizientenspalten ${}^k\boldsymbol{b}_{ij}$ anstelle von ${}^k\boldsymbol{a}_{ij}$ nach der Vorschrift

$$ {}^k\boldsymbol{b}_{ij} = \sum_{r=0}^{k} {}^r\boldsymbol{a}_{ij} \tag{14} $$

transformiert sich die Interpolation (12).

$$ \begin{aligned} \boldsymbol{r}_{ij} &= {}^0\boldsymbol{b}_{ij}(1-t)^3 + 3\,{}^1\boldsymbol{b}_{ij}(1-t)^2 t \\ &\quad + 3\,{}^2\boldsymbol{b}_{ij}(1-t)\,t^2 + {}^3\boldsymbol{b}_{ij}t^3 . \end{aligned} \tag{15} $$

Die geometrische Bedeutung der „Bézier-Punkte“ ${}^k\boldsymbol{b}_{ij}$ folgt aus der Ableitung $\mathrm{d}\boldsymbol{r}_{ij}/\mathrm{d}t = \boldsymbol{r}'_{ij}$.

$$ \begin{aligned} \boldsymbol{r}'_{ij}(t=0) &= -3\,{}^0\boldsymbol{b}_{ij} + 3\,{}^1\boldsymbol{b}_{ij} = 3\,{}^1\boldsymbol{a}_{ij}, \\ \boldsymbol{r}'_{ij}(t=1) &= -3\,{}^2\boldsymbol{b}_{ij} + 3\,{}^3\boldsymbol{b}_{ij} = 3\,{}^3\boldsymbol{a}_{ij}. \end{aligned} \tag{16} $$

Die Bézier-Interpolation mittels der Ortsvektoren $\boldsymbol{b}_{ij}$ gewährleistet demnach a priori Stetigkeit in $\boldsymbol{r}_{ij}(t=0)$, $\boldsymbol{r}'_{ij}(t=0)$, $\boldsymbol{r}_{ij}(t=1)$, $\boldsymbol{r}'_{ij}(t=1)$ in jedem Intervall $[\boldsymbol{r}_i, \boldsymbol{r}_j]$, siehe Bild 36-1.

36.2 Periodische Interpolation

Für eine Menge von $2N+1$ äquidistanten Stützpunkten $P_k(x_k, y_k)$, die sich entweder 2π-periodisch wiederholt oder die man sich 2π-periodisch fortgesetzt denkt, eignet sich eine Fourier-Interpolation $F(x)$ nach dem Leitgedanken, die Summe der Differenzen zwischen y_k und $F_k = F(x_k)$, jeweils an den Stützstellen genommen, zum Minimum zu machen:

Gegeben: $2N+1$ Stützpunkte (x_k, y_k),

$$ x_k = k\frac{2\pi}{2N}, \quad \text{äquidistant} \qquad k = 0, 1, 2, \ldots, 2N, \tag{17} $$

$$ 2\pi\text{-Periodizität: } y_0 = y_{2N}. \tag{18} $$

Gesucht: Koeffizienten a_i, b_i der Fourier-Interpolation

$$ F(x) = \frac{1}{2}a_0 + \sum_{j=1}^{N-1} (a_j \cos jx + b_j \sin jx) + \frac{1}{2}a_N \cos Nx \tag{19} $$

aus der Forderung

$$ d = \sum_{i=1}^{2N} (F_i - y_i)^2 \rightarrow \text{Minimum}, \quad F_i = F(x_i). \tag{20} $$

Durch $2N$ partielle Ableitungen $\partial d/\partial a_j$ ($j = 0$ bis $N-1$) und $\partial d/\partial b_j$ ($j = 1$ bis N) erhält man die Koeffizienten

$$ \begin{aligned} &Na_0 = \sum{}' y_j, \quad Na_n = \sum{}' (-1)^j y_j, \\ &Na_k = \sum y_j \cos kx_j, \quad Nb_k = \sum y_j \sin kx_j, \\ &\text{Summation jeweils von} \\ &j = 1 \text{ bis } N, \quad k = 1 \text{ bis } N-1. \end{aligned} \tag{21} $$

Sonderfälle:

Punktmenge (x_k, y_k) symmetrisch zur y-Achse $\rightarrow$ alle $b_k = 0$.
Punktmenge (x_k, y_k) punktsymmetrisch zum Nullpunkt $\rightarrow$ alle $a_k = 0$. (22)

Die Brauchbarkeit der Fourier-Interpolation steht und fällt mit der Ökonomie der numerischen Auswertung, was zur Konzeption der Schnellen Fourier-Transformation *(Fast Fourier Transform, FFT)* geführt hat.
Für $N = 6$ führt die *harmonische Analyse* nach *Runge* über eine Kette von Summen und Differenzen in Tabelle 36-2 zu den Koeffizienten in (23)

$$ \begin{bmatrix} a_0 & a_1 & a_2 & b_1 & b_2 \\ a_6 & a_5 & a_4 & b_5 & b_4 \end{bmatrix} = \boldsymbol{A} \begin{bmatrix} S_0 + S_2 & D_0 + D_2/2 & S_0 - S_2/2 & \bar{S}_1/2 + \bar{S}_3 & \sqrt{3}\,\bar{D}_2/2 \\ S_1 + S_3 & \sqrt{3}\,D_1/2 & S_1/2 - S_3 & \sqrt{3}\,\bar{S}_2/2 & \sqrt{3}\,\bar{D}_2/2 \end{bmatrix}, \quad \boldsymbol{A} = \frac{1}{6}\begin{bmatrix} 1 & 1 \\ 1 & -1 \end{bmatrix}. $$

$$ 6a_3 = D_0 - D_2, \quad 6b_3 = \bar{S}_1 - \bar{S}_3. \tag{23} $$

Das System (23) ist so zu verstehen, daß die 1. Spalte links gleich ist der 1. Spalte rechts linksmultipliziert mit der Matrix A.

Tabelle 36-2. Sukzessive Summen/Differenzbildung für $2N = 12$.
s_j, d_j: Summen, Differenzen der Ordinaten y_k.
S_j, D_j: Summen, Differenzen der Summen s_k.
$\bar{S}_j$, $\bar{D}_j$: Summen, Differenzen der Differenzen d_k

	—	y_1	y_2	y_3	y_4	y_5	y_6
	y_{12}	y_{11}	y_{10}	y_9	y_8	y_7	—
s_j	s_0	s_1	s_2	s_3	s_4	s_5	s_6
d_j	—	d_1	d_2	d_3	d_4	d_5	—

	s_0	s_1	s_2	s_3		d_1	d_2	d_3
	s_6	s_5	s_4	—		d_5	d_4	—
S_j	S_0	S_1	S_2	S_3	$\bar{S}_j$	$\bar{S}_1$	$\bar{S}_2$	$\bar{S}_3$
D_j	D_0	D_1	D_2	—	$\bar{D}_j$	$\bar{D}_1$	$\bar{D}_2$	—

36.3 Integration durch Interpolation

Die Interpolation dient nicht nur zur Verstetigung diskreter Punktmengen, sondern auch zur Abbildung komplizierter Intergranden $f(x)$ auf einfach zu integrierende Ersatzfunktionen, vorzugsweise Polynome, nach Tabelle 36-3. Man spricht auch von „interpolatorischer Quadratur." Alle numerischen Integrationsverfahren basieren auf einer linearen Entwicklung des Integranden in den Funktionswerten

$$f_k = f(\boldsymbol{x}_k), \quad f_{k,i} = f_{,i}(\boldsymbol{x}_k), \quad f_{,i} = \partial f / \partial x_i \text{ usw.} \tag{24}$$

an gewissen Stützstellen $\boldsymbol{x}_k$, die entweder vorgegeben werden oder aus gewissen Optimalitätsgesichtspunkten folgen.

Gesucht $I = \int\limits_G f(\boldsymbol{x})\,\mathrm{d}G$,

Annäherung durch

$$\begin{aligned} Q &= \int\limits_G \left\{\sum f_k\, p_k(\boldsymbol{x}) + \sum f_{k,i}\, p_{ki}(\boldsymbol{x})\right\} \mathrm{d}G \\ &= \sum f_k\, w_{k0} + \sum f_{k,i}\, w_{ki}. \end{aligned} \tag{25}$$

Die Gewichtsfaktoren w_{k0} der Ordinaten f_k und w_{ki} der partiellen Ableitungen ergeben sich aus der analytischen Integration der Interpolationspolynome $p_k(\boldsymbol{x})$ und $p_{ki}(\boldsymbol{x})$. Zunächst folgen einige Formeln für gewöhnliche Integrale mit einer Integrationsvariablen.
Durch Aufteilung des Integrationsgebietes in ganzzahlige Vielfache von n gelangt man zu den summierten *Newton-Cotes-Formeln*.

Tabelle 36-3. Integration durch Lagrangesche Interpolationspolynome mit $n+1$ Paaren (x_k, f_k), $k = 0$ bis n, an äquidistanten Stützstellen x_k, $h = x_{i+1} - x_i$, gibt die Newton-Cotes-Formeln.

Q Näherung für $I = \int\limits_a^b f(x)\,\mathrm{d}x, \quad hn = b - a$

Name	Q_n
Trapezregel	$Q_1 = \frac{h}{2}(f_0 + f_1)$
Simpson-Regel	$Q_2 = \frac{h}{3}(f_0 + 4f_1 + f_2)$
3/8-Regel von Newton	$Q_3 = \frac{3h}{8}(f_0 + 3f_1 + 3f_2 + f_3)$
4/90-Regel	$Q_4 = \frac{2h}{45}(7f_0 + 32f_1 + 12f_2 + 32f_3 + 7f_4)$
—	$Q_5 = \frac{5h}{288}(19f_0 + 75f_1 + 50f_2 + 50f_3 + 75f_4 + 19f_5)$

Tschebyscheffsche Quadraturformeln sind so konzipiert, daß die Gewichtsfaktoren w_k in (25) allesamt gleichgesetzt werden. Die dazu passenden Stützstellen x_k, $k = 0$ bis n folgen aus der Forderung, daß Polynome bis zum Grad $n+1$ exakt integriert werden. Weitere Werte in [1, Tabelle 25.5].

Gauß-Quadraturformeln basieren auf der Einbeziehung von $n+1$ Gewichtsfaktoren w_k und $n+1$ Stützstellen x_k, $k = 0$ bis n, in die numerische Integration derart, daß ein Polynom bis zum Grad $2n+1$ exakt integriert wird. Die Bestimmungsgleichungen sind linear in den w_k und nichtlinear in den x_k.

Tabelle 36-5. Tschebyscheff-Integration

$I = \int\limits_{-h}^{h} f(x)\,\mathrm{d}x, \quad Q_n = \frac{2h}{n+1} \sum\limits_{k=0}^{n} f_k, \quad f_k = f(x_k)$

n	x_k/h		
1	$\pm\sqrt{3}/3$		
2	$\pm\sqrt{2}/2$;	0	
3	±0,794 654;	±0,187 592	
4	±0,832 498;	±0,374 541;	0

Tabelle 36-4. Quadraturfehler $E_n = I - Q_n$ im Intervall $[a, b]$. ξ bezeichnet die Stelle x mit dem Extremum von $f^{(\nu)}$

n	1	2	3	4	5
$-E_n$	$\frac{h^3}{12} f''(\xi)$	$\frac{h^5}{90} f^{(4)}(\xi)$	$\frac{3}{80} h^5 f^{(4)}(\xi)$	$\frac{8}{945} h^7 f^{(6)}(\xi)$	$\frac{275}{12\,096} h^7 f^{(6)}(\xi)$

Tabelle 36-6. Gauß-Integration

$$I = \int_{-h}^{h} f(x)\,\mathrm{d}x, \quad Q_n = \sum_{k=0}^{n} w_k f(x_k)$$

n	x_k/h	w_k/h
0	0	2
1	$\pm\sqrt{3}/3$	1
2	$\pm\sqrt{0,6}$	5/9
	0	8/9
3	±0,861 136 31	0,347 854 85
	±0,339 981 04	0,652 145 15
4	±0,906 179 85	0,236 926 89
	±0,538 469 31	0,478 628 67
	0	128/225
5	±0,932 469 51	0,171 324 49
	±0,661 209 39	0,360 761 57
	±0,238 619 19	0,467 913 93

Der Quadraturfehler $E_{n+1} = I - Q_{n+1}$ bei $n+1$ Stützstellen ist explizit angebbar:

$$E_{n+1} = \frac{2^{2n+3}[(n+1)!]^4}{(2n+3)[(2n+2)!]^3} h^{2n+3} f^{(2n+2)}(\xi), \quad -h \leqq \xi \leqq h. \tag{26}$$

$$n=1:\ E_2 = \frac{h^5}{135} f^{(4)}(\xi),$$

$$n=2:\ E_3 = \frac{h^7}{15\,750} f^{(6)}(\xi). \tag{27}$$

Hermite-Quadraturformeln entstehen durch Einbeziehung der Ableitungen $f'_k = f'(x_k)$, f''_k usw. an den Stützstellen x_k, $k = 0$ bis n. Mehrdimensionale Integrationsgebiete in Quader- oder Rechteckform werden auf Einheitskantenlängen transformiert und durch mehrdimensionale Aufweitung der eindimensionalen Quadraturformeln behandelt, siehe auch [2, 3].

Tabelle 36-7. Hermite-Integration $Q \approx I = \int_0^h f(x)\,\mathrm{d}x$

n	x_k/h	Q	Fehler E
2	0, 1, 2	$\frac{h}{15}(7f_0 + 16f_1 + 7f_2) + \frac{h^2}{15}(f'_0 - f'_2)$	$\frac{16}{15}\cdot\frac{h^7}{7!} f^{(6)}(\xi)$
1	0, 1	$\frac{h}{2}(f_0 + f_1) + \frac{h^2}{12}(f'_0 - f'_1)$	$\frac{h^5}{750} f^{(4)}(\xi)$
1	0, 1	$\frac{h}{2}(f_0 + f_1) + \frac{h^2}{10}(f'_0 - f'_1) + \frac{h^2}{120}(f''_0 + f''_1)$	$-\frac{h^7}{100\,800} f^{(6)}(\xi)$

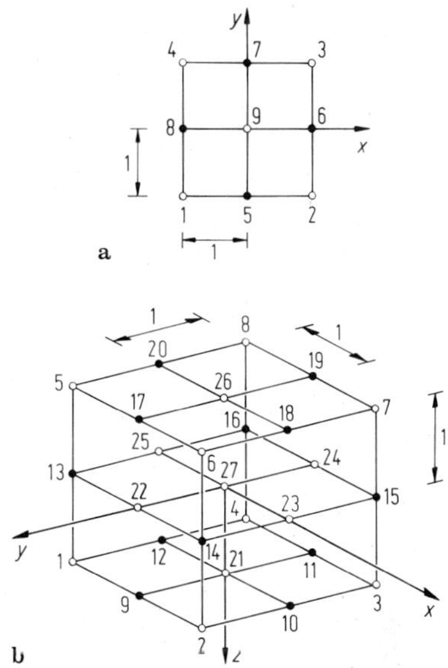

Bild 36-2. Simpson-Integration im Quadrat (*a*) und Würfel (*b*)

Beispiel: Simpson-Integration im Quadrat nach Bild 36-2a für

$$I = \int_{-1}^{1} \int_{-1}^{1} f(x,y)\,\mathrm{d}x\,\mathrm{d}y. \tag{28}$$

Näherung Q:

$$Q = \frac{1}{9}(f_1 + f_2 + f_3 + f_4) + \frac{4}{9}(f_5 + f_6 + f_7 + f_8) + \frac{16}{9} f_9.$$

Simpson-Integration im Würfel nach Bild 36-2b für

$$I = \int_{-1}^{1} \int_{-1}^{1} \int_{-1}^{1} f(x,y,z)\,\mathrm{d}x\,\mathrm{d}x\,\mathrm{d}z,$$

Näherung Q:

$$Q = \frac{1}{27}\sum_{i=1}^{8} f_i + \frac{4}{27}\sum_{j=9}^{20} f_j + \frac{16}{27}\sum_{k=21}^{26} f_k + \frac{64}{27} f_{27}. \tag{29}$$

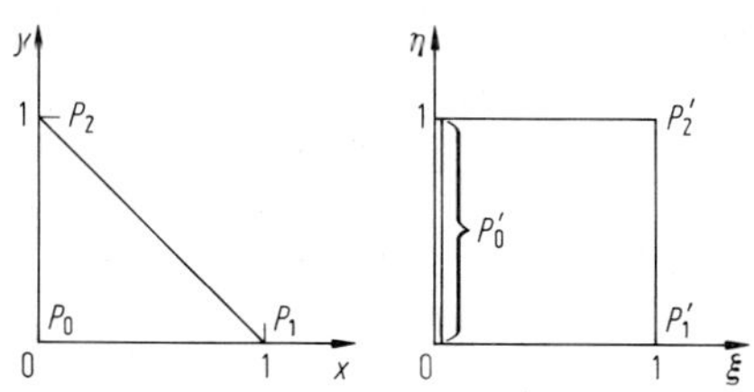

Bild 36-3. Aufweitungstransformation bei Singularität im Punkt P_0.

Tabelle 36-8. Gauß-Integration in Dreiecken.

$$I = \int_0^1 \int_0^{1-L_1} f(L_i)\,\mathrm{d}L_2\,\mathrm{d}L_3 .$$

Lage der Punkte	Integrationspunkte in Flächenkoordinaten	Gewichtsfaktoren
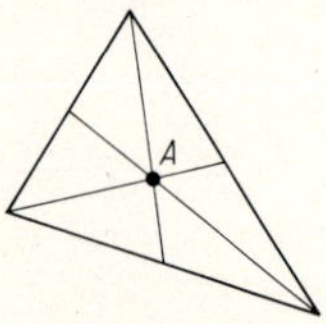	$A: \frac{1}{3}, \frac{1}{3}, \frac{1}{3}$	1
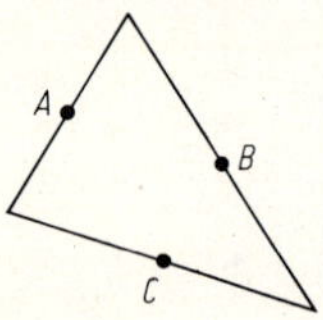	$A: \frac{1}{2}, \frac{1}{2}, 0$	$\frac{1}{3}$
	$B: 0, \frac{1}{2}, \frac{1}{2}$	
	$C: \frac{1}{2}, 0, \frac{1}{2}$	
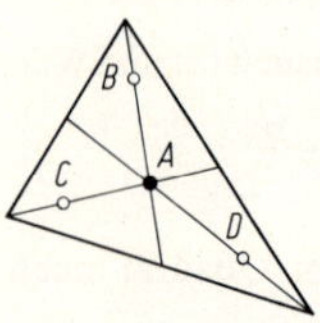	$A: \frac{1}{3}, \frac{1}{3}, \frac{1}{3}$	−27/48
	$B: \frac{3}{5}, \frac{1}{5}, \frac{1}{5}$	25/48
	$C: \frac{1}{5}, \frac{3}{5}, \frac{1}{5}$	
	$D: \frac{1}{5}, \frac{1}{5}, \frac{3}{5}$	
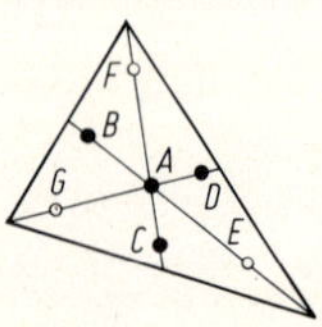	$A: \frac{1}{3}, \frac{1}{3}, \frac{1}{3}$	0,225
	$B: a, b, b$	0,132 394 153
	$C: b, a, b$	
	$D: b, b, a$	
	$E: c, d, d$	0,125 939 181
	$F: d, c, d$	
	$G: d, d, c$	
	$a = 0{,}059\,715\,871\,7$	
	$b = 0{,}470\,142\,064$	
	$c = 0{,}797\,426\,985$	
	$d = 0{,}101\,286\,507$	

Singuläre Integranden, wie sie typisch sind für die Randelementmethoden (REM oder BEM), können numerisch regularisiert werden durch eine Aufweitung der singulären Stelle, die zum Beispiel im Nullpunkt des Einheitsdreiecks im Bild 36-3 liegen möge. Durch die *Aufweitungstransformation*

$$x = (1-\xi)\,x_0 + \xi(1-\eta)\,x_1 + \xi\eta x_2 ,$$
$$y = (1-\xi)\,y_0 + \xi(1-\eta)\,y_1 + \xi\eta y_2 ,$$

mit der Jacobi-Determinante

$$J = \begin{vmatrix} x,_\xi & x,_\eta \\ y,_\xi & y,_\eta \end{vmatrix} = \xi$$

Tabelle 36-9. Gauß-Integration in Tetraedern

Lage der Punkte	Integrationspunkte in Volumenkoordinaten	Gewichtsfaktoren
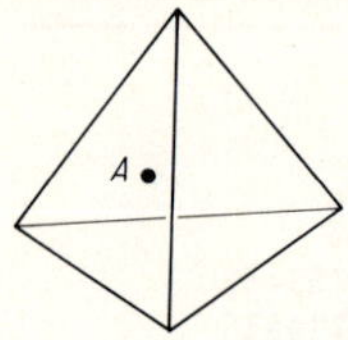	$A: \frac{1}{4}, \frac{1}{4}, \frac{1}{4}, \frac{1}{4}$	1
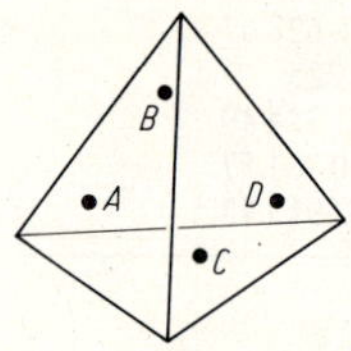	$A: a, b, b, b$	$\frac{1}{4}$
	$B: b, a, b, b$	
	$C: b, b, a, b$	
	$D: b, b, b, a$	
	$a = 0{,}585\,410\,20$	
	$b = 0{,}138\,196\,60$	
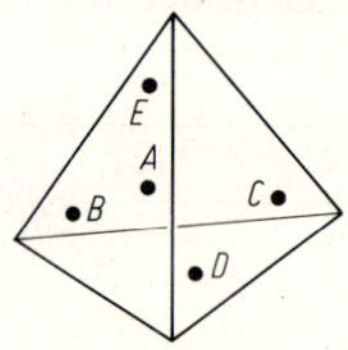	$A: \frac{1}{4}, \frac{1}{4}, \frac{1}{4}, \frac{1}{4}$	−16/20
	$B: \frac{1}{2}, \frac{1}{6}, \frac{1}{6}, \frac{1}{6}$	9/20
	$C: \frac{1}{6}, \frac{1}{2}, \frac{1}{6}, \frac{1}{6}$	
	$D: \frac{1}{6}, \frac{1}{6}, \frac{1}{2}, \frac{1}{6}$	
	$E: \frac{1}{6}, \frac{1}{6}, \frac{1}{6}, \frac{1}{2}$	

wird die Singularität im Punkt ($x = 0$, $y = 0$) um den Grad 1 vermindert.

$$I = \iint\limits_{\text{Dreieck}} f(x, y)\,\mathrm{d}x\,\mathrm{d}y = \iint\limits_{\text{Quadrat}} \boldsymbol{F}(\xi, \eta)\,\boldsymbol{J}\,\mathrm{d}\xi\,\mathrm{d}\eta . \qquad (30)$$

37 Numerische Integration von Differentialgleichungen

37.1 Anfangswertprobleme

Anfangswertprobleme, kurz AWP, werden beschrieben durch gewöhnliche Differentialgleichungen r-ter Ordnung mit r vorgegebenen Anfangswerten im Anfangspunkt x_0.

$$y^{(r)} = f(x, y, \ldots, y^{(r-1)}), \quad y^{(r)} = \mathrm{d}^r y/\mathrm{d}x^r ,$$

$$\left.\begin{array}{l} y^{(r-1)}(x_0) = y_0^{(r-1)} \\ \vdots \qquad\quad \vdots \\ y \qquad (x_0) = y_0 \end{array}\right\} r \text{ Anfangswerte.} \qquad (1)$$

Durch die Einführung von $r-1$ zusätzlichen Zustandsgrößen läßt sich (1) auch stets als System von r Dgln. jeweils 1. Ordnung formulieren, so daß dem Sonderfall $r = 1$,

$$y' = f(x, y), \quad y = y(x), \quad y' = \mathrm{d}y/\mathrm{d}x,$$
$$y(x_0) = y_0 \quad \text{vorgegeben,} \tag{2}$$

eine besondere Bedeutung zukommt. Von x_0 und $y(x_0) = y_0$ ausgehend, liefert z. B. eine abgebrochene Taylor-Entwicklung mit der Schrittweite h einen Näherungswert Y_1 für $y_1 = y(x_0 + h)$.

$$Y_1 = y_0 + \frac{h}{1!} y_0' + \frac{h^2}{2!} y_0'' + \ldots + \frac{h^p}{p!} y_0^{(p)},$$
$$y_0' = f(x_0, y_0), \quad y_0'' = y''(x_0) = f'(x_0, y_0), \ldots, \tag{3}$$
$$y'' = f_{,x} + f_{,y} y' = f_{,x} + f_{,y} f = : f_2, \quad f_{,x} = \partial f/\partial x,$$
$$y''' = f_{,xx} + 2 f f_{,xy} + f^2 f_{,yy} + f_2 f_{,y}, \quad \text{usw.}$$

Aus der Differenz d_1 zwischen dem berechneten Näherungswert Y_1 und dem in der Regel unbekannt bleibenden exakten Wert y_1 ergibt sich die *lokale Fehlerordnung p*

$$d_1 = y_1 - Y_1 = \frac{h^{p+1}}{(p+1)!} y^{p+1}(x_0 + \xi h), \quad 0 \leqq \xi \leqq 1.$$

Die Näherung (3) besitzt die lokale Fehlerordnung p für einen Fehler d der Größenordnung (O) von h^{p+1}, kurz

$$d_k = y_k - Y_k = O(h^{p+1}). \tag{4}$$

Runge-Kutta-Verfahren, kurz RKV, gehen in ihrer Fehlerabschätzung auf die Taylor-Entwicklung zurück, lassen sich jedoch kompakter herleiten über eine (2) zugeordnete Integraldarstellung im Intervall $[x_k, x_{k+1}]$ der Länge h.

$$y_{k+1} - y_k = \int_{x_k}^{x_k + h} f(x, y)\,\mathrm{d}x.$$

Näherung durch numerische Integration:

$$Y_{k+1} = Y_k + h(w_1 f_1 + \ldots + w_m f_m),$$
$$f_i = f(x_k + \xi_i h, Y_i), \quad Y_i = Y(x_k + \xi_i h),$$
$$0 \leq \xi_i \leq 1, \quad m \text{ Stufenzahl.} \tag{5}$$

Die Stützstelle ξ_i im Intervall [0, 1] und die Gewichtsfaktoren w_i werden für eine konkrete Stufenzahl m so berechnet, daß die lokale Fehlerordnung p möglichst hoch wird.

Explizite RKV.
Die Zwischenwerte $Y_i = Y(x_k + \xi_i h)$ werden sukzessive beim Fortschreiten von $\xi_1 = 0$ bis ξ_m eliminiert.

Implizite RKV.
Alle Werte Y_i eines Intervalls $[x_k, x_{k+1}]$ sind miteinander gekoppelt. Bei nichtlinearen Dgln. führt dies auf ein nichtlineares algebraisches Gleichungssystem.

Die klassischen RK-Formeln ersetzen die Zwischenwerte Y_i durch Steigungen k_i:

Explizite RK-Schemata, Stufenzahl m.
Gegeben: $y' = f(x, y)$, $y(x_0) = y_0$.
Gesucht: Extrapolation von einem Näherungswert Y_k für $y(x_k)$ auf einen Wert Y_{k+1} für $y(x_k + h)$, sog. *Einschrittverfahren:*

$$Y_{k+1} = Y_k + h \sum_{i=1}^{m} \gamma_i k_i. \tag{6}$$
$$k_1 = f(x_k + \xi_1 h, Y_k), \quad \xi_1 = 0,$$
$$k_2 = f(x_k + \xi_2 h, Y_2), \quad Y_2 = Y_k + h \beta_{21} k_1,$$
$$k_3 = f(x_k + \xi_3 h, Y_3), \quad Y_3 = y_k + h(\beta_{31} k_1 + \beta_{32} k_2),$$
$$\vdots$$
$$k_m = f(x_k + \xi_m h, Y_m), \quad Y_m = Y_k + h \sum_{i=1}^{m} \beta_{mi} k_i.$$

Die Koeffizienten ξ_i, β_{ij} und γ_i ordnet man platzsparend in einem Schema an.

$\xi_1 = 0$					
ξ_2	β_{21}				
ξ_3	β_{31}	β_{32}			
$\vdots$	$\vdots$		$\ddots$		
ξ_m	β_{m1}	β_{m2}	$\ldots$	$\beta_{m,m-1}$	
	γ_1	γ_2	$\ldots$	γ_{m-1}	γ_m

(7)

Konsistenzbedingungen:

$$\sum_{i=1}^{m} \gamma_i = 1, \quad \xi_j = \sum_{i=1}^{j-1} \beta_{j,i} \quad \text{für} \quad p \geqq 1. \tag{8}$$

Interessant für die Schrittweitensteuerung sind Algorithmen, die aus einem Vergleich von 2 Verfahren mit verschiedenen Stufenzahlen m_1 und m_2 auf den lokalen Fehler schließen lassen, wobei die Auswertungen für m_1 vollständig für die Stufe m_2 zu verwerten sind; siehe Tabellen 37-1, 37-2.
Bei impliziten RKV folgen die Werte k_i, $i = 1$ bis m, aus einem nichtlinearen algebraischen System, z. B. für $m = 2$:

$$k_1 = f(x_k + \xi_1 h, Y_1), \quad Y_1 = Y_k + h(\beta_{11} k_1 + \beta_{12} k_2),$$
$$k_2 = f(x_k + \xi_2 h, Y_2), \quad Y_2 = Y_k + h(\beta_{21} k_1 + \beta_{22} k_2).$$
$$Y_{k+1} = Y_k + h(\gamma_1 k_1 + \gamma_2 k_2). \tag{9}$$

Der große numerische Aufwand kommt einer hohen Fehlerordnung p zugute und ist in Anbetracht einer numerisch stabilen Integration sog. steifer Dgln. unumgänglich. Besonders günstige p-Werte relativ zu der Stufenzahl m erzeugen Gaußpunkte ξ_i; siehe Tabelle 37-3.

Steife Differentialgleichungen sind erklärt an linearen Systemen über die Realteile der charakteristischen Exponenten λ.

$$\boldsymbol{y}'(x) = \boldsymbol{A}\boldsymbol{y}(x), \quad \boldsymbol{A} = \text{const},$$
Lösungsansatz $\boldsymbol{y}(x) = \mathrm{e}^{\lambda x} \boldsymbol{y}_0$ führt auf
$$(\boldsymbol{A} - \lambda \boldsymbol{I})\boldsymbol{y}_0 = \boldsymbol{o} \rightarrow \lambda_1 \text{ bis } \lambda_n.$$
$$\text{Steifheit } S = |\operatorname{Re}(\lambda_j)|_{\max} / \operatorname{Re}(\lambda_j)|_{\min}. \tag{10}$$

Tabelle 37-1. Explizites Runge-Kutta-Verfahren mit $m_1 = 4$, $p_1 = 4$ und $m_2 = 6$, $p_2 = 5$. Lokaler Fehler

$$d = \frac{h}{336}(-42k_1 - 224k_3 - 21k_4 + 162k_5 + 125k_6) + O(h^6)$$

0							
$\frac{1}{2}$	$\frac{1}{2}$					$m_1 = 4$	
$\frac{1}{2}$	$\frac{1}{4}$	$\frac{1}{4}$					
1	0	-1	2				$m_2 = 6$
$\frac{2}{3}$	$\frac{7}{27}$	$\frac{10}{27}$	0	$\frac{1}{27}$			
$\frac{1}{5}$	$\frac{28}{625}$	$-\frac{1}{5}$	$\frac{546}{625}$	$\frac{54}{625}$	$-\frac{378}{625}$		
γ_i für $m_1 = 4$	$\frac{1}{6}$	0	$\frac{4}{6}$	$\frac{1}{6}$			
γ_i für $m_2 = 6$	$\frac{14}{336}$	0	0	$\frac{35}{336}$	$\frac{162}{336}$	$\frac{125}{336}$	

Tabelle 37-2. Explizites Runge-Kutta-Verfahren mit $m_1 = 6$, $p_1 = 5$ und $m_2 = 8$, $p_2 = 6$. Lokaler Fehler

$$d \approx \frac{5h}{66}(k_8 + k_7 - k_6 - k_1)$$

0									
$\frac{1}{6}$	$\frac{1}{6}$								
$\frac{4}{15}$	$\frac{4}{75}$	$\frac{16}{75}$							
$\frac{2}{3}$	$\frac{5}{6}$	$-\frac{8}{3}$	$\frac{5}{2}$					$m_1 = 6$	
$\frac{4}{5}$	$-\frac{8}{5}$	$\frac{144}{25}$	-4	$\frac{16}{25}$					$m_2 = 8$
1	$\frac{361}{320}$	$-\frac{18}{5}$	$\frac{407}{128}$	$-\frac{11}{80}$	$\frac{55}{128}$				
0	$-\frac{11}{640}$	0	$\frac{11}{256}$	$-\frac{11}{160}$	$\frac{11}{256}$	0			
1	$\frac{93}{640}$	$-\frac{18}{5}$	$\frac{803}{256}$	$-\frac{11}{160}$	$\frac{99}{256}$	0	1		
γ_i für $m_1 = 6$	$\frac{31}{384}$	0	$\frac{1125}{2816}$	$\frac{9}{32}$	$\frac{125}{768}$	$\frac{5}{66}$			
γ_i für $m_2 = 8$	$\frac{7}{1408}$	0	$\frac{1125}{2816}$	$\frac{9}{32}$	$\frac{125}{768}$	0	$\frac{5}{66}$	$\frac{5}{66}$	

Bei nichtlinearen Dgln. linearisiert man im aktuellen Punkt x_k.
Gegeben

$$\begin{bmatrix} y_1 \\ \vdots \\ y_n \end{bmatrix}' = \begin{bmatrix} f_1(x, \boldsymbol{y}) \\ \vdots \\ f_n(x, \boldsymbol{y}) \end{bmatrix} = \boldsymbol{f}.$$

Linearisierung im Punkt $(x_k, \boldsymbol{y}_k)$:

$$\boldsymbol{y} = \boldsymbol{y}_k + \boldsymbol{z},$$

$$\boldsymbol{z}' = \boldsymbol{J}(x_k, \boldsymbol{y}_k)\,\boldsymbol{z} + \boldsymbol{f}_k + (x - x_k)\boldsymbol{f}'_k, \quad (\,)' = \mathrm{d}(\,)/\mathrm{d}x,$$

$$\boldsymbol{J} = \begin{bmatrix} f_{1,1} \cdots f_{1,n} \\ \vdots \quad\quad \vdots \\ f_{n,1} \cdots f_{n,n} \end{bmatrix}, \quad f_{i,j} = \partial f_i / \partial y_j. \tag{11}$$

Bei großer Steifheit S sind in der Regel nur implizite Verfahren brauchbar, da ansonsten die Rech-

Tabelle 37-3. Implizite Runge-Kutta-Gauß-Verfahren.

$m = 2,\ p = 4$

$(3-\sqrt{3})/6$	$1/4$	$(3-2\sqrt{3})/12$
$(3+\sqrt{3})/6$	$(3+2\sqrt{3})/12$	$1/4$
	$1/2$	$1/2$

$m = 3,\ p = 6$

$(5-\sqrt{15})/10$	$5/36$	$(10-3\sqrt{15})/45$	$(25-6\sqrt{15})/180$
$1/2$	$(10+3\sqrt{15})/72$	$2/9$	$(10-3\sqrt{15})/72$
$(5+\sqrt{15})/10$	$(25+6\sqrt{15})/180$	$(10+3\sqrt{15})/45$	$5/36$
	$5/18$	$4/9$	$5/18$

nung zur Divergenz neigt, oder die Zeitschritte irrelevant klein werden. Das Phänomen der numerischen Stabilität dokumentiert sich in folgender

Testaufgabe für Stabilität.

Gegeben: $y' + y = 0$ mit $y(x=0) = y_0$.

Analytische Lösung: $y(x) = y_0\,\mathrm{e}^{-x}$. (12)

Numerische Lösung:

s-Schritt-Verfahren $a_s Y_{k+s} + \ldots + a_1 Y_{k+1} = a_0 Y_k$.

1-Schritt-Verfahren $a_1 Y_{k+1} = a_0 Y_k, \quad a_i = a_i(h)$. (13)

Die Differenzengleichungen (13) lassen sich wiederum analytisch lösen, wobei die Eigenwerte λ über die numerische Stabilität entscheiden.

Ansatz für (13): $Y_k = \lambda^k y_0$.

s beliebig: $a_s \lambda^s + \ldots + a_1 \lambda = a_0$, (14)

$s = 1$: $a_1 \lambda = a_0$.

Stabilitätscharakter.

Falls alle $|\lambda_j| < 1$ für beliebige Schrittweite h: Absolute Stabilität.

Falls alle $|\lambda_j| < 1$ für eine speziell maximal zulässige Schrittweite $h_{\max}$: Bedingte Stabilität. (15)

Für steife Dgln. eignen sich nur absolut stabile Verfahren.

Padé-Approximation. Gebrochen rationale Polynomapproximationen P_{mn} nach Padé in Tabelle 22-1 speziell für die e-Funktion sind offensichtlich besonders geeignete Stabilitätsgaranten, falls nur für den Fall der Dgl. (12) $n \leqq m$ gewählt wird.

Beispiel: Die harmonische Schwingung $y'' + y = 0$ mit $y_0 = y(x_0)$, $y_0' = y'(x_0)$ ist grenzstabil; das heißt, die quadratische Form $y^2 + y'^2 = Q$ bleibt zeitunveränderlich konstant. Die Rechnung geht aus von einem System $\boldsymbol{y}' = \boldsymbol{A}\boldsymbol{y}$ 1. Ordnung mit $y' = v$:

$$\boldsymbol{y} = \begin{bmatrix} y \\ v \end{bmatrix}, \quad \boldsymbol{A} = \begin{bmatrix} 0 & 1 \\ -1 & 0 \end{bmatrix}, \quad \boldsymbol{y}_1 = \exp(\boldsymbol{A}h)\,\boldsymbol{y}_0 .$$

Eine matrizielle P_{22}-Entwicklung nach Tabelle 22-1 mit

$$\boldsymbol{y}_1 = \boldsymbol{P}_{22}\boldsymbol{y}_0, \quad \boldsymbol{y}_2 = \boldsymbol{P}_{22}\boldsymbol{y}_1 \quad \text{usw.}$$

$$\text{und} \quad \boldsymbol{P}_{22} = \left(\boldsymbol{I} - \frac{h}{2}\boldsymbol{A}\right)^{-1}\left(\boldsymbol{I} + \frac{h}{2}\boldsymbol{A}\right)$$

$$= \left(1 + \frac{h^2}{4}\right)^{-1} \begin{bmatrix} 1 - \frac{h^2}{4} & h \\ -h & 1 - \frac{h^2}{4} \end{bmatrix}$$

garantiert in der Tat mit

$$Q_1 = \boldsymbol{y}_1^{\mathrm{T}}\boldsymbol{y}_1 = \boldsymbol{y}_0^{\mathrm{T}}\boldsymbol{P}_{22}^{\mathrm{T}}\boldsymbol{P}_{22}\boldsymbol{y}_0 = \boldsymbol{y}_0^{\mathrm{T}}\boldsymbol{I}\boldsymbol{y}_0$$

die Erhaltung des Anfangswertes Q_0 unabhängig vom Zeitschritt h.

Die P_{22}-Approximation des obigen Beispiels hat als stabile Variante des sog. *Newmark-Verfahrens* eine große Bedeutung in der Strukturdynamik.

37.2 Randwertprobleme

Randwertprobleme, kurz RWP, werden beschrieben durch gewöhnliche oder partielle Dgln. mit einem Differentialoperator D_G im abgeschlossenen Definitionsgebiet G und zusätzlichen Vorgaben $D_R[y] + r_R = 0$ in allen Randpunkten.

$$\left.\begin{aligned} &\text{Gebiet } G\text{:} \quad D_G[y(\boldsymbol{x})] + r_G = 0 \\ &\text{Rand } R\text{:} \quad D_R[y(\boldsymbol{x})] + r_R = 0 \end{aligned}\right\} \mathrm{RWP}[y, r] = 0. \qquad (16)$$

Gewöhnliches Dgl.-System:

Spalte $\boldsymbol{x}$ enthält nur eine unabhängige Veränderliche.

Tabelle 37-4. Gebräuchliche Defektfunktionen.
n Ansatzordnung, G Definitionsgebiet, D_G Differentialoperator des RWP in G, R Rand des RWP

Typ	Darstellung
Diskrete Defektquadrate	$\sum_{k=1}^{m} d^2(x_k) \to \text{Minimum}, \quad m > n.$
Integrales Defektquadrat	$\int_{G+R} d^2(x)(\mathrm{d}G + \mathrm{d}R) \to \text{Minimum}.$
Gewichtete Residuen	$\int_{G+R} g_k\, d(x)(\mathrm{d}G + \mathrm{d}R) = 0,$ $k = 1$ bis n.
(Galerkin-Verfahren)	g_k Linear unabhängige Gewichts- oder Projektionsfunktionen $g_k \equiv f_k$ Klassisches Ritz-Verfahren (FEM) $D_G[g_k] = 0$ Trefftz-Ansatz $D_G[g_k] = \delta_k$ Randelementmethode (REM)
Kollokation	$d_k = d(x_k) = 0, \quad k = 1$ bis n.

Alle Verfahren zur Approximation der in aller Regel unbekannt bleibenden exakten Lösung $y(\boldsymbol{x})$ basieren auf einer Interpolation mit gegebenen linear unabhängigen Ansatzfunktionen $f_1(\boldsymbol{x})$ bis $f_n(\boldsymbol{x})$, deren Linearkombination $Y(\boldsymbol{x}) = \sum c_i f_i(\boldsymbol{x})$ mit vorerst unbestimmten Koeffizienten c_i so einzurichten ist, daß der Defekt

$$d(\boldsymbol{x}) = \mathrm{RWP}[Y, r] \tag{17}$$

minimal wird.
In der numerischen Praxis bevorzugt man Lagrangesche Interpolationspolynome sowohl für die Approximation der Zustandsgrößen $y(\boldsymbol{x})$ als auch für die Transformation eines krummlinig berandeten auf ein geradlinig begrenztes Gebiet. Bei gleicher Ordnung der Transformation und der Approximation spricht man vom *isoparametrischen Konzept*. Für eindimensionale Aufgaben sind auch Hermite-Interpolationen mit Randwerten $y_0 = y(\xi = 0)$, y_0', y_0'', sowie $y_1 = y(\xi = 1)$, y_1', y_1'' verbreitet. Für Schreibtischtests sehr nützlich sind

Integralmatrizen der Hermite-Polynome.
Ansatzpolynome Y_k, k = Polynomgrad + 1.
$\boldsymbol{n}_k$ Spalte der Hermite-Polynome,
$\boldsymbol{p}_k$ Spalte der Knotenparameter.

$$Y_k = [\boldsymbol{n}^{\mathrm{T}}(\xi)\,\boldsymbol{p}]_k = [\boldsymbol{p}^{\mathrm{T}}\boldsymbol{n}(\xi)]_k.$$

$$\int_0^1 Y^{(r)} Y^{(r)}\,\mathrm{d}\xi = \boldsymbol{p}^{\mathrm{T}} \boldsymbol{H}_{rr} \boldsymbol{p}, \quad \boldsymbol{H}_{rr} = \int_0^1 [\boldsymbol{n}^{(r)}][\boldsymbol{n}^{(r)}]^{\mathrm{T}}\,\mathrm{d}\xi.$$

$$\int_0^1 Y\,\mathrm{d}\xi = \boldsymbol{p}^{\mathrm{T}} \boldsymbol{h}, \quad \boldsymbol{h} = \int_0^1 \boldsymbol{n}\,\mathrm{d}\xi. \tag{18}$$

$$k = 2{:}\quad Y_2 = (1-\xi)\,y_0 + \xi y_1,$$
$$\boldsymbol{n}_2^{\mathrm{T}} = [(1-\xi) \quad \xi], \quad \boldsymbol{p}_2^{\mathrm{T}} = [y_0 \quad y_1],$$

$$\boldsymbol{H}_{00} = \frac{1}{6}\begin{bmatrix} 2 & 1 \\ 1 & 2 \end{bmatrix}, \quad \boldsymbol{H}_{11} = \begin{bmatrix} 1 & -1 \\ -1 & 1 \end{bmatrix},$$
$$\boldsymbol{h} = \frac{1}{2}\begin{bmatrix} 1 \\ 1 \end{bmatrix}. \tag{19}$$

$k = 4$: Y_4 siehe Tabelle 22-2 für $n = m = 1$,

$$\boldsymbol{p}^{\mathrm{T}} = [y_0 \quad y_0' \quad y_1 \quad y_1'], \quad (\,)' = \mathrm{d}(\,)/\mathrm{d}\xi,$$

$$\boldsymbol{H}_{22} = 2\begin{bmatrix} 6 & 3 & -6 & 3 \\ 3 & 2 & -3 & 1 \\ -6 & -3 & 6 & -3 \\ 3 & 1 & -3 & 2 \end{bmatrix}, \boldsymbol{h} = \frac{1}{12}\begin{bmatrix} 6 \\ 1 \\ 6 \\ -1 \end{bmatrix}, \tag{20}$$

$$\boldsymbol{H}_{11} = \frac{1}{30}\begin{bmatrix} 36 & 3 & -36 & 3 \\ 3 & 4 & -3 & -1 \\ -36 & -3 & 36 & -3 \\ 3 & -1 & -3 & 4 \end{bmatrix},$$

$$\boldsymbol{H}_{00} = \frac{1}{420}\begin{bmatrix} 156 & 22 & 54 & -13 \\ 22 & 4 & 13 & -3 \\ 54 & 13 & 156 & -22 \\ -13 & -3 & -22 & 4 \end{bmatrix}.$$

$k = 6$: Y_6 siehe Tabelle 22-2 für $n = m = 2$,

$$\boldsymbol{p}^{\mathrm{T}} = [y_0 \quad y_0' \quad y_0'' \quad y_1 \quad y_1' \quad y_1''], \quad (\,)' = \mathrm{d}(\,)/\mathrm{d}\xi,$$

$$\boldsymbol{H}_{22} = \frac{1}{70}\begin{bmatrix} 1200 & 600 & 30 & -1200 & 600 & -30 \\ 600 & 384 & 22 & -600 & 216 & -8 \\ 30 & 22 & 6 & -30 & 8 & 1 \\ -1200 & -600 & -30 & 1200 & -600 & 30 \\ 600 & 216 & 8 & -600 & 384 & -22 \\ -30 & -8 & 1 & 30 & -22 & 6 \end{bmatrix},$$

$$
\boldsymbol{H}_{11} = \frac{1}{18\cdot 70}\begin{bmatrix} 1\,800 & 270 & 15 & -1\,800 & 270 & -15 \\ 270 & 288 & 21 & -270 & -18 & 6 \\ 15 & 21 & 2 & -15 & -6 & 1 \\ -1\,800 & -270 & -15 & 1\,800 & -270 & 15 \\ 270 & -18 & -6 & -270 & 288 & -21 \\ -15 & 6 & 1 & 15 & -21 & 2 \end{bmatrix},
$$

$$
\boldsymbol{H}_{00} = \frac{1}{792\cdot 70}\begin{bmatrix} 21\,720 & 3\,732 & 281 & 6\,000 & -1\,812 & 181 \\ 3\,732 & 832 & 69 & 1\,812 & -532 & 52 \\ 281 & 69 & 6 & 181 & -52 & 5 \\ 6\,000 & 1\,812 & 181 & 21\,720 & -3\,732 & 281 \\ -1\,812 & -532 & -52 & -3\,732 & 832 & -69 \\ 181 & 52 & 5 & 281 & -69 & 6 \end{bmatrix}, \quad \boldsymbol{h} = \frac{1}{120}\begin{bmatrix} 60 \\ 12 \\ 1 \\ 60 \\ -12 \\ 1 \end{bmatrix}. \qquad (21)
$$

Wahrscheinlichkeitsrechnung und Statistik

M. Wermuth

38 Wahrscheinlichkeitsrechnung

38.1 Zufallsexperiment und Zufallsereignis

Die Wahrscheinlichkeitsrechnung beschreibt die Gesetzmäßigkeiten zufälliger Ereignisse. Ein *Zufallsereignis* ist das Ergebnis eines *Zufallsexperiments*, d. h. eines unter gleichen Bedingungen im Prinzip beliebig oft wiederholbaren Vorganges mit unbestimmtem Ergebnis.
Jedes mögliche, nicht weiter zerlegbare Einzelergebnis eines Zufallsexperiments heißt *Elementarereignis*, die Menge aller Elementarereignisse *Ergebnismenge E*. Jede Teilmenge der Ergebnismenge E definiert ein zufälliges *Ereignis*, die Menge aller möglichen Ereignisse heißt *Ereignisraum G*. Zum Ereignisraum G gehören somit neben allen Elementarereignissen auch alle Vereinigungsmengen von Elementarereignissen (zusammengesetzte Ereignisse) sowie die beiden unechten Teilmengen von E, nämlich die leere Menge $\emptyset$ und die Ergebnismenge E selbst.

Beispiel 1: In einer Urne befinden sich drei Lose mit den Nummern 1, 2 und 3. Es wird jeweils ein Los gezogen und wieder zurückgelegt.
Zufallsexperiment: Ziehen eines Loses:
Elementarereignisse: Ziehen der Losnummern $\{1\}$, $\{2\}$, $\{3\}$.
Ergebnismenge: $E = \{1, 2, 3\}$.
Ereignisse: Zum Beispiel Ziehen der Losnummer $\{3\}$, Ziehen einer ungeraden Losnummer $\{1, 3\}$, Ziehen einer Losnummer kleiner 3 $\{1, 2\}$.
Ereignisraum: $G = \{\emptyset, \{1\}, \{2\}, \{3\}, \{1,2\}, \{1,3\}, \{2,3\}, \{1,2,3\}\}$.

Zufallsereignisse werden mit Großbuchstaben A, B, ... bezeichnet. Durch Anwendung der bekannten Mengenoperationen entstehen neue Zufallsereignisse:

Vereinigung der Ereignisse A und B: Das Ereignis $A \cup B$ tritt ein, wenn das Ereignis A *oder* das Ereignis B eintritt (Bild 38-1a).

Durchschnitt der Ereignisse A und B: Das Ereignis $A \cap B$ tritt ein, wenn die Ereignisse A *und* B eintreten (Bild 38-1b).

Sicheres Ereignis E: Das sichere Ereignis ist das Ereignis, das immer eintritt, d. h. die Ergebnismenge E.

Unmögliches Ereignis $\emptyset$: Das unmögliche Ereignis ist das Ereignis, das nie eintritt, d. h. die leere Menge $\emptyset$.

Komplementärereignis $\bar{A}$: Das zum Ereignis A (bezüglich E) komplementäre Ereignis $\bar{A}$ tritt ein, wenn A nicht eintritt. Es gilt $\bar{A} = E \setminus A$, und demzufolge $A \cup \bar{A} = E$, $A \cap \bar{A} = \emptyset$ (Bild 38-1c).

Disjunkte (unvereinbare) Ereignisse: Zwei Ereignisse A und B heißen disjunkt (unvereinbar), wenn ihr Durchschnitt die leere Menge ist: $A \cap B = \emptyset$. Disjunkte Ereignisse enthalten keine gemeinsamen

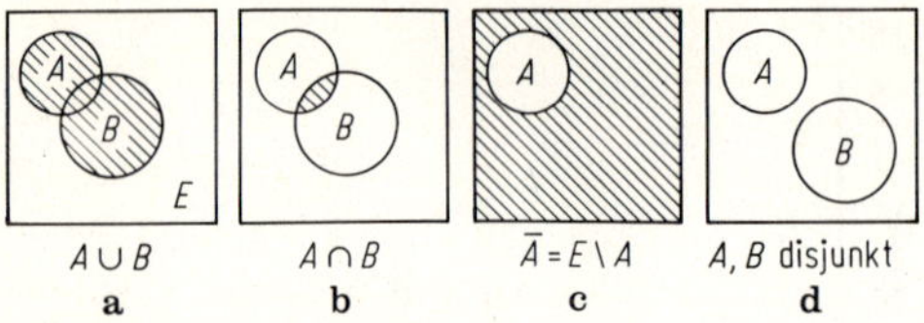

Bild 38-1. Venn-Diagramme.

Elementarereignisse. Elementarereignisse sind disjunkte Ereignisse (Bild 38-1d).

Beispiel 2: Für das Zufallsexperiment von Beispiel 1 gilt: Für die Ereignisse $A = \{1, 2\}$ und $B = \{2, 3\}$ ist die Vereinigung $A \cup B = \{1, 2, 3\}$, der Durchschnitt $A \cap B = \{2\}$ und die Komplementärereignisse sind $\bar{A} = \{3\}$ und $\bar{B} = \{1\}$. Die Ereignisse $\bar{A}$ und $\bar{B}$ sind disjunkt, da $\bar{A} \cap \bar{B} = \emptyset$.

38.2 Wahrscheinlichkeit von Zufallsereignissen

Jedem Zufallsereignis A kann ein Zahlenwert zugeordnet werden, der *Wahrscheinlichkeit des Zufallsereignisses A* genannt und mit $P(A)$ bezeichnet wird (vgl. engl. *probability*).

Es gibt keine gleichzeitig anschauliche wie umfassende und exakte Definition der Wahrscheinlichkeit. Im folgenden sind drei Definitionen mit unterschiedlichen Anwendungsvorteilen in der Reihenfolge ihrer historischen Entstehung angegeben.

Klassische Definition (P.S. de Laplace, 1812). Die Wahrscheinlichkeit für das Eintreten des Ereignisses A ist gleich dem Verhältnis aus der Zahl m der für das Eintreten des Ereignisses A günstigen Fälle zur Zahl n der möglichen Fälle:

$$P(A) = \frac{m}{n} = \frac{\text{Zahl der günstigen Fälle}}{\text{Zahl der möglichen Fälle}}. \qquad (1)$$

Diese Definition ist zwar anschaulich, aber nicht umfassend, da sie von der Annahme ausgeht, daß alle Elementarereignisse (alle möglichen Fälle) gleich wahrscheinlich sind. Die Gleichwahrscheinlichkeit setzt zugleich eine endliche Anzahl von Elementarereignissen voraus. Diese Voraussetzung ist bei vielen Problemen in der Praxis nicht erfüllt. Die Definition von Laplace ist jedoch bei den Problemen von Nutzen, für welche die Zahlen der günstigen bzw. möglichen Fälle als die Zahlen von gleichwahrscheinlichen Kombinationen berechnet werden können.

Beispiel 3: Beim Zahlenlotto „6 aus 49" gibt es

$$\binom{49}{6} = \frac{49!}{6!\,(49-6)!} = 13\,983\,816 \text{ Kombinationen,}$$

sechs Zahlen anzukreuzen.

Da von diesen nur eine die 6 Treffer enthält, ist die Wahrscheinlichkeit hierfür 1/13 983 816.

Statistische Definition (R. v. Mises, 1919). Bei einem Zufallsexperiment ist die Wahrscheinlichkeit $P(A)$ eines Ereignisses gleich dem Grenzwert der relativen Häufigkeit $h_n(A)$ des Auftretens des Ereignisses A, wenn die Zahl n der Versuche gegen unendlich geht. Es ist

$$P(A) = \lim_{n \to \infty} h_n(A) = \lim_{n \to \infty} \frac{m}{n}, \qquad (2)$$

wenn n die Anzahl aller Versuche bezeichnet und m die Zahl derjenigen, bei denen das Ereignis A eintritt.

Diese Wahrscheinlichkeitsdefinition ist zwar anschaulich, jedoch formal nicht exakt, da die Existenz des angegebenen Grenzwertes sich analytisch nicht beweisen läßt. Die Definition von v. Mises hat dennoch große praktische Bedeutung, da man in der Realität oft nur relative Häufigkeiten kennt, die man als Wahrscheinlichkeiten interpretiert.

Axiomatische Definition (A. N. Kolmogoroff, 1933). Zur axiomatischen Definition der Wahrscheinlichkeit wird für den Ereignisraum die Struktur einer *σ-Algebra* vorausgesetzt, die dadurch definiert ist, daß sie bezüglich der Komplementbildung und der Bildung von *abzählbar unendlich vielen* Vereinigungen und Durchschnitten ein geschlossenes Mengensystem darstellt.

Unter dieser Voraussetzung wird jedem Zufallsereignis A aus dem Ereignisraum G eine reelle Zahl $P(A)$ mit folgenden Eigenschaften zugeordnet:

Axiom 1 (Nichtnegativität): Für jedes Zufallsereignis gilt: $P(A) \geqq 0$.

Axiom 2 (Normiertheit): Für das sichere Ereignis E gilt: $P(E) = 1$.

Axiom 3 (σ-Additivität): Für abzählbar unendlich viele paarweise disjunkte Ereignisse A_i gilt:

$$P(A_1 \cup A_2 \cup \ldots) = P(A_1) + P(A_2) + \ldots .$$

Die Eigenschaft der σ-Additivität umfaßt auch die endliche Additivität bei n disjunkten Ereignissen. Für den Fall $n = 2$ gilt für die disjunkten Ereignisse A und B: $P(A \cup B) = P(A) + P(B)$. Nur das Axiomensystem von Kolmogoroff erlaubt eine exakte und umfassende Definition der Wahrscheinlichkeit.

38.3 Bedingte Wahrscheinlichkeit

Unter der bedingten Wahrscheinlichkeit $P(B|A)$ (in Worten: Wahrscheinlichkeit für B unter der Bedingung A) versteht man die Wahrscheinlichkeit für das Eintreten des Ereignisses B unter der Voraussetzung, daß das Ereignis A bereits eingetreten ist. Sie ist für $P(A) > 0$ definiert als

$$P(B|A) = \frac{P(A \cap B)}{P(A)}. \qquad (3)$$

Bei gleichwahrscheinlichen Elementarereignissen ist die bedingte Wahrscheinlichkeit $P(B|A)$ also der relative Anteil der Elementarereignisse, die sowohl zum Ereignis A als auch zum Ereignis B gehören, an allen Elementarereignissen des Ereignisses A.

Beispiel 4: Drei Maschinen eines Betriebs stellen 100 Werkstücke her, und zwar die erste 50, die zweite 30 und die dritte 20. Davon sind bei der ersten Maschine 4, bei der zweiten und dritten jeweils 3 Stücke Ausschuß. Greift man zufällig ein Werkstück heraus und betrachtet man die Ereignisse

A_i: Das Werkstück wurde von der i-ten Maschine produziert ($i = 1, 2, 3$) und
B: das Werkstück ist Ausschuß,

so sind deren Wahrscheinlichkeiten:

$$P(A_1) = 50/100 = 0{,}5\,, \quad P(A_2) = 30/100 = 0{,}3\,,$$
$$P(A_3) = 20/100 = 0{,}2 \quad \text{und}$$
$$P(B) \;= (4 + 3 + 3)/100 = 0{,}1\,.$$

Die bedingten Wahrscheinlichkeiten, daß das Werkstück fehlerhaft ist unter der Voraussetzung, von der ersten, zweiten bzw. dritten Maschine zu stammen, betragen:

$$P(B|A_1) = 4/50 = 0{,}08\,, \quad P(B|A_2) = 3/30 = 0{,}10\,,$$
$$P(B|A_3) = 3/20 = 0{,}15\,.$$

Die bedingten Wahrscheinlichkeiten, daß das Werkstück von der ersten, zweiten bzw. dritten Maschine stammt, unter der Voraussetzung, Ausschuß zu sein, berechnen sich zu

$$P(A_1|B) = 4/10 = 0{,}4\,, \quad P(A_2|B) = 3/10 = 0{,}3\,,$$
$$P(A_3|B) = 3/10 = 0{,}3\,.$$

38.4 Unabhängigkeit von Ereignissen

Zwei Zufallsereignisse A und B heißen stochastisch unabhängig, wenn gilt

$$P(B) = P(B|A) \quad \text{und} \quad P(A) = P(A|B)\,. \qquad (4)$$

Zur Prüfung der Unabhängigkeit reicht die Prüfung einer der beiden Bedingungen aus.

Beispiel 5: Im Beispiel 4 ist

$$P(B) = 0{,}10 \neq P(B|A_1) = 0{,}08\,.$$

Demzufolge ist das Ereignis B („Werkstück ist Ausschuß") nicht unabhängig von Ereignis A_1 („Produzierende Maschine ist Maschine 1").
Bei mehr als zwei Ereignissen impliziert die Unabhängigkeit von jeweils zwei Ereignissen noch nicht die (vollständige) Unabhängigkeit aller Ereignisse. Die (vollständige) Unabhängigkeit von $n > 2$ Ereignissen $A_1, A_2, \ldots, A_n$ liegt vor, wenn für jede Indexkombination $i_1, i_2, \ldots, i_k$ mit $k \leqq n$ aus der Indexmenge $1, 2, \ldots, n$ gilt:

$$P(A_{i_1} \cap A_{i_2} \cap \ldots \cap A_{i_k}) = P(A_{i_1}) \cdot P(A_{i_2}) \cdot \ldots \cdot P(A_{i_k})\,. \qquad (5)$$

Bei drei Ereignissen ist die (vollständige) Unabhängigkeit erst dann gegeben, wenn neben den Bedingungen der paarweisen Unabhängigkeit

$$P(A_1 \cap A_2) = P(A_1) \cdot P(A_2)\,,$$
$$P(A_1 \cap A_3) = P(A_1) \cdot P(A_3) \quad \text{und}$$
$$P(A_2 \cap A_3) = P(A_2) \cdot P(A_3)$$

auch gilt

$$P(A_1 \cap A_2 \cap A_3) = P(A_1) \cdot P(A_2) \cdot P(A_3)\,.$$

38.5 Rechenregeln für Wahrscheinlichkeiten

Zufallsereignis A. Es gilt $0 \leqq P(A) \leqq 1$.
Unmögliches Ereignis $\emptyset$. Es gilt $P(\emptyset = 0$.
Komplementäres Ereignis $\bar{A}$. Es gilt $P(\bar{A}) = 1 - P(A)$.
Additionssatz. Für die Vereinigung von *paarweise disjunkten* Ereignissen $A_1, \ldots, A_n$ (d. h., $A_i \cap A_j = \emptyset$ für $i \neq j$) gilt gemäß Axiom 3:

$$P(A_1 \cup \ldots \cup A_n) = P(A_1) + \ldots + P(A_n)\,. \qquad (6)$$

Für zwei *nicht disjunkte* Ereignisse A_1 und A_2 gilt:

$$P(A_1 \cup A_2) = P(A_1) + P(A_2) - P(A_1 \cap A_2)\,. \qquad (7)$$

Die Verallgemeinerung auf $n > 2$ nicht disjunkte Ereignisse liefert die Formel

$$\begin{aligned} &P(A_1 \cup \ldots \cup A_n) \\ &= \sum_{i=1}^{n} P(A_i) - \sum_{i=1}^{n-1} \sum_{j=i+1}^{n} P(A_i \cap A_j) \\ &\quad + \sum_{i=1}^{n-2} \sum_{j=i+1}^{n-1} \sum_{k=j+1}^{n} P(A_i \cap A_j \cap A_k) \\ &\quad - + \ldots + (-1)^{n-1} P(A_1 \cap \ldots \cap A_n)\,. \end{aligned} \qquad (8)$$

Beispiel 6: Beim Werfen eines homogenen Würfels seien folgende Ereignisse definiert: A: Die Augenzahl ist ungerade; B: Die Augenzahl ist kleiner als 2; C: Die Augenzahl ist größer als 4. Die Wahrscheinlichkeit, daß die Augenzahl bei einem bestimmten Wurf ungerade oder kleiner als 2 oder größer als 4 ist, beträgt dann gemäß (8)

$$\begin{aligned} P(A \cup B \cup C) &= P(A) + P(B) + P(C) - P(A \cap B) \\ &\quad - P(A \cap C) - P(B \cap C) \\ &\quad + P(A \cap B \cap C) \\ &= 1/2 + 1/6 + 1/3 - 1/6 - 1/6 - 0 \\ &\quad + 0 = 2/3\,. \end{aligned}$$

Multiplikationssatz. Aus der Definition (3) der bedingten Wahrscheinlichkeit eines Ereignisses B unter der Bedingung A folgt für die Wahrscheinlichkeit des Durchschnitts zweier beliebiger Ereignisse A und B

$$P(A \cap B) = P(A) \cdot P(B \mid A). \tag{9}$$

Die Verallgemeinerung, die mittels vollständiger Induktion bewiesen werden kann, liefert den Multiplikationssatz für n beliebige Ereignisse:

$$\begin{aligned} &P(A_1 \cap \ldots \cap A_n) \\ &= P(A_1) \cdot P(A_2 \mid A_1) \cdot P(A_3 \mid A_1 \cap A_2) \\ &\quad \cdot \ldots \cdot P(A_n \mid A_1 \cap \ldots \cap A_{n-1}). \end{aligned} \tag{10}$$

Für *unabhängige* Ereignisse A und B gilt

$$P(A \cap B) = P(A) \cdot P(B), \tag{11}$$

ebenso für *paarweise unabhängige* Ereignisse $A_1, \ldots, A_n$

$$P(A_1 \cap \ldots \cap A_n) = P(A_1) \cdot \ldots \cdot P(A_n). \tag{12}$$

Beispiel 7: Beim Zahlenlotto „6 aus 49" sei das Ereignis, mit dem i-ten Kreuz einen Treffer zu haben, mit A_i bezeichnet.
Dann ist die Wahrscheinlichkeit für 6 Treffer in einem Spiel:

$$\begin{aligned} &P(A_1 \cap \ldots \cap A_6) \\ &= P(A_1) \cdot P(A_2 \mid A_1) \cdot \ldots \cdot P(A_6 \mid A_1 \cap \ldots \cap A_5) \\ &= 6/49 \cdot 5/48 \cdot \ldots \cdot 1/44 \\ &= 1/13\,983\,816. \end{aligned}$$

Dabei sind die Ereignisse A_i jeweils abhängig von den Ereignissen $A_1, A_2, \ldots, A_{i-1}$.

Beispiel 8: In einer Urne befinden sich 6 Lose mit 3 Treffern und 3 Nieten. Wie groß ist die Wahrscheinlichkeit bei dreimaligem Ziehen jedesmal einen Treffer zu haben, wenn (a) die gezogenen Lose nicht zurückgelegt werden bzw. (b) wenn das gezogene Los jedesmal zurückgelegt wird?
Es sei A_i das Ereignis, beim i-ten Ziehen einen Treffer zu haben. Dann gilt
(a) für den Fall „ohne Zurücklegen":

$$\begin{aligned} P(A_1 \cap A_2 \cap A_3) &= P(A_1) \cdot P(A_2|A_1) \cdot P(A_3|A_1 \cup A_2) \\ &= 3/6 \cdot 2/5 \cdot 1/4 = 1/20, \end{aligned}$$

da z. B. die Wahrscheinlichkeit für das Eintreten des Ereignisses A_2 vom Ergebnis der ersten Ziehung abhängt: Sie ist $2/5$, wenn A_1 eingetreten ist, aber $3/5$, wenn A_1 nicht eingetreten ist;
(b) für den Fall „mit Zurücklegen" gilt

$$\begin{aligned} P(A_1 \cap A_2 \cap A_3) &= P(A_1) \cdot P(A_2) \cdot P(A_3) \\ &= 3/6 \cdot 3/6 \cdot 3/6 = 1/8, \end{aligned}$$

da hierbei bei allen drei Ziehungen dieselben Gegebenheiten vorliegen, unabhängig vom Ausgang der vorausgegangenen Ziehungen.

Totale Wahrscheinlichkeit. Die Ereignisse $A_1, A_2, \ldots, A_n$ seien eine vollständige Ereignismenge, d. h. $A_1 \cup \ldots \cup A_n = E$ und $A_i \cap A_j = \emptyset$ $(i \neq j)$. B sei ein beliebiges Ereignis.
Wegen

$$\begin{aligned} B = B \cap E &= B \cap (A_1 \cup \ldots \cup A_n) \\ &= (B \cap A_1) \cup (B \cap A_2) \cup \ldots \cup (B \cap A_n) \end{aligned}$$

gilt

$$P(B) = \sum_{i=1}^{n} P(B \cap A_i) = \sum_{i=1}^{n} P(A_i) \cdot P(B \mid A_i). \tag{13}$$

Bayessche Formel. Für die umgekehrte Fragestellung, nämlich der nach der Wahrscheinlichkeit für das Eintreten von A_i aus einer vollständigen Ereignismenge unter der Bedingung, daß Ereignis B eingetreten ist, gilt für alle $i = 1, \ldots, n$:

$$P(A_i \mid B) = \frac{P(A_i) \cdot P(B \mid A_i)}{P(B)} = \frac{P(A_i) \cdot P(B \mid A_i)}{\sum_{i=1}^{n} P(A_i) \cdot P(B \mid A_i)}. \tag{14}$$

Beispiel 9: Im Beispiel 4 bilden die Ereignisse A_1, A_2, A_3 eine vollständige Ereignismenge. Die totale Wahrscheinlichkeit für B ist gemäß (13)

$$P(B) = 0{,}5 \cdot 0{,}08 + 0{,}3 \cdot 0{,}10 + 0{,}2 \cdot 0{,}15 = 0{,}10$$

und mit (14) gilt

$$\begin{aligned} P(A_1 \mid B) &= 0{,}5 \cdot 0{,}08/0{,}10 = 0{,}4 \\ P(A_2 \mid B) &= 0{,}3 \cdot 0{,}10/0{,}10 = 0{,}3 \\ P(A_3 \mid B) &= 0{,}2 \cdot 0{,}15/0{,}10 = 0{,}3. \end{aligned}$$

Diese Ergebnisse stimmen mit den entsprechenden von Beispiel 4 überein.

39 Zufallsvariable und Wahrscheinlichkeitsverteilung

39.1 Zufallsvariablen

In der Praxis ist häufig das Elementarereignis als Ergebnis eines Zufallsexperiments (z. B. Zufallsauswahl eines Bolzens aus einer Produktionsmenge) von geringerem Interesse als vielmehr ein dadurch bestimmter reeller Zahlenwert (z. B. Bolzendurchmesser 32,7 mm).
Eine eindeutige Abbildung der Elementarereignisse E_i in die Menge der reellen Zahlen, $\mathbb{R}$,

$$X: E_i \rightarrow X(E_i) \in \mathbb{R} \tag{1}$$

definiert eine *Zufallsgröße* X. Die Zufallsgröße wird mit einem Großbuchstaben (z. B. X), ihre

Zahlenwerte (Realisationen) werden mit kleinen Buchstaben (z. B. $x_1, x_2, \ldots$) bezeichnet.
Eine Zufallsgröße heißt *diskret*, wenn sie endlich viele Werte $x_1, x_2, \ldots, x_n$ oder abzählbar unendlich viele Werte x_i ($i \in \mathbb{N}$) annehmen kann. Eine Zufallsgröße heißt *stetig*, wenn sie alle Werte eines gegebenen endlichen oder unendlichen Intervalls der rellen Zahlenachse annehmen kann.

Beispiel 1: Beim Würfeln ist die Augenzahl eine diskrete Zufallsgröße, die nur die Zahlen 1, 2, ..., 6 annehmen kann. Der Durchmesser von Bolzen kann theoretisch, d. h. beliebige Meßgenauigkeit vorausgesetzt, beliebig viele Werte annehmen und ist somit eine stetige Zufallsgröße.

39.2 Wahrscheinlichkeits- und Verteilungsfunktion einer diskreten Zufallsvariablen

Durch die Abbildung (1), welche die Zufallsvariable definiert, kann verschiedenen Elementarereignissen derselbe reelle Zahlenwert x_i zugeordnet werden. Bezeichnet A_i die Menge aller Elementarereignisse E_j, für die $X(E_j) = x_i$ gilt, so ist auf diese Weise die gesamte Ergebnismenge E in disjunkte Teilmengen A_i zerlegt. Da durch ein auf der Ergebnismenge E definiertes Wahrscheinlichkeitsmaß P den Elementarereignissen E_j Wahrscheinlichkeiten $P(E_j)$ zugeordnet sind, ist damit auch die Wahrscheinlichkeit bestimmt, mit der die Zufallsgröße X einen Wert x_i annimmt.
Unter der *Wahrscheinlichkeitsfunktion* einer *diskreten* Zufallsgröße X versteht man eine Abbildung

$$f: x_i \to P(A_i) = P\Big(\sum_{E_j \in A_i} E_j\Big) = \sum_{E_j \in A_i} P(E_j) = P(X = x_i) \qquad (2)$$

die den Realisationen x_i der diskreten Zufallsgröße X Wahrscheinlichkeiten zuordnet.
Es gilt somit für die *Wahrscheinlichkeitsfunktion* $f(x)$ einer diskreten Zufallsgröße X:

$$f(x) = \begin{cases} f(x_i) = P(X = x_i) & \text{für} \quad x = x_i \\ 0 & \text{sonst}. \end{cases} \qquad (3)$$

Da die Teilmengen A_i disjunkt sind und ihre Vereinigung den Ergebnisraum E darstellt, gilt $\sum_i f(x_i) = 1$.
Die *Verteilungsfunktion* $F(x)$ einer Zufallsgröße X gibt die Wahrscheinlichkeit dafür an, daß die Zufallsgröße Werte annimmt, die kleiner oder gleich dem Wert x sind. Für eine *diskrete* Zufallsgröße gilt:

$$F(x) = P(X \leqq x) = \sum_{x_i \leqq x} f(x_i). \qquad (4)$$

Die Verteilungsfunktion ist eine nicht-fallende monotone Funktion.

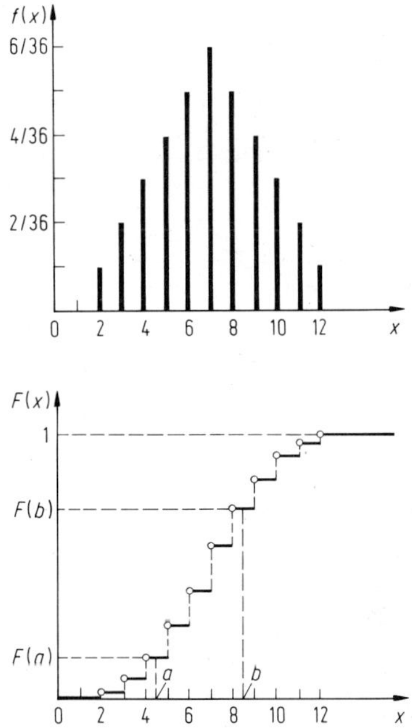

Bild 39-1. Wahrscheinlichkeits- und Verteilungsfunktion der diskreten Zufallsgröße „Augensumme zweier Würfel".

Beispiel 2: Beim Werfen von jeweils zwei Würfeln wird jedem der 36 gleichwahrscheinlichen Zahlenpaare (j, k) als Elementarereignisse ($j, k = 1, \ldots, 6$) die Augensumme $X((j, k)) = j + k$ zugeordnet und damit eine Zufallsgröße definiert. Die möglichen Realisationen x_i der Zufallsgröße „Augensumme" X, die entsprechenden Teilmengen A_i, die Werte $f(x_i)$ und $F(x_i)$ zeigt Bild 39-1.

39.3 Wahrscheinlichkeits- und Verteilungsfunktion einer stetigen Zufallsvariablen

Die Anzahl der möglichen Realisationen einer stetigen Zufallsvariablen ist nicht abzählbar. Es kann daher einem bestimmten Wert x keine von Null verschiedene Wahrscheinlichkeit $P(X = x)$ zugeordnet werden, sondern nur einem Intervall $I(x, x + \Delta x)$. Das Intervall kann dabei abgeschlossen, halboffen oder offen sein.
Die *Verteilungsfunktion* $F(x)$ einer *stetigen* Zufallsgröße X besitzt eine im Intervall $-\infty < x < \infty$ bis auf höchstens endlich viele Punkte überall stetige Ableitung

$$\frac{\mathrm{d}F}{\mathrm{d}x} = f(x).$$

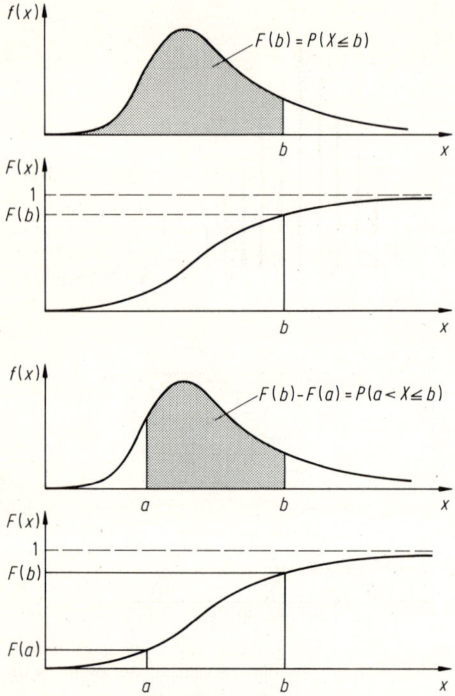

Bild 39-2. Wahrscheinlichkeitsdichte und Verteilungsfunktion einer stetigen Zufallsgröße.

Es gilt

$$F(x) = P(X \leqq x) = \int_{-\infty}^{x} f(t)\,\mathrm{d}t. \tag{5}$$

Die Funktion $f(x)$ heißt *Wahrscheinlichkeitsdichte* oder *Dichtefunktion*.
Im Gegensatz zur diskreten Zufallsgröße, die als Verteilungsfunktion eine Treppenfunktion mit abzählbar vielen Sprungstellen besitzt, ist die Verteilungsfunktion einer stetigen Zufallsgröße eine stetige Funktion. Da $F(x)$ eine nicht-fallende monotone Funktion ist, folgt für die Ableitung $f(x) \geqq 0$.

39.4 Kenngrößen von Wahrscheinlichkeitsverteilungen

Zu Wahrscheinlichkeitsverteilungen gibt es charakteristische Kennzahlen, von denen in der Praxis meist wenige zur Beschreibung der jeweiligen Verteilung ausreichen. Sie sind zum größten Teil Erwartungswerte bestimmter Funktionen der Zufallsvariablen X.

39.4.1 Erwartungswert einer Funktion einer Zufallsgröße

Der Erwartungswert $E(g(X))$ einer Funktion $g(X)$ einer diskreten oder stetigen Zufallsgröße X ist definiert als

$$E(g(X)) = \sum_i g(x_i) f(x_i) \quad \text{bzw.}$$

$$= \int_{-\infty}^{\infty} g(x) f(x)\,\mathrm{d}x, \tag{6}$$

wenn die Summe bzw. das Integral absolut konvergieren.

39.4.2 Lageparameter einer Verteilung

Erwartungswert. Der Erwartungswert $\mu = E(X)$ einer diskreten oder stetigen Zufallsgröße X selbst lautet mit $g(X) = X$ gemäß (6)

$$\mu = E(X) = \sum_i x_i f(x_i) \quad \text{bzw.} \tag{7}$$

$$= \int_{-\infty}^{\infty} x f(x)\,\mathrm{d}x.$$

Es gelten folgende *Rechenregeln für Erwartungswerte* (a, b Konstante):

$$E(a) = a \tag{8}$$

$$E(aX + b) = aE(X) + b \tag{9}$$

$$E(aX + bY) = aE(X) + bE(Y) \tag{10}$$

Für stochastisch *unabhängige* Zufallsgrößen gilt zudem (vgl. 39.5):

$$E(X \cdot Y) = E(X) \cdot E(Y). \tag{11}$$

Median und α-Quantil. Als α-Quantil bezeichnet man den Wert x_α der Zufallsvariablen X, für den $P(X \leqq x_\alpha) \geqq \alpha$ und $P(X \geqq x_\alpha) \leqq 1 - \alpha$ gilt.
Mit *Median* $x_{0,5}$ wird das 0,5-Quantil bezeichnet. Es stellt bei einer stetigen Zufallsgröße den Wert dar, auf dessen linker und rechter Seite die Flächen unter der Verteilungsdichte $f(x)$ genau gleich sind, d. h., $F(x_{0,5}) = 0{,}5$, und bei einer diskreten Verteilung die kleinste aller Realisationen x_i, für die gilt $F(x_i) \geqq 0{,}5$.
Modalwert. Der Modalwert x_D ist bei diskreten Zufallsgrößen der Wert mit der größten Wahrscheinlichkeit und bei stetigen Zufallsgrößen der Wert mit der maximalen Verteilungsdichte, d. h., $f(x_\mathrm{D}) \geqq f(x)$ für alle $x \neq x_\mathrm{D}$.

39.4.3 Streuungsparameter einer Verteilung

Varianz und Standardabweichung. Die Varianz $\sigma^2 = \mathrm{Var}(X)$ der diskreten bzw. stetigen Zufallsgröße X ist der Erwartungswert des Quadrates der

Abweichung vom Mittelwert μ, also der Funktion $g(X) = (X - \mu)^2$, und berechnet sich gemäß (6) zu

$$\sigma^2 = \operatorname{Var}(X) = E[(X - \mu)^2]$$
$$= \sum_i (x_i - \mu)^2 f(x_i) = \sum_i x_i^2 f(x_i) - \mu^2 \quad \text{bzw.}$$
$$= \int_{-\infty}^{\infty} (x - \mu)^2 f(x)\, dx = \int_{-\infty}^{\infty} x^2 f(x)\, dx - \mu^2. \tag{12}$$

Die Quadratwurzel aus der Varianz heißt *Standardabweichung* $\sigma = \sqrt{\operatorname{Var}(X)}$.

Es gelten folgende *Rechenregeln für Varianzen* (a, b Konstanten):

$$\operatorname{Var}(X) = E(X^2) - \mu^2 \tag{13}$$
$$\operatorname{Var}(X) = E[(X - a)^2] - (\mu - a)^2 \tag{14}$$
$$\operatorname{Var}(aX + b) = a^2 \operatorname{Var}(X). \tag{15}$$

Für stochastisch unabhängige Zufallsgrößen X und Y gilt:

$$\operatorname{Var}(aX + bY) = a^2 \operatorname{Var}(X) + b^2 \operatorname{Var}(Y). \tag{16}$$

Variationskoeffizient. Zum Vergleich der Streuungen von Zufallsgrößen mit unterschiedlichen Mittelwerten eignet sich der *Variationskoeffizient*

$$v = \frac{\sigma}{\mu}. \tag{17}$$

39.5 Stochastische Unabhängigkeit von Zufallsgrößen

Analog zur Unabhängigkeit von Ereignissen in 38.4 läßt sich auch die Unabhängigkeit von Zufallsgrößen definieren. Dazu betrachtet man zu den Zufallsgrößen $X_1, X_2, \ldots, X_n$ die Ereignisse $X_i \leqq x_i$ $(i = 1, 2, \ldots, n)$. Gemäß dem Multiplikationssatz für unabhängige Ereignisse (vgl. 38.5) gilt für stochastisch unabhängige Zufallsgrößen $X_1, X_2, \ldots, X_n$ mit den Verteilungsfunktionen $F_i(x_i) = P(X_i \leqq x_i)$ und mit der gemeinsamen Verteilungsfunktion $F(x_1, \ldots, x_n) = P(X_1 \leqq x_1, \ldots, X_n \leqq x_n)$

$$F(x_1, x_2, \ldots, x_n) = F_1(x_1) \cdot F_2(x_2) \cdot \ldots \cdot F_n(x_n). \tag{18}$$

Sind die Zufallsgrößen $X_1, \ldots, X_n$ stochastisch unabhängig, so gilt für ihre Dichtefunktionen $f_i(x_i)$ und die gemeinsame Dichtefunktion $f(x_1, x_2, \ldots, x_n)$

$$f(x_1, x_2, \ldots, x_n) = f_1(x_1) \cdot f_2(x_2) \cdot \ldots \cdot f_n(x_n). \tag{19}$$

Umgekehrt folgt aus (18) oder (19) die Unabhängigkeit der n Zufallsgrößen.
Aus der Unabhängigkeit der n Zufallsgrößen folgt auch die Unabhängigkeit von k $(k < n)$ beliebig ausgewählten Zufallsgrößen; diese Aussage gilt jedoch nicht umgekehrt.

39.6 Korrelation von Zufallsgrößen

Ein Maß für den Grad des linearen Zusammenhangs zwischen zwei Zufallsgrößen X und Y liefert die Korrelationsrechnung.
Die *Kovarianz* der Zufallsgrößen X und Y ist definiert als

$$\operatorname{Cov}(X, Y) = \sigma_{XY} = E[(X - E(X))(Y - E(Y))]. \tag{20}$$

Die normierte Kovarianz heißt *Korrelationskoeffizient*

$$\varrho(X, Y) = \frac{\operatorname{Cov}(X, Y)}{\sqrt{\operatorname{Var}(X) \cdot \operatorname{Var}(Y)}} = \frac{\sigma_{XY}}{\sigma_X \cdot \sigma_Y}. \tag{21}$$

Es gilt stets: $-1 \leqq \varrho(X, Y) \leqq 1$. Zwei Zufallsgrößen, deren Korrelationskoeffizient $\varrho = 0$ ist, heißen *unkorreliert*. Da für stochastisch unabhängige Zufallsgrößen X und Y gilt

$$\operatorname{Cov}(X, Y) = E[(X - E(X))] \cdot E[(Y - E(Y))] = 0,$$

sind unabhängige Zufallsgrößen unkorreliert. Die Umkehrung dieser Aussage gilt nicht immer.

39.7 Wichtige Wahrscheinlichkeitsverteilungen

Einige Zufallsgrößen und Wahrscheinlichkeitsverteilungen sind in der Praxis von großer Wichtigkeit, weil sie ein häufig vorkommendes Zufallsexperiment im Prinzip beschreiben. Einige von diesen sind in Tabelle 39-1 aufgeführt. Für die Fragen der Schätz- und Prüfstatistik sind die in Tabelle 39-2 aufgeführten Prüfverteilungen von großer Bedeutung (siehe Kap. 41).

Tabelle 39-1. Wichtige Wahrscheinlichkeitsverteilungen

Zufallsgröße Parameter	Wahrscheinlichkeitsdichte $f(x) = P(X = x)$ Verteilungsfunktion $F(x) = P(X \leqq x)$	Erwartungswert $E(X)$ Varianz $\mathrm{Var}(X)$	Additionssätze Approximationssätze	Wahrscheinlichkeitsdichte
1. *Binomialverteilung* $B(n, p)$ Bei einem Zufallsexperiment tritt das Ereignis A mit der Wahrscheinlichkeit $P(A) = p$ auf. *Zufallsgröße X*: Anzahl des Auftretens des Ereignisses A bei n-maliger unabhängiger Durchführung des Experiments *Parameter*: $0 < p < 1$ *Beispiele:* Augenzahl „6" beim Würfeln, Häufigkeit einer Merkmalsausprägung in einer Stichprobe	$f(x) = \begin{cases} \binom{n}{x} p^x (1-p)^{n-x} & \text{für } x = 0, 1, \ldots, n \\ 0 & \text{sonst} \end{cases}$ $F(x) = \begin{cases} 0 & \text{für } x < 0 \\ \sum_{i=0}^{m} \binom{n}{i} p^i (1-p)^{n-i} & \text{für } m \leqq x < m+1 \text{ mit } m = 0, 1, \ldots, n-1 \\ 1 & \text{für } n \leqq x \end{cases}$	$E(X) = np$ $\mathrm{Var}(X) = np(1-p)$	Sind X_1, X_2 unabhängig $B(n_1, p)$- bzw. $B(n_2, p)$-verteilt, so ist $X = X_1 + X_2$ $B(n, p)$-verteilt mit $n = n_1 + n_2$. Für $np \leqq 10$ und $n \geqq 1500\,p$ kann die $B(n, p)$- durch die $\mathrm{Ps}(\lambda)$-Verteilung ersetzt werden mit $\lambda = n \cdot p$. Für $np(1-p) \geqq 10$ kann die $B(n, p)$- durch die $N(\mu, \sigma^2)$-Verteilung ersetzt werden mit $\mu = np$ und $\sigma^2 = np(1-p)$.	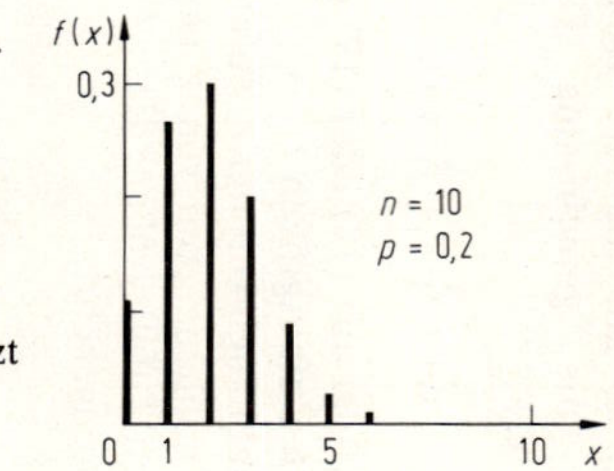
2. *Poisson-Verteilung* $\mathrm{Ps}(\lambda)$ Wie 1; jedoch p sehr klein und n sehr groß, so daß $np = \lambda = \text{const}$. *Parameter*: $\lambda > 0$ *Beispiel*: Zahl seltener Ereignisse in einem großen Zeitintervall, z. B. Unfälle.	$f(x) = \begin{cases} \frac{\lambda^x}{x!} e^{-\lambda} & \text{für } x = 0, 1, 2, \ldots \\ 0 & \text{sonst} \end{cases}$ $F(x) = \begin{cases} 0 & \text{für } x < 0 \\ \sum_{i=0}^{m} \frac{\lambda^x}{x!} e^{-\lambda} & \text{für } m \leqq x < m+1;\ m = 0, 1, 2, \ldots \end{cases}$	$E(X) = \lambda$ $\mathrm{Var}(X) = \lambda$	Sind X_1, X_2 unabhängig $\mathrm{Ps}(\lambda_1)$- bzw. $\mathrm{Ps}(\lambda_2)$-verteilt, so ist $X = X_1 + X_2$ $\mathrm{Ps}(\lambda)$-verteilt mit $\lambda = \lambda_1 + \lambda_2$. Für $\lambda \geqq 10$ kann $\mathrm{Ps}(\lambda)$ durch eine $N(\lambda, \lambda)$-Verteilung ersetzt werden.	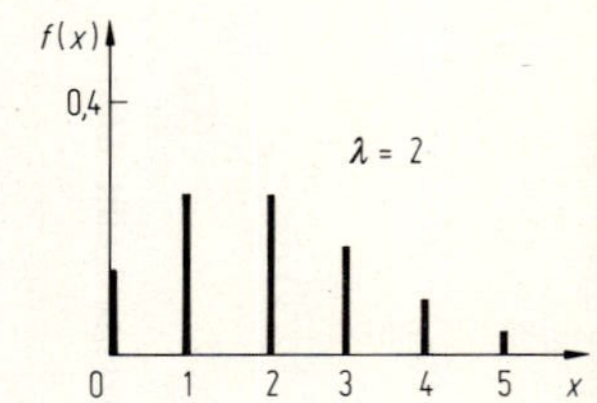
3. *Normalverteilung* $N(\mu, \sigma^2)$ *Zufallsgröße X*: Die Summe vieler beliebig verteilter Zufallsgrößen liefert eine normalverteilte Zufallsgröße (Zentraler Grenzwertsatz). *Parameter*: $\mu, \sigma \in \mathbb{R}$; $\sigma > 0$ *Beispiel:* Meßfehler	$f(x) = \frac{1}{\sqrt{2\pi}\,\sigma} \exp\left(-\frac{1}{2}\left(\frac{x-\mu}{\sigma}\right)^2\right)$ $F(x) = \frac{1}{\sqrt{2\pi}\,\sigma} \int_{-\infty}^{x} \exp\left(-\frac{1}{2}\left(\frac{t-\mu}{\sigma}\right)^2\right) \mathrm{d}t$ Den Funktionswert $F(x)$ erhält man nach Transformation $z = (x-\mu)/\sigma$ aus der Tabelle $F(z)$ der Standardnormalverteilung.	$E(X) = \mu$ $\mathrm{Var}(X) = \sigma^2$	Sind X_1, X_2 unabhängig $N(\mu_1, \sigma_1^2)$- bzw. $N(\mu_2, \sigma_2^2)$-verteilt, so ist $X = X_1 + X_2$ $N(\mu, \sigma^2)$-verteilt mit $\mu = \mu_1 + \mu_2$ und $\sigma^2 = \sigma_1^2 + \sigma_2^2$.	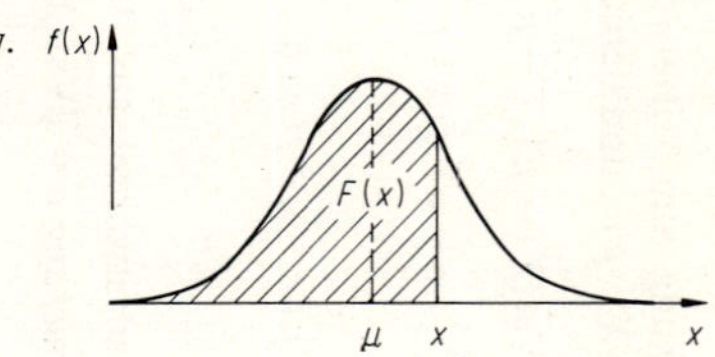

Zufallsgröße Parameter	Wahrscheinlichkeitsdichte $f(x) = P(X = x)$ Verteilungsfunktion $F(x) = P(X \leqq x)$	Erwartungswert $E(X)$ Varianz $\mathrm{Var}(X)$	Wahrscheinlichkeitsdichte
4. *Standardnormalverteilung* $N(0,1)$ *Zufallsgröße* Z: Eine standardnormalverteilte Zufallsgröße entsteht aus einer (μ, σ)-normalverteilten Zufallsgröße X durch die Transformation. $Z = \frac{X-\mu}{\sigma}$ *Parameter*: keine	$\varphi(z) = \frac{1}{\sqrt{2\pi}} \exp\left(-\frac{z^2}{2}\right)$ $\varphi(z) = \frac{1}{\sqrt{2\pi}} \int_{-\infty}^{z} \exp\left(-\frac{t^2}{2}\right) dt$ Die Funktionswerte $\varphi(z)$ liegen als Tabelle vor (s. Tabelle 39-3)	$E(Z) = 0$ $\mathrm{Var}(Z) = 1$	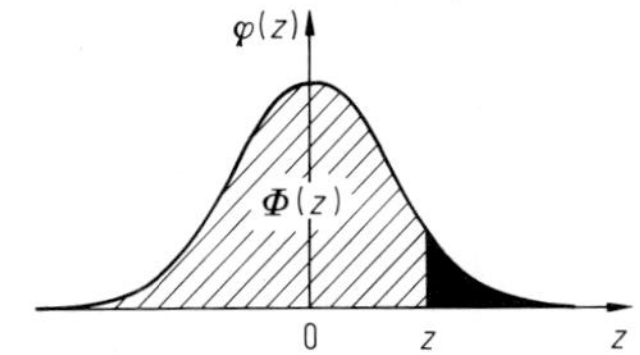
5. *Lognormalverteilung* *Zufallsgröße* X: $\ln X$ ist $N(\mu, \sigma^2)$-normalverteilt. Das Produkt $X = X_1 \cdot \ldots \cdot X_n$ vieler beliebig verteilter Zufallsgrößen X_i $(i = 1, \ldots, n)$ liefert eine (annähernd) lognormalverteilte Zufallsgröße, da nach Ziffer 3, Tabelle 39-1, $\ln X = \ln X_1 + \ldots + \ln X_n$ $N(\mu, \sigma^2)$-verteilt ist. *Parameter*: $\mu, \sigma \in \mathbb{R}$; $\sigma > 0$ *Beispiele*: Umsatzziffern von Unternehmen, Lebensdauer nach Extrembelastungen usw.	$f(x) = \begin{cases} 0 & \text{für } x \leqq 0 \\ \frac{1}{\sqrt{2\pi}\,\sigma x} \exp[-(\ln x - \mu)^2/(2\sigma^2)] & \text{für } x > 0 \end{cases}$ $F(x) = \begin{cases} 0 & \text{für } x \leqq 0 \\ \int_{-\infty}^{x} \frac{1}{\sqrt{2\pi}\,\sigma t} \exp[-(\ln t - \mu)^2/(2\sigma^2)]\,dt & \text{für } x > 0 \end{cases}$	$E(X) = \exp[\mu + \sigma^2/2]$ $\mathrm{Var}(X) = \exp[2\mu + \sigma^2](\exp[\sigma^2] - 1)$	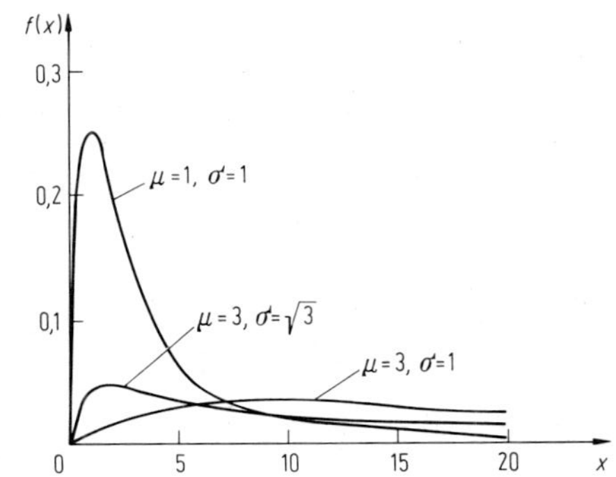
6. *Exponentialverteilung* $\mathrm{Ex}(\lambda)$ *Zufallsgröße* X: Die Lebensdauer von Objekten, die nicht altern, ist exponentialverteilt. *Parameter*: $\lambda > 0$ *Beispiel*: Länge der Zeitlücken zwischen poissonverteilten Ereignissen	$f(x) = \begin{cases} 0 & \text{für } x < 0 \\ \lambda \exp(-\lambda x) & \text{für } x \geqq 0; \lambda > 0 \end{cases}$ $F(x) = \begin{cases} 0 & \text{für } x < 0 \\ 1 - \exp(-\lambda x) & \text{für } x \geqq 0; \lambda > 0 \end{cases}$	$E(X) = 1/\lambda$ $\mathrm{Var}(X) = 1/\lambda^2$	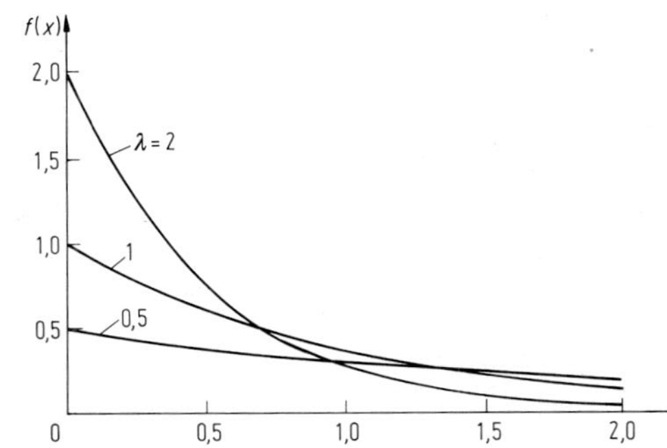

Tabelle 39-1. (Fortsetzung)

Zufallsgröße Parameter	Wahrscheinlichkeitsdichte $f(x) = P(X = x)$ Verteilungsfunktion $F(x) = P(X \leqq x)$	Erwartungswert $E(X)$ Varianz $\mathrm{Var}(X)$	Wahrscheinlichkeitsdichte
7. *Weibull-Verteilung* *Zufallsgröße* X: Die Lebensdauer von Objekten, die einem Alterungsprozeß unterliegen (z. B. Materialermüdung), kann durch die Weibull-Verteilung beschrieben werden. Für sie gilt $\left(\frac{X-\alpha}{\beta}\right)^{\gamma} \sim \mathrm{Ex}(1)$ *Parameter*: $\alpha, \beta, \gamma \in \mathbb{R}$ α (Lage) $\beta > 0$ (Maßstab) $\gamma > 0$ (Gestalt) *Beispiel*: Lebensdauer von Werkzeugen, Elektronenröhren, Kugellagern usw.	$f(x) = \begin{cases} 0 & \text{für } x < \alpha \\ \frac{\gamma}{\beta}\left(\frac{x-\alpha}{\beta}\right)^{\gamma-1} \exp\left[-\left(\frac{x-\alpha}{\beta}\right)^{\gamma}\right] & \text{für } x \geqq \alpha \end{cases}$ $F(x) = \begin{cases} 0 & \text{für } x < \alpha \\ 1 - \exp\left[-\left(\frac{x-\alpha}{\beta}\right)^{\gamma}\right] & \text{für } x \geqq \alpha \end{cases}$	$E(X) = \beta\Gamma(1 + 1/\gamma) + \alpha$ $\mathrm{Var}(X) = \beta^2\{\Gamma(1 + 2/\gamma) - [\Gamma(1 + 1/\gamma)]^2\}$ $\left(\text{Gammafunktion } \Gamma(x) = \int_0^{\infty} e^{-t} t^{x-1}\,dt\right)$ 1. $\Gamma(x) = (x-1)\,\Gamma(x-1)$ 2. $\Gamma(n) = (n-1)!\quad x = n$ ganzzahlig 3. $\Gamma(0{,}5) = \sqrt{\pi}$	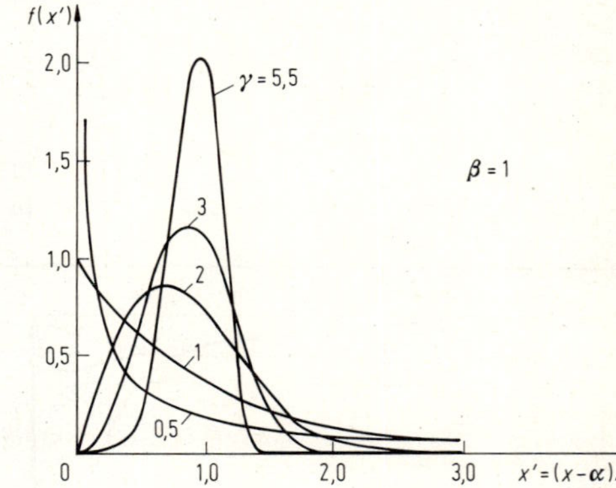

Tabelle 39-2. Wichtige Prüfverteilungen

Zufallsgröße Parameter	Erwartungswert $E(X)$ Varianz $\mathrm{Var}(X)$	Tabelle der Quantilen	Wichtige Eigenschaften	Wahrscheinlichkeitsdichte
1. χ^2-*Verteilung* $\chi^2(m)$ *Zufallsgröße:* $Y = \sum_{i=1}^{m} X_i^2$ mit $X_1, \ldots, X_m$ unabhängige $N(0,1)$-verteilte Zufallsgrößen. *Parameter:* $m = 1, 2, \ldots$ (Zahl der Freiheitsgrade der χ^2-Verteilung)	$E(Y) = m$ $\mathrm{Var}(Y) = 2m$	Die Quantile $y_{1-\alpha}$, für die gilt $P(Y \leqq y_{1-\alpha}) = 1 - \alpha$, liegen als Tabellenwerte (bezeichnet mit $\chi^2_{m;1-\alpha}$) für einzelne $m = 1, 2, \ldots$ und α-Werte vor (siehe Tabelle 39-4).	Für $m \geqq 100$ kann die $\chi^2(m)$-Verteilung näherungsweise durch die $N(m, 2m)$-Verteilung ersetzt werden. Für $m \geqq 30$ ist die Zufallsgröße $Z = \sqrt{2Y} - \sqrt{2m-1}$ näherungsweise $N(0,1)$-verteilt.	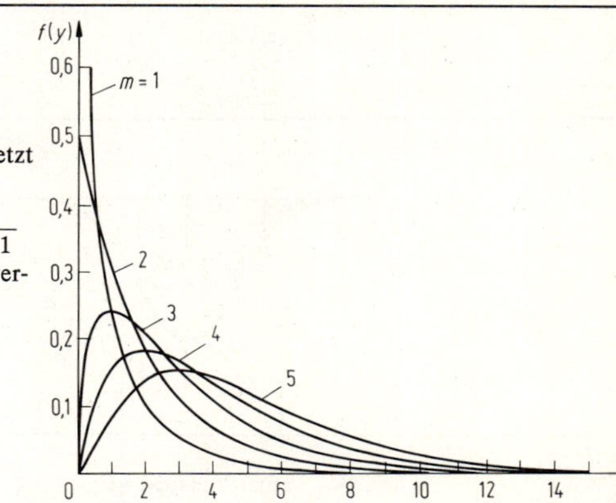

Tabelle 39-2 (Fortsetzung)

Zufallsgröße Parameter	Erwartungswert $E(X)$ Varianz $\mathrm{Var}(X)$	Tabelle der Quantilen	Wichtige Eigenschaften	Wahrscheinlichkeitsdichte
2. *t-Verteilung* (Student-Verteilung) $t(m)$				
Zufallsgröße: $T = Z\big/\sqrt{Y/m}$ mit Z $N(0;1)$-verteilte und Y davon unabhängige $X^2(m)$-verteilte Zufallsgröße. *Parameter:* $m = 1, 2, \ldots$ (Freiheitsgrade der t-Verteilung)	$E(T) = 0$ für $m \geqq 2$ $\mathrm{Var}(T) = \dfrac{m}{m-2}$ für $m \geqq 3$	Die Quantile $t_{m;1-\alpha}$, für die gilt $P(T \leqq t_{m;1-\alpha}) = 1-\alpha$ liegen als Tabellenwerte für einzelne $m = 1, 2, \ldots$ und α-Werte vor (siehe Tabelle 39-5).	Für $m \geqq 30$ kann die $t(m)$-Verteilung näherungsweise durch die $N(0, 1)$-Verteilung ersetzt werden.	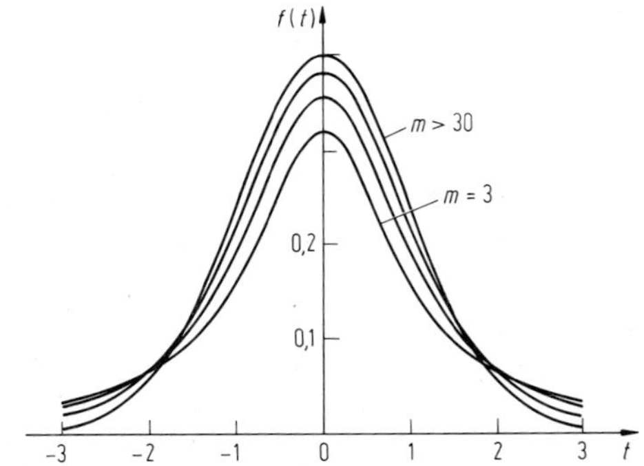
3. *F-Verteilung* (Fisher-Verteilung) $F(m_1, m_2)$				
Zufallsgröße: $X = \dfrac{Y_1/m_1}{Y_2/m_2}$ mit Y_1 und Y_2 voneinander unabhängige $X^2(m_1)$- bzw. $X^2(m_2)$-verteilte Zufallsgrößen. *Parameter:* $m_1, m_2 = 1, 2, \ldots$ (Freiheitsgrade der F-Verteilung)	$E(X) = \dfrac{m_2}{m_2-2}$ für $m_2 \geqq 3$ $\mathrm{Var}(X) = \dfrac{2m_2^2(m_1+m_2-2)}{m_1(m_2-2)^2(m_2-4)}$ für $m_2 \geqq 5$	Die Quantile $x_{1-\alpha}$, für die gilt $P(X \leqq x_{1-\alpha}) = 1-\alpha$, liegen als Tabellenwerte (bezeichnet mit $F_{m_1, m_2; \alpha}$) für einzelne Kombinationen $m_1, m_2 = 1, 2, \ldots$ und α-Werte in der angegebenen Literatur vor.	Für $m_1 = 1$, $m_2 = m$ ist $\sqrt{X}$ $t(m)$-verteilt. Für $m_1 = m$, $m_2 \geqq 200$ ist mX asymptotisch $X^2(m)$-verteilt. Ist X $F(m_1, m_2)$-verteilt, so ist $1/X$ $F(m_2, m_1)$-verteilt.	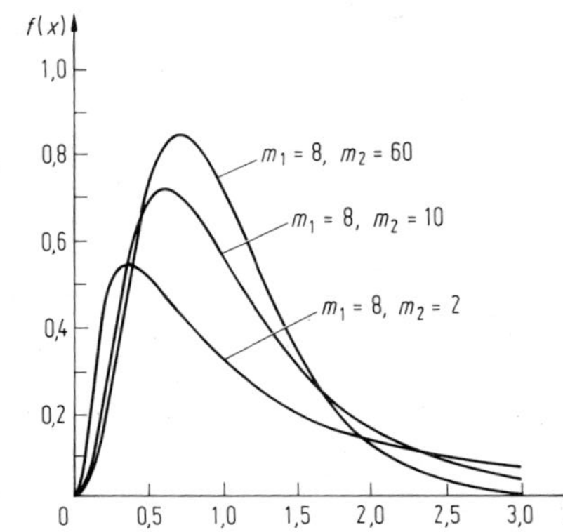

Tabelle 39-3. Werte der Verteilungsfunktion $\varphi(z)$ der Standardnormalverteilung

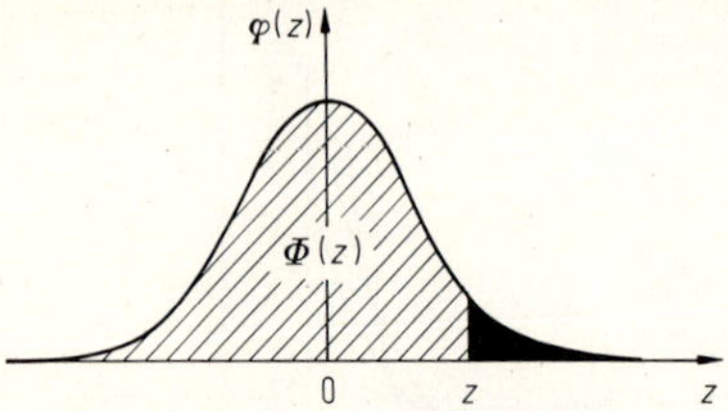

$$\Phi(z) = P(Z \leq z) = \int_{-\infty}^{z} \varphi(t)\,dt$$

$$\Phi(-z) = 1 - \Phi(z)$$

z	0	1	2	3	4	5	6	7	8	9
0,0	5 000	5 040	5 080	5 120	5 160	5 199	5 239	5 279	5 319	5 339
0,1	5 398	5 438	5 478	5 517	5 557	5 596	5 636	5 675	5 714	5 753
0,2	5 793	5 832	5 871	5 910	5 948	5 987	6 026	6 064	6 103	6 141
0,3	6 179	6 217	6 255	6 293	6 331	6 368	6 406	6 443	6 480	6 517
0,4	6 554	6 591	6 628	6 664	6 700	6 736	6 772	6 808	6 844	6 879
0,5	6 915	6 950	6 985	7 019	7 054	7 088	7 123	7 157	7 190	7 224
0,6	7 257	7 291	7 324	7 357	7 389	7 422	7 454	7 486	7 517	7 549
0,7	7 580	7 611	7 642	7 673	7 704	7 734	7 764	7 794	7 823	7 852
0,8	7 881	7 910	7 939	7 967	7 995	8 023	8 051	8 078	8 106	8 133
0,9	8 159	8 186	8 212	8 238	8 264	8 289	8 315	8 340	8 365	8 389
1,0	8 413	8 438	8 461	8 485	8 508	8 531	8 554	8 577	8 599	8 621
1,1	8 643	8 665	8 686	8 708	8 729	8 749	8 770	8 790	8 810	8 830
1,2	8 849	8 869	8 888	8 907	8 925	8 944	8 962	8 980	8 997	9 015
1,3	9 032	9 049	9 066	9 082	9 099	9 115	9 131	9 147	9 162	9 177
1,4	9 192	9 207	9 222	9 236	9 251	9 265	9 279	9 292	9 306	9 319
1,5	9 332	9 345	9 357	9 370	9 382	9 394	9 406	9 418	9 429	9 441
1,6	9 452	9 463	9 474	9 484	9 495	9 505	9 515	9 525	9 535	9 545
1,7	9 554	9 564	9 573	9 582	9 591	9 599	9 608	9 616	9 625	9 633
1,8	9 641	9 649	9 656	9 664	9 671	9 678	9 686	9 693	9 699	9 706
1,9	9 713	9 719	9 726	9 732	9 738	9 744	9 750	9 756	9 761	9 767
2,0	9 772	9 778	9 783	9 788	9 793	9 798	9 803	9 808	9 812	9 817
2,1	9 821	9 826	9 830	9 834	9 838	9 842	9 846	9 850	9 854	9 857
2,2	9 861	9 864	9 868	9 871	9 875	9 878	9 881	9 884	9 887	9 890
2,3	9 893	9 896	9 898	9 901	9 904	9 906	9 909	9 911	9 913	9 916
2,4	9 918	9 920	9 922	9 925	9 927	9 929	9 931	9 932	9 934	9 936
2,5	9 938	9 940	9 941	9 943	9 945	9 946	9 948	9 949	9 951	9 952
2,6	9 953	9 955	9 956	9 957	9 959	9 960	9 961	9 962	9 963	9 964
2,7	9 965	9 966	9 967	9 968	9 969	9 970	9 971	9 972	9 973	9 974
2,8	9 974	9 975	9 976	9 977	9 977	9 978	9 979	9 979	9 980	9 981
2,9	9 981	9 982	9 982	9 983	9 984	9 984	9 985	9 985	9 986	9 986
3,0	9 987	9 987	9 987	9 988	9 988	9 989	9 989	9 989	9 990	9 990

Tabelle 39-4. Quantile der χ^2-Verteilung

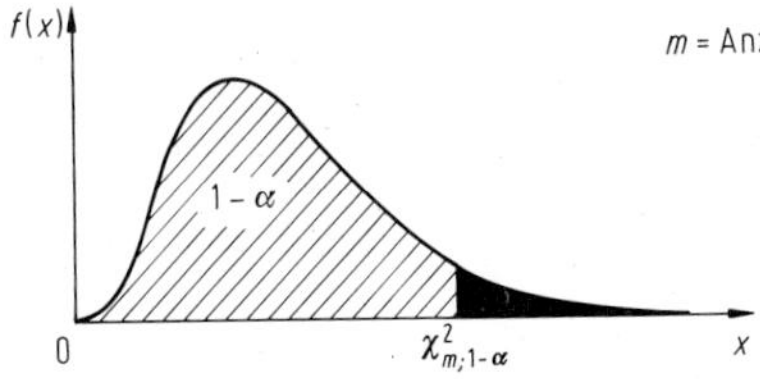

m = Anzahl der Freiheitsgrade

m	$\chi^2_{0,01}$	$\chi^2_{0,025}$	$\chi^2_{0,05}$	$\chi^2_{0,10}$	$\chi^2_{0,90}$	$\chi^2_{0,95}$	$\chi^2_{0,975}$	$\chi^2_{0,99}$
1	0,000	0,000	0,004	0,016	2,71	3,84	5,02	6,63
2	0,020	0,051	0,103	0,211	4,61	5,99	7,38	9,21
3	0,115	0,216	0,352	0,584	6,25	7,81	9,35	11,35
4	0,297	0,484	0,711	1,064	7,78	9,49	11,14	13,28
5	0,554	0,831	1,15	1,61	9,24	11,07	12,83	15,08
6	0,872	1,24	1,64	2,20	10,64	12,59	14,45	16,81
7	1,24	1,69	2,17	2,83	12,01	14,06	16,01	18,47
8	1,65	2,18	2,73	3,49	13,36	15,51	17,53	20,09
9	2,09	2,70	3,33	4,17	14,68	16,92	19,02	21,67
10	2,56	3,25	3,94	4,87	15,99	18,31	20,48	23,21
11	3,05	3,82	4,57	5,58	17,27	19,67	21,92	24,72
12	3,57	4,40	5,23	6,30	18,55	21,03	23,34	26,22
13	4,11	5,01	5,89	7,04	19,81	22,36	24,74	27,69
14	4,66	5,63	6,57	7,79	21,06	23,68	26,12	29,14
15	5,23	6,26	7,26	8,55	22,31	25,00	27,49	30,58
16	5,81	6,91	7,96	9,31	23,54	26,30	28,85	32,00
17	6,41	7,56	8,67	10,09	24,77	27,59	30,19	33,41
18	7,01	8,23	9,39	10,86	25,99	28,87	31,53	34,81
19	7,63	8,91	10,12	11,65	27,20	30,14	32,85	36,19
20	8,26	9,59	10,85	12,44	28,41	31,41	34,17	37,57
25	11,52	13,12	14,61	16,47	34,38	37,65	40,65	44,31
30	14,95	16,79	18,49	20,60	40,26	43,77	46,98	50,89
35	18,51	20,57	22,46	24,80	46,06	49,80	53,20	57,34
40	22,17	24,43	26,51	29,05	51,81	55,76	59,34	63,69
45	25,90	28,37	30,61	33,35	57,51	61,66	65,41	69,96
50	29,71	32,36	34,76	37,69	63,17	67,51	71,42	76,15
60	37,49	40,48	43,19	46,46	74,40	79,08	83,30	88,38
70	45,44	48,76	51,74	55,33	85,53	90,53	95,02	100,4
80	53,54	57,15	60,39	64,28	96,58	101,9	106,6	112,3
90	61,75	65,65	69,13	73,29	107,6	113,2	118,1	124,1
100	70,07	74,22	77,93	82,36	118,5	124,3	129,6	135,8

Tabelle 39-5. Quantile der t-Verteilung

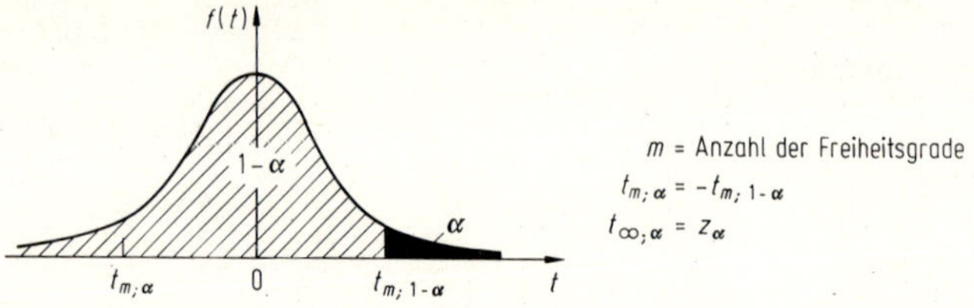

m	$t_{0,90}$	$t_{0,95}$	$t_{0,975}$	$t_{0,99}$	$t_{0,995}$
1	3,078	6,314	12,71	31,82	63,66
2	1,886	2,920	4,303	6,965	9,925
3	1,638	2,353	3,182	4,541	5,841
4	1,533	2,132	2,776	3,747	4,604
5	1,476	2,015	2,571	3,365	4,032
6	1,440	1,943	2,447	3,143	3,707
7	1,415	1,895	2,365	2,998	3,499
8	1,397	1,860	2,306	2,896	3,355
9	1,383	1,833	2,262	2,821	3,250
10	1,372	1,812	2,228	2,764	3,169
11	1,363	1,796	2,201	2,718	3,106
12	1,356	1,782	2,179	2,681	3,055
13	1,350	1,771	2,160	2,650	3,012
14	1,345	1,761	2,145	2,624	2,977
15	1,341	1,753	2,131	2,602	2,947
16	1,337	1,746	2,120	2,583	2,921
17	1,333	1,740	2,110	2,567	2,898
18	1,330	1,734	2,101	2,552	2,878
19	1,328	1,729	2,093	2,539	2,861
20	1,325	1,725	2,086	2,528	2,845
25	1,316	1,708	2,060	2,485	2,787
30	1,310	1,697	2,042	2,457	2,750
35	1,306	1,690	2,030	2,438	2,724
40	1,303	1,684	2,021	2,423	2,704
45	1,301	1,679	2,014	2,412	2,690
50	1,299	1,676	2,009	2,403	2,678
100	1,290	1,660	1,984	2,364	2,626
200	1,286	1,653	1,972	2,345	2,601
500	1,283	1,648	1,965	2,334	2,586
∞	1,282	1,645	1,960	2,326	2,576

40 Deskriptive Statistik

40.1 Aufgaben der Statistik

Drei wichtige Aufgaben des Ingenieurs sind: (1) die Ermittlung bestimmter Eigenschaften einer begrenzten Zahl von Untersuchungseinheiten in einer Stichprobe, (2) die Beschreibung von Zusammenhängen zwischen verschiedenen Eigenschaften und (3) die Verallgemeinerung der Ergebnisse aus der Stichprobe auf die Grundgesamtheit. Die *deskriptive* (beschreibende) Statistik stellt Methoden für die ersten beiden Tätigkeiten bereit, mit deren Hilfe Beobachtungsdaten möglichst effektiv charakterisiert und zusammenfassend beschrieben werden können. Sie ist eine Vorstufe der *induktiven* (schließenden) Statistik, deren Methoden sich auf den dritten Tätigkeitsbereich beziehen, d. h. auf die Fragen der Auswahl von Untersuchungseinheiten (Stichprobentheorie) und auf die Generalisierung der Ergebnisse.

40.2 Grundbegriffe

Untersuchungseinheit. Die Untersuchungseinheit oder statistische Einheit ist das Einzelobjekt der statistischen Untersuchung. Untersuchungseinheiten können z. B. Personen oder Gegenstände sein, über die man Informationen gewinnen will.

Grundgesamtheit und Stichprobe. Die Grundgesamtheit (Population) ist die Menge aller Untersuchungseinheiten. Eine Stichprobe ist eine Teilmenge der Grundgesamtheit.

Merkmale und Ausprägungen. Die interessierenden *Daten* werden durch die *Datenerhebung*, d. h. durch eine statistische Untersuchung der *Stichprobenelemente* gewonnen. Die Datenerhebung kann in Form von Befragungen, Zählungen, Messungen oder Beobachtungen erfolgen. Die Eigenschaften, auf die sich die Erhebungen beziehen, heißen (Untersuchungs-)*Merkmale*. Bei der Datenerhebung – allgemein auch „Messen" genannt – stellt man die *Merkmalsausprägungen* der Untersuchungsmerkmale an den Untersuchungseinheiten fest; jeder Untersuchungseinheit wird also eine Merkmalsausprägung zugeordnet. Merkmale können in *quantitative* und *qualitative* Merkmale eingeteilt werden, je nachdem ob sich die Ausprägungen in ihrer Größe oder nach ihrer Art voneinander unterscheiden.

Wie Zufallsgrößen (vgl. 39.1) können quantitative (auch: meßbare, metrisch skalierbare, metrische) Merkmale *stetig* oder *diskret* sein, je nachdem, ob sie beliebige Werte in einem Intervall der reellen Zahlenachse oder nur endlich oder abzählbar unendlich viele Werte annehmen können. Die Ausprägungen qualitativer Merkmale unterscheiden sich entweder nur durch ihre Bezeichnung (*nominal skalierbare, nominale* Merkmale) oder durch eine Rangstufe (*ordinal skalierbare, ordinale* Merkmale).

Beispiel 1: Das qualitative Merkmal „Geschlecht" mit den Ausprägungen „männlich" und „weiblich" ist ein nominales, das Merkmal „Schulische Leistung" ein ordinales Merkmal. Das quantitative Merkmal „Kinderzahl" ist ein diskretes, das Merkmal „Körpergröße" ein stetiges Merkmal.

Quantitative Merkmale werden auch als *Größen* (oder *Variablen*) bezeichnet. Wenn den Ausprägungen eines qualitativen Merkmals Zahlen zugeordnet werden (z. B. Zensurnoten), so liegt auch hier eine Größe vor, wenngleich ihre Zahlenwerte nur eine willkürlich vereinbarte Bedeutung haben. Der Begriff „Zufallsvariable" wird auf diese Weise auch auf qualitative Merkmale ausgedehnt.

40.3 Häufigkeit und Häufigkeitsverteilung

Urliste. Die aus einer Erhebung gewonnenen Daten x_i $(i = 1, 2, \ldots, n)$ über ein bestimmtes Untersuchungsmerkmal liegen zunächst ungeordnet in der sog. Urliste vor. Die x_i können – i. allg. mit Zahlen bezeichnete – Ausprägungen qualitativer Merkmale sein oder Meßwerte (diskreter oder stetiger) quantitativer Variablen.

Beispiel 2: Druckfestigkeit von Beton. Bei einer Materialprüfung wurde die Druckfestigkeit von 25 Betonwürfeln untersucht. Die 25 Druckfestigkeitswerte in der Urliste lagen in einem Bereich von 29,8 bis 47,9 N/mm² (Tabelle 40-1).

Tabelle 40-1. Urliste der Meßwerte x_i $(i = 1, 2, \ldots, 25)$: Druckfestigkeiten in N/mm².

40,7	39,6	29,8	38,7	43,6
36,6	43,5	37,5	46,3	38,1
38,9	47,9	43,8	41,1	33,1
32,1	39,8	42,1	33,4	46,7
41,2	39,6	40,0	36,9	39,8

Klasseneinteilung. Bei größeren Datenmengen ist es zur Verbesserung der Übersichtlichkeit notwendig, die in der Urliste enthaltenen Daten in Klassen einzuteilen und deren Besetzungszahlen durch Tabellen oder Diagramme zu veranschaulichen. Die Klassen müssen den gesamten Bereich der vorliegenden Ausprägungen überdecken und es sollte keine Klasse unbesetzt sein. Bei quantitativen Merkmalen sollten die Klassen möglichst gleich breit sein. Als Anhalt für die zu wählende *Klassenanzahl k* kann in Abhängigkeit vom Datenumfang n folgende Faustregel dienen: $k = 5$ für $n \leqq 25$, $k \approx \sqrt{n}$ für $25 \leqq n \leqq 100$ und $k \approx 1 + 4{,}5 \lg n$ für $n > 100$.

Absolute und relative Häufigkeit. $\tilde{x}_j$ $(j = 1, 2, \ldots, k)$ bezeichnen bei qualitativen und diskreten Merkmalen die möglichen Ausprägungen, bei einem stetigen Merkmal die Klassenmitten, d. h. in jeder Klasse das arithmetische Mittel von Ober- und Untergrenze. Die Besetzungszahl $h(\tilde{x}_j)$ der Beobachtungswerte aus der Urliste, die in die Klasse j fallen, heißt absolute Häufigkeit der Merkmalsausprägung $\tilde{x}_j$, ihr relativer Anteil $f(\tilde{x}_j)$ an der Ge-

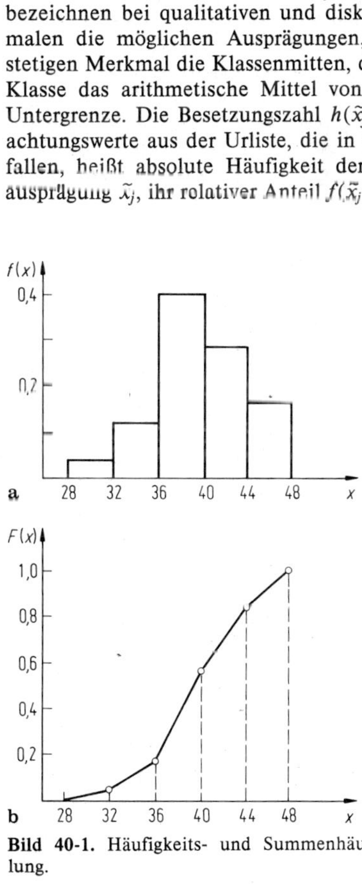

Bild 40-1. Häufigkeits- und Summenhäufigkeitsverteilung.

Tabelle 40-2. Häufigkeits- und Summenhäufigkeitstabelle

Klasse j	Klassen-grenzen	Klassen-mitte	absolute Häufigkeit	relative Häufigkeit	relative Summen-häufigkeit
1	28,1-32,0	30	1	0,04	0,04
2	32,1-36,0	34	3	0,12	0,16
3	36,1-40,0	38	10	0,40	0,56
4	40,1-44,0	42	7	0,28	0,84
5	44,1-48,0	46	4	0,16	1,00

samtzahl n der erhobenen Werte relative Häufigkeit. Es gilt:

$$f(\tilde{x}_j) = h(\tilde{x}_j)/n \quad \text{mit} \quad \sum_{j=1}^{k} h(\tilde{x}_j) = n \quad \text{und}$$

$$\sum_{j=1}^{k} f(\tilde{x}_j) = 1\,. \tag{1}$$

Häufigkeitsverteilung. Die geordneten Merkmalsklassen mit den zugehörenden (absoluten oder relativen) Häufigkeiten definieren die Häufigkeitsverteilung des Merkmals. Die tabellarische oder graphische Darstellung einer Häufigkeitsverteilung heißt *Häufigkeitstabelle* (vgl. Beispiel 2, Tabelle 40-2) bzw. *Histogramm* (vgl. Bild 40-1a).

Summenhäufigkeit. Die einer Merkmalsausprägung $\tilde{x}_j$ eines ordinalen oder diskreten Merkmals zugeordnete Häufigkeit aller Beobachtungswerte aus der Urliste, die diese Merkmalsausprägung bzw. Klassengrenze nicht überschreiten, heißt Summenhäufigkeit. Für die *absolute Summenhäufigkeit* gilt:

$$H(\tilde{x}_j) = \sum_{\tilde{x}_i \leqq \tilde{x}_j} h(\tilde{x}_i) = \sum_{i=1}^{j} h(\tilde{x}_i)\,, \tag{2}$$

und für die *relative Summenhäufigkeit*

$$F(\tilde{x}_j) = \frac{H(\tilde{x}_j)}{n} = \sum_{\tilde{x}_i \leqq \tilde{x}_j} f(\tilde{x}_i) = \sum_{i=1}^{j} f(\tilde{x}_i)\,. \tag{3}$$

Bei einem stetigen Merkmal kennzeichnet hierbei $\tilde{x}_j$ die Obergrenze der betreffenden Klasse j.

Summenhäufigkeitsverteilung. Die geordneten Merkmalsausprägungen mit den zugehörenden Summenhäufigkeiten definieren die Summenhäufigkeitsverteilung. Die tabellarische oder graphische Darstellung einer Summenhäufigkeitsverteilung heißt *Summenhäufigkeitstabelle*, vgl. Beispiel 2, Tabelle 40-2, bzw. *Summenhäufigkeitskurve*. Bei diskreten Merkmalen ist die Darstellung der Summenhäufigkeit eine (linksseitig stetige) Treppenkurve, bei stetigen Merkmalen eine stückweise lineare Kurve (Polygonzug), deren Knickpunkte an den Klassenobergrenzen liegen (Bild 40-1b).

40.4 Kenngrößen empirischer Verteilungen

Wie bei den Wahrscheinlichkeitsverteilungen gibt es auch für empirische Häufigkeitsverteilungen Kenngrößen ihrer Lage und Streuung.

40.4.1 Lageparameter

Arithmetischer Mittelwert $\bar{x}$: Nur für quantitative Merkmalsausprägungen läßt sich der arithmetische Mittelwert

$$\bar{x} = \frac{1}{n}\sum_{i=1}^{n} x_i \approx \frac{1}{n}\sum_{j=1}^{k} \tilde{x}_j f(\tilde{x}_j) \tag{4}$$

definieren. Der arithmetische Mittelwert besitzt folgende wichtige Eigenschaften: Die Summe der Abweichungen vom arithmetischen Mittelwert ist Null

$$\sum_{i=1}^{n} (x_i - \bar{x}) = \sum_{i=1}^{n} x_i - n\bar{x} = 0\,. \tag{5}$$

Die quadratische Abweichung ist kleiner als jede auf einen von $\bar{x}$ verschiedenen Wert $\bar{\bar{x}}$ bezogene quadratische Abweichung:

$$\sum_{i=1}^{n} (x_i - \bar{x})^2 < \sum_{i=1}^{n} (x_i - \bar{\bar{x}})^2 \quad \text{für} \quad \bar{\bar{x}} \neq \bar{x}\,. \tag{6}$$

Beispiel 3: Für Beispiel 2 ergibt sich

$$\bar{x} = \sum_{i=1}^{25} x_i/25 = 990{,}8/25\,\mathrm{N/mm^2} = 39{,}63\,\mathrm{N/mm^2}$$

$$\bar{x} \approx \sum_{j=1}^{5} \tilde{x}_j f(\tilde{x}_j) = 39{,}6\,\mathrm{N/mm^2}.$$

Empirischer Median $\tilde{x}_{0,5}$: Stichprobendaten eines quantitativen Merkmals können in eine geordnete Reihe x_i $(i = 1, 2, \ldots, n)$ gebracht werden mit $x_i \leqq x_{i+1}$, wobei i die Ordnungsnummer darstellt. Ein Wert, der diese geordnete Reihe in zwei gleiche Hälften teilt, heißt empirischer Median $\tilde{x}_{0,5}$. Dieser ist ein bestimmter Meßwert, wenn n ungerade ist, und liegt zwischen zwei Meßwerten bei geradem n. Es gilt:

$$\tilde{x}_{0,5} = \begin{cases} x_{(n+1)/2} & \text{wenn } n \text{ ungerade} \\ (x_{n/2} + x_{n/2+1})/2 & \text{wenn } n \text{ gerade}. \end{cases} \quad (7)$$

Beispiel 4: Im Beispiel 2 ist $n = 25$ ungerade und somit $\tilde{x}_{0,5}$ gleich dem 13. Wert in der nach Größe geordneten Reihe:

$$\tilde{x}_{0,5} = 39{,}8\ \mathrm{N/mm^2}.$$

Empirischer Modalwert $\bar{x}_D$: Die Merkmalsausprägung, die am häufigsten vorkommt, ist der Modalwert $\bar{x}_D$. Für ihn gilt: $h(\bar{x}_D) = \max\limits_j h(\tilde{x}_j)$. Liegen mehrere Ausprägungen mit der größten Häufigkeit vor, so gibt es ebenso viele Modalwerte.

Beispiel 5: Im Beispiel 2 ist $\bar{x}_D = 38{,}0\ \mathrm{N/mm^2}$.

40.4.2 Streuungsparameter

Die folgenden wichtigen Streuungsparameter haben nur bei quantitativen Merkmalen eine Bedeutung.

Varianz s^2 und Standardabweichung s. Das am häufigsten verwendete Streuungsmaß ist die (empirische) Varianz, definiert als

$$s^2 = \frac{1}{n-1} \sum_{i=1}^{n} (x_i - \bar{x})^2 = \frac{1}{n-1} \left[\sum_{i=1}^{n} x_i^2 - \frac{1}{n} \left(\sum_{i=1}^{n} x_i \right)^2 \right]. \quad (8)$$

Mit den Klassenmitten $\tilde{x}_j$ und den relativen Häufigkeiten $f(\tilde{x}_j)$ gilt annähernd:

$$s^2 \approx \sum_{j=1}^{k} (\tilde{x}_j - \bar{x})^2 f(\tilde{x}_j) = \sum_{j=1}^{k} \tilde{x}_j^2 f(\tilde{x}_j) - \bar{x}^2. \quad (9)$$

Beispiel 6: Für Beispiel 2 erhält man:

$$s^2 = \frac{1}{24} \left(\sum_{i=1}^{25} x_i^2 - 25 \bar{x}^2 \right) = \frac{1}{24} \cdot (39\,750{,}14 - 25 \cdot 39{,}63^2) = 20{,}11\ \mathrm{N^2/mm^4}$$

bzw. $s = 4{,}49\ \mathrm{N/mm^2}$.

Die Näherungsformel (9) liefert

$$s^2 \approx \sum_{j=1}^{5} \tilde{x}_j^2 f(\tilde{x}_j) - \bar{x}^2 = 14{,}10\ \mathrm{N^2/mm^4}$$

bzw. $s \approx 3{,}86\ \mathrm{N/mm^2}$.

Empirischer Variationskoeffizient $\hat{v}$. Er lautet:

$$\hat{v} = s/\bar{x}.$$

Beispiel 7: Im Beispiel 2 ist $\hat{v} = 4{,}49/39{,}63 = 0{,}113$.

40.5 Empirischer Korrelationskoeffizient

Werden an den n Untersuchungseinheiten einer Stichprobe jeweils zwei Merkmale X und Y gemessen, so kann eine „zweidimensionale Häufigkeitstabelle", eine sog. *Mehrfeldertafel* oder *Kontingenztabelle*, aufgestellt werden, deren *Randverteilungen* die Häufigkeitsverteilungen der Merkmale X bzw. Y angeben. Bei zwei quantitativen Merkmalen X und Y kann jedes Meßwertepaar auch in einem sog. *Streuungsdiagramm* als Punkt dargestellt werden (vgl. Bild 40-2).

Ein Maß für den linearen Zusammenhang der beiden Merkmale X und Y in der Stichprobe liefert

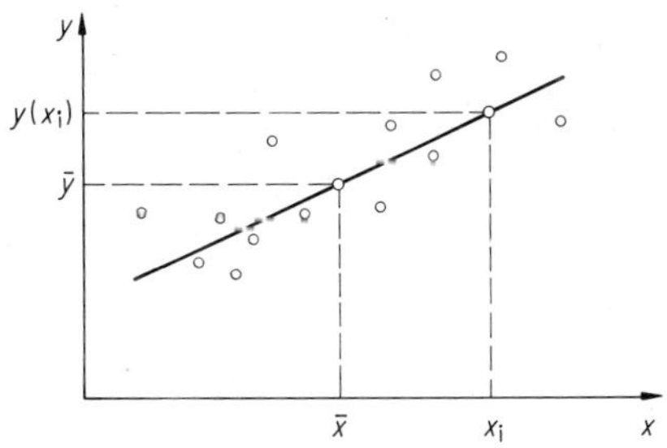

Bild 40-2. Streuungsdiagramm.

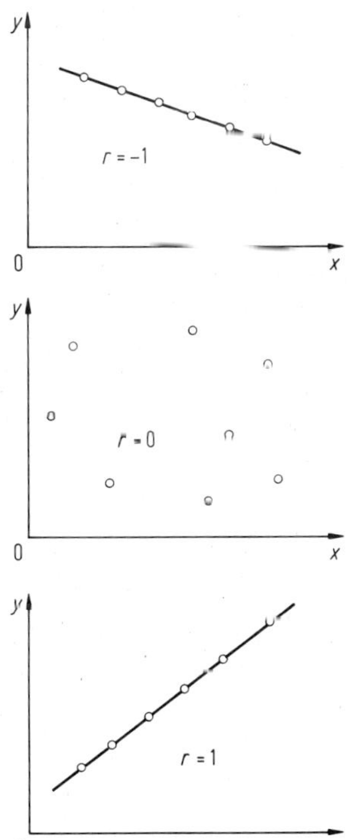

Bild 40-3. Streuungsdiagramme für verschiedene Werte des Korrelationskoeffizienten r.

ähnlich wie in Abschnitt 39.6 die *empirische Kovarianz*

$$s_{xy} = \frac{1}{n-1} \sum_{i=1}^{n} (x_i - \bar{x})(y_i - \bar{y})$$
$$= \left(\sum_i x_i y_i - n\overline{xy}\right) \Big/ (n-1) \qquad (10)$$

bzw. der *empirische Korrelationskoeffizient*

$$r = \frac{s_{xy}}{s_x \cdot s_y} = \frac{\sum_i (x_i - \bar{x})(y_i - \bar{y})}{\sqrt{\sum_i (x_i - \bar{x})^2 \sum_i (y_i - \bar{y})^2}}$$
$$= \frac{n\sum x_i y_i - \sum x_i \sum y_i}{\sqrt{\left[n\sum x_i^2 - (\sum x_i)^2\right]\left[n\sum y_i^2 - (\sum y_i)^2\right]}} \qquad (11)$$

der die auf $-1 \leqq r \leqq 1$ normierte Kovarianz darstellt. Liegen die Stichprobenwertepaare alle auf einer Geraden, so ist der Korrelationskoeffizient $+1$ bzw. -1 (vgl. Bild 40-3).

41 Induktive Statistik

Die Methoden der induktiven (schließenden, beurteilenden) Statistik ermöglichen Schlüsse von den Ergebnissen einer Stichprobe auf die Grundgesamtheit. Dieser „statistische Rückschluß" ist auf zweierlei Arten möglich: erstens als Schätzen von Parametern von Verteilungen (Schätzverfahren) und zweitens als Prüfen von Hypothesen (Prüfverfahren).

41.1 Stichprobenauswahl

Der statistische Rückschluß von der Stichprobe auf die Grundgesamtheit ist nur dann möglich, wenn die Stichprobenauswahl nach einem Zufallsverfahren erfolgt, in dem jedes Element der Grundgesamtheit eine berechenbare, von Null verschiedene Wahrscheinlichkeit besitzt, in die Stichprobe zu gelangen.
Unter den Zufallsstichproben sind uneingeschränkte, geschichtete, mehrstufige und mehrstufige geschichtete Stichproben zu unterscheiden. Im folgenden wird die uneingeschränkte Zufallsauswahl vorausgesetzt, bei der für alle Elemente der Grundgesamtheit die Wahrscheinlichkeit, in die Stichprobe zu gelangen, gleich und unabhängig davon ist, welche Elemente bereits ausgewählt worden sind.

41.2 Stichprobenfunktionen

Werden aus einer Grundgesamtheit n Untersuchungseinheiten entnommen, so sind die n Ausprägungen bzw. Werte des zu messenden Merkmals X Zufallsgrößen $X_1, \ldots, X_n$, für die nach der Messung die Realisationen $x_1, \ldots, x_n$ vorliegen. Eine Funktion $g(X_1, \ldots, X_n)$ der Zufallsgrößen $X_1, \ldots, X_n$ heißt *Stichprobenfunktion*. Sie ist ihrerseits eine Zufallsvariable, für die eine Stichprobe mit den Meßwerten $x_1, \ldots, x_n$ eine Realisation $g(x_1, \ldots, x_n)$ liefert.

41.3 Statistische Schätzverfahren

Statistische Schätzverfahren dienen dazu, aus den Stichprobenwerten möglichst genaue Schätzwerte für die Parameter einer Verteilung (z. B. Erwartungswert, Varianz) eines Merkmals zu ermitteln.

41.3.1 Schätzfunktion

Eine Stichprobenfunktion, deren Realisation Schätzwerte für einen Parameter einer Verteilung liefern, heißt *Schätzfunktion*. Eine Schätzfunktion $\hat{\Theta}_n = g(X_1, \ldots, X_n)$ für den Parameter ϑ heißt *erwartungstreu*, wenn sie den Parameter ϑ als Erwartungswert besitzt:

$$E(\hat{\Theta}_n) = \vartheta. \qquad (1)$$

41.3.2 Punktschätzung

Ist $\hat{\Theta}_n = g(X_1, \ldots, X_n)$ eine Schätzfunktion für den Parameter ϑ einer Verteilung, so liefern die Stichprobenwerte $x_1, \ldots, x_n$ eine Realisation $\hat{\vartheta}_n = g(x_1, \ldots, x_n)$ der Schätzfunktion, d. h. einen *Schätzwert* für den Parameter ϑ. Für einen Parameter sind mehrere Schätzfunktionen möglich, z. B. für den Mittelwert μ das arithmetische Mittel $\bar{x}$, der Median $\bar{x}_{0,5}$ und der Modalwert $\bar{x}_D$ (vgl. 40.4.1). Deshalb ist es wichtig, wenn möglich eine erwartungstreue Schätzfunktion zu verwenden.

Beispiel 1: Für ein Merkmal X mit $E(X) = \mu$ in der Grundgesamtheit ist das arithmetische Mittel $\bar{X} = \frac{1}{n} \sum_i X_i$ eine erwartungstreue Schätzfunktion für den Mittelwert μ, da mit Gl. (9) und (10) in 39.4.2 gilt:

$$E(\bar{X}) = \frac{1}{n} E\left(\sum_i X_i\right) = \frac{1}{n} \sum_i E(X_i) = \frac{1}{n} \sum_i \mu = \mu.$$

Somit ist das arithmetische Mittel $\bar{x} = \sum_i x_i / n$ ein erwartungstreuer Schätzwert des Mittelwerts μ. Ebenso ist die in Gl. (8) in 40.4.2 beschriebene Streuung s^2 ein erwartungstreuer Schätzwert der Varianz σ^2.

Maximum-Likelihood-Methode. Ein sehr allgemein anwendbares Verfahren zur Bestimmung von Schätzfunktionen und somit zum Schätzen von Parametern einer Verteilung, deren Typ bekannt

ist, ist das Maximum-Likelihood-Verfahren (Verfahren der größten Mutmaßlichkeit).
Es sei $f(x|\vartheta)$ die Wahrscheinlichkeits- bzw. Dichtefunktion einer vom Parameter ϑ abhängenden Verteilung einer Zufallsgröße X in der Grundgesamtheit, aus der eine Stichprobe von n Stichprobenwerten x_i $(i = 1, \ldots, n)$ entnommen wurde. Die Funktion des Parameters ϑ

$$L(\vartheta) = f(x_1|\vartheta) \cdot f(x_2|\vartheta) \cdot \ldots \cdot f(x_n|\vartheta)$$

heißt *Likelihood-Funktion*.
Für ein diskretes Merkmal X ist die Likelihood-Funktion $L(\vartheta)$ die Wahrscheinlichkeit für das Auftreten der vorliegenden Stichprobe, für ein stetiges Merkmal das Produkt der entsprechenden Werte der Wahrscheinlichkeitsdichte. Der Maximum-Likelihood-Schätzwert (ML-Schätzwert) $\hat{\vartheta}$ für den Parameter ist der Wert, für den die Likelihood-Funktion $L(\vartheta)$ ihren größten Wert annimmt. Die Berechnung des Schätzwerts $\hat{\vartheta}$ ist einfacher am Logarithmus der Likelihood-Funktion $L(\vartheta)$ vorzunehmen. Da der Logarithmus eine streng monoton wachsende Funktion ist, liegen die Maxima von $L(\vartheta)$ und $\ln L(\vartheta)$ an derselben Stelle. Wegen

$$\ln L(\vartheta) = \sum_{i=1}^{n} \ln f(x_i)$$

erhält man den Schätzwert $\hat{\vartheta}$ aus der notwendigen Extremwertbedingung

$$\frac{\mathrm{d} \ln L(\vartheta)}{\mathrm{d}\vartheta} = \sum_{i=1}^{n} \frac{\mathrm{d} \ln f(x_i|\vartheta)}{\mathrm{d}\vartheta} = 0\,.$$

Bei Verteilungen mit mehreren Parametern ϑ_j $(j = 1, \ldots, m)$ lassen sich die Parameterschätzwerte ermitteln aus dem System von m Gleichungen $j = 1, \ldots, m$

$$\frac{\partial}{\partial \vartheta_j} \ln L(\vartheta_1, \ldots, \vartheta_m) = 0\,.$$

Beispiel 2: Den ML-Schätzwert $\hat{\lambda}$ des Parameters λ einer Poisson-Verteilung (vgl. Tabelle 39-2) mit der Wahrscheinlichkeitsfunktion

$$f(x|\lambda) = \frac{\lambda^x}{x!} \mathrm{e}^{-\lambda}$$

erhält man aus der Likelihood-Funktion

$$L(\lambda) = \prod_i \frac{\lambda^{x_i}}{x_i!} \mathrm{e}^{-\lambda}$$

mit $\ln L(\lambda) = \sum_i [x_i \ln \lambda - \ln(x_i!) - \lambda]$

durch Nullsetzen der Ableitung

$$\frac{\mathrm{d} \ln L(\lambda)}{\mathrm{d}\lambda} = \sum_i \left[\frac{x_i}{\lambda} - 1\right] = 0$$

zu $\hat{\lambda} = \frac{1}{n} \sum_i x_i = \bar{x}$.

Momentenmethode. Ein meist einfacheres Verfahren zur Schätzung von Parametern einer Verteilung besteht darin, den Parameter direkt aus den Kennwerten der empirischen Verteilung (vgl. 40.4) des Merkmals X aus der Stichprobe zu berechnen.

Beispiel 3: Für eine poissonverteilte Zufallsgröße X gilt gemäß Tabelle 39-1 $E(X) = \lambda$. Gemäß Beispiel 1 ist der arithmetische Mittelwert $\bar{x} = \sum_i x_i/n$ einer Stichprobe ein erwartungstreuer Schätzwert für $E(X)$ und somit für den Parameter λ der Poisson-Verteilung. Wie mit der Maximum-Likelihood Methode im Beispiel 2 erhält man $\hat{\lambda} = \bar{x}$.

41.3.3 Intervallschätzung

Aus der Verteilung der Zufallsgröße in der Grundgesamtheit kann die Verteilung der Schätzfunktion, die selbst eine Zufallsvariable ist, bestimmt werden. Daraus lassen sich Intervalle ableiten, in denen der gesuchte Parameter ϑ mit einer vorgegebenen Wahrscheinlichkeit liegt:

$$P(\hat{\Theta}_n^{(1)} \leqq \vartheta \leqq \hat{\Theta}_n^{(2)}) = 1 - \alpha. \qquad (2)$$

Das Zufallsintervall $[\hat{\Theta}_n^{(1)}, \hat{\Theta}_n^{(2)}]$ heißt *Konfidenzschätzer* für den Parameter ϑ, eine Realisation $[\hat{\vartheta}_n^{(1)}, \hat{\vartheta}_n^{(2)}]$ des Konfidenzschätzers heißt *Konfidenzintervall*.
Man schreibt deshalb auch

$$\mathrm{Konf}(\hat{\vartheta}_n^{(1)} \leqq \vartheta \leqq \hat{\vartheta}_n^{(2)}) = 1 - \alpha. \qquad (3)$$

Beispiel 4: Für eine $N(\mu, \sigma^2)$-verteilte Zufallsgröße X ist die Schätzfunktion $\bar{X} = \left(\sum_i X_i\right)/n$ eine $N(\mu, \sigma^2/n)$-verteilte Zufallsgröße und somit die Zufallsgröße $Z = (\bar{X} - \mu)\sqrt{n}/\sigma$ standardnormalverteilt. Es gilt

$$P\{-z_{1-\alpha/2} \leqq (\bar{X} - \mu)\sqrt{n}/\sigma \leqq z_{1-\alpha/2}\} = 1 - \alpha$$

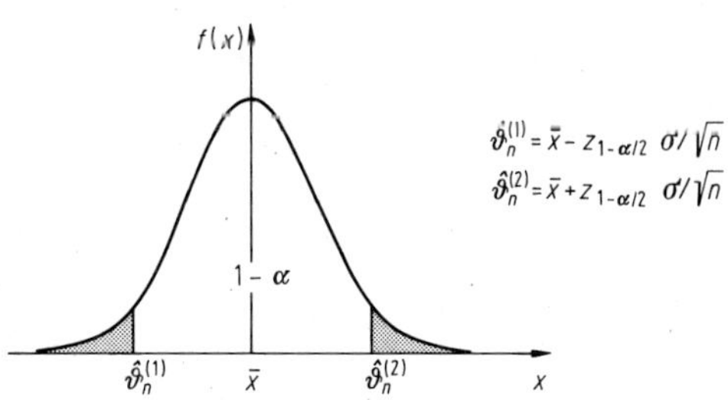

Bild 41-1. Konfidenzintervall für den Mittelwert μ.

und umgeformt

$$P\{\bar{X} - z_{1-\alpha/2}\sigma/\sqrt{n} \leqq \mu \leqq \bar{X} + z_{1-\alpha/2}\sigma/\sqrt{n}\} = 1 - \alpha.$$

Bei einer Stichprobe mit den Meßwerten $x_1, \ldots, x_n$ lautet das Konfidenzintervall (vgl. Bild 41-1)

$$\text{Konf}\{\bar{x} - z_{1-\alpha/2}\sigma/\sqrt{n} \leqq \mu \leqq \bar{x} + z_{1-\alpha/2}\sigma/\sqrt{n}\} = 1 - \alpha. \qquad (4)$$

41.4 Statistische Prüfverfahren

Neben dem Schätzen von Parametern ist das Prüfen von Hypothesen über die Größe eines Parameters oder über den Typ einer Verteilung eines Merkmals eine wichtige Aufgabe von Stichprobenerhebungen. Zur Hypothesenprüfung wird zunächst eine *Nullhypothese* H_0 aufgestellt, zu der eine entsprechende Alternativhypothese H_1 existiert. Anhand der Ergebnisse einer Stichprobe erfolgt eine Entscheidung zugunsten oder gegen die Annahme der Nullhypothese H_0.
Zur Testentscheidung wird wiederum eine Stichprobenfunktion mit *bekannter* Wahrscheinlichkeitsverteilung gebildet, die in diesem Fall *Prüffunktion* $T = T(X_1, \ldots, X_n)$ genannt wird. Dabei wird unterstellt, daß die Nullhypothese richtig ist. Aus den Meßwerten einer Stichprobe wird eine Realisation $t = T(x_1, \ldots, x_n)$ der Prüffunktion berechnet und aus ihrer Lage im Vergleich zur Wahrscheinlichkeitsverteilung auf Annahme oder Ablehnung der Nullhypothese H_0 geschlossen. Liegt t im *kritischen Bereich*, in dem die Realisationen der Prüffunktion mit einer Wahrscheinlichkeit von höchstens α liegen, so wird die Nullhypothese H_0 verworfen. Die vorgegebene Wahrscheinlichkeit α heißt *Signifikanzniveau*.
Die Wahrscheinlichkeit, daß die Nullhypothese H_0 abgelehnt wird, obwohl sie richtig ist (Fehler 1. Art), ist dann α. Im allgemeinen verwendet man für α Werte zwischen 0,01 und 0,10. Bei sehr kleinem Signifikanzniveau α ist die Gefahr sehr groß, daß die Nullhypothese H_0 angenommen wird, obwohl sie falsch ist (Fehler 2. Art).

Beispiel 5: Es soll die Hypothese geprüft werden, daß der Mittelwert μ eines $N(\mu, \sigma^2)$-verteilten Merkmals X größer ist als ein vorgegebener Wert μ_0. Dann wählt man H_0: $\mu \leqq \mu_0$ und H_1: $\mu > \mu_0$. Als Prüffunktion kann die standardnormalverteilte Zufallsgröße $Z = (\bar{X} - \mu)\sqrt{n}/\sigma$ dienen, die bei gültiger Nullhypothese H_0 lautet $Z = (\bar{X} - \mu_0) \times \sqrt{n}/\sigma$.
Die Nullhypothese H_0 wird abgelehnt, wenn die Realisation $\bar{x} = \sum_i x_i/n$ der Zufallsgröße $\bar{X}$ aus einer Stichprobe $(x_1, \ldots, x_n)$ eine Realisation $z = (\bar{x} - \mu_0)\sqrt{n}/\sigma$ der Prüffunktion Z liefert, die im kritischen Bereich $z > z_{1-\alpha}$ liegt (Bild 41-2a).

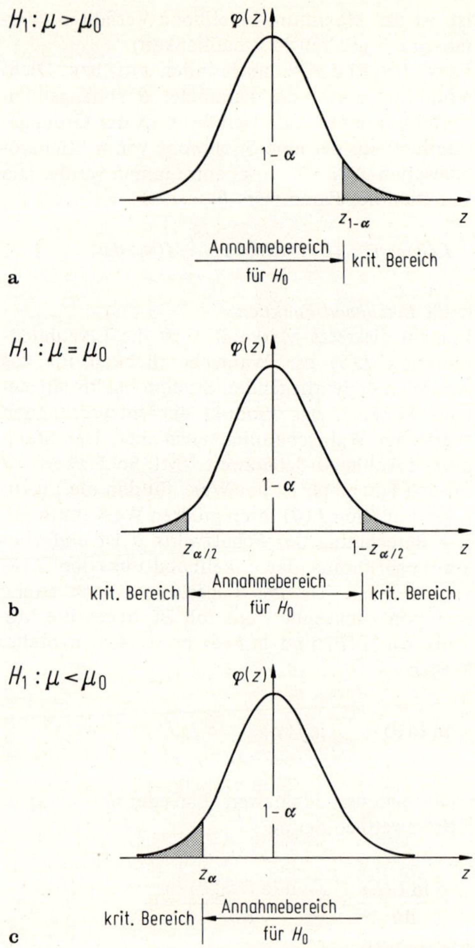

Bild 41-2. Annahme- und kritische Bereiche für ein- und zweiseitige Tests. **a** H_1: $\mu > \mu_0$, **b** H_1: $\mu = \mu_0$, **c** H_1: $\mu < \mu_0$.

Bild 41-2 zeigt die Annahme- und kritischen Bereiche für die einseitigen Tests (H_1: $\mu > \mu_0$ und H_1: $\mu < \mu_0$) und für die zweiseitige Prüfung (H_1 $\mu \neq \mu_0$) des Mittelwertes μ.

41.5 Prüfen der Unabhängigkeit zweier Zufallsgrößen (Korrelationskoeffizient)

Gleichung (11) in 40.5 liefert einen Schätzwert r für den Korrelationskoeffizienten ϱ zweier Zufallsgrößen X und Y (siehe 39.6). Die Unabhängigkeit von X und Y kann als Nullhypothese H_0: $\varrho = 0$ gegen die Alternativhypothese H_1: $\varrho \neq 0$ geprüft werden anhand des Wertes

$$t = r\sqrt{n-2}\Big/\sqrt{1-r^2},$$

der eine Realisation einer t-verteilten Zufallsgröße T als Prüffunktion mit $n-2$ Freiheitsgraden ist. Die Nullhypothese wird demzufolge bei einem Signifikanzniveau von α abgelehnt, wenn t im kritischen Bereich liegt:

$$|t| > t_{n-2;1-\alpha/2}\,.$$

Beispiel 6: Die Untersuchung des Zusammenhangs zwischen der oberen Streckgrenze und der Zugfestigkeit einer Stahlsorte lieferte an 18 Proben einen empirischen Korrelationskoeffizienten $r = 0{,}69$. Bei einem Signifikanzniveau von $\alpha = 0{,}05$ ist

$$t = 0{,}69\sqrt{18-2}\Big/\sqrt{1-0{,}69^2} = 3{,}81 > t_{16;0{,}975} = 2{,}12$$

und somit die Nullhypothese abzulehnen; d. h. der Zusammenhang ist bei einer Irrtumswahrscheinlichkeit von 0,05 als gegeben nachgewiesen.

41.6 Regression

41.6.1 Grundlagen

Eine Vielzahl praktischer Probleme bezieht sich auf die Frage nach der Abhängigkeit einer Zufallsgröße Y von einer praktisch fehlerfrei meßbaren Zufallsgröße X, wobei anders als bei der Korrelation Y eindeutig als die abhängige Variable feststeht. Zu jedem festen $X = x$ weist die abhängige Zufallsgröße Y eine Wahrscheinlichkeitsverteilung auf mit einem von x abhängigen Erwartungswert $\mu(x) = E(Y|X = x)$.
Der von x abhängige Erwartungswert $\mu(x)$ heißt *Regressionsfunktion* des Merkmals Y bezüglich des Merkmals X. Eine lineare Regressionsfunktion heißt *Regressionsgerade*

$$\mu(x) = \alpha + \beta x, \tag{5}$$

die Steigung β der Geraden *Regressionskoeffizient.*
Wenn die zufällige Abweichung Z des Merkmals Y vom entsprechenden Erwartungswert $\mu(x)$ als stochastisch unabhängig von X und Y und als normalverteilt mit konstanter Varianz σ^2 angesehen werden kann, d. h. wenn gilt $Z \sim N(0, \sigma^2)$, so ist die abhängige Zufallsgröße Y darstellbar als

$$Y = \alpha + \beta x + Z = \mu(x) + Z \tag{6}$$

und Y ist $N(\mu(x), \sigma^2)$-verteilt.

41.6.2 Schätzwerte für α, β und σ^2

Anhand einer Stichprobe von n Meßwertepaaren (x_i, y_i) lassen sich für die Parameter α, β und σ^2 erwartungstreue Schätzwerte a, b bzw. s^2 durch Minimierung der Summe der Abweichungsquadrate

$$Q(a, b) = \sum_i [y_i - y(x_i)]^2 = \sum_i (y_i - a - bx_i)^2 = \text{Min} \tag{12}$$

der Meßwerte y_i von den entsprechenden Werten $y(x_i)$ der empirischen Regressionsfunktion

$$y(x) = a + bx \tag{8}$$

an den Stellen x_i ermitteln. Nullsetzen der partiellen Ableitung $Q/\partial a$ und $Q/\partial b$ liefert die Schätzwerte

$$a = \frac{\sum y_i \sum x_i^2 - \sum x_i \sum x_i y_i}{n \sum x_i^2 - (\sum x_i)^2}$$
$$b = \frac{n \sum x_i y_i - \sum x_i \sum y_i}{n \sum x_i^2 - (\sum x_i)^2} = \frac{s_{xy}}{s_x^2} \tag{10}$$

mit den Schätzwerten s_{xy} für die Kovarianz von X und Y sowie s_x^2 für die Varianz von X gemäß Gl. (10) in 40.5 bzw. (8) in 40.4.2. Daraus erhält man als Schätzwert für die Varianz σ^2

$$s^2 = \frac{1}{n-2} \sum_i (y_i - a - bx_i)^2\,. \tag{11}$$

Da die Regressionsgerade $y(x)$ durch den Schwerpunkt mit den Koordinaten $\bar{x}$ und $\bar{y}$ geht, gilt auch

$$y(x) = \bar{y} + b(x - \bar{x})\,. \tag{12}$$

Ein normiertes Maß für die Güte der Anpassung der empirischen Regressionsfunktion $y(x)$ an die Beobachtungswerte liefert das

Bestimmtheitsmaß

$$B = \frac{\sum_i [y(x_i) - \bar{y}]^2}{\sum_i [y_i - \bar{y}]^2} = \frac{b^2 \sum_i (x_i - \bar{x})^2}{\sum_i (y_i - \bar{y})^2} = b^2 \frac{S_x^2}{S_y^2}, \tag{13}$$

wobei mit Gl. (8) in 40.4.2 gilt

$$S_x^2 = (n-1)s_x^2 = \sum_i (x_i - \bar{x})^2 = \sum_i x_i^2 - \Big(\sum_i x_i\Big)^2/n \tag{14}$$

$$S_y^2 = (n-1)s_y^2 = \sum_i (y_i - \bar{y})^2 = \sum_i y_i^2 - \Big(\sum_i y_i\Big)^2/n\,. \tag{15}$$

Mit Gl. (10) folgt

$$B = \frac{s_{xy}^2}{s_x^2 s_y^2} = r^2 \tag{16}$$

und somit auch $0 \leqq B \leqq 1$, wobei $B = 1$ nur dann möglich ist, wenn alle Stichprobenwerte auf der Regressionsgeraden liegen.

41.6.3 Konfidenzintervalle für die Parameter β, σ^2 und $\mu(x)$

Als Konfidenzintervalle ergeben sich

(a) für den *Regressionskoeffizienten* β

$$\text{Konf}(b - t_{n-2;1-\alpha/2} \cdot s/S_x \leqq \beta \leqq b + t_{n-2;1-\alpha/2} \cdot s/S_x) = 1 - \alpha \quad (17)$$

mit s aus Gl. (11) und S_x aus Gl. (14),

(b) für die *Varianz* σ^2

$$\text{Konf}\left[\frac{(n-2)s^2}{\chi^2_{n-2;1-\alpha/2}} \leqq \sigma^2 \leqq \frac{(n-2)s^2}{\chi^2_{n-2;\alpha/2}}\right] = 1 - \alpha, \quad (18)$$

(c) für den *Funktionswert* $\mu(x) = \alpha + \beta x$ an der Stelle x

$$\text{Konf}\left(y(x) - t_{n-2;1-\alpha/2}\, s\sqrt{g(x)} \leqq \mu(x) \leqq y(x) + t_{n-2;1-\alpha/2}\, s\sqrt{g(x)}\right) = 1 - \alpha \quad (19)$$

mit

$$g(x) = \frac{1}{n} + \frac{(x-\bar{x})^2}{\sum_i (x_i - \bar{x})^2} = \frac{1}{n} + \frac{(x-\bar{x})^2}{S_x^2}$$

Dabei kennzeichnen $t_{n-2;1-\alpha/2}$, $\chi^2_{n-2;1-\alpha/2}$ und $\chi^2_{n-2;\alpha/2}$ die entsprechenden Quantile der t- bzw. χ^2-Verteilung mit $n-2$ Freiheitsgraden (vgl. Tabelle 39-5 bzw. 39-4).

41.6.4 Prüfen einer Hypothese über den Regressionskoeffizienten

Eine Hypothese über den Regressionskoeffizienten β kann mit Hilfe einer t-verteilten Prüffunktion geprüft werden. Man erhält bei einem Signifikanzniveau von α als kritischen Bereich für die Prüfgröße t bezüglich der *Nullhypothese* H_0: $\beta = \beta_0$ (H_1: $\beta \neq \beta_0$):

$$t = |b - \beta_0| \sqrt{\sum_i (x_i - \bar{x})^2} / s = |b - \beta_0| S_x/s > t_{n-2;1-\alpha/2}, \quad (20)$$

bezüglich der Nullhypothesen H_0: $\beta \leqq \beta_0$ (H_1: $\beta > \beta_0$) bzw. H_0: $\beta \geqq \beta_0$ (H_1: $\beta < \beta_0$):

$$t = |b - \beta_0| \sqrt{\sum_i (x_i - \bar{x})^2} / s = |b - \beta_0| S_x/s > t_{n-2;1-\alpha} \quad (21)$$

jeweils mit S_x aus Gl. (14) und s aus Gl. (11).

41.6.5 Beispiel zur Regressionsrechnung

Beispiel 7: Zur Untersuchung der Abhängigkeit des Elastizitätsmoduls von der Prismenfestigkeit β_P bei Beton wurden folgende 8 Meßwertepaare ermittelt:

x_i in N/mm²	22,0	28,0	36,8	28,5	42,6	23,0	30,2	51,0
y_i in kN/mm²	27,0	31,5	35,0	31,5	34,0	26,5	32,0	38,0

Rechentabelle

i	x_i	y_i	x_i^2	y_i^2	x_iy_i	$y(x_i) = a + bx_i$	$[y_i - y(x_i)]^2$
1	22,0	27,0	484,00	729,00	594,00	28,07	1,1404
2	28,0	31,5	784,00	992,25	882,00	30,23	1,6243
3	36,8	35,0	1354,24	1225,00	1288,00	33,39	2,5921
4	28,5	31,5	812,25	992,25	897,75	30,41	1,1983
5	42,5	34,0	1814,76	1156,00	1448,40	35,48	2,1776
6	23,0	26,5	529,00	702,25	609,50	28,43	3,7153
7	30,2	32,0	912,04	1024,00	966,40	31,02	0,9670
8	51,0	38,0	2601,00	1444,00	1938,00	38,50	0,2463
$\sum$	262,1	255,5	9291,29	8264,75	8624,05		13,6613

Schätzwerte für α, β und σ^2:

$$a = \frac{255{,}5 \cdot 9\,291{,}29 - 262{,}1 \cdot 8\,624{,}05}{8 \cdot 9\,291{,}29 - (262{,}1)^2} = 20{,}16\ \text{kN/mm}^2$$

$$b = \frac{8 \cdot 8\,624{,}05 - 262{,}1 \cdot 255{,}5}{8 \cdot 9\,291{,}29 - (262{,}1)^2} = 0{,}3596$$

$$s^2 = 13{,}6613/(8-2) = 2{,}2769\ \text{kN}^2/\text{mm}^4$$

$$s = 1{,}509\ \text{kN/mm}^2.$$

Empirische Regressionsgerade:

$$y(x) = 201{,}6 + 0{,}3596x.$$

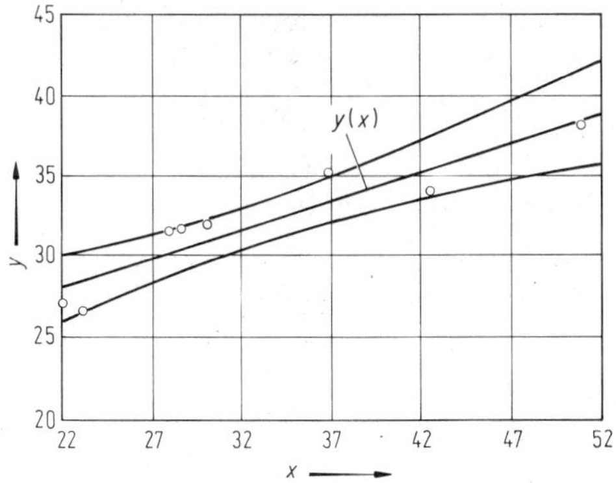

Bild 41-3. Empirische Regressionsgerade und Konfidenzstreifen.

Bestimmtheitsmaß und Korrelationskoeffizient:

$$S_x^2 = 9\,291{,}29 - (262{,}1)^2/8 = 704{,}239$$

$$S_y^2 = 8\,264{,}75 - (255{,}5)^2/8 = 104{,}719$$

$$B = 0{,}359\,6^2 \cdot 704{,}24/104{,}719 = 0{,}869\,6$$

$$r = \sqrt{0{,}869\,6} = 0{,}932\,5\,.$$

Konfidenzintervalle für β, σ^2 und $\mu(x)$
Für $\alpha = 0{,}05$ sind die Intervallgrenzen nach (17)

$$\beta^{(1)} = 0{,}359\,6 - 2{,}447 \cdot 1{,}509/26{,}54 = 0{,}221$$

$$\beta^{(2)} = 0{,}359\,6 + 2{,}447 \cdot 1{,}509/26{,}54 = 0{,}499$$

und somit

$$\text{Konf}(0{,}221 \leqq \beta \leqq 0{,}499) = 0{,}95\,.$$

Analog berechnet sich nach (18)

$$\sigma^{2(1)} = (8-2) \cdot 2{,}276\,9/14{,}45 = 0{,}945$$

$$\sigma^{2(2)} = (8-2) \cdot 2{,}276\,9/\ 1{,}24 = 11{,}017$$

und somit

$$\text{Konf}(0{,}945 \leq \sigma^2 \leq 11{,}017) = 0{,}95\,.$$

Für die Regressionsfunktion $\mu(x)$ gilt nach (19), siehe Bild 41-3:

$$\text{Konf}[26{,}08 \leq \mu(22) \leqq 30{,}06] = 0{,}95$$

$$\text{Konf}[30{,}35 \leq \mu(32) \leqq 32{,}97] = 0{,}95$$

$$\text{Konf}[33{,}43 \leqq \mu(42) \leqq 37{,}09] = 0{,}95$$

$$\text{Konf}[35{,}88 \leq \mu(52) \leqq 41{,}84] = 0{,}95$$

Prüfen der Nullhypothese H_0: $\beta = 0$
Bei einem Signifikanzniveau von $\alpha = 0{,}05$ ist nach (20)

$$t = |0{,}359\,6 - 0| \cdot 26{,}537/1{,}509 = 6{,}32$$

größer als der Tabellenwert $t_{6;0{,}975} = 2{,}447$.
Somit ist die Nullhypothese abzulehnen (β signifikant größer als Null) und eine Abhängigkeit des Elastizitätsmoduls von der Prismenfestigkeit bei einer statistischen Sicherheit von 0,95 als nachgewiesen anzusehen.

Formelzeichen für die Kapitel 38 bis 41

$A, B, \ldots$	Zufallsereignisse
$P(A)$	Wahrscheinlichkeit A
$\cup$	Vereinigung
$\cap$	Durchschnitt
$\sum$	Summe
$\mathbb{R}$	Menge der reellen Zahlen
$\mathbb{N}$	Menge der natürlichen Zahlen
$X, Y, \ldots$	Zufallsvariablen
$x_i, y_i, \ldots$	Realisationen von Zufallsvariablen
$f(x)$	Wahrscheinlichkeits(dichte)funktion, relative Häufigkeit
$F(x)$	Verteilungsfunktion, relative Summenhäufigkeit
$E(X)$	Erwartungswert der Zufallsgröße X
μ	arithmetischer Mittelwert einer Grundgesamtheit
$x_{0,5}$	Median einer Zufallsgröße
X_D	Modalwert einer Zufallsgröße
σ^2, Var(X)	Varianz der Zufallsgröße X
σ	Standardabweichung
v	Variationskoeffizient
σ_{XY}, Cov(X, Y)	Kovarianz zwischen X und Y
$\varrho(X, Y)$	Korrelationskoeffizient zwischen X und Y
h	absolute Häufigkeit
H	absolute Summenhäufigkeit
$\bar{x}$	arithmetischer Mittelwert einer Stichprobe
$\bar{x}_{0,5}$	Median einer Stichprobe (empirischer Median)
$\bar{x}_D$	Modalwert einer Stichprobe (empirischer Modalwert)
s^2	(empirische) Varianz
s, s_x, s_y	(empirische) Standardabweichung
s_{xy}	(empirische) Kovarianz
r_{xy}	(empirischer) Korrelationskoeffizient
$\hat{\Theta}_n$	Schätzfunktion
$\hat{\vartheta}_n$	Realisation der Schätzfunktion
ϑ	Parameter
T	Testfunktion
B	Bestimmtheitsmaß
$N(0, 1)$	Standardnormalverteilung
$N(\mu, \sigma^2)$	Normalverteilung
$B(n, p)$	Binomialverteilung
Ps(λ)	Poissonverteilung
χ_m^2	χ^2-Verteilung
t_m	t-Verteilung
$F_{m1,\,m2}$	F-Verteilung

$\Phi(z)$	Verteilungsfunktion der Standard-normalverteilung
$\varphi(z)$	Dichtefunktion der Standardnormal-verteilung
Z	Standardnormalverteilte Zufallsgröße
z_α	α-Quantil der Standardnormalverteilung
$t_{m;\alpha}$	α-Quantil der t-Verteilung mit Freiheitsgrad m
$\chi^2_{m;\alpha}$	α-Quantil der χ^2-Verteilung mit Freiheitsgrad m
$F_{m_1,m_2;\alpha}$	α-Quantil der F-Verteilung mit Freiheitsgraden m_1 und m_2

Literatur

Allgemeine Literatur

Handbücher, Formelsammlungen

Bartsch, H.-J.: Taschenbuch mathematischer Formeln. 9. Aufl. Frankfurt: Deutsch 1986

Bronstein, I.N.; Semendjajew, K.A.: Taschenbuch der Mathematik. 22. Aufl. Frankfurt: Deutsch 1985

Joos, G.; Richter, E.: Höhere Mathematik für den Praktiker. 12. Aufl. Frankfurt: Deutsch 1979

Netz, H.: Formeln der Mathematik. 6. Aufl. München: Hanser 1986

Rottmann, K.: Mathematische Formelsammlung. 3. Aufl. Mannheim: Bibliogr. Inst. 1984

Sachs, L.: Angewandte Statistik. 6. Aufl. Berlin: Springer 1984

Spiegel, M.R.: Handbuch für Mathematik. Hamburg: McGraw-Hill 1980

Wörle, H.; Rumpf, H.: Taschenbuch der Mathematik. 9. Aufl. München: Oldenbourg 1986

Stange, K.; Henning, H.-J.: Formeln und Tabellen der mathematischen Statistik. 2. Aufl. Berlin: Springer 1966

Umfassende Darstellungen

Baule, B.: Die Mathematik des Naturforschers und Ingenieurs. 2 Bände. Frankfurt: Deutsch 1979

Böhme, G.: Anwendungsorientierte Mathematik. 3 Bände. Berlin: Springer 1987; 1987; 1985

Burg, K.; Haf, H.; Wille, F.: Höhere Mathematik für Ingenieure. 4 Bände. Stuttgart: Teubner 1985; 1987; 1985; 1988

Dirschmidt, H.J.: Mathematische Grundlagen der Elektrotechnik. Braunschweig: Vieweg 1986

Hartung, J.; Elpelt, B.; Klösener, K.-H.: Statistik. 5. Aufl. München: Oldenbourg 1986

Heinhold, J.; Gaede, K.W.: Ingenieurstatistik. München: Oldenbourg 1964

Herz, R.; Schlichter, H.G.; Siegener, W.: Angewandte Statistik für Verkehrs- und Regionalplaner. Düsseldorf: Werner 1976

Laugwitz, D.: Ingenieurmathematik. 2 Bände. Mannheim: Bibliogr. Inst. 1983; 1984

Mangoldt, H. v.; Knopp, K.: Höhere Mathematik. Rev. von Lösch, F. 4 Bände. Stuttgart: Hirzel 1989

Sauer, R.; Szabo, I.: Mathematische Hilfsmittel des Ingenieurs. Teile I–IV. Berlin: Springer 1967; 1969; 1968; 1970

Smirnow, W.I.: Lehrgang der höheren Mathematik. 5 Teile. Berlin: Dt. Verl. d. Wiss. 1986; 1987; 1985; 1982; 1988; 1987

Weber, H.: Einführung in die Wahrscheinlichkeitsrechnung und Statistik für Ingenieure. Stuttgart: Teubner 1983

Kapitel 1

Asser, G.: Einführung in die mathematische Logik. 2 Teile. Frankfurt: Deutsch 1983; 1976

Hermes, H.: Einführung in die mathematische Logik. 4. Aufl. Stuttgart: Teubner 1976

Klaua, D.: Allgemeine Mengenlehre, Teil I. Berlin: Akademie-Verlag 1968

Schorn, G.: Mengen und algebraische Strukturen. München: Oldenbourg 1976

Weyh, U.: Elemente der Schaltungsalgebra. 7. Aufl. München: Oldenbourg 1972

Kapitel 2

Böhme, G.: Anwendungsorientierte Mathematik. Bände 1 und 2. 5. Aufl. Berlin: Springer 1987

Laugwitz, D.: Ingenieurmathematik. Bd. 1. 2. Aufl. Mannheim: Bibliogr. Inst. 1983

Mangoldt, H. von; Knopp, K.: Höhere Mathematik, Bd. 1. 17. Aufl. Rev. von Lösch, F. Stuttgart: Hirzel 1989

Smirnow, W.I.: Lehrgang der höheren Mathematik, Teil 1. 15. Aufl. Berlin: Dt. Verl. d. Wiss. 1986

Kapitel 3

Aitken, A.C.: Determinanten und Matrizen. Mannheim: Bibliogr. Inst. 1969

Dietrich, G.; Stahl, H.: Matrizen und Determinanten. 5. Aufl. Frankfurt: Deutsch 1978

Duschek, A.; Hochrainer, A.: Grundzüge der Tensorrechnung in analytischer Darstellung, Bände 1-3. Wien: Springer 1965; 1968; 1970

Gantmacher, F.R.: Matrizentheorie. Berlin: Springer 1986

Gerlich, G.: Vektor- und Tensorrechnung für die Physik. Braunschweig: Vieweg 1977

Klingbeil, E.: Tensorrechnung für Ingenieure. Mannheim: Bibliogr. Inst. 1966

Maess, G.: Vorlesungen über numerische Mathematik I. Basel: Birkhäuser 1985

Reichardt, H.: Vorlesungen über Vektor- und Tensorrechnung. 3. Aufl. Berlin: Dt. Verl. d. Wiss. 1977

Zurmühl, R.; Falk, S.: Matrizen und ihre Anwendungen, Teile 1 und 2. 5. Aufl. Berlin: Springer 1984

Kapitel 4

Baule, B.: Die Mathematik des Naturforschers und Ingenieurs. Frankfurt: Deutsch 1979

Mangoldt, H. von; Knopp, K.: Höhere Mathematik, Bd. 1. 17. Aufl. Rev. von Lösch, F. Stuttgart: Hirzel 1989

Peschl, E.: Analytische Geometrie und lineare Algebra. Mannheim: Bibliogr. Inst. 1968

Kapitel 5

Rehbock, F.: Darstellende Geometrie. Berlin: Springer 1969

Wunderlich, W.: Darstellende Geometrie. 2 Bände. Mannheim: Bibliogr. Inst. 1966; 1967

Kapitel 8

Abramowitz, M.; Stegun, I.A.: Handbook of mathematical functions. New York: Dover 1965

Erdélyi, A.; Magnus, W.; Oberhettinger, F.; Tricomi, F.: Higher transcendental functions. 3 Bände. New York: McGraw-Hill 1953

Gradstein, I.S.; Ryshik, I.W.: Summen-, Produkt- und Integraltafeln. Frankfurt: Deutsch 1981

Jahnke, E.; Emde, F.; Lösch, F.: Tafeln höherer Funktionen. 7. Aufl. Stuttgart: Teubner 1966

Lighthill, M.J.: Einführung in die Theorie der Fourier-Analysis und der verallgemeinerten Funktionen. Mannheim: Bibliogr. Inst. 1966

Sneddon, I.N.: Spezielle Funktionen der mathematischen Physik. Mannheim: Bibliogr. Inst. 1963

Walter, W.: Einführung in die Theorie der Distributionen. Mannheim: Bibliogr. Inst. 1974

Kapitel 9 bis 12

Courant, R.: Vorlesungen über Differential- und Integralrechnung. 2 Bände. 4. Aufl. Berlin: Springer 1971; 1972

Fichtenholz, G.M.: Differential- und Integralrechnung. 3 Bände. Berlin: Dt. Verl. d. Wiss. 1979

Gröbner, W.; Hofreiter, N. (Hrsg.): Integraltafeln. 2 Teile. Wien: Springer 1975; 1973

Meyer zur Capellen, W.: Integraltafeln. Sammlung unbestimmter Integrale elementarer Funktionen. Berlin: Springer 1950

Kapitel 13 bis 17

Basar, Y.; Krätzig, W.B.: Mechanik der Flächentragwerke. Braunschweig: Vieweg 1985

Behnke, H.; Holmann, H.: Vorlesungen über Differentialgeometrie. 7. Aufl. Münster: Aschendorff 1966

Grauert, H.; Lieb, I.: Differential- und Integralrechnung III: Integrationstheorie, Kurven- und Flächenintegrale. Vektoranalysis. 2. Aufl. Berlin: Springer 1977

Klingbeil, E.: Tensorrechnung für Ingenieure. Mannheim: Bibliogr. Inst. 1966

Laugwitz, D.: Differentialgeometrie. 3. Aufl. Stuttgart: Teubner 1977

Reichard, H.: Vorlesungen über Vektor- und Tensorrechnung. Berlin: Dt. Verl. d. Wiss. 1968

Kapitel 18 bis 19

Behnke, H.; Sommer, F.: Theorie der analytischen Funktionen einer komplexen Veränderlichen. 3. Aufl. Berlin: Springer 1976

Betz, A.: Konforme Abbildung. 2. Aufl. Berlin: Springer 1964

Bieberbach, L.: Einführung in die konforme Abbildung. 6. Aufl. Berlin: de Gruyter 1967

Gaier, D.: Konstruktive Methoden der konformen Abbildung. Berlin: Springer 1964

Heinhold, J.; Gaede, K.W.: Einführung in die höhere Mathematik, Teil 4. München: Hanser 1980

Knopp, L.: Elemente der Funktionentheorie. 9. Aufl. Berlin: de Gruyter 1978

Knopp, L.: Funktionentheorie, 2 Bände. 13. Aufl. Berlin: de Gruyter 1976; 1981

Koppenfeld, W.; Stallmann, F.: Praxis der konformen Abbildung. Berlin: Springer 1959

Peschl, E.: Funktionentheorie. 2. Aufl. Mannheim: Bibliogr. Inst. 1983

Kapitel 20

(Siehe auch Literatur zu Kap. 8)

Sauer, R.; Szabo, I.: Mathematische Hilfsmittel des Ingenieurs, Teil I. Berlin: Springer 1967

Zurmühl, R.: Praktische Mathematik. Nachdr. d. 5. Aufl. Berlin: Springer 1984

Kapitel 23

Ameling, W.: Laplace-Transformation. 3. Aufl. Braunschweig: Vieweg 1984

Doetsch, G.: Anleitung zum praktischen Gebrauch der Laplace-Transformation und der Z-Transformation. 5. Aufl. München: Oldenbourg 1985

Föllinger, O.: Laplace- und Fourier-Transformation. 3. Aufl. Berlin: Elitera 1982

Holbrook, J. G.: Laplace-Transformation. 3. Aufl. Braunschweig: Vieweg 1984

Weber, H.: Laplace-Transformation für Ingenieure der Elektrotechnik. 4. Aufl. Stuttgart: Teubner 1984

Kapitel 24 bis 28

Arnold, V.I.: Gewöhnliche Differentialgleichungen. Berlin: Springer 1980

Bieberbach, L.: Theorie der gewöhnlichen Differentialgleichungen. 2. Aufl. Berlin: Springer 1965

Bräuning, G.: Gewöhnliche Differentialgleichungen. 4. Aufl. Frankfurt: Deutsch 1977

Collatz, L.: Differentialgleichungen. 6. Aufl. Stuttgart: Teubner 1981

Collatz, L.: Eigenwertaufgaben mit technischen Anwendungen. 2. Aufl. Leipzig: Akad. Verlagsges. 1963

Courant, R.; Hilbert, D.: Methoden der mathematischen Physik, 2 Bände. Berlin: Springer 1968

Duschek, A.: Vorlesungen über höhere Mathematik, Bd. III. 2. Aufl. Wien: Springer 1960

Frank, P.; Mises, R.: Die Differential- und Integralgleichungen der Mechanik und Physik. 2 Bände. Nachdruck der 2. Aufl. Braunschweig: Vieweg 1961

Grauert, Lieb, Fischer: Differential- und Integralrechnung, Bd. II. 3. Aufl. Berlin: Springer 1978

Gröbner, W.: Differentialgleichungen, Bd. I. Mannheim: Bibliogr. Inst. 1977

Jänich, K.: Analysis für Physiker und Ingenieure. Berlin: Springer 1983

Kamke, E.: Differentialgleichungen, Bd. 1. 10. Aufl. Stuttgart: Teubner 1983

Knobloch, H.W.; Kappel, F.: Gewöhnliche Differentialgleichungen. Stuttgart: Teubner 1974

Pontrjagin, L.S.: Gewöhnliche Differentialgleichungen. Berlin: Dt. Verl. d. Wiss. 1970

Stepanow, W.W.: Lehrbuch der Differentialgleichungen. 5. Aufl. Berlin: Dt. Verl. d. Wiss. 1982

Walter, W.: Gewöhnliche Differentialgleichungen. 3. Aufl. Berlin: Springer 1986

Kapitel 29 bis 31

(Siehe auch Literatur zu Kap. 24 bis 28)

Gröbner, W.: Partielle Differentialgleichungen. Mannheim: Bibliogr. Inst. 1977

Hackbusch, W.: Theorie und Numerik elliptischer Differentialgleichungen. Stuttgart: Teubner 1986

Hellwig, G.: Partielle Differentialgleichungen. Stuttgart: Teubner 1960

Leis, R.: Vorlesungen über partielle Differentialgleichungen zweiter Ordnung. Mannheim: Bibliogr. Inst. 1967

Michlin, S.G.: Partielle Differentialgleichungen in der mathematischen Physik. Frankfurt: Deutsch 1978

Petrowski, G.I.: Vorlesungen über partielle Differentialgleichungen. Leipzig: Teubner 1955

Sommerfeld, A.: Partielle Differentialgleichungen der Physik. 6. Aufl. Leipzig: Geest & Portig 1966

Wloka, J.: Partielle Differentialgleichungen, Sobolevräume und Randwertaufgaben. Stuttgart: Teubner 1982

Kapitel 32

Courant, R.; Hilbert, D.: Methoden der Mathematischen Physik. 2 Bände. Berlin: Springer 1968

Elsgolc, L.E.: Variationsrechnung. Mannheim: Bibliogr. Inst. 1970

Funk, P.: Variationsrechnung und ihre Anwendung in Physik und Technik. 2. Aufl. Berlin: Springer 1970

Jacob, H.G.: Rechnergestützte Optimierung statischer und dynamischer Systeme. Berlin: Springer 1982

Klingbeil, E.: Variationsrechnung. Mannheim: Bibliogr. Inst. 1977

Lawrynowicz, J.: Variationsrechnung und Anwendungen. Berlin: Springer 1985

Michlin, S.G.: Variationsmethoden der Mathematischen Physik. Berlin: Dt. Verl. d. Wiss. 1962

Pontrjagin, L.S.; Boltjanskij, V.G.; Gamkrelidze, R.V.: Mathematische Theorie optimaler Prozesse. 2. Aufl. München: Oldenbourg 1967

Schwarz, H.: Optimale Regelung linearer Systeme. Mannheim: Bibliogr. Inst. 1976

Tolle, H.: Optimierungsverfahren für Variationsaufgaben mit gewöhnlichen Differentialgleichungen als Nebenbedingungen. Berlin: Springer 1971

Velte, W.: Direkte Methoden der Variationsrechnung. Stuttgart: Teubner 1976

Kapitel 33 bis 37

Bathe, K.J.: Finite-Element-Methoden. Berlin: Springer 1986

Böhmer, K.: Spline-Funktionen. Stuttgart: Teubner 1974

Collatz, L.: Eigenwertaufgaben mit technischen Anwendungen. 2. Aufl. Leipzig: Akad. Verlagsges. 1963

Engeln-Müllges, G.; Reuter, F.: Numerische Mathematik für Ingenieure. 5. Aufl. Mannheim: Bibliogr. Inst. 1987

Faddejew, D.K.; Faddejewa, W.N.: Numerische Methoden der linearen Algebra. 5. Aufl. Berlin: Dt. Verl. d. Wiss. 1979

Grigorieff, R.D.: Numerik gewöhnlicher Differentialgleichungen. 2 Bände. Stuttgart: Teubner 1972, 1977

Heitzinger, W.; Troch, I.; Valentin, G.: Praxis nichtlinearer Gleichungen. München: Hanser 1984

Maess, G.: Vorlesungen über numerische Mathematik I. Basel: Birkhäuser 1985

Meis, Th.; Marcowitz, U.: Numerische Behandlung partieller Differentialgleichungen. Berlin: Springer 1978

Rutishauser, H.: Vorlesungen über numerische Mathematik. 2 Bände. Basel: Birkhäuser 1976

Schwarz, H.R.: Numerische Mathematik. Stuttgart: Teubner 1986

Schwarz, H.R.: Methode der finiten Elemente. 2. Aufl. Stuttgart: Teubner 1984

Stiefel, E.: Einführung in die numerische Mathematik. 5. Aufl. Stuttgart: Teubner 1976

Stoer, J.: Einführung in die numerische Mathematik I. 4. Aufl. Berlin: Springer 1983

Stoer, J.; Bulirsch, R.: Einführung in die numerische Mathematik II. 2. Aufl. Berlin: Springer 1978

Zienkiewicz, O.C.: Methode der finiten Elemente. 2. Aufl. München: Hanser 1984

Zurmühl, R.: Praktische Mathematik. Nachdr. d. 5. Aufl. Berlin: Springer 1984

Zurmühl, R.; Falk, S.: Matrizen und ihre Anwendungen, Teile 1 und 2. 5. Aufl. Berlin: Springer 1984; 1986

Kapitel 38

Fisz, M.: Wahrscheinlichkeitsrechnung und mathematische Statistik. 10. Aufl. Berlin: Deutscher Verlag d. Wissenschaften 1980

Rosanow, J.A.: Wahrscheinlichkeitstheorie. Braunschweig: Vieweg 1970

Kapitel 39

Stange, K.; Henning, H.-J.: Formeln und Tabellen der mathematischen Statistik. 2. Aufl. Berlin: Springer 1966

Kapitel 40

Benninghaus, H.: Deskriptive Statistik. Stuttgart: Teubner 1974

Kapitel 41

Cochran, W.G.: Stichprobenverfahren. Berlin: de Gruyter 1972

Sachs, L.: Statistische Methoden. 6. Aufl. Berlin: Springer 1984

Sahner, H.: Schließende Statistik. Stuttgart: Teubner 1971

Stenger, H.: Stichproben. Heidelberg: Physica-Verlag 1986

Spezielle Literatur

Kapitel 2

[1] Alefeld, G.; Herzberger, J.: Einführung in die Intervallrechnung. Mannheim: Bibliogr. Inst. 1974

Kapitel 33

[1] Berg, L.: Gleichungssysteme mit Bandmatrizen und ihre numerische Stabilität. Berlin: Dt. Verl. d. Wiss. 1985

[2] Zielke, G.: Testmatrizen mit maximaler Konditionszahl. Computing 13 (1974) 33–54

Kapitel 35

[1] Zurmühl, R.; Falk, S.: Matrizen und ihre Anwendungen, Teile 1 und 2. 5. Aufl. Berlin: Springer 1984; 1986

Kapitel 36

[1] Abramowitz, M.; Stegun, I.A.: Handbook of mathematical functions. New York: Dover 1971

[2] Stroud, A.H.: Approximate calculation of multiple integrals. Englewood Cliffs: Prentice-Hall 1971

[3] Hammer, P.C.; Marlowe, O.P.; Stroud, A.H.: Numerical integration over simplexes and cones. Math. Tables Aids Comp. 10 (1956) 130–137

B Physik

H. Niedrig

1 Physikalische Größen und Einheiten

1.1 Physikalische Größen

Physikalische Gesetzmäßigkeiten sind mathematische Zusammenhänge zwischen *physikalischen Größen*. Physikalische Größen G kennzeichnen (im Prinzip) *meßbare* Eigenschaften und Zustände von physikalischen Objekten bzw. physikalische Vorgänge. Sie werden ihrer Qualität nach bestimmten *Größenarten* (z. B. Länge, Zeit, Kraft, Ladung usw.) zugeordnet (Dimension). Der Wert einer physikalischen Größe ist das Produkt aus einem *Zahlenwert* $\{G\}$ (früher: Maßzahl) und einer *Einheit* $[G]$ (früher: Maßeinheit):

$$G = \{G\}\,[G]. \tag{1}$$

1.2 Basisgrößen und -einheiten

Man unterscheidet heute zwischen Basisgrößenarten und abgeleiteten Größenarten. Letztere können als Potenzprodukte mit ganzzahligen Exponenten der Basisgrößenarten dargestellt werden (z. B. Geschwindigkeit = Länge · Zeit^{-1}). Welche Größenarten in einem bestimmten Teilgebiet der Physik als Basisgrößenarten gewählt werden, ist in gewissem Maße willkürlich und geschieht nach Gesichtspunkten der Zweckmäßigkeit. In den verschiedenen Gebieten der Physik kommt man mit unterschiedlich vielen Basisgrößenarten aus (Tabelle 1.1).

1.3 Das Internationale Einheitensystem

Die neben den SI-Einheiten üblichen und zugelassenen Einheiten sind heute definitorisch sämtlich an das SI (Système International d'Unités) angeschlossen.
Die sieben Basisgrößen und -einheiten des SI sind in Tabelle 1-2 aufgeführt. Alle anderen physikalischen Größen lassen sich als Potenzprodukte der Basisgrößen darstellen (abgeleitete Größen). Bei wichtigen abgeleiteten Größen werden die zugehörigen Potenzprodukte der Basiseinheiten durch weitere Einheiten abgekürzt, z. B. für die elektrische Spannung: $\mathrm{kg\,m^2\,A^{-1}\,s^{-3} = V}$ (Volt). Anstelle der sich als Basisgröße natürlich anbietenden elektrischen Ladung wird die besser meßbare Größe elektrische Stromstärke verwendet.

Tabelle 1-1. Schema der Basisgrößenarten, auf denen das SI-System basiert (z. T. nach W. Westphal: Die Grundlagen des physikalischen Begriffssystems, Vieweg, Braunschweig 1971)

Teilgebiete der Physik			Anzahl der Basisgrößen
Geometrie: Länge L			1
Kinematik: L, Zeit t			2
Dynamik: L, t, Masse m			3
Elektrodynamik: L, t, m, Ladung Q	*Phänomenologische Thermodynamik:* L, t, m, Temperatur T	*Atomistik:* L, t, m, Stoffmenge ν	4
Elektrothermik: L, t, m, Q, T	*Statistische Physik:* L, t, m, T, ν	*Elektrische Transportphänomene:* L, t, m, Q, ν	5
Physik der Materie: L, t, m, Q, T, ν			6

Tabelle 1-2. Basisgrößen und Basiseinheiten des SI

Basisgröße	Basiseinheit	
	Name	Symbol
Länge	Meter	m
Zeit	Sekunde	s
Masse	Kilogramm	kg
elektr. Stromstärke	Ampere	A
Temperatur	Kelvin	K
Stoffmenge	Mol	mol
Lichtstärke	Candela	cd

Definitionen der *Basiseinheiten* (in Klammern die Größenordnung der relativen Unsicherheiten der Realisierungen):

— 1 *Meter* ist die Länge der Strecke, die Licht im Vakuum während der Dauer von 1/299 792 458 Sekunden durchläuft (10^{-14}).

— 1 *Sekunde* ist das 9 192 631 770fache der Periodendauer der dem Übergang zwischen den beiden Hyperfeinstrukturniveaus des Grundzustands von Atomen des Nuklids ^{133}Cs entsprechenden Strahlung (10^{-14}).

— 1 *Kilogramm* ist die Masse des internationalen Kilogrammprototyps (10^{-9}).

— 1 *Ampere* ist die Stärke eines zeitlich unveränderlichen Stroms, der, durch zwei im Vakuum parallel im Abstand von 1 Meter angeordnete, geradlinige, unendlich lange Leiter von vernachlässigbar kleinem kreisförmigem Querschnitt fließend, zwischen diesen Leitern je 1 Meter Leiterlänge die Kraft $2 \cdot 10^{-7}$ Newton hervorruft (10^{-6}).

— 1 *Kelvin* ist der 273,16te Teil der thermodynamischen Temperatur des Tripelpunktes des Wassers (10^{-6}).

— 1 *Mol* ist die Stoffmenge eines Systems, das aus ebensoviel Einzelteilchen besteht, wie Atome in 0,012 Kilogramm des Kohlenstoffnuklids ^{12}C enthalten sind (10^{-6}).

— 1 *Candela* ist die Lichtstärke in einer bestimmten Richtung einer Strahlungsquelle, die monochromatische Strahlung der Frequenz 540 THz aussendet und deren Strahlstärke in dieser Richtung 1/683 W/sr beträgt ($5 \cdot 10^{-3}$).

Aufgrund der Fortschritte in der Meßgenauigkeit insbesondere der Zeitmessung wurde auf der XVII. Generalkonferenz für Maß und Gewicht am 20. 10. 1983 der Zahlenwert der *Vakuumlichtgeschwindigkeit* als Naturkonstante genau festgelegt:

$$c_0 = 299\,792\,458 \text{ m/s}. \tag{2}$$

Damit ist das Meter seit dieser Festlegung metrologisch von der Sekunde abhängig geworden.

Es ist Aufgabe der staatlichen Meß- und Eichlaboratorien, in der Bundesrepublik Deutschland der Physikalisch-Technischen Bundesanstalt, für die experimentelle Realisierung der Basiseinheiten in *Normalen* mit größtmöglicher Genauigkeit zu sorgen, da hiervon die Meßgenauigkeiten physikalischer Beobachtungen und die Herstellungsgenauigkeiten technischer Geräte abhängen.

Zur Unterteilung der Einheiten sind international

Tabelle 1-3. Vorsätze zur Kennzeichnung dezimaler Vielfacher und Teile von Einheiten

Faktor	Vorsatz	Vorsatzzeichen
10^{18}	Exa	E
10^{15}	Peta	P
10^{12}	Tera	T
10^{9}	Giga	G
10^{6}	Mega	M
10^{3}	Kilo	k
10^{2}	Hekto	h
10^{1}	Deka	da
10^{-1}	Dezi	d
10^{-2}	Zenti	c
10^{-3}	Milli	m
10^{-6}	Mikro	µ
10^{-9}	Nano	n
10^{-12}	Piko	p
10^{-15}	Femto	f
10^{-18}	Atto	a

Tabelle 1-4. Liste einiger 1986 empfohlener Werte der Fundamentalkonstanten (nach: Cohen, E. R. und Taylor, B. N.: The 1986 adjustment of the fundamental physical constants. CODATA Bulletin No. 63, November 1986). Die Ziffern in Klammern am Ende der Zahlenwerte stellen die Unsicherheit der letzten beiden Stellen dar.

Fundamentalkonstante	Formelzeichen	Zahlenwert	Einheit	relative Unsicherheit 10^{-7}
Vakuumlichtgeschwindigkeit	c_0	299 792 458	m s^{-1}	0
magnetische Feldkonstante	μ_0	$4\pi \cdot 10^{-7}$	H/m	0
		= 1,256 637 061 4...	µH/m	
elektrische Feldkonstante	$\varepsilon_0 = 1/\mu_0 c_0^2$	8,854 187 817 ...	$10^{-12}\,\text{F m}^{-1}$	0
Gravitationskonstante	G	6,672 59 (85)	$10^{-11}\,\text{m}^3\,\text{kg}^{-1}\,\text{s}^{-2}$	1 300
Plancksches Wirkungsquantum	h	6,626 075 5 (40)	10^{-34} J s	6
		4,135 669 2 (12)	10^{-15} eV s	3
$h/2\pi$	$\hbar$	1,054 572 66 (63)	10^{-34} J s	6
		6,582 122 0 (20)	10^{-16} eV s	3

Fundamentalkonstante	Formelzeichen	Zahlenwert	Einheit	relative Unsicherheit 10^{-7}
Elementarladung	e	1,602 177 33 (49)	10^{-19} C	3
Flußquant $h/2e$	Φ_0	2,067 834 61 (61)	10^{-15} Wb	3
Quanten-Hall-Widerstand h/e^2	R_H	25 812,805 6 (12)	Ω	0,45
Bohr-Magneton $e\hbar/2m_e$	μ_B	9,274 015 4 (31)	10^{-24} A m^2	3,4
		5,788 382 63 (52)	10^{-5} eV T^{-1}	0,89
Kernmagneton $e\hbar/2m_p$	μ_N	5,050 786 6 (17)	10^{-27} A m^2	3,4
		3,152 451 66 (28)	10^{-8} eV T^{-1}	0,89
Sommerfeld-Feinstrukturkonstante $\mu_0 c_0 e^2/2h$	α	7,297 353 08 (33)	10^{-3}	0,45
	α^{-1}	137,035 989 5 (61)		0,45
Rydberg-Konstante $m_e c_0 \alpha^2/2h$	R_∞	10 973 731,534 (13)	m^{-1}	0,012
Rydberg-Frequenz $R_\infty c_0$	R_ν	3,289 841 949 9 (39)	10^{15} s^{-1}	0,012
Bohr-Radius $\alpha/4\pi R_\infty$	a_0	0,529 177 249 (24)	10^{-10} m	0,45
Zirkulationsquant	$h/2m_e$	3,636 948 07 (33)	10^{-4} m^2 s^{-1}	0,89
Ruhemasse des Elektrons	m_e	9,109 389 7 (54)	10^{-31} kg	5,9
		5,485 799 03 (13)	10^{-4} u	0,23
		0,510 999 06 (15)	MeV	3
spezifische Elektronenladung	$-e/m_e$	1,758 819 62 (53)	10^{11} C kg^{-1}	3
Compton-Wellenlänge des Elektrons $h/m_e c_0$	λ_C	2,426 310 58 (22)	10^{-12} m	0,89
magnet. Moment des Elektrons	μ_e	928,477 01 (31)	10^{-26} A m^2	3,4
	μ_e/μ_B	1,001 159 652 193 (10)		0,000 1
Ruhemasse des Myons	m_μ	1,883 532 7 (11)	10^{-28} kg	6,1
		0,113 428 913 (17)	u	1,5
		105,658 389 (34)	MeV	3,2
magnet. Moment des Myons	μ_μ	4,490 451 4 (15)	10^{-26} A m^2	3,3
Ruhemasse des Protons	m_p	1,672 623 1 (10)	10^{-27} kg	5,9
		1,007 276 470 (12)	u	0,12
		938,272 31 (28)	MeV	3
Massenverhältnis Proton/Elektron	m_p/m_e	1 836,152 701 (37)		0,2
spezifische Protonenladung	e/m_p	9,578 830 9 (29)	10^7 C kg^{-1}	3
magnet. Moment des Protons	μ_p	1,410 607 61 (47)	10^{-26} A m^2	3,4
	μ_p/μ_B	1,521 032 202 (15)	10^{-3}	0,10
	μ_p/μ_N	2,792 847 386 (63)		0,23
gyromagnet. Verhältnis Proton	γ_p	26 752,212 8 (81)	10^4 s^{-1} T^{-1}	3
Ruhemasse des Neutrons	m_n	1,674 928 6 (10)	10^{-27} kg	5,9
		1,008 664 904 (14)	u	0,14
		939,565 63 (28)	MeV	3
Massenverhältnis Neutron/Elektron	m_n/m_e	1 838,683 662 (40)		0,22
Massenverhältnis Neutron/Proton	m_n/m_p	1,001 378 404 (9)		0,09
magnet. Moment des Neutrons	μ_n	0,966 237 07 (40)	10^{-26} A m^2	4,1
	μ_n/μ_B	1,041 875 63 (25)	10^{-3}	2,4
	μ_n/μ_N	1,913 042 75 (45)		2,4
Avogadro-Konstante	N_A	6,022 136 7 (36)	10^{23} mol^{-1}	5,9
Atommassenkonstante	$m(^{12}C)/12 = m_u$	1,660 540 2 (10)	10^{-27} kg	5,9
		931,494 32 (28)	MeV	3
Faraday-Konstante $N_A e$	F	96 485,309 (29)	C mol^{-1}	3
universelle Gaskonstante	R	8,314 510 (70)	J mol^{-1} K^{-1}	84
Boltzmann-Konstante R/N_A	k	1,380 658 (12)	10^{-23} J K^{-1}	85
		8,617 385 (73)	10^{-5} eV K^{-1}	84
Stefan-Boltzmann-Konstante $(\pi^2/60)\, k^4/\hbar^3 c_0^2$	σ	5,670 51 (19)	10^{-8} W m^{-2} K^{-4}	340

vereinbarte Vorsätze (siehe z. B. DIN 1301) zu verwenden (Tabelle 1-3).
Aus der theoretischen Beschreibung der physikalischen Gesetzmäßigkeiten, d. h. der mathematischen Zusammenhänge zwischen den physikalischen Größen, ergeben sich universelle Proportionalitätskonstanten, die sog. *Naturkonstanten*, von denen einige in Tabelle 1-4 aufgeführt sind. Sie entsprechen dem von der CODATA Task Group on Fundamental Constants 1986 empfohlenen konsistenten Satz von Naturkonstanten.
In der älteren Literatur wurden in vielen Fällen andere Einheitensysteme verwendet, aus denen manche Einheiten noch gebräuchlich sind. Tabelle 1-5 enthält einige Umrechnungen älterer und sonstiger Einheiten.

Tabelle 1-5. Umrechnungen weiterer Einheiten in SI-Einheiten (nach H. Kuchling: Taschenbuch der Physik, Verlag Harri Deutsch, Frankfurt a. M. 1986)

Größe	Einheit, Umrechnung	Status
Länge, l, (s)	astronomische Einheit, AE = $1{,}495\,98 \cdot 10^{11}$ m	Astron.
	Lichtjahr, lj = $0{,}946\,05 \cdot 10^{16}$ m	Astron.
	Parsec, pc = $3{,}085\,7 \cdot 10^{16}$ m	Astron.
	Angström, Å = 10^{-10} m	phys.
	X-Einheit, XE = $1{,}002\,06 \cdot 10^{-13}$ m	phys.
	Seemeile, sm = 1 852 m	Nautik
	mile, mi = 1 609,344 m = 1 760 yd	brit.
	yard, yd = 0,914 4 m = 3 ft	brit.
	foot, ft = 0,304 8 m = 12 in	brit.
	inch, in = 0,025 4 m = 25,4 mm	brit.
Fläche, A	Ar, a = 10^2 m^2	legal
	Barn, b = 10^{-28} m^2 = 100 fm^2	phys.
Volumen, V	Liter, l = L = 10^{-3} m^3 = 1 dm^3	legal
	bushel = 0,036 368 7 m^3	brit.
	gallon, gal = 0,004 546 09 m^3 (UK)	
	gallon, gal = 0,003 785 m^3 (USA)	
ebener Winkel, α (φ, ϑ)	Grad, $1° = 1{,}745\,329 \cdot 10^{-2}$ rad	legal
	Minute, $1' = 1°/60 = 2{,}908\,882 \cdot 10^{-4}$ rad	legal
	Sekunde, $1'' = 1'/60 = 1°/3\,600 = 0{,}484\,814 \cdot 10^{-5}$ rad	legal
	Neugrad, $1^g = \pi/200$ rad = 1 gon	legal
	Neuminute, $1^c = (\pi/2) \cdot 10^{-4}$ rad	legal
	Neusekunde, $1^{cc} = (\pi/2) \cdot 10^{-6}$ rad	legal
Zeit, t	Minute, min = 60 s	legal
	Stunde, h = 60 min = 3 600 s	legal
	Tag, d = 24 h = 1 440 min = 86 400 s	legal
Frequenz, f, ν	Hertz, Hz = 1 s^{-1}	SI
Masse, m	Tonne, t = 10^3 kg	legal
	atomare Masseneinheit, 1 u = $1{,}660\,540\,2 \cdot 10^{-27}$ kg	phys.
	metrisches Karat, Kt = $2 \cdot 10^{-4}$ kg = 0,2 g	legal
	ton, ton = $1{,}016\,047 \cdot 10^3$ kg	brit.
	pound, lb = 0,453 592 37 kg	brit.
	ounce, oz = 0,028 349 52 kg	brit.
Kraft, F	Kilopond, kp = 9,806 65 N	techn.
	Dyn, dyn = 10^{-5} N	cgd
	pound-force, lbf = 4,448 22 N	brit.
Arbeit, W	kpm = 9,806 65 J	techn.
Energie, E	Kilowattstunde, kWh = $3{,}6 \cdot 10^6$ J	legal
Wärmemenge, Q	Erg, erg = 10^{-7} J	cgs
	Kalorie, cal = 4,186 8 J	techn.
	Elektronvolt, eV = $1{,}602\,177\,33 \cdot 10^{-19}$ J	phys.
Leistung, P	Pferdestärke, PS = 735,498 75 W (= 75 kpm/s)	techn.
	kcal/h = 1,163 W	techn.
Druck, p	siehe Tabelle 8-1	
Viskosität, dynamische, η	Poise, P = 0,1 Pa s = 0,1 N s m^{-2}	cgs
Viskosität, kinematische, ν	Stokes, St = 10^{-4} m^2 s^{-1}	cgs
Celsius — Temperatur, ϑ	Grad Celsius, °C	
	$\vartheta \triangleq T - T_0$; $T_0 = 273{,}15$ K	
magnetische Feldstärke, H	Oersted, Oe = 79,577 5 A m^{-1}	cgs
magnetischer Fluß, Φ	Maxwell, M = 10^{-8} Wb = 10^{-8} V s	cgs
magnetische Flußdichte, B	Gauß, G = 10^{-4} T = 0,1 m T	cgs
optische Brechkraft, D	Dioptrie, dpt = 1/m	legal
Leuchtdichte, L	Stilb, sb = 1 cd/cm^2 = 10^4 cd/m^2	phys.
	Apostilb, asb = 0,318 310 cd/m^2	phys.
Ionendosis, X	Röntgen, R = $2{,}58 \cdot 10^{-4}$ C/kg	phys.
Energiedosis, D	Gray, Gy = J/kg	SI
	Rad, rd = 10^{-2} Gy	phys.
Äquivalentdosis, D_q	Rem, rem = rd = 10^{-2} J/kg	phys.
Aktivität, A	Becquerel, Bq = 1 s^{-1}	SI
	Curie, Ci = $3{,}7 \cdot 10^{10}$ Bq	phys.

I. Teilchen und Teilchensysteme

2 Kinematik

Die *Kinematik* (Bewegungslehre) behandelt die Gesetzmäßigkeiten, die die Bewegungen von Körpern rein geometrisch beschreiben, ohne Rücksicht auf die Ursachen der Bewegung. Die die Bewegung erzeugenden bzw. dabei auftretenden Kräfte werden erst in der Dynamik behandelt. Es wird zunächst die Kinematik des Massenpunktes behandelt.

Definition des *Massenpunktes*: Der Massenpunkt ist ein idealisierter Körper, dessen gesamte Masse in einem mathematischen Punkt vereinigt ist.

Jeder reelle Körper, dessen Größe und Form bei dem betrachteten physikalischen Problem ohne Einfluß bleiben, kann als Massenpunkt behandelt werden (Beispiele: Planetenbewegung, Satellitenbahnen, H-Atom). Die Lage oder der Ort eines Massenpunktes zur Zeit t in einem vorgegebenen Bezugssystem (Bild 2-1) kann durch einen (bei Bewegung des Massenpunktes zeitabhängigen) *Ortsvektor*

$$\boldsymbol{r}(t) = (x(t), y(t), z(t))$$

mit

$$r(t) = |\boldsymbol{r}(t)| = \sqrt{x^2(t) + y^2(t) + z^2(t)} \qquad (1)$$

oder durch die entsprechenden Ortskoordinaten $x(t)$, $y(t)$, $z(t)$ beschrieben werden.

Kinematische Operationen: Hierunter wird die Durchführung bestimmter Bewegungsoperationen verstanden, die zu einer Veränderung der Lage ausgedehnter Körper im Raum führen (Translation, Rotation, Spiegelung). Die Lageveränderung einzelner Massenpunkte wird allein durch die Translation ausreichend beschrieben.

2.1 Geradlinige Bewegung

Die die geradlinige Bewegung eines Massenpunktes beschreibenden Größen sind der Weg s, die Zeit t, die Geschwindigkeit $\boldsymbol{v}$, die Beschleunigung $\boldsymbol{a}$.

Definitionen der Geschwindigkeit:

mittlere Geschwindigkeit $$\bar{\boldsymbol{v}} = \frac{\Delta \boldsymbol{s}}{\Delta t} = \frac{\Delta \boldsymbol{r}}{\Delta t}, \qquad (2)$$

Momentangeschwindigkeit $$\boldsymbol{v} = \lim_{\Delta t \to 0} \frac{\Delta \boldsymbol{s}}{\Delta t} = \frac{d\boldsymbol{s}}{dt} = \dot{\boldsymbol{s}} = \frac{d\boldsymbol{r}}{dt} = \dot{\boldsymbol{r}}. \qquad (3)$$

SI-Einheit: $[v] = \text{m/s}$.

Für die *gleichförmig geradlinige Bewegung* gilt:

$$\boldsymbol{v} = \text{const}$$

Ist zum Zeitpunkt t_0 der Ort des Massenpunktes $\boldsymbol{s}_0$ (Bild 2-2), so ergibt sich sein Ort $\boldsymbol{s}$ zu einem späteren Zeitpunkt t durch Integration von $d\boldsymbol{s} = \boldsymbol{v}dt$ aus (3):

$$\int_{s_0}^{s} d\boldsymbol{s} = \int_{t_0}^{t} \boldsymbol{v}\,dt,$$

$$\boldsymbol{s} = \boldsymbol{s}_0 + \boldsymbol{v}(t - t_0). \qquad (4)$$

Definitionen der Beschleunigung:

mittlere Beschleunigung $$\bar{\boldsymbol{a}} = \frac{\Delta \boldsymbol{v}}{\Delta t}, \qquad (5)$$

Momentanbeschleunigung $$\boldsymbol{a} = \lim_{\Delta t \to 0} \frac{\Delta \boldsymbol{v}}{\Delta t} = \frac{d\boldsymbol{v}}{dt} = \dot{\boldsymbol{v}} = \frac{d^2\boldsymbol{s}}{dt^2} = \ddot{\boldsymbol{s}} = \frac{d^2\boldsymbol{r}}{dt^2} = \ddot{\boldsymbol{r}}. \qquad (6)$$

SI-Einheit: $[a] = \text{m/s}^2$.

Verzögerung liegt vor, wenn $a < 0$ ist, d. h. der Betrag der Geschwindigkeit mit t abnimmt. Verzögerung ist also *negative Beschleunigung*.

Bemerkung: Für die geradlinige Bewegung ist eine skalare Schreibweise ausreichend. In der hier gewählten vektoriellen Schreibweise sind die Defini-

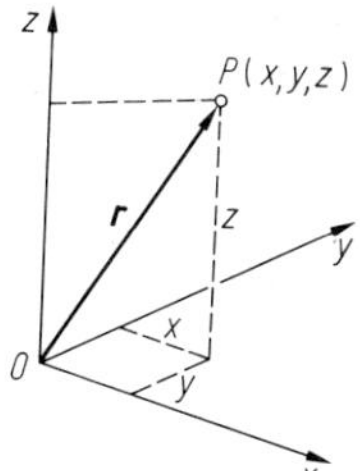

Bild 2-1. Ortsvektor eines Massenpunktes P.

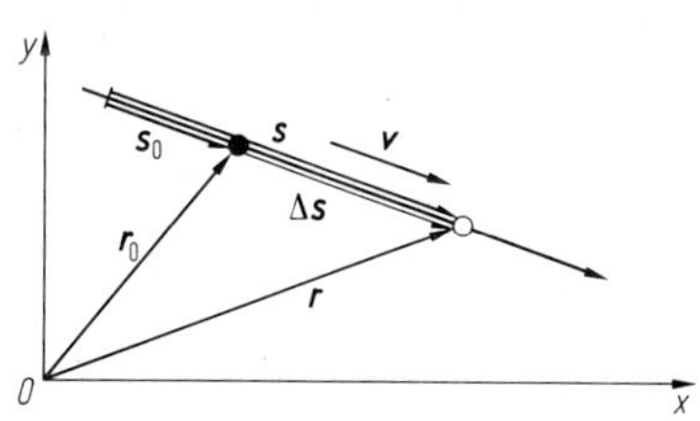

Bild 2-2. Geradlinige Bewegung eines Massenpunktes.

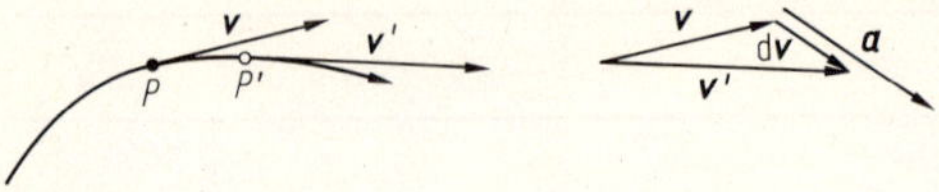

Bild 2-3. Änderung von Geschwindigkeitsbetrag und -richtung bei krummliniger Bewegung.

tionen (3) und (6) auch für *krummlinige Bewegungen* gültig. In diesem Fall ist die Geschwindigkeitsänderung $d\boldsymbol{v}$ und damit die Beschleunigung $\boldsymbol{a}$ i. allg. nicht parallel zu $\boldsymbol{v}$ (Bild 2-3).

Sonderfälle:

a) Ändert sich nur der Geschwindigkeitsbetrag, nicht aber die Richtung, so handelt es sich um eine geradlinige Bewegung mit $\boldsymbol{a} \parallel \boldsymbol{v}$: *Bahnbeschleunigung*.
b) Ändert sich nur die Geschwindigkeitsrichtung, nicht aber der Betrag, so handelt es sich um eine krummlinige Bewegung mit $\boldsymbol{a} \perp \boldsymbol{v}$: *Normalbeschleunigung*.

Für die *gleichmäßig beschleunigte, geradlinige Bewegung* gilt

$$\boldsymbol{a} = \text{const}, \quad \text{Anfangsgeschwindigkeit } \boldsymbol{v}_0 \parallel \boldsymbol{a}.$$

Ist zum Zeitpunkt t_0 der Ort des Massenpunktes s_0 und seine Geschwindigkeit v_0 (Anfangsgeschwindigkeit), so ergibt sich für einen späteren Zeitpunkt t durch Integration von $dv = a\,dt$ aus (6)

$$\int_{v_0}^{v} dv = \int_{t_0}^{t} a\,dt \qquad v = v_0 + a(t - t_0), \tag{7}$$

und durch Integration von $ds = v\,dt$ aus (3)

$$\int_{s_0}^{s} ds = \int_{t_0}^{t} v\,dt = \int_{t_0}^{t} [v_0 + a(t - t_0)]\,dt \qquad s = s_0 + v_0(t - t_0) + \frac{a}{2}(t - t_0)^2. \tag{8}$$

Für die Anfangswerte $s_0 = 0$ und $t_0 = 0$ folgt aus (7) und (8)

$$v = v_0 + at \tag{9}$$

$$s = v_0 t + \frac{a}{2} t^2 \tag{10}$$

und durch Elimination von t aus (9) und (10)

$$v = \sqrt{v_0^2 + 2as}\,. \tag{11}$$

Freier Fall:
Im Schwerefeld der Erde unterliegen Massen der Erdbeschleunigung g, deren Betrag in der Nähe der Erdoberfläche näherungsweise konstant etwa mit dem Wert $g = 9{,}81\ \text{m/s}^2$ angesetzt werden kann. Für die Fallhöhe h $(= s)$ und $a = g$ folgt aus (9) bis (11)

$$v = v_0 + gt, \tag{12}$$

$$h = v_0 t + \frac{g}{2} t^2, \tag{13}$$

$$v = \sqrt{v_0^2 + 2gh}\,, \tag{14}$$

wobei v_0 die Fallgeschwindigkeit zur Zeit $t = 0$ ist. Dieselben Gleichungen gelten auch für den *senkrechten Wurf* nach *unten* mit der Anfangsgeschwindigkeit v_0.
Der *senkrechte Wurf* nach *oben* ist in der Steigephase (bis zur maximalen Steighöhe h_{max}) eine gleichmäßig verzögerte Bewegung mit der Anfangsgeschwindigkeit v_0 und der Beschleunigung $a = -g$. Aus (9) bis (11) folgt dann:

$$v = v_0 - gt \tag{15}$$

$$h = v_0 t - \frac{g}{2} t^2 \tag{16}$$

$$v = \sqrt{v_0^2 - 2gh}\,. \tag{17}$$

Aus (17) ergibt sich die maximale Steighöhe h_{max} für $v = 0$:

$$h_{max} = \frac{v_0^2}{2g}. \tag{18}$$

Aus (15) folgt für $v = 0$ die Steigzeit

$$t_m = \frac{v_0}{g}. \tag{19}$$

Schräger Wurf im Erdfeld:
Die Bahnkurve $\boldsymbol{r}(t)$ beim schrägen Wurf unter dem Winkel α zur Horizontalen (Bild 2-4) ergibt sich analog zu (8) oder (10) aus der Vektorgleichung

$$\boldsymbol{r} = \boldsymbol{v}_0 t + \frac{\boldsymbol{g}}{2} t^2, \tag{20}$$

läßt sich also interpretieren als zusammengesetzt aus zwei geradlinigen Bewegungen:

1. einer gleichförmigen Translation in Richtung der Anfangsgeschwindigkeit $\boldsymbol{v}_0$,
2. dem freien Fall in senkrechter Richtung; siehe Bild 2-4.

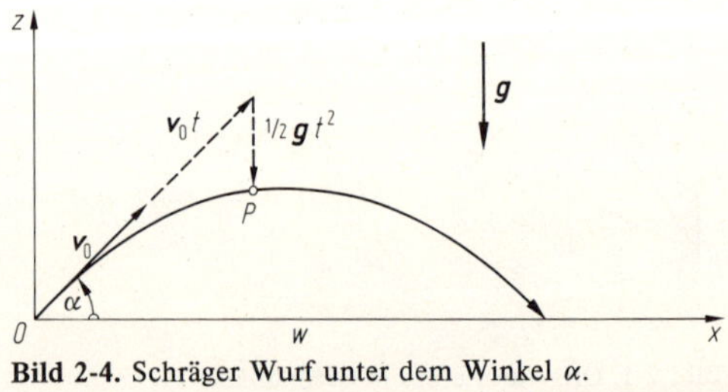

Bild 2-4. Schräger Wurf unter dem Winkel α.

Aus (20) folgen die Koordinaten des Massenpunktes zur Zeit t:

$$x = v_0 t \cos\alpha$$
$$z = v_0 t \sin\alpha - \frac{g}{2} t^2 . \tag{21}$$

Durch Elimination von t ergibt sich als Bahnkurve eine Parabel:

$$z = x \tan\alpha - \frac{g}{2 v_0^2 \cos^2\alpha} x^2 . \tag{22}$$

Die Wurfweite w läßt sich aus der Koordinate des zweiten Schnittpunktes der Bahnkurve mit der Horizontalen berechnen:

$$w = v_0^2 \frac{\sin 2\alpha}{g} . \tag{23}$$

Die maximale Wurfweite ergibt sich für $\sin 2\alpha = 1$, d. h. für $\alpha = 45°$, und beträgt

$$w_{max} = \frac{v_0^2}{g} . \tag{24}$$

Zur Beachtung: In den Beziehungen (12) bis (24) für den Fall und den Wurf ist der Luftwiderstand nicht berücksichtigt!

2.2 Kreisbewegung

Die die Kreisbewegung eines Massenpunktes beschreibenden Größen sind:
— der Drehwinkel φ, die Zeit t, die Winkelgeschwindigkeit ω, die Winkelbeschleunigung α.

Diese Größen beschreiben die Kreisbewegung in analoger Weise wie die Größen Weg, Zeit, Geschwindigkeit und Beschleunigung die geradlinige Bewegung. Der Drehwinkel φ und die Winkelgeschwindigkeit ω sind axiale Vektoren, die senkrecht auf der Ebene der Kreisbewegung stehen und deren Richtung sich aus der Rechtsschraubenregel in bezug auf den Drehsinn der Bewegung ergeben (Bild 2-5). Winkelbeträge können in der Einheit Grad (°) oder im Bogenmaß (Einheit: rad) angegeben werden. Der Winkel im Bogenmaß ist definiert als die Länge des von den Winkelschenkeln eingeschlossenen Kreisbogens im Einheitskreis. Der Zusammenhang zwischen Winkel φ im Bogenmaß, zugehörige Bogenlänge b auf einem Kreis und dessen Radius r ist dann (Bild 2-5)

$$\varphi = \frac{b}{r} \text{rad} .$$

Umrechnungen:

$$\frac{\varphi/\text{rad}}{\varphi/°} = \frac{\pi}{180°} , \quad 1 \text{ rad} = 57{,}29\ldots° ,$$
$$1° = 0{,}017\,45\ldots \text{ rad} = 17{,}45\ldots \text{ mrad} .$$

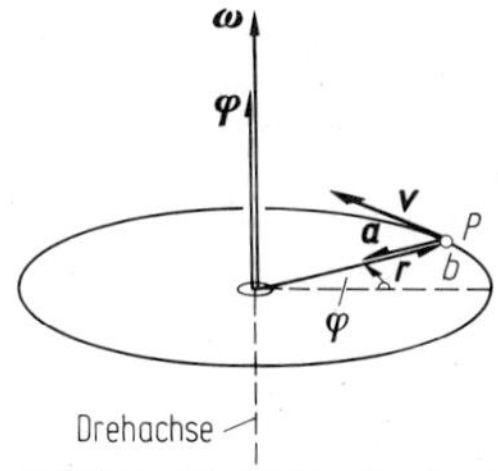

Bild 2-5. Gleichförmige Kreisbewegung.

Definitionen:

Winkelgeschwindigkeit $\omega = \frac{d\varphi}{dt} = \dot{\varphi}$, (25)

Winkelbeschleunigung $\alpha = \frac{d\omega}{dt} = \dot{\omega} = \frac{d^2\varphi}{dt^2} = \ddot{\varphi}$. (26)

SI-Einheiten:
$[\omega] = \text{rad/s} = 1/\text{s}$, $[\alpha] = \text{rad/s}^2 = 1/\text{s}^2$.

Für die *gleichförmige Kreisbewegung* gilt

$$\omega = \text{const} .$$

Ist zum Zeitpunkt t_0 die Lage des Massenpunktes auf der Kreisbahn durch den Winkel φ_0 gegeben, so ergibt sich seine Lage φ zu einem späteren Zeitpunkt t durch Integration von $d\varphi = \omega\, dt$ aus (25):

$$\varphi = \varphi_0 + \omega (t - t_0) \tag{27}$$

Nennen wir die Dauer eines vollständigen Umlaufs T (Umlaufzeit, Periodendauer) und die Zahl der Umläufe in der Zeiteinheit ν (Drehzahl, Frequenz), so gelten die Zusammenhänge

$$\nu = \frac{1}{T} \quad \text{und} \quad \omega = 2\pi\nu = \frac{2\pi}{T} . \tag{28}$$

Die Winkelgeschwindigkeit ω bei der Kreisbewegung wird auch Kreisfrequenz genannt.
Zwischen den Vektoren ω, v und r bei der Kreisbewegung (Ursprung von r auf der Drehachse, Bild 2-5, jedoch nicht notwendig in der Kreisebene) besteht der Zusammenhang

$$v = \omega \times r . \tag{29}$$

Durch Einsetzen in (6) und Ausführen der Differentiation unter Beachtung von $\omega = \text{const}$ ergibt sich für die Beschleunigung bei der gleichförmigen Kreisbewegung

$$a = \omega \times v = \omega \times (\omega \times r) . \tag{30}$$

Demnach ist $a \parallel -r$ (Bild 2-5), also eine reine Normalbeschleunigung ($a \perp v$), bei der Kreisbewegung auch *Zentripetalbeschleunigung* genannt. Für den Betrag der Zentripetalbeschleunigung folgt aus (29) und (30)

$$a = \omega v = \omega^2 r = \frac{v^2}{r} . \tag{31}$$

Wenn ω zeitabhängig ist, also eine Tangentialbeschleunigung auftritt, so ergibt sich aus (6), (26) und (29) für die Kreisbewegung die Gesamtbeschleunigung

$$\boldsymbol{a} = \boldsymbol{\alpha} \times \boldsymbol{r} + \boldsymbol{\omega} \times \boldsymbol{v} \tag{32}$$

mit der Tangentialbeschleunigung

$$\boldsymbol{a}_\mathrm{t} = \boldsymbol{\alpha} \times \boldsymbol{r} \tag{33}$$

und der Normalbeschleunigung

$$\boldsymbol{a}_\mathrm{n} = \boldsymbol{\omega} \times \boldsymbol{v}. \tag{34}$$

2.3 Gleichförmig translatorische Relativbewegung

Die Angaben der kinematischen Größen einer Bewegung gelten stets für ein vorgegebenes *Bezugssystem*. Soll die Bewegung in einem anderen Bezugssystem beschrieben werden, so müssen die kinematischen Größen umgerechnet (transformiert) werden. Ruhen beide Bezugssysteme relativ zueinander, so sind lediglich die Ortskoordinaten zu transformieren, während die zurückgelegten Wege, die Geschwindigkeiten und Beschleunigungen in beiden Systemen gleich bleiben. Das wird anders, wenn sich beide Bezugssysteme gegeneinander bewegen. Relativ zueinander mit konstanter Geschwindigkeit sich bewegende Bezugssysteme werden *Inertialsysteme* genannt. Ist die Relativgeschwindigkeit v der beiden Inertialsysteme klein, so kann die *Galilei-Transformation* verwendet werden. Bei großer Relativgeschwindigkeit ist die *Lorentz-Transformation* zu benutzen.

2.3.1 Galilei-Transformation

Die Galilei-Transformation drückt das Relativitätsprinzip der klassischen Mechanik aus. Sie ist gültig, wenn für die Relativgeschwindigkeit $\boldsymbol{v} = (v_\mathrm{x}, v_\mathrm{y}, v_\mathrm{z})$ der beiden Bezugssysteme S und S′ gilt: $v \ll c_0$ (c_0 Vakuumlichtgeschwindigkeit).
Die Koordinaten eines betrachteten Massenpunktes P (Bild 2-6) seien durch die Ortsvektoren

$\boldsymbol{r} = (x, y, z)$ im System S und
$\boldsymbol{r}' = (x', y', z')$ im System S′ gegeben.

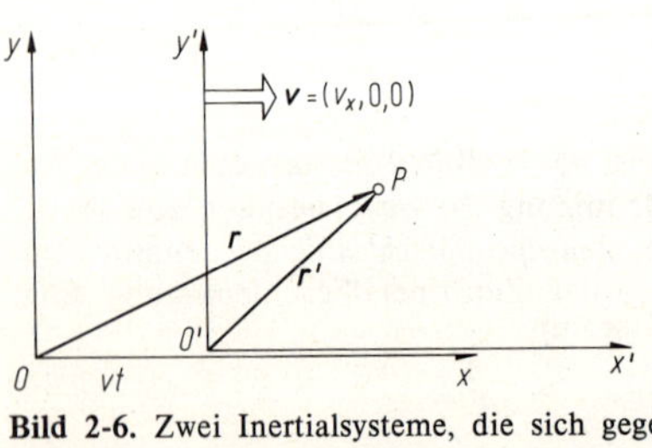

Bild 2-6. Zwei Inertialsysteme, die sich gegeneinander mit der Relativgeschwindigkeit $\boldsymbol{v}$ bewegen.

Das System S′ bewege sich nur in x-Richtung gegenüber dem System S ($v = v_\mathrm{x}$). Zur Zeit $t = 0$ mögen sich die Ursprünge 0 und 0′ der beiden Systeme decken. Aus Bild 2-6 läßt sich die Transformation der Ortskoordinaten ablesen:

$$x' = x - vt,\quad y' = y,\quad z' = z. \tag{35}$$

Für die Zeitkoordinate wird in der klassischen Mechanik angenommen, daß in beiden Inertialsystemen die Zeit in gleicher Weise abläuft:

$$t' = t. \tag{36}$$

Zusammengefaßt lautet die *Galilei-Transformation für Koordinaten*:

$$\boldsymbol{r}' = \boldsymbol{r} - \boldsymbol{v}t,\quad t' = t. \tag{37}$$

Die Geschwindigkeit des Massenpunktes P sei

$\boldsymbol{u} = (u_\mathrm{x}, u_\mathrm{y}, u_\mathrm{z})$ im System S und
$\boldsymbol{u}' = (u'_\mathrm{x}, u'_\mathrm{y}, u'_\mathrm{z})$ im System S′.

Bei Übergang von S nach S′ transformieren sich die Geschwindigkeiten im Falle der Relativgeschwindigkeit mit alleiniger x-Komponente (Bild 2-6) gemäß

$$u'_\mathrm{x} = u_\mathrm{x} - v_\mathrm{x},\quad u'_\mathrm{y} = u_\mathrm{y},\quad u'_\mathrm{z} = u_\mathrm{z}, \tag{38}$$

oder zusammengefaßt und allgemeiner *(Galilei-Transformation für Geschwindigkeiten)*

$$\boldsymbol{u}' = \boldsymbol{u} - \boldsymbol{v} \quad \text{bzw.} \quad \boldsymbol{u} = \boldsymbol{u}' + \boldsymbol{v}, \tag{39}$$

wie sich durch zeitliche Differentiation von (35) bzw. (37) ergibt. In der klassischen Galilei-Transformation verhalten sich also Geschwindigkeiten additiv. Sie können sich nach Betrag und Richtung ändern.
Die Beschleunigung des Massenpunktes P sei

$\boldsymbol{a} = (a_\mathrm{x}, a_\mathrm{y}, a_\mathrm{z})$ im System S und
$\boldsymbol{a}' = (a'_\mathrm{x}, a'_\mathrm{y}, a'_\mathrm{z})$ im System S′.

Durch Differentiation nach der Zeit folgt aus (38) bzw. (39)

$$a'_\mathrm{x} = a_\mathrm{x},\quad a'_\mathrm{y} = a_\mathrm{y},\quad a'_\mathrm{z} = a_\mathrm{z} \tag{40}$$

oder zusammengefaßt *(Galilei-Transformation für Beschleunigungen)*

$$\boldsymbol{a}' = \boldsymbol{a}. \tag{41}$$

Die Umkehrungen der Galilei-Transformation (Transformation von S′ nach S) lauten

$$\boldsymbol{r} = \boldsymbol{r}' + \boldsymbol{v}t, \quad \boldsymbol{u} = \boldsymbol{u}' + \boldsymbol{v}, \quad \boldsymbol{a} = \boldsymbol{a}'. \tag{42}$$

Bei kleinen Relativgeschwindigkeiten ändern sich demnach die Beschleunigungen nicht, wenn von einem Inertialsystem zu einem anderen übergegangen wird. Sie sind invariant gegen die Galilei-Transformation, ebenso wie allgemein die Gesetze der klassischen Mechanik, denen das die Beschleunigung enthaltende 2. Newtonsche Axiom (vgl. 3.2) zugrundeliegt.

2.3.2 Lorentz-Transformation

Die Anwendung der Galilei-Transformation auf die Lichtausbreitung parallel und senkrecht zur Richtung der Relativgeschwindigkeit zweier Inertialsysteme ergibt unterschiedliche Vakuumlichtgeschwindigkeiten im gegenüber dem System S mit $v = v_x$ bewegten System S′:

$c_0 - v$ bzw. $c_0 + v$ für $\boldsymbol{c}_0 \parallel \boldsymbol{v}$ bzw. $\boldsymbol{c}_0 \parallel -\boldsymbol{v}$ und

$\sqrt{c_0^2 - v^2}$ für $\boldsymbol{c}_0 \perp \boldsymbol{v}$.

Michelson (1881) und später Morley und Miller versuchten diesen sich aus der Galilei-Transformation ergebenden Unterschied experimentell mit einem Interferometer nachzuweisen (Bild 2-7). Das Licht einer monochromatischen Lichtquelle wird durch einen halbdurchlässigen Spiegel (gestrichelt in Bild 2-7) aufgespalten und über die Wege s_1 oder s_2 geleitet. Die Teilstrahlen werden

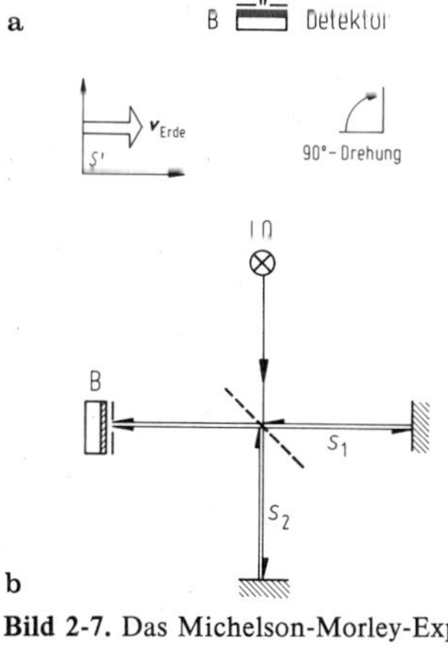

Bild 2-7. Das Michelson-Morley-Experiment.

wieder zusammengeführt und interferieren im Detektor B, d. h., je nach Phasendifferenz der beiden Teilwellen verstärken bzw. schwächen diese sich. Die Phasendifferenz durch Wegunterschiede $s_2 - s_1$ ist konstant. Eine weitere Phasendifferenz könnte durch Laufzeitunterschiede infolge unterschiedlicher Ausbreitungsgeschwindigkeit des Lichtes längs s_1 und s_2 auftreten (s. o.), wenn das Interferometer z. B. in Richtung von s_2 bewegt wird (Bild 2-7a). Als bewegtes System hoher Geschwindigkeit benutzten sie die Erde selbst, die sich mit $v \approx 30$ km/s um die Sonne bewegt. Während einer Drehung des Interferometers um 90° müßte dann die Interferenzintensität sich ändern, da s_1 und s_2 gegenüber $\boldsymbol{v}_{\text{Erde}}$ ihre Rollen vertauschen (Bild 2-7b).

Das *Michelson-Morley-Experiment* ergab jedoch trotz ausreichender Meßempfindlichkeit, daß die Lichtgeschwindigkeit in jeder Richtung des bewegten Systems Erde im Rahmen der Meßgenauigkeit gleich ist. Diese Erfahrung führte zur Annahme des Prinzips von der

Konstanz der Lichtgeschwindigkeit: Der Betrag der Vakuumlichtgeschwindigkeit ist in allen Inertialsystemen unabhängig von der Richtung gleich groß.

Dieses Prinzip und die daraus folgende Lorentz-Transformation sind die Grundlage der *speziellen Relativitätstheorie* (Einstein).

Im Folgenden werden die gleichen Bezeichnungen wie in 2.3.1 verwendet, vgl. auch Bild 2-6.

Lorentz-Transformation für Koordinaten und ihre Umkehrung:

$$x' = \frac{x - vt}{\sqrt{1-\beta^2}}, \quad x = \frac{x' + vt'}{\sqrt{1-\beta^2}}; \tag{43}$$

$$y' = y, \qquad y = y';$$

$$z' = z, \qquad z = z';$$

$$t' = \frac{t - \dfrac{v}{c_0^2}x}{\sqrt{1-\beta^2}}, \quad t = \frac{t' + \dfrac{v}{c_0^2}x'}{\sqrt{1-\beta^2}} \tag{44}$$

$$\text{mit} \quad \beta = \frac{v}{c_0} \quad \text{und} \quad v = v_x \tag{45}$$

Für $v \ll c_0$, d. h. $\beta \ll 1$ geht die Lorentz-Transformation (43) und (44) über in die Galilei-Transformation (35) und (36). Die klassische Mechanik erweist sich damit als Grenzfall der relativistischen Mechanik für kleine Geschwindigkeiten. Es erweist sich ferner, daß die Grundgesetze der Elektrodynamik, die Maxwell-Gleichungen (siehe 14.5), invariant gegen die Lorentz-Transformation, nicht aber gegen die Galilei-Transformation sind.

Das *Relativitätsprinzip* der speziellen Relativitätstheorie: In Bezugssystemen, die sich gegeneinander gleichförmig geradlinig bewegen (Inertialsysteme), sind die physikalischen Zusammenhänge dieselben, d. h., *alle physikalischen Gesetze sind in-*

variant gegen die *Lorentz-Transformation*. Wesentliches Merkmal ist, daß nach (44) $t' \neq t$ ist, d. h. daß jedes System seine *Eigenzeit* hat.

2.3.3 Relativistische Kinematik

Nach der klassischen Galilei-Transformation bleiben Längen $\Delta x = x_2 - x_1$ und Zeiträume $\Delta t = t_2 - t_1$ beim Übergang vom System S zum System S′ gleich. Nach der Lorentz-Transformation ändern sich jedoch Längen und Zeiträume beim Übergang S → S′: Längenkontraktion und Zeitdilatation.

Längenkontraktion:
Eine Länge $l' = x_2' - x_1'$ im System S′ erscheint im System S verändert. Aus der Lorentz-Transformation (43) folgt für die Koordinaten x_2' und x_1' zur Zeit t'

$$x_2' = x_2\sqrt{1-\beta^2} - vt', \quad x_1' = x_1\sqrt{1-\beta^2} - vt'.$$

Für die Länge l' im System S′ ergibt sich damit in Koordinaten des Systems S

$$l' = (x_2 - x_1)\sqrt{1-\beta^2}. \tag{46}$$

Umgekehrt ergibt sich für eine Länge l im System S in Koordinaten des Systems S′ in entsprechender Weise

$$l = (x_2' - x_1')\sqrt{1-\beta^2}. \tag{47}$$

Das heißt, in jedem System erscheinen die in Bewegungsrichtung liegenden Abmessungen eines sich dagegen bewegenden Körpers (zweites System) verkürzt. Seine Abmessungen senkrecht zur Bewegungsrichtung erscheinen unverändert.

Zeitdilatation:
Ein Zeitraum $\Delta t = t_2 - t_1$, der durch zwei Ereignisse am gleichen Ort im System S definiert wird, erscheint im System S′ als Zeitraum $\Delta t' = t_2' - t_1'$, für den sich aus (44) ergibt

$$\Delta t' = \frac{\Delta t}{\sqrt{1-\beta^2}} \geqq \Delta t. \tag{48}$$

Ein Zeitraum $\Delta t'$ im System S′ erscheint andererseits im System S als Zeitraum Δt, für den sich entsprechend ergibt

$$\Delta t = \frac{\Delta t'}{\sqrt{1-\beta^2}} \geqq \Delta t'. \tag{49}$$

Das heißt, in jedem System erscheinen Zeiträume eines anderen Inertialsystems gedehnt: Eine gegenüber dem Beobachter bewegte Uhr scheint langsamer zu gehen. Der mitbewegte Beobachter merkt nichts davon. Dies gilt auch umgekehrt: Uhrenparadoxon.

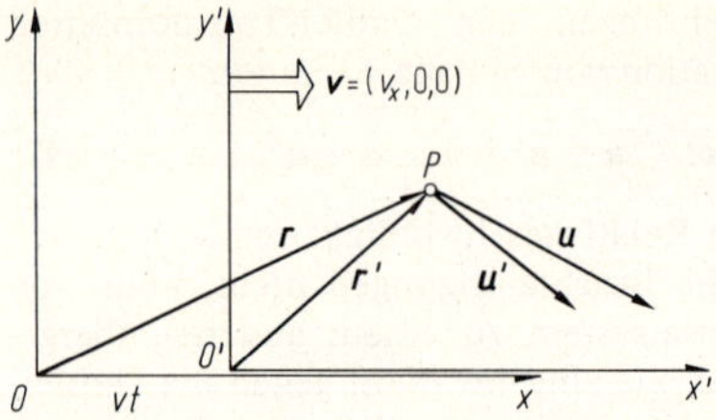

Bild 2-8. Zur relativistischen Geschwindigkeitstransformation.

Geschwindigkeitstransformation:
Die Geschwindigkeit eines Massenpunktes P sei

$$u = (u_x, u_y, u_z) = \left(\frac{dx}{dt}, \frac{dy}{dt}, \frac{dz}{dt}\right)$$

im System S und

$$u' = (u_x', u_y', u_z') = \left(\frac{dx'}{dt'}, \frac{dy'}{dt'}, \frac{dz'}{dt'}\right)$$

im System S′ (Bild 2-8).

Durch Differentiation der Koordinatentransformation (43) nach t und Verwendung von dt/dt' aus (44) folgt für die Geschwindigkeitskomponenten im System S′

$$u_x' = \frac{u_x - v}{1 - \frac{\beta u_x}{c_0}}, \quad u_y' = \frac{u_y\sqrt{1-\beta^2}}{1 - \frac{\beta u_x}{c_0}}, \quad u_z' = \frac{u_z\sqrt{1-\beta^2}}{1 - \frac{\beta u_x}{c_0}} \tag{50}$$

mit $v = v_x$. Für die Umkehrung ergibt sich in analoger Weise

$$u_x = \frac{u_x' + v}{1 + \frac{\beta u_x'}{c_0}}, \quad u_y = \frac{u_y'\sqrt{1-\beta^2}}{1 + \frac{\beta u_x'}{c_0}}, \quad u_z = \frac{u_z'\sqrt{1-\beta^2}}{1 + \frac{\beta u_x'}{c_0}}. \tag{51}$$

Dies ist die *Lorentz-Transformation für Geschwindigkeiten*. Im Gegensatz zur Galilei-Transformation sind hier auch Geschwindigkeiten senkrecht zur Relativgeschwindigkeit der beiden Systeme S und S′ nicht invariant gegenüber einer Lorentz-Transformation. Für $u, v \ll c_0$, also $\beta \ll 1$ geht auch die

Lorentz-Transformation für Geschwindigkeiten (50) u. (51) über in die entsprechende Galilei-Transformation (38).
Sonderfall: Ist in einem der Systeme die betrachtete Geschwindigkeit gleich der Lichtgeschwindigkeit c_0, so hat der Vorgang auch im zweiten System die Geschwindigkeit c_0: In jedem Inertialsystem ist die Vakuumlichtgeschwindigkeit gleich groß, unabhängig von der Richtung. Daraus folgt, daß sie auch unabhängig von der Bewegung der Lichtquelle ist.
Aus (50) oder (51) läßt sich diese Aussage leicht für $u_x = c_0$ $(u_y = u_z = 0)$ oder $u'_x = c_0$ $(u'_y = u'_z = 0)$ verifizieren. Für z. B. $u_y = c_0$ $(u_x = u_z = 0)$ ist dagegen zu beachten, daß die Bewegungsrichtung im System S′ nicht mehr genau in y'-Richtung erfolgt, sondern auch eine x'-Komponente auftritt.
Auf die relativistische Dynamik wird in den Kapiteln 3 und 4 eingegangen.

2.4 Geradlinig beschleunigte Relativbewegung

Es werden gegeneinander beschleunigte Bezugssysteme betrachtet, bei denen die Relativgeschwindigkeiten jederzeit so klein bleiben, daß die Galilei-Transformation anstelle der Lorentz-Transformation verwendet werden kann: $v(t) \ll c_0$ $(\beta \ll 1)$. Wegen des Bezuges zum freien Fall wählen wir für die betrachteten Beschleunigungen hier die z-Richtung (Bild 2-9). Das System S′ werde gegenüber dem System S mit $\boldsymbol{a}_r = (0, 0, -a_r)$ beschleunigt. Für $t = 0$ mögen die Ursprünge 0 und 0′ zusammenfallen und die Anfangs-Relativgeschwindigkeit = 0 sein (o. B. d. A.).
Ein Massenpunkt P werde im ruhenden System S mit $\boldsymbol{a} = (0, 0, -a_z)$, z. B. mit der Fallbeschleunigung $\boldsymbol{a} = \boldsymbol{g} = (0, 0, -g)$ nach unten beschleunigt. Die Beschleunigung $\boldsymbol{a}'$ des Massenpunktes P im selbst mit $\boldsymbol{a}_r$ beschleunigten System S′ errechnet sich durch zeitliche Differentiation der Ortskoordinaten (Bild 2-9):

$$z = z' + \frac{a_r}{2} t^2 .$$

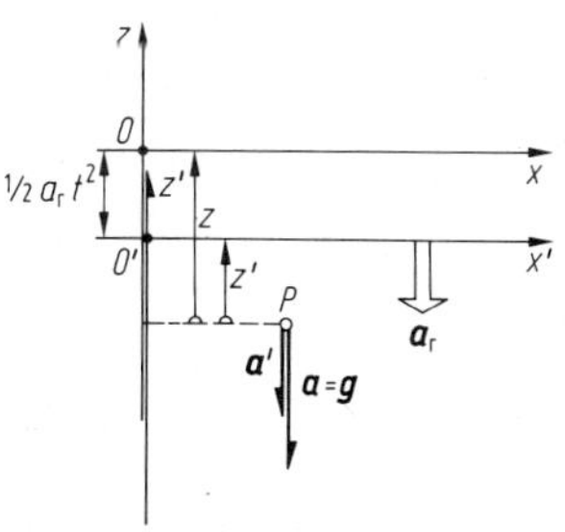

Bild 2-9. Vertikal beschleunigtes System.

Mit $a = \mathrm{d}^2 z/\mathrm{d}t^2$ und $a' = \mathrm{d}^2 z'/\mathrm{d}t^2$ folgt daraus

$$\boldsymbol{a} = \boldsymbol{a}' + \boldsymbol{a}_r , \quad \boldsymbol{a}' = \boldsymbol{a} - \boldsymbol{a}_r , \tag{52}$$

bzw. mit $\boldsymbol{a} = \boldsymbol{g}$: $\boldsymbol{a}' = \boldsymbol{g} - \boldsymbol{a}_r$. (53)

Das heißt, die Beschleunigung, der ein Körper in einem ruhenden (oder gleichförmig bewegten) System S unterliegt, ändert sich beim Übergang zu einem beschleunigten System S′ um dessen Beschleunigung. Entsprechendes gilt für die mit der Beschleunigung des Körpers verbundenen Kräfte (siehe 3), es treten *Trägheitskräfte* auf, die in ruhenden oder gleichförmig bewegten Systemen nicht vorhanden sind.
Ist insbesondere die Beschleunigung $\boldsymbol{a}_r$ des Systems S′ gleich der des beschleunigten Körpers $\boldsymbol{a}$ im System S, so verschwindet dessen Beschleunigung im System S′:

$$\boldsymbol{a}_r = \boldsymbol{a}: \quad \boldsymbol{a}' = 0 .$$

In einem Labor, das z. B. im Erdfeld frei fällt $(\boldsymbol{a}_r = \boldsymbol{g})$, herrscht demzufolge „Schwerelosigkeit“, was nur bedeutet, daß der Körper gegenüber seiner Umgebung keine Beschleunigung erfährt.

2.5 Rotatorische Relativbewegung

In zueinander gleichförmig translatorisch bewegten Bezugssystemen treten keine durch die Systembewegung bedingten Beschleunigungen auf. Ein Beobachter in einem geschlossenen, gleichförmig geradlinig bewegten Labor könnte die Bewegung nicht feststellen.
Anders bei beschleunigten Systemen: Hier treten Trägheitsbeschleunigungen und -kräfte sowohl bei geradlinig beschleunigten (vgl. 2.4) als auch bei rotierenden Systemen auf, die durch die Systembewegung bedingt sind.
Bei *gleichförmig rotierenden Systemen* tritt einerseits die

$$\text{Zentripetalbeschleunigung } \boldsymbol{a}_z = \boldsymbol{\omega} \times (\boldsymbol{\omega} \times \boldsymbol{r})$$

auf (30), die einen Massenpunkt auf der Kreisbahn mit dem Radius r hält. Ein Beobachter im rotierenden System S′ registriert die entspre-

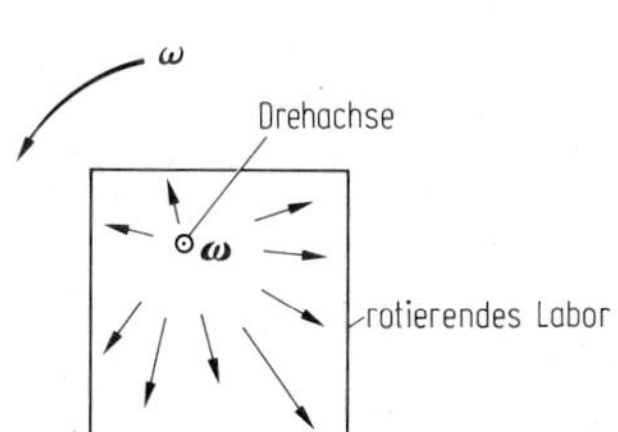

Bild 2-10. Zentrifugalbeschleunigung im rotierenden Labor.

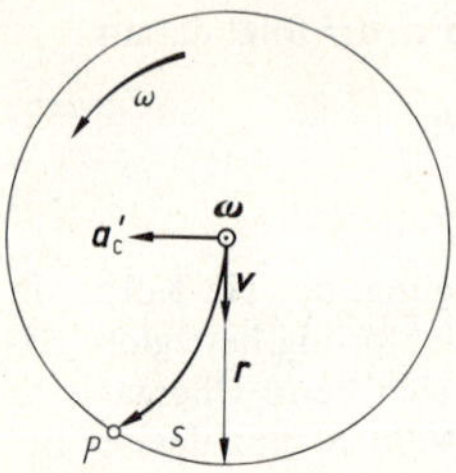

Bild 2-11. Zur Coriolis-Beschleunigung.

chende Trägheitsbeschleunigung (Bild 2-10), die radial gerichtete Zentrifugalbeschleunigung

$$\boldsymbol{a}'_z = -\boldsymbol{\omega} \times (\boldsymbol{\omega} \times \boldsymbol{r}). \quad (54)$$

Im rotierenden System Erde ist die Zentrifugalbeschleunigung neben der (ebenfalls durch die Zentrifugalbeschleunigung bzw. -kraft bedingten) Abplattung der Erde für die Abhängigkeit der effektiven Erdbeschleunigung vom geographischen Breitengrad verantwortlich. Die effektive Fallbeschleunigung variiert von etwa 9,78 m/s^2 am Äquator bis 9,83 m/s^2 am Nordpol.
Eine weitere Trägheitsbeschleunigung in rotierenden Systemen tritt auf, wenn ein Massenpunkt sich mit einer Geschwindigkeit $\boldsymbol{v}$ bewegt: *Coriolis-Beschleunigung* (Bild 2-11).
Ein im ruhenden System S sich mit konstanter Geschwindigkeit $\boldsymbol{v}$ bewegender Massenpunkt P sei zur Zeit $t = 0$ im rotierenden System S′ z. B. gerade im Drehpunkt ($r = 0$). Der Beobachter im System S′ stellt dann eine mit t zunehmende Abweichung von der geraden Bahn fest, die offenbar von einer senkrecht zu $\boldsymbol{v}$ (und zu $\boldsymbol{\omega}$) wirkenden Beschleunigung $\boldsymbol{a}'_C$, der Coriolis-Beschleunigung, herrührt. Hat der Massenpunkt nach der Zeit t den radialen Weg $r = vt$ zurückgelegt, so ist die Abweichung von der geraden Bahn im rotierenden System S′ das Bogenstück $s = r\omega t = v\omega t^2$, das wegen $s \sim t^2$ offensichtlich beschleunigt zurückgelegt wurde. Für die gleichmäßig beschleunigte Bewegung gilt andererseits nach (10) $s = at^2/2$, so daß aus dem Vergleich $a'_C = 2v\omega$ folgt, oder in vektorieller Schreibweise für die *Coriolis-Beschleunigung*:

$$\boldsymbol{a}'_C = 2\boldsymbol{v} \times \boldsymbol{\omega}. \quad (55)$$

Die experimentelle Bestimmung der Coriolis-Beschleunigung auf der Erdoberfläche ermöglicht die Berechnung der Winkelgeschwindigkeit der Erde unabhängig von der Beobachtung des Sternhimmels: Die Drehung der Schwingungsebene des Foucault-Pendels durch die Coriolis-Beschleunigung ist ein Nachweis für die Drehung der Erde um ihre Achse (Foucault 1861).
Die Komponente des Winkelgeschwindigkeitsvektors der Erdrotation senkrecht zur Erdoberfläche liegt auf der Nordhalbkugel in positiver z-Richtung, auf der Südhalbkugel in negativer z-Richtung. Die Coriolis-Beschleunigung führt daher auf der Nordhalbkugel zu einer Rechtsabweichung von der Bewegungsrichtung, auf der Südhalbkugel zu einer Linksabweichung. Tiefdruckzyklone, bei denen die Luftbewegung zum Zentrum gerichtet ist, zeigen als Folge der Coriolis-Beschleunigung in der nördlichen Hemisphäre einen Drehsinn entgegengesetzt zum Uhrzeigersinn, in der südlichen Hemisphäre einen Drehsinn im Uhrzeigersinn.

3 Kraft und Impuls

Kräfte (allgemeiner: Wechselwirkungen) als Ursache der Bewegung von Körpern werden in der *Dynamik* behandelt. Zunächst wird die Dynamik des Massenpunktes, später (siehe 6) die Dynamik von Teilchensystemen und schließlich (siehe 7) die Dynamik starrer Körper behandelt. Dabei werden vorerst nur die Folgen des Wirkens von Kräften auf die Bewegung betrachtet, ohne auf die Natur der verschiedenen Kräfte einzugehen. Grundlage dafür sind die *Newtonschen Axiome* (1686): Trägheitsgesetz, Kraftgesetz und Reaktionsgesetz. Außerdem gehört zu diesen Grundgesetzen der Mechanik das Überlagerungsgesetz für Kräfte.

3.1 Trägheitsgesetz

Erstes Newtonsches Axiom:

Jeder Körper mit konstanter Masse m verharrt im Zustand der Ruhe oder der gleichförmig geradlinigen Bewegung, falls er nicht durch äußere Kräfte $\boldsymbol{F}$ gezwungen wird, diesen Zustand zu ändern:

$$\boldsymbol{v} = \text{const} \quad \text{für} \quad m = \text{const} \quad \text{und} \quad \boldsymbol{F} = 0. \quad (1)$$

Diese Eigenschaft aller Körper wird Trägheit oder Beharrungsvermögen genannt. Die Trägheit eines Körpers ist mit seiner Masse m verknüpft. Ein Maß für die Trägheitswirkung ist der *Impuls* oder die *Bewegungsgröße*

$$\boldsymbol{p} = m\boldsymbol{v}. \quad (2)$$

SI-Einheit: $[p] = \text{kg} \cdot \text{m/s}$.

Aus (1) folgt damit

$$\boldsymbol{p} = m\boldsymbol{v} = \text{const} \quad \text{für} \quad \boldsymbol{F} = 0. \quad (3)$$

Dies ist die einfachste Form des Impulserhaltungssatzes (für einen Massenpunkt oder Teilchen), siehe auch 3.3 und 6.1.

3.2 Kraftgesetz

Die experimentelle Untersuchung der Beziehungen zwischen der wirkenden Kraft und der daraus sich ergebenden Änderung des Bewegungszustandes (Beschleunigung) einer Masse m zeigt:

1. Die Beschleunigung ist der wirkenden Kraft proportional und erfolgt in Richtung der Kraft:

$$\boldsymbol{F} \sim \boldsymbol{a}.$$

2. Das Verhältnis zwischen wirkender Kraft und erzielter Beschleunigung ist für jeden Körper eine konstante Größe: seine Masse $m = F/a$.

Das heißt, jeder Körper setzt seiner Beschleunigung Widerstand entgegen durch seine *träge Masse*. Zusammengefaßt ergibt sich daraus das *Newtonsche Kraftgesetz*:

$$\boldsymbol{F} = m\boldsymbol{a} = m\frac{\mathrm{d}\boldsymbol{v}}{\mathrm{d}t}. \tag{4}$$

Bei sich während der Bewegung ändernder Masse (z. B. bei einer Rakete, oder bei relativistischen Geschwindigkeiten) ist stattdessen die allgemeinere Formulierung des Kraftgesetzes anzuwenden.

Zweites Newtonsches Axiom:
Die zeitliche Änderung des Impulses ist der bewegenden Kraft proportional und erfolgt in Richtung der Kraft:

$$\boldsymbol{F} = \frac{\mathrm{d}}{\mathrm{d}t}(m\boldsymbol{v}) = \frac{\mathrm{d}\boldsymbol{p}}{\mathrm{d}t}. \tag{5}$$

Für $m = \text{const}$ geht (5) in (4) über.

SI-Einheit: $[F] = \text{kg} \cdot \text{m/s}^2 = \text{N}$ (Newton).

Früher übliche Einheiten: dyn (cgs-System) und Kilopond (technisches Maßsystem). Umrechnungen:

$1\ \text{dyn} = 1\ \text{g} \cdot \text{cm/s}^2 = 10^{-5}\ \text{N}$
$1\ \text{kp} = 9{,}806\,65\ \text{kg} \cdot \text{m/s}^2 = 9{,}806\,65\ \text{N}$

1 Kilopond ist die Gewichtskraft, der die Masse 1 Kilogramm am „Normort" der Erdoberfläche unterliegt (vgl. 3.2.1).

Überlagerungsgesetz:
Eine Kraft, die an einem Punkt P angreift, verhält sich wie ein ortsgebundener Vektor $\boldsymbol{F}$, der nur entlang der Wirkungslinie der Kraft verschoben werden darf. Greifen mehrere Kräfte $\boldsymbol{F}_i$ in einem Punkt P an, so addieren sich die Kräfte wie Vektoren zu einer Gesamtkraft (Bild 3-1)

$$\boldsymbol{F}_{\text{ges}} = \sum_{i=1}^{n} \boldsymbol{F}_i. \tag{6}$$

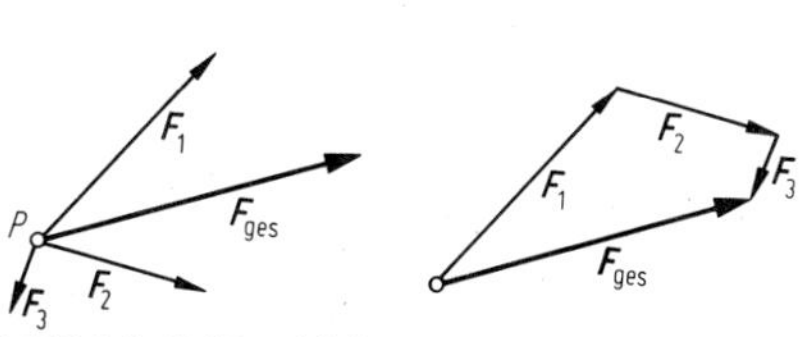

Bild 3-1. Kräfteaddition.

3.2.1 Gewichtskraft (Schwerkraft):

Die Gewichtskraft $\boldsymbol{F}_{\text{G}}$ eines Körpers (früher: Gewicht) ist die im Schwerefeld eines Himmelskörpers auf den Körper wirkende Schwerkraft. Kann der Körper der Kraft folgen, so ruft sie eine Beschleunigung $\boldsymbol{g}$ hervor, die *Fallbeschleunigung* oder Schwerebeschleunigung genannt wird, im Fall der Erde auch Erdbeschleunigung (vgl. 2.1). Entsprechend (4) gilt

$$\boldsymbol{F}_{\text{G}} = m\boldsymbol{g}. \tag{7}$$

Für die Erde gilt: Am Normort (45° nördl. Breite in Meeresspiegelhöhe) beträgt die Normfallbeschleunigung $g_{\text{n}} = 9{,}806\,65\ \text{m/s}^2$, gerundet $9{,}81\ \text{m/s}^2$. g variiert auf der Erdoberfläche zwischen $9{,}832\ \text{m/s}^2$ an den Polen und $9{,}780\ \text{m/s}^2$ am Äquator (vgl. 2.5). Daraus ergibt sich: Die Masse eines Körpers in Kilogramm und die Gewichtskraft des Körpers in Kilopond haben nur am Normort den gleichen Zahlenwert.
Für den Mond gilt: $g_{\text{Mond}} \approx 0{,}167\, g_{\text{Erde}} \approx 1{,}64\ \text{m/s}^2$.
Kräfte lassen sich auch wie Vektoren in Komponenten zerlegen. Bild 3-2 zeigt dies am Beispiel der Gewichtskraft eines Körpers auf einer geneigten (schiefen) Ebene, die sich in eine Hangabtriebskraft $\boldsymbol{F}_{\text{t}}$ tangential zur geneigten Ebene und in eine Normalkraft $\boldsymbol{F}_{\text{n}}$, die auf die Bahnebene drückt, zerlegen läßt:

$$F_{\text{t}} = F_{\text{G}} \sin\alpha, \quad F_{\text{n}} = F_{\text{G}} \cos\alpha. \tag{8}$$

3.2.2 Federkraft

Kräfte können neben Beschleunigungen eines Körpers auch Formänderungen des Körpers hervorrufen, wenn der Körper an der Bewegung gehindert wird. Zum Beispiel können einseitig befestigte Schraubenfedern durch einwirkende Kräfte gedrückt oder gedehnt werden (Bild 3-3).

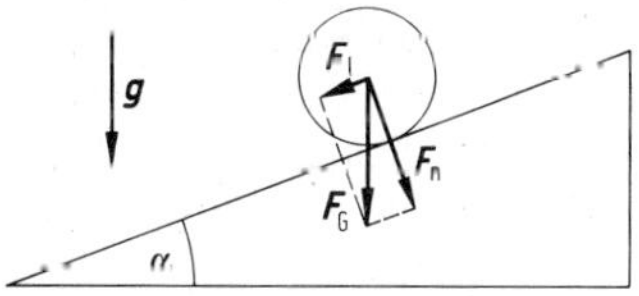

Bild 3-2. Zerlegung der Gewichtskraft auf einer geneigten Ebene.

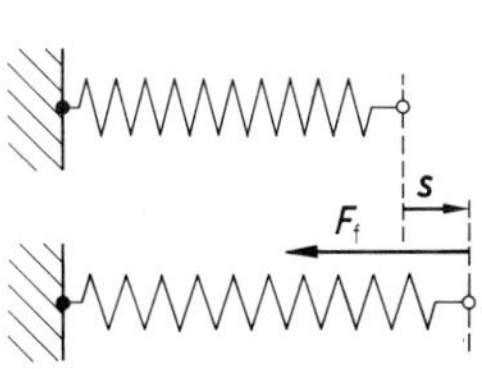

Bild 3-3. Rücktreibende Kraft einer gedehnten Feder.

Bei im Vergleich zur Federlänge kleinen Längenänderungen s sind Kraft und Dehnung proportional (Hookesches Gesetz, vgl. D 9.2.1), der Proportionalitätsfaktor $D = F/s$ wird Richtgröße oder Federkonstante genannt. Die um die Strecke s gedehnte Feder erzeugt eine *rücktreibende Kraft* der Größe

$$F_f = -Ds \qquad (9)$$

Federanordnungen gemäß Bild 3-3 sind als Kraftmesser geeignet.

3.2.3 Reibungskräfte

Reibungskräfte treten auf, wenn miteinander in Berührung stehende Körper (Festkörper, Flüssigkeiten, Gase) gegeneinander bewegt werden. Reibungskräfte wirken der bewegenden Kraft entgegen und müssen stets auf das betreffende Reibungssystem (allg. tribologisches System, siehe D 10.6) bezogen werden.

Festkörperreibung

Die Reibungskraft F_R ist unabhängig von der Größe der Berührungsfläche und in erster Näherung von der Normalkraft auf die Berührungsfläche (Bild 3-4) sowie von der Reibungszahl μ abhängig:

$$F_R = \mu F_n . \qquad (10)$$

Es muß zwischen Ruhereibung (Haftreibung) und Bewegungsreibung, z. B. Gleitreibung, unterschieden werden:
Ruhereibung tritt zwischen gegeneinander ruhenden Körpern auf, die zueinander in Bewegung gesetzt werden sollen. Dabei muß die Haftung (Adhäsion) an den Berührungspunkten der Grenzflächen (bei Metallen häufig kaltverschweißt) aufgebrochen werden (Ruhereibungszahl μ_0). Danach, d. h. bei bereits bestehender Gleitbewegung, wirkt die im allg. niedrigere *Gleitreibung* $\mu\,(<\mu_0)$. Dabei treten stoßförmige Deformationen an den Berührungspunkten der Grenzflächen auf und (dadurch bedingt) Anregung elastischer Wellen, Temperaturerhöhung (Reibungswärme). An der Energiedissipation bei der Festkörperreibung können daneben elastisch-plastische Kontaktdeformationen (elastische Hysterese, Erzeugung von Versetzungen) sowie reibungsinduzierte Emissionsprozesse (Schallabstrahlung, Tribolumineszenz, Exoelektronen) beteiligt sein. Die Gleitreibungskraft ist im allg. kleiner als die Normalkraft ($\mu < 1$). Je nach Materialkombination liegt μ bei trockener Reibung in folgenden Bereichen:

Ruhereibungszahlen $\mu_0 \approx (0{,}15\ldots0{,}8)$,
Gleitreibungszahlen $\mu \approx (0{,}1\ \ldots0{,}6) < \mu_0$.

Reibungszahlen sind tribologische Systemkenngrößen und müssen experimentell, z. B. durch Gleitversuche auf einer geneigten Ebene (vgl. 3.2.1) mit veränderlichem Neigungswinkel α, ermittelt werden (vgl. D 10.6.1 und D 11.8.3).
Bei Körpern, die auf einer Unterlage rollen, tritt *Rollreibung* auf. Sie ist durch Deformationen der aufeinander abrollenden Körper bedingt. Der Rollreibungswiderstand ist sehr viel kleiner als der Gleitreibungswiderstand:

Rollreibungszahlen $\mu' \approx (0{,}002\ldots0{,}04) \ll \mu$

Flüssigkeitsreibung

Befindet sich eine Flüssigkeit zwischen den aneinander gleitenden Körpern, so bilden sich gegenüber den Körpern ruhende Grenzschichten aus. Die Reibung findet nur noch innerhalb der tragenden Flüssigkeitsschicht statt und führt zu deren Temperaturerhöhung. Flüssigkeitsreibung ist erheblich kleiner als Haft- und Gleitreibung (Schmierung!) und von der Relativgeschwindigkeit zwischen beiden Körpern abhängig (vgl. 9.4).
Näherungsweise gilt bei

kleinen Geschwindigkeiten
$F_R \sim v$ (laminare Strömung),
größeren Geschwindigkeiten
$F_R \sim v^2$ (turbulente Strömung).

Gasreibung

Gasreibung liegt vor, wenn sich eine tragende Gasschicht zwischen den aneinander gleitenden Flächen ausbildet. Der Mechanismus ist ähnlich wie bei der Flüssigkeitsreibung, der Reibungswiderstand ist noch geringer (Ausnutzung: Gaslager, Luftkissenfahrzeug).

Elektromagnetische „Reibung" (Wirbelstrombremsung)

Bewegt sich ein Metallkörper im Felde eines Magneten (Bild 3-5), so treten durch elektromagneti-

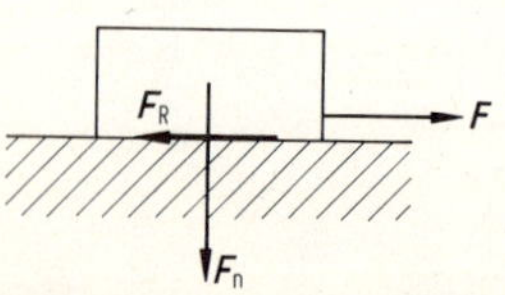

Bild 3-4. Reibung zwischen festen Körpern.

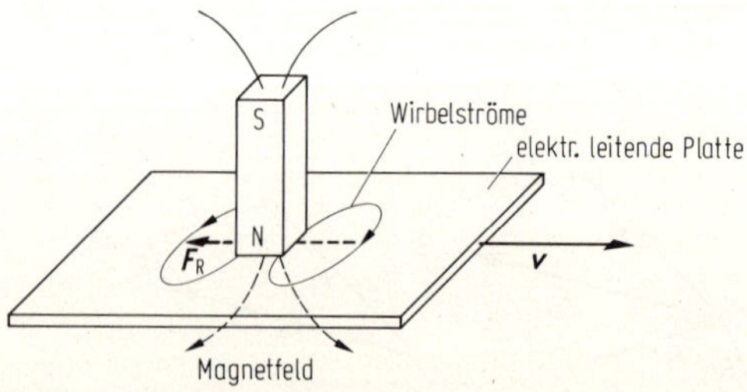

Bild 3-5. Wirbelstrombremsung.

sche Induktion energieverzehrende Wirbelströme im Metall auf, deren Effekt eine bremsende Wirkung auf die Bewegung ist (vgl. 14.1). Für die Reibungskraft gilt dabei streng

$$\boldsymbol{F}_\mathrm{R} \sim -\boldsymbol{v}.$$

3.3 Reaktionsgesetz

Drittes Newtonsches Axiom:

Übt ein Körper 1 auf einen Körper 2 eine Kraft $\boldsymbol{F}_{12}$ aus, so reagiert der Körper 2 auf den Körper 1 mit einer Gegenkraft $\boldsymbol{F}_{21}$. Kraft und Gegenkraft bei der Wechselwirkung zweier Körper sind einander entgegengesetzt gleich („actio = reactio"):

$$\boldsymbol{F}_{21} = -\boldsymbol{F}_{12}. \tag{11}$$

Beispiele für das Reaktions- oder Wechselwirkungsgesetz:

3.3.1 Kräfte bei elastischen Verformungen

Bei der Dehnung einer Feder (Bild 3-6) durch Ziehen mit einer Kraft $\boldsymbol{F}_\mathrm{M} = D\boldsymbol{x}$ reagiert die Feder

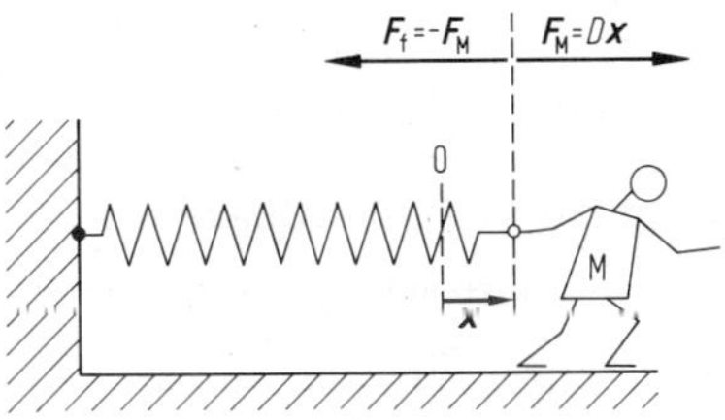

Bild 3-6. Kräfte bei der Federdehnung.

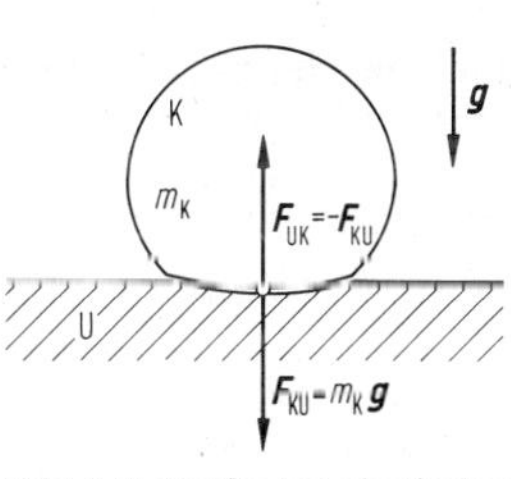

Bild 3-7. Kräfte bei elastischen Deformationen zwischen einer Kugel und ihrer Unterlage.

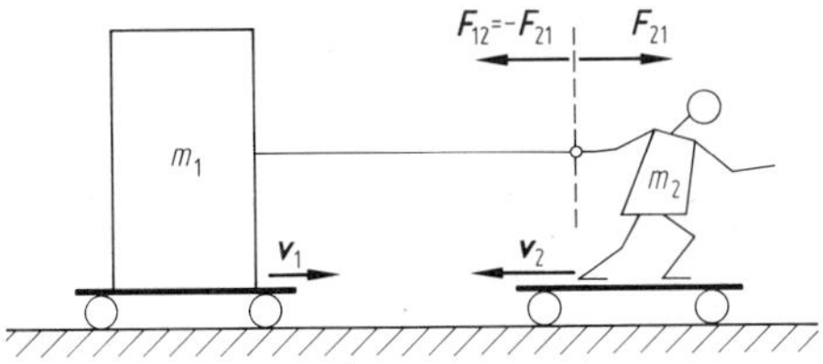

Bild 3-8. Impulsänderung bei Wirken innerer Kräfte.

mit der Gegenkraft $\boldsymbol{F}_\mathrm{f} = -\boldsymbol{F}_\mathrm{M} = -D\boldsymbol{x}$ (vgl. 3.2.2).
Eine auf eine Unterlage durch ihre Gewichtskraft $\boldsymbol{F}_\mathrm{KU} = m_\mathrm{K}\boldsymbol{g}$ drückende Kugel erfährt durch die auftretenden elastischen Deformationen (Bild 3-7) eine Gegenkraft $\boldsymbol{F}_\mathrm{UK} = -\boldsymbol{F}_\mathrm{KU} = -m_\mathrm{K}\boldsymbol{g}$.

3.3.2 Kräfte zwischen freien Körpern („innere Kräfte")

Bei Körpern, die sich in Kraftrichtung frei bewegen können (z. B. Massen auf reibungsfrei rollenden Wagen, Bild 3-8), wirkt sich das Auftreten „innerer Kräfte" nach dem Reaktionsgesetz gemäß (5) durch entgegengesetzt gleiche Impulsänderungen aus:

$$\boldsymbol{F}_{12} = \frac{\mathrm{d}(m_2\boldsymbol{v}_2)}{\mathrm{d}t} = -\boldsymbol{F}_{21} = -\frac{\mathrm{d}(m_1\boldsymbol{v}_1)}{\mathrm{d}t}. \tag{12}$$

Aus (12) folgt

$$\frac{\mathrm{d}}{\mathrm{d}t}(m_1\boldsymbol{v}_1 + m_2\boldsymbol{v}_2) = 0$$

und daraus für den Gesamtimpuls

$$m_1\boldsymbol{v}_1 + m_2\boldsymbol{v}_2 = \text{const}. \tag{13}$$

Wenn keine äußeren, nur innere Kräfte wirken, bleibt der Gesamtimpuls zeitlich konstant: Impulserhaltungssatz (für zwei Teilchen). Dies läßt sich auf n Teilchen verallgemeinern:

Impulserhaltungssatz:

$$\sum_{i=1}^{n} m_\mathrm{i}\boldsymbol{v}_\mathrm{i} = \sum_{i=1}^{n} \boldsymbol{p}_\mathrm{i} = \boldsymbol{p}_\mathrm{ges} \doteq \text{const}^{(t)} \tag{14}$$

(äußere Kräfte null).

Der Gesamtimpuls eines Systems von n Teilchen bleibt zeitlich konstant, wenn keine äußeren Kräfte wirken. Der Impulserhaltungssatz gilt unabhängig von der Art der inneren Wechselwirkung immer.

Im Falle abstoßender Kräfte zwischen zwei Massen (Bild 3-9) ergibt sich, wenn ursprünglich der Gesamtimpuls null war, aus (13)

$$\frac{v_1}{v_2} = (\ )\,\frac{m_2}{m_1}. \tag{15}$$

(15) gestattet den Vergleich zweier Massen allein aus den Trägheitseigenschaften, indem nach einer bestimmten Zeit das Geschwindigkeitsverhältnis gemessen wird. Diese Beziehung ist auch die Grundlage des *Rückstoßprinzips* (Bild 3-9):

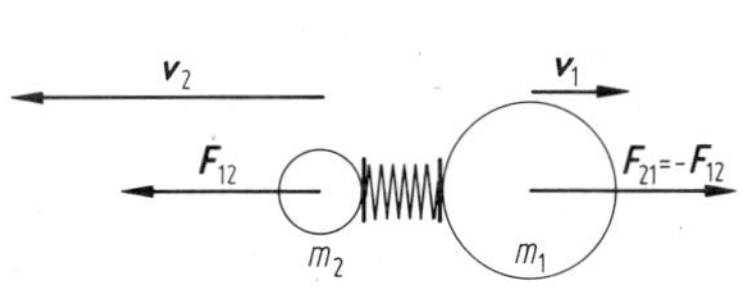

Bild 3-9. Rückstoßprinzip.

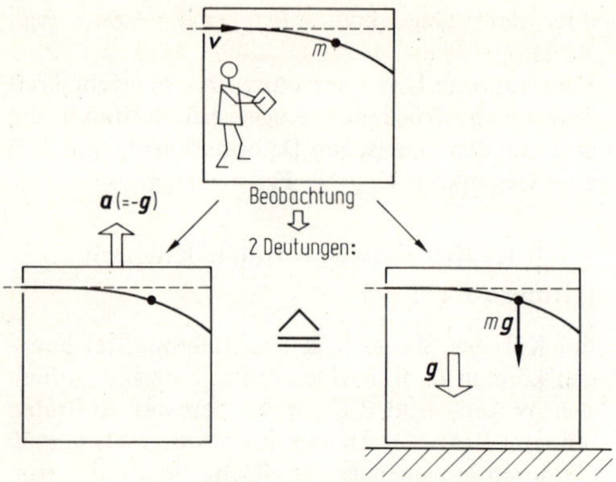

Bild 3-10. Äquivalenzprinzip bei der Parabelbahn einer Masse.

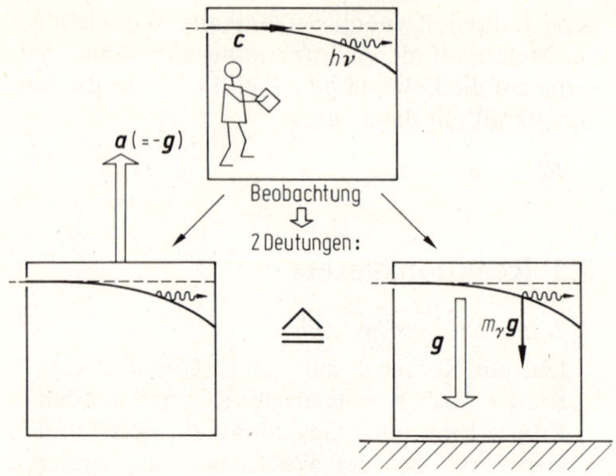

Bild 3-11. Äquivalenzprinzip bei der Parabelbahn eines Lichtquants.

Stößt ein Körper eine Masse m_2 mit einer Geschwindigkeit $\boldsymbol{v}_2$ aus, so erhält der Körper mit der verbleibenden Masse m_1 eine Geschwindigkeit $\boldsymbol{v}_1 = -\boldsymbol{v}_2\, m_2/m_1$ ist entgegengesetzter Richtung. Das Rückstoßprinzip liegt auch dem Raketenantrieb zugrunde.

3.4 Äquivalenzprinzip: Schwer- und Trägheitskräfte

Die Masse eines Körpers ist für sein Trägheitsverhalten maßgebend. Im Newtonschen Kraftgesetz (4) und im Reaktionsgesetz, z. B. (12) u. (15) ist daher die *träge Masse* m_t anzusetzen, die zugehörigen Kräfte sind *Trägheitskräfte.* Die Masse ist jedoch gleichzeitig auch Ursache für die *Schwerkraft* (Gewichtskraft), z. B. in (7). Hier ist die *schwere Masse* m_s anzusetzen. Im Sinne der klassischen Physik sind dies durchaus phänomenologisch verschiedene Eigenschaften der Masse. Schwere Masse und träge Masse treten jedoch in allen Beziehungen gleichwertig auf, und alle Experimente zeigen:

$$m_s = m_t \,. \tag{16}$$

Dementsprechend sind auf eine Masse m wirkende Schwer- und Trägheitskräfte in einem geschlossenen Labor nicht prinzipiell unterscheidbar. Sie sind äquivalent. Die Wirkung einer Beschleunigung $\boldsymbol{a}$ auf physikalische Vorgänge in einem Labor z. B. in einer durch Rückstoß angetriebenen Rakete im Weltraum ist dieselbe wie die einer Schwerebeschleunigung $\boldsymbol{g}$ $(= -\boldsymbol{a})$ auf die Vorgänge in einem ruhenden Labor auf einer Planetenoberfläche (Bild 3-10).

> Das *Äquivalenzprinzip* (Einstein 1915) postuliert die Ununterscheidbarkeit (Äquivalenz) von schwerer und träger Masse (bzw. von Schwer- und Trägheitskräften) bei allen physikalischen Gesetzen (allgemeines Relativitätsprinzip).

Daraus folgt z. B., daß auch die Lichtfortpflanzung der Schwerkraftablenkung unterliegt (Bild 3-11). Wegen des großen Wertes der Lichtgeschwindigkeit macht sie sich jedoch nur bei sehr großen Schwerkraftbeschleunigungen bemerkbar, z. B. als Lichtablenkung dicht an der Sonnenoberfläche durch eine Schwerkraft $m_\gamma \boldsymbol{g}$, die auf die Masse m_γ eines Lichtquants (siehe 20.3) wirkt.

3.5 Trägheitskräfte bei Rotation

3.5.1 Zentripetal- und Zentrifugalkraft

Um einen Massenpunkt auf einer kreisförmigen Bahn zu halten, muß eine Kraft in Richtung Bahnmittelpunkt auf die Masse m wirken, die gerade die

$$\text{Zentripetalbeschleunigung} \quad \boldsymbol{a}_z = \boldsymbol{\omega} \times (\boldsymbol{\omega} \times \boldsymbol{r}) \,,$$

vgl. (2-30), hervorruft und den Massenpunkt hindert, seiner Trägheit folgend, tangential weiterzufliegen. Nach (4) folgt dann für die Radialkraft $\boldsymbol{F}_n = m\boldsymbol{a}_z$ oder Zentripetalkraft

$$\boldsymbol{F}_n = m\boldsymbol{\omega} \times (\boldsymbol{\omega} \times \boldsymbol{r}) \,. \tag{17}$$

Der Massenpunkt m selbst übt infolge seiner Trägheit nach dem Reaktionsgesetz (siehe 3.3) eine entgegengesetzt gleich große Kraft in Radialrichtung auf die haltende Bahn oder den haltenden

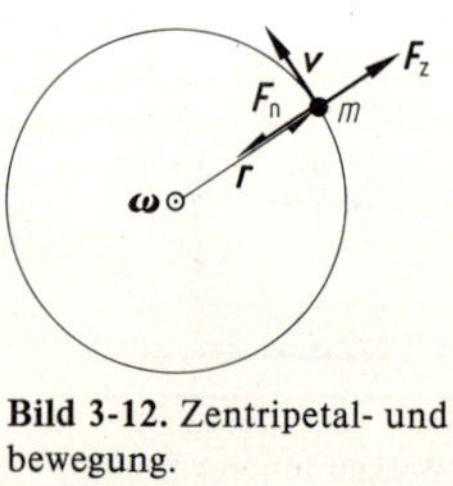

Bild 3-12. Zentripetal- und Zentrifugalkraft bei der Kreisbewegung.

Faden aus (Bild 3-12), die *Zentrifugalkraft*

$$\boldsymbol{F}_\mathrm{z} = -m\boldsymbol{\omega} \times (\boldsymbol{\omega} \times \boldsymbol{r})\,. \tag{18}$$

Der Betrag der Zentrifugalkraft ergibt sich mit (2-29) und (2) zu

$$F_\mathrm{z} = mr\omega^2 = mv\omega = p\omega = m\frac{v^2}{r}\,. \tag{19}$$

3.5.2 Coriolis-Kraft

Der in rotierenden Systemen bei Massenpunkten mit einer Geschwindigkeit $\boldsymbol{v}$ auftretenden Coriolis-Beschleunigung (2-55) $\boldsymbol{a}'_\mathrm{C} = 2\boldsymbol{v} \times \boldsymbol{\omega}$ entspricht gemäß (4) eine Coriolis-Kraft

$$\boldsymbol{F}_\mathrm{C} = 2m\boldsymbol{v} \times \boldsymbol{\omega}\,, \tag{20}$$

die stets senkrecht zu $\boldsymbol{v}$ und $\boldsymbol{\omega}$ wirkt (Bild 3-13).

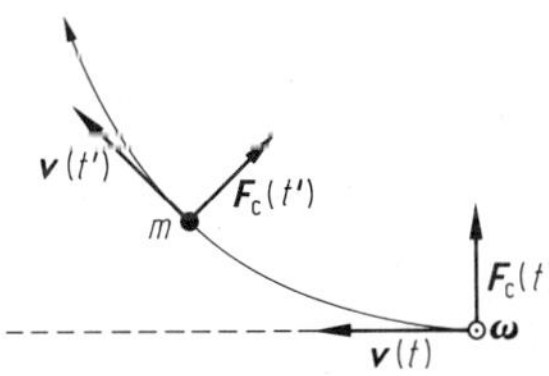

Bild 3.13. Richtung der Coriolis-Kraft.

3.6 Drehmoment und Gleichgewicht

Ein drehbarer starrer Körper (siehe 7) kann durch eine Kraft $\boldsymbol{F}$, deren Wirkungslinie nicht durch die Drehachse geht, in Drehung versetzt werden (Bild 3-14). Ein geeignetes Maß für diese Wirkung der Kraft ist das folgendermaßen definierte *Drehmoment*

$$\boldsymbol{M} = \boldsymbol{r} \times \boldsymbol{F}\,, \tag{21}$$

wo $\boldsymbol{r}$ der Abstand des Angriffspunktes der Kraft vom Drehpunkt ist. Der Betrag des Drehmomentes ist mit $r_\perp = r\sin\alpha$ (senkrechter Abstand der Kraftwirkungslinie vom Drehpunkt)

$$M = rF\sin\alpha = r_\perp F\,. \tag{22}$$

$\boldsymbol{M}$ ist ein Vektor parallel zur Drehachse und steht senkrecht auf $\boldsymbol{r}$ und $\boldsymbol{F}$. Seine Richtung ergibt sich aus dem Rechtsschraubensinn.

SI-Einheit: $[M] = \mathrm{N \cdot m}$ (Newtonmeter).

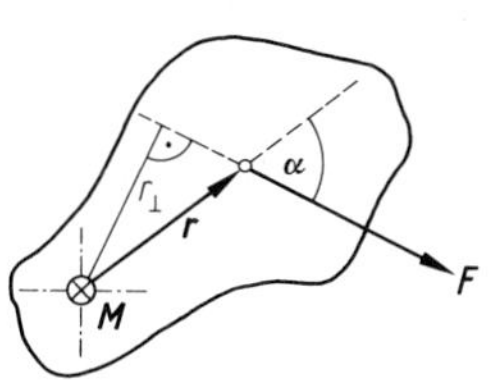

Bild 3-14. Zur Definition des Drehmomentes.

Kräftepaar: Zwei gleichgroße, entgegengesetzt gerichtete Kräfte, deren parallele Wirkungslinien einen Abstand $\boldsymbol{a}_\perp$ haben, werden ein Kräftepaar genannt (Bild 3-15). Sie üben ein Drehmoment aus von der Größe

$$\boldsymbol{M} = \boldsymbol{a} \times \boldsymbol{F} = \boldsymbol{a}_\perp \times \boldsymbol{F}\,. \tag{23}$$

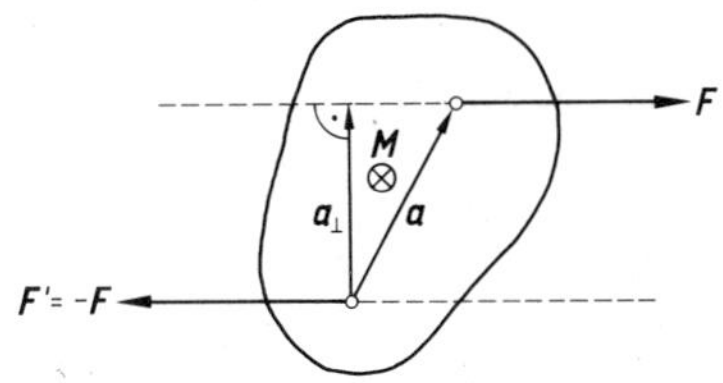

Bild 3-15. Drehmoment eines Kräftepaars.

Die auf einen ausgedehnten Körper wirkenden Kräfte können sowohl eine Translation als auch eine Rotation hervorrufen. Notwendige Bedingungen für das Gleichgewicht eines Körpers sind das Verschwinden der Summe aller Kräfte und der Summe aller Drehmomente:

Gleichgewichtsbedingungen:

$$\sum_{i=1}^{m} \boldsymbol{F}_i = 0\,, \quad \sum_{j=1}^{n} \boldsymbol{M}_j = 0\,. \tag{24}$$

Ein Körper befindet sich in einer Gleichgewichtslage, wenn die Gleichgewichtsbedingungen (24) erfüllt sind. Die potentielle Energie (vgl. 4.2) hat dann einen Extremwert. Man spricht von stabilem, labilem oder indifferentem Gleichgewicht, je nachdem, ob bei Auslenkung des Körpers aus der Gleichgewichtslage die potentielle Energie steigt, fällt oder konstant bleibt (Bild 3-16).

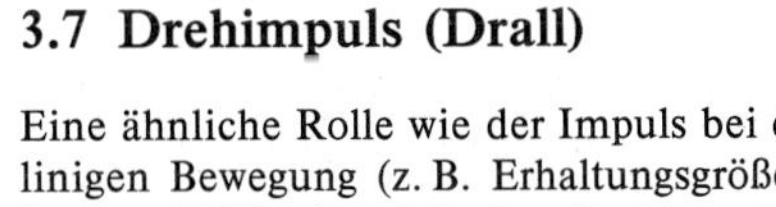

Bild 3-16. Gleichgewichtslagen.

3.7 Drehimpuls (Drall)

Eine ähnliche Rolle wie der Impuls bei der geradlinigen Bewegung (z. B. Erhaltungsgröße bei fehlenden Kräften) spielt der Drehimpuls bei der Kreisbewegung, er ist Erhaltungsgröße bei fehlenden Drehmomenten, siehe 3.8.
Definition des *Drehimpulses* eines Massenpunktes m mit dem Impuls $\boldsymbol{p} = m\boldsymbol{v}$ im Abstande $\boldsymbol{r}$ von einem Drehpunkt (Bild 3-17):

$$\boldsymbol{L} = \boldsymbol{r} \times \boldsymbol{p} = \boldsymbol{r} \times m\boldsymbol{v}\,. \tag{25}$$

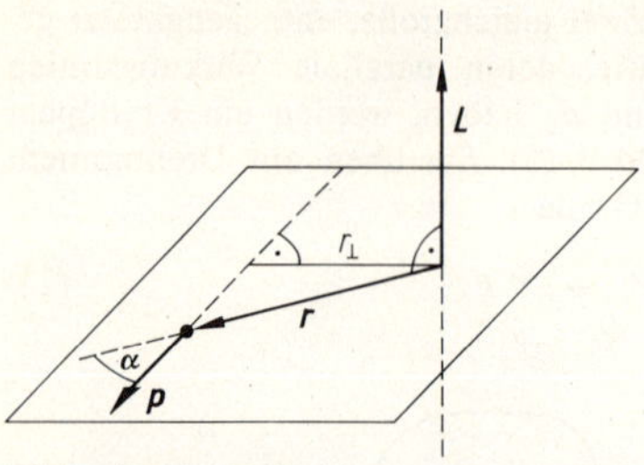

Bild 3-17. Zur Definition des Drehimpulses.

Betrag des Drehimpulses:

$$L = rp \sin \alpha = r_{\perp} p. \quad (26)$$

Der Drehimpuls $\boldsymbol{L}$ ist ein Vektor und steht senkrecht auf $\boldsymbol{r}$ und $\boldsymbol{v}$, seine Richtung ergibt sich aus dem Rechtsschraubensinn.

SI-Einheit: $[L] = \text{kg} \cdot \text{m}^2/\text{s} = \text{N} \cdot \text{m} \cdot \text{s}$.

Nach der Definition (25) tritt auch bei der geradlinigen Bewegung ein Drehimpuls auf, wenn die Bewegung nicht durch die Bezugsachse geht. Die Angabe eines Drehimpulses erfordert immer die Angabe der Bezugsachse!

Der Drehimpuls eines Teilchens in einer Kreisbahn wird in der Atomphysik häufig *Bahndrehimpuls* genannt und beträgt bezüglich des Kreiszentrums

$$L = mrv = m\omega r^2, \quad (27)$$

bzw., da $\boldsymbol{L}$ in die Richtung der Winkelgeschwindigkeit $\boldsymbol{\omega}$ zeigt (Bild 3-18),

$$\boldsymbol{L} = mr^2 \boldsymbol{\omega}. \quad (28)$$

Die zeitliche Änderung des Drehimpulses ergibt sich durch zeitliche Differentiation von (25) und liefert einen Zusammenhang mit dem Drehmoment (21)

$$\frac{\mathrm{d}\boldsymbol{L}}{\mathrm{d}t} = \boldsymbol{r} \times \boldsymbol{F} = \boldsymbol{M}, \quad (29)$$

d. h., die zeitliche Änderung des Drehimpulses ist dem wirkenden Drehmoment gleich. Wirkt das Drehmoment während einer Zeit $\Delta t = t_2 - t_1$, so ergibt sich die dadurch bewirkte Änderung des Drehimpulses $\Delta\boldsymbol{L}$ durch Integration von (29):

$$\Delta\boldsymbol{L} = \int_{t_1}^{t_2} \boldsymbol{M}\,\mathrm{d}t \quad (= \boldsymbol{M}\Delta t \text{ bei } \boldsymbol{M} = \text{const}). \quad (30)$$

$\boldsymbol{M}\Delta t$ heißt Drehmomentenstoß oder Antriebsmoment. Ist das Drehmoment zeitlich konstant, so ist die Drehimpulsänderung nach (30) der Zeit proportional.

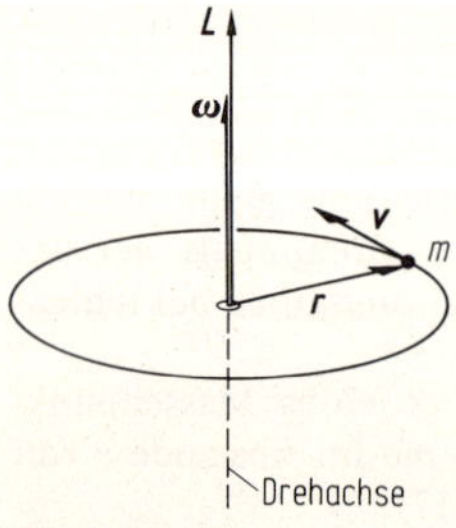

Bild 3-18. Bahndrehimpuls eines Massenpunktes in einer Kreisbahn.

3.8 Drehimpulserhaltung

Wenn kein Drehmoment wirkt ($\boldsymbol{M} = 0$), folgt aus (29), daß der Drehimpuls zeitlich konstant bleibt:

$$\boldsymbol{L} = \text{const} \quad \text{für} \quad \boldsymbol{M} = 0. \quad (31)$$

Dies ist der *Drallsatz* oder Drehimpulserhaltungssatz, der sich auch auf Teilchensysteme (siehe 6) und starre Körper (siehe 7) verallgemeinern läßt.

Beispiele für die Drehimpulserhaltung bei der Bewegung eines Einzelpartikels:

— Bei der gleichförmig geradlinigen Bewegung eines Massenpunktes gemäß Bild 3-16 bleibt der Drehimpuls bezüglich einer beliebigen Achse nach (26) wegen $r_{\perp} = \text{const}$ konstant ($\boldsymbol{M} = 0$, da keine Kräfte wirken).
— Bei reinen Zentralkräften (Gravitation, siehe 11; Coulomb-Kraft, siehe 12) ist $\boldsymbol{F} \| \boldsymbol{r}$ und demzufolge nach (21) $\boldsymbol{M} = 0$, somit nach (29) $\boldsymbol{L} = \text{const}$. Dies gilt z. B. für die gleichförmige Kreisbewegung, für die Bewegung von Planeten im Gravitationsfeld einer schweren Sonne (Kepler-Problem) oder auch für die Streuung geladener Elementarteilchen im Coulombfeld von Atomkernen (Rutherford-Streuung, siehe 16.1.1).

4 Arbeit und Energie

Bei der Verschiebung eines Körpers (Massenpunktes) P längs eines Weges $\boldsymbol{s}$ durch eine Kraft $\boldsymbol{F}$ wird eine Arbeit verrichtet. Die physikalische Größe *Arbeit* ist definiert als das Skalarprodukt aus Kraft und Weg.

Bei konstanter Kraft und geradliniger Verschiebung (Bild 4-1) ergibt sich die Arbeit zu

$$W = \boldsymbol{F} \cdot \boldsymbol{s} = Fs \cos \alpha. \quad (1)$$

Sind Kraft und Weg parallel ($\alpha = 0$), so ist $W = Fs$. Steht die Kraft senkrecht auf dem Weg ($\alpha = 90°$), wird keine Arbeit verrichtet.

SI-Einheit:
$[W] = \text{kg} \cdot \text{m}^2/\text{s}^2 = \text{N} \cdot \text{m} = \text{Joule} = \text{J} = \text{W} \cdot \text{s}$.

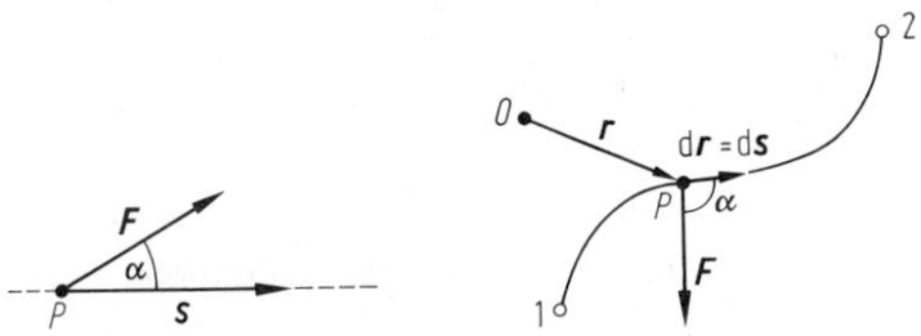

Bild 4-1. Zur Definition der Arbeit.

Früher übliche Arbeitseinheiten:

cgs-System:
Erg 1 erg = 1 g · cm²/s² = 10^{-7} N · m

Techn. System:
Kilopondmeter 1 kp · m = 9,806 65 N · m.

Für einen beliebigen Weg und/oder eine ortsveränderliche Kraft kann (1) nur auf ein differentiell kleines Wegelement $\mathrm{d}\boldsymbol{s} = \mathrm{d}\boldsymbol{r}$ angewendet werden (Bild 4-1):

$$\mathrm{d}W = \boldsymbol{F} \cdot \mathrm{d}\boldsymbol{s} = \boldsymbol{F} \cdot \mathrm{d}\boldsymbol{r} = F \cos \alpha \, \mathrm{d}s. \tag{2}$$

Die Gesamtarbeit bei Verschiebung von 1 nach 2 ergibt sich dann aus (2) durch Integration längs des Weges (Bild 4-1):

$$W_{12} = \int_1^2 \boldsymbol{F} \cdot \mathrm{d}\boldsymbol{s} = \int_1^2 F \cos \alpha \, \mathrm{d}s. \tag{3}$$

Allgemein gilt also: Die *Arbeit* ist das *Wegintegral der Kraft.*
Die einem Körper oder einem System zugeführte Arbeit erhöht dessen Fähigkeit, seinerseits Arbeit zu verrichten. Diese Fähigkeit, Arbeit zu verrichten, wird als Energie bezeichnet und in denselben Einheiten wie die Arbeit gemessen.
Wird die Arbeit W in einer Zeit t verrichtet, so wird der Quotient beider Größen als *Leistung* bezeichnet. Man definiert als *mittlere Leistung*

$$\bar{P} = \frac{W}{t}, \tag{4}$$

und als *Momentanleistung*

$$P = \frac{\mathrm{d}W}{\mathrm{d}t}. \tag{5}$$

Mit (2) und der Definition der Geschwindigkeit (2-3) folgt daraus

$$P = \boldsymbol{F} \cdot \boldsymbol{v}. \tag{6}$$

SI-Einheit: $[P]$ = Watt = W = J/s.

Früher übliche Einheit bei Kraftmaschinen: Pferdestärke PS = 75 kp · m/s = 735,498 75 W.
Eine wichtige Rolle bei den Integralprinzipien der Mechanik und in der Quantenmechanik spielt ferner die *Wirkung* mit der Dimension

Wirkung = Arbeit · Zeit = Impuls · Länge
= W · t = p · l.

SI-Einheit: [Wirkung] = N · m · s = J · s.

4.1 Beschleunigungsarbeit, kinetische Energie

Beim Beschleunigen eines Körpers (Massenpunktes) der Masse m gegen seine Trägheit muß Arbeit verrichtet werden, die dann als Bewegungsenergie oder *kinetische Energie* im Körper steckt. Das Arbeitsintegral (3) liefert mit (3-4) und (2-3)

$$W = \int_0^s \boldsymbol{F} \cdot \mathrm{d}\boldsymbol{s} = \int_0^v m\boldsymbol{v} \cdot \mathrm{d}\boldsymbol{v} = \frac{m}{2} v^2 = E_\mathrm{k}. \tag{7}$$

Die durch die Beschleunigungsarbeit dem Körper erteilte kinetische Energie E_k hängt eindeutig von seiner Masse m und den Beträgen seiner Geschwindigkeit v bzw. seines Impulses p ab:

$$E_\mathrm{k} = \frac{m}{2} v^2 = \frac{p^2}{2m}. \tag{8}$$

Bei Beschleunigung eines Massenpunktes von $\boldsymbol{v}_1$ auf $\boldsymbol{v}_2$ (Bild 4-2) ergibt sich die erforderliche Beschleunigungsarbeit analog zu (7)

$$W_{12} = \int_1^2 \boldsymbol{F} \cdot \mathrm{d}\boldsymbol{s} = \frac{m}{2} v_2^2 - \frac{m}{2} v_1^2, \tag{9}$$

$$W_{12} = E_{\mathrm{k}2} - E_{\mathrm{k}1}. \tag{10}$$

Die an einem Körper geleistete Beschleunigungsarbeit ist gleich der Änderung seiner kinetischen Energie (vgl. Energieflußdiagramm Bild 4-2).

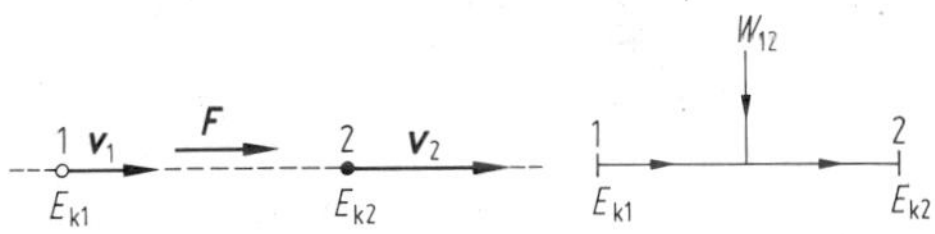

Bild 4-2. Beschleunigungsarbeit und Energieflußdiagramm.

4.2 Potentielle Energie, Hub- und Spannungsarbeit

Die Arbeit, die durch eine konstante Kraft $\boldsymbol{F}$ an einem Körper verrichtet wird, der sich infolge der Kraft (gegen seine Trägheit) längs verschiedener Wege (z. B. längs der Bahnen A oder B in Bild 4-3) von 1 nach 2 bewegt, ergibt sich aus dem Wegintegral der Kraft zu

$$W_{12} = \int_1^2 \boldsymbol{F} \cdot \mathrm{d}\boldsymbol{r} = \boldsymbol{F} \cdot \boldsymbol{r}_2 - \boldsymbol{F} \cdot \boldsymbol{r}_1 \quad \text{für} \quad \boldsymbol{F} = \text{const}. \tag{11}$$

Das Ergebnis ist nur von der Lage der Punkte 1 und 2 bzw. von deren Ortsvektoren $\boldsymbol{r}_1$ und $\boldsymbol{r}_2$ abhängig, nicht dagegen von der Wahl der Wegkurve; für Weg A und Weg B in Bild 4-3 ist das Ergebnis (11) in beiden Fällen gleich:

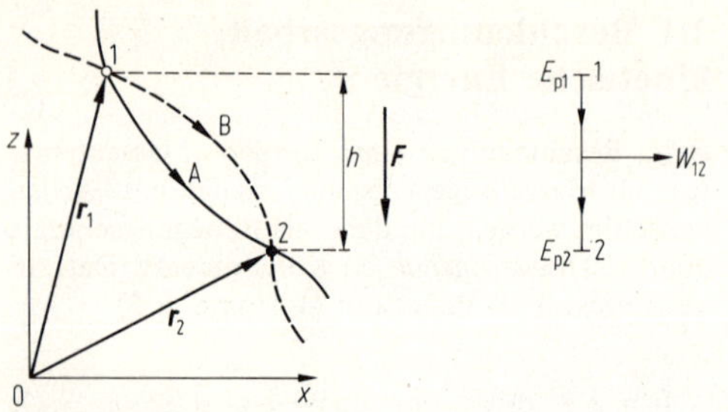

Bild 4-3. Potentielle Energie bei konstanter Kraft, Energieflußdiagramm.

Bei konstanter Kraft ist die Arbeit unabhängig vom Wege. Kräfte, für die eine Unabhängigkeit der Arbeit vom Wege gegeben ist, werden konservative Kräfte genannt.

Da W in (11) nur von der Differenz zweier gleichartiger Größen $\boldsymbol{F}\cdot\boldsymbol{r}_i$ von der Dimension einer Energie abhängt, ist es sinnvoll, jedem Ort dieses Kraftfeldes eine entsprechende, nur vom Orte $\boldsymbol{r}$ (der „Lage") abhängige Energiegröße zuzuordnen, so daß sich durch Differenzbildung dieser Größen für zwei Punkte stets sofort die Arbeit ergibt, die bei der Bewegung eines Körpers zwischen den beiden Punkten verrichtet werden muß. Diese Größe wird Energie der Lage oder *potentielle Energie* E_p genannt.
In unserem Falle ist

$$E_p(\boldsymbol{r}) = -\boldsymbol{F}\cdot\boldsymbol{r} \quad \text{für} \quad \boldsymbol{F} = \text{const}. \tag{12}$$

Das Vorzeichen ist so gewählt, daß die potentielle Energie E_p sinkt, wenn der Körper der Kraft folgt, also vom Kraftfeld Arbeit an dem Körper verrichtet wird ($W > 0$; vgl. Energieflußdiagramm, Bild 4-3). (12) in (11) eingesetzt ergibt die Beziehung

$$W_{12} = E_{p1} - E_{p2}, \tag{13}$$

die allgemein für *konservative Kräfte* gilt:

> Die Differenz der potentiellen Energien eines Körpers an zwei Punkten 1 und 2 ist gleich der Arbeit, die von der wirkenden konservativen Kraft an dem Körper geleistet werden muß, um ihn von 1 nach 2 zu bringen.

Ist das Kraftfeld konservativ, aber $\boldsymbol{F} = \boldsymbol{F}(\boldsymbol{r})$, so gilt (12) nur für differentiell kleine Verschiebungen $\mathrm{d}\boldsymbol{r}$:

$$\mathrm{d}E_p = -\boldsymbol{F}\cdot\mathrm{d}\boldsymbol{r}. \tag{14}$$

Wird das Wegelement $\mathrm{d}\boldsymbol{r}$ parallel zu $\boldsymbol{F}$ gewählt, so läßt sich der Betrag von F aus der örtlichen Änderung der potentiellen Energie längs $\boldsymbol{F}$ berechnen:

$$F = -\left(\frac{\mathrm{d}E_p}{\mathrm{d}r}\right)_{\mathrm{d}\boldsymbol{r}\parallel\boldsymbol{F}}. \tag{15}$$

Allgemeiner lautet dieser Zusammenhang (vgl. A 17.1)

$$\boldsymbol{F} = -\operatorname{grad} E_p. \tag{16}$$

Potentielle Energie im Erdfeld, Hubarbeit

In begrenzten Bereichen an der Erdoberfläche kann die Schwerkraft als konstant angesehen werden, es gilt also $\boldsymbol{F} = \boldsymbol{F}_G = m\boldsymbol{g} = \text{const}$. Da $\boldsymbol{g} = (0, 0, -g)$ nur eine z-Komponente hat, folgt aus (12) für die potentielle Energie im Erdfeld

$$E_p = -m\boldsymbol{g}\cdot\boldsymbol{r} = mgz. \tag{17}$$

Wird ein Körper der Masse m auf einer Bahn (z. B. A in Bild 4-3) durch die Schwerkraft von 1 nach 2 bewegt, so ist die gegen seine Trägheit verrichtete Arbeit nach (13) und (17)

$$W = mg(z_1 - z_2) = mgh. \tag{18}$$

d. h. die Arbeit hängt nur von der Höhendifferenz $z_1 - z_2 = h$ (vgl. Bild 4-3) ab. Wie die Höhendifferenz durchlaufen wird, z. B. schräg, vertikal oder auf einer beliebigen Kurve, spielt keine Rolle. Wenn der Körper um eine Höhe h angehoben wird, so wird an dem Körper Arbeit gegen die Schwerkraft verrichtet. Hierfür sind die Richtungen im Energieflußdiagramm Bild 4-3 umzukehren. Auch in diesem Falle ergibt sich für die Hubarbeit

$$W = mgh. \tag{19}$$

Potentielle Energie der Deformation, Verformungsarbeit

Die bei der Verformung elastischer Körper, z. B. bei der Dehnung einer Feder (Bild 3-6), aufzuwendende *Verformungsarbeit* ergibt sich aus (3) mit $F = Dx$ (vgl. 3.3.1)

$$W = \int_0^x Dx\cdot\mathrm{d}x = \frac{1}{2}Dx^2. \tag{20}$$

Die Verformungsarbeit wird als potentielle Energie *(Spannungsenergie)* gespeichert:

$$E_p = \frac{1}{2}Dx^2. \tag{21}$$

Da sich gemäß (13) die Arbeit als Differenz zweier nur vom Ort abhängiger potentieller Energien ergibt, läßt sich zu E_p stets eine beliebige, aber für alle $\boldsymbol{r}$ gleiche Konstante hinzufügen, da sie bei der Arbeitsberechnung herausfällt. Dies läßt sich ausnutzen, um den Nullpunkt der Energieskala geeignet zu wählen.

> Die potentielle Energie ist nur bis auf eine beliebige, vom Ort unabhängige Konstante bestimmt.

4.3 Energieerhaltung bei konservativen Kräften

Wirkt eine konservative Kraft auf einen Körper (Massenpunkt), so ist die Arbeit für die durch die Kraft bewirkte Änderung der kinetischen Energie durch (10) gegeben. Die potentielle Energie ändert sich dabei gleichzeitig um den durch (13) gegebenen Betrag. Gleichsetzung beider Beziehungen liefert

$$E_{k1} + E_{p1} = E_{k2} + E_{p2}\,. \tag{22}$$

Führt man die Summe aus kinetischer und potentieller Energie als *Gesamtenergie*

$$E = E_k + E_p$$

ein, so bleibt nach (22) bei der Bewegung des Körpers von 1 nach 2 die Gesamtenergie E offenbar ungeändert. Das ist die Aussage des *Energieerhaltungssatzes der Mechanik*:

$$E = E_k + E_p = \text{const}\,. \tag{23}$$

Bei konservativen Kräften bleibt die Gesamtenergie (Summe aus kinetischer und potentieller Energie) konstant.

Die kinetische Energie kann auch Rotationsenergie (bei ausgedehnten Körpern, vgl. 7.1) enthalten.

Beispiele für die Anwendung des Energiesatzes:

Freier Fall eines Körpers im Erdfeld

Für den freien Fall einer Masse m aus einer Höhe $z_m = h$ lautet der Energiesatz mit (8) und (17) für eine Höhe z (Bild 4-4)

$$\frac{1}{2}mv^2 + mgz = E = mgz_m\,, \tag{24}$$

woraus sich die Geschwindigkeit in der Höhe z zu

$$v = \sqrt{2g(z_m - z)} \tag{25}$$

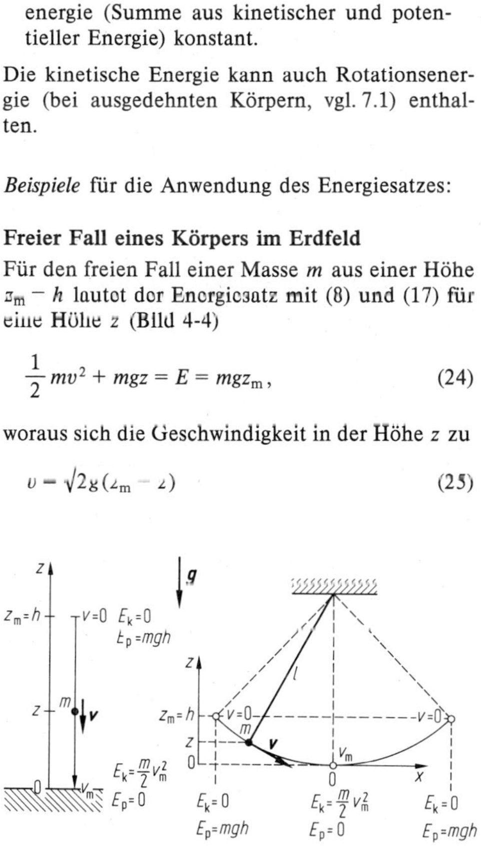

Bild 4-4. Energieerhaltung beim freien Fall und beim Pendel.

und die Aufprallgeschwindigkeit bei $z = 0$ zu

$$v_m = \sqrt{2gh} \tag{26}$$

ergibt, vgl. (2-14). Beim Fall von $z_m = h$ bis $z = 0$ wird also potentielle Energie $E_p = mgh$ vollständig in kinetische Energie $E_k = \frac{1}{2}mv^2$ umgewandelt.

Kugeltanz

Ist der fallende Körper in Bild 4-4 eine Stahlkugel und die Unterlage bei $z = 0$ eine Stahlplatte, so verformen sich beide Körper elastisch (Bild 3-7). Dabei wird die kinetische Energie der Kugel in potentielle Energie der Verformung (Spannungsenergie) umgewandelt. Die dadurch auftretende rücktreibende Kraft bewirkt eine Rückwandlung der Spannungsenergie in kinetische Energie, die Kugel „prallt ab" und bewegt sich wieder aufwärts.

Fadenpendel im Erdfeld

In den Umkehrpunkten eines schwingenden Fadenpendels (Bild 4-4) ist $v = 0$ und damit $E_k = 0$, jedoch E_p maximal. Umgekehrt ist es im Nulldurchgang. Es wird also periodisch potentielle Energie $E_p = mgh$ in kinetische Energie $E_k = mv_m^2/2$ und wieder in potentielle Energie umgewandelt. Die Rechnung ist identisch mit der im ersten Beispiel, die Geschwindigkeit im Nulldurchgang ist durch (26) gegeben.
Durch Taylor-Entwicklung (vgl. A) findet man $z \approx x^2/(2l)$ und damit aus $E_p = mgz$

$$E_p \approx \frac{mg}{2l}x^2\,, \tag{27}$$

also eine parabolische Abhängigkeit ($\sim x^2$) der potentiellen Energie des Pendels von der horizontalen Auslenkung. Dieser wichtige Fall liegt allgemein bei harmonischen Schwingungen (vgl. 5.2) vor.

4.4 Energiesatz bei nichtkonservativen Kräften

In Umkehrung der Definition konservativer Kräfte in 4.2 hängt bei nichtkonservativen Kräften die Arbeit meistens vom Wege ab. Wird z. B. Arbeit allein gegen Reibungskräfte verrichtet, etwa beim Verschieben eines Klotzes auf einer horizontalen Unterlage (Bild 4-5 a), so ist die Arbeit gemäß (3) offensichtlich davon abhängig, ob die Verschiebung von 1 nach 2 über A oder B erfolgt:

$$W_{12,A} < W_{12,B}\,.$$

Die verrichtete Arbeit dient hier nicht zur Erzeugung oder Änderung von $E = E_k + E_p$, so daß (10) und (13) nicht gültig sind.
Allgemein gilt der Energieerhaltungssatz der Mechanik gemäß (23) bei Auftreten von Reibungs-

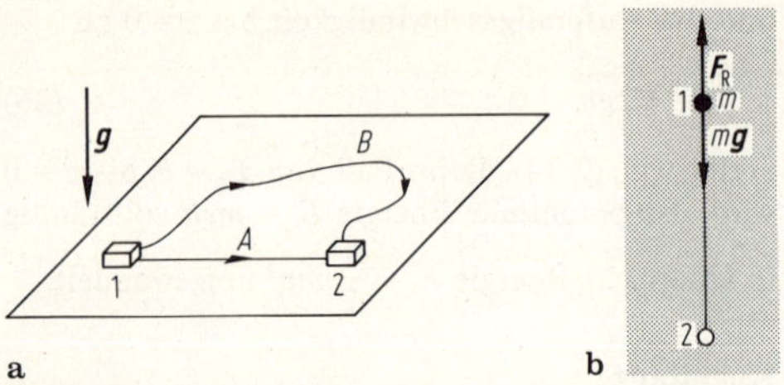

Bild 4-5. Zum Energiesatz beim Auftreten von Reibungskräften.

kräften nicht mehr, sondern muß durch weitere Energieterme ergänzt werden.

Sinkt z. B. ein Körper in einer zähen Flüssigkeit unter Wirkung des Erdfeldes von 1 nach 2 (Bild 4-5b), so wird ein Teil der bei 1 vorhandenen Energie $E_1 = E_{k1} + E_{p1}$ in Reibungsarbeit W_R umgesetzt, so daß bei 2 die Summe aus kinetischer und potentieller Energie E_2 kleiner als bei 1 ist. Der Energiesatz muß daher durch W_R ergänzt werden:

$$E_{k1} + E_{p1} = E_{k2} + E_{p2} + W_R \,. \tag{28}$$

Die Reibungsarbeit äußert sich letztlich in Wärmeenergie. Der Energieerhaltungssatz in allgemeiner Form ist der I. Hauptsatz der Wärmelehre (vgl. 8 und F).

4.5 Relativistische Dynamik

Die Grundgleichung der klassischen Dynamik (klassische Bewegungsgleichung) ist das Newtonsche Kraftgesetz (3-5)

$$\boldsymbol{F} = \frac{\mathrm{d}}{\mathrm{d}t}(m_0 \boldsymbol{v}) = m_0 \frac{\mathrm{d}\boldsymbol{v}}{\mathrm{d}t} = m_0 \boldsymbol{a}, \tag{29}$$

wobei gegenüber (3-5) bei der Masse m der Index 0 hinzugefügt wurde, um die im Sinne der klassischen Mechanik zeit- und geschwindigkeitsunabhängige Masse m_0 von der noch einzuführenden relativistischen Masse m zu unterscheiden. Diese klassische Grundgleichung ist nun so zu ändern, daß sie dem Relativitätsprinzip der speziellen Relativitätstheorie genügt, nämlich, daß alle physikalischen Gesetze invariant gegen die Lorentz-Transformation sind (vgl. 2.3.2). Dazu werde das bewegte System S′ in den Massenpunkt mit der Geschwindigkeit $\boldsymbol{v}$ gelegt.

Auf Grund der für einen sog. Vierervektor der Geschwindigkeit (der hier nicht behandelt wird), zu fordernden Eigenschaften (Unabhängigkeit des Zeitdifferentials vom Bewegungszustand des Beobachters) folgt für die Raumkomponente der „relativistischen" Geschwindigkeit des Massenpunktes

$$\boldsymbol{u} = \frac{\mathrm{d}\boldsymbol{r}}{\mathrm{d}\tau}, \tag{30}$$

worin $\boldsymbol{r}$ der Ortsvektor im System des Beobachters und $\mathrm{d}\tau$ das Differential der Eigenzeit des Massenpunktes ist. Letzteres hängt mit dem Zeitdifferential $\mathrm{d}t$ des Beobachters gemäß (2-49) zusammen:

$$\mathrm{d}\tau = \sqrt{1 - \beta^2}\, \mathrm{d}t \quad \text{mit} \quad \beta = v/c_0, \tag{31}$$

so daß mit $\boldsymbol{v} = \mathrm{d}\boldsymbol{r}/\mathrm{d}t$ für die Raumkomponente der „relativistischen" Geschwindigkeit folgt

$$\boldsymbol{u} = \frac{\boldsymbol{v}}{\sqrt{1 - \beta^2}}, \tag{32}$$

und entsprechend für die Raumkomponente des relativistischen Impulses

$$\boldsymbol{p} = m_0 \boldsymbol{u} = \frac{m_0 \boldsymbol{v}}{\sqrt{1 - \beta^2}}\,. \tag{33}$$

m_0 wird hier als die Ruhemasse des bewegten Massenpunktes bezeichnet, d. h., m_0 ist die Masse in seinem eigenen Koordinatensystem ($\beta = 0$). Damit lautet die Grundgleichung der relativistischen Dynamik:

$$\boldsymbol{F} = \frac{\mathrm{d}}{\mathrm{d}t}\left(\frac{m_0 \boldsymbol{v}}{\sqrt{1 - \beta^2}}\right). \tag{34}$$

Für kleine Geschwindigkeiten geht (34) in die klassische Bewegungsgleichung (29) über. In (34) läßt sich der Gesamtkoeffizient von $\boldsymbol{v}$ als nunmehr geschwindigkeitsabhängige relativistische Masse m auffassen:

$$m = m(v) = \frac{m_0}{\sqrt{1 - \beta^2}}\,. \tag{35}$$

Für $v \to c_0$ geht m nach unendlich (Bild 4-6). Daraus folgt: Für Partikel mit endlicher Ruhemasse m_0 ist die Lichtgeschwindigkeit nicht zu erreichen, denn wegen $m \to \infty$ für $v \to c_0$ müßte die beschleunigende Kraft $\boldsymbol{F}$ unendlich werden, d. h.:

> Die Vakuumlichtgeschwindigkeit ist die obere Grenze für Partikelgeschwindigkeiten.

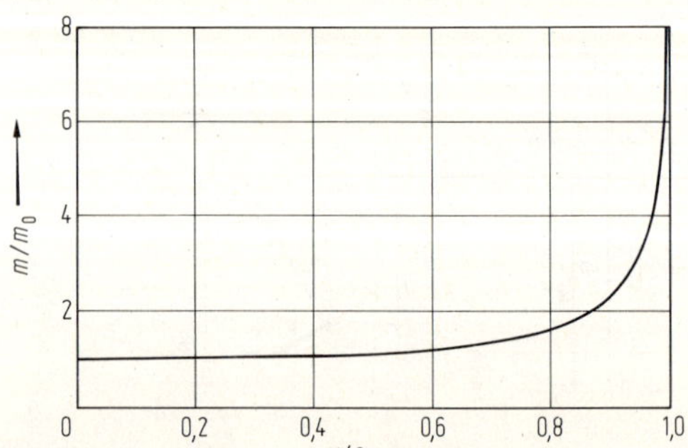

Bild 4-6. Relativistische Abhängigkeit der Masse von der Geschwindigkeit.

Die kinetische Energie im relativistischen Fall läßt sich wie im klassischen Fall aus der Arbeit berechnen, die bei Beschleunigung eines Massenpunktes der Ruhemasse m_0 von 0 auf die Geschwindigkeit $\boldsymbol{v}$ verrichtet wird:

$$E_k = W = \int \boldsymbol{F} \cdot d\boldsymbol{r} = \int \boldsymbol{F} \cdot \boldsymbol{v}\, dt. \tag{36}$$

Für den Integranden ergibt sich mit (34)

$$\boldsymbol{F} \cdot d\boldsymbol{r} = \boldsymbol{v} \cdot \boldsymbol{F}\, dt = \boldsymbol{v} \cdot \frac{d}{dt}\left(\frac{m_0 \boldsymbol{v}}{\sqrt{1-\beta^2}}\right) dt$$

$$= \frac{m_0 \boldsymbol{v}}{(1-\beta^2)^{3/2}}\, d\boldsymbol{v} = d\left(\frac{m_0 c_0^2}{\sqrt{1-\beta^2}}\right).$$

Die Gleichheit der Differentialausdrücke läßt sich durch Ausführen der Differentiationen zeigen. Damit folgt aus (36)

$$E_k = \int_0^v d\left(\frac{m_0 c_0^2}{\sqrt{1-\beta^2}}\right) = \frac{m_0 c_0^2}{\sqrt{1-\beta^2}} - m_0 c_0^2, \tag{37}$$

bzw. mit (35) für die *relativistische kinetische Energie*

$$E_k = m c_0^2 - m_0 c_0^2 = (m - m_0)\, c_0^2. \tag{38}$$

Für kleine Geschwindigkeiten geht (38) in den klassischen Ausdruck für die kinetische Energie über, wie sich durch Reihenentwicklung der Wurzel in (37) zeigen läßt:

$$E_k = m_0 c_0^2 \left[1 + \frac{1}{2}\beta^2 + \frac{3}{8}\beta^4 + \ldots - 1\right]$$

$$= \frac{1}{2} m_0 v^2 \left[1 + \frac{3}{4}\beta^2 + \ldots\right]. \tag{39}$$

In erster Näherung ergibt sich also der klassische Wert $E_k = m_0 v^2/2$. Die Beziehung (38) läßt sich auch in der Form schreiben

$$E = E_0 + E_k, \tag{40}$$

worin

$$E_0 = m_0 c_0^2 \tag{41}$$

die Bedeutung einer *Ruheenergie* hat und

$$E = m c_0^2 \tag{42}$$

die *Gesamtenergie* des bewegten freien Teilchens entsprechend (40) darstellt. Bewegt sich das Teilchen in einem konservativen Kraftfeld, so tritt noch die potentielle Energie hinzu. Unter Berücksichtigung der Ruheenergie lautet also der Energiesatz der Mechanik nunmehr

$$E = m c_0^2 + E_p = m_0 c_0^2 + E_k + E_p = \text{const}. \tag{43}$$

Nach (42) entspricht der Energie E eine träge Masse

$$m = \frac{E}{c_0^2}. \tag{44}$$

Die hier für die kinetische Energie abgeleiteten Beziehungen (41) (42) und (44) haben nach Einsteins Relativitätstheorie allgemeine Gültigkeit:

Für alle Energieformen gilt die Äquivalenz von Energie und Masse.

Wegen des großen Wertes von c_0 können Massen als gewaltige Energieanhäufungen betrachtet werden.

Der Zusammenhang zwischen Gesamtenergie $E = m c_0^2$ und Impuls $p = mv$ folgt aus (35) zu

$$E = c_0 \sqrt{m_0^2 c_0^2 + p^2}. \tag{45}$$

5 Schwingungen

Schwingungen sind z. B. zeitperiodische Änderungen einer physikalischen Größe. Mechanische Schwingungen sind wiederholte, spezieller periodische Bewegungen eines Körpers um eine Ruhelage, bei denen sich jeder auftretende Bewegungszustand (Auslenkung, Geschwindigkeit, Beschleunigung) nach einer Schwingungsdauer T (Periodendauer) näherungsweise oder exakt wiederholt. Eine Schwingung entsteht durch Zufuhr von Energie an ein schwingungsfähiges System, das bei mechanischen Schwingern aus einem trägen Körper und einer rücktreibenden Kraft besteht, die bei Auslenkung aus der Ruhelage auftritt (Beispiele vgl. 5.2).

Die zeitliche Darstellung einer beliebigen periodischen Bewegung, z. B. die Auslenkung (Elongation) $x = f(t)$ zeigt Bild 5-1.

Periodizität einer Schwingung $f(t)$ liegt dann vor, wenn stets gilt

$$f(t) = f(t + T). \tag{1}$$

Die Amplitude $\hat{x}$ (= Maximalwert der Auslenkung) bleibt bei periodischen Bewegungen zeitlich konstant (Bild 5-1): *ungedämpfte Schwingungen.* Hierbei bleibt die zugeführte Energie erhalten (siehe 5.2.2). In realen Schwingungssystemen bleibt auch bei sehr kleinen Energieverlusten die Amplitude nur angenähert während kurzer Beobachtungszeiten konstant, es sei denn, daß der

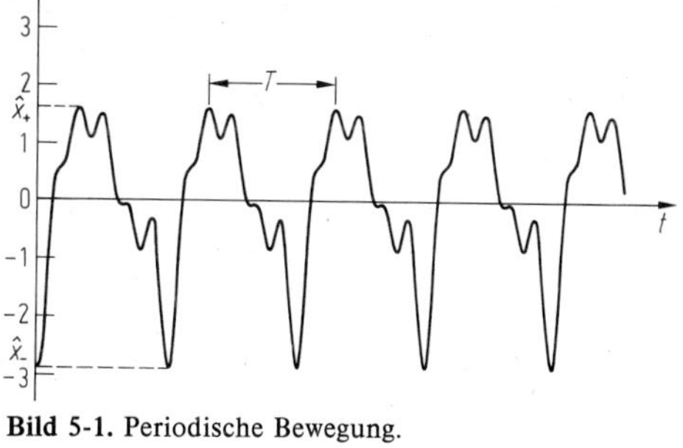

Bild 5-1. Periodische Bewegung.

Energieverlust durch periodische Energiezufuhr ausgeglichen wird.
Ist dies nicht der Fall, so liegen in realen Schwingungssystemen immer *gedämpfte Schwingungen* mit zeitlich abnehmender Amplitude $\hat{x}$ vor, die dem Kriterium der Periodizität (1) nicht mehr genügen.

5.1 Kinematik der harmonischen Bewegung

Eine besonders wichtige periodische Bewegung ist die *harmonische Bewegung*, bei der die Auslenkung sinus- oder cosinusförmig von der Zeit abhängt (Bild 5-2). Sie tritt z. B. bei der gleichförmigen Kreisbewegung auf, wenn die Projektion des Massenpunktes auf eine der Koordinatenachsen betrachtet wird.
Mathematische Darstellung der harmonischen Bewegung:

$$x = \hat{x} \sin(\omega t + \varphi_0) . \quad (2)$$

Hierin sind (vgl. Bild 5-2):

x	Auslenkung (Elongation) zur Zeit t
$\hat{x}$	Amplitude, Maximalwert der Auslenkung
t	Zeit
$\varphi = \omega t + \varphi_0$	Phase, kennzeichnet den momentanen Zustand der Schwingung
φ_0	Nullphasenwinkel (Anfangsphase), zur Zeit $t = 0$
$\omega = 2\pi\nu = 2\pi/T$	Kreisfrequenz. Der Zusammenhang mit T folgt aus der Forderung der Periodizität.
$\nu = 1/T$	Frequenz, Zahl der Schwingungen durch die Zeitdauer
$T = 1/\nu$	Schwingungsdauer, Periodendauer

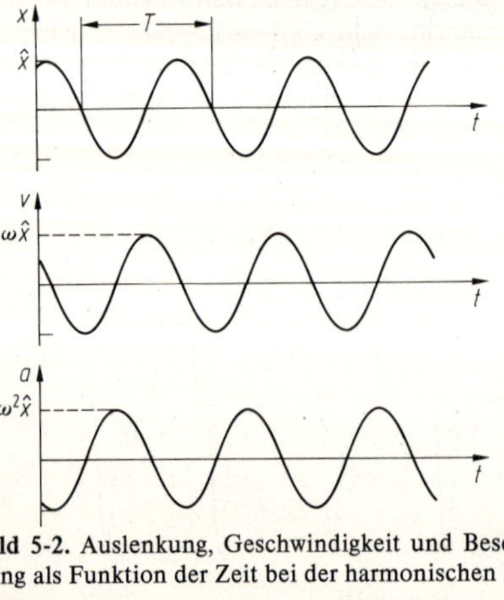

Bild 5-2. Auslenkung, Geschwindigkeit und Beschleunigung als Funktion der Zeit bei der harmonischen Schwingung.

Differentiation von (2) nach der Zeit liefert die Geschwindigkeit, nochmalige Differentiation die Beschleunigung bei der harmonischen Bewegung, die ebenfalls einen harmonischen Zeitverlauf haben, jedoch um den Phasenwinkel $\pi/2$ bzw. π gegenüber der Auslenkung phasenverschoben sind (Bild 5-2):

$$v = \hat{v} \cos(\omega t + \varphi_0) \quad \text{mit} \quad \hat{v} = \omega \hat{x}, \quad (3)$$

$$a = -\hat{a} \sin(\omega t + \varphi_0) = -\omega^2 x \quad \text{mit} \quad \hat{a} = \omega^2 \hat{x}. \quad (4)$$

Die Beschleunigung ist nach (4) stets entgegengesetzt zur Auslenkung gerichtet, wirkt also immer in Richtung zur Ruhelage.

5.2 Der ungedämpfte, harmonische Oszillator

Der harmonische Oszillator ist ein physikalisches Modell zur generalisierten Beschreibung von harmonischen Bewegungen. Solche Bewegungen treten immer dann auf, wenn in einem trägen physikalischen System kleine Auslenkungen aus einer stabilen Gleichgewichtslage lineare rücktreibende Kräfte erzeugen.

5.2.1 Mechanische harmonische Oszillatoren

Beispiele für Schwingungssysteme, die bei Vernachlässigung von Reibungseinflüssen (d. h. ohne Dämpfung) bei Energiezufuhr harmonische Schwingungen durchführen:

Federpendel, linearer Oszillator
Eine Auslenkung um x (Bild 5-3), d. h., Zufuhr von Spannungsenergie (siehe 4-2), ruft gemäß (3-9) eine rücktreibende Kraft $F_f = -Dx$ hervor, die bei Freigeben der Masse m zu einer Beschleunigung a führt:

$$ma = -Dx .$$

Daraus ergibt sich die Differentialgleichung der Federpendelschwingung:

$$m \frac{d^2 x}{dt^2} = -Dx . \quad (5)$$

Die Lösung dieser Differentialgleichung, d. h., die

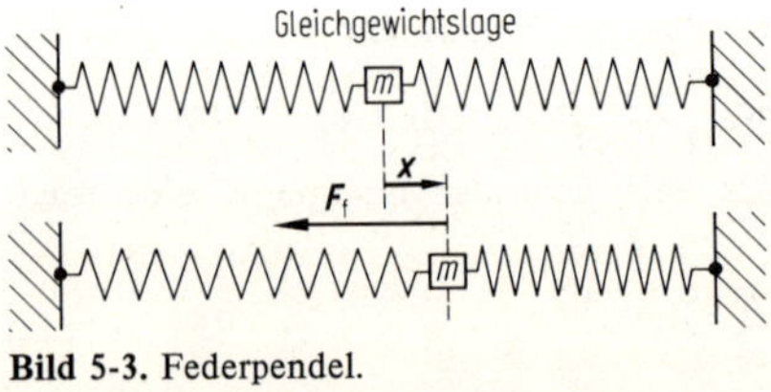

Bild 5-3. Federpendel.

Berechnung von $x = x(t)$ erfolgt durch einen harmonischen Ansatz, z. B. $x = \hat{x} \cos \omega t$. Einsetzen in (5) ergibt für ω:

$$\omega = \sqrt{\frac{D}{m}}, \tag{6}$$

und daraus mit (2-28) für die Schwingungsfrequenz

$$\nu = \frac{1}{2\pi} \sqrt{\frac{D}{m}}$$

SI-Einheit: $[\nu] = 1/\text{s} = \text{Hz}$ (Hertz)

und für die Schwingungsdauer

$$T = 2\pi \sqrt{\frac{m}{D}}. \tag{7}$$

Frequenz und Schwingungsdauer hängen nicht von der Schwingungsamplitude $\hat{x}$ ab, ein wichtiges Kennzeichen harmonischer Schwingungssysteme (Oszillatoren), das diese besonders zur Zeitmessung geeignet macht. Beim Federpendel gilt dies nur, solange $F_\text{f} \sim x$ (Hookesches Gesetz, vgl. E 5.3) gültig ist, d. h. solange die Federdehnung klein gegen die Federlänge bleibt.

Fadenpendel (mathematisches Pendel)

Ein Fadenpendel (Bild 5-4) verhält sich wie ein mathematisches Pendel (punktförmige Masse an masselosem Faden), wenn die Masse des Fadens vernachlässigbar klein gegenüber der Pendelmasse m ist, und wenn deren Abmessung vernachlässigbar klein gegenüber der Fadenlänge l ist.
Eine Auslenkung um das Bogenstück s aus der Ruhelage bedeutet im Erdfeld Zufuhr potentieller Energie (vgl. 4.3 und Bild 4-4). Die Gewichtskraft mg wirkt sich als fadenspannende Normalkraft F_n und als rücktreibende Tangentialkraft $F_\text{t} = -mg \sin \vartheta$ in $-s$-Richtung aus. Diese führt bei Freigabe der Pendelmasse zu einer Bahnbeschleunigung $a = \text{d}^2s/\text{d}t^2$. Für kleine Auslenkungswinkel ϑ gilt $\sin \vartheta \approx \vartheta = s/l$ und damit

$$ma \approx -\frac{mg}{l} s \quad \text{mit der Richtgröße} \quad D = \frac{mg}{l}. \tag{8}$$

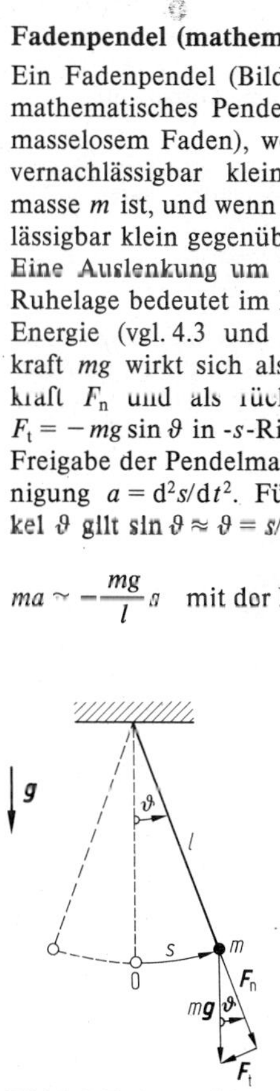

Bild 5-4. Fadenpendel.

Daraus ergibt sich die Differentialgleichung der Fadenpendelschwingung (bzw. des mathematischen Pendels):

$$\frac{\text{d}^2s}{\text{d}t^2} = -\frac{g}{l} s. \tag{9}$$

Diese Differentialgleichung hat die gleiche mathematische Struktur wie (5). Eine Lösung erhält man durch einen entsprechenden harmonischen Ansatz, z. B. $s = \hat{s} \cos \omega t$, und Einsetzen in (9) oder einfach durch Vergleich mit (5) bis (7). Daraus folgt für die Kreisfrequenz

$$\omega = \sqrt{\frac{g}{l}}, \tag{10}$$

und daraus mit (2-28) für die Schwingungsfrequenz

$$\nu = \frac{1}{2\pi} \sqrt{\frac{g}{l}}$$

und für die Schwingungsdauer

$$T = 2\pi \sqrt{\frac{l}{g}}. \tag{11}$$

Da die rücktreibende Kraft in (8) hier ebenso wie die Trägheitskraft die Masse enthält, fällt diese in der Differentialgleichung heraus, so daß (anders als beim Federpendel) die Schwingungsdauer unabhängig von der Pendelmasse ist. Wegen der Näherung in (8) sind die Pendelschwingungen nur bei kleinen Amplituden ($\hat{\vartheta} \lesssim 8°$) harmonisch.

Drehpendel, Rotationsoszillator

Drehschwingungen können bei um eine Achse drehbaren Körpern auftreten, wenn eine Auslenkung um einen Drehwinkel ϑ ein rücktreibendes Drehmoment $\boldsymbol{M} = -D^*\boldsymbol{\vartheta}$ hervorruft, das bei Freigeben des Oszillators zu einer Winkelbeschleunigung $\boldsymbol{\alpha}$ bzw. einem zunehmenden Drehimpuls $\boldsymbol{L}$ führt. Das rücktreibende Drehmoment kann z. B. durch einen Torsionsstab oder eine Spiralfeder bewirkt werden (Torsionskonstante oder Winkelrichtgröße: D^*), der rotationsfähige Körper sei z. B. eine Hantel mit zwei Massen m im Abstand r von der Drehachse mit vernachlässigbarer Masse der Hantelachse (Bild 5-5).
Der Hantelkörper hat bei Drehung um seine Symmetrieachse senkrecht zur Hantelachse (Bild 5-5) einen Bahndrehimpuls gemäß (3-28)

$$\boldsymbol{L} = 2mr^2\boldsymbol{\omega}. \tag{12}$$

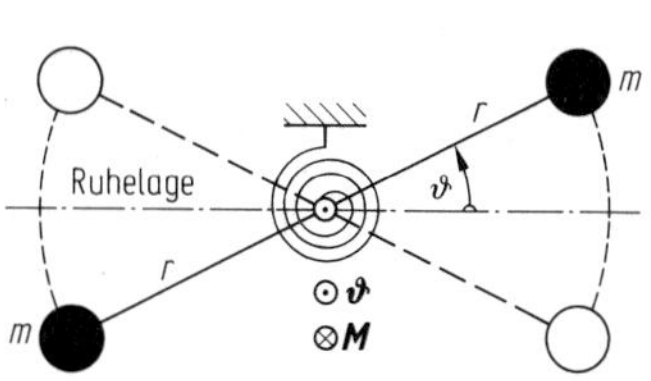

Bild 5-5. Drehpendel.

Mit

$$J = 2mr^2, \tag{13}$$

dem Massenträgheitsmoment des Hantelkörpers bezüglich der gegebenen Drehachse (vgl. 7.2), folgt aus (12) der für beliebige Körper mit dem Massenträgheitsmoment J gültige Zusammenhang zwischen Drehimpuls und Winkelgeschwindigkeit (vgl. 7.3)

$$\boldsymbol{L} = J\boldsymbol{\omega} = J\frac{\mathrm{d}\boldsymbol{\vartheta}}{\mathrm{d}t}. \tag{14}$$

Mit (3-29) folgt $\boldsymbol{M} = \mathrm{d}\boldsymbol{L}/\mathrm{d}t = -D^*\boldsymbol{\vartheta}$ und daraus mit (14) die Differentialgleichung der Drehschwingung

$$J\frac{\mathrm{d}^2\vartheta}{\mathrm{d}t^2} = -D^*\vartheta. \tag{15}$$

Wie in den vorher behandelten Beispielen folgt mit Hilfe eines harmonischen Lösungsansatzes, z. B. $\vartheta = \hat{\vartheta}\cos 2\pi\nu t$, durch Einsetzen in (15) für die Frequenz ν

$$\nu = \frac{1}{2\pi}\sqrt{\frac{D^*}{J}}$$

und für die Schwingungsdauer

$$T = 2\pi\sqrt{\frac{J}{D^*}}. \tag{16}$$

(Beachte: ω wurde hier für die Winkelgeschwindigkeit des schwingenden Körpers verwendet, nicht — wie in den vorangehenden Beispielen — für die Kreisfrequenz der Schwingung.)

Physikalisches Pendel

Wird ein beliebiger Körper an einer Drehachse außerhalb seines Schwerpunktes (Massenzentrum, vgl. 6.1) im Schwerefeld aufgehängt (Bild 5-6), so kann dieser ebenfalls Pendelschwingungen durchführen. Die rücktreibende Kraft wird hier wie beim Fadenpendel von der Tangentialkomponente der Gewichtskraft $F_t = -mg\sin\vartheta \approx -mg\vartheta$ an die

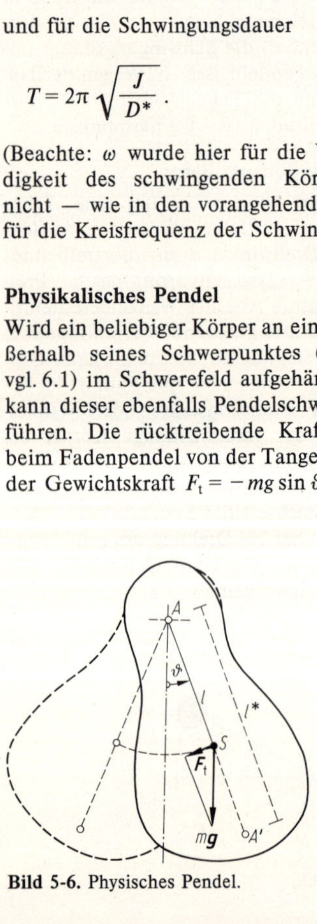

Bild 5-6. Physisches Pendel.

Bahn des Schwerpunktes S geliefert. Sie erzeugt ein rücktreibendes Drehmoment

$$M = lF_t = -D^*\vartheta \quad \text{mit} \quad D^* = mgl \tag{17}$$

als Winkelrichtgröße.
Damit folgt aus (16) für die Frequenz

$$\nu = \frac{1}{2\pi}\sqrt{\frac{mgl}{J_A}},$$

und für die Schwingungsdauer des physikalischen (oder physischen) Pendels

$$T = 2\pi\sqrt{\frac{J_A}{mgl}}. \tag{18}$$

Wegen der verwendeten Näherung $\sin\vartheta \approx \vartheta$ gilt (18) nur für Winkel $\lesssim 8°$. J_A ist das Massenträgheitsmoment des Körpers bezüglich der Drehachse A (vgl. 7.2). Ein mathematisches Pendel gleicher Schwingungsdauer müßte eine Länge

$$l^* = \frac{J_A}{ml}, \text{ die sog. reduzierte Pendellänge,} \tag{19}$$

haben. Die in Bild 5-6 von A über S aufgetragene reduzierte Pendellänge definiert den Schwingungs- oder Stoßmittelpunkt A'. Wie beim mathematischen Pendel der Länge l^* müssen schwingungsanregende Stöße gegen diesen Punkt gerichtet sein, um Stoßkräfte auf den Aufhängepunkt zu vermeiden.
Es läßt sich zeigen, daß die reduzierte Pendellänge l^* und damit die Schwingungsdauer

$$T = 2\pi\sqrt{\frac{l^*}{g}} \tag{20}$$

sich nicht ändern, wenn statt A der Punkt A' als Drehpunkt gewählt wird. Dies wird bei den *Reversionspendeln* ausgenutzt, die zur Präzisionsbestimmung der Erdbeschleunigung g verwendet werden.

5.2.2 Schwingungsgleichung und Schwingungsenergie des harmonischen Oszillators

Die Differentialgleichungen der verschiedenen Pendelschwingungen in 5.2.1 (5), (9), (15) haben alle dieselbe mathematische Struktur. Ersetzt man darin die lineare Auslenkung x, die Bogenauslenkung s, die Winkelauslenkung ϑ usw. durch eine generalisierte Koordinate ξ, die auch Druck p, elektrische Feldstärke $\boldsymbol{E}$, magnetische Feldstärke $\boldsymbol{H}$ usw. bedeuten kann, sowie die Konstanten mit Hilfe von (6), (10) und (16) durch die Kreisfrequenz $\omega = \omega_0$, so folgt für die generalisierte Schwingungsgleichung des harmonischen Oszillators

$$\frac{\mathrm{d}^2\xi}{\mathrm{d}t^2} + \omega_0^2\xi = 0. \tag{21}$$

Sie hat die allgemeine Lösung

$$\xi = \hat{\xi} \sin(\omega_0 t + \varphi_0) \quad (22)$$

mit den beiden wählbaren Konstanten $\hat{\xi}$ und φ_0. Sie lassen sich z. B. durch die *Anfangsbedingungen* festlegen, d. h. durch Vorgabe von Auslenkung und Geschwindigkeit bei $t = 0$. Wird z. B. der Oszillator bei $t = 0$ mit der Auslenkung $\xi(0) = \xi_0$ freigegeben, ohne ihm gleichzeitig eine Geschwindigkeit zu erteilen, d. h. $v(0) = \dot{\xi}(0) = 0$, so folgt aus den beiden Bedingungen: $\varphi_0 = \pi/2$ und $\xi_0 = \hat{\xi}$, so daß die spezielle Lösung für diesen Fall $\xi = \hat{\xi} \cos \omega_0 t$ lautet. Die Lösung der Schwingungsgleichung (21) ist also eine harmonische Schwingung mit zeitlich konstanter Amplitude $\hat{\xi}$ (ungedämpfte Schwingung).

Der *Energieinhalt des harmonischen Oszillators* wird am Beispiel des Federpendels berechnet (vgl. 5.2.1). Auslenkung x und Geschwindigkeit v sind bei der Federpendelschwingung durch (2) und (3) und (6) gegeben:

$$x = \hat{x} \sin(\omega_0 t + \varphi_0) \quad \text{und}$$
$$v = \omega_0 \hat{x} \cos(\omega_0 t + \varphi_0) \quad (23)$$

mit

$$\omega_0 = \sqrt{D/m} \quad \text{bzw.} \quad D = m\omega_0^2. \quad (24)$$

Damit folgt für die kinetische Energie nach (4-8) zu einem Zeitpunkt t

$$E_k = \frac{1}{2} mv^2 = \frac{1}{2} m\omega_0^2 (\hat{x}^2 - x^2). \quad (25)$$

Für die potentielle Energie ergibt sich gemäß (4-21) und mit (24) ein parabelförmiger Verlauf über der Auslenkung x (Bild 5-7):

$$E_p = \frac{1}{2} Dx^2 = \frac{1}{2} m\omega_0^2 x^2. \quad (26)$$

Die Gesamtenergie ist damit

$$E = E_k + E_p = \frac{1}{2} m\omega_0^2 \hat{x}^2 = \frac{1}{2} D\hat{x}^2 = \text{const}, \quad (27)$$

also zeitlich konstant, da die Federkraft eine konservative Kraft ist.

Es findet eine periodische Umwandlung von potentieller in kinetische Energie statt und umgekehrt (vgl. 4.3).

Die zeitliche Mittelung über eine Periodendauer T

$$\bar{E} = \frac{1}{T} \int_0^T E(t)\, dt \quad (28)$$

ergibt durch Einsetzen von (25), (26) und (23) in (28) und Ausführen der Integration, daß die zeitlichen Mittelwerte von kinetischer und potentieller Energie gleich groß und gleich dem halben Wert der Gesamtenergie sind:

$$\bar{E}_k = \bar{E}_p = \frac{1}{2} E. \quad (29)$$

In allgemeinerer Form ist dies die Aussage des sog. Gleichverteilungssatzes (siehe 8.3).

Quantenmechanischer harmonischer Oszillator

In der klassischen Mechanik kann die Amplitude $\hat{x}$ jeden beliebigen Wert annehmen und damit dem Oszillator jede beliebige Gesamtenergie erteilt werden. In der Quantenmechanik, die hier nicht behandelt werden kann, ist diese Aussage nicht mehr gültig. Der quantenmechanische harmonische Oszillator kann danach nur diskrete Energiewerte E_n für die Gesamtenergie annehmen, die sich z. B. mit der Schrödinger-Gleichung der Wellenmechanik (siehe 25.3) berechnen lassen. Dieses Verhalten ist dadurch bedingt, daß Materie auch Welleneigenschaften zeigt und in begrenzten Schwingungsbereichen stehende Wellen (vgl. 18) ausbilden muß.

Für ein Parabelpotential, wie beim harmonischen Oszillator, erhält man als mögliche Energiewerte (Bild 5-8)

$$E_n = \left(n + \frac{1}{2}\right) h\nu_0 = \left(n + \frac{1}{2}\right) \hbar\omega_0 \quad (30)$$

mit $n = 0, 1, 2, \ldots$

Hierin ist

$h = 6{,}626\,07\ldots \cdot 10^{-34}$ J s

Plancksches Wirkungsquantum, Planck-Konstante,

$\hbar = h/2\pi = 1{,}054\,57\ldots \cdot 10^{-34}$ J s.

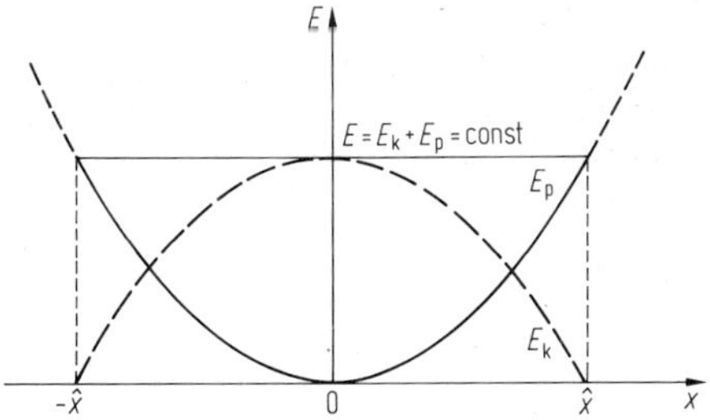

Bild 5-7. Potentielle und kinetische Energie des harmonischen Oszillators als Funktion der Auslenkung.

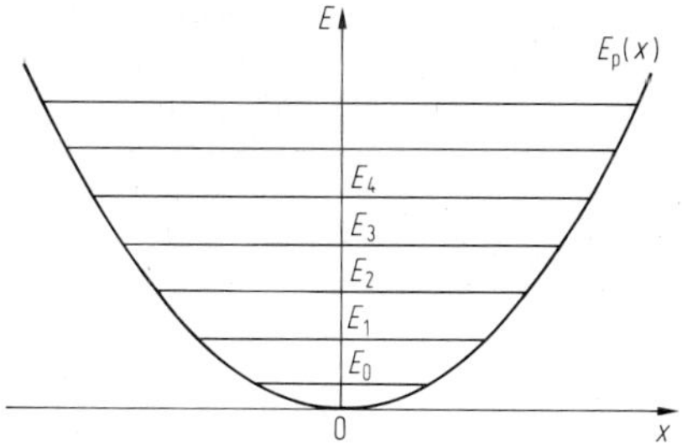

Bild 5-8. Erlaubte Energiewerte beim quantenmechanischen harmonischen Oszillator.

Der Energieunterschied zwischen benachbarten Energiewerten („Energieniveaus") beträgt nach (30)

$$\Delta E = h\nu_0 = \hbar\omega_0 \quad \text{für} \quad \Delta n = 1\,. \tag{31}$$

Für Frequenzen makroskopischer Oszillatoren ist ΔE praktisch nicht meßbar klein, die möglichen Energiewerte liegen so dicht, daß die „Quantelung" der Oszillatorenergien praktisch nicht bemerkbar ist. Die klassische Mechanik erweist sich hier als Grenzfall der Quantenmechanik. Anders bei Oszillatoren im atomaren Bereich: Ein Atom, das bei Frequenzen $\nu_0 \approx 10^{14}\,\mathrm{s}^{-1} = 100\,\mathrm{THz}$ schwingt (Lichtfrequenzen), zeigt gut meßbare diskrete Energieniveaus.

5.3 Freie gedämpfte Schwingungen

Bei realen Schwingungssystemen bleibt die anfängliche Gesamtenergie des Systems nicht erhalten, sondern geht durch das zusätzliche Wirken nichtkonservativer Kräfte (Luftreibung, Lagerreibung, inelastische Deformationen u. a.) allmählich auf die Umgebung über. Die Amplitude einer freien, d. h. nach einer einmaligen Anregung ungestört bleibenden Schwingung nimmt daher zeitlich ab: *Dämpfung*. Abweichend vom ungedämpften harmonischen Oszillator als idealisiertem Grenzfall gilt daher für reale Oszillatoren $\mathrm{d}E/\mathrm{d}t < 0$. Mit der plausiblen, empirisch gerechtfertigten Annahme, daß die Abnahme der Energie proportional der im Schwingungssystem vorhandenen Energie ist, folgt der Ansatz:

$$\frac{\mathrm{d}E}{\mathrm{d}t} = -\delta^* E\,. \tag{32}$$

Variablentrennung und Integration liefert die zeitliche Änderung der Energie in einem solchen nichtkonservativen System:

$$E(t) = E_0 \mathrm{e}^{-\delta^* t}\,. \tag{33}$$

E_0 ist die Energie des Oszillators zur Zeit $t = 0$. Die Konstante δ^* heißt Abklingkoeffizient (hier der Energie). Der exponentielle Abfall mit der Zeit ist charakteristisch für gedämpfte Systeme.

Als Beispiel eines solchen Schwingungssystems werde das Federpendel (vgl. 5.2) betrachtet. Ein häufig vorkommender Fall und mathematisch leicht zu behandeln ist die Dämpfung durch eine Reibungskraft, die der Geschwindigkeit proportional und ihr entgegengesetzt gerichtet ist (vgl. 3.2.3):

$$F_\mathrm{R} = -rv = -r\frac{\mathrm{d}x}{\mathrm{d}t}\,. \tag{34}$$

r heißt Dämpfungskonstante. Die Kraftgleichung des ungedämpften harmonischen Oszillators (5) muß jetzt durch die Reibungskraft (34) ergänzt werden:

$$ma = -Dx - rv\,, \tag{35}$$

woraus sich die Differentialgleichung des gedämpften Federpendels ergibt:

$$m\frac{\mathrm{d}^2x}{\mathrm{d}t^2} + r\frac{\mathrm{d}x}{\mathrm{d}t} + Dx = 0\,. \tag{36}$$

Durch Ersetzen der speziellen Konstanten m, r und D durch generalisierte Konstanten gemäß

$$\frac{r}{m} = 2\delta\,, \tag{37}$$

δ: Abklingkoeffizient (der Amplitude)

$$\frac{D}{m} = \omega_0^2\,, \tag{38}$$

ω_0: Kreisfrequenz des ungedämpften Oszillators, vgl. (6),

ergibt sich die generalisierte Schwingungsgleichung des freien gedämpften Oszillators

$$\frac{\mathrm{d}^2x}{\mathrm{d}t^2} + 2\delta\frac{\mathrm{d}x}{\mathrm{d}t} + \omega_0^2 x = 0\,. \tag{39}$$

Diese Differentialgleichung läßt sich durch einen Exponentialansatz gemäß (33)

$$x = c\exp(\gamma t) \tag{40}$$

lösen. Einsetzen in (39) ergibt die allgemeine Lösung

$$x = c_1\exp(\gamma_1 t) + c_2\exp(\gamma_2 t) \tag{41}$$

$$\text{mit} \quad \gamma_{1,2} = -\delta \pm \sqrt{\delta^2 - \omega_0^2}\,. \tag{42}$$

Die Integrationskonstanten $c_{1,2}$ sind aus den Anfangsbedingungen zu bestimmen. Wichtige Spezialfälle der allgemeinen Lösung ergeben sich je nachdem, wie groß δ gegenüber ω_0 ist, ob also die Wurzel in (42) imaginär, null oder reell ist. Mit steigender Dämpfung (steigende Abklingkonstante δ) unterscheidet man:

1. $\delta^2 - \omega_0^2 < 0$: $\rightarrow$ periodischer Fall,
2. $\delta^2 - \omega_0^2 = 0$: $\rightarrow$ aperiodischer Grenzfall,
3. $\delta^2 - \omega_0^2 > 0$: $\rightarrow$ aperiodischer Fall.

Als Anfangsbedingungen nehmen wir wie in 5.2.2 an, daß der gedämpfte Oszillator bei $t = 0$ mit der Auslenkung $x(0) = x_0$ freigegeben wird, ohne ihm gleichzeitig eine Geschwindigkeit zu erteilen, d. h. $v(0) = \dot{x}(0) = 0$. Für die Integrationskonstanten folgt dann

$$c_{1,2} = \frac{x_0}{2}\left(1 \mp \frac{\delta}{\sqrt{\delta^2 - \omega_0^2}}\right). \tag{43}$$

5.3.1 Periodischer Fall (Schwingfall)

Dieser Fall liegt bei geringer Dämpfung vor: $\delta^2 < \omega_0^2$.
Aus (41), (42) und (43) ergibt sich dann unter Beachtung der Exponentialdarstellung der trigonometrischen Funktionen (vgl. A 7.1, Gl. (2))

$$x = x_0 e^{-\delta t}\left(\frac{\delta}{\omega}\sin \omega t + \cos \omega t\right) \tag{44}$$

$$\text{mit} \quad \omega = \sqrt{\omega_0^2 - \delta^2}\,. \tag{45}$$

Für sehr geringe Dämpfung, d. h. $\delta \ll \omega_0$, wird $\omega \approx \omega_0$ bzw. $\omega \gg \delta$, womit sich aus (44) näherungsweise ergibt

$$x \approx x_0 e^{-\delta t} \cos \omega t, \tag{46}$$

also eine Cosinusschwingung, deren Amplitude $\hat{x} = x_0 e^{-\delta t}$ mit dem Abklingkoeffizienten δ zeitlich exponentiell abnimmt (Bild 5.9). Nach (27) ist die Schwingungsenergie $E \sim \hat{x}^2$, d. h. sie klingt exponentiell mit $\delta^* = 2\delta$ ab, zeigt also das gemäß (33) erwartete Verhalten. Mit steigender Dämpfungskonstante r bzw. steigendem Abklingkoeffizienten δ nimmt die Amplitude $\hat{x}$ zunehmend schneller zeitlich ab. Das Verhältnis zweier im zeitlichen Abstand einer Schwingungsdauer T aufeinander folgender Amplituden ist

$$\frac{\hat{x}_i}{\hat{x}_{i+1}} = e^{\delta T}. \tag{47}$$

Der Exponent δT wird als *logarithmisches Dekrement* Λ der gedämpften Schwingung bezeichnet:

$$\Lambda = \delta T = \ln \frac{\hat{x}_i}{\hat{x}_{i+1}}. \tag{48}$$

5.3.2 Aperiodischer Grenzfall

Dieser Fall liegt bei mittlerer Dämpfung dann vor, wenn die Wurzel in (42) und (43) verschwindet: $\delta^2 = \omega_0^2$.
Die Lösung für die vorgegebenen Anfangsbedingungen ergibt sich aus (44) durch Grenzübergang $\omega \to 0$ zu

$$x = x_0 e^{-\delta t}(\delta t + 1)\,. \tag{49}$$

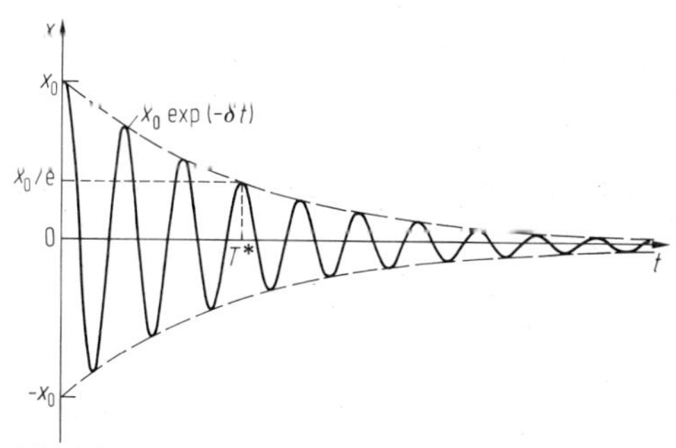

Bild 5-9. Zeitliches Abklingen einer gedämpften Schwingung (Schwingfall).

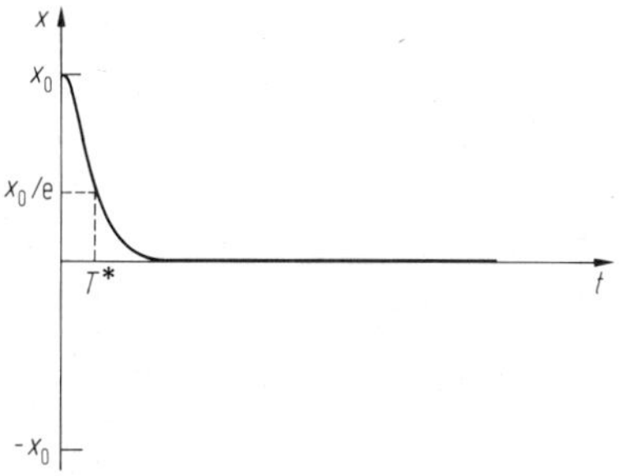

Bild 5-10. Zeitliches Abklingen im aperiodischen Grenzfall.

Es findet kein periodischer Nulldurchgang mehr statt (Bild 5-10), das Schwingungssystem reagiert nach der Anfangsauslenkung mit der schnellstmöglichen Annäherung an die Ruhelage.

5.3.3 Aperiodischer Fall (Kriechfall)

Dieser Fall liegt bei großer Dämpfung vor: $\delta^2 > \omega_0^2$.
Mit den gleichen Anfangsbedingungen wie in 5.3.1 ergibt sich unter Beachtung der Exponentialdarstellung der hyperbolischen Funktionen aus (41) bis (43) oder unter Verwendung der Beziehungen zwischen trigonometrischen und hyperbolischen Funktionen aus (44) und (45)

$$x = x_0 e^{-\delta t}\left(\frac{\delta}{\beta}\sinh \beta t + \cosh \beta t\right) \tag{50}$$

$$\text{mit} \quad \beta = \sqrt{\delta^2 - \omega_0^2}\,. \tag{51}$$

Für sehr große Dämpfung, d. h. $\delta \gg \omega_0$, wird

$$\beta \approx \delta - \frac{\omega_0^2}{2\delta} \tag{52}$$

und damit aus (50)

$$x \approx x_0 \exp\left(-\frac{\omega_0^2}{2\delta} t\right). \tag{53}$$

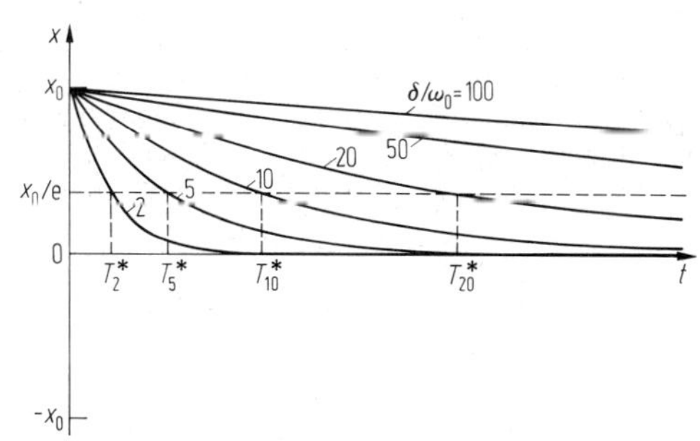

Bild 5-11. Zeitliches Abklingen im Kriechfall.

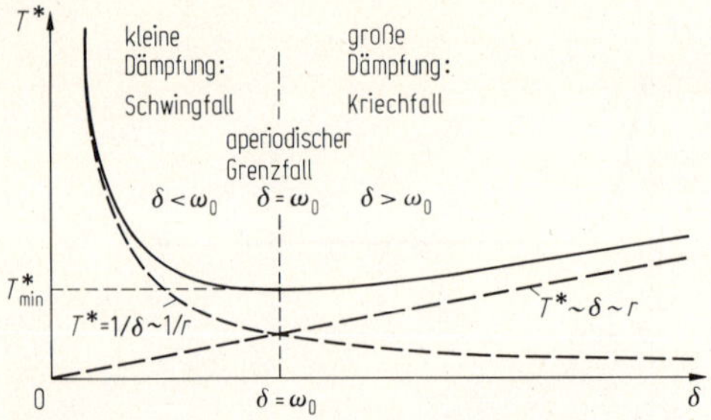

Bild 5-12. Abklingzeit eines Schwingungssystems als Funktion der Dämpfung.

Nach der Anfangsauslenkung „kriecht" das Schwingungssystem exponentiell mit der Zeit in die Ruhelage zurück. Da δ hier im Nenner des Exponenten steht, geht dieser Vorgang umso langsamer vor sich, je größer die Dämpfungskonstante r bzw. der Abklingkoeffizient δ ist (Bild 5-11).

5.3.4 Abklingzeit

Als Maß für die Zeit, die ein Schwingungssystem benötigt, um sich der Endlage zu nähern, wird die Abklingzeit T^* als diejenige Zeit eingeführt, in der die Amplitude $\hat{x} = x_0 e^{-\delta t}$ (im Schwingfall) bzw. die Auslenkung x (im Kriechfall) von x_0 auf den Wert x_0/e gesunken ist. Aus (46) und mit (37) folgt bei sehr kleiner Dämpfung für den Schwingfall:

$$T^* = \frac{1}{\delta} = \frac{2m}{r} \sim \frac{1}{r}. \tag{54}$$

Aus (53) und mit (37) und (38) folgt bei sehr großer Dämpfung für den Kriechfall:

$$T^* = \frac{2\delta}{\omega_0^2} = \frac{r}{D} \sim r. \tag{55}$$

Mit steigender Dämpfung r nimmt die Abklingzeit T^* zunächst im Schwingfall ab und nimmt dann im Kriechfall wieder zu (Bild 5-12). Das Minimum der Abklingzeit liegt etwa im aperiodischen Grenzfall vor, der deshalb für viele technische Systeme von Bedeutung ist, bei denen einerseits Schwingungen, andererseits zu große Abklingzeiten vermieden werden sollen. Er kann nach 5.3.2 durch Einstellung der Dämpfung auf $\delta = \omega_0$ bzw. gemäß (37) und (38) auf

$$r = 2\sqrt{mD} \tag{56}$$

erreicht werden.

5.4 Erzwungene Schwingungen, Resonanz

Wirkt auf das schwingungsfähige System von außen über eine Kopplung eine periodisch veränderliche Kraft ein, z. B.

$$F(t) = \hat{F} \sin \omega t, \tag{57}$$

so wird das System zum Mitschwingen gezwungen: erzwungene Schwingungen. Wählen wir als Beispiel wieder das Federpendel (mit Dämpfung), so ist dessen Kraftgleichung (36) nun durch die periodische Kraft (57) zu ergänzen:

$$m \frac{d^2x}{dt^2} + r \frac{dx}{dt} + Dx = F(t) = \hat{F} \sin \omega t. \tag{58}$$

Durch Einführung der generalisierten Konstanten $\delta = r/2m$ und $\omega_0^2 = D/m$ aus (37) und (38) folgt daraus die Differentialgleichung der erzwungenen Schwingung:

$$\frac{d^2x}{dt^2} + 2\delta \frac{dx}{dt} + \omega_0^2 x = \frac{\hat{F}}{m} \sin \omega t. \tag{59}$$

Die allgemeine Lösung dieser inhomogenen Differentialgleichung ergibt sich als Summe zweier Anteile:

1. der Lösung der homogenen Differentialgleichung ($\hat{F} = 0$), die der freien gedämpften Schwingung entspricht und durch (41) und (42) gegeben ist. Sie beschreibt den zeitlich abklingenden Einschwingvorgang.
2. der stationären Lösung der inhomogenen Gleichung (59) für den eingeschwungenen Zustand ($t \gg 1/\delta$).

Für den stationären Fall ist ein geeigneter Lösungsansatz

$$x = \hat{x} \sin(\omega t + \varphi). \tag{60}$$

Einsetzen in die Differentialgleichung (59) und Anwendung der Additionstheoreme trigonometrischer Funktionen für Argumentsummen liefert

$$\begin{aligned}&[(\omega^2 - \omega_0^2) \sin \varphi - 2\delta\omega \cos \varphi]\, \hat{x} \cos \omega t \\ &+ [(\omega^2 - \omega_0^2) \cos \varphi + 2\delta\omega \sin \varphi]\, \hat{x} \sin \omega t \\ &= -\frac{\hat{F}}{m} \sin \omega t.\end{aligned}$$

Diese Gleichung ist nur dann für alle t gültig, wenn die Koeffizienten der linear unabhängigen Zeitfunktionen $\sin \omega t$ und $\cos \omega t$ getrennt verschwinden. Aus diesen beiden Bedingungen ergibt sich für die stationäre *Amplitude* der erzwungenen Schwingung mit der Kreisfrequenz ω der anregenden periodischen Kraft $F = \hat{F} \sin \omega t$

$$\hat{x} = \frac{\hat{F}}{m\sqrt{(\omega^2 - \omega_0^2)^2 + 4\delta^2\omega^2}}, \tag{61}$$

und für die Phasendifferenz φ zwischen der Phase

der Auslenkung und der Phase der periodischen äußeren Kraft

$$\tan\varphi = \frac{2\delta\omega}{\omega^2 - \omega_0^2}. \qquad (62)$$

Anders als bei der freien Schwingung (vgl. 5.2.2 und 5.3) sind Amplitude und Phasenwinkel der erzwungenen Schwingung nicht mehr von den Anfangsbedingungen abhängig, sondern von der Frequenz bzw. Kreisfrequenz ω und der Amplitude $\hat{F}$ der erregenden äußeren Kraft sowie von der Dämpfung (Abklingkoeffizient δ) des Schwingungssystems.

5.4.1 Resonanz

Die Amplitude der erzwungenen Schwingung zeigt aufgrund der Differenz $(\omega^2 - \omega_0^2)$ im Nenner von (61) eine ausgeprägte Frequenzabhängigkeit. Bei konstanter, zeitunabhängiger Erregerkraft $(\omega = 0)$ ist die statische Auslenkung

$$\hat{x}_{st} = \frac{\hat{F}}{m\omega_0^2} = \frac{\hat{F}}{D}. \qquad (63)$$

Mit steigender Erregerfrequenz ω und niedriger Dämpfung δ erreicht die Amplitude besonders hohe Werte bei $\omega \approx \omega_0$: *Resonanz* (Bild 5-13). Die Lage des Resonanzmaximums $\hat{x}_r = \hat{x}(\omega_r)$ (ω_r *Resonanzkreisfrequenz*) ergibt sich aus (61) durch Bildung von $d\hat{x}/d\omega = 0$:

$$\omega_r = \sqrt{\omega_0^2 - 2\delta^2} < \omega_0 \qquad (64)$$

Die *Resonanzamplitude* $\hat{x}_r$ ergibt sich damit aus (63) zu

$$\hat{x}_r = \frac{\hat{F}}{2m\delta\sqrt{\omega_0^2 - \delta^2}}. \qquad (65)$$

Sie ist stets etwas größer als die Amplitude $\hat{x}_0$ bei $\omega = \omega_0$:

$$\hat{x}_0 = \frac{\hat{F}}{2m\delta\omega_0}. \qquad (66)$$

Für kleine Dämpfungen $(\delta \ll \omega_0)$ gilt $\omega_r \approx \omega_0$ und $\hat{x}_r \approx \hat{x}_0$. Das Verhältnis von Resonanzamplitude $\hat{x}_r$ zur statischen Auslenkung $\hat{x}_{st}$ wird als *Resonanzüberhöhung* oder *Güte Q* bezeichnet. Mit (63) und (65) bzw. (66) folgt

$$Q = \frac{\hat{x}_r}{\hat{x}_{st}} = \frac{\omega_0^2}{2\delta\sqrt{\omega_0^2 - \delta^2}} \approx \frac{\hat{x}_0}{\hat{x}_{st}} = \frac{\omega_0}{2\delta} \qquad (67)$$

für $\delta \ll \omega_0$.

Mit steigender Dämpfung, d. h. sinkender Güte Q, wird $\omega_r < \omega_0$, die Resonanzamplitude sinkt, bis schließlich $\omega_r = 0$ wird bei $\delta = \omega_0/\sqrt{2}$ (Bild 5-13). Für Dämpfungen $\delta > \omega_0/\sqrt{2}$ verschwindet das Resonanzverhalten völlig, die stationäre Schwingungsamplitude $\hat{x}$ ist dann bei allen Frequenzen kleiner als die statische Auslenkung $\hat{x}_{st}$.
Umgekehrt wird mit verschwindender Dämpfung $(\delta \to 0)$ die Resonanzamplitude beliebig groß. Da fast jedes mechanisches System (z. B. Brücken, Gebäudedecken, rotierende Maschinen) durch periodische Kräfte zu Schwingungen erregt werden kann, können im Resonanzfalle die Schwingungsamplituden größer werden als es die Festigkeitsbedingungen erlauben, so daß das System zerstört wird: *Resonanzkatastrophe.* Dies muß vermieden werden durch hohe Dämpfung, Umgehung periodischer Kräfte oder große Differenz zwischen Erreger- und Resonanzfrequenz.
Als Maß für den Frequenzbereich, in dem sich die Resonanzerscheinung bei geringer Dämpfung $(\delta \ll \omega_0,\ \omega_r \approx \omega_0)$ besonders stark auswirkt, kann die Halbwertsbreite $2\Delta\omega$ benutzt werden (Bild 5-14). Werden die Kreisfrequenzen, bei denen die Amplitude auf den halben Wert der Resonanzamplitude gefallen ist, mit $\omega_{-1/2}$ bzw. $\omega_{+1/2}$ bezeichnet, sowie

$$\Delta\omega = \omega_{+1/2} - \omega_0 \approx \omega_0 - \omega_{-1/2} \qquad (68)$$

eingeführt, so kann $\Delta\omega$ gemäß der Bedingung

$$\hat{x}(\omega_{1/2}) = \frac{\hat{x}_0}{2}$$

aus (61) und (66) näherungsweise berechnet werden:

$$\Delta\omega \approx 2\delta = 2/T^*. \qquad (69)$$

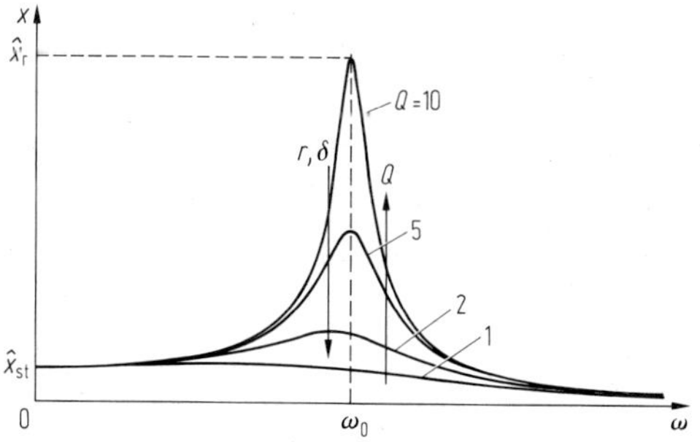

Bild 5-13. Resonanzkurven bei verschiedenen Güten Q.

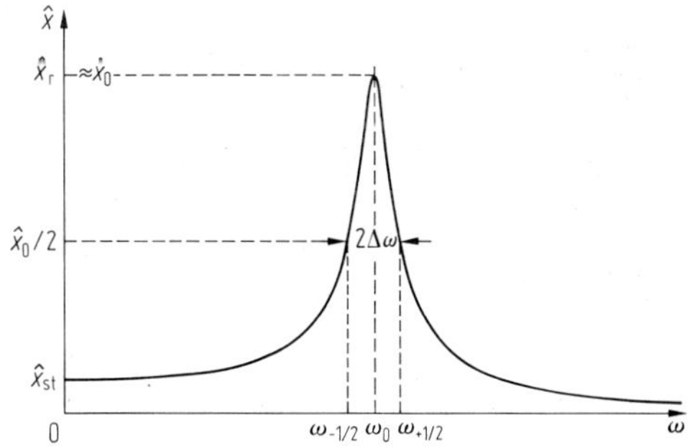

Bild 5-14. Halbwertsbreite der Resonanzkurve.

T^* ist die Abklingzeit des freien, gedämpften Schwingungssystems, vgl. 5.3.4. Daraus folgt die generell für Schwingungssysteme gültige Beziehung

$$\Delta\omega/\delta = \Delta\omega T^* = \text{const}\,. \tag{70}$$

Mit (69) folgt für die Güte aus (67)

$$Q = \frac{\omega_0}{\Delta\omega}\,. \tag{71}$$

Der Phasenwinkel zwischen einander entsprechenden Phasen der Auslenkung und der Erregerkraft beträgt nach (62)

$$\varphi = \arctan\frac{2\delta\omega}{\omega^2 - \omega_0^2}\,. \tag{72}$$

Für verschwindende Dämpfung ($\delta = 0$) ist das eine Sprungfunktion, die unterhalb der Resonanz ($\omega < \omega_0$) den Wert $\varphi = 0$, oberhalb ($\omega > 0$) den Wert $\varphi = -\pi$ annimmt (Bild 5-15).
Mit zunehmender Dämpfung (abnehmende Güte) wird der Übergang stetig und zunehmend breiter, wobei $\varphi(\omega_0) = -\pi/2$ ist. Das heißt, bei tiefen Erregerfrequenzen schwingt das System nahezu in gleicher Phase mit der Erregerkraft, bei hohen Erregerfrequenzen dagegen gegenphasig.
Im Resonanzfall ($\omega = \omega_0$) läuft die Phase der Auslenkung der der Erregerkraft um $\pi/2$ nach. Die Zeitfunktionen sind dann:

Auslenkung	$x(\omega_0) = \hat{x}\sin(\omega_0 t - \pi/2)$,
Geschwindigkeit	$\dot{x}(\omega_0) = \omega_0\hat{x}\cos(\omega_0 t - \pi/2)$
	$= \omega_0\hat{x}\sin\omega_0 t$,
Erregerkraft	$F(\omega_0) = \hat{F}_0\sin\omega_0 t$.

Erregerkraft und Geschwindigkeit sind also im Resonanzfall phasengleich: die Kraft wirkt während der gesamten Periode in die gleiche Richtung wie die Geschwindigkeit, d. h. stets beschleunigend. Bei anderen Frequenzen ist das nicht der Fall. Daraus folgt die hohe Amplitude bei Resonanz.

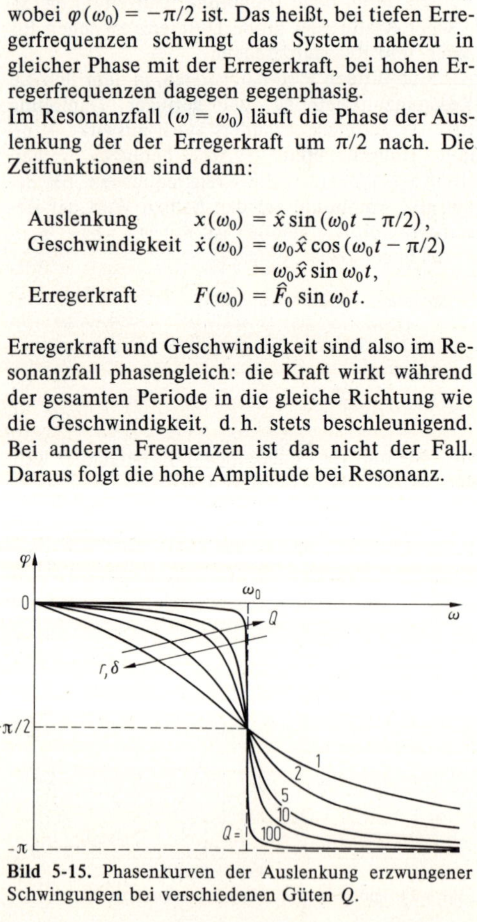

Bild 5-15. Phasenkurven der Auslenkung erzwungener Schwingungen bei verschiedenen Güten Q.

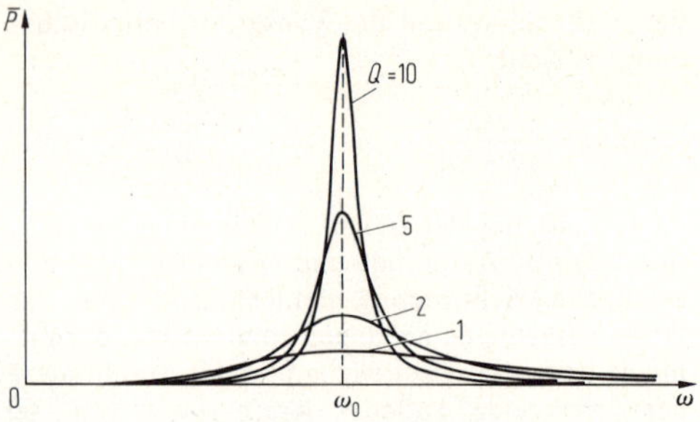

Bild 5-16. Leistungsresonanzkurven bei verschiedener Güte Q.

5.4.2 Leistungsaufnahme des Oszillators

Die Leistung, die von der Erregerkraft auf den Oszillator übertragen wird, ergibt sich aus (4-6) zu $P = F\dot{x} = \hat{F}\sin(\omega t)\,\omega\hat{x}\cos(\omega t + \varphi)$. Zeitliche Mittelung über eine ganze Periode und Einsetzen von (61) und (62) liefert

$$\bar{P} = \frac{\hat{F}^2}{m\delta}\cdot\frac{\delta^2\omega^2}{(\omega^2 - \omega_0^2)^2 + 4\delta^2\omega^2}\,. \tag{73}$$

Einführung der Güte $Q = \omega_0/2\delta$ nach (67) und einer normierten Frequenz

$$\Omega = \omega/\omega_0 \tag{74}$$

ergibt weiter

$$\bar{P} = \frac{\hat{F}^2}{2m\omega_0}\cdot\frac{Q\Omega^2}{Q^2(\Omega^2 - 1)^2 + \Omega^2}\,. \tag{75}$$

Im Gegensatz zur Amplitudenresonanzkurve hat die Leistungsresonanzkurve ihr Maximum exakt bei $\omega = \omega_0$ ($\Omega = 1$), unabhängig von der Dämpfung bzw. Güte (Bild 5-16). Analog zu (68) kann hier eine Leistungshalbwertsbreite definiert werden, die sich als halb so groß wie die Amplitudenhalbwertsbreite erweist:

$$(\Delta\omega)_P \approx \delta \approx \Delta\omega/2\,. \tag{76}$$

Die Halbwertsbreite $\Delta\omega$ entspricht also der vollen Breite der Leistungsresonanzkurve bei halber Leistung.

5.5 Überlagerung von harmonischen Schwingungen

Oszillatoren können zu mehreren, gleichzeitigen Schwingungen angeregt werden, die sich zu einer resultierenden Schwingung überlagern. Solange die resultierenden Amplituden die Grenze des linearen Verhaltens (z. B. 3-9) nicht überschreiten, gilt das *Prinzip der ungestörten Superposition*:

> Wird ein Körper zu mehreren Schwingungen angeregt, so überlagern (addieren) sich deren Auslenkungen ohne gegenseitige Störung.

5.5.1 Schwingungen gleicher Frequenz

Zwei Schwingungen gleicher Richtung und gleicher Frequenz

$$x_1 = \hat{x}_1 \sin(\omega t + \varphi_1) \quad \text{und}$$
$$x_2 = \hat{x}_2 \sin(\omega t + \varphi_2)$$

überlagern sich zu einer resultierenden harmonischen Schwingung derselben Frequenz

$$x = x_1 + x_2 = \hat{x} \sin(\omega t + \varphi)\,. \tag{77}$$

Anwendung der Additionstheoreme auf (77) und Vergleich der Koeffizienten von $\sin \omega t$ und $\cos \omega t$ liefert Amplitude und Anfangsphase der resultierenden Schwingung:

$$\hat{x} = \sqrt{\hat{x}_1^2 + \hat{x}_2^2 + 2\hat{x}_1\hat{x}_2 \cos(\varphi_1 - \varphi_2)}\,, \tag{78}$$

$$\tan \varphi = \frac{\hat{x}_1 \sin \varphi_1 + \hat{x}_2 \sin \varphi_2}{\hat{x}_1 \cos \varphi_1 + \hat{x}_2 \cos \varphi_2}\,, \tag{79}$$

Bei gleichen Amplituden $\hat{x}_1 = \hat{x}_2$ und gleichen Anfangsphasen $\varphi_1 = \varphi_2$ überlagern sich beide Schwingungen zur doppelten resultierenden Amplitude (gegenseitige „maximale Verstärkung" beider Schwingungen), bei der Anfangsphasendifferenz $\varphi_1 - \varphi_2 = \pi$ heben sich beide Schwingungen auf (gegenseitige „Auslöschung" beider Schwingungen). Diese Sonderfälle spielen bei der *Interferenz* zweier Schwingungen eine wichtige Rolle.
Die Auslenkungen zweier Schwingungen, die zueinander senkrecht bei Kreisfrequenzen ω_x und ω_y erfolgen, z. B.

$$x = \hat{x} \sin(\omega_x t + \varphi_x) \quad \text{und}$$
$$y = \hat{y} \sin(\omega_y t + \varphi_y)\,,$$

müssen vektoriell addiert werden (Bild 5-17). Die Polarkoordinaten der resultierenden Auslenkung zur Zeit t sind

$$r = \sqrt{x^2 + y^2} \quad \text{und} \quad \tan \varepsilon = \frac{y}{x}\,. \tag{80}$$

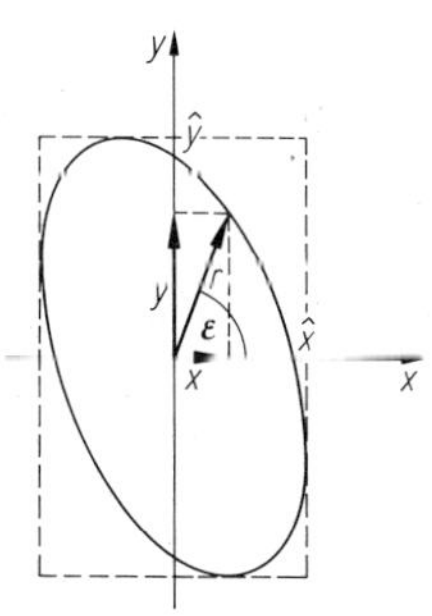

Bild 5-17. Bahnkurve der resultierenden Schwingung aus zwei zueinander senkrechten linearen Schwingungen gleicher Frequenz.

Im Falle gleicher Frequenzen $\omega_x = \omega_y$ ergeben sich als Bahnkurven der resultierenden Auslenkung Ellipsen (Bild 5-17), deren Exzentrizität und Lage von den Amplituden und Anfangsphasen der Einzelschwingungen abhängen. Bei ungleichen Frequenzen ergeben sich kompliziertere Bahnkurven, sog. *Lissajous-Figuren.*

5.5.2 Schwingungen verschiedener Frequenz

Die Überlagerung von linearen harmonischen Schwingungen mit gleicher Schwingungsrichtung, aber verschiedener Frequenz ergibt eine nichtharmonische oder anharmonische Schwingung. Wir betrachten einige wichtige Sonderfälle:

Schwebungen

Schwebungen treten bei Überlagerung zweier Schwingungen mit *geringem Frequenzunterschied* auf. Im einfachen Fall gleicher Amplituden beider Schwingungen folgt für eine beliebige Auslenkungskoordinate ξ

$$\xi = \xi_1 + \xi_2 = \hat{\xi} \sin 2\pi\nu_1 t + \hat{\xi} \sin 2\pi\nu_2 t$$

$$\text{mit} \quad \nu_1 - \nu_2 = \Delta\nu \ll \nu_{1,2}\,.$$

$\Delta\nu$ ist die Differenzfrequenz. Die Anwendung der Additionstheoreme ergibt daraus

$$\xi = 2\hat{\xi} \cos 2\pi \frac{\Delta\nu}{2} t \, \sin 2\pi\nu t \tag{81}$$

mit der Mittenfrequenz

$$\frac{\nu_1 + \nu_2}{2} = \nu\,.$$

Es ergibt sich also eine Schwingung mit der Mittenfrequenz ν, deren Amplitude periodisch zwischen $2\hat{\xi}$ und 0 schwankt: die Schwingung ist „moduliert" mit einer Frequenz $\nu_m = \Delta\nu/2 = 1/T_m$ (Bild 5-18). Die langsam zeitveränderliche Funktion $2\hat{\xi} \cos(2\pi\Delta\nu t/2)$ stellt die Amplitudenhüllkurve dar. Als *Schwebungsdauer* T_s wird der zeitliche Abstand zweier benachbarter Amplitudenmaxima oder Nullstellen der Amplitude bezeichnet. Sie ist gleich der halben Modulationsperiodendauer T_m und damit

$$T_s = \frac{1}{\Delta\nu}\,. \tag{82}$$

Die Erscheinung der Schwebung wird häufig zum Frequenzvergleich ausgenutzt: Die Schwebungsdauer wird ∞, wenn $\nu_2 = \nu_1$ ist.

Amplitudenmodulation

Wird die Amplitude einer Schwingung der hohen Frequenz Ω periodisch mit einer niedrigeren Modulationsfrequenz ω_m verändert, so spricht man von Amplitudenmodulation. Die Schwebung stellt

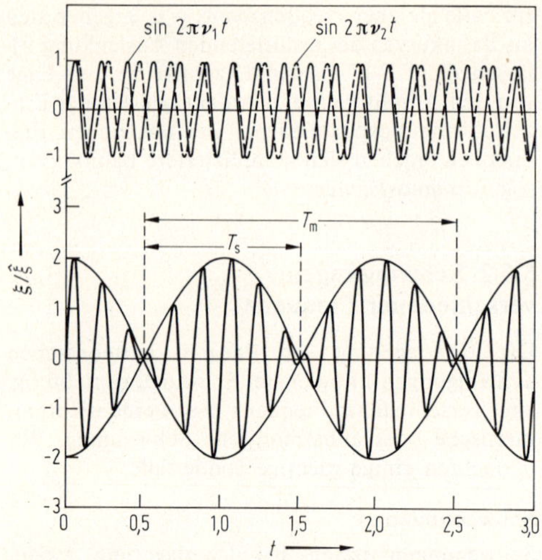

Bild 5-18. Überlagerung zweier Schwingungen mit geringem Frequenzunterschied: Schwebung.

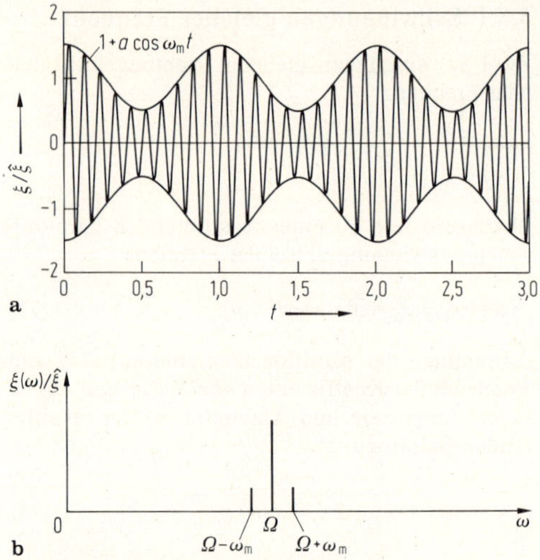

Bild 5-19. Amplitudenmodulierte Schwingung und deren Frequenzspektrum.

bereits einen Spezialfall der Amplitudenmodulation dar. Deren allgemeine Beschreibung (Bild 5-19) lautet

$$\xi = \hat{\xi}\,(1 + a\cos\omega_{\mathrm{m}}t)\sin\Omega t \quad \text{mit} \quad a \leqq 1\,, \tag{83}$$

a wird *Modulationsgrad* genannt.

Nach Anwendung der Additionstheoreme läßt sich (83) auch in folgender Form schreiben:

$$\xi = \hat{\xi}\left[\sin\Omega t + \frac{a}{2}(\sin(\Omega - \omega_{\mathrm{m}})t + \sin(\Omega + \omega_{\mathrm{m}})t)\right], \tag{84}$$

Die Amplitudenmodulation einer Schwingung der Frequenz Ω mit einer Modulationsfrequenz ω_{m} ist also gleichbedeutend mit einer Überlagerung dreier Schwingungen konstanter Amplitude und den Frequenzen Ω (sog. Trägerfrequenz), $(\Omega - \omega_{\mathrm{m}})$ und $(\Omega + \omega_{\mathrm{m}})$, den unteren und oberen sog. Seitenfrequenzen, vgl. Frequenzspektrum Bild 5-19, ein für die Nachrichtenübertragung mit modulierten elektrischen Schwingungen äußerst wichtiger Befund.

Anharmonische Schwingungen, Fourier-Darstellung

Die Schwebung und die amplitudenmodulierte Schwingung sind bereits Beispiele für anharmonische Schwingungen, die als Überlagerung harmonischer Schwingungen mit konstanter Amplitude und unterschiedlichen Frequenzen dargestellt werden konnten. Zwei weitere Beispiele zeigt Bild 5-20.

Allgemein lassen sich beliebige anharmonische periodische Vorgänge als Überlagerung von (im Grenzfall unendlich vielen) harmonischen Schwingungen auffassen und als *Fourier-Reihe* darstellen:

$$\xi(t) = \xi_0 + \sum_{n=1}^{\infty} \xi_n \sin(n\omega_1 t + \delta_{\mathrm{n}})\,. \tag{85}$$

Dabei legt die Periode der anharmonischen Schwingung die *Grundfrequenz* ω_1 fest, während die Feinstruktur der anharmonischen Schwingung durch die Amplituden ξ_n und die Anfangsphasen δ_{n} der *Oberschwingungen* $n\omega_1$ bestimmt wird.

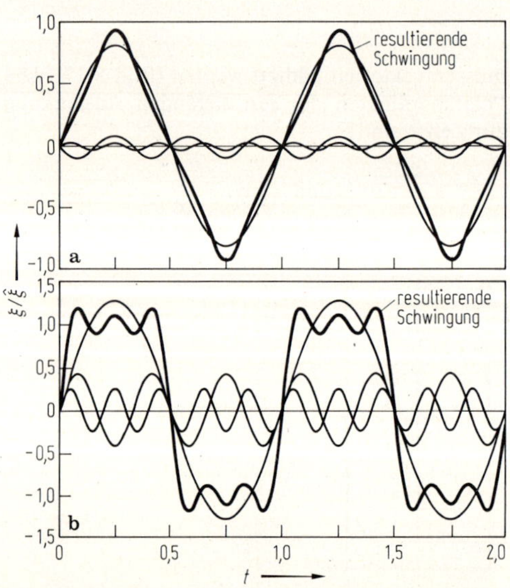

Bild 5-20. Entstehung anharmonischer Schwingungen durch Überlagerung harmonischer Schwingungen (jeweils die ersten drei Terme von (86) und (87)).

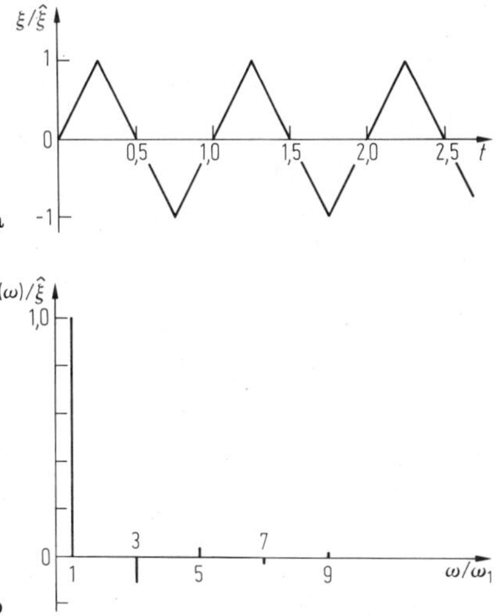

Bild 5-21. Dreieckschwingung und zugehöriges Frequenzspektrum.

Bei akustischen Schwingungen („Klängen") entspricht dem der „Grundton" und die „Obertöne", wobei die Frequenz des Grundtones die Klanghöhe bestimmt und die Amplituden- und Phasenverteilung der Obertöne die Klangfarbe festlegt.
Die Bestimmung der Koeffizienten ξ_n der einzelnen Teilschwingungen, aus denen sich eine vorgegebene anharmonische Schwingung zusammensetzt, auf mathematischem Wege wird *Fourier-Analyse* genannt (siehe A 21.1). Experimentell kann sie durch einen Satz Frequenzfilter mit unterschiedlichen Durchlaßfrequenzen erfolgen.

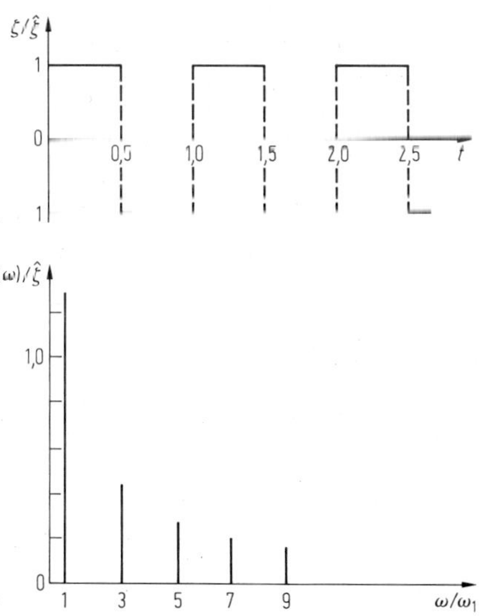

Bild 5-22. Rechteckschwingung und zugehöriges Frequenzspektrum.

Beispiele für anharmonische Schwingungen:
Dreiecksschwingung (Bild 5-21), vgl. auch Bild 5-20:

$$\xi = \hat{\xi}\frac{8}{\pi^2}\left(\sin\omega_1 t - \frac{1}{3^2}\sin 3\omega_1 t + \frac{1}{5^2}\sin 5\omega_1 t - + \ldots\right). \tag{86}$$

Rechteckschwingung (Bild 5-22), vgl. Bild 5-20:

$$\xi = \hat{\xi}\frac{4}{\pi}\left(\sin\omega_1 t + \frac{1}{3}\sin 3\omega_1 t + \frac{1}{5}\sin 5\omega_1 t + \ldots\right). \tag{87}$$

Nichtperiodische Vorgänge

Vorgänge, denen keine Periode zugeordnet werden kann (in der Akustik z. B. Zischlaute, Knalle, oder auch begrenzte, nicht unendlich lange harmonische Wellenzüge), lassen sich nicht durch eine Fourier-Reihe mit diskreten Frequenzen $n\omega$ darstellen. Stattdessen ist dies möglich durch Überlagerung unendlich vieler, kontinuierlich verteilter Frequenzen. Die Summe über ein diskretes Frequenzspektrum bei der Fourier-Reihe (85) ist dann durch das *Fourier-Integral* über ein kontinuierliches Frequenzspektrum zu ersetzen:

$$\xi(t) = \int_0^\infty \xi_A(\omega)\sin[\omega t + \delta(\omega)]\,d\omega. \tag{88}$$

Aufgabe der Fourier-Analyse (siehe A 21) ist hier die Bestimmung der Amplitudenfunktion $\xi_A(\omega)$. Als Beispiel sei eine Sinusschwingung der begrenzten zeitlichen Länge 2τ betrachtet (Bild 5-23). Als Teilschwingungen kommen dann nur Sinusschwingungen mit der Anfangsphase 0 in Frage. Das Fourier-Integral lautet für diesen Fall:

$$\xi(t) = \int_0^\infty \xi_A(\omega)\sin\omega t\,d\omega = \begin{cases}\sin\omega_0 t & \text{für } -\tau < t < +\tau\\ 0 & \text{sonst}\end{cases} \tag{89}$$

Die Amplitudenfunktion $\xi_A(\omega)$ ergibt sich dann (vgl. A 21) zu

$$\xi_A(\omega) = \frac{1}{\pi}\int_{-\infty}^{+\infty}\xi(t')\sin\omega t'\,dt'$$

$$= \frac{1}{\pi}\int_{-\tau}^{+\tau}\sin\omega_0 t'\sin\omega t'\,dt'$$

$$\xi_A(\omega) = \frac{\sin(\omega_0 - \omega)\tau}{\pi(\omega_0 - \omega)} - \frac{\sin(\omega_0 + \omega)\tau}{\pi(\omega_0 + \omega)}. \tag{90}$$

Diese Amplitudenfunktion hat, wie anschaulich zu erwarten, ihr Maximum bei $\omega = \omega_0$ (Bild 5-23)

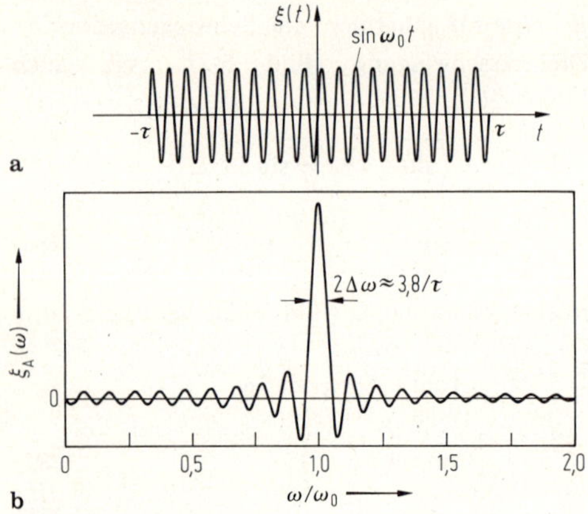

Bild 5-23. Zeitlich begrenzte Sinusschwingung und zugehöriges Frequenzspektrum.

und eine Halbwertsbreite

$$2\Delta\omega \approx \frac{3{,}8}{\tau}. \tag{91}$$

Je größer die Dauer 2τ der Sinusschwingung ist, desto mehr engt sich das Frequenzspektrum auf ω_0 ein. Es liegt ein ganz ähnliches Verhalten vor wie bei der Resonanz, vgl. (69).

5.6 Gekoppelte Oszillatoren

Oszillatoren werden dann als gekoppelt bezeichnet, wenn sie über eine „Kopplung" Energie austauschen können. Bei mechanischen Schwingern kann der Kopplungsmechanismus z. B. auf elastischer Deformation des Kopplungselementes (Feder zwischen zwei Pendeln), auf Reibung zwischen zwei Schwingern, oder auf Trägheit beruhen (Aufhängung eines Fadenpendels an der Masse eines zweiten).

5.6.1 Gekoppelte Pendel

Als Beispiel zweier linearer, gekoppelter Oszillatoren werde ein System aus zwei identischen Pendeln mit starren Pendelstangen von vernachlässigbarer Masse betrachtet, die über eine Kopplungsfeder verbunden sind (Bild 5-24).

Wird eines der Pendel angestoßen und ihm damit Schwingungsenergie übertragen, so regt es über die Kopplungsfeder das zweite Pendel zu erzwungenen Schwingungen an (mit $\pi/2$ Phasenverzögerung, vgl. Bild 5-15), bis der Energievorrat des ersten Pendels erschöpft, d. h. vollständig an das zweite Pendel übertragen worden ist. Dann übernimmt dieses die Rolle des Erregers für das erste Pendel und so fort. Die Oszillatoren führen Schwebungen durch, die zeitlich um eine halbe Schwebungsdauer T_s gegeneinander versetzt sind.

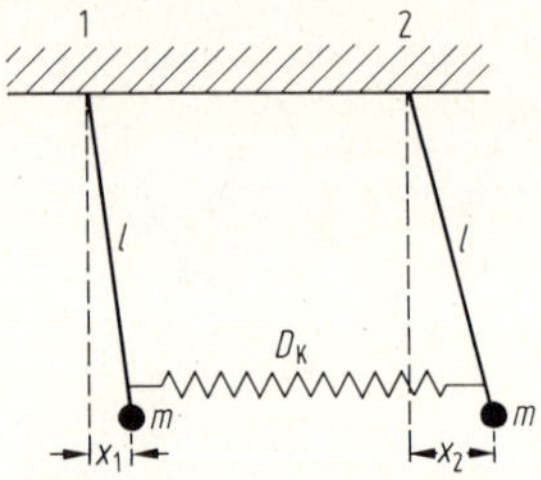

Bild 5-24. Gekoppelte Pendel.

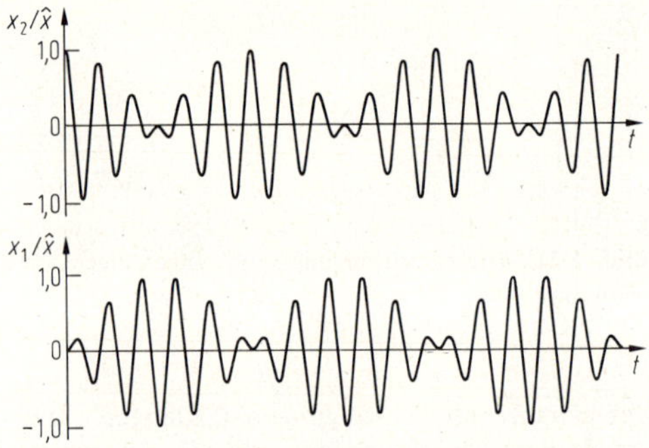

Bild 5-25. Schwebungen gekoppelter Pendel.

Die Schwingungsenergie pendelt dabei periodisch zwischen den beiden Oszillatoren hin und her (Bild 5-25).

Die Eigenfrequenz der isolierten Pendel (ohne Kopplung) ist durch (10) und (8) gegeben:

$$\omega_0 = \sqrt{\frac{D}{m}} \quad \text{mit} \quad D = \frac{mg}{l}. \tag{92}$$

Mit Kopplung wird die (hier durch die Schwerkraft bedingte) Richtgröße D der Pendel durch die Richtgröße D_K der Kopplungsfeder verändert, so daß sich gemäß Bild 5-24 folgende Kraftgleichungen für die beiden Pendel ergeben:

$$\begin{aligned} &\text{Pendel 1:}\ m\frac{d^2x_1}{dt^2} = -Dx_1 + D_K(x_2 - x_1)\,, \\ &\text{Pendel 2:}\ m\frac{d^2x_2}{dt^2} = -Dx_2 - D_K(x_2 - x_1)\,. \end{aligned} \tag{93}$$

Daraus folgen die *Differentialgleichungen der gekoppelten Schwingungen*

$$\begin{aligned} &\frac{d^2x_1}{dt^2} + \omega_0^2 x_1 + K(x_1 - x_2) = 0\,, \\ &\frac{d^2x_2}{dt^2} + \omega_0^2 x_2 - K(x_1 - x_2) = 0 \end{aligned} \tag{94}$$

mit dem *Kopplungsparameter*

$$K = \frac{D_K}{m}. \tag{95}$$

Es handelt sich um zwei gekoppelte Differentialgleichungen mit x_1 und x_2 als gekoppelte, zeitabhängige Variable. Durch Addition und Subtraktion der beiden Gleichungen und Einführung von „Normalkoordinaten"

$$q_1 = x_1 + x_2, \quad q_2 = x_1 - x_2 \tag{96}$$

lassen sich (94) zu normalen Schwingungsgleichungen eines harmonischen Oszillators (vgl. (21)) entkoppeln:

$$\begin{aligned} \frac{d^2 q_1}{dt^2} + \Omega_1^2 q_1 = 0, \\ \frac{d^2 q_2}{dt^2} + \Omega_2^2 q_2 = 0. \end{aligned} \tag{97}$$

Die Frequenzen dieser *Normalschwingungen* (auch *Fundamentalschwingungen* oder Fundamentalmoden genannt) sind, wie sich bei der Herleitung von (97) zeigt,

$$\Omega_1 = \omega_0 \quad \text{und} \quad \Omega_2 = \sqrt{\omega_0^2 + 2K}. \tag{98}$$

Die allgemeinen Lösungen von (97) lassen sich aus (22) übernehmen, woraus sich mit (96) die allgemeinen Lösungen von (94) bzw. (93) ergeben. Sie setzen sich aus einer Linearkombination von Normalschwingungen zusammen:

$$\begin{aligned} x_1(t) = \hat{x}_1 \sin(\Omega_1 t + \varphi_{01}) + \hat{x}_2 \sin(\Omega_2 t + \varphi_{02}) \\ x_2(t) = \hat{x}_1 \sin(\Omega_1 t + \varphi_{01}) - \hat{x}_2 \sin(\Omega_2 t + \varphi_{02}) \end{aligned} \tag{99}$$

Die Konstanten $\hat{x}_i$ und φ_{0i} sind aus den Anfangsbedingungen zu bestimmen. So ist z. B. die isolierte Anregung der Normalschwingungen durch folgende Wahl der Anfangsbedingungen möglich:

1. Normalschwingung:
Die Anfangsbedingungen $x_1(0) = x_2(0) = \hat{x}$, $\dot{x}_1(0) = \dot{x}_2(0) = 0$ liefern (Bild 5-26a) eine gleichsinnige Schwingung:

$$x_2(t) = x_1(t) = \hat{x} \cos \Omega_1 t. \tag{100}$$

Hierbei wird die Kopplung überhaupt nicht beansprucht, die Pendel schwingen mit ihrer Eigenfrequenz

$$\Omega_1 = \omega_0. \tag{101}$$

2. Normalschwingung:
Die Anfangsbedingungen $x_1(0) = -x_2(0) = -\hat{x}$, $\dot{x}_1(0) = \dot{x}_2(0) = 0$ liefern (Bild 5-26b) eine gegensinnige Schwingung:

$$x_2(t) = -x_1(t) = \hat{x} \cos \Omega_2 t. \tag{102}$$

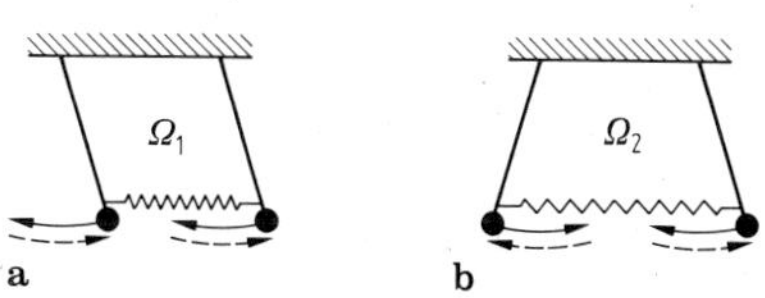

Bild 5-26. Normalschwingungen gekoppelter Pendel.

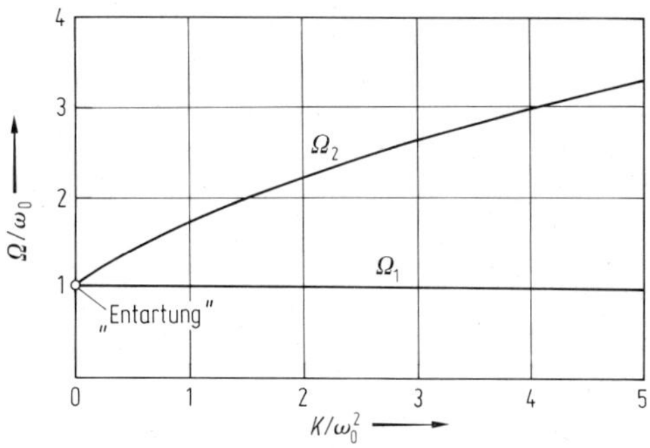

Bild 5-27. Normalfrequenzaufspaltung als Funktion der Kopplung.

Hierbei wird die Kopplung maximal beansprucht, die Pendel schwingen symmetrisch zur Ruhelage und wegen der um D_K erhöhten Richtgröße mit der gemäß (98) erhöhten Eigenfrequenz

$$\Omega_2 = \omega_0 \sqrt{1 + 2\frac{K}{\omega_0^2}} = \omega_0 \sqrt{1 + 2\frac{D_K}{D}}. \tag{103}$$

Für die beiden Normalschwingungen Ω_1 und Ω_2 sind die beiden Differentialgleichungen (93) wegen $x_2 = x_1$ bzw. $x_2 = -x_1$ entkoppelt und können für diese Fälle auch direkt gelöst werden.
Aus (101) und (103) folgt, daß die Frequenzaufspaltung, d. h. der Abstand der beiden Normalfrequenzen, mit steigender Kopplung zunimmt (Bild 5-27). Für $K = 0$ ($D_K = 0$: keine Kopplung) fallen die Frequenzen der Normalschwingungen zusammen („Entartung"):

$$\Omega_1 = \Omega_2 = \omega_0 \quad \text{für} \quad K = 0. \tag{104}$$

Schwebung:
Die Anfangsbedingungen $x_2(0) = \hat{x}$, $x_2(0) = x_1(0) = \dot{x}_1(0) = 0$ als Beispiel liefern

$$\begin{aligned} x_1(t) = \frac{\hat{x}}{2}(\cos \Omega_1 t - \cos \Omega_2 t) \\ x_2(t) = \frac{\hat{x}}{2}(\cos \Omega_1 t + \cos \Omega_2 t). \end{aligned} \tag{105}$$

Mit

$$\Omega = \frac{1}{2}(\Omega_1 + \Omega_2) \quad \text{und} \quad \Delta\Omega = \Omega_2 - \Omega_1 \tag{106}$$

folgt durch Anwendung der Additionstheoreme auf (105) die Beschreibung der eingangs erwähnten Schwebungen (Bild 5-25, vgl. auch 5.5.2)

$$\begin{aligned} x_1(t) = \hat{x} \sin \frac{\Delta\Omega}{2} t \sin \Omega t, \\ x_2(t) = \hat{x} \cos \frac{\Delta\Omega}{2} t \cos \Omega t, \end{aligned} \tag{107}$$

sofern die Frequenzaufspaltung $\Delta\Omega \ll \Omega$, d. h. die Kopplung schwach ($K \ll \omega_0^2$) ist.

5.6.2 N gekoppelte Oszillatoren

Ein System von N gekoppelten eindimensionalen Oszillatoren besitzt im allgemeinen N Freiheitsgrade der Bewegung (d. h., es sind N voneinander unabhängige Koordinaten zur Beschreibung der einzelnen Auslenkungen notwendig). Analog dem Beispiel für $N = 2$ im vorigen Abschnitt wird es durch ein System von N gekoppelten Differentialgleichungen beschrieben:

$$\frac{d^2 x_i(t)}{dt^2} = \sum_j A_{ij} x_j(t) \quad \text{mit } i, j = 1, 2, \ldots, N. \qquad (108)$$

Durch eine lineare Variablentransformation und Einführung der Normalkoordinaten $q_1, q_2, \ldots, q_N$ kann eine Entkopplung der N Differentialgleichungen (108) erreicht werden: Man erhält N kopplungsfreie Systeme mit je einem Freiheitsgrad:

$$\frac{d^2 q_i(t)}{dt^2} = -\Omega_i^2 q_i(t) \quad \text{mit} \quad i = 1, 2, \ldots, N, \qquad (109)$$

worin die Ω_i die Eigenfrequenzen der Fundamentalmoden sind. Eine solche Entkopplung läßt sich in jedem System gekoppelter Oszillatoren durchführen, solange die Kräfte linear oder näherungsweise linear von den Auslenkungen abhängen. Die tatsächlichen Schwingungen des gekoppelten Schwingungssystems lassen sich stets als lineare Überlagerung der so gewonnenen Fundamentalschwingungen darstellen. Kann der einzelne Oszillator in allen drei Raumrichtungen schwingen, so erhalten wir 3N Fundamentalschwingungen. Dies gilt z. B. für elastische Atomschwingungen im Kristallgitter des Festkörpers. Auch eine Federkette mit z. B. 3 Massen (Bild 5-28) hat demnach $3 \times 3 = 9$ Fundamentalmoden.

Die Anregung einzelner Fundamentalschwingungen läßt sich durch geeignete Wahl der Anfangsbedingungen erreichen (siehe 5.6.1). Die 9 Fundamentalmoden einer Federkette mit 3 Massen sind in Bild (5-28) angedeutet. Ähnliche Fundamentalschwingungen treten bei Molekülen auf, jedoch fallen wegen der fehlenden Einspannung hier u. a. diejenigen mit gleichsinniger Schwingungsrichtung aller Atommassen aus.

6 Teilchensysteme

Reale Materie kann stets als Vielteilchensystem aufgefaßt werden, dessen Bestandteile (die Teilchen des Systems) z. B. die Atome oder Moleküle der betrachteten Materiemenge sind, oder auch fiktive „Massenelemente“, d. h. differentiell kleine Bruchteile dm der gesamten Masse m des Vielteilchensystems. Materiemengen können in unterschiedlichen Aggregatzuständen auftreten, die charakteristische Eigenschaften als Vielteilchensysteme aufweisen:

1. *Gase*: Die Teilchen (Atome, Moleküle) haben beliebige, stochastisch wechselnde Abstände (Brownsche Bewegung). Zwischen ihnen gibt es weder Fern- noch Nahordnung. Gase füllen jedes verfügbare Volumen aus. Der mittlere Teilchenabstand und damit die Dichte hängen von äußeren Kräften (Druck) ab (hohe Kompressibilität).

2. *Flüssigkeiten*: Die Teilchen einer Flüssigkeit haben ebenfalls zeitlich variierende Abstände (Brownsche Bewegung), jedoch eine ausgeprägte Nahordnung (keine Fernordnung). Angreifende Kräfte und Drehmomente verformen eine Flüssigkeit ohne dauerhafte Rückstellkräfte zu erzeugen. Der mittlere Teilchenabstand ($\sim$ Dichte$^{-1/3}$) hängt kaum von äußeren Kräften (Druck) ab (geringe Kompressibilität), Flüssigkeiten haben ein definiertes Volumen.

3. *Festkörper*: Die Teilchen besitzen feste Abstände untereinander, es besteht eine feste Nah- und Fernordnung (Kristallstruktur). Unter Einwirkung äußerer Kräfte und Drehmomente können sich Festkörper unter Ausbildung von Rückstellkräften elastisch verformen. Unterhalb bestimmter Grenzwerte sind die Deformationen bei Entlastung reversibel, die Festkörper nehmen dann ihre vorherige Form wieder an. Oberhalb dieser Grenzwerte verhalten sich Festkörper plastisch oder brechen. Die Kompressibilität ist noch geringer als bei Flüssigkeiten.

Als weiterer Aggregatzustand der Materie wird nach Langmuir der Plasmazustand (siehe 16.6.3) angesehen:

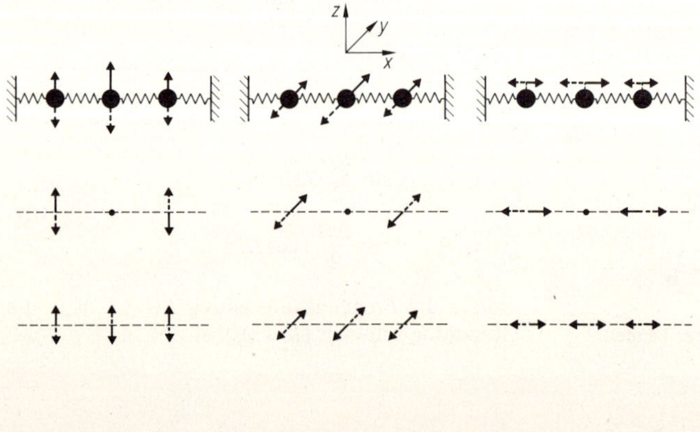

Bild 5-28. Fundamentalmoden einer Federkette.

4. *Plasmen*: Kollektive aus neutralen und einer großen Anzahl elektrisch geladener Teilchen, die quasineutral sind (gleich viele positiv und negativ geladene Teilchen), und deren Verhalten durch kollektive Phänomene aufgrund der starken elektromagnetischen Wechselwirkung zwischen den geladenen Teilchen bestimmt ist. Die geladenen Teilchen können z. B. positive oder negative Ionen und freie Elektronen (oder Löcher beim Halbleiter) sein. Plasmen können hochionisierte Gase, elektrolytische Flüssigkeiten oder elektrisch leitende Festkörper sein.

Viele Eigenschaften solcher Vielteilchensysteme lassen sich durch idealisierte Modelle beschreiben, wovon in den folgenden Abschnitten mehrfach Gebrauch gemacht wird, z. B.:

Gase: Modell des *idealen Gases* (Teilchen punktförmig, keine Wechselwirkungen usw.), siehe 8 (Statistische Mechanik).

Flüssigkeiten: Modell der *idealen Flüssigkeit* (Inkompressibilität, keine innere Reibung), siehe 10 (Hydro- und Aerodynamik).

Festkörper: Modell des *starren Körpers.* In diesem Modell bleiben die Abstände aller Elemente des Körpers untereinander konstant, auch wenn äußere Kräfte oder Drehmomente angreifen (siehe 7).

In mancher Hinsicht kann ein Teilchensystem wie ein Massenpunkt behandelt werden, dessen Masse gleich der Summe der Massen aller Teilchen im System ist, in anderer Hinsicht nicht. Die Massen der Teilchen in den betrachteten Teilchensystemen werden als konstant angenommen.

6.1 Schwerpunkt (Massenzentrum), Impuls und Drehimpuls von Teilchensystemen

Wir betrachten ein System von Teilchen der Masse m_i (Gesamtmasse $m = \sum m_i$) bei den Ortskoordinaten $\boldsymbol{r}_i$ in einem Kraftfeld mit konstanter Beschleunigung $\boldsymbol{a}$ (z. B. Erdfeld: $\boldsymbol{a} = \boldsymbol{g}$), so daß auf jedes Teilchen eine Kraft $\boldsymbol{F}_i = m_i\boldsymbol{a}$ wirkt (Bild 6-1a). Bezüglich des vorgegebenen Bezugssystems treten dann Drehmomente

$$\boldsymbol{M}_i = \boldsymbol{r}_i \times \boldsymbol{F}_i = \boldsymbol{r}_i \times m_i\boldsymbol{a}$$

auf. Das Gesamtdrehmoment $\boldsymbol{M} = \sum \boldsymbol{M}_i$ läßt sich nun darstellen als Vektorprodukt zwischen einer Schwerpunktskoordinate $\boldsymbol{r}_\mathrm{s}$ und der resultierenden Gesamtkraft $\boldsymbol{F} = \sum \boldsymbol{F}_i = \sum m_i\boldsymbol{a}$:

$$\boldsymbol{M} = \sum_i \boldsymbol{r}_i \times m_i\boldsymbol{a} = \boldsymbol{r}_\mathrm{s} \times \sum_i m_i\boldsymbol{a}, \qquad (1)$$
$$\Big(\sum_i \boldsymbol{r}_i m_i\Big) \times \boldsymbol{a} = \Big(\boldsymbol{r}_\mathrm{s} \sum_i m_i\Big) \times \boldsymbol{a}.$$

Aus der Gleichheit der Klammerterme folgt für

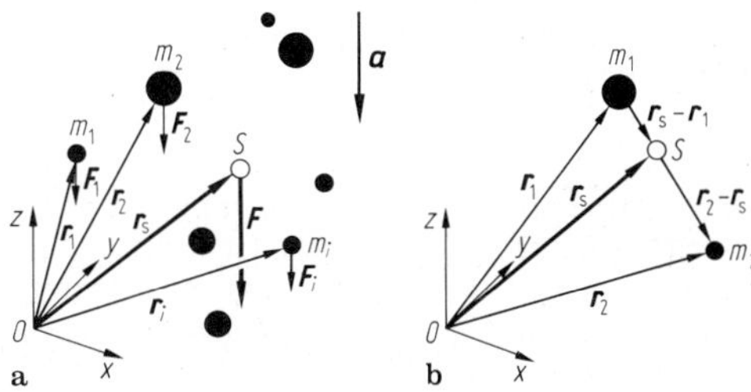

Bild 6-1. **a** Zur Definition des Schwerpunktes eines Teilchensystems, **b** Schwerpunkt eines Systems aus zwei Massen.

die Schwerpunktskoordinate in dem betrachteten Bezugssystem (meist als Laborsystem bezeichnet)

$$\boldsymbol{r}_\mathrm{s} = \frac{\sum m_i\boldsymbol{r}_i}{\sum m_i} = \frac{1}{m}\sum_i m_i\boldsymbol{r}_i. \qquad (2)$$

Für kontinuierliche Massenverteilungen (starre Körper) müssen die Summierungen durch Integration ersetzt werden (vgl. 7).

Beispiel: System aus zwei Massen. Aus (2) folgt

$$\boldsymbol{r}_\mathrm{s} = \frac{m_1\boldsymbol{r}_1 + m_2\boldsymbol{r}_2}{m_1 + m_2} \qquad (3)$$

und weiter $m_1(\boldsymbol{r}_\mathrm{s} - \boldsymbol{r}_1) = m_2(\boldsymbol{r}_2 - \boldsymbol{r}_\mathrm{s})$. Dies bedeutet, daß $(\boldsymbol{r}_\mathrm{s} - \boldsymbol{r}_1) \| (\boldsymbol{r}_2 - \boldsymbol{r}_\mathrm{s})$ ist und der Schwerpunkt auf der Verbindungslinie der beiden Massen liegt (Bild 6-1b). Wegen

$$\frac{|\boldsymbol{r}_\mathrm{s} - \boldsymbol{r}_1|}{|\boldsymbol{r}_2 - \boldsymbol{r}_\mathrm{s}|} = \frac{m_2}{m_1} \qquad (4)$$

teilt der Schwerpunkt die Verbindungslinie im umgekehrten Verhältnis der Massen.

Die Schwerpunktskoordinate $\boldsymbol{r}_\mathrm{s}$ ist nach (2) eine mittlere Koordinate der mit den Massen m_i gewichteten Teilchenkoordinaten $\boldsymbol{r}_i$. Der dadurch definierte *Schwerpunkt* S wird daher auch als *Massenzentrum* bezeichnet. In einem Bezugssystem mit S als Ursprung (*Schwerpunktsystem*) verschwindet nach (1) das resultierende Drehmoment, weil hierin $\boldsymbol{r}_\mathrm{s} = 0$ wird.

Für den Gesamtimpuls eines Teilchensystems, in dem die einzelnen Teilchen i Geschwindigkeiten $\boldsymbol{v}_i = \mathrm{d}\boldsymbol{r}_i/\mathrm{d}t$ haben, folgt

$$\boldsymbol{p} = \sum \boldsymbol{p}_i = \sum m_i \frac{\mathrm{d}\boldsymbol{r}_i}{\mathrm{d}t} = \frac{\mathrm{d}}{\mathrm{d}t}\sum m_i\boldsymbol{r}_i,$$

und daraus mit (2)

$$\boldsymbol{p} = \frac{\mathrm{d}}{\mathrm{d}t}(m\boldsymbol{r}_\mathrm{s}) = m\frac{\mathrm{d}\boldsymbol{r}_\mathrm{s}}{\mathrm{d}t}.$$

$\mathrm{d}\boldsymbol{r}_\mathrm{s}/\mathrm{d}t = \boldsymbol{v}_\mathrm{s}$ ist die Geschwindigkeit des Schwerpunktes (Systemgeschwindigkeit), so daß sich für den *Gesamtimpuls des Teilchensystems* im Laborsystem

$$\boldsymbol{p} = m\boldsymbol{v}_\mathrm{s} \tag{5}$$

ergibt. (5) entspricht der Impulsdefinition (3-2) für einen einzelnen Massenpunkt. Hinsichtlich des Impulses verhält sich also das Teilchensystem so, als ob die gesamte Masse des Systems im Massenzentrum (Schwerpunkt) vereinigt ist und sich mit dessen Geschwindigkeit bewegt. Im Schwerpunktsystem verschwindet $\boldsymbol{p} = \boldsymbol{p}_\mathrm{int}$ wegen $\boldsymbol{v}_\mathrm{s} = 0$:

$$\boldsymbol{p}_\mathrm{int} = \sum_i \boldsymbol{p}_{\mathrm{int},\,i} = 0\,. \tag{6}$$

$\boldsymbol{p}_{\mathrm{int},\,i}$ ist hierin der Impuls des i-ten Teilchens, $\boldsymbol{p}_\mathrm{int}$ der Gesamtimpuls des Teilchensystems, beide gemessen im Schwerpunktsystem. Im Folgenden muß zwischen „inneren" („internen") und „äußeren" („externen") Kräften unterschieden werden:

Innere Kräfte $\boldsymbol{F}_\mathrm{int}$: Kräfte zwischen den Teilen eines betrachteten Systems.

Äußere Kräfte $\boldsymbol{F}_\mathrm{ext}$: Kräfte, die zwischen dem System oder Teilen davon und der Umgebung wirken.

6.1.1 Schwerpunktbewegung ohne äußere Kräfte

Ohne äußere Kräfte bleibt der Gesamtimpuls eines Teilchensystems erhalten:

$$\boldsymbol{p} = m\boldsymbol{v}_\mathrm{s} = \mathrm{const}$$

und damit

$$\boldsymbol{v}_\mathrm{s} = \mathrm{const} \quad \text{für} \quad \boldsymbol{F}_\mathrm{ext} = 0\,. \tag{7}$$

Der Schwerpunkt (das Massenzentrum) des Teilchensystems beschreibt also eine geradlinige Bahn. Eventuell auftretende innere Kräfte ändern daran nichts: Wegen „actio = reactio" (vgl. 3.3.2) ändern sich Impulse von Teilchen, zwischen denen innere Kräfte wirken, um entgegengesetzt gleiche Werte, so daß der Gesamtimpuls nicht beeinflußt wird.

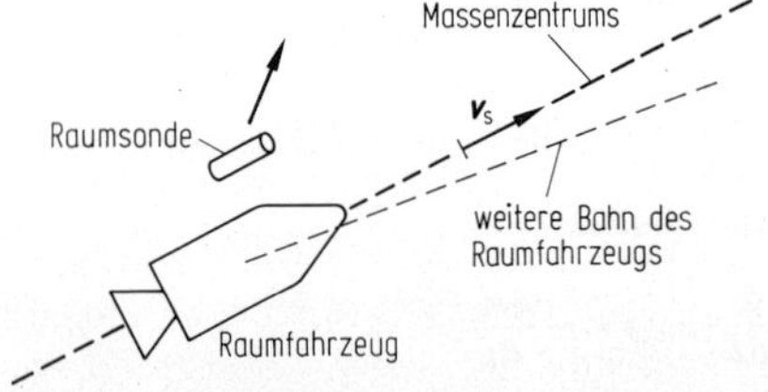

Bild 6-2. Geradlinige Bahn des gemeinsamen Massenzentrums eines Raumfahrzeuges und einer von ihm ausgestoßenen Raumsonde bei fehlender Gravitation.

Beispiel: Das Massenzentrum eines Raumfahrzeugs, das sich fern von Gravitationseinwirkungen ohne Antrieb geradlinig bewegt, beschreibt auch dann weiter dieselbe geradlinige Bahn, wenn z. B. durch Federkraft eine Raumsonde ausgestoßen wird (Bild 6-2). Das Raumfahrzeug selbst weicht dann von der Bahn des gemeinsamen Massenzentrums S ab!

6.1.2 Schwerpunktbewegung bei Einwirkung äußerer Kräfte

Unterliegen die Teilchen des betrachteten Systems äußeren Kräften $\boldsymbol{F}_{\mathrm{ext},\,i}$, so gilt nach (3-5) z. B. für das i-te Teilchen

$$\boldsymbol{F}_{\mathrm{ext},\,i} = \frac{\mathrm{d}\boldsymbol{p}_i}{\mathrm{d}t}\,.$$

Für die resultierende Gesamtkraft auf das System ergibt sich damit wegen $\sum \boldsymbol{p}_i = \boldsymbol{p}$

$$\boldsymbol{F}_\mathrm{ext} = \sum_i \boldsymbol{F}_{\mathrm{ext},\,i} = \sum_i \frac{\mathrm{d}\boldsymbol{p}_i}{\mathrm{d}t} = \frac{\mathrm{d}}{\mathrm{d}t}\sum_i \boldsymbol{p}_i = \frac{\mathrm{d}\boldsymbol{p}}{\mathrm{d}t}\,,$$

und mit (3)

$$\boldsymbol{F}_\mathrm{ext} = \frac{\mathrm{d}\boldsymbol{p}}{\mathrm{d}t} = \frac{\mathrm{d}(m\boldsymbol{v}_\mathrm{s})}{\mathrm{d}t}\,. \tag{8}$$

(8) entspricht wiederum dem Kraftgesetz (3-5) für einen einzelnen Massenpunkt. Die Bahn des Schwerpunktes (Massenzentrum) eines Teilchensystems verläuft also so, als ob die resultierende äußere Kraft $\boldsymbol{F}_\mathrm{ext}$ auf die im Massenzentrum vereinigte Gesamtmasse m des Teilchensystems wirkt. Voraussetzung ist nach 6.1 ein äußeres Kraftfeld mit konstanter Beschleunigung $\boldsymbol{a}$.

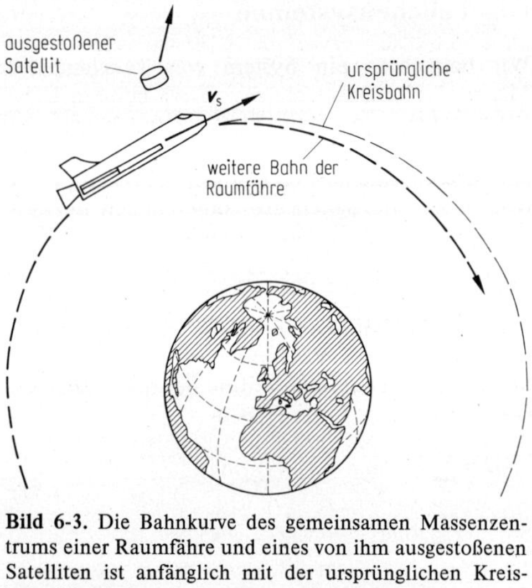

Bild 6-3. Die Bahnkurve des gemeinsamen Massenzentrums einer Raumfähre und eines von ihm ausgestoßenen Satelliten ist anfänglich mit der ursprünglichen Kreisbahn identisch.

Beispiel: Stößt eine Raumfähre, die sich unter Einwirkung der Schwerkraft der Erde auf einer Kreisbahn bewegt, durch Federkraft einen schweren Satelliten oder eine Raumstation aus, so bewegt sich das gemeinsame Massenzentrum beider Raumkörper weiterhin auf der ursprünglichen Bahn, solange die Schwerebeschleunigung noch als etwa konstant betrachtet werden kann (Bild 6-3). Die Raumfähre weicht dann von der ursprünglichen Kreisbahn ab. (Wegen der tatsächlichen Ortsabhängigkeit der Schwerebeschleunigung im Radialfeld gilt die Aussage über die Schwerpunktbahn für den weiteren Flugverlauf nicht mehr).

6.1.3 Drehimpuls eines Teilchensystems

Der Drehimpuls eines *einzelnen Teilchens* mit der Ortskoordinate $\boldsymbol{r}$, der Masse m und der Geschwindigkeit $\boldsymbol{v}$, d. h. mit dem Impuls $\boldsymbol{p} = m\boldsymbol{v}$, war in (3-25) definiert worden zu

$$\boldsymbol{L} = \boldsymbol{r} \times \boldsymbol{p} = \boldsymbol{r} \times m\boldsymbol{v}. \tag{9}$$

Durch Einwirkung einer Kraft $\boldsymbol{F}$, die gemäß (3-21) ein Drehmoment $\boldsymbol{M} = \boldsymbol{r} \times \boldsymbol{F}$ erzeugt, wird nach (3-29) eine zeitliche Änderung des Drehimpulses $\boldsymbol{L}$ bewirkt:

$$\frac{\mathrm{d}\boldsymbol{L}}{\mathrm{d}t} = \boldsymbol{M} = \boldsymbol{r} \times \boldsymbol{F}. \tag{10}$$

Bei *Teilchensystemen* kompensieren sich Drehmomente, die durch innere Kräfte zwischen den Teilchen des Systems hervorgerufen werden, zu null (Bild 6-4): Da wegen „actio = reactio" (vgl. 3.3) innere Kräfte zwischen zwei Teilchen 1 und 2 entgegengesetzt gleich groß sind, d. h. $\boldsymbol{F}_{21} = -\boldsymbol{F}_{12}$, gilt für die dadurch bewirkten Drehmomente $\boldsymbol{M}_{\text{int}}$

$$\begin{aligned}\boldsymbol{M}_{\text{int},12} &= \boldsymbol{M}_{\text{int},1} + \boldsymbol{M}_{\text{int},2} = \boldsymbol{r}_1 \times \boldsymbol{F}_{21} + \boldsymbol{r}_2 \times \boldsymbol{F}_{12} \\ &= (\boldsymbol{r}_2 - \boldsymbol{r}_1) \times \boldsymbol{F}_{12} = 0\,.\end{aligned}$$

weil die beiden Faktoren parallele Vektoren sind (Bild 6-4). Dabei ist vorausgesetzt, daß die inneren Kräfte $\boldsymbol{F}_{12}$ und $\boldsymbol{F}_{21}$ längs der Verbindungslinie $\boldsymbol{r}_2 - \boldsymbol{r}_1$ wirken.
Verallgemeinert auf viele Teilchen ergibt sich dann

$$\sum_{i,j} \boldsymbol{M}_{\text{int},ij} = 0\,. \tag{11}$$

Der Gesamtdrehimpuls eines Teilchensystems $\boldsymbol{L} = \sum \boldsymbol{L}_i$ wird daher durch innere Kräfte und die dadurch erzeugten Drehmomente nicht verändert. Fehlen ferner äußere Kräfte $\boldsymbol{F}_{\text{ext},i}$ und dadurch hervorgerufene äußere Drehmomente $\boldsymbol{M}_{\text{ext},i}$, so gilt

$$\boldsymbol{L} = \sum_i \boldsymbol{L}_i = \text{const} \quad \text{für} \quad \boldsymbol{M}_{\text{ext}} = 0\,. \tag{12}$$

Dies ist die allgemeine Form des Drehimpulserhaltungssatzes (vgl. 3.8):

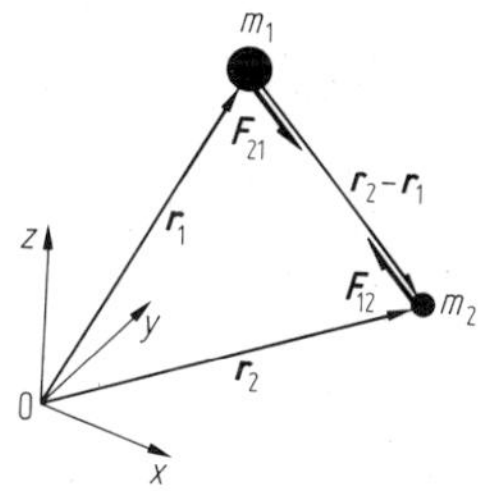

Bild 6-4. Zur Berechnung von Drehmomenten durch innere Kräfte.

Wirken keine äußeren Drehmomente, so bleibt der Gesamtdrehimpuls eines Teilchensystems zeitlich konstant.

Unterliegen die Teilchen des betrachteten Systems jedoch äußeren Kräften $\boldsymbol{F}_{\text{ext},i}$ und dadurch hervorgerufenen äußeren Drehmomenten $\boldsymbol{M}_{\text{ext},i} = \boldsymbol{r}_i \times \boldsymbol{F}_{\text{ext},i}$, so gilt für den Gesamtdrehimpuls $\boldsymbol{L}$ des Teilchensystems im selben Bezugssystem, in dem auch die Drehmomente definiert sind, unter Beachtung von (10)

$$\frac{\mathrm{d}\boldsymbol{L}}{\mathrm{d}t} = \frac{\mathrm{d}}{\mathrm{d}t}\sum_i \boldsymbol{L}_i = \sum_i \frac{\mathrm{d}\boldsymbol{L}_i}{\mathrm{d}t} = \sum_i \boldsymbol{M}_i\,.$$

In der letzten Summe können die Drehmomentanteile, die durch innere Kräfte bedingt sind, wegen (11) weggelassen werden:

$$\begin{aligned}\sum_i \boldsymbol{M}_i &= \sum_i \boldsymbol{M}_{\text{ext},i} + \sum_{i,j} \boldsymbol{M}_{\text{int},ij} \\ &= \sum_i \boldsymbol{M}_{\text{ext},i} = \boldsymbol{M}_{\text{ext}}\,.\end{aligned} \tag{13}$$

Damit ergibt sich für die zeitliche Änderung des Gesamtdrehimpulses eines Teilchensystems unter Einwirkung eines äußeren Gesamtdrehmomentes $\boldsymbol{M}_{\text{ext}}$ ganz entsprechend zum einzelnen Massenpunkt, vgl. 3-29,

$$\frac{\mathrm{d}\boldsymbol{L}}{\mathrm{d}t} = \boldsymbol{M}_{\text{ext}}\,, \tag{14}$$

Drehimpuls und Drehmoment hängen von der Wahl des Bezugssystems ab. Um von dieser Willkürlichkeit wegzukommen, kann als Bezugssystem das Schwerpunktsystem gewählt werden. Der Gesamtdrehimpuls des Teilchensystems bezogen auf das Massenzentrum werde innerer Drehimpuls $\boldsymbol{L}_{\text{int}}$ genannt:

$$\boldsymbol{L}_{\text{int}} = \sum_i \boldsymbol{r}_{\text{int},i} \times \boldsymbol{p}_{\text{int},i}\,. \tag{15}$$

Im Falle von Elementarteilchen wird der innere Drehimpuls auch *Spin S* genannt. Bezüglich eines anderen Bezugssystems kann ferner ein *Bahndrehimpuls* $\boldsymbol{L}_{\text{Bahn}}$ definiert werden:

$$\boldsymbol{L}_{\text{Bahn}} = \boldsymbol{r}_{\text{s}} \times \boldsymbol{p} = \boldsymbol{r}_{\text{s}} \times m\boldsymbol{v}_{\text{s}}\,, \tag{16}$$

worin $\boldsymbol{p}$ der Gesamtimpuls und m die Gesamtmasse des Teilchensystems sind, und $\boldsymbol{r}_s$ die Koordinate des Massenzentrums und $\boldsymbol{v}_s$ seine Geschwindigkeit. Der Gesamtdrehimpuls des Teilchensystems kann als Summe beider dargestellt werden (ohne Ableitung):

$$\boldsymbol{L} = \boldsymbol{L}_{\text{Bahn}} + \boldsymbol{L}_{\text{int}}. \tag{17}$$

6.2 Energieinhalt von Teilchensystemen

Die folgenden Betrachtungen enthalten vor allem für Zweiteilchensysteme (z. B. Stöße, siehe 6.3) und für die statistische Mechanik (Gase als Vielteilchensysteme: Thermostatik bzw. -dynamik, siehe 8) benötigte Festlegungen und Folgerungen.

Die Geschwindigkeit $\boldsymbol{v}_i$ des Teilchens i eines Teilchensystems in einem beliebigen Bezugssystem (Laborsystem) läßt sich zerlegen in die Geschwindigkeit $\boldsymbol{v}_s$ des Massenzentrums und in die Geschwindigkeit $\boldsymbol{v}_{\text{int},i}$ des i-ten Teilchens im Schwerpunktsystem (Bild 6-5):

$$\boldsymbol{v}_i = \boldsymbol{v}_s + \boldsymbol{v}_{\text{int},i}; \quad \boldsymbol{v}_i^2 = \boldsymbol{v}_s^2 + \boldsymbol{v}_{\text{int},i}^2 + 2\boldsymbol{v}_s\boldsymbol{v}_{\text{int},i}. \tag{18}$$

Für die gesamte kinetische Energie eines Teilchensystems folgt mit (18)

$$\begin{aligned} E_k &= \sum_i \frac{1}{2} m_i \boldsymbol{v}_i^2 = \sum_i \frac{1}{2} m_i \boldsymbol{v}_s^2 \\ &+ \sum_i \frac{1}{2} m_i \boldsymbol{v}_{\text{int},i}^2 + \sum_i m_i \boldsymbol{v}_s \boldsymbol{v}_{\text{int},i} \\ &= \frac{1}{2} m\boldsymbol{v}_s^2 + E_{k,\text{int}} + \boldsymbol{v}_s \sum_i \boldsymbol{p}_{\text{int},i}. \end{aligned} \tag{19}$$

In (19) bedeutet der erste Term die kinetische Energie der im Massenzentrum vereinigten Gesamtmasse im Laborsystem, der zweite Term stellt die kinetische Energie im Schwerpunktsystem dar, während der dritte Term verschwindet, weil $\sum \boldsymbol{p}_{\text{int},i} = \boldsymbol{p}_{\text{int}} = 0$ im Schwerpunktsystem, vgl. (6). Damit gilt für die *kinetische Energie eines Teilchensystems* in einem beliebigen Laborsystem

$$E_k = \sum_i \frac{1}{2} m_i \boldsymbol{v}_i^2 = \frac{1}{2} m\boldsymbol{v}_s^2 + E_{k,\text{int}}. \tag{20}$$

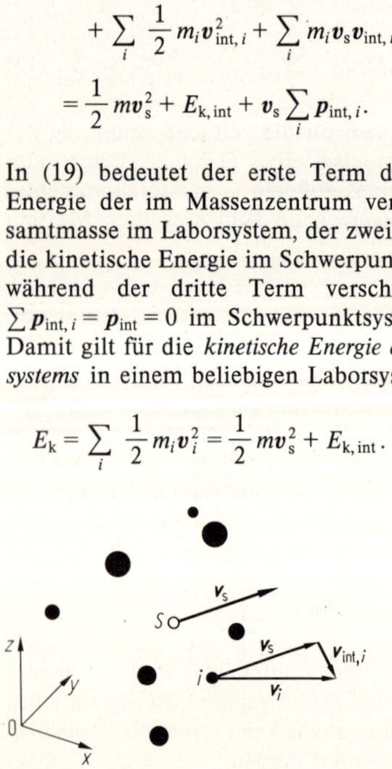

Bild 6-5. Teilchengeschwindigkeit im Laborsystem und im Schwerpunktsystem.

Bei Stoßvorgängen (siehe 6.3) interessieren beide Terme, während z. B. in der statistischen Mechanik (siehe 8) die Schwerpunktsbewegung und damit der erste Term in (20) meist ohne Interesse ist.

Die potentielle Energie aufgrund innerer konservativer Kräfte *(innere potentielle Energie des Teilchensystems)* läßt sich als Summe der potentiellen Energien $E_{p,ij}$ von Teilchenpaaren (i, j) aufgrund der Kräfte zwischen den Teilchen i und j (unabhängig vom Bezugsystem) darstellen:

$$E_{p,\text{int}} = \sum_{i,j} E_{p,ij}. \tag{21}$$

E_k und $E_{p,\text{int}}$ hängen nicht von äußeren Kräften ab (obwohl sich E_k durch äußere Kräfte zeitlich ändern kann). Als *Eigenenergie* des Teilchensystems sei daher definiert

$$U = E_k + E_{p,\text{int}} = \frac{1}{2} m\boldsymbol{v}_s^2 + E_{k,\text{int}} + E_{p,\text{int}}. \tag{22}$$

Im Schwerpunktsystem fällt der erste Term weg und man erhält die sogenannte *innere Energie*

$$U_{\text{int}} = E_{k,\text{int}} + E_{p,\text{int}}. \tag{23}$$

Damit ergibt sich für die Eigenenergie im Laborsystem

$$U = U_{\text{int}} + \frac{1}{2} m\boldsymbol{v}_s^2. \tag{24}$$

6.2.1 Energieerhaltungssatz in Teilchensystemen

Wenn an einem Teilchensystem keine äußere Arbeit W durch äußere Kräfte geleistet wird, oder äußere Kräfte überhaupt fehlen, so bleibt die Eigenenergie des Systems nach dem Energieerhaltungssatz zeitlich konstant:

$$U = E_k + E_{p,\text{int}} = \text{const} \quad \text{für} \quad W = 0. \tag{25}$$

Dabei können sich durch innere Kräfte E_k und $E_{p,\text{int}}$ durchaus ändern, ihre Summe bleibt dennoch erhalten.

Wenn dagegen dem Teilchensystem durch äußere Kräfte äußere Arbeit W_{12} zugeführt wird (ohne daß sonstige Energien zwischen dem System und der Umgebung ausgetauscht werden, vgl. 8.5), so erhöht sich dessen Eigenenergie um W_{12} von U_1 auf U_2 (Energieflußdiagramm Bild 6-6):

$$U_2 - U_1 = W_{12} \tag{26}$$

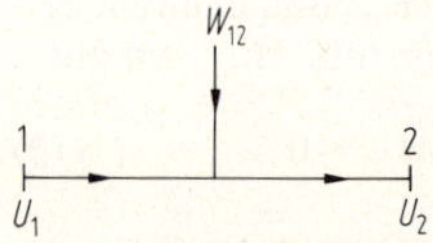

Bild 6-6. Energieflußdiagramm zur Leistung äußerer Arbeit an einem Teilchensystem.

Wird die äußere Arbeit durch eine äußere Kraft geleistet, die ebenfalls konservativ ist, so existiert zusätzlich zur inneren potentiellen Energie auch eine äußere potentielle Energie, und es gilt entsprechend (4-13)

$$W_{12} = E_{p,ext1} - E_{p,ext2}. \tag{27}$$

Gleichsetzung von (26) und (27) liefert

$$U_2 + E_{p,ext2} = U_1 + E_{p,ext1}. \tag{28}$$

Daraus folgt, daß die Gesamtenergie E des Teilchensystems sich nicht ändert. Der Energieerhaltungssatz für Teilchensysteme lautet demnach bei konservativen äußeren Kräften analog zu (4-23)

$$E = U + E_{p,ext} = \text{const}. \tag{29}$$

6.2.2 Bindungsenergie eines Teilchensystems

Es werde ein Teilchensystem (der Einfachheit halber im Schwerpunktsystem) betrachtet, dessen Teilchen zunächst ∞ weit voneinander entfernt ruhen. Die innere Energie des Systems werde für diesen Fall auf $U_\infty = 0$ normiert, was wegen der beliebigen Normierbarkeit von $E_{p,int}$ immer möglich ist (vgl. 4.2). Werden die Teilchen nun durch irgendeinen Mechanismus zusammengebracht, so hat das Teilchensystem die innere Energie

$$U_{int} = E_{k,int} + E_{p,int}. \tag{30}$$

E_k ist immer positiv. $E_{p,int}$ kann positiv oder negativ sein, je nachdem, ob beim Zusammenbringen Arbeit zugeführt werden muß (abstoßende Kräfte: $dE_p > 0$) oder frei wird (anziehende Kräfte: $dE_p < 0$). U_{int} kann daher positiv oder negativ sein. Nach (26) gilt für den Vorgang des Zusammenbringens der Teilchen

$$U_{int} - U_\infty = U_{int} = W. \tag{31}$$

Ist die innere Energie des Teilchensystems nach dem Zusammenbringen positiv ($U_{int} > 0$), so mußte hierfür äußere Arbeit aufgebracht werden ($W > 0$). Es herrschen abstoßende Kräfte, die Teilchen trennen sich wieder. Das System ist nicht stabil (ungebunden). Beispiel: Streuung eines positiv geladenen α-Teilchens an einem positiv geladenen Atomkern.

Ist dagegen die innere Energie nach dem Zusammenbringen negativ ($U_{int} < 0$), so ist bei der Formierung des Systems Energie (Arbeit) nach außen abgegeben worden ($W < 0$), das System hat weniger Energie als die getrennten Teilchen. Um das System wieder aufzulösen, muß der Energiebetrag $-U_{int}$ wieder von außen zugeführt werden. Ein System mit negativer innerer Energie ist daher stabil oder „gebunden". Beispiel: Planetensystem der

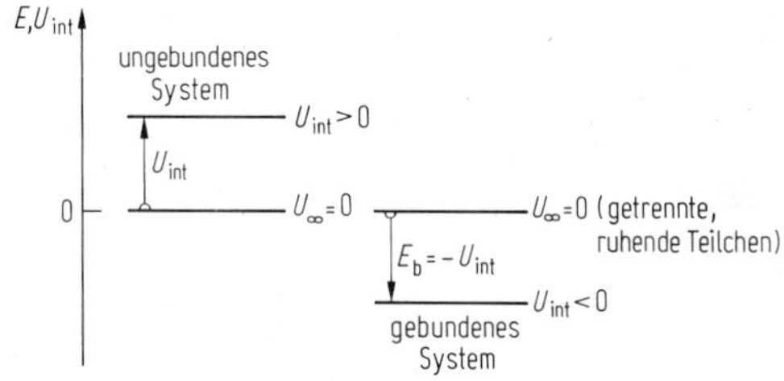

Bild 6-7. Energietermschema eines ungebundenen und eines gebundenen Systems.

Sonne. $-U_{int}$ ist die *Bindungsenergie des Systems*:

$$-U_{int} = E_b. \tag{32}$$

Bild 6-7 zeigt die beiden Fälle in einer Energieskala als sog. Termschemata.

6.3 Stöße

Es sei als einfachstes Vielteilchensystem ein solches mit zwei Teilchen betrachtet, die sich mit in großer Entfernung voneinander vorgegebenen Impulsen einander nähern, dabei Kräfte aufeinander ausüben und infolgedessen ihren Bewegungszustand ändern („Stoß"), und schließlich mit geänderten Impulsen wieder auseinanderfliegen.

Definierte Stoßexperimente sind in der Physik besonders wichtig, weil aus deren Ergebnissen (z. B. Häufigkeit einer bestimmten Ablenkung oder Energieänderungen der Stoßpartner) auf die Art der Wechselwirkung zwischen den stoßenden Teilchen geschlossen werden kann (Kraftfeld der Teilchen, innere Energiezustände). Bei atomaren und elementaren Teilchen sind Stoßversuche oft die einzige Möglichkeit zur Untersuchung dieser Größen. Hier sollen nur die einfachen dynamischen Grundlagen des Stoßvorganges betrachtet werden.

Aus dem Kraftgesetz (3-5) folgt für eine während der Stoßzeit $\Delta t = t_2 - t_1$ wirkende Kraft $\boldsymbol{F}(t)$, daß sie eine Impulsänderung $\Delta \boldsymbol{p} = \boldsymbol{p}_2 - \boldsymbol{p}_1$ hervorruft:

$$\Delta \boldsymbol{p} = \boldsymbol{p}_2 - \boldsymbol{p}_1 = \int_{t_1}^{t_2} \boldsymbol{F}(t)\, dt. \tag{33}$$

Das Integral über den Zeitverlauf der Kraft wird Kraftstoß genannt. (33) zeigt, daß es für die Impulsänderung nicht auf den zeitlichen Verlauf der Kraft im Einzelnen ankommt, sondern nur auf das Zeitintegral, den Kraftstoß. Wir zerlegen nun den Stoßvorgang in drei Phasen (Bild 6-8):

1. die Phase vor dem Stoß mit vernachlässigbaren Wechselwirkungen zwischen den Teilchen,
2. die Stoßphase mit Wechselwirkungskräften zwischen den stoßenden Teilchen im Stoßbereich, und
3. die Phase nach dem Stoß mit wieder vernachlässigbaren Wechselwirkungen.

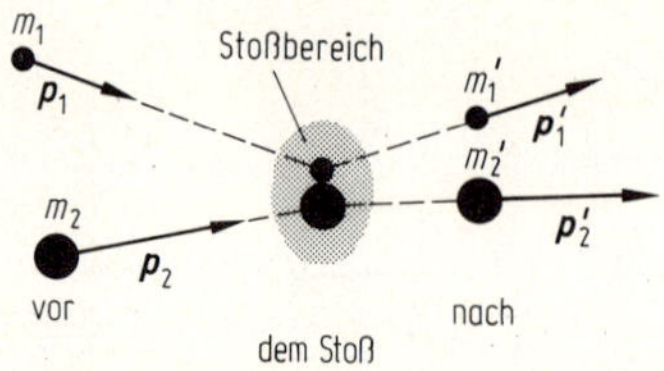

Bild 6-8. Stoß zwischen zwei Teilchen.

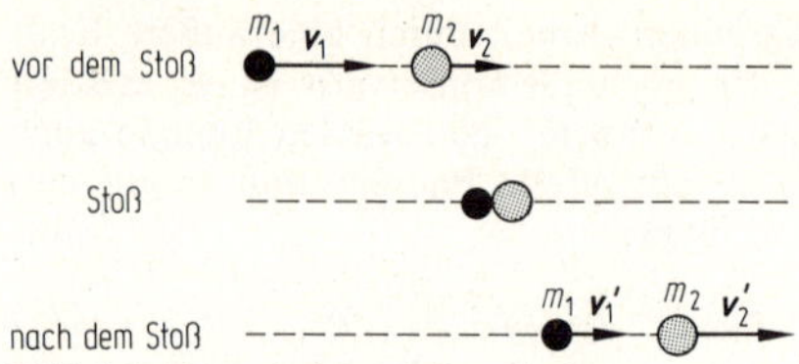

Bild 6-9. Zentraler elastischer Stoß.

Der experimentellen Messung am einfachsten zugänglich sind die Phasen vor und nach dem Stoß. Ohne den Ablauf im Stoßbereich genauer zu kennen, folgt allein daraus, daß nur innere Kräfte beim Stoß wirken, bereits, daß sowohl der Gesamtimpuls als auch die Gesamtenergie erhalten bleiben (die gestrichenen Größen gelten für die Phase nach dem Stoß, die ungestrichenen für die Phase vor dem Stoß):

Impulserhaltung für den Gesamtimpuls beider Teilchen:

$$\begin{aligned} \boldsymbol{p}_1 + \boldsymbol{p}_2 &= \boldsymbol{p}_1' + \boldsymbol{p}_2', \\ m_1\boldsymbol{v}_1 + m_2\boldsymbol{v}_2 &= m_1'\boldsymbol{v}_1' + m_2'\boldsymbol{v}_2'. \end{aligned} \tag{34}$$

Ist E_k bzw. E_k' die Summe der kinetischen Energien vor bzw. nach dem Stoß und U_{int} bzw. U_{int}' die Summe der inneren Energien vor bzw. nach dem Stoß, so fordert die *Energieerhaltung* für die Gesamtenergie beider Teilchen:

$$E_k + U_{int} = E_k' + U_{int}'. \tag{35}$$

Ändert sich beim Stoß die innere Energie der Teilchen (z. B. bei Atomen als Stoßpartner durch Anregung höherer Energiezustände, oder beim Stoß bereits vorher angeregter Atome durch Übergang zu niedrigeren Energiezuständen) um die sog. Reaktionsenergie

$$Q = U_{int} - U_{int}', \tag{36}$$

so muß sich nach (35) auch die kinetische Energie ändern:

$$\begin{aligned} Q = E_k' - E_k &= \left(\frac{1}{2} m_1' \boldsymbol{v}_1'^2 + \frac{1}{2} m_2' \boldsymbol{v}_2'^2\right) \\ &\quad - \left(\frac{1}{2} m_1 \boldsymbol{v}_1^2 + \frac{1}{2} m_2 \boldsymbol{v}_2^2\right). \end{aligned} \tag{37}$$

Aus Stoßversuchen, bei denen die kinetischen Energien der Stoßpartner vor und nach dem Stoß gemessen werden, lassen sich daher nach (37) die Reaktionsenergien berechnen und z. B. bei Atomen oder Molekülen als Stoßpartner deren Anregungsenergien bestimmen. Das ist das Prinzip der Teilchenspektroskopie bzw. *Energieverlustspektroskopie* (siehe 20.4).

Fallunterscheidung:

$Q \neq 0$: *unelastischer Stoß*, siehe oben.

$Q = 0$: *elastischer Stoß*, keine Änderung der inneren Energien: Die gesamte kinetische Energie bleibt nach (37) erhalten.

6.3.1 Zentraler elastischer Stoß

Der zentrale elastische Stoß ist der einfachste Stoßvorgang. Die Stoßpartner bewegen sich vor und nach dem Stoß auf einer gemeinsamen Geraden (Bild 6-9), und die gesamte kinetische Energie bleibt erhalten (Ferner wird angenommen, daß die Teilchenmassen sich nicht ändern). Die Erhaltungssätze liefern für diesen eindimensionalen Stoßvorgang:

Impulserhaltung:

$$m_1\boldsymbol{v}_1 + m_2\boldsymbol{v}_2 = m_1\boldsymbol{v}_1' + m_2\boldsymbol{v}_2', \tag{38}$$

Energieerhaltung:

$$m_1 v_1^2 + m_2 v_2^2 = m_1 v_1'^2 + m_2 v_2'^2. \tag{39}$$

Wegen des eindimensionalen Vorganges können die Geschwindigkeitsvektoren $\boldsymbol{v}_i$ in (38) durch ihre Beträge v_i ersetzt werden. Ohne Beschränkung der Allgemeingültigkeit kann ferner durch geeignete Wahl des Koordinatensystems $v_2 = 0$ gesetzt werden (Ursprung in m_2). Dann folgt aus (38) und (39)

$$\begin{aligned} v_2' &= \frac{2m_1}{m_1 + m_2} v_1, \\ v_1' &= \frac{m_1 - m_2}{m_1 + m_2} v_1 \quad \text{für} \quad v_2 = 0. \end{aligned} \tag{40}$$

Aus (40) ergeben sich folgende Sonderfälle (Bild 6-10):

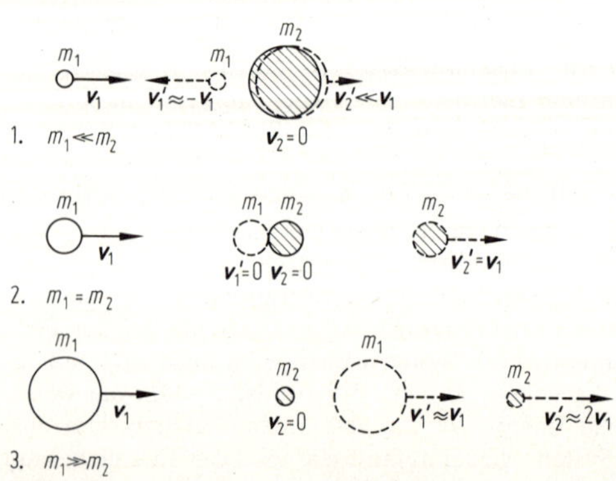

Bild 6-10. Sonderfälle des zentralen elastischen Stoßes. Gestrichelt: Massen und Geschwindigkeiten nach dem Stoß.

1. $m_1 \ll m_2$: $v_1' \approx -v_1$, $v_2' \approx 2\frac{m_1}{m_2}v_1 \ll v_1$:
   Impulsumkehr des stoßenden Teilchens, nur geringe Energieabgabe.
2. $m_1 = m_2$: $v_1' = 0$, $v_2' = v_1$:
   Vollständige Impuls- und Energieübertragung.
3. $m_1 \gg m_2$: $v_1' \approx v_1, v_2' \approx 2v_1$:

   Impuls des stoßenden Teilchens fast ungeändert, nur geringe Energieabgabe.

Für den betrachteten Fall $\boldsymbol{v}_2 = 0$ ist die Energie des gestoßenen Teilchens nach dem Stoß E_2' gleich der vom stoßenden Teilchen übertragenen Energie ΔE, seinem Energieverlust, mit (40) demnach:

$$\Delta E = E_2' = \frac{1}{2}m_2 v_2'^2 = \frac{2m_1^2 m_2}{(m_1+m_2)^2}v_1^2. \qquad (41)$$

Bezogen auf die Energie des stoßenden Teilchens vor dem Stoß $E_1 = \frac{1}{2}m_1 v_1^2$ ergibt sich daraus der Anteil der beim Stoß übertragenen Energie (relativer Energieverlust des stoßenden Teilchens):

$$\frac{\Delta E}{E_1} = \frac{4m_1 m_2}{(m_1+m_2)^2} = \frac{4m_1/m_2}{(1+m_1/m_2)^2}. \qquad (42)$$

In Abhängigkeit vom Massenverhältnis m_1/m_2 zeigt der relative Energieverlust ein Maximum bei $m_1/m_2 = 1$, d. h. für $m_1 = m_2$ (Bild 6-11).

Die Abbremsung von schnellen Teilchen durch Stoß mit anderen Teilchen ist daher am wirkungsvollsten mit Stoßpartnern von etwa gleicher Masse. Anwendung: Abbremsung schneller Neutronen im Kernreaktor durch Neutronenmoderator. Da Neutronen die Massenzahl 1 haben, werden als Moderatorsubstanzen solche mit möglichst niedrigen Massenzahlen ihrer Atome verwendet, z. B. schwerer Wasserstoff oder Graphit. Zu beachtende Nebenbedingung: Moderatoratome dürfen Neutronen nicht absorbieren (unelastischer Stoß).

Als Beispiel für den elastischen Stoß werde die Impulsübertragung von aus einem Rohr des Querschnitts A mit hoher Geschwindigkeit $\boldsymbol{v}$ strömenden Teilchen der Masse m betrachtet, die an einer

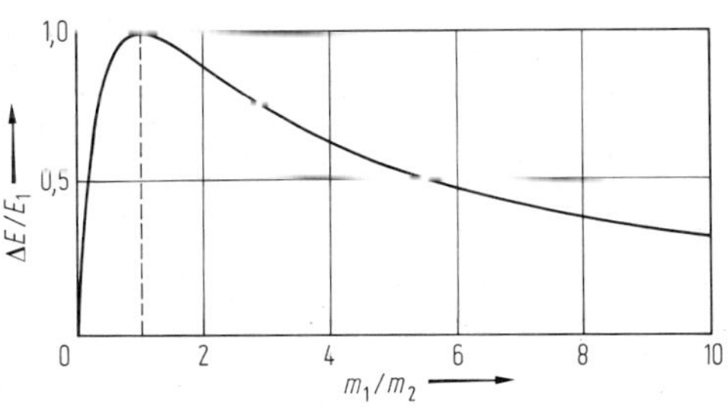

Bild 6-11. Relativer Bruchteil der beim zentralen elastischen Stoß übertragenen Energie als Funktion des Massenverhältnisses der Stoßpartner.

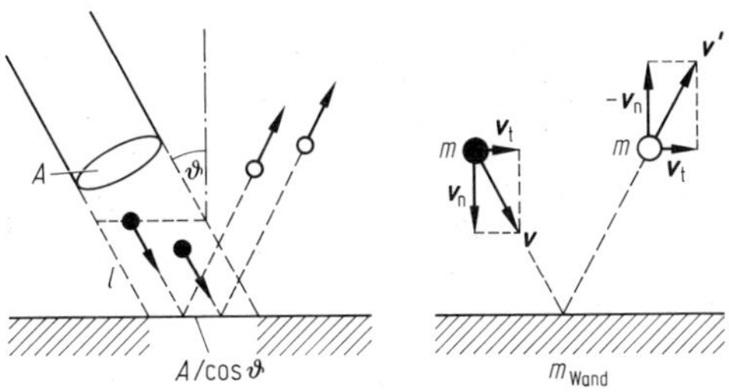

Bild 6-12. Elastische Reflexion eines Teilchenstroms an einer Wand.

Wand elastisch reflektiert werden (Bild 6-12). Die Teilchengeschwindigkeit läßt sich in eine Normalkomponente $\boldsymbol{v}_n$ und eine Tangentialkomponente $\boldsymbol{v}_t$ zerlegen. Der Stoßvorgang ist dann darstellbar als zentraler Stoß der kleinen Masse m mit der Geschwindigkeit $\boldsymbol{v}_n$ gegen die sehr große Wandmasse m_w, wobei eine Tangentialgeschwindigkeit $\boldsymbol{v}_t$ überlagert ist, die durch den Stoß nicht beeinflußt wird. Die Normalkomponente des Teilchenimpulses wird dabei entsprechend dem oben beschriebenen Sonderfall 1 in der Richtung umgekehrt, so daß der pro Teilchen an die Wand übertragene Impulsbetrag

$$\Delta p = |m\boldsymbol{v}_n - (-m\boldsymbol{v}_n)| = 2mv_n = 2mv\cos\vartheta \qquad (43)$$

ist (Bild 6-12).

In einer Zeit Δt treffen alle im Strahlvolumen $V = Al$ der Länge $l = v\Delta t$ befindlichen Teilchen auf die Wand. Ist die Teilchenzahldichte im Teilchenstrahl n, so sind dies

$$Z = nV = nAv\Delta t \qquad (44)$$

Teilchen. In der Zeit Δt wird daher insgesamt der Impuls

$$\Delta p_{\text{ges}} = Z\Delta p = 2nmv^2 A\Delta t\cos\vartheta \qquad (45)$$

an die Wand übertragen. Nach dem 2. Newtonschen Axiom (3-5) entspricht dem eine zeitlich gemittelte Normalkraft auf die Wand

$$\bar{F}_n = \frac{\Delta p_{\text{ges}}}{\Delta t} = 2nmv^2 A\cos\vartheta. \qquad (46)$$

Der Quotient aus Normalkraft F_n und beaufschlagter Wandfläche A wird als Druck p bezeichnet:

$$p = \frac{F_n}{A} \qquad (47)$$

SI-Einheit: $[p] = \text{N/m}^2$

(Weitere Druckeinheiten siehe 8.1).

Der Druck p darf nicht mit dem Impuls $\boldsymbol{p}$, insbesondere nicht mit dessen Betrag p verwechselt werden.

Die vom Teilchenstrom getroffene Wandfläche ist $A/\cos\vartheta$. Mit $v\cos\vartheta = v_n$ folgt aus (46) und (47) für den durch den gerichteten Teilchenstrom auf die Wand ausgeübten Druck

$$p = 2nmv_n^2 . \tag{48}$$

Dieses Ergebnis wird später für die Berechnung des Gasdruckes (siehe 8.1) sowie des Strahlungsdruckes elektromagnetischer Strahlung (siehe 20.3) benötigt.

6.3.2 Nichtzentraler elastischer Stoß

Der zentrale Stoß, bei dem stoßendes und gestoßenes Teilchen auf derselben Bahngeraden bleiben, ist der einfachste Fall des Stoßes zwischen zwei Teilchen. Im allgemeinen stoßen die Teilchen nicht zentral aufeinander, es existiert ein Stoßparameter b, der den Abstand des (hier wieder als ruhend angenommenen) gestoßenen Teilchens m_2 von der Bahn des stoßenden Teilchens m_1 angibt (Bild 6-13a). Dann bilden die Bahnen der Teilchen m_1 und m_2 nach dem Stoß Winkel ϑ_1 und ϑ_2 mit der Bahn des stoßenden Teilchens m_1 vor dem Stoß, die von der Größe des Stoßparameters und vom Massenverhältnis m_1/m_2 abhängen.
In Impulsvektoren ausgedrückt lauten Impuls- und Energieerhaltungssatz (38) und (39) für $\boldsymbol{v}_2 = 0$

$$\boldsymbol{p}_1 = \boldsymbol{p}_1' + \boldsymbol{p}_2' \tag{49}$$

$$\frac{p_1^2}{2m_1} = \frac{p_1'^2}{2m_1} + \frac{p_2'^2}{2m_2} . \tag{50}$$

Aus dem Impulsdiagramm Bild 6-13b folgt für die Quadrate der Impulse nach dem Stoß

$$p_2'^2 = p_{2x}'^2 + p_{2y}'^2 \tag{51}$$

$$p_1'^2 = (p_1 - p_{2x}')^2 + p_{2y}'^2 , \tag{52}$$

worin p_{2x}' und p_{2y}' die x- bzw. y-Komponente des Impulses des gestoßenen Teilchens nach dem Stoß sind. Durch Einsetzen in den Energiesatz (50) folgt nach einiger Umrechnung

$$(p_{2x}' - \mu v_1)^2 + p_{2y}'^2 = (\mu v_1)^2$$

mit der *reduzierten Masse*

$$\mu = \frac{m_1 m_2}{m_1 + m_2} . \tag{53}$$

Dies ist die Gleichung eines Kreises in den Impulskoordinaten p_{2x}' und p_{2y}', des sog. *Stoßkreises*

$$(p_{2x}' - R)^2 + p_{2y}'^2 = R^2 . \tag{54}$$

Er ist um den Stoßkreisradius

$$R = \mu v_1 = \frac{m_1 m_2}{m_1 + m_2} v_1 = \frac{p_1}{1 + m_1/m_2} \tag{55}$$

in positiver x-Richtung verschoben (Bild 6-14). Bei vorgegebenen Werten m_1, m_2, v_1 ($v_2 = 0$) ist der Stoßkreis der geometrische Ort der Spitzen aller möglicher Impulsvektoren des gestoßenen Teilchens nach dem Stoß, vgl. (51) und Bild 6-14.

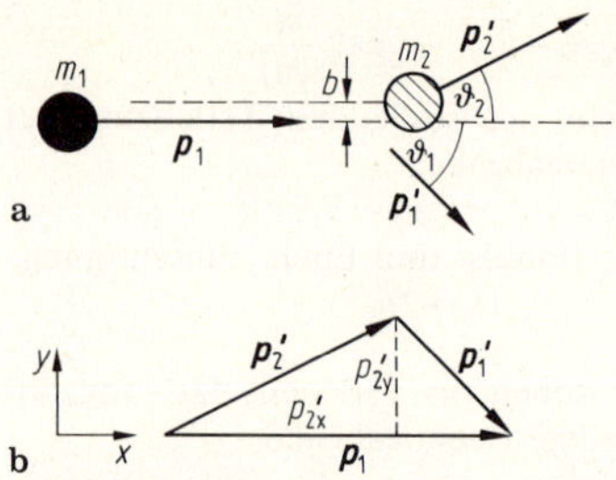

Bild 6-13. Nichtzentraler elastischer Stoß und zugehöriges Vektordiagramm.

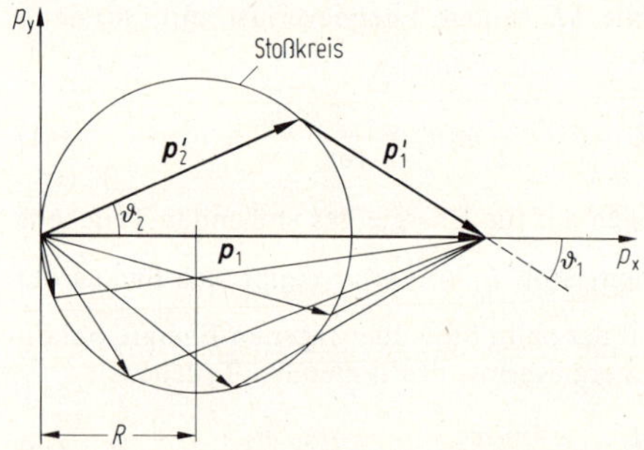

Bild 6-14. Stoßkreis und Lage der möglichen Impulsvektoren für $m_2 < m_1$.

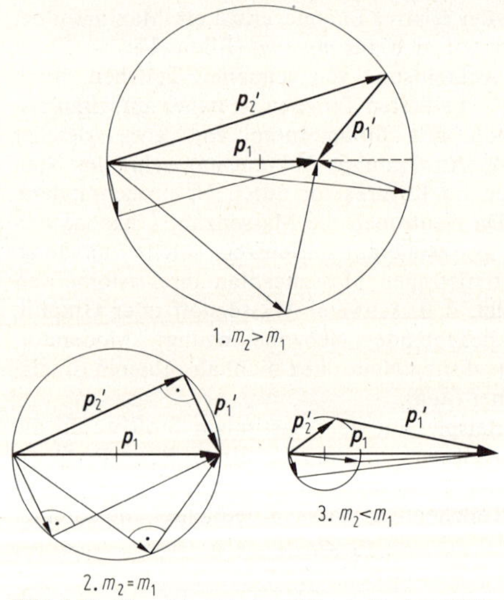

Bild 6-15. Charakteristische Fälle elastischer Stöße.

Aus Bild 6-14 folgt, daß das gestoßene Teilchen nur Impulse $\boldsymbol{p}_2'$ in Richtungen des Winkelbereichs $\vartheta_2 = (0 \ldots \pm 90)°$ erhalten kann. Der Winkelbereich des Impulses $\boldsymbol{p}_1'$ des stoßenden Teilchens nach dem Stoß hängt von der Größe des Stoßkreisradius R im Vergleich zum Anfangsimpuls p_1 ab, d.h. nach (55) von m_1/m_2 (Tabelle 6-1 und Bild 6-15).

Tabelle 6-1. Charakteristische Fälle elastischer Stöße

Massenverhältnis	Stoßkreisradius	Streuwinkelbereich $\lvert\vartheta_1\rvert$	Bemerkungen
1. $m_1/m_2 < 1$	$\frac{p_1}{2} < R < p_1$	0°...180°	Vor- oder Rückwärtsstreuung von m_1
2. $m_1/m_2 = 1$	$R = \frac{p_1}{2}$	0°...90°	Nach dem Stoß fliegen beide Teilchen unter 90° auseinander
3. $m_1/m_2 > 1$	$m_2 v_1 < R < \frac{p_1}{2}$	0°...<90°	Nur Vorwärtsstreuung von m_1

6.3.3 Unelastischer Stoß

Beim unelastischen Stoß geht mechanische, d. h. kinetische Energie verloren und wird in eine andere Energieform (z. B. Wärme, oder innere Energie durch Vermittlung elektronischer Anregung, Kernanregung) umgewandelt. Der Energieverlust $Q' = -Q$ (vgl. (37)) muß daher in der Energiebilanz berücksichtigt werden, wobei wir wieder durch geeignete Wahl des Koordinatensystems $v_2 = 0$ setzen:

$$E_1 = \frac{p_1^2}{2m_1} = \frac{p_1'^2}{2m_1} + \frac{p_2'^2}{2m_2} + Q'. \qquad (56)$$

Der Impulssatz gilt unverändert:

$$\boldsymbol{p}_1 = \boldsymbol{p}_1' + \boldsymbol{p}_2', \qquad (57)$$

damit ebenso das Impulsdiagramm Bild 6-13b und die Zerlegung nach (51) und (52). Diese eingesetzt in den Energiesatz (56) liefern

$$(p_{2x}' - \mu v_1)^2 + p_{2y}'^2 = (\mu v_1)^2 - 2\mu Q'. \qquad (58)$$

Hierin ist μ die reduzierte Masse gemäß (53). (58) ist wiederum die Gleichung eines Kreises in den Impulskoordinaten p_{2x}' und p_{2y}':

$$(p_{2x}' - R)^2 + p_{2y}'^2 = R_u^2 \qquad (59)$$

Stoßkreis (unelastischer Stoß).

$R = \mu v_1$ ist der Stoßkreisradius für den elastischen Stoß (55), während der für den unelastischen Stoß geltende Stoßkreisradius

$$R_u = R\sqrt{1 - \frac{Q'}{E_1}\left(1 + \frac{m_1}{m_2}\right)} \qquad (60)$$

kleiner als R ist. Für $Q' = 0$ geht R_u in R über. Aus der Forderung, daß der Stoßkreisradius reell sein muß, folgt, daß der Radikand in (59) $\geqq 0$ sein muß. Für den möglichen Energieverlust ergibt sich daraus die Bedingung

$$Q' \leqq \frac{E_1}{1 + m_1/m_2}. \qquad (61)$$

Aus (61) ergeben sich folgende Sonderfälle für den in Wärme usw. umgewandelten maximalen Energieverlust Q'_{max} (total unelastischer Stoß):

1. $m_1 \ll m_2$: $Q'_{max} \approx E_1$: kinetische Energie des stoßenden Teilchens wird fast vollständig vernichtet.
2. $m_1 = m_2$: $Q'_{max} = \frac{E_1}{2}$: kinetische Energie wird zur Hälfte vernichtet.
3. $m_1 \gg m_2$: $Q'_{max} \approx \frac{m_1}{m_2} E_1 \ll E_1$: kinetische Energie bleibt nahezu ganz erhalten.

Beim *total unelastischen zentralen Stoß* wird durch die auftretende Deformation keine auseinandertreibende elastische Kraft erzeugt, beide Stoßpartner bewegen sich nach dem Stoß gemeinsam mit derselben Geschwindigkeit v' (Bild 6-16). Der Impulssatz lautet dann ($v_2 = 0$)

$$m_1 v_1 = (m_1 + m_2)\, v': \; v' = \frac{m_1}{m_1 + m_2} v_1. \qquad (62)$$

Beispiel 1: Für gleiche Massen $m_1 = m_2$ z. B. aus Blei als unelastischem Material reduziert sich die Geschwindigkeit nach dem Stoß gemäß (62) auf die Hälfte:

$$v' = \frac{v_1}{2}. \qquad (63)$$

Beispiel 2: Ballistisches Pendel zur Bestimmung hoher Teilchengeschwindigkeiten (Bild 6-17). Ein schnelles Projektil mit unbekanntem Impuls $\boldsymbol{p} = m\boldsymbol{v}$ trifft horizontal auf die Masse m_p ($m_p \gg m$) eines Fadenpendels der Länge l und bleibt dort stecken. Die Impulserhaltung fordert

$$m\boldsymbol{v} = (m + m_p)\,\boldsymbol{v}', \quad \text{d. h.,}$$
$$v' = \frac{m}{m + m_p} v \approx \frac{m}{m_p} v. \qquad (64)$$

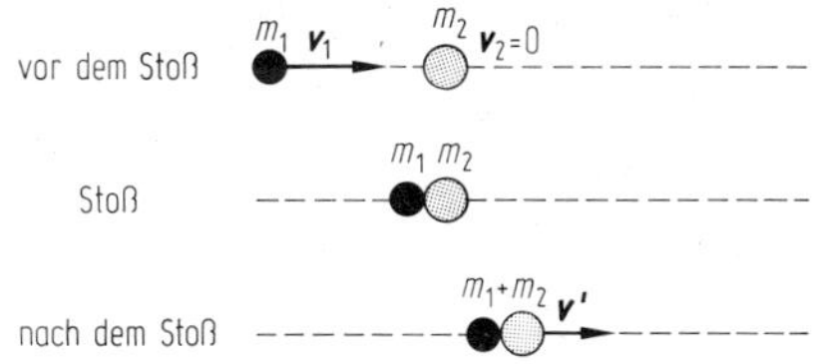

Bild 6-16. Total unelastischer zentraler Stoß.

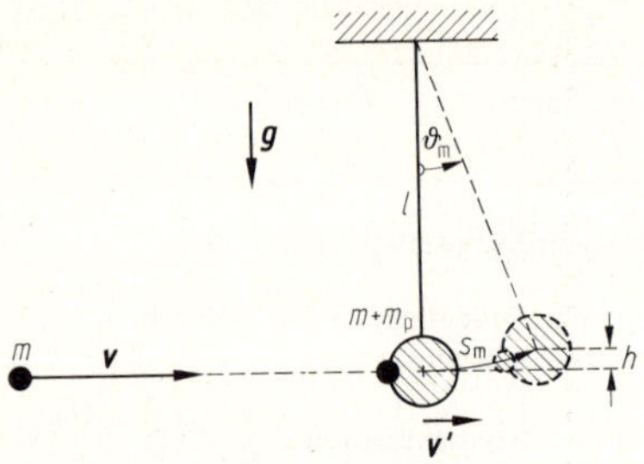

Bild 6-17. Ballistisches Pendel.

Die Geschwindigkeit v des Projektils wird also etwa im Verhältnis der Massen auf v' herabgesetzt. Die Geschwindigkeit v' der Pendelmasse im Moment des Stoßes läßt sich nach (4-26) aus der Hubhöhe h bei maximalem Pendelausschlag s_m bzw. ϑ_m bestimmen. Mit $s_m = l\vartheta_m$ und $h \approx s_m\vartheta_m/2$ (Bild 6-17) folgt für kleine Ausschläge:

$$v' = \sqrt{2gh} \approx \sqrt{gl}\,\vartheta_m = \sqrt{\frac{g}{l}}\,s_m\,. \tag{65}$$

Aus den Meßwerten ϑ_m oder s_m läßt sich dann über (65) und (64) der Impuls des Projektils bzw. bei bekannter Masse m dessen Geschwindigkeit v berechnen.

7 Dynamik starrer Körper

Ein starrer Körper ist dadurch definiert, daß seine N Massenelemente konstante Abstände untereinander haben und unter der Wirkung äußerer Kräfte keine gegenseitigen Verschiebungen erleiden. Für viele Fälle, vor allem bei Bewegungen, stellt dieses Modell eine ausreichende Näherung für die Beschreibung des Verhaltens eines festen Körpers dar, insbesondere wenn Deformationen des Körpers dabei keine wesentliche Rolle spielen.

7.1 Translation und Rotation eines starren Körpers

Kräfte, die an einem starren Körper angreifen, bewirken beschleunigte Translationen und beschleunigte Rotationen. Innere Deformationen sind beim starren Körper ausgeschlossen.

Die Anzahl f der Parameter („Freiheitsgrade"), die die räumliche Lage von N Massenpunkten eindeutig festlegen, beträgt im allgemeinen Falle der gegenseitigen Verschiebbarkeit der Massenpunkte

$$f = 3N.$$

Im Falle des starren Körpers reduziert sich die Zahl der Freiheitsgrade der Bewegung wegen der untereinander festen Abstände der Massenelemente auf

3 Freiheitsgrade der Translation (in 3 Raumrichtungen) und

3 Freiheitsgrade der Rotation (um 3 Achsen im Raum).

Als *Translation* wird eine solche Bewegung eines starren Körpers bezeichnet, bei der eine beliebige, mit dem Körper fest verbundene Gerade ihre Richtung im Raum nicht verändert. Alle Punkte eines sich in Translationsbewegung befindlichen Körpers haben in jedem beliebigen, festen Zeitpunkt dieselbe Geschwindigkeit und Beschleunigung, ihre Bahnkurven s können durch Parallelverschiebung zur Deckung gebracht werden (Bild 7-1 a). Daher kann die Betrachtung der Translation eines starren Körpers auf die Untersuchung der Bewegung irgendeines Punktes (z. B. des Schwerpunktes) reduziert werden.

Bei der *Rotation* eines starren Körpers ändert eine mit dem Körper fest verbundene Gerade ihre Richtung im Raum um einen zeitabhängigen Winkel α. Alle Punkte des Körpers beschreiben kreisförmige Bahnen mit der *Rotationsachse* als Zentrum (Bild 7-1 b).

Die *allgemeine Bewegung* eines starren Körpers kann stets als Überlagerung einer Translations- und einer Rotationsbewegung beschrieben werden (Bild 7-1 c).

Der Ortsvektor des Schwerpunktes (des Massenzentrums) eines starren Körpers ergibt sich durch Summation über alle Massenelemente

$$\mathrm{d}m = \varrho\,\mathrm{d}V \tag{1}$$

des starren Körpers gemäß der Vorschrift (6-2), wobei die Summation hier durch eine Integration über den gesamten Körper K zu ersetzen ist:

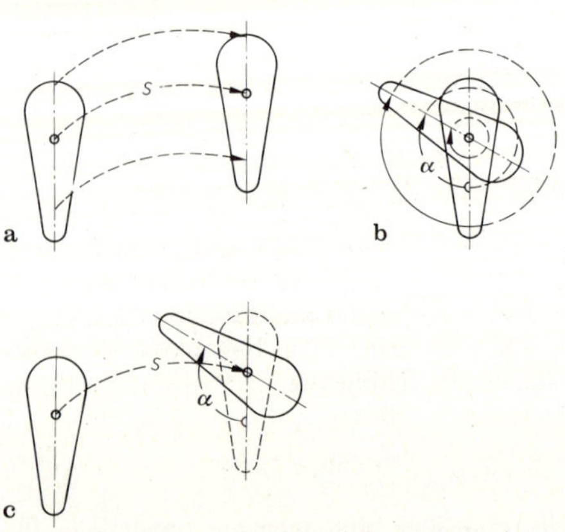

Bild 7-1. **a** Translation, **b** Rotation und **c** allgemeine Bewegung eines starren Körpers.

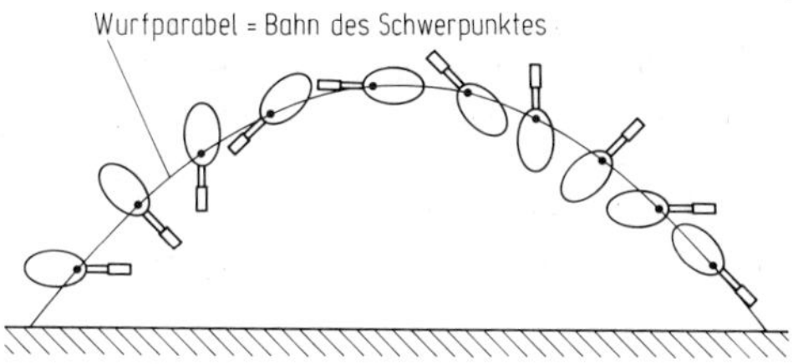

Bild 7-2. Wurfbewegung eines starren Körpers im Erdfeld.

$$r_s = \frac{\int r\,\mathrm{d}m}{\int \mathrm{d}m} = \frac{1}{m}\int_K r\,\mathrm{d}m = \frac{1}{m}\int_K \varrho(r)\,r\,\mathrm{d}V. \quad (2)$$

$\mathrm{d}V$ ist das zum Massenelement $\mathrm{d}m$ gehörige Volumenelement. ϱ ist die (im allgemeinen Fall ortsabhängige) *Dichte*

$$\varrho(r) = \frac{\mathrm{d}m}{\mathrm{d}V}. \quad (3)$$

SI-Einheit: $[\varrho] = \mathrm{kg/m^3}$.

Der Translationsanteil einer allgemeinen Bewegung eines starren Körpers, z. B. beim Wurf (Bild 7-2), kann nun durch die Bewegung des Schwerpunktes beschrieben werden, der gemäß (6-8)

$$F_{\mathrm{ext}} = \frac{\mathrm{d}p}{\mathrm{d}t} = \frac{\mathrm{d}(mv_s)}{\mathrm{d}t} \quad (4)$$

beispielsweise die aus Bild 2-4 bekannte Wurfparabel durchläuft. Dieser Bewegungsanteil erfolgt also nach den Regeln der Einzelteilchendynamik und braucht hier nicht weiter behandelt zu werden. Gleichzeitig kann der Körper eine Rotationsbewegung ausführen (Bild 7-2), die durch die Erhaltungssätze für Energie (7.2) und Drehimpuls (7.3) bestimmt ist, und auf die im Folgenden einzugehen ist.

7.2 Rotationsenergie, Trägheitsmoment

Wenn ein starrer Körper um eine Achse mit der Winkelgeschwindigkeit ω rotiert, so ist ω für alle seine Massenelemente $\mathrm{d}m$ gleich. Jedes Massenelement im Abstand r von der Drehachse bewegt sich dann mit einer Geschwindigkeit $v(r) = \omega \times r$ senkrecht zu r (Bild 7-3), hat also eine kinetische Energie

$$\mathrm{d}E_k = \frac{1}{2}v(r)^2\,\mathrm{d}m = \frac{1}{2}\omega^2 r^2\,\mathrm{d}m. \quad (5)$$

Die gesamte kinetische Energie des rotierenden starren Körpers (Rotationsenergie) folgt aus (5)

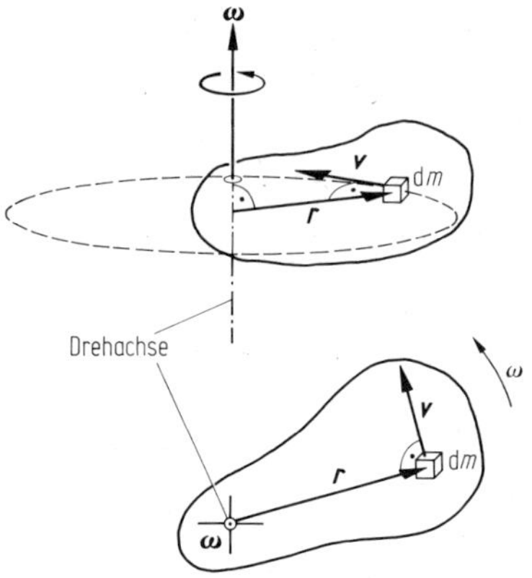

Bild 7-3. Zu Rotationsenergie und Trägheitsmoment eines rotierenden starren Körpers.

durch Integration über den ganzen Körper K unter Beachtung von $\omega = \mathrm{const}$:

$$E_k = \frac{1}{2}\omega^2\int_K r^2\,\mathrm{d}m = E_{\mathrm{rot}}. \quad (6)$$

Der Integralausdruck in (6), der nicht von der aufgeprägten Winkelgeschwindigkeit ω abhängt, sondern eine Trägheitseigenschaft bezogen auf die Rotation um die Drehachse darstellt, wird als *Trägheitsmoment*

$$J = \int_K r^2\,\mathrm{d}m = \int_K \varrho(r)\,r^2\,\mathrm{d}V \quad (7)$$

des Körpers bezüglich der vorgegebenen Drehachse bezeichnet. Damit schreibt sich die *Rotationsenergie*

$$E_{\mathrm{rot}} = \frac{1}{2}J\omega^2 \quad (8)$$

in völliger Analogie zur kinetischen Energie (4-7) bei der Translation. Das Trägheitsmoment J und die Winkelgeschwindigkeit ω bei der Rotationsbewegung entsprechen darin der Masse m und der Geschwindigkeit v bei der Translationsbewegung. Das Trägheitsmoment eines Körpers ist jedoch im Gegensatz zur Masse von der Lage der Drehachse abhängig (Bild 7-4)!

SI-Einheit des Trägheitsmomentes:
$[J] = \mathrm{kg \cdot m^2}$.

Das Trägheitsmoment J_S eines Körpers bezüglich einer Achse, die durch den Schwerpunkt S geht, lautet in kartesischen Koordinaten des Schwerpunktsystems:

$$J_S = \int_K r^2\,\mathrm{d}m = \int_K (x^2 + y^2)\,\mathrm{d}m. \quad (9)$$

Hat die Drehachse bei einem rotierenden Körper einen Abstand s von einer parallelen Achse durch

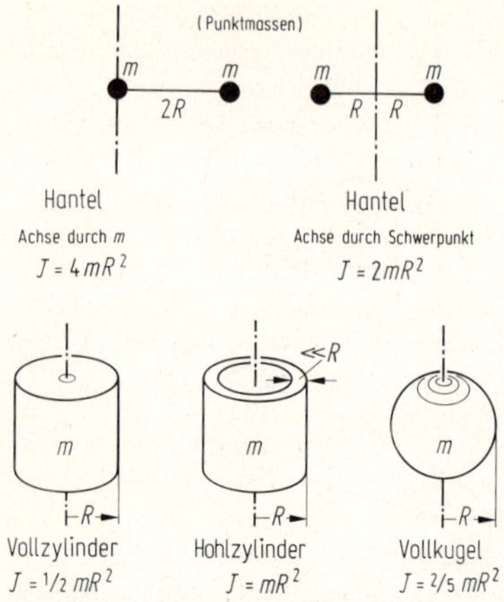

Bild 7-4. Trägheitsmomente einfacher Körper.

den Schwerpunkt (Bild 7-5), so läßt sich das Trägheitsmoment J_A des Körpers bezüglich der vorgegebenen Drehachse A in folgender Weise darstellen:

$$J_A = \int_K [(x+s)^2 + y^2]\,dm = J_S + s^2 m + 2s \int_K x\,dm. \quad (10)$$

x ist die x-Koordinate von dm im Schwerpunktsystem. Nach (2) ist $\int x\,dm = mx_S$ mit x_S als x-Koordinate des Schwerpunktes. Im Schwerpunktsystem ist $x_S = 0$, so daß der letzte Integralterm in (10) verschwindet. Es resultiert der *Satz von Steiner*

$$J_A = J_S + ms^2. \quad (11)$$

Der Bewegungsablauf bei der Rotation um die Achse A kann in die folgenden Teilbewegungen zerlegt werden:

1. Translation der im Schwerpunkt S vereinigten Masse m des Körpers auf einer Kreisbahn mit dem Radius s und der Geschwindigkeit $v = \omega s$ (Winkelgeschwindigkeit ω).
2. Rotation des Körpers mit der gleichen Winkelgeschwindigkeit ω um die zu A parallele Achse durch seinen Schwerpunkt S.

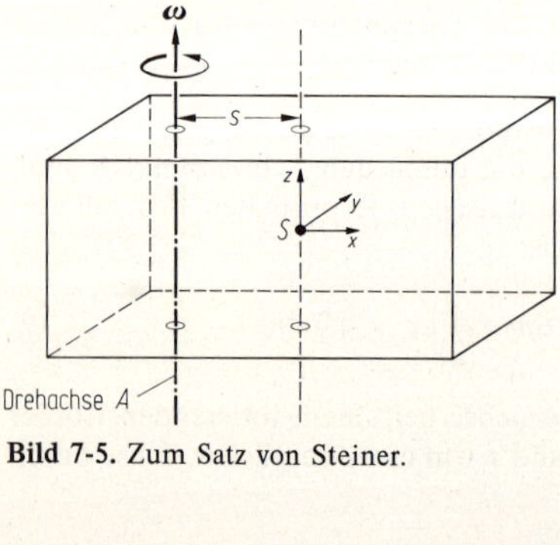

Bild 7-5. Zum Satz von Steiner.

Die Rotationsenergie setzt sich dann aus der kinetischen Energie der Schwerpunktbewegung und aus der Energie der Körperrotation um die Schwerpunktachse zusammen:

$$E_{rot} = \frac{1}{2} mv^2 + \frac{1}{2} J_S \omega^2 = \frac{1}{2} ms^2\omega^2 + \frac{1}{2} J_S \omega^2,$$

$$E_{rot} = \frac{1}{2} [ms^2 + J_S]\,\omega^2. \quad (12)$$

Durch Vergleich mit (8) folgt auch hieraus der Satz von Steiner.

Das Trägheitsmoment eines starren Körpers bezüglich einer Achse durch den Schwerpunkt hängt im allgemeinen von der Lage dieser Achse ab. Symmetrieachsen des Körpers sind gleichzeitig sog. *Hauptträgheitsachsen*; die zugehörigen Trägheitsmomente sind Extremwerte und heißen *Hauptträgheitsmomente* (Näheres siehe E 3.1.6).

Nach (6-20) ist die gesamte kinetische Energie eines Teilchensystems, hier des starren Körpers, gleich der Summe aus der kinetischen Energie der im Schwerpunkt vereinigten Masse gemessen im Laborsystem und der inneren kinetischen Energie des Systems gemessen im Schwerpunktsystem:

$$E_k = \frac{1}{2} mv_s^2 + E_{k,int}. \quad (13)$$

Der erste Term stellt die kinetische Energie der Translationsbewegung dar, während der zweite Term beim starren Körper identisch mit der Rotationsenergie ist, da die Rotation die einzige Bewegungsmöglichkeit des starren Körpers im Schwerpunktsystem darstellt:

$$E_k = E_{trans} + E_{rot} = \frac{1}{2} mv_s^2 + \frac{1}{2} J_S \omega^2. \quad (14)$$

Der Energiesatz für die Bewegung eines starren Körpers in einem konservativen Kraftfeld lautet daher

$$E = E_k + E_p = \frac{1}{2} mv_s^2 + \frac{1}{2} J_S \omega^2 + E_p = \text{const}. \quad (15)$$

Beispiel: Rollender Zylinder auf einer geneigten Ebene im Erdfeld (Bild 7-6).

Die potentielle Energie im Erdfeld ist nach (4-17) $E_p = mgz$. Mit abnehmender Höhe z wird potentielle Energie in kinetische Energie der Transla-

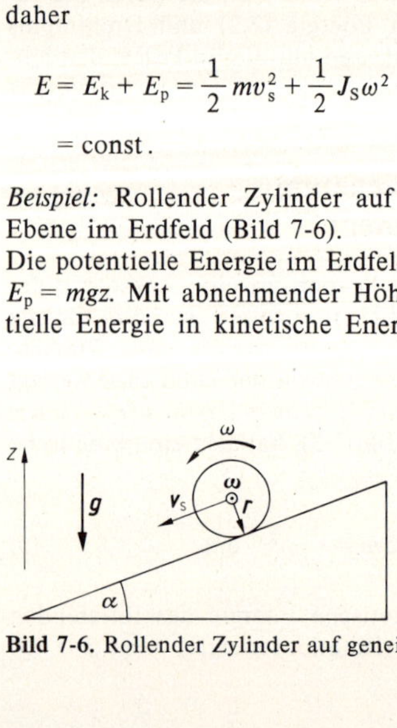

Bild 7-6. Rollender Zylinder auf geneigter Ebene.

tion und der Rotation umgewandelt. Bei einer nicht gleitenden Rollbewegung ist die Schwerpunktgeschwindigkeit mit der Winkelgeschwindigkeit gemäß $v_s = \omega r$ (Abrollbedingung) gekoppelt. Der Energiesatz lautet damit

$$E = \frac{1}{2} m v_s^2 + \frac{1}{2} J_S \omega^2 + mgz = \text{const} \quad \text{mit} \qquad v_s = \omega r. \tag{16}$$

Wegen der Kopplung $v_s = \omega r$ hängt das Verhältnis von Translations- zu Rotationsenergie und damit die Translationsgeschwindigkeit v_s bei der jeweiligen Höhe z von der Größe des Rollradius r des Zylinders ab.

7.3 Drehimpuls eines starren Körpers

Der Drehimpuls wurde zunächst für einen Massenpunkt durch (3-25) definiert. Entsprechend gilt für ein Massenelement $\mathrm{d}m$ eines starren Körpers

$$\mathrm{d}\boldsymbol{L} = (\boldsymbol{r} \times \boldsymbol{v})\,\mathrm{d}m. \tag{17}$$

Wählen wir für r den senkrechten Abstand von der Drehachse ($\boldsymbol{r} \perp \boldsymbol{\omega}$, vgl. Bild 7-7), so folgt aus (17) mit $\boldsymbol{v} = \boldsymbol{\omega} \times \boldsymbol{r}$ für den Drehimpuls von $\mathrm{d}m$ in Richtung von $\boldsymbol{\omega}$

$$\mathrm{d}\boldsymbol{L}_\omega = \omega r^2\,\mathrm{d}m, \tag{18}$$

und daraus durch Integration über den ganzen Körper K und unter Beachtung von $\boldsymbol{\omega} = \text{const}$ sowie der Definition des Trägheitsmomentes (7) der Drehimpuls des starren Körpers

$$\boldsymbol{L}_\omega = \boldsymbol{\omega} \int_K r^2\,\mathrm{d}m = J\boldsymbol{\omega}. \tag{19}$$

Anmerkung: In (18) und (19) bedeutet $\boldsymbol{L}_\omega$ die Drehimpulskomponente in Richtung der Rotationsachse $\boldsymbol{\omega}$, die sich in der obigen Ableitung deshalb ergab, weil für $\boldsymbol{r}$ der senkrechte Abstand von der Drehachse gewählt wurde. Der Drehimpuls eines Massenelementes ist jedoch nach (3-25) bezüglich eines Punktes definiert. Wird für alle Massenelemente des starren Körpers der gleiche Bezugspunkt auf der Drehachse gewählt, so zeigt $\mathrm{d}\boldsymbol{L}$

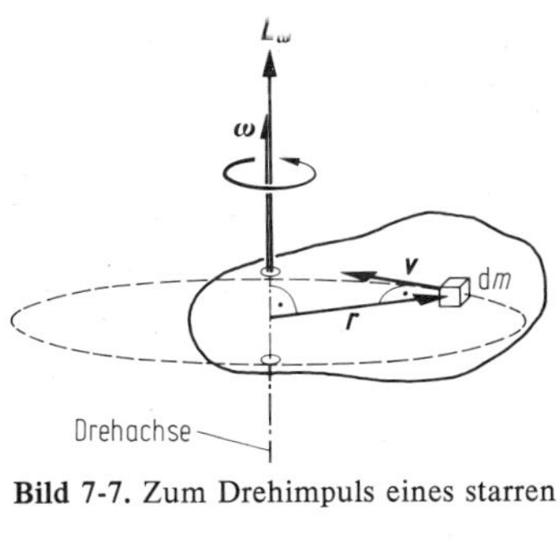

Bild 7-7. Zum Drehimpuls eines starren Körpers.

gemäß (17) für jedes $\mathrm{d}m$ i. allg. (außer für $\boldsymbol{r} \perp \boldsymbol{\omega}$) nicht in die Richtung von $\boldsymbol{\omega}$, sondern rotiert mit $\boldsymbol{\omega}$ um die Drehachse. Bei der Integration über den ganzen Körper kompensieren sich die verschiedenen $\mathrm{d}L$-Komponenten senkrecht zur Drehachse nur dann, wenn diese identisch mit einer Hauptträgheitsachse (vgl. 7.2) des Körpers ist, z. B. bei einer Symmetrieachse. Anderenfalls haben der resultierende Drehimpuls $\boldsymbol{L}$ und die Winkelgeschwindigkeit $\boldsymbol{\omega}$ eines starren Körpers nicht die gleiche Richtung, und der Verknüpfungsoperator zwischen beiden ist ein Tensor: *Trägheitstensor* (Näheres siehe E 3.1.6). $\boldsymbol{L}$ rotiert („präzessiert") dann mit der Winkelgeschwindigkeit ω um die Richtung von $\boldsymbol{\omega}$. Es läßt sich jedoch zeigen, daß es für jeden Körper (mindestens) drei zueinander senkrechte Hauptträgheitsachsen gibt, für die der Drehimpuls parallel zur Rotationsachse ist. Dann ist das Trägheitsmoment ein Skalar und es gilt für die Hauptträgheitsachsen

$$\boldsymbol{L} = J\boldsymbol{\omega}. \tag{20}$$

In 6.1.3 wurde gezeigt, daß für ein Teilchensystem die zeitliche Änderung des Gesamtdrehimpulses $\boldsymbol{L}$ gleich dem einwirkenden äußeren Gesamtdrehmoment $\boldsymbol{M}_{\text{ext}}$ ist (6-14). Dasselbe gilt für den starren Körper, der sich als System von Massenelementen $\mathrm{d}m$ mit starren Abständen beschreiben läßt. Analog zum Newtonschen Kraftgesetz der Translation gilt also für die Rotation des starren Körpers das Bewegungsgesetz

$$\frac{\mathrm{d}\boldsymbol{L}}{\mathrm{d}t} = \boldsymbol{M}_{\text{ext}}. \tag{21}$$

Wenn keine äußeren Drehmomente wirken, folgt aus (21) die Drehimpulserhaltung

$$\boldsymbol{L} = \text{const} \quad \text{für} \quad \boldsymbol{M}_{\text{ext}} = 0. \tag{22}$$

Dieser Fall liegt auch vor, wenn der Körper einem konstanten Kraftfeld ausgesetzt ist, z. B. dem Schwerefeld. Die Gewichtskraft greift am Schwerpunkt an, erzeugt aber kein resultierendes Drehmoment, wenn die Drehachse durch den Schwerpunkt geht. Ist die Drehachse gleichzeitig eine Hauptträgheitsachse, so folgt aus (20) und (22)

$$J\boldsymbol{\omega} = \text{const} \quad \text{für} \quad \boldsymbol{M}_{\text{ext}} = 0. \tag{23}$$

Ein starrer Körper, der sich um eine Hauptträgheitsachse bei konstantem Trägheitsmoment dreht, rotiert bei fehlendem äußeren Gesamtdrehmoment mit konstanter Winkelgeschwindigkeit. Ein Beispiel ist in Bild 7-2 dargestellt.

Wenn bei einem nichtstarren Körper während der Rotation durch innere Kräfte das Trägheitsmoment J geändert wird, so ändert sich nach (23) die Winkelgeschwindigkeit im entgegengesetzten Sinne. Beispiel: Die Pirouettentänzerin erhöht die Winkelgeschwindigkeit ihrer Rotation durch Verringerung ihres Trägheitsmomentes, indem sie die Arme eng an den Körper legt.

Drehimpuls von atomaren Systemen und Elementarteilchen

Die Erhaltungsgröße Energie ist beim quantenmechanischen harmonischen Oszillator gequantelt, kann also nur diskrete Energiewerte annehmen, die sich um $\Delta E = \hbar\omega_0$ unterscheiden (vgl. 5.2.2, Gl. (31)), was sich besonders in atomaren Systemen beobachten läßt.

Ähnliches gilt für den *Bahndrehimpuls* in Atomen und den *Eigendrehimpuls* von Elementarteilchen. Auch diese sind, wie die Quantenmechanik zeigt, gequantelt (vgl. 16.1), d. h. sie können nur diskrete Werte

$$L = \sqrt{l(l+1)}\,\hbar \quad (l = 0, 1, \ldots, n-1) \tag{24}$$

mit der Komponente $L_z = l\hbar$ in einer physikalisch (z. B. durch ein Magnetfeld) ausgezeichneten Richtung z annehmen (vgl. 16.1), die sich jeweils um

$$\Delta L_z = \hbar \tag{25}$$

unterscheiden. h ist das Plancksche Wirkungsquantum (vgl. 5.2.2) und hat die gleiche Dimension wie der Drehimpuls ($\hbar = h/2\pi$). Auch hier gilt der Drehimpulserhaltungssatz. Bei makroskopischen Systemen wird die Drehimpulsquantelung wegen der Kleinheit von $\hbar$ im allgemeinen nicht bemerkt.

7.4 Kreisel

Ein Kreisel ist ein rotierender starrer Körper. Wir betrachten als einfachen Fall einen symmetrischen Kreisel, dessen Masse rotationssymmetrisch um eine Drehachse verteilt ist. Durch eine Aufhängung im Schwerpunkt, die eine freie Drehbarkeit in alle Richtungen erlaubt (sog. „kardanische" Aufhängung), wird der Kreisel *kräftefrei* (Bild 7-8 ohne das Gewicht m). Nach (22) und (23, Drehimpulserhaltung) ist dann $\boldsymbol{L} = \text{const} \parallel \boldsymbol{\omega} = \text{const}$, die Kreiselachse behält ihre einmal eingestellte Richtung bei. Anwendung: Kreiselstabilisierung.

Läßt man dagegen ein äußeres Drehmoment $\boldsymbol{M}$ dauernd angreifen, z. B. durch Anbringen eines

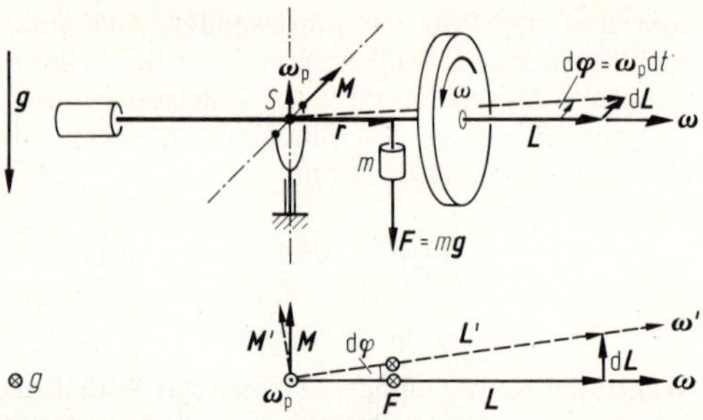

Bild 7.8. Kreiselpräzession unter Einwirkung eines Drehmomentes.

Gewichtes der Masse m im Abstand $\boldsymbol{r}$ vom Lagerpunkt ($\boldsymbol{M} = \boldsymbol{r} \times \boldsymbol{F} = \boldsymbol{r} \times m\boldsymbol{g}$, Bild 7-8), so weicht der Kreisel (die Spitze des Vektors $\boldsymbol{\omega}$) senkrecht zur angreifenden Kraft $\boldsymbol{F}$ aus. Ursache hierfür ist das Bewegungsgesetz der Rotation (21), wonach ein angreifendes Drehmoment eine zeitliche Änderung des Drehimpulses bewirkt,

$$\mathrm{d}\boldsymbol{L} = \boldsymbol{M}\,\mathrm{d}t. \tag{26}$$

Die Änderung $\mathrm{d}\boldsymbol{L}$ erfolgt in Richtung des Drehmomentes $\boldsymbol{M}$, steht also senkrecht auf dem Drehimpulsvektor $\boldsymbol{L}$. Während der Zeit $\mathrm{d}t$ dreht sich daher der Drehimpulsvektor um den Winkel

$$\mathrm{d}\varphi = \frac{\mathrm{d}L}{L} = \frac{M\,\mathrm{d}t}{L} \tag{27}$$

in die Richtung von $\boldsymbol{L}'$ (Bild 7-8): Präzessionsbewegung des Kreisels. Für die *Winkelgeschwindigkeit der Präzession* $\omega_p = \mathrm{d}\varphi/\mathrm{d}t$ folgt aus (27) mit (20)

$$\omega_p = \frac{M}{L} = \frac{rF}{J\omega} = \frac{rmg}{J\omega}, \tag{28}$$

in vektorieller Schreibweise:

$$\boldsymbol{\omega}_p \times \boldsymbol{L} = \boldsymbol{M} = \boldsymbol{r} \times \boldsymbol{F}. \tag{29}$$

Anmerkung: Die Beziehung (28) gilt nur näherungsweise, solange $\omega \gg \omega_p$. Anderenfalls hat die resultierende Winkelgeschwindigkeit nicht mehr die Richtung von L, so daß (20) nicht anwendbar

Tabelle 7-1. Kinematische und dynamische Größen von Translation und Rotation

Größen der Translation		Verknüpfung	Größen der Rotation	
Weg	$\boldsymbol{s}$	$\boldsymbol{s} = \boldsymbol{\varphi} \times \boldsymbol{r}$	Winkel	$\boldsymbol{\varphi}$
Geschwindigkeit	$\boldsymbol{v} = \dot{\boldsymbol{s}}$	$\boldsymbol{v} = \boldsymbol{\omega} \times \boldsymbol{r}$	Winkelgeschwindigkeit	$\boldsymbol{\omega} = \dot{\boldsymbol{\varphi}}$
Beschleunigung	$\boldsymbol{a} = \dot{\boldsymbol{v}} = \ddot{\boldsymbol{s}}$	$\boldsymbol{a} = \boldsymbol{\alpha} \times \boldsymbol{r} + \boldsymbol{\omega} \times \boldsymbol{v}$	Winkelbeschleunigung	$\boldsymbol{\alpha} = \dot{\boldsymbol{\omega}} = \ddot{\boldsymbol{\varphi}}$
Masse	m	$J = \int r^2\,\mathrm{d}m$	Trägheitsmoment	J
Kraft	$\boldsymbol{F}$	$\boldsymbol{M} = \boldsymbol{r} \times \boldsymbol{F}$	Drehmoment	$\boldsymbol{M}$
Impuls	$\boldsymbol{p} = \int \boldsymbol{F}\,\mathrm{d}t$ $\boldsymbol{p} = m\boldsymbol{v}$	$\boldsymbol{L} = \boldsymbol{r} \times \boldsymbol{p}$	Drehimpuls	$\boldsymbol{L} = \int \boldsymbol{M}\,\mathrm{d}t$ $\boldsymbol{L} = J\boldsymbol{\omega}$ [a]

[a] gilt nur für Rotation um eine Hauptträgheitsachse

Tabelle 7-2. Gesetze der Translation und Rotation

Translation		Rotation	
Kraftgesetz:	$F = \frac{d}{dt}p$	Drehmoment	$M = \frac{d}{dt}L$
m = const:	$F = m\frac{d^2s}{dt^2}$	J = const:	$M = J\frac{d^2\varphi}{dt^2}$ [a]
kinetische Energie	$E_k = \frac{1}{2}mv^2$	Rotationsenergie	$E_{rot} = \frac{1}{2}J\omega^2$
Leistung	$P = F \cdot v$	Leistung	$P = M \cdot \omega$
rücktreibende Kraft	$F = -Dx$	rücktreibendes Drehmoment	$M = -D^*\varphi$
Federpendel	$\omega_0 = \sqrt{D/m}$	Drehpendel	$\omega_0 = \sqrt{D^*/J}$

[a] gilt nur für Rotation um eine Hauptträgheitsachse.

ist. Wird ω zu klein, so wird die Präzessionsbewegung instabil.

Wird auf einen kräftefreien Kreisel ein dauerndes Drehmoment M mit konstanter Richtung ausgeübt (also anders als in Bild 7-8, wo die Richtung des Drehmomentes sich mit der Präzession mitdreht), so richtet sich aufgrund von (26) L in Richtung von M aus. Dieser Effekt wird beim *Kreiselkompaß* ausgenutzt: Läßt man einen kräftefreien Kreisel z. B. durch eine schwimmende Lagerung sich nur in einer horizontalen Ebene frei bewegen, so übt die Erddrehung ein Drehmoment auf den Kreisel aus, das parallel zur Winkelgeschwindigkeit der Erde wirkt. Dadurch richtet sich der Kreiselkompaß stets in Richtung des geographischen Nordpols aus: *Trägheitsnavigation*.

Bahndrehimpulse von Atomen und Eigendrehimpulse von Atomkernen und Elementarteilchen erfahren infolge ihrer meist existierenden magnetischen Momente in Magnetfeldern Drehmomente, die wie beim Kreisel zu Präzessionsbewegungen führen: *Elektronenspinresonanz, Kernresonanz.*

7.5 Vergleich Translation — Rotation

Ein Massenpunkt kann nur Translationsbewegungen durchführen. Ein starrer Körper kann dagegen neben der Translation auch Rotationsbewegungen ausführen. Die einander entsprechenden Größen beider Bewegungsarten und ihre Verknüpfungen zeigt Tabelle 7-1, die wichtigsten Gesetze für beide Bewegungsarten sind in Tabelle 7-2 aufgeführt.

8 Statistische Mechanik — Thermodynamik

Bei Ein- und Zweiteilchensystemen können die individuellen kinematischen und dynamischen Größen der Teilchen aus den Anfangsvorgaben und den wirkenden Kräften (Bewegungsgleichungen $F_i = m_i\ddot{r}_i$) bzw. Energie- und Impulserhaltungssatz für jeden Zeitpunkt berechnet werden. Dasselbe gilt für die Massenelemente des starren Körpers, da mit dessen Bewegung auch diejenige seiner Massenelemente bekannt ist.

Die Situation ist völlig anders bei Systemen aus einer großen Zahl von Teilchen, die nicht starr gekoppelt sind, etwa die N Atome oder Moleküle eines Gases (Teilchendichte $n \approx 10^{26}/m^3$) oder einer Flüssigkeit ($n \approx 10^{29}/m^3$). Die Lösung eines Systems von N Bewegungsgleichungen ist bei solchen Zahlen unmöglich, zumal dazu die Anfangsbedingungen für alle N Teilchen bekannt sein müßten. Als Ausweg werden statistische Methoden angewandt, die Aussagen über repräsentative Mittelwerte ergeben. Diese sind umso genauer, je größer die Zahl N der Teilchen des Systems ist. In der *kinetischen Theorie der Gase* werden so makrophysikalische Eigenschaften (z. B. der Druck einer Gasmenge) aus mikroskopischen Modellvorstellungen berechnet. Im Gegensatz dazu wird in der *phänomenologischen Thermodynamik* der Makrozustand eines solchen Vielteilchensystems durch makrophysikalische Eigenschaften (sog. Zustandsgrößen wie Druck, Temperatur, Volumen usw.) beschrieben, ohne auf die mikrophysikalischen Ursachen Bezug zu nehmen.

8.1 Kinetische Theorie der Gase

Als Modellvorstellung eines Gases wird das *ideale Gas* benutzt. Es soll folgende Eigenschaften haben:

— Atome bzw. Moleküle werden als *Massenpunkte* betrachtet.
— *Keine Wechselwirkungskräfte* zwischen den Molekülen, außer beim Stoß.
— Stöße zwischen den Molekülen untereinander oder mit der Wand werden als *ideal elastisch* behandelt.

Insbesondere die ersten beiden Annahmen sind umso besser erfüllt, je größer der Molekülabstand gegenüber den Moleküldimensionen ist, also bei stark verdünnten Gasen (niedriger Druck bei hoher Temperatur).

Die Atome bzw. Moleküle sind statistisch im betrachteten Volumen des Gases verteilt und bewegen sich mit nach Betrag und Richtung statistisch verteilten Geschwindigkeiten. Diese Vorstellung wird durch die Beobachtung der *Brownschen Bewegung* gestützt, einer Wimmelbewegung von im Mikroskop gerade noch sichtbaren Teilchen (z. B. Rauchteilchen in Luft, oder suspendierte Teilchen in Wasser) infolge sich nicht genau kompensierender Stoßimpulse durch die umgebenden, im Mikroskop nicht sichtbaren Moleküle.

Das Teilchensystem befinde sich ferner im sog. statistischen Gleichgewicht, d. h., die individuellen Größen, wie die Teilchengeschwindigkeit oder die Teilchenenergie, sollen in der wahrscheinlichsten Verteilung vorliegen, so daß die jeweilige Verteilung ohne äußeren Eingriff zeitlich gleich bleibt.

Auf dieser Basis lassen sich durch wahrscheinlichkeitstheoretische Überlegungen Vorhersagen z. B. über die Geschwindigkeitsverteilung der N Teilchen eines Gases machen. Ohne genauere Betrachtung lassen sich sofort folgende Aussagen machen:

— Die Geschwindigkeit v bestimmter Teilchen ist nicht bekannt, liegt aber sicher zwischen 0 und ∞.
— Ist $\mathrm{d}N$ die Zahl der Teilchen mit Geschwindigkeiten zwischen v und $v + \mathrm{d}v$, also im Intervall $\mathrm{d}v$, so ist

$$\mathrm{d}N \sim N \,\mathrm{d}v .$$

— Insbesondere geht $\mathrm{d}N \to 0$ für $\mathrm{d}v \to 0$, d. h., die Wahrscheinlichkeit, ein Teilchen mit genau einer Geschwindigkeit anzutreffen, ist gleich null.
— Ferner wird $\mathrm{d}N$ von v selbst abhängen:

$$\mathrm{d}N = N f(v)\,\mathrm{d}v . \qquad (1)$$

Hierin ist $f(v) = \mathrm{d}N/N\,\mathrm{d}v$ die Verteilungsfunktion für den Betrag der Teilchengeschwindigkeit, für

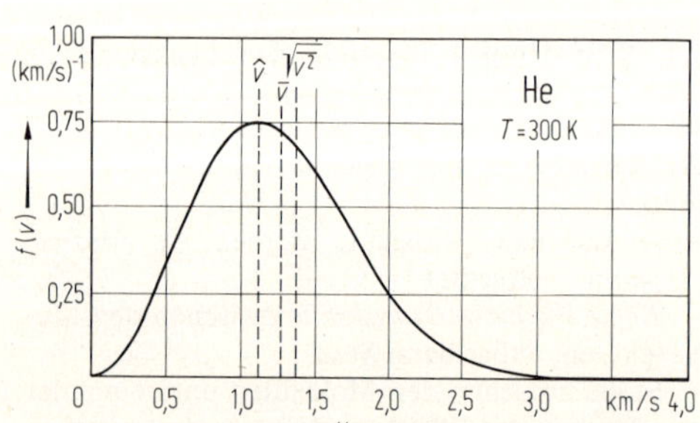

Bild 8-1. Maxwellsche Geschwindigkeitsverteilung.

die hinsichtlich ihrer Grenzwerte sicher gilt: $f(0) = 0$, $f(\infty) = 0$. Zwischen $v = 0$ und $v = \infty$ wird ein Maximum vorliegen. Maxwell hat diese Verteilung unter Zugrundelegung einfacher, klassischer Wahrscheinlichkeitsannahmen berechnet (Bild 8-1):

Maxwellsche Geschwindigkeitsverteilung

$$f(v) = 4\pi \left(\frac{m}{2\pi kT}\right)^{3/2} v^2 \exp\left(-\frac{mv^2/2}{kT}\right). \qquad (2)$$

Hierin bedeuten:

m: Masse der Teilchen,
$k = 1{,}380\,658 \cdot 10^{-23}$ J/K: Boltzmann-Konstante (siehe 8.2),
T: absolute Temperatur (siehe 8.2).

Der Exponentialfaktor in (2) wird auch Boltzmann-Faktor genannt (siehe 8.2). Das Maximum der Verteilungskurve ergibt sich mit $\mathrm{d}f(v)/\mathrm{d}v = 0$ aus (2). Es liegt dann vor, wenn die kinetische Energie der Teilchen $\frac{1}{2} mv^2 = kT$ ist, d. h. wenn der Boltzmann-Faktor den Wert e^{-1} hat, und liefert die *wahrscheinlichste Geschwindigkeit*

$$\hat{v} = \sqrt{2\frac{kT}{m}} . \qquad (3)$$

Da die Verteilung unsymmetrisch ist, besteht keine Übereinstimmung mit der *mittleren Geschwindigkeit*

$$\bar{v} = \int_0^\infty f(v) v \,\mathrm{d}v = \frac{2}{\sqrt{\pi}} \hat{v} = 1{,}128 \hat{v} . \qquad (4)$$

Das mittlere Geschwindigkeitsquadrat $\overline{v^2}$ ist für die Berechnung der mittleren kinetischen Energie wichtig. Aus (5) ergibt sich dafür mit der Maxwell-Verteilung (2) die Beziehung $m\overline{v^2}/2 = (3/2)kT$ (vgl. 8.2):

$$\overline{v^2} = \int_0^\infty f(v) v^2 \,\mathrm{d}v = 3\frac{kT}{m} = \frac{3}{2}\hat{v}^2 = (1{,}225\hat{v})^2 . \qquad (5)$$

Zur experimentellen Bestimmung der Gültigkeit der Maxwellschen Geschwindigkeitsverteilung läßt man Gas aus einer Öffnung in einen hochevakuierten Raum strömen, blendet einen Molekülstrahl mittels Kollimatorblenden aus, und läßt den Strahl nacheinander durch zwei gemeinsam rotierende Scheiben mit versetzten Schlitzen treten (Bild 8-2). Je nach Abstand s, Winkelgeschwindigkeit ω und Winkelversatz der Schlitze φ gelangen nur Moleküle eines bestimmten Geschwindigkeitsintervalls $\mathrm{d}v$ in den Detektor. Mit Anordnungen dieser Art konnte die Maxwellsche Geschwindigkeitsverteilung durch Variation von ω sehr gut bestätigt werden. Umgekehrt kann eine Anordnung nach Bild 8-2 als Geschwindigkeitsselektor

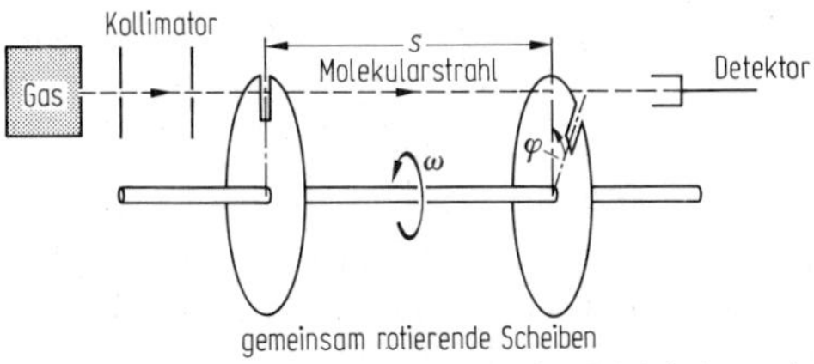

Bild 8-2. Geschwindigkeitsselektor für Molekularstrahlen.

(Monochromator) für Molekularstrahlen benutzt werden.

Berechnung des Gasdruckes auf eine Wand:
Der Gasdruck p (nicht zu verwechseln mit dem Impuls!) entsteht durch elastische Reflexion der Gasmoleküle an der Wand und läßt sich aus dem Impulsübertrag an die Wand berechnen. Für einen gerichteten Teilchenstrom ergab sich nach (6-47) und (6-48)

$$p = 2nmv_n^2.$$

In einem Gas sind dagegen die Molekülgeschwindigkeiten und ihre Richtungen isotrop verteilt, so daß bei einer Moleküldichte n nur $n/2$ Moleküle in die Richtung der betrachteten Wand fliegen (Bild 8-3). Aus dem gleichen Grunde gilt für die Komponenten des mittleren Geschwindigkeitsquadrates

$$\overline{v_n^2} = \overline{v_x^2} = \overline{v_y^2} = \overline{v_z^2} = \frac{1}{3}\overline{v^2}. \qquad (6)$$

so daß für den Gasdruck folgt:

$$p = \frac{1}{3}nm\overline{v^2}, \qquad (7)$$

SI-Einheit: $[p] = \text{Pa} = \text{N/m}^2$. Weitere Druckeinheiten siehe Tabelle 8-1.
Mit der mittleren kinetischen Energie eines Teilchens

$$\bar{\varepsilon}_k = \frac{1}{2}m\overline{v^2} \qquad (8)$$

läßt sich der Gasdruck (7) darstellen durch

$$p = \frac{2}{3}n\,\bar{\varepsilon}_k. \qquad (9)$$

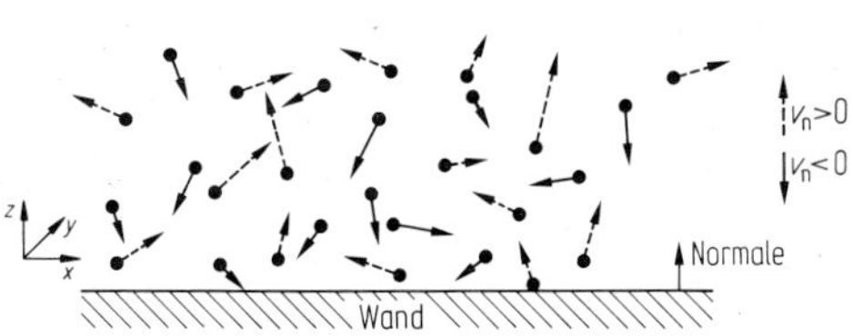

Bild 8-3. Zur Berechnung des Gasdruckes. Nur die Moleküle mit $v_n < 0$ bewegen sich zur Wand.

Tabelle 8-1. Druckeinheiten

Name (Zeichen)	Definition, Umrechnung in Pascal
Pascal (Pa)	1 Pa = 1 N/m² = 1 kg/ms²
Bar (bar)	1 bar = 10^6 dyn/cm² = 10^5 Pa
Physikalische Atmosphäre (atm)	1 atm = 101 325 Pa
Torr	1 Torr = (1/760) atm = 133,322... Pa
Technische Atmosphäre (at)	1 at = 1 kp/cm² = 980 66,5 Pa
Pound per square inch (psi)	1 psi = 1 (lb wt)/in² = 6 894,75... Pa

Für den Normalluftdruck p_n gilt
p_n = 1 atm = 101 325 Pa = 1,013 25 bar = 760 Torr = 1,033 22 ... at = 14,695 9 ... psi

Definition der Stoffmenge und einiger darauf bezogenen Größen:
Die *Stoffmenge* ν ist die Menge gleichartiger Teilchen (z. B. Atome, Moleküle, Ionen, Elektronen oder sonstige Teilchen), die in einem System enthalten sind. Sie ist eine Basisgröße im Internationalen Einheitensystem (SI):

SI-Einheit: $[\nu] = \text{mol}$.

Ein *Mol* ist die Stoffmenge eines Systems, in dem soviel Teilchen enthalten sind wie Atome in 12 g des Kohlenstoffnuklids ^{12}C, das sind $6{,}022\,136\,7 \cdot 10^{23}$ Teilchen.

Avogadro-Konstante:

$$N_A = (6{,}022\,136\,7 \pm 36 \cdot 10^{-7}) \cdot 10^{23}\,\text{mol}^{-1}.$$

Anmerkung: In der deutschsprachigen Literatur wird N_A gelegentlich noch Loschmidt-Zahl L genannt. Dieser Name bezeichnet jedoch heute die Zahl der Moleküle im Volumen 1 m³ eines Gases im Normzustand ($p = p_n = 1\,013{,}25$ hPa, $T = T_0 = 273{,}15$ K ≙ 0 °C, vgl. 8.2 und Tabelle 8-1):

Loschmidt-Konstante:

$$n_0(=N_L) = \frac{N_A}{V_{m0}} = 2{,}686\,7 \ldots \cdot 10^{25}/\text{m}^3.$$

Die *molare Masse M* (Molmasse) ist die Masse der Stoffmenge 1 mol. Der Zahlenwert der molaren Masse ist gleich der relativen Molekülmasse M_r (Molekülmasse bezogen auf 1/12 der Masse eines Kohlenstoffatoms der Massenzahl 12).
Das *molare Volumen* V_m (Molvolumen) ist das Volumen der Stoffmenge 1 mol. Insbesondere bei Gasen ist es stark von Druck und Temperatur abhängig. Bei Normbedingungen beträgt das Molvolumen eines idealen Gases $V_m = V_{m0} = 22{,}414\,1$ l/mol. Es gilt

$$V_m = \frac{V}{\nu}. \qquad (10)$$

Ist m die Masse eines Teilchens der betrachteten Stoffmenge und n die Teilchenzahldichte, so gilt

$$N_A = \frac{M}{m} = nV_m . \qquad (11)$$

Durch Multiplikation von (9) mit V_m folgt unter Beachtung von (11)

$$pV_m = \frac{2}{3} N_A \bar{\varepsilon}_k \qquad (12)$$

$$N_A \bar{\varepsilon}_k = \bar{E}_{k,m} \qquad (13)$$

ist die gesamte in einem Mol enthaltene kinetische Energie, d. h.,

$$pV_m = \frac{2}{3} \bar{E}_{k,m} . \qquad (14)$$

Solange $\bar{E}_{k,m}$ sich nicht ändert (das ist für T = const der Fall, siehe 8.2), gilt demnach das Gesetz von *Boyle* und *Mariotte*:

$$pV_m = \text{const} \quad \text{bzw.} \quad pV = \text{const}, \qquad (15)$$

das experimentell gefunden worden ist.

8.2 Temperaturskalen, Gasgesetze

Die Temperatur T einer Materiemenge ist ein Maß für die Bewegungsenergie seiner Moleküle. Sie kennzeichnet einen Zustand der Materiemenge, der von ihrer Masse und stofflichen Zusammensetzung unabhängig ist. Die Temperatur wird deshalb als Zustandsgröße bezeichnet. Wie noch gezeigt werden wird (27), gilt für das ideale Gas der folgende Zusammenhang zwischen mittlerer kinetischer Energie der Teilchen und der Temperatur:

$$\overline{E_k} = CT . \qquad (16)$$

C ist eine noch zu bestimmende Konstante. Für $T = 0$ findet danach keine Wärmebewegung mehr statt. Dieser Punkt stellt die tiefste mögliche Temperatur dar und dient als Nullpunkt der absoluten oder thermodynamischen Temperatur (Kelvin-Skala). Die Temperatur ist eine Basisgröße des Internationalen Einheitensystems (SI).

SI-Einheit: $[T] = \text{K}$.
1 Kelvin ist der 273,16te Teil der thermodynamischen Temperatur des Tripelpunktes von Wasser: $1\,\text{K} = T_{tr}(H_2O)/273{,}160$.

Der Tripelpunkt einer reinen Substanz ist der durch charakteristische, feste Werte von Temperatur und Druck definierte Punkt, an dem allein alle drei Phasen koexistieren (vgl. 8.4). Der Zahlenwert 273,16 folgt aus der früher festgelegten, auf der Temperaturausdehnung des Quecksilbers basierenden Celsius-Skala mit den Fixpunkten $\vartheta = 0\,°\text{C}$ (0 Grad Celsius) für den Eispunkt und $\vartheta = 100\,°\text{C}$ für den Siedepunkt des reinen, luftgesättigten Wassers beim Druck $p = 1\,013{,}25\,\text{hPa}$, wenn man für Temperaturdifferenzen fordert

$$\Delta T_{[\text{K}]} = \Delta \vartheta_{[°\text{C}]} . \qquad (17)$$

Die Werte der Celsius-Temperatur und die der thermodynamischen (Kelvin-)Temperatur sind miteinander verknüpft durch

$$T = T_0 + \vartheta \quad \text{mit} \quad T_0 = 273{,}15\,\text{K} . \qquad (18)$$

T_0 ist die Temperatur des Eispunktes $\vartheta = 0\,°\text{C}$. T und ϑ dürfen in einer Formel nicht gegeneinander gekürzt werden! In angelsächsischen Ländern ist ferner die Fahrenheit-Skala noch üblich, Umrechnung:

$$\vartheta_{[°\text{C}]} = (\vartheta_{[°\text{F}]} - 32) \cdot 5/9 . \qquad (19)$$

Viele physikalische Größen sind temperaturabhängig, z.B. die Linearabmessungen fester Körper, das Volumen von Flüssigkeiten, der elektrische Widerstand von Metallen und Halbleitern, die Temperaturstrahlung von erhitzten Körpern, die elektrische Spannung von Thermoelementen, der Druck von Gasen (bei konstantem Volumen), usw. Sie können zur Temperaturmessung mit Thermometern ausgenutzt werden. Tabelle 8-2 gibt einige Hinweise auf die Prinzipien und Meßbereiche absoluter und praktischer Thermometer, ohne daß diese hier im Einzelnen erläutert werden können.

Tabelle 8-2. Methoden der Temperaturmessung

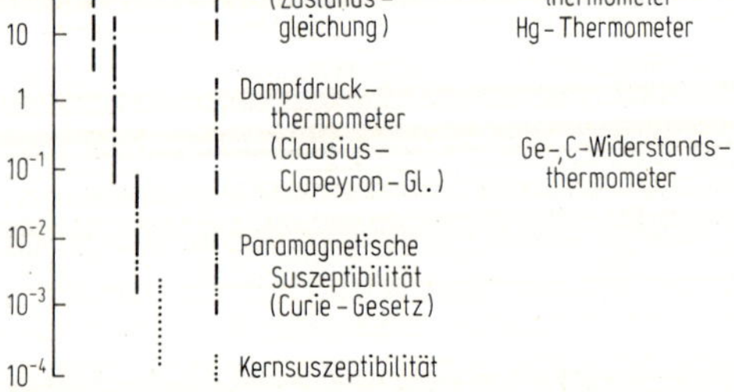

Gasgesetze

Die experimentelle Untersuchung der Temperaturabhängigkeit des Druckes und des Volumens einer Gasmenge ergab das Gasgesetz:

$$pV = p_0 V_0 (1 + \alpha \vartheta) ; \qquad (20)$$

p_0 und V_0 sind Druck und Volumen bei $\vartheta = 0\,°\mathrm{C}$ $(T = T_0)$. Dieses Gasgesetz enthält die folgenden empirischen Einzelgesetze:

Gesetz von Boyle und Mariotte (vgl. (15))

$$\vartheta = \mathrm{const}: \quad pV = \mathrm{const},$$

1. Gesetz von Gay-Lussac

$$p = \mathrm{const} = p_0: \quad V = V_0(1 + \alpha\vartheta), \tag{21}$$

2. Gesetz von Gay-Lussac

$$V = \mathrm{const} = V_0: \quad p = p_0(1 + \alpha\vartheta). \tag{22}$$

Für die meisten Gase (insbesondere in Zuständen fern vom Kondensationsgebiet, vgl. 8.4) gilt für die Konstante α:

$$\alpha = \frac{1}{273{,}15\,\mathrm{K}} = \frac{1}{T_0}. \tag{23}$$

Mit (18) läßt sich daher (20) umformen in

$$pV = \frac{p_0 V_0}{T_0} T. \tag{24}$$

Der Quotient $p_0 V_0 / T_0$ ist für eine feste Gasmenge konstant, da $p_0 V_0$ nach (15) für $T = T_0$ konstant ist. Ferner besagt das empirisch gefundene Gesetz von Avogadro (vgl. C 5.1.2), daß die Molvolumina verschiedener Gase bei gleichem Druck und gleicher Temperatur gleich sind. Für die Gasmenge 1 mol ist dann der Quotient $p_0 V_{m0} / T_0$ eine universelle Konstante, deren Wert sich aus dem Normdruck p_n, dem Molvolumen bei Normbedingungen und T_0 berechnen läßt, die *universelle (molare) Gaskonstante*

$$R = \frac{p_0 V_{m0}}{T_0} = 8{,}314\,510\,\mathrm{J/(mol \cdot K)}. \tag{25}$$

Das Gasgesetz (24) bekommt damit die Form der *allgemeinen Gasgleichung (Zustandsgleichung des idealen Gases)*:

$$pV = \nu RT. \tag{26}$$

Für $\nu = 1$ mol gilt $pV_m = RT$. Die allgemeine Gasgleichung gilt in guter Näherung für reale Gase, deren Zustand fern vom Kondensationsgebiet ist (siehe 8.4), exakt gilt sie für das ideale Gas.

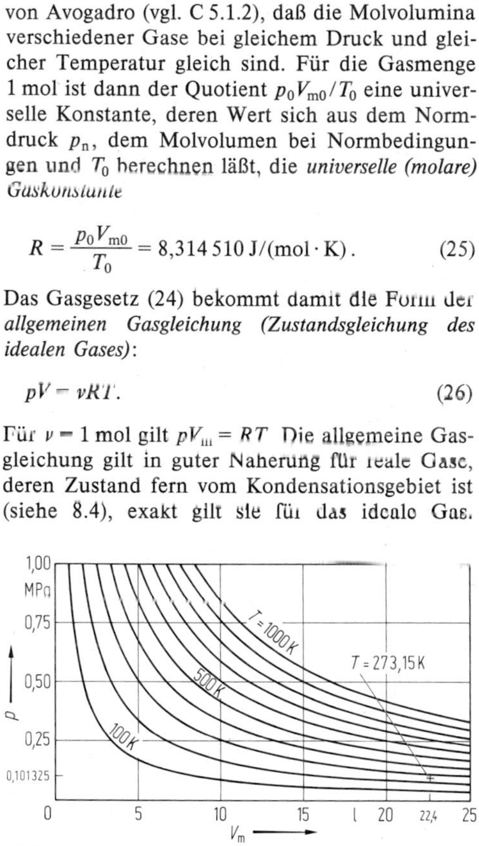

Bild 8-4. Isothermen des idealen Gases im p, V-Diagramm.

Bild 8-4 zeigt die Abhängigkeit $p(V_m)$ für $T = \mathrm{const}$, sog. Isothermen, nach (26) im p, V-Diagramm. Wie die Temperatur sind auch Druck und Volumen Zustandsgrößen.
Die kinetischen Gastheorie ergibt für das Modell des idealen Gases, daß pV_m proportional *zur gesamten mittleren kinetischen Energie der Gasmoleküle ist* (14). Der Vergleich mit (26) ergibt für die mittlere kinetische Energie pro Mol

$$\bar{E}_{k,m} = \frac{3}{2} RT. \tag{27}$$

Nach Division durch die Avogadro-Konstante N_A (vgl. (13)) folgt daraus die mittlere kinetische Energie pro Molekül

$$\bar{\varepsilon}_k = \frac{3}{2} \cdot \frac{R}{N_A} T = \frac{3}{2} kT, \tag{28}$$

mit der Boltzmann-Konstanten

$$k = \frac{R}{N_A} = 1{,}380\,658 \cdot 10^{-23}\,\mathrm{J/K}. \tag{29}$$

(27) und (28) stellen die Begründung für die in (16) angenommene Proportionalität zwischen der im Gas enthaltenen mittleren kinetischen Energie und der Temperatur dar. Die zunächst experimentell definierte Größe *Temperatur* stellt sich demnach als Maß für die in der betrachteten Stoffmenge (Stoffportion, hier eine Gasmenge) enthaltene *Energie der statistisch ungeordneten Bewegung* der Moleküle dar und ist heute auf dieser Basis definiert. Die thermodynamische Temperaturskala hängt damit nicht mehr von speziellen Stoffeigenschaften (z. B. dem Ausdehnungsverhalten des Quecksilbers, wie bei der ursprünglichen Celsius-Skala) ab. Für Flüssigkeiten und Festkörper gibt es entsprechende Beziehungen.
Die *innere Energie U* eines idealen Gases aus N Atomen (bezogen auf das Schwerpunktsystem, vgl. (6-23); der Index int wird hier weggelassen) ist nach (28)

$$U = N\bar{\varepsilon}_k = \frac{3}{2} NkT$$

bzw. für ein Mol $(N = N_A)$ (30)

$$U = \frac{3}{2} RT$$

und ist allein von der Temperatur abhängig. Für mehratomige Molekülgase ergibt sich anstatt 3/2 ein anderer Zahlenfaktor, siehe 8.3. Aus (8) und (28) ergibt sich die *gaskinetische Molekülgeschwindigkeit*

$$v_m = \sqrt{\overline{v^2}} = \sqrt{\frac{3kT}{m}}. \tag{31}$$

Sie steigt mit $\sqrt{T}$, wie auch aus Bild 8-5 zu entnehmen ist.
Für den *Druck* eines idealen Gases bei der Teil-

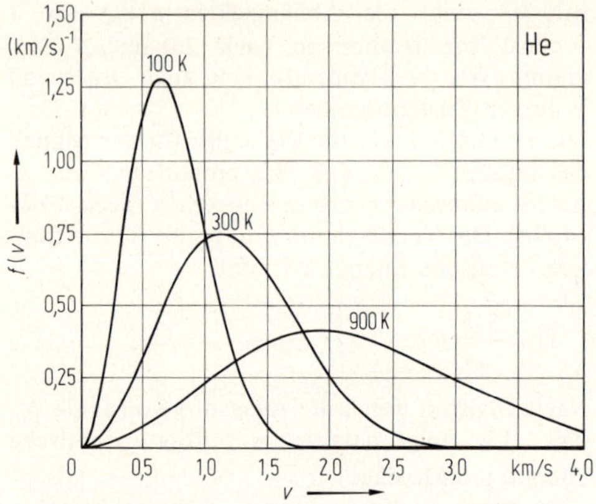

Bild 8-5. Maxwellsche Geschwindigkeitsverteilungen für Helium bei $T = 100$, 300 und 900 K.

chendichte n ergibt sich aus (9) mit (28)

$$p = nkT. \tag{32}$$

Unter der Einwirkung äußerer Kräfte wird der Gasdruck ortsabhängig, im Gravitationsfeld also höhenabhängig. Zur Berechnung werde eine vertikale Gassäule vom Querschnitt A betrachtet (Bild 8-6). Zwischen den Höhen h und $h + \mathrm{d}h$ entsteht eine Druckdifferenz $\mathrm{d}p$, die gleich der an den Teilchen im Volumenelement $A\,\mathrm{d}h$ angreifenden Kraft $nA\,\mathrm{d}hmg$, dividiert durch die Querschnittsfläche A ist:

$$\mathrm{d}p = -\frac{nA\,\mathrm{d}hmg}{A} = -nmg\,\mathrm{d}h. \tag{33}$$

Unter Beachtung von (32) folgt daraus

$$\frac{\mathrm{d}p}{p} = -\frac{mg\,\mathrm{d}h}{kT}. \tag{34}$$

Die Integration unter der Annahme $T = \text{const}$ liefert

$$p = p_0\,\mathrm{e}^{-\frac{mgh}{kT}} \quad \text{bzw.} \quad n = -n_0\,\mathrm{e}^{-\frac{mgh}{kT}}. \tag{35}$$

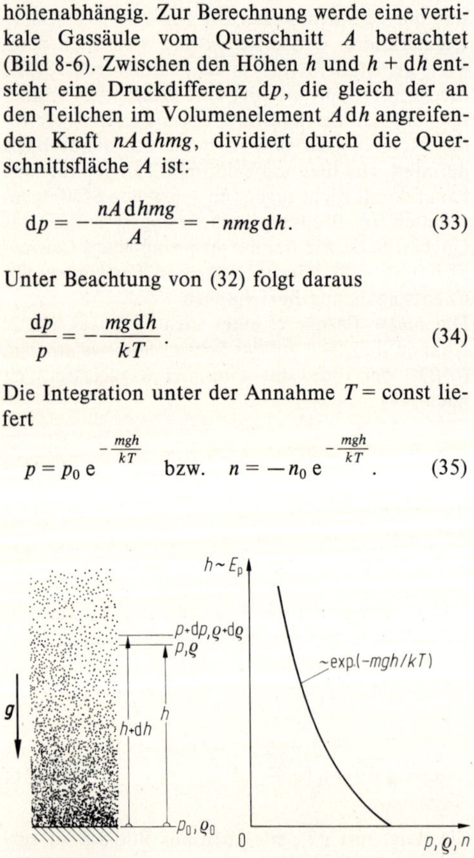

Bild 8-6. Ideales Gas im Schwerefeld (zur barometrischen Höhenformel).

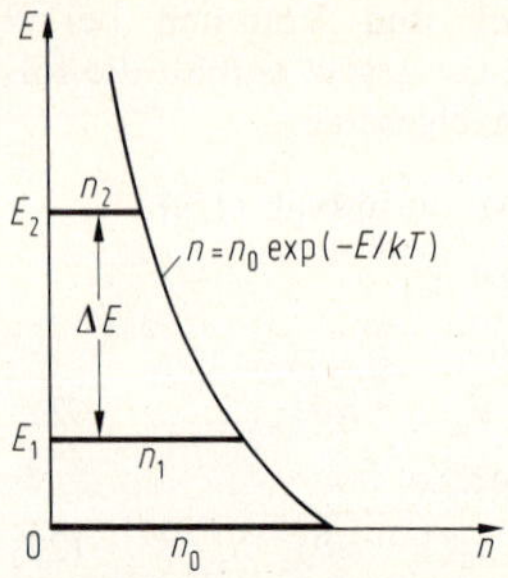

Bild 8-7. Zusammenhang zwischen Teilchenenergie und Teilchenzahldichte (zum Boltzmannschen e-Satz).

Mit (32) und durch Einführen der Dichte (7-3)

$$\varrho = \frac{\mathrm{d}m}{\mathrm{d}V} = nm \tag{36}$$

ergibt sich

$$\frac{m}{kT} = \frac{nm}{p} = \frac{\varrho}{p} = \frac{\varrho_0}{p_0}. \tag{37}$$

Damit folgt aus (35) die *barometrische Höhenformel*

$$p = p_0 \mathrm{e}^{-\frac{\varrho_0 g}{p_0}h}. \tag{38}$$

Der Faktor im Exponenten beträgt für Luft bei 0 °C $\varrho_0 g/p_0 = mg/kT \approx 1/8\ \mathrm{km}$. Bei etwa konstanter Temperatur ist demnach in 8 km Höhe der Luftdruck auf den e-ten Teil gefallen. (38) kann für nicht zu große Höhen zur näherungsweisen Höhenbestimmung aus dem Luftdruck benutzt werden.

Der Zähler im Exponenten von (35) stellt die potentielle Energie $E_p = mgh$ der Teilchen im Erdfeld dar (4-17), so daß für die Teilchenzahldichte folgt (Bild 8-7)

$$n = n_0 \mathrm{e}^{-\frac{E_p}{kT}}. \tag{39}$$

Aus (39) folgt für das Verhältnis der Teilchenzahldichten bei Energien, die sich um $\Delta E = E_2 - E_1$ unterscheiden (Bild 8-7) der sog. *Boltzmannsche e-Satz*

$$\frac{n_2}{n_1} = \mathrm{e}^{-\frac{\Delta E}{kT}}. \tag{40}$$

Dieses Gesetz stellt eine wichtige Beziehung von allgemeiner Gültigkeit für Vielteilchensysteme im thermischen Gleichgewicht ($T = \text{const}$) dar. Der Boltzmann-Faktor (rechte Seite von (40)) ist auch bereits im Maxwellschen Geschwindigkeitsverteilungsgesetz (2) aufgetreten.

8.3 Freiheitsgrade, Gleichverteilungssatz

Freiheitsgrade der Bewegung eines Teilchens:

> Die Zahl f der Freiheitsgrade ist gleich der Anzahl der Koordinaten, durch die der Bewegungszustand eindeutig bestimmt ist.

Ein einatomiges Gasmolekül hat demnach 3 Freiheitsgrade der Translation, weil es Translationsbewegungen in allen drei Raumrichtungen ausführen kann. Mehratomige Moleküle haben außerdem Freiheitsgrade der Rotation und der Schwingung.
In einem Vielteilchensystem, in dem keine Raumrichtung ausgezeichnet ist, ist die Geschwindigkeitsverteilung isotrop, und es gilt nach (6)

$$\overline{v_x^2} = \overline{v_y^2} = \overline{v_z^2} = \frac{1}{3}\overline{v^2}. \quad (41)$$

Das läßt sich auf die Moleküle eines Gases übertragen. Nach Multiplikation mit $m/2$ folgt mit der mittleren kinetischen Energie pro Molekül (28) im thermischen Gleichgewicht

$$\frac{m}{2}\overline{v_x^2} = \frac{m}{2}\overline{v_y^2} = \frac{m}{2}\overline{v_z^2} = \frac{1}{3}\cdot\frac{m}{2}\overline{v^2} = \frac{1}{2}kT. \quad (42)$$

Auf jede der drei möglichen Richtungen der Translationsbewegung eines Moleküls, d.h. auf jeden der drei Translationsfreiheitsgrade entfällt danach im Mittel der Energiebetrag $kT/2$. Verallgemeinert wird dies im

Gleichverteilungssatz (Äquipartitionsprinzip):

> Auf jeden Freiheitsgrad eines Moleküls entfällt im Mittel die gleiche Energie: die mittlere Energie pro Freiheitsgrad und Molekül ist
>
> $$\bar{\varepsilon}_f = \frac{1}{2}kT, \quad (43)$$
>
> die mittlere Energie (innere Energie) pro Freiheitsgrad und Mol ist
>
> $$\bar{E}_{mf} = \frac{1}{2}RT = U_f. \quad (44)$$

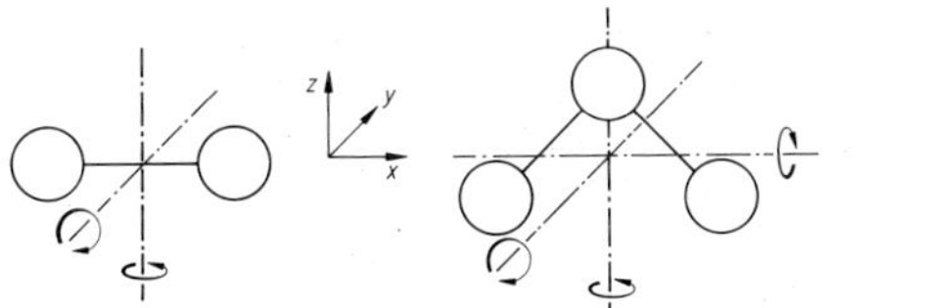

Bild 8-8. Rotationsfreiheitsgrade bei zwei- und dreiatomigen Molekülen.

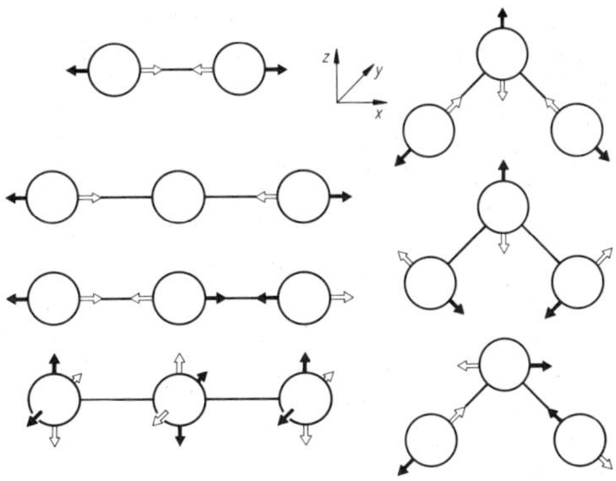

Bild 8-9. Schwingungsmoden zwei- und dreiatomiger Moleküle.

Bei mehratomigen Molekülen können durch Stoß auch Rotationsbewegungen angeregt werden, so daß kinetische Energie auch als Rotationsenergie aufgenommen werden kann. Bei zweiatomigen Molekülen (H_2, N_2, O_2) sowie bei gestreckten (linearen) dreiatomigen Molekülen (CO_2) können zwei Rotationsfreiheitsgrade angeregt werden, nämlich Rotationen um die beiden Symmetrieachsen senkrecht zur Molekülachse (Bild 8-8a). Eine Rotation um die Molekülachse ist durch Stoß nicht anregbar. Bei drei- und mehratomigen (nicht gestreckten) Molekülen sind alle drei möglichen Rotationsfreiheitsgrade anregbar (Bild 8-8b).
Schließlich können bei mehratomigen Molekülen durch Stoß auch Schwingungen angeregt werden, wobei je Fundamentalschwingung (Schwingungsmodus, vgl. 5.6) Energie in Form von kinetischer und potentieller Energie aufgenommen werden kann, so daß je Fundamentalschwingung zwei Schwingungsfreiheitsgrade zu rechnen sind (für die eindeutige Festlegung des Bewegungszustandes bei der Schwingung sind zwei Angaben notwendig, z. B. Auslenkung und Geschwindigkeit; das ergibt zwei Freiheitsgrade). Die Zahl der Fundamentalschwingungen bei Molekülen ergibt sich ähnlich wie bei der Federkette (Bild 5-28), jedoch fallen einige Schwingungsmoden wegen der fehlenden Einspannung weg (Bild 8-9).
Bei Festkörpern haben die an ihre Ruhelagen gebundenen Atome allein die Möglichkeit der Schwingung in drei Raumrichtungen, so daß hier 6 Schwingungsfreiheitsgrade auftreten. Eine Übersicht über die Zahl der anregbaren Freiheitsgrade gibt Tabelle 8-3.
Nach dem Gleichverteilungssatz hängt demnach die innere Energie eines Gases von der Zahl f der angeregten Freiheitsgrade ab:

$$U = \frac{1}{2}fRT \quad \text{für 1 mol}. \quad (45)$$

Tabelle 8-3. Zahl der anregbaren Freiheitsgrade. Die eingeklammerten Schwingungsfreiheitsgrade sind bei Raumtemperatur meist nicht angeregt

Stoff	Freiheitsgrade			
	Translation	Rotation	Schwingung	Summe
Gas (einatomig)	3	—	—	3
Gas (zweiatomig)	3	2	(2)	5 (7)
Gas (dreiatomig, gestreckt)	3	2	(8)	5 (13)
Gas (dreiatomig, nicht gestreckt)	3	3	(6)	6 (12)
Festkörper	—	—	6	6

Da sowohl der Rotationsdrehimpuls (und damit die Rotationsenergie) als auch die Schwingungsenergie gequantelt sind (vgl. 7.3 und 5.2.2), muß die mittlere thermische Energie pro Freiheitsgrad mindestens für die Anregung der ersten Quantenstufe der Rotations- bzw. Schwingungsenergie pro Freiheitsgrad ausreichen. Bei tieferen Temperaturen werden daher Schwingungs- und Rotationsfreiheitsgrade nicht angeregt.

Berechnung der Grenztemperaturen am Beispiel des Wasserstoffmoleküls:

Anregung der *Rotationsfreiheitsgrade*:

Die Rotationsenergie beträgt nach (7-8) mit (7-20)

$$E_{\text{rot}} = \frac{1}{2} J\omega^2 = \frac{(J\omega)^2}{2J} = \frac{L^2}{2J}. \tag{46}$$

Nach (7-25) ist der Drehimpuls L in einer physikalisch ausgezeichneten Richtung z durch $L_z = l\hbar$ (l Drehimpuls-Quantenzahl) gegeben. Der kleinste mögliche Wert für den Drehimpuls (außer 0) ist derjenige für $l = 1$. Daraus folgt als Bedingung für die Anregung eines Rotationsfreiheitsgrades

$$\frac{1}{2} kT \geqq \frac{\hbar^2}{2J}, \tag{47}$$

und die Grenztemperatur ergibt sich zu

$$T_{\text{rot}} = \frac{\hbar^2}{kJ}. \tag{48}$$

Die H-Atome im Wasserstoffmolekül haben den Abstand $r_0 = 77$ pm und die Masse $m_p = 1{,}67 \cdot 10^{-27}$ kg. Das Trägheitsmoment ist $J = m_p r_0^2/2 = 0{,}495 \cdot 10^{-47}$ kg m². Damit folgt für die Grenztemperatur $T_{\text{rot}} = 163$ K. Die Rotationsfreiheitsgrade sind demnach bei Zimmertemperatur angeregt.

Anregung der Vibrations- oder Schwingungsfreiheitsgrade

Die Energie des quantenmechanischen Oszillators ist nach (5-30) gegeben durch

$$E_n = \left(n + \frac{1}{2}\right) h\nu_0. \tag{49}$$

Um mindestens eine Stufe anzuregen (von $n = 0$ nach $n = 1$), muß eine Energie von $\Delta E = h\nu_0$ aufgebracht werden, für jeden der beiden Schwingungsfreiheitsgrade also $h\nu_0/2$. Die Bedingung für die Anregung der Schwingungsfreiheitsgrade lautet also

$$\frac{1}{2} kT \geqq \frac{h\nu_0}{2}. \tag{50}$$

Die Grenztemperatur ergibt sich daraus zu

$$T_{\text{vib}} = \frac{h\nu_0}{k}. \tag{51}$$

Experimentell findet man für das Wasserstoffmolekül $\Delta E \approx 0{,}3$ eV, d.h., $\nu_0 \approx 73 \cdot 10^{12}\,\text{s}^{-1}$. Aus (51) ergibt sich damit die Grenztemperatur $T_{\text{vib}} \approx 3\,500$ K. Bei Zimmertemperatur sind daher die Schwingungsfreiheitsgrade (anders als die Rotationsfreiheitsgrade) bei Wasserstoff nicht angeregt.

Diese Grenztemperaturen bestimmen die Temperaturabhängigkeit der Wärmekapazität von Gasen, siehe 8.6. Die bei der Rotations- und Schwingungsanregung auftretenden Quanteneffekte treten grundsätzlich auch bei der Translation auf: Wegen der experimentell unvermeidlichen Beschränkung auf endliche Volumina ist auch die Translationsenergie gequantelt. Infolgedessen können die Translationszustände von Gasen bei sehr tiefen Temperaturen nicht mehr angeregt werden.

8.4 Reale Gase, tiefe Temperaturen

Zur Beschreibung des Phasenüberganges vom gasförmigen in den flüssigen Zustand und umgekehrt (Kondensation und Verdampfung) ist die Zustandsgleichung des idealen Gases (26) nicht geeignet, da sie Wechselwirkungskräfte zwischen den Molekülen nach der Definition des idealen Gases nicht berücksichtigt. Gerade diese bewirken jedoch die Bindung zwischen den Molekülen im flüssigen Zustand. Bei hoher Gasdichte, wie sie in der Nähe der Verflüssigungstemperatur herrscht, müssen daher die *Van-der-Waals-Kräfte* zwischen den Molekülen und ferner das Eigenvolumen der Moleküle in einer Zustandsgleichung realer Gase berücksichtigt werden. Interpretiert man das ideale Gasgesetz $p/RT = 1/V$ als 1. Näherung einer sogenannten *Virialentwicklung* der Form

$$\frac{p}{RT} = \frac{1}{V_m}\left[1 + \frac{B_1(T)}{V_m} + \frac{B_2(T)}{V_m^2} + \ldots\right] \quad (52)$$

für den Grenzfall sehr großer Molvolumina V_m, so erhält man eine bessere Näherung für reale Gase unter Berücksichtigung von $B_1(T)$. Experimentell ergibt sich für die Temperaturabhängigkeit von B_1

$$B_1(T) = b - \frac{a}{RT}. \quad (53)$$

Eingesetzt in (52) ergibt sich unter Vernachlässigung höherer Glieder als eine in weiten Bereichen brauchbare *Zustandsgleichung für reale Gase* die *Van-der-Waals-Gleichung*

$$\left(p + \frac{a}{V_m^2}\right)(V_m - b) = RT, \quad (54)$$

bzw. für eine beliebige Stoffmenge ν:

$$\left(p + \frac{a\nu^2}{V^2}\right)(V - \nu b) = \nu RT. \quad (55)$$

a/V_m^2 *Binnendruck* oder *Kohäsionsdruck*, berücksichtigt die Wechselwirkung der Moleküle und wirkt wie eine Vergrößerung des Außendrucks. Der Binnendruck ist proportional dem inversen Abstand und der Anzahl der benachbarten Moleküle und damit $\sim n^2$, also $\sim V_m^{-2}$, vgl. (55).

b *Covolumen*, berücksichtigt das Eigenvolumen der Moleküle, das das freie Bewegungsvolumen der Gasmoleküle, etwa zwischen zwei Stößen, reduziert. Es stellt den unteren Grenzwert von V_m bei hohem Druck dar (flüssiger Zustand). Bei kugelförmigen Teilchen mit dem Radius r_P ist der Stoßradius $r_S = 2r_P$ (vgl. 9.1), das Stoßvolumen des stoßenden Teilchens also $V_S = 8\,V_P$, das des gestoßenen ist dann gleich 0 zu setzen. Im Mittel ist daher das Stoßvolumen gleich $4V_P$ und bezogen auf ein Mol

$$b = 4N_A\frac{4\pi r_P^3}{3}. \quad (56)$$

Für hohe Temperaturen und große Molvolumina sind die Korrekturen vernachlässigbar und (54) geht in die Zustandsgleichung des idealen Gases (26) über. Die Isothermen eines Van-der-Waals-Gases im p,V-Diagramm sind in Bild 8-10 dargestellt.

Die zu höheren Temperaturen gehörenden Isothermen entsprechen erwartungsgemäß denen des idealen Gases (vgl. Bild 8-4). Unterhalb einer *kritischen Temperatur* T_k bilden die Isothermen Maxima und Minima aus, zwischen denen der Kurvenverlauf eine Druckabnahme bei Volumenverringerung bedeuten würde. Derartige Zustandsänderungen treten in Wirklichkeit nicht auf. Stattdessen werden innerhalb des in Bild 8-10 als *Zweiphasengebiet* gekennzeichneten Bereiches horizontale Geraden durchlaufen, d. h., der Druck bleibt bei Volumenverringerung (für $T = \text{const}$) unverändert. Dies geschieht durch Kondensation eines Teils des Gases in den flüssigen Zustand, einsetzend an der Taugrenze (Bild 8-10) und fortschreitend bis zur vollständigen Kondensation an der Siedegrenze. Dann steigt der Druck steil an, da Flüssigkeiten nur eine geringe Kompressibilität besitzen. Der Flüssigkeitsbereich links von der Siedegrenze ist zu kleinen Volumina hin durch das Covolumen b begrenzt. Die Fläche unter einer Isotherme entspricht der Volumenarbeit $\int p\,\mathrm{d}V$ (siehe 8.5.1) bei der Kompression. Die Lage der horizontalen Isothermenstücke regelt sich so, daß die Volumenarbeit bei der Kompression über das ganze Zweiphasengebiet hinweg dieselbe ist wie beim Durchlaufen der Kurve. Daraus folgt, daß

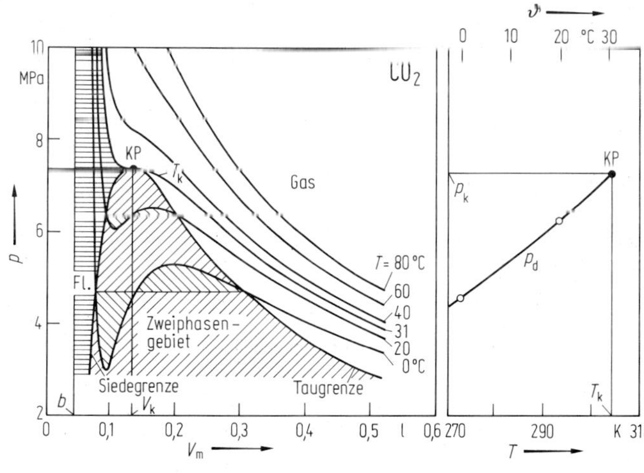

Bild 8-10. **a**: Isothermen eines realen Gases (CO_2) im p,V-Diagramm, berechnet aus (54). **b**: Dampfdruckkurve für das Zweiphasengebiet.

die Flächenstücke im Zweiphasengebiet (Bild 8-10) paarweise gleichen Flächeninhalt haben. Die gasförmige Phase unterhalb der kritischen Isotherme wird auch Dampf genannt. Oberhalb der kritischen Temperatur ist eine Verflüssigung allein durch Kompression bei konstanter Temperatur nicht möglich.

Der kritische Punkt (Bild 8-10a) ist durch einen Wendepunkt der kritischen Isotherme mit horizontaler Tangente gekennzeichnet. Die kritischen Größen T_k, p_k, V_k lassen sich daher aus der Van-der-Waals-Gleichung (54) mittels der Bedingungen $dp/dV = 0$ und $d^2p/dV^2 = 0$ berechnen:

$$T_k = \frac{8a}{27Rb}$$

$$p_k = \frac{a}{27b^2}, \quad p_k V_k = \frac{3}{8} R T_k \tag{57}$$

$$V_k = 3b.$$

Werte für die kritischen Größen und Van-der-Waals-Konstanten finden sich in Tabelle 8-4.

Innerhalb des Zweiphasengebietes ist im Gleichgewicht der *Sättigungsdampfdruck* p_d allein eine Funktion der Temperatur. Die zugehörige *Dampfdruckkurve* ist im rechten Teil von Bild 8-10 dargestellt. Ihr Verlauf läßt sich mittels eines Kreisprozesses (siehe 8.8) berechnen. Dazu werde zunächst 1 mol einer Flüssigkeit bei der Temperatur $T + dT$ und dem Sättigungsdampfdruck $p_d + dp_d$ verdampft, wobei sich das Volumen von V_{ml} auf V_{mg} vergrößert. Anschließend wird der Dampf bei der Temperatur T wieder kondensiert. Die dabei insgesamt geleistete Volumenarbeit $(V_{mg} - V_{ml})\,dp_d$ entspricht der schraffierten Fläche in Bild 8-11 und hängt mit der beim Verdampfen

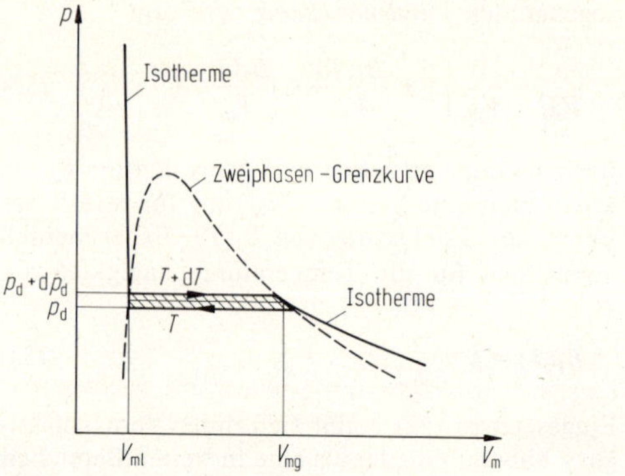

Bild 8-11. Carnot-Prozeß mit einer verdampfenden Flüssigkeit als Arbeitssubstanz (zur Clausius-Clapeyron-Gleichung).

erforderlichen molaren Verdampfungsenthalpie ΔH_{mlg} (vgl. 8.6.2) über den Wirkungsgrad des Carnot-Prozesses (siehe 8.9) zusammen:

$$\eta = \frac{(V_{mg} - V_{ml})\,dp_d}{\Delta H_{mlg}} = \frac{dT}{T}. \tag{58}$$

Daraus folgt für den Anstieg der Dampfdruckkurve die *Clausius-Clapeyronsche Gleichung*

$$\frac{dp_d}{dT} = \frac{\Delta H_{mlg}}{(V_{mg} - V_{ml})\,T}. \tag{59}$$

Wird das vergleichsweise kleine Molvolumen der flüssigen Phase gegen das des Dampfes vernachlässigt, ebenso die Temperaturabhängigkeit der molaren Verdampfungswärme, und wird der gesättigte Dampf näherungsweise als ideales Gas be-

Tabelle 8-4. Van-der-Waals-Konstanten, kritische Temperatur und kritischer Druck

	a	b	ϑ_k	p_k
	Nm^4/mol^2	10^{-6} m^3/mol	°C	MPa
Ammoniak	0,424	37,2	132	11,3
Argon	0,136	32,3	−122	4,90
Ethan	0,551	64,1	−32	4,88
Butan	1,49	125,0	152	3,8
Chlor	0,655	56,0	144	7,7
Helium	0,003 34	24,0	−268	0,23
Kohlendioxid	0,362	42,5	31	7,38
Krypton	0,231	39,4	−63,8	5,49
Luft			−141	3,78
Methan	0,229	42,7	−82	4,64
Neon	0,021	16,9	−229	2,65
Propan	0,093	90,0	97	4,23
Sauerstoff	0,137	31,6	−118	5,08
Schwefeldioxid	0,68	56,4	158	7,88
Stickstoff	0,136	38,5	−147	3,39
Wasserstoff	0,025	26,7	−240	1,30
Wasserdampf	0,555	31,0	374	22,0
Xenon	0,413	51,2		

handelt, so folgt aus (59) durch Integration

$$p_{\mathrm{d}} = C \exp\left(-\frac{\Delta H_{\mathrm{mlg}}}{RT}\right) \quad \text{mit} \quad C = p_{\mathrm{k}} \exp\left(\frac{\Delta H_{\mathrm{mlg}}}{RT_{\mathrm{k}}}\right). \tag{60}$$

Vorrichtungen, die in einem festen Volumen teilweise kondensierte Flüssigkeiten enthalten, und deren Dampfdruck mit einem angeschlossenen Manometer gemessen werden kann, werden als Dampfdruckthermometer zur Temperaturmessung verwendet (vgl. Tabelle 8-2).

Die Van-der-Waals-Gleichung erfaßt neben dem gasförmigen auch den flüssigen Zustand (Bild 8-10), nicht jedoch den festen Zustand. Dieser muß bei sehr kleinen Molvolumina auftreten. Das vollständige Zustandsdiagramm zeigt Bild 8-12: An den Flüssigkeitsbereich schließt sich links ein schmales Zweiphasengebiet an, in dem Flüssigkeit und fester Zustand gleichzeitig existieren können. Das Durchlaufen dieses Gebietes etwa auf einer Isothermen ist wiederum mit einer Volumenveränderung bei konstantem Druck verbunden. Bei noch kleineren Molvolumina schließt sich der Bereich des festen Zustandes an. Unterhalb des Zweiphasengebietes, in dem Dampf und Flüssigkeit koexistieren, liegt der Bereich der Sublimation, in dem Dampf und fester Zustand koexistieren. Beide sind durch die Tripellinie getrennt. An dieser Linie im p,V-Diagramm können alle drei Phasen (fest, flüssig, gasförmig) gleichzeitig existieren. Im p,T-Diagramm entspricht dem ein einziger Punkt, der *Tripelpunkt*.

Der Tripelpunkt von reinen Substanzen wird gern als Temperaturfixpunkt benutzt, da er genau definiert ist und sich wegen der mit Phasenänderungen verbundenen Umwandlungsenthalpien (siehe 8.6.2) experimentell leicht über längere Zeit halten läßt.

Die *Verflüssigung* ist bei Gasen, deren kritische Temperatur oberhalb der Raumtemperatur liegt (z.B. CO_2 oder H_2O, vgl. Tabelle 8-4), allein durch Kompression möglich. Gase mit kritischen Tem-

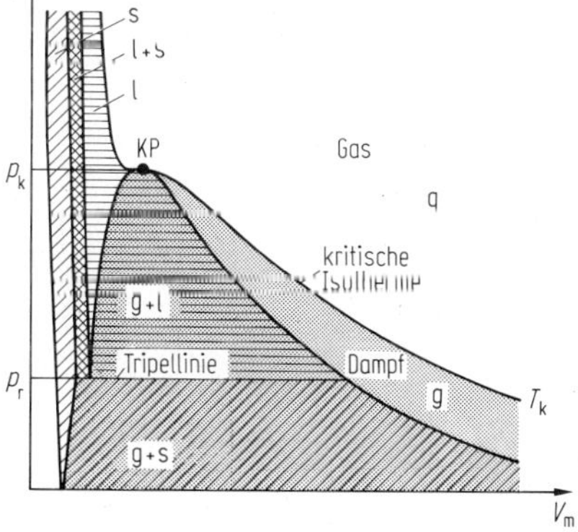

Bild 8-12. Vollständiges Zustandsdiagramm einer realen Substanz (nicht maßstabsgerecht). s fester, l flüssiger, g gasförmiger Zustand.

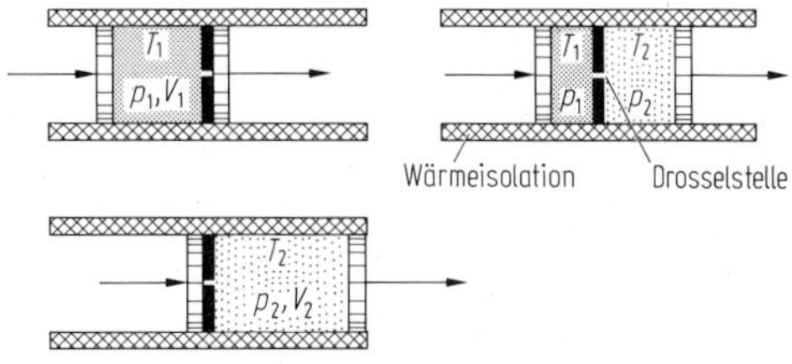

Bild 8-13. Schema des Joule-Thomson-Prozesses: Gedrosselte Entspannung.

peraturen unterhalb der Raumtemperatur (z. B. Luft, H_2, He, vgl. Tabelle 8-4) müssen jedoch zunächst unter die kritische Temperatur abgekühlt werden. Dies kann z. B. durch adiabatische Entspannung unter Arbeitsleistung geschehen (siehe 8.7; auch bei idealen Gasen möglich) oder durch adiabatische gedrosselte Entspannung.

Joule-Thomson-Effekt. Hierbei handelt es sich um die adiabatische (d. h. wärmeaustauschfreie, siehe 8.7), gedrosselte Entspannung eines realen Gases bei der Strömung durch eine Drosselstelle in einer Anordnung z. B. nach Bild 8-13. Mittels langsam bewegter Kolben wird links der Druck p_1 und rechts der Druck $p_2 < p_1$ aufrecht erhalten. Dabei strömt Gas durch die Drosselstelle von der linken in die rechte Kammer und ändert dabei sein Volumen von V_1 auf $V_2 > V_1$. Bei diesem Vorgang bleibt die Enthalpie $H = U + pV$ (vgl. F, C 8.2; U innere Energie, siehe 8.5) konstant. Bei idealen Gasen sind innere Energie U nach (30) und pV aufgrund der Gasgleichung (26) allein von der Temperatur abhängig, damit auch die Enthalpie. Bei idealen Gasen ändert sich daher die Temperatur für $H = \text{const}$ nicht. Bei realen Gasen ist dagegen die innere Energie volumen- bzw. druckabhängig. Bei der gedrosselten Entspannung ($\Delta p < 0$) ist wegen der damit verbundenen Abstandsvergrößerung zwischen den Molekülen Arbeit gegen die zwischenmolekularen Kräfte bzw. gegen den Binnendruck zu verrichten: die mittlere kinetische Energie sinkt. Die eintretende Temperaturerniedrigung $\Delta T < 0$ (Joule-Thomson-Effekt) beträgt für kleine Druckunterschiede Δp in erster Näherung

$$\frac{\Delta T}{\Delta p} \approx \frac{1}{C_{\mathrm{mp}}}\left(\frac{2a}{RT} - b\right). \tag{61}$$

C_{mp} ist die molare Wärmekapazität bei konstantem Druck (vgl. 8.6.1). Bei Temperaturen oberhalb der aus (61) folgenden *Inversionstemperatur*, für die sich mit (57) ergibt

$$T_{\mathrm{inv}} = \frac{2a}{Rb} = \frac{27}{4} T_{\mathrm{k}} = 6{,}75\ T_{\mathrm{k}}, \tag{62}$$

überwiegt in (61) der Einfluß des Covolumens b, d. h., abstoßende Kräfte dominieren. Dann steigt die innere Energie bei der gedrosselten Entspannung, die Temperatur wird höher. Unterhalb der

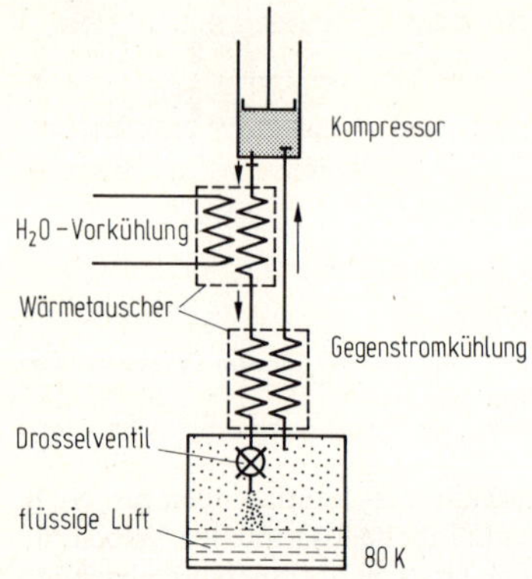

Bild 8-14. Lindesches Gegenstromverfahren zur Luftverflüssigung.

Inversionstemperatur ist der Joule-Thomson-Effekt positiv, es tritt Abkühlung auf.

Lindesches Gegenstromverfahren zur Luftverflüssigung: Wird hochkomprimierte Luft (z. B. $p = 200$ bar $= 20$ MPa) durch ein Drosselventil entspannt (auf z. B. 20 bar), und die durch den Joule-Thomson-Effekt abgekühlte Luft ($\Delta T = -45$ K) zur Vorkühlung der Hochdruckluft verwendet (Gegenstromkühlung), so führt dies bei fortgesetztem Kreislauf zu einer *sukzessiven* Absenkung der Temperatur bis zur Verflüssigung (Bild 8-14). Die rückströmende, entspannte Luft wird jeweils erneut komprimiert und muß wegen der dabei auftretenden Erwärmung vorgekühlt werden.

Tabelle 8-5 enthält die Siedetemperaturen einiger für die Tieftemperaturtechnik (Kryotechnik) wichtiger Gase.

Tiefere Temperaturen lassen sich durch Verflüssigung z. B. von Helium erreichen (^{4}He: $T_{lg} = 4{,}2$ K, vgl. Tabelle 8-5). Wegen der niedrigen Inversionstemperatur von ^{4}He von 47 K reicht jedoch die Vorkühlung des komprimierten Gases selbst mit flüssigem Stickstoff ($T_{lg} = 77{,}4$ K) nicht aus. Es muß daher durch adiabatische Expansion des vorgekühlten Gases unter Arbeitsleistung (siehe 8.7) in einer Expansionsmaschine eine weitere Abkühlung bewirkt werden, ehe die Joule-Thomson-Entspannung nach Gegenstromvorkühlung gemäß Bild 8-14 zur Verflüssigung führt.

Tabelle 8-5. Siedetemperatur kryogener Flüssigkeiten bei Normdruck

	ϑ_{lg} (°C)	T_{lg} (K)
Helium (^{4}He)	−268,93	4,216
Wasserstoff	−252,78	20,37
Neon	−246,0	27,1
Stickstoff	−195,8	77,4
Sauerstoff	−183,0	90,2
Luft	−193,0	80,12

8.5 Energieaustausch bei Vielteilchensystemen

In 6.2.1 ist der Energieerhaltungssatz für den Fall formuliert, daß ein Vielteilchensystem Energie mit der Umgebung austauscht, z. B. durch äußere Arbeit W. Dabei ändert sich die Eigenenergie gemäß (6-26) um

$$\Delta U = U_2 - U_1 = W, \tag{63}$$

wenn sonst kein weiterer Energieaustausch (z. B. als Wärme, siehe 8.5.2) stattfindet. Die Schwerpunktbewegung des Teilchensystems möge vernachlässigbar sein. Die Eigenenergie U ist dann identisch mit der inneren Energie U_{int}. Für U wird daher im weiteren die üblichere Bezeichnung innere Energie benutzt.

Vorzeichenfestlegung: Dem Teilchensystem zugeführte Energien (z. B. Arbeit und Wärme) werden positiv gerechnet.

8.5.1 Volumenarbeit

Die von einem Vielteilchensystem, z. B. einer Gasmenge, geleistete (d. h. nach außen abgegebene) Arbeit setzt sich zusammen aus den individuellen Arbeiten aller Einzelteilchen. Bei einer Gasmenge, die in einem Zylinder mit beweglichem Kolben eingeschlossen ist (Bild 8-15), üben die Moleküle durch impulsübertragende Stöße auf die Kolbenfläche A eine mittlere Normalkraft $F = pA$ aus (p Druck). Folgt der Kolben der Kraft (dazu muß die durch den Außendruck bedingte Gegenkraft nur differentiell kleiner sein), so läßt sich die dabei abgegebene Arbeit $-\mathrm{d}W$ aus der Kolbenversetzung $\mathrm{d}x$ berechnen (Bild 8-15):

$$-\mathrm{d}W = F\,\mathrm{d}x = pA\,\mathrm{d}x = p\,\mathrm{d}V,$$

$$-\mathrm{d}W = p\,\mathrm{d}V \quad \text{differentielle Volumenarbeit.} \tag{64}$$

Erfolgt die Expansion von einem Anfangsvolumen V_1 auf das Endvolumen V_2, so beträgt die dabei

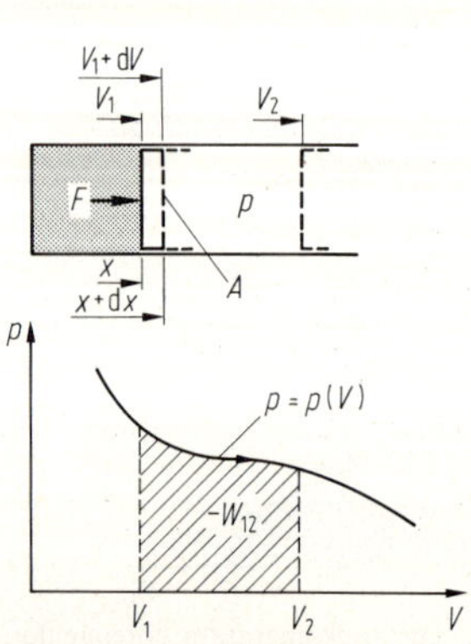

Bild 8-15. Volumenarbeit bei Expansion einer Gasmenge.

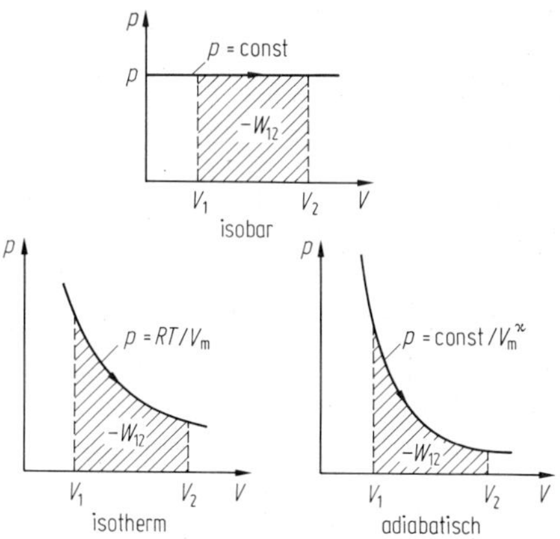

Bild 8-16. Isobare, isotherme und adiabatische Expansion im p, V-Diagramm.

nach außen geleistete Volumenarbeit

$$-W_{12} = \int_{V_1}^{V_2} p\,dV. \tag{65}$$

Sie entspricht im p,V-Diagramm (Bild 8-15) der Fläche unter der Kurve $p = p(V)$, deren Verlauf von der Prozeßführung abhängt und zur Berechnung des Integrals in (65) bekannt sein muß.

Volumenarbeiten bei der Expansion von einem Mol eines idealen Gases für verschiedene Prozeßführungen:

Volumenarbeit bei *isobarer Expansion*:
Ein isobarer Prozeß erfolgt bei konstantem Druck $p = \text{const}$ (Bild 8-16). Aus (65) folgt dann

$$-W_{12} = p\,(V_2 - V_1) = p\,\Delta V. \tag{66}$$

Volumenarbeit bei *isothermer Expansion*:
Ein isothermer Prozeß erfolgt bei konstanter Temperatur $T = \text{const}$ (Bild 8-16). Mit der Zustandsgleichung des idealen Gases (26) folgt aus (65)

$$-W_{12} = RT \ln \frac{V_2}{V_1}. \tag{67}$$

Volumenarbeit bei *adiabatischer Expansion*:
Bei einem adiabatischen Prozeß wird außer Arbeit keine andere Energieform mit der Umgebung ausgetauscht (insbesondere keine Wärme, siehe 8.5.2). Für diesen Fall gilt der Energiesatz in der Form (63), und mit der inneren Energie (30) des idealen (einatomigen) Gases folgt

$$-W_{12} = -\Delta U = U_1 - U_2 = \frac{3}{2} R\,(T_1 - T_2). \tag{68}$$

Für mehratomige Gase muß der Faktor $3R/2$ nach 8.6.1 durch die dann geltende molare Wärmekapazität C_{mV} ersetzt werden:

$$-W_{12} = C_{mV}(T_1 - T_2). \tag{69}$$

Bemerkung: (68) läßt sich auch durch direkte Berechnung des Arbeitsintegrals (65) mit Hilfe der Funktion $p = p(V)$ für die adiabatische Zustandsänderung (Bild 8-16)

$$pV^\varkappa = \text{const}$$
$$\text{mit} \quad \varkappa = C_{mp}/C_{mV}: \text{ Isentropenexponent} \tag{70}$$

(Adiabatengleichung, siehe 8.7) gewinnen. C_{mp}, C_{mV}: Molare Wärmekapazität bei konstantem Druck bzw. bei konstantem Volumen (vgl. 8.6.1).

Bei der isobaren und bei der isothermen Expansion gilt der Energiesatz in der Form (63) nicht, da bei diesen Prozeßführungen auch Wärme ausgetauscht werden muß (vgl. 8.7).

8.5.2 Wärme

Ein Energieaustausch zwischen einem Vielteilchensystem und seiner Umgebung, etwa zwischen einer Gasmenge und der einschließenden Zylinderwand (Bild 8-15), kann auch dann stattfinden, wenn z.B. das Verschieben eines beweglichen Kolbens und dadurch geleistete Volumenarbeit nicht möglich sind: So können z.B. Stöße von Gasmolekülen auf die Wand Schwingungen von Wandatomen anregen, wobei die Gasmoleküle kinetische Energie (d. h. innere Energie) verlieren. Umgekehrt können Gasmoleküle bei der Reflexion an der Wand von schwingenden Wandatomen auch kinetische Energie aufnehmen, wobei die Schwingungsenergie der Wandatome abnimmt. Es findet daher ein Energieaustausch in beiden Richtungen durch die Systemgrenzfläche statt. Da die Temperatur eines Gases durch dessen innere Energie, d. h. durch die kinetische Energie der statistisch ungeordneten Bewegung der Gasmoleküle, bestimmt ist (siehe 8.2), und Entsprechendes für die Schwingungsenergie der Festkörperatome gilt (siehe 8.3 u. 8.6), ändern sich die Temperaturen von Teilchensystem und Umgebung, wenn die mittleren Energieströme in beiden Richtungen verschieden sind. Bei gleicher Temperatur von System und Umgebung sind die Energieströme in beiden Richtungen gleich und der resultierende Energiefluß verschwindet: *Thermisches Gleichgewicht.*
Zur phänomenologischen Erfassung des resultierenden Energieflusses wird der Begriff der Wärme Q eingeführt:

> Die *Wärme* Q ist der mittlere Wert der Summe der mikroskopischen, individuellen Teilchenarbeiten bzw. der dadurch übertragenen Energien zwischen dem System und seiner Umgebung. Die Wärme ist also eine *Energieform* und wird in Energieeinheiten gemessen.
>
> SI-Einheit: $[Q] = \text{J}$.

Für die Wärme wurde früher als besondere Einheit die Kalorie (cal) verwendet (Definition siehe 8.6). Der Zusammenhang mit dem Joule

$$1\,\text{cal} = 4{,}186\,8\,\text{J} \tag{71}$$

wurde experimentell bestimmt und je nach Erzeugung der Wärmemenge aus mechanischer oder elektrischer Energie das *mechanische* oder *elektrische Wärmeäquivalent* genannt. Bei Verwendung der Kalorie als Energieeinheit nimmt die universelle Gaskonstante (vgl. (25)) einen besonders einfachen Zahlenwert an:

$$R = 8{,}314\,51\,\text{J/mol K} = 1{,}99\,\text{cal/mol K} \approx 2\,\text{cal/mol K}\,. \tag{72}$$

8.5.3 Energieerhaltungssatz für Vielteilchensysteme

Der Energieaustausch eines Vielteilchensystems mit seiner Umgebung kann nach 8.5.1 und 8.5.2 u. a. als Arbeit (z. B. Volumenarbeit) und durch Wärme geschehen. Beide Energieformen führen zu einer Änderung der inneren Energie des Systems und müssen bei der Formulierung des Energieerhaltungssatzes berücksichtigt werden. (6-26) bzw. (63) muß daher ergänzt werden: Zufuhr von Arbeit W oder Wärme Q führen zu einer Erhöhung der inneren Energie des Systems um $\Delta U = U_2 - U_1$ (Bild 8-17). Das ist der Inhalt des

1. Hauptsatzes der Thermodynamik

$$\Delta U = Q + W\,. \tag{73}$$

Ein abgeschlossenes thermodynamisches System enthält eine bestimmte, zeitlich unveränderliche innere Energie U, die den thermodynamischen Zustand des Systems eindeutig kennzeichnet. U ändert sich nur dann, wenn dem System von außen Energie in Form von Wärme Q oder Arbeit W zugeführt wird.

Zur inneren Energie tragen im allgemeinen Falle noch weitere Energieformen bei, die einem thermodynamischen System zugeführt werden können, so die elektrische, die magnetische, die chemische und sonstige Energieformen.

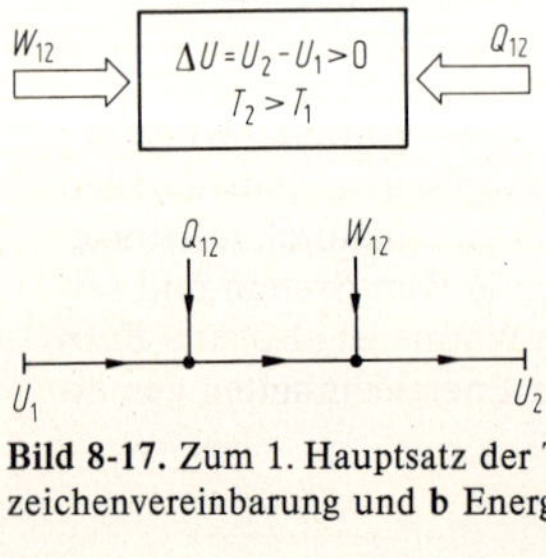

Bild 8-17. Zum 1. Hauptsatz der Thermodynamik: **a** Vorzeichenvereinbarung und **b** Energieflußdiagramm.

Differentielle Form des 1. Hauptsatzes:

$$\mathrm{d}U = \delta Q + \delta W\,. \tag{74}$$

Bemerkung: Q und W sind keine Zustandsgrößen des Systems, die differentiellen Größen δQ und δW für sich genommen sind daher keine totalen Differentiale. Deshalb wird statt des gewöhnlichen Differentialzeichens das Zeichen δ verwendet.

Wenn man beachtet, daß z. B. gemäß (30) die innere Energie eines abgeschlossenen Systems beschränkt ist, kann der 1. Hauptsatz auch als Unmöglichkeitsaussage formuliert werden:

Es ist unmöglich, ein Perpetuum mobile erster Art, d. h. eine periodisch arbeitende Maschine, die ohne Energiezufuhr permanent Arbeit verrichtet, zu konstruieren.

8.6 Wärmemengen bei thermodynamischen Prozessen

Thermodynamische Prozesse (Zustandsänderungen) sind mit dem Austausch von Wärme zwischen dem betrachteten System und seiner Umgebung verbunden (außer beim adiabatischen Prozeß, siehe 8.7). Hier sollen Wärmemengen betrachtet werden, die zur Änderung der Temperatur eines betrachteten Systems erforderlich sind (Wärmekapazitäten), oder zur Änderung des Aggregatzustandes oder auch des kristallinen Ordnungszustandes bei Festkörpern (Umwandlungswärmen oder auch Umwandlungsenthalpien).

8.6.1 Spezifische und molare Wärmekapazitäten

Die zur Erhöhung der Temperatur eines Körpers zuzuführende Wärme Q ist proportional zu dessen Masse m und zu der zu erzielenden Temperaturdifferenz ΔT:

$$Q = cm\,\Delta T \quad \text{bzw.} \quad \delta Q = cm\,\mathrm{d}T\,. \tag{75}$$

Hierin ist c die spezifische Wärmekapazität

$$c = \frac{1}{m} \cdot \frac{\delta Q}{\mathrm{d}T}\,. \tag{76}$$

SI-Einheit: $[c] = \text{J/K kg}$.

Die bis 1977 für die Wärmemenge zugelassene Einheit Kalorie (cal) war dadurch definiert, daß für Wasser von $\vartheta = 15\,°\text{C}$ die spezifische Wärmekapazität $c = 1\,\text{cal/g K} = 1\,\text{kcal/kg K}$ gesetzt wurde. Umrechnung siehe (71).

Die auf das Mol einer Substanz bezogene Wärmekapazität ist die molare Wärmekapazität

$$C_\text{m} = \frac{1}{\nu} \cdot \frac{\delta Q}{\mathrm{d}T}\,. \tag{77}$$

SI-Einheit: $[C_\text{m}] = \text{J/K mol}$.

Der Zusammenhang zwischen beiden Wärmekapazitäten ergibt sich aus (76) und (77) zu

$$C_m = \frac{m}{\nu} c. \quad (78)$$

Wärmemischung: Werden zwei Körper von verschiedener Temperatur in Berührung gebracht, so erfolgt ein Wärmeaustausch, wobei die Temperaturdifferenz verschwindet und sich eine gemeinsame Mischungstemperatur T_m einstellt. Für die abgegebene bzw. aufgenommene Wärmemenge gilt die Richmannsche Mischungsregel

$$c_1 m_1 (T_1 - T_m) = c_2 m_2 (T_m - T_2), \quad (79)$$

bzw. für n Körper

$$\sum_{i=1}^{n} c_i m_i T_i = T_m \sum_{i=1}^{n} c_i m_i. \quad (80)$$

Diese Mischungsregeln können zur Bestimmung unbekannter spezifischer Wärmekapazitäten von

Tabelle 8-6. Spezifische und molare Wärmekapazitäten einiger fester und flüssiger Stoffe bei 20 °C

Stoff		spezifische Wärmekapazität		molare Wärmekapazität	
		kJ/K kg	kcal/K kg	kJ/K kmol	kcal/K kmol
Feste Stoffe:					
Aluminium	Al	0,896	0,214	24,2	5,77
Beryllium	Be	1,59	0,38	14,3	3,4
Beton		0,84	0,20		
Blei	Pb	0,129	0,030 8	26,7	6,38
Diamant	C	0,502	0,120	6,03	1,44
Graphit	C	0,708	0,169	8,50	2,03
Eis (0 °C)	H_2O	2,1	0,5	37,7	9,01
Eisen	Fe	0,452	0,108	25,3	6,03
Fette		2	0,50		
Glas, Flint-		0,481	0,115		
Glas, Kron-		0,666	0,159		
Gold	Au	0,129	0,030 8	25,4	6,07
Grauguß		0,540	0,129		
Kupfer	Cu	0,383	0,091 5	24,3	5,81
Marmor		0,80	0,19		
Messing		0,385	0,092		
Natriumchlorid	NaCl	0,867	0,207	50,7	12,10
Nickel	Ni	0,448	0,107	26,3	6,28
Platin	Pt	0,133	0,031 8	26,0	6,20
Sand (trocken)		0,84	0,20		
Schwefel	S	0,73	0,17	22,8	5,45
Silber	Ag	0,235	0,056 1	25,3	6,05
Silizium	Si	0,703	0,168	19,0	4,53
Stahl (V2A)		0,50	0,12		
Teflon		1,0	0,24		
Wolfram	W	0,134	0,032 0	24,6	5,88
Zink	Zn	0,385	0,092 0	25,2	6,01
Zinn	Sn	0,227	0,054 2	26,9	6,13
Flüssigkeiten:					
Aceton		2,43	0,580		
Benzol		2,16	0,516		
Brom	C_6H_6	1,725	0,412	134,7	32,2
Ethylalkohol	Br	0,46	0,11	36,8	8,79
Glycerin		2,39	0,571		
Methylalkohol	CH_3OH	2,495	0,596	80,0	19,1
Nitrobenzol		1,47	0,35		
Olivenöl		1,97	0,47		
Petroleum		2,14	0,51		
Quecksilber	Hg	0,139	0,033	27,7	6,62
Silikonöl		1,45	0,346		
Terpentinöl		1,80	0,43		
Tetrachlorkohlenstoff		0,861	0,21		
Toluol		1,687	0,403		
Trichlorethylen		0,96	0,23		
Wasser	H_2O	4,182	0,999	75,3	18,0

Körpern mit Hilfe von Kalorimetern angewendet werden. Als zweite Substanz von bekannter spezifischer Wärmekapazität wird meist Wasser verwendet.

Bei Festkörpern und Flüssigkeiten sind die spezifischen und die molaren Wärmekapazitäten (Tabelle 8-6) nur wenig von den Zustandsgrößen Volumen, Druck und Temperatur abhängig. Allgemein gilt das nicht, da nach dem 1. Hauptsatz (74) die für eine bestimmte Temperaturerhöhung erforderliche Wärmemenge von der Prozeßführung abhängt:

$$\frac{\delta Q}{\mathrm{d}T} = \frac{\mathrm{d}U}{\mathrm{d}T} - \frac{\delta W}{\mathrm{d}T}. \tag{81}$$

Der Wert von $\delta Q/\mathrm{d}T$ bzw. von c und C_m (76) und (77) hängt also davon ab, ob bei der Erwärmung Arbeit *nach außen* abgegeben wird, z.B. durch Volumenausdehnung (Volumenarbeit (64)). Bei Festkörpern und Flüssigkeiten ist diese gering.

Molare Wärmekapazitäten von Gasen:

Die Erwärmung eines Gases bei konstantem Volumen (isochorer Prozeß, siehe 8.7) erfolgt wegen $\mathrm{d}V = 0$ ohne Volumenarbeit, so daß der 1. Hauptsatz (74) sich zu $\delta Q = \mathrm{d}U$ reduziert. Aus (77) folgt daher für die molare Wärmekapazität bei konstantem Volumen

$$C_{mV} = \frac{1}{\nu}\left(\frac{\delta Q}{\mathrm{d}T}\right)_V = \frac{1}{\nu}\cdot\frac{\mathrm{d}U}{\mathrm{d}T}. \tag{82}$$

Mit (45) folgt daraus bei f angeregten Freiheitsgraden

$$C_{mV} = f\frac{R}{2}. \tag{83}$$

Nach Tabelle 8-3 sind für einatomige Gase $f = 3$ Freiheitsgrade der Translation angeregt, d. h., $C_{mV} = 3R/2 \approx 3$ kcal/K kmol. Für zweiatomige Gase sind bei Zimmertemperatur zwei Freiheitsgrade der Rotation zusätzlich angeregt, so daß hier $f = 5$ und $C_{mV} = 5R/2 \approx 5$ kcal/K kmol (vgl. Tabelle 8-7). Bei Wasserstoff (H_2) zum Beispiel werden die Rotationsfreiheitsgrade nach (48) oberhalb $T_{rot} \approx 163$ K angeregt, die beiden Schwingungsfreiheitsgrade nach (51) erst oberhalb $T_{vib} \approx 3\,500$ K. Daraus ergibt sich der Verlauf der molaren Wärmekapazität mit der Temperatur in Bild 8-18.

Die Erwärmung eines Gases bei konstantem Druck (isobarer Prozeß, siehe 8.5) erfolgt nach dem idealen Gasgesetz (26) mit einer Volumenvergrößerung $\mathrm{d}V = \nu R\,\mathrm{d}T/p$, es wird also eine Volumenarbeit $-\mathrm{d}W = p\,\mathrm{d}V = \nu R\,\mathrm{d}T$ geleistet, die durch erhöhte Wärmezufuhr aufgebracht werden muß. Der 1. Hauptsatz (74) lautet damit

$$\mathrm{d}Q = \mathrm{d}U + \nu R\,\mathrm{d}T \quad \text{für} \quad p = \text{const}. \tag{84}$$

Aus (77) folgt dann mit (82) die molare Wärmekapazität bei konstantem Druck

$$C_{mp} = \frac{1}{\nu}\left(\frac{\delta Q}{\mathrm{d}T}\right)_p = C_{mV} + R \tag{85}$$

und $$C_{mp} - C_{mV} = R. \tag{86}$$

Mit (83) ergibt sich für f angeregte Freiheitsgrade

$$C_{mp} = (f+2)\frac{R}{2}. \tag{87}$$

Für einatomige Gase ($f = 3$) ist demnach $C_{mp} = 5R/2 \approx 5$ kcal/K kmol und für zweiatomige Gase ($f = 5$) $C_{mp} = 7R/2 \approx 7$ kcal/K kmol (vgl. Tabelle 8-7).

Das Verhältnis C_{mp}/C_{mV} wird Isentropen- oder Adiabatenexponent genannt (vgl. 8.7):

$$\frac{C_{mp}}{C_{mV}} = \varkappa \quad \textit{Adiabatenexponent}. \tag{88}$$

Molare Wärmekapazitäten von Festkörpern:

Bei Festkörpern kann sich die Temperaturbewegung nicht als Translations- oder Rotationsbewegung, sondern nur in Form von Schwingungen der gebundenen Atome äußern. Nach 8.3 (Tabelle 8-3) ergeben sich für die drei linear unabhängigen Schwingungsrichtungen $f = 6$ Schwingungsfreiheitsgrade. Da sich Festkörper bei Erwärmung nur wenig ausdehnen, gilt ferner $C_{mp} \approx C_{mV} = C_m$. Aus (83) folgt daher für die molare Wärme-

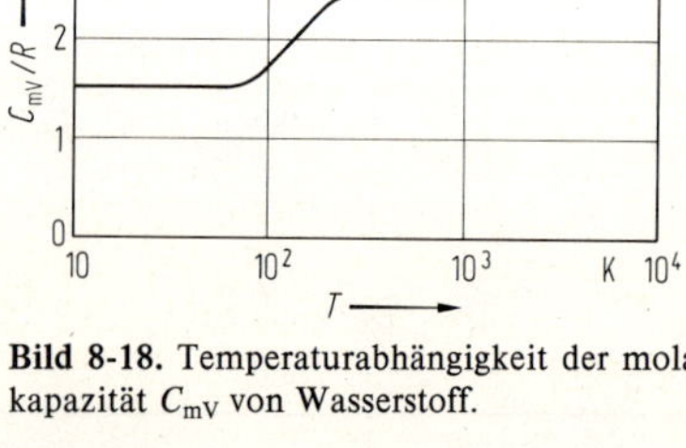

Bild 8-18. Temperaturabhängigkeit der molaren Wärmekapazität C_{mV} von Wasserstoff.

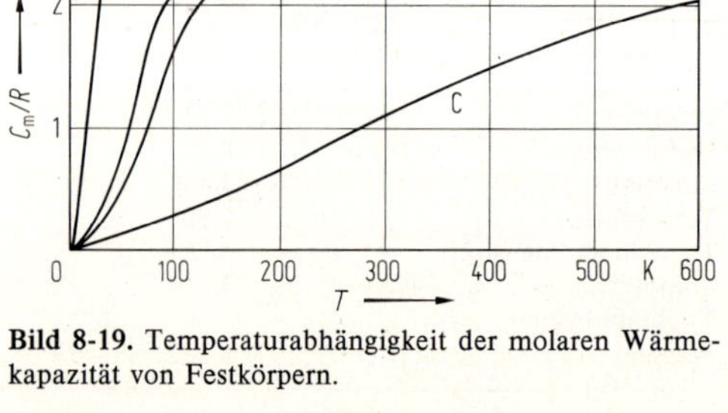

Bild 8-19. Temperaturabhängigkeit der molaren Wärmekapazität von Festkörpern.

Tabelle 8-7. Molare Wärmekapazitäten und Adiabatenexponenten von Gasen

Gas	C_{mp}		C_{mV}		C_{mp}/C_{mV}	$C_{mp} - C_{mV}$	
	$\frac{kJ}{K\,kmol}$	$\frac{kcal}{K\,kmol}$	$\frac{kJ}{K\,kmol}$	$\frac{kcal}{K\,kmol}$		$\frac{kJ}{K\,kmol}$	$\frac{kcal}{K\,kmol}$
Ar	20,9	4,99	12,7	3,04	1,65	8,2	1,95
He	20,9	5,00	12,7	3,04	1,63	8,2	1,96
Ne	20,8	4,96	12,7	3,03	1,64	8,1	1,93
Xe	20,9	4,99	12,6	3,02	1,67	8,3	1,97
Cl_2	52,8	12,62	39,2	9,36	1,35	13,6	3,26
CO	29,2	6,97	20,9	4,99	1,40	8,3	1,98
O_2	29,3	7,01	21,0	5,02	1,40	8,3	1,99
N_2	29,1	6,93	20,8	4,96	1,40	8,3	1,97
H_2	28,9	6,89	20,5	4,90	1,41	8,4	1,99
CO_2	36,9	8,80	28,6	6,82	1,29	8,3	1,98
NH_3	34,9	8,35	26,6	6,35	1,32	8,3	2,00
CH_4	35,6	8,50	27,2	6,50	1,31	8,4	2,00
O_3	38,2	9,12	27,3	6,53	1,40	10,9	2,59
SO_2	41,0	9,80	32,2	7,69	1,27	8,8	2,11

kapazität einatomiger Festkörper (Atomwärme) die experimentell gefundene Regel von *Dulong-Petit*:

$$C_m \approx 3R = 24{,}94\ \mathrm{J/K\,mol} \approx 6\ \mathrm{cal/K\,mol}\,, \qquad (89)$$

die für viele Festkörper gut erfüllt ist (Tabelle 8-6). Abweichungen zeigen sich vor allem bei sehr harten Festkörpern (z. B. Be, Diamant, Si), bei denen die Schwingungsfrequenzen sehr hoch sind und nach (51) die Schwingungsfreiheitsgrade bei Zimmertemperatur noch nicht voll angeregt sind. Dies wird durch Messungen der Temperaturabhängigkeit der molaren Wärmekapazität bestätigt (C_{III} in Bild 8-19).

8.6.2 Phasenumwandlungswärmen

Hierunter seien die Wärmemengen oder genauer Enthalpien ΔH verstanden, die bei den sogenannten Phasenübergängen 1. Art auftreten, z. B. beim Schmelzen bzw. Erstarren, Verdampfen bzw. Kondensieren und Sublimieren, aber z. B. auch bei Änderungen der Kristallstruktur im festen Zustand (Strukturumwandlung). Bei diesen Phasenumwandlungen findet der Wärmeaustausch ohne Temperaturänderung statt, bis die Umwandlung vollständig ist. Beim Schmelzen und Verdampfen muß Arbeit gegen die anziehenden Bindungskräfte geleistet werden, sowie, wegen der Volumenausdehnung vor allem beim Verdampfen, außerdem Volumenarbeit gegen den äußeren Druck. Bei $dT = 0$ muß daher Energie je Kilogramm in Form von *Schmelzenthalpie* ΔH_{sl} bzw. *Verdampfungsenthalpie* ΔH_{lg} zugeführt werden. Die Verdampfungs- bzw. Schmelzenthalpien werden beim Kondensieren bzw. Erstarren wieder frei. Da die Volumenarbeit vom äußeren Druck abhängt, ist vor allem die Verdampfungsenthalpie etwas vom äußeren Druck abhängig. Einige Schmelz- und Verdampfungsenthalpien sind in Tabelle 8-8 angegeben (Enthalpie siehe 8.4, C 8.2, F).

Beim Erwärmen einer definierten Stoffmenge, ausgehend vom festen Zustand, steigt dessen Temperatur entsprechend der zugeführten Wärmemenge nach Maßgabe der spezifischen Wärmekapazität (Bild 8-20). Die Schmelz- und die Siedetemperatur machen sich dabei als sogenannte Haltepunkte bemerkbar, bei denen die kontinuierlich zugeführte Wärme zunächst zur Phasenumwandlung dient, und erst nach vollständiger Um-

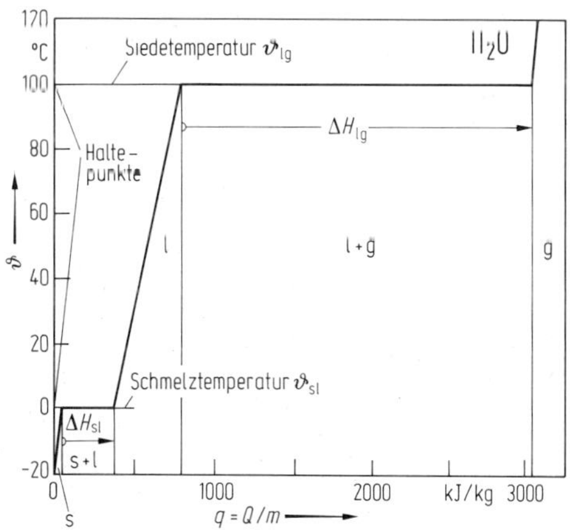

Bild 8-20. Erwärmungsverlauf für 1 kg H_2O: Haltepunkte bei Schmelz- und Siedetemperatur. s: fester, l: flüssiger und g: gasförmiger Zustand.

Tabelle 8-8. Schmelz- und Siedetemperaturen sowie Schmelz- und Verdampfungsenthalpien einiger Stoffe

Stoff	ϑ_{sl} °C	ΔH_{sl} kJ/kg	ΔH_{sl} kcal/kg	ϑ_{lg} [a] °C	ΔH_{lg} [a] kJ/kg	ΔH_{lg} [a] kcal/kg
Al	660	397	94,8	2450	10900	2600
NH_3	−77,7			−33,4	1370	327
Ar	−189			−186	163	38,9
C_2H_5OH	−114	108	25,8	78,3	840	201
C_6H_6	5,5	128	30,6	80,1	394	94,1
Be	1278	1390	332	2965	32600	7790
Pb	327	23,0	5,49	1750	8600	2054
Br	−7,2	67,8	16,2	58,8	183	43,7
Cl	−101			−34,1	290	69,3
Diamant	3500 [b]					
Graphit	3650 [c]			4350		
Fe	1535	277	66,2	2730	6340	1514
F	−220			−188	172	41,0
Ga	29,8	80,8	19,3	2230	3640	869
Ge	959	410	97,9	2830	4600	1099
Au	1063	65,7	15,7	2677	1650	394
He				−269	20,6	4,92
In	156	28,5	6,81	2050	1970	471
Ir	2450	117	27,9	4350	3900	931
J	114	124	29,6	183	172	41,1
K	63,3	59,6	14,2	775	1980	473
Ca	850	216	51,6	1487	3750	896
CO_2	−56,6			−78,5	136,8	32,7
CO	−205			−192	216	51,6
Kr	−157			−153	108	25,8
Cu	1083	205	49,0	2590	4790	1140
Mg	650	368	87,9	1110	5420	1290
CH_4	−183			−162	510	122
CH_3OH	−97,7	92	22	64,6	1100	263
Na	97,8	113	27,0	883	390	93,1
NaCl	801	500	119	1465	2900	693
Ne	−249			−246	91,2	21,8
Ni	1458	303	72,4	3177	6480	1550
O_3	−251			−113	316	75,5
Pt	1770	111	26,5	4000	2290	547
Hg	−38,9	11,8	2,82	356,6	285	68,0
O_2	−219			−183	213	50,9
CS_2	−112	57,8	13,8	46,3	352	84,1
H_2S	−85,7			−60,2	548	131
Ag	961	105	25,0	1950	2350	561
Si	1420	164	39,2	2630	14050	3360
N_2	−210			−196	198	47,3
H_2O	0	334	79,7	100	2256	538,9
H_2	−259			−253	454	108
Bi	271	52,2	12,5	1560	725	173
W	3380	192	45,9	5500	4350	1040
Woodsches Metall	71,7					
Xe	−112			−108	99,2	23,7
Zn	420	111	26,5	907	1755	419
Sn	232	59,6	14,2	2430	2450	585

[a] bei $p_n = 101\,325$ Pa
[b] Zersetzungstemperatur
[c] Sublimationstemperatur

wandlung die Temperatur weiter erhöht (Bild 8-20).

Das Beobachten von Haltepunkten bei Erwärmungsvorgängen wird daher zur experimentellen Bestimmung von Schmelztemperaturen benutzt, aber auch zur Entdeckung anderer Phasenumwandlungen wie etwa Kristallstrukturänderungen.

8.7 Zustandsänderungen bei idealen Gasen

Der Zustand eines idealen Gases ist durch die drei Zustandsgrößen Druck p, Volumen V und Temperatur T bestimmt (anstelle des Volumens V kann auch das spezifische Volumen $v = V/m$ als Zustandsgröße gewählt werden). Davon können zwei unabhängig gewählt werden, die dritte ergibt sich dann aus der Zustandsgleichung $f(p, V, T) = 0$. Im Falle des idealen Gases ist dies die allgemeine Gasgleichung (26). Die einem Gas zugeführte Wärme Q oder Arbeit W sind sog. Prozeßgrößen, keine Zustandsgrößen, wohl aber die innere Energie $U = U(T)$, vgl. (30), und die Enthalpie $H = U + pV$, die beim idealen Gas wegen $pV = \nu RT$ ebenfalls eine Funktion allein der Temperatur ist. Der Zustand eines thermodynamischen Systems heißt stationär, wenn er sich nicht mit der Zeit ändert. Ein stationärer Zustand wird Gleichgewichtszustand genannt, wenn er ohne äußere Eingriffe besteht.

Jede thermodynamische Zustandsänderung wird Prozeß genannt. Als Kreisprozeß wird eine Zustandsänderung eines thermodynamischen Systems bezeichnet, in deren Verlauf das System wieder seinen Anfangszustand erreicht. Bei Zustandsänderungen, z. B. Volumenänderungen (Kompression, Expansion), muß grundsätzlich zwischen zwei Arten der Prozeßführung unterschieden werden, die bei Vielteilchensystemen möglich sind:

Reversible Zustandsänderungen: Prozesse, die sehr langsam, in infinitesimal kleinen Schritten durchgeführt werden, so daß das System jeweils nur sehr wenig aus dem statistischen Gleichgewicht gebracht wird. Im Grenzfall ist also jeder Zwischenzustand zwischen zwei betrachteten Endzuständen ein Gleichgewichtszustand. Nach Umkehrung des Prozesses und Wiedererreichung des Ausgangszustandes oder nach Ablauf eines Kreisprozesses sind keine Änderungen im System oder in seiner Umgebung zurückgeblieben. (Dieses Verhalten entspricht dem von Bewegungsvorgängen von Einzelteilchen in der Mechanik, z.B. läßt sich kinetische Energie vollständig in potentielle Energie umwandeln und umgekehrt.)

Irreversible Zustandsänderungen sind demnach solche, bei denen das thermodynamische System nicht in den Ausgangszustand zurückkehren kann, ohne daß in der Umgebung Änderungen eintreten. Reale Prozesse spielen sich mit endlicher Geschwindigkeit ab. Sie sind daher nicht im Gleichgewicht und wegen der immer stattfindenden Ausgleichsvorgänge irreversibel. Im folgenden werden nur reversible (also idealisierte) Zustandsänderungen betrachtet.

Prozesse, bei deren Verlauf eine der Zustandsgrößen konstant bleibt (Tabelle 8-9):

- bei konstantem Volumen V: Isochore Prozesse
- bei konstantem Druck p: Isobare Prozesse
- bei konstanter Temperatur T: Isotherme Prozesse
- bei konstanter Entropie S: Isentropische Prozesse
- bei konstanter Enthalpie H: Isenthalpische Prozesse

Prozesse, bei denen das System keine Wärme mit der Umgebung austauscht, werden adiabatische Prozesse genannt.

Es werden diejenigen Zustandsänderungen von 1 mol eines idealen Gases betrachtet, die für die in 8.8 behandelten Kreisprozesse wichtig sind. Dabei interessieren die jeweils umgesetzten Energien (Wärme Q, Arbeit W, Änderung der inneren Energie ΔU), die sich aus dem 1. Hauptsatz der Thermodynamik, (73) oder (74), ergeben.

Tabelle 8-9. Zustandsänderungen idealer Gase (1 mol)

Prozeß	Zustands-funktion	abgegebene Arbeit	zugeführte Wärme	innere Energie
Isochor $V = \text{const}$ 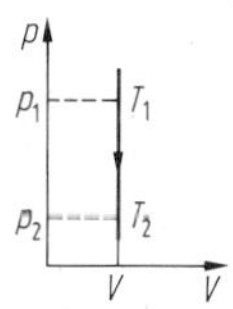	$p/T = c_{ic}$	$-\delta W = 0$ $-W_{12} = 0$	$\delta Q = C_{mV} dT$ $Q_{12} = C_{mV}(T_2 - T_1)$	$dU = C_{mV} dT$
Isobar $p = \text{const}$ 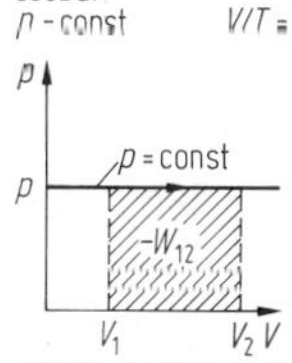	$V/T = c_{ib}$	$-\delta W = p\,dV$ $-W_{12} = p(V_2 - V_1)$	$\delta Q = C_{mp} dT$ $Q_{12} = C_{mp}(T_2 - T_1)$	$dU = C_{mV} dT$
Isotherm $T = \text{const}$ 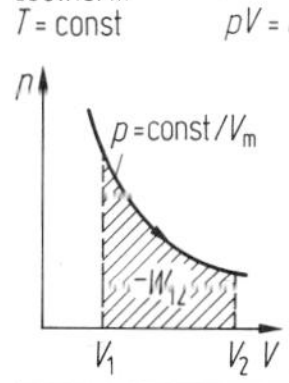	$pV = c_{it}$	$-\delta W = p\,dV$ $-W_{12} = RT \ln(V_2/V_1)$ $= RT \ln(p_1/p_2)$	$\delta Q = -\delta W = p dV$ $Q_{12} = -W_{12}$	$dU = 0$
adiabatisch $\delta Q = 0$ 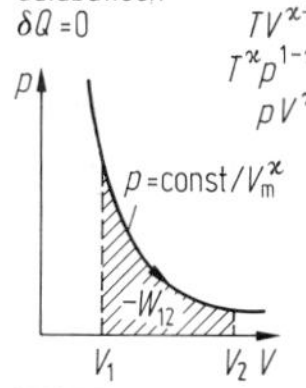	$TV^{\varkappa-1} = c_{ad,1}$ $T^{\varkappa} p^{1-\varkappa} = c_{ad,2}$ $pV^{\varkappa} = c_{ad,3}$	$-\delta W = -dU$ $= p dV$ $= -C_{mV} dT$ $-W_{12} = C_{mV}(T_1 - T_2)$	$\delta Q = 0$ $Q_{12} = 0$	$dU = \delta W$ $= C_{mV} dT$

Isochore Zustandsänderung:
Bei konstantem Volumen V wird keine Volumenarbeit geleistet, demnach ist $W = 0$. Der 1. Hauptsatz ergibt dann in Verbindung mit (82)

$$\Delta U = Q = C_{\text{mV}}\,\Delta T = C_{\text{mV}}\,(T_2 - T_1)\,. \qquad (90)$$

Die zugeführte Wärme Q wird vollständig in innere Energie überführt, die um ΔU erhöht wird (Temperaturzunahme um ΔT). Die Zustandsfunktion für die isochore Zustandsänderung folgt aus der Zustandsgleichung des idealen Gases (26) für $V_{\text{m}} = \text{const}$:

$$\frac{p}{T} = c_{\text{ic}} \quad \text{mit} \quad c_{\text{ic}} = \text{const} = \frac{R}{V_{\text{m}}}. \qquad (91)$$

Isotherme Zustandsänderung:
Bei konstanter Temperatur bleibt nach (30) die innere Energie konstant, also $\Delta U = 0$. Dann folgt aus dem 1. Hauptsatz

$$Q = -W. \qquad (92)$$

Die zugeführte Wärme wird vollständig in abgegebene Arbeit umgewandelt und umgekehrt. Die Zustandsfunktion für die isotherme Zustandsänderung folgt aus der Zustandsgleichung des idealen Gases (26) für $T = \text{const}$:

$$pV_{\text{m}} = c_{\text{it}} \quad \text{mit} \quad c_{\text{it}} = \text{const} = RT. \qquad (93)$$

Bei einer isothermen Expansion eines idealen Gases muß die nach außen abgegebene Volumenarbeit W_{12} (vgl. 8.5.1) durch Zufuhr von Wärme aus einem Wärmereservoir der Temperatur T ausgeglichen werden, damit die Temperatur des Gases konstant gehalten werden kann (Bild 8-21). Nach (67) betragen die umgesetzten Energien

$$-W_{12} = Q_{12} = RT\,\ln\frac{V_2}{V_1} = RT\,\ln\frac{p_1}{p_2}. \qquad (94)$$

Der für diesen Prozeß zu definierende Wirkungsgrad ist $\eta = -W_{12}/Q_{12} = 1$.

Adiabatische Zustandsänderung:
Bei einem adiabatischen Prozeß wird der Wärmeaustausch zwischen Arbeitsgas und Umgebung unterbunden, d. h. $Q = 0$ bzw. $\delta Q = 0$, z. B. durch Wärmeisolation des Arbeitszylinders und -kolbens (Bild 8-22). Der 1. Hauptsatz lautet dann

$$\Delta U = W \quad \text{bzw.} \quad \mathrm{d}U = \mathrm{d}W = -p\,\mathrm{d}V. \qquad (95)$$

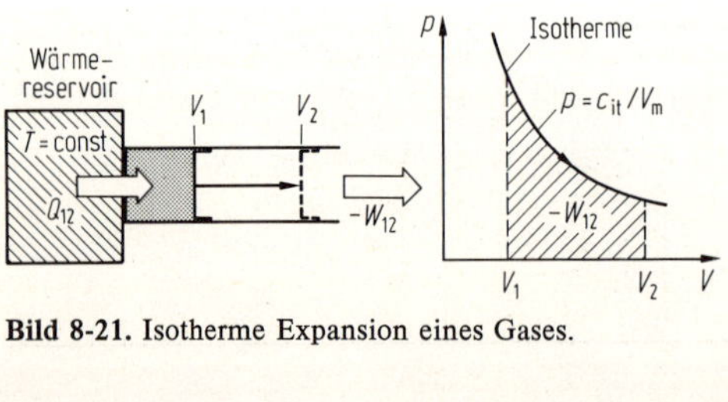

Bild 8-21. Isotherme Expansion eines Gases.

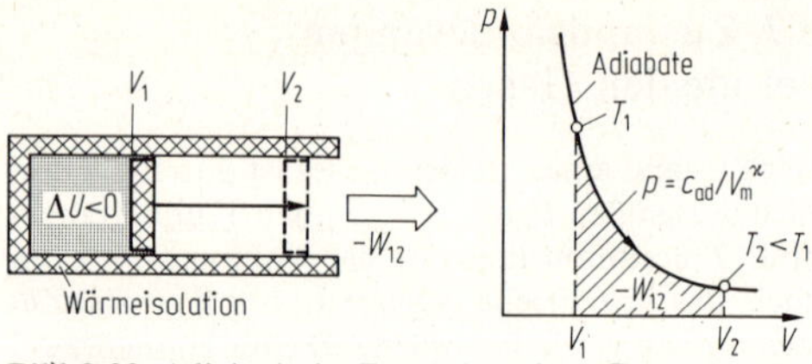

Bild 8-22. Adiabatische Expansion eines Gases.

Mit (82) folgt weiter (vgl. (69))

$$\begin{aligned} -W_{12} &= -\Delta U = -C_{\text{mV}}\Delta T = C_{\text{mV}}(T_1 - T_2) \\ \text{bzw.}\quad \mathrm{d}U &= C_{\text{mV}}\,\mathrm{d}T = -p\,\mathrm{d}V. \end{aligned} \qquad (96)$$

Arbeit kann wegen der Unterbindung des Wärmeaustausches nur unter entsprechender Verringerung der inneren Energie nach außen abgegeben werden, wobei die Temperatur abnimmt. Der hierfür zu definierende Wirkungsgrad ist $\eta = (-W)/(-\Delta U) = 1$.
Die Zustandsfunktion für die adiabatische Zustandsänderung ergibt sich mit Hilfe der Zustandsgleichung des idealen Gases (26) durch Integration von (96) zu

$$\begin{aligned} &TV^{\varkappa-1} = c_{\text{ad},1}, \quad T^{\varkappa}p^{1-\varkappa} = c_{\text{ad},2}, \\ &pV^{\varkappa} \quad\; = c_{\text{ad},3}. \end{aligned} \qquad (97)$$

In diesen *Adiabatengleichungen* (auch: *Poissonsche Gleichungen*) bedeuten die $c_{\text{ad},i}$ Konstanten und $\varkappa = C_{\text{mp}}/C_{\text{mV}}$ den Isentropen- oder Adiabatenexponenten (vgl. (88)). $\varkappa$ ist wegen (85) stets größer als 1, z. B. für einatomige Gase 1,67, für zweiatomige Gase 1,40, siehe 8.6.1. Im p,V-Diagramm verlaufen Adiabaten $p(V)_{\text{ad}}$ daher steiler als Isothermen $p(V)_{\text{it}}$, vgl. Bild 8-16.
Adiabatische Zustandsänderungen treten typisch bei Vorgängen auf, die einerseits so schnell verlaufen, daß kein Wärmeausgleich mit der Umgebung möglich ist, andererseits so langsam, daß innerhalb des Systems zu jedem Zeitpunkt die Einstellung des thermischen Gleichgewichts möglich ist. Beispiele: Schallausbreitung (adiabatische Kompression), Dieselmotor (Zündung durch adiabatische Kompression), Detonation (Explosionsausbreitung durch Stoßwelle mit adiabatischer Kompression).

8.8 Kreisprozesse

Zur kontinuierlichen Umwandlung von Wärme in mechanische Arbeit sind periodisch arbeitende Maschinen notwendig, in denen Kreisprozesse (siehe 8.7) ablaufen. Beim Kreisprozeß nach Carnot (1824) werden vier verschiedene, abwechselnd isotherme und adiabatische Prozesse zyklisch wiederholt (Bild 8-23). Die dazu benutzte Maschine besteht aus einem Zylinder mit Kolben gemäß

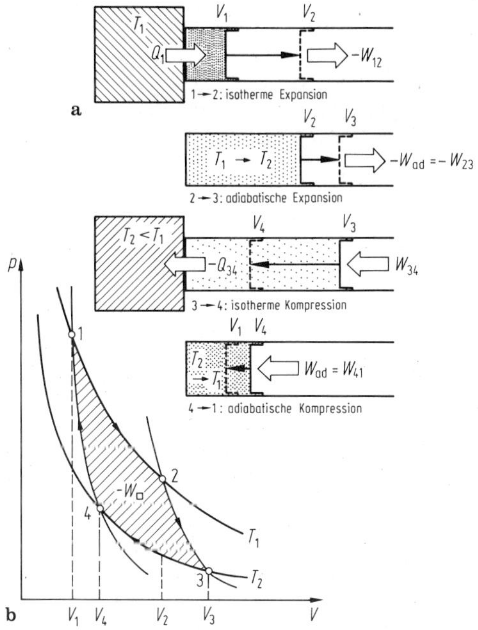

Bild 8-23. Der Carnot-Prozeß.

Bild 8-21, der als Arbeitssubstanz eine konstante Menge (z. B. 1 mol) eines idealen Gases enthält. Durch Kontakt mit Wärmereservoirs sehr großer Wärmekapazität mit den Temperaturen T_1 und $T_2 < T_1$ kann das Arbeitsgas isotherm auf T_1 oder T_2 gehalten werden (Bild 8-23 b).

Der Carnot-Prozeß ist ein idealisierter Kreisprozeß, der reversibel geführt wird (vgl. 8.7) und demzufolge auch umkehrbar ist. Reibungs- und Wärmeleitungsverluste werden vernachlässigt. Er hat nur theoretische Bedeutung zur Berechnung des bestmöglichen Wirkungsgrades η bei der Umwandlung von Wärme in mechanische Arbeit. Eine technische Realisierung dieses Kreisprozesses existiert nicht.

Nach 8.7 ergeben sich die in Tabelle 8-10 angegebenen Energieumsetzungen bei den Einzelprozessen der Carnot-Maschine. Die Volumenarbeiten der adiabatischen Teilprozesse heben sich gegenseitig auf. Aus der Anwendung von (97) auf die beiden Adiabaten in Bild 8-23 a ergibt sich $V_2/V_1 = V_3/V_4$. Damit folgt als resultierende Arbeit des Carnot-Prozesses aus der Summe der Teilarbeiten (Tabelle 8-10)

$$-W_{\square} = -W_{12} - W_{34} = R(T_1 - T_2)\ln\frac{V_2}{V_1}. \qquad (98)$$

Ferner wird während der isothermen Expansion die Wärme Q_{12} bei der Temperatur T_1 aufgenommen und die Wärme $-Q_{34}$ bei der niedrigeren Temperatur T_2 abgegeben:

$$Q_{12} = RT_1\ln\frac{V_2}{V_1}, \quad -Q_{34} = RT_2\ln\frac{V_2}{V_1}. \qquad (99)$$

Zur Berechnung des Wirkungsgrades muß die gewonnene (d. h. vom Prozeß abgegebene) Arbeit $-W_{\square}$ nur zur aufgewendeten Wärme Q_{12} in Beziehung gesetzt werden, da die bei der Temperatur T_2 freiwerdende Wärme $-Q_{34}$ für den Carnot-Prozeß nicht nutzbar ist. Aus (98) und (99) folgt

$$\eta = \frac{-W_{\square}}{Q_{12}} = \frac{T_1 - T_2}{T_1}. \qquad (100)$$

Der Wirkungsgrad des Carnot-Kreisprozesses als Wärmekraftmaschine ist demnach immer kleiner als 1 und geht nur im Grenzfall $T_2 \to 0$ gegen 1. Wie später mit Hilfe des 2. Hauptsatzes der Thermodynamik gezeigt wird, stellt (100) den maximal möglichen Wirkungsgrad einer periodisch arbeitenden Wärmekraftmaschine bei der Umwandlung von Wärme in Arbeit dar. Im Gegensatz zu allen anderen Energieformen läßt sich Wärme infolge ihrer statistisch ungeordneten Natur nicht vollständig in andere Energieformen überführen (außer theoretisch für $T_2 \to 0$).

Die von den stofflichen Eigenschaften einer Thermometersubstanz unabhängige *thermodynamische Temperaturskala* kann mit Hilfe der Carnot-Maschine definiert werden. Läßt man zwischen zwei Wärmereservoirs der Temperaturen T_1 und T_2 einen Carnot-Prozeß ablaufen und bestimmt dessen Wirkungsgrad, so ergibt sich bei Festlegung eines Temperaturwertes, z. B. des Eispunktes des Wassers auf 273,15 K, aus dem gemessenen Wirkungsgrad mit (100) der zweite Temperaturwert.

Tabelle 8-10. Energieumsetzungen beim Carnot-Prozeß

Teilprozeß	$i \to j$	T	V	$-W_{ij}$	Q_{ij}
isotherme Expansion	$1 \to 2$	T_1	$V_1 \to V_2$	$RT_1\ln\frac{V_2}{V_1}$	$RT_1\ln\frac{V_2}{V_1}$
adiabatische Expansion	$2 \to 3$	$T_1 \to T_2$	$V_2 \to V_3$	$C_{mV}(T_1 - T_2)$	0
isotherme Kompression	$3 \to 4$	T_2	$V_3 \to V_4$	$-RT_2\ln\frac{V_3}{V_4}$	$-RT_2\ln\frac{V_3}{V_4}$
adiabatische Kompression	$4 \to 1$	$T_2 \to T_1$	$V_4 \to V_1$	$-C_{mV}(T_1 - T_2)$	0

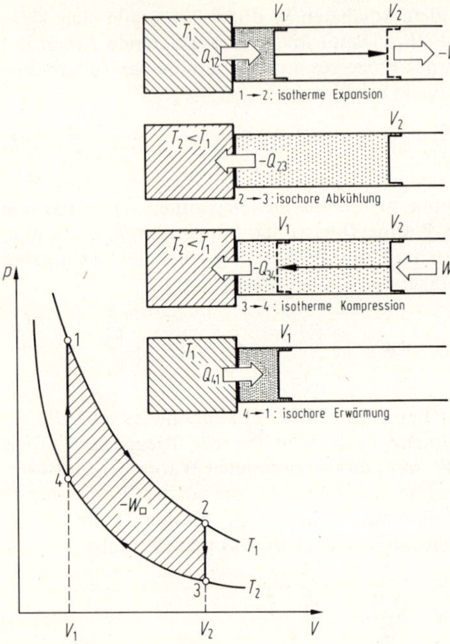

Bild 8-24. Der Stirling-Prozeß.

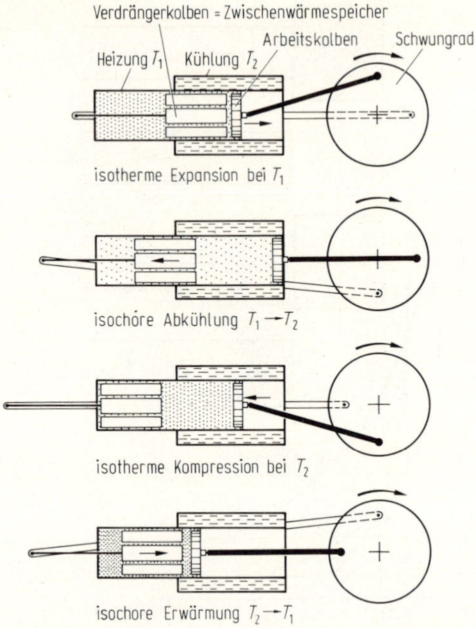

Bild 8-25. Die vier Arbeitsphasen des Stirling-Motors.

Im Gegensatz zum Carnot-Kreisprozeß läßt sich der ***Stirling-Kreisprozeß*** technisch ausnutzen (Stirling-Motor). Beim Stirling-Prozeß werden die adiabatischen Teilprozesse durch isochore Prozesse ersetzt (Bild 8-24). Deren Gesamteffekt ist nach Tabelle 8-11 zunächst die Überführung der Wärmemenge $-Q_{23} = Q_{41} = C_{mV}(T_1 - T_2)$ von T_1 nach T_2. Durch Zwischenspeicherung der bei der isochoren Abkühlung (2→3) freiwerdenden Wärme $-Q_{23}$ (z. B. im Verdrängerkolben, Bild 8-25) und Wiederverwendung bei der isochoren Erwärmung (4→1) läßt sich jedoch dieser Verlust beliebig klein halten. Für die Bilanz verbleiben dann die isothermen Prozesse, für die sich dieselben Beziehungen (98) und (99) ergeben, wie für den originalen Carnot-Prozeß. Daher ergibt sich derselbe Wirkungsgrad (100) auch für den Stirling-Prozeß.

Eine technische Form stellt der Heißluftmotor (Stirling-Motor, Bild 8-25) dar. Dabei wird das Arbeitsgas mit Hilfe eines Verdrängerkolbens, der auch als Wärmezwischenspeicher dient, zwischen einem geheizten und einem gekühlten Bereich des Arbeitszylinders bewegt. Eine über das Schwungrad gekoppelte, um 90° phasenverschobene Steuerung von Arbeits- und Verdrängerkolben bewirkt eine näherungsweise Realisierung der Teilprozesse des Stirling-Prozesses nach Bild 8-24.

8.8.1 Wärmekraftmaschine

Kreisprozesse wie der Carnot-Prozeß oder der Stirling-Prozeß können als Wärmekraftmaschinen genutzt werden. Die dabei auftretenden Energieflüsse lassen sich in einem vereinfachten Schema (Bild 8-26) darstellen, aus dem sich der Wirkungsgrad ablesen läßt. Die Wärmekraftmaschine (im Schema: Kreis) arbeitet zwischen einem Wärmereservoir höherer Temperatur T_1 (Beispiel: Dampfkessel) und einem weiteren Wärmereservoir tieferer Temperatur T_2 (Beispiel: Kühlwasser), im

Tabelle 8-11. Energieumsetzungen beim Stirling-Prozeß

Teilprozeß	$i \rightarrow j$	T	V	$-W_{ij}$	Q_{ij}
isotherme Expansion	$1 \rightarrow 2$	T_1	$V_1 \rightarrow V_2$	$RT_1 \ln \frac{V_2}{V_1}$	$RT_1 \ln \frac{V_2}{V_1}$
isochore Abkühlung	$2 \rightarrow 3$	$T_1 \rightarrow T_2$	V_2	0	$-C_{mV}(T_1 - T_2)$
isotherme Kompression	$3 \rightarrow 4$	T_2	$V_2 \rightarrow V_1$	$-RT_2 \ln \frac{V_2}{V_1}$	$-RT_2 \ln \frac{V_2}{V_1}$
isochore Erwärmung	$4 \rightarrow 1$	$T_2 \rightarrow T_1$	V_1	0	$C_{mV}(T_1 - T_2)$

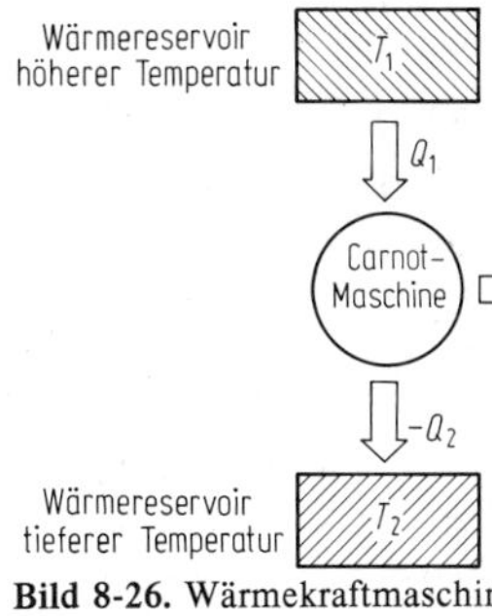

Bild 8-26. Wärmekraftmaschine (Energiefluß).

Schema als Kästen dargestellt. Gemäß (98) bis (100) und mit $Q_{12} = Q_1$ *beträgt der*

Wirkungsgrad der Wärmekraftmaschine

$$\eta = \frac{-W_\square}{Q_1} = \frac{T_1 - T_2}{T_1}, \qquad (101)$$

d. h., es ist stets $\eta < 1$.

Der ideale Wirkungsgrad hängt allein von den Arbeitstemperaturen ab.

8.8.2 Kältemaschine und Wärmepumpe

Die reversibel geführten Kreisprozesse können auch im entgegengesetzten Umlaufsinn durchlaufen werden. Beim Stirling-Motor (Bild 8-25) läßt sich das durch eine Umkehrung der Drehrichtung des Schwungrades erreichen. Dann kehren sich die Energieflußrichtungen um (Bild 8-27), d. h., es muß Arbeit $W_\square$ zugeführt werden. Dabei wird die Wärme Q_2 (= Q_{43}) dem Wärmereservoir tieferer Temperatur entnommen und eine um $W_\square$ vergrößerte Wärme $-Q_1$ (= $-Q_{21}$) dem Wärmereservoir höherer Temperatur zugeführt.
Beim Betrieb als *Kältemaschine* interessiert die dem kälteren Wärmereservoir entnommene Wärme Q_2. Für den dementsprechend gemäß Bild 8-27 definierten Wirkungsgrad ergibt sich mit

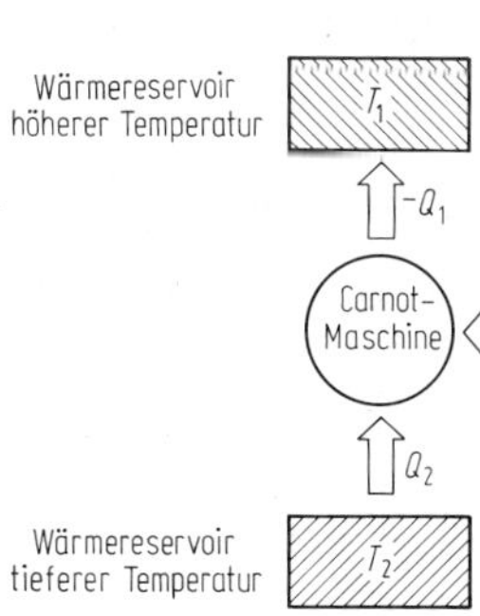

Bild 8-27. Kältemaschine und Wärmepumpe (Energiefluß).

(98) und (99) der *Wirkungsgrad der Kältemaschine*

$$\eta = \frac{Q_2}{W_\square} = \frac{T_2}{T_1 - T_2} \lesseqgtr 1, \qquad (102)$$

d. h., je nach der Temperaturdifferenz der Wärmereservoir (z. B. Kühlfach eines Kühlschrankes bei T_2, Umgebung bei T_1) im Vergleich zur tieferen Temperatur T_2 kann hier der Wirkungsgrad auch größer als 1 sein. In der Technik werden Stirling-Maschinen (Bild 8-25) als Kältemaschinen zur Erzeugung flüssiger Luft eingesetzt.
Beim Betrieb als *Wärmepumpe* interessiert dagegen die bei der höheren Temperatur T_1 abgegebene Wärme $-Q_1$, die etwa zur Raumheizung eingesetzt werden soll, während die bei tieferer Temperatur T_2 aufgenommene Wärme Q_2 z. B. dem Erdboden, einem Fluß, oder der Umgebungsluft entnommen werden kann. Der dementsprechend gemäß Bild 8-27 definierte *Wirkungsgrad der Wärmepumpe* beträgt mit (98) und (99)

$$\eta = \frac{-Q_1}{W_\square} = \frac{T_1}{T_1 - T_2} > 1, \qquad (103)$$

ist also immer größer als 1, wie auch aus dem Energieflußschema Bild 8-27 sofort entnommen werden kann. Beträgt die Temperaturdifferenz zwischen geheiztem Raum und Umgebung nicht mehr als 25 K, so ergeben sich theoretische Wirkungsgrade von mehr als 10! Im Gegensatz dazu beträgt der Wirkungsgrad einer elektrischen Heizung mittels Joulescher Wärme lediglich 1.

8.9 Richtungsablauf physikalischer Prozesse (Entropie)

Reversibel geführte thermodynamische Prozesse sind umkehrbar, laufen jedoch nicht von allein ab, da sie voraussetzungsgemäß jederzeit im Gleichgewicht sind. Von selbst laufen hingegen Vorgänge ab, die einen endlichen Unterschied, z. B. der Dichte oder der Temperatur, ausgleichen (Diffusion, Wärmeleitung usw.). Solche Prozesse, bei denen Systemteile nicht im Gleichgewicht sind, laufen jedoch nur in der Richtung von selbst ab, in der die vorhandenen Unterschiede ausgeglichen werden, d. h. die Diffusion in Richtung der niedrigeren Teilchenkonzentration oder die Wärmeleitung in Richtung der niedrigeren Temperatur usw.: irreversible Prozesse.
Der umgekehrte Prozeß, also etwa ein von selbst ablaufender Wärmetransport von einem Wärmespeicher tieferer Temperatur zu einem mit höherer Temperatur wird nicht beobachtet, obwohl er dem 1. Hauptsatz der Thermodynamik, der Energieerhaltung, nicht widersprechen würde. Er ist jedoch bei einem Vielteilchensystem (z. B. einer makroskopischen Gasmenge) extrem unwahrscheinlich. Diese Aussage ist der Inhalt des

2. Hauptsatzes der Thermodynamik:

Wärme fließt nie von selbst von einem Körper tieferer Temperatur zu einem Körper höherer Temperatur (Theorem von Clausius, 1850).

Eine andere Formulierung des 2. Hauptsatzes stammt von Carnot:

Es gibt keine periodisch arbeitende Maschine, die nur einem Körper Wärme entzieht und in Arbeit umwandelt: Unmöglichkeit des perpetuum mobile zweiter Art (auch: Theorem von Thomson).

Beide Theoreme sind äquivalent. Dies kann durch den Nachweis gezeigt werden, daß beide Theoreme gegenseitig auseinander folgen. So folgt das Theorem von Thomson aus dem von Clausius: Nimmt man zunächst an, das Theorem von Thomson gelte nicht, dann wäre eine Maschine möglich, die nur bei T_2 Wärme entzieht und dafür Arbeit abgibt (I in Bild 8-28). Die Kombination mit einer (in jedem Falle möglichen) Maschine II, die bei $T_1 > T_2$ die gleiche Arbeit in Wärme umwandelt (z. B. durch Reibung oder Joulesche Wärme), ergibt eine Maschine, die ohne Zufuhr von Arbeit Wärme von T_2 nach $T_1 > T_2$ transportiert (I + II in Bild 8-28), und damit dem Theorem von Clausius widerspricht. Also war die Voraussetzung falsch, daß das Theorem von Thomson nicht gelte.

In ähnlicher Weise läßt sich zeigen, daß das Theorem von Clausius aus dem von Thomson folgt.

Der 2. Hauptsatz der Thermodynamik ist wie der 1. Hauptsatz eine reine Erfahrungstatsache. Mit seiner Hilfe läßt sich zeigen, daß der Carnot-Kreisprozeß den größtmöglichen Wirkungsgrad besitzt. Dazu wird in einem Gedankenexperiment eine Wärmekraftmaschine (I) mit einer Wärmepumpe (II) gekoppelt. Beide sollen zwischen den gleichen Wärmereservoirs arbeiten (Bild 8-29). Die von der Wärmekraftmaschine (I) geleistete Arbeit $-W_{\mathrm{I}}$ werde vollständig dazu verwendet, die Wärmepumpe (II) zu betreiben, d. h., es sei

$$-W_{\mathrm{I}} = W_{\mathrm{II}} = W. \tag{104}$$

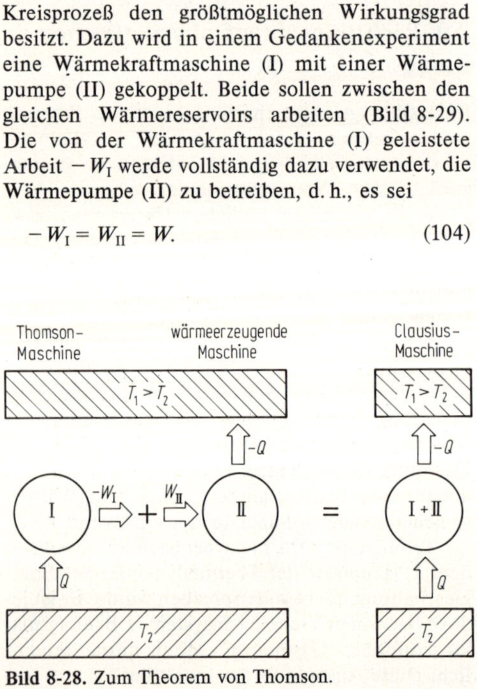

Bild 8-28. Zum Theorem von Thomson.

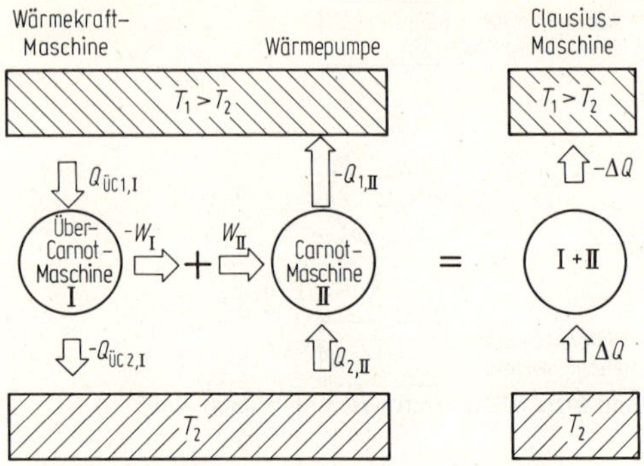

Bild 8-29. Effekt der Kopplung einer „Übercarnot-Maschine" mit einer Carnot-Maschine.

Zunächst seien beide Maschinen Carnot-Maschinen mit den Wirkungsgraden (101) bzw. (103):

$$\eta_{\mathrm{C,I}} = \frac{-W_{\mathrm{I}}}{Q_{1,\mathrm{I}}} = \frac{T_1 - T_2}{T_1}$$

$$\text{und} \quad \eta_{\mathrm{C,II}} = \frac{-Q_{1,\mathrm{II}}}{W_{\mathrm{II}}} = \frac{T_1}{T_1 - T_2}. \tag{105}$$

Aus den beiden reziproken Wirkungsgraden (105) folgt $Q_{1,\mathrm{I}} = -Q_{1,\mathrm{II}}$ und damit auch $-Q_{2,\mathrm{I}} = Q_{2,\mathrm{II}}$. Der Gesamteffekt der beiden gekoppelten Carnot-Maschinen ist also null, da den beiden Wärmereservoirs die gleichen Wärmemengen entzogen und zugeführt werden.

Nun werde angenommen, daß die Wärmekraftmaschine (I) bei gleicher Arbeit $-W_{\mathrm{I}}$ einen größeren als den Carnot-Wirkungsgrad habe, also eine „Übercarnot-Maschine" darstelle:

$$\eta_{\mathrm{üc,I}} = \frac{-W_{\mathrm{I}}}{Q_{\mathrm{üc1,I}}} > \eta_{\mathrm{c,I}} = \frac{-W_{\mathrm{I}}}{Q_{1,\mathrm{I}}}. \tag{106}$$

Damit wird die für die Erzeugung der Arbeit $-W_{\mathrm{I}}$ aufgewendete Wärme $Q_{\mathrm{üc1,I}}$ kleiner als die entsprechende Wärmemenge $Q_{1,\mathrm{II}}$. Wegen $W = |Q_{\mathrm{üc1,I}}| - |Q_{\mathrm{üc2,I}}|$ (1. Hauptsatz) gilt dann auch $|Q_{\mathrm{üc2,I}}| < |Q_{2,\mathrm{II}}|$. Da nun die durch die Übercarnot-Maschine (I) von T_1 nach T_2 transportierten Wärmen kleiner sind als die durch die Carnot-Maschine (II) von T_2 nach $T_1 > T_2$ transportierten Wärmen, wäre der Gesamteffekt der beiden gekoppelten Maschinen nicht mehr null, sondern es würde periodisch ohne Arbeitsaufwand Wärme vom Wärmereservoir tieferer Temperatur zum Wärmereservoir höherer Temperatur transportiert werden. Das ist jedoch nach dem 2. Hauptsatz der Thermodynamik (Theorem von Clausius) nicht möglich. Die Voraussetzung, die Existenz einer „Übercarnot-Maschine", trifft also nicht zu, der Carnot-Wirkungsgrad ist der größtmögliche.

Daraus folgt ferner, daß der thermische Wirkungsgrad des Carnot-Prozesses (100) für jeden reversibel geführten Kreisprozeß zwischen den gleichen Temperaturen gilt. Technische Kreisprozesse sind

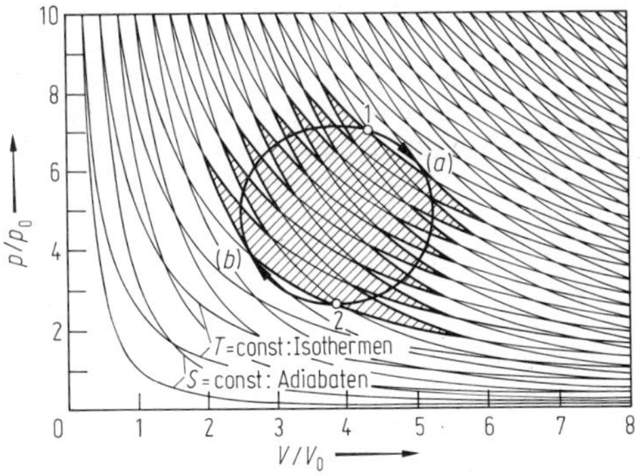

Bild 8-30. Beliebiger Kreisprozeß aus Isothermen- und Adiabatenstücken.

jedoch mehr oder weniger irreversibel und haben stets einen kleineren Wirkungsgrad als der Carnot-Prozeß:

$$\eta_{\text{irr}} < \eta_{\text{rev}} = \frac{-W}{Q_1} = \frac{T_1 - T_2}{T_1}. \tag{106}$$

Für den reversibel geführten Carnot-Prozeß gilt nach (98) und (99) die Energiebilanz $-W = Q_1 + Q_2$ mit $Q_2 < 0$. Damit folgt aus (106)

$$\frac{Q_2}{Q_1} = -\frac{T_2}{T_1} \quad \text{bzw.} \quad \frac{Q_1}{T_1} + \frac{Q_2}{T_2} = 0. \tag{107}$$

Danach sind die reversibel ausgetauschten Wärmen Q_i den Temperaturen T_i während des Austausches proportional. Die Betrachtung des Carnot-Prozesses hat gezeigt, daß Wärmeenergie bei höherer Temperatur besser nutzbar ist als bei tieferer Temperatur. Ein (reziprokes) Maß für die „Nutzbarkeit" ist die reduzierte Wärme Q/T. Nach (107) ist für *reversible Kreisprozesse* die Summe der reduzierten Wärmen gleich 0:

$$\sum \frac{Q_{\text{rev}}}{T} = 0 \quad \text{bzw.} \quad \oint \frac{\mathrm{d}Q_{\text{rev}}}{T} = 0. \tag{108}$$

Bei *irreversiblen Kreisprozessen* folgt dagegen aus (106)

$$\sum \frac{Q}{T} < 0 \quad \text{bzw.} \quad \oint \frac{\mathrm{d}Q}{T} < 0. \tag{109}$$

Für zwei Punkte 1 und 2 eines beliebigen, reversiblen Kreisprozesses (Bild 8-30), der sich z. B. aus differentiell kleinen isothermen und adiabatischen Zustandsänderungen zusammensetzen läßt, gilt dann nach (108) für die beiden Prozeß-Teilwege (a) und (b)

$$\underset{(a)}{\int_1^2} \frac{\mathrm{d}Q_{\text{rev}}}{T} + \underset{(b)}{\int_2^1} \frac{\mathrm{d}Q_{\text{rev}}}{T} = 0 \quad \text{bzw.} \quad \underset{(a)}{\int_1^2} \frac{\mathrm{d}Q_{\text{rev}}}{T} = \underset{(b)}{\int_1^2} \frac{\mathrm{d}Q_{\text{rev}}}{T}. \tag{110}$$

(110) zeigt, daß bei reversibler Prozeßführung das Integral über die reduzierten Wärmen allein vom Anfangs- und Endzustand abhängig ist, nicht aber vom Wege, längs dessen die Zustandsänderung erfolgt. Das Integral der reduzierten Wärmen bei reversibler Zustandsänderung stellt daher eine Zustandsfunktion dar, die als Entropie S bezeichnet wird. Die differentielle *Entropieänderung* $\mathrm{d}S$ und die *Entropiedifferenz* ΔS zwischen zwei Zuständen betragen dann

$$\mathrm{d}S = \frac{\mathrm{d}Q_{\text{rev}}}{T}$$

$$\text{bzw.} \quad \Delta S = S_2 - S_1 = \int_1^2 \frac{\mathrm{d}Q_{\text{rev}}}{T}. \tag{111}$$

Für die *Zustandsfunktion* Entropie läßt sich allgemein schreiben

$$S = \int \frac{\mathrm{d}Q_{\text{rev}}}{T} + S_0. \tag{112}$$

Die Konstante S_0 kann frei gewählt und damit der Nullpunkt der Entropie beliebig festgelegt werden, da physikalisch nur Entropieänderungen von Bedeutung sind. In der Technik wird daher der Nullpunkt der Entropie meist willkürlich auf die Temperatur $T_0 = 273{,}15\ \text{K} = 0\ °\text{C}$ gelegt.

SI-Einheit: $[S] = \text{J/K}$.

Bei reversibel geführten adiabatischen Prozessen ist $\mathrm{d}Q_{\text{rev}} = 0$, d. h. $\Delta S = 0$ oder $S = \text{const}$: Die Entropie bleibt konstant. *Reversible adiabatische Prozesse* sind daher gleichzeitig *isentropische Prozesse*.

Für irreversible Zustandsänderungen folgt aus (109) und (111)

$$\int_1^2 \frac{\mathrm{d}Q}{T} < \int_1^2 \frac{\mathrm{d}Q_{\text{rev}}}{T} = S_2 - S_1 = \Delta S. \tag{113}$$

d. h., der Entropiezuwachs ist größer als das Integral der reduzierten Wärme. Für abgeschlossene Systeme ist $\mathrm{d}Q = 0$. Ist das System nicht im thermischen Gleichgewicht, so laufen die Prozesse in ihm insgesamt irreversibel ab, das System strebt dem thermischen Gleichgewicht zu. Aus (113) ergibt sich wegen $\mathrm{d}Q = 0$ für *abgeschlossene Systeme*

$$S_2 - S_1 = \Delta S > 0 \quad \text{oder} \quad S_2 > S_1 \tag{114}$$

Daraus folgt eine andere Formulierung des 2. Hauptsatzes der Thermodynamik:

> *Entropiesatz:* In einem endlichen, abgeschlossenen System nimmt die Entropie stets zu und strebt einem Maximalwert zu. Nur solche Prozesse, bei denen die Entropie wächst, laufen von selbst ab.

Beispiele für Entropieänderungen:

Entropie des idealen Gases:
Besteht die bei einer reversiblen Expansion eines idealen Gases geleistete Arbeit aus Volumenarbeit $-\mathrm{d}W = p\,\mathrm{d}V$, so lautet der 1. Hauptsatz (74)

$$\mathrm{d}Q_{\mathrm{rev}} = \mathrm{d}U + p\,\mathrm{d}V. \tag{115}$$

Mit (111) folgt daraus für die Entropieänderung

$$\mathrm{d}S = \frac{\mathrm{d}U + p\,\mathrm{d}V}{T}. \tag{116}$$

Durch Einsetzen der Zustandsgleichung für ν Mole eines idealen Gases (26) und von $\mathrm{d}U = \nu C_{\mathrm{mV}}\,\mathrm{d}T$ (82) ergibt sich nach Integration für die Entropiedifferenz eines idealen Gases zwischen den Zuständen (V_1, T_1) und (V_2, T_2)

$$\Delta S = S_2 - S_1 = \nu C_{\mathrm{mV}} \ln\frac{T_2}{T_1} + \nu R \ln\frac{V_2}{V_1}. \tag{117}$$

Sonderfälle:

Isochore Zustandsänderung: $V_2 = V_1 = \mathrm{const}$, d. h.,

$$\Delta S = \nu C_{\mathrm{mV}} \ln\frac{T_2}{T_1}. \tag{118}$$

Isotherme Zustandsänderung: $T_2 = T_1 = \mathrm{const}$, d. h.,

$$\Delta S = \nu R \ln\frac{V_2}{V_1}. \tag{119}$$

Die Entropiezunahme (119) gilt auch für die irreversible Expansion eines idealen Gases in das Vakuum (Gay-Lussac-Versuch). Der hierbei ausbleibende Wärmeaustausch mit der Umgebung bedeutet nicht, daß die Entropie konstant bliebe.

Phasenübergänge von Stoffen
Beim Schmelzen (Erstarren) oder Verdampfen (Kondensieren) von ν Molen eines Stoffes muß die Umwandlungsenthalpie $\nu\Delta H_{\mathrm{mu}}$ zugeführt (freigesetzt) werden, wobei die Umwandlungstemperatur T_{u} konstant bleibt (ΔH_{mu}: molare Umwandlungswärme). Die Entropiezunahme (-abnahme) beträgt demnach

$$\Delta S = \frac{1}{T_{\mathrm{u}}}\int_1^2 \mathrm{d}Q_{\mathrm{rev}} = \nu\frac{\Delta H_{\mathrm{mu}}}{T_{\mathrm{u}}}. \tag{120}$$

Wärmeleitung:
Die Entropiezunahme beim Übergang einer Wärmemenge Q von einem wärmeren Körper der Temperatur T_1 auf einen kälteren Körper der Temperatur T_2 beträgt nach (111)

$$\Delta S = S_2 - S_1 = \frac{Q}{T_2} - \frac{Q}{T_1} = Q\frac{T_1 - T_2}{T_1 T_2}. \tag{121}$$

Entropie und Wahrscheinlichkeit

Wahrscheinlichkeitsbetrachtung: Ein Volumen V_2 enthalte 1 mol eines idealen Gases (d. h. N_{A} Moleküle). Die Wahrscheinlichkeit W dafür, daß davon sich ein Molekül gleichzeitig in einem bestimmten, kleineren Teilvolumen V_1 befinde, ist $W_{1,1} = V_1/V_2$. Die Wahrscheinlichkeit dafür, daß sich zwei Moleküle gleichzeitig in V_1 befinden, ist $W_{1,2} = (V_1/V_2)^2$, usw., entsprechend für alle N_{A} Moleküle in V_1: $W_{1,N_{\mathrm{A}}} = (V_1/V_2)^{N_{\mathrm{A}}}$. Wegen der Größe der Avogadro-Konstante N_{A} (siehe 8.1) ist diese Wahrscheinlichkeit sehr klein. Hingegen ist die Wahrscheinlichkeit, daß sich alle N_{A} Moleküle in V_2 befinden: $W_{2,N_{\mathrm{A}}} = 1$ (Gewißheit). Das Verhältnis der Wahrscheinlichkeit dafür, daß sich alle Moleküle in V_2 bzw. in V_1 befinden, ist demnach

$$\frac{W_{2,N_{\mathrm{A}}}}{W_{1,N_{\mathrm{A}}}} = \left(\frac{V_2}{V_1}\right)^{N_{\mathrm{A}}}. \tag{122}$$

Wegen der großen Teilchenzahl N_{A} ist dieses Verhältnis sehr groß. Die Wahrscheinlichkeit dafür, daß sich das Gas gleichmäßig in dem Gesamtvolumen V_2 verteilt, ist also außerordentlich viel größer als die Wahrscheinlichkeit, daß es sich in dem kleineren Teilvolumen V_1 konzentriert, obwohl dies vom 1. Hauptsatz nicht ausgeschlossen wird. Nur wenn sehr wenige Teilchen vorhanden sind, ist die letztere Wahrscheinlichkeit merklich von Null verschieden. Aus (122) folgt

$$\ln\frac{W_2}{W_1} = N_{\mathrm{A}} \ln\frac{V_2}{V_1}, \tag{123}$$

und weiter aus dem Vergleich mit der Entropieänderung (119) bei der Expansion $V_1 \to V_2$ in das Vakuum und bei Beachtung von $R/N_{\mathrm{A}} = k$

$$\Delta S = k \ln\frac{W_2}{W_1}, \tag{124}$$

oder allgemein die Boltzmann-Beziehung

$$S = k \ln W. \tag{125}$$

Die Entropie ist demnach ein Maß für die Wahrscheinlichkeit eines Zustandes. Die Entropie nimmt zu mit steigender Wahrscheinlichkeit des erreichten Zustandes. Prozesse, bei denen der Endzustand wahrscheinlicher ist als der Anfangszustand ($\Delta S > 0$), laufen in abgeschlossenen Systemen von selbst ab (z. B. Diffusion, Wärmeleitung, vgl. 9 Transporterscheinungen). Vorgänge, bei denen $\Delta S < 0$ ist, sind nur unter Energiezufuhr von außen möglich. Auch reversible Prozesse (z. B. Carnot-Prozeß) laufen nicht von allein ab, da hier $\Delta S = 0$ bzw. in jedem Stadium Gleichgewicht vorausgesetzt ist.

9 Transporterscheinungen

Atome bzw. Moleküle in Gasen, Flüssigkeiten und Festkörpern oder auch elektrische Ladungsträger (Elektronen, Löcher bzw. Defektelektronen, Ionen) in Gasplasmen, Elektrolyten, Halbleitern und Metallen sind nach 8 in ständiger thermischer Bewegung. Ist außerdem ein räumliches Ungleichgewicht vorhanden, z. B. ein Teilchenkonzentrationsgefälle, ein Temperaturgefälle, ein Geschwindigkeitsgefälle oder (bei elektrischen Ladungsträgern) ein elektrisches Potentialgefälle, so entstehen Ströme von Teilchen, Ladungen usw., die so gerichtet sind, daß das Gefälle (der Gradient) abgebaut wird. Es handelt sich also um irreversible Ausgleichsvorgänge in Vielteilchensystemen, die unter dem gemeinsamen Oberbegriff „Transporterscheinungen" behandelt werden können. Insbesondere gehören dazu

- Diffusion: Transport von *Teilchen (Materie)*,
- Wärmeleitung: Transport von *Energie*,
- innere Reibung (Viskosität) bei Strömungen: Transport von *Impuls*,
- elektrische Leitung: Transport von *Ladung* (siehe 16).

9.1 Stoßquerschnitt, mittlere freie Weglänge

Eine wichtige Größe bei Transportvorgängen ist die „mittlere freie Weglänge" l_c, das ist der Weg, der im Mittel von einem Teilchen zwischen zwei Stößen mit anderen Teilchen zurückgelegt werden kann. Sie hängt vor allem vom „Stoßquerschnitt" ab, der sich beim Modell der starren Kugeln mit endlichem Radius r für die Teilchen wie folgt berechnen läßt:
Bewegt sich ein Strom von Teilchen (Radius r_1) durch ein System von anderen Teilchen (Radius r_2), so gilt mit $R = r_1 + r_2$ und dem Stoßparameter b als Abstand des Mittelpunktes des Teilchens 2 von der ungestörten Bahn des Mittelpunktes des Teilchens 1 (Bild 9-1):
Es erfolgt ein Stoß, wenn $b < R$,
kein Stoß, wenn $b > R$.
Stöße erfolgen also dann, wenn innerhalb eines Zylinders vom Radius $R = r_1 + r_2$ um die Bewegungsrichtung des stoßenden Teilchens Mittelpunkte anderer Teilchen liegen (Bild 9-2). Die Querschnittsfläche σ dieses Zylinders heißt *Stoßquerschnitt* oder *gaskinetischer Wirkungsquerschnitt*:

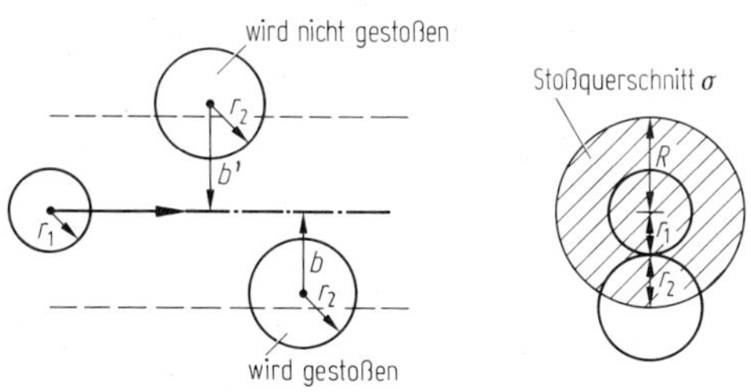

Bild 9-1. Zum Stoßquerschnitt.

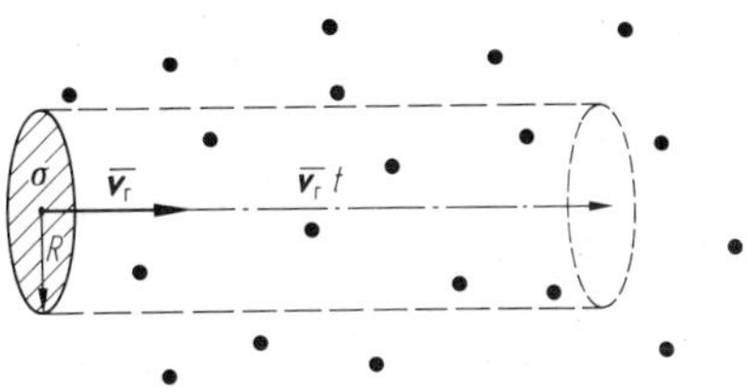

Bild 9-2. Zur Berechnung der Stoßzahl.

$$\sigma = \pi R^2 = \pi (r_1 + r_2)^2$$

$$\text{bzw.} \quad \sigma = 4\pi r^2 \quad \text{für} \quad r_1 = r_2 = r. \tag{1}$$

Die mittlere Stoßzahl $\bar{Z}$ während der Zeit t ergibt sich aus dem vom stoßenden Teilchen mit seinem Stoßquerschnitt σ in der Zeit t im Mittel überstrichenen Zylindervolumen der Länge $\bar{v}_r t$ (Bild 9-2) sowie aus der Teilchenzahldichte n:

$$\bar{Z} = \sigma \bar{v}_r t n \,; \tag{2a}$$

mittlere Stoßfrequenz:

$$\nu_c = \frac{\bar{Z}}{t} = \sigma \bar{v}_r n \,. \tag{2b}$$

Hierin ist $\bar{v}_r$ die mittlere Relativgeschwindigkeit zwischen stoßendem und gestoßenen Teilchen. Da sich auch die gestoßenen Teilchen bewegen, ist $\bar{v}_r$ nicht gleich der mittleren Teilchengeschwindigkeit $\bar{v}$, sondern ergibt sich aus den Einzelgeschwindigkeiten $\boldsymbol{v}_1$ und $\boldsymbol{v}_2$ gemäß

$$\overline{\boldsymbol{v}_r^2} = \overline{(\boldsymbol{v}_1 - \boldsymbol{v}_2)^2} = \overline{\boldsymbol{v}_1^2} + \overline{\boldsymbol{v}_2^2}, \quad \text{da} \quad \overline{\boldsymbol{v}_1 \cdot \boldsymbol{v}_2} = 0 \,. \tag{3}$$

Vernachlässigt man den Unterschied zwischen $\overline{v^2}$ und $\bar{v}^2$, so gilt, wenn beide Stoßpartner Teilchen gleicher Sorte sind ($\bar{v}_1 = \bar{v}_2 = \bar{v}$),

$$\bar{v}_r \approx \bar{v} \sqrt{2} \,. \tag{4}$$

$\bar{v}$ kann bei Gasmolekülen aus (8-4) oder näherungsweise aus (8-31) berechnet werden. Damit folgt für die mittlere Flugzeit zwischen zwei Stößen

$$\tau_c = \frac{1}{\nu_c} = \frac{1}{\sqrt{2}\, \sigma \bar{v} n} \tag{5}$$

und für die *mittlere freie Weglänge* zwischen zwei Stößen

$$l_c = \bar{v} \tau_c = \frac{1}{\sqrt{2}\, \sigma n} = \frac{1}{\sqrt{2}\, \pi R^2 n} = \frac{1}{4\sqrt{2}\, \pi r^2 n} \,. \tag{6}$$

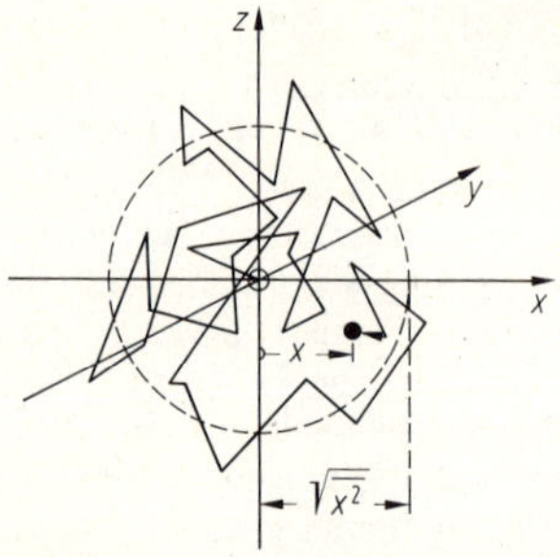

Bild 9-3. Bereich der mittleren quadratischen Verrückung bei der statistischen Molekularbewegung.

Mittlere quadratische Verrückung:

Die statistische thermische Bewegung der Moleküle führt zu einer Versetzung, die sich z. B. in x-Richtung aus den x-Komponenten $s_{x,i}$ der statistischen Einzelversetzungen zwischen jeweils zwei Stößen zusammensetzen (Bild 9-3), bei Z Stößen also:

$$x = \sum_{i=1}^{Z} s_{x,i}\,. \tag{7}$$

Im zeitlichen Mittel wird die Versetzung wegen der statistischen Unabhängigkeit der Einzelversetzungen verschwinden, jedoch wird die Schwankung (Streuung) von x mit der Zeit zunehmen. Für das mittlere Verrückungsquadrat folgt

$$\overline{x^2} = \sum_i \overline{s_{x,i}^2} = Z\overline{s_x^2}, \tag{8}$$

da die gemischten Glieder ebenfalls wegen der statistischen Unabhängigkeit der Einzelversetzungen verschwinden. Mit $\overline{s_x} = \overline{v_x}\tau_c$ und mit (8-6) wird aus (8)

$$Z\overline{s_x^2} \approx Z\overline{v_x^2}\tau_c^2 = \frac{1}{3}\,\overline{v^2}\tau_c^2 Z, \tag{9}$$

worin τ_c die mittlere freie Flugdauer zwischen zwei Stößen ist. Wegen $Z\tau_c = t$ ergibt sich schließlich als *mittlere quadratische Verrückung* näherungsweise

$$\overline{x^2} \approx \frac{1}{3}\,\overline{v^2}\tau_c t. \tag{10}$$

Der Schwankungsbereich $\Delta x = \sqrt{\overline{x^2}} \sim \sqrt{t}$ wird also mit der Beobachtungszeit t größer.

9.2 Molekulardiffusion

Der durch die thermische Bewegung bewirkte Transport von Atomen und Molekülen in Gasen, Flüssigkeiten und Festkörpern wird Diffusion genannt. Bei der Diffusionsbewegung von Molekülen in einem Stoff, der aus Molekülen derselben Art besteht, spricht man von Eigen- oder Selbstdiffusion, im anderen Falle von Fremddiffusion.

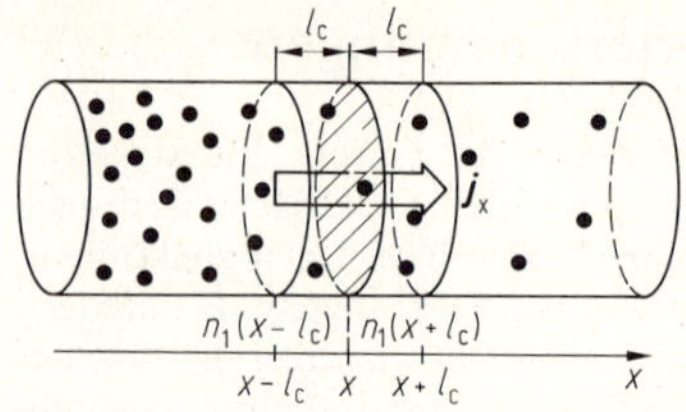

Bild 9-4. Zum Fickschen Gesetz der Diffusion.

Ist ein räumliches Gefälle der Teilchenkonzentration n vorhanden, so führt die Diffusion zu einem gerichteten Massentransport, einem Teilchenstrom in Richtung der geringeren Teilchenkonzentration. Bei einem eindimensionalen Konzentrationsgefälle $\mathrm{d}n/\mathrm{d}x$ in x-Richtung (Bild 9-4) gilt im stationären (zeitunabhängigen) Fall für die Teilchenstromdichte j das *1. Ficksche Gesetz*

$$j \equiv \frac{\mathrm{d}N}{A\,\mathrm{d}t} = -D\frac{\mathrm{d}n}{\mathrm{d}x}, \tag{11}$$

$\mathrm{d}N$: effektive Teilchenzahl, die in der Zeit $\mathrm{d}t$ durch einen Querschnitt A geht (Bild 9-4).
D Diffusionskoeffizient, temperaturabhängig.

SI-Einheit: $[D] = \mathrm{m^2/s}$.

Selbstdiffusion in Gasen

Trotz der sehr hohen mittleren thermischen Geschwindigkeit (z. B. Bild 8-5) geht die Diffusion zweier Gase ineinander verhältnismäßig langsam vonstatten, wie bei farbigen Gasen, z. B. Bromdampf in Luft, leicht beobachtet werden kann. Das liegt an der ständigen Richtungsumlenkung der Moleküle durch Stöße und wird vor allem durch die mittlere freie Weglänge bestimmt.
Die Selbstdiffusion von Molekülen in einem Gas gleichartiger Moleküle kann experimentell nur durch Markierung einer Zahl von Molekülen, deren Diffusion verfolgt werden soll, untersucht werden. Die Markierung der Moleküle kann z. B. darin bestehen, daß ihre Atomkerne radioaktiv sind. Ihre Konzentration sei n_1 und in x-Richtung ortsabhängig: $n_1 = n_1(x)$. Die Gesamtkonzentration n der Moleküle sei jedoch ortsunabhängig. Dann gilt nach (11) für die Diffusionsstromdichte j_x der markierten Moleküle das Ficksche Gesetz

$$j_x = -D_s\frac{\mathrm{d}n_1}{\mathrm{d}x}, \tag{12}$$

worin D_s der Selbstdiffusionskoeffizient ist. Er läßt sich durch eine Teilchenstrombilanz über die mittlere freie Weglänge berechnen. Im Mittel bewegen sich etwa 1/6 der markierten Moleküle in $+x$-Richtung und 1/6 in $-x$-Richtung. Durch eine Querschnittsfläche A an der Stelle $x = \mathrm{const}$ (Bild 9-4) bewegen sich in $+x$-Richtung Moleküle, die im Durchschnitt in der Ebene $x - l_c = \text{const}$ den letzten Stoß erlitten haben und daher eine Teilchenkonzentration $n_1(x - l_c)$ haben (kein Produkt!). Ihre Teilchenstromdichte ist also $\bar{v}n_1(x - l_c)/6$. Entsprechendes gilt für die $-x$-Richtung. Die Netto-Teilchenstromdichte beträgt daher

$$j_x = \frac{1}{6}\bar{v}n_1(x - l_c) - \frac{1}{6}\bar{v}n_1(x + l_c)$$

$$= \frac{1}{6}\bar{v}\left[-2l_c\frac{\partial n_1}{\partial x}\right]. \tag{13}$$

Der Vergleich mit (12) liefert für den Selbstdiffusionskoeffizienten

$$D_s = \frac{1}{3}\bar{v}l_c. \tag{14}$$

Mit (8-31) und (8-32) und (6) folgt daraus

$$D_s = \frac{1}{\sqrt{6}}\cdot\frac{1}{n\sigma}\sqrt{\frac{kT}{m}} = \frac{1}{\sqrt{6}}\cdot\frac{1}{p\sigma}\sqrt{\frac{(kT)^3}{m}}, \tag{15}$$

d. h., es gilt für

$$T = \text{const:} \quad D_s \sim \frac{1}{n} \sim \frac{1}{p}, \tag{16a}$$

und für

$$p = \text{const:} \quad D_s \sim T^{3/2}. \tag{16b}$$

Ferner diffundieren leichte Moleküle (z. B. He, H_2) wegen $D_s \sim 1/\sqrt{m}$ schneller als schwere.

9.3 Wärmeleitung

Thermische Energie wird durch Wärmeleitung, durch Konvektion und durch Wärmestrahlung transportiert. Die *Wärmestrahlung* (Transport von Energie durch elektromagnetische Strahlung) wird in 20.2 behandelt. *Konvektion* ist die durch unterschiedliche Massendichte als Folge von Temperaturunterschieden in Flüssigkeiten oder Gasen hervorgerufene Auftriebsströmung im Schwerefeld, die hier nicht weiter behandelt wird. *Wärmeleitung* bezeichnet den Wärmestrom in Materie, der im Gegensatz zur Konvektion nicht durch einen Massenstrom vermittelt wird, sondern durch Weitergabe der thermischen Energie, z. B. in Gasen durch Stoß von Molekül zu Molekül, in Festkörpern über elastische Wellen (Phononen), in Metallen zusätzlich durch Stöße zwischen den Elektronen des quasifreien Leitungselektronengases, in Richtung der niedrigeren Temperatur, d. h. der niedrigeren Energiekonzentration.

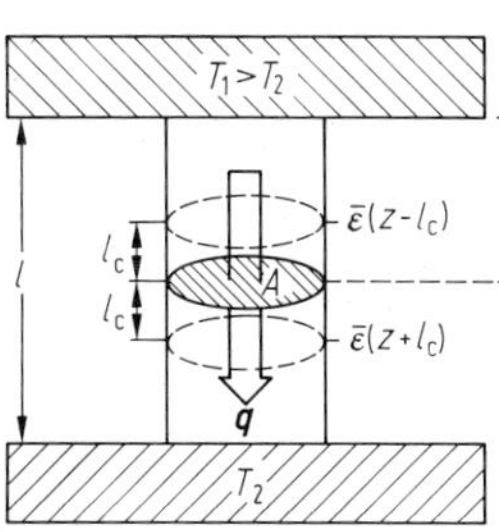

Bild 9-5. Zum Fourierschen Gesetz der Wärmeleitung.

Bei Vorhandensein eines Temperaturgefälles $\mathrm{d}T/\mathrm{d}z$ in z-Richtung (Bild 9-5) gilt im stationären Fall für die Wärmestromdichte q analog zum Fickschen Gesetz der Diffusion das *Fouriersche Gesetz*

$$q \equiv \frac{\mathrm{d}Q}{A\,\mathrm{d}t} = -\lambda\frac{\mathrm{d}T}{\mathrm{d}z}. \tag{17}$$

($\mathrm{d}Q$ Wärmemenge, die in der Zeit $\mathrm{d}t$ effektiv durch einen Querschnitt A geht (Bild 9-5), λ Wärmeleitfähigkeit), Werte für die Wärmeleitfähigkeit von Werkstoffen siehe Tabelle D 9-5.

SI-Einheit: $[\lambda] = \mathrm{J/Kms} = \mathrm{W/Km}$.

Für einen homogenen Zylinder der Länge l folgt aus (17) für den *Wärmestrom* Φ bei einer Temperaturdifferenz $\Delta T = T_1 - T_2$ (in Analogie zum Ohmschen Gesetz (12.6) des elektrischen Stromes) das sog. *Ohmsche Gesetz der Wärmeleitung*

$$\Phi = \frac{\mathrm{d}Q}{\mathrm{d}t} = \frac{\Delta T}{R_{th}}$$

mit dem Wärmewiderstand

$$R_{th} = \frac{l}{\lambda A}. \tag{18}$$

Wärmeleitung in Gasen

Die Wärmeleitfähigkeit von Gasen kann in ähnlicher Weise wie der Selbstdiffusionskoeffizient durch eine Wärmestrombilanz über die mittlere freie Weglänge berechnet werden. Im Mittel bewegen sich 1/6 der Moleküle in $+z$-Richtung und 1/6 in $-z$-Richtung. Durch eine Querschnittsfläche A an der Stelle $z = \text{const}$ (Bild 9-5) bewegen sich in $+z$-Richtung Moleküle, die im Durchschnitt in der Ebene $z - l_c = \text{const}$ den letzten Stoß erlitten haben und daher eine mittlere thermische Energie $\bar{\varepsilon}(z - l_c)$ haben (kein Produkt!). Die zugehörige Wärmestromdichte ist also $\bar{v}n\bar{\varepsilon}(z - l_c)/6$. Entsprechendes gilt für die $-z$-Richtung. Für die Netto-Wärmestromdichte folgt daher analog zu (13)

$$q_x = \frac{1}{6}\bar{v}n\left[-2l_c\frac{\partial\bar{\varepsilon}}{\partial z}\right] = -\frac{1}{3}\bar{v}nl_c\frac{\partial\bar{\varepsilon}}{\partial T}\cdot\frac{\partial T}{\partial z}. \tag{19}$$

Der Vergleich mit (17) liefert für die *Wärmeleitfähigkeit von Gasen*

$$\lambda = \frac{1}{3}\bar{v}nl_c\frac{\partial\bar{\varepsilon}}{\partial T}. \tag{20}$$

$\partial\bar{\varepsilon}/\partial T$ ist die Wärmekapazität bei konstantem Volumen pro Molekül, siehe 8.6.1. Sie hängt von der Zahl der angeregten Freiheitsgrade ab. Für einatomige Gase ist gemäß (8-28) die mittlere thermische Energie pro Molekül $\bar{\varepsilon} = 3kT/2$ und damit die *Wärmeleitfähigkeit einatomiger Gase*

$$\lambda = \frac{1}{2} k\bar{v}nl_c \,. \tag{21}$$

Da nach (6) die mittlere freie Weglänge $l_c \sim n^{-1} \sim p^{-1}$ ist, bleibt die Wärmeleitfähigkeit von Gasen unabhängig vom Druck p. Wenn jedoch bei niedrigen Drücken die mittlere freie Weglänge größer als die Dimension d des Vakuumgefäßes wird, in dem das Gas eingeschlossen ist, so ist in (20) und (21) l_c durch d (= const) zu ersetzen. In diesem Druckbereich wird die Wärmeleitfähigkeit wegen des verbleibenden Faktors n proportional zum Druck (Anwendung im Pirani-Manometer).
Sowohl $\bar{v}$ als auch l_c nehmen mit steigender Molekülmasse bzw. -größe ab. Daher ist die Wärmeleitfähigkeit für leichte Atome bzw. Moleküle größer als für schwere. Dieser Effekt wird z. B. für Gasdetektoren zum Nachweis von Wasserstoff (im Stadtgas enthalten) ausgenutzt.

9.4 Innere Reibung: Viskosität

Bei strömenden Flüssigkeiten und Gasen tritt neben dem Massentransport der Strömung noch ein weiteres Transportphänomen auf, bei dem die transportierte Größe nicht so deutlich zutage liegt: Die Viskosität (Zähigkeit) als Folge der inneren Reibung, die zu beobachten ist, wenn benachbarte Schichten des Mediums unterschiedliche Strömungsgeschwindigkeiten u haben, also ein Geschwindigkeitsgefälle vorhanden ist.
Molekularkinetisch läßt sich die innere Reibung als *Impulstransport* quer zur Strömungsrichtung deuten. Durch die thermische Bewegung der Moleküle tauschen benachbarte, mit unterschiedlicher Geschwindigkeit strömende Flüssigkeitsschichten Moleküle aus (Bild 9-6). Dadurch gelangen aus der langsamer strömenden Schicht Moleküle mit entsprechend niedrigem Strömungsimpuls in die benachbarte, schneller strömende Schicht und erniedrigen damit dort die mittlere Strömungsgeschwindigkeit. In umgekehrter Richtung gelangen Moleküle mit höherem Strömungsimpuls aus der schneller strömenden in die langsamer strömende Schicht und erhöhen dort die mittlere Strömungsgeschwindigkeit.

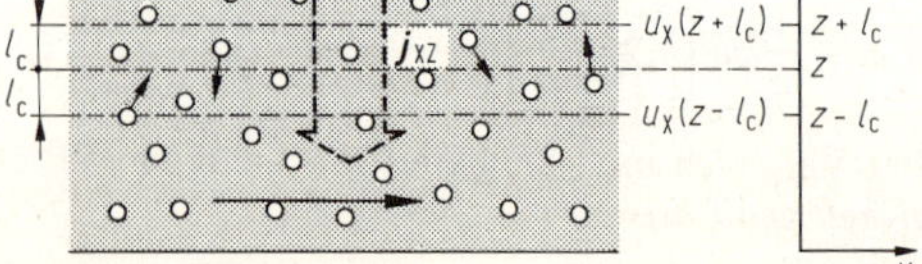

Bild 9-6. Impulstransport senkrecht zur Strömungsrichtung bei viskoser Strömung.

Um die ursprüngliche Geschwindigkeitsdifferenz aufrecht zu erhalten und die Wirkung des Impulsaustausches zu kompensieren, muß daher eine dementsprechende Schubspannung τ_x angewendet werden. Die Impulsstromdichte j_{xz}, d. h. der auf Fläche und Zeit bezogene, effektiv in $+z$-Richtung transportierte Strömungsimpuls, ist nach dem Newtonschen Kraftgesetz (3-5) gleich der erzeugten Schub- oder Scherspannung τ_x:

$$j_{xz} \equiv \frac{\mathrm{d}p_x}{A\,\mathrm{d}t} = \tau_x \,. \tag{22}$$

Andererseits ist die Impulsstromdichte analog zu den schon behandelten Transportvorgängen proportional zum Geschwindigkeitsgefälle $\mathrm{d}u_x/\mathrm{d}z$ anzusetzen:

$$j_{xz} \sim -\frac{\mathrm{d}u_x}{\mathrm{d}z} \,. \tag{23}$$

Aus (22) und (23) folgt das *Newtonsche Reibungsgesetz* der viskosen Strömung:

$$\tau_x = -\eta \frac{\mathrm{d}u_x}{\mathrm{d}z} \,. \tag{24}$$

η: *dynamische Viskosität* (auch Zähigkeit)

SI-Einheit: $[\eta] = \mathrm{Ns/m^2} = \mathrm{Pa \cdot s}$.

Bis 1977 gültige Einheit: Poise. Umrechnung: $1\,\mathrm{P} = 1\,\mathrm{g \cdot cm^{-1} \cdot s^{-1}} = 0{,}1\,\mathrm{Pa \cdot s}$, $1\,\mathrm{cP} = 1\,\mathrm{mPa \cdot s}$.

Gelegentlich wird auch die auf die Dichte ϱ bezogene Größe verwendet: $\nu = \eta/\varrho$ kinematische Viskosität oder Zähigkeit.
Flüssigkeiten, für die der Ansatz (24) streng gilt, werden Newtonsche oder rein viskose Flüssigkeiten genannt (vgl. E 7.2). Die Viskosität ist stark temperaturabhängig (Motorenöle!). Bei manchen zähen Medien hängt die Viskosität auch von der Geschwindigkeit ab: η steigt (Honig, spezielle Polymerkitte) oder sinkt mit u (Margarine, thixotrope Farben).

Viskosität von Gasen

In analoger Weise wie bei der Selbstdiffusion und bei der Wärmeleitung von Gasen kann die Viskosität von Gasen mit Hilfe der obigen Vorstellung des thermischen Impulstransportes senkrecht zur Strömungsrichtung durch eine Impulsstrombilanz über die mittlere freie Weglänge berechnet werden. Im Mittel bewegen sich 1/6 der Moleküle thermisch in $+z$-Richtung und 1/6 in $-z$-Richtung. Durch eine Ebene z = const (Bild 9-6) bewegen sich in $+z$-Richtung Moleküle (Teilchenstromdichte $n\bar{v}$), die im Durchschnitt in der Ebene $z - \lambda_c = \text{const}$ den letzten Stoß erlitten haben und daher einen Strömungsimpuls $mu_x(z - \lambda_c)$ haben. Die mit diesem Teilchenstrom in $+z$-Richtung verbundene Impulsstromdichte ist also $n\bar{v}mu_x(z - \lambda_c)/6$. Entsprechendes gilt für die $-z$-Richtung. Für die Netto-Impulsstromdichte senkrecht zur Strömungsrichtung folgt daher analog zu (13) und (19)

$$j_{xz} = \frac{1}{6} n\bar{v}m \left[-2l_c \frac{\partial u_x}{\partial z} \right]. \quad (25)$$

Der Vergleich mit (24) ergibt für die dynamische Viskosität von Gasen

$$\eta = \frac{1}{3} n\bar{v}ml_c. \quad (26)$$

Da $l_c \sim n^{-1} \sim p^{-1}$ ist, ist die Viskosität von Gasen ebenso wie die Wärmeleitfähigkeit unabhängig vom Druck p, steigt aber wegen $\bar{v} \sim \sqrt{T}$ mit der Temperatur an. Auch hier gilt die Einschränkung, daß die Unabhängigkeit vom Druck nur so lange zutrifft, wie die mittlere freie Weglänge klein gegen die Abstände der begrenzenden Flächen ist. Für sehr kleine Gasdrucke geht dagegen die Viskosität nach Null.
Zum anderen gilt für alle drei Transportkoeffizienten für Gase, daß die obigen Herleitungen nur gelten, solange die mittlere freie Weglänge groß gegen den Molekülradius ist, so daß nur Zweiteilchenstöße eine Rolle spielen. Trifft dies nicht mehr zu, etwa bei Flüssigkeiten, so sind die oben abgeleiteten Ausdrücke für die Transportkoeffizienten nicht mehr richtig. Beispielsweise nimmt die Viskosität bei Flüssigkeiten mit steigender Temperatur nicht zu (wie bei Gasen), sondern ab.
Für den Quotienten aus Wärmeleitfähigkeit und Viskosität von Gasen ergibt sich aus (21) und (26) nach Erweiterung mit der Avogadro-Konstanten N_A und unter Berücksichtigung von (8-43), (8-83) sowie von $kN_A = R$ und $mN_A = M$

$$\frac{\lambda}{\eta} = \frac{C_{mV}}{M}, \quad (27)$$

die experimentell näherungsweise bestätigt wird. Abweichungen ergeben sich vor allem bei der Wärmeleitfähigkeit dadurch, daß bei der Ableitung in 9.3 die Verteilung der Molekülgeschwindigkeiten nicht berücksichtigt wurde, obwohl die schnellen Moleküle in der Verteilung für die Wärmeleitung besonders wichtig sind.

Laminare Strömung viskoser Flüssigkeiten an festen Grenzflächen

Strömungen ohne Wirbelbildung, bei denen die einzelnen Flüssigkeitsschichten sich nebeneinander bewegen, und die vorwiegend durch die Viskosität der Flüssigkeit bestimmt sind, werden *laminare* oder *schlichte Strömungen* genannt. Bei viskosen Strömungen entlang festen Grenzflächen kann angenommen werden, daß die an die festen Flächen angrenzenden Flüssigkeitsschichten an diesen haften.

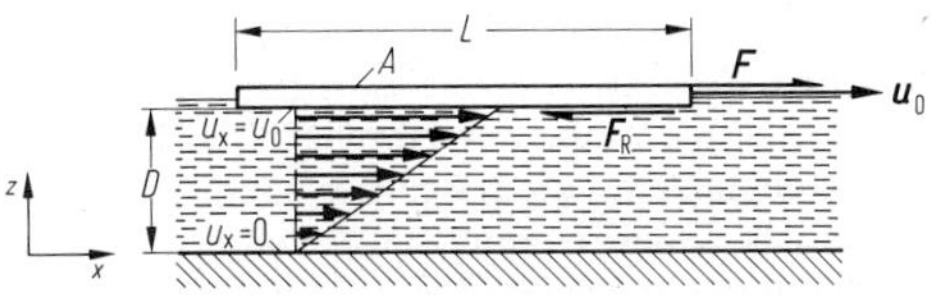

Bild 9-7. Lineares Geschwindigkeitsgefälle in einem fluiden Medium zwischen zwei gegeneinander bewegten Grenzflächen.

Für eine Flüssigkeitsschicht der Dicke D zwischen zwei Platten mit Lineardimensionen $\gg D$ bildet sich nach (24) ein lineares Geschwindigkeitsgefälle aus, wenn die eine Platte parallel zur anderen mit einer Geschwindigkeit u_0 bewegt wird (Bild 9-7, siehe auch E 8.3.4).
Aus (24) folgt für die zur Aufrechterhaltung der Geschwindigkeit u_0 der oberen Platte gegen die Reibungskraft $\boldsymbol{F}_R = -\boldsymbol{F}$ notwendige Schubkraft $F = \tau_x A$

$$F = \eta A \frac{u_0}{D}. \quad (28)$$

Bei einer gemäß Bild 9-7 bewegten Platte der Fläche A mit Dimensionen L (z. B. Schleppkahn der Länge L), die vergleichbar oder kleiner als D sind, wird die Dicke der Schicht mit etwa linearem Geschwindigkeitsgefälle begrenzt sein. Die bewegte Platte schleppt dann eine Grenzschicht mit sich, deren Dicke δ sich nach Prandtl mit folgender Überlegung abschätzen läßt: Für eine vorwiegend durch Reibung kontrollierte Strömung läßt sich annehmen, daß die Reibungsarbeit W_R größer als die kinetische Energie E_k der bewegten Flüssigkeit ist. Um eine Platte der Fläche A um ihre eigene Länge L zu verschieben, muß die Reibungsarbeit

$$W_R = \eta A \frac{u_0}{\delta} L \quad (29)$$

aufgebracht werden. Die kinetische Energie der mitbewegten Flüssigkeitsmenge läßt sich durch Integration über alle schichtförmigen Massenelemente $dm = \varrho A\, dz$ mit der Geschwindigkeit $u = u_0 z/\delta$ zwischen $z = 0$ und $z = \delta$ bestimmen zu

$$E_k = \frac{1}{6} A\varrho\delta u_0^2. \quad (30)$$

Aus der Bedingung $W_R > E_k$ folgt dann für die Dicke der Grenzschicht der laminaren Strömung

$$\delta < \sqrt{6 \frac{\eta L}{\varrho u_0}}. \quad (31)$$

Außerhalb der Grenzschicht kann die Strömung in erster Näherung als ungestört (im betrachteten

Falle also als ruhend) angenommen werden. Mit steigender Geschwindigkeit u_0 nimmt die Dicke der Grenzschicht ab. Zur Abschätzung des Strömungswiderstandes eines Schiffes oder eines Flugzeuges der Länge L kann angenommen werden, daß der umströmte Körper von einer Grenzschicht der Dicke $\delta \approx (\eta L/\varrho u_0)^{0,5}$ umgeben ist, innerhalb der die Strömungsgeschwindigkeit sich von u_0 etwa linear auf 0 ändert (vgl. E 8.3.6).

Die Grenzschicht spielt eine wichtige Rolle bei realen Strömungen, wo sie die Bereiche angenähert idealer Strömung mit der Grenzbedingung der viskosen Strömung verknüpft, daß die unmittelbar an einem umströmten Körper angrenzende Flüssigkeit an diesem haftet (siehe 10.2).

Auch *Rohrströmungen* lassen sich mit Hilfe des Newtonschen Reibungsgesetzes (24) berechnen (siehe auch E 8.3.4):

Die durch die Viskosität bei an der Rohrwand haftender Flüssigkeit auftretende Reibungskraft muß im stationären Fall durch ein Druckgefälle $\Delta p = p_1 - p_2$ überwunden werden. Durch Integration von (24) ergibt sich ein parabelförmiges Strömungsgeschwindigkeitsprofil (Bild 9-8):

$$u = \frac{\Delta p}{4\eta l}(R^2 - r^2)\,. \qquad (32)$$

Die über die Querschnittsfläche des Rohres gemittelte Strömungsgeschwindigkeit ergibt sich aus (32) zu

$$\bar{u} = \frac{\Delta p}{8\eta l}R^2, \qquad (33)$$

die demnach halb so groß ist wie die sich aus (32) für $r = 0$ ergebende maximale Strömungsgeschwindigkeit. Daraus erhält man das in der Zeit t durch das Rohr strömende Flüssigkeitsvolumen, den Volumendurchsatz

$$Q = \frac{V}{t} = \frac{\pi \Delta p R^4}{8\eta l}, \qquad (34)$$

das *Gesetz von Hagen und Poiseuille,*

das durch den starken Anstieg mit der 4. Potenz des Rohrradius R gekennzeichnet ist. Aus der Druckdifferenz Δp in (33) läßt sich der Reibungswiderstand bestimmen:

$$F_R = -8\pi\eta l\bar{u}. \qquad (35)$$

Der Druckabfall in einem Rohr mit konstantem Querschnitt ist daher proportional zur Länge, wie sich experimentell leicht mittels Steigrohrmanometern zeigen läßt (Bild 9-9).

Bei der *laminaren Umströmung einer Kugel* durch eine viskose Flüssigkeit möge die Strömungsgeschwindigkeit im ungestörten Bereich u betragen. Die an die Kugeloberfläche angrenzende Flüssigkeitsschicht haftet an der Kugel, wodurch in einem Störungsbereich der Größenordnung r ein

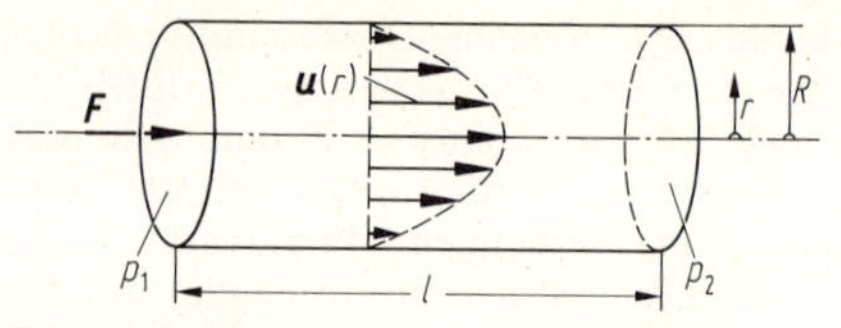

Bild 9-8. Laminare Strömung durch ein Rohr.

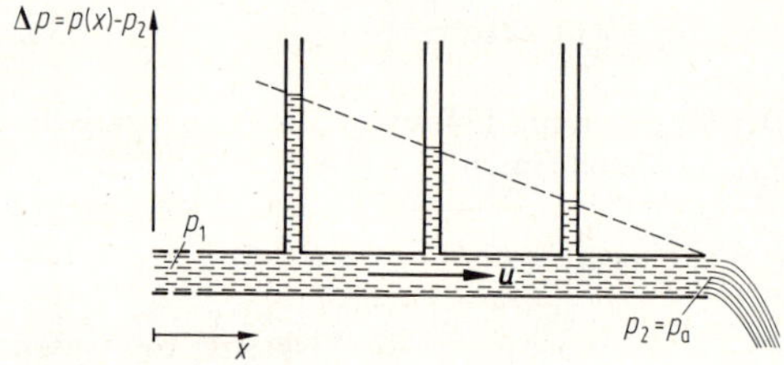

Bild 9-9. Linearer Druckabfall in einem Rohr mit konstantem Querschnitt.

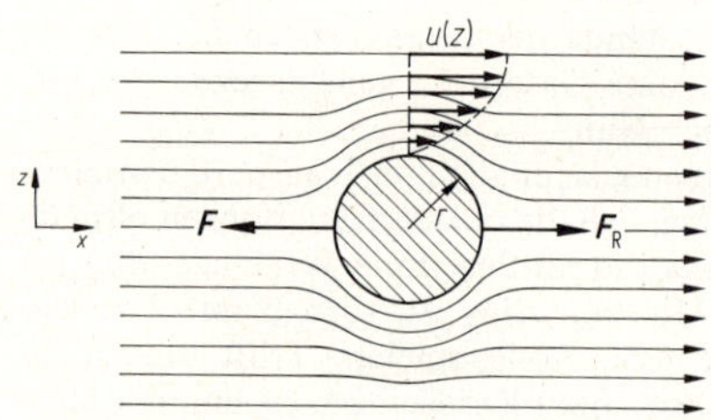

Bild 9-10. Viskose Umströmung einer Kugel.

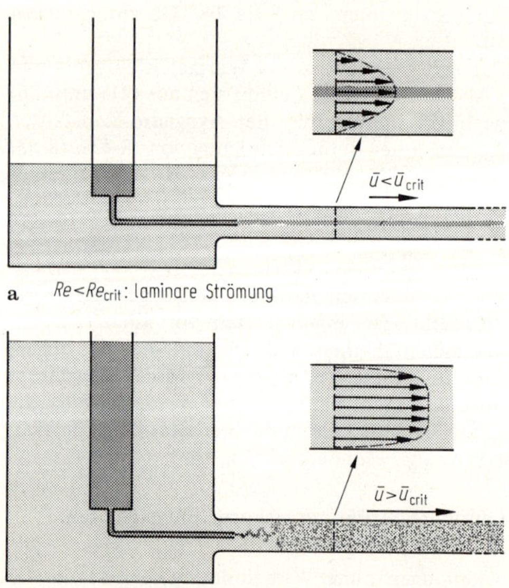

Bild 9-11. Reynoldsscher Strömungsversuch: laminare und turbulente Strömung.

Geschwindigkeitsgefälle $\mathrm{d}u/\mathrm{d}z \approx u/r$ auftritt (Bild 9-10). An der Oberfläche $4\pi r^2$ der Kugel greift also nach (28) eine Reibungskraft

$$F_R \approx \eta 4\pi r^2 \frac{u}{r} \approx 4\pi\eta r u \qquad (36)$$

an, die durch eine entgegengesetzte äußere Kraft gleichen Betrages kompensiert werden muß, um die Kugel am Ort zu halten (Bild 9-10).
Da die Kugel in ihrer Umgebung den Strömungsquerschnitt für die Flüssigkeit einengt, ist in der Realität die Strömungsgeschwindigkeit in der Nachbarschaft der Kugel größer (Kontinuitätsgleichung, siehe 10.1), d. h., direkt angrenzend an die Kugel ist das Geschwindigkeitsgefälle größer als für (36) angenommen wurde. Die exakte, aufwendigere Theorie liefert daher einen etwas größeren Wert (vgl. E 8.3.4):

$$F_R = 6\pi\eta r u \qquad (37)$$

(*Stockessches Widerstandsgesetz* für die Kugel).

Laminare und turbulente Rohrströmung

Anstelle der laminaren Hagen-Poiseuille-Strömung (32) kann in einem Rohr auch ein anderer Strömungszustand auftreten, der durch unregelmäßige makroskopische Geschwindigkeitsschwankungen quer zur Hauptströmungsrichtung gekennzeichnet ist: *Turbulenz.* Reynolds hat dies durch Anfärbung eines Stromfadens in einer Rohrströmung gezeigt (Bild 9-11, siehe auch E 8.3.5):

Laminare Strömung: Bei niedrigen mittleren Strömungsgeschwindigkeiten $\bar{u}$ strömt die Flüssigkeit in Schichten, die sich nicht vermischen.

Turbulente Strömung: Wird bei steigender Strömungsgeschwindigkeit ein Grenzwert $\bar{u}_{krit}$ überschritten, so überlagern sich unregelmäßige Schwankungen, benachbarte Schichten verwirbeln sich, die Strömung wird stärker vermischt. Das Strömungsprofil ändert sich von einem parabolischen bei der laminaren Strömung zu einem ausgeglicheneren bei der turbulenten Strömung, bei der nur in der Nähe der Wand die Strömungsgeschwindigkeit stark abfällt (Bild 9-11), siehe auch E 8.3.5.

Der Umschlagpunkt zwischen laminarer und turbulenter Strömung hängt nicht nur von der Strömungsgeschwindigkeit $\bar{u}$ ab, sondern auch vom Radius R und von der kinematischen Viskosität $\nu = \eta/\varrho$ in der Weise ab, daß die dimensionslose Kombination dieser drei Größen ein Kriterium für den Strömungszustand darstellt (siehe Viskosität auch E 8.3.2), die sog. *Reynolds-Zahl*

$$Re \equiv \frac{\bar{u}R}{\nu} = \frac{\varrho \bar{u} R}{\eta}. \qquad (38)$$

Für andere Strömungsgeometrien muß der Rohrradius R durch eine andere charakteristische Länge L ersetzt werden. Damit lautet das *Reynoldssche Turbulenzkriterium:*

$$\begin{aligned} Re &< Re_{crit}: \text{laminare Strömung,} \\ Re &> Re_{crit}: \text{turbulente Strömung.} \end{aligned} \qquad (39)$$

Die kritische Reynolds-Zahl Re_{crit} muß experimentell bestimmt werden. Für die Rohrströmung gilt $Re_{crit} \approx 1\,200$. Bei besonders sorgfältiger Vermeidung jeglicher Strömungsstörungen sind jedoch auch wesentlich höhere kritische Reynolds-Zahlen möglich. Die Reynolds-Zahl Re bestimmt ferner das Ähnlichkeitsgesetz für Strömungen (siehe 10.2).

Das Reynoldssche Kriterium läßt sich anschaulich begründen aus dem Verhältnis zwischen Trägheitseinfluß (kinetische Energie $\sim \varrho u^2$) und Zähigkeitseinfluß (Reibungsarbeit $\sim \eta u/R$): Bei Störungen der laminaren Strömung treten Druckänderungen aufgrund des Trägheitseinflusses (Bernoulli-Gleichung, siehe 10.1) auf, die die Störung verstärken. Die allein trägheitsbestimmte Strömung ist daher instabil. Dem wirkt jedoch die Viskosität entgegen. Das Einsetzen der Turbulenz hängt danach vom Verhältnis der beiden Einflüsse ab, d. h. von

$$\frac{\text{Trägheitseinfluß}}{\text{Reibungseinfluß}} \sim \frac{\varrho u^2}{\eta u/R} = \frac{\varrho R u}{\eta} = Re. \qquad (40)$$

Nach dem Umschlag zur Turbulenz wächst der Strömungswiderstand nicht mehr linear zur mittleren Strömungsgeschwindigkeit $\bar{u}$ an, wie bei der laminaren Strömung (z. B. (35) oder (37), sondern mit $\bar{u}^2$ (siehe 10.2), also wesentlich stärker. Turbulente Strömung muß also dort vermieden werden, wo es auf minimalen Strömungswiderstand ankommt (Blutkreislauf, Pipelines). Bei Heizungs- oder Kühlröhren ist dagegen Turbulenz erwünscht wegen des besseren Wärmeaustausches zwischen Flüssigkeit und Wand.

10 Hydro- und Aerodynamik

In der Hydro- bzw. Aerodynamik werden die Bewegungsgesetze von Flüssigkeiten und Gasen, d. h. von sogenannten *Fluiden* behandelt, sowie die Wechselwirkung der strömenden Fluide mit umströmten festen Körpern oder mit berandenden festen Wänden. Die Fluide werden dabei als kontinuierliche Medien betrachtet, die den verfügbaren Raum erfüllen. Flüssigkeiten und Gase unterscheiden sich im Sinne der Hydrodynamik lediglich durch die Druckabhängigkeit ihrer Dichte: Flüssigkeiten sind praktisch inkompressibel (z. B. Wasser ca. 4 % Volumenverringerung bei Druckerhöhung um 1 000 bar), bei Gasen ist die Dichte eine Funktion des Druckes.

Für jedes Massenelement gilt die Newtonsche Bewegungsgleichung (3-4) bzw.(3-5), wonach die Beschleunigung aus der Summe der angreifenden Kräfte resultiert. Dazu zählen

- Volumenkräfte, das sind äußere Kräfte, die dem Volumen (der Masse) des Flüssigkeitselementes proportional sind (z. B. Schwerkraft),
- Druckkräfte, die auf ein Flüssigkeitselement durch benachbarte Elemente infolge eines Druckgefälles ausgeübt werden, und die senkrecht auf die Oberfläche des betrachteten Elementes wirken,
- Reibungskräfte, die tangential zur Oberfläche des betrachteten Flüssigkeitselementes wirken (Schub- bzw. Scherkräfte, siehe 9.4).

Unter Berücksichtigung dieser Anteile erhält man aus der Newtonschen Bewegungsgleichung die *Navier-Stokesschen Gleichungen* (vgl. E 8.3.1, E 8.3.3). Hier sollen nur einige Sonderfälle betrachtet werden, bei denen zum leichteren Verständnis der Grundphänomene und zur Vereinfachung bestimmte Vernachlässigungen vorgenommen werden:

1. *Laminare Strömungen:* Hier werden äußere Volumenkräfte und Massenträgheitskräfte vernachlässigt. Das Strömungsverhalten wird allein durch die Reibungskräfte bestimmt. Die stationäre viskose Strömung wurde bereits in 9.4 behandelt.
2. *Turbulente Strömungen:* Hier sind die Massenträgheitskräfte von größerem Einfluß als die Reibungskräfte, siehe 9.4, Reynolds-Kriterium. Über einzelne Aspekte der Wirbelbildung siehe 10.2.
3. *Strömungen idealer Flüssigkeiten:* Hier werden die Reibungskräfte vernachlässigt. Auf diesen Fall lassen sich viele Gesetze der Potentialtheorie übertragen: *Potentialströmung* = wirbel- und quellenfreie Strömung. Potentialströmungen in inkompressiblen Medien lassen sich beliebig überlagern. Aus den Navier-Stokesschen Gleichungen werden dann die *Eulerschen Bewegungsgleichungen* (siehe E 8.2.2). Durch Integration der Eulerschen Bewegungsgleichung längs einer Stromlinie erhält man die *Bernoulli-Gleichung*, die sich auch aus einfachen Grundannamen herleiten läßt und viele Strömungsphänomene erklärt (10.1). Über die Änderungen, die durch die Viskosität bei der Beschreibung von Strömungen realer Flüssigkeiten bedingt sind, siehe 10.2.

Das Strömungsfeld kann durch Stromlinien und durch Bahnlinien beschrieben werden. Die Tangenten der Stromlinien geben die Geometrie des Geschwindigkeitsfeldes wieder. Die Bahnlinien beschreiben den Weg der einzelnen Flüssigkeitselemente. Für stationäre Strömungen sind Strom- und Bahnlinien identisch (E 8.1.1). Sie können in Flüssigkeiten durch Anfärben oder in Gasen mittels Rauchinjektionen sichtbar gemacht werden.

10.1 Strömungen idealer Flüssigkeiten

Um bestimmte Gesetzmäßigkeiten strömender Flüssigkeiten einfacher zu erkennen, werde zunächst von der Reibung, d. h. von der Viskosität ganz abgesehen und die stationäre Strömung einer idealen Flüssigkeit der Dichte ϱ durch ein Rohr mit örtlich variablem Querschnitt A betrachtet (Bild 10-1).

Für den stationären Zustand fordert die Massenerhaltung, daß der Massendurchsatz für jeden Querschnitt (z. B. für A_1 und A_2) gleich ist, sofern zwischen A_1 und A_2 keine Quellen oder Senken vorhanden sind. Daraus folgt die *Kontinuitätsgleichung*

$$\varrho_1 A_1 u_1 = \varrho_2 A_2 u_2 \tag{1}$$

und für inkompressible Flüssigkeiten ($\varrho_1 = \varrho_2 = \varrho$)

$$A_1 u_1 = A_2 u_2 \quad \text{bzw.} \quad \Delta V_1 = \Delta V_2 = \Delta V. \tag{2}$$

In engeren Querschnitten ist also die Strömungsgeschwindigkeit größer als in weiten Querschnitten. Zwischen A_1 und A_2 findet daher eine Beschleunigung, eine Erhöhung der kinetischen Energie E_k statt, die durch ein Druckgefälle mit $p_1 > p_2$ bewirkt werden muß. Die Arbeit ΔW, die dabei zur Beschleunigung aufgewandt werden muß, beträgt unter Berücksichtigung der Kontinuitätsgleichung (2)

$$\Delta W = F_1 \Delta x_1 - F_2 \Delta x_2 = (p_1 - p_2)\Delta V. \tag{3}$$

Der Energiesatz $\Delta W = E_{k2} - E_{k1}$ liefert dann mit (4-8) und (3) entlang einer Stromlinie:

$$p_1 + \frac{1}{2}\varrho u_1^2 = p_2 + \frac{1}{2}\varrho u_2^2 = \text{const}. \tag{4}$$

Bei einem im Schwerefeld geneigt stehenden Rohr muß außerdem die Änderung der potentiellen Energie mgz aufgebracht werden, wodurch als weiteres Glied in (4) der hydrostatische Druck ϱgz auftritt. Die Druckbilanz für jeden Punkt einer Stromlinie lautet damit *(Bernoulli-Gleichung)*

$$p + \frac{1}{2}\varrho u^2 + \varrho gz = \text{const} = p_{\text{ges}}. \tag{5}$$

Entlang einer Stromlinie ist die Summe aus statischem Druck p, dynamischem Druck

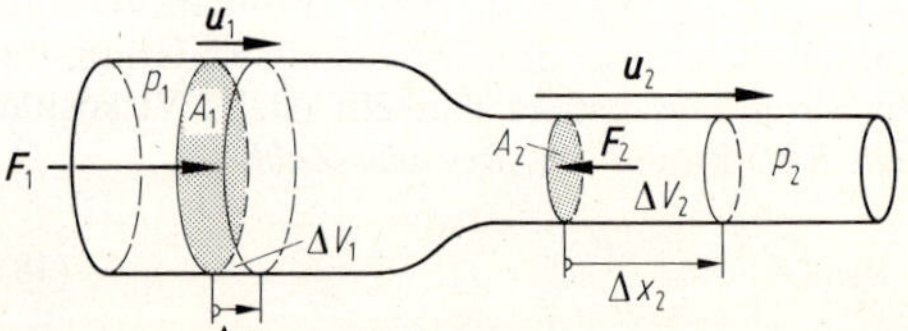

Bild 10-1. Zur Herleitung der Kontinuitätsgleichung und der Bernoulli-Gleichung.

(Staudruck) $p_{\text{dyn}} = \frac{1}{2}\varrho u^2$ und Schweredruck $\varrho g z$ konstant und gleich dem Gesamtdruck p_{ges}. (Die Koordinate z kann auch durch $-h$ ersetzt werden, wenn h die Tiefe unter der Flüssigkeitsoberfläche darstellt.)

Obwohl für inkompressible ideale Flüssigkeiten hergeleitet, gilt die Bernoulli-Gleichung näherungsweise auch für reale Flüssigkeiten, und in Grenzen auch für Gase, da deren Kompressibilität sich erst für Strömungsgeschwindigkeiten in der Nähe der Schallgeschwindigkeit erheblich bemerkbar macht. Längs einer Stromlinie gilt sie sowohl für wirbelfreie als auch für wirbelhafte Strömungen. Der Gesamtdruck p_{ges} ist jedoch nur bei wirbelfreien Strömungen für alle Stromlinien gleich.

Die Messung von Gesamtdruck p_{ges}, statischem Druck p und dynamischem (Stau-)Druck $p_{\text{dyn}} = \frac{1}{2}\varrho u^2$ läßt sich z. B. mit U-Rohr-Manometern durchführen (vgl. E 8.1.3). Dabei wird der Gesamtdruck gemessen, wenn die Strömung senkrecht auf die Meßöffnung trifft und $u = 0$ wird (Pitotrohr, Bild E 8.6c), der statische Druck, wenn die Meßöffnung tangential an einer Stelle ungestörter Strömung liegt (Druckmeßsonde, Bild E 8.6b). Die Differenz dieser beiden Drucke ergibt den dynamischen Druck und wird mit dem Prandtlschen Staurohr gemessen (Bild E 8.6d, Anwendung: Geschwindigkeitsbestimmung).

Einige Beispiele für die Anwendung der Bernoulli-Gleichung (weitere in E 8.1.3):

Ausfluß aus einem Druckgefäß

Die Ausflußgeschwindigkeit u aus einer engen Öffnung (Querschnitt A) eines Gefäßes, in dem durch einen Kolben (Querschnitt A_K) ein Überdruck Δp gegenüber dem Außendruck p_a aufrechterhalten wird (Bild 10-2), läßt sich mit Hilfe des Energiesatzes oder einfacher aus der Bernoulli-Gleichung berechnen. Aufgrund der Kontinuitätsgleichung (2) und wegen $A_K \gg A$ kann die Strömungsgeschwindigkeit in Kolbennähe vernachlässigt werden. Für eine Stromlinie, die in Kolbennähe (1: statischer Druck $p_1 = p_a + \Delta p$) beginnt und durch die Ausflußöffnung (2: statischer Druck $p_2 = p_a$) geht, gilt dann nach Bernoulli (4)

$$p_a + \Delta p = p_a + \frac{1}{2}\varrho u^2 \quad \text{bzw.} \quad u = \sqrt{\frac{2\Delta p}{\varrho}}. \quad (6)$$

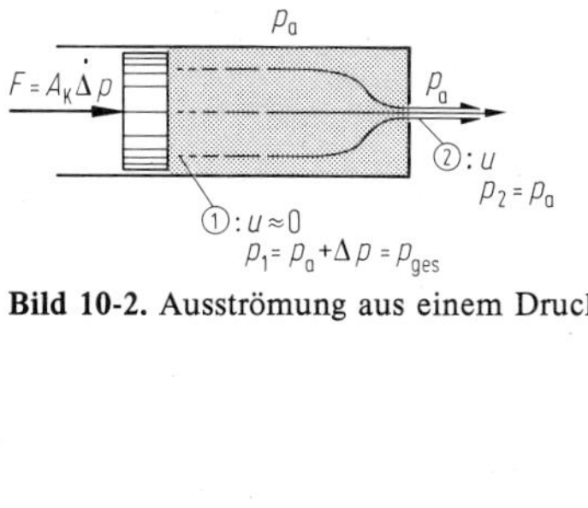

Bild 10-2. Ausströmung aus einem Druckgefäß.

Für zwei verschiedene Gase bei gleichem Druck und gleicher Temperatur folgt aus der allgemeinen Gasgleichung (8-26) und mit $V_m = M/\varrho$, daß die Molmasse $M \sim \varrho$ ist. Aus (6) ergibt sich damit

$$\frac{u_1}{u_2} = \sqrt{\frac{\varrho_2}{\varrho_1}} = \sqrt{\frac{M_2}{M_1}}. \quad (7)$$

Anwendung: Effusiometer von Bunsen zur Molmassenbestimmung.

Wird der Druck im Gefäß nicht durch einen Kolben erzeugt, sondern durch die Schwerkraft (Bild E 8-8), so muß Δp in (6) durch den hydrostatischen Druck $\varrho g h$ ersetzt werden:

$$u = \sqrt{2gh}, \quad (8)$$

d. h., bei Vernachlässigung der Viskosität strömt die Flüssigkeit in der Tiefe h unter der Flüssigkeitsoberfläche aus einer Öffnung mit der gleichen Geschwindigkeit aus, als ob sie die Strecke h frei durchfallen hätte, vgl. (4-26): Torricellisches Ausströmgesetz, vgl. E 8.1.3.

Strömung durch Querschnittsverengungen

In Querschnittseinschnürungen von Rohren ($A_0 \rightarrow A_e$) erhöht sich nach der Kontinuitätsgleichung (2) die Strömungsgeschwindigkeit von u_0 auf $u_e = u_0 A_0 / A_e$. Infolgedessen ist nach der Bernoulli-Gleichung dort der statische Druck p_e geringer als im Normalquerschnitt des Rohres (p_0). Dies läßt sich experimentell durch Steigrohrmanometer zeigen (Bild 10-3), wobei bei realen Flüssigkeiten der lineare Druckabfall aufgrund der inneren Reibung überlagert ist (Bild 9-9).

Sieht man in der unmittelbaren Nachbarschaft der Verengung vom Druckabfall durch die innere Reibung ab, so ergibt sich aus der Bernoullischen Gleichung (4) für die lokale Druckerniedrigung

$$\Delta p = p_0 - p_e = \frac{1}{2}\varrho(u_e^2 - u_0^2) = \frac{1}{2}\varrho u_0^2 \left[\left(\frac{A_0}{A_e}\right)^2 - 1\right]. \quad (9)$$

Für $A_e \ll A_0$ folgt daraus

$$p_e \approx p_0 - \frac{1}{2}\varrho u_0^2 \left(\frac{A_0}{A_e}\right)^2, \quad (10)$$

d. h., bei genügend großem Querschnittsverhältnis A_0/A_e kann der statische Druck p_e in der Verengung auch kleiner als der Außendruck p_a werden. Dann verschwindet die Flüssigkeitssäule über der Verengung (Bild 10-3) völlig und es entsteht ein Unterdruck, das Steigrohr saugt aus der Umgebung Gas oder Flüssigkeit an, es wirkt als Pumpe. Das ist das Prinzip der *Wasser-* und *Dampfstrahlpumpen*, der Zerstäuber und Spritzpistolen, des Bunsenbrenners usw.

Eine Differenzmessung der statischen Drücke in und außerhalb der Verengung z. B. mit einem U-

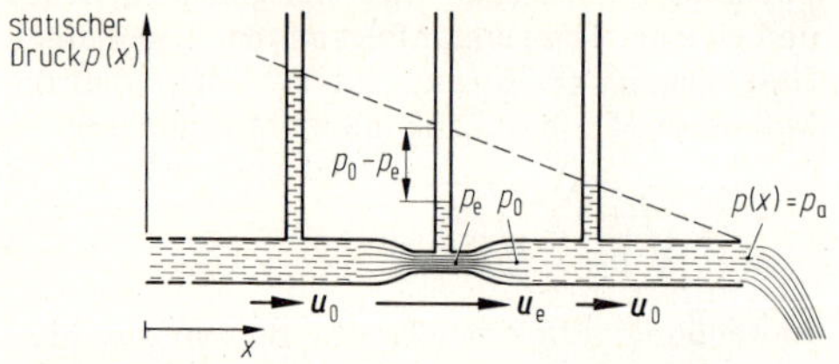

Bild 10-3. Druckerniedrigung in Rohrverengung.

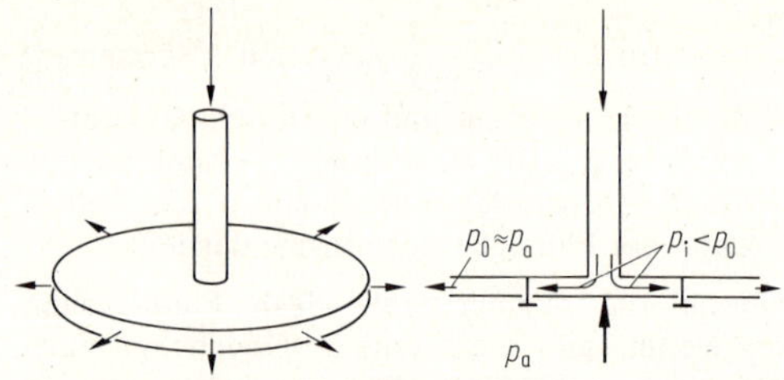

Bild 10-5. Hydrodynamisches Paradoxon.

Rohrmanometer erlaubt mit (9) auch die Bestimmung der Strömungsgeschwindigkeit u_0 im Rohr: *Venturirohr* (vgl. E 8.1.3, Bild E 8-7).

Kavitation

Sinkt bei einer Strömung durch eine Rohrverengung (oder bei einem sehr schnell durch eine Flüssigkeit bewegten Körper) der statische Druck p_e lokal unter den Dampfdruck der Flüssigkeit p_d (siehe 8.4), so treten Dampfblasen auf, die in dahinterliegenden Strömungsbereichen mit höherem Druck implosionsartig wieder in sich zusammenfallen. Die entstehenden Druckstöße führen zu Zerstörungen angrenzender Oberflächen (Schiffsschrauben, Turbinen). Zur Vermeidung der Kavitation muß die Bedingung

$$p_e = p_{ges} - \frac{\varrho}{2} u_e^2 < p_d \tag{11}$$

eingehalten werden. Daraus ergibt sich als kritische Grenzgeschwindigkeit für das Auftreten der Kavitation

$$u_{crit} = \sqrt{\frac{2(p_{ges} - p_d)}{\varrho}}\,. \tag{12}$$

Wandkräfte in Strömungen

Der statische Druck p_0 in freien Strömungen ist etwa gleich dem Druck p_a des umgebenden, ruhenden Mediums. Wird eine solche Strömung durch Wände eingeengt, so hat der dadurch dort verringerte statische Druck p_e oft unerwartete Kräfte auf die strömungsbegrenzenden Wände zur Folge. Wird z. B. eine Strömung durch bewegliche, gewölbte Flächen eingeengt (Bild 10-4), so entsteht eine Druckdifferenz Δp zwischen dem verringerten statischen Druck p_e und dem äußeren Druck p_a, wodurch die beiden Wände zusammengetrieben werden. Solche unerwarteten Seitenkräfte sind z. B. bei nebeneinander mit hoher Geschwindigkeit fahrenden Kraftfahrzeugen zu beachten.

Ähnlich unerwartet ist der als hydrodynamisches Paradoxon bezeichnete Effekt: Ein Gas- oder Flüssigkeitsstrahl, der aus einem Rohr gegen eine quergestellte, bewegliche Platte strömt (Bild 10-5), drückt diese nicht weg, sondern zieht sie im Gegenteil sogar an, weil die im zentralen Bereich hohe Strömungsgeschwindigkeit einen kleineren statischen Druck p_i erzeugt als die geringe Strömungsgeschwindigkeit am Rande, wo der dort höhere statische Druck p_0 etwa dem Außendruck p_a entspricht. Im zentralen Bereich entsteht daher eine Druckdifferenz $\Delta p = p_a - p_i$, die die bewegliche Platte auf die Rohröffnung zutreibt.

Umströmte Körper in idealer Flüssigkeit

Bei der Umströmung eines Körpers, der symmetrisch zu einer Ebene parallel zu den ungestörten Stromlinien geformt ist (Kugel, Zylinder, Platte quer oder längs usw., Bilder 10-6 und 10-7), weichen die Stromlinien symmetrisch zu dieser Ebene aus. Die Stromlinie, die die Trennungslinie zwischen den beiden Strömungsbereichen darstellt, die den Körper auf entgegengesetzten Seiten umströmen, heißt Staulinie. Sie stößt auf der Anströmseite senkrecht auf die Körperoberfläche und startet auf der Rückseite ebenfalls senkrecht von der Körperoberfläche (Bild 10-6). An diesen Stellen, den Staupunkten, ist die Strömungsgeschwindigkeit $u = 0$, der dynamische Druck verschwindet demzufolge, und der statische Druck p_{stat} wird gleich dem Gesamtdruck p_{ges}:

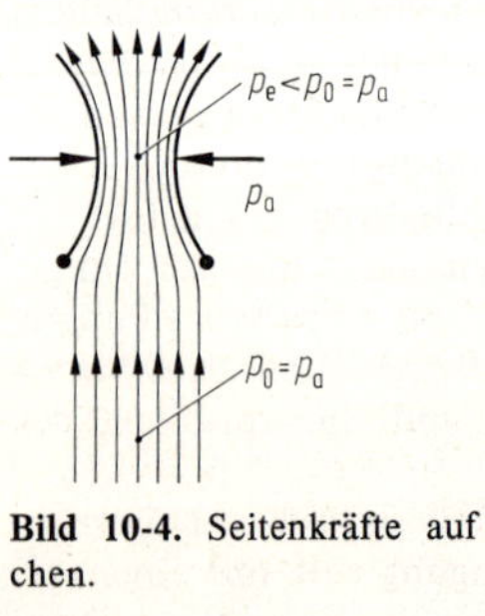

Bild 10-4. Seitenkräfte auf strömungseinengende Flächen.

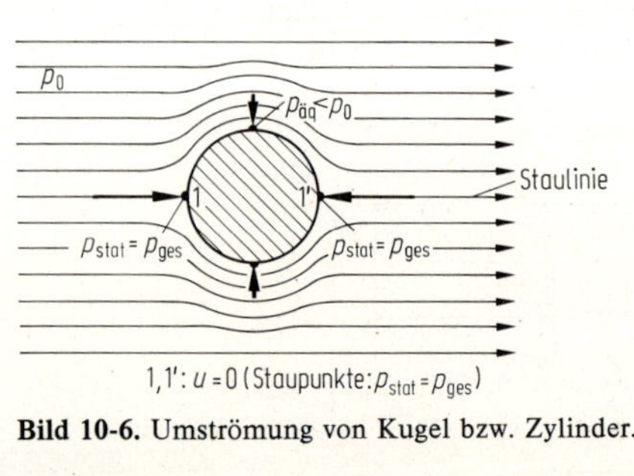

Bild 10-6. Umströmung von Kugel bzw. Zylinder.

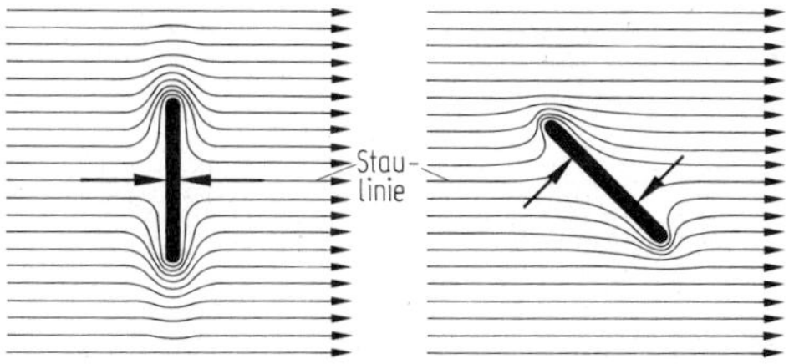

Bild 10-7. Symmetrische und unsymmetrische Umströmung einer Platte.

$p = p_{stat} = p_{ges}$. Am Äquator (Kugel, Bild 10-6) ist hingegen die Strömungsgeschwindigkeit maximal und der statische Druck $p_{äq}$ ein Minimum, kleiner als der statische Druck p_0 im ungestörten Strömungsbereich.

Bei symmetrischer Umströmung liegen die Staupunkte gegenüber, ebenso die Stellen niedrigsten Druckes. Die Druck- und Kraftverteilung ist daher vollständig symmetrisch, die resultierende Kraft auf den umströmten Körper verschwindet. Das heißt, symmetrisch geformte und orientierte Körper erfahren in einer Strömung einer idealen Flüssigkeit keine resultierende Kraft, bzw. sie lassen sich widerstandslos durch eine ideale Flüssigkeit ziehen. Dieses im Widerspruch zur Erfahrung bei realen Flüssigkeiten stehende Ergebnis muß deshalb modifiziert werden (siehe 10.2).

Bei unsymmetrisch geformten und/oder orientierten Körpern, z. B. einer schräg in der Strömung orientierten Platte (Bild 10-7), verschieben sich die Staupunkte gegeneinander. Die aus der Asymmetrie folgende Druckverteilung bewirkt das Auftreten eines resultierenden Kräftepaars und damit eines Drehmomentes, das den Körper soweit dreht, bis das Drehmoment verschwindet, d. h. die Platte senkrecht zur Strömung orientiert ist. Dieser Effekt läßt sich zur Bestimmung der Teilchengeschwindigkeit in Longitudinalwellen (Schallschnelle) durch Messen des Drehmomentes ausnutzen (Rayleigh-Scheibe).

Wirbel in idealen Flüssigkeiten

Wirbel sind rotierende Flüssigkeitsbewegungen mit in sich geschlossenen Stromlinien. Sie bestehen aus einem Wirbelkern mit dem Radius r_0, in dem im Idealfall (Rankine-Wirbel) die Flüssigkeit wie ein fester Körper mit einheitlicher Winkelgeschwindigkeit ω rotiert. Er ist umgeben von einer sog. Zirkulationsströmung, in der die Geschwindigkeit nach außen abnimmt, z. B. umgekehrt proportional zum Abstand r von der Wirbelachse (Bild 10-8, siehe auch E 8.1.3):

$$\text{Wirbelkern:} \quad r < r_0: \ u = \omega r, \tag{13}$$

$$\text{Zirkulationsströmung:} \quad r > r_0: \ u = \frac{k}{r} = \frac{\omega r_0^2}{r}. \tag{14}$$

Das Produkt aus Querschnittsfläche $A = \pi r_0^2$ des Wirbelkerns und seiner Winkelgeschwindigkeit ω

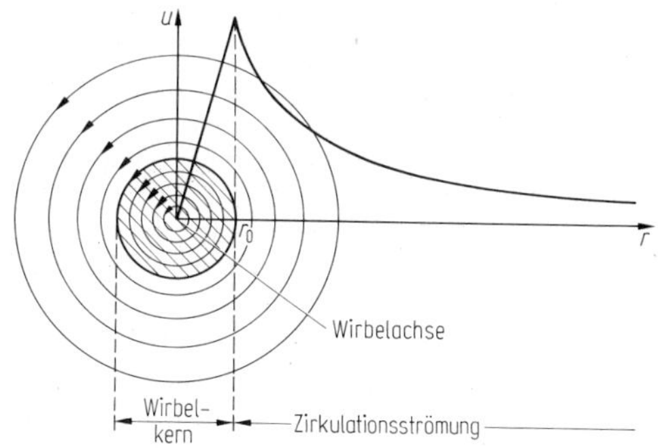

Bild 10-8. Aufbau eines Wirbels.

heißt

$$\text{Wirbelintensität:} \quad J = A\omega = \pi\omega r_0^2. \tag{15}$$

Eine Größe, die eine Aussage über Wirbelzustände in einer Strömung macht, ist die *Zirkulation*

$$\Gamma \equiv \oint_C \boldsymbol{u} \cdot \mathrm{d}\boldsymbol{s}. \tag{16}$$

Schließt der Integrationsweg auch Wirbelkerne oder Teile davon ein, so ist die Zirkulation $\Gamma \neq 0$. Das trifft z. B. auch für viskose laminare Strömungen zu, etwa bei Bild 9-7. Solche Strömungen sind also wirbelbehaftet. Dagegen ist die Zirkulation in Strömungen idealer Flüssigkeiten außerhalb von Wirbelkernen null, wenn der Integrationsweg den Wirbelkern nicht umschließt, also auch in der Zirkulationsströmung, die den Wirbelkern umgibt. Die Aussage $\Gamma = 0$ ist gleichbedeutend mit der Aussage, daß die Rotation von $\boldsymbol{u}$ (vgl. A 17.3, Gl. (29)) verschwindet ($\mathrm{rot}\,\boldsymbol{u} = 0$). Eine solche Strömung wird daher als wirbelfrei oder rotationsfrei bezeichnet. Da man sie dann mit Methoden der Potentialtheorie beschreiben kann, wird sie auch *Potentialströmung* genannt.

Wird die Zirkulation längs einer Linie gebildet, die den Wirbelkern vollständig umschließt, z. B. längs eines Kreises mit $r > r_0$ (Bild 10-8), so ergibt sich mit (15) die doppelte Wirbelintensität:

$$\Gamma = \oint_C \boldsymbol{u} \cdot \mathrm{d}\boldsymbol{s} = 2\Delta\omega r_0^2 = 2J. \tag{17}$$

Der Zirkulationsbegriff ist wichtig zur Beschreibung von Kräften auf umströmte Körper, die quer zur Strömungsrichtung wirken (Magnus-Effekt, Flugauftrieb usw., siehe E 8.2.4).

Auf Helmholtz gehen die folgenden allgemeinen Aussagen über Wirbelströmungen in idealen Flüssigkeiten zurück *(Helmholtzsche Wirbelsätze)*:

1. Satz von der räumlichen Konstanz der Wirbelintensität: Die Zirkulation $\boldsymbol{\Gamma}$ ist für jeden Querschnitt A senkrecht zur Wirbelachse konstant. Im Innern der Flüssigkeit können daher keine Wirbel beginnen oder enden: Wirbelach-

sen enden stets an Grenzflächen der Flüssigkeit (Wände, freie Oberflächen) oder sind in sich geschlossen (Wirbelringe).

2. Eine Wirbelröhre besteht dauernd aus denselben Flüssigkeitsteilchen: Wirbel haften an der Materie.
3. Satz von der zeitlichen Konstanz der Wirbelintensität: Die Zirkulation einer Wirbelröhre bleibt zeitlich konstant. In idealer, reibungsfreier Flüssigkeit können daher Wirbel weder entstehen noch verschwinden.

Die Wirbelsätze gelten angenähert auch für Fluide mit geringer Viskosität (z. B. für die Atmosphäre). Ändert sich der Wirbelquerschnitt A örtlich oder zeitlich, so ändert sich wegen der Konstanz der Wirbelintensität die Winkelgeschwindigkeit ω gemäß (15) und (17) umgekehrt proportional zu A. Die Einschnürung eines atmosphärischen Tiefdruckwirbels kann daher zu sehr hohen Windstärken führen.

10.2 Strömungen realer Flüssigkeiten

Strömungen realer Flüssigkeiten können näherungsweise umso besser durch die Bernoulli-Gleichung (4) oder (6) als Strömung idealer Flüssigkeiten beschrieben werden, je kleiner die dynamische Viskosität η ist. Diese Näherung versagt jedoch in der unmittelbaren Nachbarschaft einer angrenzenden Wand oder eines umströmten Körpers wegen der Grenzbedingung der viskosen Strömung, wonach die unmittelbar angrenzende Flüssigkeit an der Wand bzw. dem Körper haftet. Am Beispiel der umströmten Kugel zeigte sich im Falle der idealen Flüssigkeit ($\eta = 0$), daß am Kugeläquator die Strömungsgeschwindigkeit nach Bernoulli besonders hoch ist (10.1, Bild 10-6). Im Falle der viskosen Umströmung (siehe 9.4) ist hier dagegen wie an jedem anderen Oberflächenpunkt die Strömungsgeschwindigkeit 0!

Dieser Widerspruch löst sich nach Prandtl durch Berücksichtigung der Viskosität innerhalb einer Grenzschicht (siehe 9.4), in der die lokale Strömungsgeschwindigkeit von null an der Wand bzw. am Körper mit steigendem Abstand anfangs etwa linear bis auf den Wert in der daran angrenzenden

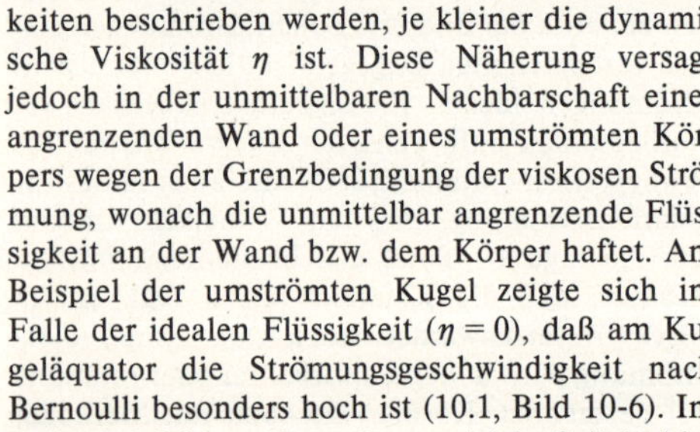

Bild 10-9. Prandtlsche Grenzschicht als Übergang zwischen viskoser Wandhaftung und idealer Strömung.

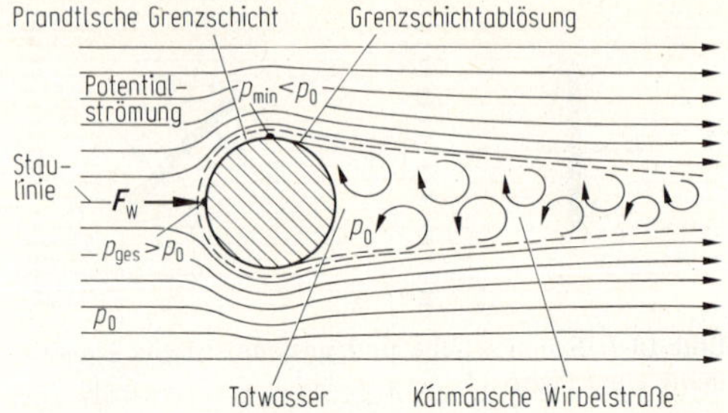

Bild 10-10. Umströmung eines Zylinders in einer realen Flüssigkeit.

Potentialströmung ansteigt (Bild 10-9). Die Dicke dieser Grenzschicht kann nach (9-31) abgeschätzt werden. Sie ist umso dünner, je kleiner die Viskosität und je größer die Strömungsgeschwindigkeit in der Potentialströmung ist.

Die Änderung der Strömungsverhältnisse beim Übergang von der reibungsfreien, idealen Strömung zur Strömung in einer realen (nicht zu zähen) Flüssigkeit sei am Beispiel der Zylinderumströmung betrachtet (Bild 10-10).

Auf der Anströmseite entspricht das Strömungsbild qualitativ demjenigen der Potentialströmung (ähnlich Bild 10-6), wobei zusätzlich die viskose Grenzschicht zwischen der Zylinderoberfläche und der Potentialströmung anzunehmen ist. Ein Flüssigkeitselement, das dicht an der Staulinie entlangströmt und in die Grenzschicht gelangt, wird von dem Druckgefälle zwischen Staupunkt und dem Punkt maximaler Strömungsverdrängung beschleunigt. Aufgrund der Viskosität in der Grenzschicht erreicht es jedoch nicht die kinetische Energie, die erforderlich wäre, um das Flüssigkeitselement gegen den Druckanstieg auf der Rückseite des Zylinders wieder bis in die Nähe des hinteren Staupunktes zu bringen, es kommt vielmehr schon vorher zur Ruhe bzw. wird von weiter außen liegenden Stromfäden mitgenommen: *Grenzschichtablösung* (siehe auch E 8.3.6). Die abgelösten Grenzschichten auf beiden Seiten umschließen das *Totwassergebiet* direkt hinter dem umströmten Körper, in dem die Bernoulli-Gleichung nicht angewandt werden kann. Zwischen Totwasser und äußerer Potentialströmung bilden sich Wirbel aus, wobei mit zunehmender Reynolds-Zahl (9-38) sich zunächst zwei Wirbel entgegengesetzten Drehsinns (Drehimpulserhaltung) hinter dem Körper ausbilden. Bei höheren Reynolds-Zahlen werden diese Wirbel abwechselnd von der Strömung mitgenommen, es entsteht die *Kármánsche Wirbelstraße* (Bild 10-10).

Die Wirbel sorgen auch für einen Druckausgleich zwischen dem statischen Druck p_0 der ungestörten Strömung und der hinteren, an das Totwasser angrenzenden Körperoberfläche. Auf der Anströmseite herrscht dagegen der Gesamtdruck p_{ges} der Potentialströmung, so daß auf einen beliebigen umströmten Körper eine maximale Druckdifferenz

$$\Delta p = p_{\text{ges}} - p_0 = \frac{1}{2} \varrho u_0^2 \tag{18}$$

wirkt, die zu einer Widerstandskraft

$$F_W = c_W A \Delta p = \frac{1}{2} c_W A \varrho u_0^2 \tag{19}$$

führt (siehe auch E 8.4.2). Hierin ist A die der Strömung dargebotene Querschnittsfläche des Körpers und c_W ein dimensionsloser Widerstandsbeiwert, der von der Form des umströmten Körpers abhängt (Bild 10-11). Er berücksichtigt einerseits, daß der statische Druck auf der Anströmseite nur am Staupunkt gleich dem Gesamtdruck ist, und andererseits die von der Körperform abhängige Stärke der Wirbelbildung, deren Energie der Strömungsenergie entnommen werden muß und ebenfalls zu einem Strömungswiderstandsanteil führt. Bei gleichem Querschnitt A ist der Strömungswiderstand am kleinsten, wenn die Wirbelbildung unterdrückt wird. Dies kann dadurch geschehen, daß das Totwasser- und Wirbelgebiet durch den Körper selbst ausgefüllt wird: „Stromlinienkörper". Hierfür ist daher der Widerstandsbeiwert besonders klein (Bild 10-11; weitere Werte in Tabelle E 8-2). Im Gegensatz zur linearen Abhängigkeit des Strömungswiderstandes von der Geschwindigkeit bei der laminaren Strömung (9-28), (9-35) und (9-37) ist nach (19) bei der turbulenten Strömung der Strömungswiderstand proportional zum Quadrat der Strömungsgeschwindigkeit.

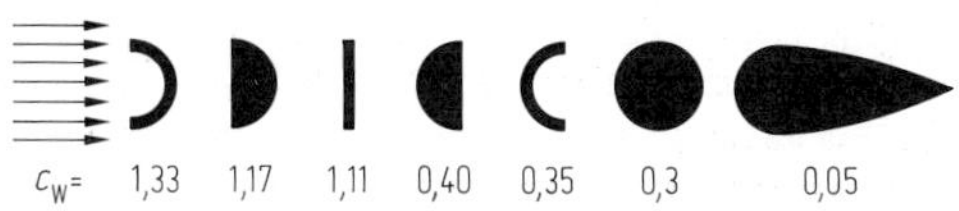

Bild 10-11. Widerstandsbeiwerte verschiedener Strömungskörper.

Hydrodynamisch ähnliche Strömungen

Die exakte Berechnung des Strömungswiderstandes ist bereits bei einfachen Körpern mathematisch extrem aufwendig, so daß Strömungswiderstände im allgemeinen experimentell bestimmt werden müssen. Bei extremen Abmessungen der zu untersuchenden Körper (Flugzeuge, Schiffe, Kühltürme) müssen solche Messungen an verkleinerten Modellen durchgeführt werden. Die geometrische Ähnlichkeit zwischen Original- und Modellkörper reicht jedoch hinsichtlich des Strömungsverhaltens noch nicht. Es müssen auch die auftretenden Energieformen (kinetische Energie, Reibungsarbeit) bei der Originalströmung und bei der Modellströmung im gleichen Verhältnis zueinander stehen. Dieses Verhältnis wird aber gerade durch die Reynolds-Zahl (9-38) gekennzeichnet. Daher gilt: Zwei Strömungsvorgänge sind hydrodynamisch ähnlich, wenn ihre Reynolds-Zahlen

$$Re = \frac{\varrho L u}{\eta} \tag{20}$$

gleich sind. L ist hierin eine charakteristische Länge der Strömungsgeometrie, etwa der Rohrradius bei der Strömung durch ein Rohr oder der Kugelradius bei der Kugelumströmung.
Setzt man beispielsweise für die Reibungskraft bei der laminaren Kugelumströmung gemäß (9-37) formal die Beziehung (19) an, so erhält man aus dem Vergleich ($L = r$ = Kugelradius) für den Widerstandsbeiwert der Kugel

$$c_W = 12 \frac{\eta}{\varrho r u} = \frac{12}{Re}. \tag{21}$$

Da ähnliche Strömungen gleiche Reynolds-Zahlen haben, haben sie nach (21) auch gleiche Widerstandsbeiwerte. Das gilt nicht nur für die Kugel.

II. *Wechselwirkungen und Felder*

Im vorangegangenen Abschnitt TEILCHEN und TEILCHENSYSTEME wurden die Bewegungsgesetze von Teilchen und Teilchensystemen unter der Einwirkung von Kräften (allgemeiner: Wechselwirkungen) behandelt, ohne die Art dieser Kräfte und ihre Quellen genauer zu untersuchen. Das soll in diesem Abschnitt WECHSELWIRKUNGEN und FELDER geschehen.

Übersicht über die fundamentalen Wechselwirkungen

Nach bisherigen Erkenntnissen lassen sich alle bekannten Kraftarten auf nicht mehr als vier fundamentale Wechselwirkungen zurückführen:

Gravitationswechselwirkung: Sie wirkt zwischen Massen und manifestiert sich z. B. in der Planetenbewegung oder in Form der Gewichtskraft (siehe 3.2.1). Obwohl die schwächste aller bekann-

Tabelle 11-1. Die fundamentalen Wechselwirkungen

Wechselwirkung	Reichweite	relative Stärke	Beispiel
Gravitation	∞	10^{-38}	Kräfte zwischen Himmelskörpern, z. B. Planetenbewegung
elektromagnetische Wechselwirkung	∞	10^{-2}	Kräfte zwischen Ladungen, z. B. im Atom, im Molekül, in Festkörpern
starke Wechselwirkung	$10^{-15}...10^{-16}$ m	1	Kräfte zwischen Nukleonen, z. B. im Atomkern
schwache Wechselwirkung	$< 10^{-16}$ m	10^{-14}	Wechselwirkungen zwischen Elementarteilchen, z. B. beim Betazerfall

ten Wechselwirkungen (Tabelle 11-1), ist sie als erste quantitativ untersucht worden (Fallgesetze, Kepler-Gesetze, Newtonsches Gravitationsgesetz). Das Kraftgesetz $F \sim r^{-2}$ (siehe 11.3) hat eine unendliche Reichweite zur Folge.

Elektromagnetische Wechselwirkung: Sie wirkt zwischen elektrischen Ladungen und ist die heute am besten verstandene Wechselwirkung. Chemische und biologische Prozesse, die Struktur kondensierter Materie, der überwiegende Teil der Technik beruhen auf elektromagnetischen Wechselwirkungen zwischen Elektronen und Atomkernen und zwischen Atomen untereinander. Das Kraftgesetz (Coulomb-Gesetz, siehe 12.1) zeigt, wie bei der Gravitation, die Abstandsabhängigkeit $F \sim r^{-2}$, die wiederum zu einer unendlichen Reichweite führt.

Starke Wechselwirkung oder Kernwechselwirkung: Sie ist verantwortlich für die Bindungskräfte zwischen den Teilchen im Atomkern (Protonen, Neutronen: Nukleonen, siehe 17). Sie ist die Grundlage der Kernenergie und damit auch Ursache der Strahlungsenergie der Sonne. Die Reichweite der Kernkräfte ist von der Größenordnung des Kernradius.

Schwache Wechselwirkung: Leptonen (Elektronen, Positronen, siehe 17.5) zeigen keine starke Wechselwirkung, sondern eine um 14 Größenordnungen schwächere Wechselwirkung. Die schwache Wechselwirkung ist maßgebend bei Umwandlungen von Elementarteilchen, u. a. beim β-Zerfall, bei dem ein Neutron n ein Elektron e^- und ein Antineutrino $\bar{\nu}_e$ emittiert und sich in ein Proton p verwandelt, siehe (17-16).
Der schwache Prozeß (17-29), bei dem aus zwei Protonen ein Deuteriumkern ^{2}D, ein Positron e^+ und ein Neutrino ν_e entstehen, steuert den Brennzyklus der Sonne, insbesondere deren gleichmäßiges und langsames Brennen.
Die Reichweite der schwachen Wechselwirkung ist noch geringer als die der Kernkräfte.
Bei der Gravitationswechselwirkung und bei der elektromagnetischen Wechselwirkung können sich wegen der bis ins Unendliche gehenden Reichweite die Kräfte vieler Teilchen zu makroskopisch meßbaren Kräften überlagern. Bei der starken und bei der schwachen Wechselwirkung ist das nicht möglich, da diese kaum über das erzeugende Teilchen hinausreichen. Das Kraftgesetz kann hier nur durch Teilchensonden (Streuexperimente, siehe 16.1.1) erschlossen werden.

11 Gravitationswechselwirkung

11.1 Der Feldbegriff

Die Kraftgesetze für die Gravitationswechselwirkung zwischen zwei Punktmassen (Newtonsches Gravitationsgesetz, 11.3) oder für die elektrische Wechselwirkung zwischen zwei Punktladungen (Coulomb-Gesetz, 12.1) sind typische Fernwirkungsgesetze, die keine Aussagen über die Vermittlung der Kraft machen. Nach der Nahwirkungstheorie (Faraday) geschieht hingegen die Kraftvermittlung mit Hilfe des Feldbegriffes: Eine Punktmasse oder eine elektrische Ladung verändern den umgebenden Raum, indem sie ein (Gravitations- oder ein elektrisches) Feld erzeugen. Eine zweite Masse oder Ladung erfährt dann eine Kraft, die sich aus der lokalen Stärke des Feldes am Ort der zweiten Masse oder Ladung ergibt: Feldstärke. Im Falle der Gravitation ergibt sich die Kraft $\boldsymbol{F}$ in diesem Bild aus der Masse m und der Gravitationsfeldstärke $\boldsymbol{A}$ am Ort der Masse:

$$\boldsymbol{F} = m\boldsymbol{A}. \qquad (1)$$

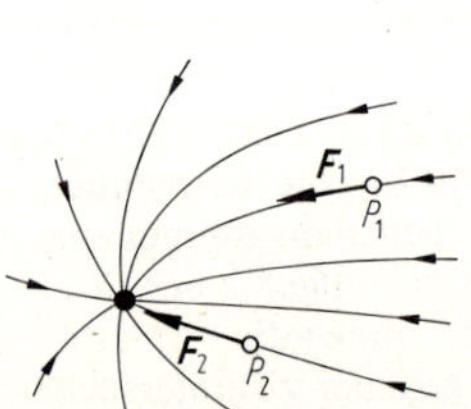

Bild 11-1. Feldliniendarstellung eines Kraftfeldes, das von einer Punktquelle ausgeht.

Die räumliche Richtungsverteilung der Kraft bzw. der Feldstärke in einem solchen Vektorfeld läßt sich besonders anschaulich durch das Feldlinienbild beschreiben: Kraftlinien oder *Feldlinien* sind Raumkurven, deren Tangenten an jeder Stelle P mit der Richtung der Kraft $\boldsymbol{F}$ bzw. des Feldstärkevektors $\boldsymbol{A}$ an dieser Stelle übereinstimmt (Bild 11-1).

11.2 Planetenbewegung: Kepler-Gesetze

Die Beobachtung der Gestirnbahnen und insbesondere der Planetenbahnen durch den Menschen favorisierte das *geozentrische Weltsystem* (Aristoteles, 384-322 v. Chr.), das die zentrale Stellung der Erde auch philosophisch festlegte. Eine einigermaßen genaue Beschreibung der Planetenbahnen war in diesem System allerdings nur durch komplizierte Epizykloiden möglich (Ptolemäus, um 100-160 n. Chr.).
Eine einfachere Beschreibung der Planetenbahnen gelang Kopernikus (1473-1543) durch Einführung des *heliozentrischen Weltsystems*, dessen Ursprünge auf Heraklid (4. Jh. v. Chr.) und Aristarch von Samos (3. Jh. v. Chr.) zurückgehen. Danach ließen sich die Planetenbahnen näherungsweise auf Kreisbahnen um die Sonne zurückführen. Gestützt auf die astronomischen Beobachtungen von Kopernikus und vor allem auf die noch ohne Fernrohr durchgeführten, sehr sorgfältigen Messungen von Tycho Brahe (1546–1601) konnte

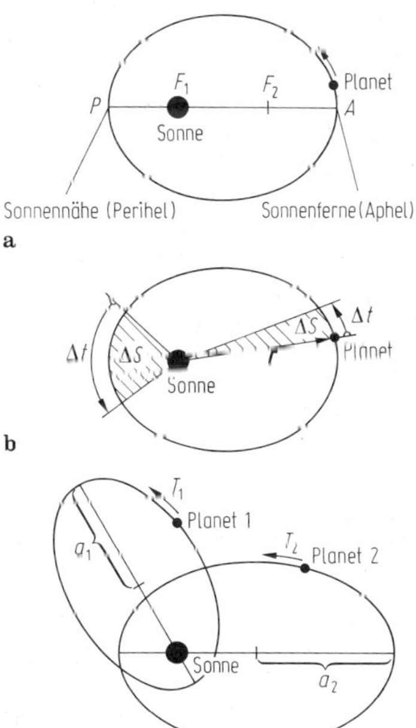

Bild 11-2. Kepler-Gesetze: **a** 1., über die Planetenbahnen, **b** 2., über den Flächensatz, **c** 3., über die Umlaufzeiten.

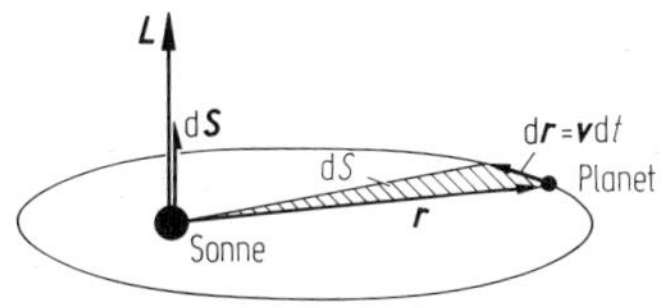

Bild 11-3. Zum Flächensatz (2. Kepler-Gesetz).

Kepler (1571-1630) drei empirische Gesetzmäßigkeiten über die Bewegung der Planeten gewinnen, die *Keplerschen Gesetze*:

1. Keplersches Gesetz (*Astronomia nova*, 1609):
Die Planetenbahnen sind Ellipsen, in deren gemeinsamen Brennpunkt die Sonne steht (Bild 11-2a).

2. Keplersches Gesetz (*Astronomia nova*, 1609):
Der Radiusvektor $\boldsymbol{r}$ des Planeten überstreicht in gleichen Zeiten Δt gleiche Flächen ΔS *(Flächensatz)* (Bild 11-2b):

$$\frac{\mathrm{d}S}{\mathrm{d}t} = \text{const}. \tag{2}$$

3. Keplersches Gesetz (*Harmonices mundi*, 1619):
Die Quadrate der Umlaufzeiten T_i der Planeten verhalten sich wie die Kuben ihrer großen Bahnhalbachsen a_i (Bild 11-2c):

$$\frac{T_1^2}{T_2^2} = \frac{a_1^3}{a_2^3} \quad \text{oder} \quad T_i^2 = \text{const}\, a_i^3, \tag{3}$$

wobei die Konstante für alle Planeten derselben Sonne gleich ist.

Das vom Radiusvektor $\boldsymbol{r}$ in der Zeit $\mathrm{d}t$ überstrichenen Flächenelement ist $\mathrm{d}\boldsymbol{S} = \boldsymbol{r} \times \mathrm{d}\boldsymbol{r}/2$ (Bild 11-3). Der Drehimpuls $\boldsymbol{L}$ des Planeten der Masse m läßt sich damit ausdrücken durch die Flächengeschwindigkeit $\mathrm{d}\boldsymbol{S}/\mathrm{d}t$:

$$\boldsymbol{L} = \boldsymbol{r} \times (m\boldsymbol{v}) = m\left(\boldsymbol{r} \times \frac{\mathrm{d}\boldsymbol{r}}{\mathrm{d}t}\right) = 2m\frac{\mathrm{d}\boldsymbol{S}}{\mathrm{d}t}. \tag{4}$$

Der Flächensatz ist daher eine Folge der Drehimpulserhaltung.

11.3 Newtonsches Gravitationsgesetz

Kepler hatte bereits die Vorstellung einer Anziehungskraft zwischen Planeten und Sonne entwickelt, die die Planeten entgegen ihrer Trägheit auf Ellipsenbahnen hält, und den Namen Gravitation hierfür eingeführt. Für den Fall der kreisförmigen Planetenbahn läßt sich die Gravitationskraft leicht aus den Keplerschen Gesetzen (siehe 11.2) herleiten:
Wegen der Gültigkeit des Flächensatzes (2. Keplersches Gesetz), d. h. der Drehimpulserhaltung, handelt es sich um eine Zentralkraft (vgl. 3.8). Die Zentripetalkraft auf den Planeten der Masse m in

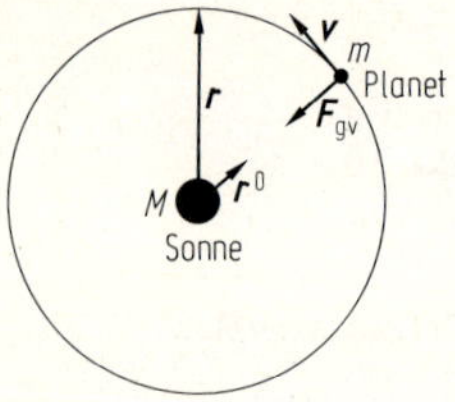

Bild 11-4. Zur Herleitung des Newtonschen Gravitationsgesetzes.

der Kreisbahn (Sonderfall des 1. Keplerschen Gesetzes) mit dem Radius r

$$F_{gv} = m\omega^2 r = \frac{4\pi^2 mr}{T^2} \tag{5}$$

wird durch die Gravitationsanziehung ausgeübt (Bild 11-4). Mit dem 3. Keplerschen Gesetz (3) und $a = r$ folgt daraus

$$F_{gv} = \text{const}\,\frac{m}{r^2}, \tag{6}$$

wobei die Konstante für alle Planeten einer Sonne der Masse M gleich ist (vgl. 11.2). Nach dem Reaktionsgesetz (3-11) ziehen sich die Massen M und m gegenseitig an, so daß F_{gv} auch $\sim M$ sein muß. Aus (6) folgt dann in vektorieller Schreibweise das *Newtonsche Gravitationsgesetz*

$$\boldsymbol{F}_{gv} = -G\frac{Mm}{r^2}\boldsymbol{r}^0, \tag{7}$$

$\boldsymbol{r}^0$ Einsvektor in Richtung des Radiusvektor (Bild 11-4).
$G = (6{,}672\,59 \pm 85 \cdot 10^{-5}) \cdot 10^{-11}\,\text{N} \cdot \text{m}^2/\text{kg}^2$ Gravitationskonstante.

Newton hat 1665 gezeigt, daß aus dem Kraftgesetz $F \sim r^{-2}$ (7) die elliptischen Umlaufbahnen des 1. Keplerschen Gesetzes folgen, siehe 11.5 (*Philosophiae naturalis principia mathematica*, 1687).
Die Gravitationskonstante G selbst ist nicht aus den Planetenbewegungen bestimmbar, sondern nur GM. Sie muß deshalb durch die direkte Messung der Anziehungskraft zwischen zwei bekannten Massen bestimmt werden. Obwohl die Gravitationsanziehung zwischen zwei wägbaren Massen außerordentlich klein ist, so daß sie normalerweise nicht bemerkt wird, kann sie mit der Drehwaage nach Cavendish (1798) gemessen werden (Bild 11-5). Im Prinzip wird dabei die Beschleunigung a einer kleinen Masse m infolge der Massenanziehung durch eine größere Masse M im Abstand r mit Hilfe eines langen Lichtzeigers gemessen und daraus die Gravitationskraft bestimmt.

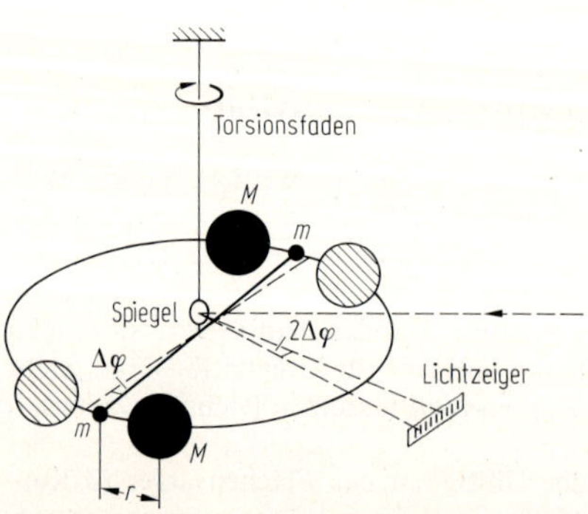

Bild 11-5. Gravitationsdrehwaage nach Cavendish. Die Massen M können in zwei symmetrische Positionen gebracht werden.

11.4 Das Gravitationsfeld

Die Geometrie eines Gravitationsfeldes läßt sich durch Feldlinien beschreiben, die die Richtung der *Gravitationsfeldstärke* $\boldsymbol{A}$ (1) in jedem Punkt angeben. Der Vergleich von (1) mit dem Newtonschen Kraftgesetz (3-4) zeigt, daß im Falle der Gravitation die Feldstärke gleich der durch sie bewirkten Gravitationsbeschleunigung $\boldsymbol{a}_{gv}$ auf eine Punktmasse m ist:

$$\boldsymbol{A} \equiv \frac{\boldsymbol{F}_{gv}}{m} = \boldsymbol{a}_{gv}, \tag{8}$$

SI-Einheit: $[\boldsymbol{A}] = [\boldsymbol{a}_{gv}] = \text{m/s}^2$.

Aus dieser Definition von $\boldsymbol{A}$ und dem Gravitationsgesetz (7) folgt für die von einer Punktmasse M erzeugte Gravitationsfeldstärke

$$\boldsymbol{A} = \boldsymbol{a}_{gv} = -G\frac{M}{r^2}\boldsymbol{r}^0. \tag{9}$$

Dieselbe Gravitationsfeldstärke herrscht im Außenraum einer kugelsymmetrischen, ausgedehnten Masse M vom Radius R, die demnach für $r > R$ dieselbe Gravitationsfeldstärke oder -beschleunigung erzeugt wie eine gleich große Punktmasse im Abstand r. Dies wird später im analogen Fall der homogen elektrisch geladenen Kugel gezeigt (12.2). Eine näherungsweise kugelsymmetrische Massenverteilung wie die Erde (Masse M_E, Erdradius $R_E = 6\,371$ km) zeigt daher an der Erdoberfläche eine Gravitationsbeschleunigung

$$\boldsymbol{a}_{gv} = \boldsymbol{A} = -G\frac{M_E}{R_E^2}\boldsymbol{r}^0 = \boldsymbol{g}, \tag{10}$$

die den Betrag der Fallbeschleunigung $g \approx 9{,}81\,\text{m/s}^2$ hat. Aus (10) folgt dann sofort für die *Masse der Erde*

$$M_E = \frac{gR_E^2}{G} = 5{,}965 \cdot 10^{24}\,\text{kg}. \tag{11}$$

Aufgrund der Kenntnis der Gravitationskonstante G kann auch die Masse anderer Himmelskörper aus dem Abstand r und der Umlaufzeit T ihrer Satelliten bestimmt werden, z. B. im System

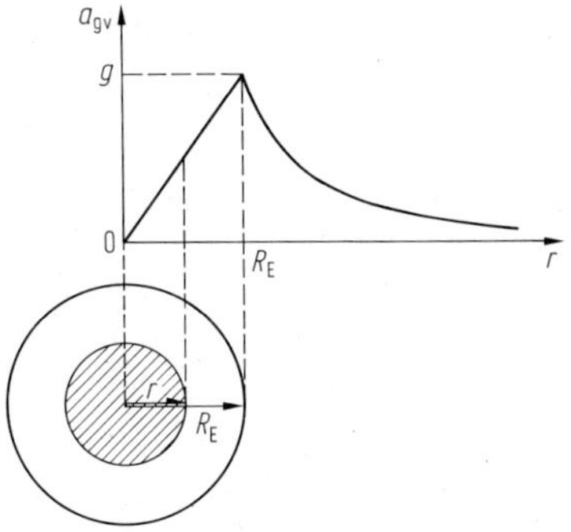

Bild 11-6. Gravitationsfeldstärke bzw. -beschleunigung innerhalb und außerhalb der als homogen angenommenen Erdkugel.

Sonne — Planet oder Planet — Mond. Für Kreisbahnen folgt aus

$$F_{gv} = G\frac{Mm}{r^2} = mr\omega^2 = mr\frac{4\pi^2}{T^2} \tag{12}$$

für die Masse des Zentralkörpers ($M \gg m$)

$$M = \frac{4\pi^2 r^3}{GT^2}. \tag{13}$$

Aus (9) und (11) ergibt sich ferner für den Betrag der Gravitationsfeldstärke bzw. -beschleunigung in größerer Entfernung r vom Erdmittelpunkt

$$A_a = a_{gv} = G\frac{M_E}{r^2} = g\frac{R_E^2}{r^2} \quad \text{für} \quad r > R_E. \tag{14}$$

Es läßt sich zeigen, daß Massen im Innern einer homogen mit Masse erfüllten Kugelschale keine Kraft erfahren, da sich die Gravitationswirkungen aller Massenelemente der Kugelschale im Innern gegenseitig aufheben. Die Gravitationsfeldstärke an einer Stelle r im Innern einer Vollkugel (Bild 11-6), z. B. der Erde, ergibt sich daher allein aus der Gravitationswirkung der Masse $m = 4\pi r^3 \varrho/3$ innerhalb des Radius r (konstante Dichte ϱ angenommen):

$$A_i = a_{gv} = \frac{4}{3}\pi\varrho G r = G\frac{M_E}{R_E^3}r \quad \text{für} \quad r < R_E. \tag{15}$$

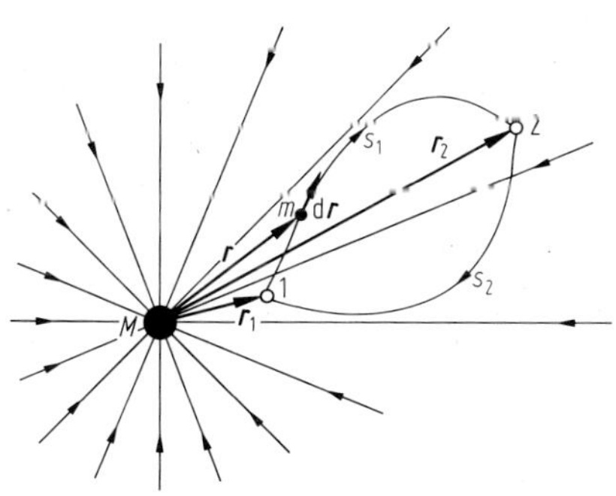

Bild 11-7. Zur Arbeit bei Verschiebung einer Masse im Gravitationsfeld.

Gravitationspotential und potentielle Energie

Zur Bewegung einer Masse m in einem Gravitationsfeld $\boldsymbol{A}(\boldsymbol{r})$ von $\boldsymbol{r}_1$ nach $\boldsymbol{r}_2$ (Bild 11-7) gegen die Feldkraft $\boldsymbol{F}_{gv}$ ist eine Arbeit

$$W_{12} = -\int_1^2 \boldsymbol{F}_{gv} \cdot \mathrm{d}\boldsymbol{r} = -m\int_1^2 \boldsymbol{A} \cdot \mathrm{d}\boldsymbol{r} \tag{16}$$

erforderlich. Längs eines geschlossenen Weges $s_1 + s_2$ (Bild 11-7) muß dagegen die Arbeit null sein, da anderenfalls beim Herumführen einer Masse auf einer geschlossenen Bahn ohne Zustandsänderung des Feldes Arbeit gewonnen werden könnte (Verstoß gegen den Energieerhaltungssatz), d. h.

$$\oint \boldsymbol{A} \cdot \mathrm{d}\boldsymbol{r} = 0. \tag{17}$$

Aus (17) folgt weiter, daß die Arbeit längs zweier verschiedener Wege s_1 und s_2 zwischen 1 und 2 gleich ist, da

$$\int_{1(s1)}^2 \boldsymbol{A} \cdot \mathrm{d}\boldsymbol{r} = \int_{1(s2)}^2 \boldsymbol{A} \cdot \mathrm{d}\boldsymbol{r}. \tag{18}$$

d. h., die Arbeit im Gravitationsfeld ist unabhängig vom Wege: die Gravitationskraft ist eine *konservative Kraft* (vgl. 4.2).

W_{12} hängt daher nur von $\boldsymbol{r}_1$ und $\boldsymbol{r}_2$ ab. Analog zu 4.2 läßt sich dann eine nur vom Ort abhängige *potentielle Energie* $E_p(\boldsymbol{r})$ so angeben, daß die für die Verschiebung aufzuwendende Arbeit als Differenz zweier potentieller Energien darzustellen ist:

$$W_{12} = E_p(\boldsymbol{r}_2) - E_p(\boldsymbol{r}_1). \tag{19}$$

Da nach (16) die Größe der bewegten Masse m in die potentielle Energie eingeht, ist es sinnvoll, die massenunabhängige Größe des *Gravitationspotentials* $V_{gv}(\boldsymbol{r})$ einzuführen:

$$V_{gv}(\boldsymbol{r}) \equiv \frac{E_p(\boldsymbol{r})}{m} \tag{20}$$

SI-Einheit: $[V_{gv}] = \mathrm{J/kg} = \mathrm{m^2/s^2}$.

Die Arbeit W_{12} gemäß (16) für die Verschiebung der Masse m von $\boldsymbol{r}_1$ nach $\boldsymbol{r}_2$ läßt sich mit (20) auch durch eine Potentialdifferenz ausdrücken:

$$W_{12} = -m\int_1^2 \boldsymbol{A} \cdot \mathrm{d}\boldsymbol{r} = m[V_{gv}(\boldsymbol{r}_2) - V_{gv}(\boldsymbol{r}_1)]. \tag{21}$$

Da es zur Berechnung der Arbeit oder der Feldstärke (bzw. der Kraft) stets nur auf Differenzen der potentiellen Energie (19) und (24) oder des Potentials (21) und (23) ankommt, kann der Nullpunkt der potentiellen Energie bzw. des Potentials frei gewählt werden. Bei *Zentralfeldern* ist es üblich, den Nullpunkt in die Entfernung $r_2 = \infty$ zu legen, d. h., $E_p(\infty) = 0$ und $V_{gv}(\infty) = 0$. Dann folgt aus (21) für das Gravitationspotential an der Stelle $\boldsymbol{r}$

$$V_{gv}(\boldsymbol{r}) = -\frac{W_{\infty r}}{m} = -\int_{\infty}^{r} \boldsymbol{A} \cdot d\boldsymbol{r} \qquad (22)$$

als auf die Masse bezogene Verschiebungsarbeit aus dem Unendlichen an die Stelle $\boldsymbol{r}$ bzw. als Wegintegral der Gravitationsfeldstärke. Die Umkehrung des Zusammenhanges (22) zwischen Gravitationspotential und -feldstärke lautet (vgl. 4.2)

$$\boldsymbol{A} = -\operatorname{grad} V_{gv}(\boldsymbol{r}). \qquad (23)$$

Durch Multiplikation mit der Masse m folgt daraus mit (1) und (13) der bereits bekannte Zusammenhang (4-16) zwischen Kraft und potentieller Energie

$$\boldsymbol{F}_{gv} = -\operatorname{grad} E_p(\boldsymbol{r}). \qquad (24)$$

Aus dem differentiell geschriebenen Zusammenhang (22)

$$d V_{gv}(\boldsymbol{r}) = -\boldsymbol{A} \cdot d\boldsymbol{r} \qquad (25)$$

folgt, daß Flächen, die überall senkrecht zur Gravitationsfeldstärke sind, Flächen konstanten Gravitationspotentials (Äquipotentialflächen) darstellen, weil Wegelemente $d\boldsymbol{r}$, die in solchen Flächen liegen, stets senkrecht zu $\boldsymbol{A}$ sind. Aus (25) folgt dann weiter $d V_{gv}(\boldsymbol{r}) = 0$, d. h., $V_{gv}(\boldsymbol{r}) = \text{const}$:

Äquipotentialflächen stehen senkrecht auf Feldlinien.

Potentialflächen kugelsymmetrischer Massen sind demnach konzentrische Kugelflächen.
Für das Gravitationspotential der Erde ergibt sich aus (11), (14) und (22) nach Integration

$$V_{gv}(r) = -G\frac{M_E}{r} = -\frac{gR_E^2}{r}, \qquad (26)$$

und daraus an der Erdoberfläche, $r = R_E$,

$$V_{gv}(R_E) = -gR_E. \qquad (27)$$

Die Arbeit im Gravitationsfeld der Erde ist nach (21) mit (26)

$$W_{12} = GM_E m\left(\frac{1}{r_1} - \frac{1}{r_2}\right) = mgR_E^2\left(\frac{1}{r_1} - \frac{1}{r_2}\right). \qquad (28)$$

Die Beziehungen (26) bis (28) gelten sinngemäß auch für andere Himmelskörper.

Fluchtgeschwindigkeit

Wird einem Körper (z. B. einem Raumfahrzeug) in der Nähe der Erdoberfläche $r \approx R_E$ eine kinetische Energie erteilt, die ausreicht, um die Arbeit (28)

$$W_{R\infty} = m[V_{gv}(\infty) - V_{gv}(R_E)] = E_k(R_E) = \frac{m}{2} v_f^2 \qquad (29)$$

gegen die Gravitationsanziehung zu leisten, so bewegt er sich ohne weiteren Antrieb bis $r \to \infty$. Die dazu erforderliche Geschwindigkeit ergibt sich aus (27) und (29) unter Beachtung von $V_{gv}(\infty) = 0$ zu

$$v_f = \sqrt{2gR_E} \approx 11{,}2\ \text{km/s} \approx 40\,200\ \text{km/h}, \qquad (30)$$

Fluchtgeschwindigkeit der Erde oder 2. astronautische Geschwindigkeit genannt (vgl. 11.5, (49)).

11.5 Satellitenbahnen im Zentralfeld

Im folgenden soll die Bahngleichung der Bewegung eines Körpers der Masse m im Feld einer ruhenden Zentralmasse M ($\gg m$), d. h. unter Einwirkung einer Zentralkraft, berechnet werden. Übergang zu Polarkoordinaten ergibt für die Geschwindigkeit (Bild 11-8)

$$\boldsymbol{v} = \dot{\boldsymbol{\varphi}} \times \boldsymbol{r} + \dot{r}\boldsymbol{r}^0 \quad \text{und daraus}$$

$$v^2 = \dot{r}^2 + r^2\dot{\varphi}^2. \qquad (31)$$

Der bei Zentralkräften geltende Drehimpulserhaltungssatz liefert

$$L = mr^2\dot{\varphi} = \text{const} \quad \text{und daraus}$$

$$d\varphi = \frac{L}{mr^2}\, dt. \qquad (32)$$

Der Energieerhaltungssatz lautet mit (31) und (32)

$$E = E_k + E_p = \frac{m}{2}\dot{r}^2 + \frac{L^2}{2mr^2} + E_p = \text{const}. \qquad (33)$$

Durch Auflösen nach dt und Ersetzen durch $d\varphi$ aus (32) erhält man die allgemeine Bahngleichung in Polarkoordinaten für die Bewegung im Zentralfeld:

$$\varphi(r) = \int \frac{L/r^2}{\sqrt{2m(E - E_p) - (L/r)^2}}\, dt + \text{const}. \qquad (34)$$

Im vorliegenden Fall einer Zentralkraft von der allgemeinen Form

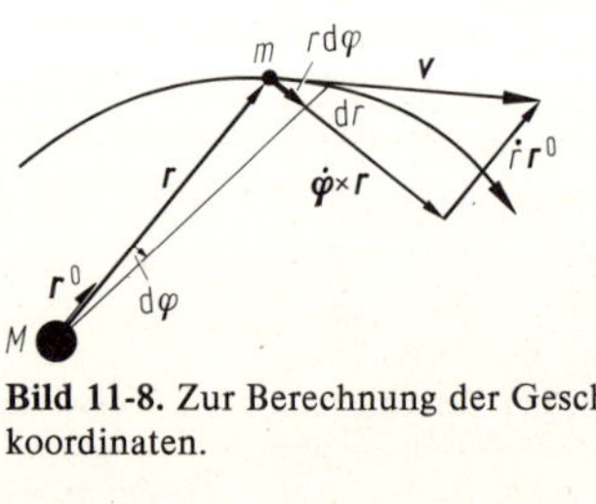

Bild 11-8. Zur Berechnung der Geschwindigkeit in Polarkoordinaten.

$$\boldsymbol{F} = -\frac{\Gamma}{r^2}\boldsymbol{r}^0 . \qquad (35)$$

wie sie bei der Gravitationskraft ($\Gamma = GMm$) oder bei der Coulomb-Kraft ($\Gamma = -Qq/4\pi\varepsilon_0$, siehe 12) zutrifft, hat entsprechend 11.4 die potentielle Energie die Form

$$E_{\mathrm{p}} = -\frac{\Gamma}{r} . \qquad (36)$$

Nach Einsetzen von E_{p} in die allgemeine Bahngleichung (34) und Anwendung der Substitution $1/r = -w$ und $\mathrm{d}r = r^2\,\mathrm{d}w$ läßt sich die Integration ausführen mit dem Ergebnis

$$\varphi(r) = \arcsin \frac{1 - \dfrac{L^2}{m\Gamma r}}{\sqrt{1 + \dfrac{2EL^2}{m\Gamma^2}}} + \text{const} . \qquad (37)$$

Durch Einführung der Abkürzungen

$$p = \frac{L^2}{m\Gamma} \quad \text{und} \quad \varepsilon = \sqrt{1 + \frac{2EL^2}{m\Gamma^2}} \qquad (38)$$

und geeignete Wahl des Nullpunktes für φ ergibt sich schließlich aus (37) als Bahngleichung die Polarkoordinatendarstellung eines Kegelschnittes

$$r = \frac{p}{1 - \varepsilon \cos\varphi} \qquad (39)$$

mit der Exzentrizität ε und dem Bahnparameter p (Bild 11-9).
Je nach Größe der Gesamtenergie E ergeben sich nach (38) unterschiedliche Bahnformen:

$E < 0$, $\varepsilon < 1$: Ellipse
$E = 0$, $\varepsilon = 1$: Parabel
$E > 0$, $\varepsilon > 1$: Hyperbel.

Eine geschlossene Bahn (gebundener Zustand) erhält man also nur für negative Gesamtenergie, d. h., wenn die kinetische Energie überall auf der Bahn kleiner ist als der Betrag der negativen potentiellen Energie. Bei positiver potentieller Energie, d. h. bei abstoßender Zentralkraft (z. B. zwischen elektrischen Ladungen gleichen Vorzeichens, siehe 12) sind nur Hyperbelbahnen möglich (ungebundener Zustand), da bei $E > 0$ nach (38) die Exzentrizität $\varepsilon > 0$ ist.

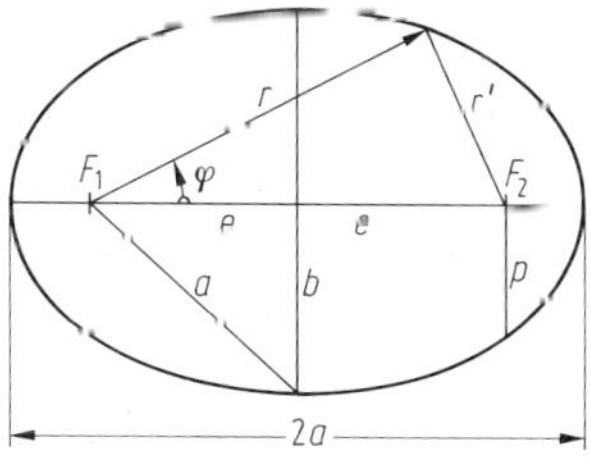

Bild 11-9. Zur Geometrie der Ellipse.
$r + r' = 2a$ Definition der Ellipse, a halbe Hauptachse, b halbe Nebenachse, F_1, F_2 Brennpunkte, $e = \sqrt{a^2 - b^2}$ Brennweite, $\varepsilon = e/a < 1$ Exzentrizität, $p = b^2/a$ Bahnparameter, $R_{\mathrm{a}} = p$ Hauptachsenscheitel-Krümmungsradius, $R_{\mathrm{b}} = a^2/b$ Nebenachsenscheitel-Krümmungsradius.

Kreisbahngeschwindigkeit von Satelliten

Für einen Satelliten auf einer Kreisbahn im Abstand r vom Erdmittelpunkt bzw. in der Höhe h über der Erdoberfläche (Bild 11-11) erhält man aus der Gleichsetzung des Ausdruckes für die Zentripetalkraft (3-19) mit der Gravitationskraft (7) unter Beachtung von (11)

$$v_{\mathrm{O}} = \sqrt{\frac{GM_{\mathrm{E}}}{r}} = R_{\mathrm{E}}\sqrt{\frac{g}{r}} = R_{\mathrm{E}}\sqrt{\frac{g}{R_{\mathrm{E}} + h}} . \qquad (40)$$

Die Kreisbahngeschwindigkeit hängt nicht von der Satellitenmasse, sondern allein von der Höhe h ab, wodurch antriebsfreie Gruppenflüge von Raumschiffen in der gleichen Bahn möglich sind. Satelliten in geringer Höhe (z. B. $h = 100\,\mathrm{km} \ll R_{\mathrm{E}} \approx 6371\,\mathrm{km}$) haben nach (40) eine Kreisbahngeschwindigkeit

1. astronautische Geschwindigkeit

$$v_{\mathrm{O}}(R_{\mathrm{E}}) = \sqrt{gR_{\mathrm{E}}} = 7{,}9\,\mathrm{km/s} \approx 28\,500\,\mathrm{km/h} \qquad (41)$$

und benötigen daher knapp 1,5 h für eine Erdumkreisung.
Synchronsatelliten haben die gleiche Winkelgeschwindigkeit wie die Erdrotation (ω_{E}). Sie bleiben daher immer über dem gleichen Längengrad der Erdoberfläche. Wenn ihre Bahnebene in der Äquatorebene der Erde liegt, bewegen sie sich stationär über einem Punkt des Äquators (Fernseh-Satelliten!). Mit der Bedingung $v_{\mathrm{O}} = \omega_{\mathrm{E}}(R_{\mathrm{E}} + h)$ folgt für die Bahnhöhe der Synchronsatelliten aus (40)

$$h = \sqrt[3]{\frac{gR_{\mathrm{E}}^2}{\omega_{\mathrm{E}}^2}} - R_{\mathrm{E}} \approx 36\,000\,\mathrm{km} . \qquad (42)$$

Bahnenergie

Für die Diskussion der möglichen Bahnformen von Satellitenbahnen ist es zweckmäßig, die Gesamtenergie E zu betrachten. Aus (38) erhält man

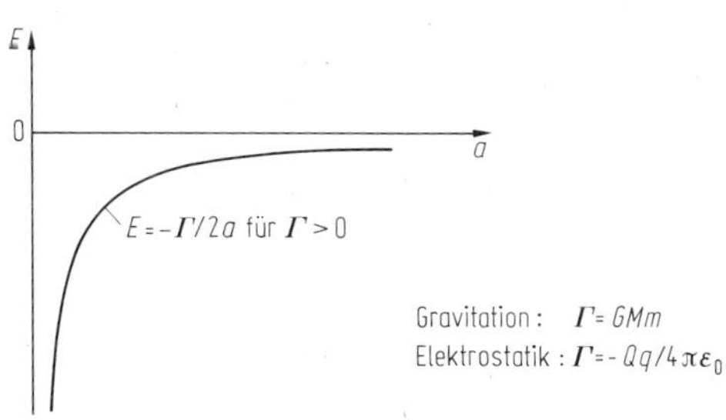

Bild 11-10. Gesamtenergie bei Ellipsenbahnen als Funktion der großen Bahnachse.

zusammen mit den Beziehungen zwischen den Ellipsenparametern (Bild 11-9)

$$E = -\frac{\Gamma}{2a}, \tag{43}$$

d. h., die Gesamtenergie ist durch die Länge der Ellipsen-Hauptachse $2a$ bestimmt.
Im Fall der Gravitationsanziehung durch die Erde ist $\Gamma = GM_{\mathrm{E}}m > 0$. Zu einer endlich langen, positiven halben Hauptachse a (Ellipse, $\varepsilon < 1$) gehört nach (43) eine negative Gesamtenergie (Bild 11-10)

$$E = -\frac{1}{2}G\frac{M_{\mathrm{E}}m}{a}, \tag{44}$$

d. h., die stets positive kinetische Energie bleibt in jedem Bahnpunkt kleiner als der Betrag der negativen potentiellen Energie (36)

$$E_{\mathrm{p}} = -G\frac{M_{\mathrm{E}}m}{r} = -\frac{gR_{\mathrm{E}}^2 m}{r}. \tag{45}$$

Im Fall der Kreisbahn wird $a = r$ und $\varepsilon = 0$. Für die kinetische Energie ergibt sich dann mit (40)

$$E_{\mathrm{k}} = \frac{m}{2}v_{\mathrm{O}}^2 = \frac{1}{2}G\frac{M_{\mathrm{E}}m}{r} = -\frac{1}{2}E_{\mathrm{p}}, \tag{46}$$

und die *Gesamtenergie* bei der *Kreisbahn* beträgt

$$E = E_{\mathrm{k}} + E_{\mathrm{p}} = -\frac{1}{2}G\frac{M_{\mathrm{E}}m}{r} = \frac{1}{2}E_{\mathrm{p}}. \tag{47}$$

Läßt man in (44) $a \to \infty$ gehen, so wird $E = 0$ und die Ellipse geht in eine Parabel ($\varepsilon = 1$) über. In diesem Fall ist die kinetische Energie $E_{\mathrm{k}} = -E_{\mathrm{p}}$ (d. h., $E_{\mathrm{k}}(\infty) = 0$), und für die Geschwindigkeit des Satelliten folgt mit (45)

$$v = R_{\mathrm{E}}\sqrt{\frac{2g}{r}}. \tag{48}$$

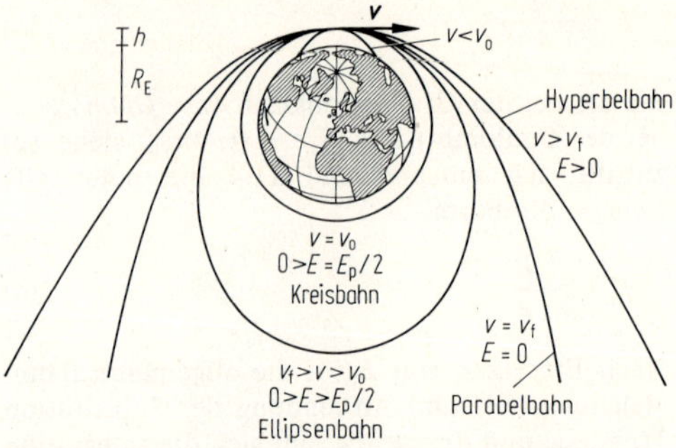

Bild 11-11. Satellitenbahntypen bei verschiedenen Bahneinschußgeschwindigkeiten v bzw. Gesamtenergien E.

Im Scheitelpunkt der Parabel $r = R_{\mathrm{E}} + h$ (Bild 11-11) ergibt sich daraus als notwendige Einschußgeschwindigkeit in die Parabelbahn und damit als Fluchtgeschwindigkeit für die Starthöhe h das $\sqrt{2}$-fache der Kreisbahngeschwindigkeit (40)

$$v_{\mathrm{f}} = R_{\mathrm{E}}\sqrt{\frac{2g}{R_{\mathrm{E}} + h}} = v_{\mathrm{O}}\sqrt{2}. \tag{49}$$

Bei niedriger Starthöhe $h \ll R_{\mathrm{E}}$ folgt daraus der schon aus einer einfacheren Energiebetrachtung erhaltene Wert (30) $v_{\mathrm{f}}(R_{\mathrm{E}}) = \sqrt{2gR_{\mathrm{E}}} = 11{,}2$ km/s für die 2. astronautische Geschwindigkeit.
Für die Sonne als Zentralkörper und die Erde als Startpunkt für eine Parabelbahn um die Sonne ergibt sich analog die 3. astronautische Geschwindigkeit $v_3 \approx 16$ km/s.
Bei Einschußgeschwindigkeiten $v > v_{\mathrm{f}}$ gemäß (47) wird $E > 0$, das entspricht formal einem negativen Wert der großen Bahnachse $2a$ in (43). Eine positive Gesamtenergie bedeutet nach (38) $\varepsilon > 1$, also Hyperbelbahnen (Bild 11-11). In diesem Fall hat die kinetische Energie selbst für $r \to \infty$ einen nicht verschwindenden Wert.

Tabelle 11-2. Daten unseres Sonnensystems

Körper	Masse M 10^{24} kg	mittlerer Äquatorradius R 10^3 km	Rotationsdauer T_{r} 10^4 s	große Bahnhalbachse a 10^6 km	Exzentrizität ε	Umlaufzeit T 10^6 s
Sonne	$1{,}99 \cdot 10^6$	696	230	—	—	—
Merkur	0,32	2,4	503	57,9	0,206	7,60
Venus	4,87	6,1	$2{,}1 \cdot 10^3$	108	0,007	19,4
Erde	5,98	6,37	8,616	149,6	0,017	31,6
Erdmond	0,073	1,74	235	0,384	0,055	2,35
Mars	0,640	3,4	8,86	228	0,093	59,4
Jupiter	$1{,}90 \cdot 10^3$	71,8	3,54	778	0,048	374
Saturn	$5{,}69 \cdot 10^2$	60,3	3,68	1 430	0,056	930
Uranus	87,0	23,7	3,89	2 870	0,046	2 660
Neptun	$1{,}03 \cdot 10^2$	22,9	5,64	4 500	0,009	5 200
Pluto	0,33	2,9	55,1	5 920	0,249	7 820

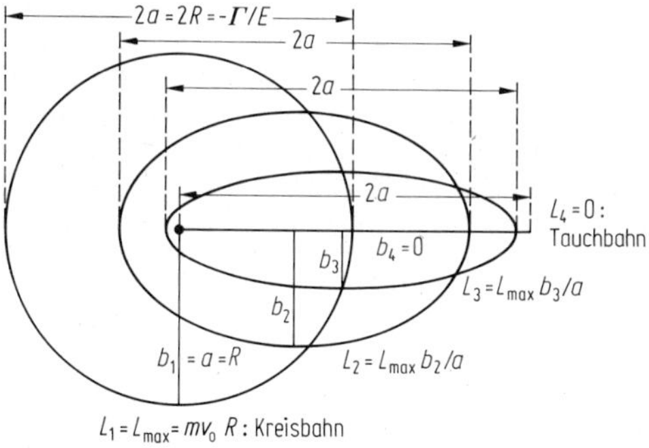

Bild 11-12. Ellipsenbahnen gleicher Energie mit unterschiedlichen Drehimpulsen.

Drehimpuls bei Ellipsenbahnen

Während die Bahnenergie E nach (43) allein von der Länge der Hauptachse $2a$ der Bahnellipse abhängt, ist der Bahndrehimpuls L zusätzlich von der Länge der Nebenachse $2b$ abhängig. Aus (38) und (43) sowie $p = b^2/a$ (Bild 11-9) folgt

$$L = \frac{b}{a}\sqrt{am\Gamma} = b\sqrt{-2mE}\,. \quad (50)$$

Der Maximalwert des Drehimpulses liegt für die Kreisbahn $b = a$ vor:

$$L_{\max} = \sqrt{am\Gamma}: \quad L = \frac{b}{a}L_{\max}\,. \quad (51)$$

Im Grenzfall der linearen Tauchbahn ($b = 0$) verschwindet der Drehimpuls. Ellipsenbahnen gleicher Bahnenergie können also verschiedene Drehimpulse haben. Dies ist ein wesentlicher Aspekt des Bohr-Sommerfeldschen Atommodells (siehe 16.1.1). Bild 11-12 zeigt einige Beispiele.

12 Elektrische Wechselwirkung

12.1 Elektrische Ladung, Coulomb-Gesetz

Materielle Körper lassen sich in einen „elektrisch geladenen" Zustand versetzen (z. B. durch Reiben von manchen nichtmetallischen Stoffen), in dem sie Kräfte auf andere „elektrisch geladene" Körper ausüben, die nicht auf Gravitationsanziehung zurückzuführen sind. Auf den gleichen Stoffen gleichartig erzeugte *elektrische Ladungen* stoßen sich ab. Es existieren jedoch zwei verschiedene Arten der elektrischen Ladung (du Fay 1733), die sich gegenseitig anziehen: Positive und negative Ladungen. Die Definition der Vorzeichen ist willkürlich und ist historisch bedingt (Lichtenberg 1777): Harze, z. B. Bernstein, mit Katzenfell gerieben: (+); Glas mit Leder gerieben: (−). Nach heutiger Auffassung ist die elektrische Ladung neben Ruhemasse und Spin eine grundlegende Eigenschaft der Elementarteilchen. In der uns umgebenden Materie sind die geladenen Elementarteilchen normalerweise die negativ geladenen Elektronen und die positiv geladenen Protonen (siehe 16.1).

Das Kraftgesetz für die Abstoßung bzw. Anziehung zwischen zwei Ladungen Q und q gleichen bzw. entgegengesetzten Vorzeichens wurde experimentell von Coulomb (1785) mit Hilfe der von ihm erfundenen Torsionswaage gefunden. Das Prinzip der Torsionswaage wurde später auch von Cavendish für die Gravitationsdrehwaage (Bild 11-5) eingesetzt, wobei dort die elektrisch geladenen Körper durch elektrisch neutrale Massen ersetzt wurden. Das Kraftgesetz entspricht hinsichtlich Form und Abstandsverhalten völlig dem Gravitationsgesetz und heißt Coulomb-Gesetz:

$$\boldsymbol{F}_C = \frac{1}{4\pi\varepsilon_0}\cdot\frac{Qq}{r^2}\boldsymbol{r}^0\,. \quad (1)$$

Wie bei der Gravitationskraft handelt es sich um eine Zentralkraft, die längs der Verbindungslinie zwischen den beiden Ladungen wirkt (Bild 12-1).

Die Einheit der Ladungsmenge Q ist das Coulomb und kann über das Coulomb-Gesetz festgelegt werden, wird jedoch aus Genauigkeitsgründen über die noch einzuführende Stromstärke I (12.6) definiert:

SI-Einheit: $[Q] = \mathrm{C} = \mathrm{A \cdot s}$

Die Proportionalitätskonstante wird aus praktisch-rechnerischen Gründen in der Form $1/4\pi\varepsilon_0$ geschrieben und muß im Prinzip experimentell bestimmt werden. Mit der heute gültigen Definition der Vakuumlichtgeschwindigkeit c_0 (siehe 1.3 und 19.1) und der magnetischen Feldkonstante $\mu_0 = 4\pi\cdot 10^{-7}\,\mathrm{Vs/Am}$ (siehe 13.1) ergibt sich die elektrische Feldkonstante

$$\varepsilon_0 = \frac{1}{\mu_0 c_0^2} = 8{,}854\,187\,817\ldots\cdot 10^{-12}\,\mathrm{As/Vm}\,. \quad (2)$$

Die hier verwendete Einheit Volt (V) ist die Einheit des elektrischen Potentials (12.3).

Zur Messung elektrischer Ladungsmengen können Geräte verwendet werden, die die Abstoßungskräfte zwischen gleichartig geladenen Körpern anzeigen (Elektrometer). Empfindlicher sind Geräte,

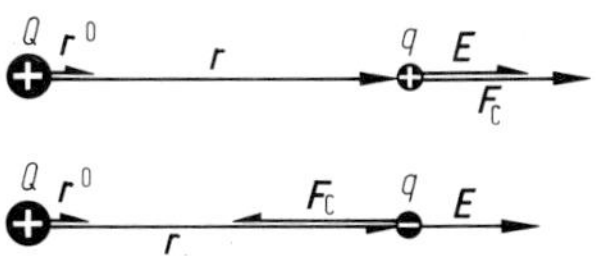

Bild 12-1. Kraftwirkung zwischen zwei Ladungen Q und q gleichen bzw. verschiedenen Vorzeichens.

in denen durch periodische Bewegung der zu messenden Ladung eine periodische Potentialänderung erzeugt wird, die als Wechselspannung verstärkt und gemessen werden kann (Schwingkondensator-Verstärker, siehe 12.3).

12.2 Das elektrostatische Feld

Das Coulomb-Gesetz (1) ist ein Fernwirkungsgesetz, das eine Kraft beschreibt, die von einer Ladung Q über eine Entfernung r auf eine zweite Ladung q ausgeübt wird. Im Sinne der Nahwirkungstheorie (Faraday 1852) sind positive und negative elektrische Ladungen Quellen und Senken eines elektrischen Feldes, dessen *Feldstärke* durch die lokale Kraft auf eine Probeladung q definiert wird:

$$\boldsymbol{E} = \lim_{q \to 0} \frac{\boldsymbol{F}}{q} \qquad (3)$$

SI-Einheit: $[E] = \mathrm{N/C} = \mathrm{V/m}$.

Der Betrag E der elektrischen Feldstärke darf nicht mit der Energie E verwechselt werden. Die Vorschrift $q \to 0$ ist nur dann von Bedeutung, wenn durch die Kraftwirkung der Probeladung Verschiebungen der felderzeugenden Ladungen (z. B. auf elektrisch leitenden Körpern: Influenz, 12.7) auftreten können. Die Kraft auf die Probeladung folgt daraus zu

$$\boldsymbol{F} = q\boldsymbol{E}, \qquad (4)$$

wobei die Richtung sich aus dem Vorzeichen der Ladung q ergibt (Bild 12-1). Wie beim Gravitationsfeld läßt sich die Geometrie des elektrischen Feldes durch Feldlinien beschreiben, die die Richtung der elektrischen Feldstärke (3) in jedem Punkt angeben.

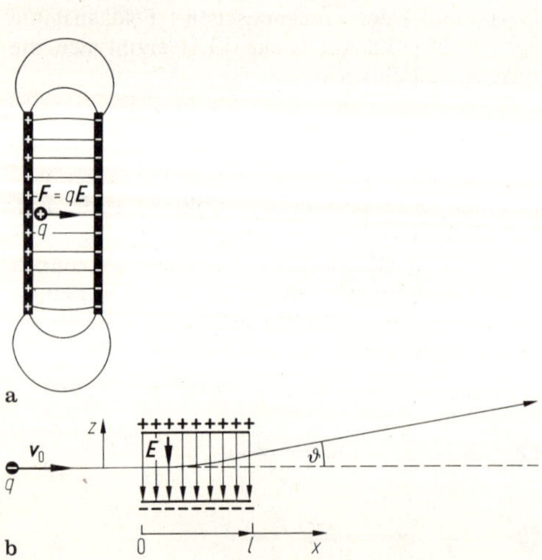

Bild 12-2. Bewegung von Ladungen im homogenen elektrischen Feld. **a** Plattenkondensator, **b** Ablenkplatten.

Das elektrostatische Feld wird durch ruhende elektrische Ladungen erzeugt. Das einfachste Feld ist das *homogene Feld*, in dem überall $\boldsymbol{E} = \text{const}$ ist. Es ist in guter Näherung realisierbar durch parallel geladene Platten, deren Ausdehnung groß gegen den Abstand ist (Bild 12-2a). (Anmerkung: ein homogenes Gravitationsfeld ist in entsprechender Weise nicht erzeugbar.)

Bewegung von Ladungen im homogenen Feld

Nach (4) erfährt eine Ladung q im elektrischen Feld eine Beschleunigung

$$\boldsymbol{a} = \frac{\boldsymbol{F}}{m} = \frac{q}{m}\boldsymbol{E}. \qquad (5)$$

Im homogenen Feld ist daher $\boldsymbol{a} = \text{const}$, so daß frei bewegliche positive Ladungen eine Fallbewegung in, negative Ladungen entgegen der Richtung des elektrischen Feldvektors durchführen. Zur Beschreibung können die Beziehungen für die gleichmäßig beschleunigte Bewegung (2.1) zusammen mit (5) herangezogen werden. So folgt für eine senkrecht in ein elektrisches Feld mit der Anfangsgeschwindigkeit $\boldsymbol{v}_0$ eingeschossene negative Ladung $-q$ (Bild 12-2b) als Bahnkurve aus (2-22) eine Parabel ($\alpha = 0$)

$$z = \frac{qE}{2mv_0^2}x^2. \qquad (6)$$

Der Ablenkwinkel ϑ nach Durchfliegen des Feldes der Länge l läßt sich nach Differenzieren aus der Steigung an der Stelle l gewinnen:

$$\tan\vartheta = \frac{ql}{mv_0^2}E. \qquad (7)$$

Anwendung: Steuerung des Elektronenstrahls in der Oszillographenröhre mittels Ablenkplatten.

Felder von Punktladungen

Die Feldstärke einer einzelnen Punktladung ergibt sich durch Einsetzen der Coulomb-Kraft (1) in die Feldstärke-Definition (3):

$$\boldsymbol{E} = \frac{Q}{4\pi\varepsilon_0 r^2}\boldsymbol{r}^0. \qquad (8)$$

Die zugehörigen Feldlinien haben also überall radiale Richtung (Bild 12-3).

Feldlinienbilder mehrerer Punktladungen lassen sich durch vektorielle Addition der von den Einzelladungen am jeweiligen Ort erzeugten Feldstärken konstruieren. Während die Feldstärke des aus zwei entgegengesetzt gleichgroßen Ladungen bestehenden Dipols (Bild 12-4) mit der Entfernung schnell abnimmt, nähert sich das Feld zweier gleicher Ladungen Q (Bild 12-5) mit zunehmender Entfernung demjenigen einer Punktladung $2Q$. An der hier auftretenden Stelle zwischen beiden Ladungen, an der zwei Feldlinien sich senkrecht kreuzen, ist die Feldstärke null.

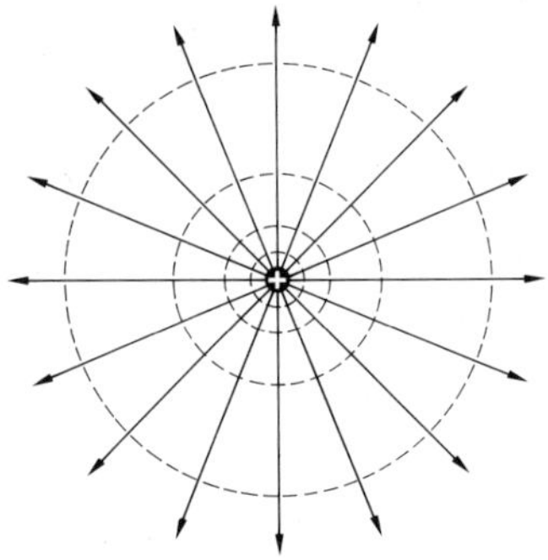

Bild 12-3. Feldlinienbild einer Punktladung (gestrichelt: Äquipotentiallinien).

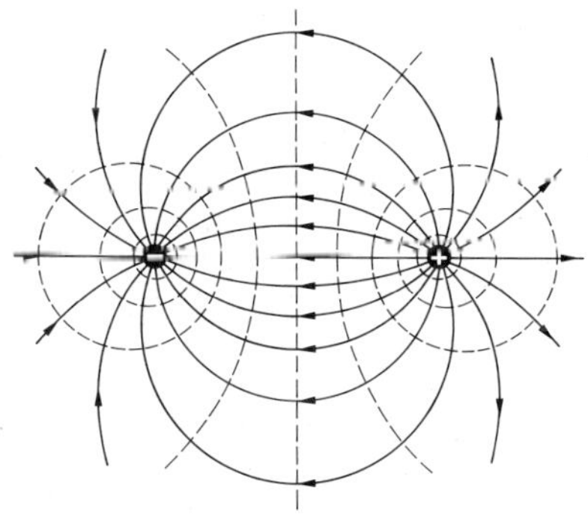

Bild 12-4. Feldlinienbild zweier entgegengesetzt gleichgroßer Ladungen: Dipol (gestrichelt: Äquipotentiallinien).

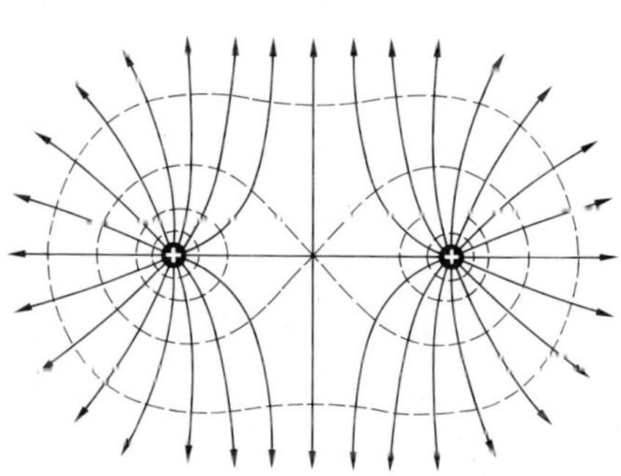

Bild 12-5. Feldlinienbild zweier gleicher Ladungen (gestrichelt: Äquipotentiallinien).

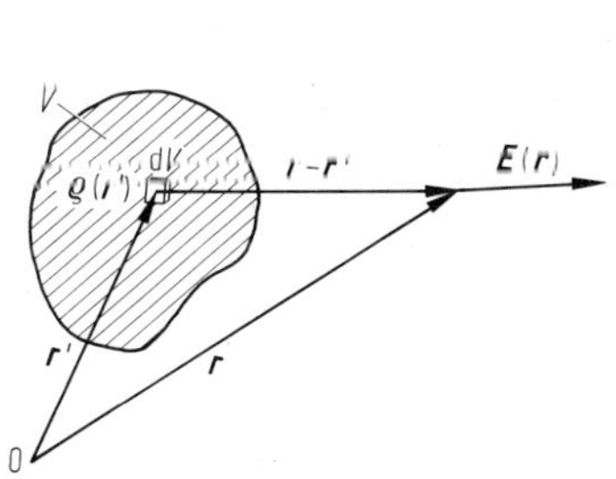

Bild 12-6. Zur Berechnung der von einer kontinuierlichen Raumladungsverteilung erzeugten elektrischen Feldstärke.

Im allgemeinen Fall von N Punktladungen an den Stellen $\boldsymbol{r}_i$ erhält man die resultierende Feldstärke $\boldsymbol{E}(\boldsymbol{r})$ durch vektorielle Addition (lineare Superposition) aller Punktladungs-Feldstärken $\boldsymbol{E}_i(\boldsymbol{r}_i)$ aus (8):

$$\boldsymbol{E}(\boldsymbol{r}) = \sum_{i=1}^{N} \boldsymbol{E}_i(\boldsymbol{r}) = \sum_{i=1}^{N} \frac{Q_i}{4\pi\varepsilon_0} \cdot \frac{\boldsymbol{r} - \boldsymbol{r}_i}{|\boldsymbol{r} - \boldsymbol{r}_i|^3}. \tag{9}$$

Liegt statt diskreter Punktladungen eine kontinuierliche Ladungsverteilung im Volumen V vor mit der Raumladungsdichte

$$\varrho(\boldsymbol{r}) = \frac{\mathrm{d}Q}{\mathrm{d}V}, \tag{10}$$

so erhält man die resultierende Feldstärke durch Integration über die von jedem Ladungselement $\mathrm{d}Q$ im Volumen V erzeugte Feldstärke $\mathrm{d}\boldsymbol{E}$ (Bild 12-6):

$$\boldsymbol{E}(\boldsymbol{r}) = \frac{1}{4\pi\varepsilon_0} \int_V \varrho(\boldsymbol{r}') \frac{\boldsymbol{r} - \boldsymbol{r}'}{|\boldsymbol{r} - \boldsymbol{r}'|^3} \mathrm{d}V. \tag{11}$$

Experimentell läßt sich der Verlauf elektrischer Feldlinien mittels kleiner, länglicher Kristalle (Gips, Hydrochinon o. ä.) sichtbar machen, die z. B. auf einer Glasplatte im Feld sich durch Dipolkräfte (12.9) in Feldrichtung ausrichten.

Elektrischer Fluß

Im elektrostatischen Feld beginnen und enden elektrische Feldlinien stets auf Ladungen. Die Gesamtheit der Feldlinien, die von einer Ladungsmenge ausgehen, oder besser: das von der Ladungsmenge Q erzeugte Feld ist daher auch ein Maß für die Ladung Q. Eine geeignete Größe zur Beschreibung eines allgemeinen Zusammenhangs zwischen Ladung Q und Feld $\boldsymbol{E}$ ist der elektrische Fluß Ψ. In einem homogenen Feld ist der elektrische Fluß durch eine zur Feldrichtung senkrechte

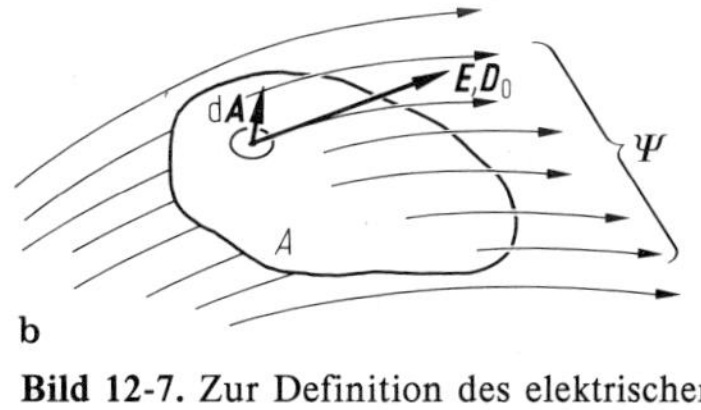

Bild 12-7. Zur Definition des elektrischen Flusses. **a** homogenes, **b** inhomogenes Feld.

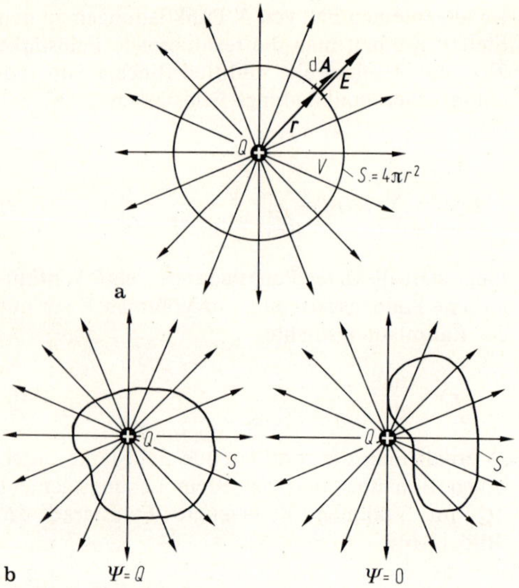

Bild 12-8. Zum Gaußschen Gesetz im elektrischen Feld.

Fläche A (Bild 12-7a) definiert durch

$$\Psi = \varepsilon_0 E A, \tag{12}$$

und entsprechend die elektrische Flußdichte (im Vakuum)

$$D_0 = \frac{\Psi}{A} = \varepsilon_0 E. \tag{13}$$

D_0 wird *elektrische Verschiebungsdichte* (im Vakuum) oder *elektrische Flußdichte* genannt und ist

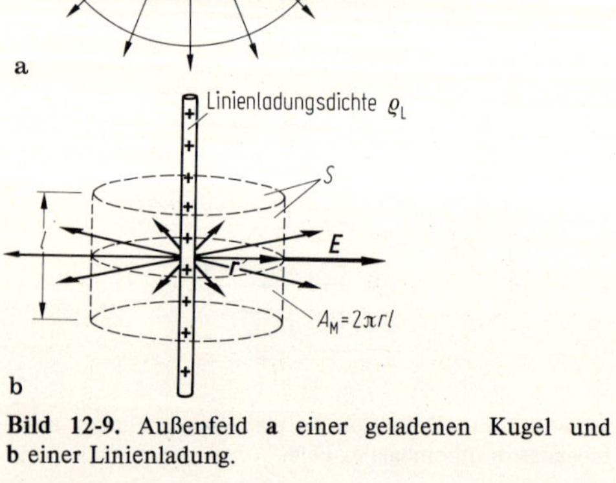

Bild 12-9. Außenfeld **a** einer geladenen Kugel und **b** einer Linienladung.

ein Vektor in Richtung der Feldstärke $\boldsymbol{E}$:

$$\boldsymbol{D}_0 = \varepsilon_0 \boldsymbol{E}. \tag{14}$$

In Verallgemeinerung von (12) ist der *elektrische Fluß* Ψ eines beliebigen (inhomogenen) Feldes durch eine beliebig orientierte Fläche A (Bild 12-7b) im Vakuum

$$\Psi = \int_A \varepsilon_0 \boldsymbol{E} \cdot \mathrm{d}\boldsymbol{A} = \int_A \boldsymbol{D}_0 \cdot \mathrm{d}\boldsymbol{A}. \tag{15}$$

SI-Einheit: $[\Psi] = \mathrm{A \cdot s} = \mathrm{C}$,
SI-Einheit: $[D] = \mathrm{C/m^2}$.

Der von einer Ladung Q insgesamt ausgehende elektrische Fluß ergibt sich durch Integration gemäß (15) über eine geschlossene Oberfläche S, z. B. über eine zu Q konzentrische Kugeloberfläche (Bild 12-8a):

$$\Psi = \oint_S \boldsymbol{D}_0 \cdot \mathrm{d}\boldsymbol{A} = \varepsilon_0 E 4\pi r^2. \tag{16}$$

Mit der Feldstärke (8) für die Punktladung folgt daraus als eine der *Feldgleichungen des elektrischen Feldes* das allgemein gültige *Gaußsche Gesetz* (im Vakuum):

$$\Psi = \oint_S \boldsymbol{D}_0 \cdot \mathrm{d}\boldsymbol{A} = \oint_S \varepsilon_0 \boldsymbol{E} \cdot \mathrm{d}\boldsymbol{A} = Q \tag{17}$$

d. h., der gesamte elektrische Fluß Ψ durch eine geschlossene Oberfläche ist gleich der eingeschlossenen Ladung Q (Bild 12-8b). In (17) geht weder die Geometrie der geschlossenen Fläche S noch die Lage der Ladung Q ein. Q kann daher auch aus mehreren Punktladungen q_i oder aus einer Ladungsverteilung der Ladungsdichte $\varrho(\boldsymbol{r})$ bestehen:

$$Q = \sum q_i = \int_V \varrho(\boldsymbol{r})\, \mathrm{d}V, \tag{18}$$

wobei das zu integrierende Volumen V innerhalb der geschlossenen Fläche S liegen muß. Enthält die geschlossene Fläche keine Ladung (Bild 12-8c), so ist der Gesamtfluß durch die Oberfläche null.
Beispiele für die Anwendung des Gaußschen Gesetzes:

Homogen geladene Kugeloberfläche

Eine z. B. metallische Kugel des Radius R trage eine Gesamtladung Q, die sich im statischen Fall gleichmäßig auf der Oberfläche $A = 4\pi R^2$ verteilt (siehe 12.7), so daß die *Flächenladungsdichte*

$$\sigma = \frac{\mathrm{d}Q}{\mathrm{d}A} \tag{19}$$

$\sigma = Q/4\pi R^2$ beträgt. Wird als Integrationsfläche die Oberfläche der Metallkugel gewählt (Bild 12-9a), so folgt aus dem Gaußschen Gesetz

(17) wie in (16) für die Oberflächenfeldstärke

$$E_R = \frac{Q}{4\pi\varepsilon_0 R^2} = \frac{\sigma}{\varepsilon_0}, \tag{20}$$

und entsprechend für einen Radius $r > R$ im Außenraum der geladenen Kugel

$$E(r) = \frac{Q}{4\pi\varepsilon_0 r^2}. \tag{21}$$

Die Feldstärke im Außenraum der geladenen Kugel ist also identisch mit der Feldstärke einer gleichgroßen Punktladung im Zentrum der Kugel.

Linienladung

Die Feldlinien im Außenraum einer homogen geladenen Linie (Draht, Linienladungsdichte ϱ_L) verlaufen aus Symmetriegründen senkrecht und radial von der Linie weg. Zur Berechnung der Feldstärke benutzen wir eine Integrationsfläche S nach Bild 12-9b. Von der Zylinderoberfläche trägt nur die Mantelfläche $A_M = 2\pi rl$ zum Oberflächenintegral über die Feldstärke bei, da in den Stirnkreisflächen die Feldstärke senkrecht auf der Flächennormalen steht. Die von der Zylinderoberfläche eingeschlossene Ladung ist $Q = \varrho_L l$. Das Gaußsche Gesetz (17) ergibt dann für den Betrag der elektrischen Feldstärke im Abstand r von der Linienladung (Rechnung siehe G 10.3)

$$E = \frac{\varrho_L}{2\pi\varepsilon_0 r}. \tag{22}$$

Geladener Plattenkondensator

Zwei parallele Metallplatten der Fläche A mögen die Ladungen $+Q$ und $-Q$ tragen (Bild 12-10). Sind die linearen Abmessungen der Platten groß gegen den Plattenabstand d, so ist das Feld zwischen den Platten homogen (Bild 12-2) und außen vernachlässigbar klein. Zur Berechnung der Feldstärke $\boldsymbol{E}$ im Innern werde eine Platte mit einer geschlossenen Fläche S umhüllt, von der das homogene Feld die Fläche A durchsetzt (Bild 12-10, gestrichelte Berandung). Zum Gaußschen Gesetz (17) angewandt auf die Fläche S liefert dann nur der Fluß durch die Fläche A einen Beitrag

$$\Psi = Q = \oint_S \boldsymbol{D}_0 \cdot \mathrm{d}\boldsymbol{A} = \int_A \varepsilon_0 \boldsymbol{E} \cdot \mathrm{d}\boldsymbol{A} = \varepsilon_0 E A. \tag{23}$$

Daraus errechnet sich die *Feldstärke im Plattenkondensator* mit (19) zu

$$E = \frac{Q}{\varepsilon_0 A} = \frac{\sigma}{\varepsilon_0}. \tag{24}$$

E ist gleichzeitig die Oberflächenfeldstärke auf den Platten, für die sich demnach der gleiche Zusammenhang mit der Flächenladungsdichte σ ergibt wie für die geladene Kugel (20). Da die Geometrie der geladenen Körper hierbei nicht eingeht, gilt offenbar für geladene (leitende) Flächen generell der Zusammenhang

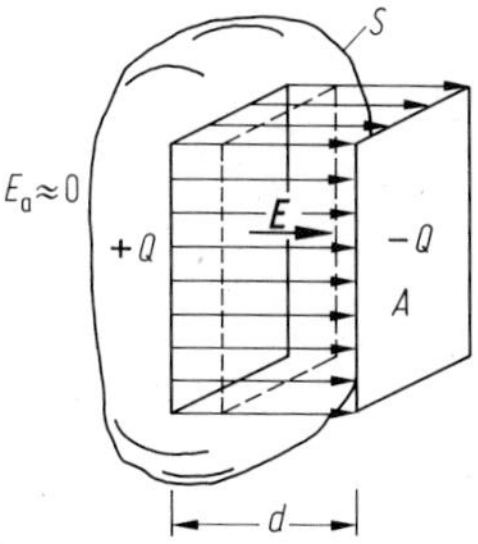

Bild 12-10. Zur Berechnung der Feldstärke im Plattenkondensator mit dem Gaußschen Gesetz.

$$\sigma = \varepsilon_0 E = D_0, \tag{25}$$

der sich auch allgemein aus (17) und (19) herleiten läßt.

12.3 Elektrisches Potential

Eine Ladung q in einem elektrostatischen Feld der Feldstärke $\boldsymbol{E}$ unterliegt der Kraft $\boldsymbol{F} = q\boldsymbol{E}$ und besitzt daher eine potentielle Energie E_p, die in kinetische Energie umgewandelt wird, wenn die Ladung der Kraft folgen kann. Die zur Verschiebung von q von $\boldsymbol{r}_1$ nach $\boldsymbol{r}_2$ mit einer Kraft $-q\boldsymbol{E}$ gegen die Feldkraft in einem beliebigen elektrostatischen Feld aufzuwendende äußere Arbeit (Bild 12-11) ist nach dem Energiesatz

$$\begin{aligned} W_{12} &= -\int_1^2 \boldsymbol{F} \cdot \mathrm{d}\boldsymbol{r} = -q \int_1^2 \boldsymbol{E} \cdot \mathrm{d}\boldsymbol{r} \\ &= E_p(\boldsymbol{r}_2) - E_p(\boldsymbol{r}_1). \end{aligned} \tag{26}$$

So wie beim Gravitationsfeld die potentielle Energie proportional zur Masse ist, gilt für das elektrische Feld nach (26), daß die potentielle Energie proportional zur Ladung q ist. Wie in 11.4 ist es daher sinnvoll, eine dem Gravitationspotential (11-20) entsprechende, ladungsunabhängige Größe $V(\boldsymbol{r})$ einzuführen: das *elektrische Potential*

$$V(\boldsymbol{r}) = \frac{E_p(\boldsymbol{r})}{q}. \tag{27}$$

SI-Einheit: $[V] = \mathrm{J/C} = \mathrm{Volt} = \mathrm{V}$. Hieraus folgt die für die Umrechnung zwischen mechanischen und elektrischen Einheiten im SI-System wichtige Beziehung

$$1\,\mathrm{J} = 1\,\mathrm{V \cdot A \cdot s}. \tag{28}$$

Die Arbeit (26) zur Verschiebung zwischen zwei Stellen $\boldsymbol{r}_1$ und $\boldsymbol{r}_2$ beträgt mit (27)

$$W_{12} = E_p(\boldsymbol{r}_2) - E_p(\boldsymbol{r}_1) = q[V(\boldsymbol{r}_2) - V(\boldsymbol{r}_1)]. \tag{29}$$

Ebenso wie allgemein die potentielle Energie ist auch das Potential nur bis auf eine additive Kon-

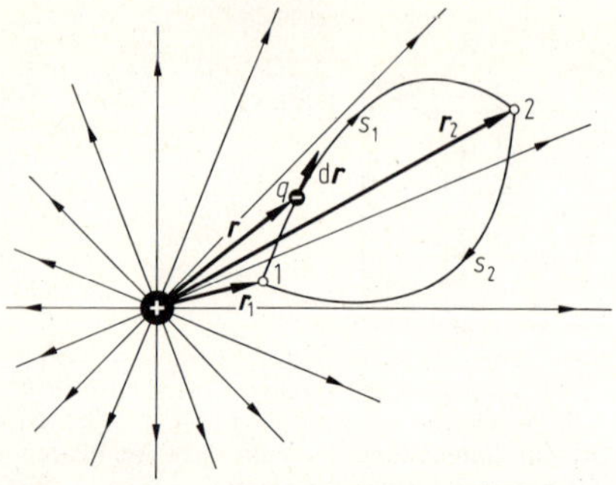

Bild 12-11. Zur Arbeit im elektrischen Feld.

stante festgelegt, die bei der Differenzbildung zur Berechnung der Arbeit herausfällt. Häufig ist es zweckmäßig, die potentielle Energie bzw. das Potential im Unendlichen null zu setzen:

$$E_\text{p}(\infty) = 0\,. \tag{30}$$

Aus (26) folgt dann mit $\boldsymbol{r}_1 \to \infty$ und $\boldsymbol{r}_2 = \boldsymbol{r}$ für das Potential

$$V(\boldsymbol{r}) = \frac{E_\text{p}(\boldsymbol{r})}{q} = \frac{W_{\infty,\text{r}}}{q} = -\int\limits_{\infty}^{r} \boldsymbol{E}\cdot \text{d}\boldsymbol{r}, \tag{31}$$

das sich danach als Arbeit zur Verschiebung der Probeladung q aus dem Unendlichen an die Stelle $\boldsymbol{r}$, dividiert durch die Probeladung, darstellt.

Die Potentialdifferenz zwischen zwei Punkten wird die *elektrische Spannung*

$$U = V(\boldsymbol{r}_2) - V(\boldsymbol{r}_1) \tag{32}$$

genannt. Sie hat natürlich dieselbe Einheit wie das elektrische Potential. Damit folgt aus (29) der allgemeine Zusammenhang für die Arbeit bei Durchlaufen der Spannung U mit einer Ladung Q:

$$W = QU. \tag{33}$$

Für die auf die Ladung bezogene Arbeit W_{12} zur Bewegung der Ladung q von 1 nach 2 längs des Weges s_1 (Bild 12-11) folgt aus (26) mit (27) und (32)

$$\frac{W_{12}}{q} = V(\boldsymbol{r}_2) - V(\boldsymbol{r}_1) = U = -\int\limits_{1}^{2} \boldsymbol{E}\cdot \text{d}\boldsymbol{r}. \tag{34}$$

Längs eines geschlossenen Weges $C = s_1 + s_2$ (Bild 12-11) muß dagegen im elektrostatischen Feld die Arbeit null sein, da anderenfalls beim Herumführen einer Ladung auf einer geschlossenen Bahn ohne Zustandsänderung des Feldes Arbeit gewonnen werden könnte (Verstoß gegen den Energieerhaltungssatz), d. h.,

$$\oint\limits_C \boldsymbol{E}\cdot \text{d}\boldsymbol{r} = 0 \quad \text{im elektrostatischen Feld.} \tag{35}$$

Dies ist neben (17) eine weitere *Feldgleichung des elektrostatischen Feldes.* Das geschlossene Linienintegral über die elektrische Feldstärke wird *elektrische Umlaufspannung* genannt, die im statischen Fall verschwindet. Aus (35) folgt weiter, daß die Arbeit längs zweier verschiedener Wege s_1 und s_2 zwischen 1 und 2 (Bild 12-11) gleich ist,

$$\int\limits_{1(s_1)}^{2} \boldsymbol{E}\cdot \text{d}\boldsymbol{r} = \int\limits_{1(s_2)}^{2} \boldsymbol{E}\cdot \text{d}\boldsymbol{r}, \tag{36}$$

d. h., die Arbeit ist unabhängig vom Wege, das elektrostatische Feld ist ein *konservatives Kraftfeld.* Mit dem Stokesschen Integralsatz (vgl. A 17.3, Gl. (29)) läßt sich zeigen, daß (35) auch bedeutet, daß

$$\text{rot}\,\boldsymbol{E}(\boldsymbol{r}) = 0\,. \tag{37}$$

d. h., das *elektrostatische Feld* ist wirbelfrei. Für das Coulomb-Feld läßt sich dies auch direkt durch Einsetzen von (8) zeigen. Die verschiedenen Formulierungen (35) bis (37) sind gleichbedeutend. Die Umkehrung des Zusammenhangs (31) zwischen elektrischem Potential und Feldstärke lautet (vgl. 4.2 und 11.4, sowie G 10.2)

$$\boldsymbol{E}(\boldsymbol{r}) = -\text{grad}\, V(\boldsymbol{r})\,. \tag{38}$$

Aus der differentiellen Formulierung von (31)

$$\text{d}V(\boldsymbol{r}) = -\boldsymbol{E}\cdot \text{d}\boldsymbol{r} \tag{39}$$

folgt analog zu 11.4, daß *Flächen*, die überall senkrecht zur elektrischen Feldstärke sind, Flächen konstanten elektrischen Potentials *(Potentialflächen)* darstellen. Schnitte solcher Potentialflächen (Potentiallinien) sind in Bild 12-3 bis 12-5 und 12-12 gestrichelt eingezeichnet.

Für ein *homogenes Feld* in x-Richtung erhält man durch Integration von (39) eine lineare Ortsabhängigkeit des Potentials ($V = 0$ bei $x = 0$ vereinbart)

$$V = -Ex \tag{40}$$

und Ebenen $x = \text{const}$ als Potentialflächen (Bild 12-12). Die *Feldstärke im Plattenkondensator* ergibt sich daraus mit (32) zu

$$E = \frac{U}{d}\,. \tag{41}$$

Zusammen mit (24) erhält man aus (41)

$$U = Q\frac{d}{\varepsilon_0 A}\,. \tag{42}$$

Bei konstanter Ladung Q ist $U \sim d$. Dies wird im Schwingkondensator-Verstärker zur empfindlichen Messung von Ladungsmengen ausgenutzt (siehe 12.1).

Das *Potential* im Feld *einer Punktladung* ergibt sich durch Integration über die Feldstärke (8) ge-

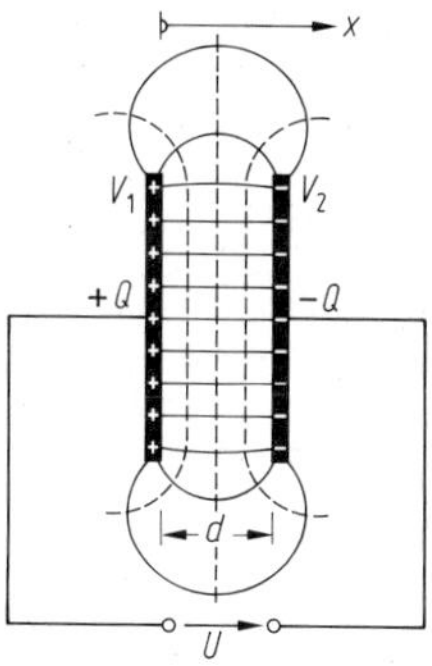

Bild 12-12. Plattenkondensator.

mäß (31) zu

$$V(r) = \frac{Q}{4\pi\varepsilon_0 r}. \tag{43}$$

Potentialflächen bei der Punktladung sind demnach konzentrische Kugelflächen $r = \text{const}$ (Bild 12-3). Auch das Potential im Außenfeld einer geladenen Kugel (vgl. 12.2, Bild 12-9) wird durch (43) beschrieben, da die Feldstärken in beiden Fällen gleich sind (21) und (8). Mit (21) ergibt sich ein einfacher Zusammenhang zwischen Feldstärke und Potential im Zentralfeld:

$$E(r) = \frac{V(r)}{r}. \tag{44}$$

Entsprechend beträgt die Oberflächenfeldstärke einer auf das Potential V geladenen leitenden Kugel (Radius R, Bild 12-9)

$$E_R = \frac{V}{R}. \tag{45}$$

12.4 Quantisierung der elektrischen Ladung

Aus vielen experimentellen Untersuchungen hat sich gezeigt, daß die elektrische Ladung nicht in beliebigen Werten auftritt: Es gibt eine kleinste Ladungsmenge, die Elementarladung. Die absolute Messung des Betrages der Elementarladung erfolgte erstmals durch Vergleich der elektrischen Kraft auf geladene Teilchen mit ihrem Gewicht im Schwerefeld (Millikan-Versuch): Geladene feine Öltröpfchen werden unter mikroskopischer Beobachtung in einem Kondensatorfeld durch

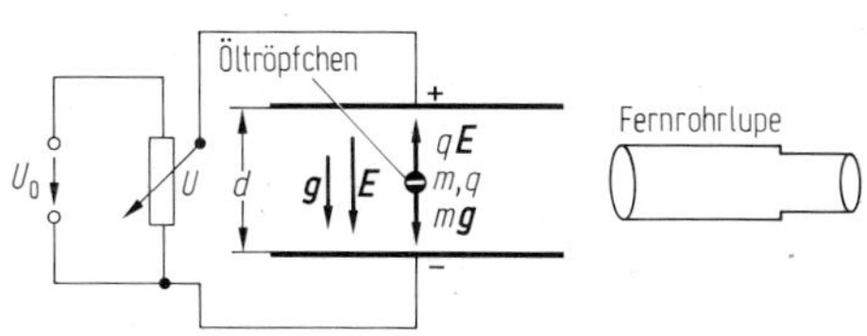

Bild 12-13. Millikan-Versuch zur Bestimmung der Elementarladung.

Einstellung der richtigen Feldstärke mittels der am Kondensator angelegten Spannung zum Schweben gebracht (Bild 12-13).
Aus der Gleichsetzung von Gewichtskraft F_G (3-7) und elektrischer Kraft F_e (4) folgt für die unbekannte Ladung q eines Öltröpfchens

$$q = \frac{mg}{E} = \frac{mgd}{U}. \tag{46}$$

Die zunächst ebenfalls unbekannte Masse m des Öltröpfchens (Dichte ϱ) wird aus einem Fallversuch bei ausgeschalteter Spannung ($E = 0$) bestimmt. Wegen der Stokesschen Reibungskraft (9-37) der als kugelförmig angenommenen Öltröpfchen beim Fall in dem zähen Medium Luft (Viskosität η) stellt sich eine konstante Fallgeschwindigkeit v der Tröpfchen ein, die unter dem Mikroskop gemessen wird. Die Gleichsetzung von Gewichtskraft und Reibungskraft ergibt

$$F_G = mg = \frac{4}{3}\pi r^3 \varrho g = F_R = 6\pi\eta r v. \tag{47}$$

Hieraus kann der Tröpfchenradius r und damit m berechnet werden (genaugenommen muß noch der Auftrieb des Öltröpfchens in Luft berücksichtigt werden). Aus vielen Einzelmessungen mit verschiedenen Öltröpfchen ergab sich, daß nur ganzzahlige Vielfache einer kleinsten Ladung e auftreten:

$$q = \pm ne \quad (n = 0, 1, 2, \ldots) \tag{48}$$

mit $e = (1{,}602\,177\,33 \pm 49 \cdot 10^{-8}) \cdot 10^{-19}\,\text{C}$

Elementarladung.

Die elektrische Ladung ist gequantelt in Einheiten der Elementarladung. Alle in der Natur beobachteten Ladungsmengen sind gleich oder ganzzahlige Vielfache der Elementarladung e. Die Beträge der positiven und negativen Elementarladungen sind exakt gleich.

Die meisten Elementarteilchen sind Träger einer Elementarladung (Tabelle 12-1).

Bausteine der Atome der uns umgebenden Materie sind die positiv geladenen Protonen, die negativ geladenen Elektronen und die Neutronen, die keine Ladung tragen.

Erhaltungssatz für die *elektrische Ladung*:

Die gesamte elektrische Ladung — d. h. die algebraische Summe der positiven und negativen Ladungen — in einem elektrisch isolierten System ändert sich zeitlich nicht.

Beispiele: Ionisation neutraler Atome durch Photonen; Paarerzeugung; Elementarteilchenumwandlungen.
Eine mathematische Formulierung des Erhaltungssatzes der elektrischen Ladung ist die Kontinuitätsgleichung für die elektrische Ladung (64).

Tabelle 12-1. Einige Eigenschaften von Elementarteilchen.
m_e Elektronenmasse, e Elementarladung, $\hbar = h/2\pi$, h Plancksches Wirkungsquantum

Teilchen-familie	Teilchen-name	Symbol: Teilchen	Symbol: Anti-teilchen	Ruhe-masse	Ladung	mittlere Lebensdauer s	Spin $\hbar$
	Photon	γ		0	0	—	$\hbar$
Leptonen	*Neutrino*	ν		0	0	∞	$\hbar/2$
	Antineutrino		$\bar{\nu}$				
	Elektron	e^-		m_e	$-e$	∞	$\hbar/2$
	Positron		e^+		$+e$		
	Myon	μ^-	μ^+	$207\,m_e$	$\mp e$	$2{,}2 \cdot 10^{-6}$	$\hbar/2$
Mesonen	π-Meson	π^0	$\bar{\pi}^0$	$264\,m_e$	0	$2 \cdot 10^{-16}$	0
		π^-	π^+	$273\,m_e$	$\mp e$	$2{,}5 \cdot 10^{-8}$	
	K-Meson	K^0	$\bar{K}^0$	$974\,m_e$	0	10^{-10}	
		K^+	K^-	$967\,m_e$	$\pm e$	$1{,}2 \cdot 10^{-8}$	
Baryonen	Proton	p^+		$1\,836\,m_e$	$+e$	∞	$\hbar/2$
	Antiproton		p^-		$-e$		
	Neutron	n		$1\,839\,m_e$	0	1013	$\hbar/2$
	Antineutron		$\bar{n}$				
	Λ-Hyperon	Λ^0	$\bar{\Lambda}^0$	$2\,183\,m_e$	0	$2{,}5 \cdot 10^{-10}$	$\hbar/2$
	Σ-Hyperon	Σ^+	$\bar{\Sigma}^-$	$2\,328\,m_e$	$\pm e$	$0{,}8 \cdot 10^{-10}$	$\hbar/2$
		Σ^0	$\bar{\Sigma}^0$	$2\,332\,m_e$	0	10^{-11}	
		Σ^-	$\bar{\Sigma}^+$	$2\,341\,m_e$	$\mp e$	$1{,}6 \cdot 10^{-10}$	
	Ξ-Hyperon	Ξ^0	$\bar{\Xi}^0$	$2\,566\,m_e$	0	$1{,}5 \cdot 10^{-10}$	$\hbar/2$
		Ξ^-	$\bar{\Xi}^+$	$2\,582\,m_e$	$\mp e$	$1{,}9 \cdot 10^{-10}$	
	Ω-Hyperon	Ω^-	$\bar{\Omega}^+$	$3\,268\,m_e$	$\mp e$	$1{,}3 \cdot 10^{-10}$	$\hbar/2$

12.5 Energieaufnahme im elektrischen Feld

Ein Teilchen der Ladung q, der Masse m und der Geschwindigkeit $\boldsymbol{v}$ besitzt in einem elektrischen Feld am Ort $\boldsymbol{r}$ mit dem elektrischen Potential $V(\boldsymbol{r})$ die Gesamtenergie

$$E = E_k + E_p = \frac{1}{2} m v^2 + qV. \tag{49}$$

Kann das Teilchen zwischen den Orten 1 und 2 der elektrischen Feldstärke folgen, so folgt aus dem Energiesatz (12.3, Gl. (29))

$$\frac{1}{2} m v_2^2 - \frac{1}{2} m v_1^2 = q(V_1 - V_2) = qU_{12}. \tag{50}$$

Ein Teilchen, das eine Spannung U durchläuft, erfährt also einen Zuwachs seiner kinetischen Energie um qU. Wenn q bekannt ist, dann ist auch die durchlaufene Spannung U ein Maß für die Energie. Dies trifft z. B. bei der Beschleunigung von geladenen Elementarteilchen zu, deren Ladung stets $+e$ oder $-e$ ist (Tabelle 12-1). Die Multiplikation der Spannung U mit dem Wert der Ladung in $\text{A} \cdot \text{s} = \text{C}$ kann dann unterbleiben, und die Energieänderung kann in „Elektronenvolt" (eV) angegeben werden. Umrechnung in die SI-Einheit:

$$1\,\text{eV} = (1{,}602\,177\,33 \pm 49 \cdot 10^{-8}) \cdot 10^{-19}\,\text{V} \cdot \text{C} = 1{,}602\ldots \cdot 10^{-19}\,\text{J}. \tag{51}$$

Ist die Anfangsgeschwindigkeit des geladenen Teilchens $v_1 = 0$, so ergibt sich seine Endgeschwindigkeit $v_2 = v$ aus (50) zu

$$v = \sqrt{\frac{2qU}{m}}. \tag{52}$$

Die Masse von Elektronen läßt sich z. B. aus ihrer Ablenkung im Magnetfeld bestimmen (13.2) und beträgt für kleine Geschwindigkeiten

$$m_e = (9{,}109\,389\,7 \pm 54 \cdot 10^{-7}) \cdot 10^{-31}\,\text{kg}.$$

Aufgrund dieser geringen Masse wird die Geschwindigkeit von Elektronen im Vakuum schon bei Durchlaufen von nur mäßigen Spannungen sehr hoch:

$$U = 1\,\text{V}: \quad v_e \approx 593\,\text{km/s}.$$

Die Anwendung von (52) auf Elektronen ist daher nur gültig, solange die Geschwindigkeit im nichtrelativistischen Bereich bleibt (4.5):

$$v_e = \sqrt{\frac{2eU}{m_e}} \quad \text{für} \quad U < (10^4 \ldots 10^5)\,\text{V}. \tag{53}$$

Für höhere Beschleunigungsspannungen U muß statt (50) der relativistische Energiesatz (4-43) angewendet werden. Mit (4-38) lautet dieser

$$mc_0^2 - m_e c_0^2 = \Delta E_p = qU \qquad (54)$$

mit m_e Ruhemasse des Elektrons.
Mit Hilfe der Beziehung (4-35) für die geschwindigkeitsabhängige relativistische Masse folgt daraus anstelle von (53) für die Elektronengeschwindigkeit

$$v_e = \sqrt{\frac{2eU}{m_e}} \cdot \frac{\sqrt{1 + \frac{eU}{2m_e c_0^2}}}{1 + \frac{eU}{m_e c_0^2}}. \qquad (55)$$

Für kleine U geht (55) in (53) über. Für $U \to \infty$ wird dagegen $v_e \to c_0$, d. h., die Vakuumlichtgeschwindigkeit stellt auch hier die Grenzgeschwindigkeit dar. (55) wird durch Messungen genauestens bestätigt (Bild 12-14).
Elektronen und andere geladene Elementarteilchen können im Vakuum durch elektrische Felder beschleunigt werden, die durch Anlegen einer Spannung U zwischen zwei Elektroden erzeugt werden, z. B. in einer Vakuumdiode (Bild 12-15) oder im Beschleunigerrohr eines Van-de-Graaf-Generators. Die auf diese Weise maximal erreichbare Energie entspricht der angelegten Spannung: $E_k = eU$. Aus Isolationsgründen sind die Beschleunigungsspannungen auf einige Millionen Volt (MV) beschränkt.
Höhere Energien lassen sich durch mehrfache Ausnutzung derselben Beschleunigungsspannung z. B. im Hochfrequenz-Linearbeschleuniger (Wideroe 1930) erreichen (Bild 12-16). Dabei durchlaufen die Ladungsträger (z. B. Elektronen) nacheinander zunehmend längere Driftröhren, die abwechselnd mit den beiden Polen einer periodisch das Vorzeichen wechselnden Spannung $U_{\approx}$ verbunden sind. Wird die halbe Periodendauer der Wechselspannung gleich der Driftdauer durch eine Röhre gemacht, so finden phasenrichtig startende Elektronen zwischen zwei Driftröhren immer ein beschleunigendes Feld vor. Bei einer Anzahl von N Driftröhren läßt sich eine Beschleunigungsenergie $E_k = NeU$ erreichen, allerdings ist der Teilchenstrom gepulst. Es sind Linearbeschleuniger bis zu mehreren Kilometern Länge gebaut worden.
Hochenergetische Teilchen können auch in Kreisbeschleunigern erzeugt werden (13.2).

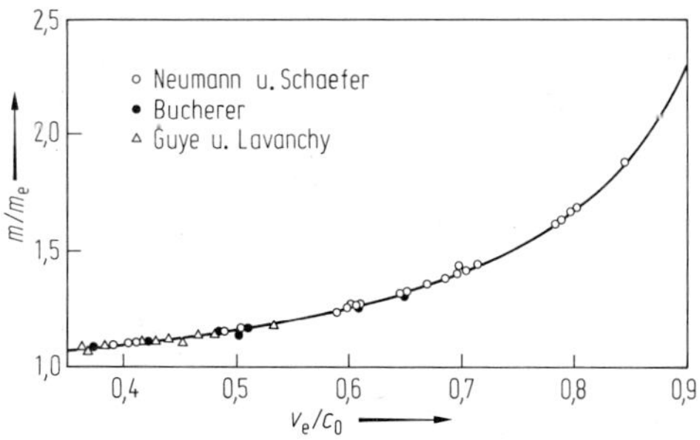

Bild 12-14. Zunahme der Elektronenmasse mit steigender Geschwindigkeit: Theorie (55) und Messungen.

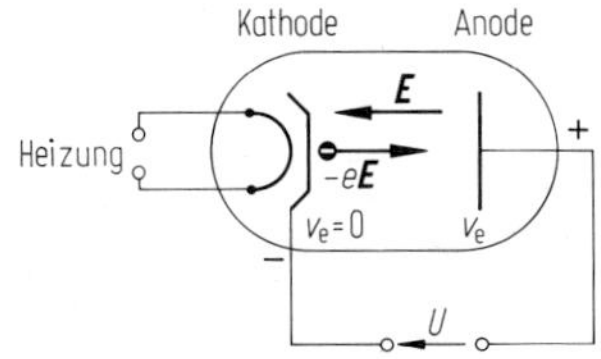

Bild 12-15. Vakuumdiode.

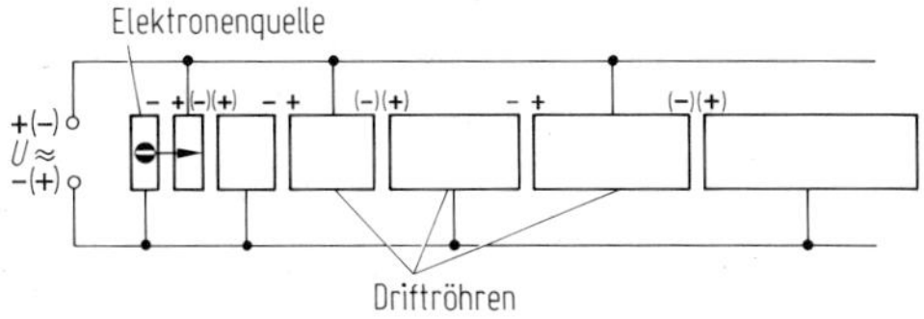

Bild 12-16. Hochfrequenz-Linearbeschleuniger.

12.6 Elektrischer Strom

Bewegte elektrische Ladungsträger, wie sie z. B. durch Beschleunigung in elektrischen Feldern erzeugt werden können (12.5), stellen einen elektrischen Strom dar. Elektrische Ströme können in leitfähiger Materie (Metallen, Halbleitern, elektrolytischen Flüssigkeiten, ionisierten Gasen) oder auch im Vakuum erzeugt werden. Die während eines Zeitintervalls dt durch einen beliebigen Querschnitt transportierte elektrische Ladungsmenge dQ definiert die *elektrische Stromstärke*

$$I = \frac{dQ}{dt}. \qquad (56)$$

SI-Einheit: $[I] = \text{C/s} = \text{A}$ (Ampere).

Zur Definition und Realisierung des Ampere siehe 1.3 und 13.3, Bild 13-16.
Die Stromstärke I ist kein Vektor. Das Vorzeichen des elektrischen Stromes ist positiv definiert, wenn positive Ladungen in Richtung des elektrischen Feldes fließen bzw. wenn negative Ladungen entgegen der Feldrichtung fließen (Bild 12-17). Anderenfalls ist I negativ.
Die räumliche Verteilung der Stromstärke wird durch die *elektrische Stromdichte* beschrieben:

$$j = \frac{dI}{dA}, \qquad (57)$$

worin dA ein Flächenelement senkrecht zum Vektor der Stromdichte j ist. Bei räumlich konstanter

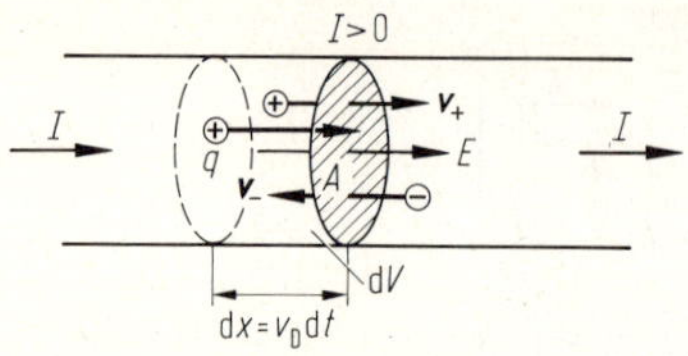

Bild 12-17. Zur Definition der Stromrichtung.

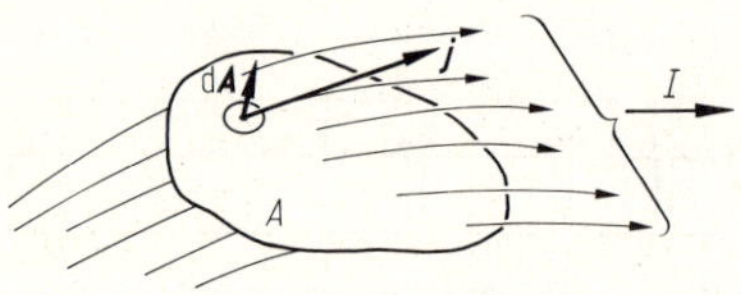

Bild 12-18. Zur Definition der Stromdichte.

Stromdichte gilt z. B. für Bild 12-17: $I = jA$. Zeigt der Flächennormalenvektor $\boldsymbol{A}$ nicht in die Richtung des Stromdichtevektors $\boldsymbol{j}$, so gilt

$$I = \boldsymbol{j} \cdot \boldsymbol{A}$$

bzw. allgemein

$$I = \int_A \boldsymbol{j} \cdot \mathrm{d}\boldsymbol{A}, \tag{58}$$

wenn die Stromdichte $\boldsymbol{j}$ örtlich unterschiedlich ist (Bild 12-18).

Zusammenhang zwischen Stromdichte und Ladungsträger-Driftgeschwindigkeit: Der Einfachheit halber sei angenommen, daß nur eine Sorte Ladungsträger mit der Ladung q vorhanden sei, die sich mit einer mittleren Geschwindigkeit, der Driftgeschwindigkeit v_D (16.2) bewegen. Dann durchqueren in der Zeit $\mathrm{d}t$ alle Ladungsträger $\mathrm{d}N$, die sich in dem Volumenelement

$$\mathrm{d}V = A\,\mathrm{d}x = Av_D\,\mathrm{d}t$$

befinden, den Querschnitt A, also insgesamt die Ladungsmenge

$$\mathrm{d}Q = n\,\mathrm{d}Vq$$

(n Volumenkonzentration der Ladungsträger). Mit (56) ergibt sich daraus die Stromstärke

$$I = nqv_DA \tag{59}$$

bzw. mit (57) die Stromdichte

$$\boldsymbol{j} = nq\boldsymbol{v}_D. \tag{60}$$

Für Elektronen als Ladungsträger z. B. in Metall gilt mit $q = -e$

$$\boldsymbol{j} = -ne\boldsymbol{v}_D. \tag{61}$$

Beispiel: Driftgeschwindigkeit der Leitungselektronen in Kupfer.

Wird die Dichte der Leitungselektronen abgeschätzt mit der Annahme, daß jedes Kupferatom

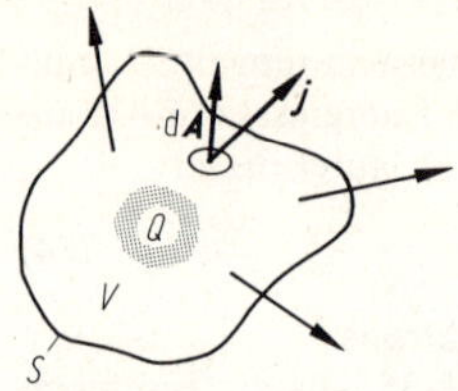

Bild 12-19. Zur Kontinuitätsgleichung für die elektrische Ladung.

ein Elektron in das Leitungsband (siehe 16) abgibt, so beträgt $n_{Cu} = 0{,}84 \cdot 10^{29}/\mathrm{m}^3$. Mit den Vorgaben $I = 10$ A, $A = 1\ \mathrm{mm}^2$, $e = 1{,}6 \cdot 10^{-19}$ As folgt aus (61) für die Driftgeschwindigkeit der Elektronen $v_D = 0{,}74$ mm/s $= 2{,}7$ m/h $= 64$ m/d. Für die Strecke Berlin — München benötigen die Elektronen daher etwa 25 Jahre. Allein daraus folgt, daß die Driftgeschwindigkeit der Elektronen nichts mit der Ausbreitungsgeschwindigkeit elektrischer Signale zu tun hat.

Kontinuitätsgleichung

Wird das Flächenintegral in (58) bei der Berechnung der Stromstärke aus der Stromdichte über eine geschlossene Fläche S erstreckt (Bild 12-19), so erhält man den insgesamt aus dem von S umschlossenen Volumen V abfließenden Strom

$$I = \oint_S \boldsymbol{j} \cdot \mathrm{d}\boldsymbol{A} = \frac{\mathrm{d}Q_{tr}}{\mathrm{d}t}, \tag{62}$$

worin Q_{tr} die dabei durch die Oberfläche transportierte Ladung ist.

Die durch die geschlossene Oberfläche S in der Zeit $\mathrm{d}t$ tretende Ladungsmenge $\mathrm{d}Q_{tr}$ ist gleich der Abnahme $-\mathrm{d}Q$ der in V enthaltenen Ladung Q (Ladungserhaltung, siehe 12.4):

$$\frac{\mathrm{d}Q_{tr}}{\mathrm{d}t} = -\frac{\mathrm{d}Q}{\mathrm{d}t} = -\dot{Q}. \tag{63}$$

Aus (62) ergibt sich damit die Kontinuitätsgleichung für die elektrische Ladung

$$\oint_S \boldsymbol{j} \cdot \mathrm{d}\boldsymbol{A} = -\frac{\mathrm{d}}{\mathrm{d}t}\int_V \varrho\,\mathrm{d}V = -\dot{Q}, \tag{64}$$

die eine mathematische Formulierung für die Ladungserhaltung (12.4) darstellt,
ϱ Raumladungsdichte (18).

Stromarbeit und Leistung

Die Energie, die ein konstanter elektrischer Strom I im elektrischen Feld infolge der Beschleunigung der Ladung beim Durchlaufen der Spannung U aufnimmt, beträgt pro Ladungsträger qU, für N Ladungsträger $NqU = QU$. Mit $Q = It$ (56) ergibt sich daher die vom Feld aufzubringende Beschleunigungsarbeit

$$W = QU = UIt. \tag{65}$$

Die damit verknüpfte elektrische Leistung (4-5) beträgt

$$P = \frac{\mathrm{d}W}{\mathrm{d}t} = UI. \qquad (66)$$

SI-Einheit: $[P] = \mathrm{VA} = \mathrm{W}$.

(65) und (66) gelten auch, wenn bei Strömen in leitender Materie die Energie der Ladungsträger fortlaufend durch Stöße z. B. an das Kristallgitter abgegeben wird (16.2).
Für leitende Materie gilt in den meisten Fällen eine von Ohm (1825) gefundene lineare Beziehung, das *Ohmsche Gesetz*

$$U = IR, \qquad (67)$$

worin R, der *elektrische Widerstand*, eine Bauteilkenngröße ist, die für viele leitende Stoffe bei konstanter Temperatur näherungsweise unabhängig von U und I ist. Eine modellmäßige Begründung für das Ohmsche Gesetz folgt in 16.

SI-Einheit: $[R] = \mathrm{Ohm} = \Omega = \mathrm{V/A}$.

12.7 Elektrische Leiter im elektrostatischen Feld, Influenz

In elektrisch leitender Materie (elektrische Leiter) können sich Ladungen q unter Einfluß der elektrischen Kraft $\boldsymbol{F} = q\boldsymbol{E}$ bewegen, z. B. Elektronen in Metallen. Unter Einwirkung eines elektrischen Feldes verschieben sich daher die Ladungen im Leiter so lange, bis das Innere des Leiters feldfrei wird und damit der Anlaß für weitere Ladungsverschiebungen entfällt. Die durch das Feld bewirkte Ladungsverschiebung heißt *Influenz*. Die Influenzladungen treten an den äußeren Oberflächen des leitenden Körpers auf (Bild 12-20) und erzeugen ein dem äußeren Feld entgegengesetztes Influenzfeld, das das äußere Feld exakt kompensiert.
Das Auftreten von Influenzladungen läßt sich auch dadurch zeigen, daß als leitender Körper in Bild 12-20 zwei zunächst im Kontakt befindliche Teilkörper (z. B. zwei an der Strichlinie in Bild 12-20 aneinanderliegende Platten) verwendet werden. Werden diese ungeladen in das Feld gebracht, im Feld getrennt und dann herausgeführt,

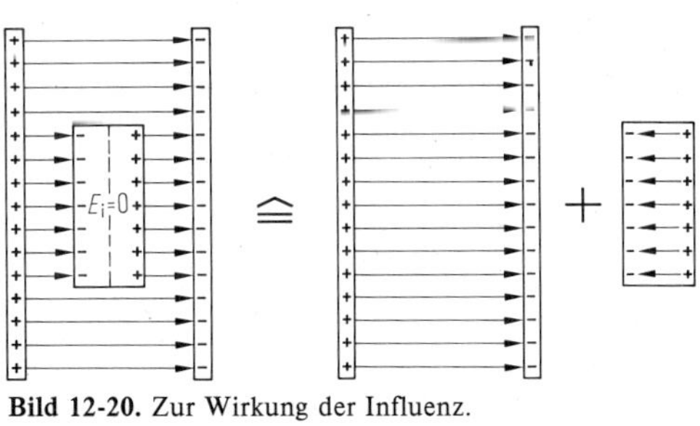

Bild 12-20. Zur Wirkung der Influenz.

so tragen sie beide entgegengesetzt gleich große Ladungen.
Auch für elektrisch geladene Leiter im Feld der eigenen Ladungen (z. B. Bild 12-9) gilt, daß die Ladungen sich im Felde der umgebenden Ladungen solange verschieben, bis die Feldstärke im Innern des Leiters verschwindet. Auch hier verteilt sich die Ladung auf der äußeren Oberfläche.

> Das Innere von elektrisch leitenden Körpern in elektrostatischen Feldern ist feldfrei. Das elektrische Potential im Körper ist daher konstant, insbesondere ist seine Oberfläche eine Potentialfläche. Die Feldstärke steht deshalb senkrecht auf der Leiteroberfläche (siehe 12.3), auf der sich die aufgebrachten Ladungen oder die Influenzladungen verteilen.

$$\boldsymbol{E}_\mathrm{i} = 0, \quad V_\mathrm{i} = \mathrm{const.} \qquad (68)$$

(68) gilt auch für das Innere metallischer Hohlräume, sofern sich darin keine isolierten Ladungen befinden. Zur Abschirmung vor äußeren elektrischen Feldern können daher metallisch umschlossene Räume verwendet werden: *Faraday-Käfig*. In das Innere eines metallischen Hohlraumes gebrachte Ladungen fließen bei Kontakt vollständig auf die Außenfläche der Metallumhüllung ab: *Faraday-Becher* zur vollständigen Ladungsübertragung (Bild 12-21).

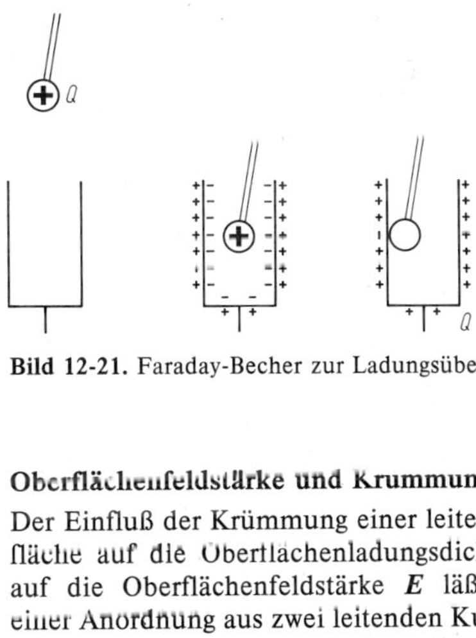

Bild 12-21. Faraday-Becher zur Ladungsübertragung.

Oberflächenfeldstärke und Krümmung

Der Einfluß der Krümmung einer leitenden Oberfläche auf die Oberflächenladungsdichte σ bzw. auf die Oberflächenfeldstärke $\boldsymbol{E}$ läßt sich mit einer Anordnung aus zwei leitenden Kugeln 1 und 2 (Radius R_1 und R_2) abschätzen, die miteinander leitend verbunden sind und dadurch das gleiche Potential V besitzen (Bild 12-22).
Feldstärke und Flächenladungsdichte können auf den äußeren Kugelseiten, wo die Störung durch die leitende Verbindung und die zweite Kugel gering ist, in guter Näherung wie bei einzelnen Kugeln berechnet werden. Aus (10) und (44) folgt dann

$$\frac{E_2}{E_1} = \frac{\sigma_2}{\sigma_1} \approx \frac{R_1}{R_2} \quad \text{für} \quad V_1 = V_2. \qquad (69)$$

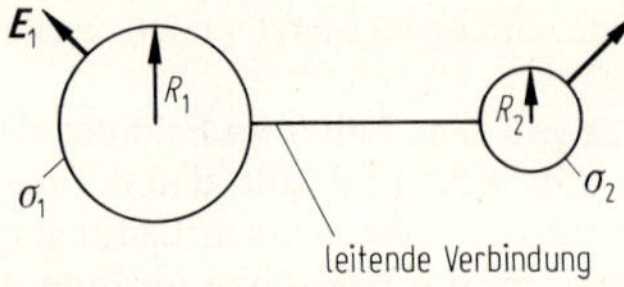

Bild 12-22. Zur Abhängigkeit der Oberflächenfeldstärke eines geladenen leitenden Körpers von dessen Oberflächenkrümmungsradius.

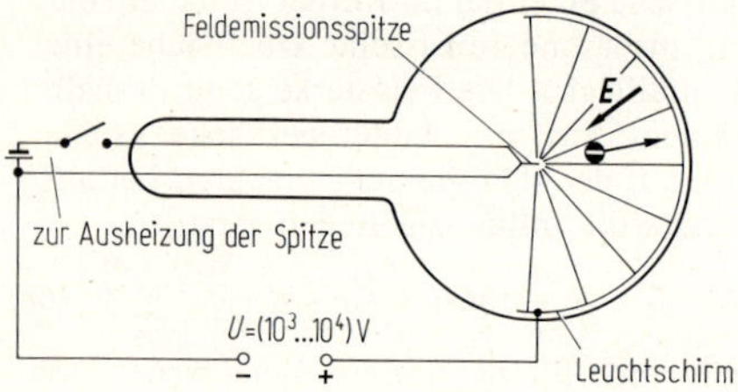

Bild 12-23. Feldemissions-Elektronenmikroskop.

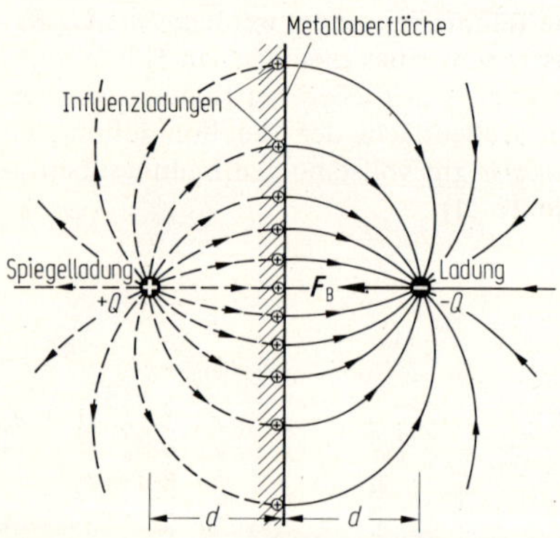

Bild 12-24. Zur Entstehung der Bildkraft: Spiegelladungen durch Influenz an leitenden Flächen.

Auf beliebig geformte leitende Körper übertragen bedeutet das, daß an Stellen mit kleinen Krümmungsradien R bei Aufladung des Körpers auf ein Potential V bzw. eine Spannung U gegenüber der Umgebung besonders hohe Oberflächenfeldstärken

$$E_R \approx \frac{V}{R} \tag{70}$$

auftreten (44). Das ist bei hochspannungsführenden Teilen zu beachten: An Spitzen, dünnen Drähten und scharfen Kanten treten bereits bei mäßigen Spannungen U Glimmentladungen oder sogar Feldemission (16.7) auf und führen zu Überschlägen. Kleine Krümmungsradien sind daher zu vermeiden. Ausgenutzt wird dagegen dieser Effekt beim Feldemissions-Elektronenmikroskop (Bild 12-23) und beim Feldionenmikroskop (Müller 1936 und 1951).

Hierbei werden chemisch geätzte Metallspitzen mit Krümmungsradien von 0,1 bis 1 µm verwendet, so daß bei einer Spannung von 1000 V Feldstärken von 10^9 bis 10^{10} V/m (1 bis 10 MV/mm) erzeugt werden. Bei solchen Feldstärken werden aus der Spitze Elektronen durch Feldemission (16.7) freigesetzt und im umgebenden Radialfeld auf den Leuchtschirm zu beschleunigt. Strukturen auf der Spitze, z. B. örtliche Variationen der Austrittsarbeit (16.7) oder angelagerte Moleküle, werden dann auf dem Leuchtschirm per Zentralprojektion mit einer Vergrößerung von 10^5 bis 10^6 sichtbar.

Elektrische Bildkraft

Ladungen vor ungeladenen, leitenden Oberflächen bewirken durch Influenz eine Ladungsverschiebung in der Weise, daß die Feldlinien senkrecht auf der Leiteroberfläche enden (Bild 12-24). Der entstehende Feldlinienverlauf vor einer ebenen Leiteroberfläche kann durch gedachte Spiegelladungen entgegengesetzten Vorzeichens im gleichen Abstand d hinter der Leiteroberfläche (das „Bild" der felderzeugenden Ladung) beschrieben werden (siehe auch Bild 12-4).
Daraus resultiert eine Kraft zwischen Ladung Q und ungeladener Leiteroberfläche, die sich aus dem Coulomb-Gesetz (1) berechnen läßt und senkrecht auf die Leiteroberfläche gerichtet ist:

$$F_B = \frac{Q^2}{4\pi\varepsilon_0(2d)^2}\,. \tag{71}$$

12.8 Kapazität leitender Körper

Das Potential V einer leitenden Kugel (Radius R) ist nach (42) proportional zur Ladung Q auf der Kugel. Der Quotient beträgt

$$\frac{Q}{V} = 4\pi\varepsilon_0 R \tag{72}$$

und hängt nur von der Geometrie der Kugel (Radius R) ab. Das gilt entsprechend für jeden leitenden Körper. Der Quotient Q/V wird Kapazität C des leitenden Körpers,

$$C = \frac{Q}{V}, \tag{73}$$

genannt und stellt das Aufnahmevermögen des Körpers für elektrische Ladung Q bei gegebenem Potential V dar.

SI-Einheit: $[C]$ = F (Farad) = A · s/V = C/V.

Aus dem Vergleich mit (72) ergibt sich die Kapazität der Kugel zu

$$C = 4\pi\varepsilon_0 R\,. \tag{74}$$

Kondensatoren

Der Begriff der Kapazität läßt sich auch übertragen auf Systeme aus zwei leitenden Körpern (den

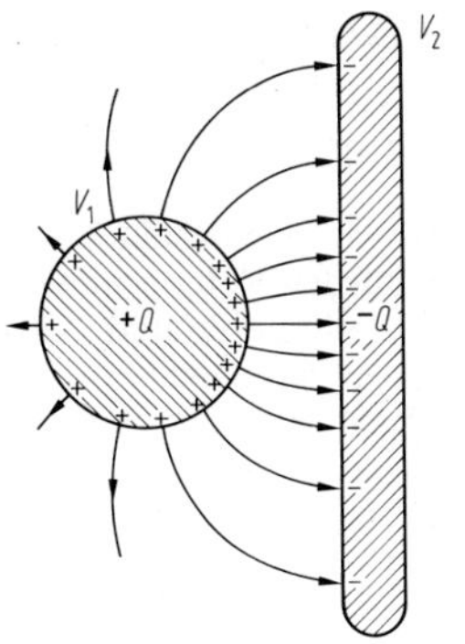

Bild 12-25. Kondensator aus zwei leitenden Körpern.

Elektroden), die entgegengesetzt gleiche Ladungen tragen (Bild 12-25): Kondensator.
An die Stelle3des Potentials V tritt dann die Potentialdifferenz (Spannung) $U = V_1 - V_2$, und die *Kapazität des Kondensators* beträgt

$$C = \frac{Q}{U}. \qquad (75)$$

Für den *Plattenkondensator* ergibt sich daraus mit (42)

$$C = \varepsilon_0 \frac{A}{d}. \qquad (76)$$

Über die Kapazität geometrisch anders geformter Kondensatoren (Zylinderkondensator, Kugelkondensator) vgl. G 10.7. Zur Berechnung der resultierenden Kapazität von parallel oder in Reihe geschalteten Kondensatoren siehe G 10.6.

Nichtleitende Materie im Kondensatorfeld

Wird ein elektrisch isolierendes Material *(Dielektrikum)* in einen Plattenkondensator geschoben (Bild 12-26), so sinkt die am Kondensator mit einem statischen Instrument (Elektrometer) gemessene Spannung von $U_0 = Q/C_0$ auf den kleineren Wert U_ε.
Da sich die gespeicherte Ladung Q dabei nicht geändert hat, wie sich durch Entfernen des Dielektrikums zeigen läßt, ist durch das Dielektrikum offenbar die Kapazität von C_0 auf $C_\varepsilon > C_0$ gestiegen, so daß $U_\varepsilon = Q/C_\varepsilon < U_0$. Ursache hierfür ist die Polarisation des Dielektrikums (siehe 12.9). Bei vollständiger Ausfüllung des felderfüllten Volumens durch das Dielektrikum wird das Verhältnis

$$\frac{C_\varepsilon}{C_0} = \frac{U_0}{U_\varepsilon} = \varepsilon_r > 1 \qquad (77)$$

Permittivitätszahl oder Dielektrizitätszahl ε_r genannt. Die Dielektrizitätszahl ist eine charakteristische Größe des Dielektrikums (Tabelle 12-2). Für das Vakuum gilt $\varepsilon_r = 1$. Aus $C_\varepsilon = \varepsilon_r C_0$ folgt mit (76) für die Kapazität des *Plattenkondensators mit*

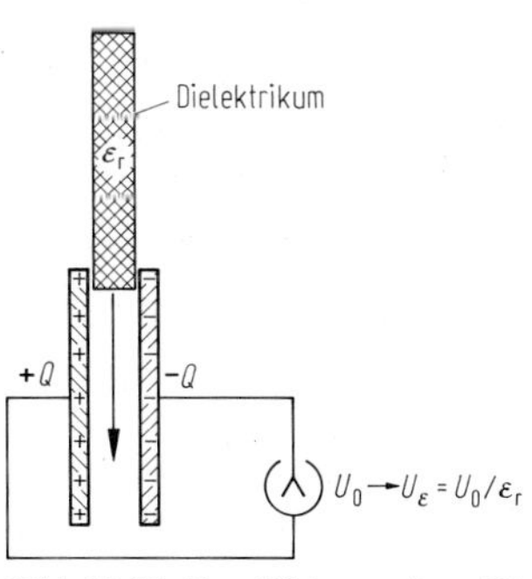

Bild 12-26. Zur Wirkung eines Dielektrikums im Kondensator.

Tabelle 12-2. Permittivitätszahlen einiger Stoffe

Stoff	ε_r
Feste Stoffe:	
Bariumtitanat	1 000...9 000
Bernstein	2,2...2,9
Diamant	5,68
Eis	3,2
Glas	3...15
Glimmer	5...9
Hartpapierplatten	5
Hartporzellan	5...6,5
Kochsalz	5,8
Kunstharze	3,5...4,5
Marmor	8,4...14
Ölpapier	5
Papier	1,2...3
Paraffin	2,2
Polyethylen (PE)	2,2...2,7
Polypropylen (PP)	2,2...2,6
Polystyrol (PS)	2,3...2,8
Polytetrafluorethylen (PTFE, Teflon)	2,1
Polyvinylchlorid (PVC)	3,3...4,6
Quarz	3,5...4,5
Quarzglas	4
Schwefel	3,6...4,3
Trolitul	2,3...2,5
Vinidur	3,0...3,5
Ziegel	2,3
Flüssigkeiten:	
Benzol	2,28
Ethylalkohol	25,1
Glycerin	41,1
Kabelöl	2,25
Methylalkohol	33,5
Petroleum	2,2
Transformatorenöl	2,2...2,5
Wasser	81
Gase (0 °C; 1 013,25 hPa):	
Argon	1,000 504
Helium	1,000 066
Kohlendioxid	1,000 985
Luft, trocken	1,000 594
Sauerstoff	1,000 486
Stickstoff	1,000 528
Wasserstoff	1,000 252

Dielektrikum

$$C = \varepsilon_r \varepsilon_0 \frac{A}{d}. \qquad (78)$$

An die Stelle der elektrischen Feldkonstante ε_0 des Vakuums tritt also die *Permittivität (Dielektrizitätskonstante)*

$$\varepsilon = \varepsilon_r \varepsilon_0 \qquad (79)$$

des Dielektrikums im Feld. Das gilt generell für elektrische Felder in Dielektrika.

Energieinhalt eines geladenen Kondensators

Die differentielle Arbeit zur weiteren Aufladung eines Kondensators der Kapazität C um die Ladung $\mathrm{d}q$ bei der Spannung u ist nach (29) und mit (75)

$$\mathrm{d}W = u\,\mathrm{d}q = \frac{1}{C} q\,\mathrm{d}q. \qquad (80)$$

Die gesamte Aufladearbeit W und damit die im Kondensator gespeicherte Energie E_C erhält man daraus durch Integration ($q = 0$ bis Q, $u = 0$ bis U) und Umformung mit (75):

$$W = E_C = \frac{1}{2} \cdot \frac{Q^2}{C} = \frac{1}{2} QU = \frac{1}{2} CU^2 \qquad (81)$$

(vgl. auch G 10.8). Die im Kondensator gespeicherte Energie manifestiert sich als Feldenergie des elektrostatischen Feldes zwischen den Elektroden des Kondensators.

Energiedichte des elektrostatischen Feldes

Die Dichte der elektrischen Feldenergie w_e läßt sich für den Fall des Plattenkondensators leicht aus dem Quotienten W/V berechnen, worin $V = Ad$ das Volumen des homogenen Feldes zwischen den Kondensatorplatten ist (vgl. G 10.8). Durch Einsetzen der Kapazität des Plattenkondensators (78) und Einführen der Feldstärke $\boldsymbol{E}$ nach (41) ergibt sich für die *Energiedichte*

$$w_e = \frac{1}{2} \varepsilon E^2 = \frac{1}{2} \boldsymbol{D} \cdot \boldsymbol{E}. \qquad (82)$$

$\boldsymbol{D}$ ist die elektrische Flußdichte gemäß (14), hier allerdings bereits für den allgemeinen Fall des Dielektrikums im Feld geschrieben (siehe 12.9). (82) enthält keine kondensatorspezifischen Größen und gilt für beliebige elektrostatische Felder.

12.9 Nichtleitende Materie im elektrischen Feld, elektrische Polarisation

Wird Materie in ein elektrisches Feld gebracht, so wird der elektrische Zustand der Materie infolge der elektrischen Kraft auf die in der Materie vorhandenen Ladungen verändert. Im bereits in 12.7 behandelten Falle elektrisch leitender Materie können sie der Kraft folgen, Ladungen entgegengesetzten Vorzeichens sammeln sich daher an gegenüberliegenden Oberflächen: Influenz (Bild 12-20). Bei einem Leiter im Feld bildet sich also eine makroskopische Ladungsverteilung aus, die qualitativ der eines elektrischen Dipols (Bild 12-4) entspricht.

In Nichtleitern (Dielektrika) ist eine makroskopische Ladungsverschiebung nicht möglich. Dennoch bilden sich auch hier im Feld Dipolzustände aus, allerdings auf mikroskopischer Basis, die Materie wird polarisiert.

Der elektrische Dipol

Der elektrische Dipol ist ein elektrisch neutrales Gebilde. Er besteht aus zwei gleichgroßen Punktladungen entgegengesetzten Vorzeichens (Bild 12-4), die im Abstand l auf dem Verbindungsvektor $\boldsymbol{l}$ sitzen (Bild 12-27).

Seine Eigenschaften werden durch das elektrische *Dipolmoment* $\boldsymbol{p}$ gekennzeichnet:

$$\boldsymbol{p} = q\boldsymbol{l}. \qquad (83)$$

SI-Einheit: $[p] = \mathrm{C \cdot m = A \cdot s \cdot m}$.

Anmerkungen: In der Chemie wird das Vorzeichen des Dipolmoments meist entgegengesetzt definiert. $\boldsymbol{p}$ darf nicht mit dem Impuls verwechselt werden.

Das Potential eines Dipols läßt sich durch Überlagerung der Potentiale zweier Punktladungen gewinnen (Bild 12-27):

$$V(\boldsymbol{r}) = \frac{1}{4\pi\varepsilon_0} \left(\frac{q}{r_1} - \frac{q}{r_2} \right) = \frac{q}{4\pi\varepsilon_0} \cdot \frac{r_2 - r_1}{r_1 r_2}. \qquad (84)$$

Für Entfernungen r, die groß gegen die Dipollänge l sind, gilt

$$r_1, r_2 \gg l: \quad r_2 - r_1 = l \cos\vartheta, \quad r_1 r_2 = r^2. \qquad (85)$$

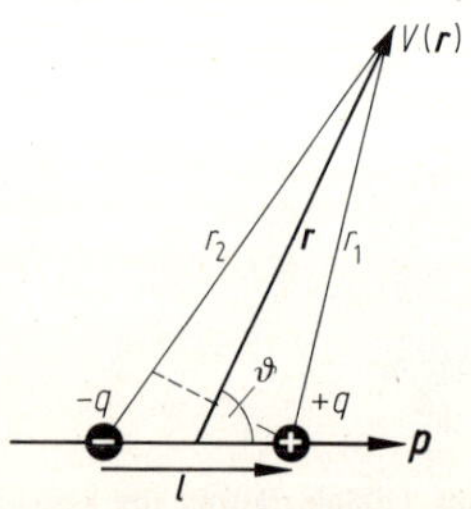

Bild 12-27. Elektrischer Dipol.

Mit (83) und (84) folgt dann für das Potential einer Probeladung im Feld eines Dipols

$$V(\boldsymbol{r}) = \frac{p \cos \vartheta}{4\pi\varepsilon_0 r^2} = \frac{\boldsymbol{p}\boldsymbol{r}^0}{4\pi\varepsilon_0 r^2}. \tag{86}$$

Das Potential eines Dipols nimmt danach mit $1/r^2$ ab, während das Potential der einzelnen Punktladung nach (42) nur mit $1/r$ abnimmt. Der schnellere Abfall beim Dipol rührt daher, daß mit steigender Entfernung die beiden Ladungen sich in ihrer Wirkung immer mehr kompensieren. Die Feldgeometrie eines elektrischen Dipols zeigt Bild 12-4.

Im *homogenen elektrischen Feld* wirkt ein Kräftepaar auf die beiden Ladungen des Dipols (Bild 12-28). Die resultierende Kraft auf den Dipol ist null. Das Kräftepaar bewirkt jedoch ein *Drehmoment* $\boldsymbol{M}$, das sich nach (3-23) mit $\boldsymbol{F} = q\boldsymbol{E}$ ergibt zu

$$\boldsymbol{M} = \boldsymbol{p} \times \boldsymbol{E} \tag{87}$$

und den Dipol in Feldrichtung zu drehen versucht.

Der Dipol im Feld besitzt daher eine potentielle Energie, die sich aus den potentiellen Energien seiner Einzelladungen zusammensetzt:

$$\begin{aligned} E_{\mathrm{p,dp}} &= qV_+ + (-qV_-) \\ &= -ql\frac{\Delta V}{l} = -pE\cos\vartheta. \end{aligned} \tag{88}$$

Daraus folgt für die potentielle Energie eines elektrischen Dipols im elektrischen Feld

$$E_{\mathrm{p,dp}} = -\boldsymbol{p} \cdot \boldsymbol{E}. \tag{89}$$

Sie ist minimal, wenn der Dipolvektor $\boldsymbol{p}$ in Feldrichtung zeigt, und maximal für die entgegengesetzte Richtung.

Im *inhomogenen Feld* sind die Kräfte auf die beiden Ladungen eines Dipols vom Betrag verschieden, so daß neben dem Drehmoment auch eine resultierende Kraft auftritt. Für einen in Feldrichtung ausgerichteten Dipol mit differentiell kleiner Länge $l = \mathrm{d}x$ (Bild 12-29) ist die *resultierende Kraft* proportional zum Feldgradienten $\mathrm{d}E/\mathrm{d}x$:

$$F = p\frac{\mathrm{d}E}{\mathrm{d}x}. \tag{90}$$

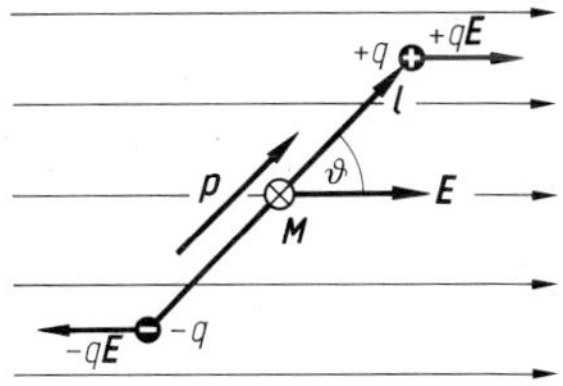

Bild 12-28. Drehmoment auf einen elektrischen Dipol im homogenen elektrischen Feld.

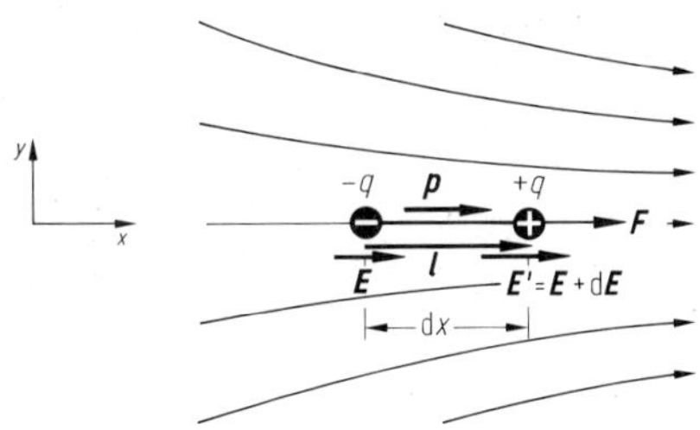

Bild 12-29. Resultierende Kraft auf einen elektrischen Dipol im inhomogenen elektrischen Feld.

Elektrische Polarisation eines Dielektrikums

Wie in Bild 12-26 betrachten wir einen Plattenkondensator mit Dielektrikum. Bei angelegter Spannung bewirkt das elektrische Feld eine Polarisation des Dielektrikums: Durch Verschiebungspolarisation in den Atomen und (bei polaren Molekülen) durch Orientierungspolarisation (siehe unten) wird ein System elektrisch wirksamer Dipole (Bild 12-30) mit dem (mittleren) Dipolmoment $\boldsymbol{p}$ erzeugt. Als Polarisation $\boldsymbol{P}$ wird das auf das Volumen bezogene Dipolmoment definiert, also der Quotient aus dem Gesamtdipolmoment $\boldsymbol{P}_{\mathrm{ges}}$ des Dielektrikums, das sich durch vektorielle Addition aller Einzeldipole $\boldsymbol{p}$ ergibt, und seinem Volumen V. Ist n die Dipolzahldichte, so folgt für die *elektrische Polarisation*:

$$\boldsymbol{P} = \frac{\boldsymbol{P}_{\mathrm{ges}}}{V} = n\boldsymbol{p}. \tag{91}$$

Als Folge der Polarisation entstehen Polarisationsladungen $Q_{\mathrm{p}} = \boldsymbol{\sigma}_{\mathrm{p}} \cdot \boldsymbol{A}$ an den Grenzflächen A mit der Flächenladungsdichte σ_{p} (Bild 12-30). $\boldsymbol{\sigma}_{\mathrm{p}}$ ist ein Vektor parallel zum Flächennormalenvektor $\boldsymbol{A}$. Für das Gesamtdipolmoment ergibt sich hieraus

$$\boldsymbol{P}_{\mathrm{ges}} = Q_{\mathrm{p}}\boldsymbol{d} = \boldsymbol{\sigma}_{\mathrm{p}}Ad = \boldsymbol{\sigma}_{\mathrm{p}}V. \tag{92}$$

Mit (91) und (24) folgt weiter

$$\boldsymbol{P} = n\boldsymbol{p} = \boldsymbol{\sigma}_{\mathrm{p}} = -\varepsilon_0\boldsymbol{E}_{\mathrm{p}}, \tag{93}$$

worin $\boldsymbol{E}_{\mathrm{p}}$ die durch die Polarisationsladungen erzeugte Polarisationsfeldstärke ist, die dem Polarisationsvektor $\boldsymbol{P}$ entgegengerichtet ist.

Die resultierende Feldstärke $\boldsymbol{E}_\varepsilon$ im dielektrikumerfüllten Feld ergibt sich aus der Überlagerung der Vakuumfeldstärke $\boldsymbol{E}_0$ und der Polarisationsfeldstärke $\boldsymbol{E}_{\mathrm{p}}$:

$$\boldsymbol{E}_\varepsilon = \boldsymbol{E}_0 + \boldsymbol{E}_{\mathrm{p}} = \boldsymbol{E}_0 - \frac{\boldsymbol{P}}{\varepsilon_0}. \tag{94}$$

Sie ist kleiner als die Vakuumfeldstärke, da die Ladungen Q auf den Platten durch die Polarisationsladungen Q_{p} des Dielektrikums teilweise kompensiert werden. Es bleibt lediglich die Ladung $Q_\varepsilon = Q - Q_{\mathrm{p}} = \sigma_\varepsilon A = \varepsilon_0 E_\varepsilon$ wirksam. Damit ist die in Bild 12-26 geschilderte Beobachtung er-

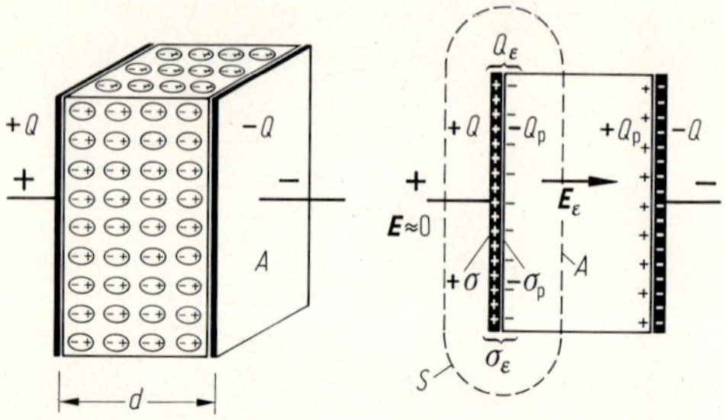

Bild 12-30. Polarisation eines Dielektrikums: Entstehung von Polarisationsladungen an den Grenzflächen.

klärt. Für die Permittivitätszahl ε_r in (77) ergibt sich mit (94) für kleine Polarisationen

$$\varepsilon_r = \frac{U_0}{U_\varepsilon} = \frac{Q_0}{Q_\varepsilon} = \frac{E_0}{E_\varepsilon} = \frac{E_0}{E_0 - \dfrac{P}{\varepsilon_0}}$$

$$\approx 1 + \frac{P}{\varepsilon_0 E_0} = 1 + \frac{np}{\varepsilon_0 E_0}. \qquad (95)$$

Die Abweichung von ε_r von 1 wird *elektrische Suszeptibilität* χ_e genannt und ist gleich dem Quotienten aus Polarisation P und elektrischer Vakuumflußdichte $\Psi_0 = \varepsilon_0 E_0$:

$$\chi_e = \frac{P}{\varepsilon_0 E_0} = \frac{np}{\varepsilon_0 E_0}, \quad \boldsymbol{P} = \chi_e \varepsilon_0 \boldsymbol{E}_0. \qquad (96)$$

Suszeptibilität und Permittivitätszahl beschreiben beide die elektrischen Eigenschaften des Dielektrikums und sind verknüpft durch

$$\varepsilon_r = 1 + \chi_e. \qquad (97)$$

Multiplikation von (97) mit $\varepsilon_0 \boldsymbol{E}_0 = \boldsymbol{D}_0$ führt mit (96) zu der Größe

$$\varepsilon_r \varepsilon_0 \boldsymbol{E}_0 = \boldsymbol{D}_0 + \boldsymbol{P}, \qquad (98)$$

die als *dielektrische Verschiebung* oder *elektrische Flußdichte* (in Materie) bezeichnet wird:

$$\boldsymbol{D} = \varepsilon_r \varepsilon_0 \boldsymbol{E} = \varepsilon \boldsymbol{E}, \qquad (99)$$

(Index bei $\boldsymbol{E}_0$ weggelassen) und sich aus der Flußdichte im Vakuum und der Polarisation der Materie zusammensetzt:

$$\boldsymbol{D} = \boldsymbol{D}_0 + \boldsymbol{P} = (1 + \chi_e)\, \varepsilon_0 \boldsymbol{E}. \qquad (100)$$

Der Name „dielektrische Verschiebung“ wurde in Hinblick auf den Vorgang der Verschiebungspolarisation gewählt (siehe unten). In isotropen Dielektrika sind ε_r und χ_e Skalare, in anisotropen Dielektrika (Kristalle) dagegen Tensoren, d.h., Verschiebungsvektor $\boldsymbol{D}$ und Feldstärkevektor $\boldsymbol{E}$ haben dann i. allg. nicht dieselbe Richtung.

Wir wenden nun das Gaußsche Gesetz in der Formulierung (17) ähnlich wie in Bild 12-10 auf eine geschlossene Fläche S an, die eine der Elektroden des mit Dielektrikum gefüllten Plattenkondensators umschließt (Bild 12-30). Das Volumen dieser Fläche enthält dann die wirksame Ladung

$$Q_\varepsilon = Q - Q_p = \frac{Q}{\varepsilon_r}. \qquad (101)$$

Da außerhalb des Plattenkondensators die Feldstärke als vernachlässigbar klein angenommen werden kann, wenn die linearen Abmessungen der Plattenfläche A groß gegen den Plattenabstand d sind, trägt von der Gesamtfläche S nur der Flächenausschnitt A im Kondensatordielektrikum zum Gauß-Integral bei:

$$\oint_S \varepsilon_0 \boldsymbol{E} \cdot \mathrm{d}\boldsymbol{A} = \int_A \varepsilon_0 \boldsymbol{E}_\varepsilon \cdot \mathrm{d}\boldsymbol{A} = Q_\varepsilon = \frac{Q}{\varepsilon_r}. \qquad (102)$$

Wir bilden nun das entsprechende Integral über die elektrische Flußdichte in Materie (99), und erhalten analog

$$\oint_S \varepsilon_r \varepsilon_0 \boldsymbol{E} \cdot \mathrm{d}\boldsymbol{A} = \int_A \varepsilon_r \varepsilon_0 \boldsymbol{E}_\varepsilon \cdot \mathrm{d}\boldsymbol{A}. \qquad (103)$$

Das Integral der rechten Seite wird nur über den homogenen Feldbereich im Kondensator erstreckt, wo ε_r konstant ist und vor das Integral gezogen werden kann. Mit (99) und (102) folgt dann die allgemein gültige Form des *Gaußschen Gesetzes* für das elektrische Feld in Materie:

$$\oint_S \boldsymbol{D} \cdot \mathrm{d}\boldsymbol{A} = \oint_S \varepsilon_r \varepsilon_0 \boldsymbol{E} \cdot \mathrm{d}\boldsymbol{A} = Q, \qquad (104)$$

worin Q die tatsächlich in das von der geschlossenen Fläche S berandete Volumen eingebrachte Ladung ist.

Verschiebungspolarisation

Makroskopische Materie ist aus Atomen aufgebaut. Diese bestehen aus der negativen Elektronenhülle und dem positiven Atomkern (siehe 16.1). Die Schwerpunkte der positiven und negativen Ladungsverteilungen im Atom fallen normalerweise zusammen. In einem äußeren elektrischen Feld $\boldsymbol{E}_0$ wirken jedoch auf die atomaren Ladungen verschiedenen Vorzeichens entgegengesetzt gerichtete Kräfte $\boldsymbol{F} = \pm q\boldsymbol{E}_0$, so daß eine Verschiebung der Ladungsschwerpunkte gegeneinander erfolgt, bis die Coulombanziehungskraft der äußeren Kraft entgegengesetzt gleich ist: Es sind

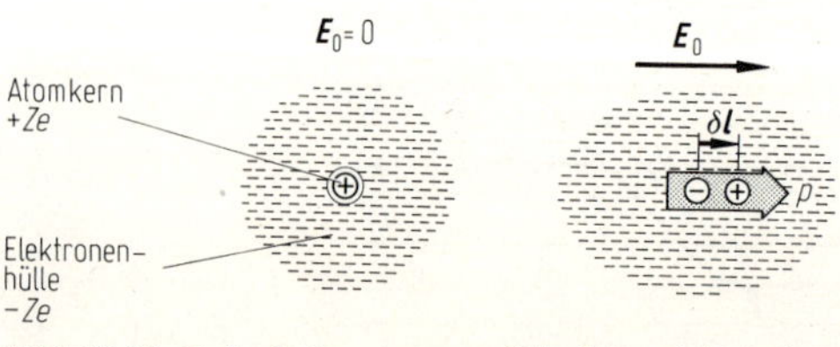

Bild 12-31. Induzierter atomarer Dipol im elektrischen Feld.

induzierte Dipole in Richtung des äußeren Feldes entstanden (Bild 12-31): *Verschiebungspolarisation.* Neben dieser elektronischen Verschiebungspolarisation, die bei allen Substanzen auftritt, gibt es z. B. in Ionenkristallen auch eine ionische Verschiebungspolarisation.
Das pro Atom induzierte elektronische Dipolmoment $\boldsymbol{p} = Q\delta\boldsymbol{l} = Ze\delta\boldsymbol{l}$ kann für nicht zu große Feldstärken proportional zu $\boldsymbol{E}_0$ angesetzt werden, mit der Polarisierbarkeit α gemäß

$$\boldsymbol{p} = \alpha\boldsymbol{E}_0\,. \tag{105}$$

Um eine Größenordnung für α abzuschätzen, kann als Modell für die Verschiebungspolarisation eines kugelsymmetrischen Atoms eine leitende Kugel angenommen werden, deren Radius dem Atomradius r_0 entspricht. Das äußere Feld $\boldsymbol{E}_0$ induziert in einer solchen Kugel Influenzladungen, deren Feld außerhalb der Kugel durch das Feld eines Dipols im Kugelzentrum mit dem Dipolmoment (ohne Ableitung)

$$\boldsymbol{p} = 4\pi r_0^3\varepsilon_0\boldsymbol{E}_0 \tag{106}$$

wiedergegeben wird. Ein Vergleich mit (105) liefert eine nach diesem Modell mit dem Atomvolumen V_0 steigende Polarisierbarkeit

$$\alpha = 3\varepsilon_0\frac{4}{3}\pi r_0^3 = 3\varepsilon_0 V_0\,. \tag{107}$$

Die Polarisation aufgrund der induzierten Dipole beträgt nach (91) und (105)

$$\boldsymbol{P} = n\boldsymbol{p} = n\alpha\boldsymbol{E}\,. \tag{108}$$

Der Vergleich mit (96) liefert für Suszeptibilität und Permittivitätszahl

$$\chi_e = \frac{n\alpha}{\varepsilon_0}\,, \qquad \varepsilon_r = 1 + \frac{n\alpha}{\varepsilon_0}\,. \tag{109}$$

Diese Beziehungen gelten für dünne Medien (Dipolzahldichte n klein), z. B. Gase, in denen die gegenseitige Wechselwirkung der Dipole noch keine Rolle spielt. In dichten Medien muß für die Polarisation eines induzierten Dipols das von der Polarisation des umgebenden Mediums erzeugte zusätzliche Feld (etwa die ausrichtende Wechselwirkung innerhalb einer Dipolkette) berücksichtigt werden. Das führt (ohne Ableitung) zu den Clausius-Mosotti-Formeln

$$\chi_e = \frac{\dfrac{n\alpha}{\varepsilon_0}}{1 - \dfrac{1}{3}\dfrac{n\alpha}{\varepsilon_0}}\,,$$

$$\varepsilon_r = 1 + \frac{\dfrac{n\alpha}{\varepsilon_0}}{1 - \dfrac{1}{3}\dfrac{n\alpha}{\varepsilon_0}}\,, \tag{110}$$

die die Beziehungen (109) als Grenzfall für kleine n enthalten. Sie gestatten die Berechnung der Dielektrizitätszahl einer dichten nichtpolaren Flüssigkeit aus den Daten ihres Gases.

Orientierungspolarisation

Viele Moleküle besitzen auch bei Abwesenheit eines äußeren elektrischen Feldes bereits ein elektrisches Dipolmoment, sie stellen *permanente elektrische Dipole* dar. Dies trifft bei nahezu allen Molekülen zu, die nicht aus gleichen Atomen aufgebaut sind: polare Moleküle (z. B. HCl, H_2O, NH_3, Bild 12-32). Lediglich symmetrisch aufgebaute Moleküle, wie CO_2 oder CH_4, haben kein permanentes Dipolmoment.
Eine Stoffmenge aus polaren Molekülen (Molekülzahldichte n) zeigt ohne äußeres Feld kein resultierendes Dipolmoment, da die thermische Energie für eine statistische Gleichverteilung der Dipolorientierungen sorgt, d. h., je $n/6$ der molekularen Dipole sind in die 6 Raumrichtungen orientiert und heben sich daher in ihrer Wirkung gegenseitig auf. In einem äußeren elektrischen Feld erfahren die Dipole jedoch gemäß (84) Drehmomente, die für eine mit $\boldsymbol{E}_0$ zunehmende Ausrichtung in Feldrichtung gegen die Temperaturbewegung sorgen (Bild 12-33): *Orientierungspolarisation.*

Anmerkung: Voraussetzung dafür ist eine gegenseitige Wechselwirkung der Moleküle, die einen Energieaustausch ermöglichen. Anderenfalls

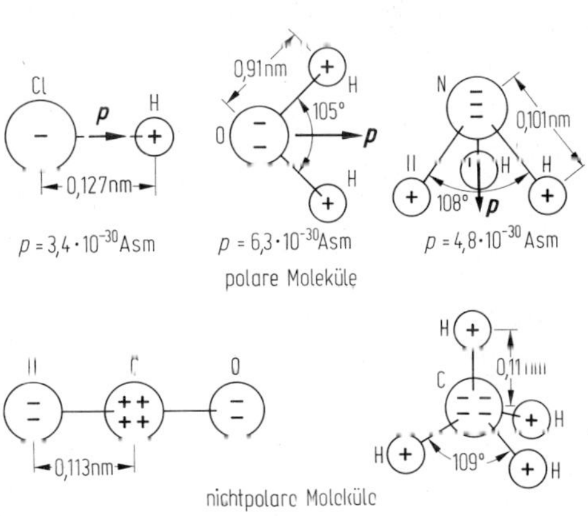

Bild 12-32. Beispiele für molekulare Dipole.

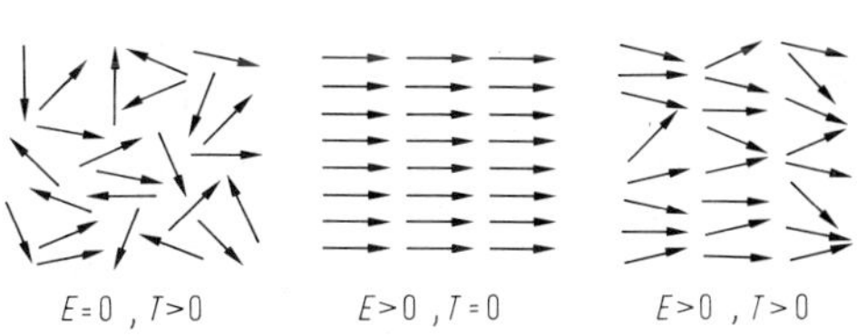

Bild 12-33. Ein System elektrischer Dipole unter dem Einfluß von Temperaturbewegung und äußerem elektrischen Feld.

würde das äußere Feld allein zu Drehschwingungen der Moleküle Anlaß geben, vgl. Bild 5-5.
Im Feld sind daher mehr als $n/6$ Dipole in Feldrichtung orientiert (potentielle Energie E_{p+}) und entsprechend weniger als $n/6$ entgegengesetzt der Feldrichtung (potentielle Energie E_{p-}). Die senkrecht zur Feldrichtung orientierten Dipole heben sich weiterhin in ihrer Wirkung auf. Die Polarisation ergibt sich aus der Differenz der $n_+ \gtrsim n/6$ in und $n_- \lesssim n/6$ gegen die Feldrichtung orientierten Dipole. Sie läßt sich mit Hilfe des Boltzmannschen e-Satzes aus der Differenz der potentiellen Energien (89) berechnen:

$$\Delta E_p = E_{p-} - E_{p+} = 2pE, \qquad (111)$$

E ist hierin die angelegte elektrische Feldstärke. Der Boltzmannsche e-Satz (8-40) liefert dann

$$\frac{n_-}{n_+} = e^{-\frac{2pE}{kT}}. \qquad (112)$$

Für $E = 0$ und endliche Temperatur $T > 0$ ist demnach die Orientierung gleichverteilt, ebenso für $T \to \infty$. Für $T \to 0$ und $E > 0$ sind dagegen alle Dipole in Feldrichtung ausgerichtet (Bild 12-33). Bei Zimmertemperatur ist $2pE \ll kT$ und $n_- \approx n_+ \approx n/6$, so daß (112) entwickelt werden kann:

$$\frac{n_-}{n_+} \approx 1 - \frac{2pE}{kT}. \qquad (113)$$

Die resultierende Polarisation ergibt sich aus der Differenz der in und gegen die Feldrichtung ausgerichteten Dipole

$$n_E = n_+ - n_- \approx \frac{n}{6}\left(1 - \frac{n_-}{n_+}\right) \approx \frac{npE}{3kT} \qquad (114)$$

zu

$$P = n_E p = \frac{np^2 E}{3kT}. \qquad (115)$$

Mit (96) folgt daraus die *paraelektrische Suszeptibilität* und Permittivitätszahl

$$\chi_e = \frac{np^2}{3\varepsilon_0 kT},$$

$$\varepsilon_r = 1 + \frac{np^2}{3\varepsilon_0 kT}. \qquad (116)$$

Das Temperaturverhalten $\chi_e \sim 1/T$ wird entsprechend dem Curie-Gesetz der magnetischen Suszeptibilität (13.4) als Curie-Verhalten bezeichnet. Es tritt nur bei Vorhandensein permanenter Dipole, also polarer Moleküle auf.
Allgemein läßt sich die elektrische Suszeptibilität unter Zusammenfassung von (109) und (110) und (116) darstellen durch

$$\chi_e = A + \frac{B}{T}, \qquad (117)$$

worin A den temperaturunabhängigen Anteil der Verschiebungspolarisation und B den eventuell vorhandenen Anteil einer Orientierungspolarisation kennzeichnet.

Ferroelektrizität

Kristalline Substanzen mit polarer Struktur können unterhalb einer kritischen Temperatur T_C (Curie-Temperatur) ohne angelegtes äußeres Feld eine spontane Polarisation zeigen. Solche Substanzen werden in Analogie zur entsprechenden Erscheinung bei Ferromagnetika (vgl. 13.4) *Ferroelektrika* genannt. Die Polarisation ist durch eine entgegengesetzte äußere elektrische Feldstärke $E > E_c$ (= Koerzitivfeldstärke) umkehrbar. Es liegt eine Domänenstruktur vor, wobei eine Domäne einen Bereich mit paralleler Ausrichtung der Dipole darstellt und durch die Summation der Wirkung aller seiner Dipole ein gegenüber dem Einzeldipol sehr großes Dipolmoment hat. Das Drehmoment zur Umorientierung einer solchen Domäne erfordert daher nach (87) nur eine im Vergleich zu paraelektrischen Substanzen geringe äußere Feldstärke: Suszeptibilität χ_e und Permittivitätszahl ε_r sind sehr hoch (z. B. $BaTiO_3$, Tabelle 12-2). Sie sind außerdem von der Feldstärke und von der vorherigen Polarisation abhängig. Der Zusammenhang zwischen Polarisation und angelegtem elektrischem Feld ist bei einem Ferroelektrikum daher nicht linear, sondern folgt einer Hysteresekurve (vgl. 13.5). Die parallele Ausrichtung der Dipole innerhalb einer Domäne ist durch die Dipol-Dipol-Wechselwirkung bedingt. Diese Ordnung wird mit steigender Temperatur durch die Wärmebewegung gestört und bricht mit Erreichen der Curie-Temperatur T_C völlig zusammen.
Oberhalb der Curie-Temperatur T_C verhalten sich manche Ferroelektrika (z. B. $BaTiO_3$) paraelektrisch mit einem Temperaturverhalten

$$\chi_e = \frac{C}{T - T_C}, \qquad (118)$$

das dem Curie-Weissschen Gesetz (siehe 13.5) entspricht.
Andere Ferroelektrika werden für $T > T_C$ piezoelektrisch (siehe unten), z. B. Seignettesalz (Kaliumnatriumtartrat $KNaC_4H_4O_6 \cdot 4\,H_2O$) oder KDP (Kaliumdihydrogenphosphat KH_2PO_4).

Tabelle 12-3. Curie-Temperaturen einiger Ferroelektrika

Name	Formel	T_C/K	C/K
Bariumtitanat	$BaTiO_3$	383	$1{,}8 \cdot 10^5$
KDP	KH_2PO_4	123	$3{,}3 \cdot 10^3$
Kaliumniobat	$KNbO_3$	707	
Seignettesalz	$KNaC_4H_4O_6 \cdot 4\,H_2O$	297 [a]	

[a] Seignettesalz hat auch einen unteren Curie-Punkt bei 255 K und ist nur zwischen den beiden Curie-Temperaturen ferroelektrisch.

Piezoelektrizität

Elektrische Polarisation kann bei manchen polaren Kristallen auch durch mechanischen Druck erzeugt werden, sofern sie kein Symmetriezentrum besitzen. Dabei werden die positiven und negativen Ionen so gegeneinander verschoben, daß ein elektrisches Dipolmoment entsteht. Beispiele sind Quarz, Seignettesalz, Bariumtitanat. Einen besonders hohen piezoelektrischen Effekt zeigen speziell entwickelte Piezokeramiken wie Bleizirkonattitanat. Der piezoelektrische Effekt ist umkehrbar: Die Anlegung einer elektrischen Spannung bewirkt eine Längenänderung.

Anwendungen: Frequenznormale mit Schwingquarzen, Frequenzfilter für die Nachrichtentechnik, piezoelektrische Druckmesser und Stellglieder, Erzeugung von Ultraschall, Erzeugung von Hochspannungspulsen.

13 Magnetische Wechselwirkung

13.1 Das magnetostatische Feld, stationäre Magnetfelder

Magnetische Wechselwirkungen sind seit dem Altertum bekannt, z. B. die Kraftwirkungen des als Erz vorkommenden Magneteisensteins Fe_3O_4 auf Eisen. Der Name Magnetismus ist abgeleitet von der kleinasiatischen Stadt Magnesia, wo der Überlieferung nach das Phänomen erstmals beobachtet wurde. Die magnetische Wechselwirkung tritt im Gegensatz zur Gravitation nicht bei allen Körpern auf, und im Gegensatz zur elektrischen Wechselwirkung wirkt sie nicht auf normale Isolatoren. Bei natürlich vorkommenden oder künstlich erzeugten „Magneten“ konzentriert sich die magnetische Wechselwirkung auf bestimmte Gebiete: Magnetpole. Jeder Magnet hat mindestens zwei Pole (magnetischer Dipol): Nordpol und Südpol. Magnetische Einzelpole (Monopole) sind bisher nicht beobachtet worden. Auch das Durchtrennen eines Dipols (z. B. Zerbrechen eines Stabmagneten) ergibt keine magnetischen Monopole, sondern erneut zwei Dipole. Gleichnamige Magnetpole stoßen sich ab, ungleichnamige ziehen sich an. Im Magnetfeld der Erde richten sich drehbar gelagerte Stabmagnete (Magnetnadeln) so aus, daß der Nordpol nach Norden zeigt. Der Nordpol der Erde ist daher ein magnetischer Südpol (und umgekehrt).

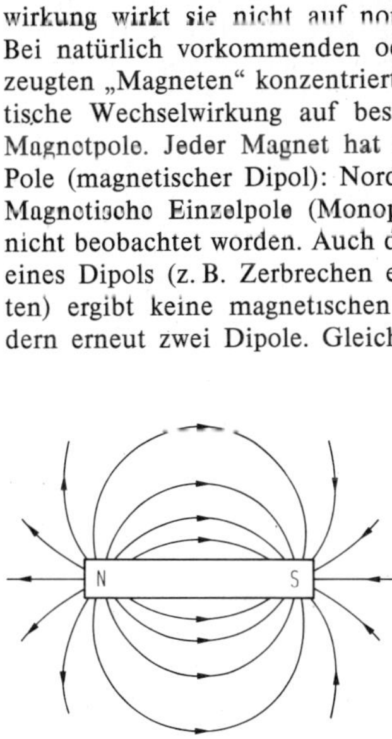

Bild 13-1. Feld eines magnetischen Dipols.

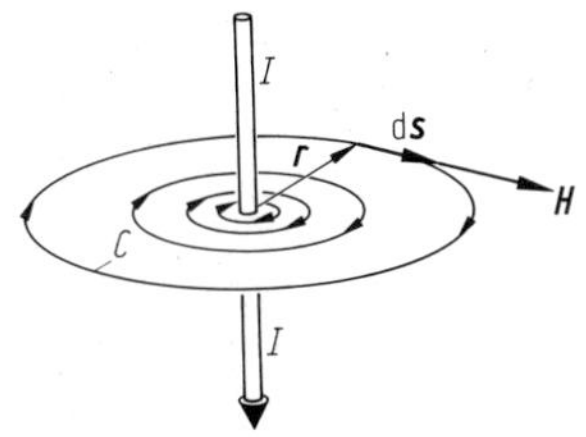

Bild 13-2. Magnetisches Feld eines geraden, stromdurchflossenen Leiters.

Die Geometrie des Feldes eines magnetischen Dipols läßt sich wie beim elektrischen Feld durch Feldlinien beschreiben, deren Verlauf durch die ausrichtende Wirkung des Magnetfeldes auf längliche magnetische Teilchen (z. B. Eisenfeilspäne) erkennbar gemacht werden kann (Bild 13-1). Sie entspricht der des elektrischen Dipols (Bild 12-4). Der positive Richtungssinn der magnetischen Feldlinien wurde von Nord nach Süd festgelegt.

Magnetfelder können außer von Permanentmagneten *(magnetostatische Felder)* auch durch elektrische Ströme erzeugt werden (Ørsted 1820). Zeitlich und örtlich konstante Ströme erzeugen *stationäre Magnetfelder.* Ursache sind die bewegten elektrischen Ladungen. Die magnetischen Feldlinien eines geraden, stromdurchflossenen Leiters sind konzentrische Kreise mit dem Leiter als Achse (Bild 13-2). Der Richtungssinn der magnetischen Feldlinien ergibt sich aus der Stromrichtung mit Hilfe der *Rechtsschraubenregel* und ist verträglich mit der Festlegung in Bild 13.1. Die Feldlinien geben die Richtung der *magnetischen Feldstärke* H an.

Die magnetische Feldstärke wird üblicherweise durch das Feld im Innern einer langen, stromdurchflossenen Zylinderspule definiert (5, Bild 13-4). Wir wollen stattdessen vom allgemeineren Zusammenhang zwischen magnetischer Feldstärke $\boldsymbol{H}$ und felderzeugendem Strom I ausgehen, dem *Ampèreschen Gesetz* oder *Durchflutungssatz*:

$$\oint_C \boldsymbol{H} \cdot \mathrm{d}\boldsymbol{s} = \Theta = \int_A \boldsymbol{j} \cdot \mathrm{d}\boldsymbol{A}. \qquad (1)$$

Das Ampèresche Gesetz ist eine der Feldgleichungen des stationären magnetischen Feldes. Das Linienintegral über die magnetische Feldstärke längs des geschlossenen Weges C wird *magnetische Umlaufspannung* genannt. Θ ist die gesamte elektrische Stromstärke, die durch die von C berandete Fläche A geht: *Durchflutung.* Bei mehreren

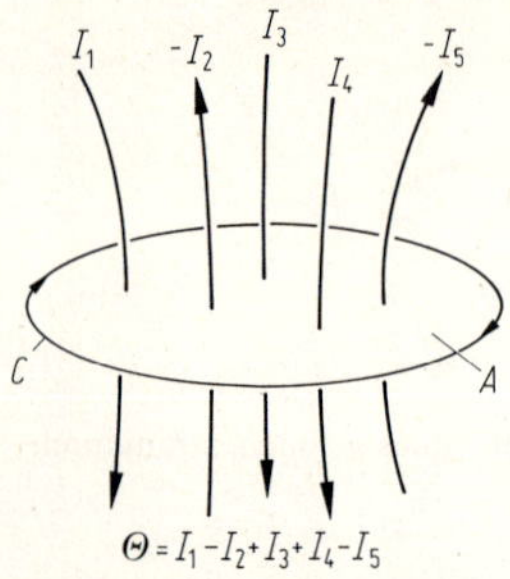

Bild 13-3. Zum Begriff der Durchflutung.

Einzelströmen berechnet sich diese durch Summation unter Berücksichtigung der Vorzeichen. Ströme werden positiv gerechnet, wenn ihre Richtung mit der sich aus der Rechtsschraubenregel ergebenden Richtung gemäß dem gewählten Umlaufsinn des Integrationsweges C übereinstimmt (Bild 13-3). Bei räumlich ausgedehnten Ladungsströmen berechnet sich die Durchflutung gemäß (12-58) aus der Stromdichte $\boldsymbol{j}$ durch A.
Die Formulierung des Durchflutungssatzes (1) in differentieller Form, die sich durch Anwendung des Stokesschen Satzes (siehe A 17.3, Gl. (29)) gewinnen läßt, lautet

$$\operatorname{rot} \boldsymbol{H}(\boldsymbol{r}) = \boldsymbol{j}. \tag{2}$$

Im Gegensatz zum elektrostatischen Feld ist also das stationäre magnetische Feld *nicht wirbelfrei.*
Für den geraden, stromdurchflossenen Leiter (Bild 13-2) liefert das Amperesche Gesetz bei Wahl einer kreisförmigen Feldlinie als Integrationsweg (Abstand r vom Leiter) den Betrag der magnetischen Feldstärke

$$H = \frac{I}{2\pi r}. \tag{3}$$

Das Feld einer Zylinderspule (Bild 13-4) ist im Innern weitgehend homogen, während das Feld im Außenraum dem eines Dipols (Bild 13-1) entspricht und klein gegen die Feldstärke im Innern ist, sofern die Länge l der Zylinderspule groß gegen den Spulendurchmesser ist. Die Feldstärke im homogenen Bereich läßt sich ebenfalls mit dem Ampereschen Gesetz berechnen. Wird als Integrationsweg z. B. die Feldlinie C gewählt, so liefert nur der Weg der Länge l im Spuleninnern einen wesentlichen Beitrag zum Integral. Die Durchflutung ist andererseits NI (N Windungszahl der Spule, I Stromstärke):

$$\oint_C \boldsymbol{H} \cdot \mathrm{d}\boldsymbol{s} = \int_l \boldsymbol{H} \cdot \mathrm{d}\boldsymbol{s} = Hl = \Theta = NI. \tag{4}$$

Für das homogene Feld der *langen Zylinderspule* gilt daher

$$H = \frac{IN}{l}. \tag{5}$$

Mit Hilfe der Zylinderspule läßt sich leicht ein definiertes homogenes Magnetfeld erzeugen, dessen Feldstärke sich sehr einfach aus (5) berechnen läßt. Hieraus läßt sich auch die Einheit der magnetischen Feldstärke $\boldsymbol{H}$ ablesen:

SI-Einheit: $[H] = \mathrm{A/m}$.

Zum Magnetfeld eines stromdurchflossenen Leiters tragen alle Elemente des Stromes bei. Jedes einzelne Element der Länge $\mathrm{d}\boldsymbol{l}$ (Bild 13-5) erzeugt im Abstand $\boldsymbol{r}$ einen differentiellen Anteil $\mathrm{d}\boldsymbol{H}$ der magnetischen Feldstärke (vgl. G 12.2) gemäß dem *Biot-Savartschen Gesetz*:

$$\mathrm{d}\boldsymbol{H} = \frac{I}{4\pi} \cdot \frac{\boldsymbol{r} \times \mathrm{d}\boldsymbol{l}}{r^3},$$

$$\text{Betrag: } \mathrm{d}H = \frac{I}{4\pi} \cdot \frac{\mathrm{d}l}{r^2} \sin\alpha. \tag{6}$$

Die gesamte magnetische Feldstärke $\boldsymbol{H}$ ergibt sich aus (6) durch Integration über den ganzen Stromfaden C:

$$\boldsymbol{H} = \frac{I}{4\pi} \int_C \frac{\boldsymbol{r} \times \mathrm{d}\boldsymbol{l}}{r^3}. \tag{7}$$

Diese Form des Biot-Savartschen Gesetzes stellt eine spezielle Form des allgemeineren Durchflutungssatzes (1) dar. Je nach Geometrie der Anordnung ist (1) oder (7) zur Berechnung der Feld-

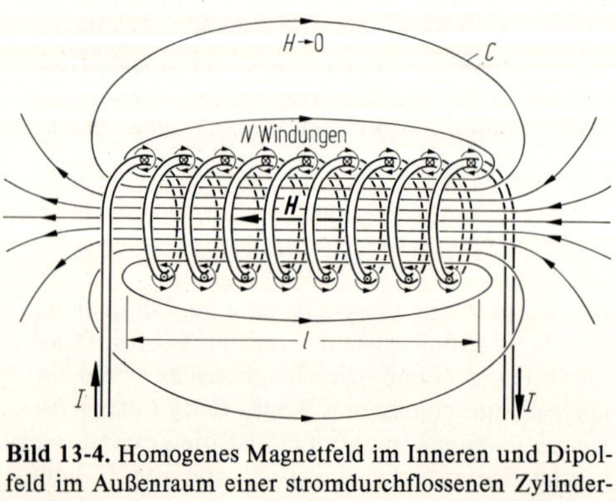

Bild 13-4. Homogenes Magnetfeld im Inneren und Dipolfeld im Außenraum einer stromdurchflossenen Zylinderspule.

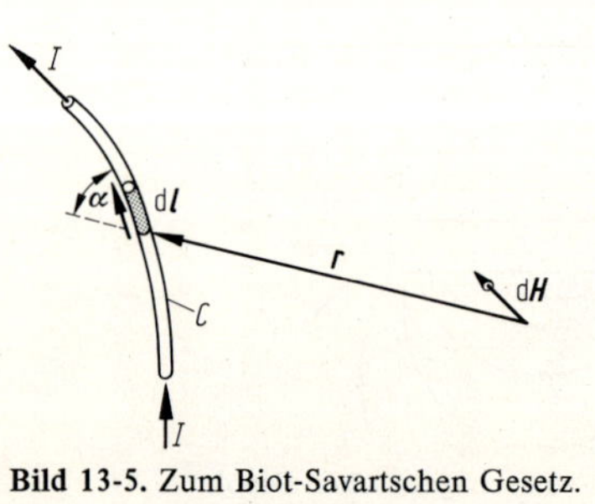

Bild 13-5. Zum Biot-Savartschen Gesetz.

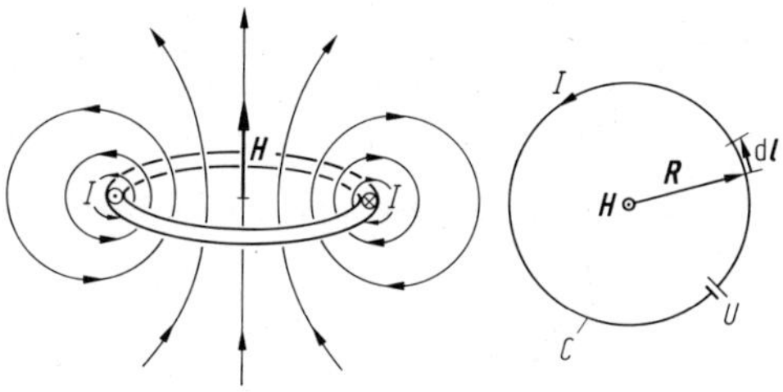

Bild 13-6. Das Magnetfeld einer Stromschleife (links stromerzeugende Spannungsquelle U nicht eingezeichnet).

stärke besser geeignet. Die Anwendung von (7) auf das Magnetfeld eines geraden, stromdurchflossenen Leiters liefert dasselbe Ergebnis wie (3), jedoch ist hier die Berechnung über (1) einfacher. Für die Berechnung des Magnetfeldes einer Stromschleife (Bild 13.6) ist dagegen (7) zweckmäßiger.
Für das Magnetfeld im Zentrum der kreisförmigen Stromschleife (Radius R) ergibt sich aus (7) nach Integration über den gesamten Kreisstrom

$$H = \frac{I}{2\pi R}. \tag{8}$$

Magnetischer Fluß

Nach dem Gaußschen Gesetz des elektrischen Feldes (12-17) bzw. (12-104) ist der von einer elektrischen Ladung Q ausgehende elektrische Fluß $\Psi = Q$, wobei der elektrische Fluß durch (12-12) bzw. (12-15) definiert wurde. Obwohl im magnetischen Feld magnetische Einzelladungen (Monopole) nicht existieren, läßt sich analog zu (12-12) bzw. (12-15) ein magnetischer Fluß Φ sowie analog zu (12-13) eine magnetische Flußdichte $\boldsymbol{B}$ definieren. Diese beiden Größen werden es gestatten, die Wirkungen des magnetischen Feldes auch in Materie zu beschreiben (vgl. 13.4).
In einem homogenen Magnetfeld sei der magnetische Fluß durch eine zur Feldrichtung senkrechte

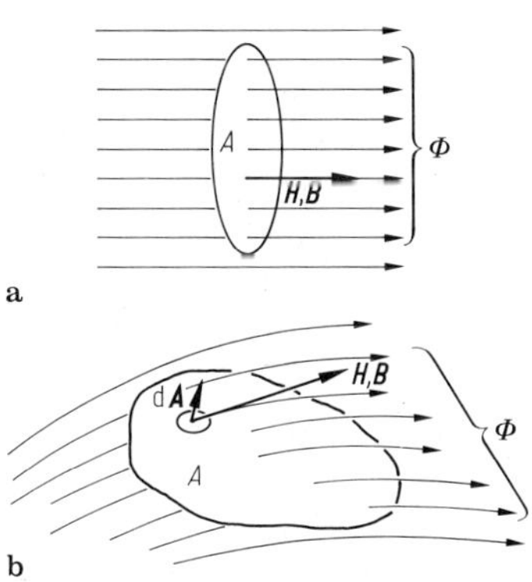

Bild 13-7. Zur Definition des magnetischen Flusses. **a** homogenes, **b** inhomogenes Feld.

Fläche A (Bild 13-7) definiert durch

$$\Phi = \mu H A, \tag{9}$$

und entsprechend der Betrag der magnetischen Flußdichte

$$B = \frac{\Phi}{A} = \mu H. \tag{10}$$

Hierin wird μ die Permeabilität des Stoffes genannt, in dem das Magnetfeld vorliegt. Wie die Permittivität $\varepsilon = \varepsilon_r \varepsilon_0$ (12-79) wird auch die *Permeabilität* als Produkt

$$\mu = \mu_r \mu_0 \tag{11}$$

geschrieben, worin nach internationaler Vereinbarung (9. CGPM (1948), Definition des Ampere)

$$\begin{aligned} \mu_0 &= 4\pi \cdot 10^{-7}\ \mathrm{Vs/Am} \\ &= 1{,}256\,637\,061\,4\ldots \cdot 10^{-6}\ \mathrm{Vs/Am} \end{aligned} \tag{12}$$

die *magnetische Feldkonstante* (Permeabilität des Vakuums) ist. $\mu_r = \mu/\mu_0$ wird Permeabilitätszahl des Stoffes genannt und ist dimensionslos. Für das Vakuum ist $\mu_r = 1$. Weiteres zur Permeabilitätszahl siehe 13.4.
Die *magnetische Flußdichte* $\boldsymbol{B}$ wird auch *magnetische Induktion* genannt und ist in magnetisch isotropen Stoffen ein Vektor in Richtung der magnetischen Feldstärke $\boldsymbol{H}$:

$$\boldsymbol{B} = \mu_0 \mu_r \boldsymbol{H} = \mu \boldsymbol{H}. \tag{13}$$

In Verallgemeinerung von (9) ist der *magnetische Fluß* Φ eines beliebigen (inhomogenen) Magnetfeldes durch eine beliebig orientierte Fläche A (Bild 13-7)

$$\Phi = \int_A \mu \boldsymbol{H} \cdot \mathrm{d}\boldsymbol{A} = \int_A \boldsymbol{B} \cdot \mathrm{d}\boldsymbol{A}, \tag{14}$$

SI-Einheit: $[\Phi] = \mathrm{Vs} = \mathrm{Wb}$ (Weber),
SI-Einheit: $[B] = \mathrm{Vs/m^2} = \mathrm{Wb/m^2} = \mathrm{T}$ (Tesla).

Im elektrischen Feld ergibt das Flächenintegral der elektrischen Flußdichte über eine geschlossene Oberfläche nach (12-17) bzw. (12-104) gerade die eingeschlossene Ladung Q als Quellen des

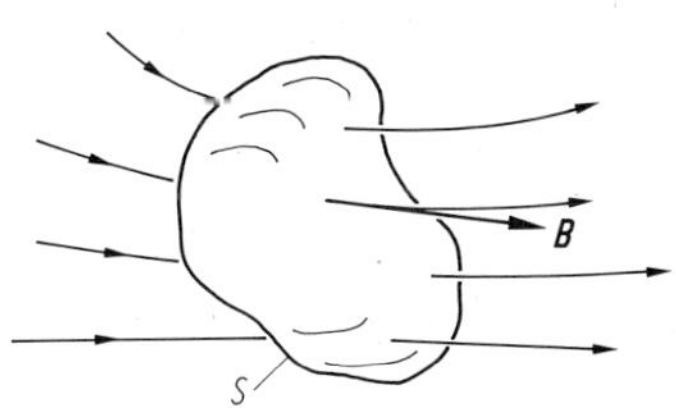

Bild 13-8. Zum Gaußschen Gesetz im magnetischen Feld; eindringende magnetische Feldlinien enden nicht im von S umschlossenen Volumen: Der gesamte magnetische Fluß durch eine geschlossene Oberfläche ist stets null.

elektrischen Feldes und Ausgangspunkt elektrischer Feldlinien.
Im magnetischen Feld gibt es dagegen keine magnetischen Einzelladungen als Quellen des magnetischen Feldes bzw. als Ausgangspunkt magnetischer Feldlinien. Magnetische Feldlinien sind daher stets geschlossene Linien, auch im Falle der Permanentmagnete (Bild 12-1), wo man sich die äußeren Feldlinien im Innern des Magneten geschlossen denken kann. Dies wird durch Zerbrechen des Magneten bestätigt, wobei zwei neue magnetische Dipole entstehen. Wegen der Nichtexistenz magnetischer Monopole muß das Flächenintegral der magnetischen Flußdichte über eine geschlossene Oberfläche S (Bild 13-8) null ergeben *(Gaußsches Gesetz des magnetischen Feldes)*:

$$\oint_S \boldsymbol{B} \cdot \mathrm{d}\boldsymbol{A} = 0\,. \tag{15}$$

Feldlinien, die in das von der Oberfläche eingeschlossene Volumen eintreten, müssen an anderer Stelle wieder austreten (Bild 13-8). (15) stellt die zweite *Feldgleichung* des magnetischen Feldes dar und drückt die *Quellenfreiheit des magnetischen Feldes* aus.

13.2 Die magnetische Kraft auf bewegte Ladungen

Teilchen, die eine elektrische Ladung q tragen und sich mit einer Geschwindigkeit $\boldsymbol{v}$ durch ein Magnetfeld $\boldsymbol{B} = \mu \boldsymbol{H}$ bewegen (Bild 13-9), z. B. die Elektronen im Elektronenstrahl einer Fernsehbildröhre durch das Magnetfeld der Ablenkspulen, erfahren eine ablenkende Kraft $\boldsymbol{F}_\mathrm{m}$, die senkrecht zu $\boldsymbol{v}$ und zu $\boldsymbol{B}$ wirkt:

$$\boldsymbol{F}_\mathrm{m} = q\boldsymbol{v} \times \boldsymbol{B} = \mu q \boldsymbol{v} \times \boldsymbol{H}\,. \tag{16}$$

Positiv und negativ geladene Teilchen erfahren ablenkende magnetische Kräfte in entgegengesetzten Richtungen (Bild 13-9). Die magnetische Kraft leistet keine Arbeit an der Ladung q, da die Kraft $\boldsymbol{F}_\mathrm{m}$ stets senkrecht auf der Wegrichtung $\mathrm{d}\boldsymbol{s}$ bzw. auf der Geschwindigkeit $\boldsymbol{v}$ steht, und das Wegintegral der Kraft daher verschwindet:

$$W = \int \boldsymbol{F}_\mathrm{m} \cdot \mathrm{d}\boldsymbol{s} = \int \boldsymbol{F}_\mathrm{m} \cdot \boldsymbol{v}\,\mathrm{d}t = 0\,. \tag{17}$$

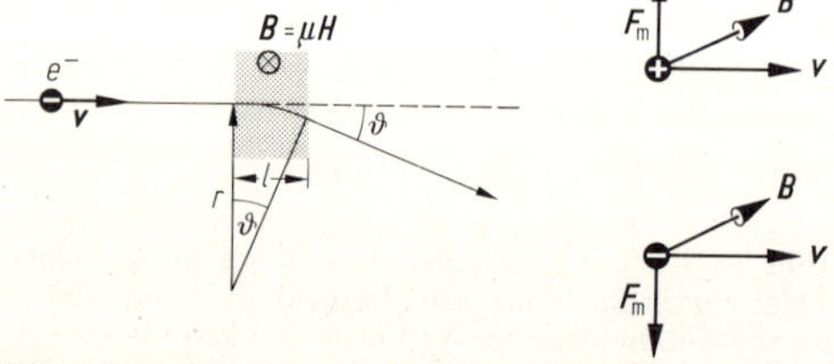

Bild 13-9. Ablenkung von bewegten Ladungsträgern im Magnetfeld.

Anders als im elektrischen Feld erfährt daher eine elektrische Ladung im Magnetfeld keine Änderung des Geschwindigkeitsbetrages. Liegt neben dem magnetischen Feld $\boldsymbol{B}$ auch ein elektrisches Feld $\boldsymbol{E}$ vor, so wirkt insgesamt auf die Ladung q die *Lorentz-Kraft*

$$\boldsymbol{F} = q(\boldsymbol{E} + \boldsymbol{v} \times \boldsymbol{B})\,. \tag{18}$$

Die magnetische Kraft als relativistische Korrektur der elektrischen Kraft

Die elektrostatische Kraft $\boldsymbol{F}_\mathrm{e} = q\boldsymbol{E}$ und die magnetische Kraft $\boldsymbol{F}_\mathrm{m} = q\boldsymbol{v} \times \boldsymbol{B}$ sind keine grundlegend verschiedenen Wechselwirkungen. Vielmehr läßt sich zeigen, daß die magnetische Kraft als relativistische Korrektur der elektrostatischen Kraft aufgefaßt werden kann. Dies sei am Beispiel der Kraft auf eine Ladung gezeigt, die sich mit der Geschwindigkeit $\boldsymbol{v}$ parallel zu einem stromdurchflossenen Leiter bewegt (Bild 13-10). Der Strom I im Leiter erzeugt nach (3) im Abstand r ein Magnetfeld $H = I/(2\pi r)$. Daraus ergibt sich nach (16) eine magnetische Kraft auf die bewegte Ladung q (im Vakuum) vom Betrag

$$F_\mathrm{m} = \mu_0 q v \frac{I}{2\pi r}\,. \tag{19}$$

Der Strom I im Leiter wird durch Elektronen der Driftgeschwindigkeit v_D (siehe 12.6) im Laborsystem erzeugt, während die im Leiter ortsfesten positiven Ionen im Laborsystem die Geschwindigkeit 0 besitzen (Bild 13-10a). Wir wollen nun die Verhältnisse im Bezugssystem der mit $\boldsymbol{v}$ bewegten Ladung q betrachten (Bild 13-10b). In diesem System hat q die Geschwindigkeit 0, erfährt also keine magnetische Kraft. Die real auf q wirkende Kraft (19) kann jedoch nicht von der Wahl des Koordinatensystems abhängen. Tatsächlich wird sie im mit $\boldsymbol{v}$ bewegten System in derselben Größe durch die Coulomb-Kraft geliefert: Im bewegten System haben die positiven Ionen die Geschwindigkeit $|-\boldsymbol{v}|$, die Elektronen die größere Geschwindigkeit $|-\boldsymbol{v}'| \approx |-\boldsymbol{v} + \boldsymbol{v}_\mathrm{D}| = v + v_\mathrm{D}$ (vgl.

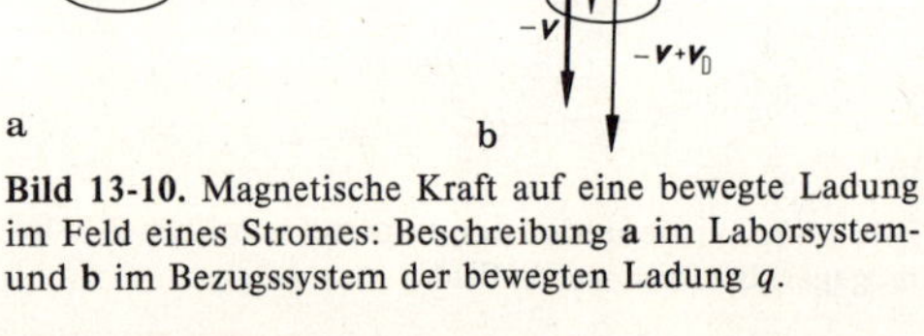

a b

Bild 13-10. Magnetische Kraft auf eine bewegte Ladung im Feld eines Stromes: Beschreibung **a** im Laborsystem und **b** im Bezugssystem der bewegten Ladung q.

(2-50) für $\beta \ll 1$). Infolgedessen ist die unterschiedliche relativistische Längenkontraktion (Lorentz-Kontraktion, vgl. 2.3.3) zu berücksichtigen, wonach die Längen in Richtung der Bewegung sich um den Lorentz-Faktor $\sqrt{1 - v^2/c_0^2}$ für die Ionen bzw. um $\sqrt{1 - (v + v_D)^2/c_0^2}$ für die Elektronen verkürzen. Dadurch erhöhen sich die Ladungsträgerkonzentrationen n_- und n_+ unterschiedlich stark gegenüber n_0 (bei $v = 0$). Die Gesamtladung ist daher nicht mehr null, der stromführende Leiter erscheint negativ geladen und übt eine elektrostatische Coulomb-Kraft auf die Ladung q aus. In der Näherung $c_0 \gg v \gg v_D$ ergibt sich ein Überschuß der Konzentration der negativen Ladungsträger

$$\Delta n = \frac{n_0}{\sqrt{1 - (v + v_D)^2/c_0^2}} - \frac{n_0}{\sqrt{1 - v^2/c_0^2}} \approx \frac{n_0 v v_D}{c_0^2}. \tag{20}$$

Für die resultierende Linienladungsdichte $\varrho_L = -Ae\Delta n$ des stromdurchflossenen Leiters (Querschnitt A, Elektronenladung $-e$) erhält man aus (20) mit $c_0^2 = 1/\varepsilon_0\mu_0$ (vgl. 12) und (19.1) und mit $I = -n_0 e v_D A$ gemäß (12-59)

$$\varrho_L = -\varepsilon_0\mu_0 v n_0 e v_D A = \varepsilon_0\mu_0 v I. \tag{21}$$

Daraus ergibt sich gemäß (12-22) eine elektrische Feldstärke

$$E = \frac{\varrho_L}{2\pi\varepsilon_0 r} = \frac{\mu_0 v I}{2\pi r} \tag{22}$$

und weiter eine anziehende elektrische Kraft $F_e = qE$ auf die Ladung q, mit (8)

$$F_e = \mu_0 q v \frac{I}{2\pi r} = \mu_0 q v H, \tag{23}$$

die identisch mit der im Laborsystem berechneten magnetischen Kraft (19) ist. Je nach dem gewählten Bezugssystem kommt daher der magnetische oder der elektrische Term der Lorentz-Kraft zur Wirkung, beide sind Ausdruck derselben elektromagnetischen Kraft. In dem betrachteten Beispiel ist zwar wegen der geringen Driftgeschwindigkeit der Elektronen (Größenordnung mm/s, siehe 12.6) der aus der Lorentz-Kontraktion folgende relative Unterschied in den Ladungsträgerkonzentrationen der Gitterionen und der Leitungselektronen extrem klein. Das wird hinsichtlich der elektrostatischen Wirkung jedoch ausgeglichen durch die gewaltige Ladungsmenge, die sich durch den Leiter bewegt.

Bewegung von Ladungsträgern im homogenen Magnetfeld

Elektrische Ladungen q, die sich senkrecht zu den Feldlinien eines homogenen Magnetfeldes $\boldsymbol{B}$ bewegen, z. B. der Elektronenstrahl, der mit einer

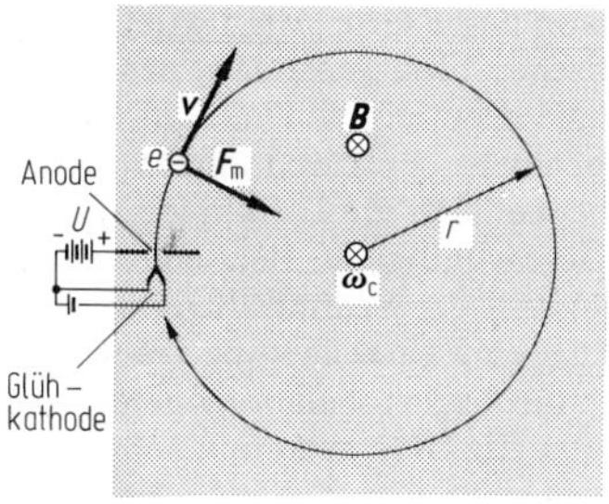

Bild 13-11. Kreisbahn einer Ladung im homogenen Magnetfeld.

Vakuumdiode (ähnlich Bild 12-15, mit durchbohrter Anode) im Magnetfeld erzeugt wird (Bild 13-11), erfahren nach (16) eine magnetische Kraft senkrecht zur Ladungsgeschwindigkeit $\boldsymbol{v}$ und zum Magnetfeld $\boldsymbol{B}$. Ihr Betrag

$$F_m = qvB \tag{24}$$

bleibt konstant, da — wie weiter oben bereits erläutert — der Betrag v der Geschwindigkeit der Ladungsträger sich durch eine stets senkrecht wirkende Kraft nicht ändert. Das führt zu einer Kreisbahn der Ladungsträger mit der Masse m. Die magnetische Kraft (24) wirkt hierbei als Zentralkraft (3-19)

$$\frac{mv^2}{r} = qvB, \tag{25}$$

woraus für den Kreisbahnradius folgt

$$r = \frac{mv}{qB}. \tag{26}$$

Die in Bild 13-9 gezeigte Ablenkung eines Elektrons, das ein begrenztes Magnetfeld der Länge l auf einem Kreisbogenstück durchläuft, läßt sich mit (26) berechnen zu

$$\vartheta \approx \frac{l}{r} \approx \frac{cB}{m_e v} l \quad \text{für} \quad l \ll r. \tag{27}$$

(Anwendung bei der magnetischen Ablenkung des Elektronenstrahls in der Fernsehbildröhre.)

Mit $v = \omega r$ (2-29) folgt für die Winkelgeschwindigkeit der Ladung der Betrag $\omega_c = qB/m$, bzw. unter Berücksichtigung der Vektorrichtungen in Bild 13-11 die *Zyklotronfrequenz*

$$\boldsymbol{\omega}_c = -\frac{q}{m}\boldsymbol{B}. \tag{28}$$

Die Zyklotronfrequenz ist unabhängig von der Geschwindigkeit $\boldsymbol{v}$ der Ladung sowie vom Bahnradius r. Diese Eigenschaften ermöglichen den Bau von Kreisbeschleunigern nach dem Zyklotronprinzip. Ferner ermöglicht die *Zyklotronresonanz* die Messung der effektiven Massen $m^* = qB/\omega_c$ der Ladungsträger in Halbleitern (siehe 16.4).

Bei Ladungsträgern, deren Geschwindigkeit $\boldsymbol{v}$ parallel zur magnetischen Flußdichte $\boldsymbol{B}$ gerichtet ist, tritt nach (16) keine magnetische Kraft auf, da das Vektorprodukt paralleler Vektoren verschwindet. In diesem Fall bewegt sich die Ladung geradlinig mit konstanter Geschwindigkeit. Bei schiefer Geschwindigkeitsrichtung der Ladungsträger im Magnetfeld erhält man eine Überlagerung von geradliniger Bewegung für die Parallelkomponente und Kreisbewegung für die Normalkomponente der Geschwindigkeit, sodaß eine *Schraubenbewegung* resultiert.

Diese verschiedenen Situationen treten auch beim Einfall geladener Teilchen von der Sonne („Sonnenwind") auf die Magnetosphäre der Erde auf. Das magnetische Dipolfeld der Erde hat an den Polen eine Feldrichtung senkrecht zur Erdoberfläche, am Äquator parallel zur Erdoberfläche. Die Bahn von Sonnenwindteilchen, die in der Äquatorebene einfallen, wird durch die magnetische Kraft zu Schraubenbahnen aufgewickelt. Sie treffen daher meist nicht auf die Erdatmosphäre, haben aber eine erhöhte Aufenthaltsdauer in diesem Gebiet: *Van-Allen-Strahlungsgürtel*. Anders an den Polen: Dort auftreffende Teilchen bewegen sich etwa parallel zu den Erdfeldlinien und gelangen daher nahezu ungehindert bis zur oberen Erdatmosphäre, wo sie u. a. durch Stoßanregung (siehe 20.4) Moleküle zum Leuchten anregen können: *Polarlichter*.

Kreisbeschleuniger

Die Anwendung der magnetischen Kraft erlaubt es, die großen Längen der Linearbeschleuniger (12.5, Bild 12-16) zur Teilchenbeschleunigung zu vermeiden, indem durch ein Magnetfeld die Teilchenflugbahn zu Kreis- oder Spiralbahnen aufgewickelt wird. Dieses Prinzip wurde zuerst beim Zyklotron (E. O. Lawrence, 1930) angewendet. Es besteht aus einer flachen Metalldose, die zu zwei D-förmigen Drifträumen aufgeschnitten ist

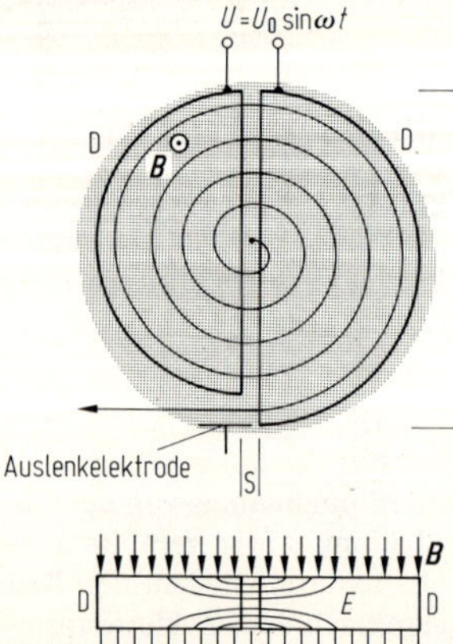

Bild 13-12. Kreisbeschleuniger für geladene Teilchen: Zyklotron.

(Bild 13-12) und senkrecht zur Dosenebene von einem Magnetfeld $\boldsymbol{B}$ durchsetzt wird.

Eine im Zentrum des Spaltes S angeordnete Ionenquelle (z. B. ein durch Elektronenstoß ionisierter Dampfstrahl) emittiert Ionen der Ladung q, die durch die zwischen den beiden Ds angelegte Spannung U in das eine D beschleunigt werden. Im Magnetfeld $\boldsymbol{B}$ laufen die Ionen mit einer Winkelgeschwindigkeit entsprechend der Zyklotronfrequenz (28) auf Kreisbahnen mit einem Radius nach (26) um. Wird die Spannung U während jedes halben Umlaufes umgepolt, so werden die Ionen bei jedem Passieren des Spaltes S entsprechend der Spannung $U = U_0$ beschleunigt, und v und r nehmen entsprechend zu. Da die Winkelgeschwindigkeit nach (28) unabhängig von r ist, läßt sich die periodische Umpolung durch Anlegen einer Hochfrequenzwechselspannung

$$U = U_0 \sin\omega t \quad \text{mit} \quad \omega = \omega_c = \frac{q}{m} B \tag{29}$$

erreichen. Die Grenze der Beschleunigung ist bei $r = R_0$ erreicht. Die Endenergie $E_{k,\max} = mv^2/2$ beträgt dann mit (26)

$$E_{k,\max} = \frac{q^2 B^2}{2m} R_0^2 < m_0 c_0^2 . \tag{30}$$

Die Resonanzbedingung $\omega = \omega_c$ (29) ist beim Zyklotron nicht mehr erfüllt, wenn relativistische Geschwindigkeitsbereiche erreicht werden (siehe 4.5). Das ist der Fall, wenn die kinetische Energie vergleichbar oder größer als die Ruheenergie $m_0 c_0^2$ wird. Wegen der mit der Umlaufzahl steigenden Masse (Bild 12-4) sinkt dann die Zyklotronfrequenz, und die Resonanzbedingung bleibt nur erhalten, wenn mit der Umlaufzahl die Hochfrequenz ω gesenkt oder das Magnetfeld B erhöht wird: *Synchrozyklotron*. Wird das Magnetfeld mit zunehmender Umlaufzahl entsprechend der steigenden Teilchenenergie in der Weise erhöht, daß der Bahnradius (26) konstant bleibt (Sollkreis), so lassen sich sehr hohe Energien erreichen: *Synchrotron*.

Massenspektrometer

Die magnetische Kraft kann auch zur Bestimmung der Masse geladener Teilchen im magnetischen Massenspektrometer verwendet werden (Bild 13-13). Durch eine Spannung U beschleunigte Ionen werden in ein Magnetfeld $\boldsymbol{B}$ eingeschossen. Der Kreisbahnradius berechnet sich aus (26) mit (12-53) zu

$$r = \frac{1}{B}\sqrt{2\frac{m}{q}U} , \tag{31}$$

woraus die *spezifische Ladung* q/m bestimmt werden kann:

$$\frac{q}{m} = \frac{2U}{r^2 B^2} . \tag{32}$$

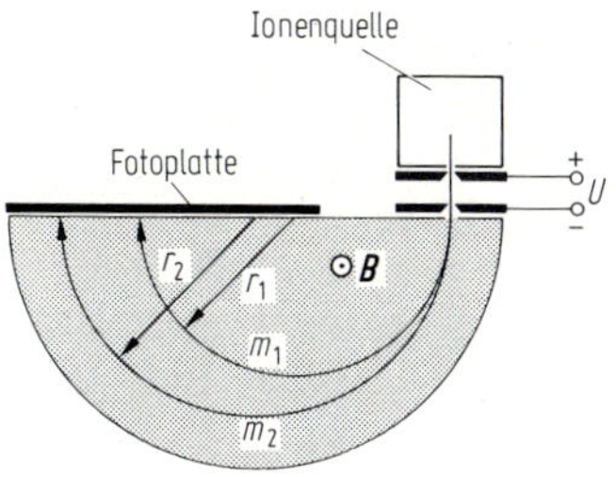

Bild 13-13. Magnetisches Massenspektrometer.

Der Bahnradius r kann aus den Schwärzungsmarken auf der Fotoplatte bestimmt werden. Bei bekannter Ladung (meist $\pm e$) ist daraus die Masse der Ionen zu berechnen.

13.3 Die magnetische Kraft auf stromdurchflossene Leiter

In einem stromdurchflossenen Draht im Magnetfeld (Bild 13-14) wirkt auf jeden den Strom bildenden Ladungsträger (d. h. auf die Leitungselektronen bei Metallen) die Lorentz-Kraft (18). Der elektrische Anteil $-e\boldsymbol{E}$ bewirkt die Driftgeschwindigkeit $\boldsymbol{v}_D$ der Elektronen. Infolge der Driftgeschwindigkeit wirkt auf jedes einzelne Elektron die magnetische Kraft

$$\boldsymbol{F}_e = -e\boldsymbol{v}_D \times \boldsymbol{B}. \qquad (33)$$

Die Zahl N der Leitungselektronen (Ladungsträgerkonzentration n) im Leiterstück der Länge l und vom Querschnitt A beträgt $N = nlA$. Insgesamt wirkt auf das Leiterstück eine Kraft vom Betrage

$$\boldsymbol{F} = N\boldsymbol{F}_e = -nlAe\boldsymbol{v}_D \times \boldsymbol{B} = nev_D A\boldsymbol{l} \times \boldsymbol{B}, \qquad (34)$$

wobei zu beachten ist, daß die Länge $\boldsymbol{l}$ in Richtung des Stromes I zeigt, d. h. bei Elektronen entgegengesetzt zur Driftgeschwindigkeit $\boldsymbol{v}_D$. Der Faktor $nev_D A$ ist nach (12-59) gleich der Stromstärke I, und somit

$$\boldsymbol{F} = I\boldsymbol{l} \times \boldsymbol{B},$$
$$\text{Betrag:}\quad F = IlB\sin\alpha. \qquad (35)$$

Nach (35) wirkt auf einen stromdurchflossenen Draht als Folge der magnetischen Kraft auf die Ladungsträger eine Kraft senkrecht zur Drahtrichtung und zur magnetischen Feldrichtung. Dies ist die Grundlage der elektromechanischen Krafterzeugung, insbesondere des Elektromotors.

Stromschleife im Magnetfeld, magnetischer Dipol

Eine z. B. rechteckige, stromdurchflossene Leiterschleife, die in einem Magnetfeld drehbar angeordnet ist (Bild 13-15), erfährt bezüglich der einzelnen Schleifenstücke nach (35) unterschiedliche Kräfte. Auf die Stirnstücke (Länge $\boldsymbol{b}$) wirken entgegengesetzt gleichgroße Kräfte in Drehachsenrichtung, die sich kompensieren. Auf die beiden Längsseiten $\boldsymbol{l}$ wirkt ein Kräftepaar, das nach (3-23) ein Drehmoment (zur Unterscheidung von der Magnetisierung $\boldsymbol{M}$ in diesem Abschnitt mit dem Index d versehen)

$$\boldsymbol{M}_d = \boldsymbol{b} \times \boldsymbol{F} \qquad (36)$$

in Drehachsenrichtung erzeugt. Mit (35) folgt daraus ein doppeltes Vektorprodukt, dessen Berechnung mittels des Entwicklungssatzes (siehe A 3.3.5) unter Verwendung des Flächennormalenvektors $\boldsymbol{A}$ der Stromschleife (Betrag $A = bl$) das Drehmoment

$$\boldsymbol{M}_d = I\boldsymbol{A} \times \boldsymbol{B}$$
$$\text{Betrag}\quad M_d = IAB\sin\vartheta \qquad (37)$$

ergibt. Die Richtung des Flächennormalenvektors $\boldsymbol{A}$ ist so festgelegt, daß sie sich aus der Stromflußrichtung mit der Rechtsschraubenregel ergibt. Eine stromdurchflossene Leiterschleife erfährt daher im homogenen Magnetfeld ein Drehmoment, das deren Flächennormale in Feldrichtung auszurichten sucht. Sie verhält sich also wie ein magne-

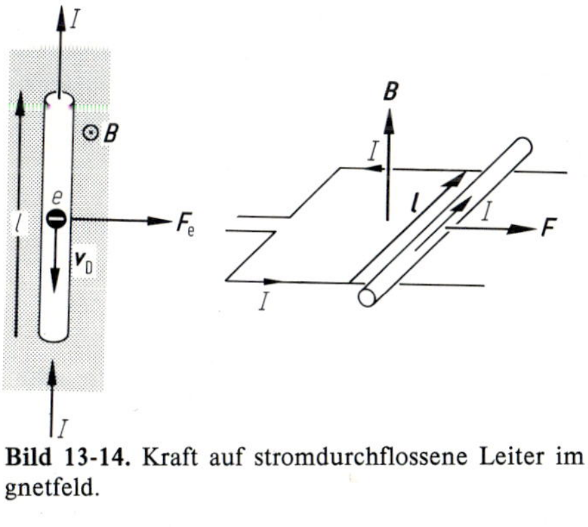

Bild 13-14. Kraft auf stromdurchflossene Leiter im Magnetfeld.

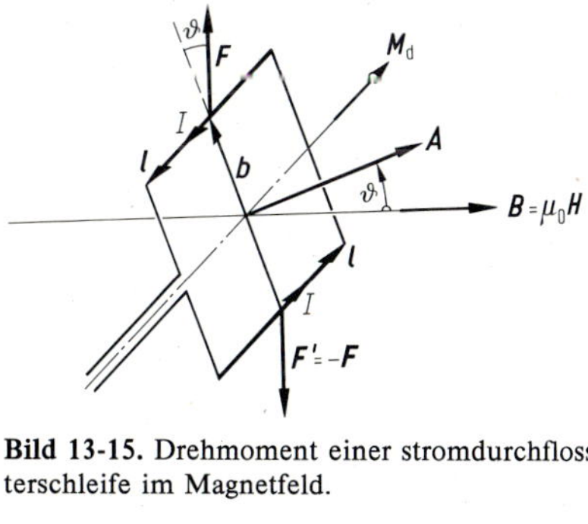

Bild 13-15. Drehmoment einer stromdurchflossenen Leiterschleife im Magnetfeld.

tischer Dipol (siehe 13.1) und analog zum elektrischen Dipol im homogenen elektrischen Feld (vgl. 12.9). Zur Beschreibung des Verhaltens eines magnetischen Dipols im Feld analog zum elektrischen Fall (12-87) führen wir durch

$$\boldsymbol{M}_{\mathrm{d}} = \boldsymbol{m} \times \boldsymbol{B} \tag{38}$$

das *magnetische Dipolmoment* $\boldsymbol{m}$ ein (Anmerkung: Anders als bei der Einführung des elektrischen Dipolmoments $\boldsymbol{p}$ wird hier nicht die Feldstärke, sondern die Flußdichte $\boldsymbol{B}$ zur Berechnung des Drehmoments benutzt. Deshalb unterscheiden sich die weiter berechneten Ausdrücke für das Dipolmoment im elektrischen und im magnetischen Fall um die jeweilige Feldkonstante. Ferner ist wegen der Nichtexistenz magnetischer Ladungen (Monopole) die Einführung des magnetischen Dipolmomentes über eine Definitionsgleichung entsprechend (12-83) nicht sinnvoll). In entsprechender Weise können die Ausdrücke für die potentielle Energie im homogenen Feld (12-89) und für die Kraft auf den Dipol im inhomogenen Feld (12-90) übernommen werden (Tabelle 13-1).

Einheit: $[m] = \mathrm{A \cdot m^2 = J/T}$.

Durch Vergleich von (38) mit (37) erhält man das *Dipolmoment einer Stromschleife* als

$$\boldsymbol{m} = I\boldsymbol{A}. \tag{39}$$

Schaltet man N Stromschleifen zu einer Zylinder- oder Flachspule mit N Windungen zusammen, so ergibt sich für das magnetische *Dipolmoment einer Spule*

$$\boldsymbol{m}_{\mathrm{Sp}} = NI\boldsymbol{A}. \tag{40}$$

Wird eine drehbar gelagerte Spule im Magnetfeld nach Bild 13-15 z. B. durch eine Spiralfeder mit einem rücktreibenden Drehmoment versehen, so stellt sich bei Stromfluß im Drehmomentengleichgewicht ein Ausschlag $\Delta\vartheta$ ein, der mit I ansteigt: Prinzip des *Drehspulmeßinstrumentes*.
Die gleiche Anordnung ohne rücktreibende Feder, aber mit einer Schleifkontakteinrichtung zur Umpolung der Stromrichtung bei $\vartheta = 0$ („Kommutator") stellt die Grundanordnung eines elektrischen Gleichstrommotors dar. Das hierbei wirkende Drehmoment hat durch die Umpolung bei allen Drehwinkeln die gleiche Richtung.

Tabelle 13-1. Vergleich: elektrischer Dipol — magnetischer Dipol

	Drehmoment	Potentielle Energie	Kraft im inhomogenen Feld (Dipol ∥ Feld ∥ x)
elektrischer Dipol	$\boldsymbol{M}_{\mathrm{d}} = \boldsymbol{p} \times \boldsymbol{E}$	$E_{\mathrm{p,dp}} = -\boldsymbol{p} \cdot \boldsymbol{E}$	$F = p\frac{\mathrm{d}E}{\mathrm{d}x}$
magnetischer Dipol	$\boldsymbol{M}_{\mathrm{d}} = \boldsymbol{m} \times \boldsymbol{B}$	$E_{\mathrm{p,dp}} = -\boldsymbol{m} \cdot \boldsymbol{B}$	$F = m\frac{\mathrm{d}B}{\mathrm{d}x}$

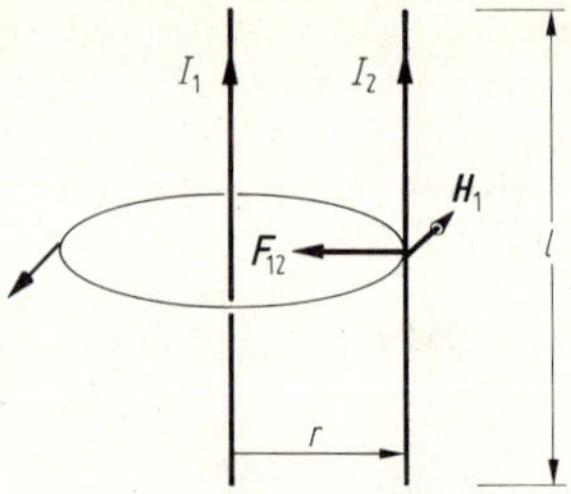

Bild 13-16. Kraftwirkung zwischen benachbarten Strömen.

Kräfte zwischen benachbarten Strömen

Zwei stromdurchflossene, parallele Drähte üben aufeinander Kräfte aus, da sich jeder der beiden Ströme im Magnetfeld des jeweils anderen befindet (Bild 13-16).
Die von I_1 im Abstand r erzeugte magnetische Feldstärke beträgt nach (3)

$$H_1 = \frac{I_1}{2\pi r}. \tag{41}$$

Dadurch erfährt der von I_2 durchflossene Leiter auf der Länge $\boldsymbol{l}$ nach (35) eine Kraft

$$\boldsymbol{F}_{12} = \mu_0 I_2 \boldsymbol{l} \times \boldsymbol{H}$$

$$\text{Betrag } F_{12} = \mu_0 \frac{l}{2\pi r} I_1 I_2. \tag{42}$$

Nach dem Reaktionsgesetz (3.3) wirkt auf I_1 eine gleich große, entgegengesetzt gerichtete Kraft $\boldsymbol{F}_{21}$. Aus (42) folgt, daß gleichgerichtete Ströme einander anziehen, während antiparallele Ströme einander abstoßen. Dieser Effekt wird zur Darstellung der Einheit der Stromstärke, des Ampere, ausgenutzt (siehe 1). Benachbarte Windungen in Spulen, die vom Strom gleichsinnig durchflossen werden, ziehen sich demnach an, während sich die gegenüberliegenden Teile einer Windung abstoßen. Eine stromdurchflossene Spule sucht sich daher zu verkürzen und gleichzeitig aufzuweiten. Solche Kräfte können ganz erhebliche Beträge annehmen und müssen bei der Konstruktion von Spulen berücksichtigt werden.

13.4 Materie im magnetischen Feld, magnetische Polarisation

Wird Materie in ein magnetisches Feld gebracht, so bilden sich magnetische Dipolzustände aus: Die Materie erfährt eine magnetische Polarisation bzw. eine Magnetisierung. Phänomenologisch wird das nach (11) durch die Einführung einer *Permeabilitätszahl* (relative Permeabilität) μ_r im Zusammenhang (13) zwischen magnetischer Feldstärke $\boldsymbol{H}$ und magnetischer Flußdichte $\boldsymbol{B}$ beschrieben:

$$\boldsymbol{B} = \mu_0 \mu_r \boldsymbol{H} = \mu \boldsymbol{H}. \tag{43}$$

Bei materieerfüllten Magnetfeldern wird also die magnetische Feldkonstante μ_0 durch die *Permeabilität* $\mu = \mu_0 \mu_r$ ersetzt. Analog zur Einführung der elektrischen Polarisation (12-100) kann die Änderung der magnetischen Flußdichte in Materie auch durch eine additive Größe zur Flußdichte $\boldsymbol{B}_0 = \mu_0 \boldsymbol{H}$ im Vakuum beschrieben werden, die *magnetische Polarisation J* gemäß

$$\boldsymbol{B} = \boldsymbol{B}_0 + \boldsymbol{J} = \mu_0 \boldsymbol{H} + \boldsymbol{J}. \tag{44}$$

Anstelle der magnetischen Polarisation $\boldsymbol{J}$ kann auch eine zur Feldstärke $\boldsymbol{H}$ additive Größe, die Magnetisierung $\boldsymbol{M}$ zur Beschreibung der magnetischen Materieeigenschaften benutzt werden:

$$\boldsymbol{B} = \mu_0 (\boldsymbol{H} + \boldsymbol{M}) \tag{45}$$

$$\text{mit} \quad \boldsymbol{M} = \boldsymbol{J}/\mu_0. \tag{46}$$

Die Magnetisierung hängt von der magnetischen Feldstärke $\boldsymbol{H}$ ab. In vielen Fällen (Diamagnetismus, Paramagnetismus) gilt die Proportionalität

$$\boldsymbol{M} = \chi_m \boldsymbol{H}, \tag{47}$$

worin χ_m die sog. *magnetische Suszeptibilität* ist. Suszeptibilität und Permeabilitätszahl beschreiben beide die magnetischen Eigenschaften der betreffenden Materie und sind verknüpft durch

$$\mu_r = 1 + \chi_m, \tag{48}$$

wie sich durch Einsetzen von (47) in (45) und Vergleich mit (43) zeigen läßt.

Der Zusammenhang zwischen der Magnetisierung $\boldsymbol{M}$ eines zylindrischen Stabes und seinem magnetischen Dipolmoment $\boldsymbol{m}_{ges}$ in einem äußeren Magnetfeld $\boldsymbol{H}$ läßt sich durch Vergleich mit einer Zylinderspule gleicher Abmessungen herstellen, die so erregt wird, daß das durch sie erzeugte zusätzliche Magnetfeld $\boldsymbol{H}_z$ gerade der Magnetisierung $\boldsymbol{M}$ entspricht (Bild 13-17):

$$H_z = \frac{NI}{l} \equiv M. \tag{49}$$

Das magnetische Dipolmoment des magnetisierten Stabes $\boldsymbol{m}_{ges}$ mit dem Volumen $V = lA$ ist dann

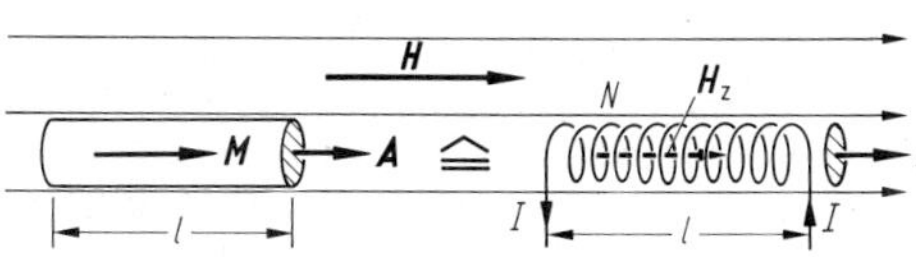

Bild 13-17. Zur Berechnung des magnetischen Dipolmoments eines magnetisierten Stabes.

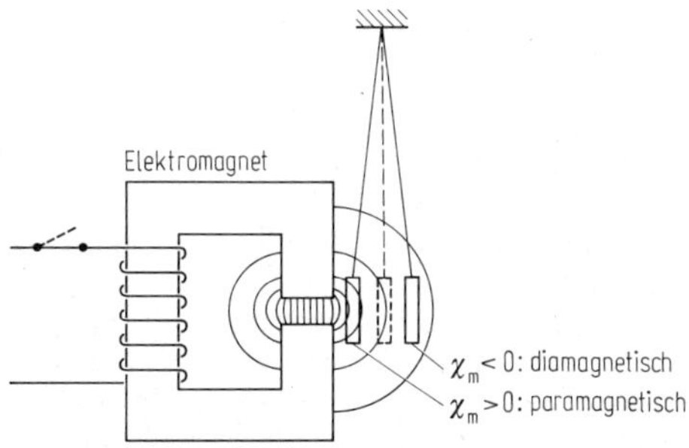

Bild 13-18. Kraftwirkung auf dia- und paramagnetische Körper im inhomogenen Magnetfeld eines Elektromagneten.

gleich dem der Spule gleichen Volumens und beträgt gemäß (40) mit (49)

$$\boldsymbol{m}_{ges} = NIA = \boldsymbol{M}V. \tag{50}$$

Die Magnetisierung $\boldsymbol{M} = \boldsymbol{J}/\mu_0$ ist demnach gleich dem auf das Volumen bezogenen magnetischen

Tabelle 13-2. Magnetische Suszeptibilität einiger Stoffe

Stoff	$\chi_m = \mu_r - 1$
Diamagnetische Stoffe:	
Helium	$-1{,}05 \cdot 10^{-9}$
Wasserstoff	$-2{,}25 \cdot 10^{-9}$
Methan	$-6{,}88 \cdot 10^{-9}$
Stickstoff	$-8{,}60 \cdot 10^{-9}$
Argon	$-1{,}09 \cdot 10^{-8}$
Kohlendioxid	$-1{,}19 \cdot 10^{-8}$
Methylalkohol	$-6{,}97 \cdot 10^{-6}$
Benzol	$-7{,}82 \cdot 10^{-6}$
Wasser	$-9{,}03 \cdot 10^{-6}$
Kupfer	$-9{,}65 \cdot 10^{-6}$
Glycerin	$-9{,}84 \cdot 10^{-6}$
Petroleum	$-1{,}09 \cdot 10^{-5}$
Aluminiumoxid	$-1{,}37 \cdot 10^{-5}$
Aceton	$-1{,}37 \cdot 10^{-5}$
Kochsalz	$-1{,}39 \cdot 10^{-5}$
Wismut	$-1{,}57 \cdot 10^{-4}$
Paramagnetische Stoffe:	
Sauerstoff	$1{,}86 \cdot 10^{-6}$
Barium	$6{,}94 \cdot 10^{-6}$
Magnesium	$1{,}74 \cdot 10^{-5}$
Aluminium	$2{,}08 \cdot 10^{-5}$
Platin	$2{,}57 \cdot 10^{-4}$
Chrom	$2{,}78 \cdot 10^{-4}$
Mangan	$8{,}71 \cdot 10^{-4}$
flüssiger Sauerstoff	$3{,}62 \cdot 10^{-3}$
Dysprosiumsulfat	$6{,}32 \cdot 10^{-1}$
Ferromagnetische Stoffe: [a]	
Gußeisen	50... 500
Baustahl	100... 2000
Übertragerblech	500...10000
Permalloy	6000...70000
Ferrite	10... 1000

[a] Maximalwerte aus größter Steigung der Hysteresekurve

Dipolmoment und ist damit der elektrischen Polarisation (12-91) analog:

$$M = \frac{J}{\mu_0} = \frac{m_{\text{ges}}}{V}. \tag{51}$$

Für das magnetische Dipolmoment $\boldsymbol{m}_{\text{ges}}$ eines magnetisierten Körpers gilt nach (50) mit (47) $\boldsymbol{m}_{\text{ges}} \sim \chi_m \boldsymbol{H}$. Je nach Vorzeichen von χ_m (Tabelle 13-2) erfährt daher ein magnetisierter Körper in einem inhomogenen Magnetfeld eine Kraft (Tabelle 13-1), die ihn in den Bereich größerer Feldstärke (für $\chi_m > 0$) oder kleinerer Feldstärke (für $\chi_m < 0$) treibt, d. h. in das Magnetfeld hineinzieht oder aus ihm herausdrängt (Bild 13-18).
Je nach Wert der magnetischen Suszeptibilität χ_m werden die folgenden Fälle unterschieden:

$\chi_m < 0$, $\mu_r < 1$: Diamagnetismus

$\chi_m > 0$, $\mu_r > 1$: Paramagnetismus

$\chi_m \gg 1$, $\mu_r \gg 1$: Ferro-, Ferri- und Antiferromagnetismus.

Atomistische Deutung der magnetischen Eigenschaften von Materie

Die magnetischen Eigenschaften von Materie sind durch die Wechselwirkung des Magnetfeldes in erster Linie mit den Elektronen der Atomhülle und deren magnetischen Momenten bedingt. Die Eigenschaften atomarer magnetischer Momente sind quantenmechanischer Natur. Eine anschauliche Behandlung ist problematisch. Dennoch können bestimmte magnetische Eigenschaften gemäß dem Rutherford-Bohrschen Atommodell (siehe 16.1, Behandlung der Atomelektronen als Kreisstrom mit dem positiven Atomkern im Zentrum) anschaulich gemacht und teils richtig, teils nur qualitativ zutreffend berechnet werden.
Im Bohrschen Bild ist der Bahnmagnetismus eines um den Atomkern kreisenden Elektrons leicht richtig zu berechnen (Bild 13-19).
In bezug auf den Atomkern hat das kreisende Elektron einen Bahndrehimpuls (3-28)

$$\boldsymbol{L} = m_e \boldsymbol{r} \times \boldsymbol{v} = m_e \omega r^2. \tag{52}$$

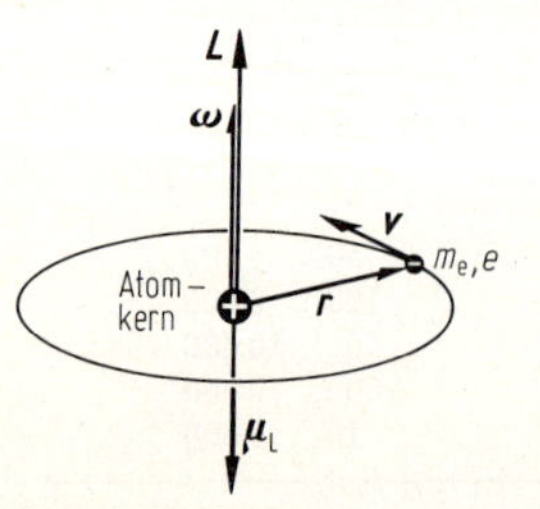

Bild 13-19. Drehimpuls und magnetisches Moment eines kreisenden Atomelektrons.

Das rotierende Elektron mit der Umlauffrequenz $\nu = \omega/2\pi$ stellt ferner einen Kreisstrom dar:

$$I = \frac{dQ}{dt} = -\nu e = -\frac{\omega e}{2\pi}. \tag{53}$$

Nach (39) ist damit ein magnetisches Moment $\mu_L = IA$ verknüpft, für das sich mit (52) und (53) ergibt

$$\boldsymbol{\mu}_L = -\frac{e}{2m_e}\boldsymbol{L}. \tag{54}$$

(Bei atomaren Teilchen werden magnetische Momente mit $\boldsymbol{\mu}$ anstatt mit $\boldsymbol{m}$ bezeichnet.) Daß atomare Drehimpulse mit magnetischen Dipolmomenten

$$\boldsymbol{\mu}_L = -\gamma \boldsymbol{L} \tag{55}$$

verknüpft sind, wird als *magnetomechanischer Parallelismus* bezeichnet und wurde durch den *Einstein-de-Haas-Effekt* makroskopisch nachgewiesen. γ heißt *gyromagnetisches Verhältnis* und hat demnach für den Bahnmagnetismus des Elektrons den Wert

$$\gamma = \frac{e}{2m_e}. \tag{56}$$

Nach Bohr hat der Bahndrehimpuls für die Haupt-Quantenzahl $n = 1$ den Wert $L = \hbar$ (siehe 16.1.1; $\hbar = h/2\pi$: Plancksches Wirkungsquantum). Damit folgt für das magnetische Dipolmoment der 1. Bohrschen Bahn, das *Bohr-Magneton*:

$$\mu_B = \frac{e\hbar}{2m_e} = (9{,}274\,015\,4 \pm 31 \cdot 10^{-7}) \cdot 10^{-24}\ \text{J/T}. \tag{57}$$

Neben dem Bahndrehimpuls und dem damit verbundenen magnetischen Moment besitzt das Elektron außerdem einen *Eigendrehimpuls* oder *Spin* $\boldsymbol{S}$ vom Betrage $S = \hbar/2$. Auch der Spin ist mit einem magnetischen Dipolmoment verknüpft, dessen Betrag ebenfalls durch das Bohrsche Magneton gegeben ist.
Je nach Aufbau der atomaren Elektronenhülle und der chemischen Bindungsstruktur in Molekülen und Festkörpern und der daraus resultierenden Gesamtwirkung der mit den Bahn- und Eigendrehimpulsen verknüpften magnetischen Momente ergeben sich unterschiedliche magnetische Eigenschaften, deren Grundzüge kurz besprochen werden sollen.

Diamagnetismus

Die meisten anorganischen und fast alle organischen Verbindungen sind diamagnetisch, d. h., sie schwächen das äußere Feld: $\chi_m < 0$, $\mu_r < 1$. Ursache des Diamagnetismus sind die durch das Einschalten des äußeren Magnetfeldes in den Atomen (Molekülen, Ionen) des Stoffes induzierten magnetischen Dipolmomente. Diamagnetika sind da-

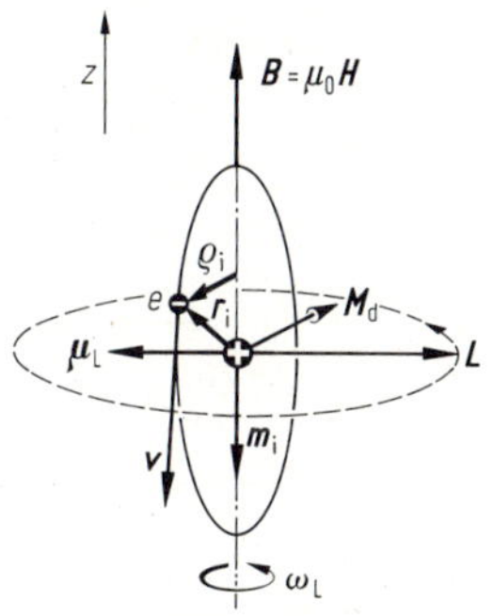

Bild 13-20. Präzessionswirkung eines äußeren Magnetfeldes auf atomare Elektronenbahnen.

her magnetische Analoga zu den unpolaren Dielektrika (siehe 12.9, Verschiebungspolarisation). Es werde zunächst eine einzelne Elektronenkreisbahn um den Atomkern betrachtet (z. B. die des i-ten Elektrons der Elektronenhülle), deren Flächennormalenvektor senkrecht zum äußeren Magnetfeld $\boldsymbol{H}$ stehen möge (Bild 13-20). Das magnetische Moment $\boldsymbol{\mu}_L$ erhält dadurch nach (38) ein Drehmoment $\boldsymbol{M}_d = \boldsymbol{\mu}_L \times \boldsymbol{B}$. Wegen des nach (54) mit $\boldsymbol{\mu}_L$ gekoppelten Bahndrehimpulses $\boldsymbol{L}$ wirkt $\boldsymbol{M}_d$ auch auf $\boldsymbol{L}$ und erzeugt eine Kreiselpräzession mit der Präzessionskreisfrequenz $\omega_L = M_d/L$ (vgl. 7.4). Mit (54) folgt daraus die *Larmor-Frequenz*

$$\omega_L = \mu_0 \frac{e}{2m_e} H = \frac{e}{2m_e} B. \tag{58}$$

Die Präzession der Elektronenbahn mit der Frequenz ν_L um die Feldrichtung $\boldsymbol{B}$ bedeutet einen zusätzlichen Kreisstrom I senkrecht zur Elektronenkreisbahn, für den sich mit (58) ergibt:

$$I = -\nu_L e = -\frac{e^2}{4\pi m_e} B. \tag{59}$$

Daraus folgt ein durch das Einschalten des äußeren Feldes $\boldsymbol{B}$ induziertes magnetisches Moment, das sich nach (39) mit $A = \pi\bar{\varrho}_i^2$ berechnen läßt. Die Präzession ist langsam gegen die Umlaufzeit des Elektrons i auf seiner Kreisbahn. Für die Fläche A des Präzessionskreisstromes I muß daher ein mittlerer Abstand $\bar{\varrho}_i$ von der Präzessionsdrehachse angesetzt werden. Mit $m = IA$ (39) und (59) folgt für das induzierte magnetische Moment des i-ten Elektrons

$$\boldsymbol{m}_i = -\frac{e^2\bar{\varrho}_i^2}{4m_e}\boldsymbol{B}, \tag{60}$$

das dem äußeren Feld $\boldsymbol{B}$ entgegengerichtet ist, dieses also schwächt. Ein Atom der Ordnungszahl Z (siehe 16.1) enthält Z Elektronen in der Hülle. Bei Einschalten des Magnetfeldes liefert jedes Elektron einen Beitrag $\boldsymbol{m}_i$. Das gesamte induzierte magnetische Moment eines Atoms beträgt daher

$$\boldsymbol{m} = \sum_{i=1}^{Z} \boldsymbol{m}_i = -\frac{Ze^2\bar{\varrho}^2}{4m_e}\boldsymbol{B}, \tag{61}$$

worin

$$\bar{\varrho}^2 \approx \overline{\varrho^2} = \overline{x^2} + \overline{y^2} \tag{62}$$

der mittlere quadratische Abstand aller Z Elektronen von der Präzessionsdrehachse ist, wenn diese mit der z-Achse zusammenfällt. Unter der Annahme, daß die Z Elektronen kugelsymmetrisch um den Atomkern verteilt sind, gilt für den mittleren Kernabstand $\bar{r}$ der Elektronen

$$\frac{1}{3}\bar{r}^2 \approx \frac{1}{3}\overline{r^2} = \overline{x^2} = \overline{y^2} = \overline{z^2} \quad \text{und} \quad \bar{\varrho}^2 \approx \frac{2}{3}\bar{r}^2. \tag{63}$$

Damit folgt für das *induzierte magnetische Moment eines Atoms* aus (61)

$$\boldsymbol{m} = -\frac{Ze^2\bar{r}^2}{6m_e}\boldsymbol{B}, \tag{64}$$

und bei einer Atomzahldichte n für die *Magnetisierung diamagnetischer Stoffe* (47)

$$\boldsymbol{M} = n\boldsymbol{m} = -n\frac{Ze^2\bar{r}^2}{6m_e}\mu_0\boldsymbol{H} = \chi_{dia}\boldsymbol{H}, \tag{65}$$

die dem äußeren Magnetfeld proportional ist. Die *magnetische Suszeptibilität für Diamagnetika* beträgt daher

$$\chi_{dia} = -\mu_0\frac{Ze^2\bar{r}^2}{6m_e}n < 0 \tag{66}$$

und ist <0, da alle Größen in (66) positiv sind. Diese diamagnetische Eigenschaft haben die Atome aller Substanzen. Die in (54) berechneten magnetischen Bahnmomente μ_L der einzelnen Elektronenbahnen spielen außer als Ursache der Präzession normalerweise keine Rolle, da sie sich in der Summe aller Elektronenbahnen meist gegenseitig kompensieren, wenn nicht bereits im Atom, dann im Molekül oder im Festkörper. Bei manchen Substanzen trifft dies jedoch nicht zu, dann wird der Diamagnetismus durch nichtkompensierte permanente magnetische Momente überdeckt, die vom Bahn- oder Spinmagnetismus herrühren: Paramagnetismus.

Der oben hergeleitete Diamagnetismus kann auch als Induktionseffekt (siehe 14.1) beim Einschalten des äußeren Magnetfeldes gedeutet werden. Die Durchrechnung liefert dasselbe Ergebnis (66).

Bei Metallen liefert das Elektronengas (vgl. 16.2) nach Landau einen zusätzlichen Beitrag zum Diamagnetismus (Landau-Diamagnetismus). Sowohl die diamagnetische Suszeptibilität χ_m nach (66) als auch in guter Näherung der Landau-Diamagnetismus sind unabhängig von Feldstärke und Temperatur.

Paramagnetismus

Sind permanente, nicht kompensierte magnetische Momente m vorhanden, z. B. durch nichtkompensierte Bahn- oder Spinmomente (nicht abgeschlossene Elektronenschalen, ungerade Elektronenzahlen), so zeigt sich ein magnetisches Verhalten analog zum elektrischen Verhalten eines Systems polarer Moleküle (vgl. 12.9, Orientierungspolarisation). Ohne äußeres Magnetfeld sind die Orientierungen der magnetischen Momente durch die thermische Bewegung statistisch gleichverteilt, sodaß keine makroskopische Magnetisierung resultiert. Ein eingeschaltetes äußeres Feld sucht die Dipole aufgrund des dann wirkenden Drehmomentes (38) gegen die Temperaturbewegung in Feldrichtung auszurichten, es entsteht eine makroskopische Magnetisierung. Der Ausrichtungsgrad läßt sich wie bei der elektrischen Orientierungspolarisation aus der potentiellen Energie E_p der Dipole im Magnetfeld (Tabelle 13-1) mit Hilfe des Boltzmannschen e-Satzes (8-40) abschätzen. Wegen $E_p \ll kT$ ergibt sich analog zu (12-111) bis (12-116) für die paramagnetische Suszeptibilität das *Curiesche Gesetz*

$$\chi_{\text{para}} = \frac{C_m}{T} \tag{67}$$

und die Permeabilitätszahl

$$\mu_r = 1 + \frac{C_m}{T}$$

mit der Curie-Konstanten

$$C_m = \mu_0 \frac{m^2}{3k} n. \tag{68}$$

Für die paramagnetische Suszeptibilität gilt also die gleiche Temperaturabhängigkeit wie für die paraelektrische Suszeptibilität (12-116).
Zum Paramagnetismus tragen bei Metallen nach Pauli ferner die magnetischen Momente des Leitungselektronengases bei. Der Pauli-Paramagnetismus ist um einen Faktor 3 größer als der Landau-Diamagnetismus und wie dieser temperaturunabhängig.

Magnetisch geordnete Zustände: Ferro-, Antiferro- und Ferrimagnetismus

Kristalline Substanzen, die permanente magnetische Momente enthalten, können unterhalb einer kritischen Temperatur in einen magnetisch geordneten Zustand, d. h. eine *spontane Magnetisierung* ohne äußeres Feld, übergehen. Ursache hierfür ist die gegenseitige Wechselwirkung zwischen den magnetischen Momenten der Atome bzw. zwischen den damit verknüpften Elektronenspins. Die Bahnmomente sowie die Momente des Atomkerns sind dagegen zu vernachlässigen. Die direkte magnetische Wechselwirkung zwischen den magnetischen Momenten ist vergleichsweise klein und führt nur bei sehr tiefen Temperaturen zu spontaner Magnetisierung. Bei Zimmertemperatur sind magnetisch geordnete Zustände nach Heisenberg auf die quantenmechanische Austauschwechselwirkung (aufgrund der Überlappung von Elektronenwellenfunktionen) zwischen den nicht abgesättigten Elektronenspins benachbarter Atome zurückzuführen, die zu Parallel- oder Antiparallelstellung der benachbarten Spins führt. Demzufolge treten folgende charakteristische Ordnungszustände der Spins auf (Bild 13-21):

— *Ferromagnetismus:* Parallele Ausrichtung aller Spins. Große Sättigungsmagnetisierung ohne äußeres Magnetfeld unterhalb der Curie-Temperatur T_C. Beispiele: Eisen, Nickel, Kobalt.
— *Antiferromagnetismus:* Antiparallele Ausrichtung benachbarter Spins unterhalb der Néel-Temperatur T_N mit gegenseitiger Kompensation der magnetischen Momente. Trotz geordneten Zustands der Spins ist daher die Magnetisierung ohne äußeres Magnetfeld null. Beispiele: MnO, FeO, CoO, NiO.
— *Ferrimagnetismus:* Antiferromagnetische Ordnung, bei der sich die magnetischen Momente wegen unterschiedlicher Größe nur teilweise kompensieren. Unterhalb der Néel-Temperatur bleibt daher ohne äußeres Feld eine endliche Sättigungsmagnetisierung übrig, die typischerweise kleiner ist als beim Ferromagnetismus. Beispiele sind die Ferrite der Zusammensetzung $MO \cdot Fe_2O_3$, wobei M z. B. für Mn, Co, Ni, Cu, Mg, Zn, Cd oder Fe (ergibt Magnetit Fe_3O_4) steht.

Die Eigenschaften der spontanen Magnetisierung seien anhand der Ferromagnetika betrachtet. Ein einheitlich bis zur Sättigung magnetisierter ferromagnetischer Kristall (alle Spinmomente parallel in eine Richtung ausgerichtet) würde ein großes magnetisches Moment und eine große magnetische Streufeldenergie im Außenraum besitzen. Ohne äußeres Feld zerfällt daher die Magnetisierung des Kristalls in eine energetisch günstigere Anordnung verschieden orientierter ferromagnetischer Domänen: *Weisssche Bezirke* (Bild 13-22, Abmessungen ca. $(1 \ldots 100\ \mu m)^3$), die in sich selbst

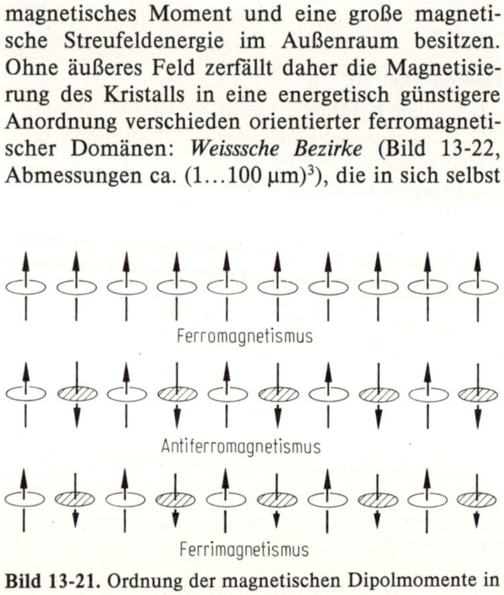

Bild 13-21. Ordnung der magnetischen Dipolmomente in ferro-, antiferro- und ferrimagnetischen Stoffen.

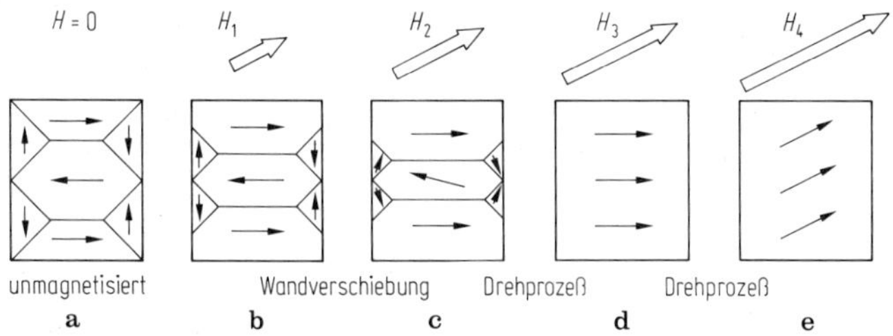

Bild 13-22. Zerfall der spontanen Magnetisierung eines wenig gestörten, ferromagnetischen Einkristalls in Weisssche Bezirke und Magnetisierungsablauf: **a** unmagnetisierter Zustand. **b** Magnetisierung in äußerer Feldrichtung durch Wachsen der richtig orientierten Bereiche (Wandverschiebung). **c** Weitere Magnetisierung durch Wandverschiebung und Drehprozesse. **d** Magnetischer Einbereich in leichter Kristallrichtung. **e** Sättigungsmagnetisierung: magnetischer Einbereich in Feldrichtung.

bis zur Sättigung magnetisiert und so orientiert sind, daß der magnetische Fluß sich weitgehend innerhalb des Kristalls schließt (unmagnetisierter Zustand, Bild 13-22a). In wenig gestörten Einkristallen haben die Weissschen Bezirke eine geometrisch regelmäßige Form.

Die Magnetisierung der Domänen erfolgt in den sog. *leichten Kristallrichtungen*. Das sind z. B. im kubischen Eisenkristall die Würfelkanten. Die Sättigungsmagnetisierung läßt sich nur durch Anlegen eines starken äußeren Feldes aus den leichten Richtungen herausdrehen. In den Wänden zwischen verschieden orientierten Domänen springt die Spinrichtung nicht unstetig von der einen in die andere Orientierung, sondern ändert sich allmählich über einen Bereich von etwa 300 Gitterkonstanten: Bloch-Wände.

Die Bloch-Wände können durch das *Bitter-Verfahren* markiert werden: Bei Aufbringen kleiner ferromagnetischer Kristalle auf die polierte Oberfläche des Ferromagnetikums (z. B. durch Aufschlämmen aus kolloidaler Lösung, oder durch Aufdampfen von Eisen in einer Gasatmosphäre) sammeln diese sich durch Dipolkräfte im inhomogenen Streufeld der Grenzen zwischen den verschieden orientierten Weissschen Bezirken, d. h. an den Bloch-Wänden, und machen sie dadurch sichtbar. Zur Sichtbarmachung verschieden orientierter Weissscher Bezirke können magnetooptische Effekte ausgenutzt werden: Die Drehung der Polarisationsebene von Licht durch magnetisierte Stoffe (in Transmission: Faraday-Effekt; in Reflexion: Kerr-Effekt).

Beim Magnetisieren des Materials durch ein äußeres Magnetfeld wird vom unmagnetisierten Zustand ausgehend zunächst die sog. „Neukurve" durchlaufen (Bild 13-23). Dabei wachsen die Domänen mit Komponenten in Feldrichtung auf Kosten der anderen durch Bloch-Wand-Verschiebungen (Bild 13-22b). Die Bloch-Wände bleiben dabei teilweise an Kristallinhomogenitäten und Störstellen hängen und reißen sich erst nach weiterer Magnetfelderhöhung los (irreversible Wandverschiebungen). Ist durch Wandverschiebung keine weitere Magnetisierungserhöhung mehr zu erreichen, so dreht das weiter steigende Magnetfeld die Spins aus leichten Kristallrichtungen heraus in die Feldrichtung (Bild 13-22c). Dabei können andere leichte Kristallrichtungen überstrichen werden, die wiederum plötzliche Magnetisierungsänderungen zur Folge haben (irreversible Drehprozesse). Schließlich stehen alle Spins parallel zum Magnetfeld, die Sättigungsmagnetisierung in Feldrichtung ist erreicht (Bild 13-22e). Eine weitere Felderhöhung ändert die Magnetisierung nicht mehr. Die Magnetisierungskurve ist daher nicht stetig, sondern enthält eine Vielzahl von kleinen Sprüngen (Bild 13-23). Die damit verbundenen plötzlichen Magnetisierungsänderungen lassen sich mit einer Induktionsanordnung nachweisen: *Barkhausen-Sprünge*. Die äußere Feldstärke, die erforderlich ist, um die Magnetisierung

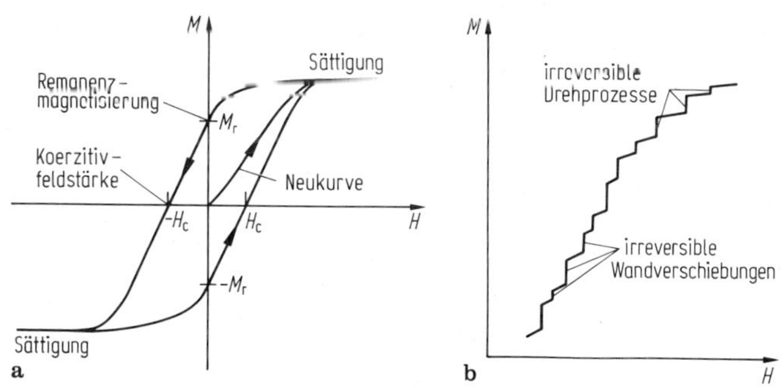

Bild 13-23. a Hysteresekurve eines Ferromagnetikums, **b** Teil der Magnetisierungskurve höher aufgelöst.

eines Weissschen Bezirks in die äußere Feldrichtung zu schwenken, ist sehr viel kleiner als diejenige, die bei ungekoppelten Einzeldipolen zur völligen Ausrichtung gegen die Temperaturbewegung erforderlich ist. Ursache dafür — und damit für die große Permeabilitätszahl von Ferromagnetika, vgl. Tabelle 13-2 — ist das gegenüber dem Einzeldipol vielfach höhere magnetische Moment eines Weissschen Bezirks und das damit verbundene große Drehmoment im äußeren Feld.

Bei Reduzierung der äußeren Feldstärke bis auf Null verschwindet die Magnetisierung nicht vollständig, sondern es bleibt eine Restmagnetisierung bestehen, diese Erscheinung heißt Remanenz. Sie kann durch die Remanenzmagnetisierung M_r, ebensogut auch durch die Remanenzinduktion B_r oder die Remanenzpolarisation J_r beschrieben werden, wobei gilt: $B_r = J_r = \mu_0 M_r$, siehe Bild 13-23a. Diese verschwindet erst bei Anlegen eines entgegengerichteten Feldes in Höhe der *Koerzitivfeldstärke* $-H_c$. Bei weiterer Variation der äußeren Feldstärke kann die ganze Magnetisierungskurve durchfahren werden, deren beide Äste bei negativer bzw. bei positiver Feldänderung nicht identisch sind: *Hysterese*.

Die Magnetisierung bei einer bestimmten Feldstärke ist daher nicht eindeutig, sondern hängt von der Vorgeschichte ab: Gedächtnis-Effekt. Je nach Richtung der vorherigen Sättigungsmagnetisierung liegt bei $H = 0$ eine Remanenz $+M_r$ oder $-M_r$ vor: Prinzip der magnetischen Informationsspeicherung.

Für Permanentmagnete ist eine hohe Remanenz und eine hohe Koerzitivfeldstärke erwünscht (*hartmagnetische* Werkstoffe). Damit verbunden ist eine große Fläche der Hysteresekurve. Diese ist ein Maß für die Ummagnetisierungsverluste pro Volumeneinheit bei einem vollen Durchlauf. Bei Anwendungen mit ständig wechselndem Magnetfeld (Wechselstrom-Transformatoren, Generatoren, Motoren) sind deshalb *weichmagnetische* Werkstoffe mit niedriger Remanenz und geringer Koerzitivfeldstärke erforderlich.

Die spontane Magnetisierung hat bei $T = 0$ K ihren Höchstwert (Sättigungsmagnetisierung M_s). Mit zunehmender Temperatur verringert die thermische Bewegung die Sättigungsmagnetisierung (Bild 13-24), insbesondere durch das Auftreten von „Spinwellen" im System der parallelen Spins.

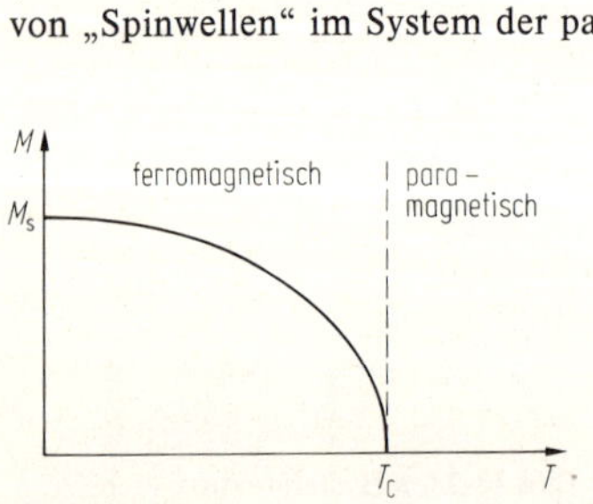

Bild 13-24. Temperaturabhängigkeit der spontanen Magnetisierung.

Tabelle 13-3. Curie-Temperaturen einiger Ferromagnetika

Material	T_C/K
Eisen	768
Kobalt	1075
Nickel	360
AlNiCo	720... 760

Die Spinwellen sind — wie auch die elastischen Schwingungen des quantenmechanischen Oszillators (siehe 5.2.1) oder elastische Wellen im Festkörper — gequantelt, die Quanten heißen *Magnonen*.

Oberhalb der Curie-Temperatur (Tabelle 13-3) verschwindet die spontane Magnetisierung. Das Material verhält sich dann paramagnetisch mit einer Temperaturabhängigkeit der paramagnetischen Suszeptibilität, die dem Curieschen Gesetz (67) entspricht, jedoch mit einer um T_C verschobenen Temperaturabhängigkeit *(Curie-Weisssches Gesetz)*:

$$\chi_m = \frac{C}{T - T_C} \quad \text{für} \quad T > T_C . \tag{69}$$

14 Zeitveränderliche elektromagnetische Felder

Statische, d. h. zeitunabhängige, elektrische und magnetische Felder folgen teilweise sehr ähnlichen Gesetzen (vgl. 13 u. 14). Eine Verknüpfung beider Felder geschah bisher jedoch allein über das dem Oersted-Versuch zugrundeliegende Phänomen der Erzeugung eines statischen Magnetfeldes durch einen stationären elektrischen Strom (13.1), das durch das Ampèresche Gesetz (Durchflutungssatz (13-1)) beschrieben wird. Ferner wirkt auf bewegte elektrische Ladungen und auf elektrische Ströme die magnetische Kraft (13-16) bzw. (13-35), die in 13.2 bereits als relativistische Ergänzung der elektrostatischen Kraft erkannt wurde. Der innere Zusammenhang beider Felder wird jedoch erst bei der Betrachtung zeitveränderlicher magnetischer und elektrischer Felder deutlich.

14.1 Zeitveränderliche magnetische Felder: Induktion

Die elektromagnetische Induktion (Faraday 1831, Henry 1832) ist das Arbeitsprinzip des Elektrogenerators, des Transformators und vieler anderer Einrichtungen, auf denen die heutige Elektrotechnik, Nachrichtentechnik usw. beruhen.

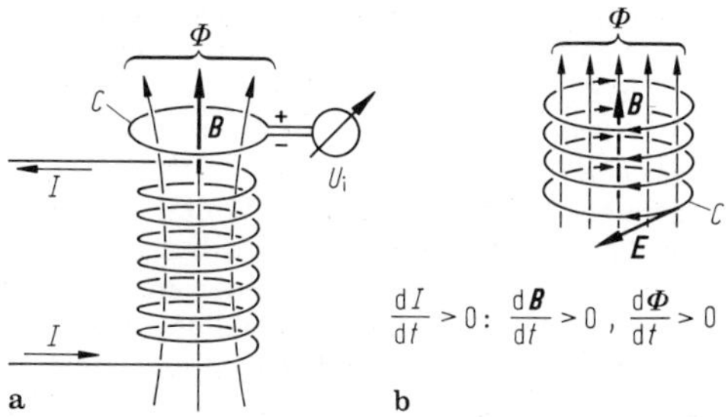

a b

Bild 14-1. Induktion durch zeitliche Änderung des magnetischen Flusses.

Induktion durch zeitveränderliche Magnetfelder

Wird z. B. durch eine stromdurchflossene Spule (Bild 14-1) oder mittels eines Permanentmagneten ein magnetisches Feld erzeugt, das gleichzeitig mit einem Fluß Φ eine Leiterschleife durchsetzt, so wird mit einem an die Leiterschleife angeschlossenen Spannungsmeßinstrument (z. B. Drehspulmeßinstrument, siehe 13.3) dann eine induzierte Spannung beobachtet, wenn der durch die Leiterschleife gehende magnetische Fluß Φ sich zeitlich ändert, etwa durch Änderung des Stromes in der felderzeugenden Spule, oder durch Abstandsänderung des Permanentmagneten, oder durch Kippung des induzierenden Feldes gegen die Schleifenfläche: *Induktion*. Experimentell ergibt sich das *Induktionsgesetz*

$$u_i = -N\frac{\mathrm{d}\Phi}{\mathrm{d}t}, \tag{1}$$

worin N die Zahl der Windungen der Leiterschleife ist, in Bild 14-1 a also $N = 1$. Das Minuszeichen kennzeichnet, daß die Richtung des induzierten elektrischen Feldes bzw. der induzierten Spannung sich aus der Feldänderungsrichtung entgegengesetzt dem Rechtsschraubensinn ergibt.

Ein zeitlich veränderliches Magnetfeld erzeugt also offenbar ein elektrisches Feld, das den magnetischen Fluß umschließt (Bild 14-1b). Es ist nicht an einen vorhandenen Leiter geknüpft, sondern auch im Vakuum vorhanden (wie z. B. die Anwendung zur Elektronenbeschleunigung im Betatron nachweist).

Induktion in bewegten Leitern im Magnetfeld

In einem zeitlich konstanten Magnetfeld lassen sich induzierte Spannungen dadurch erzeugen, daß die Leiterschleife oder Teile davon im Magnetfeld bewegt werden. In diesem Fall läßt sich die induzierte Spannung mit Hilfe der magnetischen Kraft auf die Leitungselektronen berechnen. Dazu werde die in Bild 14-2 dargestellte, besonders einfache Geometrie betrachtet, wobei nur das Leiterstück der Länge l senkrecht zum homogenen Magnetfeld $\boldsymbol{B}$ mit einer Geschwindigkeit $\boldsymbol{v}$ bewegt wird.

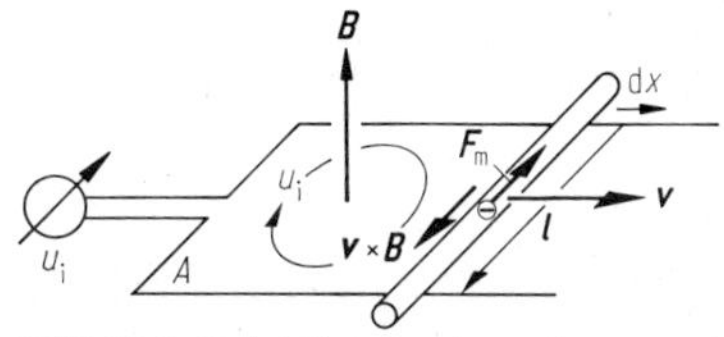

Bild 14-2. Induktion in einem bewegten Leiter im Magnetfeld.

Auf die Elektronen im bewegten Leiter wirkt die magnetische Kraft (13-16). Das entspricht einer durch die Bewegung induzierten elektrischen Feldstärke

$$\boldsymbol{E}_i = \frac{\boldsymbol{F}_m}{-e} = \boldsymbol{v} \times \boldsymbol{B}. \tag{2}$$

Die im bewegten Leiterstück l induzierte Spannung $u_l = \boldsymbol{E}_i \cdot \boldsymbol{l}$ ist daher

$$u_i = (\boldsymbol{v} \times \boldsymbol{B})\,\boldsymbol{l} = Blv. \tag{3}$$

Dies ist die gesamte in der Leiterschleife induzierte Spannung, da die anderen Leiterschleifenteile ruhen. Auch bei dieser Induktionsanordnung ändert sich durch die Vergrößerung der Schleifenfläche A

$$\frac{\mathrm{d}A}{\mathrm{d}t} = \frac{l\,\mathrm{d}x}{\mathrm{d}t} = lv \tag{4}$$

der magnetische Fluß $\Phi = \boldsymbol{B} \cdot \boldsymbol{A} = BA$ in der Leiterschleife (Flächennormalenvektor $\boldsymbol{A} \parallel \boldsymbol{B}$), obwohl $\boldsymbol{B} = \mathrm{const}$ ist:

$$\frac{\mathrm{d}\Phi}{\mathrm{d}t} = \frac{\mathrm{d}(\boldsymbol{B} \cdot \boldsymbol{A})}{\mathrm{d}t} = B\frac{\mathrm{d}A}{\mathrm{d}t} = Blv. \tag{5}$$

Mit (3) ergibt sich daraus wiederum das Induktionsgesetz (1) für $N = 1$, wenn mit einem negativen Vorzeichen der in Bild 14-2 eingezeichnete Richtungssinn für u_i im Hinblick auf die positive Flußänderung und den Rechtsschraubensinn berücksichtigt wird:

$$u_i = -\frac{\mathrm{d}\Phi}{\mathrm{d}t}. \tag{6}$$

Dieser Zusammenhang gilt also offenbar unabhängig davon, auf welche Weise der magnetische Fluß in der Leiterschleife geändert wird, ob durch Änderung des Magnetfeldes $\boldsymbol{B}$ bei stationärer Leiterschleife, oder durch Änderung der Schleifenfläche $\boldsymbol{A}$ bei konstantem Magnetfeld. Im ersten Fall werden die Elektronen im Leiter durch die induzierte elektrische Kraft $-e\boldsymbol{E}$, im zweiten Fall durch die geschwindigkeitsinduzierte magnetische Kraft $-e\boldsymbol{v} \times \boldsymbol{B}$ in Bewegung gesetzt. Auch hierdurch wird deutlich, daß die Kraft auf Ladungen q in voller Allgemeinheit durch die Lorentz-Kraft (13-18)

$$\boldsymbol{F} = q(\boldsymbol{E} + \boldsymbol{v} \times \boldsymbol{B}) \tag{7}$$

gegeben ist. Wählen wir die Schleifenkurve C als Integrationsweg (Bild 14-1), so folgt aus (6) mit

$$u_i = \oint_C \boldsymbol{E} \cdot \mathrm{d}\boldsymbol{s} \tag{8}$$

und mit der Definition (13-14) des magnetischen Flusses für eine beliebige, von C berandete Fläche A die allgemeinere Formulierung des *Induktionsgesetzes (Faraday-Henry-Gesetzes)*:

$$\oint_C \boldsymbol{E} \cdot \mathrm{d}\boldsymbol{s} = -\frac{\mathrm{d}}{\mathrm{d}t} \int_A \boldsymbol{B} \cdot \mathrm{d}\boldsymbol{A}. \tag{9}$$

Dies ist die allgemein gültige Form einer der beiden Feldgleichungen des elektrischen Feldes, die sich vom elektrostatischen Fall (12-35) dadurch unterscheidet, daß die rechte Seite nicht verschwindet.

Weitere Induktionseffekte

Ist das die Leiterschleife mit dem Flächennormalenvektor $\boldsymbol{A}$ durchsetzende Magnetfeld $\boldsymbol{B}$ homogen, so läßt sich (1) mit $\Phi = \boldsymbol{B} \cdot \boldsymbol{A}$ auch schreiben

$$u_i = -N \frac{\mathrm{d}(\boldsymbol{B} \cdot \boldsymbol{A})}{\mathrm{d}t}. \tag{10}$$

Wird eine Leiterschleife gemäß Bild 13-15 mit einer Winkelgeschwindigkeit $\omega = \vartheta / t$ im homogenen Magnetfeld gedreht, so wird darin nach (10) eine Spannung

$$u_i = -N \frac{\mathrm{d}(BA \cos \vartheta)}{\mathrm{d}t} = NAB\omega \sin \omega t = \hat{u} \sin \omega t \tag{11}$$

erzeugt: Prinzip des Wechselstromgenerators. Die Spannung ändert mit t periodisch ihr Vorzeichen, d. h. ihre Richtung: *Wechselspannung*. Der Maximalwert (Amplitude) ist $\hat{u} = NAB\omega$.
Der bewegte Leiter im Induktionsversuch Bild 14-2 muß nicht die Form eines Drahtes haben: Ein bewegter Metallstreifen zwischen Schleifkontakten (Bild 14-3a) zeigt aufgrund der auftretenden magnetischen Kraft den gleichen Induktionseffekt. Benutzt man anstelle des Metallstreifens einen ionisierten Gasstrom (Plasma; Bild 14-3b), so erhält man das Grundprinzip des *magnetohydrodynamischen Generators* (sog. MHD-Generator), dessen prinzipieller Vorteil darin besteht, keine bewegten Bauteile zu besitzen. Das Plasma wird in einer Brennkammer erzeugt. Da beim MHD-Generator die Umwandlung von thermischer in elektrische Energie direkt erfolgt, kommt der Wirkungsgrad näher an den thermodynamischen Wirkungsgrad (8-100) heran als bei herkömmlichen Verfahren der Energiewandlung. Die induzierte Spannung U_{i0} (im Leerlauf) ergibt sich aus (3).

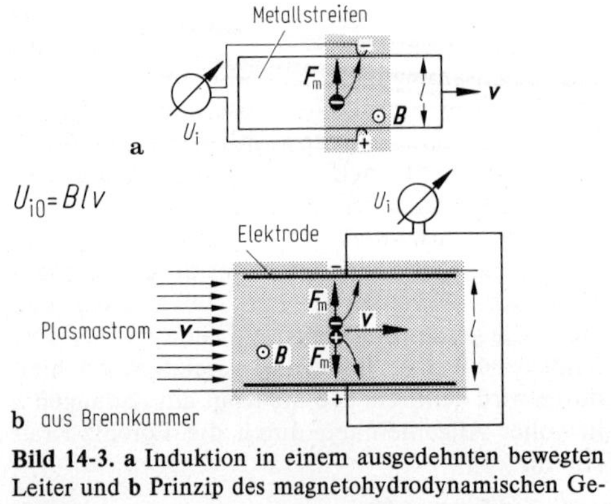

Bild 14-3. a Induktion in einem ausgedehnten bewegten Leiter und **b** Prinzip des magnetohydrodynamischen Generators.

Hall-Effekt

Wird die Bewegung von Ladungsträgern in einem Magnetfeld $\boldsymbol{B}$ nicht durch die Bewegung eines Leiters infolge einer äußeren Kraft erzwungen, sondern durch einen elektrischen Strom in einem ruhenden Leiter, so wirkt auch in diesem Falle die magnetische Kraft (13-16) senkrecht zur Ladungsträgergeschwindigkeit $\boldsymbol{v}_D$ und zu $\boldsymbol{B}$. Im Falle eines metallischen Bandleiters werden die Leitungselektronen seitlich abgedrängt (Bild 14-4), sodaß eine Seite des Leiters einen Elektronenüberschuß, also eine negative Ladung erhält, während die gegenüberliegende Seite infolge Elektronendefizits eine positive Ladung durch die ortsfesten Gitterionen erhält. Der Wirkung der magnetischen Kraft

$$\boldsymbol{F}_m = -e\boldsymbol{v}_D \times \boldsymbol{B} = -e\boldsymbol{E}_i \tag{12}$$

entspricht eine induzierte Feldstärke

$$\boldsymbol{E}_i = \boldsymbol{v}_D \times \boldsymbol{B} = -\boldsymbol{E}_H. \tag{13}$$

Die dadurch bewirkte Ladungstrennung erzeugt eine entgegengerichtete Coulomb-Feldstärke, die Hall-Feldstärke $\boldsymbol{E}_H$. Mit Hilfe des Zusammenhangs (12-59) zwischen Stromstärke I und Driftgeschwindigkeit $\boldsymbol{v}_D$ folgt daraus ($\boldsymbol{B}$ senkrecht zum Bandleiter)

$$E_H = -\frac{IB}{nebd} = \frac{U_H}{b}, \tag{14}$$

(b, d Breite und Dicke des Bandleiters, Bild 14-4) und für die *Hall-Spannung*

$$U_H = A_H \frac{IB}{d} \tag{15}$$

mit dem *Hall-Koeffizienten für Elektronenleitung*

$$A_H = -\frac{1}{ne}. \tag{16}$$

In Halbleitern (16.4) ist neben der Leitung durch Elektronen (N-Leitung) auch Leitung durch sog. Defektelektronen oder Löcher möglich. Bei einem Defektelektron oder Loch handelt es sich um eine

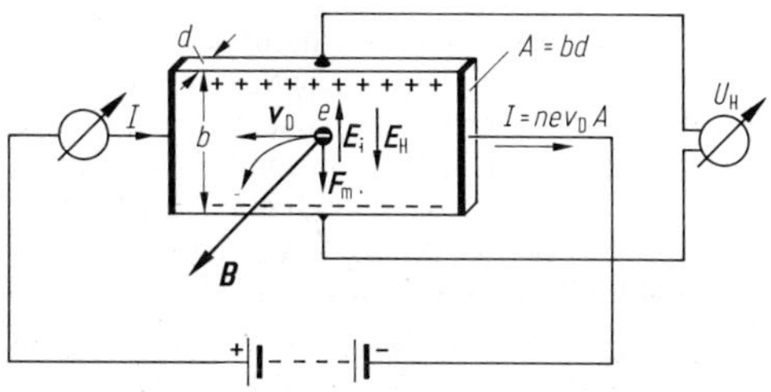

Bild 14-4. Hall-Effekt an einem Bandleiter im Magnetfeld.

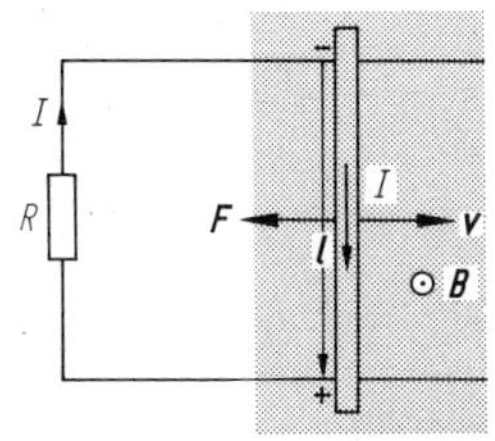

Bild 14-5. Zur Lenzschen Regel: Hemmende Kraft durch induzierte Ströme bei Bewegung eines Leiters im Magnetfeld.

durch ein fehlendes Elektron hervorgerufene positive Ladung des betreffenden Gitterions. Diese positive Ladung ist durch Platzwechsel benachbarter Elektronen in das Loch beweglich, verhält sich also wie ein realer, beweglicher positiver Ladungsträger: P-Leitung. Bei reiner P-Leitung (Löcherkonzentration p) kehrt sich das Vorzeichen des *Hall-Koeffizienten für Löcherleitung* (16) um:

$$A_H = \frac{1}{pe} \tag{17}$$

und damit auch das Vorzeichen der Hall-Spannung. Aus Vorzeichen und Betrag der experimentell gewonnenen Hall-Koeffizienten eines Halbleiters läßt sich daher die Art und die Konzentration der vorhandenen Ladungsträger bestimmen, eine wichtige Meßmethode zur Bestimmung von Halbleitereigenschaften.

Bei gemischter Leitung (Elektronen und Löcher) erhält man

$$A_H = \frac{1}{e(p-n)}. \tag{18}$$

Anmerkung: Die Ausdrücke für den Hall-Koeffizienten (16) bis (18) gelten korrekt nur bei starkem Magnetfeld $\boldsymbol{B}$ (bzw. $\mu_e B \gg 1$; μ_e Beweglichkeit, siehe 15.1). Bei schwachen Magnetfeldern $\mu_e B \ll 1$ muß die Streuung der Ladungsträger an Kristallfehlern berücksichtigt werden, was zu leicht veränderten Formeln für den Hall-Koeffizienten führt.

Bei bekanntem Hall-Koeffizienten A_H, Dicke d des Bandleiters und Stromstärke I kann aus der Messung der Hall-Spannung U_H nach (15) die magnetische Flußdichte B bestimmt werden: Prinzip der *Hall-Generatoren* bzw. *Hall-Sonden* zur Ausmessung von Magnetfeldern. Wegen des größeren Hall-Effekts werden Hall-Sonden aus Halbleitern hergestellt: Ihre gegenüber Metallen niedrigere Ladungsträgerkonzentration (vgl. 16.4) hat nach (16) und (17) einen größeren Hall-Koeffizienten zur Folge.

Lenzsche Regel

Die Bedeutung des negativen Vorzeichens im Induktionsgesetz (1) bzw. (6) manifestiert sich in der Lenzschen Regel:

Induzierte Ströme sind stets so gerichtet, daß der Vorgang, durch den sie erzeugt werden, gehemmt wird.

Beispiele für die Anwendung der Lenzschen Regel:

Wird in der Anordnung Bild 14-2 das Meßgerät für die induzierte Spannung durch einen Belastungswiderstand R ersetzt, so daß ein Strom $I = U_i/R$ fließt (Bild 14-5), so erfährt der mit $\boldsymbol{v}$ bewegte Leiter nach (13-35) eine hemmende Kraft

$$\boldsymbol{F} = I\boldsymbol{l} \times \boldsymbol{B} \parallel -\boldsymbol{v}, \tag{19}$$

deren Betrag sich mit (3) zu

$$F = IlB = \frac{B^2 l^2}{R} v \tag{20}$$

ergibt. Es tritt also eine die Bewegung hemmende Kraft auf, die der Geschwindigkeit des Leiters proportional ist.

Wird statt des Leiters ein leitendes Blech durch ein Magnetfeld bewegt (Bild 3-5), so führt die induzierte Spannung zu Strömen, die sich innerhalb des Bleches schließen: *Wirbelströme*. Auch diese erzeugen eine bremsende Kraft *(Wirbelstrombremsung)*:

$$\boldsymbol{F}_R \sim -B^2 \boldsymbol{v}. \tag{21}$$

Die Lenzsche Regel kann für diese Fälle so formuliert werden: Induzierte Ströme suchen die sie erzeugende Bewegung zu hemmen.

Die Wirbelstrombremsung wird technisch angewandt. Dort, wo der Effekt störend ist, muß die Wirbelstrombildung innerhalb des Leiters durch Einschnitte oder Isolierschichten, die den Stromfluß verhindern, vermieden werden (Demonstrationsbeispiel: Waltenhofensches Pendel).

Wirbelströme treten auch auf, wenn der leitende Körper ruht und das Magnetfeld dagegen bewegt wird. Es kommt nur auf die Relativbewegung an. In diesem Falle bewirken die Wirbelströme eine mitnehmende Kraft auf den Leiter, die die Relativgeschwindigkeit zwischen Leiter und Magnetfeld zu verringern sucht (Demonstrationsbeispiel: Arago-Rad). Anwendung z. B. Wirbelstromtachometer, Drehstrommotor.

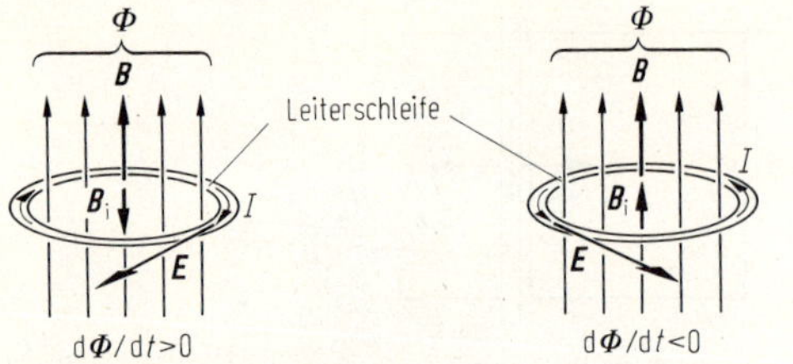

Bild 14-6. Zur Lenzschen Regel: Feldänderungshemmende Wirkung induzierter Ströme.

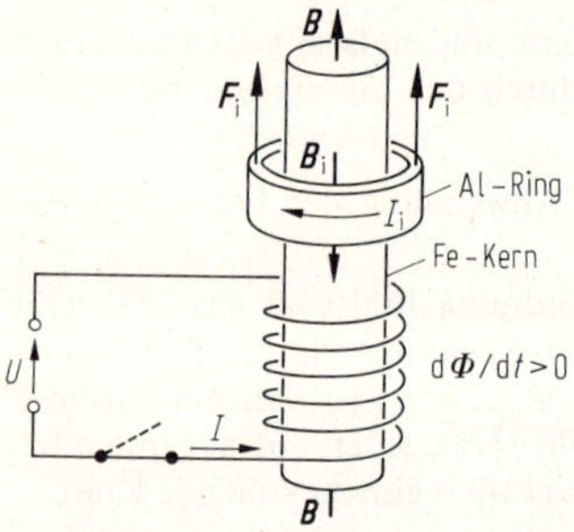

Bild 14-7. Lenzsche Regel: Versuch von Elihu Thomson.

Die in einer geschlossenen Leiterschleife oder in einem flächenhaft ausgedehnten Leiter (Blech) durch ein sich zeitlich änderndes Magnetfeld induzierten Ströme bzw. Wirbelströme sind ebenfalls so gerichtet, daß ihr Magnetfeld die Änderung des induzierenden Magnetfeldes zu verringern sucht: Steigt das induzierende Magnetfeld an, so ist das induzierte Magnetfeld entgegengesetzt gerichtet. Sinkt das induzierende Magnetfeld, so ist das induzierte Magnetfeld gleichgerichtet (Bild 14-6).
Für solche Fälle kann die Lenzsche Regel so formuliert werden: Induzierte Ströme suchen durch ihr Magnetfeld die Änderung des bestehenden Magnetfeldes zu hemmen.
Demonstrationsbeispiel: Versuch von Elihu Thomson (Bild 14-7). Bei Einschalten des Stromes I und damit des von 0 ansteigenden Magnetfeldes $\boldsymbol{B}$ werden in dem Aluminiumring Ströme I_i so induziert, daß ihr Magnetfeld $\boldsymbol{B}_i$ dem ansteigenden Feld $\boldsymbol{B}$ entgegengerichtet ist. Als Folge treten Kräfte $\boldsymbol{F}_i$ auf, die den Ring nach oben beschleunigen.
Der Effekt tritt in entsprechender Weise auch bei Wechselstrom auf, siehe 15.3.2 Transformator.

14.2 Selbstinduktion

Ein zeitlich veränderlicher Strom i in einer Leiterschleife oder einer Spule erzeugt ein zeitlich veränderliches Magnetfeld. Nach dem Induktionsgesetz (1) bzw. (6) hat das veränderliche Magnetfeld auch an der felderzeugenden Schleife oder Spule selbst eine induzierte Spannung u_i zur Folge: Selbstinduktion. Die induzierte Spannung u_i wirkt derart auf den zeitveränderlichen Strom i zurück, daß der ursprünglichen Strom- und Feldänderung entgegengewirkt wird (Lenzsche Regel, siehe 14.1). Die Spule zeigt daher ein ähnlich träges Verhalten wie die Masse in der Mechanik.

Beispiel: Lange *Zylinderspule* im Vakuum oder in Luft. Aus (13-9) und (13-5) folgt für den magnetischen Fluß in der Spule der Länge l

$$\Phi = \mu_0 \frac{NA}{l} i. \tag{22}$$

Mit dem Induktionsgesetz (1) folgt daraus die durch Selbstinduktion entstehende Spannung in der Spule

$$u_i = -N\frac{d\Phi}{dt} = -\mu_0 \frac{N^2 A}{l} \cdot \frac{di}{dt}. \tag{23}$$

Die Spulendaten werden zu einer Spuleneigenschaft, der Selbstinduktivität oder kurz Induktivität L, zusammengefaßt, womit sich die für beliebige Spulen geltende Beziehung

$$u_i = -L\frac{di}{dt} \tag{24}$$

ergibt.
Für eine lange Zylinderspule ergibt sich durch Vergleich von (23) und (24) die *Induktivität*

$$L = \mu_0 \frac{N^2 A}{l}. \tag{25}$$

Allgemein beträgt die Induktivität einer Spule mit N Windungen

$$L = N\frac{\Phi}{I} = \frac{N}{I}\int_A \boldsymbol{B} \cdot d\boldsymbol{A}. \tag{26}$$

SI-Einheit: $[L] = \mathrm{Vs/A} = \mathrm{Wb/A} = \mathrm{H}$ (Henry).

Umfassen die verschiedenen Windungen einer Spule unterschiedliche Teilflüsse, so ist nach (G 13-5) und (G 13-6) zu verfahren. Zur Berechnung der Induktivität anderer Spulengeometrien vgl. G 13.3.3.
Das Selbstinduktionsgesetz (24) zeigt, daß die induzierte Spannung der Stromänderungsgeschwindigkeit di/dt proportional ist. Wird insbesondere ein Spulenstrom i ausgeschaltet, d. h. ein sehr schneller Stromabfall erzwungen, so kann bei großen Induktivitäten eine sehr hohe Induktionsspannung entstehen, die zu Überschlägen und zur Zerstörung der Spule führen kann. Hier ist durch Einschaltung von Vorwiderständen für ein kleines di/dt zu sorgen. Über Ein- und Ausschaltvorgänge vgl. G 15.

14.3 Energieinhalt des Magnetfeldes

Um das Magnetfeld einer Spule (Bild 14-8) aufzubauen, muß der Spulenstrom i von 0 auf den Endwert I gebracht werden. Der Strom i muß dabei durch eine äußere Spannung u gegen die selbstinduzierte Spannung u_i (24) getrieben werden (Lenzsche Regel):

$$u = -u_i = L\frac{\mathrm{d}i}{\mathrm{d}t}. \tag{27}$$

Die in der Zeit dt dafür aufzubringende Arbeit dW beträgt nach (12-66) damit

$$\mathrm{d}W = ui\,\mathrm{d}t = Li\,\mathrm{d}i. \tag{28}$$

Die Gesamtarbeit W ist nach dem Energiesatz gleich der im Magnetfeld gespeicherten Energie E_L. Sie ergibt sich aus (28) durch Integration für i von 0 bis I zu

$$E_L = \frac{1}{2} LI^2, \tag{29}$$

vgl. G 13.3.4.
Bei einer langen Zylinderspule ist das Außenfeld gegenüber dem Feld im Inneren der Spule näherungsweise vernachlässigbar. Für diesen Fall läßt sich die *Energiedichte des magnetischen Feldes* $w_m = E_L/V$ der Spule leicht aus (29) und dem Spulenvolumen $V = lA$ mit Hilfe der Feldstärke (13-5) und der Induktivität (25) der Zylinderspule berechnen zu

$$w_m = \frac{1}{2}\mu H^2 = \frac{1}{2}\boldsymbol{B}\cdot\boldsymbol{H}. \tag{30}$$

Diese Beziehung ist nicht auf das Spulenfeld beschränkt, sondern allgemein für alle magnetischen Felder gültig (vgl. G 13.2).

14.4 Wirkung zeitveränderlicher elektrischer Felder

Ein zeitveränderliches magnetisches Feld $\boldsymbol{B}$ bzw. ein zeitveränderlicher magnetischer Fluß Φ erzeugt eine elektrische Umlaufspannung U

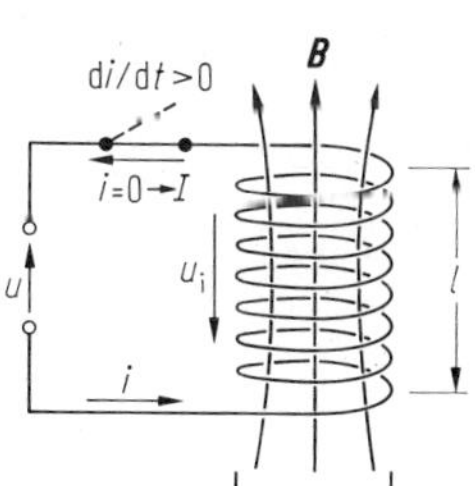

Bild 14-8. Zur Berechnung der magnetischen Feldenergie einer Spule.

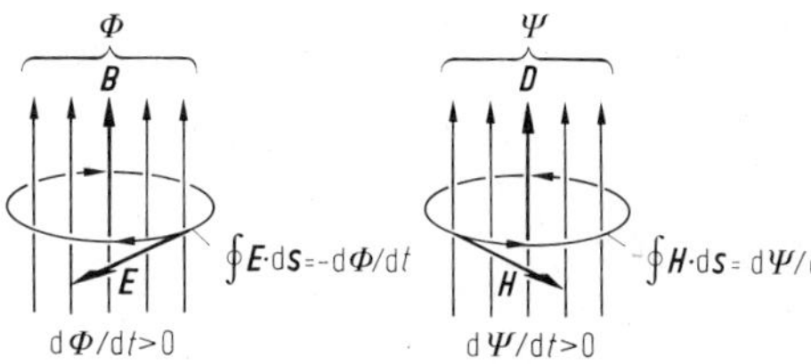

Bild 14-9. Elektrische und magnetische Umlaufspannung bei zeitveränderlichen magnetischen und elektrischen Feldern.

$= \oint_C \boldsymbol{E}\cdot\mathrm{d}\boldsymbol{s}$ (Bilder 14-1 und 14-6), die durch das *Induktionsgesetz* oder das *Faraday-Henry-Gesetz* (6) bzw. (9) beschrieben wird:

$$\oint_C \boldsymbol{E}\cdot\mathrm{d}\boldsymbol{s} = -\frac{\mathrm{d}}{\mathrm{d}t}\int_A \boldsymbol{B}\cdot\mathrm{d}\boldsymbol{A} = -\frac{\mathrm{d}\Phi}{\mathrm{d}t}. \tag{31}$$

Maxwell erkannte 1864, daß der *Durchflutungssatz* oder das *Ampèresche Gesetz* (13-1)

$$\oint_C \boldsymbol{H}\cdot\mathrm{d}\boldsymbol{s} = \int_A \boldsymbol{j}\cdot\mathrm{d}\boldsymbol{A} = \Theta = i_L \tag{32}$$

durch einen Term zu ergänzen ist, der eine Analogie zum Induktionsgesetz darstellt. Damit lautet das *Ampère-Maxwellsche Gesetz*:

$$\oint_C \boldsymbol{H}\cdot\mathrm{d}\boldsymbol{s} = \int_A \boldsymbol{j}\cdot\mathrm{d}\boldsymbol{A} + \frac{\mathrm{d}}{\mathrm{d}t}\int_A \boldsymbol{D}\cdot\mathrm{d}\boldsymbol{A}. \tag{33}$$

Der zweite Term der rechten Seite von (33) heißt *Maxwellsche Ergänzung*. In einem elektrisch nicht leitenden Gebiet, in dem keine freien elektrischen Ladungen und damit kein Leitungsstrom i_L vorhanden sind, also die Stromdichte $\boldsymbol{j} = 0$ ist, wird die Analogie zum Induktionsgesetz (31) vollständig:

$$\oint_C \boldsymbol{H}\cdot\mathrm{d}\boldsymbol{s} = \frac{\mathrm{d}}{\mathrm{d}t}\int_A \boldsymbol{D}\cdot\mathrm{d}\boldsymbol{A} = \frac{\mathrm{d}\Psi}{\mathrm{d}t} = i_V \quad (\text{für } \boldsymbol{j} = 0). \tag{34}$$

Diese Gleichung sagt aus, daß ein zeitveränderliches elektrisches Feld E bzw. ein zeitveränderlicher elektrischer Fluß Ψ eine magnetische Umlaufspannung $\oint \boldsymbol{H}\cdot\mathrm{d}\boldsymbol{s}$ erzeugt (Bild 14-9), sich also genauso wie ein Leitungsstrom $i_L = \int \boldsymbol{j}\cdot\mathrm{d}\boldsymbol{A}$ verhält, vgl. (32). Der zeitliche Differentialquotient des elektrischen Flusses bzw. der dielektrischen Verschiebung Ψ (siehe 12.2 und 12.9) wird daher Verschiebungsstrom i_V genannt. Zeitveränderliche elektrische und magnetische Felder verhalten sich also ganz entsprechend (Bild 14-9).
Der Ausdruck für die Maxwellsche Ergänzung läßt sich plausibel machen durch die Betrachtung des Aufladevorganges eines Plattenkondensators (Bild 14-10). Der Ladestrom i bewirkt einen An-

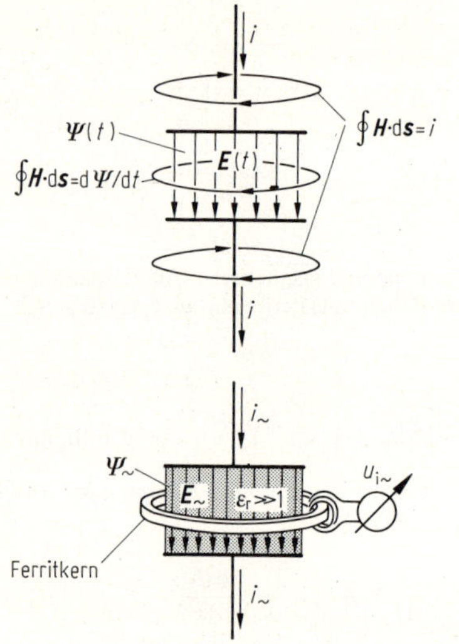

Bild 14-10. Magnetische Umlaufspannung um ein zeitveränderliches Kondensatorfeld und deren experimenteller Nachweis.

stieg der elektrischen Feldstärke $\boldsymbol{E}$ im Kondensator und damit eine zeitliche Änderung $\mathrm{d}\Psi/\mathrm{d}t$ des elektrischen Flusses Ψ. Aus der Definition der Kapazität $C = Q/U$ gemäß (12-75) folgt durch zeitliche Differentiation unter Berücksichtigung der Stromdefinition (12-56)

$$\frac{\mathrm{d}Q}{\mathrm{d}t} = i = C\frac{\mathrm{d}u}{\mathrm{d}t}. \tag{35}$$

Daraus ergibt sich mit der Feldstärke (12-41) und der Kapazität (12-78) des Plattenkondensators folgender Zusammenhang zwischen Ladestrom i und zeitlicher Änderung des elektrischen Flusses im Kondensator:

$$i = \varepsilon A\frac{\mathrm{d}E}{\mathrm{d}t} = \frac{\mathrm{d}}{\mathrm{d}t}(AD) = \frac{\mathrm{d}\Psi}{\mathrm{d}t}. \tag{36}$$

i und $\mathrm{d}\Psi/\mathrm{d}t$ sind also korrespondierende Größen. Da $\mathrm{d}\Psi/\mathrm{d}t$ gewissermaßen die Fortsetzung des Ladestroms i innerhalb des Kondensators darstellt (Bild 14-10 oben), ist es aus Kontinuitätsgründen plausibel anzunehmen, daß die nach dem Durchflutungssatz (32) um den Ladestrom i bestehende magnetische Umlaufspannung $\oint \boldsymbol{H}\cdot\mathrm{d}\boldsymbol{s}$ sich auch im Bereich des sich zeitlich ändernden elektrischen Flusses im Kondensator fortsetzt, d. h., daß dort

$$\oint_s \boldsymbol{H}\cdot\mathrm{d}\boldsymbol{s} = \frac{\mathrm{d}\Psi}{\mathrm{d}t} \tag{37}$$

ist, entsprechend der Maxwellschen Ergänzung (34).
Zum experimentellen Nachweis einer magnetischen Umlaufspannung um ein zeitveränderliches Kondensatorfeld läßt man dieses sich zeitlich periodisch ändern, indem als Ladestrom ein Wechselstrom (15.3) verwendet wird. Dann ist auch die entstehende magnetische Umlaufspannung zeitlich periodisch veränderlich. Mit Hilfe einer das Kondensatorfeld umschließenden Ringspule oder einem Ferritring mit Spule (Bild 14-10 unten) läßt sich dann das mit der magnetischen Umlaufspannung verknüpfte zeitperiodische magnetische Ringfeld durch Induktion nachweisen. Um dabei eine vernünftig meßbare Induktionswechselspannung zu erhalten, muß eine möglichst hohe Wechselstromfrequenz verwendet und das Kondensatorfeld durch ein Dielektrikum mit hohem ε_r verstärkt werden.

14.5 Maxwellsche Gleichungen

Die bisher gefundenen Feldgleichungen (9), (33), (12-104) und (13-15) stellen das Axiomensystem der phänomenologischen Elektrodynamik in integraler Form dar. Da in diesen vier Gleichungen fünf vektorielle Größen ($\boldsymbol{E}$, $\boldsymbol{H}$, $\boldsymbol{D}$, $\boldsymbol{B}$, $\boldsymbol{j}$) und eine skalare Größe (q) als Unbekannte auftreten, werden zur Lösbarkeit des Gleichungssystems noch die sogenannten Materialgleichungen (12-99), (13-43) und das Ohmsche Gesetz (12-67) benötigt. Das Ohmsche Gesetz läßt sich in den lokalen Größen $\boldsymbol{j}$ und $\boldsymbol{E}$ ausdrücken (siehe 15.1):

$$\boldsymbol{j} = \gamma\boldsymbol{E} \tag{38}$$

mit γ elektrische Leitfähigkeit (spezifischer Leitwert) (15-5).

Damit erhalten wir das folgende Gleichungssystem der phänomenologischen Elektrodynamik (Maxwellsche Gleichungen):
Faraday-Henry-Gesetz (Induktionsgesetz):

$$\oint_C \boldsymbol{E}\cdot\mathrm{d}\boldsymbol{s} = -\frac{\mathrm{d}}{\mathrm{d}t}\int_A \boldsymbol{B}\cdot\mathrm{d}\boldsymbol{A} = -\frac{\mathrm{d}\Phi}{\mathrm{d}t}. \tag{39}$$

Die zeitliche Änderung des magnetischen Flusses durch eine Fläche A erzeugt in der Randkurve C der Fläche eine elektrische Umlaufspannung von gleichem Betrag und entgegengesetztem Vorzeichen.
Ampère-Maxwellsches Gesetz (Durchflutungssatz für $\mathrm{d}\Psi/\mathrm{d}t = 0$):

$$\oint_C \boldsymbol{H}\cdot\mathrm{d}\boldsymbol{s} = \int_A \boldsymbol{j}\cdot\mathrm{d}\boldsymbol{A} + \frac{\mathrm{d}}{\mathrm{d}t}\int_A \boldsymbol{D}\cdot\mathrm{d}\boldsymbol{A}$$

$$= i_L + \frac{\mathrm{d}\Psi}{\mathrm{d}t} = i_L + i_V: \tag{40}$$

Der Gesamtstrom aus Leitungsstrom und Verschiebungsstrom (bzw. zeitlicher Änderung des elektrischen Flusses) durch eine Fläche A erzeugt in der Randkurve C der Fläche eine magnetische Umlaufspannung von gleicher Größe.

Zusatzaxiome über die *Quellen der Felder* (Gaußsche Gesetze), S ist eine beliebige geschlossene Oberfläche:

$$\oint_S \boldsymbol{D} \cdot \mathrm{d}\boldsymbol{A} = Q : \tag{41}$$

Die elektrischen Ladungen Q sind Quellen der elektrischen Flußdichte $\boldsymbol{D}$.

$$\oint_S \boldsymbol{B} \cdot \mathrm{d}\boldsymbol{A} = 0 : \tag{42}$$

Es gibt keine magnetischen Ladungen (magnetische Monopole) als Quellen der magnetischen Flußdichte $\boldsymbol{B}$ (und damit auch kein dem elektrischen Leitungsstrom entsprechender magnetischer Strom in (39)).

Materialgleichungen:

$$\boldsymbol{D} = \varepsilon_r \varepsilon_0 \boldsymbol{E}, \tag{43}$$

$$\boldsymbol{B} = \mu_r \mu_0 \boldsymbol{H}, \tag{44}$$

$$\boldsymbol{j} = \gamma \boldsymbol{E}. \tag{45}$$

Die Materialgleichungen beschreiben den Einfluß von Stoffen auf das elektrische bzw. das magnetische Feld sowie auf den Stromfluß im elektrischen Feld. Die Verknüpfung zwischen den elektrischen und magnetischen Feldgrößen und der Kraft auf elektrische Ladungen Q wird nach (12-5) geleistet durch die *Lorentz-Kraft*:

$$\boldsymbol{F} = Q(\boldsymbol{E} + \boldsymbol{v} \times \boldsymbol{B}). \tag{46}$$

Mit diesem Gleichungssystem lassen sich die makroskopischen Eigenschaften von elektrischen Ladungen und elektrischen und magnetischen Feldern in voller Übereinstimmung mit der experimentellen Erfahrung beschreiben. Insbesondere aus der Verknüpfung der beiden Phänomene, die durch die Maxwellschen Gleichungen (39) und (40) für $\boldsymbol{j} = 0$ beschrieben werden, hatte Maxwell bereits erkannt, daß elektromagnetische Wellen möglich sind (siehe 19).

Anmerkung: Für die Lösung mancher Probleme der Elektrodynamik ist die integrale Form der Maxwellschen Gleichungen und der Zusatzaxiome (39) bis (42) weniger geeignet als die differentielle Form, die in G 14.1 behandelt ist.

15 Elektrische Stromkreise

Die Zusammenschaltung von elektrischen Stromquellen und Verbrauchern (z. B. Widerstände, Kondensatoren, Spulen, Gleichrichter, Transistoren) wird als Stromkreis bezeichnet. In einem geschlossenen Stromkreis ist ein Stromfluß möglich, in einem offenen Stromkreis ist der Stromfluß, z.B. durch einen nicht geschlossenen Schalter, unterbrochen. Stromkreise können mit Hilfe des Ohmschen Gesetzes und der Kirchhoffschen Gesetze berechnet werden.

15.1 Ohmsches Gesetz

Für elektrische Leiter gilt in den meisten Fällen in mehr oder weniger großen Bereichen der elektrischen Feldstärke $\boldsymbol{E}$ und bei konstanter Temperatur T als Erfahrungsgesetz eine lineare Beziehung zwischen Strom i und Spannung u (Ohm 1825), das *Ohmsche Gesetz*:

$$i = Gu \quad \text{bzw.} \quad u = Ri, \tag{1}$$

vgl. (12-67). *Elektrischer Leitwert* G und *elektrischer Widerstand* R sind definitionsgemäß einander reziprok:

$$G = \frac{1}{R} \tag{2}$$

SI Einheiten: $[G] = \mathrm{A/V} = \mathrm{S} = \text{Siemens}$,
$[R] = \mathrm{V/A} = \Omega = \text{Ohm}$.

Für ein homogenes zylindrisches Leiterstück der Länge l und vom Querschnitt A (Bild 15-1) gilt der aus $u = El$ sowie aus der Stromdefinition (12-56) plausible Zusammenhang

$$i = \frac{A}{\varrho l} u, \tag{3}$$

aus dem sich durch Vergleich mit (1) für den elektrischen Widerstand des Leiterstücks ergibt:

$$R = \frac{\varrho l}{A}. \tag{4}$$

Der *spezifische Widerstand* (Resistivität) ϱ ist eine Materialeigenschaft (Tabelle 15-1), die ebenso gut durch ihren Kehrwert, die elektrische *Leitfähigkeit* γ, beschrieben werden kann:

$$\varrho = R\frac{A}{l} = \frac{1}{\gamma}. \tag{5}$$

SI-Einheiten: $[\varrho] = \Omega \cdot \mathrm{m}$,
$[\gamma] = \mathrm{S/m}$.

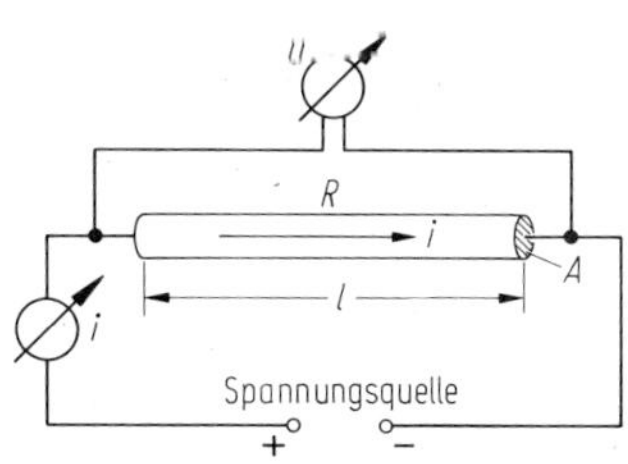

Bild 15-1. Zum Ohmschen Gesetz: Widerstand eines zylindrischen Leiterstücks.

Führt man R aus (4) in (1) ein, so folgt mit $u = El$ und $i = jA$ das in Feldgrößen ausgedrückte *Ohmsche Gesetz* (14-38), vektoriell geschrieben:

$$\boldsymbol{j} = \gamma \boldsymbol{E}. \tag{6}$$

Bei Annahme von Elektronen als Ladungsträger des elektrischen Stromes lautet der Zusammenhang zwischen Stromdichte $\boldsymbol{j}$ und Driftgeschwindigkeit $\boldsymbol{v}_D$ nach (12-61)

$$\boldsymbol{j} = -ne\boldsymbol{v}_D. \tag{7}$$

Für die Driftgeschwindigkeit folgt damit

$$\boldsymbol{v}_D = -\frac{\gamma}{ne}\boldsymbol{E} = -\mu_e \boldsymbol{E} \tag{8}$$

mit der *Beweglichkeit des Elektrons*

$$\mu_e = \frac{|\boldsymbol{v}_D|}{E}, \tag{9}$$

SI-Einheit: $[\mu_e] = m^2/(V \cdot s)$.

Die Beweglichkeit gibt die auf die Feldstärke bezogene Driftgeschwindigkeit der Elektronen an. Für die Beweglichkeit der Leitungselektronen gilt

$$\mu_e = \frac{\gamma}{ne} \quad \text{und} \quad \gamma = ne\mu_e. \tag{10}$$

Beispiel: Für Kupfer ist $\mu_e \approx 4{,}3 \cdot 10^{-3}\,m^2/Vs$, d. h., bei einer Feldstärke von 1 V/m beträgt die Driftgeschwindigkeit 4,3 mm/s (siehe auch 12.6).

Ursache für die Bewegung der Ladungsträger ist die elektrische Kraft $\boldsymbol{F} = -e\boldsymbol{E}$ (12-4). (8) bedeutet demnach, daß die Kraft geschwindigkeitsproportional ist ($\boldsymbol{v}_D \sim F$), ein für Reibungskräfte typisches Verhalten (siehe 3.2.3). In Leitern wird dieses Reibungsverhalten durch unelastische Stöße mit Gitterstörungen verursacht (siehe 16.2), bei denen die Leitungselektronen die im elektrischen Feld aufgenommene Beschleunigungsenergie immer wieder per Stoß an das Kristallgitter abgeben und dieses damit aufheizen: *Joulesche Wärme*. Nach dem Energiesatz ist die Joulesche Wärme gleich der vom elektrischen Feld geleisteten Beschleunigungsarbeit (12-65), woraus sich mit dem Ohmschen Gesetz (1) für die elektrische Arbeit zur Erzeugung Joulescher Wärme im Widerstand ergibt:

$$\mathrm{d}W = ui\,\mathrm{d}t = \frac{u^2}{R}\,\mathrm{d}t = i^2 R\,\mathrm{d}t. \tag{11}$$

Für konstante Spannungen U und Ströme I folgt daraus

$$W = UIt = \frac{U^2}{R}t = I^2 Rt.$$

Mit steigender Temperatur wird auch die Zahl der Gitterstörungen größer, an denen die Elektronen gestreut werden (unelastische Stöße erleiden). Daher ist es verständlich, daß der elektrische Widerstand temperaturabhängig ist (Näheres in 16.2). In den meisten Fällen ist ein linearer Ansatz für die Temperaturabhängigkeit des Widerstandes ausreichend:

$$R = R_0[1 + \alpha\vartheta] = R_{20}[1 + \alpha(\vartheta - 20)]. \tag{12}$$

Hierin ist ϑ die Celsius-Temperatur, α der Temperaturkoeffizient des Widerstandes (Tabelle 15-1) und R_0 bzw. R_{20} die Widerstandswerte bei 0 bzw. 20 °C.

Tabelle 15-1. Spezifische Widerstände und Temperaturkoeffizienten bei 20 °C

Leitermaterial	ϱ_R µΩ m	α K^{-1}
Aluminium	0,027	+0,004 7
Blei	0,208	+0,004 2
Eisen	0,10	+0,006 1
Gold	0,022	+0,003 9
Kupfer	0,017 2	+0,003 9
Nickel	0,087	+0,006 5
Platin	0,107	+0,003 9
Silber	0,016	+0,003 8
Wismut	1,17	+0,004 5
Wolfram	0,055	+0,004 5
Zink	0,061	+0,004 1
Zinn	0,11	+0,004 6
Graphit	8,0	−0,000 2
Kohle (Bürsten-)	40	
Quecksilber	0,96	+0,000 99
Chromnickel (80Ni, 20Cr)	1,12	+0,000 2
Konstantan	0,50	+0,000 03
Manganin	0,43	+0,000 02
Neusilber	0,30	+0,000 4
Resistin	0,51	+0,000 008

(vgl. auch Tabelle D 9-10)

15.2 Gleichstromkreise, Kirchhoffsche Sätze

Die Aufrechterhaltung eines elektrischen Stromes in einem Leiter erfordert eine Energiezufuhr durch eine *Spannungsquelle* (Bild 15-1). Die Spannungsquelle enthält die von ihr gelieferte elektrische Energie in Form chemischer Energie (Batterie, Akkumulator, Brennstoffzelle), oder sie wird ihr in Form von Strahlungsenergie (Photozellen, Solarzellen) oder mechanischer Energie (magnetodynamische oder elektrostatische Generatoren) zugeführt.

Wir betrachten zunächst einen geschlossenen Stromkreis wie in Bild 15-2, auch *Masche* genannt. Bei stationären, d. h. zeitlich konstanten Verhältnissen, bei denen die Potentiale in den verschiedenen Punkten des Stromkreises sich nicht ändern, folgt aus (12-35), daß die elektrische Umlaufspan-

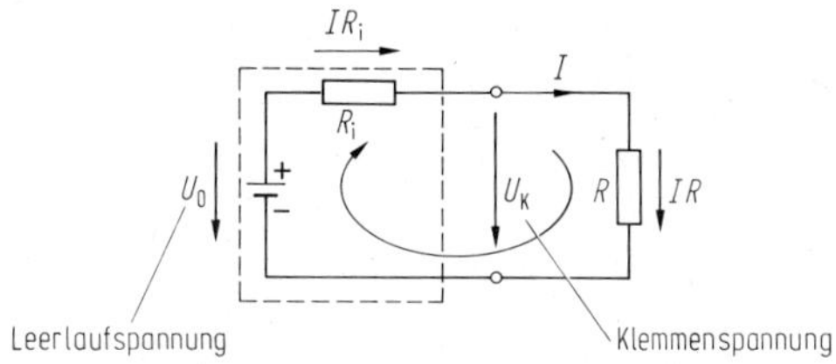

Bild 15-2. Zum 2. Kirchhoffschen Satz: Stromkreis (Masche) aus Spannungsquelle U_0 mit Innenwiderstand R_i und Verbraucherwiderstand R.

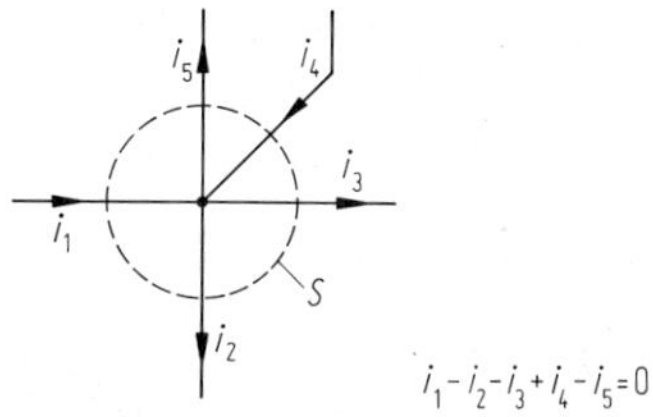

Bild 15-3. Zum 1. Kirchhoffschen Satz: Stromverzweigung (Knoten).

nung null ist. Legt man einen Umlaufsinn beliebig fest, und gibt man den Teilspannungen in der Masche dann ein positives Vorzeichen, wenn sie von + nach − durchlaufen werden (anderenfalls ein negatives Vorzeichen), so gilt z. B. für die Masche in Bild 15-2:

$$-U_0 + IR_i + IR = 0\,. \tag{13}$$

Im allgemeinen Fall von m Spannungsquellen und n Widerständen in einer einfachen Masche gilt sinngemäß der *2. Kirchhoffsche Satz* (Maschenregel):

$$\sum_{i=1}^{m} u_{0i} + \sum_{j=1}^{n} iR_j = 0\,. \tag{14}$$

Im Falle der Masche Bild 15-2 ist der Spannungsabfall am Widerstand R nach dem Ohmschen Gesetz (1) gegeben durch $U_K = IR$. Spannungsquellen haben i. allg. einen nicht vernachlässigbaren inneren Widerstand R_i. Die von der Spannungsquelle gelieferte sog. Leerlaufspannung U_0 kann daher nur dann an den Anschlußklemmen gemessen werden, wenn der Strom $I = 0$ ist, d. h. kein Verbraucherwiderstand R angeschlossen ist (bzw. $R \to \infty$). Anderenfalls tritt an den Anschlußklemmen die sog. Klemmenspannung U_K auf, für die sich nach (13) ergibt:

$$U_K = U_0 - IR_i\,. \tag{15}$$

Die Klemmenspannung ist daher bei Belastung der Quelle ($I \neq 0$) stets kleiner als die Leerlaufspannung. Die Spannungsquelle kann für $R = 0$ ($U_K = 0$) den maximalen sog. Kurzschlußstrom

$$I_k = \frac{U_0}{R_i} \tag{16}$$

liefern. Sowohl für $R = 0$ als auch für $R = \infty$ ist die im Verbraucher umgesetzte Leistung null. Die maximale Leistung im Verbraucher erhält man für $R = R_i$, sog. Leistungsanpassung.
Bei komplizierteren Netzwerken mit Stromverzweigungen lassen sich stets so viele Maschen definieren, daß jeder Strompfad durch mindestens eine Masche erfaßt wird. Aus (14) erhält man dann entsprechend viele Spannungsgleichungen.
Bei Stromverzweigungen wird jedoch noch eine zusätzliche Bedingung benötigt, die sich aus der Kontinuitätsgleichung für die elektrische Ladung (12-64) ergibt. Bei stationären Verhältnissen ist die innerhalb einer geschlossenen Oberfläche S befindliche elektrische Ladung Q konstant, d. h., $\mathrm{d}Q/\mathrm{d}t = 0$, und damit

$$\oint_S \boldsymbol{j} \cdot \mathrm{d}\boldsymbol{A} = 0\,. \tag{17}$$

Umschließt die Oberfläche S einen Stromverzweigungspunkt, auch *Knotenpunkt* genannt (Bild 15-3), so folgt daraus der *1. Kirchhoffsche Satz* (Knotenregel):

$$\sum_{i=1}^{n} i_i = 0\,, \tag{18}$$

d. h., in einem Verzweigungspunkt oder Knoten muß die Summe der zufließenden Ströme gleich der Summe der abfließenden Ströme sein. Zufließende und abfließende Ströme müssen daher mit unterschiedlichen Vorzeichen versehen werden.
Mit den beiden Kirchhoffschen Sätzen lassen sich auch Parallel- und Reihenschaltungen von Widerständen oder kompliziertere Schaltungsnetzwerke berechnen.

15.3 Wechselstromkreise

Wechselstromgeneratoren erzeugen nach (14-11) Induktionsspannungen

$$u = \hat{u}\sin(\omega t + \alpha) \tag{19}$$

mit dem Spitzenwert $\hat{u}$, deren Vorzeichen zeitlich periodisch wechselt: *Wechselspannung*. Der Nullphasenwinkel α hängt von der Wahl des Zeitnullpunktes ab. Ein an einen solchen Generator angeschlossener Verbraucher wird dann von einem ebenfalls zeitperiodischen *Wechselstrom* durchflossen, der die gleiche *Kreisfrequenz* ω, aber — je nach Verbraucher (vgl. 15.3.3) — meist einen anderen Wert des Nullphasenwinkels hat:

$$i = \hat{\imath}\sin(\omega t + \beta)\,. \tag{20}$$

Zwischen den entsprechenden Phasen von u und i herrscht die *Phasenverschiebung*

$$\beta - \alpha = \varphi. \tag{21}$$

Obwohl Wechselströme zeitlich veränderliche Größen sind, lassen sich Gleichstrombeziehungen, wie die für die elektrische Arbeit oder die Kirchhoffschen Sätze, auch auf Wechselstromkreise anwenden, wenn sie auf differentiell kleine Zeiten $\mathrm{d}t$ beschränkt werden, in denen sich Spannungen und Ströme nicht wesentlich ändern, d.h., wenn sie auf die Momentanwerte von Spannungen und Strömen bezogen werden.

15.3.1 Wechselstromarbeit

Phasenverschiebungen φ zwischen Strom und Spannung (Bild 15-4) treten vor allem dann auf, wenn neben ohmschen Widerständen auch Induktivitäten (Spulen) und Kapazitäten (Kondensatoren) im Wechselstromkreis vorhanden sind. Zur Vereinfachung wird durch geeignete Wahl des Zeitnullpunktes $\alpha = 0$ und gemäß (21) $\beta = \varphi$ gesetzt:

$$u = \hat{u} \sin \omega t, \quad i = \hat{\imath} \sin(\omega t + \varphi). \tag{22}$$

Die Arbeit $\mathrm{d}W$ in der Zeit $\mathrm{d}t$ beträgt nach (11)

$$\mathrm{d}W = ui\,\mathrm{d}t, \tag{23}$$

worin u und i die Momentanwerte nach (22) sind. Die Stromarbeit während einer endlichen Zeit, z. B. einer Periodendauer $T = 2\pi/\omega = 1/\nu$, ergibt sich daraus durch Integration

$$W = \int_0^T \hat{u} \sin \omega t \; \hat{\imath} \sin(\omega t + \varphi)\, \mathrm{d}t. \tag{24}$$

Nach Umformung des Radikanden mittels der Produktenregel trigonometrischer Funktionen läßt sich das Integral lösen:

$$W = \frac{1}{2} \hat{u} \hat{\imath} T \cos \varphi. \tag{25}$$

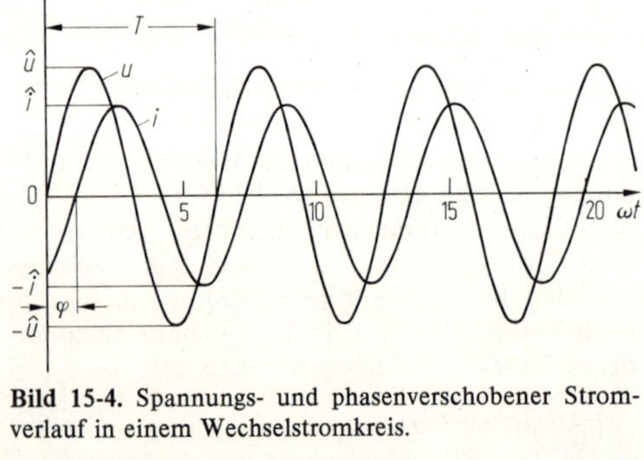

Bild 15-4. Spannungs- und phasenverschobener Stromverlauf in einem Wechselstromkreis.

Für $t \neq nT\,(n = 1, 2, \ldots)$ gilt (25) nicht exakt, da dann über eine Periode nur unvollständig integriert wird. Für $t \gg T$ ist dieser Fehler jedoch zu vernachlässigen und es gilt

$$W = \frac{1}{2} \hat{u} \hat{\imath} t \cos \varphi. \tag{26}$$

Anstelle der Spitzenwerte $\hat{u}$ und $\hat{\imath}$ werden üblicherweise die *Effektivwerte* U (oder U_{eff}) und I (oder I_{eff}) verwendet. Diese sind als quadratische Mittelwerte

$$U = \sqrt{\frac{1}{T} \int_0^T u^2\, \mathrm{d}t}, \qquad I = \sqrt{\frac{1}{T} \int_0^T i^2\, \mathrm{d}t} \tag{27}$$

definiert und ergeben im zeitlichen Mittel dieselbe Arbeit wie Gleichspannungen und -ströme gleichen Betrages. Für harmonisch zeitveränderliche u bzw. i ergeben sich aus (22) und (27) die Effektivwerte

$$U = \frac{\hat{u}}{\sqrt{2}} \quad \text{und} \quad I = \frac{\hat{\imath}}{\sqrt{2}}. \tag{28}$$

Damit folgt aus (26) für die Arbeit im Wechselstromkreis

$$W = UIt \cos \varphi, \tag{29}$$

d.h. formal dasselbe Ergebnis wie bei der Gleichstromarbeit (11), wenn $\varphi = 0$ ist, was bei ohmschen Verbrauchern der Fall ist (15.3.3). Entsprechend gilt für die *Leistung im Wechselstromkreis*, die *Wirkleistung*

$$P = UI \cos \varphi. \tag{30}$$

Wegen der weiteren Begriffe *Blindleistung* und *Scheinleistung* siehe G 5.2.1.

15.3.2 Transformator

Zwei oder mehr induktiv, z. B. über einen Eisenkern, gekoppelte Spulen stellen einen *Transformator* dar, mit dessen Hilfe Wechselspannungen und -ströme induktiv auf andere Spannungs- und Stromwerte übersetzt werden können (Bild 15-5).

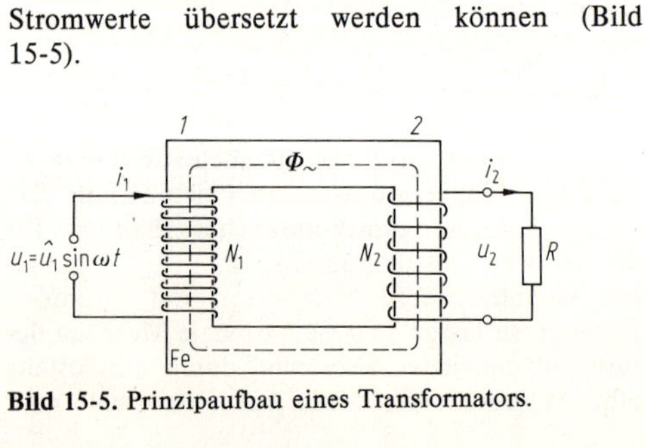

Bild 15-5. Prinzipaufbau eines Transformators.

An dieser Stelle wird nur der verlustfrei arbeitende *ideale Transformator* behandelt (über den verlustbehafteten Transformator siehe G). Für den idealen Transformator soll gelten:

— Der von einer Spule erzeugte magnetische Wechselfluß geht vollständig auch durch die zweite Spule, es tritt kein Streufluß auf (Eisenkern mit $\mu_r \gg 1$).
— Keine Ummagnetisierungsverluste (Hysteresekurve mit vernachlässigbarer Fläche, vgl. Bild 13-23).
— Keine Wirbelstromverluste (lamelliertes Eisen mit Isolierschichten, oder Kernmaterial mit sehr kleiner elektrischer Leitfähigkeit).
— Vernachlässigbarer ohmscher Widerstand der Transformator-Spulenwicklungen.

Wird an die Wicklung 1 eine Wechselspannung $u_1 = \hat{u}_1 \sin \omega t$ angelegt (Bild 15-5), so fließt ein Wechselstrom i_1, der im Eisenkern einen magnetischen Wechselfluß $\Phi_\sim$ erzeugt. Nach dem 2. Kirchhoffschen Satz (14) gilt für u_i und für die durch den Wechselfluß $\Phi_\sim$ in der Wicklung 1 (Windungszahl N_1) induzierten Spannung u_i

$$u_1 + u_i = 0 . \tag{31}$$

Mit dem Induktionsgesetz (14-1) folgt daraus:

$$u_1 = N_1 \frac{\mathrm{d}\Phi_\sim}{\mathrm{d}t} . \tag{32}$$

Da derselbe magnetische Wechselfluß $\Phi_\sim$ auch die Wicklung 2 (Windungszahl N_2) durchsetzt, wird dort eine Induktionsspannung u_2 erzeugt:

$$u_2 = (-)N_2 \frac{\mathrm{d}\Phi_\sim}{\mathrm{d}t} . \tag{33}$$

Da das Vorzeichen von u_2 auch vom Wicklungssinn abhängt, lassen wir es im weiteren fort. Aus (32) und (33) folgt

$$\frac{u_2}{u_1} = \frac{U_2}{U_1} = \frac{N_2}{N_1} = \ddot{u} . \tag{34}$$

$\ddot{u}$ ist das *Übersetzungsverhältnis*. Die Spannungen transformieren sich also entsprechend dem Windungszahlverhältnis.
Anwendungen: Spannungswandlung, z. B. Hochspannungserzeugung für die Fernübertragung elektrischer Energie (Minimierung der Leitungsverluste), Niederspannungserzeugung für elektronische Anwendungen u. ä.
Ist an die Sekundärwicklung ein Verbraucher angeschlossen, so daß ein Strom i_2 (Effektivwert I_2) fließt, so gilt beim verlustfreien idealen Transformator für die primär- und sekundärseitige Leistung

$$P_1 = U_1 I_1 = P_2 = U_2 I_2 \tag{35}$$

und damit für das Verhältnis der Ströme

$$\frac{I_2}{I_1} = \frac{U_1}{U_2} = \frac{1}{\ddot{u}} . \tag{36}$$

Ströme transformieren sich umgekehrt zum Übersetzungsverhältnis. Bei $\ddot{u} \ll 1$ lassen sich daher bei mäßigen Stromstärken im Primärkreis u. U. sehr hohe Stromstärken im Sekundärkreis erzielen.

Anwendungen: Schweißtransformator, Induktions-Schmelzofen u. a.

Auch die Anordnung Bild 14-7 stellt einen Transformator dar, allerdings mit einem großen Streufluß, da der Eisenkern nicht geschlossen ist. Der Ring kann als Sekundärwicklung mit einer einzigen, kurzgeschlossenen Windung aufgefaßt werden. Wird an die Primärwicklung eine Wechselspannung angeschlossen, so wird der Ring als Folge der Lenzschen Regel wie beim Einschalten einer Gleichspannung nach oben beschleunigt, bzw. je nach Stärke des Primärstromes gegen die Schwerkraft in der Schwebe gehalten. Wird statt des Ringes über dem Eisenkern eine metallische Platte (nicht ferromagnetisch) angebracht, so werden auch darin Kurzschlußströme (Wirbelströme!) induziert, die ebenfalls abstoßende Kräfte bewirken: Prinzip der Schwebebahn.

15.3.3 Scheinwiderstand von *R*, *L* und *C*

Neben dem Spannungsabfall an einem nach (4) zu berechnenden ohmschen Widerstand, der seine Ursache im Leitungsmechanismus des Leitermaterials hat (16.2), treten in Wechselstromkreisen auch Spannungsabfälle an Spulen (Induktivitäten *L*) und Kondensatoren (Kapazitäten *C*) auf. Induktivitäten und Kapazitäten stellen damit ähnlich wie der ohmsche Widerstand sog. Scheinwiderstände *Z* dar, die entsprechend dem Ohmschen Gesetz (1) und mit (28) aus

$$Z = \frac{\hat{u}}{\hat{\imath}} = \frac{U}{I} \tag{37}$$

zu berechnen sind. Ferner gilt in einem Wechselstromkreis nach Bild 15-6 der 2. Kirchhoffsche Satz (14) in der Form

$$u - u_Z = 0 \quad \text{bzw.} \quad u_Z = u = \hat{u} \sin \omega t \tag{38}$$

für die Momentanwerte der Spannung.

Ohmscher Widerstand im Wechselstromkreis

Aus dem Ohmschen Gesetz (1) folgt mit (38) für den Strom im ohmschen Widerstand (Bild

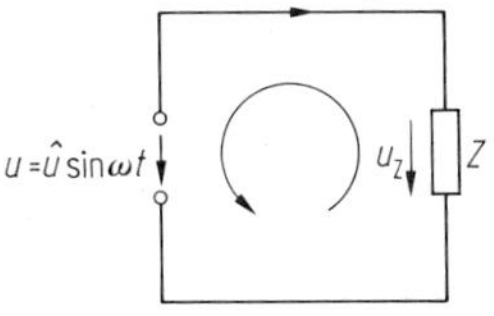

Bild 15-6. Wechselstromwiderstand in einem einfachen Wechselstromkreis.

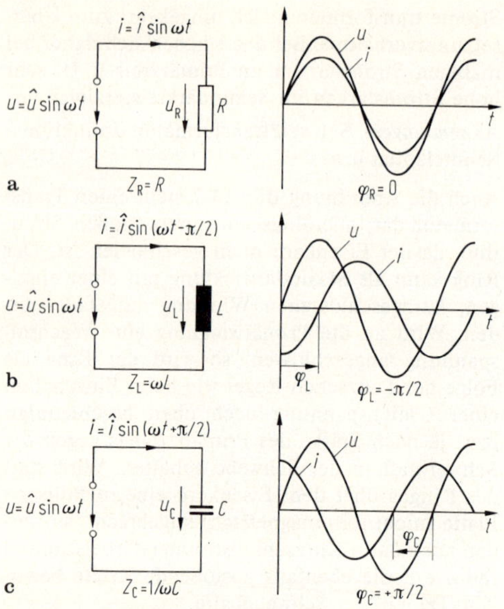

Bild 15-7. **a** Ohmscher, **b** induktiver und **c** kapazitiver Widerstand im Wechselstromkreis.

15-7 a)

$$i = \frac{u}{R} = \frac{\hat{u}}{R} \sin \omega t = \hat{\imath} \sin \omega t \quad \text{mit} \quad \hat{\imath} = \frac{\hat{u}}{R} \tag{39}$$

und damit aus (37) der Scheinwiderstand des ohmschen Widerstandes

$$Z_R = R, \tag{40}$$

der mit seinem Gleichstromwiderstand identisch und frequenzunabhängig ist. Aus (38) und (39) folgt ferner, daß zwischen Spannung und Strom die Phasenverschiebung (21) $\varphi = \varphi_R = 0$ ist (Bild 15-7a). Damit folgt aus (30) die Wirkleistung im ohmschen Widerstand

$$P = UI. \tag{41}$$

Der ohmsche Widerstand ist ein sog. Wirkwiderstand (oder Resistanz). Das Umgekehrte gilt nicht: Es gibt (nichtlineare) Wirkwiderstände, die nicht ohmsch sind.

Induktivität im Wechselstromkreis

Bei einer Spule mit der Induktivität L und vernachlässigbarem ohmschem Widerstand im Wechselstromkreis (Bild 15-7b) muß die angelegte Spannung $u = u_L$ die nach der Lenzschen Regel induzierte Gegenspannung u_i überwinden. Aus (38) ergibt sich mit der Selbstinduktion nach (14-24)

$$u = \hat{u} \sin \omega t = u_L = -u_i = L \frac{di}{dt}. \tag{42}$$

Durch Integration folgt daraus für den Strom

$$i = \frac{\hat{u}}{\omega L} \sin\left(\omega t - \frac{\pi}{2}\right)$$
$$= \hat{\imath} \sin\left(\omega t - \frac{\pi}{2}\right) \quad \text{mit} \quad \hat{\imath} = \frac{\hat{u}}{\omega L} \tag{43}$$

und mit (37) für den *Scheinwiderstand einer Induktivität*

$$Z_L = \omega L. \tag{44}$$

Z_L steigt mit der Frequenz des Wechselstroms linear an. Der Strom i hat nach (43) bei der Induktivität eine Phasennacheilung, d. h. eine Phasenverschiebung von

$$\varphi_L = -\frac{\pi}{2} \tag{45}$$

gegenüber der Spannung u (Bild 15-7b). Im Lauf einer Periode T ist daher das Produkt ui genauso lange positiv wie negativ und verschwindet im zeitlichen Mittel. Deshalb ist für eine Induktivität die Wirkleistung nach (30) mit (45) null. Aus diesem Grunde zählt Z_L zu den sog. Blindwiderständen (Reaktanzen).

Kapazität im Wechselstromkreis

Bei einem Kondensator der Kapazität C im Wechselstromkreis (Bild 15-7c) lädt der infolge der angelegten Spannung u fließende Strom i den Kondensator gemäß (12-75) und (12-56) auf die Spannung

$$u = \hat{u} \sin \omega t = u_C = \frac{Q}{C} = \frac{1}{C} \int i \, dt \tag{46}$$

auf. Die Differentiation nach der Zeit liefert für den Strom

$$i = \omega C \hat{u} \sin\left(\omega t + \frac{\pi}{2}\right)$$
$$= \hat{\imath} \sin\left(\omega t + \frac{\pi}{2}\right) \quad \text{mit} \quad \hat{\imath} = \omega C \hat{u} \tag{47}$$

und daraus mit (37) für den *Scheinwiderstand einer Kapazität*

$$Z_C = \frac{1}{\omega C}. \tag{48}$$

Z_C ändert sich umgekehrt proportional mit der Frequenz. Der Strom i hat nach (47) eine Phasenvoreilung von

$$\varphi_C = \frac{\pi}{2} \tag{49}$$

gegenüber der Spannung u (Bild 15-7c). Auch für die Kapazität ist daher die Wirkleistung zeitlich gemittelt nach (30) null und Z_C stellt einen *Blindwiderstand (Reaktanz)* dar.

15.4 Elektromagnetische Schwingungen

In Zusammenschaltungen von Induktivitäten, Kapazitäten und ohmschen Widerständen können freie und erzwungene elektromagnetische Schwingungen angeregt werden. Die zugehörigen Differentialgleichungen können aus den Kirchhoffschen Sätzen gewonnen werden und entsprechen denjenigen der mechanischen Schwingungssysteme (5.3, 5.4). Die Lösungen werden daher aus 5.3 und 5.4 übernommen, wobei lediglich die Variablen und Konstanten entsprechend umbenannt werden. Auf die zur Beschreibung derartiger Kombinationen von Schaltelementen ebenfalls sehr geeignete komplexe Schreibweise bzw. Zeigerdarstellung wird an dieser Stelle unter Hinweis auf G verzichtet.

15.4.1 Freie, gedämpfte elektromagnetische Schwingungen

Läßt man einen zuvor auf die Spannung U_0 aufgeladenen Kondensator der Kapazität C sich über eine Spule der Induktivität L und einen ohmschen Widerstand R entladen (Reihenschaltung von R, L und C, Bild 15-8), so wird durch den über L fließenden Entladungsstrom i während des Zerfalls des elektrischen Feldes des Kondensators ein Magnetfeld in der Spule aufgebaut. Nach Absinken der Kondensatorspannung u_C auf null wird jedoch der Strom i durch die Spule durch Selbstinduktion weitergetrieben (Lenzsche Regel), was zu einem erneuten Aufbau des elektrischen Feldes im Kondensator in umgekehrter Richtung führt, bis das magnetische Feld in der Spule abgeklungen ist. Nun beginnt der beschriebene Vorgang erneut, jedoch in entgegengesetzter Richtung. Die Energie des Systems pendelt also zwischen elektrischer und magnetischer Feldenergie hin und her. Bei kleinem Widerstand R führt das zu gedämpften elektromagnetischen Schwingungen, wobei die Dämpfung durch den Energieverlust im ohmschen Widerstand bedingt ist (Joulesche Wärme).

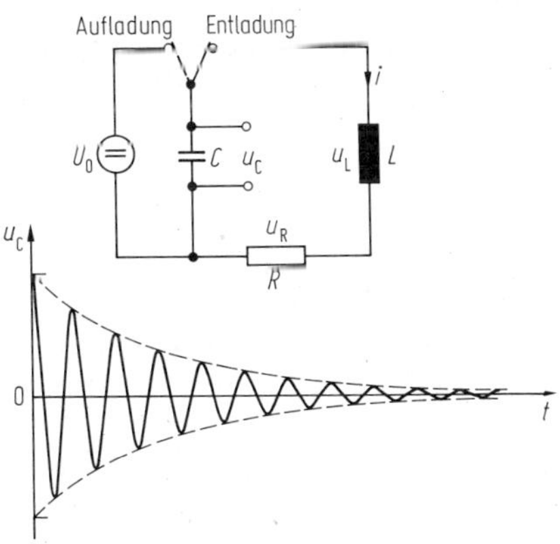

Bild 15-8. Anregung gedämpfter elektromagnetischer Schwingungen in einer Reihenschaltung von R, L und C.

Zur Berechnung des Systems werde von der Energie ausgegangen. Zu einem beliebigen Zeitpunkt t ist die Feldenergie im Kondensator nach (12-81)

$$E_C = \frac{1}{2} C u_C^2 = \frac{1}{2} \cdot \frac{Q^2}{C}, \qquad (50)$$

und in der Spule nach (14-29)

$$E_L = \frac{1}{2} L i^2 . \qquad (51)$$

Die Gesamtenergie $E = E_C + E_L$ bleibt zeitlich nicht konstant, sondern wird durch den Strom i im Widerstand R allmählich in Joulesche Wärme umgesetzt. Die zeitliche Abnahme der Energie E ergibt sich aus der umgesetzten Leistung:

$$\frac{dE}{dt} = -u_R i = -R i^2 . \qquad (52)$$

Durch Einsetzen von (50) und (51) und Beachtung der Stromdefinition (12-56) folgt daraus die Spannungsbilanz entsprechend dem 2. Kirchhoffschen Satz:

$$L \frac{di}{dt} + R i + \frac{Q}{C} = u_L + u_R + u_C = 0 . \qquad (53)$$

Mit $i = dQ/dt$ (12-56) ergibt sich schließlich eine Differentialgleichung vom Typ der Schwingungsgleichung (5-36) für die Ladung Q:

$$L \frac{d^2 Q}{dt^2} + R \frac{dQ}{dt} + \frac{1}{C} Q = 0 . \qquad (54)$$

Die Einführung von allgemeinen Kenngrößen entsprechend (5-37) und (5-38)

$$\frac{R}{2L} = \delta : \text{ Abklingkoeffizient der Amplitude} \qquad (55)$$

$$\frac{1}{LC} = \omega_0^2 : \text{ Kreisfrequenz } \omega_0 \text{ des ungedämpften Oszillators} \qquad (56)$$

führt zu der (5-39) entsprechenden Form der Schwingungsgleichung

$$\frac{d^2 Q}{dt^2} + 2\delta \frac{dQ}{dt} + \omega_0^2 Q = 0 . \qquad (57)$$

Für geringe Dämpfung $\delta \ll \omega_0$, d. h. $R \ll 2\sqrt{L/C}$, lautet die Lösung entsprechend (5-46) bei den Anfangsbedingungen $Q(0) = Q_0$ und $\dot{Q}(0) = i(0) = 0$:

$$Q \approx Q_0 \, e^{-\delta t} \cos \omega t . \qquad (58)$$

Es ergibt sich also eine gedämpfte Schwingung der Ladung Q mit der Kreisfrequenz (5-45)

$$\omega = \sqrt{\omega_0^2 - \delta^2} \approx \omega_0 = \frac{1}{\sqrt{LC}} \tag{59}$$

und damit auch z. B. der Spannung $u_C = Q/C$ am Kondensator (Bild 15-8):

$$u_C \approx U_0 \, e^{-\delta t} \cos \omega t \quad \text{mit} \quad U_0 = \frac{Q_0}{C}. \tag{60}$$

Durch Variation der Dämpfung $\delta \lesseqgtr \omega_0$, also $R \lesseqgtr 2\sqrt{L/C}$, lassen sich hier in gleicher Weise wie beim mechanischen Schwingungssystem (5.3) neben dem gedämpften Schwingfall auch der aperiodische Grenzfall und der Kriechfall einstellen. Der *RLC*-Kreis stellt daher ein schwingungsfähiges elektromagnetisches System dar: *Schwingkreis.*

15.4.2 Erzwungene elektromagnetische Schwingungen, Resonanzkreise

Reihenschwingkreis

Ein elektromagnetischer Schwingkreis, z. B. aus einer Reihenschaltung von Induktivität L, Widerstand R und Kapazität C wie in Bild 15-8, kann durch periodische Anregung, etwa durch Einspeisung einer Wechselspannung $u = \hat{u} \sin \omega t$ (Bild 15-9), zu erzwungenen Schwingungen veranlaßt werden.

Die Spannungsbilanz (53) ist hierfür um die Spannungsquelle u zu ergänzen:

$$L\frac{di}{dt} + Ri + \frac{Q}{C} = u_L + u_R + u_C$$
$$= u = \hat{u} \sin \omega t. \tag{61}$$

Mit $i = dQ/dt$ (12-56) und den Kenngrößen δ und ω_0 (55) bzw. (56) folgt daraus die Differentialgleichung der erzwungenen Schwingung für die Ladung Q

$$\frac{d^2Q}{dt^2} + 2\delta\frac{dQ}{dt} + \omega_0^2 Q = \frac{\hat{u}}{L} \sin \omega t, \tag{62}$$

die vollständig analog zur Differentialgleichung des entsprechenden mechanischen Schwingungssystems (5-59) ist. Als Lösung für den stationären Fall (nach Abklingen von Einschwingvorgängen,

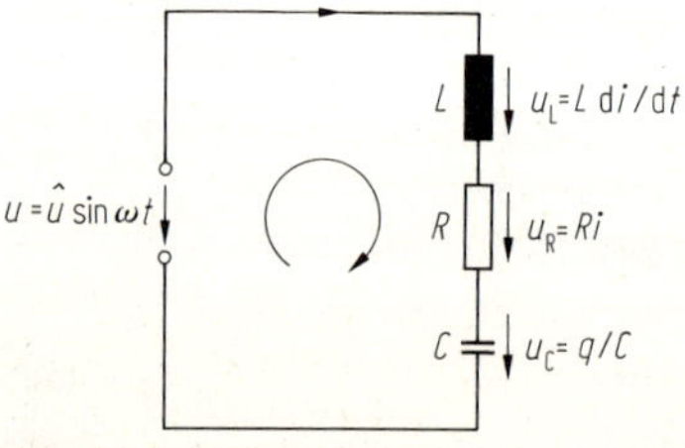

Bild 15-9. Reihenschwingkreis mit Wechselspannungs-Anregung.

siehe 5.4) kann wie in (5-60) angesetzt werden:

$$Q = \hat{Q} \sin(\omega t + \vartheta) = \hat{Q} \sin\left(\omega t + \varphi - \frac{\pi}{2}\right) \tag{63}$$

mit $\varphi = \vartheta + \frac{\pi}{2}$.

Für den Strom i folgt daraus durch Differentiieren nach der Zeit

$$i = \hat{\imath} \sin(\omega t + \varphi) \quad \text{mit} \quad \hat{\imath} = \omega \hat{Q}. \tag{64}$$

ϑ und φ sind die zunächst willkürlich angesetzten Phasenverschiebungen (Phasenwinkel) zwischen der Ladung $Q(t)$ bzw. dem Strom $i(t)$ und der Spannung $u(t)$. Sowohl die Amplituden $\hat{Q}$ und $\hat{\imath}$ als auch die Phasenwinkel ϑ und φ sind Funktionen der anregenden Kreisfrequenz ω. Die mathematische Form dieser funktionalen Abhängigkeit läßt sich durch den Vergleich mit den Beziehungen (5-60) bis (5-62) für das mechanische Schwingungssystem gewinnen. Dabei entsprechen sich folgende mechanische und elektrische Größen:

$$\begin{matrix} m \leftrightarrow L, & r \leftrightarrow R, & D \leftrightarrow 1/C, & \hat{F} \leftrightarrow \hat{u}, \\ x \leftrightarrow Q, & v \leftrightarrow i, & a \leftrightarrow di/dt, & \varphi \leftrightarrow \vartheta. \end{matrix} \tag{65}$$

Anmerkung: Der hier über (63) eingeführte Phasenwinkel φ entspricht also nicht dem gleichbenannten Phasenwinkel beim mechanischen Schwingungssystem, sondern ϑ.

Durch Vergleich mit (5-61) und (5-62) erhalten wir nun für die Frequenzabhängigkeit der Ladungsamplitude

$$\hat{Q}(\omega) = \frac{\hat{u}}{L\sqrt{(\omega^2 - \omega_0^2)^2 + 4\delta^2\omega^2}} \tag{66}$$

und für die Frequenzabhängigkeit des Phasenwinkels ϑ

$$\tan \vartheta = \frac{2\delta\omega}{\omega^2 - \omega_0^2}. \tag{67}$$

Mit $\hat{\imath} = \omega \hat{Q}$ nach (64) und durch Ersatz der Kenngrößen δ und ω_0 nach (55) bzw. (56) folgt aus (66) für die Frequenzabhängigkeit des Stromes das sog. *Ohmsche Gesetz des Wechselstromkreises*

$$\hat{\imath}(\omega) = \frac{\hat{u}}{\sqrt{R^2 + \left(\omega L - \frac{1}{\omega C}\right)^2}}, \tag{68}$$

wobei anstelle der Spitzenwerte $\hat{u}$ und $\hat{\imath}$ ebensogut die Effektivwerte gemäß (37) geschrieben werden können. (68) hat die Form des Ohmschen Gesetzes, worin der Wurzelterm den Scheinwiderstand Z der Reihenschaltung der Blindwiderstände von L und C und des ohmschen Widerstandes R darstellt:

$$Z(\omega) = \sqrt{R^2 + \left(\omega L - \frac{1}{\omega C}\right)^2}. \tag{69}$$

Für die *Resonanzfrequenz* gilt die *Thomsonsche Schwingungsformel*

$$\omega_0 = \frac{1}{\sqrt{LC}}, \tag{70}$$

für $\omega = \omega_0$ hat Z den kleinsten, rein ohmschen Wert (Bild 15-10)

$$Z(\omega_0) = R \tag{71}$$

und der Strom nach (68) den maximalen Wert (*Stromresonanz*, Bild 15-10):

$$\hat{\imath}(\omega_0) = \frac{\hat{u}}{R}. \tag{72}$$

Dabei ist vorausgesetzt, daß u von einer Konstantspannungsquelle geliefert wird, deren Klemmenspannung sich durch die erhöhte Strombelastung bei Resonanz nicht ändert. Es liegen also (nach der mathematischen Struktur der Differentialgleichung (62) zwangsläufig) ganz analoge Resonanzmaxima vor (Bild 15-10) wie bei den erzwungenen Schwingungen der mechanischen Schwingungssysteme (5.4.1).
In (5.4.1) wurde die Güte Q eines Schwingungssystems als Resonanzüberhöhung (5-67) der Auslenkungsamplitude $\hat{x}$ definiert. Entsprechend können wir hier die Resonanzüberhöhung der Ladungsamplitude $\hat{Q}$ als Güte Q_e einführen (Index „e" hier zur Vermeidung von Verwechslungen mit der Ladung Q) und erhalten aus (66):

$$Q_e = \frac{\hat{Q}(\omega_0)}{\hat{Q}(0)} = \frac{\omega_0}{2\delta} = \frac{\omega_0 L}{R} = \frac{1}{\omega_0 CR}. \tag{73}$$

Die Güte bestimmt gleichzeitig nach (5-71) die Halbwertsbreite der Resonanzkurve. Die Konstanten ω_0 und δ wurden aus (56) bzw. (55) eingesetzt. Im Resonanzfall erhält man mit (72) sowie mit

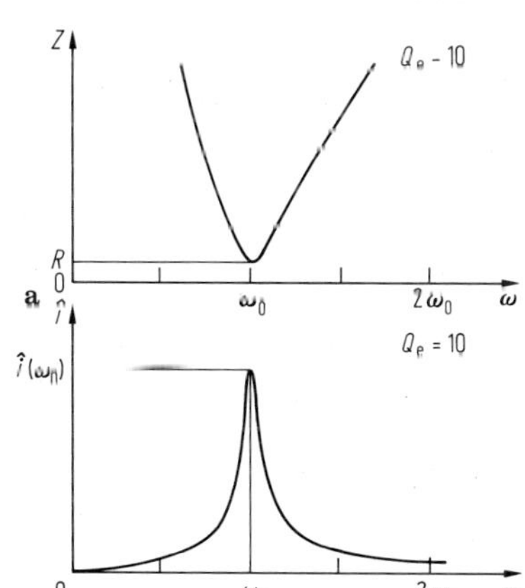

Bild 15-10. a Frequenzabhängigkeit des Wechselstromwiderstandes und **b** Resonanzverhalten des Stromes beim Reihenresonanzkreis aus R, L und C.

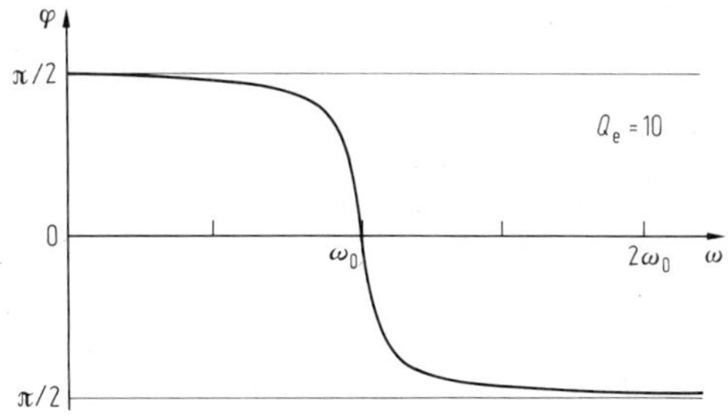

Bild 15-11. Phasenverschiebung zwischen Strom und Spannung im Reihenresonanzkreis.

(44) und (48) für die Spannungen an der Spule bzw. am Kondensator

$$\hat{u}_L(\omega_0) = \hat{\imath}(\omega_0) Z_L = \frac{\omega_0 L}{R}\hat{u} = Q_e \hat{u}, \tag{74}$$

$$\hat{u}_C(\omega_0) = \hat{\imath}(\omega_0) Z_C = \frac{1}{\omega_0 CR}\hat{u} = Q_e \hat{u}. \tag{75}$$

Die Spitzenspannungen an Spule und Kondensator sind daher im Resonanzfall gleich groß und übersteigen die insgesamt an die Reihenschaltung angelegte Spannungsamplitude $\hat{u}$ um den Gütefaktor Q_e. Daß die Gesamtspannung u im Resonanzfall dennoch nur dem Spannungsabfall u_R am ohmschen Widerstand entspricht, liegt daran, daß u_L und u_C gegenüber dem gemeinsamen Strom i nach (45) und (49) um $\pi/2$ bzw. $-\pi/2$, also gegeneinander um π phasenverschoben sind, sich also gegenseitig kompensieren.
Den Phasenwinkel φ zwischen Strom i und Gesamtspannung u erhalten wir aus (67), indem wir beachten, daß wegen (63) $\tan\varphi = -1/\tan\vartheta$ ist. Nach Einsetzen von δ und ω_0 aus (55) bzw. (56) folgt

$$\varphi = \arctan\frac{\frac{1}{\omega C} - \omega L}{R}. \tag{76}$$

Der Phasenverlauf als Funktion der Frequenz (Bild 15-11) zeigt, daß bei niedrigen Frequenzen ($\omega \ll \omega_0$) $\varphi \approx \pi/2$ ist, der Reihenschwingkreis sich also nach (49) kapazitiv verhält. Bei hohen Frequenzen ($\omega \gg \omega_0$) wird $\varphi \approx -\pi/2$, der Reihenschwingkreis wirkt nach (45) wie eine Induktivität. Bei Resonanz ($\omega = \omega_0$) liegt rein ohmsches Verhalten vor ($\varphi = 0$).
Die Leistung im Resonanzkreis ist bei Resonanz ein Maximum, da u und i dann phasengleich sind und das Produkt ui wegen der Stromresonanz maximal wird.

Parallelschwingkreis

Auch eine Parallelschaltung von Kapazität C, Widerstand R und Induktivität L (Parallelschwingkreis, Bild 15-12), z. B. mit einer amplitudenkonstanten Einströmung $i = \hat{\imath}\sin\omega t$ zeigt Resonanzverhalten.

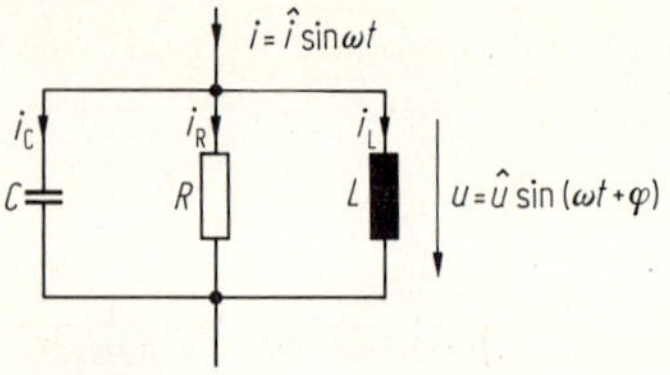

Bild 15-12. Parallelschwingkreis mit Wechseleinströmung.

Ausgehend von der Strombilanz z. B. im oberen Knotenpunkt (1. Kirchhoffscher Satz (18))

$$C\frac{\mathrm{d}u}{\mathrm{d}t} + \frac{1}{R}u + \frac{1}{L}\int u\,\mathrm{d}t = i_C + i_R + i_L = \hat{\imath}\sin\omega t \qquad (77)$$

gelangt man zu einer Differentialgleichung für den Spulenfluß $\Phi = \int u\,\mathrm{d}t$

$$C\frac{\mathrm{d}^2\Phi}{\mathrm{d}t^2} + \frac{1}{R}\cdot\frac{\mathrm{d}\Phi}{\mathrm{d}t} + \frac{1}{L}\Phi = \hat{\imath}\sin\omega t, \qquad (78)$$

die wiederum die Differentialgleichung der erzwungenen Schwingung darstellt. Analog dem Vorgehen beim Reihenschwingkreis wird als Lösung für den stationären (eingeschwungenen) Fall angesetzt

$$\Phi = \hat{\Phi}\sin\left(\omega t + \varphi - \frac{\pi}{2}\right), \qquad (79)$$

woraus durch Differenzieren nach der Zeit folgt

$$u = \hat{u}\sin(\omega t + \varphi) \quad \text{mit} \quad \hat{u} = \omega\hat{\Phi}. \qquad (80)$$

Für die Frequenzabhängigkeit der Spannungsamplitude ergibt sich analog zu (68)

$$\hat{u} = \frac{\hat{\imath}}{\sqrt{\frac{1}{R^2} + \left(\omega C - \frac{1}{\omega L}\right)^2}}, \qquad (81)$$

worin der Wurzelterm den Scheinleitwert Y (auch: Betrag der Admittanz) der Parallelschaltung von L, R und C darstellt:

$$Y = \sqrt{\frac{1}{R^2} + \left(\omega C - \frac{1}{\omega L}\right)^2}. \qquad (82)$$

Hieraus folgt, daß der Parallelschwingkreis bei gleichen L und C dieselbe, durch die Thomsonsche Schwingungsformel gegebene *Resonanzfrequenz*

$$\omega_0 = \frac{1}{\sqrt{LC}} \qquad (83)$$

wie der Reihenschwingkreis (70) hat. Bei Resonanz hat der Scheinleitwert einen rein ohmschen Minimalwert

$$Y(\omega_0) = Y_{\min} = \frac{1}{R}, \qquad (84)$$

die Spannungsamplitude $\hat{u}$ demzufolge ein Maximum *(Spannungsresonanz)*

$$\hat{u}(\omega_0) = \hat{\imath}R. \qquad (85)$$

Für den Phasenwinkel φ zwischen Spannung u und Gesamtstrom i ergibt sich analog zu (76)

$$\varphi = \arctan\left[R\left(\frac{1}{\omega L} - \omega C\right)\right]. \qquad (86)$$

Die Einzelströme i_C und i_L sind bei Resonanz aufgrund der Spannungsresonanz maximal und um den Gütefaktor höher als der Gesamtstrom i, jedoch gegenphasig. Der Gütefaktor Q_e beim Parallelkreis ergibt sich als Resonanzüberhöhung aus der Frequenzabhängigkeit des Flusses Φ (hier nicht angegeben) zu

$$Q_e = \frac{R}{\omega_0 L} = R\omega_0 C. \qquad (87)$$

Anders als beim Reihenschwingkreis (73) steigt also beim Parallelschwingkreis die Güte mit dem Widerstand R.

15.4.3 Selbsterregung elektromagnetischer Schwingungen durch Rückkopplung

Reale Schwingungssysteme sind stets gedämpft. Eine angestoßene Schwingung klingt daher mit dem durch die Dämpfung bestimmten Abklingkoeffizienten δ zeitlich ab (5-46) oder (60).

Ungedämpfte Schwingungen eines Schwingungssystems lassen sich dadurch erreichen, daß die Dämpfungsverluste durch periodische Energiezufuhr ausgeglichen werden. Das kann durch eine äußere periodische Anregung geschehen *(Fremderregung)* und führt zu erzwungenen Schwingungen (vgl. 5.4 und 15.4.2). Eine andere Möglichkeit besteht darin, die periodische Anregung durch das Schwingungssystem selbst zu steuern. Das kann mit Hilfe des *Rückkopplungsprinzips* erreicht werden und führt zur *Selbsterregung* von Schwingungen.

Im Falle der elektromagnetischen Schwingungen wird dazu ein Verstärker benötigt, an dessen Ausgang ein Schwingkreis geschaltet ist (Bild 15-13). Ferner ist ein Rückkopplungsweg erforderlich, mit dessen Hilfe ein Bruchteil der Schwingungsenergie des Schwingkreises auf den Eingang des Verstärkers zurückgekoppelt werden kann. Dies kann durch direkten Abgriff von der Schwingkreisspule geschehen (Dreipunktschaltung), oder durch induktive Rückkopplung (Bild 15-13). Wird nun der Schwingkreis etwa durch den Einschaltstromstoß der Stromversorgung des Verstärkers zu einer gedämpften Schwingung der Eigenfrequenz $\omega_0 = 1/\sqrt{LC}$ angeregt, so wird in der Rückkopplungsspule eine Spannung gleicher Frequenz induziert, die verstärkt wieder auf den Schwingkreis am Verstärkerausgang gelangt. Die Phasenlage der rück-

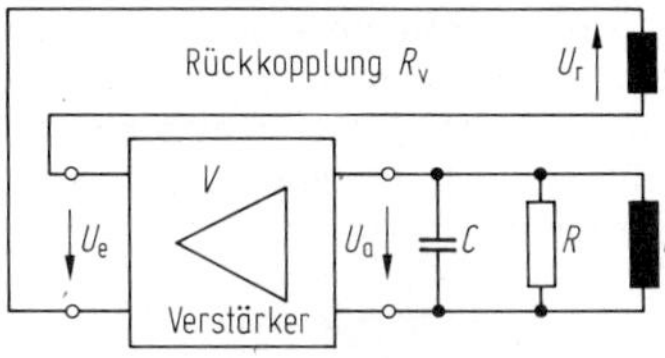

Bild 15-13. Rückkopplungsgenerator zur Erzeugung elektromagnetischer Schwingungen.

gekoppelten Spannung muß dabei so sein, daß der Schwingungsvorgang unterstützt wird (Mitkopplung). Ist die Phase dagegen um π verschoben, so wird die Schwingung unterdrückt (Gegenkopplung).

Zur Vereinfachung wird angenommen, daß die Phasenverschiebung zwischen Schwingkreisspannung U_s und der Rückkopplungsspannung U_r null ist, und daß ferner die Phasenverschiebung zwischen Eingangsspannung U_e des Verstärkers und seiner Ausgangsspannung U_a ebenfalls null ist (oder beide Phasenverschiebungen π betragen). Dann lassen sich die Verhältnisse folgendermaßen quantitativ beschreiben:

$$\text{Verstärkungsfaktor:} \quad V = \frac{U_a}{U_e}$$
$$\text{Rückkopplungsfaktor:} \quad R_V = \frac{U_r}{U_s} \qquad (88)$$

Da der Schwingkreis am Verstärkerausgang liegt, ist $U_s = U_a$. Ist nun die Rückkopplungsspannung U_r gerade gleich der Verstärkereingangsspannung U_e, die verstärkt gleich der ungeänderten Schwingkreisspannung U_s ist, so ist offensichtlich ein stationärer Zustand erreicht, bei dem die Schwingkreisverluste durch Rückkopplung und Verstärkung ausgeglichen werden. Für diesen gilt

$$VR_V = \frac{U_a}{U_e}\,\frac{U_r}{U_s} = 1\,. \qquad (89)$$

Für die *Selbsterregungsbedingung*

$$VR_V > 1 \qquad (90)$$

führt jede Störung (Stromschwankung) zur Aufschaukelung von Schwingungen der Frequenz $\omega = \omega_0 = 1/\sqrt{LC}$. Im allgemeinen ist sowohl die Rückkopplung als auch die Verstärkung mit Phasenverschiebungen verbunden, die in der Selbsterregungsbedingung berücksichtigt werden müssen.

Der erste Rückkopplungsgenerator als Oszillator für elektromagnetische Schwingungen wurde von Alexander Meißner 1913 mit Hilfe einer verstärkenden Elektronenröhre aufgebaut. Heute werden meist Halbleiterverstärker hierfür verwendet.

16 Transport elektrischer Ladung: Leitungsmechanismen

16.1 Elektrische Struktur der Materie

16.1.1 Atomstruktur

Das Phänomen der elektrolytischen Abscheidung z. B. von Metallen durch Stromfluß in wäßrigen Metallsalzlösungen oder in Metallsalzschmelzen (siehe 16.5 und C 11.8) oder der Ionisierbarkeit von Gasen (vgl. 16.6) zeigt, daß die Bestandteile der Materie, die Atome, unter geeigneten Bedingungen elektrisch geladen sein, d. h. „Ionen" bilden können. Aus dem Vergleich chemischer Bindungsenergien (Größenordnung 10 eV) mit der elektrostatischen potentiellen Energie zweier Elementarladungen im Abstand von Atomen in kompakter Materie (aus Beugungsuntersuchungen, siehe 23: Größenordnung 10^{-10} m) läßt sich folgern, daß die strukturbestimmenden Kräfte in kompakter Materie, im Molekül und vermutlich auch im Atom elektrostatischer Natur sein dürften. Da ferner die Materie im allgemeinen elektrisch neutral ist, müssen pro Atom im Normalfall gleich viele positive und negative Elementarladungen vorhanden sein. Die relativ leicht abstreifbaren Elektronen (z. B. durch Reiben von Kunststoffen) besitzen nicht genügende Masse, um die Masse der Atome zu erklären. Der Hauptteil der Atommasse muß deshalb durch schwerere Teilchen, z. B. positiv geladene Protonen und ungeladene Neutronen gebildet sein.

Die Größe der atomaren Bestandteile läßt sich durch *Streuversuche* mit Teilchensonden bestimmen. Lenard (1903) hatte aus der Durchdringungsfähigkeit von Elektronenstrahlen bei dünnen Metallfolien geschlossen, daß das Atominnere weitgehend materiefreier, leerer Raum ist. Rutherford, Geiger und Marsden (1911-1913) haben Streuexperimente mit α-Teilchen (17.3) an dünnen Folien durchgeführt, bei denen aus der Winkelverteilung der gestreuten α-Teilchen auf das Kraftgesetz zwischen diesen und den streuenden Atomen geschlossen werden kann. Dabei ergab sich die Coulomb-Kraft als maßgebende Wechselwirkung: Rutherford-Streuung. Aus Abweichungen vom so gefundenen Streugesetz bei höheren Energien ließ sich schließlich der Radius der streuenden, massereichen positiven Teilchen des Atoms zu etwa 10^{-15} m (= 1 fm) ermitteln.

Solche Beobachtungen und die Tatsache, daß die Coulomb-Kraft (12-1) dieselbe Abstandabhängigkeit (11-35) wie die Gravitationskraft (11-7) hat, legten ein Planetenmodell für den Atomaufbau nahe: Protonen (und die erst 1932 durch Chadwick entdeckten Neutronen) bilden den positiv geladenen, massereichen Atomkern (Ladung $+Ze$),

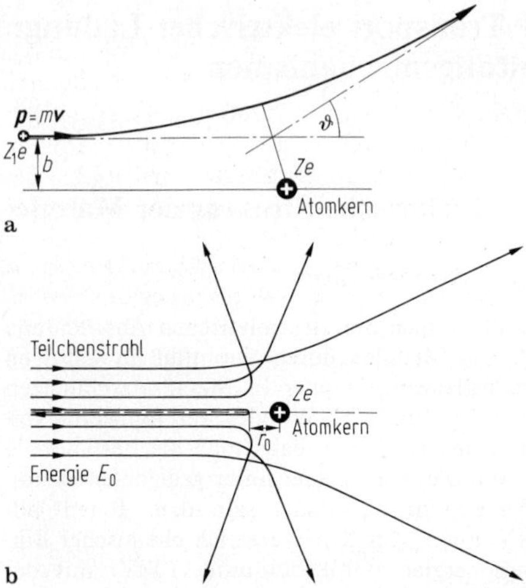

Bild 16-1. Streuung am Coulomb-Feld eines schweren geladenen Teilchens.

um den die Z Elektronen auf Bahnen der Größenordnung 10^{-10} m kreisen.

Rutherford-Streuung

Als Meßmethode zur Untersuchung atomarer Dimensionen sind Streuexperimente in der Atom- und Kernphysik außerordentlich wichtig. Als Beispiel werde die von Rutherford behandelte Streuung am Coulomb-Potential betrachtet. Wird ein Strom von leichten Teilchen der Masse m und der Ladung $Z_1 e$ (α-Teilchen: $Z_1 = 2$) auf ein ruhendes, schweres Teilchen der Masse $M \gg m$ und der Ladung Ze geschossen, so findet aufgrund der Coulomb-Kraft (12-1) eine Ablenkung statt, deren Winkel ϑ vom Stoßparameter b (siehe 6.3.2 und Bild 16-1 a) abhängt.

Die Primärenergie der gestreuten Teilchen sei $E_0 = mv_0^2/2 > 0$. Da die Coulomb-Kraft (12-1) eine Zentralkraft der Form $F \sim r^{-2}$ (vgl. (11-35)) darstellt, sind die Bahnkurven für $E > 0$ Hyperbeln (siehe 11.5), deren Asymptoten den Streuwinkel ϑ einschließen. Aus dem Zusammenhang zwischen Coulomb-Kraft und Impulsänderung des gestreuten Teilchens folgt unter Berücksichtigung der Drehimpulserhaltung nach Integration über die Bahnkurve die Beziehung

$$\cot\frac{\vartheta}{2} = \frac{2b}{r_0} \quad \text{mit} \quad r_0 = \frac{Z_1 Z e^2}{4\pi\varepsilon_0 E_0}. \tag{1}$$

Die Konstante r_0 ist der Minimalabstand (Umkehrpunkt, Bild 16-1 b) für den zentralen Stoß ($\vartheta = 180°$, $b = 0$), bei dem die gesamte kinetische Energie E_0 des gestreuten Teilchens in potentielle Energie im Coulomb-Feld des streuenden Teilchens umgesetzt ist, wie sich durch Vergleich mit (12-43) erkennen läßt.

(1) läßt sich experimentell nicht im Einzelfall prüfen, da in atomaren Dimensionen der zu einem bestimmten Streuwinkel gehörende Stoßparameter b nicht gemessen werden kann. Deshalb wird bei Streuversuchen ein statistisches Konzept angewendet: Durch einen im Vergleich zu den Atomdimensionen breiten, gleichmäßigen Teilchenstrahl wird dafür gesorgt, daß alle Stoßparameter (< Strahlradius) gleichmäßig vorkommen (Bild 16-1 b). In diesem Fall ist die Winkelverteilung, d. h. die Zahl der in ein Raumwinkelelement $d\Omega = 2\pi \sin\vartheta \, d\vartheta$ (mittlerer Streuwinkel ϑ, Bild 16-2) gestreuten Teilchen, eine eindeutige und meßbare Funktion des streuenden Potentials.

In einen Streuwinkelbereich $d\vartheta$ bei einem mittleren Streuwinkel ϑ werden offensichtlich alle diejenigen Teilchen des primären Strahls gestreut, die ein ringförmiges Flächenstück $d\sigma = 2\pi b \, db$ des Strahlquerschnitts durchsetzen (Bild 16-2). Diese Fläche $d\sigma$ wird differentieller Streuquerschnitt genannt. Aus $b(\vartheta)$ gemäß (1) erhält man durch Differentiieren nach ϑ den differentiellen *Rutherford-Streuquerschnitt*

$$d\sigma(\vartheta) = r_0^2 \frac{d\Omega}{16\sin^4\frac{\vartheta}{2}} = \left(\frac{Z_1 Z e^2}{4\pi\varepsilon_0 E_0}\right)^2 \frac{d\Omega}{16\sin^4\frac{\vartheta}{2}}. \tag{2}$$

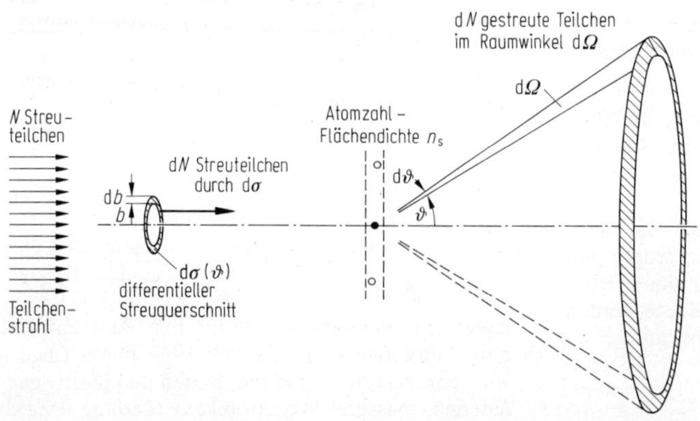

Bild 16-2. Zum Begriff des Streuquerschnitts.

(2) ist hier in klassischer Rechnung für das reine, punktsymmetrische Coulomb-Potential des Atomkerns gewonnen worden. Dasselbe Ergebnis liefert die erste Näherung der quantenmechanischen Rechnung („1. Bornsche Näherung"), die hier nicht dargestellt wird. Eine Einschränkung der Gültigkeit besteht ferner darin, daß die Abschirmung des Coulomb-Potentials des streuenden Atomkerns durch die Elektronenhülle nicht berücksichtigt ist. Diese macht sich vor allem in den Randbereichen des Atoms bemerkbar, also bei großen Stoßparametern b, d. h. nach (1) bei kleinen Streuwinkeln ϑ.

Bei Streuversuchen wird meistens nicht an einzelnen Atomen gestreut, sondern z. B. an dünnen Schichten mit einer Flächendichte n_s der Atome in der Schicht. Wegen der im Vergleich zur Atomgröße sehr geringen Kerngröße überdecken sich die Streuquerschnitte der Atomkerne in dünnen Schichten nur sehr selten. In großer Entfernung von der streuenden Schicht summieren sich dann die Streuintensitäten entsprechend der Zahl der streuenden Atomkerne. Ist N die Zahl der auf die streuende Schicht fallenden Streuteilchen, so ergibt sich aus (2) für die Zahl der in den Raumwinkel $\mathrm{d}\Omega$ gestreuten Teilchen $\mathrm{d}N$ die *Rutherfordsche Streuformel*

$$\frac{\mathrm{d}N}{\mathrm{d}\Omega} = Nn_s\left(\frac{Z_1 Ze^2}{4\pi\varepsilon_0 E_0}\right)^2 \frac{1}{16\sin^4\dfrac{\vartheta}{2}}. \qquad (3)$$

Bei der Streuung von α-Teilchen an Folien aus verschiedenen Metallen fanden Geiger und Marsden die Rutherford-Streuformel für nicht zu kleine Streuwinkel ϑ gut bestätigt.

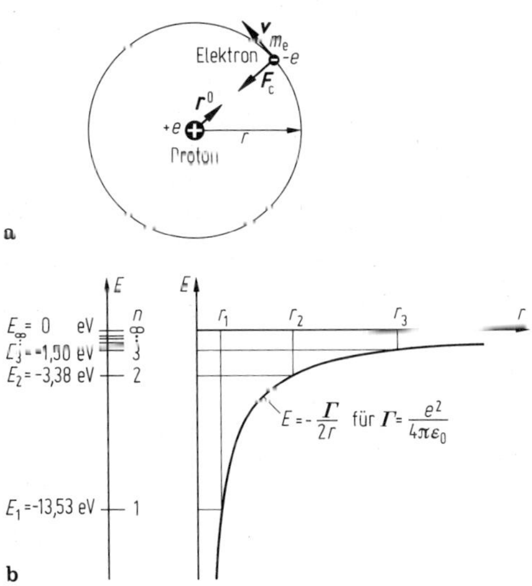

Bild 16-3. Zum Rutherford-Bohrschen Modell des Wasserstoffatoms: **a** Elektronenkreisbahn, und **b** Gesamtenergie.

Bei hohen Energien können die Streuteilchen dem Atomkern sehr nahe und in den Bereich der Kernkräfte kommen. Dann wird das Kraftgesetz verändert und die Rutherford-Streuformel gilt nicht mehr. Der Kernradius kann daher mit Hilfe von (1) aus der Energie ermittelt werden, bei der bei Streuwinkeln $\vartheta \approx 180°$ zuerst Abweichungen von (3) beobachtet werden.

Zur Erläuterung des *Rutherfordschen Planetenmodells* des Atoms werde als einfachstes das Wasserstoffatom ($Z = 1$) betrachtet (Bild 16-3a). Der Kern des Wasserstoffatoms besteht aus einem einzelnen Proton der Masse $m_p = 1{,}672\,623 \cdot 10^{-27}$ kg (vgl. 17.1) und der Ladung $+e$. Die Elektronenhülle enthält ein Elektron (Ladung $-e$). Die elektrostatische Wechselwirkung zwischen Elektron und Kern ergibt mit (12-1) als Radius r der Kreisbahn des Elektrons mit der Geschwindigkeit v

$$r = \frac{e^2}{4\pi\varepsilon_0 m_e v^2}. \qquad (4)$$

Die Gesamtenergie des Elektrons auf einer Kreisbahn ergibt sich aus der kinetischen Energie E_k des Elektrons und seiner potentiellen Energie E_p im Feld des Protons aus ((12-43): $Q = e$) in gleicher Weise wie bei der Gravitation (11-47) zu

$$E = E_k + E_p = \frac{1}{2}E_p = -\frac{1}{2}\cdot\frac{e^2}{4\pi\varepsilon_0 r}. \qquad (5)$$

Nach der klassischen Mechanik ist jeder Bahnradius (4) und damit jeder Wert < 0 der Gesamtenergie (5) des Atoms möglich (Bild 16-3b; vgl. Bild 11-10). Dies führt jedoch zu Widersprüchen hinsichtlich der beobachteten Existenz diskreter, stationärer Energiezustände (20.4), sowie hinsichtlich der Stabilität der Atome: Positiver Atomkern und umlaufendes Elektron bilden einen zeitveränderlichen elektrischen Dipol, der nach den Gesetzen der Elektrodynamik (siehe 19) elektromagnetische Wellen abstrahlt, damit dem Atom Energie entzieht und so zu einer stetigen Annäherung des Elektrons an den Kern führt. Die Durchrechnung ergibt einen „Zusammenbruch" des Atoms in ca. 10^{-8} s. Das Rutherfordsche Atommodell ist daher nicht ausreichend.

Bohrsches Modell des Atoms

Niels Bohr hat das Rutherfordsche Planetenmodell des Atoms weiter entwickelt und dessen Unzulänglichkeiten dadurch zu beseitigen versucht, daß er annahm, daß die oben genannten, zu Widersprüchen führenden Gesetze der klassischen Makrophysik für das Mikrosystem des Atoms nicht gelten. So postulierte er die Existenz *diskreter, strahlungsfreier Bahnen* im Atom, als deren Auswahlprinzip er für das *Phasenintegral* $\oint p\,\mathrm{d}q$ die Quantenbedingung *(1. Bohrsches Postulat)*

$$\oint p\,\mathrm{d}q = nh \quad \text{mit} \quad n = 1, 2, \ldots \qquad (6)$$

fand. Hierin bedeuten $p = mv$ den Impuls des Elektrons und $q = r$ seine Ortskoordinate. h ist die Planck-Konstante (siehe 5.2.2).

Anmerkung: Dieselbe Quantenbedingung (6) stellt auch das Auswahlprinzip für die möglichen Energiewerte des quantenmechanischen harmonischen Oszillators (5.2.2) dar.

Für Kreisbahnen folgt aus (6) für den Drehimpuls des Elektrons

$$L = m_e v_n r_n = n \frac{h}{2\pi} = n\hbar. \tag{7}$$

Das 1. Bohrsche Postulat stellt also eine Drehimpulsquantelung dar (vgl. 7.3). Die genauere Quantenmechanik liefert eine ähnliche, nur für kleinere n abweichende Beziehung. Mit (4) folgt daraus für die möglichen Kreisbahnradien

$$r_n = \frac{4\pi\varepsilon_0\hbar^2}{m_e e^2} n^2. \tag{8}$$

Für $n = 1$ erhält man den Radius des Wasserstoffatoms im Grundzustand, den sog. Bohrschen Radius

$$r_1 = a_0 = (52{,}917\,724\,9 \pm 2{,}4 \cdot 10^{-6})\ \text{pm}. \tag{9}$$

Aus (5) und (8) folgen schließlich die *stationären Energieniveaus des Wasserstoffatoms* nach Bohr

$$E_n = -\frac{m_e e^4}{8\varepsilon_0^2 h^2} \cdot \frac{1}{n^2} \tag{10}$$

($n = 1, 2, \ldots$; Haupt-Quantenzahl).

Die gleichen Energiewerte ergeben sich auch aus der Quantentheorie (als Eigenwerte der Schrödinger-Gleichung, siehe 25.3 sowie C 2.4). Da genaugenommen das Elektron sich nicht um den Kern, sondern um das Massenzentrum (siehe 6.1) des Systems Elektron — Kern bewegt, muß die Elektronenmasse $m_e = 9{,}109\,389\,7 \cdot 10^{-31}$ kg in (10) durch die reduzierte Masse (6-53) von Kern und Elektron ersetzt werden, im Falle des Wasserstoffatoms:

$$m_e \to \frac{m_e}{1 + m_e/m_p} = 0{,}999\,455\,7 m_e. \tag{11}$$

Die im Rutherfordschen Atommodell beliebigen, kontinuierlich verteilten „erlaubten" Energiewerte werden also im Bohrschen Atommodell mit Hilfe einer Drehimpulsquantelung auf bestimmte diskrete Energieterme gemäß (10) eingeschränkt, die stationär und nichtstrahlend sind. Das Energieschema eines Atoms („Termschema") läßt sich daher durch Markierung der „erlaubten" Energiewerte auf der Energieskala darstellen (Bild 16-3).

Anmerkung: Ein gewisses anschauliches Verständnis für das Auftreten der Drehimpulsquantelung wird sich bei der Behandlung der Welleneigenschaften von Elektronen (Materiewellen, siehe 25.2) ergeben.

Eine weitere Annahme von Bohr betrifft den Übergang des Atoms von einem Energiezustand in einen anderen. Analog zur Beschreibung des Verhaltens mikroskopischer harmonischer Oszillatoren (siehe 5.2.2) in der zeitlich vorangegangenen Planckschen Strahlungstheorie (1900, siehe 20.2) postuliert Bohr, daß ein solcher Übergang nur zwischen stationären Energiezuständen E_m und E_n möglich ist, wobei die Energiedifferenz $\Delta E = E_m - E_n$ je nach Richtung des Übergangs absorbiert oder emittiert wird. Die Absorption kann z. B. aus einem äußeren elektromagnetischen Strahlungsfeld erfolgen, wobei die Energie des Atoms erhöht wird (das Atom wird „angeregt"). Umgekehrt kann ein „angeregtes" Atom durch Emission von elektromagnetischer Strahlung der Frequenz ν in einen Zustand geringerer Energie übergehen. Beide Fälle werden durch die Bedingung *(2. Bohrsches Postulat, Bohrsche Frequenzbedingung)*

$$\Delta E = E_m - E_n = h\nu \tag{12}$$

beschrieben (weiteres siehe 20.4, 20.5 und C 2.2).

Der Erfolg des Bohrschen Atommodells zeigte sich in der außerordentlich genauen Übereinstimmung der aus den Bohrschen Postulaten berechneten Emissions- und Absorptionsfrequenzen mit den experimentell beobachteten Spektren des Wasserstoffs (20.4). Auch wasserstoffähnliche Systeme (ein- bzw. mehrfach ionisierte Atome der Kernladungszahl Z mit einem einzigen Elektron in der Hülle) lassen sich in analoger Weise aus (10) berechnen, wenn die erhöhte Kernladung durch einen zusätzlichen Faktor Z^2 im Zähler berücksichtigt wird. Mehrelektronensysteme lassen sich dagegen durch das Bohrsche Modell nicht mehr beschreiben. Sommerfeld versuchte, das Bohrsche Atommodell durch Annahme von (wiederum diskreten) Ellipsenbahnen der Elektronen zu erweitern. Danach sollten zu jeder Energie E_n mehrere Ellipsenbahnen gleicher Hauptachsenlänge, aber mit unterschiedlicher Nebenachsenlänge und daher mit unterschiedlichem Drehimpuls (Bild 11-12) erlaubt sein. Das Auswahlprinzip ist wiederum die Drehimpulsquantelung entsprechend (7). Das liefert eine weitere Quantenzahl, die Neben- oder Drehimpuls-Quantenzahl. Ihre nach diesem Modell möglichen Werte stimmten jedoch nicht mit den spektroskopischen Daten überein.

Trotz des Erfolges des Bohrschen Atommodells hinsichtlich der wasserstoffähnlichen Systeme ist der Begriff der Elektronen„bahn" im Bohrschen Sinne jedoch nicht aufrecht zu erhalten. Er würde nämlich eine Lokalisierung des Elektrons zumindest im Bereich des Atoms (ca. 10^{-10} m) erfordern.

Aus der Heisenbergschen Unschärferelation (vgl. 25.1) läßt sich dann eine Mindest-Impulsunschärfe und daraus wiederum eine Energieunschärfe berechnen, die in der gleichen Größenordnung liegt wie die sich aus (5) ergebenden Energiewerte des Atoms. Der Begriff einer Elektronenbahn im Atom mit definiertem Ort und Impuls des Elektrons verliert daher jeglichen Sinn.

Quantenzahlen

Das heutige *wellenmechanische* oder *quantenmechanische Atommodell* nach Schrödinger bzw. Heisenberg setzt an die Stelle des Bahnbegriffs die (komplexe) Zustands- oder *Wellenfunktion* Ψ des Elektrons, auf die später bei der Behandlung der Materiewellen nochmals eingegangen wird (vgl. 25). Das Betragsquadrat der Ψ-Funktion kann als Dichte der *Aufenthaltswahrscheinlichkeit* des Elektrons gedeutet werden. Die Wellenfunktion erhält man als Lösung der *Schrödinger-Gleichung* des betrachteten atomaren Systems (vgl. 25.3 und C 2.4.2), die auch die zugehörigen Energieniveaus als Eigenwerte liefert. Wegen des erheblichen mathematischen Aufwandes kann darauf in diesem Rahmen nicht im einzelnen eingegangen werden. Die Lösungsfunktionen der Schrödinger-Gleichung enthalten die Quantenzahlen *n*, *l* und *m* als Parameter, die unterschiedliche Elektronenzustände beschreiben. Die räumliche Verteilung der Aufenthaltswahrscheinlichkeits-Amplitude der Elektronen im Atom (nicht ganz korrekt auch „Elektronenwolke" genannt) läßt sich durch die *Orbitale* darstellen (vgl. C 2.4.3). Sie zeigt für unterschiedliche Quantenzahl-Kombinationen ganz verschiedene Symmetrien (vgl. C, Bild 2-2).

n wurde bereits als *Haupt-Quantenzahl* eingeführt und bestimmt beim Wasserstoffatom die Eigenwerte der Energie (Bindungsenergie des Elektrons je nach Anregungszustand)

$$E_n = -\frac{m_e e^4}{8\varepsilon_0^2 h^2} \cdot \frac{1}{n^2} = \frac{E_1}{n^2} \qquad \text{(vgl. (10))}$$

mit dem Wertevorrat

$$n = 1, 2, \ldots, \infty,$$

ein Ergebnis, das auch aus der Bohrschen Rechnung (10) erhalten wurde. Bei Mehrelektronenatomen hängen die Energieniveaus auch von den anderen Quantenzahlen ab.

Die *Neben-* oder *Bahndrehimpuls-Quantenzahl l* bestimmt den Betrag des gequantelten Bahndrehimpulses *L* eines Elektronenzustandes

$$L = \sqrt{l(l+1)}\,\hbar, \qquad (13)$$

wobei seine maximale Komponente in einer physikalisch ausgezeichneten Richtung (etwa durch ein Magnetfeld z. B. in *z*-Richtung definiert) durch

$$L_{z,\max} = l\hbar \qquad (14)$$

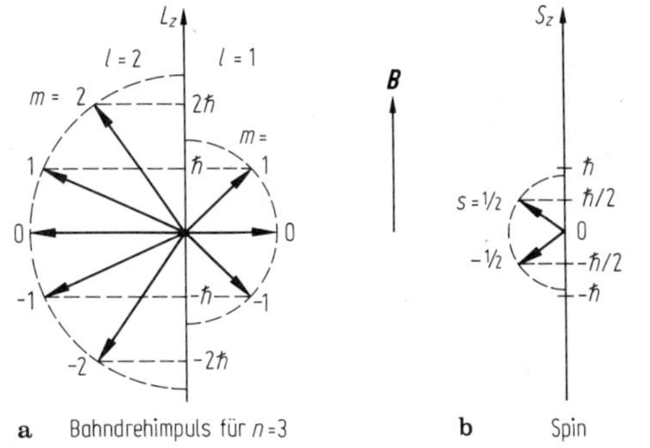

Bild 16-4. Richtungsquantelung: Mögliche Orientierungen **a** des Bahndrehimpulses $\boldsymbol{L}$ für $n = 3$ und **b** des Eigendrehimpulses $\boldsymbol{S}$ des Elektrons (Spin) zu einer physikalisch ausgezeichneten Richtung (Magnetfeld $\boldsymbol{B}$).

mit dem Wertevorrat

$$l = 0, 1, \ldots, (n-1)$$

(d. h. *n* mögliche Werte) gegeben ist. Da der Betrag von *L* nach (13) stets etwas größer als L_z ist, bildet der Drehimpulsvektor $\boldsymbol{L}$ einen Winkel φ mit der physikalisch ausgezeichneten Richtung (Bild 16-4). Dieser Winkel kann verschiedene Werte annehmen (Richtungsquantelung, siehe unten).

Die magnetische *Quantenzahl m* legt die gequantelte Orientierung des Bahndrehimpulses hinsichtlich einer physikalisch vorgegebenen Richtung fest, indem seine Projektion auf die ausgezeichnete Raumrichtung *z* wiederum nur Beträge

$$L_z = m\hbar \qquad (15)$$

mit dem Wertevorrat

$$m = 0, \pm 1, \pm 2, \ldots, \pm l$$

(d. h. $(2l+1)$ mögliche Werte) annehmen kann: *Richtungsquantelung*. Deren erster experimenteller Nachweis erfolgte durch den *Stern-Gerlach-Versuch* (1927). Bild 16-4a zeigt die möglichen Orientierungen des Bahndrehimpulses für $n = 3$ in den Fällen $l = 2$ und $l = 1$. Im ferner möglichen Fall $l = 0$ verschwindet der Bahndrehimpuls.

Der Bahndrehimpuls ist mit einem magnetischen Dipolmoment $\boldsymbol{\mu}_L$ verknüpft (magnetomechanischer Parallelismus, siehe 13.4). In einem Magnetfeld wird daher ein Drehmoment auf den Bahndrehimpuls ausgeübt, das zu einer Präzession des Drehimpulses um die Feldrichtung und zu einer zusätzlichen potentiellen Energie $E_p = -\boldsymbol{\mu}_L \boldsymbol{B} = -\mu_L B \cos\varphi$ (Tabelle 13-1) führt. Je nach der Orientierung des Bahndrehimpulses bzw. des damit verbundenen magnetischen Momentes zur Feldrichtung (Bild 16-4) haben daher die durch unterschiedliche Quantenzahlen gekennzeichneten Elektronenzustände etwas unterschiedliche Energien im Magnetfeld: Mit zunehmender Ma-

gnetfeldstärke ***H*** oder Flußdichte ***B*** spalten Energiezustände gleicher Haupt-Quantenzahl n auf in mehrere Energieniveaus, deren Anzahl durch den Wertevorrat der magnetischen Quantenzahl m gegeben ist.
Eine weitere Eigenschaft des Elektrons neben Masse und Ladung ist sein *Eigendrehimpuls* oder *Spin*, der sich nicht auf eine Bahnbewegung zurückführen läßt. Der Spin des Elektrons wurde zunächst hypothetisch von Goudsmit und Uhlenbeck (1925) zur Erklärung der Feinstruktur der Spektrallinien eingeführt. Diese Eigenschaft wird in der Schrödinger-Gleichung nicht berücksichtigt, sondern erst in deren relativistischer Verallgemeinerung (z. B. nach Dirac). Der Betrag des Spinvektors ***S*** ist analog zu (13)

$$S = \sqrt{l_s(l_s + 1)}\,\hbar = \frac{\sqrt{3}}{2}\hbar \quad \text{mit} \quad l_s = \frac{1}{2}. \qquad (16)$$

Auch der Spin unterliegt der Richtungsquantelung (Bild 16-4b). Er kann zwei Orientierungen annehmen, die durch die Spinquantenzahl s beschrieben werden. Seine Projektion auf eine physikalisch ausgezeichnete Richtung z ist durch

$$S_z = s\hbar \quad \text{mit} \quad s = \pm\frac{1}{2} \qquad (17)$$

gegeben. Auch der Spin des Elektrons ist mit einem magnetischen Dipolmoment verknüpft (Bohrsches Magneton, siehe 14.3).

Elektronenschalen-Aufbau des Atoms

Zur Erklärung des Periodensystems der Elemente (vgl. C 3) führte Pauli 1925 das folgende Ausschließungsprinzip ein:

Pauli-Prinzip:

> Ein durch eine räumliche Wellenfunktion mit einer gegebenen Kombination von Quantenzahlen n, l und m sowie durch eine Spinquantenzahl s charakterisierter Quantenzustand in einem Atom kann höchstens durch *ein* Teilchen besetzt werden.

Danach müssen sich alle Elektronen eines Atoms voneinander um mindestens eine der vier Quantenzahlen unterscheiden. Aufgrund der oben genannten Wertevorräte für die verschiedenen Quantenzahlen läßt sich für jede Haupt-Quantenzahl n eine Anzahl von $2n^2$ verschiedenen Quantenzahlkombinationen angeben. Jeder Zustand n kann also maximal $2n^2$ Elektronen aufnehmen. Das System von Elektronen mit der gleichen Haupt-Quantenzahl n wird *Elektronenschale* genannt. Diese wiederum gliedern sich in Unterschalen, deren Elektronen die gleiche Neben-Quantenzahl l aufweisen.
In einem Atom der Ordnungszahl Z (Kernladungszahl = Hüllenelektronenzahl) nehmen die Elektronen im Grundzustand die niedrigsten Energiezustände ein. Mit steigender Ordnungszahl werden die einzelnen Elektronenschalen aufgefüllt. Ab $n = 3$ bleiben einige Unterschalen aus energetischen Gründen zunächst frei, um erst bei höheren Z aufgefüllt zu werden. Wie sich daraus mit zunehmendem Z die Elektronenkonfigurationen der verschiedenen Atome des *Periodensystems der Elemente* ergeben, ist in C 2.5 bis C 3.1) dargestellt.
Chemische Bindungsvorgänge zwischen zwei oder mehreren Atomen zu *Molekülen* spielen sich in den äußersten Elektronenschalen ab, die noch Elektronen enthalten:

Valenzelektronen. Dabei zeigen Atome mit voll gefüllten (abgeschlossenen) äußeren Elektronenschalen eine besonders hohe Energie zum Abtrennen eines Valenzelektrons (Ionisierungsenergie). Sie sind daher stabil und chemisch inaktiv (z. B. Edelgase). Valenzelektronenschalen, die nur ein oder zwei Elektronen enthalten, oder denen nur ein oder zwei Elektronen zur abgeschlossenen Schale fehlen, sind dagegen chemisch besonders aktiv. Bei der chemischen Bindung zweier Atome werden meist abgeschlossene Elektronenschalen dadurch erreicht, daß z. B. Valenzelektronen von einem Atom abgegeben und vom anderen aufgenommen werden *(Ionenbindung)*, oder daß Elektronenpaare beiden Atomen gemeinsam angehören *(Atombindung)*. Einzelheiten siehe C 4.

16.1.2 Elektronen in Festkörpern

Dieselben Bindungsarten, die zu Molekülen führen, können auch makroskopische raumperiodische Strukturen erzeugen: kristalline Festkörper. Die Ionenbindung (heteropolare Bindung) führt zu *Ionenkristallen*, die aus mindestens zwei Atomsorten bestehen (z. B. NaCl, CaF_2, MgO). Die Atombindung (homöopolare oder kovalente Bindung) liegt z. B. bei nichtmetallischen Kristallen vor, die nur aus einer einzigen Atomsorte bestehen (*kovalente Kristalle*, z. B. B, C, Si, P, As, S, Se).
Zusätzlich können bei Festkörpern noch weitere Bindungsarten auftreten. Dipolkräfte zwischen permanenten oder induzierten elektrischen Dipolmomenten der beteiligten Atome oder Moleküle (Van-der-Waals-Kräfte) führen zu *Van-der-Waals-Kristallen* (z. B. bei sehr tiefen Temperaturen auftretende feste Edelgase, oder Molekülgitterkristalle wie fester Wasserstoff oder alle Kristalle organischer Verbindungen).
Atome, die nur wenige Valenzelektronen in der äußersten Schale haben (z. B. Na, K, Mg, Ca und andere Metalle), lassen sich bis zur „Berührung" der inneren abgeschlossenen Schalen zusammenbringen. Die Bereiche der maximalen Aufenthaltswahrscheinlichkeit der Valenzelektronen überlappen sich dann so stark, daß die Valenzelektronen nicht mehr einem bestimmten Atom zuzuordnen

sind. Sie gehören allen Gitterionen gemeinsam an *(„freies Elektronengas")* und können sich im Metall quasi frei bewegen: *Metallische Leitfähigkeit.* Die Bindung der sich abstoßenden Gitterionen durch die freien Elektronen *(metallische Bindung)* ähnelt der kovalenten Bindung, ist jedoch nicht lokalisiert.

Energiebändermodell des Festkörpers

Das Energietermschema eines einzelnen Atoms weist scharf definierte Terme auf (Bild 16-3b links). Im Festkörper (Kristall) beeinflussen sich die Elektronen benachbarter Atome gegenseitig, die Festkörperatome stellen gekoppelte Systeme dar. Bei den Schwingungen haben wir kennengelernt, daß N gleiche Schwingungssysteme auf eine Kopplung in der Weise reagieren, daß die Eigenfrequenz in $3N$ Eigenfrequenzen aufspaltet (siehe 5.6.2), wobei die Aufspaltung zwischen zwei benachbarten Frequenzen umso größer ist, je stärker die Kopplung zwischen den Oszillatoren ist (Bild 5-27).

Ein dazu analoges Verhalten zeigen die diskreten Eigenenergien der Atome. Bei der Kopplung von N Atomen im Festkörper spalten die Energieterme der Atome in sehr viele (N ist bei einer Stoffmenge von 1 mol von der Größenordnung 10^{23}!) benachbarte Energiewerte auf, die bei einem Festkörper von makroskopischer Größe praktisch beliebig dicht liegen: Es entstehen quasikontinuierliche *Energiebänder* (Bild 16-5). Für die Diskussion elektrischer Leitungsphänomene wird oft horizontal noch eine Ortskoordinate aufgetragen.

Da die höheren Energieniveaus des Atoms zu weiter außen liegenden Bereichen der Elektronenhülle gehören, die die Kopplung mit den Nachbaratomen stärker spüren, als die zu inneren Elektronenschalen gehörenden, tiefer liegenden Energieniveaus, werden die höheren Niveaus (höhere Quantenzahlen) zu breiteren Energiebändern aufgespalten. Die Aufspaltung der Energieniveaus von ganz innen liegenden Elektronenschalen (niedrige Quantenzahlen) bleibt insbesondere bei Atomen mit höherer Ordnungszahl Z gering. Dies ist wichtig bei der Anregung atomspezifischer, charakteristischer Röntgenstrahlung (siehe 19.1).

Die Elektronen des Festkörpers besetzen Energiezustände innerhalb der Energiebänder, die durch sog. verbotene Zonen (Energielücken) voneinander getrennt sind. Entsprechend der Zahl der vorhandenen Elektronen (Z für jedes Atom) sind bei einem nicht angeregten Festkörper die unteren Energiebänder mit Elektronen vollständig gefüllt. In vielen Fällen, z. B. bei den Ionenkristallen, sind die äußersten, die Valenzelektronen enthaltenden Schalen der Gitterbausteine (Ionen) voll besetzt (damit wird ja gerade die Bindung erreicht). Das überträgt sich auf die Energiebänder: Das oberste, noch Elektronen enthaltende Band ist voll besetzt: *Valenzband.* Das nächsthöhere Band ist leer (Bild 16-6). Es wird wegen seiner Bedeutung für elektrische Leitungsvorgänge bei energetischer Anregung (siehe 16.4) *Leitungsband* genannt. Dazwischen liegt eine „verbotene Zone" (Energielücke), in der keine Elektronenzustände vorhanden sind. Elektronen in vollbesetzten (abgeschlossenen) Schalen bzw. Bändern sind besonders fest an ihre Ionen gebunden, können sich daher auch bei Anlegung eines elektrischen Feldes nicht ohne weiteres bewegen. Die äquivalente Betrachtung im Bändermodell ergibt ebenfalls keine Bewegungsmöglichkeit: Die Aufnahme von Bewegungsenergie würde die Besetzung eines etwas höheren Zustandes im Valenzband erfordern. Diese sind jedoch alle ebenfalls durch Elektronen besetzt, und eine Mehrfachbesetzung von Energiezuständen durch Elektronen ist nach dem Pauli-Verbot (vgl. Pauli-Prinzip, siehe oben) nicht möglich. In einem voll besetzten Energieband können Elektronen daher keine Bewegungsenergie aufnehmen. Ein Festkörper mit einem Bänderschema gemäß Bild 16-6 stellt daher (insbesondere bei $T = 0$ K, vgl. 16.4) einen elektrischen Isolator dar.

In einem Metallkristall (z. B. Elemente der I. Hauptgruppe des Periodensystems) sind dagegen die Valenzelektronen in nicht abgeschlossenen Schalen, das entsprechende Energieband ist nur teilweise gefüllt (Bild 16-7). Wie oben bei der metallischen Bindung diskutiert, sind solche Elek-

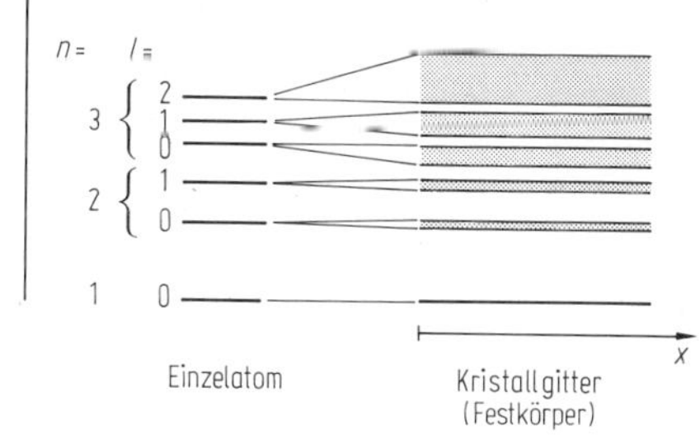

Bild 16-5. Übergang von diskreten Energieniveaus eines einzelnen Atoms zu Energiebändern im Festkörper (Kristallgitter).

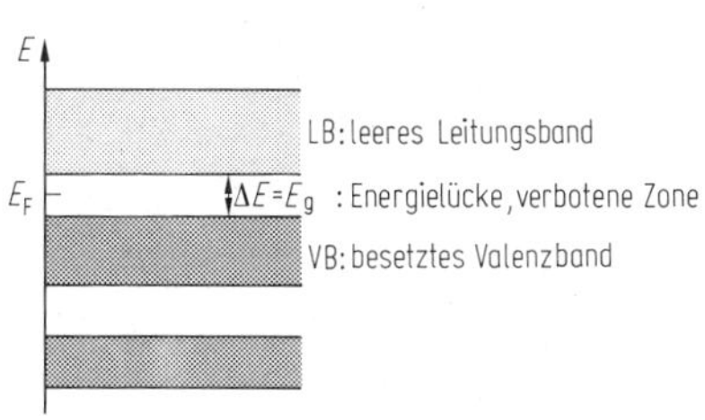

Bild 16-6. Valenzband VB, Leitungsband LB und verbotene Zone $\Delta E = E_g$ im Energiebänderschema eines Festkörpers (Isolator).

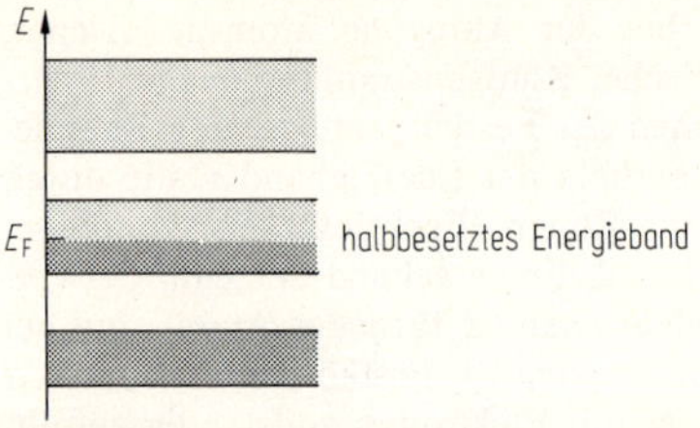

Bild 16-7. Energiebänderschema eines elektrischen Leiters (Metall).

tronen nicht mehr an ein bestimmtes Gitterion gebunden, sie sind vielmehr quasifrei beweglich (energetisch allerdings auf die Energiebänder beschränkt). Bei Anlegen eines elektrischen Feldes nehmen sie Bewegungsenergie auf und stellen einen elektrischen Strom dar. Im Bändermodell bedeutet dies, daß sie durch die Energieaufnahme etwas höhere Zustände im vorher unbesetzten Teil des Bandes einnehmen. Metalle sind daher elektrische Leiter. Teilweise unbesetzte Energiebänder können auch dadurch auftreten, daß Valenz- und Leitungsband einander überlappen (z. B. Elemente der II. Hauptgruppe des Periodischen Systems).

E_F wird *Fermi-Energie* oder Fermi-Niveau genannt und kennzeichnet die Grenze zwischen besetztem und unbesetztem Energiebereich. E_F ist eine charakteristische Größe der *Fermi-Dirac-Verteilungsfunktion*

$$f_{FD}(E) = \frac{1}{e^{(E-E_F)/kT} + 1}, \tag{18}$$

die die Wahrscheinlichkeit beschreibt, mit der ein bestimmter Energiezustand mit Elektronen besetzt ist. Die Fermi-Dirac-Statistik gilt für Teilchen mit halbzahligem Spin, zu denen die Elektronen nach (17) gehören.

Für $T = 0$ K stellt (18) eine Sprungfunktion dar (*Fermi-Kante* bei $E = E_F$):

$$f_{FD}(E) = \begin{cases} 1 & \text{für} \quad E < E_F \\ 0 & \text{für} \quad E > E_F, \end{cases} \tag{19}$$

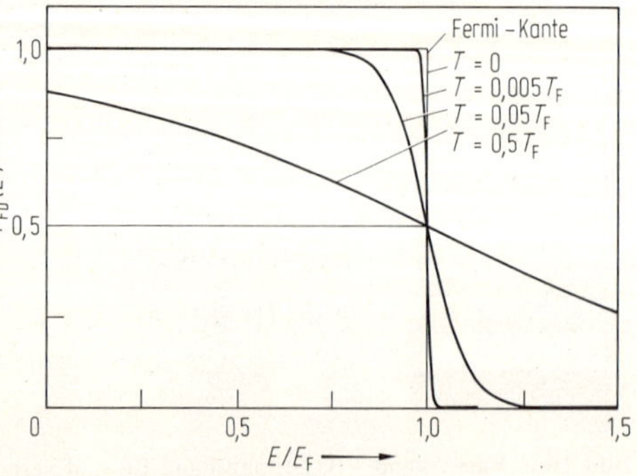

Bild 16-8. Fermi-Dirac-Verteilung der Besetzungswahrscheinlichkeit.

d. h., unterhalb der Fermi-Kante sind alle Zustände mit Elektronen besetzt, oberhalb E_F leer (Bild 16-8). Bei Temperaturen $T > 0$ können Elektronen in einem Bereich der Größenordnung kT (k Boltzmann-Konstante, vgl. (8-29)) unterhalb der Fermi-Kante thermisch angeregt werden, d. h., ihre Energie erhöht sich um einen Betrag von der Größenordnung kT. Für energetisch tiefer liegende Elektronen ist dies nicht möglich, da sie keine freien Zustände vorfinden. Die Fermi-Kante wird daher mit steigender Temperatur weicher: Die Besetzungswahrscheinlichkeit dicht unterhalb der Fermi-Kante sinkt auf Werte < 1, d. h., es sind nicht alle vorhandenen Zustände mit Elektronen besetzt. Die dort fehlenden Elektronen besetzen nun Zustände dicht oberhalb der Fermi-Kante, die Besetzungswahrscheinlichkeit ist jetzt dort > 0 (Bild 16-8). Die Breite des Übergangsbereiches ist von der Größenordnung der thermischen Energie kT und bei normalen Temperaturen sehr klein im Vergleich zur Fermi-Energie. Dies ändert sich erst bei Temperaturen T in der Größenordnung der *Fermi-Temperatur*

$$T_F = \frac{E_F}{k}, \tag{20}$$

(vgl. z. B. Bild 16-8 für $T = 0{,}5\,T_F$). Da die Fermi-Temperatur bei Metallen $T_F > 10^4$ K beträgt (Tabelle 16-1), tritt dieser Fall bei Festkörpern nicht auf.

Der höherenergetische Teil der Fermi-Dirac-Verteilung (18) geht in die Boltzmann-Verteilung über (vgl. (8-40)):

$$f_{FD}(E) \to e^{-(E-E_F)/kT} = f_B(E - E_F) \quad \text{für} \quad (E - E_F) \gg kT. \tag{21}$$

Die Fermi-Dirac-Verteilung ist auch gültig für den Fall, daß zwischen besetztem und unbesetztem Bandbereich eine Energielücke auftritt (Bild 16-6). Die Fermi-Kante liegt dann in der Mitte der Energielücke zwischen Valenzband VB und Leitungsband LB.

Tabelle 16-1. Parameter des Fermi-Niveaus von Metallen

Metall	n $10^{22} \cdot \text{cm}^{-3}$	E_F eV	T_F $10^3 \cdot$ K
Li	4,6	4,7	54
Na	2,5	3,1	36
K	1,34	2,1	24
Cu	8,50	7,0	81
Ag	5,76	5,5	64
Au	5,90	5,5	64

16.2 Metallische Leitung

Die elektrischen Leitungseigenschaften der Metalle lassen sich weitgehend durch das Modell des *freien Elektronengases* verstehen. Es beschreibt die Leitungselektronen ähnlich wie die frei beweglichen Moleküle eines Gases. Dabei wird die Wechselwirkung der Leitungselektronen mit den gitterperiodisch angeordneten Atomrümpfen vernachlässigt, es wird lediglich die Begrenzung des metallischen Körpers für die Bewegung der Elektronen berücksichtigt. Wird z. B. ein Würfel der Kantenlänge L (Volumen $V = L^3$) betrachtet, so können im Sinne der Wellenmechanik (siehe 25) nur solche Wellenfunktionen für die Aufenthaltswahrscheinlichkeit der Elektronen im Würfel existieren, für die in jeder der drei Würfelkantenrichtungen eine ganzzahlige Anzahl von Materiewellenlängen hineinpaßt. Zählt man die Möglichkeiten hierfür ab, so erhält man die Zahl der möglichen Elektronenzustände als Funktion der zugehörigen Energie. Die hier nicht dargestellte Rechnung ergibt für diese *Zustandsdichte*

$$Z(E) = \frac{1}{V} \cdot \frac{dN}{dE} = \frac{1}{2\pi^2} \left(\frac{2m_e}{\hbar^2}\right)^{3/2} \sqrt{E}, \qquad (22)$$

die nur von der Energie der Zustände, nicht aber von der gewählten Geometrie des Metallkörpers abhängt. Sind N Leitungselektronen im Volumen V enthalten, beträgt ihre Dichte also $n = N/V$, so ergibt sich (ohne Rechnung) als energetische Grenze der mit Elektronen besetzten Zustände, also für die *Fermi-Energie* (siehe 16.1)

$$E_F = \frac{\hbar^2}{2m_e} (3\pi^2 n)^{2/3}. \qquad (23)$$

Daraus berechnete Werte für die Fermi-Energie verschiedener Metalle zeigt Tabelle 16-1. Die Dichte der besetzten Zustände im Bänderschema (Bild 16-7) ergibt sich nun aus dem Produkt der Zustandsdichte $Z(E)$ nach (22) und der Fermi-Dirac-Verteilung $f_{FD}(E)$ nach (18) zu

$$Z(E) f_{FD}(E) = \frac{1}{2\pi^2} \left(\frac{2m_e}{\hbar^2}\right)^{3/2} \sqrt{E} \times \frac{1}{\exp[(E - E_F)/kT] + 1}. \qquad (24)$$

Bei Zimmertemperatur ist demnach nur ein sehr geringer Anteil der Leitungselektronen thermisch angeregt (Bild 16-9). Das ist auch der Grund dafür, daß das freie Elektronengas im Metall praktisch nicht zu dessen Wärmekapazität beiträgt, obwohl dies vom Gleichverteilungssatz her eigentlich zu erwarten wäre (vgl. 8.6).

Daß sich die Leitungselektronen im Metall etwa wie freie Teilchen verhalten, kann mit dem *Tolman-Versuch* gezeigt werden. Wird ein Metall beschleunigt oder abgebremst (Beschleunigung $\boldsymbol{a}$), so zeigen freie Elektronen träges Verhalten, d. h.,

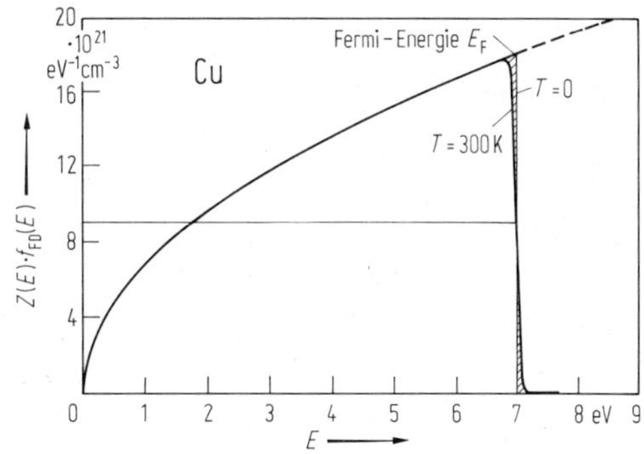

Bild 16-9. Dichte der mit Leitungselektronen besetzten Energiezustände in Kupfer bei $T = 300$ K.

hinsichtlich des Metallkörpers als Bezugssystem tritt eine Beschleunigung der Elektronen der Größe $-\boldsymbol{a}$ auf. Der zugehörigen Trägheitskraft $-m_e\boldsymbol{a}$ entspricht eine elektrische Feldstärke $\boldsymbol{E} = m_e\boldsymbol{a}/q$ bzw. eine spezifische Ladung

$$\frac{q}{m} = \frac{a}{E}. \qquad (25)$$

Tolman hat $\boldsymbol{a}$ und $\boldsymbol{E}$ bei Drehschwingungen eines Metallringes gemessen. Die elektrische Feldstärke $\boldsymbol{E}$ erzeugt dabei einen oszillierenden Ringstrom, dessen magnetisches Wechselfeld induktiv gemessen werden kann. Im Rahmen der Meßgenauigkeit ergab sich dabei die *spezifische Ladung freier Elektronen*

$$\frac{e}{m_e} = (1{,}758\,819\,62 \pm 53 \cdot 10^{-8}) \cdot 10^{11}\ \mathrm{A\,s/kg}, \qquad (26)$$

wie sie im Vakuum durch Versuchsanordnungen gemäß Bild 13-11 bestimmt werden kann. Damit ist nachgewiesen, daß die Ladungsträger des elektrischen Stromes in Metallen quasifreie Elektronen sind.

Klassische Theorie des Elektronengases

Nach Drude und H. A. Lorentz wird die Bewegung der freien Elektronen im Metall wie die Bewegung der Moleküle eines Gases behandelt. Die Leitungselektronen bewegen sich statistisch ungeordnet, tauschen durch Stöße Energie und Impuls mit dem Kristallgitter aus und nehmen daher dessen Temperatur T an. Bei Anlegen eines elektrischen Feldes $\boldsymbol{E}$ erhalten sie eine Beschleunigung $\boldsymbol{a} = -e\boldsymbol{E}/m_e$, die ihnen in der Zeit τ zwischen zwei unelastischen Zusammenstößen mit dem Gitter eine Geschwindigkeit $\boldsymbol{v}_E = \boldsymbol{a}\tau = -e\tau\boldsymbol{E}/m_e$ in (negativer) Feldrichtung erteilt. Ferner sei angenommen, daß die Elektronen bei den unelastischen Stößen mit dem Gitter alle im Feld auf der mittleren freien Weglänge $l_c = \bar{v}\tau$ aufgenommene Energie als Gitterschwingungsenergie (Phononen), d. h. als Joulesche Wärme, an das Gitter abgeben und nach jedem solcher Stöße erneut im Feld starten müssen. Dann ergibt sich als mittlere, durch die Feldstärke $\boldsymbol{E}$ verursachte *Driftgeschwindigkeit* der Leitungselektronen (vgl. 12.6)

$$\boldsymbol{v}_\mathrm{D} = -\frac{1}{2}\tau\frac{e}{m_\mathrm{e}}\boldsymbol{E} = -\frac{el_\mathrm{c}}{2m_\mathrm{e}\bar{v}}\boldsymbol{E}. \tag{27}$$

Die Driftgeschwindigkeit $\boldsymbol{v}_\mathrm{D}$ überlagert sich der viel höheren thermischen Geschwindigkeit $\bar{v}$, jedoch führt nur $\boldsymbol{v}_\mathrm{D}$ zu einem resultierenden elektrischen Strom. (27) hat die Form der Definitionsgleichung (15-8) bzw. (15-9) der Beweglichkeit. Durch Vergleich erhält man für die *Beweglichkeit* der Elektronen

$$\mu_\mathrm{e} = \frac{1}{2}\tau\frac{e}{m_\mathrm{e}} = \frac{el_\mathrm{c}}{2m_\mathrm{e}\bar{v}}. \tag{28}$$

Der Zusammenhang (15-7) zwischen Stromdichte $\boldsymbol{j}$ und Driftgeschwindigkeit liefert schließlich mit (27)

$$\boldsymbol{j} = \frac{1}{2}\tau\frac{ne^2}{m_\mathrm{e}}\boldsymbol{E} = \frac{ne^2 l_\mathrm{c}}{2m_\mathrm{e}\bar{v}}\boldsymbol{E}. \tag{29}$$

Für Metalle ist $v_\mathrm{D} \ll \bar{v}$ (siehe 12.6), so daß $\bar{v}$ bei konstanter Temperatur durch das Anlegen des Feldes praktisch nicht geändert wird. Auch die anderen Faktoren vor der Feldstärke sind von $\boldsymbol{E}$ unabhängig. Damit stellt (29) das aus dem Drude-Lorentz-Modell hergeleitete *Ohmsche Gesetz* dar. Durch Vergleich mit (15-6) ergibt sich für die *elektrische Leitfähigkeit*

$$\gamma = \frac{1}{2}\tau\frac{ne^2}{m_\mathrm{e}} = \frac{ne^2 l_\mathrm{c}}{2m_\mathrm{e}\bar{v}}. \tag{30}$$

Anmerkung: Bei der elektrischen Leitung in verdünnten ionisierten Gasen (16.6) kann v_D in die Größenordnung der mittleren thermischen Geschwindigkeit $\bar{v}$ kommen, so daß diese durch $\boldsymbol{E}$ verändert wird. Dann treten Abweichungen vom Ohmschen Gesetz auf.

Es liegt nahe anzunehmen, daß die besonders große Wärmeleitfähigkeit der Metalle ebenfalls auf das freie Elektronengas zurückzuführen ist. Wir können dazu die Beziehung für die Wärmeleitfähigkeit einatomiger Gase (9-21) übernehmen:

$$\lambda = \frac{1}{2}k\bar{v}nl_\mathrm{c}. \tag{31}$$

Bilden wir nun den Quotienten λ/γ und setzen gemäß (8-42) $m\bar{v}^2 \approx 3kT$, so erhalten wir das von Wiedemann und Franz 1853 empirisch gefundene, von Lorenz 1872 ergänzte Gesetz *(Wiedemann-Franzsches Gesetz)*:

$$\frac{\lambda}{\gamma} = LT \quad \text{mit} \quad L = \frac{3k^2}{e^2}. \tag{32}$$

Die korrektere Berechnung unter Berücksichtigung der Fermi-Dirac-Verteilung (18) bzw. (24) liefert für die Konstante L (Sommerfeld 1928) den nur wenig abweichenden Wert für alle Metalle (und für Temperaturen weit oberhalb der Debye-Temperatur Θ_D, die hier nicht erläutert werden kann)

$$L = \frac{\pi^2 k^2}{3e^2} = 2{,}443\ldots\cdot 10^{-8}\,\mathrm{V^2/K^2}. \tag{33}$$

Experimentelle Werte liegen bei 2,2 bis $2{,}6\cdot 10^{-8}\,\mathrm{V^2/K^2}$ für verschiedene reine Metalle ($T \gtrsim 200\,\mathrm{K}$). Die relativ gute Übereinstimmung der klassischen Rechnung mit (33) liegt mit daran, daß sowohl für die elektrische Leitung als auch für die Wärmeleitung vor allem die schnellen Elektronen maßgebend sind, deren Energieverteilung sich der klassischen Boltzmann-Verteilung annähert (21). Dagegen versagt die klassische Vorstellung bei der Berechnung der Wärmekapazität des Elektronengases. Hier muß die Fermi-Dirac-Verteilung beachtet werden, die bewirkt, daß bei normalen Temperaturen nur ein sehr geringer Anteil der Leitungselektronen thermisch angeregt ist.

Temperaturabhängigkeit des elektrischen Widerstandes von Metallen

Reine Metalle zeigen empirisch nach (15-12) und Tabelle 15-1 einen von der Temperatur abhängigen spezifischen Widerstand

$$\varrho = \varrho_0(1 + \alpha\vartheta) = \varrho_0(1 - \alpha T_0 + \alpha T), \tag{34}$$

worin $\vartheta = T - T_0$ die Celsius-Temperatur und $T_0 = 273{,}15\,\mathrm{K}$ bedeuten. Für reine Metalle ist nach Tabelle 15-1 in den meisten Fällen $\alpha \approx 0{,}004\,\mathrm{K}^{-1} \approx 1/T_0$, so daß $\alpha T_0 \approx 1$ ist. Damit erhalten wir für reine Metalle aus (34) in grober Näherung das empirische Ergebnis

$$\varrho = \varrho_0\alpha T \approx \frac{\varrho_0}{T_0}T, \tag{35}$$

das anhand des Modells des freien Elektronengases zu interpretieren ist. Aus (30) ergibt sich für den spezifischen Widerstand

$$\varrho = \frac{2m_\mathrm{e}\bar{v}}{ne^2 l_\mathrm{c}}. \tag{36}$$

Als temperaturabhängige Größen kommen hierin die Leitungselektronendichte n, die mittlere Geschwindigkeit $\bar{v}$ und die mittlere freie Weglänge l_c in Frage. n ist jedoch nach der Vorstellung vom freien Elektronengas in Metallen nicht temperaturabhängig. Für $\bar{v}$ trifft aufgrund der Fermi-Dirac-Verteilung (Bild 16-9) praktisch das gleiche zu. Als einzige temperaturabhängige Größe bleibt l_c als mittlere freie Weglänge zwischen zwei unelastischen Stößen der Elektronen mit dem Gitter. Solche unelastischen Stöße treten an Störungen des periodischen Aufbaues des Kristallgitters auf, während das regelmäßige, periodische Gitter (aus wellenmechanischen Gründen) von den Leitungs-

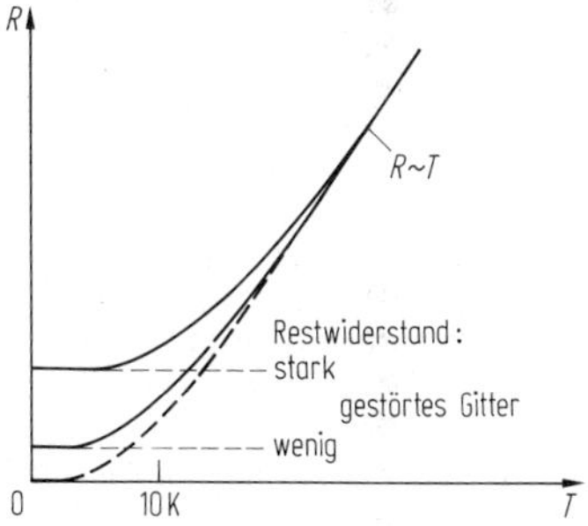

Bild 16-10. Temperaturabhängigkeit des elektrischen Widerstandes verschieden stark gestörter Metallkristalle.

elektronen frei durchlaufen werden kann. Solche Störungen sind z. B. die thermischen Gitterschwingungen. Mit steigender Temperatur nimmt daher die freie Weglänge l_c ab, der Widerstand steigt mit T gemäß (35). Bei tiefen Temperaturen sind dagegen die temperaturunabhängigen Gitterstörungen (wie Fremdatome, Leerstellen, Korngrenzen zwischen verschiedenen Kristalliten usw.) maßgebend für l_c bzw. ϱ. Der temperaturproportionale Widerstand geht daher bei tiefen Temperaturen ($T \lesssim 10$ K) in einen konstanten *Restwiderstand* über, dessen Wert ein Maß für die Reinheit und Ungestörtheit des Metallkristalls ist (Bild 16-10).

Metallegierungen sind stark gestörte Kristalle, in denen l_c klein und damit ϱ groß ist und beide kaum von der Temperatur abhängen: Widerstandslegierungen (Tabelle 15-1).

16.3 Supraleitung

Der elektrische Widerstand von Metallen nimmt nach 16.2 mit sinkender Temperatur ab, geht aber für $T \to 0$ in den konstanten Restwiderstand über (Bild 16-10), der durch die Gitterstörungen bestimmt ist. Mit abnehmender Konzentration der Gitterstörungen nähert sich der Widerstand dem Wert 0, verschwindet jedoch nicht vollständig, da absolute Fehlerfreiheit und $T = 0$ nicht erreichbar sind. Einige Metalle, z. B. Quecksilber oder Blei, zeigen jedoch bei Unterschreiten einer materialabhängigen *kritischen Temperatur* T_c von wenigen Kelvin (Bild 16-11) einen unmeßbar kleinen Widerstand: *Supraleitung* (Kamerlingh Onnes 1911).

Für Elementsupraleiter liegen die *Sprungtemperaturen* durchweg unter 10 K (Tabelle 16-2), bei Verbindungs- und Legierungssupraleitern bisher maximal bei 23 K. Für die Nutzung der idealen Leitfähigkeit von Supraleitern ist daher die Kühlung mit flüssigem Helium (Siedetemperatur 4,2 K, Tabelle 8-5) Voraussetzung. Erst 1986 wurden höhere Sprungtemperaturen entdeckt (Bednorz und Müller): Bestimmte keramische Stoffe mit Perowskit-Struktur zeigen Supraleitung bei

Tabelle 16-2. Sprungtemperaturen T_c und kritische Flußdichten B_c verschiedener Supraleiter

Stoff	T_c K	$B_c(T \to 0)$ mT	$B_{c2}(T \to 0)$ T
Supraleiter 1. Art:			
Al	1,18	9,9	
Cd	0,52	5,3	
Hg (α)	4,15	41,2	
In	3,41	29,3	
Pb	7,20	80,3	
Sn	3,72	30,9	
Supraleiter 2. Art:			
Nb	9,46		0,198
Ta	4,48		0,108
V	5,30		0,132
Zn	0,9		0,005 3
Supraleiter 3. Art:			
Nb_3Al	17,5		
Nb_3Ge	23		
Nb_3Sn	18		≈ 25
NbTi (50 %)	10,5		~ 14
NbZr (50 %)	11		
V_3Ga	16,8		≈ 21
V_3Si	17		≈ 23,5
Keramische Supraleiter (Hochtemperatursupraleiter):			
$La_{1,85}Sr_{0,15}CuO_4$	37		
$YBa_2Cu_3O_7$	93		≈ 350 ($B_{c2\parallel}$)
Bi-Sr-Ca-Cu-O	115		
Tl-Sr-Ca-Cu-O	125		

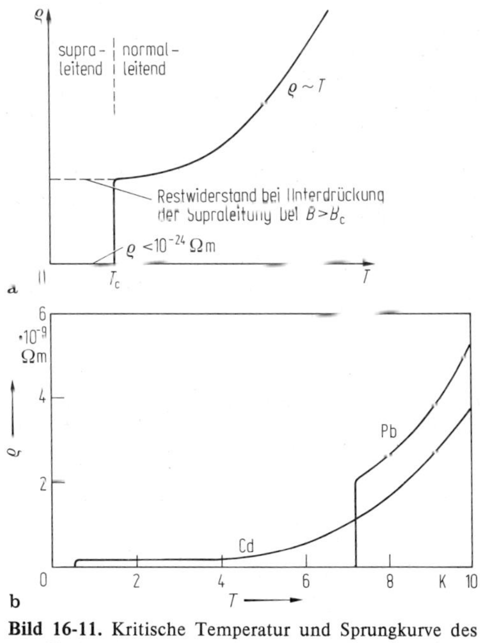

Bild 16-11. Kritische Temperatur und Sprungkurve des spezifischen Widerstandes von Supraleitern. **a** schematisch, **b** für Blei und Cadmium.

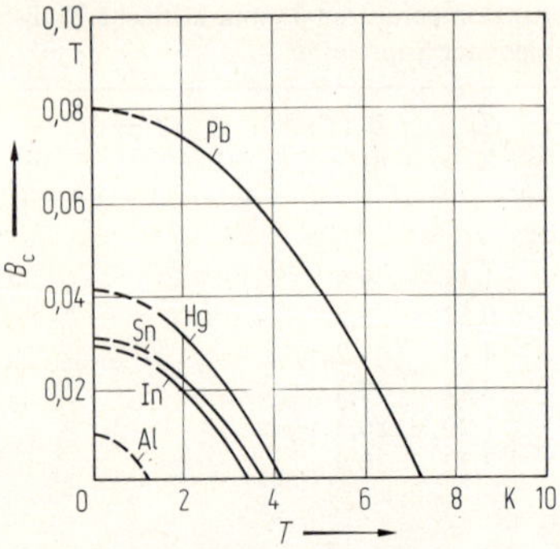

Bild 16-12. Kritische Flußdichte B_c als Funktion der Temperatur für einige Elementsupraleiter 1. Art.

37 K, bei 93 K und sogar bei über 100 K (Tabelle 16-2): *Hochtemperatur-Supraleiter.* Für solche Supraleiter genügt die Kühlung mit flüssigem Stickstoff (Siedetemperatur 77,4 K, Tabelle 8-5), ein enormer technischer Vorteil.

Die in Tabelle 16-2 angegebenen Sprungtemperaturen T_c gelten für den Fall, daß keine äußere magnetische Feldstärke anliegt. Für eine äußere magnetische Flußdichte $B_a > 0$ wird dagegen die Sprungtemperatur kleiner, der supraleitende Zustand wird oberhalb einer kritischen äußeren magnetischen Flußdichte B_c zerstört. Der Zusammenhang zwischen der *kritischen Flußdichte* B_c und der Temperatur T läßt sich in den meisten Fällen in guter Näherung durch die empirische Beziehung

$$B_c = B_{c0}\left[1 - \left(\frac{T}{T_c}\right)^2\right] \qquad (37)$$

darstellen. Die Bilder 16-12 und 16-13 zeigen diesen Zusammenhang für einige Supraleiter 1. Art und 3. Art.

Diese Erscheinung hängt mit dem zweiten wichtigen Phänomen der Supraleitung neben der idealen Leitfähigkeit, dem *Meißner-Ochsenfeld-Effekt*

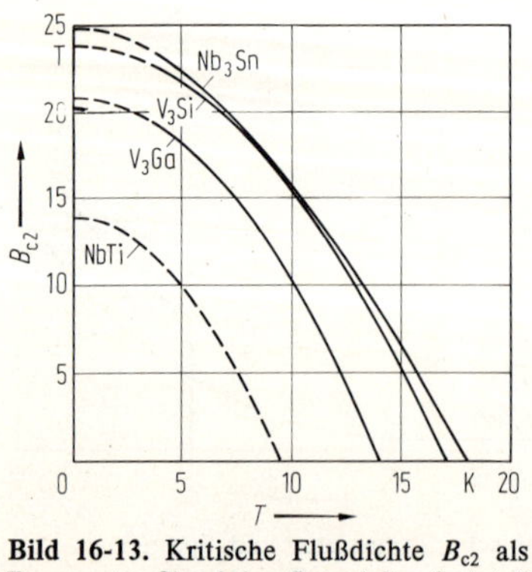

Bild 16-13. Kritische Flußdichte B_{c2} als Funktion der Temperatur für einige Supraleiter 3. Art (Hochfeldsupraleiter).

(1933) zusammen. Danach wird ein Magnetfeld aus dem Inneren eines Supraleiters verdrängt, solange die Energie hierfür kleiner ist, als der Energiegewinn durch den Eintritt des supraleitenden Zustandes. Das erfolgt unabhängig davon, ob das Magnetfeld nach oder vor der Abkühlung unter T_c eingeschaltet wird. Im ersten Fall könnte die ideale Leitfähigkeit allein zur Erklärung der Feldfreiheit des Supraleiters herangezogen werden (Induktion von Abschirmströmen nach der Lenzschen Regel, siehe 14.1). Im zweiten Fall ist das nicht möglich.

Ein Supraleiter, aus dem das äußere Magnetfeld $\boldsymbol{B}_a$ verdrängt wird ($\boldsymbol{B}_i = \mu_r \mu_0 H = 0$), zeigt damit einen *idealen Diamagnetismus*:

$$\mu_r = 0 \quad \text{für} \quad T < T_c\,. \qquad (38)$$

Derselbe Sachverhalt läßt sich auch durch die Magnetisierung $\boldsymbol{M}$ ausdrücken (13-45): $\boldsymbol{B}_i = \boldsymbol{B}_a + \mu_0 \boldsymbol{M} = 0$. Die Magnetisierung eines Supraleiters mit vollständigem Meißner-Effekt ergibt sich daher aus

$$-\mu_0 \boldsymbol{M} = \boldsymbol{B}_a \quad \text{für} \quad T < T_c\,. \qquad (39)$$

Vollständigen Meißner-Effekt zeigen nur die *Supraleiter 1. Art* (Tabelle 16-2), deren Magnetisierungskurve (für einen langen Zylinder parallel zu $\boldsymbol{B}_a$) Bild 16-14a zeigt. Für $B_a < B_c$ fließen dabei in einer dünnen Oberflächenschicht (Eindringtiefe $\lambda \approx (10^{-7}\ldots10^{-8})$ m, siehe unten) des supraleitenden Körpers Abschirmströme, deren Feld das äußere Feld (bis auf die Oberflächenschicht) exakt kompensiert. Für $B_a \geqq B_c$ bricht die Supraleitung sprunghaft zusammen.

Stromführende supraleitende Drähte erzeugen selbst ein Magnetfeld (13-3), das schließlich die Supraleitung zerstören kann. Die *Stromtragfähigkeit* ist daher begrenzt und umso geringer, je größer ein von außen angelegtes Feld ist.

Phänomenologisch lassen sich die beiden Haupteigenschaften der Supraleiter durch die Londonsche Theorie (F. und H. London 1935) mit den *Londonschen Gleichungen* beschreiben:

$$\text{(I)} \qquad \frac{\mathrm{d}}{\mathrm{d}t}(\Lambda \boldsymbol{j}_s) = \boldsymbol{E}$$
$$\text{(II)} \qquad \mathrm{rot}\,(\Lambda \boldsymbol{j}_s) = -\boldsymbol{B} \qquad (40)$$

$\boldsymbol{j}_s = -n_s e_s \boldsymbol{v}_s$ ist die Suprastromdichte. Die I. Londonsche Gleichung beschreibt daher einen idealen Leiter mit verschwindendem ohmschen Widerstand, in dem die Ladungen in einem elektrischen Feld beschleunigt werden, so daß $\dot{\boldsymbol{v}}_s \sim \boldsymbol{E}$ (im Gegensatz zum Ohmschen Gesetz mit $\boldsymbol{v} \sim \boldsymbol{E}$). Ferner ist

$$\Lambda = \frac{m_s}{n_s e_s^2}\,. \qquad (41)$$

n_s, m_s, e_s und $\boldsymbol{v}_s$ sind Anzahldichte, Masse, Ladung und Geschwindigkeit der supraleitenden Ladungsträger. Die II. Londonsche Gleichung liefert für das Magnetfeld an einer supraleitenden Oberfläche (Ebene $x = 0$, supraleitend für $x > 0$)

$$B_z(x) = B_z(0)\,e^{-x/\lambda}. \qquad (42)$$

Das äußere Magnetfeld klingt also innerhalb des supraleitenden Bereiches exponentiell ab. Seine Eindringtiefe λ ist nach der Londonschen Theorie

$$\lambda = \sqrt{\Lambda/\mu_0}\,. \qquad (43)$$

Damit beschreibt die II. Londonsche Gleichung den idealen Diamagnetismus.

Bei *Supraleitern 2. Art* (Tabelle 16-2) gibt es bei niedrigem Außenfeld zunächst ebenfalls eine Meißner-Phase (Bild 16-14b). Bei einer ersten kritischen Flußdichte B_{c1} beginnt das äußere Magnetfeld in Form von normalleitenden magnetischen Flußschläuchen in den Supraleiter einzudringen, so daß die Magnetisierung $-\boldsymbol{M}$ wieder kleiner wird (bei nach wie vor verschwindendem elektrischen Widerstand!), bis schließlich bei einer sehr viel höheren zweiten kritischen Flußdichte B_{c2} die gesamte Probe normalleitend geworden ist. Für theoretische Betrachtungen kann eine fiktive kritische Flußdichte B_c^* derart gebildet werden, daß die getönten Flächen in Bild 16-14b gleich sind. Die Magnetisierungskurve der Supraleiter 2. Art ist reversibel, sie kann in beiden Richtungen durchlaufen werden.

Der supraleitende Zustand im Außenfeldbereich $B_{c1} < B_a < B_{c2}$ heißt *gemischter Zustand.* Im gemischten Zustand von supraleitenden Proben aus reinen, ungestörten Kristallen bilden die normalleitenden magnetischen Flußschläuche reguläre trigonale oder rechteckige Flußliniengitter (je nach Orientierung der Kristallstruktur zum Magnetfeld). Die Flußliniengitter wurden erstmals 1966 von Essmann und Träuble durch Dekoration mittels eines Bitter-Verfahrens (siehe 13.4) sichtbar gemacht.

Der gemischte Zustand kann durch die phänomenologische Ginsburg-Landau-Theorie (1950) beschrieben werden, indem für die Grenzfläche zwischen normal- und supraleitendem Bereich eine *Grenzflächenenergie* eingeführt wird. Je nach deren Vorzeichen wird die Bildung solcher Grenzflächen energetisch begünstigt (Supraleiter 2. Art im gemischten Zustand) oder behindert (Supraleiter 1. Art).

Anmerkung: Der gemischte Zustand ist vom *Zwischenzustand* zu unterscheiden, der in Supraleitern 1. und 2. Art bei solchen Probengeometrien auftritt, bei denen durch die Feldverdrängung lokal am Probenrand B_c (bzw. B_{c1}) überschritten wird, obwohl im entfernteren, ungestörten Außenfeld

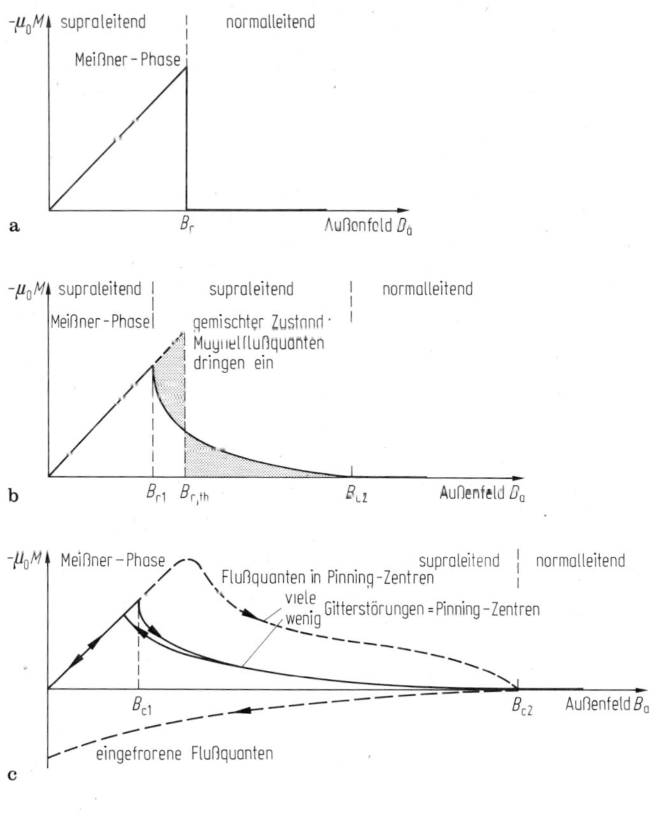

Bild 16-14. Magnetisierungskurven von Supraleitern (lange Stäbe parallel zu $\boldsymbol{B}_a$). Supraleiter **a** 1. Art, **b** 2. Art, **c** 3. Art.

noch $B_a < B_c$ (bzw. $B_a < B_{c1}$) gilt. Im Zwischenzustand ist die supraleitende Probe von makroskopischen, normalleitenden magnetischen Bereichen durchzogen.

Die normalleitenden, magnetischen Flußschläuche sind vollständig von supraleitendem Material umschlossen. Für einen magnetischen Fluß Φ in einem zweifach zusammenhängenden, supraleitenden Gebiet gilt, wie die Wellenmechanik der Supraleitung zeigt, eine Quantenbedingung

$$\Phi = n\Phi_0 \quad (n = 0, 1, 2, \ldots) \tag{44}$$

und

$$\Phi_0 = \frac{h}{2e} = 2{,}067\ldots \cdot 10^{-15}\,\text{Wb} \tag{45}$$

(magnetisches Flußquant).

Die *Flußquantisierung* wurde 1961 von Doll und Näbauer sowie von Deaver und Fairbank (mittels sehr empfindlicher magnetischer Meßmethoden) und später von Boersch und Lischke (mittels elektroneninterferometrischer Methoden) nachgewiesen. Das Auftreten der Ladung $2e$ im Nenner von (45) ist ein Hinweis auf die Existenz von Elektronenpaaren im Supraleiter, siehe unten.

Im gemischten Zustand des Supraleiters 2. Art enthalten die Flußschläuche gerade ein Flußquant, also den kleinsten, von null verschiedenen Wert. Damit wird ein maximaler Wert der Grenzfläche zwischen supraleitender und normalleitender Phase geschaffen. Bei Supraleitern 2. Art ist dieser Zustand für $B_a > B_{c1}$ energetisch günstig, da hier die Grenzflächenenergie negativ ist. Bei Supraleitern 1. Art ist hingegen die Grenzflächenenergie positiv, weshalb ein gemischter Zustand dort nicht auftritt.

Stark gestörte Supraleiter 2. Art werden *Supraleiter 3. Art* genannt (Tabelle 16-2). Die Kristallstörungen wirken als sogenannte Pinning-Zentren, an denen die Flußquanten haften bleiben. Das hat Hystereseeffekte zur Folge, wobei nach Durchlaufen der Magnetisierungskurve bis $B_a > B_{c2}$ bei verschwindendem Außenfeld eine Restmagnetisierung durch eingefrorene, haftende Flußquanten bestehen bleibt (Bild 16-14c). Die Pinning-Zentren sind für die Stromtragfähigkeit der Supraleiter von großer Bedeutung, da ein von außen aufgeprägter Strom gemäß (13-35) eine Kraft auf die Flußschläuche ausübt. Ohne Pinning-Zentren würde dies zum Wandern der Flußschläuche, das heißt, zum Auftreten einer Induktionsspannung und damit zu ohmschen Verlusten führen.

Supraleiter 3. Art haben sehr hohe kritische Flußdichten (Tabelle 16-2) bei gleichzeitig großer Stromtragfähigkeit. Sie sind deshalb von technischer Bedeutung vor allem für die Erzeugung großer Magnetfelder im sogenannten *Dauerstrombetrieb*: In einer supraleitend kurzgeschlossenen, supraleitenden Spule fließt der Strom zeitlich konstant beliebig lange ohne Spannungsquelle weiter,

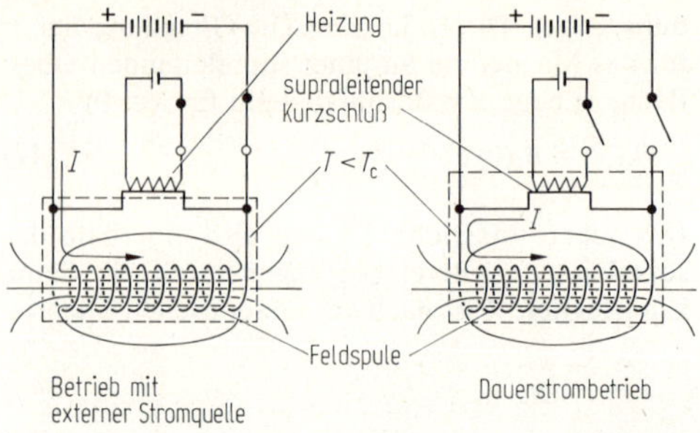

Bild 16-15. Magnetfelderzeugung durch Supraleitungsspulen: Kurzgeschlossene supraleitende Spule **a** im Lade- und **b** im Dauerstrombetrieb.

und das erzeugte Magnetfeld bleibt ohne weitere Energiezufuhr erhalten, wenn man von der Energie für die Kühlung gegen äußere Wärmezufuhr durch flüssiges Helium absieht. Während des Hochfahrens des Stromes durch die supraleitende Spule wird der eingebaute supraleitende Kurzschluß durch eine kleine Heizwicklung normalleitend gehalten (Bild 16-15). Nach Einstellung des erforderlichen Stromes wird die Heizung ausgeschaltet, die Spule arbeitet im Dauerstrombetrieb und die Stromzufuhr kann abgeschaltet werden.

Die mikrophysikalische Begründung der Supraleitung erfolgte 1957 durch Bardeen, Cooper und Schrieffer *(BCS-Theorie)*. Diese mathematisch sehr anspruchsvolle Theorie geht von folgenden Grundgedanken aus: Für $T < T_c$ besteht das Leitungselektronensystem des Supraleiters aus normalen freien Elektronen, die sich wie bei der metallischen Leitung (16.2) verhalten, und aus Elektronenpaaren mit antiparallelem Impuls und Spin *(Cooper-Paare)*, die den reibungsfreien Suprastrom tragen. Die Kopplung zweier Elektronen zu einem Cooper-Paar erfolgt über die Wechselwirkung mit dem Gitter (Austausch von Phononen, Nachweis durch den *Isotopeneffekt*, d. h. die Abhängigkeit der Sprungtemperatur von der Masse der Gitterionen). Anschauliche Vorstellung: Ein sich durch das Metallgitter bewegendes Elektron polarisiert das Gitter in seiner Nähe, d. h., es zieht die positiven Ionen etwas an. Entfernt es sich schneller, als die Gitterionen zurückschwingen können, so wirkt diese lokale Gitterdeformation als positive Ladung anziehend auf ein weiteres Elektron in der Nähe. Dieser dynamische Vorgang kann zu einer zeitweisen Bindung beider Elektronen zu einem Cooper-Paar führen, wobei die Reichweite *(Kohärenzlänge)* bis etwa 10^{-6} m betragen kann. Die Bindungsenergie liegt bei 10^{-3} eV. Dies führt für $T < T_c$ zur Bildung einer *Energielücke* 2Δ von der Breite der Bindungsenergie symmetrisch zur Fermi-Energie im Energieschema der Elektronen. Die thermische Energie muß klein gegen Δ sein, deshalb tritt Supraleitung vorwiegend bei sehr tiefen Temperaturen auf (Tabelle 16-2). Bei Hochtemperatursupraleitern scheint die Cooper-Paar-Bildung von Löchern (16.4) eine Rolle zu spielen.

Wegen des antiparallelen Spins sind Cooper-Paare Quasiteilchen mit dem Spin 0. Sie unterliegen daher nicht der Fermi-Dirac-Statistik (18), sondern der hier nicht behandelten Bose-Einstein-Statistik, sie sind Bose-Teilchen. Diese unterliegen nicht dem Pauli-Verbot (siehe 16.1) und können daher alle in einen untersten Energiezustand übergehen. Alle Cooper-Paare können dann durch eine einzige Wellenfunktion beschrieben werden, sie sind zueinander kohärent. Dieser Zustand kann nur durch Zuführung einer Mindestenergie gestört werden (2Δ pro Cooper-Paar). Dadurch kommt es zum verlustlosen Fließen des Stromes bei Anlegen eines elektrischen Feldes.

16.4 Halbleitung

Halbleiter unterscheiden sich insbesondere durch zwei Eigenschaften von metallischen Leitern:

1. Ihre Leitfähigkeit γ liegt in einem weiten Bereich zwischen etwa 10^{-7} S/m und 10^5 S/m, also zwischen der Leitfähigkeit von Metallen (10^7 bis 10^8 S/m) und derjenigen von Isolatoren (10^{-10} bis 10^{-17} S/m).
2. Die Temperaturabhängigkeit des Widerstandes von Halbleitern ist entgegengesetzt zu derjenigen von Metallen (Bild 16-16).

16.4.1 Eigenleitung

Ein Halbleiter ist bei tiefen Temperaturen fast ein Isolator und wird erst bei höheren Temperaturen elektrisch leitend. Anders als bei Metallen gibt es bei tiefen Temperaturen kein quasifreies Elektronengas, die Elektronen sind weitgehend gebunden. Die Bindungsenergie liegt unter 1...2 eV. Die Verteilung der thermischen Energie reicht bei Zimmertemperatur aus, um einige Elektronen von ihren Atomen zu trennen, die sich nun im elektrischen Feld bewegen können. Die daraus resultierende elektrische Leitfähigkeit steigt mit der Temperatur aufgrund der zunehmenden Anzahldichte n der nicht mehr gebundenen Elektronen, vgl. (30). Dieser Temperatureffekt übersteigt bei weitem den auch bei Halbleitern vorhandenen Effekt der Verringerung der mittleren freien Weglänge l_c bzw. der mittleren Stoßzeit τ (auch: Relaxationszeit) mit steigender Temperatur. Die Relaxationszeit τ und gemäß (28) die Beweglichkeit μ zeigen nach der (nicht dargestellten) Theorie aufgrund der Wechselwirkung mit den Gitterschwingungen in reinen Halbleitern eine Temperaturabhängigkeit

$$\mu(T) = \text{const}\, T^{-3/2}\,. \tag{46}$$

Im Bändermodell des Halbleiters (Bild 16-6, mit einer schmaleren Energielücke $\Delta E = E_g$ als beim Isolator, Tabelle 16-4) bedeutet die thermische Anregung der Elektronen, daß entsprechend der Besetzungswahrscheinlichkeit gemäß der Fermi-Dirac-Verteilung (Bild 16-8) mit einer bei höherer Temperatur stärker verrundeten Fermi-Kante einige Valenzelektronen in das Leitungsband gehoben werden, wo sie für die elektrische Leitung zur Verfügung stehen. Im Valenzband entstehen dadurch unbesetzte Zustände, die sich wegen des Ionenhintergrundes wie positive Ladungen verhalten. Sie werden *Löcher* oder *Defektelektronen* genannt. Durch Platzwechsel von benachbarten gebundenen Elektronen kann ein Loch an deren Ort wandern (Bild 16-17). Im elektrischen Feld bewegen sich Löcher wie positive Ladungen $+e$ in Feldrichtung und tragen als solche zur Stromstärke bei.

Wegen der paarweisen Anregung von Elektronen und Löchern in reinen Halbleitern, d. h. bei reiner *Eigenleitung*, sind die Anzahldichte n der Elektronen im Leitungsband und die Anzahldichte p der Löcher im Valenzband gleich der sog. *Eigenleitungsträgerdichte* (auch: intrinsische Trägerdichte):

$$n = p = n_i\,. \tag{47}$$

Die Leitfähigkeit beliebiger Halbleiter ergibt sich in Erweiterung von (15-10) zu

$$\gamma = e(p\mu_p + n\mu_n)\,, \tag{48}$$

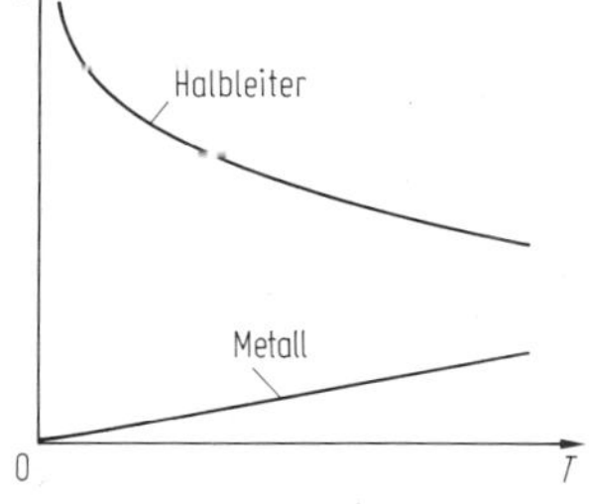

Bild 16-16. Temperaturabhängigkeit des spezifischen Widerstandes ϱ von Metallen und Halbleitern (schematisch).

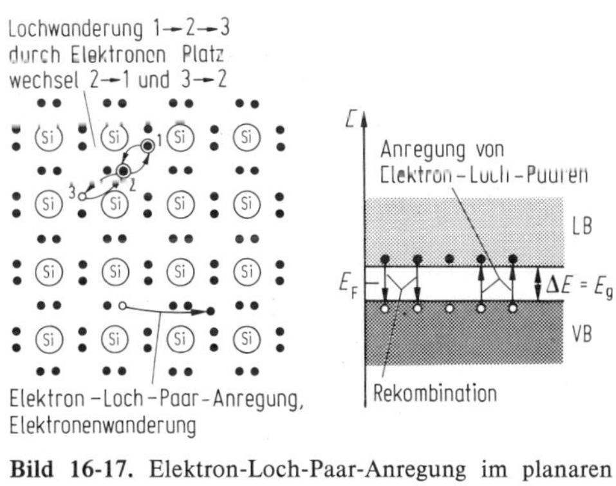

Bild 16-17. Elektron-Loch-Paar-Anregung im planaren Gittermodell und im Bänderschema (Eigenleitung).

Tabelle 16-3. Beweglichkeiten von Elektronen und Löchern für einige wichtige Halbleiter ($T = 300$ K)

Halbleiter	μ_n in cm^2/Vs	μ_p in cm^2/Vs
Ge	3 900	1 900
Si	1 350	480
GaAs	8 500	435

bzw. für Eigenleitung

$$\gamma = en_i(\mu_p + \mu_n), \tag{49}$$

wobei μ_n und μ_p die Beweglichkeiten von Elektronen und Löchern sind (Tabelle 16-3).
Die Zustandsdichten in der Nähe der Bandkanten E_c des Leitungsbandes und E_v des Valenzbandes (Bild 16-18) ergeben sich analog zu (22) für die Elektronenzustände

$$Z_n(E) = \frac{1}{2\pi^2}\left(\frac{2m_n^*}{\hbar^2}\right)^{3/2}\sqrt{E - E_c} \tag{50}$$

im Leitungsband

und für Löcherzustände

$$Z_p(E) = \frac{1}{2\pi^2}\left(\frac{2m_p^*}{\hbar^2}\right)^{3/2}\sqrt{E_v - E} \tag{51}$$

im Valenzband.

m_n^* und m_p^* sind die *effektiven Massen* der Leitungselektronen und Löcher in der Nähe der jeweiligen Bandkanten, die durch den Einfluß des Kristallpotentials von der Masse der freien Elektronen abweichen können. Wie bei der metallischen Leitung (16.2) ergibt sich auch hier die Besetzungsdichte durch Multiplikation mit der Besetzungswahrscheinlichkeit, die durch die Fermi-Dirac-Verteilung $f_{FD}(E)$ nach (18) gegeben ist. Für die Elektronen nahe der unteren Leitungsbandkante folgt

$$n(E) = Z_n(E) f_{FD}(E) \tag{52}$$

und für die Löcher an der oberen Valenzbandkante

$$p(E) = Z_p(E)[1 - f_{FD}(E)]. \tag{53}$$

Ist die thermische Energie kT klein gegen die Breite der Energielücke $\Delta E = E_c - E_v = E_g$, so liegt die Fermi-Energie E_F in der Mitte der Energielücke, d. h., $E_F = E_c - E_g/2 = E_v + E_g/2$. Ferner gilt dann für das Leitungsband $E - E_F \gg kT$, d. h., anstelle der Fermi-Dirac-Verteilung kann innerhalb des Bandes die Boltzmann-Näherung (21) verwendet werden. Die Gesamtdichte der Leitungselektronen im Leitungsband folgt aus

$$n = \int_{E_L}^{\infty} Z_n(E) f_{FD}(E)\, dE. \tag{54}$$

(54) kann in der Näherung $f_{FD}(E) \approx f_{MB}(E)$ als bestimmtes Integral geschlossen angegeben werden und liefert

$$n(T) = a_n T^{3/2} e^{-E_g/2kT} \tag{55}$$

mit

$$a_n = 2\left(\frac{2\pi m_n^* k}{h^2}\right)^{3/2}. \tag{56}$$

Entsprechend ergibt sich wegen der Symmetrie der Zustandsdichten und der Fermi-Dirac-Verteilung für die Gesamtdichte der Löcher im Valenzband

$$p(T) = a_p T^{3/2} e^{-E_g/2kT}, \tag{57}$$

worin a_p sich wie (56) mit $m_n^* \to m_p^*$ berechnet. Das Produkt von freier Elektronen- und Löcherdichte beträgt nach (55) bis (57) und (47)

$$n(T)\,p(T) = n_i^2(T) = 4\left(\frac{2\pi kT}{h^2}\right)^3 \times (m_n^* m_p^*)^{3/2} e^{-E_g/2kT}. \tag{58}$$

Für einen gegebenen Halbleiter ist np bei fester Temperatur eine Konstante, die sich auch bei Dotierung (16.4.2) nicht ändert.
Aus (46), (48), (55) und (57) folgt für die *Temperaturabhängigkeit* des spezifischen Widerstandes von Halbleitern

$$\varrho(T) = \text{const} \cdot e^{E_g/2kT}. \tag{59}$$

Wegen der starken, exponentiellen Abhängigkeit besonders bei tiefen Temperaturen (Bild 16-16)

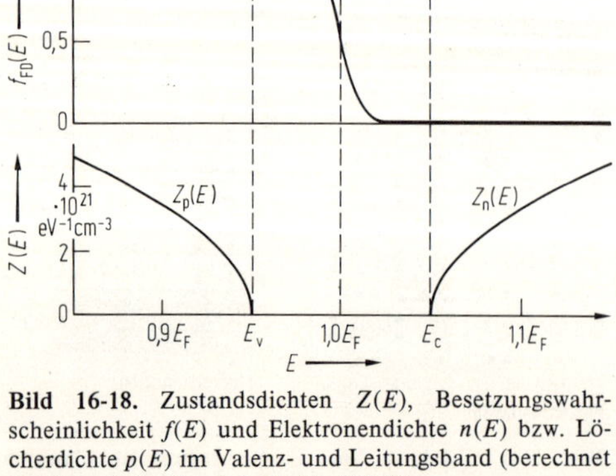

Bild 16-18. Zustandsdichten $Z(E)$, Besetzungswahrscheinlichkeit $f(E)$ und Elektronendichte $n(E)$ bzw. Löcherdichte $p(E)$ im Valenz- und Leitungsband (berechnet für $E_F = 5$ eV, $E_g = 0{,}5$ eV, $T = 300$ K).

Tabelle 16-4. Energielücken zwischen Valenz- und Leitungsband in Halbleitern und Isolatoren ($T = 300$ K)

Kristall	E_g/eV	Kristall	E_g/eV	Kristall	E_g/eV	Kristall	E_g/eV
C (Diamant)	5,33	InSb	0,16	CdO	2,3	ZnO	3,2
Si	1,14	InAs	0,33	CdS	2,41	ZnS	3,6
Ge	0,67	InP	1,25	CdSe	1,72	ZnSe	2,80
Te	0,38	GaSb	0,67	CdTe	1,40	ZnTe	0,85
Se	1,6...2,5	GaAs	1,39	PbS	0,41	ZnSb	0,56
As (am.)	1,18	GaP	2,24	PbSe	0,52	Cu_2O	2,06
		BN	4,6	PbTe	0,4	CuO	0,6
		SiC	2,8	MgO	7,4	NaCl	8,97
		Al_2O_3	7,0	BaO	4,4	TiO_2	3,05

sind Halbleiterwiderstände (C, Ge) gut zur Messung tiefer Temperaturen geeignet.
Die Breite der verbotenen Zone E_g (Energielücke, Tabelle 16-4) läßt sich aus der Frequenzabhängigkeit der Lichtabsorption bestimmen. Nach der Lichtquantenhypothese (20.3) beträgt die Energie eines Lichtquants $E = h\nu$. Von einem Halbleiter kann die Energie eines Lichtquants erst dann durch Erzeugung eines Elektron-Loch-Paares absorbiert werden, wenn

$$E = h\nu \geqq E_g \qquad (60)$$

(Photoleitung). Bei angelegtem elektrischen Feld setzt dann ein Photostrom bei Bestrahlung mit Licht der Frequenz $\nu \geqq \nu_{gr} = E_g/h$ ein. Für Licht unterhalb der Grenzfrequenz ν_{gr} bleibt der Halbleiter durchsichtig und nichtleitend.
Kristalle mit Energielücken $E_g > 2$ eV werden zu den Isolatoren gerechnet. Nach der Breite der Energielücke lassen sich damit die Leitungseigenschaften von Metallen, Halbleitern und Isolatoren gemäß Bild 16-19 charakterisieren:

Metalle: Energielücke zwischen besetztem und unbesetztem Bandbereich nicht vorhanden, elektrische Leitung ist immer möglich.

Halbleiter: Kleine Energielücke zwischen Valenz- und Leitungsband, elektrische Leitung ist erst nach Energiezufuhr (thermisch, Licht) durch Elektron-Loch-Paarbildung möglich.

Isolatoren: Keine Leitung möglich, da Energielücke zwischen Valenz- und Leitungsband zu groß für thermische oder andere Anregung.

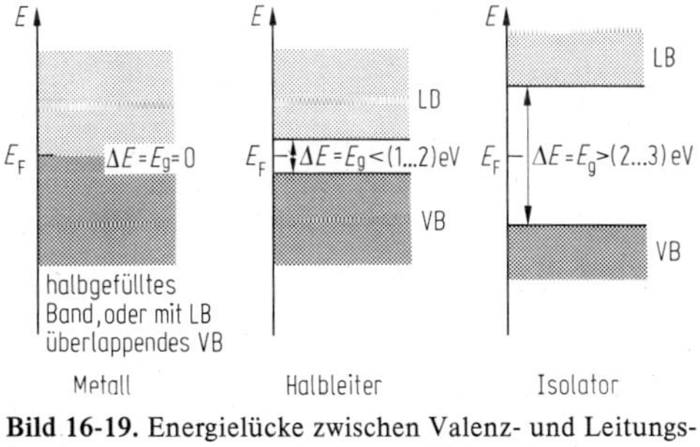

Bild 16-19. Energielücke zwischen Valenz- und Leitungsband bei Metallen, Halbleitern und Isolatoren.

16.4.2 Störstellenleitung

Durch den Einbau von anderswertigen Fremdatomen (Dotierung) in den Halbleiterkristall kann die Leitfähigkeit etwa bei $T = 300$ K um Größenordnungen erhöht werden: Störstellenleitung. Werden z. B. 5wertige Arsenatome in das 4wertige Grundgitter (Ge, Si) eingebaut, so sind die überzähligen 5. Valenzelektronen nicht innerhalb von Elektronenpaaren an den nächsten Gitternachbar gebunden, sondern können durch geringe Energiezufuhr E_d (10^{-2} bis 10^{-1} eV) von ihren Atomen abgetrennt werden (Bild 16-20a). Solche höherwertigen Fremdatome, die Elektronen liefern, heißen *Donatoren*. Im Bänderschema befinden sich die Donatorniveaus energetisch dicht unterhalb der Leitungsbandkante (Bild 16-20b). Im ionisierten Zustand (d. h. bei abgetrenntem Elektron) sind die ortsfesten Donatoren positiv geladen.
Bei Zimmertemperaturen ($kT = 0{,}026$ eV) haben die meisten Donatorniveaus ihre Elektronen durch thermische Anregung an das Leitungsband abgegeben. Die elektrische Leitung in solchen Halbleitern erfolgt daher fast ausschließlich durch Elektronen im Leitungsband: *N-Leiter.* Eigenlei-

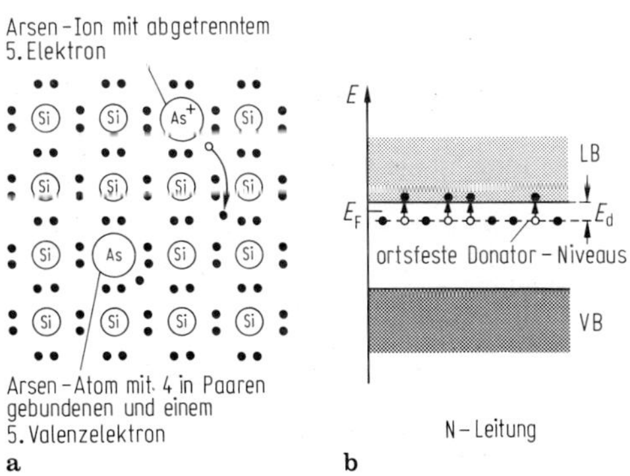

Bild 16-20. N-Leitung in Halbleitern mit Donatorstörstellen.

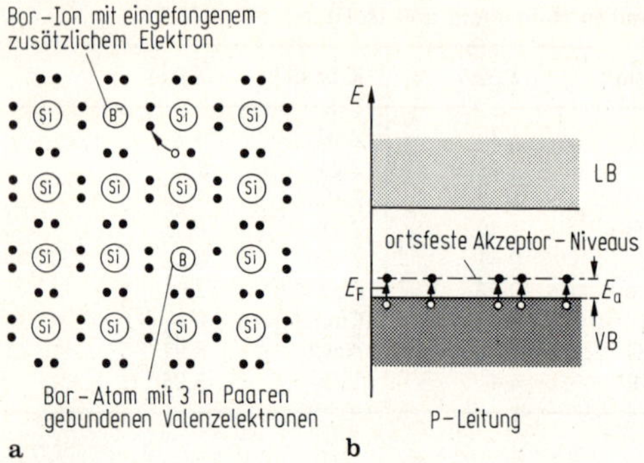

Bild 16-21. P-Leitung in Halbleitern mit Akzeptorstörstellen.

tung durch Elektronen-Loch-Paaranregung wird gegenüber der Störstellenleitung je nach Dotierungsdichte erst bei höheren Temperaturen merklich.
Wird mit geringerwertigen Fremdatomen dotiert, z. B. mit 3wertigen Boratomen im 4wertigen Si-Gitter, so ist jeweils eine Elektronenpaarbindung nicht vollständig (Bild 16-21a). Unter geringem Energieaufwand E_a (10^{-2} bis 10^{-1} eV) können solche Fremdatome benachbarte Elektronen aus dem Valenzband aufnehmen *(Akzeptoren)* und damit dort Löcher erzeugen. Im Bänderschema befinden sich die Akzeptorniveaus energetisch dicht oberhalb der Valenzbandkante (Bild 16-21b).
Auch hier sind bei Zimmertemperatur die Störstellen weitgehend ionisiert, d. h., sie haben durch thermische Anregung Elektronen aus dem Valenzband aufgenommen. Die ortsfesten Akzeptoren sind dann negativ geladen. Die elektrische Leitung erfolgt fast ausschließlich durch die erzeugten Löcher im Valenzband: *P-Leiter.*
Die Fermi-Kante liegt bei dotierten Halbleitern in der Mitte zwischen den Störstellenniveaus und der zugehörigen Bandkante. Für die Gesamtdichten n, p der Leitungselektronen bzw. Löcher ist nunmehr nicht mehr die Breite E_g der Energielücke zwischen Valenz- und Leitungsband maßgebend, sondern die Anregungsenergie E_d bzw. E_a. Demzufolge ergibt sich für die Temperaturabhängigkeit des spezifischen Widerstandes

$$\varrho(T) \sim n(T)^{-1} \sim e^{E_d/2kT} \quad (61)$$

für N-Leitung und

$$\varrho(T) \sim p(T)^{-1} \sim e^{E_a/2kT} \quad (62)$$

für P-Leitung.

16.4.3 Hall-Effekt in Halbleitern

Die experimentelle Feststellung, welche Art von Majoritätsladungsträgern vorliegt, kann mittels des Hall-Effekts erfolgen (14.1). Die Hall-Spannung U_H senkrecht zum Stromfluß I in einem Bandleiter im transversalen Magnetfeld B (Bild 14-4) ist nach (14-15) gegeben durch

$$U_H = A_H \frac{IB}{d} \quad (63)$$

mit dem Hall-Koeffizienten ((14-18))

$$A_H = \frac{1}{e(p-n)}. \quad (64)$$

Für reine Löcherleitung (P-Leitung) bzw. reine Elektronenleitung (N-Leitung) folgt daraus

$$A_{HP} = \frac{1}{ep}, \quad A_{HN} = -\frac{1}{en}. \quad (65)$$

N- und P-Leitung sind daher durch die entgegengesetzten Vorzeichen der Hall-Spannung zu erkennen. Aus der Größe der Hall-Spannung bzw. des Hall-Koeffizienten (65) können ferner die Ladungsträgerdichten n und p bestimmt werden.
Aufgrund der formalen Ähnlichkeit von (63) mit dem Ohmschen Gesetz $U = RI$ wird

$$R_H = \frac{A_H B}{d} \quad (66)$$

Hall-Widerstand genannt. Der klassische Hall-Widerstand steigt linear mit der magnetischen Flußdichte B an. Die Hall-Spannung ergibt sich daraus zu

$$U_H = R_H I. \quad (67)$$

In geeigneten Halbleiteranordnungen (Silizium-Metalloxid-Oberflächen-Feldeffekttransistor: MOSFET) lassen sich bei bestimmten Betriebsbedingungen nahezu zweidimensionale Leitergeometrien erzeugen (Dicke $d = (5\ldots10)$ nm). Das Elektronengas in einer solchen Anordnung kann in guter Näherung als zweidimensional behandelt werden, d. h., daß die Dicke d der leitenden Schicht keinen Einfluß mehr auf die Leitung hat. Der Hall-Widerstand R_H wird dann unabhängig von der Geometrie gleich dem spezifischen Hall-Widerstand ϱ_H. Der Hall-Widerstand im zweidimensionalen Elektronengas zeigt bei tiefen Temperaturen und hohen Magnetfeldern eine Quantisierung in ganzzahligen Bruchteilen eines größten Wertes R_{H0} (von Klitzing 1980, Nobelpreis 1985), den *Quanten-Hall-Effekt* (Klitzing-Effekt)

$$R_H = \varrho_H = \frac{R_{H0}}{i} \quad (i = 1, 2, \ldots) \quad (68)$$

mit dem allein durch Naturkonstanten bestimmten Wert des elementaren *Quanten-Hall-Widerstandes*

$$R_{H0} = \frac{h}{e^2} = 25\,812{,}8\,\Omega. \quad (69)$$

Der Hall-Widerstand steigt unter diesen Bedingungen nicht mehr linear, sondern stufenförmig

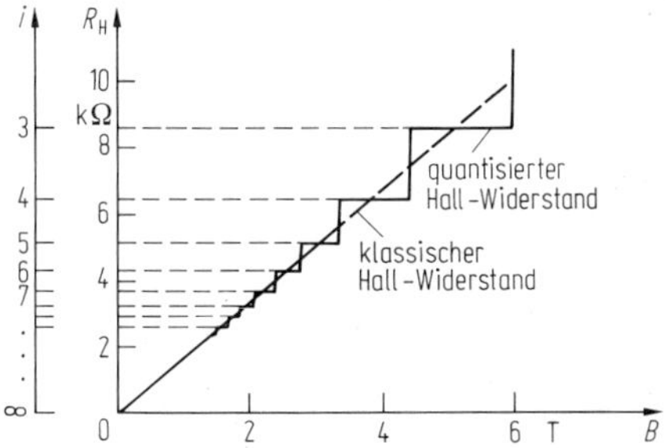

Bild 16-22. Abhängigkeit des Hall-Widerstandes eines zweidimensionalen Elektronengases vom transversalen Magnetfeld: klassischer Verlauf und nach dem Quanten-Hall-Effekt ($T = 0{,}008$ K).

mit dem Magnetfeld B an, wobei die Plateaus konstanten Hall-Widerstandes durch (68) gegeben sind (Bild 16-22). Die Lagen der Plateaus sind unabhängig vom Material und sehr genau (10^{-8}) reproduzierbar. Sie eignen sich daher hervorragend als Widerstandnormal.

16.4.4 PN-Übergänge

Grenzt ein P-Halbleiter an einen N-Halbleiter (z. B. durch unterschiedliche Dotierung auf beiden Seiten einer Grenzfläche), so diffundieren im Bereich der Grenzfläche (Diffusionszone) Löcher und Elektronen in das jeweils andere Dotierungsgebiet und rekombinieren dort. Die ortsfesten positiven Donator-Störstellen und negativen Akzeptor-Störstellen bilden schließlich eine Raumladungs-Doppelschicht, deren Feldstärke eine weitere Diffusion unterbindet. Die Diffusionszone eines solchen *PN-Überganges* zeigt daher eine Ladungsträgerverarmung. Durch Anlegen einer elektrischen Spannung U zwischen N- und P-leitendem Bereich eines solchen Überganges kann die Feldstärke im Verarmungsbereich erhöht werden, die Verarmungszone wird breiter. Wegen der fehlenden Ladungsträger in dieser *Sperrschicht* fließt trotz angelegter Spannung kein Strom: Der PN-Übergang ist in *Sperrichtung* gepolt. Wird die äußere Spannung in umgekehrter Richtung angelegt, so wird die Verarmungszone schmaler, bis sie mit steigender Spannung (ab 0,1 bis 0,5 V) ganz verschwindet und der Strom steil mit U ansteigt: Der PN-Übergang ist in *Flußrichtung* gepolt. Der PN-Übergang stellt daher einen Gleichrichter dar: *Halbleiterdiode.*

Eine Anordnung aus sehr dicht (ca. 50 μm) benachbarten, gegeneinander geschalteten Übergängen (PNP oder NPN) kann zur Verstärkung elektrischer Signale benutzt werden: *Transistor* (Bardeen, Brattain, Shockley 1948). Näheres zu den Schaltelementen Diode und Transistor siehe G 27 und auch G 25.

16.5 Elektrolytische Leitung

Elektrolyte sind Stoffe, deren Lösung oder Schmelzen den elektrischen Strom leiten. Elektrolytische Leitung tritt bei Substanzen mit Ionenbindung (16.1 und C 4) auf, wenn diese durch thermische Anregung aufgebrochen wird *(Dissoziation)* und die Ionen beweglich sind. Das kann bei hohen Temperaturen in Salzschmelzen der Fall sein. Bei Zimmertemperatur reicht die thermische Energie $kT \approx 0{,}026$ eV dazu i. allg. nicht aus. Bei Lösung in einem Lösungsmittel wird jedoch die Coulomb-Kraft (12-1) zwischen den Ionen um den Faktor der Permittivitätszahl ε_r des Lösungsmittels reduziert (Wasser: $\varepsilon_r = 81$, siehe Tabelle 12-2). Die Dissoziationsarbeit (12-26)

$$W_{\text{diss}} = -\int_{r_0}^{\infty} F_C \,\mathrm{d}r = \frac{1}{\varepsilon_r} \cdot \frac{(ze)^2}{4\pi\varepsilon_0 r_0} \tag{70}$$

kann dann teilweise durch die thermische Energie aufgebracht werden (z Wertigkeit; r_0 Bindungsabstand der Ionen): Beispiel: Kochsalzmolekül NaCl ($r_0 \approx 0{,}2$ nm) in Luft: $W_{\text{diss}} = 7{,}2$ eV, in Wasser: $W_{\text{diss}} = 0{,}09$ eV. Mit steigender Temperatur erhöht sich die Leitfähigkeit der Elektrolyte durch Zunahme der Ladungsträgerdichte und Abnahme der Viskosität.

Ein Salz der Zusammensetzung MS (M: Metall, S: Säurerest) dissoziiert in Lösung in die Ionen

$$\mathrm{MS} \rightarrow \mathrm{M}^{(z+)} + \mathrm{S}^{(z-)}.$$

Beispiele: $\mathrm{NaCl} \rightarrow \mathrm{Na}^+ + \mathrm{Cl}^-$,

$$\mathrm{CuSO_4} \rightarrow \mathrm{Cu}^{2+} + \mathrm{SO}_4^{2-}.$$

Beim Ladungstransport im angelegten elektrischen Feld wandern die positiven Ionen (Kationen) zur Kathode, die negativen Ionen (Anionen) zur Anode (Bild 16-23). Dort geben sie ihre Ladung ab und werden an den Elektroden abgeschieden (*Elektrolyse*, vgl. C 11.8) oder unterliegen chemischen Sekundärreaktionen. Im Gegensatz zu den Metallen und Halbleitern, die durch den elektrischen Ladungstransport nicht verändert werden, findet bei der elektrolytischen Leitung eine Zersetzung des Leiters statt.

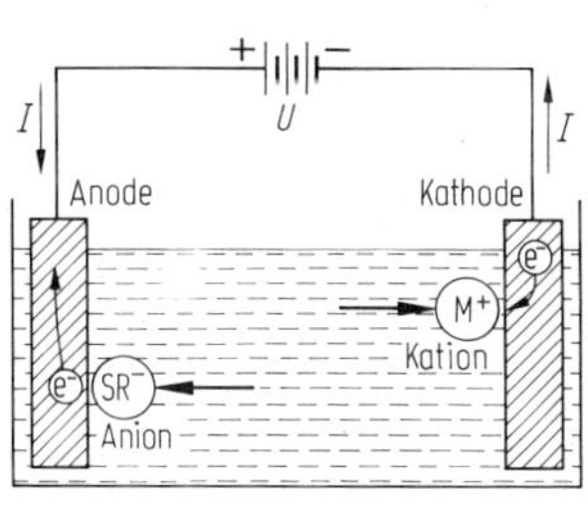

Bild 16-23. Elektrolytische Leitung durch Kationen und Anionen.

Reine Lösungsmittel haben in der Regel eine sehr geringe Leitfähigkeit. Für die Leitfähigkeit gilt daher bei kleinen Konzentrationen c_B eines gelösten Salzes B die Proportionalität $\gamma \sim c_B$, da mit zunehmender Konzentration die Ladungsträgerdichte erhöht wird. Bei hohen Konzentrationen tritt infolge Abschirmung des äußeren Feldes durch Anlagerung entgegengesetzt geladener Ionen eine Sättigung der Konzentrationsabhängigkeit der Leitfähigkeit ein (Debye-Hückel-Theorie).

Geschwindigkeit des Ionentransports

Ähnlich wie bei den Halbleitern und anders als bei den Metallen übernehmen bei den Elektrolyten zwei Sorten von Ladungsträgern mit i. allg. unterschiedlichen Beweglichkeiten μ_+ (Kationen) und μ_- (Anionen) den Stromtransport. Die Leitfähigkeit ist daher analog zu (48)

$$\gamma = n_+ ze\mu_+ + n_- ze\mu_- = nze(\mu_+ + \mu_-) . \qquad (71)$$

Die Größenordnung der Ionenbeweglichkeit läßt sich abschätzen aus dem Gleichgewicht zwischen viskoser Reibungskraft einer Kugel gemäß (61) und der elektrischen Feldkraft auf die Ionen:

$$6\pi\eta r_{ion} v = zeE . \qquad (72)$$

η ist die dynamische Viskosität (9.4) des Lösungsmittels (z. B. Wasser bei $\vartheta = 20\,°C$: $\eta = 1{,}002$ mPa · s). Der Ionenradius beträgt etwa $r_{ion} = (1 \ldots 2) \cdot 10^{-10}$ m. Daraus ergibt sich eine Ionenbeweglichkeit in Wasser

$$\mu_{ion} = \frac{|v|}{E} = \frac{ze}{6\pi\eta r_{ion}} \approx 5 \cdot 10^{-8}\,\mathrm{m^2/Vs} , \qquad (73)$$

die damit um etwa 5 Größenordnungen kleiner als die der Elektronen in Metallen ist (vgl. 15.1 und Tabelle 16-5).

Tabelle 16-5. Ionenbeweglichkeiten ($\vartheta = 20\,°C$)

Ionensorte	μ_{ion} in 10^{-8} m²/Vs
Na^+	4,6
Cl^-	6,85
OH^-	18,2
H^+	33

Elektrolytische Abscheidung

Die beim Ladungstransport durch einen Elektrolyten an den Elektroden abgeschiedene Masse m ist proportional zur transportierten Ladung Q:

$$m = \ddot{A}Q = \ddot{A}It \quad \textit{(1. Faraday-Gesetz)} \qquad (74)$$

$\ddot{A}$: Elektrochemisches Äquivalent

SI-Einheit: $[\ddot{A}]$ = kg/As = kg/C.

Die abgeschiedene Stoffmenge ν (in Mol, siehe 8.1) ist ferner durch die transportierte Ladung und die Ladung pro Mol gegeben:

$$\nu = \frac{Q}{zF} . \qquad (75)$$

Hierin ist die Ladung pro Mol, die *Faraday-Konstante*

$$F = N_A e = (96\,485{,}309 \pm 0{,}029)\ \mathrm{C/mol} \qquad (76)$$

mit $N_A = 6{,}022\,136\,7 \cdot 10^{23}$/mol Avogadro-Konstante (siehe 8.1).

Die abgeschiedene Masse ergibt sich daraus mit der molaren Masse M zu (vgl. C 11.8)

$$m = \nu M = \frac{MIt}{zF} \quad \textit{(2. Faraday-Gesetz)}. \qquad (77)$$

16.6 Stromleitung in Gasen

Den elektrischen Stromtransport durch ein Gas nennt man *Gasentladung*. Luft und andere Gase sind bei nicht zu hohen Temperaturen Isolatoren. Eine Gasentladung kann daher nur entstehen, wenn Ladungsträger in das Gas injiziert oder in ihm durch Ionisation der Gasmoleküle erzeugt werden. Das kann z. B. geschehen durch Elektronenemission aus einer Glühkatode (siehe 16.7.1), durch thermische Ionisierung (Flamme, Glühdraht) oder durch eine ionisierende Strahlung (Ultraviolett-, Röntgen-, radioaktive Strahlung). Bei der Ionisation werden Elektronen abgetrennt, so daß positive Ionen entstehen. Beide tragen zum Ladungstransport bei.

16.6.1 Unselbständige Gasentladung

Wenn die Stromleitung nach Ende des ladungsträgerliefernden Vorganges (siehe oben) abbricht, so spricht man von einer *unselbständigen Gasentladung*. Die Strom-Spannungs-Charakteristik (Kennlinie) einer unselbständigen Gasentladung, wie man sie etwa mit einer Gasflamme als Ionisationsquelle zwischen zwei Metallplatten als Elektroden in Luft messen kann (Bild 16-24a), zeigt ein ausgeprägtes Plateau (Bild 16-24b).

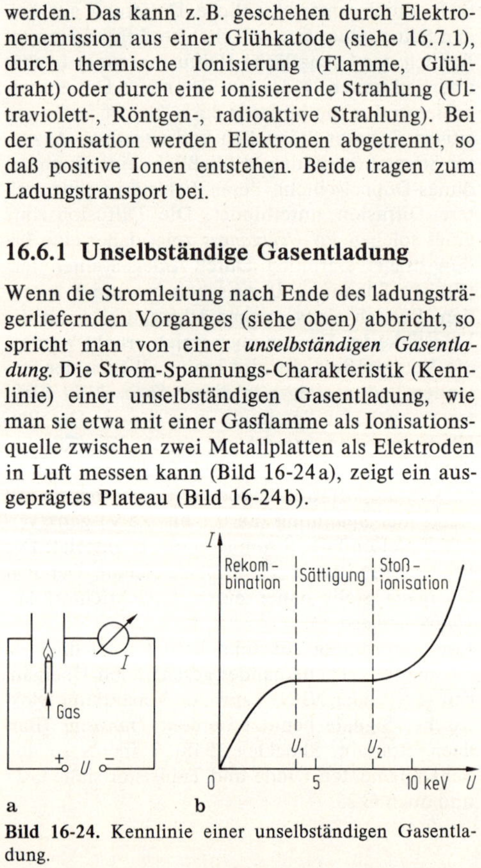

Bild 16-24. Kennlinie einer unselbständigen Gasentladung.

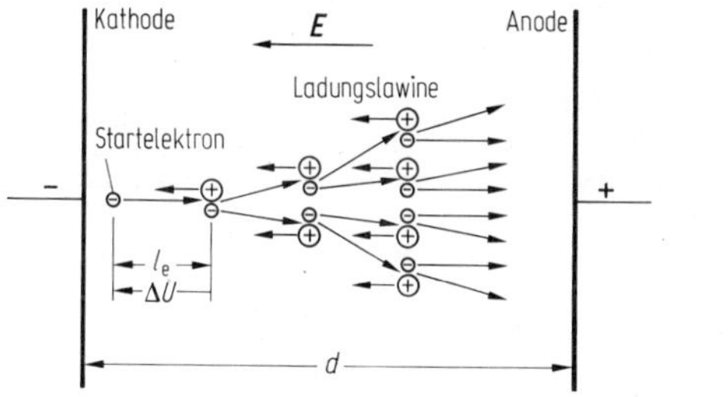

Bild 16-25. Entwicklung von Ladungsträgerlawinen bei Stoßionisation durch Elektronen.

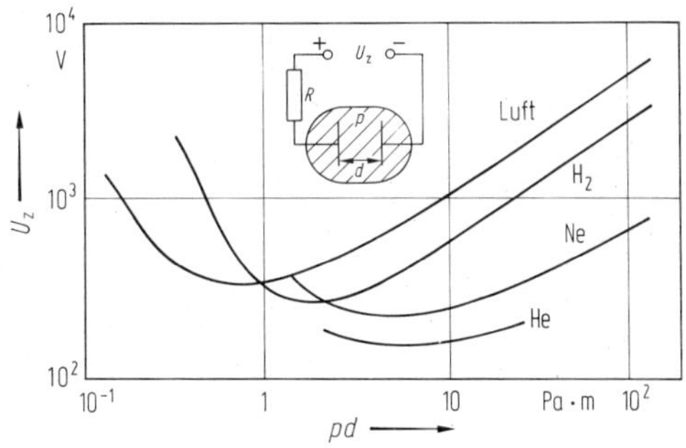

Bild 16-26. Zündspannungen verschiedener Gase für ebene Elektroden.

Im Bereich des Plateaus zwischen den Spannungen U_1 und U_2 werden alle je Zeiteinheit von der Ionisationsquelle erzeugten Ladungsträger abgesaugt. Bei steigender Spannung ist daher zunächst kein weiterer Stromanstieg möglich: *Sättigung*. Für $U < U_1$ ist die Driftgeschwindigkeit der Ladungsträger so klein, daß die Wahrscheinlichkeit der Wiedervereinigung von Elektronen und Ionen zu neutralen Molekülen beachtlich wird: *Rekombination*. Sie fallen für den Stromtransport aus. Für $U > U_2$ ist dagegen die Feldstärke E so groß, daß die Energieaufnahme der Elektronen zwischen zwei Stößen mit Gasmolekülen ausreicht, um die Gasmoleküle bei den Stößen zu ionisieren: *Stoßionisation*. Dadurch werden zusätzliche Ladungsträger erzeugt, und der Strom steigt oberhalb des Sättigungsbereiches wieder an. Ist l_e die mittlere freie Weglänge der Elektronen, so lautet die Ionisierungsbedingung für Elektronen

$$e\,\Delta U = eEl_e \geqq E_i \tag{78}$$

mit E_i Ionisierungsenergie. Die entsprechende Bedingung für die Ionisation durch Ionen wird erst bei höheren Feldstärken erreicht, da die mittlere freie Weglänge der Ionen l_i kleiner als die der Elektronen ist. Die Stoßionisation durch Elektronen führt zu *Ladungsträgerlawinen*, die von jedem „Mutterelektron" in Kathodennähe ausgelöst werden (Bild 16-25), bei Ankunft an den Elektroden aber wieder erlöschen.

Die unselbständige Gasentladung wird u. a. bei der *Ionisationskammer* zur Strahlungsmessung eingesetzt, da der Strom (in allen drei Bereichen) proportional zur Zahl und Energie von in den Feldraum eindringenden ionisierenden Teilchen ist.

16.6.2 Selbständige Gasentladung

Bei weiterer Erhöhung der Spannung bzw. Feldstärke kann die Gasentladung in eine selbständige Entladung umschlagen, die auch ohne Fremdionisation weiterläuft. Das tritt dann ein, wenn die Energieaufnahme auch der Ionen innerhalb ihrer freien Weglänge l_i so groß wird, daß durch Ionisation von Gasmolekülen neue Elektronen in Kathodennähe erzeugt werden:

$$e\,\Delta U = eEl_i \geqq E_i\,. \tag{79}$$

Daraus läßt sich eine Beziehung für die *Zündspannung* U_z gewinnen. Die mittlere freie Weglänge l_i hängt nach (9.6) von der Molekülzahldichte und damit vom Druck p ab: $l_i \sim 1/p$. Ferner gilt für die Feldstärke bei der Zündspannung $E = U_z/d$ mit d Elektrodenabstand. Dann folgt aus (79)

$$U_z = \text{const} \cdot pd\,. \tag{80}$$

Die Zündspannung hängt danach nur vom Produkt aus Gasdruck und Elektrodenabstand ab:

$$U_z = f(pd) \quad \text{(Paschensches Gesetz).} \tag{81}$$

In der Form (80) gilt das Paschensche Gesetz allerdings nur für große Werte von *pd*. Für niedrige Drucke oder kleine Abstände wird $d < l_i$, die Häufigkeit der Stoßionisation nimmt ab. Die Zündspannung erhöht sich, bis durch Ionenstoß an der Kathode hinreichend Sekundärelektronen (siehe 16.7.1) zur Aufrechterhaltung der Entladung ausgelöst werden. Die Theorie von *Townsend* ergibt für diesen Fall die Beziehung *(Townsendsche Zündbedingung)*:

$$U_z = \frac{C_1 pd}{\ln(pd) - C_2}\,, \tag{82}$$

die das Paschensche Gesetz mit enthält und bei großen *pd* näherungsweise in den Ausdruck (80) übergeht (Bild 16-26). Für jede Spannung oberhalb einer Minimumspannung gibt es danach bei konstantem Druck einen kleinen und einen großen Elektrodenabstand, für den bei vorgegebener Spannung die Entladungsstrecke zündet: Nah- und Weitdurchschlag.

Anmerkung: Bei großen Schlagweiten ($pd > 1\,000$ Pa · m) wird der Zündmechanismus des Lawinenaufbaus abgelöst vom Kanalaufbau, bei dem sich ein Plasmaschlauch hoher Leitfähigkeit zwischen den Elektroden bildet. An dessen Aufbau ist die bei der Stoßanregung auftretende Lichtstrahlung wesentlich beteiligt.

Selbständig brennende Gasentladungen haben über weite Bereiche eine *fallende Kennlinie*, d. h., die Entladungsstromstärke kann aufgrund der Ladungsträgervermehrung durch Stoßionisation unter Absinken der Brennspannung sehr große Werte annehmen, die zur Zerstörung des Entladungsgefäßes führen können. Gasentladungen müssen daher immer mit einem *strombegrenzenden Vorwiderstand* (oder bei Wechselspannung auch mit einer Vorschaltdrossel) betrieben werden. Die vollständige Kennlinie einer Gasentladung zeigt Bild 16-27. Sie besteht aus dem Vorstrombereich der unselbständigen Gasentladung, dem sich nach Erreichen der Zündspannung die fallende Kennlinie des selbständigen Entladungsbereiches anschließt. Der obere Schnittpunkt der durch den Vorwiderstand R festgelegten Arbeitsgeraden $I = (U_z - U)/R$ mit der Entladungskennlinie kennzeichnet den sich einstellenden Arbeitspunkt. Der untere Schnittpunkt ist nicht stabil.

Leuchterscheinungen in Gasentladungen treten dadurch auf, daß neben der Stoßionisation auch Stoßanregung der Gasatome erfolgt. Die energetisch um ΔE angeregten Gasatome gehen meist nach sehr kurzer Zeit ($\approx 10^{-8}$ s) unter Aussendung von Lichtquanten der Energie $\Delta E = h\nu$ wieder in den Grundzustand über (siehe 20.1). Die Leuchterscheinungen sind sehr verwickelt und von den Entladungsparametern abhängig, in der Farbe aber charakteristisch für das verwendete Gas. Bild 16-28a zeigt ein typisches Erscheinungsbild einer Gasentladung bei vermindertem Druck (ca. 100 Pa). Der Potential- und Feldstärkeverlauf wird durch die auftretenden Raumladungen gegenüber dem Verlauf ohne Entladung stark verändert (Bild 16-28b): Die Feldstärken sind besonders groß im Gebiet vor der Kathode (Kathodenfall) und (weniger groß) im Gebiet vor der Anode (Anodenfall). Im Bereich der positiven Säule mit konstanter Feldstärke sind Elektronen und positive Ionen in gleicher Dichte vorhanden: quasineutrales *Plasma*.

Gasentladungslampen gemäß Bild 16-28a mit Edelgasfüllung werden als Glimmlampen mit kleinen Elektrodenabständen (positive Säule unterdrückt) für Anzeigezwecke, als sog. Neonröhren mit großen Elektrodenabständen für Reklamezwecke verwendet. Leuchtstoffröhren haben eine Quecksilberdampfatmosphäre, deren Emission im Ultravioletten durch den auf der Innenwand des Glasrohres aufgebrachten Leuchtstoff in sichtbares Licht umgewandelt wird.

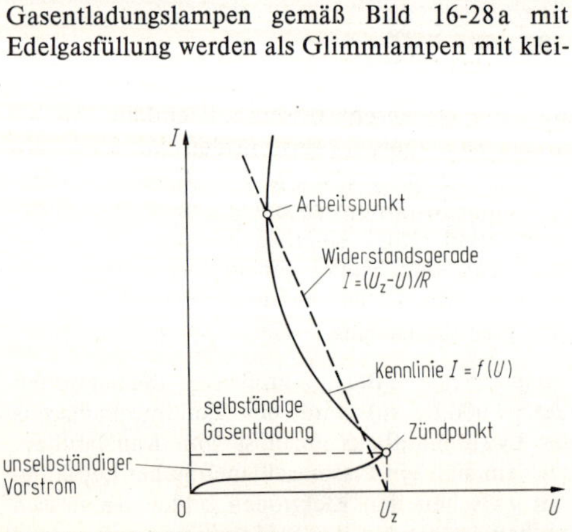

Bild 16-27. Vollständige Kennlinie einer selbständigen Gasentladung.

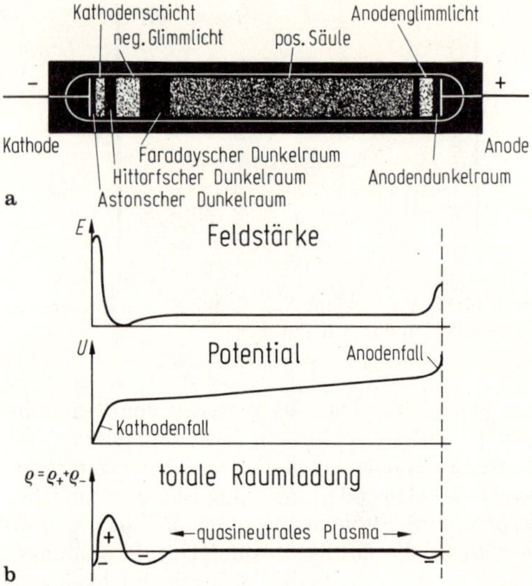

Bild 16-28. Leuchterscheinungen, Feldstärke-, Potential- und Raumladungsverteilung in einer Gasentladung bei vermindertem Druck.

Bei großen Entladungsströmen werden die Elektroden durch die aufprallenden Elektronen (Anode) bzw. Ionen (Kathode) stark erwärmt und können dadurch Elektronen emittieren (Thermoemission, siehe 16.7.1). Die Folge ist eine erhebliche Verringerung der Brennspannung, da die Ionen nicht mehr zur Elektronenerzeugung durch Stoßionisation beitragen müssen: *Bogenentladung* (Lichtbogen). Beispiele: Quecksilberhochdrucklampe, Kohlelichtbogen. Bei letzterem wird die Anodenkohle besonders heiß (ca. 4 200 K) und wird deshalb als Lichtquelle kleiner Ausdehnung für Projektionszwecke verwendet. Weitere Anwendung: Lichtbogenschweißen.

Funken sind rasch erlöschende Bogenentladungen in hochohmigen Stromkreisen, bei denen die Spannung an der Funkenstrecke durch den einsetzenden Entladungsstrom zusammenbricht. Bei gegebener Elektrodenform und Druck ist die Zündspannung U_z recht genau definiert: Anwendung als *Kugelfunkenstrecke* zur Hochspannungsbestimmung aus der Schlagweite.

Zum Nachweis ionisierender Teilchen (radioaktive Strahlung, Höhenstrahlung) wird das *Zählrohr* (Geiger u. Müller) verwendet. Es besteht meist aus einem metallischen Zylinder und einem axial ausgespannten Draht als Elektroden in einer geeigneten Gasfüllung. Eine über einen sehr großen Vorwiderstand (10^8 bis $10^9\,\Omega$) angelegte Spannung (500 bis 2000 V) sorgt für eine hohe Feldstärke in Drahtnähe. Eindringende ionisierende Teilchen lösen Ladungsträgerlawinen aus, die als Spannungsimpulse verstärkt und gemessen werden können. Bei niedrigerer Spannung (unselbständige Entladung) arbeitet das Zählrohr im Proportionalbereich, d. h., die Höhe des Spannungsimpulses ist der Zahl der primär erzeugten Ionen proportional und gestattet damit eine Aussage über die Ionisationseigenschaften des einfallenden Teilchens. Bei höherer Spannung wird eine selbständige Entladung ausgelöst (Auslösebereich), die jedoch durch den Zusammenbruch der Spannung am Zählrohr infolge des hohen Vorwiderstandes wieder gelöscht wird. Hiermit wird allein die Zahl der einfallenden Teilchen gemessen.

16.6.3 Der Plasmazustand

Der in Gasentladungen (insbesondere in der positiven Säule) auftretende Plasmazustand, in den auch ohne elektrisches Feld jedes Gas bei sehr hohen Temperaturen übergeht, unterscheidet sich durch das Auftreten frei beweglicher Ladungen (Elektronen und positive Ionen) grundsätzlich von den anderen Aggregatzuständen: vierter Aggregatzustand. Thermisches Gleichgewicht kann sich hier oftmals nur innerhalb der einzelnen Teilchensorten einstellen, so daß man zwischen Neutralteilchentemperatur, Ionentemperatur und Elektronentemperatur unterscheiden muß. Bei hohen Entladungsströmen wirkt das entstehende Magnetfeld komprimierend auf das Plasma: *Pincheffekt.* Durch die Einschnürung erhöht sich die Temperatur des Plasmas, ein wichtiger Effekt der Plasmaphysik, der bei Kernfusionsanlagen ausgenutzt wird (vgl. 17.4).

Plasmen können auch zu elektrostatischen Schwingungen angeregt werden: *Plasmaschwingungen* (Rompe u. Steenbeck). Durch Coulomb-Wechselwirkung mit eingeschossenen, schnellen geladenen Teilchen können lokale Ladungstrennungen des quasineutralen Plasmas herbeigeführt werden, oder auch spontan durch Schwankungserscheinungen entstehen. Dadurch ergibt sich bei einer Ladungsträgerdichte n lokal eine elektrische Polarisation (12-91) $\boldsymbol{P} = n\boldsymbol{p} = -ne\boldsymbol{r}$, bzw. nach (12-94) eine Polarisationsfeldstärke $\boldsymbol{E}_\mathrm{p} = -ne\boldsymbol{r}/\varepsilon_0$, was zu einer rücktreibenden Kraft

$$e\boldsymbol{E}_\mathrm{p} = -\frac{ne^2}{\varepsilon_0}\boldsymbol{r} = m\ddot{\boldsymbol{r}} \tag{83}$$

führt. (83) stellt eine Schwingungsgleichung dar. Durch Vergleich mit (5-21) ergeben sich als Eigenfrequenzen für Elektronen (Dichte n_e, Masse m_e) bzw. Ionen (Dichte n_i, Masse m_i) die *Elektronen-Plasmakreisfrequenz*

$$\omega_\mathrm{pe} = \sqrt{\frac{n_\mathrm{e}e^2}{\varepsilon_0 m_\mathrm{e}}} \tag{84}$$

bzw. die *Ionen-Plasmakreisfrequenz*:

$$\omega_\mathrm{pi} = \sqrt{\frac{n_\mathrm{i}e^2}{\varepsilon_0 m_\mathrm{i}}}\,. \tag{85}$$

Bei einer Elektronendichte von $n_\mathrm{e} \approx 5 \cdot 10^{12}/\mathrm{cm}^3$ ergibt sich eine Plasmafrequenz $\nu_\mathrm{pe} = \omega_\mathrm{pe}/2\pi = 2 \cdot 10^{10}\,\mathrm{Hz}$.

Das freie *Elektronengas in Metallen* stellt unter Berücksichtigung des positiven Gitterionen-Hintergrundes ebenfalls ein Plasma dar, in dem allerdings die Dichten n_e wesentlich höher sind.

Beispiel: Die Atomzahldichte von Aluminium ist $n_\mathrm{Al} = 6{,}03 \cdot 10^{22}/\mathrm{cm}^3$. Drei Leitungselektronen je Atom ergeben eine Elektronendichte $n_\mathrm{e} = 18{,}1 \cdot 10^{22}/\mathrm{cm}^3$ und daraus eine Plasmafrequenz $\nu_\mathrm{pe} = 3{,}82 \cdot 10^{15}\,\mathrm{Hz}$. Den Plasmaschwingungen lassen sich Quasiteilchen *(Plasmonen)* der Energie $E_\mathrm{p} = h\nu_\mathrm{p} = 2{,}53 \cdot 10^{-18}\,\mathrm{J} = 15{,}8\,\mathrm{eV}$ zuordnen (Bohm u. Pines). Tatsächlich lassen sich beim Durchgang schneller Elektronen durch dünne Al-Schichten Energieverluste dieser Größe nachweisen, die durch Anregung solcher Plasmonen entstehen.

16.7 Elektrische Leitung im Hochvakuum

Im Vakuum stehen keine potentiellen Ladungsträger zur Verfügung. Zur Stromleitung müssen daher Ladungsträger von außen in das Vakuum hineingebracht werden (Ladungsträgerinjektion). Dies kann z. B. durch Elektronenemission aus einer Metallelektrode erreicht werden.

16.7.1 Elektronenemission

Obwohl die Leitungselektronen innerhalb eines Metalls sich quasi frei bewegen können (freies Elektronengas, siehe 16.2), können sie unter normalen Bedingungen nicht aus dem Metall austreten. Dies ist nur möglich bei Aufwendung einer *Austrittsarbeit* Φ, die bei Metallen etwa zwischen 1 und 5 eV beträgt (Tabelle 16-6). Dem entspricht das *Austrittspotential*

$$\varphi = \frac{\Phi}{e}, \tag{86}$$

das die Höhe des Potentialwalles an der Oberfläche des Metalls kennzeichnet, den die Leitungselektronen überwinden müssen, wenn sie aus dem Metall in das Unendliche gebracht werden sollen. Die Kraft, gegen die die Austrittsarbeit geleistet werden muß, hat zweierlei Ursachen: (1.) Bei Aus-

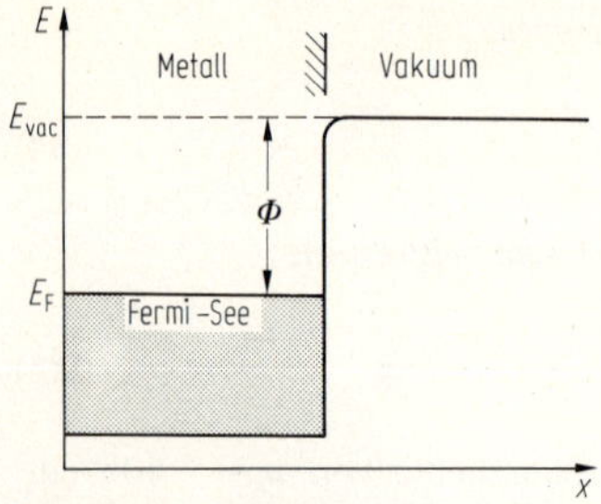

Bild 16-29. Energieschema an der Oberfläche eines Metalls (Potentialtopfmodell).

tritt eines Elektrons aus der Metalloberfläche wird die Ladungsneutralität gestört, es treten rücktreibende Coulomb-Kräfte auf, die durch die Bildkraft (siehe 12.7) beschrieben werden können. (2.) Durch die infolge der thermischen Bewegung austretenden, aber am Potentialwall sofort wieder reflektierten Elektronen bildet sich eine dünne Ladungsdoppelschicht an der Oberfläche, die selbst zum Potentialwall beiträgt und weitere Elektronen am Austritt hindert. Das Innere eines Metalls hat also ein niedrigeres Potential als das Vakuum, es stellt einen *Potentialtopf* dar, an dessen Boden sich die Elektronen mit der Fermi-Energie befinden (Fermi-See). Die energetische Darstellung zeigt Bild 16-29.

Nur Elektronen mit der Energie $E > E_F + \Phi$ im Metall können die Austrittsarbeit Φ aufbringen und in das Vakuum gelangen. Die notwendige Mindestenergie Φ kann z. B. aufgebracht werden durch

1. Wärmeenergie: Thermoemission,
2. elektromagnetische Strahlungsenergie (Licht): Photoemission,
3. elektrostatische Feldenergie: Feldemission,
4. kinetische Stoßenergie: Sekundäremission.

Tabelle 16-6. Austrittsarbeiten einiger Metalle, Halbleiter und Oxide

Material	Austrittsarbeit Φ in eV
Al	4,20
Ba	2,52
Cs	1,81
Fe	4,63
Ge	5,02
Au	4,83
Li	2,46
C	4,36
Cu	4,65
Na	2,35
Mo	4,19
Ni	5,09
Pd	5,55
Pt	5,66
Se	4,87
Ag	4,43
Si	3,59
Th	3,47
W	4,57
Ba auf BaO	1,0
Cs auf W	1,4
Th auf W	2,60
WO	≈ 10,4

Thermoemission (Glühemission)

Bei $T > 0$ ist die Dichte der besetzten Zustände durch die Zustandsdichte $Z(E)$ und die Fermi-Dirac-Verteilung $f_{FD}(E)$ gegeben (siehe 16.2). Bei Zimmertemperatur und $E > E_F + \Phi$ hat die Fermi-Verteilung extrem kleine Werte (Bild 16-9), so daß keine Elektronen emittiert werden. Bei höheren Temperaturen kann jedoch der Thermoemissionsstrom merkliche Werte annehmen und in folgender Weise berechnet werden.

Bei einer Energie $E = E_F + \Phi$ im Metall haben die Leitungselektronen nach Austritt durch die Metalloberfläche in das Vakuum die kinetische Energie 0. Ihre Zustandsdichte beträgt im Vakuum entsprechend (22)

$$Z_{vac}(E) = \frac{1}{2\pi^2}\left(\frac{2m_e}{\hbar^2}\right)^{3/2}\sqrt{E - E_F - \Phi} \qquad (87)$$

für $E \geqq E_F + \Phi$.

Die Elektronenkonzentration im Vakuum ergibt sich durch Integration über E gemäß

$$n = \int_{E_F+\Phi}^{\infty} Z_{vac}(E) f_{FD}(E)\,dE = 2\,\frac{(2\pi m_e kT)^{3/2}}{h^3}\,e^{-\Phi/kT}, \qquad (88)$$

wobei für $E \geqq E_F + \Phi$ wie in 16.4 die Fermi-Dirac-Verteilung durch die Boltzmann-Näherung (21) ersetzt werden kann. Im thermischen Gleichgewicht ist die Stromdichte der aus dem Metall austretenden Elektronen gleich der Stromdichte der aus dem Vakuum auf das Metall treffenden Elektronen

$$j_s = j_x = \frac{1}{2} en\overline{|v_x|}. \qquad (89)$$

Die mittlere absolute Geschwindigkeitskomponente senkrecht zur Metalloberfläche $\overline{|v_x|}$ läßt sich durch Mittelung von $|v_x|$ gewichtet mit der eindimensionalen Boltzmann-Verteilung errechnen zu

$$\overline{|v_x|} = \sqrt{\frac{2kT}{\pi m_e}}. \qquad (90)$$

Aus (88) bis (90) folgt schließlich für die thermische Elektronenemission bei der Temperatur T die *Richardson-Dushman-Gleichung*

$$j_s = A_R T^2 e^{-\Phi/kT} \qquad (91)$$

mit der universellen Richardson-Konstante

$$A_{\mathrm{R}} = \frac{4\pi m_{\mathrm{e}} e k^2}{h^3} = 1{,}20 \cdot 10^6\ \mathrm{A/m^2\,K^2}\,. \qquad (92)$$

Die thermische Emissionsstromdichte hängt also exponentiell von der Temperatur und von der Austrittsarbeit ab. Bei $T = 3\,000$ K ergibt sich eine Emissionsstromdichte von $j_{\mathrm{s}} = 13{,}5\ \mathrm{A/cm^2}$. Für A_{R} werden experimentell Werte im Bereich $(0{,}2\ldots0{,}6)\cdot 10^6\ \mathrm{A/m^2\,K^2}$ gefunden.

Photoemission

Die Energie zur Aufbringung der Austrittsarbeit für Elektronen im Fermi-See eines Festkörpers kann auch durch äußere Einstrahlung von Energie in Form elektromagnetischer Strahlung (Licht, Röntgenstrahlung) zugeführt werden: *Photoeffekt* (*lichtelektrischer Effekt*, H. Hertz 1887, Hallwachs 1888). Die experimentelle Untersuchung (Hallwachs, Lenard) ergab für den Photoeffekt:

1. Die Photoemissions-Stromdichte ist proportional zur eingestrahlten Lichtintensität.
2. Die maximale kinetische Energie der emittierten Elektronen $E_{\mathrm{k,max}}$ ist bei monochromatischer Lichteinstrahlung eine lineare Funktion der Frequenz ν des Lichtes, aber unabhängig von der Lichtintensität. Unterhalb einer Grenzfrequenz ν_{gr} tritt keine Photoemission auf (Bild 16-30b).
3. Die Photoemission setzt auch bei geringster Bestrahlungsstärke ohne Verzögerung praktisch trägheitslos ein.

Die Erklärung des Photoeffektes erfolgte durch die *Lichtquantenhypothese* (Einstein 1905): Die Photoelektronenauslösung erfolgt durch Einzelprozesse zwischen je einem *Lichtquant der Energie*

$$E = h\nu \qquad (93)$$

und einem Leitungselektron. Dabei wird das Lichtquant absorbiert. Seine Energie gemäß (93) liefert die Austrittsarbeit, einen eventuellen Überschuß erhält das Photoelektron als kinetische Energie $E_{\mathrm{k,max}}$ mit, von der ein Teil $E_{\mathrm{i,coll}}$ durch unelastische Stöße im Innern des Metalls verloren gehen kann. Die Energiebilanz lautet damit

$$h\nu = \Phi + E_{\mathrm{i,coll}} + E_{\mathrm{k}}\,. \qquad (94)$$

Die maximal mögliche kinetische Energie eines

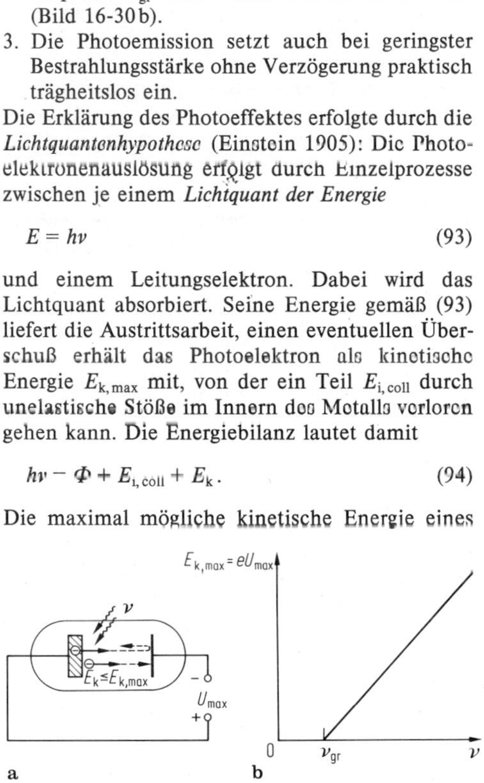

a b

Bild 16-30. Photoeffekt: Emission von Elektronen bei Lichteinstrahlung.

ausgelösten Photoelektrons ergibt sich daraus nach der *Lenard-Einsteinschen Gleichung* zu

$$E_{\mathrm{k,max}} = h\nu - \Phi, \qquad (95)$$

was dem experimentellen Befund entspricht (Bild 16-30b). Die *Grenzfrequenz des Photoeffekts* ergibt sich daraus für $E_{\mathrm{k,max}} = 0$ zu

$$\nu_{\mathrm{gr}} = \frac{\Phi}{h} \qquad (96)$$

und gestattet in einfacher Weise die Bestimmung der Austrittsarbeit Φ. Aus der Steigung der Geraden in Bild 16-30b kann ferner das Plancksche Wirkungsquantum h bestimmt werden. Die maximale kinetische Energie $E_{\mathrm{k,max}}$ läßt sich mit der Anordnung Bild 16-30a messen: Die ausgelösten Photoelektronen treffen auf die gegenüberliegende Elektrode und laden sie auf, bis das so aufgebaute, stromlos zu messende Gegenpotential $U_{\mathrm{max}} = E_{\mathrm{k,max}}/e$ eine weitere Aufladung verhindert.

Die Einsteinsche Erklärung des Photoeffektes führte die *Quantisierung des elektromagnetischen Strahlungsfeldes* ein, wobei die Quanten (Lichtquanten, Photonen) als räumlich begrenzte elektromagnetische Wellenzüge (*Wellenpakete*, siehe 18.1) zu denken sind, mit einer durch (93) gegebenen Energie.

Schottky-Effekt und Feldemission

Wird an eine Metallkathode ein starkes elektrisches Feld angelegt, so wird die Potentialschwelle Φ auf eine effektive Austrittsarbeit $\Phi' = \Phi - \Delta\Phi$ erniedrigt, die sich durch die Überlagerung des durch die äußere Feldstärke $\boldsymbol{E}$ bedingten Abfalls der potentiellen Energie $(E_{\mathrm{vac}} - e|\boldsymbol{E}|x)$ mit der durch die Bildkraft verrundeten Potentialschwelle der Austrittsarbeit ergibt (Bild 16-31). Für den Korrekturterm $\Delta\Phi$ erhält man

$$\Delta\Phi = \sqrt{\frac{e^2|\boldsymbol{E}|}{4\pi\varepsilon_0}}\,. \qquad (97)$$

Diese Absenkung der Austrittsarbeit kann, da sie in den Exponenten der Richardson-Gleichung (91) eingeht, eine erhebliche Erhöhung der Thermoemission zur Folge haben: *Schottky-Effekt* (Thermofeldemission).

Nicht thermisch angeregte Elektronen im Fermi-See des Metalls (Bild 16-31) können die auch bei großer Feldstärke $\boldsymbol{E}$ noch vorhandene Potentialschwelle der Höhe Φ' und der Breite Δx nach den Gesetzen der klassischen Physik nicht überwinden. Die Wellenmechanik zeigt jedoch, daß die Wellenfunktionen der Elektronen, wenn auch stark gedämpft, in die Potentialschwelle eindringen. Wenn die Schwellenbreite Δx sehr klein ist (einige nm bei Feldstärken $|\boldsymbol{E}| = 10^9$ V/m $= 1$ V/nm), ist die Amplitude der Wellenfunktionen auf der Vakuumseite der Potentialschwelle

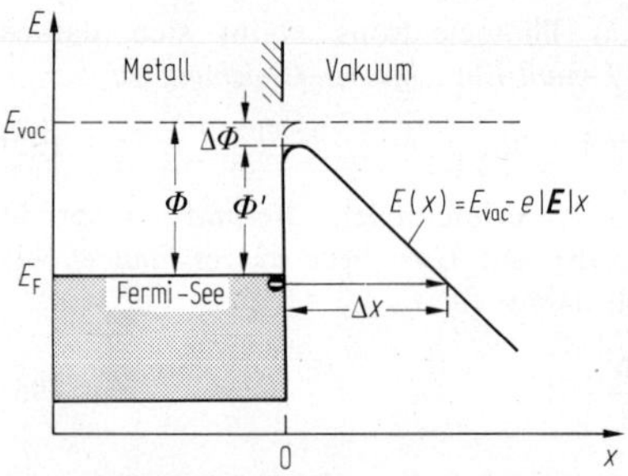

Bild 16-31. Absenkung der Austrittsarbeit durch den Schottky-Effekt bei Anlegung eines äußeren elektrischen Feldes $\boldsymbol{E}$, und dadurch bedingte Umformung der Austrittsenergiestufe Φ in eine Potentialschwelle endlicher Breite Δx.

noch merklich, d. h., die Metallelektronen haben auch außerhalb der Austrittspotentialschwelle noch eine gewisse Aufenthaltswahrscheinlichkeit. Die Elektronen können demnach mit einer gewissen Wahrscheinlichkeit den Potentialberg wie durch einen Tunnel durchlaufen: *quantenmechanischer Tunneleffekt.* Die Durchtrittswahrscheinlichkeit D für ein Elektron der Energie E_e durch einen Potentialberg $E(x)$ der Höhe $\Delta E = E_{max} - E_e$ und der Breite $\Delta x = x_2 - x_1$ ergibt sich näherungsweise zu

$$D \approx \exp\left\{-\frac{2}{\hbar}\int_{x_1}^{x_2}\sqrt{2m_e(E(x)-E_e)}\right\}$$

$$\approx \exp\left\{-\frac{\alpha\Delta x}{\hbar}\sqrt{2m_e\Delta E}\right\} \quad (98)$$

mit $\alpha \approx (1\ldots2)$ je nach der Form des Potentialberges. Die Energie E ist hier nicht mit dem Betrag der Feldstärke $|\boldsymbol{E}|$ zu verwechseln.

Der Tunneleffekt ermöglicht eine Elektronenemission auch bei kalter Kathode allein durch hohe Feldstärken $|\boldsymbol{E}| \geqq 10^9\,\text{V/m}$. Bei einem homogenen Feld nach Bild 16-31 ergibt die Rechnung, die ähnlich wie für die Thermoemission verläuft (unter Berücksichtigung der Durchlaßwahrscheinlichkeit (98)), für die Feldemissionsstromdichte bei nicht zu hohen Temperaturen *(Fowler-Nordheim-Gleichung)*

$$j_F = A_F\frac{|\boldsymbol{E}|^2}{\Phi}\,e^{-\beta\Phi^{3/2}/|\boldsymbol{E}|} \quad (99)$$

mit

$$A_F = \frac{e^3}{8\pi h} = 2{,}5\cdot10^{-25}\,\text{A}^2\,\text{s/V} \quad (100)$$

und

$$\beta = \frac{4\sqrt{2m_e}}{3\hbar e} = 1{,}06\cdot10^{38}\,\text{kg}^{0{,}5}/(\text{V A}^2\,\text{s}^3)\,. \quad (101)$$

Die Abhängigkeit der Feldemissions-Stromdichte von der Feldstärke entspricht genau der Abhängigkeit der Thermoemissions-Stromdichte von der Temperatur (91).

Ausreichend hohe elektrische Feldstärken lassen sich nach (12-70) besonders leicht an feinen Spitzen mit Krümmungsradien von 0,1 bis 1 µm erzeugen. Anwendungen: Feldemissions-Elektronenmikroskop (Bild 12-23), Rastertunnelmikroskop.

Sekundärelektronenemission

Die Austrittsarbeit kann schließlich auch durch die kinetische Energie primärer Teilchen (Elektronen, Ionen), die auf die Festkörperoberfläche fallen, aufgebracht werden. Die so ausgelösten Elektronen werden *Sekundärelektronen* genannt. Der Sekundärelektronen-Emissionskoeffizient für Elektronen

$$\delta = \frac{j_{sec}}{j_0} \quad (102)$$

(j_{sec}: Emissionsstromdichte der Sekundärelektronen; j_0: Stromdichte der auffallenden Primärelektronen) hängt von der Energie der Primärelektronen ab (Bild 16-32) und hat bei Metallen Werte um 1, bei Halbleitern und Isolatoren bis über 10. Dieser Unterschied hängt damit zusammen, daß aus Impulserhaltungsgründen (vgl. 6.3.2) beim Stoß äußerer Primärelektronen auf freie Leitungselektronen eine Rückwärtsstreuung sehr viel unwahrscheinlicher ist als beim Stoß auf gebundene Elektronen in Halbleitern oder Isolatoren.

Die Energie der ausgelösten Sekundärelektronen beträgt $\lesssim 20\,\text{eV}$. Mit steigender Primärelektronenenergie nimmt δ zunächst zu, um nach Durchlaufen eines maximalen Wertes ($E_{opt} \approx (500\ldots1\,500)\,\text{eV}$) wieder abzusinken, da wegen der steigenden Eindringtiefe der Primärelektronen die Auslösung in so großen Tiefen erfolgt, daß die Austrittswahrscheinlichkeit der Sekundärelektronen abnimmt (siehe Tabelle 16-7).

Tabelle 16-7. Maximaler Sekundärelektronen-Emissionskoeffizient und zugehörige Energie für einige Festkörper

Metalle	δ_{max}	E_{opt}/eV
Fe	1,3	350
C	1,0	300
Cu	1,3	600
Mo	1,25	375
Ni	1,3	550
Pt	1,6	800
Ag	1,5	800
W	1,4	600
Ge	1,1	400
NaCl	6	600
BaO	6	500
MgO	2,4	1 500
Al_2O_3	4,8	1 300
Glimmer	2,4	380
Ag-Cs_2O-Cs	8,8	550

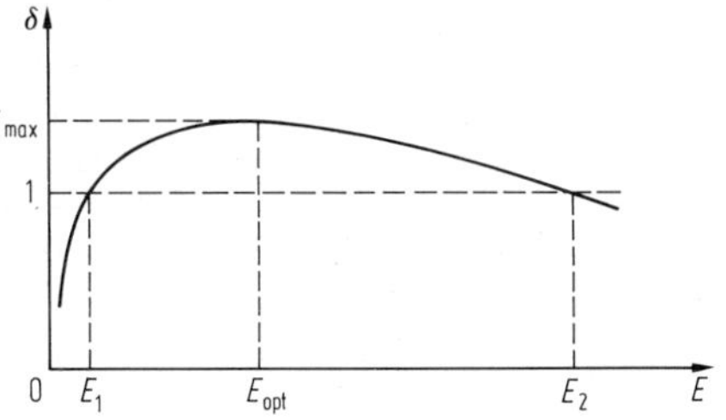

Bild 16-32. Sekundärelektronen-Emissionskoeffizient als Funktion der Energie der Primärelektronen (schematisch).

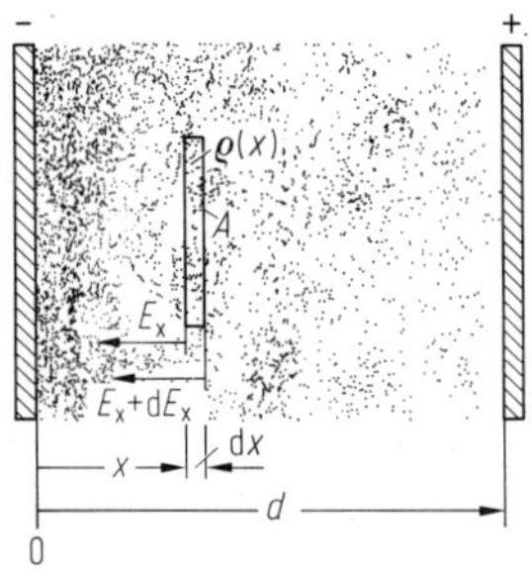

Bild 16-33. Zur Herleitung der Potentialgleichung.

Im Energiebereich zwischen E_1 und E_2 (Bild 16-32), wo δ vor allem bei mit Caesium (sehr kleine Austrittsarbeit, Tabelle 16-6) versetzten Materialien Werte $\gg 1$ annehmen kann, ist demnach die Zahl der Sekundärelektronen u. U. erheblich höher als die Zahl der auslösenden Primärelektronen. Dieser Effekt wird u. a. bei den Sekundärelektronenvervielfachern und Kanalmultipliern ausgenutzt. Die material- und winkelabhängige Sekundärelektronenemission wird ferner als Bildsignal im Rasterelektronenmikroskop verwendet.

Auch Ionen können Sekundärelektronen auslösen, z. B. 1 bis 5 Elektronen pro auftreffendes Ion. Beginnend bei einer Ionenenergie von etwa 2 keV steigt die Ausbeute etwa linear an. Ein Maximum der Ausbeute wie bei Elektronen gibt es bei Ionen bis 20 keV nicht. Die Auslösung von Elektronen durch Ionen spielt eine wichtige Rolle bei der selbständigen Gasentladung (16.6.2).

16.7.2 Bewegung freier Ladungsträger im Vakuum

Die Bewegung von freien Ladungsträgern q mit der Geschwindigkeit $\boldsymbol{v}$ im Vakuum, in dem nur elektrische und/oder magnetische Felder $\boldsymbol{E}$ bzw. $\boldsymbol{B}$ auftreten, wird durch die Lorentz-Kraft (13-18)

$$\boldsymbol{F} = q(\boldsymbol{E} + \boldsymbol{v} \times \boldsymbol{B}) \tag{103}$$

beschrieben. Die Bewegung einzelner geladener Teilchen in solchen Feldern wurde bereits früher besprochen: Beschleunigung und Ablenkung im elektrischen Längs- und Querfeld (12.2), Energieaufnahme im elektrischen Feld (12.5), Ablenkung im magnetischen Feld (13.2).

Treten viele geladene Teilchen als *Raumladung* der Dichte $\varrho(\boldsymbol{r}) = n(\boldsymbol{r})q$ auf, so werden die von außen vorgegebenen Feldstärken und Potentiale durch die Raumladung verändert, da von den Ladungen selbst ein elektrischer Fluß Ψ ausgeht. Für den Fall einer ebenen Geometrie ergibt sich nach dem Gaußschen Gesetz (12-17) aus der Bilanz für den elektrischen Fluß durch die Oberfläche einer raumladungserfüllten, flachen Scheibe im Vakuum (Bild 16-33)

$$\frac{dE_x}{dx} = \frac{\varrho(x)}{\varepsilon_0}. \tag{104}$$

Die Feldstärke ergibt sich aus der Änderung des Potentials $V(x)$ mit x gemäß (12-39), und somit

$$\frac{d^2V(x)}{dx^2} = -\frac{\varrho(x)}{\varepsilon_0}. \tag{105}$$

Dies ist der eindimensionale Sonderfall der allgemein gültigen Potentialgleichung

$$\Delta V \equiv \frac{\partial^2 V}{\partial x^2} + \frac{\partial^2 V}{\partial y^2} + \frac{\partial^2 V}{\partial z^2} = -\frac{\varrho}{\varepsilon_r\varepsilon_0}, \tag{106}$$

(Poisson-Gleichung).

Vakuumdiode

Der Effekt der Raumladung soll anhand des von der Kathode in einer Vakuumdiode (Bild 16-34a) ausgehenden Thermoemissions-Elektronenstroms diskutiert werden. Die Kennlinie $i_A = f(u_{AK})$ zeigt drei charakteristisch verschiedene Bereiche (Bild 16-34b):

1. $u_{AK} < 0$: Die aus der Kathode entsprechend der Kathodentemperatur T_K austretenden Elektronen (91) müssen gegen ein Anodenpotential $-|u_{AK}|$ anlaufen. Sie finden also eine gegenüber der Austrittsarbeit Φ um eu_{AK} erhöhte Energieschwelle vor, die nur von den Elektronen mit $E_k > eu_{AK}$

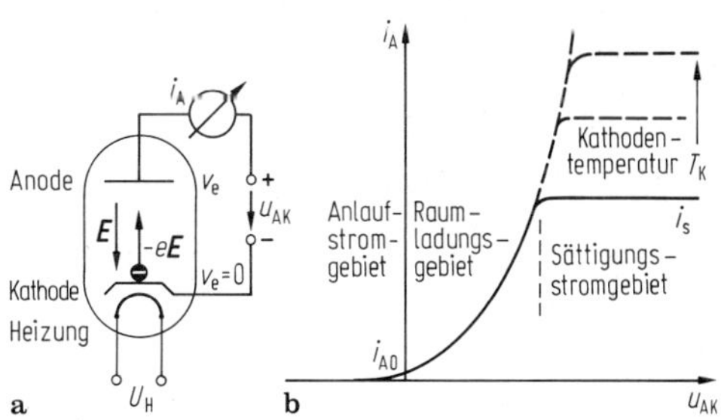

Bild 16-34. **a** Vakuumdiode und **b** deren Kennlinien für verschiedene Kathodentemperaturen.

überwunden wird. Analog zur Richardson-Gleichung (91) ergibt sich daher für den Anodenstrom im *Anlaufstromgebiet*

$$i_A = i_{A0}\, e^{-e|u_{AK}|/kT}, \tag{107}$$

worin $T = T_K$ die Kathodentemperatur ist.

2. $u_{AK} > 0$: Die Elektronen werden zur Anode beschleunigt. Der Anodenstrom i_A steigt dennoch nicht sofort auf den durch die Richardson-Gleichung (91) gegebenen Wert, da bei niedrigen Spannungen die durch den Anodenstrom $i_A = -nevA$ hervorgerufene negative Raumladung $\varrho = -ne = i_A/vA$ in Kathodennähe besonders groß ist (v klein), und die Elektronen geringerer kinetischer Energie von der Raumladung zur Kathode reflektiert werden: *Raumladungsgebiet.* Die Potentialgleichung (105) lautet für diesen Fall

$$\frac{d^2V(x)}{dx^2} = -\frac{\varrho(x)}{\varepsilon_0} = -\frac{i_A}{\varepsilon_0 vA}. \tag{108}$$

Die Integration ergibt mit (12-53)

$$\frac{1}{2}\left(\frac{dV}{dx}\right)^2 - \frac{1}{2}\left(\frac{dV}{dx}\right)^2_{x=0} = \frac{2i_A}{\varepsilon_0 A}\sqrt{\frac{m_e}{2e}}\sqrt{V}. \tag{109}$$

Wir nehmen nun an, daß die Elektronenemission aus der Kathode raumladungsbegrenzt sei, d. h., daß durch die negative Raumladung vor der Kathode die Feldstärke dort fast 0 sei (tatsächlich ist sie etwas negativ). Dann ist $(dV/dx)_{x=0} \approx 0$ und (109) kann weiter integriert werden ($x = (0 \ldots d)$, $V = (0 \ldots u_{AK})$) mit dem Ergebnis

$$i_A = \frac{4}{9}\varepsilon_0 A \sqrt{\frac{2e}{m_e}} \cdot \frac{u_{AK}^{3/2}}{d^2}, \tag{110}$$

(Schottky-Langmuirsche Raumladungsgleichung),

dem sog. $U^{3/2}$-Gesetz. Mit steigender Anodenspannung steigt auch die Geschwindigkeit v der Elektronen, so daß die Raumladung $\varrho = ne \sim 1/v$ abgebaut wird und i_A entsprechend der Schottky-Langmuir-Gleichung ansteigt.

3. $u_{AK} \gg 0$: Eine Grenze für das Ansteigen des Anodenstromes mit u_{AK} ist durch die Richardson-Gleichung (91) gegeben. Bei hinreichend großer Anodenspannung verschwindet die Raumladungsbegrenzung, und alle von der Kathodenoberfläche A emittierten Elektronen werden abgesaugt. Für das *Sättigungsstromgebiet* gilt dann

$$i_s = A \cdot A_R T_K^2\, e^{-\Phi/kT_K}, \tag{111}$$

wonach der Sättigungsstrom nur von der Kathodentemperatur T_K abhängt. Aus der Kennlinie (Bild 16-34b) folgt, daß die Vakuumdiode den elektrischen Strom praktisch nur für positive Anodenspannung leitet. (Anwendung zur Gleichrichtung von Wechselströmen.)

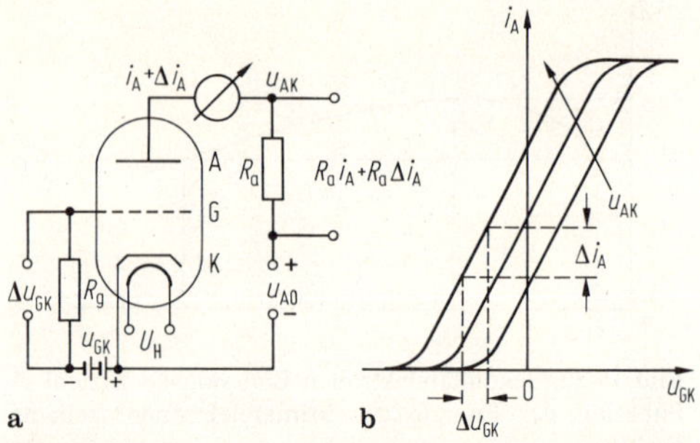

Bild 16-35. **a** Triode in Verstärkerschaltung und **b** zugehörige Kennlinien (schematisch).

Triode

Im Raumladungsgebiet der Vakuumdiode bestimmt die Größe der Raumladung vor der Kathode den Anodenstrom i_A. Durch Einführung eines negativ vorgespannten Steuergitters G zwischen Kathode und Anode erhält man eine künstliche, regelbare Raumladung mit der Möglichkeit, durch kleine Steuergitterspannungs-Änderungen Δu_{GK} entsprechende Anodenstromänderungen Δi_A zu erzeugen (Bild 16-35). Für konstante Spannung u_{AK} wird das Verhältnis

$$\left(\frac{\Delta i_A}{\Delta u_{GK}}\right)_{u_{AK}} = S \quad \textit{(Steilheit)}. \tag{112}$$

genannt. Übliche Elektronenröhren haben Steilheiten $S = (1 \ldots 10)$ mA/V.

Bei Einschaltung eines Arbeitswiderstandes R_a in den Anodenstromkreis bewirkt Δu_{GK} eine Änderung des Spannungsabfalls an R_a von $\Delta u_{AK} = R_a \Delta i_A \approx SR_a \Delta u_{GK}$. Daraus folgt ein *Spannungsverstärkungsfaktor*

$$\frac{\Delta u_A}{\Delta u_{GK}} \approx SR_a, \tag{113}$$

der erheblich größer als 1 sein kann. Da bei negativer Steuergitterspannung u_{GK} praktisch kein Gitterstrom fließt, erfolgt die Spannungsverstärkung mit Elektronenröhren nahezu leistungslos.

17 Starke und schwache Wechselwirkung: Atomkerne und Elementarteilchen

Die Kern- und Elementarteilchenphysik wird in der Hauptsache durch die starke und die schwache Wechselwirkung bestimmt, vgl. Einleitung zum Abschnitt II. WECHSELWIRKUNGEN und FELDER (vor 11). Die zugehörigen Kräfte haben eine extrem kurze Reichweite $\approx 10^{-15}$ m und spielen daher in der sonstigen Physik gegenüber den elektromagnetischen und Gravitationskräften mit ihrer langen Reichweite keine Rolle. Im Bereich der Atomkerne und Elementarteilchen sind sie jedoch die bestimmenden Kräfte: Die starke Wechselwirkung bewirkt den Zusammenhalt der Atomkerne, indem die anziehenden Kernkräfte zwischen unmittelbar benachbarten Nukleonen die abstoßenden Coulomb-Kräfte übersteigen. Dagegen nehmen die Leptonen (Tabelle 12-1) nicht an der starken Wechselwirkung teil. Bei der Streuung schneller Elektronen an Atomkernen beispielsweise wird daher der Hauptteil des Streuquerschnittes (vgl. 16.1.1) durch die Coulomb-Wechselwirkung mit den positiven Ladungen der Protonen (Tabelle 12-1) im Atomkern verursacht. Zerfälle bzw. Umwandlungen von Elementarteilchen schließlich werden durch die schwache Wechselwirkung geregelt.

17.1 Atomkerne

Aus den Streuversuchen von Rutherford, Geiger und Marsden mit α-Teilchen (16.1.1) zeigte sich, daß der Atomkern soviel positive Elementarladungen enthält, wie die Ordnungszahl Z des Atoms im Periodensystem der Elemente (C 2.5...C 3.1) angibt. Massenspektrometrische Untersuchungen (Bild 13-13) ermöglichen ferner die Bestimmung der Massen der verschiedenen Elemente. Dabei zeigt sich, daß die *Protonen*, die positiv geladenen Kerne der Wasserstoffatome als leichtestem aller Elemente, zur Erklärung der Atomkernmassen nicht ausreichen, sondern daß dazu elektrisch neutrale Teilchen, die *Neutronen* (Chadwick 1932) hinzugenommen werden müssen.
Bestandteile der Atomkerne sind demnach die *Nukleonen*
Proton (p) mit der Ladung $+e$ und der Ruhemasse

$$m_p = (1{,}672\,623\,1 \pm 10 \cdot 10^{-7}) \cdot 10^{-27}\,\mathrm{kg}$$

und *Neutron* (n) mit der Ladung 0 und der Ruhemasse

$$m_n = (1{,}674\,928\,6 \pm 10 \cdot 10^{-7}) \cdot 10^{-27}\,\mathrm{kg}\,.$$

Die Ruhemasse der Nukleonen ist damit etwa 1 840mal größer als die Ruhemasse der Elektronen (12.4). Ein beliebiger Atomkern enthält A Nukleonen, davon Z Protonen und N Neutronen:

$$A = Z + N \quad (\textit{Massenzahl}\text{ des Atomkerns}). \qquad (1)$$

Die Massenzahl A ist gleich der auf ganze Zahlen gerundeten relativen Atommasse A_r. Z heißt *Kernladungszahl* und ist mit der *Ordnungszahl* im Periodischen System identisch. Schreibweise zur Kennzeichnung eines Atomkerns eines chemischen Elementes X:

$${}^{A}_{Z}\mathrm{X}, \quad \text{z. B.} \quad {}^{1}_{1}\mathrm{H}, {}^{4}_{2}\mathrm{He}, {}^{235}_{92}\mathrm{U} \ldots$$

Der Index Z (Kernladungszahl) wird häufig auch weggelassen, da diese durch das chemische Symbol X eindeutig bestimmt ist. Atomkerne werden auch Nuklide genannt. Unterschiedliche Nuklide unterscheiden sich in mindestens einer der Zahlen A, Z, N.
Die *relative Atommasse* A_r ist das Verhältnis der Atommasse m_a zur sog. vereinheitlichten Atommassenkonstante m_u:

$$A_r = \frac{m_a}{m_u}\,. \qquad (2)$$

Entsprechend wird die *relative Molekülmasse* M_r (siehe 8.1) eines Moleküls der Masse m_m definiert:

$$M_r = \frac{m_m}{m_u}\,. \qquad (3)$$

Die vereinheitlichte *Atommassenkonstante* m_u ist definiert als 1/12 der Masse eines Kohlenstoffnuklids der Massenzahl 12 und beträgt

$$m_u = \frac{1}{12}\, m(^{12}\mathrm{C}) = (1{,}660\,540\,2 \pm 10 \cdot 10^{-7}) \cdot 10^{-27}\,\mathrm{kg}\,.$$

Die Masse dieses Betrages wird als sog. *atomare Masseneinheit* verwendet und dann u genannt.
Aus Streuversuchen mit α-Teilchen hinreichend hoher Energie (16.1.1) erhält man auch Aussagen über den Kernradius, für den sich die empirische Beziehung

$$r_N \approx r_{N0} \sqrt[3]{A} \quad \text{mit} \quad r_{N0} \approx 1{,}2\,\mathrm{fm} \qquad (4)$$

ergibt. r_{N0} entspricht dem Radius eines Nukleons. (4) bedeutet, daß das Kernvolumen ($\sim r_N^3$) proportional zur Nukleonenzahl A ansteigt, die Dichte der Kernsubstanz also etwa konstant ist für alle Kerne:

$$\varrho_N \approx \frac{A m_p}{\frac{4\pi}{3} r_N^3} \approx \frac{m_p}{\frac{4\pi}{3} r_{N0}^3} \approx 2 \cdot 10^{14}\,\mathrm{g/cm^3}\,. \qquad (5)$$

Die Kerndichte ist also etwa um einen Faktor 10^{14} größer als die Dichte von Festkörpern!
Atome gleicher Ordnungszahl Z, aber verschiedener Neutronenzahl N und damit auch verschiedener Massenzahl A werden *Isotope* des chemischen Elements mit der Ordnungszahl Z genannt. Die meisten in der Natur vorkommenden Elemente sind Mischungen aus mehreren Isotopen. Dadurch erklärt sich, daß die relativen Atommassen A_r oft von der Ganzzahligkeit relativ stark abweichen.
Sowohl Protonen als auch Neutronen haben wie die Elektronen (16.1) einen Eigendrehimpuls oder Spin der Größe $\hbar/2$. Ferner muß angenommen werden, daß Nukleonen Bahnbewegungen im Atomkern durchführen, die zu einem Bahndrehimpuls führen. Der resultierende Drehimpuls

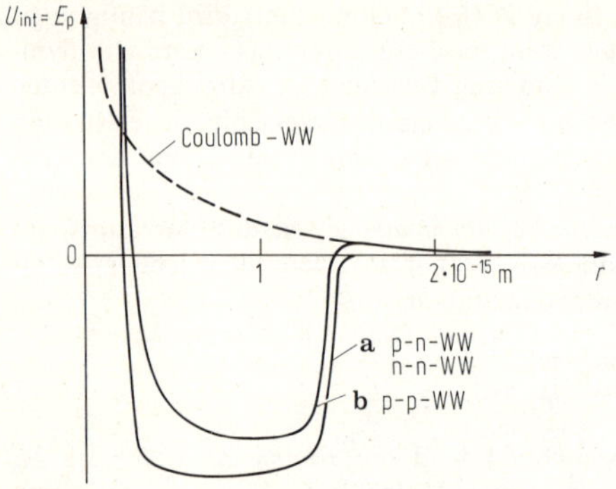

Bild 17-1. Potentielle Energie von Nukleonen (schematisch, Coulomb-Wechselwirkung stark überhöht dargestellt): **a** p-n- und n-n-Wechselwirkung, **b** p-p-Wechselwirkung.

eines Atomkerns, der *Kernspin* $\boldsymbol{J}$, ist wie der Drehimpuls der Elektronenhülle gequantelt, wobei die zugehörige Quantenzahl J den Betrag des Kernspins $\hbar\sqrt{J(J+1)}$ kennzeichnet. Auch hier gilt eine Richtungsquantelung (vgl. 16.1). Kerne mit geraden Zahlen von Protonen und Neutronen (g,g-Kerne) haben eine Spinquantenzahl $J = 0$, d. h., die Spins der Nukleonen sind offenbar paarweise antiparallel angeordnet. Mit dem Kernspin ist schließlich auch ein magnetisches Dipolmoment verknüpft.

Bei der Wechselwirkung zwischen zwei Protonen sind die Kernkräfte (starke Wechselwirkung) für Abstände $r > 0{,}7$ fm anziehend und übersteigen die abstoßende Coulomb-Kraft um einen Faktor $> 10^2$. Bereits bei $r \geqq 2$ fm sind die Kernkräfte abgeklungen. Für $r < 0{,}7$ fm wirken die Kernkräfte abstoßend, halten also die Nukleonen in entsprechenden Abständen. Das steht im Einklang mit der von der Massenzahl unabhängigen, etwa konstanten Kerndichte. Aufgrund der Spinwechselwirkung gibt es ferner nichtzentrale Anteile der Kernkraft. Sieht man von solchen Kraftanteilen ab, so läßt sich qualitativ ein Verlauf des Kernpotentials annehmen, wie er in Bild 17-1 dargestellt ist (Energie-Nullpunkt bei getrennten Nukleonen angenommen: Bei gebundenen Nukleonen ist die innere Energie U_{int} bzw. die potentielle Energie E_p dann negativ, vgl. Bild 6-7). Für die Wechselwirkung zwischen zwei Neutronen oder zwischen einem Neutron und einem Proton ist dabei allein das Potential aufgrund der Kernkraft wirksam, für die Wechselwirkung zwischen zwei Protonen wird dieses noch vom Coulomb-Potential überlagert.

17.2 Massendefekt, Kernbindungsenergie

Die zur Zerlegung eines Atomkerns gegen die anziehenden Kernkräfte aufzubringende Arbeit stellt die Kernbindungsenergie E_b dar, die meist je Nukleon angegeben wird (Bild 17-2). Bei der Zusammenlagerung von mehreren Nukleonen zu einem Atomkern wird die entsprechende Energie frei. Aufgrund der Einsteinschen Masse-Energie-Beziehung (4-42) ist daher die Masse eines Atomkerns m_N stets kleiner als die Masse aller beteiligten Nukleonen im ungebundenen Zustand $(Zm_p + Nm_n)$. Aus der experimentell bestimmbaren Differenz

$$\Delta m = Zm_p + Nm_n - m_N \quad \text{(Massendefekt)} \qquad (6)$$

läßt sich die *Bindungsenergie je Nukleon* berechnen:

$$E_b = \frac{\Delta m c_0^2}{A}. \qquad (7)$$

Einem Massendefekt von der Größe der atomaren Masseneinheit 1 u entspricht eine Bindungsenergie von 931,49 MeV. Für Atomkerne mit Massenzahlen $A > 20$ beträgt die Bindungsenergie je Nukleon ungefähr 8 MeV (Bild 17-2). Bei Atomkernen mit Massenzahlen um 60 hat die Energie je Nukleon ein flaches Minimum (maximale Bindungsenergie). Zu kleineren und zu größeren Massenzahlen steigt sie an.

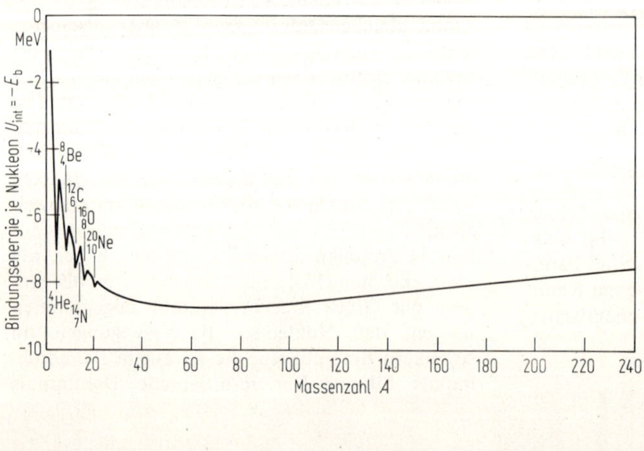

Bild 17-2. Bindungsenergie je Nukleon als Funktion der Massenzahl des Kerns (berechnet aus der Weizsäcker-Formel (9) sowie (11)).

Die Abhängigkeit der Kernbindungsenergie je Nukleon von der Massenzahl des Kerns läßt sich durch *Kernmodelle* deuten.

Beim *Tröpfchenmodell* wird der Atomkern mit einem makroskopischen Flüssigkeitstropfen verglichen, der ebenfalls eine konstante Dichte unabhängig von seiner Größe aufweist, sowie schnell mit der Entfernung abnehmende Bindungskräfte. So, wie beim Flüssigkeitstropfen die Oberflächenspannung für die kugelförmige Gestalt sorgt, muß auch beim Atomkern eine Oberflächenspannung angenommen werden, die eine etwa kugelförmige Gestalt des Kerns bewirkt. Die Bindung an der Oberfläche ist jedoch geringer als im Volumen. Die Zunahme der Bindungsenergie je Nukleon mit der Massenzahl bei leichten Atomkernen rührt daher vom steigenden Verhältnis der Zahl der Nukleonen im Volumen zu derjenigen an der Oberfläche. Bei schweren Kernen bewirkt hingegen die Zunahme der elektrostatischen Abstoßung der Protonen untereinander aufgrund ihrer steigenden Anzahl eine Verringerung der Bindungsenergie je Nukleon. Die Folge ist eine Verschiebung des Energieminimums (Bindungsenergiemaximums) zugunsten eines Neutronenüberschusses. Andererseits scheint, wie sich bei leichten Kernen zeigt, ein energetischer Vorteil für symmetrische Kerne (Protonenzahl = Neutronenzahl) zu existieren.

Beim *Schalenmodell* des Atomkerns wird davon ausgegangen, daß der Kern ähnlich wie die Elektronenhülle in Schalen unterteilt ist, innerhalb derer die Nukleonen gruppiert und diskreten Energiezuständen zugeordnet sind. Dabei sättigen sich die Drehimpulse je zweier Protonen oder zweier Neutronen gegenseitig ab. Kerne mit gerader Protonenzahl und gerader Neutronenzahl *(g,g-Kerne)* enthalten nur gepaarte Protonen und Neutronen und sind deshalb stabiler als *g,u-* oder *u,g-Kerne*. Die Bindungsenergie je Nukleon ist bei g,g-Kernen besonders hoch. Das Gegenteil ist bei *u,u-Kernen* der Fall, die sowohl ein ungepaartes Proton als auch ein ungepaartes Neutron enthalten. Dieser Effekt wirkt sich besonders bei den leichten Atomkernen aus und erklärt die dort starken Schwankungen der Bindungsenergie je Nukleon (Bild 17-2). Kerne mit abgeschlossenen Schalen enthalten 2, 8, 20, (28), 50, 82 oder 128 Protonen oder Neutronen *(magische Zahlen)* und sind überdurchschnittlich stabil. Beispiele sind ${}^4_2He$, ${}^{16}_8O$, ${}^{40}_{20}Ca$ und ${}^{208}_{82}Pb$.

Die verschiedenen Einflüsse auf die gesamte Kernbindungsenergie E_B lassen sich in der Weizsäcker-Formel zusammenfassen:

$$E_B = a_V A - a_O A^{2/3} - a_C \frac{Z^2}{A^{1/3}} - a_{as} \frac{(A-2Z)^2}{A} + \delta \frac{34}{A^{3/4}}, \qquad (8)$$

mit $a_V = 15{,}75\,\text{MeV}$, $a_O = 17{,}8\,\text{MeV}$, $a_C = 0{,}71\,\text{MeV}$, $a_{as} = 23{,}7\,\text{MeV}$ und

$$\delta = \begin{cases} +1 & \text{für g,g-Kerne} \\ 0 & \text{für g,u- und u,g-Kerne} \\ -1 & \text{für u,u-Kerne.} \end{cases}$$

Der erste Term beschreibt die Zunahme der Bindungsenergie mit der Anzahl der Nukleonen (Volumenenergie). Der zweite Term berücksichtigt die geringere Bindung der Oberflächen-Nukleonen. Der dritte Term beschreibt die Coulomb-Abstoßung der Protonen $\sim Z^2/r$. Der vierte Term stellt die bindungslockernde Asymmetrieenergie dar, die bei $N = Z = A/2$ verschwindet. Bei großen Massenzahlen liegt jedoch wegen der Coulomb-Abstoßung der Protonen untereinander das Energieminimum (Bindungsenergiemaximum) bei $N > Z$. Der fünfte Term berücksichtigt die Paarenergie der Nukleonen-Spins, er hat bei g,g-Kernen einen positiven, bei u,u-Kernen einen negativen Wert. Die Kernbindungsenergie je Nukleon E_b ergibt sich daraus zu

$$E_b = \frac{E_B}{A} = a_V - a_O \frac{1}{A^{1/3}} - a_C \frac{Z^2}{A^{4/3}} - a_{as} \frac{(A-2Z)^2}{A^2} + \delta \frac{34}{A^{7/4}}. \qquad (9)$$

Für jede Massenzahl A zeigt die Energie des Kerns bei einer bestimmten Protonenzahl Z ein Minimum (Maximum der Kernbindungsenergie), dessen Lage sich aus (8) mit der Bedingung

$$\left(\frac{\partial E_B}{\partial Z}\right)_{A=\text{const}} = 0 \qquad (10)$$

berechnen läßt. Daraus ergibt sich eine *Stabilitätslinie* (Linie der β-Stabilität, siehe 17.3)

$$Z = \frac{A}{2 + 0{,}015A^{2/3}} < \frac{A}{2}$$

bzw.

$$N = A - \frac{A}{2 + 0{,}015A^{2/3}} > \frac{A}{2}, \qquad (11)$$

die bei schweren Kernen zunehmend von der Linie $N = Z = A/2$ der symmetrischen Atomkerne

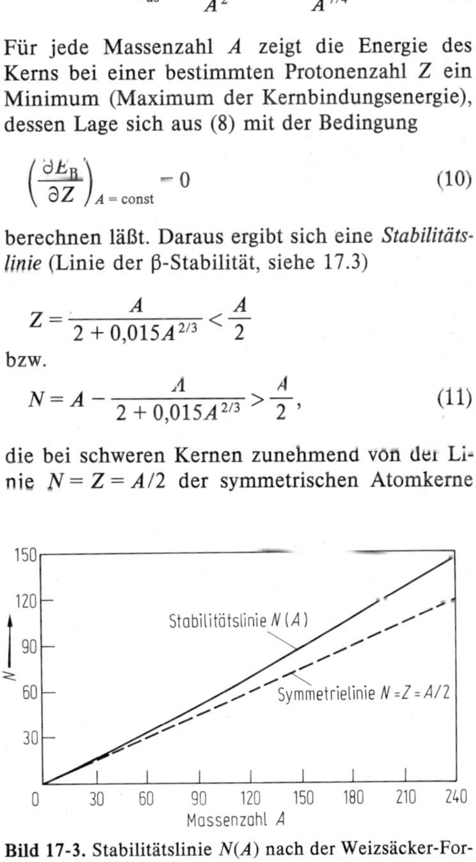

Bild 17-3. Stabilitätslinie $N(A)$ nach der Weizsäcker-Formel.

abweicht (Bild 17-3). Mit (11) folgt aus (9) der in Bild 17-2 dargestellte Verlauf der Bindungsenergiekurve.
Die stabilen Elemente (siehe 17.3) liegen auf bzw. dicht an der Stabilitätslinie.

17.3 Radioaktiver Zerfall

Atomkerne, die nicht dicht an der Stabilitätslinie (Bild 17-3) liegen, oder die große Massenzahlen A aufweisen, können Strahlung emittieren und dabei in einen stabileren Zustand übergehen. Solche instabilen Atomkerne heißen *radioaktiv*. Bei der zuerst an Uransalzen entdeckten (Becquerel 1896), dann an Polonium, Radium, Aktinium, Thorium, Kalium, Rubidium, Samarium, Lutetium u. a. gefundenen und untersuchten *natürlichen Radioaktivität* (Marie und Pierre Curie ab 1898, u. a.) werden verschiedenartige Strahlungen beobachtet:

1. Die *α-Strahlung* besteht aus zweifach positiv geladenen Teilchen der Massenzahl 4, also He-Kernen.
2. Die *β-Strahlung* besteht aus schnellen Elektronen.
3. Die *γ-Strahlung* besteht aus energiereichen elektromagnetischen Strahlungsquanten.

Die radioaktive Strahlung hängt nicht von äußeren Bedingungen wie Temperatur, Druck, chemische Bindung usw. ab.

17.3.1 Alphazerfall

Bei der Emission eines α-Teilchens (He-Kern), das als g,g-Kern mit abgeschlossenen Schalen eine besonders stabile Kernstruktur darstellt, aus einem schweren Atomkern X (der sich dabei in einen anderen Atomkern Y umwandelt) wird eine Reaktionsenergie

$$Q = \Delta E = (m_X - m_Y - m_\alpha)\, c_0^2 = \Delta m c_0^2 > 0 \qquad (12)$$

frei, sofern die Massenzahl des Ausgangskerns A_X hinreichend groß ist, wie sich aus dem Verlauf der Bindungsenergie pro Nukleon (Bild 17-2) schließen läßt. α-Strahlung wird in erster Linie für $A_X > 208$ beobachtet. Die Massenzahl des Ausgangskerns reduziert sich beim α-Zerfall um 4, die Kernladungszahl um 2, so daß ein anderes chemisches Element (im Periodischen System gegenüber dem Ausgangselement zwei Plätze zurück) entsteht:

$${}^{A}_{Z}X \rightarrow {}^{A-4}_{Z-2}Y + {}^{4}_{2}He + \Delta E,$$

z. B.:

$${}^{238}_{92}U \xrightarrow{4{,}5 \cdot 10^9\,a} {}^{234}_{90}Th + {}^{4}_{2}He\,. \qquad (13)$$

Der Zerfall erfolgt bei den natürlich radioaktiven Elementen von selbst (spontan), allerdings sehr

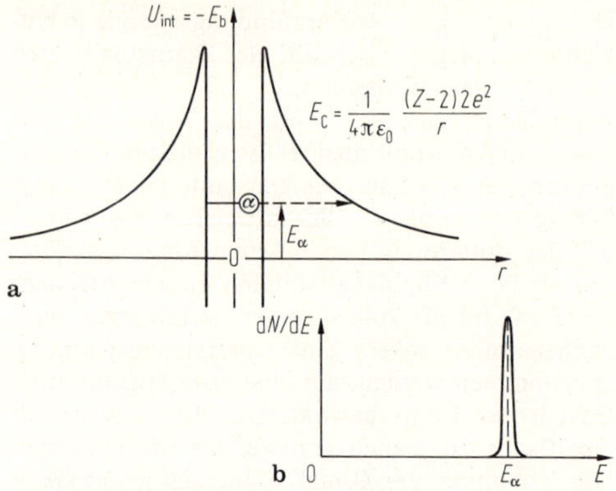

Bild 17-4. α-Zerfall: **a** Zu durchtunnelnde Energieschwelle des Kernpotentials, **b** diskretes Energiespektrum der α-Strahlung.

langsam, anderenfalls würden sie nicht mehr existieren. Bei der Emission des α-Teilchens muß daher offenbar eine Energieschwelle überwunden werden, die höher ist, als die bei der Emission verfügbare Energie ΔE, die sich wiederum gemäß Energie- und Impulssatz (Rückstoß, siehe 3.3.2) auf den neuen Kern Y und das α-Teilchen (E_α) verteilt. Die Energieschwelle wird aus dem Potentialtopf der Kernkräfte und der Coulomb-Abstoßung zwischen Kern Y und dem α-Teilchen gebildet (Bild 17-4). Das Energiespektrum der α-Strahlung einer Kernsorte mit diskreten Linien (Bild 17-4) ist ein Hinweis auf die Existenz diskreter Quantenzustände im Kern mit entsprechenden Energieniveaus.
Die Wahrscheinlichkeit des Zerfalls wird dann durch den quantenmechanischen Tunneleffekt (16-98) geregelt (Gamow 1938), der auch die Feldemission von Elektronen aus Metallen bestimmt (16.7.1). Dementsprechend gibt es eine (zunächst empirisch gefundene) gleichsinnige Beziehung zwischen der Zerfallswahrscheinlichkeit und der Energie E_α des emittierten α-Teilchens:

$$\log \lambda = A + B \log E_\alpha\,, \qquad (14)$$

die Geiger-Nuttallsche Regel,

mit für alle α-Strahler annähernd gleichen Konstanten A und B. λ ist die Zerfallskonstante des Zerfallsgesetzes (20).

Anmerkung: Üblicherweise wird die Geiger-Nuttallsche Regel mit Hilfe der hier nicht eingeführten Reichweite R der α-Teilchen in Materie (z. B. in Luft) formuliert. Diese ist jedoch einer Potenz von E_α proportional, so daß sich nur die Konstante B ändert.

17.3.2 Betazerfall

Nuklide, die nicht dicht an der Linie der β-Stabilität (Bild 17-3) liegen, können durch Emission eines Elektrons oder eines Positrons (eines positiv geladenen Elektrons) dieser Linie der minimalen Energie näherkommen. Dabei bleibt die Massenzahl A ungeändert, jedoch ändern sich Neutronenzahl N und Protonenzahl Z gegensinnig um je 1.

Der *β^--Zerfall* tritt bei Nukliden mit Neutronenüberschuß oberhalb der Stabilitätslinie (Bild 17-3) auf. Es entsteht ein Element mit einem um 1 höheren Platz im Periodensystem:

$$^{A}_{Z}\mathrm{X} \rightarrow {}^{A}_{Z+1}\mathrm{Y} + {}^{0}_{-1}\mathrm{e} + \Delta E,$$

z. B.:

$$^{234}_{90}\mathrm{Th} \xrightarrow{24{,}1\,\mathrm{d}} {}^{234}_{91}\mathrm{Pa} + \mathrm{e}^- . \qquad (15)$$

Zugrunde liegt diesem Prozeß die Umwandlung eines Neutrons in ein Proton und ein Elektron. Im Gegensatz zur α-Strahlung ist das Energiespektrum der β-Strahlung jedoch nicht diskret (linienhaft), sondern kontinuierlich zwischen 0 und einer maximalen Energie E_β verteilt (Bild 17-5). Ferner ergibt sich aus Nebelkammer- oder Blasenkammer-Aufnahmen des β-Zerfalls, daß scheinbar der Impulserhaltungssatz meist nicht erfüllt ist: Der Fall entgegengesetzter Impulse von Rückstoßkern und emittiertem Elektron (Fall a in Bild 17-5) tritt nur selten auf. Viel häufiger ist der Fall b, bei dem scheinbar die Impulssumme nicht verschwindet. Außerdem ist scheinbar auch der Drehimpulserhaltungssatz verletzt: Beim β-Zerfall wird der Kernspin (ganz- oder halbzahlig) nicht geändert, dennoch nimmt das Elektron einen Spin $\hbar/2$ mit. All diese Widersprüche ließen sich durch die Annahme eines weiteren Elementarteilchens, des *Elektron-Neutrinos* ν_e (hier genauer des Antiteilchens $\bar{\nu}_e$ wegen der Erhaltung der Leptonenzahl. siehe 17.5) beseitigen (Pauli 1931). Die Neutrinos besitzen keine elektrische Ladung (ionisieren daher nicht), eine nur sehr kleine Ruhemasse ($< 10^{-3} m_e$, wahrscheinlich 0) und einen Spin $\hbar/2$. Neutrinos zeigen wegen der fehlenden Ladung und Ruhemasse nur eine extrem geringe Wechselwirkung mit anderer Materie und wurden deshalb erst 1956 direkt nachgewiesen (Reines u. Cowan). Wird beim β-Zerfall gleichzeitig mit dem Elektron ein Neutrino emittiert, so nimmt dieses einen vom Emissionswinkel abhängigen Anteil der Energie und des Impulses (Bild 17-5 c) mit und gleicht den Spin des emittierten Elektrons aus. Damit sind Energie-, Impuls- und Drehimpulssatz erfüllt und das kontinuierliche β-Spektrum wird erklärbar.

Dem β^--Zerfall liegt daher folgende Neutronenumwandlung zugrunde:

$$\mathrm{n} \rightarrow \mathrm{p} + \mathrm{e}^- + \bar{\nu}_e . \qquad (16)$$

Die Reaktionsgleichungen (15) müssen demnach durch ein Antineutrino $\bar{\nu}_e$ ergänzt werden.

Der *β^+-Zerfall* tritt bei Nukliden auf, die eine geringere Neutronenzahl aufweisen, als es der Linie der β-Stabilität (Bild 17-3) entspricht. Es entsteht ein Element mit einem um 1 niedrigeren Platz im Periodischen System:

$$^{A}_{Z}\mathrm{X} \rightarrow {}^{A}_{Z-1}\mathrm{Y} + {}^{0}_{1}\mathrm{e} + \Delta E,$$

z. B.: $$^{10}_{6}\mathrm{C} \rightarrow {}^{10}_{5}\mathrm{B} + \mathrm{e}^+ . \qquad (17)$$

Der β^+-Zerfall legt die Annahme der Umwandlung eines Protons in ein Neutron nahe unter gleichzeitiger Aussendung eines positiven Elektrons (eines Positrons) e^+ und eines Elektron-Neutrinos ν_e. Dies kann jedoch nicht zutreffen, da die Masse des Protons kleiner ist als die des Neutrons. Stattdessen muß angenommen werden, daß aus überschüssiger Kernbindungsenergie zunächst ein Elektronenpaar (Elektron und Positron) entsteht und das Proton sich mit dem Elektron zu einem Neutron verbindet:

$$\mathrm{p} + \mathrm{e}^- + \mathrm{e}^+ \rightarrow \mathrm{n} + \mathrm{e}^+ + \nu_e . \qquad (18)$$

Dementsprechend müssen auch hier die Reaktionsgleichungen (17) ergänzt werden durch ein Neutrino ν_e. Statt der Aussendung eines Positrons kann der instabile Atomkern auch ein Hüllenelektron einfangen (meist ein K-Elektron): *Elektroneneinfang* oder K-Einfang (K-Elektronen besitzen eine gewisse Aufenthaltswahrscheinlichkeit auch im Kern). Anschließend tritt charakteristische Röntgenstrahlung (siehe 20.4) durch Auffüllung der Elektronenlücke in der K-Schale auf.

Umwandlungen der Art (16) und (18), bei denen Elektronen und Neutrinos als Ausgangs- oder Endteilchen auftreten, stellen einen speziellen Fall der *schwachen Wechselwirkung* dar (17.5).

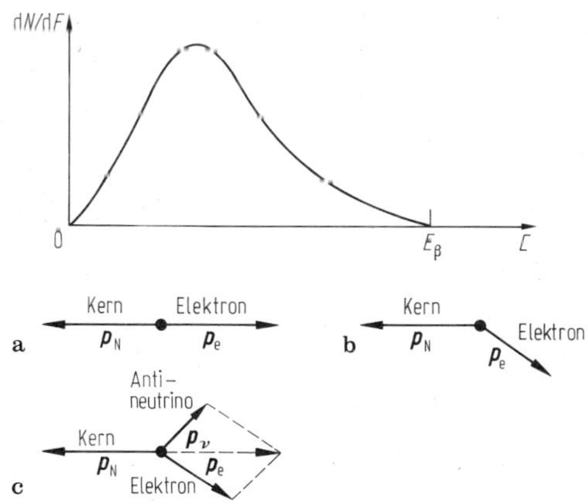

Bild 17-5. Kontinuierliches Energiespektrum der β-Strahlung, Impulsdiagramme zum Impulserhaltungssatz beim β-Zerfall.

γ-Emission

Nach Emission von α- oder β-Teilchen verbleiben die Atomkerne meist in einem energetisch mehr oder weniger angeregten Zustand. Beim Übergang in den energieärmeren Grundzustand wird die Energiedifferenz in Form von elektromagnetischer Strahlung mit großem Durchdringungsvermögen, der γ-Strahlung abgegeben. Dabei ändert sich die Stellung des Atomkerns im Periodischen System nicht.

Das Gesetz des radioaktiven Zerfalls

Der radioaktive Zerfall ist rein statistischer Natur, d. h., die Atomkerne wandeln sich unabhängig voneinander mit einer für alle gleichartigen Kerne gleichen Zerfallswahrscheinlichkeit um. Der innerhalb eines Zeitintervalls $\mathrm{d}t$ zerfallende Bruchteil $\mathrm{d}N$ der Atomkerne eines Nuklids bzw. die *Aktivität* $A = -\mathrm{d}N/\mathrm{d}t$ ist deshalb proportional zur Anzahl N der noch vorhandenen, nicht umgewandelten radioaktiven Kerne:

$$A = -\frac{\mathrm{d}N}{\mathrm{d}t} = \lambda N \qquad (19)$$

mit der *Zerfallskonstante* λ.

SI-Einheit: $[A] = \mathrm{Bq}$ (Becquerel) $= \mathrm{s}^{-1} = 1/\mathrm{s}$.

Früher übliche Einheit: Curie (Ci), die Aktivität von etwa 1 g Radium. $1\,\mathrm{Ci} = 37 \cdot 10^9\,\mathrm{Bq}$.
Durch Integration von (19) folgt das *Zerfallsgesetz*

$$N = N_0\,\mathrm{e}^{-\lambda t}, \qquad (20)$$

wobei N_0 die anfangs vorhandene Zahl der radioaktiven Kerne ist. Aus (19) oder (20) folgt, daß in gleichen Zeitintervallen stets der gleiche Bruchteil der vorhandenen Kerne zerfällt. Die Zeit in der jeweils die Hälfte zerfällt, wird Halbwertszeit $T_{1/2}$ genannt. Sie folgt aus (20) für $N = N_0/2$ zu

$$T_{1/2} = \frac{\ln 2}{\lambda} = \frac{0{,}639}{\lambda}. \qquad (21)$$

Gelegentlich wird auch die mittlere *Lebensdauer* $\tau = 1/\lambda$ benutzt. Das für die Altersbestimmung nach der Radiocarbonmethode ausgenutzte Kohlenstoffnuklid $^{14}\mathrm{C}$ hat eine Halbwertszeit $T_{1/2} = 5\,736\,\mathrm{a}$.
Ersetzt man die Zahl N der vorhandenen Ausgangskerne durch die Masse m der Substanz, so folgt mit der Avogadro-Konstanten N_A und der Molmasse M aus (19) die für die praktische Anwendung geeignetere Beziehung

$$A = \lambda \frac{m N_\mathrm{A}}{M}. \qquad (22)$$

17.4 Künstliche Kernumwandlungen, Kernenergiegewinnung

Hochangeregte Atomkerne können bei Neutronenüberschuß unter Emission eines Neutrons, bei Protonenüberschuß unter Emission eines Protons zerfallen. Der hochangeregte Zustand (gekennzeichnet durch ein Sternchen *) kann z. B. aus einem instabilen Kern bei vorausgegangener β-Emission entstanden sein:

$$^{17}_{7}\mathrm{N} \rightarrow {}^{17}_{8}\mathrm{O}^* + {}^{0}_{-1}\mathrm{e} + \bar{\nu}_\mathrm{e}$$
$$^{17}_{8}\mathrm{O}^* \rightarrow {}^{16}_{8}\mathrm{O} + {}^{1}_{0}\mathrm{n}. \qquad (23)$$

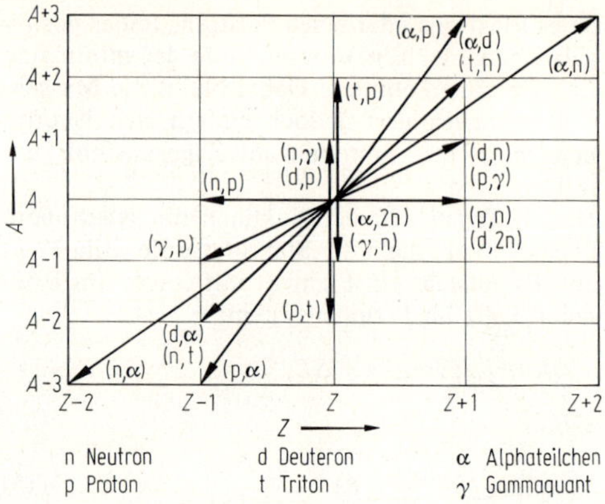

Bild 17-6. Übersicht über mögliche künstliche Kernumwandlungen.

In Fällen dieser Art emittiert der hochangeregte Kern das Neutron sehr schnell, so daß die Halbwertszeit für das Abklingen der Neutronenstrahlung durch diejenige des vorangegangenen β-Zerfalls gegeben ist *(verzögerte Neutronen)*. Die Tatsache der Emission verzögerter Neutronen eröffnet eine wichtige Möglichkeit zur Regelung eines Kernreaktors (siehe unten).
Hochangeregte Atomkerne können auch durch Einschuß von energiereichen Teilchen wie Protonen, Neutronen, Deuteronen (Kerne des Schweren Wasserstoffs: 1 Proton + 1 Neutron), Tritonen (Kerne des überschweren Wasserstoffs: 1 Proton + 2 Neutronen), α-Teilchen oder hochenergetische γ-Quanten erzeugt werden. Wird als Folge ein Teilchen anderer Ladung emittiert, so ist eine *künstliche Kernumwandlung* erfolgt. Die erste künstliche Kernumwandlung wurde von Rutherford beim Beschuß von Stickstoffatomen mit α-Teilchen beobachtet (1919):

$$^{14}_{7}\mathrm{N} + {}^{4}_{2}\alpha \rightarrow {}^{17}_{8}\mathrm{O} + {}^{1}_{1}\mathrm{p}. \qquad (24)$$

Eine kürzere Schreibweise setzt die Symbole für Einschuß- und emittiertes Teilchen in Klammern zwischen die Symbole von Ausgangs- und Tochterkern:

$$^{14}_{7}\mathrm{N}(\alpha,\mathrm{p})\,^{17}_{8}\mathrm{O}.$$

Die bekannten Möglichkeiten für Umwandlungen eines Nuklids bei Beschuß mit energiereichen Teilchen (Austauschreaktionen) zeigt Bild 17-6.

Kernspaltung

Statt der Umwandlung durch Emission einzelner Nukleonen oder eines kleinen Aggregats von Nukleonen (Deuteronen, α-Teilchen) können instabile oder hochangeregte Kerne großer Massenzahl auch in zwei Kerne mittlerer Massenzahlen zerfallen (Bild 17-7): *Kernspaltung* oder *Fission* (Hahn u. Strassmann 1938). Dabei wird nach der Weizsäcker-Kurve (Bild 17-2) Bindungsenergie frei.

Die Spaltung eines Atomkerns kann durch Einschuß eines langsamen (thermischen) Neutrons ausgelöst (induziert) werden. Im Tröpfchenmodell läßt sich dieser Vorgang verstehen, wenn angenommen wird, daß durch den Einschuß des Neutrons eine Kerndeformation erfolgt, die — infolge der gegenüber den kurzreichweitigen anziehenden Kernkräften dann zur Auswirkung kommenden langreichweitigen Coulomb-Abstoßung zwischen den beiden positiven Ladungsschwerpunkten — zu einem Zerplatzen in hauptsächlich zwei Teilkerne führt. Eine solche neutroneninduzierte Kernspaltung wird z. B. durch die folgende Reaktionsgleichung dargestellt:

$$^{235}_{92}\mathrm{U} + \mathrm{n} \rightarrow {}^{145}_{56}\mathrm{Ba}^* + {}^{88}_{36}\mathrm{Kr}^* + 3\,\mathrm{n} + \Delta E. \qquad (25)$$

Es sind auch eine ganze Reihe anderer Spaltungen möglich, wobei eine Häufung von Spaltprodukten mit Massenzahlen um 90 bis 100 und um 145 beobachtet wird.

Eine grobe Abschätzung der dabei freiwerdenden Bindungsenergie ΔE läßt sich aus der potentiellen Energie der Coulomb-Abstoßung (12-43) gewinnen unter der Annahme, daß die beiden Spaltprodukte als näherungsweise kugelförmige Ladungen

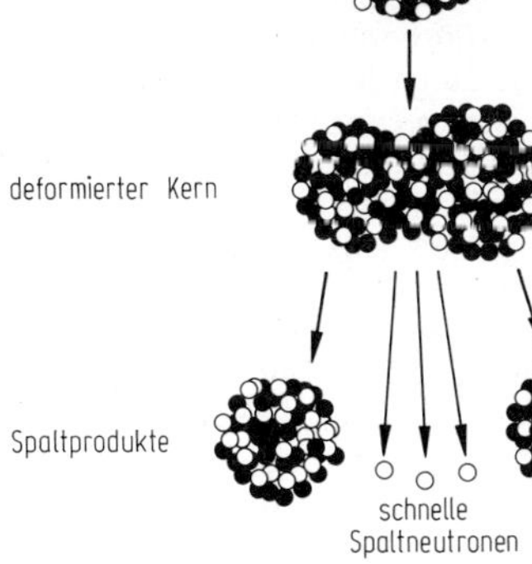

Bild 17-7. Neutroneninduzierte Spaltung eines Atomkerns.

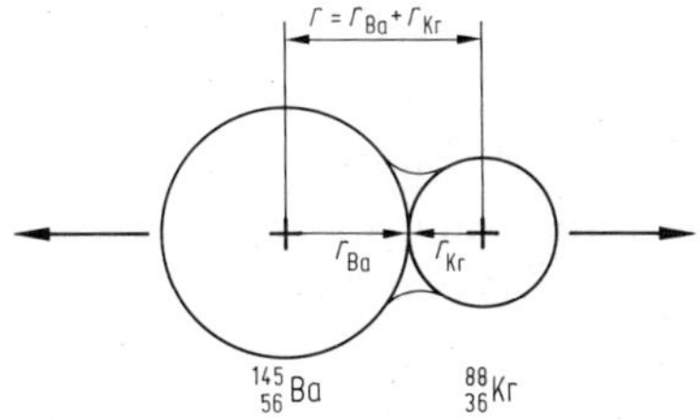

Bild 17-8. Zur Berechnung der Spaltenergie aus der potentiellen Energie der Coulomb-Abstoßung.

Z_1 und Z_2 zu Beginn der Trennung entsprechend den beiden Kernradien dicht aneinander liegen (Bild 17-8):

$$\Delta E \approx E_\mathrm{p} = Z_1 e V(Z_2 e) = \frac{Z_1 Z_2 e^2}{4\pi\varepsilon_0 r}. \qquad (26)$$

Benutzt man als Abstand der Ladungsschwerpunkte $r = r_{\mathrm{Ba}} + r_{\mathrm{Kr}} \approx 1{,}16 \cdot 10^{-14}$ m aus (4), so ergibt sich aus (26) $\Delta E \approx 250$ MeV an freiwerdender Bindungsenergie. Dieser Betrag stimmt in der Größenordnung überein mit dem Wert, der sich aus der Kurve für die Bindungsenergie je Nukleon (Bild 17-2) abschätzen läßt: Für einen schweren Kern wie Uran beträgt die Bindungsenergie ca. 7,5 MeV je Nukleon, für Kerne mittlerer Massenzahl ca. 8,4 MeV je Nukleon. Bei einem Spaltvorgang gemäß (25) werden daher etwa 0,9 MeV je Nukleon frei, oder etwa 210 MeV für alle Nukleonen des Urankerns. Diese Energie ist um einen Faktor 10^7 größer als die chemische Bindungsenergie zweier Atome! Sie wird zu > 80% von den Spaltprodukten einschließlich der Spaltneutronen als kinetische Energie übernommen.

Das Auftreten der Spaltneutronen erklärt sich aus dem relativen Neutronenüberschuß, der bei schweren Kernen höher ist als bei mittelschweren (Bild 17-3), und der daher bei der Spaltung abgebaut wird. Die Spaltneutronen ermöglichen den Vorgang der *Kettenreaktion*, da sie in einer nächsten Generation wiederum Spaltreaktionen hervorrufen können. Die Zahl N_{i+1} der Spaltreaktionen der $(i+1)$-ten Generation ergibt sich aus der Zahl N_i der Spaltreaktionen der n_i-ten Generation entsprechend dem Multiplikationsfaktor

$$k = \frac{N_{i+1}}{N_i} \quad (i = 1, 2, \ldots). \qquad (27)$$

Für $k < 1$ nimmt die Zahl der Spaltreaktion je Generation ab, und die Kettenreaktion bricht schließlich ab. Kann dagegen für eine gewisse Zeit $k > 1$ aufrechterhalten werden, so nimmt die Zahl der Kernspaltungen zeitlich exponentiell zu. Bei kurzer Generationsdauer und großem k (bei stark angereichertem oder reinem ^{235}U und überkritischer Masse, siehe unten) kommt es zur Kernexplosion: *Atombombe*.

Kernspaltungsreaktor

Für eine zeitlich konstante Kernspaltungsrate muß $k = 1$ gehalten werden: Kontrollierte Kettenreaktion im *Kernreaktor* (Fermi 1942). Für die Kernenergiegewinnung mittels Kern(spaltungs)reaktoren ist daher die Regelung des Multiplikationsfaktors k von entscheidender Bedeutung. Sie wird dadurch erleichtert, daß bei der Spaltung von ^{235}U etwa 1% der Spaltneutronen aus dem β-Zerfall von Spaltprodukten stammen mit einer Halbwertszeit von der Größenordnung einer Sekunde (verzögerte Neutronen, siehe oben). Wird die Vermehrungsrate der prompten Neutronen bei 0,99 gehalten und der Multiplikationsfaktor durch die verzögerten Neutronen zu 1 ergänzt, so bleibt im Falle einer Abweichung genügend Zeit zur Nachregelung.

Im Uranreaktor treten aufgrund mehrerer möglicher Kernspaltungsreaktionen ähnlich (25) im Mittel 2,43 Spaltneutronen je ^{235}U-Kern mit einer kinetischen Energie von 1 bis 2 MeV auf. Bei geringer Größe des Uranvolumens gehen jedoch die meisten Spaltneutronen durch die Oberfläche verloren. Das Verhältnis Volumen zu Oberfläche muß daher hinreichend groß gemacht werden, damit mindestens ein Neutron je Spaltreaktion eine weitere Spaltung hervorruft: *kritische Masse* des Spaltmaterials. Die kritische Masse hängt stark von der Anreicherung des Isotops ^{235}U ab, da natürliches Uran im wesentlichen das neutronenabsorbierende Isotop ^{238}U enthält und nur zu 0,7% das spaltbare ^{235}U.

Die schnellen Spaltneutronen haben nur eine geringe Wahrscheinlichkeit, im ^{235}U-Kern angelagert zu werden und eine Spaltung zu bewirken, sie werden vorwiegend gestreut. Eine hohe Spaltwahrscheinlichkeit tritt erst bei thermischen Geschwindigkeiten auf. Die Neutronen müssen daher abgebremst werden, z. B. durch elastische Stöße mit Kernen vergleichbarer Masse (vgl. (6-42) und Bild 6-11). Hierzu werden *Moderatorsubstanzen* verwendet, das sind Substanzen mit Kernen möglichst niedriger Massenzahl, die jedoch Neutronen

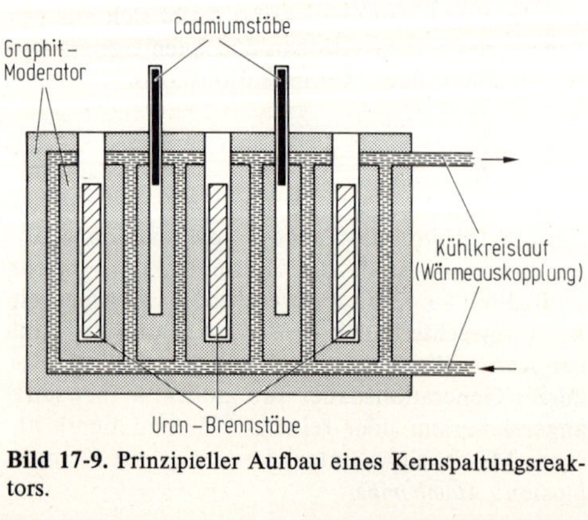

Bild 17-9. Prinzipieller Aufbau eines Kernspaltungsreaktors.

nicht absorbieren dürfen, z. B. Deuterium (im schweren Wasser) oder Graphit. Zur Regelung des Multiplikationsfaktors werden hingegen Substanzen mit hohem Neutroneneinfangquerschnitt verwendet, z. B. Cadmiumstäbe, die mehr oder weniger in den Reaktorkern eingefahren werden (Bild 17-9).

Die Spaltprodukte geben ihre kinetische Energie durch Stöße an die umgebenden Atome des Kernbrennstoffs und des Moderatormaterials in Form von Wärme ab, die durch ein zirkulierendes Kühlmittel, z. B. Wasser oder flüssiges Natrium aus dem Kernreaktor abgeführt und z. B. zur Erzeugung elektrischer Energie ausgenutzt wird.

Das im Uran-Kernbrennstoff enthaltene Isotop ^{238}U wandelt sich unter Neutronenbeschuß über zwei Zwischenstufen zu Plutonium um:

$$\begin{aligned} {}^{238}_{92}U + {}^{1}_{0}n &\rightarrow {}^{239}_{92}U + \gamma \\ {}^{239}_{92}U &\rightarrow {}^{239}_{93}Np + e^- \\ {}^{239}_{93}Np &\rightarrow {}^{239}_{94}Pu + e^- . \end{aligned} \tag{28}$$

Im Uranreaktor entsteht daher auch das ebenfalls spaltbare Plutonium: *Brutprozeß.* Problematisch ist beim Kernspaltungsreaktor das Entstehen zahlreicher radioaktiver Spaltprodukte.

Kernfusion

Wie die Bindungsenergiekurve Bild 17-2 ausweist, wird auch beim Aufbau mittelschwerer Kerne aus sehr leichten Kernen bis zu Massenzahlen um 20 Bindungsenergie frei: Kernfusion. Energetisch besonders ergiebig sind Kernverschmelzungen, die als Endprodukt ${}^{4}_{2}He$-Kerne mit ihrer großen Bindungsenergie (Bild 17-2) ergeben. Solche Fusionsreaktionen liefern die Energie der Sterne und auch der Sonne. Auf der Erde konnte eine Energiefreisetzung auf dieser Basis bisher nur in Form der unkontrollierten Kernfusion in der *Wasserstoffbombe* realisiert werden.

Der Grund dafür sind die hohen Schwellenenergien dieser Prozesse: Die Fusion setzt voraus, daß sich zwei Kerne gegen die Coulomb-Abstoßung einander soweit nähern, daß die kurzreichweitige Kernkraft die Oberhand gewinnt. Für zwei Protonen beispielsweise ist dafür nach (26) eine kinetische Energie der Größenordnung 1 MeV erforderlich. Sie sind zwar durch Beschleuniger leicht zu erreichen, jedoch sind so nur vereinzelt Fusionen zu erzielen, da die Reaktionsquerschnitte gegenüber den Streuquerschnitten sehr klein sind. Zur Energiegewinnung muß eine große Anzahl von Kernen eine hinreichend hohe thermische Energie besitzen, damit trotz des kleinen Reaktionsquerschnittes hinreichend viele Fusionsprozesse erfolgen. Im Sonneninnern werden Temperaturen von 10^7 bis 10^8 K angenommen. Die daraus gemäß (8-18) zu berechnende mittlere thermische Energie beträgt 1 bis 10 keV, reicht also nicht aus, um den MeV-Wall zu übersteigen. Da es sich jedoch einerseits um eine Verteilung (Bild 8-1) mit auch

höherenergetischen Kernen handelt, andererseits der Potentialwall (Bild 16-31 und 17-4) dann bereits durch Tunneleffekt (16-98) durchdrungen werden kann, setzt die Kernfusion bereits bei diesen Temperaturen ein. Bei der Wasserstoffbombe wird eine Uranbombe als Zünder zur Erzeugung der erforderlichen Temperaturen benutzt.
Die *Sonne* und ähnliche Sterne beziehen ihre Energie vorwiegend aus dem sog. *Deuterium-Zyklus* (Bethe 1939):

$$\begin{aligned} &{}^1_1p + {}^1_1p \rightarrow {}^2_1D + e^+ + \nu_e + 1{,}4\,\text{MeV (langsam)} \\ &{}^2_1D + {}^1_1p \rightarrow {}^3_2He + \gamma + 5{,}5\,\text{MeV (schnell)} \\ &{}^3_2He + {}^3_2He \rightarrow {}^4_2He + 2\,{}^1_1p + 12{,}9\,\text{MeV (schnell)}. \end{aligned} \tag{29}$$

Darin bestimmt der erste Prozeß als langsamster die Brenngeschwindigkeit der Sonne. Der Bruttoprozeß dieser drei Reaktionen lautet:

$$4\,{}^1_1p \rightarrow {}^4_2He + 2e^+ + 2\,\nu_e + 2\gamma + 26{,}7\,\text{MeV}. \tag{30}$$

Etwa 7 % der insgesamt freiwerdenden Energie ($\approx 1{,}9$ MeV) geht auf die Neutrinos über und wird mit diesen nicht ausnutzbar weggeführt.
Bei Sternen mit etwas höheren Temperaturen läuft bevorzugt ein weiterer Zyklus ab, der ebenfalls zur Fusion von 4 Protonen zu einem He-Kern führt, der *Bethe-Weizsäcker-Zyklus* oder CN-Zyklus:

$$\begin{aligned} &{}^{12}_6C + {}^1_1p \rightarrow {}^{13}_7N + \gamma && + 1{,}95\,\text{MeV}, \\ &{}^{13}_7N \rightarrow {}^{13}_6C + e^+ + \nu_e && + 2{,}22\,\text{MeV}, \\ &{}^{13}_6C + {}^1_1p \rightarrow {}^{14}_7N + \gamma && + 7{,}54\,\text{MeV}, \\ &{}^{14}_7N + {}^1_1p \rightarrow {}^{15}_8O + \gamma && + 7{,}35\,\text{MeV}, \\ &{}^{15}_8O \rightarrow {}^{15}_7N + e^+ + \nu_e && + 2{,}71\,\text{MeV}, \\ &{}^{15}_7N + {}^1_1p \rightarrow {}^{12}_6C + {}^4_2He && + 4{,}96\,\text{MeV}. \end{aligned} \tag{31}$$

Die Bruttoreaktion ist identisch mit der des Deuterium-Zyklus (30). Die Menge des Kohlenstoffs, der quasi als Katalysator wirkt, ändert sich dabei nicht.
Bei etwa 10^8 K geht das sog. Wasserstoffbrennen in das sog. Heliumbrennen über, z. B. nach dem *Salpeter-Prozeß*, dessen Bruttoreaktion

$$3\,{}^4_2He \rightarrow {}^{12}_6C + \gamma + 7{,}28\,\text{MeV} \tag{32}$$

in der Verschmelzung von He-Kernen zu Kohlenstoff-Kernen besteht.
Die *kontrollierte Kernfusion* zur irdischen Fusionsenergiegewinnung ist bisher nicht gelungen. In Betracht gezogen werden z. B. die folgenden Fusionsreaktionen:

$$\begin{aligned} &{}^2_1D + {}^2_1D \rightarrow {}^3_2He + {}^1_0n + 3{,}2\,\text{MeV}, \\ &{}^2_1D + {}^2_1D \rightarrow {}^3_1T + {}^1_1p + 4{,}2\,\text{MeV}, \\ &{}^2_1D + {}^3_1T \rightarrow {}^4_2He + {}^1_0n + 17{,}6\,\text{MeV}. \end{aligned} \tag{33}$$

Die technische Bedeutung der Fusionsenergie ist durch die praktische Unerschöpflichkeit des Brennstoffs Deuterium (zu 0,015 % im Wasser enthalten) und durch die fehlende Radioaktivität der Fusionsprodukte bedingt. Allerdings tritt Neutronenstrahlung auf, die in einem potentiellen Fusionsreaktor abgeschirmt werden muß, so daß künstliche Radioaktivität aufgrund von Sekundärreaktionen nicht vollständig vermeidbar ist.

Fusionsreaktor-Experimente

Wegen der erwähnten hohen Schwellenenergie von Fusionsreaktionen sind Temperaturen von 10^7 bis 10^8 K erforderlich. Der Fusionsbrennstoff wird dabei zum vollionisierten Plasma. Das Plasma muß bei diesen Temperaturen mit möglichst großer Teilchendichte n möglichst lange zusammengehalten werden (Energieeinschlußzeit τ). Das kann nicht mit materiellen Wänden geschehen. Stattdessen wird versucht, z. B. kleine Mengen (Pellets) aus festem Deuterium oder Tritium durch Beschuß mit Hochleistungslasern *(Laserfusion)* oder Teilchenstrahlen schnell aufzuheizen und zu komprimieren, um bei hoher Dichte die Teilchen aufgrund ihrer Massenträgheit eine gewisse Zeit τ zusammenzuhalten *(Trägheitseinschluß)*, damit durch Fusionsreaktionen ein Energieüberschuß gegenüber der Aufheizenergie erzielt werden kann. Eine andere Möglichkeit für Fusionsreaktoren stellt der *magnetische Einschluß* von Plasmen dar, z. B. durch den Pincheffekt (siehe 16.6.3), der in den im Pulsbetrieb arbeitenden *Tokamaks* ausgenutzt wird. Hierbei bildet ein Plasma-Ringstrom die Sekundärwindung eines

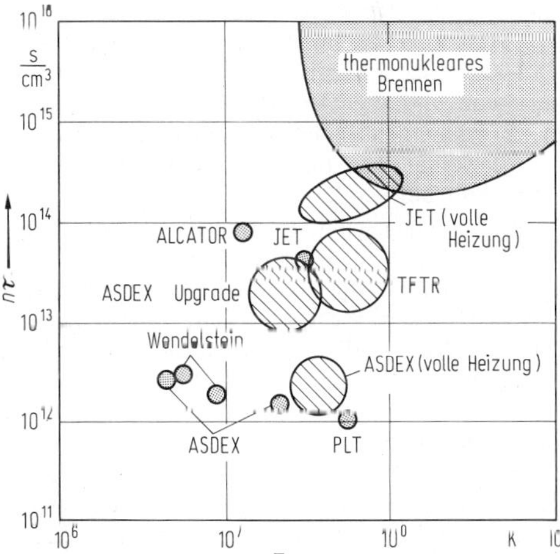

Bild 17-10. Lawson-Diagramm mit bisherigen und projektierten Fusionsexperimenten. Graue Kreise: bisher erreichte Werte; schraffierte Flächen: erwartete Bereiche der laufenden Experimente. Stellarator-Anlage: Wendelstein (Garching). Tokamak-Anlagen: ASDEX (Axial Symmetric Divertor Experiment, Garching), Nachfolger: ASDEX Upgrade; PLT (Princeton Large Torus); ALCATOR (MIT, Cambridge); TFTR (Tokamak Fusion Test Reactor); JET (Joint European Torus, Culham), Nachfolger: NET (Next European Torus).

Transformators. Die *Stellaratoren* arbeiten dagegen mit externen Magnetfeldern und können kontinuierliche Ringplasmen erzeugen. Neben der Temperatur ist daher der ***Einschlußparameter*** $n\tau$ wichtig. Die Fusion wird energetisch lohnend, wenn das sog. *Lawson-Kriterium* (1957) erfüllt ist, das z. B. für die Deuterium-Tritium-Reaktion eine Temperatur von 10^8 K und einen Einschlußparameter $n\tau > 10^{14}\ \mathrm{s/cm^3}$ fordert (Bild 17-10).
Die bisherigen Experimente liegen noch um je eine Größenordnung hinsichtlich der Temperatur und des Einschlußparameters unter den erforderlichen Werten. Es besteht die Hoffnung, mit dem JET-Experiment (Joint European Torus) vom Tokamak-Typ in den Bereich des thermonuklearen Brennens vorzustoßen.

17.5 Elementarteilchen

Die Untersuchung des Aufbaus der stofflichen Materie führt auf die Frage nach den Elementarbausteinen, aus denen sich alle bekannten Teilchen, Atomkerne, Atome und Moleküle als Grundbausteine der chemischen Elemente und Verbindungen zusammensetzen. Einige solcher Elementarteilchen wurden bereits in Tabelle 12-1 aufgezählt. Entsprechend ihren Massen werden die Elementarteilchen in drei Familien eingeteilt, in der Reihenfolge steigender Massen: *Leptonen, Mesonen* und *Baryonen.* Baryonen und Mesonen unterliegen allen vier bekannten Wechselwirkungen (Tabelle 11-2) einschließlich der starken (Kern-)Wechselwirkung, während Leptonen für die starke Wechselwirkung nicht empfindlich sind, sondern nur für die schwache, die elektromagnetische und die Gravitations-Wechselwirkung. Mit hochenergetischen Elektronen (als Leptonen) oder Protonen (als Baryonen) werden daher bei Streuversuchen an Atomkernen ganz unterschiedliche Kerneigenschaften untersucht: im ersten Falle z. B. die Ladungsverteilung, im zweiten Falle zusätzlich die Verteilung der Kernkräfte. Die der starken Wechselwirkung unterliegenden Mesonen (ganzzahliger Spin, meist 0) und Baryonen (halbzahliger Spin) werden zusammen als *Hadronen* bezeichnet (Bild 17-11).
Zu jedem Teilchen existiert ein *Antiteilchen* mit entgegengesetzter elektrischer Ladung, entgegengesetztem magnetischen Moment und entgegengesetzten Werten aller ladungsartigen Quantenzahlen (z. B. Baryonenzahl B, Leptonenzahl L, Strangeness S, Charm C, Bottom B^*, Isospinkomponente I_3, siehe unten). Teilchen und zugehörige Antiteilchen (z. B. Elektron und Positron) können sich beim Zusammentreffen gegenseitig vernichten, wobei die den Ruhemassen entsprechende Energie als γ-Strahlung in Erscheinung tritt: *Paarvernichtung* (Zerstrahlung, Annihilation). Aus Gründen der Impulserhaltung entstehen dabei gewöhnlich zwei γ-Quanten mit entgegengesetztem

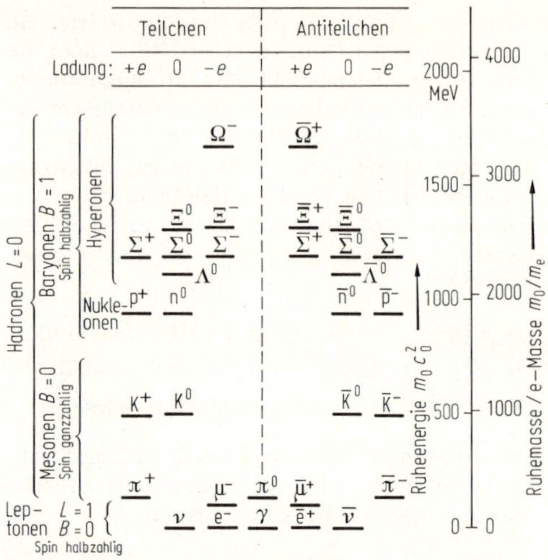

Bild 17-11. Teilchen und Antiteilchen mit mittleren Lebensdauern $> 10^{-16}$ s, angeordnet nach Ladung und Ruheenergie bzw. Ruhemasse. (Das γ-Quant ist kein Lepton.)

Impuls. Auch der umgekehrte Prozeß wird beobachtet: Aus hinreichend energiereicher γ-Strahlung (γ-Quanten der Energie $E_\gamma = h\nu > 2m_0c_0^2$) kann im Kernfeld ein Teilchenpaar, bestehend aus Teilchen und Antiteilchen gebildet werden: *Paarbildung.* Die Überschußenergie

$$\Delta E = h\nu - 2m_0c_0^2 = E_\mathrm{k} = 2(mc_0^2 - m_0c_0^2) \qquad (34)$$

(mit (4-38)) wird von den entstandenen Teilchen als kinetische Energie übernommen (hier für beide Teilchen gleich angesetzt). Der Impulserhaltungssatz ist nicht auf diese Weise erfüllbar: Der Impuls eines γ-Quants ist nach (20.2.3) und mit dem Energiesatz (34)

$$p_\gamma = \frac{h\nu}{c_0} = 2mc_0 > 2mv = p_{+-}, \qquad (35)$$

d. h. immer größer als der Impuls $p_{+-} = 2mv$ des Teilchenpaars. Es muß daher stets ein drittes Teilchen (z. B. ein Atomkern) anwesend sein, das den überschüssigen Impuls übernehmen kann. Für die Erzeugung eines Elektron-Positron-Paars ist eine Energie des γ-Quants von $E_\gamma > 1{,}02$ MeV, für die Erzeugung eines Proton-Antiproton- oder eines Neutron-Antineutron-Paars eine Energie von $E_\gamma > 1{,}9$ GeV erforderlich. Daß bei der Paarbildung stets Teilchen mit entgegengesetzten Ladungen oder der Ladung 0 entstehen, folgt aus dem Erhaltungssatz für die elektrische Ladung (12.4), da das erzeugende γ-Quant keine Ladung trägt.

Baryonenladung, Leptonenladung

Neben den klassischen Erhaltungssätzen (Energie, Impuls, Drehimpuls, elektrische Ladung) gelten für die Elementarteilchen noch weitere *Erhaltungs-*

sätze, z. B. für die *Baryonenladung* und die *Leptonenladung*, die beide nichts mit der elektrischen Ladung zu tun haben. Den Baryonen wird die Baryonenzahl $B = +1$ (Antiteilchen: $B = -1$), den Mesonen und Leptonen die Baryonenzahl $B = 0$ zugeordnet. Den Leptonen wird die Leptonenzahl $L = +1$ (Antiteilchen $L = -1$), den Hadronen die Leptonenzahl $L = 0$ zugeordnet.

Bei Reaktionen zwischen Elementarteilchen bleibt die Summe der Baryonenladungen und die Summe der Leptonenladungen erhalten.

Beispielsweise lautet die Gleichung für die Erzeugung eines π^+-Mesons (Pion)

$$p + p \rightarrow p + n + \pi^+ . \quad (36)$$

Die Baryonenladungsbilanz lautet hierfür $1 + 1 = 1 + 1 + 0$, die Leptonenladung ist auf beiden Seiten 0, da kein Lepton beteiligt ist. Für den β^--Zerfall des Neutrons (16) lautet die Baryonenladungsbilanz $1 = 1 + 0 + 0$ und die Leptonenladungsbilanz $0 = 0 + 1 - 1$, d. h. das entstehende Elektron-Neutrino muß ein Antiteilchen sein.
Zeitlich stabile Elementarteilchen gibt es nur sehr wenige (Tabelle 12-1): Elektron-Neutrino (es gibt auch andere Neutrinos, z. B. die beim Zerfall des Myons auftretenden μ-Neutrinos), Elektron, Proton, Neutron (dieses ist nur im Kernverband völlig stabil) und die dazugehörigen Antiteilchen. Alle anderen zerfallen mit einer Halbwertszeit $\leq 2 \cdot 10^{-6}$ s in andere Elementarteilchen mit geringerer Ruhemasse, wobei sich u. U. Folgezerfälle anschließen. Die Erhaltung der Baryonenzahl bedingt dann, daß das leichteste Baryon, das Proton, stabil sein muß. Ebenso muß das leichteste ladungstragende Lepton, das Elektron, aufgrund der Erhaltung der elektrischen Ladung stabil sein.
Neben den in Tabelle 12-1 und in Bild 17-11 aufgeführten Elementarteilchen wurde eine Vielzahl weiterer Teilchen gefunden, die meist extrem kurzlebig sind (10^{-22} bis 10^{-23} s) und die z. T. als Anregungszustände anderer Teilchen interpretiert werden.

Strangeness, Hyperladung

Hyperonen und K-Mesonen, die stets gemeinsam entstehen, wie z. B. beim Zusammenstoß eines Pions mit einem Proton:

$$\pi^- + p \rightarrow \Lambda^0 + K^0 , \quad (37)$$

haben eine im Vergleich zur theoretischen Erwartung bzw. zu ihrer Erzeugungsdauer (10^{-23} s) sehr lange mittlere Lebensdauer der Größenordnung 10^{-10} s. Zur Kennzeichnung dieses seltsamen Verhaltens wurde eine weitere Quantenzahl, die *Strangeness* (deutsch „Seltsamkeit") S eingeführt. Für in diesem Sinne normale Teilchen ist $S = 0$, während für die seltsamen Teilchen gilt:

$$\begin{aligned} &K^+, K^0: && S = +1 \\ &K^-, \Lambda^0: && S = -1 \\ &\Sigma^+, \Sigma^0, \Sigma^-: && S = -1 . \end{aligned} \quad (38)$$

Die Summe der Quantenzahlen S bleibt bei Prozessen der starken und der elektromagnetischen Wechselwirkung erhalten, nicht aber bei der schwachen Wechselwirkung.

Im Beispiel (37) lautet die Bilanz für die Strangeness: $0 + 0 = -1 + 1$.
Der entsprechende Erhaltungssatz gilt wegen der Erhaltung der Baryonenladung auch für die zur *Hyperladung* Y zusammengefaßten Baryonenladung B und Strangeness S

$$Y = B + S . \quad (39)$$

Isospin

Bei den Hadronen (Baryonen und Mesonen) existieren verschiedene Gruppen von Teilchen, die jeweils nahezu gleiche Masse haben, sich aber in der Ladung unterscheiden. Solche Teilchen (z. B. Proton und Neutron) können als verschiedene Zustände ein und desselben Teilchens (hier des Nukleons) aufgefaßt werden. Unter anderem zur Unterscheidung dieser Zustände wurde der *Isospin* I als Quantenzahl eingeführt. Es handelt sich um einen Vektor mit drei Komponenten im abstrakten Isospinraum, der wie der Drehimpulsvektor $(2I + 1)$ verschiedene Orientierungen annehmen kann (siehe 16.1). Die dritte Komponente I_3 des Isospins liefert eine Aussage über die Ladung. Sie kann entsprechend den möglichen Orientierungen $(2I + 1)$ Werte annehmen. Für $I = 1/2$ ergeben sich demnach 2 Werte für I_3, und zwar $+1/2$ für das Proton und $-1/2$ für das Neutron. Pionen ist dagegen der Isospin $I = 1$ zuzuordnen, entsprechend den drei I_3-Werten $+1$ für das π^+-Meson, 0 für das π^0-Meson und -1 für das π^--Meson. Bei Umwandlungen von Teilchen mit starker Wechselwirkung gilt auch für den Isospin ein Erhaltungssatz ($\Delta I = 0$), während bei der elektromagnetischen Wechselwirkung nur I_3 erhalten bleibt ($\Delta I = 0, 1$; $\Delta I_3 = 0$).
Die dritte Komponente I_3 des Isospins, die Hyperladung Y und die Quantenzahl $Q^* = Q/e$ der elektrischen Ladung sind über die Formel von *Gell-Mann* und *Nishijima*

$$Q^* = I_3 + \frac{Y}{2} \quad (40)$$

miteinander verknüpft. Für das Proton ergibt sich damit $Q^* = +1$ ($Q = +e$), für das Neutron $Q^* = 0$.

Parität

Die Parität P kennzeichnet den Symmetriecharakter der Wellenfunktion des Teilchens bezüglich der räumlichen Spiegelung: Ändert die Wellen-

Tabelle 17-1. Quantenzahlen von Quarks und Antiquarks

Name	Symbol q, $\bar{q}$	Spin	Baryonen-zahl	Isospin		Strangeness	Charm	Bottom	Ladung
		J	B	I	I_3	S	C	B^*	Q^*
Up	u	1/2	+1/3	1/2	+1/2	0	0	0	+2/3
	$\bar{u}$	1/2	−1/3	1/2	−1/2	0	0	0	−2/3
Down	d	1/2	+1/3	1/2	−1/2	0	0	0	−1/3
	$\bar{d}$	1/2	−1/3	1/2	+1/2	0	0	0	+1/3
Charm	c	1/2	+1/3	0	0	0	+1	0	+2/3
	$\bar{c}$	1/2	−1/3	0	0	0	−1	0	−2/3
Strange	s	1/2	+1/3	0	0	−1	0	0	−1/3
	$\bar{s}$	1/2	−1/3	0	0	+1	0	0	+1/3
Top	t	1/2	+1/3	0	0	0	0	0	+2/3
	$\bar{t}$	1/2	−1/3	0	0	0	0	0	−2/3
Bottom	b	1/2	+1/3	0	0	0	0	−1	−1/3
	$\bar{b}$	1/2	−1/3	0	0	0	0	+1	+1/3

funktion bei Spiegelung ihr Vorzeichen, so ist $P = -1$ (ungerade Parität); bleibt das Vorzeichen erhalten, so ist $P = +1$ (gerade Parität). Bei Prozessen der schwachen Wechselwirkung kann sich die Parität ändern. Das heißt, daß eine Reaktion der schwachen Wechselwirkung in ihrer räumlich gespiegelten Form nicht in genau derselben Weise (z. B. mit der gleichen Häufigkeit) abläuft und bedeutet eine grundlegende Rechts-links-Asymmetrie.

Quarks

In die Vielfalt der heute bekannten „Elementarteilchen" brachte das *Quarkmodell* (Gell-Mann 1964) eine gewisse Ordnung. Nach diesem Modell lassen sich alle bekannten Hadronen aus jeweils nur wenigen Quarks aufbauen. Die Quarks, die gedrittelte elektrische Ladungen haben, scheinen nur in gebundenen Zuständen vorzukommen. Die Baryonen bauen sich aus drei Quarks auf, die Mesonen aus einem Quark und einem Antiquark. Aus Streuexperimenten mit hochenergetischen Elektronen und mit Neutrinos läßt sich auf drei Streuzentren in der inneren Struktur des Protons schließen, was als Bestätigung für das Quarkmodell gelten kann.
Es gibt sechs Quarks q, die die Namen Up (u), Down (d), Charm (c), Strange (s), Top (t), Bottom (b) erhalten haben, und die sich in drei Generationen einteilen lassen:

$$\begin{array}{lcccc} & Q^*: & & & \\ \text{Quarks:} & \begin{array}{c}+2/3\\-1/3\end{array} & \begin{pmatrix}u\\d\end{pmatrix} & \begin{pmatrix}c\\s\end{pmatrix} & \begin{pmatrix}t\\b\end{pmatrix} \\ \text{Generation:} & & 1 & 2 & 3 \end{array} \tag{41}$$

Dazu gehören ferner die Antiteilchen (Antiquarks) $\bar{q}$. Um alle Quarks durch Quantenzahlen beschreiben zu können, werden außer den bereits aufgeführten noch die Quantenzahlen *Charm C* und *Bottom B** benötigt, die bei elektromagnetischer und starker Wechselwirkung erhalten bleiben. Tabelle 17-1 gibt eine Übersicht über die Quarks und die zugehörigen Quantenzahlen.
Eine ähnliche Systematik, wie sie in (41) dargestellt ist, scheint auch für die Leptonen zu gelten, die entweder neutral oder ganzzahlig geladen sind. Unsere gewöhnliche Materie baut sich nur aus den Teilchen der 1. Generation auf, z. B. die Nukleonen nur aus u- und d-Quarks:

$$\begin{array}{ll}\text{Proton:} & p = 2u + d \\ \text{Neutron:} & n = u + 2d\end{array} \tag{42}$$

Gemäß Tabelle 17-1 ergibt sich daraus eine elektrische Ladungszahl $Q^* = +1$ bzw. 0, eine Baryonenzahl $B = 1$ und ein Isospin $I_3 = 1/2$ bzw. $-1/2$, sowie ein halbzahliger Spin (bei paarweise antiparalleler Spinanordnung).
Die Pionen setzen sich aus je einem Quark und einem Antiquark der 1. Generation zusammen:

$$\begin{array}{ll}\pi^+\text{-Meson:} & \pi^+ = u + \bar{d} \\ \pi^-\text{-Meson:} & \pi^- = \bar{u} + d\end{array} \tag{43}$$

Das ergibt eine elektrische Ladungszahl $Q^* = +1$ bzw. -1, eine Baryonenzahl $B = 0$ und einen Isospin $I_3 = +1$ bzw. -1, sowie einen ganzzahligen Spin (0).
Die schwereren Teilchen haben als Bestandteile Quarks der 2. und 3. Generation. Abschließend läßt sich feststellen: Es gibt anscheinend zwei Klassen von wirklich elementaren Teilchen, die Leptonen, zu denen das Elektron und das Neutrino gehören, und die Quarks, die die Bestandteile der Hadronen sind.

III. Wellen und Quanten

Wellen sind zeitperiodische Vorgänge, die sich räumlich ausbreiten. Sie werden meist durch im mathematischen Sinne periodische Funktionen beschrieben. Solche Funktionen sind strenggenommen unendlich ausgedehnt. Dies stört bei der Beschreibung vieler Welleneigenschaften nicht. Reale Wellenvorgänge sind jedoch zeitlich und räumlich begrenzt. Wo es auf diese Begrenztheit ankommt, es sich also um endliche Wellenzüge handelt, spricht man von Wellengruppen bzw. Wellenpaketen (siehe 18.1) oder auch von *Quanten*, denen, wie sich zeigt, wiederum Teilcheneigenschaften zugeordnet werden können (siehe z. B. 20.3).

18 Wellenausbreitung

In einem Medium, in dem die Abweichung eines physikalischen Zustandes vom Gleichgewicht an einem betrachteten Ort über einen Kopplungsmechanismus eine entsprechende, aber zeitlich verzögerte Zustandsabweichung an den benachbarten Orten hervorruft, können sich Wellen ausbreiten. Ein solcher „Zustand" kann z. B. die Auslenkung eines Massenpunktes in einem elastischen Medium sein (z. B. Seilwellen, Wasserwellen), oder der Druck in einem Gas (Schallwellen), die elektrische oder magnetische Feldstärke in Materie oder im Vakuum (z. B. Radiowellen, Lichtwellen), die Aufenthaltswahrscheinlichkeit eines sich bewegenden Teilchens im Raum (Materiewellen).

18.1 Beschreibung von Wellenbewegungen, Wellengleichung

Der Begriff *Welle* ist meist mit harmonischen, d. h. sinusförmigen Wellen verknüpft; jedoch gibt es auch anharmonische Wellen und sogar nichtperiodische „Störungen", die sich wie Wellen ausbreiten. Zunächst werden harmonische Wellen betrachtet.

Fortschreitende Wellen

Eine (eindimensionale) *harmonische Welle* kann mathematisch dargestellt werden als örtlich sinusförmige Verteilung (z. B. der Auslenkung ξ eines Seiles am Orte x), bei der die Ortskoordinate x durch das orts- und zeitabhängige Argument $(x \mp v_\mathrm{p} t)$ ersetzt wird:

$$\xi = \hat{\xi} \sin \frac{2\pi}{\lambda} (x \mp v_\mathrm{p} t) . \qquad (1)$$

Hierin bedeuten $\hat{\xi}$ Amplitude (der Auslenkung), λ Wellenlänge (örtliche Periodenlänge), $2\pi(x \mp v_\mathrm{p} t)/\lambda = \Phi$ Phase, v_p Ausbreitungsgeschwindigkeit der Welle, genauer der Phase Φ (Phasengeschwindigkeit). (1) beschreibt die mit der Zeit t zunehmende Verschiebung der örtlich sinusförmigen Verteilung (Bild 18-1).

Die zu einer bestimmten Auslenkung (Elongation, z. B. $\xi = 0$ oder $\xi = \hat{\xi}$) gehörende Phase (im Beispiel $\Phi = 0$ bzw. $\Phi = \pi/2$) bewegt sich mit der Geschwindigkeit $v_\mathrm{p} = \pm x/t$ in $+x$- bzw. $-x$-Richtung. Nach Ablauf einer Schwingungsdauer T (zeitliche Periodendauer) hat sich die Welle um eine Wellenlänge λ verschoben und jeder Punkt x hat eine vollständige Schwingung durchgeführt. Es gilt daher

$$v_\mathrm{p} = \frac{\lambda}{T} . \qquad (2)$$

Durch Einführung der Frequenz $\nu = 1/T$ und der Kreisfrequenz $\omega = 2\pi\nu = 2\pi/T$ (siehe 5.1) sowie der Kreiswellenzahl (meist nur kurz „Wellenzahl") $k = 2\pi/\lambda$ erhält man aus (2) die *Phasengeschwindigkeit*

$$v_\mathrm{p} = \nu\lambda = \frac{\omega}{k} . \qquad (3)$$

Die Darstellung (1) einer eindimensionalen, laufenden harmonischen Welle lautet damit

$$\xi = \hat{\xi} \sin (kx \mp \omega t) . \qquad (4)$$

Wellengleichung

Die harmonische laufende Welle (4) stellt sowohl eine zeitliche Sinusverteilung (Schwingung) $\xi(t)$ an einem festem Ort x dar, als auch eine räumliche Sinusverteilung $\xi(x)$ zu einer festen Zeit t. Die Welle $\xi(x, t)$ muß demnach zwei Differentialgleichungen vom Typ der Schwingungsgleichung (5-21) gehorchen:

$$\frac{\partial^2 \xi}{\partial t^2} + \omega^2 \xi = 0 \quad \text{für festes } x \text{ und} \qquad (5)$$

$$\frac{\partial^2 \xi}{\partial x^2} + k^2 \xi = 0 \quad \text{für festes } t. \qquad (6)$$

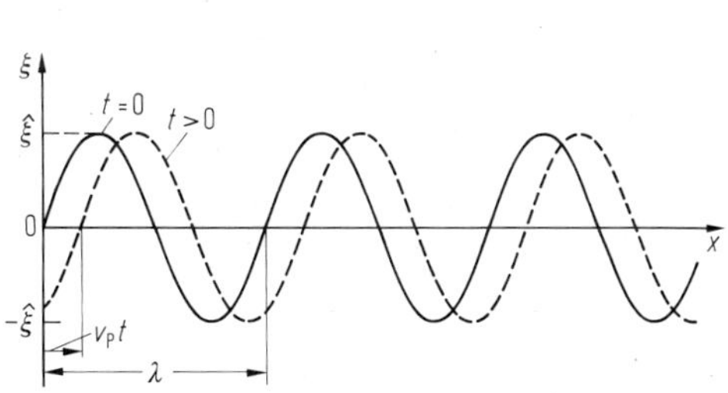

Bild 18-1. Eindimensionale laufende Welle.

Eliminierung des in ξ linearen Gliedes führt mit (3) zu der *eindimensionalen Wellengleichung*

$$\frac{\partial^2\xi}{\partial x^2} - \frac{1}{v_p^2}\cdot\frac{\partial^2\xi}{\partial t^2} = 0\,. \tag{7}$$

Die Wellengleichung beschreibt allgemein Wellenausbreitungsvorgänge. Neben den harmonischen Wellen sind auch beliebige Funktionen der Form

$$\xi = f(x \mp v_p t)\,, \tag{8}$$

also z. B. impulsartige Störungen, Lösungen der Wellengleichung, wie sich durch Einsetzen in (7) verifizieren läßt. Sie breiten sich wie harmonische Wellen aus.

Neben Wellen in linearen Medien gibt es auch räumlich ausgedehnte Wellen. Eine Fläche in einer Welle, deren sämtliche Punkte zum gleichen Zeitpunkt die gleiche Phase besitzen, wird *Phasenfläche, Wellenfläche* oder *Wellenfront* genannt. Nach der Form der Wellenflächen werden *ebene Wellen, Zylinder-* oder *Kreiswellen* und *Kugelwellen* unterschieden. Während ebene Wellen bei geeigneter Wahl des Koordinatensystems (x-Richtung = Wellenflächennormale) ebenfalls durch (1) bzw. (4) beschrieben werden können, gelten für vom Erregerzentrum bei $r = 0$ weglaufende Zylinder- und Kugelwellen die Gleichungen

$$\xi_Z = \frac{\xi_1}{\sqrt{r}}\sin(kr - \omega t) \quad \textit{(Zylinderwelle)} \tag{9}$$

$$\xi_K = \frac{\xi_1}{r}\sin(kr - \omega t) \quad \textit{(Kugelwelle).} \tag{10}$$

ξ_1 ist die Amplitude bei $r = 1$. Sie nimmt mit steigendem Abstand r entsprechend der größer werdenden Wellenfläche ab. Solche räumlich ausgedehnten Wellen sind Lösungen der gegenüber (7) erweiterten *dreidimensionalen Wellengleichung*

$$\Delta\xi - \frac{1}{v_p^2}\cdot\frac{\partial^2\xi}{\partial t^2} = 0\,. \tag{11}$$

Hierin bedeutet

$$\Delta = \frac{\partial^2}{\partial x^2} + \frac{\partial^2}{\partial y^2} + \frac{\partial^2}{\partial z^2}$$

den Deltaoperator (siehe A). In Kugelkoordinaten (vgl. A) läßt sich die dreidimensionale Wellengleichung in der Form

$$\frac{\partial^2(r\xi)}{\partial r^2} - \frac{1}{v_p^2}\cdot\frac{\partial^2(r\xi)}{\partial t^2} = 0 \tag{12}$$

schreiben, aus der die Lösung für die Kugelwelle (10) durch Vergleich mit (4) und (7) direkt ablesbar ist.

Beispiele: Von einem punktförmigen Erregungszentrum in einer Wasseroberfläche ausgehende Wasserwellen sind Kreiswellen. Von einem Lautsprecher ausgehende Schallwellen in Luft oder von einer Punktlampe ausgehende Lichtwellen sind Kugelwellen.

Energietransport

Wie sich etwa bei einer Seilwelle sofort erkennen läßt, ist die Wellenausbreitung nicht mit der Fortbewegung von Elementen des die Welle tragenden Mediums (hier des Seils) verbunden, sondern stellt die Ausbreitung eines Bewegungszustandes dar, der mit dem *Transport von Energie* verbunden ist. Bei den mechanischen (elastischen) Wellen werden zwar die materiellen Elemente des Mediums bewegt, sie schwingen jedoch nur periodisch um die Ruhelage. Ein schwingendes Volumenelement $\mathrm{d}V$ mit der Masse $\mathrm{d}m = \varrho\,\mathrm{d}V$ hat nach (5-27) die Energie

$$\mathrm{d}E = \frac{1}{2}\varrho\omega^2\hat{\xi}^2\,\mathrm{d}V \tag{13}$$

und die *Energiedichte*

$$w = \frac{\mathrm{d}E}{\mathrm{d}V} = \frac{1}{2}\varrho\omega^2\hat{\xi}^2 \sim \hat{\xi}^2\,. \tag{14}$$

Die *Energiestromdichte* oder *Intensität* S einer mechanischen Welle ergibt sich wie jede Stromdichte aus dem Produkt von Dichte und Strömungsgeschwindigkeit, hier also von Energiedichte w und Ausbreitungsgeschwindigkeit v_p

$$S = wv_p = \frac{1}{2}v_p\varrho\omega^2\hat{\xi}^2 \sim \hat{\xi}^2\,. \tag{15}$$

Die Intensität einer Kugelwelle (10) nimmt demnach mit $1/r^2$ ab, in Übereinstimmung mit der Tatsache, daß die Wellenfläche mit r^2 zunimmt.

Steht der Vektor $\boldsymbol{\xi}$ der schwingenden Größe (z. B. Auslenkung $\boldsymbol{\xi}$, oder elektrische Feldstärke $\boldsymbol{E}$) senkrecht auf der Ausbreitungsrichtung $\boldsymbol{v}_p$ der Welle, so wird diese als *Transversalwelle* oder Querwelle bezeichnet. Liegt der Vektor $\boldsymbol{\xi}$ der schwingenden Größe parallel zu $\boldsymbol{v}_p$ (wie etwa die Auslenkung bei Schallwellen in Gasen, oder allgemein Dichte- bzw. Druckschwingungen), so handelt es sich um eine *Longitudinalwelle* oder Längswelle. Ist bei Transversalwellen die durch $\boldsymbol{\xi}$ und $\boldsymbol{v}_p$ definierte Schwingungsebene fest oder dreht sie sich definiert um die Ausbreitungsrichtung, so spricht man von einer *polarisierten* Welle. Ändert sich die Schwingungsebene statistisch (wie z. B. beim natürlichen Licht), so heißt die Welle *unpolarisiert.* Bei longitudinalen Wellen gibt es keine Polarisation.

Stehende Wellen

Durch Überlagerung von gegeneinander laufenden Wellen mit gleicher Frequenz und Wellenlänge

$$\xi = \hat{\xi}\sin(kx - \omega t) + \hat{\xi}\sin(kx + \omega t) \tag{16}$$

gemäß Bild 18-2 ergeben sich *stehende Wellen* mit

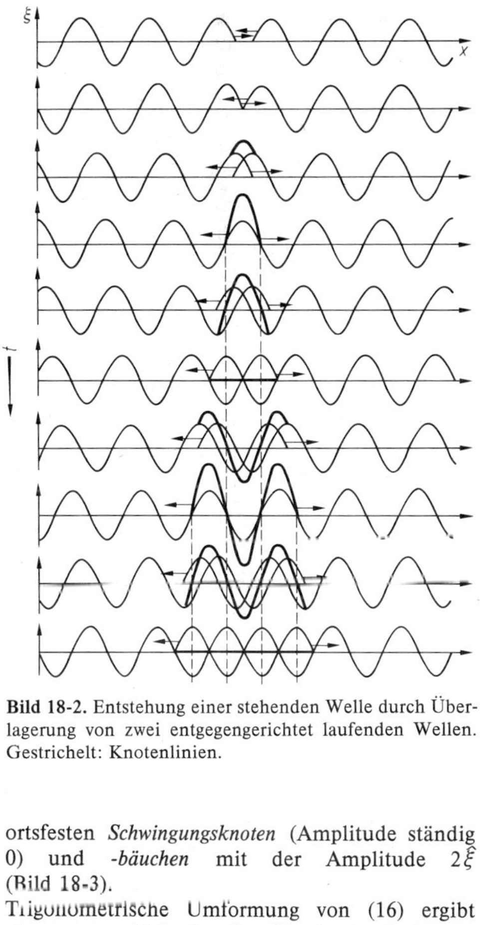

Bild 18-2. Entstehung einer stehenden Welle durch Überlagerung von zwei entgegengerichtet laufenden Wellen. Gestrichelt: Knotenlinien.

ortsfesten *Schwingungsknoten* (Amplitude ständig 0) und *-bäuchen* mit der Amplitude $2\hat{\xi}$ (Bild 18-3).

Trigonometrische Umformung von (16) ergibt eine nur ortsabhängige sinusförmige Auslenkungsverteilung $\sin kx$ mit der zeitperiodischen Amplitude $2\hat{\xi}\cos\omega t$ (Bild 18-3):

$$\xi = 2\hat{\xi}\cos\omega t \sin kx. \qquad (17)$$

Stehende Wellen lassen sich durch Reflexion einer laufenden Welle an der Grenze des Mediums erzeugen, in dem sich die Welle ausbreitet. Die Reflexion kann mit einem Phasensprung verknüpft sein. Dazu werde die Reflexion eines sehr kurzen Wellenzuges, einer Halbwelle, am Seilende betrachtet.

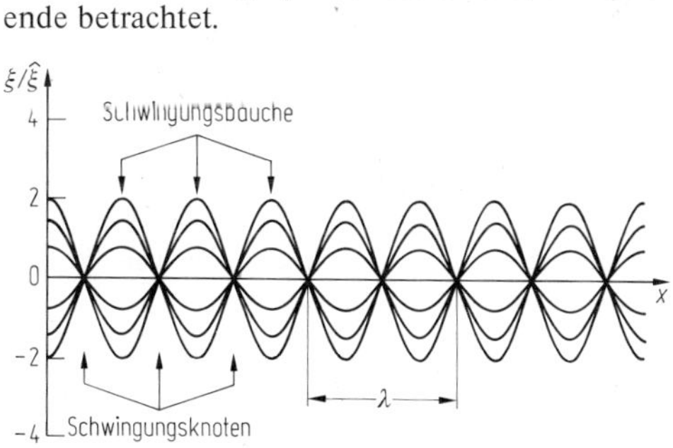

Bild 18-3. Stehende Welle: Auslenkungsverteilung zu verschiedenen Zeitpunkten.

Ist das Seilende fest eingespannt (Bild 18-4a), so erfolgt die Reflexion mit einem Phasensprung $\Delta\Phi = \pi$ der reflektierten Welle gegenüber der ankommenden Welle am Seilende, da nur so die Auslenkungen von ankommender und reflektierter Welle sich am Seilende zur Amplitude 0 überlagern, wie es die feste Einspannung erfordert. Bei einem losen Seilende (Bild 18-4b) wird dagegen die ankommende Welle ohne Phasensprung ($\Delta\Phi = 0$) reflektiert. Dann überlagern sich ankommende und reflektierte Welle am Seilende zu maximaler Amplitude: Am Seilende liegt ein Schwingungsbauch. Das geschilderte Phasenverhalten tritt generell bei der Reflexion von Wellen an Grenzen zwischen Wellenausbreitungsmedien auf, in denen die Ausbreitungsgeschwindigkeit geringer (dichteres Medium) bzw. höher (dünneres Medium) als im jeweils anderen Medium ist. Der *Phasensprung* beträgt

$\Delta\Phi = \pi$ bei Reflexion am dichteren Medium mit geringerer Phasengeschwindigkeit,

$\Delta\Phi = 0$ bei Reflexion am dünneren Medium mit höherer Phasengeschwindigkeit.

Ist ein Medium beidseitig (Seil, Saite, Stab, Luftsäule) oder allseitig (Membran, Platte, in Behälter eingeschlossenes Gasvolumen) begrenzt, so sind nur bestimmte, *diskrete Frequenzen stationär* als (ein-, zwei- oder dreidimensionale) stehende Wellen anregbar. Ist die Begrenzung durch eine feste Einspannung bedingt, so müssen an den Einspannungen Schwingungsknoten vorliegen.

Für ein eindimensionales System der Länge L gilt dann mit (3)

$$L = n\frac{\lambda_n}{2}:\ \lambda_n = \frac{2L}{n},$$

$$\nu_n = n\frac{v_p}{2L}, \quad n = 1, 2, \ldots. \qquad (18)$$

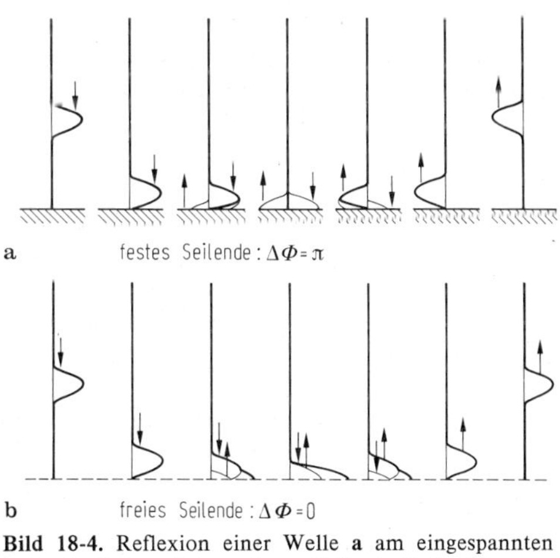

Bild 18-4. Reflexion einer Welle **a** am eingespannten Seilende ($\Delta\Phi = \pi$), **b** am losen Seilende ($\Delta\Phi = 0$).

Die gleiche Bedingung gilt, wenn beide Enden frei schwingen können (z. B. Luftsäule in einem offenen Rohr: offene Pfeife). Dann liegen an den Enden Schwingungsbäuche. Sind die Begrenzungen (wie bei der gedachten Pfeife) so, daß ein Ende fest liegt (Knoten), das andere aber frei schwingen kann (Bauch), so gilt

$$L = (2n-1)\frac{\lambda_n}{4}: \ \lambda_n = \frac{4L}{(2n-1)},$$

$$\nu_n = (2n-1)\frac{v_p}{4L}, \quad n = 1, 2, \ldots . \tag{19}$$

Durch die vorgegebenen Randbedingungen können also nur stehende Wellen mit bestimmten, diskreten Frequenzen und Wellenlängen auftreten, die durch die Quantenbedingungen (18) und (19) gegeben sind. Die diskreten Frequenzen der stehenden Wellen (18) entsprechen den Fundamentalfrequenzen der Federkette (vgl. 5.6.2).

Wellenpakete, Gruppengeschwindigkeit

Bisher wurden Wellen einer bestimmten, diskreten Frequenz ν bzw. Kreisfrequenz ω betrachtet (in der Optik: monochromatische Wellen). Solche Wellen kommen in der Natur nicht vor: Es handelt sich stets um örtlich und zeitlich begrenzte Wellenzüge, sie haben eine bestimmte Länge und Dauer. Begrenzte Wellenzüge lassen sich nach dem Fourier-Theorem (5-88) als Überlagerung eines kontinuierlichen Spektrums unendlich langer Wellen auffassen, deren Amplitudenverteilung (ähnlich wie bei der zeitlich begrenzten Schwingung Bild 5-23) sich um eine Mittenfrequenz ν_0 bzw. ω_0 gruppiert. Die Frequenzbreite $2\Delta\omega$ der Spektralverteilung ist umso kleiner, je länger der Wellenzug ist. In erster Näherung kann daher meist allein mit der Mittenfrequenz als der Frequenz des (langen) Wellenzuges gerechnet werden.

In anderen Fällen, z. B. im Zusammenhang mit der Lokalisierbarkeit von Lichtquanten (20.3) und vor allem von Teilchen bei deren Beschreibung durch Materiewellen in der Wellenmechanik (25), kommt es jedoch auf die besonderen Eigenschaften von begrenzten Wellenzügen, sogenannten Wellengruppen oder Wellenpaketen, an. Um diese kennenzulernen, betrachten wir eine Wellengruppe mit einem schmalen Frequenzspektrum $(\omega_0 - \Delta\omega) < \omega < (\omega_0 + \Delta\omega)$ mit konstanter Amplitude $A/\Delta\omega$ (Bild 18-5). Die Fourier-Darstellung lautet dann:

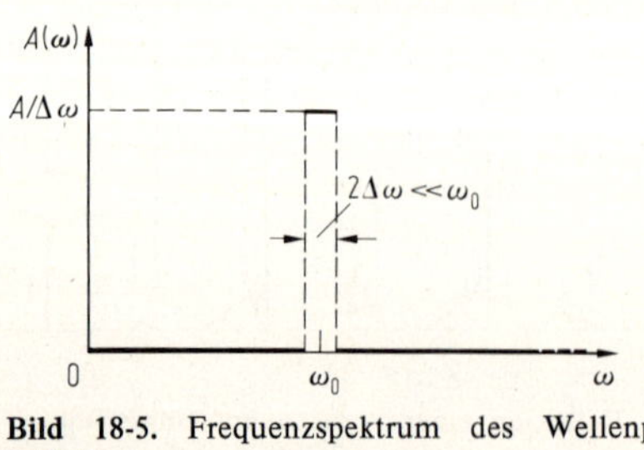

Bild 18-5. Frequenzspektrum des Wellenpakets in Bild 18-6.

$$\xi(x, t) = \frac{A}{\Delta\omega}\int_{\omega_0-\Delta\omega}^{\omega_0+\Delta\omega} \sin\left[k(\omega)x - \omega t\right]\mathrm{d}\omega . \tag{20}$$

Die Wellenzahl k hängt über (3) von der Kreisfrequenz ω ab. Wir entwickeln k nach Taylor (vgl. A 11.2.1) in der Umgebung von ω_0:

$$k(\omega) = k_0 + (\omega - \omega_0)\left(\frac{\mathrm{d}k}{\mathrm{d}\omega}\right)_{\omega_0} + \ldots . \tag{21}$$

Bei hinreichend kleinem Integral $\Delta\omega \ll \omega_0$ kann nach dem 2. Glied abgebrochen werden. Das Fourier-Integral (20) mit (21)

$$\xi(x, t) = \frac{A}{\Delta\omega}\int_{\omega_0-\Delta_0}^{\omega_0+\Delta_0} \sin\Bigg[k_0 x + (\omega - \omega_0)\left(\frac{\mathrm{d}k}{\mathrm{d}\omega}\right)_{\omega_0} x - \omega t\Bigg]\mathrm{d}\omega \tag{22}$$

läßt sich direkt integrieren und ergibt mit (21)

$$\left(\frac{\mathrm{d}k}{\mathrm{d}\omega}\right)_{\omega_0} = \frac{k - k_0}{\omega - \omega_0} = \frac{\Delta k}{\Delta\omega} \tag{23}$$

die Darstellung

$$\xi(x, t) = 2A\frac{\sin(\Delta k x - \Delta\omega t)}{\Delta k x - \Delta\omega t}\sin(k_0 x - \omega_0 t) . \tag{24}$$

Das Argument $(k_0 x - \omega_0 t)$ stellt die Phase einer Welle dar, die sich mit der Phasengeschwindigkeit $v_p = \omega_0/k_0$ ausbreitet. Diese Welle ist moduliert durch eine langsamer veränderliche Amplitudenfunktion $\sin\Phi/\Phi$, die ihr Hauptmaximum bei $\Phi = \Delta k x - \Delta\omega t = 0$ hat und sich im wesentlichen zwischen den Nullstellen $\Phi = -\pi$ und $+\pi$ erstreckt. Sie bewegt sich mit der *Gruppengeschwindigkeit*

$$v_g = \frac{\Delta\omega}{\Delta k} = \left(\frac{\mathrm{d}\omega}{\mathrm{d}k}\right)_{\omega_0} \tag{25}$$

in $+x$-Richtung weiter (Bild 18-6):

$$\xi(x, t) = 2A\frac{\sin\Delta k(x - v_g t)}{\Delta k(x - v_g t)}\sin k_0(x - v_p t) \tag{26}$$

(Wellenpaket).

Phasen- und Gruppengeschwindigkeit können verschieden sein. Durch Differenzieren von (3) und von $k = 2\pi/\lambda$ folgt

$$v_g = \frac{\mathrm{d}\omega}{\mathrm{d}k} = v_p + k\frac{\mathrm{d}v_p}{\mathrm{d}k} = v_p - \lambda\frac{\mathrm{d}v_p}{\mathrm{d}\lambda} . \tag{27}$$

Die Gruppengeschwindigkeit ist demnach nur dann gleich der Phasengeschwindigkeit, wenn die

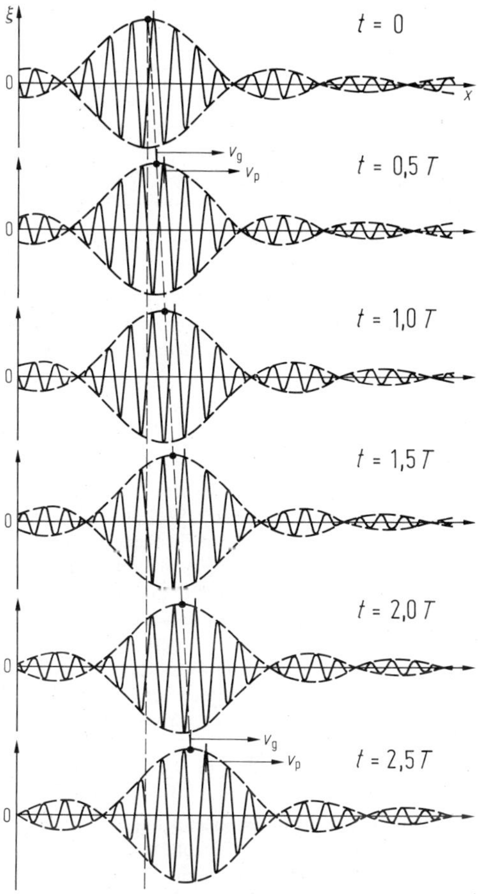

Bild 10-6. Ausbreitung einer Wellengruppe bei normaler Dispersion: Phasengeschwindigkeit > Gruppengeschwindigkeit ($v_g = 0{,}8\, v_p$).

Phasengeschwindigkeit nicht von der Wellenlänge λ (bzw. der Wellenzahl k) abhängt, d. h., wenn keine Dispersion vorliegt (Beispiel: Lichtausbreitung im Vakuum). Anderenfalls gilt:

$$\frac{dv_p}{d\lambda} > 0 \quad (\textit{normale Dispersion}): \quad v_g < v_p,$$
$$\frac{dv_p}{d\lambda} < 0 \quad (\textit{anomale Dispersion}): \quad v_g > v_p. \qquad (28)$$

Im Gruppenmaximum der Wellengruppe sind die Amplituden maximal, daher bilden die Gruppenmaxima den Sitz der Energie der Welle. Ferner kann eine Information (Signal) nur mit einem begrenzten Wellenzug bzw. einer Wellengruppe oder einer modulierten Welle übertragen werden. Damit gilt:

> Die Ausbreitung der Energie einer Welle erfolgt mit der Gruppengeschwindigkeit. Sie ist gleich der *Signalgeschwindigkeit*.

18.2 Elastische Wellen, Schallwellen

Schallwellen sind elastische Wellen in deformierbaren Medien (Festkörpern, Flüssigkeiten, Gasen). Für den Menschen hörbarer Schall umfaßt etwa den Frequenzbereich von 16 Hz bis 16 kHz.
Wellen in deformierbaren Medien werden durch die elastischen Eigenschaften des Mediums (vgl. D, E) bestimmt, die durch die folgenden Beziehungen beschrieben werden:

Festkörper: Relative Längenänderung oder Dehnung $\varepsilon = \Delta l / l$ eines Stabes mit der Länge l, dem Querschnitt A und dem *Elastizitätsmodul* E unter Einwirkung einer Zugspannung $\sigma = F/A$ (Hookesches Gesetz, vgl. D, E):

$$\frac{\Delta L}{L} = \frac{1}{E} \cdot \frac{F}{A}, \quad \text{bzw.} \quad \varepsilon = \frac{\sigma}{E}. \qquad (29)$$

Scherung γ eines quaderförmigen Volumens des Festkörpers mit dem *Schubmodul* G unter Einwirkung einer auf die Querschnittsfläche A wirkenden Schub- oder Scherspannung $\tau = F/A$ (vgl. D, E):

$$\gamma = \frac{1}{G} \cdot \frac{F}{A}, \quad \text{bzw.} \quad \gamma = \frac{\tau}{G}. \qquad (30)$$

Flüssigkeiten: Kompressibilität $\varkappa$ (relative Volumenänderung $\Delta V/V$ bei einer Druckänderung Δp) eines Volumens V einer Flüssigkeit mit dem Kompressionsmodul K:

$$\varkappa = \frac{1}{K} = -\frac{1}{V} \cdot \frac{dV}{dp}. \qquad (31)$$

Für eine Flüssigkeitssäule der Länge L ergibt sich daraus bei konstantem Querschnitt A unter Einwirkung einer Druckspannung $\sigma = -F/A$ eine relative Längenänderung

$$\frac{\Delta L}{L} = -\frac{dV}{V} = \varkappa\, dp = \varkappa \frac{F}{A} = \frac{1}{K} \cdot \frac{F}{A}. \qquad (32)$$

Der Kompressionsmodul $K = 1/\varkappa$ in Flüssigkeiten entspricht daher dem Elastizitätsmodul E von Festkörpern (vgl. (29)).

Gase: (31) gilt auch für Gase, wobei der Kompressionsmodul K mit Hilfe der allgemeinen Gasgleichung (8-26) berechnet werden kann. Für die schnellen Druckänderungen bei Schallwellen kann ein Wärmeausgleich nicht stattfinden, sodaß K unter adiabatischen Bedingungen aus (31) berechnet werden muß. Mit Hilfe der Adiabatengleichung (8-97) erhält man dann

$$K = \frac{1}{\varkappa} = \varkappa_{ad}\, p = \varkappa_{ad} \frac{RT}{V_m} \quad \text{mit} \quad \varkappa_{ad} = \frac{C_{mp}}{C_{mV}}. \qquad (33)$$

V_m Molvolumen; C_{mp}, C_{mV} molare Wärmekapazitäten bei konstantem Druck bzw. konstantem Volumen (vgl. 8.6.1, Index „ad“ zur Unterscheidung

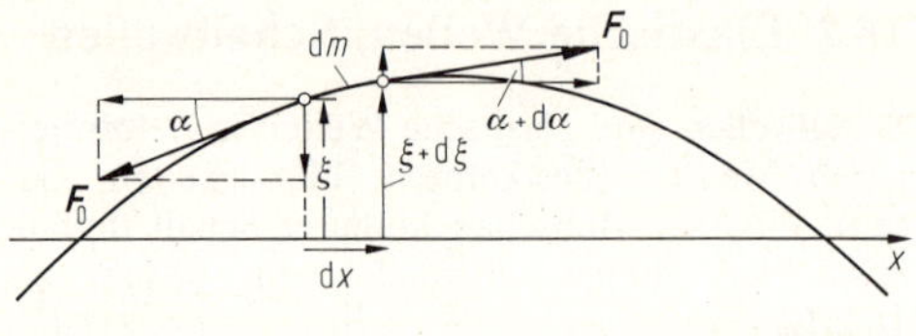

Bild 18-7. Zur Herleitung der Wellengleichung für transversale Saitenwellen.

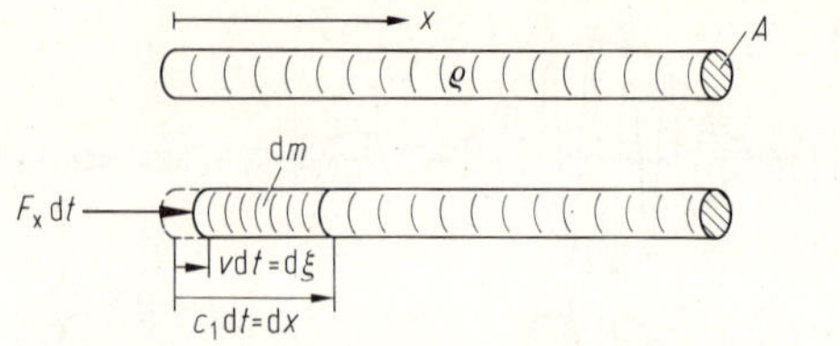

Bild 18-8. Ausbreitung einer Longitudinalstörung in einem Stab.

zwischen dem Adiabatenexponenten $\varkappa_{ad}$ (8-88) und der Kompressibilität $\varkappa$ (31))).

Ausbreitung transversaler Wellen auf gespannten Seilen und Saiten

Nach einer vorausgegangenen transversalen Auslenkung eines mit einer Kraft F_0 bzw. der Zugspannung $\sigma = F_0/A$ gespannten Seils bzw. einer Saite (Querschnitt A) wirkt auf jedes Saitenelement der Länge dx (Bild 18-7) eine rücktreibende Kraft

$$F_\xi = F_0 \sin(\alpha + d\alpha) - F_0 \sin\alpha \approx F_0\, d\alpha. \quad (34)$$

Aus $\alpha \approx \tan\alpha = \partial\xi/\partial x$ folgt $d\alpha \approx dx(\partial^2\xi/\partial x^2)$ und damit für die rücktreibende Kraft

$$F_\xi = F_0\, dx \frac{\partial^2\xi}{\partial x^2}. \quad (35)$$

Die Masse des Saitenelements dx beträgt $dm = \varrho A\, dx$ (ϱ Dichte). Damit lautet die Bewegungsgleichung für dm

$$F_\xi = dm \frac{\partial^2\xi}{\partial t^2}. \quad (36)$$

Aus (35) und (36) folgt die *Wellengleichung der transversalen Saitenwelle*:

$$\frac{\partial^2\xi}{\partial x^2} - \frac{\varrho}{\sigma}\cdot\frac{\partial^2\xi}{\partial t^2} = 0. \quad (37)$$

Durch Vergleich mit (7) ergibt sich die *Phasengeschwindigkeit der transversalen Saitenwelle*

$$v_p = \sqrt{\frac{\sigma}{\varrho}}. \quad (38)$$

Ausbreitung longitudinaler Wellen in elastischen Medien

Die periodische longitudinale Auslenkung von Massenelementen in einem kontinuierlichen elastischen Medium bewirkt eine periodische Dichteverteilung: Longitudinale elastische Wellen sind *Dichtewellen*. Die zur Behandlung der transversalen Saitenwelle analoge Betrachtung eines Volumenelementes der Masse dm und der Länge dx in einem zylindrischen Stab (Massendichte ϱ, Querschnitt A), das durch eine vorausgegangene longitudinale Auslenkung ξ und die dadurch bedingte ortsabhängige Spannung $\sigma = F/A$ um $d\xi$ gedehnt wird, liefert unter Zuhilfenahme des Hookeschen Gesetzes (29) und der Bewegungsgleichung für dm die *Wellengleichung longitudinaler Wellen im Festkörper*:

$$\frac{\partial^2\xi}{\partial x^2} - \frac{\varrho}{E}\cdot\frac{\partial^2\xi}{\partial t^2} = 0, \quad (39)$$

aus der sich durch Vergleich mit (7) die Phasengeschwindigkeit longitudinaler Wellen (42) ergibt. Sie ist auch für ausgedehnte Festkörper gültig.

Die Berechnung der Phasengeschwindigkeit c_l longitudinaler Wellen (und damit der Ausbreitungsgeschwindigkeit von Schall) kann auch auf direkterem Wege erfolgen. Dazu betrachten wir die Ausbreitung einer Störung (Verdichtungsstoß) in einem zylindrischen Stab der Dichte ϱ, die durch einen Stoß mit der Kraft F_x während der Zeit dt auf das linke Stabende erzeugt wird (Bild 18-8). Dadurch wird das linke Ende des Stabes mit einer Geschwindigkeit v um $d\xi = v\,dt$ nach rechts verschoben. Die Kompressionsstörung läuft mit der Phasengeschwindigkeit c_l nach rechts, die Teilchen im Kompressionsbereich erreichen in der Zeit dt nacheinander die Geschwindigkeit v. Das Massenelement $dm = \varrho A\, dx$, das durch den Kompressionsbereich $dx = c_l\, dt$ definiert werde, erfährt damit eine Impulsänderung $dp_x = v\, dm$ als Folge der einwirkenden Kraft

$$F_x = \frac{dp_x}{dt} = \varrho A v c_l. \quad (40)$$

Durch die Kraft F_x wird ferner das Massenelement dm der Länge dx um $d\xi = v\,dt$ komprimiert. Den Zusammenhang liefert das Hookesche Gesetz (29):

$$\frac{d\xi}{dx} = \frac{v}{c_l} = \frac{1}{E}\cdot\frac{F_x}{A} = \frac{1}{E}\varrho v c_l. \quad (41)$$

Daraus folgt für die *Phasengeschwindigkeit longitudinaler Wellen (Schallgeschwindigkeit) in Festkörpern*

$$c_l = \sqrt{\frac{E}{\varrho}}. \quad (42)$$

Festkörper können auch tangentiale Scherkräfte aufnehmen, wie sie bei Scherschwingungen auftreten. Deshalb können in Festkörpern auch transversale Wellen auftreten. Die elastische Deformation bei Scherung wird durch (30) beschrieben. Statt

Tabelle 18-1. Schallgeschwindigkeit

Stoff	c_l in m/s
Feste Stoffe (20 °C):	
Aluminium	5 110
Basalt	≈ 5 080
Blei	1 200
Eis (−4 °C)	3 200
Eisen	5 180
Flintglas	≈ 4 000
Granit	≈ 4 000
Gummi	≈ 54
Hartgummi	≈ 1 570
Holz: Buche	≈ 3 300
Eiche	≈ 3 800
Tanne	≈ 4 500
Kronglas	≈ 5 300
Kupfer	3 800
Marmor	≈ 3 800
Messing	≈ 3 500
Paraffin	1 300
Porzellan	≈ 4 880
Quarzglas	≈ 5 400
Stahl	≈ 5 100
Ziegel	≈ 3 650
Zink	3 800
Zinn	2 700
Flüssigkeiten (20 °C)	
Azeton	1 190
Benzol	132
Ethylalkohol	1 170
Glycerin	1 923
Methylalkohol	1 123
Nitrobenzol	1 470
Paraffinöl	≈ 1 420
Petroleum	≈ 1 320
Propylalkohol	1 220
Quecksilber	1 421
Schwefelkohlenstoff	1 158
Schweres Wasser	1 399
Tetrachlorkohlenstoff	943
Toluol	1 308
Xylol	1 357
Wasser (dest.) 0 °C	1 403
20 °C	1 483
40 °C	1 529
60 °C	1 551
80 °C	1 555
100 °C	1 543
Meerwasser	1 531
Gase (0 °C, 101,3 kPa):	
Acetylen	327
Ammoniak	415
Argon	308
Brom	135
Chlor	206
Helium	971
Kohlendioxid	258
Kohlenmonoxid	337
Luft, trocken −20 °C	319
0 °C	332
+20 °C	344
+40 °C	355
Methan	430
Neon	433
Sauerstoff	315
Schwefeldioxid	212
Stadtgas	≈ 450
Stickstoff	334
Wasserstoff	1 286
Xenon	170

des Elastizitätsmoduls E tritt hier der Schubmodul G auf. Entsprechend ergibt sich für die *Phasengeschwindigkeit* von *transversalen Scherwellen* und von *Torsionswellen* (die auch auf Scherung beruhen) in Festkörpern

$$c_t = \sqrt{\frac{G}{\varrho}}\,. \tag{43}$$

Flüssigkeiten und Gase können keine statischen Tangentialkräfte (Scherkräfte) aufnehmen. Demzufolge können sich hier nur Longitudinalwellen über längere Strecken ausbreiten. Transversale Wellen können nur direkt angrenzend an transversal schwingende Erregerflächen auftreten und klingen mit wachsendem Abstand davon schnell exponentiell ab.

Die Schallgeschwindigkeit in Flüssigkeiten, etwa in einer Flüssigkeitssäule, deren elastische Eigenschaften durch (32) beschrieben werden, läßt sich analog zur Berechnung der Schallgeschwindigkeit im festen Stab bestimmen. Im Ergebnis (42) ist dazu der Elastizitätsmodul E durch den Kompressionsmodul K oder die Kompressibilität $\varkappa$ (31) zu ersetzen, um die *Schallgeschwindigkeit in Flüssigkeiten* zu erhalten:

$$c_l = \sqrt{\frac{K}{\varrho}} = \sqrt{\frac{1}{\varkappa\varrho}}\,. \tag{44}$$

Für Gase erhält man die Schallgeschwindigkeit unter Berücksichtigung der elastischen Eigenschaften bei *adiabatischer* Kompression. Mit (33) und der Molmasse $M = \varrho V_m$ folgt dann aus (44) die *Schallgeschwindigkeit in Gasen*

$$c_l = \sqrt{\varkappa_{ad}\frac{p}{\varrho}} = \sqrt{\varkappa_{ad}\frac{RT}{M}}\,. \tag{45}$$

In Gasen ist daher die Schallgeschwindigkeit stark temperaturabhängig. Sie ist am größten für die Gase mit der kleinsten molaren Masse, Wasserstoff und Helium (Tabelle 18-1).

18.3 Doppler-Effekt, Kopfwellen

Bewegen sich Wellenerzeuger (Quelle Q mit der Frequenz ν_Q) und Beobachter B relativ zueinander, so wird vom Beobachter eine andere Frequenz ν_B registriert, als im Fall ruhender Quelle und Beobachter (Doppler 1842). Je nachdem, ob sich Quelle oder Beobachter relativ zum Übertragungsmedium der Welle (z. B. Luft bei Schallwellen, Wasseroberfläche bei Wasserwellen) bewegen, oder ob ein solches Medium nicht existiert (Licht-

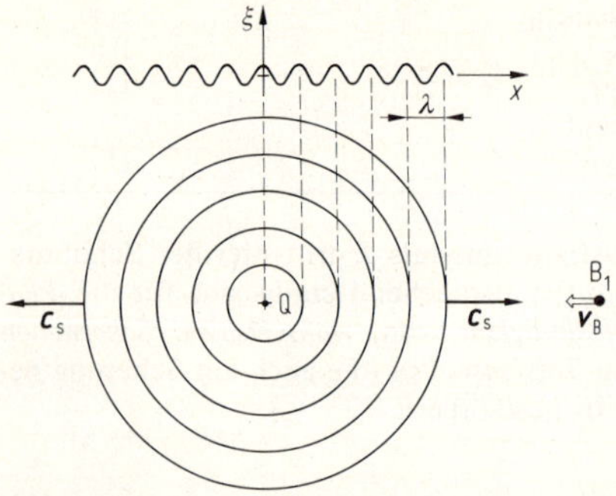

Bild 18-9. Zum Doppler-Effekt bei bewegtem Beobachter.

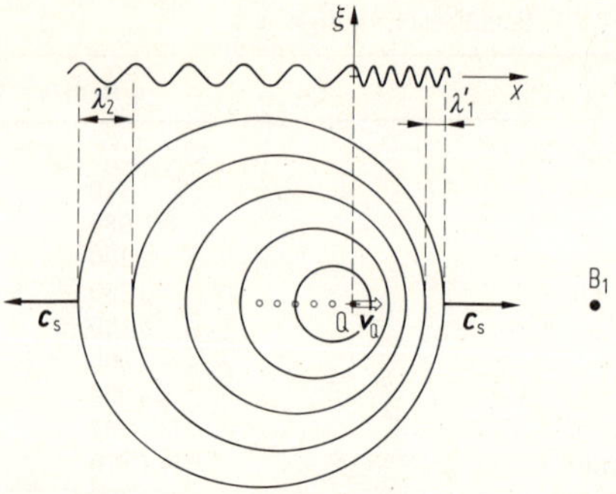

Bild 18-10. Zum Doppler-Effekt bei bewegter Schallquelle.

wellen im Vakuum), sind verschiedene Fälle zu unterscheiden.

Doppler-Effekt bei mediengetragenen Wellen: Bewegter Beobachter

Die in ruhender Luft von einer ebenfalls ruhenden Schallquelle mit der Frequenz $\nu_Q = c_s/\lambda$ erzeugten Schallwellen breiten sich in Form von Kugelwellen mit der Schallgeschwindigkeit c_s aus, deren Wellenberge einen radialen Abstand λ (Wellenlänge) haben (Bild 18-9). Bewegt sich ein Beobachter B mit der Geschwindigkeit v_B auf die Quelle Q zu (bzw. von ihr weg), so registriert der Beobachter eine Geschwindigkeit $c_s \pm v_B$ der auf ihn zukommenden Wellenberge und demzufolge gemäß (3) eine erhöhte (erniedrigte) Frequenz

$$\nu_B = \frac{c_s \pm v_B}{\lambda} = \nu_Q \left(1 \pm \frac{v_B}{c_s}\right). \tag{46}$$

Doppler-Effekt bei mediengetragenen Wellen: Bewegte Quelle

Bewegt sich bei relativ zum Übertragungsmedium (Luft) ruhendem Beobachter die Schallquelle auf den Beobachter zu (bzw. weg), so verkürzen sich vor der Quelle die Wellenlängen, während sie sich hinter der Quelle verlängern (Bild 18-10). Ursache dafür ist, daß sich die von der Quelle mit der Frequenz ν_Q erzeugten Wellen nach wie vor im ruhenden Medium mit der Schallgeschwindigkeit c_s ausbreiten, gegenüber der bewegten Quelle jedoch dann eine (je nach Richtung) andere Geschwindigkeit haben. Auf den Beobachter bewegen sich die Wellen mit der Phasengeschwindigkeit c_s zu, der aufgrund der geänderten Wellenlänge $\lambda' = (c_s \mp v_Q)/\nu_Q$ eine erhöhte (erniedrigte) Frequenz registriert:

$$\nu_B = \frac{c_s}{\lambda'} = \frac{\nu_Q}{1 \mp \dfrac{v_Q}{c_s}}. \tag{47}$$

Bewegt sich die Schallquelle an einem Beobachter vorbei, so schlägt die Frequenz im Moment des Passierens von einem höheren auf einen niedrigeren Wert um.

Der akustische Doppler-Effekt (46) bzw. (47) zeigt also bei bewegtem Beobachter ein etwas anderes Ergebnis als bei bewegter Quelle. Bewegen sich sowohl die Schallquelle als auch der Beobachter, so gilt

$$\nu_B = \nu_Q \frac{c_s \pm v_B}{c_s \mp v_Q}. \tag{48}$$

Das jeweils obere Vorzeichen von v_B bzw. v_Q gilt für eine Bewegung in Richtung auf die Quelle bzw. auf den Beobachter zu, das jeweils untere Vorzeichen für eine Bewegung von der Quelle bzw. vom Beobachter weg.

Doppler-Effekt elektromagnetischer Wellen (Licht)

Aus dem Prinzip der Konstanz der Vakuumlichtgeschwindigkeit c_0 in zueinander bewegten Inertialsystemen (siehe 2.3.2) folgt, daß für die Lichtausbreitung kein Übertragungsmedium wie bei der Schallausbreitung existiert. Dann sollte der Doppler-Effekt allein von der Relativgeschwindigkeit v_r zwischen Lichtquelle und Beobachter abhängen. Tatsächlich ergibt sich für den *relativistischen Doppler-Effekt* (ohne Ableitung)

$$\nu_B = \nu_0 \sqrt{\frac{c_0 \pm v_r}{c_0 \mp v_r}}. \tag{49}$$

Der relativistische Doppler-Effekt wird als Rotverschiebung der Spektrallinien von sich schnell entfernenden Sternen beobachtet (untere Vorzeichen), bei umeinander rotierenden Doppelsternen auch als periodisch abwechselnde Rot- und Blauverschiebung.

Für $v_r \ll c_0$ geht der relativistische Doppler-Effekt (49) in den klassischen Doppler-Effekt (48) über. Für diesen Fall ergibt sich die *Doppler-Verschiebung* der Frequenz zu

$$\frac{\Delta\nu}{\nu_Q} \approx \frac{v_r}{c} \quad \text{für} \quad v_r \ll c. \tag{50}$$

Anwendung: Geschwindigkeitsmessung an Licht oder Radiowellen emittierenden Sternen oder Sa-

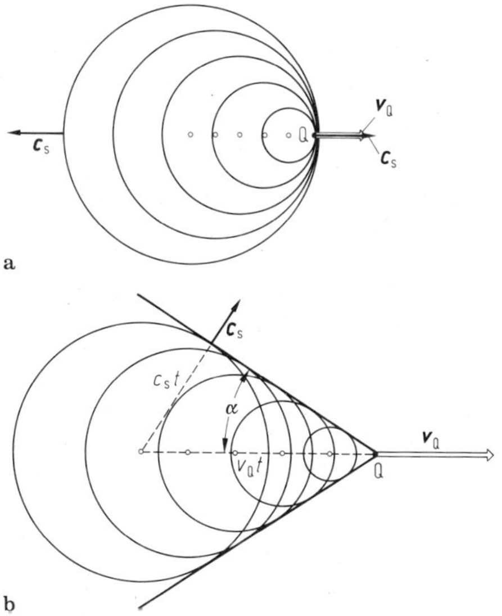

Bild 18-11. Wellenfelder einer bewegten Schallquelle, **a** bei $v_Q \approx c_s$, **b** bei $v_Q > c_s$.

telliten; Radar-Geschwindigkeitsmessung durch Reflexion an bewegten Körpern.

Kopfwellen, Mach-Kegel

Nähert sich die Geschwindigkeit v_Q einer Schallquelle (z. B. ein Flugzeug) der Schallgeschwindigkeit c_s, so überlagern sich alle bereits emittierten Wellenberge in Vorwärtsrichtung direkt an der Schallquelle (Bild 18-11 a) und erzeugen sehr hohe Druckamplituden und -gradienten. Nach Durchstoßen dieser sog. Schallmauer fliegt die Quelle mit *Überschallgeschwindigkeit* $v_Q > c_s$ und erzeugt ein Wellenfeld gemäß Bild 18-11b: Die nacheinander ausgelösten Kugelwellenberge durchdringen einander und überlagern sich zu einer kegelförmigen *Kopfwelle (Schockwelle, Mach-Kegel)*, in deren Spitze sich die Schallquelle bewegt.

Die Quelle muß dazu gar keine Schallwellen in üblicher Weise aussenden. Die durch die Bewegung des Körpers in Luft erzeugte Druckstörung breitet sich ebenfalls in der beschriebenen Weise aus und ist dann an der Erdoberfläche als Überschallknall zu hören. Der Öffnungswinkel α des Mach-Kegels (Bild 18-11b) wird durch das Verhältnis von Schall- zu Quellengeschwindigkeit bestimmt:

$$\sin\alpha = \frac{c_s}{v_Q} = \frac{1}{Ma}. \tag{51}$$

Das Größenverhältnis $Ma = v_Q/c_s$ wird als *Mach-Zahl* bezeichnet. Sie hängt nicht nur von der Quellengeschwindigkeit v_Q, sondern wegen (45) auch von der Temperatur der Luft ab.

Kopfwellen können auch bei elektromagnetischen Wellen erzeugt werden. Schnell bewegte, elektrisch geladene Teilchen strahlen elektromagnetische Wellen ab. In Substanzen mit der optischen Brechzahl $n > 1$ (siehe 21.1) ist die Phasengeschwindigkeit des Lichtes $c_n = c_0/n < c_0$. Geladene Teilchen, die mit Geschwindigkeiten $v > c_n$ in solche Substanzen geschossen werden, erzeugen dann elektromagnetische Kopfwellen: *Čerenkov-Strahlung*. Für den Öffnungswinkel folgt aus (51)

$$\sin\alpha = \frac{c_0}{nv}. \tag{52}$$

Durch Messung von α kann die Teilchengeschwindigkeit bestimmt werden: Čerenkov-Detektoren.

19 Elektromagnetische Wellen

Zeitveränderliche elektrische und magnetische Felder sind untrennbar miteinander verknüpft, sie erzeugen einander gegenseitig (Bild 14-9): Ein zeitveränderliches elektrisches Feld erzeugt ein magnetisches Feld (Maxwellsches Gesetz (14-34)), und ein zeitveränderliches magnetisches Feld erzeugt ein elektrisches Feld (Faraday-Henry-Gesetz bzw. Induktionsgesetz (14-31)). Die Kombination beider Prinzipien legt daher die Existenz elektromagnetischer Wellen nahe (Maxwell 1865): Die zeitperiodische Änderung eines lokalen elektrischen (oder magnetischen) Feldes erzeugt ein ebenfalls zeitperiodisches, das erzeugende Feld umschlingendes magnetisches (bzw. elektrisches) Feld. Dieses wiederum induziert um sich herum ein weiteres zeitperiodisches elektrisches (bzw. magnetisches) Feld und so fort (Bild 19-1). Der periodische Vorgang breitet sich daher wellenartig im Raum aus und stellt eine elektromagnetische Welle dar. Die experimentelle Bestätigung erfolgte 1888 durch H. Hertz.

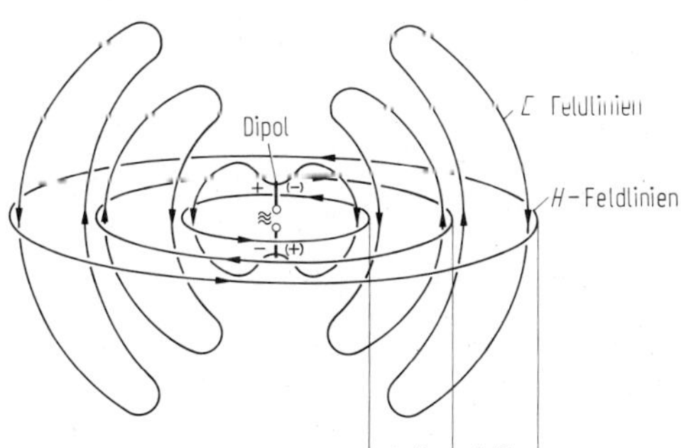

Bild 19-1. Elektrische und magnetische Feldlinien um einen schwingenden elektrischen Dipol.

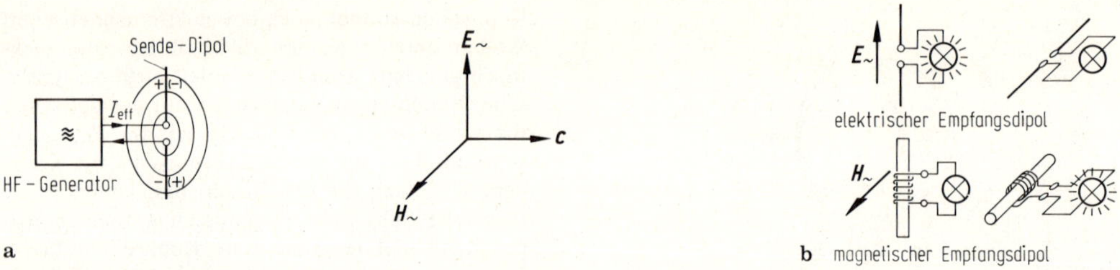

Bild 19-2. **a** Abstrahlung polarisierter elektromagnetischer Wellen durch einen elektrischen Sendedipol. **b** Nachweis durch einen elektrischen oder magnetischen Empfangsdipol mit Glühlampe. Der elektrische Dipol muß parallel zum elektrischen Feldstärkevektor, der magnetische Dipol parallel zum magnetischen Feldstärkevektor ausgerichtet sein.

19.1 Erzeugung und Ausbreitung elektromagnetischer Wellen

Ein zeitperiodisches elektrisches Feld (Wechselfeld) als Quelle einer sich frei ausbreitenden elektromagnetischen Welle kann z. B. durch eine Dipolantenne erzeugt werden, in die eine hochfrequente Wechselspannung eingespeist wird (Bild 19-1 u. 19-2). Die Dipolantenne stellt dann einen elektrischen Dipol mit periodisch wechselnder Richtung und Betrag des Dipolmoments (12-83) dar. Die erzeugte elektromagnetische Welle ist linear polarisiert, wobei (in der Äquatorebene) die elektrische Feldstärke $\boldsymbol{E}$ parallel zur Dipolachse orientiert ist und die magnetische Feldstärke senkrecht zu $\boldsymbol{E}$ und zur Ausbreitungsrichtung $\boldsymbol{c}$ (Bild 19-2a). Der Nachweis kann wiederum mit einer Dipolantenne erfolgen, an die ein Meßinstrument (oder im Laborexperiment eine Glühlampe) angeschlossen ist. Die Lampe leuchtet maximal, wenn der Empfangsdipol parallel zum Sendedipol und damit parallel zum elektrischen Feldstärkevektor ausgerichtet ist (Nachweis der Polarisation). Ein magnetischer Empfangsdipol muß dagegen senkrecht dazu, d. h. parallel zum magnetischen Feldstärkevektor, orientiert werden (Bild 19-2b).

Aus diesen Beobachtungen folgt:

> Bei elektromagnetischen Wellen stehen elektrischer und magnetischer Feldstärkevektor senkrecht aufeinander und auf der Ausbreitungsrichtung: Elektromagnetische Wellen sind *Transversalwellen*.

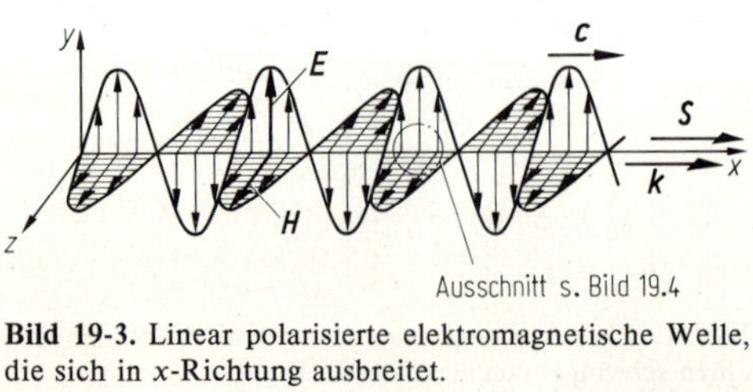

Bild 19-3. Linear polarisierte elektromagnetische Welle, die sich in x-Richtung ausbreitet.

Eine Dipolantenne erzeugt elektromagnetische Kugelwellen, bei denen in unmittelbarer Dipolnähe (*Nahfeld*: $l \ll r \ll \lambda$) ein Gangunterschied von $\lambda/4$ (Phasendifferenz $\pi/2$) zwischen elektrischem und magnetischem Feld besteht, wie es für die quasistationäre elektrische Schwingung im Dipol anschaulich zu erwarten ist (hier macht sich die endliche Ausbreitungsgeschwindigkeit der Welle noch nicht bemerkbar). Im *Fernfeld* ($r \gg \lambda$) schwingen dagegen elektrisches und magnetisches Feld gleichphasig. In sehr großer Entfernung r kann die Kugelwelle näherungsweise als ebene Welle betrachtet werden (Bild 19-3).

Wellengleichung elektromagnetischer Wellen

Einen Ausschnitt der Feldverteilung in einer elektromagnetischen Welle (Bild 19-3) zeigt Bild 19-4. Im nichtleitenden freien Raum ist die Stromdichte $\boldsymbol{j} = 0$. Die Anwendung des Faraday-Henry-Gesetzes (Induktionsgesetz (14-31))

$$\oint_{c_1} \boldsymbol{E} \cdot \mathrm{d}\boldsymbol{s} = -\frac{\mathrm{d}}{\mathrm{d}t} \int \boldsymbol{B} \cdot \mathrm{d}\boldsymbol{A} \qquad (1)$$

auf einen geschlossenen Weg c_1 in der x, y-Ebene mit den Abmessungen $\mathrm{d}x$ und $\mathrm{d}y$ (Fläche $\mathrm{d}A = \mathrm{d}x\,\mathrm{d}y$) liefert mit $\boldsymbol{B} = \mu \boldsymbol{H}$ (14-45)

$$\frac{\partial E_y}{\partial x} = -\mu \frac{\partial H_z}{\partial t}. \qquad (2)$$

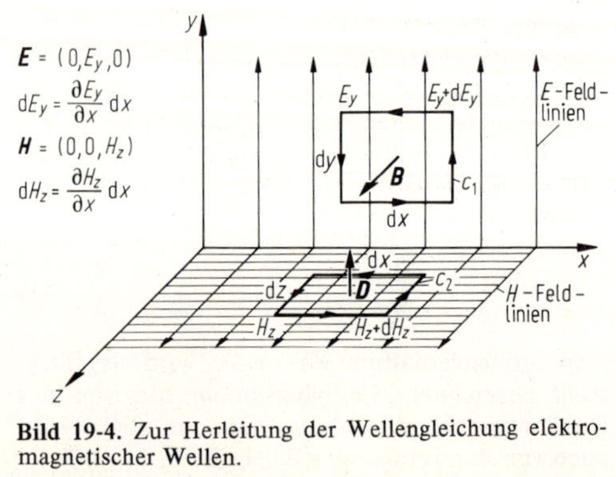

Bild 19-4. Zur Herleitung der Wellengleichung elektromagnetischer Wellen.

Entsprechend liefert die Anwendung des Maxwellschen Gesetzes (14-34)

$$\oint_{c_2} \boldsymbol{H} \cdot \mathrm{d}\boldsymbol{s} = \frac{\mathrm{d}}{\mathrm{d}t} \int \boldsymbol{D} \cdot \mathrm{d}\boldsymbol{A} \tag{3}$$

auf einen geschlossenen Weg c_2 in der x, z-Ebene mit den Abmessungen $\mathrm{d}x$ und $\mathrm{d}z$ (Fläche $\mathrm{d}A = \mathrm{d}x\,\mathrm{d}z$) und mit $\boldsymbol{D} = \varepsilon \boldsymbol{E}$ (14-44)

$$\frac{\partial H_z}{\partial x} = -\varepsilon \frac{\partial E_y}{\partial t}. \tag{4}$$

Partielle Differentiation von (2) nach x und von (4) nach t und Eliminierung von $\partial^2 H_z / \partial x\, \partial t$ ergibt

$$\frac{\partial^2 E_y}{\partial x^2} - \varepsilon\mu \frac{\partial^2 E_y}{\partial t^2} = 0. \tag{5}$$

Entsprechend ergibt die partielle Differentiation von (2) nach t und von (4) nach x und Eliminierung von $\partial^2 E_y / \partial x\, \partial t$

$$\frac{\partial^2 H_z}{\partial x^2} - \varepsilon\mu \frac{\partial^2 H_z}{\partial t^2} = 0. \tag{6}$$

(5) und (6) stellen eindimensionale Wellengleichungen für in x-Richtung sich ausbreitende elektromagnetische Wellen dar. Die Verallgemeinerung auf den dreidimensionalen Fall (11) und auf Wellen mit beliebiger Polarisationsrichtung lautet

$$\Delta \boldsymbol{E} - \frac{1}{c^2} \cdot \frac{\partial^2 \boldsymbol{E}}{\partial t^2} = 0, \qquad \Delta \boldsymbol{H} - \frac{1}{c^2} \cdot \frac{\partial^2 \boldsymbol{H}}{\partial t^2} = 0. \tag{7}$$

Hierin ist c die *Phasengeschwindigkeit* der elektromagnetischen Wellen, für die sich aus dem Vergleich mit (5) und (6) ergibt:

$$c = \frac{1}{\sqrt{\varepsilon\mu}} = \frac{1}{\sqrt{\varepsilon_r \mu_r \varepsilon_0 \mu_0}}. \tag{8}$$

Im Vakuum ist $\varepsilon_r = \mu_r = 1$. Mit $\varepsilon_0 = 8{,}854\ldots \times 10^{-12}$ As/Vm und $\mu_0 = 1{,}2566\ldots \cdot 10^{-6}$ Vs/Am folgt daraus für die *Phasengeschwindigkeit elektromagnetischer Wellen im Vakuum:*

$$c_0 = \frac{1}{\sqrt{\varepsilon_0 \mu_0}} = 2{,}998 \cdot 10^8\ \mathrm{m/s}. \tag{9}$$

Der Wert von c_0 ist identisch mit der Vakuumlichtgeschwindigkeit und unabhängig von der Frequenz bzw. der Wellenlänge (d. h.: keine Dispersion). Daher liegt die Annahme nahe, die von Maxwell in seiner elektromagnetischen Lichttheorie aufgestellt wurde:

Licht ist eine *elektromagnetische Welle*.

Die Annahme wird bestätigt durch zahlreiche Experimente (z. T. bereits von Hertz durchgeführt), die dieselben Eigenschaften elektromagnetischer Wellen zeigen, wie sie für Licht von der Optik her bekannt sind, insbesondere:

Reflexion an Metallflächen; stehende elektromagnetische Wellen im Raum vor der reflektierenden Fläche; Bündelung durch metallische Hohlspiegel.

Brechung an großen Prismen (Abmessungen $\gg \lambda$) aus dielektrischem Material [Pech (Heinrich Hertz), Paraffin]; Fokussierung durch Paraffin-Linsen (vgl. 21.1).

Lineare *Polarisation* und Transversalität der von Dipolen abgestrahlten elektromagnetischen Wellen: Nachweis durch „Polarisationsfilter" (vgl. 21.2), hier aus Metallstab-Gittern mit Stababständen $\ll \lambda$, die für elektromagnetische Wellen undurchlässig sind, wenn die Gitterstäbe parallel zum Feldstärkevektor $\boldsymbol{E}$ orientiert sind (Kurzschluß des elektrischen Feldes durch leitende Stäbe), und durchlässig bei senkrechter Orientierung (Gitterstäbe ohne leitende Verbindung miteinander).

Beugung elektromagnetischer Wellen an Doppel- und Mehrfachspalten in Metallschirmen (siehe 23).

Die ebene elektromagnetische Welle im Fernfeld eines Dipols (Bild 19-3) läßt sich beschreiben durch

$$E_y = \hat{E} \sin(kr - \omega t + \varphi_0), \qquad H_z = \hat{H} \sin(kr - \omega t + \varphi_0), \tag{10}$$

wobei die Amplituden $\hat{E}$ und $\hat{H}$ eine gegenseitige Abhängigkeit zeigen, die sich aus der Kopplung zwischen $\boldsymbol{E}$- und $\boldsymbol{H}$-Feld gemäß (2) und (4) ergibt. Einsetzen von E_y und H_z liefert mit (8) den Zusammenhang

$$\hat{E} = \sqrt{\frac{\mu}{\varepsilon}}\, \hat{H} = Z_F \hat{H}. \tag{11}$$

Hierin hat Z_F die Dimension eines elektrischen Widerstandes und heißt der *Feldwellenwiderstand*:

$$Z_F = \sqrt{\frac{\mu}{\varepsilon}}. \tag{12}$$

Der Feldwellenwiderstand des Vakuums ist

$$Z_0 = \sqrt{\frac{\mu_0}{\varepsilon_0}} = 376{,}7\ldots\ \Omega. \tag{13}$$

Wegen der Gleichphasigkeit von $\boldsymbol{E}$ und $\boldsymbol{H}$ im Fernfeld gilt (11) auch für jeden Augenblickswert der Feldstärken

$$E = Z_F H \quad \text{(Fernfeld)}. \tag{14}$$

Energiestromdichte, Strahlungscharakteristik

Die Energiedichte des elektromagnetischen Wellenfeldes w setzt sich aus der Energiedichte w_e des elektrischen Feldes (12-82) und der Energiedichte w_m des magnetischen Feldes (14-30) zusammen:

$$w = w_e + w_m = \frac{1}{2}\varepsilon E^2 + \frac{1}{2}\mu H^2. \quad (15)$$

Wegen der Kopplung (12) und (14) zwischen **E**- und **H**-Feld bei der elektromagnetischen Welle sind die Energiedichten w_e und w_m gleich und damit

$$w = \varepsilon E^2 = \mu H^2 = \frac{EH}{c}. \quad (16)$$

Die *Energiestromdichte* oder *Strahlungsintensität* einer elektromagnetischen Welle ergibt sich analog (18-5) aus Energiedichte w und Ausbreitungsgeschwindigkeit c zu

$$S = wc = EH \quad (17)$$

oder vektoriell geschrieben als sog. *Poynting-Vektor*:

$$\boldsymbol{S} = wc = \boldsymbol{E} \times \boldsymbol{H} \quad (18)$$

SI-Einheit: $[S] = \mathrm{W/m^2}$.

Der Poynting-Vektor gibt Betrag und Richtung der elektromagnetischen Feldenergie an, die 1 m² Fläche in 1 s senkrecht durchströmt. Betrachtet man eine geschlossene Oberfläche A, die einen Körper K umschließt, so läßt sich der *Energieerhaltungssatz* in *elektromagnetischen Feldern* in folgender Weise formulieren:

$$-\frac{\partial}{\partial t}\int_V w\,\mathrm{d}V = \int_V p_V\,\mathrm{d}V + \oint_A \boldsymbol{S}\cdot\mathrm{d}\boldsymbol{A}. \quad (19)$$

p_V ist die räumliche Dichte der Jouleschen Leistung.

Satz von Poynting:

> Die zeitliche Abnahme der Gesamtenergie eines elektromagnetischen Feldes ist gleich der pro Zeiteinheit im Volumen erzeugten Jouleschen Wärme und der durch die Oberfläche abgestrahlten Strahlungsleistung.

Anmerkung: Der Poynting-Vektor ist für sich genommen nicht eindeutig hinsichtlich der Energieströmung, da z. B. auch gekreuzte statische **E**- und **H**-Felder einen Beitrag zu **S** liefern, aber natürlich keine Energieströmung bedeuten. Erst die Betrachtung des geschlossenen Oberflächenintegrals in (19) liefert bei statischen Feldern als eindeutige Aussage die Gesamtausstrahlung 0, da die geschlossenen Magnetfeldlinien gleich große Beiträge entgegengesetzten Vorzeichens zu $\oint \boldsymbol{S}\cdot\mathrm{d}\boldsymbol{A}$ ergeben.

Die Hertzsche Theorie ergibt für die Strahlungsintensität eines kurzen Dipols ($l \ll \lambda$, Hertzscher Oszillator) mit dem maximalen Dipolmoment $\hat{p}$ die *Dipolcharakteristik*

$$S = \frac{\hat{p}^2\omega^4}{32\pi^2\varepsilon_0 c_0^3}\cdot\frac{\sin^2\vartheta}{r^2}. \quad (20)$$

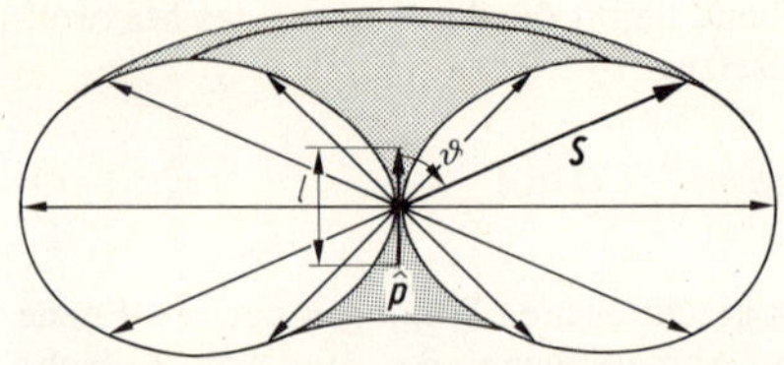

Bild 19-5. Schnitt durch die Strahlungsintensitäts-Charakteristik eines Hertzschen Dipols (rotationssymmetrisch um die Dipolachse).

ϑ ist der Winkel zur Dipolachse. Maximale Intensität wird demnach in der Äquatorebene abgestrahlt, in Richtung der Dipolachse ist hingegen die Intensität null (Bild 19-5).

Die *Gesamtausstrahlung Φ des Hertzschen Dipols* (Strahlungsleistung) erhält man aus (20) durch Integration über eine den Dipol einschließende geschlossene Oberfläche zu

$$\Phi = \frac{\hat{p}^2\omega^4}{12\pi\varepsilon_0 c_0^3}. \quad (21)$$

Mit der effektiven Ladung $q(t)$ an den Enden des Dipols der Länge l beträgt das Dipolmoment des periodisch erregten Dipols nach (12-83) $p = q(t)\,l = \hat{p}\sin\omega t$ und daraus der im Dipol fließende Strom

$$i = \frac{\mathrm{d}q}{\mathrm{d}t} = \frac{1}{l}\cdot\frac{\mathrm{d}p}{\mathrm{d}t} = \frac{\omega\hat{p}}{l}\cos\omega t, \quad (22)$$

bzw. der Effektivwert des Stromes (15-28)

$$I = \frac{\omega\hat{p}}{\sqrt{2}\,l}. \quad (23)$$

Dem Antennenstromkreis geht Energie in Form der abgestrahlten elektromagnetischen Wellen verloren. Die Strahlungsleistung Φ der Antenne (21) ist gleich der durch die Abstrahlung bedingten elektrischen Verlustleistung P der Antenne, die durch die eingespeiste effektive Stromstärke I wie bei den Wechselstromkreisen (siehe 15.3) ausgedrückt werden kann:

$$\Phi = P = R_{rd} I^2. \quad (24)$$

R_{rd} wird Strahlungswiderstand der Antenne genannt und hat die Dimension eines ohmschen Widerstandes.

Einsetzen von (9), (13), (21) und (23) in (24) ergibt für den *Strahlungswiderstand eines Hertzschen Dipols*

$$R_{rd} = \frac{2\pi}{3}\sqrt{\frac{\mu_0}{\varepsilon_0}}\left(\frac{l}{\lambda}\right)^2 = \frac{2\pi}{3}Z_0\left(\frac{l}{\lambda}\right)^2 \approx 789\left(\frac{l}{\lambda}\right)^2\,\Omega \quad \text{für} \quad l \ll \lambda. \quad (25)$$

Der Strahlungswiderstand einer auf leitender Erde stehenden (halben) Dipolantenne ist doppelt so groß, da nur das halbe Wellenfeld (Erdoberfläche wirkt als Spiegelebene) und damit die halbe Energie ausgestrahlt wird.
echnischen Wechselstromfrequenzen ist $\lambda \gg l$ und demzufolge R_{rd} gegenüber dem ohmschen Leitungswiderstand R zu vernachlässigen. Die Abstrahlung steigt jedoch mit steigender Frequenz ν (sinkender Wellenlänge λ) stark an (21). Der Strahlungswiderstand erreicht ein Maximum bei $l = \lambda/2$ (Standardform der Antenne) und beträgt $R_{\text{rd}} \approx 70\,\Omega$ für den $\lambda/2$-Dipol ((25) ist dann nicht mehr gültig).

Abstrahlung elektromagnetischer Wellen durch beschleunigte Ladungen

Das Dipolmoment des schwingenden Hertzschen Dipols $p(t) = \hat{p} \sin \omega t$ wurde bei konstanter Dipollänge l durch eine zeitperiodische Ladung $q(t)$ gebildet, die vom eingespeisten, hochfrequenten Wechselstrom erzeugt wurde. Derselbe Sachverhalt kann auch dargestellt werden durch eine schwingende konstante Ladung q mit zeitperiodisch veränderlicher Dipollänge $l = \hat{l} \sin \omega t$:

$$p(t) = q l(t) = q \hat{l} \sin \omega t. \tag{26}$$

Zweifache zeitliche Ableitung ergibt einen Zusammenhang zwischen dem Dipolmoment p und der Beschleunigung $a = \ddot{l}$ der Ladung, für die Maximalwerte geschrieben:

$$\hat{p}^2 \omega^4 = q^2 \hat{a}^2. \tag{27}$$

Wird dies in (20) und (21) eingeführt unter Verwendung des quadratischen Mittelwertes der Beschleunigung $\overline{a^2} = \hat{a}^2/2$, so erhalten wir für die *Strahlungscharakteristik einer beschleunigten Ladung* q

$$S = \frac{q^2 \overline{a^2}}{16\pi^2 \varepsilon_0 c_0^3} \cdot \frac{\sin^2 \vartheta}{r^2}, \tag{28}$$

wobei ϑ der Winkel zwischen dem Poynting-Vektor $\boldsymbol{S}$ und der Beschleunigung $\boldsymbol{a}$ ist. Für die *Gesamtausstrahlung einer beschleunigten Ladung* q folgt entsprechend die *Larmorsche Formel*

$$\Phi = \frac{q^2 \overline{a^2}}{6\pi \varepsilon_0 c_0^3}. \tag{29}$$

(28) und (29) gelten nicht nur für den betrachteten Fall der schwingenden Ladung, sondern generell für eine mit $\boldsymbol{a}$ beschleunigte Ladung:

> Eine beschleunigte Ladung strahlt elektromagnetische Energie ab.

Die Strahlungscharakteristik entspricht (im nichtrelativistischen Fall) derjenigen eines Dipols (28) mit der Achse in Beschleunigungsrichtung. Die beschleunigte Ladung strahlt also vorwiegend senkrecht zur Beschleunigungsrichtung.

Leitungsgeführte elektromagnetische Wellen

Bei Frequenzen $\nu \geqq 100\,\text{MHz}$ (UKW- und Fernsehfrequenzen) wird die Wellenlänge elektromagnetischer Wellen $\lambda \leqq 3\,\text{m}$. Für Leitungslängen dieser Größenordnung kann daher die endliche Ausbreitungsgeschwindigkeit elektromagnetischer Wellen nicht mehr vernachlässigt werden. Es werde eine Doppelleitung (Lecher-System) betrachtet, die keine ohmschen Leitungsverluste habe (ideale Doppelleitung). Dann wird das elektromagnetische Verhalten durch die längenbezogene Induktivität, den Induktivitätsbelag L' der Doppelleitung und durch die längenbezogene Kapazität, den Kapazitätsbelag C' zwischen den Leitern je Längeneinheit bestimmt (Bild 19-6). Hinsichtlich der verlustbehafteten Doppelleitung, vgl. G 9.
Beträgt der Abstand der beiden Leiter d und der Drahtradius r, so erhält man für Induktivitäts- und Kapazitätsbelag (ohne Ableitung, vgl. G)

$$L' = \frac{\mu}{\pi} \ln \frac{d}{r}, \quad C' = \frac{\pi \varepsilon}{\ln \frac{d}{r}}. \tag{30}$$

Für einen differentiell kleinen Leitungsabschnitt der Länge $\mathrm{d}x$ ist eine quasistatische Betrachtung möglich, und die Kirchhoffschen Sätze (15-14) und (15-18) sind auf die Momentanwerte von Strömen und Spannung anwendbar. Die in einem Ersatzschaltbild (Bild 19-6) zu berücksichtigenden Induktivitäten und Kapazitäten betragen $\mathrm{d}L = L'\,\mathrm{d}x$, $\mathrm{d}C = C'\,\mathrm{d}x$. Die Anwendung der Kirchhoffschen Sätze auf das Ersatzschaltbild liefert

$$\frac{\partial u}{\partial x} + L' \frac{\partial i}{\partial t} = 0, \quad \frac{\partial i}{\partial x} + C' \frac{\partial u}{\partial t} = 0. \tag{31}$$

Durch partielle Differentiation nach x bzw. t und Eliminierung des jeweiligen gemischten Differentialquotienten ergibt sich die *Wellengleichung für Leitungswellen*

$$\begin{aligned} \frac{\partial^2 i}{\partial x^2} - L'C' \frac{\partial^2 i}{\partial t^2} &= 0, \\ \frac{\partial^2 u}{\partial x^2} - L'C' \frac{\partial^2 u}{\partial t^2} &= 0. \end{aligned} \tag{32}$$

Für die *Phasengeschwindigkeit* c_{L} *der Leitungswellen* erhält man durch Vergleich mit (7) sowie nach

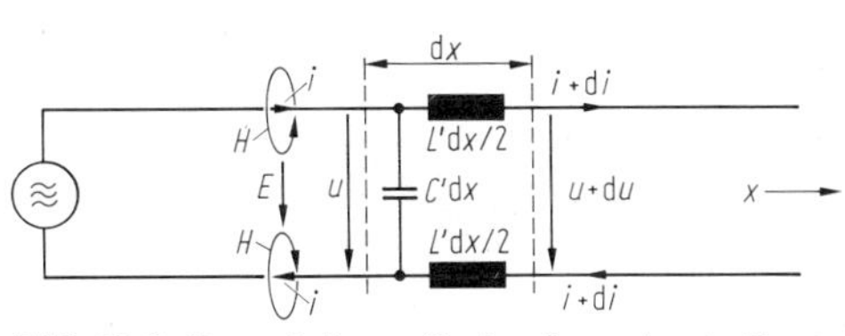

Bild 19-6. Doppelleitung (Lecher-System) mit Ersatzschaltbild für die Länge $\mathrm{d}x$.

Einsetzen von (30)

$$c_L = \frac{1}{\sqrt{L'C'}} = \frac{1}{\sqrt{\varepsilon\mu}} = c, \tag{33}$$

die sich damit als identisch erweist mit der Phasengeschwindigkeit freier elektromagnetischer Wellen.

Elektromagnetische Wellen breiten sich daher auf Leitungen ähnlich aus wie elastische Wellen auf Seilen, Drähten oder Stäben. Insbesondere werden sie an den Enden der Leitung reflektiert und bilden stehende Wellen (vgl. 18.1). Bei offenem Ende der Doppelleitung wird die Spannungswelle ohne Phasensprung reflektiert, d. h., am Leitungsende liegt ein Spannungsbauch und ein Stromknoten, da hier ständig $i = 0$ sein muß (Bild 19-7a). Bei kurzgeschlossenem Ende der Doppelleitung wird die Spannungswelle mit einem Phasensprung von π reflektiert, da durch den Kurzschluß ein Spannungsknoten erzwungen wird. Die Stromwelle zeigt einen Strombauch (Bild 19-7b). In beiden Fällen besteht zwischen Spannungsbäuchen und Strombäuchen eine Phasendifferenz von $\pi/2$ (Wegdifferenz $\lambda/4$). Dies läßt sich durch einen elektrischen (für Spannungsbäuche) oder magnetischen Nachweisdipol (für Strombäuche) zeigen.

Spannung und Strom einer in $+x$-Richtung laufenden Welle auf der idealen Doppelleitung sind darstellbar durch

$$\begin{aligned} u &= \hat{u} \sin(kx - \omega t + \varphi_u), \\ i &= \hat{i} \sin(kx - \omega t + \varphi_i), \end{aligned} \tag{34}$$

wobei die Kopplung zwischen $\hat{u}$ und i durch (31) $\varphi_u = \varphi_i$ erzwingt. Mit (33) folgt der *Wellenwiderstand der Doppelleitung*

$$Z_L = \sqrt{\frac{L'}{C'}} = \frac{\hat{u}}{\hat{i}} = \frac{U}{I}. \tag{35}$$

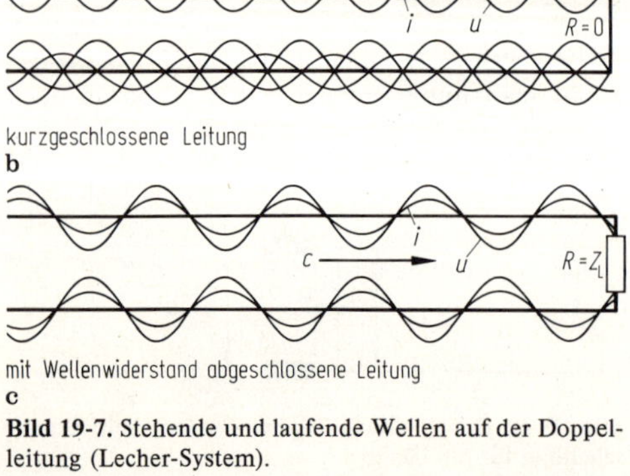

Bild 19-7. Stehende und laufende Wellen auf der Doppelleitung (Lecher-System).

Wird diese Bedingung, die auch für unsymmetrische Doppelleitungen (z. B. Koaxialkabel) gilt, auch am Leitungsende eingehalten durch Abschluß mit einem ohmschen Widerstand R von der Größe des Wellenwiderstandes (Bild 19-7c), so wird die Welle vollständig vom Abschlußwiderstand absorbiert und nicht reflektiert (wichtig u. a. bei Antennenleitungen). Mit (30) folgt für die symmetrische Doppelleitung

$$\begin{aligned} &Z_L = \frac{1}{\pi} \ln\left(\frac{d}{r}\right) \sqrt{\frac{\mu}{\varepsilon}}, \\ &\text{im Vakuum} \quad Z_{L0} \approx 120 \ln\left(\frac{d}{r}\right) \Omega. \end{aligned} \tag{36}$$

19.2 Elektromagnetisches Spektrum

Nach (29) werden elektromagnetische Wellen bei allen Vorgängen erzeugt, bei denen elektrische Ladungen beschleunigt (oder abgebremst) werden. Der elektrische Feldstärkevektor schwingt dabei wie bei der Dipolcharakteristik in der durch die Ausbreitungsrichtung $\boldsymbol{k}$ und den Beschleunigungsvektor $\boldsymbol{a}$ definierten Ebene senkrecht zum Wellenvektor $\boldsymbol{k}$. Beispiele für die Erzeugung kurzwelliger elektromagnetischer Strahlung durch beschleunigte oder abgebremste elektrische Ladungen sind:

Wärmestrahlung

Die Wärmebewegung in Materie bedeutet, daß die Bestandteile der Atome, die Elektronen und Ionen, mit einer Vielzahl von Frequenzen schwingen (vgl. 5.6.2 N gekoppelte Oszillatoren), d. h. periodisch beschleunigt werden, und damit elektromagnetische Wellen ausstrahlen, die wir als Wärmestrahlung (*Ultrarot-* oder *Infrarotstrahlung*) registrieren. Bei hohen Temperaturen treten höhere Frequenzen auf, die Materie „glüht“, d. h., das Spektrum der erzeugten elektromagnetischen Strahlung reicht bis in das Gebiet der sichtbaren *Lichtstrahlung*, bei sehr hohen Temperaturen (Lichtbogen, Sonnenoberfläche) darüber hinaus in den Bereich der *Ultraviolettstrahlung*. Da die Beschleunigungsrichtungen bei der Wärmebewegung statistisch verteilt sind, ist die Wärmestrahlung unpolarisiert (siehe auch 20.2).

Röntgenbremsstrahlung

Schnelle geladene Teilchen, etwa Elektronen, die in einem elektrischen Feld auf eine Energie von z. B. 10 keV beschleunigt wurden, haben nach Gleichung (12-53) eine Geschwindigkeit von $v \approx 6 \cdot 10^7$ m/s. Treffen sie dann auf einen Festkörper, wie die Anode einer Röntgenröhre

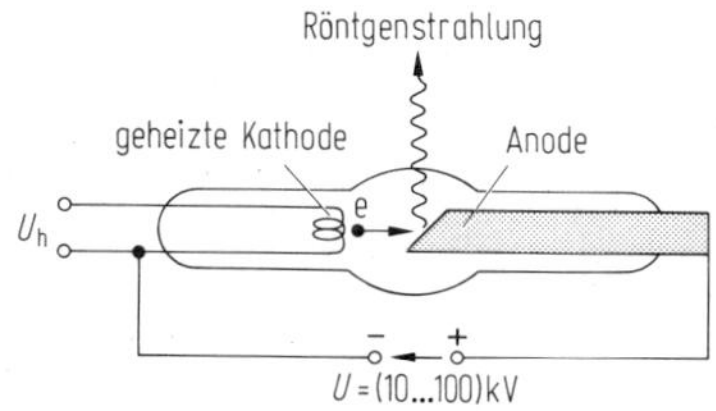

Bild 19-8. Röntgenröhre.

(Bild 19-8), so werden sie innerhalb einer Strecke von 10 bis 100 nm auf die Driftgeschwindigkeit von Leitungselektronen ((12-61), ca. 1 mm/s) abgebremst. Der weit überwiegende Teil der Teilchenenergie wird dabei in Wärmeenergie des Festkörpers umgewandelt. Ein kleiner Teil der Energie geht jedoch in eine elektromagnetische Strahlung über: *Röntgenbremsstrahlung* (Röntgen 1895). Diese Strahlung, deren Wellencharakter erst später durch Interferenzexperimente an Kristallen nachgewiesen wurde (v. Laue 1912), ist sehr durchdringend (Anwendung: Röntgendurchleuchtung).

Da es sich bei der Teilchenabbremsung nicht um periodische, sondern um pulsartige Vorgänge handelt, ist das Frequenzspektrum der Röntgenbremsstrahlung nicht diskret, sondern zeigt nach dem Fourier-Theorem (siehe 5.5.2) eine breite, kontinuierliche Verteilung (Bild 19-9).

Die Spektren zeigen eine von der Beschleunigungsspannung U abhängige obere Grenzfrequenz ν_{gr} bzw. eine untere Grenzwellenlänge λ_{gr} (Bild 19-9). Die Erklärung hierfür ergibt sich aus der schon u. a. bei der Photoleitung (16.4) und bei der Photoemission (16.7.1) verwendeten Lichtquantenhypothese (20.3). Hiernach tritt auch die Röntgenbremsstrahlung in Form von Lichtquanten oder Photonen der Energie $E = h\nu$ (16-93) auf, hier auch Röntgenquanten genannt, die durch Einzelprozesse bei der Abbremsung eines Elektrons entstehen. Die höchste Quantenenergie, die auf diese Weise entstehen kann, ergibt sich bei vollständiger Umwandlung der Elektronenenergie eU in ein einziges Röntgenquant:

$$eU = h\nu_{gr}. \tag{37}$$

Der im Grunde zu berücksichtigende Energiegewinn der Austrittsarbeit von einigen eV durch die in das Anodenmetall eindringenden Elektronen (Tabelle 16-6) kann gegenüber der Beschleunigungsenergie der Elektronen vernachlässigt werden. Für die *Grenzfrequenz des Röntgenspektrums* folgt aus (37)

$$\nu_{gr} = \frac{e}{h} U. \tag{38}$$

Mit $\nu = c/\lambda$ folgt weiter das Duane-Huntsche Gesetz

$$U\lambda_{gr} = \frac{hc}{e} = \text{const}. \tag{39}$$

Dem kontinuierlichen Spektrum der Röntgenbremsstrahlung überlagert tritt eine linienhafte Röntgenstrahlung auf, die aufgrund von Übergängen zwischen diskreten Energieniveaus der Anodenatome emittiert wird und spezifisch für jede Ordnungszahl Z ist: *Charakteristische Röntgenstrahlung* (siehe 20.4).

Synchrotronstrahlung

Geladene Teilchen, die sich auf gekrümmten Bahnen bewegen (z. B. infolge von einwirkenden Magnetfeldern $\boldsymbol{B}$), unterliegen einer Normalbeschleunigung $\boldsymbol{a}$. Dies ist u. a. bei Hochenergie-Kreisbeschleunigern (z. B. Synchrotrons) der Fall und führt dort ebenfalls zur Emission von elektromagnetischer Strahlung: *Synchrotronstrahlung* (Bild 19-10).

Die Synchrotronstrahlung ist eine Dipolstrahlung, bei der allerdings die Strahlungscharakteristik des Dipols (Bild 19-5) durch relativistische Effekte zu einer schmalen, intensiven Strahlungskeule in Vorwärtsrichtung deformiert ist. In Richtung der Beschleunigung $\boldsymbol{a}$ wird wie beim Dipol keine Strahlung emittiert. Die Synchrotronstrahlung ist wie die Dipolstrahlung polarisiert (Richtung der Feldvektoren $\boldsymbol{E}_s$ und $\boldsymbol{H}_s$, vgl. Bild 19-10) und hat ein kontinuierliches Frequenzspektrum, das je nach Beschleunigungsenergie im Ultravioletten und im weichen oder harten Röntgengebiet liegen kann.

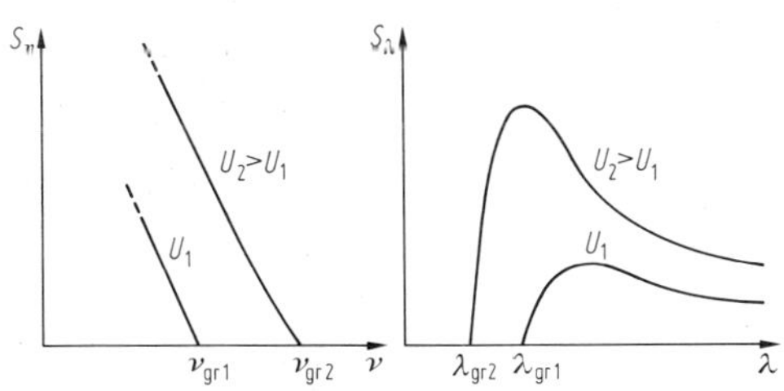

Bild 19-9. a Frequenz- und b Wellenlängenspektrum der Röntgenbremsstrahlung.

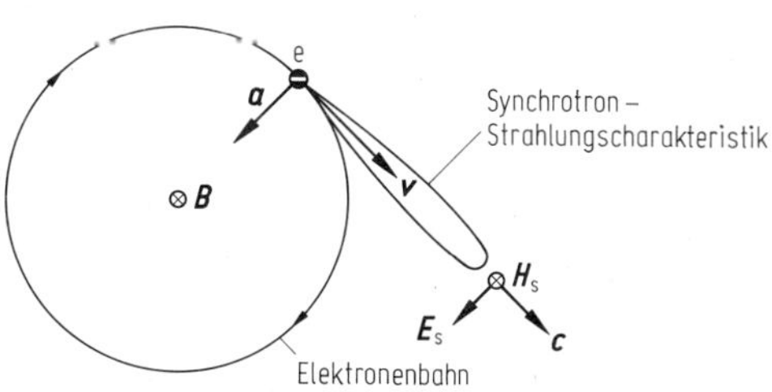

Bild 19-10. Synchrotronstrahlung bei Kreisbeschleunigern.

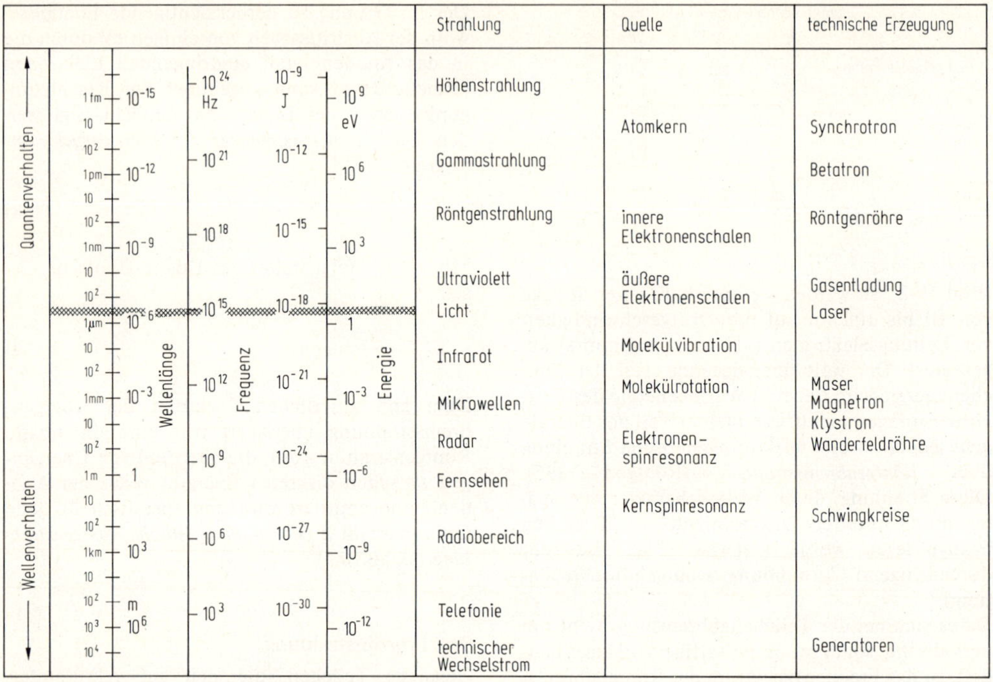

Bild 19-11. Spektrum der elektromagnetischen Strahlung.

Eine Übersicht über das gesamte Spektrum der elektromagnetischen Strahlung mit Hinweisen auf weitere Erzeugungsmechanismen zeigt Bild 19-11. Das sichtbare Licht nimmt darin nur einen sehr schmalen Frequenzbereich ein.

20 Wechselwirkung elektromagnetischer Strahlung mit Materie

20.1 Ausbreitung elektromagnetischer Wellen in Materie, Dispersion

Für die Phasengeschwindigkeit elektromagnetischer Wellen in Materie folgt aus (19-8) und (19-9)

$$c = \frac{c_0}{\sqrt{\varepsilon_r \mu_r}} < c_0 . \tag{1}$$

Da sowohl die Permittivitätszahl ε_r als auch die Permeabilitätszahl μ_r bis auf ganz spezielle Fälle stets $\geqq 1$ sind, ist die Phasengeschwindigkeit elektromagnetischer Wellen in Materie kleiner als die Vakuumlichtgeschwindigkeit. So erweist sich z.B. bei gleicher Frequenz ν die Wellenlänge λ stehender Wellen auf einem Lecher-System (Bild 19-7), das in Wasser getaucht ist, um einen Faktor 9 kleiner als in Luft oder Vakuum, d.h. $c_{H_2O} \approx c_0/9$.

Das Verhältnis $c_0/c_n > 1$ wird als *Brechzahl n* des Ausbreitungsmediums bezeichnet, wobei c_n die Phasengeschwindigkeit im Medium der Brechzahl n sei. Aus (1) folgt dann die *Maxwellsche Relation*

$$n = \frac{c_0}{c_n} = \sqrt{\varepsilon_r \mu_r} . \tag{2}$$

Für nichtferromagnetische Stoffe ist $\mu_r \approx 1$, so daß sich (2) vereinfacht zu

$$n \approx \sqrt{\varepsilon_r} . \tag{3}$$

Die Maxwellsche Relation wurde experimentell an vielen Stoffen, z.B. an Gasen, bestätigt. Auch für Wasser mit der aufgrund des permanenten Dipolmoments seiner Moleküle (Bild 12-32) hohen Dielektrizitätszahl $\varepsilon_r = 81$ (Tabelle 12-2) ergibt sich $n = \sqrt{81} = 9$ für elektromagnetische Wellen nicht zu hoher Frequenz (siehe oben). Bei Frequenzen des sichtbaren Lichtes allerdings ist die Brechzahl des Wassers $n = 1{,}33$ (vgl. Tabelle 21-1). Hier liegt offenbar eine Abhängigkeit von der Frequenz bzw. Wellenlänge $n = n(\lambda)$ vor: Dispersion.

Die Dispersion von Materie für elektromagnetische Wellen läßt sich als Resonanzerscheinung deuten. Die positiven und negativen Ladungen q im Atom können bei kleinen Auslenkungen als quasielastisch gebunden angenommen werden. Eine äußere elektrische Feldstärke $\boldsymbol{E}$ in x-Richtung induziert ein elektrisches Dipolmoment p

$= qx = \alpha E$: Verschiebungspolarisation (α: Polarisierbarkeit, siehe 12.9). Eine elektromagnetische Welle regt die Ladungen q zu periodischen Schwingungen an und erzeugt damit periodisch schwingende Dipole. Wird die Dämpfung (z. B. durch Abstrahlung sekundärer elektromagnetischer Wellen, siehe 19.1) zunächst vernachlässigt, so folgt aus der für erzwungene Schwingungen berechneten Amplitudenresonanzkurve der Auslenkung x (5-61) bis auf einen Phasenfaktor für die Polarisierbarkeit

$$\alpha_j = \frac{q^2}{m(\omega_0^2 - \omega^2)}. \qquad (4)$$

ω_0 ist die Resonanzfrequenz der Ladungen q. Für Materie geringer Dichte, z. B. für Gase, gilt nach (12-109) mit der Ladungsträgerdichte n^*

$$n^2 = \varepsilon_r = 1 + \frac{n^*}{\varepsilon_0}\alpha = 1 + \frac{n^*}{\varepsilon_0}\cdot\frac{q^2}{m(\omega_0^2 - \omega^2)}. \qquad (5)$$

Im allgemeinen gibt es mehrere (j) Sorten unterschiedlich stark gebundener Ladungen mit entsprechenden Resonanzfrequenzen ω_j im Atom (Elektronen in verschiedenen Schalen, bei Ionenkristallen müssen auch die positiven Ionen berücksichtigt werden). Mit $n^* = \sum n_j$ und der Einführung von *Oszillatorenstärken* $f_j = n_j/N$ (N = Atomzahldichte, anstelle von n zur Vermeidung von Konfusion mit der Brechzahl) erhalten wir die *Dispersionsformel*

$$n^2 = 1 + \frac{N}{\varepsilon_0}\sum_j \frac{f_j q_j^2}{m_j(\omega_j^2 - \omega^2)} \qquad (6)$$

(6) wurde ohne Berücksichtigung von Dämpfung (Absorption) hergeleitet, gilt daher nur außerhalb der Resonanzbereiche (gestrichelt in Bild 20-1). Für dichtere Materie als Gas ist n deutlich größer als 1. Hier ist entsprechend den Clausius-Mosotti-Formeln (12-110) $(n^2 - 1)$ zu ersetzen durch $3(n^2 - 1)/(n^2 + 2)$. Für die Elektronenresonanzen ist $q = e$. Bei durchsichtigen Stoffen kommt man meist mit der Annahme von zwei Resonanzstellen aus, von denen eine im Ultravioletten liegt (Elektronen), die andere im Ultraroten (Ionen). Für sehr hohe Frequenzen jenseits der höchsten Eigenfrequenz ω_j wird nach (6) jedenfalls $n < 1$. Das führt dazu, daß Röntgenstrahlen bei sehr streifendem Einfall totalreflektiert werden (vgl. 21.1).

Die Quantenmechanik liefert eine entsprechende Dispersionsformel, bei der lediglich ω_j durch die Übergangsfrequenz $\omega_{ji} = (E_j - E_i)/\hbar$ für den Übergang vom Grundzustand der Energie E_i zum angeregten Zustand E_j und f_j durch f_{ji} zu ersetzen ist.

Die Dämpfung läßt sich am einfachsten mit einer komplexen Schreibweise berücksichtigen, die hier nicht im einzelnen dargestellt wird. Dabei muß die Brechzahl komplex angesetzt werden (j imaginäre Einheit):

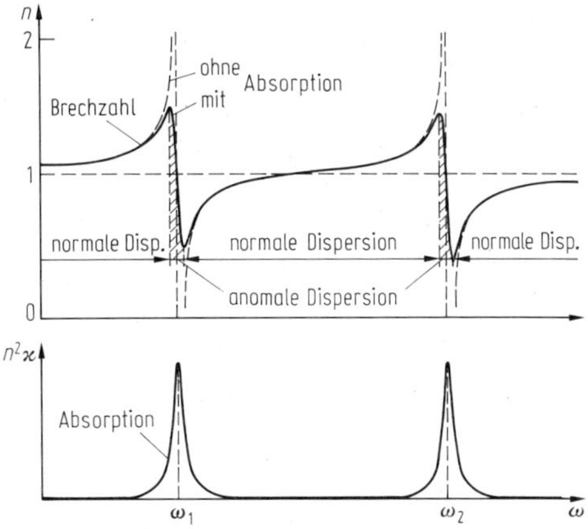

Bild 20-1. Brechzahl- und Absorptionsverlauf in einem dispergierenden Medium mit zwei Resonanzfrequenzen.

$$\bar{n} = n(1 + \mathrm{j}\varkappa) \qquad (7)$$

Brechzahl- und durch die Dämpfung bewirkter Absorptionsverlauf ergeben sich dann zu

$$n^2(1 - \varkappa^2) = 1 + \frac{N}{\varepsilon_0}\sum_j \frac{f_j q_j^2}{m_j} \times \frac{(\omega_0^2 - \omega^2)}{(\omega_j^2 - \omega^2)^2 + 4\delta^2\omega^2}, \qquad (8)$$

$$n^2\varkappa = \frac{N}{\varepsilon_0}\sum_j \frac{f_j q_j^2}{m_j}\cdot\frac{\delta\omega}{(\omega_j^2 - \omega^2)^2 + 4\delta^2\omega^2}. \qquad (9)$$

δ ist der Abklingkoeffizient (vgl. 5.3). Bild 20-1 zeigt, daß zwischen den Resonanzstellen der Brechzahlverlauf durch die absorptionsfreie Dispersionsformel (6) recht gut wiedergegeben wird. Hier ist $\mathrm{d}n/\mathrm{d}\omega > 0$, d. h., es liegt *normale Dispersion* vor (vgl. auch (18-28)). Im Absorptionsgebiet ist dagegen $\mathrm{d}n/\mathrm{d}\omega < 0$: *anomale Dispersion* (Bild 20-1). Die Absorptionskurve entspricht im wesentlichen der Kurve für die Leistungsaufnahme des gedämpften Oszillators (5-72) und Bild 5-16.

Die Ursache für die Beobachtung $c_n < c_0$ in Materie ist demnach die die Anregung von elektromagnetischen Schwingungen der die Atome bildenden Ladungen durch die einfallende elektromagnetische Welle. Dadurch werden sekundäre Streuwellen gleicher Frequenz erzeugt, die sich den primären Wellen überlagern, aber gemäß den Eigenschaften der erzwungenen Schwingungen phasenverzögert sind (Bild 5-15). Da dies bei der weiteren Ausbreitung ständig und stetig erfolgt, resultiert eine Verringerung der Phasengeschwindigkeit gegenüber der Ausbreitung im Vakuum.

Für frei bewegliche Elektronen, etwa im Plasma eines ionisierten Gases (siehe 16.6.3), fehlt die

Rückstellkraft. Demzufolge ist hier $\omega_0 = 0$ zu setzen. Berücksichtigen wir nur diese Elektronen, so wird aus (6) die *Dispersionsrelation im Plasma*:

$$n^2 = 1 - \frac{Ne^2}{\varepsilon_0 m_e \omega^2} = 1 - \frac{\omega_p^2}{\omega^2}, \tag{10}$$

worin ω_p die *Plasmafrequenz* nach (16-84) ist. Auch hier ist $n < 1$ mit der Möglichkeit der Totalreflexion (z. B. von Radiowellen an der Ionosphäre), vgl. die Bemerkung über Totalreflexion von streifend einfallender Röntgenstrahlung im Anschluß an (6).

Spektralanalyse, Emissions- und Absorptionsspektren

Atome unterschiedlicher Ordnungszahl Z haben wegen der unterschiedlichen Kernladungszahl verschiedene Eigenfrequenzen, die charakteristisch sind für die betreffende Atomsorte. Durch Stoß- oder thermische Anregung können die Atome zu Resonanzschwingungen angeregt werden. Sie senden dann elektromagnetische Wellen der Resonanzfrequenz als Dipolstrahlung aus. Wird diese Strahlung durch einen Spektralapparat mit einem Dispersionselement (Prisma, siehe 21.1; Beugungsgitter, siehe 23.2) räumlich zerlegt (Spektrum), so erscheint die Resonanzstrahlung als diskrete Emissionslinie im Spektrum. Das ergibt die Möglichkeit der *Spektralanalyse*, d. h. der chemischen Analyse von nach Anregung lichtemittierenden Substanzen durch Messung der Wellenlängen λ_j der charakteristischen Linien im *Emissionsspektrum*, siehe auch 20.4.
Dieselben Resonanzstellen absorbieren umgekehrt aus einen angebotenen kontinuierlichen Frequenzgemisch das Licht mit den Frequenzen der Resonanzstellen. Das Spektrum des verbleibenden Frequenzgemisches weist dann dunkle Linien auf: *Absorptionsspektrum.* Fraunhofer hat 1814 solche Absorptionslinien zuerst im Sonnenspektrum gefunden: Analysemöglichkeit von Sternatmosphären.
Die Behandlung von Atomen als Resonanzsysteme mit einer oder mehreren diskreten Resonanzfrequenzen ist geeignet für Materie geringer Dichte, z. B. für Gase. Bei hoher Materiedichte, z.B. in Festkörpern, sind die Resonanzsysteme der Atome stark gekoppelt mit der Folge der Aufspaltung der Atomfrequenzen entsprechend der Zahl der gekoppelten Atome (Größenordnung 10^{23}/mol; vgl. 5.6.2 und 16.1.2). Das diskrete *Linienspektrum* geht dann in ein *kontinuierliches Spektrum* über, das seine charakteristischen Eigenschaften weitgehend verliert: Glühende Körper hoher Temperatur emittieren weißes Licht, dessen Spektrum kontinuierlich verteilt ist (vgl. dazu aber 20.4, charakteristische Röntgenlinien), und dessen vom menschlichen Auge sichtbarer Bereich sich von Rot ($\nu_r \approx 4 \cdot 10^{14}$ Hz, $\lambda_r \approx 750$ nm) bis Violett ($\nu_v \approx 8{,}1 \cdot 10^{14}$ Hz, $\lambda_v \approx 370$ nm) erstreckt. Bei diesen Grenzwerten geht die Empfindlichkeit des menschlichen Auges gegen null, während sie ein Maximum im Grüngelben bei $\nu_{max} = 5{,}4 \cdot 10^{14}$ Hz und $\lambda_{max} \approx 555$ nm aufweist und damit dem Strahlungsmaximum der Sonne (20-2) optimal angepaßt ist.

20.2 Emission und Absorption des schwarzen Körpers, Plancksches Strahlungsgesetz

In jedem Körper der Temperatur $T > 0$ schwingen die Atome des Körpers bzw. deren elektrisch geladene Bestandteile (Elektronen, Ionen) mit statistisch verteilten Amplituden, Phasen und Richtungen (siehe 8). Nach 20.1 hat dies die Abstrahlung elektromagnetischer Wellen zur Folge: *Temperaturstrahlung.* Bei höheren Temperaturen $T \gtrsim T_0$ wird sie als *Wärmestrahlung* empfunden. Bei sehr hohen Temperaturen $T \gg T_0$ tritt dabei auch *Lichtstrahlung* auf: der Körper *glüht.*
Zur Beschreibung des Strahlungsaustausches eines Körpers der Temperatur T („Strahler") mit seiner Umgebung („Empfänger") werden folgende Größen eingeführt (*Strahlergrößen* werden mit dem Index 1, *Empfängergrößen* mit dem Index 2 gekennzeichnet, Bild 20-2):

Strahlungsleistung Φ: In der Zeit $\mathrm{d}t$ emittierte Strahlungsenergie $\mathrm{d}Q$

$$\Phi = \frac{\mathrm{d}Q}{\mathrm{d}t}, \tag{11}$$

SI-Einheit: $[\Phi] = \mathrm{W}$.

Strahlstärke I: Auf das Raumwinkelelement $\mathrm{d}\Omega_2$ (Raumwinkel, unter dem eine Empfängerfläche $\mathrm{d}A_2$ von $\mathrm{d}A_1$ aus erscheint) entfallende Strahlungsleistung $\mathrm{d}\Phi$

$$I = \frac{\mathrm{d}\Phi}{\mathrm{d}\Omega_2}, \tag{12}$$

SI-Einheit: $[I] = \mathrm{W/sr}$.

Die Strahlstärke einer Strahlungsquelle ist i. allg. von der Abstrahlungsrichtung bzw. deren Winkel ε_1 zur Flächennormalenrichtung $\mathrm{d}A_1$ (Bild 20-2) abhängig. Besonders für den Fall der Gültigkeit des *Lambertschen Cosinusgesetzes* (diffuse Emission bzw. Reflexion) ist es zweckmäßig, eine neue

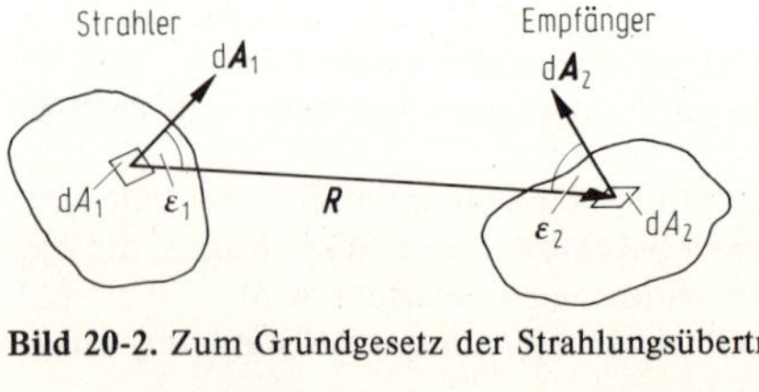

Bild 20-2. Zum Grundgesetz der Strahlungsübertragung.

Größe L einzuführen durch

$$\mathrm{d}I = L\cos\varepsilon_1\,\mathrm{d}A_1\,. \tag{13}$$

L wird *Strahldichte* genannt:

$$L = \frac{1}{\cos\varepsilon_1}\cdot\frac{\mathrm{d}I}{\mathrm{d}A_1}\,, \tag{14}$$

SI-Einheit: $[L] = \mathrm{W/m^2\,sr}$.

Im Falle der diffusen Emission bzw. Reflexion ist L konstant, unabhängig von der Abstrahlungsrichtung (Beispiel: Emission der Sonnenoberfläche). In allen anderen Fällen gilt $L = L(\varepsilon_1)$.

Spezifische Ausstrahlung M: Auf ein Flächenelement $\mathrm{d}A_1$ des Strahlers bezogene abgestrahlte Strahlungsleistung $\mathrm{d}\Phi$

$$M = \frac{\mathrm{d}\Phi}{\mathrm{d}A_1}\,, \tag{15}$$

SI-Einheit: $[M] = \mathrm{W/m^2}$.

Bei einem *Lambertschen Strahler* ergibt sich für die spezifische Ausstrahlung in den Halbraum mit (12) bis (15) und Wahl des Polarkoordinatensystems mit $\mathrm{d}A_1$ als φ-Achse ($\varepsilon_1 = \vartheta$)

$$M = L\int_{\Omega_2}\cos\varepsilon_1\,\mathrm{d}\Omega_2$$

$$= L\int_0^{2\pi}\int_0^{\pi/2}\sin\vartheta\cos\vartheta\,\mathrm{d}\vartheta\,\mathrm{d}\varphi = \pi L\,. \tag{16}$$

Aus (12) und (13) sowie mit $\mathrm{d}\Omega_2 = \cos\varepsilon_2\,\mathrm{d}A_2/R^2$ folgt ferner das *Grundgesetz der Strahlungsübertragung* im Vakuum

$$\mathrm{d}^2\Phi = L\frac{\cos\varepsilon_1\cos\varepsilon_2}{R^2}\,\mathrm{d}A_1\,\mathrm{d}A_2\,, \tag{17}$$

das auch für den Fall $L = L(\varepsilon_1)$ gilt.

Bestrahlungsstärke E: Auf ein Flächenelement $\mathrm{d}A_2$ des Empfängers auftreffender Strahlungsfluß $\mathrm{d}\Phi$:

$$E = \cos\varepsilon_2\,\frac{\mathrm{d}\Phi}{\mathrm{d}A_2}\,. \tag{18}$$

Die extraterrestrische Bestrahlungsstärke der Sonne zur Erde beträgt $E \approx 1{,}4\ \mathrm{kW/m^2} \approx 2\ \mathrm{cal/(cm^2\,min)}$, die sog. *Solarkonstante.*

Bezieht man die Strahlungsgrößen auf einen Wellenlängenbereich $\mathrm{d}\lambda$ oder ein Frequenzintervall $\mathrm{d}\nu$, so erhält man die entsprechenden spektralen Größen und kennzeichnet sie durch einen Index λ oder ν. Bezogen auf $\mathrm{d}\lambda$ erhält man die *spezifische spektrale Ausstrahlung*

$$M_\lambda = \frac{\mathrm{d}M}{\mathrm{d}\lambda}\,, \tag{19}$$

SI-Einheit: $[M_\lambda] = \mathrm{W/m^3}$,

und auf $\mathrm{d}\nu$ bezogen

$$M_\nu = \frac{\mathrm{d}M}{\mathrm{d}\nu}\,, \tag{20}$$

SI-Einheit: $[M_\nu] = \mathrm{Ws/m^2} = \mathrm{J/m^2}$.

Entsprechendes gilt für die *spektralen Strahldichten* L_λ und L_ν.

Die Emission von Strahlung von der Oberfläche eines Körpers der Temperatur T kann durch die spektrale Strahldichte $L_\lambda = L_\lambda(\lambda, T)$ oder auch durch die spezifische spektrale Ausstrahlung in den Halbraum $M_\lambda = M_\lambda(\lambda, T)$ angegeben werden. Für diffuse Strahler gilt nach (16) $M_\lambda = \pi L_\lambda$.

Jeder Körper nimmt andererseits Strahlungsleistung Φ_e aus der Umgebung auf und absorbiert einen Anteil Φ_a. Der *Absorptionsgrad* α (integriert über alle Wellenlängen) ist

$$\alpha = \frac{\Phi_\mathrm{a}}{\Phi_\mathrm{e}} \leqq 1\,, \tag{21}$$

und der *spektrale Absorptionsgrad*

$$\alpha(\lambda) = \frac{\Phi_{\lambda,\mathrm{a}}}{\Phi_{\lambda,\mathrm{e}}} \leqq 1\,. \tag{22}$$

Sowohl α als auch $\alpha(\lambda)$ sind dimensionslos.

Schwarz gefärbte Körper haben einen Absorptionsgrad dicht bei 1, z. B. gilt für Ruß $\alpha \approx 0{,}99$. Ein ideal absorbierender Körper mit $\alpha = 1$, der also sämtliche auftreffende Strahlung bei allen Wellenlängen und Temperaturen vollständig absorbiert, wird als *schwarzer Körper* bezeichnet. Der *Absorptionsgrad des schwarzen Körpers* ist

$$\alpha(\lambda, T) = \alpha_\mathrm{s} = 1\,. \tag{23}$$

Ein solcher schwarzer Körper kann näherungsweise in Form eines Hohlraumes mit einer kleinen Öffnung realisiert werden (Bild 20-3). Durch die Öffnung einfallende Strahlung wird vielfach diffus reflektiert und dabei nahezu vollständig absorbiert, sodaß durch die Öffnung keine reflektierte Strahlung mehr nach außen dringt. Die Öffnung erscheint (bei mäßigen Temperaturen) absolut schwarz.

Die experimentelle Erfahrung zeigt, daß Körper mit hohem spektralen Absorptionsgrad $\alpha(\lambda)$ auch eine hohe Emission, d. h. eine hohe spezifische spektrale Ausstrahlung M_λ bzw. eine hohe spektrale Strahldichte L_λ, bei höheren Temperaturen aufweisen. Das Verhältnis beider Größen ist für alle Körper bei gegebener Wellenlänge und Temperatur konstant, bzw. allein eine Funktion von λ und T, vollkommen unabhängig von den individu-

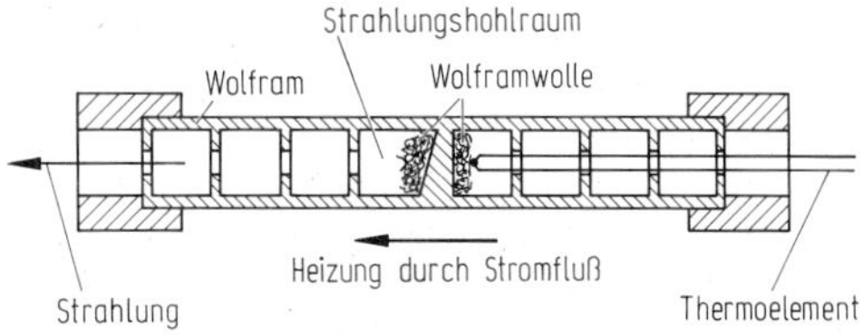

Bild 20-3. Realisierung eines schwarzen Körpers als Hohlraumstrahler.

ellen Körpereigenschaften:

$$\frac{L_\lambda(\lambda, T)}{\alpha(\lambda, T)} = \text{const}(\lambda, T) \tag{24}$$

(Kirchhoff 1860). Das gilt auch für den schwarzen Körper. Wegen (23) folgt daraus

$$\frac{L_\lambda(\lambda, T)}{\alpha(\lambda, T)} = L_{\lambda s}(\lambda, T) \tag{25}$$

(Kirchhoffsches Strahlungsgesetz).

Bei gegebener Wellenlänge und Temperatur ist daher die spektrale Strahldichte des schwarzen Körpers, die *schwarze Strahlung* oder *Hohlraumstrahlung* (z. B. aus einem Hohlraumstrahler gemäß Bild 20-3) die maximal mögliche. Sie hängt nicht von der Oberflächenbeschaffenheit und dem Material des strahlenden Hohlraums ab.
Für die spektrale Strahldichte eines *nichtschwarzen Körpers* ($\alpha(\lambda) < 1$) ergibt sich aus (25)

$$L_\lambda(\lambda, T) = \alpha(\lambda, T) \cdot L_{\lambda s}(\lambda, T). \tag{26}$$

Entsprechendes ergibt sich für die spezifische spektrale Ausstrahlung, d. h., wegen $\alpha(\lambda) < 1$ ist die Ausstrahlung M_λ bzw. die Strahldichte L_λ von nichtschwarzen Körpern stets kleiner als die Ausstrahlung $M_{\lambda s}$ bzw. die Strahldichte $L_{\lambda s}$ des schwarzen Körpers bei gleicher Wellenlänge und Temperatur.
Sehr genaue Messungen der Hohlraumstrahlung (Lummer, Pringsheim 1899) zeigten, daß seinerzeit existierende theoretische Ansätze nicht bestätigt werden konnten: Die *Wiensche Strahlungsformel* (1896) erwies sich für kleine λ als richtig, zeigte aber Abweichungen bei großen λ. Die *Rayleigh-Jeanssche Strahlungsformel* wiederum gab die experimentellen Werte nur bei sehr großen Wellenlängen wieder, um bei kleinen λ über alle Grenzen zu wachsen (sog. *Ultraviolettkatastrophe*): Bild 20-4.

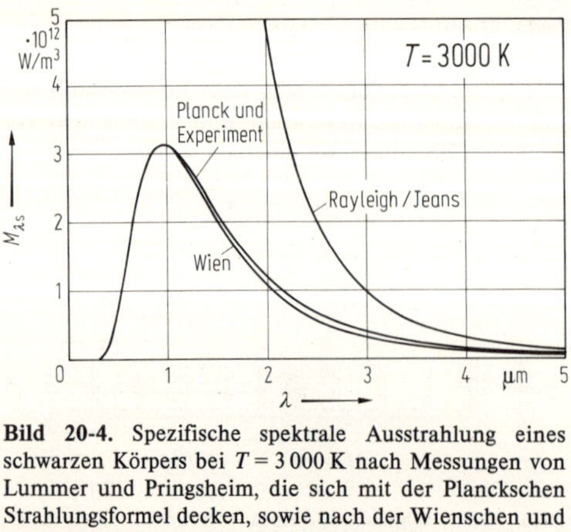

Bild 20-4. Spezifische spektrale Ausstrahlung eines schwarzen Körpers bei $T = 3\,000$ K nach Messungen von Lummer und Pringsheim, die sich mit der Planckschen Strahlungsformel decken, sowie nach der Wienschen und der Rayleigh-Jeansschen Strahlungsformel.

Max Planck konnte eine zunächst noch nicht theoretisch begründete Interpolation beider Strahlungsformeln angeben (19. 10. 1900), die mit den Messungen von Lummer und Pringsheim sehr genau übereinstimmte. Die theoretische Deutung seiner Interpolationsformel gelang Planck kurz danach (14.12.1900) unter folgenden Annahmen:

1. Die Hohlraumstrahlung ist eine *Oszillatorstrahlung* von den Wänden des Hohlraums, die mit dem (durch die Maxwellschen Gleichungen beschriebenen) Strahlungsfeld im Hohlraum im Gleichgewicht steht.

2. Die *Energie der Oszillatoren* ist *gequantelt* gemäß

$$E_n = nh\nu = n\hbar\omega \quad (n = 0, 1, 2, \ldots). \tag{27}$$

3. Die Oszillatoren strahlen nur bei Änderung ihres Energiezustandes, z. B. für $\Delta n = 1$. Dabei wird die Energie in *Quanten* der Größe

$$\Delta E = h\nu \tag{28}$$

in das Strahlungsfeld emittiert oder aus dem Strahlungsfeld absorbiert.

Die Annahmen 2 und 3 sind aus der klassischen Physik nicht begründbar: Beginn der *Quantentheorie*.

Anmerkung: Nach der heutigen Quantenmechanik ergibt sich genauer (5-30) anstelle von (27). h ist das Plancksche Wirkungsquantum (vgl. 5.2.2 u. 25.3).

Für die pro Zeit- und Flächeneinheit von einem schwarzen Strahler im Wellenlängenintervall $d\lambda$ unpolarisiert in den Halbraum 2π emittierte Energie (spezifische spektrale Ausstrahlung in den Halbraum) ergibt sich mit Hilfe der Planckschen Annahmen (ohne Ableitung, Bild 20-5) das *Plancksche Strahlungsgesetz*

$$M_{\lambda s}\,d\lambda = \pi L_{\lambda s}\,d\lambda = \pi \frac{2hc_0^2}{\lambda^5} \cdot \frac{d\lambda}{\exp(hc_0/\lambda kT) - 1}, \tag{29}$$

bzw. mit $|d\lambda/d\nu| = c_0/\nu^2$

$$M_{\nu s}\,d\nu = \pi L_{\nu s}\,d\nu = \pi \frac{2h\nu^3}{c_0^2} \cdot \frac{d\nu}{\exp(h\nu/kT) - 1}. \tag{30}$$

Das Wiensche Strahlungsgesetz ergibt sich daraus als Grenzfall des Planckschen Strahlungsgesetzes (29) bzw. (30) für kleine Wellenlängen, das Rayleigh-Jeanssche Strahlungsgesetz als Grenzfall für große Wellenlängen (Bild 20-4).
Bild 20-5 zeigt, daß das Maximum der spektralen Ausstrahlung eines schwarzen Strahlers sich mit steigender Temperatur zu kürzeren Wellenlängen verschiebt. Aus (29) folgt durch Bildung von $dM_{\lambda s}/d\lambda = 0$ das *Wiensche Verschiebungsgesetz*

$$\lambda_{max} T = b \tag{31}$$

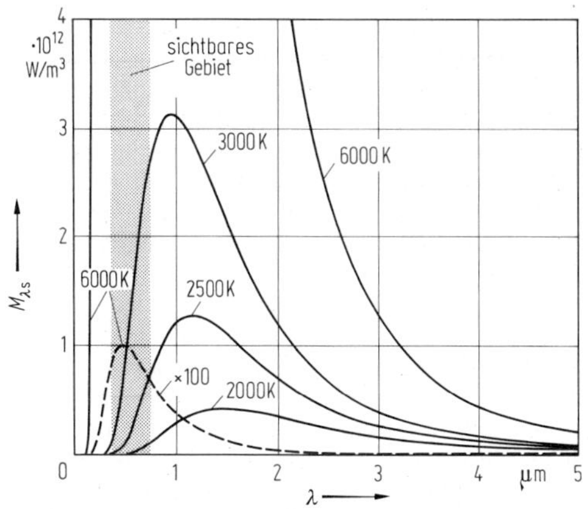

Bild 20-5. Strahlungsisothermen des schwarzen Körpers berechnet nach der Planckschen Strahlungsformel.

mit $b = 2\,897{,}790$ µm · K: Wien-Konstante. Beispiel: Die Oberflächentemperatur der Sonne beträgt ca. 6 000 K. Daraus folgt ein Strahlungsmaximum bei $\lambda_{max} \approx 500$ nm, dem die Empfindlichkeitskurve des menschlichen Auges optimal angepaßt ist (siehe 20.1). Glühlampen haben dagegen Temperaturen $T \lesssim 3\,000$ K, ihr Strahlungsmaximum demnach bei $\lambda_{max} \approx 1$ µm. Der größte Teil der elektrischen Energie zum Betreiben von Glühlampen geht daher als Infrarot-, d.h. als Wärmestrahlung verloren (Bild 20-5).
Durch Integration des Planckschen Strahlungsgesetzes (29) über alle Wellenlängen erhält man die spezifische Ausstrahlung des schwarzen Körpers in den Halbraum

$$M_s = \int_0^\infty M_{\lambda s}\, d\lambda = \sigma T^4 . \qquad (32)$$

Das ist das *Stefan-Boltzmannsche Gesetz* mit der *Stefan-Boltzmann-Konstante*

$$\sigma = \frac{2\pi^5 k^4}{15 c_0^2 h^3} = \frac{\pi^2 k^4}{60 c_0^2 \hbar^3} = 5{,}670\,32 \cdot 10^{-8}\ \mathrm{W/m^2\,K^4} . \qquad (33)$$

Die insgesamt von der Fläche A_1 eines schwarzen Strahlers der Temperatur T_1 abgegebene Ausstrahlung (Strahlungsleistung) beträgt mit (15) unter Berücksichtigung der Zustrahlung durch eine Umgebung der Temperatur T_2

$$\Delta\Phi_s = \sigma A_1 (T_1^4 - T_2^4) . \qquad (34)$$

Nichtschwarze Körper strahlen nach (26) geringer, da ihr Absorptionsgrad $\alpha < 1$ ist:

$$\Delta\Phi = \alpha\sigma A_1 (T_1^4 - T_2^4) \qquad (35)$$

(Strahlungsleistung eines Körpers).

20.3 Quantisierung des Lichtes, Photonen

Die Strahlungsverteilung des schwarzen Körpers (Hohlraumstrahlers) konnte nach Planck nur erklärt werden durch die Quantisierung der Energie der Hertzschen Oszillatoren auf der Hohlraumwandung, sodaß die Emission und Absorption von Licht nur in Energiemengen einer Mindestgröße $\Delta E = h\nu = \hbar\omega$ erfolgen kann (vgl. 20.2). Das legt die Vermutung nahe, daß das Wellenfeld des von einer Lichtquelle ausgestrahlten Lichtes selbst im Ausbreitungsraum nicht kontinuierlich verteilt ist, sondern sich in diskreten „Portionen", *Quanten* genannt, ausbreitet: *Lichtquanten* oder *Photonen*, die als räumlich begrenztes *Wellenpaket*, z. B. wie in Bild 18-6, darstellbar sind (18-26). Damit bekommt das elektromagnetische Wellenfeld auch Teilcheneigenschaften in Form der Lichtquanten, die räumlich begrenzt sind und denen Energie, Impuls und Drehimpuls zugeschrieben werden können (Einsteins Lichtquantentheorie 1905).

Photonenenergie

Zur Erklärung des lichtelektrischen Effektes (Photoeffekt, siehe 16.7) hatte Einstein angenommen, daß das Licht einen Strom von Lichtquanten (Photonen) der Energie

$$E = h\nu = \hbar\omega \qquad (36)$$

darstellt ($h = 6{,}626\ldots \cdot 10^{-34}$ Js: Plancksches Wirkungsquantum; $\hbar = h/2\pi = 1{,}054\,6 \cdot 10^{-34}$ Js). Für die Frequenz ν bzw. ω kann dabei die Mittenfrequenz des Frequenzspektrums der Wellenpakete (Bild 18-5) angesetzt werden.
Dieselbe Annahme lieferte auch die Erklärung für einige andere bereits behandelte Phänomene, wie

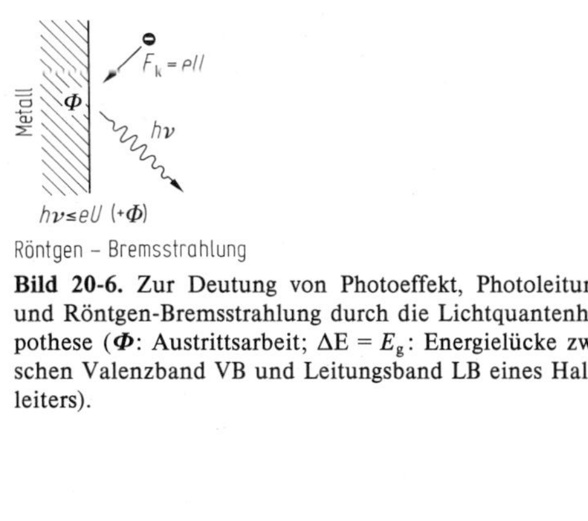

Bild 20-6. Zur Deutung von Photoeffekt, Photoleitung und Röntgen-Bremsstrahlung durch die Lichtquantenhypothese (**Φ**: Austrittsarbeit; $\Delta E = E_g$: Energielücke zwischen Valenzband VB und Leitungsband LB eines Halbleiters).

z. B. für die Frequenzgrenze bei der Photoleitung in Halbleitern (16-60), oder für die kurzwellige Grenze des Röntgen-Bremsspektrums (19-37, Bild 19-9). In Bild 20-6 sind die diesen Erscheinungen zugrunde liegenden energetischen Effekte zusammengestellt.

Photonenimpuls

Strahlungsquanten (Photonen) transportieren neben ihrer Energie $E = h\nu$ auch einen Impuls p_γ. Er läßt sich berechnen, indem dem Photon über die Einsteinsche Masse-Energie-Beziehung (4-42) eine Masse m_γ zugeordnet wird: $E = h\nu = m_\gamma c_0^2$. Mit $\nu = c_0/\lambda$ ergibt sich die *Photonenmasse*

$$m_\gamma = \frac{h\nu}{c_0^2} = \frac{h}{c_0\lambda}. \quad (37)$$

Daraus folgt der *Impuls eines Photons* durch Multiplikation mit der Ausbreitungsgeschwindigkeit c_0:

$$p_\gamma = m_\gamma c_0 = \frac{h}{\lambda}. \quad (38)$$

Da das Photon der Masse m_γ sich mit Lichtgeschwindigkeit bewegt, ist die relativistische Massenbeziehung (4-35) anzuwenden. Mit (37) und $v = c_0$ erhält man dann für die Ruhemasse $m_{\gamma 0}$ des Photons

$$m_{\gamma 0} = \frac{h\nu}{c_0^2}\sqrt{1 - \frac{c_0^2}{c_0^2}} = 0. \quad (39)$$

Das *Photon* hat also die *Ruhemasse null*, es ist im Ruhezustand nicht existent.

Mit Hilfe des Photonenimpulses p_γ läßt sich der *Strahlungsdruck des Lichtes* p_{rd} sehr einfach berechnen. Dazu wenden wir die Beziehung (6-48) über den durch die elastische Reflexion eines gerichteten Teilchenstromes auf eine Wand ausgeübten Druck $p = 2nmv^2 \cos^2\vartheta$ auf einen Photonenstrom der Teilchendichte n an, der an einer Spiegelfläche vollständig reflektiert wird. Mit (36), (37) und $v = c_0$ folgt

$$p_{\text{rd}} = 2n\frac{h\nu}{c_0^2}c_0^2\cos^2\vartheta = 2nh\nu\cos^2\vartheta. \quad (40)$$

$nh\nu$ ist jedoch gerade die räumliche Energiedichte des Photonenstromes, dem entspricht im klassischen Bild der elektromagnetischen Welle die Energiedichte w (19-16). Bei senkrechtem Einfall ($\vartheta = 0$) beträgt daher der Lichtdruck auf eine vollständig reflektierende Fläche

$$p_{\text{rd}} = 2w = 2\frac{|S|}{c_0}, \quad (41)$$

auf eine vollständig absorbierende Fläche dagegen

$$p_{\text{rd}} = w = \frac{|S|}{c_0} \quad (42)$$

S: Poynting-Vektor (19-18). Bei einer vollständig absorbierenden Fläche wird nicht der doppelte, sondern nur der einfache Photonenimpuls auf die Fläche übertragen, dadurch halbiert sich der Strahlungsdruck. Bei diffuser Beleuchtung gilt eine Betrachtung analog zu (8-6) und (8-7), die statt 2 und 1 die Faktoren 2/3 und 1/3 für reflektierende bzw. absorbierende Flächen ergibt.

Das Photon, dem wir nun eine Energie $E = h\nu$ und einen Impuls $p_\gamma = h/\lambda$ zugeschrieben haben, also typische Teilcheneigenschaften, zeigt diese noch deutlicher beim Stoß gegen klassische Teilchen, z. B. freie Elektronen. Dabei gelten Energie- und Impulssatz in gleicher Weise wie beim Stoß zwischen klassischen Teilchen (vgl. 6.3.2, Bild 6-13): *Compton-Effekt* (1923). Läßt man monochromatische Röntgenstrahlung der Frequenz ν und der Wellenlänge λ an einem Streukörper streuen, der quasifreie Elektronen enthält (z. B. Graphit), so wird in der Streustrahlung neben einem Anteil mit der gleichen Frequenz ν ein weiterer Anteil mit niedrigerer Frequenz ν' bzw. größerer Wellenlänge λ' beobachtet (Bild 20-7). Während die Streustrahlung mit gleicher Frequenz durch Dipolstrahlung der durch die einfallende Welle zu Schwingungen angeregten gebundenen Elektronen zustande kommt, läßt sich der frequenz- bzw. wellenlängenverschobene Anteil nur durch nichtzentralen, elastischen Stoß (siehe 6.3.2) zwischen den einfallenden Röntgenquanten und freien Elektronen quantitativ erklären, wenn für die Röntgenquanten Energie und Impuls gemäß (36) und (38) angesetzt wird.

Unter der Annahme, daß das gestoßene Elektron ursprünglich in Ruhe ist, liefert der Energiesatz mit der relativistischen kinetischen Energie (4-38) und mit (36)

$$h\nu = E_k + h\nu' = (m_e - m_{e0})\,c_0^2 + h\nu'. \quad (43)$$

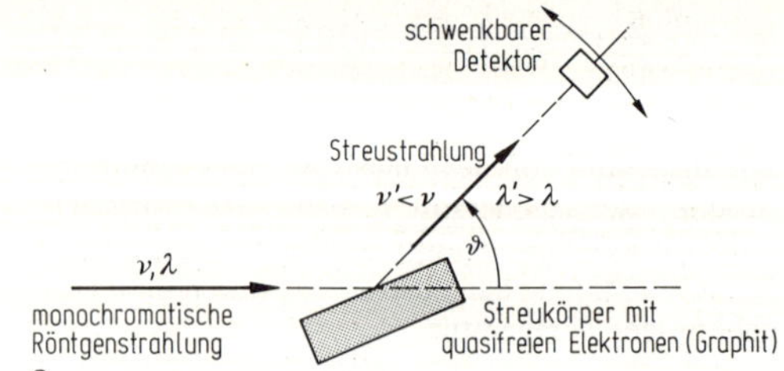

a

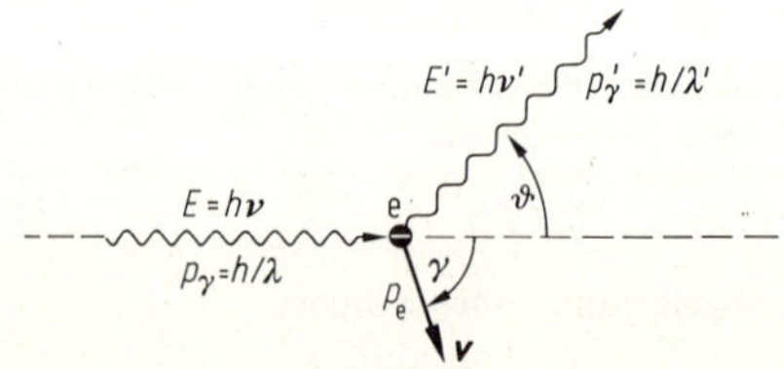

b

Bild 20-7. **a** Compton-Streuung und **b** zugehöriges Impulsdiagramm.

Mit dem relativistischen Zusammenhang zwischen Gesamtenergie und Impuls eines Teilchens (4-45) erhält man durch Eliminierung von $m_e c_0^2$ für den Impuls $p_e = m_e v$ des Elektrons nach dem Stoß

$$p_e^2 = \frac{1}{c_0^2} [(h\nu - h\nu')^2 + 2(h\nu - h\nu')\, m_{e0} c_0^2]. \quad (44)$$

Der Impulssatz liefert für die beiden zueinander senkrechten Impulsanteile (Bild 20-7)

$$x\text{-Komponente:} \quad \frac{h\nu}{c_0} = m_e v \cos\gamma + \frac{h\nu'}{c_0} \cos\vartheta \quad (45)$$

$$y\text{-Komponente:} \quad 0 = -m_e v \sin\gamma + \frac{h\nu'}{c_0} \sin\vartheta. \quad (46)$$

Durch Eliminierung von γ folgt hieraus für den Impuls des Elektrons

$$p_e^2 = \frac{1}{c_0^2} [h^2\nu^2 + h^2\nu'^2 - 2h^2\nu\nu' \cos\vartheta]. \quad (47)$$

Gleichsetzung von (44) und (47) liefert schließlich für die *Wellenlängenänderung bei Compton-Streuung* in Übereinstimmung mit der experimentellen Beobachtung (Index 0 bei der Ruhemasse des Elektrons wieder weggelassen):

$$\lambda' - \lambda = \frac{h}{m_e c_0} (1 - \cos\vartheta), \quad (48)$$

mit der *Compton-Wellenlänge* des Elektrons:

$$\lambda_{C,e} = \frac{h}{m_e c_0} = 2{,}426\,31\ldots \cdot 10^{-12}\,\mathrm{m}. \quad (49)$$

Die Wellenlängenverschiebung ist danach am größten für 180°-Streuung und verschwindet für $\vartheta = 0°$. Die Compton-Streuung ist ein wichtiger Energieverlustprozeß von elektromagnetischer Strahlung höherer Energie in Materie.

Anmerkungen: Der klassische Ausdruck für die kinetische Energie $E_k = \frac{1}{2} m v^2$ in (43) liefert das Ergebnis (48) nur näherungsweise.
Das zur Compton-Wellenlänge gehörige Lichtquant hat nach (37) gerade die Masse des ruhenden Elektrons.

Ein weiterer Effekt des Impulses von elektromagnetischen Strahlungsquanten läßt sich bei der γ-Emission von Atomkernen (vgl. 17.3) beobachten. Ist $E_\gamma = h\nu$ die Energie des emittierten γ-Quants, so beträgt nach (37) und (38) sein Impuls $p_\gamma = E_\gamma / c_0 = -p_N$, worin p_N der nach dem Impulssatz dem Kern übertragene Rückstoßimpuls ist. Das bedeutet einen Energieübertrag an den Kern, die *Rückstoßenergie*

$$\Delta E_\gamma = \frac{p_N^2}{2m_N} = \frac{E_\gamma^2}{2m_N c_0^2}, \quad (50)$$

die der Energie des γ-Quants entnommen wird. Bei der 14,4-keV-γ-Linie des Eisenisotops ^{57}Fe beträgt die Rückstoßenergie $\Delta E_\gamma \approx 2 \cdot 10^{-3}\,\mathrm{eV}$ und die relative „Verstimmung" des γ-Quants $\Delta E_\gamma / E_\gamma = \Delta\nu/\nu \approx 10^{-7}$. Die Energieniveaus der Atomkerne haben jedoch eine außerordentliche Schärfe, in diesem Falle eine relative Breite von $\Delta E / E_\gamma = 3 \cdot 10^{-13}$! Das bedeutet, daß die durch die abgegebene Rückstoßenergie „verstimmten" γ-Quanten nicht mehr von anderen ^{57}Fe-Kernen absorbiert werden können. Baut man die ^{57}Fe-Atome jedoch in einen Kristall ein, so besteht eine gewisse Wahrscheinlichkeit dafür (besonders bei tiefen Temperaturen), daß der Rückstoß nicht vom emittierenden Atom, sondern vom ganzen Kristall aufgenommen wird (*Mößbauer-Effekt*, 1958). In (50) ist dann statt m_N die um einen Faktor von ca. 10^{23} größere Kristallmasse einzusetzen, womit die Rückstoßenergie praktisch vernachlässigbar wird und das rückstoßfreie γ-Quant von anderen (ähnlich eingebauten) ^{57}Fe-Atomen nunmehr absorbiert werden kann: *rückstoßfreie Resonanzabsorption.*
Wegen der außerordentlichen Resonanzschärfe rückstoßfreier γ-Quanten können mit dem Mößbauer-Effekt kleinste Energie- bzw. Frequenzänderungen gemessen werden, z. B. die Frequenzänderung durch den Doppler-Effekt (18-49) bei einer Relativgeschwindigkeit zwischen γ-Strahler und Absorber von nur wenigen mm/s. Auf diese Weise gelang es auch, die nach dem Einsteinschen Äquivalenzprinzip (allgemeines Relativitätsprinzip, siehe 3.4) zu erwartende, äußerst geringe Frequenzänderung von γ-Quanten durch den Energiegewinn oder -verlust beim Durchlaufen einer vertikalen Strecke im Erdfeld zu messen.

Photonendrehimpuls

Licht kann in verschiedener Weise polarisiert sein (siehe 21.2), z. B. linear (der elektrische Vektor schwingt in einer Ebene, Bild 19-3) oder zirkular (der elektrische Vektor rotiert um die Ausbreitungsrichtung, seine Spitze beschreibt eine Schraubenbahn). Zirkular polarisiertes Licht ist mit einem Drehimpuls verknüpft, der sich experimentell durch Absorption zirkular polarisierten Lichtes durch eine schwarze Scheibe nachweisen läßt, die in ihrem Schwerpunkt an einem Torsionsfaden drehbar aufgehängt ist: Die Scheibe übernimmt den Drehimpuls des absorbierten Lichtes (Beth 1936). Statt der geschwärzten Scheibe kann auch ein Glimmerblättchen verwendet werden, das als $\lambda/4$-Blättchen wirkt und zirkular polarisiertes in linear polarisiertes Licht umwandelt. Die quantitative Messung ergibt die Größenordnung von $\hbar$ für den Drehimpuls (Spin) des Photons. Der genaue Wert $\hbar$ für den Photonendrehimpuls ergibt sich aus spektroskopischen Beobachtungen (siehe 20.4). Hier ist der Spin $\hbar$ des emittierten oder absorbierten Photons zur

Drehimpulserhaltung bei Übergängen zwischen zwei Energieniveaus eines Atoms zwingend notwendig, da bei solchen Übergängen im Allgemeinen der Drehimpuls des Atoms sich um $\hbar$ ändert.

Für die Orientierung des Spins der Photonen gilt:

Rechtszirkular polarisiertes Licht: Photonenspin parallel zur Ausbreitungsrichtung,

linkszirkular polarisiertes Licht: Photonenspin antiparallel zur Ausbreitungsrichtung.

Linear polarisiertes Licht: Gleich viele Photonenspins in beiden Richtungen.

Elektromagnetische Strahlungsquanten verhalten sich also wie Teilchen mit Energie, Impuls und Drehimpuls, wobei sich der Teilchencharakter der Photonen mit steigender Frequenz bzw. Energie zunehmend deutlicher bemerkbar macht.

20.4 Stationäre Energiezustände, Spektroskopie

Die theoretische Beschreibung der Hohlraumstrahlung (Planck 1900) erzwang die Annahme von quantisierten Oszillatoren, die nur diskrete (stationäre) Energiezustände annehmen und elektromagnetische Strahlung nur „portionsweise" entsprechend den Energiedifferenzen der stationären Zustände emittieren oder absorbieren können (vgl. 20.2). Zur Erklärung des Photoeffektes (siehe 16.7) wurde in Weiterführung dieser Idee angenommen, daß das Licht selbst quantisiert ist: Lichtquantenhypothese (Einstein 1905), später durch den Compton-Effekt (1923) untermauert (20.3). Zur Beschreibung der diskreten Emissions- und Absorptionslinien in den Spektren von Gasatomen wurde schließlich das Bohrsche Atommodell formuliert (1913; siehe 16.1), dessen Kernstück die Annahme diskreter, nicht strahlender Energiezustände im Atom ist. Mit Hilfe der Drehimpulsquantelung (16-7) ließen sich die Energiezustände des H-Atoms mit großer Genauigkeit berechnen (16-10).

Einer der direktesten Nachweise für die Existenz diskreter Energiezustände von Atomen ist der *Franck-Hertz-Versuch* (1914). Hierbei werden Elektronen zwischen einer Glühkatode und einer Gitterelektrode durch eine Spannung U beschleunigt und gelangen durch das Gitter hindurch auf eine Auffangelektrode. Im Vakuumgefäß dieser Elektrodenanordnung befindet sich Quecksilberdampf (Bild 20-8). Die Auffangelektrode wird schwach negativ gegen das positive Gitter vorgespannt. Mit steigender Spannung U steigt zunächst der Auffängerstrom I entsprechend der Kennlinie der Vakuumdiode (Bild 16-34b) an. Bei $U = 4{,}9$ V geht I jedoch sehr stark zurück, um bei weiterer Spannungserhöhung wieder anzusteigen. Dieselbe Erscheinung wiederholt sich bei 9,8 V, 14,7 V usw.

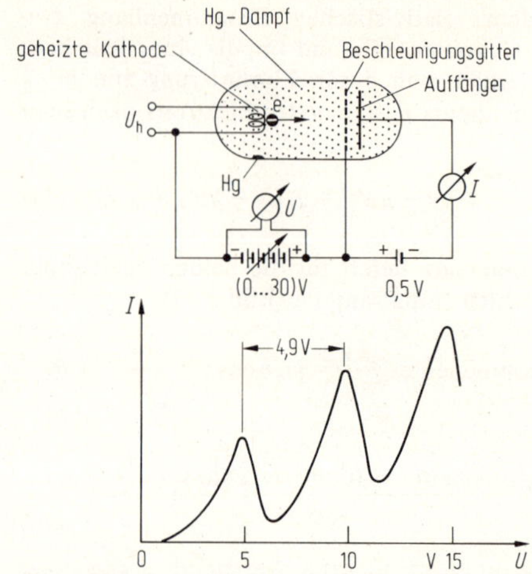

Bild 20-8. Franck-Hertz-Versuch: Anregung eines diskreten Energiezustandes in Quecksilberatomen durch Elektronenstoß.

$\Delta E = 4{,}9$ eV entspricht der Quantenenergie $E = h\nu$ der ultravioletten Quecksilberlinie der Wellenlänge $\lambda = 253{,}7$ nm. Die Deutung erfolgt durch die Annahme zweier um $\Delta E = 4{,}9$ eV differierender Energiezustände im Hg-Atom: Wenn die Energie der Elektronen diesen Wert erreicht hat, können sie die Hg-Atome anregen, verlieren durch diesen unelastischen Stoß die Anregungsenergie und können dann zunächst nicht mehr die Gegenspannung des Auffängers überwinden. Dasselbe wiederholt sich bei entsprechend höheren Beschleunigungsspannungen U nach zweifacher, dreifacher usw. Stoßanregung.

Durch *Stoßanregung* wird also ein Übergang von einem niedrigen Energiezustand E_1 zu einem höheren Zustand E_2 bewirkt (Bild 20-9a). Dieselbe Anregung kann auch durch *Absorption* eines Lichtquants passender Energie $E = h\nu = \Delta E = E_2 - E_1$ bewirkt werden (Bild 20-9b).

Der angeregte Zustand E_2 geht meist innerhalb sehr kurzer Zeit (ca. 10^{-8} s) wieder in den Grundzustand E_1 über, wobei entsprechend der *Bohrschen Frequenzbedingung* gewöhnlich ein Lichtquant der Energie

$$E = h\nu = \Delta E = E_2 - E_1 \qquad (51)$$

emittiert wird: *Spontane Emission* (Bild 20-9c; vgl. 16.1). Die Wechselwirkung zwischen dem elektromagnetischen Strahlungsfeld und einem Atom kann in folgender Weise zusammengefaßt werden:

> Der Übergang zwischen zwei Energieniveaus E_1 und E_2 eines Atoms kann durch Absorption oder Emission eines Photons der Energie $E = h\nu = \Delta E = E_2 - E_1$ erfolgen.

In diesem Bild entsprechen die Frequenzen der Emissionslinien denjenigen der Absorptionsli-

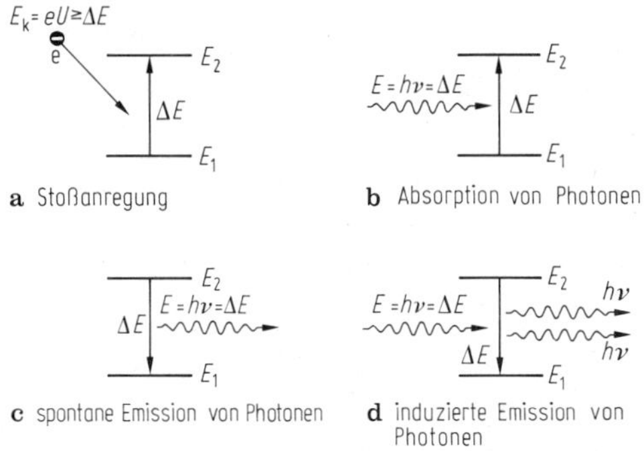

Bild 20-9. Übergangsmechanismen zwischen Energieniveaus in Atomen (zur induzierten Emission vgl. 20.5).

nien, da es sich jeweils um Übergänge zwischen den gleichen Energieniveaus handelt. Rückstoßeffekte brauchen bei den Übergangsenergien in der Elektronenhülle (anders als bei den Kerniveaus, vgl. 20.3) im Normalfall nicht berücksichtigt zu werden, da die Rückstoßenergien klein gegen die energetischen Linienbreiten sind. Insoweit kommt das Bohrsche Bild zum gleichen Ergebnis wie die klassische Vorstellung des Atoms als Resonanzsystem (vgl. 20.1).

Für das Wasserstoffatom erhält man aus den Energietermen (16-10) mit der Bohrschen Frequenzbedingung (51) die *Frequenzen des Wasserstoffspektrums*:

$$\nu = \frac{E_m - E_n}{h} = R_\nu \left(\frac{1}{n^2} - \frac{1}{m^2} \right) \tag{52}$$

mit der *Rydberg-Frequenz*

$$R_\nu = \frac{m_e e^4}{8 \varepsilon_0^2 h^3} = 3{,}289\,842 \cdot 10^{15}\,\mathrm{s}^{-1}\,. \tag{53}$$

n und m sind die Haupt-Quantenzahlen (vgl. 16.1) des unteren und des oberen Energieniveaus, zwischen denen der Übergang stattfindet. Die Linien, die zu einer vorgegebenen unteren Quantenzahl n gehören, wobei m die Werte $n + 1, \ldots, \infty$ durchlaufen kann, bilden *Serien*: Lyman- ($n = 1$), Balmer- ($n = 2$), Paschen- ($n = 3$), Brackett- ($n = 4$), Pfund-Serie ($n = 5$) usw. (Bild 20-10). Jeder Differenz zweier Energieterme m, n entspricht demnach eine definierte Spektrallinie *(Ritzsches Kombinationsprinzip)*.

Bei Anregung mit Photonenenergien $h\nu > E_\infty - E_n = E_i$ (Ionisierungsenergie) findet *Ionisierung* (Photoeffekt) statt, d. h., ein Elektron aus dem Niveau n wird völlig aus dem Atomverband gelöst. Die Überschußenergie $E_k = h\nu - E_i$ nimmt das Elektron als kinetische Energie mit. Da E_k nicht quantisiert ist, schließt sich an die Seriengrenzen des Absorptionsspektrums jeweils ein *Grenzkontinuum* an.

Die experimentelle Bestimmung der Übergangsenergien und damit die Bestimmung der relativen energetischen Lage der Energieniveaus der Atome erfolgt mittels verschiedener Formen der *Spektroskopie* (Bild 20-11), wobei für die jeweilige Strahlung geeignete Dispersionselemente (Spektrometer) die Strahlung nach der Wechselwirkung mit dem Untersuchungsobjekt (meist in Gasform) örtlich nach Frequenzen oder Energieverlusten zerlegen: Spektrum.

Bei Atomen mittlerer und höherer Ordnungszahlen Z sind die Anregungsenergien innerer Elektronen bereits so groß, daß sie in das Röntgengebiet fallen. *Charakteristische Röntgenstrahlung* tritt daher neben der Bremsstrahlung (Bild 19-9) bei Anregung von Elektronen in inneren Schalen durch Stoß mit hochenergetischen Elektronen auf, wenn der dadurch freigewordene Platz der inneren

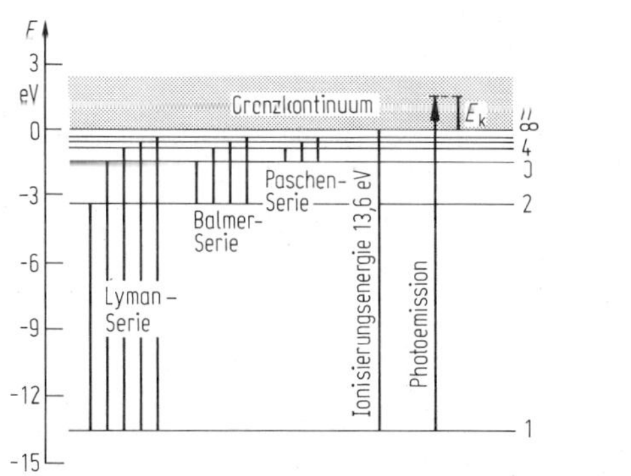

Bild 20-10. Termschema des Wasserstoff-Atoms mit eingezeichneten Serienübergängen.

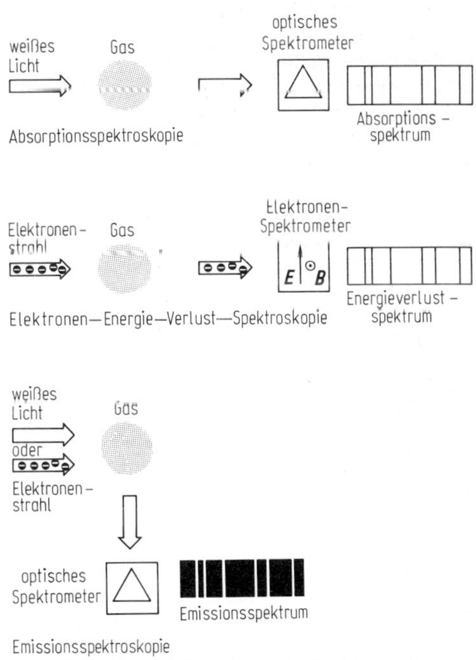

Bild 20-11. Verschiedene Arten der Spektroskopie.

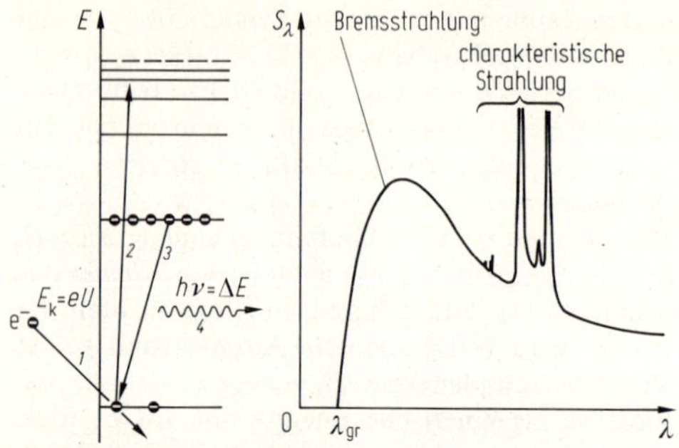

Bild 20-12. Anregung charakteristischer Röntgenlinien durch Elektronenstoß.
1: Eingeschossenes Elektron höherer Energie; *2*: Stoßanregung eines Elektrons einer inneren Schale; *3*: Auffüllung der entstandenen Lücke durch ein Elektron einer höheren Schale; dabei *4*: Emission eines Röntgenquants.

Schale durch ein Elektron aus einer weiter außen liegenden Schale aufgefüllt wird (Bild 20-12). Das dabei emittierte Röntgenquant ergibt eine scharfe, für das Material charakteristische Röntgenlinie, die dem Bremsspektrum überlagert ist (Bild 20-12).
Die Röntgenlinien innerer Schalen sind auch bei Atomen im Festkörperverband scharfe Linien, da die Kopplung mit den Nachbaratomen wegen der Abschirmung durch die besetzten äußeren Schalen gering und die dementsprechende Niveauaufspaltung (vgl. Bild 16-5) klein ist.
Charakteristische Röntgenlinien können zur Analyse chemischer Elemente genutzt werden: *Röntgenspektroskopie.* Die Anregung charakteristischer Röntgenlinien kann auch durch ein kontinuierliches Röntgenspektrum erfolgen: *Röntgenfluoreszenz-Spektroskopie.*

20.5 Induzierte Emission, Laser

Als Übergangsmöglichkeiten zwischen zwei Energieniveaus E_1 und E_2 eines Atoms wurden bisher neben der Stoßanregung die Anregung des Atoms durch Absorption von Photonen aus einem elektromagnetischen Strahlungsfeld und der Übergang aus dem angeregten in den unteren Energiezustand durch spontane Emission von Photonen betrachtet (Bild 20-9a, b, c). Für eine einfache Herleitung des Planckschen Strahlungsgesetzes (29) bzw. (30) hatte Einstein (1917) einen weiteren Übergangsprozeß angenommen: Erzwungene oder stimulierte oder *induzierte Emission.* Diese stellt die Umkehrung der Absorption aus dem elektromagnetischen Strahlungsfeld dar: Ein angeregtes, d.h. im Zustand E_2 befindliches Atom kann durch ein Strahlungsfeld aus Lichtquanten der Energie $E = h\nu = \Delta E$ zur induzierten Emission eines Lichtquants $h\nu = \Delta E$ zum Zeitpunkt der Wechselwirkung mit dem Strahlungsfeld veranlaßt werden, wobei das Atom in den unteren Zustand E_1 übergeht (Bild 20-9d).
In einem System von N Atomen wird die Wahrscheinlichkeit der Übergänge der Zahl der Atome im jeweiligen Ausgangszustand (E_1 oder E_2) proportional sein. Außerdem wird die Übergangswahrscheinlichkeit bei der Absorption und der induzierten Emission der Energiedichte w des elektromagnetischen Feldes (19-16) proportional sein. Sind N_1 Atome im Energiezustand E_1 und N_2 Atome im Energiezustand E_2, so ergibt sich die Zahl $\mathrm{d}Z$ der Übergänge in der Zeit $\mathrm{d}t$ für

$$\begin{aligned} &\text{Absorption:} && \mathrm{d}Z_{\text{abs.}} = BwN_1\,\mathrm{d}t \\ &\text{spontane Emission:} && \mathrm{d}Z_{\text{sp. em.}} = AN_2\,\mathrm{d}t \\ &\text{induzierte Emission:} && \mathrm{d}Z_{\text{ind. em.}} = BwN_2\,\mathrm{d}t \end{aligned} \tag{54}$$

A, B sind die die Übergangswahrscheinlichkeit bestimmenden Einstein-Koeffizienten, wobei angenommen ist, daß die durch das elektromagnetische Feld w hervorgerufenen Übergänge in beiden Richtungen gleich wahrscheinlich sind. Im Strahlungsgleichgewicht des Hohlraumstrahlers (vgl. 20.2) muß die Bilanz gelten:

$$\mathrm{d}Z_{\text{sp. em.}} + \mathrm{d}Z_{\text{ind. em.}} = \mathrm{d}Z_{\text{abs.}}\,. \tag{55}$$

Durch Einsetzen von (54) erhält man

$$w = \frac{A}{B}\cdot\frac{1}{N_1/N_2 - 1}\,. \tag{56}$$

Das Verhältnis der Besetzungsdichten N_2/N_1 regelt sich im thermischen Gleichgewicht nach der Boltzmann-Statistik (8-40):

$$\frac{N_2}{N_1} = \mathrm{e}^{-\frac{\Delta E}{kT}} = \mathrm{e}^{-\frac{h\nu}{kT}}. \tag{57}$$

Zwischen der auf den Raumwinkel 1 bezogenen Strahldichte L und der Energiedichte w besteht der Zusammenhang (ohne Herleitung)

$$L_\nu = \frac{c_0}{4\pi}\,w, \tag{58}$$

sodaß für die spezifische Ausstrahlung $M_{\nu s} = \pi L_{\nu s}$ (16) eines schwarzen Körpers schließlich die Beziehung folgt

$$M_{\nu s} = \frac{A}{B}\cdot\frac{c_0}{4}\cdot\frac{1}{\mathrm{e}^{h\nu/kT} - 1}, \tag{59}$$

die bereits die Form des Planckschen Strahlungsgesetzes (30) hat. Hierin stammt die 1 im Nenner vom Anteil der induzierten Emission, der bei niedrigeren Frequenzen von Bedeutung ist, wo der Wellencharakter stärker hervortritt. Der Faktor *A/B* läßt sich durch Vergleich mit dem Rayleigh-Jeansschen Strahlungsgesetz erhalten, das sich im Grenzfall niedriger Frequenzen ν durch Abzählung der möglichen stehenden Wellen in einem Hohlraum und Anwendung des Gleichverteilungs-

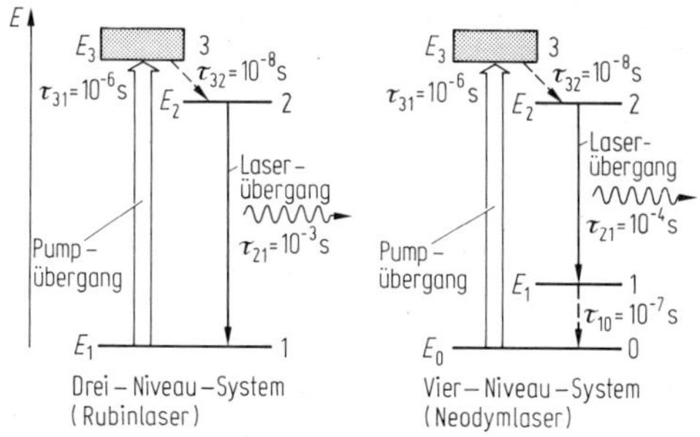

Bild 20-13. Energetische Vorgänge beim Laserprozeß: **a** Drei-Niveau-System (z. B. Rubin-Laser) und **b** Vier-Niveau-System (z. B. Nd-Glas- oder Nd-YAG-Laser, Gaslaser).

satzes (vgl. 8.3) gewinnen läßt:

$$\frac{A}{B}=\frac{8\pi h\nu^3}{c_0^3}. \tag{60}$$

Da die Einstein-Koeffizienten A die spontane Emission und B die induzierte Emission beschreiben, folgt daraus, daß die spontane Emission gegenüber der induzierten mit ν^3 ansteigt.

Maser, Laser

Es zeigt sich, daß die durch induzierte Emission erzeugten Photonen kohärent zu den Photonen sind, die den Übergang $E_2 \rightarrow E_1$ angeregt haben, d. h., sie stimmen in Ausbreitungsrichtung, Schwingungsebene und Phase überein. Trifft daher ein Photon der Energie $E=h\nu=\Delta E=E_2-E_1$ nacheinander auf mehrere angeregte Atome im oberen Energiezustand E_2, so kann es durch nacheinander induzierte Emissionen entsprechend verstärkt werden (z. B. Bild 20-14). Da die Absorption nach (54) genauso wahrscheinlich wie die induzierte Emission ist, muß zur Erreichung einer effektiven Verstärkung die Zahl N_2 der Atome im oberen Niveau E_2 größer sein als die Zahl N_1 der Atome im unteren Niveau E_1: *Besetzungszahl-Inversion* $N_2 > N_1$. Im thermischen Gleichgewicht ist das nach der Boltzmann-Statistik nicht der Fall, da die Besetzungszahlen sich nach (57) regeln. Eine Besetzungszahl-Inversion läßt sich nur durch ein System mit mindestens drei Niveaus (Bild 20-13) erreichen. Solche Systeme gestatten die kohärente Verstärkung von Mikrowellen (*Maser*, *m*icrowave *a*mplification by *s*timulated *e*mission of *r*adiation, Townes u. a., 1954) oder Lichtwellen (*Laser*, *l*ight *a*mplification by *s*timulated *e*mission of *r*adiation, Schawlow u. Townes, 1958, Maiman, 1960).

Drei-Niveau-System

Eine Möglichkeit, eine Überbesetzung des oberen Niveaus E_2 eines Laserüberganges zu erreichen, ist die Anregung von höheren Niveaus, hier in E_3 zusammengefaßt dargestellt (Bild 20-13a), vom unteren Laserniveau E_1 aus (*Pumpvorgang*) durch Elektronenstoßanregung (z. B. in einer Gasentladung, Bild 20-14) oder durch optische Pumpstrahlung (z. B. durch eine Blitzlampe, Bild 20-15). Dadurch kann eine Besetzungszahlangleichung zwischen E_1 und E_3 erreicht werden. Wenn für die Übergangszeiten $\tau_{31} \gg \tau_{32}$ gilt, gehen die Atome überwiegend durch spontane Emission oder durch strahlungslose Übergänge (Energieabgabe an das Gitter: Wärme) in das benachbarte Niveau E_2 über. Bei langer Lebensdauer τ_{21} dieses Niveaus (metastabiles Niveau mit nur geringer spontaner Emission) und fortgesetztem Pumpen entsteht hier schließlich eine Überbesetzung oder Besetzungszahl-Inversion gegenüber dem Grundniveau E_1: $N_2 > N_1$.

Vier-Niveau-System

Sehr viel günstiger arbeitet das Vier-Niveau-System (Bild 20-13b). Hier ist das untere Laserniveau E_1 nicht identisch mit dem Grundzustand E_0 des Atoms. Ist der energetische Abstand E_1-E_0 nicht zu klein, so ist im thermischen Gleichgewicht die Besetzungszahl N_1 sehr klein. Ist ferner die Übergangszeit $\tau_{10} \ll \tau_{21}$, so bleibt das Niveau E_1 auch bei Übergängen $E_2 \rightarrow E_1$ praktisch leer. Eine Überbesetzung von E_2 gegenüber E_1 durch den Pumpvorgang wird daher sehr leicht erreicht.
Dem Aufbau der Überbesetzung von E_2 gegenüber E_1 wirkt die spontane Emission $E_2 \rightarrow E_1$ entgegen. Da diese nach (60) mit ν^3 ansteigt, ist das Erreichen einer Besetzungszahl-Inversion bei höheren Frequenzen entsprechend schwieriger.

Laser-Anordnungen

In einem Medium, in dem durch einen geeigneten Pumpprozeß eine Besetzungszahl-Inversion erzeugt worden ist, etwa in einer Gasentladung eines geeigneten Helium-Neon-Gemisches (Bild 20-14), wird ein Lichtquant der Energie $h\nu=\Delta E$, das z. B. durch spontane Emission eines angeregten Atoms entstanden ist, durch induzierte Emission weiterer angeregter Atome verstärkt. Jedoch beträgt die Verstärkung je Meter Länge nur wenige Prozent. Deshalb wird das verstärkte Licht durch parallele Spiegel, die einen optischen Resonator bilden, immer wieder durch das aktive Medium geschickt und weiter verstärkt. Sind die Verluste geringer als die Gesamtverstärkung, so hat diese Rückkopplung eine Selbsterregung zur Folge: Die Anordnung emittiert kohärentes, polarisiertes Licht, in dem die einzelnen Photonen phasengerecht mit gleicher Schwingungsebene gekoppelt sind. (Ein glühender Körper sendet dagegen völlig unkorrelierte Photonen mit statistisch wechselnden Schwingungsebenen aus: unpolarisiertes, natürliches Licht.) Die das Gasentladungsrohr abschließenden Glasplatten sind unter dem Brewster-Winkel (siehe 21.2) geneigt, um Reflexionsverluste zu vermeiden. Sie legen damit

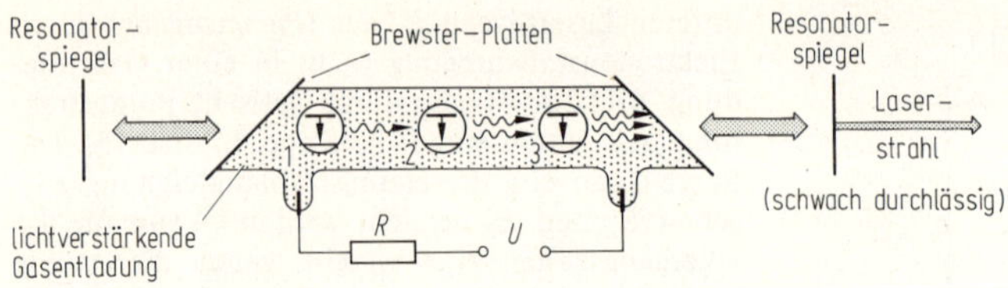

Bild 20-14. Elektronenstoßgepumpter Gaslaser.

gleichzeitig die Polarisationsebene des vom *Gaslaser* emittierten Laserlichtes fest.

Festkörperlaser (Bild 20-15) werden optisch gepumpt. Der lichtverstärkende Festkörper (z.B. Rubin, Neodymglas, Nd-YAG-Kristalle) wird beispielsweise in der einen Brennlinie eines elliptischen Spiegels (Pumplicht-Kavität) angeordnet, in dessen zweiter Brennlinie sich die Pumplichtquelle (Blitzlampe) befindet, so daß das von der Pumplichtquelle ausgehende Licht weitgehend in das aktive Medium überführt wird.

Der Laserprozeß kommt zum Erliegen, wenn die Besetzungsinversion abgebaut ist. Blitzlichtgepumpte Laser arbeiten daher im Pulsbetrieb, während kontinuierlich gepumpte Gaslaser im Dauerstrichbetrieb arbeiten können.

Ein Laserlichtstrahl läßt sich mit einer optischen Linse (22.1) nahezu ideal fokussieren. Der Fokusfleckdurchmesser *d* ist im Wesentlichen durch die Beugung infolge der Strahlbegrenzung bestimmt (vgl. 23 u. 24) und ergibt sich in erster Näherung zu

$$d \approx \frac{\lambda f}{D}. \qquad (61)$$

(λ Wellenlänge des Laserlichtes, f Brennweite der Fokussierungslinse, D Durchmesser des Laserstrahls). Es sind daher Fokusfleckdurchmesser in der Größenordnung der Wellenlänge erreichbar und dementsprechend extrem hohe Leistungsdichten (10^{15} W/cm^2 und mehr) im Fokus.

Bei Anwendungen des Lasers wird z. B. ausgenutzt:

Extreme Leistungsdichte: Nichtlineare Optik, Materialbearbeitung (Bohren, Schneiden, Härten); Fusionsexperimente.

Hohe Kohärenz: Kohärente Optik, Holographie (vgl. 24.2), Interferometrie (vgl. 23).

Extrem kleine Divergenz: Entfernungsmessung über große Strecken, Satellitenvermessung, Vermessungswesen (z.B. Tunnelbau).

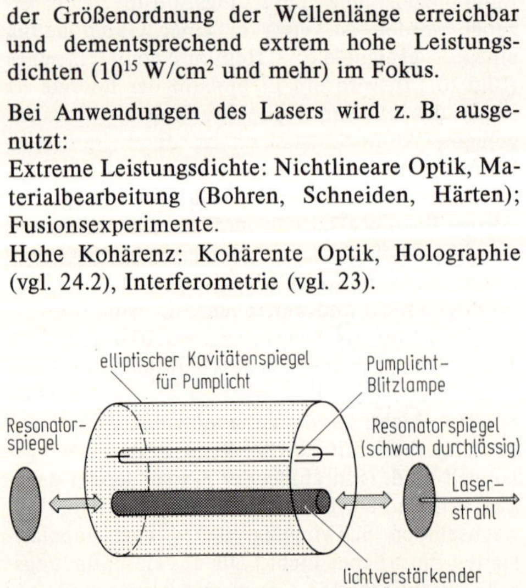

Bild 20-15. Optisch gepumpter Festkörperlaser.

21 Reflexion und Brechung, Polarisation

Zur Beschreibung des makroskopischen geometrischen Verlaufes der Ausbreitung elektromagnetischer Wellen (Licht) in Materie lassen sich zu den Wellenflächen (Flächen konstanter Phase, siehe 18.1) senkrechte (orthogonale) Linien verwenden: Lichtstrahlen (Bild 21-1). In isotropen Medien stimmen die Lichtstrahlen mit der Richtung des Poynting-Vektors (19-8) überein und kennzeichnen den Weg der Lichtenergie im Raum.

Satz von Malus:

> Die Orthogonalität zwischen Strahlen und Wellenflächen (Orthotomie) bleibt bei der Wellenausbreitung, d.h. auch bei Reflexion und Brechung, erhalten.

Der Zeitabstand zwischen korrespondierenden Punkten zweier Wellenflächen ist gleich für alle Paare von korrespondierenden Punkten A und A′, B und B′, C und C′ usw. (Bild 21-1).

Für viele Zwecke genügt es, die Lichtausbreitung anhand des Strahlenverlaufes zu betrachten (siehe 22 Geometrische Optik), insbesondere wenn die das Lichtwellenfeld begrenzenden Geometrien (Schirme, Blenden) Dimensionen besitzen, die groß gegen die Wellenlänge sind. Ein Kriterium hierfür ist die Fresnel-Zahl (siehe 23.1).

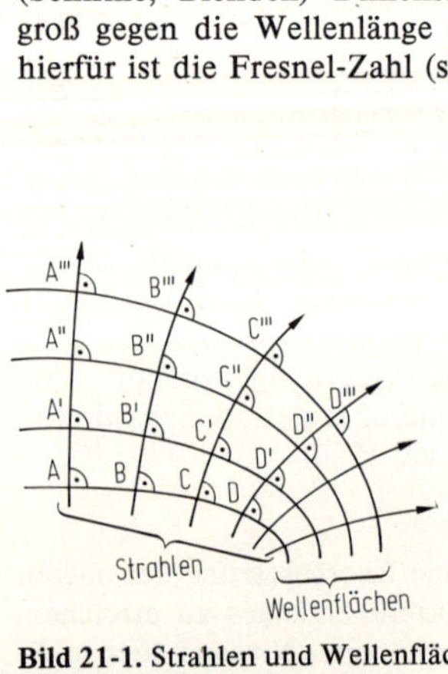

Bild 21-1. Strahlen und Wellenflächen stehen überall aufeinander senkrecht.

21.1 Reflexion, Brechung, Totalreflexion

Unter *Reflexion* und *Brechung* von Licht versteht man die Ausbreitung von Lichtwellen in optisch inhomogener Materie, d. h. in Materie mit örtlich variabler Lichtgeschwindigkeit, insbesondere die Ausbreitung an Grenzflächen zwischen zwei (sonst homogenen) Materiegebieten verschiedener Lichtgeschwindigkeit. Hierüber existieren folgende Erfahrungsgesetze (Bild 21-2):
Für die Reflexion von Lichtstrahlen an einer solchen Grenzfläche gilt das *Reflexionsgesetz*

$$\alpha' = \alpha. \tag{1}$$

Für die Brechung (Refraktion) von Lichtstrahlen beim Durchgang durch die Grenzfläche gilt (Snellius 1621)

$$\sin\alpha = \text{const} \cdot \sin\beta. \tag{2}$$

Die Konstante setzt sich aus den optischen Materialeigenschaften beider Medien zusammen. Führt man für jedes Material eine eigene Konstante, die optische Brechzahl n ein, so folgt das *Snelliussche Brechungsgesetz*

$$n_1 \sin\alpha = n_2 \sin\beta$$

oder (3)

$$\frac{\sin\alpha}{\sin\beta} = \frac{n_2}{n_1} = \text{const}.$$

Für Vakuum wird gesetzt:

$$n_{\text{vac.}} = 1. \tag{4}$$

Die empirischen Gesetze der Reflexion und Brechung lassen sich mit dem Konzept der Wellenausbreitung, insbesondere des *Huygensschen Prinzips* (siehe 23.1) verifizieren. Danach werden von jeder Wellenfläche (Phasenfläche) Kugelwellen (Elementarwellen) phasengleich angeregt, deren Überlagerung (tangierende Hüllfläche) eine neue Wellenfläche der ursprünglichen Welle ergibt.
Wir betrachten eine ebene Welle, die unter dem Einfallswinkel α gegen das Einfallslot (Bild 21-3) auf eine Grenzfläche zwischen zwei Medien mit den Brechzahlen n_1 und n_2 sowie den Lichtgeschwindigkeiten c_1 und c_2 fällt. Die Phasenfläche AB löst beim weiteren Fortschreiten auf der Grenzfläche AB′ Elementarwellen sowohl im Medium 1 als auch im Medium 2 aus, die sich zu neuen ebenen Phasenflächen A′B′ im Medium 1 bzw. A″B′ im Medium 2 überlagern. Deren unterschiedliche Neigungen ergeben sich aus den unterschiedlich angenommenen Lichtgeschwindigkeiten c_1 im Medium 1 bzw. c_2 im Medium 2 (hier: $c_2 < c_1$). Nach dem *Satz von Malus* sind die Laufzeiten τ zwischen den korrespondierenden Phasenflächenpunkten A und A′, B und B′ sowie A und A″ gleich.

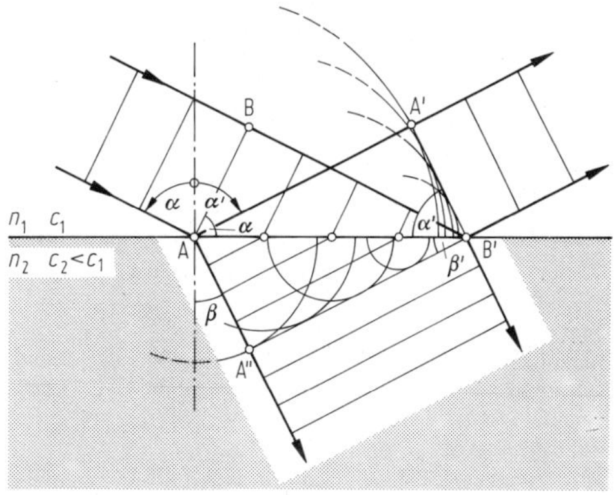

Bild 21-3. Reflexion und Brechung einer ebenen Welle an der Grenzfläche zweier Ausbreitungsmedien mit unterschiedlichen Brechzahlen n bzw. Lichtgeschwindigkeiten c.

Geometrisch ergibt sich aus Bild 21-3:

$$\overline{BB'} = c_1\tau = \overline{AB'}\sin\alpha, \tag{5a}$$

$$\overline{AA'} = c_1\tau = \overline{AB'}\sin\alpha', \tag{5b}$$

$$\overline{AA''} = c_2\tau = \overline{AB'}\sin\beta. \tag{5c}$$

Aus (5a) und (5b) folgt $\sin\alpha = \sin\alpha'$ und damit das Reflexionsgesetz (1). Für das Brechungsgesetz (3) ergibt sich aus (5a) und (5c)

$$\frac{\sin\alpha}{\sin\beta} = \frac{n_2}{n_1} = \frac{c_1}{c_2} = \text{const}, \tag{6}$$

d. h., die Brechzahlen verhalten sich umgekehrt wie die Lichtgeschwindigkeiten. Ist das Medium 1 Vakuum, d. h., $n_1 = 1$, so gilt mit $n_2 = n$ sowie mit $c_1 = c_0$ (Vakuumlichtgeschwindigkeit) und $c_2 = c_n$ für die *Brechzahl n* eines an Vakuum grenzenden Stoffes

$$n = \frac{c_0}{c_n} \tag{7}$$

in Übereinstimmung mit (20-2). Im Normalfall ist $n > 1$ (Tabelle 21-1), d. h., die Lichtgeschwindigkeit c_n in einem Stoff der Brechzahl n ist kleiner als die Vakuumlichtgeschwindigkeit, was durch

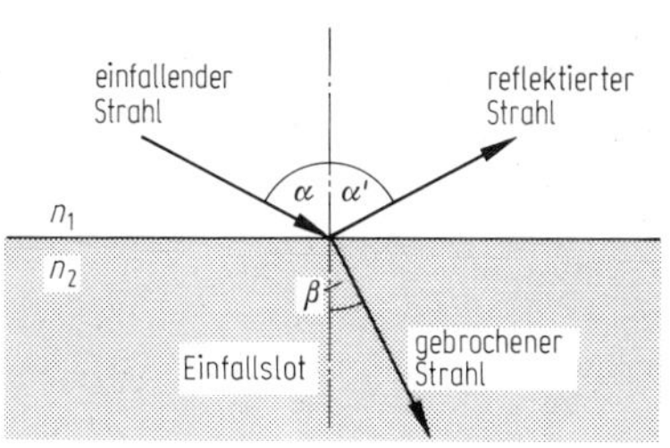

Bild 21-2. Reflexion und Brechung von Licht an einer Grenzfläche.

Tabelle 21-1: Brechzahlen einiger Stoffe für Licht bei den Wellenlängen wichtiger Fraunhoferscher Linien

Stoff	Fraunhofer-Linie (Bezeichnung und Wellenlänge in nm): A (O) 760,8	B (O) 686,7	C (H) 656,3	D (Na) 589,3	E (Fe) 527,0	F (H) 486,1	G (Fe) 430,8	H (Ca) 396,8
	Brechzahl n gegen Luft							
Wasser	1,328 9	1,330 4	1,331 2	1,333 0	1,335 2	1,337 1	1,340 6	1,343 5
Ethylalkohol				1,361 8				
Quarzglas				1,458 9				
Benzol	1,491 0	1,494 5	1,496 3	1,501 3	1,507 7	1,513 4	1,524 3	1,534 0
Borkronglas BK1	1,504 9	1,506 7	1,507 6	1,510 0	1,513 0	1,515 7	1,520 5	1,524 6
Kanadabalsam				1,542				
Steinsalz				1,544 3				
Schwerkronglas SK2	1,603 5	1,605 8	1,607 0	1,610 2	1,614 2	1,617 8	1,624 4	1,630 0
Flintglas F3	1,602 9	1,606 4	1,608 1	1,612 8	1,619 0	1,624 6	1,635 5	1,654 2
Schwefelkohlenstoff	1,608 8	1,614 9	1,618 2	1,627 7	1,640 5	1,652 3	1,676 5	1,699 4
Diamant				2,417 3				

Messungen der Lichtgeschwindigkeit in durchsichtigen Stoffen, z. B. von Foucault, bestätigt wurde. In Grenzfällen, z. B. bei Röntgenstrahlen, kann n geringfügig kleiner als 1 werden (siehe 20.1). Das bedeutet, daß die Phasengeschwindigkeit des Lichtes hier $> c_0$ wird. In solchen Fällen bleibt jedoch, wie genauere Überlegungen zeigen, die Gruppengeschwindigkeit (siehe 18.1) und damit die Signalgeschwindigkeit stets kleiner als c_0.
Wie aus der Betrachtung zur Brechung (Bild 21-3) erkennbar ist, ist für die Ausbreitung einer Lichtwelle in einer vorgegebenen Zeit τ nicht der geometrische Weg s allein maßgebend, sondern eine Größe ns, die bei gleichem Betrag von der Lichtwelle in gleicher Zeit durchlaufen wird. Man definiert daher als *optische Weglänge*

$$L = \int_{P}^{P'} n \, ds. \tag{8}$$

Mit Hilfe der optischen Weglänge lassen sich Reflexions- und Brechungsgesetz auch aus einem Extremalprinzip gewinnen (hier nicht durchgeführt), das *Fermatsche Prinzip:*

$$L = \int_{P}^{P'} n \, ds = \text{Extremum}. \tag{9}$$

Das Licht verläuft zwischen zwei Punkten P und P′ so, daß die optische Weglänge einen Extremwert, meist ein Minimum, annimmt.

In der Formulierung der Variationsrechnung (vgl. A 32) lautet (9):

$$\delta L = \delta \int_{P}^{P'} n \, ds = c_0 \delta \int_{P}^{P'} \frac{ds}{c_n} = c_0 \delta \int_{P}^{P'} dt = 0. \tag{10}$$

Aus (10) folgt:

Laufzeit und optische Länge der physikalisch realisierten Wege des Lichtes sind Minimalwerte.

Das Fermatsche Prinzip (1650) läßt sich als Grenzfall für $\lambda \to 0$ aus der Wellengleichung (19-7) herleiten und kann auch in der Form der sog. *Eikonalgleichung*

$$(\text{grad}\, L)^2 = n^2 \tag{11}$$

geschrieben werden. Die Eikonalgleichung stellt die Grundgleichung der *geometrischen Optik* (siehe 22) dar.

Aus dem Fermatschen Prinzip folgen unmittelbar die drei Grundsätze der geometrischen Optik:

- Geradlinigkeit der Lichtstrahlen im homogenen Medium,
- Umkehrbarkeit des Strahlenganges (in der zeitfreien Formulierung),
- Eindeutigkeit und Unabhängigkeit der Lichtstrahlen.

Totalreflexion

Geht eine Lichtwelle aus einem Medium mit höherer Brechzahl n_1 (optisch dichteres Medium) in ein Medium mit niedrigerer Brechzahl $n_2 < n_1$ (optisch dünneres Medium) über, so ist $\beta > \alpha$ und es lassen sich drei Fälle unterscheiden (Bild 21-4):

1. $\alpha = \alpha_1 < \alpha_{gr}$: Lichtstrahl 1 wird gemäß Brechungsgesetz (3) und Reflexionsgesetz (1) gebrochen und reflektiert.
2. $\alpha = \alpha_{gr}$: Lichtstrahl 2 verläuft nach der Brechung genau entlang der Grenzfläche: $\beta = 90°$.
3. $\alpha = \alpha_3 > \alpha_{gr}$: Lichtstrahl 3 kann nach dem Brechungsgesetz nicht mehr in das optisch dünnere Medium übertreten. Stattdessen wird das Licht an der Grenzfläche vollständig reflektiert: Totalreflexion.

Der *Grenzwinkel der Totalreflexion* α_{gr} ergibt sich aus dem Brechungsgesetz (3) und mit $\beta = \pi/2$ gemäß

$$\sin \alpha_{gr} = \frac{n_2}{n_1}. \tag{12}$$

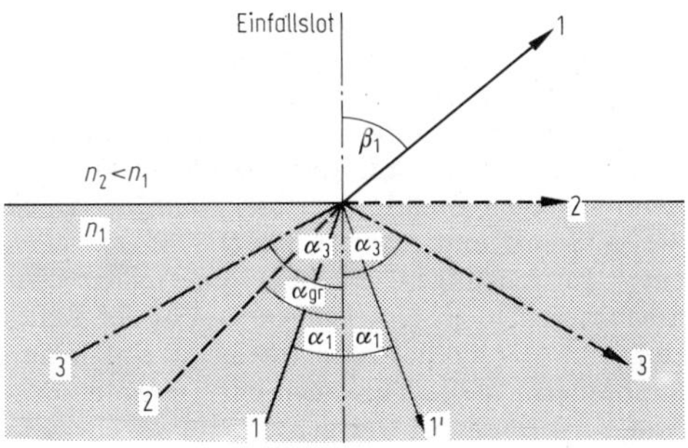

Bild 21-4. Lichtübergang vom optisch dichteren in ein optisch dünneres Medium: Partielle Reflexion (1) und Totalreflexion (3).

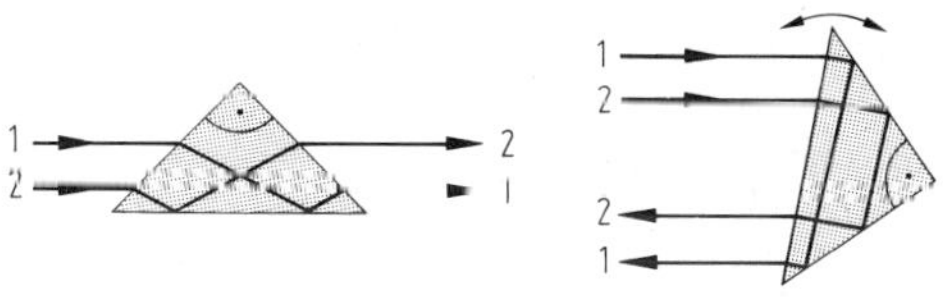

Bild 21-5. Totalreflexion im Umkehrprisma und im Rückstrahler.

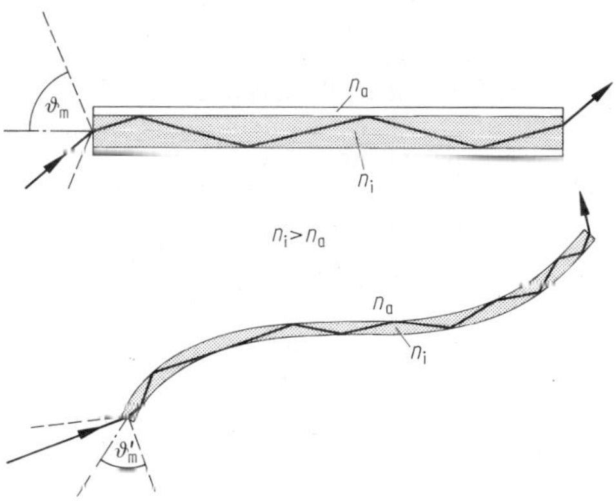

Bild 21-6. Lichtleitung mittels Vielfach-Totalreflexion in Glasfasern

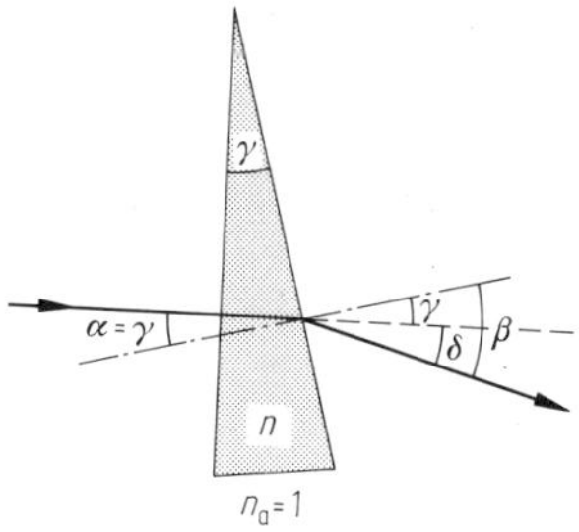

Bild 21-7. Ablenkung eines Lichtstrahls durch ein Prisma.

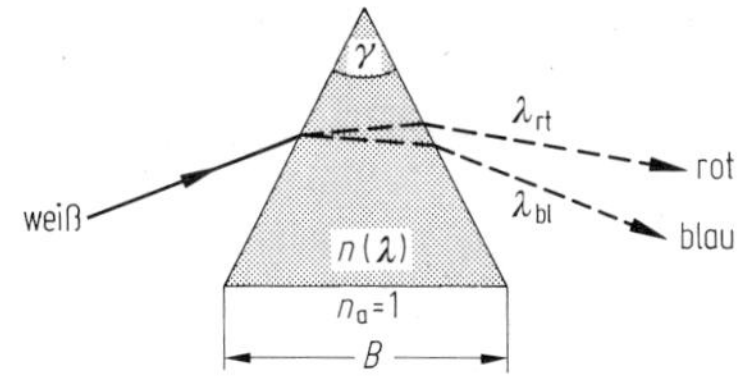

Bild 21-8. Dispersion eines Prismas.

Grenzt das Medium an das Vakuum ($n_2 = 1$, $n_1 = n$), so vereinfacht sich (12) zu

$$\sin \alpha_{gr} = \frac{1}{n}. \tag{13}$$

Die Totalreflexion wird z. B. in den Umkehrprismen (Bild 21-5) ausgenutzt (Prismenferngläser, Rückstrahler).

Von großer technischer Bedeutung für die Nachrichtentechnik (optische Signalübertragung) ist die Ausnutzung der Totalreflexion in dünnen Glasfasern, die bei einem Durchmesser von 10 bis 50 µm flexibel sind: Lichtleiterfasern (Bild 21-6). Das an einem Ende der Glasfaser eingekoppelte Licht wird durch vielfache Totalreflexion bis an das andere Ende geleitet. Das funktioniert (bei etwas eingeschränktem Akzeptanzwinkel ϑ'_m) auch bei gekrümmten Lichtleiterfasern.

Geordnete Bündel solcher Lichtleiterfasern leiten ein auf die eine Stirnfläche projiziertes Bild zur anderen Stirnfläche weiter: Glasfaseroptik (medizinische Anwendung: optische Beobachtung innerer Organe).

Brechung am Prisma

Lichtstrahlen werden durch Prismen von der Prismen-Dachkante weggebrochen (Bild 21-7). Für kleine Dachwinkel γ und senkrechten Einfall auf die erste Prismenfläche ergibt sich für den Ablenkwinkel δ aus dem Brechungsgesetz (3) näherungsweise

$$\delta \approx \gamma(n-1). \tag{14}$$

Der Ablenkwinkel δ steigt also mit dem Dachwinkel γ und der Brechzahl n des Prismas an. Qualitativ gilt das auch für größere Dachwinkel und schrägen Einfall.

Da die Brechzahl $n(\lambda)$ eine Funktion der Wellenlänge ist (Dispersion, siehe 20.1 und Tabelle 21-1), wird bei normaler Dispersion kurzwellige Strahlung durch ein Prisma stärker gebrochen als langwellige Strahlung (Bild 21-8).

Prismen können daher zur spektralen Analyse von Lichtstrahlung angewendet werden: *Prismenspektrographen*. Bei voller Ausleuchtung beträgt das spektrale Auflösungsvermögen (ohne Ableitung):

$$\frac{\lambda}{\Delta\lambda} = B\frac{dn}{d\lambda}. \tag{15}$$

Das spektrale Auflösungsvermögen eines Prismas hängt nur von seiner Basislänge B und der Dispersion $\mathrm{d}n/\mathrm{d}\lambda$ des Prismenmaterials, nicht aber vom Prismenwinkel γ ab.

21.2 Optische Polarisation

Bei longitudinalen Wellen (z. B. Schallwellen) ist die Schwingungsrichtung mit der Ausbreitungsrichtung identisch (siehe 18.1 und 18.2) und damit eindeutig festgelegt. Bei transversalen Wellen (z. B. elektromagnetische Wellen) ist die Schwingungsrichtung senkrecht zur Ausbreitungsrichtung und muß zur eindeutigen Beschreibung zusätzlich angegeben werden. Eine Welle, die nur in einer, durch die Schwingungs- und die Ausbreitungsrichtung aufgespannten Ebene schwingt, heißt *linear polarisiert*. Bei elektromagnetischen Wellen (z. B. Licht) wird die Schwingungsebene des elektrischen Feldstärkevektors (vgl. Bild 19-3) als Schwingungsebene, die des magnetischen Feldstärkevektors als Polarisationsebene bezeichnet. Rotieren die Feldstärkevektoren während des Ausbreitungsvorganges um die Ausbreitungsrichtung, so handelt es sich um *elliptisch* oder *zirkular polarisierte* Wellen.

Bei der Erzeugung elektromagnetischer Wellen durch einen Sendedipol (Bild 19-2) ist die Schwingungsebene durch die Orientierung des Sendedipols festgelegt. Zum Nachweis muß auch der Empfängerdipol in der gleichen Richtung orientiert sein. Die Beobachtung solcher Polarisationserscheinungen beweist daher die Transversalität des betreffenden Wellenvorganges. Die Beobachtung von Polarisationserscheinungen bei Licht ist dementsprechend ein Nachweis dafür, daß Licht ein transversaler Wellenvorgang ist.

Die von den Atomen eines glühenden Körpers oder einer normalen Gasentladung (nicht beim Laser) emittierten Lichtquanten haben beliebige Schwingungsebenen. So entstehendes, natürliches Licht ist daher unpolarisiert: Alle Schwingungsebenen kommen gleichmäßig verteilt vor. Durch sog. Polarisatoren, die nur Licht mit einer bestimmten Schwingungsebene passieren lassen (siehe unten), kann aus natürlichem Licht linear polarisiertes Licht erzeugt werden. Durch einen weiteren Polarisator, den Analysator, können die Tatsache der Polarisation und die Lage der Polarisationsebene festgestellt werden (Bild 21-9).

Beim schrägen Einfall einer elektromagnetischen Welle S auf eine ebene Grenzfläche zwischen zwei durchsichtigen Medien unterschiedlicher Brechzahlen n_1 und n_2 hängen sowohl der Reflexionsgrad ϱ (= reflektierte Intensität/einfallende Strahlungsintensität) als auch der Transmissionsgrad τ (= Intensität der gebrochenen Welle/einfallende Strahlungsintensität) von der Lage der Schwingungsebene zur Einfallsebene ab. Reflexions- und Transmissionsgrad seien $\varrho_\perp$ und $\tau_\perp$ für eine einfallende Welle $S_\perp$, bei der der elektrische Feldstärkevektor $\boldsymbol{E}_\perp$ senkrecht zur Einfallsebene schwingt (d. h. parallel zur Grenzfläche), und $\varrho_\parallel$ und $\tau_\parallel$ für eine einfallende Welle $S_\parallel$, deren elektrischer Feldstärkevektor $\boldsymbol{E}_\parallel$ in der Einfallsebene schwingt.

Aufgrund des Huyghensschen Prinzips (siehe 21.1 und 23.1) sowie der Strahlungscharakteristik des Dipols (Bild 19-5) ist es anschaulich verständlich, daß die Anregung der Elementarwellen, die sich von der Grenzfläche ausgehend zum reflektierten Strahl überlagern, bevorzugt durch $S_\perp$ erfolgt ($\boldsymbol{E}_\perp \perp$ Einfallsebene, d. h. $\parallel$ Grenzfläche). Die Elementarwellen, die durch $S_\parallel$ ($\boldsymbol{E}_\parallel \parallel$ Einfallsebene) in der Grenzfläche angeregt werden, haben aufgrund der Dipol-Strahlungscharakteristik nur eine geringe Amplitude in Reflexionsrichtung. Für einen Einfallswinkel $\alpha = \alpha_\mathrm{P}$, bei dem gebrochener und reflektierter Strahl einen Winkel von 90° bilden (Bild 21-10), wird die Amplitude von $S_\parallel$ null: Das von einem einfallenden Strahl S unpolarisierten, natürlichen Lichtes an einer Grenzfläche reflektierte Licht S' ist partiell, im Falle $\alpha = \alpha_\mathrm{P}$ vollständig linear polarisiert. Der gebrochene Strahl S'' ist stets nur partiell polarisiert (Bild 21-11).

Der Winkel α_P (Brewster-Winkel) läßt sich unter Beachtung von $\alpha_\mathrm{P} + \beta = 90°$ aus dem Brechungsgesetz (3) berechnen. Mit $n_1 = n_\mathrm{a} = 1$ (Vakuum)

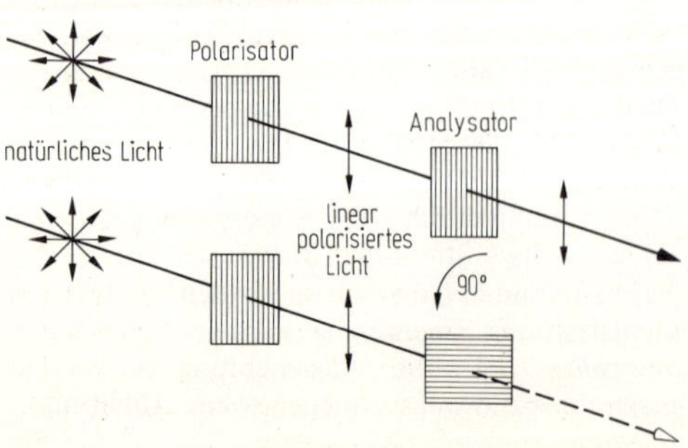

Bild 21-9. Erzeugung und Nachweis linear polarisierten Lichtes aus natürlichem Licht mittels Polarisatoren.

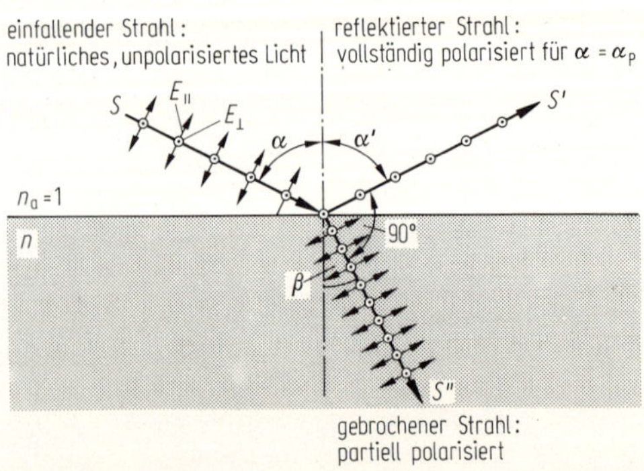

Bild 21-10. Polarisation durch Reflexion unter dem Brewster-Winkel $\alpha = \alpha_\mathrm{p}$.

und $n_2 = n$ folgt das *Brewstersche Gesetz:*

$$\tan \alpha_P = n. \quad (16)$$

Aus den Maxwellschen Gleichungen (14-41) und (14-42) lassen sich Grenzbedingungen für die elektrische und magnetische Feldstärke an der Grenzfläche zwischen den beiden Medien herleiten, und aus diesen wiederum Beziehungen für das Reflexionsvermögen $\varrho = 1 - \tau$ (durchsichtige Medien, Absorptionsgrad $\alpha = 0$) die *Fresnelschen Formeln:*

$$\varrho_\perp = 1 - \tau_\perp = \frac{\sin^2(\alpha - \beta)}{\sin^2(\alpha + \beta)} \quad (17)$$

$$\varrho_\parallel = 1 - \tau_\parallel = \frac{\tan^2(\alpha - \beta)}{\tan^2(\alpha + \beta)}. \quad (18)$$

Für $\alpha + \beta = 90°$ wird $\varrho_\parallel = 0$, in Übereinstimmung mit dem Brewsterschen Gesetz (16). Zusammen mit dem Brechungsgesetz (3) ergibt sich aus (17) und (18) für $\varrho_\perp(\alpha)$ und $\varrho_\parallel(\alpha)$ der in Bild 21-11 dargestellte Verlauf für die Reflexion an Glas ($n = 1{,}50$).

Für Glas ($n = 1{,}50$) erhält man für den Brewster-Winkel $\alpha_P = 56{,}3°$. Wird das unter diesem Winkel von Glasflächen reflektierte, polarisierte Licht durch ein Polarisationsfilter (siehe unten) betrachtet, so läßt es sich durch geeignete Filterstellung (Durchlaßebene $\perp$ Polarisationsebene) stark abschwächen: $\varrho_\parallel \to 0$ (Anwendung bei der Photographie durch Fensterscheiben hindurch).

Linear polarisiertes Licht mit der Schwingungsebene in der Einfallsebene ($E_\parallel$ in Bild 21-10) wird unter dem Brewster-Winkel α_P ohne Reflexionsverluste gebrochen: Für $\varrho_\parallel \to 0$ wird nach (18) das Durchlaßvermögen $\tau_\parallel = 1$ (Anwendung bei den Brewster-Platten des Gaslasers, Bild 20-14).

Bei Übergang zu senkrechtem Einfall wird $\varrho_\perp = \varrho_\parallel = \varrho$ (Bild 21-11). Aus (17) bzw. (18) folgt durch Grenzübergang für kleine Winkel

$$\varrho = 1 - \tau = \left(\frac{n-1}{n+1}\right)^2. \quad (19)$$

Für Glas erhält man mit $n = 1{,}50$ einen Reflexionsgrad $\varrho = 0{,}04$, d.h., an jeder Grenzfläche Vakuum — Glas oder Luft — Glas gehen 4% der Lichtintensität durch Reflexion verloren, sofern nicht durch geeignete Aufdampfschichten („Entspiegelung“ bzw. „Vergütung“) für eine Verminderung des Reflexionsvermögens gesorgt wird.

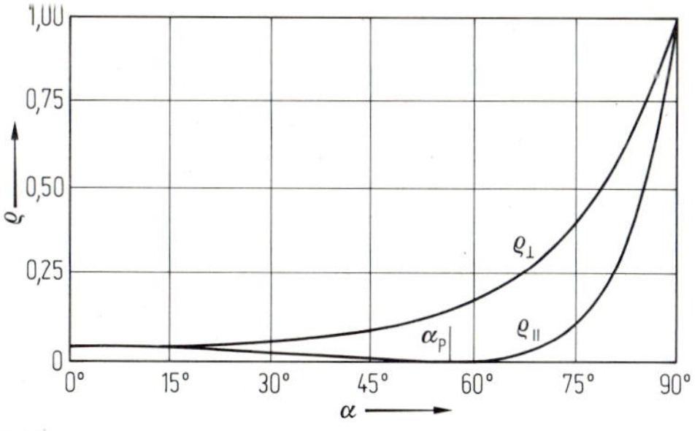

Bild 21-11. Reflexionsgrad der Grenzfläche Vakuum/Glas (bzw. Luft/Glas) für linear polarisiertes Licht.

Doppelbrechung

Manche durchsichtigen Einkristalle (z. B. Quarz, Kalkspat, Glimmer, Gips) sind *optisch anisotrop*, d. h., die Phasengeschwindigkeit elektromagnetischer Wellen hängt von der Ausbreitungsrichtung ab. Bei optisch einachsigen Kristallen stimmen die Phasengeschwindigkeiten lediglich in einer Richtung, der optischen Achse, überein.

Bei Auftreffen eines Strahlenbündels natürlichen Lichtes auf einen optisch einachsigen Kristall treten im allgemeinen zwei senkrecht zueinander linear polarisierte Teilbündel auf, die sich mit unterschiedlicher Phasengeschwindigkeit ausbreiten: Der *ordentliche Strahl* folgt dem Brechungsgesetz, der *außerordentliche Strahl* nicht, er wird unter anderem Winkel gebrochen. Diese Erscheinung wird *Doppelbrechung* genannt.

Manche Kristalle (z. B. Turmalin) haben die Eigenschaft, den außerordentlichen Strahl sehr viel stärker zu absorbieren als den ordentlichen Strahl: Dichroismus. Geht ein Strahl natürlichen Lichtes durch eine dünne Platte eines solchen dichroitischen Materials, so wird im wesentlichen der ordentliche Strahl mit nur geringer Schwächung durchgelassen. Solche Stoffe sind als Polarisationsfilter (siehe oben) geeignet.

22 Geometrische Optik

Das in 21.1 eingeführte Strahlenkonzept für die makroskopische Beschreibung der Wellenausbreitung hat sich insbesondere bei Problemen der praktischen Optik (optische Abbildung) bewährt und dort zu einem besonderen Zweig der Optik entwickelt: *Geometrische* oder *Strahlenoptik*. Hier geht es um die Bestimmung des Lichtweges in optischen Geräten und um die Klärung der Grundlagen zur günstigsten Konstruktion solcher Geräte. Die Grundannahmen des Strahlenkonzeptes (gradlinige Ausbreitung im homogenen Medium, Unabhängigkeit sich überlagernder Strahlen, Umkehrbarkeit des Strahlenganges, Reflexionsgesetz, Brechungsgesetz) bedeuten eine starke Vereinfachung der Realität, da Beugungserscheinungen (vgl. 23) und nichtlineare Erscheinungen (bei Laserstrahlen sehr hoher Intensität in Materie) nicht berücksichtigt werden. Die Grenzen der geometrischen Optik liegen daher dort, wo Abbildungsdetails oder die den Strahlengang begrenzenden Abmessungen (Schirme, Blenden usw.) in den Bereich der Wellenlänge des Lichtes kommen (siehe 23 u. 24).

22.1 Optische Abbildung

Eine Abbildung im Gaußschen Sinne der geometrischen Optik liegt dann vor, wenn Lichtstrahlen, die von einem Gegenstandspunkt ausgehen, in einem Bildpunkt wieder vereinigt werden, und wenn verschiedene Punkte eines ausgedehnten ebenen Gegenstandes in einer Bildebene derart abgebildet werden, daß das Bild dem Gegenstand geometrisch ähnlich ist. Ein *optisches System*, das eine derartige Abbildung bewirkt, muß folgende Bedingungen erfüllen (Bild 22-1):

Das abbildende optische System sei in seiner Wirkung auf eine Ebene S senkrecht zur optischen Achse GOB konzentriert. Ein von G unter dem Winkel α_1 gegen die optische Achse ausgehender Strahl möge in S so gebrochen werden, daß er die optische Achse hinter dem brechenden System in B unter dem Winkel β_1 schneidet. Eine Abbildung von G nach B liegt dann vor, wenn auch unter anderen Winkeln α_2 von G ausgehende Strahlen so gebrochen werden, daß sie durch B gehen.

Nach Bild 22-1 gilt $r/g = \tan\alpha \approx \alpha$ und $r/b = \tan\beta \approx \beta$ für achsennahe Strahlen. Die zur Abbildung notwendige Strahlablenkung δ ergibt sich dann zu

$$\delta = \alpha + \beta \approx r\left(\frac{1}{g} + \frac{1}{b}\right). \tag{1}$$

Bei gegebener Gegenstandsweite g muß die Bildweite b für alle von G ausgehenden Strahlen gleich sein, darf also nicht von r abhängen. Das ist nach (1) dann erfüllt, wenn die Ablenkung proportional zu r erfolgt:

$$\delta = \alpha + \beta = \text{const} \cdot r. \tag{2}$$

Eine analoge Betrachtung für nicht auf der optischen Achse liegende, aber achsennahe Gegenstandspunkte führt zu derselben Beziehung. Die geometrische Ähnlichkeit folgt ebenfalls aus (2): Für Strahlen die durch den Mittelpunkt O des optischen Systems gehen, ist $r = 0$ und damit $\delta = 0$, d. h., diese Strahlen werden nicht abgelenkt. Anhand solcher Strahlen läßt sich aber die geometrische Ähnlichkeit zwischen Bild und Gegenstand sofort einsehen. (2) ist daher die zur Erzielung einer Abbildung notwendige Bedingung.

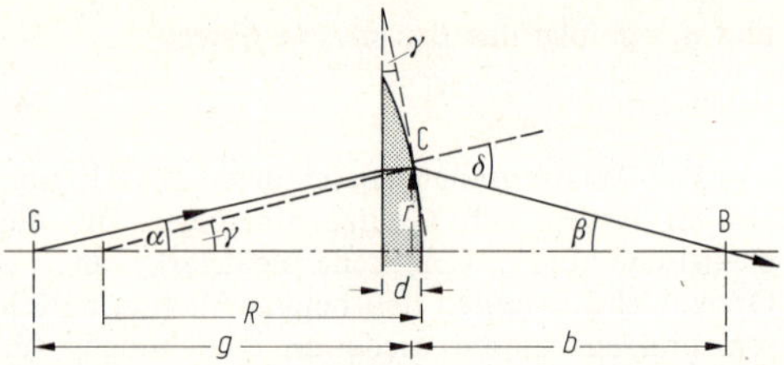

Bild 22-2. Zur Berechnung der Linsenformel.

Die Realisierung einer derartigen Eigenschaft ist z. B. durch um die optische Achse rotationssymmetrische, konvexe Glas- oder Kunststoffkörper möglich, die durch Kugelflächen begrenzt sind. Wegen ihrer Form werden sie *optische Linsen* genannt. Die Abbildung eines Punktes in endlicher Entfernung durch eine dünne *Sammellinse* (z. B. eine Plankonvexlinse mit der Brechzahl n und dem Krümmungsradius R, Bild 22-2) kann mit Hilfe der Ablenkformel (21-14) für das dünne Prisma berechnet werden, da die Linse als ablenkendes Prisma mit vom Achsenabstand r abhängigen Dachwinkel γ aufgefaßt werden kann (Bild 22-2). Der Begriff dünne Linse bedeutet, daß der optische Weg (vgl. 21-8) in der Linse $L = nd$ klein gegen die Gegenstandsweite g und die Bildweite b ist.

Für das Dreieck GBC mit dem Ablenkwinkel δ als Außenwinkel zu den Dreieckswinkeln α und β gilt unter Berücksichtigung von (21-14)

$$\alpha + \beta = \delta = \gamma(n-1). \tag{3}$$

Für achsennahe Strahlen (kleine Winkel) ist $\alpha \approx r/g$ und $\beta \approx r/b$. Ferner liefert $\gamma \approx r/R$ zusammen mit (3) die erforderliche Abbildungsbedingung (2). Damit folgt aus (3)

$$\frac{1}{g} + \frac{1}{b} = \frac{n-1}{R} = \text{const}. \tag{4}$$

$b(g)$ ist hiernach unabhängig von α, eine notwendige Voraussetzung für die optische Abbildung. Für $g \to \infty$ (parallel einfallende Strahlen) wird die zugehörige Bildweite b_∞ als *Brennweite f* bezeichnet. Die reziproke Brennweite heißt *Brechkraft D*, sie ist für eine dünne Sammellinse

$$\frac{1}{b_\infty} = \frac{1}{f} = D = \frac{n-1}{R}. \tag{5}$$

Gesetzliche Einheit:
$[D] = 1\,\text{m}^{-1} = 1\,\text{Dioptrie} = 1\,\text{dpt}$.

Damit folgt aus (4), immer für achsennahe Strahlen, die Abbildungsgleichung (Linsenformel)

$$\frac{1}{g} + \frac{1}{b} = \frac{1}{f}. \tag{6}$$

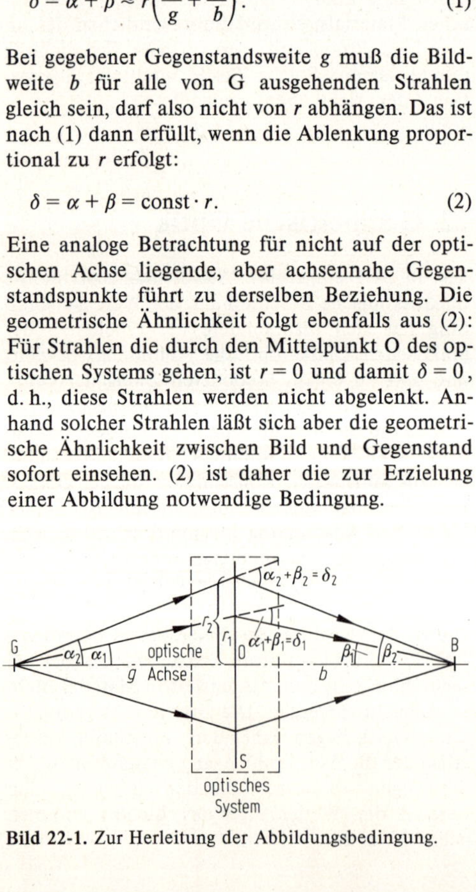

Bild 22-1. Zur Herleitung der Abbildungsbedingung.

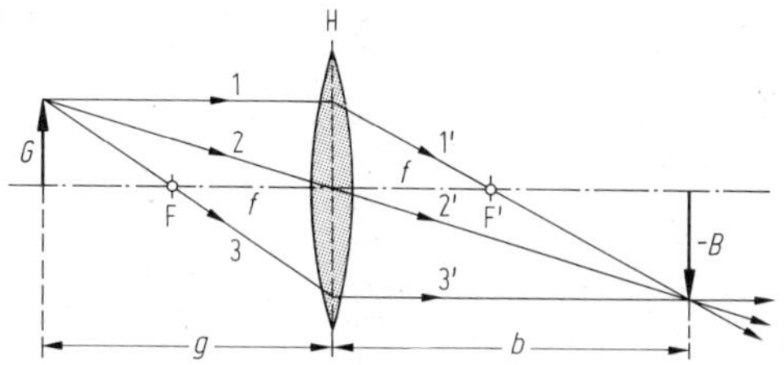

Bild 22-3. Bildkonstruktion bei der Sammellinse.

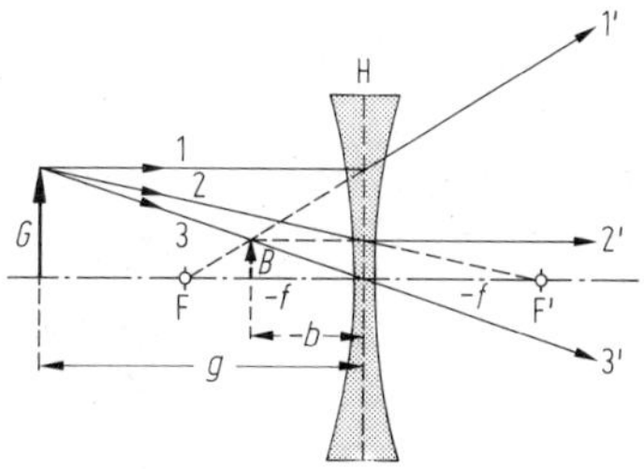

Bild 22-5. Bildkonstruktion bei der Zerstreuungslinse.

Bildkonstruktion

Die beiden Brechungen eines Lichtstrahls an den Oberflächen einer Linse können bei dünnen Linsen in guter Näherung durch eine einzige an der Mittelebene, der *Hauptebene* H, der Linse ersetzt werden. Zur geometrischen Konstruktion der Lage des Bildes ist nach (6) lediglich die Kenntnis der Brennweite f der abbildenden Linse und die Vorgabe der Gegenstandsweite g erforderlich. Die Konstruktion selbst kann dann mittels zweier von drei ausgezeichneten Strahlen erfolgen (Bilder 22-3 bis 22-5):

- Parallelstrahl (1), geht nach der Brechung durch den Brennpunkt F′ (1′);
- Mittelpunktsstrahl (2), durchdringt die Linse ungebrochen (2′);
- Brennpunktsstrahl (3), verläuft nach der Brechung parallel zur optischen Achse (3′).

Für die *Sammellinse* (plankonvexe oder bikonvexe Linsenflächen) erhält man aus der Linsenformel (6) für die Bildweite

$$b = \frac{fg}{g - f}. \tag{7}$$

Für $g > f$ ist $b > 0$, es erfolgt eine reelle Abbildung, wobei das Bild umgekehrt erscheint (Bildhöhe $B < 0$, Bild 22-3). Reelle Abbildung bedeutet, daß das Bild auf einem Schirm an dieser Stelle sichtbar wird. Für $g < f$ wird $b < 0$, das Bild scheint nach dem verlängerten Strahlenverlauf hinter der Linse an einem Ort auf der Gegenstandsseite aufrecht aufzutreten, ohne daß ein Schirm dort das Bild zeigen würde: Virtuelle Abbildung. Der *Abbildungsmaßstab* ergibt sich mittels des Strahlensatzes aus Bild 22-3 bzw. 22-4 zu

$$\beta_\mathrm{m} = \left|\frac{B}{G}\right| = \frac{h_\mathrm{B}}{h_\mathrm{G}} = \frac{b}{g} = \frac{b}{f} - 1. \tag{8}$$

Die verschiedenen Fälle der Abbildung bei einer Sammellinse sind in Bild 22-4 und Tabelle 22-1 dargestellt.

Bei der *Zerstreuungslinse* (plankonkave oder bikonkave Linsenflächen) entsteht stets ein aufrechtes, verkleinertes, virtuelles Bild (Bild 22-5).

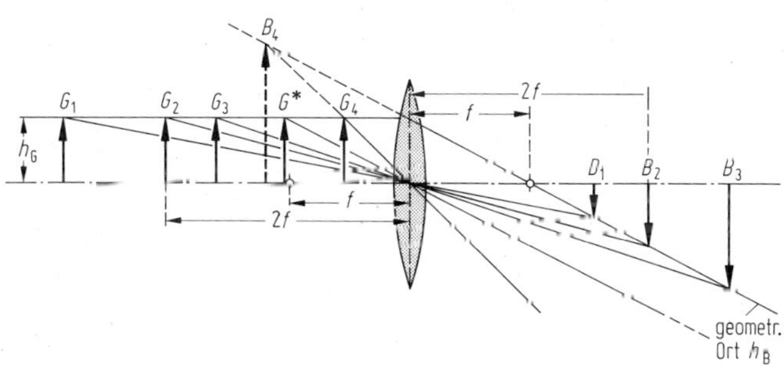

Bild 22-4. Zuordnung von Bild und Gegenstand bei der Abbildung durch Sammellinsen.

Tabelle 22-1. Die verschiedenen Abbildungsfälle bei der Sammellinse

Gegenstand	Lage	Bild	β_m	Bildlage und -art		Anwendungen
G_1	$g > 2f$	B_1	< 1	$f < b < 2f$	(reell)	Fernrohr, Kamera
G_2	$g = 2f$	B_2	$= 1$	$b = 2f$	(reell)	Korrelator
G_3	$2f > g > f$	B_3	> 1	$b > 2f$	(reell)	Projektion
G*	$g \simeq f$	B*	$\to \infty$	$b \to \infty$	(reell)	Projektor, Mikroskop
G_4	$g < f$	B_4	> 1	$b < 0$	(virtuell)	Lupe

Kombination dünner Linsen

Systeme aus dünnen Linsen der Brennweiten f_1 und f_2 mit geringem Abstand d ($\ll f_1, f_2$) voneinander wirken wie eine Linse mit der Brechkraft

$$\frac{1}{f} = \frac{1}{f_1} + \frac{1}{f_2} - \frac{d}{f_1 f_2}$$

bzw. (9)

$$D = D_1 + D_2 - dD_1D_2 .$$

Bei sehr kleinen Abständen d kann das letzte Glied vernachlässigt werden. Für diesen Fall läßt sich (9) sofort anhand des Verlaufs des Brennpunktstrahls herleiten.

Dicke Linsen

Bei dicken Linsen gelten die Abbildungsgesetze (6) bis (8) nur dann, wenn man zwei Hauptebenen H und H′ einführt, zwischen denen alle Strahlen als achsenparallel laufend angenommen werden (Bild 22-6). Brennweiten, Gegenstands- und Bildweiten beziehen sich dann stets auf die zugehörige Hauptebene.

Zusammengesetzte optische Geräte

Optische Geräte bestehen meist aus mehreren Linsen oder Linsensystemen, die verschiedene Abbildungs- oder Beleuchtungsfunktionen haben.

Projektor. Bild 22-7a zeigt einen Strahlengang zur vergrößerten Projektion, z. B. eines Diapositivs

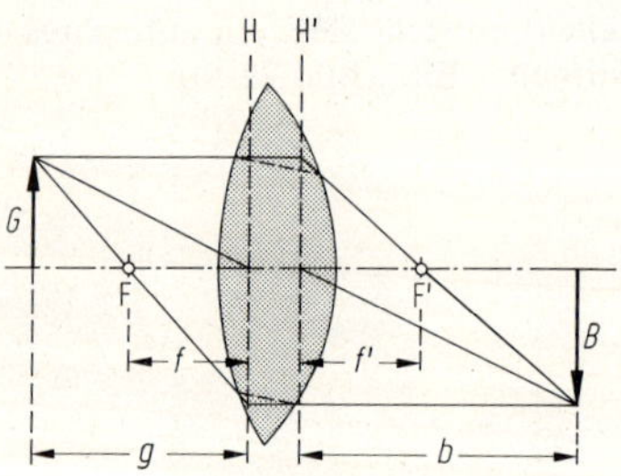

Bild 22-6. Bildkonstruktion bei einer dicken Linse.

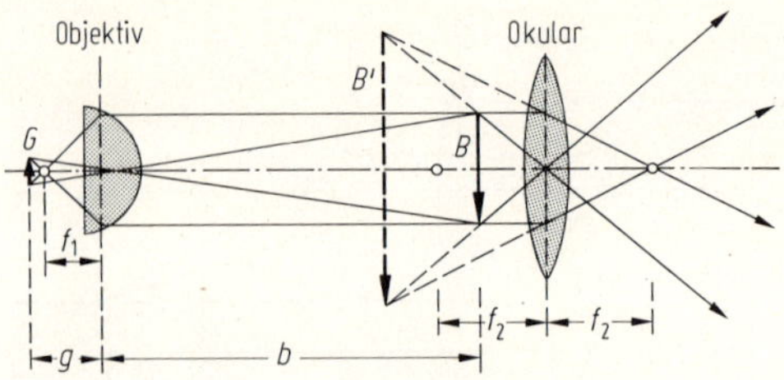

Bild 22-8. Strahlengang im Mikroskop.

auf eine Leinwand. Dabei wird jedoch der von der Lichtquelle ausgehende Lichtstrom nur zu einem geringen Teil ausgenutzt ($\Omega_1/4\pi$), während der Anteil $(4\pi - \Omega_1)/4\pi$ verloren geht. Deshalb setzt man zwischen Lichtquelle und Gegenstand eine Kondensorlinse, die den ausgenutzten Raumwinkel auf $\Omega_2 > \Omega_1$ vergrößert, sowie einen Kondensorspiegel ein (Bild 22-7b).

Die Kondensorlinse bewirkt ferner, daß der Lichtstrom im wesentlichen durch den achsennahen Projektivbereich geht, wo die Abbildungsfehler (siehe 22.2) am geringsten sind. Beim Projektor ist i. allg. $b \gg g$, so daß aus (8) für den Abbildungsmaßstab folgt

$$\beta_m \approx \frac{b}{f} . \qquad (10)$$

Mikroskop. Zur Beobachtung sehr kleiner Gegenstände wird eine zweistufige Abbildung benutzt (Bild 22-8). In der ersten Stufe wird mit dem Objektiv ein stark vergrößertes reelles Bild B des Gegenstandes G hergestellt ($g \approx f_1$). In der zweiten Stufe wird das reelle Zwischenbild B mit dem Okular, das als Lupe wirkt, weiter vergrößert. Es entsteht ein virtuelles Bild B'.

Fernrohre benutzen wie Mikroskope eine mindestens zweistufige Abbildung. Hier wird ein weit entfernter Gegenstand ($g \to \infty$: $b \approx f$) durch das Objektiv in der Nähe des bildseitigen Brennpunktes reell abgebildet. Dieses Zwischenbild wird dann wiederum durch ein Okular als virtuelles, vergrößertes Bild betrachtet.

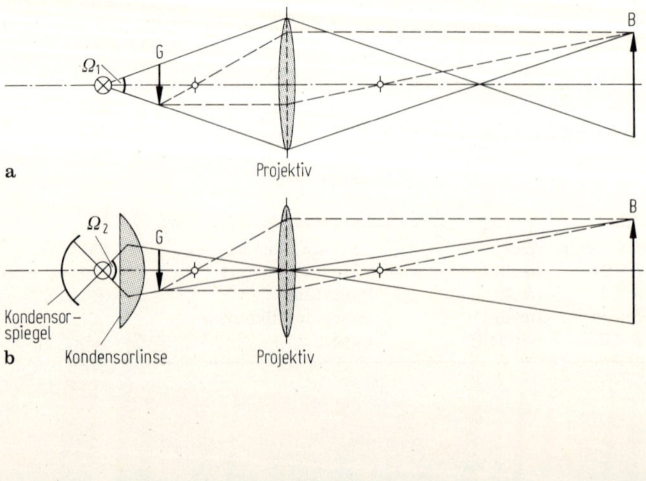

Bild 22-7. Projektionsstrahlengang und Projektor-Anordnung.

Auf die das Reflexionsgesetz (21-1) ausnutzende Abbildung mit Spiegeln wird hier aus Platzgründen nicht eingegangen. Man erhält jedoch für die Abbildung mit gekrümmten Spiegeln grundsätzlich analoge Beziehungen wie für die Abbildung mit Linsen.

22.2 Abbildungsfehler

Sphärische Linsen erzeugen nur näherungsweise eine fehlerfreie Abbildung, in der jeder Bildpunkt eindeutig einem Gegenstandspunkt zugeordnet ist, und in der die geometrische Ähnlichkeit zwischen Bild und Gegenstand gewahrt ist. Die folgend geschilderten Abbildungsfehler (Linsenfehler, Aberrationen) können teilweise durch Kombinationen geeigneter Linsen (und heute auch durch Verwendung asphärischer Linsen) reduziert (korrigiert) werden.

Öffnungsfehler (sphärische Aberration)

Die Gültigkeit der Abbildungsgleichung (6) ist auf achsennahe Strahlen begrenzt (Bereich der Gaußschen Abbildung). Achsenferne Strahlen in den Randbereichen einer sphärischen Linse werden stärker gebrochen, als es der Abbildungsbedingung (2) entspricht. Die zugehörige Bildweite (bei Abbildung eines ∞ fernen Gegenstandpunktes: Brennweite) ist daher kürzer als die der achsennahen Strahlen (Bild 22-9). Die Differenz der Bildweiten (bzw. der Brennweiten $\delta_f = f - f_r$) wird im engeren Sinne als Öffnungsfehler bezeichnet.
Die Einhüllende des bildseitigen Strahlenbündels heißt *Kaustiklinie*. Ihr Schnitt mit dem gegenüber liegenden Randstrahl definiert die Ebene kleinster Verwirrung (Radius r_s). Infolge des Öffnungsfehlers wird ein Gegenstandspunkt nicht als Punkt abgebildet, sondern am Ort des Gaußschen Bildes als Fehlerscheibchen vom Radius $\Delta_ö$. Der mit Hilfe des Abbildungsmaßstabes β_m auf die Gegenstandsseite zurückgerechnete Radius des Fehlerscheibchens $\delta_ö$ steigt mit der 3. Potenz des Linsenaperturwinkels α (ohne Ableitung; Seidelsche Fehlertheorie):

$$\delta_ö = \frac{\Delta_ö}{\beta_m} = C_ö \alpha^3 . \qquad (11)$$

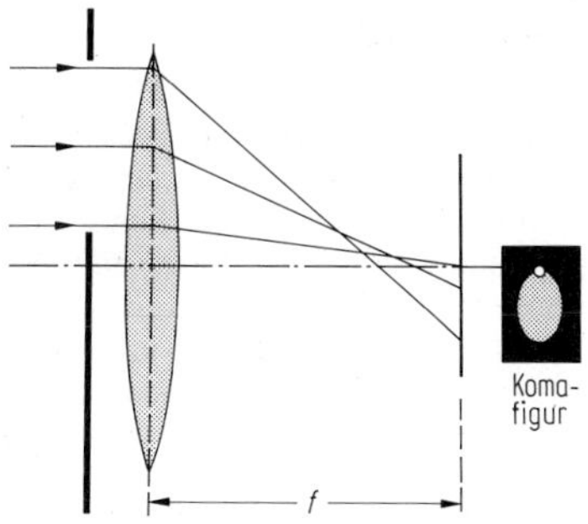

Bild 22-10. Zur Entstehung der Komafigur.

Je nach Linsenform liegt der Öffnungsfehlerkoeffizient $C_ö$ in der Größenordnung mehrerer Brennweiten f. Er ist am kleinsten, wenn die gegenstandsseitigen und die bildseitigen Randstrahlen etwa die gleichen Winkel zur Linsenoberfläche haben. Das erfordert je nach Abbildungsproblem meist eine asymmetrische Linsenform (z. B. plankonvex, vgl. Mikroskop-Objektiv, Bild 22-8). Der Öffnungsfehler kann durch Abblendung auf kleine Aperturwinkel α reduziert werden. Dem stehen jedoch die damit verbundene Lichtschwächung und der steigende Beugungsfehler (siehe unten) entgegen.
Eine spezielle Form des Öffnungsfehlers ist die *Koma:* Das Öffnungsfehlerscheibchen wird asymmetrisch, wenn die Linse seitlich ausgeleuchtet wird (Bild 22-10). Komafiguren werden daher bei schlechter Linsenzentrierung beobachtet.

Astigmatismus

Linsen mit nicht ganz sphärischen Flächen zeigen in zueinander senkrechten, die optische Achse enthaltenden Schnittflächen unterschiedliche Zylinderlinsenwirkung, d. h. die Brennweiten sind für solche Schnittflächen verschieden. Ein Gegenstandspunkt kann dann bestenfalls in zwei unterschiedlichen Bildebenen als Strich abgebildet werden, wobei die beiden Strichbilder aufeinander senkrecht stehen. Derselbe Effekt tritt an sphärischen Linsen bei schiefer Durchstrahlung auf. Für den Astigmatismus korrigierte Linsensysteme: Anastigmate.

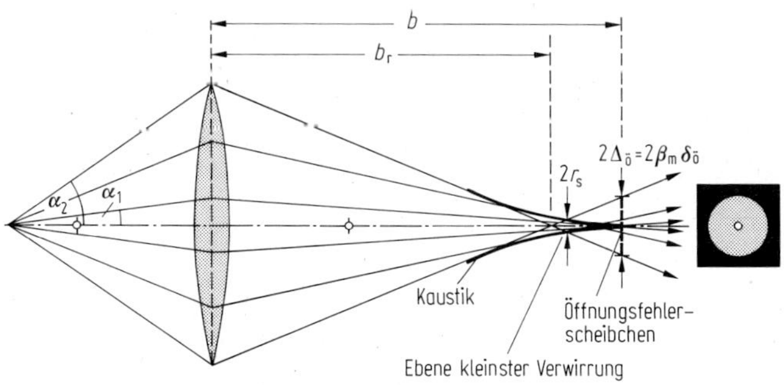

Bild 22-9. Öffnungsfehler einer sphärischen Linse.

Kissen- und Tonnenverzeichnung

Zu geometrischen Verzeichnungen infolge des Öffnungsfehlers kommt es, wenn das abbildende Strahlenbündel außerhalb der abbildenden Linse durch Blenden eingeengt wird. Eine Blende im Gegenstandsraum bewirkt, daß für die Abbildung der äußeren Gegenstandsbereiche Randbereiche der Linse genutzt werden. Das führt zu kleineren Abbildungsmaßstäben im Randbildbereich als im zentralen Bildbereich: *Tonnenverzeichnung* (Bild 22-11a).

Eine Blende im Bildbereich bewirkt das Gegenteil: Äußere Bildbereiche werden stärker vergrößert wiedergegeben als innere Bildbereiche: *Kissenverzeichnung* (Bild 22-11b).

Farbfehler (chromatische Aberration)

Die Dispersion des Linsenmaterials bewirkt, daß vor allem im Linsenrandbereich blaues Licht stärker gebrochen wird als rotes Licht (vgl. Bilder 21-8 und 22-12). Mit weißem Licht erzeugte Bilder bekommen dann Farbsäume. Der Farbfehler kann für zwei Wellenlängen durch Kombination einer Konvexlinse aus Kronglas und einer Konkavlinse aus Flintglas, die unterschiedliche Dispersion haben (Tabelle 21-1), korrigiert werden: Achromat.

Bildfeldwölbung

Ein ebener Gegenstand wird durch eine Linse in einer gewölbten Fläche scharf abgebildet. Auf einem ebenen Bildschirm werden dann die Randbereiche unscharf. In dieser Hinsicht korrigiertes Linsensystem: Aplanat.

Beugungsfehler

Die Berücksichtigung der Welleneigenschaften des Lichtes zeigt, daß Lichtbündel von begrenztem Durchmesser D durch Beugung (siehe 23 und 24) aufgeweitet werden. Bei der Abbildung eines fernen Gegenstandspunktes durch eine Linse des Durchmessers D entsteht daher ein Beugungsfehlerscheibchen vom Radius δ_B (Bild 22-13).

Der Beugungswinkel beträgt nach (23-13) $\vartheta \approx \lambda/D$ mit λ = Wellenlänge des verwendeten Lichtes. Mit $D \approx 2\alpha f$ folgt für den Radius des Beugungsfehlerscheibchens

$$\delta_B \approx \vartheta f = \frac{\lambda f}{D} = \frac{\lambda}{2\alpha}. \qquad (12)$$

Beugungsunschärfe δ_B und Öffnungsfehlerunschärfe $\delta_Ö$ (11) hängen also gegensinnig vom Öffnungswinkel (Aperturwinkel) α ab. Die geringste Unschärfe ist daher für einen optimalen Öffnungswinkel α_{opt} zu erwarten, der nahe bei $\delta_Ö \approx \delta_B$ liegt (Bild 22-14).

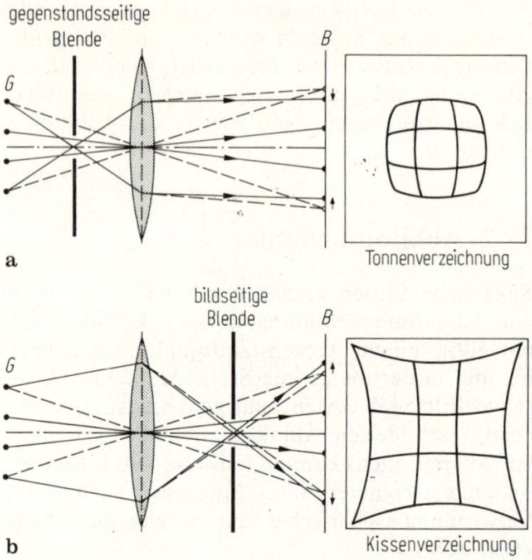

Bild 22-11. Zur Entstehung von Tonnen- und Kissenverzeichnung.

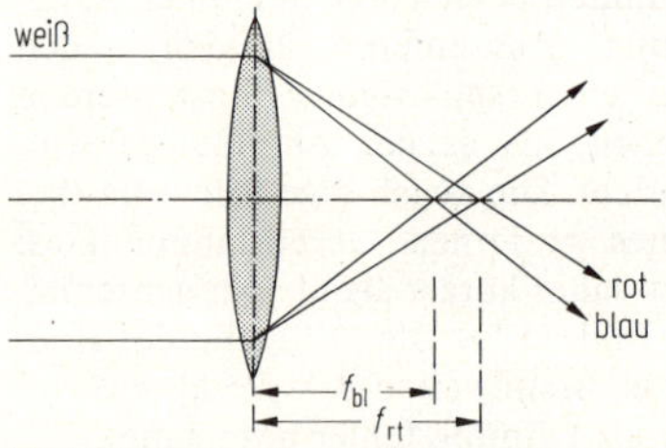

Bild 22-12. Zur Entstehung des Farbfehlers.

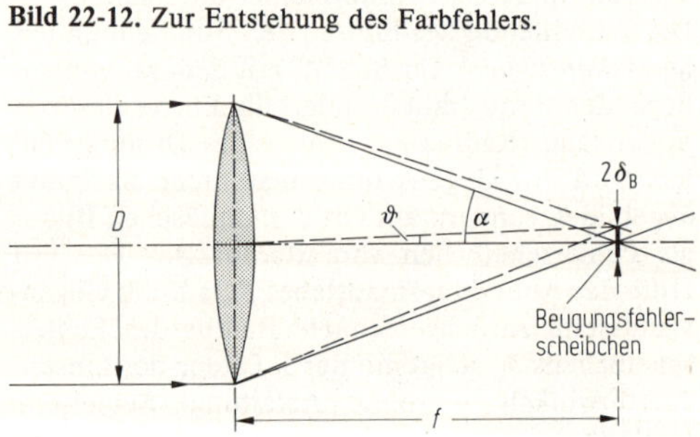

Bild 22-13. Zur Berechnung des Beugungsfehlers.

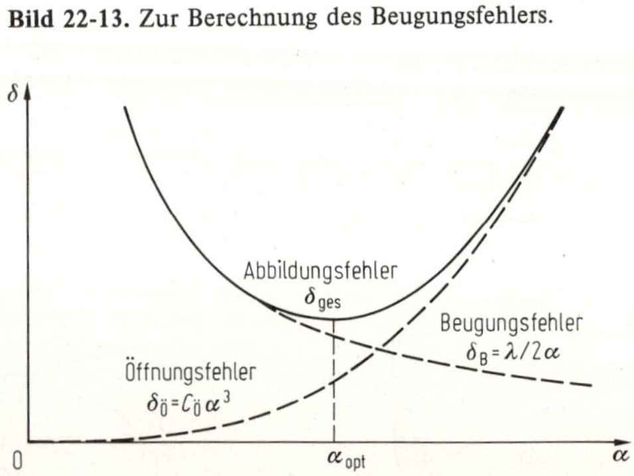

Bild 22-14. Abbildungsunschärfe als Funktion des Öffnungswinkels (qualitativ).

23 Interferenz und Beugung

Unter *Interferenz* versteht man die Erscheinungen, die durch Überlagerung von am gleichen Ort zusammentreffenden Wellenzügen gleicher Art (elastische, elektromagnetische, Materiewellen, Gravitationswellen usw.) hervorgerufen werden, z. B. gegenseitige Verstärkung oder Auslöschung, stehende Wellen usw. (bei Wellen gleicher Frequenz, vgl. 18), oder Schwebungen (bei Wellen von etwas verschiedener Frequenz) usw.
Bringt man in das Feld einer fortschreitenden Welle ein Hindernis (Schirm, Blendenöffnung), so gelangt z. B. auch in den geometrischen Schattenraum eine Wellenerregung: *Beugung*. Die Beugungserscheinungen lassen sich durch die Interferenz der von der primären Welle nach dem Huygensschen Prinzip ausgelösten Elementarwellen (siehe unten) beschreiben.

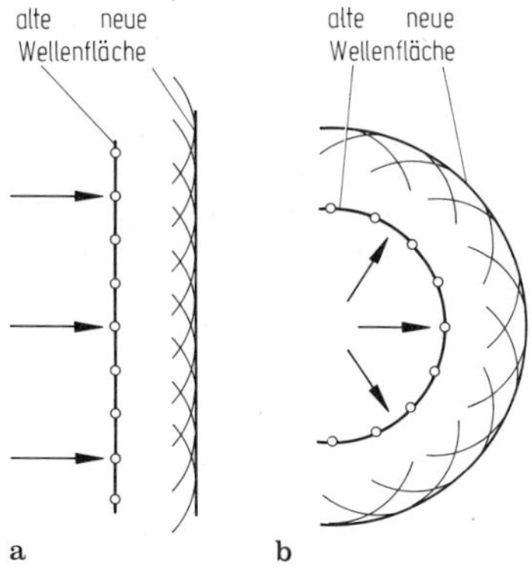

Bild 23-1. Entstehung neuer Wellenflächen nach dem Huygensschen Prinzip **a** für ebene Wellen, **b** für Kugelwellen.

23.1 Huygenssches Prinzip

Die Ausbreitung von Wellen beliebiger Form kann auf die Ausbreitung von Kugelwellen, sogenannten Elementarwellen, und deren phasenrichtige Überlagerung (Interferenz) zurückgeführt werden (*Huygenssches Prinzip*, ca. 1680):

> Jeder Punkt einer Wellenfläche (Phasenfläche) ist Ausgangspunkt einer neuen Elementarwelle (Kugelwelle), die sich im gleichen Medium mit der gleichen Geschwindigkeit wie die ursprüngliche Welle ausbreitet. Die tangierende Hüllfläche aller Elementarwellen gleicher Phase ergibt eine neue Lage der Phasenfläche der ursprünglichen Welle.

Beispiele für die Anwendung dieses Prinzips zeigt Bild 23-1.
Die Anwendung des Huygensschen Prinzips werde für den Durchgang einer ebenen Welle durch eine Schirmöffnung der Breite D betrachtet (Bild 23-2):
Sind die Abmessungen der Schirmöffnung groß gegenüber der Wellenlänge ($D \gg \lambda$, Bild 23-2a), so erhält man hinter dem Schirm ein nahezu ungestörtes Wellenfeld von der Breite der Schirmöffnung. Für diesen Fall ist das Strahlenkonzept offenbar brauchbar. Es treten lediglich geringe Randstörungen auf, die daher rühren, daß im Schattenbereich keine Elementarwellen vom hier ausgeblendeten primären Wellenfeld angeregt werden.
Kommt hingegen die Spaltbreite D in die Nähe der Wellenlänge λ ($D \gtrsim \lambda$, Bild 23-2b), so wird die Intensitätsverteilung zunehmend stärker durch Interferenzmaxima und -minima strukturiert, sowohl innerhalb als auch außerhalb des geometrischen Strahlbereichs.
Wird schließlich $D \ll \lambda$ (Bild 23-2c), so wird gewissermaßen nur noch eine einzelne Elementarwelle von der Schirmöffnung freigegeben. Das Strahlenkonzept ist hier völlig unbrauchbar, während das Huygenssche Prinzip die zu beobachtenden Beugungsphänomene richtig beschreibt.
Das Huygenssche Prinzip, insbesondere in der Erweiterung von Fresnel (siehe unten) ist die Grundlage der quantitativen Theorie der Beugung.

Huygens-Fresnelsches Prinzip:

> Die Amplitude einer Welle in einem beliebigen Raumpunkt ergibt sich aus der Überlagerung aller dort eintreffenden Elementarwellen unter Berücksichtigung ihrer Phase.

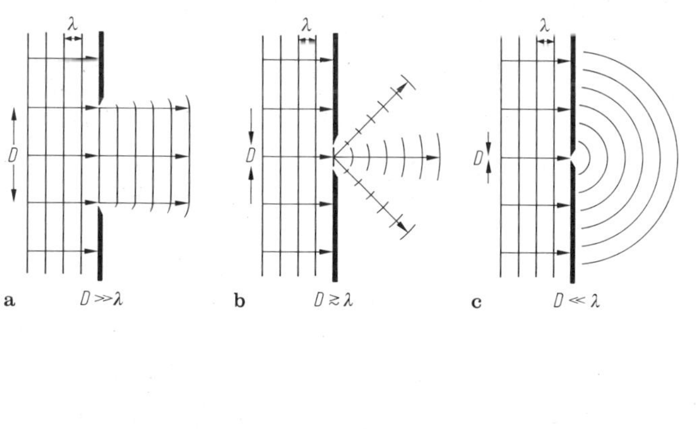

Bild 23-2. Durchgang einer Welle durch eine Spaltöffnung bei verschiedenen Spaltbreiten D im Vergleich zur Wellenlänge λ.

Bei der Beugung von elektromagnetischen Wellen, insbesondere von Lichtwellen, ist es für viele Zwecke ausreichend, den vektoriellen Charakter des elektromagnetischen Feldes zu vernachlässigen, d. h. eine skalare Wellentheorie zu betreiben. Zur Vereinfachung der mathematischen Schreibweise werden cos- und sin-Wellen nach der Eulerschen Formel (vgl. A 7.1) komplex zusammengefaßt:

$$u(r,t) = \hat{u}[\cos(\omega t - kr) + \mathrm{j}\sin(\omega t - kr)] = \hat{u}\,\mathrm{e}^{\mathrm{j}(\omega t - kr)} = \hat{u}\,\mathrm{e}^{-\mathrm{j}kr}\mathrm{e}^{\mathrm{j}\omega t}. \quad (1)$$

u ist hierin die Erregung. Das kann z. B. der Betrag der elektrischen oder der magnetischen Feldstärke sein. Eine auslaufende Kugelwelle (vgl. (18.10)) lautet in dieser Schreibweise

$$u(r,t) = \frac{u_1}{r}\mathrm{e}^{-\mathrm{j}kr}\mathrm{e}^{\mathrm{j}\omega t}. \quad (2)$$

Für die Berechnung der Beugungsintensitäten durch phasenrichtige Überlagerung der elementaren Kugelwellen ist der Zeitfaktor $\mathrm{e}^{\mathrm{j}\omega t}$ nicht wesentlich und wird daher abgespalten. Im Schlußergebnis der Beugungsrechnung kann, wenn nötig, der Realteil der Lichterregung u wiederhergestellt werden durch Multiplikation mit der konjugiert komplexen Erregung u^*.

Die mathematische Ausformulierung des Huygens-Fresnelschen Prinzips durch Kirchhoff berechnet die Lichterregung u(P) in einem beliebigen Punkt P als Integral der Lichterregung u über eine den Punkt P einschließenden Fläche. Handelt es sich um die Beugung an einer Öffnung in einem Schirm (Fläche A), so wird man als Integrationsfläche den Schirm einschließlich Öffnung wählen. Da die Erregung auf dem Schirm jedoch nicht bekannt ist, wird nach Kirchhoff angenommen, daß in der freien Öffnung die Erregung vorliegt, die auch ohne Vorhandensein des Schirmes dort auftreten würde, während die Erregung (und deren Gradient) auf dem Schirm selbst gleich null gesetzt wird. Da die Materialeigenschaften des Schirms dann gar nicht mehr in die Rechnung eingehen, muß das Ergebnis für die unmittelbare

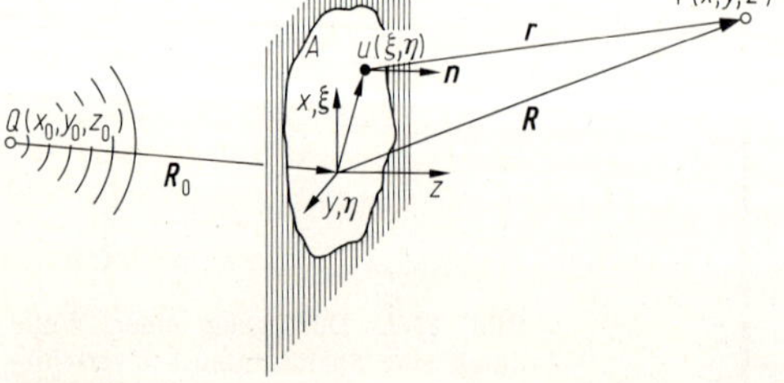

Bild 23-3. Zur Beugung an einer Schirmöffnung nach Kirchhoff.

Nähe des Schirmrandes nicht in jedem Falle zutreffen. Davon abgesehen ist jedoch die Kirchhoffsche Beugungstheorie außerordentlich erfolgreich.

Für einen ebenen Schirm an der Stelle $z = 0$ (Bild 23-3) lautet die *Kirchhoffsche Beugungsformel* in der Formulierung von Sommerfeld

$$u(\mathrm{P}) = \frac{\mathrm{j}}{\lambda}\iint_A u(\xi,\eta)\frac{\mathrm{e}^{-\mathrm{j}kr}}{r}\cos(\boldsymbol{n},\boldsymbol{r})\,\mathrm{d}\xi\,\mathrm{d}\eta. \quad (3)$$

u(P) und $u(\xi,\eta)$ sind die Erregungen im Beobachtungspunkt $\mathrm{P}(x,y,z)$ bzw. in der Schirmöffnung (Schirmkoordinaten ξ und η), $\boldsymbol{n}$ ist die Flächennormale des Schirms. (3) formuliert genau die Huygenssche Vorstellung: Die resultierende Erregung ergibt sich als Überlagerung aller von der beugenden Öffnung ausgehenden Kugelwellen. Der Faktor $\cos(\boldsymbol{n},\boldsymbol{r})$ entspricht dabei dem Lambertschen Cosinusgesetz (siehe 20.2). Ferner ist $r \gg \lambda$ vorausgesetzt. Die Erregungsverteilung $u(\xi,\eta)$ in der Schirmöffnung kann z. B. durch eine Lichtquelle $\mathrm{Q}(x_0,y_0,z_0)$ im Abstand $\boldsymbol{R}_0$ erzeugt werden.

Sind die linearen Abmessungen der beugenden Öffnung $D \ll r, R$, so kann r im Nenner durch den mittleren Wert R ersetzt werden und zusammen mit dem dann wenig veränderlichen Faktor $\cos(n,r)$ aus dem Integral herausgezogen werden. Wegen $R \gg \xi,\eta$ kann dann r im Exponenten entwickelt werden:

$$r = R - \alpha\xi - \beta\eta + \frac{1}{2R}[\xi^2 + \eta^2 - (\alpha\xi + \beta\eta)^2 + \ldots]. \quad (4)$$

Hierbei sind

$$\alpha = \frac{x}{R} \quad \text{und} \quad \beta = \frac{y}{R} \quad (5)$$

die Richtungscosinus von $\boldsymbol{R}$ gegen die ξ- bzw. η-Achse. Diese Entwicklung gestattet eine Einteilung der Beugungserscheinungen:

Fraunhofer-Beugung. Für große Entfernungen von Lichtquelle Q und Beobachtungspunkt P vom Schirm, d. h. $R, R_0 \to \infty$, können die quadratischen Glieder vernachlässigt werden. Aus (3) ergibt sich dann unter Weglassung des konstanten Phasenfaktors $\exp(-\mathrm{j}kR)$

$$u(\mathrm{P}) = \frac{\mathrm{j}\cos(\boldsymbol{n},\boldsymbol{R})}{\lambda R}\iint_A u(\xi,\eta)\,\mathrm{e}^{\mathrm{j}k(\alpha\xi + \beta\eta)}\,\mathrm{d}\xi\,\mathrm{d}\eta. \quad (6)$$

Fresnel-Beugung. In Fällen, in denen die Bedingung für Fraunhofer-Beugung nicht erfüllt ist, müssen mindestens die quadratischen Glieder in (4) berücksichtigt werden.

Entsprechend den genannten Einschränkungen lassen sich die verschiedenen Beugungsbereiche mit Hilfe der *Fresnel-Zahl*

$$F = \frac{D^2}{z\lambda} \quad (7)$$

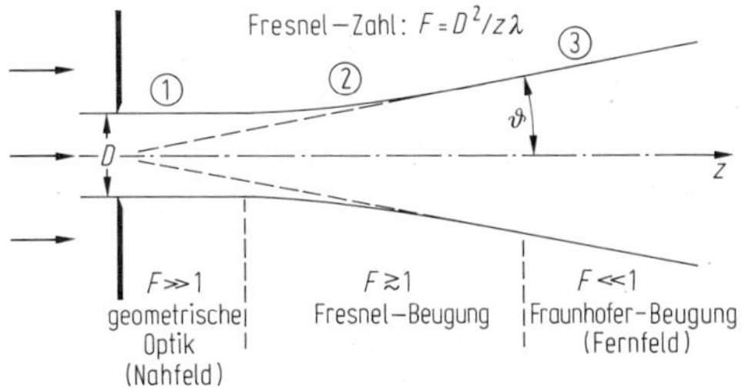

Bild 23-4. Zur Einteilung der Beugungserscheinungen hinter einer Öffnung der Breite $D > \lambda$ in charakteristische Bereiche mit Hilfe der Fresnel-Zahl.

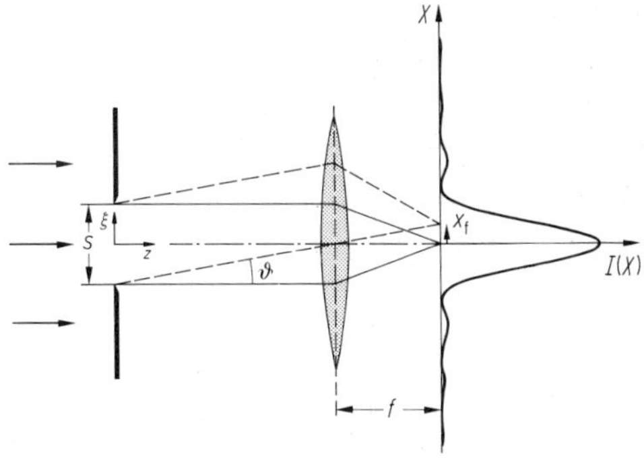

Bild 23-5. Erzeugung des Fraunhofer-Beugungsbildes eines Spaltes in der Brennebene einer Linse.

(D lineare Abmessung des beugenden Objekts) charakterisieren (Bild 23-4):

1. Bereich der geometrischen Optik, $F \gg 1$ ($F \to \infty$):
   Die Ausbreitung erfolgt entsprechend der von der Lichtquelle ausgehenden geometrischen Projektion des Schirms. Kennzeichen sind: Geradlinigkeit der Ausbreitung in homogenen Medien (siehe 22), scharfe Schattengrenzen, Einfluß der Wellenlänge vernachlässigbar.
2. Bereich der Fresnel-Beugung, $F \approx 1$ ($10^{-2} < F < 10^2$):
   Die Ausbreitung erfolgt nur näherungsweise im Bereich der geometrischen Schattenprojektion. Mit abnehmenden Werten von F steigt die seitliche Abströmung der Strahlungsenergie und geht in den Beugungswinkel ϑ (siehe 23.2) über. Die Intensitätsverteilung hinter der Öffnung ist stark strukturiert und zeigt eine ausgeprägte z-Abhängigkeit in der Zahl der Interferenzmaxima.
3. Bereich der Fraunhofer-Beugung, $F \ll 1$ ($F \to 0$):
   Die Ausbreitung erfolgt hauptsächlich innerhalb des Beugungswinkels $\vartheta = \arcsin(\lambda/D)$. Die Form der Intensitätsverteilung hängt nicht mehr von z ab.

23.2 Fraunhofer-Beugung an Spalt und Gitter

Die Beobachtung der Fraunhofer-Beugung setzt voraus, daß Lichtquelle Q und Beobachtungspunkt P sehr weit von der beugenden Öffnung entfernt sind ($R_0, R \to \infty$). Im Experiment läßt sich dies durch eine Parallelstrahl-Beleuchtung (z. B. mit Hilfe einer Linse vor dem Objekt, in deren gegenstandsseitigem Brennpunkt sich eine Punktlichtquelle befindet) und eine hinter dem Beugungsobjekt angeordnete Linse erreichen, in deren hinterer Brennebene das Fraunhofer-Beugungsbild auftritt (Bild 23-5).

Nimmt man an, daß die Erregung direkt hinter dem Schirm durch eine konstante Primärerregung u_e erzeugt wird (etwa durch eine Punktquelle Q(0, 0, $-\infty$), so daß die Schirmebene eine Phasenfläche ist), die durch den Schirm (und seine Öffnung) örtlich moduliert wird, so läßt sich die Erregung auch durch eine Objektfunktion $O(\xi, \eta)$ beschreiben:

$$u(\xi, \eta) = u_e\, O(\xi, \eta)\,. \tag{8}$$

Das Kirchhoffsche Integral (6) lautet dann bis auf nur langsam mit x und y variierende Vorfaktoren

$$u(\mathrm{P}) = \mathrm{const} \iint_A O(\xi, \eta)\, \mathrm{e}^{\mathrm{j}k(\alpha\xi + \beta\eta)}\, \mathrm{d}\xi\, \mathrm{d}\eta \tag{9}$$

und stellt mathematisch eine Fourier-Transformation (A 23.1) dar.

Beugung am Einfachspalt

Die Objektfunktion für einen in η-Richtung (∞ –) lang ausgedehnten Spalt der Breite s lautet

$$O(\xi, \eta) = O(\xi) = \begin{cases} 1 & \text{für} \quad -s/2 < \xi < s/2 \\ 0 & \text{sonst} \end{cases}\,. \tag{10}$$

Mit dieser Objektfunktion ergibt das leicht auszuführende Kirchhoffsche Integral (9) für den Intensitätsverlauf $I(X) \sim u^2(X)$ in der Beugungsebene die *Spaltbeugungsfunktion*

$$I(X) = I_0 \frac{\sin^2 X}{X^2}\,. \tag{11}$$

I_0 ist die Intensität an der Stelle $X = 0$, also in Geradeausrichtung. $X = k\alpha s/2 = \pi\alpha s/\lambda = \pi s x_f/\lambda f$ ist eine normierte Koordinate in der Bildebene (Brennebene der nachgeschalteten Linse) mit $x_f \approx \alpha f$ und $\alpha = \sin\vartheta$ (Bild 23-5):

$$X = \frac{\pi s}{\lambda} \sin\vartheta\,. \tag{12}$$

Bild 23-6 zeigt die Intensitätsverteilung $I(X)$. Sie hat Nullstellen bei $X = \pi, 2\pi, \ldots, n\pi$. Hier interferieren alle von der Spaltfläche ausgehenden Elementarwellen so miteinander, daß sie sich insgesamt auslöschen. Die zu den Minima gehörenden

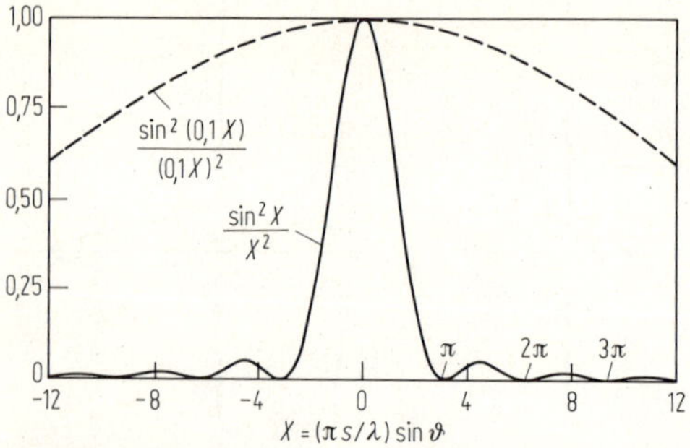

Bild 23-6. Spaltfunktion: Fraunhofer-Beugungsintensität hinter Einfachspalten verschiedener Breite s_1 und $s_2 = 0{,}1\, s_1$.

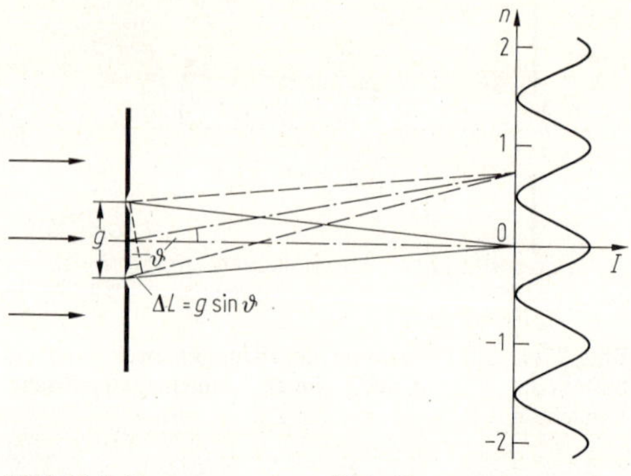

Bild 23-7. Beugung am unendlich dünnen Doppelspalt.

Beugungswinkel beim Einfachspalt ergeben sich aus (23-12) zu

$$\sin\vartheta_{\min} = \pm n\frac{\lambda}{s} \quad (n = 1, 2, \ldots)\,. \tag{13}$$

Wird die Spaltbreite s verringert, so wird die Verteilung umgekehrt proportional zu s breiter (die Intensität dabei geringer), bis schließlich eine einfache Kugelwelle mit nahezu richtungsunabhängiger Intensität übrigbleibt (vgl. auch Bild 23-2c).

Beugung am Doppelspalt

Die Beugungsintensität hinter 2 oder mehr unendlich dünnen Spalten mit dem Abstand g läßt sich auf direktem Wege berechnen. Die Interferenzamplitude der Erregung auf einem weit entfernten Schirm, die durch Überlagerung der an zwei Spalten gebeugten Wellen entsteht (Bild 23-7), ergibt sich aus dem Gangunterschied (Differenz der optischen Weglängen, siehe 21.1) $\Delta L = g \sin\vartheta$ bzw. der daraus resultierenden Phasendifferenz

$$\Delta\varphi = k\Delta L = \frac{2\pi}{\lambda} g \sin\vartheta\,. \tag{14}$$

Die Interferenzamplitude der beiden Wellen mit der Einzelamplitude u_e beträgt in der Beugungsrichtung ϑ aufgrund der Phasendifferenz gemäß (14)

$$u_\vartheta = 2u_e \cos\frac{\Delta\varphi}{2}\,. \tag{15}$$

Daraus ergibt sich für die Beugungsintensität $I_\vartheta \sim u_\vartheta^2$ (siehe 19.1) des Doppelspaltes (Bild 23-7)

$$I_\vartheta = 4I_e \cos^2\left(\frac{\pi g}{\lambda}\sin\vartheta\right). \tag{16}$$

Diese Beugungsintensitätsverteilung hat Maxima an den Stellen

$$\sin\vartheta_{\max} = \pm n\frac{\lambda}{g} \quad (n = 0, 1, \ldots) \tag{17}$$

und Minima bei

$$\sin\vartheta_{\min} = \pm\left(n + \frac{1}{2}\right)\frac{\lambda}{g} \quad (n = 0, 1, \ldots)\,. \tag{18}$$

Die $\cos^2$-förmige Beugungsintensitätsverteilung beim Doppelspalt ist die typische Erscheinungsform der Zweistrahlinterferenz, die sehr häufig z. B. auch bei Interferometern ausgenutzt wird. Da man es in praxi mit endlichen Wellenzügen zu tun hat (vgl. 18.1), treten Interferenzerscheinungen zwischen beiden Wellenzügen nur dann auf, wenn der Weglängenunterschied ΔL nicht größer ist als die Länge der Wellenzüge, die in diesem Zusammenhang als *Kohärenzlänge* bezeichnet wird.

Zweistrahlinterferenzen treten u. a. bei zwei vom gleichen Verstärker angesteuerten Lautsprechern auf, bei zwei Antennen eines Senders usw.

Beugung am Gitter

Erhöht man die Zahl N der Spalte über 2 hinaus, so gilt die Bedingung (17) für das Auftreten für Maxima weiterhin, da bei dem Beugungswinkel $\vartheta_{\max}$ auch die weiteren Spalte phasenrichtig zur Beugungsintensität beitragen (Bild 23-8):

$$\sin\vartheta_{\max} = \pm n\frac{\lambda}{g}, \quad n = 0, 1, \ldots\,. \tag{19}$$

Der Abstand g der Gitterspalte wird auch Gitterkonstante genannt.

Zwischen den Hauptmaxima verteilt sich die Beugungsintensität jedoch anders als beim Doppelspalt, da bei diesen Richtungen jeweils viele unterschiedliche Phasen auftreten, die zur destruktiven Interferenz führen. Die Überlagerung der von den einzelnen Spalten ausgehenden Teilwellen in Richtung ϑ ergibt

$$u_\vartheta = u_e[1 + e^{jk\Delta L} + \ldots + e^{jk(N-1)\Delta L}]\,. \tag{20}$$

Mit der Summenformel für geometrische Reihen

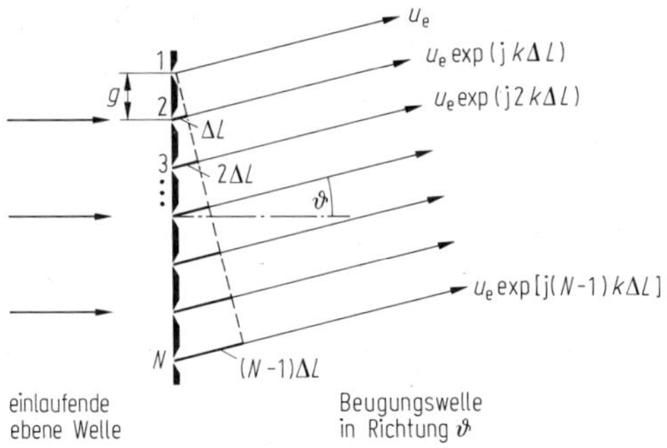

Bild 23-8. Zur Beugung am Gitter mit N Spalten.

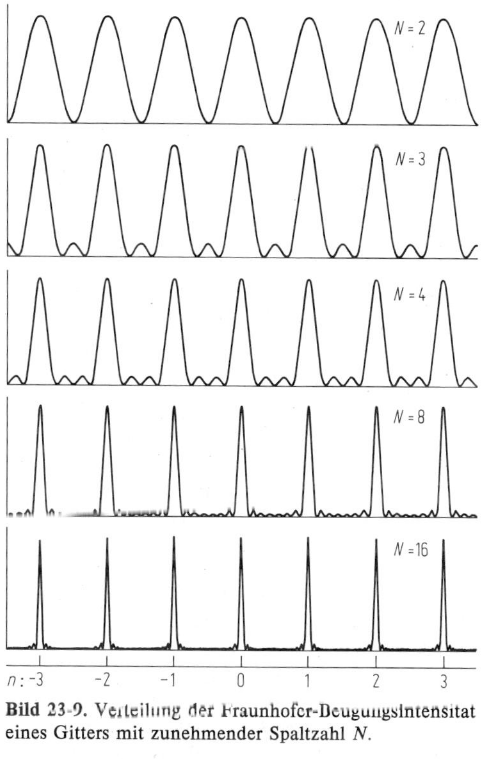

Bild 23-9. Verteilung der Fraunhofer-Beugungsintensität eines Gitters mit zunehmender Spaltzahl N.

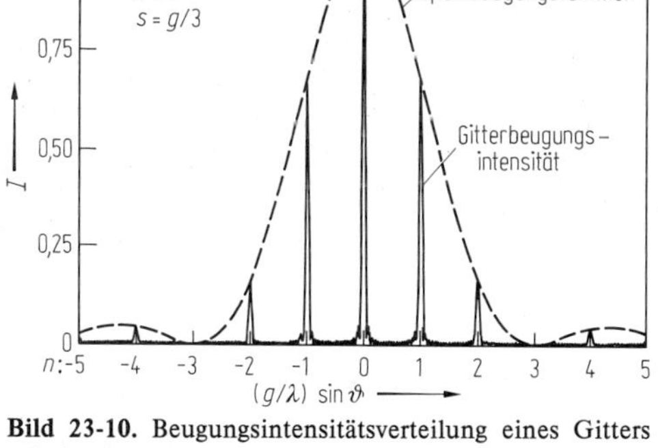

Bild 23-10. Beugungsintensitätsverteilung eines Gitters mit der Gitterkonstante g und der Spaltbreite $s = g/3$.

(vgl. A) ergibt sich daraus

$$u_\vartheta = u_e \frac{1 - e^{jkN\Delta L}}{1 - e^{jk\Delta L}} = u_e \frac{\sin(kN\Delta L/2)}{\sin(k\Delta L/2)} e^{jk(N-1)\Delta L/2}. \tag{21}$$

Der Exponentialterm ist ein Phasenfaktor mit dem Betrag 1. Die Fraunhofer-Beugungsintensität eines Gitters mit N unendlich dünnen Spalten, die sog. Gitterbeugungsfunktion, beträgt demnach mit $k\Delta L/2 = (\pi g/\lambda) \sin\vartheta$

$$I_\vartheta = I_e N^2 \frac{\sin^2\left(N\frac{\pi g}{\lambda}\sin\vartheta\right)}{N^2 \sin^2\left(\frac{\pi g}{\lambda}\sin\vartheta\right)}. \tag{22}$$

Der Bruchausdruck hat in den durch (19) gegebenen Hauptmaxima den Wert 1. Hier wächst demnach die Intensität quadratisch mit der Zahl N der Spaltöffnungen des Gitters. Gleichzeitig sinkt die Halbwertsbreite mit N (Bild 23-9). Für $N \to \infty$ erhält man eine Folge von Deltafunktionen (vgl. A 8.3) an den Stellen der Hauptmaxima: „Delta-Kamm".

Reale Gitterspalte haben immer eine endliche Breite s. Daher überlagert sich der Gitterbeugungsfunktion (22) stets die Spaltbeugungsfunktion (11) als Intensitätsfaktor (Bild 23-10).

Kreuzgitter sind Beugungsschirme mit Gitterstrukturen in zwei verschiedenen Richtungen. Sie erzeugen dementsprechend ein zweidimensionales Beugungspunktmuster. Bei der Beugung an vielen, in einer Ebene liegenden, statistisch orientierten Kreuzgittern ordnen sich die Beugungspunkte gleicher Ordnung zu ringförmigen Beugungsstrukturen um die 0. Ordnung als Zentrum. Dies ist das Analogon zu den Debye-Scherrer-Ringen bei der Beugung von Röntgen und Elektronenstrahlen an Kristallpulvern oder polykristallinen Schichten (siehe unten und 25.4).

Gitter-Dispersion

Nach (19) ist der Beugungswinkel für das Auftreten von Beugungsmaxima von der Wellenlänge λ des gebeugten Lichtes abhängig. Bei der Gitterbeugung von weißem Licht sind danach die Beugungswinkel des blauen Strahlungsanteils kleiner als die des roten Anteils. Jede Beugungsordnung spreizt sich daher zu einem Spektrum auf. Anwendung bei der Spektralanalyse: Gitterspektrograph.

Beugung an Raumgittern

Licht wird (wie jede Welle) nicht nur an Öffnungen gebeugt, sondern ebenso an Hindernissen wie kleinen Kugeln o. ä. Sind solche beugenden Objekte dreidimensional periodisch angeordnet, so liegt ein Raumgitter vor. Fällt eine ebene Welle auf ein solches Raumgitter (Bild 23-11; die Gitterperiodizität ist senkrecht zur Zeichenebene fortgesetzt zu denken), so läßt sich die Beugung daran als sukzessive Beugung an hintereinander ange-

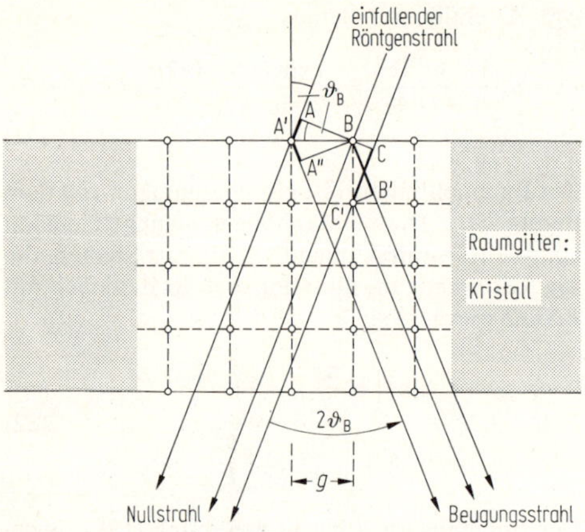

Bild 23-11. Röntgenbeugung am Raumgitter.

ordneten Flächengittern darstellen (im Bild 23-11 untereinander liegende Kreuzgitter). Während das Entstehen von Beugungsstrahlen an einem einzelnen Flächengitter nicht an bestimmte Einfallswinkel geknüpft ist, tritt bei einem Raumgitter durch die Periodizität auch in der dritten Raumrichtung noch eine dritte Bedingung für die phasenrichtige Überlagerung aller Beugungswellen zu Beugungsmaxima hinzu. Das hat zur Folge, daß Beugungsmaxima von bestimmten Netzebenen des Raumgitters nur bei Einstrahlung unter dem Bragg-Winkel ϑ_B auftreten (Bild 23-11). Phasenrichtig überlagern sich Beugungswellen dann in der Richtung $2\vartheta_B$.

Der Bragg-Winkel ergibt sich aus der *Braggschen Gleichung:*

$$2g \sin \vartheta_B = n\lambda . \tag{23}$$

Die Braggsche Gleichung folgt aus der Forderung, daß der durch die Strecke AA'A" gegebene Gangunterschied ein Vielfaches der Wellenlänge λ sein muß. Der Beugungsstrahl tritt dann unter dem Winkel $2\vartheta_B$ auf, wird also gewissermaßen an den vertikalen Netzebenen „gespiegelt". Auch die unter dem obersten Flächengitter liegenden beugenden Objekte, z. B. bei C', liefern dann phasenrichtige Beugungswellen in Richtung $2\vartheta_B$, wie aus Bild 23-11 sofort abzulesen ist (die Strecken BB' und CC' sind gleich).

Solche Raumgitter liegen als Atomgitter in den Kristallen vor. Mit Lichtwellen ($\lambda \approx 500$ nm) sind daran jedoch keine Beugungsmaxima zu erzielen, da die Gitterkonstanten g in der Größenordnung 0,1 bis 1 nm liegen und (23) nicht erfüllbar ist. Hingegen lassen sich mit Röntgenstrahlen (siehe 19.2) oder mit Elektronenstrahlen (vgl. 25.4) an Kristallen Beugungsmaxima beobachten, da in beiden Fällen $\lambda < g$ gemacht werden kann.

Durch *Röntgenstrahlbeugung an Kristallen* haben v. Laue, Friedrich und Knipping (1912) erstmals den Gitteraufbau von Kristallen einerseits sowie die Welleneigenschaften der Röntgenstrahlung durch photographische Registrierung der Laue-Diagramme andererseits nachgewiesen. Seitdem hat sich die Röntgenbeugung als wichtiges Hilfsmittel zur Strukturuntersuchung entwickelt, da durch Messung der Beugungswinkel ϑ_B über die Braggsche Gleichung (23) die zugehörigen Gitterkonstanten bestimmt werden können. Bei der Röntgenbeugung an polykristallinen Stoffen oder an Kristallpulvern erhält man (analog zur oben erwähnten Beugung an vielen statistisch orientierten Kreuzgittern) statt der Laue-Punktdiagramme ringförmige Beugungsdiagramme: Debye-Scherrer-Diagramme.

24 Wellenaspekte bei der optischen Abbildung

Die optische Abbildung ist in 22 im Rahmen der geometrischen Optik behandelt, d. h. unter Verwendung des Strahlenkonzeptes ohne Berücksichtigung der Welleneigenschaften der zur Abbildung verwendeten Lichtstrahlung (Vernachlässigung der Beugung). Nach Behandlung der Beugung in 23 wird die optische Abbildung nun noch einmal vom Standpunkt der Wellenausbreitung aus untersucht.

24.1 Abbesche Mikroskoptheorie

Wie ähnlich ist bei der optischen Abbildung die geometrische Struktur des Bildes derjenigen des abgebildeten Gegenstandes (Objektes)? Dazu sei die Abbildung eines Beugungsgitters (Gitterkonstante d) mittels einer Linse betrachtet (Bild 24-1).

Die vom Objektgitter ausgehenden Beugungsstrahlen werden in der hinteren Brennebene der Abbildungslinse (Objektiv) fokussiert, hier entsteht das Fraunhofer-Beugungsbild des Objekts (siehe 23.2, Bild 23-5), im Falle eines Gitters ein System von hellen Punkten, die die verschiedenen Beugungsordnungen repräsentieren. Das im Verlauf der weiteren Wellenausbreitung von den Beugungspunkten ausgehende Licht interferiert in der Bildebene zur Lichtverteilung des Bildes. Im dargestellten Beispiel (Bild 24-1) werden von der Objektivöffnung die $-1.$, $0.$ und $+1.$ Beugungsordnung erfaßt und in der Brennebene abgebildet. Dementsprechend ergibt sich in der Bildebene eine Intensitätsverteilung, die der Beugungsintensitätsverteilung eines Dreifachspaltes entspricht (Bild 23-9 für $N = 3$). Ersichtlich ist die Ähnlichkeit der Bildintensitätsverteilung mit der des Objekts nur sehr gering. Im wesentlichen kann aus dem Bild in diesem Falle nur die Gitterkonstante

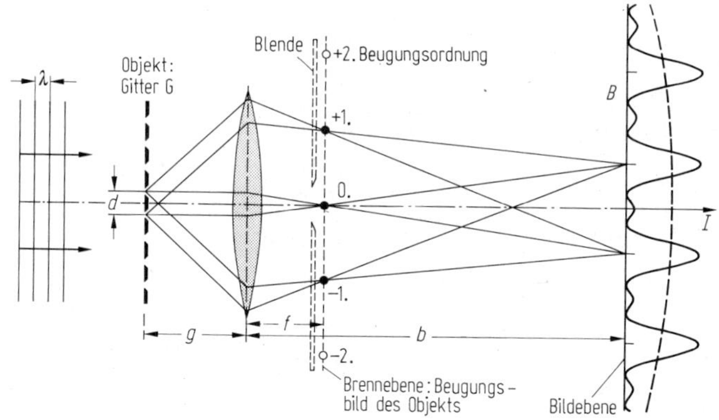

Bild 24-1. Zur Abbildung eines Gitterobjekts nach der Abbeschen Mikroskoptheorie.

des Objekts (um den Vergrößerungsmaßstab gedehnt) entnommen werden. Um eine größere Ähnlichkeit des Bildes mit dem Objekt zu erzielen, müssen offenbar mehr Beugungsordnungen vom Objektiv erfaßt und damit zur Abbildung zugelassen werden. Dann verbessert sich die Wiedergabe gemäß Bild 23-9 mit zunehmender Zahl der Quellpunkte in der Brennebene des Objektivs.

Demnach erfolgt vom Beugungsstandpunkt her die Abbildung in zwei Schritten: Zunächst entsteht in der Brennebene das Fraunhofer-Beugungsbild des Objekts. Im zweiten Schritt entsteht in der Bildebene das Bild des Objekts als Beugungsbild der Lichtverteilung in der Brennebene. Beide Schritte lassen sich mathematisch durch das Kirchhoffsche Integral (23-9) beschreiben, das formal eine Fourier-Transformation (vgl. A 23.1) darstellt. Das Bild entsteht also aus der Objekt-Lichtverteilung durch zweifache Fourier-Transformation. Dies sind die Grundgedanken der *Abbeschen Mikroskoptheorie* (Ernst Abbe 1890).

Die Abbesche Vorstellung läßt sich durch künstliche Eingriffe in das Beugungsbild in der Objektivbrennebene experimentell überprüfen: Werden alle Beugungsordnungen bis auf eine am weiteren Bildaufbau gehindert (gestrichelte Blende in Bild 24-1), so entsteht lediglich die breite Helligkeitsverteilung auf dem Schirm, die durch eine einzelne Kugelwelle erzeugt wird, ohne jede Strukturinformation über das abzubildende Objekt. Eine Mindestinformation über das abgebildete Objekt ergibt sich offenbar erst dann, wenn mindestens zwei Beugungsordnungen zum Bildaufbau beitragen und eine $\cos^2$-Verteilung in der Bildebene erzeugen (vgl. (23-16)).

Beträgt der Öffnungswinkel des Objektivs ϑ_0, so ist der größte noch vom Objektiv zu erfassende Beugungswinkel $\vartheta \approx \vartheta_0$ (bei schräger Beleuchtung des Objektgitters, so daß 0. und 1. Ordnung gerade noch durch die Objektivlinse gehen, vgl. Bild 24-2). Dem entspricht ein kleinster, noch abzubildender Gitterspaltabstand $d \approx \lambda/\sin\vartheta_0$, den man für $n = 1$ aus der Beugungsformel (23-19) erhält. Da dieselbe Beugungsformel auch für den Doppelspalt gilt (23-17), gilt offenbar generell für den kleinsten bei gegebenem Objektiv-Öffnungswinkel ϑ_0 noch abzubildenden Abstand, die sog. *Abbesche Auflösungsgrenze*

$$d_{\min} \approx \frac{\lambda}{\sin\vartheta_0}. \qquad (1)$$

Für das *Mikroskop* ist als untere Grenze $\sin\vartheta_0 = 1$ zu erreichen, d. h., die Auflösungsgrenze des Mikroskops ist

$$d_{\min} \approx \lambda. \qquad (2)$$

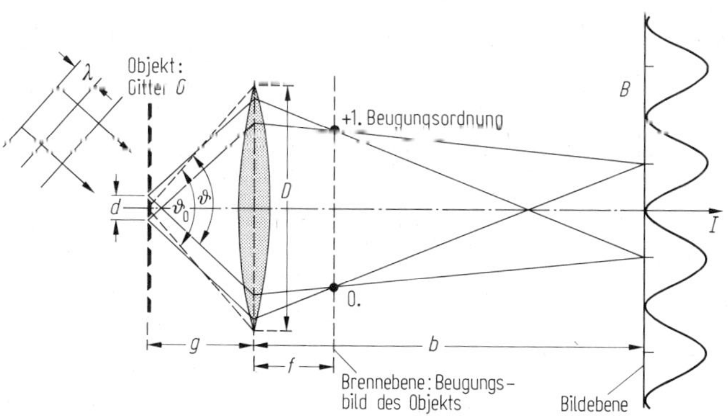

Bild 24-2. Zur Auflösungsgrenze bei der optischen Abbildung.

Das Lichtmikroskop kann daher prinzipiell keine Strukturen auflösen, deren Abstand kleiner als die Wellenlänge des Lichtes von etwa 0,5 µm ist. Höhere Auflösungen lassen sich nur mit Strahlungen kleinerer Wellenlänge erzielen (Elektronenmikroskop, siehe 25.5).

Beim Fernrohr ist die Gegenstandsweite g sehr groß gegen den Objektivdurchmesser D. Dann ist $\vartheta_0 \approx D/g \approx \sin\vartheta_0$, womit aus (1) für die Auflösungsgrenze des Fernrohrs folgt:

$$d_{\min} \approx \frac{\lambda}{D} g. \tag{3}$$

Beispiel: Bei einer sonst störungsfreien Abbildung mit einem Fernrohrobjektiv von $D = 5$ cm Durchmesser beträgt die Auflösungsgrenze für Gegenstände in $g = 100$ km Entfernung $d_{\min} \approx 1$ m.

24.2 Holographie

Die Abbesche Theorie (24.1) stellt die optische Abbildung als zweistufigen Vorgang dar, bei dem zunächst das Beugungsbild des Objekts in der Brennebene des Objektivs erzeugt wird. Anschließend entsteht durch Interferenz aus der Lichtverteilung des Beugungsbildes das Bild in der Bildebene. Diese Vorstellung legt nahe, daß im Grunde die Lichtverteilung nicht nur in der Brennebene des Objektivs, sondern in jeder Ebene zwischen Objekt und Bild die vollständige Objektinformation enthält. Gelingt es, diese Lichtverteilung nach Betrag und Phase z. B. photographisch zu speichern (*Holographie*, von griech. holos: vollständig und graphein: schreiben), so muß im Prinzip das Bild daraus rekonstruiert werden können (Gabor 1948).

Wird danach einfach eine Photoplatte in die vom Objekt ausgehende Objektwelle gestellt und anschließend entwickelt, so erhält man eine vom Objekt bestimmte Schwärzung, die jedoch nur den Betrag der Amplitude (bzw. deren Quadrat) der Objektwelle am Orte der Photoplatte wiedergibt, während die Phase nicht registriert wird. Eine Rekonstruktion der Objektwelle, z. B. durch Beleuchtung der (zur Erhaltung eines Positivs umkopierten) Photoplatte, ist daher so i. allg. nicht möglich.

Eine gleichzeitige Registrierung von Betrag und Phase der Objektwelle in einem *Hologramm* ist durch zusätzliche Überlagerung einer Referenzwelle möglich (Bild 24-3).

Die Objektwelle in der Ebene der Photoplatte (x, y), die hier durch Beleuchtung eines teiltransparenten Gegenstandes (Objekt) erzeugt wird, werde nach Abspaltung des Zeitfaktors $\exp(-j\omega t)$ dargestellt durch

$$u_G(x,y) = |u_G(x,y)|\,e^{j\varphi_G(x,y)}, \tag{4}$$

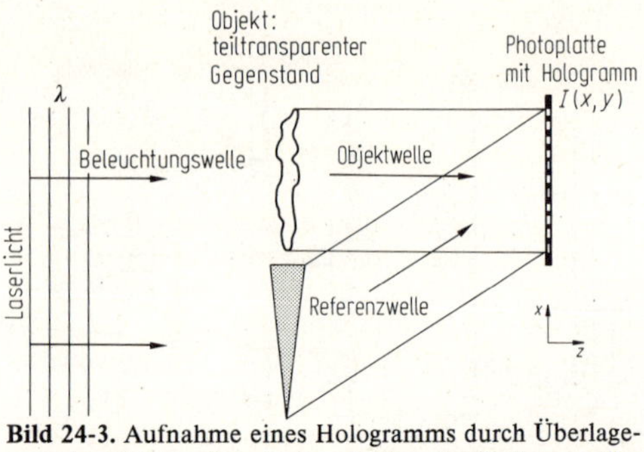

Bild 24-3. Aufnahme eines Hologramms durch Überlagerung der Objektwelle mit einer kohärenten Referenzwelle.

worin der Betrag der Erregung $|u_G(x,y)|$ sich als Beugungserregung aus der Lichtverteilung im Objekt durch Anwendung des Kirchhoffschen Integrals (für ein ebenes Objekt z. B. aus (23-9)) bestimmen läßt. Bei einiger Entfernung vom Objekt ist $u_G(x,y)$ dem Objekt i. allg. nicht mehr erkennbar ähnlich. $\varphi_G(x,y)$ ist die Phase in der Registrierebene (x,y).

Eine gleichzeitig auf die Registrierebene (Hologrammebene) eingestrahlte, zur Objektwelle kohärente Referenzwelle (gemeinsame Erzeugung von Beleuchtungs- und Referenzwelle mittels eines Lasers, Bild 24-3)

$$u_R(x,y) = |u_R(x,y)|\,e^{j\varphi_R(x,y)} \tag{5}$$

interferiert mit der Objektwelle und ergibt eine Intensität in der Hologrammebene

$$I(x,y) \sim |u_G + u_R|^2$$
$$= |u_G|^2 + |u_R|^2 + 2|u_G||u_R|\cos(\varphi_G - \varphi_R). \tag{6}$$

Hierin sind

$|u_G|^2, |u_R|^2$: Intensitäten der Objektwelle bzw. der Referenzwelle ohne Interferenz,

$2|u_G||u_R|\cos(\varphi_G - \varphi_R)$: Interferenzglied, beschreibt ein Interferenzstreifensystem im Hologramm, dessen Amplitude durch den Betrag der

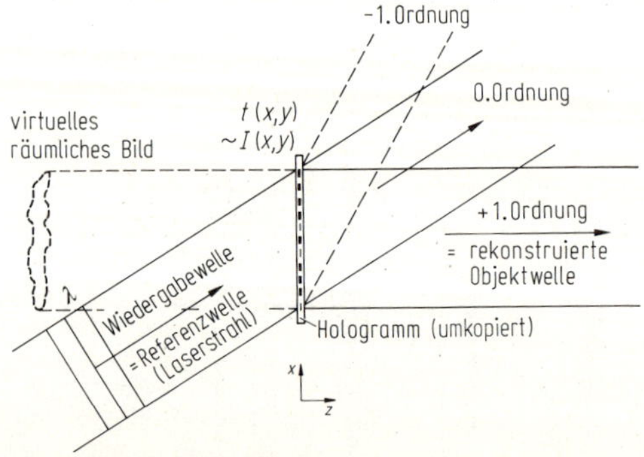

Bild 24-4. Rekonstruktion der Objektwelle aus dem Hologramm: +1. Ordnung der Beugung des Beleuchtungsstrahls an den Gitterstrukturen des Hologramms.

Objektwelle $|u_G|$ und dessen örtliche Streifenlage durch die Phasendifferenz $\varphi_G - \varphi_R$ zur Referenzwelle bestimmt ist.

Das im Hologramm registrierte Interferenzstreifensystem enthält daher die vollständige Objektwelleninformation.

Nach photographischer Entwicklung der Hologrammplatte ist deren Amplitudentransmission $t(x,y) \sim I(x,y)$. Nunmehr werde das Hologramm in derselben Anordnung allein durch die Referenzwelle beleuchtet (Bild 24-4). Die Lichtverteilung unmittelbar hinter dem Hologramm ist dann mit (6) unter Weglassung des Imaginärteils

$$u(x,y) = t(x,y)\, u_R(x,y)$$
$$\sim [|u_G|^2 + |u_R|^2 + 2|u_G||u_R|\cos(\varphi_G - \varphi_R)] \times |u_R|\cos\varphi_R$$

$$\begin{aligned} u(x,y) \sim\ & |u_R|[|u_G|^2 + |u_R|^2]\cos\varphi_R && \text{transmittierte Referenzwelle} \\ & +|u_R|^2|u_G|\cos(\varphi_G - 2\varphi_R) && \text{Zwillingsbild} \\ & +|u_R|^2|u_G|\cos\varphi_G && \text{Objektwelle} \end{aligned} \quad (7)$$

Bis auf einen konstanten Faktor $|u_R|^2$ stellt der dritte Term die gesuchte Lichtverteilung der ursprünglichen Objektwelle dar, die jetzt nicht mehr durch die Beleuchtung des Objekts, sondern des Hologramms erzeugt (rekonstruiert) wird. Damit ist aber nach dem Huygensschen Prinzip die sich von dieser Lichtverteilung weiter nach rechts ausbreitende neue Objektwelle identisch mit der ursprünglichen, so daß beim Blicken durch das so beleuchtete Hologramm das Objekt an der ursprünglichen Stelle (und zwar räumlich) gesehen wird, ohne daß das Objekt dort vorhanden sein muß. Im Bild der Gitterbeugung ist die rekonstruierte Objektwelle die 1. Ordnung der Beugung der Referenzwelle am Hologramm-Gitter. Der erste Term in (7) stellt die 0. Ordnung, der zweite Term die −1. Ordnung dar, die hier nicht weiter betrachtet wird.

Achtung: Beim Betrachten eines Hologramms darf zur Vermeidung von Augenschäden nicht in die 0. Ordnung des beleuchtenden Laserstrahls geblickt werden!

Die Holographie ist demnach ein zweistufiges Verfahren zur Aufzeichnung und räumlichen Wiedergabe von Bildern beliebiger Gegenstände, das im Prinzip keine Linsen erfordert. Insbesondere bei der Aufnahme der Hologramme werden Wellen zur Interferenz gebracht, die sehr unterschiedliche Wege zurückgelegt haben. Die Anforderungen an die Kohärenz des verwendeten Lichtes sind daher sehr hoch, so daß im Normalfall Laserlicht verwendet werden muß (siehe 20.5). Die hier dargestellte Form der Holographie wird aufgrund der Art der Referenzstrahlführung als Off-axis-Holographie bezeichnet (Leith u. Upatnieks 1963).

25 Materiewellen

25.1 Teilchen, Wellen, Unschärferelation

Es gibt zwei physikalische Phänomene, die Erhaltungsgrößen wie Energie, Impuls und Drehimpuls speichern und transportieren können (Tabelle 25-1): Teilchen (Partikel) und Wellen.

Die *Teilchen* und ihr Verhalten können im wesentlichen durch die Erhaltungsgesetze für Energie, Impuls und Drehimpuls beschrieben werden (vgl. 3 und 4). Im makroskopischen Bereich der Physik sind daher keine Einschränkungen hinsichtlich der Werte dieser Größen erkennbar. Solche Einschränkungen werden jedoch im mikroskopischen Bereich der Physik (Atomphysik, Kernphysik) beobachtet, wo die experimentellen Ergebnisse dazu zwangen, Quantenhypothesen für Energie und Impuls bzw. Drehimpuls einzuführen: Quantisierte Oszillatoren in der Planckschen Strahlungstheorie (siehe 20.2), quantisierte Energien und Drehimpulse in der Atomtheorie (vgl. 16.1). Viel länger akzeptiert sind Quantenvorstellungen, soweit es die Grundbausteine der Materie, die Elementarteilchen, die elektrische Ladung usw. betreffen. Schließlich ist es ein Merkmal der Partikel in der klassischen Mechanik, daß ihr Ort, Impuls usw. im Prinzip zu jedem Zeitpunkt genau angegeben werden kann: Partikel sind lokalisiert.

Bei der Ausbreitung von *Wellen* handelt es sich dagegen um die räumliche Fortpflanzung eines Schwingungsvorganges, der typischerweise ausgedehnt, nicht lokalisiert ist. Es handelt sich nicht wie bei den Teilchen um einen Materietransport, dennoch wird auch hier Energie und Impuls transportiert (vgl. 18.1 und 19.1). Quantisierungsvorschriften gibt es hier bereits im makroskopischen Bereich der klassischen Physik: Ist das Medium, in dem sich Wellen ausbreiten, räumlich begrenzt, so gibt es stehende Wellen, die nur für diskrete Wellenlängen, die durch die Abmessungen des Mediums bestimmt sind, stationär existieren können (vgl. 18.1). Im mikroskopischen, atomphysikalischen Bereich mußte jedoch auch das Wellenbild modifiziert werden. Die Erklärung der Planckschen Strahlungsformel (siehe 20.2), des Photoeffektes (siehe 16.7 und 20.3) und des Compton-Effektes (siehe 20.3) erforderte die Einführung partikelähnlicher Vorstellungen in Form des Wellenpakets (siehe 18.1): Quantisierung des Lichtes (siehe 20.3).

Damit erhebt sich die Frage der Lokalisierbarkeit von Wellen. Bei einem klassischen Partikel ist die Ortsbestimmung im Prinzip kein Problem, der Ort eines Partikels läßt sich angeben. Eine Welle hingegen erfüllt immer ein gewisses Gebiet, das beliebig groß sein kann. Dann wird eine Ortsangabe für die Welle unmöglich. Erst der Übergang zu einer

Tabelle 25-1. Charakteristika von Teilchen und Wellen im makroskopischen und im mikroskopischen Bereich

	Makroskopischer Bereich	Mikroskopischer Bereich	
Teilchen (Partikel)	lokalisiert; Energie, Drehimpuls, … beliebig	Wellenverhalten: Materiewellen, nicht streng lokalisiert	Energie, Drehimpuls, … quantisiert
Welle	ausgedehnt; Energie, … beliebig; Quantelung bei steh. Wellen	Partikelverhalten: Lichtquanten, nicht beliebig ausgedehnt	

endlich langen Welle, einem örtlich begrenzten Wellenpaket (18.1), läßt eine Ortsangabe mit einer gewissen Unschärfe Δx zu, die etwa der Länge des Wellenpakets entspricht (Ausbreitung in x-Richtung angenommen):

$$\Delta x = v_p \tau . \quad (1)$$

v_p Phasengeschwindigkeit der Welle,
τ zeitliche Dauer des Wellenzuges.

Mit der Ortsunschärfe ist eine weitere Unschärfe verknüpft. Nach dem Fourier-Theorem ist ein zeitlich begrenzter Wellenzug der Zeitdauer τ als Überlagerung eines kontinuierlichen Spektrums von unbegrenzten Wellen anzusehen, deren spektrale Amplitudenverteilung (Bild 5-23) die Halbwertsbreite

$$\Delta \nu \approx \frac{1}{\tau} \quad (2)$$

aufweist: Frequenzunschärfe. Die Frequenz eines Lichtquants hängt gemäß (20-38) mit seinem Impuls $p_\gamma = h/\lambda$ zusammen:

$$\nu = \frac{v_p}{\lambda} = \frac{v_p}{h} p_\gamma . \quad (3)$$

Aus der Frequenzunschärfe $\Delta \nu$ folgt danach eine Impulsunschärfe

$$\Delta p_x = \frac{h}{v_p} \Delta \nu = \frac{h}{v_p \tau} , \quad (4)$$

woraus sich mit (1) ergibt:

$$\Delta p_x \Delta x = h . \quad (5)$$

Eine genauere Ableitung ergibt die *Heisenbergsche Unschärferelation* (Heisenberg 1927):

$$\Delta p_x \Delta x \geqq \hbar . \quad (6)$$

Die Unschärferelation verknüpft die aufgrund der Struktur von Wellenpaketen entstehenden Meßungenauigkeiten korrespondierender physikalischer Größen (Kennzeichen: das Produkt solcher Größen hat die Dimension einer Wirkung) miteinander:

Ort und Impuls eines Wellenpakets sind nicht gleichzeitig genau meßbar. Je genauer der Ort bestimmt wird, desto weniger genau läßt sich sein Impuls bestimmen und umgekehrt.

Wegen der Verwendung von (20-38) gilt die obige Ableitung der Unschärferelation zunächst für elektromagnetische Wellen (Lichtquanten), erweist sich aber auch für Materiewellen (25.2), elastische Wellen usw. als zutreffend. Daß man in der makroskopischen Physik von der Unschärferelation nichts bemerkt, liegt daran, daß das Plancksche Wirkungsquantum h so außerordentlich klein ist.

25.2 Die De-Broglie-Beziehung

Die Zuordnung von im Sinne der klassischen Physik typischen Teilcheneigenschaften, wie Lokalisierbarkeit, Energie, Impuls usw., zu Wellen legt es aus Symmetriegründen nahe (vgl. Tabelle 25-1), umgekehrt den Materieteilchen auch Welleneigenschaften zuzuordnen: *Materiewellen* (de Broglie 1924). Zwischen dem Impuls $p = mv$ der Teilchen und der Wellenlänge λ der den Teilchen zugeordneten Materiewelle wurde derselbe Zusammenhang wie beim Licht (20-38) vermutet:

$$p = \frac{h}{\lambda} . \quad (7)$$

Mit (12-53) folgt daraus für die Materiewellenlänge die *De-Broglie-Beziehung:*

$$\lambda = \frac{h}{p} = \frac{h}{mv} = \frac{h}{\sqrt{2emU}} . \quad (8)$$

Für Elektronen gilt (8) nur für Beschleunigungsspannungen $U < (10^4 \ldots 10^5)$ V (vgl. 12.5). Bei relativistischen Geschwindigkeiten muß (12-55) verwendet werden. Werte für die De-Broglie-Wellenlänge von Elektronen finden sich in Tabelle 25-2 (siehe 25.4).
Natürlich wird man hier wie bei den Lichtquanten annehmen, daß die den Teilchen zugeordneten Materiewellen eine begrenzte Länge haben, so daß es sich um Wellenpakete (18.1) handelt, die etwa

am Ort des betreffenden Teilchens ihr Zentrum haben. Damit gilt aber die Heisenbergsche Unschärferelation (6), die aus den Wellengruppeneigenschaften und $p = h/\lambda$ resultierte, auch für Materiewellen.
In weiterer Verfolgung der Analogie zur Lichtquantenvorstellung läßt sich die Energie bewegter Teilchen mit einer Frequenz ν entsprechend (20-36) verknüpfen. Nehmen wir ferner die Äquivalenz von Masse und Energie hinzu, so folgt mit (4-42) für die Frequenz einer Materiewelle

$$\nu = \frac{mc_0^2}{h}. \tag{9}$$

Damit ergibt sich für die Phasengeschwindigkeit einer Materiewelle mit Hilfe der De-Broglie-Beziehung (8)

$$v_\mathrm{p} = \nu\lambda = \frac{mc_0^2\lambda}{h} = \frac{c_0^2}{v}. \tag{10}$$

Da die Teilchengeschwindigkeit v die Vakuumlichtgeschwindigkeit c_0 nicht übersteigen kann (vgl. 4.5), ist offenbar die Phasengeschwindigkeit einer Materiewelle immer größer als c_0. Weil nach (10) die Phasengeschwindigkeit von der Wellenlänge λ abhängt, liegt auch Dispersion vor. Für diesen Fall bestimmt sich die Gruppengeschwindigkeit v_g, also die Ausbreitungsgeschwindigkeit des dem Teilchen zugeordneten Wellenpaketes (siehe 18.1) aus (18-27)

$$v_\mathrm{g} = v_\mathrm{p} - \lambda\frac{\mathrm{d}v_\mathrm{p}}{\mathrm{d}\lambda} = \frac{\mathrm{d}\nu}{\mathrm{d}(1/\lambda)}. \tag{11}$$

Beschränken wir uns zur Vereinfachung der Rechnung auf nichtrelativistische Teilchen ($v \ll c_0$), so ist nach (4-36) bis (4-38)

$$mc_0^2 = m_0c_0^2 + \frac{1}{2}m_0v^2 \quad \text{und} \quad \frac{1}{\lambda} = \frac{m_0v}{h}. \tag{12}$$

Damit folgt aus (9), (11) und (12)

$$v_\mathrm{g} = \frac{\mathrm{d}\left(c_0^2 + \frac{1}{2}v^2\right)}{\mathrm{d}v} = v, \tag{13}$$

d. h., die Teilchengeschwindigkeit ist gleich der Gruppengeschwindigkeit der dem Teilchen zugeordneten Wellengruppe (de Broglie), ein Ergebnis, das befriedigend zur Beschreibung eines Teilchens durch eine Wellengruppe paßt. Mit (10) ergibt sich schließlich die für *Materiewellen* gültige Beziehung

$$v_\mathrm{g}v_\mathrm{p} = c_0^2, \tag{14}$$

die nicht auf elektromagnetische Wellen (Lichtquanten) übertragen werden darf.
Anmerkung: Da die Energie mc_0^2 in (9) nicht eindeutig ist, sondern durch eine potentielle Energie

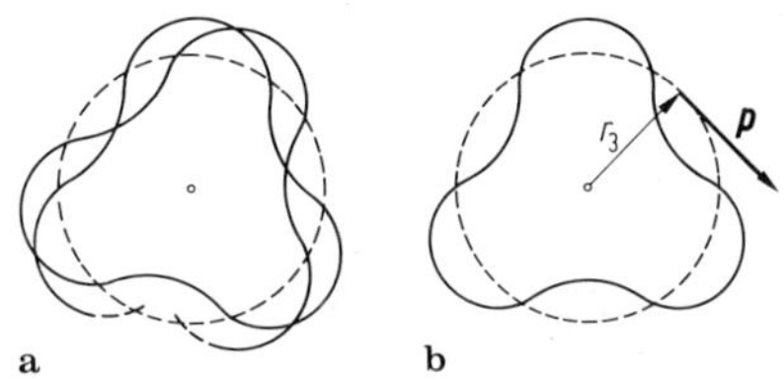

Bild 25-1. Materiewellen auf einer Bohrschen Bahn. **a** instationärer Fall, **b** stationärer Fall für $n = 3$.

$E_\mathrm{p} = eV$ mit frei wählbarem Nullpunkt ergänzt werden kann, ist die Phasengeschwindigkeit (10) willkürbehaftet. Andere Rechnungen liefern z. B. $v_\mathrm{p} = v_\mathrm{g}/2$. Dies zeigt, daß die Phasengeschwindigkeit von Materiewellen unbestimmt und eine nicht direkt beobachtbare Größe ist. Beobachtet wird stets nur die Gruppengeschwindigkeit.
Der erste Erfolg des Materiewellenkonzepts war eine Deutung der stationären Bohrschen Bahnen im Atom (siehe 16.1) als stehende Materiewelle der Bahnelektronen auf dem Bahnumfang. Dazu betrachten wir zwei Fälle: Bild 25-1a zeigt den instationären Fall, in dem der Bahnumfang $2\pi r$ nicht durch die Materiewellenlänge λ teilbar ist. Bei weiterer Verfolgung der Amplitudenverteilung der Materiewelle über den gezeichneten Bereich hinaus wird deutlich, daß sich die Welle durch Interferenz selbst auslöscht. Mit der in der Zeichnung angenommenen Wellenlänge kann sie auf der vorgegebenen Bahn nicht stationär existieren.
Ein stationärer Fall ist nur dann möglich, wenn die Bedingung

$$2\pi r_n = n\lambda \quad (n = 1, 2, \ldots) \tag{15}$$

erfüllt ist. Mit der De-Broglie-Beziehung (8) folgt dann sofort die Bohrsche Quantenbedingung (16-7) für den Drehimpuls

$$L = r_n p = n\frac{h}{2\pi} = n\hbar, \tag{16}$$

die sich hier ganz zwanglos aus der Forderung stationärer, stehender Materiewellen ergibt.
Mit den den Elektronen im Atom zugeordneten Materiewellen läßt sich auch die im Bohrschen Atommodell postulierte Strahlungslosigkeit der stationären Bohrschen Bahnen deuten (vgl. 16.1). Eine längs der klassischen Elektronenbahn schwingende Materiewelle bedeutet, daß das Elektron (besser: seine Aufenthaltswahrscheinlichkeit bzw. die Wellenfunktion, vgl. 25.3) gewissermaßen über den Bahnumfang „verschmiert" ist. In diesem Bild stellt das System Atomkern — Elektron keinen schwingenden elektrischen Dipol mehr dar, und die Strahlungsnotwendigkeit entfällt.
Noch deutlicher zeigt dies die Unschärferelation (6), wenn wir sie z. B. auf das Wasserstoffatom anwenden. Legt man den Ort des Elektrons nur etwa auf den Bereich des Atoms fest, wählt man also als

Ortsunschärfe den Durchmesser der ersten Bohrschen Bahn $\Delta x = 2r_1 = 106$ pm (siehe 16-9), so ergibt sich eine aus der Impulsunschärfe folgende Geschwindigkeitsunschärfe, die von gleicher Größenordnung wie die klassisch nach (16-4) zu berechnende Umlaufgeschwindigkeit des Elektrons ist! Die klassische Rechnung verliert hier also völlig ihren Sinn, d. h., ein solches System darf nicht wie ein klassischer elektromagnetischer Dipol behandelt werden.

25.3 Die Schrödinger-Gleichung

Über die physikalische Größe, die bei einer Materiewelle schwingt, ist bisher nichts ausgesagt worden. Zur mathematischen Beschreibung wird daher zunächst eine allgemeine Wellenfunktion Ψ eingeführt, die z. B. für ein sich in x-Richtung bewegendes Elektron lauten kann

$$\Psi(x, t) = \hat{\Psi} e^{j(kx - \omega t)} = \psi(x)\, e^{-j\omega t}. \tag{17}$$

Das Quadrat der Wellenfunktion eines Teilchens $|\Psi(x, t)|^2 = \Psi\Psi^*$ gibt die Wahrscheinlichkeitsdichte dafür an, das Teilchen zur Zeit t am Ort x anzutreffen. Demgemäß wird Ψ auch als Wahrscheinlichkeitsamplitude bezeichnet (genauer: deren Dichte). Handelt es sich um viele Teilchen, die durch dieselbe Wellenfunktion beschrieben werden können, so ist $|\Psi|^2 \sim n$ (n = Teilchenzahlkonzentration).

Die Wellenfunktion muß der Wellengleichung (18-7) genügen

$$\frac{\partial^2 \Psi}{\partial x^2} - \frac{1}{v_p^2} \cdot \frac{\partial^2 \Psi}{\partial t^2} = 0. \tag{18}$$

Einsetzen der Wellenfunktion (17) liefert für den ortsabhängigen Teil $\psi(x)$ der Wellenfunktion

$$\frac{d^2 \psi}{dx^2} + \frac{\omega^2}{v_p^2} \psi = 0. \tag{19}$$

Mit den de-Broglieschen Beziehungen $p = h/\lambda$ und $E = h\nu = \hbar\omega$ wird $\omega = E/\hbar$ und $v_p = E/p$, d. h.,

$$\frac{\omega^2}{v_p^2} = \frac{p^2}{\hbar^2}. \tag{20}$$

Aus dem Energiesatz folgt

$$p^2 = 2m(E - E_p), \tag{21}$$

und aus (19) bis (21) schließlich die *eindimensionale zeitfreie Schrödinger-Gleichung* (1926):

$$\frac{d^2 \psi}{dx^2} + \frac{2m}{\hbar^2}(E - E_p)\, \psi = 0. \tag{22}$$

Wird für E_p die potentielle Energie des Elektrons in dem jeweiligen System eingesetzt, so beschreibt die Schrödinger-Gleichung dieses System. Beispiele sind (ohne Durchrechnung im einzelnen):

Freies Elektron: $E_p = 0$.

Hierfür ergibt sich aus (22) eine räumliche Schwingungsgleichung. Mit dem Lösungsansatz

$$\psi(x) = \hat{\psi} e^{jkx} \tag{23}$$

erhält man

$$E = \frac{\hbar^2 k^2}{2m} = \frac{p^2}{2m}, \tag{24}$$

d. h. die kinetische Energie eines freien Elektrons. Dabei ist eine Lösung für jeden Wert von E möglich, die Energie des freien Elektrons ist demnach nicht quantisiert.

Harmonische Bindung: $E_p = \frac{m\omega_0^2}{2} x^2$ (vgl. 5-26).

Bei diesem Potential ergeben sich stationäre Lösungen für ψ nur bei bestimmten Eigenwerten der Energie:

$$E = E_n = \left(n + \frac{1}{2}\right) h\nu. \tag{25}$$

Dies sind die schon bei der Behandlung des harmonischen Oszillators angegebenen möglichen Energiewerte (vgl. 5.2.2). Die Energiequantelung erhält man hier also als Lösung des Eigenwertproblems der Schrödinger-Gleichung. Berechnet man die zugehörigen Wellenfunktionen für die verschiedenen Quantenzahlen $n = 0, 1, \ldots$, so zeigt sich, daß es sich auch hier um eine Art stehender Wellen im Parabelpotential des harmonischen Oszillators (Bild 25-2, vgl. auch Bild 5-8) handelt.

Coulomb-Potential des H-Atoms:

$$E_p = -\frac{e^2}{4\pi\varepsilon_0 r} \quad \text{(siehe 16.1)}.$$

In diesem Falle erhält man stationäre Lösungen für die Wellenfunktion der Elektronen im Wasser-

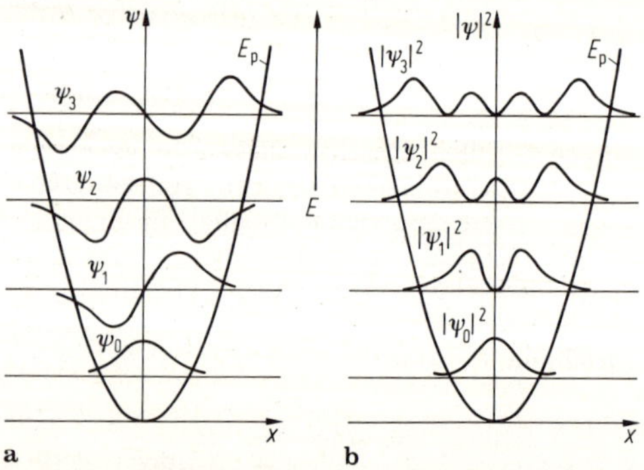

Bild 25-2. **a** Wellenfunktion (Wahrscheinlichkeitsamplitude), **b** Aufenthaltswahrscheinlichkeitsdichte für ein Teilchen im Parabelpotential der harmonischen Bindung (harmonischer Oszillator).

stoffatom nur für die Energie-Eigenwerte

$$E_n = -\frac{m_e e^4}{8\varepsilon_0^2 h^2} \cdot \frac{1}{n^2}. \qquad (26)$$

Dies sind die stationären Energiewerte des Wasserstoff-Atoms, wie sie sich auch aus der Bohrschen Theorie ergeben haben (16-10).
Die Schrödingersche *Wellenmechanik*, deren Grundgleichung die Schrödinger-Gleichung z. B. in der Form (22) ist, hat sich in der Atomphysik als außerordentlich erfolgreich erwiesen.

25.4 Elektronenbeugung, Elektroneninterferenzen

Der Erfolg der Materiewellenhypothese von de Broglie bei der Deutung der stationären Elektronenzustände im Atom wäre unvollständig ohne einen direkten experimentellen Nachweis für die Welleneigenschaften von Teilchen. Dieser Nachweis wurde ähnlich wie bei den Röntgenstrahlen (vgl. 23.2) durch Beugung am Atomgitter von Kristallen erbracht, und zwar einerseits durch Reflexionsbeugung langsamer Elektronen ($E = (30 \ldots 300)$ eV) an Nickel-Einkristallen (Davisson u. Germer 1927) und andererseits durch Beugung mittelschneller Elektronen ($E = (10 \ldots 100)$ keV) bei der Durchstrahlung (Transmission) dünner kristalliner Schichten (G. P. Thomson 1927). Bild 25-3a zeigt im Prinzip die Anordnung nach Thomson. Dünne einkristalline Schichten verhalten sich dabei ähnlich wie Kreuzgitter (vgl. 23.2), d. h., sie ergeben ein zweidimensionales Beugungsmuster (Bild 25-3b). Trifft dagegen der

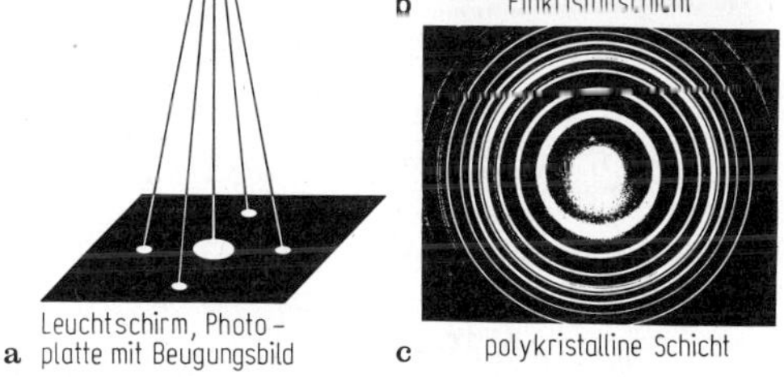

Bild 25-3. Elektronenbeugung an kristallinen Schichten (in Transmission): Beugung von 100-keV-Elektronen an Zinnschichten (Dicke: 80 nm). **a** Prinzip der Anordnung, **b** einkristalline Schicht, **c** polykristalline Schicht. Aufnahmen: G. Jeschke, I. Phys. Inst. TU Berlin.

Tabelle 25-2. De-Broglie-Wellenlängen von Elektronen

Beschleunigungsspannung	Wellenlänge λ/pm
1 V	1 200
10 V	390
100 V	120
1 kV	39
10 kV	12
100 kV	3,7 [a]
1 MV	0,87 [a]
10 MV	0,12 [a]

[a] relativistisch korrigiert

Elektronenstrahl auf viele kleine, statistisch orientierte Kristallite, wie sie in einer polykristallinen Schicht vorliegen, so überlagern sich die von den einzelnen Kristalliten stammenden Beugungsreflexe zu Beugungsringen (Bild 25-3c), ganz entsprechend den Debye-Scherrer-Beugungsdiagrammen bei der Röntgenbeugung an Kristallpulvern (vgl. 23.2).
Aus den Beugungswinkeln ϑ_B der beobachteten Reflexe lassen sich über die auch hier gültige Braggsche Gleichung (23-23)

$$2g \sin \vartheta_B = n\lambda \qquad (27)$$

die zugehörigen Netzebenenabstände g bzw. Gitterkonstanten bestimmen, wenn man für λ die De-Broglie-Wellenlänge ((8), Tabelle 25-2) einsetzt. Ähnlich wie die Röntgenbeugung ist daher die Elektronenbeugung heute ein wichtiges Hilfsmittel der Kristallstruktur und Substanzanalyse, und jedes (Transmissions-)Elektronenmikroskop (vgl. 25.5) ist heute auch für Elektronenbeugungsaufnahmen eingerichtet.
Die aus der Elektronenbeugung an Kristallen resultierenden Beugungsdiagramme (Bild 25-3) stellen Fraunhofersche Beugungsdiagramme an atomaren Strukturen dar. Letzte mögliche Zweifel an der Aussagekraft solcher Wechselwirkungen von Elektronen mit atomaren Abständen als Nachweis für die Wellennatur der Elektronen können durch die Fresnelsche Beugung von Elektronen an einer makroskopischen Kante, wie Bild 25-4 zeigt (Boersch 1940), als beseitigt gelten.
In der Lichtoptik ist es möglich, das Licht einer Lichtquelle mittels zweier mit den Basisflächen gegeneinandergesetzter Prismen (Fresnelsches Biprisma) in zwei kohärente Teilbündel aufzuteilen und diese damit gegenseitig zu überlagern. Im Überlagerungsbereich beobachtet man auf einem Schirm Zweistrahlinterferenzen.
Das entsprechende Experiment läßt sich auch mit kohärenten Elektronenstrahlbündeln durchführen (Möllenstedt u. Düker 1956). Zur Überlagerung beider Teilbündel wird ein elektronenoptisches Biprisma (Bild 25-5) verwendet, das im wesentlichen aus einem sehr dünnen Draht (1 bis 10 µm Durch-

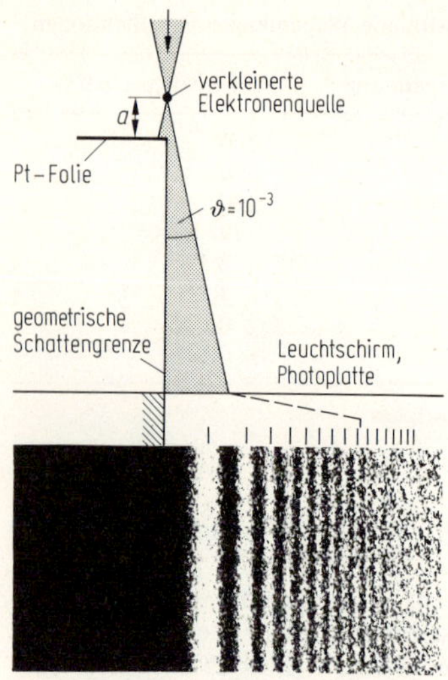

Bild 25-4. Fresnelsche Elektronenbeugung an der Kante nach Boersch. $E = 38$ keV, $a = 140\ \mu$m (H. Boersch: Naturwiss. 28 (1940) 909 und Phys. Z. 44 (1943) 202).

messer) besteht, der gegenüber der Umgebung positiv aufgeladen wird und die Umlenkung der Elektronenbündel bewirkt. Im Überlagerungsbereich erhält man Zweistrahlinterferenzen der beiden Elektronenwellenbündel (Bild 25-5).
Mit einer solchen Anordnung kann im Prinzip auch *Elektronenholographie* betrieben werden. Die beiden Teilbündel des elektronenoptischen Biprismas können nämlich als Objektwelle einerseits und als Referenzwelle andererseits benutzt werden, in völliger Analogie zur lichtoptischen Holographie (vgl. 24.3). Dazu wird das Untersuchungsobjekt (z. B. eine sehr dünne Schicht) in das eine

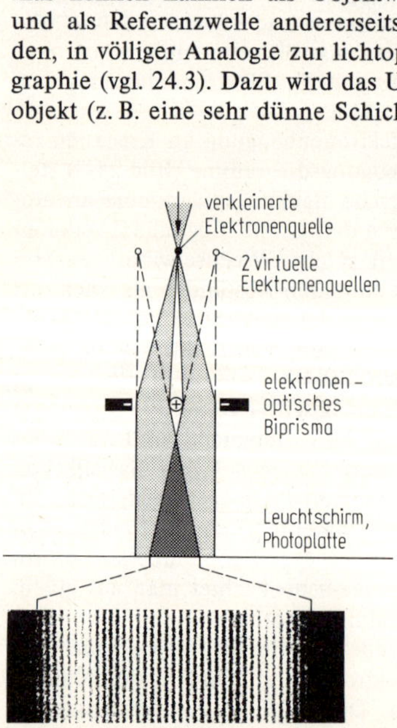

Bild 25-5. Zweistrahl-Elektroneninterferenzen am elektronenoptischen Biprisma nach Möllenstedt (G. Möllenstedt, H. Düker: Z. Phys. *145* (1956) 377).

Teilbündel gebracht. Das im Überlagerungsbereich unter dem Biprisma (gegebenenfalls nach elektronenoptischer Vergrößerung photographisch) aufgezeichnete Interferenzmuster stellt das Elektronenhologramm dar, das die Amplituden- und Phaseninformation der Objektwelle enthält (vgl. 24.2). Die Rekonstruktion des Objektbildes aus dem aufgezeichneten Hologramm kann nun beispielsweise mit Licht oder rechnerisch per Computer erfolgen. Da sich hierbei die Abbildungsfehler elektronenoptischer Linsen (25.5) kompensieren lassen, hat dieses Verfahren eine besondere Bedeutung bei der modernen Höchstauflösungs-Elektronenmikroskopie (Lichte 1986).

25.5 Elektronenoptik

Das Auflösungsvermögen des Lichtmikroskops ist auf die Wellenlänge des Lichtes von etwa 500 nm begrenzt (vgl. 24.1). Ein besseres Auflösungsvermögen ist nach Abbe (24-1) nur durch Verwendung einer Strahlung kleinerer Wellenlänge erreichbar. Elektromagnetische Strahlung wesentlich kleinerer Wellenlänge bzw. höherer Frequenz (z. B. Röntgenstrahlung) scheidet praktisch aus, da die Brechzahl der Stoffe bei solchen Frequenzen sehr nahe bei 1 liegt (siehe 20.1), so daß sich keine Linsen für derartige Strahlungen herstellen lassen.
Dagegen haben Elektronen bei Energien um 100 keV Wellenlängen von etwa 4 pm (Tabelle 25-2), die damit weit kleiner als die Atomabstände in kondensierter Materie sind. Außerdem lassen sich Elektronen durch elektrische oder magnetische Felder (wie Licht durch ein Prisma) ablenken, so daß eine Elektronenoptik z. B. mit rotationssymmetrischen elektrischen oder magnetischen Feldern als Elektronenlinsen möglich erscheint (Busch 1926). Bild 25-6 zeigt Ausführungsformen solcher Elektronenlinsen, und zwar eine elektrostatische Dreielektrodenlinse (a) sowie eine eisengekapselte magnetische Linse mit Ringspalt (b).
Die Brechkräfte solcher Linsen berechnen sich nach Busch für achsennahe Elektronenstrahlen folgendermaßen (ohne Ableitung):

Brechkraft der elektrischen Einzellinse:

$$\frac{1}{f} \approx \frac{1}{8\sqrt{U_\mathrm{b}}} \int \left(\frac{\mathrm{d}U}{\mathrm{d}z}\right)^2 U^{-3/2}\,\mathrm{d}z\,. \tag{28}$$

Brechkraft der magnetischen Linse:

$$\frac{1}{f} \approx \frac{e}{8mU_\mathrm{b}} \int B_z^2\,\mathrm{d}z\,. \tag{29}$$

Die Integrale sind längs der optischen Achsen zu erstrecken, soweit die Achsenfeldstärken $E_z = \mathrm{d}U/\mathrm{d}z$ oder B_z von 0 verschieden sind. U_b ist die Beschleunigungsspannung der Elektronen,

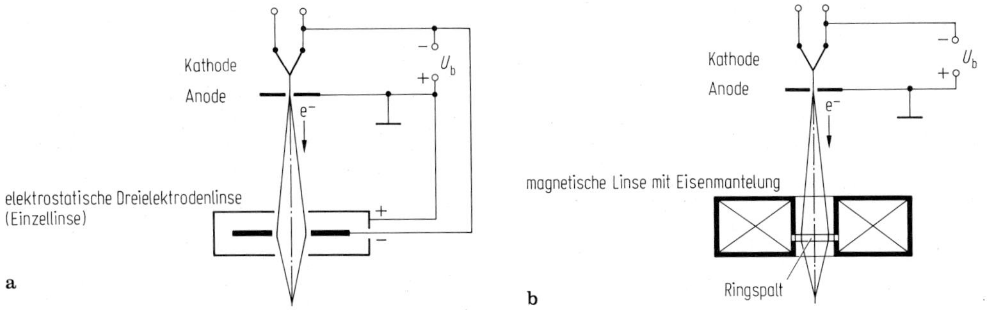

Bild 25-6. Elektronenlinsen. **a** elektrische Einzellinse; **b** magnetische Linse

und $U = U(z)$ das variable Potential auf der optischen Achse (bei der elektrischen Linse). Zur Erzielung kurzer Brennweiten muß der Feldbereich kurz, aber von hoher Feldstärke sein. Es kommt daher z. B. bei den magnetischen Linsen sehr auf geeignete Formung der Polschuhe am Ringspalt an.

Entsprechend den beiden Linsentypen haben sich zwei Bauarten von Elektronenmikroskopen ausgebildet: *magnetische Elektronenmikroskope* (Knoll u. Ruska, 1931, Bild 25-7) und *elektrostatische Elektronenmikroskope* (Brüche u. Johannson 1932). Aus technischen Gründen haben sich heute die magnetischen Elektronenmikroskope weitgehend durchgesetzt.

Elektronenlinsen haben sehr große Öffnungsfehlerkoeffizienten $C_{ö}$ (siehe 22.2) im Vergleich zu lichtoptischen Linsen. Für eine minimale Unschärfe (vgl. Bild 22-14) muß daher die Objektivöffnung bei Elektronenlinsen auf einen Aperturwinkel $\vartheta_0 \approx 4 \cdot 10^{-2}$ rad ($\approx 2°$) beschränkt werden, so daß die der Wellenlänge entsprechende Grenzauflösung nicht erreicht wird. Die Abbesche Auflösungsgrenze (24-1) beträgt dabei etwa $d_{min} \approx 0{,}1$ nm, so daß dennoch eine atomare Auflösung heute möglich ist.

Ein ganz anderes elektronenmikroskopisches Verfahren stellt das Rasterelektronenmikroskop (Knoll 1935, v. Ardenne 1938) dar. Hierbei werden die Objektpunkte durch eine sehr feine Elektronensonde von 1 bis 10 nm Durchmesser nacheinander rasterförmig abgetastet. In der getroffenen Objektstelle werden Elektronen rückgestreut und Sekundärelektronen ausgelöst und von einem Elektronendetektor registriert. Das daraus entstehende elektrische Signal wird verstärkt und zur Helligkeitssteuerung des Elektronenstrahls einer Fernsehbildröhre verwendet, der synchron mit dem Abtaststrahl im Rastermikroskop zeilenweise über den Leuchtschirm geführt wird, auf dem damit das Bild der abgetasteten Objektfläche erscheint. Dieses Verfahren gestattet damit auch die elektronenmikroskopische Direktabbildung von Oberflächen massiver Objekte.

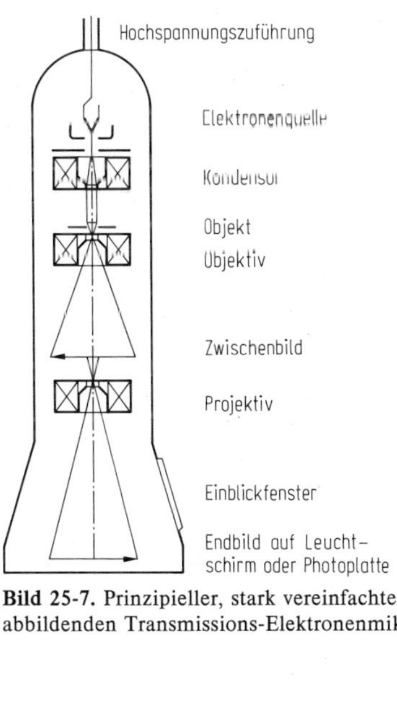

Bild 25-7. Prinzipieller, stark vereinfachter Aufbau eines abbildenden Transmissions-Elektronenmikroskops.

Literatur

Die in diesem Teil Physik dargestellten physikalischen Grundlagen sind in ihrer Gliederung teilweise angelehnt an das Lehrbuch von Alonso und Finn sowie an das von Stroppe. Den Kurs von Alonso und Finn hatte der Autor zusammen mit seinem Kollegen Prof. Dr. W. Muschik wegen seiner moderneren Darstellungssystematik zur Grundlage eines zweisemestrigen Physik-Kurses an der Technischen Universität Berlin gemacht. Viele Anregungen wurden auch einem unveröffentlichten Vorlesungsmanuskript von Prof. Dr. G. Herziger (Aachen) entnommen. Zahlreiche Tabellenwerte entstammen dem Taschenbuch der Physik von Kuchling. Zum weiteren Studium seien die folgend aufgeführten Bücher empfohlen, die ebenfalls als Vorbild für die Darstellung mancher physikalischer Sachverhalte gedient haben:

Einführende Grundlagenbücher:

Alonso, M.; Finn, E. J.: Physik. Amsterdam: Inter European Editions 1977

Berkeley Physik Kurs (5 Bde.). Braunschweig: Vieweg 1979

Gerthsen, C.; Kneser, H.; Vogel, H.: Physik. 6. Aufl. Berlin: Springer 1989

Hänsel, H.; Neumann, W.: Physik I-VII. Thun: Deutsch 1977

Hering, E.; Martin, R.; Stohrer, M.: Physik für Ingenieure. Düsseldorf: VDI-Verlag 1988

Kuchling, H.: Taschenbuch der Physik. Thun: Deutsch 1986

Stroppe, H.: Physik. 6. Aufl. München: Hanser 1986

Handbücher, Monographien und Nachschlagewerke:

Bergmann-Schaefer: Lehrbuch der Experimentalphysik (5 Bde.). Berlin: de Gruyter 1987

Born, M.: Optik. Berlin: Springer 1972

Bucka, H.: Atomkerne und Elementarteilchen. Berlin: de Gruyter 1973

Buckel, W.: Supraleitung. Weinheim: Physik-Verlag 1984

Ibach, H.; Lüth, H.: Festkörperphysik. Berlin: Springer 1988

Kittel, Ch.: Einführung in die Festkörperphysik. München: Oldenbourg 1988

Lenk, R.; Gellert, W.: Fachlexikon ABC Physik. Zürich: Deutsch 1974

Prandtl, L.; Oswatitsch, K.; Wieghardt, K.: Führer durch die Strömungslehre. 7. Aufl. Braunschweig: Vieweg 1969

Schade, H.; Kunz, E.: Strömungslehre. Berlin: de Gruyter 1980

Weber, H.; Herziger, G.: Laser. Weinheim: Physik-Verlag 1972

Westphal, W.H.: Physikalisches Wörterbuch. Berlin Springer 1952

C Chemie

B. Plewinsky

1 Stöchiometrie

Die Stöchiometrie befaßt sich mit der quantitativen Behandlung chemischer Vorgänge und Sachverhalte, soweit ihnen Umsatzgleichungen bzw. chemische Formeln zugrunde liegen.

1.1 Grundgesetze der Stöchiometrie

1.1.1 Gesetz von der Erhaltung der Masse

Bei allen (molekular)chemischen Reaktionen bleibt die Gesamtmasse der Reaktionspartner unverändert.

Da chemische Reaktionen praktisch immer mit Energieänderungen verbunden sind, ist dieses Gesetz aufgrund der Einsteinschen Gleichung

$$\Delta E = c^2 \, \Delta m$$

E Energie, m Masse,
c Vakuumlichtgeschwindigkeit

nur eine Näherung. Bisher ist es jedoch bei keiner (molekular)chemischen Reaktion gelungen, eine die Meßunsicherheit überschreitende Änderung der Gesamtmasse der Reaktionspartner festzustellen.
Bei den mit sehr großen Energieänderungen verknüpften Kernreaktionen (siehe B) verliert der Massenerhaltungssatz in der oben formulierten Fassung seine Gültigkeit.

1.1.2 Gesetz der konstanten Proportionen

Für die Mehrzahl chemischer Verbindungen trifft folgender Satz zu:

Die Massenverhältnisse der Elemente in einer bestimmten chemischen Verbindung sind konstant.

Das bedeutet: Unabhängig davon, auf welchem Wege eine solche Verbindung entstanden ist, enthält sie die betreffenden Elemente in einem konstanten Massenverhältnis. Je nachdem ob das Gesetz der konstanten Proportionen befolgt wird oder nicht, können chemische Verbindungen in zwei Gruppen eingeteilt werden:

1. Stöchiometrische Verbindungen.
   Darunter faßt man alle Verbindungen zusammen, die das Gesetz der konstanten Proportionen streng befolgen. Die überwiegende Mehrzahl aller chemischen Substanzen gehört in diese Kategorie.
2. Nichtstöchiometrische Verbindungen.
   Für diese Gruppe von Verbindungen gilt das Gesetz der konstanten Proportionen nicht. Die Zusammensetzung dieser Substanzen variiert innerhalb eines bestimmten Stabilitätsbereiches kontinuierlich. Besonders zahlreiche Beispiele dafür findet man bei Verbindungen zwischen verschiedenen Metallen (intermetallische Phasen). Aber auch viele Oxide, Sulfide sowie Substanzen, die Mischkristalle bilden können, gehören hierzu. So kann beispielsweise Eisen(II)-oxid in allen Zusammensetzungen innerhalb der durch die Formeln $Fe_{0,90}O$ und $Fe_{0,95}O$ angegebenen Grenzen vorkommen.

1.1.3 Gesetz der multiplen Proportionen

Die Massenverhältnisse zweier sich zu verschiedenen chemischen Verbindungen vereinigender Elemente stehen im Verhältnis einfacher ganzer Zahlen zueinander.

Beispiel: Wasserstoff und Sauerstoff bilden zwei verschiedene Verbindungen: Wasser (H_2O) und Wasserstoffperoxid (H_2O_2). Die Massenverhältnisse in diesen Verbindungen sind:

Wasser	Wasserstoffperoxid
$m(O)/m(H) = 7{,}937$	$m(O)/m(H) = 15{,}874.$

Die Massenverhältnisse verhalten sich also wie 1 : 2.

1.2 Stoffmenge, Avogadro-Konstante

Die Stoffmenge n ist als Quotient aus Teilchenzahl N und Avogadro-Konstante N_A definiert:

$$n_i = N_i / N_A \, .$$

(Der Index i bezieht sich auf beliebige Stoffe oder Teilchenarten.)
Die Stoffmenge — eine Basisgröße des internationalen Einheitensystems SI — ist eine einheitenbehaftete Größe. Folglich hat die Avogadro-Konstante die Dimension einer reziproken Stoffmenge. Die SI-Einheit der Stoffmenge ist das Mol, das folgendermaßen definiert ist:

Ein Mol ist die Stoffmenge eines Systems, das aus ebensoviel Einzelteilchen besteht, wie Atome in 0,012 kg des Kohlenstoffnuklids $^{12}_{6}C$ *enthalten sind.*

(*Anmerkung:* Als Nuklide bezeichnet man alle Atomarten, die durch eine bestimmte Anzahl von Protonen und Neutronen in ihrem Kern charakterisiert sind. Der Kern des Nuklides $^{12}_{6}C$ besteht aus 6 Protonen und 6 Neutronen.)
Mit dem Wert der Avogadro-Konstanten

$$N_A = 6{,}022\,136\,7 \cdot 10^{23}\,\text{mol}^{-1}$$

folgt unter Verwendung der Beziehung $N_i = n_i \cdot N_A$, daß ein Mol einer beliebigen Substanz $6{,}022\,136\,7 \cdot 10^{23}$ Teilchen enthält.

1.3 Die molare Masse

Die molare Masse M (ältere Namen: Molmasse, Molekulargewicht) ist durch folgende Beziehung definiert:

$$M_i = m_i / n_i \qquad m_i \text{ Masse (einer Stoffportion } i\text{)}.$$

SI-Einheit kg/mol, häufig verwendete Einheit g/mol.
Die Bezeichnung molare Masse wird auch auf Atome angewendet. Die Beziehungen $M_i = m_i/n_i$ und $n_i = N_i/N_A$ liefern den Zusammenhang zwischen der Masse eines Teilchens $m_{T_i} = m_i/N_i$ und der molaren Masse: $m_{T_i} = m_i/N_i = M_i/N_A$. Danach ist also die molare Masse gleich dem Produkt aus der Masse eines Teilchens und der Avogadro-Konstanten.

Beispiel: Die Masse eines Wasserstoffatoms m_H soll aus der molaren Masse dieses Atoms $M(H)$ berechnet werden $M(H) = 1{,}008$ g/mol.

$$\begin{aligned} m_H &= M(H)/N_A \\ &= (1{,}008\,\text{g/mol})/(6{,}022 \cdot 10^{23}\,\text{mol}^{-1}) \\ &= 1{,}674 \cdot 10^{-24}\,\text{g}. \end{aligned}$$

Dieses Ergebnis zeigt, daß die Masse einzelner Atome bzw. Moleküle unhandlich kleine Werte aufweist und es daher zweckmäßig war, die Größe molare Masse einzuführen.

Die molare Masse einer Verbindung kann durch Addition der molaren Massen der in der Verbindung enthaltenen Atome berechnet werden. Voraussetzung hierfür ist die Gültigkeit des Gesetzes von der Erhaltung der Masse für chemische Reaktionen (siehe 1.1.1).

Beispiel: Gesucht sei die molare Masse des Natriumsulfats, $M(Na_2SO_4)$. Es gilt:

$$\begin{aligned} M(Na_2SO_4) &= 2M(Na) + M(S) + 4M(O)\,. \\ &= 2 \cdot 23{,}0\,\text{g/mol} \\ &\quad + 32{,}1\,\text{g/mol} + 4 \cdot 16{,}0\,\text{g/mol} \\ &= 142{,}1\,\text{g/mol}. \end{aligned}$$

1.4 Quantitative Beschreibung von Mischphasen

1.4.1 Der Massenanteil w_i

Der Massenanteil (ältere Bezeichnung: Massenbruch) des Stoffes i ist definiert als

$$w_i = m_i / m\,.$$

Die Gesamtmasse m setzt sich additiv aus den einzelnen Teilmassen m_i zusammen:

$$m = \sum m_i = m_1 + m_2 + \ldots + m_n\,.$$

Der Massenanteil eines Stoffes ist eine reine Zahl und stets kleiner oder gleich 1: $w_i \leqq 1$. Die Summe der Massenanteile aller Stoffe in einem gegebenen System ist gleich 1:

$$\sum w_i = 1\,.$$

Häufig wird der Massenanteil auch in Prozent ($1\,\% = 10^{-2}$), Promille ($1\,‰ = 10^{-3}$), parts per million ($1\,\text{ppm} = 10^{-6}$) und parts per billion ($1\,\text{ppb} = 10^{-9}$) angegeben.

Beispiel: Eine Legierung enthält 1,990 g Au, 0,010 g Ag und $1 \cdot 10^{-5}$ g As. Daraus ergibt sich: $w(Au) = 0{,}995 = 99{,}5\,\%$; $w(Ag) = 0{,}005 = 5\,‰$ und $w(As) = 5 \cdot 10^{-6} = 5\,\text{ppm}$.

1.4.2 Der Stoffmengenanteil x_i

Der Stoffmengenanteil (ältere Bezeichnung: Molenbruch) ist in Analogie zum Massenanteil folgendermaßen definiert:

$$x_i = n_i / n, \quad n = \sum n_i = n_1 + n_2 + \ldots + n_n,$$
$$\sum x_i = 1 \qquad n \text{ Stoffmenge}$$

Auch der Stoffmengenanteil wird häufig in %, ‰, ppm und ppb angegeben. Für eine vorgegebene Stoffmischung sind der Stoffmengenanteil und der Massenanteil einer bestimmten Komponente i. allg. verschieden.
Zum Massen- und Stoffmengenanteil analoge Beziehungen existieren auch für den Volumenanteil. Bei idealen Gasen (siehe 5.1) sind Volumen- und Stoffmengenanteil gleich.

1.4.3 Die Konzentration (oder Stoffmengenkonzentration) c_i

Die Konzentration eines Stoffes i ist definiert als der Quotient aus Stoffmenge dieses Stoffes n_i und dem Volumen V:

$$c_i = n_i/V.$$

Si-Einheit: mol/m^3, häufig verwendete Einheit: mol/l.

Beispiel: Eine Salzsäure (Lösung von Chlorwasserstoff HCl in Wasser, vgl. Tabelle 10-2) enthält einen HCl-Massenanteil von 40,0 %. Die Dichte der Säure beträgt $\varrho = 1{,}198\ g/cm^3$, $M(HCl) = 36{,}46\ g/mol$.
Gesucht ist die Konzentration des Chlorwasserstoffs $c(HCl)$.

Lösung: Durch den Vergleich der Definitionsgleichungen des Massenanteils und der Konzentration

$$w(HCl) = m(HCl)/m \qquad c(HCl) = n(HCl)/V$$

erkennt man, daß in der Gleichung des Massenanteils im Zähler die Masse der HCl durch die Stoffmenge dieser Verbindung und im Nenner die (Gesamt)Masse durch das Volumen ersetzt werden muß. Dies geschieht durch die Gleichungen $n_i = m_i/M_i$ und $\varrho = m/V$:

$$w(HCl) = \frac{m(HCl)}{m} \quad \begin{array}{l} \swarrow m(HCl) = n(HCl) \cdot M(HCl) \\ \nwarrow m \qquad\;\; = \varrho \cdot V \end{array}$$

Man erhält auf diese Weise:

$$w(HCl) = \frac{n(HCl) \cdot M(HCl)}{V\ \varrho} = c(HCl) \cdot \frac{M(HCl)}{\varrho}$$

$$\text{oder} \quad c(HCl) = w(HCl)\,\frac{\varrho}{M(HCl)}$$

Die Zahlenrechnung liefert:

$$c(HCl) = 0{,}400\,\frac{1{,}198\ g/cm^3}{36{,}46\ g/mol}$$

$$= 0{,}013\,14\ mol/cm^3 = 13{,}14\ mol/l.$$

1.5 Chemische Formeln

Jeder chemischen Formel können sowohl qualitative Angaben über die Atomsorten, die in einer bestimmten chemischen Verbindung enthalten sind, als auch quantitative Informationen entnommen werden. Die quantitative Information kann für eine Substanz, die durch die Formel A_aB_b charakterisiert ist, folgendermaßen zusammengefaßt werden:

$$N(A)/N(B) = n(A)/n(B) = a/b.$$

In einem Molekül, das durch die Formel A_aB_b *gekennzeichnet ist, verhält sich die Zahl der Atome der Sorte A zur Zahl der Atome der Sorte B wie a zu b.*

Obige Beziehung bildet die Grundlage der Ermittlung von chemischen Formeln aus den Ergebnissen qualitativer und quantitativer Analysen.

Beispiel: Ein bestimmtes Antimonoxid (chemische Formel Sb_xO_y) weist einen Sauerstoffmassenanteil von 24,73 % auf, $M(Sb) = 121{,}8\ g/mol$, $M(O) = 16{,}0\ g/mol$. Für das Stoffmengenverhältnis gilt: $n(O)/n(Sb) = y/x$. Mit $n_i = m_i/M_i$ erhält man:

$$\frac{m(O)M(Sb)}{M(O)m(Sb)} = \frac{24{,}73\ g \cdot 121{,}8\ g/mol}{16{,}0\ g/mol\ (100 - 24{,}73)\ g}$$

$$= \frac{y}{x} = \frac{2{,}5}{1} = \frac{5}{2}.$$

Das Antimonoxid hat also die chemische Formel $(Sb_2O_5)_k$. Der Faktor k (positive ganze Zahl) kann allein aufgrund der Ergebnisse quantitativer Analysen nicht ermittelt werden. Hierzu sind z. B. Bestimmungen der molaren Masse (bei Gasen: Zustandsgleichung idealer Gase, bei gelösten Stoffen: Messung des osmotischen Druckes, der Lichtstreuung, Ultrazentrifugation) oder röntgenstrukturanalytische Verfahren notwendig. Im Falle des Antimonoxids nimmt k sehr große Werte an, da die Verbindung polymer ist.

1.6 Chemische Gleichungen

Chemische Reaktionen können qualitativ und quantitativ durch Umsatzgleichungen beschrieben werden. So kann z. B. der Gleichung

$$Zn + 2\,HCl \rightarrow ZnCl_2 + H_2(g)$$

entnommen werden, daß das Metall Zink (Zn) mit Salzsäure (wäßrige Lösung von HCl) unter Bildung des Salzes Zinkchlorid ($ZnCl_2$) und gasförmigem Wasserstoff (H_2) reagiert.
Quantitativ folgt z. B., daß die Zahl der Zinkatome, die bei der Reaktion verbraucht werden, gleich der Zahl der Wasserstoffmoleküle ist, die bei der Reaktion gebildet werden. Mit der Formel

$$N(Zn) = N(H_2)$$

kann dieser Sachverhalt wesentlich kürzer dargestellt werden. Da die Teilchenzahl N der Stoffmenge n proportional ist, gilt ferner:

$$n(Zn) = n(H_2).$$

Verallgemeinert man diesen Sachverhalt, so gilt für die vollständig (oder „quantitativ") ablaufende Reaktion

$$aA + bB + \ldots \rightarrow xX + yY + \ldots$$

$$\frac{n(A)}{n(X)} = \frac{a}{x}; \quad \frac{n(A)}{n(Y)} = \frac{a}{y}; \quad \text{usw.}$$

a, b, x und *y* heißen stöchiometrische Zahlen.

Bei vollständig ablaufenden Reaktionen verhalten sich die Stoffmengen wie die stöchiometrischen Zahlen in den Umsatzgleichungen.

Beziehungen der obigen Art können als Grundgleichungen für stöchiometrische Rechnungen angesehen werden.

1.7 Stöchiometrische Berechnungen

1.7.1 Gravimetrische Analyse

Gegeben sei eine Mischung verschiedener Stoffe in flüssiger Phase. Gegenstand der gravimetrischen Analyse ist die Ermittlung der Masse eines der Stoffe in dieser Lösung. Dazu wird die Substanz, die gravimetrisch untersucht werden soll, durch Zugabe einer Reagenzlösung in eine schwerlösliche Verbindung überführt. Die Masse der schwerlöslichen Verbindung wird (nach Abfiltrieren und Trocknen) durch Wägung ermittelt. Bei gravimetrischen Analysen muß die Reagenzlösung stets im Überschuß zugeführt werden, damit eine vollständige (oder „quantitative") Ausfällung des zu untersuchenden Stoffes erfolgen kann.

Beispiel: Eine Stoffmischung besteht aus Chlorwasserstoff (HCl) und Wasser. Die Masse des Chlorwasserstoffs in dieser Mischung soll ermittelt werden. Dazu werden die Chloridionen durch Zugabe von Silbernitratlösung ($AgNO_3$ in H_2O) als Silberchlorid (AgCl) gefällt. Das Silberchlorid wird abfiltriert, getrocknet und seine Masse durch Wägung ermittelt.

Berechnung:

1. Die Fällungsreaktion wird durch folgende Umsatzgleichung beschrieben:

   $$HCl + AgNO_3 \rightarrow AgCl(s) + HNO_3 .$$

   (Anmerkung: In Umsatzgleichungen werden schwerlösliche Verbindungen mit dem Buchstaben s (lat. solidus: fest) gekennzeichnet.)
2. Entsprechend der Umsatzgleichung gilt folgende Stoffmengenbeziehung:

   $$n(HCl) = n(AgCl) .$$

3. Die gesuchte Masse des Chlorwasserstoffs erhält man aus der durch Wägung bestimmten Masse des Silberchlorids mit $n_i = m_i/M_i$ aus der Stoffmengenbeziehung (Gleichung 2):

   $$\frac{m(HCl)}{M(HCl)} = \frac{m(AgCl)}{M(AgCl)},$$

   $$m(HCl) = m(AgCl)\,\frac{M(HCl)}{M(AgCl)} .$$

1.7.2 Maßanalyse

Auch die maßanalytischen Verfahren dienen zur Bestimmung der Masse eines Stoffes in einer aus mehreren Bestandteilen bestehenden Lösung. Hier wird ebenfalls mit dem maßanalytisch zu untersuchenden Stoff eine chemische Reaktion durchgeführt. Die dazu notwendige Substanz befindet sich in einer Reagenzlösung. Im Gegensatz zur Gravimetrie wird hier jedoch nur soviel Reagenzlösung zugefügt, wie zur vollständigen Umsetzung gerade erforderlich ist. Die Konzentration der Reagenzlösung muß hierbei genau bekannt sein. Substanzen oder apparative Einrichtungen, die die Vollständigkeit der Umsetzung — den Reaktionsend- oder Äquivalenzpunkt — anzeigen, heißen Indikatoren.

Beispiel: Es soll die Masse von Natriumthiosulfat ($Na_2S_2O_3$) in einer wäßrigen Natriumthiosulfatlösung durch sog. Titration mit einer Iodlösung der Konzentration $c(I_2)$ ermittelt werden. Das Volumen der verbrauchten Iodlösung sei $V(I_2)$.

Berechnung:

1. Der Reaktion liegt die folgende Umsatzgleichung zugrunde:

   $$2\,Na_2S_2O_3 + I_2 \rightarrow 2\,NaI + Na_2S_4O_6 .$$

2. Der Umsatzgleichung entnehmen wir, daß am Reaktionsendpunkt (oder Äquivalenzpunkt) die folgende Stoffmengenbeziehung gilt:

   $$n(\text{Thio}) = 2n(I_2),$$

   wobei die Abkürzung Thio die Formel $Na_2S_2O_3$ ersetzt.
3. Die Stoffmenge in der verbrauchten Iodlösung wird aus der Konzentration und dem verbrauchten Volumen berechnet:

   $$n(I_2) = c(I_2) \cdot V(I_2) .$$

4. Damit wird unter Heranziehen der Stoffmengenbeziehung $n(\text{Thio}) = 2n(I_2)$ die Stoffmenge des Thiosulfates ermittelt:

   $$n(\text{Thio}) = 2c(I_2) \cdot V(I_2) .$$

5. Mit Hilfe der Beziehung $n_i = m_i/M_i$ kann dann die Masse des Natriumthiosulfates berechnet werden:

   $$m(\text{Thio}) = 2M(\text{Thio}) \cdot c(I_2) \cdot V(I_2) .$$

1.7.3 Verbrennungsvorgänge

Beispiel: Kohlenstoff soll in Luft verbrannt werden (vgl. 11.3.1). Das zur Verbrennung von 1 kg Kohlenstoff notwendige Luftvolumen ist bei einer Temperatur von 25 °C und bei einem Druck von 1 bar zu berechnen.

$M(C) = 12{,}0$ g/mol, $\quad R = 0{,}083\,14$ bar · l/(K · mol)

1. Der Verbrennungsvorgang wird durch folgende Umsatzgleichung beschrieben:

   $C(s) + O_2(g) \rightarrow CO_2(g)$.

2. Aufgrund dieser Umsatzgleichung gilt bei vollständiger Verbrennung folgende Stoffmengenbeziehung:

   $n(C) = n(O_2)$.

3. In obiger Beziehung wird mit der Gleichung $n_i = m_i/M_i$ die Stoffmenge des Kohlenstoffs durch die Masse ersetzt. Man erhält auf diese Weise:

   $m(C) = M(C) \cdot n(O_2)$.

4. Unter Anwendung der Zustandsgleichung idealer Gase (siehe 5.1.1) wird die Stoffmenge des Sauerstoffs durch das Gasvolumen dieses Elementes ersetzt:

   $$p \cdot V(O_2) = n(O_2) \cdot RT,$$

   $$m(C) = M(C) \cdot \frac{p \cdot V(O_2)}{RT}$$

   oder $$V(O_2) = \frac{m(C) \cdot RT}{M(C) \cdot p}.$$

   Trockene atmosphärische Luft enthält einen Sauerstoffvolumenanteil von 21,0 % (vgl. Tabelle 5-2), d. h.,

   $V(O_2) = 0{,}210 \cdot V(\text{Luft})$.

   Mit obiger Beziehung folgt:

   $$V(\text{Luft}) = \frac{m(C) \cdot RT}{0{,}21 \cdot M(C) \cdot p}$$

   $$= \frac{1000\,\text{g} \cdot 0{,}08314\,\text{bar} \cdot \text{l}/(\text{K} \cdot \text{mol}) \cdot 298\,\text{K}}{0{,}21 \cdot 12{,}0\,(\text{g/mol}) \cdot 1\,\text{bar}}$$

   $V(\text{Luft}) = 9830\,\text{l} = 9{,}83\,\text{m}^3$.

2 Atombau

2.1 Atommodell von Rutherford

Lenard (1903) untersuchte die Streuung von Elektronen an Metallfolien. Die Ergebnisse dieser Messungen ermöglichten Rückschlüsse auf die Größe der streuenden Metallatome. Bei der Verwendung langsamer (energiearmer) Elektronen ergab sich ein Atomradius von etwa 10^{-10} m. Wurden schnelle Elektronen verwendet, so führten die Versuchsergebnisse zu einem Radius von ca. 10^{-14} m. Rutherford führte mit α-Teilchen (das sind zweifach positiv geladene Heliumatome) ähnliche Streuversuche an dünnen Goldfolien durch. In Übereinstimmung mit den Versuchsergebnissen, die Lenard mit schnellen Elektronen erhielt, ergaben Rutherfords Experimente einen Teilchenradius von etwa 10^{-14} m.

Folgerungen Rutherfords: Ein Atom besteht demnach aus einer Hülle und einem Kern. Die Dimension des Atomkerns beträgt etwa 10^{-14} m, die der Hülle ungefähr 10^{-10} m. Im Kern des Atoms muß praktisch die gesamte Masse des Atoms vereinigt sein, da sonst eine Ablenkung der relativ schweren α-Teilchen nicht möglich ist. Um den positiv geladenen Kern kreisen die fast masselosen, negativ geladenen Elektronen (Ruhemasse eines Elektrons $m_e = 9{,}1093897 \cdot 10^{-31}$ kg) mit einer solchen Geschwindigkeit, bei der die Zentrifugalkraft durch die Coulombsche Anziehungskraft gerade kompensiert wird (Planetenmodell des Atoms).

Kritik des Rutherfordschen Atommodells:

— Dieses Atommodell steht im Widerspruch zu den Gesetzen der klassischen Elektrodynamik, wonach elektrisch geladene Teilchen, die eine beschleunigte Bewegung ausführen, Energie in Form von elektromagnetischer Strahlung abgeben müssen. Deshalb können Elektronen in Atomen, die nach Rutherfords Vorstellungen aufgebaut sind, den Kern nicht mit konstantem Abstand umkreisen, sondern müßten sich spiralförmig dem Atomkern nähern, um schließlich auf ihn zu stürzen.

— Eine Erklärung der Linienstruktur der Atomspektren (vgl. B) ist mit diesem Atommodell nicht möglich.

2.2 Das Bohrsche Atommodell

Um die unter 2.1 erwähnten Widersprüche der Rutherfordschen Theorie zu beseitigen, stellte Niels Bohr die folgenden zwei Postulate als Grundlagen seines Atommodells auf:

1. Es gibt Elektronenbahnen, auf denen die Elektronen den Atomkern umkreisen können, ohne Energie durch Strahlung zu verlieren (sogenannte stationäre Zustände). Es existiert eine diskontinuierliche Schar solcher Bahnen. Für sie gilt die Bedingung, daß der Drehimpuls des Elektrons ein ganzzahliges Vielfaches des elementaren Drehimpulses $h/2\pi$ ($h = 6{,}6260755 \times 10^{-34}$ J · s Planck-Konstante) sein muß:

   $m_e \cdot v_n \cdot r_n = n \cdot h/2\pi$.

   m_e Ruhemasse des Elektrons,
   v_n Geschwindigkeit des Elektrons auf der n-ten Bahn,
   r_n Radius der n-ten Bahn.

Die Zahl n, die als Haupt-Quantenzahl bezeichnet wird, kann ganzzahlige Werte von 1 bis unendlich annehmen.

2. Beim Übergang eines Elektrons zwischen zwei stationären Zuständen wird rein monochromatische Strahlung emittiert bzw. absorbiert. Ihre Frequenz ν ist durch die Energiedifferenz ΔE der stationären Zustände gegeben:

$$h \cdot \nu = \Delta E.$$

Leistung und Grenzen des Bohrschen Atommodells

— *Atomspektren:* Das Linienspektrum des Wasserstoffatoms (vgl. B) läßt sich, wie Balmer empirisch fand, durch die folgende Gleichung darstellen:

$$\nu = R\left(\frac{1}{n_\mathrm{i}^2} - \frac{1}{n_\mathrm{a}^2}\right), \quad n_\mathrm{a} > n_\mathrm{i}.$$

$R = 3{,}289\,842\,02 \cdot 10^{15}\,\mathrm{s}^{-1}$ Rydberg-Frequenz, n_i, n_a Haupt-Quantenzahlen.

Mit Hilfe der Bohrschen Theorie ist es möglich, die Rydberg-Frequenz und damit das Spektrum des Wasserstoffatoms zu berechnen. Anschaulich läßt sich nach Bohr das Zustandekommen des Linienspektrums des Wasserstoffatoms folgendermaßen interpretieren: Durch Energiezufuhr wird das Elektron vom Grundzustand ($n = 1$) auf einen angeregten Zustand ($n_\mathrm{a} > 1$) angehoben. Wenn das Elektron dann wieder auf eine energieärmere (kernnähere) Bahn ($n_\mathrm{i} < n_\mathrm{a}$) zurückfällt, gibt es Energie in Form eines Photons ab. Die Energie des Photons ist gleich der Energiedifferenz der beiden stationären Zustände (vgl. Bild 2-1).

Die Spektren von Atomen mit mehr als einem Elektron können mit Hilfe der Bohrschen Theorie nicht mehr quantitativ beschrieben werden.

— *Periodensystem:* Das Bohrsche Atommodell wurde besonders von Sommerfeld verfeinert. Diese erweiterte Theorie ermöglichte es, die Systematik des Periodensystems (siehe 3) mit Hilfe weiterer Quantenzahlen (siehe 2.4.2) zu deuten.

— *Heisenbergsche Unschärferelation:* Nach Heisenberg ist es nicht möglich, gleichzeitig genaue Angaben über Ort und Geschwindigkeit von Mikroobjekten zu machen. Es gilt (vgl. B):

$$\Delta p \cdot \Delta x \geqq h.$$

Δp, Δx Unbestimmtheit von Impuls- bzw. Ortskoordinaten derselben Raumrichtung.

Als Folge dieser Theorie muß die Vorstellung einer Teilchenbahn von Mikroobjekten — z. B. von Elektronen — aufgegeben werden.

2.3 Ionisierungsenergie, Elektronenaffinität

Als *Ionisierungsenergie* wird die Energie bezeichnet, die zur Abtrennung eines Elektrons aus einem Atom A erforderlich ist. Dieser Vorgang kann durch folgende Gleichung beschrieben werden:

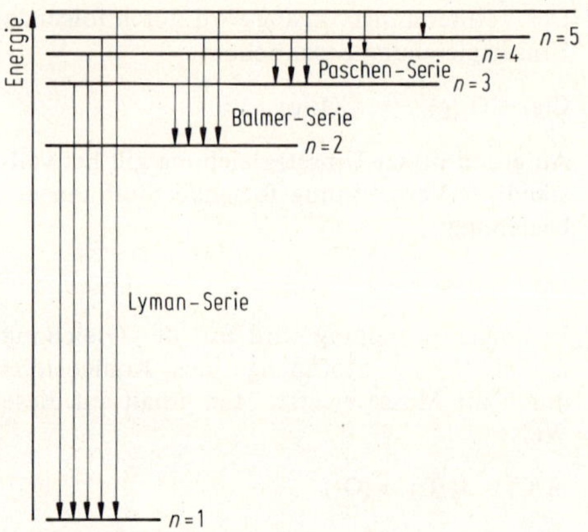

Bild 2-1. Termschema des Wasserstoffatoms.

$$\mathrm{A} \rightarrow \mathrm{A}^+ + \mathrm{e}^-.$$

Von dem einfach positiv geladenen Ion A^+ können weitere Elektronen abgegeben werden. Auf diese Weise entstehen mehrfach geladene Ionen, z. B.:

$$\mathrm{A}^+ \rightarrow \mathrm{A}^{2+} + \mathrm{e}^-.$$

Die Ionisierungsenergie für die Abtrennung des ersten Elektrons ist für die Hauptgruppenelemente in den Tabellen 12-1 bis 12-8 zusammengefaßt.

Elektronenaffinität heißt die bei der Bildung negativ geladener Ionen aus Atomen freiwerdende oder benötigte Energie entsprechend der folgenden Reaktion:

$$\mathrm{A} + \mathrm{e}^- \rightarrow \mathrm{A}^-.$$

An einfach negativ geladene Ionen können weitere Elektronen angelagert werden, z. B.:

$$\mathrm{A}^- + \mathrm{e}^- \rightarrow \mathrm{A}^{2-}.$$

Tabelle 2-1 enthält einige Werte der Elektronenaffinität.

Tabelle 2-1. Elektronenaffinität E_A einiger Atome

Vorgang	E_A/eV
$\mathrm{F} + \mathrm{e}^- \rightarrow \mathrm{F}^-$	−3,448
$\mathrm{Cl} + \mathrm{e}^- \rightarrow \mathrm{Cl}^-$	−3,613
$\mathrm{Br} + \mathrm{e}^- \rightarrow \mathrm{Br}^-$	−3,363
$\mathrm{I} + \mathrm{e}^- \rightarrow \mathrm{I}^-$	−3,063
$\mathrm{H} + \mathrm{e}^- \rightarrow \mathrm{H}^-$	−0,80
$\mathrm{O} + \mathrm{e}^- \rightarrow \mathrm{O}^-$	−1,466
$\mathrm{O} + 2\mathrm{e}^- \rightarrow \mathrm{O}^{2-}$	+7,20

2.4 Das quantenmechanische Atommodell

2.4.1 Die Ψ-Funktion

In der Quantenmechanik wird jedem Zustand eines Atoms eine Funktion Ψ der Ortskoordinaten (x, y, z) seiner sämtlichen Elektronen zugeordnet (vgl. B). Aus diesen sog. Zustands- oder Wellenfunktionen lassen sich im Prinzip sämtliche Informationen über das System mathematisch errechnen. Die Wellenfunktion Ψ selbst hat keine anschauliche physikalische Bedeutung (Ψ nimmt in der Regel komplexe Werte an). Ihr Betragsquadrat $|\Psi|^2$ jedoch kann als Wahrscheinlichkeitsdichte bzw. Elektronendichte interpretiert werden. Beim Wasserstoffatom, das nur ein Elektron besitzt, gibt

$$|\Psi|^2(x, y, z)\,\mathrm{d}x\,\mathrm{d}y\,\mathrm{d}z$$

die Wahrscheinlichkeit an, das Elektron im Volumenelement $\mathrm{d}x\,\mathrm{d}y\,\mathrm{d}z$ anzutreffen. Entsprechend ist das Produkt

$$e|\Psi|^2(x, y, z)\,,$$

e elektrische Elementarladung,

die Elektronendichte an der Stelle x, y, z.

2.4.2 Die Schrödinger-Gleichung für das Wasserstoffatom

Die Wellenfunktionen der stationären Zustände können durch Lösen der Schrödinger-Gleichung (vgl. B) ermittelt werden. Für das Elektron im Wasserstoffatom nimmt die zeitunabhängige Schrödinger-Gleichung die folgende Form an:

$$\nabla^2\Psi + \frac{8\pi^2 m_e}{h^2}\left(E - \frac{e^2}{r}\right)\Psi = 0\,.$$

∇^2 Laplace-Operator, m_e Ruhemasse des Elektrons, h Planck-Konstante, E Gesamtenergie, e elektrische Elementarladung, r Radius.

Zur Lösung der Schrödinger-Gleichung für das Wasserstoffatom ist es — wie auch bei der Behandlung anderer zentralsymmetrischer Probleme — zweckmäßig, eine Transformation der kartesischen Koordinaten (x, y, z) in Kugelkoordinaten (Radius r, Winkel ϑ und φ) vorzunehmen. Die Schrödinger-Gleichung hat nur für ganz bestimmte Werte der Energie E Lösungen Ψ. Diese Energiewerte heißen Eigenwerte, die zugehörenden Lösungen werden Eigenfunktionen oder Eigenzustände genannt.

Gehört zu jedem Energieeigenwert nur eine einzige Eigenfunktion, so bezeichnet man diesen Eigenwert als nicht entartet. Gehören dagegen mehrere Eigenfunktionen zum gleichen Energiewert, so spricht man von Entartung.

Tabelle 2-2. Besetzungsmöglichkeiten der Elektronenzustände. n Haupt-Quantenzahl, l Bahndrehimpuls-Quantenzahl, s Spin-Quantenzahl, Z_e maximale Zahl von Elektronen gleicher Haupt-Quantenzahl

n	Schale	l	Symbol	magnetische Quantenzahl	s	Z_e
1	K	0	1s	0	$\pm\frac{1}{2}$	2
2	L	0	2s	0	$\pm\frac{1}{2}$	
		1	2p	$-1, 0, +1$	$\pm\frac{1}{2}$	8
3	M	0	3s	0	$\pm\frac{1}{2}$	
		1	3p	$-1, 0, +1$	$\pm\frac{1}{2}$	
		2	3d	$-2, -1, 0, +1, +2$	$\pm\frac{1}{2}$	18
4	N	0	4s	0	$\pm\frac{1}{2}$	
		1	4p	$-1, 0, +1$	$\pm\frac{1}{2}$	
		2	4d	$-2, -1, 0, +1, +2$	$\pm\frac{1}{2}$	
		3	4f	$-3, -2, -1, 0, +1, +2, +3$	$\pm\frac{1}{2}$	32

Die Lösungen der Schrödinger-Gleichung für das Wasserstoffatom haben die allgemeine Form

$$\Psi_{n,l,m}(r, \vartheta, \varphi) = R_{n,l}(r) \cdot Y_{l,m}(\vartheta, \varphi).$$

$R_{n,l}(r)$ ist der Radialteil und $Y_{l,m}(\vartheta, \varphi)$ der Winkelteil der Wellenfunktion. Die Radialfunktion enthält nur die Parameter n und l, die Winkelfunktion nur l und m. Diese und ähnliche Funktionen, die die Zustände eines Elektrons in einem Atom beschreiben, werden häufig als Atomorbitale oder kurz Orbitale bezeichnet.

Die Parameter n, l, m sind Quantenzahlen. Sie werden folgendermaßen benannt (vgl. Tabelle 2-2):

1. *Haupt-Quantenzahl n* $n = 1, 2, 3, \ldots$
2. *Bahndrehimpuls-Quantenzahl (Neben-Quantenzahl) l* $l = 0, 1, 2, \ldots, n-1$
3. *Magnetische Quantenzahl m* $m = -l, -l+1, \ldots, -1, 0, +1, \ldots, l-1, l$.

Aus historischen Gründen bezeichnet man Zustände mit $l = 0$, 1, 2 und 3 als s-, p-, d- bzw. f-Zustände.

Zustände gleicher Haupt-Quantenzahl bilden eine sogenannte Schale. Hierbei gilt folgende Nomenklatur: Zustände mit $n = 1$, 2, 3, 4 oder 5 heißen K-, L-, M-, N- oder O-Schale.

Beim Wasserstoffatom hängen die Eigenwerte der Energie nur von der Haupt-Quantenzahl n ab, d. h., innerhalb einer Schale sind alle Zustände entartet. Der Zustand niedrigster Energie (beim Wasserstoffatom bei $n = 1$) wird als Grundzustand bezeichnet.

Spin-Quantenzahl s: Elektronen haben drei fundamentale Eigenschaften: Masse, Ladung und Spin (Eigendrehimpuls). Der Spin kann durch die Spin-Quantenzahl s charakterisiert werden. Bei Elektronen kann s die Werte $+\frac{1}{2}$ und $-\frac{1}{2}$ annehmen.

2.4.3 Darstellung der Wasserstoff-Orbitale

Die Darstellung der Wellenfunktion erfordert mit den drei unabhängigen Variablen x, y, z bzw. r, ϑ, φ (vgl. 2.4.2) ein vierdimensionales Koordinatensystem. Zweidimensionale Teildarstellungen sind:

- Quasi-dreidimensionale Wiedergabe der Winkelfunktion $Y_{l,m}$. Die in Bild 2-2 dargestellten Flächen entstehen, indem man in jeder Raumrichtung den Betrag abträgt, den die jeweilige Winkelfunktion für diese Richtung liefert.
- Darstellung des Radialteils der Wellenfunktion $R_{n,l}$ bzw. der Radialverteilung $4\pi r^2 R_{n,l}^2$ als Funktion des Radius r.

2.4.4 Mehrelektronensysteme

Infolge der Wechselwirkung zwischen den Elektronen ist die Schrödinger-Gleichung für Atome mit

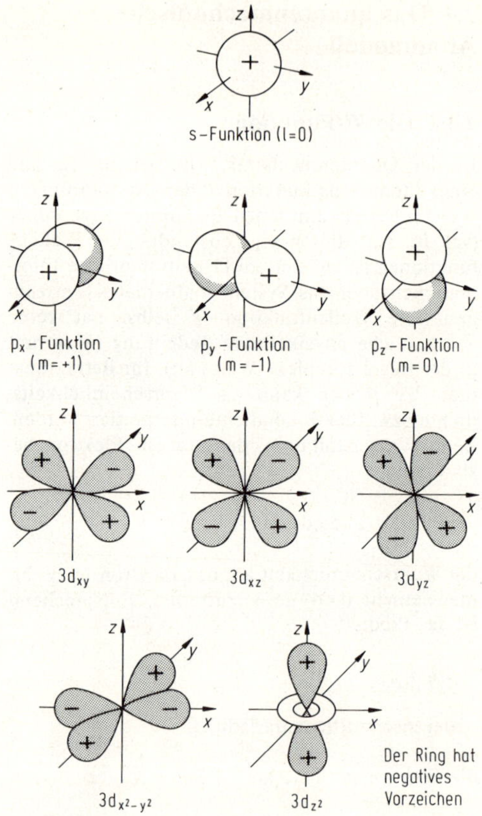

Bild 2-2. Graphische Darstellung der Winkelfunktion von Orbitalen des Wasserstoffatoms.

mehreren Elektronen nicht mehr exakt lösbar. Ein verbreitetes Näherungsverfahren besteht darin, die Wechselwirkung eines jeden Elektrons mit den anderen durch ein effektives Potential zu ersetzen, das dem elektrostatischen Potential der Anziehung durch den Atomkern überlagert wird. Auf diese Weise gelingt es, ein Mehrelektronensystem näherungsweise in lauter Einelektronensysteme zu entkoppeln, deren Schrödinger-Gleichungen dann separat gelöst werden können. Die resultierenden Orbitale ähneln weitgehend denen des Wasserstoffatoms. Sie haben dieselben Winkelanteile, jedoch andere Radialanteile als die entsprechenden Wellenfunktionen des Wasserstoffatoms. Wie beim Wasserstoffatom wird der Zustand eines Elektrons vollständig durch die Angabe der Werte der vier Quantenzahlen n, l, m und s beschrieben. Die Energieeigenwerte hängen nun jedoch von n und l ab, d. h., gegenüber dem Wasserstoffatom ist die l-Entartung aufgehoben.

Energien und Wellenfunktionen eines Atoms mit mehreren Elektronen werden nun aus denen der einzelnen Elektronen aufgebaut: die Energien als Summe, die Wellenfunktionen als Produkte der entsprechenden Einelektronenbeiträge.

2.5 Besetzung der Energieniveaus

Für ein Atom mit mehreren Elektronen erhält man den Grundzustand (in der oben beschriebenen Näherung) durch Besetzung der einzelnen Orbitale nach folgenden drei Regeln (häufig spricht man in diesem Zusammenhang auch von der Besetzung der Energieniveaus):

Energieregel: Die Besetzung der Niveaus mit Elektronen geschieht in der Reihenfolge zunehmender Energie. Für diese Reihenfolge gilt in der Regel folgendes Schema:

$$1s < 2s < 2p < 3s < 3p < 4s < 3d < 4p < 5s$$
$$< 4d < 5p < 6s < 4f < 5d < 6p < 7s < 6d \approx 5f \ldots$$

Pauli-Prinzip: In einem Atom können niemals zwei oder mehr Elektronen in allen vier Quantenzahlen übereinstimmen.

Hundsche Regel: Atomorbitale, deren Energieeigenwerte entartet sind, werden zunächst mit Elektronen parallelen Spins besetzt.
Die Zahl der Elektronen, die die gleiche Haupt-Quantenzahl haben können, beträgt $2n^2$.
Diese Verhältnisse sind in Tabelle 2-2 (siehe S. C 7) dargestellt.

2.6 Darstellung der Elektronenkonfiguration

Die Zusammensetzung eines Atomzustandes aus Zuständen seiner einzelnen Elektronen wird auch als Elektronenkonfiguration bezeichnet. Die Elektronenkonfiguration kann entweder zahlenmäßig oder graphisch in der sog. *Pauling-Symbolik* angegeben werden. Die zahlenmäßige Darstellung verläuft nach folgendem Schema: Der Haupt-Quantenzahl folgt die Angabe der Neben-Quantenzahl in der historischen Bezeichnungsart. Als Exponent der Neben-Quantenzahl erscheint die Zahl der Elektronen, die das betrachtete Energieniveau besetzen.
Bei der Pauling-Symbolik wird jeder durch die Quantenzahlen *n*, *l* und *m* charakterisierte Zustand durch einen waagerechten Strich (oder durch ein Kästchen) markiert. Die Wiedergabe des Spinzustandes erfolgt mit einem Pfeil.
Die Elektronenkonfiguration der Hauptgruppenelemente ist in den Tabellen 12-1 bis 12-8 enthalten.

Beispiel: Elektronenkonfiguration des Phosphoratoms im Grundzustand (Ordnungszahl 15).

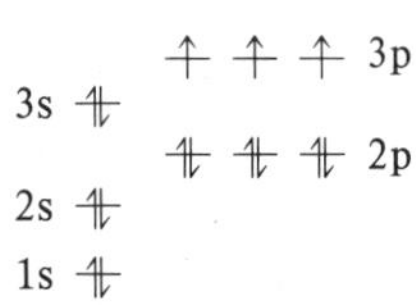

$1s^2\ 2s^22p^6\ 3s^23p^3$

zahlenmäßige Darstellung — Pauling-Symbolik

2.7 Aufbau des Atomkerns

Der Atomkern besteht aus *Nukleonen* (Einzelheiten vgl. B 17). Darunter versteht man positiv geladene *Protonen* und elektrisch neutrale *Neutronen*. Die Massen von Protonen und Neutronen sind annähernd gleich groß ($m_p = 1{,}672\,623\,1 \cdot 10^{-27}$ kg, $m_n = 1{,}674\,928\,86 \cdot 10^{-27}$ kg). Bei einem elektrisch neutralen Atom ist die Zahl der Protonen oder die Kernladungszahl gleich der Zahl der Elektronen in der Atomhülle und gleich der Ordnungszahl im Periodensystem (vgl. 3). Durch diese Zahl werden die *chemischen Elemente* definiert:

Chemische Elemente bestehen aus Atomen gleicher Kernladungszahl.

Als *Massenzahl* wird die Anzahl der in einem Atomkern enthaltenen Protonen und Neutronen bezeichnet. Kernarten, die durch eine bestimmte Zahl von Protonen und Neutronen charakterisiert sind, werden allgemein *Nuklide* genannt. *Isotope* sind Nuklide, die die gleiche Zahl von Protonen, aber eine unterschiedliche Anzahl von Neutronen enthalten. Nuklide gleicher Massenzahl heißen *Isobare*.
Chemische Elemente können als *Reinelemente* oder als *Mischelemente* vorliegen. Reinelemente sind dadurch gekennzeichnet, daß alle Atome die gleiche Zahl von Neutronen und damit auch die gleiche Massenzahl aufweisen. Bei Mischelementen kommen Nuklide mit unterschiedlicher Anzahl von Neutronen vor. Es ist üblich, die Ordnungszahl unten und die Massenzahl oben vor das Elementsymbol zu setzen.

Beispiele: Fluor ist ein Reinelement. Es existiert in der Natur ausschließlich in Form des Nuklides $^{19}_{9}F$. Kohlenstoff ist ein Mischelement. Die natürlich vorkommenden Isotope sind $^{12}_{6}C$, $^{13}_{6}C$ und $^{14}_{6}C$ (Häufigkeiten: 98,89 %, 1,11 %; Spuren). $^{14}_{6}C$ ist radioaktiv (Halbwertzeit $t_{1/2} = 5\,735$ a, vgl. 9.4.1) und zerfällt als β-Strahler in $^{14}_{7}N$.

3 Das Periodensystem der Elemente

Das Periodensystem wurde erstmals 1869 von L. Meyer und D. Mendelejew als Ordnungssystem der Elemente aufgestellt. In diesem System wurden die chemischen Elemente nach steigenden Werten der molaren Masse der Atome (vgl. 1.3) angeordnet. Das geschah schon damals in der Art, daß chemisch ähnliche Elemente, wie z. B. die Alkalimetalle (vgl. 12.1) oder die Halogene (vgl. 12.7), untereinander standen und eine Gruppe bildeten. In einigen Fällen war es aufgrund der Eigenschaften der Elemente oder ihrer Verbindungen erforderlich, dieses Ordnungsprin-

Tabelle 3-1. Das Periodensystem der Elemente

Periode	* 1	2	3	4	5	6	7	8	9	10	11	12	13	14	15	16	17	18
	** I A	II A	III A	IV A	V A	VI A	VII A		VIII A		I B	II B	III B	IV B	V B	VI B	VII B	VIII B
1	1 1,008 H Wasserstoff																	2 4,003 He Helium
2	3 6,941 Li Lithium	4 9,012 Be Beryllium											5 10,81 B Bor	6 12,01 C Kohlenstoff	7 14,01 N Stickstoff	8 16,00 O Sauerstoff	9 19,00 F Fluor	10 20,18 Ne Neon
3	11 22,99 Na Natrium	12 24,31 Mg Magnesium											13 26,98 Al Aluminium	14 28,09 Si Silicium	15 30,97 P Phosphor	16 32,06 S Schwefel	17 35,45 Cl Chlor	18 39,95 Ar Argon
4	19 39,10 K Kalium	20 40,08 Ca Calcium	21 44,96 Sc Scandium	22 47,90 Ti Titan	23 50,94 V Vanadium	24 52,00 Cr Chrom	25 54,94 Mn Mangan	26 55,85 Fe Eisen	27 58,93 Co Cobalt	28 58,71 Ni Nickel	29 63,55 Cu Kupfer	30 65,37 Zn Zink	31 69,72 Ga Gallium	32 72,59 Ge Germanium	33 74,92 As Arsen	34 78,96 Se Selen	35 79,90 Br Brom	36 83,80 Kr Krypton
5	37 85,47 Rb Rubidium	38 87,62 Sr Strontium	39 88,91 Y Yttrium	40 91,22 Zr Zirkonium	41 92,91 Nb Niob	42 95,94 Mo Molybdän	43 (98) Tc Technetium	44 101,1 Ru Ruthenium	45 102,9 Rh Rhodium	46 106,4 Pd Palladium	47 107,9 Ag Silber	48 112,4 Cd Cadmium	49 114,8 In Indium	50 118,7 Sn Zinn	51 121,8 Sb Antimon	52 127,6 Te Tellur	53 126,9 I Iod	54 131,3 Xe Xenon
6	55 132,9 Cs Caesium	56 137,3 Ba Barium	57 138,9 La Lanthan	72 178,5 Hf Hafnium	73 180,9 Ta Tantal	74 183,9 W Wolfram	75 186,2 Re Rhenium	76 190,2 Os Osmium	77 192,2 Ir Iridium	78 195,1 Pt Platin	79 197,0 Au Gold	80 200,6 Hg Quecksilber	81 204,4 Tl Thallium	82 207,2 Pb Blei	83 209,0 Bi Bismut	84 210 Po Polonium	85 (210) At Astat	86 (222) Rn Radon
7	87 223,0 Fr Francium	88 226,0 Ra Radium	89 227,0 Ac Actinium	104 (261) Unq Elem. 104	105 (262) Unp Elem. 105	106 (263) Unh Elem. 106	107 (262) Uns Elem. 107											

Ordnungszahl → 29 63,55 ← molare Masse in g/mol
Cu ← Elementsymbol
deutscher Name → Kupfer

* neue, ** alte } Gruppennummer

Lanthanoide	58 140,1 Ce Cer	59 140,9 Pr Praseodym	60 144,2 Nd Neodym	61 147,0 Pm Promethium	62 150,4 Sm Samarium	63 152,0 Eu Europium	64 157,3 Gd Gadolinium	65 158,9 Tb Terbium	66 162,5 Dy Dysprosium	67 164,9 Ho Holmium	68 167,3 Er Erbium	69 168,9 Tm Thulium	70 173,0 Yb Ytterbium	71 175,0 Lu Lutetium
Actinoide	90 232,0 Th Thorium	91 231,0 Pa Protactinium	92 238,0 U Uran	93 237,0 Np Neptunium	94 (244) Pu Plutonium	95 (243) Am Americium	96 247 Cm Curium	97 (247) Bk Berkelium	98 (251) Cf Californium	99 (252) Es Einsteinium	100 257 Fm Fermium	101 (258) Md Mendelevium	102 (259) No Nobelium	103 (260) Lr Lawrencium

Die Zahlen in Klammern sind die Massenzahlen der langlebigsten Isotope der entsprechenden Elemente zip durch Umstellungen zu durchbrechen, da sich sonst chemisch nicht verwandte Elemente in einer Gruppe befunden hätten. So steht z. B. das Element Tellur vor dem Iod, obwohl die molare Masse des Iods (126,90 g/mol) kleiner ist als die des Tellurs (127,60 g/mol).

3.1 Aufbau des Periodensystems

Das heutige Periodensystem (siehe Tabelle 3-1) besteht aus 7 Perioden mit 8 Haupt- und 8 Nebengruppen sowie den Lanthanoiden- und Actinoiden-(elementen). Als Perioden werden die horizontalen, als Gruppen die vertikalen Reihen bezeichnet. Die Reihenfolge der Elemente wird durch ihre Ordnungszahl (Kernladungszahl, vgl. 2.7) bestimmt. Die Besetzung der einzelnen Energieniveaus geschieht mit wachsender Ordnungszahl nach den in 2.5 angegebenen Regeln. Die Periodennummer gibt die Hauptquantenzahl des höchsten mit Elektronen besetzten Energieniveaus (im Grundzustand) an. Innerhalb einer Gruppe des Periodensystems stehen Elemente, die chemisch ähnliches Verhalten zeigen. Die freien Atome derartiger Elemente haben in der Regel die gleiche Elektronenkonfiguration in der äußersten Schale.
Nach ihrer Elektronenkonfiguration können die Elemente in drei verschiedene Gruppen unterteilt werden:

— *Hauptgruppenelemente* (s- und p-Elemente)
  Bei diesen Elementen werden die s- und p-Niveaus der äußersten Schale mit Elektronen besetzt. Unter den Hauptgruppenelementen befinden sich sowohl Metalle als auch Nichtmetalle. Die Eigenschaften dieser Elemente und die ihrer Verbindungen sind im Kapitel 12 dargestellt.
— *Nebengruppenelemente* (d-Elemente)
  Bei den Elementen dieser Gruppe werden die d-Niveaus der zweitäußersten Schale mit Elektronen ausgefüllt.
  Die Nebengruppenelemente sind ausnahmslos Metalle.
— Lanthanoide (seltene Erdmetalle) und Actinoide (f-Elemente)
  Bei diesen Elementgruppen werden die 4f- (bei den Lanthanoiden) bzw. die 5f-Niveaus (bei den Actinoiden) aufgefüllt. Sämtliche Elemente der beiden Gruppen sind Metalle.

3.2 Periodizität einiger Eigenschaften

Alle vom Zustand der äußeren Elektronenhülle abhängigen physikalischen und chemischen Eigenschaften der Elemente ändern sich periodisch mit der Ordnungszahl. Für die Hauptgruppenelemente gelten z. B. folgende Periodizitäten (vgl. Tabelle 3-1):

— *Atomradien.* Innerhalb einer Gruppe nehmen die Atomradien von oben nach unten zu (vgl. Tabellen 12-1 bis 12-8). Innerhalb einer Periode verkleinern sich die Werte dieser Größe mit steigender Ordnungszahl.
  Beispiel: Atomradien der Elemente der 2. Periode: $_3$Li: 152 pm, $_4$Be: 112 pm, $_5$B: 79 pm, $_6$C: 77 pm, $_7$N: 70 pm, $_8$O: 66 pm, $_9$F: 64 pm.
— *Ionisierungsenergie.* Innerhalb einer Gruppe nimmt die Ionisierungsenergie (vgl. 2.3) von oben nach unten ab, innerhalb einer Periode von links nach rechts zu. Die Alkalimetalle weisen besonders kleine, die Edelgase besonders große Werte der Ionisierungsenergie auf (vgl. Tabellen 12-1 bis 12-8).
— *Metallischer und nichtmetallischer Charakter. Reaktivität.* Der metallische Charakter nimmt von oben nach unten *und* von rechts nach links, der nichtmetallische Charakter dagegen in umgekehrter Richtung, zu. In der I. und II. Hauptgruppe (Alkalimetalle und Erdalkalimetalle) sind nur Metalle, in der VII. und VIII. Hauptgruppe (Halogene und Edelgase) nur Nichtmetalle enthalten. In der III. bis VI. Hauptgruppe finden sich sowohl Metalle als auch Nichtmetalle.
  Die Reaktivität der Metalle oder der Nichtmetalle ändert sich parallel zu ihrem metallischen bzw. nichtmetallischen Charakter. Die reaktionsfähigsten Metalle sind die Alkalimetalle (vgl. 12.1), die reaktionsfähigsten Nichtmetalle die Halogene (vgl. 12.7). Die Elemente der VIII. Hauptgruppe, die Edelgase, sind außerordentlich reaktionsträge. Nur von den Elementen Krypton, Xenon und Radon sind Verbindungen bekannt (vgl. 12.8).

4 Chemische Bindung

Freie, isolierte Atome werden in der Natur nur selten angetroffen (Ausnahmen sind z. B. die gasförmigen Edelgase). Meist treten die Atome vielmehr in mehr oder weniger fest zusammenhaltenden Atomverbänden auf. Dies können unterschiedlich große Moleküle, Flüssigkeiten oder Festkörper sein (Beispiele: molekularer Wasserstoff H_2, Methan CH_4; flüssige Edelgase, flüssiges Wasser H_2O, flüssiges Quecksilber Hg; Diamant C, festes Natriumchlorid NaCl, metallisches Wolfram W).
Die mit der Ausbildung von Atomverbänden zusammenhängenden Fragen behandelt die Theorie der chemischen Bindung. Folgende vier Grenztypen der chemischen Bindung werden unterschieden:

— *Atombindung (kovalente Bindung),*
— *Ionenbindung,*

— *metallische Bindung*,
— *van-der-Waalssche Bindung* mit *Wasserstoffbrükkenbindung*.

Häufig müssen zur Beschreibung des Bindungszustandes von Stoffen die Eigenschaften von zwei Grenztypen — meist mit unterschiedlicher Gewichtung — herangezogen werden.

4.1 Atombindung (Kovalente Bindung)

4.1.1 Modell nach Lewis

Nach den Vorstellungen von G. N. Lewis, die vor der Formulierung der Quantenmechanik entwikkelt wurden, soll eine kovalente Bindung durch ein zwei Atomen gemeinsam angehörendes, bindendes Elektronenpaar bewirkt werden. Die Bildung des gemeinsamen Elektronenpaares führt beim Wasserstoff zur Vervollständigung eines Elektronenduetts und bei den übrigen Bindungspartnern zur Ausbildung eines Elektronenoktetts. Die Vereinigung einzelner spinantiparalleler Elektronen zu einem bindenden Elektronenpaar führt stets zur Spinabsättigung. Die bindenden Elektronenpaare werden als Bindestriche zwischen die Atome eines Moleküls gesetzt. Die anderen Valenzelektronen (Elektronen der äußersten Schale) können sogenannte einsame Elektronenpaare bilden, die als Striche um das jeweilige Atom angeordnet werden.

Beispiele: Chlorwasserstoff H—$\overline{\underline{\mathrm{Cl}}}$|,

Ammoniak 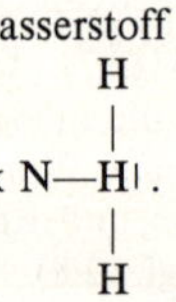

In einigen Fällen können auch zwei oder drei bindende Elektronenpaare vorhanden sein.

Beispiele:

Stickstoff |N≡N|, Ethylen 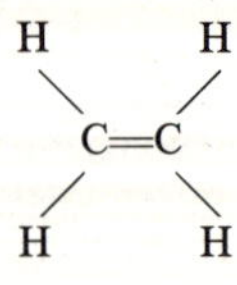

(vgl. 14.1.2).

Wenn ein Partner beide Elektronen des bindenden Elektronenpaares zur Verfügung stellt, spricht man von *koordinativer Bindung*.

Beispiel: Bildung des Ammoniumions aus Ammoniak durch Anlagerung eines Wasserstoffions:

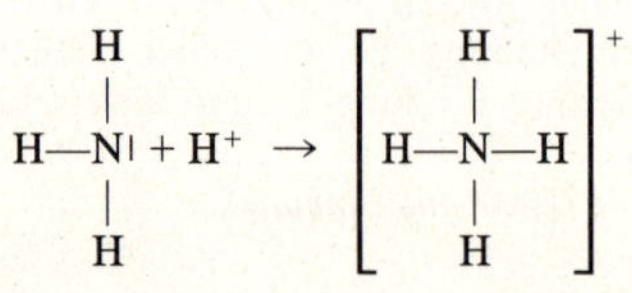

Die Zahl der kovalenten Bindungen, die von einem Atom ausgehen, wird als dessen Bindigkeit bezeichnet.

4.1.2 Molekülorbitale

Die Beschreibung der Elektronenstruktur von Molekülen erfordert die Lösung der Schrödinger-Gleichung (vgl. 2.4.2). Diese ist nur für das einfachste Molekül, das H_2^+-Molekülion, exakt lösbar. Für die Behandlung von Molekülen mit mehreren Elektronen müssen daher — ähnlich wie bei der Beschreibung von Atomen mit mehreren Elektronen (vgl. 2.4.4) — geeignete Näherungsverfahren angewendet werden. Das am weitesten verbreitete Näherungsverfahren ist die *Molekülorbital-Theorie (MO-Theorie)*.
In der MO-Theorie beschreibt man die Elektronenzustände eines Moleküls durch Molekülorbitale. Im Gegensatz zu den Atomen haben Moleküle Mehrzentrenorbitale. Molekülorbitale werden — ähnlich wie die Atomorbitale — durch Quantenzahlen charakterisiert. Die Besetzung der einzelnen Orbitale im Grundzustand erhält man unter Berücksichtigung der Energieregel, des Pauli-Prinzips und der Hundschen Regel (siehe 2.5). Die Elektronenkonfiguration von Molekülen kann entweder durch ein Zahlenschema oder durch die in Bild 4-1 und 4-2 dargestellte Symbolik angegeben werden.
Molekülorbitale können in guter Näherung aus Orbitalen der am Bindungssystem beteiligten Atome durch lineare Kombination aufgebaut werden. Man unterscheidet grob zwischen bindenden und lockernden („antibindenden") Molekülorbitalen, je nachdem, ob ihre Besetzung im Vergleich zu den Energien der beteiligten Atomorbitale eine Energieabsenkung und damit eine Stabilisierung des Moleküls oder aber eine Energieerhöhung zur Folge hat.
Besonders übersichtlich ist diese Beschreibung bei Molekülen aus zwei gleichen Atomen, wie z. B. beim Wasserstoffmolekül H_2. Aus den beiden 1s-Orbitalen der Wasserstoffatome H_a und H_b lassen sich zwei Linearkombinationen herstellen:
die symmetrische

$$\sigma_{1s} = (1s)_a + (1s)_b$$

und die antimetrische

$$\sigma_{1s}^* = (1s)_a - (1s)_b\,.$$

Die umgekehrten Vorzeichenkombinationen $(--)$ und $(-+)$ ergeben lediglich äquivalente Darstellungen derselben Orbitale. Das σ-MO ist das bindende, σ* das lockernde MO; beide Orbitale sind rotationssymmetrisch zur Molekülachse.
Bild 4-1 zeigt das entsprechende Energieniveauschema. Im Grundzustand des H_2-Moleküls besetzen beide Elektronen den bindenden σ-Zustand.

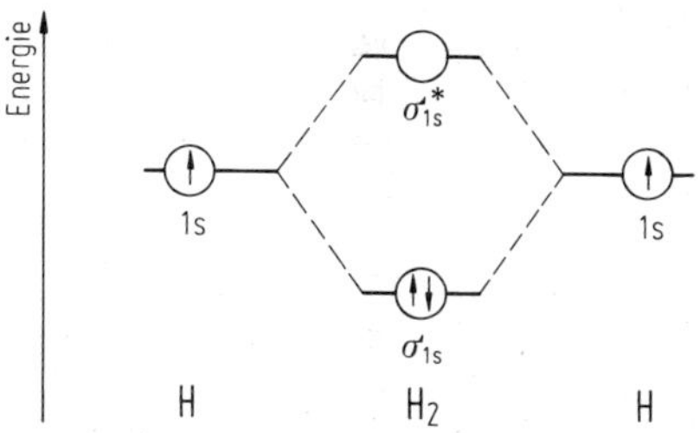

Bild 4-1. MO-Energieniveauschema eines A_2-Moleküls der 1. Periode, Elektronenbesetzung für H_2.

Die damit verbundene Energieabsenkung gegenüber den Grundzuständen der freien Atome (um die sog. Bindungsenergie) erklärt die Stabilität des Wasserstoffmoleküls.

Beim hypothetischen *Heliummolekül* He_2 hingegen besetzen im Grundzustand je zwei Elektronen das bindende und das lockernde MO. Da hierdurch keine Stabilisierung gegenüber den freien Atomen zustande kommt, wird dieses Molekül nicht gebildet.

Beim *molekularen Sauerstoff* O_2 steuert jedes Atom sechs Valenzelektronen bei. Die Valenzschale der Atome besteht aus den 2s-Orbitalen und den drei entarteten 2p-Orbitalen. Kombiniert werden Atomorbitale derselben Energie; die energetische Lage der resultierenden Molekülorbitale zeigt schematisch Bild 4-2. Aus den kugelsymmetrischen 2s-Orbitalen sowie den zylindersymmetrischen $2p_x$-Orbitalen, deren Achse mit der Molekülachse zusammenfällt, entstehen rotationssymmetrische, bindende und lockernde σ- bzw. σ^*-MOs. Die restlichen 2p-Orbitale ergeben je zwei entartete bindende π- und lockernde π^*-Zustände; bei diesen Orbitalen ist die Rotationssymmetrie gebrochen. Nach der Hundschen Regel werden die beiden π^*-Zustände im Grundzustand des O_2-Moleküls mit einzelnen Elektronen parallelen Spins besetzt. Molekularer Sauerstoff ist daher paramagnetisch.

Bei *größeren Molekülen*, wie z. B. beim Methan CH_4 (vgl. 14.1.1), erhält man bei der MO-theoretischen Behandlung des Bindungssystems Resultate, die zunächst der chemischen Erfahrung zu widersprechen scheinen. An den im Grundzustand besetzten Molekülorbitalen sind alle fünf Atome beteiligt, d. h., statt vier äquivalenter und lokalisierbarer C—H-Bindungen scheint die MO-Theorie vier über das ganze Molekül delokalisierte Bindungen zu liefern. Mit sog. Hybridorbitalen (vgl. 4.1.3) lassen sich die Bindungsverhältnisse beim Methan wie auch bei vielen anderen mehratomigen Molekülen in Übereinstimmung mit den klassischen Valenzstrichformeln der Chemie beschreiben.

Es gibt jedoch auch Moleküle mit delokalisierten Bindungen, wie z. B. 1,3-Butadien (vgl. 14.1.4) oder Benzol C_6H_6 (vgl. 14.3.1). Einen Extremfall delokalisierter Bindungen trifft man in Metallen an (vgl. 4.3).

Die Lage der Energieniveaus in Molekülen läßt sich experimentell z. B. mit Hilfe der Photoelektronenspektroskopie bestimmen. Die gemessenen Werte zeigen gute Übereinstimmung mit den nach der MO-Theorie berechneten. Die Übereinstimmung bestätigt, daß die in der MO-Theorie gemachten Näherungen brauchbar sind.

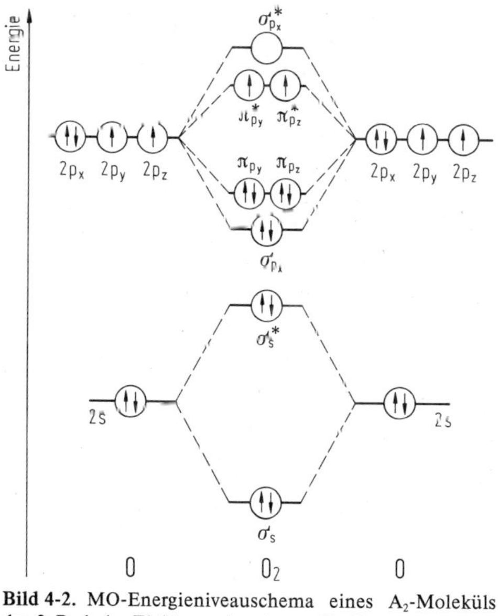

Bild 4-2. MO-Energieniveauschema eines A_2-Moleküls der 2. Periode, Elektronenbesetzung für O_2.

4.1.3 Hybridisierung

Die Begriffe Hybridisierung und Hybridorbitale wurden von L. Pauling eingeführt. Hybridorbitale (q-Orbitale) ergeben sich — im Gegensatz zu den Molekülorbitalen — durch Linearkombination von Orbitalen eines Atoms. Sie werden mit Vorteil anstelle der Atom-Eigenfunktionen bei der Beschreibung gerichteter Bindungen verwendet. Folgende Hybridorbitale haben sich dabei besonders bewährt:

Hybridorbital	räumliche Anordnung	Beispiele
sp	linear	Acetylen HC≡CH (vgl. 14.1.3)
sp^2	eben trigonal	Ethylen $H_2C{=}CH_2$ (vgl. 14.1.2)
sp^3	tetraedrisch	Methan CH_4, Ammoniak NH_3, Wasser H_2O, Diamant C

Beispiele:

- *Methan* CH_4: Das Kohlenstoffatom hat im Grundzustand die Elektronenkonfiguration $1s^2\ 2s^22p^2$ und in einem angeregten Zustand $1s^2\ 2s2p^3$. Die für diese Anregung notwendige Energie heißt Promotionsenergie. Ein weiterer Energiebetrag ist zur Bildung der vier sp^3-Hybridorbitale notwendig. Die Elektronen befinden sich jetzt im sog. Valenzzustand. Dieser Zustand ist spektroskopisch nicht beobachtbar. Das bedeutet, daß isolierte Kohlenstoffatome nicht im Valenzzustand vorkommen können. Die sp^3-Hybridorbitale sind nach den Ecken eines Tetraeders ausgerichtet. Die Energieeigenwerte sind entartet.
  Zustandekommen der Bindung: Im CH_4-Molekül überlappen die vier Hybridorbitale des C-Atoms mit den s-Orbitalen von vier H-Atomen. H—C—H-Bindungswinkel im CH_4-Molekül: 109°28′ (Tetraederwinkel).
- *Ammoniak* NH_3: Das Stickstoffatom ist in dieser Verbindung sp^3-hybridisiert. Die Hybridorbitale überlappen mit den s-Orbitalen von drei H-Atomen. Das vierte Hybridorbital ist durch das einsame Elektronenpaar des N-Atoms besetzt. H—N—H-Bindungswinkel des NH_3-Moleküls (im Gaszustand): 107°.
- *Wasser* H_2O: Analoges Verhalten wie beim NH_3. Zwei Hybridorbitale überlappen mit den s-Orbitalen von zwei H-Atomen, die beiden anderen Hybridorbitale sind durch einsame Elektronenpaare besetzt. H—O—H-Bindungswinkel des H_2O-Moleküls (im Gaszustand): 105°.

4.1.4 Elektronegativität

Kovalente zweiatomige Moleküle mit Übergang zur Ionenbindung weisen keine symmetrische Ladungsverteilung auf. Daher haben solche Moleküle ein permanentes elektrisches Dipolmoment. Neben dieser Größe ist nach L. Pauling die Elektronegativität zur Erfassung der Polarität von Atombindungen geeignet.

Erklärung: Die Elektronegativität ist ein Maß für das Bestreben eines kovalent gebundenen Atoms, Elektronen an sich zu ziehen.
Zur Bestimmung der (dimensionslosen Größe) Elektronegativität χ sind verschiedene Vorschläge gemacht worden. Viel benutzt wird die folgende Beziehung:

$$\chi = f\frac{E_\mathrm{I} + E_\mathrm{A}}{2}.$$

f ($\approx 0{,}56/\mathrm{eV}$) Proportionalitätsfaktor, E_I Ionisierungsenergie, E_A Elektronenaffinität.
Die Elektronegativität der Hauptgruppenelemente ist in den Tabellen 12-1 bis 12-7 angegeben. Im Periodensystem nimmt die Elektronegativität innerhalb einer Periode von links nach rechts zu, innerhalb einer Gruppe in der Regel von oben nach unten ab. Das Element mit dem größten Wert der Elektronegativität ist das Fluor ($\chi = 4$).

4.2 Ionenbindung

Verbinden sich Elemente mit starken Elektronegativitätsunterschieden, so können vollständige Elektronenübergänge stattfinden. Elektronen des Atoms mit der kleineren Elektronegativität gehen vollständig auf das Atom mit der größeren Elektronegativität über. Eine derartige Reaktion wird als Redoxreaktion bezeichnet (siehe 11). Das sich dabei bildende positive Ion heißt *Kation*, das negativ geladene *Anion*. Aufgrund der ungerichteten elektrostatischen Anziehungskräfte kommt es zur Bildung von Ionenkristallen.

Ionenkristalle werden auch als Ionenverbindungen oder als Salze bezeichnet.

Strukturen und Eigenschaften von Ionenkristallen sind in 7.2.2 näher beschrieben.

Beispiel: Metallisches Natrium Na reagiert mit molekularem Chlor Cl_2 unter Bildung von Natriumchlorid NaCl. Dabei findet ein Elektronenübergang vom Natrium zum Chlor statt:

$$\underset{\chi=1{,}0}{2\,\mathrm{Na(s)}} + \underset{\chi=3{,}0}{\mathrm{Cl_2(g)}} \rightarrow 2\,\mathrm{NaCl(s)}\,.$$

χ Elektronegativität

Als Redoxgleichung formuliert (vgl. 11) wird der Elektronenübergang augenfällig:

$$\begin{array}{lcl} 2\,\mathrm{Na} & \rightarrow & 2\,\mathrm{Na^+} + 2\,\mathrm{e^-} \\ \mathrm{Cl_2} + 2\,\mathrm{e^-} & \rightarrow & 2\,\mathrm{Cl^-} \\ \hline 2\,\mathrm{Na(s)} + \mathrm{Cl_2(g)} & \rightarrow & 2\,\mathrm{NaCl(s)}. \end{array}$$

4.2.1 Gitterenergie

Unter der Gitterenergie eines Ionenkristalls versteht man die Energie, die bei der Bildung der kristallinen Substanz aus den gasförmigen (bereits vorgebildeten) Ionen abgegeben wird.

Die Gitterenergie kann nur in wenigen Fällen direkt gemessen werden. In der Regel wird sie mit Hilfe des Born-Haberschen Kreisprozesses aus thermodynamischen Daten ermittelt. Tabelle 4-1 zeigt einige repräsentative Werte der Gitterenergie.

4.2.2 Born-Haberscher Kreisprozeß

Die Bildung eines Salzes aus den Elementen kann nach Born und Haber in folgende Teilschritte unterteilt werden (am Beispiel der Bildung von NaCl):

Tabelle 4-1. Molare Gitterenergie $\bar{E}_G$ einiger Salze

Substanz	$\bar{E}_G$/(kJ/mol)
NaF	−907
NaCl	−776
NaBr	−722
NaI	−662
CsF	−722
CsCl	−649
CsBr	−624
CsI	−588

Bildung der gasförmigen Na^+-Ionen:

$$Na(s) \rightarrow Na(g) \qquad \Delta_{subl}\bar{H} = 109\ kJ/mol$$
$$Na(g) \rightarrow Na^+(g) + e^- \qquad \bar{E}_I = 496\ kJ/mol$$

Bildung der gasförmigen Cl^--Ionen:

$$\tfrac{1}{2} Cl_2 \rightarrow Cl(g) \qquad \tfrac{1}{2}\Delta_D\bar{H} = 121\ kJ/mol$$
$$Cl(g) + e^- \rightarrow Cl^-(g) \qquad \bar{E}_A = -361\ kJ/mol$$

Kombination der gasförmigen Ionen zum Ionengitter:

$$Na^+(g) + Cl^-(g) \rightarrow NaCl(s) \qquad \bar{E}_G = -776\ kJ/mol$$

Bildung von festem NaCl aus den Elementen:

$$Na(s) + \tfrac{1}{2} Cl_2(g) \rightarrow NaCl(s) \qquad \Delta_r H = -411\ kJ/mol$$

$\Delta_{subl}\bar{H}$ molare Sublimationsenthalpie, $\bar{E}_I$ molare Ionisierungsenergie, $\Delta_D\bar{H}$ molare Dissoziationsenthalpie, $\bar{E}_A$ molare Elektronenaffinität, $\bar{E}_G$ molare Gitterenergie, $\Delta_r H$ Reaktionsenthalpie.
(Molare Größen werden dadurch gebildet, daß die entsprechenden extensiven Größen durch die Stoffmenge dividiert werden, Vorzeichen energetischer Größen vgl. 8.2.3.)
Das folgende Schema zeigt die Reihenfolge der Einzelschritte beim Ablauf des Born-Haberschen Kreisprozesses:

4.2.3 Atom- und Ionenradien

Aus der quantenmechanischen Beschreibung (vgl. 2.4) folgt, daß Atome und Ionen keine streng definierte Größe haben können. Dennoch werden sie näherungsweise als starre Kugeln mit konstantem Radius aufgefaßt. Setzt man den Kernabstand von Nachbarn als Summe der Radien der beteiligten Atome oder Ionen an, so zeigen die daraus ermittelten Radien i. allg. eine bemerkenswert gute Konstanz.
Die Atom- und Ionenradien einiger Hauptgruppenelemente sind in den Tabellen 12-1 bis 12-8 aufgeführt. Durch Vergleich der Ionenradien mit den entsprechenden Atomradien folgt, daß die Kationen stets beträchtlich kleiner und die Anionen immer sehr viel größer als die entsprechenden Atome sind.

4.3 Metallische Bindung

Das klassische Elektronengasmodell der metallischen Bindung geht davon aus, daß die Valenzelektronen in Metallen nicht mehr einem einzelnen Atom zugeordnet werden können, sondern dem Kristallgitter als Ganzem angehören. Jedes Metallatom kann eine bestimmte Zahl dieser Elektronen abspalten. Das Metall besteht also aus positiv geladenen Metallionen und einem frei beweglichen „Elektronengas“, das das Gitter zusammenhält. Dieses Modell erklärt z. B. die hohe elektrische und thermische Leitfähigkeit sowie die mechanischen Eigenschaften der Metalle, versagt aber bei der Beschreibung des Elektronenanteils der molaren Wärmekapazität.
Quantenmechanisch können die Bindungsverhältnisse in Metallen mit Hilfe der MO-Theorie inter-

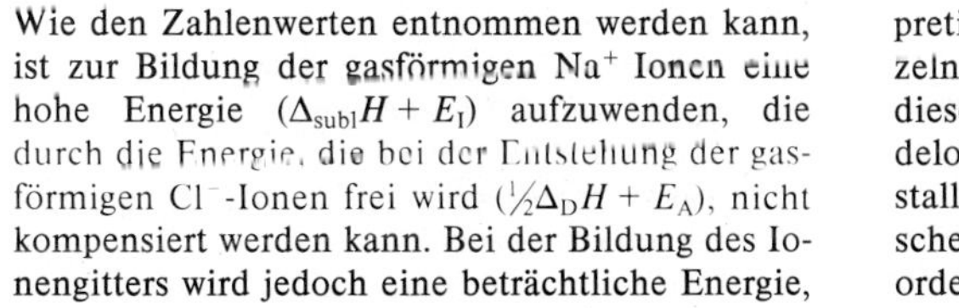

Wie den Zahlenwerten entnommen werden kann, ist zur Bildung der gasförmigen Na^+ Ionen eine hohe Energie ($\Delta_{subl}H + E_I$) aufzuwenden, die durch die Energie, die bei der Entstehung der gasförmigen Cl^--Ionen frei wird ($\tfrac{1}{2}\Delta_D H + E_A$), nicht kompensiert werden kann. Bei der Bildung des Ionengitters wird jedoch eine beträchtliche Energie, die Gitterenergie, frei. Sie übertrifft die Energie, die zur Bildung der entgegengesetzt geladenen gasförmigen Ionen notwendig ist, bei weitem. Daher verlaufen sehr viele Reaktionen, bei denen Salze gebildet werden, stark exotherm (vgl. 8.2.3).

pretiert werden. Dabei tritt an die Stelle eines einzelnen Moleküls der Kristall als Ganzes. Nach dieser Theorie entstehen in einem Metallkristall delokalisierte Orbitale, die über den gesamten Kristall ausgedehnt sind. Die Energiedifferenzen zwischen benachbarten Kristallorbitalen sind außerordentlich klein. Die dicht aufeinanderfolgenden Energieniveaus, deren Anzahl mit der Zahl der Metallatome im Kristall übereinstimmt, werden meist als Energiebänder bezeichnet (Energiebändermodell vgl. B).
Die Struktureigenschaften von Metallkristallen werden im Abschnitt 7.2.1 beschrieben.

4.4 Van-der-Waalssche Bindung und Wasserstoffbrückenbindung

Folgende zwischenmolekulare Kräfte verursachen die van-der-Waalssche Bindung:

— *Orientierungskräfte*, das sind Anziehungskräfte zwischen permanenten elektrischen Dipolen; sie wirken zwischen polaren Molekülen, d. h. zwischen Molekülen mit einem permanenten elektrischen Dipolmoment, und
— *Dispersionskräfte*, das sind Anziehungskräfte zwischen induzierten elektrischen Dipolen; sie wirken zwischen Atomen sowie zwischen polaren wie auch unpolaren Molekülen.

Der Zusammenhalt von Flüssigkeiten und Festkörpern, die aus unpolaren Molekülen aufgebaut sind, wird praktisch vollständig durch Dispersionskräfte bewirkt (Beispiele: feste und flüssige Edelgase bzw. Kohlenwasserstoffe). Bei wasserstoffhaltigen Verbindungen mit FH-, OH- oder NH-Gruppen sind neben den Orientierungskräften stets auch Wasserstoffbrückenbindungen am Zusammenhalt des Molekülverbandes beteiligt. Wasserstoffbrückenbindungen sind z. B. für die Struktur und die Eigenschaften des festen und flüssigen Wassers (vgl. 6.3) und für die Struktur und die biologische Funktion von Proteinen und Nucleinsäuren von großer Bedeutung.

5 Gase

Die zwischen den Gasteilchen wirkenden Anziehungskräfte (hauptsächlich Orientierungs- und Dispersionskräfte, vgl. 4.4) sind nicht groß genug, um Zusammenballungen der Teilchen zu verursachen und um Translationsbewegungen zu verhindern. Bei nicht zu hohen Drücken ist der Abstand zwischen den Gasteilchen groß gegenüber ihrem Durchmesser. Demzufolge füllen die Gase jeden ihnen angebotenen Raum vollständig aus. Auch die große Kompressibilität von Stoffen in diesem Aggregatzustand kann hiermit erklärt werden.

Mit steigendem Druck und sinkender Temperatur wird der Einfluß der Anziehungskräfte gegenüber der thermischen Bewegung immer größer. Dies führt schließlich zur Verflüssigung aller Gase.

5.1 Ideale Gase

— Phänomenologische Definition:
Als ideal werden die Gase bezeichnet, deren Verhalten durch die Gleichung $p \cdot V = n \cdot R \cdot T$ beschrieben werden kann.
— Atomistische Definition:
Ideale Gase sind dadurch charakterisiert, daß zwischen den Teilchen, aus denen diese Gase bestehen, keine Anziehungskräfte wirken. Außerdem haben diese Teilchen kein Eigenvolumen; sie sind also Massenpunkte.

5.1.1 Zustandsgleichung idealer Gase

Das Verhalten idealer Gase kann mit Hilfe der folgenden Zustandsgleichung (*„ideales Gasgesetz"*) beschrieben werden:

$$p \cdot V = n \cdot R \cdot T$$

p Druck, V Volumen, n Stoffmenge, T Temperatur, R wird als universelle Gaskonstante bezeichnet. Diese Konstante hat die Dimension Energie/(Temperatur · Stoffmenge) oder Druck · Volumen/(Temperatur · Stoffmenge). Für die universelle Gaskonstante hat man folgenden Wert ermittelt:

$$\begin{aligned} R &= 8{,}314\,510\ \mathrm{J/(mol \cdot K)} \\ &= 8{,}314\,510\ \mathrm{Pa \cdot m^3/(mol \cdot K)} \\ &= 0{,}083\,145\,10\ \mathrm{bar \cdot l/(mol \cdot K)}\,. \end{aligned}$$

Die Gültigkeit der Zustandsgleichung ist — unter Berücksichtigung der in 5.1 genannten Bedingungen — unabhängig von der chemischen Natur des Gases. Durch drei der vier Variablen wird der Zustand eines idealen Gases vollständig beschrieben.

Beispiel: Eine Druckgasflasche ist mit Sauerstoff gefüllt. Das Volumen der Druckgasflasche ist 50 l, der Druck beträgt bei einer Temperatur von 25 °C 200 bar. Gesucht ist die Masse m des in der Druckgasflasche vorhandenen Sauerstoffs; molare Masse des Sauerstoffs $M(O_2) = 32{,}0$ g/mol.

$$p \cdot V = n(O_2) \cdot R \cdot T = m(O_2)/M(O_2) \cdot R \cdot T$$

$$\begin{aligned} m(O_2) &= \frac{p \cdot V \cdot M(O_2)}{R \cdot T} \\ &= \frac{200\ \mathrm{bar} \cdot 50\ \mathrm{l} \cdot 32{,}0\ \mathrm{g/mol}}{0{,}083\,14\ \mathrm{bar \cdot l/(mol \cdot K)} \cdot 298{,}2\ \mathrm{K}} \\ &= 12{,}9\ \mathrm{kg} \end{aligned}$$

Die Zustandsgleichung idealer Gase ist ein Grenzgesetz, das von realen Gasen nur bei hohen Temperaturen und bei kleinen Drücken angenähert befolgt wird. Unter sonst gleichen Bedingungen sind die Abweichungen dann besonders groß, wenn die Gasmoleküle polarisiert sind oder wenn sie beträchtliche Eigenvolumina aufweisen. Gase mit polaren Molekülen sind z. B. Kohlendioxid CO_2, Chlorwasserstoff HCl und Ammoniak NH_3. Im Gegensatz dazu werden bei sehr kleinen Atomen oder Molekülen (Bedingung: Aufbau aus Atomen gleicher Elektronegativität, siehe 4.1.4) nur geringe Abweichungen vom idealen Verhalten beobachtet. Beispiele sind Helium He, Neon Ne, und Wasserstoff H_2.

5.1.2 Spezialfälle der Zustandsgleichung idealer Gase

In der Zustandsgleichung idealer Gase sind folgende Spezialfälle enthalten: Das Boyle-Mariottesche Gesetz, das Gesetz von Gay-Lussac und der Satz von Avogadro.

Gesetz von Boyle und Mariotte

Bei konstanter Temperatur und vorgegebener Stoffmenge (also $n = \text{const}$*) ist das Produkt aus Druck und Volumen konstant:*

$$p \cdot V = \text{const} \quad \text{bei} \quad T, n = \text{const}.$$

Stellt man bei verschiedenen Temperaturen den Druck als Funktion des Volumens graphisch dar, so erhält man eine Schar von Hyperbeln, die auch als Isothermen bezeichnet werden, siehe Bild 5-1.

Gesetz von Gay-Lussac

Bei konstantem Druck und vorgegebener Stoffmenge ist das Volumen der thermodynamischen Temperatur direkt proportional:

$$V = (n \cdot R/p) \cdot T = \text{const}\ T$$

$$\text{oder} \quad V_1/T_1 = V_2/T_2 \quad \text{bei} \quad p, n = \text{const}.$$

Trägt man entsprechend dieser Beziehung das Volumen als Funktion der (thermodynamischen) Temperatur auf, so erhält man eine Gerade, die durch den Koordinatenursprung verläuft. Bei Annäherung an den absoluten Nullpunkt wird das Volumen eines idealen Gases Null. Das ist leicht erklärbar, da die Teilchen, aus denen dieses Gas besteht, nach der atomistischen Definition als Massenpunkte aufgefaßt werden müssen. Für reale Gase trifft diese Aussage natürlich nicht zu, da deren Teilchen (Atome oder Moleküle) endliche Eigenvolumina aufweisen.

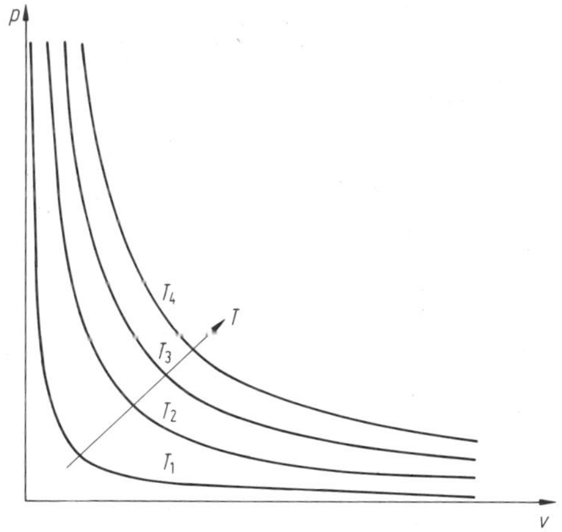

Bild 5-1. Der Druck p eines idealen Gases als Funktion des Volumens V (Boyle-Mariottesches Gesetz), T Temperatur.

Ein analoges Gesetz erhält man bei konstantem Druck und vorgegebener Stoffmenge. In diesem Fall ist der Druck der (thermodynamischen) Temperatur direkt proportional. Auch diese Beziehung wird meist als Gay-Lussacsches Gesetz bezeichnet:

$$p = (n \cdot R/V) \cdot T = \text{const}\ T$$

$$\text{oder} \quad p_1/T_1 = p_2/T_2 \quad \text{bei} \quad V, n = \text{const}.$$

Satz von Avogadro

Gleiche Volumina verschiedener idealer Gase enthalten bei gleichem Druck und gleicher Temperatur ($V, p, T = \text{const}$*) stets dieselbe Zahl von Teilchen.*

$$n = (p \cdot V)/(R \cdot T) = \text{const}$$

$$\text{oder} \quad N = \text{const} \quad \text{bei} \quad p, V, T = \text{const}.$$

N = Teilchenzahl.

5.2 Reale Gase

Im Gegensatz zu den idealen Gasen wirken zwischen den Teilchen eines realen Gases Anziehungskräfte. Die Auswirkung dieser Kräfte ist um so stärker, je kleiner die Abstände der Teilchen voneinander sind, je größer also der Druck des Gases ist. Außerdem haben die Teilchen eines realen Gases ein mehr oder weniger großes Eigenvolumen. Als Folge hiervon kann ein reales Gas nicht beliebig komprimiert werden.
Kein natürlich vorkommendes Gas verhält sich wie ein ideales Gas.
Zur quantitativen Beschreibung des Verhaltens realer Gase ist eine Vielzahl empirischer Gleichungen vorgeschlagen worden (vgl. z. B. G. Kortüm und H. Lachmann, 1981, siehe Literatur zu Kap. 8). In diesen Beziehungen werden die Anziehungskräfte der Partikel untereinander sowie das Eigenvolumen der Gasteilchen durch eine unterschiedliche Anzahl empirischer Konstanten berücksichtigt. Im folgenden werden nur die Virialgleichung und die van-der-Waalssche Gleichung näher beschrieben.

5.2.1 Die Virialgleichung

Bei realen Gasen ist das Produkt aus Druck und Volumen bei vorgegebener Temperatur keine Konstante mehr, sondern vielmehr eine Funktion des Druckes. In der Virialgleichung wird diese Abhängigkeit durch eine Reihe mit steigenden Potenzen von p dargestellt. Die notwendige Zahl von Korrekturgliedern richtet sich nach der gewünschten Genauigkeit bei der Beschreibung des Verhaltens eines bestimmten realen Gases.

$$p \cdot \bar{V} = RT + Bp + Cp^2 + Dp^3 + \ldots$$

V Volumen (extensive Größe), $\bar{V} = V/n$ molares Volumen (intensive Größe).

Die temperaturabhängigen Konstanten *B*, *C*, *D* heißen Virialkoeffizienten. Sie müssen mit Hilfe numerischer Methoden aus Meßwerten ermittelt werden.
Eine Beziehung ähnlicher Form wird auch zur Beschreibung der Konzentrationsabhängigkeit des osmotischen Druckes herangezogen (vgl. 10.2.3).

5.2.2 Die van-der-Waalssche Gleichung. Der kritische Punkt

Die van-der-Waalssche Gleichung beschreibt näherungsweise den Zusammenhang der Zustandsgrößen für reale Gase. Qualitativ wird auch das Verhalten von Flüssigkeiten charakterisiert. Diese Beziehung lautet:

$$\left(p + \frac{n^2 \cdot a}{V^2}\right)(V - n \cdot b) = nRT$$

$$\text{oder} \quad \left(p + \frac{a}{\bar{V}^2}\right)(\bar{V} - b) = RT.$$

Die Stoffkonstanten *a* und *b* müssen für jedes Gas empirisch ermittelt werden. Der Term $a/\bar{V}^2$ heißt Kohäsionsdruck. Er beschreibt die Auswirkungen der Anziehungskräfte zwischen den Gasteilchen. Die Konstante *b* wird als Covolumen bezeichnet. Der Zusammenhang zwischen *b* und dem Radius *r* der Gasteilchen wird durch folgende Gleichung beschrieben:

$$b = 4N_A \cdot (4\pi/3) \cdot r^3,$$

(N_A Avogadro-Konstante).

In Tabelle 5-1 sind die Konstanten *a* und *b* der van-der-Waalsschen Gleichung für einige Gase aufgeführt.
Bild 5-2 gibt die mit Hilfe der van-der-Waalsschen Gleichung für CO_2 berechneten Isothermen wieder. Oberhalb der kritischen Temperatur T_k (siehe unten) ist der Verlauf der Isothermen ähnlich wie bei einem idealen Gas. Bei Temperaturen unterhalb von T_k zeigen alle Isothermen dagegen eine S-förmige Gestalt. Bei der kritischen Temperatur ist die Isotherme durch einen Wendepunkt mit waagerechter Tangente gekennzeichnet. Dieser Wendepunkt wird als *kritischer Punkt P* bezeichnet.

Tabelle 5-1. Konstanten *a* und *b* der van-der-Waalsschen Gleichung für einige Gase

Gas	$\frac{a}{\text{bar} \cdot \text{l}^2/\text{mol}^2}$	$\frac{b}{\text{l/mol}}$
Helium	0,034 6	0,023 7
Neon	0,214	0,027 1
Argon	1,36	0,032 2
Wasserstoff	0,248	0,026 6
Stickstoff	1,41	0,039 1
Sauerstoff	1,38	0,031 8
Kohlendioxid	3,64	0,042 7

Der kritische Punkt kann experimentell bestimmt werden. Er ist durch die Stoffkonstanten kritische Temperatur, kritischer Druck und kritisches molares Volumen charakterisiert (vgl. Tabelle 5-2).
Im folgenden sollen einige Aspekte der Stabilität (vgl. 8.3.5) von Gasen und Flüssigkeiten anhand von Bild 5-2 diskutiert werden. Oberhalb der Temperatur T_k ist ausschließlich die Gasphase stabil.

Flüssigkeiten können oberhalb der kritischen Temperatur nicht existieren.

Bei Temperaturen, die kleiner als die kritische Temperatur sind, können reine Gas- bzw. Flüssigkeitsphasen stabil, metastabil oder instabil sein. So ist z. B. bei einer Temperatur von $T = 290$ K, für die die Bedingung $T < T_k$ gilt, die reine Gasphase bei allen molaren Volumina, die größer als $\bar{V}_A$ sind, stabil. Der Bereich *AB* der Kurve entspricht übersättigtem Dampf. Hier ist eine reine Gasphase metastabil. Die Zufuhr oder die spontane Bildung eines Keimes führt zur Ausbildung einer flüssigen Phase und zum Absinken des Gasdruckes auf den Sättigungswert p_A. Im Bereich *BC* ist sowohl die reine Gasphase als auch die reine Flüssigkeitsphase instabil. Entsprechende Zustände sind daher nicht realisierbar. Zwischen *C* und *D* liegt eine überexpandierte Flüssigkeit vor. Dieser Bereich ist wiederum metastabil. Die Zu-

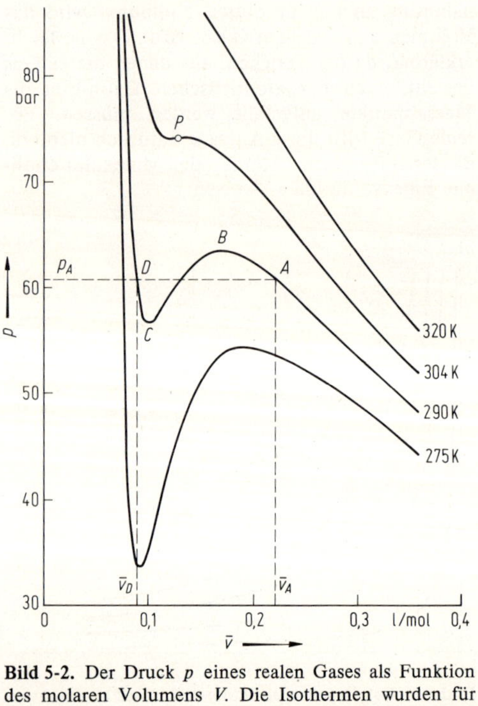

Bild 5-2. Der Druck *p* eines realen Gases als Funktion des molaren Volumens $\bar{V}$. Die Isothermen wurden für Kohlendioxid nach der van-der-Waalsschen Gleichung berechnet.

Tabelle 5-2. Eigenschaften einiger technisch wichtiger Gase.
ϑ_{lg} Siedepunkt (bezogen auf 1,013 25 bar), ϑ_k kritische Temperatur, p_k kritischer Druck, MAK-Wert: maximale Arbeitsplatzkonzentration, Volumenanteil in ppm = 10^{-6} = cm^3/m^3

Name	Formel	ϑ_{lg} °C	ϑ_k °C	p_k bar	Bemerkungen
Luft					Zusammensetzung der trockenen Luft (Volumenanteil): N_2: 78,09 %, O_2: 20,95 %, Ar: 0,92 %, CO_2: 0,03 %, Ne: 0,002 %, He: 0,000 5 %, Spuren von Kr, H_2 und Xe
Ammoniak	NH_3	−33,4	132,4	113,0	farblos, brennbar, stechender Geruch, giftig, MAK-Wert: 50 ppm, sehr große Löslichkeit in Wasser, mit Luft bilden sich explosionsfähige Gemische
Chlor	Cl_2	−34,1	144	77,0	gelbgrün, erstickend stechender Geruch, hochgiftig, MAK-Wert: 0,5 ppm, sehr starkes Oxidationsmittel
Chlorwasserstoff	HCl	−85,0	51,5	83,4	farblos, stechender Geruch, giftig, MAK-Wert: 5 ppm, sehr große Löslichkeit in Wasser (Bildung von Salzsäure)
Distickstoffmonoxid	N_2O	−88,5	36,4	72,7	„Lachgas", farblos, schwach süßlicher Geruch, narkotisch wirkend, starkes Oxidationsmittel, unter bestimmten Bedingungen explosionsartiger Zerfall in die Elemente
Edelgase					farblos, geruchlos, sehr wenig oder überhaupt nicht reaktionsfähig
Helium	He	−268,9	−267,9	2,3	
Neon	Ne	−246,0	−228,8	26,5	
Argon	Ar	−185,9	−122,3	49,0	
Krypton	Kr	−153,4	−63,8	54,9	
Xenon	Xe	−108,1	16,6	59,0	
Kohlendioxid	CO_2	—	31,1	73,8	Sublimationstemperatur (bezogen auf 1,013 25 bar): −78,5 °C, farblos, etwas säuerlicher Geruch, MAK-Wert: 5 000 ppm, Anhydrid der Kohlensäure
Kohlenmonoxid	CO	−191,6	−140,2	35,0	farblos, brennbar, geruchlos, hochgiftig, MAK-Wert: 30 ppm, mit Luft bilden sich explosionsfähige Gemische
Sauerstoff	O_2	−183,0	−118,4	50,8	farblos, geruchlos, sehr starkes Oxidationsmittel
Schwefeldioxid	SO_2	−10,0	157,5	78,8	farblos, stechender Geruch, giftig, MAK-Wert: 2 ppm, gute Löslichkeit in Wasser, Anhydrid der schwefligen Säure
Stickstoff	N_2	−195,8	−147,0	34,0	farblos, geruchlos, nicht brennbar, sehr wenig reaktionsfähig
Wasserstoff	H_2	252,8	−239,9	13,0	farblos, geruchlos, brennbar, mit Luft bilden sich explosionsfähige Gemische
Kohlenwasserstoffe					farblos, mit Luft bilden sich explosionsfähige Gemische
Methan	CH_4	−161,5	−82,6	46,0	geruchlos
Ethan	C_2H_6	−88,6	32,3	48,8	geruchlos
Propan	C_3H_8	−42,1	96,8	42,6	geruchlos, MAK-Wert: 1 000 ppm
Butan	C_4H_{10}	−0,5	152,0	38,0	geruchlos, MAK-Wert: 1 000 ppm
Ethylen (Ethen)	C_2H_4	−103,7	9,2	50,2	leicht süßlicher Geruch
Acetylen (Ethin)	C_2H_2	—	35,2	61,9	Sublimationstemperatur (bezogen auf 1,013 25 bar): −84,0 °C, schwach ätherisch riechend, narkotisch wirkend, neigt zu explosivem Zerfall in die Elemente
Ethylenoxid	C_2H_4O	10,4	195,8	71,9	farblos, ätherähnlicher Geruch, brennbar, giftig, MAK-Wert: 10 ppm, krebserregend, neigt spontan zur Polymerisation (z. T. explosionsartig), neigt zu explosiven Zerfallsreaktionen
Dichlordifluormethan	CCl_2F_2	−29,8	112,0	41,2	„R 12", farblos, schwacher Geruch, narkotisch wirksam, MAK-Wert: 1 000 ppm, chemisch sehr beständig, die Freisetzung von Fluorchlorkohlenwasserstoffen (FCKW) verursacht Umweltschäden (Zerstörung der Ozonschicht der Erdatmosphäre)

fuhr eines Keimes oder seine spontane Bildung führt zur (teilweise explosionsartig ablaufenden) Bildung einer Gasphase und Erhöhung des Drukkes auf den Sättigungswert p_A. Bei molaren Volumina, die kleiner als $\bar{V}_D$ sind, ist bei 290 K nur die reine flüssige Phase existenzfähig.

6 Flüssigkeiten

Flüssigkeiten nehmen in ihren Eigenschaften eine Mittelstellung zwischen den Festkörpern und den Gasen ein.

Im Gegensatz zu den Festkörpern können Flüssigkeiten beliebige Formen annehmen. Einer Änderung des Volumens wird dagegen ein sehr großer Widerstand entgegengesetzt, d. h., die Kompressibilität von Flüssigkeiten ist mit der von Festkörpern, aber nicht mit der von Gasen vergleichbar.

6.1 Einteilung der Flüssigkeiten

Flüssigkeiten können nach der Art der Bindung, die zwischen den einzelnen Teilchen wirksam ist, folgendermaßen eingeteilt werden:

- *Unpolare Flüssigkeiten.* Die Atome bzw. Moleküle werden im wesentlichen durch Dispersionskräfte zusammengehalten. Beispiel: Tetrachlorkohlenstoff CCl_4.
- *Polare Flüssigkeiten.* Zwischen den Teilchen wirken Dipolkräfte, teilweise zusätzlich auch Wasserstoffbrückenbindungen. Beispiel: Methanol CH_3OH, Wasser (vgl. Abschnitt 6.2).
- *Flüssige Metalle.* Der Zusammenhalt der Teilchen in diesen Flüssigkeiten wird durch die metallische Bindung bewirkt. Beispiel: flüssiges Quecksilber.
- *Salzschmelzen.* Zwischen den Ionen in einer Salzschmelze wirken wie bei den Ionenkristallen elektrostatische Anziehungskräfte.

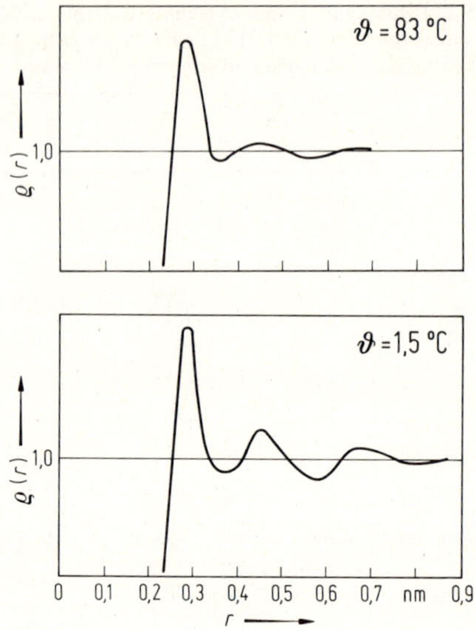

Bild 6-1. Radiale Verteilungsfunktion $\varrho(r)$ für Wasser bei 1,5 °C und 83 °C (nach Robinson, R. A.; Stokes, R. H.: Electrolyte solutions).

Tabelle 6-1. Physikalische Eigenschaften des Wassers

Schmelzpunkt	0 °C
Siedepunkt	100 °C
kritische Temperatur	374,1 °C
kritischer Druck	221,2 bar
molare Schmelzenthalpie	6,007 kJ/mol
molare Verdampfungsenthalpie (100 °C)	40,66 kJ/mol
dynamische Viskosität (25 °C)	0,890 3 mPa · s
elektrische Leitfähigkeit (18 °C)	$4 \cdot 10^{-6}$ S/m
Dichte, Eis (0 °C)	0,916 8 kg/dm³

6.2 Struktur von Flüssigkeiten

In (idealen) Festkörpern sind die atomaren Bausteine bis in makroskopische Bereiche periodisch angeordnet (Fernordnung). Im Gegensatz dazu sind Flüssigkeiten durch einen als *Nahordnung* bezeichneten Zustand charakterisiert. Diese Nahordnung, die sich auf den Abstand und die Orientierung der Atome bzw. Moleküle bezieht, erfaßt in erster Linie die erstnächsten Nachbarn eines beliebig herausgegriffenen Teilchens.

Als Folge der Temperaturbewegung ist sie schon bei den zweitnächsten Nachbarn wesentlich geringer ausgeprägt; nach einigen Teilchendurchmessern ist sie überhaupt nicht mehr erkennbar. Bei der Annäherung an den Gefrierpunkt werden die Nahordnungsbereiche vergrößert. Der geschilderte Sachverhalt ist in Bild 6-1 verdeutlicht. Die dort dargestellte radiale Dichte-Verteilungsfunktion entstammt Röntgenbeugungsuntersuchungen an flüssigem Wasser.

Tabelle 6-1 (Fortsetzung). Dichte des flüssigen Wassers bei verschiedenen Celsius-Temperaturen

ϑ	°C	0	4	10	15	20	25
ϱ	kg/dm³	0,999 87	1,000 00	0,999 73	0,999 13	0,998 23	0,997 07

6.3 Eigenschaften des flüssigen Wassers

Unter den kovalenten Hydriden nimmt Wasser aufgrund seiner physikalischen und chemischen Eigenschaften (siehe Tabelle 6-1) eine Sonderstellung ein. Dies zeigt sich besonders deutlich, wenn man die Schmelz- und Siedepunkte des Wassers mit den anderen Wasserstoffverbindungen der Elemente der VI. Gruppe sowie mit Ammoniak NH_3 und Fluorwasserstoff HF vergleicht:

Substanz		H_2O	H_2S	H_2Se	H_2Te	NH_3	HF
Siedepunkt	°C	100	−60,7	−41,3	−2	−33,4	19,5
Gefrierpunkt	°C	0	−85,5	−65,7	−49	−77,7	−83,1

Im Eis ist jedes Wassermolekül tetraedrisch von vier anderen H_2O-Teilchen umgeben, d. h., die Wassermoleküle haben in diesem Festkörper die Koordinationszahl 4. Über kurze Entfernungen bleibt auch in flüssigem Wasser die Tetraederstruktur erhalten. Das zeigen die Ergebnisse von Röntgenbeugungsuntersuchungen. Danach vergrößert sich die Koordinationszahl mit steigender Temperatur von 4,4 bei 1,5 °C auf 4,9 bei 83 °C. Bei fast allen anderen Flüssigkeiten ist die Koordinationszahl wesentlich größer und hat meist Werte zwischen 8 und 11.

Die tetraedrische Nahordnungsstruktur des flüssigen Wassers wird — genau wie beim Eis — hauptsächlich durch Wasserstoffbrückenbindung (vgl. 4.4) verursacht. Viele Eigenschaften des Wassers können mit dieser Struktur erklärt werden, so z. B.:

— Der im Vergleich mit den anderen kovalenten Hydriden ungewöhnlich hohe Schmelz- und Siedepunkt. Dieser Effekt kann auf die Wasserstoffbrückenbindung und die Dipoleigenschaften der H_2O-Moleküle zurückgeführt werden.

— Die Ausdehnung des Wassers beim Gefrieren. Diese Volumenvergrößerung ist eine Folge der Verkleinerung der Koordinationszahl beim Übergang vom flüssigen in den festen Aggregatzustand. Im Gegensatz hierzu wird bei fast allen anderen Substanzen beim Gefrieren eine Vergrößerung der Koordinationszahl beobachtet. So ist z. B. im flüssigen Gold die Koordinationszahl 11. Das kubisch flächenzentriert kristallisierende feste Gold hat dagegen die Koordinationszahl 12 (vgl. 7.2.1).

— Das Dichtemaximum des flüssigen Wassers bei 4 °C (vgl. Tabelle 6-1). Diese Eigenschaft wird durch zwei gegenläufige Effekte bewirkt: Dem allmählichen Aufbrechen der eisähnlichen Tetraederstruktur (erkennbar an der mit steigender Temperatur einhergehenden Vergrößerung der Koordinationszahl) und der normalen Zunahme des mittleren Teilchenabstandes bei Erhöhung der Temperatur.

6.4 Gläser

Definition

Gläser sind eingefrorene unterkühlte Flüssigkeiten.

Eine unterkühlte Flüssigkeit ist metastabil (vgl. 8.3.5), befindet sich aber oberhalb der Glastemperatur (siehe unten) im inneren Gleichgewicht (vgl. auch F), d. h., daß die thermodynamischen Eigenschaften einer vorgegebenen Stoffportion durch Angabe der Variablen Druck und Temperatur eindeutig bestimmt sind. Bei einer eingefrorenen unterkühlten Flüssigkeit — also bei einem Glas — ist dies jedoch nicht mehr der Fall.

Bei der Glasumwandlung ist der Temperaturverlauf einiger Größen — so z. B. der Freien Enthalpie, der Entropie und des Volumens — stetig. Dagegen erfahren bei dieser Umwandlung z. B. die spezifische Wärmekapazität, der thermische Ausdehnungskoeffizient und die Kompressibilität sprunghafte Änderungen. Am Beispiel des Temperaturverlaufs der spezifischen Enthalpie und des spezifischen Volumens ist dies in Bild 6-2 sche-

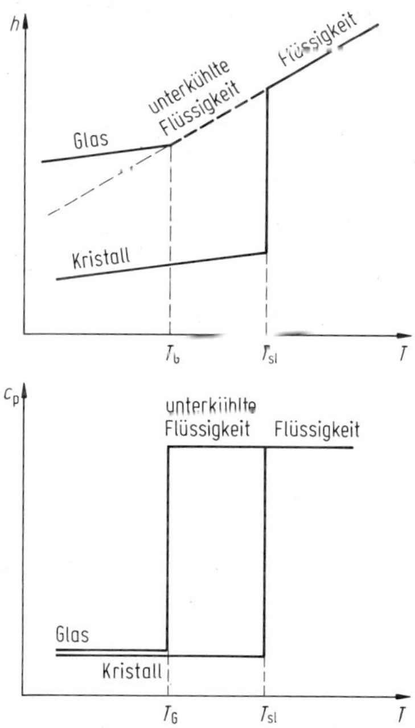

Bild 6-2. Der Temperaturverlauf der spezifischen Enthalpie h und der spezifischen Wärmekapazität c_p bei der Glasbildung, T Temperatur, T_{sl} Schmelzpunkt, T_G Glastemperatur.

matisch dargestellt. Die Temperaturabhängigkeit der spezifischen Wärmekapazität wurde hierbei vernachlässigt. Wie dieser Darstellung entnommen werden kann, sinkt der Wert der spezifischen Enthalpie mit einer durch die spezifische Wärmekapazität vorgegebenen Steigung (vgl. F). Wenn unterhalb des Gefrierpunktes keine Kristallisation stattfindet, verringert sich die spezifische Enthalpie der (metastabilen) unterkühlten Flüssigkeit mit einer praktisch unveränderten Steigung. Wird die Abkühlung unterhalb der mit T_G bezeichneten Temperatur fortgesetzt, so nimmt die spezifische Enthalpie zwar weiterhin ab, jetzt aber mit einem geringeren Temperaturkoeffizienten. Die Temperatur T_G wird als Glastemperatur bezeichnet. Eine unterkühlte Flüssigkeit ist erst unterhalb dieser Temperatur ein Glas.

Glastemperatur

Die Glastemperatur ist die niedrigste Temperatur, bei der eine unterkühlte Flüssigkeit im Rahmen einer normalen Versuchsdauer das innere Gleichgewicht erreichen kann. Unterhalb dieser Temperatur wird die Relaxationszeit groß im Vergleich zur Dauer eines Experimentes. Aus dem Gesagten folgt, daß die Glastemperatur keine Stoffkonstante ist, sondern je nach der Art und dem Zeitbedarf der ausgeführten Versuche unterschiedliche Werte annehmen kann.

Glasbildende Substanzen

Im Prinzip kann jede Substanz durch Abschrekken der Schmelze in ein Glas überführt werden, wenn es gelingt, die Kristallisation zu vermeiden. Da die experimentell erreichbare Abkühlungsgeschwindigkeit jedoch begrenzt ist, konnte die Glasbildung nur bei einer eingeschränkten Zahl von Stoffen beobachtet werden. Als wichtige Beispiele seien angeführt:

- Oxide. In dieser Verbindungsgruppe befinden sich die wichtigsten glasbildenden Substanzen, so z. B. reines SiO_2 (Quarzglas oder Kieselglas) und SiO_2-haltige Mischoxide (Silicatgläser) (vgl. D 4.3).
- Metallische Legierungen (metallische Gläser) (vgl. D 3.5).
- Einfache organische Verbindungen (z. B. Zukkerwatte, das ist Glas aus Rohrzucker).
- Organische Polymerverbindungen, so z. B. Polymethacrylate, Polystyrol, Polycarbonate (vgl. D 5.5).

7 Festkörper

Im allgemeinen Sprachgebrauch werden Substanzen, die volumenkonstant und formelastisch sind, Festkörper genannt. Festkörper im engeren Sinne sind definitionsgemäß jedoch nur solche Stoffe, bei denen die atomaren oder molekularen Bausteine in einem regelmäßigen Gitter angeordnet sind, also Stoffe, die einen kristallinen Aufbau haben. Amorphe Substanzen und Gläser (vgl. 6.4) werden nach dieser Definition nicht zu den Festkörpern gerechnet.

7.1 Kristalle

Kristalle sind Festkörper mit periodisch in einem dreidimensionalen Gitter (Raumgitter, Kristallgitter) angeordneten Bausteinen (Atome, Ionen oder Moleküle).

Kristalle haben zwei wesentliche Eigenschaften: Sie sind *homogen* und *anisotrop*. Ein Körper wird als homogen bezeichnet, wenn er in parallelen Richtungen gleiches Verhalten zeigt. Er ist anisotrop, wenn bestimmte Eigenschaften, wie z. B. Spaltbarkeit, Härte, Lichtgeschwindigkeit und Kristallwachstumsgeschwindigkeit, in verschiedenen Raumrichtungen unterschiedliche Werte haben (z. B. Graphit, vgl. D 4.2). Im Gegensatz hierzu sind bei isotropen Körpern die physikalischen Eigenschaften unabhängig von der Raumrichtung. Isotrop verhalten sich alle Gase, Flüssigkeiten (mit Ausnahme der kristallinen Flüssigkeiten) und Gläser.

7.1.1 Elementarzelle

Bei der Translation der Gitterbausteine um ein Vielfaches der drei unabhängigen Translationsvektoren $\boldsymbol{a}$, $\boldsymbol{b}$ und $\boldsymbol{c}$ erhält man ein dreidimensionales Gitter (Raumgitter). Hierbei können die Längen der Translationsvektoren unterschiedlich groß sein und die Winkel außer 90° auch beliebig andere Werte annehmen. Das durch die drei Vektoren aufgespannte Parallelepiped heißt *Elementarzelle.* Als Gitterkonstanten werden die Längen a, b und c der drei Vektoren sowie die Achsenwinkel α, β und γ bezeichnet. Aus einer Elementarzelle läßt sich durch Translation das gesamte Raumgitter aufbauen.

7.1.2 Kristallsysteme

Nach dem Verhältnis der Kantenlängen in den Elementarzellen sowie nach den Achsenwinkeln kann man sieben verschiedene Kristallsysteme voneinander unterscheiden, siehe D 2.1, Bild D 2-2.

7.2 Bindungszustände in Kristallen

Kristallgitter können nach mehreren Gesichtspunkten eingeteilt werden, so z. B. nach Art der Gitterbausteine oder nach der Art der in den Kristallen vorherrschenden Bindung (vgl. D 2.1). Wählt man das zuletzt erwähnte Einteilungsprinzip, kann man folgende vier Gittertypen unterscheiden:

— *Metallkristalle*, Bindungsart: metallische Bindung (vgl. 4.3). Gitterbausteine: Atome. Positive Ionen bilden ein Raumgitter, in dem frei bewegliche Elektronen vorhanden sind. Die Bindungskräfte sind ungerichtet.
Eigenschaften: Gute thermische und elektrische Leitfähigkeit, metallischer Glanz, dehnbar, schmiedbar, duktil. Beispiele: Kupfer, Natrium, Eisen.
— *Ionenkristalle*, Bindungsart: Ionenbindung (vgl. 4.2). Gitterbausteine: Kugelförmige Ionen definierter Ladung. Die Bindungskräfte sind ungerichtet.
Eigenschaften: hart, spröde, hohe Schmelz- und Siedepunkte, nur in polaren Lösungsmitteln löslich, sehr geringe elektrische Leitfähigkeit. Beispiel: Natriumchlorid, Caesiumiodid.
— *Kovalente Kristalle*, Bindungsart: Kovalente Bindung (vgl. 4.1), Gitterbausteine: Atome der IV. Hauptgruppe.
Eigenschaften: hart, sehr hohe Schmelz- und Siedepunkte, Isolatoren. Beispiel: Diamant.
— *Molekülkristalle*, Bausteine: Moleküle und Edelgasatome. Bindungsart: Van-der-Waalssche Bindung und Wasserstoffbrückenbindung (Beispiele: feste Edelgase, festes Kohlendioxid; Eis, vgl. 6.3).
Eigenschaften: weich, tiefe Schmelz- und Siedepunkte.

7.2.1 Struktur von Metallkristallen

Die meisten Metalle kristallisieren in einer der folgenden Strukturen:

— *hexagonal dichteste Kugelpackung* (Koordinationszahl 12),
— *kubisch dichteste Kugelpackung* (kubisch flächenzentriertes Gitter) (Koordinationszahl 12),
— *kubisch raumzentriertes Gitter* (Koordinationszahl 8).

Als Koordinationszahl wird die Zahl der nächsten Nachbarn, die ein bestimmtes Teilchen umgeben, bezeichnet.

In Tabelle 7-1 sind neben der Angabe des Strukturtyps die Schmelz- und Siedepunkte einiger Metalle aufgeführt; weitere Angaben siehe D 9.3.3, Tabelle D 9 7.

Dichteste Kugelpackungen

Für eine zweidimensionale Schicht dichtest gepackter Kugeln gibt es nur eine Möglichkeit der Anordnung. Hierbei ist jede Kugel von sechs anderen umgeben. Die dreidimensionalen dichtesten Kugelpackungen entstehen durch Übereinanderlagerung derartiger Schichten. Dabei müssen die Atome der neuen Schicht in den Lücken der bereits vorhandenen liegen. Für zwei dichtest gepackte Kugelschichten ist dies in Bild 7-1 schematisch dargestellt. Die Zahl der theoretisch möglichen Kugelpackungen ist nahezu unbegrenzt. Verwirklicht werden hauptsächlich die folgenden zwei:

— *hexagonal dichteste Kugelpackung*
Die Folge der dichtest gepackten zweidimensionalen Schichten ist hier ABAB..., d. h., die Kugeln der 3. Schicht sind unmittelbar über der ersten angeordnet. (Elementarzelle der hexagonal dichtesten Kugelpackung siehe Bild 7-2.)
— *Kubisch dichteste Kugelpackung*
Bei dieser Struktur ist die Stapelfolge ABCABC..., d. h., die Kugeln der 4. Schicht befinden sich unmittelbar über der ersten. Nach ihrer Elementarzelle wird diese Struktur auch als kubisch flächenzentriert bezeichnet (vgl. Bild 7-3).

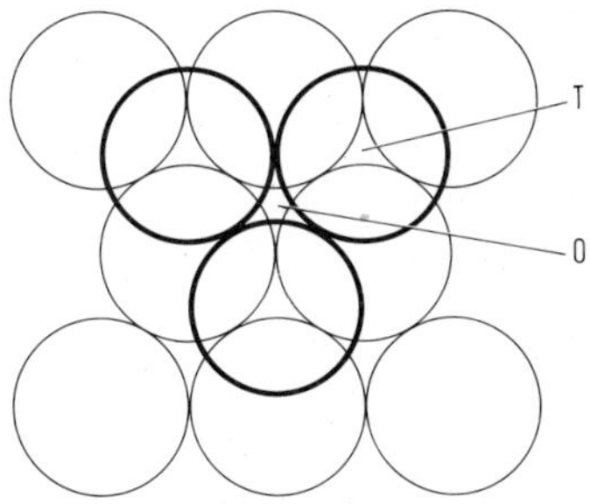

Bild 7-1. Dichteste Kugelpackungen, zwei Kugelschichten mit Tetraeder- (T) und Oktaederlücken (O).

Tabelle 7-1. Strukturtypen, Schmelz- und Siedepunkte einiger metallischer Elemente.
kd kubisch dichteste Kugelpackung, hd hexagonal dichteste Kugelpackung, krz kubisch raumzentriert, ϑ_{sl} Schmelzpunkt, ϑ_{lg} Siedepunkt. Die Angaben in Klammern sind Phasenumwandlungstemperaturen.

Element	Struktur	$\vartheta_{sl}/°C$	$\vartheta_{lg}/°C$
Cu	kd	1 083	2 567
Ag	kd	962	2 212
Au	kd	1 064	3 080
Al	kd	660	2 467
Pb	kd	327	1 740
γ-Fe	kd	(1 401)	—
Be	hd	1 278	2 477
Mg	hd	649	1 107
Zn	hd	419	907
Ti	hd	1 660	3 287
Zr	hd	1 852	4 377
Li	krz	180	1 342
Na	krz	98	893
K	krz	63	760
V	krz	1 890	3 380
Ta	krz	2 996	5 425
W	krz	3 410	5 660
α-Fe	krz	(906)	—
δ-Fe	krz	1 535	2 750

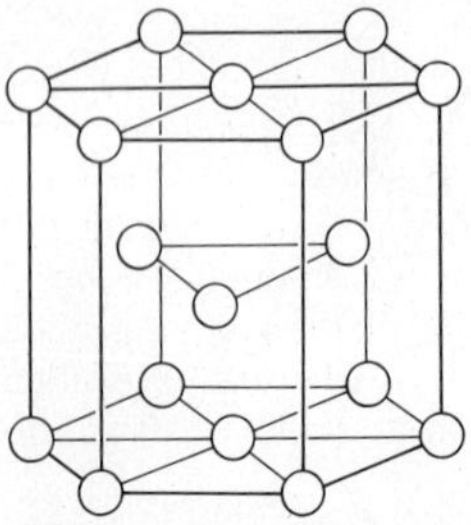

Bild 7-2. Elementarzelle der hexagonal dichtesten Kugelpackung.

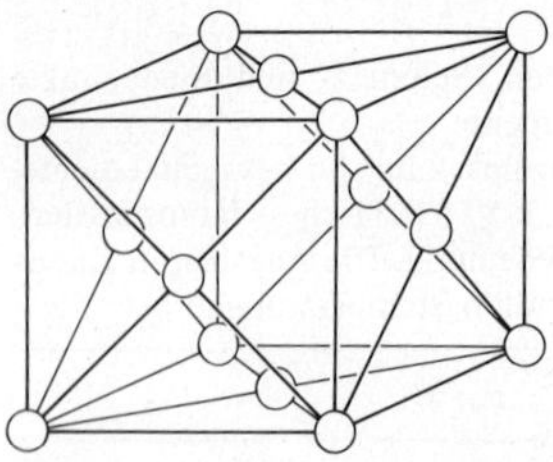

Bild 7-3. Elementarzelle der kubisch dichtesten Kugelpackung, kubisch flächenzentriertes Gitter.

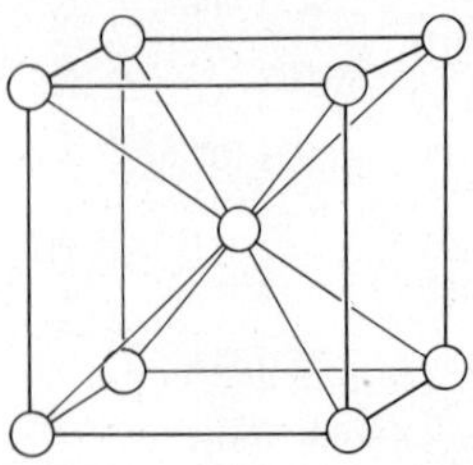

Bild 7-4. Kubisch raumzentriertes Gitter.

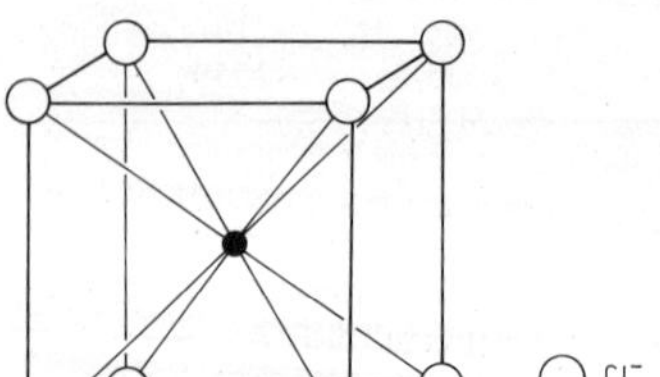

Bild 7-5. Elementarzelle der Caesiumchlorid-Struktur.

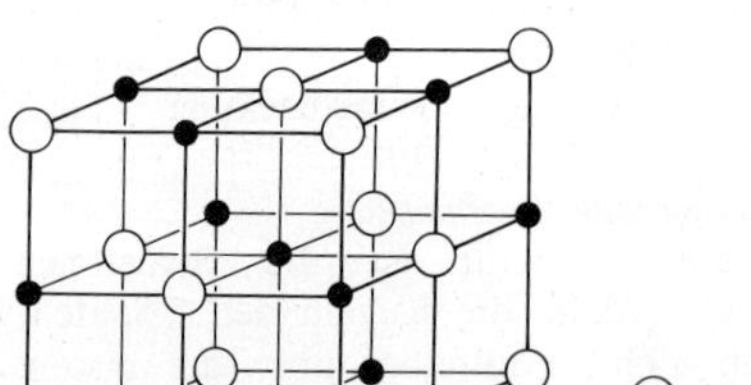

Bild 7-6. Elementarzelle der Natriumchlorid-Struktur.

Bei den dichtesten Kugelpackungen beträgt die Packungsdichte 74 %, d. h., 26 % des Gesamtvolumens entfallen auf die zwischen den Kugeln befindlichen Lücken. Es existieren zwei unterschiedliche Arten von Lücken: a) *Tetraederlücken*, die von vier Atomkugeln in tetraedrischer Anordnung begrenzt sind (vgl. Bild 7-1). Die Zahl dieser Lücken ist doppelt so groß wie die Zahl der Metallatome. b) *Oktaederlücken*, das sind von acht Atomkugeln in oktaedrischer Anordnung eingefaßte Lücken. Ihre Zahl ist gleich der der atomaren Bausteine (vgl. Bild 7-1).
Die Packungsdichte beim *kubisch raumzentrierten Gitter* (vgl. Bild 7-4) ist geringer als bei den dichtesten Kugelpackungen, sie beträgt 68 %.

7.2.2 Struktur von Ionenkristallen

Die Struktur von Ionenkristallen hängt im wesentlichen von folgenden Faktoren ab:

— Von der quantitativen Zusammensetzung des Salzes und
— vom Radienverhältnis der Kationen (A) und Anionen (B).

Für Ionenkristalle des Formeltyps AB treten abhängig vom Radienverhältnis folgende Gitterstrukturen auf:

— *Caesiumchlorid-Gitter.* Grenzradienquotient $r_{A^+}/r_{B^-} \geqq 0{,}732$. Gitterstruktur: Sowohl die Cs^+-Ionen als auch die Cl^--Ionen bilden kubisch primitive Teilgitter, die um eine halbe Raumdiagonale gegeneinander verschoben sind (vgl. Bild 7-5). Jedes Cs^+-Ion ist von acht Cl^--Ionen und jedes Cl^--Ion von acht Cs^+-Ionen umgeben (Koordinationszahl 8). Beispiele: Caesiumchlorid CsCl, CsBr, CsI.
— *Natriumchlorid-Gitter.* Grenzradienquotient $0{,}414 \geqq r_{A^+}/r_{B^-} \geqq 0{,}732$. Gitterstruktur: Die Na^+- und die Cl^--Ionen bilden kubisch flächenzentrierte Teilgitter aus, die um eine halbe Kantenlänge in einer Koordinatenachse verschoben sind (vgl. Bild 7-6). Die Cl^--Ionen ($r(Na^+)/r(Cl^-) = 0{,}56$) bilden eine kubisch dichteste Kugelpackung, in deren Oktaederlücken sich die Kationen befinden. Jedes Na^+-Ion ist von sechs Cl^--Ionen und jedes Cl^--Ion von sechs Na^+-Ionen umgeben (Koordinationszahl 6). Beispiele: NaCl, NaF, NaBr, NaI, KF, KCl, KBr, KI, CaO, MgO.
— *Zinkblende-Gitter.* Grenzradienquotient $0{,}414 \geqq r_{A^+}/r_{B^-} \geqq 0{,}225$. (Zinkblende ist eine Modifikation des Zinksulfids ZnS. ZnS kommt noch in einer weiteren Modifikation als Wurtzit vor.) Gitterstruktur: Die S^{2-}-Ionen bilden eine kubisch dichteste Kugelpackung, deren Tetraederlücken die Zinkionen alternierend besetzen; Koordinationszahl 4.

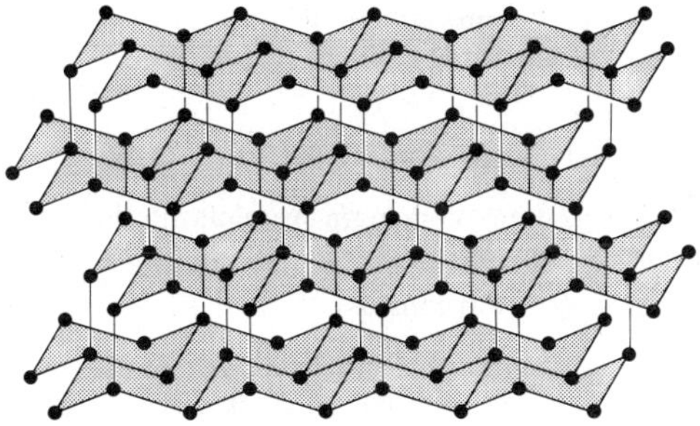

Bild 7-7. Diamantstruktur.

7.2.3 Kovalente Kristalle

Der wichtigste Vertreter dieses Gittertyps ist der Diamant. In dieser Kohlenstoffmodifikation sind die Elektronenzustände sp^3-hybridisiert (vgl. 4.1.3). Jedes C-Atom ist daher tetraedrisch von vier anderen C-Atomen umgeben. Die C-Atome bilden gewinkelte Sechsringe aus, die in parallelen Schichten angeordnet sind (vgl. Bild 7-7). Im Gegensatz zum Graphit werden die Schichten beim Diamanten jedoch durch Atombindungen fest zusammengehalten. Die skizzierte Struktur bedingt die große Härte des Diamanten.

7.2.4 Kristalle mit komplexen Bindungsverhältnissen

In sehr vielen Fällen können Kristalle durch die Angabe einer der vier Grenztypen der chemischen Bindung nicht ausreichend beschrieben werden. Vielmehr sind Übergänge zwischen den verschiedenen Grenzbindungsarten vorhanden. So werden z. B. bei vielen Schwermetallsulfiden Mischformen von ionischer und metallischer Bindung beobachtet. Es ist auch möglich, daß in verschiedenen Raumrichtungen unterschiedliche Bindungsarten wirksam sind (Beispiel Graphit, vgl. Bild 7-8 und D 4.2).

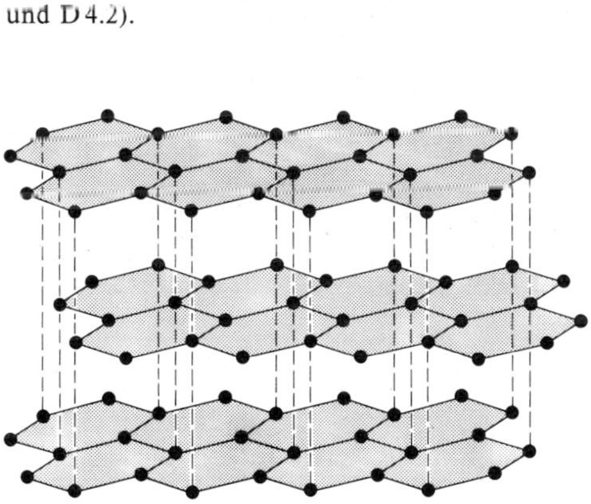

Bild 7-8. Graphitstruktur.

7.3 Reale Kristalle

Bisher wurden in Kap. 7 ausschließlich Idealkristalle behandelt. Hierunter versteht man Kristalle, die sowohl im makroskopischen wie auch im mikroskopischen Bereich einen mathematisch strengen Aufbau zeigen. In der Natur gibt es jedoch nur reale Kristalle, die sich von den Idealkristallen durch die Anwesenheit von Kristallbaufehlern unterscheiden; siehe D 2.2.

8 Thermodynamik chemischer Reaktionen. Das chemische Gleichgewicht

8.1 Grundlagen

8.1.1 Einteilung der thermodynamischen Systeme

Stoffliche Systeme können folgendermaßen eingeteilt werden:

— Nach den Transportmöglichkeiten von Energie und/oder Materie durch die Systemgrenzen werden unterschieden:
  abgeschlossene Systeme (weder Materie- noch Energieaustausch möglich),
  geschlossene Systeme (nur Energieaustausch möglich) und *offene Systeme* (sowohl Materie als auch Energieaustausch möglich).
— Nach der stofflichen Zusammensetzung unterscheidet man zwischen *Einstoff-* und *Mehrstoffsystemen*.
— Nach der Zahl der anwesenden Phasen unterscheidet man zwischen *homogenen* und *heterogenen* Systemen. Homogene Systeme weisen überall dieselben physikalischen und chemischen Eigenschaften auf. Sie bestehen aus nur einer Phase. Ein homogenes Einstoffsystem wird auch als *reine Phase* bezeichnet. Ein System, das aus mehr als einer Phase aufgebaut ist, heißt heterogen.
  Beispiele von homogenen Systemen: Mischungen von Gasen, flüssiges Wasser, wäßrige Lösungen von Salzen (vgl. 10), Metalle und manche Metallegierungen.
  Beispiele von heterogenen Systemen: Gemisch aus Eisen und Schwefel, Nebel, Gemisch aus flüssigem und festem Wasser, Granit, Kolloide (vgl. 10.1.1).

8.1.2 Die Umsatzvariable (Reaktionsvariable, Reaktionslaufzahl)

Die in einer Reaktionsgleichung vor dem Stoffsymbol stehenden Zahlen werden als stöchiometrische Zahlen ν_i bezeichnet. Vereinbarungsgemäß haben die stöchiometrischen Zahlen der Ausgangsstoffe ein negatives und die der Endprodukte ein positives Vorzeichen. Für die Umsatzgleichung

$$N_2 + 3\,H_2 \rightarrow 2\,NH_3$$

gilt nach obiger Definition:

$$\nu(N_2) = -1,$$
$$\nu(H_2) = -3 \quad \text{und} \quad \nu(NH_3) = +2\,.$$

Die Angabe von stöchiometrischen Zahlen ist nur bei unmittelbarem Bezug auf eine Reaktionsgleichung sinnvoll. Zur Beschreibung des Verlaufs einer chemischen Reaktion benötigt man nur eine einzige Variable, die Umsatzvariable (Reaktionsvariable, Reaktionslaufzahl) ξ. Diese Größe ist folgendermaßen definiert:

$$\mathrm{d}\xi = \mathrm{d}n_i/\nu_i\,.$$

n_i Stoffmenge

Die Umsatzvariable hat die Dimension einer Stoffmenge.
Wendet man diese Definitionsgleichung auf die oben genannte Reaktionsgleichung an, so erhält man:

$$\mathrm{d}\xi = -\mathrm{d}n(N_2) = -\tfrac{1}{3}\mathrm{d}n(H_2) = \tfrac{1}{2}\mathrm{d}n(NH_3)\,.$$

Die Umsatzvariable kann nicht nur auf chemische Reaktionen und Phasenumwandlungen, sondern auch auf Vorgänge, die nicht mehr mit Umsatzgleichungen beschrieben werden können (z. B. Ordnungs-Unordnungs-Übergänge in Legierungen), angewendet werden.

8.2 Anwendung des 1. Hauptsatzes der Thermodynamik auf chemische Reaktionen

8.2.1 Der 1. Hauptsatz der Thermodynamik

Für ein geschlossenes System kann der 1. Hauptsatz der Thermodynamik folgendermaßen formuliert werden (vgl. F):

$$\Delta U = U_2 - U_1 = Q + W.$$

U Innere Energie (Index 2: Endzustand, Index 1: Anfangszustand). Q Wärme bzw. W Arbeit, die mit der Umgebung ausgetauscht wird.
Die Innere Energie ist der Messung nicht zugänglich. Es können nur Differenzen dieser Größe ermittelt werden. Im Gegensatz zur Wärme und zur Arbeit ist die Innere Energie eine extensive Zustandsgröße (vgl. F). Die drei Größen U, Q und W haben die Dimension einer Energie. Vorausgesetzt, daß zwischen dem System und der Umgebung nur Volumenarbeit ($W = -p\,\Delta V$) (vgl. F) ausgetauscht wird, erhält man für den 1. Hauptsatz:

$$\Delta U = Q - p\,\Delta V \quad \text{oder} \quad \mathrm{d}U = \mathrm{d}Q - p\,\mathrm{d}V.$$

Bei isochoren Vorgängen vereinfacht sich die obige Beziehung zu:

$$\Delta U = Q; \quad V = \text{const}\,.$$

Bei isochoren Vorgängen ist die mit der Umgebung ausgetauschte Wärme gleich der Änderung der Inneren Energie.

Die Enthalpie wird hier folgendermaßen definiert (vgl. F):

$$H = U + pV.$$

Die Enthalpie ist eine Zustandsgröße. Sie ist eine extensive Größe und hat die Dimension einer Energie. Genau wie bei der Inneren Energie ist es auch bei der Enthalpie nicht möglich, ihren Absolutwert zu bestimmen.
Mit $\Delta U = Q - p\,\Delta V$ und $\Delta(p \cdot V) = V\Delta p + p\,\Delta V$ folgt aus obiger Beziehung:

$$\Delta H = Q + V\Delta p\,.$$

Bei isobaren Vorgängen vereinfacht sich diese Gleichung zu:

$$\Delta H = Q; \quad p = \text{const}\,.$$

Bei isobaren Vorgängen ist die mit der Umgebung ausgetauschte Wärme gleich der Änderung der Enthalpie.

8.2.2 Die Reaktionsenergie

Anhand der Modellreaktion

$$\nu_A A + \nu_B B + \ldots \rightarrow \nu_N N + \nu_M M + \ldots$$

kann folgende Beziehung für die Reaktionsenergie $\Delta_r U$ angegeben werden:

$$\Delta_r U = (\nu_N \bar{U}(N) + \nu_M \bar{U}(M) + \ldots) - (\nu_A \bar{U}(A) + \nu_B \bar{U}(B) + \ldots)$$

oder allgemein

$$\Delta_r U = \sum \nu_i \bar{U}_i; \quad v, T = \text{const}\,.$$

ν_i stöchiometrische Zahl, $\bar{U}_i$ molare Innere Energie des Stoffes i, also $\bar{U}_i = U_i/n_i$.
Die Reaktionsenergie ist eine Zustandsgröße. Für die Reaktionsenergie gilt auch folgende Beziehung:

$$\Delta_r U = \left(\frac{\partial U}{\partial \xi}\right)_{V,T}$$

(*Hinweis:* Zwischen differentiellen und integralen Reaktionsgrößen, wie sie in ausführlichen Darstellungen der chemischen Thermodynamik verwendet werden, wird im folgenden nicht unterschieden.)

Messung der Reaktionsenergie

Die Messung der Reaktionsenergie kann mit einem Kalorimeter erfolgen. Besonders häufig werden derartige Untersuchungen bei Verbrennungsreaktionen (vgl. 11.3.1) durchgeführt. Hierbei wird eine Substanz mit Sauerstoff in einer kalorimetrischen Bombe verbrannt und die dabei freiwerdende Wärme ($Q < 0$) gemessen. Da bei diesem Vorgang das Volumen konstant gehalten wird, ist die freiwerdende Wärme gleich der Reaktionsenergie (vgl. 8.2.1).
Ein bei der Kalorimetrie von Verbrennungsreaktionen häufig verwendeter Begriff ist der *Brennwert* eines Stoffes:

> Als Brennwert wird der Quotient aus dem Betrag der bei der Verbrennung freiwerdenden Wärme und der Masse des eingesetzten Brennstoffs bezeichnet. Das dabei gebildete Wasser soll in flüssiger Form vorliegen (CO_2 und eventuell gebildetes SO_2 müssen als Gas vorhanden sein; Temperatur 25 °C). Da die Bestimmung des Brennwertes in einer kalorimetrischen Bombe vorgenommen wird (V = const), ist der Brennwert gleich der negativen spezifischen Reaktionsenergie.

8.2.3 Die Reaktionsenthalpie

Die Reaktionsenthalpie ist analog zur Reaktionsenergie (8.2.2) durch folgende Beziehungen definiert:

$$\Delta_r H = \sum \nu_i \bar{H}_i; \quad p, T = \text{const}$$

$$\Delta_r H = (\partial H/\partial \xi)_{p,T}$$

ν_i stöchiometrische Zahl, ξ Umsatzvariable, $\bar{H}_i = H_i/n_i$ ist die molare Enthalpie der Substanz i.
Wie die Reaktionsenergie ist auch die Reaktionsenthalpie eine Zustandsgröße.

Zusammenhang zwischen Reaktionsenergie und -enthalpie

Für den Zusammenhang zwischen Reaktionsenergie $\Delta_r U$ und Reaktionsenthalpie $\Delta_r H$ gilt näherungsweise:

$$\Delta_r H \approx \Delta_r U + p \Delta_r V.$$

$\Delta_r V$ ist das Reaktionsvolumen, das folgendermaßen definiert ist: $\Delta_r V = \sum \nu_i \bar{V}_i$, $\bar{V}_i = V_i/n_i$ molares Volumen des Stoffes i.
Laufen Reaktionen ausschließlich in kondensierten Phasen ab, so fällt in der obigen Beziehung der Term $p\,\Delta_r V$ numerisch kaum ins Gewicht. Es gilt:

$$\Delta_r H \approx \Delta_r U.$$

Sind Gase an einer chemischen Reaktion beteiligt, so wird die Änderung des Reaktionsvolumens praktisch nur durch die Änderung des Gasvolumens bewirkt. Unter Anwendung der Zustandsgleichung idealer Gase erhält man in diesem Fall:

$$\Delta_r H \approx \Delta_r U + p\,\Delta_r V \approx \Delta_r U + RT \sum \nu_i .$$

Beispiele:

1. Bei der homogenen Gasreaktion $N_2(g) + O_2(g) \rightarrow 2\,NO(g)$ ist $\sum \nu_i = 0$, d. h., $\Delta_r H = \Delta_r U$.
2. Für die heterogene Reaktion $2\,H_2(g) + O_2(g) \rightarrow 2\,H_2O(l)$ gilt $\sum \nu_i = -3$, da bei der Anwendung der obigen Beziehung Stoffe in kondensierten Phasen nicht zu berücksichtigen sind.

Exotherme und endotherme Reaktionen

Nach dem Vorzeichen der Reaktionsenthalpie wird zwischen exothermen und endothermen Reaktionen unterschieden:

$\Delta_r H < 0$ exotherme Reaktion,

$\Delta_r H > 0$ endotherme Reaktion.

Diese Unterscheidung wird auch auf Phasenumwandlungen angewandt.
Beim Ablauf exothermer Reaktionen wird (bei konstantem Druck) Wärme an die Umgebung abgegeben. Als Folge hiervon tritt eine Temperaturerhöhung auf (Beispiel: Verbrennungsvorgänge). Entsprechend führt der Ablauf endothermer Prozesse zu einer Temperaturerniedrigung (Beispiel: Verdampfen einer Flüssigkeit).

Das Berthelot-Thomsensche Prinzip

Nach einem von Thomsen und Berthelot 1878 aufgestellten Prinzip sollten nur exotherme Reaktionen bzw. Vorgänge freiwillig ablaufen. Die Erfahrung zeigt, daß in der Tat exotherme Reaktionen (z. B. Verbrennungsreaktionen) spontan verlaufen können. Dieser Sachverhalt trifft aber auch auf eine große Zahl endothermer Reaktionen zu. So läuft z. B. die Verdampfung von Flüssigkeiten (endothermer Vorgang) freiwillig ab. Dieses Beispiel zeigt deutlich, daß das Vorzeichen von Reaktions- bzw. Phasenumwandlungsenthalpien nicht als alleiniges Kriterium für den freiwilligen Ablauf von Reaktionen bzw. Vorgängen dienen kann, vgl. 8.3.4.

8.2.4 Der Heßsche Satz

Da die Reaktionsenthalpie eine Zustandsgröße ist, folgt, daß sie nur vom Anfangs- und Endzustand des Systems abhängt, also unabhängig vom Reaktionsweg ist. Läßt man daher ein System einmal direkt und einmal über verschiedene Zwischenstufen von einem Anfangszustand in einen Endzustand übergehen, so sind die Reaktionsenthalpien in beiden Fällen gleich groß. Diese Aussage wird als Heßscher Satz bezeichnet. Er dient zur Berechnung von Reaktionsenthalpien, die nicht direkt meßbar sind.

Beispiel: Die Reaktionsenthalpie der Reaktion

$$C(s) + \tfrac{1}{2} O_2(g) \rightarrow CO(g), \quad \Delta_r H_1,$$

soll ermittelt werden. $\Delta_r H_1$ ist auf direktem Wege nicht meßbar, weil die Verbrennung des Kohlenstoffs nicht so durchgeführt werden kann, daß dabei ausschließlich Kohlenmonoxid CO entsteht. Meßbar sind hingegen die Reaktionsenthalpien der folgenden Reaktionen:

$$C(s) \quad + O_2(g) \quad \rightarrow CO_2(g), \quad \Delta_r H_2$$
$$CO(g) + \tfrac{1}{2} O_2(g) \rightarrow CO_2(g), \quad \Delta_r H_3$$

Zur Bildung des gasförmigen Kohlendioxids aus festem Kohlenstoff sind zwei Reaktionsfolgen möglich: Die erste führt direkt zum CO_2 (2. der hier angegebenen Reaktionen), die zweite benutzt den Umweg der CO-Bildung (1. und 3. der hier genannten Reaktionen). Für die Reaktionsenthalpien gilt daher folgender Zusammenhang:

$$\Delta_r H_2 = \Delta_r H_1 + \Delta_r H_3 .$$

Überprüfung dieser Beziehung mit Hilfe der Definitionsgleichung der Reaktionsenthalpie (vgl. 8.2.3):

$$\begin{aligned}
\Delta_r H_2 &= \bar{H}(CO_2) - \bar{H}(C) - \bar{H}(O_2) \\
\Delta_r H_1 + \Delta_r H_3 &= \bar{H}(CO) - \bar{H}(C) - \tfrac{1}{2}\bar{H}(O_2) \\
&\quad + \bar{H}(CO_2) - \bar{H}(CO) - \tfrac{1}{2}\bar{H}(O_2) \\
&= \bar{H}(CO_2) - \bar{H}(C) - \bar{H}(O_2) .
\end{aligned}$$

8.2.5 Die Standardbildungsenthalpie von Verbindungen

Die Reaktionsenthalpie, die zur Bildung eines Mols einer chemischen Verbindung aus den Elementen notwendig ist, bezeichnet man als molare Bildungsenthalpie.

So ist z. B. die Reaktionsenthalpie der Reaktion $\tfrac{1}{2} N_2 + \tfrac{3}{2} H_2 \rightarrow NH_3$ gleich der molaren Bildungsenthalpie $\Delta_B \bar{H}$ des Ammoniaks. Da die Reaktionsenthalpie druck- und temperaturabhängig (vgl. 8.2.6) ist, muß der Zustand, in dem sich die Elemente befinden sollen, festgelegt werden. Als Standardzustand wählt man für

- kondensierte Stoffe den Zustand des reinen Stoffes bei 25 °C und 1,013 25 bar und
- Gase den Zustand idealen Verhaltens bei ebenfalls 25 °C und 1,013 25 bar.

Findet die Bildung eines Mols einer Verbindung aus den Elementen unter Standardbedingungen statt, so heißt die entsprechende Reaktionsenthalpie molare Standardbildungsenthalpie. Die molare Standardbildungsenthalpie einer großen Zahl von Verbindungen ist experimentell ermittelt worden und in Tabellenwerken aufgeführt. Für einige Stoffe ist sie in Tabelle 8-1 angegeben.

Die Bedeutung der molaren Standardbildungsenthalpie beruht darauf, daß unter Anwendung des Heßschen Satzes nach folgender Beziehung Reaktionsenthalpien berechnet werden können (Reaktionsgrößen unter Standardbedingungen sind mit dem Zeichen ^{0} gekennzeichnet):

$$\Delta_r H^0 = \sum \nu_i \Delta_B \bar{H}_i^0$$
$$(p = 1{,}013\,25 \text{ bar}, \quad T = 298{,}15 \text{ K}) .$$

Beispiele:

- Berechnung der Reaktionsenthalpie des Acetylenzerfalls unter Standardbedingungen (vgl. 14.1.3):

  $$HC{\equiv}CH(g) \rightarrow 2\,C(s) + H_2(g) .$$

  Für die obige Reaktion erhält man:

  $$\begin{aligned}
  \Delta_r H^0 &= \sum \nu_i \Delta_B \bar{H}_i^0 = -\Delta_B \bar{H}^0(H_2C_2) , \\
  &= -226{,}7 \text{ kJ/mol} \quad \text{(vgl. Tabelle 8-1)}
  \end{aligned}$$

  (*Hinweis:* Die Standardbildungsenthalpien der Elemente sind Null.)
- Berechnung der Reaktionsenthalpie für die Verbrennung von Acetylen unter Standardbedingungen (vgl. 14.1.3):

  $$HC{\equiv}CH(g) + \tfrac{5}{2} O_2(g) \rightarrow H_2O(l) + 2\,CO_2(g) .$$

  Für die Reaktionsenthalpie unter Standardbedingungen erhält man:

  $$\begin{aligned}
  \Delta_r H^0 &= 2\Delta_B \bar{H}^0(CO_2) + \Delta_B \bar{H}^0(H_2O, l) \\
  &\quad - \Delta_B \bar{H}^0(H_2C_2) , \\
  &= (-2 \cdot 393{,}5 - 285{,}8 - 226{,}7) \text{ kJ/mol} \\
  &= -1\,299{,}5 \text{ kJ/mol} .
  \end{aligned}$$

8.2.6 Temperatur- und Druckabhängigkeit der Reaktionsenthalpie

Die Wärmekapazität C_p (extensiv) und die molare Wärmekapazität $\bar{C}_p$ (intensiv) sind durch folgende Gleichungen definiert:

$$\left(\frac{\partial H}{\partial T}\right)_p = C_p \quad \text{und} \quad \left(\frac{\partial \bar{H}}{\partial T}\right)_p = \bar{C}_p = C_p/n .$$

n Stoffmenge

Differenziert man die Definitionsgleichung der Reaktionsenthalpie $\Delta_r H = \sum \nu_i \bar{H}_i$ nach der Temperatur, so erhält man unter Verwendung der obigen Beziehung, mit der die molare Wärmekapazität definiert wird:

$$\left(\frac{\partial \Delta_r H)}{\partial T}\right)_p = \sum \nu_i \left(\frac{\partial H_i}{\partial T}\right)_p = \sum \nu_i \bar{C}_{pi}$$

Tabelle 8-1. Molare Standardbildungsenthalpien $\Delta_B \bar{H}^0$ und molare Standardentropien $\bar{S}^0$ einiger Stoffe

Stoff	Formel	$\Delta_B \bar{H}^0$/(kJ/mol)	$\bar{S}^0$/(J/(K·mol))
Graphit		0	5,7
Diamant		1,9	2,4
Kohlenmonoxid	CO	−110,5	197,5
Kohlendioxid	CO_2	−393,5	213,7
Stickstoff	N_2	0	191,5
Wasserstoff	H_2	0	130,6
Ammoniak	NH_3	−45,9	192,6
Stickstoffmonoxid	NO	90,3	210,6
Stickstoffdioxid	NO_2	33,1	239,9
Wasser	$H_2O(g)$	−241,8	188,7
Wasser	$H_2O(l)$	−285,8	69,9
Methan	$CH_4(g)$	−74,9	186,2
Ethan	$C_2H_6(g)$	−84,7	229,5
Propan	$C_3H_8(g)$	−103,8	269,9
Acetylen	$C_2H_2(g)$	226,7	200,8
Benzol	$C_6H_6(g)$	82,9	269,2
Benzol	$C_6H_6(l)$	49,0	172,8
Tetrafluormethan	$CF_4(g)$	−933,2	261,3
Tetrafluorethylen	$C_2F_4(g)$	−648,5	299,9

Durch Integration folgt:

$$\Delta_r H(T_2) = \Delta_r H(T_1) + \int_{T_1}^{T_2} \sum \nu_i \bar{C}_{pi} \, \mathrm{d}T.$$

Diese Beziehung, die die Temperaturabhängigkeit der Reaktionsenthalpie beschreibt, wird als *Kirchhoffsches Gesetz* bezeichnet.
Im Gegensatz zur Temperaturabhängigkeit der Reaktionsenthalpie ist der Einfluß des Druckes auf $\Delta_r H$ sehr gering und kann i. allg. vernachlässigt werden.

Beispiel: Der Ausdruck $\int_{T_1}^{T_2} \sum \nu_i \bar{C}_{pi} \, \mathrm{d}T$ soll für die Gasreaktion $N_2 + 3\,H_2 \rightarrow 2\,NH_3$ berechnet werden.
Die Temperaturabhängigkeit der molaren Wärmekapazität kann häufig in Form der folgenden Potenzreihe angegeben werden:

$$\bar{C}_p = a_0 + a_1 T + a_2 T^2 + \ldots$$

Bricht man dieses Polynom nach dem 3. Glied ab, so erhält man bei dem gewählten Beispiel für $\sum \nu_i \bar{C}_{pi}$:

$$\begin{aligned}\sum \nu_i \bar{C}_{pi} &= 2\,\bar{C}_p(NH_3) - \bar{C}_p(N_2) - 3\,\bar{C}_p(H_2) \\ &= 2\,a_0(NH_3) + 2\,a_1(NH_3)T + 2\,a_2(NH_3)T^2 \\ &\quad - a_0(N_2) - a_1(N_2)T - a_2(N_2)T^2 \\ &\quad - 3\,a_0(H_2) - 3\,a_1(H_2)T - 3\,a_2(H_2)T^2.\end{aligned}$$

Verwendet man folgende Abkürzungen

$$2\,a_0(NH_3) - a_0(N_2) - 3\,a_0(H_2) = A_0$$
$$2\,a_1(NH_3) - a_1(N_2) - 3\,a_1(H_2) = A_1 \quad \text{und}$$
$$2\,a_2(NH_3) - a_2(N_2) - 3\,a_2(H_2) = A_2,$$

so erhält man:

$$\sum \nu_i \bar{C}_{pi} = A_0 + A_1 T + A_2 T^2.$$

Damit folgt für

$$\int_{T_1}^{T_2} \sum \nu_i \bar{C}_{pi} \, \mathrm{d}T = A_0(T_2 - T_1) + A_1/2(T_2^2 - T_1^2) + A_2/3(T_2^3 - T_1^3).$$

8.3 Anwendung des 2. und 3. Hauptsatzes der Thermodynamik auf chemische Reaktionen

8.3.1 Grundlagen

Die Entropie wird thermodynamisch durch den 2. Hauptsatz definiert (Einzelheiten siehe F). Sie ist eine extensive Zustandsgröße der Dimension Energie/Temperatur.
Die Entropie eines Systems kann sich nur auf zwei Arten ändern: Entweder durch Energieaustausch mit der Umgebung ($\mathrm{d_e}S$) oder durch Entropieerzeugung infolge der im System ablaufenden irreversiblen Vorgänge ($\mathrm{d_i}S$):

$$\mathrm{d}S = \mathrm{d_e}S + \mathrm{d_i}S.$$

Beim Ablauf irreversibler Vorgänge kann sich die Entropie in einem abgeschlossenen System

($d_eS = 0$, $dS = d_iS$) nur vergrößern; finden dagegen ausschließlich reversible Vorgänge statt, so bleibt die Entropie konstant:

$$dS = d_iS \geqq 0,$$

$d_iS > 0$: irreversibler Vorgang,

$d_iS = 0$: reversibler Vorgang.

Der 3. Hauptsatz der Thermodynamik, das *Nernstsche Wärmetheorem*, kann folgendermaßen formuliert werden (Einzelheiten siehe F):

Die Entropie einer reinen Phase im inneren Gleichgewicht ist am absoluten Nullpunkt Null:

$$S(T = 0) = 0.$$

Für reine Phasen, die sich, wie z. B. die Gläser, nicht im inneren Gleichgewicht befinden, gilt

$$S(T = 0) > 0.$$

Der 3. Hauptsatz ermöglicht die Ermittlung von Absolutwerten der Entropie für die verschiedensten Stoffe aus rein kalorischen Daten. Bei Kenntnis der Temperaturabhängigkeit der molaren Wärmekapazität kann die molare Entropie eines reinen Gases nach folgender Formel berechnet werden:

$$\bar{S} = S/n = \int_0^{T_{sl}} \frac{\bar{C}_p(s)}{T}\, dT + \frac{\Delta_s \bar{H}}{T_S} + \int_{T_{sl}}^{T_{lg}} \frac{\bar{C}_p(l)}{T}\, dT + \frac{\Delta_v \bar{H}}{T_{Sd}} + \int_{T_{lg}}^{T} \frac{\bar{C}_p(g)}{T}\, dT.$$

$\bar{C}_p(s)$, $\bar{C}_p(l)$, $\bar{C}_p(g)$ molare Wärmekapazität des Feststoffes, der Flüssigkeit bzw. des Gases; T_{sl}, T_{lg} Schmelz- bzw. Siedetemperatur; $\Delta_s\bar{H}$, $\Delta_v\bar{H}$ molare Schmelz- bzw. molare Verdampfungsenthalpie.
Eventuelle Phasenumwandlungen des Feststoffes sind in dieser Beziehung nicht berücksichtigt. Zur Berechnung der Entropie von Feststoffen bzw. Flüssigkeiten muß die obige Formel sinngemäß vereinfacht werden.
In Tabelle 8-1 sind die molaren Standardentropien einiger Stoffe aufgeführt. Der Standardzustand entspricht dem in 8.2.5 angegebenen.

8.3.2 Reaktionsentropie

Die Reaktionsentropie $\Delta_r S$ wird durch folgende Beziehungen definiert:

$$\Delta_r S = \sum \nu_i \bar{S}_i,$$

$$\Delta_r S = \left(\frac{\partial S}{\partial \xi}\right)_{p,T}$$

$\bar{S}_i = S_i/n_i$ molare Entropie der Reaktionsteilnehmer, ν_i stöchiometrische Zahl, ξ Umsatzvariable.

Als Standardreaktionsentropie $\Delta_r S^0$ wird die Reaktionsentropie unter Standardbedingungen (vgl. 8.2.5) bezeichnet.
Bei konstantem Druck kann die Temperaturabhängigkeit der Reaktionsentropie durch folgende Beziehung beschrieben werden (vgl. auch 8.3.1):

$$\Delta_r S(T_2) = \Delta_r S(T_1) + \int_{T_1}^{T_2} \sum \nu_i \bar{C}_{pi} \frac{dT}{T}.$$

8.3.3 Die Freie Enthalpie und das chemische Potential

Die Freie Enthalpie G wird durch die folgende Gleichung definiert:

$$G = H - T \cdot S.$$

G ist eine extensive Zustandsgröße.
Für das *chemische Potential* μ_i der Komponente i in einer Mischphase gilt folgende Definitionsgleichung:

$$\mu_i = \left(\frac{\partial G}{\partial n_i}\right)_{p,T,n_j}.$$

Danach ist das chemische Potential die partielle molare Freie Enthalpie der Komponente i in dieser Mischphase. (Einzelheiten über partielle molare Größen siehe F). Vom chemischen Potential einer Komponente in einer Mischphase kann daher gesprochen werden, wie z. B. von der Konzentration oder dem Stoffmengenanteil dieser Komponente. Bei Einkomponentensystemen ist μ gleich der molaren Freien Enthalpie des reinen Stoffes. Das chemische Potential ist eine intensive Zustandsgröße der Dimension Energie/Stoffmenge und kann somit auch eine Funktion des Ortes sein. Die Absolutwerte des chemischen Potentials können nicht ermittelt werden. Man kann jedoch Differenzen des chemischen Potentials zwischen dem interessierenden Zustand und einem willkürlich gewählten Standardzustand (siehe unten) bestimmen.
Die große Bedeutung des chemischen Potentials veranschaulichen folgende Beispiele:

— Eine frei bewegliche Substanz wandert stets zum Zustand niedrigeren chemischen Potentials.
— Ein Gas löst sich so lange in einer Flüssigkeit auf, bis das chemische Potential des Gases in der Gasphase gleich dem in der Flüssigkeit ist (vgl. 10.3).
— Die Bedingung für das chemische Gleichgewicht (Einzelheiten vgl. 8.3.4) kann elegant mit Hilfe des chemischen Potentials formuliert werden. So gilt z. B. für das Iod-Wasserstoff-Gleichgewicht:

$$H_2(g) + I_2(g) \rightleftharpoons 2\,HI(g),$$

$$\mu(H_2) + \mu(I_2) = 2\,\mu(HI).$$

Die Abhängigkeit des chemischen Potentials von der Zusammensetzung wird durch die folgenden Beziehungen beschrieben. In den angeführten Gleichungen werden die Wechselwirkungen der Teilchen untereinander nicht berücksichtigt:

$$\mu_i = \mu^0_{i,c} + RT \ln\{c_i\},$$
$$\mu_i = \mu^0_{i,p} + RT \ln\{p_i\},$$
$$\mu_i = \mu^0_{i,x} + RT \ln x_i.$$

c_i Konzentration, p_i (Partial)Druck, x_i Stoffmengenanteil. Die beiden erstgenannten Beziehungen beschreiben auch die Konzentrations- bzw. die Druckabhängigkeit des chemischen Potentials reiner Gase. $\mu^0_{i,c}$, $\mu^0_{i,p}$, $\mu^0_{i,x}$ werden als chemische Standardpotentiale bezeichnet. Unter $\ln\{c_i\}$ bzw. $\ln\{p_i\}$ soll hier und im folgenden $\ln(c_i/c^*_i)$ bzw. $\ln(p_i/p^*_i)$ mit $c^*_i = 1$ mol/l und $p^*_i = 1{,}013\,25$ bar verstanden werden.

8.3.4 Die Freie Reaktionsenthalpie. Die Gibbs-Helmholtzsche Gleichung

Aus der Definitionsgleichung der Freien Enthalpie (vgl. 8.3.3) folgt durch Differenzieren nach der Umsatzvariablen ξ:

$$\left(\frac{\partial G}{\partial \xi}\right)_{p,T} = \left(\frac{\partial H}{\partial \xi}\right)_{p,T} - T\left(\frac{\partial S}{\partial \xi}\right)_{p,T}$$
$$\Delta_r G = \Delta_r H - T\Delta_r S.$$

$\Delta_r G$ wird als Freie Reaktionsenthalpie bezeichnet. Die oben angeführte Beziehung heißt auch Gibbs-Helmholtzsche Gleichung.

Der Zusammenhang zwischen der Freien Reaktionsenthalpie und dem chemischen Potential μ der an einer Reaktion beteiligten Stoffe wird durch folgende Beziehung beschrieben:

$$\Delta_r G = \sum \nu_i \mu_i \quad p, T = \text{const}.$$

Berücksichtigt man die Abhängigkeit des chemischen Potentials von der Zusammensetzung (vgl. Abschnitt 8.3.3), so erhält man:

$$\Delta_r G = \Delta_r G^0_c + RT \sum \nu_i \ln\{c_i\},$$
$$\Delta_r G = \Delta_r G^0_p + RT \sum \nu_i \ln\{p_i\},$$
$$\Delta_r G = \Delta_r G^0_x + RT \sum \nu_i \ln x_i$$

Die Größen $\Delta_r G^0_c$, $\Delta_r G^0_p$, und $\Delta_r G^0_x$ werden als Standardwerte der Freien Reaktionsenthalpie bezeichnet (Freie Standardreaktionsenthalpie).

Bei Redoxreaktionen kann $\Delta_r G$ leicht durch Messung der elektromotorischen Kraft EMK bestimmt werden (vgl. 11.4). Voraussetzung hierfür ist eine geeignete elektrochemische Zelle, in der bei Stromfluß die interessierende Redoxreaktion ungehindert ablaufen kann.

Die Freie Reaktionsenthalpie ist ein Ausdruck für die beim Ablauf einer chemischen Reaktion maximal gewinnbare Arbeit. Der Wert dieser Größe entscheidet darüber, ob eine chemische Reaktion (bzw. ein physikalisch-chemischer Vorgang) freiwillig oder aber nur unter Zwang ablaufen kann oder ob Gleichgewicht vorhanden ist. Es gelten folgende Kriterien:

$$\left.\begin{array}{ll} \text{Freiwilliger Ablauf} & \Delta_r G < 0, \\ \text{Gleichgewicht} & \Delta_r G = 0, \\ \text{Reaktion nur unter Zwang} & \Delta_r G > 0. \end{array}\right\} \quad p, T = \text{const}$$

Ein Beispiel für unter Zwang ablaufende chemische Reaktionen stellen Elektrolysen (vgl. 11.8) dar. Hierbei werden durch Zufuhr elektrischer Arbeit Reaktionen erzwungen, bei denen $\Delta_r G > 0$ ist.

Die Gibbs-Helmholtzsche Gleichung besteht aus zwei Termen, dem Enthalpieterm $\Delta_r H$ und dem Entropieterm $T\Delta_r S$. Bei niedrigen Temperaturen ist der Einfluß des Entropieterms gering, so daß in erster Linie der Enthalpieterm über die Möglichkeit des Ablaufs chemischer Reaktionen (bzw. physikalisch-chemischer Vorgänge) entscheidet. Bei diesen Temperaturen laufen praktisch nur exotherme Reaktionen freiwillig ab; das Berthelot-Thomsensche Prinzip (vgl. 8.2.3) gilt nahezu uneingeschränkt. Bei höheren Temperaturen gewinnt der Entropieterm in steigendem Maße an Bedeutung. Endotherme Reaktionen können nur dann freiwillig ablaufen, wenn die Bedingung $T\Delta_r S > \Delta_r H$ erfüllt ist, wenn also die Entropie beim Ablauf der Reaktion vergrößert wird. Beispiele hierfür sind alle Schmelz- und Verdampfungsvorgänge. Beides sind endotherme Prozesse mit $\Delta_r S > 0$. $\Delta_r S$ ist hierbei positiv, da die molare Entropie (oder umgangssprachlich ausgedrückt die „Unordnung" eines Systems) in der Reihenfolge fest — flüssig — gasförmig ansteigt.

Beispiele:

— Es soll festgestellt werden, ob Tetrafluorethylen unter Standardbedingungen (25 °C, 1,013 25 bar) gemäß der Gleichung

$$F_2C{=}CF_2(g) \rightarrow CF_4(g) + 2\,C(s)$$

in Tetrafluormethan CF_4 und Kohlenstoff zerfallen kann.

$$\Delta_r H^0 = \Delta_B \bar{H}^0(CF_4) - \Delta_B \bar{H}^0(F_4C_2)$$
$$= (-933{,}2 + 648{,}5)\ \text{kJ/mol}$$
$$= -284{,}7\ \text{kJ/mol}$$
$$\Delta_r S^0 = 2\,\bar{S}^0(C) + \bar{S}^0(CF_4) - \bar{S}^0(F_4C_2)$$
$$= (2 \cdot 5{,}7 + 261{,}3 - 299{,}9)\ \text{J/(K}\cdot\text{mol)}$$
$$= -27{,}2\ \text{J/(K}\cdot\text{mol)}$$
$$\Delta_r G^0 = \Delta_r H^0 - T\Delta_r S^0$$
$$= -284{,}7\ \text{kJ/mol} + 298{,}2\ \text{K} \cdot 27{,}2\ \text{J/(K}\cdot\text{mol)}$$
$$= -276{,}6\ \text{kJ/mol}$$

Ergebnis: $\Delta_r G^0 < 0$. Daraus folgt, daß die Reaktion unter Standardbedingungen möglich ist, siehe auch 15.1.

— Ist die Umwandlung von Graphit in Diamant unter Standardbedingungen möglich?

C (Graphit) → C (Diamant)

$$\Delta_r H^0 = \Delta_B \bar{H}^0 \text{ (Diamant)} = +1{,}9 \text{ kJ/mol}$$

$$\Delta_r S^0 = \bar{S}^0 \text{ (Diamant)} - \bar{S}^0 \text{ (Graphit)}$$
$$= (2{,}4 - 5{,}7) \text{ J/(K} \cdot \text{mol)}$$
$$= -3{,}3 \text{ J/(K} \cdot \text{mol)}$$

$$\Delta_r G^0 = \Delta_r H^0 - T \Delta_r S^0$$
$$= 1{,}9 \text{ kJ/mol} + 298{,}2 \text{ K} \cdot 3{,}3 \text{ J/(K} \cdot \text{mol)}$$
$$= +2{,}9 \text{ kJ/mol}$$

Ergebnis: $\Delta_r G^0 > 0$. Daraus folgt, daß die Reaktion unter Standardbedingungen (auch in Gegenwart von Katalysatoren) unmöglich ist. Bei 25 °C sind erst bei Drücken von ca. 15 kbar Diamant und Graphit miteinander im Gleichgewicht, d. h., $\Delta_r G$ wird dann Null. Unter diesen Bedingungen ist aber die Geschwindigkeit der Gleichgewichtseinstellung wesentlich zu klein, so daß man technisch höhere Temperaturen und Drücke anwenden muß, um Diamanten in Gegenwart von Metallkatalysatoren zu synthetisieren (1 500 bis 1 800 °C und 53 bis 100 kbar).

8.3.5 Phasenstabilität

Man unterscheidet stabile, metastabile und instabile Phasen:

— *Stabile Phasen*
Wenn ein Stoff oder eine Stoffmischung in mehreren Phasen auftreten kann und wenn alle anderen möglichen Phasen gegenüber der ursprünglichen einen höheren Wert der Freien Enthalpie aufweisen, dann nennt man die ursprüngliche Phase stabil. Ändern sich die äußeren Parameter, wie z. B. Druck und Temperatur nicht, so liegt eine stabile Phase zeitlich unbegrenzt vor. Die überwiegende Mehrzahl aller chemischen Verbindungen ist bei Raumbedingungen stabil. So ist z. B. unter den genannten Bedingungen Graphit die stabile Kohlenstoffmodifikation.

— *Metastabile Phasen*
Bei metastabilen Phasen gibt es mindestens eine Phase, die einen niedrigeren Wert der Freien Enthalpie aufweist. Auch metastabile Phasen können zeitlich unbegrenzt vorliegen, ohne daß eine neue Phase auftritt. Werden jedoch Keime einer neuen stabileren Phase zugeführt oder entstehen diese durch ein statistisches Ereignis spontan, so geht das System in die stabilere Phase über. Diese stabilere Phase ist dadurch gekennzeichnet, daß sie einen kleineren Wert der Freien Enthalpie aufweist. Zur Umwandlung in die stabilere Phase ist die Überwindung einer Energiebarriere erforderlich.

Beispiele:
Diamant und weißer Phosphor sind bei Raumbedingungen metastabile Kohlenstoff- bzw. Phosphormodifikationen.
Unterkühlte Flüssigkeiten, übersättigte Lösungen (vgl. 10.8), überhitzte Flüssigkeiten sind weitere Beispiele für metastabile Phasen.
Die Umwandlung metastabiler Phasen kann, wie am Beispiel des *Siedeverzuges* überhitzter Flüssigkeiten gezeigt werden soll, oft mit großer Heftigkeit erfolgen. Staub- und gasfreie Flüssigkeiten lassen sich in sauberen Gefäßen z. T. erheblich über ihren Siedepunkt erwärmen. Diese Erscheinung heißt Siedeverzug. So gelingt es z. B., Wasser in sorgfältig gereinigten Gefäßen bis auf 220 °C zu erhitzen. Durch geringe Erschütterung oder Zufuhr von Keimen (Gasbläschen) kann auf den Siedeverzug ein explosionsartiger Siedevorgang folgen.

— *Instabile Phasen*
Instabile Phasen sind unbeständig gegenüber molekularen Schwankungen. Zur Bildung neuer Phasen ist die Anwesenheit von Keimen nicht notwendig (spinodale Zersetzung).

8.4 Das Massenwirkungsgesetz

8.4.1 Chemisches Gleichgewicht

Die meisten chemischen Reaktionen verlaufen nicht vollständig, sondern führen zu einem Gleichgewichtszustand. In diesem Zustand findet makroskopisch kein Stoffumsatz mehr statt (vgl. 9.5). Die Bedingung für das chemische Gleichgewicht ist (vgl. 8.3.4): $\Delta_r G = 0$.
Mit $\Delta_r G = \sum \nu_i \mu_i$ folgt:

$$\Delta_r G = \sum \nu_i \mu_i = 0\,, \quad p,\ T = \text{const}\,.$$

Unter Anwendung der in 8.3.4 angegebenen Beziehungen, die die Abhängigkeit des chemischen Potentials von der Zusammensetzung beschreiben, erhält man:

$$0 = \Delta_r G_p^0 + RT \sum \nu_i \ln \{p_i\}$$
$$0 = \Delta_r G_c^0 + RT \sum \nu_i \ln \{c_i\}$$
$$0 = \Delta_r G_x^0 + RT \sum \nu_i \ln x_i$$

oder

$$K_p = \exp\left(-\frac{\Delta_r G_p^0}{RT}\right) = \Pi p_i^{\nu_i}$$

$$K_c = \exp\left(-\frac{\Delta_r G_c^0}{RT}\right) = \Pi c_i^{\nu_i}$$

$$K_x = \exp\left(-\frac{\Delta_r G_x^0}{RT}\right) = \Pi x_i^{\nu_i}$$

Diese Beziehungen werden als Massenwirkungsgesetz bezeichnet. Die Größen K_p, K_c und K_x heißen *Gleichgewichts-* oder *Massenwirkungskonstanten.*

Aus historischen Gründen werden K_p und K_c meist als dimensionsbehaftete Größen formuliert. Das bedeutet, daß in das Massenwirkungsgesetz dimensionsbehaftete Partialdrücke und Konzentrationen anstelle von normierten Größen eingesetzt werden.
Nach diesem Formalismus wird die Dimension von K_p und K_c von der Art der chemischen Reaktion bestimmt. K_x ist stets dimensionslos.

Beispiel: Für die homogene Gasreaktion (Einzelheiten siehe 8.4.2)

$$N_2(g) + 3\,H_2(g) \rightleftharpoons 2\,NH_3(g)$$

soll das Massenwirkungsgesetz formuliert werden.
Die stöchiometrischen Zahlen des Stickstoffs, Wasserstoffs und Ammoniaks sind bei dieser Reaktionsgleichung: $\nu(NH_3) = 2$, $\nu(N_2) = -1$, $\nu(H_2) = -3$. Damit erhält man für K_p:

$$K_p = \Pi_i p_i^{\nu_i} = p^2(NH_3) \cdot p^{-3}(H_2) \cdot p^{-1}(N_2)$$

oder

$$K_p = \frac{p^2(NH_3)}{p^3(H_2) \cdot p(N_2)}.$$

Bei dieser Reaktion hat K_p die Dimension Druck^{-2}. Da die Gleichgewichtskonstante durch die obige Reaktionsgleichung mit dem Standardwert der Freien Reaktionsenthalpie verknüpft ist (siehe oben), dürfen Zähler und Nenner im ausformulierten Massenwirkungsgesetz nicht vertauscht werden!

8.4.2 Homogene Gasreaktionen

Homogene Gasreaktionen laufen ausschließlich in der Gasphase ab. Die Zusammensetzung der Gasmischung wird meist durch Angabe der Partialdrücke (vgl. F) charakterisiert. Teilweise werden hierzu jedoch auch die Konzentrationen bzw. die Stoffmengenanteile verwendet. Daher ergibt sich häufig die Notwendigkeit, K_p, K_c und K_x ineinander umrechnen zu müssen. Dies geschieht mit folgenden Beziehungen:

$$K_p = K_x p^{\sum \nu_i},$$
$$K_p = K_c (RT)^{\sum \nu_i},$$
$$K_x = K_c (RT/p)^{\sum \nu_i}.$$

Ist bei homogenen Gasreaktionen $\sum \nu_i = 0$, so gilt: $K_p = K_c = K_x$. Beispiel für eine derartige Reaktion ist das Iod-Wasserstoff-Gleichgewicht:

$$H_2(g) + I_2(g) \rightleftharpoons 2\,HI(g).$$

Beispiel: Für die Gleichgewichtsreaktion

$$CO(g) + Cl_2(g) \rightleftharpoons COCl_2(g)$$

($COCl_2$ Phosgen, CO Kohlenmonoxid)

gilt:

$$\nu(COCl_2) = 1, \quad \nu(CO) = -1, \quad \nu(Cl_2) = -1$$

und

$$\sum \nu_i = \nu(COCl_2) + \nu(CO) + \nu(Cl_2) = -1.$$

Damit erhält man:

$$K_p = K_x \cdot p^{-1}, \quad K_p = K_c (RT)^{-1},$$
$$K_x = K_c (p/RT).$$

8.4.3 Heterogene Reaktionen

Bei heterogenen Reaktionen ist mehr als eine Phase am Umsatz beteiligt. Ein Beispiel stellt der thermische Zerfall des Calciumcarbonats $CaCO_3$ dar, der durch folgende Gleichung beschrieben wird:

$$CaCO_3(s) \rightleftharpoons CaO(s) + CO_2(g).$$

$CaCO_3$ und Calciumoxid CaO bilden keine Mischkristalle. In diesem Fall muß das Massenwirkungsgesetz folgendermaßen formuliert werden:

$$K_p = p(CO_2).$$

Calciumcarbonat und Calciumoxid treten als reine kondensierte Phasen im Massenwirkungsgesetz nicht auf, da das chemische Potential reiner kondensierter Phasen gleich dem Standardwert dieser Größe ist (vgl. 8.3.3).

Bei heterogenen Reaktionen bleiben reine kondensierte Phasen bei der Formulierung des Massenwirkungsgesetzes unberücksichtigt.

8.4.4 Berechnung von Gleichgewichtskonstanten aus thermochemischen Tabellen

Die Gleichgewichtskonstanten können leicht mit der in 8.4.1 angegebenen Definitionsgleichung unter Hinzuziehung der Gibbs-Helmholtzschen Beziehung aus thermochemischen Daten berechnet werden. Wird der unter 8.2.5 beschriebene Standardzustand gewählt, so erhält man bei Gasreaktionen auf diese Weise die Gleichgewichtskonstante K_p:

$$\ln \frac{K_p}{(p^*)^m} = \frac{\Delta_r S^0}{R} - \frac{\Delta_r H^0}{RT}.$$

p^* Standarddruck (hier 1,013 25 bar).

Der Exponent m ist mit der Summe der stöchiometrischen Zahlen identisch.

8.4.5 Temperaturabhängigkeit der Gleichgewichtskonstante

Die Temperaturabhängigkeit der Gleichgewichtskonstante wird durch folgende Gleichung beschrieben:

$$\left(\frac{\partial \ln K}{\partial T}\right)_p = \frac{\Delta_r H}{RT^2}.$$

Obige Beziehung wird als *van't-Hoffsche Reaktionsisobare* bezeichnet. Diese Gleichung beschreibt die Verschiebung der Lage des chemischen Gleichgewichtes infolge von Temperaturänderungen. So vergrößert sich K bei endothermen Reaktionen ($\Delta_r H > 0$) mit steigender Temperatur. Das bedeutet, daß sich die Lage des chemischen Gleichgewichtes in diesem Fall zur Seite der Reaktionsprodukte verschiebt.
In einem kleinen Temperaturintervall kann $\Delta_r H$ angenähert als temperaturunabhängig angesehen werden. Unter dieser Voraussetzung erhält man durch Integration der obigen Gleichung folgende Beziehung:

$$\ln K = -\frac{\Delta_r H}{RT} + C.$$

Danach ist $\ln K$ eine lineare Funktion der reziproken Temperatur.

8.4.6 Prinzip des kleinsten Zwanges

Qualitativ kann die Änderung der Lage eines chemischen Gleichgewichtes durch äußere Einflüsse mit dem Prinzip von Le Chatelier und Braun, das auch das Prinzip des kleinsten Zwanges genannt wird, beschrieben werden:

Wird auf ein im Gleichgewicht befindliches System ein äußerer Zwang ausgeübt, so verschiebt sich das Gleichgewicht derart, daß es versucht, diesen Zwang zu verringern.

Unter einem äußeren Zwang versteht man Änderungen von Temperatur, Druck oder Volumen bzw. der Zusammensetzung.

Beispiel: Die Folgerungen aus diesem Prinzip sollen am Beispiel des Ammoniakgleichgewichtes diskutiert werden (vgl. 9.9.4).

$$N_2(g) + 3\,H_2(g) \rightleftharpoons 2\,NH_3(g), \quad \Delta_r H < 0.$$

- Temperaturerhöhung (durch Zufuhr von Wärme)
  Ein Teil der zugeführten Wärme kann dadurch verbraucht werden, daß sich die Lage des chemischen Gleichgewichtes zur Seite der Ausgangsstoffe (also nach links) verschiebt.
- Druckerhöhung
  Nach der Zustandsgleichung idealer Gase ist der Druck der Stoffmenge und damit auch der Teilchenzahl proportional. Ein Teil der Druckerhöhung kann dadurch kompensiert werden, daß sich die Lage des Gleichgewichtes zur Seite des Ammoniaks (nach rechts) verschiebt, da auf diese Weise die Teilchenzahl verringert werden kann.

8.4.7 Gekoppelte Gleichgewichte

Wenn sich in einem System zwei oder mehrere Gleichgewichte gleichzeitig einstellen und ein oder mehrere Stoffe des Systems an verschiedenen Gleichgewichten teilnehmen, spricht man von gekoppelten Gleichgewichten. Über die Zusammensetzungsvariablen der gemeinsamen Stoffe stehen auch die anderen Reaktionsteilnehmer im Gleichgewicht miteinander. Gekoppelte Gleichgewichte sind besonders bei der Chemie der Verbrennungsvorgänge von großer Bedeutung.

Beispiel:
Werden Stickstoff-Sauerstoff-Gemische auf höhere Temperaturen erwärmt, so müssen bei Vernachlässigung der Dissoziation der Stickstoff- und Sauerstoffmoleküle folgende Gleichgewichte berücksichtigt werden:

$$\tfrac{1}{2}N_2 + O_2 \rightleftharpoons NO_2,$$
$$\tfrac{1}{2}N_2 + \tfrac{1}{2}O_2 \rightleftharpoons NO.$$

Formuliert man für diese Gleichgewichte das Massenwirkungsgesetz, so erhält man:

$$K_{p,1} = \frac{p(NO_2)}{p^{1/2}(N_2)\,p(O_2)}, \quad K_{p,2} = \frac{p(NO)}{p^{1/2}(N_2)\,p^{1/2}(O_2)}.$$

Zur Berechnung der vier Partialdrücke ($p(NO_2)$, $p(NO)$, $p(N_2)$ und $p(O_2)$) muß zusätzlich zu den oben genannten Massenwirkungsgesetzen und dem Massenerhaltungssatz (vgl. 1.1.1) auch die Tatsache berücksichtigt werden, daß der Gesamtdruck gleich der Summe der Partialdrücke ist (Einzelheiten des Rechenweges: siehe z. B. Strehlow, R. A., 1985).
Die Rechnung liefert für die isobare Erwärmung von Stickstoff-Sauerstoff-Gemischen bei einem Druck von 1 bar folgendes Resultat:

T/K	$p(O_2)$/bar	$p(N_2)$/bar
1 000	0,212	0,791
1 500	0,212	0,791
2 000	0,208	0,787
2 500	0,197	0,777

T/K	$p(NO)$/mbar	$p(NO_2)$/µbar
1 000	0,035 5	1,88
1 500	1,33	6,82
2 000	8,09	12,9
2 500	23,2	18,1

Dieses Ergebnis zeigt, daß bei der Erhitzung von N_2-O_2-Gemischen Stickoxide NO_x gebildet werden, die sich aus Stickstoffmonoxid und Stickstoffdioxid zusammensetzen. Ein derartiger Prozeß findet natürlich auch bei jedem Verbrennungsvorgang statt. Werden nun die erhitzten Gasgemische plötzlich abgekühlt, so bleiben die Stickoxide als metastabile Verbindungen weitgehend erhalten, obwohl sie nach der Lage der chemischen Gleichgewichte in N_2 und O_2 zerfallen sollten. Dies ist wegen der Umweltschäden, die diese Verbindungen verursachen, sehr unerwünscht. Durch geeignete Katalysatoren gelingt es bei diesem Abkühlungsprozeß, die bei tieferen Temperaturen im Gleichgewicht stehenden niedrigeren Stickoxidpartialdrücke einzustellen.

9 Geschwindigkeit chemischer Reaktionen; Reaktionskinetik

Die Geschwindigkeiten chemischer Reaktionen unterscheiden sich außerordentlich stark voneinander. Das soll anhand einiger Beispiele verdeutlicht werden:

1. Die schnellste bisher gemessene Ionenreaktion ist die Neutralisation starker Säuren mit starken Basen in wäßriger Lösung (vgl. 10.7.2):

   $$H^+(aq) + OH^-(aq) \rightarrow H_2O\,.$$

   Diese Reaktion ist in ca. 10^{-10} s abgeschlossen.
2. Die Detonation des Sprengstoffs Glycerintrinitrat (Nitroglycerin) verläuft im Mikrosekundenbereich.
3. Beim Mischen von Lösungen, die Ag^+- und Cl^--Ionen enthalten, bildet sich ein AgCl-Niederschlag. Hierzu sind Zeiten im Sekundenbereich erforderlich.
4. Der radioaktive Zerfall des Uranisotops $^{238}_{92}U$ in Thorium und Helium

   $$^{238}_{92}U \rightarrow {}^{234}_{90}Th + {}^{4}_{2}He$$

   hat eine Halbwertzeit (vgl. 9.4.1) von $4{,}47 \cdot 10^9$ Jahren.

9.1 Reaktionsgeschwindigkeit und Freie Reaktionsenthalpie

Chemische Reaktionen können nur dann ablaufen, wenn die Freie Reaktionsenthalpie kleiner als Null ist (vgl. 8.3.4):

$$\Delta_r G < 0\,.$$

Einen Zusammenhang zwischen dem Wert der Freien Reaktionsenthalpie und der Geschwindigkeit der entsprechenden chemischen Reaktion gibt es jedoch – von einigen Spezialfällen abgesehen – nicht. Außerdem sind viele Reaktionen bekannt, die zwar thermodynamisch möglich sind, die aber aufgrund von Reaktionshemmungen dennoch nicht ablaufen (Beispiel: Reaktion von Wasserstoff mit Sauerstoff bei Raumbedingungen). Diese Reaktionshemmungen können häufig durch Energiezufuhr oder durch Zusatz eines Katalysators (vgl. 9.9) beseitigt werden.

9.2 Reaktionsgeschwindigkeit und Reaktionsordnung

Am Beispiel der Modellreaktion

$$\nu_A A + \nu_B B + \ldots \rightarrow \nu_N N + \nu_M M + \ldots$$

soll die Definitionsgleichung der Reaktionsgeschwindigkeit (Reaktionsrate) r vorgestellt werden:

$$r = \frac{1}{V} \cdot \frac{d\xi}{dt} = \frac{1}{\nu_i} \cdot \frac{dc_i}{dt}\,.$$

ξ Umsatzvariable, V Volumen, c_i Konzentration.

Die stöchiometrischen Zahlen ν_i müssen für die verschwindenden Stoffe mit negativem und für die entstehenden Stoffe mit positivem Vorzeichen versehen werden.
Danach erhält man z. B. für die Reaktion

$$N_2 + 3\,H_2 \rightarrow 2\,NH_3$$

folgenden Ausdruck für die Reaktionsgeschwindigkeit:

$$r = -\frac{dc(N_2)}{dt} = -\frac{1}{3} \cdot \frac{dc(H_2)}{dt} = +\frac{1}{2} \cdot \frac{dc(NH_3)}{dt}\,.$$

Die Reaktionsgeschwindigkeit ist keine Konstante. Sie hängt im wesentlichen von folgenden Parametern ab:

1. Von der Konzentration der Stoffe, die in der entsprechenden Umsatzgleichung auftreten.
2. Von der Konzentration von Stoffen, die nicht in der Umsatzgleichung enthalten sind (c_K). Man nennt derartige Stoffe *Katalysatoren* (vgl. 9.9).
3. Von der Temperatur.

Es gilt also:

$$r = r(c_A, c_B, \ldots; c_K; T)\,.$$

Diese Funktion wird als Zeitgesetz bezeichnet. Zeitgesetze haben häufig folgende einfache Form:

$$r = k(T) \cdot c_A^a \cdot c_B^b\,.$$

$k(T)$ ist hierbei die Geschwindigkeitskonstante.

Die Summe der Exponenten $(a + b)$ wird als *Reaktionsordnung* bezeichnet. Häufig spricht man auch von der Ordnung einer Reaktion in bezug auf einen einzelnen Stoff. Darunter versteht man den Exponenten, mit dem die Konzentration dieses Stoffes im Zeitgesetz erscheint. Beispielsweise ist die Reaktion, die durch das obige Zeitgesetz beschrieben wird, von a-ter Ordnung bezüglich des Stoffes A.

9.3 Elementarreaktion, Reaktionsmechanismus und Molekularität

Eine molekularchemische Reaktion (Gegensatz: Kernreaktion) läuft in der Regel nicht in der einfachen Weise ab, wie es die (stöchiometrische) Umsatzgleichung vermuten läßt. Bei der Umwandlung der Ausgangsstoffe in die Endprodukte werden in den meisten Fällen Zwischenprodukte gebildet. Diese Zwischenprodukte werden in weiteren Reaktionsschritten wieder verbraucht und schließlich zu den Endprodukten umgesetzt. Die durch die Umsatzgleichung beschriebene Gesamtreaktion ist also eine Folge von Teilreaktionen. (In vielen Fällen laufen auch unterschiedliche Folgen von Teilreaktionen gleichzeitig ab.) Diese Teilreaktionen werden als *Elementarreaktionen* bezeichnet. Sie kennzeichnen unmittelbar die Partner, durch deren Zusammenstoß ein bestimmtes Zwischenprodukt gebildet wird.
Die Gesamtheit der Elementarreaktionen einer zusammengesetzten Reaktion heißt *Reaktionsmechanismus*.
Die *Molekularität* gibt die Anzahl der Teilchen an, die als Stoßpartner an einer Elementarreaktion beteiligt sind. Man unterscheidet mono-, bi- und trimolekulare Elementarreaktionen, je nachdem, ob ein, zwei oder drei Teilchen miteinander reagieren. Eine höhere Molekularität kommt wegen der Unwahrscheinlichkeit gleichzeitiger Zusammenstöße von mehr als drei Teilchen praktisch nicht vor.
Für Elementarreaktionen stimmen Molekularität und Reaktionsordnung überein, d. h., ein bimolekularer Vorgang muß auch 2. Ordnung sein. Umgekehrt darf man aber keinesfalls schließen, daß eine beliebige Reaktion, die nach Versuchsergebnissen 2. Ordnung ist, bimolekular verläuft.

Beispiele:

1. Reaktionsmechanismus
   Bildung von Bromwasserstoff, HBr, aus den Elementen nach folgender Umsatzgleichung:

   $$H_2 + Br_2 \rightarrow 2\,HBr\,.$$

   Der erste Reaktionsschritt besteht in einer Spaltung der Br_2-Molekel:

   $$Br_2 + M \rightarrow 2\,Br + M\,.$$

   In dieser bimolekularen Reaktion überträgt ein beliebiger Stoßpartner M des Br_2-Moleküls die für die Dissoziation notwendige Energie.
   Weitere bimolekulare Elementarreaktionen, durch die HBr gebildet wird, sind:

   $$Br + H_2 \rightarrow HBr + H\,,$$
   $$H + Br_2 \rightarrow HBr + Br\,.$$

2. Molekularität einer Elementarreaktion

— *Monomolekulare Reaktionen*
  Dieser Reaktionstyp wird z. B. beim thermischen Zerfall kleiner Moleküle (bei hohen Temperaturen) sowie bei strukturellen Umlagerungen beobachtet:

  $$O_3 \rightarrow O_2 + O\,,$$

  O_3 Ozon, O_2 molekularer Sauerstoff, O atomarer Sauerstoff

  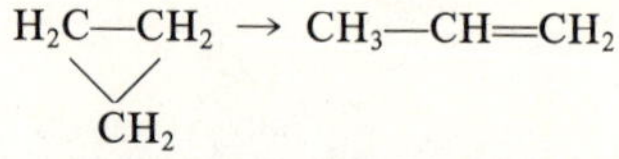

  Cyclopropan Propen

— *Bimolekulare Reaktionen*
  Dieser Reaktionstyp tritt am häufigsten auf. Beispiele wurden bereits oben vorgestellt.

— *Trimolekulare Reaktionen*
  Die am meisten untersuchten trimolekularen Reaktionen sind Rekombinationsreaktionen der Art

  $$2\,I + M \rightarrow I_2 + M\,.$$

  I_2 molekulares Iod, I atomares Iod

  M ist hierbei ein beliebiger Stoßpartner, der einen Teil der Energie der Reaktionspartner (der I-Atome) aufnehmen muß.

9.4 Konzentrationsabhängigkeit der Reaktionsgeschwindigkeit

Die folgenden Ausführungen beziehen sich auf die in 9.2 vorgestellte Modellreaktion; die Temperatur wird als konstant angesehen.

9.4.1 Zeitgesetz 1. Ordnung

In diesem Fall ist die Reaktionsgeschwindigkeit r der 1. Potenz der Konzentration des Ausgangsstoffes A proportional:

$$r = \frac{1}{\nu_A} \cdot \frac{dc_A}{dt} = k \cdot c_A\,.$$

Für den Spezialfall $\nu_A = -1$ erhält man:

$$r = -\frac{dc_A}{dt} = k \cdot c_A\,.$$

Die Geschwindigkeitskonstante k hat bei Reaktionen 1. Ordnung die Dimension einer reziproken Zeit.
Die Integration der obigen Gleichung liefert mit der Anfangsbedingung $c_A(t=0) = c_{0A}$:

$$c_A = c_{0A} \cdot \exp(-kt) \quad \text{oder} \quad \ln c_A = \ln c_{0A} - kt\,,$$
$$N_A = N_{0A} \cdot \exp(-kt) \quad \text{oder} \quad \ln N_A = \ln N_{0A} - kt\,.$$

N Teilchenzahl.

Die Funktionen $c_A = c_A(t)$ und $\ln c_A = \ln c_A(t)$ sind in Bild 9-1 graphisch dargestellt. Die experi-

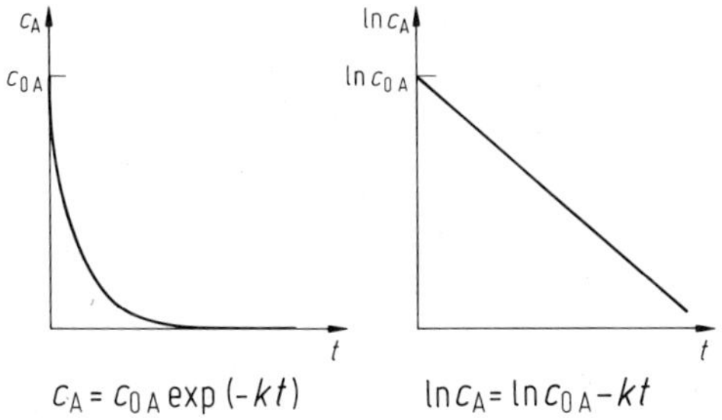

Bild 9-1. Zeitlicher Konzentrationsverlauf bei einer Reaktion erster Ordnung. c Konzentration, c_0 Anfangskonzentration, t Zeit.

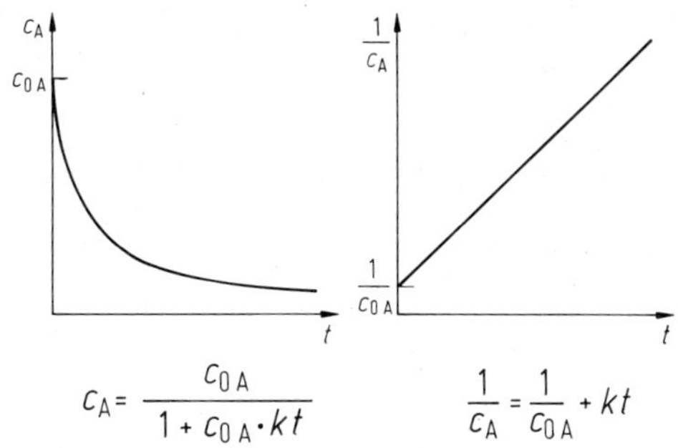

Bild 9-2. Zeitlicher Konzentrationsverlauf bei einer Reaktion zweiter Ordnung. c Konzentration, c_0 Anfangskonzentration, t Zeit.

mentelle Ermittlung von k nach obiger Gleichung kann aus dem Anstieg der beim Auftragen von $\ln c_A$ über t erhaltenen Geraden erfolgen.

Halbwertzeit

Die Halbwertzeit $t_{1/2}$ ist die Zeit, in der die Konzentration des Ausgangsstoffes auf die Hälfte des Anfangswertes gesunken ist.

Es gilt also: $c_A(t = t_{1/2}) = c_{0A}/2$. Aus dem integrierten Zeitgesetz 1. Ordnung folgt für diesen Fall:

$$t_{1/2} = \frac{\ln 2}{k}.$$

Die Halbwertzeit ist bei Reaktionen 1. Ordnung von der Anfangskonzentration unabhängig.

Beispiele:

- Der radioaktive Zerfall verläuft nach einer Reaktion 1. Ordnung. So zerfällt das radioaktive Kohlenstoffisotop $^{14}_{6}C$ als β-Strahler nach folgender Gleichung:

  $$^{14}_{6}C \rightarrow {}^{14}_{7}N + e^-,$$

  $$r = -\frac{dN(^{14}_{6}C)}{dt} = k \cdot N(^{14}_{6}C).$$

  Die Halbwertzeit dieser Reaktion ist 5736 Jahre (Anwendung zur Altersbestimmung archäologischer Objekte).
- Distickstoffpentoxid N_2O_5 reagiert in der Gasphase nach einem Zeitgesetz 1. Ordnung zu Stickstoffdioxid NO_2 und O_2:

  $$2\,N_2O_5 \rightarrow 4\,NO_2 + O_2,$$

  $$r = -\frac{1}{2} \cdot \frac{dc(N_2O_5)}{dt} = k \cdot c(N_2O_5).$$

9.4.2 Zeitgesetz 2. Ordnung

Folgender Spezialfall soll betrachtet werden: Die Reaktionsgeschwindigkeit r sei dem Quadrat der Konzentration des Ausgangsstoffes A proportional; die stöchiometrische Zahl dieses Stoffes sei $\nu_A = -1$. Man erhält dann:

$$r = -\frac{dc_A}{dt} = k \cdot c_A^2.$$

Bei Reaktionen 2. Ordnung hat die Reaktionsgeschwindigkeitskonstante die Dimension Volumen · Stoffmenge · Zeit. Eine häufig verwendete Einheit dieser Größe ist l/(mol · s).
Die Integration der obigen Beziehung ergibt mit der Anfangsbedingung $c_A(t = 0) = c_{0A}$:

$$c_A = \frac{c_{0A}}{1 + c_{0A}kt} \quad \text{oder} \quad 1/c_A = 1/c_{0A} + kt.$$

Beide Funktionen sind in Bild 9-2 dargestellt.

Halbwertzeit

Unter den in 9.4.1 dargestellten Bedingungen erhält man für die Halbwertzeit $t_{1/2}$ einer Reaktion 2. Ordnung:

$$t_{1/2} = 1/(k \cdot c_{0A})$$

Im Gegensatz zu Reaktionen 1. Ordnung ist hier die Halbwertzeit der Anfangskonzentration umgekehrt proportional.

Beispiel: Stickstoffdioxid NO_2 zerfällt in der Gasphase nach einem Zeitgesetz 2. Ordnung in Stickstoffmonoxid NO und O_2:

$$2\,NO_2 \rightarrow 2\,NO + O_2,$$

$$r = -\frac{1}{2}\frac{dc(NO_2)}{dt} = k \cdot c^2(NO_2).$$

9.5 Reaktionsgeschwindigkeit und Massenwirkungsgesetz

Molekularchemische Reaktionen verlaufen im allgemeinen nicht vollständig. Sie führen zu einem Gleichgewicht, bei dem makroskopisch kein Um-

satz mehr beobachtet wird (vgl. 8.4.1). Mikroskopisch finden jedoch auch im Gleichgewicht Reaktionen statt. Im zeitlichen Mittel werden aus den Ausgangsstoffen genau so viele Moleküle der Endprodukte gebildet, wie Moleküle der Endprodukte zu den Ausgangsstoffen reagieren.
Am Beispiel der Reaktionen

$$A_2 + B_2 \underset{k''}{\overset{k'}{\rightleftharpoons}} 2\,AB\,,$$

bei denen Reaktionsordnung und Molekularität übereinstimmen sollen, werden diese Aussagen verdeutlicht. Für die Reaktionsgeschwindigkeiten der Bildung und des Zerfalls von AB ergibt sich, wobei ein Strich die Hinreaktion, zwei Striche die Rückreaktion kennzeichnen:

$$r' = k' \cdot c(A_2) \cdot c(B_2)$$

bzw. $$r'' = k'' \cdot c^2(AB)\,.$$

Beim Erreichen des Gleichgewichtes wird die makroskopisch meßbare Reaktionsgeschwindigkeit Null, d. h., die Reaktionsgeschwindigkeiten der Bildung und des Zerfalls von AB müssen gleich sein:

$$r' = r''\,.$$

Daraus folgt:

$$\frac{k'}{k''} = K_c = \frac{c^2(AB)}{c(A_2) \cdot c(B_2)}\,.$$

K_c Gleichgewichtskonstante.

Die Gleichgewichtskonstante ist der Quotient der Geschwindigkeitskonstanten der Hin- und Rückreaktion.

Diese Aussage gilt für jedes chemische Gleichgewicht.

9.6 Temperaturabhängigkeit der Reaktionsgeschwindigkeit

Die Temperaturabhängigkeit der Reaktionsgeschwindigkeitskonstante wird durch die *Arrhenius-Gleichung* beschrieben:

$$k = A \exp\left(-\frac{E_A}{RT}\right).$$

A Frequenz- oder Häufigkeitsfaktor, E_A (Arrheniussche) Aktivierungsenergie (SI-Einheit: J/mol; E_A ist eine molare Größe, das Attribut molar wird jedoch häufig weggelassen), R universelle Gaskonstante.

Da die Reaktionsgeschwindigkeit der Reaktionsgeschwindigkeitskonstante proportional ist, gilt außerdem:

Die Reaktionsgeschwindigkeit nimmt exponentiell mit steigender Temperatur zu.

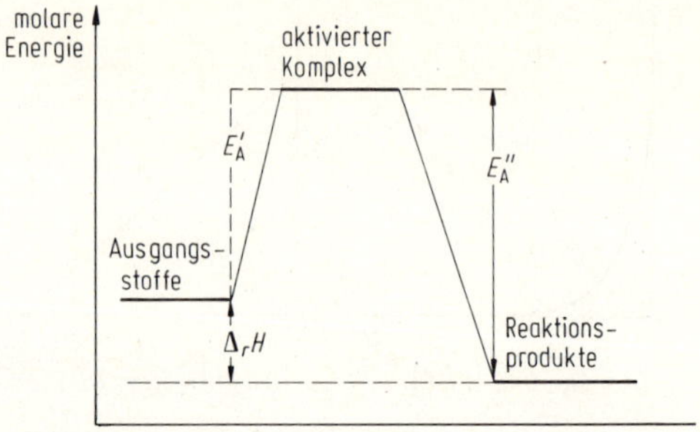

Bild 9-3. Schema des Energieverlaufs bei einer Elementarreaktion.

Aus der differenzierten Form der Arrhenius-Gleichung $(\partial \ln k/\partial T = E_A/(RT^2))$, der Beziehung $K_C = k'/k''$ (vgl. 9.5) und der van't-Hoffschen Reaktionsisobaren (vgl. 8.4.5) folgt, daß die Differenz der Aktivierungsenergien von Hin- und Rückreaktion (E_A' bzw. E_A'') gleich der Reaktionsenthalpie ($\Delta_r H$) ist:

$$E_A' - E_A'' = \Delta_r H.$$

Die Beziehung zwischen den Aktivierungsenergien und der Reaktionsenthalpie ist in Bild 9.3 dargestellt.
Die Arrhenius-Gleichung gilt nicht nur für Elementarreaktionen, sondern auch für die meisten zusammengesetzten Reaktionen. Im zuletzt erwähnten Fall wird die Größe E_A der Arrhenius-Gleichung als scheinbare Aktivierungsenergie bezeichnet.

9.7 Kettenreaktionen

Unter den komplizierteren molekularchemischen Reaktionen haben vor allem die Kettenreaktionen große Bedeutung. Dieser Reaktionstyp ist dadurch gekennzeichnet, daß zu Beginn der Reaktion reaktive Zwischenprodukte gebildet werden. Diese aktiven Teilchen reagieren in Folgereaktionen sehr schnell mit den Ausgangsstoffen. Die reaktiven Zwischenprodukte werden dabei ständig regeneriert, so daß der Reaktionszyklus erneut durchlaufen werden kann. Die Reaktionskette endet, wenn die Kettenträger durch Abbruchreaktionen verbraucht sind.
Man unterscheidet einfache und verzweigte Kettenreaktionen. Bei einer verzweigten Kettenreaktion wird innerhalb eines Reaktionszyklus mehr als ein aktives Teilchen erzeugt. Verzweigte Kettenreaktionen haben in der Chemie der Verbrennungsvorgänge größte Bedeutung. Als Beispiel für diesen Reaktionstyp sei die Knallgasreaktion ($H_2 + \frac{1}{2}O_2 \rightarrow H_2O$) angeführt. Für den Mechanismus dieser Reaktion kann folgendes Schema gelten:

Startreaktion

$H_2 + O_2 \rightarrow 2\,OH$

Reaktionskette

$OH + H_2 \rightarrow H_2O + H$ (ohne Verzweigung)

$H + O_2 \rightarrow OH + O$ (mit Verzweigung)

$O + H_2 \rightarrow OH + H$ (mit Verzweigung)

Kettenabbruch

$H + H + M \rightarrow H_2 + M$.

M ist ein beliebiger Reaktionspartner (auch Wand des Reaktionsgefäßes), der einen Teil der Energie aufnimmt.

Kettenreaktionen mit Verzweigung laufen häufig sehr schnell (explosionsartig) ab (vgl. 9.8).

9.8 Explosionen

Explosionen sind schnell ablaufende exotherme chemische Reaktionen, die mit einer erheblichen Drucksteigerung verbunden sind.

Explosionen werden in Deflagrationen und Detonationen unterteilt. Bei *Deflagrationen* ist die Geschwindigkeit des Umsatzes durch Transportvorgänge (z. B. Wärmeleitung) begrenzt. Daher sind die Fortpflanzungsgeschwindigkeiten hier relativ gering; 10 m/s werden in gasförmigen Systemen selten überschritten.

Bei *Detonationen* ist die Zone, in der die chemische Umsetzung abläuft, eng an eine sich mit Überschallgeschwindigkeit ausbreitende Stoßwelle gekoppelt. Die Detonationsgeschwindigkeiten liegen in gasförmigen Systemen bei ca. 2 000 bis 3 000 m/s und erreichen in kondensierten Systemen Werte bis ca. 9 100 m/s (Nitroglycerin 7 600 m/s, Oktogen 9 100 m/s). Die bei den Detonationen auftretenden Druckgradienten sind denen von Stoßwellen analog. Das bedeutet, daß der Druck in außerordentlich kurzen Zeitspannen ansteigt (Größenordnung kleiner als eine Nanosekunde). Auch in anderen Eigenschaften gleichen sich Detonationen und Stoßwellen. So tritt bei Reflexion der Detonationsfront erneut ein Drucksprung auf (der Druckerhöhungsfaktor beträgt ungefähr zwei).

Deflagrationen und Detonationen können in gasförmigen, flüssigen und festen Systemen auftreten. Aber auch feinverteilte Flüssigkeitströpfchen bzw. Feststoffpartikel in Gasen können explosiv reagieren.

Beispiele:

1. Bei Normaldruck reagieren H_2-O_2-Gemische im Bereich des nachfolgend angegebenen H_2-Volumenanteils, $x(H_2)$, explosiv: $4{,}0\,\% \leqq x(H_2) \leqq 94\,\%$. Diese Grenzzusammensetzungen, bei denen gerade noch Deflagrationen zu beobachten sind, werden als untere bzw. obere Explosionsgrenze bezeichnet. Analog sind die Detonationsgrenzen definiert. Im System H_2/O_2 liegen sie bei $x(H_2) = 15\,\%$ (untere Detonationsgrenze) und $x(H_2) = 90\,\%$ (obere Detonationsgrenze). Die Explosionsgrenzen von Wasserstoff und von einigen Kohlenwasserstoffen in Luft sind in Tabelle 14-3 aufgeführt.
2. Nitroglycerin (Glycerintrinitrat) ist einer der wichtigsten und meistgebrauchten Sprengstoffbestandteile. Alfred Nobel bereitete aus ihm das sog. Gur-Dynamit (Nitroglycerin-Kieselgur-Mischung mit einem Nitroglycerin-Massenanteil von 75 %).
3. Als Beispiel für eine Deflagration in einem heterogenen System sei die sog. Staubexplosion angeführt. Eine derartige Deflagration kann auftreten, wenn brennbarer Staub (z. B. Mehl, mittlerer Durchmesser <0,5 mm) in Luft oder Sauerstoff aufgewirbelt und gezündet wird. Ungewollt ablaufende Staubexplosionen können in Betrieben — ebenso wie z. B. Gasexplosionen — beträchtlichen Schaden verursachen.

9.9 Katalyse

9.9.1 Grundlagen

Unter dem Begriff Katalyse versteht man die Veränderung der Geschwindigkeit einer chemischen Reaktion unter der Einwirkung einer Substanz, des Katalysators. Beschleunigen Katalysatoren die Reaktionsgeschwindigkeit, so spricht man von positiver Katalyse, vermindern Stoffe die Reaktionsgeschwindigkeit, so nennt man diesen Vorgang negative Katalyse, den entsprechenden Wirkstoff bezeichnet man als *Inhibitor*.

Katalysatoren sind durch folgende Eigenschaften charakterisiert:

- Sie sind Stoffe, die die Reaktionsgeschwindigkeit ändern, ohne selbst in der Umsatzgleichung aufzutreten. Vor und nach der Umsetzung liegen sie in unveränderter Menge vor.
- Sie haben keinen Einfluß auf den Wert der Freien Reaktionsenthalpie, können also weder die Gleichgewichtskonstante noch die Lage des chemischen Gleichgewichtes verändern. Dagegen ist die Geschwindigkeit der Einstellung des Gleichgewichtes von ihrer Anwesenheit abhängig. Die Geschwindigkeiten der Hin- und Rückreaktion werden dabei in gleicher Weise beeinflußt.
- Sie verringern die Aktivierungsenergie einer Reaktion (Vernachlässigung der negativen Katalyse). Das ist nur möglich, wenn die Reaktion in Gegenwart des Katalysators nach einem anderen Mechanismus verläuft als in seiner Abwesenheit. Intermediär bilden sich zwischen den Ausgangsstoffen und dem Katalysator unbeständige Zwischenverbindungen, die dann in die Endprodukte und den Katalysator zerfallen.

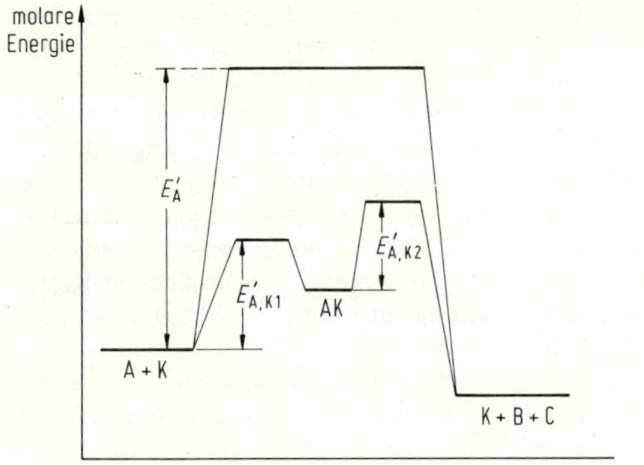

Bild 9-4. Schema des Energieverlaufs einer katalysierten und einer nicht katalysierten Reaktion.

Beispiel: Für die Reaktion mit der Umsatzgleichung

$$A \rightarrow B + C$$

können folgende Teilschritte formuliert werden:

$$A + K \rightarrow AK,$$
$$AK \rightarrow K + B + C.$$

Dabei ist K der Katalysator.
In Bild 9-4 sind die Energieprofile der katalysierten und der nichtkatalysierten Reaktion dargestellt. Man erkennt, daß die Reaktion in Gegenwart des Katalysators über zwei Energiestufen verläuft, von denen jede eine niedrigere Aktivierungsenergie hat, als dies beim nichtkatalysierten Verlauf der Reaktion der Fall ist.

9.9.2 Homogene Katalyse

Die homogene Katalyse ist dadurch gekennzeichnet, daß Katalysator und Reaktionspartner in der gleichen Phase vorliegen. Eine homogen katalysierte Gasreaktion findet z. B. beim klassischen Bleikammerverfahren statt, das zur Herstellung von Schwefelsäure dient. Hierbei wird Schwefeldioxid SO_2 durch Sauerstoff zu Schwefeltrioxid SO_3 oxidiert. Als Katalysator dienen Stickoxide. Schematisch kann der Vorgang folgendermaßen beschrieben werden:

$$N_2O_3 + SO_2 \rightarrow 2\,NO + SO_3$$
$$\underline{2\,NO + \tfrac{1}{2}O_2 \rightarrow N_2O_3}$$
$$SO_2 + \tfrac{1}{2}O_2 \rightarrow SO_3\,.$$

Anschließend reagiert das gebildete Schwefeltrioxid mit Wasser unter Bildung von Schwefelsäure H_2SO_4.

9.9.3 Heterogene Katalyse

Bei der heterogenen Katalyse liegen Katalysator und Reaktionspartner in verschiedenen Phasen vor. Von großer technischer Bedeutung sind die Systeme fester Katalysator und flüssige bzw. gasförmige Reaktionspartner. Der Hauptvorteil gegenüber der homogenen Katalyse besteht in der leichteren Abtrennbarkeit des Katalysators von den Reaktionsprodukten und in der Möglichkeit kontinuierlicher Prozeßführung. Aus diesen Gründen werden heute im technischen Bereich fast ausschließlich heterogene Katalysen durchgeführt.

9.9.4 Haber-Bosch-Verfahren

Beispiel für einen großtechnischen Prozeß, dem eine heterogene Katalyse zugrunde liegt, ist das Haber-Bosch-Verfahren zur Herstellung von Ammoniak NH_3 aus den Elementen:

$$N_2 + 3\,H_2 \rightleftharpoons 2\,NH_3, \quad \Delta_r H < 0\,.$$

Dieses Verfahren wird bei einem Druck von 200 bar und bei einer Temperatur von 500 °C durchgeführt.

Zur Auswahl der Verfahrensparameter

Nach dem Prinzip von Le Chatelier und Braun (vgl. 8.4.6) wird die Lage des oben erwähnten exothermen Gleichgewichtes durch Verringerung der Temperatur und Erhöhung des Druckes auf die Seite des Ammoniaks verschoben. Bei den von der Thermodynamik geforderten tiefen Temperaturen erfolgt aber die Einstellung des chemischen Gleichgewichtes nicht mehr in einem technisch vertretbaren Zeitraum. Darüber hinaus wird die Reaktion durch Katalysatoren erst bei höheren Temperaturen in ausreichendem Maße beschleunigt. Die Optimierung dieser Effekte führte zu den genannten Versuchsparametern.

Mechanismus der Ammoniaksynthese

Der Reaktionsablauf bei der Ammoniaksynthese kann wie jede andere durch einen Feststoff katalysierte Gasphasenreaktion in folgende Einzelschritte unterteilt werden:

1. Transport der Ausgangsstoffe durch Konvektion und Diffusion an die innere Oberfläche des Katalysators.
2. Adsorption der Reaktionsteilnehmer an der Oberfläche des Katalysators.
3. Reaktion der adsorbierten Teilchen auf der Katalysatoroberfläche.
4. Desorption des gebildeten Ammoniak in die Gasphase.
5. Abtransport des Ammoniaks (durch Diffusion und Konvektion).

Der Mechanismus der Ammoniakbildung an der Katalysatoroberfläche kann durch folgendes Schema wiedergegeben werden (die adsorbierten

Teilchen sind mit dem Zusatz ad, Moleküle in der Gasphase mit g gekennzeichnet):

$$
\begin{aligned}
&& H_2(g) &\rightleftharpoons 2\,H(ad)\,,\\
N_2(g) &\rightleftharpoons N_2(ad) && \rightleftharpoons 2\,N(ad)\,,\\
N(ad) &+ H(ad) && \rightleftharpoons NH(ad)\,,\\
NH(ad) &+ H(ad) && \rightleftharpoons NH_2(ad)\,,\\
NH_2(ad) &+ H(ad) && \rightleftharpoons NH_3(ad) \rightleftharpoons NH_3(g)\,.
\end{aligned}
$$

Die Geschwindigkeit der Gesamtreaktion wird im wesentlichen durch die Geschwindigkeit der dissoziativen Stickstoff-Adsorption (Reaktionsschritt 2) bestimmt.

10 Stoffe und Reaktionen in Lösung

10.1 Disperse Systeme

Ein *disperses System* ist eine Stoffmischung, die aus zwei oder mehreren Komponenten zusammengesetzt ist. Bei einem derartigen System liegen ein oder mehrere Bestandteile, die als disperse oder dispergierte Phasen bezeichnet werden, fein verteilt in dem sogenannten Dispersionsmittel vor. Disperse Systeme können aus einer oder aber auch aus mehreren Phasen bestehen.

Nach der Teilchengröße d der dispersen Phase unterscheidet man

- grobdisperse Systeme ($d > 10^{-6}$ m),
- kolloiddisperse Systeme ($10^{-9} < d/\text{m} < 10^{-6}$) und
- molekulardisperse Systeme ($d < 10^{-9}$ m).

10.1.1 Kolloide

In kolloiden Systemen sind die Teilchen der dispersen Phase zwischen 10^{-9} m und 10^{-6} m groß. Das entspricht etwa 10^3 bis 10^{12} Atomen pro Teilchen. Kolloide nehmen eine Zwischenstellung zwischen den molekulardispersen und den grobdispersen Systemen ein. Aufgrund ihrer geringen Teilchengröße sind Kolloide im Lichtmikroskop nicht sichtbar. In Wasser dispergierte Kolloide werden von Membranfiltern – nicht aber von Papierfiltern – zurückgehalten.

Kolloide können nach dem Aggregatzustand der dispersen Phase und dem des Dispersionsmittels eingeteilt werden, siehe Tabelle 10-1. Haben die Teilchen der dispersen Phase alle die gleiche Größe, so spricht man von monodispersen Kolloiden, andernfalls liegen polydisperse Kolloide vor.

Tabelle 10-1. Einteilung der Kolloide

Dispersionsmittel	disperser Bestandteil	Bezeichnung
		Aerosole:
gasförmig	flüssig	Nebel
gasförmig	fest	Staub, Rauch
		Lyosole:
flüssig	gasförmig	Schaum
flüssig	flüssig	Emulsion
flüssig	fest	Suspension
		Xerosole:
fest	gasförmig	fester Schaum, Gasxerosol
fest	flüssig	feste Emulsion
fest	fest	feste Kolloide, Vitreosole

10.1.2 Lösungen

Unter einer Lösung versteht man eine homogene Mischphase, die aus verschiedenen Stoffen zusammengesetzt ist. Die Komponenten müssen molekulardispers verteilt sein. Der Bestandteil, der im Überschuß vorhanden ist, wird in der Regel als Lösungsmittel bezeichnet; die anderen Komponenten werden gelöste Stoffe genannt. Der Begriff Lösung wird üblicherweise auf flüssige und feste Mischphasen beschränkt.

Im folgenden werden ausschließlich homogene flüssige Mischphasen behandelt. Derartige Lösungen werden in *Elektrolytlösungen* und *Nichtelektrolytlösungen* unterteilt.

Während Elektrolytlösungen gelöste Elektrolyte (siehe 10.1.3) enthalten, die in polaren Lösungsmitteln in Ionen dissoziieren (z. B. wäßrige Lösung von Natriumchlorid), sind in Nichtelektrolytlösungen (z. B. wäßrigen Lösungen von Rohrzukker) praktisch keine Ionen vorhanden.

10.1.3 Elektrolyte, Elektrolytlösungen

Als Elektrolyt wird eine chemische Verbindung bezeichnet, die im festen oder flüssigen (geschmolzen oder in Lösung) Zustand ganz oder teilweise aus Ionen besteht. Man unterscheidet zwischen:

- *Festen Elektrolyten*. Alle in Ionengittern kristallisierenden Stoffe, also sämtliche Salze (z. B. festes NaCl, dessen Gitter aus Na^+ und Cl^--Ionen aufgebaut ist) und salzartigen Verbindungen (z. B. NaOH) gehören hierzu.
- *Elektrolytschmelzen*. Geschmolzene Salze bzw. geschmolzene salzartige Verbindungen bestehen im flüssigen Zustand weitgehend aus Ionen.
- *Elektrolytlösungen*. Die Lösungen von echten und/oder potentiellen Elektrolyten (siehe unten) in einem polaren Lösungsmittel (dessen Moleküle ein permanentes elektrisches Dipolmoment haben) werden als Elektrolytlösungen bezeichnet. Elektrolytlösungen enthalten stets Ionen in hoher Menge.

Im Hinblick auf ihr Verhalten beim Lösen in polaren Lösungsmitteln werden die Elektrolyte in zwei Gruppen unterteilt:

— *Echte Elektrolyte*. Diese Substanzen sind bereits als Festkörper aus Ionen aufgebaut. Salze und salzartige Verbindungen gehören hierzu. Beim Lösungsvorgang in einem polaren Lösungsmittel wird das Kristallgitter zerstört und die Ionen gehen solvatisiert (siehe 10.5) in Lösung.
— *Potentielle Elektrolyte*. Diese Verbindungsgruppe ist als reine Phase (vgl. 8.1.1) nicht aus Ionen aufgebaut.
  Erst durch eine chemische Reaktion mit einem polaren Lösungsmittel werden Ionen gebildet.

Beispiele für potentielle Elektrolyte: Chlorwasserstoff HCl und Ammoniak NH_3 sind bei Raumbedingungen Gase, die mit flüssigem Wasser unter Bildung der hydratisierten Ionen $H^+(aq)$ und $Cl^-(aq)$ bzw. $NH_4^+(aq)$ und $OH^-(aq)$ reagieren:

$$HCl(g) + xH_2O(l) \rightarrow H^+(aq) + Cl^-(aq),$$

$$NH_3(g) + yH_2O(l) \rightarrow NH_4^+(aq) + OH^-(aq).$$

10.2 Kolligative Eigenschaften von Lösungen

Zu den kolligativen Eigenschaften gehören die Dampfdruckerniedrigung, die Gefrierpunktserniedrigung, die Siedepunktserhöhung sowie der osmotische Druck. Diese Eigenschaften hängen bei starker Verdünnung nur von der Zahl (d. h. der Stoffmenge) der gelösten Teilchen, nicht aber von deren chemischer Natur ab. Im folgenden werden ausschließlich Zweikomponentensysteme betrachtet. Das Lösungsmittel wird durch den Index 1, der gelöste Stoff durch den Index 2 gekennzeichnet. Ferner wird vorausgesetzt, daß der gelöste Stoff keinen meßbaren Dampfdruck hat.

10.2.1 Dampfdruckerniedrigung

Durch Zusatz eines Stoffes mit den oben geschilderten Eigenschaften zu einem Lösungsmittel wird dessen Dampfdruck erniedrigt. Es gilt

$$p_1 = p_{01} \cdot x_1, \quad T = \text{const}.$$

p_1 Dampfdruck über der Lösung, p_{01} Dampfdruck des reinen Lösungsmittels, $x_1 = n_1/(n_1 + n_2)$ Stoffmengenanteil des Lösungsmittels, T Temperatur.

Mit $x_1 + x_2 = 1$ und $\Delta p = p_{01} - p_1$ folgt aus obiger Gleichung für die relative Dampfdruckerniedrigung:

$$\Delta p / p_{01} = x_2.$$

Die relative Dampfdruckerniedrigung des Lösungsmittels ist gleich dem Stoffmengenanteil des gelösten Stoffes.

Die hier angegebenen Beziehungen gelten nur bei verdünnten Lösungen unter der Voraussetzung, daß der gelöste Stoff ein Nichtelektrolyt (z. B. Rohrzucker) ist.

10.2.2 Gefrierpunktserniedrigung und Siedepunktserhöhung

Fügt man zu einem reinen Lösungsmittel einen gelösten Stoff, so führt dies, wie in 10.2.1 dargelegt wurde, stets zu einer Dampfdruckerniedrigung. Diese bewirkt einesteils, daß über der Lösung der Normalluftdruck (1,013 25 bar) erst bei einer höheren Temperatur erreicht wird als über dem reinen Lösungsmittel. Die Dampfdruckerniedrigung führt also zu einer Siedepunktserhöhung. Anderenteils bewirkt der Zusatz des gelösten Stoffes, daß die Dampfdruckkurve der Lösung die des festen Lösungsmittels schon bei einer tieferen Temperatur schneidet als die entsprechende Kurve des reinen Lösungsmittels, d. h., der Gefrierpunkt wird durch den Zusatz des gelösten Stoffes erniedrigt. Dies ist schematisch in Bild 10-1 dargestellt.
Für die *Gefrierpunktserniedrigung* gilt

$$\Delta T_{sl} = T_{sl1} - T_{sl} = k_G \cdot b_2, \quad p = \text{const}.$$

T_{sl1} Schmelzpunkt des reinen Lösungsmittels, T_{sl} Schmelztemperatur der Lösung, $b_2 = n_2/m_1$ Molalität des gelösten Stoffes, n_2 Stoffmenge des gelösten Stoffes, m_1 Masse des Lösungsmittels, p Druck.

Die Größe k_G, die nur von den Eigenschaften des reinen Lösungsmittels abhängt, heißt kryoskopi-

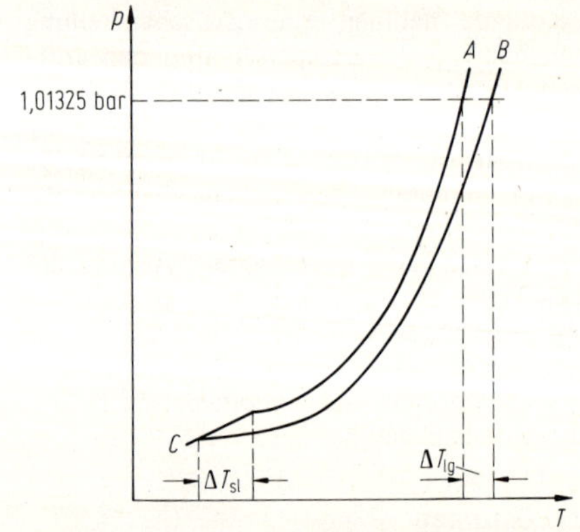

Bild 10-1. Schema der Dampfdruckkurve einer Lösung (Kurve B) und des entsprechenden Lösungsmittels (Kurve A). ΔT_{lg} Siedepunktserhöhung, ΔT_{sl} Gefrierpunktserniedrigung.

sche Konstante. Ihr Wert für Wasser bei 1,013 25 bar ist:

$$k_G = 1{,}860\ \mathrm{K \cdot kg/mol}\,.$$

Eine analoge Beziehung besteht für die *Siedepunktserhöhung:*

$$\Delta T_{lg} = T_{lg} - T_{lg1} = k_s \cdot b_2\,.$$

T_{lg} Siedetemperatur der Lösung, T_{lg1} Siedetemperatur des reinen Lösungsmittels, k_S ebullioskopische Konstante.

Für Wasser hat k_S den Wert: $k_S = 0{,}513\ \mathrm{K \cdot kg/mol}$.

Die Beziehungen, die für den Zusammenhang zwischen der Siedepunktserhöhung bzw. der Gefrierpunktserniedrigung und der Molalität des gelösten Stoffes angegeben sind, gelten nur für sehr verdünnte Lösungen unter der Voraussetzung, daß der gelöste Stoff ein Nichtelektrolyt ist.

Messungen der Gefrierpunktserniedrigung wurden früher häufig zur Bestimmung der molaren Masse eines gelösten Stoffes benutzt. Hierzu wird die obige Beziehung folgendermaßen umgeformt:

$$\Delta T_{sl} = k_G \cdot b_2 = k_G \frac{m_2}{M_2 \cdot m_1} \quad \text{oder} \quad M_2 = \frac{k_G \cdot m_2}{\Delta T_{sl} \cdot m_1}\,.$$

M_2 molare Masse des gelösten Stoffes, m_2 Masse des gelösten Stoffes.

Bei Elektrolytlösungen wird die Abhängigkeit der Gefrierpunktserniedrigung bzw. der Siedepunktserhöhung von der Molalität des gelösten Stoffes durch folgende Beziehungen beschrieben:

Gefrierpunktserniedrigung

$$\frac{\Delta T_{sl}}{b_2} = \nu \cdot k_G + a\sqrt{b_2}$$

Siedepunktserhöhung

$$\frac{\Delta T_{lg}}{b_2} = \nu \cdot k_S + b\sqrt{b_2}\,.$$

b_2 Molalität.

Hierbei sind a und b Konstanten, die auch von den Eigenschaften des gelösten Stoffes abhängen. ν ist die Summe der Zerfallszahlen. Diese Größe ist durch die Zahl der Ionen gegeben, in die die Formeleinheit des Elektrolyten zerfällt.

Beispiel: Natriumsulfat Na_2SO_4 zerfällt in zwei Na^+-Ionen und ein SO_4^{2-}-Ion, daher ist $\nu = 3$.

Messungen der Gefrierpunktserniedrigung und der Siedepunktserhöhung von Elektrolytlösungen können als Nachweis dafür dienen, daß Elektrolyte in wäßriger Lösung dissoziiert vorliegen.

10.2.3 Osmotischer Druck

In Bild 10-2 ist ein System dargestellt, in dem eine *semipermeable Membran* zwei flüssige Teilsysteme trennt. Eine derartige Membran ist nur für bestimmte Teilchenarten durchlässig, in diesem Fall nur für die Moleküle des Lösungsmittels (Index 1), nicht aber für den gelösten Stoff (Index 2).

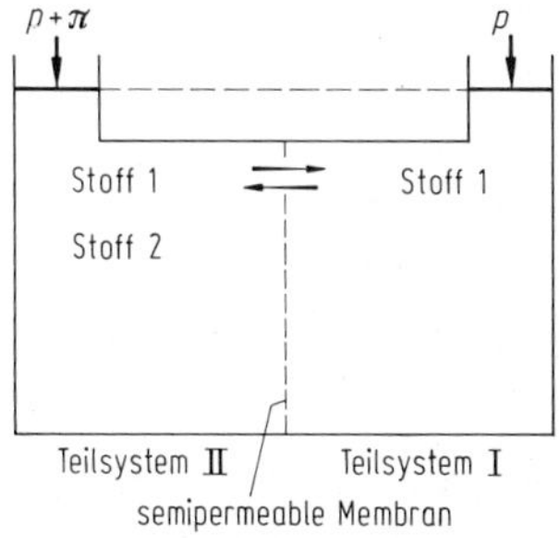

Bild 10-2. Osmotisches Gleichgewicht, die semipermeable Membran ist für den Stoff 2 undurchlässig (nach Tombs, M. P.; Peacocke, A. R.: The osmotic pressure of biological macromolecules).

Im Teilsystem I befindet sich nur das Lösungsmittel, im Teilsystem II zusätzlich ein gelöster Stoff (z. B. Rohrzucker). Im Gleichgewicht muß auf den Kolben II zusätzlich zum Druck p, der auch auf den Kolben I wirkt, der Druck π ausgeübt werden. Ein derartiges Gleichgewicht heißt *osmotisches Gleichgewicht*. Der Zusatzdruck π wird als *osmotischer Druck* bezeichnet.

Wirkt auf den Kolben II kein Zusatzdruck, so wandern Lösungsmittelmoleküle vom Teilsystem I ins Teilsystem II und verdünnen dadurch die Lösung. Als Folge dieses Vorganges wird der Flüssigkeitsspiegel im Zylinder II erhöht und im Zylinder I gesenkt. Dieser Vorgang wird so lange fortgesetzt, bis die hydrostatische Druckdifferenz den osmotischen Druck der Lösung erreicht hat.

Die Konzentrationsabhängigkeit des osmotischen Druckes π eines gelösten *Nichtelektrolyten* wird durch folgende Beziehung beschrieben:

$$\pi = c_2 RT + Bc_2^2 + Cc_2^3 + \ldots \quad \text{oder}$$

$$\frac{\pi}{\varrho_2} = \frac{RT}{M_2} + \hat{B}\varrho_2 + \hat{C}\varrho_2^2 + \ldots$$

c_2 Konzentration des gelösten Stoffes, $\varrho_2 = m_2/v$ Massenkonzentration (Partialdichte), R universelle Gaskonstante. Die Konstanten B, C, $\hat{B}$ und $\hat{C}$ werden als Virialkoeffizienten bezeichnet.

Diese Gleichung stimmt formal mit der Virialform der Zustandsgleichung realer Gase überein (vgl. 5.2.1).

Für sehr verdünnte *Nichtelektrolytlösungen* vereinfacht sich die obige Beziehung. Es gilt näherungsweise:

$$\pi = c_2 RT\,.$$

Diese Beziehung gleicht der Zustandsgleichung idealer Gase.

Elektrolytlösungen weisen bei gleichen Konzentrationen einen höheren osmotischen Druck auf als

Nichtelektrolytlösungen. Für stark verdünnte Lösungen von Elektrolyten gilt:

$$\pi = \nu c_2 RT.$$

ν Summe der Zerfallszahlen.

Umkehrosmose

Wirkt auf den Kolben II des in Bild 10-2 dargestellten Systems ein äußerer Druck, der größer als der osmotische Druck π ist, so geschieht folgendes: Lösungsmittelmoleküle wandern durch die semipermeable Membran vom Teilsystem II (Lösungsseite) zum Teilsystem I (Seite des Lösungsmittels). Dieser Vorgang wird als Umkehrosmose bezeichnet und technisch zur Meerwasserentsalzung eingesetzt.

Anwendungen und Beispiele

1. Bestimmung der molaren Masse gelöster Nichtelektrolyte. Hierzu wird π/ϱ_2 als Funktion der Massenkonzentration ϱ_2 aufgetragen und die molare Masse unter Anwendung obiger Beziehung aus dem Ordinatenabschnitt der graphischen Darstellung bestimmt.
2. Im menschlichen Blut besitzen sowohl das Blutplasma als auch der Inhalt der roten Blutkörperchen den gleichen osmotischen Druck (7,7 bar bei 37 °C). Eine Zufuhr von reinem Wasser bewirkt eine Verringerung des osmotischen Druckes des Blutplasmas und führt durch Quellung zum Platzen der roten Blutkörperchen (Hämolyse). Wird der Wassergehalt des Blutplasmas erniedrigt und damit der osmotische Druck erhöht, so schrumpfen die roten Blutkörperchen. Bei intravenösen Injektionen muß daher darauf geachtet werden, daß der osmotische Druck der injizierten Flüssigkeiten gleich dem des Blutplasmas ist.

10.3 Löslichkeit von Gasen in Flüssigkeiten

Die Löslichkeit von Gasen in Flüssigkeiten wird quantitativ durch das *Gesetz von Henry und Dalton* beschrieben:

$$x_2 = k \cdot p_2, \quad T = \text{const}.$$

Bei konstanter Temperatur ist der Stoffmengenanteil eines Gases (x_2) in einer Flüssigkeit seinem Partialdruck in der Gasphase (p_2) proportional.

k ist eine von der chemischen Natur des Gases, des Lösungsmittels und der Temperatur abhängige Stoffkonstante.

10.4 Verteilung gelöster Stoffe zwischen zwei Lösungsmitteln

Zwei (praktisch) unmischbare Flüssigkeiten enthalten beide einen dritten Stoff (Index B). Wenn sich das Verteilungsgleichgewicht eingestellt hat, gilt das *Nernstsche Verteilungsgesetz:*

$$c_B^I / c_B^{II} = k, \quad T, p = \text{const}.$$

(Kennzeichnung der beiden flüssigen Phasen durch I und II.)

Das Verhältnis der Konzentrationen eines sich zwischen zwei nicht mischbaren Lösungsmitteln verteilenden Stoffes ist konstant, d. h. unabhängig von der ursprünglich eingesetzten Stoffportion.

Die Konstante k wird als Verteilungskoeffizient des Stoffes B bezeichnet. Sie ist von der Natur der Lösungsmittel sowie von Druck und Temperatur abhängig. Voraussetzung für die Gültigkeit der obigen Beziehung ist, daß der molekulare Zustand des Stoffes B in beiden flüssigen Phasen gleich ist.

10.5 Wasser als Lösungsmittel

Die Löslichkeit von Ionenkristallen (Salzen) oder Molekülkristallen in einem Lösungsmittel wird durch zwei unterschiedliche energetische Faktoren bestimmt. Beim Auflösen des Kristalls muß dessen Gitter zerstört werden. Dazu ist eine Energie notwendig, die größenordnungsmäßig gleich der Gitterenergie ist. Diese Energie wird durch die Wechselwirkung zwischen den Lösungsmittelmolekülen und den gelösten Teilchen geliefert und heißt *Solvatationsenergie* (beim Lösungsmittel Wasser: *Hydratationsenergie*). Die Wechselwirkung der gelösten Teilchen mit den Lösungsmittelmolekülen wird *Solvatation* (beim Lösungsmittel Wasser: *Hydratation*) genannt.

Es gilt folgende Beziehung zwischen der Gitterenthalpie $\Delta_G H$, der Solvatationsenthalpie $\Delta_S H$ und der Lösungsenthalpie $\Delta_L H$ (der Unterschied zwischen der Energie und der Enthalpie soll hier vernachlässigt werden):

$$\Delta_L H = |\Delta_G H| - |\Delta_S H|.$$

Folgende drei Fälle sollen diskutiert werden:

1. $|\Delta_G H| > |\Delta_S H|$. Hier ist $\Delta_L H > 0$, d. h., beim Auflösen des Kristalls kühlt sich die Lösung ab (endothermer Vorgang). Die endotherme Auflösung eines Kristalls ist nur möglich, wenn die Bedingung $T\Delta_r S > \Delta_r H$ erfüllt ist (vgl. 8.3.4), da nur in diesem Fall $\Delta_r G < 0$ sein kann (die Reaktionsgrößen beziehen sich auf den Gesamtvorgang der Auflösung).
2. $|\Delta_G H| < |\Delta_S H|$. In diesem Fall ist $\Delta_L H < 0$, d. h., die Lösung erwärmt sich (exothermer Vorgang).
3. $|\Delta_G H| \gg |\Delta_S H|$. Die energetischen Voraussetzungen für eine Auflösung des Kristalls sind jetzt nicht mehr gegeben.

Hydratation von Ionen

Die direkte Ion-Dipol-Wechselwirkung führt zur Hydratation in der unmittelbaren Umgebung des Ions (primäre Hydratation). In dieser Hydrathülle sind die Wassermoleküle relativ fest gebunden. Die primäre Hydrathülle bleibt sowohl bei der thermischen Eigenbewegung als auch bei der Bewegung unter dem Einfluß eines elektrischen Feldes erhalten. Kleine und hochgeladene Ionen sind besonders stark hydratisiert. Die Zahl der Wassermoleküle in der primären Hydrathülle liegt je nach Ionensorte meist zwischen 1 und 10. Die äußere, locker gebundene Hülle entsteht durch Wechselwirkung der Wassermoleküle mit dem bereits in erster Sphäre hydratisierten Ion (sekundäre Hydratation).

10.6 Eigendissoziation des Wassers, Ionenprodukt des Wassers

Auch chemisch reines Wasser besitzt eine elektrische Leitfähigkeit. So fanden Kohlrausch und Heydweiler (1894) für die Leitfähigkeit γ von Wasser bei 18 °C einen Wert von

$$\gamma = 4{,}4 \cdot 10^{-6}\,\mathrm{S/m}\,.$$

Ursache dieser Restleitfähigkeit ist die Bildung von Ionen durch die Eigendissoziation von Wassermolekülen, die durch folgende Gleichung beschrieben werden kann:

$$H_2O \rightleftharpoons H^+(aq) + OH^-(aq)\,.$$

Die Wasserstoff- und die Hydroxidionen sind hydratisiert, was durch den Zusatz (aq) gekennzeichnet ist.

Wendet man auf die obige Umsatzgleichung das Massenwirkungsgesetz an, so folgt

$$c(H^+) \cdot c(OH^-) = K_W\,,$$

$$K_W = 1{,}01 \cdot 10^{-14}\,\mathrm{mol^2/l^2}\quad (25\,°C)\,.$$

K_W wird als Ionenprodukt des Wassers bezeichnet. Diese Beziehung sagt aus, daß die Wasserstoff- und die Hydroxidionenkonzentration funktionell miteinander verknüpft sind, und zwar derart, daß die eine Größe zur anderen umgekehrt proportional ist.

K_W ist, wie die nachfolgende Tabelle zeigt, stark von der Temperatur abhängig:

ϑ/°C	$K_W/(\mathrm{mol^2/l^2})$
0	$0{,}11 \cdot 10^{-14}$
25	$1{,}01 \cdot 10^{-14}$
50	$5{,}47 \cdot 10^{-14}$
100	$54 \cdot 10^{-14}$

In reinem Wasser ist die Konzentration der H^+(aq)- und OH^-(aq)-Ionen gleich. Daher gilt:

$$c(H^+) = c(OH^-) = \sqrt{K_W}\,.$$

Bei 25 °C erhält man mit dieser Beziehung:

$$c(H^+) = c(OH^-) = 1 \cdot 10^{-7}\,\mathrm{mol/l}\,.$$

Da die Konzentration des undissoziierten Wassers 55,5 mol/l beträgt, folgt, daß lediglich ein Bruchteil von $1{,}8 \cdot 10^{-9}$ der Wassermoleküle dissoziiert ist.

10.7 Säuren und Basen

10.7.1 Definitionen von Arrhenius und Brønsted

Nach *Arrhenius* werden Säuren und Basen folgendermaßen definiert:

> *Säuren sind wasserstoffhaltige Verbindungen, die in wäßriger Lösung in positiv geladene Wasserstoffionen* (H^+) *und negativ geladene Säurerest-Ionen dissoziieren.*
> *Basen sind hydroxidgruppenhaltige Verbindungen, die in wäßriger Lösung in negative Hydroxidionen* (OH^-) *und positive Baserest-Ionen dissoziieren.*

Beispiele: Die Säure Chlorwasserstoff HCl dissoziiert in wäßriger Lösung gemäß folgender Gleichung: $HCl \rightleftharpoons H^+(aq) + Cl^-(aq)$. Im Gegensatz zur HCl kann ein Schwefelsäuremolekül H_2SO_4 2 Wasserstoffionen abgeben:
$H_2SO_4 \rightleftharpoons H^+(aq) + HSO_4^-(aq)$ (1. Dissoziationsstufe) und $HSO_4^-(aq) \rightleftharpoons H^+(aq) + SO_4^{2-}$ (2. Dissoziationsstufe).
Die Base Natriumhydroxid NaOH dissoziiert in wäßriger Lösung in Natrium- und Hydroxidionen: $NaOH \rightleftharpoons Na^+(aq) + OH^-(aq)$.

Nach Arrhenius bildet sich bei der Reaktion einer Säure mit einer Base ein Salz und undissoziiertes Wasser. Dieser Reaktionstyp wird als *Neutralisation* bezeichnet.

Beispiele:

$$HCl + NaOH \rightleftharpoons NaCl + H_2O$$
$$H_2SO_4 + 2\,NaOH \rightleftharpoons Na_2SO_4 + 2\,H_2O\,.$$

Das Wesentliche der Neutralisation besteht in der Reaktion von Wasserstoffionen und Hydroxidionen zu undissoziiertem Wasser:

$$H^+(aq) + OH^-(aq) \rightleftharpoons H_2O\,.$$

J. N. Brønsted (dt.: Brönsted) erweiterte 1923 die Definition von Arrhenius folgendermaßen:

Säuren sind Protonendonatoren, d. h. Stoffe, die Protonen abgeben können.
Basen sind Protonenakzeptoren, d. h. Stoffe, die Protonen aufnehmen können.

Diese Definition von Brønsted ist unabhängig vom verwendeten Lösungsmittel.
Arrhenius-Säuren sind stets auch Brönsted-Säuren.
Brönsted-Basen sind z. B. OH^-, NH_3, Cl^- und SO_4^{2-}. Durch Protonenanlagerung werden diese Verbindungen zu H_2O, NH_4^+, HCl und HSO_4^-. Die zuletzt genannten Moleküle bzw. Ionen sind, da sie die aufgenommenen Protonen wieder abspalten können, Brönsted-Säuren.

10.7.2 Starke und schwache Säuren und Basen

Säuren wie auch Basen unterscheiden sich durch das Ausmaß, in dem die Aufspaltung in Ionen, die *Dissoziation*, erfolgt. Die zuverlässigste Größe, die die Dissoziation quantitativ beschreibt, ist die Dissoziationskonstante. Für die Dissoziation einer Säure (HA) bzw. Base (BOH) gilt:

$$\mathrm{HA} \rightleftharpoons \mathrm{H^+(aq)} + \mathrm{A^-(aq)} \quad \mathrm{BOH} \rightleftharpoons \mathrm{B^+(aq)} + \mathrm{OH^-(aq)}$$

Wendet man auf diese Gleichgewichte das Massenwirkungsgesetz an, so folgt:

$$K_S = \frac{c(\mathrm{H^+}) \cdot c(\mathrm{A^-})}{c(\mathrm{HA})} \qquad K_B = \frac{c(\mathrm{B^+}) \cdot c(\mathrm{OH^-})}{c(\mathrm{BOH})}.$$

Hierbei sind $c(\mathrm{H^+})$, $c(\mathrm{A^-})$, $c(\mathrm{HA})$, $c(\mathrm{OH^-})$, $c(\mathrm{B^+})$ und $c(\mathrm{BOH})$ die Konzentrationen der im Gleichgewicht vorliegenden Teilchen. K_S und K_B werden als Dissoziationskonstanten bezeichnet. $c(\mathrm{HA})$ bzw. $c(\mathrm{BOH})$ unterscheiden sich von der analytischen oder der Gesamtkonzentration c_0. Die zuletzt genannten Größen setzen sich additiv aus der Konzentration der dissoziierten und der undissoziierten Säure bzw. Base zusammen. Es gilt:

$$c_0 = c(\mathrm{H^+}) + c(\mathrm{HA}) \quad \text{bzw.} \quad c_0 = c(\mathrm{OH^-}) + c(\mathrm{BOH}).$$

Häufig wird das Ausmaß der Dissoziation durch den *Dissoziationsgrad* α ausgedrückt. Hierunter versteht man den Quotienten aus der Zahl der dissoziierten Moleküle und der Gesamtzahl der Moleküle. α kann Werte zwischen 0 (undissoziierte Verbindung) und 1 (vollständige Dissoziation) annehmen.
Säuren und Basen werden als *stark* bezeichnet, wenn die Dissoziationskonstante größer oder gleich 1 mol/l ist. In diesem Fall dissoziiert die Säure bei allen Konzentrationen praktisch vollständig, d. h., α ist bei allen Konzentrationen nahezu 1.

Beispiele für starke Säuren und Basen:
Salzsäure (HCl in Wasser), Salpetersäure HNO_3, Schwefelsäure H_2SO_4 und Perchlorsäure $HClO_4$ sind starke Säuren.

Starke Basen sind die Alkalimetallhydroxide (NaOH, KOH usw.) und die Erdalkalimetallhydroxide ($Mg(OH)_2$, $Ca(OH)_2$ usw.).

Säuren und Basen, die Dissoziationskonstanten aufweisen, die kleiner als 1 mol/l sind, werden als *schwache* Säuren bzw. Basen bezeichnet. Das Ausmaß der Dissoziation ändert sich hier sehr stark mit der Konzentration der Säure bzw. Base. Die Dissoziationskonstanten einiger schwacher Säuren bzw. Basen gibt die folgende Tabelle wieder (Temperatur 25 °C):

Salpetrige Säure	HNO_2	$4{,}6 \cdot 10^{-4}$ mol/l
Essigsäure	CH_3COOH	$1{,}75 \cdot 10^{-5}$ mol/l
Ameisensäure	HCOOH	$1{,}77 \cdot 10^{-4}$ mol/l
Kohlensäure	H_2CO_3	
1. Stufe		$1{,}32 \cdot 10^{-4}$ mol/l
2. Stufe		$4{,}69 \cdot 10^{-11}$ mol/l
Silberhydroxid	AgOH	$1{,}1 \cdot 10^{-4}$ mol/l
Ammoniak	$NH_3 \cdot H_2O$	$1{,}77 \cdot 10^{-5}$ mol/l

Namen und Formeln wichtiger anorganischer Säuren sind in Tabelle 10-2 aufgeführt.

10.7.3 Der pH-Wert

Häufig verwendet man anstelle der Wasserstoffionenkonzentration den pH-Wert, der durch folgende Beziehung definiert ist:

$$\mathrm{pH} = -\lg c(\mathrm{H^+})/(\mathrm{mol/l}).$$

Der pH-*Wert ist der negative dekadische Logarithmus des Zahlenwertes der Wasserstoffionenkonzentration in* mol/l.

Reines Wasser hat bei 25 °C wegen $K_W = 10^{-14}\ \mathrm{mol^2/l^2}$ und $c(\mathrm{H^+}) = 10^{-7}$ mol/l einen pH-Wert von 7.
Durch Säurezusatz kann eine höhere Wasserstoffionen-Konzentration erreicht werden. Derartige Lösungen haben einen pH-Wert, der kleiner als 7 ist. Sie werden als *sauer* bezeichnet.
Ist durch Zusatz einer Base zu Wasser die Hydroxidionen-Konzentration erhöht worden, so muß wegen der Gleichgewichtsbedingung $K_W = c(\mathrm{H^+}) \cdot c(\mathrm{OH^-})$ die Wasserstoffionen-Konzentration entsprechend kleiner geworden sein. Derartige *alkalische oder basische* Lösungen haben einen pH-Wert, der größer als 7 ist:

$\mathrm{pH} < 7$ saure Lösungen
$\mathrm{pH} = 7$ neutrale Lösungen
$\mathrm{pH} > 7$ alkalische Lösungen.

10.7.4 pH-Wert der Lösung einer starken Säure bzw. Base

Nach der in 10.7.2 angegebenen Definition sind *starke Säuren* bei allen Konzentrationen praktisch vollständig dissoziiert. Daraus folgt, daß die Wasserstoffionen-Konzentration $c(\mathrm{H^+})$ gleich der ana-

Tabelle 10-2. Wichtige anorganische Säuren

Name	Formel	Säurerestion		Bemerkungen
		Formel	Name	
Bromwasserstoff	HBr	Br^-	Bromid	
Chlorwasserstoff	HCl	Cl^-	Chlorid	unter Normalbedingungen farbloses Gas, wäßrige Lösungen heißen *Salzsäure*
Fluorwasserstoff	HF	F^-	Fluorid	bei 19,5 °C siedende Flüssigkeit, wäßrige Lösungen heißen *Flußsäure*
Schwefelwasserstoff	H_2S	HS^- S^{2-}	Hydrogensulfid Sulfid	farbloses, übelriechendes (wie faule Eier), sehr giftiges Gas
Hypochlorige Säure	HClO	ClO^-	Hypochlorit	
Chlorige Säure	$HClO_2$	ClO_2^-	Chlorit	
Chlorsäure	$HClO_3$	ClO_3^-	Chlorat	
Perchlorsäure	$HClO_4$	ClO_4^-	Perchlorat	
Kohlensäure	H_2CO_3	HCO_3^- CO_3^{2-}	Hydrogencarbonat Carbonat	Kohlensäure ist nur in wäßriger Lösung beständig, CO_2 ist das Anhydrid der Kohlensäure (Oxid reagiert mit Wasser unter Bildung von Kohlensäure)
Phosphorsäure	H_3PO_4	$H_2PO_4^-$ HPO_4^{2-} PO_4^{3-}	Dihydrogenphosphat Hydrogenphosphat Phosphat	Anhydrid der Phosphorsäure: Phosphorpentoxid P_4O_{10}
Salpetrige Säure	HNO_2	NO_2^-	Nitrit	Stickstoffdioxid NO_2 ist das gemischte Anhydrid der Salpetrigen und der Salpetersäure:
Salpetersäure	HNO_3	NO_3^-	Nitrat	$2\,NO_2 + H_2O \rightarrow HNO_2 + HNO_3$
Schweflige Säure	H_2SO_3	SO_3^{2-}	Sulfit	Anhydrid der schwefligen Säure: Schwefeldioxid SO_2
Schwefelsäure	H_2SO_4	SO_4^{2-}	Sulfat	Anhydrid der Schwefelsäure: Schwefeltrioxid SO_3

lytischen oder Gesamtkonzentration c_0 der Säure ist: $c(H^+) = c_0$.

Beispiel: Der pH-Wert einer Salzsäure der Konzentration $c(HCl) = 2$ mol/l ist zu berechnen.
Mit $c(H^+) = c_0(HCl) = 2$ mol/l folgt: pH = −0,3. Man erkennt, daß der pH-Wert der Lösung einer starken Säure auch kleinere Werte als 0 (bei $c(H^+) > 1$ mol/l) annehmen kann.

Bei Lösungen *starker Basen* gilt infolge der vollständigen Dissoziation dieser Verbindungen, daß die Konzentration der Hydroxidionen gleich der analytischen Konzentration der Base ist. $c(OH^-) = c_0$. Die Wasserstoffionenkonzentration ist durch das Ionenprodukt des Wassers festgelegt:

$$c(H^+) = c(OH^-)/K_W = c_0/K_W\,.$$

Beispiel: Der pH-Wert einer Natriumhydroxidlösung der Konzentration $c_0(NaOH) = 0{,}1$ mol/l ist gefragt (25 °C).
Ergebnis: $c(OH^-) = 0{,}1$ mol/l, $c(H^+) = 10^{-13}$ mol/l, pH = 13.

10.7.5 pH-Wert der Lösung einer schwachen Säure bzw. Base

Gegeben sei die wäßrige Lösung einer *schwachen Säure HA* (z. B. Essigsäure CH_3COOH) mit der analytischen Konzentration c_0. Das Dissoziationsgleichgewicht von HA wird durch die Dissoziationskonstante K_S beschrieben (vgl. 10.7.2):

$$HA \rightleftharpoons H^+(aq) + A^-(aq)\,, \quad K_S = \frac{c(H^+)\cdot c(A^-)}{c(HA)}\,.$$

Bei Lösungen, die außer dem Lösungsmittel Wasser nur die schwache Säure enthalten, gilt $c(H^+) = c(A^-)$. Ersetzt man in der obigen Beziehung $c(HA)$ durch die analytische Konzentration c_0, so folgt:

$$K_S = \frac{c^2(H^+)}{c_0 - c(H^+)}\,.$$

Diese Gleichung bildet die Grundlage der Berechnung der Wasserstoffionen-Konzentration und damit des pH-Wertes von Lösungen schwacher Säuren.
Für den Fall, daß $c_0 \gg c(H^+)$ ist, wovon bei nicht zu verdünnten Lösungen der schwachen Säure ausgegangen werden kann, vereinfacht sich obige

Gleichung zu folgender Näherungsbeziehung:

$$K_S = \frac{c^2(H^+)}{c_0}.$$

Beispiel: Der pH-Wert einer wäßrigen Essigsäurelösung der Konzentration $c_0 = 0{,}057$ mol/l ist zu berechnen (25 °C).
Mit $K_S = 1{,}75 \cdot 10^{-5}$ mol/l erhält man mit obiger Näherungsgleichung $c(H^+) = 10^{-3}$ mol/l und pH = 3.

Zur Ermittlung des pH-Wertes der wäßrigen Lösung einer *schwachen Base* können die folgenden Bestimmungsgleichungen herangezogen werden (Gleichgewichtsreaktion $BOH \rightleftharpoons B^+(aq) + OH^-(aq)$):

$$K_B = \frac{c(B^+) \cdot c(OH^-)}{c(BOH)},$$

$$K_W = c(H^+) \cdot c(OH^-) \quad \text{und} \quad c(B^+) = c(OH^-).$$

Auch hier kann bei nicht zu verdünnten Lösungen die Konzentration der undissoziierten Base, $c(BOH)$, gleich der analytischen oder Gesamtkonzentration c_0 gesetzt werden. Unter dieser Bedingung folgt:

$$c(H^+) = \sqrt{\frac{K_W^2}{K_B \cdot c_0}}.$$

10.7.6 pH-Wert von Salzlösungen (Hydrolyse)

Nach Arrhenius werden Salze durch Neutralisation einer Säure mit einer Base gebildet (vgl. 10.7.1). Dabei können nun die Säure und/oder die Base stark oder schwach sein. Ist bei der Salzbildung eine schwache Säure und/oder Base beteiligt, so muß sich in der Lösung das Dissoziationsgleichgewicht dieser Verbindung mit dem des Wassers überlagern. Als Folge davon reagiert die Lösung nicht mehr neutral, sondern alkalisch oder sauer.

Beispiele:

1. *Salz aus schwacher Säure und starker Base. (Wäßrige Lösung reagiert alkalisch.)*

Natriumacetat $NaCH_3COO$ ist ein Beispiel für ein derartiges Salz. In wäßriger Lösung reagiert das Acetation (CH_3COO^-) als Salz der schwachen Essigsäure teilweise mit den Ionen des Wassers unter Bildung undissoziierter Essigsäure. Dadurch bildet sich ein Überschuß an Hydroxidionen, die Lösung reagiert alkalisch:

$$CH_3COO^- + Na^+ + H_2O \rightleftharpoons CH_3COOH + Na^+ + OH^-(aq).$$

2. *Salz aus starker Säure und schwacher Base. (Wäßrige Lösung reagiert sauer.)*

Ammoniumchlorid (NH_4Cl) ist ein Salz, das derartig aufgebaut ist. In wäßriger Lösung dissoziiert es in Ammonium- und Chloridionen. Die Ammoniumionen reagieren mit den Hydroxidionen des Wassers teilweise unter Bildung von undissoziiertem Ammoniumhydroxid (NH_4OH). Dadurch entsteht ein Überschuß an Wasserstoffionen und die wäßrige Lösung dieses Salzes reagiert sauer:

$$NH_4^+ + Cl^- + H_2O \rightleftharpoons NH_4OH + Cl^- + H^+(aq).$$

3. *Salz aus starker Säure und starker Base.* (Beispiel NaCl, wäßrige Lösung reagiert neutral.)

4. *Salz aus schwacher Säure und schwacher Base.*

Ein derartiges Salz reagiert abhängig vom Wert der Dissoziationskonstanten der schwachen Säure bzw. Base neutral, alkalisch oder sauer. Ammoniumacetat (NH_4CH_3COO) ist ein Beispiel für diesen Salztyp. Da in diesem Falle die Dissoziationskonstanten der Essigsäure und des Ammoniumhydroxids praktisch gleich groß sind (vgl. 10.7.2), reagiert die wäßrige Lösung dieses Salzes neutral.

10.8 Löslichkeitsprodukt

Wir betrachten die Lösung eines (schwerlöslichen) Elektrolyten in Wasser. Die Lösung sei bei konstanter Temperatur und bei konstantem Druck mit der festen Phase des Elektrolyten, dem Bodenkörper, im Gleichgewicht. Unter diesen Bedingungen spricht man von einer gesättigten Lösung. Für einen Elektrolyten des Formeltyps AB (Beispiel Silberchlorid AgCl) kann dieser Vorgang durch die folgende Umsatzgleichung beschrieben werden:

$$AgCl(s) \rightleftharpoons Ag^+(aq) + Cl^-(aq).$$

Wendet man auf das vorstehende heterogene Gleichgewicht das Massenwirkungsgesetz an, so erhält man:

$$c(Ag^+) \cdot c(Cl^-) = K = L.$$

Die Massenwirkungskonstante heißt in diesem Fall Löslichkeitsprodukt. In der Tabelle 10-3 sind die Löslichkeitsprodukte einiger Elektrolyte (in Wasser) bei 20 °C und 1 bar aufgeführt.
Aus dem Wert des Löslichkeitsprodukts läßt sich die Sättigungskonzentration (oder die Löslichkeit) c_s einer Verbindung berechnen. Bei Elektrolyten des Formeltyps AB erhält man für den Zusammenhang zwischen c_s und dem Löslichkeitsprodukt die folgende Beziehung (Beispiel Silberchlorid):

$$c_s = c(Ag^+) = c(Cl^-) = c(AgCl) = \sqrt{L}.$$

Tabelle 10-3. Löslichkeitsprodukte schwerlöslicher Elektrolyte bei 20 °C und 1 bar (Lösungsmittel Wasser)

Elektrolyt	L
AgCl	$1 \cdot 10^{-10}$ mol²/l²
AgBr	$5 \cdot 10^{-13}$ mol²/l²
AgI	$1{,}5 \cdot 10^{-16}$ mol²/l²
$BaSO_4$	$1 \cdot 10^{-10}$ mol²/l²
$PbSO_4$	$2 \cdot 10^{-8}$ mol²/l²
Hg_2Cl_2	$2 \cdot 10^{-18}$ mol³/l³
$PbCl_2$	$1{,}7 \cdot 10^{-5}$ mol³/l³
$Mg(OH)_2$	$1{,}2 \cdot 10^{-11}$ mol³/l³

In der vorstehenden Gleichung ist c(AgCl) die Konzentration des Silberchlorids. Der Begriff Silberchlorid ist hierbei formal stöchiometrisch zu verstehen. Die Tatsache, daß Silberchlorid – wie auch fast alle anderen Salze bei hinreichend kleinen Konzentrationen – vollständig dissoziiert ist, wird hierbei nicht berücksichtigt. Analoge Überlegungen gelten für den Begriff Sättigungskonzentration.

Beispiel: Fügt man zu einer Silberchlorid-Lösung, die sich im Gleichgewicht mit dem Bodenkörper befindet, eine Lösung, die Cl^--Ionen enthält (z. B. in Form einer Kochsalzlösung), so stellt man eine Verringerung der Konzentration der Ag^+-Ionen fest, da auch in diesem Fall das Produkt der Ionenkonzentrationen von Ag^+ und Cl^- gleich dem Löslichkeitsprodukt sein muß. Es kommt also zu einer Ausscheidung von festem Silberchlorid aus der Lösung.
Aus diesem Grunde sollte die Ausfällung eines schwerlöslichen Salzes zu Zwecken der quantitativen Analyse (vgl. 1.7.1) mit einem Überschuß des Fällungsmittels geschehen.

Übersättigte Lösungen

In Abwesenheit des festen Bodenkörpers sind auch Konzentrationen des Elektrolyten möglich, die größer als die Sättigungskonzentration sind:

$c > c_s$ (übersättigte Lösung).

Auch in diesem Falle kann das System zeitlich unbegrenzt als übersättigte Lösung vorliegen, ohne daß eine neue Phase, der feste Bodenkörper, gebildet wird. Werden jedoch zu der flüssigen Phase Keime des Bodenkörpers hinzugefügt, oder entstehen diese spontan, so wachsen die Keime auf Kosten der Konzentration der gelösten Substanz, bis die momentane Konzentration den für den jeweiligen Druck und die jeweilige Temperatur charakteristischen Wert der Sättigungskonzentration erreicht hat. Übersättigte Lösungen sind metastabil (vgl. 8.3.5).

10.9 Härte des Wassers

Natürlich vorkommendes Wasser ist im chemischen Sinne niemals rein, sondern enthält verschiedene Verunreinigungen. Zu diesen gehören in erster Linie gelöste Gase (Kohlendioxid, Stickstoff, Sauerstoff) und Salze. Besonders wichtig für die Qualität von technisch nutzbarem Wasser ist sein Gehalt an Erdalkalimetallsalzen. Nutzwasser, das einen geringen bzw. hohen Gehalt dieser Salze aufweist, wird als weich bzw. hart bezeichnet.
Nach dem Verhalten der gelösten Erdalkalimetallsalze beim Kochen unterscheidet man zwei Arten der Härte des Wassers:

1. *temporäre (vorübergehende)* Härte und
2. *permanente (bleibende)* Härte.

Die temporäre Härte, die durch die Hydrogenkarbonate des Calciums und des Magnesiums hervorgerufen wird, kann durch Kochen beseitigt werden. Dabei bildet sich unlösliches Erdalkalimetallcarbonat, z. B.:

$$Ca^{2+} + 2\,HCO_3^- \rightarrow CaCO_3(s) + CO_2(g) + H_2O\,.$$

Im Gegensatz dazu wird die permanente Härte, die durch einen hohen Gehalt an Erdalkalimetallsulfaten und -chloriden verursacht wird, durch Kochen nicht beseitigt.
Die Härte des Wassers kann sich in der Technik vor allem durch Bildung von *Kesselstein* negativ auswirken.

11 Redoxreaktionen

11.1 Oxidationszahl

Eine zur Beschreibung von Redoxvorgängen nützliche, wenn auch künstlich konstruierte Größe ist die Oxidationszahl. Man versteht darunter diejenige Ladungszahl, die ein Atom in einem Molekül aufweisen würde, das nur aus Ionen aufgebaut wäre. Die Oxidationszahl ist eine positive oder negative Zahl.
Die Oxidationszahl wird nach folgenden Regeln ermittelt:

1. Ein chemisches Element hat die Oxidationszahl null.
2. Für ein einatomiges Ion ist die Oxidationszahl gleich dessen (vorzeichenbehafteter) Ladungszahl.
3. Für eine kovalente Verbindung ist die Oxidationszahl gleich der Ladungszahl, die ein Atom erhält, wenn die bindenden Elektronenpaare vollständig dem elektronegativeren Atom zugeordnet werden. Bei gleichen Atomen werden die Elektronenpaare zwischen diesen aufgeteilt.

Die Oxidationszahl wird hier senkrecht über das betreffende Elementsymbol gesetzt. Ihr Vorzeichen steht – anders als bei den Ladungszahlen – vor der Ziffer (vgl. aber auch DIN 32 640).

Beispiele:

Elemente: O_2, N_2, Cl_2, H_2, S_8. Die Oxidationszahl der Elementmoleküle ist Null.

Einatomige Ionen: Na^+, Cl^-, Fe^{3+}, Sn^{4+}. Die Oxidationszahlen dieser Ionen sind +1, −1, +3, +4.

Moleküle: Ammoniak $\overset{-3}{N}H_3$, $H_2\overset{-2}{O}$, Wasserstoffperoxid $H_2\overset{-1}{O}_2$, Methanol $H\overset{-2}{O}$—$\overset{-2}{C}H_3$, Formaldehyd $H\overset{0}{C}H\overset{-2}{O}$ (Oxidationszahl des Wasserstoffs in diesen Verbindungen: +1).

Molekülionen: Permanganation $\overset{+7}{Mn}O_4^-$, Sulfation $\overset{+6}{S}O_4^{2-}$, Nitrition $\overset{+3}{N}O_2^-$, Nitration $\overset{+5}{N}O_3^-$ (Oxidationszahl des Sauerstoffs in diesen Verbindungen: −2).

11.2 Oxidation und Reduktion, Redoxreaktionen

Die Abgabe von einem oder mehrerer Elektronen aus einem Atom, Molekül oder Ion wird als Oxidation bezeichnet.

Bei diesem Vorgang wird die Oxidationszahl erhöht. (Ursprüngliche Definition: Oxidation ist die Aufnahme von Sauerstoff.)

Oxidationsvorgänge:

$$Zn \rightarrow Zn^{2+} + 2\,e^-$$
$$Fe^{2+} \rightarrow Fe^{3+} + e^-$$
$$NO_2^- + H_2O \rightarrow NO_3^- + 2\,H^+ + 2\,e^-$$
$$Cl^- \rightarrow \tfrac{1}{2}Cl_2 + e^- .$$

Als Reduktion definiert man die Aufnahme von einem oder mehreren Elektronen durch ein Atom, Molekül oder Ion.

Hierbei wird die Oxidationszahl erniedrigt. (Ursprüngliche Definition: Reduktion ist die Abgabe von Sauerstoff.)

Reduktionsvorgänge:

$$Cu^{2+} + 2\,e^- \rightarrow Cu$$
$$Fe^{3+} + e^- \rightarrow Fe^{2+}$$
$$H^+ + e^- \rightarrow \tfrac{1}{2}H_2$$
$$MnO_4^- + 8\,H^+ + 5\,e^- \rightarrow Mn^{2+} + 4\,H_2O .$$

Freie Elektronen sind in chemischen Systemen i. allg. nicht beständig. Daher müssen die Elektronen, die von einer Substanz (z. B. Zn, Fe^{2+}, NO) abgegeben werden, von einem anderen Stoff (z. B. Cu^{2+}, Fe^{3+}, H^+, MnO_4^-) aufgenommen werden.

Oxidation und Reduktion können also nie allein, sondern müssen stets gekoppelt als Redoxreaktion ablaufen.

Substanzen, die andere Stoffe oxidieren können, d. h. mehr oder weniger leicht Elektronen aufnehmen können, werden *Oxidationsmittel* genannt (Cu^{2+}, Fe^{3+}, H^+, MnO_4^-). *Reduktionsmittel* sind dagegen Substanzen, die Elektronen abgeben können (Zn, Fe^{2+}, metallisches Na und K).

Beispiele:

— Metallisches Zink reagiert in wäßriger Lösung mit Kupfersulfat $CuSO_4$ unter Bildung von Zinksulfat $ZnSO_4$ und metallischem Kupfer:

$$CuSO_4 + Zn \rightarrow ZnSO_4 + Cu .$$

In einer Teilreaktion I wird hierbei Zn zu Zn^{2+} oxidiert:

$$\text{I Oxidation: } Zn \rightarrow Zn^{2+} + 2\,e^- ,$$

während in einer Teilreaktion II die Cu^{2+}-Ionen zu metallischem Kupfer reduziert werden:

$$\text{II Reduktion: } Cu^{2+} + 2\,e^- \rightarrow Cu .$$

Die Summation beider Teilreaktionen ergibt die Redoxreaktion:

$$\begin{array}{lll} \text{I} & Zn & \rightarrow Zn^{2+} + 2\,e^- \\ \text{II} & Cu^{2+} + 2\,e^- & \rightarrow Cu \\ \hline & Zn + Cu^{2+} & \rightarrow Zn^{2+} + Cu \end{array}$$

(Bei dieser Summation muß – wie erwähnt – die Zahl der abgegebenen Elektronen gleich der der aufgenommenen sein.) Berücksichtigt man zusätzlich die Sulfationen, so erhält man schließlich:

$$Zn + CuSO_4 \rightarrow ZnSO_4 + Cu .$$

— Kaliumchlorid KCl wird in saurer Lösung (Zusatz von verdünnter Schwefelsäure H_2SO_4) durch Kaliumpermanganat $KMnO_4$ oxidiert. Das Permanganation wird dabei zu Mn^{2+} reduziert:

$$\begin{array}{llll} \text{Oxidation} & 2\,Cl^- & \rightarrow Cl_2 + 2\,e^- & \times 5 \\ \text{Reduktion} & MnO_4^- + 8\,H^+ + 5\,e^- & \rightarrow Mn^{2+} + 4\,H_2O & \times 2 \\ \hline & 10\,Cl^- + 2\,MnO_4^- + 16\,H^+ & \rightarrow 5\,Cl_2 + 2\,Mn^{2+} + 8\,H_2O & \end{array}$$

Berücksichtigt man die Begleitionen, so erhält man:

$$10\,KCl + 2\,KMnO_4 + 8\,H_2SO_4 \rightarrow$$
$$5\,Cl_2 + 2\,MnSO_4 + 6\,K_2SO_4 + 8\,H_2O\,.$$

Derartige Gleichungen geben selbstverständlich nur die stöchiometrischen Verhältnisse wieder. Sie gestatten keinesfalls Rückschlüsse auf den wirklichen Ablauf der Reaktion.

11.3 Beispiele für Redoxreaktionen

11.3.1 Verbrennungsvorgänge

Als Verbrennung (im engeren Sinn) wird die in der Regel stark exotherme Reaktion von Substanzen, wie z. B. von Kohlenstoff, Kohlenwasserstoffen, Wasserstoff oder Metallen, mit Sauerstoff bezeichnet. Der Sauerstoff kann hierbei in reiner Form oder als Bestandteil von Gasmischungen (z. B. Luft) vorliegen. Sämtliche Verbrennungsvorgänge sind Redoxreaktionen. Der molekulare Sauerstoff wird hierbei von der Oxidationsstufe 0 in die Oxidationsstufe −2 überführt, wird also reduziert. Der Brennstoff wird oxidiert.

Beispiele für Verbrennungsvorgänge:

— Kohlenstoffverbrennung

$$C + O_2 \rightarrow CO_2\,,$$
$$C + \tfrac{1}{2}O_2 \rightarrow CO\,.$$

Die vollständige Verbrennung des Kohlenstoffs führt bis zum Kohlendioxid CO_2. Bei unvollständiger Verbrennung entsteht neben CO_2 auch das giftige Kohlenmonoxid CO.

— Verbrennung von Kohlenwasserstoffen (Beispiel Benzol)

$$C_6H_6 + 7\tfrac{1}{2}\,O_2 \rightarrow 6\,CO_2 + 3\,H_2O\,.$$

Die Reaktionsprodukte bei vollständiger Verbrennung von Kohlenwasserstoffen sind CO_2 und Wasser. Bei unvollständiger Verbrennung werden zusätzlich Kohlenmonoxid und teilweise auch Ruß gebildet. Ruß ist eine Form des Kohlenstoffs, die wechselnde Mengen an Wasserstoff und Sauerstoff enthält.

— Verbrennung von Schwefel

$$S + O_2 \rightarrow SO_2\,.$$

Schwefel – auch wenn er in organischen Molekülen gebunden ist oder als Sulfid (vgl. Tabelle 10-2) vorliegt – liefert bei der Verbrennung Schwefeldioxid SO_2. SO_2 ist neben den Stickoxiden (siehe 12.6.1), Kohlenmonoxid und Kohlenwasserstoffen einer der giftigen Bestandteile des sog. Smog. SO_2 entsteht bei der Verbrennung fossiler Brennstoffe, da diese, mit Ausnahme von Erdgas, stets mehr oder weniger große Mengen Schwefel enthalten.
In der Atmosphäre wird SO_2 langsam zu Schwefeltrioxid SO_3 oxidiert. SO_3 reagiert mit Wasser unter Bildung von Schwefelsäure H_2SO_4 (vgl. Tabelle 10-2). Daher ist Schwefeldioxid der Hauptverursacher des umweltschädlichen *sauren Regens*.

Wird anstelle von reinem Sauerstoff Luft verwendet, so entstehen bei der Verbrennung stets auch Stickoxide (Stickstoffmonoxid NO und Stickstoffdioxid NO_2), da diese bereits bei der Erwärmung von Stickstoff-Sauerstoff-Gasmischungen auf die Flammentemperatur gebildet werden (vgl. 8.4.7). Stickoxide sind Smog-Bestandteile und für viele Umweltschäden mitverantwortlich.

11.3.2 Auflösen von Metallen in Säuren

Unedle Metalle können sich in wäßrigen Lösungen von Säuren (teilweise auch in reinem Wasser und in wäßrigen Lösungen von Basen) auflösen. Diese Reaktionen sind ebenfalls Redoxvorgänge. Als Beispiel wird die Auflösung von Aluminium in Salzsäure (wäßrige Lösung von Chlorwasserstoff HCl) als Redoxvorgang formuliert:

$$\begin{array}{llll} Al & \rightarrow & Al^{3+} + 3\,e^- & 2\times \\ 2\,H^+ + 2\,e^- & \rightarrow & H_2(g) & 3\times \\ \hline 2\,Al + 6\,H^+ & \rightarrow & 2\,Al^{3+} + 3\,H_2(g) & \end{array}$$

Berücksichtigt man die Anionen, so erhält man:

$$2\,Al + 6\,HCl \rightarrow 2\,AlCl_3 + 3\,H_2(g)\,.$$

11.3.3 Darstellung von Metallen durch Reduktion von Metalloxiden

Als Reduktionsmittel werden verwendet: unedle Metalle, Wasserstoff, Koks.
Auf diese Weise wird z. B. Roheisen durch Reduktion oxidischer Eisenerze mit Koks im Hochofen dargestellt (Hochofenprozeß), vgl. D 3.1. Die Reduktion der Eisenoxide erfolgt bei diesem Verfahren im wesentlichen durch Kohlenmonoxid (CO):

$$3\,Fe_2O_3 + CO \rightarrow 2\,Fe_3O_4 + CO_2$$
$$Fe_3O_4 + CO \rightarrow 3\,FeO + CO_2$$
$$FeO + CO \rightarrow Fe + CO_2\,.$$

Das für die Reduktion der Eisenoxide notwendige CO bildet sich durch Reaktion von Kohlendioxid mit Kohlenstoff nach folgender Gleichung:

$$CO_2 + C(s) \rightarrow 2\,CO(g)\,.$$

Tabelle 11-1. Standardelektrodenpotentiale φ^0 (wäßrige Lösungen, 25 °C)

Kurzbezeichnung der Elektrode	Elektrodenreaktion	φ^0/V
K/K^+	$K^+ + e^- \rightleftharpoons K$	−2,931
Ca/Ca^{2+}	$Ca^{2+} + 2e^- \rightleftharpoons Ca$	−2,868
Na/Na^+	$Na^+ + e^- \rightleftharpoons Na$	−2,71
Mg/Mg^{2+}	$Mg^{2+} + 2e^- \rightleftharpoons Mg$	−2,372
Al/Al^{3+}	$Al^{3+} + 3e^- \rightleftharpoons Al$	−1,662
Mn/Mn^{2+}	$Mn^{2+} + 2e^- \rightleftharpoons Mn$	−1,185
Zn/Zn^{2+}	$Zn^{2+} + 2e^- \rightleftharpoons Zn$	−0,761 8
Cr/Cr^{3+}	$Cr^{3+} + 3e^- \rightleftharpoons Cr$	−0,744
Fe/Fe^{2+}	$Fe^{2+} + 2e^- \rightleftharpoons Fe$	−0,447
Pb/Pb^{2+}	$Pb^{2+} + 2e^- \rightleftharpoons Pb$	−0,126 2
$Pt/H_2/H^+$	$2H^+ + 2e^- \rightleftharpoons H_2(g)$	0
$Pt/Cu^+, Cu^{2+}$	$Cu^{2+} + e^- \rightleftharpoons Cu^+$	+0,153
Cu/Cu^{2+}	$Cu^{2+} + 2e^- \rightleftharpoons Cu$	+0,341 9
$Pt/O_2/OH^-$	$O_2(g) + 2H_2O + 4e^- \rightleftharpoons 4OH^-$	+0,401
$Pt/I_2/I^-$	$I_2 + 2e^- \rightleftharpoons 2I^-$	+0,535 5
$Pt/Fe^{2+}, Fe^{3+}$	$Fe^{3+} + e^- \rightleftharpoons Fe^{2+}$	+0,771
Ag/Ag^+	$Ag^+ + e^- \rightleftharpoons Ag$	+0,799 6
$Pt/Cl_2/Cl^-$	$Cl_2(g) + 2e^- \rightleftharpoons 2Cl^-$	+1,358 3
$Pt/Mn^{2+}, MnO_4^-$	$MnO_4^- + 8H^+ + 5e^- \rightleftharpoons Mn^{2+} + 4H_2O$	+1,507
$Pt/F_2/F^-$	$F_2(g) + 2e^- \rightleftharpoons 2F^-$	+2,866

11.4 Redoxreaktionen in elektrochemischen Zellen

Als Beispiel einer elektrochemischen Zelle sei das Daniell-Element angeführt (vgl. Bild 11-1). In dieser Zelle taucht ein Kupferstab in eine Kupfersulfatlösung und ein Zinkstab in eine Zinksulfatlösung. Beide Lösungen sind durch ein Diaphragma D (poröse Wand) an der Vermischung weitgehend gehindert. Die Redoxvorgänge finden hier an den beiden Phasengrenzflächen Zn/Zn^{2+} und Cu/Cu^{2+} statt. Die chemische Reaktion wird durch folgende Umsatzgleichung beschrieben (vgl. 11.2):

$$Zn + CuSO_4 \rightarrow ZnSO_4 + Cu\,.$$

Sie kann jedoch nur stattfinden, wenn die vom Zink abgegebenen Elektronen durch einen metallischen Leiter zum Kupfer befördert werden, um

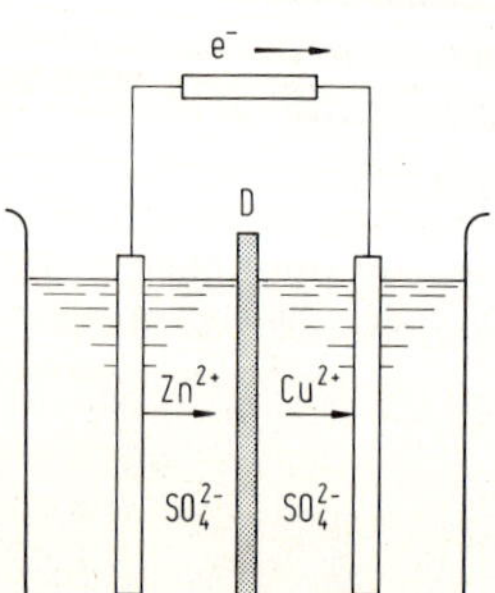

Bild 11-1. Schematischer Aufbau des Daniell-Elementes. D Diaphragma.

dort die Cu^{2+}-Ionen zu entladen (zu reduzieren). Ursache, daß sich zwischen der Cu- und Zn-Elektrode eine Spannung aufbaut, die den erwähnten Elektronenstrom treibt, ist der negative Wert der Freien Reaktionsenthalpie $\Delta_r G$ (vgl. 8.3.4).

Die bei Stromlosigkeit an einer elektrochemischen Zelle gemessene Spannung heißt elektromotorische Kraft (EMK). Quantitativ gilt folgender Zusammenhang zwischen der Freien Reaktionsenthalpie und der EMK E:

$$\Delta_r G = -n^* \cdot F \cdot E\,.$$

n^* Anzahl der in der jeweiligen Umsatzgleichung enthaltenen Elektronen, Beispiel:
$Zn + CuSO_4 \rightarrow Cu + ZnSO_4$: $n^* = 2$;
$F = N_A \cdot e = 96\,485{,}30\,9$ C/mol Faraday-Konstante;
N_A Avogadro-Konstante, e elektrische Elementarladung.

11.5 Elektrodenpotentiale, elektrochemische Spannungsreihe

Potentiale von Einzelelektroden (Halbzellen) kann man nicht direkt messen, doch ist ein paarweiser Vergleich der verschiedenen Elektrodenpotentiale anhand der Potentialdifferenzen, d. h. der Spannungen zwischen den Elektroden möglich. Für einen solchen Vergleich ist die Festlegung einer Bezugselektrode erforderlich. Als Bezugselektrode wird die *Standardwasserstoffelektrode* verwendet.

Diese Elektrode besteht aus einem Platinblech, das von gasförmigem Wasserstoff ($p(H_2) = 1{,}013\,25$ bar) bei einer Temperatur von 25 °C umspült wird, und das in eine Lösung der Wasser-

stoffionenkonzentration $c(H^+) = 1$ mol/l taucht. Elektrodenreaktion: $\frac{1}{2} H_2 \rightleftharpoons H^+ + e^-$.
Schaltet man eine Standardwasserstoffelektrode mit einer beliebigen Halbzelle zusammen, so wird die bei Stromlosigkeit gemessene Spannung als Elektrodenpotential der Halbzelle oder als Halbzellenpotential bezeichnet. Die unter Standardbedingungen ($\vartheta = 25\,°C$, $p = 1{,}013\,25$ bar, sämtliche Konzentrationen $c_i = 1$ mol/l) gemessene Spannung heißt Standardelektrodenpotential (Standardhalbzellenpotential). Dem Standardelektrodenpotential der Wasserstoffelektrode hat man durch Vereinbarung den Wert Null zugeordnet. Die Potentiale der Elektroden haben ein negatives Vorzeichen, wenn sie bei Stromfluß der Standardwasserstoffelektrode Elektronen abgeben, wenn also an diesen Elektroden Oxidationsvorgänge stattfinden. Finden unter den genannten Bedingungen an den Halbzellen Reduktionsvorgänge statt, so wird dem Potential dieser Elektroden ein positives Vorzeichen zugeordnet. Zur besseren Übersicht werden die den verschiedenen Elektroden (Halbzellen) zugeordneten Elektrodenreaktionen nach dem Zahlenwert des Halbzellenstandardpotentiale geordnet. Man erhält auf diese Weise die *elektrochemische Spannungsreihe* (siehe Tabelle 11-1).
Je kleiner (negativer) das Standardelektrodenpotential ist, um so stärker wirkt ein Redoxpaar als Reduktionsmittel und um so leichter wird es selbst oxidiert. Starke Oxidationsmittel müssen dagegen möglichst große Werte des Standardelektrodenpotentials aufweisen.
Beispiel: Sauerstoff wirkt in wäßriger Lösung gegenüber Eisen, nicht aber gegenüber Silber oder Gold als Oxidationsmittel. Daß Zink gegenüber Sauerstoff relativ beständig ist, liegt an der Ausbildung einer Zinkoxidschutzschicht auf der Zinkoberfläche, die das Zink vor einem weiteren Angriff des Sauerstoffs schützt. In stark saurer und in stark alkalischer Lösung ist diese Schutzschicht löslich, so daß Zink unter diesen Bedingungen von Sauerstoff angegriffen wird (vgl. die Standardpotentiale in Tabelle 11-1).

11.5.1 Definition von Anode und Kathode

In der Elektrochemie werden die Bezeichnungen Anode und Kathode in Zusammenhang mit den Begriffen Oxidation und Reduktion verwendet. An der Anode werden Stoffe oxidiert, an der Kathode reduziert. Bei galvanischen Zellen ist die Elektrode mit dem niedrigeren Potential die Anode.

11.5.2 Berechnung der EMK elektrochemischer Zellen aus Elektrodenpotentialen

Die Berechnung der EMK galvanischer Ketten aus den Elektrodenpotentialen erfolgt derart, daß man das Potential der Anode (φ_A), also der Elektrode, an der eine Oxidation stattfindet, von dem Potential der Kathode (φ_K) subtrahiert:

$$E = \varphi_K - \varphi_A .$$

Beispiel: Daniell-Element
Bei Stromfluß findet an der Kupferelektrode eine Reduktion der Kupferionen zu metallischem Kupfer und an der Zinkelektrode eine Oxidation des Zinks zu Zn^{2+}-Ionen statt. Die Kupferelektrode ist in diesem Fall Kathode und die Zinkelektrode Anode, da $\varphi^0_{Cu} > \varphi^0_{Zn}$. Mit den aus Tabelle 11-1 entnommenen Werten der Elektrodenpotentiale folgt für die EMK:

$$E^0 = \varphi^0_K - \varphi^0_A = 0{,}341\,9\ \text{V} - (-0{,}761\,3\ \text{V}) = 1{,}103\,2\ \text{V} .$$

11.5.3 Edle und unedle Metalle

Je größer die Tendenz von Metallionen ist, aus dem Metallzustand in den hydratisierten Zustand überzugehen, um so kleiner sind die Standardelektrodenpotentiale. Unedle Metalle haben Standardpotentiale, die kleiner als Null sind. Entsprechend gilt für edle Metalle, daß ihr Standardpotential größer als Null ist. Im Gegensatz zu edlen Metallen lösen sich unedle Metalle in Säuren (Wasserstoffionenkonzentration 1 mol/l) auf, wenn sich das chemische Gleichgewicht ungehemmt einstellen kann.

11.6 Elektrochemische Korrosion

Die elektrochemische Korrosion von Metallen besteht in einer von der Oberfläche ausgehenden Zerstörung des Metallgefüges. Sie beruht auf einer Oxidation des Metalls. Notwendig ist hierbei die Anwesenheit eines zweiten, edleren Metalls, dessen Standardpotential also höher ist als das des korrodierenden Metalls. Die elektrochemische Korrosion findet an der Anode einer elektrochemischen Korrosionszelle (eines Korrosionselementes bzw. Lokalelementes) statt und kann nur in Gegenwart eines Elektrolyten (z. B. eines Feuchtigkeitsfilmes) erfolgen. Ein Korrosionselement ist also nichts anderes, als eine kurzgeschlossene elektrochemische Zelle, vgl. D 10.4.

11.7 Erzeugung von elektrischem Strom durch Redoxreaktionen

Prinzipiell kann jede elektrochemische Zelle als Spannungsquelle dienen. Handelsübliche elektrochemische Zellen, die zur Stromerzeugung Verwendung finden, werden auch als galvanische Elemente bezeichnet. Kann die freiwillig ablaufende Zellreaktion durch Elektrolyse (vgl. 11.8) vollständig rückgängig gemacht werden, so spricht man von Sekundärelementen oder von Akkumulatoren. Im anderen Falle liegen Primärelemente vor.

Primärelemente

Das älteste technisch wichtige Primärelement ist das Leclanché-Element, das folgendermaßen aufgebaut ist: In einem Zinkbecher, der gleichzeitig als Anode dient, befindet sich eine wäßrige ammoniumchlorid-haltige Elektrolytpaste. Als Gegenelektrode dient ein Graphitstab, der von Braunstein MnO_2 umgeben ist. Diesem „Trockenelement" liegt folgende Zellreaktion zugrunde:

$$Zn + 2\,MnO_2 + 2\,H^+ \rightarrow Zn^{2+} + Mn_2O_3 + H_2O\,.$$

Sekundärelemente

Im *Bleiakkumulator* wird folgende chemische Reaktion ausgenutzt:

$$PbO_2(s) + Pb(s)$$

$$+ 2\,H_2SO_4 \underset{\text{Ladung}}{\overset{\text{Entladung}}{\rightleftharpoons}} 2\,PbSO_4(s) + 2\,H_2O\,.$$

Im *Nickel-Cadmium-Akkumulator* läuft folgende Reaktion ab:

$$Cd(s) + 2\,NiOOH(s)$$

$$+ 2\,H_2O \underset{\text{Ladung}}{\overset{\text{Entladung}}{\rightleftharpoons}} Cd(OH)_2(s) + 2\,Ni(OH)_2(s)\,.$$

Brennstoffzellen

In Brennstoffzellen werden die Reaktionspartner für die Redoxreaktion kontinuierlich zugeführt und die Reaktionsprodukte fortwährend entfernt. Für Spezialanwendungen (Raumfahrt) hat sich die *Wasserstoff-Sauerstoff-Zelle*, die auch als *Knallgaselement* bezeichnet wird, bewährt. Als Elektrolytlösungen kommen sowohl Laugen als auch Säuren in Betracht. Platin, Nickel und Graphit werden hauptsächlich (auch in Kombination) als Elektrodenmaterial eingesetzt. In dieser Zelle laufen die folgenden Reaktionen ab:

H_2	$\rightarrow 2\,H^+ + 2e^-$	(Anodenreaktion)
$\frac{1}{2}O_2 + H_2O + 2e^-$	$\rightarrow 2\,OH^-$	(Kathodenreaktion)
$H_2 + \frac{1}{2}O_2$	$\rightarrow 2\,H_2O$	(Zellreaktion)

11.8 Elektrolyse, Faraday-Gesetz

Galvanische Zellen ermöglichen durch den Übergang von Elektronen den freiwilligen Ablauf der Zellreaktion. Solange sich das System noch nicht im thermodynamischen Gleichgewicht befindet, gilt für die Zellreaktion $\Delta_r G < 0$. Die Spannung zwischen den Elektroden verschwindet und der Stromfluß endet, wenn durch die Konzentrationsänderungen der Reaktionsteilnehmer $\Delta_r G = 0$ wird (thermodynamisches Gleichgewicht) oder wenn einer der Reaktionsteilnehmer vollständig verbraucht ist.

Durch Anlegen einer äußeren Spannung und Zufuhr elektrischer Arbeit kann ein Elektronenstrom in umgekehrter Richtung erzwungen werden. In diesem Fall finden Redoxreaktionen statt, bei denen $\Delta_r G > 0$ ist. Einen derartigen Vorgang nennt man Elektrolyse. So ist es z. B. beim Daniell-Element durch Anlegen einer Spannung von mehr als 1,1 V möglich, Zink abzuscheiden und Kupfer aufzulösen.

Faraday-Gesetz

Die Stoffmenge n der an den Elektroden bei einer Elektrolyse umgesetzten Stoffe ist der durch den Elektrolyten geflossenen Ladung Q direkt und der Ladungszahl z der Ionen indirekt proportional:

$$n = \frac{Q}{z \cdot F} = \frac{m}{M} \quad \text{oder} \quad m = \frac{M \cdot Q}{z \cdot F}$$

F Faraday-Konstante, M molare Masse, m Masse.

11.8.1 Technische Anwendungen elektrolytischer Vorgänge

Darstellung unedler Metalle

Unedle Metalle, wie z. B. Aluminium, Magnesium und die Alkalimetalle, können durch Elektrolyse wasserfreier geschmolzener Salze (Schmelzflußelektrolyse) dargestellt werden. In diesen Salzen müssen die erwähnten Metalle als Kationen enthalten sein.

Bei der Gewinnung von Aluminium geht man von Aluminiumoxid Al_2O_3 aus. Da dessen Schmelzpunkt sehr hoch liegt (2 045 °C) elektrolysiert man eine Lösung von Al_2O_3 in geschmolzenem Kryolith Na_3AlF_6 bei ca. 950 °C. Die an den Elektroden stattfindenden Prozesse können schematisch durch die folgenden Gleichungen beschrieben werden:

$2\,Al^{3+} + 6\,e^-$	$\rightarrow 2\,Al$	(Kathodenreaktion)
$3\,O^{2-}$	$\rightarrow 1\frac{1}{2}\,O_2 + 6\,e^-$	(Anodenreaktion)
Al_2O_3	$\rightarrow 2\,Al + 1\frac{1}{2}\,O_2$	

Die Dichte der Salzschmelze ist bei der Temperatur, bei der die Elektrolyse durchgeführt wird, kleiner als die des flüssigen Aluminiums. Daher kann sich das flüssige Metall am Boden des Reaktionsgefäßes ansammeln und wird so vor der Oxidation durch den Luftsauerstoff geschützt.

Reinigung von Metallen (elektrolytische Raffination)

Dieses Verfahren wird z. B. zur Gewinnung von reinem Kupfer (Cu-Massenanteil 99,95 %) und von reinem Gold eingesetzt. Zur Reindarstellung von Kupfer werden eine Rohkupferanode und eine Reinkupferkathode verwendet. Als Elektrolyt dient eine schwefelsaure (H_2SO_4 enthaltende) Kupfersulfatlösung. Bei Stromfluß wird metallisches Kupfer an der Anode zu Cu^{2+}-Ionen oxidiert ($Cu \rightarrow Cu^{2+} + 2\,e^-$). Die unedlen Verunreinigungen des Rohkupfers (wie Eisen, Nickel, Kobalt, Zink) gehen ebenfalls in Lösung, die edlen Bestandteile (Silber, Gold, Platin) bleiben als Anodenschlamm ungelöst zurück. An der Kathode wird praktisch nur das Kupfer wieder abgeschieden, während die unedlen Begleitelemente in Lösung bleiben und sich dort allmählich anreichern.

Anodische Oxidation von Aluminium („Eloxal-Verfahren")

Beim Lagern von Aluminium an der Luft überzieht sich die Oberfläche des Metalls mit einer dünnen, festhaftenden Oxidschicht. Sie schützt das Aluminium vor weiterer Korrosion durch atmosphärische Einflüsse. Durch anodische Oxidation läßt sich die Dicke der Oxidschicht und damit die Schutzwirkung ganz erheblich verstärken (Dicke ca. 0,02 mm).

Chloralkali-Elektrolyse

Dieses Verfahren dient zur Darstellung von Chlor und Natronlauge durch Elektrolyse einer wäßrigen Natriumchloridlösung. Der Gesamtvorgang kann durch folgende Umsatzgleichung beschrieben werden:

$$2\,H_2O + 2\,NaCl \rightarrow H_2 + 2\,NaOH + Cl_2\,.$$

Bei diesem Verfahren muß verhindert werden, daß die im Kathodenraum entstehenden Hydroxidionen zum Anodenraum gelangen, da sonst das Chlor mit der Lauge unter Bildung von Chlorid- und Hypochlorid ClO^- reagieren würde:

$$Cl_2 + 2\,OH^- \rightarrow Cl^- + ClO^- + H_2O\,.$$

Derartige Redoxvorgänge, bei denen eine Verbindung mittlerer Oxidationszahl gleichzeitig in eine Substanz mit größerer und kleinerer Oxidationszahl übergeht, werden als *Disproportionierungen* bezeichnet.

12 Die Hauptgruppenelemente und ihre Verbindungen

12.0 Wasserstoff

Elementarer Wasserstoff

Wasserstoff ist ein Mischelement und besteht aus drei Isotopen: ^1_1H, ^2_1H und ^3_1H (Häufigkeiten: 99,985 %, 0,015 % und 10^{-5} %). Die Isotope ^2_1H und ^3_1H werden als Deuterium D und Tritium T bezeichnet. Tritium ist radioaktiv und zerfällt als β-Strahler in ^3_2He (Halbwertzeit $t_{1/2} = 12{,}346$ a).

Gewinnung: 1. Elektrolyse von Wasser, vgl. 11.8. 2. Reaktion von Säuren mit unedlen Metallen, vgl. 11.5.3, z. B.: $Zn + 2\,H^+(aq) \rightarrow Zn^{2+} + H_2$. 3. Umsetzung von Wasserdampf mit glühendem Koks: $H_2O(g) + C \rightleftharpoons CO + H_2$. Eine Mischung von Kohlenmonoxid CO und Wasserstoff wird als Wassergas bezeichnet.

Eigenschaften: Siehe Tabelle 5-2; Elektronegativität $\chi = 2{,}1$.

Wasserstoffverbindungen

Wasserstoffverbindungen heißen auch *Hydride*. Nach der Art der Bindung unterscheidet man:

- *Ionische (salzartige) Hydride*. Solche Verbindungen bildet Wasserstoff mit den Elementen der I. und II. Hauptgruppe. Sie werden durch das negativ geladene Hydridion H^- charakterisiert (Oxidationszahl des Wasserstoffs in diesem Ion: −1). Beispiele: Lithiumhydrid LiH, Calciumhydrid CaH_2. Alkalimetallhydride kristallisieren im NaCl-Gitter, vgl. 7.2.2. Hydridionen reagieren mit Verbindungen, die Wasserstoffionen enthalten, unter Bildung von molekularem Wasserstoff, z. B.:

  $$H^- + H_2O \rightarrow OH^-(aq) + H_2\,.$$

- *Kovalente Hydride*. Verbindungen dieses Typs entstehen bei der Reaktion des Wasserstoffs mit den Elementen der III. bis VII. Hauptgruppe. Beispiele: Methan CH_4, Wasser H_2O, Schwefelwasserstoff H_2S.
- *Metallartige Hydride*. Derartige Einlagerungsverbindungen bildet Wasserstoff mit den meisten Übergangsmetallen. Der Wasserstoff besetzt häufig die Oktaeder- und/oder Tetraederlücken in kubisch bzw. hexagonal dichtesten Kugelpackungen, die von den Metallatomen ausgebildet werden (vgl. 7.2.1). Beispiele: $TiH_{1,0-2,0}$ und $ZrH_{1,5-2,0}$.
- *Komplexe Hydride*. Hierunter versteht man Wasserstoffverbindungen der Art $LiAlH_4$ (Lithiumaluminiumhydrid), an denen außer Alkalimetallen die Elemente Bor, Aluminium oder Gallium beteiligt sind.

12.1 I. Hauptgruppe: Alkalimetalle

Zu den Alkalimetallen gehören die Elemente Lithium Li, Natrium Na, Kalium K, Rubidium Rb, Caesium Cs und Francium Fr. Francium ist radioaktiv und kommt in der Natur nur in sehr geringen Mengen als Zerfallsprodukt des Actiniums vor. Die Elemente der I. Hauptgruppe sind silbrig glänzende, kubisch raumzentriert kristallisierende Metalle (vgl. 7.2.1). Sie sind sehr weich, haben eine geringe Dichte und niedrige Schmelz- und Siedepunkte (vgl. Tabelle 12-1).

In der äußeren Schale haben die Alkalimetalle ein ungepaartes s-Elektron, das leicht abgegeben werden kann. Sie sind daher sehr starke Reduktionsmittel. In Verbindungen treten die Elemente der

Tabelle 12-1. Eigenschaften der Alkalimetalle

		Lithium	Natrium	Kalium	Rubidium	Caesium
Elektronenkonfiguration		$[He]2s^1$	$[Ne]3s^1$	$[Ar]4s^1$	$[Kr]5s^1$	$[Xe]6s^1$
Schmelzpunkt	°C	180,5	97,8	63,2	38,9	28,4
Siedepunkt	°C	1 342	882,9	760	686	669,3
Ionisierungsenergie (1. Stufe)	eV	5,39	5,14	4,34	4,18	3,89
Atomradius	pm	152	186	227	248	263
Ionenradius	pm	68	98	133	148	167
Elektronegativität		1,0	1,0	0,9	0,9	0,9

I. Hauptgruppe ausschließlich mit der Oxidationszahl +1 als einfach positiv geladene Ionen auf.

Gewinnung: Schmelzflußelektrolyse (siehe 11.8.1) der Hydroxide bzw. der Chloride.

Reaktionen

Die Alkalimetalle sind äußerst reaktionsfähig. Sie reagieren z. B. mit Halogenen, Schwefel und Wasserstoff unter Bildung von Halogeniden (z. B. Natriumchlorid NaCl), Sulfiden (z. B. Natriumsulfid Na_2S) und ionischen Hydriden (siehe 12.0). Die Reaktionsfähigkeit der Alkalimetalle nimmt mit steigender Ordnungszahl zu.

Reaktionen mit Sauerstoff: Lithium reagiert mit Sauerstoff unter Bildung von Lithiumoxid Li_2O. Natrium verbrennt an der Luft zu Natriumperoxid Na_2O_2: $2\,Na + O_2 \rightarrow Na_2O_2$. Die anderen Alkalimetalle reagieren mit Sauerstoff unter Bildung von Hyperoxiden, die durch das O_2^--Ion charakterisiert sind; Beispiel: $K + O_2 \rightarrow KO_2$.

Reaktionen mit Wasser: Hierbei werden Alkalimetallhydroxide und Wasserstoff gebildet, z. B.:

$$2\,Na + 2\,H_2O \rightarrow 2\,NaOH + H_2(g)\,.$$

Die Reaktion nimmt mit steigender Ordnungszahl an Heftigkeit zu. Bei der Reaktion von Kalium mit Wasser entzündet sich der gebildete Wasserstoff an der Luft von selbst.

Alkalimetallhydroxide

Wäßrige Lösungen der Alkalimetallhydroxide (z. B. Natriumhydroxid NaOH) sind starke Basen (vgl. 10.7.4). Die Basenstärke nimmt mit wachsender Ordnungszahl der Alkalimetallionen zu. Für wäßrige Lösungen von Natriumhydroxid und Kaliumhydroxid sind die Trivialnamen Natronlauge und Kalilauge üblich.

12.2 II. Hauptgruppe: Erdalkalimetalle

Die Elemente Beryllium Be, Magnesium Mg, Calcium Ca, Strontium Sr, Barium Ba und das radioaktive Radium Ra werden als Erdalkalimetalle bezeichnet. Es sind – mit Ausnahme des sehr harten Berylliums – nur mäßig harte Leichtmetalle, vgl. Tabelle 12-2. Die Erdalkalimetalle haben in der äußersten Schale zwei Elektronen, die leicht abgegeben werden können. Daher sind diese Elemente starke Reduktionsmittel. In ihren Verbindungen treten sie stets mit der Oxidationszahl +2 auf.

Reaktionen

Die Erdalkalimetalle sind i. allg. sehr reaktionsfreudig. Sie reagieren direkt mit Halogenen, Wasserstoff und Sauerstoff zu Halogeniden (z. B. Calciumchlorid $CaCl_2$), ionischen Hydriden (vgl. 12.0) bzw. Oxiden (z. B. Magnesiumoxid MgO). An feuchter Luft und in Wasser bilden sich Hydroxide. Mg und vor allem Be werden dabei – wie bekanntlich auch Aluminium – mit einer dünnen, fest haftenden oxidischen Schutzschicht überzogen. Daher sind diese beiden Metalle gegenüber Wasser beständig. Wie bei den Alkalimetallen nimmt auch bei den Erdalkalimetallen die Reaktionsfähigkeit mit steigender Ordnungszahl zu.

Tabelle 12-2. Eigenschaften der Erdalkalimetalle

		Beryllium	Magnesium	Calcium	Strontium	Barium
Elektronenkonfiguration		$[He]2s^2$	$[Ne]3s^2$	$[Ar]4s^2$	$[Kr]5s^2$	$[Xe]6s^2$
Schmelzpunkt	°C	1 278	648,8	839	770	725
Siedepunkt	°C	2 970	1 107	1 484	1 380	1 640
Ionisierungsenergie (1. Stufe)	eV	9,32	7,65	6,11	5,70	5,21
Atomradius	pm	112	160	197	215	221
Ionenradius (Ladungszahl 2+)	pm	30	65	94	110	134
Elektronegativität		1,5	1,2	1,0	1,0	1,0

Gewinnung der Erdalkalimetalle: Durch Schmelzflußelektrolyse (siehe 11.8.1) der Halogenide oder durch Reduktion der Oxide mit Koks, Silicium oder Aluminium. Wird bei der Herstellung von Elementen Aluminium als Reduktionsmittel verwendet, so spricht man vom *aluminothermischen Verfahren*. Beispiel:

$$3\,MgO + 2\,Al \rightarrow Al_2O_3 + 3\,Mg\,.$$

Erdalkalimetallhydroxide

Erdalkalimetalle bilden Hydroxide des Typs $M(OH)_2$ (M Erdalkalimetall). Der basische Charakter der Hydroxide nimmt mit steigender Ordnungszahl zu. Berylliumhydroxid $Be(OH)_2$ kann je nach Art des Reaktionspartners als Säure oder als Base reagieren und ist daher sowohl in Säuren als auch in starken Basen (vgl. 10.7) löslich. Verbindungen mit einem derartigen Verhalten werden als *amphoter* bezeichnet:

$$\underset{}{Be(aq)^{2+}} \xleftarrow[-2H_2O]{+2H^+} \underset{\text{Beryllium-hydroxid}}{Be(OH)_2} \xrightarrow{+2OH^-} \underset{\text{Beryllation}}{[Be(OH)_4]^{2-}}\,.$$

Magnesiumhydroxid $Mg(OH)_2$ ist eine schwache Base ohne amphotere Eigenschaften. $Ba(OH)_2$ und $Ra(OH)_2$ sind starke Basen.

12.3 III. Hauptgruppe: die Borgruppe

Die Elemente Bor B, Aluminium Al, Gallium Ga, Indium In und Thallium Tl bilden die III. Hauptgruppe des Periodensystems. Alle Elemente dieser Gruppe haben drei Valenzelektronen, können also in Verbindungen maximal in der Oxidationszahl +3 auftreten. Daneben tritt in der Borgruppe auch die Oxidationszahl +1 auf, deren Beständigkeit mit steigender Ordnungszahl zunimmt. So sind beim Bor nur dreiwertige Verbindungen bekannt, während beim Thallium die Oxidationszahl +1 vorherrscht. Bor tritt nie als B^{3+}-Kation auf und unterscheidet sich dadurch von allen anderen Elementen der III. Hauptgruppe.

Metallcharakter: Der metallische Charakter nimmt – wie auch innerhalb der anderen Hauptgruppen – mit steigender Ordnungszahl zu. Elementares Bor ist ein hartes Halbmetall mit einem starken kovalenten Bindungsanteil. Die elektrische Leitfähigkeit ist gering ($56 \cdot 10^{-6}$ S/m bei 0 °C) und steigt mit zunehmender Temperatur rasch an. Die Schmelz- und Siedepunkte sind hoch (vgl. Tabelle 12-3).

Aluminium ist bereits ein in der kubisch dichtesten Kugelpackung kristallisierendes Leichtmetall mit hoher elektrischer Leitfähigkeit ($40 \cdot 10^6$ S/m bei 0 °C).

Säure-Base-Eigenschaften: Die basischen (oder sauren) Eigenschaften der Oxide und Hydroxide der Elemente der Borgruppe nehmen mit steigender Ordnungszahl zu (bzw. ab). Ähnlich verhalten sich die entsprechenden Verbindungen in den anderen Hauptgruppen.

$B(OH)_3$ (Borsäure) ist, wie der Name schon sagt, sauer, die entsprechenden Al- und Ga-Verbindungen sind amphoter und die In- und Th-Verbindungen reagieren basisch.

12.3.1 Bor

Borwasserstoffe (Borane) existieren in großer Vielfalt. Es sind sehr reaktionsfähige und meist giftige Substanzen, die mit Luft oder mit Sauerstoff explosionsfähige Gemische bilden. Die einfachste Verbindung ist das Diboran B_2H_6. Mit Sauerstoff reagiert es unter großer Wärmeentwicklung gemäß folgender Gleichung:

$$\underset{\text{Diboran}}{B_2H_6} + 3\,O_2 \rightarrow \underset{\text{Bortrioxid}}{B_2O_3} + 3\,H_2O\,.$$

Borsäure H_3BO_3 bzw. $B(OH)_3$ ist in wäßriger Lösung eine sehr schwache Säure. Ihre Salze heißen Borate. Es gibt Orthoborate (z. B. $Li_3[BO_3]$), Metaborate (z. B. $Na_3[B_3O_6]$) und Polyborate (z. B. Borax $Na_2B_4O_7 \cdot 10\,H_2O$). Viele Wasch- und Bleichmittel enthalten Perborate. Das sind in der Regel Anlagerungsverbindungen des Wasserstoffperoxids H_2O_2 (siehe 12.6.1) an gewöhnliche Borate.

Bornitrid BN kommt in einer hexagonalen dem Graphit und einer kubischen dem Diamanten analogen Modifikation (Borazon) vor.

Borcarbid $B_{13}C_2$, eine chemisch sehr beständige Verbindung, ist in seiner Härte mit dem Diamanten vergleichbar.

Tabelle 12-3. Eigenschaften der Elemente der Borgruppe

		Bor	Aluminium	Gallium	Indium	Thallium
Elektronenkonfiguration		$[He]2s^22p^1$	$[Ne]3s^23p^1$	$[Ar]3d^{10}4s^24p^1$	$[Kr]4d^{10}5s^25p^1$	$[Xe]4f^{14}5d^{10}6s^26p^1$
Schmelzpunkt	°C	2 300	660,4	29,8	156,6	303,5
Siedepunkt	°C	2 550	2 467	2 403	2 080	1 457
Ionisierungsenergie (1. Stufe)	eV	8,30	5,99	6,00	5,79	6,11
Atomradius	pm	79	143	122	136	170
Elektronegativität		2,0	1,5	1,6	1,7	1,8

Metallboride bilden sich beim Erhitzen von Bor mit Metallen. Es sind sehr harte, chemisch beständige Verbindungen.

12.3.2 Aluminium

Elementares Aluminium

Vorkommen in Feldspäten (z. B. Kalifeldspat oder Orthoklas $K[AlSi_3O_8]$, in Glimmern und in Tonen (Tone sind die Verwitterungsprodukte von Feldspäten oder feldspathaltigen Gesteinen), als reines Aluminiumoxid Al_2O_3 (Korund) und als Aluminiumhydroxid (Bauxit).

Darstellung: Schmelzflußelektrolyse von Aluminiumoxid (vgl. 11.8.1).

Aluminiumverbindungen

Aluminiumoxid Al_2O_3 kommt in zwei verschiedenen Modifikationen als γ-Al_2O_3 und α-Al_2O_3 vor. γ-Al_2O_3 ist ein weiches Pulver mit großer Oberfläche, das beim Glühen (1 100 °C) in das sehr harte α-Al_2O_3 (Korund) übergeht. Im Korund bilden die O^{2-}-Ionen eine hexagonal dichteste Kugelpakkung. Die Al^{3+}-Ionen besetzen ⅔ der vorhandenen Oktaederlücken (vgl. 7.2.1).

Aluminiumhydroxid $Al(OH)_3$ ist amphoter und löst sich daher sowohl in Säuren als auch in Basen auf:

$$Al(aq)^{3+} \xleftarrow[-3\,H_2O]{+3\,H^+} Al(OH)_3 \xrightarrow{+OH^-} [Al(OH)_4]^- .$$

Das $[Al(OH)_4]^-$-Ion heißt Tetrahydroxoaluminat-ion oder kurz Alumination.

12.4 IV. Hauptgruppe: die Kohlenstoffgruppe

Die Elemente Kohlenstoff C, Silicium Si, Germanium Ge, Zinn Sn und Blei Pb bilden die IV. Hauptgruppe des Periodensystems (vgl. Tabelle 12-4). In Verbindungen treten diese Elemente in den Oxidationszahlen +4 und +2 auf. Die Stabilität von Verbindungen mit der Oxidationszahl +4 (+2) nimmt mit steigender Ordnungszahl ab (zu). Der metallische Charakter wächst in Richtung vom Kohlenstoff zum Blei hin.

12.4.1 Kohlenstoff

Elementarer Kohlenstoff

Kohlenstoff kommt in mehreren Modifikationen vor. Die beiden wichtigsten sind Graphit und Diamant (vgl. Bild 7-7 und 7-8; D 4.2). Dem Graphit nahestehende Kohlenstoffsorten mit technischer Bedeutung sind Kunstgraphit (Elektrographit), Koks, Ruß und Aktivkohle.

Kohlenstoffverbindungen

Carbide heißen die Verbindungen des Kohlenstoffs mit Metallen oder Nichtmetallen, wenn der Kohlenstoff der elektronegativere (vgl. 4.1.4) Partner ist. Diese Substanzen werden unterteilt in:
- *Salzartige Carbide* (z. B. Calciumcarbid CaC_2),
- *metallische Carbide* (z. B. Vanadiumcarbid VC) und
- *kovalente Carbide* (z. B. Siliciumcarbid SiC „Carborundum“).

Kovalente Carbide sind extrem hart, schwer schmelzbar und chemisch inert. Viele salzartige Carbide reagieren mit Wasser unter Bildung von Acetylen HC≡CH, Beispiel:

$$CaC_2 + 2\,H^+ \rightarrow Ca^{2+} + HC{\equiv}CH\,.$$

Kohlendioxid CO_2 ist ein farbloses, etwas säuerlich schmeckendes Gas. CO_2 ist ein natürlicher Bestandteil der Luft (vgl. Tabelle 5-2). Es entsteht bei der Verbrennung von Kohle, Erdöl und Erdgas (vgl. 11.3.1).

Mit Wasser reagiert CO_2 unter Bildung von Kohlensäure H_2CO_3, die als schwache zweibasige Säure in Wasserstoffionen, Hydrogencarbonat-(HCO_3-) und Carbonat-Ionen (CO_3^{2-}) dissoziiert:

$$CO_2 + H_2O \rightleftharpoons H_2CO_3 \rightleftharpoons H^+(aq) + HCO_3^-$$
$$\rightleftharpoons 2\,H^+(aq) + CO_3^{2-}\,.$$

CO_2-Gehalt in der Luft und Klima. Der Gehalt an CO_2 in der Luft hat sich seit 1800 von 280 ppm auf den jetzigen Stand von 347 ppm erhöht (mittlerer jährlicher Zuwachs 1,6 ppm). Da CO_2 (wie andere klimawirksame Spurengase, z. B. Methan CH_4) die infrarote Strahlung des Sonnenspektrums absorbiert, ist zu erwarten, daß eine Vergrößerung des CO_2-Gehaltes eine globale Temperaturerhöhung

Tabelle 12-4. Eigenschaften der Elemente der Kohlenstoffgruppe

		Kohlenstoff	Silicium	Germanium	Zinn	Blei
Elektronenkonfiguration		$[He]2s^22p^2$	$[Ne]3s^23p^2$	$[Ar]3d^{10}4s^24p^2$	$[Kr]4d^{10}5s^25p^2$	$[Xe]4f^{14}5d^{10}6s^26p^2$
Schmelzpunkt	°C	(3 730)	1 410	937,4	232,0	327,5
Siedepunkt	°C	(4 830)	2 355	2 830	2 270	1 740
Ionisierungsenergie (1. Stufe)	eV	11,26	8,15	7,90	7,34	7,42
Atomradius	pm	77	118	122	140	144
Elektronegativität		2,5	1,8	1,7	1,7	1,7

bewirkt. Die damit verbundenen Klimaänderungen können schwere Umweltschäden verursachen. Der jährliche durch Kraftwerke, Haushalte, Verkehr und Industrie verursachte CO_2-Ausstoß betrug 1985 weltweit $20{,}5 \cdot 10^9$ t. Davon entfielen auf die Bundesrepublik Deutschland $743 \cdot 10^6$ t (pro Bundesbürger somit jährlich ca. 13 t).

Kohlenmonoxid CO ist ein farb- und geruchloses, sehr giftiges Gas (vgl. Tabelle 5-2). CO ist Nebenprodukt bei der unvollständigen Verbrennung von Kohle, Erdöl oder Erdgas (vgl. 11.3.1). Technisch kann es durch Reaktion von CO_2 mit Koks (C) bei 1 000 °C dargestellt werden (Boudouard-Gleichgewicht):

$$CO_2 + C \rightleftharpoons 2\,CO\,.$$

CO ist Bestandteil von Wassergas, das beim Überleiten von Wasserdampf über stark erhitzten Koks entsteht, vgl. 12.0.

Schwefelkohlenstoff oder Kohlenstoffdisulfid CS_2 ist eine wasserklare Flüssigkeit (Siedepunkt 46,2 °C, MAK-Wert 10 ppm). CS_2-Dämpfe bilden mit Sauerstoff oder Luft explosionsfähige Gasgemische.

12.4.2 Silicium

Elementares Silicium

Die bei Raumtemperatur und Normaldruck stabile Modifikation, das α-Silicium, ist ein dunkelgraues, hartes Nichtmetall mit Diamantstruktur. Silicium ist — wie Germanium — ein Halbleiter, dessen elektrische Leitfähigkeit mit steigender Temperatur zunimmt. Geringe gezielt eingebrachte Verunreinigungen (Dotierungen) können die elektrische Leitfähigkeit um Größenordnungen steigern.
Darstellung: Reduktion von Siliciumdioxid SiO_2 mit Koks, Magnesium oder Aluminium.

Siliciumverbindungen

Siliciumwasserstoffe (Silane) werden durch die Summenformel Si_nH_{2n+2} charakterisiert. Sie gleichen in ihrer Zusammensetzung den Alkanen (vgl. 14.1.1). Das erste Glied dieser Reihe ist das *Monosilan* SiH_4. In den Siliciumwasserstoffen ist Silicium vierbindig (tetraedrische Anordnung). Silane sind sehr oxidationsempfindlich und bilden mit Luft, bzw. mit Sauerstoff, explosionsfähige Gasmischungen. Mit Wasser reagieren sie unter Bildung von Siliciumdioxid und Wasserstoff, so z. B.:

$$SiH_4 + 2\,H_2O \rightarrow SiO_2 + 4\,H_2\,.$$

Siloxane, Silicone: Die Kondensation von Silanolen $R_3Si—OH$ (R Alkyl-Rest, vgl. 14.1.1) führt zu Disiloxanen:

$$R_3Si—OH + HO—SiR_3 \rightarrow R_3Si—O—SiR_3 + H_2O\,.$$

Bei der Kondensation von Silandiolen $R_2Si(OH)_2$ oder Silantriolen $RSi(OH)_3$ entstehen Polysiloxane

$$\ldots—SiR_2—O—SiR_2—O—SiR_2—O—\ldots$$

bzw. analog aufgebaute Schichtstrukturen. Diese Polymerverbindungen werden zusammengefaßt als Silicone bezeichnet.

Siliciumoxide: Wie beim Kohlenstoff existieren auch beim Silicium zwei Oxide: *Siliciummonoxid* SiO und *Siliciumdioxid* SiO_2. Siliciumdioxid kommt in mehreren Modifikationen vor. Wichtig sind: α- und β-Quarz, β-Tridymit, β-Cristobalit sowie die beiden Hochdruckmodifikationen Stishovit und Coesit. Das technisch wichtige *Quarzglas* kann durch Abkühlen von geschmolzenem Siliciumdioxid hergestellt werden (vgl. 6.4 und D 4.3).

Silicate heißen die Salze der Kieselsäuren, deren einfachstes Glied die *Orthokieselsäure* H_4SiO_4 ist. Silicate weisen große Strukturmannigfaltigkeiten auf. Man unterscheidet:

- *Inselsilicate* mit isolierten SiO_4-Tetraedern (z. B. Olivin $(Mg, Fe)_2[SiO_4]$).
- *Gruppen- und Ringsilicate* mit einer begrenzten Anzahl verknüpfter SiO_4-Tetraeder (Beispiel für ein Ringsilicat: Beryll $Al_2Be_3[Si_6O_{18}]$).
- *Ketten- und Bandsilicate,* die aus einer unbegrenzten Zahl von verketteten SiO_4-Tetraedern aufgebaut sind.
- *Schichtsilicate* mit zweidimensional unbegrenzten Schichten. Quantitative Zusammensetzung: $[Si_2O_5^{2-}]_x$. Beispiele: Glimmer, Tonminerale, Asbest.
- *Gerüstsilicate* mit dreidimensional unbegrenzter Struktur. In diesen Substanzen ist ein Teil der Si-Atome des Siliciumdioxids durch Aluminium ersetzt. Beispiel: Feldspäte, Zeolithe (Verwendung als Molekularsiebe).

Technisch wichtige Silicate

- *Wasserglas,* eine wäßrige Lösung von Alkalisilicaten (Verwendung: Verkitten von Glas und Porzellan, Flammschutzmittel).
- *Silicatgläser* (Gläser im allgemeinen Sprachgebrauch, vgl. 6.4 und D 4.3).
- *Keramische Erzeugnisse.* Hierunter versteht man im wesentlichen technische Produkte, die durch Glühen von Tonen (vgl. 12.3.2) hergestellt werden.

12.4.3 Germanium, Zinn und Blei

α-Germanium ist die bei Raumtemperatur und Normaldruck stabile Germanium-Modifikation. Es ist ein grauweißes, sehr sprödes Metall mit Diamantstruktur. α-Ge hat Halbleitereigenschaften.
Zinn kommt in drei verschiedenen Modifikationen als α-, β- und γ-Sn vor. Bei Raumtemperatur ist das metallische β-Sn stabil. Unterhalb 13,2 °C

wandelt sich diese Modifikation allmählich in graues α-Zinn mit Diamantstruktur um. Gegenstände aus Zinn zerfallen dabei in viele kleine Kriställchen („Zinnpest").

Blei kristallisiert in der kubisch dichtesten Kugelpackung, also in einem echten Metallgitter (vgl. 7.2.1). Blei ist ein graues, weiches Schwermetall.

12.5 V. Hauptgruppe: die Stickstoffgruppe

Zur V. Hauptgruppe gehören die Elemente Stickstoff N, Phosphor P, Arsen As, Antimon Sb und Bismut (auch Wismut) Bi, vgl. Tabelle 12-5.

Oxidationszahl: Gegenüber elektropositiven Elementen (vgl. 4.1.4), so z. B. Wasserstoff, treten die Elemente der Stickstoffgruppe mit der Oxidationszahl −3 auf (z. B. NH_3, PH_3, AsH_3). In Verbindungen mit elektronegativen Elementen wie Sauerstoff oder Chlor werden hauptsächlich die Oxidationszahlen +3 und +5 beobachtet.

Metallcharakter: Der metallische Charakter der Elemente der V. Hauptgruppe nimmt mit steigender Ordnungszahl zu. Stickstoff ist ein typisches Nichtmetall und Bismut ein reines Metall. Die Elemente Phosphor, Arsen und Antimon kommen sowohl in metallischen als auch in nichtmetallischen Modifikationen vor.

12.5.1 Stickstoff

Elementarer Stickstoff

Vorkommen: Bestandteil der Luft, vgl. Tabelle 5-2.

Gewinnung: Durch fraktionierte Destillation von flüssiger Luft.

Eigenschaften: Stickstoff ist bei Raumtemperatur nur als N_2-Molekül beständig. Er ist unter diesen Bedingungen ein farb- und geruchloses Gas (vgl. Tabelle 5-2).

Stickstoffverbindungen

Ammoniak NH_3: Darstellung nach dem Haber-Bosch-Verfahren, siehe 9.9.4. Ammoniak ist ein farbloses Gas mit stechendem Geruch, vgl. Tabelle 5-2. Es ist sehr leicht in Wasser löslich. Die wäßrige Lösung reagiert schwach basisch:

$$NH_3 + H_2O \rightleftharpoons NH_4^+ + OH^- .$$

Verwendung von Ammoniak: Herstellung von Salpetersäure und Düngemitteln.

Hydrazin $H_2N{-}NH_2$ *oder* N_2H_4: Darstellung durch Oxidation von Ammoniak:

$$H_2N{-}H + O + H{-}NH_2 \xrightarrow{-H_2O} H_2N{-}NH_2 .$$

Hydrazin ist bei Raumtemperatur eine farblose ölige Flüssigkeit (Siedepunkt 113,5 °C). Reines Hydrazin kann explosionsartig in Ammoniak und Stickstoff zerfallen:

$$3\,N_2H_4(l) \rightarrow 4\,NH_3(g) + N_2(g) .$$

Mit starken Säuren reagiert Hydrazin unter Bildung von Hydraziniumsalzen (z. B. Hydraziniumsulfat $[N_2H_6][SO_4]$).

Stickstoffwasserstoffsäure HN_3 ist eine farblose explosive Flüssigkeit:

$$2\,HN_3(l) \rightarrow 3\,N_2(g) + H_2(g) .$$

Wäßrige Lösungen reagieren schwach sauer. Die Salze der Stickstoffwasserstoffsäure heißen Azide. Schwermetallazide (z. B. Bleiazid $Pb(N_3)_2$ und Silberazid AgN_3) sind schlagempfindlich und werden daher in der Sprengtechnik als Initialzünder verwendet.

Oxide des Stickstoffs

— *Distickstoffmonoxid* N_2O („Lachgas"), Oxidationszahl des Stickstoffs +1, vgl. Tabelle 5-2.
— *Stickstoffmonoxid* NO ist ein farbloses, giftiges Gas, vgl. 8.4.7 und 11.3.1. Mit Sauerstoff reagiert es in einer Gleichgewichtsreaktion unter Bildung von Stickstoffdioxid NO_2:

$$2\,NO + O_2 \rightleftharpoons 2\,NO_2 .$$

— *Stickstoffdioxid* NO_2 ist ein rotbraunes erstikkend riechendes Gas, MAK-Wert: 5 ppm, vgl. 8.4.7 und 11.3.1. Mit Wasser reagiert das

Tabelle 12-5. Eigenschaften der Elemente der Stickstoffgruppe

		Stickstoff	Phosphor	Arsen	Antimon	Bismut
Elektronenkonfiguration		$[He]2s^22p^3$	$[Ne]3s^23p^3$	$[Ar]3d^{10}4s^24p^3$	$[Kr]4d^{10}5s^25p^3$	$[Xe]4f^{14}5d^{10}6s^26p^3$
Schmelzpunkt	°C	−209,9	44,1[a]	817	630,5	271,3
Siedepunkt	°C	−195,8	280,0[a]	613	1750	1560
Ionisierungsenergie (1. Stufe)	eV	14,53	10,49	9,81	8,64	7,29
Atomradius	pm	70	110	118	136	152
Elektronegativität		3,0	2,1	2,0	1,8	1,8

[a] weißer Phosphor

Oxid unter Bildung von salpetriger Säure HNO_2 und Salpetersäure HNO_3 (s. unten):

$$2\,NO_2 + H_2O \rightarrow HNO_2 + HNO_3\,.$$

Sauerstoffsäuren des Stickstoffs

- *Salpetrige Säure* HNO_2: Diese Säure ist nur in verdünnter wäßriger Lösung beständig. Die Salze heißen Nitrite (z. B. Natriumnitrit $NaNO_2$).
- *Salpetersäure* HNO_3 ist eine farblose stechend riechende Flüssigkeit (Siedepunkt 84,1 °C). Die Verbindung ist eine starke Säure. Ihre Salze heißen Nitrate (z. B. Natriumnitrat $NaNO_3$). Konzentrierte Salpetersäure besitzt ein besonders starkes Oxidationsvermögen. Sie wird dabei zum Stickstoffmonoxid reduziert:

$$NO_3^- + 4\,H^+ + 3\,e^- \rightarrow NO + 2\,H_2O\,.$$

Aufgrund dieses Reaktionsverhaltens werden sämtliche Edelmetalle (vgl. 11.5.3) außer Gold und Platin von konzentrierter Salpetersäure gelöst.

12.5.2 Phosphor

Elementarer Phosphor

Phosphor kommt in mehreren monotropen (einseitig umwandelbaren) Modifikationen vor:

- *Weißer Phosphor.* Metastabil (vgl. 8.3.5), fest (Schmelzpunkt 44,2 °C), wachsweich, sehr giftig, in Schwefelkohlenstoff CS_2 löslich. Festkörper, Schmelze und Lösung enthalten tetraedrische P_4-Moleküle.
  Feinverteilter weißer Phosphor entzündet sich an der Luft von selbst und verbrennt zu Phosphorpentoxid P_4O_{10}. Im Dunkeln leuchtet Phosphor an der Luft. Grund: Oxidation der von weißem Phosphor abgegebenen Dämpfe („Chemolumineszenz").
- *Roter Phosphor* (metastabil) entsteht aus weißem Phosphor durch Erhitzen auf ca. 300 °C (unter Ausschluß von Sauerstoff).
- *Schwarzer Phosphor* (stabil von Raumtemperatur bis ca. 400 °C) bildet sich aus weißem Phosphor bei erhöhter Temperatur (ca. 200 °C) und sehr hohem Druck (12 kbar). Das Gitter besteht aus Doppelschichten. Schwarzer Phosphor hat Halbleitereigenschaften.

Phosphorverbindungen

Phosphin PH_3 ist ein farbloses, knoblauchartig riechendes, sehr giftiges Gas (MAK-Wert: 0,1 ppm).

Oxide des Phosphors

- *Phosphortrioxid* P_4O_6 entsteht beim Verbrennen des Phosphors bei ungenügender Sauerstoffzufuhr. Es leitet sich vom tetraedrisch aufgebauten weißen Phosphor dadurch ab, daß zwischen jede P—P-Bindung ein Sauerstoffatom eingefügt ist. Mit Wasser reagiert P_4O_6 unter Bildung von *phosphoriger Säure* H_3PO_3:

$$P_4O_6 + 6\,H_2O \rightarrow 4\,H_3PO_3\,.$$

- *Phosphorpentoxid* P_4O_{10} bildet sich bei vollständiger Verbrennung von elementarem Phosphor. Die Molekülstruktur des P_4O_{10} unterscheidet sich von der des P_4O_6 dadurch, daß an jedem Phosphoratom zusätzlich ein Sauerstoffatom gebunden ist. Phosphorpentoxid ist ein weißes, geruchloses Pulver. Es ist äußerst hygroskopisch (wasserentziehend). Mit Wasser reagiert es über Zwischenstufen unter Bildung von *Orthophosphorsäure* H_3PO_4:

$$P_4O_{10} + 6\,H_2O \rightarrow 4\,H_3PO_4\,.$$

Orthophosphorsäure H_3PO_4 (kurz auch Phosphorsäure) bildet drei Reihen von Salzen: primäre Phosphate (Dihydrogenphosphate, z. B. NaH_2PO_4), sekundäre Phosphate (Hydrogenphosphate, z. B. Na_2HPO_4) und tertiäre Phosphate (z. B. Na_3PO_4). Verwendung von Phosphaten: Düngemittel.

Kondensierte Phosphorsäuren: Bei höheren Temperaturen kondensiert Orthophosphorsäure unter Wasserabspaltung zur Diphosphorsäure

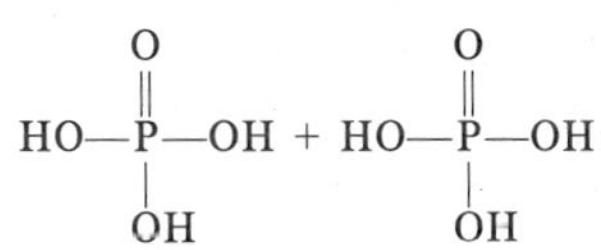

Orthophosphorsäure

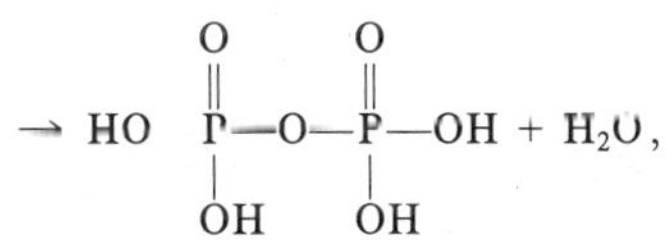

Diphosphorsäure

die oberhalb 300 °C unter weiterem Austritt von Wasser in kettenförmige Polyphosphorsäuren übergeht.

12.5.3 Arsen, Antimon

Arsen und *Antimon* bilden mit Wasserstoff die Verbindungen Arsin AsH_3 bzw. Antimonwasserstoff SbH_3. AsH_3 ist noch giftiger als Phosphin PH_3.
Die wichtigsten Oxide des Arsens und des Antimons sind As_4O_6 („Arsenik") und Sb_4O_6. Beide haben einen dem P_4O_6 analogen molekularen Aufbau.

12.6 VI. Hauptgruppe: Chalkogene

Die Elemente der VI. Hauptgruppe sind Sauerstoff O, Schwefel S, Selen Se, Tellur Te und Polo-

Tabelle 12-6. Eigenschaften der Chalkogene

		Sauerstoff	Schwefel	Selen	Tellur
Elektronenkonfiguration		$[He]2s^2 2p^4$	$[Ne]3s^2 3p^4$	$[Ar]3d^{10} 4s^2 4p^4$	$[Kr]4d^{10} 5s^2 5p^4$
Schmelzpunkt	°C	−218,4	112,8	217	452
Siedepunkt	°C	−183,0	444,7	684	1390
Ionisierungsenergie (1. Stufe)	eV	13,62	10,36	9,75	9,01
Atomradius	pm	66	104	114	132
Ionenradius (Ladungszahl 2−)	pm	146	190	202	222
Elektronegativität		3,5	2,5	2,4	2,1

nium Po. Polonium ist ein außerordentlich seltenes radioaktives Element. Die Sonderstellung, die der Sauerstoff als erstes Element innerhalb dieser Gruppe einnimmt, beruht auf seinem besonders kleinen Atomradius und seiner hohen Elektronegativität, vgl. Tabelle 12-6.

Oxidationszahl: Die Chalkogene kommen in den Oxidationszahlen −2 bis +6 vor. Sauerstoff tritt aufgrund seiner großen Elektronegativität (er ist nach Fluor das elektronegativste Element) fast nur in der Oxidationszahl −2 auf. Im Wasserstoffperoxid und in anderen Peroxiden hat er die Oxidationszahl −1. In Verbindungen mit Fluor sind die Oxidationszahlen des Sauerstoffs positiv.

Metallcharakter: Der metallische Charakter nimmt mit steigender Ordnungszahl zu. Sauerstoff und Schwefel sind typische Nichtmetalle, Polonium ist ein reines Metall. Die Elemente Selen und Tellur kommen sowohl in metallischen als auch in nichtmetallischen Modifikationen vor.

12.6.1 Sauerstoff

Elementarer Sauerstoff

Vorkommen: Elementar als Bestandteil der Luft (vgl. Tabelle 5-2), gebunden hauptsächlich in Form von Oxiden und Silicaten als Bestandteil der meisten Gesteine. Der Massenanteil des Sauerstoffs am Aufbau der Erdrinde beträgt rund 49%.

Gewinnung: Durch fraktionierte Destillation von flüssiger Luft.

Modifikationen des Sauerstoffs:

— *Molekularer Sauerstoff* O_2 ist ein farbloses, geruchloses, paramagnetisches Gas, vgl. Tabelle 5-2. Sauerstoff ist Oxidationsmittel bei der Verbrennung fossiler Brennstoffe (vgl. 11.3.1) und bei der Verbrennung von Nahrungsmitteln (Kohlenhydrate, Fette, Eiweißstoffe) in Organismen.
Verbrennungsreaktionen verlaufen in reinem Sauerstoff wesentlich heftiger ab als in Luft. Mit flüssigem Sauerstoff reagieren viele Substanzen explosionsartig.

— *Ozon* O_3 ist ein bei Raumtemperatur deutlich blaues, sehr giftiges, charakteristisch riechendes Gas; Siedepunkt −110,5 °C, MAK-Wert: 0,1 ppm. Ozon ist energiereicher als molekularer Sauerstoff ($\Delta_B \bar{H}^0(O_3) = 142{,}7$ kJ/mol, vgl. 8.2.5). Es hat eine große Neigung — unter bestimmten Bedingungen explosionsartig — in molekularen Sauerstoff zu zerfallen. Ozon ist ein sehr starkes Oxidationsmittel.
In der Erdatmosphäre wird Ozon photochemisch aus molekularem Sauerstoff gebildet. Seine größte Teilchendichte hat es in 20 bis 25 km Höhe. Da Ozon einen großen Anteil der kurzwelligen Strahlung des Sonnenlichtes absorbiert, ist die Ozonschicht von großer Bedeutung für das Leben auf der Erde. Besonders Fluorchlorkohlenwasserstoffe (siehe 15.1 und Tabelle 5-2) verringern die Ozonkonzentration in den oberen Schichten der Atmosphäre. Die dadurch bedingte Erhöhung der UV-Strahlung auf der Erdoberfläche kann u. a. zu einem Ansteigen der Häufigkeit von bösartigen Hauterkrankungen führen.

Sauerstoffverbindungen

— *Wasser* H_2O, vgl. 6.3, schweres Wasser D_2O, vgl. 12.0, Eigenschaften von D_2O: Schmelzpunkt 3,82 °C, Siedepunkt 101,42 °C.

— *Wasserstoffperoxid* H_2O_2 ist eine in reinem Zustand praktisch farblose, sirupartige Flüssigkeit (Siedepunkt 150,2 °C). Charakteristisch für diese Verbindung ist die folgende exotherme Zerfallsreaktion:

$$2\,H_2O_2 \rightarrow 2\,H_2O + O_2 .$$

In hochreinem Wasserstoffperoxid ist die Zerfallsgeschwindigkeit bei Raumtemperatur sehr klein. In Gegenwart von Katalysatoren (siehe 9.9), wie z. B. Braunstein MnO_2, Mennige Pb_3O_4, feinverteiltem Silber oder Platin, kann die Zerfallsreaktion explosionsartig ablaufen.
Wasserstoffperoxid ist ein starkes Oxidationsmittel. Mischungen von organischen Verbindungen mit konzentriertem Wasserstoffperoxid können explosiv reagieren.
Verwendung: Bleichmittelzusatz in Waschmitteln.

12.6.2 Schwefel

Elementarer Schwefel

Vorkommen: Frei (elementar) z. B. in Sizilien und Kalifornien, gebunden vorwiegend in Form von Sulfiden (z. B. Schwefelkies oder Pyrit FeS_2, Zinkblende ZnS, Bleiglanz PbS) oder Sulfaten (z. B. Gips $CaSO_4 \cdot 2\,H_2O$).

Eigenschaften: Die bei Raumtemperatur stabile Schwefelmodifikation ist der rhombische α-Schwefel. Dieser wandelt sich bei 95,6 °C reversibel in den monoklinen β-Schwefel um, der bei 119,6 °C schmilzt. Beide Schwefelmodifikationen sind aus ringförmigen S_8-Molekülen aufgebaut.

Schwefelverbindungen

Schwefelwasserstoff H_2S ist ein farbloses, wasserlösliches, sehr giftiges Gas, das nach „faulen Eiern" riecht, MAK-Wert: 10 ppm. Wäßrige Lösungen von H_2S reagieren sauer, vgl. Tabelle 10-2. Schwermetallsulfide sind in der Regel schwerlöslich.

Oxide des Schwefels

- *Schwefeldioxid* SO_2, siehe 11.3.1 und Tabelle 10-2.
- *Schwefeltrioxid* SO_3, siehe Tabelle 10-2.

Sauerstoffsäuren des Schwefels

- *Schweflige Säure* H_2SO_3, siehe Tabelle 10-2.
- *Schwefelsäure* H_2SO_4 (siehe Tabelle 10-2) ist eine ölige, sehr hygroskopische Flüssigkeit (Siedepunkt 330 °C). Sie wird daher als Trokkenmittel verwendet. Auf viele organische Verbindungen, damit auch auf Holz, Papier und menschliche Haut, wirkt konzentrierte Schwefelsäure verkohlend, indem sie diesen Substanzen Wasser entzieht. Schwefelsäure ist eine starke zweibasige Säure. Die elektrolytische Dissoziation erfolgt in zwei Stufen:

$$H_2SO_4 \rightleftharpoons H^+ + HSO_4^- \rightleftharpoons 2\,H^+ + SO_4^{2-}.$$

12.7 VII. Hauptgruppe: Halogene

Zur VII. Hauptgruppe gehören die Elemente Fluor F, Chlor Cl, Brom Br, Iod I und das radioaktive Astat At, vgl. Tabelle 12-7.

Oxidationszahl: Sämtliche Halogene bilden negativ einwertige Ionen (Oxidationszahl −1). Darüberhinaus sind viele Verbindungen bekannt, in denen Halogene die Oxidationszahlen +1 bis +7 haben. Fluor ist das elektronegativste Element. In seinen Verbindungen kommt es stets mit der Oxidationszahl −1 vor.

12.7.1 Fluor

Elementares Fluor

Fluor ist ein in dicker Schicht grünlichgelbes, sehr giftiges Gas mit starkem, charakteristischem Geruch, MAK-Wert: 0,1 ppm. Fluor ist das reaktionsfähigste Element und das stärkste Oxidationsmittel. Die Verbindungen des Fluors mit anderen Elementen heißen Fluoride.

Fluorverbindungen

Fluorwasserstoff HF riecht stechend und ist sehr giftig, MAK-Wert: 3 ppm, vgl. Tabelle 10-2. Eine bemerkenswerte Eigenschaft von Fluorwasserstoff ist die Fähigkeit, Quarz- und Silicatgläser (vgl. 6.4 und D 4.4) anzugreifen. Dabei wird neben Wasser gasförmiges Siliciumtetrafluorid SiF_4 gebildet:

$$SiO_2 + 4\,HF \rightarrow SiF_4 + 2\,H_2O.$$

12.7.2 Chlor

Elementares Chlor

Eigenschaften des Chlors: siehe Tabellen 5-2 und 12-7. Chlor gehört nach Fluor zu den reaktionsfähigsten Elementen. Mit Wasserstoff reagiert Chlor unter Bildung von Chlorwasserstoff („Chlorknallgasreaktion"). Die explosionsartig verlaufende Reaktion kann durch Bestrahlung mit blauem oder kurzwelligerem Licht gestartet werden. Dabei werden Chlormoleküle in Atome gespalten. Die Umsetzung verläuft nach einem Kettenmechanismus (vgl. 9.7). Viele Elemente (z. B. Natrium, Arsen, Antimon) reagieren direkt unter Feuererscheinungen mit Chlor.

Die Umsetzung mit Wasser führt zu einem Gleichgewicht. Es entstehen Chlorwasserstoff HCl und hypochlorige Säure HClO (siehe unten):

$$Cl_2 + H_2O \rightleftharpoons HCl + HClO.$$

Tabelle 12-7. Eigenschaften der Halogene

		Fluor	Chlor	Brom	Iod
Elektronenkonfiguration		$[He]2s^2 2p^5$	$[Ne]3s^2 3p^5$	$[Ar]3d^{10} 4s^2 4p^5$	$[Kr]4d^{10} 5s^2 5p^5$
Schmelzpunkt	°C	−219,6	−101,0	−7,2	113,5
Siedepunkt	°C	−188,1	−34,1	58,8	184,4
Ionisierungsenergie (1. Stufe)	eV	17,42	12,97	11,81	10,45
Atomradius	pm	64	99	111	128
Ionenradius (Ladungszahl 1−)	pm	133	181	196	219
Elektronegativität		4,0	3,0	2,8	2,4

Chlorverbindungen

Chlorwasserstoff HCl, siehe Tabellen 5-2 und 10-2.
Sauerstoffsäuren des Chlors, vgl. Tabelle 10-2.

- *Hypochlorige Säure* HClO, Oxidationszahl des Chlors +1. Wäßrige Lösungen von Hypochloriten (Salze der HClO) sind starke Oxidationsmittel und werden in Bleichlösungen und Desinfektionsmitteln verwendet.
- *Chlorige Säure* $HClO_2$, Oxidationszahl des Chlors +3.
- *Chlorsäure* $HClO_3$, Oxidationszahl des Chlors +5.
- *Perchlorsäure* $HClO_4$, Oxidationszahl des Chlors +7. Die reine Säure ist eine farblose Flüssigkeit, die sich explosiv zersetzen kann. Perchlorsäure gehört zu den stärksten Säuren.

12.7.3 Brom und Iod

Brom ist neben Quecksilber das einzige bei Raumtemperatur flüssige Element (Siedepunkt 58,8 °C). *Iod* ist bei Raumtemperatur fest. Es bildet blauschwarze, metallisch glänzende Kristalle.

12.8 VIII. Hauptgruppe: Edelgase

Zur VIII. Hauptgruppe gehören die Elemente Helium He, Neon Ne, Argon Ar, Krypton Kr, Xenon Xe und das radioaktive Radon Rn. Die Stabilität der Edelgase gegenüber der Aufnahme und der Abgabe von Elektronen folgt aus den hohen Werten der Elektronenaffinität bzw. der Ionisierungsenergie, vgl. Tabelle 12-8.

Vorkommen: Die Edelgase He, Ne, Ar, Kr und Xe sind Bestandteile der Luft. He und Rn kommen auch als Produkte radioaktiver Zerfallsvorgänge in einigen Mineralien vor.

Gewinnung: Helium wird hauptsächlich aus amerikanischen Erdgasen gewonnen. Die Gewinnung von Neon, Argon, Krypton und Xenon erfolgt entweder durch fraktionierte Destillation verflüssigter Luft oder durch selektive Adsorption an Aktivkohle.

Eigenschaften: Die Elemente der VIII. Hauptgruppe sind farb- und geruchlose Gase, vgl. Tabelle 5-2. Flüssiges Helium existiert unterhalb 2,2 K im supraflüssigen Zustand mit extrem kleiner Viskosität und sehr hoher Wärmeleitfähigkeit.

Edelgasverbindungen

Von den Edelgasen Krypton und Xenon sind zahlreiche Verbindungen mit Sauerstoff und Fluor bekannt. So bildet Xenon die Fluoride Xenondifluorid XeF_2 (Schmelzpunkt 129 °C), Xenontetrafluorid XeF_4 (Schmelzpunkt 117 °C) und Xenonhexafluorid XeF_6 (Schmelzpunkt 49,5 °C). Die Xenonoxide Xenondioxid XeO_2 und Xenontrioxid XeO_3 sind explosiv.

13 Organische Verbindungen

13.1 Organische Chemie: Überblick

Als *organische Chemie* wird die Chemie der Kohlenstoffverbindungen zusammengefaßt. Jedoch werden die verschiedenen Modifikationen des Kohlenstoffs und die Oxide des Kohlenstoffs, die Carbonate, Carbide und die Metallcyanide, zur anorganischen Chemie gerechnet. Die meisten organischen Verbindungen enthalten neben Kohlenstoff nur verhältnismäßig wenige andere Elemente, vor allem Wasserstoff, Sauerstoff, Stickstoff und Halogene.

Die Besonderheit des Kohlenstoffs besteht darin, daß er in fast unbegrenztem Maße Bindungen mit sich selbst eingehen und auf diese Weise ketten- und ringförmige Strukturen ausbilden kann.

Nach der Art des Aufbaus der Kohlenstoffgerüste wird zwischen folgenden Verbindungsklassen unterschieden:

- *Aliphatische Verbindungen* enthalten unverzweigte oder verzweigte Kohlenstoffketten.
- *Alicyclische Verbindungen* sind durch unterschiedlich große Kohlenstoffringe charakterisiert. In der Bindungsart ähneln sie den aliphatischen Verbindungen.
- *Aromatische Verbindungen* sind zusätzlich zu einem ebenen, ringförmigen Aufbau durch besondere Bindungsverhältnisse charakterisiert (siehe 14.3).
- *Heterocyclische Verbindungen* sind ebenfalls ringförmig aufgebaut. Der Ring enthält jedoch

Tabelle 12-8. Eigenschaften der Edelgase
(Vgl. auch Tabelle 5-2)

		Helium	Neon	Argon	Krypton	Xenon
Elektronenkonfiguration		$1s^2$	$1s^2 2s^2 2p^6$	$[Ne]3s^2 3p^6$	$[Ar]3d^{10} 4s^2 4p^6$	$[Kr]4d^{10} 5s^2 5p^6$
Schmelzpunkt	°C	−272,2[a]	−248,7	−189,2	−156,6	−111,9
Ionisierungsenergie (1. Stufe)	eV	24,59	21,56	15,76	14,00	12,13
Atomradius	pm	99	160	192	197	217

[a] bei 26,3 bar

neben Kohlenstoff auch andere Atome (sog. Heteroatome), vgl. Tabelle 15-3.

13.2 Isomerie bei organischen Molekülen

Chemische Verbindungen nennt man isomer, wenn sie bei gleicher quantitativer Zusammensetzung — also bei gleicher Summenformel — strukturell verschieden aufgebaut sind. Im folgenden wird zwischen *Struktur-* und *Stereoisomerie* unterschieden.
Isomere Stoffe unterscheiden sich in physikalischen und chemischen Eigenschaften, z. B. durch die Schmelz- und Siedepunkte, die Löslichkeit, die Kristallform sowie durch ihr Verhalten im polarisierten Licht.

13.2.1 Strukturisomerie

Strukturisomere Verbindungen unterscheiden sich voneinander durch eine unterschiedliche Atomverknüpfung in den Molekülen. Zum Teil treten bei diesem Isomerietyp auch unterschiedliche Bindungsarten auf.

Beispiele

— Die strukturisomeren Verbindungen Ethanol (Ethylalkohol) und Dimethylether haben beide dieselbe Summenformel C_2H_6O, weisen aber verschiedene Strukturen mit unterschiedlichen Atomverknüpfungen auf:

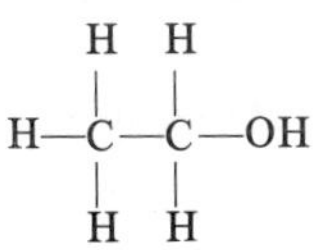

Ethanol
$\vartheta_{lg} = 78{,}5\,°C$

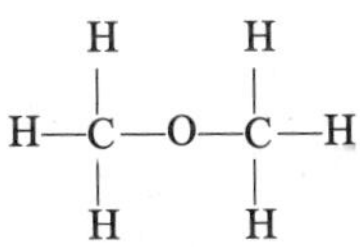

Dimethylether
$\vartheta_{lg} = -24{,}9\,°C$

(ϑ_{lg} Siedepunkt).

Ethanol und Dimethylether zeigen neben unterschiedlichen physikalisch-chemischen Eigenschaften auch verschiedenartiges chemisches Verhalten. So reagiert Ethanol im Gegensatz zu Dimethylether mit metallischem Natrium unter Bildung von gasförmigem Wasserstoff und Natriumalkoholat.

— Bei dem gesättigten Kohlenwasserstoff Butan (vgl. 14.1.1) sind folgende strukturisomere Verbindungen möglich (Summenformel C_4H_{10}):

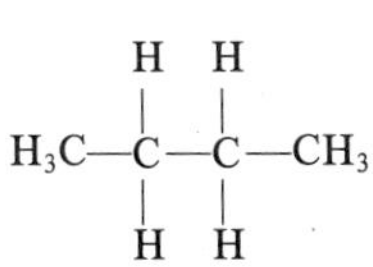

Butan
$\vartheta_{lg} = -0{,}5\,°C$

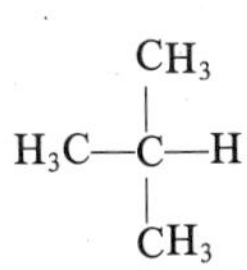

Isobutan
$\vartheta_{lg} = -11{,}6\,°C$

13.2.2 Stereoisomerie

Stereoisomere Verbindungen zeigen unterschiedliche räumliche Anordnung von Atomen oder Atomgruppen im Molekül.
Nachfolgend werden zwei Typen der Stereoisomerie näher beschrieben: die *Cis-trans-Isomerie* und die *Spiegelbildisomerie.*

Cis-trans-Isomerie

Dieser Isomerietyp tritt z. B. bei den Derivaten des Ethylens auf, bei denen infolge der Doppelbindung die freie Drehbarkeit um die C—C-Achse durch eine hohe Energiebarriere aufgehoben ist (vgl. 14.1.2). Die Atome oder Atomgruppen können zwei stabile, durch unterschiedliche Atomabstände gekennzeichnete Lagen einnehmen.

Beispiel: 1,2-Dichlorethylen $C_2H_2Cl_2$:

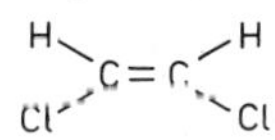

cis-1,2-Dichlorethylen
$\vartheta_{lg} = 60{,}3\,°C$

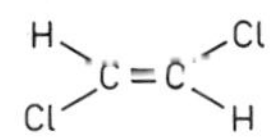

trans-1,2-Dichlorethylen
$\vartheta_{lg} = 47{,}5\,°C$

Der Abstand der Cl-Atome unterscheidet sich bei den beiden Chlorkohlenwasserstoffen. Er beträgt bei der cis-Form dieser Verbindung 370 pm und bei der trans-Form 470 pm.

Spiegelbildisomerie

Spiegelbildisomerie tritt bei Molekülen auf, die in zwei zueinander spiegelbildlichen, aber nicht dekkungsgleichen Formen auftreten. Dieser Isomerietyp ist bei allen Verbindungen, die ein asymmetrisches Kohlenstoffatom enthalten, vorhanden. Ein solches C-Atom ist dadurch gekennzeichnet, daß an ihm vier unterschiedliche Atome oder Atomgruppen (sog. Liganden) tetraedrisch gebunden sind. Das chemische Verhalten der beiden spiegelbildisomeren Formen, die auch als optische Antipoden bezeichnet werden, ist bei fast allen Reaktionen völlig gleich. Zwei Spiegelbildisomere unterscheiden sich aber z. B. dadurch, daß sie die Ebene des linear polarisierten Lichtes in entgegengesetzte Richtung drehen.
Spiegelbildisomerie wird bei den meisten organischen Naturstoffen, so z. B. bei Kohlenhydraten und Proteinen, beobachtet.

Beispiel:

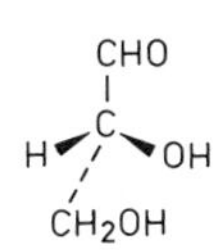

D(+)-Glycerinaldehyd

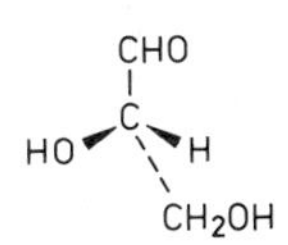

L(−)-Glycerinaldehyd

Die Buchstaben D und L kennzeichnen die Konfiguration am asymmetrischen C-Atom. Die Vorzeichen + und − geben die Richtung der Drehung der Ebene des linear polarisierten Lichtes wieder.

14 Kohlenwasserstoffe

Kohlenwasserstoffe sind ausschließlich aus Kohlenstoff und Wasserstoff aufgebaut. Kohlenwasserstoffe mit kettenförmiger Anordnung der C-Atome heißen aliphatische Kohlenwasserstoffe. Sind die Kohlenstoffatome ringförmig angeordnet, so spricht man von ringförmigen oder cyclischen Kohlenwasserstoffen. Diese werden nach der Art der Bindung in alicyclische und aromatische Kohlenwasserstoffe unterteilt (vgl. Tabelle 14-1).

14.1 Aliphatische Kohlenwasserstoffe

14.1.1 Alkane C_nH_{2n+2}

Alkane (ältere Bezeichnung: Paraffine) sind unverzweigte und verzweigte Kohlenwasserstoffe, die ausschließlich C—H- *und* C—C-*Einfachbindungen enthalten. Verbindungen, die nur einfache* C—C-*Bindungen enthalten, werden als gesättigt bezeichnet.*

Die Zusammensetzung der Alkane wird durch die Summenformel

$$C_nH_{2n+2}$$

beschrieben. Die Alkane sind das einfachste Beispiel einer *homologen Reihe*. Darunter versteht man eine Gruppe von Verbindungen, deren einzelne Glieder sich durch eine bestimmte Atomgruppierung (hier CH_2) oder ein Vielfaches davon unterscheiden. Glieder einer homologen Reihe zeigen große Ähnlichkeit im chemischen Verhalten.

Nomenklatur

Die ersten vier Glieder der Alkane werden mit sog. Trivialnamen bezeichnet und heißen:

CH_4 Methan $H_3C—CH_3$ Ethan

$H_3C—CH_2—CH_3$ Propan $H_3C—CH_2—CH_2—CH_3$ Butan

Die Namen der höheren Glieder bestehen aus einem Stamm, der von einem griechischen Zahlwort hergeleitet ist, und der Endung „an" (siehe Tabelle 14-2).

Benennung verzweigter Alkane: Die Bezeichnungen der Seitenketten werden der längsten vorhandenen Kette vorangestellt. Die längste Kette wird von einem Ende zum anderen numeriert. Dabei wählt man die Richtung derart, daß Verzweigungsstellen möglichst niedrige Nummern erhalten.

Beispiel: Die Verbindung Isobutan (vgl. 13.2.1)

$$\overset{4}{H_3C}—\overset{3}{CH_2}—\underset{\displaystyle CH_3}{\underset{|}{\overset{2}{CH}}}—\overset{1}{CH_3}\,.$$

hat den systematischen Namen 2-Methylbutan.

Benennung der Alkyl-Reste: Alkyl-Reste entstehen aus Alkanen durch Wegnahme eines endständigen Wasserstoffatoms.

Diese Reste werden benannt, indem man die Endung „-an" im Namen des entsprechenden Alkans durch „-yl" ersetzt.

Beispiele: Die Alkyl-Reste $CH_3—$, $CH_3—CH_2—$ und $CH_3—CH_2—CH_2—$ heißen Methyl, Ethyl bzw. Propyl.

Für die folgenden verzweigten Alkyl-Reste werden unsystematische Namen verwendet:

Isopropyl	$(CH_3)_2CH—$
Isobutyl	$(CH_3)_2CH—CH—$
sec-Butyl	$H_3C—CH_2—\underset{\displaystyle CH_3}{\underset{|}{CH}}—$
tert-Butyl	$(CH_3)_3C—$

(sec sekundär, tert tertiär)

Tabelle 14.1. Einteilung der Kohlenwasserstoffe (KW)

aliphatische Kohlenwasserstoffe			cyclische Kohlenwasserstoffe	
Alkane	Alkene	Alkine	alicyclische KW	aromatische KW
$H_3C—CH_3$	$H_2C{=}CH_2$	$HC{\equiv}CH$	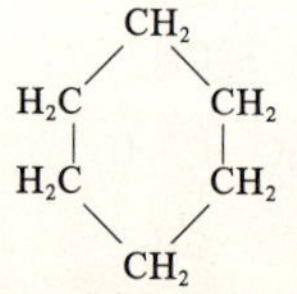	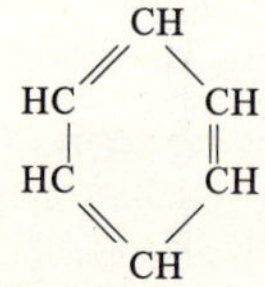
Ethan	Ethylen	Acetylen	Cyclohexan	Benzol

Tabelle 14-2. Schmelz- und Siedepunkte der Alkane, ϑ_{sl} und ϑ_{lg} (bezogen auf 1,013 25 bar) (vgl. auch Tabelle 5-2)

Name	Formel	ϑ_{sl}/°C	ϑ_{lg}/°C
Methan	CH_4	−182	−164
Ethan	C_2H_6	−183,3	−88,6
Propan	C_3H_8	−189,7	−42,1
Butan	C_4H_{10}	−138,4	−0,5
Pentan	C_5H_{12}	−130	36,1
Hexan	C_6H_{14}	−95,0	69,0
Heptan	C_7H_{16}	−90,6	98,4
Octan	C_8H_{18}	−56,8	125,7
Nonan	C_9H_{20}	−51	150,8
Decan	$C_{10}H_{22}$	−29,7	174,1
Undecan	$C_{11}H_{24}$	−25,6	196,8
Dodecan	$C_{12}H_{26}$	−9,6	216,3

Struktur des Methans

Im Methanmolekül sind die vier C—H-Bindungen tetraedrisch angeordnet. Der Valenzwinkel (H—C—H-Winkel) ist 109°28′. Die Elektronenzustände am C-Atom sind beim Methan wie auch bei allen anderen Alkanen sp^3-hybridisiert (vgl. 4.1.3).

Eigenschaften, Reaktionen

Die Alkane sind farblose Verbindungen. Die niedrigen Glieder der Reihe bis einschließlich Butan sind bei Raumtemperatur gasförmig, die mittleren bis zum Hexadekan ($C_{16}H_{34}$) flüssig und die höheren fest (vgl. Tabellen 5-2 und 14-2).

Tabelle 14-3. Explosionsgrenzen des Wasserstoffs und einiger organischer Verbindungen in Luft bei 20 °C und 1,013 25 bar. φ_{uL}, φ_{oL} Volumenanteil des Brennstoffs an der unteren bzw. oberen Explosionsgrenze
Z: reines Acetylen kann explosiv in die Elemente zerfallen

Substanz	φ_{uL} %	φ_{oL} %
Methan	5,0	15,0
Ethan	3,0	12,5
Propan	2,1	5,5
Butan	1,5	8,5
Ethylen	2,7	34,0
Acetylen	2,4	83,0 (Z)
Benzol	1,2	8,0
Toluol	1,2	7,0
Methanol	5,5	26,5
Ethanol	3,5	15,0
Formaldehyd	7,0	73,0
Acetaldehyd	4,0	57,0
Aceton	2,5	13,0
Ameisensäure	10,0	45,5
Essigsäure	4,0	17,0
Essigsäureethylester	2,1	11,5
Diethylether	1,7	36,0
Wasserstoff	4,0	75,6

Die Alkane sind recht reaktionsträge und verbinden sich nur mit wenigen Substanzen direkt, so z. B. mit Sauerstoff.

Verbrennungsreaktionen der Alkane

Die Verbrennungsreaktionen (vgl. 11.3.1) der Alkane sind wie die aller Kohlenwasserstoffe stark exotherm. Daher werden diese Reaktionen technisch in großem Maße zur Energiegewinnung genutzt (Alkane sind die Hauptbestandteile von Erdgas, Benzin, Heizöl und Dieselkraftstoff).
Gasmischungen, die aus Alkanen oder aus anderen Kohlenwasserstoffen und Luft bestehen, reagieren in bestimmten Bereichen der Zusammensetzung explosiv, teilweise sogar detonativ (vgl. 9.8). Ähnliches Verhalten zeigen auch viele andere organische Verbindungen. In Tabelle 14-3 sind die Explosionsgrenzen für einige organische Substanzen aufgeführt.

Wichtige Alkane

Schmelz- und Siedepunkte, kritische Daten und die MAK-Werte einiger wichtiger Alkane sind in den Tabellen 5-2 und 14-2 aufgeführt.

14.1.2 Alkene C_nH_{2n}

Alkene (ältere Bezeichnung: Olefine) sind Kohlenwasserstoffe, die außer C—H- *und* C—C-*Einfachbindungen auch eine* C═C-*Doppelbindung im Molekül enthalten. Alkene haben die allgemeine Summenformel* C_nH_{2n}. *Kohlenwasserstoffe mit Doppel- (oder Dreifach-)bindungen werden als ungesättigt bezeichnet.*

Nomenklatur

Das erste Glied der Alkene heißt:

Ethylen $H_2C{=}CH_2$

(systematischer Name: Ethen).
Die Namen der höheren Glieder der homologen Reihe entsprechen denen der Alkane, jedoch wird hier anstelle der Endung „-an" die Endung „-en" verwendet; Beispiel:

Propen $H_3C{-}CH{=}CH_2$.

Bei höheren Gliedern der Alkene wird die Kette so numeriert, daß die an den Doppelbindungen beteiligten Atome möglichst niedrige Zahlen erhalten. Man kennzeichnet die Lage der Doppelbindung durch Anführen der Nummer desjenigen C-Atoms, von dem aus sich die Doppelbindung zum nächst höheren C-Atom erstreckt.

Beispiel:

2-Hexen $\overset{6}{H_3C}{-}\overset{5}{CH_2}{-}\overset{4}{CH_2}{-}\overset{3}{CH}{=}\overset{2}{CH}{-}\overset{1}{CH_3}$.

Benennung der Alkylen-Reste: Alkylen-Reste entstehen aus Alkenen durch Wegnahme eines Wasserstoffatoms.

Die ersten Glieder dieser Reihe werden nicht systematisch benannt. Sie heißen vielmehr:

Vinyl	$H_2C{=}CH{-}$
Allyl	$H_2C{=}CH{-}CH_2{-}$
Isopropenyl	$H_2C{=}C(CH_3){-}$

Die Namen der höheren Glieder entsprechen denen der Alkene. Sie haben jedoch die Endung „-enyl".

Beispiele:

2-Butenyl $\overset{4}{H_3C}{-}\overset{3}{C}H{=}\overset{2}{C}H{-}\overset{1}{C}H_2{-}$

3-Pentenyl $\overset{5}{H_3C}{-}\overset{4}{C}H{=}\overset{3}{C}H{-}\overset{2}{C}H_2{-}\overset{1}{C}H_2{-}$.

Entfernt man beim Ethylen an einem C-Atom zwei Wasserstoffatome, erhält man den Vinyliden-Rest:

Vinyliden $H_2C{=}C{=}$.

Struktur des Ethylens

Im Ethylenmolekül sind vier C—H-Bindungen und eine C=C-Doppelbindung vorhanden. Die Elektronenzustände an den beiden C-Atomen sind in diesem Molekül sp^2-hybridisiert (vgl. 4.1.3). Die Hybridorbitale sind planar unter einem Winkel von 120° (trigonal) angeordnet. An jedem Kohlenstoffatom verbleibt ein p-Orbital, das senkrecht zur Ebene der Hybridorbitale steht. Die beiden sp^2-Hybrid-Orbitale bilden eine σ-Bindung zwischen den beiden C-Atomen aus. Zusätzlich überlappen sich die beiden p-Orbitale. Dabei entsteht eine π-Bindung. Die π-Bindung ist wegen der geringen Überlappung der p-Elektronenzustände nicht so fest wie die σ-Bindung. Sie besitzt eine geringere Bindungsenergie als die σ-Bindung.
Als Folge der geschilderten Bindungsverhältnisse ist das Ethylen-Molekül eben aufgebaut. Der HCH-Winkel beträgt 120°. Dieses Bindungsmodell erklärt die Aufhebung der freien Drehbarkeit um die C—C-Atome folgendermaßen: Jede Drehung um diese Achse führt zu einer weniger guten Überlappung der beiden p-Elektronenzustände, was nur durch Energiezufuhr ermöglicht wird.

Eigenschaften und Reaktionen der Alkene

In ihren physikalischen Eigenschaften ähneln die Alkene den Alkanen. So sind z. B. die Alkene bis einschließlich des Butens bei Raumtemperatur flüssig.
Aufgrund ihrer Doppelbindung sind die Alkene reaktionsfähiger als die Alkane. Typisch für die Alkene sind Additionsreaktionen (z. B. Hydrierung und Halogenierung, siehe unten). Dabei werden aus der π-Bindung zwei neue Einfachbindungen (σ-Bindungen) gebildet.

Einige physikalisch-chemische Eigenschaften des wichtigsten Alkens, des Ethylens, sind in Tabelle 5-2 aufgeführt.

1. Verbrennung
Die leichtflüssigen Alkene bilden im Gemisch mit Luft explosionsfähige Gasmischungen. Die Explosionsgrenzen des Ethylens sind in Tabelle 14-3 angegeben.

2. Hydrierung (Anlagerung von Wasserstoff)
Mit Wasserstoff reagieren die Alkene in Gegenwart von Katalysatoren zu Alkanen:

Beispiel: $\underset{\text{Ethylen}}{H_2C{=}CH_2} + H_2 \rightarrow \underset{\text{Ethan}}{H_3C{-}CH_3}$

3. Halogenierung (Anlagerung von Halogenen)
Die Anlagerung von Halogenen führt spontan zu Dihalogenalkanen:

Beispiel: $H_2C{=}CH_2 + Br_2 \rightarrow \underset{\text{1,2-Dibromethan}}{H_2C(Br){-}CH_2(Br)}$

4. Polymerisation
Verschiedene Alkene lagern sich unter Umwandlung der Doppelbindung zu längeren Kettenmolekülen zusammen. Dieser Reaktionstyp wird als Polymerisation bezeichnet.

Beispiel:

$\underset{\text{Ethylen}}{H_2C{=}CH_2} + H_2C{=}CH_2 + H_2C{=}CH_2 + \ldots \rightarrow$

$\underset{\text{Polyethylen}}{\ldots{-}CH_2{-}CH_2{-}CH_2{-}CH_2{-}CH_2{-}CH_2{-}\ldots}$

Die Polymerisation von Ethylen zu Polyethylen (PE) (vgl. D 5.3) verläuft nicht spontan, sondern muß durch Katalysatoren eingeleitet werden.

14.1.3 Alkine C_nH_{2n-2}

Alkine (ältere Bezeichnung: Acetylene) sind Kohlenwasserstoffe, die außer C—H- *und* C—C-*Einfachbindungen eine* C≡C-*Dreifachbindung im Molekül enthalten.*

Nomenklatur

Das erste Glied der Alkine heißt:

Acetylen $HC{\equiv}CH$.

(systematischer Name: Ethin)
Die Namen der höheren Glieder der homologen Reihe (Summenformel C_nH_{2n-2}) entsprechen denen der Alkane, jedoch wird bei den Alkinen anstelle der Endung „an" die Endung „in" verwendet.

Struktur des Acetylenmoleküls

Im Acetylenmolekül sind zwei C—H-Bindungen und eine C≡C-Dreifachbindung vorhanden. Die

Elektronenzustände an den beiden C-Atomen sind sp-hybridisiert (vgl. 4.1.3). Mit diesen Orbitalen werden σ-Bindungen zwischen den Kohlenstoff- und Wasserstoffatomen und zwischen den beiden C-Atomen ausgebildet. Hinzu kommen zwei π-Bindungen durch das Überlappen der jeweils zwei p-Orbitale der beiden Kohlenstoffatome, die senkrecht zur Molekülachse angeordnet sind. Das Acetylenmolekül ist linear.

Eigenschaften und Reaktionen des Acetylens

Der wichtigste Vertreter der homologen Reihe der Alkine ist das Acetylen. Acetylen ist bei Raumtemperatur gasförmig (vgl. Tabelle 5-2).

1. Verbrennungsreaktionen des Acetylens

Mit Luft und besonders mit reinem Sauerstoff bildet Acetylen außerordentlich reaktionsfähige Gemische, die in einem großen Bereich der Zusammensetzung explosions- oder detonationsfähig sind (vgl. Tabelle 14-3).

Die Temperatur von Acetylen-Sauerstoff-Flammen ist ungewöhnlich hoch und erreicht ca. 3400 K (Acetylen-Luft-Flammen erreichen maximal 2500 K). Daher werden Acetylen-Sauerstoff-Flammen zum autogenen Schneiden und zum Schweißen von Stahlteilen eingesetzt.

2. Zerfallsreaktion des Acetylens

Acetylen kann gemäß folgender Umsatzgleichung in die Elemente zerfallen (Reaktionsenthalpie vgl. 8.2.5):

$$HC{\equiv}CH(g) \rightarrow 2\,C(s) + H_2(g)\,.$$

Diese Reaktion kann als Deflagration oder als Detonation ablaufen. Aus diesem Grunde darf Acetylen nur in speziellen Druckgasflaschen in den Handel kommen. Der Hohlraum dieser Acetylenflaschen ist mit einer porösen Masse, in der sich ein geeignetes Lösungsmittel (z. B. Aceton) befindet, ausgefüllt. Diese Füllung verhindert die explosionsartige Zersetzung des Acetylens in der Flasche.

3. Additionsreaktionen

Ähnlich wie bei den Alkenen werden auch beim Acetylen zahlreiche Additionsreaktionen beobachtet, so die folgenden:

3.1 Hydrierung

Acetylen kann katalytisch über Ethylen als Zwischenprodukt zum Ethan hydriert werden:

$$\underset{\text{Acetylen}}{HC{\equiv}CH} \xrightarrow{H_2} \underset{\text{Ethylen}}{H_2C{=}CH_2} \xrightarrow{H_2} \underset{\text{Ethan}}{H_3C{-}CH_3}$$

3.2 Halogenierung

Die Anlagerung von Halogen an Acetylen verläuft, wie am Beispiel der Bromierung gezeigt wird, über die Zwischenstufe des 1,2-Dibromethylens:

$$\underset{\text{Acetylen}}{HC{\equiv}CH} \xrightarrow{Br_2} \underset{\text{1,2-Dibromethylen}}{BrHC{=}CHBr} \xrightarrow{Br_2} \underset{\text{1,1,2,2-Tetrabromethan}}{Br_2HC{-}CHBr_2}$$

3.3 Addition von Halogenwasserstoffen

Diese Reaktion dient hauptsächlich zur Herstellung von Vinylhalogeniden (Beispiel: Anlagerung von Chlorwasserstoff):

$$\underset{\text{Acetylen}}{HC{\equiv}CH} + HCl \rightarrow \underset{\text{Vinylchlorid}}{H_2C{=}CHCl}$$

Die Polymerisation von Vinylchlorid führt zum Polyvinylchlorid (PVC) (vgl. D 5.3).

14.1.4 Kohlenwasserstoffe mit zwei oder mehr Doppelbindungen

Enthalten Kohlenwasserstoffe zwei oder mehr C=C-Doppelbindungen im Molekül, so kann man je nach Lage dieser Doppelbindungen drei verschiedene Verbindungstypen unterscheiden:

— *Kohlenwasserstoffe mit kumulierten Doppelbindungen*

Bei diesem Verbindungstyp sind im Molekül mehrere Doppelbindungen unmittelbar benachbart. Kohlenwasserstoffe mit zwei kumulierten Doppelbindungen werden *Allene* genannt. Der einfachste Vertreter dieser Verbindungsgruppe heißt:

Allen $H_2C{=}C{=}CH_2$

(systematischer Name: Propadien).

— *Kohlenwasserstoffe mit konjugierten Doppelbindungen*

Zwei oder mehr C=C-Doppelbindungen werden als konjugiert bezeichnet, wenn sich zwischen ihnen jeweils eine C—C-Einfachbindung befindet. Verbindungen mit zwei konjugierten C=C-Doppelbindungen heißen *Diene*. Die wichtigsten Vertreter dieser Verbindungsgruppe sind:

1,3-Butadien $H_2C{=}CH{-}CH{=}CH_2$ und

Isopren $H_2C{=}CH{-}C(CH_3){=}CH_2$

(systematischer Name des Isoprens: 2-Methyl-1,3-butadien).

1,3-Butadien und Isopren sind Ausgangsstoffe zur Herstellung von synthetischem Kautschuk.

Bei Dienen und anderen Verbindungen mit konjugierten Doppelbindungen liegen in gewissem Ausmaß delokalisierte π-Elektronenzustände vor. Diese Delokalisation ist mit einer energetischen Stabilisierung des Moleküls verbunden (vgl. 14.3.1). Die formelmäßige Wiedergabe der Delokalisation der π-Elektronenzustände geschieht mit Hilfe sogenannter mesomerer Grenzformeln, die durch das Mesomeriezeichen (↔) verbunden sind. Im Falle des Butadiens werden folgende Grenzformeln formuliert:

$CH_2{=}CH{-}CH{=}CH_2$

$\leftrightarrow\ |\overset{\ominus}{C}H_2{-}CH{=}CH{-}\overset{\oplus}{C}H_2$

$\leftrightarrow\ \overset{\oplus}{C}H_2{-}CH{=}CH{-}\overset{\ominus}{\underline{C}}H_2\,.$

Kohlenwasserstoffe mit isolierten Doppelbindungen

Sind die C=C-Doppelbindungen eines Kohlenwasserstoffes durch mehr als eine C—C-Einfachbindung getrennt, so spricht man von isolierten Doppelbindungen. Die Wechselwirkungen zwischen derartigen Doppelbindungen können vernachlässigt werden. Kohlenwasserstoffe mit isolierten Doppelbindungen verhalten sich wie Alkene.

14.2 Alicyclische Kohlenwasserstoffe

Als monocyclische Kohlenwasserstoffe werden diejenigen Kohlenwasserstoffe bezeichnet, die aus nur einem Ringsystem aufgebaut sind. Derartige alicyclische Verbindungen werden folgendermaßen benannt: Dem Präfix „Cyclo" folgt der Name des analogen acyclischen Kohlenwasserstoffs.

Beispiele:

Propan $H_3C{-}CH_2{-}CH_3$

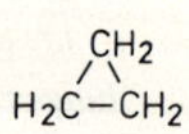

Cyclopropan

2-Hexen $H_3C{-}CH_2{-}CH_2{-}CH{=}CH{-}CH_3$

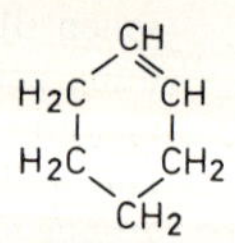

Cyclohexen

14.3 Aromatische Kohlenwasserstoffe

Aromatische Kohlenwasserstoffe sind durch folgende Eigenschaften charakterisiert:

- Sie bestehen aus eben aufgebauten Kohlenstoffringen.
- Im Kohlenstoffring sind abwechselnd C—C-Einfach- und C=C-Doppelbindungen vorhanden, die C=C-Doppelbindungen sind also konjugiert angeordnet (vgl. 14.1.4). Nach der Hückelschen Regel muß die Zahl der im Ring vorhandenen π-Elektronen $4n+2$ betragen ($n=0, 1, \ldots$).
- Die π-Elektronenzustände sind delokalisiert. Dadurch wird eine energetische Stabilisierung des Moleküls erreicht.

Die Namen und Formeln einiger aromatischer Kohlenwasserstoffe sind in der Tabelle 14-4 zusammengestellt.

14.3.1 Benzol C_6H_6

Struktur des Benzolmoleküls

Benzol — der wichtigste aromatische Kohlenwasserstoff — hat die Summenformel C_6H_6 und wird durch folgende Strukturformel beschrieben:

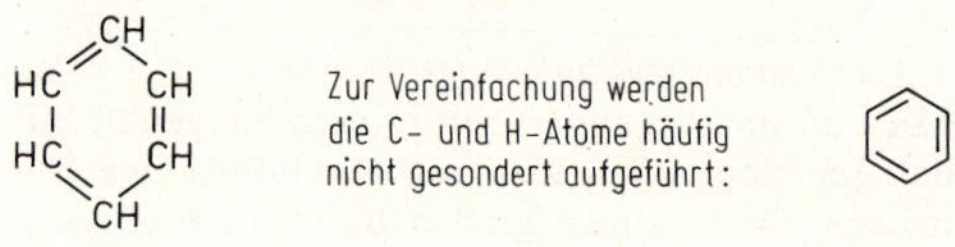

Benzol Benzol

Das Benzolmolekül ist — wie alle aromatischen Verbindungen — eben aufgebaut. Sämtliche Bindungswinkel betragen 120°. In seinen Bindungsverhältnissen ähnelt das Benzolmolekül dem Graphit (vgl. 7.2.4). Die Elektronenzustände der C-Atome sind sp^2-hybridisiert. Es entsteht ein cyclisches Gerüst aus C—C-σ-Bindungen. Das an jedem Kohlenstoffatom verbleibende dritte sp^2-Orbital bildet mit dem 1s-Orbital des Wasserstoffatoms eine C—H-Bindung aus. Die p-Orbitale ergeben ein cyclisches Gerüst aus delokalisierten C—C-π-Bindungen. Diesen Bindungszustand des Benzols symbolisiert die Kurzformel:

Die Delokalisation des π-Elektronensystems führt zu einer energetischen Stabilisierung des Benzolmoleküls. Die molare Stabilisierungsenergie kann theoretisch abgeschätzt werden. Sie beträgt ca. −150 kJ/mol. Aufgrund des großen Betrages dieser Energie sind Reaktionen, die zu einer Aufhebung des aromatischen Ringsystems führen würden (z. B. Addition von Halogenen, vgl. 14.1.2), nur sehr schwer durchführbar.

Nomenklatur von Abkömmlingen des Benzols

Der Rest, der durch Entfernen eines H-Atoms vom Benzol entsteht, heißt:

Phenyl, C_6H_5 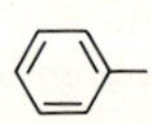

Als Biphenyl wird der Kohlenwasserstoff bezeichnet, der aus zwei Phenylresten aufgebaut ist:

Biphenyl, $C_{12}H_{10}$ 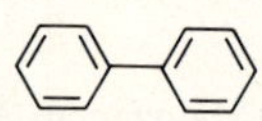

Sind zwei Substituenten am Benzolrest vorhanden, so werden die Kennzeichnungen „*o*-" (ortho),

„*m*-“ (meta) oder „*p*-“ (para) verwendet. Einzelheiten siehe Tabelle 14-4.

Eigenschaften und Reaktionen des Benzols

Benzol ist eine bei Raumtemperatur farblose Flüssigkeit, die bei 80,1 °C siedet (Schmelzpunkt 5,5 °C). Benzol (auch Benzoldampf) ist stark giftig und darüber hinaus kanzerogen. Informationen über kanzerogene Substanzen finden sich in der Gefahrstoffverordnung (GefStoffV). Nähere Angaben zum Umgang mit diesen Stoffen können den Technischen Regeln für Gefahrstoffe (TRGS) entnommen werden.

Tabelle 14-4. Die wichtigsten aromatischen Kohlenwasserstoffe *o* ortho, *m* meta, *p* para.

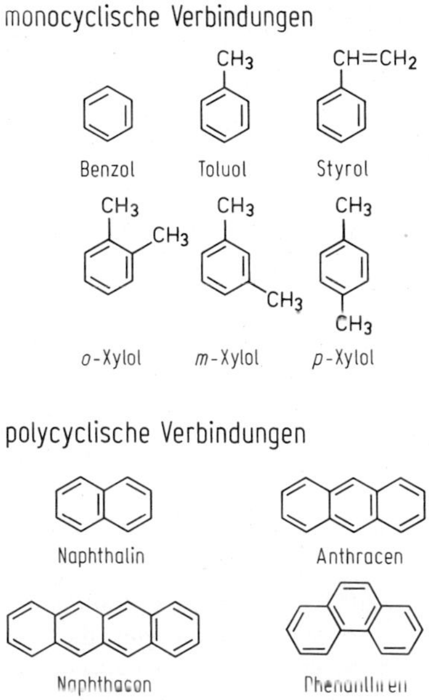

Substitutionsreaktionen

Charakteristisch für aromatische Verbindungen sind Substitutionsreaktionen. Hierbei wird ein H-Atom durch einen anderen Rest (einen anderen Liganden) ersetzt.

Beispiele:

1. Halogenierung

Die Reaktion gelingt nur in Gegenwart eines Katalysators (z. B. Eisen(III)-chlorid):

2. Nitrierung

Benzol kann mit Nitriersäure, ein Salpetersäure-Schwefelsäure-Gemisch, in Nitrobenzol umgewandelt werden:

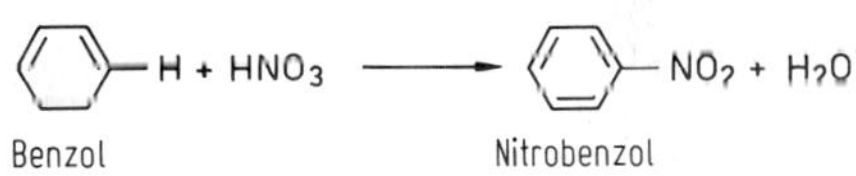

Tabelle 15-1. Organische Verbindungen mit funktionellen Gruppen (mit Beispielen). R, R_1 und R_2 stehen für Kohlenwasserstoffreste

Verbindungstyp	Beispiel
Halogenide, R—Cl	H_5C_2—Cl, Chlorethan
Alkohole, R—OH	H_5C_2—OH, Ethanol (Ethylalkohol)
Ether, R_1—O—R_2	H_5C_2—O—C_2H_5, Diethylether
Aldehyde, R—CHO	$H_3C—C\langle^{H}_{O}$, Acetaldehyd
Ketone, R_1—CO—R_2	$(H_3C)(H_3C)C=O$, Aceton
Carbonsäuren, R—COOH	$H_3C—C\langle^{O}_{OH}$, Essigsäure
Ester, R_1—COO—R_2	$H_3C—C\langle^{O}_{O—CH_3}$, Essigsäuremethylester
Amide, R_1—$CONH_2$	$H_3C—C\langle^{O}_{NH_2}$, Acetamid
Amine, R—NH_2	$H_3C—NH_2$, Methylamin
Nitroverbindungen, R—NO_2	$H_3C—N\langle^{\bar{O}}_{\bar{O}|}$, Nitromethan
Nitrile, R—C≡N	$H_3C—C≡N$, Acetonitril
Sulfonsäuren, R—SO_3H	$H_5C_2—SO_3H$, Ethansulfonsäure

15 Verbindungen mit funktionellen Gruppen

Unter funktionellen Gruppen versteht man Atomgruppen in organischen Verbindungen, die charakteristische Eigenschaften und ein bestimmtes Reaktionsverhalten verursachen.

Hierzu gehören z. B. die Carboxylgruppe $-\overset{\displaystyle O}{\overset{\|}{C}}-OH$ und die Hydroxylgruppe —OH. Organische Verbindungen mit diesen funktionellen Gruppen heißen Carbonsäuren bzw. Alkohole oder Phenole. Bei den Alkoholen ist die Hydroxylgruppe an einen aliphatischen Rest, bei den Phenolen direkt an einen aromatischen Rest gebunden. Einen Überblick über organische Verbindungen mit funktionellen Gruppen gibt die Tabelle 15-1. Die Namen von Verbindungen, bei denen funktionelle Gruppen direkt am Benzol gebunden sind, können Tabelle 15-2 entnommen werden.

Tabelle 15-2. Derivate des Benzols

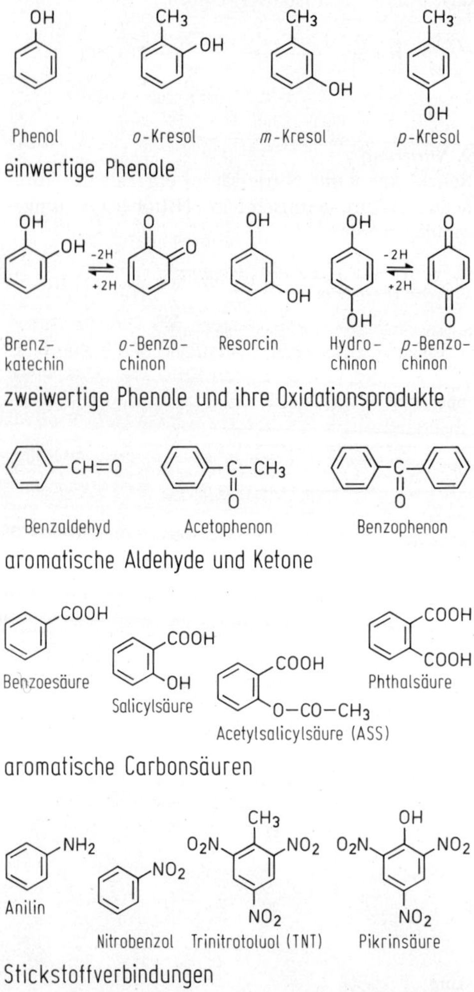

Tabelle 15-3. Heterocyclische Verbindungen

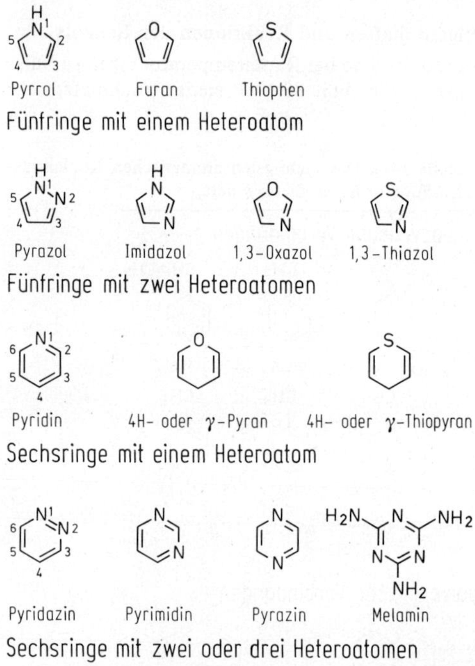

15.1 Halogenderivate der aliphatischen Kohlenwasserstoffe

Unter Halogenkohlenwasserstoffen versteht man Verbindungen, bei denen ein oder mehrere Halogenatome an Stelle von Wasserstoffatomen an einem Kohlenwasserstoff gebunden sind.

Bei Raumbedingungen sind die Halogenkohlenwasserstoffe häufig Flüssigkeiten mit relativ hoher Dichte. Sie werden in großem Maße als Lösungs- und/oder Entfettungsmittel (besonders Chlorkohlenwasserstoffe), als Kältemittel und Treibgase in Spraydosen (besonders Fluorchlorkohlenwasserstoffe, FCKW) verwendet. Einige dieser Substanzen dienen zur Einführung von Alkylgruppen in andere Verbindungen (Alkylierungsmittel).

Wichtige Halogenkohlenwasserstoffe

In Klammern sind hinter den Formeln der Substanzen die Siedepunkte und die MAK-Werte (vgl. Tabelle 5-2) angegeben.

- Dichlormethan (Methylenchlorid) CH_2Cl_2 (40 °C, 100 ppm),
  Trichlormethan (Chloroform) $CHCl_3$ (61,7 °C, 10 ppm),
  Tetrachlormethan (Tetrachlorkohlenstoff) CCl_4 (76,5 °C, 10 ppm),
  1,1,1-Trichlorethan $Cl_3C—CH_3$ (74,1 °C, 200 ppm),
  Trichlorethylen („Tri") $Cl_2C{=}CHCl$ (87 °C, 50 ppm) und
  Tetrachlorethylen („Perchlorethylen", „Per") $Cl_2C{=}CCl_2$ (121 °C, 50 ppm)
  werden vornehmlich als Lösungs-, Reinigungs- und/oder Entfettungsmittel eingesetzt.
- Trichlorfluormethan („R 11") CCl_3F (23,6 °C, 1 000 ppm) und Dichlordifluormethan CCl_2F_2 („R 12") (vgl. Tabelle 5-2) sind die Verbindungen, die hauptsächlich aus der Gruppe der Fluorchlorkohlenwasserstoffe verwendet werden. Das Freisetzen von Fluorchlorkohlenwasserstoffen verursacht Umweltschäden, vgl. Tabelle 5-2.
- Vinylchlorid $H_2C{=}CHCl$ (kanzerogenes Gas, −13,9 °C) ist Ausgangsstoff zur Herstellung von Polyvinylchlorid (PVC) (vgl. D 5.5).
- Tetrafluorethylen (TFE) $F_2C{=}CF_2$ (−76,3 °C, giftig) ist Ausgangsstoff für die Herstellung des Polymerwerkstoffes Polytetrafluorethylen (PTFE). Dieser Kunststoff zeichnet sich durch relativ hohe Hitzebeständigkeit und chemische Widerstandsfähigkeit aus (vgl. D 5.5). Zur Verhinderung der Polymerisation von TFE, die äußerst heftig ablaufen kann, werden dem handelsüblichen monomeren Produkt Stabilisatoren zugesetzt. TFE zerfällt auch gemäß folgender Gleichung in Kohlenstoff und Tetrafluormethan (siehe auch 8.3.4):

  $$F_2C{=}CF_2 \rightarrow C(s) + CF_4 .$$

  Tetrafluorethylen — Tetrafluormethan

  Diese Zerfallsreaktion kann als Explosion ablaufen.

15.2 Alkohole

Alkohole sind Verbindungen, die eine oder mehrere Hydroxylgruppen (OH-Gruppen) im Molekül enthalten. Die Kohlenstoffatome, an denen eine Hydroxylgruppe gebunden ist, dürfen hierbei nur noch C—H- oder C—C-Einfachbindungen enthalten.

Verbindungen mit einer direkt am aromatischen Rest gebundenen OH-Gruppe heißen Phenole (vgl. Tabelle 15-2).
Nach der Zahl der C—C-Bindungen, die das Kohlenstoffatom enthält, an dem sich die Hydroxylgruppe befindet, unterscheidet man

primäre sekundäre und tertiäre Alkohole:

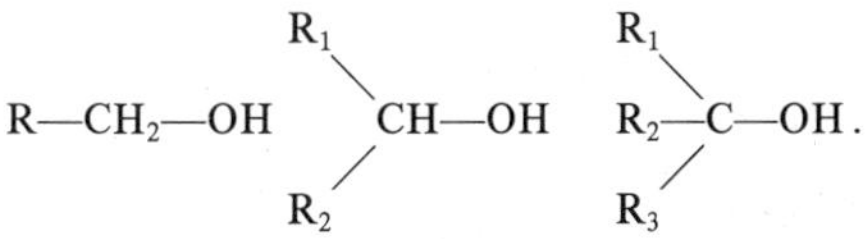

Alkohole werden auch nach der Zahl der im Molekül enthaltenen OH-Gruppen in ein- und mehrwertige Alkohole unterteilt:

Beispiele:

Einwertiger Alkohol	Zweiwertiger Alkohol
$H_3C—CH_2—OH$	$H_2C—OH$ / $H_2C—OH$
Ethanol (Ethylalkohol)	Ethylenglykol (Glykol).

Reaktionen

1. *Intramolekulare Wasserabspaltung (Bildung von Alkenen)*
   Die innerhalb eines Moleküls stattfindende (intramolekulare) Wasserabspaltung erfolgt in der Hitze in Gegenwart von Katalysatoren oder von starken Säuren:

   $$H_3C—CH_2—OH \rightarrow H_2C{=}CH_2 + H_2O .$$

   Ethanol — Ethylen

2. *Intermolekulare Wasserabspaltung (Bildung von Ethern)*
   An der intermolekularen Wasserabspaltung sind zwei Moleküle beteiligt. Bei Alkoholen bilden sich in diesem Fall Ether R—O—R (Erhitzen in Gegenwart von konzentrierter Schwefelsäure):

   $$H_3C—CH_2—OH + HO—CH_2—CH_3$$

   Ethanol — Ethanol

   $$\rightarrow H_3C—CH_2—O—CH_2—CH_3 + H_2O .$$

   Diethylether

3. *Verbrennung, Oxidation*
   Leichtflüchtige Alkohole bilden mit Luft explosionsfähige Gasmischungen (vgl. Tabelle 14-3). Primäre, sekundäre und tertiäre Alkohole unterscheiden sich in ihrem Verhalten gegenüber Oxidationsmitteln. So können primäre und sekundäre Alkohole bis zu Carbonsäuren bzw. zu Ketonen oxidiert werden. Die Oxidation von tertiären Alkoholen gelingt nicht, ohne daß das Kohlenstoffgerüst zerstört wird:

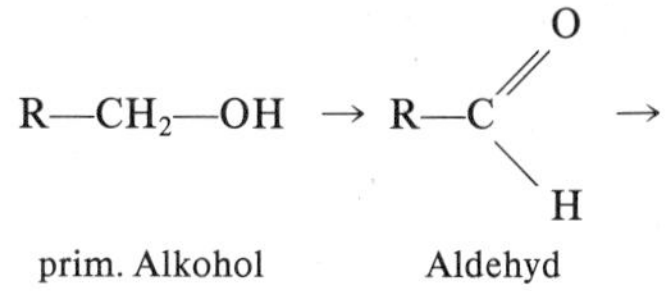

prim. Alkohol — Aldehyd

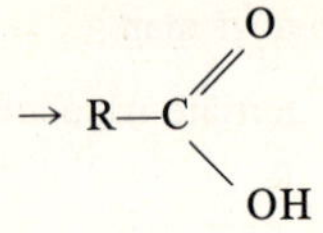

Carbonsäure

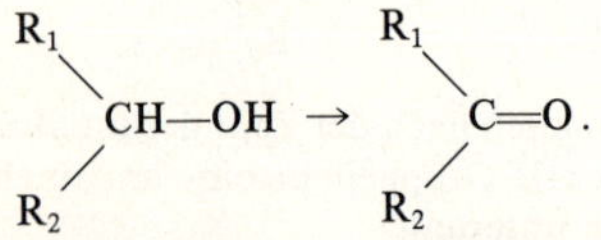

sek. Alkohol Keton

4. *Veresterung*
Säuren und Alkohole reagieren in Gegenwart von Katalysatoren unter Bildung von Estern (siehe 15.5.1).

Wichtige Alkohole

Methanol (Methylalkohol) H_3C—OH, Siedepunkt 65,1 °C, giftig (letale Dosis: etwa 25 g).
Verwendung: Treibstoffzusatz, Lösungsmittel, Ausgangsstoff für Synthesen (z. B. Formaldehyd, Polyester).

Ethanol (Ethylalkohol) C_2H_5—OH, Siedepunkt 78,5 °C.
Verwendung: verdünnt als Genußmittel (letale Dosis ca. 300 g), Lösungsmittel, Ausgangsstoff für Synthesen (z. B. Essigsäure), technischer Ethylalkohol wird durch Vergällungsmittel (z. B. Pyridin, Benzin, Campher) ungenießbar gemacht.

Ethylenglykol (Glykol), Siedetemperatur 198,9 °C, giftig, in jedem Verhältnis mit Wasser mischbar.
Verwendung: Frostschutzmittel.

CH_2—OH
|
CH_2—OH

Glycerin, Siedetemperatur 290 °C, in jedem Verhältnis mit Wasser mischbar.
Vorkommen: Bestandteil aller Fette (vgl. 15.5.1).
Verwendung: Frostschutzmittel, in pharmazeutischen Präparaten, Herstellung von Nitroglycerin, Lösungsmittel.

CH_2—OH
|
CH—OH
|
CH_2—OH

Nitroglycerin (Salpetersäuretriester des Glycerins) detonationsfähiger Stoff (vgl. 9.8), außerordentlich schlagempfindlich.
Verwendung: einer der wichtigsten und meistgebrauchten Sprengstoffbestandteile; Mischungen von Nitroglycerin und Nitrocellulose sind Bestandteile von Treibmitteln und Raketentreibstoffen.

CH_2—O—NO_2
|
CH—O—NO_2
|
CH_2—O—NO_2

15.3 Aldehyde

Aldehyde sind durch die funktionelle Gruppe —C(H)=O *charakterisiert. Sie haben die allgemeine Formel* R—CH=O. R *kann hierbei ein aliphatischer, aromatischer oder heterocyclischer Rest sein.*

Reaktionen

1. *Verbrennung, Oxidation*
Leichtflüchtige Aldehyde bilden mit Luft explosionsfähige Gasmischungen (vgl. Tabelle 14-3).
Die Oxidation der Aldehyde führt unter milderen Bedingungen zu Carbonsäuren:

$$H_3C\text{—}CHO + \tfrac{1}{2}O_2 \rightarrow H_3C\text{—}COOH\,.$$

Acetaldehyd Essigsäure

2. *Reduktion*
Aldehyde werden katalytisch mit Wasserstoff zu primären Alkoholen reduziert:

$$H_3C\text{—}CHO + H_2 \rightarrow H_3C\text{—}CH_2\text{—}OH\,.$$

Acetaldehyd Ethanol

3. *Polymerisation*
Aldehyde können wie die Alkene polymerisieren. So führt z. B. die Polymerisation von Formaldehyd zu kettenförmig aufgebautem Polyoxymethylen (POM, Polyformaldehyd) (vgl. D 5.5):

$$n\ H_2C{=}O \rightarrow HO[CH_2\text{—}O]_nH\,.$$

Formaldehyd Polyoxymethylen

4. *Polykondensation*
Unter einer Kondensation versteht man eine Reaktion, bei der C—C-Einfach- oder auch C=C-Doppelbindungen unter Abspaltung kleiner Moleküle (z. B. Wasser) entstehen. Werden hierbei polymere Verbindungen gebildet, so spricht man von Polykondensation, vgl. D 5.3.

Von den unter Wasserabspaltung verlaufenden Polykondensationsreaktionen soll hier die Bildung von *Phenoplasten* aus Formaldehyd und Phenol angeführt werden.

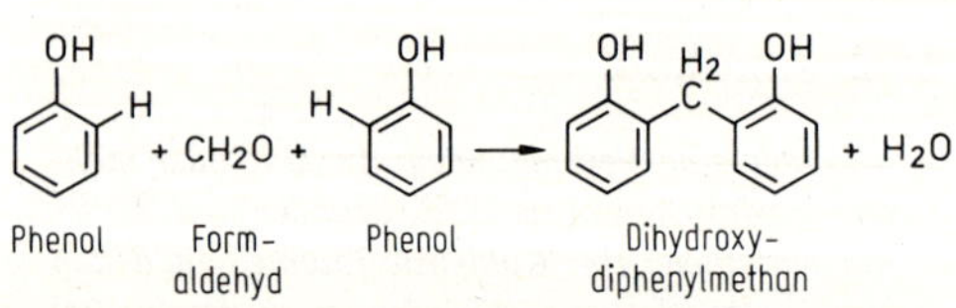

Durch weitere Kondensationsvorgänge bilden sich dreidimensional vernetzte Makromoleküle.

Wichtige Aldehyde

Formaldehyd H—C(H)=O, Siedepunkt −21 °C,

MAK-Wert: 0,5 ppm (Formaldehyd steht im begründeten Verdacht, kanzerogen zu sein.)
Verwendung: Desinfektionsmittel.
Ausgangsstoff für Polymerwerkstoffe: Polykondensation mit Harnstoff $H_2N—CO—NH_2$ (Harnstoff-Formaldehydharze), Melamin (Formel, siehe Tabelle 15-3) (Melamin-Formaldehydharze, MF) und mit Phenol (Phenol-Formaldehydharze, PF).
Polymerisation zu Polyoxymethylen (Einzelheiten siehe D 5.5).

Acetaldehyd $H_3C—\overset{\displaystyle H}{\overset{|}{C}}{=}O$, Siedepunkt 20,8 °C, MAK-Wert: 50 ppm (Acetaldehyd steht im begründeten Verdacht, kanzerogen zu sein.)

15.4 Ketone

Ketone sind durch die Carbonyl-Gruppe $—\overset{\displaystyle O}{\overset{\|}{C}}—$, *die sich mittelständig in einer Kohlenstoffkette befinden muß, gekennzeichnet. Ketone haben die allgemeine Formel* $R_1—CO—R_2$.

Reaktionen

1. Verbrennung, Oxidation
Leichtflüchtige Ketone bilden mit Luft explosionsfähige Gasmischungen (vgl. Tabelle 14-3).
Die Oxidation unter Spaltung der Kohlenstoffkette gelingt nur mit starken Oxidationsmitteln (z. B. Chromtrioxid CrO_3). Hierbei wird die von der Carbonylgruppe ausgehende C—C-Bindung gespalten, es entstehen zwei Carbonsäuren:

$$R_1—CH_2—CO—CH_2—R_2 + {}^3\!/_2\,O_2$$
$$\rightarrow R_1COOH + HOOC—CH_2—R_2$$

2. Reduktion
Ketone werden katalytisch oder mit starken Reduktionsmitteln (z. B. Lithiumaluminiumhydrid $LiAlH_4$) zu sekundären Alkoholen reduziert:

$$\underset{\text{Aceton}}{H_3C—CO—CH_3} + H_2 \rightarrow \underset{\text{Isopropanol}}{H_3C—CHOH—CH_3}.$$

Beispiel für ein Keton:
Aceton $H_3C—CO—CH_3$, Siedepunkt 56,2 °C, MAK-Wert: 1 000 ppm.
Verwendung: Lösungsmittel für Harze, Lacke, Farben.

15.5 Carbonsäuren und ihre Derivate

Stoffe, die eine oder mehrere Carboxylgruppen $—\overset{\displaystyle O}{\overset{\|}{C}}—OH$ *enthalten, werden als Carbonsäuren bezeichnet. Allgemeine Formel der Carbonsäuren:* $R—COOH$.

Namen und Formeln einiger Carbonsäuren

Gesättigte Carbonsäuren

Ameisensäure	$H—COOH$
Essigsäure	$CH_3—COOH$
Propionsäure	$C_2H_5—COOH$
Buttersäure	$C_3H_7—COOH$
Palmitinsäure	$C_{15}H_{31}—COOH$
Stearinsäure	$C_{17}H_{35}—COOH$
Oxalsäure	$HOOC—COOH$
Malonsäure	$HOOC—CH_2—COOH$

ungesättigte Carbonsäuren

Ölsäure	$H_3C—(CH_2)_7—CH{=}CH—(CH_2)_7—COOH$
Linolsäure	$H_3C—(CH_2)_4—CH{=}CH—CH_2—CH{=}CH—(CH_2)_7—COOH$
Linolensäure	$H_3C—CH_2—CH{=}CH—CH_2—CH{=}CH—CH_2—CH{=}CH—(CH_2)_7—COOH$

aromatische Carbonsäuren (siehe Tabelle 15-2)

Reaktionen

1. Elektrolytische Dissoziation, Salzbildung
Carbonsäuren dissoziieren in wäßriger Lösung gemäß der Gleichung:

$$R—COOH \rightleftharpoons RCOO^- + H^+.$$

Das Dissoziationsgleichgewicht liegt ganz oder überwiegend auf der Seite der undissoziierten Säure; Carbonsäuren sind schwache Säuren.
Mit Basen wie NaOH und KOH reagieren Carbonsäuren unter Salzbildung. Wäßrige Lösungen dieser Salze reagieren alkalisch (vgl. 10.7.6).
Seifen sind die Natriumsalze der höheren Carbonsäuren (z. B. Palmitin-, Stearin- und Ölsäure).

2. Verbrennung
Explosionsgrenzen von Ameisen- und Essigsäure sind in Tabelle 14-3 angegeben.

3. Veresterung
Mit Alkoholen reagieren Carbonsäuren in einer Gleichgewichtsreaktion unter Bildung von Carbonsäureestern und Wasser:

$$\underset{\text{Essigsäure}}{H_3C—COOH} + \underset{\text{Ethanol}}{HO—C_2H_5}$$

$$\rightleftharpoons \underset{\text{Essigsäure-ethylester}}{H_3C—\overset{\displaystyle O}{\overset{\|}{C}}—O—C_2H_5} + H_2O.$$

Der umgekehrte Vorgang — also die Spaltung eines Esters in Carbonsäure und Alkohol — heißt *Verseifung*.

Wichtige Carbonsäuren

Ameisensäure HCOOH, Siedepunkt 100,7 °C, MAK-Wert: 0,5 ppm.
Essigsäure $H_3C—COOH$, Siedepunkt 117,9 °C, MAK-Wert: 10 ppm.
Verwendung: Speiseessig ($CH_3—COOH$-Massenanteil: ca. 5 bis 10 %).

15.5.1 Carbonsäurederivate

Carbonsäurehalogenide. Bei diesen Verbindungen ist die OH-Gruppe des Carboxylrestes durch ein Halogenatom ersetzt.
Beispiel:

$$H_3C—\overset{\overset{\displaystyle O}{\|}}{C}—Cl$$

Acetylchlorid (Säurechlorid der Essigsäure).

Carbonsäureester. Anstelle der OH-Gruppe des Carboxylrestes haben Carbonsäureester eine O—R-Gruppierung. Allgemeine Formel dieser Verbindungen:

$$R_1—\overset{\overset{\displaystyle O}{\|}}{C}—OR_2$$

Fette und Öle sind die Glycerinester der höheren Carbonsäuren. Tierische Fette enthalten hauptsächlich gemischte Glycerinester von Palmitin-, Stearin- und Ölsäure. Pflanzliche Öle bestehen zusätzlich aus Glycerinestern der mehrfach ungesättigten höheren Carbonsäuren (Linol- und Linolensäure).

Carbonsäureamide. Bei diesen Verbindungen ist die OH-Gruppe der Carbonsäure durch eine NH_2-Gruppe ersetzt. Säureamide haben die allgemeine Formel

$$R—\overset{\overset{\displaystyle O}{\|}}{C}—NH_2\,.$$

15.5.2 Aminocarbonsäuren (Aminosäuren)

Aminocarbonsäuren — oder kurz Aminosäuren — enthalten neben der Carboxylgruppe eine Aminogruppe im Molekül. Sind die NH_2*- und die* COOH*-Gruppe benachbart, liegen α-Aminosäuren vor.*
α-Aminosäuren haben die allgemeine Formel:

$$R—\underset{\underset{\displaystyle NH_2}{|}}{CH}—COOH\,.$$

Namen und Formeln einiger α-Aminosäuren

Glycin (Glykokoll)	$H_2N—CH_2—COOH$
Alanin	$H_3C—CH(NH_2)—COOH$
Valin	$(CH_3)_2CH—CH(NH_2)—COOH$
Leucin	$(CH_3)_2CH—CH_2—CH(NH_2)—COOH$

Bis auf Glycin besitzen alle α-Aminosäuren ein oder mehrere asymmetrische Kohlenstoffatome, sie sind also optisch aktive Verbindungen (vgl. 13.2.2).

Reaktionen

Aminosäuren kondensieren unter Bildung von Peptiden. Die in diesen Verbindungen enthaltene Säureamid-Bindung heißt *Peptidbindung*; Beispiel:

$$\underset{\text{Aminosäure 1}}{H_2N—\underset{\underset{\displaystyle R_1}{|}}{CH}—COOH} + \underset{\text{Aminosäure 2}}{H—NH—\underset{\underset{\displaystyle R_2}{|}}{CH}—COOH}$$

$$\rightarrow \underset{\text{Dipeptid}}{H_2N—\underset{\underset{\displaystyle R_1}{|}}{CH}—\mathbf{CO—NH}—\underset{\underset{\displaystyle R_1}{|}}{CH}—COOH} + H_2O.$$

Proteine (Eiweißstoffe) sind Polypeptide. Sie bilden die wichtigsten Bau- und Gerüststoffe des menschlichen und des tierischen Körpers.

Liste der Formelzeichen

a	van-der-Waalssche Konstante
b	van-der-Waalssche Konstante
b	Molalität
B	zweiter Virialkoeffizient eines realen Gases
c	Konzentration
c	Vakuumlichtgeschwindigkeit
c_s	Sättigungskonzentration
C	dritter Virialkoeffizient eines realen Gases
C_p, C_V	Wärmekapazität bei konstantem Druck bzw. bei konstantem Volumen
e	elektrische Elementarladung
E	elektromotorische Kraft (EMK)
E	Energie
E_A	Aktivierungsenergie
E_A	Elektronenaffinität
E_I	Ionisierungsenergie
E_G	Gitterenergie
F	Faraday-Konstante
G	Freie Enthalpie
$\Delta_r G$	Freie Reaktionsenthalpie
$\Delta_r G^0$	Freie Standardreaktionsenthalpie
h	Planck-Konstante
H	Enthalpie
$\bar{H} = H/n$	molare Enthalpie
$\Delta_r H$	Reaktionsenthalpie
$\Delta_r H^0$	Standardreaktionsenthalpie

$\Delta_B \bar{H}$	molare Bildungsenthalpie
$\Delta_B \bar{H}^0$	molare Standardbildungsenthalpie
γ	elektrische Leitfähigkeit
k	Reaktionsgeschwindigkeitskonstante
k_G	kryoskopische Konstante
k_S	ebullioskopische Konstante
K_B, K_S	Dissoziationskonstanten von Basen bzw. Säuren
K_c, K_p, K_x	Gleichgewichtskonstanten
K_W	Ionenprodukt des Wassers
l	Neben-Quantenzahl
L	Löslichkeitsprodukt
m	magnetische Quantenzahl
m	Masse
M	molare Masse
n	Haupt-Quantenzahl
n	Stoffmenge
N	Teilchenzahl
N_A	Avogadro-Konstante
p	Druck
p	Impuls
pH	pH-Wert
Q	elektrische Ladung
Q	Wärme
r	Radius
r	Reaktionsgeschwindigkeit
R	universelle Gaskonstante
R	Rydberg-Frequenz
s	Spin-Quantenzahl
S	Entropie
$\Delta_r S$	Reaktionsentropie
t	Zeit
$t_{1/2}$	Halbwertzeit
T	(thermodynamische) Temperatur
U	Innere Energie
$\Delta_r U$	Reaktionsenergie
V	Volumen
w	Massenanteil
W	Arbeit
x	Stoffmengenanteil
z	Ladungszahl von Ionen
ϑ	Celsius-Temperatur
μ	chemisches Potential
μ^0	chemisches Standardpotential
ν	Frequenz
ν	stöchiometrische Zahl
ν	Summe der Zerfallszahlen
ξ	Umsatzvariable (Reaktionsvariable, Reaktionslaufzahl)
π	osmotischer Druck
ϱ	Dichte
ϱ_i	Massenkonzentration
$\varrho(r)$	radiale Verteilungsfunktion
φ	Elektrodenpotential
χ	Elektronegativität
Ψ	Ψ-Funktion, Wellenfunktion

Literatur

Handbücher, Nachschlagewerke, Tabellenwerke

Beilstein: Handbuch der Organischen Chemie. 4. Aufl. (Hauptwerk und 5 Ergänzungswerke) Berlin: Springer

CRC Handbook of chemistry and physics. 68th ed. Boca Raton, Fla.: CRC Press 1987

JANAF Thermochemical Tables. Stull, R. D.; Prophet, H. (Project Directors). 2nd ed. Washington, D.C.: U.S. Government Printing Office

Landolt-Börnstein, Zahlenwerte und Funktionen aus Naturwissenschaft und Technik. Neue Serie. (Zahlreiche Bände in 7 Gruppen). Berlin: Springer

Nabert, K.; Schön, G.: Sicherheitstechnische Kennzahlen brennbarer Gase und Dämpfe. 2. Aufl. Braunschweig: Dt. Eichverl. 1968

Neumüller, O.-A.: Römpps Chemie-Lexikon, 6 Bände. 8. Aufl. Stuttgart: Franckh 1979-1988

Ullmanns Encyklopädie der technischen Chemie. 25 Bände. 4. Aufl. Weinheim: Verl. Chemie 1972-1984

Allgemeine Chemie

Baumgärtel, E.; Lehmann, R.; Lichtner, E.: Grundlagen der allgemeinen Chemie für Hochschulingenieure und Pädagogen. Leipzig: Geest & Portig 1976

Blaschette, A.: Allgemeine Chemie. Frankfurt a. M.: Akad. Verlagsges. 1974

Campbell, J.A.: Allgemeine Chemie. Weinheim: Verl. Chemie 1980

Christen, H.R.: Grundlagen der allgemeinen und anorganischen Chemie. 9. Aufl. Frankfurt a. M.: Salle; Aarau: Sauerländer 1988

Jander, G.; Spandau, H.: Kurzes Lehrbuch der anorganischen und allgemeinen Chemie. 10. Aufl. Berlin: Springer 1987

Mortimer, Ch.E.: Chemie. Stuttgart: Thieme: 1983

Pscheidl, H.: Allgemeine Chemie. Berlin: Dtsch. Vlg. d. Wissenschaften 1975

Anorganische Chemie (Kapitel 12)

Büchner, W.; u. a.: Industrielle Anorganische Chemie. 2. Aufl. Weinheim: VCH 1986

Cotton, F.A.; Wilkinson, G.: Anorganische Chemie. Weinheim: VCH 1985

Latscha, H.P.; Klein, H.A.: Anorganische Chemie. Berlin: Springer 1984

Remy, H.: Lehrbuch der anorganischen Chemie; Bd. 1, 2. 12. u. 13. Aufl. Leipzig: Geest & Portig 1970; 1973

Streudel, R.: Chemie der Nichtmetalle. Berlin: de Gruyter 1985

Wiberg, N.: Hollemann-Wiberg: Lehrbuch der Anorganischen Chemie. 91.-100. Aufl. Berlin: de Gruyter 1985

Organische Chemie (Kapitel 13 bis 15) und Biochemie

Allinger, N.L.; u. a.: Organische Chemie. Berlin: de Gruyter 1980

Beyer, H.; Walter, W.: Lehrbuch der organischen Chemie. 21. Aufl. Stuttgart: Hirzel 1988

Christen, H.R.: Grundlagen der organischen Chemie. 6. Aufl. Frankfurt a. M.: Salle; Aarau: Sauerländer 1985

Hauptmann, S.: Organische Chemie. Thun: Deutsch 1985

Morrison, R.T.; Boyd, R.N.: Lehrbuch der Organischen Chemie. Weinheim: VCH 1986

Karlson, P.: Kurzes Lehrbuch der Biochemie. 12. Aufl. Stuttgart: Thieme 1984

Lehninger, A.L.: Biochemie. 2. Aufl. Weinheim: VCH 1977

Rapoport, S.M.: Medizinische Biochemie. Berlin: Verlag Volk und Gesundheit 1983

Physikalische Chemie

Atkins, P.W.: Physikalische Chemie. Weinheim: VCH 1987

Barrow, G.M.: Physikalische Chemie. Wiesbaden: Vieweg 1984

Brdička, R.: Grundlagen der physikalischen Chemie. Berlin: Dtsch. Vlg. d. Wissenschaften 1982

Moore, W. J.: Physikalische Chemie. Berlin: de Gruyter 1986

Wedler G.: Lehrbuch der Physikalischen Chemie. Weinheim: VCH 1985

Stöchiometrie (Kapitel 1) und Analytische Chemie

Analytikum: Methoden der analytischen Chemie und ihre theoretischen Grundlagen. Leipzig: Dtsch. Vlg. f. Grundstoffindustrie 1972

Jander, G.: Jahr, K.F.: Maßanalyse. 14. Aufl. Berlin: de Gruyter 1986

Küster, F.W.; Thiel, A.: Rechentafeln für die Chemische Analytik. 103. Aufl. Berlin: de Gruyter 1985

Kullbach, W.: Mengenberechnungen in der Chemie. Weinheim: Verl. Chemie 1980

Wittenberger, W.: Rechnen in der Chemie. 12. Aufl. Wien: Springer 1985

Kapitel 2 und 4

Barrett, J.: Die Struktur der Atome und Moleküle. Weinheim: Verl. Chemie 1973

Gray, H.B.: Elektronen und Chemische Bindung. Berlin: de Gruyter 1973

Großmann, G.; Fabian, J.; Kammer, H.-W.: Struktur und Bindung: Atome und Moleküle. Weinheim: Verl. Chemie 1973

Heilbronner, E.; Bock, H.: Das HMO-Modell und seine Anwendung. Bd. 1-3. Weinheim: Verl. Chemie 1976

Hensen, K., Theorie der chemischen Bindung. Darmstadt: Steinkopff 1974

Kutzelnigg, W.: Einführung in die theoretische Chemie. 2 Bände. Weinheim: Verl. Chemie 1975; 1978

Schmidtke, H.-H.: Quantenchemie. Weinheim: VCH 1987

Sieler, J.; u. a.: Struktur und Bindung: Aggregierte Systeme und Stoffsystematik. Weinheim: Verl. Chemie 1972

Lieser, K.H.: Einführung in die Kernchemie. Weinheim: Verl. Chemie 1980

Kapitel 3

Siehe Lehrbücher der Anorganischen Chemie.

Kapitel 5

Siehe Lehrbücher der Chemischen Thermodynamik. Sowie:

Gase-Handbuch. Frankfurt: Messer Griesheim GmbH.

Reid, R.C.; Prausnitz, J.M.; Poling, B.E.: The properties of gases and liquids. New York: McGraw-Hill 1987

Kapitel 6

Beck, H.; Güntherod, H.-J.: Glassy metals. Berlin: Springer 1983

Doremus, R.H.: Glass science. New York: Wiley 1973

Hansen, J.P.; McDonald, I.: Theory of simple liquids. New York: Academic Press 1987

Kavanau, J.L.: Water and solute-water interactions. San Francisco: Holden-Day 1964

Kruus, P.: Liquids and solutions: Structure and dynamics. New York: Marcel Dekker 1977

Robinson, R.A.; Stokes, R.H.: Electrolyte solutions. London: Butterworths 1968

Rawson, H.: Inorganic glass forming systems. London: Academic Press 1967

Scholze, H.: Glas: Struktur und Eigenschaften. 3. Aufl. Berlin: Springer 1988

Kapitel 7

Buerger, M.: Elementary crystallography. Cambridge, Mass.: MIT Press 1978

Evans, R.C.: Einführung in die Kristallchemie. Berlin: de Gruyter 1976

Greenwood, N.N.: Ionenkristalle, Gitterdefekte und Nichtstöchiometrische Verbindungen. Weinheim: Verl. Chemie 1973

Kleber, W.: Einführung in die Kristallographie. Berlin: Verl. Technik 1967

Krebs, H.: Grundlagen der anorganischen Kristallchemie. Stuttgart: Enke 1968

Ramdohr, P.: Strunz, H.: Klockmanns Lehrbuch der Mineralogie. 16. Aufl. Stuttgart: Enke 1978

Sieler, J; u. a.: Struktur und Bindung: Aggregierte Systeme und Stoffsystematik. Weinheim: Verl. Chemie 1972

Wells, A.F.: Structural inorganic chemistry. London: Oxford University Press 1983

Kapitel 8

Denbigh, K.G.: Prinzipien des chemischen Gleichgewichts. Darmstadt: Steinkopff 1974

Haase, R.: Thermodynamik der Mischphasen. Berlin: Springer 1956

Haase, R.: Thermodynamik. Darmstadt: Steinkopff 1972

Kortüm, G.; Lachmann, H.: Einführung in die chemische Thermodynamik. 7. Aufl. Weinheim: Verl. Chemie; Göttingen: Vandenhoeck & Ruprecht 1981

Lewis, G.N.; Randall, M.: Thermodynamics. 2nd ed. New York: McGraw-Hill 1961

Möbius, H.-H.; Dürselen, W.: Chemische Thermodynamik. Weinheim: Verlag Chemie 1972

Münster, A.: Chemische Thermodynamik. Weinheim: Verlag Chemie 1969

Prigogine, I.; Defay, R.: Chemische Thermodynamik. Leipzig: Dtsch. Vlg. f. Grundstoffindustrie 1962

Strehlow, R.A.: Combustion fundamentals. New York: McGraw-Hill 1985

Kapitel 9

Frost, A.A.; Pearson R.G.: Kinetik und Mechanismen homogener chemischer Reaktionen. Weinheim: Verl. Chemie 1973

Homann, K.H.: Reaktionskinetik. Darmstadt: Steinkopff 1975

Schlosser, E.G.: Heterogene Katalyse. Weinheim: Verl. Chemie 1972

Schwetlick, K.; u. a.: Chemische Kinetik. Weinheim: Verl. Chemie 1972

Wilkinson, F.: Chemical kinetics and reaction mechanisms. New York: van Nostrand Reinhold 1980

Lewis, B.; von Elbe, G.: Combustion, flames and explosions of gases. 3rd ed. Orlando Academic Press 1987

Nettleton, M.A.: Gaseous detonations. London: Chapman & Hall 1987

Kapitel 10

Ackermann, G., u. a.: Elektrolytgleichgewichte und Elektrochemie. Weinheim: Verl. Chemie 1974
Bell, R.P.: Säuren und Basen und ihr quantitatives Verhalten. Weinheim: Verl. Chemie 1974
Bliefert, C.: pH-Wert-Berechnungen. Weinheim: Verl. Chemie 1978
Edelmann, K.: Kolloidchemie. Darmstadt: Steinkopff 1975
Robinson, R.A.; Stokes, R.H.: Electrolyte solutions, London: Butterworths 1968
Sonntag, H.: Lehrbuch der Kolloidwissenschaft. Berlin: Dtsch. Vlg. d. Wissenschaften 1977
Tombs, M.P.; Peacocke, A.R.: The osmotic pressure of biological macromolecules. London: Oxford University Press 1974

Kapitel 11

Ackermann, G.; u. a.: Elektrolytgleichgewichte und Elektrochemie. Weinheim: Verl. Chemie 1974
Cannon, R.D.: Electron transfer reactions. London: Butterworths 1980
Haase, R.: Elektrochemie I: Thermodynamik elektrochemischer Systeme. Darmstadt: Steinkopff 1972
Kortüm, G.: Lehrbuch der Elektrochemie. Weinheim: Verlag Chemie 1972
Lewis, B.; von Elbe, G.: Combustion, flames and explosions of gases. 3rd ed. Orlando: Academic Press 1987
Milazzo, G.: Elektrochemie, Bd. 1, 2. 2. Aufl. Basel: Birkhäuser 1980; 1983
Strehlow, R.A.: Combustion fundamentals. New York: McGraw-Hill 1985
Vielstich, W.; Schmickler, W.: Elektrochemie II: Kinetik elektrochemischer Systeme. Darmstadt: Steinkopff 1976

Kapitel 12

Siehe Lehrbücher der Anorganischen Chemie (siehe S. C 77)

Kapitel 13 bis 15

Siehe Lehrbücher der Organischen Chemie (siehe S. C 77)

D Werkstoffe

H. Czichos

1 Übersicht

1.1 Der Materialkreislauf

Werkstoffe sind Stoffe mit technisch nutzbaren Eigenschaften. Sie werden nach geeigneter Herstellung und Formgebung als „Konstruktions- und Funktionsmaterialien" bezeichnet und bilden die stoffliche Basis der gesamten Technik. Der Weg der Werkstoffe vom Rohstoff zum technischen Produkt wird nach dem in Bild 1-1 vereinfacht dargestellten „Materialkreislauf" [1] im wesentlichen durch folgende Technologien geprägt:

— *Rohstofftechnologien:*
Gewinnung von Rohstoffen aus den Bodenschätzen und Vorräten der Erde.
— *Werkstofftechnologien:*
Umwandlung von Rohstoffen in Werkstoffe und Halbzeuge.
— *Konstruktions- und Fertigungstechnologien:*
Entwicklung und Fabrikation von Bauteilen und technischen Produkten.

Die Produktion von Werkstoffen in Form von Metallen, Baustoffen und Kunststoffen macht ca. 20 % der Welt-Rohstofferzeugung aus. Tabelle 1-1 gibt einen Überblick über die Weltproduktion einiger Basismaterialien im Vergleich zu den herkömmlichen Energierohstoffen Kohle und Erdöl.
Die für die Herstellung von technischen Produkten einzusetzenden Werkstoffe sind für die zu erfüllende technische Funktion gezielt auszuwählen und bzgl. Material- und Energieverbrauch, Qualität, Zuverlässigkeit, Wirtschaftlichkeit, Gebrauchsdauer, Umweltschutzerfordernissen usw., zu optimieren. Nach Erfüllung ihrer technischen Funktion müssen unbrauchbar gewordene technische Produkte entweder als Abfall deponiert oder

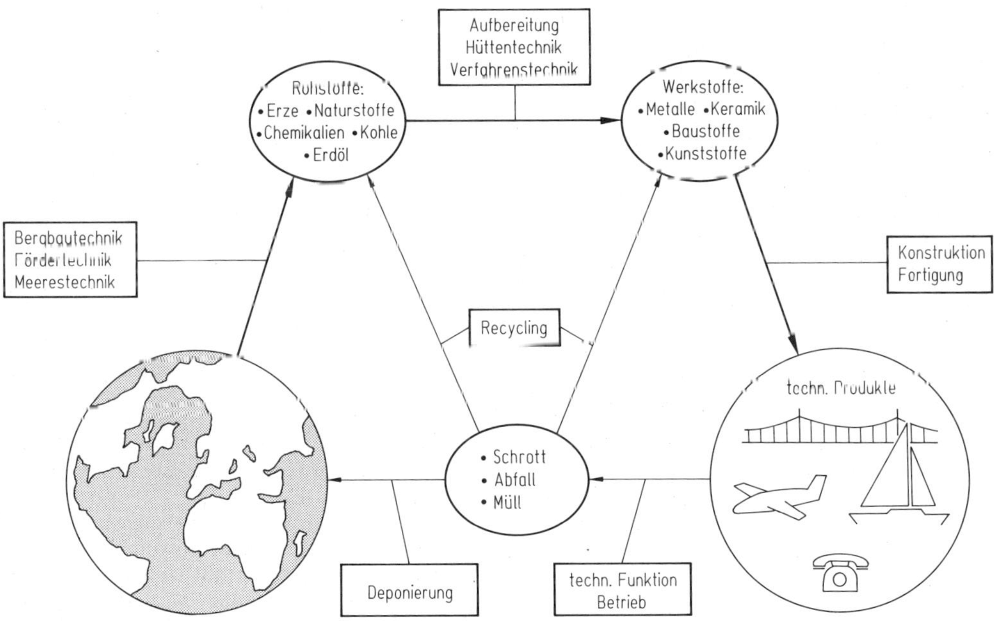

Bild 1-1. Der Materialkreislauf.

Tabelle 1-1. Weltproduktion verschiedener Stoffe (Angabe für 1983 in Millionen Tonnen, Quelle: Statistisches Jahrbuch 1986)

Stein- und Braunkohle	3953	Synthetische Fasern	11,1
Erdöl	2648	Raffinade-kupfer	9,7
Zement	889	Synthetischer Kautschuk	8,3
Rohstahl	663	Flachglas	5,7
Hütten-aluminium	14,3	Raffinadeblei	5,3

durch Recycling dem Produktionsprozeß wieder zugeführt werden.
Die einzelnen Stadien des Materialkreislaufs erfordern vielfältige stoffliche, energetische, technologische und finanzielle Ressourcen und sind für die Rohstoffwirtschaft, Energiewirtschaft, Industrieproduktion, Abfallwirtschaft und Ökonomie von erheblicher Bedeutung.

1.2 Gliederung des Werkstoffgebietes

Für die Einteilung des Werkstoffgebietes gibt es mehrere Gliederungskriterien, die mit den Methoden der Systemtechnik [2, 3] zusammengefaßt werden können.
Werkstoffe sind im allgemeinen Bestandteil von Gegenständen oder technischen Systemen. Jedes technische System ist durch die zwei Merkmale *Funktion* und *Struktur* gekennzeichnet, siehe K 2. Entwicklung und Anwendung technischer Systeme erfordern neben der Kennzeichnung struktureller und funktioneller Eigenschaften Meß- und Prüftechniken zur Beurteilung des Systemverhaltens sowie Auswahl- und Gestaltungsmethoden für ihre Bauelemente.
Da die genannten Aspekte für jeden in der Technik als Bestandteil technischer Systeme verwendeten Werkstoff wichtig sind, ergibt sich für das Werkstoffgebiet ein mehrdimensionales Gliederungsschema mit folgenden Schwerpunkten:

a) Art und Aufbau der Werkstoffe: Stoffliche Natur, unterschiedlich hinsichtlich chemischer Zusammensetzung, Bindungsart und Mikrostruktur.
b) Beanspruchung: Einflüsse und deren Parameter, die auf Werkstoffe bei der Anwendung einwirken.
c) Eigenschaften: Kenngrößen und Meßdaten, die das Verhalten von Werkstoffen gegenüber den verschiedenen Beanspruchungen und technisch-funktionellen Anwendungen beschreiben.
d) Schädigungsmechanismen: Veränderungen der Stoff- oder Formeigenschaften von Werkstoffen bzw. Bauteilen, die deren Funktion beeinträchtigen können.
e) Materialprüfung: Techniken und Methoden zur Messung, Prüfung und Untersuchung von Werkstoffen, Bauteilen und Konstruktionen.
f) Materialauswahl: Techniken und Methoden zur anwendungsbezogenen Auswahl von Werkstoffen unter Berücksichtigung der zugehörigen technisch-funktionellen Anforderungsprofile.

2 Aufbau der Werkstoffe

Der Aufbau eines Werkstoffs ist durch folgende Merkmale bestimmt:

a) Die chemische Natur seiner atomaren oder molekularen Bestandteile.
b) Die Art der Bindungskräfte (Bindungsart) zwischen den Atomen oder Molekülen.
c) Die atomare Struktur, das ist die Anordnung der Atome bzw. Moleküle zu elementaren kristallinen, molekularen oder amorphen Strukturen, die in Form von „Elementarzellen" als eigentliche Grundbausteine eines Stoffs angesehen werden können.
d) Die Kristallite oder „Körner", das sind einheitlich aufgebaute Bereiche eines polykristallinen Stoffs, die durch Korngrenzen voneinander getrennt sind.
e) Die Phasen der Werkstoffe, das sind Bereiche mit einheitlicher atomarer Struktur und chemischer Zusammensetzung, die durch Grenzflächen (Phasengrenzen) von ihrer Umgebung abgegrenzt sind.
f) Die Gitterbaufehler, das sind Abweichungen von der idealen Kristallstruktur:
   — Punktfehler: Fremdatome, Leerstellen, Zwischengitteratome
   — Linienfehler: Versetzungen
   — Flächenfehler: Stapelfehler, Korngrenzen, Phasengrenzen
g) Die Mikrostruktur oder das Gefüge, das ist der mikroskopische Verbund der Kristallite, Phasen und Gitterbaufehler.

2.1 Aufbauprinzipien von Festkörpern

Alle Materie ist aus den im Periodensystem der Elemente zusammengefaßten Atomen aufgebaut (siehe C 2 und C 4). Die Bindung zwischen den Atomen eines Festkörpers resultiert aus elektronischen Wechselwirkungen zwischen den beiden Partnern, siehe Bild 2-1. Die Überlagerung der Abstoßungs- und Anziehungsenergien (oder Potentiale) führt zu einem Potentialminimum, dessen Tiefe die Bindungsenergie U_B und dessen Lage den Gleichgewichtsabstand r_0 (Größenordnung 0,1 nm) angibt.
Die chemischen Bindungen zwischen den Ele-

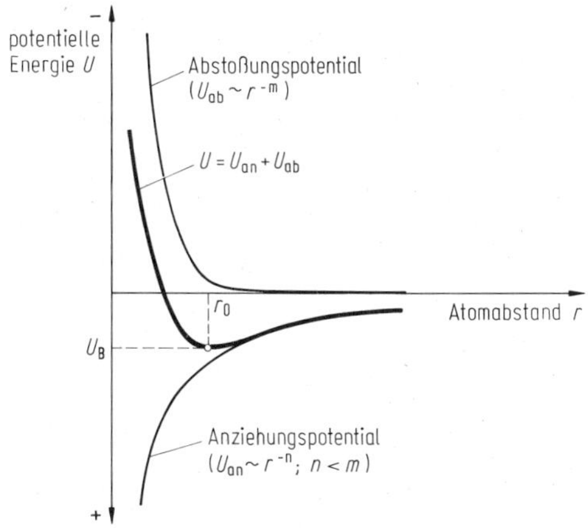

Bild 2-1. Wechselwirkungsenergien zwischen Atomen (U_B Bindungsenergie; r_0 Gleichgewichtsabstand).

mentarbausteinen fester Körper werden eingeteilt in (starke) Hauptvalenzbindungen (Ionenbindung, Atombindung, metallische Bindung) und (schwache) Nebenvalenzbindungen, (vgl. C 3):

Ionenbindung (heteropolare Bindung): Jedes Kation gibt ein oder mehrere Valenzelektronen an ein oder mehrere Anionen ab. Bindung durch ungerichtete elektrostatische (Coulomb) Kräfte zwischen den Ionen.

Atombindung (homöopolare oder kovalente Bindung): Gemeinsame (Valenz-)Elektronenpaare zwischen nächsten Nachbarn; gerichtete Bindung mit räumlicher Vorzugsrichtung der bindenden Elektronenpaare.

Metallische Bindung: Gemeinsame Valenzelektronen aller beteiligten Atome (Elektronengas); ungerichtete Bindung zwischen dem Elektronengas und den positiv geladenen Atomrümpfen.

Van-der-Waals-Bindung (Adsorptionsbindung): Interne Ladungspolarisation (Dipolbildung) benachbarter Atome oder Moleküle; schwache elektrostatische Dipoladsorptionsbindung.

Aus der Bindungsart und den Atomabständen (bzw. den Molekülformen) der Elementarbausteine ergeben sich die elementaren Kristallstrukturen fester Stoffe (vgl. C 6). Die atomaren Bestandteile von Kristallen sind wie die Knoten eines räumlichen Gitters (Raumgitter) angeordnet, das entsteht, wenn drei Scharen planparalleler Ebenen (Netzebenen) sich durchdringen. Das kleinste Raumelement, durch dessen wiederholte Verschiebung um seine eigenen Kantenlängen in allen drei Achsrichtungen man sich ein Raumgitter aufgebaut denken kann, wird als Elementarzelle bezeichnet. Die möglichen Raumgitter der Kristalle werden durch 7 Koordinatensysteme bzw. 14 Bravais-Gittertypen gekennzeichnet, siehe Bild 2-2 (S. D 4).

Die Lage eines Atoms in einem Kristall wird durch den Ortsvektor

$$\boldsymbol{r} = h\boldsymbol{a} + k\boldsymbol{b} + l\boldsymbol{c}$$

beschrieben, wobei $\boldsymbol{a}$, $\boldsymbol{b}$, $\boldsymbol{c}$ Einheitsvektoren auf den drei Achsen x, y, z einer Elementarzelle und $[hkl]$ die Koordinaten des Atoms darstellen. Ein Atom mit den Koordinaten $[hkl]$ wird gefunden, indem vom Koordinatenursprung aus die Strecke $h\boldsymbol{a}$ in x-Richtung, $k\boldsymbol{b}$ in y-Richtung und $l\boldsymbol{c}$ in z-Richtung zurückgelegt wird. Mit der Verbindungsgeraden vom Koordinatenursprung zu einem Gitterpunkt $[hkl]$ kann auch eine *Richtung* im Gitter beschrieben werden. Damit ist gleichzeitig auch eine *Fläche* charakterisiert, nämlich diejenige Fläche, deren Flächennormale die Richtung vom Koordinatenursprung zum Punkt $[hkl]$ hat. Zur Bezeichnung von Kristallflächen dienen Millersche Indizes: die durch Multiplikation auf den Hauptnenner gebrachten reziproken Achsabschnitte der betreffenden Fläche. In Bild 2-3 ist die Koordinatenschreibweise am Beispiel eines kubischen Gitters illustriert.

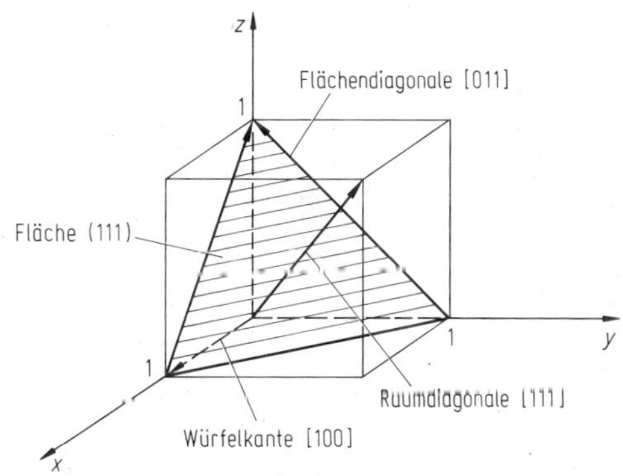

Bild 2-3. Indizierung von Richtungen und Ebenen in einem kubischen Gitter.

Während ideale Kristalle durch eine regelmäßige Anordnung ihrer Elementarbausteine gekennzeichnet sind (Fernordnung), besteht bei *amorphen* Festkörpern nur eine strukturelle Nahordnung im Bereich der nächsten Nachbaratome. Sie ähneln Schmelzen und werden daher auch als *Gläser*, d. h. als unterkühlte, in den festen Zustand eingefrorene Flüssigkeiten bezeichnet.

Als „einphasige“ Festkörper werden feste Stoffe mit einheitlicher chemischer Zusammensetzung und atomarer Struktur bezeichnet. Die unterschiedlichen Zustände mehrphasiger Festkörper werden — in Abhängigkeit von der chemischen Zusammensetzung und der Temperatur — durch „Zustandsdiagramme“ beschrieben.

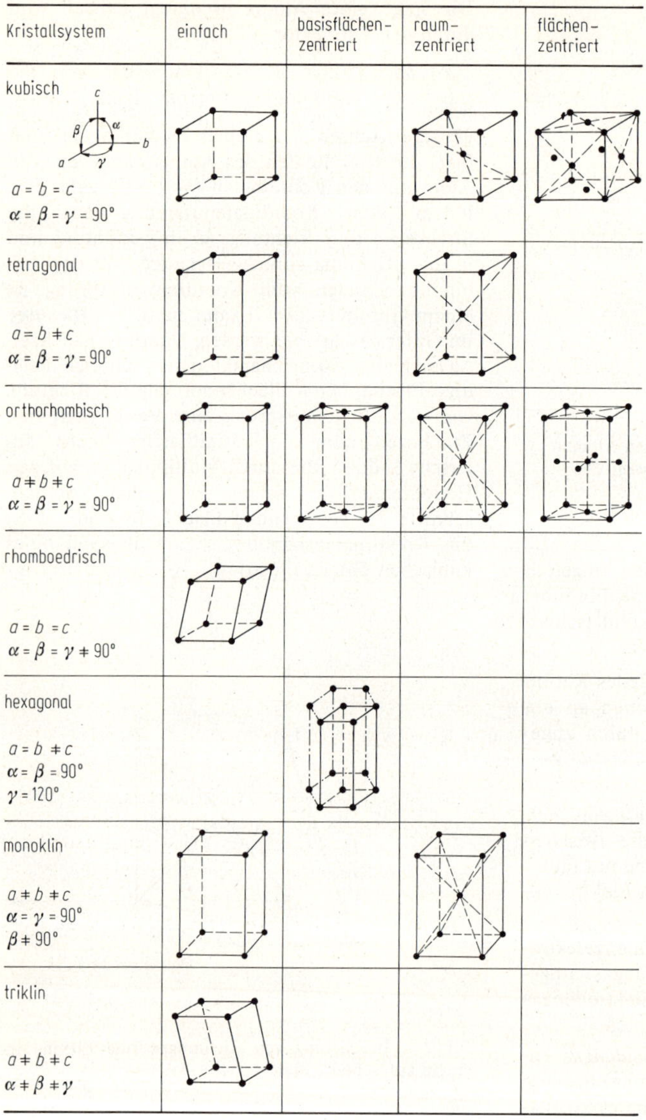

Bild 2-2. Die 7 Kristallsysteme und die 14 Bravais-Gitter.

2.2 Mikrostruktur

Die Mikrostruktur technischer Werkstoffe unterscheidet sich von der idealer Festkörper durch Gitterbaufehler, die für die Werkstoffeigenschaften von grundlegender Bedeutung sind. Nach ihrer geometrischen Ausbildung ist folgende Klassifizierung zweckmäßig:

a) Nulldimensionale Gitterbaufehler (Punktfehler), siehe Bild 2-4:

Es werden neben der Substitution von Gitterbausteinen durch Fremdatome die folgenden Grundformen unterschieden:

— Leerstellen: Jeder Kristall enthält eine mit der Gittertemperatur zunehmende Anzahl von Leerstellen. Der Anteil der Leerstellen bezogen auf einen fehlerfreien Kristall beträgt bei Raumtemperatur ca. 10^{-12}. Die Bildungsenergie für Leerstellen ist in Metallen etwa der Verdampfungsenthalpie proportional. Durch Punktfehler in Kristallen mit Ionenbindung entsteht örtlich im Gitter eine positive oder negative Polarisation.

— Zwischengitteratome: In zahlreichen Kristallgittern werden besonders kleine Fremdatome, wie z. B. H, C, N auf Zwischengitterplätzen eingelagert. Die Kombination einer Leerstelle mit einem entsprechenden Zwischengitteratom heißt Frenkel-Paar.

b) Eindimensionale Gitterbaufehler (Linienfehler), siehe Bild 2-5:

Eindimensionale Gitterbaufehler stellen eine linienförmige Störung des Gitters dar und werden als Versetzungen bezeichnet. Eine Versetzung läßt sich als Randlinie eines zusätzlich in das Gitter eingefügten (oder aus ihm herausgenommenen) Ebenenstückes A-B darstellen. Das Maß für die Größe der Verzerrung eines Kristallgitters durch eine Versetzung ist der Burgers-Vektor ***b***. Bei einer *Stufenversetzung* liegen Burgers-Vektor und Versetzungslinie rechtwinklig, bei einer *Schraubenversetzung* parallel zueinander. Eine Versetzungslinie muß im Gitter stets in sich geschlossen sein oder an einer Grenzfläche oder Oberfläche enden. Versetzungen ermöglichen den Elementarschritt der plastischen Deformation, bei dem durch eine Schubspannung τ ein Gitterblock gegenüber einem anderen stufenweise um den Betrag des Burgers-Vektors verschoben wird. Die Abgleitung erfolgt bei reinen Metallen längs bestimmter kristallographischer Ebenen (Gleitebenen) in definierten Gleitrichtungen. Das aus Gleitebene und Gleitrichtung bestehende Gleitsystem ist für Gittertyp und Bindungsart charakteristisch (siehe 9.2.3).

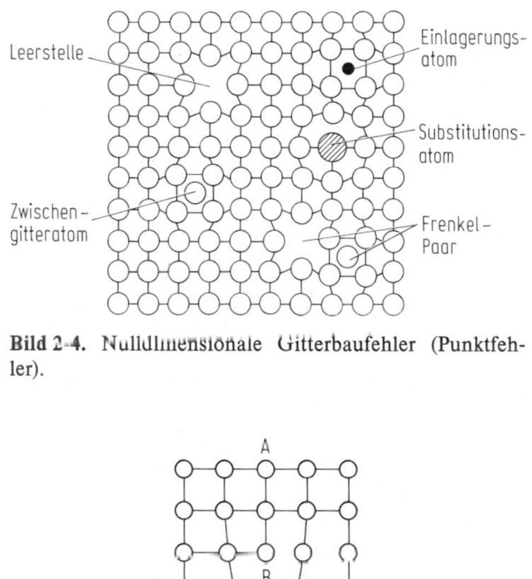

Bild 2-4. Nulldimensionale Gitterbaufehler (Punktfehler).

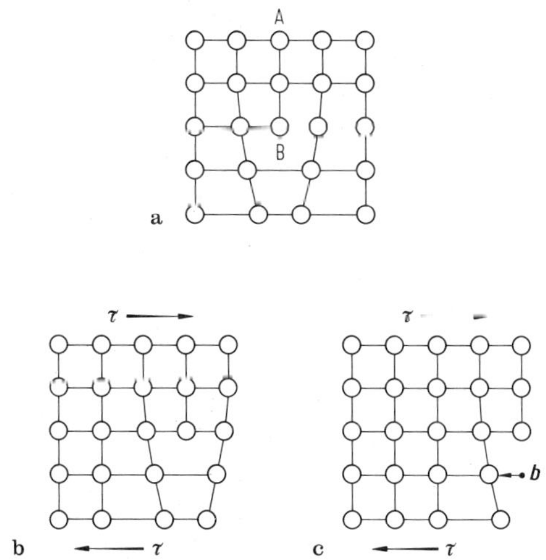

Bild 2-5. Eindimensionale Gitterbaufehler: **a** Stufenversetzung in einem kubischen Kristall, **b** Versetzungsbewegung (Abgleitung) unter Schubspannung, **c** Resultierende Gleitstufe; ***b*** Burgers-Vektor.

c) Zweidimensionale Gitterbaufehler (Flächenfehler):

Zweidimensionale Gitterbaufehler kennzeichnen diskontinuierliche Änderungen der Gitterorientierung oder der Gitterabstände. Man unterscheidet:

- Stapelfehler: Das sind Störungen der Stapelfolge von Gitterebenen. Sie erschweren die Versetzungsbewegung und beeinflussen die Verfestigung der Metalle bei plastischer Verformung, sowie die Empfindlichkeit gegen Spannungsrißkorrosion.
- Korngrenzen: Grenzflächen zwischen Kristalliten mit unterschiedlicher Gitterorientierung. Sie sind Übergangszonen mit gestörtem Gitteraufbau. Nach der Größe des Orientierungsunterschieds benachbarter Kristallite unterscheidet man Kleinwinkelkorngrenzen (aufgebaut aus flächig angeordneten Versetzungen) und Großwinkelkorngrenzen mit (amorphen) Grenzbereichen von etwa zwei bis drei Atomabständen.
- Phasengrenzen: Grenzflächen zwischen Gitterbereichen mit unterschiedlicher chemischer Zusammensetzung oder Gitterstruktur.

Als Gefüge eines Werkstoffs bezeichnet man den kennzeichnenden mikroskopischen Verbund der Kristallite (Körner), Phasen und Gitterbaufehler. Mittlerer Korndurchmesser (beeinflußbar durch Wärmebehandlung und Umformung): wenige µm bis mehrere mm. Ein- oder mehrphasige Polykristalle mit einem Kristallitdurchmesser zwischen 5 und 15 nm und etwa gleichen Atomanteilen in Kristalliten und Grenzflächen werden als *Nanokristalline Materialien* bezeichnet. Sie können weder den Kristallen (ferngeordnet) noch den Gläsern (nahgeordnet) zugerechnet werden.

2.3 Werkstoffoberflächen

Gegenüber dem Werkstoffinnern weisen Oberflächen folgende Unterschiede auf:

- Veränderte Mikrostruktur;
- Wechselwirkungen des Werkstoffs mit den Umgebungsmedien und Veränderung der Oberflächenzusammensetzung durch Einbau von Bestandteilen des Umgebungsmediums (Physisorption, Chemisorption, Oxidation, Deckfilmbildung);
- Änderung von Werkstoffeigenschaften.

Bei technischen Oberflächen ist außerdem noch der Einfluß der Fertigung zu beachten. Spanend bearbeitete und umgeformte Oberflächen zeigen in der Oberflächenzone folgende Veränderungen:

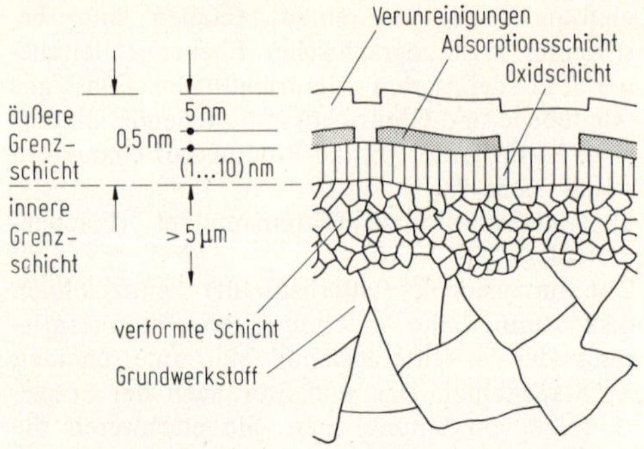

Bild 2-6. Werkstoffoberflächen-Schichtaufbau: schematische Darstellung des Querschnitts einer Metalloberfläche.

— Unterschiedliche Verfestigung,
— Aufbau von Eigenspannungen infolge der Ausbildung von Eigenspannungsquellen in der Grenzschicht,
— Ausbildung von Texturinhomogenitäten zwischen Randzone und Werkstoffinnerem.

Der Schichtaufbau technischer Oberflächen ist in Bild 2-6 wiedergegeben [1]. Die innere Grenzschicht besteht aus einer an den Grundwerkstoff anschließenden Verformungs- oder Verfestigungszone. Die äußere Grenzschicht besitzt meist eine vom Grundwerkstoff abweichende Zusammensetzung und besteht aus Oxidschicht, Adsorptionsschicht und Verunreinigungen.
Die Mikrogeometrie von Oberflächen (Oberflächenrauhheit) wird durch verschiedene „Rauhheitskenngrößen" gekennzeichnet (siehe 11.3.2).

2.4 Werkstoffgruppen

Nach der dominierenden Bindungsart und der Mikrostruktur lassen sich die folgenden hauptsächlichen Werkstoffgruppen unterscheiden, siehe Bild 2-7.

Metalle

Die Atomrümpfe werden durch das Elektronengas zusammengehalten. Die freien Valenzelektronen des Elektronengases sind die Ursache für die hohe elektrische und thermische Leitfähigkeit sowie den Glanz der Metalle. Die metallische Bindung — als Wechselwirkung zwischen der Gesamtheit der Atomrümpfe und dem Elektronengas — wird durch eine Verschiebung der Atomrümpfe nicht wesentlich beeinflußt. Hierauf beruht die gute Verformbarkeit der Metalle. Die Metalle bilden die wichtigste Gruppe der Konstruktions- oder Strukturwerkstoffe, bei denen es vor allem auf die mechanischen Eigenschaften ankommt.

Halbleiter

Eine Übergangsstellung zwischen den Metallen und den anorganisch-nichtmetallischen Stoffen nehmen die Halbleiter ein. Ihre wichtigsten Vertreter sind die Elemente Silicium und Germanium mit kovalenter Bindung und Diamantstruktur sowie die ähnlich strukturierten sog. III-V-Verbindungen, wie z. B. Galliumarsenid (GaAs) und Indiumantimonid (InSb). In den am absoluten Nullpunkt nichtleitenden Halbleitern können durch thermische Energie oder durch Dotierung

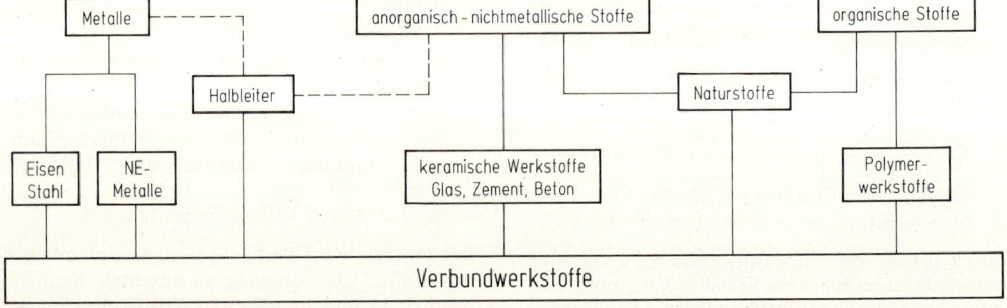

Bild 2-7. Klassifikation der Werkstoffgruppen.

mit Fremdatomen einzelne Bindungselektronen freigesetzt werden und als Leitungselektronen zur elektrischen Leitfähigkeit beitragen. Halbleiter stellen wichtige Funktionswerkstoffe für die Elektronik dar.

Anorganisch-nichtmetallische Stoffe

Die Atome werden durch kovalente Bindung und Ionenbindung zusammengehalten. Aufgrund fehlender freier Valenzelektronen sind sie schlechte Leiter für Elektrizität und Wärme. Da die Bindungsenergien erheblich höher sind als bei der metallischen Bindung, zeichnen sich anorganisch-nichtmetallische Stoffe, wie z. B. Keramik, durch hohe Härten und Schmelztemperaturen aus. Eine plastische Verformung ist theoretisch nicht begründbar, da bereits bei der Verschiebung der atomaren Bestandteile um einen Gitterabstand eine Kation-Anion-Bindung in eine Kation-Kation- oder Anion-Anion-Abstoßung umgewandelt oder eine gerichtete kovalente Bindung vollständig aufgebrochen werden muß.

Organische Stoffe

Organische Stoffe, deren technisch wichtigste Vertreter die Polymerwerkstoffe sind, bestehen aus Kettenmolekülen, die im allgemeinen Kohlenstoff in kovalenter Bindung mit sich selbst und einigen Elementen niedriger Ordnungszahl enthalten. Die Kettenmoleküle sind untereinander durch (schwache) zwischenmolekulare Bindungen verknüpft, woraus niedrige Schmelztemperaturen resultieren.

Naturstoffe

Bei den als Werkstoff verwendeten Naturstoffen wird unterschieden zwischen mineralischen Naturstoffen (z. B. Marmor, Granit, Sandstein, Glimmer, Saphir, Rubin, Diamant) und organischen Naturstoffen (z. B. Holz, Kautschuk, Naturfasern). Die Eigenschaften mineralischer Naturstoffe, z. B. hohe Härte und gute chemische Beständigkeit, werden geprägt durch starke Hauptvalenzbindungen und stabile Kristallgitterstrukturen. Die organischen Naturstoffe weisen meist komplexe Strukturen mit richtungsabhängigen Eigenschaften auf.

Verbundwerkstoffe

Verbundwerkstoffe werden mit dem Ziel, Struktur- oder Funktionswerkstoffe mit besonderen Eigenschaften zu erhalten, als Kombination mehrerer Phasen oder Werkstoffkomponenten in bestimmter geometrisch abgrenzbarer Form aufgebaut, z. B. in Form von Dispersionen, Faserverbundwerkstoffen oder Oberflächenbeschichtungen.

3 Metallische Werkstoffe

3.1 Herstellung metallischer Werkstoffe

Metallische Werkstoffe werden aus metallhaltigen Erzen und Mineralien in den Verfahrensstufen Rohstoffgewinnung, Aufbereitung und Metallurgie hergestellt.
Die Technologien zur Gewinnung von Rohstoffen gehören zum Bereich der Bergbautechniken. Sie umfassen das *Erkunden, Erschließen, Gewinnen, Fördern* und *Aufbereiten* von abbauwürdigen Lagerstätten mineralischer Rohstoffe und Erze. Die Erze enthalten das gewünschte Metall nicht in metallischer Form, sondern in Form chemischer Verbindungen: Oxide, Sulfide, Hydroxide, Carbonate, Silicate, vgl. Tabelle 3-1 (S. D 8). Bei der Aufbereitung, der Vorstufe der Umwandlung von Rohstoffen in Werkstoffe wird das geförderte Erz zunächst durch Brechen und Mahlen der Zerkleinerung unterworfen und dann Trennprozessen zugeführt, welche die metalltragenden Komponenten separieren, z. B. Trennung durch (a) unterschiedliche magnetische Eigenschaften, (b) Schwerkraft, (c) unterschiedliche Löslichkeit in Säuren oder Laugen, (d) unterschiedliches Benetzungsverhalten in organischen Flüssigkeiten (Flotation). Eisenerze, die Sulfide, aber auch Hydrate oder Carbonate enthalten, werden durch Erhitzen an Luft („Rösten“) in Oxide überführt, wobei SO_2 bzw. H_2O oder CO_2 frei werden; SO_2 wird abgebunden oder verwertet.
Die Herstellung metallischer Werkstoffe aus den aufbereiteten Erzen oder metallhaltigen Rückständen, ihre Raffination und Weiterverarbeitung (insbesondere zu Legierungen) erfolgt mit Methoden der Metallurgie (Hüttenwesen). Ein grundlegender metallurgischer Prozeß besteht darin, die in Erzen z. B. in Form von Metalloxiden gebundenen Metallbestandteile durch Aufbrechen der Bindung zwischen Metall (M) und Sauerstoff (O) freizusetzen. Der Reduktionsvorgang

$$M_xO_y \rightarrow xM + (y/2)\,O_2 - \Delta G_M$$

erfordert die Zufuhr der Bildungsenthalpie des Oxids ΔG_M.
In Tabelle 3-2 ist der Energieverbrauch zur Erzeugung wichtiger Metalle und anderer Basis-Werkstoffe zusammengestellt. Kennzeichnend für die

Tabelle 3-2. Spezifischer Energieverbrauch zur Erzeugung von Werkstoffen (nach Ilschner)

	MWh/t		MWh/t
Beton	0,5	Kupfer	20
Stahl	13	Kunststoffe	20-30
Aluminium	16	Titan	40

Tabelle 3-1. Erze der mengenmäßig wichtigsten Metalle, ihre metallhaltigen Bestandteile und regionale Verteilung (1982)

Metall	Erzmineral	Metallgehalt des Erzes (Gew.-%)	Regionale Verteilung (%)
Eisen	Magnetit Fe_3O_4	45-70	UdSSR (30,1)
	Hämatit Fe_2O_3	40-60	Brasilien (17,5)
	Brauneisen $2\,Fe_2O_3 \cdot 3\,H_2O$, u. a.	30-45	Kanada (11,6)
			Australien (11,4)
			Indien (6,0)
Aluminium	Bauxit $Al(OH)_3$	20-30	Guinea (27,8)
			Australien (19,7)
			Brasilien (10,7)
			Jamaika (8,5)
			Indien (6,0)
Kupfer	Chalkosin, Kupferglanz Cu_2S	0,5-5	Chile (19,4)
	Chalkopyrit, Kupferkies $CuFeS_2$		USA (18,3)
			UdSSR (7,3)
			Sambia (6,7)
			Kanada (6,4)
Zink	Zinkblende, Sphalerit ZnS	7-30	Kanada (25,7)
			USA (19,9)
			Australien (10,0)
			UdSSR (8,3)
			Japan (3,7)
Blei	Bleiglanz PbS	80-85	USA (26,8)
	Cerussit $PbCO_3$		Australien (14,0)
			Kanada (12,8)
			UdSSR (10,8)
			Südafrika (3,3)

verschiedenen metallurgischen Verfahren sind sowohl die Prozeßtechnologie als auch der für die Erzreduktion erforderliche Einsatz an chemischen Reduktionsmitteln und elektrischer Energie.

3.2 Einteilung der Metalle

Die Einteilung der Metalle kann nach verschiedenen Merkmalen, wie z. B. Stellung im Periodensystem, Dichte, Schmelztemperatur, sowie physikalischen oder technologischen Eigenschaften erfolgen.

Mehr als 80% der 92 natürlichen Elemente sind Metalle, wobei je nach Stellung im Periodensystem die folgende Einteilung üblich ist:

- Alkali- (oder A-)Metalle: Gruppe Ia (ohne H)
- Edle Metalle: Gruppe Ib
- B-Metalle: Gruppe II, Gruppe IIIa (ohne B), Gruppe IVa (ohne C), Gruppe Va (ohne N, P)
- Übergangsmetalle: Gruppe IIIb bis Gruppe VIIIb
- Lanthanoide
- Actinoide

Nach der Dichte werden unterschieden (vgl. Tabelle 9-1):

- Leichtmetalle: Dichte < 4,5 kg/dm^3
- Schwermetalle: Dichte > 4,5 kg/dm^3.

Das Kriterium Schmelztemperatur führt zu folgender Einteilung (vgl. Tabelle 9-7, Abschnitt 9.3.3):

- Niedrigschmelzende Metalle: Schmelztemperatur < 1 000 °C
- Mittelschmelzende Metalle: 1 000 °C < Schmelztemperatur < 2 000 °C
- Hochschmelzende Metalle: Schmelztemperatur > 2 000 °C.

Die metallischen Werkstoffe sind nach wie vor die wichtigsten Konstruktions- oder Strukturwerkstoffe, bei denen es vor allem auf die mechanischen Eigenschaften ankommt. Sie werden in die beiden großen Gruppen der Eisenwerkstoffe und der Nichteisenmetalle (NE-Metalle) aufgeteilt.

3.3 Eisenwerkstoffe

Als Eisenwerkstoffe werden Metallegierungen bezeichnet, bei denen der Massenanteil des Eisens höher ist als der jedes anderen Legierungselements. Reines Eisen ist wegen seiner geringen Festigkeit nicht als Konstruktionswerkstoff geeignet; seine besonderen magnetischen Eigenschaften sind jedoch für die Elektrotechnik von Bedeutung. Das wichtigste Legierungselement des Eisens ist Kohlenstoff. Abhängig vom Kohlenstoffgehalt und von der Wärmebehandlung erhält man verschiedene Stähle und Gußeisen, für deren Verständnis das Eisen-Kohlenstoff-Zustandsdiagramm eine wesentliche Basis darstellt [1]. (Eigenschaften und technische Daten der Eisenwerkstoffe: siehe 9.)

3.3.1 Eisen-Kohlenstoff-Zustandsdiagramm

Im thermodynamischen Gleichgewicht liegen in einem Eisen-Kohlenstoff-System Eisen und Kohlenstoff als Graphit nebeneinander vor (stabiles System). In der Praxis häufiger anzutreffen ist das metastabile System, bei dem Eisen und Kohlenstoff in Form von Eisencarbid, Fe_3C, enthalten sind. Aus dem Eisen-Kohlenstoff-Zustandsdiagramm, Bild 3-1, lassen sich die verschiedenen Gefügezustände als Funktion von Kohlenstoffgehalt und Temperatur entnehmen. Die Zustandsfelder der einzelnen Phasen werden von Linien begrenzt, die durch die Buchstaben ihrer Endpunkte bezeichnet werden. Diese Linien können als Verbindungslinien der Haltepunkte, die als Verzögerungen bei Erwärmung oder Abkühlung infolge Gefügeumwandlung auftreten, angesehen werden. Bei Temperaturen oberhalb der Liquiduslinie ABCD liegen Eisen-Kohlenstoff-Lösungen als Schmelze vor. Sie erstarren in Temperaturbereichen, die zwischen der Liquiduslinie ABCD und der Soliduslinie AHIECF liegen. Mit abnehmender Temperatur nimmt der Anteil der ausgeschiedenen Kristalle in der Schmelze zu, bis an der Soliduslinie die Schmelze vollständig erstarrt ist. Das am niedrigsten Erstarrungspunkt aller Schmelzen (Punkt C) einheitlich erstarrende Gefüge wird Eutektikum genannt.

Im erstarrten Zustand ergeben sich für verschiedene Bereiche von C-Gehalt und Temperatur unterschiedliche Phasen und Gefüge. Beim reinen Eisen treten Modifikationen mit kubisch raumzentriertem (krz) oder dem dichteren kubisch flächenzentriertem (kfz) Gitter auf, die sich an den Haltepunkten A_r, A_c (r refroidissement: Abkühlung; c chauffage: Erwärmung) umwandeln. Man unterscheidet:

- α-Fe (Ferrit); krz; $\vartheta < 911\,°C$ (A_3) (unter $\vartheta = 769\,°C$, Curie-Temperatur, ist α-Fe ohne Gitterumwandlung ferromagnetisch)
- γ-Fe (Austenit); kfz; $911\,°C < \vartheta < 1\,392\,°C$ (A_4)
- δ-Fe (δ-Eisen); krz; $1\,392\,°C < \vartheta < 1\,536\,°C$

Bei C-Gehalten > 0 wird Kohlenstoff im α-, γ- und δ-Eisen in Zwischengitterplätzen eingelagert, wobei Mischkristalle (MK) bis zu den folgenden maximalen Löslichkeiten des Kohlenstoffs in Eisen entstehen:

- α-Mischkristall; 0,02 Gew.-% C bei 723 °C (A_1)
- γ-Mischkristall (Austenit); 2,06 Gew.-% C bei 1 147 °C
- δ-Mischkristall; 0,1 Gew.-% C bei 1 493 °C

Wird der maximal lösliche C-Gehalt überschritten, so werden entweder elementarer Kohlenstoff mit Graphitstruktur oder metastabile Verbindungsphasen von Eisen mit Kohlenstoff ausgeschieden. Die sich bei 6,69 Gew.-% C ergebende 100%ige Phasenausbildung von Fe_3C wird Zementit genannt. Es weist eine relativ hohe Härte (1 400 HV) auf und besitzt ein kompliziertes Gitter (orthorhombisch) mit 12 Fe-Atomen und 4 eingelagerten C-Atomen je Elementarzelle. Eisen-Kohlenstoff-Legierungen mit einem C-Gehalt > 6,69 Gew.-% besitzen keine technische Bedeutung.

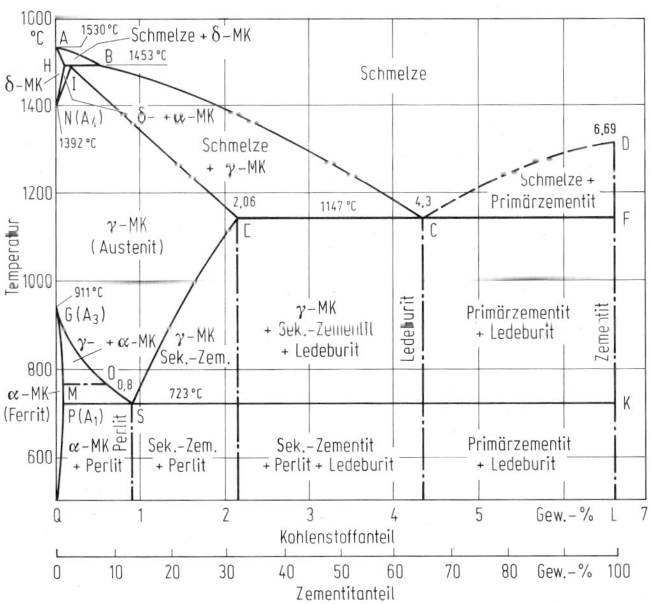

Bild 3-1. Eisen-Kohlenstoff-Zustandsdiagramm (metastabiles System).

Das am niedrigsten Erstarrungspunkt (Schmelzpunkt) bei einem C-Anteil von 4,3 Gew.-% entstehende Eutektikum Ledeburit ist ein feinverteiltes Gemenge von γ-Mischkristallen (Austenit) mit 2,06 Gew.-% C und Fe_3C-Kristallen (Zementit) mit 6,69 Gew.-% C. Im übereutektischen Bereich (> 4,3 Gew.-% C) bilden sich Gefüge aus Ledeburit und Primärzementit, im untereutektischen Bereich (< 4,3 Gew.-% C) Gefüge aus Austenit, Ledeburit und Sekundärzementit. (Sekundärzementit entsteht durch Ausscheidung von Eisenkarbid aus Austenit).

Das bei der Abkühlung von homogenem Austenit (γ-Mischkristalle) bei einem C-Gehalt von 0,8 Gew.-% entstehende Eutektoid Perlit besteht aus nebeneinanderliegendem lamellenförmigem Ferrit (α-Mischkristalle) und Zementit. Bei untereutektoiden Legierungen (< 0,8 Gew.-% C) scheiden sich vor Erreichen des Perlitpunktes (S) Ferritkristalle ab, bei übereutektoiden Legierungen (> 0,8 Gew.-% C) bildet sich Sekundärzementit.

Die im Eisen-Kohlenstoff-Zustandsdiagramm angegebenen Zustandsfelder gelten nur dann, wenn für die Einstellung der Gleichgewichte und die erforderlichen Diffusionsvorgänge genügend Zeit zur Verfügung steht.

3.3.2 Wärmebehandlung

Die zur Erzeugung bestimmter Gefügezustände oder Werkstoffeigenschaften eingesetzten Verfahren der Wärmebehandlung bestehen aus den Verfahrensschritten Erwärmen, Halten und Abkühlen und umfassen das Härten und die Glühbehandlungen.

a) Härten

Beim Härten werden durch rasches Abkühlen aus dem Austenitfeld des Fe-C-Zustandsdiagramms Gefügezustände mit höherer Härte erzeugt.

Die Kinetik der Umwandlung des Austenits in andere Phasen wird durch ein Zeit-Temperatur-Umwandlungsdiagramm (ZTU-Diagramm) beschrieben (Bild 3-2). In einem Temperatur-Zeit-Koordinatensystem werden Kurven gleichen Umwandlungsgrades eingetragen (0 %: Beginn, 100 %: Ende der Umwandlung). Die Umwandlungsmechanismen und die Gefügeausbildung der Umwandlungsprodukte (Austenit, Perlit, Bainit und Martensit) hängen von der Abkühlgeschwindigkeit ab. In Abhängigkeit von der Abkühlgeschwindigkeit läßt sich Austenit diffusionsgesteuert in Perlit oder in ein als Bainit bezeichnetes feines Gemenge von Ferrit und Carbid umwandeln. Durch sehr rasche Abkühlung (Abschrecken) kann die diffusionsgesteuerte Umwandlung in die beiden Gleichgewichtsphasen unterdrückt und nach Unterschreiten der sog. Martensit-Starttemperatur (M_s) eine diffusionslose Umwandlung (Umklappen) der kfz-Elementarzellen des Austenits in die tetragonal verzerrten Gefügestrukturen des Martensits bewirkt werden. Infolge der hohen Konzentration an Zwischengitter-C-Atomen und einer durch die Gitterverzerrungen erhöhten Versetzungsdichte zeichnet sich das aus latten- und plattenförmigen Carbidstrukturen bestehende Martensitgefüge durch sehr hohe Härte aus.

Das beim Härten entstehende hart-spröde Martensitgefüge wird meist angelassen oder vergütet: Erwärmen auf 200 bis 600 °C um spröden Martensit durch Abbau von Spannungen, Ausheilen von Mikrorissen und Ausscheidung von Carbiden in einen duktilen Zustand zu überführen.

Eine auf die Oberflächen beschränkte Härtung (Randschichthärten) ist mit dem Flammenhärten und dem Induktionshärten möglich. Bei zu geringem C-Gehalt eines Bauteils kann durch Aufkohlen (Einsetzen in C-abgebende Mittel) eine C-Anreicherung erreicht und durch das Einsatzhärten

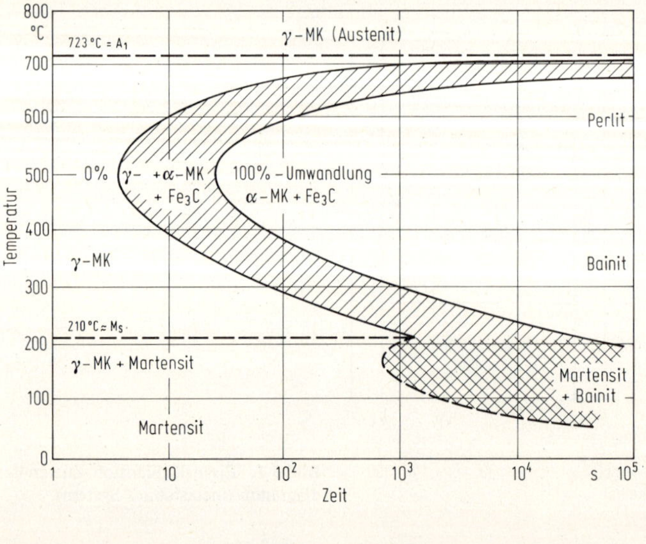

Bild 3-2. Isothermes Zeit-Temperatur-Umwandlungsschaubild (ZTU-Schaubild): schematische Darstellung für eutektoiden Stahl.

eine hohe Oberflächenhärte bei hoher Zähigkeit des Kerns erzielt werden. Eine Oberflächenhärtung kann auch durch thermochemische Behandlungen unter Eindiffundieren bestimmter Elemente, wie z. B. Stickstoff, Bor oder Vanadium, vorgenommen werden. Von besonderer technischer Bedeutung ist das Nitrieren, das im Ammoniakstrom (Gasnitrieren), in Salzbädern (Badnitrieren) oder unter Ionisation des Stickstoffs durch Glimmentladung (Plasmanitrieren) durchgeführt werden kann.

b) Glühbehandlungen

Durch Glühbehandlungen bei einer bestimmten Temperatur und Haltedauer sowie nachfolgendem Abkühlen werden bestimmte Gefügezustände und Werkstoffeigenschaften erreicht. Wichtige Verfahren sind:

— *Normalglühen, (Normalisieren).* Kurzes Erwärmen über die Gleichgewichtslinie (GSE) im Austenitgebiet und anschließendes Abkühlen an Luft führt zur völligen Umkristallisation und Ausbildung eines feinkörnigen perlitisch-ferritischen Gefüges.
— *Weichglühen.* Verbesserung des Formänderungsvermögens durch Pendelglühen im Temperaturbereich der Perlitreaktion, wobei sich die im streifigen Perlit vorliegenden Zementitlamellen in die energieärmere rundliche Carbidform umwandeln.
— *Rekristallisationsglühen.* Glühen kaltverformter Werkstoffe unterhalb der Temperatur der Perlitreaktion, so daß Versetzungen durch Erholung oder Rekristallisation ausheilen können und die Verformbarkeit wieder hergestellt wird.
— *Spannungsarmglühen.* Beseitigung von Eigenspannungen durch Erwärmen unterhalb der Temperatur beginnender Rekristallisation und langsames Abkühlen.

3.3.3 Stahl

Eisen-Kohlenstoff Legierungen mit einem Kohlenstoffanteil unter 2 Gew.-%, die kalt oder warm umformbar (schmiedbar) sind, werden als Stähle, nichtschmiedbare Eisenwerkstoffe, C-Anteil über 2 Gew.-%, als Gußeisen bezeichnet.

Aufbau und Eigenschaften der Stähle werden entscheidend durch Legierungselemente geprägt. Man unterscheidet:

— Unlegierte Stähle (Kohlenstoffstähle).
Diese Stahlsorten dürfen neben Eisen und Kohlenstoff weitere Elemente nur in kleinen Mengen (z. B. zum Zweck der Desoxidation) enthalten: Si $<$ 0,5 Gew.-%; Mn $<$ 0,1 Gew.-%; Al, Ti $<$ 0,25 Gew.-%; Cu; S; P;
— Niedriglegierte Stähle (Legierungselementanteile $<$ 5 Gew.-%);
— Hochlegierte Stähle (Legierungselementanteile $>$ 5 Gew.-%).

Die Legierungselemente bilden mit Eisen meist Mischkristalle. Die Elemente

Cr, Al, Ti, Ta, Si, Mo, V, W

lösen sich bevorzugt in Ferrit (Ferritbildner); die Elemente

Ni, C, Co, Mn, N

vorwiegend in Austenit (Austenitbildner).

Neben Mischkristallen können sich in Stählen intermediäre Verbindungen bilden, wenn zwischen mindestens zwei Legierungselementen starke Bindungskräfte vorhanden sind, wodurch sich komplizierte, harte Kristallgitter bilden können. Wichtig sind dabei Carbide, Nitride und Carbonitride. Die Neigung zur Carbidbildung wächst in der Reihenfolge

Mn, Cr, Mo, W, Ta, V, Nb, Ti.

Schwache Carbidbildner (Mn, Cr) lagern sich in Fe_3C als Mischkristalle ein, z. B. $(Fe,Cr)_3C$, $(Fe,Mn)_3C$; starke Carbidbildner (Ti, V) bilden Sondercarbide mit einer von der des Fe_3C abweichenden Gitterstruktur, z. B. Mo_2C, TiC, VC.

Durch die Nitridbildner

Al, Cr, Zr, Nb, Ti, V

werden harte Nitride (bis 1200 HV) gebildet und beim Nitrierhärten technisch genutzt. Carbonitridausscheidungen erzeugen ein sehr feinkörniges Umwandlungsgefüge (Feinkornbaustähle).

In der Technik stellen Stähle nach wie vor die wichtigsten und vielfältigsten „Konstruktions- oder Strukturmaterialien" dar. Sie lassen sich nach verschiedenen Kriterien einteilen, wie z. B.:

— Erschmelzungsverfahren: Thomas-, Siemens-Martin-, Elektrostähle usw.,
— Chemische Zusammensetzung: unlegierte, niedriglegierte, hochlegierte Stähle, Ni-Stähle, CrNi-Stähle usw.,
— Gefüge: ferritische, austenitische, perlitische, bainitische, martensitische Stähle usw.,
— Wärmebehandlung: gehärtete, angelassene, vergütete, getemperte Stähle usw.,
— Gütegruppe: Massen-, Qualitäts-, Edelstähle,
— Verarbeitbarkeit: Automatenstähle, Tiefziehstähle usw.,
Halbzeugform: Stahlbänder, -bleche, -rohre usw.,
— Nachbehandelbarkeit: Einsatzstähle, Nitrierstähle usw.,
— Oberflächenbeschichtung: verzinkte Stähle, verchromte Stähle usw.,
— Eigenschaften: kaltzähe Stähle, hochfeste Stähle, korrosions-, rost- und zunderbeständige Stähle, magnetische Stähle usw.,
— Verwendungszweck: Baustähle, Werkzeugstähle (Kaltarbeitsstähle, Warmarbeitsstähle, Schnellarbeitsstähle usw.), Stähle für Maschi-

Tabelle 3-3. Kennzeichnungssysteme zur systematischen Benennung der Eisenwerkstoffe (Übersicht)

Bezeichnungen nach DIN 17006 (vor 1974)

1. Unlegierter Stahl (Kohlenstoffstahl)
   - 1.1 Benennung nach Zugfestigkeit (in kp/mm² ≈ 9,81 N/mm²)
     Bezeichnung: „St" + Zugfestigkeit,
     Beispiel: St37
   - 1.2 Benennung nach C-Gehalt (Stähle für Wärmebehandlung)
     Bezeichnung: „C" + 100 × C-Gehalt in Gew.-%,
     Beispiel: C45
2. Niedriglegierter Stahl (Legierungsanteile < 5 %)
   Bezeichnung: C-Gehalt (Gew.-%) × 100 + Legierungselement × Faktor
   Faktoren: 4 (d.h. 0,25 %): Cr, Co, Mn, Ni, Si, W
   10 (d.h. 0,1 %): Al, Be, Cu, Mo, Nb, Ta, Ti, V, Zr
   100 (d.h. 0,01 %): P, S, N, C, Ce
   Beispiel: 13CrMo4 4 (0,13 % C; 1 % Cr; 0,4 % Mo)
3. Hochlegierter Stahl (mind. ein Legierungsanteil > 5 %)
   Bezeichnung: X + 100 × C-Gehalt (Gew.-%) + Legierungsanteil (%)
   Beispiel: X10 CrNi 18 8 (0,1 % C; 18 % Cr, 8 % Ni)

Bezeichnungen nach Werkstoffnummern (DIN 17007)

Siebenstelliges Nummernsystem: X · XXXX · XX

(A) Werkstoff-Hauptgruppe
  0, 1 Eisen und Stahl
  2, 3 NE-Metalle
  4-8 Nichtmetalle
(B) Sortennummern (Sortenklassen und Zählnummern)
(C) Anhängezahlen
  1. Zahl: Stahlgewinnungsverfahren; 2. Zahl: Behandlungszustand

Bezeichnungen nach EURONORM 27-74 (ähnlich DIN 17006)

Hauptgruppe I: Benennung nach mechanischen Eigenschaften und Verwendungszwecken
Beispiel: Fe410D (C-Stahl; Zugfestigkeit > 410 N/mm²; Sprödbruchgüte D)
Hauptgruppe II: Benennung nach chemischer Zusammensetzung
Beispiel: 42CrMo4 (Legierter Stahl; 0,42 % C; 1 % Cr)

nenbauelemente (z. B. Schrauben, Muttern, Nieten, Federn, Ventile, Wälzlager), Stähle für Schweißkonstruktionen, Stähle für die Elektrotechnik (z. B. Transformatorenbleche, Thermobimetalle) usw.

Zur systematischen Benennung der Eisenwerkstoffe sind genormte Kennzeichnungssysteme entwickelt worden, siehe Tabelle 3-3. Eine kurze Zusammenstellung technisch wichtiger Stähle mit stichwortartigen Angaben über Aufbau, Eigenschaften und Verwendungszweck sowie Sortenbeispielen und zugehörigen Normkennzeichen gibt Tabelle 3-4.

3.3.4 Gußeisen

Gußeisen hat C-Anteile zwischen 2 und 5 Gew.-% und ist ohne Nachbehandlung nicht schmiedbar. Infolge seiner nahezu eutektischen Zusammensetzung hat Gußeisen ein feinkörniges Gefüge, das durch die Legierungselemente Kohlenstoff und Silicium bezüglich der entstehenden Kohlenstoffphasen und der Gefügeausbildung bestimmt wird, siehe Bild 3-3.

Mit zunehmendem C- und Si-Gehalt werden die folgenden hauptsächlichen Felder unterschieden:

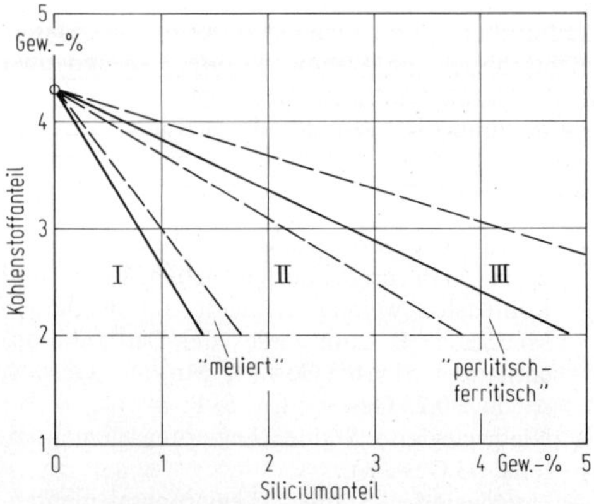

Bild 3-3. Gußeisendiagramm nach Maurer.

Tabelle 3-4. Technische Stahlsorten (Übersicht)

Stahlsorte	Kennzeichen, Beispiele, Normen
● **Baustähle** (Massenstähle für Hoch-, Tief-, Brückenbau, Fahrzeug-, Behälter- und Maschinenbau)	
Allg. Baustähle	Unlegierte und niedriglegierte ferritisch-perlitische Gefüge; hohe Streckgrenze und gute Verformbarkeit; nach der Festigkeit St33 bis 70, DIN 17 100 bzw. Fe 310-0 bis Fe 690-2 EN 10025
Hochfeste Baustähle	Mikrolegierte (TiC-NbC-VC-Dispersionen); Schweißbarkeit und hohe Streckgrenzen durch geringe Korngröße; z. B. StE 500, DIN 17 102
Baustähle für spez. Erzeugnisse	Halbzeuge, z. B. blanker, unlegierter Stahl, DIN 1652; Feinbleche, DIN 1623; Band und Blech aus unlegiertem Stahl, DIN 1614
● Stähle für Wärmebehandlungen (Qualitäts- und Edelstähle)	
Vergütungsstähle	Mn/Cr/Mo/Ni/V-legiert; 0,2 bis 0,6 % C, für dynamisch beanspruchte Bauteile hoher Festigkeit; z. B. Ck 60, 50 CrV 4, DIN 17 200
Stähle für das Randschichthärten	Vergütungsstähle für kernzähe, oberflächenharte Bauteile durch Flamm- und Induktionshärten, z. B. 45 Cr 2 (55 HRC), DIN 17 212
Einsatzstähle	Mn/Cr/Mo/Ni-legiert, niedr. C-Gehalt; kernzäh und oberflächenhart durch Aufkohlen und Härten, z. B. C 10, 20 MoCr S4, DIN 17 210
Nitrierstähle	Vergütungsstähle mit perlitisch-martensitischem Gefüge und Nitridbildnern (Cr, Mo, Al); z. B. 31 CrMo 12, DIN 17 211
● Stähle für besondere Fertigungsverfahren	
Automatenstähle	Durch S- und Pb-Zusätze gut zerspanbar und spanbrüchig bei hohen Schnittgeschwindigkeiten; einsatzhärtbar (z. B. 10 S 20), vergütbar, DIN 1651
Stahlguß	Fe-C-Legierungen mit <2 % C; allg. Stahlguß (z. B. GS-60) DIN 1681; warmfester Stahlguß (z. B. GS-C 25), DIN 17 245
● Stähle mit besonderen technologischen Eigenschaften	
Kaltzähe Stähle	Ni- und Cr/Ni-legierte (austenitische) Stähle mit ausreichender Zähigkeit bei −50 bis −270 °C; z. B. 12 Ni 19, X 5 CrNi 1810, SEW 680-70 [a]
Warmfeste Stähle	Ferritisch-perlitisches Gefüge; Cr-Stähle, z. B. X 20 CrMoWV 12 1 ($T < 600$ °C), X CrNiMoNb 1616 ($T < 800$ °C)
Korrosionsbeständige Stähle	>12 % Cr, ferritisch oder perlitisch-martensitisch, z. B. X 40 Cr 13; austenitisch (rostfreier) Cr-Ni-Stahl, z. B. X 5 CrNi 1810, DIN 17 440
Alterungsbeständige Stähle	Langzeit-zähstabil; gewährleistete Kerbschlagzähigkeitswerte bis −50 °C und Streckgrenzen bis +400 °C
● Stähle für Konstruktionsteile	
Federstähle	Hohe Elastizitätsgrenze; Si/Mn/Cr/Mo/V-legiert, gehärtet und angelassen z. B. 38 Si 7 (Federringe), 60 SiCr 7 (Tellerfedern), (Blattfedern) DIN 17 221
Stähle für Schrauben und Muttern	C-arme unlegierte Stähle (Festigkeit 300-600 N/mm²), DIN 17 111; Vergütungsstähle (800-1 200 N/mm²), DIN 17 200; martensitaushärtende hochfeste Stähle
Ventilstähle	Beständig gegen mechanische, thermische, korrosive und tribologische Beanspruchung
Wälzlagerstähle	Homogene, fehlerfreie Gefüge, zug-druck-wechselbeständig; hochhart (800 HV), maßbeständig
● Werkzeugstähle	
Kaltarbeitsstähle	Unlegiert und legiert (Cr/Mo/V/Mn/Ni) mit >0,6 % C für $T < 200$ °C; z. B. C 105 W1 (Handwerkszeug), 90 MnCrV 8 (Schneidwerkzeug), DIN 17350
Warmarbeitsstähle	Warmfest, Cr/Mo/V-legiert für $T > 200$ °C (z. B. X 40 CrMoV 51); Härtbarkeit und Anlaßbeständigkeit durch Cr/Mo/Ni/Mn-Zusätze, DIN 17 350
Schnellarbeitsstähle	für hohe Schnittgeschwindigkeiten und -temperaturen (bis 600 °C); hoher W/Cr/Mo/V-Carbidanteil (C > 0,8 %); z. B. S 10-4-3-10, DIN 17 350

[a] SEW Stahl-Eisen-Werkstoffblätter (VDEh)

— Weißes Gußeisen (Hartguß; metastabiles System),
ledeburitisches Gefüge: Ledeburit und Ferrit;
— Graues Gußeisen (Grauguß),
perlitisches Gefüge: Graphit und Perlit;
— Graues Gußeisen (Grauguß, stabiles System),
ferritisches Gefüge: Graphit und Ferrit;

Gußeisen wird in folgende Gruppen eingeteilt:
— Gußeisen mit Lamellengraphit (GG, GGL, DIN 1691). Eisengußwerkstoff mit meist mehr als 2 Gew.-% C-Anteil in Form lamellaren Graphits im Gefüge, geringe Verformbarkeit durch heterogenes Gefüge, steigende (Zug-)Festigkeit (100 bis 400 N/mm^2) mit feiner werdender Graphitverteilung, gute Dämpfungseigenschaften, Druckfestigkeit etwa viermal so hoch wie Zugfestigkeit.
— Gußeisen mit Kugelgraphit (GGG, DIN 1693) Kugelige (globulitische) Ausbildung des Graphits durch Zusatz geringer Mengen von Magnesium, Cer und Calcium, warm- und (begrenzt) kaltumformbar, Zugfestigkeit erheblich höher als bei GGL.
— Temperguß (GTW: weiß; GTS: schwarz DIN 1692)
Fe-C-Legierungen, die zunächst graphitfrei erstarren und durch anschließende Glühbehandlung in weißen Temperguß (entkohlend geglüht) oder schwarzen Temperguß (nicht-entkohlend geglüht) mit ferritisch-perlitischem Gefüge und (flockenförmig eingelagerter) Temperkohle umgewandelt werden. Temperguß vereinigt gute Gußeigenschaften des Graugusses mit nahezu stahlähnlicher Zähigkeit, er ist schweißbar und gut zerspanbar.

Tabelle 3-5. Normen der Nichteisenmetalle und ihrer Legierungen (Übersicht, Kurzbegriffe)

Metall bzw. Legierung	DIN-Normen	Gegenstand der Normen
Aluminium (Al)	DIN 1712:	Al rein, Masseln, Halbzeug
	DIN 1725:	Al, Knetlegierungen (T1), Gußlegierungen (T2)
	DIN 1745/49:	Al-Halbzeug (Bleche, Rohre, Profile), Festigkeit
	DIN 17611:	Anodisch oxidiertes Al (Eloxal), Lieferbedingungen
	DIN 40501:	Al für die Elektrotechnik
Magnesium (Mg)	DIN 17800:	Hüttenmagnesium
	DIN 1729:	Mg, Knetlegierungen (T1), Gußlegierungen (T2)
	DIN 9715:	Mg-Halbzeug, Festigkeit
Titan (Ti)	DIN 17850/51:	Ti/Ti-Knetlegierungen, Zusammensetzung
	DIN 17860:	Bleche und Bänder aus Ti und Ti-Knetlegierungen
	DIN 17862/64:	Halbzeug aus Ti und Ti-Legierungen (Stangen, Drähte, Schmiedestücke)
Kupfer (Cu)	DIN 1708 u. 1787:	Cu rein, Sorten und Halbzeug
	DIN 1718:	Cu-Legierungen, Begriffe
	DIN 17670/74:	Cu-Halbzeug (Bleche, Rohre, Profile), Festigkeit
	DIN 40500:	Cu für die Elektrotechnik
	DIN 17662 u. 1705:	CuSn-Legierungen (Zinnbronze und Guß-Zinnbronze)
	DIN 17660 u. 1709:	CuZn-Legierungen (Messing und Guß-Messing)
	DIN 17665 u. 1714:	CuAl-Legierungen (Al-Bronze und Guß-Al-Bronze)
	DIN 17663:	CuNiZn-Legierungen (Neusilber)
Nickel (Ni)	DIN 1701:	Hüttennickel
	DIN 17740:	Nickel in Halbzeug (Bleche, Rohre, Profile)
	DIN 17741/43:	Ni-Knetlegierungen, mit Cr, mit Cu; Zusammensetzung
Zinn (Sn)	DIN 1704:	Sn, Sorten und Lieferformen
	DIN 1742:	Sn-Druckgußlegierungen, Verwendungsrichtlinien
	DIN 17810:	Zinngerät, Zusammensetzung der Sn-Legierungen
Zink (Zn)	DIN 1706:	Zn, Feinzink, Hüttenzink
	DIN 1743:	Feinzink-Gußlegierungen
	DIN 9722:	Zn-Halbzeug (Bleche, Bänder), Maße
Blei (Pb)	DIN 1719:	Pb, Feinblei, Hüttenblei
	DIN 1741:	Pb-Druckgußlegierungen
	DIN 17640:	Pb und Pb-Legierungen, allgemeine Verwendung (T1) Kabelmäntel (T2), Akkumulatoren (T3)
	DIN 17641:	Pb-Antimon-Legierungen (Hartblei)

— Hartguß (GH)
  Zementitbildung durch schnelles Abkühlen und Manganzusatz zur GG-Schmelze, durch sog. Schalenhartguß Erzielung von Bauteilen mit weißem (sehr harten) Gußeisen in der Oberflächenschicht und grauem Grauguß im Kern, dadurch Kombination hochbeanspruchbarer Oberflächen mit verbesserter Kernzähigkeit.

3.4 Nichteisenmetalle und ihre Legierungen

Die Nichteisenmetalle (NE-Metalle) werden traditionell eingeteilt in
— Leichtmetalle (Dichte $\leqq$ 4,5 kg/dm^3): Al, Mg, Ti;
— Schwermetalle (Dichte $\geqq$ 4,5 kg/dm^3): Cu, Ni, Zn, Sn, Pb;
— Edelmetalle: Au, Ag, Pt-Metalle.

Im folgenden sind Herstellung, Eigenschaften und Anwendungen der technisch wichtigsten Leichtmetalle und Schwermetalle stichwortartig beschrieben. Eigenschaftswerte und technische Daten der NE-Metalle sind im Kapitel 9 zusammengestellt; eine Übersicht über die wichtigsten DIN-Normen gibt Tabelle 3-5.

3.4.1 Aluminium

Herstellung durch Schmelzflußelektrolyse von aufbereitetem Bauxit bei 950 bis 970 °C; 4 t Bauxit liefern 1 t Hütten-Al mit 99,5 bis 99,9 % Al bei einem Stromverbrauch von ca. 18 000 kWh.
Aluminium hat einen kfz Gitteraufbau und ist ausgezeichnet warm- und kaltverformbar (Walzen, Ziehen, Pressen, Strangpressen, Fließpressen, Kaltverformen). Es besitzt günstige Festigkeits-Dichte- und Leitfähigkeits-Dichte-Verhältnisse sowie eine gute Korrosionsbeständigkeit gegenüber Witterungseinflüssen und sauren wie schwach alkalischen Lösungen durch Bildung von (ca. 0,01 µm dicken) Oxid-Oberflächenschichten, die vor der Herstellung von Schweißverbindungen entfernt werden müssen („Schutzgasschweißen" unter Argon oder Helium).
Wichtige Legierungselemente für Aluminium sind Cu, Mg, Zn und Si. Durch geeignete Wärmebehandlung (Lösungsglühen, Abschrecken, Auslagern) kann eine Ausscheidungshärtung erzielt werden: feindisperse Ausscheidungsteilchen und die von ihnen bewirkten Matrixgitterverzerrungen behindern die Versetzungsbeweglichkeit und erhöhen damit die Festigkeit. Wichtig sind besonders die Knetlegierungen AlCuMg, AlMgSi, AlZnMg, AlZnMgCu und die Gußlegierungen AlSi und AlCuTi. Die Hauptanwendungsgebiete liegen im Bauwesen und Fahrzeugbau (z. B. Profilsätze für Fenster, Türen, Aufbauten), im Behälter- und Gerätebau (z. B. Leichtbaukonstruktionen), in der chemischen Industrie (z. B. Behälter, Rohrleitungen), im Verpackungswesen (z. B. Folien) und in der Elektrotechnik (z. B. Schienen, Kabel).

3.4.2 Magnesium

Herstellung durch Schmelzflußelektrolyse von aufbereitetem Magnesiumchlorid bei 700 °C (70 bis 80 % der Mg-Weltproduktion) oder direkter Reduktion von Magnesiumoxid durch carbothermische oder silicothermische Verfahren.
Magnesium kristallisiert in hexagonal dichtester Kugelpackung, ist leicht zerspanbar und hat bei mittleren Festigkeitseigenschaften die niedrigste Dichte aller metallischen Werkstoffe (1,74 kg/dm^3). Die hohe Affinität zum Sauerstoff macht trotz Bildung schützender Oxid-Oberflächenschichten Korrosionsschutzmaßnahmen erforderlich.
Die wichtigsten Legierungselemente (Al, Zn, Mn) verbessern die Festigkeit, vermindern die hohe Kerbempfindlichkeit und erhöhen die Korrosionsbeständigkeit (Mn). Die bei Raumtemperatur mehrphasigen Legierungen (Mischkristalle, intermediäre Phasen) lassen sich durch Wärmebehandlung bezüglich Zähigkeit (Lösungsglühen, Abschrecken) oder Festigkeit (Lösungsglühen, langsames Abkühlen) beeinflussen. Umformung der Knetlegierungen geschieht durch Strangpressen, Warmpressen, Schmieden, Walzen und Ziehen oberhalb 200 °C. Hauptanwendungsgebiete der Legierungen sind der Flugzeugbau (z. B. Türen, Cockpitkomponenten), der Automobilbau (z. B. Getriebegehäuse) sowie der Instrumenten- und Gerätebau (z. B. Kameragehäuse, Büromaschinen).

3.4.3 Titan

Herstellung kompakten Titans durch Vakuumschmelzen von porösem Titan, das aus Rutil bzw. Ilmenit über die Zwischenstufen Titandioxid und Titantetrachlorid durch Aufschließen, Fällung und Reduktion gewonnen wird.
Titan hat bei Raumtemperatur eine hexagonale (verformungsungünstige) Gitterstruktur (α-Phase), die sich oberhalb von 882 °C in die kubisch raumzentrierte β-Phase umwandelt. Es hat eine hohe Festigkeit, relativ geringe Dichte, sowie eine ausgezeichnete Korrosionsbeständigkeit durch Oxidschichtbildung infolge hoher Sauerstoffaffinität und kann unter Schutzgas und im Vakuum geschweißt werden.
Legierungszusätze von Al, Sn oder O begünstigen die hexagonale α-Phase, solche von V, Cr und Fe die kubisch raumzentrierte β-Phase mit besserer Kaltumformbarkeit und höherer Festigkeit. Ähnlich wie bei Stahl können durch geeignete Wärmebehandlung (z. B. Ausscheidungshärtung, Martensithärtung) die mechanischen Eigenschaften beeinflußt und zweiphasige (α + β)-Legierungen mit

günstigem Festigkeits-Dichte-Verhältnis hergestellt werden.
Hauptanwendungsgebiete sind die Flugzeug- und Raketentechnik (z. B. Leichtbauteile hoher Festigkeit), Chemieanlagen (z. B. Wärmetauscher, Elektroden), Schiffsbau (z. B. seewasserbeständige Teile, wie Schiffsschrauben) und die Medizintechnik (biokompatible Implantate).

3.4.4 Kupfer

Herstellung durch Pyrometallurgie (75 % der Cu-Weltproduktion), Elektrometallurgie und Hydrometallurgie.
Kupfer hat ein kfz Gitter und eine Elektronenkonfiguration mit abgeschlossenen d-Niveaus der zweitäußersten Schale und einem s-Elektron in der äußersten Schale. Hieraus folgen gute Verformbarkeit, ausgezeichnete elektrische und thermische Leitfähigkeit sowie hohe Korrosionsbeständigkeit infolge des relativ hohen Lösungspotentials und der Fähigkeit zur Deckschichtbildung in verschiedenen Medien. Es läßt sich gut schweißen und löten, ist jedoch gegen Erhitzung in reduzierender Atmosphäre empfindlich, sog. Wasserstoffkrankheit.
Geringe Legierungszusätze steigern die Festigkeit von Kupfer durch Mischkristallbildung (Ag, As) oder durch Aushärten (Cr, Zr, Cd, Fe, P). Wichtig sind folgende Kupferlegierungen:

— Messing: Kupfer-Zink-Legierungen mit den hauptsächlichen Gefügegruppen: α-Messing mit einem Zn-Anteil < 39 Gew.-% (gut kaltumformbar, schwieriger warmumformbar, schlecht zerspanbar), β-Messing mit 46 % bis 50 % Zn (schwierig kaltverformbar, gut warmverformbar, gut zerspanbar) und (α + β)-Messing mit einem Zn-Gehalt von 39 bis 46 %. Sondermessing enthält weitere Legierungsbestandteile, wie z. B. Ni oder Al, zur Erhöhung von Festigkeit, Härte, Feinkörnigkeit oder Mn, Sn zur Verbesserung von Warmfestigkeit und Seewasserbeständigkeit.
— Neusilber: Kupfer-Zink-Legierungen, bei denen ein Teil des Kupfers durch einen Nickelanteil (10 bis 25 %) zur Verbesserung der Anlaufbeständigkeit ersetzt ist.
— Bronze: Kupfer-Legierungen mit einem Anteil von mehr als 60 % Cu und den Hauptgruppen Zinnbronze (Knetlegierungen < 9 % Sn, Gußlegierungen < 20 % Sn), Aluminiumbronze (< 11 % Al), Bleibronze (< 35 % Pb), Nickelbronze (<44 % Ni), Manganbronze (<15 % Mn), Berylliumbronze (< 2 % Be).

Hauptanwendungsgebiet von legiertem und unlegiertem Kupfer sowie von Mangan- und Berylliumbronze ist die Elektrotechnik (z. B. Kabel, Drähte, Widerstandswerkstoffe) und der (Elektro-) Maschinenbau (z. B. Kommutatorlamellen in Elektromotoren, Punktschweißelektroden). Messing eignet sich besonders für die spanende Bearbeitung (z. B. Drehteile, Bauprofile) und die spanlose Formgebung (z. B. extreme Tiefziehbeanspruchung bei 28 % Zn möglich). Neusilber ist sowohl für Relaisfedern in der Nachrichtentechnik als auch für Tafelgeräte und Geräte der Feinwerktechnik geeignet. Bronze findet Anwendung in der Tribotechnik (z. B. Gleitlager, Schneckenräder, kavitations- und erosionsbeanspruchte Bauteile).

3.4.5 Nickel

Herstellung aus sulfidischen oder silicatischen Erzen durch komplizierte metallurgische Prozesse: Flotationsaufbereitung, Rösten, Schmelzen im Schacht- oder Flammenofen, Verblasen im Konverter, Raffination.
Nickel hat wegen seines kubisch flächenzentrierten Gitters gute Umformbarkeit und Zähigkeit; es ist sehr korrosionsbeständig und bis zur Curie-Temperatur von 360 °C ferromagnetisch. Gegenüber Eindiffusion von Schwefel ist Nickel empfindlich und neigt dann zum Aufreißen bei der Kaltumformung, zur Warmrissigkeit beim Schweißen und bei der Warmumformung (sog. Korngrenzenbrüchigkeit).
Wichtige Legierungen sind:

— Nickel-Kupfer-Legierungen: Ni ist mit Cu in jedem Verhältnis legierbar und durch Gießen, spanlose und spangebende Formgebung sowie durch Löten und Schweißen verarbeitbar. Legierungen mit 30 % Cu (z. B. NiCu30Fe) sind sehr korrosionsbeständig, Festigkeitssteigerung durch Aushärten (Zusatz von Al, Ti oder Fe) und Ausscheidungen.
— Nickel-Chrom-Legierungen: Ein Anteil von maximal 20 % Cr verstärkt das Passivierungsvermögen und steigert Zunderbeständigkeit und Warmfestigkeit. Legierungen auf der Basis von NiCr20 (wie z. B. Inconel 600: 76 % Ni; 8 % Fe; 15,5 % Cr; 0,5 % Mn; 0,2 % Si; 0,08 % C) werden durch Zusätze von Al, Si, Ti, Mo, Nb aushärtbar; „Superlegierungen" sind durch besondere Herstellungstechniken, wie z. B. gerichtete Erstarrung, Oxid-Dispersions-Härtung (ODS) hochwarmfest bis ca. 1150 °C.
— Nickel-Eisen-Legierungen: Weichmagnetische Werkstoffe (29 bis 75 Gew.-% Ni) mit hoher Permeabilität und Sättigungsinduktion sowie geringen Koezitivfeldstärken und Ummagnetisierungsverlusten. Fe-Ni-Co-Legierungen sind dagegen hartmagnetische Werkstoffe hoher Magnetisierbarkeit.

Nickel-Hochtemperaturwerkstoffe werden hauptsächlich in der Kraftfahrzeug- und Luftfahrttechnik (z. B. Verbrennungsmotorventile, Turbinenschaufeln) sowie in der chemischen Anlagentechnik (z. B. Kernreaktorwerkstoffe, Heizleiter) eingesetzt. Nickel-Eisen-Legierungen sind im Bereich der Elektrotechnik unentbehrlich (z. B. als weich-

und hartmagnetische Werkstoffe, Thermoelemente, Präzisionswiderstände).

3.4.6 Zinn

Herstellung durch Reduktion von Zinndioxid (Zinnstein) nach Aufbereiten durch Flotation, Abrösten und anschließende Raffination mittels Seigerung oder Elektrolyse.
Zinn hat ein tetragonales Gitter, das sich unterhalb von 13,2 °C (träge) in die kubische Modifikation umwandelt. Es ist gegen schwache Säuren und schwache Alkalien beständig. Infolge seiner niedrigen Rekristallisationstemperatur tritt bei der Umformung (Walzen, Pressen, Ziehen) bereits bei Raumtemperatur Rekristallisation ein, so daß die Kaltverfestigung ausbleibt (hohe Bruchdehnung).
Wichtige Zinnlegierungen sind:

- Lagermetalle: Legierungen, z. B. Gl-Sn80 (80 % Sn, 12 % Sb, 7 % Cu, 1 % Pb), dessen Gefüge aus harten intermediären Verbindungen (Cu_6Sn) sowie Sn-Sb-Mischkristallen besteht, die in ein weicheres bleihaltiges Eutektikum eingelagert sind.
- Weichlote: L-Sn60 (60 % Sn, 40 % Pb), erstarrt zu 95 % eutektisch (dünnflüssig, für feine Lötarbeiten), L-Sn30 (30 % Sn, 70 % Pb) besitzt großes Erstarrungsintervall (für großflächige Lötarbeiten).

Hauptanwendungen der Zinnlegierungen betreffen die Tribotechnik (Lagermetalle), die Fügetechnik (Lote) und den Korrosionsschutz von Gebrauchsgegenständen.

3.4.7 Zink

Herstellung aus (einheimischer) Zinkblende (Wurtzit, ZnS) durch Aufbereiten (Flotation) von ZnS, Überführen in Zinkoxid durch Abrösten und Gewinnung von Zink durch thermische Reduktionsverfahren oder durch Auslaugung und Elektrolyse.
Zink ist ein Schwermetall mit hexagonaler Gitterstruktur, guten Gußeigenschaften, anisotropen Verformungseigenschaften (Ausbildung von Walz- und Ziehtexturen) und ausgezeichneter Beständigkeit gegen atmosphärische Korrosion (negatives Potential gegen Fe in wäßrigen Lösungen).
Zinklegierungen mit technischer Bedeutung sind vor allem die aus Feinzink (99,9 bis 99,95 % Zn) hergestellten Gußlegierungen, die 3,5 bis 6 % Al sowie bis zu 1,6 % Cu zur Erhöhung der Festigkeit durch Mischkristallbildung und 0,02 bis 0,05 % Mg zur Verhinderung interkristalliner Korrosion enthalten.
Hauptanwendungsgebiete sind neben der Feuerverzinkung von Stahl (ca. 40 % der Zinkproduktion) vor allem der allgemeine Maschinenbau (z. B. Zn-Druckguß für kleinere Maschinenteile und Gegenstände komplizierter Gestaltung) sowie das Bauwesen (z. B. Bleche für Dacheindeckungen, Dachrinnen, Regenrohre). Zink ist toxisch: das Lebensmittelgesetz verbietet die Verwendung von Zinkgefäßen zum Zubereiten und Aufbewahren von Nahrungs- und Genußmitteln.

3.4.8 Blei

Herstellung aus Bleiglanz (PbS) durch Aufbereiten (Flotation zur Pb-Anreicherung), Rösten, Schachtofenschmelzen und Raffination.
Blei läßt sich wegen seines kubisch flächenzentrierten Gitters gut verformen, sowie außerdem gut gießen, schweißen und löten. Da die Rekristallisationstemperatur bei Raumtemperatur liegt, tritt bereits bei geringer Verformung Grobkristallbildung auf (Gefahr von Dauerbrüchen). Blei ist gegen Schwefelsäure beständig, da es unlösliche Bleisulfate bildet, die weiteren Korrosionsangriff ausschließen. Wegen seiner hohen Massenzahl ist Blei ein wirksamer Strahlenschutz für Röntgengeräte und radioaktive Stoffe.
Zusatz von Legierungsbestandteilen (Sb, Sn, Ca) erhöht die Festigkeit durch Mischkristallbildung und Aushärtung und verbessert die Korrosionsbeständigkeit. Bei der Blei-Antimon-Legierung Hartblei sind bei Raumtemperatur 0,24 % Sb im Mischkristall löslich, im Eutektikum ca. 3 % Sb.
Hauptanwendungsgebiete sind der Automobilbereich (50 % des Pb-Verbrauchs für Starterbatterien), die Elektrotechnik (z. B. Bleikabel) und der Strahlenschutz. Blei und seine Verbindungen sind stark toxisch; die Verwendung von bleihaltigen Legierungen im Nahrungs- und Genußmittelwesen ist verboten.

3.5 Metallische Gläser

Metallische Gläser sind Metallegierungen nichtkristalliner (amorpher) Struktur mit fehlender atomarer Fernordnung, die aus Metallschmelzen durch extrem schnelle Abkühlung (ca. 10^6 K/s) entstehen, z. B. durch Aufspritzen von Metallschmelzen auf ein schnell rotierendes Rad hoher Wärmeleitfähigkeit [2]. Typische metallische Gläser besitzen die allgemeine Zusammensetzung

M_4X, wobei
M: Übergangsmetall, z. B. Fe, Ni, Co, Mo
X: Metalloid, z. B. B, Si, C oder P.

Die metastabile „eingefrorene" Glasstruktur wird oberhalb der sog. Glastemperatur durch Relaxationsvorgänge verändert und bei der Kristallisationstemperatur findet eine Umwandlung (Entglasung) in meist mehrere kristalline Phasen statt.
Metallische Gläser zeigen ungewöhnliche Eigenschaften:

- Elektrische und thermische Leitfähigkeit wie von Metallschmelzen; gutes weichmagneti-

sches Verhalten und hohe Anfangspermeabilität sowie sehr geringe Hystereseverluste.
— Hohe Festigkeit und Härte, Streckgrenze nahe der theoretischen Grenze, ohne daß die Legierung spröde bricht. Die plastische Verformung läuft nach einem Versetzungsmechanismus ohne Verfestigung in stark lokalisierten Scherbändern ab.
— Die Korrosionsbeständigkeit von metallischen Gläsern auf Fe-Basis mit einem Cr-Anteil von 10 Gew.-% ist besser als die von nichtrostenden Stählen. Die gleichmäßige chemische Zusammensetzung der Glasstruktur und das Fehlen von Korngrenzen fördern den ungestörten Aufbau von Passivschichten.

Metallische Gläser werden als Fasern, Drähte oder Bänder (Dicke bis ca. 0,1 mm, Breite mehrere cm) hergestellt.

4 Anorganisch-nichtmetallische Werkstoffe

4.1 Anorganische Naturstoffe

Die in technischen Anwendungen verwendeten anorganischen Naturstoffe sind meist Gesteine, d. h. Gemenge kristalliner oder amorpher Minerale aus der äußeren Erdkruste. Die gesteinsbildenden Minerale können nach ihrer chemischen Zusammensetzung in verschiedene Mineralklassen und nach ihrer Härte gemäß der Mohsschen Härteskala klassifiziert werden, siehe Tabelle 4-1. Nach Mohs liegt die Härte eines Minerals zwischen der Härte des Skalenminerals, von dem es geritzt wird und derjenigen des Minerals, das es selbst ritzt. Die qualitative Härteskala nach Mohs läßt sich durch quantitative Härtemessungen (siehe 11.5.3) ergänzen [1], deren Mittelwerte für die Minerale der Mohsskala annähernd eine geometrische Reihe bilden. (Annähernde Verdopplung der Härtewerte beim Übergang von einer Mohs-Härtestufe zur nächsthöheren.)

Tabelle 4-1. Mineralische Naturstoffe und Härtewerte [1]

Mineral	Härtestufe nach Mohs	Härte-Meßwerte [a] daN/mm²	Geometr. Reihe (Stufung 1,6)
Talk	1	20... 56	46
Gips, Steinsalz	2	36... 70	74
Kalkspat	3	115... 140	119
Flußspat	4	175... 190	190
Apatit	5	300... 540	305
Orthoklas	6	470... 620	488
Quarz	7	750... 1 280	781
Topas	8	1 200... 1 430	1 250
Korund	9	1 800... 2 020	2 000
Diamant	10	(7 575...10 000)	(>4 000)

[a] nach Vickers und Knoop

Ein Gestein ist durch die vorhandenen Minerale und ihr Gefüge gekennzeichnet. Nach ihrer Entstehung unterscheidet man (vgl. Tabelle 4-2):
— Magmatische Gesteine, z. B. Granit, Syenit, Diorit, Gabbro, Quarzporphyr, Porphyrit, Diabas, Melaphyr, Trachyt, Andesit, Basalt;
— Sedimentgesteine, z. B. Anhydrit und Gips, Kalkstein, Dolomit, Bims, Grauwacke, Sandstein, Sand, Kies, Travertin (Kalksinter);
— Metamorphe Gesteine, z. B. Quarzit, Quarzitschiefer, Granulit, Marmor.

Die Dichte der Natursteine liegt zwischen ca. 2,0 und 3,2 kg/dm³. Ihre Biegefestigkeit beträgt infolge Sprödigkeit und Kerbempfindlichkeit nur etwa 5 bis 20 % der Druckfestigkeit.

4.2 Kohlenstoff, Graphit

Kohlenstoff als Diamant, Graphit, Glas oder Faser ist ein einatomarer keramischer Stoff.

Diamant

Bei der Diamantstruktur ist jedes C-Atom durch vier tetraedrisch angeordnete sehr feste kovalente Bindungen an seine vier nächsten Nachbarn gebunden. Sie kann synthetisch erst bei hohen Drükken über 4 GPa (= 400 N/mm²) und Temperaturen über 1 400 °C hergestellt werden. Diamant zeichnet sich aus durch:
— extrem hohe Härte (Mohshärte 10, Vickershärte ca. 10 000 HV);
— hohe Schmelztemperatur (ca. 4 100 °C);
— hoher spezifischer elektrischer Widerstand (Resistivität $>10^{10}$ Ωm);
— ausgezeichnete chemische Beständigkeit.

Technische Anwendung findet Diamant hauptsächlich als Hochleistungsschneidstoff zur Bearbeitung harter Werkstoffe und als Miniaturlager in der Feinwerktechnik.

Graphit

Graphit kristallisiert in einer hexagonalen Schichtstruktur, wobei der Kohlenstoff innerhalb der Basisebenen überwiegend kovalent gebunden ist. Zwischen den Schichten besteht eine quasi-metallische Bindung. Graphit hat eine geringere Dichte und Festigkeit als Diamant und weist folgende Anisotropien auf:
— Der Wärmeausdehnungskoeffizient parallel zu den Basisebenen ist negativ, senkrecht dazu positiv.
— Die elektrische Leitfähigkeit parallel zu den

Tabelle 4-2. Technisch bedeutsame Natursteine

Gesteinsart	Mineralbestandteile	Druckfestigkeit N/mm^2	Anwendungen
Granit	Feldspat, Quarz, Glimmer; Hornblende	80...270	Steinplatten; Hoch-, Straßen-, Brückenbau; Pflastersteine; Schotter
Syenit	Orthoklas, Hornblende, Biotit	150...200	
Diorit	Plagioklas. Hornblende, Biotit; Augit	180...240	Schotter, Splitt, Kleinpflastersteine
Gabbro	Plagioklas, Klinopyroxen, Orthopyroxen, Olivin	100...280	Schotter, Splitt, Pflastersteine, Bausteine
Quarzporphyr	Granitische Matrix mit Quarz- und Orthoklas-Einsprenglingen	190...350	Schotter, Splitt, Mosaikpflaster, Pflastersteine
Diabas	Plagioklas, Augit, Magnetit- oder Titaneisenerz; Olivin	130...300	Schotter, Splitt, Werkstein, Gesteinsmehl
Melaphyr	Plagioklas, Pyroxen; Olivin	120...380	Schotter, Splitt, Pflastersteine
Basalt	Plagioklas, Pyroxen	100...580	Schotter, Splitt, Pflastersteine, in der Zement-, Glas- und Eisenindustrie
Kalkstein	Kalkspat; Quarz, Glimmer, Siderit, Bleiglanz, Zinkblende	25...190	Kalkbrennen; Eisen- und Stahl-, Zement-, keram.-, chem.-, Farben- und Zuckerindustrie
Dolomit	Dolomit (Calcium-Magnesium-Carbonat)	50...160	Mörtelkalk, Formmassen, Poliermittel
Grauwacke	Quarz, Feldspat, (Gesteinsbruchstücke)	180...360	Schotter, Splitt, Pflastersteine
Sandstein	Quarzkörner	15...320	Hochbau, Straßen- und Bahnbau, Werksteine
Marmor	metamorph umgewandelter Kalkspat oder Dolomit	40...280	Bodenbelag, Wandverkleidung, Glasindustrie, keram. Industrie

Schichten ist ca. um den Faktor 5000 größer als senkrecht dazu.
- Die Schichten des Graphitgitters gleiten bei Schubbeanspruchung leicht gegeneinander ab, so daß Graphit als Hochtemperatur-Festschmierstoff geeignet ist. (Für das leichte Abgleiten ist jedoch die Anwesenheit von Wasserdampf erforderlich.)

Angewendet wird Graphit im Reaktorbau (Moderatormaterial mit ausgezeichnetem Bremsvermögen für schnelle Neutronen) und in der Elektrotechnik (Elektroden- und Kollektormaterial).

Kohleglas

Kohlenstoff-Modifikationen mit amorpher Verteilung der C-Atome, die durch thermische Zersetzung organischer Kohlenstoffverbindungen (z. B. Zellulose) und anschließendes Sintern der Zersetzungsprodukte erhalten werden. Anwendung z. B. als gasdichter und korrosionsbeständiger Hochtemperaturwerkstoff im Apparatebau.

Kohlenstoffasern

Hochfeste C-Fasern, die ähnlich wie Kohleglas durch Pyrolyse organischer Kohlenstoffverbindungen in Inertgas erhalten werden. Sie haben ein hohes Festigkeits-Dichte-Verhältnis und werden in Hochleistungs-Faser-Verbundwerkstoffen zur Erhöhung der Zugfestigkeit verwendet (siehe 6.2).

4.3 Keramische Werkstoffe

Keramische Werkstoffe sind anorganisch-nichtmetallische Materialien mit Atom- und Ionenbindung, deren komplexes kristallines Gefüge durch Sintern erzeugt wird. Die Einteilung keramischer Werkstoffe kann nach folgenden Kriterien geschehen:
- Chemische Zusammensetzung: Silicatkeramik, Oxidkeramik, Nichtoxidkeramik;
- Größe der Gefügebestandteile: Grobkeramik, Feinkeramik (Gefügeabmessungen kleiner als 0,2 mm);

- Dichte und Farbe: Irdengut (porös, farbig), Steingut (porös, hell), Steinzeug (dicht, farbig), Porzellan (dicht, hell);
- Anwendungsbereiche: Zierkeramik, Geschirrkeramik, Baukeramik, Feuerfestkeramik, Chemokeramik, Mechanokeramik, Reaktorkeramik, Elektrokeramik, Magnetokeramik, Optokeramik, Biokeramik.

4.3.1 Herstellung keramischer Werkstoffe

Keramische Werkstoffe werden aus anorganischen Naturstoffen (Gebrauchskeramik) oder synthetischen Rohstoffen (technische Keramik) durch die Verfahrensschritte (a) Pulversynthese, (b) Masseaufbereitung, (c) Formgebung, (d) Sintern, (e) Endbearbeiten hergestellt, siehe Bild 4-1.
Für die Herstellungstechnologien technischer (Hochleistungs-)Keramik sind u. a. folgende Gesichtspunkte von Bedeutung [2]: Verwendung hochreiner, feiner Pulver mit großer reaktiver Oberfläche, Überführen der zu verpressenden Pulver durch spezielle Trocknungsmethoden in gut verarbeitbares Granulat, individuelles Anpassen des Sinterpressens (Aufheizrate, Haltezeiten, Temperatur, Atmosphäre) an das betreffende Material, Berücksichtigung notwendiger Maßtoleranzen für die Nachbearbeitung zum Optimieren der Oberflächengüte.

4.3.2 Silikatkeramik

Keramische Werkstoffe auf silikatischer Basis, wie Steinzeug, Porzellan, Feuerfestwerkstoffe, Steatit, Cordierit, sind seit langem in der technischen Anwendung bekannt. Sie werden als tonkeramische Werkstoffe meist aus dem Rohstoffdreieck Quarz-Tonerde-Feldspat entsprechend den Dreistoffsystemen SiO_2-Al_2O_3-K_2O (oder CaO, MgO, Na_2O) gebildet. Die pulverisierten Feststoffe werden mit einer genau zu bemessenden Menge Wasser zu einer bei Raumtemperatur knetbaren Masse (bzw. einem dünnflüssigen „Schlicker") verarbeitet, durch Drehen oder Pressen einer Bauteil-Formgebung unterzogen und getrocknet. Beim Brennen und nachfolgendem Abkühlen bildet sich durch Stoffumwandlungen und Flüssigphasensintern ein Verbund von „Mullit-Phasen" ($3\,Al_2O_3 \cdot 2\,SiO_2$) in einer glasigen Matrix. Eventuell vorhandene Poren werden durch Glasieren geschlossen. Abhängig von den Anteilen der Grundstoffe und den Verfahrensbedingungen erhält man Steingut, Steinzeug, Weichporzellan, Hartporzellan oder technisches Porzellan, siehe Bild 4-2. Steingut und Porzellan werden als Isolierstoffe in der Elektrotechnik angewendet. Sie sind temperaturwechselbeständig, jedoch spröde, die Druckfestigkeit ist bis zu 50mal höher als die Zugfestigkeit.
Feuerfestwerkstoffe sind keramische Werkstoffe mit besonders hoher Schmelz- oder Erweichungs-

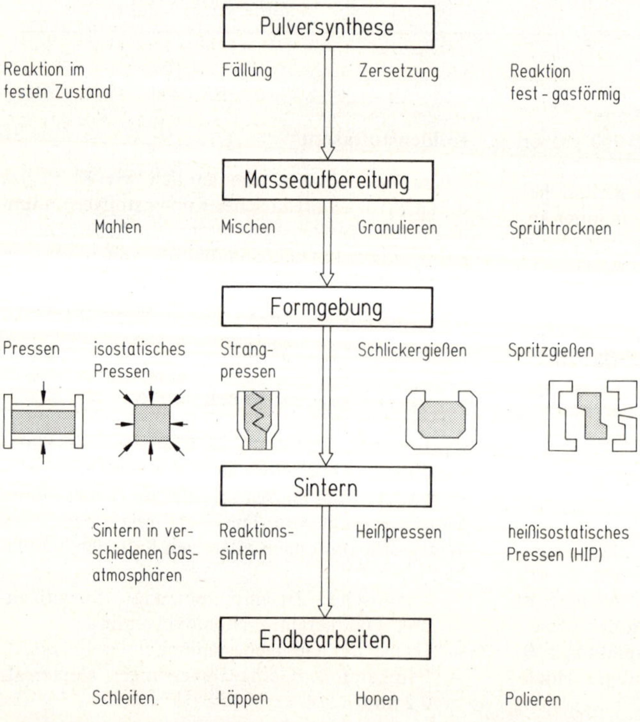

Bild 4-1. Herstellungsverfahren für keramische Werkstoffe (schematische Übersicht).

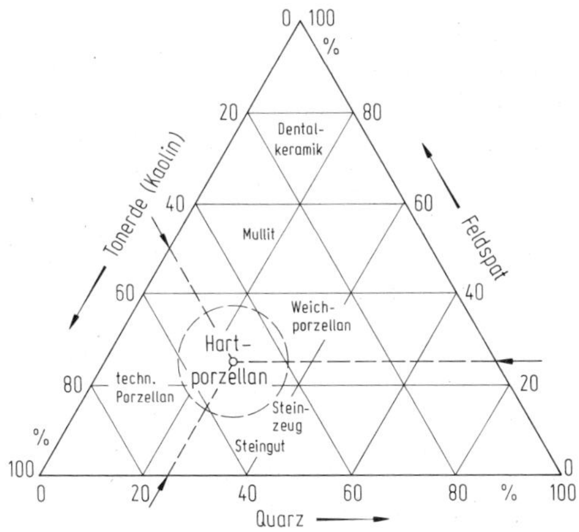

Bild 4-2. Zustandsschaubild keramischer Stoffe: Dreistoffsysteme Quarz-Tonerde-Feldspat.

temperatur, Temperaturwechselfestigkeit und chemischer Beständigkeit. Man unterscheidet (Massenanteile in %):

- Schamottesteine (ca. 60% SiO_2, ca. 40% Al_2O_3), Verwendung bis etwa 1 670 °C im Ofenbau;
- Silikatsteine (ca. 95% SiO_2, ca. 2% Al_2O_3), Verwendung bis etwa 1 700 °C auch in aggressiven Medien;
- Sillimanitsteine (ca. 36% SiO_2, ca. 63% Al_2O_3), Verwendung bis etwa 1 900 °C wegen seiner hochtemperaturfesten Mullitphase.

Weitere technisch wichtige Silikatkeramiken:

- Steatit (Hauptbestandteil $3\,MgO \cdot 4\,SiO_2 \cdot H_2O$, <15% Steingutton, <5% Feldspat), etwa doppelte Festigkeit von Hartporzellan und gute Wärmebeständigkeit, Verwendung z. B. in der Hochfrequenztechnik (kleine dielektrische Verluste) oder als Träger für Heizwicklungen und Zündkerzen.
- Cordierit (Ringsilikat der Zusammensetzung $Mg_2Al_3 \cdot AlSi_5O_{18}$ oder $2\,MgO \cdot 2\,Al_2O_3 \cdot 5\,SiO_2$), sehr niedriger Wärmeausdehnungskoeffizient, hohe Temperatur-Wechselbeständigkeit.

4.3.3 Oxidkeramik

Oxidkeramische Werkstoffe sind polykristalline glasphasenfreie Materialien aus Oxiden oder Oxidverbindungen. Aufgrund der hohen Bindungsenergie der Oxide sind die Verbindungen sehr stabil (hohe Härte und Druckfestigkeit), elektrisch isolierend und chemisch resistent.

Wichtige Vertreter:

- Oxide (Aluminiumoxid Al_2O_3, Zirkoniumoxid ZrO_2, Titandioxid TiO_2, Berylliumoxid BeO, Magnesiumoxid MgO)
- Titanate
- Ferrite

Aluminiumoxid (Al_2O_3), die technisch wichtigste Oxidkeramik, kristallisiert in seiner stabilen ionisch gebundenen α-Phase (Korund) in hexagonal dichtester Kugelpackung von O-Atomen, in der Al-Ionen 2/3 der oktaedrischen Lücken besetzen. Mit dem Al-Gehalt (z. B. 85, 99, 99,7%) steigt die Druckfestigkeit (1 800, 2 000, 2 500 N/mm²), der spezifische elektrische Widerstand ($4 \cdot 10^4$, $5 \cdot 10^7$, $4 \cdot 10^8\,\Omega m$ bei 600 °C) und die maximale Einsatztemperatur (1 300, 1 500, 1 700 °C) [3]. Die Verwendungsmöglichkeiten erstrecken sich damit von Feuerfestmaterial über chemisch oder mechanisch beanspruchte Teile, Isolierstoffe bis hin zu Schneidwerkzeugen, Schleifmitteln und medizinischen Implantaten. Transparentes Material für lichttechnische Zwecke läßt sich bei äußerster Reinheit und definiertem Gefüge erzeugen.

Noch höhere Schmelztemperaturen als Al_2O_3 (2 050 °C) haben Zirkoniumoxid (2 690 °C), Berylliumoxid (2 585 °C) und Magnesiumoxid (2 800 °C).

Bei Zirkoniumoxid treten mit steigender Temperatur folgende Strukturumwandlungen auf: monoklin → tetragonal (1 000 bis 1 200 °C, 3% Volumenzunahme), tetragonal → kubisch (2 370 °C), kubisch → Schmelze (2 690 °C). Die für kompakte Bauteile sehr nachteiligen temperaturabhängigen Formänderungen von ZrO_2-Bauteilen können durch Zusätze, z. B. von MgO, unterdrückt werden (teilstabilisiertes ZrO_2).

Keramische Doppeloxide mit der allgemeinen Formel

$$MO \cdot Fe_2O_3 \ (\text{z. B. } BaO \cdot Fe_2O_3,\ SrO \cdot Fe_2O_3)$$

und hexagonalem Gitter gehören zu den wichtigsten ferrimagnetischen Werkstoffen. Da im Ferritgitter ein Teil der Spinrichtungen kompensiert wird, ist ihre Sättigungspolarisation zwar kleiner als bei metallischen Magneten, die Koerzitivfeldstärke kann jedoch infolge der Kristallanisotropie mehr als dreifach so hoch sein. Ferritpulver ist technisch vielseitig einsetzbar und kann auch in Kunststoffschichten, wie z. B. in Tonbändern, eingelagert werden.

4.3.4 Nichtoxidkeramik

Nichtoxidkeramische Werkstoffe sind sogenannte Hartstoffe: Carbide, Nitride, Boride und Silicide. Sie haben im allgemeinen einen hohen Anteil kovalenter Bindungen, die ihnen hohe Schmelztemperaturen, Elastizitätsmoduln, Festigkeit und Härte verleihen. Daneben besitzen viele Hartstoffe auch hohe elektrische und thermische Leitfähigkeit und Beständigkeit gegen aggressive Medien.

Siliciumcarbid, SiC, wird durch die Herstellungstechnologie gekennzeichnet, z. B. heißisostatisch gepreßtes SiC (HiPSiC), gesintertes SiC (SSiC),

Si-infiltriertes SiC (SiSiC). Heißgepreßtes und gesintertes Material ist äußerst dicht, SiSiC enthält freies Si (Einsatztemperatur niedriger als Si-Schmelztemperatur). SiC kristallisiert in zahlreichen quasi-dichtegleichen Modifikationen mit ca. 90 % kovalentem Bindungsanteil, z. B. multiple hexagonale bzw. rhomboedrische Strukturen (α-SiC) oder kubische (Zinkblende-) Strukturen (β-SiC). Wegen seiner hohen Härte, thermischen Beständigkeit, relativ guten thermischen Leitfähigkeit und Oxydationsbeständigkeit (Bildung einer SiO_2-Deckschicht bis ca. 1 500 °C) ist es für zahlreiche technische Anwendungen im Hochtemperaturbereich geeignet.

Siliciumnitrid, Si_3N_4, gibt es heißgepreßt (HPSN), heiß isostatisch gepreßt (HiPSN), gesintert (SSN), reaktionsgebunden (RBSN). Durch Reaktionssintern können komplizierte Teile hoher Maßhaltigkeit (jedoch mit einer gewissen Porosität) hergestellt werden. Si_3N_4 kristallisiert mit ca. 70 % kovalentem Bindungsanteil in quasi-dichtegleichen α- und β-Modifikationen hexagonaler Symmetrie, jedoch unterschiedlicher Stapelfolge. Technisch interessant ist die bis ca. 1 400 °C beibehaltenen Festigkeit und Kriechbeständigkeit und die beachtliche Temperaturwechselbeständigkeit.

SIALON besteht aus (Si_xAl_{1-x}) $(O_yN_{1-y})_4$-Tetraedern, die sowohl mit SiC-Polyphasen als auch mit α-Si_3N_4-Mikrostrukturen Ähnlichkeiten besitzen [4]. Der gegenseitige Austausch

$$Si^{4+}, N^{3-} \rightleftarrows Al^{3+}, O^{2-}$$

gestattet durch die damit verbundene Variation von Atom- und Ionenbindungen verschiedene Eigenschaftsmodifikationen.

Die Basiselemente der Nichtoxidkeramik, nämlich Kohlenstoff, Stickstoff, Bor und Silicium bilden mit Metallen der 4. bis 6. Nebengruppe des Periodensystems auch Verbundwerkstoffe in Form von „Hartmetallen", die durch Sintern hergestellt werden und deren Hartstoffphase von einem verformungsfähigen Metall gebunden ist. Die Hartmetalle bilden eine interessante Übergangsgruppe zwischen den anorganisch-nichtmetallischen Werkstoffen und den Metallen, gekennzeichnet durch Anteile kovalenter Bindung (hohe Schmelztemperatur, hohe Härte) und Metallbindung (elektrische Leitfähigkeit, Duktilität). Anwendung als Schneidstoffe und hochfeste Verschleißteile.

4.4 Glas

Gläser sind amorph erstarrte, meist lichtdurchlässige anorganisch-nichtmetallische Festkörper, die auch als unterkühlte hochzähe Flüssigkeiten mit fehlender atomarer Fernordnung aufgefaßt werden können. Glas besteht aus drei Arten von Komponenten: 1. *Glasbildnern*: z. B. Quarzsand, SiO_2; Bortrioxid, B_2O_3; Phosphorpentoxid, P_2O_5; Berylliumfluorid, BeF_2. 2. *Flußmitteln*: z. B. Natriumoxid, NaO_2; Calciumoxid, CaO_2. 3. *Stabilisatoren*: z. B. Erdalkali-carbonate oder -oxide. Die Glasstruktur ist ein unregelmäßig räumlich verkettetes Netzwerk bestimmter Bauelemente (z. B. SiO_4-Tetraeder), in das große Kationen eingelagert sind.

Nach der chemischen Zusammensetzung werden Gläser wie folgt eingeteilt:

— Kalk-Natron-Glas ($Na_2O \cdot CaO \cdot 6\,SiO_2$): Gebrauchsglas, geringe Dichte (ca. 2,5 kg/dm³), lichtdurchlässig bis zum nahen Infrarot (0,36 bis 2,5 μm).
— Bleiglas (Na_2O, $K_2O \cdot PbO \cdot 6\,SiO_2$): Dichte (bis ca. 6 kg/dm³), hohe Lichtbrechung, Grundwerkstoff für geschliffene Glaserzeugnisse.
— Borsilikatglas (70 bis 80 % SiO_2; 7 bis 13 % B_2O_3; 4 bis 8 % Na_2O, K_2O; 2 bis 7 % Al_2O_3) chemisch und thermisch beständig, Laborglas, „feuerfestes" Geschirr.

Glasfasern, Durchmesser ca. 1 bis 100 μm, erreichen wegen fehlender Oberflächenfehler nahezu maximale theoretische Zugfestigkeit, Verwendung als Verstärkungsmaterialien in Verbundwerkstoffen (z. B. glasfaserverstärkter Kunststoff, GFK).

Optisches Glas wird gekennzeichnet bzgl. Lichtbrechung durch die Brechzahl n ($n < 1{,}6$: niedrig brechend, $n > 1{,}6$: hochbrechend) und bzgl. der Farbzerstreuung (Dispersion) durch die Abbesche Zahl ν (siehe 9.7). Für die Verwendung in optischen Geräten werden hauptsächlich unterschieden: Flintgläser ($\nu < 50$, große Dispersion) und Krongläser ($\nu > 50$, kleine Dispersion). Optische Filter mit unterschiedlichen Transmissions-, Absorptions- und Reflexionseigenschaften in bestimmten Wellenlängenbereichen werden durch Einbau von Verbindungen der Elemente Cu, Ti, V, Cr, Mn, Fe, Co, Ni, erstellt.

Lichtfasern mit optisch hochbrechendem Kern und niedrigbrechendem Oberflächenbereich können Licht durch Totalreflexion weiterleiten und werden zur breitbandigen Informationsübertragung eingesetzt (ca. 6 000 parallele Telephonleitungen pro Lichtleitfaserstrang, Dämpfung <0,2 dB/km).

4.5 Glaskeramik

Glaskeramische Werkstoffe sind polykristallines Material (z. B. Lithium-Alumo-Silikate), gewonnen durch Wärmebehandlung amorpher Glasstrukturen. Aus einer Glasschmelze werden durch Pressen, Blasen, Walzen oder Gießen Bauteile geformt und einer Wärmebehandlung unterworfen: Unterkühlen der Schmelze unter Zusatz hochschmelzender Keimbildner (meist TiO_2 und ZrO_2) und anschließendes Tempern bei höherer Temperatur. Es entstehen in eine Glasmatrix eingebettete Kristalle mit besonderen optischen und elektrischen Eigenschaften oder geringer thermischer Ausdehnung und entsprechend hoher Temperaturwechselbeständigkeit. Der Kristallanteil im Volumen kann 50 bis 95 % betragen. Die Anwendungsbereiche umfassen Wärmeschutzschichten für Raumfahrzeuge, hitzeschockfeste Wärmeaustauscher, große astronomische Spiegel mit mehreren m Durchmesser, hochpräzise Längenstandards, Kochfelder und hitzebeständiges Geschirr.

4.6 Baustoffe

Die im Bauwesen angewendeten anorganisch-nichtmetallischen Stoffe lassen sich allgemein nach Bild 4-3 einteilen in:
— Naturbaustoffe (siehe 4.1),
— Keramische Baustoffe (siehe 4.3),
— Glasbaustoffe (siehe 4.4),

sowie in die unter Mitwirkung von Bindemitteln (z. B. Zement, Kalk, Gips) hergestellten Baustoffgruppen
— Mörtel,
— Beton,
— Kalksandstein,
— Gipsprodukte.

Neben den anorganisch-nichtmetallischen Stoffen finden im Bauwesen naturgemäß auch Baustoffe aus den anderen Stoffgruppen Verwendung: metallische Baustoffe (siehe 3), Kunststoffe (siehe 5) und Verbundwerkstoffe, wie z. B. Stahlbeton und Spannbeton (siehe 6.3).

4.6.1 Bindemittel

Anorganische Bindemittel sind pulverförmige Stoffe, die unter Wasserzugabe erhärten und zur Bindung oder Verkittung von Baustoffen verwendet werden. Die Verfestigung des Bindemittels beruht hauptsächlich auf chemischen und physikalischen Reaktionen (Hydratation, Carbonatbildung; Kristallisation). Durch Zugabe von Sand zum Bindemittel erhält man Mörtel, mit gröberen Zuschlägen Beton.
Man unterscheidet hydraulische und Luftbindemittel:
— Hydraulische Bindemittel (Zemente, hydraulisch erhärtende Kalke, Mischbinder, Putz- und Mauerbinder) können nach Wasserzugabe sowohl an der Luft als auch unter Wasser erhärten und sind nach dem Erhärten wasserfest. Die Erhärtung beruht auf Hydratationsvorgängen von vorwiegend silikatischen Bestandteilen.
— Luftbindemittel (Luftkalke, Baugipse, Anhydritbinder und Magnesitbinder) erhärten nur an der Luft und sind nach dem Erhärten nur an der Luft beständig. Die Erhärtung beruht bei Luftkalk auf der Bildung von $CaCO_3$ und bei den übrigen Bindemitteln hauptsächlich auf Hydratationsvorgängen.

4.6.2 Zement

Zement, das wichtigste Bindemittel von Baustoffen, wird hauptsächlich durch Brennen von Kalk und Ton (z. B. Mergel) und anschließendes Vermahlen des Sinterproduktes in Form einer pulvri-

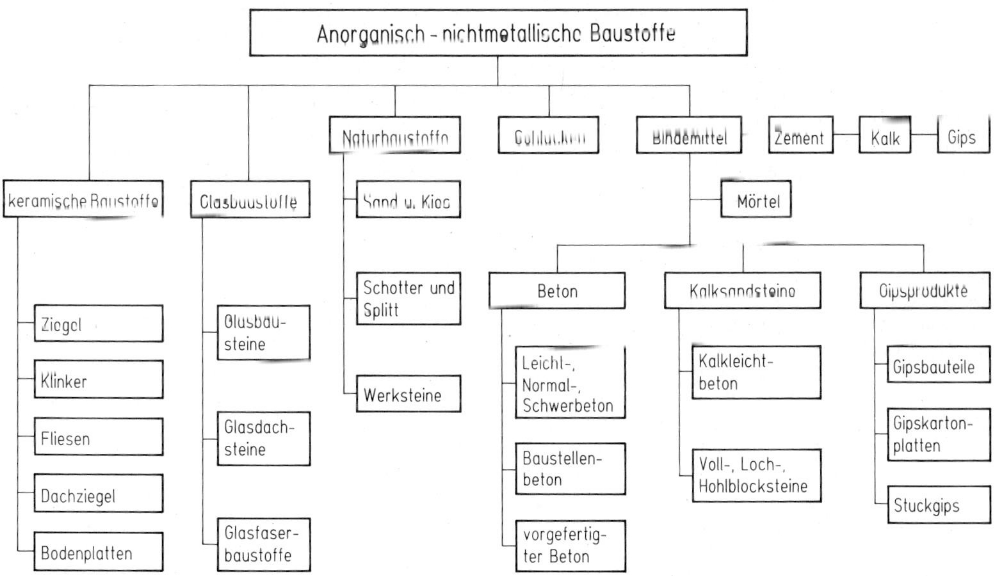

Bild 4-3. Baustoffe: Übersicht.

gen Masse (Teilchengröße 0,5 bis 50 μm) erhalten, das bei Wasserzugabe erhärtet und die umgebenden Oberflächen anderer Stoffe miteinander verklebt. Die wichtigsten Phasen des Zements, ihre Massenanteile und charakteristischen Eigenschaften sind:

- Tricalciumsilicat, $3\,CaO \cdot SiO_2$ (40 bis 80 %), schnelle Erhärtung, hohe Hydratationswärme;
- Dicalciumsilicat, $2\,CaO \cdot Si_2$ (0 bis 30 %), langsame, stetige Erhärtung, niedrige Hydratationswärme;
- Tricalciumaluminat, $3\,CaO \cdot Al_2O_3$ (7 bis 15 %), schnelle Anfangserhärtung, anfällig gegen Sulfatwasser;
- Tetracalciumaluminatferrit, $4\,CaO \cdot Al_2O_3 \cdot Fe_2O_3$ (4 bis 15 %), langsame Erhärtung, widerstandsfähig gegen Sulfatwasser.

Diese Verbindungen gehen bei Wasserzugabe in Hydratationsprodukte (z.B. amorphes Calciumsilicathydrat und kristallines Calciumhydroxid) über, die geringe Wasserlöslichkeit, kleine Teilchendurchmesser (unter 1 μm) und nach Aushärtungszeiten von 28 Tagen Druckfestigkeiten von 25 bis 55 N/mm^2 aufweisen. Zement ist in DIN 1164 als Portlandzement (PZ), Eisenportlandzement, (EPZ), Hochofenzement (HOZ) und Traßzement (TrZ) genormt. Ein Gemisch aus Zement und Sand wird als Mörtel bezeichnet.

4.6.3 Beton

Beton ist ein Gemenge aus keramischen Stoffen verschiedener Teilchengröße, (gekennzeichnet durch „Sieblinien") z. B. Sand: 0,06 bis 2 mm; Kies: 2 bis 60 mm; Bindemittel Zement: 0,1 bis 10 μm und Wasser, das nach seiner Vermischung formbar ist, nach einer gewissen Zeit abbindet und durch chemische Reaktionen zwischen Bindemittel und Wasser erhärtet. Durch unterschiedliche Teilchengröße der Betonbestandteile wird eine große Raumausfüllung und hohe Dichte des Betons erzielt: die Zwischenräume zwischen dem Kies werden durch Sand gefüllt, die Zwischenräume der Sandkörner durch Zement, der dabei das Verkleben von Sand und Kies übernimmt. Beton läßt sich durch seine guten Form- und Gestaltungsmöglichkeit und seine hohe Witterungs- und Frostbeständigkeit als Baustoff vielfältig einsetzen. In mechanischer Hinsicht ist er durch eine hohe Druckfestigkeit und eine geringe Zugfestigkeit gekennzeichnet (fehlende Möglichkeit des Abbaus von Spannungsspitzen durch plastische Deformation). Je nach Druckfestigkeit, deren Prüfung aufgrund der großen Abmessungen der Gefügebestandteile des Betons mit relativ großen Probenkörperabmessungen durchgeführt werden muß (Würfel von 20 cm Kantenlänge, Korngröße <4 cm) werden sieben Festigkeitsklassen (Druckfestigkeit 5 bis 55 N/mm^2) unterschieden.
Die Betonarten werden nach DIN 1045 eingeteilt gemäß Rohdichte in

- Leichtbeton, Rohdichte <2,0 kg/dm^3;
- Normalbeton, Rohdichte 2,0 bis 2,8 kg/dm^3;
- Schwerbeton, Rohdichte >2,8 kg/dm^3.

Die beim Austrocknen von Beton an Luft auftretende Schwindung (ca. 0,5 %) kann durch Zusatz von Gips ($CaSO_4$) kompensiert werden.

4.7 Erdstoffe

Erdstoffe oder Böden sind Zweiphasengemische aus Mineral und Wasser oder Dreiphasensysteme aus Mineral, Wasser und Luft. Sie stellen die oberste, meist verwitterte Schicht der Erdkruste dar und bilden Fels (fest verkittet) oder die eigentlichen Erdstoffe in Form von „Lockergestein":

- Steine: Abmessungen >60 mm;
- Kies: grob, 20 bis 60; mittel, 6 bis 20; fein, 2 bis 6 mm;
- Sand: grob, 0,6 bis 2; mittel, 0,2 bis 0,6; fein, 0,06 bis 0,2 mm;
- Schluff: grob, 0,02 bis 0,06; mittel, 0,006 bis 0,02; fein, 0,002 bis 0,006 mm;
- Ton: Korngröße <0,002 mm.

Erdstoffe kommen in verschiedenen Konsistenzen und Verdichtungsgraden vor. So besitzen z.B. Ton und Mergel Karbonatgehalte von 0 bis 10, bzw. 50 bis 70 %, während Lehm ein natürliches Gemisch aus Ton und feinsandigen bis steinigen Bestandteilen darstellt. Nach ihrem stofflichen Zusammenhalt werden Erdstoffe in zwei große Gruppen eingeteilt:

(a) Kohäsionslose Erdstoffe, z. B. Steine, Kiese, Sande, Grobschluffe, die keinen merklichen Tonanteil haben und deren „Festigkeit" durch Reibung zwischen den körnigen Bestandteilen bestimmt wird. Bei ihrer Verformung unterscheidet man drei Verformungsanteile:

- Gegenseitige Verschiebung der Körner (psammischer Anteil), im wesentlichen bestimmt durch die Dichte;
- elastische Verformung der Körner;
- Kornbruch, vornehmlich an Berührungsflächen.

(b) Kohäsive Erdstoffe, z. B. Schluffe, Tone, Mischböden, deren Zusammenhalt durch Rohton, bzw. verwitterte Feldspate verursacht wird. Bei kohäsiven (bindigen) Böden hat Wasser wesentlichen Einfluß auf die Stoffeigenschaften.
Erdstoffe bilden *Baugrund*, wenn sie im Einflußbereich von Bauwerken stehen und sind *Baustoffe*, wenn aus ihnen Bauwerke, z. B. Erddämme oder Deponieabdichtungen hergestellt werden. Bei dynamischer Belastung, z. B. Schwingungen von Fundamenten oder Ausbreitung von Erschütterungen im Boden, kann der Boden i. allg. als ela-

stisch und viskos angesehen werden. Die Bodengruppen sind in DIN 18196, Baugrunduntersuchungsmethoden in DIN 18121 bis 18127 und Festigkeitsprüfungen (Scherfestigkeit) in DIN 18136/37 genormt.

5 Organische Stoffe; Polymerwerkstoffe

5.1 Organische Naturstoffe

Organische Naturstoffe bestehen aus chemischen Verbindungen, die von Organismen erzeugt werden. Die technisch wichtigsten organischen Naturstoffe sind Holz und Holzwerkstoffe sowie Fasern.

5.1.1 Holz und Holzwerkstoffe

Holz ist ein natürlicher Verbundwerkstoff, der in seinem molekularen Aufbau im wesentlichen aus Cellulosefasern (40 bis 60 %), den „Bindemitteln" Lignin (20 bis 30 %, besonders bei Nadelhölzern) und Hemicellulose (20 %, besonders bei Laubhölzern) gebildet wird und hauptsächlich die chemischen Elemente Kohlenstoff (49 %), Sauerstoff (44 %) und Wasserstoff (6 %) enthält. Die Ligninmoleküle sind räumlich mit den Cellulose- und Hemicellulosemolekülen vernetzt und bedingen dadurch die gute Druckfestigkeit des Holzes. Die mikroskopische Struktur von Holz ist gekennzeichnet durch langgestreckte, röhrenförmige, über Tüpfel miteinander verbundene Zellen, die als Leitgewebe zum Transport von Wasser und Mineralstoffen beitragen und als Festigungsgewebe mehrachsige Spannungen aufnehmen können [1]. Im makroskopischen Stammquerschnitt schließen sich an das Markzentrum (wenige mm Durchmesser) das Kernholz (abgestorbene, wasserarme Zellen), das Splintholz (lebende, wassertransportierende Zellen), das Kambium (teilungsaktive Zellen), der Bast (Innenrinde) und die Borke als Außenrinde an, siehe Bild 5-1. Die jahreszeitlich bedingten periodischen Änderungen der Teilungstätigkeiten des Kambiums sind in Form von unterschiedlich strukturierten Dickenzuwachszonen als Jahresringe erkennbar.
Hölzer besitzen geringe Dichte (0,15 bis 1,3 kg/dm^3) und günstige Zugfestigkeits-Dichte-Verhältnisse. Die Festigkeit ist jedoch stark richtungsabhängig:
In der Faserachse beträgt die Zugfestigkeit etwa das Doppelte der Druckfestigkeit, die Querzugfestigkeit etwa ein Fünfzigstel der axialen Zugfestigkeit und die Querdruckfestigkeit etwa ein Zwanzigstel der axialen Druckfestigkeit.
Bei *Holzwerkstoffen* wird die Anisotropie der Eigenschaften des gewachsenen Holzes durch schubfeste Verleimung fasergekreuzter Schichten teilweise ausgeglichen. Holzwerkstoffe bestehen aus zerkleinertem Holz, das unter Druck und Wärme mit Bindemitteln zu Platten oder Formteilen verpreßt wird. Unter *Sperrholz* werden alle Platten aus mindestens drei aufeinandergeleimten Holzlagen verstanden, deren Faserrichtungen vorzugsweise um 90° gegeneinander versetzt sind. Sperrholz mit zwei Furnierdecklagen und einer Holzleistenmittellage wird als *Tischlerplatte*, Sperrholz, das nur aus Furnierlagen besteht, als *Furnierplatte* bezeichnet. Bei *Faserplatten* ist die Holzsubstanz in einem mehrstufigen Mahlprozeß bis zur Faser aufgelöst. Der Faserstoff wird im Naß- oder Trockenverfahren zu Platten verschiedenen Typs verarbeitet. *Spanplatten* sind Holzwerkstoffe, die aus Spänen von Holz oder anderen verholzten Pflanzenteilen („Biomasse") mit Kunstharzen (z. B. Melamin, Isocyanat) als Bindemittel hergestellt sind. Neben Kunstharzen werden auch Zement oder Gips als Bindemittel verwendet.
Die Eigenschaften von Holzwerkstoffen lassen sich durch die Herstellungstechnologien und die verwendeten Stoffanteile in weiten Grenzen variieren, wobei jedoch i. allg. die Festigkeitseigenschaften von Holzwerkstoffen unter denen des gewachsenen Holzes in Faserrichtung bleiben. Während Faserplatten nur eine geringe Dimensionsstabilität aufweisen, zeichnen sich Furnierplatten durch günstige Festigkeits-Gewichts-Verhältnisse aus. Zu den Vorzügen von Spanplatten gehören der Einsatz feuchtebeständiger Klebstoffe, Steuerung der Festigkeitseigenschaften durch Kombination bestimmter Fertigungsparameter (Rohdichte, Verdichtungsprofile, Beleimungsfaktoren usw.), Einarbeitung von insektiziden und fungiziden Holzschutzmitteln und Feuerschutzmitteln. Mit der sog. OSB-Technik (oriented structural board) kann durch Spanorientierung eine erhebliche Festigkeitssteigerung erzielt werden, so daß bei gleicher Dichte die Festigkeitswerte von fehlerfreiem Nadelholz annähernd erreicht werden [2].

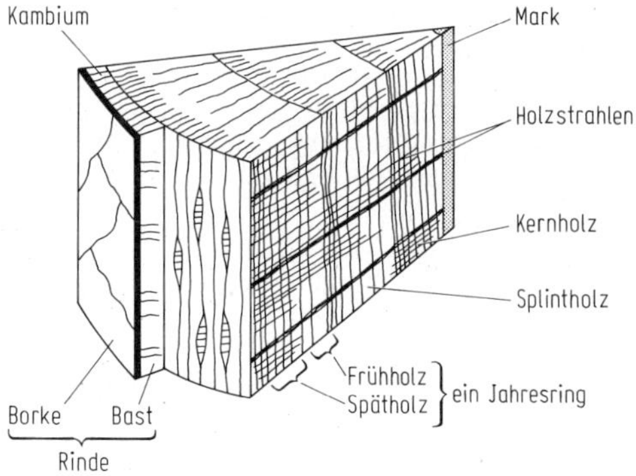

Bild 5-1. Holz: Stammquerschnitt und struktureller Aufbau.

5.1.2 Fasern

Fasern sind langgestreckte Strukturen geringen Querschnitts mit paralleler Anordnung ihrer Moleküle oder Kristallbereiche und daraus resultierender guter Flexibilität und Zugfestigkeit.
Organische Naturfasern werden eingeteilt in:
(a) Pflanzenfasern:
- Pflanzenhaare: Baumwolle, (Anteil an der Faserstoff-Weltproduktion ca. 50 %), Kapok;
- Bastfasern: Flachs, Hanf, Jute, Kenaf, Ramie, Ginster;
- Hartfasern: Manila, Alfa, Kokos, Sisal;

(b) Tierfasern:
- Wolle und Haare: Schafwolle, Alpaka, Lama, Kamel, Kaschmir, Mohair, Angora, Vikunja, Yak, Guanako, Roßhaar
- Seiden: Naturseide (Maulbeerspinner), Tussahseide.

Chemiefasern aus natürlichen Polymeren gliedern sich in:
(a) Cellulosefasern:
- aus regenerierter Cellulose: Viskose, Cupro, Modal, Papier;
- aus Celluloseresten: Acetat, Triacetat;

(b) Eiweißfasern:
- aus Pflanzeneiweiß: Zein;
- aus Tiereiweiß: Casein.

Der Hauptbestandteil aller Pflanzenfasern und der wichtigsten Chemiefasern aus natürlichen Polymeren ist Cellulose, ein Polysaccharid, $(C_6H_{10}O_5)_n$, dessen kettenförmige Makromoleküle mit einem Polymerisationsgrad von etwa 3 000 bis 10 000 aufgebaut sind. Wollfasern bestehen zu mehr als 80 % aus (hygroskopischen) α-Keratinen (Hornsubstanzen in Form hochmolekularer Eiweißkörper), die in den Zellen der Haarrindenschicht in Form von Fibrillen vorliegen. Seidenfasern bestehen zu ca. 75 % aus Fibroin, einem Eiweißstoff der in den Spinndrüsen des Seidenspinners gebildet wird und zu ca. 25 % aus dem, die sehr feinen Fibroinfibrillen (ca. 20 nm Durchmesser) umhüllenden kautschukähnlichem Eiweißstoff Sericin.
Hauptverwendungsgebiete von Fasern sind die Bereiche Textilien und Papier. Textilrohstoffe sind nach dem Textilkennzeichnungsgesetz Fasern, die sich verspinnen oder zu textilen Flachgebilden verarbeiten lassen.

5.2 Papier und Pappe

Papier ist ein aus Pflanzenfasern durch Verfilzen, Verleimen und Pressen hergestellter flächiger Werkstoff. Rohstoffe sind vor allem der durch Schleifen von Holz gewonnene Holzschliff und der durch chemischen Aufschluß von Holz erhaltene Zellstoff. Beide Stoffe haben die Eigenschaft, sich beim Austrocknen aus wäßriger Suspension zu verfilzen und dann über die OH-Gruppen der Cellulose durch Wasserstoffbrückenbindungen fest zu verbinden. Füllstoffe (z. B. Kaolin oder Titandioxid) und Leimstoffe (z. B. Harzseifen) verbessern Weißgrad, Oberflächengüte und Flüssigkeitseindringwiderstand; Zusätze von Kunstharz, Tierleim, Wasserglas und Stärke erhöhen Naßfestigkeit, Härte, Glätte sowie Zug- und Falzfestigkeit.
Papier hat i. allg. Flächengewichte zwischen 7 und 150 (225) g/m². Über 225 g/m² sprechen die europäischen Normen (vgl. DIN 6730) von Pappe. Im deutschen Sprachraum kennt man daneben den Karton (ca. 150 bis 600 g/m²).

Die Papier- und Pappensorten werden nach dem Hauptanwendungszweck in fünf Hauptgruppen mit unterschiedlichen prozentualen Anteilen an der Produktionsmenge (Weltproduktion 1984: 192 Mio. t) unterteilt:
- Graphische Papiere (ca. 45 %): Schreib- und Druckpapiere (holzfrei: überwiegend aus Zellstoff gearbeitet; holzhaltig: überwiegend aus Holzschliff gefertigt), Tapetenrohpapiere, Banknotenpapiere, usw.,
- Papier für Verpackungszwecke (ca. 25 %): Packpapier, Pergaminpapier usw.,
- Karton und Pappe für Verpackungszwecke (ca. 18 %): Vollpappen, Graukarton, Lederpappen, Handpappen usw.,
- Hygienepapiere u. ä. (ca. 7 %): Zellstoffwatte, Toilettenpapier, Papiertaschentücher usw.,
- Technische Papiere und Pappen (ca. 5 %): Kondensatorpapier, Kohlepapier, Filtrierpapier, Filzpappen, Preßspannpappen, Kofferpappen usw.

5.3 Herstellung von Polymerwerkstoffen

Polymerwerkstoffe (Kunststoffe) sind in ihren wesentlichen Bestandteilen organische Stoffe makromolekularer Art. Die Makromoleküle werden aus niedermolekularen Verbindungen (Monomeren) durch die Verfahren Polymerisation, Polykondensation und Polyaddition synthetisch hergestellt [3], wobei die Molekülanordnung linear (faden- oder kettenförmig), verzweigt oder räumlich vernetzt sein kann.

Polymerisation
Polymerisation ist die Absättigung freier, reaktionsfähiger Valenzen von Monomeren, deren Doppelbindungen aktiviert, d. h. aufgespalten und reaktionsfähig gemacht wurden. Jede Polymerisation geschieht durch drei Schritte: die Startreaktion (Bildung eines reaktionsfähigen Radikals oder Ions durch Zufuhr der Aktivierungsenergie),

die Wachstumsreaktion und die Abbruchreaktion. Haben die aktivierten Monomeren zwei reaktionsfähige Endgruppen (Valenzen) so ergeben sich linienförmige Makromoleküle (Thermoplaste). Bei mehreren freien Valenzen bilden sich dagegen netzartige Polymere (Duroplaste oder Elastomere). Ist am Aufbau des Polymers nur eine Monomerenart beteiligt, handelt es sich um eine Homopolymerisation, wird das Polymer aus zwei oder mehreren Monomerenarten erstellt, spricht man von einer Misch- oder Copolymerisation.

Beispiele von Polymerisaten: Polyethylen (PE), Polypropylen (PP), Polyvinylchlorid (PVC), Polystyrol (PS), Polyoxymethylen (POM), Polymethylmethacrylat (PMMA), Polytetrafluoräthylen (PTFE).

Polykondensation

Polykondensation ist die Verknüpfung von bi-, tri- und mehrfunktionellen Monomeren unter Abspaltung von niedermolekularen Reaktionsprodukten und Energieabgabe. Bei Polykondensationsreaktionen werden folgende Stadien unterschieden: Im A-Stadium (Resol) ist das Reaktionsprodukt noch schmelzbar und löslich; im B-Stadium (Resitol) ist es unlöslich und schwer schmelzbar; im C-Stadium (Resit) ist das Reaktionsprodukt unlöslich und unschmelzbar, d. h. es ist ausgehärtet.

Beispiele von Polykondensaten: Polyamid (PA), Polycarbonat (PC), Polyethylenterephthalat (PETP), Polybutylenterephthalat (PBTB), Polyimid (PI).

Polyaddition

Bei der Polyaddition wandern zunächst einzelne Atome (meist Wasserstoff) von einer Monomerenart zur anderen. Die dadurch freiwerdenden Valenzen verbinden dann die beiden Monomeren über eine Hauptvalenzbindung. Durch die Polyaddition entstehende Polymere haben keine C—C-Hauptketten, vielmehr bestehen diese aus unterschiedlichen Atomen, bevorzugt C, O, N, S und Si. Bei bifunktionellen Monomeren bilden sich Kettenmoleküle, bei trifunktionellen entstehen raumvernetzte Strukturen; zusammenfassend werden die entstehenden Produkte als Additionspolymere oder Polyaddukte bezeichnet.

Beispiele von Polyaddukten: Polyurethan (PUR), Epoxydharze (EP), Polysiloxane (Silicone) (SI).

5.4 Aufbau von Polymerwerkstoffen

Aufbau und Eigenschaften der Polymerwerkstoffe werden primär geprägt durch ihre Struktur (chemische Bestandteile, Bindungen, Molekülkonfiguration, Kettenlängen, Verzweigungen, Vernetzungen, Kristallisation) und ihre Zusammensetzung (Fremdatome, Copolymerisation, Weichmacher, Füll- und Farbstoffe). Weitere wichtige Einflußgrößen sind die Herstellungs- und Verarbeitungstechnologien.

a) Chemische Bestandteile und Bindungsarten

Polymerwerkstoffe bestehen im wesentlichen aus zunächst monomeren organischen Grundbausteinen der Elemente C, H, O, N, S, Cl, F, Si, die im Verlauf der Aufbaureaktionen (Polymerisation, Polykondensation, Polyaddition) durch kovalente Bindungen zu makromolekularen Bausteinen zusammengefügt werden. Der Zusammenhalt der einzelnen, chemisch nicht durch Hauptvalenzbindungen verbundenen Makromoleküle zum kompakten Polymerwerkstoff erfolgt durch physikalische Nebenvalenzbindungen, wie z. B. Van-der-Waals-Bindungen (Dispersionskräfte, Dipol-Dipol-Wechselwirkungen, Induktionskräfte) oder Wasserstoffbrückenbindungen.

b) Molekülkonfigurationen

Bei den geometrischen (räumlichen) Anordnungen von Atomen oder Atomgruppen längs der Molekülketten wird unterschieden zwischen einer isotaktischen Konfiguration (Seitengruppen nur auf einer Seite) und einer syndiotaktischen Konfiguration (Seitengruppen abwechselnd auf der einen und der anderen Seite der Kette). Diese Anordnungen begünstigen wegen der räumlichen Regelmäßigkeit der Makromoleküle die Ausbildung kristalliner Strukturen. Bei ataktischen Konfigurationen sind die Substituenten in statistisch ungeordneter Weise auf beiden Seiten der Kette verteilt und behindern die Kristallisation.

c) Kettenlängen

Der mit steigenden Kettenlängen zunehmende Polymerisationsgrad bewirkt einerseits höhere Elastizitätsmoduln, Zugfestigkeit und Erweichungstemperaturen und führt andererseits zu geringerer Verformbarkeit, Bruchdehnung und Löslichkeit in Lösemitteln.

d) Verzweigungen und Vernetzungen

Bei kettenförmigen Makromolekülen mit fadenförmiger Gestalt sind alle nicht in Kettenrichtung liegenden kovalenten Bindungen mit —H, —OH, —O, —Cl, —F oder kleinen strukturellen Gruppen wie z. B. $—CH_3$, $—C_6H_5$, $—CH_2OH$ abgesättigt. Durch Einbau von höherfunktionellen Monomeren oder längerkettigen Seitengruppen entstehen verzweigte Makromoleküle. Räumlich vernetzte Makromoleküle werden entweder durch Einbau mehrerer polyfunktioneller Gruppen oder durch Aufspaltung von Doppelbindungen im linearen Makromolekül und anschließende Vernetzung untereinander gebildet.

e) Kristallisation

Die aus linearen Fadenmolekülen aufgebauten unvernetzten Polymere erstarren aus der Schmelze im allgemeinen in Form einer amorphen Masse („Spaghettimodell“, „Knäuelstrukturen“). Bei nicht ataktischen Molekülkonfigurationen können sich daneben kleine Kristallbereiche (Kristallite) bilden, die zu geordneten Überstrukturen, wie z. B. lamellenförmigen Einkristallbereichen (Faltungsblöcke) und daraus gebildeten polyedrischen Sphäroliten führen können (teilkristalline Polymere).

f) Copolymerisation, Polymergemische
Durch Copolymerisation, d. h. Aneinanderfügen von verschiedenen Monomeren und durch Herstellung von Mischpolymerisation (Polymerblends) wird versucht, die Eigenschaften verschiedener Polymere zu variieren bzw. zu kombinieren.

g) Weichmacher
Durch Weichmacher (z. B. Ester mehrbasiger Säuren) wird die Wechselwirkung der Makromoleküle verringert, d. h., die Kettensegmente werden beweglicher, wodurch das Material (z. B. PVC) weicher und dehnbarer wird.

h) Füll- und Farbstoffe
Chemisch inaktive (preiswerte) Füllstoffe, z. B. Holz- und Gesteinsmehl, Papier- oder Textilschnitzel, Kaolin, Kreide, aber auch aktive Füllstoffe, wie Ruß oder Kieselsäure können zur Formstabilität und verbesserten Vernetzung beitragen. Polymerwerkstoffe können mit organischen Farbstoffen in der Masse eingefärbt werden.

Die Zusammenhänge zwischen Aufbau und Eigenschaften von Polymerwerkstoffen sind in Bild 5-2 schematisch dargestellt [4].

5.5 Thermoplaste

Thermoplaste sind amorphe oder teilkristalline Polymerwerkstoffe mit kettenförmigen Makromolekülen, die entweder linear oder verzweigt vorliegen und nur durch physikalische Anziehungskräfte (Nebenvalenzkräfte) (thermolabil) verbunden sind.
Eine Zusammenstellung technisch wichtiger thermoplastischer Polymerwerkstoffe mit ihren Strukturformeln, allgemeine Kennzeichen und Anwendungsbeispielen gibt Tabelle 5-1.
Unterhalb der sog. Glastemperatur T_g sind Thermoplaste glasig-hart erstarrt. Oberhalb von T_g sind die den Festkörperzusammenhalt bewirkenden Nebenvalenzkräfte weniger wirksam. Die Moleküle lassen sich durch mechanische Beanspruchungen deformieren, gehen jedoch nach Rückgang der Beanspruchung entropieelastisch in ihre ursprüngliche Form zurück.
Amorphe Thermoplaste (wie PVC, PS, PC) verhalten sich oberhalb von T_g thermoelastisch, bei weiterer Erwärmung werden sie weich und plastisch verformbar. Bei teilkristallinen Thermoplasten (wie PE, PP, PA) sind oberhalb von T_g die amorphen Bereiche ebenfalls entropieelastisch verformbar. Die kristallinen Anteile stellen jedoch sterische Hinderungen dar und bewirken durch ihren festen Zusammenhalt ein zäh-elastisches Verhalten bei unveränderter Formbeständigkeit. Oberhalb der sog. Kristallitschmelztemperatur gehen auch die kristallinen Bereiche in den amorphen Zustand über und der gesamte Werkstoff wird weich und plastisch verformbar. Nach Überschreiten der Schmelztemperatur T_m erfolgt bei allen Thermoplasten der Übergang in die Schmelze (viskoser Fließbereich) und bei Überschreiten der Zersetzungstemperatur werden die Molekülketten aufgelöst.

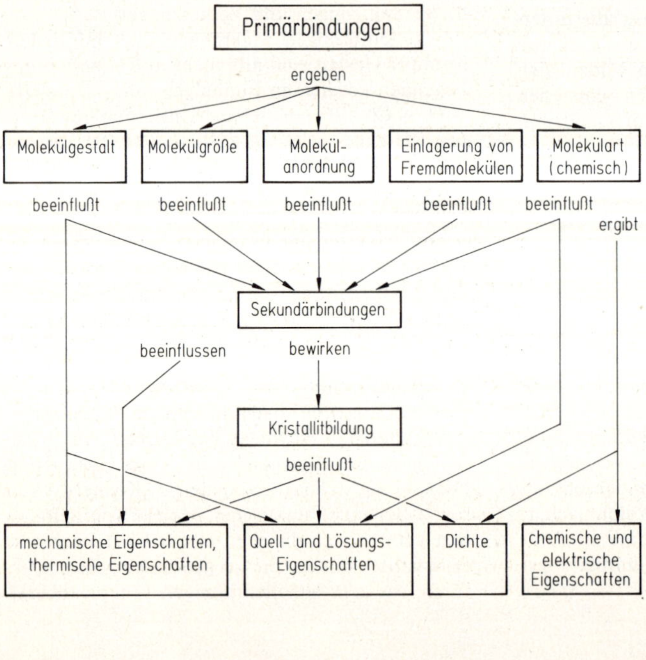

Bild 5-2. Polymerwerkstoffe: Zusammenhänge zwischen Moleküleigenschaften und Werkstoffeigenschaften.

Tabelle 5-1. Beispiele thermoplastischer Polymerwerkstoffe

Polymerwerkstoff	Strukturformel	Kennzeichen	Anwendungsbeispiele
Polyethylen (PE)	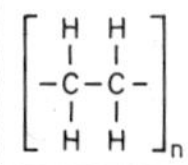	teilkristallin (40...55%, LDPE), (60...80%, HDPE); zähelastisch	Folien, Transportbehälter, Spritzgußteile, Haushaltsgegenstände, Rohre
Polypropylen (PP)	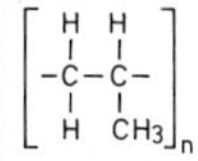	teilkristallin, 60...70%; leicht; härter, fester, steifer als PE	Folien, Pumpengehäuse, Lüfterflügel, Haushaltsgeräteteile
Polyvinylchlorid (PVC)	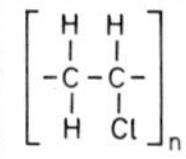	amorph; steif, kerbempfindlich (PVC-hart); flexibel, gummielastisch (PVC-weich)	PVC-hart: Armaturen, Behälter, Rohre; PVC-weich: Folien, Fußböden, Schuhsohlen
Polystyrol (PS)	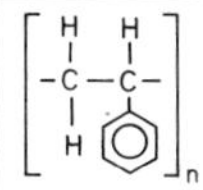	amorph; steif, hart, spröde; transparent	Spritzgußteile; Verpackungen, glänzend oder verschäumt (Styropor); Spulenkörper
Polymethylmethacrylat (PMMA)	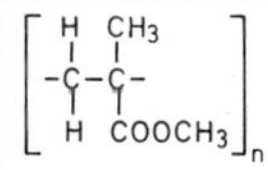	amorph; steif, hart, kratzfest; transparent	Linsen, Brillengläser, Verglasungen (Plexiglas, Acrylglas) Lampen, Sanitärteile
Polycarbonat (PC)	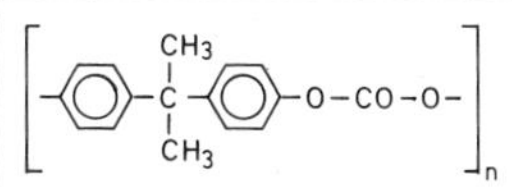	amorph; formsteif, schlagzäh; transparent	Apparate- und Gehäuseteile, Sicherheitsverglasungen, Spulenkörper, Geschirr, Compact Disc
Polyamid 66 (PA 66)	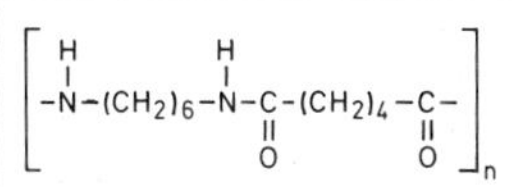	teilkristallin (<60%); wasseraufnehmend; (<3%); steif, hart, zäh	Zahnräder, Riemenscheiben, Gehäuse (E-Technik), Pumpen, Mauerdübel
Polyoxymethylen (POM)	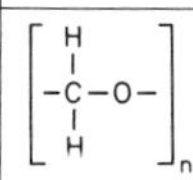	teilkristallin (<75%); steif, elastisch, zäh	Getriebeteile für Haushaltsgeräte, Nockenscheiben, Spulenkörper, Aerosoldosen
Polyethylenterephthalat (PET, x=2) Polybutylenterephthalat (PBT, x=4)	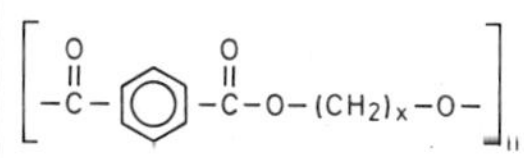	teilkristallin (30...40%) oder amorph-transparent (PET); fest, zäh, maßhaltig	Gehäuse, Kupplungen, Pumpenteile, Faserstoffe (PET: Trevira, Diolen)
Polyimid (PI)	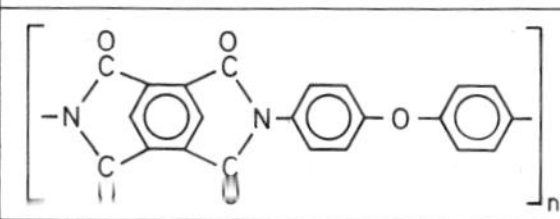	vernetzt oder lineare Struktur; fest, steif, kriech- und warmfest; (T_{max} =[illegible]00° C)	temp.-best. Geräteteile, Gleitelemente, Kondensatoren gedruckte Schaltungen
Polytetrafluorethylen (PTFE)	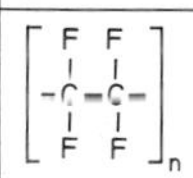	teilkristallin (<70%) flexibel, zäh; niedrige Haftreibung, (T_{max} =260° C)	Gleitlager, Dichtungen, Isolierungen, Filter, Membranen

In Bild 5-3 (S. D 30) sind die Zustandsbereiche einiger thermoplastischer Werkstoffe in vereinfachter Form zusammengestellt [5]; die höchsten Gebrauchstemperaturen sind werkstoffabhängig und liegen im Bereich von etwa 70 bis 130 °C.

Hinsichtlich ihrer Anwendungen werden die thermoplastischen Polymerwerkstoffe in folgende Gruppen eingeteilt (Werkstoffkennwerte siehe 9):

— *Gebrauchswerkstoffe (Massenkunststoffe)*
  Die hauptsächlichen Massenkunststoffe sind Polyethylen (PE), Polyvinylchlorid (PVC), Polypropylen (PP) und Polystyrol (PS). Sie machen mehr als 80 % der gesamten Kunststoffproduktion aus und werden den verschiedenen Verwendungszwecken häufig durch spezielle Behandlung, wie Weichmachung, Vernetzung, Verstärkung usw., angepaßt.

— *Konstruktionswerkstoffe*
  Zur Verwendung als Konstruktionswerkstoff (z. B. Maschinenbau, Feinwerktechnik) eignen sich vor allem teilkristalline Thermoplaste, wie z. B. Polyamid (PA), Polyoxymethylen (POM), Polyethylenterephthalat (PETP) und Polybutylenterephthalat (PBTP).

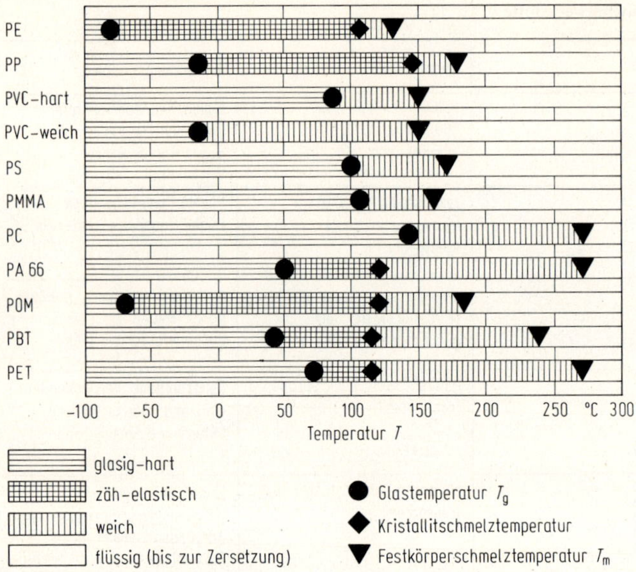

Bild 5-3. Zustandsbereiche thermoplastischer Polymerwerkstoffe.

Tabelle 5-2. Beispiele duroplastischer Polymerwerkstoffe

Polymerwerkstoff	Strukturformel (R: org. Rest)	max. Temp. in °C	Kennzeichen	Anwendungsbeispiele
Phenoplaste: Phenol-Formaldehyd (PF)	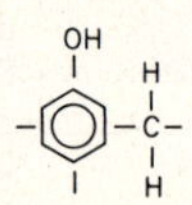	130...150	steif, hart, spröde; dunkelfarbig; nicht heißwasserbeständig	Steckdosen, Spulenträger, Pumpenteile, Isolierplatten, Bindemittel (Spanplatten, Hartpapier)
Aminoplaste: Harnstoff-Formaldehyd (UF)	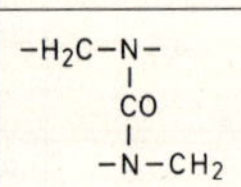	80	steif, hart, spröde, hellfarbig	Stecker, Schalter, Elektroinstallationsmaterial, Verschraubungen für Kosmetik
Melamin-Formaldehyd (MF)	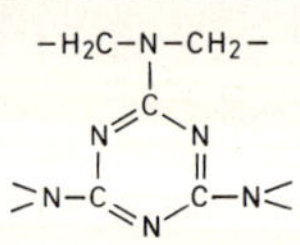	130	wie UF, jedoch fester, weniger kerbempfindlich, kochfest	Elektroisolierteile (hellfarbig), Geschirr, Oberflächenschichtstoffe (Resopal, Hornitex)
ungesättigte Polyesterharze (UP)	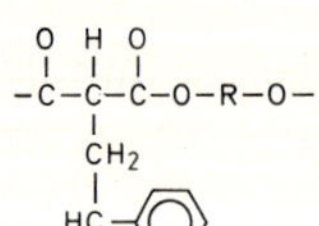	140...180	steif bis elastisch, spröde bis zäh (abhängig vom Aufbau)	Formmassen: Gehäuse, Spulenkörper Laminate: LKW-Aufbauten, Bootskörper, Lichtkuppeln
Epoxidharze (EP)	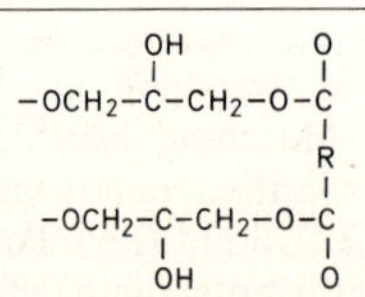	130	fest, steif bis elastisch schlagresistent, maßhaltig	Gießharze: Isolatoren, Beschichtungen, Klebstoffe, Laminate: Bootskörper, Sandwichkonstruktionen

Tabelle 5-3. Beispiele elastomerer Polymerwerkstoffe

Polymerwerkstoff	Strukturformel	Temperatur in °C	Kennzeichen	Anwendungsbeispiele
Polyurethan (PUR)	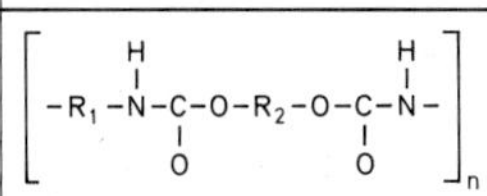 R_1: Diisocyanat R_2: Glykol oder Polyol	−40...+80	elastisch-hart, weiterreißfest, flexibel, dämpfend; nicht beständig gegen heißes Wasser, konzentrierte Säuren und Laugen	Kabelummantelungen, Dichtungen, Faltenbälge, Zahnriemen, Sportbahnbeläge
Silicon (SI)	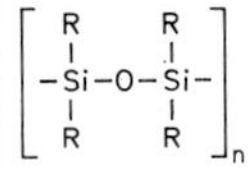 R: CH_3 oder C_6H_5	−80...+180	stabile mechanische Eigenschaften, thermisch und chemisch beständig, hydrophob	elastische Isolierungen, Dichtungen, Transportbänder
Styrol-Butadien-Kautschuk (SBR)	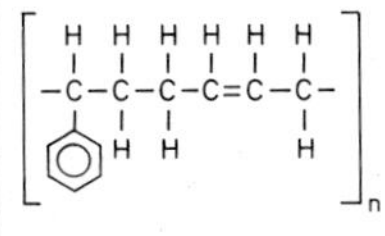	−30...+70	ähnlich wie Naturkautschuk, wärme- und abriebbeständig	Bereifungen, Förderbänder Schläuche, Dichtungen, Schuhsohlen

— *Funktionswerkstoffe*
Thermoplastische Polymerwerkstoffe mit speziellen funktionellen Eigenschaften sind z. B. die für optische Bauteile geeigneten (leichten) transparenten Kunststoffe Polymethylmethacrylat (PMMA) und Polycarbonat (PC), das thermisch und chemisch höchst stabile Polytetrafluorethylen (PTFE) sowie neuere (teure) warmfeste Polymerwerkstoffe wie Polyimid (PI), dessen höchste Gebrauchstemperatur bei 260 °C liegt.

5.6 Duroplaste

Duroplaste sind harte, glasartige Polymerwerkstoffe, die über chemische Hauptvalenzbindungen räumlich fest vernetzt sind. Die Vernetzung erfolgt beim Mischen von Vorprodukten mit Verzweigungsstellen und wird entweder bei hohen Temperaturen thermisch (Warmaushärten) oder bei Raumtemperatur mit Katalysatoren chemisch aktiviert (Kaltaushärten). Da bei den Duroplasten die Bewegung der eng vernetzten Moleküle stark eingeschränkt ist, durchlaufen sie beim Erwärmen keine ausgeprägten Erweichungs- oder Schmelzbereiche, so daß ihr harter Zustand bis zur Zersetzungstemperatur erhalten bleibt. Technisch wichtige Duroplaste sind in Tabelle 5-2 zusammengestellt (Werkstoffkennwerte siehe 9).

5.7 Elastomere

Elastomere sind gummielastisch verformbare Polymerwerkstoffe, deren (verknäuelte) Kettenmoleküle weitmaschig und lose vernetzt sind. Die Elastomervernetzung (sog. Vulkanisierung) findet während der Formgebung unter Mitwirkung von Vernetzungsmitteln (z. B. Schwefel, Peroxide, Amine) statt. Bei mechanischen Beanspruchungen lassen sich die Kettenmoleküle leicht und reversibel verformen. Durch Füllstoffe (z. B. Ruß, feindisperses SiO_2) können Elastomere durch die Ausbildung von Sekundärbindungen zwischen den Elastomermolekülen und den Partikeln verstärkt und in ihren mechanischen Eigenschaften modifiziert werden. Bei Elastomeren liegt die Glastemperatur so niedrig, daß eine Versprödung erst weit unterhalb der Einsatztemperaturen eintritt. Bei Erwärmung durchlaufen sie keine ausgeprägten Erweichungs- oder Schmelzbereiche; ihr gummielastischer Zustand bleibt bis zur Zersetzungstemperatur erhalten. Wichtige Elastomere sind in Tabelle 5-3 zusammengestellt (Werkstoffkennwerte siehe 9).

6 Verbundwerkstoffe

Ein Verbundwerkstoff besteht aus heterogenen, innig miteinander verbundenen Festkörperkompo-

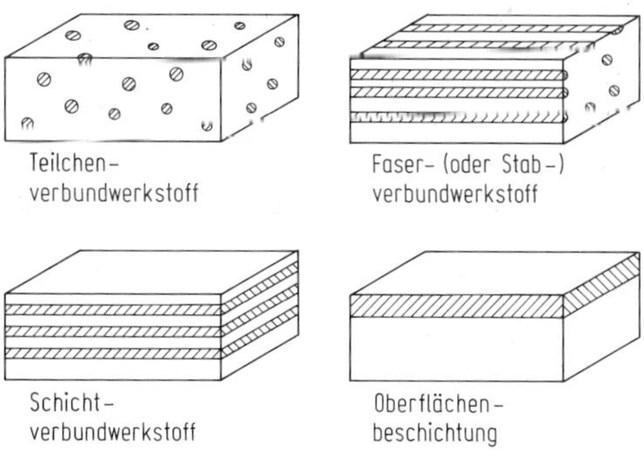

Bild 6-1. Einteilung der Verbundwerkstoffe.

nenten. Seine Gesamteigenschaften übertreffen i. allg. die seiner Komponenten. Nach ihrem Aufbau werden Verbundwerkstoffe eingeteilt in: Teilchenverbundwerkstoffe (Dispersionen), Faserverbundwerkstoffe, Schichtverbundwerkstoffe (Laminate) und Oberflächenbeschichtungen, siehe Bild 6-1.

6.1 Teilchenverbundwerkstoffe

Teilchenverbundwerkstoffe bestehen aus einem Matrixmaterial, in das Partikel eingelagert sind. Die Abmessungen der Partikel betragen von ca. 1 µm bis zu einigen mm (Volumenkonzentrationen bis zu 80 %), wobei Matrix und Partikel unterschiedliche funktionelle Aufgaben im Werkstoffverbund übernehmen. Neben Beton (siehe 4.6.3) sind folgende Werkstoffgruppen mit Metall- oder Kunststoffmatrix wichtig:

Hartmetalle enthalten 0,8 bis 5 µm große Hartstoffpartikel (z. B. WC, TiC, TaC) in Volumenkonzentrationen bis zu 94 %, eingebettet in metallische Bindemittel wie Kobalt, Nickel oder Eisen. Sie werden durch Flüssigphasensintern hergestellt und hauptsächlich für warmfeste Schneidstoffe (Arbeitstemperaturen bis zu 700 °C) oder Umformwerkzeuge verwendet.

Cermets (engl. ceramics + metals) bestehen bis zu 80 % Volumenkonzentration aus einer oxidkeramischen Phase (z. B. Al_2O_3, ZrO_2, Mullit) in metallischer Matrix (z. B. Fe, Cr, Ni, Co, Mo). Sie werden pulvermetallurgisch hergestellt und als Hochtemperaturwerkstoffe, Reaktorwerkstoffe oder verschleißresistentes Material eingesetzt.

Gefüllte Kunststoffe bestehen aus einem Grundwerkstoff aus Duroplasten (z. B. Phenolharz, Epoxidharze, siehe 5.6) oder Thermoplasten (z. B. PMMA, PP, PA, PI, PTFE, siehe 5.5), in den sehr unterschiedliche Partikel-Füllstoffe, wie beispielsweise Holzmehl, feindispersive Kieselsäure (SiO_2), Glaskugeln oder Metallpulver eingebettet sind. Die Partikelgrößen reichen von weniger als 1 µm (SiO_2) bis zu mehreren mm (Glaskugeln) mit Volumenkonzentrationen bis zu 70 %. Gefüllte Kunststoffe zeichnen sich durch günstige Herstellungskosten und/oder verbesserte mechanische Eigenschaften aus.

6.2 Faserverbundwerkstoffe

Durch die Entwicklung von Faserverbundwerkstoffen werden wenig feste bzw. spröde Matrixwerkstoffe verbessert:

(a) Erhöhung der mechanischen Eigenschaften des Matrixmaterials durch Einlagern von Fasern mit hoher Bruchfestigkeit und -dehnung. Dabei soll die Matrix einen geringeren E-Modul aufweisen und sich bei einem Faserbruch zum Abbau von Spannungsspitzen örtlich plastisch verformen können.

Beispiele: Glasfaserverstärkte Kunststoffe (GFK), Polymerfaserverstärkte Kunststoffe (PFK), Kohlenstoffaserverstärkte Kunststoffe (CFK), bestehend aus einer Kunststoffmatrix (hauptsächlich Duroplaste, wie z. B. ungesättigtes Polyesterharz (UP), Epoxidharz (EP), neuerdings auch Thermoplaste) verstärkt durch Glasfasern (5 bis 15 µm Durchmesser), Aramidfasern (aromatische Polyamide) oder Kohlenstoffasern. Aluminiumlegierungen, verstärkt durch Bor- oder Si-Fasern (hergestellt durch CVD-Abscheidung (siehe 6.5) von B, SiC auf W- oder C-Fäden).

(b) Einlagerung von duktilen Fasern in sprödes Matrixmaterial, wodurch die Rißausbreitung unterbunden und die Sprödigkeit herabgesetzt wird.

Beispiele: Al_2O_3-Keramik verstärkt durch Ni-Fasern. Mullit verstärkt durch C-Fasern. Zement verstärkt durch PA-Fasern („Polymerbeton").

Zur Herstellung von Faserverbundwerkstoffen werden Einzelfasern (Kurzfasern, ungerichtet oder gerichtet, bzw. Langfasern), Faserstränge (Rovings), Fasermatten oder Faservliese verwendet. Durch Orientierung der Fasern kann eine mechanische Anisotropie der Bauteile erzielt und so die Festigkeit den Beanspruchungen angepaßt werden.

Für die Anwendung von Faserverbundwerkstoffen sind neben den Eigenschaften von Matrix und Fasern besonders deren Zusammenspiel bedeutsam. Es kommt dabei auf die Volumenanteile von Fasern bzw. Matrix und die chemisch-physikalische Verträglichkeit (z. B. Diffusionsverhalten, Ausdehnungskoeffizienten) sowie die Adhäsion zwischen Matrix und Fasern und ihre mögliche Beeinflussung durch eine Oberflächenbehandlung der Fasern an.

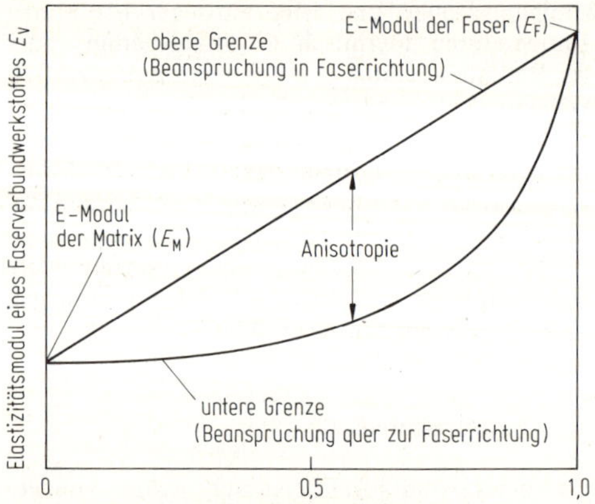

Bild 6-2. Elastische Eigenschaften von Faserverbundwerkstoffen: Einflüsse von Faseranteil und Beanspruchungsrichtung (schematisch vereinfachte Darstellung).

Eine Abschätzung der elastischen Eigenschaften von Faserverbundwerkstoffen mit einem Volumenanteil φ_F an (Lang-) Fasern ergibt unter idealisierten Bedingungen (parallele Faserausrichtung, linear-elastisches Materialverhalten, gute Matrix-Faser-Haftung) anhand der Bedingungen: Matrixdehnung = Faserdehnung ($\varepsilon_M = \varepsilon_F$) in Faserrichtung, Matrixspannung = Faserspannung ($\sigma_M = \sigma_F$) quer zur Faserrichtung für die obere Grenze des Elastizitätsmoduls des Verbundwerkstoffs

$$E_{V\,max} = \varphi_F \cdot E_F + (1 - \varphi_F)\,E_M$$

und für die untere Grenze

$$E_{V\,min} = 1/(\varphi_F / E_F + (1 - \varphi_F)/ E_M)$$

Bild 6-2 zeigt die Abhängigkeit der elastischen Eigenschaften von Faserverbundwerkstoffen in Abhängigkeit vom Faser-Volumenanteil und illustriert die Anisotropie der Faserverstärkung bezüglich der Beanspruchungsrichtung [1]

6.3 Stahlbeton und Spannbeton

Die bedeutendsten Verbundwerkstoffe mit anorganisch-nichtmetallischer Matrix und metallischer Verstärkung sind Stahlbeton und Spannbeton. Sie kombinieren im makroskopischen Maßstab den Verbundwerkstoff Beton (siehe 4.6.3) mit einer Faserverstärkung. Die geringe Zugfestigkeit des Betons wird beim Stahlbeton durch eine sog. Bewehrung mit einem Werkstoff hoher Zugfestigkeit verbessert. Wichtige Voraussetzungen sind eine ähnliche thermische Ausdehnung und gute Haftung beider Komponenten sowie ein ausreichender Korrosionsschutz des Stahls durch das alkalische Milieu im Beton (geringe Chlorionenkonzentration erforderlich) und die Abschirmung von atmosphärischem Sauerstoff.
Beim *Spannbeton* wird eine weitere Verbesserung der mechanischen Eigenschaften dadurch erreicht, daß mittels Spannstählen der Beton in Beanspruchungsrichtung unter Druckspannung gesetzt wird. Hierdurch soll die Wirkung von Zugspannungen unwirksam gemacht und das Auftreten korrosionsbegünstigender Risse vermieden werden. Spannbeton ermöglicht eine gute Ausnutzung der Betonfestigkeit, geringere Querschnitte und einen Druckzustand der fertigen Teile. Zur Ausnutzung der Möglichkeiten des Spannbetons sind sorgfältige Herstellung, Ausgleich des Schwindens durch volumenvergrößernde Zusatzstoffe (z. B. Gips, $CaSO_4$, als Zusatz zu Portlandzement) und Verhinderung von Korrosionseinflüssen erforderlich.

6.4 Schichtverbundwerkstoffe

Schichtverbundwerkstoffe (Laminate) sind flächige Verbunde, bei denen die Herstellung häufig mit der Formgebung verbunden ist.

Schichtpreßstoffe bestehen aus geschichtetem organischem Trägermaterial (z. B. Papier, Pappe, Zellstoff, Textilien) und einem Bindemittel (z. B. Phenolharz, PF; Melaminharz, MF; Harnstoffharz, UF) und werden durch Pressen unter Erwärmen hergestellt. Beim *Laminieren* werden zunächst Prepregs (engl. preimpregnated materials) durch Tränken des Trägermaterials mit einem Harz vorfabriziert, die später in den Verfahrensschritten Formgebung, Aushärten, Nachbehandeln weiterverarbeitet werden. Beim *Kalandrieren* wird Material in einem vorgemischten und vorplastifizierten Rohzustand in einer Walzenanordnung zu Platten- oder Folienbahnen verarbeitet.
Ein anorganisch-metallischer Schichtverbundwerkstoff ist *Email*. Er besteht aus einer oxidisch-silikatischen Masse, die unter Mitwirkung von Flußmitteln (z. B. Borax, Soda), in einer oder mehreren Schichten auf einem metallischen Trägerstoff (meist Stahlblech mit C-Anteil <0,1 Gew.-% oder Gußeisen) aufgeschmolzen, bei ca. 900 °C aufgebrannt und vorzugsweise glasig erstarrt ist. Die flächenhafte Email-Metall-Verbindung erfordert gute Haftfestigkeit (Beimengen von sog. Haftoxiden, wie z. B. 0,5 % CoO, 1 % NiO in die Emailgrundmasse) und vergleichbare thermische Ausdehnungskoeffizienten α von Metall (M) und Email (E) (Anzustreben: $\alpha_E < \alpha_M$ zur Ausbildung von Druckspannungen im Email und Vermeidung von rißauslösenden Zugspannungen). Die Komponenten des Verbundwerkstoffs übernehmen unterschiedliche Aufgaben: das Metall ist Träger der Festigkeit, während das Email antikorrosive und dekorative Funktionen erfüllt.

6.5 Oberflächentechnologien

Durch Oberflächentechnologien sollen Werkstoffe und Bauteile gezielt den oberflächenspezifischen funktionellen Aufgaben (z. B. dekoratives Aussehen, Farbe, Glanz, Verwitterungs- und Alterungsbeständigkeit, Korrosions- und Verschleißresistenz, Mikroorganismenbeständigkeit) angepaßt werden. Hierzu werden entweder die Oberflächenbereiche durch mechanische oder physikalisch-chemische Behandlung in ihren Eigenschaften modifiziert oder es wird auf die (Substrat-)Oberfläche die Schicht eines anderen Werkstoffs aufgebracht, der fest haftet und die gewünschten Oberflächeneigenschaften aufweist. Die entstehenden Verbundwerkstoffe sind durch eine Aufteilung der einwirkenden Beanspruchungen und der funktionellen Eigenschaften gekennzeichnet: der Grundwerkstoff trägt die Volumenbeanspruchungen (siehe 8.1) und gewährleistet die Festigkeit, während die Beschichtung Oberflächenfunktionen realisiert.
Die *organischen Beschichtungen* umfassen die verschiedenen Lackierverfahren. Während früher das Spritzen dominierte, sind etwa seit 1970 hinzugekommen: Airless-Spritzen, Gießen, Elektrotauch-

Tabelle 6-1. Oberflächentechnologien für anorganisch-metallische Beschichtungen (Übersicht nach Habig, [2])

Verfahren	Verfahrenstemperatur	Charakteristische Eigenschaften der Oberflächenbereiche
Mechanische Oberflächenverfestigung — Strahlen — Festwalzen — Druckpolieren	T_{Raum} (Temperaturerhöhung durch plastische Verformung)	hohe Versetzungsdichte, Druckeigenspannungen
Randschichthärten — Flammhärten — Induktionshärten — Impulshärten — Elektronenstrahlhärten — Laserstrahlhärten	$T_{Aust.}$ in den Oberflächenbereichen $T < T_{Anlaß}$ im Kern	Martensit
Umschmelzen — Lichtbogenumschmelzen — Elektronenstrahlumschmelzen — Laserstrahlumschmelzen	$T_{Schmelz}$ in den Oberflächenbereichen	feinkörniges oder amorphes Gefüge
Ionenimplantieren	T_{Raum}	implantierte Atome (N, Ti u.a.)
Thermochemische Verfahren	$T < 600\,°C$ Nitrieren, Nitrocarburieren, $T = (800...1\,000)\,°C$ Aufkohlen, Borieren	Verbindungen, z.B. Fe_xN, Diffusionszone
Chemische Abscheidung aus der Gasphase (CVD)	$T = (800...1\,000)\,°C$	Verbindungen, z.B. TiC
Physikalische Abscheidung aus der Gasphase (PVD) — Sputtern — Ionenplattieren	$T < 500\,°C$	Verbindungen, z.B. TiN
Galvanische Verfahren — elektrolytisch — fremdstromlos	$T < 100\,°C$ Aushärtung von Ni-P bei $T = 400\,°C$	a) Metalle wie Cr, Ni b) Legierungen a) b) + Partikel, z.B. Ni-SiC
Anodisieren	T_{Raum}	Verbindungen z.B. Al_2O_3,
Aufsintern	$T_{Sint.}$ des Sinterguts	mehrphasige Legierungen
Aufgießen	$T_{Schmelz.}$ des Schmelzguts	mehrphasige Legierungen
Thermisches Spritzen — Flammspritzen — Lichtbogenspritzen — Plasmaspritzen — Detonationsspritzen	$T < T_{Anlaß}$	a) Metalle z.B. Mo b) Legierungen a) b) + Partikel
Auftragschweißen	$T_{Schmelz.}$ in den Oberflächenbereichen, Vorwärmen auf 600 °C	mehrphasige Legierungen mit Carbiden
Plattieren — Walzplattieren — Sprengplattieren	Warmwalztemperatur	ein- oder mehrphasige Legierungen

lackierung, Breitbandbeschichtung, elektrostatische Pulverlackierung, Strahlungshärten. Eine neue Variante ist das sog. Elektro-Powder-Coating (EPC), bei dem als „Lackbad“ eine kationische Pulversuspension dient.

Einen Überblick über die wichtigsten anorganisch-metallischen Oberflächentechnologien und die charakteristischen Eigenschaften der Oberflächenbereiche gibt Tabelle 6-1 [2].

Für die thermischen Verfahren zeigt die Verfahrenstemperatur an, ob die Wärmebehandlung vor oder nach dem Aufbringen einer Oberflächenschutzschicht oder unmittelbar durch ein Abschrecken von der Verfahrenstemperatur aus vorzunehmen ist und ob niedrigschmelzende Legierungen überhaupt behandelt oder beschichtet werden können. Man strebt niedrige Verfahrenstemperaturen an, um ein Verziehen von Teilen bei sich anschließenden Wärmebehandlungen zu vermeiden.

Das Randschichthärten durch Elektronenstrahl-, Laserstrahl- und lokale Impulshärteverfahren zeichnet sich dadurch aus, daß die Volumentemperatur des Grundwerkstoffs unterhalb der Anlaßtemperatur von Stählen bleibt. Durch Elektronenstrahl- und Laserstrahlhärten kann man Oberflächenbereiche von Bauteilen partiell in sehr dünnen Schichten auf Austenitisierungs- oder Schmelztemperatur bringen, wobei anschließend eine Selbstabschreckung stattfindet, mit der sich martensitische, besonders feinkörnige oder sogar amorphe Schichten erzeugen lassen.

Bei der *Chemischen Gasphasenabscheidung* (chemical vapor deposition, CVD) werden Gase in einem

Reaktionsraum mit dem zu beschichtenden Bauteil unter Druck und Wärme in Kontakt gebracht, wobei sehr harte Reaktionsschichten entstehen (z. B. aus Titancarbid, Titannitrid oder Aluminiumoxid auf Hartmetall).
Die Verfahren der *Physikalischen Gasphasenabscheidung* (physical vapor deposition, PVD) Aufdampfen, Sputtern und Ionenplattieren (ion plating) sind bisher hauptsächlich zur Vergütung optischer Bauteile und in der Elektronik eingesetzt worden, daneben zeichnen sich tribotechnische Einsatzbereiche in der Feinwerk- und Fertigungstechnik ab. Die PVD-Technologie gestattet niedrigere Prozeßtemperaturen als das CVD-Verfahren, die unterhalb der Anlaßtemperatur von Schnellarbeitsstahl liegen und das Beschichten von wärmebehandelten Stählen sowie Aluminiumlegierungen zulassen.
Schmelztauchschichten werden durch Tauchen der zu beschichtenden Bauteile in schmelzflüssige Metalle (z. B. Zinnbad 250 °C, Zinkbad 440 bis 460 °C) hergestellt. Das Aufbringen von Aluminium, Zink, Zinn und Blei auf diese Weise wird Feueraluminieren, Feuerverzinken, Feuerverzinnen und Feuerverbleien genannt.
Die Entwicklung der galvanotechnischen Verfahren ist gekennzeichnet durch die sog. funktionelle Galvanotechnik. Darunter versteht man die Erzeugung von Verbundwerkstoffen, bei denen der Grundwerkstoff Form und Festigkeit des Bauteils bestimmt und die funktionellen Eigenschaften der Bauteiloberfläche vom galvanischen Überzug zu gewährleisten sind. Während die mit galvanotechnischen, CVD-, PVD und Schmelztauchverfahren erzielbaren Beschichtungen Dicken von 1 bis 100 µm aufweisen, lassen sich mit thermischem Spritzen, Auftragschweißen und Plattieren noch erheblich dickere Oberflächenbeschichtungen erzielen.

7 Technische Fluide

Technische Fluide sind Flüssigkeiten, Gase und Dämpfe, die in technischen Systemen zur Aufnahme und Übertragung mechanischer (und thermischer) Beanspruchungen und Energien eingesetzt werden. Zur Erfüllung dieser Aufgaben müssen technische Fluide bestimmte Fließ- und Strömungseigenschaften aufweisen, die durch rheologische Stoffgesetze und Kenngrößen beschrieben werden.

7.1 Rheologische Grundlagen

7.1.1 Newtonsche und nicht-newtonsche Fluide

Ein Fluid wird newtonsche Flüssigkeit genannt wenn ihre dynamische Viskosität η von den Spannungen und Deformationen unabhängig ist, d. h. wenn gilt (vgl. E 7.1):

$$\tau = \eta \cdot D,$$

τ Schubspannung
D Schergeschwindigkeit

SI-Einheit der Viskosität:
$1\,\text{Pa} \cdot \text{s} = 1\,\text{Ns/m}^2$ (= 10 Poise)
Der Quotient von dynamischer Viskosität η und Dichte ϱ wird als kinematische Viskosität ν bezeichnet:

$$\nu = \eta/\varrho.$$

Einheiten der kinematischen Viskosität:
m^2/s (= 10^4 Stokes), mm^2/s (= 1 cSt) [1].
Bei nicht-newtonschen Flüssigkeiten (siehe E 7.2) besteht kein linearer Zusammenhang zwischen Schubspannung τ und Geschwindigkeitsgefälle D (nichtlinear-viskose Flüssigkeiten) oder die Verformungsarbeit wird infolge von Relaxationseffekten nicht sofort vollständig dissipiert (viskoelastische Flüssigkeiten). Beim Zusammenwirken beider Effekte spricht man von nichtlinearviskoelastischen Flüssigkeiten.

7.1.2 Viskosität und Viskositätsfunktionen

Die Viskosität ist keine generelle Stoffkonstante, sondern von verschiedenen Parametern, wie z. B. Temperatur T, Druck p, Geschwindigkeits- oder Schergefälle D und Zeit t abhängig:

$$\eta = \eta(T, p, D, t).$$

Neben den Geschwindigkeitsgefälle- und Zeitfunktionen sind für technische Anwendungen besonders die Temperatur- und Druckabhängigkeiten von Bedeutung.

a) Viskositäts-Temperatur (VT)-Funktion
Die Viskosität technischer Flüssigkeiten, z. B. Mineral- oder Syntheseöle, nimmt mit steigender Temperatur ab, so daß bei jeder Viskositätskennzeichnung die Angabe der zugehörigen Meßtemperatur erforderlich ist. Die Abhängigkeit der Viskosität von der Temperatur T kann durch verschiedene Näherungsformeln beschrieben werden, wie z. B.

$$\eta = A \exp(B/T + C),$$

wobei A, B und C Konstanten sind.
Für Öle kann nach Ubbelohde-Walther durch eine mathematische Transformation ein linearer Zusammenhang der Form

$$\lg\lg(\nu_2 + C) = \lg\lg(\nu_1 + C) - \text{m}(\lg T_2 - \lg T_1)$$

angegeben werden, wobei ν_1 und ν_2 die kinematischen Viskositäten bei den Temperaturen T_1 und T_2 sind, m die Steigung der Geraden und C (0,6 bis 0,9) eine vom Öltyp abhängige Konstante darstellt.

b) Viskositäts-Druck(VP)-Funktion
Die Viskosität komprimierbarer Flüssigkeiten nimmt mit steigendem Druck zu. Für Mineral-

Tabelle 7-1. Eigenschaften technischer Fluide

Eigenschaften		Hydrauliköle HLP DIN 51524			Schmieröle L-AN DIN 51501			Wärmeträgeröle	
ISO Viskositätsklasse DIN 51519		10	46	100	5	68	680	—	—
Viskosität bei 40 °C	mm²/s	9,0...11,0	41,4...50,6	90,0...110	4,14...5,06	61,2...74,8	612...748	15...55	100...150
Dichte bei 15 °C	g/ml	0,87	0,88	0,89	0,84	0,90	0,94	0,91	0,92
Pourpoint	°C	≤ −30	≤ −15	≤ −12	≤ −12	≤ −12	≤ −3	−40	−40
Flammpunkt	°C	>125	>185	>205	>80	>145	>250	>170	>200
Neutralisat.-Zahl (sauer)	mgKOH/g	1,9	1,9	1,9	<0,15	<0,15	<0,15	0	0
Wassergehalt	g/100 g	<0,1	<0,1	<0,1	<0,2	<0,5	<0,5	<0,1	<0,1
Asche (Oxidasche)	g/100 g	0,4	0,4	0,4	<0,01	<0,02	<0,05	<0,05	<0,05
Gehalt ungelöster Stoffe	g/100 g	<0,05	<0,05	<0,05	<0,05	<0,05	<0,05	<0,05	<0,05.

und Syntheseöle besteht näherungsweise folgender Zusammenhang:

$$\eta_p = \eta_0 \exp(\alpha \cdot p),$$

wobei η_0 die Viskosität bei 1 bar und α den sog. Viskositäts-Druck-Koeffizienten darstellt.

7.2 Hydraulikflüssigkeiten

Hydraulikflüssigkeiten werden zur Druck- bzw. Energieübertragung in hydrostatischen oder hydrodynamischen Systemen eingesetzt. Neben dem dafür erforderlichen rheologischen Verhalten (Viskosität, VT-, VP-Funktionen, Inkompressibilität) sollen sie nicht schäumen, alterungs- und oxydationsstabil sein sowie der Kühlung, Schmierung, Sauberhaltung und dem Korrosionsschutz dienen. Zur Erfüllung dieser Funktionen enthalten sie zahlreiche Zusätze (Additive), wie z. B. Antischaummittel, Oxidationsinhibitoren, Detergentien, Emulgatoren, Korrosionsinhibitoren.
Die gebräuchlichsten konventionellen Eigenschaftskennwerte von Hydraulikflüssigkeiten neben den rheologischen Kenndaten sind Farbe, Dichte, Fließpunkt (Pourpoint), Flammpunkt, Neutralisationszahl, Gehalt an Wasser, Asche und ungelösten Stoffen, siehe Tabelle 7-1.

7.3 Schmierstoffe

Schmierstoffe werden zur Reibungs- und Verschleißminderung in tribologischen Systemen eingesetzt (siehe 10.6) und müssen vielfältige Eigenschaften aufweisen [2]:

— Rheologische Eigenschaften, d. h. geeignete Viskosität sowie VT- und VP-Funktionen (siehe 7.1.2) zur Erzielung eines (hydrodynamischen oder elastohydrodynamischen) Flüssigkeitsfilms zwischen den Reibpartnern. Die ISO-Viskositätsklassifikation (DIN 51519) definiert 18 Viskositätsklassen mit ν = 2, 3, 5, 7, 10, 15, 22, 32, 46, 68, 100, 150, 220, 320, 460, 680, 1 000, 1 500 mm²/s (cSt) und einer zulässigen Abweichung von ±10% dieser Werte. Für Pkw-Motorenöle werden nach der Klassifikation der American Society of Automotive Engineers (SAE) dickflüssige „Sommeröle" (z. B. SAE 30, ν(40/100 °C) = 110/12 cSt), dünnflüssige „Winteröle" (z. B. SAE 20, ν(40/100 °C) = 68/9 cSt) sowie Mehrbereichsöle (z. B. SAE 10-50, ν(40/100 °C) = 134/18 cSt) unterschieden.

— Grenzreibungseigenschaften, (d. h. Reibungs- und Verschleißminderung in den Bereichen I und II der Stribeck-Kurve, siehe Abschnitt 10.6.1) durch grenzflächenaktive Zusätze wie S-, Cl-, N-, P-haltige Extremepressure-(EP)-Additive (z. B. Dibenzyldisulfid, Trikresylphosphat, Zinkdialkyldithiophosphat) zur Erhöhung des Lastaufnahmevermögens (bei geeigneten Betriebstemperaturen) oder durch Reibwertminderer (z. B. Fettsäureadditive) zur Ausbildung von Adsorptionsschichten geringer Scherfestigkeit („friction modifier").

Neben diesen primär tribologischen Eigenschaften werden an Schmierstoffe noch weitere Anforderungen, z. B. hinsichtlich Korrosionsschutz, Oxidationsstabilität, Wassermischbarkeit, Schaumfreiheit, Kältefließfähigkeit, Reinigungswirkung gestellt, wozu weitere Additive den Schmierstoffen beigefügt werden, wie z. B. Korrosionsinhibitoren, Antioxidantien, Emulgatoren, Schaumverhütungsmittel, Stockpunkterniedriger sowie Detergentien und Dispergentien.

Schmierstoffe können nach ihrer stofflichen Natur in die folgenden Hauptgruppen eingeteilt werden:

— Schmieröle: Mineralöle (Paraffine, Naphthene, Aromaten); synthetische Kohlenwasserstoffe, Polyetheröle (Polyalkylenglykole, Perfluorpolyalkylether, Polyphenylether), Carbonsäureester, Esteröle, Phosphorsäureester, Siliconöle, Halogenkohlenwasserstoffe.
— Schmierfette: Kolloidale Dispersionen von Dickungsmitteln (z. B. Ca-, Na-, Li-, Al-Metallseifen) in Mineral- oder Syntheseölen.
— Festschmierstoffe: Festschmierstoffe mit Schichtgitterstruktur (z. B. Graphit mit guter Schmierwirkung in feuchter Luft; Molybdändisulfid, MoS_2, geeignet auch für Hochvakuum und Inertatmosphäre), Festschmierstoffe ohne Schichtgitterstruktur (Phosphate, Oxide, Hydroxide und Sulfide von Ca und Zn), Metallfilme mit niedriger Scherfestigkeit auf harten Unterlagen (Indium, Blei, Kupfer, Zinn, Silber), Thermoplaste (z. B. PTFE bei hohen Flächenpressungen und sehr niedrigen Gleitgeschwindigkeiten).

Hauptproduktklassen von Schmierstoffen sind: Maschinenschmieröle, Zylinderöle, Turbinenöle, Motorenöle, Getriebeöle, Kompressorenöle, Metallbearbeitungsöle, Kühlschmierstoffe. Einige Mindestanforderungen an Mineralöle für Schmierzwecke sind in Tabelle 7-1 zusammengestellt.

8 Beanspruchung von Werkstoffen

In technischen Konstruktionen haben Werkstoffe und Bauteile eine Vielzahl funktioneller Aufgaben zu erfüllen und sind zahlreichen Beanspru-

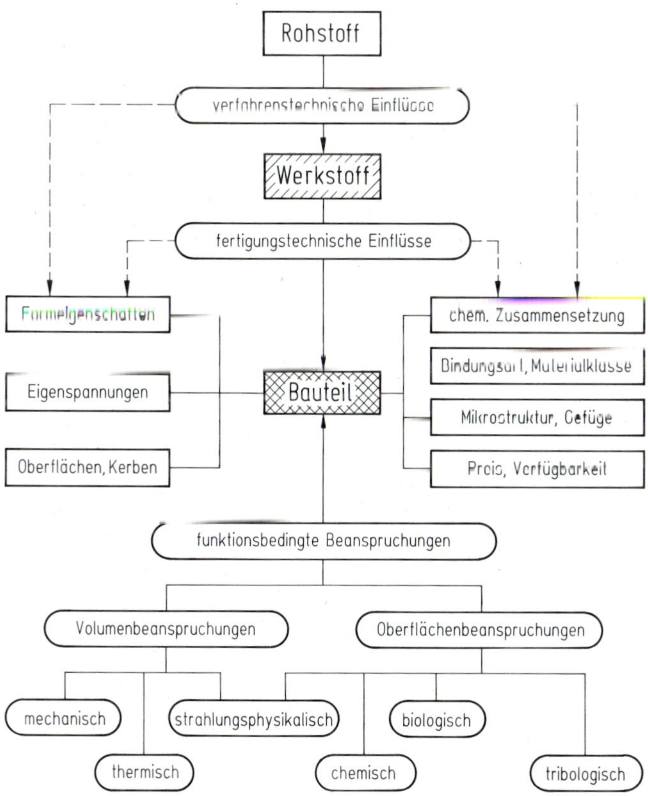

Bild 8-1. Herstellungs- und funktionsbedingte Einflüsse und Beanspruchungen von Bauteilen.

chungen ausgesetzt. Die Analyse dieser Beanspruchungen ist Voraussetzung für das Verständnis von Werkstoffeigenschaften und Werkstoffschädigungsprozessen und bildet die Basis für eine funktionsgerechte Werkstoffauswahl.

Eine Übersicht über die möglichen Beanspruchungen von Werkstoffen und Bauteilen in technischen Anwendungen gibt Bild 8-1. Im oberen Teil ist vereinfacht dargestellt, daß Werkstoffe durch verschiedene Verfahrenstechnologien hergestellt, und dann durch geeignete Fertigungstechniken zu Bauteilen weiterverarbeitet werden. Hierbei ist zu beachten, daß durch die verfahrens- und fertigungstechnischen Einflüsse bereits Bauteileigenschaften vorgeprägt werden, z. B.:

- Formeigenschaften und fertigungsbedingte Eigenspannungen in Oberflächenbereichen von Bauteilen infolge lokaler inhomogener Deformationen bei der spangebenden oder spanlosen Formgebung.
- Fertigungsbedingte Oberflächenstrukturen in Form von oberflächenverfestigten Werkstoffbereichen und der Ausbildung von Reaktions- und Kontaminationsschichten mit einer vom Grundwerkstoff verschiedenen chemischen Zusammensetzung und Mikrostruktur, sowie dem Vorhandensein von Kerben.

Die funktionsbedingten Beanspruchungen können nach der Zusammenstellung im unteren Teil von Bild 8-1 in „Volumenbeanspruchungen“ und „Oberflächenbeanspruchungen“ eingeteilt werden, die durch unterschiedliche Beanspruchungsarten und zeitliche Abläufe gekennzeichnet sind und in ihrer Überlagerung zu „Komplexbeanspruchungen“ führen.

8.1 Volumenbeanspruchungen

Als Volumenbeanspruchungen werden diejenigen Beanspruchungen bezeichnet, die zu einer Verformung des Bauteil-Volumens führen.

Nach der Festigkeitslehre (E3) unterscheidet man die Grundbeanspruchungen Zug, Druck, Schub, Biegung, Torsion, siehe Bild 8-2.

Beanspruchungsart	Kenngrößen		Bauteilveränderung
Zug/Druck	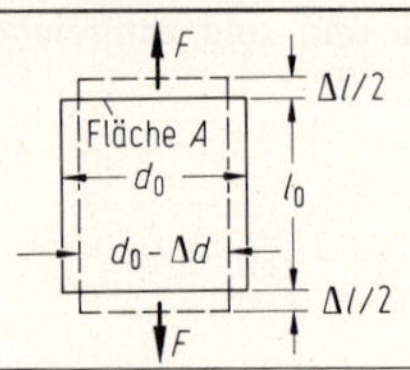	Zugspannung $\sigma_Z = F/A$ Druckspannung $\sigma_D = -F/A$	Dehnung $\varepsilon_l = \Delta l/l_0$ Kontraktion $\varepsilon_q = -\Delta d/d$
Schub bzw. Scherung	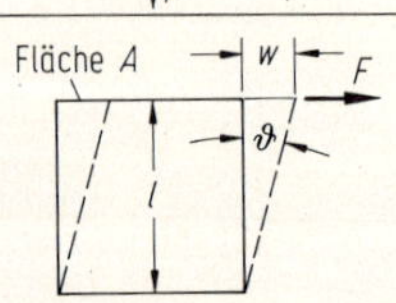	Schubspannung $\tau = F/A$	Scherung $\gamma = w/l = \tan\vartheta$
Biegung	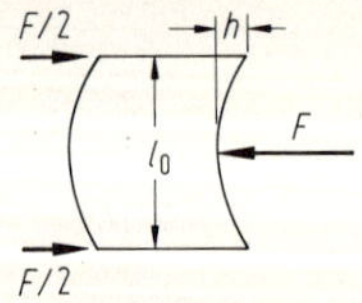	Biegemoment M	Durchbiegung $u = h/l_0$
Torsion (Verdrillung)	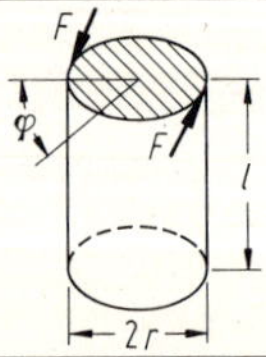	Drehmoment $M = Fr$	Torsion $\vartheta = \varphi/l$
hydrostatischer Druck	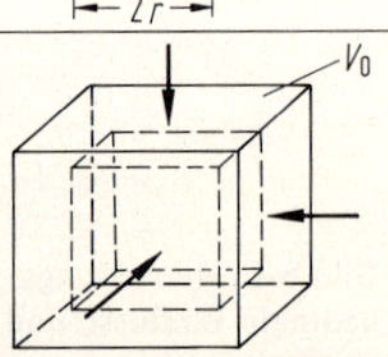	allseitiger Druck p	Kompression $k = -\Delta V/V_0$

Bild 8-2. Beanspruchung von Werkstoffen: Übersicht über Volumen-Grundbeanspruchungsarten.

Art und Funktion technischer Oberflächen	Oberflächenbeanspruchung		Oberflächenveränderung bzw.-schädigung
Außenflächen von techn. Produkten aller Art (Sichtflächen, Deckflächen, Signalflächen)		mechanisch unbeansprucht (Klima- bzw. Umweltbeanspruchung)	Adsorption, Verschmutzung, Verwitterung
Oberflächen, die Wärme, Strahlung oder elektr. Strom ausgesetzt sind (Isolierflächen, elektr. Kontakte)	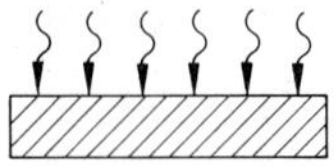	thermische, strahlungsphysikalische, elektr. Beanspruchung	Passivierung, Oxidation, Verzunderung
Oberflächen in Kontakt mit Flüssigkeiten (Behälter, Karosserieteile)	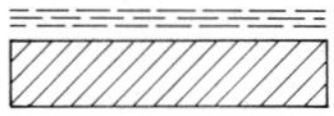	elektrochemische Beanspruchung	Korrosion, Elektrolyse
Oberflächen in Kontakt mit strömenden Medien (Rohrleitungen, Ventile)	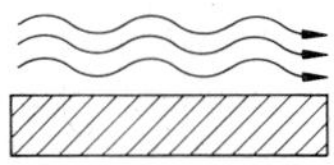	Strömungsbeanspruchung	Kavitation, Erosion
Oberflächen in Kontakt mit bewegten Gegenkörpern (Lager, Bremsen, Getriebe)	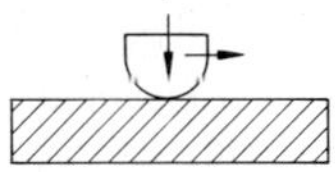	tribologische Beanspruchung (Reibbeanspruchung)	Kontaktdeformation, Verschleiß
Oberflächen in Kontakt mit Mikroorganismen		biologische Beanspruchung	biologische Schädigung

Bild 8-3. Beanspruchungsarten von Werkstoffoberflächen.

Je nach den Beanspruchungsrichtungen liegen einachsige (einsinnige) oder mehrachsige Beanspruchungen vor. Formänderungen von Bauteilen können auch durch thermisch induzierte Spannungen bewirkt werden.

8.2 Oberflächenbeanspruchungen

Die auf die Oberflächen von Werkstoffen und Bauteilen einwirkenden Beanspruchungen und die Art und Funktion technischer Oberflächen lassen sich in die in Bild 8-3 dargestellten Gruppen einteilen [1].

8.3 Zeitlicher Verlauf von Beanspruchungen

Volumenbeanspruchungen können konstant sein (statische Beanspruchung, Zeitstandbeanspruchung) oder sich periodisch (Schwingungsbeanspruchung) oder stochastisch (Betriebsbeanspruchung) ändern. Die hauptsächlichen Beanspruchungs-Zeit-Funktionen sind in Bild 8-4 dargestellt [2].

Der zeitliche Verlauf tribologischer Beanspruchungen wird gekennzeichnet durch kinematische Bewegungsformen (Gleiten, Wälzen, Prallen, Stoßen, Strömen) sowie zeitliche Bewegungsverläufe (kontinuierlich, intermittierend, repetierend, oszillierend).

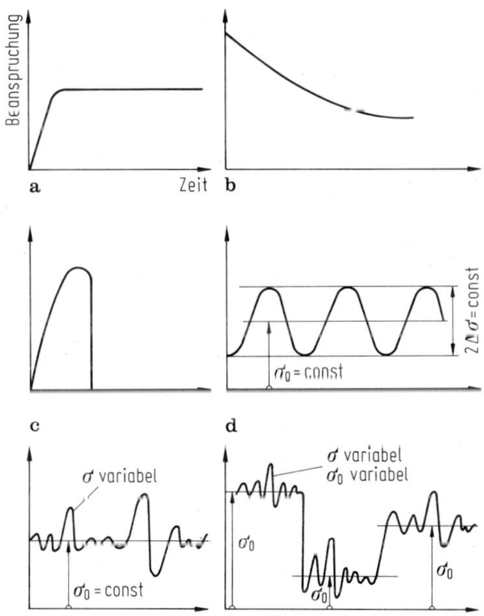

Bild 8-4. Zeitlicher Verlauf von Beanspruchungen. **a** statische Langzeitbeanspruchung (Zeitstandbeanspruchung), **b** Entspannungsbeanspruchung, **c** zügige Kurzzeit- oder Stoßbeanspruchung, **d** periodische Schwingbeanspruchung mit konstanter Schwinglast und Vorlast, **e** Schwingbeanspruchung mit konstanter Vorlast und variablen Schwinglasten, **f** Schwingbeanspruchung mit variablen Mittel- und Schwinglasten.

Überlagern sich verschiedene Beanspruchungen (Art und zeitlicher Verlauf, Beanspruchungsmedien usw.), so spricht man von Komplexbeanspruchungen.

9 Werkstoffeigenschaften und Werkstoffkennwerte

Für technische Anwendungen sind Werkstoffe so auszuwählen, daß sie den funktionellen Anforderungen entsprechen, sich gut bearbeiten und fügen lassen, verfügbar und wirtschaftlich sind sowie den Sicherheits- und Umweltschutzerfordernissen gerecht werden. Die in diesem Kapitel zusammengestellten, technisch wichtigsten Werkstoffeigenschaften und Kenndaten [1] sollen einen Eigenschaftsvergleich von Werkstoffen aus den hauptsächlichen Materialklassen (Metalle, Keramik, Polymerwerkstoffe, Verbundwerkstoffe) und überschlägige Berechnungen für technische Anwendungen ermöglichen. Für endgültige Konstruktionsberechnungen müssen genaue Herstellungsspezifikationen oder Materialprüfdaten der betreffenden Werkstoffe verwendet werden.

9.1 Dichte

Die Dichte $\varrho = m/V$ eines (homogenen) Körpers ist das Verhältnis seiner Masse m zu seinem Volumen V. Die Dichte von Festkörpern wird im wesentlichen durch Parameter der Mikrostruktur (Atommasse, Atomradius, kristalliner oder amorpher Strukturaufbau, usw.) bestimmt. Die meisten Metalle haben große Dichten, da sie hohe Atommassen und Packungsdichten besitzen. Die Atome von Polymeren und vielen keramischen Stoffen (C, H, O, N) sind dagegen leicht und besitzen häufig auch eine geringere Packungsdichte; die Dichte dieser Werkstoffe ist daher z. T. erheblich niedriger, siehe Bild 9-1.

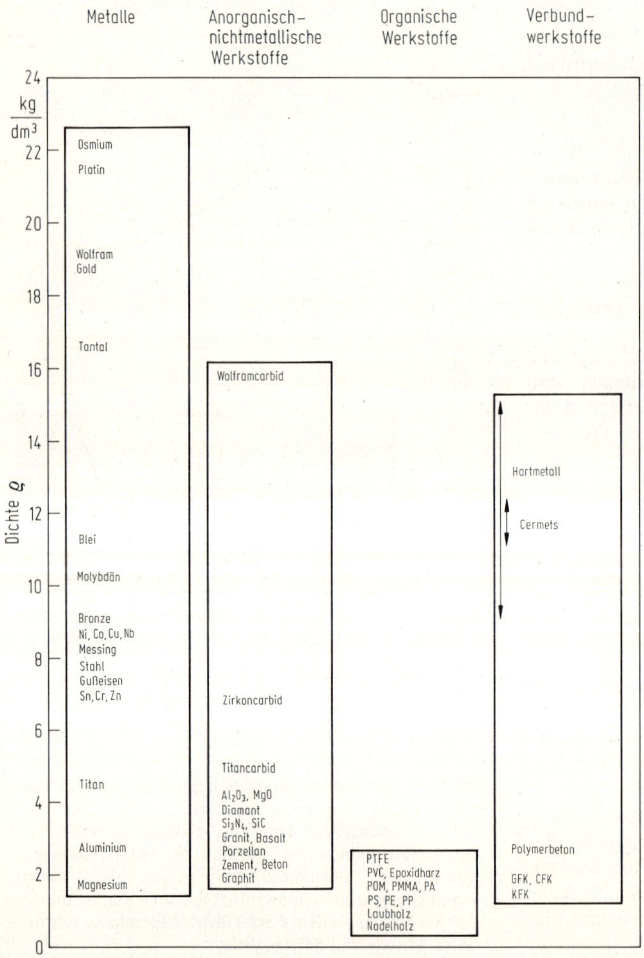

Bild 9-1: Dichte von Werkstoffen: Übersicht nach Werkstoffgruppen.

Tabelle 9-1. Dichte von Werkstoffen

Werkstoff	ϱ kg/dm³	Werkstoff	ϱ kg/dm³
Osmium	22,5	Kalkstein	2,6...2,7
Platin	21,5	Marmor	2,7
Wolframlegierungen	13,4...19,6	Siliciumdioxid	2,6
Wolfram	19,3	Porzellan	2,2...2,5
Gold	19,3	Beton	2,0...2,8
Uran	19,1	Polymerbeton	2,4...2,5
Tantallegierungen	16,6...16,9	Kohlefasern	1,7...2,2
Tantal	16,6	Sandstein	2,2
Wolframcarbid	15,8	Quarzglas	2,2
Hartmetall	9,0...15,0	Polytetrafluorethylen	2,1...2,3
Cermets	11,0...12,5	Schamottestein	1,6...1,9
Blei	11,3	Silikatstein	1,9
Molybdän	10,2	Magnesiumlegierungen	1,4...1,8
Bronze	7,2...8,9	Graphit	1,8
Nickel	8,9	Magnesium	1,7
Nickellegierungen	7,8...9,2	Pflanzenfasern	1,3...1,6
Kobalt	8,7...8,9	Glasfaserverstärkter Kunststoff	1,3...1,7
Kupfer	8,9	Kohlenstoffaserverstärkter Kunststoff	1,5...1,6
Messing	8,3...8,7	Polyvinylchlorid	1,2...1,7
Niob	8,6	Polymerfaserverstärkter Kunststoff	1,2...1,5
Stahl austenitsch	7,8...7,9	Harnstoffharz	1,5
Stahl ferritisch	7,8...7,9	Melaminharz	1,5
Gußeisen	7,1...7,4	Polyoxymethylen	1,4
Zinn	7,3	Polyethylenterephthalat	1,4
Chrom	7,2	Polyesterharz	1,1...1,4
Zinklegierungen	5,0...7,2	Tierfasern	1,2...1,4
Zink	7,1	Phenolharz	1,3
Zirkoncarbid	6,8	Epoxidharz	1,2...1,3
Glas	2,2...6,3	Polyimid	1,3
Titancarbid	4,9	Siliconkautschuk	1,25
Titanlegierungen	4,4...5,1	Polyurethan-Kautschuk	1,25
Titan	4,5	Polycarbonat	1,20
Aluminiumoxid	3,9	Polymethylmethacrylat	1,18
Magnesiumoxid	3,6	Polyamid	1,01...1,14
Diamant	3,5	Polystyrol	1,05
Siliciumcarbid	3,2	Polyethylen	0,91...0,97
Siliciumnitrid	3,2	Styrol-Butadien-Kautschuk	0,93
Berylliumoxid	3,0	Polypropylen	0,89...0,91
Aluminiumlegierungen	2,6...2,9	Sperrholz	0,80...0,90
Granit	2,9	Spanplatten	0,45...0,75
Steatit	2,6...3,0	Laubholz	0,70...0,72
Basalt	2,8	Nadelholz	0,48...0,62
Aluminium	2,7		

In anwendungstechnischer Hinsicht ist die Dichte zur Beurteilung des Festigkeits-Dichte-Verhältnisses von Strukturwerkstoffen (z. B. Leichtbaumaterialien) von Bedeutung. In Tabelle 9-1 sind die Dichtewerte verschiedener Werkstoffe zusammengestellt.

9.2 Mechanische Eigenschaften

Die mechanischen Eigenschaften kennzeichnen das Verhalten von Werkstoffen gegenüber äußeren Beanspruchungen (siehe 8.1), wobei drei Stadien unterschieden werden können:

1. Reversible Verformung: Vollständiger Rückgang einer Formänderung bei Entlastung entweder sofort (Elastizität) oder zeitlich verzögert (Viskoelastizität).
2. Irreversible Verformung: Bleibende Formänderung auch nach Entlastung (Plastizität, Viskoplastizität).
3. Bruch: Trennung des Werkstoffs infolge der Ausbreitung von Rissen in makroskopischen Bereichen.

Der Widerstand eines Werkstoffs gegen Eindringen eines anderen Körpers wird als Härte bezeichnet und durch prüfverfahrenabhängige Härtekennwerte gekennzeichnet, siehe 11.5.3.

9.2.1 Elastizität

Die Elastizität von Werkstoffen kann mit Hilfe von Spannungs-Verformungs-Diagrammen, die z. B. aus Zug- oder Druckversuchen experimentell bestimmt werden, (siehe 11.5) wie folgt gekennzeichnet werden, siehe Bild 9-2:

Linear-elastisches Verhalten, Bild 9-2 a: Für isotrope Stoffe besteht Proportionalität zwischen der einwirkenden Spannung und der resultierenden Verformung in Form des Hookeschen Gesetzes (siehe Bild 8-2):

$\sigma = E \cdot \varepsilon$ für Normalspannungen (E Elastizitätsmodul)

$\tau = G \cdot \gamma$ für Schubspannungen (G Schubmodul)

$p_0 = K \cdot k$ für hydrostatischen Druck (K Kompressionsmodul).

(Bei anisotropen Stoffen muß im allgemeinen Fall von Spannungs- und Verformungstensoren sowie von richtungsabhängigen elastischen Konstanten ausgegangen werden, vgl. E 5.)

Zwischen den elastischen Konstanten E, G, K und der Poisson-Zahl $\nu = -\varepsilon_{\text{quer}}/\varepsilon_{\text{längs}}$ gelten im isotropen Fall folgende Relationen:

$$E = 3(1 - 2\nu)K\,; \quad E = 2(\nu + 1)G\,.$$

Nach Bild 9-2 a wird beim Entlasten die Verformungsenergie wieder vollständig zurückerhalten. Bei hinreichend kleinen Verformungen ($\varepsilon < 0{,}1\,\%$) sind alle Festkörper linear-elastisch.

Nichtlinear-elastisches Verhalten, Bild 9-2 b: Es besteht keine Proportionalität zwischen der einwirkenden Spannung und der resultierenden Verformung; jedoch wird beim Entlasten die Verformungsenergie auch vollständig zurückerhalten. Ein derartiges Verhalten weist z. B. Gummi bis zu sehr großen Dehnungen (ca. 500 %) auf.

Anelastisches Verhalten, Bild 9-2 c: Die Verformungskurven fallen bei Be- und Entlastung nicht zusammen (elastische Hysterese), so daß Energie entsprechend der schraffierten Fläche in Bild 9-2 c dissipiert wird. Ein anelastisches Verhalten ist z. B. für die Vibrationsdämpfung günstig.

Der E-Modul stellt eine wichtige, die Steifigkeit von Werkstoffen charakterisierende Werkstoffkenngröße dar. In atomistischer Deutung kann der E-Modul mit der Federkonstante $c = \mathrm{d}F/\mathrm{d}s$ der Bindungskraft F zwischen den atomaren Bestandteilen von Festkörpern in Verbindung gebracht und aus der Bindungsenergie-Abstands-Funktion $U(s)$, (vgl. Bild 2-1) gemäß $E = c/s = (\mathrm{d}F/\mathrm{d}s)/s = (\mathrm{d}^2U/\mathrm{d}s^2)/s$ abgeschätzt werden [2]. Als theoretische Obergrenze ergibt sich für die kovalente C-C-Diamantbindung ein Wert von 1 000 kN/mm². Eine Zusammenstellung der E-Moduln technischer Werkstoffe geben Bild 9-3 (S. D 43) und Tabelle 9-2 (S. D 44).

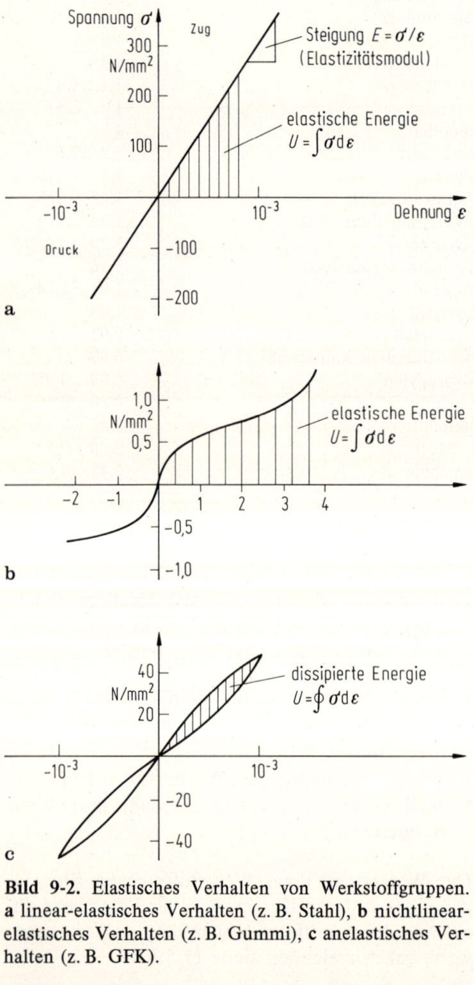

Bild 9-2. Elastisches Verhalten von Werkstoffgruppen. **a** linear-elastisches Verhalten (z. B. Stahl), **b** nichtlinear-elastisches Verhalten (z. B. Gummi), **c** anelastisches Verhalten (z. B. GFK).

9.2.2 Viskoelastizität

Werkstoffe mit nichtkristalliner Mikrostruktur, wie z. B. Polymere, sind beim Einwirken einer konstanten Beanspruchung durch ein zeitabhängiges Verformungsverhalten mit folgenden Deformationsanteilen gekennzeichnet [3], siehe Bild 9-4:

Elastisches Verhalten, d. h. linearer Zusammenhang zwischen Spannung σ_0 und Dehnung ε_{el}:

$$\varepsilon_{\text{el}} = \frac{\sigma_0}{E_0} \quad (E_0 \text{ E-Modul})$$

Viskoses (plastisches) Verhalten, d. h. lineare Abhängigkeit der Dehnung von der Zeit („Fließen"):

$$\varepsilon_{\text{v}} = \frac{\sigma_0}{\eta_0} \cdot t \quad (\eta_0 \text{ Viskosität})$$

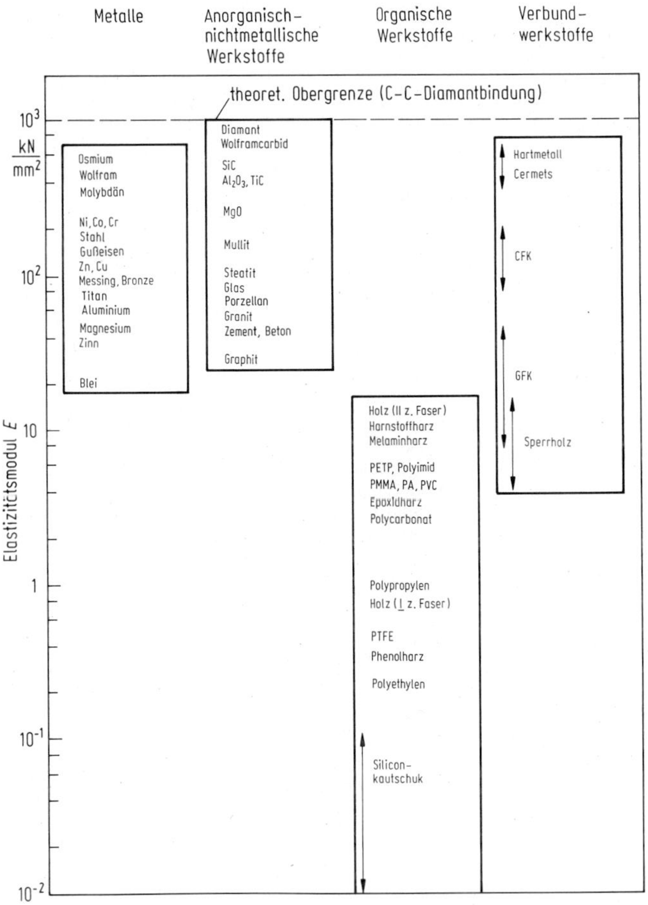

Bild 9-3. Elastizitätsmodul von Werkstoffen: Übersicht nach Werkstoffgruppen.

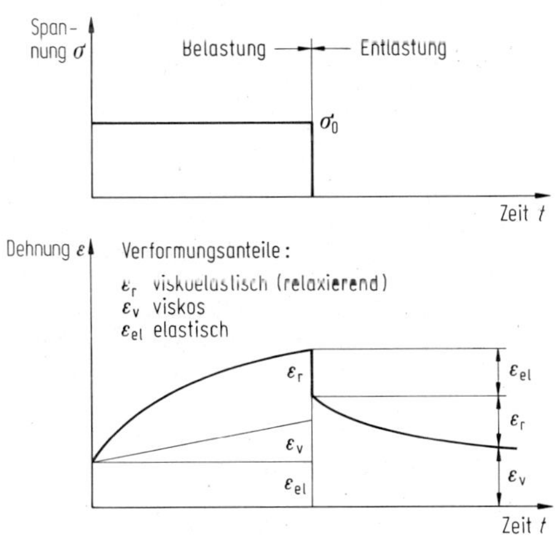

Bild 9-4. Verformungsverhalten von Werkstoffgruppen mit elastischen, viskosen und viskoelastischen Deformationsanteilen.

Viskoelastisches Verhalten, d. h. zeitabhängige reversible Verformung:

$$\varepsilon_r = \frac{\sigma_0}{E_r}\,[1 - \exp(-t/\tau)]$$

(E_r Relaxationsmodul; τ Relaxationszeit)

Als Gesamtverformung ergibt sich:

$$\varepsilon_{ges} = \left(\frac{1}{E_0} + \frac{t}{\eta_0} + \frac{1}{E_r}\,[1 - \exp(-t/\tau)]\right)\sigma_0 .$$

Hiervon ist nur das viskose, plastische Fließen irreversibel, während das viskoelastische Verhalten ein reversibles Kriechen ist. Bei einer (schnellen) Entlastung formt sich die Probe sofort um den elastischen Anteil ε_{el} und verzögert um den relaxierenden Anteil ε_r zurück.
Relaxationsmodul E_r, als Maß für den Widerstand gegen eine viskoelastische Verformung, und Relaxationszeit τ, als Maß für die relaxierende Verfor-

Tabelle 9-2. Elastizitätsmodul von Werkstoffen

Werkstoff	E kN/mm²	Werkstoff	E kN/mm²
Diamant	1000	Marmor	75
Hartmetall	343...667	Aluminiumlegierungen	60...80
Wolframcarbid	450...650	Gold	80
Osmium	560	Quarzglas	75
Cermets	400...530	Aluminium	71
Siliciumcarbid	450	Granit	62
Wolfram	407	Zinn	44
Aluminiumoxid	210...380	Beton	40...45
Titancarbid	250...380	Glasfaserverstärkter Kunststoff	10...45
Molybdän	334	Magnesium	44
Magnesiumoxid	250	Magnesiumlegierungen	40...45
Chrom	250	Graphit	27
Nickellegierungen	158...213	Blei	19
Stahl, ferritisch	108...212	Sperrholz	4...16
Nickel	210	Laubholz, parallel zur Faser	9...12
Kobalt	210	Harnstoffharz	5...9
Kohlenstoffaserverstärkter Kunststoff	70...275	Melaminharz	5...9
Stahl, austenitisch	191...199	Nadelholz, parallel zur Faser	9
Tantal	185	Polyethylenterephthalat	1...5
Gußeisen	64...181	Polyimid	3...5
Platin	170	Polymethylmethacrylat	3...4
Mullit	145	Polyamid	2...4
Zink	128	Polyvinylchlorid	1...3
Titanlegierungen	101...128	Polyesterharz	0,1...4
Zinklegierungen	100...128	Polystyrol	3...3,4
Kupfer	125	Epoxidharz	2...3
Bronze	105...124	Polycarbonat	2...3
Messing	78...123	Laubholz, senkrecht zur Faser	0,6...1
Titan	108	Polypropylen	0,4...0,9
Niob	105	Polytetrafluorethylen	0,4
Steatit	88...98	Phenolharz	0,3
Glas	40...95	Nadelholz, senkrecht zur Faser	0,3
Porzellan	60...90	Polyethylen	0,2
Kalkstein	80	Siliconkautschuk	0,01...0,1

mungsgeschwindigkeit, werden aus Dehnungs-Zeit-Kurven bestimmt.
Das komplexe Verformungsverhalten kann durch Kombination von Federelementen (elastische Deformation) und Dämpfungselementen (viskose Deformation) modelliert werden, siehe Bild 9-5:

— Maxwell-Modell, beschreibt das elastisch-plastische Verhalten durch Hintereinanderschaltung von Feder- und Dämpfungselement.

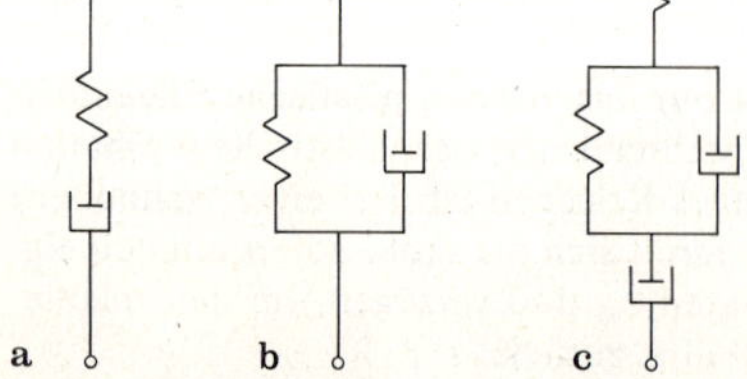

Bild 9-5. Modelle zur Kennzeichnung des komplexen Verformungsverhaltens von Werkstoffen. **a** Maxwell-Modell, **b** Voigt-Kelvin-Modell, **c** Burgers-Modell.

— Voigt-Kelvin-Modell, beschreibt das viskoelastische Verhalten durch Parallelschaltung von Feder- und Dämpfungselement.
— Burgers-(4-Parameter-)Modell, beschreibt das resultierende Gesamtverhalten durch Hintereinanderschalten eines Maxwell- und Voigt-Kelvin-Modells.

Je nachdem, ob Spannung oder Verformung vorgegeben werden, unterscheidet man:
Verformungsrelaxation (Retardation): verzögertes Einstellen der Verformung bei vorgegebener Spannung,
Spannungsrelaxation: allmähliche Abnahme der Spannung in einem Werkstoff bei Aufrechterhaltung einer bestimmten Verformung.

9.2.3 Festigkeit und Verformung

Als Festigkeit wird die Widerstandsfähigkeit eines Werkstoffs oder Bauteils gegen Bruch bezeichnet (Bruchfestigkeit). Die Festigkeit ist hauptsächlich abhängig von:

- Werkstoff (chemische Natur, Bindungen, Mikrostruktur),
- Proben- bzw. Bauteilgeometrie (Form, Rauheit, Kerben),
- Beanspruchungsart,
- Beanspruchungs-Zeit-Funktion (siehe Bild 8-4),
- Temperatur,
- Umgebungsbedingungen (z. B. korrosive Medien).

Die Festigkeit von Werkstoffen wird durch mechanisch-technologische Prüfverfahren bestimmt (siehe 11.5). Die wichtigste Festigkeitsprüfung ist der Zugversuch (DIN EN 10002), bei dem eine Zugprobe definierter Abmessungen (Anfangsquerschnittsfläche S_0, Anfangsmeßlänge L_0) unter vorgegebener Verformungsgeschwindigkeit $\mathrm{d}(L - L_0)/\mathrm{d}t = \mathrm{d}\varepsilon/\mathrm{d}t$ durch eine zunehmende Zugkraft F gedehnt und daraus die Nennspannung $\sigma = F/S_0$ bestimmt wird. Aus einem Zugversuch resultiert ein Spannungs-Dehnungs-(σ,ε-)-Diagramm, siehe Bild 9-6, mit dem die folgenden *Festigkeitsgrößen* definiert werden können:

Dehngrenze (Fließgrenze) R_p: d. i. die Spannung F/S_0 bei beginnender plastischer Verformung.

0,2 %-Dehngrenze $R_{p0,2}$: d. i. F/S_0 bei einer bleibenden Verformung von 0,2 %. Neben $R_{p0,2}$ werden auch die 0,01 %-Dehngrenze (Technische Elastizitätsgrenze) oder die 1 %-Dehngrenze bestimmt. Die 0,2 %-Dehngrenze wird immer dann verwendet, wenn sich der Werkstoff allmählich plastisch verformt, ohne daß eine ausgeprägte Fließgrenze auftritt.

Zugfestigkeit R_m: Belastungsmaximum F_m/S_0.

Werkstoffe mit nicht stetigem Spannungs-Dehnungs-Verlauf (z. B. weicher Stahl, siehe Bild 9-6 b) werden zusätzlich gekennzeichnet durch die Streckgrenze R_{eH}: d. i. die Spannung, bei der mit zunehmender Dehnung die Zugkraft erstmalig gleichbleibt oder abfällt. (Bei größerem Spannungsabfall wird zwischen oberer Streckgrenze R_{eH} und unterer Streckgrenze R_{eL} unterschieden.)

Mit einem Spannungs-Dehnungs-Diagramm werden außerdem verschiedene *Verformungskenngrößen* definiert, wie z. B. die Bruchdehnung A: die auf die Anfangsmeßlänge L_0 bezogene Differenz von Meßlänge nach dem Bruch (L_u) und Anfangsmeßlänge (L_0): $A = (L_u - L_0)/L_0$, sowie die Brucheinschnürung Z: größte Querschnittsänderung ΔS bezogen auf den Anfangsquerschnitt S_0, $Z = \Delta S/S_0$.

Aus den Spannungs-Dehnungs-Diagrammen kann weiterhin die Verformungsarbeit

$$W = \int_0^{\varepsilon t} \sigma \, \mathrm{d}\varepsilon$$

bestimmt werden.

Die Festigkeitskennwerte des Zugversuchs bilden eine Grundlage für die Dimensionierung von Bauteilen und die Abschätzung der Belastbarkeit von Konstruktionen. Verformungskennwerte gestatten die Beurteilung der Duktilität des Werkstoffs bei der Umformung. In Tabelle 9-3 (S. D 46) sind Daten der Zugfestigkeit R_m für zahlreiche Werkstoffe zusammengestellt. Einen Vergleich der Zugfestigkeit von Werkstoffen aus den grundlegenden Werkstoffklassen gibt Bild 9-7 (S. D 47).

Die Festigkeitswerte hängen von der Mikrostruktur der Werkstoffe ab. Für fehlerfreie Kristalle kann aus den Bindungsenergien abgeschätzt werden, daß die maximale theoretische Trennfestigkeit von Kristallgitterebenen etwa den Wert $E/15$ aufweist. Während die gemessenen Festigkeiten von Diamant und einigen kovalenten Kristallen annähernd dem entsprechende hohe Werte erreichen, liegen die gemessenen Festigkeiten von Metallen weit unter diesem Niveau und zwar bis um einen Faktor 10^5. Die gegenüber fehlerfreien Kri-

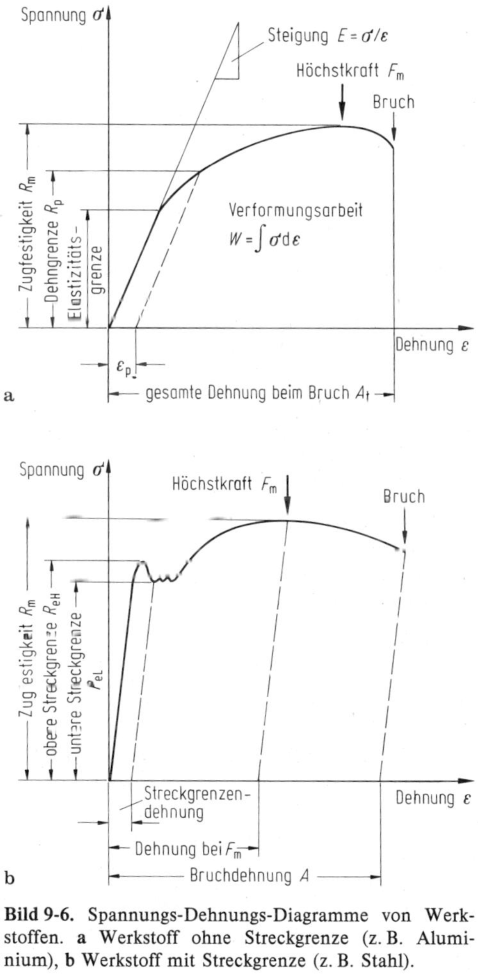

Bild 9-6. Spannungs-Dehnungs-Diagramme von Werkstoffen. **a** Werkstoff ohne Streckgrenze (z. B. Aluminium), **b** Werkstoff mit Streckgrenze (z. B. Stahl).

Tabelle 9-3. Zugfestigkeit von Werkstoffen

Werkstoff	R_m N/mm²	Werkstoff	R_m N/mm²
Glasfasern	3 100...4 800	Polyethylenterephthalat	170...240
Borfasern	3 400...4 100	Platin	110...220
SiC-Fasern	2 400...3 800	Tantal	220
C-Fasern	1 500...3 500	Magnesium	150...200
Aramidfasern	660...2 800	Polyimid	100...300
Höchstfeste Stähle	1 300...2 100	Aluminium	40...160
Titanlegierungen	540...1 300	Zink	100...150
Nickellegierungen	540...1 275	Epoxidharz	30...120
Wolfram	400...1 500	Pflanzenfasern	50...120
Tantallegierungen	400...1 100	Polyesterharz	10...90
Stahl, ferritisch	440...930	Steatit	50...80
Cermets	900	Polymethylmethacrylat	40...70
Molybdän	470...1 000	Polycarbonat	60
Nickel	370...800	Polystyrol	40...60
Messing	140...780	Polyvinylchlorid	45...60
Stahl, austenitisch	440...750	Polyamid	40...80
Titan	300...740	Phenolharz	50
Aluminiumlegierungen	300...700	Porzellan	15...40
Kohlenstoffaserverstärkter Kunststoff	640...670	Polyethylen	25...30
Zinklegierungen	200...500	Polypropylen	25...35
Gußeisen	140...490	Melaminharz	30
Stahlbeton	410	Zinn	15...30
Kupferlegierungen	200...400	Basalt	15...25
Niob	200...350	Polytetrafluorethylen	15...25
Bronze	200...320	Harnstoffharz	25
Magnesiumlegierungen	100...350	Granit	10...20
Glasfaserverstärkter Kunststoff	100...300	Blei	10...20
Gold	130...280		

stallen niedrigen Festigkeiten sind im Vorhandensein von Versetzungen begründet (vgl. 2.2). Der Grundvorgang der Kristallplastizität besteht im Abgleiten von Versetzungen, wobei Gitterebenen nicht gleichzeitig, sondern nacheinander geschert werden. Die beim Einsetzen einer plastischen Verformung (Fließgrenze) gemessenen Schubspannungen stimmen gut mit theoretisch berechneten Spannungen τ_{theor} zum Bewegen von Versetzungen überein:

$$\tau_{\text{theor}} = G \cdot b / 2\varrho^{1/2}$$

G Schubmodul
b Betrag des Burgers-Vektors
ϱ Versetzungsdichte

Bei kovalenten und heteropolaren Kristallen resultieren hohe Schubspannungen, da bei der Versetzungsbewegung starke gerichtete Bindungen gebrochen werden, bzw. sich mit der Versetzung Atome gleicher Ladung aneinander vorbei bewegen. In Metallen sind dagegen Versetzungen leicht beweglich, da die metallische Bindung weder gerichtet ist noch Ionen aufweist. Die in (geglühten) Metallkristallen normalerweise vorliegende Versetzungsdichte von 10^6 bis $10^8\,\text{cm}^{-2}$ kann bei einer plastischen Deformation durch den sog. Frank-Read-Mechanismus (Versetzungsmultiplikation) auf $\varrho = (10^{10} \ldots 10^{12})\,\text{cm}^{-2}$ ansteigen. Hierdurch erhöht sich τ_{theor}, und es tritt eine Festigkeitssteigerung (Verfestigung) ein.

Die Abgleitung von Versetzungen bei der plastischen Deformation von Metallen erfolgt längs bestimmter kristallographischer Ebenen (Gleitebenen) in bestimmten Gleitrichtungen. Die aus Gleitebene und Gleitrichtung bestehenden Gleitsysteme sind für Gittertyp und Bindungsart charakteristisch, z. B.:

- kubisch flächenzentriertes (kfz) Gitter: {111}-Gleitebenen; ⟨110⟩-Gleitrichtungen
- kubisch raumzentriertes (krz) Gitter: {110}-Gleitebenen; ⟨111⟩-Gleitrichtungen
- hexagonal dichtgepacktes (hdp) Gitter: {0001}-Gleitebenen; ⟨11$\bar{2}$0⟩-Gleitrichtungen

Das plastische Verformungsverhalten einer Kristallstruktur wird wesentlich durch die Zahl und die Besetzungsdichte der Gleitsysteme bestimmt. Metalle mit kfz Gitter besitzen vier {111}-Gleitebenen mit jeweils drei ⟨110⟩-Gleitrichtungen, so daß bei kfz Metallen in jedem Korn 12 voneinander unabhängige Gleitmöglichkeiten für Versetzungsbewegungen bestehen. Da außerdem die atomare Belegungsdichte in diesen Gleitebenen sehr groß ist, besitzen kfz Metalle eine bessere plastische Verformbarkeit als krz oder hdp Metalle.

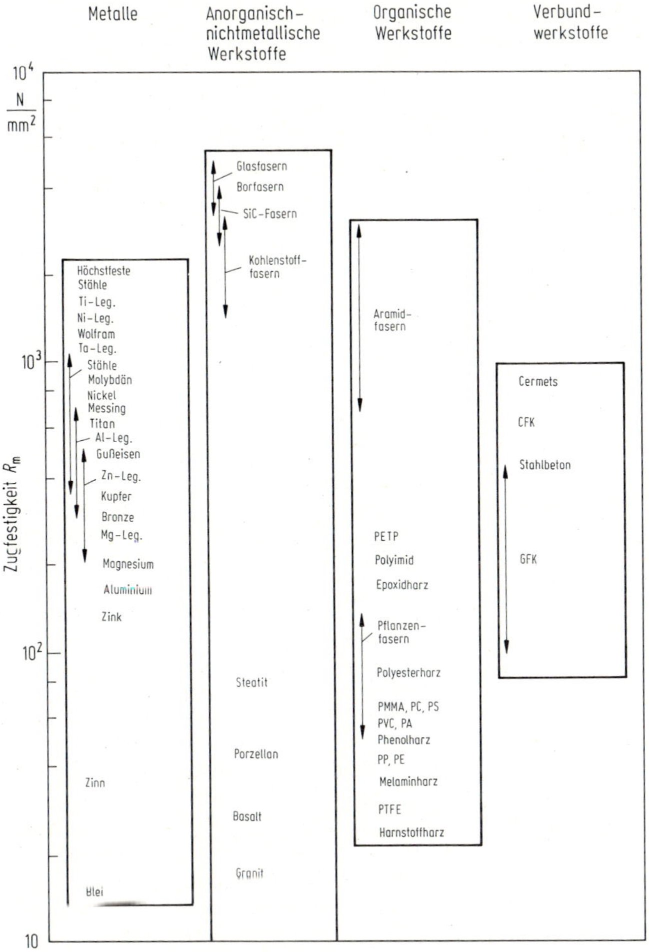

Bild 9-7. Zugfestigkeit von Werkstoffen: Übersicht nach Werkstoffgruppen.

9.2.4 Kriechen und Zeitstandverhalten

Als Kriechen wird die bei konstanter Langzeitbeanspruchung auftretende, von der Zeit t und der Temperatur T abhängige Verformung $\varepsilon = f(\sigma, t, T)$ bezeichnet. Ursache des Kriechens sind thermisch aktivierte Prozesse (z. B. Versetzungs- und Korngrenzenbewegungen), die bei Temperaturen einsetzen, die von der Werkstoffart und der Schmelztemperatur T_m (bzw. der Glastemperatur T_g) abhängig sind:

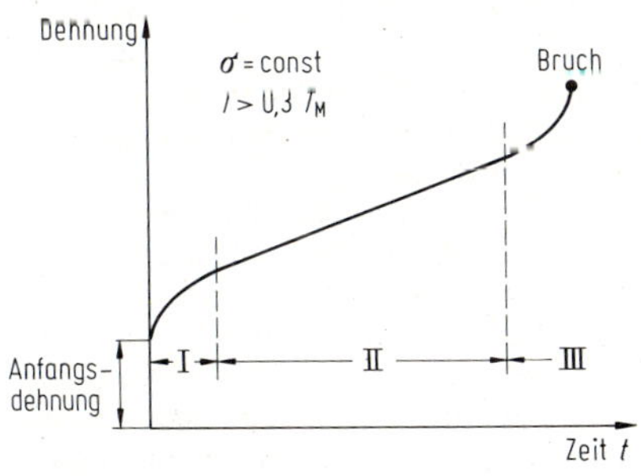

Bild 9-8. Kriechkurve: Schematische Darstellung des zeitabhängigen Verformungsverhaltens.

$T > (0{,}3 \ldots 0{,}4)\,T_m$ (Metalle)

$T > (0{,}4 \ldots 0{,}5)\,T_m$ (keramische Werkstoffe)

Die zeitabhängige Verformung beim Kriechen $\varepsilon = f(t)$ wird in Zeitstandversuchen (σ = const, T = const) untersucht und in Form von Kriechkurven dargestellt, die i. allg. drei Bereiche zeigen, siehe Bild 9-8:

I. Primär- oder Übergangskriechen
Die anfängliche plastische Deformation führt zu einer Werkstoffverfestigung, deren Wirkung die gleichzeitig ablaufenden Entfestigungsvorgänge übersteigt, so daß die Kriechgeschwindigkeit abnimmt und das Kriechen durch eine logarithmische Funktion beschrieben werden kann

$$\varepsilon_I = \alpha \cdot \log t$$

II. Sekundär- oder stationäres Kriechen
Es besteht ein dynamisches Gleichgewicht zwischen Verfestigung und Entfestigung; die zeitproportionale Zunahme der makroskopischen Dehnung $\varepsilon = k \cdot t$ wird durch gerichtetes Korngrenzengleiten und diffusionsgesteuertes Versetzungsklettern bewirkt. Die stationäre Kriechgeschwindigkeit $\dot{\varepsilon}_s$ wird durch eine empirisch bestimmte Gleichung vom Arrhenius-Typ beschrieben:

$$\dot{\varepsilon}_s(\sigma, T) = A\sigma^n \exp(-Q/RT), \quad (n \approx 5)$$

Die Konstanten A und Q (Aktivierungsenergie) sind werkstoffabhängig und müssen experimentell bestimmt werden; R ist die universelle Gaskonstante.

III. Tertiär- oder beschleunigtes Kriechen
Rasch zunehmende Kriechdehnung durch irreversible Werkstoffveränderungen und (reale) Spannungserhöhung als Folge lokaler Einschnürungen (z. B. durch Porenbildung nach Korngrenzengleiten) und Einleitung des Kriechbruchs. Die Bruchzeit t_B als Funktion der vorgegebenen Spannung σ wird in Zeitstandversuchen ermittelt und kann in einem Zeitstanddiagramm als Zeitbruchlinie bzw. Zeitdehnlinie über einer logarithmischen Zeitachse dargestellt werden.
Das Kriechen der Werkstoffe ist mit einer *Spannungsrelaxation*, d. h. dem zeitabhängigen, durch plastische Bauteilverlängerung bedingten Nachlassen einer durch Vorstreckung in eine Konstruktion eingebrachten Spannung verknüpft. (Aus diesem Grund müssen z. B. Schraubenverbindungen von Metallkonstruktionen bei Betriebstemperaturen über $0{,}3\,T_m$ regelmäßig nachgezogen werden.)

9.2.5 Ermüdung und Wechselfestigkeit

Mit Ermüdung (oder Zerrüttung) wird das Werkstoffversagen unter wechselnder bzw. schwingender Beanspruchung bezeichnet, das durch Rißbildung und Dauerbruch gekennzeichnet ist und weit unterhalb der statischen Bruchfestigkeit R_m oder der Fließgrenze R_p auftreten kann.
Ermüdung besteht mikroskopisch in einer Zusammenballung hin- und hergleitender Versetzungslinien zu Gleitbändern mit zell- oder leiterförmigen Versetzungsstrukturen. Sie macht sich makroskopisch als Verfestigung bemerkbar und verändert die Probekörper-Oberflächentopographie durch Bildung von Scherlippen (Extrusionen und Intrusionen), die als Rißkeime wirken. Anrisse, die an der Oberfläche insbesondere an fehlerhaften Stellen mit Kerbwirkung gebildet werden, können schrittweise weiterwachsen, falls die Bedingungen zur Rißausbreitung gegeben sind. Hierdurch wird der Anfangsquerschnitt vermindert; der Restquerschnitt versagt schließlich durch Gewaltbruch. Je nach Beanspruchungsart und Werkstoffbeschaffenheit können die folgenden hauptsächlichen Kategorien der Ermüdung unterschieden werden:

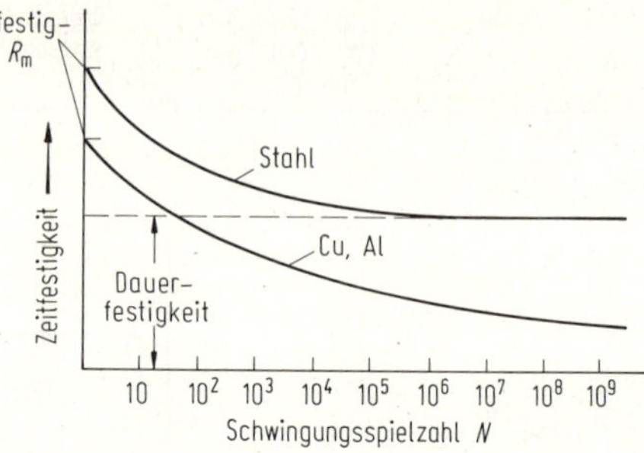

Bild 9-9. Wöhler-Kurve zur Kennzeichnung der Wechselfestigkeit.

- Ermüdung ohne Anriß: Ein Riß existiert anfänglich nicht; der Bruch wird durch die Mechanismen der Rißerzeugung bestimmt;
- Ermüdung mit Anriß: Rißkeime oder Anrisse existieren; der Bruch wird durch die Mechanismen der Rißausbreitung bestimmt;
- Ermüdung bei Dauerschwingbeanspruchung (high cycle fatigue, HCF): Ermüdung bei Spannungen unterhalb der makroskopischen Fließgrenze R_p; Bruchlastspielzahl $> 10^4$;
- Ermüdung bei Niedriglastspielzahl (low cycle fatigue, LCF): Ermüdung bei Spannungen oberhalb der makroskopischen Fließgrenze R_p; Bruchlastspielzahl $< 10^4$.

Das Ermüdungsverhalten bzw. die Wechselfestigkeit eines Werkstoffs wird bei Zug-Druck-, Biegungs- oder Torsionsbeanspruchung unter definierten Schwingbeanspruchungs-Zeit-Funktionen (siehe Bild 8-4) im Dauerschwingversuch experimentell bestimmt (siehe 11.5.1) und in Form einer Wöhler-Kurve (Spannungs-Schwingspielzahl-Kurve) dargestellt, siehe Bild 9-9.
Der maximale statische Festigkeitswert (z. B. Zugfestigkeit R_m) nimmt mit zunehmender Schwingspielzahl N ab („Zeitfestigkeit"). Während bei einigen Werkstoffen, wie z. B. reinem Kupfer oder Aluminium ein Dauerbruch auch noch nach sehr hohen Schwingspielzahlen (bei entsprechend kleinen Schwingungsamplituden) auftritt, weisen andere Werkstoffe, wie z. B. die meisten Stahl- und einige Aluminiumlegierungen eine „Dauerfestigkeit" (horizontaler Kurvenabschnitt) auf: Für Schwingungsamplituden unterhalb einer kritischen Grenze tritt auch nach beliebig vielen Schwingspielen kein Bruch auf, der Werkstoff besitzt eine Dauerbruchfestigkeit. Für die Wechselfestigkeit ist der effektiv wirkende Spannungszustand, der aus der Überlagerung der äußeren Beanspruchungen mit den im Bauteil existierenden Eigenspannungen und den an der Bauteiloberfläche vorhandenen lokalen Spannungsfeldern von Oberflächenfehlern und Kerben resultiert, von maßgebender Bedeutung. Allgemein gilt,

daß für die meisten Werkstoffe das Verhältnis von Wechselfestigkeit σ_w und Streckgrenze R_p in einem breiten Bereich variieren kann [4]:

$$0{,}2 < \frac{\sigma_w}{R_p} < 1{,}2\,.$$

9.2.6 Bruchmechanik

Die Bruchmechanik geht vom Vorhandensein von Werkstoffehlern in Form rißartiger Fehlstellen aus und untersucht den Widerstand des Werkstoffs gegenüber der Rißausbreitung. In der linear-elastischen Bruchmechanik wird angenommen, daß der Werkstoff sich bis zum Bruch makroskopisch elastisch verhält; der Zusammenhang zwischen einem Riß mit vorgegebenen Abmessungen und der größten Spannung, die ohne Rißausbreitung ertragbar ist, wird mit elastizitätstheoretischen Methoden untersucht.

Bei einer Platte mit einem Innenriß der Länge $2a$, die rechtwinklig zur Rißfläche durch eine Normalspannung σ belastet wird, tritt Rißausbreitung und Sprödbruch ein, wenn die Normalspannung den Wert

$$\sigma_B = \frac{K_{Ic}}{Y(\pi a)^{1/2}}$$

erreicht, wobei

K_{Ic} Spannungsintensitätsfaktor oder Bruchzähigkeit (bei Schubspannungen τ gelten die Werte K_{IIc} oder K_{IIIc}, siehe Bild 9-10)

Y Korrekturfaktor zur Kennzeichnung der Einflüsse von Bauteilgeometrie und Rißkonfiguration.

Die Bruchzähigkeit K_{Ic} ist eine Werkstoffkenngröße, die experimentell bestimmt werden kann, indem ein Riß bekannter Länge in eine Probe ein gebracht wird und diese so lange belastet wird, bis

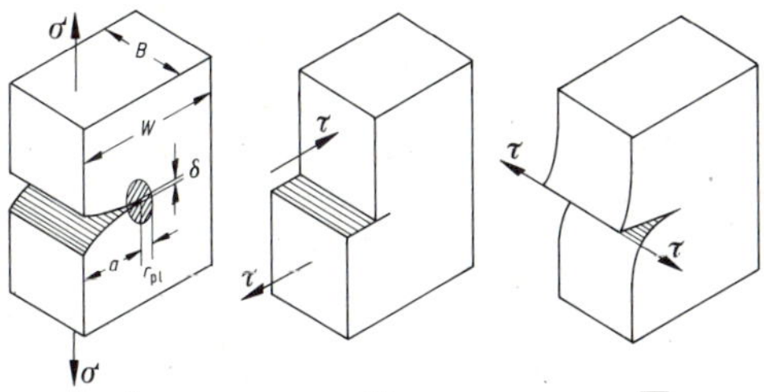

Bild 9-10. Bruchmechanik: Hauptbeanspruchungsfälle bei der Rißausbreitung.

Sprödbruch auftritt, siehe 11.5.2. In Tabelle 9-4 sind Daten für die Bruchzähigkeit für zahlreiche Werkstoffe zusammengestellt; Bild 9-11 (S. D 50) gibt einen Vergleich von K_c-Werten für die verschiedenen Werkstoffklassen. Aus der Kenntnis der Bruchzähigkeit kann nach obiger Gleichung bei bekannter maximaler Rißgröße die maximal zulässige Belastung, bzw. bei vorgegebener Belastung die maximal zulässige Rißgröße abgeschätzt werden.

Der theoretische Ansatz der linear-elastischen Bruchmechanik gilt nur für extrem spröde Werkstoffe (Glas, Keramik). Bei den meisten Werkstoffen bildet sich an der Rißspitze jedoch eine plastische Zone (gekennzeichnet durch den Radius r_{pl}, siehe Bild 9-10), so daß in obiger Gleichung eine „effektive Rißlänge"

$$a_{eff} = a + r_{pl}$$

einzusetzen ist. Bei größeren plastischen Verformungen an der Rißspitze ($r_{pl}/a > 0{,}2$) muß von Konzepten der elastoplastischen Bruchmechanik ausgegangen werden. Nach dem COD-Konzept (crack opening displacement) tritt eine irreversible

Tabelle 9-4. Bruchzähigkeit von Werkstoffen (nach Ashby und Jones, 1986)

Werkstoff	K_c $MNm^{-3/2}$	Werkstoff	K_c $MNm^{-3/2}$
Reinmetalle, duktil (z. B. Al, Cu, Ni)	100...350	Siliciumcarbid	3
Stahl für Rotoren	204...214	Granit	3
Stahl für Druckbehälter	170	Polypropylen	3
Stahl, hochfest	50...154	Polyamid	3
Stahl, niedrig legiert	140	Polycarbonat	1...2,6
Titanlegierungen	55...115	Polyethylen	1...2
Glasfaserverstärkter Kunststoff	20...60	Polystyrol	2
Aluminiumlegierungen	23...45	Polymethylmethacrylat	0,9...1,4
Kohlenstoffaserverstärkter Kunststoff	32...45	Steatit	1
Gußeisen	6...20	Holz, parallel zur Faser	0,5...1
Cermets	14...16	Sandstein	0,9
Stahlbeton	10...15	Marmor	0,9
Holz, senkrecht zur Faser	11...13	Glas	0,7...0,8
Aluminiumoxid	3...5	Polyesterharz	0,5
Siliciumnitrid	4...5	Epoxidharz	0,3...0,5
Magnesiumoxid	3	Zement	0,2

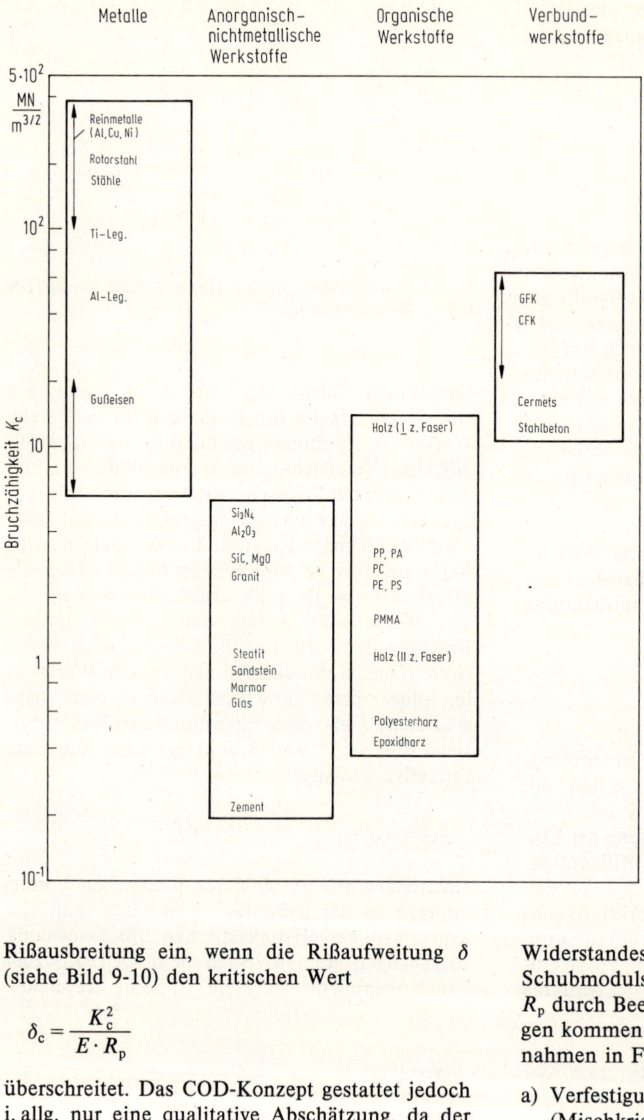

Bild 9-11. Bruchzähigkeit von Werkstoffen: Übersicht nach Werkstoffgruppen.

Rißausbreitung ein, wenn die Rißaufweitung δ (siehe Bild 9-10) den kritischen Wert

$$\delta_c = \frac{K_c^2}{E \cdot R_p}$$

überschreitet. Das COD-Konzept gestattet jedoch i. allg. nur eine qualitative Abschätzung, da der elastisch-plastische Übergang experimentell nicht einfach zu bestimmen ist. Neben dem COD-Konzept wird auch versucht, das elastisch-plastische Rißspitzenverhalten durch das sog. J-Integral, ein Linienintegral um das Spannungs-Dehnungsfeld der Rißspitze zu kennzeichnen.

9.2.7 Maßnahmen zur Festigkeitssteigerung

Maßnahmen zur Festigkeitssteigerung plastisch verformbarer Werkstoffe, d. h. vor allem der Metalle, müssen die Gitterfehler beeinflussen, da die Verformung von der Existenz und der Beweglichkeit von Versetzungen, gekennzeichnet durch den Burgers-Vektor $\boldsymbol{b}$, abhängt. Für die Steigerung des Widerstandes eines kristallinen Werkstoffs des Schubmoduls G gegen plastische Formänderung R_p durch Beeinflussung von Versetzungsbewegungen kommen im wesentlichen die folgenden Maßnahmen in Frage [5]:

a) Verfestigung durch gelöste Fremdatome (Mischkristallhärtung): Verankerung von Versetzungslinien durch eingelagerte Fremdatome (z. B. Zwischengitteratome) mit einem Fremdatomgehalt c (mol/m³) kann zur Festigkeitssteigerung

$$\Delta R \sim \sqrt{c}$$

führen.

b) Verfestigung durch schneidbare Teilchen (Ausscheidungshärtung): Durch Ausscheidung von Teilchen mit einem Teilchenradius r_T, die mit der Grundmatrix „kohärent" sind, d. h. von Versetzungen geschnitten werden können, kann eine Festigkeitssteigerung

$$\Delta R \sim \sqrt{r_T}$$

erzielt werden.

c) Verfestigung durch nichtschneidbare Teilchen (Dispersionshärtung): Ausscheidung (z. B. durch eutektische Kristallisation) oder (pulvermetallurgische) Einlagerung von Teilchen mit dem Abstand L_T, die von Versetzungen nicht geschnitten werden können, kann eine Festigkeitssteigerung

$$\Delta R \sim Gb/L_T$$

ergeben.

d) Verfestigung durch Versetzungen (Verformungsverfestigung): Erhöhung der Versetzungsdichte n_v durch Verformung (z. B. durch Umformen, Hämmern, usw.) ergibt eine Festigkeitssteigerung

$$\Delta R \sim Gb\sqrt{n_v}$$

e) Verfestigung durch Korngrenzen (Feinkornhärtung): Behinderung der Versetzungsbewegung nimmt mit abnehmender Korngröße L_K zu und führt nach Hall-Petch zu einer Festigkeitssteigerung

$$\Delta R \sim 1/\sqrt{L_K}$$

9.3 Thermische Eigenschaften

9.3.1 Wärmekapazität und Wärmeleitfähigkeit

Bei Zufuhr thermischer Energie, gekennzeichnet durch die Wärmemenge Q, stellt sich in allen Körpern eine Temperaturerhöhung $\mathrm{d}T$ ein. Die (materialabhängige) *Wärmekapazität* C und die spezifische Wärmekapazität c sind definiert durch

$$C = \frac{\mathrm{d}Q}{\mathrm{d}T} \quad \text{bzw.} \quad c = \frac{1}{m} \cdot \frac{\mathrm{d}Q}{\mathrm{d}T}$$

m Masse des Körpers.

Der Transport thermischer Energie in einem Festkörper wird als Wärmeleitung bezeichnet. Für die in der Zeit $\mathrm{d}t$ in einem Temperaturgefälle $\mathrm{d}T/\mathrm{d}x$ durch die Fläche A strömende Wärmemenge $\mathrm{d}Q$ gilt im stationären Fall die Beziehung

$$\frac{\mathrm{d}Q}{\mathrm{d}T} = -\lambda \cdot A \cdot \frac{\mathrm{d}T}{\mathrm{d}x},$$

λ ist die *Wärmeleitfähigkeit* des Stoffes. Sie ist abhängig von chemischer Natur, Bindungsart und Mikrostruktur eines Werkstoffs. Eine Zusammen-

Tabelle 9-5. Wärmeleitfähigkeit von Werkstoffen

Werkstoff	λ W/(m·K)	Werkstoff	λ W/(m·K)
Kupfer	395	Stahl, austenitisch	13...17
Gold	312	Siliciumnitrid	10...25
Aluminiumlegierungen	121...237	Titanlegierungen	7...20
Aluminium	231	Marmor	2,6...3,0
Wolfram	162	Kalkstein	2,3
Messing	55...160	Sandstein	1,7...2,2
Magnesiumlegierungen	70...155	Quarzglas	1,4
Magnesium	170	Schamottestein	1,2
Molybdän	140	Silikatstein	1,2
Diamant	140	Porzellan	0,8...1,4
Siliciumcarbid	90...125	Glas	0,7...1,1
Wolframcarbid	30...90	Polyethylen	0,33...0,57
Zink	113	Glasfaserverstärkter Kunststoff	0,31...0,44
Zinklegierungen	95...113	Polyimid	0,37...0,52
Kobalt	95	Nadelholz, parallel zur Faser	0,40
Nickel	90	Harnstoffharz	0,35...0,7
Chrom	90	Melaminharz	0,35...0,7
Hartmetall	10...90	Phenolharz	0,35...0,7
Bronze	45...75	Polyamid	0,25...0,35
Platin	70	Polytetrafluorethylen	0,25
Zinn	66	Polyoxymethylen	0,24
Stahl, ferritisch	30...60	Polyethylenterephthalat	0,24
Gußeisen	30...60	Polypropylen	0,23
Tantal	55	Polycarbonat	0,20
Aluminiumoxid	25...35	Polyesterharz	0,12...0,20
Blei	35	Epoxidharz	0,20
Cermets	30...34	Nadelholz, senkrecht zur Faser	0,20
Nickellegierungen	10...90	Polymethylmethacrylat	0,19
Titan	22	Polyvinylchlorid	0,17
Titancarbid	21	Polystyrol	0,17
Zirkoncarbid	21,2	Spanplatten	0,07...0,14

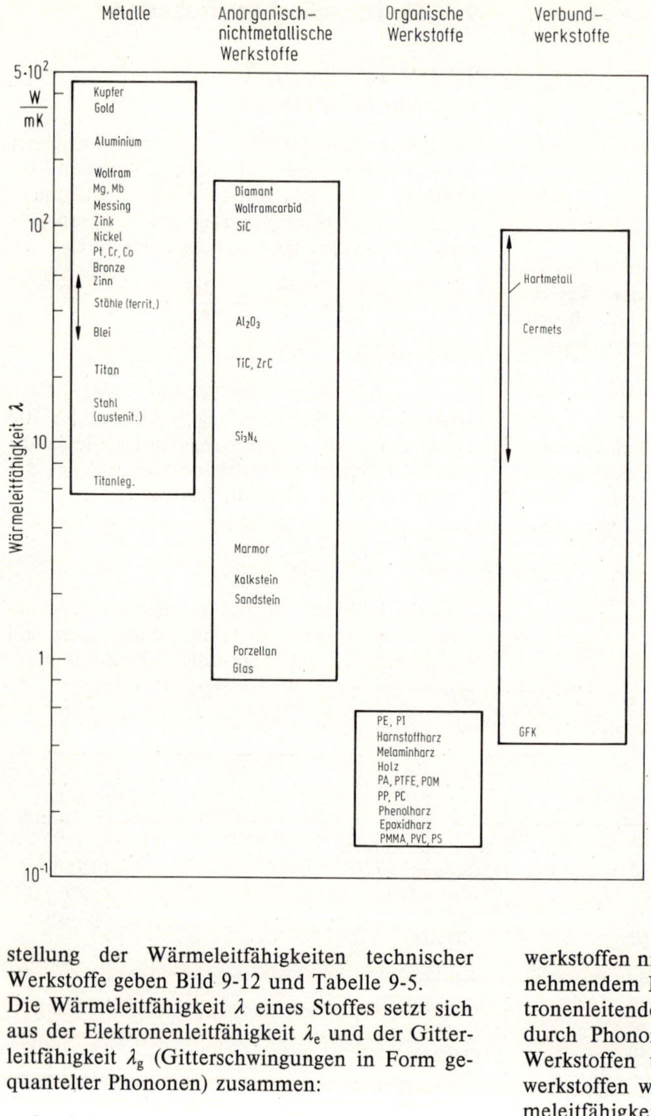

Bild 9-12. Wärmeleitfähigkeit von Werkstoffen: Übersicht nach Werkstoffgruppen.

stellung der Wärmeleitfähigkeiten technischer Werkstoffe geben Bild 9-12 und Tabelle 9-5.
Die Wärmeleitfähigkeit λ eines Stoffes setzt sich aus der Elektronenleitfähigkeit λ_e und der Gitterleitfähigkeit λ_g (Gitterschwingungen in Form gequantelter Phononen) zusammen:

$$\lambda = \lambda_e + \lambda_g .$$

In Metallen überwiegt infolge der hohen Elektronenbeweglichkeit die Elektronenleitfähigkeit λ_e. Das Verhältnis von thermischer zu elektrischer Leitfähigkeit σ_e ist abhängig von der absoluten Temperatur T und wird beschrieben durch das in weiten Bereichen experimentell gut bestätigte Wiedemann-Franz-Gesetz

$$\frac{\lambda_e}{\sigma_e} = L \cdot T$$

L Lorenz-Koeffizient ($\approx 2{,}4 \cdot 10^{-8}\,\mathrm{V^2K^2}$ für Metalle bei Raumtemperatur)

Störungen der Kristallstruktur (z. B. bei Mischkristallen) und Gitterfehlstellen (z. B. Leerstellen, Versetzungen) reduzieren λ. Auch in Polymerwerkstoffen nimmt die Wärmeleitfähigkeit mit abnehmendem Kristallisationsgrad ab. In nichtelektronenleitenden Kristallen wird die Wärme nur durch Phononen transportiert. Bei keramischen Werkstoffen und anderen porenhaltigen Sinterwerkstoffen wird eine lineare Abnahme der Wärmeleitfähigkeit mit steigender Porosität beobachtet.

9.3.2 Thermische Ausdehnung

Als thermische Ausdehnung bezeichnet man die durch Temperaturänderung $\mathrm{d}T$ bewirkte Längenausdehnung $\mathrm{d}l$ oder Volumenausdehnung $\mathrm{d}V$ eines Stoffes:

$$\mathrm{d}l = \alpha \cdot l_0\,\mathrm{d}T; \quad \mathrm{d}V = \beta \cdot V_0 \cdot \mathrm{d}T$$

Die thermischen Ausdehnungskoeffizienten

$$\alpha = \frac{1}{l_0}\left(\frac{\mathrm{d}l}{\mathrm{d}T}\right); \quad \beta = \frac{1}{V_0}\left(\frac{\mathrm{d}V}{\mathrm{d}T}\right)$$

sind werkstoffspezifisch und im Hinblick auf temperaturbedingte Veränderungen von Bauteilab-

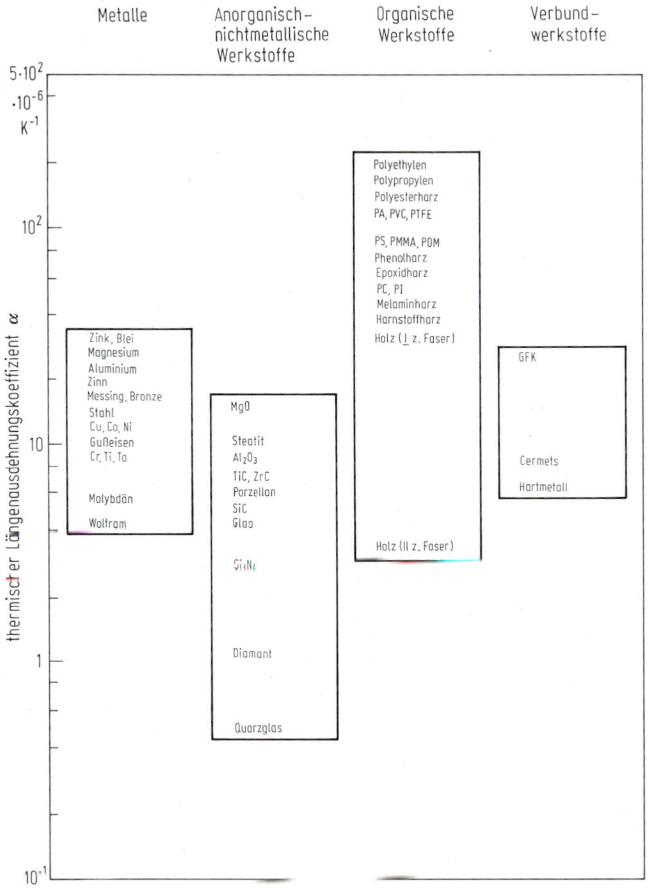

Bild 9-13. Thermischer Längenausdehnungskoeffizient von Werkstoffen: Übersicht nach Werkstoffgruppen.

messungen und Passungstoleranzen, thermisch bedingte Eigenspannungen oder die unterschiedliche Ausdehnung der Komponenten von Verbundwerkstoffen von technischer Bedeutung. Eine Zusammenstellung des thermischen Längenausdehnungskoeffizienten technischer Werkstoffe geben Bild 9-13 und Tabelle 9-6 (S. D 54).
Die gesamte thermische Volumenvergrößerung vom absoluten Nullpunkt bis zum Schmelzpunkt beträgt für kristalline Stoffe etwa 6 bis 7%, die Längenausdehnung etwa 2% (Grüneisensche Regel). Ursache der Volumen- und Längenänderung ist die mit zunehmender Temperatur wachsende (unsymmetrische) Schwingungsamplitude der atomaren Bestandteile der Werkstoffe. Stoffe mit hoher Bindungsenergie (bzw. Schmelztemperatur) haben kleinere Schwingungsamplituden und damit niedrigere α- und β-Werte als Stoffe mit niedriger Bindungsenergie (bzw. Schmelztemperatur). Bei bestimmten Legierungen (z. B. Invar, einer Fe-Legierung mit 25 Atom-% Ni) ist die thermische Ausdehnung bei Raumtemperatur vernachlässigbar klein ($\alpha = 0$): die thermische Ausdehnung wird kompensiert durch eine Kontraktion (Volumenmagnetostriktion), die durch Entmagnetisierung mit zunehmender Temperatur hervorgerufen wird.

9.3.3 Schmelztemperatur

Die Schmelztemperatur (oder bei nichtkristallinen Stoffen das Schmelztemperaturintervall) kennzeichnet den durch Zuführung thermischer Energie (Schmelzwärme) bewirkten und i. allg. mit einer Volumenzunahme verbundenen Übergang eines festen Stoffes in den flüssigen Aggregatzustand. Beim Schmelzen zerfällt durch die thermische Anregung die Festkörperstruktur, und die atomaren Bestandteile erhalten freie Beweglichkeit (Übergang Fernordnung/Nahordnung). Je größer die Bindungsenergie der atomaren Festkörperbestandteile, desto mehr thermische Energie ist zum Schmelzen erforderlich: kristalline Polymere mit schwachen Nebenvalenzbindungen schmelzen bei erheblich niedrigeren Temperaturen als Kristalle mit starker metallischer oder kovalenter Bindung.

Tabelle 9-6. Thermischer Längenausdehnungskoeffizient von Werkstoffen

Werkstoff	α 10^{-6}/K
Polyethylen	150...250
Polypropylen	150...200
Polyoxymethylen	110...130
Polyesterharz	100...300
Polytetrafluorethylen	100...160
Polyamid	70...150
Polyvinylchlorid	70...100
Polystyrol	80
Polymethylmetacrylat	70...80
Phenolharz	60...70
Epoxidharz	60...70
Polycarbonat	65
Polyimid	50...60
Harnstoffharz	40...60
Melaminharz	20...60
Nadelholz, senkrecht zur Faser	32...43
Laubholz, senkrecht zur Faser	30...38
Blei	31
Zink	26
Zinklegierungen	24...28
Magnesium	26
Magnesiumlegierungen	20...26
Glasfaserverstärkter Kunststoff	25
Aluminium	24
Aluminiumlegierungen	18,5...24,0
Zinn	23
Messing	17,5...19,1
Bronze	16,8...18,8
Stahl, austenitisch	16...17
Kupfer	16,8
Gold	14,2
Kobalt	13
Nickellegierungen	11...18
Magnesiumoxid	10...14
Nickel	13
Stahl, ferritisch	10,5...13,0
Gußeisen	9...12
Steatit	8...10
Titanlegierungen	8,6...9,3
Platin	9,0
Cermets	8,3...8,9
Titan	8,5
Aluminiumoxid	7...8
Hartmetall	5...8
Titancarbid	7,4
Niob	7,1
Zirkoncarbid	6,7
Chrom	6,6
Osmium	6,6
Tantal	6,6
Porzellan	3...6,5
Siliciumcarbid	4...5
Glas	3,5...5,5
Molybdän	5
Wolfram	4,5
Nadelholz, parallel zur Faser	3,2...4,3
Laubholz, parallel zur Faser	2,9...3,8
Siliciumnitrid	2,8
Diamant	0,9...1,2
Quarzglas	0,5...0,6

Tabelle 9-7. Schmelztemperatur von Werkstoffen (G: Glastemp.; Z: Zersetzungstemp.; S: Sublimationstemp.)

Werkstoff	T °C
Graphit	3 650 S
Kohlefasern	3 650 S
Diamant	3 500 Z
Zirkoncarbid	3 540
Wolfram	3 380
Titancarbid	3 100
Tantal	2 996
Wolframcarbid	2 870
Magnesiumoxid	2 800
Siliciumcarbid	2 700 S
Osmium	2 700
Molybdän	2 620
Berylliumoxid	2 585
Niob	2 470
Aluminiumoxid	2 050
Chrom	1 900
Siliciumnitrid	1 900
Platin	1 770
Porzellan	1 700
Titan	1 668
Titanlegierungen	1 540...1 650
Stahl	1 300...1 520
Kobalt	1 492
Quarzglas	1 480 G
Steatit	1 460
Nickel	1 458
Nickellegierungen	1 260...1 440
Cermets	1 425
Gußeisen	1 100...1 360
Uran	1 130
Kupfer	1 083
Gold	1 063
Bronze	880...1 040
Messing	880...1 020
Aluminium	660
Magnesium	650
Magnesiumlegierungen	420...650
Glas	330...825 G
Zink	420
Zinklegierungen	380...420
Polyimid	400 Z
Blei	327
Polytetrafluorethylen	320
Polyethylenterephthalat	265
Polybutylenterephthalat	240
Zinn	232
Polyamid	180...220 G
Polycarbonat	200 G
Siliconkautschuk	200 Z
Polyoxymethylen	175
Polypropylen	160...170
Epoxidharz	40...160 Z
Phenolharz	155 Z
Melaminharz	130...150 Z
Polyesterharz	40...140 Z
Polyethylen	90...140
Polymethylmethacrylat	120 G
Polystyrol	110 G
Harnstoffharz	100 Z
Polyvinylchlorid	90 G

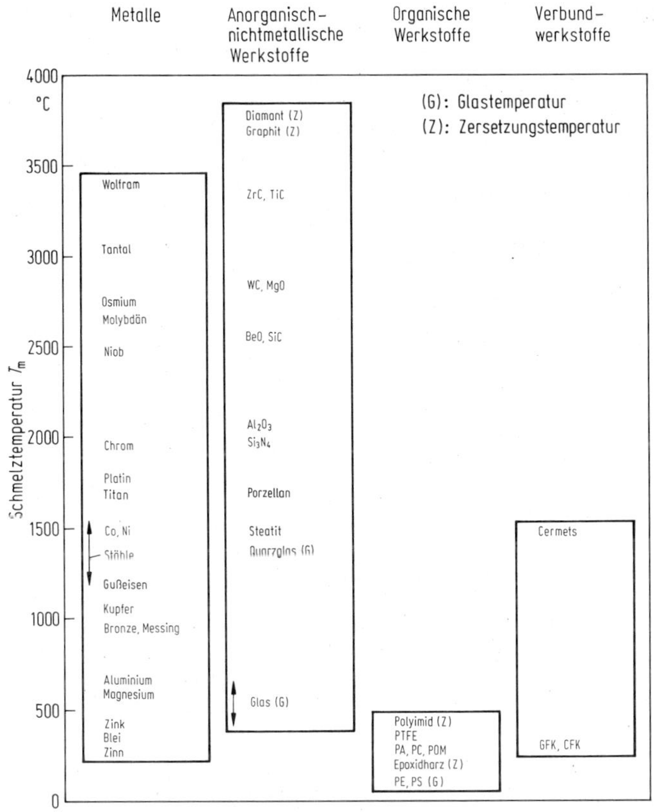

Bild 9-14. Schmelztemperatur von Werkstoffen: Übersicht nach Werkstoffgruppen.

In Tabelle 9-7 und Bild 9-14 sind die Schmelztemperaturen (bzw. bei Polymerwerkstoffen die Glastemperaturen) zahlreicher Werkstoffe zusammengestellt.

9.4 Sicherheitstechnische Kenndaten

9.4.1 Sicherheitsbeiwerte von Konstruktionswerkstoffen

Bei den vorwiegend mechanisch beanspruchten Konstruktionswerkstoffen versteht man unter dem Sicherheitsbeiwert S das Verhältnis einer Grenzspannung (z. B. Streckgrenze R_e, Zugfestigkeit R_m, Dauerschwingfestigkeit σ_D) zur größten vorhandenen Spannung:

$$\text{Sicherheits-beiwert} = \frac{\text{Grenzspannung}}{\text{größte vorhandene Spannung}}.$$

Für Überschlagsrechnungen, insbesondere beim Festlegen von Querschnittsabmessungen, wird nicht die Sicherheit eines Bauteils bestimmt, sondern eine

$$\text{zulässige Spannung} = \frac{\text{Grenzspannung}}{\text{Sicherheitsbeiwert}}$$

durch Vorgabe eines geeigneten Sicherheitsbeiwertes abgeschätzt. Die Festlegung des Sicherheitsbeiwertes richtet sich nach der Anwendung, den Beanspruchungen, den Versagenskriterien und den Werkstoffeigenschaften (z. B. plastische Verformungsreserve, Warmfestigkeit). Während die Forderung wirtschaftlicher, materialsparender Auslegung von Konstruktionen, z. B. für den Leichtbau, zu Sicherheitsbeiwerten von 1,1 bis 1,5 führt, müssen z. T. weit höhere Werte vorgesehen werden, wenn durch ein Materialversagen Menschen gefährdet werden oder hohe Folgeschäden entstehen können. Eine Übersicht über die Größe von Sicherheitsbeiwerten gibt Tabelle 9-8 (S. D 56) [6].

Die Festlegung eines Sicherheitsbeiwertes ist besonders schwierig bei Komplexbeanspruchungen (z. B. Überlagerung mechanischer Volumenbeanspruchung und tribologischer oder korrosiver Oberflächenbeanspruchung) sowie bei stoßartigen oder schwingenden Beanspruchungen. Zunehmend werden daher Sicherheitsbeiwerte statistisch ermittelt. Ausfallwahrscheinlichkeiten bzw. Zuverlässigkeiten werden durch geeignete Verteilungsfunktionen, wie die Weibull-Funktion (siehe A 39.7) beschrieben.

Tabelle 9-8. Sicherheitsbeiwerte für technische Konstruktionen

Anwendungsbereich	Sicherheitsbeiwert S Versagenskriterien Trennbruch	Dauerbruch	Verformen	Knicken Einbeulen
Maschinenbau, allg.	2,0...4,0	2,0...3,5	1,3...2,0	
Drahtseile	8,0...20,0			
Kolbenstangen		3,0...4,0	2,0...3,0	5,0...12,0
Zahnräder		2,2...3,0		
Kessel-, Behälter-, Rohrleitungsbau:				
— Stahl	2,0...3,0		1,4...1,8	3,5...5,0
— Stahlguß	2,5...4,0		1,8...2,3	
Stahlbau	2,2...2,6		1,5...1,7	3,0...4,0

9.4.2 Sicherheitstechnische Kenngrößen brennbarer Stoffe

Das Verhalten brennbarer Gase und Dämpfe wird durch sicherheitstechnische Kenngrößen beschrieben. Diese Kenngrößen sind keine Meßgrößen im üblichen Sinne, sondern in Modellversuchen ermittelte Grenzwerte, mit dem Ziel, den sicheren vom unsicheren Bereich zu trennen. Sie ermöglichen in Verbindung mit weiteren Kenngrößen eine Beurteilung der Stoffe hinsichtlich ihrer Gefährlichkeit und bilden die Basis für wirksame Schutzmaßnahmen. Die vier wichtigsten Kenngrößen sind:

1. Maximaler Explosionsdruck und maximaler zeitlicher Druckanstieg

Schutzziele: Begrenzung der Auswirkungen einer Explosion durch druckfeste Bauweise, gesteuerte Druckentlastung (Druckanstieg) oder Explosionsunterdrückung.
Meßverfahren: Registrieren des zeitlichen Druckverlaufs in geschlossenen kugelförmigen Gefäßen bei Variation der Gemischzusammensetzung.
Einflußgrößen: Vordruck, Gefäßgröße, Temperatur.

2. Explosionsgrenzen

Schutzziel: Vermeidung explosionsfähiger Gemische.
Meßverfahren: Beurteilen des Zünderfolgs unter festgelegten Bedingungen bei Variation des Brennstoffanteils (DIN 51649).
Einflußgrößen: Vordruck, Temperatur, Inertgasgehalt.

3. Flammpunkt

Schutzziel: Vermeiden explosionsfähiger Gemische der Dämpfe brennbarer Flüssigkeiten mit Luft durch Begrenzung der Temperatur.
Meßverfahren: Beurteilen des Zünderfolges unter festgelegten Bedingungen bei langsamer Steigerung der Temperatur der Probe (DIN 51755, 51758, 51169 und 53213).
Einflußgröße: Luftdruck.
Der Flammpunkt bildet die Grundlage für Stoffgruppierungen nach Gefahrenklassen (VbF, Verordnung über brennbare Flüssigkeiten).

4. Zündtemperatur

Schutzziel: Vermeiden der Entzündung eines explosionsfähigen Gemisches durch Begrenzung der Temperatur der umgebenden Oberflächen.
Meßverfahren: Beobachten des Zünderfolges beim Eingeben einer flüssigen oder gasförmigen Probe in ein definiertes Gefäß bei schrittweisem Erniedrigen der Gefäßtemperatur und Variation der Probemenge (DIN 51794).
Einflußgrößen: Luftdruck, Geometrie der Oberflächen.
Die Zündtemperaturen bilden die Grundlage für Stoffgruppierungen nach Temperaturklassen (gemäß DIN VDE 0165) und bestimmen damit z. B. die zulässige Oberflächentemperatur elektrischer und nichtelektrischer Betriebsmittel.
Tabelle 9-9 gibt eine Zusammenstellung der sicherheitstechnischen Kennwerte von technisch wichtigen brennbaren Stoffen [7].

9.5 Elektrische Eigenschaften

Elektrische Eigenschaften kennzeichnen das Verhalten von Werkstoffen in elektrischen Feldern. Befindet sich elektrisch leitfähiges Material in einem elektrischen Feld der Feldstärke E, so ergibt sich eine elektrische Stromdichte $j = \sigma_e \cdot E$. Die Größe σ_e wird als elektrische Leitfähigkeit des Materials bezeichnet. Die elektrische Leitfähigkeit und ihr Reziprokwert, der spezifische elektrische Widerstand ϱ werden durch die Energiezustände

Tabelle 9-9. Sicherheitstechnische Kenngrößen einiger brennbarer Stoffe

Stoff	Formel	Siedepunkt (1,013 bar) °C	Dichte bei 20 °C (flüssig) g/cm²	Dichteverhältnis Stoff/Luft (gasförmig)	Flammpunkt °C	Explosionsgrenzen im Gemisch mit Luft: untere Vol.-%	Explosionsgrenzen im Gemisch mit Luft: obere Vol.-%	Zündtemperatur °C	Max. Explosionsdruck bei Anfdr. $p_a = 1$ bar, bar
Methan	CH_4	−161,5	—	0,55	—	4,4[a]	16,5[a]	595	8,1
Ethan	C_2H_6	−88,6	—	1,05	—	3,0	15,5	515	
Propan	C_3H_8	−42,1	—	1,55	—	1,7[a]	10,9[a]	470	9,4
n-Butan	C_4H_{10}	−0,5	—	2,05	—	1,4[a]	9,3[a]	365	9,4
n-Hexan	C_6H_{14}	68,7	0,66	2,97	< −20	1,2	7,4	240	9,5
Ethylen	C_2H_4	−103,8	—	0,97	—	2,3[a]	32,4[a]	425	9,7
Acetylen	C_2H_2	−84,0	—	0,91	—	2,2[a]	78,0[a] 100[b]	305	11,1
Benzol	C_6H_6	80,1	0,88	2,70	−11	1,2	8,0	555	9,8
Diethylether	$(C_2H_5)_2O$	34,5	0,71	2,55	< −20	1,7	36,0	180	10,0
Methylalkohol	CH_3OH	64,6	0,79	1,10	11	5,5	44,0	455	8,3
Ethylalkohol	C_2H_5OH	78,3	0,79	1,59	12	3,5	15,0	425	8,4
Wasserstoff	H_2	−252,8	—	0,07	—	4,1[a]	77,0[a]	560	8,3
Kohlenmonoxid	CO	−191,6	—	0,97	—	11,0[a]	77,0[a]	605	8,2
Ottokraftstoff	DIN 51600	35...45	>0,71	~4	< −20	~0,6	~8	(~300)	~10
Dieselkraftstoff	DIN 51601	>155	0,82...0,86	~7	>55	~0,6	~6,5	(~220)	~8,5
leichtes Heizöl	DIN 51603		<0,86		>55	~0,6	~6,5	(~220)	
Erdgas >60 % CH_4 bis 30 % C_nH_m				0,6...0,7	—	4...7	13...17		~8
Flüssiggas	DIN 51621		0,5...0,6	1,6...1,9	—	1,5...2	10...15	(~400)	~8

[a] Diese Werte wurden nach DIN 51649 Teil 1 (Ausgabe 12/86) bestimmt.
[b] Acetylen kann auch bei atmosphärischen Bedingungen zum Zerfall angeregt werden.

Tabelle 9-10. Spezifischer Widerstand von Werkstoffen

Werkstoff	ϱ Ωm	Werkstoff	ϱ Ωm
Quarzglas	10^{16}	Nickellegierungen	$(0{,}48 \ldots 1{,}10) \cdot 10^{-6}$
Polytetrafluorethylen	10^{16}	Osmium	$0{,}95 \cdot 10^{-6}$
Polypropylen	$10^{15} \ldots 10^{16}$	Stahl, austenitisch	$(0{,}71 \ldots 0{,}95) \cdot 10^{-6}$
Polyethylen	$10^{14} \ldots 10^{16}$	Cermets	$0{,}9 \cdot 10^{-6}$
Polystyrol	$10^{13} \ldots 10^{16}$	Stahl, ferritisch	$(0{,}14 \ldots 0{,}55) \cdot 10^{-6}$
Glas	$10^{8} \ldots 10^{15}$	Titan	$0{,}48 \cdot 10^{-6}$
Epoxidharz	$10^{13} \ldots 10^{15}$	Blei	$0{,}21 \cdot 10^{-6}$
Polycarbonat	$10^{14} \ldots 10^{15}$	Uran	$0{,}21 \cdot 10^{-6}$
Polyimid	10^{14}	Niob	$0{,}15 \cdot 10^{-6}$
Polybutylenterephthalat	10^{14}	Magnesiumlegierungen	$(0{,}05 \ldots 0{,}15) \cdot 10^{-6}$
Mullit	10^{13}	Zinn	$0{,}11 \cdot 10^{-6}$
Polyoxymethylen	10^{13}	Chrom	$0{,}13 \cdot 10^{-6}$
Polymethylmethacrylat	10^{13}	Tantal	$0{,}125 \cdot 10^{-6}$
Polyvinylchlorid	$10^{12} \ldots 10^{13}$	Messing	$(0{,}05 \ldots 0{,}12) \cdot 10^{-6}$
Polyesterharz	$10^{7} \ldots 10^{13}$	Bronze	$0{,}11 \cdot 10^{-6}$
Polyamid	$10^{10} \ldots 10^{12}$	Platin	$0{,}10 \cdot 10^{-6}$
Polyethylenterephthalat	10^{12}	Nickel	$0{,}087 \cdot 10^{-6}$
Sillimanit	10^{12}	Aluminiumlegierungen	$(0{,}028 \ldots 0{,}077) \cdot 10^{-6}$
Schamottestein	10^{12}	Zinklegierungen	$(0{,}055 \ldots 0{,}067) \cdot 10^{-6}$
Magnesiumoxid	10^{12}	Zink	$0{,}061 \cdot 10^{-6}$
Phenolharz	$10^{6} \ldots 10^{10}$	Kobalt	$0{,}056 \cdot 10^{-6}$
Silikatstein	10^{10}	Wolfram	$0{,}055 \cdot 10^{-6}$
Harnstoffharz	10^{9}	Molybdän	$0{,}05 \cdot 10^{-6}$
Melaminharz	$10^{6} \ldots 10^{9}$	Magnesium	$0{,}043 \cdot 10^{-6}$
Graphit	$(8 \ldots 10) \cdot 10^{-6}$	Aluminium	$0{,}027 \cdot 10^{-6}$
Titanlegierungen	$(1{,}57 \ldots 1{,}76) \cdot 10^{-6}$	Gold	$0{,}022 \cdot 10^{-6}$
Gußeisen	$(0{,}5 \ldots 1{,}4) \cdot 10^{-6}$	Kupfer	$0{,}017 \cdot 10^{-6}$

beweglicher Ladungsträger bestimmt. Sie sind bei Festkörpern von der Mikrostruktur (z. B. Kristallaufbau, Gitterfehler) und der Elektronenstruktur (z. B. Bindungstyp, Valenzelektronenkonzentration, Fermi-Energie) der Werkstoffe sowie von der Temperatur abhängig, siehe B 16.1. Bei normalen Leitern (Metallen) nähert sich der spezifische Widerstand beim absoluten Nullpunkt einem Grenzwert, dem spezifischen Restwiderstand ϱ_r. Bei den sog. Supraleitern springt ϱ bei einer charakteristischen Sprungtemperatur auf einen unmeßbar kleinen Wert (siehe B 16.3). Zur modellmäßigen Beschreibung der Leitfähigkeit der verschiedenen Materialien dient das sog. Bändermodell, das die Energieniveaus der (beweglichen und nicht beweglichen) Elektronen in Form von Energiebändern (Valenzbänder, Leitungsband) darstellt, siehe G 27.

Die Werkstoffe der Elektrotechnik können nach ihrem spezifischen elektrischen Widerstand ϱ in Ωm größenordnungsmäßig in drei hauptsächliche Klassen eingeteilt werden:

- Leiter $10^{-8} < \varrho < 10^{-6}$: Metalle, Graphit
- Halbleiter $10^{-5} < \varrho < 10^{6}$: Germanium, Silizium
- Nichtleiter $10^{7} < \varrho < 10^{16}$: Keramik

In Tabelle 9-10 und Bild 9-15 sind die elektrischen Leitfähigkeiten zahlreicher Werkstoffe zusammengestellt.

9.6 Magnetische Eigenschaften

Magnetwerkstoffe werden nach ihrem chemischen Aufbau in metallische und oxidische Werkstoffe (Ferrite) und nach ihren magnetischen Eigenschaften in weichmagnetische, magnetisch halbharte und hartmagnetische Werkstoffe eingeteilt.

Weichmagnetische Werkstoffe sind durch Koerzitivfeldstärken $H_{cJ} < 1$ kA/m, eine leichte Magnetisierbarkeit, hohe Permeabilitätszahlen ($\mu_r > 10^3$ bis 10^5) und geringe Ummagnetisierungsverluste, d. h. eine schmale Hystereseschleife gekennzeichnet. Sie müssen einen leichten Ablauf der zur Magnetisierung erforderlichen Bewegung von Blochwänden ermöglichen, d. h., das Werkstoffgefüge muß möglichst frei von Gitterfehlern (Fremdatomen, Versetzungen) inneren Spannungen und Einschlüssen zweiter Phasen sein. Geeignete Werkstoffgruppen sind:

- Fe-Legierungen mit ca. 4 Gew.-% Si, rekristallisationsgeglüht, $H_{cJ} \approx 0{,}4$ A/m, Leistungsverluste < 0,5 W/kg
- Legierungen auf der Basis Fe-Co, Fe-Al und Fe-Ni (Permalloy: 79% Ni, 21% Fe), Permeabilitätszahlen bis ca. 150 000, Leistungsverluste bis ca. 0,05 W/kg

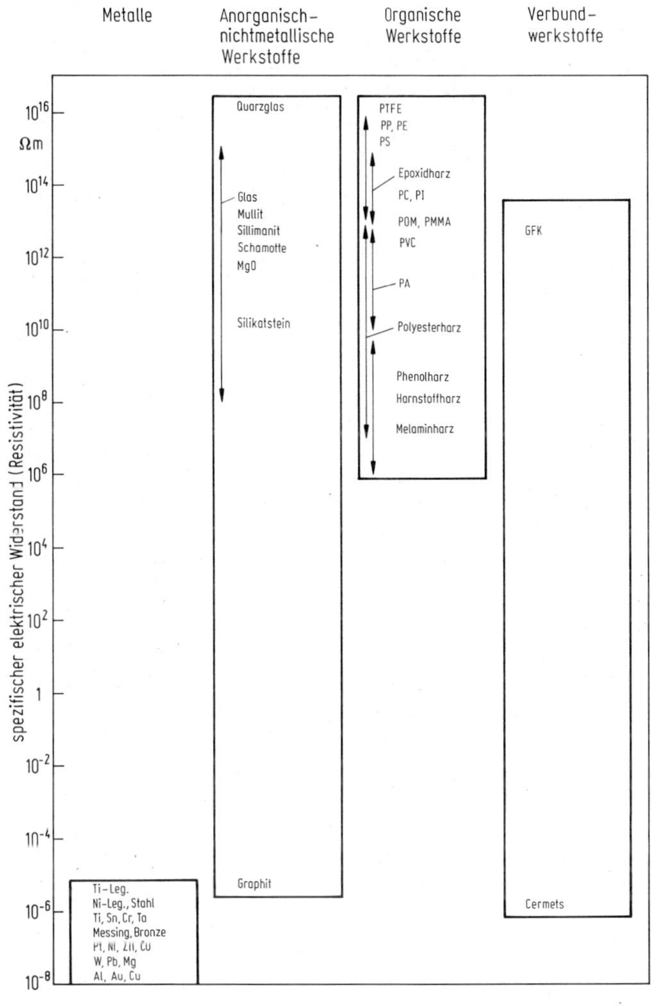

Bild 9-15. Spezifischer elektrischer Widerstand von Werkstoffen: Übersicht nach Werkstoffgruppen.

— Ferrite (oxidisch), z. B. Mn-Zn-Ferrit, HF-geeignet, da nahezu nichtleitend
— Legierungen mit rechteckförmiger Hystereseschleife (Ni-Fe-Legierungen, Ferrite), hergestellt durch Walz- und Glühprozesse sowie Magnetfeldabkühlung; Basis für Magnetspeicherkerne
Metallische Gläser (amorphe Metalle) $M_{80}X_{20}$ (M: Übergangsmetall, X: Metalloid, z. B. P, B, C oder Si), extrem niedrige Leistungsverluste.

Anwendungsbereiche weichmagnetischer Werkstoffe: Magnetköpfe, Übertragerkerne, Speicherkerne in der Nachrichtentechnik; Drosselspulen, Transformatorbleche, Schaltrelais in der Starkstromtechnik, usw.

Hartmagnetische Werkstoffe sind durch eine hohe Koerzitivfeldstärke ($H_{cJ} > 10$ kA/m) und hohe Remanenzinduktion, d. h. eine breite Hystereseschleife gekennzeichnet. Sie müssen die mit einer möglichen Ummagnetisierung verbundenen Blochwandbewegungen durch Gefüge mit hohem Gehalt an Gitterfehlern, wie Fremdatomen, Versetzungen, Korngrenzen sowie durch feine Ausscheidungen einer nicht feromagnetischen Phase möglichst stark behindern. Geeignete Werkstoffgruppen sind:

— AlNi- bzw. AlNiCo-Gußwerkstoffe, Koerzitivfeldstärke bis 90 kA/m
— Fe-(Cr, Co, V)-Legierungen, z. T. martensitisch
— Intermetallische Verbindungen von Co und Seltenerdmetallen (z. B. $SmCo_5$), Sinter- oder Gußformteile, H_{cJ} bis 10 000 kA/m
— Hartmagnetische Ferrite (Ba- und Sr-Ferrite), (z. B. hexagonales $BaO \cdot 6\,Fe_2O_3$), H_{cJ} bis 200 kA/m
— NdFeB-Legierungen mit den z. Z. besten hartmagnetischen Eigenschaften.

Anwendungsbereiche hartmagnetischer Werkstoffe: Dauermagnete für Motore, Meßsysteme, Lautsprecher.

9.7 Optische Eigenschaften

Optische Eigenschaften kennzeichnen einen Werkstoff im Hinblick auf die Wechselwirkung mit optischer Strahlung. Materialien sind optisch transparent, wenn im Stoffinnern keine Photonenabsorption stattfindet, z. B. Glas oder ionisch und kovalent gebundene Isolatoren. Werden bestimmte Wellenlängen der Strahlung absorbiert, erscheint der Stoff farbig. Bei Metallen werden durch die einfallende optische Strahlung Elektronen angeregt. Beim Rückgang auf ihre ursprünglichen Energieniveaus emittieren sie die absorbierte Energie wieder, d. h., ein Metall reflektiert zum größten Teil die auftreffende optische Strahlung.
Für die Wechselwirkung von optischer Strahlung einer bestimmten Wellenlänge λ (oder spektralen Strahlungsverteilung) mit Werkstoffen gilt allgemein: Auffallende Strahlungsleistung Φ_0 ist gleich der Summe von reflektierter Strahlungsleistung Φ_r, absorbierter Strahlungsleistung Φ_a und durchgelassener Strahlungsleistung Φ_d:

$$\begin{aligned} \Phi_0 &= \Phi_r + \Phi_a + \Phi_d \\ \Phi_r/\Phi_0 + \Phi_a/\Phi_0 + \Phi_d/\Phi_0 &= 1 \\ \varrho \quad + \alpha \quad + \tau \quad &= 1\,. \end{aligned}$$

Die wichtigsten optischen Kenngrößen von Materialien sind:
Reflexionsgrad $\varrho(\lambda) = \Phi_r/\Phi_0$: Verhältnis der reflektierten Strahlungsleistung zur auffallenden Strahlungsleistung. Für den Reflexionsgrad einer Materialoberfläche mit der Brechzahl n gilt bei senkrechtem Strahlungseinfall nach Fresnel

$$\varrho \approx \left(\frac{n-1}{n+1}\right)^2 .$$

Danach ergibt sich z. B. für Fensterglas ($n \approx 1{,}5$) ein Reflexionsgrad von $\varrho = 0{,}04$. Durch Aufbringen von dünnen Interferenzschichten (Vergüten) kann der Reflexionsgrad auf weniger als 0,005 gesenkt werden.
Absorptionsgrad $\alpha(\lambda) = \Phi_a/\Phi_0$: Verhältnis der absorbierten Strahlungsleistung zur auffallenden Strahlungsleistung (z. B. $\alpha \approx 0{,}005$ für Fensterglas von 10 mm Dicke).
Transmissionsgrad $\tau(\lambda) = \Phi_d/\Phi_0$: Verhältnis der durchgelassenen Strahlungsleistung zur auffallenden Strahlungsleistung.
Optisches Glas wird durch zwei weitere Kenngrößen charakterisiert:
Brechzahl n: Verhältnis der Lichtgeschwindigkeit c_0 im Vakuum zur Lichtgeschwindigkeit (Phasengeschwindigkeit) v in dem Material $n = c_0/v$. Die Brechzahl wird auf die Wellenlänge der monochromatischen Strahlung bezogen, mit der sie bestimmt wird, z. B. n_d (d: gelbe He-Linie), n_F (F: blaue H-Linie), n_C (C: rote H-Linie).
Abbesche Zahl $\nu = (n_d - 1)/(n_F - n_c)$ zur Kennzeichnung eines optischen Glases hinsichtlich seiner Farbzerstreuung (Dispersion), z. B. $\nu < 50$: große Dispersion; $\nu > 50$: kleine Dispersion.
Eine Übersicht über die Kenndaten optischer Gläser bezüglich Brechzahl und Abbescher Zahl gibt Bild 9-16.

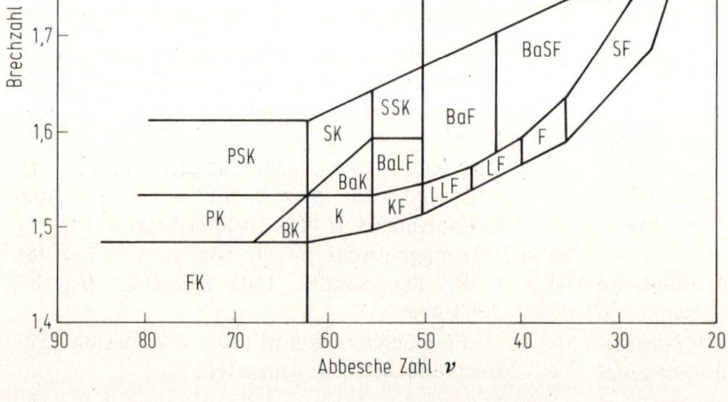

Bild 9-16. Einteilung optischer Gläser nach Brechzahl und Abbescher Zahl (vereinfachte Übersicht).

10 Materialschädigung und Materialschutz

10.1 Schadenskunde: Übersicht

Werkstoffe, Bauteile und Konstruktionen sind in ihren technischen Anwendungen zahlreichen Einflüssen ausgesetzt, die ihre Funktion und Gebrauchsdauer negativ beeinflussen und zu Materialschädigungen führen können. Nach der Übersicht von Bild 10-1 können Materialschädigungen durch mechanische, thermische, strahlungsphysikalische, chemische, biologische und tribologische Beanspruchungen ausgelöst und wie folgt eingeteilt werden: Bruch, Alterung, Korrosion, Biologische Materialschädigung, Verschleiß.

Die große ökonomische Bedeutung von Materialschädigungen geht beispielsweise daraus hervor, daß allein durch Korrosion und Verschleiß in den Industrieländern jährlich etwa 4,5 % des Bruttosozialproduktes verloren gehen. Für die Bundesrepublik Deutschland bedeutet dies ca. 70 Milliarden DM volkswirtschaftliche Verluste (insbesondere an Rohstoffen und Energie) in jedem Jahr [1]. Ziel der Schadenskunde ist es, die Ursachen von Materialschädigungen zu erforschen und Maßnahmen zum Materialschutz sowie zur Schadensabhilfe und Schadensverhütung zu entwickeln.

10.2 Bruch

Bruch ist eine makroskopische Werkstofftrennung infolge der Überwindung der Bindungen in Festkörpern durch mechanische Beanspruchung. Jeder Bruch verläuft in den drei Phasen Rißbildung, Rißwachstum und Rißausbreitung. Merkmale zur Kennzeichnung von Brüchen sind [2]:

a) Plastische Verformung vor der Rißinstabilität: Verformungsreicher, verformungsarmer oder verformungsloser Bruch.
b) Energieverbrauch während der Rißausbreitung: Zäher Bruch (großer Energieverbrauch) oder spröder Bruch (geringer Energieverbrauch).
c) Rißausbreitungsgeschwindigkeit v_R: Schneller Bruch mit v_R in der Größenordnung der Schallgeschwindigkeit v_s ($v_R \approx 1\,000$ m/s);

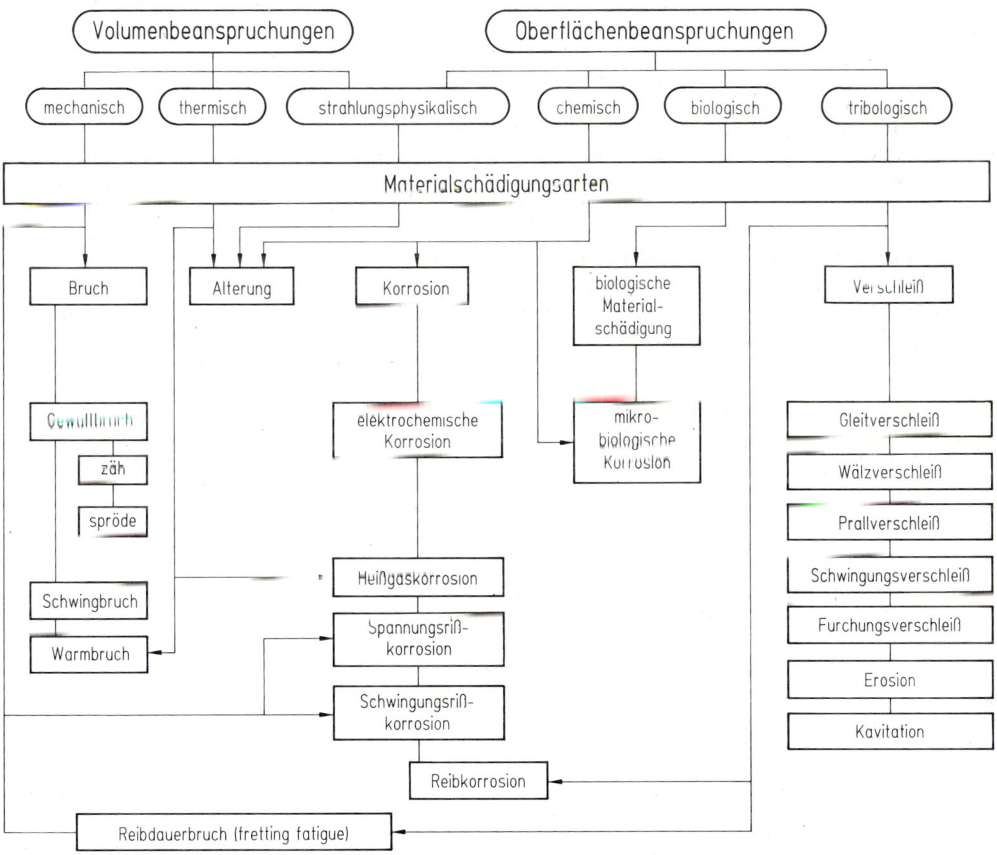

Bild 10-1. Materialschädigungsarten: Übersicht.

mittelschneller Bruch mit $v_R < v_s$ ($v_R \approx 1$ m/s); langsamer Bruch mit $v_R \ll v_s$ ($v_R < 1$ mm/s).

d) Bruchmechanismus und Bruchflächenmorphologie:
Duktiler Bruch mit mikroskopisch wabenartiger Bruchoberfläche; Spaltbruch mit mikroskopisch spaltflächiger Bruchoberfläche; Quasispaltbruch mit spaltbruchähnlicher Bruchoberfläche.

e) Bruchflächenverlauf:
Transkristalliner Bruch (Bruchverlauf durch Körner hindurch); interkristalliner Bruch (Bruchverlauf längs Korngrenzen).

f) Bruchflächenorientierung relativ zum Spannungstensor:
Normalflächiger Bruch (Bruchfläche senkrecht zur größten Hauptnormalspannung); scherflächiger Bruch (Bruchfläche parallel zur Ebene maximaler Schubspannung).

Bei ein und demselben Werkstoff können je nach Beanspruchung, Spannungszustand, Temperatur und Umgebung u. U. sämtliche Bruchmerkmale unterschiedlich sein.

10.2.1 Gewaltbruch

Gewaltbrüche entstehen durch einsinnige mechanische Überlastung unter mäßig rascher bis schlagartiger Beanspruchung hauptsächlich nach zwei verschiedenen Mechanismen:

(a) Verformungsbruch (duktiler oder zäher Bruch, Gleitbruch, Wabenbruch) erfolgt unter plastischer Deformation durch Abgleiten von Werkstoffbereichen entlang der Ebenen maximaler Schubspannungen. Er wird begünstigt durch einachsigen Spannungszustand (glatte Bauteiloberflächen), zähen Werkstoff, niedrige Beanspruchungsgeschwindigkeit und höhere Temperatur. Makroskopische Bruchmerkmale: Brucheinschnürung, Schublippen, „Kegel-Trasse-Bruch", „Fräserbruch"; mikroskopische Bruchmerkmale: Porenbildung (z. B. an Korngrenzentripelpunkten und Verunreinigungen) bei Rißentstehung, Wabenstruktur (hauptsächlich transkristallin).

(b) Sprödbruch (Trennbruch) erfolgt nahezu verformungslos unter Überwindung der Werkstoff-Kohäsionskräfte senkrecht zur größten Zugspannung; er wird begünstigt durch mehrachsige Zugspannungszustände und lokale Spannungsspitzen, spröde Werkstoffbeschaffenheit und tiefe Temperatur. Makroskopische Bruchmerkmale: fehlende plastische Verformung, kristallin glänzende Bruchflächen; mikroskopische Bruchmerkmale: Spaltbruchflächen, „Stufen- oder Flußmuster", „Rosettenbruch".

Die häufigsten Bruchausbildungen sind in Bild 10-2 für einen einachsig und quasistatisch beanspruchten Zugstab vereinfacht dargestellt [3].

Von den Metallen zeigen viele kubisch flächenzentrierte Stoffe ein duktiles und hexagonale ein

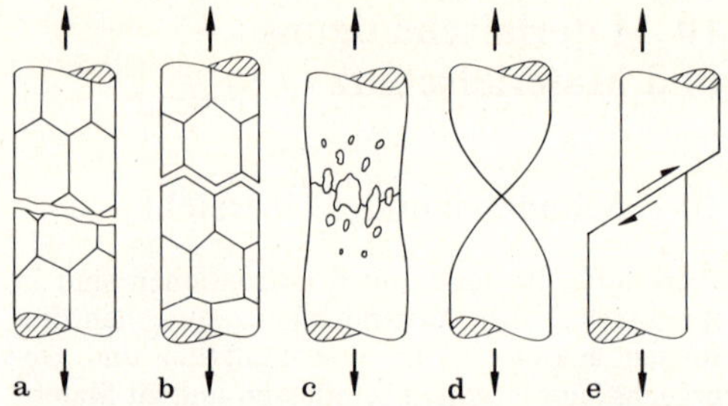

Bild 10-2. Bruchausbildungsformen. **a** Transkristalliner Spaltbruch; **b** interkristalliner Spaltbruch, **c** duktiler Bruch, **d** Einschnürung, **e** heterogener Scherbruch.

sprödes Bruchverhalten. Der Bruchmechanismus kubisch raumzentrierter Metalle, zu denen auch viele Stähle gehören, geht unterhalb einer Übergangstemperatur vom duktilen zu fast sprödem Bruch über. Ein ähnliches Verhalten zeigen auch viele Polymerwerkstoffe und Gläser. Die kristallinen keramischen Werkstoffe sind durch ein Sprödbruchverhalten gekennzeichnet und besitzen nur dicht unterhalb ihrer Schmelztemperatur eine geringe Duktilität.

10.2.2 Schwingbruch

Schwingbrüche entstehen durch mechanische Wechselbeanspruchungen. Nach einer Inkubationszeit zur Bildung von Anrissen erfolgt allmählich eine Schwingungsrißausbreitung, bis der verbliebene Werkstoffquerschnitt infolge der ständig angestiegenen Spannung durch Gewaltbruch versagt (Restbruch). Der zum Schwingbruch führende Ermüdungsvorgang kann in die folgenden Teilschritte eingeteilt werden:

a) Anrißbildung durch erhöhte Spannungskonzentration in Oberflächenbereichen, z. B. durch Oberflächenfehler (Dreh- oder Schleifriefen), Kerben, Steifigkeitssprünge. Bei glatten Oberflächen können Ermüdungsrisse z. B. an Gleitbändern (siehe 9.2.5), Korngrenzen, Zwillingskorngrenzen oder Einschlüssen gebildet werden.

b) Mikrorißausbildung (sog. Bereich I der Rißausbreitung) mit meist kristallographisch orientierter Rißausbreitung unter 45° zur Hauptspannungsrichtung, langsame Rißgeschwindigkeit.

c) Makrorißausbreitung erfolgt makroskopisch senkrecht zur Beanspruchungsrichtung, meist verbunden mit einer Gleitverformung an der Rißspitze (sog. Bereich II der Rißausbreitung); Unterbrechungen der Rißausbreitung können zur Ausbildung charakteristischer „Rastlinien" führen. Der sog. Bereich III der Rißausbreitung ist durch eine hohe Rißgeschwindigkeit, d. h. kleine relative Anzahl der Lastwechsel, gekennzeichnet. Bei gleichbleibenden Betriebsbedingungen nimmt der Rastlinienabstand wegen der ansteigenden Rißausbreitungsgeschwindigkeit in Richtung auf den Restbruch zu.

d) Restbruch, der bei den meisten Werkstoffen als mikroskopisch duktiler Gewaltbruch (Gleitbruch) erfolgt; in spröden Materialien mit kubisch raumzentrierter Gitterstruktur (z. B. hartvergüteter Stahl, Gußeisen) können Misch- oder Trennbrüche auftreten.

10.2.3 Warmbruch

Warmbrüche entstehen durch kombinierte mechanische und thermische Beanspruchung. Erhöhte Temperatur und gleichzeitig wirkende mechanische Spannungen führen zu Änderungen der Werkstoffeigenschaften, wie Verfestigung infolge von Kriechverformung, Entfestigung durch thermisch aktivierte Erholung, Änderung der Versetzungsstruktur, Bildung von Poren und Mikrorissen, Rekristallisation und Teilchenkoagulation. Die hauptsächlichen Schadensarten sind [4]:

a) Warmriß: Werkstofftrennung, die nicht den gesamten Querschnitt erfaßt und in Zusammenhang mit Temperatureinwirkungen (Wärmespannungen, Temperaturwechsel, Temperaturgradienten) steht, z. B. Schweißspannungsriß, Zeitstandriß, Temperaturwechselriß, Schleifriß, Härteriß, Heißriß, Lotriß.

b) Warmgewaltbruch unter statischer oder quasistatischer Belastung bei erhöhter Temperatur mit den hauptsächlichen Arten:
- Warmzähbruch: Kurzzeitwarmgewaltbruch mit deutlicher plastischer Verformung im Bruchbereich
- Warmsprödbruch: Spontaner Warmgewaltbruch mit geringer plastischer Verformung im Bruchbereich
- Hochtemperatursprödbruch: Spröder Gewaltbruch im Bereich der Solidustemperatur
- Zeitstandbruch: Warmgewaltbruch bei langzeitiger statischer oder quasistatischer Beanspruchung

c) Warmschwingbruch unter wechselnder mechanischer Beanspruchung bei erhöhter Temperatur mit den hauptsächlichen Arten:
- LCF (low cycle fatigue)-Warmschwingbruch: Bruch mit $< 10^4$ Lastwechseln infolge Überschreitens der Zeitschwingfestigkeit im plastischen Verformungsbereich
- HCF (high cycle fatigue)-Warmschwingbruch: Bruch mit $> 10^4$ Lastwechseln infolge Überschreitens der Zeitschwingfestigkeit im überwiegend elastischen Verformungsbereich

d) Temperaturwechselbruch (Thermoermüdungsbruch): Bruch unter wechselnder Temperaturbeanspruchung infolge Überschreitens der Zeitschwingfestigkeit durch Wärmedehnungswechsel.

10.3 Alterung

Mit Alterung wird die Gesamtheit aller im Laufe der Zeit in einem Material ablaufenden chemischen und physikalischen Vorgänge bezeichnet (DIN 50035), die mit Änderungen von Werkstoffeigenschaften (meist negativer Art) verbunden sind. Die Alterungsursachen werden gegliedert in:
- Innere Alterungsursachen, z. B. thermodynamisch instabile Zustände des Materials, Relaxation, Spannungsabbau, Veränderung von chemischer Zusammensetzung und Molekularstruktur, Phasen- oder Gefügeumwandlungen, usw.
- Äußere Alterungsursachen, z. B. Temperaturwechsel, Energiezufuhr in Form von Wärme, sichtbarer, ultravioletter oder ionisierender Strahlung, chemische Einflüsse usw.

Die Alterungsursachen können zu verschiedenen Alterungserscheinungen bei den verschiedenen Werkstoffgruppen führen:

(a) Bei Metallen: Veränderung von mechanischen Kennwerten wie Duktilität, Streckgrenze, Kerbschlagarbeit durch Einlagerung von Fremdatomen, z. B. Versprödung von Baustahl durch Stickstoff bei der Kaltumformung (Reck- oder Verformungsalterung) oder „Wasserstoffversprödung“ von Chrom- oder Manganstählen (mit kubisch raumzentriertem Gitter).

(b) Bei anorganischen Stoffen: „Ausblühen“ oder „Ausschwitzen“ durch Abscheidung bestimmter Phasen (Agglomerisation), z. B. bei Baustoffen.

(c) Bei Polymerwerkstoffen: Quellung, Schwindung oder Verwerfung durch Diffusion, Rißbildung (z. B. Spannungsrißbildung unter Einwirkung von Ozon), Verfärbung, insbesondere Vergilbung.

Ein Alterungsschutz kann bei Polymerwerkstoffen bewirkt werden durch:
- Inhibitoren: Substanzen, die chemische Reaktionen verzögern;
- Stabilisatoren; Substanzen, welche die Veränderung von Eigenschaften, die durch Einflüsse bei der Verarbeitung oder durch Alterung eintreten kann, vermindern, z. B. Wärmestabilisatoren, Lichtstabilisatoren, Strahlenschutzmittel, UV Absorber.

Als weitere Alterungsschutzmittel werden Substanzen, die eine Alterung durch Sauerstoffeinwirkung (Antioxidantien) oder Ozoneinwirkung verzögern, eingesetzt.

10.4 Korrosion

Korrosion ist die Reaktion eines metallischen Werkstoffs mit seiner Umgebung, die eine meßbare Veränderung des Werkstoffs bewirkt und zu einer Beeinträchtigung der Funktion eines metallischen Bauteils oder eines ganzen Systems führen kann (DIN 50900). Die Korrosionsreaktionen von Werkstoffen mit ihrer Umgebung sind Phasengrenzreaktionen, d. h., die Werkstoffschädigung erfolgt meist von der Oberfläche her durch chemische Reaktionen mit Flüssigkeiten oder Gasen der Umgebung (korrosives Medium).

10.4.1 Korrosionsarten

Nach der Art des chemischen Angriffs und der zusätzlichen Überlagerung thermischer oder mechanischer Beanspruchungen werden die folgenden Korrosionsarten unterschieden:

(a) Flächenkorrosion: Gleichmäßige Auflösung des Werkstoffs durch Berührung mit angreifenden Medien unter Bildung von Korrosionsprodukten unterschiedlicher Löslichkeit.

(b) Lochkorrosion: Lokale Auflösung des Werkstoffs durch Entstehung einer Anode geringer örtlicher Ausdehnung an Verletzungen von Deckschichten.

(c) Spaltkorrosion: Auflösung des Werkstoffs an Kanten oder Fugen durch Konzentrationsunterschiede im korrosiven Medium (z. B. durch Sauerstoffverarmung) innerhalb und außerhalb des Spaltes.

(d) Kontaktkorrosion: Örtlicher Abtrag eines unedleren Metalls beim Kontakt zweier Metalle unterschiedlichen Korrosionspotentials in einem Elektrolyten.

(e) Heißgaskorrosion: Oberflächenveränderungen von Werkstoffen (z. B. Fremdschichtbildung, Verzunderung) bei hohen Temperaturen durch Kontakt mit einer Gasphase, die mindestens eines der Elemente O, C, N oder S enthält.

(f) Spannungsrißkorrosion: Rißbildung in metallischen Werkstoffen unter gleichzeitiger Einwirkung einer Zugspannung und eines korrosiven Mediums.

(g) Schwingungsrißkorrosion: Verminderung der Schwingfestigkeit eines Werkstoffs durch Korrosionseinflüsse.

10.4.2 Korrosionsmechanismen

Korrosionsschäden an Metallen entstehen unter Einwirkung wäßriger Lösungen durch anodische Metallauflösung. Der Korrosionsvorgang, bei dem die Stellung des beteiligten Metalls in der elektrochemischen Spannungsreihe eine wesentliche Rolle spielt, setzt sich stets aus einer Oxidation des angegriffenen Metalls und einer Reduktion der wäßrigen Lösung, die als Elektrolyt wirkt, zusammen. Bei der korrosiven Auflösung eines Metalls (M) in einer wäßrigen Säurelösung können z. B. der anodische Teilvorgang der Oxidation

$$M \rightarrow M^{2+}(aq) + 2\,e^-$$

und der kathodische Teilvorgang der Reduktion von Wasserstoffionen der Elektrolytflüssigkeit

$$2\,H^+ + 2\,e^- \rightarrow H_2$$

an verschiedenen Stellen nebeneinander erfolgen. Derartige Lokalelemente (d. h. kleinflächige galvanische Zellen mit einer Fläche $< 0{,}01\ mm^2$) können sich z. B. zwischen Korngrenzen, edleren und unedleren Legierungselementen, kaltverfestigten und unverfestigten Bauteilbereichen, Grundmetallen und Deckschichten, belüfteten und unbelüfteten Elektrolytbereichen bilden.
Der Versagensmechanismus bei der Spannungsrißkorrosion umfaßt (wie allgemein bei Bruchvorgängen) die Phasen der Rißbildung und der Rißausbreitung. Durch das Entstehen von Lokalelementen an mechanisch beanspruchten Bauteilen (z. B. an Gleitstufen) und durch korrosiven Angriff wird die Anrißbildung begünstigt. Da an der Rißspitze eine erhebliche Spannungskonzentration besteht, setzt dort bevorzugt eine anodische Metallauflösung an, d. h., auch die Rißausbreitungsphase wird durch die elektrochemischen Mechanismen beeinflußt. Der Spannungsintensitätsfaktor zur Rißausbreitung in korrosiver Umgebung ist niedriger als der Spannungsintensitätsfaktor in neutraler Umgebung.

10.4.3 Korrosionsschutz

Wegen der Vielfalt der Korrosionsarten und Korrosionsmechanismen müssen Maßnahmen zum Schutz von Bauteilen auf einer sorgfältigen Analyse des Einzelfalls beruhen. Der Korrosionsschutz sollte bereits bei der Konstruktion berücksichtigt werden („korrosionsgerechte Gestaltung"). Werkstofftechnisch können Korrosionsvorgänge durch zwei Gruppen von Maßnahmen beeinflußt werden:

1. Beeinflussung des angreifenden Mediums:
   Ausschluß von Sauerstoff oder korrosiven Agenzien;
   Änderung des pH-Wertes;
   Zugabe von Passivatoren;
2. Beeinflussung des angegriffenen Materials:
   Verwendung von Legierungen mit Passivschichten, z. B. X 5 CrNi 189, Titanlegierungen;
   Kathodischer Schutz, z. B. Opferanoden (Mg, Zn-Abfälle), inerte Anoden mit Stromquelle;
   Oberflächenschutzschichten (siehe 6.5) z. B. organische Beschichtungen, Kunststoffbeschichtungen, metallische Überzüge (Zn, Sn, Cr, Ag), anodische Oxidation (Eloxal);
   Verwendung alternativer Werkstoffe, z. B. Polymerwerkstoffe, keramische Werkstoffe.

10.5 Biologische Materialschädigung

Als biologische Materialschädigung werden die Veränderungen von Stoffen durch Organismen bezeichnet. Sie entstehen hauptsächlich dadurch, daß Materialien organischer Art Organismen als

Nahrung dienen. In anderen Fällen ergeben sich Beschädigungen durch Nagetätigkeit von Insekten oder Wirbeltieren oder durch chemische Wirkungen von Mikroorganismen.

10.5.1 Materialschädigungsarten

Biologische Materialschädigungen können besonders ausgeprägt an organischen Stoffen und Naturstoffen (speziell Holz und Holzwerkstoffen) jedoch auch an Materialien aus anderen Werkstoffgruppen auftreten.

(a) Metallische Werkstoffe
Schädigungsbeispiele: Lochfraß-Korrosion durch anaerobe sulfatreduzierende Bakterien sowie durch schwefel- und eisenoxidierende aerobe Bakterien; korrosiver Angriff auf Fe, Cu, Al, Pb durch Ausscheidung von organischen und anorganischen Säuren aus Schimmelpilzhyphen; Nageschäden durch Insekten (z. B. Holzwespen, Termiten) an Metallen (z. B. Pb-Umhüllungen elektr. Kabel), die weicher als die harten Mundwerkzeuge dieser Materialschädlinge sind.

(b) Mineralische Baustoffe
Schwefeloxidierende und nitrifizierende Bakterien verursachen Materialschäden durch Verminderung des pH-Wertes an Baustoffoberflächen (z. B. Kalksandstein) und fördern dadurch andere Mikroorganismen in ihrer Entwicklung. Bakterien und Schimmelpilze können bei hinreichender Dauerfeuchtigkeit Putzmörtel, Sandsteine und Beton schädigen und durchwachsen.

(c) Kunststoffe
Streptomyceten und andere Bakterien sowie Schimmelpilze können bei ausreichender Feuchtigkeit auf Kunststoffen wachsen, Weichmacher, Füllstoffe, Stabilisatoren und Emulgatoren abbauen und zu Verfärbungen, Masse- und Festigkeitsverlusten führen. (Beständig gegen Mikroorganismen sind verschiedene ungefüllte Polymerwerkstoffe, wie z. B. PE, PS, PVC, PTFE, PMMA, PC, siehe 5.5). An elektrischen und elektronischen Geräten können Pilzhyphen eine Verminderung des Oberflächenwiderstandes und damit Kriechströme und Kurzschlüsse bewirken.

(d) Holz- und Holzwerkstoffe
Holz wird, z. B. bei hoher Holzfeuchtigkeit — die Mindestwerte liegen zwischen 22 % und Fasersättigung — von Mikroorganismen durch Abbau von Kohlehydraten und Cellulose geschädigt.

10.5.2 Materialschädlinge und Schadformen

Die wichtigsten Materialschädlinge gehören den Gruppen der Mikroorganismen sowie der Insekten an. Daneben kommen in einzelnen weiteren Tiergruppen Materialschädlinge vor [5].

Unter den Mikroorganismen sind Bakterien und Pilze aus den Gruppen der Ascomyceten, der imperfekten Pilze und der Basidiomyceten die wichtigsten; daneben kommen Hefen und Algen in Betracht. Von den Insekten stehen Gruppen, die ein starkes Nagevermögen besitzen, im Vordergrund; dies sind Termiten und Käfer (Coleoptera). Bedeutende Schädlinge gehören aber auch zu den Schmetterlingen (Lepidoptera) und Hautflüglern (Hymenoptera). Von anderen Tieren schädigen einzelne Wirbeltiere (Vertebrata) Material auf dem Lande, gewisse Muscheln (Mollusca) und Krebstiere (Crustacea) Material im Meerwasser, daneben haben auch Hohltiere (Coelenterata) und Moostierchen (Bryozoa) eine Bedeutung als Schiffsbewuchs.
Die hauptsächlichen Holzschädlinge und die durch sie verursachten Schadformen sind in Mitteleuropa folgende:

— Echter Hausschwamm (Serpula lacrymans): Mycel weiß bis graubräunlich, graue Stränge (bis Bleistiftdicke) brechen mit Knackgeräusch; Holz-Wassergehalt > 25 % erforderlich; Braunfärbung des befallenen Holzes, Rißbildung, „Würfelbrüchigkeit“; gefährlichster holzzerstörender Pilz.
— Braunfäule-Erreger: Pilze, bauen Cellulose ab; Braunfärbung des Holzes, Rißbildung parallel und senkrecht zur Holzfaser, Gewichts- und Volumenverlust, würfeliger Zerfall.
— Weißfäule-Erreger: Pilze, bauen Cellulose und Lignin ab; Holz grau-weiß verfärbt, Erweichung ohne Volumenverlust.
— Moderfäule-Pilze: Bauen Cellulose (langsam) ab; hohe Holzfeuchtigkeit erforderlich, Holzoberfläche in feuchtem Zustand weich, trokken rauh und schuppig.
— Bläue-Pilze: Ernährung von Zellinhaltsstoffen; Holzfestigkeit nicht beeinträchtigt, Farbstoff: Melaminpigmente.
— Schimmelpilze: Verwerten Zucker- und Stärkegehalt des Holzes; rote, braune, graue Oberflächenverfärbungen; keine Zerstörung, kein Festigkeitsverlust
— Hausbockkäfer (Hylotrupes bajulus): Weiße Larve („großer Holzwurm“) befällt nur Nadelholz (rel. Luftfeuchte > 40 %), bevorzugt Splintbereiche, meidet Kernholz; erzeugt 6 bis 10 mm breite ovale Fraßgänge und Fluglöcher.
— Gewöhnlicher Nagekäfer (Anobium punctatum): Engerlingartige Larve („kleiner Holzwurm“) befällt Nadel- und Laubhölzer (Möbelteile), erzeugt kreisförmige Fraßgänge und Fluglöcher von 2 bis 3 mm Durchmesser.

10.5.3 Materialschutz gegen Organismen

Für den Materialschutz gegen Materialschädlinge bestehen folgende prinzipielle Möglichkeiten:

1. Geeignete Oberflächenresistenz, insbesonders durch Härte und Glätte;

2. Geeignete Umweltbedingungen, insbesonders niedrige Luft- und Materialfeuchtigkeit;
3. Einsatz von Repellentien (Abschreckstoffen);
4. Einsatz von Materialschutzmitteln in Form von Fungiziden oder Insektiziden.

Die wichtigsten Materialschutzmittel sind Holzschutzmittel. Sie werden eingeteilt in: Wasserlösliche Holzschutzmittel mit Wirkstoffen wie Siliconfluorid (SF) oder Kombinationen von Chrom-Fluor-Kupfer-Arsen-Bor (CFKAB-Salzen) und ölige Holzschutzmittel, z. B. Teerölpräparate. Holzschutzmittel werden durch Streichen, Spritzen, Tauchen, Trogtränkung, Kesseldrucktränkung (beste Eindringwirkung) aufgebracht. Holzschutzmittel unterliegen in der Bundesrepublik Deutschland einer Prüfzeichenpflicht in Hinblick auf die Anwendung für tragende oder aussteifende Zwecke in baulichen Anlagen (DIN 68800).

10.6 Tribologie

Tribologie ist die Wissenschaft und Technik von aufeinander einwirkenden Oberflächen in Relativbewegung (DIN 50323).

Die hauptsächlichen funktionellen Aufgaben von mechanischen Systemen mit bewegten Oberflächen (Tribosysteme) und zugehörige technische Beispiele sind:

— Bewegungsübertragung (z. B. Gleitlager, Wälzlager)
— Bewegungshemmung (Kupplungen, Bremsen)
— Kraft- und Energieübertragung (Getriebe)
— Informationsübertragung (Relais, Drucker)
— Stofftransport (Pipeline, Förderband)
— Abdichtung (Dichtungen, Kolben/Zylinder)
— Materialtransport (Rad/Schiene, Reifen/Straße)
— Materialbearbeitung (Drehen, Fräsen, Schleifen)
— Materialumformung (Walze, Ziehdüse)
— Materialzerkleinerung (Kugelmühle, Backenbrecher).

An tribologisch beanspruchten Werkstoffen können durch Kontaktdeformation (Hertzsche Theorie, siehe E 5.11.4), Reibung und Verschleiß Materialschädigungen hervorgerufen werden.

10.6.1 Reibungszustände

Die Reibung wirkt der Relativbewegung sich berührender Körper entgegen (DIN 50281). Sie wird gekennzeichnet durch die Reibungszahl

$$f = \text{Reibungskraft } F_R/\text{Normalkraft } F_N\,.$$

Die zum Überwinden der Reibung notwendige Reibungsarbeit wird größtenteils in Wärme umge-

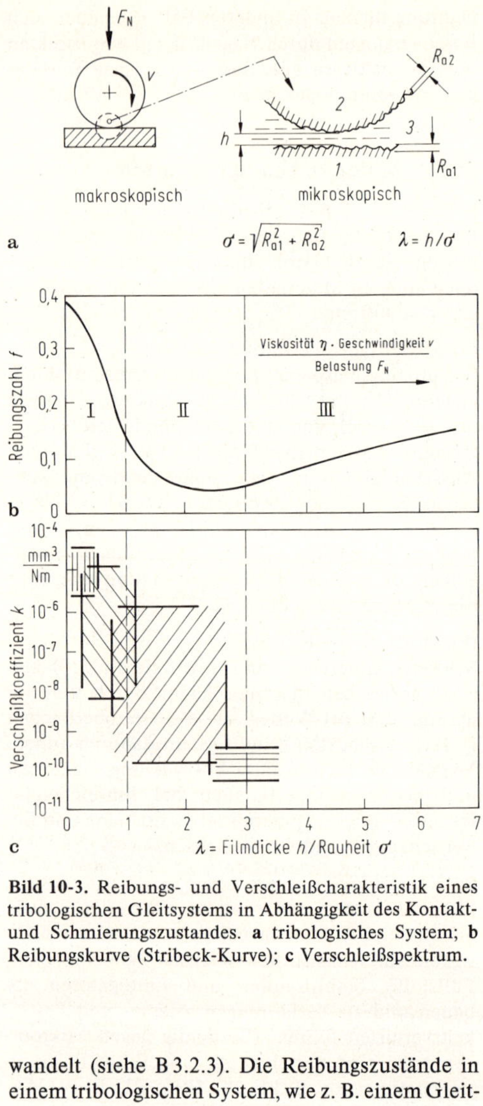

Bild 10-3. Reibungs- und Verschleißcharakteristik eines tribologischen Gleitsystems in Abhängigkeit des Kontakt- und Schmierungszustandes. **a** tribologisches System; **b** Reibungskurve (Stribeck-Kurve); **c** Verschleißspektrum.

wandelt (siehe B 3.2.3). Die Reibungszustände in einem tribologischen System, wie z. B. einem Gleitlager, bestehend aus den Reibpartnern (1) Grundkörper (Lagerschale) und (2) Gegenkörper (Welle) sowie einem flüssigen Schmierstoff (3) können als Funktion von Schmierstoffviskosität, Gleitgeschwindigkeit und Normalkraft durch die sog. Stribeck-Kurve beschrieben werden, siehe Bild 10-3. Abhängig vom Verhältnis $\lambda = h/\sigma$ der Schmierstoff-Filmdicke h zum mittleren Rauhwert σ der Gleitpartner, werden die folgenden Zustände mit verschiedenen Bereichen der Reibungszahl f und des Verschleißkoeffizienten k (Verschleißvolumen/Belastung $F_N \cdot$ Gleitweg s) unterschieden:

I. Festkörperreibung ($\lambda < 1$)
Reibung bei unmittelbarem Kontakt der Reibpartner (Grundkörper und Gegenkörper). Wenn die Reibpartner von einem molekularen Schmierfilm bedeckt sind, spricht man von Grenzreibung.

Tabelle 10-1. Reibungszahl - Größenordnung für verschiedene Reibungszustände (Übersicht)

Reibungszustand	Zwischenstoff	Reibungszahl f
Festkörperreibung	—	$> 10^{-1}$
Mischreibung	partieller Schmierstoffilm	$10^{-2}...10^{-1}$
Flüssigkeitsreibung	Schmierstoffilm	$< 10^{-2}$
Rollreibung	Wälzkörper	$\approx 10^{-3}$
Luftreibung	Gas	$\approx 10^{-4}$

II. Mischreibung ($1 < \lambda < 3$)
Reibung, bei der Festkörperreibung und Flüssigkeitsreibung nebeneinander vorliegen.

III. Flüssigkeitsreibung ($\lambda > 3$)
Reibung in einem die Reibpartner vollständig trennenden hydrodynamischen oder elastohydrodynamischen (EHD) Schmierstoffilm.

Die Reibung wird in den Bereichen I und II im wesentlichen durch die Festkörper- und Grenzflächeneigenschaften der sich berührenden Werkstoffe und im Bereich III durch die rheologischen Eigenschaften des Schmierstoffs (sowie bei EHD durch die elastischen Eigenschaften von Grund- und Gegenkörper) beeinflußt. Die Reibung ist (wie der Verschleiß, siehe 10.6.2) keine Werkstoff- sondern eine Systemeigenschaft, deren Größe von zahlreichen Parametern abhängt. Reibungszahlen für bestimmte Materialpaarungen müssen experimentell — bei Vorgabe der Systemparameter nach DIN 50320 — bestimmt werden. Eine Übersicht der Reibungszahlen für die verschiedenen Reibungszustände gibt Tabelle 10-1.

10.6.2 Verschleißarten

Verschleiß ist der fortschreitende Materialverlust aus der Oberfläche eines festen Körpers, hervorgerufen durch mechanische Ursachen, d. h. Kontakt und Relativbewegung eines festen, flüssigen oder gasförmigen Gegenkörpers (tribologische Beanspruchung, DIN 50320). Im Unterschied zu den Festigkeitseigenschaften, die Werkstoffkenngrößen sind, resultiert der unter tribologischen Beanspruchungen auftretende Verschleiß aus dem Zusammenwirken aller an einem Verschleißvorgang beteiligten Teile einer technischen Konstruktion; er kann nur mit „systemspezifischen" Verschleißkenngrößen beschrieben werden [6]. Entsprechend der allgemeinen Darstellung eines tribologischen Systems nach DIN 50320 (siehe Bild 10-4) werden Verschleißvorgänge hauptsächlich von folgenden Parametergruppen beeinflußt:

a) Beanspruchungskollektiv, gebildet durch
   - die Bewegungsform oder Kinematik (Gleiten, Rollen oder Wälzen, Stoßen oder Prallen, Strömen),
   - den zeitlichen Bewegungsablauf (kontinuierlich, oszillierend, intermittierend),
   - die Beanspruchungsgrößen Belastung, Geschwindigkeit, Temperatur, Beanspruchungsdauer;
b) Struktur des tribologischen Systems, d. h.
   - die am Verschleißvorgang beteiligten Bauelemente (Grundkörper 1, Gegenkörper 2, Zwischenstoff 3, Umgebungsmedium 4),
   - die Eigenschaften der Bauelemente (z. B. Stoff- und Formeigenschaften),
   - die tribologischen Wechselwirkungen zwischen den Systemelementen (Kontaktzustand, Reibungszustand, Verschleißmechanismen).

Abhängig von der tribologischen Beanspruchung und der Kinematik werden verschiedene Verschleißarten unterschieden (siehe DIN 50320): Gleitverschleiß, Wälzverschleiß, Prall- oder Stoßverschleiß, Schwingungsverschleiß.

Eine Materialabtragung durch strömende Medien wird als Erosion, eine (lokale) Materialzerstörung durch implodierende Dampfblasen als Kavitation bezeichnet.

Durch Überlagerung tribologischer und anderer Beanspruchungen sind folgende Schädigungsarten charakterisiert (siehe Bild 10-1):

- Korrosionsverschleiß (auch: Reibkorrosion): Korrosion kombiniert mit tribologischer Schwingungsbeanspruchung („Passungsrost")
- Reibdauerbruch: Schwingbruch, bei dem zusätzliche tribologische Beanspruchungen zu einer Verminderung der Schwingfestigkeit führt („fretting fatigue").

Die quantitative Beschreibung des Verschleißes erfolgt durch verschiedene Verschleiß-Meßgrößen zur Kennzeichnung verschleißbedingter Längen-, Flächen-, Volumen- oder Massenänderungen (DIN 50321). Infolge der Systemgebundenheit des

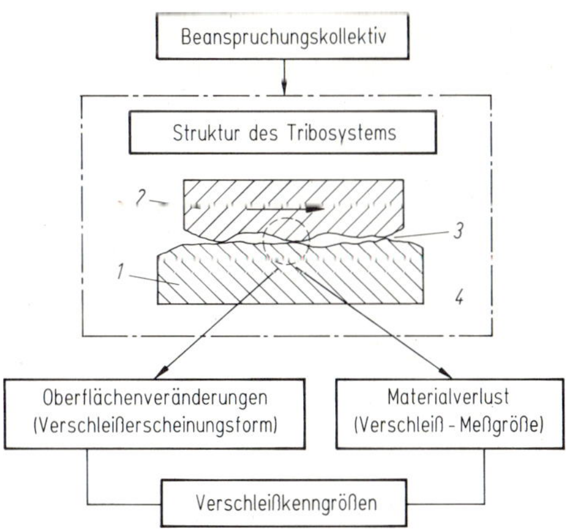

Bild 10-4. Verschleiß als Kennzeichen eines tribologischen Systems.

Verschleißes können Verschleißkenngrößen nicht einzelnen Werkstoffen, sondern nur tribologischen Systemen zugeordnet werden. Sie können um mehrere Zehnerpotenzen variieren (siehe Bild 10-3b). Verschleißkenngrößen für bestimmte Materialpaarungen müssen experimentell — bei Vorgabe der Systemparameter nach DIN 50320 — bestimmt werden.

10.6.3 Verschleißmechanismen

Prozesse des Verschleißes, die sog. Verschleißmechanismen, werden ausgelöst durch tribologische Beanspruchungen, d.h. die kräftemäßigen und stofflichen Wechselwirkungen in kontaktierenden Oberflächen, verbunden mit der Umsetzung von Reibungsenergie.

Nach DIN 50320 werden, neben den zu einer Kontaktdeformation führenden Hertzschen Beanspruchungen, die folgenden Haupt-Verschleißmechanismen unterschieden:

- Adhäsion: Ausbildung und Trennung von Grenzflächen-Haftverbindungen (z.B. Kaltverschweißungen, „Fressen"),
- Abrasion: Materialabtrag durch ritzende Beanspruchung (Mikrospanen, Mikropflügen, Mikrobrechen),
- Oberflächenzerrüttung: Ermüdung und Rißbildung in Oberflächenbereichen durch tribologische Wechselbeanspruchungen, die zu Materialtrennungen führen (z.B. Grübchen),
- Tribochemische Reaktionen: Entstehung von Reaktionsprodukten durch die Wirkung von tribologischer Beanspruchung bei chemischer Reaktion von Grundkörper, Gegenkörper und umgebendem Medium.

Bild 10-5 gibt eine Übersicht über die hauptsächlichen Verschleißmechanismen und die beteiligten Detailprozesse. Die Komplexität des Verschleißes zeigt sich darin, daß die Haupt-Verschleißmechanismen einzeln auftreten, sich bei Änderung der Beanspruchung oder der Struktur des tribologischen Systems abwechseln oder auch gleichzeitig einander überlagert sein können. Eine Voraussage über das Gesamt-Verschleißverhalten durch Superposition bekannter Einzel-Verschleißmechanismen ist im allgemeinen nicht möglich.

10.6.4 Verschleißschutz

Verschleißbeeinflussende Maßnahmen müssen von einer individuellen Systemanalyse des jeweiligen Problems ausgehen (siehe DIN 50320). Verschleißmindernde Maßnahmen können entweder das Beanspruchungskollektiv modifizieren — z.B. Vermindern der Flächenpressung, Verbessern der Kinematik (Wälzen statt Gleiten) — oder die

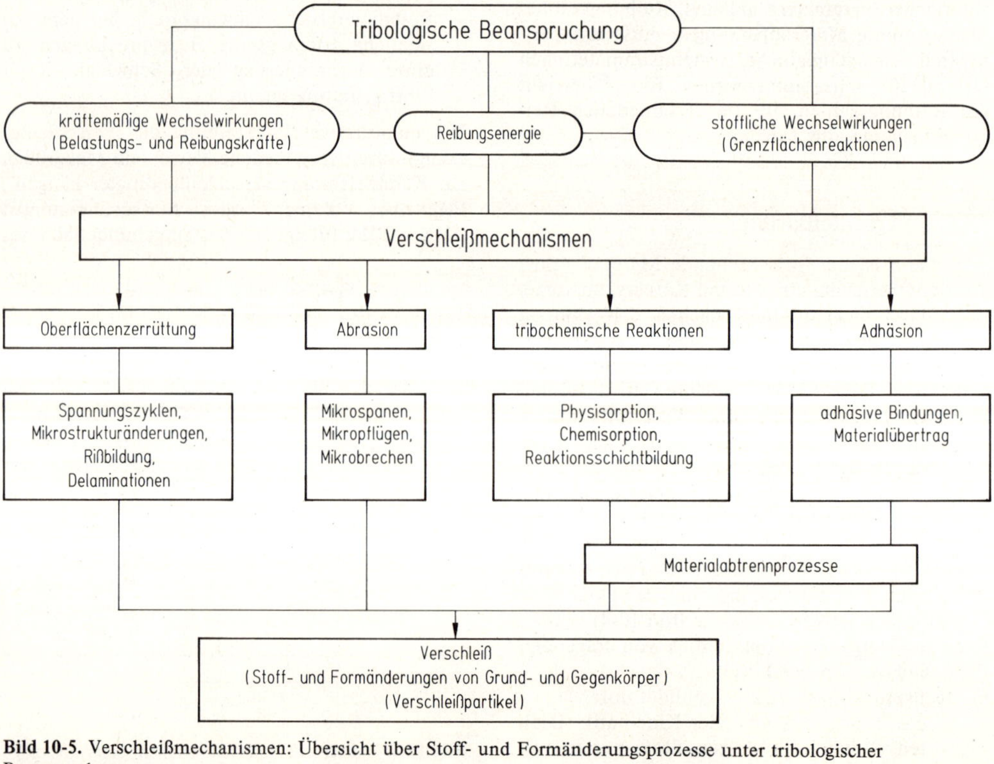

Bild 10-5. Verschleißmechanismen: Übersicht über Stoff- und Formänderungsprozesse unter tribologischer Beanspruchung.

Struktur des tribologischen Systems durch geeignete Konstruktion, Werkstoffwahl oder Schmierung beeinflussen. Von besonderer Bedeutung für den Verschleißschutz ist dabei die gezielte Beeinflussung der wirkenden Verschleißmechanismen, z. B. durch folgende Maßnahmen [7]:

a) Beeinflussung der Adhäsion:
   - Schmierung (siehe 7.3);
   - Vermeiden von Überbeanspruchungen, durch welche der Schmierfilm und die Adsorptions- und Reaktionsschichten von Werkstoffen durchbrochen werden;
   - Verwendung von Schmierstoffen mit EP-Additiven (extreme pressure, siehe 7.3);
   - Vermeidung der Paarung Metall/Metall; statt dessen: Kunststoff/Metall, Keramik/Metall, Kunststoff/Kunststoff, Keramik/Keramik, Kunststoff/Keramik;
   - bei metallischen Paarungen: keine kubisch flächenzentrierten Metalle, sondern kubisch raumzentrierte und hexagonale Metalle; Werkstoffe mit heterogenem Gefüge.

b) Beeinflussung der Abrasion:
   Für den Widerstand gegenüber der Abrasion ist die sog. Verschleiß-Tieflage-Hochlage-Charakteristik besonders wichtig. Danach ist der Verschleiß nur dann gering, wenn der tribologisch beanspruchte Werkstoff härter als das angreifende Material ist. Für die Werkstoffauswahl gilt demnach folgendes:
   - Härte des beanspruchten Werkstoffs mindestens um den Faktor 1,3 größer als die Härte des Gegenkörpers;
   - harte Phasen, z. B. Carbide in zäher Matrix;
   - wenn das angreifende Material härter als der Werkstoff ist: zäher Werkstoff.

c) Beeinflussung der Oberflächenzerrüttung:
   - Werkstoffe mit hoher Härte und hoher Zähigkeit (Kompromiß);
   - homogene Werkstoffe (z. B. Wälzlagerstähle);
   - Druckeigenspannungen in den Oberflächenzonen, z. B. durch Aufkohlen oder Nitrieren.

d) Beeinflussung Tribochemischer Reaktionen:
   - keine Metalle, höchstens Edelmetalle; statt dessen Kunststoffe und keramische Werkstoffe;
   - formschlüssige anstelle von kraftschlüssigen Verbindungen;
   - Zwischenstoffe und Umgebungsmedium ohne oxidierende Bestandteile;
   - hydrodynamische Schmierung.

10.7 Methodik der Schadensanalyse

Gezielte Maßnahmen zur Schadensabhilfe und -verhütung können nur dann getroffen werden, wenn die Schadensursachen durch Untersuchungen sorgfältig analysiert wurden. Nach der VDI-Richtlinie 3822 soll eine Schadensanalyse die folgenden hauptsächlichen Schritte umfassen:

1. Schadensbefund
   a) Dokumentation des Schadens;
   b) Schadensbild: Zustand des beschädigten Bauteils;
   c) Schadenserscheinung: Merkmale einer Schadensart (z. B. Verformung, Risse, Brüche, Korrosions- oder Verschleißerscheinungen).
2. Bestandsaufnahme
   a) Allgemeine Information: Anlagen- bzw. Bauteilart, Hersteller, Betreiber, Inbetriebnahmedatum, Einsatzbedingungen, Revisionszeitpunkte, Überwachungserfordernisse, Betriebszeit.
   b) Vorgeschichte: Art, Herstellung, Weiterverarbeitung, Güteprüfung des Werkstoffs; Gestaltung, Fertigung, Güteprüfung des Bauteils; Funktion des Bauteils, Betriebsbedingungen während der Betriebszeit und kurz vor dem Schadenseintritt; zeitlicher Ablauf des Schadens.
3. Untersuchungen
   a) Untersuchungsplan,
   b) Probennahme,
   c) Einzeluntersuchungen: Einsatz von zerstörungsfreien und/oder zerstörenden Prüfverfahren und Simulationsversuchen zur Beurteilung von: Schadensbild- und -erscheinung, Werkstoffzusammensetzung, Werkstoffgefüge und -zustand, physikalischen und chemischen Eigenschaften, Gebrauchseigenschaften,
   d) Auswertung.
4. Schadensursachen
   Fazit des Schadensbefundes, der Bestandsaufnahme und der Untersuchungen.
5. Schadensabhilfe
   Vorschläge für Abhilfemaßnahmen unter Berücksichtigung von Konstruktion, Fertigung, Werkstoff und Betrieb.
6. Schadensbericht
   a) Zusammenfassung der Schadensanalyse,
   b) Gliederungsbestandteile: Auftraggeber, Bezeichnung des Schadenteils, Anlaß zur Schadensuntersuchung, Art und Umfang des Schadens, Ergebnisse der Bestandsaufnahme, Ergebnisse der Einzeluntersuchungen, Schadensursache, Reparaturmöglichkeiten und -maßnahmen, Hinweise zur Schadensabhilfe und Schadensverhütung.

11 Materialprüfung

Die Materialprüfung dient der Eigenschafts-, Qualitäts- und Sicherheitsanalyse von Materialien und der Beurteilung ihrer funktionellen, wirtschaftli-

chen und umweltfreundlichen Anwendung. Sie liefert Unterlagen zur rohstoff- und energiesparenden Konstruktion, Fertigung und Instandhaltung technischer Produkte. Grundlegende Aufgaben der Materialprüfung sind:
— Analyse der Stoff- und Formeigenschaften von Materialien und Ermittlung von Werkstoffkennwerten
— Kontrolle von Materialeigenschaften bei der Fertigung, Weiterverarbeitung und Montage technischer Produkte
— Messung und Prüfung des Materialverhaltens unter den verschiedenen Beanspruchungen, z. B. mechanischer, thermischer, strahlungsphysikalischer, chemischer, biologischer oder tribologischer Art
— Entwicklung und Anwendung von Rechenmethoden und Simulationsmodellen zur Beanspruchungsanalyse und anwendungsorientierten Beurteilung von Werkstoffen, Bauteilen und Konstruktionen
— Überwachung von Werkstoffzuständen während des Betriebs von Maschinen, Anlagen und technischen Systemen
— Untersuchung und Aufklärung von Schadensfällen.

11.1 Planung von Messungen und Prüfungen

Die grundlegenden Tätigkeiten der Materialprüfung sind gekennzeichnet durch die Begriffe „Messen und Prüfen" (DIN 1319):
— Messen ist der experimentelle Vorgang, durch den ein spezieller Wert einer (physikalischen) Größe ermittelt wird. Im Begriff „Messen" ist das Auswerten bis zum Meßergebnis eingeschlossen; dagegen nicht die Anwendung bzw. Weiterverarbeitung des Meßergebnisses
— Prüfen heißt feststellen, ob der Prüfgegenstand eine oder mehrere (vereinbarte, vorgeschriebene oder erwartete) Bedingungen erfüllt, insbesondere, ob vorgegebene Fehlergrenzen eingehalten werden. Das Prüfen resultiert also in einer Entscheidung.

In der Materialprüfung muß vielfach die traditionelle Experimentiertechnik der Physik — in der die Meßgröße nur von einem Einflußfaktor abhängt, alle anderen Parameter konstant gehalten („Einparameterversuche") und die Untersuchungsobjekte durch Meßmethode und Beobachter nicht beeinflußt werden — erweitert werden. So lassen sich Untersuchungen an Werkstoffen, Bauteilen und Konstruktionen häufig nur unter der Variation mehrerer, z. T. voneinander abhängiger Variabler durchführen („Mehrparameterversuche"). Außerdem können verschiedene Werkstoffkennwerte, z. B. Festigkeitskennwerte per definitionem nur durch extreme Beanspruchung der Untersuchungsobjekte erhalten werden („zerstörende Prüfungen").

Obwohl es infolge der großen Aufgaben- und Verfahrensvielfalt sehr schwierig ist, eine allgemeine Materialprüfmethodik anzugeben, müssen mindestens die folgenden Gesichtspunkte bei der Planung, Durchführung und Auswertung berücksichtigt werden:
1. Präzisierung von Problemstellung und Untersuchungsziel
2. Exakte Kennzeichnung des Prüfobjektes
3. Spezifikation der „Probennahme"
4. Wahl und Kennzeichnung aussagekräftiger Meß- und Prüfgrößen
5. Wahl und Kennzeichnung geeigneter Meß- und Prüfapparaturen (Spezifikation der „Meßkette", vgl. H 1.1.1)
6. Mathematisch-statistische Versuchsplanung (z. B. im Hinblick auf Probenzahl, Anzahl der Wiederholversuche)
7. Erfassung, Weiterverarbeitung und Auswertung von Meß- und Prüfgrößen (z. B. Verwendung geeigneter Meßaufnehmer und Sensoren, Bildverarbeitung, Prozeßrechnertechnik)
8. Eliminierung systematischer Fehlereinflüsse von Meßobjekt, Meßmethode, Meßgerät und Umgebung
9. Anwendung geeigneter mathematischer Auswerteverfahren unter Berücksichtigung der Verteilungsfunktionen von Prüfobjektmerkmalen (z. B. Streubereiche von chem. Zusammensetzung, Abmessungen)
10. Numerische Angabe der Versuchsergebnisse in statistisch abgesicherter Form (z. B. Mittelwert, Standardabweichung, Vertrauensbereiche) unter Angabe der Meßunsicherheit; Analyse der Verteilung der Ergebnisgröße (z. B. Normalverteilung, Weibull-Verteilung).

11.2 Chemische Analyse von Werkstoffen

Aufgabe der Werkstoffanalytik ist die Bestimmung der chemischen Zusammensetzung stofflicher Systeme, wobei traditionell die Analytik anorganischer Stoffe (z. B. Metalle und keramische Werkstoffe) und organischer Stoffe (z. B. Polymerwerkstoffe) unterschieden werden.

(a) Analyse anorganischer Stoffe
Bei der klassischen „naß-chemischen" Analyse werden durch Aufschlüsse, z. B. mit starken Säuren, die im Material vorliegenden Elemente und Verbindungen in Ionen umgewandelt. Diese werden voneinander getrennt, identifiziert und quantitativ bestimmt, z. B. durch Fällung oder Titration. Diese bekannte Art der Identifizierung wird ergänzt durch spektroskopische Methoden (z. B. Röntgenemissions- und Röntgenfluoreszenzspektrometrie), die auch zu quantitativen Analysen

herangezogen werden und bei denen die Intensität des vom Atom abgegebenen charakteristischen Lichts als Maß für die Menge dient. Diese Intensität ist allerdings von den anderen im Werkstoff vorhandenen Bestandteilen abhängig, so daß eine quantitative Analyse dieser Art einer Korrektur durch Vergleichsproben bedarf. Diese Korrektur kann wiederum nur mit der klassischen quantitativen Analyse geschehen, wobei unter Verwendung von Referenzmaterialien absolute Mengen bestimmt werden, die dann in Relation zu analytisch genutzten Eigenschaften gebracht werden.
Bei den heutigen Verfahren der naß-chemischen quantitativen Analyse arbeitet man nicht mehr mit einzelnen Trennungsgängen, sondern erfaßt mit summarischen Abtrennungen von störenden Ionen oder spezifischen Anreicherungen die gesuchten Stoffmengen. An die Stelle der Fällungen sind hauptsächlich die folgenden physikalisch-chemischen Methoden getreten:

— Elektrochemische Verfahren wie z. B. die Potentiometrie, Coulometrie, Voltametrie und Polarographie von naß-chemisch aufgeschlossenen Proben: In der Potentiometrie nutzt man die Nernstsche Beziehung zwischen Potential und Ionenkonzentration. Durch die Verwendung von ionensensitiven Elektroden wird eine Stofftrennung weitgehend unnötig. Andere Methoden nutzen die Eigenschaftsänderungen während einer Titration, z. B. die Leitfähigkeitsänderung (Konduktometrie), die Abscheidung von Elementen nach den Faradayschen Gesetzen (Coulometrie) oder Spannungsänderungen an einer polarisierten Elektrode (Voltametrie, Polarographie).
— Photochemische Verfahren: Herstellung farbiger Ionen-Komplexe und Messung der auftretenden Farbintensität. Diese Methode und die Inverse Polarographie sind besonders empfindlich. Daneben hat sich neuerdings die Ionenchromatographie, insbesondere für Anionen, etabliert, bei der mehrere Ionen getrennt und nacheinander bestimmt werden.
Atomabsorptionsspektrometrie (AAS): Ausnutzung der Absorption von Licht durch die zu analysierenden Metallionen in Aerosolen und Dämpfen, das von einer Hohlkathoden-Lampe des betreffenden Elements ausgeht. Umgekehrt kann man Ionen im Plasma zur Lichtemission anregen (ICP, inductive coupled plasma) oder Festkörper im Funken- oder Lichtbogen (OES, optical emission spectroscopy) anhand der Spektren identifizieren und mittels der Intensität bestimmen.

(b) Analyse organischer Stoffe
Bei der Analyse organischer Werkstoffe werden zur Identifizierung vornehmlich die auf der Absorption von Licht im Wellenbereich von 2 bis 25 µm beruhende Infrarot-(IR)- und Ramanspektrometrie (RS) herangezogen. Ein weiteres Hilfsmittel ist die NMR-(nuclear magnetic resonance)-Spektrometrie, vornehmlich gemessen an ^1H- und ^{13}C-Atomen in Lösung oder im Festkörper (CP-MAS-NMR, cross polarization, magic angle spinning, nuclear magnetic resonance). Mit diesen Methoden kann die Matrix, das Polymer, meist ohne größere Probenvorbereitung untersucht werden. Die Größe der Polymermoleküle und die Verteilung der Molekulargewichte werden mit Hilfe der Ausschlußchromatographie ermittelt (GPC-Gelpermeationschromatographie). Die in geringerer Menge im Werkstoff vorliegenden Bestandteile wie Weichmacher, Stabilisatoren und Alterungsschutzmittel werden aus der Matrix entfernt und durch chromatographische Methoden wie Dünnschichtchromatographie (DC), Flüssigkeitschromatographie (HPLC, high pressure liquid chromatography) oder Gaschromatographie (GC) getrennt und in ihrer Menge anhand der spezifischen Fluoreszenz, der Brechungszahl oder Lichtabsorption bestimmt. Das wichtigste Instrument zur Detektion organischer Stoffe ist die Massenspektrometrie (MS), welche die weitestgehenden Aussagen über die Molekülart liefert. In Hochleistungsgeräten werden chromatographische und Identifizierungsverfahren kombiniert (HPLC/MS, GC/MS, GC/IR). Die Gerätetechnologien sind gekennzeichnet durch die (z. T. integrierte) Verwendung von Computern und Mikroprozessoren, wodurch die Anwendung leistungsfähiger Auswertemethoden, wie z. B. die Schnelle Fourier-Transformations-Technik (FFT) möglich wird.

11.3 Mikrostruktur-Untersuchungsverfahren

Bei den Mikrostruktur-Untersuchungsverfahren wird unterschieden zwischen den Methoden zur Erfassung und Kennzeichnung von Volumeneigenschaften und Eigenschaften der Werkstoffoberflächen.

11.3.1 Gefügeuntersuchungen

Gefügeuntersuchungen zur Darstellung der Mikrostruktur von Werkstoffen (siehe 2.2) werden bei metallischen Werkstoffen als Metallographie und bei keramischen Werkstoffen als Keramographie bezeichnet. Die Gefügeuntersuchungen erfolgen hauptsächlich mit licht- und elektronenoptischen Methoden nach einer Probenpräparation, wie z. B.:

— Mikrotomschnittpräparation, d. h. Überschneiden des Untersuchungsobjektes (z. B. eines Polymerwerkstoffes) mit einer sehr scharfen und harten Messerschneide zur Erzielung einer ebenen Untersuchungsfläche;
— Mechanisches Schleifen und Polieren mit Schleifpapieren (SiC unterschiedlicher Kör-

nung) und Polierpasten, d. h. Aufschlämmungen von Al_2O_3 oder Diamantpasten bis zu Korngrößen von ca. 0,2 μm;
- Elektrochemisches Polieren, d. h. Einebnung von Oberflächenrauheiten durch elektrochemische Auflösung.

Zur Kontrastierung von Gefügebestandteilen wird anschließend eine Korngrenzenätzung oder Kornflächenätzung unter Verwendung geeigneter Ätzlösungen für die verschiedenen Werkstoffe vorgenommen, z. B.:
- für unlegierten Stahl: 2%ige alkoholische Salpetersäure;
- für Edelstahl: Salzsäure/Salpetersäure 10 : 1;
- für Aluminium-Cu-Legierungen: 1% Natronlauge, 10 °C;
- für Al_2O_3-Keramik: heiße konzentrierte Schwefelsäure.

Die lichtmikroskopischen Verfahren zur Gefügeuntersuchung arbeiten mit Hellfeld- oder Dunkelfeldbeleuchtung und sind durch folgende Grenzdaten gekennzeichnet:
Maximale Vergrößerung ca. 1000fach, laterales Auflösungsvermögen in der Objektebene ca. 0,3 μm, Tiefenschärfe bei 1000facher Vergrößerung ca. 0,1 μm. Mit Elektronenmikroskopen (EM) läßt sich das Auflösungsvermögen auf ca. 0,5 nm verbessern (Größenordnung der Gitterkonstanten von Metallen). Das Abbildungsprinzip des Transmissions-Elektronenmikroskops (TEM) beruht auf der Beugung der Elektronenstrahlen an Gitterbaufehlern, die mit Laufzeitdifferenzen und Interferenzen verknüpft sind und Bereiche mit Gitterstörungen auf einer Mattscheibe dunkel erscheinen lassen. Da im Gegensatz zu Lichtmikroskopen die EM als Durchlichtgeräte arbeiten, können als Präparate nur „Dünnfilmproben" (max. Dicke < 1 μm, abhängig von der Beschleunigungsspannung) verwendet werden, die entweder in „Abdrucktechnik" oder durch elektrolytische „Dünnung" hergestellt werden.

11.3.2 Oberflächenrauheitsmeßtechnik

Die Oberflächenmikrogeometrie oder Oberflächenrauheit ist eine wichtige Einflußgröße für die Funktion von Werkstoffoberflächen, z. B. bei Paßflächen, Dichtflächen, Gleit- und Wälzflächen [1]. Die qualitative Untersuchung und Abbildung erfolgt mit optischen und elektronenmikroskopischen Verfahren, während eine quantitative Rauheitsmessung sowohl mit diesen Methoden als auch mit Tastschnittgeräten vorgenommen werden kann.
Beim Lichtschnittmikroskop wird die Auslenkung einer auf die zu untersuchende Oberfläche projizierten Lichtlinie durch die Oberflächenrauheit mit einem Okularmikrometer (Rauhtiefenauflösung ca. 0,1 μm) ausgemessen. Interferenzmikroskope gestatten eine optische Rauhtiefenmessung mit einer Auflösung von ca. 0,02 μm. Da der lichtmikroskopischen Oberflächenuntersuchung durch die niedrige Tiefenschärfe bei höheren Vergrößerungen enge Grenzen gesetzt sind (siehe 11.3.1), werden zur Untersuchung rauher Oberflächen (z. B. Bruchflächen) häufig „Stereomikroskope" (stufenlose Vergrößerung 10- bis etwa 100fach) verwendet, die durch geeignete Objektivanordnung einen plastischen Eindruck bei beidäugiger Beobachtung ergeben.
Gleichzeitig hohe Vergrößerung (bis zu 100000fach) und große Schärfentiefe (> 10 μm bei 5000facher Vergrößerung) liefert das Rasterelektronenmikroskop (REM). Beim REM wird in einer Probekammer unter Hochvakuum ein Elektronenstrahl rasterförmig über die Probenfläche bewegt, und die in Abhängigkeit von der Oberflächen-Mikrogeometrie rückgestreuten Elektronen (oder ausgelöste Sekundärelektronen) werden zur Helligkeitssteuerung (Topographiekontrast) einer Fernsehröhre verwendet. Mit Methoden der Bildverarbeitung (Graustufenanalyse) oder stereoskopischen Auswerteverfahren kann außer der Oberflächenabbildung eine numerische Klassifizierung der Oberflächenmikrogeometrie vorgenommen werden.
Die Ermittlung der in DIN 4768 genormten Rauheitskenngrößen Mittenrauhwert R_a, gemittelte Rauhtiefe R_z und die Aufnahme von Profildiagrammen und Traganteilkurven erfolgt mit elektrischen Tastschnittgeräten, die mit einer Tiefenauflösung von ca. 0,01 μm nach dem Prinzip der Diamantspitzenabtastung und anschließender mechanisch-elektrischer Meßwertumwandlung arbeiten (siehe VDI/VDE Richtlinie 2602 „Rauheitsmessung mit elektrischen Tastschnittgeräten"). Neben der mechanischen Abtastung (Nachteile: hohe Flächenpressung, Nichterfassung von Hinterschneidungen) werden auch berührungslose optische Abtastverfahren (z. B. Lasermethoden) angewendet, wobei jedoch die Zuordnung der gemessenen Reflexionskennwerte zu den genormten Rauheitskenngrößen schwierig ist.

11.3.3 Oberflächenanalytik

Die chemische Zusammensetzung von Werkstoffoberflächen ist nach Bild 2-6 durch eine Schichtstruktur gekennzeichnet. Grundsätzlich kann man durch Beschuß einer Oberfläche mit Photonen, Elektronen, Ionen oder Neutralteilchen, durch Anlegen hoher elektrischer Feldstärken oder durch Erwärmen Informationen über die Oberfläche erhalten, wenn die dabei emittierten Photonen, Elektronen, Neutralteilchen oder Ionen analysiert werden [2].
Bei der Elektronenstrahlmikroanalyse (Mikrosonde) wird die von einem Elektronenstrahl ausgelöste stoffspezifische Röntgenstrahlung mit Hilfe

von wellenlängendispersiven oder energiedispersiven (EDAX, energy dispersive analysis of X-rays) Spektrometern analysiert. Die Mikrosonde erfordert für eine Elementaranalyse (Ordnungszahl $Z > 3$) ein Untersuchungsvolumen von ca. 1 μm^3 und ist damit nur zur Analyse relativ dicker Schichten einsetzbar.
Die wichtigsten Oberflächenanalyseverfahren mit „atomarer" Auflösung sind die folgenden, unter Ultrahochvakuumbedingungen arbeitenden Methoden: (a) Auger-Elektronenspektroskopie (AES), (b) Elektronenspektroskopie für die Chemische Analyse (ESCA), (c) Sekundärionen-Massenspektrometrie (SIMS).

(a) Bei der AES wird ein Elektronenstrahl (10 bis 50 keV) rasterförmig über die Probenoberfläche geführt und die stoffspezifisch ausgelösten Auger-Sekundärelektronen ($Z > 2$) mit einer lateralen Auflösung von ca. 0,1 μm^2, einer Tiefenauflösung von ca. 10 nm und einer Nachweisgrenze von 0,1 bis 0,01 Atom-% einer Monolage analysiert.

(b) Bei den ESCA-Verfahren unterscheidet man Ultraviolett (UPS)-, Extreme Ultraviolett (XUPS)- oder Röntgen (XPS)-Photoelektronenspektroskopie. Das XPS-Verfahren erlaubt neben einer Elementaranalyse $Z > 2$ bei einer lateralen Auflösung von ca. 0,2 μm^2 („small spot ESCA") und einer Tiefenauflösung von ca. 10 nm den Nachweis chemischer Verbindungen („chemical shift analysis") mit einer Nachweisgrenze von 0,1 Atom-% einer Monolage.

(c) Bei den SIMS-Verfahren werden Ionen aus der Oberfläche durch Beschuß mit Edelgasionen herausgelöst und massenspektrometrisch nachgewiesen. Analysiert werden alle Elemente mit einer Lateralauflösung von ca. 1 μm^2, einer Tiefenauflösung von einer Monolage und einer Nachweisgrenze von 1 bis 10^{-3} Atom-% einer Monolage.
Durch Kombination der Oberflächenanalyseverfahren mit einer Ionenkanone, die durch Ionenbeschuß die Oberfläche molekülweise abträgt (Sputtern) können auch Tiefenprofilanalysen, d. h. sukzessive analytische Informationen über die in Bild 2-6 schematisch vereinfacht dargestellten Schichtstrukturen von Werkstoffoberflächen, gewonnen werden.

11.4 Experimentelle Beanspruchungsanalyse

Für die funktionsgerechte Dimensionierung von Bauteilen ist die Kenntnis der Beanspruchungen erforderlich. Für mechanisch beanspruchte Konstruktionsteile sind dabei Methoden zur experimentellen Dehnungs-, Verformungs- und Spannungsanalyse von besonderer Bedeutung, vgl. H 3.3.

11.4.1 Dehnungs- und Verformungsanalyse

Mechanische Beanspruchungen von Bauteilen führen zu Formänderungen. Zu deren Bestimmung werden hauptsächlich folgende Meßtechniken verwendet:

(a) Mechanisch-optische Dehnungsmesser: Bestimmung der Dehnung aus der Verkippung eines auf das Bauteil aufgesetzten Schneidenprismas relativ zu einer festen Schneide. Durch Verwendung von Lichtzeigern, Hebelübersetzungen oder Mehrfachreflexionen sind Verstärkungen bis zu 2000fach erreichbar (z. B. beim Spiegelgerät nach Martens).

(b) Elektrische Wegmeßverfahren: Meßtechnische Ausnutzung der wegabhängigen Veränderung eines ohmschen, kapazitiven oder induktiven Widerstandes. Bei den häufig verwendeten induktiven Wegaufnehmern kann mit einem verschiebbaren Eisenkern durch die wegabhängige induktive Kopplung zwischen einer Primär- und zwei Sekundärspulen („Differentialtransformator") eine Wegauflösung empfindlicher als 0,1 μm erreicht werden.

(c) Dehnungsmeßstreifen (DMS): Bestimmung der dehnungsabhängigen Widerstandsänderung ΔR einer auf das dehnungsbeanspruchte Bauteil aufgeklebten dünnen Metallfolie (mit mäanderförmiger Leiterbahn des Widerstandes R) als Funktion der Dehnung ε mit einer Auflösung von $\varepsilon \sim 10^{-6}$, wobei $\Delta R/R = k \cdot \varepsilon$ (Faktor $k \sim 2$ für Metalle).

(d) Moiré-Verfahren: Ermittlung von flächigen Dehnungsverteilungen an Bauteiloberflächen durch Auswertung von Streifenmustern, die sich aus der optischen Überlagerung eines fest mit dem Bauteil verbundenen Objektgitters (10 bis 100 Linien/mm) und eines stationären Vergleichsgitters ergeben.

(e) Holographische Verformungsmessung: Untersuchung von Oberflächenverformungen mittels Laserinterferometrie und Speicherung der lokalen Amplituden- und Phaseninformation der optischen Abtastung des Untersuchungsobjektes in der Photoemulsion einer Hologrammplatte. Durch Vergleich der Hologramme des unbeanspruchten und des beanspruchten Bauteils ist der Nachweis von Flächenverformungen mit einer Auflösung von 0,1 bis 1 μm möglich.

11.4.2 Spannungsanalyse

Mechanische Spannungen können in Bauteilen durch mechanische oder thermische Beanspruchungen verursacht sein oder als Eigenspannungen vom Herstellungsprozeß resultieren. Zu ihrer

Ermittlung werden hauptsächlich die folgenden Verfahren eingesetzt:

(a) Elektrische Verfahren: Bestimmung mechanischer Spannungen aus den mit elektrischen Meßaufnehmern (z. B. induktive oder DMS-Aufnehmer) gemessenen Dehnungs- oder Verformungsgrößen und der Berechnung von Kräften bezogen auf zugehörige Querschnitts- oder Bezugsflächen.

(b) Spannungsoptik: Analyse der Spannungsdoppelbrechung nach der Ähnlichkeitsmechanik hergestellter Bauteil-Modelle (z. B. aus Epoxidharz oder PMMA) in einer optischen Polarisator-Analysator-Anordnung, wobei die bei Durchstrahlung des mechanisch beanspruchten Modells mit monochromatischem Licht entstehenden dunklen Linien (Isoklinen- und Isochromatbilder) den Verlauf der Hauptspannungsrichtungen und Hauptspannungsdifferenzen anzeigen.

(c) Röntgenographische Spannungsmessung: Bestimmung der durch äußere Kräfte oder Eigenspannungen hervorgerufenen Änderung von Netzebenenabständen kristalliner Werkstoffe mit Hilfe von Beugungs- und Interferenzerscheinungen von Röntgenstrahlen. Aus den mittels „Goniometern" für verschiedene Neigungswinkel registrierten Interferenzlinien können rechnerisch die zugehörigen Spannungskomponenten gewonnen werden.

11.5 Mechanisch-Technologische Prüfverfahren

Mechanisch-technologische Prüfverfahren werden zur Untersuchung des Werkstoffverhaltens unter mechanischen Beanspruchungen eingesetzt. Neben labormäßigen Prüfverfahren mit genormten Prüfmaschinen und Prüfkörpern werden auch Betriebsversuche mit Originalbauteilen oder -systemen sowie betriebliche Werkstoffuntersuchungen unter Verwendung von mechanisch-elektrischen Meßaufnehmern (Sensoren) durchgeführt.

11.5.1 Festigkeitsprüfungen

Mit Festigkeitsprüfungen werden Festigkeitskenngrößen (z. B. Dehngrenze, Streckgrenze, Zugfestigkeit, Druckfestigkeit) und Verformungskenngrößen (z. B. Bruchdehnung und Brucheinschnürung) bestimmt.
Die verschiedenen Prüfverfahren sind gekennzeichnet durch: Beanspruchungsart (z. B. Zug, Druck, Biegung, Scherung, Torsion) und zeitlichen Verlauf (z. B. zügig, konstant, schlagartig, schwingend).
Die Werkstoffkennwerte werden labormäßig an Probekörpern definierter (z. T. genormter) Abmessungen unter vorgegebenen Prüfbedingungen mit Werkstoffprüfmaschinen (DIN 51220) nach einem der folgenden Verfahren ermittelt:

(a) Messen der Kraft, die eine bestimmte Verformung oder den Bruch der Probe verursacht, z. B. Dehngrenze, Zugfestigkeit („verformungsgeregelte Versuchsführung");
(b) Messen der Verformung, die von einer bestimmten Kraft verursacht wird, z. B. Zeitdehngrenze, Elastizitäts- und Schubmodul („kraftgeregelte Versuchsführung");
(c) Messen der größtmöglichen Verformung, z. B. Bruchdehnung, Biegewinkel beim „Faltungsversuch", Verwindezahl;
(d) Ermitteln der größtmöglichen Anzahl von bestimmten Kraft- oder Verformungsspielen, z. B. Dauerschwingfestigkeit, Hin- und Herbiegezahl;
(e) Messen der Arbeit, die eine bestimmte Verformung oder den Bruch der Probe verursacht, z. B. Kerbschlagzähigkeit, Schlagbiegezähigkeit, Schlagzugfestigkeit;
(f) Messen der Verformung, die von einer bestimmbaren Arbeit verursacht wird, z. B. Schlagstauchung, Schlagdehnung.

Durch die Prüfverfahren werden typische Betriebsbeanspruchungen nachgeahmt, wobei von idealisierten Bedingungen ausgegangen wird. Neben der Simulation praxisnaher Beanspruchungsverhältnisse („Stochastische Lastkollektive") bereitet die Übertragbarkeit von Werkstoffkennwerten, die an kleineren Proben genommen wurden, auf reale Bauteilabmessungen häufig Schwierigkeiten.
In Tabelle 11-1 sind die wichtigsten genormten Verfahren der Festigkeitsprüfung für die hauptsächlichen Werkstoffgruppen zusammen mit Hinweisen auf Normen für Prüfkörper und Prüfmaschinen aufgeführt.

11.5.2 Bruchmechanische Prüfungen

Bruchmechanische Prüfungen erfordern hinreichend große Probenabmessungen, um die Bedingung der linear-elastischen Bruchmechanik (LEBM) zu erfüllen, daß der Werkstoff an der Rißspitze keine plastische Deformation erfährt (siehe 9.2.6). Als Probekörper für bruchmechanische Prüfungen werden häufig die Dreipunkt-Biegeprobe (siehe DIN 50115), sowie die quadratische oder scheibenförmige Kompakt-Zugprobe (CT-Probe, compact tension) verwendet. Bei den CT-Proben wird der (zugbeanspruchte) Ausgangsquerschnitt (Probenbreite $W \times$ Probendicke B) durch eine spanend hergestellte Kerbe auf etwa die Hälfte reduziert und in Zug-Schwellversuchen ein Ermüdungsriß der Länge a erzeugt (siehe Bild 9-10), wobei zur Erfüllung der LEBM-Bedingung gelten muß:

$$B,\ a,\ W - a > 2{,}5\left(\frac{K_{\mathrm{Ic}}}{R_{\mathrm{p}\,0,2}}\right)^2$$

K_{Ic} Bruchzähigkeit in $\mathrm{N/mm^{3/2}}$
$R_{\mathrm{p}\,0,2}$ Dehngrenze in $\mathrm{N/mm^2}$.

Tabelle 11-1. Übersicht über Normen zur Festigkeitsprüfung

Beanspruchung / Zeitl. Ablauf	Zug	Druck	Biegung	Scherung	Torsion
Zügige Beanspruchung	Zugversuch — DIN 50125 (Metall-Zugproben) — DIN 50145 (Metalle) — DIN 52188 (Holz) — DIN 53455 (Kunststoffe) — DIN 53504 (Elastomere) — DIN 51221 (Zugprüfmaschinen)	Druckversuch — DIN 51229 (Beton-Druckproben) — DIN 50106 (Metalle) — DIN 52105 (Naturstein) — DIN 1048 (Beton) — DIN 52185 (Holz) — DIN 53454 (Kunststoffe) — DIN 51223 (Druckprüfmaschinen)	Biegeversuch — DIN 50110 (Gußeisen) — DIN 1048 (Beton) — DIN 52292 (Glas- und Glaskeramik) — DIN 52186 (Holz) — DIN 53452 (Kunststoffe) — DIN 51227 (Biegeprüfmaschinen)	Scherversuch — DIN 50141 (Metalle)	Torsionsversuch — DIN 51210 (Drähte) — DIN 53445 (Kunststoffe)
Konstante Beanspruchung	Zeitstandversuch — DIN 50118 (Metalle) — DIN 53444 (Kunststoffe) — DIN 51226 (Zeitstandprüfmaschine)				
Schlagartige Beanspruchung	Schlagversuch — DIN 53448 (Kunststoffe)		Kerbschlagbiegeversuch — DIN 50115 (Metalle) — DIN 53453 (Kunststoffe) — DIN 51222 (Pendelschlagwerke)		
Schwingende Beanspruchung	Dauerschwingversuch — DIN 50100 (Metalle)		Umlaufbiegeversuch — DIN 50113 (Metalle) Flachbiegeschwingversuch — DIN 50142 (Metalle)		
	Schwingprüfmaschinen: DIN 51228				

Die angerissene Probe wird im Zugversuch zerrissen und dabei die Spannung ermittelt, bei der sich der Anriß instabil, d. h. schlagartig, ausbreitet.

Für Werkstoffe, bei denen vor dem Bruch im Bereich der Rißspitze bereits größere plastische Verformungen auftreten, wurde das COD-Konzept (crack-opening displacement) entwickelt. Im Gegensatz zur LEBM wird der Bruchvorgang dabei nicht von einer kritischen Spannungsintensität sondern von einer kritischen plastischen Verformung an der Rißspitze gesteuert. Mit Hilfe geeigneter Wegaufnehmer oder mittels an den Kerbrändern angebrachter Meßschneiden wird die Rißspitzenaufweitung als Maß für die Größe der plastischen Verformung bestimmt. Als kritischer Wert kann die Rißöffnung entweder im Moment der Rißeinleitung oder im Moment der instabilen Rißausbreitung festgelegt werden.

11.5.3 Härteprüfungen

Bei der Härteprüfung wird der Widerstand einer Werkstoffoberfläche gegen plastische Verformung durch einen genormten Eindringkörper dadurch ermittelt, daß der bleibende Eindruck präzise vermessen wird. Je nach Prüfverfahren wird der Ein-

dringwiderstand als Verhältnis der Prüfkraft zur Oberfläche des Eindrucks (Brinellhärte HB, Vickershärte HV, Knoophärte) oder als bleibende Eindringtiefe eines Eindringkörpers bestimmt (Rockwellhärte HR). Zusammen mit dem Härtewert ist das Prüfverfahren anzugeben. Tabelle 11-2 gibt eine Übersicht über die wichtigsten Härteprüfverfahren [3].
Die Härte ist bei isotropen Materialien näherungsweise mit der Festigkeit korreliert; für Baustähle gilt z. B. die Beziehung

$$R_m/(\mathrm{N/mm^2}) \approx 3{,}5\,\mathrm{HB}\,.$$

Neben den in Tabelle 11-2 zusammengestellten Härteprüfverfahren mit statischer Krafteinwirkung werden auch die folgenden Verfahren mit schlagartiger Prüfkrafteinwirkung verwendet:

- Dynamisch-plastisches Verfahren (Schlaghärteprüfung), Härtebestimmung aus der Messung des bleibenden Eindrucks, z. B. Baumannhammer, Poldihammer;
- Dynamisch-elastisches Verfahren (Rücksprunghärteprüfung), Härtebestimmung aus der Messung der Rücksprunghöhe des Eindringkörpers, z. B. Shorehärteprüfung.

11.5.4 Technologische Prüfungen

Mit technologischen Prüfverfahren werden Werkstoffe und Bauteile im Hinblick auf ihre Herstellung, Bearbeitbarkeit und Weiterverarbeitung untersucht. Die Ergebnisse sind meist verfahrensabhängig, so daß eine genaue Angabe von Prüfverfahren, Prüfobjekt und Prüfbedingungen erforder-

Tabelle 11-2. Härteprüfverfahren (Übersicht)

Härteprüfverfahren	Brinell	Vickers	Rockwell	Knoop
Norm	DIN 50351	DIN 50133	DIN 50103	DIN 52333
Eindringkörper	 Stahl, Hartmetall D = 10 mm 5 mm 2,5 mm 1 mm	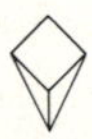 Diamant, Flächenwinkel gegenüberliegender Prismenflächen α = 136°	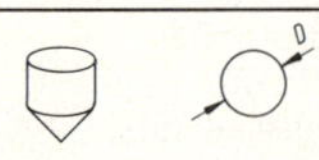 A, C, N: Diamant Kegelwinkel: 120° Spitzenradius: 0,2 mm B, F, T: Stahl D = 1,587 mm = 1/16″	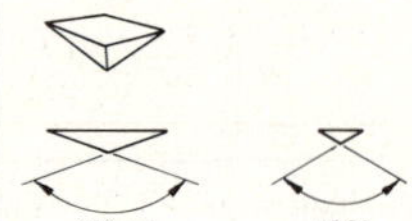 172,5° 130° Diamant
Vorkraft F_1 in N	0	0	A, B, C, F: 98,07 N, T: 29,42	0
Prüfgesamtkraft F in N	12,26 ... 29420	Makrobereich: 50 ... 1000 Kleinlastbereich: 2 ... 50 Mikrobereich: < 2	A, F: 588,4 B: 980,7 C: 1471 N, T: 147,1; 242,2; 441,3	< 10
Auswertung	$\mathrm{HB} = \dfrac{\text{Prüfkraft}}{\text{Eindruckoberfläche}} = \dfrac{0{,}102 \cdot 2 \cdot F}{\pi D (D - (D^2 - d^2)^{1/2})}$ d Durchmesser des Eindrucks in mm	$\mathrm{HV} = \dfrac{\text{Prüfkraft}}{\text{Eindruckoberfläche}} = \dfrac{0{,}102 \cdot F \cdot \sin 136°/2}{d^2}$ d mittlere Länge der Eindruckdiagonalen in mm	$\mathrm{HR} = Z - t_b/x$ A, C, N, T: $Z = 100$ B, F: $Z = 130$ t_b bleibende Eindringtiefe in mm A, B, C, F: $x = 0{,}002$ mm N, T: $x = 0{,}001$ mm	$\mathrm{HK} = \dfrac{\text{Prüfkraft}}{\text{Eindruckprojektionsfläche}} = \dfrac{0{,}102 \cdot F \cdot 2}{d^2 \cdot \cot 172{,}5°/2 \cdot \tan 130°/2}$ d Länge der längeren Diagonalen in mm
Kurzbezeichnung der Härte	X HB $D/F'/t_E$ X Härtewert D Durchmesser der Eindringkugel F' 0,102 · Prüfkraft F t_E Einwirkdauer in s (entfällt bei t_E = (10 ... 20) s)	X HV F'/t_E X Härtewert F' 0,102 · Prüfkraft F t_E Einwirkdauer in s (entfällt bei t_E = (10 ... 15) s)	X HR Y X Härtewert Y Kurzzeichen des Verfahrens (A, B, C, F, 15 N, 30 N, 45 N, 15 T, 30 T, 45 T)	X HK F' X Härtewert F' 0,102 · Prüfkraft F

lich ist. Die technologischen Prüfverfahren lassen sich wie folgt einteilen:

(a) Prüfung der Eignung von Werkstoffen für bestimmte Fertigungsverfahren, z. B. im Hinblick auf
  - Gießeigenschaften: Schwindmaßbestimmung (DIN 50131) sowie Untersuchung von Fließfähigkeit, Formfüllungsvermögen und Warmrißanfälligkeit.
  - Umformungseigenschaften: Tiefungsversuch nach Erichsen (DIN 50101, 50102) als Tiefzieheignungsprüfung von Fein- und Feinstblech; Faltversuch (DIN 1605) zur Prüfung der Kaltverformbarkeit; Hin- und Herbiegeversuch an Blechen, Bändern oder Streifen (DIN 50153)

(b) Prüfungen im Zusammenhang mit Fügeverfahren, z. B.
  - Schweißverbindungen: Zugversuch (DIN 50120), Biegeversuch (DIN 50121), Kerbschlagbiegeversuch (DIN 50122), Scherzugversuch (DIN 50124); Prüfungen von Schweißelektroden und Schweißdrähten (DIN 1913, 8554, 8555)
  - Lötverbindungen: Zugversuch, Scherversuch (DIN 8525), Zeitstandscherversuch (DIN 8526)
  - Metallklebungen: Zugversuch (DIN 53288), Zugscherversuch (DIN 54451), Druckscherversuch (DIN 54452), Torsionsscherversuch (DIN 54455); Losbrechversuch an geklebten Gewinden (DIN 54454)

(c) Prüfung von Erzeugnisformen, z. B.
  - Gußwerkstoffe: Zugversuch für Grauguß und Temperguß (DIN 50109, 50149), Biegeversuch (DIN 50110)
  - Feinbleche: Zugversuch (DIN 50114, 50154), Federblech-Biegeversuch (DIN 50151)
  - Drähte: Zugversuch (DIN 51210), Hin- und Herbiegeversuch (DIN 51211), Wikkelversuch (DIN 51215); Prüfung von Drahtseilen (DIN 51201)
  - Rohre: Dichtheitsprüfung (DIN 50104), Aufweitversuch (DIN 50135), Ringfaltversuch (DIN 50136).

11.6 Physikalische Prüfverfahren

Hinsichtlich der Prüfung von Werkstoffen besteht zwischen mechanisch-technologischen und physikalischen Prüfverfahren folgende Aufgabenteilung:

- Mechanisch-technologische Prüfverfahren: Ermittlung der Kennwerte von „Konstruktions-" oder „Struktur-Werkstoffen", d. h. von Materialien, für deren Anwendung die mechanischen Festigkeitseigenschaften wesentlich sind (siehe 12.1).
- Physikalische Prüfverfahren: Ermittlung der Kennwerte von „Funktionswerkstoffen", d. h. von Materialien, für deren Anwendung nichtmechanische, vor allem elektrische, magnetische oder optische Eigenschaften wesentlich sind (siehe 12.2).

Die wichtigsten physikalischen Werkstoffeigenschaften und Werkstoffkennwerte sind in Kapitel 9 zusammengestellt. Für die zugehörigen physikalischen Prüfverfahren wird auf die Teile B „Physik" und H „Meßtechnik" sowie auf die entsprechende Literatur verwiesen.

11.7 Zerstörungsfreie Prüfverfahren

Zerstörungsfreie Prüfungen (ZfP) gestatten die Untersuchung von Werkstoffen, Bauteilen und Konstruktionen ohne bleibende Veränderung der Untersuchungsobjekte [4]. Neben der Ermittlung von Werkstoffeigenschaften oder -zuständen durch „Feinstrukturmethoden" werden Materialfehler mittels „Grobstrukturprüfungen" nach den folgenden hauptsächlichen Prinzipien untersucht:
Oberflächenfehler (z. B. Risse, Härtungsfehler, usw.): Rißnachweis durch Flüssigkeitseindringverfahren (Kapillarwirkung feiner Risse im µm-Bereich); Untersuchung von Werkstoffinhomogenitäten in oberflächennahen Bereichen durch Analyse der Wechselwirkung des Bauteils mit Ultraschallwellen (US), elektromagnetischen Feldern oder optischer Strahlung (z. B. US-Mikroskop, Wirbelstromprüfung, Thermographie, Optische Holographie);
Volumenfehler (z. B. Poren, Lunker, Wanddikkenschwächungen, usw.): Untersuchung von Werkstoffinhomogenitäten im Materialinneren durch Durchstrahlung mit Ultraschallwellen sowie Röntgen- oder Gammastrahlen (z. B. US-Impulsechoverfahren, Radiographie, Computertomographie).

11.7.1 Akustische Verfahren; Ultraschallprüfung

Eines der ältesten ZfP-Verfahren ist die „Klangprobe" zum Nachweis von Materialfehlern, z. B. in Porzellan- und Keramikerzeugnissen, Schmiedeteilen, gehärteten Werkstücken, usw., erkennbar am veränderten, hörbaren Klang beim Anschlagen des Prüfobjektes. Unter Verwendung geeigneter Meßaufnehmer (Sensoren) können auch bei der Überwachung laufender Maschinenanlagen, wie Motoren oder Turbinen aus einer Luftschall- oder Körperschallanalyse (Frequenzanalyse, Fourieranalyse, usw.) Hinweise auf eventuelle Betriebsstörungen gewonnen werden (machinery condition monitoring).
Zur Untersuchung von Wanddicken oder Materialfehlern mit dem US-Impulsechoverfahren wer-

den vom Prüfkopf (piezo- oder magnostriktiver Schwinger) US-Impulse einer geeigneten Frequenz ($f \approx 1$ bis 25 MHz; Spezialanwendungen bis 120 MHz) in das Prüfobjekt gesandt, dort an Fehlern oder der Rückwand zum Prüfkopf reflektiert, in elektrische Signale umgewandelt, verstärkt, auf einem Oszilloskop sichtbar gemacht und ausgewertet (DIN 54126). Schallrichtung und Laufzeit entsprechend der Weglänge zwischen Prüfkopf und Reflexionsstelle geben Auskunft über die Lage der Reflexionsstelle im Prüfobjekt. Merkmale von (transportablen) US-Wanddickenmeßgeräten: Meßbereich 1 bis 300 mm; Ableseunsicherheit 0,1 mm; Prüfobjekttemperatur maximal 250 °C (Spezialprüfkopf erforderlich). Da das US-Impulsechoverfahren kein Fehlerbild liefert, ist die Bestimmung der Form und Größe von Materialfehlern im Bauteilinnern schwierig und wird u. a. mit folgenden Methoden abgeschätzt:

— Analyse von Fehlerechohöhe und -form in Abhängigkeit von der Einschallrichtung; maximales Signal bei Einschallrichtung senkrecht zur größten Fehlerausdehnung;
— Fehlerrandabtastung mit stark eingeschnürtem Ultraschallbündel durch fokussierende Prüfköpfe;
— Akustische Holographie: Rekonstruktion der Fehlerabmessungen aus getrennten Amplituden- und Phasenanalysen eines breit geöffneten Ultraschallbündels bei unterschiedlichen Prüfkopfpositionen.

Das Verfahren der Schallemission dient der Untersuchung von Werkstoffschädigungen unter mechanischer Beanspruchung. Es beruht darauf, daß Schallimpulse entstehen, wenn plötzlich elastische Energie dadurch freigesetzt wird, daß ein Werkstoff verformt wird oder daß Risse entstehen oder wachsen. Die Schallwellenpakete können mit empfindlichen Sensoren (z. B. piezoelektrischen, aus Keramik) nachgewiesen und die Quelle des Schalls, d. h. der verursachende Fehler, durch Laufzeitmessung und Triangulation (Verwendung von Sensoren an drei verschiedenen Stellen des Prüfkörpers) geortet werden. Die Bewertung von Schallemissionsspektren ist infolge der Dämpfung im Werkstoff und Mehrfachreflexion an inneren und äußeren Grenzflächen schwierig.

11.7.2 Elektrische und magnetische Verfahren

Elektrische und magnetische ZfP-Verfahren dienen hauptsächlich zum Nachweis von Materialfehlern im Oberflächenbereich von Werkstoffen und Bauteilen.
Das Wirbelstromverfahren (DIN 54140) nutzt den Skineffekt, d. h. die Oberflächenkonzentration induzierter elektrischer Wirbelströme bei der Wechselwirkung eines Hochfrequenz- (HF)-Feldes mit einem elektrisch leitenden Material aus. Oberflächeninhomogenitäten oder Gefügebereiche mit veränderter Leitfähigkeit (z. B. Anrisse, Härtungsfehler, Korngrenzenausscheidungen) verändern die elektrische Reaktion der Skineffektschicht gegenüber dem Feld einer von außen einwirkenden HF-Spule ($f \approx 1$ bis 5 MHz). Obwohl die Signaldeutung schwierig ist, da es kein direktes Fehlerbild gibt, ist das Wirbelstromverfahren u. a. zur automatischen Überwachung in der Massenfertigung geeignet.
Ein lokaler Nachweis von Materialfehlern, z. B. Rißbreiten im µm-Bereich, gelingt bei ferromagnetischen Werkstoffen mit dem magnetischen Streufluß-Verfahren (DIN 54130). In einem von außen magnetisierten Werkstück entsteht an einem Fehler ein magnetischer Streufluß, wenn der Fehler Feldlinien schneidet. Das an Materialfehlern entstehende magnetische Streufeld kann mit Sonden abgetastet oder durch Überspülen der Materialoberfläche mit einer Suspension feiner Magnetpulverteilchen sichtbar gemacht werden. Die Magnetpulverteilchen werden von dem Streufeld festgehalten; bei Verwendung von fluoreszierendem Magnetpulver werden die Fehleranzeigen bei UV-Lichtbestrahlung besonders deutlich. Die Anzeigegrenze liegt bei einer Rißbreite von 1 bis 0,1 µm; die Tiefe der erfaßbaren Zone erstreckt sich bis etwa 8 mm.

11.7.3 Radiographie und Computertomographie

Radiographische Verfahren basieren auf der Durchstrahlung von Prüfobjekten mit kurzwelliger elektromagnetischer Strahlung und vermitteln durch Registrierung der Intensitätsverteilung nach der Durchstrahlung eine schattenrißartige Abbildung der Dicken- und Dichteverteilung. Sie können zur berührungslosen Dickenmessung von Werkstücken und zum Nachweis von Werkstoffinhomogenitäten abweichender Dichte (z. B. Hohlräume: Lunker, Poren) oder Zusammensetzung (z. B. Fremdeinschlüsse oder Legierungen), angewandt werden. Weitere wichtige Anwendungsbereiche betreffen die Durchstrahlungsprüfung von Gußstücken und Schweißverbindungen (DIN 54111).
Als hauptsächliche Strahlungsquellen für die Radiographie dienen:

— Röntgenstrahlung mit einer Strahlenenergie von 20 keV bis ca. 10 MeV, durchstrahlbare Werkstückdicke (Stahlproben) bis ca. 300 mm; Strahlenschutzregeln: siehe DIN 54113;
— Gammastrahlung von radioaktiven Isotopen, z. B. Ir192 (durchstrahlbare Werkstückdicke 20 bis 100 mm), Co60 (durchstrahlbare Werkstückdicke 40 bis 200 mm); Strahlenschutzregeln: siehe DIN 54115.

Die Bildaufzeichnung hinter dem Prüfobjekt erfolgt überwiegend mit Röntgenfilmen, deren Empfindlichkeit dem Spektrum der verwendeten Röntgenstrahlung angepaßt ist. Um eine optimale Fehlererkennbarkeit zu erreichen, müssen Strahlenintensität, Wellenlänge, Dicke des Prüfobjektes und Durchstrahlungszeit aufeinander abgestimmt sein. Zur Bildgütenkontrolle können geeignete Festkörper (z. B. Drahtstege nach DIN 54109) zusammen mit dem Prüfobjekt durchstrahlt und abgebildet werden. Durch Methoden der Bildverarbeitung, bei denen z. B. das Bildfeld punktweise abgetastet, die Röntgenintensität elektronisch verstärkt und intensitätsabhängig in Schwarzweiß- oder Farbkontraste umgesetzt wird, können Fehlerabbildungen deutlicher erkennbar gemacht werden.

Ähnlich der Medizin nutzt die Materialprüfung die Computertomographie. Ein fein gebündelter Röntgen- oder Gammastrahl durchstrahlt das Prüfobjekt in einer bestimmten Querschnittsebene in zahlreichen Positionen und Richtungen (Translation und Rotation des Prüfobjekts). Alle Intensitätswerte des durchgetretenen Strahls werden von einem Detektor gemessen und in einem Rechner gespeichert, der den Absorptionskoeffizienten, d. h. im wesentlichen die Dichte jedes Querschnittelementes im Prüfobjekt, berechnet. Als Ergebnis werden zerstörungsfrei gewonnene Querschnittsbilder des Prüfobjektes in beliebigen Schnittebenen konstruiert, auf einem Bildschirm dargestellt und aufgezeichnet. Die Anwendungsmöglichkeiten sind vielfältig und reichen von der Untersuchung kompletter Systeme, z. B. geschlossener Getriebe und Motoren, über die Sichtbarmachung des Inhaltes von Gefahrgutumschließungen bis zur Analyse von Verbundwerkstoffen und keramischen Werkstoffen mit einer Auflösungsgrenze von ca. 25 bis 50 μm.

11.8 Komplexe Prüfverfahren

Technische Werkstoffe sind in ihren vielfältigen Anwendungsbereichen häufig der Überlagerung von Beanspruchungsarten und Beanspruchungsmedien in räumlicher, zeitlicher, energetischer und stofflicher Hinsicht unterworfen. Die Prüfung einfacher Proben unter Laborbedingungen muß daher durch „Komplexprüfungen" ergänzt werden, bei denen zahlreiche Bauteil-, Beanspruchungs- und Umgebungseinflüsse zu berücksichtigen sind, z. B.

— Gestalteinflüsse der Prüfobjekte
— Mehraxiale Beanspruchungen
— Stochastische Beanspruchungskollektive
— Überlagerung unterschiedlicher energetischer Beanspruchungen (z. B. mechanisch + thermisch, usw.)
— Überlagerung von energetischen und stofflichen Beanspruchungen (z. B. mechanisch + chemisch, usw.)

Von Bedeutung ist dabei auch die Prüfung und Kennzeichnung des Material- oder Bauteilverhaltens unter der Wirkung unterschiedlicher stofflicher Wechselwirkungen. Die folgenden Abschnitte geben eine Übersicht über die wichtigsten Komplexprüfungen mit gasförmigen, flüssigen, festen und biologischen Beanspruchungsmedien.

11.8.1 Bewitterungsprüfungen

Bezüglich der Alterung von Materialien (vgl. 10.3) sind komplexe Bewitterungsprüfungen zur Bestimmung der Wetter- und Lichtbeständigkeit, besonders von Kunststoffen, wichtig. Kunststoffe sind bei der Anwendung im Freien zahlreichen Witterungseinflüssen ausgesetzt, z. B. der Globalstrahlung (Summe aus direkter Sonnen- und diffuser Himmelsstrahlung, maximale Bestrahlungsstärke auf der Erdoberfläche: ca. 1 kW/m^2), Wärme, Feuchte, Niederschlag, Sauerstoff, Ozon und Luftverunreinigungen. Wirkung der Globalstrahlung: Dissoziation chemischer Bindungen durch Photonenenergien von etwa 3 bis 4 eV (UV-Bereich, 300 bis 380 nm), thermische Wirkung im Gesamtspektrum (0,3 bis 2,5 μm), Veränderung der Farbe sowie der mechanischen und elektrischen Eigenschaften infolge photolytisch-photooxydativer Abbau- und Vernetzungsreaktionen.

Die Verfahren zur Prüfung der Wetter- und Lichtbeständigkeit können unterteilt werden in:

— Verfahren mit natürlicher Beanspruchung: Probenlagerung im Freien unter 45° zur Horizontalen nach Süden geneigt (Wetterbeständigkeitsprüfung, DIN 53386) oder hinter Fensterglas in einem temperierten Gehäuse (Lichtbeständigkeitsprüfung, DIN 53388);
— Verfahren mit künstlicher Beanspruchung: Einwirkung gefilterter Xenonbogenstrahlung von 1 kW/m^2 in klimatisiertem Probenraum mit der Möglichkeit zyklischer Probenbenässung; Globalstrahlungssimulation einer einjährigen Mitteleuropa-Freibestrahlung in 5 bis 6 Wochen (DIN 53 387).

Da natürliche Alterungsbedingungen nicht differenziert vorhersehbar sind und in ihrer Komplexität nur sehr schwer „zeitlich geraﬀt" werden können, ist die Beurteilung der langzeitigen Alterungsbeständigkeit von Materialien aufgrund der Extrapolation von Kurzzeitversuchen problematisch.

11.8.2 Korrosionsprüfungen

Grundlegende Aufgaben von Korrosionsprüfungen sind: Erforschung von Korrosionsarten und Korrosionsmechanismen (siehe 10.4.1 und 10.4.2), Untersuchung der Beständigkeit von Werkstoffen, Bauteilen und Konstruktionen unter korrosiven Beanspruchungen, Überprüfung der Wirksamkeit von Korrosionsschutzmaßnahmen.

Korrosionsprüfungen erfordern infolge der Vielfältigkeit von Prüfobjekten und korrosiven Beanspruchungen genaue Richtlinien. Für chemische Korrosionsuntersuchungen gelten nach DIN 50905 die folgenden allgemeinen Grundsätze:

— Durchführung von Korrosionsuntersuchungen als Vergleichsversuche mit mehreren Werkstoffen und korrosiven Mitteln, ggfs. unter Einbeziehung von Vergleichswerkstoffen mit bekanntem Praxisverhalten,
— Erfassung des zeitlichen Ablaufs des korrosiven Angriffs (Versuchsbeginn und drei nachfolgende Zeiten) zur Erzielung eindeutiger Ergebnisse unter den jeweiligen Versuchsbedingungen,
— Darstellung jedes Untersuchungsergebnisses als Mittelwert von mindestens drei Versuchsergebnissen je Meßpunkt,
— Anpassung der Untersuchungsbedingungen an den jeweiligen Praxisfall unter genauer Spezifizierung von Prüfobjekt (Stoff- und Formeigenschaften) und korrosiver Beanspruchung,
— Vorsicht bei der Übertragung von Kurzzeitversuchen auf die Praxis.

Die Prüfbedingungen für die unterschiedlichen Korrosionsprüfungen sind in zahlreichen Normen festgelegt, z. B. Feucht-Wechselklima (DIN 50016), Kondenswasser-Prüfklima (DIN 50017), Kondenswasser-Wechselklima mit schwefeldioxidhaltiger Atmosphäre (DIN 50018), Sprühnebelprüfungen mit verschiedenen Natriumchloridlösungen (DIN 50021). Bei der Versuchsauswertung werden nach DIN 50905 im wesentlichen die folgenden systembezogenen Kenngrößen ermittelt: Massenänderungen, Oberflächenveränderungen, Angriffstiefe, Gefügeveränderungen, Veränderungen der mechanischen Eigenschaften, Art und Beschaffenheit der Korrosionsprodukte, Veränderung des korrosiven Mittels.

11.8.3 Tribologische Prüfungen

Tribologische Prüfungen untersuchen Werkstoffe und Bauteile, die durch Kontakt und Relativbewegung mit festen, flüssigen oder gasförmigen Gegenkörpern und die damit zusammenhängenden energetischen und stofflichen Wechselwirkungen beansprucht werden. Sie dienen der Beurteilung von mechanischen Systemen mit bewegten Oberflächen (tribotechnische Systeme) im Hinblick auf ihr Reibungs-, Schmierungs- und Verschleißverhalten (vgl. 10.6 und 7.3). Die technisch wichtigsten und umfangreichsten tribologischen Prüfungen sind Verschleißprüfungen, deren unterschiedliche Aufgabenstellungen sich schwerpunktmäßig wie folgt kennzeichnen lassen:

(a) Betriebliche Verschleißprüfungen (Bauteil- und Systemprüfungen) zur:
  — Optimierung von Bauteilen bzw. tribotechnischen Systemen zum Erreichen einer vorgegebenen, verschleißbedingten Gebrauchsdauer;
  — Bestimmung verschleißbedingter Einflüsse auf die Funktion von Maschinen, Geräten und Anlagen;
  — Überwachung der verschleißabhängigen Funktionsfähigkeit tribotechnischer Systeme (machinery condition monitoring);
  — Diagnose von Betriebszuständen;
  — Schaffung von Unterlagen für die Instandhaltung.

b) Modell-Verschleißprüfungen (Tribometerprüfungen) zur:
  — Erforschung von Verschleißarten und Verschleißmechanismen;
  — Untersuchung der Einflüsse von Werkstoffen, Schmierstoffen und Systemparametern auf das Verschleißverhalten;
  — Qualitätskontrolle und Produktionsüberwachung von tribotechnischen Werkstoffen und Schmierstoffen;
  — Vorauswahl von (neuentwickelten) Werkstoffen, Schmierstoffen und Verschleißschutzschichten für bestimmte Anwendungen (screening tests);
  — Simulation des Verschleißverhaltens tribotechnischer Bauteile und Systeme.

Infolge der Vielfalt unterschiedlicher Aufgabenstellungen ist nach DIN 50322 eine Einteilung der Verschleißprüfung in sechs Kategorien zweckmäßig:

— Kategorie I: Betriebsversuch (Feldversuch) mit kompletter Maschine oder Anlage,
— Kategorie II: Prüfstandsversuch mit kompletter Maschine oder Anlage,
— Kategorie III: Prüfstandversuch mit Aggregat oder Baugruppe,
— Kategorie IV: Versuch mit unverändertem (herausgelösten) Bauteil oder verkleinertem Aggregat,
— Kategorie V: Beanspruchungsähnlicher Versuch mit Probekörpern,
— Kategorie VI: Modellversuch mit einfachen Probekörpern.

Bei tribologischen Prüfungen werden je nach Aufgabenstellung und Prüfkategorie die folgenden hauptsächlichen Kenngrößen ermittelt:

— Reibungsmeßgrößen (DIN 50281): Reibungskraft bzw. Reibungsmoment, Reibungszahl, Reibungsarbeit, Reibungsleistung;
— Verschleiß-Meßgrößen (DIN 50 321): Verschleißbetrag (Längen-, Flächen-, Volumen- oder Massenänderung des verschleißenden Körpers), Verschleißwiderstand (Reziprokwert des Verschleißbetrages), Verschleißgeschwindigkeit, Verschleiß-Weg-Verhältnis, verschleißbedingte Gebrauchsdauer;
— Verschleiß-Erscheinungsform: Licht- oder ra-

sterelektronenmikroskopische Aufnahmen von Verschleißoberflächen; Oberflächenrauheitsmessung, (siehe 11.3.2); Oberflächenanalyse, (siehe 11.3.3); Untersuchung der oberflächennahen Mikrostruktur;
— akustische Tribokenngrößen: reibungsinduzierte Luft- oder Körperschallmeßgrößen;
— thermische Tribokenngrößen: reibungsinduzierte Temperaturerhöhung der Prüfkörper oder Bauteile;
— elektrische Tribokenngrößen: elektrischer Übergangswiderstand als Hinweis für das Vorhandensein eines Schmierölfilms oder einer Fremdschichtbildung auf den Kontaktpartnern.

Der in DIN 50320 enthaltene „Vordruck zur Beschreibung und Systemanalyse von Verschleißvorgängen" bildet die Basis für eine systematische Bearbeitung von Verschleißproblemen.

11.8.4 Biologische Prüfungen

Grundlegende Aufgaben biologischer Materialprüfungen sind: Untersuchung der Beständigkeit von Materialien gegenüber dem Angriff von Schadorganismen, Erforschung der Schädigungsformen unter Berücksichtigung der Biologie der Schadorganismen, Überprüfung der Wirksamkeit von Materialschutzmaßnahmen gegenüber biologischen Schädigungen. Da biologische Prüfungen mit „lebenden Beanspruchungsagenzien" durchgeführt werden und an den Schädigungsmechanismen verschiedene mechanische, physikalisch-chemische und biologische Prozesse beteiligt sind, ist eine sorgfältige Planung, Durchführung, Auswertung und Dokumentation der Versuche notwendig [5]. Erforderlich sind sorgfältige Konditionierung der Versuchsproben (z. B. Feuchte und Temperatur), sterile Versuchsvorbereitung, Auswahl und Ansatz der Schadorganismen, statistische Absicherung der erzielten Ergebnisse.

Die wichtigsten biologischen Materialprüfungen werden eingeteilt in:

(a) Mikrobiologische Prüfungen (materialorientiert geordnet):
  - Holz- und Holzwerkstoffe: Prüfung von Holzschutzmitteln gegen holzverfärbende Pilze (DIN EN 152, DIN 52176); Prüfung von Holzschutzmitteln gegen holzzerstörende Pilze (DIN EN 113, DIN 52176); Holzschutz im Hochbau (DIN 68800)
  - Papier: Prüfung der Wirksamkeit von bakteriziden und fungiziden Zusatzstoffen für Papier, Karton und Pappe (DIN 54379)
  - Textilien: Bestimmung der Widerstandsfähigkeit von Textilien gegen Schimmelpilze (DIN 53931)
  - Kunststoffe: Prüfung von Kunststoffen gegenüber dem Einfluß von Pilzen und Bakterien (DIN 53739)
  - Elektrische Bauelemente und Geräte der Nachrichtentechnik: Prüfung auf Schimmelwachstum (DIN 40046)

(b) Zoologische Prüfungen (nach Schadorganismen geordnet):
  - Termiten: Bestimmung der Wirkung von Holzschutzmitteln (DIN EN 117, 118)
  - Hausbock: Bestimmung der Wirkung von Holzschutzmitteln (DIN EN 22, 46, 47; DIN 52164)
  - Anobien: Bestimmung der Wirkung von Holzschutzmitteln (DIN EN 46, 47, 48, 49)

Bei der Prüfung und Anwendung von bioziden Materialschutzmitteln sind die Sicherheitsregeln im Hinblick auf den Umwelt- und Gesundheitsschutz zu beachten.

11.9 Bescheinigungen über Materialprüfungen

Die Ergebnisse von Materialprüfungen können von erheblicher wirtschaftlicher Bedeutung für Hersteller, Verarbeiter, Anwender und Verbraucher sein. Nach der ISO-Norm 404 und DIN 50049 werden die folgenden Bescheinigungen über Materialprüfungen unterschieden:

— *Werksbescheinigung:* Bestätigung des herstellenden oder verarbeitenden Werkes, daß die Lieferung den Vereinbarungen bei der Bestellannahme entspricht.
  Werkszeugnis: Bestätigung des herstellenden oder verarbeitenden Werkes, daß die Lieferung den Vereinbarungen bei der Bestellannahme entspricht, mit Prüfergebnissen aus der laufenden betrieblichen Prüfung von Erzeugnissen aus dem gleichen Werkstoff und der gleichen Herstellungsart wie die Lieferung selbst.
— *Werksprüfzeugnis:* Bestätigung des herstellenden oder verarbeitenden Werkes mit Ergebnissen aus Prüfungen an der Lieferung selbst, daß die Lieferung den Vereinbarungen bei der Bestellannahme entspricht.
— *Abnahmeprüfzeugnis:* Bestätigung von Sachverständigen, die von der Fertigung im herstellenden oder verarbeitenden Werk unabhängig sind, mit Ergebnissen von Prüfungen aus der Lieferung selbst (oder an den in Normen, amtlichen Vorschriften oder technischen Lieferbedingungen angegebenen Prüfeinheiten, von denen die Lieferung ein Teil ist), daß die Lieferung den Vereinbarungen bei der Bestellannahme entspricht.

12 Materialauswahl für technische Anwendungen

Die Materialauswahl orientiert sich an zwei grundsätzlichen Zielen:

(a) Realisierung des Anforderungsprofils technisch notwendiger Werkstoffeigenschaften,

(b) Erreichung wirtschaftlicher Lösungen durch Kombination preiswerter Werkstoffe und kostengünstiger Fertigungsmethoden.

Infolge des extrem breiten Spektrums technischer Anwendungsbereiche und der großen Vielfalt verfügbarer Werkstoffe muß die Materialauswahl den unterschiedlichsten Erfordernissen gerecht werden. Nach den in technischen Anwendungen primär erforderlichen Werkstoffeigenschaften wird unterschieden zwischen „Konstruktions- oder Strukturmaterialien“ mit dominierenden Festigkeitseigenschaften sowie „Funktionsmaterialien“ mit speziellen funktionellen Eigenschaften, z. B. elektronischer, magnetischer oder optischer Art.

12.1 Strukturmaterialien

Strukturmaterialien werden für mechanisch beanspruchte Bauteile in allen Bereichen der Technik eingesetzt. Hauptanwendungsgebiete der primär festigkeitsbestimmten Strukturmaterialien ist der allgemeine Maschinenbau, das Bauwesen und die Anlagentechnik. Strukturmaterialien kommen aus allen metallischen, anorganischen und organischen Stoffbereichen. Im Hinblick auf die Erzielung möglichst wirtschaftlicher Lösungen wird im allgemeinen versucht, „Massenwerkstoffe“ zu verwenden, deren Eigenschaften für zahlreiche allgemeine Anwendungsfälle ausreichend sind. Hierzu gehören bei den metallischen Werkstoffen z. B. Baustähle, Gußeisen mit Lamellengraphit und preiswerte Messingarten, bei den Polymerwerkstoffen die Thermoplaste PE, PVC, PS, duroplastische Phenolharze und gummielastische Dienelastomere sowie bei den anorganisch-nichtmetallischen Werkstoffen die einfach zu verarbeitenden Betonwerkstoffe, Silikatkeramiken und Kalknatrongläser. Für mechanisch hochbeanspruchte Bauteile kommen außerdem verschiedene (faserverstärkte) Verbundwerkstoffe zum Einsatz. Die hauptsächlichen Anforderungen an Strukturmaterialien betreffen neben der statischen und dynamischen Festigkeit eine ausreichende Beständigkeit gegenüber thermischen, korrosiven und tribologischen Beanspruchungen.

12.2 Funktionsmaterialien

Funktionsmaterialien sind primär durch nicht-mechanische Eigenschaften, speziell elektrischer, magnetischer oder optischer Art gekennzeichnet. Hauptanwendungsbereiche sind die Elektrotechnik, Elektronik, Kommunikations- und Informationstechnik sowie die zugehörigen Gerätetechnologien. Wichtige Funktionsmaterialien sind z. B. die für elektrotechnische und elektronische Bauelemente verwendeten Halbleiter (Silicium, Galliumarsenid, Indiumphosphid), Flüssigkristallpolymere (LCP) auf Aramid- und Polyesterbasis sowie keramische Werkstoffe mit piezoelektrischen und elektrooptischen Eigenschaften (z. B. Bleizirkontitanat, Bleilanthanzirkontitanat). Sie bilden die stoffliche Basis von Bauelementen in Bereichen wie Integrierte Schaltungen, Leiterplatten, Optoelektronik, Photovoltaik. Funktionsmaterialien werden außerdem in der Meß-, Steuer- und Regelungstechnik als *Sensoren* zur Detektion oder Umwandlung von Signalen unterschiedlicher physikalischer Natur eingesetzt. Beispiele derartiger Sensortechnologien und zugehöriger Umwandlungsfunktionen sind: Bimetalle (thermisch-mechanisch), Formgedächtnislegierungen (thermisch-mechanisch), Thermoelemente (thermisch-elektrisch), Dehnungsmeßstreifen (mechanisch-elektrisch), Photoelemente (optisch-elektrisch).

12.3 Auswahlkriterien

Bei der Auswahl und Auslegung von Strukturmaterialien für primär mechanisch beanspruchte Bauteile wird im einfachsten Fall von den herkömmlichen Festigkeits- und Dehnungskennwerten ausgegangen (siehe 9.2.3). Die mechanischen Werkstoffkennwerte, wie Streckgrenze, Zugfestigkeit, Bruchdehnung usw., sind im allgemeinen nur für einachsige Zug- oder Druckbeanspruchungen bekannt. In zahlreichen primär mechanisch beanspruchten Bauteilen und Konstruktionen, wie Rohrleitungen, Druckbehältern usw., treten jedoch zwei- oder dreiachsige Spannungszustände auf. In diesen Fällen muß durch geeignete Festigkeitshypothesen eine Vergleichbarkeit zwischen einer mehrachsigen Bauteilbeanspruchung und den meist unter einachsiger Beanspruchung ermittelten Festigkeitskennwerten des Werkstoffs ermöglicht werden [1], siehe E3. Die hauptsächlichsten Festigkeitshypothesen beziehen sich auf die Maximalwerte von Normalspannung (Zug oder Druck), Schubspannung, Dehnung, Formänderungsenergie, Gestaltänderungsenergie.

Diesen Hypothesen entsprechend werden Vergleichsspannungen eingeführt, die statt des mehrachsigen Spannungszustandes als einachsige Zugspannung den gleichen Zustand hervorbringen. Sobald die Vergleichsspannung σ_v die jeweilige Festigkeitsgrenze des Werkstoffs erreicht, ist mit einem Versagen des Bauteils zu rechnen. Wichtigste Versagensarten bei rein mechanischer Beanspruchung sind:

— Fließbeginn: Werkstoffkennwert R_e, $R_{p0,2}$;

— Trennbruch: Werkstoffkennwert R_m;
— Ermüdungsbruch: Werkstoffkennwert σ_W.

Im Unterschied zur Versagensbedingung vom Typ

$$\sigma_v = \text{Werkstoffkennwert } R^*$$

wird in der Festigkeitsbedingung

$$\sigma_v \leqq \sigma_{zul} = \frac{R^*}{S}$$

durch Berücksichtigung des Sicherheitsbeiwertes $S > 1$ (siehe 9.4.1) sichergestellt, daß die zulässige Spannung einen sicherheitstechnisch hinreichenden Abstand von der Versagens-Grenzbeanspruchung hat. Für die Auswahl von Werkstoffen für Bauteile, die nicht nur mechanisch, sondern auch durch andere Einwirkungen (z. B. korrosiver oder tribologischer Art) beansprucht werden, müssen erweiterte Sicherheitsbeiwerte verwendet oder es muß von einer allgemeinen Systemanalyse des betreffenden Werkstoffproblems ausgegangen werden.

12.4 Systemmethodik zur Materialauswahl

Da bei zahlreichen technischen Anwendungen neben mechanischen auch noch andere Beanspruchungsarten auftreten, müssen die vielfältigen Einflußfaktoren in systematischer Weise berück-

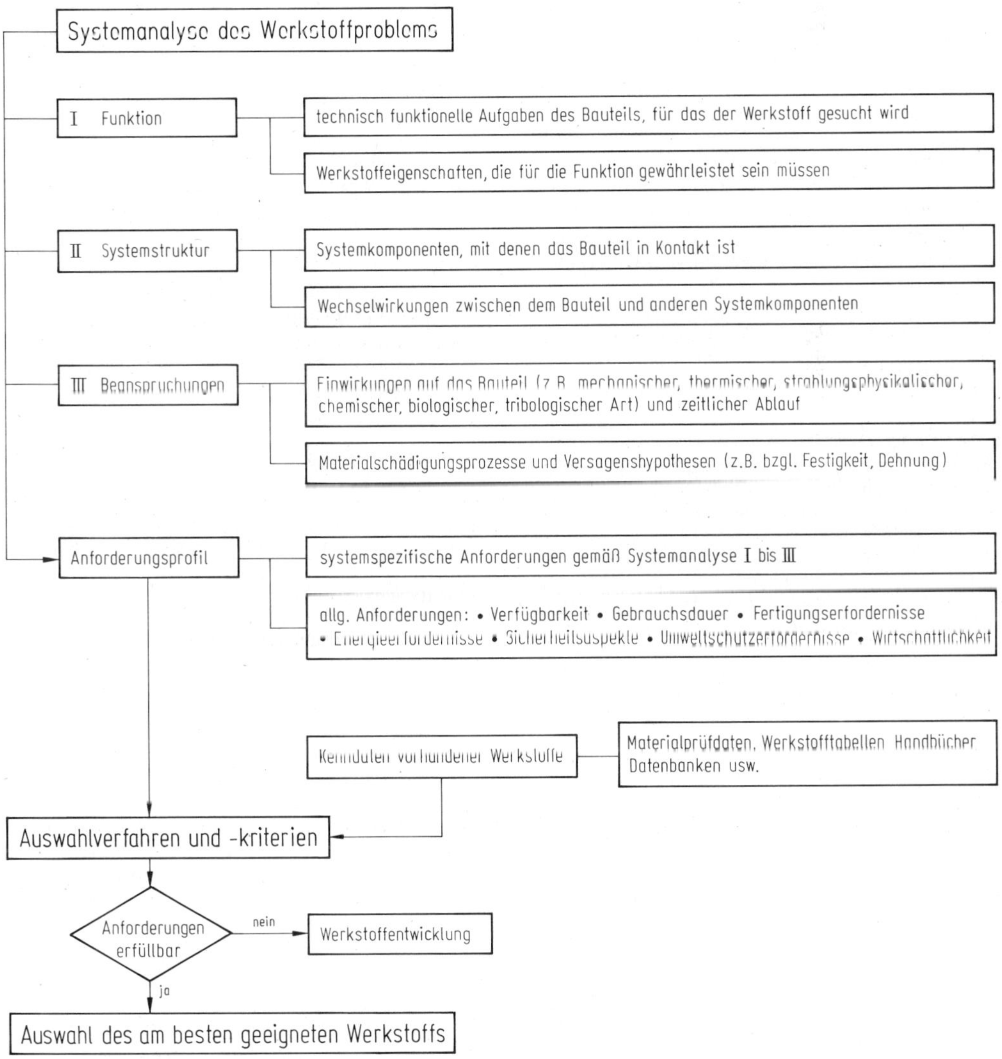

Bild 12-1. Systemmethodik zur Werkstoffauswahl.

sichtigt werden. Ein allgemeines Schema für eine systematische Materialauswahl ist in Bild 12-1 angegeben, vgl. 1.2 und K2.

Die systemtechnische Auswahlmethodik umfaßt die folgenden hauptsächlichen Schritte:

(a) Systemanalyse des Werkstoffproblems: Untersuchung und Zusammenstellung der kennzeichnenden Parameter des Bauteils, für das der Werkstoff gesucht wird, aus den Bereichen Funktion, Systemstruktur und Beanspruchungen in möglichst vollständiger und eindeutiger Form.

(b) Anforderungsprofil: Zusammenstellung der systemspezifischen und der allgemeinen Anforderungen, wie Verfügbarkeit, Gebrauchsdauer, Fertigungserfordernisse, usw. in Form eines „Pflichtenhefts", siehe Bild 12-1.

(c) Auswahlverfahren und -kriterien: Vergleich und Bewertung der Parameter des Anforderungsprofils mit den Kenndaten vorhandener Werkstoffe unter Verwendung von Materialprüfdaten, Werkstofftabellen, Handbüchern, Datenbanken usw. Falls die Anforderungen durch die Kenndaten vorhandener Werkstoffe erfüllt werden können, dürften wegen der systemanalytischen Vorgehensweise die wichtigsten Einflußparameter berücksichtigt sein. Im anderen Fall muß nötigenfalls eine geeignete Werkstoffentwicklung veranlaßt werden.

Literatur

Allgemeine Literatur

Aurich, D.: Bruchvorgänge in metallischen Werkstoffen. Karlsruhe: Werkstofftechnische Verlagsges. 1978

Ashby, M.F.; Jones, D.R.H.: Ingenieurwerkstoffe. Berlin: Springer 1986

Bargel, H.-J.; Schulze, G.: Werkstoffkunde. 3. Aufl. Düsseldorf: VDI-Verlag 1983

Bergmann, W.: Werkstofftechnik. Teil 1: Grundlagen; Teil 2: Anwendung. München: Hanser 1984; 1987

Encyclopedia of Materials Science and Engineering. (Bever, M.B., Ed.). Oxford: Pergamon Press 1986

Biederbick, K.: Kunststoffe. 3. Aufl. Würzburg: Vogel 1974

Blumenauer, H. (Hrsg.): Werkstoffprüfung. 3. Aufl. Leipzig: Deutscher Verlag für Grundstoffindustrie 1984

Broichhausen, J.: Schadenskunde. München: Hanser 1985

Czichos, H.: Tribology: A systems approach to the science and technology of friction, lubrication and wear. Amsterdam: Elsevier 1978

Czichos, H.; u. a.: Reibung und Verschleiß von Werkstoffen, Bauteilen und Konstruktionen. Grafenau: Expert-Verlag 1982

Domke, W.: Werkstoffkunde und Werkstoffprüfung. Essen: Girardet 1969

Ehrenstein, G.W.: Polymer-Werkstoffe. München: Hanser 1978

Fasching, G.: Werkstoffe für die Elektrotechnik. Berlin: Springer 1984

Flinn, R.A.; Trojan, P.K.: Engineering materials and their applications. 3rd ed. Boston: Houghton Mifflin 1986

Haasen, P.: Physikalische Metallkunde. 2. Aufl. Berlin: Springer 1984

Habig, K.-H.: Verschleiß und Härte von Werkstoffen. München: Hanser 1980

Hornbogen, E.: Werkstoffe. 4. Aufl. Berlin: Springer 1987

Ilschner, B.: Werkstoffwissenschaften. Berlin: Springer 1982

Kittel, C.: Einführung in die Festkörperphysik. München: Oldenbourg 1969

Kloos, K.H.; u. a.: Werkstofftechnik. In: Beitz, W.; Küttner, K.-H. (Hrsg.): Dubbel: Taschenbuch für den Maschinenbau. 16. Aufl. Berlin: Springer 1987

Lange, G. (Hrsg.): Systematische Beurteilung technischer Schadensfälle. Oberursel: Deutsche Gesellschaft für Metallkunde 1983

Laska, R.; Felsch, Chr.: Werkstoffkunde für Ingenieure. Braunschweig: Vieweg 1981

Menges, G.: Werkstoffkunde der Kunststoffe. München: Hanser 1979

Petzold, A.: Anorganisch-nichtmetallische Werkstoffe. Leipzig: Deutscher Verlag für Grundstoffindustrie 1981

Schatt, W. (Hrsg.): Werkstoffe des Maschinen-, Anlagen- und Apparatebaues. 2. Aufl. Leipzig: Deutscher Verlag für Grundstoffindustrie 1982

Schatt, W. (Hrsg.): Einführung in die Werkstoffwissenschaft. 5. Aufl. Leipzig: Deutscher Verlag für Grundstoffindustrie 1983

Schulze, G.E.R.: Metallphysik. Berlin: Akademie-Verlag 1967

Troost, A.: Einführung in die allgemeine Werkstoffkunde metallischer Werkstoffe I. 2. Aufl. Mannheim: Bibliographisches Institut 1984

Wendehorst, R.; Spruck, H.: Baustoffkunde. 22. Aufl. Hannover: Vincentz 1986

Spezielle Literatur

Kapitel 1

1. Materials and man's needs: Materials science and engineering. Washington: National Academy of Sciences 1974
2. Bertalanffy, L.: General system theory. London: Penguin 1971
3. Ropohl, G.: Systemtechnik: Grundlagen und Anwendung. München: Hanser 1975

Kapitel 2

1. Schmaltz, G.: Technische Oberflächenkunde. Berlin: Springer 1936

Kapitel 3

1. Pickering, F.B.: Steels: Physical metallurgy principles. In: Encyclopedia of materials science and engineering (M.B. Bever, Ed.), vol. 6. Oxford: Pergamon Press 1986, S. 4605–4621
2. Duwez, P.: Structure and properties of glassy metals. Ann. Rev. Mater. Sci. 6 (1976) 83–117

Kapitel 4

1. Habig, K.-H.: Verschleiß und Härte von Werkstoffen. München: Hanser 1980, S. 268–269
2. Hausner, H.: Keramische Werkstoffe. In: Fachaufsätze zur Materialforschung. Bonn: BMFT 1986, S. 53

3. Richards, G.: Aluminium oxide ceramics. In: Encyclopedia of Materials Science and Engineering (M.B. Bever, Ed.), vol. 1. Oxford: Pergamon Press 1986, S. 158–162
4. Jack, K.H.: Sialons. In: Encyclopedia of Materials Science and Engineering (M.B. Bever, Ed.), vol. 6. Oxford: Pergamon Press 1986, S. 4385-4390

Kapitel 5

1. Wagenführ, R.: Anatomie des Holzes. 3. Aufl. Leipzig: Fachbuchverlag 1984
2. Deppe, H.J.; Ernst, K.: Taschenbuch der Spanplattentechnik. 2. Aufl. Stuttgart: DRW-Verlag 1982
3. Ehrenstein, G.W.: Polymer-Werkstoffe. München: Hanser 1978, S. 29 ff.
4. Biederbick, K.: Kunststoffe. Würzburg: Vogel 1974, S. 11
5. Bargel, H.-J.; Schulze, G.: Werkstoffkunde. Düsseldorf: VDI-Verlag, S. 320

Kapitel 6

1. Hornbogen, E.: Werkstoffe. 3. Aufl. Berlin: Springer 1983, S. 272 ff.
2. Habig, K.-H.: Verschleißschutzschichten: Entwicklungstendenzen zur Optimierung von Eigenschaften und Verfahren. Metall 39 (1985) 911-916

Kapitel 7

1. DIN 1342 Teil 2: Viskosität; Newtonsche Flüssigkeiten (Febr. 1986)
2. Klamann, D.: Schmierstoffe (und verwandte Produkte). In: Ullmanns Encyklopädie der technischen Chemie. 4. Aufl. Weinheim: Verlag Chemie 1972

Kapitel 8

1. Czichos, H.: Konstruktionselement Oberfläche. Konstruktion 37 (1985) 219-227
2. Kloos, K.H.: Werkstofftechnik. In: Dubbel: Taschenbuch für den Maschinenbau. (W. Beitz; Küttner, K.-H., Hrsg.). 16. Aufl. Berlin: Springer 1987, S. E 2

Kapitel 9

1. Büttner, P. (Berlin, Fachinformationszentrum Werkstoffe (FIZ-W)): Werkstoffkennwerte: Dichte, Elastizitätsmodul, Zugfestigkeit, Bruchzähigkeit, Wärmeleitfähigkeit, thermischer Längenausdehnungskoeffizient, Schmelztemperatur, spezifischer elektrischer Widerstand. April 1987 (private Mitteilung)
2. Ashby, M.F.; Jones, D.R.: Ingenieurwerkstoffe. Berlin: Springer 1986, S. 95 ff.
3. Ehrenstein, G.W.: Polymer-Werkstoffe. München: Hanser 1978, S. 111
4. Hornbogen, E.: Werkstoffe. 3. Aufl. Berlin: Springer 1983, S. 128
5. Ilschner, B.: Werkstoffwissenschaften. Berlin: Springer 1982, S. 129 ff.
6. Broichhausen, J.: Schadenskunde. München: Hanser 1985, S. 12
7. Dietlen, S. (Berlin, Bundesanstalt für Materialforschung und -prüfung (BAM)): Sicherheitstechnische Kenngrößen brennbarer Stoffe. April 1987 (private Mitteilung)

Kapitel 10

1. Damit Rost und Verschleiß nicht Milliarden fressen. Bonn: BMFT Report, 1984
2. Aurich, D.: Bruchvorgänge in metallischen Werkstoffen. Karlsruhe: Werkstofftechnische Verlagsges. 1978
3. Schatt, W. (Hrsg.): Einführung in die Werkstoffwissenschaft. 5. Aufl. Leipzig: Deutscher Verlag für Grundstoffindustrie 1983, S. 362
4. VDI 3822: Schadensanalyse (April 1980)
5. Becker, G.: Organismen und Werkstoffe. (DFG-Denkschrift). Boppard: Boldt 1974
6. Czichos, H.: Tribology: A systems approach to the science and technology of friction, lubrication and wear. Amsterdam: Elsevier 1978, S. 300 ff.
7. Habig, K.-H.: Verschleiß und Härte von Werkstoffen. München: Hanser 1980

Kapitel 11

1. Czichos, H.; Petersohn, D.; Schwarz, W.: Oberflächenatlas. In: Technische Oberflächen. 2. Aufl. Berlin: Beuth 1985, S. 92 ff.
2. Hantsche, H.: Grundlagen der Oberflächenanalysenverfahren AES/SAM, ESCA (XPS), SIMS und ISS im Vergleich zur Röntgenmikroanalyse und deren Anwendung in der Materialprüfung. Microscopica Acta 87 (1983) 97-128
3. Habig, K.-H.: Verschleiß und Härte von Werkstoffen. München: Hanser 1980, S. 98
4. Mundry, E.: Neuere Entwicklungen und besondere Verfahren der zerstörungsfreien Prüfung. Proc. First European Conference on Non-Destructive Testing, Mainz, April 1978. Berlin: Deutsche Gesellschaft für zerstörungsfreie Prüfung 1978, S. 21-42
5. Dokumentation Biologische Materialprüfung. Berlin: Bundesanstalt für Materialforschung und -prüfung 1981

Kapitel 12

1. Kloos, K.H.: Werkstofftechnik. In: Dubbel: Taschenbuch für den Maschinenbau. (W. Beitz und K.-H. Küttner, Hrsg.). 16. Aufl. Berlin: Springer 1987, S. E 4

E Technische Mechanik

J. Wittenburg; J. Zierep, K. Bühler

Mechanik fester Körper

J. Wittenburg

1 Kinematik

Gegenstand der Kinematik ist die Beschreibung der Lagen und Bewegungen von Punkten und Körpern mit Mitteln der analytischen Geometrie. Dabei spielen weder physikalische Körpereigenschaften noch Kräfte als Ursachen von Bewegungen eine Rolle. Infolgedessen tauchen die Begriffe Schwerpunkt, Trägheitshauptachsen, Inertialsystem und absolute Bewegung nicht auf. Betrachtet werden Lagen und Bewegungen relativ zu einem beliebig bewegten kartesischen Achsensystem mit dem Ursprung O und mit Achseneinheitsvektoren $\boldsymbol{e}_1^0$, $\boldsymbol{e}_2^0$, $\boldsymbol{e}_3^0$ (genannt Basis $\underline{e}^0$ oder Körper Null).

1.1 Kinematik des Punktes

1.1.1 Lage. Lagekoordinaten

Die *Lage* eines Punktes P in der Basis $\underline{e}^0$ wird durch den *Orts-* oder *Radiusvektor* $\boldsymbol{r}$ oder durch drei skalare *Lagekoordinaten* gekennzeichnet. Die am häufigsten verwendeten Lagekoordinaten sind nach Bild 1-1a *kartesische Koordinaten* x, y, z, *Zylinderkoordinaten* ϱ, φ, z mit $\varrho \geqq 0$ und *Kugelkoordinaten* r, ϑ, φ mit $r = |\boldsymbol{r}|$. Bei Lagen in der ($\boldsymbol{e}_1^0$, $\boldsymbol{e}_2^0$)-Ebene sind die Zylinderkoordinaten $z = 0$ und $\varrho = r$. Dann heißen r und φ *Polarkoordinaten* (Bild 1-1b). Bei Bewegungen des Punktes P längs einer Bahnkurve sind der Ortsvektor $\boldsymbol{r}$ und seine Lagekoordinaten Funktionen der Zeit. Nach Bild 1-1c wird die Lage von P auch durch die Form der Bahnkurve und durch die *Bogenlänge s* längs der Kurve von einem beliebig gewählten Punkt $s = 0$ aus gekennzeichnet. Allen Lagekoordinaten sind nach Bild 1-1a–c Tripel von zueinander orthogonalen Einheitsvektoren zugeordnet, und zwar $\boldsymbol{e}_1^0$, $\boldsymbol{e}_2^0$, $\boldsymbol{e}_3^0$ den kartesischen Koordinaten, $\boldsymbol{e}_\varrho$, $\boldsymbol{e}_\varphi$, $\boldsymbol{e}_z$ den Zylinderkoordinaten, $\boldsymbol{e}_r$, $\boldsymbol{e}_\vartheta$, $\boldsymbol{e}_\varphi$ den Kugelkoordinaten und $\boldsymbol{e}_\mathrm{t}$, $\boldsymbol{e}_\mathrm{n}$, $\boldsymbol{e}_\mathrm{b}$ (Tangenten-, Hauptnormalen- und Binormalenvektor) der Bahnkurve in Bild 1-1c. In der Ebene von $\boldsymbol{e}_\mathrm{t}$ und $\boldsymbol{e}_\mathrm{n}$ liegt der Krümmungskreis mit dem *Krümmungsradius* ϱ (nicht zu verwechseln mit der Zylinderkoordinate ϱ). Zur Bestimmung von $\boldsymbol{e}_\mathrm{t}$, $\boldsymbol{e}_\mathrm{n}$, $\boldsymbol{e}_\mathrm{b}$ und ϱ in jedem Punkt einer gegebenen Kurve siehe A 13.2 sowie [1]. Bei ebenen Kurven mit der Darstellung $y = f(x)$ ist

$$\varrho(x) = \frac{\mathrm{d}^2 f}{\mathrm{d}x^2}\left[1 + \left(\frac{\mathrm{d}f}{\mathrm{d}x}\right)^2\right]^{-3/2}.$$

Umrechnung zwischen kartesischen und Zylinderkoordinaten (bzw. Polarkoordinaten im Fall $z \equiv 0$, $r \equiv \varrho$):

$$\left.\begin{aligned} &\varrho = (x^2 + y^2)^{1/2}, \quad \tan\varphi = y/x\,;\\ &x = \varrho\cos\varphi, \quad y = \varrho\sin\varphi, \quad z \equiv z\,. \end{aligned}\right\} \qquad (1)$$

Umrechnung zwischen kartesischen und Kugelkoordinaten:

$$\left.\begin{aligned} &r = (x^2 + y^2 + z^2)^{1/2}, \quad \tan\vartheta = (x^2 + y^2)^{1/2}/z,\\ &\tan\varphi = y/x\,; \quad x = r\sin\vartheta\cos\varphi,\\ &y = r\sin\vartheta\sin\varphi, \quad z = r\cos\vartheta\,. \end{aligned}\right\} \qquad (2)$$

Umrechnung zwischen Zylinder- und Kugelkoordinaten:

$$\left.\begin{aligned} &r = (\varrho^2 + z^2)^{1/2}, \quad \tan\vartheta = \varrho/z, \quad \varphi = \varphi,\\ &\varrho = r\sin\vartheta, \quad z = r\cos\vartheta \end{aligned}\right\} \qquad (3)$$

1.1.2 Geschwindigkeit. Beschleunigung

Die *Geschwindigkeit* $\boldsymbol{v}(t)$ und die *Beschleunigung* $\boldsymbol{a}(t)$ des Punktes P relativ zu $\underline{e}^0$ sind die erste bzw. die zweite zeitliche Ableitung von $\boldsymbol{r}(t)$ in dieser Basis:

$$\boldsymbol{v}(t) = \frac{\mathrm{d}\boldsymbol{r}}{\mathrm{d}t}, \quad \boldsymbol{a}(t) = \frac{\mathrm{d}^2\boldsymbol{r}}{\mathrm{d}t^2} = \frac{\mathrm{d}\boldsymbol{v}}{\mathrm{d}t}. \qquad (4)$$

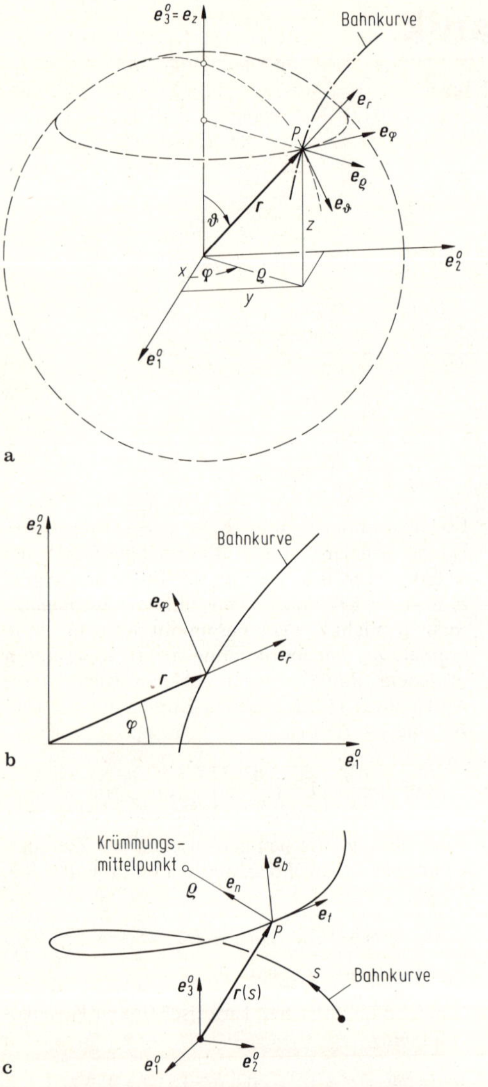

Bild 1-1. Ortsvektor $\boldsymbol{r}$ und Lagekoordinaten eines Punktes P. **a** Kartesische Koordinaten x, y, z, Zylinderkoordinaten ϱ, φ, z und Kugelkoordinaten r, ϑ, φ mit zugeordneten Tripeln von Einheitsvektoren. **b** Polarkoordinaten r, φ für ebene Bewegungen. **c** Bogenlänge s und Krümmungsradius ϱ einer Bahnkurve.

Bei Vektoren kann durch die Schreibweise ${}^i\mathrm{d}/\mathrm{d}t$ darauf hingewiesen werden, daß in einer bestimmten Basis $\underline{e}^i$ nach t differenziert wird. Für einen Vektor $\boldsymbol{c}$ mit beliebiger physikalischer Dimension ist der Zusammenhang zwischen den Ableitungen in zwei Basen $\underline{e}^0$ und $\underline{e}^1$

$$\frac{{}^0\mathrm{d}\boldsymbol{c}}{\mathrm{d}t} = \frac{{}^1\mathrm{d}\boldsymbol{c}}{\mathrm{d}t} + \boldsymbol{\omega} \times \boldsymbol{c}, \tag{5}$$

$\boldsymbol{\omega}$ Winkelgeschwindigkeit von $\underline{e}^1$ relativ zu $\underline{e}^0$.

Komponentendarstellungen für $\boldsymbol{v}(t)$ und $\boldsymbol{a}(t)$

Ein Punkt über einer skalaren Größe bedeutet Ableitung nach der Zeit.
Kartesische Koordinaten:

$$\left.\begin{aligned} \boldsymbol{v}(t) &= \dot{x}\boldsymbol{e}_1^0 + \dot{y}\boldsymbol{e}_2^0 + \dot{z}\boldsymbol{e}_3^0, \\ \boldsymbol{a}(t) &= \ddot{x}\boldsymbol{e}_1^0 + \ddot{y}\boldsymbol{e}_2^0 + \ddot{z}\boldsymbol{e}_3^0. \end{aligned}\right\} \tag{6}$$

Zylinderkoordinaten (bzw. Polarkoordinaten im Fall $z \equiv 0$, $\varrho \equiv r$):

$$\left.\begin{aligned} \boldsymbol{v}(t) &= \dot{\varrho}\boldsymbol{e}_\varrho + \varrho\dot{\varphi}\boldsymbol{e}_\varphi + \dot{z}\boldsymbol{e}_z, \\ \boldsymbol{a}(t) &= (\ddot{\varrho} - \varrho\dot{\varphi}^2)\,\boldsymbol{e}_\varrho + (\varrho\ddot{\varphi} + 2\dot{\varrho}\dot{\varphi})\,\boldsymbol{e}_\varphi + \ddot{z}\boldsymbol{e}_z. \end{aligned}\right\} \tag{7}$$

Kugelkoordinaten:

$$\left.\begin{aligned} \boldsymbol{v}(t) &= \dot{r}\boldsymbol{e}_r + r\dot{\vartheta}\boldsymbol{e}_\vartheta + r\dot{\varphi}\sin\vartheta\boldsymbol{e}_\varphi, \\ \boldsymbol{a}(t) &= [\ddot{r} - r(\dot{\varphi}^2\sin^2\vartheta + \dot{\vartheta}^2)]\,\boldsymbol{e}_r \\ &\quad + [r(\ddot{\vartheta} - \dot{\varphi}^2\sin\vartheta\cos\vartheta) + 2\dot{r}\dot{\vartheta}]\,\boldsymbol{e}_\vartheta \\ &\quad + [\dot{r}(\ddot{\varphi}\sin\vartheta + 2\dot{\varphi}\dot{\vartheta}\cos\vartheta) \\ &\quad + 2\dot{r}\dot{\varphi}\sin\vartheta)]\,\boldsymbol{e}_\varphi. \end{aligned}\right\} \tag{8}$$

Bogenlänge (ϱ Krümmungsradius):

$$\boldsymbol{v}(t) = \dot{s}\boldsymbol{e}_\mathrm{t}, \quad \boldsymbol{a}(t) = \ddot{s}\boldsymbol{e}_\mathrm{t} + (\dot{s}^2/\varrho)\,\boldsymbol{e}_\mathrm{n}. \tag{9}$$

Aus (9) erkennt man, daß $\boldsymbol{v}$ stets tangential gerichtet ist, während $\boldsymbol{a}$ bei gekrümmten Bahnen eine Komponente normal zur Bahn, und zwar zur Innenseite der Kurve hin hat.
Zur Kinematik des Punktes mit Relativbewegung siehe 1.3.

1.2 Kinematik des starren Körpers

Sei $\underline{e}^1$ eine auf dem Körper feste Basis mit dem Ursprung A in einem beliebig gewählten Punkt des Körpers und mit Achseneinheitsvektoren $\boldsymbol{e}_1^1$, $\boldsymbol{e}_2^1$, $\boldsymbol{e}_3^1$ (Bild 1-2). Zur vollständigen Beschreibung von Lage und Bewegung des Körpers relativ zu $\underline{e}^0$ gehören drei translatorische und drei rotatorische Größen. Die translatorischen sind Lage $\boldsymbol{r}_\mathrm{A}(t)$, Geschwindigkeit $\boldsymbol{v}_\mathrm{A}(t)$ und Beschleunigung $\boldsymbol{a}_\mathrm{A}(t)$ des Punktes A. Die rotatorischen sind Winkellage, Winkelgeschwindigkeit und Winkelbeschleunigung des Körpers.

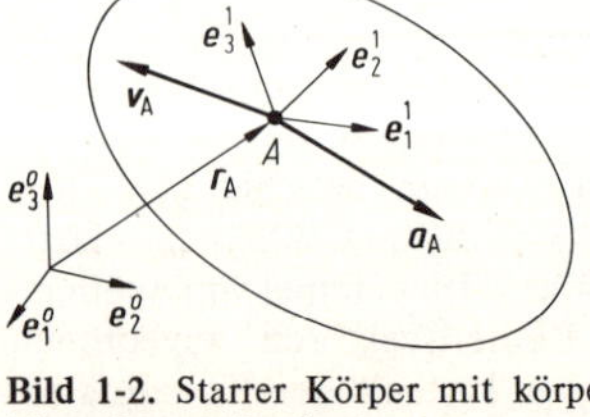

Bild 1-2. Starrer Körper mit körperfester Basis $\underline{e}^1$ und körperfestem Punkt A.

1.2.1 Winkellage. Koordinatentransformation

Die *Winkellage* der Basis $\underline{e}^1$ in der Basis $\underline{e}^0$ wird durch die (3×3)-Matrix $\underline{A}$ der *Richtungscosinus*

$$A_{ij} = \cos \sphericalangle (\boldsymbol{e}_i^1, \boldsymbol{e}_j^0) = \boldsymbol{e}_i^1 \cdot \boldsymbol{e}_j^0 \quad (i, j = 1, 2, 3) \quad (10)$$

beschrieben. Es gilt

$$\begin{bmatrix} e_1 \\ e_2 \\ e_3 \end{bmatrix}^1 = \begin{bmatrix} A_{11} & A_{12} & A_{13} \\ A_{21} & A_{22} & A_{23} \\ A_{31} & A_{32} & A_{33} \end{bmatrix} \begin{bmatrix} e_1 \\ e_2 \\ e_3 \end{bmatrix}^0 \quad (11)$$

oder abgekürzt $\underline{e}^1 = \underline{A}\underline{e}^0$.

Eigenschaften von $\underline{A}$: In Zeile i stehen die Koordinaten des Vektors $\boldsymbol{e}_i^1$ in der Basis $\underline{e}^0$ und in Spalte j die Koordinaten des Vektors $\boldsymbol{e}_j^0$ in der Basis $\underline{e}^1$.

$$\sum_{k=1}^{3} A_{ik} A_{jk} = \delta_{ij}, \quad \sum_{k=1}^{3} A_{ki} A_{kj} = \delta_{ij}$$

(δ_{ij} Kronecker-Symbol), das sind für die neun Elemente von $\underline{A}$ insgesamt zwölf Bindungsgleichungen, von denen sechs unabhängig sind. $\det \underline{A} = \boldsymbol{e}_1^1 \cdot \boldsymbol{e}_2^1 \times \boldsymbol{e}_3^1 = 1$, $\underline{A}^{-1} = \underline{A}^{\mathrm{T}}$, $\underline{A}$ hat den Eigenwert +1.
Wenn $\underline{v}^0 = [v_1^0 \;\; v_2^0 \;\; v_3^0]^{\mathrm{T}}$ und $\underline{v}^1 = [v_1^1 \;\; v_2^1 \;\; v_3^1]^{\mathrm{T}}$ die Spaltenmatrizen der Koordinaten eines beliebigen Vektors $\boldsymbol{v}$ in $\underline{e}^0$ bzw. in $\underline{e}^1$ bezeichnen, dann gilt

$$\underline{v}^1 = \underline{A}\underline{v}^0, \quad \underline{v}^0 = \underline{A}^{\mathrm{T}} \underline{v}^1. \quad (12)$$

Deshalb heißt $\underline{A}$ auch *Transformationsmatrix.* Ein Körper hat zwischen 0 und 3 Freiheitsgraden der Rotation relativ zu $\underline{e}^0$. Von entsprechend vielen generalisierten Koordinaten der Winkellage ist $\underline{A}$ abhängig. Drehungen um eine feste Achse und ebene Bewegungen ohne feste Achse haben einen Freiheitsgrad der Rotation. Wenn dabei z. B. $\boldsymbol{e}_3^1$ und $\boldsymbol{e}_3^0$ ständig parallel sind, ist mit dem Winkel φ in Bild 1-3

$$\underline{A} = \begin{bmatrix} \cos\varphi & \sin\varphi & 0 \\ -\sin\varphi & \cos\varphi & 0 \\ 0 & 0 & 1 \end{bmatrix}. \quad (13)$$

Für allgemeinere Fälle werden häufig *Eulerwinkel* ψ, ϑ, φ, *Kardanwinkel* φ_1, φ_2, φ_3 und *Eulerparameter* q_0, q_1, q_2, q_3 verwendet.

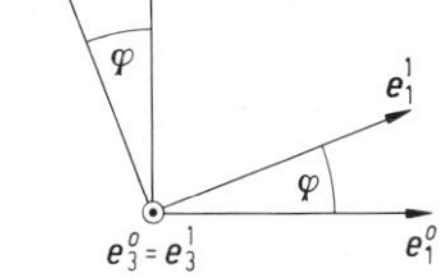

Bild 1-3. Zwei Basen $\underline{e}^0$ und $\underline{e}^1$ mit der Transformation (13).

Eulerwinkel (Bild 1-4a). Die zunächst mit $\underline{e}^0$ achsenparallele Basis $\underline{e}^1$ erreicht ihre gezeichnete Winkellage durch drei aufeinanderfolgende Drehungen über die Zwischenlagen $\underline{e}^*$ und $\underline{e}^{**}$. Die Drehungen um die Winkel ψ, ϑ und φ werden in dieser Reihenfolge um die Achsen $\boldsymbol{e}_3^0$, $\boldsymbol{e}_1^*$ und $\boldsymbol{e}_3^{**}$ ausgeführt. Mit den Abkürzungen $s_\psi = \sin\psi$, $c_\psi = \cos\psi$ usw. ist

$$\underline{A} = \begin{bmatrix} c_\psi c_\varphi - s_\psi c_\vartheta s_\varphi & s_\psi c_\varphi + c_\psi c_\vartheta s_\varphi & s_\vartheta s_\varphi \\ -c_\psi s_\varphi - s_\psi c_\vartheta c_\varphi & -s_\psi s_\varphi + c_\psi c_\vartheta c_\varphi & s_\vartheta c_\varphi \\ s_\psi s_\vartheta & -c_\psi s_\vartheta & c_\vartheta \end{bmatrix}. \quad (14)$$

Statt der Drehachsenfolge 3, 1, 3 sind auch die Folgen 1, 2, 1 und 2, 3, 2 möglich.

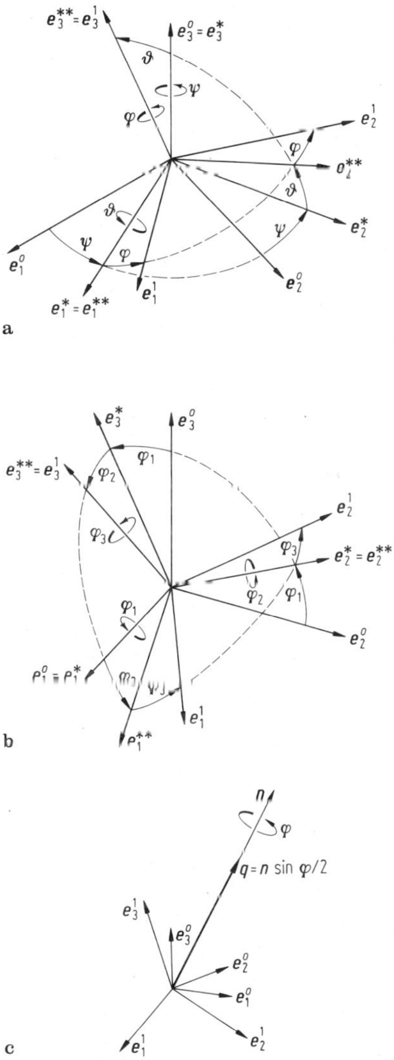

Bild 1-4. Zur Definition von Eulerwinkeln (Bild a), Kardanwinkeln (Bild b) und Eulerparametern (Bild c).

Kardanwinkel (Bild 1-4b). Die zunächst mit $\underline{e}^0$ achsenparallele Basis $\underline{e}^1$ erreicht ihre gezeichnete Winkellage durch drei aufeinanderfolgende Drehungen über die Zwischenlagen $\underline{e}^*$ und $\underline{e}^{**}$. Die Drehungen um die Winkel φ_1, φ_2 und φ_3 werden in dieser Reihenfolge um die Achsen $\boldsymbol{e}_1^0$, $\boldsymbol{e}_2^*$ und $\boldsymbol{e}_3^{**}$ ausgeführt. Mit den Abkürzungen $s_i = \sin\varphi_i$, $c_i = \cos\varphi_i$ ist

$$\underline{A} = \begin{bmatrix} c_2c_3 & c_1s_3 + s_1s_2c_3 & s_1s_3 - c_1s_2c_3 \\ -c_2s_3 & c_1c_3 - s_1s_2s_3 & s_1c_3 + c_1s_2s_3 \\ s_2 & -s_1c_2 & c_1c_2 \end{bmatrix}. \tag{15}$$

Statt der Drehachsenfolge 1, 2, 3 sind auch die Folgen 2, 3, 1 und 3, 1, 2 möglich. Wenn alle drei Winkel $\varphi_1, \varphi_2, \varphi_3 \ll 1$ sind, ist in linearer Näherung

$$\underline{A} = \begin{bmatrix} 1 & \varphi_3 & -\varphi_2 \\ -\varphi_3 & 1 & \varphi_1 \\ \varphi_2 & -\varphi_1 & 1 \end{bmatrix}. \tag{16}$$

Eulerparameter (Bild 1-4c). Die zunächst mit $\underline{e}^0$ achsenparallele Basis $\underline{e}^1$ erreicht ihre gezeichnete Winkellage durch eine Drehung um eine in $\underline{e}^0$ und in $\underline{e}^1$ feste Achse mit dem Einheitsvektor $\boldsymbol{n}$. Der Drehwinkel ist φ im Rechtsschraubensinn um $\boldsymbol{n}$. Man definiert

$$q_0 = \cos(\varphi/2), \quad \boldsymbol{q} = \boldsymbol{n}\sin(\varphi/2) \\ \text{bzw.} \quad q_i = n_i \sin(\varphi/2) \quad (i = 1, 2, 3). \tag{17}$$

$\boldsymbol{q}$ hat in $\underline{e}^0$ und in $\underline{e}^1$ dieselben Koordinaten. $q_0, \dots, q_3$ sind die *Eulerparameter*. Sie sind durch die Bindungsgleichung

$$q_0^2 + \boldsymbol{q}^2 = \sum_{i=0}^{3} q_i^2 = 1 \tag{18}$$

gekoppelt. Mit den Eulerparametern ist

$$\underline{A} = \begin{bmatrix} 2(q_0^2 + q_1^2) - 1 & 2(q_1q_2 + q_0q_3) & 2(q_1q_3 - q_0q_2) \\ 2(q_1q_2 - q_0q_3) & 2(q_0^2 + q_2^2) - 1 & 2(q_2q_3 + q_0q_1) \\ 2(q_1q_3 + q_0q_2) & 2(q_2q_3 - q_0q_1) & 2(q_0^2 + q_3^2) - 1 \end{bmatrix}. \tag{19}$$

$\boldsymbol{q}$ ist der Eigenvektor von $\underline{A}$ zum Eigenwert +1.

Umrechnung von Richtungscosinus in Eulerwinkel:

$$\left.\begin{aligned} &\cos\vartheta = A_{33}, \quad \sin\vartheta = (1 - \cos^2\vartheta)^{1/2}, \\ &\cos\psi = -A_{32}/\sin\vartheta, \quad \sin\psi = A_{31}/\sin\vartheta, \\ &\cos\varphi = A_{23}/\sin\vartheta, \quad \sin\varphi = A_{13}/\sin\vartheta. \end{aligned}\right\} \tag{20}$$

Umrechnung von Richtungscosinus in Kardanwinkel:

$$\left.\begin{aligned} &\sin\varphi_2 = A_{31}, \quad \cos\varphi_2 = (1 - \sin^2\varphi_2)^{1/2}, \\ &\sin\varphi_1 = -A_{32}/\cos\varphi_2, \quad \cos\varphi_1 = A_{33}/\cos\varphi_2, \\ &\sin\varphi_3 = -A_{21}/\cos\varphi_2, \quad \cos\varphi_3 = A_{11}/\cos\varphi_2. \end{aligned}\right\} \tag{21}$$

Umrechnung von Richtungscosinus in Eulerparameter:

$$q_0 = (1 + \mathrm{sp}\underline{A})^{1/2}/2, \quad q_i = (A_{jk} - A_{kj})/(4q_0) \tag{22}$$

($i, j, k = 1, 2, 3$ zyklisch).

Umrechnung von Eulerwinkeln in Eulerparameter:

$$\left.\begin{aligned} q_0 &= \cos(\vartheta/2)\cos[(\psi + \varphi)/2], \\ q_1 &= \sin(\vartheta/2)\cos[(\psi - \varphi)/2], \\ q_2 &= \sin(\vartheta/2)\sin[(\psi - \varphi)/2], \\ q_3 &= \cos(\vartheta/2)\sin[(\psi + \varphi)/2]. \end{aligned}\right\} \tag{23}$$

Euler- und Kardanwinkel enthalten als Sonderfälle die Drehung um eine Achse mit konstanter Richtung (zwei Winkel identisch Null) und Drehungen, wie beim Kreuzgelenk, um zwei orthogonale Achsen (ein Winkel identisch Null). Eulerwinkel eignen sich besonders für Präzessionsbewegungen, das sind Bewegungen mit $\vartheta = \text{const}$. Sie eignen sich nicht, wenn der kritische Fall $\sin\vartheta = 0$ eintreten kann. Abhilfe: Man arbeitet alternierend mit zwei Tripeln von Eulerwinkeln mit verschiedenen Drehachsenfolgen. Für Kardanwinkel ist $\cos\varphi_2 = 0$ der entsprechende kritische Fall. Kardanwinkel eignen sich gut für lineare Näherungen, wenn alle Winkel klein sind. Eulerparameter eignen sich besonders bei drei Freiheitsgraden der Rotation und bei Drehungen um eine feste Achse, die nicht die Richtung eines Basisvektors hat (n_1, n_2, n_3 konstant).

Schraubung. In Bild 1-5a ist die Lage der Basis $\underline{e}^1$ das Ergebnis einer Drehung $(q_0, \boldsymbol{q})$ und einer Translation $\boldsymbol{r}_0$ aus einer Anfangslage heraus, in der $\underline{e}^1$ mit $\underline{e}^0$ zusammenfiel. Den Übergang aus derselben Anfangs- in dieselbe Endlage bewirkt nach Bild 1-5b auch eine mit einem Drehschubgelenk erzeugbare *Schraubung* um eine zu $\boldsymbol{q}$ parallele Schraubachse mit demselben Drehwinkel φ und mit der Translation $s = \boldsymbol{q} \cdot \boldsymbol{r}_0/\sin(\varphi/2)$ in Richtung von $\boldsymbol{q}$. Die Schraubachse hat in $\underline{e}^0$ die Parameterdarstellung

$$\boldsymbol{r}(\lambda) = \lambda\boldsymbol{q} + \frac{q_0\boldsymbol{q} \times \boldsymbol{r}_0 - \boldsymbol{q} \times (\boldsymbol{q} \times \boldsymbol{r}_0)}{2\sin^2(\varphi/2)}. \tag{24}$$

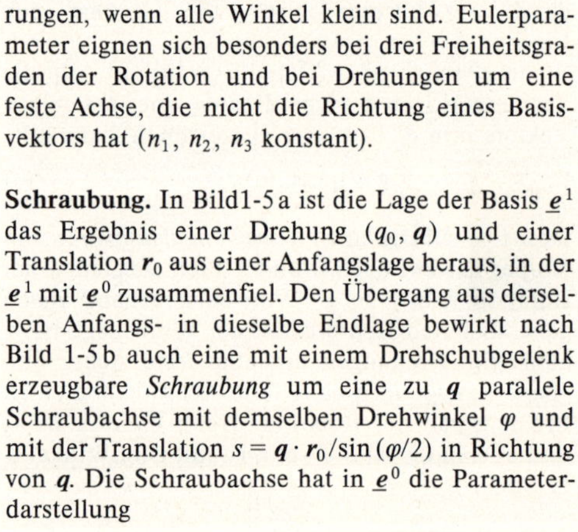

Bild 1-5. Die Überlagerung der Drehung $(q_0, \boldsymbol{q})$ und der Translation $\boldsymbol{r}_0$ in Bild a kann durch die Schraubung in Bild b mit der Schraubachse (24) ersetzt werden.

Resultierende Drehung. Zu zwei nacheinander ausgeführten Drehungen um feste Achsen durch einen gemeinsamen Punkt gibt es eine *resultierende Drehung*, die den Körper aus derselben Ausgangslage in dieselbe Endlage bringt. Wenn Winkel und Drehachsen für beide Drehungen in $\underline{e}^0$ gegeben sind — die erste Drehung mit

$$(q_{01}, \boldsymbol{q}_1) = (\cos(\varphi_1/2), \boldsymbol{n}_1 \sin(\varphi_1/2))$$

und die zweite mit

$$(q_{02}, \boldsymbol{q}_2) = (\cos(\varphi_2/2), \boldsymbol{n}_2 \sin(\varphi_2/2))$$

— dann gilt für die resultierende Drehung

$$\left.\begin{aligned} q_{0\text{res}} &= q_{02}q_{01} - \boldsymbol{q}_2 \cdot \boldsymbol{q}_1, \\ \boldsymbol{q}_{\text{res}} &= q_{02}\boldsymbol{q}_1 + q_{01}\boldsymbol{q}_2 + \boldsymbol{q}_2 \times \boldsymbol{q}_1 \end{aligned}\right\} \tag{25a}$$

oder ausführlich

$$\left.\begin{aligned} \cos(\varphi_{\text{res}}/2) &= \cos(\varphi_2/2)\cos(\varphi_1/2) \\ &\quad - \boldsymbol{n}_2 \cdot \boldsymbol{n}_1 \sin(\varphi_2/2)\sin(\varphi_1/2), \\ \boldsymbol{n}_{\text{res}} \sin(\varphi_{\text{res}}/2) &= \boldsymbol{n}_1 \cos(\varphi_2/2)\sin(\varphi_1/2) \\ &\quad + \boldsymbol{n}_2 \cos(\varphi_1/2)\sin(\varphi_2/2) \\ &\quad + \boldsymbol{n}_2 \times \boldsymbol{n}_1 \sin(\varphi_2/2)\sin(\varphi_1/2). \end{aligned}\right\} \tag{25b}$$

Sie ist von der Reihenfolge der beiden Drehungen abhängig. Nur im Grenzfall infinitesimal kleiner Winkel gilt für Winkelvektoren $\boldsymbol{\varphi}_1$ und $\boldsymbol{\varphi}_2$ entlang den Drehachsen die Parallelogrammregel $\boldsymbol{\varphi}_{\text{res}} = \boldsymbol{\varphi}_1 + \boldsymbol{\varphi}_2$.

1.2.2 Winkelgeschwindigkeit

Die *Winkelgeschwindigkeit* $\boldsymbol{\omega}(t)$ des Körpers $\underline{e}^1$ relativ zu $\underline{e}^0$ ist ein Vektor, der an keinen Punkt gebunden ist, denn er kennzeichnet die zeitliche Änderung der Winkellage des Körpers. Bei einem einzigen Freiheitsgrad der Rotation mit einer Winkelkoordinate φ hat $\boldsymbol{\omega}$ konstante Richtung und die Größe $\omega(t) = \dot{\varphi}(t)$ (Bild 1-6). Bei zwei und drei Freiheitsgraden ist $\boldsymbol{\omega}$ nicht Ableitung einer anderen Größe. Seien ω_1, ω_2, ω_3 die Koordinaten von $\boldsymbol{\omega}$ bei Zerlegung in der körperfesten Basis $\underline{e}^1$. Zwischen ihnen und generalisierten Koordinaten der Winkellage bestehen die folgenden Beziehungen.

Für Richtungscosinus in beliebiger Darstellung:

$$\underline{\tilde{\omega}} = \underline{\dot{A}}\,\underline{A}^{\mathrm{T}}, \quad \underline{\dot{A}} = -\underline{\tilde{\omega}}\,\underline{A} \tag{26}$$

mit der Matrix $\underline{\tilde{\omega}} = \begin{bmatrix} 0 & -\omega_3 & \omega_2 \\ \omega_3 & 0 & -\omega_1 \\ -\omega_2 & \omega_1 & 0 \end{bmatrix}$.

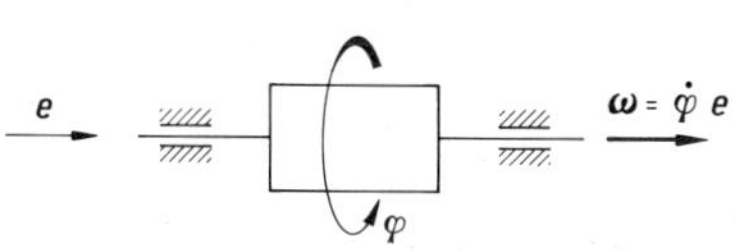

Bild 1-6. Für eine Winkelgeschwindigkeit mit konstanter Richtung gilt $\omega = \dot{\varphi}$ und Drehzahl $n = \omega(2\pi)$.

Für Eulerwinkel:

$$\begin{bmatrix} \omega_1 \\ \omega_2 \\ \omega_3 \end{bmatrix} = \begin{bmatrix} s_\vartheta s_\varphi & c_\varphi & 0 \\ s_\vartheta c_\varphi & -s_\varphi & 0 \\ c_\vartheta & 0 & 1 \end{bmatrix} \begin{bmatrix} \dot{\psi} \\ \dot{\vartheta} \\ \dot{\varphi} \end{bmatrix}, \tag{27a}$$

$$\begin{bmatrix} \dot{\psi} \\ \dot{\vartheta} \\ \dot{\varphi} \end{bmatrix} = \begin{bmatrix} s_\varphi/s_\vartheta & c_\varphi/s_\vartheta & 0 \\ c_\varphi & -s_\varphi & 0 \\ -s_\varphi c_\vartheta/s_\vartheta & -c_\varphi c_\vartheta/s_\vartheta & 1 \end{bmatrix} \begin{bmatrix} \omega_1 \\ \omega_2 \\ \omega_3 \end{bmatrix}. \tag{27b}$$

Für Kardanwinkel:

$$\begin{bmatrix} \omega_1 \\ \omega_2 \\ \omega_3 \end{bmatrix} = \begin{bmatrix} c_2 c_3 & s_3 & 0 \\ -c_2 s_3 & c_3 & 0 \\ s_2 & 0 & 1 \end{bmatrix} \begin{bmatrix} \dot{\varphi}_1 \\ \dot{\varphi}_2 \\ \dot{\varphi}_3 \end{bmatrix}, \tag{28a}$$

$$\begin{bmatrix} \dot{\varphi}_1 \\ \dot{\varphi}_2 \\ \dot{\varphi}_3 \end{bmatrix} = \begin{bmatrix} c_3/c_2 & -s_3/c_2 & 0 \\ s_3 & c_3 & 0 \\ -c_3 s_2/c_2 & s_3 s_2/c_2 & 1 \end{bmatrix} \begin{bmatrix} \omega_1 \\ \omega_2 \\ \omega_3 \end{bmatrix}. \tag{28b}$$

Im Fall sehr kleiner Winkel gilt die Näherung $\dot{\varphi}_i \approx \omega_i$ $(i = 1, 2, 3)$.

Für Eulerparameter:

$$\begin{bmatrix} \omega_1 \\ \omega_2 \\ \omega_3 \end{bmatrix} = 2 \begin{bmatrix} -q_1 & q_0 & q_3 & -q_2 \\ -q_2 & -q_3 & q_0 & q_1 \\ -q_3 & q_2 & -q_1 & q_0 \end{bmatrix} \begin{bmatrix} \dot{q}_0 \\ \dot{q}_1 \\ \dot{q}_2 \\ \dot{q}_3 \end{bmatrix}, \tag{29a}$$

$$\begin{bmatrix} \dot{q}_0 \\ \dot{q}_1 \\ \dot{q}_2 \\ \dot{q}_3 \end{bmatrix} = \frac{1}{2} \begin{bmatrix} 0 & -\omega_1 & -\omega_2 & -\omega_3 \\ \omega_1 & 0 & \omega_3 & -\omega_2 \\ \omega_2 & -\omega_3 & 0 & \omega_1 \\ \omega_3 & \omega_2 & -\omega_1 & 0 \end{bmatrix} \begin{bmatrix} q_0 \\ q_1 \\ q_2 \\ q_3 \end{bmatrix}. \tag{29b}$$

Die jeweils zweite der Gln. (26) bis (29) stellt *kinematische Differentialgleichungen* zur Berechnung der Winkellage aus vorher berechneten Funktionen $\omega_i(t)$ dar. Wenn die numerische Integration bei Eulerparametern Größen $q_i(t)$ liefert, die die Bindungsgleichung (18) nicht streng erfüllen, dann ersetze man die $q_i(t)$ durch die renormierten Größen

$$q_i^*(t) = q_i(t)\left[\sum_{j=0}^{3} q_j^2(t)\right]^{-1/2} \quad (i = 0, \ldots, 3).$$

Geschwindigkeitsverteilung im starren Körper. $\boldsymbol{\omega}$ und die Geschwindigkeit $\boldsymbol{v}_{\mathrm{A}}$ des körperfesten Punktes A bestimmen die Geschwindigkeit $\boldsymbol{v}_{\mathrm{P}}$ jedes anderen körperfesten Punktes P am Radiusvektor $\overrightarrow{AP} = \boldsymbol{\varrho}$:

$$\boldsymbol{v}_{\mathrm{P}} = \boldsymbol{v}_{\mathrm{A}} + \boldsymbol{\omega} \times \boldsymbol{\varrho}. \tag{30}$$

Ebene Bewegung. Polbahnen. Geschwindigkeitsplan. Bei der ebenen Bewegung eines Körpers hat $\boldsymbol{\omega}(t)$ konstante Richtung, und alle Körperpunkte bewegen sich in parallelen Ebenen. Nur eine Bewegungsebene wird betrachtet. In ihr hat der Körper in jedem Zeitpunkt dieselbe Geschwindigkeitsverteilung, wie bei einer Drehung um einen

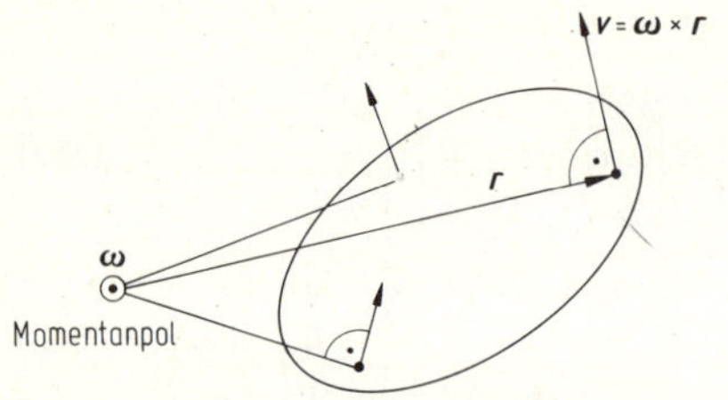

Bild 1-7. Die Richtungen der Geschwindigkeiten zweier Punkte bestimmen den Momentanpol.

festen Punkt, $\boldsymbol{v} = \boldsymbol{\omega} \times \boldsymbol{r}$ (Bild 1-7). Dieser Punkt heißt *Momentanpol der Geschwindigkeit*, Geschwindigkeitspol, Drehpol oder Pol. Er liegt im Schnittpunkt aller Geschwindigkeitslote. Zwei Lote genügen zur Bestimmung. Im Sonderfall der reinen Translation liegt der Pol im Unendlichen und im Sonderfall der Drehung um eine feste Achse permanent auf der Achse. Im allgemeinen liegt er zu verschiedenen Zeiten an verschiedenen Orten. Seine Bahn in $\underline{e}^0$ heißt *Rastpolbahn* und seine Bahn in $\underline{e}^1$ *Gangpolbahn*. Die Bewegung des Körpers kann man durch Abrollen der Gangpolbahn auf der Rastpolbahn erzeugen.

Beispiel 1-1: In Bild 1-8a bewegt sich ein Stab der Länge l mit seinen Enden auf Führungsgeraden. Der Pol P hat von M und von der Stabmitte die konstanten Entfernungen l bzw. $l/2$. Also sind die Polbahnen die gezeichneten Kreise. Die Bewegung wird konstruktiv eleganter erzeugt, indem man den kleinen Kreis mit dem auf ihm festen Stab als Planetenrad im großen Kreis abrollt. Da sich jeder Punkt am Umfang des kleinen Rades auf einer Geraden durch M bewegt, können zwei Räder mit dem Radienverhältnis 2 : 1 auch die Bewegung einer Stange auf zwei Führungen unter einem beliebigen Winkel α erzeugen (Bild 1-8b). Der Radius des kleinen Rades ist $l/(2\sin\alpha)$.

Wenn sich mehrere Körper relativ zu $\underline{e}^0$ in derselben Ebene bewegen, dann hat jeder Körper i relativ zu jedem anderen Körper j einen Pol P_{ij} der Relativbewegung. Es gilt der *Satz von Kennedy und Aronhold*: Die Pole P_{ij}, P_{jk} und P_{ki} dreier Körper i, j und k liegen auf einer Geraden.

Beispiel 1-2: Im Mechanismus von Bild 1-9 sind die Pole P_{10}, P_{12}, P_{23} und P_{30} ohne den Satz konstruierbar. Nach dem Satz liegt P_{13} im Schnittpunkt von $\overline{P_{10}P_{30}}$ und $\overline{P_{12}P_{23}}$.

Bei ebenen Getrieben genügt die Kenntnis der Pole zur Angabe aller Geschwindigkeitsverhältnisse.

Beispiel 1-3; Gliedergetriebe: In Bild 1-10 sei $\boldsymbol{v}_{\text{rel}}$ die Geschwindigkeit des Kolbens *2* relativ zum Zylinder 1. Sie ist zugleich die Geschwindigkeit relativ zu Körper 0 desjenigen Punktes von 2, der mit P_{10} zusammenfällt. Damit ergibt sich P_{20}. Mit den gezeichneten Polen und mit den Radien $r_1, \ldots, r_8$ erhält man für die Größe der Geschwindigkeit $\boldsymbol{v}_{\text{P}}$ den angegebenen Ausdruck.

Beispiel 1-4; Planetengetriebe (in Bild 1-11 links): Nach rechts herausgezogene Parallelen geben die Lage von Polen P_{ij} an. Im x,v-Diagramm in Bildmitte gibt die Gerade i ($i = 0, \ldots, 4$) an, wie im Körper i die Geschwindigkeit v relativ zu Körper *0* vom Ort x abhängt. Je zwei Geraden i und j schneiden sich auf der Höhe von P_{ij} ($i, j = 0, \ldots, 4$). Die Steigung der Geraden i ist proportional zur Winkelgeschwindigkeit ω_{io} von Körper i relativ zu Körper *0*. Für eine einzige Gerade wird die Steigung willkürlich vorgegeben (z. B. für Gerade *1* mit $v = 0$ in der Höhe von P_{10}). Alle anderen Geraden sind danach festgelegt. Im *Winkelgeschwindigkeitsplan* rechts im Bild sind Parallelen zu allen Geraden von einem Punkt aus angetragen. Die Abschnitte auf der Geraden senkrecht zur Geraden *0* sind proportional zu den Steigungen, d. h. zu den Winkelgeschwindigkeiten ω_{io}. Als Differenzen sind auch alle relativen Winkelgeschwindigkeiten $\omega_{ij} = \omega_{io} - \omega_{jo}$ ablesbar.

Mehr über Geschwindigkeitspläne ebener Getriebe in [2].

Räumliche Drehung um einen festen Punkt. Winkelgeschwindigkeitsplan. Der nach Größe und Richtung veränderliche Vektor $\boldsymbol{\omega}(t)$ des Körpers *1* erzeugt, wenn man ihn vom festen Punkt *0* aus anträgt, sowohl in $\underline{e}^0$ als auch in $\underline{e}^1$ eine allge-

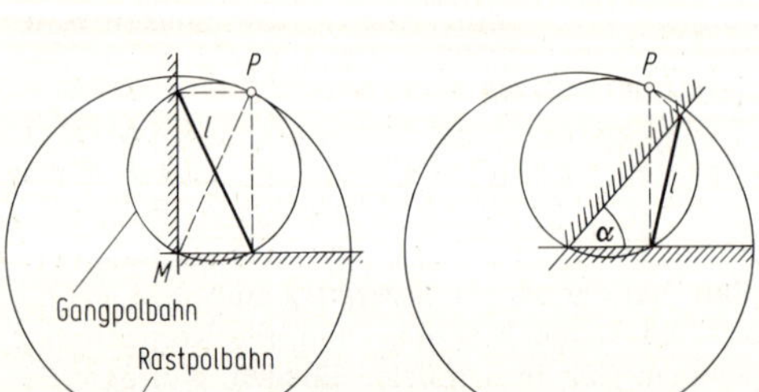

Bild 1-8. Polbahnen eines auf zwei Geraden geführten Stabes.

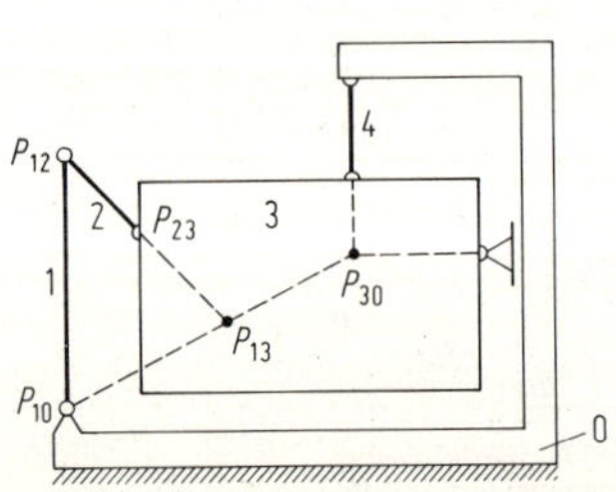

Bild 1-9. Zur Konstruktion des Pols P_{13}.

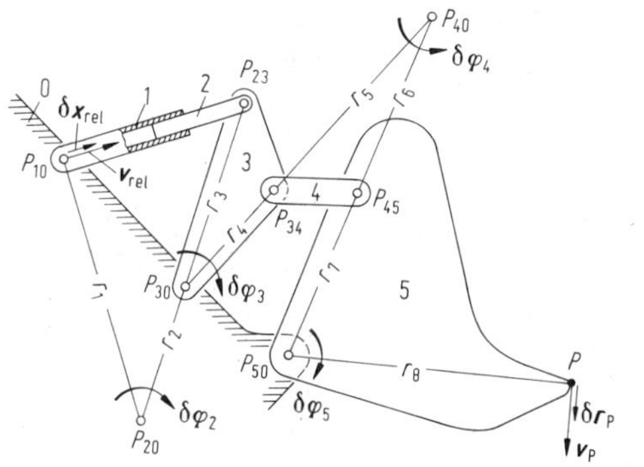

Bild 1-10. Polplan für einen Baggerschaufelmechanismus. Jeder Gelenkpunkt ist auf zwei Körpern fest und bewegt sich momentan auf Kreisen um die Pole beider Körper. Daraus ergibt sich $v_P : v_{rel} = (r_2 r_4 r_6 r_8)/(r_1 r_3 r_5 r_7)$ mit $r_2 = \overline{P_{20}P_{23}}$ und $r_3 = \overline{P_{30}P_{23}}$. Zu den virtuellen Verschiebungen siehe 1.5.

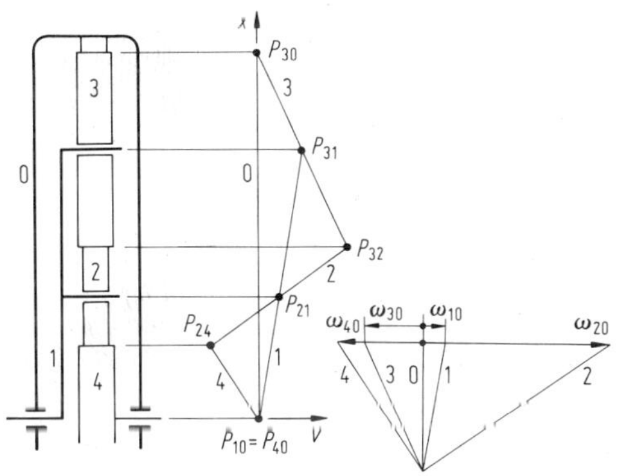

Bild 1-11. Bauplan eines Planetenradgetriebes (links) mit Geschwindigkeitsplan (Mitte) und Winkelgeschwindigkeitsplan (rechts) für stehendes Gehäuse *0*.

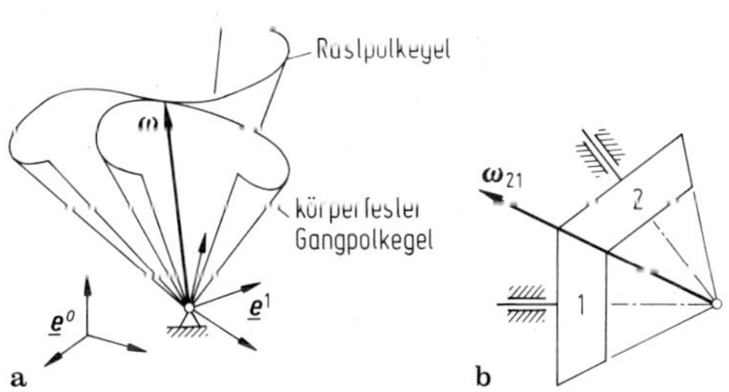

Bild 1-12. a Rastpolkegel und Gangpolkegel einer allgemeinen Starrkörperbewegung um einen festen Punkt. **b** Für die Bewegung des Kegelrades *2* relativ zu Rad *1* sind Rast- und Gangpolkegel mit den Wälzkegeln *1* bzw. *2* identisch.

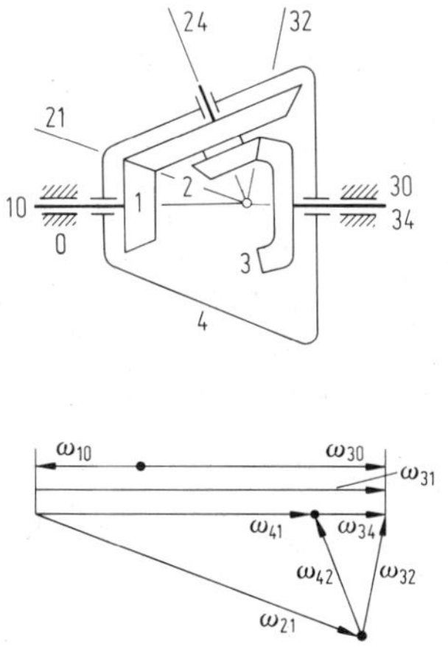

Bild 1-13. Bauplan und Winkelgeschwindigkeitsplan eines Differentialgetriebes. ω_{10} und ω_{30} sind frei wählbar.

meine Kegelfläche (Bild 1-12a). Die Kegel heißen Rastpolkegel bzw. Gangpolkegel. Die Bewegung des Körpers kann man dadurch erzeugen, daß man den Gangpolkegel auf dem Rastpolkegel abrollt.

Beispiel 1-5: Das Kegelrad *2* in Bild 1-12b ist sein eigener Gangpolkegel für die Drehung relativ zu Rad *1*, und Rad *1* ist der Rastpolkegel.

In Kegelradgetrieben mit mehreren Körpern $i = 0, \ldots, n$ bewegt sich jeder Körper relativ zu jedem anderen um einen allen gemeinsamen Punkt *0* (Bild 1-13). Sei $\boldsymbol{\omega}_{ij}$ die Winkelgeschwindigkeit von Körper *i* relativ zu Körper *j* $(i, j = 0, \ldots, n)$, so daß gilt

$$\boldsymbol{\omega}_{ji} = -\boldsymbol{\omega}_{ij}, \quad \boldsymbol{\omega}_{ik} - \boldsymbol{\omega}_{jk} = \boldsymbol{\omega}_{ij} \quad (i, j, k = 0, \ldots, n). \tag{31}$$

Bei einem vorgegebenen Getriebe mit *f* Freiheitsgraden können die Größen von *f* relativen Winkelgeschwindigkeiten vorgegeben werden. Dann sind die Größen aller anderen und alle Winkelgeschwindigkeitsrichtungen durch die Richtungen der Radachsen und der Kegelberührungslinien sowie durch die Gleichungen (31) festgelegt.

Beispiel 1-6: Das Differentialgetriebe in Bild 1-13 hat Körper *0*, …, *4* und $f = 2$ Freiheitsgrade. Im Bauplan oben geben Geraden mit Indizes *ij* die Richtungen von relativen Winkelgeschwindigkeiten ω_{ij} an. Darunter der Winkelgeschwindigkeitsplan.

1.2.3 Winkelbeschleunigung

Die *Winkelbeschleunigung* des Körpers $\underline{e}^1$ relativ zu $\underline{e}^0$ ist die zeitliche Ableitung von $\boldsymbol{\omega}$ in der Basis

$\underline{e}^0$. Sie ist wegen (5) auch gleich der Ableitung in $\underline{e}^1$. Wenn es keine Verwechslung geben kann, schreibt man $\dot{\omega}$. Aus (27) und (28) ergeben sich die Darstellungen für Eulerwinkel

$$\begin{bmatrix}\dot\omega_1\\ \dot\omega_2\\ \dot\omega_3\end{bmatrix} = \begin{bmatrix} s_\vartheta s_\varphi & c_\varphi & 0\\ s_\vartheta c_\varphi & -s_\varphi & 0\\ c_\vartheta & 0 & 1\end{bmatrix}\begin{bmatrix}\ddot\psi\\ \ddot\vartheta\\ \ddot\varphi\end{bmatrix} + \begin{bmatrix} c_\vartheta s_\varphi\dot\psi\dot\vartheta - s_\varphi\dot\vartheta\dot\varphi + s_\vartheta c_\varphi\dot\varphi\dot\psi\\ c_\vartheta c_\varphi \dot\psi\dot\vartheta - c_\varphi\dot\vartheta\dot\varphi - s_\vartheta s_\varphi\dot\varphi\dot\psi\\ -s_\vartheta\dot\psi\dot\vartheta\end{bmatrix} \qquad (32)$$

und für Kardanwinkel

$$\begin{bmatrix}\dot\omega_1\\ \dot\omega_2\\ \dot\omega_3\end{bmatrix} = \begin{bmatrix} c_2 c_3 & s_3 & 0\\ -c_2 s_3 & c_3 & 0\\ s_2 & 0 & 1\end{bmatrix}\begin{bmatrix}\ddot\varphi_1\\ \ddot\varphi_2\\ \ddot\varphi_3\end{bmatrix} + \begin{bmatrix} -s_2 c_3\dot\varphi_1\dot\varphi_2 + c_3\dot\varphi_2\dot\varphi_3 - c_2 s_3\dot\varphi_3\dot\varphi_1\\ s_2 s_3\dot\varphi_1\dot\varphi_2 - s_3\dot\varphi_2\dot\varphi_3 - c_2 c_3\dot\varphi_3\dot\varphi_1\\ c_2\dot\varphi_1\dot\varphi_2\end{bmatrix}. \qquad (33)$$

Beschleunigungsverteilung im starren Körper. ω, $\dot{\omega}$ und die Beschleunigung $\boldsymbol{a}_A$ des Punktes A bestimmen zusammen die Beschleunigung $\boldsymbol{a}_P$ jedes anderen körperfesten Punktes P am Radiusvektor $\overrightarrow{AP} = \boldsymbol{\varrho}$:

$$\begin{aligned}\boldsymbol{a}_P &= \boldsymbol{a}_A + \dot{\boldsymbol{\omega}} \times \boldsymbol{\varrho} + \boldsymbol{\omega} \times (\boldsymbol{\omega} \times \boldsymbol{\varrho})\\ &= \boldsymbol{a}_A + \dot{\boldsymbol{\omega}} \times \boldsymbol{\varrho} + (\boldsymbol{\omega} \cdot \boldsymbol{\varrho})\, \boldsymbol{\omega} - \omega^2 \boldsymbol{\varrho}. \end{aligned} \qquad (34)$$

1.3 Kinematik des Punktes mit Relativbewegung

In Bild 1-14 ist P ein Punkt, der sich relativ zu Körper *1* mit einer Geschwindigkeit $\boldsymbol{v}_{rel}$ und einer Beschleunigung $\boldsymbol{a}_{rel}$ bewegt. Die Bewegung von Körper *1* relativ zu $\underline{e}^0$ wird nach 1.2 durch die sechs Größen $\boldsymbol{r}_A$, $\boldsymbol{v}_A$, $\boldsymbol{a}_A$, $\underline{A}$, $\boldsymbol{\omega}$ und $\dot{\boldsymbol{\omega}}$ beschrieben. Der Ort $\boldsymbol{r}_P$, die Geschwindigkeit $\boldsymbol{v}_P$ und die Beschleunigung $\boldsymbol{a}_P$ von P relativ zu $\underline{e}^0$ sind mit (5), (30) und (34)

$$\boldsymbol{r}_P = \boldsymbol{r}_A + \boldsymbol{\varrho}, \quad \boldsymbol{v}_P = \boldsymbol{v}_A + \boldsymbol{\omega} \times \boldsymbol{\varrho} + \boldsymbol{v}_{rel}, \qquad (35\text{a})$$

$$\begin{aligned}\boldsymbol{a}_P = {}& \boldsymbol{a}_A + \dot{\boldsymbol{\omega}} \times \boldsymbol{\varrho} + \boldsymbol{\omega} \times (\boldsymbol{\omega} \times \boldsymbol{\varrho})\\ &+ 2\boldsymbol{\omega} \times \boldsymbol{v}_{rel} + \boldsymbol{a}_{rel}. \end{aligned} \qquad (35\text{b})$$

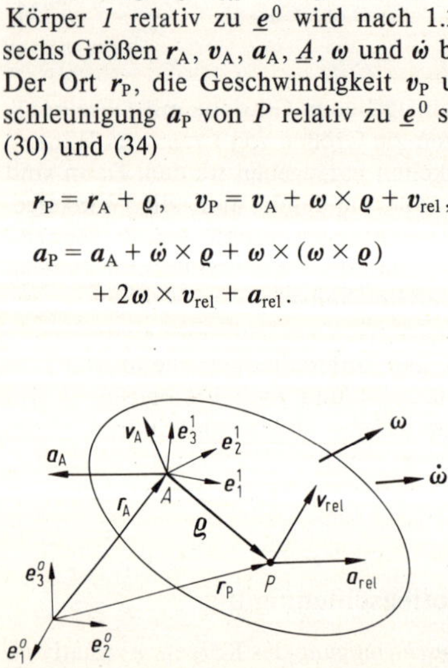

Bild 1-14. Darstellung aller Größen von (35).

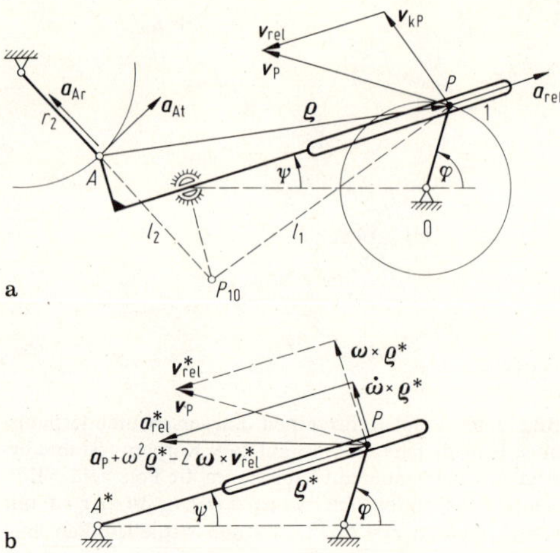

Bild 1-15. a Die Schwinge *1* wird durch die Kurbel angetrieben, deren Ende P in einer Führung der Schwinge gleitet. Das Ende A der Schwinge wird auf einem Kreis geführt. Der Mechanismus in Bild b hat bei gleichem φ gleiches ψ.

Darin sind $\boldsymbol{v}_A + \boldsymbol{\omega} \times \boldsymbol{\varrho} = \boldsymbol{v}_{kP}$ und $\boldsymbol{a}_A + \dot{\boldsymbol{\omega}} \times \boldsymbol{\varrho} + \boldsymbol{\omega} \times (\boldsymbol{\omega} \times \boldsymbol{\varrho}) = \boldsymbol{a}_{kP}$ die Geschwindigkeit bzw. Beschleunigung des mit P zusammenfallenden körperfesten Punktes; $2\boldsymbol{\omega} \times \boldsymbol{v}_{rel}$ heißt *Coriolisbeschleunigung*.

Beispiel 1-7: Im Mechanismus von Bild 1-15a sollen die Basen $\underline{e}^0$ und $\underline{e}^1$ auf dem Gestell *0* bzw. im Punkt A auf der Schwinge *1* liegen, und das Kurbelende P ist der relativ zu *1* bewegte Punkt. Gegeben: $\dot\varphi$ und $\ddot\varphi$ und damit auch $\boldsymbol{v}_P$ und $\boldsymbol{a}_P$. Gesucht: Alle Größen in (35a) und (35b). Lösung: Der Pol P_{10} bestimmt zusammen mit (35a) das Geschwindigkeitsdreieck aus $\boldsymbol{v}_P$, $\boldsymbol{v}_{kP}$ und $\boldsymbol{v}_{rel}$ sowie $\omega = \dot\psi = v_{kP}/l_1$, $v_A = \omega l_2$ und $a_{Ar} = v_A^2/r_2$. In (35b) ist $\boldsymbol{a}_A = \boldsymbol{a}_{Ar} + \boldsymbol{a}_{At}$. Unbekannt sind bei gegebenen Richtungen nur noch die Größen von $\dot\omega$, $\boldsymbol{a}_{At}$ und $\boldsymbol{a}_{rel}$. Die Gleichung wird aufgelöst, nachdem $\dot\omega$ wie folgt bestimmt worden ist. Der Mechanismus in Bild 1-15b hat bei gleichem $\varphi(t)$ gleiches $\boldsymbol{v}_P$, $\boldsymbol{a}_P$, ψ, ω und $\dot\omega$, wie der Mechanismus in Bild 1-15a. (35a) liefert für ihn das gestrichelt gezeichnete Geschwindigkeitsdreieck und damit $\boldsymbol{v}_{rel}^*$. (35b) lautet

$$\boldsymbol{a}_P = \dot{\boldsymbol{\omega}} \times \boldsymbol{\varrho}^* + \boldsymbol{\omega} \times (\boldsymbol{\omega} \times \boldsymbol{\varrho}^*) + 2\boldsymbol{\omega} \times \boldsymbol{v}_{rel}^* + \boldsymbol{a}_{rel}^*.$$

Das ergibt nach der Zeichnung $\dot\omega$.

1.4 Freiheitsgrade der Bewegung. Kinematische Bindungen

Die Anzahl f der *Freiheitsgrade* der Bewegung eines mechanischen Systems ist gleich der Anzahl unabhängiger generalisierter Lagekoordinaten $q_1, \ldots, q_f$, die zur eindeutigen Beschreibung der Lage des Systems nötig sind. Verwendet man $n > f$ Lagekoordinaten $q_1, \ldots, q_n$, dann wird die Abhängigkeit von $\nu = n - f$ überzähligen Koordinaten durch ν voneinander unabhängige, sog. *holonome Bindungsgleichungen*

$$f_i(q_1, \ldots, q_n, t) = 0 \quad (i = 1, \ldots, \nu) \tag{36}$$

ausgedrückt. Die Bindungen und das mechanische System heißen *holonom-skleronom*, wenn die Zeit t nicht explizit erscheint, sonst — bei Vorgabe von Systemparametern als Funktionen der Zeit — *holonom-rheonom*. Totale Differentiation von (36) nach t liefert lineare Bindungsgleichungen für generalisierte Geschwindigkeiten $\dot{q}_i$ und Beschleunigungen $\ddot{q}_i$. Mit $J_{ij} = \partial f_i / \partial q_j$ lauten sie

$$\left.\begin{aligned} &\sum_{j=1}^{n} J_{ij}\dot{q}_j + \frac{\partial f_i}{\partial t} = 0\,, \\ &\sum_{j=1}^{n} J_{ij}\ddot{q}_j + \sum_{j=1}^{n} \left[\sum_{k=1}^{n} \frac{\partial J_{ij}}{\partial q_k}\dot{q}_k + \frac{\partial J_{ij}}{\partial t} + \frac{\partial^2 f_i}{\partial t \partial q_j} \right] \\ &\times \dot{q}_j + \frac{\partial^2 f_i}{\partial t^2} = 0 \\ &(i = 1, \ldots, \nu)\,. \end{aligned}\right\} \tag{37}$$

Für virtuelle Änderungen δq_j der Koordinaten gilt im skleronomen wie im rheonomen Fall

$$\sum_{j=1}^{n} J_{ij}\delta q_j = 0 \quad (i = 1, \ldots, \nu)\,. \tag{38}$$

Beispiel 1-8: Ein ebenes Punktpendel der vorgegebenen veränderlichen Länge $l(t)$ hat einen Freiheitsgrad. Die kartesischen Koordinaten x, y des Punktkörpers unterliegen der holonom-rheonomen Bindungsgleichung $x^2 + y^2 - l^2(t) = 0$. Daraus folgen für (37) und (38)

$$\begin{aligned} &x\dot{x} + y\dot{y} - l\dot{l} = 0\,, \\ &x\ddot{x} + y\ddot{y} + \dot{x}^2 + \dot{y}^2 - l\ddot{l} - \dot{l}^2 = 0\,, \\ &x\delta x + y\delta y = 0\,. \end{aligned}$$

Ein mechanisches System heißt *nichtholonom*, wenn seine generalisierten Geschwindigkeiten $\dot{q}_1, \ldots, \dot{q}_n$ Bindungsgleichungen unterliegen, die sich nicht durch Integration in die Form (36) überführen lassen. Nichtholonome Bindungen haben keinen Einfluß auf die Anzahl f der unabhängigen Lagekoordinaten, d. h. der Freiheitsgrade. Sie stellen aber Bindungen zwischen den virtuellen Verschiebungen $\delta q_1, \ldots, \delta q_n$ her, so daß im unendlich Kleinen die Anzahl der Freiheitsgrade mit jeder unabhängigen nichtholonomen Bindung um Eins abnimmt. Mechanisch verursachte nichtholonome Bindungsgleichungen sind linear in

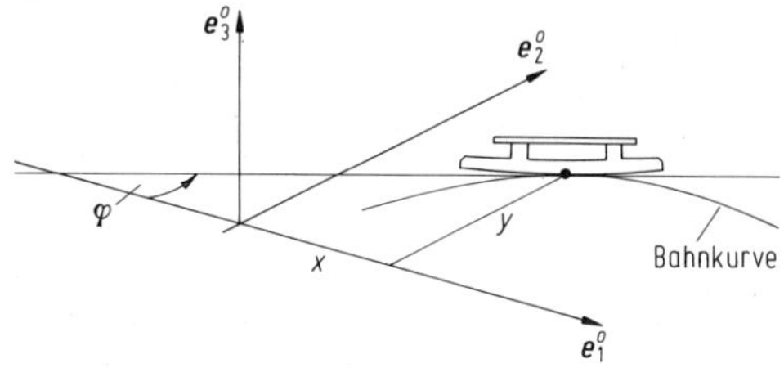

Bild 1-16. Nichtholonomes System.

$\dot{q}_1, \ldots, \dot{q}_n$, also von der Form

$$\sum_{j=1}^{n} a_{ij}\dot{q}_j + a_{i0} = 0 \quad (i = 1, \ldots, \nu)\,. \tag{39}$$

a_{ij} $= 0, \ldots, n)$ sind Funktionen von $q_1, \ldots, q_n$ im skleronomen Fall und von $q_1, \ldots, q_n$ und t im rheonomen Fall. Differentiation nach t liefert für Beschleunigungen und virtuelle Verschiebungen Bindungsgleichungen, die mit (37) bzw. (38) identisch sind, wenn man J_{ij} durch a_{ij} und $\partial f_i / \partial t$ durch a_{i0} ersetzt.

Beispiel 1-9: Der vertikal stehende Schlittschuh in Bild 1-16 mit punktueller Berührung der gekrümmten Kufe hat drei unabhängige Lagekoordinaten, x, y und φ. Die nichtholonome Bindung „die Geschwindigkeit hat die Richtung der Kufe" wird durch $\dot{y} - \dot{x}\tan\varphi = 0$ ausgedrückt. Daraus folgt $\delta y - \delta x \tan\varphi = 0$, $\ddot{y} - \ddot{x}\tan\varphi - \dot{x}\dot{\varphi}/\cos^2\varphi = 0$.

1.5 Virtuelle Verschiebungen

Virtuelle Verschiebungen eines Systems sind infinitesimal kleine, mit allen Bindungen des Systems verträgliche, im übrigen aber beliebige Verschiebungen. Die virtuelle Verschiebung eines Systempunktes mit dem Ortsvektor $\boldsymbol{r}$ wird mit $\delta\boldsymbol{r}$ bezeichnet. Die virtuelle Verschiebung eines starren Körpers setzt sich aus der virtuellen Verschiebung $\delta\boldsymbol{r}_A$ eines beliebigen Körperpunktes A und aus einer *virtuellen Drehung* des Körpers um A zusammen. Für diese wird der Drehvektor $\delta\boldsymbol{\pi}$ mit dem Betrag des infinitesimal kleinen Drehwinkels und mit der Richtung der Drehachse eingeführt. Dann ist die virtuelle Verschiebung eines anderen Körperpunkts P

$$\delta\boldsymbol{r}_P = \delta\boldsymbol{r}_A + \delta\boldsymbol{\pi} \times \boldsymbol{\rho} \quad \text{mit} \quad \boldsymbol{\rho} = \overrightarrow{AP}\,. \tag{40}$$

In einem System mit f Freiheitsgraden und mit $f + \nu$ Lagekoordinaten $q_1, \ldots, q_{f+\nu}$ ist der Ortsvektor $\boldsymbol{r}$ jedes Punktes eine bekannte Funktion $\boldsymbol{r}(q_1, \ldots, q_{f+\nu})$. Virtuelle Änderungen δq_i der Koordinaten q_i verursachen eine virtuelle Verschiebung $\delta\boldsymbol{r}$. In ihr treten dieselben Koeffizienten auf, wie im Ausdruck für die Geschwindigkeit des

Punktes:

$$\delta \boldsymbol{r} = \sum_{i=1}^{f+\nu} \frac{\partial \boldsymbol{r}}{\partial q_i} \delta q_i, \quad \dot{\boldsymbol{r}} = \sum_{i=1}^{f+\nu} \frac{\partial \boldsymbol{r}}{\partial q_i} \dot{q}_i. \tag{41}$$

Beispiel 1-10: In Bild 1-10 sei δx_{rel} die virtuelle Verschiebung des Kolbens *2* relativ zum Zylinder *1* und δr_{P} die virtuelle Verschiebung des Punktes *P*. Nach (41) ist

$$\delta r_{\mathrm{P}} : \delta x_{\mathrm{rel}} = v_{\mathrm{P}} : v_{\mathrm{rel}} = (r_2 r_4 r_6 r_8)/(r_1 r_3 r_5 r_7)\,.$$

Analog zu (41) gilt: Im Drehvektor $\delta \boldsymbol{\pi}$ eines starren Körpers treten dieselben Koeffizienten auf, wie in der Winkelgeschwindigkeit des Körpers:

$$\delta \boldsymbol{\pi} = \sum_{i=1}^{f+\nu} \boldsymbol{p}_i \delta q_i, \quad \boldsymbol{\omega} = \sum_{i=1}^{f+\nu} \boldsymbol{p}_i \dot{q}_i. \tag{42}$$

Beispiel 1-11: Virtuelle Änderungen $\delta\psi$, $\delta\vartheta$ und $\delta\varphi$ der Eulerwinkel eines Körpers verursachen nach (27a) einen Drehvektor $\delta\boldsymbol{\pi}$, der in der körperfesten Basis die Komponenten hat:

$$\{\sin\vartheta \sin\varphi \delta\psi + \cos\varphi \delta\vartheta, \\ \sin\vartheta \cos\varphi \delta\psi - \sin\varphi \delta\vartheta, \quad \cos\vartheta \delta\psi + \delta\varphi\}\,.$$

Virtuelle Verschiebungen von Körpern in ebener Bewegung sind am einfachsten beschreibbar als virtuelle Drehungen der Körper um ihre Momentanpole.

Beispiel 1-12: In Bild 1-10 gilt für die virtuellen Drehwinkel der Körper $\delta\varphi_5 : \delta\varphi_4 = r_6 : r_7$, $\delta\varphi_4 : \delta\varphi_3 = r_4 : r_5$, $\delta\varphi_3 : \delta\varphi_2 = r_2 : r_3$.

Im Fall rheonomer (d. h. zeitabhängiger) Bindungen müssen virtuelle Verschiebungen bei $t = \mathrm{const}$ gebildet werden.

Beispiel 1-13: Wenn die Koordinate q_k eines Systems eine vorgeschriebene Funktion $q_k(t)$ der Zeit ist, muß in (41) und (42) $\delta q_k = 0$ gesetzt werden.

1.6 Kinematik offener Gelenkketten

Bild 1-17a ist ein Beispiel für eine beliebig verzweigte ebene oder räumliche, offene Gelenkkette mit Körpern $i = 1, \ldots, n$ und Gelenken $j = 1, \ldots, n$ auf einem ruhenden Trägerkörper *0*. Die angedeuteten Gelenke dürfen bis zu sechs Freiheitsgrade haben. Die Körper und Gelenke sind regulär numeriert (entlang jedem von Körper 0 ausgehenden Zweig monoton steigend; jedes Gelenk hat denselben Index, wie der nach außen folgende Körper). Sei $b(i)$ für $i = 1, \ldots, n$ der Index des inneren Nachbarkörpers von Körper i (Beispiel: In Bild 1-17a ist $b(5) = 3$, $b(1) = 0$).

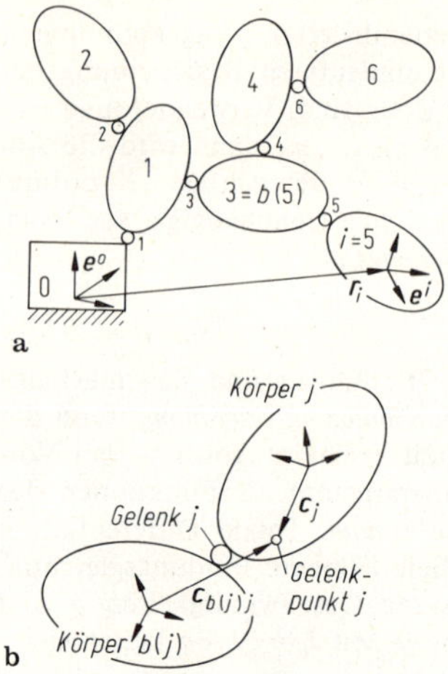

Bild 1-17. **a** Offene Gelenkkette mit regulär numerierten Körpern und Gelenken. Körper 0 ist in Ruhe. Das Symbol ○ kennzeichnet beliebige Gelenke mit 1 bis 6 Freiheitsgraden. **b** Kinematische Größen für das Gelenk *j* zwischen den Körpern *j* und *b(j)*.

Auf jedem Körper $i = 0, \ldots, n$ wird eine Basis $\underline{e}^i$ beliebig festgelegt. Für Gelenk j $(j = 1, \ldots, n)$ wird auf Körper j ein Gelenkpunkt durch einen Vektor $\boldsymbol{c}_j$ definiert (Bild 1-17b). In der Basis $\underline{e}^{b(j)}$ hat dieser Gelenkpunkt den i. allg. nicht konstanten Ortsvektor $\boldsymbol{c}_{b(j)j}$. Der Vektor ist nach 1.2 eine von sechs Größen zur Beschreibung der Lage und Bewegung von Körper j relativ zu Körper $b(j)$. Die anderen sind die Geschwindigkeit $\boldsymbol{v}_j$ und die Beschleunigung $\boldsymbol{a}_j$ des Gelenkpunkts relativ zu Körper $b(j)$, die Transformationsmatrix $\underline{G}^j$ (definiert durch $\underline{e}^j = \underline{G}^j \underline{e}^{b(j)}$) sowie die Winkelgeschwindigkeit $\boldsymbol{\Omega}_j$ und die Winkelbeschleunigung $\boldsymbol{\varepsilon}_j$ von Körper j relativ zu Körper $b(j)$. Die sechs Größen werden durch generalisierte Gelenkkoordinaten ausgedrückt. Im Gelenk j werden bei $1 \leqq f_j \leqq 6$ Freiheitsgraden ebenso viele Gelenkkoordinaten geeignet gewählt. Das Gesamtsystem hat $f = \sum_{j=1}^{n} f_j$ Freiheitsgrade. Seine f Koordinaten bilden nach Gelenken geordnet die Spaltenmatrix $\underline{q} = [q_1, \ldots, q_f]^{\mathrm{T}}$. Die sechs Gelenkgrößen sind bekannte Funktionen der Form

$$\left.\begin{array}{lll} \boldsymbol{c}_{b(j)j}(\underline{q}), & \boldsymbol{v}_j = \sum_{l=1}^{f} \boldsymbol{k}_{jl} \dot{q}_l, & \boldsymbol{a}_j = \sum_{l=1}^{f} \boldsymbol{k}_{jl} \ddot{q}_l + \boldsymbol{s}_j, \\ \underline{G}^j(\underline{q}), & \boldsymbol{\Omega}_j = \sum_{l=1}^{f} \boldsymbol{p}_{jl} \dot{q}_l, & \boldsymbol{\varepsilon}_j = \sum_{l=1}^{f} \boldsymbol{p}_{jl} \ddot{q}_l + \boldsymbol{w}_j \\ (j = 1, \ldots, n), & & \end{array}\right\} \tag{43}$$

wobei nur die f_j Koordinaten des jeweiligen Gelenks j explizit auftreten.

Beispiel 1-14: Bei einem Drehschubgelenk werden als Gelenkkoordinaten eine kartesische Koordinate x der Translation entlang der Achse und ein Drehwinkel φ um die Achse gewählt. Als Gelenkpunkt wird ein Punkt auf der Achse gewählt. Dann ist $\boldsymbol{v}_j = \dot{x}\boldsymbol{e}$, $\boldsymbol{a}_j = \ddot{x}\boldsymbol{e}$, $\boldsymbol{\Omega}_j = \dot{\varphi}\boldsymbol{e}$, $\boldsymbol{\varepsilon}_j = \ddot{\varphi}\boldsymbol{e}$ mit dem Achseneinheitsvektor $\boldsymbol{e}$.

Durch die definierten Gelenkgrößen werden die Lagen und Bewegungen aller Körper $i = 1, \ldots, n$ relativ zum Körper *0* ausgedrückt, genauer gesagt, der Ortsvektor $\boldsymbol{r}_i$, die Geschwindigkeit $\dot{\boldsymbol{r}}_i$ und die Beschleunigung $\ddot{\boldsymbol{r}}_i$ des Ursprungs von $\underline{e}^i$, die Transformationsmatrix $\underline{A}^i$ (definiert durch $\underline{e}^i = \underline{A}^i\underline{e}^0$), die Winkelgeschwindigkeit $\boldsymbol{\omega}_i$ und die Winkelbeschleunigung $\dot{\boldsymbol{\omega}}_i$ (Bild 1-17). Für einen festen Wert von i sind alle sechs Größen außer $\underline{A}^i$ Summen von Gelenkgrößen über alle Gelenke zwischen Körper *0* und Körper *i*. Die Matrizen $\underline{A}^i$ sind entsprechende Produkte. Sei $T_{ji} = -1$, wenn Gelenk j zwischen Körper *0* und Körper *i* liegt und $T_{ji} = 0$ andernfalls $(j, i = 1, \ldots, n)$. Die folgenden Summen erstrecken sich über $j = 1, \ldots, n$, und überall ist $b = b(j)$.

$$\left.\begin{aligned}
&\boldsymbol{r}_i = -\sum T_{ji}(\boldsymbol{c}_{bj} - \boldsymbol{c}_j)\,,\\
&\dot{\boldsymbol{r}}_i = -\sum T_{ji}(\boldsymbol{v}_j + \boldsymbol{\omega}_b \times \boldsymbol{c}_{bj} - \boldsymbol{\omega}_j \times \boldsymbol{c}_j)\,,\\
&\ddot{\boldsymbol{r}}_i = -\sum T_{ji}[\boldsymbol{a}_j + \dot{\boldsymbol{\omega}}_b \times \boldsymbol{c}_{bj} - \dot{\boldsymbol{\omega}}_j \times \boldsymbol{c}_j + \boldsymbol{\omega}_b\\
&\qquad \times(\boldsymbol{\omega}_b \times \boldsymbol{c}_{bj}) - \boldsymbol{\omega}_j \times (\boldsymbol{\omega}_j \times \boldsymbol{c}_j) + 2\boldsymbol{\omega}_b \times \boldsymbol{v}_j]\,,\\
&\boldsymbol{\omega}_i = -\sum T_{ji}\boldsymbol{\Omega}_j\,, \quad \dot{\boldsymbol{\omega}}_i = -\sum T_{ji}(\boldsymbol{\varepsilon}_j + \boldsymbol{\omega}_b \times \boldsymbol{\Omega}_j)\,,\\
&\underline{A}^i = \prod_{j:\,T_{ji} \neq 0} \underline{G}^j \quad \text{(Reihenfolge der Indizes } j \text{ monoton fallend)}\\
&(i = 1, \ldots, n)\,.
\end{aligned}\right\} \quad (44)$$

Diese Gleichungen können in der Reihenfolge $i = 1, \ldots, n$ rekursiv ausgewertet werden. Mit (43) ist wie folgt eine Darstellung durch Gelenkkoordinaten möglich. Man definiert die Spaltenmatrizen $\underline{v} = [\boldsymbol{v}_1 \ldots \boldsymbol{v}_n]^{\mathrm{T}}$, $\underline{a} = [\boldsymbol{a}_1 \ldots \boldsymbol{a}_n]^{\mathrm{T}}$, $\underline{\Omega} = [\boldsymbol{\Omega}_1 \ldots \boldsymbol{\Omega}_n]^{\mathrm{T}}$ und $\underline{\varepsilon} = [\boldsymbol{\varepsilon}_1 \ldots \boldsymbol{\varepsilon}_n]^{\mathrm{T}}$. Damit werden die je n Gleichungen (43) für $\boldsymbol{v}_j$, $\boldsymbol{a}_j$, $\boldsymbol{\Omega}_j$ und $\boldsymbol{\varepsilon}_j$ $(j = 1, \ldots, n)$ zusammengefaßt zu

$$\left.\begin{aligned}
&\underline{v} = \underline{k}^{\mathrm{T}}\dot{\underline{q}}\,, \quad \underline{a} = \underline{k}^{\mathrm{T}}\ddot{\underline{q}} + \underline{s}\,,\\
&\underline{\Omega} = \underline{p}^{\mathrm{T}}\dot{\underline{q}}\,, \quad \underline{\varepsilon} = \underline{p}^{\mathrm{T}}\ddot{\underline{q}} + \underline{w}
\end{aligned}\right\} \quad (45)$$

mit hierdurch definierten Matrizen $\underline{k}$, $\underline{p}$, $\underline{s}$ und $\underline{w}$. Seien weiterhin

$$\underline{r} = [\boldsymbol{r}_1 \ldots \boldsymbol{r}_n]^{\mathrm{T}} \quad \text{und} \quad \underline{\omega} = [\boldsymbol{\omega}_1 \ldots \boldsymbol{\omega}_n]^{\mathrm{T}}\,.$$

Dann liefert (44)

$$\left.\begin{aligned}
&\dot{\underline{r}} = \underline{a}_1\dot{\underline{q}}\,, \quad \ddot{\underline{r}} = \underline{a}_1\ddot{\underline{q}} + \underline{b}_1\,,\\
&\underline{\omega} = \underline{a}_2\dot{\underline{q}}\,, \quad \dot{\underline{\omega}} = \underline{a}_2\ddot{\underline{q}} + \underline{b}_2
\end{aligned}\right\} \quad (46)$$

mit

$$\left.\begin{aligned}
&\underline{a}_1 = -\underline{T}^{\mathrm{T}}(\underline{k} - \underline{p}\,\underline{T} \times \underline{C})^{\mathrm{T}}\,, \quad \underline{a}_2 = -(\underline{p}\,\underline{T})^{\mathrm{T}}\,,\\
&\underline{b}_1 = (\underline{C}\,\underline{T})^{\mathrm{T}} \times \underline{b}_2 - \underline{T}^{\mathrm{T}}\underline{s}^*\,, \quad \underline{b}_2 = -\underline{T}^{\mathrm{T}}\underline{w}^*\,.
\end{aligned}\right\} \quad (47)$$

Darin sind $\underline{T}$ die Matrix aller T_{ji} $(j, i = 1, \ldots, n)$ und $\underline{C}$ die Matrix mit den Elementen $\boldsymbol{C}_{ij} = \boldsymbol{c}_{b(j)j}$ für $i = b(j)$, $\boldsymbol{C}_{ij} = -\boldsymbol{c}_j$ für $i = j$ und $\boldsymbol{C}_{ij} = \boldsymbol{o}$ sonst $(i, j = 1, \ldots, n)$. $\underline{s}^*$ und $\underline{w}^*$ sind Spaltenmatrizen mit den Elementen

$$\left.\begin{aligned}
&\boldsymbol{s}_j^* = \boldsymbol{s}_j + \boldsymbol{\omega}_b \times (\boldsymbol{\omega}_b \times \boldsymbol{c}_{bj})\\
&\qquad - \boldsymbol{\omega}_j \times (\boldsymbol{\omega}_j \times \boldsymbol{c}_j) + 2\boldsymbol{\omega}_b \times \boldsymbol{v}_j\,,\\
&\boldsymbol{w}_j^* = \boldsymbol{w}_j + \boldsymbol{\omega}_b \times \boldsymbol{\Omega}_j\\
&(j = 1, \ldots, n, \quad b = b(j))\,.
\end{aligned}\right\} \quad (48)$$

Weitere Einzelheiten und Verallgemeinerungen siehe in [3].

2 Statik starrer Körper

Gegenstand der Statik starrer Körper sind Gleichgewichtszustände von Systemen starrer Körper und Bedingungen für Kräfte an und in derartigen Systemen im Gleichgewichtszustand. Gleichgewicht bedeutet entweder den Zustand der Ruhe oder einen speziellen Bewegungszustand (siehe 2.1.11). Im Gleichgewichtszustand verhalten sich auch nichtstarre Systeme wie starre Körper, z. B. ein biegeschlaffes Seil und eine stationär rotierende elastische Scheibe. Die Statik starrer Körper ist auch auf derartige Zustände anwendbar.

2.1 Grundlagen

2.1.1 Kraft. Moment

Eine *Kraft* ist ein Vektor mit einem Angriffspunkt, einer Richtung und einem Betrag. Angriffspunkt und Richtung definieren die Wirkungslinie der Kraft (Bild 2-1). Die Dimension der Kraft ist Masse × Länge/Zeit², und die SI-Einheit ist das Newton: $1\,\mathrm{N} = 1\,\mathrm{kg\,m/s^2}$. Bei deformierbaren Körpern ändert sich die Wirkung einer Kraft, wenn eines ihrer Merkmale Angriffspunkt, Richtung und Betrag geändert wird. Für Kräfte sind zwei verschiedene zeichnerische Darstellungen üblich. In Bild 2-1a kennzeichnet das Symbol $\boldsymbol{F}$, ebenso wie in diesem Satz, die Kraft mitsamt ihren Merkmalen Angriffspunkt, Richtung und Betrag. Dagegen ist F in Bild 2-1b die Koordinate der Kraft in der mit dem Pfeil gekennzeichneten Richtung. Wenn sie positiv ist, dann hat die Kraft die Rich-

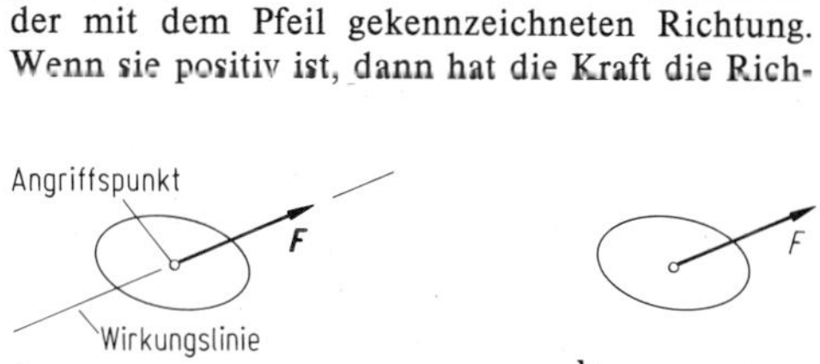

Bild 2-1. a Kennzeichnung einer Kraft durch den Vektor $\boldsymbol{F}$. **b** Kennzeichnung durch die Koordinate F entlang der gezeichneten Richtung.

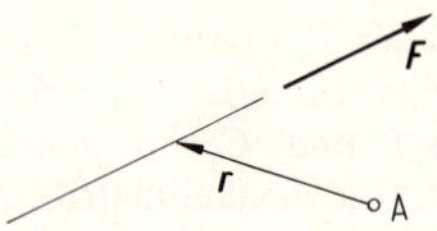

Bild 2-2. Das Moment von F um A ist $r \times F$.

tung des Pfeils, und wenn sie negativ ist, die Gegenrichtung.

Das *Moment* einer Kraft F bezüglich eines Punktes A (oder „um A") ist das Vektorprodukt $M^A = r \times F$ mit dem Vektor r von A zu einem beliebigen Punkt der Wirkungslinie von F (Bild 2-2). r ist der *Hebelarm* der Kraft. Die SI-Einheit für Momente ist das Newtonmeter Nm.

2.1.2 Äquivalenz von Kräftesystemen

Zwei ebene oder räumliche Kräftesysteme heißen einander *äquivalent*, wenn sie an einem einzelnen starren Körper dieselben Beschleunigungen verursachen.

Verschiebungsaxiom: Zwei Kräfte F_1 und F_2 sind einander äquivalent, wenn jede von beiden durch Verschiebung entlang ihrer Wirkungslinie in die andere überführt werden kann (Bild 2-3a).

Parallelogrammaxiom: Zwei Kräfte F_1 und F_2 mit gemeinsamem Angriffspunkt sind zusammen einer einzelnen Kraft F äquivalent, die nach Bild 2-3b die Diagonale des Kräfteparallelogramms bildet. F heißt *Resultierende* oder (Vektor-)Summe der beiden Kräfte: $F = F_1 + F_2$.

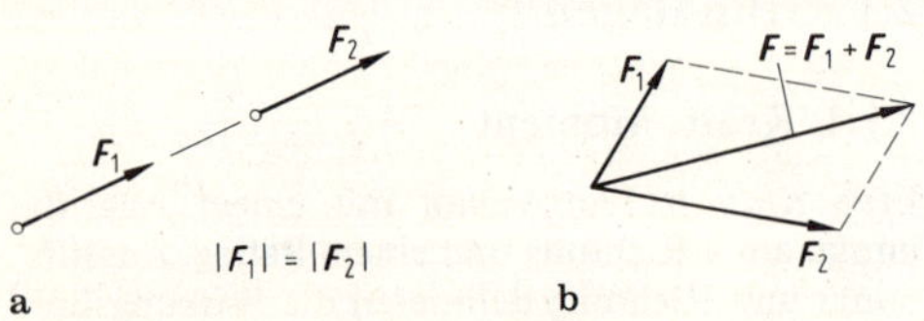

Bild 2-3. Erläuterung des Verschiebungsaxioms (Bild a) und des Parallelogrammaxioms (Bild b).

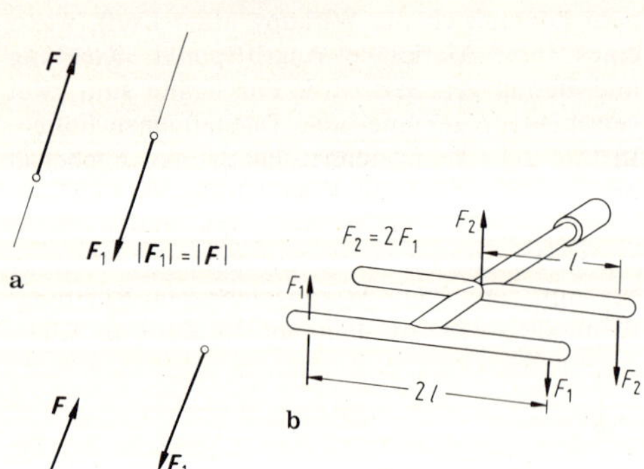

Bild 2-4. **a** Ein Kräftepaar. **b** Zwei einander äquivalente Kräftepaare an einem Schraubenschlüssel. **c** Das Moment $a \times F$ eines Kräftepaares.

Ein *Kräftepaar* besteht aus zwei Kräften mit gleichem Betrag und entgegengesetzten Richtungen auf zwei parallelen Wirkungslinien (Bild 2-4a). Zwei Kräftepaare sind einander äquivalent, wenn sie in parallelen Ebenen liegen und denselben Drehsinn und dasselbe Produkt „Kraftbetrag × Abstand der Wirkungslinien" haben. Bild 2-4b zeigt zwei einander äquivalente Kräftepaare an einem Schraubenschlüssel. Ein Kräftepaar hat für jeden Bezugspunkt A dasselbe Moment, wie für den ausgezeichneten Punkt in Bild 2-4c, nämlich das Moment $a \times F$. Ein Kräftepaar und dieses frei verschiebliche Moment sind ein und dasselbe.

2.1.3 Zerlegung von Kräften

Eine Kraft F läßt sich in der Ebene eindeutig in zwei Kräfte F_1 und F_2 und im Raum eindeutig in drei Kräfte F_1, F_2 und F_3 mit vorgegebenen Richtungen zerlegen. Bei Zerlegung in einem beliebigen kartesischen Koordinatensystem mit den Einheitsvektoren e_x, e_y und e_z ist $F = F_x e_x + F_y e_y + F_z e_z$ mit

$$F_i = F \cdot e_i = |F| \cos \sphericalangle(F, e_i) \quad (i = x, y, z). \qquad (1)$$

Die vorzeichenbehafteten Skalare F_x, F_y und F_z heißen *Koordinaten* von F, und die Vektoren $F_x e_x$, $F_y e_y$ und $F_z e_z$ *Komponenten* von F. Bei Zerlegung einer Kraft F in drei nicht zueinander orthogonale Richtungen mit Einheitsvektoren e_1, e_2 und e_3 ist

$$F = F_1 e_1 + F_2 e_2 + F_3 e_3 \quad \text{mit}$$
$$F_i = F \cdot e_j \times e_k / (e_1 \cdot e_2 \times e_3)$$
$$(i, j, k = 1, 2, 3 \text{ zyklisch}).$$

Die ebene Zerlegung einer Kraft F in zwei Kräfte F_1 und F_2 ist auch graphisch nach Bild 2-3b möglich.

2.1.4 Resultierende von Kräften mit gemeinsamem Angriffspunkt

Die Resultierende F von mehreren in einem Punkt angreifenden Kräften $F_1, \ldots, F_n$ ist

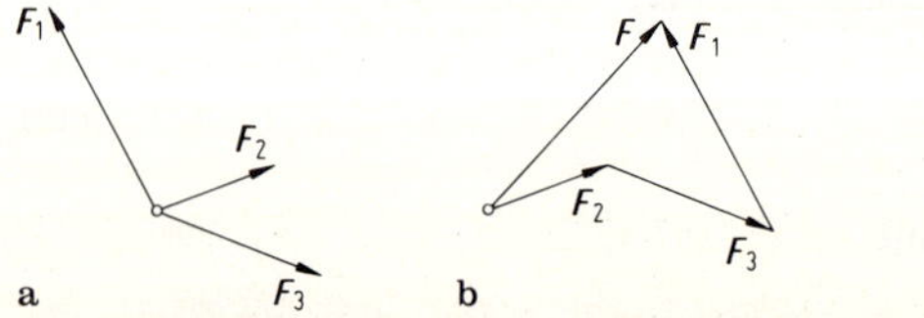

Bild 2-5. **a** Lageplan mit Kräften F_1, F_2, F_3. **b** Kräfteplan zur Konstruktion der Resultierenden F.

$\boldsymbol{F} = \boldsymbol{F}_1 + \ldots + \boldsymbol{F}_n$. Sie greift im selben Punkt an. In einem x,y,z-System hat sie die Koordinaten

$$F_x = \sum_{i=1}^{n} F_{ix}, \quad F_y = \sum_{i=1}^{n} F_{iy}, \quad F_z = \sum_{i=1}^{n} F_{iz}. \qquad (2)$$

Bei einem ebenen Kräftesystem $\boldsymbol{F}_1, \ldots, \boldsymbol{F}_n$ (Bild 2-5a) kann man den Betrag und die Richtung der Resultierenden $\boldsymbol{F}$ graphisch nach Bild 2-5b konstruieren. Dabei werden Parallelen zu den Kräften $\boldsymbol{F}_1, \ldots, \boldsymbol{F}_n$ in beliebiger Reihenfolge mit einheitlichem Durchlaufsinn der Pfeile aneinandergereiht. Die Figur heißt *Kräftepolygon* oder *Krafteck*.

2.1.5 Reduktion von Kräftesystemen

Jedes ebene oder räumliche System von Kräften $\boldsymbol{F}_1, \ldots, \boldsymbol{F}_n$ läßt sich auf eine Einzelkraft und ein Kräftepaar reduzieren, die zusammen dem Kräftesystem äquivalent sind. Dabei ist der Angriffspunkt A der Einzelkraft beliebig wählbar. Bild 2-6 zeigt die Reduktion am Beispiel einer einzigen Kraft $\boldsymbol{F}_i$. Das System in Bild 2-6b ist dem System in Bild 2-6a äquivalent. Es besteht aus der in den Punkt A parallelverschobenen Einzelkraft $\boldsymbol{F}_i^*$ und dem Kräftepaar $(\boldsymbol{F}_i, -\boldsymbol{F}_i^*)$. Das Kräftepaar ist ein frei verschiebliches Moment, das man in Bild 2-6a zu $\boldsymbol{M}^{\mathrm{A}} = \boldsymbol{r}_i \times \boldsymbol{F}_i$ berechnet. Für ein System von Kräften $\boldsymbol{F}_1, \ldots, \boldsymbol{F}_n$ sind die Einzelkraft und das Einzelmoment entsprechend

$$\boldsymbol{F} = \sum_{i=1}^{n} \boldsymbol{F}_i \quad \text{und} \quad \boldsymbol{M}^{\mathrm{A}} = \sum_{i=1}^{n} \boldsymbol{M}_i^{\mathrm{A}} = \sum_{i=1}^{n} \boldsymbol{r}_i \times \boldsymbol{F}_i. \qquad (3)$$

Man nennt sie unpräzise die resultierende Kraft bzw. das resultierende Moment um A des Kräftesystems. In Wirklichkeit ist $\boldsymbol{F}$ die Resultierende von parallel in den Punkt A verschobenen Kräften, und $\boldsymbol{M}^{\mathrm{A}}$ ist ein frei verschieblicher, zwar von der Wahl von A abhängiger, aber nicht an A gebundener Momentenvektor. In einem x,y,z-System haben $\boldsymbol{F}$ und $\boldsymbol{M}^{\mathrm{A}}$ die Komponenten (alle Summen über $i = 1, \ldots, n$)

$$\left.\begin{aligned} F_x &= \sum F_{ix}, & M_x^{\mathrm{A}} &= \sum M_{ix}^{\mathrm{A}} = \sum(-r_{iz}F_{iy} + r_{iy}F_{iz}) \\ F_y &= \sum F_{iy}, & M_y^{\mathrm{A}} &= \sum M_{iy}^{\mathrm{A}} = \sum(\ r_{iz}F_{ix} - r_{ix}F_{iz}) \\ F_z &= \sum F_{iz}, & M_z^{\mathrm{A}} &= \sum M_{iz}^{\mathrm{A}} = \sum(-r_{iy}F_{ix} + r_{ix}F_{iy}). \end{aligned}\right\} \qquad (4)$$

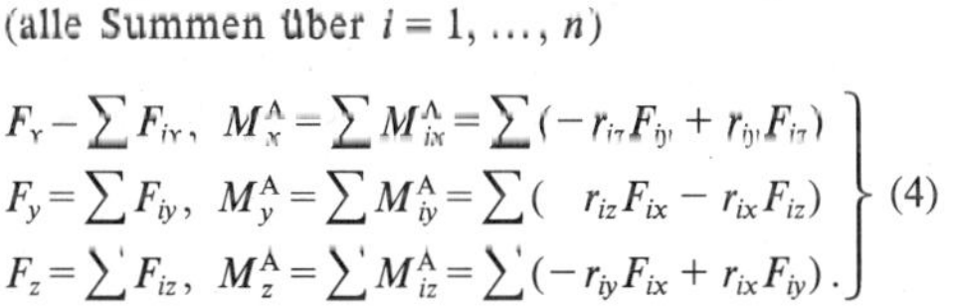

a b $|\boldsymbol{F}_i^*| = |\boldsymbol{F}_i|$

Bild 2-6. $\boldsymbol{F}_i^*$ und das frei verschiebbare Moment der Größe $\boldsymbol{r}_i \times \boldsymbol{F}_i$ in Bild **b** sind gemeinsam der Kraft $\boldsymbol{F}_i$ in Bild **a** äquivalent.

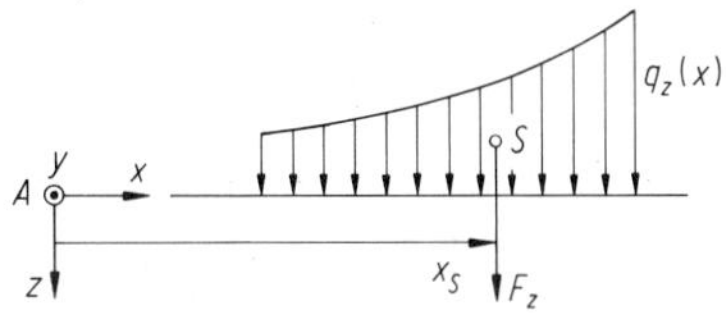

Bild 2-7. Streckenlast $q_z(x)$ und äquivalente Einzelkraft F_z.

Bei ebenen Kräftesystemen in der x,z-Ebene mit Bezugspunkten A in dieser Ebene sind alle r_{iy} und F_{iy} null und folglich nur F_x, F_z und M_y^{A} ungleich null. Bei stetig verteilten Kräften treten in (4) Integrale an die Stelle der Summen. Ein Beispiel ist eine Streckenlast $q_z(x)$ mit der Dimension Kraft/Länge (Bild 2-7). Sie erzeugt die resultierende Kraft $F_z = \int q_z(x)\,\mathrm{d}x$ und das resultierende Moment $-\int x q_z(x)\,\mathrm{d}x = -x_S F_Z$ um die y-Achse. F_z wird durch den Inhalt der Fläche unter der Kurve $q_z(x)$ dargestellt, und x_S ist die x-Koordinate des Schwerpunkts dieser Fläche.

Äquivalenzkriterien. Zwei ebene oder räumliche Kräftesysteme sind einander äquivalent, wenn sie nach (3) für einen einzigen, beliebig gewählten Bezugspunkt A gleiches $\boldsymbol{F}$ und gleiches $\boldsymbol{M}^{\mathrm{A}}$ haben. Sie sind auch dann äquivalent, wenn ihre Momente für drei beliebig gewählte, nicht in einer Geraden liegende Punkte jeweils gleich sind.

2.1.6 Ebene Kräftesysteme

Bei einem ebenen Kräftesystem, bei dem nach (3) $\boldsymbol{F} \neq \boldsymbol{o}$ ist, ist $\boldsymbol{M}^{\mathrm{A}} = \boldsymbol{o}$, wenn man den Angriffspunkt A von $\boldsymbol{F}$ auf einer bestimmten Geraden wählt. Die Kraft $\boldsymbol{F}$ auf dieser Wirkungslinie ist dem Kräftesystem äquivalent. Sie ist die Resultierende des Kräftesystems. In einem beliebigen x,z-System in der Kraftebene mit vom Ursprung ausgehenden Hebelarmen $\boldsymbol{r}_i$ der Kräfte ist die Geradengleichung der Wirkungslinie durch die Äquivalenzbedingung bestimmt

$$\sum_{i=1}^{n} (r_{iz}F_{ix} - r_{ix}F_{iz}) = z\sum_{i=1}^{n} F_{ix} - x\sum_{i=1}^{n} F_{iz}. \qquad (5)$$

Seileckverfahren. Graphisch wird die Wirkungslinie mit dem *Seileckverfahren* nach der folgenden Vorschrift konstruiert. Zum Lageplan der Kräfte in Bild 2-8a wird in Bild 2-8b das Kräftepolygon mit beliebiger Reihenfolge der Kräfte $\boldsymbol{F}_1, \ldots, \boldsymbol{F}_n$ gezeichnet. Es liefert Richtung und Größe der Resultierenden $\boldsymbol{F}$. Man wählt einen beliebigen Pol P und zeichnet die Polstrahlen. Jeder Kraftvektor wird von zwei Polstrahlen eingeschlossen. In der Reihenfolge der Kräfte in Bild 2-8b werden Parallelen zu den Polstrahlen so in den Lageplan übertragen, daß sich auf der Wirkungslinie jeder Kraft die Parallelen zu den beiden Polstrahlen dieser

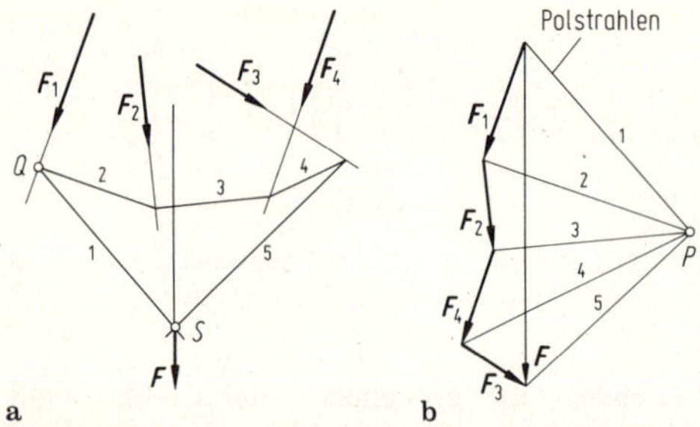

Bild 2-8. Seileckkonstruktion der Resultierenden $\boldsymbol{F}$ von Kräften $\boldsymbol{F}_1, \ldots, \boldsymbol{F}_n$.

Kraft schneiden. Dabei wird der Anfangspunkt Q auf der Wirkungslinie der ersten Kraft beliebig gewählt. Die gesuchte Wirkungslinie von $\boldsymbol{F}$ liegt im Schnittpunkt S der Parallelen zu den beiden Polstrahlen von $\boldsymbol{F}$.
Das Polygon der Parallelen zu den Polstrahlen ist die Gleichgewichtsfigur eines an den Enden gelagerten und durch $\boldsymbol{F}_1, \ldots, \boldsymbol{F}_n$ belasteten, gewichtslosen Seils (vgl. 2.4.1). Das erklärt die Bezeichnung Seileckverfahren.

2.1.7 Schwerpunkt. Massenmittelpunkt

Schwerpunkt und *Massenmittelpunkt* eines Körpers fallen im homogenen Schwerefeld zusammen. Der Schwerpunkt ist der Angriffspunkt der resultierenden Gewichtskraft $\boldsymbol{G}$ aller verteilt am Körper angreifenden Gewichtskräfte $\mathrm{d}\boldsymbol{G}$ (Bild 2-9). Ein im Schwerpunkt unterstützter, nur durch sein Gewicht belasteter Körper ist in jeder Stellung im Gleichgewicht. Die Koordinaten des Schwerpunkts in einem beliebigen körperfesten x,y,z-System werden aus der Äquivalenzbedingung bestimmt, daß das System der verteilten Kräfte und die Resultierende $\boldsymbol{G}$ bezüglich des Koordinatenursprungs gleiche Momente haben.

Bezeichnungen: Im x,y,z-System hat der Schwerpunkt S eines Körpers den Ortsvektor $\boldsymbol{r}_S$ mit den Koordinaten x_S, y_S und z_S. Der Körper hat das Gewicht $G = mg$, die Masse m, die eventuell örtlich unterschiedliche Dichte ϱ und das spezifische Gewicht $\gamma = \varrho g$, das Volumen V, im Fall flächenhafter (nicht notwendig ebener) Körper die Fläche A und im Fall linienförmiger (nicht notwendig geradliniger) Körper die Gesamtlänge l mit dem Bogenelement $\mathrm{d}s$. Für einen Teilkörper i sind die entsprechenden Größen $\boldsymbol{r}_{Si}$, x_{Si}, y_{Si}, z_{Si}, G_i, m_i, V_i, A_i und l_i. Alle nachfolgenden Integrale erstrecken sich über den gesamten Körper und alle Summen über $i = 1, \ldots, n$, wobei n die Anzahl der Teilkörper ist, in die der Körper gegliedert wird.
Mit

$$G = \sum G_i, \quad m = \sum m_i, \quad V = \sum V_i,$$

$$A = \sum A_i \quad \text{und} \quad l = \sum l_i$$

wird $\boldsymbol{r}_S$ durch jeden der folgenden Ausdrücke bestimmt:

$$\boldsymbol{r}_S = \frac{1}{G}\int \boldsymbol{r}\,\mathrm{d}G = \frac{1}{G}\int \boldsymbol{r}\gamma\,\mathrm{d}V = \frac{1}{m}\int \boldsymbol{r}\,\mathrm{d}m$$

$$= \frac{1}{m}\int \boldsymbol{r}\varrho\,\mathrm{d}V = \frac{1}{G}\sum \boldsymbol{r}_{Si}G_i = \frac{1}{m}\sum \boldsymbol{r}_{Si}m_i. \quad (6)$$

Für x_S, y_S und z_S erhält man entsprechende Ausdrücke, wenn man überall $\boldsymbol{r}$ durch x bzw. y oder z ersetzt. Bei homogenen Körpern ($\varrho = \text{const}$) gilt insbesondere

$$\boldsymbol{r}_S = \frac{1}{V}\int \boldsymbol{r}\,\mathrm{d}V = \frac{1}{V}\sum \boldsymbol{r}_{Si}V_i \quad (7)$$

(entsprechend für x_S, y_S, z_S),

bei homogenen flächenförmigen (nicht notwendig ebenen) Körpern

$$\boldsymbol{r}_S = \frac{1}{A}\int \boldsymbol{r}\,\mathrm{d}A = \frac{1}{A}\sum \boldsymbol{r}_{Si}A_i \quad (8)$$

(entsprechend für x_S, y_S, z_S),

bei homogenen linienförmigen (nicht notwendig geradlinigen) Körpern

$$\boldsymbol{r}_S = \frac{1}{l}\int \boldsymbol{r}\,\mathrm{d}s = \frac{1}{l}\sum \boldsymbol{r}_{Si}l_i \quad (9)$$

(entsprechend für x_S, y_S, z_S).

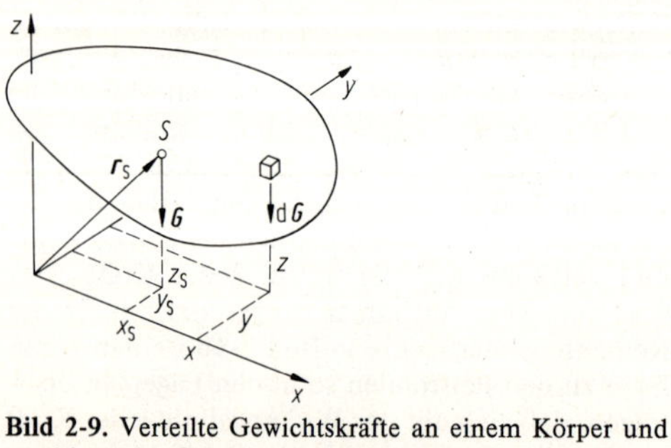

Bild 2-9. Verteilte Gewichtskräfte an einem Körper und resultierendes Gewicht im Schwerpunkt S.

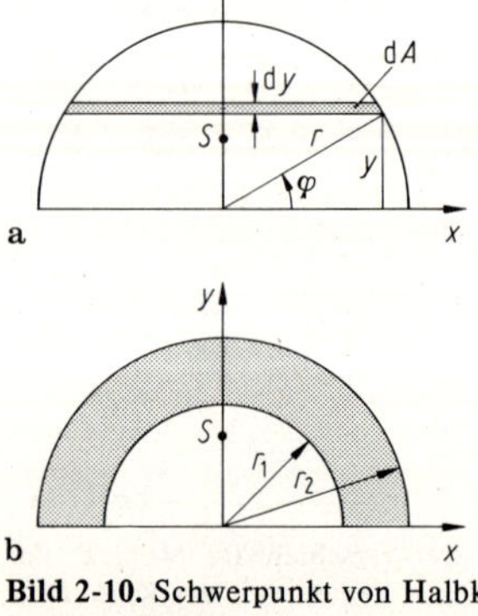

Bild 2-10. Schwerpunkt von Halbkreis (Bild a) und Halbkreisring (Bild b).

Tabelle 2-1. Schwerpunktlagen von Körpern und Körperoberflächen

Keil (stumpf) 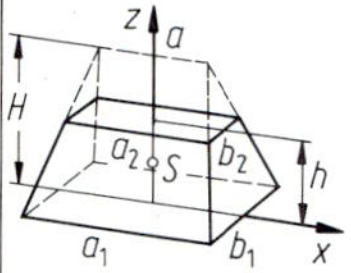 Keil, massiv: $z_S = \frac{H(a_1+a)}{2(2a_1+a)}$ Keilstumpf massiv: $z_S = \frac{h}{2}\,\frac{(a_1+a_2)(b_1+b_2)+2a_2b_2}{(a_1+a_2)(b_1+b_2)+a_1b_1+a_2b_2}$	gerader Kreiskegel (stumpf) 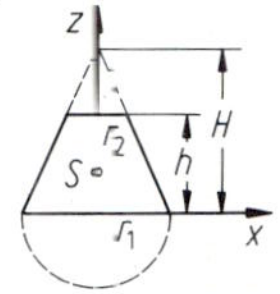 Stumpf, massiv: $z_S = \frac{h}{4}\,\frac{r_1^2+2r_1r_2+3r_2^2}{r_1^2+r_1r_2+r_2^2}$ Kegel, massiv: $z_S = \frac{H}{4}$ Mantelflächen: Stumpf: $z_S = \frac{h(r_1+2r_2)}{3(r_1+r_2)}$, Kegel: $z_S = \frac{H}{3}$	halbe Hohlkugel 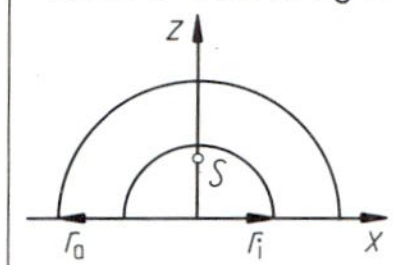 dickwandig: $z_S = \frac{3(r_a^4-r_i^4)}{8(r_a^3-r_i^3)}$ Halbkugeloberfläche, Radius r $z_S = \frac{r}{2}$	allgemeiner Rotationskörper 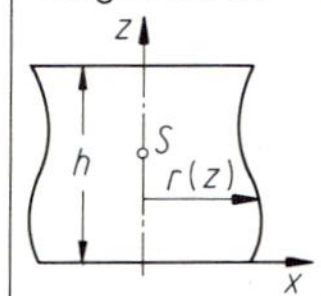 massiv: $z_S = \frac{\int_0^h z r^2(z)\,dz}{\int_0^h r^2(z)\,dz}$ Mantelfläche: $z_S = \frac{\int_0^h z r(z)\sqrt{1+(dr/dz)^2}\,dz}{\int_0^h r(z)\sqrt{1+(dr/dz)^2}\,dz}$
allg. schiefer Zylinder und Prisma 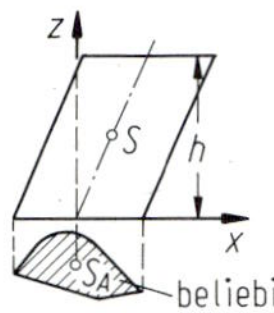 massiv und Mantelfläche: $z_S = \frac{h}{2}$ beliebige Grundfläche mit Flächenschwerpunkt S_A	schiefer Kegel-(Pyramiden-)-Stumpf 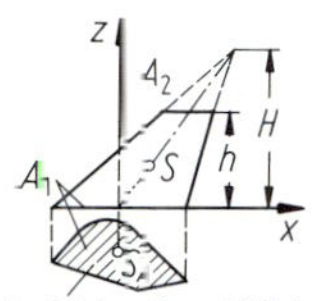 Stumpf, massiv: $z_S = \frac{h}{4}\,\frac{A_1+2\sqrt{A_1A_2}+3A_2}{A_1+\sqrt{A_1A_2}+A_2}$ Kegel und Pyramide, massiv: $z_S = \frac{H}{4}$ beliebige Grundfläche A_1 mit Flächenschwerpunkt S_A	Kugelschicht 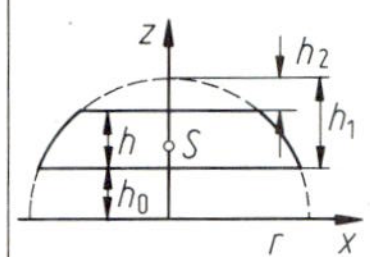 massiv: $z_S = \frac{3}{4}\,\frac{h_1^2(2r-h_1)^2-h_2^2(2r-h_2)^2}{h_1^2(3r-h_1)-h_2^2(3r-h_2)}$ Mantelfläche: $z_S = h_0+\frac{h}{2}$	dreiachsiges Halbellipsoid 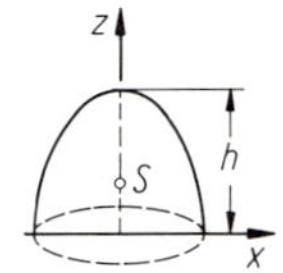 massiv: $z_S = \frac{3}{8}h$
abgeschrägter Kreiszylinder 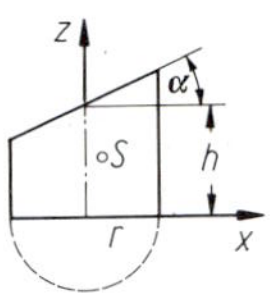 massiv: $x_S = \frac{r^2\tan\alpha}{4h}$ $z_S = \frac{h}{2}+\frac{r^2\tan^2\alpha}{8h}$ Mantelfläche: $x_S = \frac{r^2\tan\alpha}{2h}$ $z_S = \frac{h}{2}+\frac{r^2\tan^2\alpha}{4h}$	Zylinderhuf 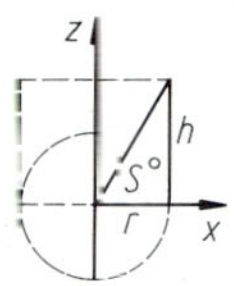 massiv: $x_S = \frac{3\pi}{16}r$, $z_S = \frac{3\pi}{32}h$ Mantelfläche: $x_S = \frac{\pi}{4}r$, $z_S = \frac{\pi}{8}h$	Kugelabschnitt 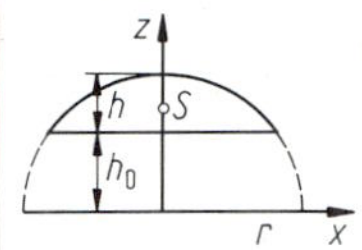 massiv: $z_S = \frac{3(2r-h)^2}{4(3r-h)}$ Halbkugel, massiv: $z_S = \frac{3}{8}r$ Mantelflächen: Abschnitt: $z_S = h_0+\frac{h}{2}$, Halbkugel: $z_S = \frac{r}{2}$	Rotationsparaboloid 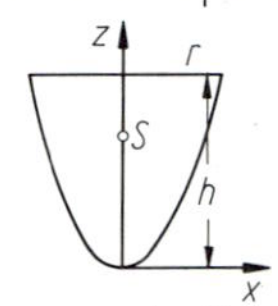 massiv: $z_S = \frac{2}{3}h$ Mantelfläche: $z_S = \frac{h}{10c}\,\frac{(4c+1)^{3/2}(6c-1)+1}{(4c+1)^{3/2}-1}$, $c = \frac{h^2}{r^2}$
	Halbtorus 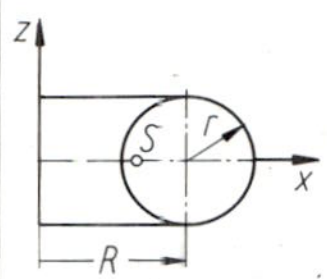 massiv: $x_S = \frac{2}{\pi}R\left(1+\frac{r^2}{4R^2}\right)$ Mantelfläche: $x_S = \frac{2}{\pi}R\left(1+\frac{r^2}{2R^2}\right)$	Kugelausschnitt 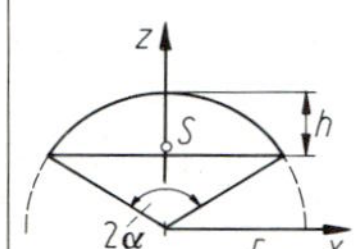 massiv: $z_S = \frac{3}{8}r(1+\cos\alpha)$ $= \frac{3}{4}\left(r-\frac{h}{2}\right)$	Rotationshyperboloid 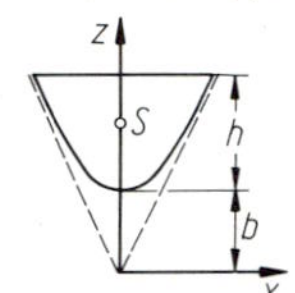 massiv: $z_S = \frac{3h}{4}\,\frac{1+4(1+b/h)b/h}{1+3b/h}$

Tabelle 2-2. Schwerpunktlagen von ebenen Flächen

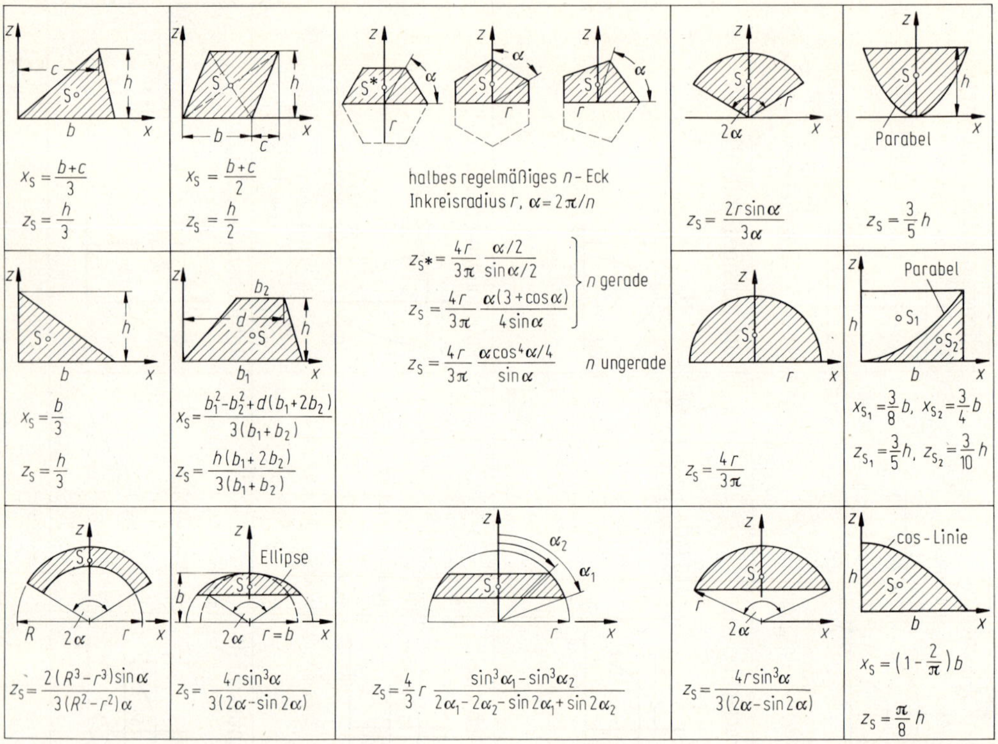

$x_S = \frac{b+c}{3}$, $z_S = \frac{h}{3}$	$x_S = \frac{b+c}{2}$, $z_S = \frac{h}{2}$	halbes regelmäßiges n-Eck, Inkreisradius r, $\alpha = 2\pi/n$	$z_S = \frac{2r\sin\alpha}{3\alpha}$	Parabel: $z_S = \frac{3}{5}h$
$x_S = \frac{b}{3}$, $z_S = \frac{h}{3}$	$x_S = \frac{b_1^2-b_2^2+d(b_1+2b_2)}{3(b_1+b_2)}$, $z_S = \frac{h(b_1+2b_2)}{3(b_1+b_2)}$	$z_{S^*} = \frac{4r}{3\pi}\,\frac{\alpha/2}{\sin\alpha/2}$, $z_S = \frac{4r}{3\pi}\,\frac{\alpha(3+\cos\alpha)}{4\sin\alpha}$ (n gerade); $z_S = \frac{4r}{3\pi}\,\frac{\alpha\cos^4\alpha/4}{\sin\alpha}$ (n ungerade)	$z_S = \frac{4r}{3\pi}$	Parabel: $x_{S_1} = \frac{3}{8}b$, $x_{S_2} = \frac{3}{4}b$, $z_{S_1} = \frac{3}{5}h$, $z_{S_2} = \frac{3}{10}h$
$z_S = \frac{2(R^3-r^3)\sin\alpha}{3(R^2-r^2)\alpha}$	Ellipse: $z_S = \frac{4r\sin^3\alpha}{3(2\alpha-\sin 2\alpha)}$	$z_S = \frac{4}{3}r\,\frac{\sin^3\alpha_1-\sin^3\alpha_2}{2\alpha_1-2\alpha_2-\sin 2\alpha_1+\sin 2\alpha_2}$	$z_S = \frac{4r\sin^3\alpha}{3(2\alpha-\sin 2\alpha)}$	cos-Linie: $x_S = \left(1-\frac{2}{\pi}\right)b$, $z_S = \frac{\pi}{8}h$

Tabelle 2-3. Schwerpunktlagen von Linien

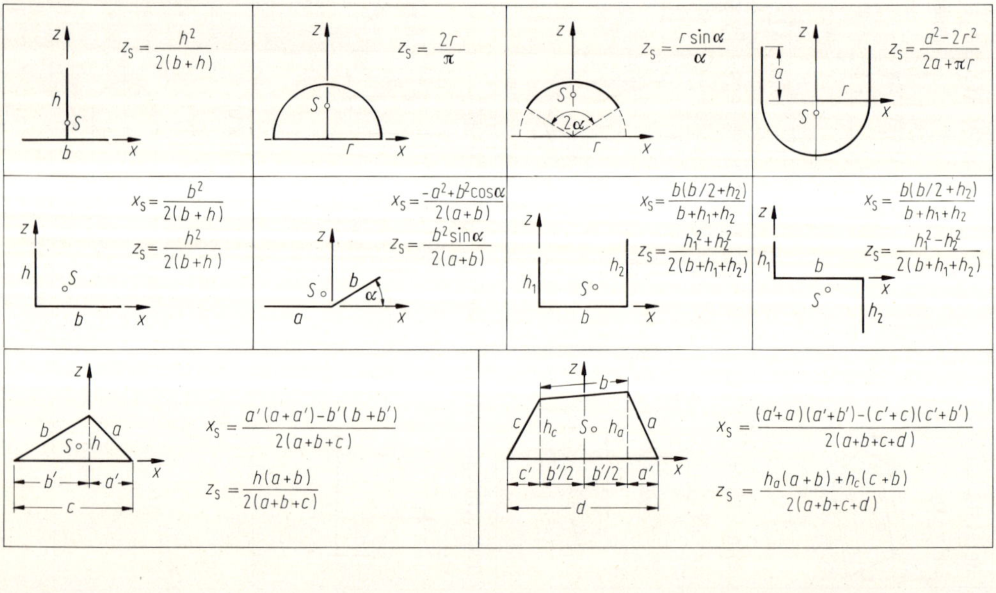

$z_S = \frac{h^2}{2(b+h)}$	$z_S = \frac{2r}{\pi}$	$z_S = \frac{r\sin\alpha}{\alpha}$	$z_S = \frac{a^2-2r^2}{2a+\pi r}$
$x_S = \frac{b^2}{2(b+h)}$, $z_S = \frac{h^2}{2(b+h)}$	$x_S = \frac{-a^2+b^2\cos\alpha}{2(a+b)}$, $z_S = \frac{b^2\sin\alpha}{2(a+b)}$	$x_S = \frac{b(b/2+h_2)}{b+h_1+h_2}$, $z_S = \frac{h_1^2+h_2^2}{2(b+h_1+h_2)}$	$x_S = \frac{b(b/2+h_2)}{b+h_1+h_2}$, $z_S = \frac{h_1^2-h_2^2}{2(b+h_1+h_2)}$
$x_S = \frac{a'(a+a')-b'(b+b')}{2(a+b+c)}$, $z_S = \frac{h(a+b)}{2(a+b+c)}$		$x_S = \frac{(a'+a)(a'+b')-(c'+c)(c'+b')}{2(a+b+c+d)}$, $z_S = \frac{h_a(a+b)+h_c(c+b)}{2(a+b+c+d)}$	

Bei einem Körper mit einem Ausschnitt kann man den Körper ohne Ausschnitt als Teilkörper 1 und den Ausschnitt mit negativer Masse (bzw. negativer Fläche oder Länge) als Teilkörper 2 auffassen (siehe Beispiel 2-1). Wenn ein homogener Körper eine Symmetrieachse oder eine Symmetrieebene besitzt, dann liegt der Schwerpunkt auf dieser Achse bzw. in dieser Ebene.

Beispiel 2-1: Der Schwerpunkt S der Halbkreisfläche in Bild 2-10a liegt auf der Symmetrieachse bei

$$y_S = (1/A) \int y \, dA \quad \text{mit} \quad A = \pi r^2/2,$$
$$dA = 2r \cos\varphi \, dy,$$
$$y = r \sin\varphi \quad \text{und} \quad dy = r\cos\varphi \, d\varphi.$$

Also ist

$$y_S = \frac{2}{\pi r^2} \int_0^{\pi/2} (r \sin\varphi)\, 2r\cos\varphi (r\cos\varphi \, d\varphi)$$
$$= \frac{4r}{\pi} \int_0^{\pi/2} \cos^2\varphi \sin\varphi \, d\varphi = \frac{-4r}{3\pi} \cos^3\varphi \Big|_0^{\pi/2} = \frac{4r}{3\pi}.$$

Zur Berechnung der Schwerpunktkoordinate $y_S$der Kreisringfläche in Bild 2-10b wird die Fläche als Differenz zweier Halbkreisflächen aufgefaßt. Mit $y_{Si} = 4r_i/(3\pi)$ und $A_i = \pi r_i^2/2$ $(i = 1, 2)$ ist

$$y_S = \frac{y_{S2}A_2 - y_{S1}A_1}{A_2 - A_1} = \frac{4}{3\pi} \cdot \frac{r_2^3 - r_1^3}{r_2^2 - r_1^2}$$
$$= \frac{4}{3\pi} \cdot \frac{r_1^2 + r_1 r_2 + r_2^2}{r_1 + r_2}.$$

Im Grenzfall $r_1 = r_2 = r$ stellt die Kreisringfläche eine Halbkreislinie dar. Für sie liefert die Formel $y_S = 2r/\pi$.
Die Tabellen 2-1 bis 2-3 geben Schwerpunktlagen von Körpern, Flächen und Linien an.

2.1.8 Das 3. Newtonsche Axiom „actio = reactio"

Das *3. Newtonsche Axiom* sagt aus: Zu jeder Kraft, mit der ein Körper 1 auf einen Körper 2 wirkt, gehört eine entgegengesetzt gerichtete Kraft von gleichem Betrag, mit der Körper 2 auf Körper 1 wirkt (vgl. B 3.3). Das Axiom gilt sowohl für Kräfte aufgrund materiellen Kontakts als auch für fernwirkende Kräfte. Es gilt für starre und für nichtstarre Körper und sowohl in der Statik als auch in der Kinetik.

2.1.9 Innere Kräfte und äußere Kräfte

Alle Kräfte, mit denen Körper ein und desselben mechanischen Systems aufeinander wirken, heißen *innere Kräfte* des Systems. Nach dem Axiom actio = reactio treten sie paarweise an jeweils zwei Körpern des Systems auf. Alle Kräfte an Körpern eines mechanischen Systems, die von Körpern außerhalb des Systems ausgeübt werden, heißen *äußere Kräfte* des Systems. Ob eine Kraft eine innere oder äußere Kraft ist, hängt also nicht von Eigenschaften der Kraft, sondern nur von der Wahl der Systemgrenzen ab.

2.1.10 Eingeprägte Kräfte und Zwangskräfte

Nach den Eigenschaften von Kräften unterscheidet man eingeprägte Kräfte und Zwangskräfte. Alle inneren und äußeren Kräfte mit physikalischen Ursachen heißen *eingeprägte Kräfte.* Beispiele sind Gewichts-, Muskel-, Feder- und Dämpferkräfte, Coulombsche Gleitreibungskräfte, von Motoren erzeugte Antriebskräfte usw. *Zwangskräfte* sind dagegen alle inneren und äußeren Kräfte eines Systems, die von starren reibungsfreien Führungen in Lagern und Gelenken (also durch kinematische Bindungen) ausgeübt werden. Auch Coulombsche Ruhereibungskräfte sind Zwangskräfte. Für die Energiemethoden der Statik, Festigkeitslehre und Kinetik ist wesentlich, daß bei virtuellen Verschiebungen eines Systems die inneren Zwangskräfte insgesamt keine Arbeit verrichten, siehe (3-34).

2.1.11 Gleichgewichtsbedingungen für einen starren Körper

Bei einem einzelnen starren Körper spricht man von Gleichgewicht, wenn für das Kräftesystem am Körper die nach (3) berechnete resultierende Kraft $\boldsymbol{F}$ und das resultierende Moment $\boldsymbol{M}^{\mathrm{A}}$ um einen einzigen, beliebig gewählten Punkt A verschwinden,

$$\boldsymbol{F} = \sum_i \boldsymbol{F}_i = \boldsymbol{o}, \quad \boldsymbol{M}^{\mathrm{A}} = \sum_i \boldsymbol{M}_i^{\mathrm{A}} = \sum_i \boldsymbol{r}_i \times \boldsymbol{F}_i = \boldsymbol{o}. \quad (10)$$

Nach dem *2. Newtonschen Axiom* (siehe 3.1.3) und dem Drallsatz von Euler (siehe 3.1.8) bedeutet *Gleichgewicht* entweder

a) den Zustand der Ruhe im Inertialraum (Bild 2-11a) oder
b) eine gleichförmig-geradlinige Translation (Bild 2-11b) oder
c) bei ruhendem Schwerpunkt eine gleichförmige Rotation um eine Trägheitshauptachse (Bild 2-11c) oder
d) bei ruhendem Schwerpunkt eine räumliche Drehbewegung, die Lösung von (3-23) im Fall $M_1 = M_2 = M_3 \equiv 0$ ist oder
e) eine Überlagerung von (b) und (c) oder von (b) und (d).

Bei der Zerlegung von (10) in einem x, y, z-System entstehen mit (4) die sechs skalaren Kräfte- und

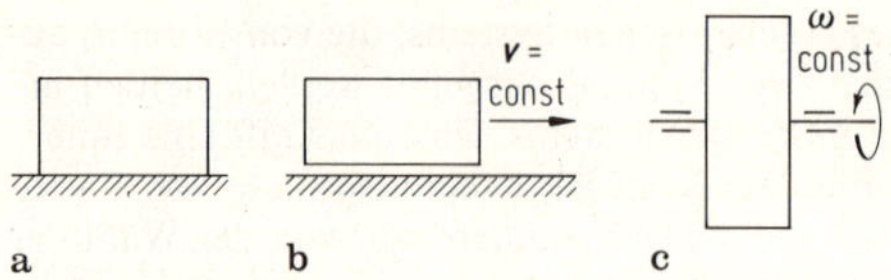

Bild 2-11. Gleichgewichtszustände eines starren Körpers.

Momentengleichgewichtsbedingungen (Summation über alle Kräfte)

$$\left.\begin{aligned}
&\sum F_{ix}=0\,,\quad \sum M^{\mathrm{A}}_{ix}=\sum(-r_{iz}F_{iy}+r_{iy}F_{iz})=0\\
&\sum F_{iy}=0\,,\quad \sum M^{\mathrm{A}}_{iy}=\sum(\ \ r_{iz}F_{ix}-r_{ix}F_{iz})=0\\
&\sum F_{iz}=0\,,\quad \sum M^{\mathrm{A}}_{iz}=\sum(-r_{iy}F_{ix}+r_{ix}F_{iy})=0.
\end{aligned}\right\}\quad (11)$$

Bei einem ebenen Kräftesystem in der x,z-Ebene gibt es nur zwei Kräfte- und eine Momentengleichgewichtsbedingung:

$$\begin{aligned}
&\sum F_{ix}=0\,,\quad F_{iz}=0\,,\\
&\sum M^{\mathrm{A}}_{iy}=\sum(r_{iz}F_{ix}-r_{ix}F_{iz})=\sum l_i|\boldsymbol{F}_i|=0\,.
\end{aligned}\quad (12)$$

In der Momentengleichgewichtsbedingung ist l_i die vorzeichenbehaftete Länge des Lotes vom Bezugspunkt A auf die Wirkungslinie von $\boldsymbol{F}_i$. Sie ist positiv bei Drehung im Rechtsschraubensinn um die y-Achse und negativ andernfalls. Zum Beispiel sind in Bild 2-13 $l_1=0$, $l_2=b/2$ und $l_3=-b$.

Zwei Kräfte am starren Körper. Zwei Kräfte an einem starren Körper sind genau dann im Gleichgewicht, wenn sie auf ein und derselben Wirkungslinie liegen, entgegengesetzte Richtungen und den gleichen Betrag haben (Bild 2-12a).

Drei komplanare Kräfte am starren Körper. Drei in einer Ebene liegende Kräfte an einem starren Körper sind genau dann im Gleichgewicht, wenn sich ihre Wirkungslinien in einem Punkt schneiden und wenn sich das Kräftepolygon schließt (Bild 2-12b).

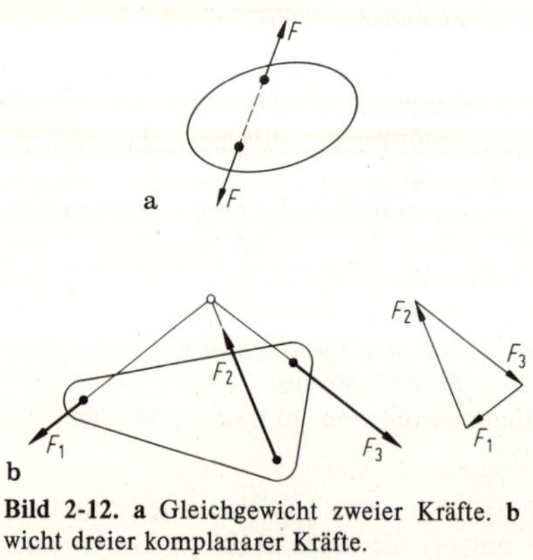

Bild 2-12. a Gleichgewicht zweier Kräfte. **b** Gleichgewicht dreier komplanarer Kräfte.

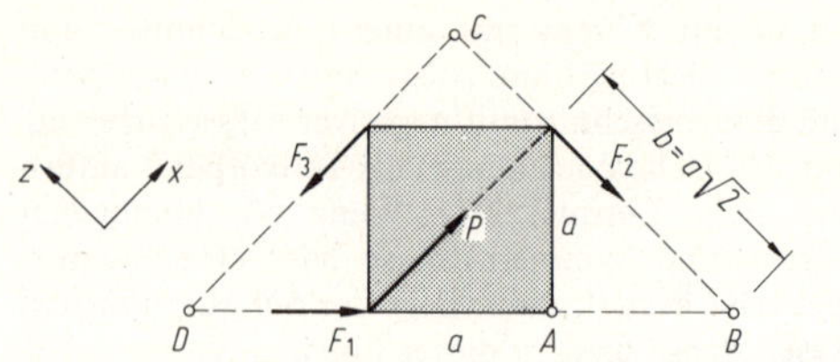

Bild 2-13. Kräfte und Momentenbezugspunkte an einem starren Körper.

Die Formulierung und die anschließende Auflösung der Gleichgewichtsbedingungen (11) oder (12) werden vereinfacht, wenn man die folgenden Hinweise beachtet.

a) Jede Kräftegleichgewichtsbedingung in (11) und (12) kann durch eine Momentengleichgewichtsbedingung für einen weiteren Momentenbezugspunkt ersetzt werden. Damit die 6 bzw. 3 Gleichgewichtsbedingungen voneinander unabhängig sind, dürfen keine 3 Bezugspunkte in einer Geraden und keine 4 Bezugspunkte in einer Ebene liegen. Außerdem muß jede Kraft des Kräftesystems in wenigstens einer Gleichgewichtsbedingung vorkommen.
b) Momentenbezugspunkte sollte man so wählen, daß möglichst viele unbekannte Kräfte kein Moment haben. Schnittpunkte von Wirkungslinien unbekannter Kräfte sind besonders geeignete Bezugspunkte.
c) Die Richtungen der x-, y- und z-Achsen sollte man so wählen, daß die Zerlegung der Kräfte in diese Richtungen möglichst einfach wird.

Beispiel 2-2: Bei dem ebenen Kräftesystem am schraffierten Körper in Bild 2-13 sind F_1, F_2 und F_3 unbekannt und P sowie die Abmessungen gegeben. Die Gleichgewichtsbedingungen (12) nehmen im gezeichneten x,z-System die einfachste Form an, nämlich

$$\begin{aligned}
&F_1\sqrt{2}/2-F_3+P=0\,,\quad -F_1\sqrt{2}/2-F_2=0\,,\\
&F_2b/2-F_3b+Pb/2=0\quad \text{(Bezugspunkt A)}.
\end{aligned}$$

Noch einfacher sind 3 Momentengleichgewichtsbedingungen bezüglich B, C und D:

$$\begin{aligned}
&-3F_3b/2+Pb=0\,,\quad -3F_1a/2-Pb/2=0\,,\\
&3F_2b/2-Pb/2=0\,.
\end{aligned}$$

In beiden Fällen ist die Lösung $F_1=-P\sqrt{2}/3$, $F_2=P/3$, $F_3=2P/3$. Die Gleichgewichtsbedingungen $\sum F_{iz}=0$, $\sum M^{\mathrm{C}}_{iy}=0$ und $\sum M^{\mathrm{D}}_{iy}=0$ sind linear abhängig, weil F_3 nicht vorkommt.

2.1.12 Das Schnittprinzip

Das *Schnittprinzip* ist ein Verfahren, mit dem in der Statik Gleichgewichtsbedingungen für beliebige nichtstarre Systeme (gekoppelte Körper, Seile, elastische Körper, flüssige Körper usw.) durch Gleichgewichtsbedingungen für einzelne starre Körper ausgedrückt werden. Im Gleichgewichtszustand eines Systems verhält sich jeder Teil des Systems wie ein starrer Körper. Das Kräftesystem an diesem starren Körper erfüllt deshalb die Bedingungen (11). Es besteht aus denjenigen äußeren Kräften des Systems, die unmittelbar am betrachteten Körper angreifen. Der betrachtete Körper wird in Gedanken durch Schnitte vom Rest des Systems isoliert. Die inneren Kräfte an den Schnittstellen werden dadurch zu äußeren Kräften. Sie greifen wegen des Axioms actio = reactio mit entgegengesetzten Vorzeichen auch am Rest des Systems an. Die Gleichgewichtsbedingungen für den freigeschnittenen Körper sind Gleichungen für diese i. allg. unbekannten Kräfte. Für die richtige Formulierung ist wesentlich, daß in Zeichnungen keine Kraftkomponenten vergessen werden. Bei Zwangskräften muß man die Vorzeichen nicht kennen. Sie ergeben sich aus der Rechnung. Bei eingeprägten Kräften (z. B. bei Gleitreibungskräften) sind die Vorzeichen bekannt. Freigeschnittene Körper können endlich groß oder infinitesimal klein sein. Welche Systemteile man freischneidet, hängt nur davon ab, welche Kräfte bestimmt werden sollen. Probleme, bei denen alle gesuchten Kräfte auf diese Weise bestimmbar sind, heißen *statisch bestimmte* Probleme.
Zum Schnittprinzip in der Kinetik siehe 3.1.3 und 3.3.1.

2.1.13 Arbeit. Leistung

Der Begriff Arbeit wird bereits in der Statik benötigt und deshalb hier eingeführt. Eine Kraft $\boldsymbol{F}$ mit den Koordinaten F_x, F_y und F_z, deren Angriffspunkt eine infinitesimale Verschiebung $\mathrm{d}\boldsymbol{r}$ mit den Koordinaten $\mathrm{d}x$, $\mathrm{d}y$ und $\mathrm{d}z$ erfährt, verrichtet bei der Verschiebung die *Arbeit* $\mathrm{d}W = \boldsymbol{F}\cdot\mathrm{d}\boldsymbol{r} = F_x\,\mathrm{d}x + F_y\,\mathrm{d}y + F_z\,\mathrm{d}z$. Die SI-Einheit der Arbeit ist das Joule: $1\,\mathrm{J} = 1\,\mathrm{N}\cdot\mathrm{m} = 1\,\mathrm{kg}\cdot\mathrm{m}^2/\mathrm{s}^2$.
Die *Leistung* einer Kraft ist definiert als

$$P = \frac{\mathrm{d}W}{\mathrm{d}t} = \boldsymbol{F}\cdot\frac{\mathrm{d}\boldsymbol{r}}{\mathrm{d}t} = \boldsymbol{F}\cdot\boldsymbol{v} = F_x v_x + F_y v_y + F_z v_z$$

mit der Geschwindigkeit $\boldsymbol{v}$ des Kraftangriffspunktes. Die SI-Einheit der Leistung ist das Watt: $1\,\mathrm{W} = 1\,\mathrm{J/s} = 1\,\mathrm{N}\cdot\mathrm{m/s} = 1\,\mathrm{kg}\cdot\mathrm{m}^2/\mathrm{s}^3$. Bei einer endlich großen Verschiebung des Angriffspunktes längs einer Bahnkurve vom Punkt P_1 mit dem Ortsvektor $\boldsymbol{r}_1$ und den Koordinaten (x_1, y_1, z_1) zum Punkt P_2 mit dem Ortsvektor $\boldsymbol{r}_2$ und den Koordinaten (x_2, y_2, z_2) verrichtet die i. allg. längs der Bahn veränderliche Kraft die Arbeit

$$W_{12} = \int_{r_1}^{r_2} \boldsymbol{F}\cdot\mathrm{d}\boldsymbol{r}$$
$$= \left(\int F_x\,\mathrm{d}x + \int F_y\,\mathrm{d}y + \int F_z\,\mathrm{d}z\right)\Bigg|_{(x_1, y_1, z_1)}^{(x_2, y_2, z_2)}. \quad (13)$$

Die Arbeit eines Moments $\boldsymbol{M}$ bei einer infinitesimalen Winkeldrehung $\mathrm{d}\boldsymbol{\varphi}$ ist $\mathrm{d}W = \boldsymbol{M}\cdot\mathrm{d}\boldsymbol{\varphi}$, und die Leistung des Moments ist dabei

$$P = \frac{\mathrm{d}W}{\mathrm{d}t} = \boldsymbol{M}\cdot\frac{\mathrm{d}\boldsymbol{\varphi}}{\mathrm{d}t} = \boldsymbol{M}\cdot\boldsymbol{\omega}.$$

2.1.14 Potentialkraft. Potentielle Energie

Eine Kraft $\boldsymbol{F}$ heißt *Potentialkraft*, wenn in einem beliebigen x,y,z-System ihre Koordinaten die Form haben

$$F_x = \frac{-\partial V}{\partial x}, \quad F_y = \frac{-\partial V}{\partial y}, \quad F_z = \frac{-\partial V}{\partial z}, \quad (14)$$

wobei $V(x, y, z)$ eine skalare Funktion der Koordinaten des Kraftangriffspunktes ist. V heißt *Potential* der Kraft. Die Arbeit (13) einer Potentialkraft längs des Weges von P_1 nach P_2 ist

$$W_{12} = -\int_1^2 \mathrm{d}V = V(x_1, y_1, z_1) - V(x_2, y_2, z_2)$$
$$= V_1 - V_2. \quad (15)$$

Sie ist also unabhängig von der Form der Bahnkurve zwischen den beiden Punkten. Nur Potentialkräfte haben diese Eigenschaft. Technisch wichtige Potentialkräfte sind die Gewichtskraft im homogenen Schwerefeld, die Newtonsche Gravitationskraft (siehe 3.6) und elastische Rückstellkräfte (siehe 5.8.1). Das Gewicht eines Körpers der Masse m hat in einem x,y,z-System mit vertikal nach oben gerichteter z-Achse die Koordinaten $[0, 0, -mg]$. Das Potential dieser Kraft ist $V = mgz + \text{const}$ mit einer beliebigen Konstanten, die weder in (14) noch in (15) eine Rolle spielt. Das Potential der Gewichtskraft heißt auch *potentielle Energie* (das heißt Arbeitsvermögen) des Körpers. Eine Federrückstellkraft der Form $F = -kx$ hat das Potential $V = kx^2/2$. Es heißt auch *potentielle Energie* der Feder.
Ein System von Potentialkräften mit den Potentialen $V_1, \ldots, V_n$ hat das Gesamtpotential $V = V_1 + \ldots + V_n$.
Ein mechanisches System, bei dem alle inneren und äußeren eingeprägten Kräfte Potentialkräfte sind, heißt *konservatives System.*

2.1.15 Virtuelle Arbeit. Generalisierte Kräfte

Die virtuelle Arbeit δW einer Kraft $\boldsymbol{F}$ ist die Arbeit der Kraft bei einer virtuellen Verschiebung $\delta\boldsymbol{r}$

ihres Angriffspunktes, $\delta W = \boldsymbol{F} \cdot \delta \boldsymbol{r}$. Wenn der Ortsvektor $\boldsymbol{r}$ des Angriffspunktes als Funktion von n generalisierten Koordinaten $q_1, \ldots, q_n$ ausdrückbar ist, gilt (vgl. 1.5)

$$\delta \boldsymbol{r} = \sum_{i=1}^{n} \frac{\partial \boldsymbol{r}}{\partial \boldsymbol{q}_i} \delta \boldsymbol{q}_i,$$

$$\delta W = \sum_{i=1}^{n} \left(\boldsymbol{F} \cdot \frac{\partial \boldsymbol{r}}{\partial \boldsymbol{q}_i} \right) \delta \boldsymbol{q}_i = \sum_{i=1}^{n} Q_i \delta q_i. \qquad (16)$$

Diese Gleichung ist die Definition und zugleich die Berechnungsvorschrift für die Größen $Q_1, \ldots, Q_n$. Sie heißen die den Koordinaten zugeordneten generalisierten Kräfte infolge $\boldsymbol{F}$.

2.1.16 Prinzip der virtuellen Arbeit

Für Systeme starrer Körper lautet das Prinzip der virtuellen Arbeit: Bei einer virtuellen Verschiebung des Systems aus einer Gleichgewichtslage heraus ist die virtuelle Arbeit δW_a der äußeren Kräfte am System insgesamt null:

$$\delta W_\mathrm{a} = 0\,. \qquad (17)$$

Das Prinzip stellt eine Gleichgewichtsbedingung dar. Es ist der Kombination des Schnittprinzips mit den Kräfte- und Momentengleichgewichtsbedingungen (11) für starre Körper mathematisch äquivalent und folglich zur Lösung derselben Probleme geeignet. Wenn mit dem Prinzip der virtuellen Arbeit eine innere Kraft oder ein inneres Moment eines Systems bestimmt werden soll, muß das System zu einem Mechanismus mit einem einzigen Freiheitsgrad gemacht werden, an dem die gesuchte Größe als äußere Kraft bzw. als äußeres Moment angreift. Die Bilder 2-14a, b, c zeigen jeweils ein Ausgangssystem und den daraus gebildeten Mechanismus für drei Fälle, in denen eine Lagerreaktion A_H, eine Fachwerkstabkraft S bzw. ein Biegemoment M_y die gesuchten Größen sind. Der Mechanismus wird virtuell verschoben. Die dabei auftretenden virtuellen Verschiebungen aller Kraftangriffspunkte und die virtuellen Drehwinkel an allen Momentenangriffspunkten werden durch die virtuelle Änderung δq einer einzigen geeignet gewählten Koordinate q ausgedrückt (siehe (1-41)). Mit diesen Verschiebungen wird die virtuelle Arbeit δW_a aller äußeren Kräfte und Momente einschließlich der gesuchten Größen in der Form $\delta W_\mathrm{a} = (\ldots)\,\delta q$ ausgedrückt. Wegen (17) ist der Ausdruck in Klammern null. Das ist eine Bestimmungsgleichung für die gesuchte Größe.

Beispiel 2-3: In Bild 1-10 sei $\Delta p A$ die Druckkraft auf der Fläche A des Kolbens *2* und F die Kraft bei P in der Richtung entgegen $\boldsymbol{v}_\mathrm{p}$. Im Gleichgewicht ist $\Delta p A\, \delta x_\mathrm{rel} - F \delta r_\mathrm{p} = 0$ oder

$$\Delta p A = F \delta r_\mathrm{p} : \delta x_\mathrm{rel} = F(r_2 r_4 r_6 r_8)/(r_1 r_3 r_5 r_7)\,.$$

Zur Bedeutung von δr_p und δx_rel vgl. das Beispiel zu Gl. (1-41).

Für weitere Anwendungen siehe 2.2.3 und 2.3.5.

2.2 Lager. Gelenke

2.2.1 Lagerreaktionen. Lagerwertigkeit

Die Begriffe *Lager* und *Gelenk* bezeichnen dasselbe, nämlich ein Verbindungselement zweier Körper, an dem die Körper durch Berührung mit Kräften aufeinander wirken können. An jedem Lager denkt man sich die in Wirklichkeit flächenhaft verteilten Kräfte auf eine Einzelkraft in einem Lagerpunkt und auf ein Einzelmoment reduziert. Ein Schnitt durch das Lager macht Einzelkraft und Einzelmoment zu äußeren Kräften an den betrachteten Körpern. Ihre Komponenten heißen *Lagerreaktionen.*

Lager können Feder- und Dämpfereigenschaften haben, so z. B. Schwingmetallager und hydrodynamische Gleitlager. Ihre Lagerreaktionen sind eingeprägte Kräfte. In Lagern mit starren, reibungsfreien Kontaktflächen sind die Lagerreaktionen

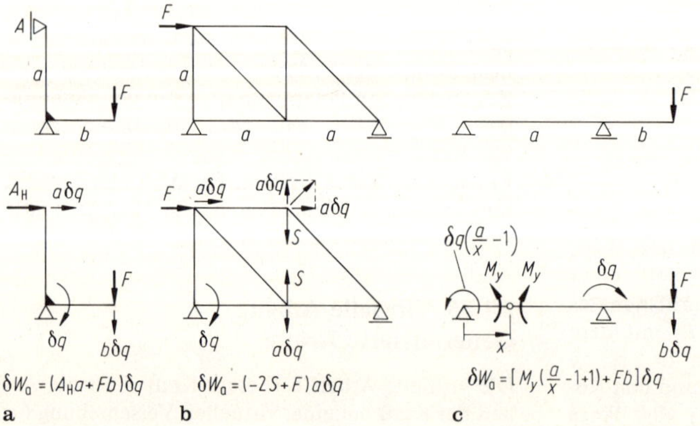

Bild 2-14. Statische Systeme (obere Reihe) und Mechanismen (untere Reihe) zur Bestimmung einer Lagerreaktion A_H, einer Stabkraft S bzw. eines Biegemoments M_y aus der Bedingung $\delta W_\mathrm{a} = 0$.

Tabelle 2-4. Lager für ebene Lastfälle mit Wertigkeiten $1 \leqq w \leqq 3$

Lagerbezeichnung und Symbol	konstruktive Gestaltungen	Lagerreaktionen	w
verschiebliches Gelenklager (oder)	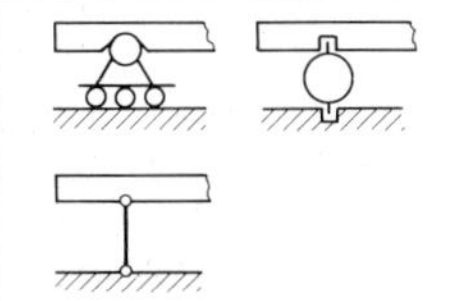	F_z	1
festes Gelenklager (oder)	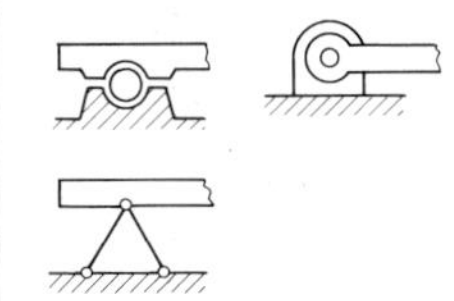	F_x, F_z	2
(feste) Einspannung (oder)	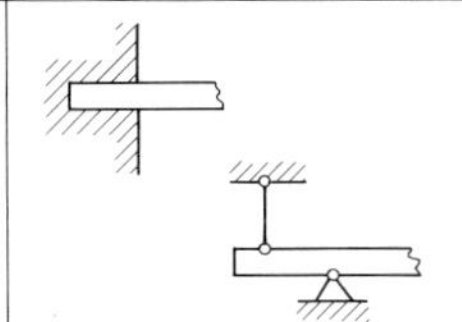	F_x, M, F_z	3
Schiebehülse; längskraftfreie Einspannung	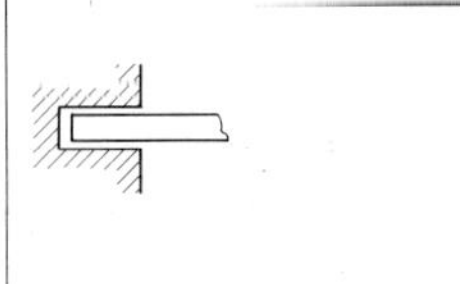	M, F_z	2
Schiebehülse; querkraftfreie Einspannung	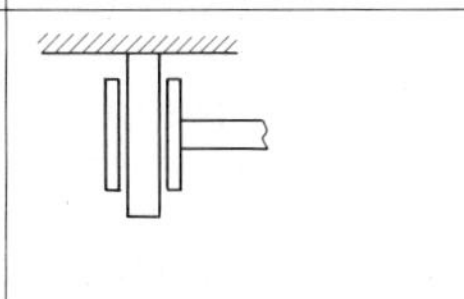	F_x, M	2
kräftefreie Einspannung	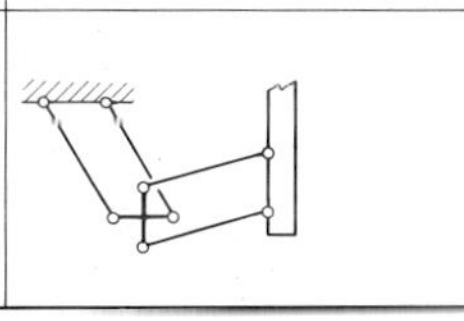	M	1

Zwangskräfte. Lager dieser Art kennzeichnet man durch die Anzahl $0 \leqq f \leqq 5$ ihrer Freiheitsgrade oder durch ihre *Wertigkeit* $w = 6 - f$. Das ist die Anzahl der unabhängigen Lagerreaktionen. Im ebenen Fall ist $0 \leqq f \leqq 2$ und $w = 3 - f$. Tabelle 2-4 enthält Angaben über die wichtigsten Lagerarten für ebene Lastfälle.

2.2.2 Statisch bestimmte Lagerung

Ein ebenes oder räumliches System aus $n \geqq 1$ starren Körpern hat äußere Lager, mit denen es auf einem Fundament (Körper *0*) gelagert ist und Zwischenlager oder Gelenke, mit denen Körper des Systems gegeneinander gelagert sind (Bilder 2-15, 2-16a). In den äußeren Lagern treten insgesamt a unbekannte äußere Lagerreaktionen auf und in den Zwischenlagern insgesamt z unbekannte Zwischenreaktionen. Jede Zwischenreaktion greift mit entgegengesetzten Vorzeichen an zwei Körpern des Systems an. Für die n ganz freigeschnittenen Einzelkörper können im räumlichen Fall $6n$ und im ebenen Fall $3n$ Gleichgewichtsbedingungen formuliert werden. Das System heißt *statisch bestimmt gelagert*, wenn sich alle

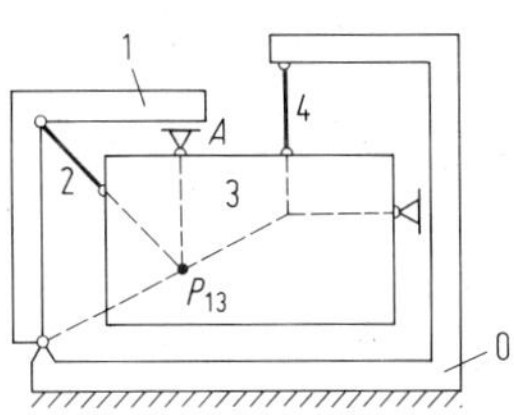

Bild 2-15. Statisch unbestimmtes System.

Lagerreaktionen für beliebige eingeprägte Kräfte aus den Gleichgewichtsbedingungen bestimmen lassen. Notwendige und hinreichende Bedingungen dafür sind, daß (1.) $a + z = 6n$ im räumlichen bzw. $a + z = 3n$ im ebenen Fall ist, und daß (2.) die Koeffizientenmatrix der Unbekannten nicht singulär ist. Wenn (1) erfüllt ist, ist (2) genau dann erfüllt, wenn das System unbeweglich ist.
Ein ebenes System mit $a + z = 3n$ ist beweglich, wenn es zwischen zwei Körpern i und j ($i, j = 0, \ldots, n$) eine Lagerreaktion gibt, deren Wirkungslinie durch den Geschwindigkeitspol P_{ij} geht, der bei Fehlen dieser Lagerreaktion vorhanden wäre.

Beispiel 2-4: In Bild 2-15 ist $n = 4$, $a = 5$, $z = 7$, also $a + z = 3n$. Wenn man die Lagerreaktion (d. h. das Lager) bei A entfernt, entsteht ein Mechanismus mit dem Pol P_{13} auf der Wirkungslinie dieser Lagerreaktion (vgl. Bild 1-9). Also ist das System statisch unbestimmt, denn eine Lagerreaktion auf dieser Linie kann eine Drehung der Körper *1* und *3* relativ zueinander nicht verhindern.

2.2.3 Berechnung von Lagerreaktionen

Schnittprinzip. Im allgemeinen sollen nicht alle Lagerreaktionen berechnet werden. Dann schneidet man auch nicht alle Körper frei.

Beispiel 2-5: Für die Schnittkraft S der Zange in Bild 2-16a liefert Bild 2-16b

$$S = P\frac{l_2 + l_3}{l_4} = F\frac{(l_2 + l_3)(l_1 + l_2)}{l_2 l_4}.$$

Beim Dreigelenkbogen in Bild 2-17 werden die Zwischenreaktionen C_1 und C_2 mit den gezeichneten Richtungen als Unbekannte eingeführt und

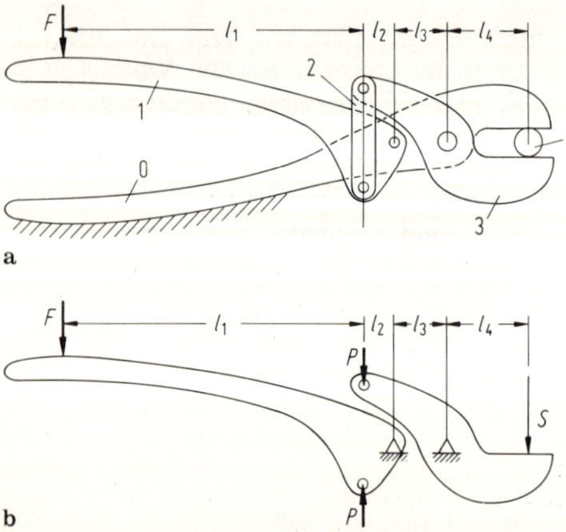

Bild 2-16. Zange (Bild a) und freigeschnittene Körper (Bild b) zur Bestimmung der Zangenkraft S.

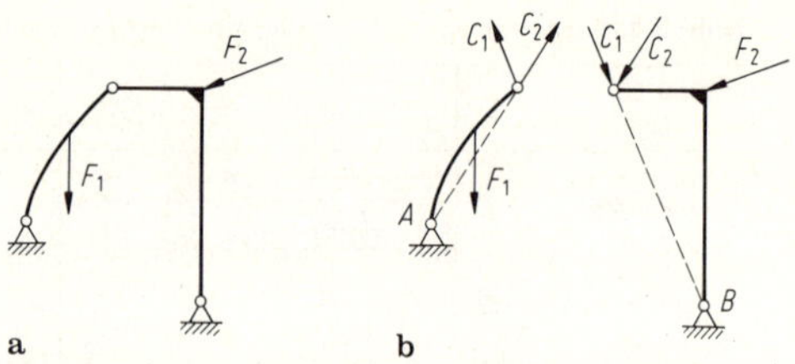

Bild 2-17. a Dreigelenkbogen. **b** Zugehörige Freikörperbilder.

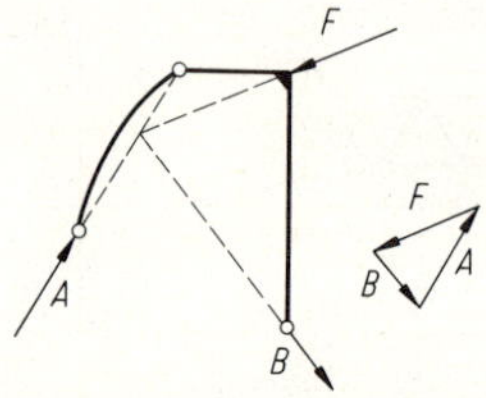

Bild 2-18. Graphische Konstruktion der Lagerreaktionen an einem einseitig belasteten Dreigelenkbogen.

mit je einer Momentengleichgewichtsbedingung mit dem Bezugspunkt A bzw. B berechnet.
Wenn an einem freigeschnittenen Körper genau zwei Kräfte angreifen, dann sind sie entgegengesetzt gleich. Wenn genau drei komplanare Kräfte angreifen, schneiden sich ihre Wirkungslinien in einem Punkt (siehe Bild 2-12b). Die Beachtung dieser Zusammenhänge vereinfacht rechnerische und graphische Lösungen der Gleichgewichtsbedingungen wesentlich.

Beispiel 2-6: In Bild 2-18 greifen am linken Teilsystem zwei und am rechten drei Kräfte an. Damit liegen die Richtungen aller Lagerreaktionen wie gezeichnet fest. Das Kräftedreieck liefert ihre Größen.

Prinzip der virtuellen Arbeit. Zur Durchführung der Methode siehe 2.1.16.

Beispiel 2-7: Man berechne die Schnittkraft S der Zange in Bild 2-16. Aus der Zange entsteht ein im Gleichgewicht befindlicher Mechanismus mit einem Freiheitsgrad, wenn man den Körper *4* durch die von ihm auf die Backen *3* und *0* ausgeübten Schnittkräfte S ersetzt. Bei einer virtuellen Drehung von Körper *1* um $\delta\varphi_1$ im Gegenuhrzeigersinn verrichtet $\boldsymbol{F}$ die virtuelle Arbeit $F(l_1 + l_2)\,\delta\varphi_1$ und die Kraft S an Körper *3* die Arbeit $-Sl_4\delta\varphi_3$. Dabei ist $\delta\varphi_3$ der Drehwinkel von Körper *3* im Gegenuhrzeigersinn. Die kinematische Bindung durch Körper *2* bewirkt, daß $l_2\delta\varphi_1 = (l_2 + l_3)\,\delta\varphi_3$ ist. Die Kraft S an Körper *0* verrichtet keine Arbeit. Damit ist die gesamte virtuelle Arbeit aller äußeren Kräfte

$$\delta W_a = [F(l_1 + l_2) - Sl_2 l_4/(l_2 + l_3)]\,\delta\varphi_1.$$

Aus $\delta W_a = 0$ folgt

$$S = F(l_1 + l_2)(l_2 + l_3)/(l_2 l_4).$$

2.3 Fachwerke

2.3.1 Statische Bestimmtheit

Ein *ideales Fachwerk* ist ein ebenes oder räumliches Stabsystem mit reibungsfreien Gelenkverbindungen (Knoten) an den Stabenden. Alle Kräfte greifen an Knoten an, so daß die Stäbe nur durch Längskräfte belastet werden. Kräfte in Zugstäben zählen positiv. Ein Fachwerk heißt *einfach*, wenn ein Abbau schrittweise derart möglich ist, daß mit jedem Schritt im ebenen Fall zwei Stäbe und ein Knoten (im räumlichen drei nicht komplanare Stäbe und ein Knoten) abgebaut werden, bis im ebenen Fall ein einziger Stab (im räumlichen Fall ein Stabdreieck) übrigbleibt. Das Fachwerk in Bild 2-19 ist ein einfaches Fachwerk. Die Bilder 2-20, 2-21a und 2-22 zeigen nicht-einfache Fachwerke.

Für ein Fachwerk mit k Knoten, s Stäben und insgesamt a Lagerreaktionen können für die k ganz freigeschnittenen Knoten im ebenen Fall $2k$ und im räumlichen Fall $3k$ Kräftegleichgewichtsbedingungen formuliert werden. Das Fachwerk heißt *innerlich statisch bestimmt*, wenn sich aus diesen Gleichgewichtsbedingungen alle Lagerreaktionen und alle Stabkräfte für beliebige eingeprägte Kräfte bestimmen lassen. Notwendige und hinreichende Bedingungen dafür sind, daß (1.) $a + s = 2k$ im ebenen bzw. $a + s = 3k$ im räumlichen Fall ist, und daß (2.) die Koeffizientenmatrix der Unbekannten nicht singulär ist. Wenn (1) erfüllt ist, ist (2) genau dann erfüllt, wenn das Fachwerk unbeweglich ist. Einfache Fachwerke sind innerlich statisch bestimmt, wenn sie statisch bestimmt gelagert sind.

2.3.2 Nullstäbe

Nullstäbe (Stäbe mit der Stabkraft null) können häufig ohne Rechnung erkannt werden. Bild 2-23 zeigt einfache Kriterien.

2.3.3 Knotenschnittverfahren

Zuerst Lagerreaktionen bestimmen, dann alle Knoten freischneiden und für jeden Knoten im ebenen Fall zwei (im räumlichen drei) Gleichgewichtsbedingungen formulieren. Die Stabkraft S_i jedes Stabes i steht in den Gleichungen zweier Knoten. Bei einfachen Fachwerken werden die Knoten in einer Abbaureihenfolge bearbeitet. Die letzten beiden Knoten dienen zur Ergebniskontrolle.

Beispiel 2-8: In Bild 2-19 ist 1, 2, 3, 4, 5, 6, 7 eine Abbaureihenfolge. Knoten 1 liefert S_1 und S_2,

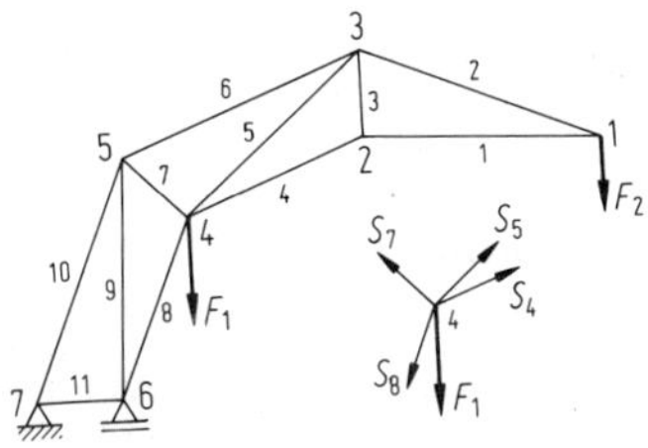

Bild 2-19. Einfaches Fachwerk mit freigeschnittenem Knoten 4.

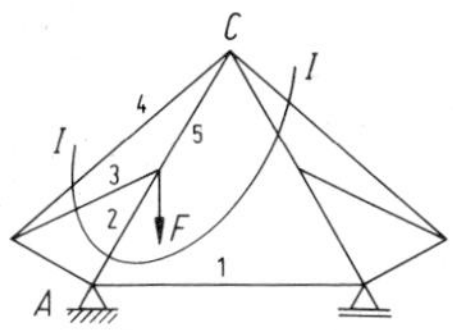

Bild 2-20. Nicht-einfaches Fachwerk mit einem Ritterschnitt zur Berechnung von S_3.

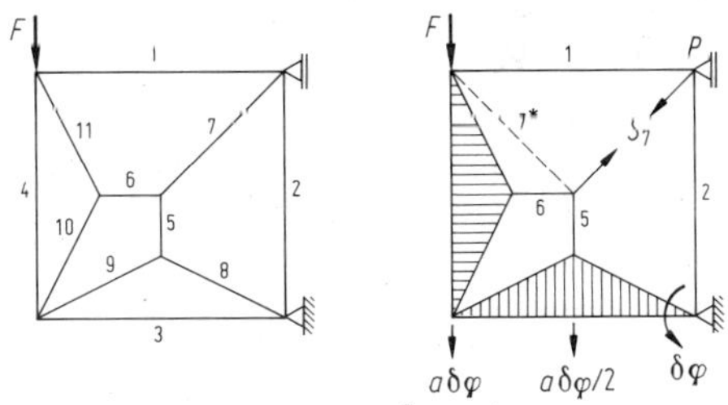

a b

Bild 2-21. a Nicht-einfaches Fachwerk. **b** Mechanismus mit virtuellen Verschiebungen nach Schnitt von Stab 7. Vertauschung von Stab 7 gegen Stab 7* erzeugt ein einfaches Fachwerk.

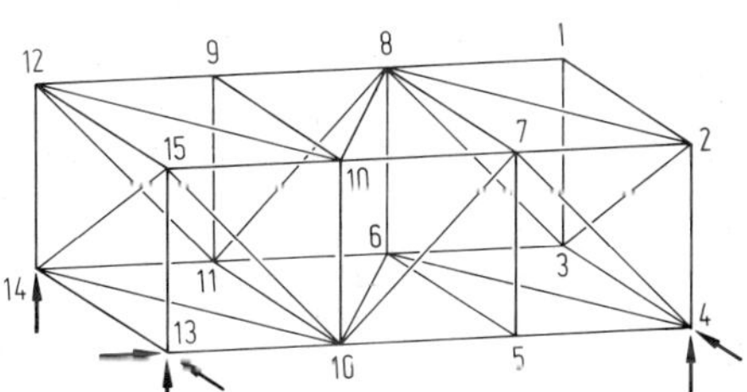

Bild 2-22. Nicht-einfaches Fachwerk. Pfeile an den Knoten 4, 13 und 14 kennzeichnen Lagerreaktionen.

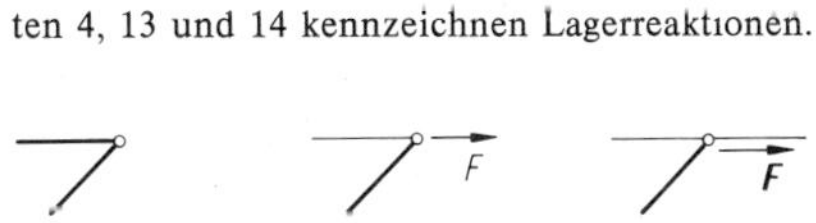

a b c

Bild 2-23. Stäbe mit der Stabkraft null sind dick gezeichnet. **a** Ein Knoten ohne Kräfte verbindet zwei nicht in einer Geraden liegende Stäbe. Dann sind beide Stäbe Nullstäbe. **b** Ein Knoten verbindet zwei Stäbe, und die resultierende Kraft am Knoten hat die Richtung des einen Stabes. Dann ist der andere Stab ein Nullstab. **c** Ein Knoten verbindet drei Stäbe, von denen zwei in einer Geraden liegen, und die resultierende Kraft am Knoten hat die Richtung dieser Geraden. Dann ist der dritte Stab ein Nullstab.

Knoten 2 S_3 und S_4 usw. Die kleine Figur zeigt den Knoten 4 mit positiven Stabkräften.

2.3.4 Rittersches Schnittverfahren für ebene Fachwerke

Mit einem Schnitt durch geeignet gewählte Stäbe wird das Fachwerk in zwei Teile zerlegt. Für einen Teil werden Gleichgewichtsbedingungen formuliert und nach Kräften in den geschnittenen Stäben aufgelöst. Der Schnitt muß so geführt werden, daß Zahl und Anordnung der geschnittenen Stäbe die Auflösung zulassen.

Beispiel 2-9: Berechnung von S_3 in Bild 2-20 mit zwei Schnitten. Der erste Schnitt durch die Stäbe 1, 4 und 5 liefert S_4 (Momentengleichgewicht am linken Teil um A). Der zweite Schnitt durch die Stäbe *1, 2, 3* und *4* liefert S_3 (Momentengleichgewicht am linken Teil um A). S_3 kann auch unmittelbar mit dem Schnitt I-I aus einer Momentengleichgewichtsbedingung um C bestimmt werden.

Ritterschnitte sind nicht in allen Fachwerken möglich (Gegenbeispiel Bild 2-21a).

2.3.5 Prinzip der virtuellen Arbeit

Zur Methodik siehe 2.1.16.

Beispiel 2-10: Berechnung von S_7 in Bild 2-21a. Der Mechanismus mit geschnittenem Stab 7 besteht aus den in Bild 2-21b schraffierten Dreiecken und den Stäben 1, 2, 5 und 6. Die Stäbe 1 und 2 drehen sich um P. Bei Drehung des rechten Dreiecks um $\delta\varphi$ verschiebt sich das linke Dreieck um $a\delta\varphi$ und Stab 5 um $a\delta\varphi/2$ translatorisch nach unten. Also ist $\delta W_a = (Fa - S_7 a\sqrt{2}/4)\delta\varphi$. Aus $\delta W_a = 0$ folgt $S_7 = 2F\sqrt{2}$.

Energiemethoden bei Fachwerken siehe auch in 5.8.1 und 5.8.3.

2.3.6 Methode der Stabvertauschung

Aus einem nicht-einfachen Fachwerk wird ein einfaches erzeugt, indem man geeignet gewählte Stäbe eliminiert und gleich viele an anderen Stellen zwischen geeignet gewählten Knoten einsetzt.

Beispiel 2-11: In Bild 2-21a genügt es, den Stab 7 durch den in Bild 2-21b gestrichelt gezeichneten Stab 7* zu ersetzen. In Bild 2-22 genügt es, den Stab zwischen den Knoten 2 und 3 durch einen Stab zwischen den Knoten 12 und 16 zu ersetzen. Danach können die Knoten in der Reihenfolge 1, 2, …, 16 abgebaut werden.

Die Stabkraft S_i eines eliminierten Stabes wird nach Bild 2-21b als unbekannte äußere Kraft mit entgegengesetzten Vorzeichen an den beiden Knoten dieses Stabes angebracht. Die von S_i abhängende Stabkraft S_i^* im Ersatzstab wird berechnet und zu Null gesetzt. Das liefert S_i. Damit sind alle äußeren Kräfte am einfachen Fachwerk bekannt. Alle weiteren Berechnungen werden an diesem Fachwerk vorgenommen.

2.4 Ebene Seil- und Kettenlinien

2.4.1 Das gewichtslose Seil mit Einzelgewichten

In Bild 2-24a sind gegeben: a, h, die gesamte Seillänge l, $G_1, \dots, G_n$ sowie entweder $l_0, \dots, l_n$ (Fall I) oder $a_0, \dots, a_n$ (Fall II). Gesucht sind das Seilpolygon und die Seilkräfte. Beides liefert der Kräfteplan in Bild 2-24b nach dem Seileckverfahren (siehe Bild 2-8), sobald die Koordinaten X, Y des Pols bekannt sind. Man definiert $P_0 = 0$ und $P_i = \sum_{j=1}^{i} G_j \quad (i = 1, \dots, n)$. Damit ist $\tan\varphi_i = (P_i - Y)/X \quad (i = 0, \dots, n)$.

Fall I: Die Bedingungen $\sum_{i=0}^{n} l_i \cos\varphi_i = a$ und $\sum_{i=0}^{n} l_i \sin\varphi_i = h$ liefern für X und Y die Bestimmungsgleichungen

$$\left.\begin{aligned} X\sum_{i=0}^{n} \frac{l_i}{[X^2 + (P_i - Y)^2]^{1/2}} &= a, \\ \sum_{i=0}^{n} \frac{P_i l_i}{[X^2 + (P_i - Y)^2]^{1/2}} &= h + a\frac{Y}{X}. \end{aligned}\right\} \qquad (18)$$

Fall II: Die Bedingungen

$$\sum_{i=0}^{n} a_i \tan\varphi_i = h \quad \text{und} \quad \sum_{i=0}^{n} a_i (1 + \tan^2\varphi_i)^{1/2} = l$$

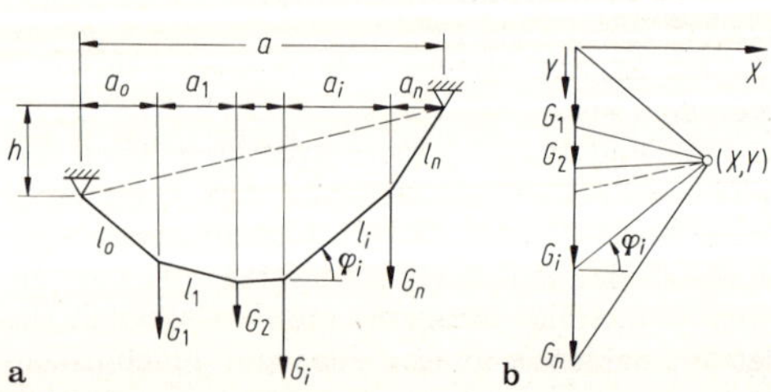

Bild 2-24. a Gewichtsloses Seil mit vertikalen Einzelkräften. **b** Zugehöriger Kräfteplan. Polstrahlen im Kräfteplan stellen die Seilkräfte dar. h ist negativ, wenn das rechte Lager tiefer liegt als das linke.

liefern für X und Y die Bestimmungsgleichungen

$$\left.\begin{aligned} &Y = P - Xh/a, \\ &\sum_{i=0}^{n} a_i[X^2 + (P_i - P + Xh/a)^2]^{1/2} = lX \end{aligned}\right\} \qquad (19)$$

$$\text{mit} \quad P = \sum_{i=1}^{n} P_i a_i/a.$$

Die erste Gleichung legt die in Bild 2-24b gestrichelte Gerade fest.

2.4.2 Die schwere Gliederkette

In Bild 2-25 sind gegeben: a, h und G_i, l_i, a_i, b_i für $i = 0, \ldots, n$. Der Schwerpunkt jedes Gliedes liegt auf der Verbindungslinie seiner Gelenkpunkte. Gesucht ist das Polygon der Gelenkpunkte. Lösung: Das Gewicht G_i jedes Gliedes wird durch die Kräfte $G_i b_i/l_i$ und $G_i a_i/l_i$ in seinem linken Gelenkpunkt i bzw. rechten Gelenkpunkt $i+1$ ersetzt. Das gesuchte Polygon hat dann die Form eines gewichtslosen Seils mit den Einzelgewichten $G_i^* = G_{i-1}a_{i-1}/l_{i-1} + G_i b_i/l_i$ in den Gelenkpunkten $i = 1, \ldots, n$. Das ist Fall I in 2.4.1 mit G_i^* statt G_i.

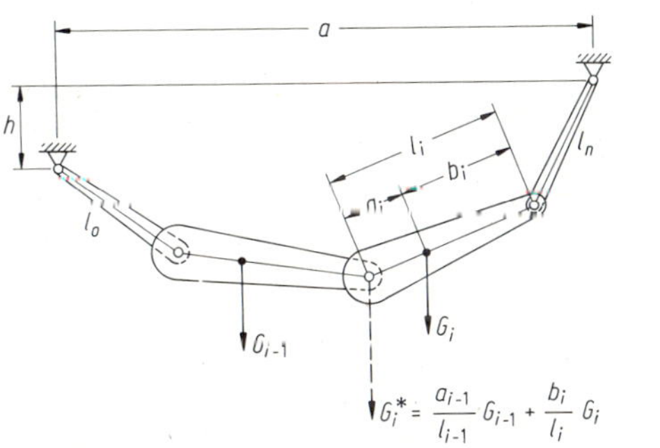

Bild 2-25. Schwere Gliederkette. Die Schwerpunkte der Glieder liegen auf den Verbindungsgeraden der Gelenke.

2.4.3 Das schwere Seil

Bei dem homogenen, biegeschlaffen Seil in Bild 2-26a und b mit q = Seilgewicht/Seillänge hängt es nur von l, a und h ab, ob der tiefste Punkt der Seillinie $y(x)$ zwischen den Lagern A und B liegt oder nicht. Die strenge Lösung für $y(x)$ und für die Seilkraft $F(x)$ mit der Horizontalkomponente H und der Vertikalkomponente V lautet

$$y(x) = \lambda[\cosh(x/\lambda) - 1], \qquad (20)$$

$H = q\lambda = \text{const}$, $V(x) = q\lambda \sinh(x/\lambda)$ und $F(x)$

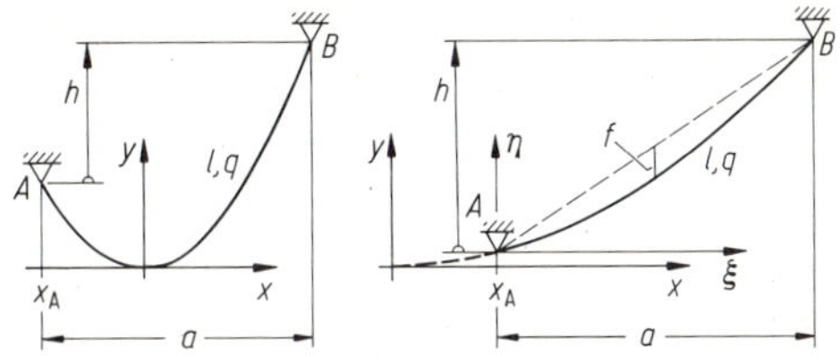

Bild 2-26. Seillinie eines schweren biegeschlaffen Seils bei großem Durchhang (Bild a) und bei straffer Spannung (Bild b).

$= q(y(x) + \lambda)$ (maximal im höchsten Punkt). Die Konstanten λ und x_A sind mit a, h und l verknüpft durch die Gleichungen

$$\left.\begin{aligned} &2\lambda \sinh \frac{a}{2\lambda} = (l^2 - h^2)^{1/2}, \\ &2\lambda \sinh \frac{x_A}{\lambda} = -l + h\left(1 + \frac{4\lambda^2}{l^2 - h^2}\right)^{1/2}. \end{aligned}\right\} \qquad (21)$$

Für fast geradlinig gestraffte Seile sind im ξ,η-System von Bild 2-26b die Näherungen gültig:

$$\left.\begin{aligned} &H \approx \frac{q^* a}{2(h/a - c)} = \text{const}, \; V(\xi) \approx q^*\xi + cH, \\ &y(\xi) \approx \frac{q^*\xi^2}{2H} + c\xi. \end{aligned}\right\} \qquad (22)$$

Darin sind die Konstanten q^* und c mit l, a, h und dem bei $\xi = a/2$ größten Durchhang f unter der Sehne $\overline{AB}$ verknüpft durch

$$\left.\begin{aligned} &q^* = q(1 + h^2/a^2)^{1/2}, \\ &(h - ac)^2 = 6\left[\frac{l}{(a^2 + h^2)^{1/2}} - 1\right]\frac{(a^2 + h^2)^2}{a^2}, \\ &f \approx \frac{1}{4}(h - ca). \end{aligned}\right\} \qquad (23)$$

2.4.4 Das schwere Seil mit Einzelgewicht

In Bild 2-27 sind die Koordinatensysteme x_1, y_1 und x_2, y_2 und alle Bezeichnungen so gewählt, daß für beide Kurvenäste $y_1(x_1)$ und $y_2(x_2)$ Übereinstimmung mit Bild 2-26a besteht, wenn man dort überall den Index $i = 1$ bzw. 2 hinzufügt. Folglich gelten für jeden Kurvenast die drei Gleichungen (20) und (21) mit den entsprechenden Indizes. Die Aufgabenstellung schreibt $q_1 = q_2 = q$ und $h_1 = h_2 = h$ vor. Dann folgt aus dem Kräftegleichgewicht in horizontaler Richtung $\lambda_1 = \lambda_2 = \lambda$, d.h. beide Kurvenäste sind Abschnitte ein und derselben cosh-Kurve. Die vier Gleichungen (21) mit Indizes $i = 1$ bzw. 2, die Beziehung $a_1 + a_2 = a_{\text{ges}}$ und die Kräftegleichgewichtsbedingung $G = q\lambda\,[\sinh(x_{A1}/\lambda) + \sinh(x_{A2}/\lambda)]$ bestimmen bei gegebenen a_{ges}, l_1, l_2, q und G die Unbekannten λ, h, a_1, a_2, x_{A1} und x_{A2}. Für λ und h kann man

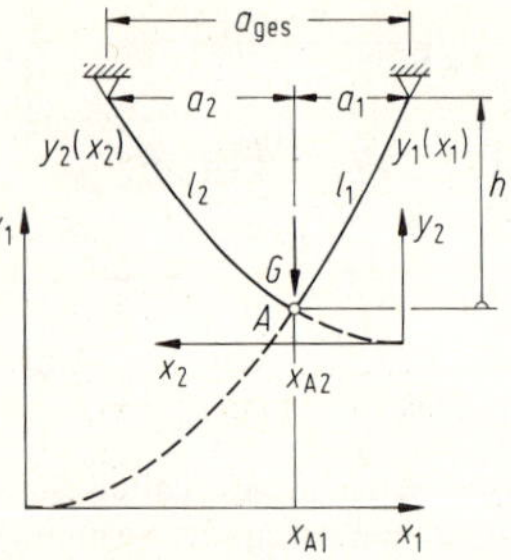

Bild 2-27. Schweres Seil mit Einzelgewicht G.

die Gleichungen entkoppeln:

$$\left.\begin{aligned} &2G + q(l_1 + l_2) = qh \sum_{i=1}^{2} \left[1 + \frac{4\lambda^2}{l_i^2 - h^2}\right]^{1/2}, \\ &(l_1^2 - h^2 + 4\lambda^2)^{1/2} \sinh[a_{ges}/(2\lambda)] \\ &- (l_1^2 - h^2)^{1/2} \cosh[a_{ges}/(2\lambda)] \\ &= (l_2^2 - h^2)^{1/2}. \end{aligned}\right\} \quad (24)$$

Andere streng lösbare Aufgaben mit Seillinien siehe in [1]. Rechenverfahren bei Hängebrücken siehe in [2].

2.4.5 Das rotierende Seil

In Bild 2-28 wird an dem mit $\omega = \text{const}$ rotierenden homogenen Seil mit der Massenbelegung μ = Masse/Länge das Gewicht gegen die Fliehkraft vernachlässigt. Dann existiert im mitrotierenden x,y-System eine stationäre Seillinie $y(x)$ mit Seilkraftkomponenten H in x- und V in y-Richtung. Die strenge Lösung lautet

$$y(x) = y_0 \operatorname{sn}(bx/c^2 + \mathsf{K}), \quad H = c^2\mu\omega^2/2 = \text{const},$$

$$V(x) = H\,\mathrm{d}y/\mathrm{d}x$$
$$= Hy_0 b/c^2 \cdot \operatorname{cn}(bx/c^2 + \mathsf{K}) \cdot \operatorname{dn}(bx/c^2 + \mathsf{K})$$

mit $b = (y_0^2 + 2c^2)^{1/2}$, mit dem Modul $k = y_0/b$ und mit dem vollständigen elliptischen Integral K. sn, cn und dn sind die Jacobischen elliptischen Funktionen. Die Konstanten y_0, x_1 und c sind mit y_1, y_2, a und l durch die Gleichungen verknüpft (unvollständiges elliptisches Integral $\mathsf{E}(\operatorname{am} u, k)$ mit $\operatorname{am} u = \arcsin \operatorname{sn} u$; $\operatorname{am} u > \pi/2$ für $u > \mathsf{K}$):

$$\left.\begin{aligned} &y(x_1) = y_1, \quad y(x_1 + a) = y_2, \\ &l = b[\mathsf{E}(\operatorname{am}(bx_1/c^2 + \mathsf{K}), k) \\ &\quad - \mathsf{E}(\operatorname{am}(b(x_1 + a)/c^2 + \mathsf{K}), k)] - a. \end{aligned}\right\} \quad (25)$$

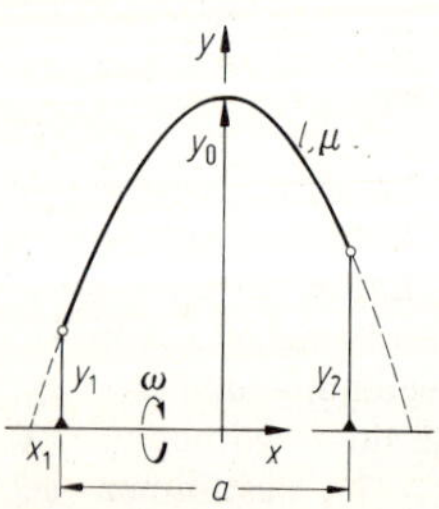

Bild 2-28. Gleichgewichtsfigur eines um die x-Achse rotierenden Seils im mitrotierenden x,y-System.

2.5 Coulombsche Reibungskräfte

2.5.1 Ruhereibungskräfte

Berührungsflächen zwischen ruhenden Körpern sind Lagerstellen, an denen nicht nur normal zur Fläche eine Lagerreaktion N, sondern auch tangential eine Lagerreaktion H, eine sog. *Ruhereibungskraft* auftreten kann (Bild 2-29a, b). Beide Komponenten stehen mit den übrigen Kräften im Gleichgewicht. Im Fall statischer Bestimmtheit werden sie aus Gleichgewichtsbedingungen berechnet. Das Lager hält stand, d. h., die Körper gleiten nicht aufeinander, wenn

$$H/N \leqq \mu_0 = \tan \varrho_0 \quad (26)$$

ist, d. h., wenn die aus H und N resultierende Lagerreaktion innerhalb des Reibungskegels mit dem halben Öffnungswinkel ϱ_0 um die Flächennormale liegt (Bild 2-29b). ϱ_0 heißt *Ruhereibungswinkel*. Die *Ruhereibungszahl* μ_0 hängt von vielen Parametern ab, z. B. von der Werkstoffpaarung und der Oberflächenbeschaffenheit, aber in weiten Grenzen weder von der Größe der Berührungsfläche noch von N. Reibungszahlen sind tribologische Systemkenngrößen. Sie müssen experimentell bestimmt werden, siehe D 10.6.1 und D 11.8.3. Die Ruhereibungszahl ist im allg. etwas größer als die Gleitreibungszahl bei derselben Werkstoffpaarung.

Beispiel 2-12: In der Klemmvorrichtung von Bild 2-30a verursacht eine Zugkraft F im Fall der Ruhereibung Lagerreaktionen H_1, H_2, N_1 und N_2 am Keil (Bild 2-30b). Gleichgewicht verlangt $H_1 = H_2 \cos\alpha + N_2 \sin\alpha$ und $N_1 = N_2 \cos\alpha$

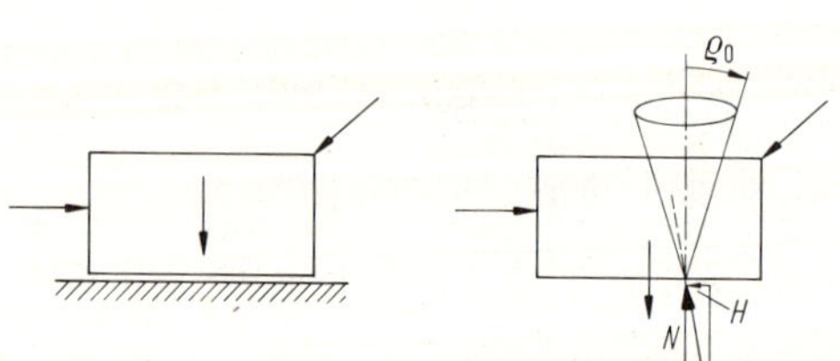

a b

Bild 2-29. **a** Eingeprägte Kräfte an einem Körper auf rauher Unterlage. **b** Wenn die Resultierende aus Normalkraft N und Ruhereibungskraft H wie gezeichnet innerhalb des Ruhereibungskegels liegt, herrscht Gleichgewicht. Eine Resultierende außerhalb des Kegels ist unmöglich.

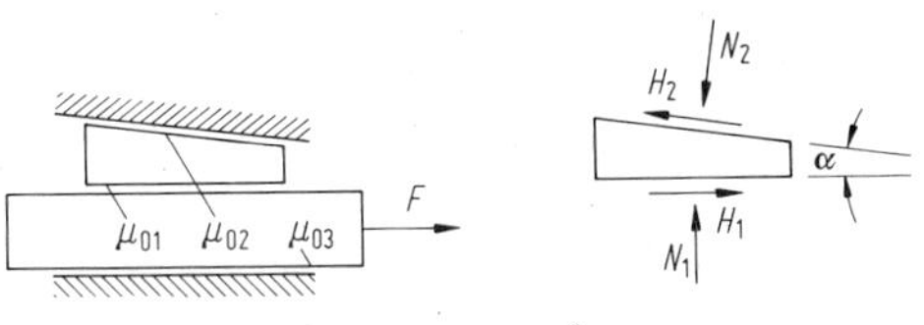

a b

Bild 2-30. **a** Klemmvorrichtung. **b** Der freigeschnittene Keil.

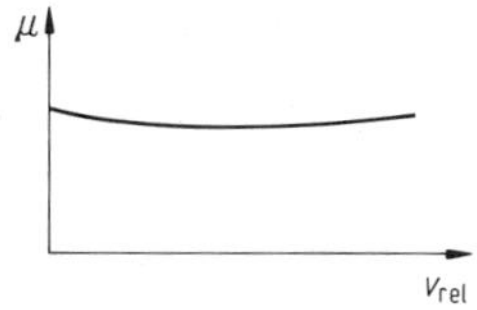

Bild 2-32. Die dargestellte Abhängigkeit der Gleitreibungszahl μ von der Relativgeschwindigkeit v_{rel} kann Ruckgleiten (stick-slip) verursachen.

$- H_2 \sin\alpha$, also

$$\frac{H_1}{N_1} = \frac{(H_2/N_2)\cos\alpha + \sin\alpha}{\cos\alpha - (H_2/N_2)\sin\alpha}.$$

Der Keil haftet an beiden Flächen, wenn $H_1/N_1 \leqq \tan\varrho_{01}$ und $H_2/N_2 \leqq \tan\varrho_{02}$ ist. Die erste Bedingung liefert

$$\tan\alpha \leqq \frac{\tan\varrho_{01} - H_2/N_2}{1 + \tan\varrho_{01}(H_2/N_2)}$$

und die zweite

$$\frac{\tan\varrho_{01} - H_2/N_2}{1 + \tan\varrho_{01}(H_2N_2)} \geqq \frac{\tan\varrho_{01} - \tan\varrho_{02}}{1 + \tan\varrho_{01}\tan\varrho_{02}} = \tan(\varrho_{01} - \varrho_{02}).$$

Also ist $\alpha \leqq \varrho_{01} - \varrho_{02}$ unabhängig von μ_{03} eine hinreichende Bedingung für das Funktionieren der Vorrichtung. Die Ruhereibungskräfte sind statisch unbestimmt.

2.5.2 Gleitreibungskräfte

Wenn trockene Berührungsflächen zweier Körper beschleunigt oder unbeschleunigt aufeinander gleiten, dann üben die Körper aufeinander *Gleitreibungskräfte* tangential zur Berührungsfläche aus, siehe D 10.6.1. Gleitreibungskräfte sind eingeprägte Kräfte. An jedem Körper ist die Kraft der Relativgeschwindigkeit dieses Körpers entgegengerichtet und vom Betrag $\mu N = \tan\varrho \cdot N$. Darin ist N die Anpreßkraft der Körper normal zur Berührungsfläche, μ die *Gleitreibungszahl* und ϱ der *Gleitreibungswinkel* (Bild 2-31 a, b). Eine Umkehrung der Relativgeschwindigkeit wird formal durch Änderung des Vorzeichens von μ berück-

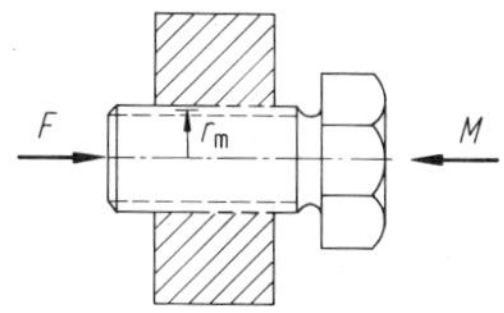

Bild 2-33. In den Gleichgewichtsbedingungen für die Schraube unter der Kraft F und dem Moment M spielen Normalkräfte und Gleitreibungskräfte an den Gewindeflanken eine Rolle.

sichtigt. μ ist wie μ_0 eine tribologische Systemkenngröße, die von vielen Parametern abhängt, z. B. von der Werkstoffpaarung und der Oberflächenbeschaffenheit, aber in weiten Grenzen weder von der Größe der Berührungsfläche noch von N, siehe D 10.6.1 und D 11.8.3. Für Näherungswerte von μ siehe Tabelle 2-5. Vom Betrag v_{rel} der Relativgeschwindigkeit ist μ in erster Näherung unabhängig. Eine schwache Abhängigkeit nach Bild 2-32 kann zu Ruckgleiten (stick-slip) führen und selbsterregte Schwingungen verursachen, z. B. das Rattern bei Drehmaschinen oder das Kreischen von Bremsen (vgl. Bild 4-15 und [6]).

Beispiel 2-13: Um eine Schraube mit Trapezgewinde nach Bild 2-33 unter einer Last F unbeschleunigt in Bewegung zu halten, muß man das Moment $M = Fr_{\text{m}}\tan(\alpha \pm \varrho)$ aufbringen ($+\varrho$ bei Vorschub gegen F und $-\varrho$ bei Vorschub mit F). Bei Spitzgewinde mit dem Spitzenwinkel β tritt $\varrho' = \arctan[\mu/\cos(\beta/2)]$ an die Stelle von $\varrho = \arctan\mu$. Bei Befestigungsschrauben muß $\alpha \leqq \varrho'$ sein.

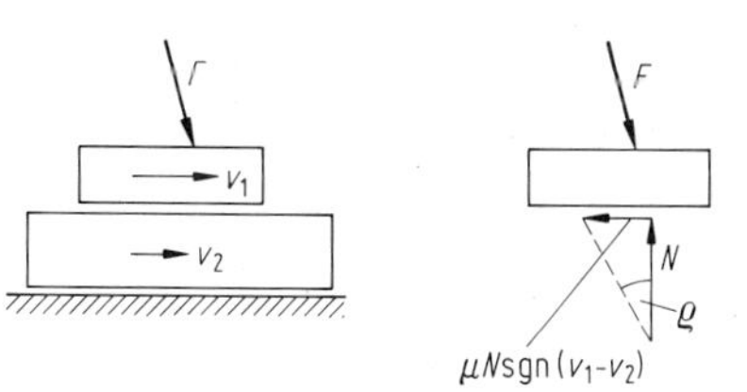

a b

Bild 2-31. **a** Relativ zueinander bewegte Körper. **b** Freikörperbild mit Gleitreibungskräften.

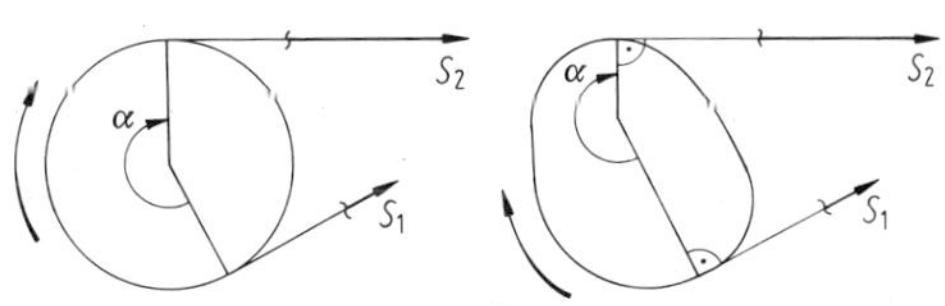

a b

Bild 2-34. Für kreiszylindrische (Bild a) und nicht kreiszylindrische Seiltrommeln (Bild b) gilt $S_2 = S_1 \exp(\mu\alpha)$, wenn das Seil in Pfeilrichtung auf den Trommeln gleitet.

Tabelle 2-5. Gleitreibungszahlen μ bei Festkörperreibung technisch trockener Oberflächen in Luft.
Hinweis: Reibungszahlen sind von vielen Parametern abhängige Systemkenngrößen, so daß die Tabelle nur Anhaltswerte liefert [3-5]. Die Ruhereibungszahl μ_0 einer Werkstoffpaarung ist i. allg. geringfügig größer als μ.

Werkstoff	μ für Paarung mit gleichem Werkstoff	μ für Paarung mit Stahl (0,13 % C; 3,4 % Ni)	
Aluminium	1,3	0,5	
Blei	1,5	1,2	
Chrom	0,4	0,5	
Eisen	1,0		
Kupfer	1,3	0,8	
Nickel	0,7	0,5	
Silber	1,4	0,5	
Gußeisen	0,4	0,4	
Stahl (austenitisch)	1,0		
Stahl (0,13 % C; 3,4 % Ni)	0,8	0,8	
Werkzeugstahl	0,4		
Konstantan (54 % Cu; 45 % Ni)		0,4	
Lagermetall (Pb-Basis)		0,5	
Lagermetall (Sn-Basis)		0,8	
Messing (70 % Cu; 30 % Zn)		0,5	
Phosphorbronze		0,3	
Gummi (Polyurethan)		1,6	niedrige Gleitgeschwindigkeit (gilt für Gummi (Polyurethan) bis PTFE)
Gummi (Isopren)		3-10	
Plexiglas (PMMA)		0,5	
Polyamid (Nylon)	1,2	0,4	
Polyethylen (HDPE)	0,4	0,08	
Polypropylen (PP)		0,3	
Polystyrol (PS)		0,5	
Polyvinylchlorid (PVC)		0,5	
Polytetrafluorethylen (PTFE; Teflon)	0,12	0,05	
Al_2O_3-Keramik	0,4	0,7	
Diamant	0,1		
Saphir	0,2		
Titancarbid	0,15		
Wolframcarbid	0,15		

Reibung an Seilen und Treibriemen. In einem biegeschlaffen Seil, das nach Bild 2-34a in der gezeichneten Richtung über eine Trommel gleitet, besteht zwischen den Seilkräften S_1 am Einlauf und S_2 am Auslauf die Beziehung $S_2 = S_1 \exp(\mu\alpha)$. Sie gilt auch für nicht kreisförmige Trommelquerschnitte (Bild 2-34b). Bei haftendem Seil ist $S_2 \leqq S_1 \exp(\mu_0\alpha)$. Ein laufender Treibriemen hat in einem Bereich $\beta \leqq \alpha$ des Umschlingungswinkels α wegen Änderung seiner Dehnung längs des Umfangs Schlupf. Auf dem Restbogen $\alpha - \beta$ haftet er. Bei Vollast ist $\beta = \alpha$. Dann ist $S_2 - \mu^* v^2 = (S_1 - \mu^* v^2)\exp(\mu\alpha)$, wobei die Massenbelegung μ^* = Masse/Länge und die Riemengeschwindigkeit v den Fliehkrafteinfluß berücksichtigen. $(S_1 + S_2)/2 = S_v$ ist die Kraft, mit der der ruhende Riemen gleichmäßig vorgespannt wird. Zur Erzeugung eines geforderten Reibmoments

$$M = r(S_2 - S_1) = r(S_1 - \mu^* v^2)(\exp(\mu\alpha) - 1)$$

muß man S_v passend wählen. Bei Keilriemen mit dem Keilwinkel γ tritt $\mu/\sin(\gamma/2)$ an die Stelle von μ.

2.6 Stabilität von Gleichgewichtslagen

Zur Definition der *Stabilität* siehe 3.7. Bei einem konservativen System (siehe 2.1.14) hat die potentielle Energie V des Systems in jeder Gleichgewichtslage einen stationären Wert. Das Gleichgewicht ist stabil bei Minima und instabil bei Maxima und Sattelpunkten. Bei einem System mit n Freiheitsgraden und mit n Koordinaten

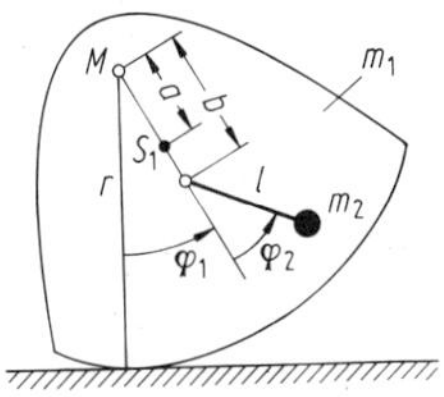

Bild 2-35. Ein Rollpendel (Masse m_1, Schwerpunkt S_1, Kreismittelpunkt M) mit daranhängendem Pendel (m_2, l) hat die stabile oder instabile Gleichgewichtslage $\varphi_1 = \varphi_2 = 0$.

$q_1, \ldots, q_n$ ist V eine Funktion von $q_1, \ldots, q_n$. Ein Minimum liegt vor, wenn die symmetrische $(n \times n)$-Matrix aller zweiten partiellen Ableitungen $\partial^2 V/\partial q_i \partial q_j$ in der Gleichgewichtslage n positive Hauptminoren hat.

Beispiel 2-14: Der Körper in Bild 2-35 mit daranhängendem Pendel kann mit seiner zylindrischen Unterseite auf dem Boden rollen. Unter welchen Bedingungen ist die Gleichgewichtslage $\varphi_1 = \varphi_2 = 0$ stabil? Lösung: Die potentielle Energie ist

$$V(\varphi_1, \varphi_2) = -m_1 g a \cos\varphi_1 - m_2 g \times (b\cos\varphi_1 + l\cos(\varphi_1 + \varphi_2))\,.$$

Die Matrix der zweiten partiellen Ableitungen an der Stelle $\varphi_1 = \varphi_2 = 0$ ist

$$\begin{bmatrix} m_1 g a + m_2 g(b+l) & m_2 g l \\ m_2 g l & m_2 g l \end{bmatrix}.$$

Ihre Hauptminoren — das Element (1, 1) und die Determinante — sind positiv, wenn $l > 0$ (hängendes Pendel) und $m_1 a + m_2 b > 0$ ist. $a < 0$ bedeutet, daß S_1 oberhalb von M liegt und $b < 0$, daß der Pendelaufhängepunkt oberhalb von M liegt.

In der Statik spricht man von einer *indifferenten Gleichgewichtslage*, wenn es in jeder beliebig kleinen Umgebung der Lage Lagen mit gleicher potentieller Energie, aber keine Lagen mit kleinerer potentieller Energie gibt. Ein Beispiel ist eine Punktmasse in den tiefsten Lagen einer horizontal liegenden Zylinderschale. Indifferente Gleichgewichtslagen sind als instabil zu bezeichnen, wenn man als Störungen nicht nur Auslenkungen, sondern auch Anfangsgeschwindigkeiten berücksichtigt (siehe 3.7).

3 Kinetik starrer Körper

3.1 Grundlagen

3.1.1 Inertialsystem und absolute Beschleunigung

In der klassischen (nicht-relativistischen) Mechanik wird die Existenz von Bezugskoordinatensystemen vorausgesetzt, die sich ohne Beschleunigung bewegen. Sie heißen *Inertialsysteme* (vgl. B 2.3). Jedes Koordinatensystem, das sich relativ zu einem Inertialsystem rein translatorisch mit konstanter Geschwindigkeit bewegt, ist selbst ein Inertialsystem. Geschwindigkeiten und Beschleunigungen relativ zu einem Inertialsystem heißen *absolute Geschwindigkeiten* bzw. *Beschleunigungen*. Punkte und Koordinatensysteme, die im Inertialsystem fest sind, heißen auch *raumfest*. Erdfeste Bezugssysteme sind wegen der Erddrehung beschleunigt, allerdings so wenig, daß man sie beim Studium vieler Bewegungsvorgänge als Inertialsysteme ansehen kann.

3.1.2 Impuls

Für ein Massenelement $\mathrm{d}m$ mit der absoluten Geschwindigkeit $\boldsymbol{v}$ ist der *Impuls* oder die *Bewegungsgröße* $\boldsymbol{p}$ definiert als $\boldsymbol{p} = \boldsymbol{v}\,\mathrm{d}m$. Ein starrer oder nichtstarrer Körper (Masse m, absolute Schwerpunktsgeschwindigkeit $\boldsymbol{v}_S$) hat den Impuls $\boldsymbol{p} = \int \boldsymbol{v}\,\mathrm{d}m = \boldsymbol{v}_S m$, und für ein System aus n Körpern ist

$$\boldsymbol{p} = \int \boldsymbol{v}\,\mathrm{d}m = \sum_{i=1}^{n} \boldsymbol{v}_{Si} m_i = \boldsymbol{v}_S m_{\mathrm{ges}} \qquad (1)$$

(m_{ges} Masse und $\boldsymbol{v}_S$ Schwerpunktsgeschwindigkeit des Gesamtsystems).

3.1.3 Newtonsche Axiome

Für einen rein translatorisch bewegten starren Körper der konstanten Masse m gilt das zweite Newtonsche Axiom

$$m\boldsymbol{a} = \boldsymbol{F} \qquad (2)$$

($\boldsymbol{a} = \ddot{\boldsymbol{r}}$ absolute Beschleunigung, $\boldsymbol{F}$ resultierende äußere Kraft). Als Beispiele siehe den freien Fall und den schiefen Wurf in B 2.1.
Aus dem 2. und 3. *Newtonschen Axiom* (siehe B 3.2 und B 3.3) folgt für beliebige Systeme mit konstanter Masse für beliebige Bewegungen (auch Drehbewegungen) die Verallgemeinerung von (2)

$$m_{\mathrm{ges}} \boldsymbol{a}_S = \boldsymbol{F}_{\mathrm{res}} \qquad (3)$$

(m_{ges} Masse des Gesamtsystems, $\boldsymbol{a}_S = \ddot{\boldsymbol{r}}_S$ absolute Beschleunigung des Systemschwerpunkts S, $\boldsymbol{F}_{\mathrm{res}}$

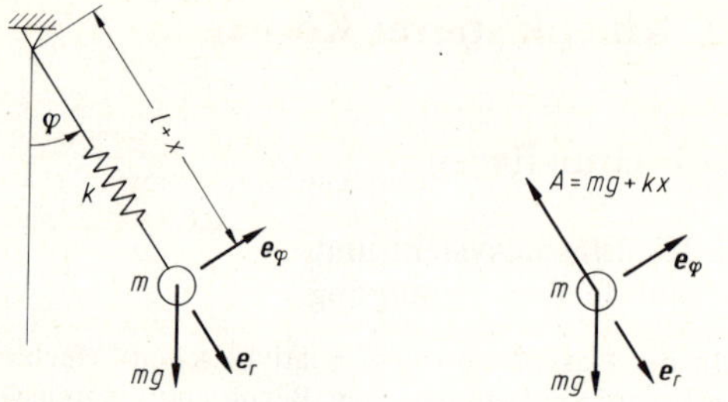

Bild 3-1. Federpendel **a** mit Freikörperbild **b**.

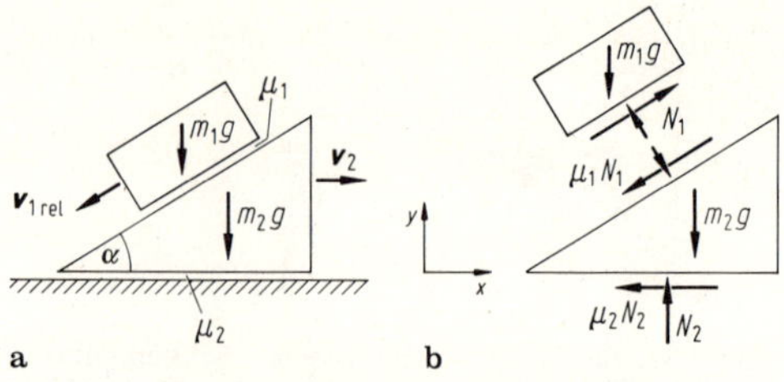

Bild 3-3. **a** Zweikörpersystem. **b** Freikörperbild. Die gezeichneten Gleitreibungskräfte setzen voraus, daß sich Körper 1 nach unten und Körper 2 nach rechts bewegt.

Resultierende aller äußeren Kräfte). (2) und (3) liefern in Verbindung mit dem Schnittprinzip (siehe 2.1.12) Differentialgleichungen der Bewegung und Ausdrücke für Zwangskräfte.

Beispiel 3-1: Das Federpendel in Bild 3-1a hat im statischen Gleichgewicht die Länge l. Für die Verlängerung x und den Winkel φ sollen zwei Bewegungsgleichungen aufgestellt werden. Man schneidet die Punktmasse frei (Bild 3-1b). Die Federkraft ist $\boldsymbol{A} = -(mg + kx)\,\boldsymbol{e}_r$. In (2) ist $\boldsymbol{F} = \boldsymbol{A} + m\boldsymbol{g}$ und nach (1-7)

$$\boldsymbol{a} = [\ddot{x} - (l + x)\,\dot{\varphi}^2]\,\boldsymbol{e}_r + [(l + x)\,\ddot{\varphi} + 2\dot{x}\dot{\varphi}]\,\boldsymbol{e}_\varphi .$$

Zerlegung von (2) in die Richtungen $\boldsymbol{e}_r$, $\boldsymbol{e}_\varphi$ liefert die gesuchten Gleichungen

$$\ddot{x} - (l + x)\,\dot{\varphi}^2 + (k/m)\,x + g\,(1 - \cos\varphi) = 0\,,$$
$$(l + x)\,\ddot{\varphi} + 2\dot{x}\dot{\varphi} + g\sin\varphi = 0\,.$$

Beispiel 3-2: Auf das Zweikörpersystem mit Feder auf reibungsfreier schiefer Ebene (Bild 3-2a) wirkt in x-Richtung die äußere Kraft $(m_1 + m_2)\,g\sin\alpha$. Nach (3) bewegt sich der Gesamtschwerpunkt S mit der konstanten Beschleunigung $\ddot{x}_S = g\sin\alpha$. Für die freigeschnittenen Körper in Bild 3-2b mit der Federkraft $k\,(x_2 - x_1 - l_0)$ lautet (2)

$$m_1\ddot{x}_1 = m_1 g\sin\alpha + k\,(x_2 - x_1 - l_0)\,,$$
$$m_2\ddot{x}_2 = m_2 g\sin\alpha - k\,(x_2 - x_1 - l_0)\,.$$

Multiplikation der ersten Gleichung mit m_2, der zweiten mit m_1 und Subtraktion liefern

$$m_1 m_2\,(\ddot{x}_2 - \ddot{x}_1) = -(m_1 + m_2)\,k\,(x_2 - x_1 - l_0)$$

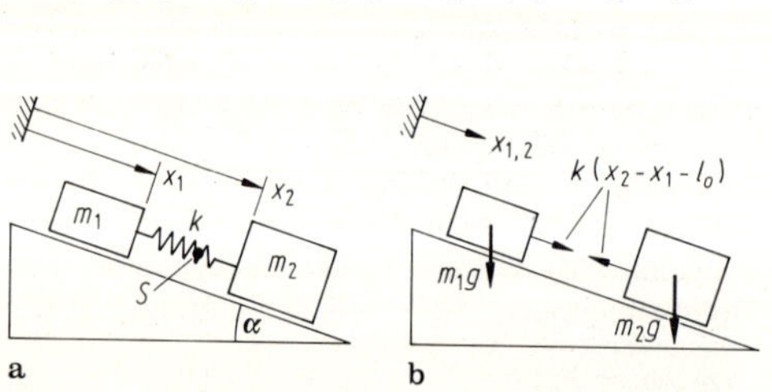

Bild 3-2. **a** Zweikörpersystem auf reibungsfreier schiefer Ebene; **b** Freikörperbild. l_0 ist die Länge der ungespannten Feder.

oder mit der Federverlängerung $z = x_2 - x_1 - l_0$ und mit $\omega_0^2 = k(m_1 + m_2)/(m_1 m_2)$ die Schwingungsgleichung $\ddot{z} + \omega_0^2 z = 0$ mit der Lösung $z = A\cos(\omega_0 t - \varphi)$.

Beispiel 3-3: Die Beschleunigungen der Massen m_1 und m_2 in Bild 3-3a und die Normalkräfte N_1 und N_2 in den beiden reibungsbehafteten Berührungsflächen werden an den freigeschnittenen Körpern in Bild 3-3b ermittelt. (2) liefert

$$m_1\ddot{x}_1 = -N_1\sin\alpha + \mu_1 N_1\cos\alpha\,,$$
$$m_1\ddot{y}_1 = N_1\cos\alpha + \mu_1 N_1\sin\alpha - m_1 g\,,$$
$$m_2\ddot{x}_2 = N_1\sin\alpha - \mu_1 N_1\cos\alpha - \mu_2 N_2\,,$$
$$m_2\ddot{y}_2 = -N_1\cos\alpha - \mu_1 N_1\sin\alpha + N_2 - m_2 g = 0\,.$$

Die Relativbeschleunigung $(\ddot{x}_1 - \ddot{x}_2, \ddot{y}_1)$ hat die Richtung der schiefen Ebene, so daß $\ddot{y}_1 = (\ddot{x}_1 - \ddot{x}_2)\tan\alpha$ ist. Das sind fünf Gleichungen für die Unbekannten $\ddot{x}_1$, $\ddot{x}_2$, $\ddot{y}_1$, N_1 und N_2.

3.1.4 Impulssatz. Impulserhaltungssatz

Integration von (3) über t in den Grenzen von t_0 bis t liefert den Impulssatz

$$m_{\text{ges}}[\boldsymbol{v}_S(t) - \boldsymbol{v}_S(t_0)] = \int_{t_0}^{t} \boldsymbol{F}_{\text{res}}\,\mathrm{d}t\,. \qquad (4)$$

Wenn $\boldsymbol{F}_{\text{res}}$ explizit als Funktion von t bekannt ist, ist das Integral berechenbar. Es liefert Größe und Richtung der Schwerpunktsgeschwindigkeit $\boldsymbol{v}_S(t)$. Wenn die resultierende äußere Kraft $\boldsymbol{F}_{\text{res}}$ am System insbesondere identisch null ist oder eine identisch verschwindende Komponente in einer Richtung $\boldsymbol{e}$ hat, dann ist die Geschwindigkeit $\boldsymbol{v}_S(t)$ bzw. die entsprechende Komponente von $\boldsymbol{v}_S(t)$ konstant, d. h. mit (1)

$$\sum_{i=1}^{n} \boldsymbol{v}_{Si} m_i = \text{const} \quad \text{bzw.} \quad \boldsymbol{e}\cdot\sum_{i=1}^{n} \boldsymbol{v}_{Si} m_i = \text{const}\,. \qquad (5)$$

Das ist der *Impulserhaltungssatz.*

Beispiel 3-4: Wenn in Bild 3-3a $\mu_2 = 0$ ist, dann ist $\boldsymbol{F}_{\text{res}}$ und damit $\boldsymbol{a}_S$ vertikal gerichtet. Wenn das System aus der Ruhe heraus losgelassen wird, bewegt sich sein Gesamtschwerpunkt S also vertikal nach unten ($m_1\dot{x}_1 + m_2\dot{x}_2 = 0$ und $m_1 x_1 + m_2 x_2 = \text{const}$).

3.1.5 Kinetik der Punktmasse im beschleunigten Bezugssystem

Relativ zu einem beschleunigt bewegten Bezugssystem bewegt sich eine Punktmasse m unter dem Einfluß einer Kraft $\boldsymbol{F}$ mit einer Beschleunigung $\boldsymbol{a}_{\text{rel}}$. Mit (2) und (1-35b) gilt

$$m\boldsymbol{a}_{\text{rel}} = \boldsymbol{F} + [-m\boldsymbol{a}_{\text{A}} - m\dot{\boldsymbol{\omega}} \times \boldsymbol{\varrho} - m\boldsymbol{\omega} \times (\boldsymbol{\omega} \times \boldsymbol{\varrho}) - 2m\boldsymbol{\omega} \times \boldsymbol{v}_{\text{rel}}]\,. \tag{6}$$

Die Ausdrücke in Klammern heißen *Trägheitskräfte*. Insbesondere heißt $-m\boldsymbol{\omega} \times (\boldsymbol{\omega} \times \boldsymbol{\varrho}) = -m(\boldsymbol{\omega} \cdot \boldsymbol{\varrho})\,\boldsymbol{\omega} + m\omega^2\boldsymbol{\varrho}$ *Zentrifugalkraft* oder *Fliehkraft* und $-2m\boldsymbol{\omega} \times \boldsymbol{v}_{\text{rel}}$ *Corioliskraft*.

Beispiel 3-5: Das Fadenpendel in Bild 3-4a (Masse m, Länge l, Aufhängepunkt B) bewegt sich relativ zu der mit $\omega = \text{const}$ um A rotierenden Scheibe in der Scheibenebene. $\boldsymbol{a}_{\text{A}} = \boldsymbol{o}$, $\dot{\boldsymbol{\omega}} = \boldsymbol{o}$, $\boldsymbol{\omega} \cdot \boldsymbol{\varrho} = 0$. Die Fliehkraft $m\omega^2\boldsymbol{\varrho}$ und die Corioliskraft sind eingezeichnet. Die erstere hat im Fall $\varphi \ll 1$ den Betrag $m\omega^2(R + l)$ und die in Bild 3-4b angegebenen Koordinaten. Wenn man das Gewicht vernachlässigt, stellt in (6) $\boldsymbol{F}$ die Fadenkraft dar. $\boldsymbol{a}_{\text{rel}}$ hat die Umfangskoordinate $l\ddot{\varphi}$. Gleichheit der Momente beider Seiten von (6) bezüglich B bedeutet $ml^2\ddot{\varphi} = m\omega^2[-(R + l)\,l\varphi + l^2\varphi]$ oder $\ddot{\varphi} + \omega_0^2\varphi = 0$ mit der Pendeleigenfrequenz $\omega_0 = \omega\sqrt{R/l}$.

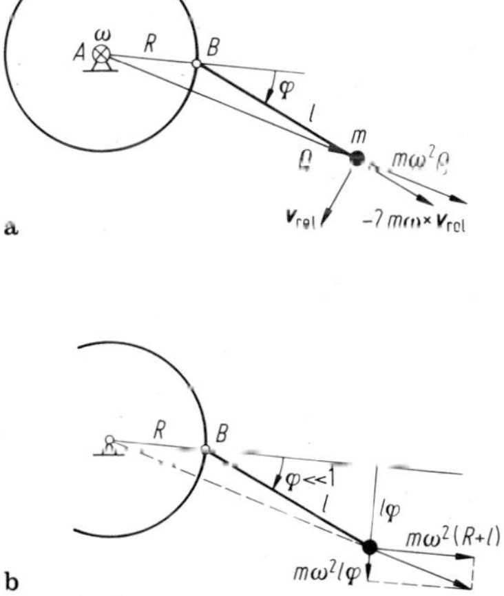

Bild 3-4. a Rotierende Scheibe mit Pendel bei B. Im rotierenden System treten die gezeichneten Zentrifugal- und Corioliskräfte auf. Nur die Zentrifugalkraft hat ein Moment um B. b Kräfte und Hebelarme im Fall $\varphi \ll 1$. Das Gewicht wird vernachlässigt.

3.1.6 Trägheitsmomente. Trägheitstensor

Für einen starren Körper sind bezüglich jeder körperfesten Basis $\underline{e}$ mit beliebigem Ursprung A (Bild 3-5) axiale *Trägheitsmomente* J_{ii}^{A} und *Deviationsmomente* (auch *zentrifugale Trägheitsmomente*) J_{ij}^{A} definiert (siehe auch B 7.2):

$$J_{ii}^{\text{A}} = \int_m (x_j^2 + x_k^2)\,\mathrm{d}m\,, \quad J_{ij}^{\text{A}} = -\int_m x_i x_j\,\mathrm{d}m \tag{7}$$

($i, j, k = 1, 2, 3$ verschieden)

(Koordinaten x_1, x_2, x_3 von $\mathrm{d}m$ in $\underline{e}$, Integrationen über die gesamte Masse). $x_j^2 + x_k^2$ ist das Abstandsquadrat des Massenelements von der Achse $\boldsymbol{e}_i$. Zwischen diesen Trägheitsmomenten und den Trägheitsmomenten bezüglich einer zu $\underline{e}$ parallelen Basis im Schwerpunkt S (im Bild 3-5 gestrichelt) bestehen die Beziehungen von Huygens und Steiner

$$J_{ii}^{\text{A}} = J_{ii}^{\text{S}} + (x_{Sj}^2 + x_{Sk}^2)\,m\,, \quad J_{ij}^{\text{A}} = J_{ij}^{\text{S}} - x_{Si}x_{Sj}m \tag{8}$$

($i, j, k = 1, 2, 3$ verschieden).

Darin sind x_{S1}, x_{S2} und x_{S3} die Koordinaten von S in $\underline{e}$. Die axialen und die zentrifugalen Trägheitsmomente bezüglich der Basis $\underline{e}$ in A bilden die symmetrische *Trägheitsmatrix*

$$\underline{J}^{\text{A}} = \begin{bmatrix} J_{11} & J_{12} & J_{13} \\ J_{12} & J_{22} & J_{23} \\ J_{13} & J_{23} & J_{33} \end{bmatrix}^{\text{A}}. \tag{9}$$

Sie ist die Komponentenmatrix des *Trägheitstensors* $\boldsymbol{J}^{\text{A}}$ in der Basis $\underline{e}$.

Für einen beliebigen Bezugspunkt A (der Index A wird im folgenden weggelassen) gelten die Ungleichungen

$$J_{ii} + J_{jj} \geqq J_{kk}\,, \quad J_{ii} \geqq 2\,|J_{jk}|\,, \quad J_{ii}J_{jj} \geqq J_{ij}^2$$

($i, j, k = 1, 2, 3$ verschieden).

Zwischen den Trägheitsmatrizen $\underline{J}^1$ und $\underline{J}^2$ bezüglich zweier gegeneinander gedrehter Basen $\underline{e}^1$ und $\underline{e}^2$ mit demselben Ursprung A besteht die Beziehung

$$\underline{J}^2 = \underline{A}\,\underline{J}^1\underline{A}^{\text{T}}\,. \tag{10}$$

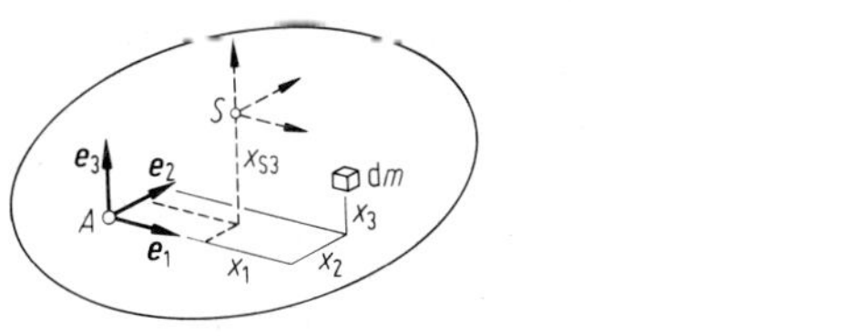

Bild 3-5. Größen zur Erklärung des Begriffs Massenträgheitsmoment.

Tabelle 3-1. Massen und Massenträgheitsmomente homogener, massiver Körper und dünner Schalen. Dünne Schalen haben die konstante Wanddicke $t \ll r$. Sie haben an den Enden (z. B. bei Zylindern und Kegeln) keine Deckel.

Quader	Prisma und Stab	Rechteckpyramide	Kreiskegelstumpf
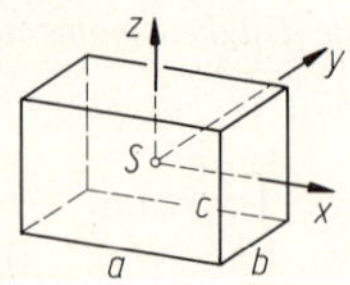 $m = \varrho abc$ $J_x = m(b^2+c^2)/12$ $J_y = m(c^2+a^2)/12$ $J_z = m(a^2+b^2)/12$	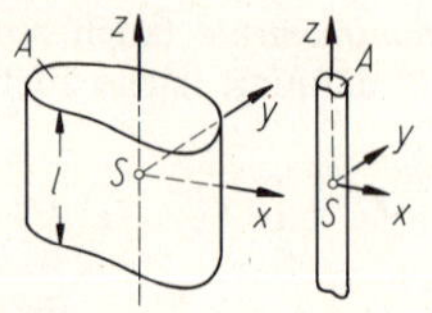 $m = \varrho Al$ $J_x = J_y = ml^2/12$ (nur für dünne Stäbe) $J_z = \varrho l(I_x + I_y)$ (Flächenmomente 2. Grades I_x, I_y des Querschnitts)	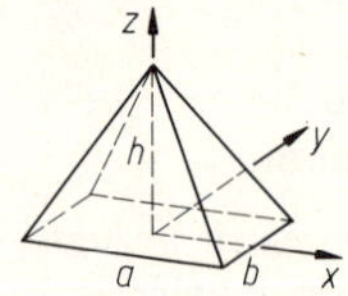 $m = \varrho abh/3$ $J_x = m(b^2+2h^2)/20$ $J_y = m(a^2+2h^2)/20$ $J_z = m(a^2+b^2)/20$	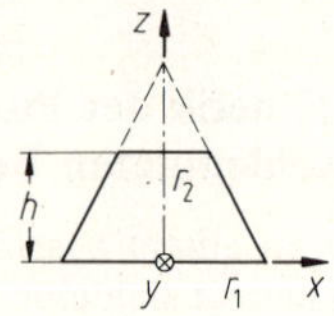 $m = \varrho\pi h(r_1^2 + r_1 r_2 + r_2^2)/3$ $J_z = (3m/10)(r_2^5 - r_1^5)/(r_2^3 - r_1^3)$
Kreistorus	**(Hohl-) Kugel**	**(Hohl-) Zylinder**	**Kreiskegel**
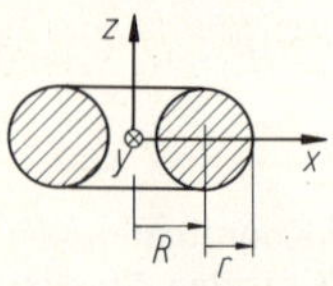 massiv: $m = \varrho 2\pi^2 Rr^2$ $J_x = J_y = m(4R^2+5r^2)/8$ $J_z = m(R^2+3r^2)/4$ dünne Schale: $m = \varrho 4\pi^2 Rrt$ $J_x = J_y = m(2R^2+5r^2)/4$ $J_z = m(R^2+6r^2)/4$	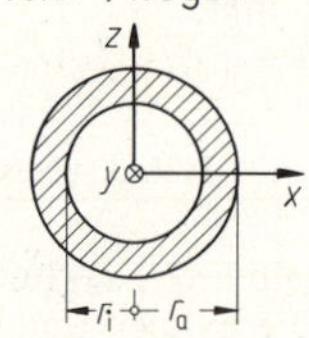 massiv: $m = (4/3)\varrho\pi(r_a^3 - r_i^3)$ $J_x = J_y = J_z =$ $= (2/5)m(r_a^5 - r_i^5)/(r_a^3 - r_i^3)$ dünne Schale: $m = \varrho 4\pi r^2 t$ $J_x = J_y = J_z = 2mr^2/3$	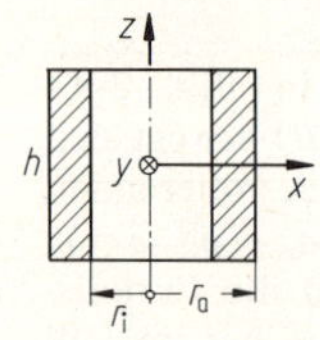 massiv: $m = \varrho\pi(r_a^2 - r_i^2)h$ $J_x = J_y = m(r_a^2 + r_i^2 + h^2/3)/4$ $J_z = m(r_a^2 + r_i^2)/2$ dünne Schale: $m = \varrho 2\pi rht$ $J_x = J_y = m(6r^2 + h^2)/12$ $J_z = mr^2$	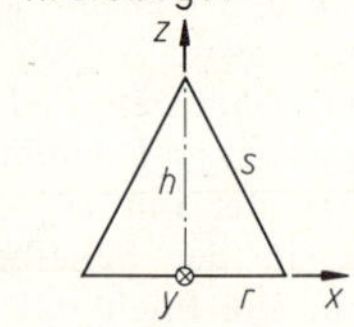 massiv: $m = \varrho\pi r^2 h/3$ $J_x = J_y = m(3r^2+2h^2)/20$ $J_z = 3mr^2/10$ dünne Schale: $m = \varrho\pi rst$ $J_x = J_y = m(3r^2+2h^2)/12$ $J_z = mr^2/2$

Kugelschicht	Rotationsparaboloid	allgemeiner Rotationskörper
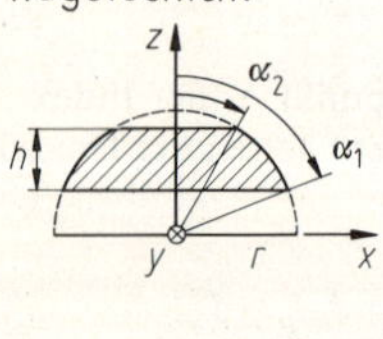 $0 \leq \alpha_2 < \alpha_1 \leq \pi$ $c_1 = \cos\alpha_1$ $c_2 = \cos\alpha_2$ massiv: $m = \varrho\pi r^3[c_2 - c_1 - (c_2^3 - c_1^3)/3]$ $J_x = J_y = (\pi/2)\varrho r^5[(c_2-c_1)/2 - (c_2^3-c_1^3)/3 - 3(c_2^5-c_1^5)/10]$ $J_z = (\pi/2)\varrho r^5[c_2 - c_1 - 2(c_2^3-c_1^3)/3 + (c_2^5-c_1^5)/5]$ dünne Schale: $m = \varrho 2\pi hrt$ $J_x = J_y = (1/2)mr^2[1 + (r/h)(c_2^3 - c_1^3)/3]$ $J_z = mr^2[1 - (r/h)(c_2^3 - c_1^3)/3]$	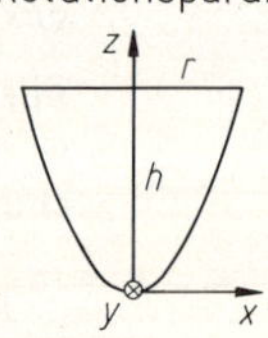 massiv: $m = \varrho\pi r^2 h/2$ $J_z = mr^2/3$ dünne Schale: $m = (\varrho\pi/6)(tr^4/h^2)[(1+4h^2/r^2)^{3/2} - 1]$ $J_z = mr^2 z_S/h$ (z_S siehe Tabelle 2-2)	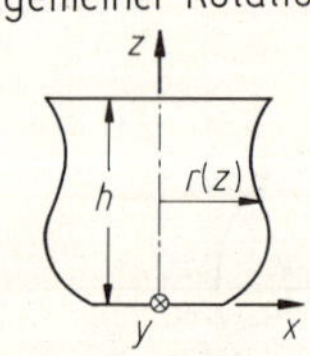 massiv: $m = \varrho\pi\int_0^h r^2(z)\,dz$ $J_z = (\varrho\pi/2)\int_0^h r^4(z)\,dz$ dünne Schale: $m = \varrho 2\pi t\int_0^h r(z)\sqrt{1+(dr/dz)^2}\,dz$ $J_z = \varrho 2\pi t\int_0^h r^3(z)\sqrt{1+(dr/dz)^2}\,dz$

Darin ist $\underline{A}$ die Koordinatentransformationsmatrix aus der Beziehung $\underline{e}^2 = \underline{A}\,\underline{e}^1$ (vgl. 1.2.1). Tabelle 3-1 gibt Trägheitsmomente für massive Körper und dünne Schalen an.

Der *Trägheitsradius i* eines Körpers bezüglich einer körperfesten Achse ist durch die Gleichung $J = mi^2$ definiert (m Masse des Körpers, J axiales Trägheitsmoment des Körpers bezüglich der Achse).

Hauptachsen. Hauptträgheitsmomente. Für jeden Bezugspunkt A gibt es ein *Hauptachsensystem*, in dem die Trägheitsmatrix nur Diagonalelemente, die sog. *Hauptträgheitsmomente* J_1, J_2 und J_3 hat. Wenn die Trägheitsmatrix $\underline{J}$ für eine Basis $\underline{e}$ mit dem Ursprung A bekannt ist, ergeben sich die Hauptträgheitsmomente J_i und die Einheitsvektoren $\boldsymbol{n}_i$ ($i = 1, 2, 3$) in Richtung der Hauptachsen als Eigenwerte bzw. Eigenvektoren des Eigenwertproblems $(\underline{J} - J_i\,\underline{E})\underline{n}_i = \underline{0}$. Bei einem homogenen

Körper ist jede Symmetrieachse eine Hauptträgheitsachse.

3.1.7 Drall

Der *Drall* $\boldsymbol{L}^0$ (auch *Drehimpuls* oder Impulsmoment) eines beliebigen Systems bezüglich eines raumfesten Punktes 0 ist das resultierende Moment der Bewegungsgrößen $\boldsymbol{v}\,\mathrm{d}m$ seiner Massenelemente bezüglich 0,

$$\boldsymbol{L}^0 = \int_m \boldsymbol{r} \times \boldsymbol{v}\,\mathrm{d}m. \tag{11}$$

Für eine Punktmasse m am Ortsvektor $\boldsymbol{r}$ ist $\boldsymbol{L}^0 = \boldsymbol{r} \times \boldsymbol{v}m$.
Für einen starren Körper mit der Masse m und dem Trägheitstensor $\boldsymbol{J}^{\mathrm{A}}$ bezüglich eines beliebigen körperfesten Punktes A ist (Bild 3-6)

$$\boldsymbol{L}^0 = \boldsymbol{J}^{\mathrm{A}} \cdot \boldsymbol{\omega} + (\boldsymbol{r}_{\mathrm{A}} \times \boldsymbol{v}_{\mathrm{S}} + \boldsymbol{\varrho}_{\mathrm{S}} \times \boldsymbol{v}_{\mathrm{A}})\, m \tag{12}$$

($\boldsymbol{\omega}$ absolute Winkelgeschwindigkeit, $\boldsymbol{v}_{\mathrm{A}} = \dot{\boldsymbol{r}}_{\mathrm{A}}$ und $\boldsymbol{v}_{\mathrm{S}} = \dot{\boldsymbol{r}}_{\mathrm{S}}$ absolute Geschwindigkeiten von A bzw. des Schwerpunkts S, $\boldsymbol{\varrho}_{\mathrm{S}} = \overrightarrow{AS}$). Sonderfälle: Wenn es einen raumfesten Körperpunkt gibt, dann wählt man ihn als Punkt A und als Punkt 0, so daß $\boldsymbol{L}^0 = \boldsymbol{J}^0 \cdot \boldsymbol{\omega}$ ist. Wenn $A = S$ gewählt wird, dann ist bei beliebiger Bewegung $\boldsymbol{L}^0 = \boldsymbol{J}^{\mathrm{S}} \cdot \boldsymbol{\omega} + \boldsymbol{r}_{\mathrm{S}} \times \boldsymbol{v}_{\mathrm{S}} m$.
In einer Basis $\underline{e}$, in der $\boldsymbol{J}^{\mathrm{A}}$ und $\boldsymbol{\omega}$ die Komponentenmatrizen $\underline{J}^{\mathrm{A}}$ bzw. $\underline{\omega}$ haben, hat $\boldsymbol{J}^{\mathrm{A}} \cdot \boldsymbol{\omega}$ die Komponentenmatrix $\underline{J}^{\mathrm{A}}\underline{\omega}$ und speziell im Hauptachsensystem die Komponenten $(J_1^{\mathrm{A}}\omega_1,\ J_2^{\mathrm{A}}\omega_2,\ J_3^{\mathrm{A}}\omega_3)$. Bei n Freiheitsgraden der Rotation ($n = 1, 2$ oder 3) kann $\boldsymbol{\omega}$ durch n Winkelkoordinaten und deren Ableitungen ausgedrückt werden (siehe (1-27a), (1-28a)).

3.1.8 Drallsatz (Axiom von Euler)

Der *Drallsatz* sagt aus: Für jedes System ist die Zeitableitung des Dralls $\boldsymbol{L}^0$ im Inertialraum gleich dem resultierenden Moment aller am System angreifenden äußeren Kräfte bezüglich desselben Punktes 0,

$$\frac{\mathrm{d}\boldsymbol{L}^0}{\mathrm{d}t} = \boldsymbol{M}^0. \tag{13}$$

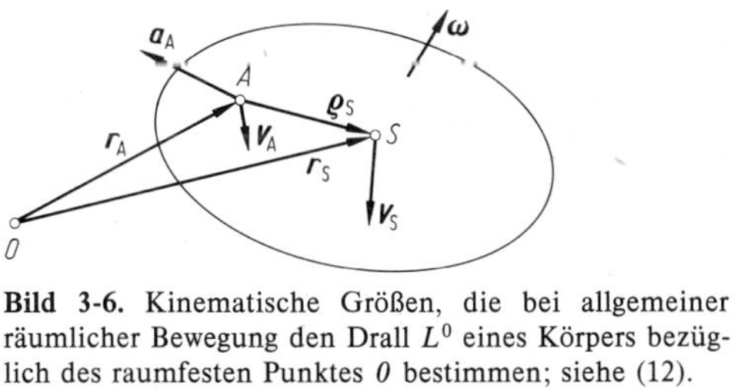

Bild 3-6. Kinematische Größen, die bei allgemeiner räumlicher Bewegung den Drall L^0 eines Körpers bezüglich des raumfesten Punktes 0 bestimmen; siehe (12).

Für eine Punktmasse m am Ortsvektor $\boldsymbol{r}$ lautet der Satz

$$\frac{\mathrm{d}(\boldsymbol{r} \times \boldsymbol{v}m)}{\mathrm{d}t} = \boldsymbol{r} \times \boldsymbol{a}m = \boldsymbol{M}^0 \quad \text{mit} \quad \boldsymbol{a} = \dot{\boldsymbol{v}} = \ddot{\boldsymbol{r}}. \tag{14}$$

Jeder sich nicht rein translatorisch bewegende starre Körper ist ein *Kreisel*. Für ihn entsteht aus (13), (12) und (1-5)

$$\boldsymbol{J}^{\mathrm{A}} \cdot \dot{\boldsymbol{\omega}} + \boldsymbol{\omega} \times \boldsymbol{J}^{\mathrm{A}} \cdot \boldsymbol{\omega} + \boldsymbol{\varrho}_{\mathrm{S}} \times \boldsymbol{a}_{\mathrm{A}} m = \boldsymbol{M}^{\mathrm{A}} \tag{15}$$

($\boldsymbol{a}_{\mathrm{A}} = \ddot{\boldsymbol{r}}_{\mathrm{A}}$ absolute Beschleunigung von A; siehe Bild 3-6). Die Gleichung wird z. B. auf ein Pendel angewendet, dessen Aufhängepunkt A eine vorgegebene Beschleunigung $\boldsymbol{a}_{\mathrm{A}}(t)$ hat. Im Sonderfall $\boldsymbol{a}_{\mathrm{A}} = \boldsymbol{o}$ und bei beliebigen Bewegungen im Fall $A = S$ lautet (15):

$$\boldsymbol{J}^{\mathrm{A}} \cdot \dot{\boldsymbol{\omega}} + \boldsymbol{\omega} \times \boldsymbol{J}^{\mathrm{A}} \cdot \boldsymbol{\omega} = \boldsymbol{M}^{\mathrm{A}}. \tag{16}$$

Drehung um eine feste Achse. Ebene Bewegung. In Bild 3-7a und b ist $\boldsymbol{\omega} = \dot{\varphi}\boldsymbol{e}_3$ bei konstanter Richtung von $\boldsymbol{e}_3$. Die $\boldsymbol{e}_3$-Koordinate von (16) lautet in beiden Fällen

$$J_{33}^{\mathrm{A}}\ddot{\varphi} = M_3^{\mathrm{A}}. \tag{17}$$

Das ist eine Differentialgleichung für $\varphi(t)$, wenn M_3^{A} bekannt ist.

Beispiel 3-6: Wenn Bild 3-7a ein Pendel mit dem Gewicht mg am Schwerpunkt S und mit der Gleichgewichtslage $\varphi = 0$ darstellt, ist $M_3^{\mathrm{A}} = -mgl\sin\varphi$. Für Schwingungen im Bereich $\varphi \ll 1$ ($\sin\varphi \approx \varphi$) hat (17) angenähert die Form $\ddot{\varphi} + \omega_0^2\varphi = 0$ mit $\omega_0^2 = mgl/J_{33}^{\mathrm{A}}$ und die Lösung $\varphi(t) = \varphi_{\max}\cos(\omega_0 t - \alpha)$ mit Integrationskonstanten $\varphi_{\max}$ und α. Die Periodendauer ist

$$T = 2\pi/\omega_0 = 2\pi\left(\frac{J_{33}^{\mathrm{S}} + ml^2}{mgl}\right)^{1/2}.$$

Für einen gegebenen Körper mit m und J_{33}^{S} ist T maximal, wenn A die Entfernung $\sqrt{J_{33}^{\mathrm{S}}/m}$ von S hat.

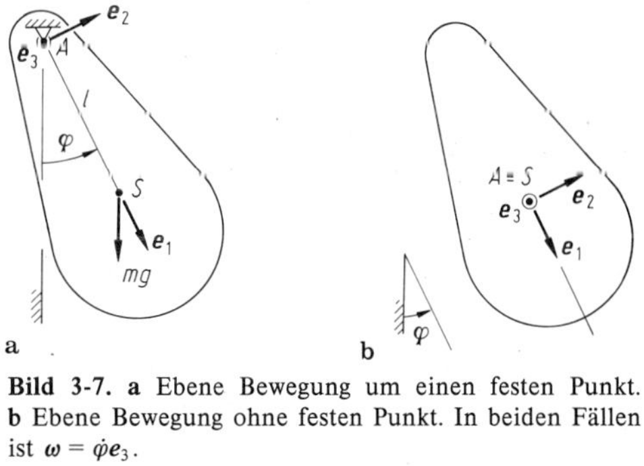

Bild 3-7. a Ebene Bewegung um einen festen Punkt. **b** Ebene Bewegung ohne festen Punkt. In beiden Fällen ist $\boldsymbol{\omega} = \dot{\varphi}\boldsymbol{e}_3$.

Auswuchten

Für Bild 3-7a und b liefert (16) in körperfesten e_1- und e_2-Richtungen die Koordinatengleichungen

$$M_1^A = J_{13}^A \ddot{\varphi} - J_{23}^A \dot{\varphi}^2, \quad M_2^A = J_{23}^A \ddot{\varphi} + J_{13}^A \dot{\varphi}^2.$$

Diese Momente müssen von Lagerreaktionen auf den Körper ausgeübt werden, damit er seine ebene Bewegung ausführen kann. Die Gegenkräfte wirken auf die Lager. Im Fall $\dot{\varphi} = \text{const}$ sind die Kräfte in der körperfesten Basis konstant, im raumfesten System also mit $\dot{\varphi}$ umlaufend. Wegen immer vorhandener Elastizitäten erregen sie Schwingungen. Deshalb soll $J_{13}^A = J_{23}^A = 0$ sein, e_3 also Hauptachse bezüglich A sein. Kleine Abweichungen der Hauptachse werden durch dynamisches Auswuchten korrigiert, indem man an geeigneten Stellen des Körpers Massen hinzufügt oder wegnimmt. Zur Theorie des Auswuchtens siehe [1, 2]. In Bild 3-7a verursacht die sog. statische Unwucht ml zusätzlich umlaufende Lagerreaktionen. Das Fachgebiet *Rotordynamik* untersucht die Bewegung des Gesamtsystems Rotor — Lager — Fundament unter Berücksichtigung von Elastizität und Trägheit aller Teile [3, 4], vgl. Beispiel 3-11 in 3.2.3.

3.1.9 Drallerhaltungssatz

Wenn in (13) $\boldsymbol{M}^0$ oder eine raumfeste Komponente von $\boldsymbol{M}^0$ dauernd null ist, dann ist $\boldsymbol{L}^0$ bzw. die entsprechende Komponente von $\boldsymbol{L}^0$ konstant.

Beispiel 3-7: Die Bewegung einer Punktmasse unter einer resultierenden Kraft beliebiger Größe, deren Wirkungslinie dauernd durch einen raumfesten Punkt *0* weist (sog. Zentralkraft; Beispiele sind die Gravitationskraft und die Kraft einer Feder, die die Punktmasse mit einem festen Punkt *0* verbindet). In (14) ist $\boldsymbol{M}^0 \equiv \boldsymbol{o}$, $\boldsymbol{r} \times \boldsymbol{v}m = \text{const}$. Daraus folgt, daß die Bewegung in der durch Anfangsbedingungen $\boldsymbol{r}_0$ und $\boldsymbol{v}_0$ festgelegten Ebene abläuft, und daß $\boldsymbol{r}$ in gleichen Zeitintervallen gleich große Flächen überstreicht (1. und 2. *Keplersches Gesetz*).

Beispiel 3-8. Das Gewicht eines räumlichen Pendels hat um die Vertikale durch den Aufhängepunkt A kein Moment. Folglich ist die Vertikalkomponente des Dralls $\boldsymbol{J}^A \cdot \boldsymbol{\omega}$ konstant.

3.1.10 Kinetische Energie

Die *kinetische Energie* T (auch E_{kin}, E_k) eines beliebigen Systems der Gesamtmasse m ist definiert als

$$T = \frac{1}{2} \int_m v^2 \, \mathrm{d}m \tag{18}$$

($\boldsymbol{v} = \dot{\boldsymbol{r}}$ absolute Geschwindigkeit von dm). Für einen starren Körper ist

$$T = \frac{1}{2} m v_S^2 + \frac{1}{2} (J_1 \omega_1^2 + J_2 \omega_2^2 + J_3 \omega_3^2) \tag{19}$$

(m Masse, $\boldsymbol{v}_S$ Schwerpunktgeschwindigkeit, Trägheitsmomente und Winkelgeschwindigkeitskomponenten im Hauptachsensystem bezüglich S). Wenn es einen körperfesten Punkt A gibt, der auch raumfest ist, dann gilt auch

$$T = \frac{1}{2} (J_1 \omega_1^2 + J_2 \omega_2^2 + J_3 \omega_3^2) \tag{20}$$

(Trägheitsmomente und Winkelgeschwindigkeitskomponenten im Hauptachsensystem bezüglich A).

3.1.11 Energieerhaltungssatz

Zu den Begriffen Potentialkraft, potentielle Energie und konservatives System siehe 2.1.14. In einem konservativen System ist die Summe aus kinetischer Energie T und potentieller Energie V konstant,

$$T + V = \text{const}. \tag{21}$$

Das ist der *Energieerhaltungssatz*. Bei einem konservativen System mit einem Freiheitsgrad kann man mit ihm berechnen, mit welcher Geschwindigkeit das System eine gegebene Lage passiert, wenn man die Geschwindigkeit in einer anderen Lage kennt.

Beispiel 3-9: Bei der antriebslosen und reibungsfreien Hebebühne in Bild 3-8 mit vier gleichen Stangen (Länge l, Masse m, zentrales Trägheitsmoment J^S, Feder entspannt bei $\varphi = \varphi_0$) und mit der Masse M ist

$$T = \frac{1}{2} 4 J^S \dot{\varphi}^2 + \frac{1}{2} 4 m \dot{x}^2 + 2\left[\frac{1}{2} m \dot{y}^2 + \frac{1}{2} m (3\dot{y})^2\right] + \frac{1}{2} M (4\dot{y})^2$$

$$= \dot{\varphi}^2 \left[2J^S + \frac{m}{2} l^2 \sin^2 \varphi + \left(\frac{5m}{2} + 2M\right) l^2 \cos^2 \varphi\right],$$

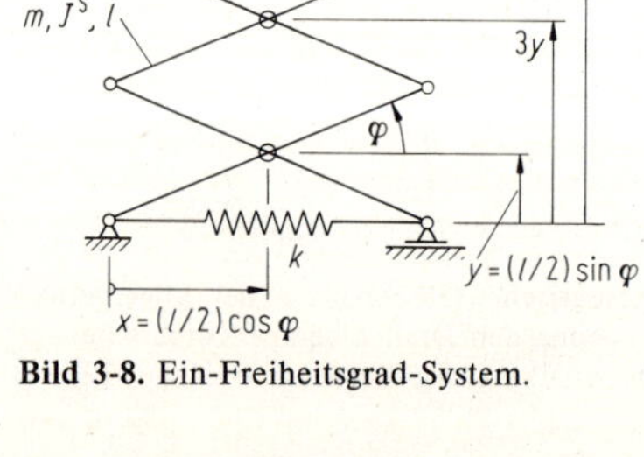

Bild 3-8. Ein-Freiheitsgrad-System.

$$V = 2\,(mgy + mg\cdot 3y) + Mg\cdot 4y + \frac{1}{2}\,k\,(2x - 2x_0)^2$$
$$= 2\,(2m + M)\,gl\sin\varphi + \frac{1}{2}\,kl^2\,(\cos\varphi - \cos\varphi_0)^2\,.$$

Zu gegebenen φ_1 und $\dot{\varphi}_1$ in einer Lage 1 läßt sich $\dot{\varphi}_2$ in einer anderen gegebenen Lage 2 aus $T_2 + V_2 = T_1 + V_1$ berechnen.

3.1.12 Arbeitssatz

Die Begriffe Arbeit und Leistung sind in 2.1.13 erklärt. Für Systeme, in denen sowohl Potentialkräfte als auch Nicht-Potentialkräfte wirken, gilt statt (21) der *Arbeitssatz*

$$T_2 + V_2 = T_1 + V_1 + W_{12}\,. \tag{22}$$

Darin sind T_1, T_2 und V_1, V_2 die kinetische bzw. die potentielle Energie des Systems in zwei Zuständen 1 und 2 einer Bewegung und W_{12} die Arbeit aller Nicht-Potentialkräfte bei der Bewegung vom Zustand 1 in den Zustand 2. Jede Nicht-Potentialkraft $\boldsymbol{F}$ leistet zu W_{12} den in (2.1.13) erklärten Beitrag $\int \boldsymbol{F}\cdot \mathrm{d}\boldsymbol{r}$. Ein Moment der Größe M leistet bei einer Drehung um den Winkel φ den Beitrag $\int M\,\mathrm{d}\varphi$. Die Integrale lassen sich i. allg. selbst dann nicht exakt angeben, wenn die Bahnform und die Anfangs- und Endpunkte 1 bzw. 2 der Bahn bekannt sind, weil $\boldsymbol{F}$ und $\boldsymbol{M}$ nicht nur vom Ort, sondern z. B. von der Geschwindigkeit abhängen. Eine Ausnahme: Auf einer schiefen Ebene (Neigungswinkel α) wirkt an einem Körper der Masse m die Coulombsche Reibkraft $\mu mg\cos\alpha = \text{const}$ entgegen dem Wegelement ds, so daß

$$W_{12} = -\mu mg\cos\alpha \int_{s_1}^{s_2} |\mathrm{d}s|$$

ist. Das Integral ist $s_2 - s_1$, wenn der Weg von s_1 nach s_2 ohne Richtungsumkehr zurückgelegt wird. Bei einer gekrümmten Bahn ist die Reibkraft über die Fliehkraft vom Geschwindigkeitsquadrat abhängig. Wenn man (22) nur zu Abschätzungen von Geschwindigkeitsverläufen braucht, genügt eine Näherung für W_{12}.

3.2 Kreiselmechanik

Viele technische Gebilde können als einzelner starrer Körper, d. h. als Kreisel, angesehen werden. Wenn er drei Freiheitsgrade der Rotation hat, wird (16) im Hauptachsensystem bezüglich A zerlegt (der Index A wird im folgenden weggelassen). Das ergibt die *Eulerschen Kreiselgleichungen*

$$J_i\dot{\omega}_i - (J_j - J_k)\,\omega_j\omega_k = M_i \tag{23}$$
$$(i, j, k = 1, 2, 3;\ \text{zyklisch}).$$

Für die Translationsbewegung gilt (2). Die äußere Kraft und das äußere Moment sind i. allg. von Ort, Translationsgeschwindigkeit, Winkellage und Winkelgeschwindigkeit abhängig, so daß (2) und (23) miteinander und mit kinematischen Differentialgleichungen (z. B. (1-27b), (1-28b) oder (1-29b)) gekoppelt sind.

Zur Lösung von (23) in speziellen Fällen siehe [5, 6]. Beim momentenfreien Kreisel ($M_1 = M_2 = M_3 \equiv 0$) existieren als spezielle Lösungen *permanente Drehungen* um die Hauptträgheitsachsen ($\omega_i = \text{const}$, $\omega_j = \omega_k \equiv 0$; $i, j, k = 1, 2, 3$ verschieden). Nur die Drehungen um die Achsen des größten und des kleinsten Hauptträgheitsmoments sind stabil.

Ein Kreisel mit zwei gleichen Hauptträgheitsmomenten $J_1 = J_2$ heißt *symmetrisch*. Bei ihm liegen $\boldsymbol{\omega}$, $\boldsymbol{J}^{\mathrm{A}}\cdot\boldsymbol{\omega}$ und die Figurenachse (Symmetrieachse) immer in einer Ebene (Bild 3-9a). Die Figurenachse denkt man sich in einem masselosen Käfig gelagert (Bild 3-9b). Seine absolute Winkelgeschwindigkeit $\boldsymbol{\Omega}$ beschreibt Drehbewegungen der Figurenachse, wobei der Kreisel sich relativ zum Käfig drehen kann. Wegen der Symmetrie hat $\boldsymbol{J}^{\mathrm{A}}$ auch in einer käfigfesten Basis konstante Trägheitsmomente. Deshalb gilt nicht nur (16), sondern allgemeiner

$$\boldsymbol{J}^{\mathrm{A}}\cdot\dot{\boldsymbol{\omega}} + \boldsymbol{\Omega}\times\boldsymbol{J}^{\mathrm{A}}\cdot\boldsymbol{\omega} = \boldsymbol{M}^{\mathrm{A}}\,. \tag{24}$$

A ist entweder der Schwerpunkt oder — falls vorhanden — ein Punkt der Figurenachse mit der Beschleunigung $\boldsymbol{a}_{\mathrm{A}} \equiv \boldsymbol{o}$. $\dot{\boldsymbol{\omega}}$ ist die Ableitung von $\boldsymbol{\omega}$ in der käfigfesten Basis. Wenn die Bewegung des symmetrischen Kreisels (d. h. $\boldsymbol{\omega}$ und $\boldsymbol{\Omega}$) vorgeschrieben ist, wird aus (24) das Moment $\boldsymbol{M}^{\mathrm{A}}$ berechnet, das zur Erzeugung der Bewegung nötig ist. Bei gegebenem Moment ist (24) eine Differentialgleichung der gesuchten Bewegung.

Beispiel 3-10: In der Kollermühle in Bild 3-10 legen die Antriebswinkelgeschwindigkeit ω_0 und die angenommene Lage des Abrollpunktes P die Bewegung fest, denn $\boldsymbol{\omega}$ hat die Richtung der Momentanachse $\overrightarrow{AP}$ und die schiefwinklige Kompo-

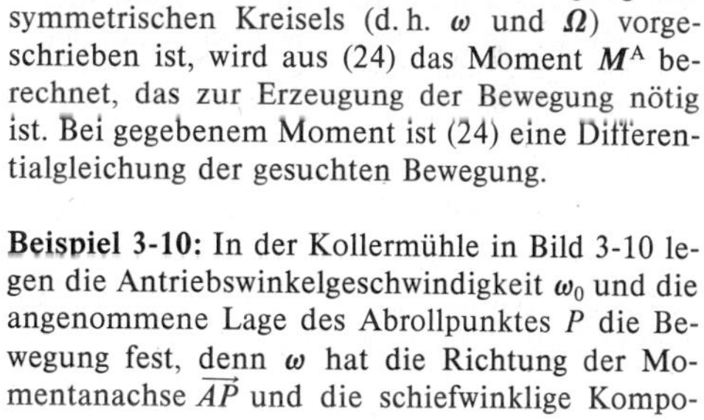

a b

Bild 3-9. a Bei einem symmetrischen Kreisel liegen die Figurenachse $\boldsymbol{e}_3$, die Winkelgeschwindigkeit $\boldsymbol{\omega}$ und der Drall $\boldsymbol{J}^{\mathrm{A}}\cdot\boldsymbol{\omega}$ in einer Ebene. **b** Kreisel in einem gedachten Bezugssystem (Rahmen) mit anderer Winkelgeschwindigkeit $\boldsymbol{\Omega}$.

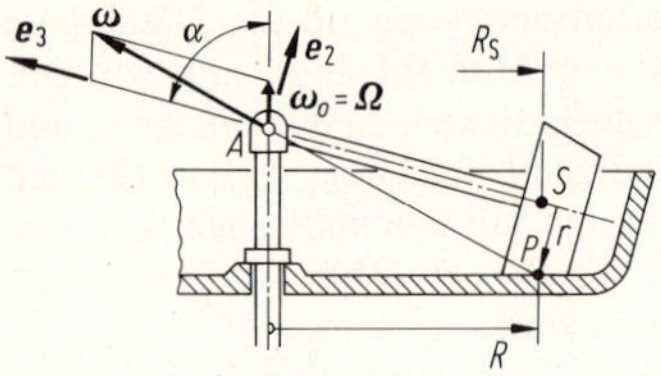

Bild 3-10. Kollermühle.

nente ω_0. Als Käfig für die Figurenachse wird die gezeichnete Basis $\underline{e}$ mit der Winkelgeschwindigkeit $\boldsymbol{\Omega} = \omega_0$ gewählt. In ihr ist $\boldsymbol{\omega}$ konstant, also $\overset{\circ}{\boldsymbol{\omega}} \equiv \boldsymbol{o}$. Das Moment $\boldsymbol{M}^{\mathrm{A}}$ ist die Summe aus dem Gewichtsmoment $-mgR_S\boldsymbol{e}_1$ und dem Moment $M\boldsymbol{e}_1$ der Anpreßkraft gegen die Lauffläche. Das Bild liefert

$$\boldsymbol{\Omega} = \omega_0 \sin\alpha \boldsymbol{e}_2 + \omega_0 \cos\alpha \boldsymbol{e}_3,$$
$$\boldsymbol{\omega} = \omega_0 \sin\alpha \boldsymbol{e}_2 + \omega_0 (\cos\alpha + R/r)\, \boldsymbol{e}_3,$$
$$\boldsymbol{J}^{\mathrm{A}} \cdot \boldsymbol{\omega} = J_1^{\mathrm{A}} \omega_0 \sin\alpha \boldsymbol{e}_2 + J_3^{\mathrm{A}} \omega_0 (\cos\alpha + R/r)\, \boldsymbol{e}_3.$$

Einsetzen in (24) ergibt

$$M = mgR_S + \omega_0^2 \sin\alpha\, [(J_3^{\mathrm{A}} - J_1^{\mathrm{A}}) \cos\alpha + J_3^{\mathrm{A}} R/r].$$

Bei geeigneter Parameterwahl kann man erreichen, daß die Anpreßkraft M/R wesentlich größer als das Gewicht ist.

3.2.1 Reguläre Präzession

Bewegungen des symmetrischen Kreisels, bei denen die Figurenachse sich mit $\boldsymbol{\Omega} = \text{const}$ dreht, während $\boldsymbol{M}^{\mathrm{A}}$ und $\boldsymbol{L}^{\mathrm{A}} = \boldsymbol{J}^{\mathrm{A}} \cdot \boldsymbol{\omega}$ dem Betrag nach konstant und dauernd orthogonal zueinander sind, heißen *reguläre Präzessionen.* Für sie ist in (24) $\overset{\circ}{\boldsymbol{\omega}} = \boldsymbol{o}$, also

$$\boldsymbol{\Omega} \times \boldsymbol{J}^{\mathrm{A}} \cdot \boldsymbol{\omega} = \boldsymbol{M}^{\mathrm{A}}. \qquad (25)$$

$\boldsymbol{\Omega}$ heißt Präzessionswinkelgeschwindigkeit. Die Bewegung in Bild 3-10 ist eine reguläre Präzession. Literatur siehe [5, 6].

3.2.2 Nutation

Die Bewegung, die ein symmetrischer Kreisel ausführt, wenn er im Schwerpunkt unterstützt oder frei fliegend keinem äußeren Moment unterliegt, heißt *Nutation* (siehe [5, 6]). In diesem Fall hat (23) mit $J_1 = J_2 \neq J_3$ (bezüglich S) und mit $\boldsymbol{M}^{\mathrm{S}} = \boldsymbol{o}$ die Lösung $\omega_1 = C \cos \nu t$, $\omega_2 = C \sin \nu t$, $\omega_3 \equiv \omega_{30} = \text{const}$ mit Konstanten C und ω_{30} aus Anfangsbedingungen und mit $\nu = \omega_{30}\,(J_1 - J_3)/J_1$. Die Figurenachse umfährt mit einer konstanten Nutationswinkelgeschwindigkeit $\dot{\psi}$ einen Kreiskegel *(Nutationskegel)* vom halben Öffnungswinkel ϑ, dessen Achse der raumfeste Drallvektor $\boldsymbol{L} = \boldsymbol{J}^{\mathrm{S}} \cdot \boldsymbol{\omega}$ ist (Bild 3-11).

$$L^2 = J_1^2 C^2 + J_3^2 \omega_{30}^2, \quad \cos\vartheta = J_3 \omega_{30}/L,$$
$$\dot{\psi} = \frac{\omega_{30} J_3}{J_1 \cos\vartheta} \quad (\approx \omega_{30} J_3/J_1 \quad \text{für} \quad \vartheta \ll 1). \qquad (26)$$

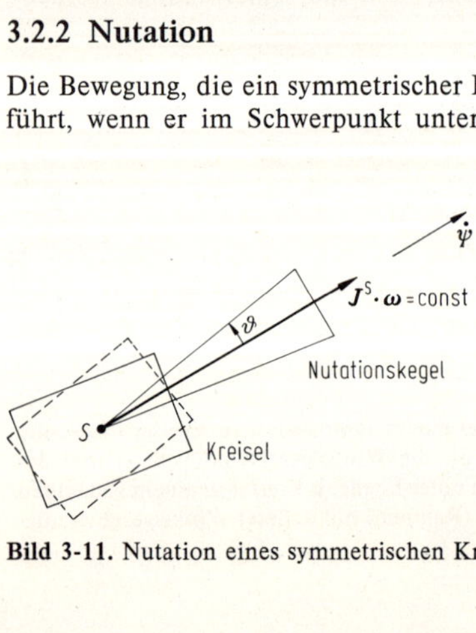

Bild 3-11. Nutation eines symmetrischen Kreisels.

3.2.3 Linearisierte Kreiselgleichungen

Bei vielen symmetrischen Kreiseln macht die Figurenachse nur kleine Winkelausschläge φ_1 und φ_2 um raumfeste Achsen. Typische Beispiele sind Rotoren mit elastischer Lagerung (Bild 3-12a) und in Kardanrahmen gelagerte Kreisel in Meßgeräten (Bild 3-13). Bei stationärem Betrieb ist das Moment M_3 entlang der Figurenachse Null, so daß wegen (23) ω_3 konstant ist. In der raumfesten Basis $\underline{e}^0$ von Bild 3-12a hat der Drall $\boldsymbol{J}^{\mathrm{A}} \cdot \boldsymbol{\omega}$ angenähert die Komponenten $\{J_1 \dot{\varphi}_1 + J_3 \omega_3 \varphi_2,\ J_1 \dot{\varphi}_2 - J_3 \omega_3 \varphi_1,\ J_3 \omega_3\}$. In Bild 3-13 hat der Gesamtdrall von Rotor, Außenrahmen (oberer Index a) und Innenrahmen (oberer Index i) in $\underline{e}^0$ angenähert die Komponenten

$$\{(J_1 + J_1^{\mathrm{a}} + J_1^{\mathrm{i}})\, \dot{\varphi}_1 + J_3 \omega_3 \varphi_2,$$
$$(J_1 + J_2^{\mathrm{i}})\, \dot{\varphi}_2 - J_3 \omega_3 \varphi_1,\ J_3 \omega_3\}.$$

Diese Näherungen sind umso besser, je größer die dritte gegen die beiden anderen Komponenten ist (siehe [5]). Direkte Anwendung von (13) liefert für φ_1 und φ_2 die linearisierten Kreiselgleichungen

$$J_1 \ddot{\varphi}_1 + J_3 \omega_3 \dot{\varphi}_2 = M_1, \quad J_1 \ddot{\varphi}_2 - J_3 \omega_3 \dot{\varphi}_1 = M_2 \qquad (27\text{a})$$

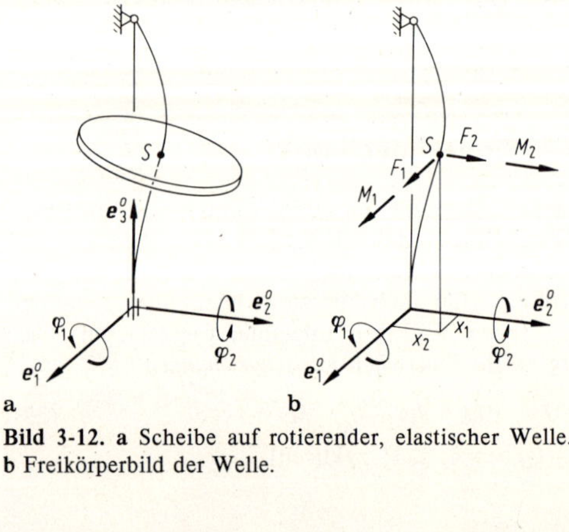

Bild 3-12. **a** Scheibe auf rotierender, elastischer Welle. **b** Freikörperbild der Welle.

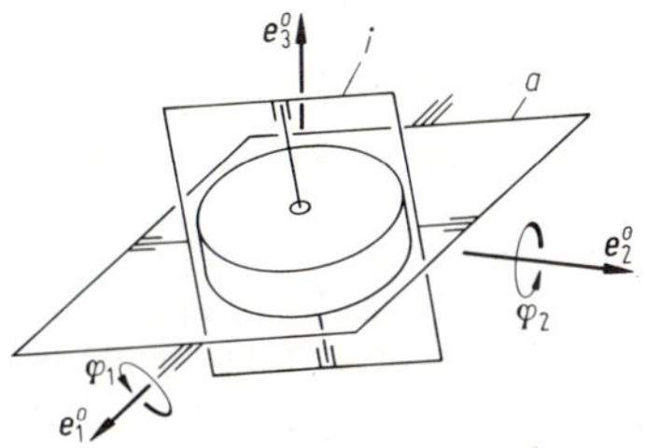

Bild 3-13. Symmetrischer Kreisel in Kardanrahmen (i innen, a außen). Bei kleinen Drehwinkeln φ_1 und φ_2 der Rahmen um ihre Achsen ist φ_2 angenähert auch Drehwinkel des Innenrahmens um die Achse e_2^0.

bzw.

$$\begin{aligned}(J_1 + J_1^{\mathrm{a}} + J_1^{\mathrm{i}})\,\ddot{\varphi}_1 + J_3\omega_3\dot{\varphi}_2 &= M_1\,,\\ (J_1 + J_2^{\mathrm{i}})\,\ddot{\varphi}_2 - J_3\omega_3\dot{\varphi}_1 &= M_2\,.\end{aligned} \tag{27b}$$

Beispiel 3-11: Rotor auf beliebig gelagerter elastischer Welle, z. B. nach Bild 3-12a. Die Festigkeitslehre liefert für die freigeschnittene Welle in Bild 3-12b Einflußzahlen *a*, *b*, *c* für den Zusammenhang zwischen den Kräften und Momenten F_1, F_2, M_1 und M_2 an der Welle bei *S* einerseits und den Auslenkungen und Neigungen x_1, x_2, φ_1 und φ_2 bei *S* andererseits: $x_1 = aF_1 + cM_2$, $x_2 = aF_2 - cM_1$, $\varphi_1 = -cF_2 + bM_1$, $\varphi_2 = cF_1 + bM_2$. Daraus folgt

$$F_1 = \frac{1}{N}(bx_1 - c\varphi_2)\,, \quad F_2 = \frac{1}{N}(bx_2 + c\varphi_1)\,,$$

$$M_1 = \frac{1}{N}(a\varphi_1 + cx_2)\,, \quad M_2 = \frac{1}{N}(a\varphi_2 - cx_1)$$

mit $N = ab - c^2$. Da am Rotor $-F_1$, $-F_2$, $-M_1$, $-M_2$ angreifen, lauten die Newtonsche Gleichung (2) und der Drallsatz (27a) für ihn

$$m\ddot{x}_1 = -\frac{1}{N}(bx_1 - c\varphi_2)\,,$$

$$m\ddot{x}_2 = -\frac{1}{N}(bx_2 + c\varphi_1)\,,$$

$$J_1\ddot{\varphi}_1 + J_3\omega_3\dot{\varphi}_2 = -\frac{1}{N}(a\varphi_1 + cx_2)\,,$$

$$J_1\ddot{\varphi}_2 - J_3\omega_3\dot{\varphi}_1 = -\frac{1}{N}(a\varphi_2 - cx_1)\,.$$

Das sind homogene lineare Differentialgleichungen für x_1, x_2, φ_1 und φ_2. Mit den komplexen Variablen $z_1 = x_1 + \mathrm{j}x_2$, $z_2 = \varphi_1 - \mathrm{j}\varphi_2$ werden sie paarweise zusammengefaßt zu

$$Nm\ddot{z}_1 + bz_1 - cz_2 = 0\,,$$

$$NJ_1\ddot{z}_2 - \mathrm{j}NJ_3\omega_3\dot{z}_2 + az_2 - cz_1 = 0\,.$$

Der Ansatz $z_i = Z_i \exp(\mathrm{j}\omega_0 t)$ für $i = 1, 2$ liefert eine charakteristische Gleichung für die Eigenfrequenzen ω_0. Kleinste Exzentrizitäten des Schwerpunkts verursachen eine periodische Erregung mit der Kreisfrequenz ω_3, so daß Resonanz im Fall $\omega_0 = \omega_3$ eintritt. In diesem Fall lautet die charakteristische Gleichung

$$\det\begin{bmatrix} -Nm\omega_3^2 + b & -c \\ -c & N(J_3 - J_1)\,\omega_3^2 + a \end{bmatrix} = 0\,.$$

Sie liefert die kritischen Winkelgeschwindigkeiten ω_3 des Rotors (eine im Fall $J_3 > J_1$, zwei im Fall $J_3 < J_1$). Wellen mit mehreren Scheiben siehe in [7, 8].

3.2.4 Präzessionsgleichungen

(25) und (26) zeigen, daß bei Kreiseln mit großem $J_3\omega_3$ die Präzessionswinkelgeschwindigkeit und die Nutationsfrequenz um viele Größenordnungen voneinander verschieden sind, wenn das Moment M^{A} hinreichend klein ist. In solchen Fällen ist die Lösung von linearisierten Kreiselgleichungen (27a) oder (27b) in guter Näherung die Summe zweier Bewegungen. Die eine ist eine i. allg. vernachlässigbare, sehr schnelle Nutation mit sehr kleinen Amplituden von φ_1 und φ_2. Sie ist Lösung der Gleichungen für $M_1 = M_2 = 0$. Die andere, technisch wichtigere Bewegung ist die Lösung der sog. *technischen Kreiselgleichungen* oder *Präzessionsgleichungen*

$$J_3\omega_3\dot{\varphi}_2 = M_1\,, \quad -J_3\omega_3\dot{\varphi}_1 = M_2\,, \tag{28}$$

in denen die Trägheitsglieder mit $\ddot{\varphi}_1$ und $\ddot{\varphi}_2$ von (27a) und (27b) vernachlässigbar sind. Diese Bewegung ist ein langsames Auswandern (eine Präzession) der Figurenachse. In Bild 3-13 können M_1 und M_2 z. B. durch ein Gewicht am Außenrahmen oder durch Federn und Dämpfer zwischen Rahmen und Lagerung verursacht werden. (28) beschreibt daher die Wirkungsweise vieler Kreiselgeräte (siehe [5]).

3.3 Bewegungsgleichungen für holonome Mehrkörpersysteme

Für ein System mit *f* Freiheitsgraden werden *f* generalisierte Lagekoordinaten $q_1, \ldots, q_f$ gebraucht. Es kann nützlich sein, ν *überzählige Koordinaten* zu verwenden, also $q_1, \ldots, q_{f+\nu}$. Dann gibt es ν Bindungsgleichungen der Form (1-36). Aus ihnen folgen die linearen Beziehungen (1-37) und (1-38) für die generalisierten Geschwindigkeiten $\dot{q}_i$, Beschleunigungen $\ddot{q}_i$ und virtuellen Änderungen δq_i ($i = 1, \ldots, f+\nu$). Man kommt mit *f* Differentialgleichungen der Bewegung aus, wenn überzählige Koordinaten entweder gar nicht verwendet oder mit Hilfe von (1-36) und (1-37) wieder eliminiert werden. Die Ableitungen von überzähligen Koordinaten lassen sich immer eliminieren. Die Koordinaten selbst nur dann, wenn (1-36) explizit nach ν Koordinaten auflösbar ist (siehe das Beispiel in 3.3.1). Zur Formulierung von Differentialgleichungen und Bindungsgleichungen werden drei Methoden angegeben.

3.3.1 Die synthetische Methode

Alle Körper werden durch Schnitte isoliert. An den Schnittstellen werden paarweise entgegengesetzt gleich große Schnittkräfte eingezeichnet (eingeprägte Kräfte und unbekannte Zwangskräfte). Mit passend gewählten Koordinaten werden das Newtonsche Gesetz (2) für jeden translatorisch bewegten Körper und eine geeignete Form des Drallsatzes für jeden sich drehenden Körper formuliert. Wenn dabei ν überzählige Koordinaten verwendet werden, werden am nicht geschnittenen System ν Bindungsgleichungen (1-36) und deren Ableitungen (1-37) formuliert.

Beispiel 3-12: Das System in Bild 3-14a. Bild 3-14b zeigt die freigeschnittenen Körper. Für sie liefern (2) und (17) mit den Koordinaten x, φ, x_S und y_S (davon sind zwei überzählig) die Gleichungen

$$\begin{aligned} m_1\ddot{x} &= B - m_2 g\sin\alpha - kx,\\ m_2\ddot{x}_S &= -B + m_2 g\sin\alpha + F\cos\alpha,\\ m_2\ddot{y}_S &= A + m_2 g\cos\alpha - F\sin\alpha,\\ J^S\ddot{\varphi} &= l\,[A\sin(\varphi+\alpha) + B\cos(\varphi+\alpha)]\,. \end{aligned}$$

Aus Bild 3-14a werden die Bindungsgleichungen und deren Ableitungen gewonnen

$$\left.\begin{aligned} x_S &= x + l\sin(\varphi+\alpha)\,,\\ y_S &= \phantom{x +{}} l\cos(\varphi+\alpha)\,, \end{aligned}\right\} \tag{29}$$

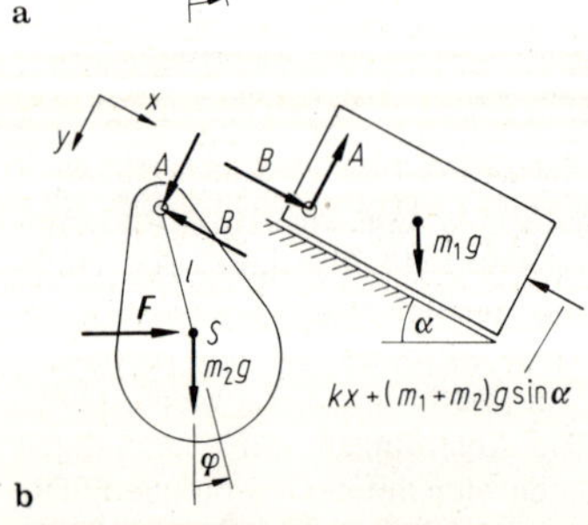

Bild 3-14. **a** Zwei-Freiheitsgrad-System mit Koordinaten x und φ. **b** Freikörperbilder Im Fall $F = 0$ ist $x = \varphi = 0$ die Gleichgewichtslage.

$$\left.\begin{aligned} \ddot{x}_S &= \ddot{x} + l\ddot{\varphi}\cos(\varphi+\alpha) - l\dot{\varphi}^2\sin(\varphi+\alpha)\,,\\ \ddot{y}_S &= \phantom{\ddot{x}} - l\ddot{\varphi}\sin(\varphi+\alpha) - l\dot{\varphi}^2\cos(\varphi+\alpha)\,. \end{aligned}\right\} \tag{30}$$

Die Zwangskräfte A und B werden eliminiert (durch Addition der ersten und zweiten Bewegungsgleichung und durch Einsetzen der zweiten und dritten in die vierte). Dann werden mit (30) $\ddot{x}_S$ und $\ddot{y}_S$ eliminiert. Das liefert für x und φ die Bewegungsgleichungen

$$\begin{bmatrix} m_1 + m_2 & m_2 l\cos(\varphi+\alpha)\\ m_2 l\cos(\varphi+\alpha) & J^S + m_2 l^2 \end{bmatrix}\begin{bmatrix}\ddot{x}\\ \ddot{\varphi}\end{bmatrix} + \begin{bmatrix} kx - m_2 l\dot{\varphi}^2\sin(\varphi+\alpha)\\ m_2 g l\sin\varphi - Fl\cos\varphi \end{bmatrix} = \begin{bmatrix} F\cos\alpha\\ 0\end{bmatrix} \tag{31}$$

und für die Zwangskräfte die Ausdrücke

$$\begin{aligned} A &= -m_2\,[l\ddot{\varphi}\sin(\varphi+\alpha)\\ &\quad + l\dot{\varphi}^2\cos(\varphi+\alpha) + g\cos\alpha] + F\sin\alpha\,,\\ B &= m_1\ddot{x} + kx + m_2 g\sin\alpha\,. \end{aligned}$$

Statt (31) kann man bei dieser Methode irgendeine Linearkombination der Gleichungen (31) erhalten, so daß die Koeffizientenmatrix vor den höchsten Ableitungen nicht automatisch symmetrisch wird.

3.3.2 Die Lagrangesche Gleichung

Bewegungsgleichungen für ein System mit f Freiheitsgraden und mit Koordinaten $q_1, \ldots, q_{f+\nu}$ (darunter ν überzählige) entstehen durch Auswertung der *Lagrangeschen Gleichung*

$$\frac{\mathrm{d}}{\mathrm{d}t}\left(\frac{\partial L}{\partial \dot{q}_k}\right) - \frac{\partial L}{\partial q_k} = Q_k + \sum_{i=1}^{\nu}\lambda_i\frac{\partial f_i}{\partial q_k} \tag{32}$$

$$(k = 1, \ldots, f+\nu)\,.$$

Die sog. *Lagrangesche Funktion* $L = T - V$ ist die Differenz aus der kinetischen Energie T und der potentiellen Energie V des Systems. Die f_i sind die Funktionen in den Bindungsgleichungen (1-36), und λ_i sind unbekannte *Lagrangesche Multiplikatoren* (Funktionen der Zeit). Zur Berechnung der generalisierten Kräfte Q_k siehe 2.1.15. (32) und die Bindungsgleichungen reichen zur Bestimmung der Unbekannten $q_1, \ldots, q_{f+\nu}$ und $\lambda_1, \ldots, \lambda_\nu$ aus.

Beispiel 3-13: In Bild 3-14a ist

$$T = \frac{1}{2}\,[m_1\dot{x}^2 + m_2(\dot{x}_S^2 + \dot{y}_S^2) + J^S\dot{\varphi}^2]\,,$$

$$\begin{aligned} V &= \frac{1}{2}\,k\left[x + \frac{1}{k}\,(m_1 + m_2)\,g\sin\alpha\right]^2\\ &\quad - m_1 g x\sin\alpha - m_2 g(x_S\sin\alpha + y_S\cos\alpha)\,. \end{aligned}$$

Die überzähligen Koordinaten x_S und y_S werden mit Hilfe der Bindungsgleichungen (29) und ihrer ersten Ableitung eliminiert. Das liefert

$$\left.\begin{aligned} T &= \frac{1}{2}(m_1+m_2)\dot{x}^2 + \frac{1}{2}(J^S + m_2 l^2)\dot{\varphi}^2 \\ &\quad + m_2 l\dot{x}\dot{\varphi}\cos(\varphi+\alpha), \\ V &= \frac{1}{2}kx^2 - m_2 gl\cos\varphi + \text{const}. \end{aligned}\right\} \quad (33)$$

Die einzige nichtkonservative eingeprägte Kraft ist F. Bei einer virtuellen Verschiebung δx_S, δy_S ist ihre virtuelle Arbeit $\delta W = F(\delta x_S \cos\alpha - \delta y_S \sin\alpha)$ oder mit (29)

$$\begin{aligned} \delta W &= F[(\delta x + l\delta\varphi\cos(\varphi+\alpha))\cos\alpha \\ &\quad - (- \quad l\delta\varphi\sin(\varphi+\alpha))\ \sin\alpha] \\ &= F(\cos\alpha\delta x + l\cos\varphi\delta\varphi). \end{aligned}$$

Daraus folgt $Q_1 = F\cos\alpha$ für $q_1 = x$ und $Q_2 = Fl\cos\varphi$ für $q_2 = \varphi$. Damit und mit (33) und mit $f = 2$, $\nu = 0$ liefert (32) wieder die Gleichung (31). Die Koeffizientenmatrix der höchsten Ableitungen in den Bewegungsgleichungen wird bei dieser Methode immer symmetrisch.

3.3.3 Das d'Alembertsche Prinzip

Die allgemeine Form des *d'Alembertschen Prinzips* für beliebige Systeme lautet in der Lagrangeschen Fassung

$$\int \delta\boldsymbol{r}\cdot(\ddot{\boldsymbol{r}}\,\mathrm{d}m - \boldsymbol{F}) = 0 \quad (34)$$

($\boldsymbol{r}$ Ortsvektor, $\ddot{\boldsymbol{r}}$ absolute Beschleunigung und $\delta\boldsymbol{r}$ virtuelle Verschiebung des Massenelements $\mathrm{d}m$; $\boldsymbol{F}$ resultierende eingeprägte Kraft an $\mathrm{d}m$, Integration über die gesamte Systemmasse). Zwangskräfte leisten zu (34) keinen Beitrag (siehe 2.1.10). Für ein System aus n starren Körpern lautet das Prinzip

$$\begin{aligned} &\sum_{i=1}^{n}[\delta\boldsymbol{r}_i\cdot(m_i\ddot{\boldsymbol{r}}_i - \boldsymbol{F}_i) \\ &\quad + \delta\boldsymbol{\pi}_i\cdot(\boldsymbol{J}_i^S\cdot\dot{\boldsymbol{\omega}}_i + \boldsymbol{\omega}_i\times\boldsymbol{J}_i^S\cdot\boldsymbol{\omega}_i - \boldsymbol{M}_i^S)] = 0 \end{aligned} \quad (35)$$

(m_i Masse, $\boldsymbol{J}_i^S$ auf den Schwerpunkt bezogener Trägheitstensor, $\boldsymbol{r}_i$ Schwerpunktortsvektor, $\boldsymbol{\omega}_i$ absolute Winkelgeschwindigkeit, $\delta\boldsymbol{r}_i$ virtuelle Schwerpunktsverschiebung, $\delta\boldsymbol{\pi}_i$ virtuelle Drehung (siehe 1.5), $\boldsymbol{F}_i$ resultierende eingeprägte Kraft und $\boldsymbol{M}_i^S$ resultierendes eingeprägtes Moment um den Schwerpunkt; alles für Körper i). Im Sonderfall der ebenen Bewegung lautet die Gleichung

$$\sum_{i=1}^{n}[\delta\boldsymbol{r}_i\cdot(m_i\ddot{\boldsymbol{r}}_i - \boldsymbol{F}_i) + \delta\varphi_i(J_i^S\ddot{\varphi}_i - M_i^S)] = 0 \quad (36)$$

(J_i^S Trägheitsmoment um die Achse durch den Schwerpunkt und normal zur Bewegungsebene, M_i^S Moment und φ_i absoluter Drehwinkel um dieselbe Achse). (35) lautet in Matrizenschreibweise

$$\delta\underline{\boldsymbol{r}}^{\mathrm{T}}\cdot(\underline{m}\ddot{\underline{\boldsymbol{r}}} - \underline{\boldsymbol{F}}) + \delta\underline{\boldsymbol{\pi}}^{\mathrm{T}}\cdot(\underline{\boldsymbol{J}}\cdot\dot{\underline{\boldsymbol{\omega}}} - \underline{\boldsymbol{M}}^*) = 0 \quad (37)$$

($\delta\underline{\boldsymbol{r}}$, $\ddot{\underline{\boldsymbol{r}}}$, $\underline{\boldsymbol{F}}$, $\delta\underline{\boldsymbol{\pi}}$, $\dot{\underline{\boldsymbol{\omega}}}$ und $\underline{\boldsymbol{M}}^*$ Spaltenmatrizen mit je n Vektoren $\delta\boldsymbol{r}_i$ bzw. $\ddot{\boldsymbol{r}}_i$ usw. bis $\boldsymbol{M}_i^* = \boldsymbol{M}_i^S - \boldsymbol{\omega}_i\times\boldsymbol{J}_i^S\cdot\boldsymbol{\omega}_i$ ($i = 1,\ldots,n$); $\underline{m}$ und $\underline{\boldsymbol{J}}$ Diagonalmatrizen der Massen bzw. Trägheitstensoren; T kennzeichnet die transponierte Matrix).

Beispiel 3-14: In Bild 3-14a ist $\ddot{\boldsymbol{r}}_1 = \ddot{x}\boldsymbol{e}_x$, $\delta\boldsymbol{r}_1 = \delta x\boldsymbol{e}_x$, $\ddot{\varphi}_1 = 0$, $\delta\varphi_1 = 0$, $\ddot{\varphi}_2 = \ddot{\varphi}$, $\delta\varphi_2 = \delta\varphi$ und mit (30)

$$\begin{aligned} \ddot{\boldsymbol{r}}_2 &= [\ddot{x} + l\ddot{\varphi}\cos(\varphi+\alpha) - l\dot{\varphi}^2\sin(\varphi+\alpha)]\,\boldsymbol{e}_x \\ &\quad + [-l\ddot{\varphi}\sin(\varphi+\alpha) - l\dot{\varphi}^2\cos(\varphi+\alpha)]\,\boldsymbol{e}_y \\ \delta\boldsymbol{r}_2 &= [\delta x + l\delta\varphi\cos(\varphi+\alpha)]\,\boldsymbol{e}_x \\ &\quad - l\delta\varphi\sin(\varphi+\alpha)\,\boldsymbol{e}_y. \end{aligned}$$

Die eingeprägte Kraft $\boldsymbol{F}_1$ an Körper *1* ist die Resultierende aus $m_1\boldsymbol{g}$ und der Federkraft $[-kx - (m_1+m_2)g\sin\alpha]\boldsymbol{e}_x$. Sie hat die x-Komponente (nur diese interessiert hier) $F_{1x} = -(kx + m_2 g\sin\alpha)$; an Körper *2* ist

$$\begin{aligned} \boldsymbol{F}_2 &= (m_2 g\sin\alpha + F\cos\alpha)\,\boldsymbol{e}_x \\ &\quad + (m_2 g\cos\alpha - F\sin\alpha)\,\boldsymbol{e}_y. \end{aligned}$$

Substitution aller Ausdrücke in (35) ergibt

$$\begin{aligned} &\delta x[(m_1+m_2)\ddot{x} + m_2 l\ddot{\varphi}\cos(\varphi+\alpha) \\ &\quad - m_2 l\dot{\varphi}^2\sin(\varphi+\alpha) + kx - F\cos\alpha] \\ &\quad + \delta\varphi[m_2 l\ddot{x}\cos(\varphi+\alpha) + (J^S + m_2 l^2)\ddot{\varphi} \\ &\quad + m_2 gl\sin\varphi - Fl\cos\varphi] = 0. \end{aligned}$$

Da δx und $\delta\varphi$ voneinander unabhängig beliebig sind, sind beide Klammerausdrücke null. Das sind wieder die Bewegungsgleichungen (31). Die Koeffizientenmatrix der höchsten Ableitungen wird bei diesem Verfahren immer symmetrisch.

Bei komplizierten Systemen wird (37) verwendet. Nach Wahl von generalisierten Koordinaten $\underline{q} = [q_1, \ldots, q_{f+\nu}]^{\mathrm{T}}$ (ohne oder mit ν überzähligen Koordinaten) liefert die Kinematik Beziehungen der Form

$$\left.\begin{aligned} \ddot{\underline{\boldsymbol{r}}} &= \underline{\boldsymbol{a}}_1\ddot{\underline{q}} + \underline{\boldsymbol{b}}_1, & \delta\underline{\boldsymbol{r}} &= \underline{\boldsymbol{a}}_1\delta\underline{q}, \\ \dot{\underline{\boldsymbol{\omega}}} &= \underline{\boldsymbol{a}}_2\ddot{\underline{q}} + \underline{\boldsymbol{b}}_2, & \delta\underline{\boldsymbol{\pi}} &= \underline{\boldsymbol{a}}_2\delta\underline{q}, \end{aligned}\right\} \quad (38)$$

wobei $\underline{\boldsymbol{a}}_1$ und $\underline{\boldsymbol{a}}_2$ von $\underline{q}$ und $\underline{\boldsymbol{b}}_1$, $\underline{\boldsymbol{b}}_2$ von $\underline{q}$ und $\dot{\underline{q}}$ abhängen. Als Beispiel siehe (1-46) und (1-47) für beliebige offene Gelenkketten. Mit (38) liefert (37) die Gleichung

$$\delta\underline{q}^{\mathrm{T}}(\underline{A}\ddot{\underline{q}} - \underline{B}) = 0 \quad (39\text{a})$$

mit

$$\left.\begin{aligned} \underline{A} &= \underline{\boldsymbol{a}}_1^{\mathrm{T}}\cdot\underline{m}\underline{\boldsymbol{a}}_1 + \underline{\boldsymbol{a}}_2^{\mathrm{T}}\cdot\underline{\boldsymbol{J}}\cdot\underline{\boldsymbol{a}}_2, \\ \underline{B} &= \underline{\boldsymbol{a}}_1^{\mathrm{T}}\cdot(\underline{\boldsymbol{F}} - \underline{m}\underline{\boldsymbol{b}}_1) + \underline{\boldsymbol{a}}_2^{\mathrm{T}}\cdot(\underline{\boldsymbol{M}}^* - \underline{\boldsymbol{J}}\cdot\underline{\boldsymbol{b}}_2). \end{aligned}\right\} \quad (39\text{b})$$

Wenn $\underline{q}$ keine überzähligen Koordinaten enthält, folgen daraus die Bewegungsgleichungen

$$\underline{A}\ddot{\underline{q}} = \underline{B}. \tag{40}$$

Diese Formulierung ist leicht programmierbar. Bevor die Produkte gebildet werden, müssen alle Vektoren und Tensoren mit Hilfe der Matrizen $\underline{A}^i$ von (1-44) mit Hilfe von (1-12) in ein gemeinsames Koordinatensystem transformiert werden.
Wenn in (38) ν Koordinaten überzählig sind, werden ν Bindungsgleichungen (1-36) und deren Ableitungen (1-37) gebildet. Diese Ableitungen sind lineare Beziehungen. Sie werden nach ν von den $f+\nu$ Größen $\dot{q}_i$ bzw. δq_i und $\ddot{q}_i$ aufgelöst. Damit entstehen Beziehungen der Form

$$\dot{\underline{q}} = \underline{J}^*\dot{\underline{q}}^*, \quad \delta\underline{q} = \underline{J}^*\delta\underline{q}^*, \quad \ddot{\underline{q}} = \underline{J}^*\ddot{\underline{q}}^* + \underline{h}^*$$

mit der Spaltenmatrix $\underline{q}^* = [q_1 \dots q_f]^{\mathrm{T}}$ der f unabhängigen Koordinaten, mit einer $((f+\nu)\times f)$-Matrix $\underline{J}^*$ und einer $((f+\nu)\times 1)$-Matrix $\underline{h}^*$. Einsetzen in (39) liefert die f Bewegungsgleichungen

$$(\underline{J}^{*\mathrm{T}}\underline{A}\,\underline{J}^*)\,\ddot{\underline{q}}^* = \underline{J}^{*\mathrm{T}}(\underline{B} - \underline{A}\,\underline{h}^*).$$

Weitere Einzelheiten siehe in [6, 9].

3.4 Stöße

3.4.1 Vereinfachende Annahmen über Stoßvorgänge

Bei einem *Stoß* wirken an der Stoßstelle und in Lagern und Gelenken eines Systems kurzzeitig große Kräfte. Idealisierend wird vorausgesetzt, daß der endlich große *Kraftstoß* $\hat{\boldsymbol{F}} = \int \boldsymbol{F}(t)\,\mathrm{d}t$ einer solchen Kraft während einer infinitesimal kurzen Stoßdauer $\Delta t \to 0$ ausgeübt wird. Das bedeutet eine unendlich große Kraft $\boldsymbol{F}$. Dennoch wird vorausgesetzt, daß sich die Körper sowie Führungen in (reibungsfrei vorausgesetzten) Lagern und Gelenken starr verhalten. Endlich große Kräfte (z. B. Gewichtskräfte, Federkräfte, Zentrifugalkräfte) haben keinen Einfluß auf den Stoßvorgang, weil ihr Kraftstoß in der Zeitspanne $\Delta t \to 0$ gleich null ist. Eine Coulombsche Reibungskraft $R = \mu N$ hat nur dann Einfluß, wenn N selbst einen endlichen Kraftstoß $\hat{N}$ bewirkt. Dann wirkt auch ein Reibkraftstoß $\hat{R} = \mu\hat{N}$. Während der Stoßdauer ist die Lage der Körper konstant, und ihre Geschwindigkeiten machen endlich große Sprünge.
In einer kleinen Umgebung der Stoßstelle (nicht in Lagern und Gelenken) wird während der Stoßdauer mit einer Kompressionsphase und einer Dekompressionsphase des Werkstoffs gerechnet. Durch die Einführung der sog. *Stoßzahl e* als Verhältnis des Kraftstoßes in der Dekompressionsphase zu dem in der Kompressionsphase werden vollelastische Stöße ($e = 1$), vollplastische Stöße ($e = 0$) und teilplastische Stöße ($0 < e < 1$) unterschieden.

3.4.2 Stöße an Mehrkörpersystemen

Der Kraftstoß $\hat{\boldsymbol{F}} = \int \boldsymbol{F}\,\mathrm{d}t$ an der Stoßstelle und die durch ihn verursachten Geschwindigkeitssprünge werden wie folgt berechnet. Man formuliert zunächst Bewegungsgleichungen des Gesamtsystems für stetige Bewegungen mit Kräften $\boldsymbol{F}$ und $-\boldsymbol{F}$ an den Stoßpunkten beider Körper. Sie haben bei f Freiheitsgraden und f generalisierten Koordinaten die Form $\underline{A}\ddot{\underline{q}} = \underline{K}\underline{Q} + \dots$ (siehe 3.3). Die generalisierten Kräfte in $\underline{Q}$ berücksichtigen nur die Kräfte $\boldsymbol{F}$ und $-\boldsymbol{F}$ an den beiden zusammenstoßenden Körperpunkten. Alle anderen Kräfte sind endlich groß und in der Gleichung oben durch drei Punkte angedeutet. Integration über die unendlich kurze Stoßdauer liefert

$$\underline{A}\Delta\dot{\underline{q}} = \underline{K}\hat{\underline{Q}}. \tag{41}$$

Das sind f Gleichungen für $f+3$ Unbekannte, nämlich für $\Delta\dot{q}_1, \dots, \Delta\dot{q}_f$ und für drei in $\hat{\underline{Q}}$ enthaltene Komponenten von $\hat{\boldsymbol{F}}$. Die drei fehlenden Gleichungen werden wie folgt formuliert.

Fall I: Bei Stößen ohne Reibung an der Stoßstelle hat $\boldsymbol{F}$ die bekannte Richtung der *Stoßnormale* $\boldsymbol{e}_{\mathrm{n}}$ (Einheitsvektor normal zur Berührungsebene im Stoßpunkt), so daß $\hat{\boldsymbol{F}} = \hat{F}\boldsymbol{e}_{\mathrm{n}}$ ist und nur eine Gleichung für den Betrag $\hat{F}$ fehlt. Sie lautet

$$(\boldsymbol{c}_1 - \boldsymbol{c}_2)\cdot\boldsymbol{e}_{\mathrm{n}} = -e(\boldsymbol{v}_1 - \boldsymbol{v}_2)\cdot\boldsymbol{e}_{\mathrm{n}}. \tag{42}$$

Darin sind $\boldsymbol{v}_i$ und $\boldsymbol{c}_i = \boldsymbol{v}_i + \Delta\boldsymbol{v}_i$ $(i = 1, 2)$ die Geschwindigkeiten der zusammenstoßenden Körperpunkte vor bzw. nach dem Stoß. Sie sind durch $\dot{\underline{q}}$ und $\dot{\underline{q}} + \Delta\dot{\underline{q}}$ vor bzw. nach dem Stoß ausdrückbar. Einzelheiten siehe in [6].

Fall II: Die zusammenstoßenden Körperpunkte haben unmittelbar nach dem Zusammenstoß gleiche Geschwindigkeiten, $\boldsymbol{c}_1 - \boldsymbol{c}_2 = \boldsymbol{o}$. Das liefert die fehlenden skalaren Gleichungen.

Beispiel 3-15: Auf das zu Beginn ruhende, reibungsfreie Zweikörpersystem in Bild 3-15 trifft eine Punktmasse m mit der Geschwindigkeit $\boldsymbol{v}$ in vollelastischem Stoß (Fall I mit $e = 1$). Bewegungsgleichungen für stetige Bewegungen unter einer horizontal durch S gerichteten Kraft $\boldsymbol{F}$ werden aus (31) übernommen. Bei Beachtung von

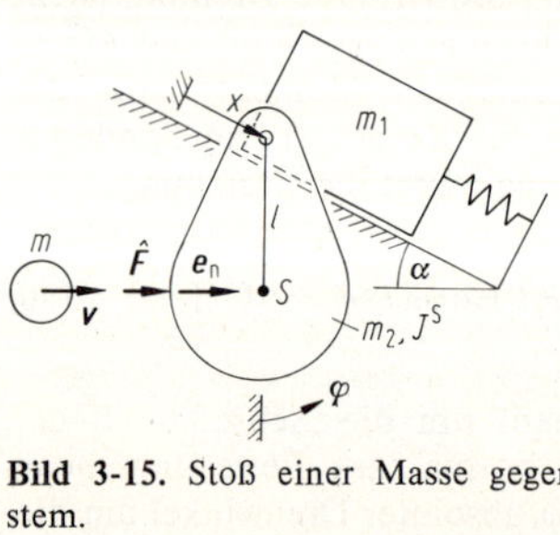

Bild 3-15. Stoß einer Masse gegen ein Zweikörpersystem.

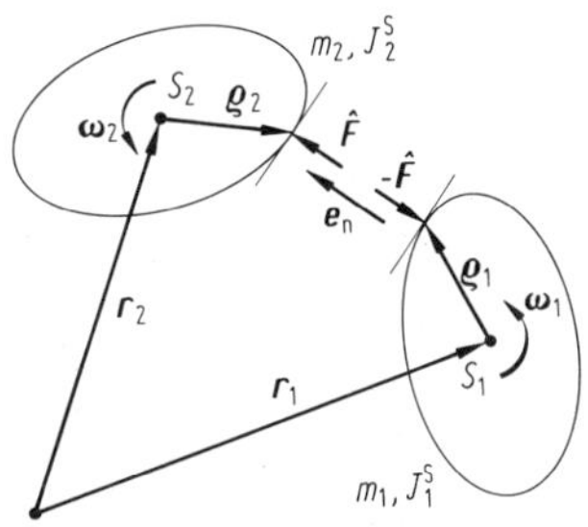

Bild 3-16. Stoß zweier Körper bei allgemeiner ebener Bewegung.

$\varphi = 0$ ergibt sich (41) in der Form der ersten beiden Zeilen der Gleichung

$$\begin{bmatrix} m_1 + m_2 & m_2 l \cos\alpha & 0 \\ m_2 l \cos\alpha & J^S + m_2 l^2 & 0 \\ 0 & 0 & m \end{bmatrix} \begin{bmatrix} \Delta\dot{x} \\ \Delta\dot{\varphi} \\ \Delta v \end{bmatrix} = \begin{bmatrix} \hat{F}\cos\alpha \\ \hat{F}l \\ -\hat{F} \end{bmatrix}.$$

Die dritte Zeile beschreibt den Stoß auf die Punktmasse. (42) lautet

$$\Delta\dot{x}\cos\alpha + l\Delta\dot{\varphi} - (v + \Delta v) = v.$$

Das sind insgesamt vier Gleichungen für $\Delta\dot{x}$, $\Delta\dot{\varphi}$, Δv und $\hat{F}$.

3.4.3 Der schiefe exzentrische Stoß

Beim Stoß zweier Körper nach Bild 3-16 bei ebener Bewegung lauten die integrierten Bewegungsgleichungen

$$\left.\begin{aligned} \Delta\dot{\boldsymbol{r}}_1 &= -\hat{\boldsymbol{F}}/m_1, & \Delta\dot{\boldsymbol{r}}_2 &= \hat{\boldsymbol{F}}/m_2, \\ \Delta\boldsymbol{\omega}_1 &= -\boldsymbol{\varrho}_1 \times \hat{\boldsymbol{F}}/J_1^S, & \Delta\boldsymbol{\omega}_2 &= \boldsymbol{\varrho}_2 \times \hat{\boldsymbol{F}}/J_2^S. \end{aligned}\right\} \quad (43)$$

Die Geschwindigkeiten der Stoßpunkte vor und nach dem Stoß sind

$$\left.\begin{aligned} \boldsymbol{v}_i &= \dot{\boldsymbol{r}}_i + \boldsymbol{\omega}_i \times \boldsymbol{\varrho}_i, \\ \boldsymbol{c}_i &= \dot{\boldsymbol{r}}_i + \Delta\dot{\boldsymbol{r}}_i + (\boldsymbol{\omega}_i + \Delta\boldsymbol{\omega}_i) \times \boldsymbol{\varrho}_i \end{aligned}\right\} \quad (i = 1, 2). \quad (44)$$

Im Fall I liefert Substitution in (42) die Gleichung

$$\hat{F}\{1/m_1 + 1/m_2 + [(\boldsymbol{\varrho}_1 \times \boldsymbol{e}_n) \times \boldsymbol{\varrho}_1/J_1^S + (\boldsymbol{\varrho}_2 \times \boldsymbol{e}_n) \times \boldsymbol{\varrho}_2/J_2^S] \cdot \boldsymbol{e}_n\} = (1 + e)(\boldsymbol{v}_1 - \boldsymbol{v}_2) \cdot \boldsymbol{e}_n.$$

Mit ihrer Lösung für $\hat{F}$ erhält man aus (43) $\Delta\dot{\boldsymbol{r}}_i$ und $\Delta\boldsymbol{\omega}_i$ $(i = 1, 2)$.

3.4.4 Der gerade zentrale Stoß

Der Stoß zweier rein translatorisch bewegter Körper heißt *gerade*, wenn ihre Geschwindigkeiten $\boldsymbol{v}_1$ und $\boldsymbol{v}_2$ die Richtung der Stoßnormale haben (Bild 3-17). Er heißt *zentral*, wenn die Schwerpunkte auf der Stoßnormale liegen. Die Geschwindigkeiten c_1 und c_2 unmittelbar nach dem Stoß und der Kraftstoß $\hat{F}$ an m_2 (alles positiv in

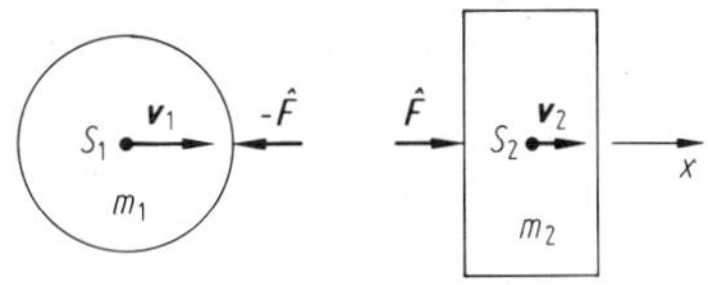

Bild 3-17. Gerader zentraler Stoß.

positiver x-Richtung) sowie der Verlust ΔT an kinetischer Energie sind

$$\left.\begin{aligned} c_1 &= v_1 - \frac{m_2}{m_1 + m_2}(1 + e)(v_1 - v_2), \\ c_2 &= v_2 + \frac{m_1}{m_1 + m_2}(1 + e)(v_1 - v_2), \\ \hat{F} &= \frac{m_1 m_2}{m_1 + m_2}(1 + e)(v_1 - v_2), \\ \Delta T &= \frac{1}{2}\,\frac{m_1 m_2}{m_1 + m_2}(1 - e^2)(v_1 - v_2)^2. \end{aligned}\right\} \quad (45)$$

Zur Messung der Stoßzahl e läßt man den einen Körper in geradem, zentralem Stoß aus einer Höhe h auf den anderen, unbeweglich gelagerten Körper fallen. Aus der Rücksprunghöhe h^* ergibt sich $e^2 = h^*/h$.

3.4.5 Gerader Stoß gegen ein Pendel

In Bild 3-18 seien v_2 und c_2 die Geschwindigkeiten des Punktes P vor bzw. nach dem Stoß, so daß $\dot{\varphi} = v_2/l$ und $\dot{\varphi} + \Delta\dot{\varphi} = c_2/l$ die Winkelgeschwindigkeiten des Pendels vor bzw. nach dem Stoß sind. Für c_1, c_2, $\hat{F}$ und ΔT gilt auch hier (45), wenn man überall m_2 durch J^A/l^2 ersetzt. Der Kraftstoß im Lager ist $\hat{A} = \hat{F}(m_2 l l_s/J^A - 1)$. Das Lager ist stoßfrei bei der Abstimmung $m_2 l l_s = J^A = J^S + m_2 l_s^2$. Dann heißt A *Stoßmittelpunkt.* Um diesen Punkt als Pol dreht sich der Körper unmittelbar nach dem Stoß auch dann, wenn das Lager fehlt.

Zur Messung hoher Geschwindigkeiten v_1 läßt man m_1 vollplastisch in ein ruhendes Pendel einschlagen. Der maximale Pendelwinkel φ_{max} nach dem Stoß wird gemessen. Er liefert

$$v_1 = 2\sin(\varphi_{max}/2)\,[(1 + J^A/(m_1 l^2)) \times (l + l_s m_2/m_1) g]^{1/2}.$$

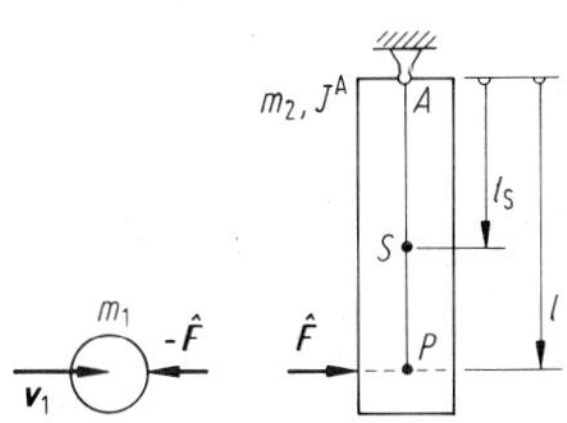

Bild 3-18. Stoß gegen ein Pendel.

3.5 Körper mit veränderlicher Masse

Die Bilder 3-19a und b zeigen starre Körper, die aus einem unveränderlichen starren Träger und einer ebenfalls starren, aber veränderlichen Teilmasse bestehen. Die Gesamtmasse ist $m(t)$. Der Punkt A ist auf dem Träger an beliebiger Stelle fest. Der Ortsvektor ϱ_S des Gesamtschwerpunkts und der Trägheitstensor $\boldsymbol{J}^A$ des gesamten Körpers bezüglich A sind variabel. Bewegungsgleichungen werden für den Punkt A des Trägers und für die Rotation des Trägers angegeben. Sei P der Punkt, an dem Masse in den Körper eintritt oder aus ihm austritt. Austretende Masse ändert ihre Geschwindigkeit relativ zum starren Körper von $\boldsymbol{v}_{rel1} = \boldsymbol{o}$ auf $\boldsymbol{v}_{rel2} \neq \boldsymbol{o}$, eintretende Masse dagegen von $\boldsymbol{v}_{rel1} \neq \boldsymbol{o}$ auf $\boldsymbol{v}_{rel2} = \boldsymbol{o}$. Sei $\Delta\boldsymbol{v}_{rel} = \boldsymbol{v}_{rel2}$, wenn Masse austritt und $\Delta\boldsymbol{v}_{rel} = \boldsymbol{v}_{rel1}$, wenn Masse eintritt. Zwei Fälle werden untersucht.

Fall 1: $\Delta\boldsymbol{v}_{rel}$ tritt während einer unendlich kurzen Zeitdauer auf (Bilder 3-19a und 3-20).

Fall 2: $\Delta\boldsymbol{v}_{rel}$ entwickelt sich stetig in einer stationären, inkompressiblen Strömung durch einen geradlinigen Kanal der Länge l (Bild 3-19b; der Einheitsvektor $\boldsymbol{e}$ hat die Richtung der Strömung). In beiden Fällen werden Bewegungsgleichungen an einem Zweikörpersystem mit konstanter Masse entwickelt. Es besteht aus dem starren Körper der Masse $m(t)$ und einem relativ zu diesem bewegten Massenelement Δm. Einzelheiten siehe in [10]. Die Gleichungen für die Translation und Rotation lauten im Fall 2

$$m[\ddot{\boldsymbol{r}}_A + \dot{\boldsymbol{\omega}} \times \boldsymbol{\varrho}_S + \boldsymbol{\omega} \times (\boldsymbol{\omega} \times \boldsymbol{\varrho}_S)] = \boldsymbol{F} + \dot{m}(\Delta\boldsymbol{v}_{rel} + 2\boldsymbol{\omega} l \times \boldsymbol{e}), \tag{46}$$

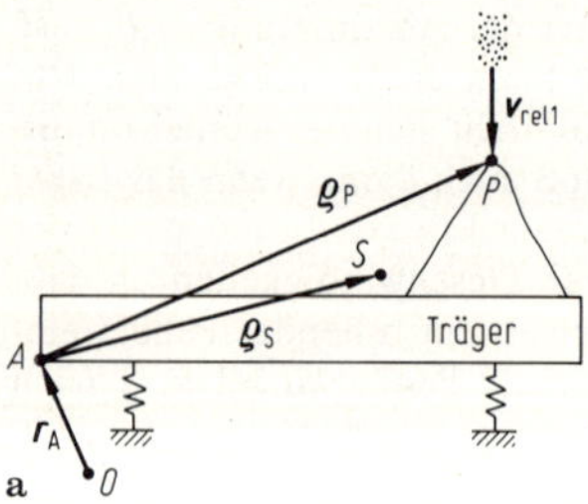

a

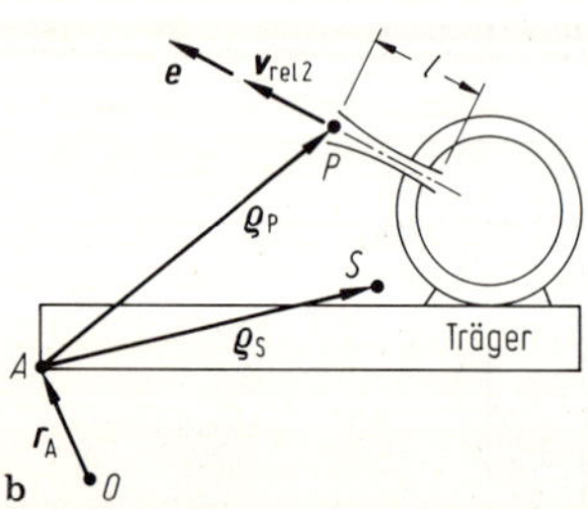

b

Bild 3-19. a Körper mit zunehmender Masse. **b** Körper mit abnehmender Masse.

$$\boldsymbol{J}^A \cdot \dot{\boldsymbol{\omega}} + \boldsymbol{\omega} \times \boldsymbol{J}^A \cdot \boldsymbol{\omega} + m\boldsymbol{\varrho}_S \times \ddot{\boldsymbol{r}}_A = \boldsymbol{M}^A + \dot{m}[\boldsymbol{\varrho}_P \times \Delta\boldsymbol{v}_{rel} + (\boldsymbol{\varrho}_P - l\boldsymbol{e}/2) \times (2\boldsymbol{\omega} l \times \boldsymbol{e})]. \tag{47}$$

Die Gleichungen für Fall 1 sind hierin als der Sonderfall $l = 0$ enthalten. $\boldsymbol{F}$ und $\boldsymbol{M}^A$ sind die äußere eingeprägte Kraft (bzw. das Moment) am augenblicklich vorhandenen Körper. $\dot{m} = \mathrm{d}m/\mathrm{d}t$ kann positiv oder negativ sein. Alle anderen Bezeichnungen sind wie in (15) und Bild 3-6. Wenn verschiedene Massenströme $\dot{m}_i$ an mehreren Stellen P_i $(i = 1, 2, \ldots)$ auftreten, muß man die Glieder mit $\dot{m}$ in (46) und (47) durch entsprechende Summen über i ersetzen (siehe Bild 3-20).

Beispiel 3-16: Translatorischer Aufstieg einer Rakete mit der Startmasse m_0 in vertikaler z-Richtung bei konstanter relativer Ausströmgeschwindigkeit vom Betrag v_{rel} und mit konstantem $\dot{m} = -a$. Damit ist $m = m_0 - at$, $\boldsymbol{F} = -mg\boldsymbol{e}_z$, $\Delta\boldsymbol{v}_{rel} = -v_{rel}\boldsymbol{e}_z$. Für die Beschleunigung der Raketenhülle liefert (46) die Gleichung

$$(m_0 - at)\ddot{z} = -(m_0 - at)g + av_{rel}$$

oder $\ddot{z} = -g + av_{rel}/(m_0 - at)$.

Integration mit den Anfangsbedingungen $z(0) = \dot{z}(0) = 0$ ergibt die Geschwindigkeit $\dot{z}(t) = -gt + v_{rel} \ln(m_0/m(t))$ und die Flughöhe

$$z(t) = -gt^2/2 + v_{rel}t - (m(t)v_{rel}/a) \ln(m_0/m(t)).$$

Probleme bei Raketen mit Rotation siehe in [11].

Beispiel 3-17: Ein Körper der Anfangsmasse m_0 und der Anfangsgeschwindigkeit v_0 wird nach Bild 3-20 entlang der horizontalen x-Achse dadurch gebremst, daß er zunehmend größere Teile von zwei anfangs ruhenden Ketten (Masse/Länge $= \mu$) hinter sich herzieht. In (46) ist $m = m_0 + 2(\mu x/2) = m_0 + \mu x$, $\dot{m} = \mu\dot{x}$, $v_{rel1} = -\dot{x}$, $v_{rel2} = 0$, also $\Delta v_{rel} = -\dot{x}$. Also lautet (46) bei Vernachlässigung von Reibung $(m_0 + \mu x)\ddot{x} = -\mu\dot{x}^2$. Man setzt $\ddot{x} = (\mathrm{d}\dot{x}/\mathrm{d}x)\dot{x}$ und erhält $\mathrm{d}\dot{x}/\dot{x} = -\mu\,\mathrm{d}x/(m_0 + \mu x)$. Integration liefert die Geschwindigkeit

$$v(x) = \dot{x}(x) = v_0/(1 + \mu x/m_0) = v_0 m_0/m(x).$$

Dieses Ergebnis drückt die Impulserhaltung $m(x)v(x) = m_0 v_0$ aus. Eine weitere Integration nach Trennung der Veränderlichen führt mit der

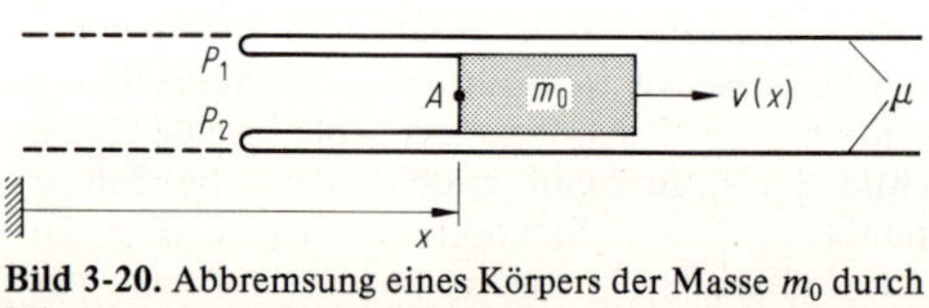

Bild 3-20. Abbremsung eines Körpers der Masse m_0 durch Mitziehen zweier neben der Bahn ausgelegter Ketten.

Anfangsbedingung $x(0) = 0$ auf

$$x(t) = (m_0/\mu)[(1 + 2\mu v_0 t/m_0)^{1/2} - 1].$$

3.6 Gravitation und Satellitenbahnen

Gravitationskraft. Gravitationsmoment. Gewichtskraft

Zwei Punktmassen M und m in der Entfernung r ziehen einander mit *Gravitationskräften* $\boldsymbol{F}$ und $-\boldsymbol{F}$ an. Mit $\boldsymbol{e}_r$ nach Bild 3-21 ist

$$\left.\begin{aligned} \boldsymbol{F} &= -(GMm/r^2)\,\boldsymbol{e}_r, \\ G &= 6{,}672\,59 \cdot 10^{-11}\,\text{Nm}^2/\text{kg}^2. \end{aligned}\right\} \qquad (48)$$

G ist die *Gravitationskonstante.* $\boldsymbol{F}$ hat das Potential $V = -GMm/r$. (48) gilt auch dann, wenn M und m die Massen zweier sich nicht durchdringender, beliebig großer homogener Kugeln oder Kugelschalen mit der Mittelpunktsentfernung r sind. Sie gilt auch dann, wenn M die Erdmasse M_E und m die Masse eines beliebig geformten, im Vergleich zur Erde sehr kleinen Körpers ist, der sich außerhalb der Erdkugel befindet. Auf den Körper wirkt dann um seinen Massenmittelpunkt das *Gravitationsmoment*

$$\boldsymbol{M}_{\text{grav}} = 3\omega_0^2 \boldsymbol{e}_r \times \boldsymbol{J}^S \cdot \boldsymbol{e}_r, \quad \omega_0^2 = \frac{GM_E}{r^3} \qquad (49)$$

($\boldsymbol{J}^S$ zentraler Trägheitstensor des Körpers, ω_0 Umlaufwinkelgeschwindigkeit eines Satelliten auf der Kreisbahn mit Radius r).

Die Gravitationskraft (48) der Erde auf einen Körper an der Erdoberfläche ($r = R \approx 6\,370$ km) heißt Gewichtskraft $\boldsymbol{G}$ des Körpers: $\boldsymbol{G} = m(-\boldsymbol{e}_r GM_E/R^2) = m\boldsymbol{g}$. g heißt *Fallbeschleunigung.* Ihre Größe ist in der Nähe der Erdoberfläche nur sehr wenig vom Ort abhängig und hat den Normwert $g_n = 9{,}806\,65$ m/s^2.

Satellitenbahnen

Zwei einander mit Gravitationskräften (48) anziehende Himmelskörper der Massen M und m bewegen sich so, daß der gemeinsame Schwerpunkt in Ruhe bleibt. Im Fall $M \gg m$ (Beispiel Sonne und Planet oder Planet und Raumfahrzeug) bleibt die große Masse M praktisch in Ruhe. Die Bewegungsgleichungen (2) und (14) für m lauten dann (Bild 3-22 a)

$$\ddot{\boldsymbol{r}} = (-GM/r^2)\,\boldsymbol{e}_r \quad \text{und} \quad \boldsymbol{L} = \boldsymbol{r} \times \dot{\boldsymbol{r}}m = \text{const}. \qquad (50)$$

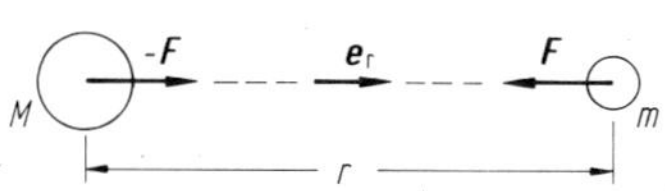

Bild 3-21. Gravitationskräfte zwischen zwei Massen.

Im folgenden ist $K = GM = gR^2$ (Fallbeschleunigung g und Erdradius R bzw. entsprechende Größen bei anderen Gravitationszentren). Durch Polarkoordinaten r, φ ausgedrückt liefert (50) mit (1-7) die Gleichungen

$$\ddot{r} - r\dot{\varphi}^2 = -K/r^2 \quad \text{und} \quad \dot{\varphi} = h/r^2 \qquad (51)$$

mit $\quad h = L/m = \text{const}.$

Mit der zweiten Gleichung ist

$$\dot{r} = \frac{\mathrm{d}r}{\mathrm{d}\varphi}\dot{\varphi} = \frac{\mathrm{d}r}{\mathrm{d}\varphi}\cdot\frac{h}{r^2} = -h\frac{\mathrm{d}(1/r)}{\mathrm{d}\varphi}$$

oder mit $u = 1/r$ auch $\dot{r} = -h\,\mathrm{d}u/\mathrm{d}\varphi$ und nach Differentiation

$$\ddot{r} = -h\frac{\mathrm{d}^2u}{\mathrm{d}\varphi^2}\dot{\varphi} = -h^2u^2\frac{\mathrm{d}^2u}{\mathrm{d}\varphi^2}.$$

Damit ergibt die erste Gleichung (51) $\mathrm{d}^2u/\mathrm{d}\varphi^2 + u = K/h^2$ und die Lösung $u = [1 + \varepsilon\cos(\varphi - \delta)]K/h^2$ mit Integrationskonstanten ε und δ. Willkürlich sei $\varphi = 0$ bei $u = u_{\max}$ (d. h. bei $r = r_{\min}$, also im sog. Perigäum der Bahn). Im Fall $\varepsilon > 0$ ist dann $\delta = 0$, also

$$r(\varphi) = \frac{h^2/K}{1 + \varepsilon\cos\varphi}. \qquad (52)$$

Das sind Kreise ($\varepsilon = 0$) oder Ellipsen ($0 < \varepsilon < 1$) oder Parabeln ($\varepsilon = 1$) oder Hyperbeln ($\varepsilon > 1$) mit der numerischen Exzentrizität ε und dem Gravitationszentrum in einem Brennpunkt (Bild 3-22 a, b). h und ε hängen von den Anfangsbedingungen $r = r(t_0)$, $v_0 = v(t_0)$ (Bahngeschwindigkeit) und

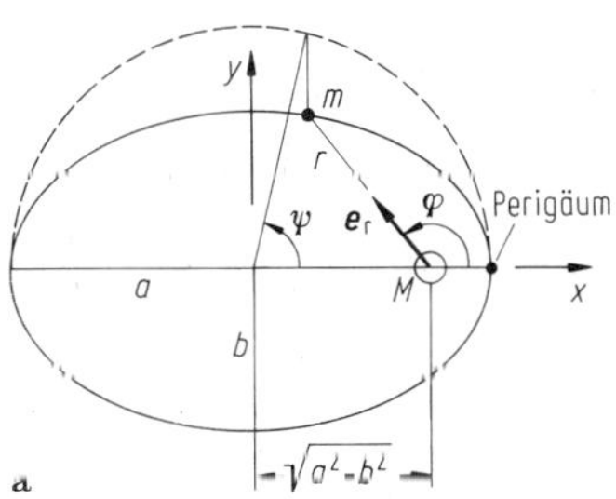

a

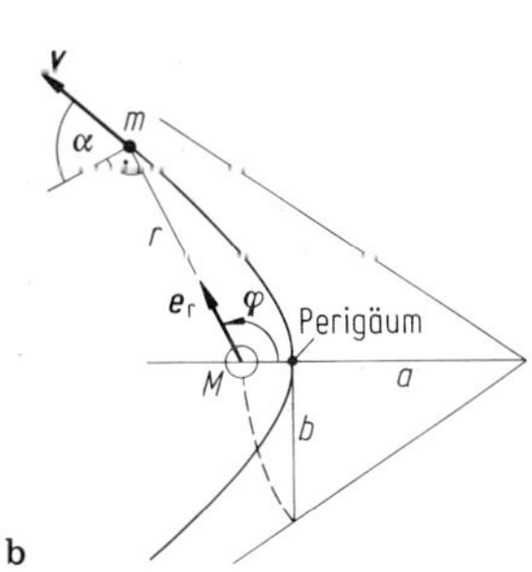

b

Bild 3-22. Geometrische Größen für elliptische (Bild a) und für hyperbolische Satellitenbahnen (Bild b).

$\alpha_0 = \alpha(t_0)$ (zur Bedeutung von α siehe Bild 3-22 b) wie folgt ab:

$$\left.\begin{aligned} h &= r_0 v_0 \cos\alpha_0\,, \\ \varepsilon &= [(r_0 v_0^2/K - 1)^2 \cos^2\alpha_0 + \sin^2\alpha_0]^{1/2}\,. \end{aligned}\right\} \quad (53)$$

(52) liefert den Winkel $\varphi = \varphi_0$ zu $r = r_0$ und damit die Lage der Hauptachsen. Für die Halbachsen a und b gilt $a = h^2/[K(1-\varepsilon^2)]$ (hier und im folgenden für Hyperbeln negativ) und $b^2 = a^2|1-\varepsilon^2|$, $h^2/K = b^2/|a|$.
Aus (50 b) folgt, daß r in gleichen Zeitintervallen gleich große Flächen überstreicht (2. *Keplersches Gesetz*). Die Beziehung zwischen Bahngeschwindigkeit v, großer Halbachse a und r ist $v^2 = K(2/r - 1/a)$ für alle Bahntypen. Damit ist die gesamte Energie

$$E = \frac{1}{2}mv^2 - \frac{mK}{r} = \frac{-mK}{2a}\,.$$

Bei Ellipsen ist $v_{\max}/v_{\min} = r_{\max}/r_{\min} = (1+\varepsilon)/(1-\varepsilon)$. Auf einer Kreisbahn mit dem Radius r_0 ist $v = (K/r_0)^{1/2}$. Am Erdradius $r_0 = R$ ergibt sich daraus $v = \sqrt{gR} = 7{,}904$ km/s. Auf einer geostationären Kreisbahn ist v/r_0 gleich der absoluten Winkelgeschwindigkeit Ω der Erde, woraus sich für diese Bahn $r_0 = (gR^2/\Omega^2)^{1/3} = 6{,}627\,R \approx 42\,222$ km und damit die Bahnhöhe über der Erdoberfläche zu 35 851 km ergibt.
In der Entfernung $r = r_0$ ist $v_f = (2K/r_0)^{1/2}$ die minimale Geschwindigkeit, die sog. *Fluchtgeschwindigkeit*, mit der bei beliebiger Richtung von $\boldsymbol{v}_f$ $r \to \infty$ erreicht wird. Am Erdradius R ist $v_f \approx 11{,}2$ km/s.
Die *Umlaufzeit* für geschlossene Bahnen ist $T = 2\pi(a^3/K)^{1/2}$ (3. *Keplersches Gesetz*). Der Zusammenhang zwischen φ und der Zeit t mit $t = 0$ für $\varphi = 0$ ist

$$t(\varphi) = a\left(\frac{|a|}{K}\right)^{1/2}\left[2f\left(\sqrt{\frac{|1-\varepsilon|}{1+\varepsilon}}\tan\frac{\varphi}{2}\right) - \varepsilon\sqrt{|1-\varepsilon^2|}\,\frac{\sin\varphi}{1+\varepsilon\cos\varphi}\right] \quad (54)$$

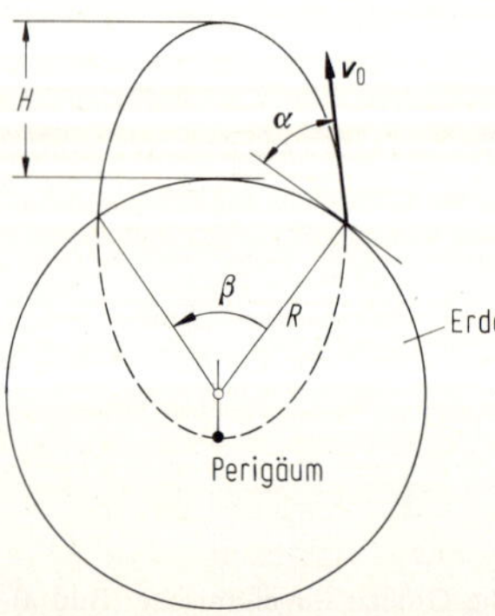

Bild 3-23. Ballistische Flugbahn.

mit $f = \operatorname{arctan}$ für elliptische und $f = \operatorname{artanh}$ für hyperbolische Bahnen. Bei Ellipsen gilt auch $t(\psi) = (a^3/K)^{1/2} \cdot (\psi - \varepsilon \sin\psi)$ mit ψ nach Bild 3-22 a. Mit ψ hat die Ellipse die Parameterdarstellung $x = a\cos\psi$, $y = b\sin\psi$. Weitere Einzelheiten zu Satellitenbahnen siehe in [11, 12].
Bei elliptischen Bahnen nach Bild 3-23 (*Ballistik* ohne Luftwiderstand) sind die Reichweite β, die Flughöhe H und die Flugdauer t_F von den Anfangsbedingungen v_0 und α wie folgt abhängig:

$$\left.\begin{aligned} \tan(\beta/2) &= \frac{(Rv_0^2/K)\sin\alpha\cos\alpha}{1-(Rv_0^2/K)\cos^2\alpha}\,, \\ Rv_0^2/K &= v_0^2/(Rg)\,, \\ H &= R\,(1-\cos(\beta/2))\,\varepsilon/(1-\varepsilon)\,, \\ t_F &= 2\pi(a^3/K)^{1/2} - 2t\,(\varphi = \pi - \beta/2) \end{aligned}\right\} \quad (55)$$

mit ε, a und $t(\varphi)$ wie oben. β ist bei gegebenem v_0 maximal für $\cos^2\alpha = (2 - Rv_0^2/K)^{-1}$.

3.7 Stabilität

Zur Stabilität von Gleichgewichtslagen bei konservativen Systemen siehe 2.6. Die Stabilität von Gleichgewichtslagen und von Bewegungen wird in gleicher Weise definiert und mit denselben Methoden untersucht. Begriffe: Bei einem System mit n Freiheitsgraden mit generalisierten Koordinaten $\underline{q} = [q_1 \ldots q_n]$ sei $\underline{q}^*(t)$ eine Bewegung zu bestimmten Anfangsbedingungen $\underline{q}^*(0)$ und $\dot{\underline{q}}^*(0)$ und im Sonderfall $\underline{q}^*(t) \equiv \underline{q}^*(0) = \underline{0}$ eine Gleichgewichtslage. Zu gestörten Anfangsbedingungen $\underline{q}(0)$ und $\dot{\underline{q}}(0)$ gehört eine gestörte Bewegung $\underline{q}(t)$. Die Abweichungen

$$\underline{y}(t) = \underline{q}(t) - \underline{q}^*(t) \quad \text{und} \quad \dot{\underline{y}}(t) = \dot{\underline{q}}(t) - \dot{\underline{q}}^*(t) \quad (56)$$

heißen Störungen der Bewegung bzw. der Gleichgewichtslage $\underline{q}^*(t)$. Ein Maß für die Störungen ist

$$r(t) = \left[\sum_{i=1}^{n}(y_i^2(t) + \dot{y}_i^2(t))\right]^{1/2}.$$

Damit ist insbesondere $r(0)$ das Maß für die Störungen der Anfangsbedingungen.

Definition: Eine Bewegung oder Gleichgewichtslage $\underline{q}^*(t)$ heißt *stabil*, wenn für jedes beliebig kleine $\varepsilon > 0$ ein $\delta > 0$ existiert, so daß für alle Bewegungen mit $r(0) < \delta$ dauernd $r(t) < \varepsilon$ ist. Andernfalls heißt die Bewegung *instabil*. Sie heißt insbesondere *asymptotisch stabil*, wenn sie stabil ist, und wenn außerdem $r(t)$ für $t \to \infty$ asymptotisch gegen null strebt.

Beispiel 3-18: Die untere Gleichgewichtslage eines Pendels ist stabil, weil die potentielle Energie dort minimal ist (vgl. 2.6). Dagegen sind Eigenschwingungen des Pendels instabil, weil die

Periodendauer vom Maximalausschlag $\varphi_{\max}$ abhängt (siehe 4.6). Man kann nämlich selbst mit einem beliebig kleinen $\delta > 0$ nicht verhindern, daß die gestörte und die ungestörte Bewegung nach endlicher Zeit ungefähr in Gegenphase sind, d.h., daß die Störung $r \approx 2\varphi_{\max}$ ist.

In den Bewegungsgleichungen des betrachteten mechanischen Systems wird für $\underline{q}$ nach (56) der Ausdruck $\underline{q}^* + \underline{y}$ eingesetzt. Wenn $\underline{q}^*(t)$ bekannt ist, erzeugt das neue Differentialgleichungen für die Störungen $\underline{y}(t)$. Diese Differentialgleichungen haben die spezielle Lösung $\underline{y}(t) \equiv \underline{0}$, d. h. eine Gleichgewichtslage. Die Stabilität der Bewegung $\underline{q}^*(t)$ mit den ursprünglichen Differentialgleichungen untersuchen heißt also, die Stabilität der Gleichgewichtslage für die Differentialgleichungen der Störungen untersuchen.

Sonderfall. Die ursprünglichen Differentialgleichungen für $\underline{q}$ sind linear mit konstanten Koeffizienten. Dann sind die Differentialgleichungen für die Störungen mit den ursprünglichen identisch. Daraus folgt: Jede Bewegung $\underline{q}^*(t)$ des Systems hat dasselbe Stabilitätsverhalten, wie die Gleichgewichtslage $\underline{q}^* \equiv \underline{0}$. Zur Bestimmung des Stabilitätsverhaltens überführt man die n Bewegungsgleichungen in ein System von $2n$ Differentialgleichungen erster Ordnung der Form $\underline{A}\,\underline{\dot{x}} = \underline{0}$. Die Realteile der Eigenwerte der Matrix $\underline{A}$ entscheiden. Asymptotische Stabilität liegt vor, wenn alle Realteile negativ sind. Instabilität liegt vor, wenn wenigstens ein Realteil positiv ist oder wenn im Fall ausschließlich nicht-positiver Realteile ein mehrfacher Eigenwert λ mit dem Realteil Null existiert, für den der Rangabfall der Matrix $\underline{A} - \lambda\underline{E}$ kleiner ist als die Vielfachheit von λ. Stabilität liegt vor, wenn weder asymptotische Stabilität noch Instabilität vorliegt. Da $\underline{A}$ für mechanische Systeme besondere Strukturen hat, gibt es spezielle Stabilitätssätze [13].
Eine Stabilitätsuntersuchung nichtlinearer Systeme anhand linearisierter Differentialgleichungen ist nur zulässig, wenn sie entweder zu dem Ergebnis „asymptotisch stabil“ oder zu dem Ergebnis „instabil“ führt. Das Ergebnis „stabil“ erlaubt keine Aussage über das nichtlineare System! Für Kriterien bei nichtlinearen Systemen siehe die *direkte Methode von Ljapunow* (A 32.2, H 9.6 und [14, 15]) und die Methode der *Zentrumsmannigfaltigkeit* [16].

4 Schwingungen

Unter *Schwingungen* versteht man Vorgänge, bei denen physikalische Größen mehr oder weniger regelmäßig abwechselnd zu- und abnehmen. Ein schwingungsfähiges System heißt *Schwinger*. Mechanische Schwingungen werden durch Differentialgleichungen der Bewegung beschrieben. Methoden zu deren Formulierung siehe in 3.1.3, 3.1.8 und 3.3.

Klassifikation von Schwingungen. *Freie Schwingungen* (auch *Eigenschwingungen* genannt) sind solche, bei denen dem Schwinger keine Energie zugeführt wird. Von *selbsterregten Schwingungen* spricht man, wenn sich ein Schwinger im Takt seiner Eigenschwingungen Energie aus einer Energiequelle (z. B. einem Energiespeicher) zuführt. Ein einfaches Beispiel ist die elektrische Klingel, bei der der Klöppel, von einem Elektromagneten angezogen, gegen die Glocke schlägt, durch diese Bewegung einen Stromkreis unterbricht und den Magneten abschaltet, so daß der Klöppel zurückschwingt und den Stromkreis wieder schließt. Die Energiequelle ist in diesem Fall das elektrische Netz. Eigenschwingungen und selbsterregte Schwingungen werden *autonome Schwingungen* genannt.
Den Gegensatz zu autonomen Schwingungen bilden *fremderregte Schwingungen*. Bei ihnen existiert ein Erregermechanismus, in dem eine fest vorgegebene Funktion der Zeit eine Rolle spielt. Wenn diese Funktion in den Differentialgleichungen der Bewegung in einem freien Störglied auftritt, spricht man von *erzwungenen Schwingungen* (z. B. im Fall $m\ddot{q} + kq = F\cos\Omega t$). Wenn sie nur in den physikalischen Parametern auftritt, spricht man von *parametererregten Schwingungen* (z. B. im Fall $m(t)\,\ddot{q} + k(t)\,q = 0$). Je nachdem, ob die zu beschreibenden Differentialgleichungen linear oder nichtlinear sind, spricht man von *linearen* oder *nichtlinearen Schwingungen*. Nur freie, erzwungene und parametererregte Schwingungen können linear sein. Schwingungen von Systemen mit mehr als einem Freiheitsgrad werden *Koppelschwingungen* genannt.

Phasenkurven. Phasenporträt. Die Differentialgleichung eines Schwingers mit einem Freiheitsgrad und mit der Koordinate q hat zu gegebenen Anfangsbedingungen $q(t_0)$ und $\dot{q}(t_0)$ eine eindeutige Lösung $q(t)$, $\dot{q}(t)$. Ihre Darstellung in einem $q,\dot{q}$-Diagramm heißt *Phasenkurve*, und die Gesamtheit aller Phasenkurven eines Schwingers für verschiedene Anfangsbedingungen heißt *Phasenporträt* des Schwingers (Bilder 4-1, 4-14, 4-15). Oberhalb der q-Achse werden Phasenkurven von links nach rechts und unterhalb von rechts nach links durchlaufen. Bei autonomen Schwingungen ist das Phasenporträt mit Ausnahme singulärer Punkte auf der q-Achse schnittpunktfrei. Die singulären Punkte gehören zu Gleichgewichtslagen. Bild 4-1 zeigt Phasenkurven in der Umgebung von stabilen, asymptotisch stabilen und instabilen Gleichgewichtslagen. *Periodische Schwingungen* haben eine Periodendauer T derart, daß

$$q(t+T) \equiv q(t) \quad \text{für alle } t$$

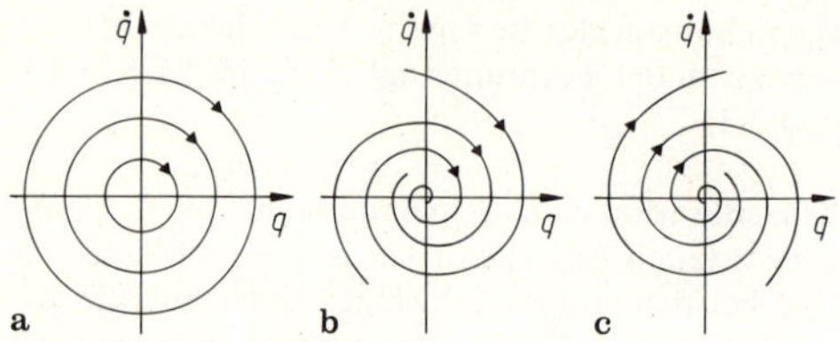

Bild 4-1. Phasenkurven mit einer stabilen (Bild a), einer asymptotisch stabilen (Bild b) und einer instabilen Gleichgewichtslage (Bild c).

gilt. Ihre Phasenkurven sind geschlossen. Alle Phasenkurven mit Ausnahme von sog. *Separatrizen* schneiden die q-Achse rechtwinklig (Bild 4-14).

4.1 Lineare Eigenschwingungen

4.1.1 Systeme mit einem Freiheitsgrad

Die Differentialgleichung für die schwingende Größe q lautet

$$m\ddot{q} + b\dot{q} + kq = 0 \tag{1}$$

mit konstanten Trägheits-, Dämpfungs- und Steifigkeitsparametern m, b bzw. k. Bei freien *Schwingungen ohne Dämpfung* ist

$$\ddot{q} + \omega_0^2 q = 0 \quad \text{mit} \quad \omega_0^2 = k/m\,. \tag{2}$$

ω_0 heißt *Eigenkreisfrequenz* oder kurz *Eigenfrequenz* des Schwingers. Die Lösung von (2) ist eine harmonische Schwingung. Sie kann in jeder der folgenden drei Formen angegeben werden:

$$\left.\begin{aligned} q(t) &= A_1 \exp(\mathrm{j}\omega_0 t) + B_1 \exp(-\mathrm{j}\omega_0 t) \\ &= A\cos\omega_0 t + B\sin\omega_0 t \\ &= C\cos(\omega_0 t - \varphi)\,. \end{aligned}\right\} \tag{3}$$

Die Integrationskonstanten C und φ heißen *Amplitude* bzw. *Nullphasenwinkel* oder kurz *Phase*. Zwischen den Integrationskonstanten der drei Formen gelten die Beziehungen

$$\begin{aligned} &A = A_1 + B_1\,, \quad B = \mathrm{j}(A_1 - B_1)\,, \quad C^2 = A^2 + B^2\,, \\ &\tan\varphi = B/A\,, \quad A = C\cos\varphi\,, \quad B = C\sin\varphi\,. \end{aligned} \tag{4}$$

Die Periodendauer $T = 2\pi/\omega_0$ ist unabhängig von der Amplitude C. Phasenkurven sind die Ellipsen $q^2 + \dot{q}^2/\omega_0^2 = C^2$ bzw. bei geeigneter Maßstabswahl die Kreise in Bild 4-1 a.

Im Fall mit *Dämpfung* wird in (1) die normierte Zeit $\tau = \omega_0 t$ eingeführt. Für $\mathrm{d}q/\mathrm{d}\tau$ wird q' geschrieben. Mit den Beziehungen

$$\left.\begin{aligned} &\omega_0^2 = k/m\,, \quad \tau = \omega_0 t\,, \\ &\dot{q} = (\mathrm{d}q/\mathrm{d}\tau)(\mathrm{d}\tau/\mathrm{d}t) = \omega_0 q'\,, \quad \ddot{q} = \omega_0^2 q'' \end{aligned}\right\} \tag{5}$$

und mit dem dimensionslosen *Dämpfungsgrad* (auch *Lehrsches Dämpfungsmaß*)

$$D = \frac{b}{2m\omega_0} = \frac{b}{2\sqrt{mk}} \tag{6}$$

entsteht aus (1) die Gleichung

$$q'' + 2Dq' + q = 0\,. \tag{7}$$

Sie hat die Lösungen (siehe auch B 5)

$$q(\tau) = \begin{cases} \exp(-D\tau)\,(A\cos\nu\tau + B\sin\nu\tau) \\ \qquad (\nu = (1 - D^2)^{1/2}, \quad |D| < 1)\,, \\ A\exp(\lambda_1\tau) + B\exp(\lambda_2\tau) \\ \qquad (\lambda_{1,2} = -D \pm (D^2 - 1)^{1/2}, \quad |D| > 1)\,, \\ \exp(D\tau)\,(A + B\tau) \quad (|D| = 1)\,. \end{cases} \tag{8}$$

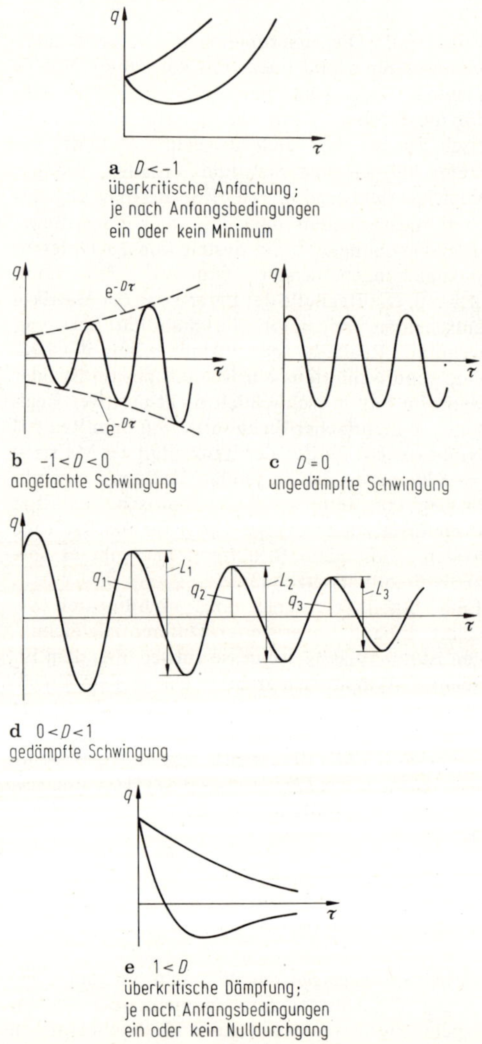

Bild 4-2. Ausschlag-Zeit-Diagramme für Schwinger mit der Bewegungsgleichung (7); siehe (8).

Die Bilder 4-2a–e zeigen alle Lösungstypen außer für $|D| = 1$. Im Fall $0 < D < 1$ liegen aufeinanderfolgende gleichsinnige Maxima q_i und q_{i+1} im selben zeitlichen Abstand $\Delta t = \Delta\tau/\omega_0 = 2\pi/(\nu\omega_0)$, wie gleichsinnig durchlaufene Nullstellen. Wenn ein Meßschrieb in Form von Bild 4-2d vorliegt, können ω_0 und D aus Meßwerten für Δt und q_i/q_{i+n} (bei fehlender Nullinie wird L_i/L_{i+n} abgelesen) aus den Gleichungen berechnet werden:

$$\left.\begin{aligned}&\frac{D}{(1-D^2)^{1/2}} = \frac{\ln(q_i/q_{i+n})}{2\pi n} = \frac{\ln(L_i/L_{i+n})}{2\pi n},\\ &\omega_0 = 2\pi/[\Delta t\,(1-D^2)^{1/2}].\end{aligned}\right\} \quad (9)$$

$\Lambda = \ln(q_i/q_{i+1})$ heißt *logarithmisches Dekrement*. Für schnelles Abklingen von Ausschlägen fordert man, daß

$$\int_0^\infty |q(t)|\,\mathrm{d}t \text{ oder } \int_0^\infty q^2(t)\,\mathrm{d}t \text{ oder } \int_0^\infty t\,|q(t)|\,\mathrm{d}t$$

minimal wird. Das wird durch die Abstimmung $D = 1$ bzw. $D = 1/2$ bzw. $D = (1/2)^{1/2}$ erreicht.

4.1.2 Eigenschwingungen bei endlich vielen Freiheitsgraden

Hierzu siehe auch 5.14 Übertragungsmatrizen.

Aufstellung von Bewegungsgleichungen

Eigenschwingungen eines ungedämpften Systems mit n Freiheitsgraden haben Differentialgleichungen der Form

$$\underline{M}\ddot{\underline{q}} + \underline{K}\underline{q} = \underline{0} \quad (10)$$

mit symmetrischen $(n \times n)$-Matrizen $\underline{M}$ und $\underline{K}$ ($\underline{M}$ *Massenmatrix*, $\underline{K}$ *Steifigkeitsmatrix*). $\underline{M}$ ist positiv definit und damit nichtsingulär. Zur Bestimmung von $\underline{M}$ und $\underline{K}$ für einen gegebenen Schwinger formuliert man seine kinetische Energie T und seine potentielle Energie V und schreibt sie in der Form $T = \frac{1}{2}\dot{\underline{q}}^{\mathrm{T}}\underline{M}\dot{\underline{q}}$ bzw. $V = \frac{1}{2}\underline{q}^{\mathrm{T}}\underline{K}\underline{q}$ mit symmetrischen Matrizen $\underline{M}$ und $\underline{K}$. Diese sind die gesuchten Matrizen.

Beispiel 4-1: Für den Schwinger in Bild 4-3 ist

$$T = \frac{1}{2}[m_1\dot{q}_1^2 + m_2(\dot{q}_1+\dot{q}_2)^2 + m_3\dot{q}_3^2]$$

$$= \frac{1}{2}[\dot{q}_1 \;\; \dot{q}_2 \;\; \dot{q}_3]\begin{bmatrix} m_1+m_2 & m_2 & 0\\ m_2 & m_2 & 0\\ 0 & 0 & m_3\end{bmatrix}\begin{bmatrix}\dot{q}_1\\ \dot{q}_2\\ \dot{q}_3\end{bmatrix},$$

$$V = \frac{1}{2}[k_1q_1^2 + k_2q_2^2 + k_3(q_3-q_1)^2]$$

$$= \frac{1}{2}[q_1 \;\; q_2 \;\; q_3]\begin{bmatrix} k_1+k_3 & 0 & -k_3\\ 0 & k_2 & 0\\ -k_3 & 0 & k_3\end{bmatrix}\begin{bmatrix}q_1\\ q_2\\ q_3\end{bmatrix}.$$

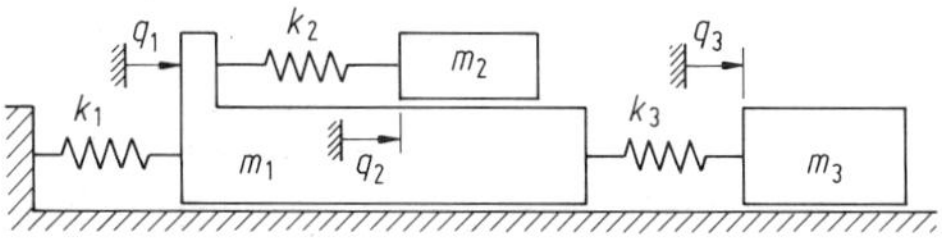

Bild 4-3. Linearer Schwinger mit drei Freiheitsgraden.

Wenn der Schwinger nichtlinear ist, dann ist $T = \frac{1}{2}\dot{\underline{q}}^{\mathrm{T}}\underline{M}(q_1,\ldots,q_n)\,\dot{\underline{q}}$, und $V(q_1,\ldots,q_n)$ hat nicht die Form $\frac{1}{2}\underline{q}^{\mathrm{T}}\underline{K}\underline{q}$. In diesem Fall gewinnt man linearisierte Bewegungsgleichungen wie folgt. Man bestimmt zunächst aus $\partial V/\partial q_i = 0$ $(i = 1,\ldots,n)$ die Gleichgewichtslage $q_i = q_{i0}$ $(i = 1,\ldots,n)$ des Systems und entwickelt dann V um diese Lage in eine Taylorreihe nach den Variablen $q_i^* = q_i - q_{i0}$, d. h. nach den Abweichungen von der Gleichgewichtslage. Die Reihe beginnt mit Gliedern 2. Grades in q_i^*. Diese Glieder werden in die Form $\frac{1}{2}\underline{q}^{*\mathrm{T}}\underline{K}\underline{q}^*$ mit symmetrischem $\underline{K}$ gebracht. Außerdem wird $\underline{M}(q_{10},\ldots,q_{n0})$ gebildet. $\underline{K}$ und diese Matrix $\underline{M}$ sind die gesuchten Matrizen.

Beispiel 4-2: Das System von Bild 3-14a ohne die Kraft F ist konservativ, hat die Gleichgewichtslage $x = \varphi = 0$ (voraussetzungsgemäß) und hat die Energien T und V nach (3-33). Die Taylorreihe für V ist

$$V = \frac{1}{2}kx^2 - m_2gl\left(1 - \frac{1}{2}\varphi^2\right) + \ldots.$$

Damit ist

$$\underline{M} = \begin{bmatrix} m_1+m_2 & m_2l\cos\alpha\\ m_2l\cos\alpha & J^{\mathrm{S}}+m_2l^2\end{bmatrix},$$

$$\underline{K} = \begin{bmatrix} k & 0\\ 0 & m_2gl\end{bmatrix}.$$

Lösung der Bewegungsgleichungen

Der Lösungsansatz $\underline{q}(t) = \underline{Q}\exp(\lambda t)$ für (10) liefert das Eigenwertproblem

$$(\lambda^2\underline{M} + \underline{K})\,\underline{Q} = \underline{0}. \quad (11)$$

$\underline{q}(t)$ ist nur dann eine Schwingung, wenn alle Eigenwerte λ_i imaginär sind, also die Form $\lambda_i = \mathrm{j}\omega_i$ haben $(i = 1,\ldots,n)$. Das ist der Fall, wenn $\underline{K}$ und damit die potentielle Energie V positiv definit ist, wenn also die Gleichgewichtslage $\underline{q} = \underline{0}$ stabil ist (siehe 2.6). In der Anordnung $\omega_1 < \omega_2 < \ldots < \omega_n$ heißt ω_i die i-te *Eigenfrequenz* des Systems. Zu den Eigenwerten $\lambda_1,\ldots,\lambda_n$ bzw. $\omega_1,\ldots,\omega_n$ werden aus (11) die Eigenvektoren oder *Eigenformen* $\underline{Q}_1,\ldots,\underline{Q}_n$ berechnet. Im folgenden werden voneinander verschiedene Eigenwerte vorausgesetzt.

Die Eigenformen werden so normiert, daß $\underline{Q}_i^{\mathrm{T}} \underline{M} \underline{Q}_i$ für $i = 1, \ldots, n$ dieselbe (willkürlich wählbare) Konstante c ist. Diese Eigenformen haben die *Orthogonalitätseigenschaften* (δ_{ik} Kronecker-Symbol)

$$\left.\begin{aligned} \underline{Q}_i^{\mathrm{T}} \underline{M} \underline{Q}_k &= c\delta_{ik}, \\ \underline{Q}_i^{\mathrm{T}} \underline{K} \underline{Q}_k &= c\omega_i^2\, \delta_{ik} \end{aligned}\right\} \quad (i, k = 1, \ldots, n).$$

Man bildet die $(n \times n)$-*Modalmatrix* $\underline{\Phi}$ des Systems mit den Spalten $\underline{Q}_1, \ldots, \underline{Q}_n$. Sie hat die Eigenschaften ($\underline{E}$ Einheitsmatrix, diag = Diagonalmatrix)

$$\underline{\Phi}^{\mathrm{T}} \underline{M} \underline{\Phi} = c\, \underline{E}, \quad \underline{\Phi}^{\mathrm{T}} \underline{K} \underline{\Phi} = c\, \mathrm{diag}\,(\omega_i^2). \tag{12}$$

Die spezielle Lösung $\underline{q}(t) = \underline{Q}_i \exp(\mathrm{j}\,\omega_i t)$ von (10) heißt i-te *Hauptschwingung* des Systems. Jede Lösung $\underline{q}(t)$ von (10) ist eine Linearkombination der n Hauptschwingungen in der Form

$$\underline{q}(t) = \sum_{i=1}^{n} [\underline{Q}_i\,(A_i \cos \omega_i t + B_i \sin \omega_i t)]$$

mit $2n$ Integrationskonstanten $A_1, \ldots, A_n$ und $B_1, \ldots, B_n$, die durch Anfangsbedingungen $\underline{q}(t_0)$ und $\dot{\underline{q}}(t_0)$ bestimmt werden. Die Lösung zu gegebenen Anfangsbedingungen kann auch wie folgt bestimmt werden. Man führt neue Variable $\underline{x}$ mit der Definition $\underline{q} = \underline{\Phi}\,\underline{x}$ ein, setzt dies in (10) ein und multipliziert die Gleichung von links mit $\underline{\Phi}^{\mathrm{T}}$. Dann entstehen wegen (12) die entkoppelten Gleichungen

$$\ddot{x}_i + \omega_i^2 x_i = 0 \quad (i = 1, \ldots, n). \tag{13}$$

Die Integrationskonstanten in ihren Lösungen (3) werden aus den Anfangsbedingungen $\underline{x}(t_0) = \underline{\Phi}^{-1} \underline{q}(t_0)$ und $\dot{\underline{x}}(t_0) = \underline{\Phi}^{-1} \dot{\underline{q}}(t_0)$ bestimmt. Aus $\underline{x}(t)$ ergibt sich dann $\underline{q}(t) = \underline{\Phi}\,\underline{x}(t)$.

4.2 Erzwungene lineare Schwingungen

4.2.1 Systeme mit einem Freiheitsgrad

Harmonische Erregung

Vergrößerungsfunktionen. Bild 4-4 zeigt einige Beispiele für Schwinger, die durch eine vorgegebene Bewegung $u(t) = u_0 \cos \Omega t$ eines Systempunktes oder durch eine vorgegebene Kraft $F(t) = F_0 \cos \Omega t$ zwangserregt werden. Diese Form der Erregung heißt *harmonische Erregung*. u_0 bzw. F_0 heißen Erregeramplitude und Ω Erregerfrequenz. Die Bewegungsgleichung für die Koordinate q lautet für Bild 4-4a

$$m\ddot{q} + b\dot{q} + kq = F(t). \tag{14}$$

Für alle linearen Ein-Freiheitsgrad-Schwinger (z. B. auch bei erzwungenen Torsionsschwingun-

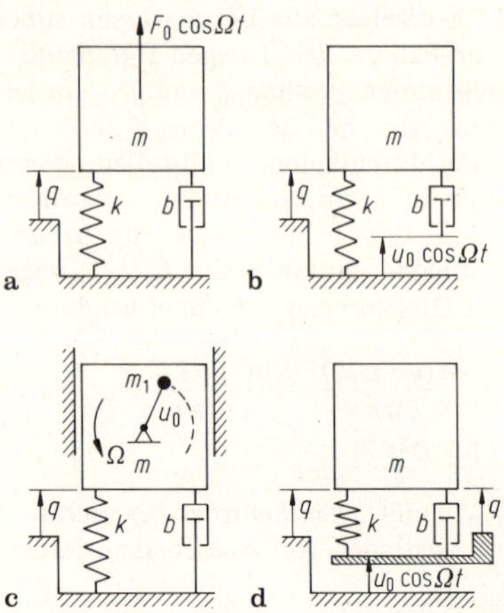

Bild 4-4. Schwinger mit harmonischer Erregung **a** durch eine äußere Kraft, **b** und **d** durch Fußpunktbewegungen und c durch einen umlaufenden, unwuchtigen Rotor (m_1 Rotormasse, u_0 Schwerpunktabstand von der Drehachse).

gen) ist sie von diesem Typ. Die Gleichung wird durch Einführung der normierten Zeit $\tau = \omega_0 t$ mit Hilfe von (5) umgeformt. Das Ergebnis ist

$$q'' + 2Dq' + q = q_0 f_i(\eta, D) \cos(\eta\tau - \psi) \tag{15}$$
$$\text{mit} \quad \eta = \Omega/\omega_0.$$

Die Konstanten D, q_0 und ψ und die Funktion $f_i(\eta, D)$ sind von Fall zu Fall verschieden. Tabelle 4-1 gibt sie für die Schwinger von Bild 4-4 an.

Die vollständige Lösung $q(\tau)$ von (15) ist die Summe aus der Lösung (8) der homogenen Gleichung und einer speziellen Lösung der inhomogenen. Im Fall $D > 0$ klingt $q(t)$ in (8) ab, so daß die spezielle Lösung das stationäre Verhalten beschreibt. Sie lautet

$$q(\tau) = q_0 V_i(\eta, D) \cos(\eta\tau - \psi - \varphi) \tag{16}$$

mit der sog. Vergrößerungsfunktion

$$V_i(\eta, D) = \frac{f_i(\eta, D)}{[(1 - \eta^2)^2 + 4D^2\eta^2]^{1/2}}. \tag{17}$$

Für den Phasenwinkel $\varphi(\eta, D)$ gilt stets $\tan\varphi = 2D\eta/(1 - \eta^2)$. Die Vergrößerungsfunktionen V_1, V_2 und V_4 zu f_1, f_2 und f_4 von Tabelle 4-1 sowie $\varphi(\eta, D)$ sind in Bild 4-5 dargestellt. Für V_3 gilt $V_3(\eta, D) \equiv V_1(1/\eta, D)$.

Man sagt, daß q in *Resonanz* mit der Erregung ist, wenn $\eta = 1$ ist. Die Maxima der Vergrößerungsfunktionen bei gegebenem Dämpfungsmaß D liegen für V_1 bei

$$\eta = (1 - 2D^2)^{1/2},$$

für V_2 bei $\eta = 1$, für V_3 bei $\eta = (1 - 2D^2)^{-1/2}$ und für V_4 bei $\eta = [(1 + 8D^2)^{1/2} - 1]^{1/2}/(2D)$. Die

Tabelle 4-1. Bedeutung der Größen ω_0, D, q_0, ψ und $f_i(\eta, D)$ in (15) für die Schwinger von Bild 4-4. Für Bild 4-4d liefert die obere Zeile die Gleichung für die Koordinate q und die untere die Gleichung für die Koordinate q^*.

Bild 4-4	ω_0^2	$2D$	q_0	ψ	$f_i(\eta, D)$
a	k/m	$b/\sqrt{mk}$	F_0/k	0	$f_1 = 1$
b	k/m	$b/\sqrt{mk}$	u_0	$-\pi/2$	$f_2 = 2D\eta$
c	$k/(m+m_1)$	$b/\sqrt{(m+m_1)k}$	$u_0 m_1/(m+m_1)$	0	$f_3 = \eta^2$
d {	k/m	$b/\sqrt{mk}$	u_0	$-\arctan(2D\eta)$	$f_4 = \sqrt{1+4D^2\eta^2}$
	k/m	$b/\sqrt{mk}$	u_0	0	$f_3 = \eta^2$

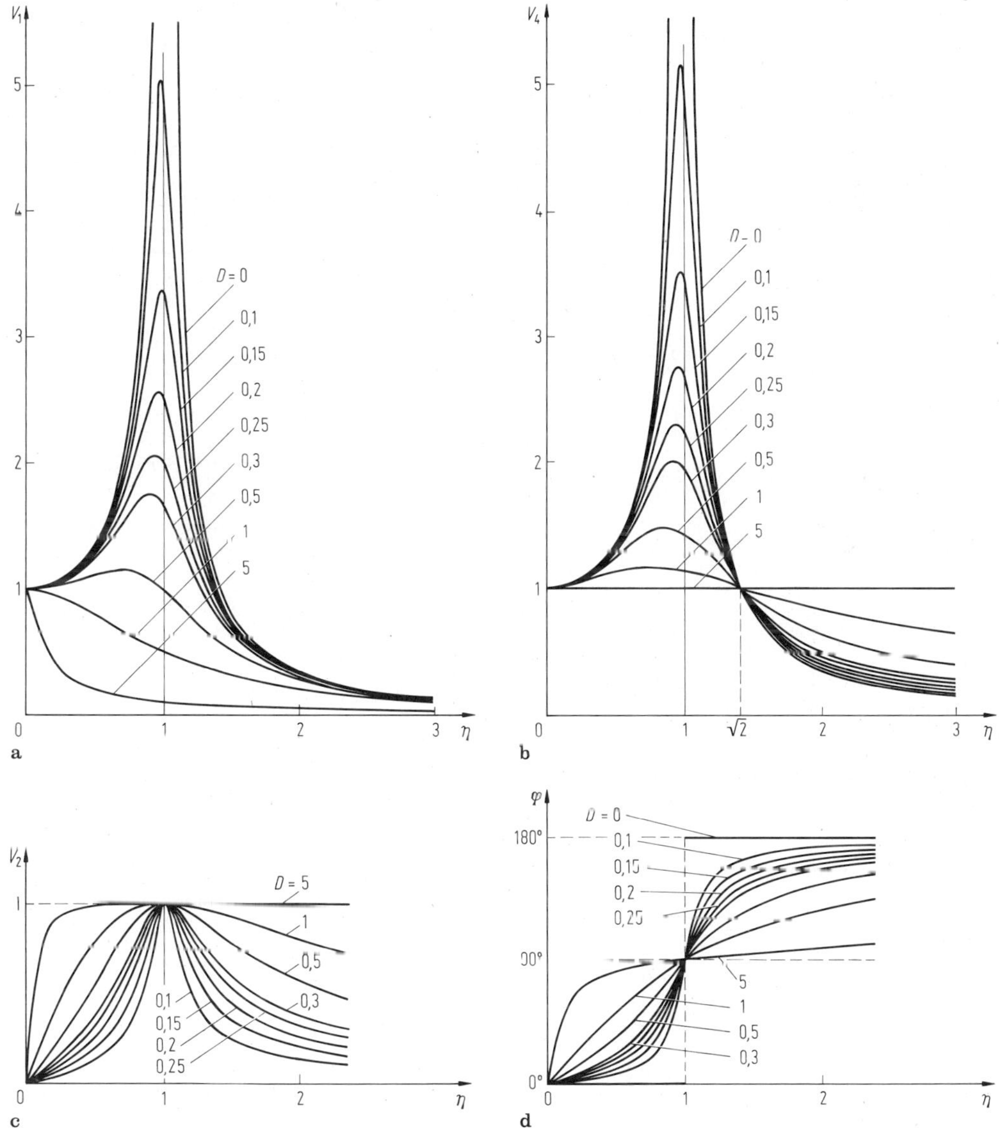

Bild 4-5. a–c Vergrößerungsfunktionen V_1, V_4 und V_2 für die Schwinger von Bild 4-4. **d** Phasenwinkel $\varphi(\eta, D)$ in (16) für alle Schwinger von Bild 4-4.

Maxima sind

$V_{1\,\max} = V_{3\,\max} = (1 - D^2)^{-1/2}/(2D)$,

$V_{2\,\max} = 1$ und

$V_{4\,\max} = 2\sqrt{2}\,D^2[(1 + 8D^2)^{1/2} - 1 - 4D^2 + 8D^4]^{-1/2}$.

Im Fall $D \ll 1$ treten die Maxima aller vier Funktionen bei $\eta \approx 1$ auf, und alle außer $V_{2\,\max}$ haben angenähert den Wert $1/(2D)$.

Periodische Erregung

Wenn die Erregerfunktion (z. B. $u(t)$ in Bild 4-4) nichtharmonisch periodisch mit der Periodendauer T ist, definiert man $\Omega = 2\pi/T$ und $\eta = \Omega/\omega_0$ und entwickelt die Störfunktion der Differentialgleichung in eine Fourierreihe. An die Stelle der rechten Seite von (15) tritt dann der Ausdruck

$$\sum_{k=1}^{\infty} [a_k \cos(k\eta\tau) + b_k \sin(k\eta\tau)] = \sum_{k=1}^{\infty} c_k \cos(k\eta\tau - \psi_k) \quad (18)$$

mit $c_k^2 = a_k^2 + b_k^2$ und $\tan\psi_k = b_k/a_k$, wobei die c_k und ψ_k i. allg. von η und D abhängen. Die Lösung $q(\tau)$ der Differentialgleichung ergibt sich aus (16) nach dem Superpositionsprinzip zu

$$\left.\begin{aligned} q(\tau) &= \sum_{k=1}^{\infty} c_k V_1(k\eta, D)\cos(k\eta\tau - \psi_k - \varphi_k),\\ \tan\varphi_k &= 2Dk\eta/(1 - k^2\eta^2). \end{aligned}\right\} \quad (19)$$

Das k-te Glied dieser Reihe ist mit der Erregung in Resonanz, wenn $k\eta = 1$ ist.

Nichtperiodische Erregung

Bei Anlaufvorgängen und anderen nichtperiodischen Erregungen tritt an die Stelle von (15) $q'' + 2Dq' + q = f(\tau)$ mit einer nichtperiodischen Störfunktion $f(\tau)$. Die vollständige Lösung $q(\tau)$ ist die Summe aus der Lösung (8) der homogenen Gleichung und einer partikulären Lösung zur Störfunktion $f(\tau)$. Wenn die partikuläre Lösung nicht bekannt ist (weil z. B. $f(\tau)$ nur als Wertetabelle vorliegt), wird für die vollständige Lösung eine gute Näherung wie folgt berechnet. Die Funktion $f(\tau)$ wird durch eine stückweise lineare Funktion (d. h. einen Polygonzug) mit Stützwerten $f_i = f(\tau_i)$ an hinreichend dicht benachbarten, äquidistanten Stützstellen $\tau_i = \tau_0 + i\,\Delta\tau$ $(i = 0, 1, \ldots)$ ersetzt. Die exakte Lösung für diese Ersatzfunktion hat an denselben Stützstellen Funktionswerte $q_i = q(\tau_i)$ und Ableitungen $q'_i = q'(\tau_i)$, die rekursiv aus der Gleichung berechnet werden:

$$\begin{bmatrix} q_{i+1} \\ q'_{i+1} \end{bmatrix} = \begin{bmatrix} a_i \\ b_i \end{bmatrix} + \underline{A} \begin{bmatrix} q_i - c_i \\ q'_i - b_i \end{bmatrix} \quad (i = 0, 1, \ldots). \quad (20)$$

Darin sind $a_i = f_{i+1} - 2Db_i$, $b_i = \Delta f_i/\Delta\tau$, $c_i = a_i - \Delta f_i$, $\Delta f_i = f_{i+1} - f_i$, $\nu = (1 - D^2)^{1/2}$ und $\underline{A}$ die

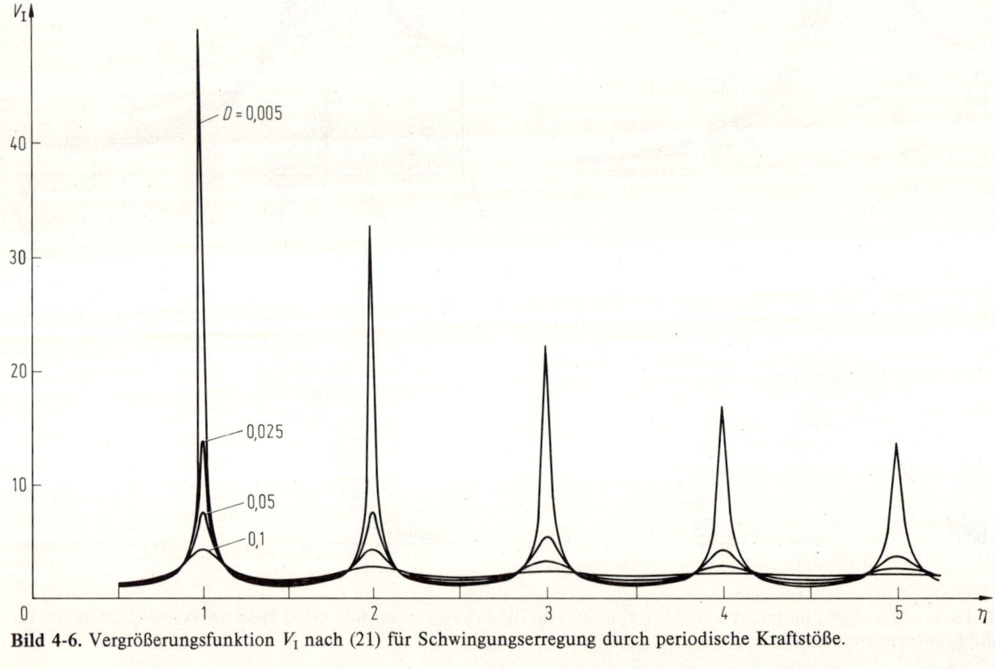

Bild 4-6. Vergrößerungsfunktion V_I nach (21) für Schwingungserregung durch periodische Kraftstöße.

konstante Matrix

$$\underline{A} = \frac{1}{\nu} \exp(-D\,\Delta\tau)$$
$$\times \begin{bmatrix} \nu\cos\nu\,\Delta\tau + D\sin\nu\,\Delta\tau & \sin\nu\,\Delta\tau \\ -\sin\nu\,\Delta\tau & \nu\cos\nu\,\Delta\tau - D\sin\nu\,\Delta\tau \end{bmatrix}.$$

Die Auswertung beginnt mit bekannten Anfangswerten q_0 und q_0'.

Erregung durch Stöße

Bei einem Stoß wirkt auf den Schwinger kurzzeitig eine große Kraft $F(t)$. Das Integral $\hat{F} = \int F(t)\,\mathrm{d}t$ über die Stoßdauer heißt *Kraftstoß*. Ein einzelner, infinitesimal kurzzeitig wirkender Kraftstoß $\hat{F}$ auf einen anfangs ruhenden, gedämpften Schwinger mit der Differentialgleichung $m\ddot{q} + b\dot{q} + kq = 0$ verursacht die Schwingung $q(\tau) = B\exp(-D\tau)\sin\nu\tau$ mit $B = \hat{F}/(\nu m\omega_0)$. Zur Bedeutung der Symbole siehe (5) bis (8). Wenn auf denselben Schwinger gleichgerichtete und gleich große Kraftstöße $\hat{F}$ periodisch im zeitlichen Abstand T_s wirken, stellt sich asymptotisch eine stationäre Schwingung ein, bei der sich zwischen je zwei Stößen periodisch der Verlauf $q(\tau) = V_I(\eta, D) \times B\exp(-D\tau)\sin(\nu\tau + \psi)$ wiederholt $(0 \leqq \tau \leqq \Delta\tau = \omega_0 T_s)$. Darin ist B dieselbe Größe wie oben, $\eta = T_s\omega_0/(2\pi)$ das Verhältnis aus Stoßzeitintervall und Periodendauer der freien ungedämpften Schwingung, ψ ein von η und D abhängiger Nullphasenwinkel und $V_I(\eta, D)$ die *Vergrößerungsfunktion* (siehe [1])

$$V_I(\eta, D) = \frac{\exp(\pi D\eta)}{\{2[\cosh(2\pi D\eta) - \cos(2\pi\nu\eta)]\}^{1/2}}. \tag{21}$$

Sie ist in Bild 4-6 dargestellt. Für $D \ll 1$ treten bei $\eta = n$ (ganzzahlig) Resonanzspitzen

$$V_I(n, D) \approx [1 - \exp(-2\pi n D)]^{-1}$$

auf.

4.2.2 Erzwungene Schwingungen bei endlich vielen Freiheitsgraden

Hierzu siehe auch 5.14 Übertragungsmatrizen. Im Fall ohne Dämpfung tritt an die Stelle von (10) die Differentialgleichung

$$\underline{M}\ddot{\underline{q}} + \underline{K}\underline{q} = \underline{F}(t) \tag{22}$$

mit einer Spaltenmatrix $\underline{F}(t)$ von Erregerfunktionen. Bei harmonischer Erregung $\underline{F}(t) = \underline{F}_0\cos\Omega t$ mit einer einzigen Erregerfrequenz Ω und mit $\underline{F}_0 = \text{const}$ ist die stationäre Lösung $\underline{q}(t) = \underline{A}\cos\Omega t$. Die konstante Spaltenmatrix $\underline{A}$ ist die Lösung des inhomogenen Gleichungssystems

$$(\underline{K} - \Omega^2\underline{M})\,\underline{A} = \underline{F}_0. \tag{23}$$

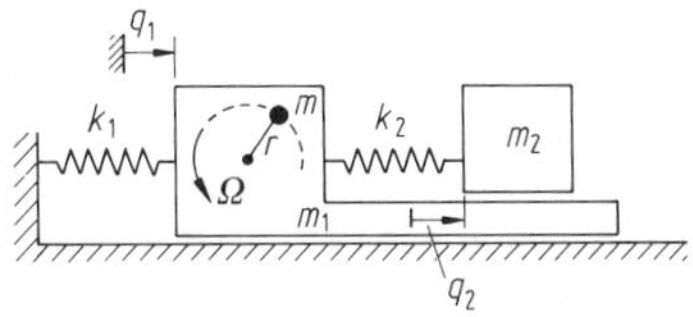

Bild 4-7. Schwingungstilger. Bei geeigneter Parameterwahl m_2, k_2 bleibt m_1 in Ruhe.

Resonanz tritt ein, wenn Ω mit einer Eigenfrequenz ω_i des Systems, d.h. einer Lösung der Gleichung $\det(\underline{K} - \omega^2\underline{M}) = 0$, übereinstimmt (das ist (11) mit $\lambda = \mathrm{j}\omega$).
Durch geeignete Parameterabstimmung kann man u. U. erreichen, daß die aus (23) berechnete Amplitude A_i einer Koordinate q_i oder einiger Koordinaten bei einer bestimmten, im Normalbetrieb des Systems auftretenden Erregerfrequenz Ω gleich Null ist. Dieser Effekt heißt *Schwingungstilgung*.

Beispiel 4-3: Für das System in Bild 4-7 hat (23) die Form

$$\left(\begin{bmatrix} k_1 & 0 \\ 0 & k_2 \end{bmatrix} - \Omega^2 \begin{bmatrix} m_{\text{ges}} & m_2 \\ m_2 & m_2 \end{bmatrix}\right) \begin{bmatrix} A_1 \\ A_2 \end{bmatrix} = \begin{bmatrix} m\Omega^2 r \\ 0 \end{bmatrix}.$$

A_1 ist null bei der Parameterabstimmung $\Omega^2 = k_2/m_2$.

Bei nichtharmonischer periodischer Erregung in (22) wird $\underline{F}(t)$ in eine Fourierreihe entwickelt. Die Lösung von (22) ist die Summe der Lösungen zu den einzelnen Reihengliedern. Bei nichtperiodischer Erregung werden zunächst für die homogene Gleichung $\underline{M}\ddot{\underline{q}} + \underline{K}\underline{q} = \underline{0}$ die entkoppelten Gleichungen (13) entwickelt. Für die inhomogene Gleichung (22) haben sie die Form

$$\ddot{x}_i + \omega_i^2 x_i = (1/c)\ (\underline{\Phi}^{\mathrm{T}}\underline{F})_i \quad i = 1, \ldots, n. \tag{24}$$

Sie werden entweder in geschlossener Form oder mit (20) gelöst. Aus den Lösungen ergibt sich $\underline{q}(t) = \underline{\Phi}\underline{x}(t)$.
Im Fall mit Dämpfung tritt an die Stelle von (22) die Differentialgleichung $\underline{M}\ddot{\underline{q}} + \underline{D}\dot{\underline{q}} + \underline{K}\underline{q} = \underline{F}(t)$ mit einer symmetrischen Dämpfungsmatrix $\underline{D}$. Bei harmonischer Erregung $\underline{F}(t) = \underline{F}_0\cos\Omega t$ mit einer einzigen Erregerfrequenz Ω und mit $\underline{F}_0 = \text{const}$ ist die stationäre Lösung $\underline{q}(t) = \underline{A}\cos\Omega t + \underline{B}\sin\Omega t$. Die konstanten Spaltenmatrizen $\underline{A}$ und $\underline{B}$ sind die Lösungen des inhomogenen Gleichungssystems

$$\begin{bmatrix} \underline{K} - \Omega^2\underline{M} & \Omega\underline{D} \\ -\Omega\underline{D} & \underline{K} - \Omega^2\underline{M} \end{bmatrix} \begin{bmatrix} \underline{A} \\ \underline{B} \end{bmatrix} = \begin{bmatrix} \underline{F}_0 \\ \underline{0} \end{bmatrix}. \tag{25}$$

Wenn $\underline{F}(t)$ eine Summe periodischer Funktionen ist, wird das Superpositionsprinzip angewandt. Zum Thema Dämpfung siehe [2–4].

4.3 Lineare parametererregte Schwingungen

Lineare parametererregte Schwingungen werden durch Differentialgleichungen mit zeitlich veränderlichen Parametern beschrieben. Hier werden nur lineare Differentialgleichungen mit zeitlich periodischen Koeffizienten behandelt. Für Systeme mit einem Freiheitsgrad ist die Gleichung

$$\left.\begin{aligned} &\ddot{q} + 2c\dot{q} + p(t)\,q = 0\,, \quad c = \text{const}\,, \\ &p(t) \equiv p(t+T)\,, \quad T = 2\pi/\Omega \end{aligned}\right\} \tag{26}$$

besonders wichtig. Aus ihr entsteht für die neue Variable $y = q\exp(ct)$ die *Hillsche Differentialgleichung* $\ddot{y} + p^*(t)\,y = 0$ mit $p^*(t) = p(t) - c^2$. (26) hat die spezielle Lösung $q(t) \equiv 0$. Die allgemeine Lösung hat nach der *Theorie von Floquet* [5, 6] die Form $q(t) = Q(t)\exp(\mu t)$ mit einer unbekannten periodischen Funktion $Q(t)$ derselben Periode wie $p(t)$ und einer unbekannten komplexen Konstanten μ. Der Fall $\operatorname{Re}\mu = 0$ ist der Grenzfall zwischen asymptotisch stabilen Lösungen ($\operatorname{Re}\mu < 0$) und instabilen Lösungen ($\operatorname{Re}\mu > 0$). Zur Bestimmung von $Q(t)$ und μ werden $p(t)$ und $q(t)$ in Fourierreihen zerlegt:

$$\begin{aligned} p(t) &= \sum_{n=0}^{\infty} [a_n \cos(n\Omega t) + b_n \sin(n\Omega t)] \\ &= \sum_{n=-\infty}^{\infty} A_n \exp(\mathrm{j}\,n\Omega t) \end{aligned} \tag{27}$$

mit $A_0 = a_0$, $A_n = (a_n - \mathrm{j}\,b_n)/2$ für $n > 0$ und $A_n = (a_{-n} + \mathrm{j}\,b_{-n})/2$ für $n < 0$. Entsprechend ist

$$q(t) = \sum_{n=-\infty}^{\infty} B_n \exp(\mu t + \mathrm{j}\,n\Omega t)\,. \tag{28}$$

Einsetzen in (26), Ordnen nach Potenzen von $\exp(\mathrm{j}\,\Omega t)$ und Nullsetzen der Koeffizienten dieser Potenzen liefert

$$\begin{aligned} &B_n[(\mu + \mathrm{j}\,n\Omega)^2 + 2c(\mu + \mathrm{j}\,n\Omega)] \\ &+ \sum_{k=-\infty}^{\infty} A_k B_{n-k} = 0 \\ &(n = 0, \pm 1, \pm 2, \ldots)\,. \end{aligned} \tag{29}$$

Das sind unendlich viele homogene lineare Gleichungen für die komplexen Unbekannten B_n. Die unendliche Koeffizientendeterminante (Hillsche Determinante) muß null sein. Das liefert eine komplexe Gleichung für die komplexe Unbekannte μ. Wenn μ bestimmt ist, ergeben sich aus (29) alle B_n als Vielfache von B_0 und damit $q(t)$ aus (28). Bei numerischen Rechnungen werden die Reihen (27) und (28) bei endlichem n abgebrochen. Dann ist (29) ein System von $2n$ Gleichungen. Die Lösungen konvergieren mit wachsendem n schnell gegen die wahre Lösung, so daß

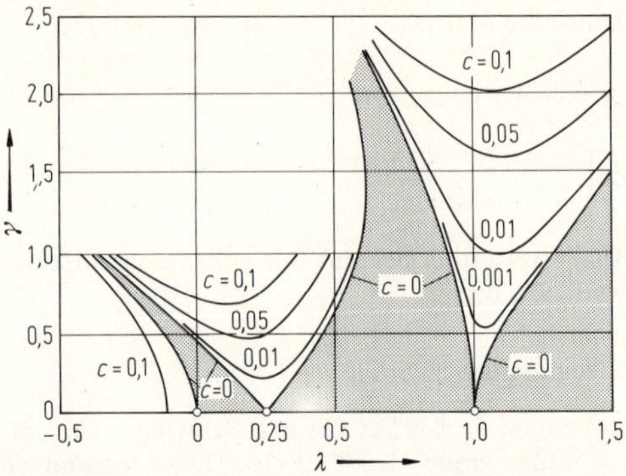

Bild 4-8. Stabilitätskarten für die Differentialgleichung $\ddot{q} + 2c\dot{q} + (\lambda + \gamma\cos\Omega t)q = 0$ für verschiedene Werte von c. Für $c = 0$ (Mathieu-Gleichung) sind die Lösungen $q(t)$ für Parameterkombinationen λ, γ im schattierten Bereich stabil. Mit zunehmender Dämpfung c werden die Stabilitätsbereiche größer.

n klein gewählt werden kann. Für weitere Einzelheiten siehe [6, 7]. Systeme von Differentialgleichungen siehe in [8].

Stabilitätskarten. Eine sog. *Stabilitätskarte* für (26) entsteht, wenn man den Exponenten μ als Funktion von zwei beliebigen konstanten Systemparametern p_1 und p_2 berechnet, die in (26) vorkommen. In einem p_1, p_2-Diagramm werden Gebiete mit negativem Realteil von μ (Stabilitätsgebiete) und solche mit positivem Realteil von μ (Instabilitätsgebiete) markiert. Auf der Stabilitätsgrenze ist μ rein imaginär.

Beispiel 4-4: Bei der sog. *Mathieuschen Differentialgleichung* (siehe A 28) ist in (26) $c = 0$ und $p(t) = \lambda + \gamma\cos\Omega t$. λ und γ seien als die beiden Parameter gewählt. In (29) existieren nur A_0, A_1 und $A_{-1} = A_1$ (alle reell). Bild 4-8 zeigt die Stabilitätskarten für $c = 0$ und für verschiedene Dämpfungswerte $c > 0$.

4.4 Freie Schwingungen eindimensionaler Kontinua

4.4.1 Saiten. Zugstäbe. Torsionsstäbe

Freie *Transversalschwingungen* $u(x, t)$ einer gespannten Saite (Bild 4-9a; u Auslenkung, S Vorspannkraft, μ lineare Massenbelegung), freie *Longitudinalschwingungen* $u(x, t)$ eines geraden Stabes (Bild 4-9b; u Längsverschiebung, EA Längssteifigkeit, ϱ Dichte) und freie *Torsionsschwingungen* $u(x, t)$ eines Stabes (Bild 4-9c; u Drehwinkel, GI_T Torsionssteifigkeit, I_p polares Flächenmoment, ϱ Dichte) werden durch die *Wellengleichung* be-

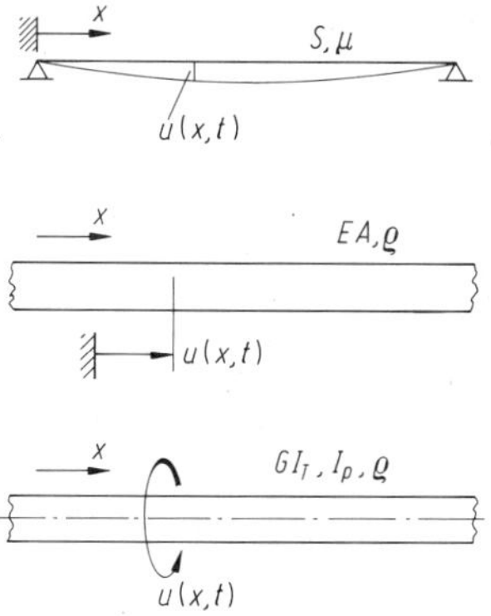

Bild 4-9. Systemparameter und Koordinaten $u(x, t)$ für die schwingende Saite (Bild a), den longitudinal schwingenden Stab (Bild b) und den Torsionsstab (Bild c).

schrieben:

$$\frac{\partial^2 u}{\partial t^2} = c^2 \frac{\partial^2 u}{\partial x^2} \tag{30}$$

mit $c^2 = S/\mu$ bzw. $c^2 = E/\varrho$ bzw. $c^2 = GI_T/(\varrho I_p)$. c heißt *Ausbreitungsgeschwindigkeit der Welle.*

Wellen, Reflexion, Transmission

Jede Funktion $u(x, t) = f(x - ct) + g(x + ct)$ mit beliebigen stetigen Funktionen f und g ist Lösung von (30). $f(x - ct)$ stellt eine in positiver x-Richtung mit der Geschwindigkeit c fortlaufende Welle gleichbleibenden Profils dar und $g(x + ct)$ eine andere in negativer Richtung laufende Welle (Bild 4-10a). Die spezielle Funktion

$$f(x - ct) = A \cos\left[\frac{2\pi}{\lambda}(x - ct)\right] = A \cos\left(\frac{2\pi x}{\lambda} - \omega t\right)$$

mit $\omega = 2\pi c/\lambda$ ist für $t = \text{const}$ eine harmonische Funktion von x mit der Wellenlänge λ und bei $x = \text{const}$ eine harmonische Funktion von t mit der Kreisfrequenz ω, wobei $\omega\lambda = 2\pi c = \text{const}$ ist (Bild 4-10b). Diese Welle heißt *harmonische Welle.*

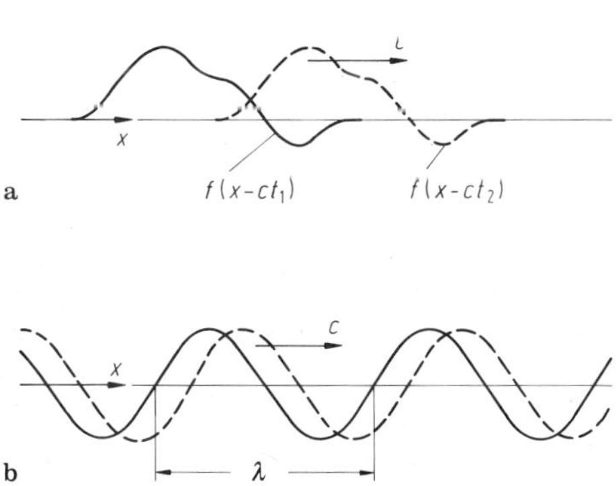

Bild 4-10. Nichtharmonische Welle (Bild a) und harmonische Welle mit der Wellenlänge λ (Bild b).

Reflexion und *Transmission* von Wellen treten an der Nahtstelle zweier miteinander verbundener Saiten oder Stäbe auf. Im folgenden soll die Nahtstelle bei $x = 0$ liegen. Die Saite (der Stab) im Bereich $x < 0$ soll den Index 1 und die im Bereich $x > 0$ den Index 2 tragen. Wenn im anfänglich ruhenden System in der Saite 1 eine Welle $f(x - c_1 t)$ in positiver x-Richtung auf die Nahtstelle zuläuft, löst sie bei $x = 0$ zwei Wellen aus, die in das Gebiet $x > 0$ transmittiert bzw. in das Gebiet $x < 0$ reflektiert werden. Die reflektierte Welle überlagert sich der einlaufenden Welle. Aus der Forderung nach Stetigkeit von $u(x, t)$ und nach Kräftegleichgewicht bei $x = 0$ folgt für den Ausschlag $u(x, t)$ in beiden Saiten bzw. Stäben

$$u(x, t) = \begin{cases} f(x - c_1 t) + \dfrac{1-\alpha}{1+\alpha} f(-x - c_1 t) & (x \leqq 0) \\ \dfrac{2}{1+\alpha} f\left[\dfrac{c_1}{c_2}(x - c_2 t)\right] & (x \geqq 0) \end{cases} \tag{31}$$

mit $\alpha = c_1/c_2 = (\mu_2/\mu_1)^{1/2}$ bei der Saite,

$$\alpha = (A_2/A_1)\,[E_2 \varrho_2/(E_1 \varrho_1)]^{1/2}$$

beim longitudinal schwingenden Stab und

$$\alpha = [G_2 \varrho_2 I_{T2} I_{p2}/(G_1 \varrho_1 I_{T1} I_{p1})]^{1/2}$$

beim Torsionsstab. Wenn das Teilsystem 1 bei $x = 0$ ein festes Ende (ein freies Ende) hat, ist $\alpha = \infty$ (bzw. $\alpha = 0$). Wenn dann f die harmonische Welle $f = A \cos[2\pi/\lambda(x - c_1 t)]$ ist, bildet sich die stehende Welle aus (Bild 4-11):

$$u(x, t) = \begin{cases} 2A \sin(2\pi x/\lambda) \sin \omega t \\ \quad \text{(festes Ende)} \\ 2A \cos(2\pi x/\lambda) \cos \omega t \\ \quad \text{(freies Ende)} \end{cases} \quad (\omega = 2\pi c_1/\lambda). \tag{32}$$

Weitere Einzelheiten zur Wellenausbreitung siehe in [9-13].

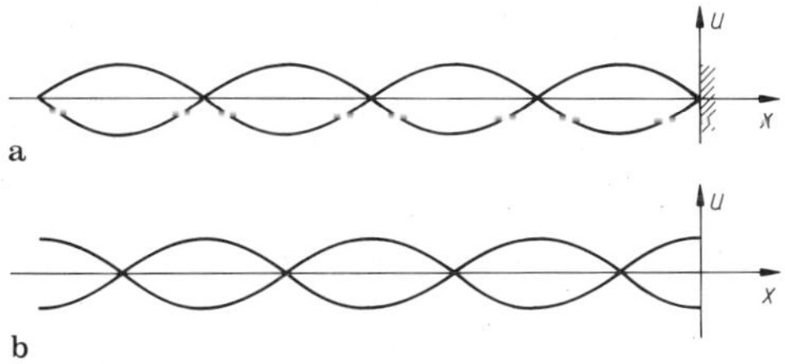

Bild 4-11. Hüllkurven von stehenden Wellen bei festem Ende (Bild a) und bei freiem Ende (Bild b) an der Stelle $x = 0$.

Eigenfrequenzen und Eigenformen

Auch der *Bernoullische Separationsansatz*

$$u(x,t) = f(t) \cdot g(x)$$

$$\text{mit} \quad f(t) = A\cos\omega t + B\sin\omega t, \tag{33}$$

$$g(x) = a\cos(\omega x/c) + b\sin(\omega x/c) \tag{34}$$

löst die Wellengleichung (30). $g(x)$ heißt *Eigenform* und ω *Eigenfrequenz*. Die Konstanten A, B, a, b und ω werden wie folgt bestimmt. Randbedingungen für u und für $\partial u/\partial x$ liefern ein System homogener linearer Gleichungen für die Koeffizienten a und b (bei mehrfeldrigen Problemen zwei Koeffizienten je Feld). Das System hat nur für die abzählbar unendlich vielen Eigenwerte ω_k $(k = 1, 2, \ldots)$ seiner transzendenten charakteristischen *Frequenzgleichung* (das ist die Gleichung: Koeffizientendeterminante $= 0$) nichttriviale Lösungen a_k, b_k und damit Eigenformen

$$g_k(x) = a_k\cos(\omega_k x/c) + b_k\sin(\omega_k x/c).$$

Die Eigenformen erfüllen die *Orthogonalitätsbeziehungen* (Integration über den ganzen Bereich)

$$\int g_i(x)\, g_j(x)\,\mathrm{d}x = 0 \quad (i \neq j). \tag{35}$$

Beispiel 4-5: Für den Torsionsstab mit Endscheibe in Bild 4-12a liest man aus Bild 4-12b die Randbedingungen $g(0) = 0$ und $GI_\mathrm{T}(\partial u/\partial x)\,|_{l,t} = -J(\partial^2 u/\partial t^2)\,|_{l,t}$ oder $GI_\mathrm{T}(\mathrm{d}g/\mathrm{d}x)\,|_l - \omega^2 Jg(l) = 0$ ab. Daraus folgt mit (34) $a = 0$ und

$$b\left(\frac{GI_\mathrm{T}\omega}{c}\cos\frac{\omega l}{c} - \omega^2 J\sin\frac{\omega l}{c}\right) = 0.$$

Das liefert die Frequenzgleichung

$$\frac{\omega l}{c}\tan\frac{\omega l}{c} = \frac{GI_\mathrm{T}\, l}{Jc^2} = \frac{\varrho l I_\mathrm{p}}{J}.$$

Sie hat unendlich viele Eigenwerte ω_k $(k = 1, 2, \ldots)$. Zu ω_k gehören die Konstanten

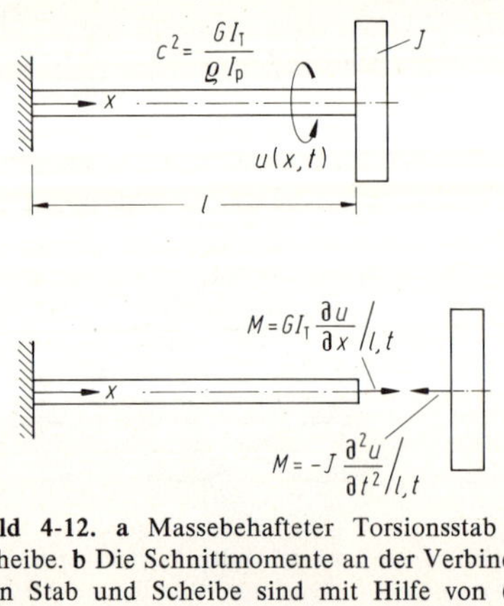

a

b

Bild 4-12. **a** Massebehafteter Torsionsstab mit Endscheibe. **b** Die Schnittmomente an der Verbindungsstelle von Stab und Scheibe sind mit Hilfe von (5-68) und (3-17) durch den Drehwinkel u ausgedrückt.

$a_k = 0$ und $b_k = 1$ (willkürliche Normierung) und damit die Eigenform $g_k(x) = \sin(\omega_k x/c)$.
In der allgemeinen Lösung (33)

$$u(x,t) = \sum_{k=1}^{\infty} (A_k\cos\omega_k t + B_k\sin\omega_k t)\, g_k(x) \tag{36}$$

werden die A_k und B_k zu gegebenen Anfangsbedingungen $u(x,0) = U(x)$ und $\partial u/\partial t|_{x,0} = V(x)$ mit Hilfe von (35) ermittelt (Integrationen über den ganzen Bereich):

$$\begin{aligned} &\int U(x)\, g_i(x)\,\mathrm{d}x = A_i \int g_i^2(x)\,\mathrm{d}x, \\ &\int V(x)\, g_i(x)\,\mathrm{d}x = \omega_i B_i \int g_i^2(x)\,\mathrm{d}x \quad (i = 1, 2, \ldots). \end{aligned} \tag{37}$$

4.4.2 Biegeschwingungen von Stäben

Hierzu siehe auch 5.13 Finite Elemente und 5.14 Übertragungsmatrizen.
Bei Vernachlässigung von Schubverformung und Drehträgheit der Stabelemente lautet die Differentialgleichung der Biegeschwingung

$$\frac{\partial^2[\mathrm{EI_y}\partial^2\mathrm{w}/\partial\mathrm{x}^2]}{\partial\mathrm{x}^2} + \varrho A\frac{\partial^2 w}{\partial t^2} = q(x,t) \tag{38}$$

($w(x,t)$ Durchbiegung, $EI_y(x)$ Biegesteifigkeit, $A(x)$ Querschnittsfläche, ϱ Dichte, $q(x,t)$ Streckenlast). Sobald $w(x,t)$ bekannt ist, ergibt sich das Biegemoment $M_y(x,t) = -EI_y\partial^2 w/\partial x^2$. Bei konstantem Balkenquerschnitt mit $q \equiv 0$ vereinfacht sich (38) zu

$$\frac{\partial^2 w}{\partial t^2} = -C^2\frac{\partial^4 w}{\partial x^4} \quad \text{mit} \quad C^2 = \frac{EI_y}{\varrho A}. \tag{39}$$

Diese Gleichung wird durch *Bernoullis Separationsansatz* gelöst:

$$w(x,t) = f(t) \cdot g(x) \tag{40}$$

$$\text{mit} \quad f(t) = A\cos\omega t + B\sin\omega t,$$

$$\begin{aligned} g(x) &= a\cosh(x/\lambda) + b\sinh(x/\lambda) \\ &+ c\cos(x/\lambda) + d\sin(x/\lambda), \quad (\lambda = (C/\omega)^{1/2}). \end{aligned} \tag{41}$$

$g(x)$ heißt *Eigenform* und ω *Eigenfrequenz* des Stabes. Die Konstanten A, B, a, b, c, d und λ werden wie folgt bestimmt. Randbedingungen für w, $\partial w/\partial x$, das Biegemoment $M_y \sim \partial^2 w/\partial x^2$ und die Querkraft $Q_z \sim \partial^3 w/\partial x^3$ liefern ein System homogener linearer Gleichungen für die Koeffizienten von $g(x)$ ($4n$ Gleichungen und Koeffizienten bei einem n-feldrigen Stab). Es hat nur für die abzählbar unendlich vielen Eigenwerte (Eigenfrequenzen) ω_k $(k = 1, 2, \ldots)$ seiner transzendenten charakteristischen *Frequenzgleichung* (Koeffizientendeterminante $= 0$) nichttriviale Lösungen a_k, b_k, c_k, d_k und damit Eigenformen $g_k(x)$. Die Eigenformen erfüllen die *Orthogonalitätsbeziehungen* (Inte-

Tabelle 4-2. Eigenfrequenzen $\omega_k = c/\lambda_k^2$ und Eigenformen $g_k(x)$ von Biegestäben. Bezeichnungen wie im Text. g_k ist so normiert, daß $\int_0^l g_k^2(x/\lambda_k)\,dx = l$ ist

Biegestab mit drei Eigenformen	Frequenzgleichung für l/λ	Lösungen der Frequenzgleichung; $l/\lambda_k =$	Eigenform $g_k(\xi)$ mit $\xi = x/\lambda_k$	$a = a_k$ für $g_k(\xi)$ mit $\lambda = \lambda_k$
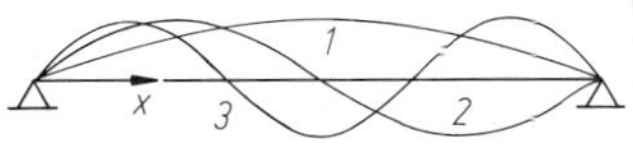	$\sin(l/\lambda) = 0$	$k\pi \quad k = 1, 2\ldots$	$\sqrt{2}\,\sin\xi$	
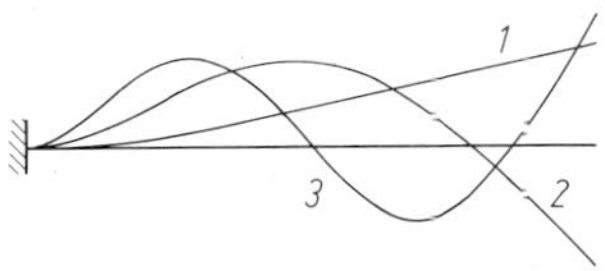	$\cos(l/\lambda)\cosh(l/\lambda) = -1$	$\approx 1{,}88\ (k=1), \quad \approx 4{,}69\ (k=2)$ $\approx \pi(k - 1/2) \quad k > 2$	$\cosh\xi - \cos\xi - a(\sinh\xi - \sin\xi)$	$\dfrac{\sinh(l/\lambda) - \sin(l/\lambda)}{\cosh(l/\lambda) + \cos(l/\lambda)}$
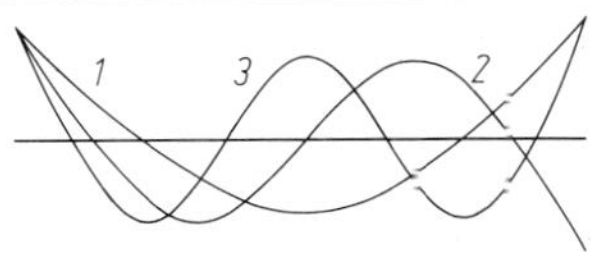	$\cos(l/\lambda)\cosh(l/\lambda) = 1$	$\approx 4{,}73\ (k=1)$ $\approx \pi(k + 1/2) \quad k > 1$	$\cosh\xi + \cos\xi - a(\sinh\xi + \sin\xi)$	$\dfrac{\cosh(l/\lambda) - \cos(l/\lambda)}{\sinh(l/\lambda) - \sin(l/\lambda)}$
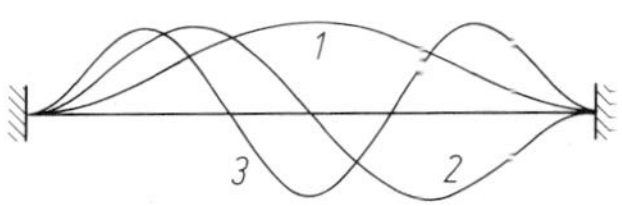			$\cosh\xi - \cos\xi - a(\sinh\xi - \sin\xi)$	
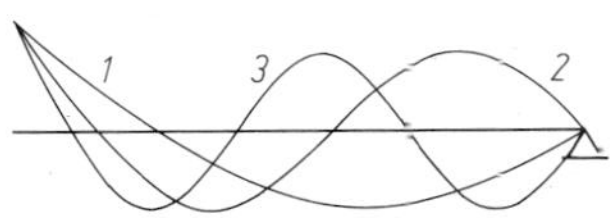	$\tan(l/\lambda) = \tanh(l/\lambda)$	$\approx 3{,}93\ (k=1)$ $\approx \pi(k + 1/4) \quad k > 1$	$\cosh\xi + \cos\xi - a(\sinh\xi + \sin\xi)$	$\cot(l/\lambda)$
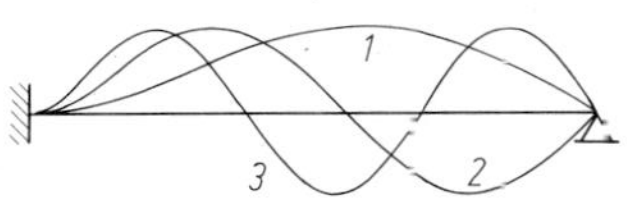			$\cosh\xi - \cos\xi - a(\sinh\xi - \sin\xi)$	

gration über den ganzen Stab)

$$\int g_i(x)\, g_j(x)\, \mathrm{d}x = 0 \quad (i \neq j)\,. \tag{42}$$

Tabelle 4-2 gibt die Eigenfrequenzen und Eigenformen für verschieden gelagerte Stäbe an.
In der allgemeinen Lösung (40)

$$w(x,t) = \sum_{k=1}^{\infty} (A_k \cos \omega_k t + B_k \sin \omega_k t)\, g_k(x) \tag{43}$$

mit beliebig normierten Eigenformen $g_k(x)$ werden die A_k und B_k zu gegebenen Anfangsbedingungen $w(x,0) = W(x)$, $\partial w/\partial t|_{x,0} = V(x)$ mit Hilfe von (42) ermittelt (Integrationen über den ganzen Stab):

$$\int W(x)\, g_i(x)\, \mathrm{d}x = A_i \int g_i^2(x)\, \mathrm{d}x,$$
$$\int V(x)\, g_i(x)\, \mathrm{d}x = \omega_i B_i \int g_i^2(x)\, \mathrm{d}x \quad (i = 1, 2, \ldots)\,. \tag{44}$$

Bei Biegeschwingungen von Laufradturbinenschaufeln wirkt sich die Fliehkraft versteifend aus (vgl. das Beispiel zu Bild 3-4). Die Abhängigkeit einer Eigenfrequenz ω_i von der Winkelgeschwindigkeit Ω des Laufrades hat die Form $\omega_i(\Omega) = \omega_{i0}(1 + a_i \Omega^2)^{1/2}$ mit $\omega_{i0} = \omega_i(\Omega = 0)$ und $a_i = \text{const}$. Einzelheiten siehe in [14, 15].

4.5 Näherungsverfahren zur Bestimmung von Eigenfrequenzen

4.5.1 Rayleigh-Quotient

Wenn ein aus Punktmassen, starren Körpern, masselosen Federn und massebehafteten Kontinua bestehendes konservatives System in einer Eigenform mit der Eigenfrequenz ω schwingt, sind die maximale potentielle Energie $V_{\max}$ bei Richtungsumkehr und die maximale kinetische Energie $T_{\max}$ beim Durchgang durch die Ruhelage gleich, und $T_{\max}$ ist proportional zu ω^2. Also ist mit $T_{\max} = \omega^2 T^*_{\max}$

$$\omega^2 = V_{\max}/T^*_{\max}\,. \tag{45}$$

$V_{\max}$ und $T^*_{\max}$ sind nur von der Eigenform abhängig. Tabelle 4-3 gibt Formeln zur Berechnung für einige Systeme bzw. Systemkomponenten an. Für ein System aus mehreren Komponenten sind $V_{\max}$ und $T^*_{\max}$ jeweils die Summen der Ausdrücke für die einzelnen Komponenten. Seien $\tilde{V}_{\max}$ und $\tilde{T}^*_{\max}$ Näherungen für $V_{\max}$ bzw. $T^*_{\max}$, die aus Näherungen für die Eigenform zur kleinsten Eigenfrequenz ω_1 berechnet werden. Dann gilt

$$\omega_1^2 \leqq R \quad \text{mit} \quad R = \tilde{V}_{\max}/\tilde{T}^*_{\max}\,. \tag{46}$$

R heißt *Rayleigh-Quotient* (vgl. A 27). Das Gleichheitszeichen gilt nur, wenn *R* mit der tatsächlichen Eigenform berechnet wird. Näherungen für

Tabelle 4-3. Energieausdrücke zur Berechnung von Eigenfrequenzen mit dem Rayleigh-Quotienten (46) und dem Ritz-Verfahren (48)

Schwingendes System und Näherung für Eigenform		$2\tilde{V}_{\max}$	$2\tilde{T}^*_{\max}$	Hinweise
n-Freiheitsgrad-System;	$\underline{q} = [q_1 \ldots q_n]^{\mathrm{T}}$	$\underline{q}^{\mathrm{T}} \underline{K}\, \underline{q}$	$\underline{q}^{\mathrm{T}} \underline{M}\, \underline{q}$	4.1.2
Stab bei Longitudinalschwingung;	$u(x)$	$\int EA(x)\, u'^2(x)\, \mathrm{d}x$	$\int \varrho A(x)\, u^2(x)\, \mathrm{d}x$	
Stab bei Torsionsschwingung;	$\varphi(x)$	$\int GI_{\mathrm{T}}(x)\, \varphi'^2(x)\, \mathrm{d}x$	$\int \varrho I_{\mathrm{p}}(x)\, \varphi^2(x)\, \mathrm{d}x$	
Stab bei Biegeschwingung;	$w(x)$	$\int EI_y(x)\, w''^2(x)\, \mathrm{d}x$	$\int \varrho A(x)\, w^2(x)\, \mathrm{d}x$	(5-83)
Platte kartesisch;	$w(x,y)$	$D \iint \left[\left(\frac{\partial^2 w}{\partial x^2} + \frac{\partial^2 w}{\partial y^2}\right)^2 - 2(1-\nu)\left(\frac{\partial^2 w}{\partial x^2} \cdot \frac{\partial^2 w}{\partial y^2} - \left(\frac{\partial^2 w}{\partial x \partial y}\right)^2\right)\right] \mathrm{d}x\, \mathrm{d}y$	$\varrho h \iint w^2(x,y)\, \mathrm{d}x\, \mathrm{d}y$	(5-103)
Platte rotationssymmetrisch;	$w(r)$	$\pi D \int \left[r\left(\frac{\mathrm{d}^2 w}{\mathrm{d}r^2} + \frac{1}{r} \cdot \frac{\mathrm{d}w}{\mathrm{d}r}\right)^2 - 2(1-\nu)\frac{\mathrm{d}w}{\mathrm{d}r} \cdot \frac{\mathrm{d}^2 w}{\mathrm{d}r^2}\right] \mathrm{d}r$	$\pi \varrho h \int w^2(r)\, \mathrm{d}r$	(5-104)
masselose (Dreh-)Feder; Auslenkung *x* bzw. φ		kx^2 bzw. $k\varphi^2$	—	
Starrkörper; Translation x, y, z; Drehwinkel φ		—	$m(x^2 + y^2 + z^2) + J\varphi^2$	(3-19)

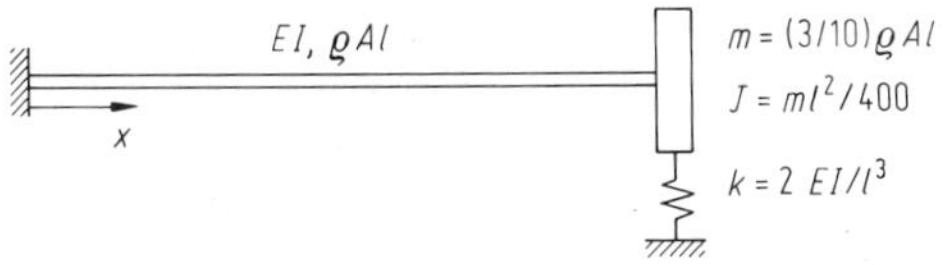

Bild 4-13. Massebehafteter Biegestab mit Endscheibe und Feder.

Eigenformen müssen alle geometrischen Randbedingungen (für Randverschiebungen und Neigungen) erfüllen.

Beispiel 4-6: Für den Biegestab mit Starrkörper und Feder in Bild 4-13 liefert Tabelle 4-3 als Summen von Größen für die drei Komponenten Stab, Körper und Feder

$$\left.\begin{aligned} 2\tilde{V}_{\max} &= EI_y \int_0^l w''^2(x)\,\mathrm{d}x + kw^2(l)\,, \\ 2\tilde{T}^*_{\max} &= \varrho A \int_0^l w^2(x)\,\mathrm{d}x + mw^2(l) + Jw'^2(l)\,. \end{aligned}\right\} \qquad (47)$$

Als Näherungen für die erste Eigenform werden die Biegelinien des Kragträgers mit Einzellast am Ende, $w_1(x) = 3(x/l)^2 - (x/l)^3$, und mit konstanter Streckenlast, $w_2(x) = 6(x/l)^2 - 4(x/l)^3 + (x/l)^4$, verwendet. w_1 und w_2 liefern die Rayleigh-Quotienten $R_1 = 9{,}30 EI_y/(\varrho Al^4)$ bzw. $R_2 = 9{,}32 EI_y/(\varrho Al^4)$. Der kleinere ist die bessere Näherung für ω_1^2.

4.5.2 Ritz-Verfahren

Wenn die erste Eigenform für den Rayleigh-Quotienten nicht gut geschätzt werden kann, wird sie als Linearkombination $w(x) = c_1 w_1(x) + \ldots + c_n w_n(x)$ von n sinnvoll erscheinenden, alle geometrischen Randbedingungen erfüllenden Näherungen $w_1(x), \ldots, w_n(x)$ mit unbekannten Koeffizienten $c_1, \ldots, c_n$ angesetzt. Häufig genügt $n = 2$. Mit diesem Ansatz ist R in (46) eine homogenquadratische Funktion von $c_1, \ldots, c_n$. Das kleinste R (die beste Näherung für ω_1^2) ist der kleinste Eigenwert R des homogenen linearen Gleichungssystems für $c_1, \ldots, c_n$

$$\frac{\partial \tilde{V}_{\max}}{\partial c_i} - R\frac{\partial \tilde{T}^*_{\max}}{\partial c_i} = 0 \quad (i = 1, \ldots, n)\,. \qquad (48)$$

Beispiel 4-7. Für Bild 4-13 wird $w(x) = c_1 w_1(x) + c_2 w_2(x)$ mit den Funktionen w_1 und w_2 von Beispiel 4-6 angesetzt. Mit denselben Ausdrücken $\tilde{V}_{\max}$ und $\tilde{T}^*_{\max}$ wie dort ergibt sich für (48)

$$\begin{bmatrix} 20\,EI_y/(\varrho Al^4) - 2{,}15\,R & 18\,EI_y/(\varrho Al^4) - 3{,}28\,R \\ 18\,EI_y/(\varrho Al^4) - 3{,}28\,R & 46{,}8\,EI_y/(\varrho Al^4) - 5{,}02\,R \end{bmatrix} \times \begin{bmatrix} c_1 \\ c_2 \end{bmatrix} = \underline{0}\,.$$

Die Bedingung „Koeffizientendeterminante = 0" liefert als kleineren von zwei Eigenwerten $R = 9{,}24 EI_y/(\varrho Al^4)$. Diese Näherung für ω_1^2 ist wesentlich besser als die in Beispiel 4-6.

4.6 Autonome nichtlineare Schwingungen mit einem Freiheitsgrad

Sie werden durch eine Differentialgleichung

$$\ddot{q} + g(q, \dot{q}) = 0 \qquad (49)$$

beschrieben. Wenn es zu (49) einen Energieerhaltungssatz $T + V = E = \text{const}$ mit einer kinetischen Energie $T = m(q)\,\dot{q}^2/2$ und einer potentiellen Energie $V(q)$ gibt, dann beschreibt (49) freie Schwingungen eines konservativen Systems (Beispiel: Das System von Bild 3-8). Wenn $g(q, \dot{q})$ nur von q abhängt, dann lautet der Energieerhaltungssatz

$$\dot{q}^2/2 + \int g(q)\,\mathrm{d}q = \text{const}\,.$$

Aus $T + V = E$ folgt stets die Gleichung der Phasenkurven

$$\dot{q} = \pm[2(E - V(q))/m(q)]^{1/2}$$

und bei weiterer Integration

$$t - t_0 = \int \left[\frac{2(E - V(q))}{m(q)}\right]^{-1/2} \mathrm{d}q\,.$$

Beispiel 4-8: Beim ebenen Pendel ist $g(q, \dot{q}) = \omega_0^2 \sin q$. Die Gleichung der Phasenkurve einer freien Schwingungen mit der Amplitude A ist

$$\dot{q} = \pm\omega_0[2(\cos q - \cos A)]^{1/2}\,.$$

Im Phasenporträt von Bild 4-14 sind die geschlossenen Kurven zu periodischen Schwingungen um die stabilen Gleichgewichtslagen $q = 0, \pm 2\pi$ usw. von den offenen Kurven zu Bewegungen mit Überschlag durch eine *Separatrix* getrennt. Sie gehört zur Bewegung aus der Ruhe heraus aus der instabilen Gleichgewichtslage $q = \pi$ und hat die Gleichung

$$\dot{q} = \pm\omega_0[2(1 + \cos q)]^{1/2} = \pm 2\omega_0 \cos(q/2)\,.$$

Die Periodendauer der freien Schwingung mit der Amplitude A ist

$$T = \frac{4\mathrm{K}(k)}{\omega_0} \approx \left(\frac{2\pi}{\omega_0}\right)\left(1 + \frac{A^2}{16} + \frac{11A^4}{3072} + \ldots\right)$$

mit dem vollständigen elliptischen Integral K und dem Modul $k = \sin(A/2)$. Die exakte Lösung $q(t)$ der Differentialgleichung ist

$$\sin(q/2) = k\,\mathrm{sn}(\omega_0 t, k)\,.$$

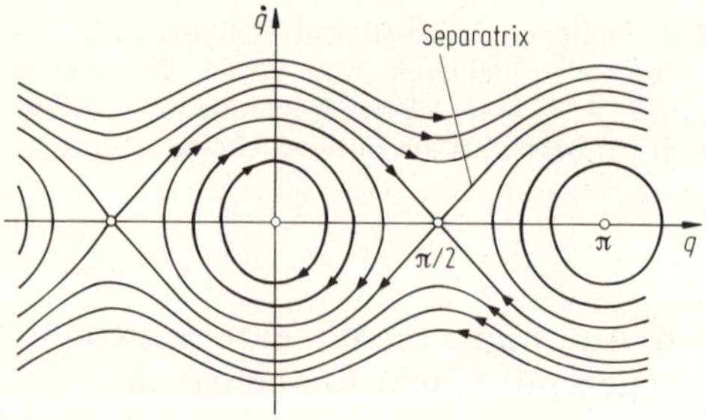

Bild 4-14. Phasenporträt des ebenen Pendels.

Wenn es zu (49) keinen Energieerhaltungssatz gibt, dann bedeutet das Auftreten von $\dot{q}$ Dämpfung oder Anfachung oder eine Kombination von beidem. Bei einer Klasse von Schwingern, den sog. selbsterregten, kann es dennoch periodische Lösungen geben. Sie erscheinen im Phasenporträt (Bild 4-15) als einzelne geschlossene Kurven, sog. *Grenzzyklen*, in die andere Phasenkurven entweder asymptotisch einmünden oder aus denen sie herauslaufen. Beispiele für selbsterregte Schwingungen sind das Flattern von Flugzeugkonstruktionen, Brücken, Türmen und Wasserbaukonstruktionen in Luft- bzw. Wasserströmungen und das Rattern von Werkzeugen in Drehmaschinen (vgl. den Text zu Bild 2-32).

Die im folgenden geschilderten Näherungsmethoden setzen voraus, daß (49) die Form

$$\ddot{q} + \omega_0^2 q + \varepsilon f(q, \dot{q}) = 0 \qquad (50)$$

hat. Dabei soll $f(q, \dot{q})$ eine nichtlineare Funktion mit $f(0,0) = 0$ sein, deren Taylorentwicklung um den Punkt $q = 0, \dot{q} = 0$ kein lineares Glied mit q enthält. ε ist ein kleiner dimensionsloser Parameter, der ggf. künstlich eingeführt wird. Beispiele für (50) sind der *Duffing-Schwinger* mit

$$\ddot{q} + \omega_0^2 q + \varepsilon \mu q^3 = 0 \qquad (51)$$

(konservatives System; Feder-Masse-Schwinger mit je nach Vorzeichen von $\varepsilon\mu$ progressiver oder degressiver Federkennlinie) und der *Van-der-Pol-Schwinger* (ein selbsterregter Schwinger) mit

$$\ddot{q} + \omega_0^2 q - \varepsilon \mu (\alpha^2 - q^2)\, \dot{q} = 0 \,. \qquad (52)$$

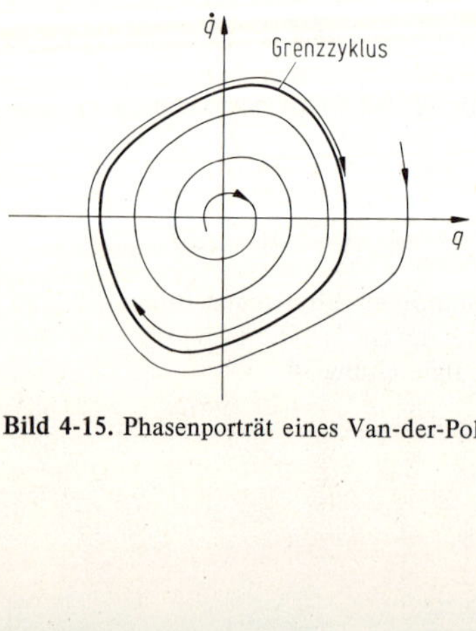

Bild 4-15. Phasenporträt eines Van-der-Pol-Schwingers.

4.6.1 Methode der kleinen Schwingungen

Die Taylorentwicklung von $f(q, \dot{q})$ in (50) um den Punkt (0, 0) hat die Form $b\dot{q}$ + Glieder höherer Ordnung in q und $\dot{q}$. Also ist $\ddot{q} + \varepsilon b \dot{q} + \omega_0^2 q = 0$ eine Näherung für (50). Das ist die Form von (1) mit dem Dämpfungsgrad $D = \varepsilon b/(2\omega_0)$ nach (6) und mit der Lösung (8). Diese Näherung ist nur brauchbar, wenn q und $\dot{q}$ dauernd so klein sind, daß der Abbruch der Taylorreihe sinnvoll ist. Sie liefert z. B. keine Aussagen über Grenzzyklen.

4.6.2 Harmonische Balance

Diese Methode liefert Näherungen für periodische Lösungen von (50) bei konservativen und bei selbsterregten Schwingern. Für die periodische Lösung wird der Ansatz $q = A \cos \omega t$ mit Konstanten A und ω gemacht. A muß nicht klein sein. Die Funktion

$$f(q, \dot{q}) = f(A \cos \omega t, -\omega A \sin \omega t) = F(t)$$

ist periodisch in t und hat folglich eine Fourierreihe

$$\begin{aligned} F(t) &= a_0 + a_1(A) \cos \omega t + b_1(A) \sin \omega t + \dots \\ &= a_0 + a^* q + b^* \dot{q} + \dots \end{aligned}$$

mit $a^*(A) = a_1/A$ und $b^*(A) = -b_1/(A\omega)$. Sei $a_0 = 0$. Das ist bei gewissen Symmetrieeigenschaften von $f(q, \dot{q})$ erfüllt, z. B. wenn f nur von q abhängt und $f(-q) = -f(q)$ gilt. Dann lautet (50) näherungsweise $\ddot{q} + \varepsilon b^* \dot{q} + (\omega_0^2 + \varepsilon a^*)\, q = 0$. Beim konservativen Schwinger ist $b^* = 0$, und

$$\omega(A) = \left[\omega_0^2 + \varepsilon a^*(A)\right]^{1/2} \approx \omega_0 + \varepsilon \frac{a^*(A)}{2\omega_0}$$

ist die vom Maximalausschlag A abhängige Kreisfrequenz.

Beispiel 4-9: Beim Duffing-Schwinger (51) ist

$$F(t) = \mu A^3 \cos^3 \omega t = \frac{3\mu A^3}{4} \cos \omega t + \frac{\mu A^3}{4} \cos 3\omega t .$$

Das ist bereits die Fourierreihe mit $b^* = 0$ und $a^* = 3\mu A^2/4$. Man erhält

$$\omega(A) = \omega_0 + \frac{3\varepsilon\mu A^2}{8\omega_0} .$$

Beim Schwinger mit Selbsterregung liefert die Bedingung $b^*(A) = 0$ die Maximalausschläge von Grenzzyklen.

Beispiel 4-10: Van-der-Pol-Schwinger (52). Die Fourierreihe liefert $a_0 = 0$, $a^* = 0$, $b^* = \mu(A^2/4 - \alpha^2)$ und damit einen Grenzzyklus mit dem Maximalausschlag $A = 2\alpha$ und mit der Kreisfrequenz ω_0.

4.6.3 Störungsrechnung nach Lindstedt

Die *Störungsrechnung nach Lindstedt* liefert Näherungen für periodische Lösungen von (50) bei konservativen und bei selbsterregten Schwingern. Der Lösungsansatz ist

$$q(t) = A\cos\omega t + \varepsilon q_1(t) + \varepsilon^2 q_2(t) + \ldots \quad (53)$$

mit unbekannten periodischen Funktionen $q_i(t)$ und mit einer von A abhängigen Kreisfrequenz

$$\omega = \omega_0 + \varepsilon\omega_1 + \varepsilon^2\omega_2 + \ldots \quad (54)$$

mit unbekannten $\omega_i(A)$ für $i = 1, 2, \ldots$ Einsetzen von (53) und von ω_0 aus (54) in (50), Ordnen nach Potenzen von ε und Nullsetzen der Koeffizienten aller Potenzen liefert

$$\ddot{q}_i + \omega^2 q_i = f_i(A\cos\omega t, q_1(t), \ldots, q_{i-1}(t), \omega_1, \ldots, \omega_i) \quad (i = 1, 2, \ldots) \quad (55)$$

mit Funktionen f_i, die sich dabei aus $f(q, \dot{q})$ ergeben. Insbesondere ist

$$f_1 = 2\omega_0\omega_1 A\cos\omega t - f(A\cos\omega t, -A\omega\sin\omega t). \quad (56)$$

Die Gleichungen (55) werden nacheinander in jeweils drei Schritten gelöst. 1. Schritt: Entwicklung von f_i in eine Fourierreihe; sie enthält Glieder mit $\cos\omega t$ und bei selbsterregten Schwingern auch mit $\sin\omega t$, die zu säkularen Gliedern der Form $t\cos\omega t$ und $t\sin\omega t$ in der Lösung $q_i(t)$ führen. 2. Schritt: Bei konservativen Systemen wird aus der Bedingung, daß der Koeffizient von $\cos\omega t$ verschwindet, ω_i bestimmt; bei selbsterregten Schwingern werden aus der Bedingung, daß die Koeffizienten von $\cos\omega t$ und von $\sin\omega t$ verschwinden, ω_i und A bestimmt. 3. Schritt: Zum verbleibenden Rest von f_i wird die partikuläre Lösung $q_i(t)$ bestimmt.

Beispiel 4-11: Duffing-Schwinger (51): Mit (56) ist

$$f_1 = 2\omega_0\omega_1 A\cos\omega t - \mu A^3\cos^3\omega t$$
$$= \left(2\omega_0\omega_1 A - \frac{3\mu A^3}{4}\right)\cos\omega t - \frac{\mu A^3}{4}\cos 3\omega t.$$

Das ist bereits die Fourierreihe. Der Koeffizient von $\cos\omega t$ ist null für $\omega_1 = 3\mu A^2/(8\omega_0)$, so daß in erster Näherung $\omega = \omega_0 + 3\varepsilon\mu A^2/(8\omega_0)$ den Zusammenhang zwischen Kreisfrequenz ω und Amplitude A angibt. Die partikuläre Lösung zum Rest von f_1 ist $q_1(t) = \mu A^3/(32\omega^2)\cos 3\omega t$.

Beispiel 4-12: Van-der-Pol-Schwinger (52): Mit (56) ist

$$f_1 = 2\omega_0\omega_1 A\cos\omega t + \mu(\alpha^2 - A^2\cos^2\omega t)(-A\omega\sin\omega t)$$
$$= 2\omega_0\omega_1 A\cos\omega t - \mu\left(\alpha^2 - \frac{A^2}{4}\right)A\omega\sin\omega t + \frac{\mu A^3\omega}{4}\sin 3\omega t.$$

Die Koeffizienten von $\cos\omega t$ und von $\sin\omega t$ sind Null für $\omega_1 = 0$, $A = 2\alpha$, und die partikuläre Lösung von (55) zum Rest von f_1 ist

$$q_1(t) = -\mu A^3/(32\omega)\sin 3\omega t.$$

Damit ist

$$q(t) = 2\alpha\cos\omega_0 t - \frac{\varepsilon\mu\alpha^3}{4\omega_0}\sin 3\omega_0 t$$

die erste Näherung für den Grenzzyklus in Bild 4-15.

4.6.4 Methode der multiplen Skalen

Die *Methode der multiplen Skalen* ist eine Form der Störungsrechnung, die Näherungen für periodische und für nichtperiodische Lösungen von (50) bei konservativen und bei nichtkonservativen Schwingern liefert. Einzelheiten siehe in [17]. Die Größen $t_i = \varepsilon^i t$ $(i = 0, 1, \ldots, n)$ werden als voneinander unabhängige, im Fall $\varepsilon \ll 1$ sehr verschieden schnell ablaufende Zeitvariablen eingeführt (daher die Bezeichnung multiple Skalen). Der Ansatz für die n te Näherung der Lösung von (50) ist

$$q(t) = q_0(t_0, \ldots, t_n) + \varepsilon q_1(t_0, \ldots, t_n) + \ldots + \varepsilon^n q_n(t_0, \ldots, t_n) \quad (57)$$

mit

$$q_0 = A(t_1, \ldots, t_n)\cos[\omega_0 t_0 + \varphi(t_1, \ldots, t_n)] \quad (58)$$

mit unbekannten Funktionen $q_1, \ldots, q_n$, A und φ. Amplitude A und Phase φ sind als von t_0 unabhängig, d. h. als allenfalls langsam veränderlich vorausgesetzt. Für die absoluten Zeitableitungen von q_i erhält man

$$\left.\begin{aligned} \dot{q}_i &= \sum_{k=0}^{n}\frac{\partial q_i}{\partial t_k}\cdot\frac{\mathrm{d}t_k}{\mathrm{d}t} = \sum_{k=0}^{n}\varepsilon^k\frac{\partial q_i}{\partial t_k}, \\ \ddot{q}_i &= \sum_{k=0}^{n}\sum_{j=0}^{n}\varepsilon^{k+j}\frac{\partial^2 q_i}{\partial t_k\partial t_j}. \end{aligned}\right\} \quad (59)$$

Einsetzen von (57) bis (59) in (50), Ordnen nach Potenzen von ε und Nullsetzen der Koeffizienten aller Potenzen liefert

$$\frac{\partial^2 q_i}{\partial t_0^2} + \omega_0^2 q_i = f_i(q_0, \ldots, q_{i-1}) \quad (i = 1, \ldots, n) \quad (60)$$

mit Funktionen f_i, die sich dabei aus $f(q, \dot{q})$ ergeben. Insbesondere ist

$$f_1 = -2\frac{\partial^2 q_0}{\partial t_0 \partial t_1} - f\left(q_0, \frac{\partial q_0}{\partial t_0}\right). \tag{61}$$

Die Gleichungen (60) werden nacheinander in jeweils drei Schritten gelöst. 1. Schritt: Entwicklung von f_i in eine Fourierreihe; sie enthält $\cos(\omega_0 t_0 + \varphi)$ und bei nichtkonservativen Schwingern auch $\sin(\omega_0 t_0 + \varphi)$. 2. Schritt: Bei konservativen Schwingern wird aus der Bedingung, daß der Koeffizient von $\cos(\omega_0 t_0 + \varphi)$ verschwindet, eine Differentialgleichung für φ als Funktion von $t_i = \varepsilon^i t$ gewonnen; bei nichtkonservativen Schwingern werden aus der Bedingung, daß die Koeffizienten von $\cos(\omega_0 t_0 + \varphi)$ und von $\sin(\omega_0 t_0 + \varphi)$ verschwinden, zwei Differentialgleichungen für A und φ in Abhängigkeit von t_i gewonnen. 3. Schritt: Zum verbleibenden Rest von f_i wird die partikuläre Lösung q_i in Abhängigkeit von t_0 bestimmt.

Beispiel 4-13: Van-der-Pol-Schwinger (52) in der Näherung $n = 1$: Mit (61) ist

$$\begin{aligned} f_1 &= 2\omega_0(\partial A/\partial t_1)\sin(\omega_0 t_0 + \varphi) \\ &\quad + 2A\omega_0(\partial\varphi/\partial t_1)\cos(\omega_0 t_0 + \varphi) \\ &\quad + \mu[\alpha^2 - A^2\cos^2(\omega_0 t_0 + \varphi)] \\ &\quad \times [-A\omega_0 \sin(\omega_0 t_0 + \varphi)] \\ &= 2A\omega_0(\partial\varphi/\partial t_1)\cos(\omega_0 t_0 + \varphi) \\ &\quad + [2\omega_0(\partial A/\partial t_1) - \mu(\alpha^2 - A^2/4)A\omega_0] \\ &\quad \times \sin(\omega_0 t_0 + \varphi) \\ &\quad + (\mu A^3\omega_0/4)\sin[3(\omega_0 t_0 + \varphi)]. \end{aligned}$$

Die Koeffizienten von $\cos(\omega_0 t_0 + \varphi)$ und von $\sin(\omega_0 t_0 + \varphi)$ sind null, wenn $\partial\varphi/\partial t_1 = 0$, $\partial A/\partial t_1 = \mu A(\alpha^2 - A^2/4)/2$. Aus der ersten Gleichung folgt, daß φ allenfalls von t_2, t_3 usw. abhängig sein kann, in erster Näherung also konstant und willkürlich gleich null ist. Die zweite Gleichung hat die stationäre Lösung $A = 2\alpha$ (Grenzzyklus) und instationäre Lösungen

$$\begin{aligned} A(t_1) &= A(\varepsilon t) \\ &= 2\alpha[1 - (1 - 4\alpha^2/A_0^2)\exp(-\varepsilon\mu\alpha^2 t)]^{-1/2}, \end{aligned}$$

die für jeden Anfangswert $A_0 = A(0)$ asymptotisch gegen $A = 2\alpha$ streben. Für die stationäre Lösung $A = 2\alpha$ liefert (61) mit dem Rest von f_1 die partikuläre Lösung

$$q_1(t_0, t_1) = -\mu A^3/(32\omega_0)\sin 3\omega_0 t,$$

so daß $q(t) = 2\alpha\cos\omega_0 t - \varepsilon\mu\alpha^3/(4\omega_0)\sin 3\omega_0 t$

eine Näherung für den Grenzzyklus ist. Bild 5-15 zeigt das Phasenporträt eines Van-der-Pol-Schwingers mit dem Grenzzyklus und mit asymptotisch in ihn einlaufenden Phasenkurven.

4.7 Erzwungene nichtlineare Schwingungen

Ein schwach nichtlinearer Schwinger mit Dämpfung hat bei harmonischer Zwangserregung die Differentialgleichung

$$\ddot{q} + 2D\omega_0\dot{q} + \omega_0^2 q + \varepsilon f(q, \dot{q}) = K\cos\Omega t \tag{62}$$

(D Dämpfungsgrad, K Erregeramplitude, Ω Erregerfrequenz). Näherungslösungen für stationäre Bewegungen im eingeschwungenen Zustand können mit folgenden Verfahren bestimmt werden.

4.7.1 Harmonische Balance

Für die stationäre Lösung wird der Ansatz

$$q(t) = A\cos(\Omega t - \varphi) \tag{63}$$

gemacht. Mit derselben Begründung wie bei autonomen Schwingungen (siehe 4.6.2) und mit denselben Größen $a^*(A)$ und $b^*(A)$ gilt dann die Näherung $f(q, \dot{q}) \approx a^*(A)\,q + b^*(A)\,\dot{q}$, so daß die Näherung für (62) lautet:

$$\ddot{q} + (2D\omega_0 + \varepsilon b^*)\,\dot{q} + (\omega_0^2 + \varepsilon a^*)\,q = K\cos\Omega t \tag{64}$$

oder nach der Umformung mit Hilfe von (5)

$$q'' + 2D_A q' + \eta_A^2 q = q_0\cos\eta\tau \tag{65}$$

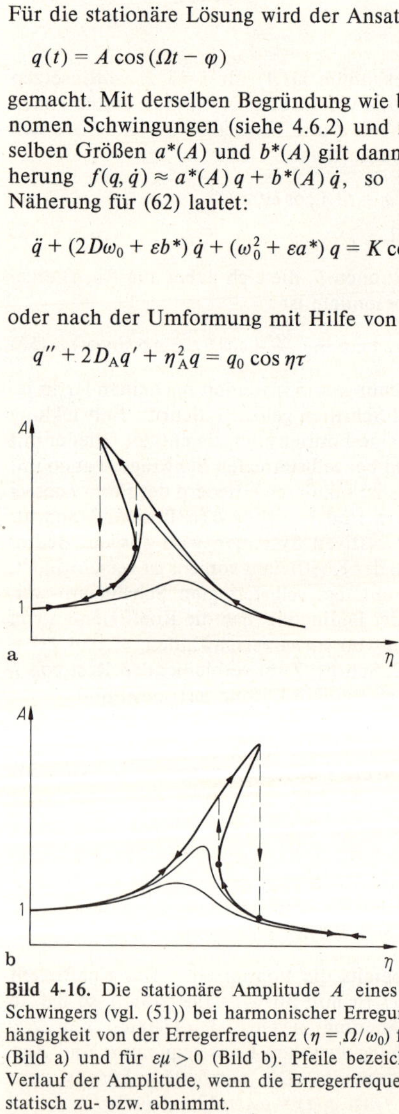

Bild 4-16. Die stationäre Amplitude A eines Duffing-Schwingers (vgl. (51)) bei harmonischer Erregung in Abhängigkeit von der Erregerfrequenz ($\eta = \Omega/\omega_0$) für $\varepsilon\mu < 0$ (Bild a) und für $\varepsilon\mu > 0$ (Bild b). Pfeile bezeichnen den Verlauf der Amplitude, wenn die Erregerfrequenz quasistatisch zu- bzw. abnimmt.

mit $\tau = \omega_0 t, \quad \eta = \Omega/\omega_0, \quad \eta_A^2 = 1 + \varepsilon a^*/\omega_0^2,$

$2D_A = 2D + \varepsilon b^*/\omega_0$ und $q_0 = K/\omega_0^2.$

Die stationäre Lösung hat (vgl. (17)) die Form (63) mit

$$\left.\begin{aligned} A &= q_0\Big/\left[(\eta_A^2 - \eta^2)^2 + 4D_A^2\eta^2\right]^{1/2},\\ \tan\varphi &= 2D_A\eta/(\eta_A^2 - \eta^2). \end{aligned}\right\} \quad (66)$$

Darin sind mit a^* und b^* auch η_A und D_A von A abhängig, so daß die Resonanzkurven $A(\eta, D)$ nur implizit vorliegen.

Beispiel 4-14: Beim gedämpften Duffing-Schwinger ist in (62) $f(q, \dot{q}) = \mu q^3$. Man erhält $b^* = 0$, $a^* = 3\mu A^2/4$ (vgl. 4.6.2). Bild 4-16 zeigt die Abhängigkeit $A(\eta, D)$ für $\varepsilon\mu < 0$ und für $\varepsilon\mu > 0$. Bei quasistatischem Hoch- bzw. Herunterfahren von Ω tritt das Sprungphänomen auf. Die Kurvenäste werden in der Richtung der eingezeichneten Pfeile mit den gestrichelten Sprüngen durchlaufen.

4.7.2 Methode der multiplen Skalen

Dieselben Rechenschritte wie bei autonomen Schwingungen (vgl. 4.6.4) sind auch auf (62) anwendbar.

Beispiel 4-15: Wenn man das Resonanzverhalten des Schwingers mit der Differentialgleichung (62) im Fall $\Omega \approx \omega_0$ und bei schwacher Dämpfung untersuchen will, setzt man $\Omega = \omega_0 + \varepsilon\sigma$, $\Omega t = \omega_0 t_0 + \sigma t_1$, $D = \varepsilon d$ und $K = \varepsilon k$ (kleine Verstimmung $\varepsilon\sigma$, kleine Dämpfung εd, kleine Erregeramplitude εk) und definiert

$$f^* = f(q, \dot{q}) + 2d\omega_0\dot{q} - k\cos(\omega_0 t_0 + \sigma t_1).$$

Mit f^* anstelle von $f(q, \dot{q})$ sind (62) und (50) formal gleich. Alle Rechenschritte im Anschluß an (57) werden mit f^* anstelle von f durchgeführt. Einzelheiten siehe in [17].

4.7.3 Subharmonische, superharmonische und Kombinationsresonanzen

Die Nichtlinearität $f(q, \dot{q})$ in (62) kann bewirken, daß sog. subharmonische Resonanzen, superharmonische Resonanzen und Kombinationsresonanzen auftreten. Von *subharmonischen Resonanzen* oder *Untertönen* spricht man, wenn die stationäre Antwort des Schwingers auf eine Erregerfrequenz Ω Schwingungen mit Frequenzen Ω/n ($n > 1$ ganzzahlig) enthält. Von *superharmonischen Resonanzen* oder *Oberschwingungen* spricht man, wenn sie Schwingungen mit Frequenzen $n\Omega$ ($n > 1$ ganzzahlig) enthält. Von *Kombinationsresonanzen* spricht man, wenn bei gleichzeitiger Erregung mit mehreren Frequenzen $\Omega_1, \Omega_2, \ldots$ die stationäre Antwort Schwingungen mit Frequenzen $n_1\Omega_1 + n_2\Omega_2 + \ldots$ enthält ($n_1, n_2, \ldots$ ganzzahlig). Mit der Methode der multiplen Skalen können sowohl Bedingungen für das Auftreten derartiger Resonanzen als auch deren Amplituden bestimmt werden (siehe [17]). Die Amplituden können so groß werden, daß Schäden an technischen Systemen auftreten.

Beispiel 4-16: Beim Duffing-Schwinger und beim Van-der-Pol-Schwinger treten ein Unterton mit $\Omega/3$ und ein Oberton mit 3Ω auf, wenn $\Omega \approx 3\omega_0$ bzw. $\Omega \approx \omega_0/3$ ist. Bei zwei gleichzeitig vorhandenen Erregerfrequenzen Ω_1 und Ω_2 treten Kombinationsresonanzen mit den Frequenzen $(\pm\Omega_i \pm \Omega_j)$ und $(\pm 2\Omega_i \pm \Omega_j)$ für $i, j = 1, 2$ auf, wenn $|\pm\Omega_i \pm \Omega_j| \approx \omega_0$ bzw. $|\pm 2\Omega_i \pm \Omega_j| \approx \omega_0$ ist.

5 Festigkeitslehre. Elastizitätstheorie

Körper und Bauteile sind unterschiedlichen äußeren Beanspruchungen ausgesetzt (vgl. D 8). Ihr Verhalten bei Beanspruchungen wird durch mechanische Werkstoffeigenschaften gekennzeichnet (vgl. D 9.2).
Gegenstand der Festigkeitslehre und Elastizitätstheorie sind Spannungen, Verzerrungen und Verschiebungen von ein-, zwei- und dreidimensionalen, linear elastischen Körpern im statischen Gleichgewicht unter Kräften und Temperatureinflüssen.

5.1 Kinematik des deformierbaren Körpers

5.1.1 Verschiebungen. Verzerrungen. Verzerrungstensor

Verschiebungen und Verzerrungen eines Körpers werden nach Bild 5-1 in einem raumfesten x, y, z-System beschrieben. Ein materieller Punkt des Körpers befindet sich vor der Verschiebung und Verzerrung am Ort $\boldsymbol{r}$ mit den Koordinaten x,

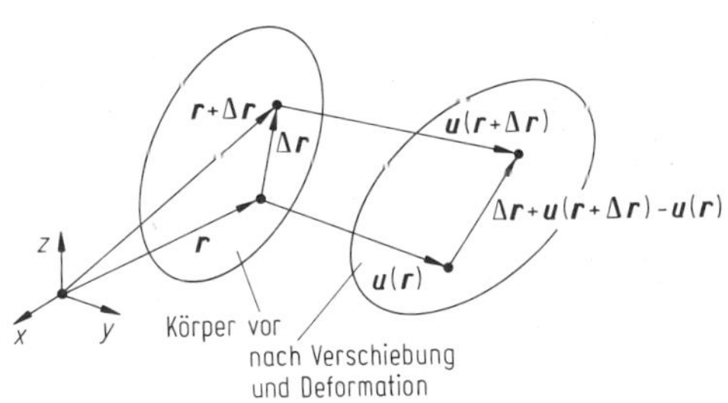

Bild 5-1. Körper vor und nach beliebig großer Verschiebung, Drehung und Deformation. Ursprüngliche Ortsvektoren $\boldsymbol{r}$ und Verschiebungen $\boldsymbol{u}$ zweier Körperpunkte.

y, z. Der Punkt wird um den Vektor $\boldsymbol{u} = \boldsymbol{u}(x, y, z)$ oder $\boldsymbol{u}(\boldsymbol{r})$ verschoben. Die von x, y und z abhängigen Koordinaten von $\boldsymbol{u}$ im x, y, z-System heißen u, v und w. In Bild 5-1 sind $\boldsymbol{u}(\boldsymbol{r})$ und $\boldsymbol{u}(\boldsymbol{r} + \Delta\boldsymbol{r})$ die Verschiebungen zweier materieller Punkte des Körpers als Resultat einer beliebig großen *Starrkörperverschiebung* (Translation und Rotation) und einer beliebig großen Deformation. Auf die Differenz der Abstandsquadrate beider Punkte in der End- bzw. Anfangslage,

$$[\Delta\boldsymbol{r} + \boldsymbol{u}(\boldsymbol{r} + \Delta\boldsymbol{r}) - \boldsymbol{u}(\boldsymbol{r})]^2 - (\Delta\boldsymbol{r})^2,$$

hat nur die Deformation Einfluß. Taylorentwicklung, Grenzübergang von $\Delta\boldsymbol{r}$ zu $\mathrm{d}\boldsymbol{r}$ und Zerlegung der Vektoren im x, y, z-System liefern für die Differenz den Ausdruck $2\mathrm{d}\underline{r}^{\mathrm{T}}\underline{\varepsilon}\,\mathrm{d}\underline{r}$ mit einer dimensionslosen, symmetrischen Matrix $\underline{\varepsilon}$, die in der Form

$$\underline{\varepsilon} = \frac{1}{2}(\underline{F} + \underline{F}^{\mathrm{T}} + \underline{F}\underline{F}^{\mathrm{T}}) \tag{1}$$

mit einer anderen Matrix $\underline{F}$ gebildet wird. Deren Element F_{ij} $(i, j = 1, 2, 3)$ ist die partielle Ableitung der i-ten Koordinate von $\boldsymbol{u}$ nach der j-ten Ortskoordinate, z. B. $F_{13} = \partial u/\partial z$ und $F_{21} = \partial u/\partial x$. $\underline{\varepsilon}$ heißt Koordinatenmatrix des *Eulerschen Deformations-* oder *Verzerrungstensors* im Punkt (x, y, z). Das nichtlineare Glied $\underline{F}\underline{F}^{\mathrm{T}}$ in (1) ist vernachlässigbar, wenn die Deformation des Körpers klein, die Starrkörperdrehung gleich null und die Starrkörpertranslation beliebig groß ist. Dann ist

$$\left.\begin{aligned}
&\underline{\varepsilon} = \begin{bmatrix} \varepsilon_x & \frac{1}{2}\gamma_{xy} & \frac{1}{2}\gamma_{xz} \\ \frac{1}{2}\gamma_{xy} & \varepsilon_y & \frac{1}{2}\gamma_{yz} \\ \frac{1}{2}\gamma_{xz} & \frac{1}{2}\gamma_{yz} & \varepsilon_z \end{bmatrix}, \\
&\varepsilon_x = \frac{\partial u}{\partial x}, \quad \gamma_{xy} = \gamma_{yx} = \frac{\partial u}{\partial y} + \frac{\partial v}{\partial x} \\
&\varepsilon_y = \frac{\partial v}{\partial y}, \quad \gamma_{yz} = \gamma_{zy} = \frac{\partial v}{\partial z} + \frac{\partial w}{\partial y} \\
&\varepsilon_z = \frac{\partial w}{\partial z}, \quad \gamma_{zx} = \gamma_{xz} = \frac{\partial w}{\partial x} + \frac{\partial u}{\partial z}.
\end{aligned}\right\} \tag{2}$$

ε_x, ε_y und ε_z heißen *Dehnungen*, und γ_{xy}, γ_{yz} und γ_{zx} heißen *Scherungen* des Körpers im betrachteten Punkt und im x, y, z-System. Sowohl Dehnungen als auch Scherungen werden *Verzerrungen* genannt. Die symmetrische Matrix $\underline{\varepsilon}$ beschreibt den *Verzerrungszustand* im betrachteten Körperpunkt vollständig. Verschiebungs-Verzerrungs-Beziehungen in Polarkoordinaten siehe in (95).

Geometrische Bedeutung von Dehnungen und Scherungen. Ein infinitesimales Körperelement um den betrachteten Punkt, das in der Ausgangslage ein Würfel mit Kanten parallel zu den x-, y- und z-Achsen ist, ist nach Verschiebung und Deformation des Körpers ein Parallelepiped (Bild 5-2). ε_x ist das Verhältnis Verlängerung/Ausgangslänge der Würfelkante parallel zur x-Achse, und γ_{xy} ist die Abnahme des ursprünglich rechten Winkels zwischen den Würfelkanten in Richtung der positiven x- und der positiven y-Achse. Entsprechendes gilt nach Buchstabenvertauschung für die anderen Dehnungen und Scherungen.

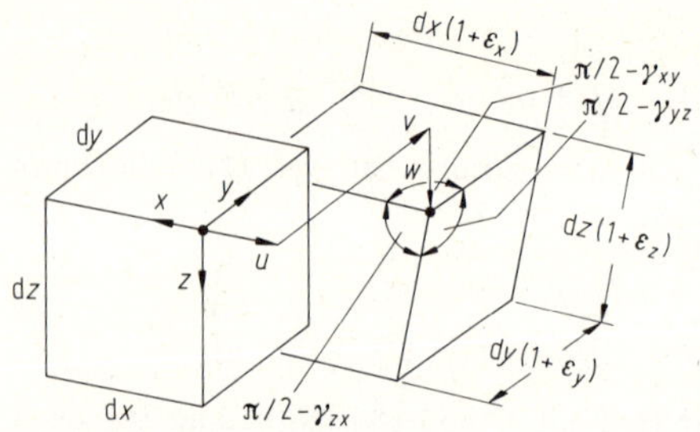

Bild 5-2. Verschiebungen u, v, w und Verzerrungen ε und γ eines Würfels im Punkt $x = y = z = 0$. Vorn der unverzerrte Würfel.

5.1.2 Kompatibilitätsbedingungen

Die sechs Verzerrungen ε_x, ε_y, ε_z, γ_{xy}, γ_{yz} und γ_{zx} können nicht willkürlich als Funktionen von x, y, z vorgegeben werden, weil sie aus nur drei stetigen Funktionen $u(x, y, z)$, $v(x, y, z)$ und $w(x, y, z)$ ableitbar sein müssen. Sie müssen 6 *Kompatibilitäts-* oder *Verträglichkeitsbedingungen* erfüllen. Zwei von ihnen lauten:

$$\frac{\partial^2\varepsilon_x}{\partial y^2} + \frac{\partial^2\varepsilon_y}{\partial x^2} - \frac{\partial^2\gamma_{xy}}{\partial x\partial y} = 0 \tag{3a}$$

$$-2\frac{\partial^2\varepsilon_x}{\partial y\partial z} + \frac{\partial}{\partial x}\left(-\frac{\partial\gamma_{yz}}{\partial x} + \frac{\partial\gamma_{zx}}{\partial y} + \frac{\partial\gamma_{xy}}{\partial z}\right) = 0\,. \tag{3b}$$

Zu jeder von ihnen gehören zwei weitere, die man erhält, wenn man alle Indizes (x, y, z) zyklisch, d. h. durch (y, z, x) und durch (z, x, y) ersetzt. Die Minuszeichen in (3b) stehen immer bei ε und bei dem γ, das zweimal nach derselben Koordinate abgeleitet wird. Im Sonderfall des ebenen Verzerrungszustands existieren nur die von z unabhängigen Funktionen u, v, ε_x, ε_y und γ_{xy}. Dann gibt es nur eine Bedingung, und zwar (3a).

5.1.3 Koordinatentransformation

Sei die Koordinatenmatrix $\underline{\varepsilon}^1$ des Verzerrungstensors in (2) in einem Körperpunkt in einer Basis $\underline{e}^1$ (einem x, y, z-System) gegeben, und sei $\underline{e}^2 = \underline{A}\underline{e}^1$ eine gegen $\underline{e}^1$ gedrehte Basis im selben Punkt (zur Bedeutung von $\underline{A}$ siehe 1.2.1). Die

Koordinatenmatrix $\underline{\varepsilon}^2$ des Verzerrungstensors im Achsensystem $\underline{e}^2$ ist

$$\underline{\varepsilon}^2 = \underline{A}\underline{\varepsilon}^1\underline{A}^{\mathrm{T}}. \tag{4}$$

5.1.4 Hauptdehnungen. Dehnungshauptachsen

Die Eigenwerte ε_1, ε_2 und ε_3 und die orthogonalen Eigenvektoren der Matrix $\underline{\varepsilon}$ heißen *Hauptdehnungen* bzw. *Dehnungshauptachsen* im betrachteten Körperpunkt. Im Hauptachsensystem sind alle Scherungen null. Das bedeutet, daß sich der Würfel in Bild 5-2 zu einem Quader verformt, wenn seine Kanten parallel zu den Hauptachsen sind.

5.1.5 Mohrscher Dehnungskreis

Sei die z-Achse eine Dehnungshauptachse, so daß in (2) γ_{xz} und γ_{yz} Null sind. Das ist z. B. in einer in der x,y-Ebene liegenden und nur in dieser Ebene belasteten, dünnen Scheibe der Fall. Es ist auch an jeder freien Körperoberfläche mit z als Normalenrichtung der Fall. Im ξ,η-System nach Bild 5-3 (φ ist positiv bei Drehung im Rechtsschraubensinn um die z-Achse) sind

$$\varepsilon_\xi(\varphi) = \frac{1}{2}(\varepsilon_x + \varepsilon_y) + \frac{1}{2}(\varepsilon_x - \varepsilon_y)\cos 2\varphi + \frac{1}{2}\gamma_{xy}\sin 2\varphi, \tag{5a}$$

$$\frac{1}{2}\gamma_{\xi\eta}(\varphi) = -\frac{1}{2}(\varepsilon_x - \varepsilon_y)\sin 2\varphi + \frac{1}{2}\gamma_{xy}\cos 2\varphi. \tag{5b}$$

Die Hauptdehnungen ε_1, ε_2 und die Winkel φ_1, φ_2 der Dehnungshauptachsen gegen die x-Achse werden durch die Gleichungen bestimmt:

$$\left.\begin{aligned} \varepsilon_{1,2} &= \frac{1}{2}\left\{\varepsilon_x + \varepsilon_y \pm \left[(\varepsilon_x - \varepsilon_y)^2 + \gamma_{xy}^2\right]^{1/2}\right\}, \\ \tan 2\varphi_{1,2} &= \gamma_{xy}/(\varepsilon_x - \varepsilon_y). \end{aligned}\right\} \tag{6}$$

Welcher Winkel zu welcher Hauptdehnung gehört, wird dadurch festgestellt, daß man einen der beiden Winkel in (5a) einsetzt.
Im Achsensystem von Bild 5-3 liegt der Punkt mit den Koordinaten $\varepsilon_\xi(\varphi)$ und $(1/2)\,\gamma_{\xi\eta}(\varphi)$ auf dem gezeichneten sog. *Mohrschen Dehnungskreis*. Der Mittelpunkt bei $(\varepsilon_x + \varepsilon_y)/2$ und der Kreispunkt $(\varepsilon_x, \gamma_{xy}/2)$ für $\varphi = 0$ bestimmen den Kreis. Der Kreispunkt unter dem Winkel 2φ (von $\varphi = 0$ positiv im Uhrzeigersinn angetragen) hat die Koordinaten $\varepsilon_\xi(\varphi)$, $\gamma_{\xi\eta}(\varphi)/2$.

Dehnungsmeßstreifenrosette. Mit einer Dehnungsmeßstreifenrosette (Bild 5-4a) werden drei Dehnungen $\varepsilon_{-\alpha}$, ε_0 und $\varepsilon_{+\alpha}$ in drei Meßachsen unter dem bekannten Winkel α gemessen (Bild 5-4b), vgl. H 3.3.3. Daraus werden die Hauptdehnungen ε_1 und ε_2 und der Winkel φ zwischen der Hauptachse mit der Hauptdehnung ε_1 und der mittleren Meßachse aus den folgenden Gleichungen berechnet:

$$\left.\begin{aligned} \tan 2\varphi &= (1 - \cos 2\alpha)\frac{\varepsilon_{-\alpha} - \varepsilon_{+\alpha}}{(2\varepsilon_0 - \varepsilon_{-\alpha} - \varepsilon_{+\alpha})\sin 2\alpha}, \\ 2\varepsilon_{1,2} &= \frac{\varepsilon_{-\alpha} + \varepsilon_{+\alpha} - 2\varepsilon_0\cos 2\alpha}{1 - \cos 2\alpha} \pm \frac{\varepsilon_{-\alpha} - \varepsilon_{+\alpha}}{\sin 2\alpha \sin 2\varphi}. \end{aligned}\right\} \tag{7}$$

Von den zwei Lösungen für φ wird eine beliebig gewählt. Das positive Vorzeichen in der zweiten Gleichung gehört zu ε_1.

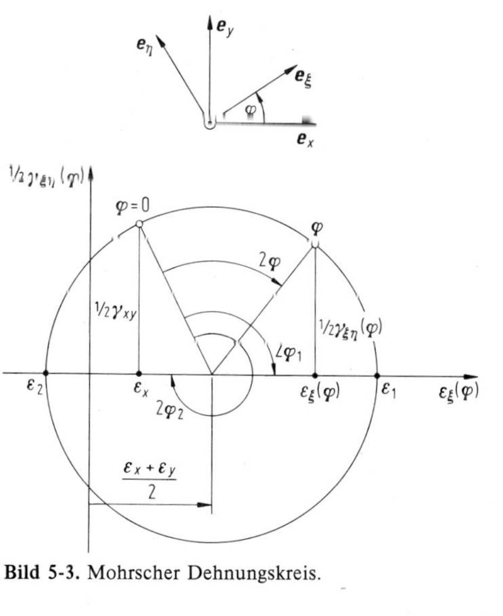

Bild 5-3. Mohrscher Dehnungskreis.

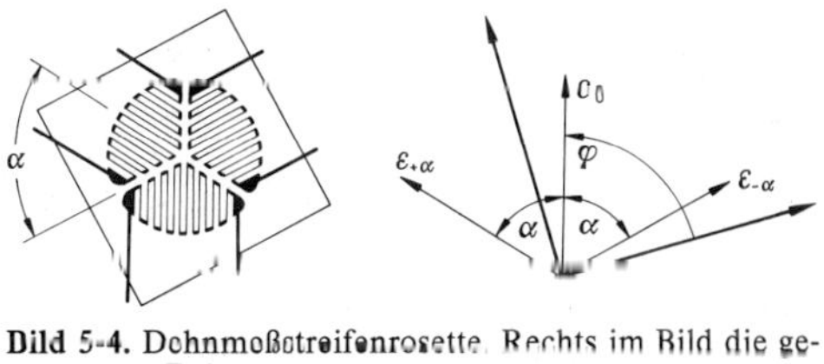

Bild 5-4. Dehnmeßstreifenrosette. Rechts im Bild die gemessenen Dehnungen $\varepsilon_{-\alpha}$, ε_0, $\varepsilon_{+\alpha}$ entlang den Meßachsen und der gesuchte Winkel φ der dick gezeichneten Dehnungshauptachsen gegen die mittlere Meßachse.

5.2 Spannungen

5.2.1 Normal- und Schubspannungen. Spannungstensor

Jedem Punkt P eines Körpers und jeder ebenen oder gekrümmten Schnittfläche oder Oberfläche durch den Punkt ist ein Spannungsvektor $\boldsymbol{\sigma}_i$ zugeordnet, wobei i der Index des Normaleneinheits-

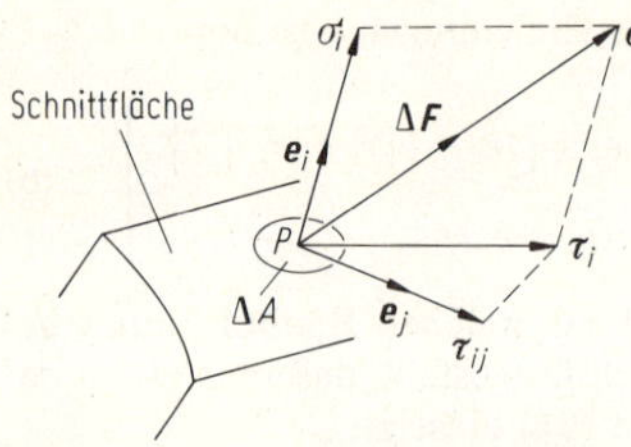

Bild 5-5. Spannungsvektor $\boldsymbol{\sigma}_i$, Normalspannung σ_i, resultierende Schubspannung $\boldsymbol{\tau}_i$ und Schubspannungskoordinate τ_{ij} im Punkt P einer Fläche mit dem Normalenvektor $\boldsymbol{e}_i$.

vektors $\boldsymbol{e}_i$ ist, der die Orientierung der Fläche in dem Punkt kennzeichnet (Bild 5-5). Zur Definition von $\boldsymbol{\sigma}_i$ in P werden ein Flächenelement ΔA um P und die Schnittkraft $\Delta \boldsymbol{F}$ betrachtet, die an ΔA angreift. $\boldsymbol{\sigma}_i$ ist der Grenzwert von $\Delta \boldsymbol{F}/\Delta A$ im Fall, daß ΔA auf den Punkt P zusammenschrumpft. Die Dimension von $\boldsymbol{\sigma}_i$ ist Kraft/Fläche, die SI-Einheit ist das Pascal: $1\,\text{Pa} = 1\,\text{N/m}^2$. Die Koordinate von $\boldsymbol{\sigma}_i$ in der Richtung von $\boldsymbol{e}_i$ heißt *Normalspannung* σ_i, und die Koordinate in der Richtung eines beliebigen Einheitsvektors $\boldsymbol{e}_j$ in der Tangentialebene heißt *Schubspannung* τ_{ij}. σ_i und τ_{ij} sind positiv, wenn sie am positiven Schnittufer die Richtung von $\boldsymbol{e}_i$ bzw. von $\boldsymbol{e}_j$ haben. Das positive Schnittufer ist dasjenige, aus dem $\boldsymbol{e}_i$ herausweist.

Die Schubspannungen in einem Punkt in drei Ebenen normal zu den Basisvektoren $\boldsymbol{e}_x$, $\boldsymbol{e}_y$ und $\boldsymbol{e}_z$ eines x, y, z-Systems (einer Basis) haben aus Gleichgewichtsgründen die Eigenschaft

$$\tau_{ij} = \tau_{ji} \quad (i, j = x, y, z) \tag{8}$$

(Gleichheit zugeordneter Schubspannungen). Die Matrix aller neun Normal- und Schubspannungen in diesen Ebenen ist deshalb symmetrisch:

$$\underline{\sigma} = \begin{bmatrix} \sigma_x & \tau_{xy} & \tau_{xz} \\ \tau_{xy} & \sigma_y & \tau_{yz} \\ \tau_{xz} & \tau_{yz} & \sigma_z \end{bmatrix}. \tag{9}$$

Sie heißt *Koordinatenmatrix* des Spannungstensors. Sie bestimmt den Spannungszustand im betrachteten Punkt vollständig.

5.2.2 Koordinatentransformation

Sei die Koordinatenmatrix $\underline{\sigma}^1$ des Spannungstensors in einem Körperpunkt in einer Basis $\underline{e}^1$ (einem x, y, z-System) gegeben, und sei $\underline{e}^2 = \underline{A}\underline{e}^1$ eine gegen $\underline{e}^1$ gedrehte Basis im selben Punkt (zur Bedeutung von $\underline{A}$ siehe 1.2.1). Die Koordinatenmatrix $\underline{\sigma}^2$ des Spannungstensors in $\underline{e}^2$, d. h. die Matrix der Spannungen in den drei Ebenen normal zu ihren Basisvektoren, ist

$$\underline{\sigma}^2 = \underline{A}\underline{\sigma}^1\underline{A}^{\mathrm{T}}. \tag{10}$$

5.2.3 Hauptnormalspannungen. Spannungshauptachsen

Die Eigenwerte σ_1, σ_2 und σ_3 und die orthogonalen Eigenvektoren der Matrix $\underline{\sigma}$ heißen *Hauptnormalspannungen* bzw. *Spannungshauptachsen*. Im Hauptachsensystem sind alle Schubspannungen Null. Die Eigenwerte sind die Wurzeln des Polynoms $-\sigma^3 + I_1\sigma^2 + I_2\sigma + I_3 = 0$ mit

$$\left.\begin{aligned} I_1 &= \sigma_x + \sigma_y + \sigma_z = \sigma_1 + \sigma_2 + \sigma_3, \\ I_2 &= -(\sigma_x\sigma_y + \sigma_y\sigma_z + \sigma_z\sigma_x) + \tau_{xy}^2 + \tau_{yz}^2 + \tau_{zx}^2 \\ &= -(\sigma_1\sigma_2 + \sigma_2\sigma_3 + \sigma_3\sigma_1), \\ I_3 &= \sigma_x\sigma_y\sigma_z + 2\tau_{xy}\tau_{yz}\tau_{zx} \\ &\quad - (\sigma_x\tau_{yz}^2 + \sigma_y\tau_{zx}^2 + \sigma_z\tau_{xy}^2) = \sigma_1\sigma_2\sigma_3. \end{aligned}\right\} \tag{11}$$

I_1, I_2 und I_3 sind *Invarianten* des Spannungstensors, d. h. sie sind für ein und denselben Körperpunkt unabhängig von der Richtung des x, y, z-Systems, in dem $\underline{\sigma}$ gegeben ist.

5.2.4 Hauptschubspannungen

In einem Punkt mit den Hauptnormalspannungen σ_1, σ_2 und σ_3 sind die Schubspannungen extremalen Betrages

$$\left.\begin{aligned} \tau_1 &= |\sigma_2 - \sigma_3|/2, \quad \tau_2 = |\sigma_3 - \sigma_1|/2, \\ \tau_3 &= |\sigma_1 - \sigma_2|/2. \end{aligned}\right\} \tag{12}$$

Sie heißen *Hauptschubspannungen*. τ_i $(i = 1, 2, 3)$ tritt in den beiden Ebenen auf, die die Hauptachse i enthalten und gegen die beiden anderen Hauptachsen um 45° geneigt sind. Bild 5-6 zeigt als Beispiel τ_3.

5.2.5 Kugeltensor. Spannungsdeviator

Die Matrix $\underline{\sigma}$ in (9) wird in die Koordinatenmatrizen $\underline{\sigma}_{\mathrm{m}}$ und $\underline{\sigma}^*$ eines *Kugeltensors bzw. eines Span-*

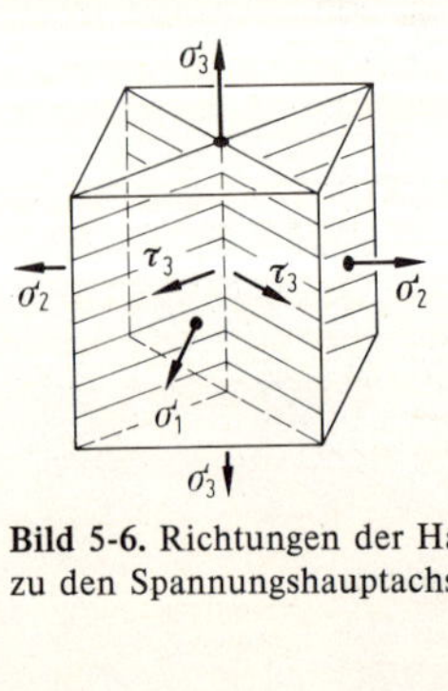

Bild 5-6. Richtungen der Hauptschubspannung τ_3 relativ zu den Spannungshauptachsen.

nungsdeviators aufgespalten:

$$\left.\begin{aligned} \underline{\sigma} = \underline{\sigma}_\mathrm{m} + \underline{\sigma}^* &= \begin{bmatrix} \sigma_\mathrm{m} & 0 & 0 \\ 0 & \sigma_\mathrm{m} & 0 \\ 0 & 0 & \sigma_\mathrm{m} \end{bmatrix} \\ &+ \begin{bmatrix} \sigma_x - \sigma_\mathrm{m} & \tau_{xy} & \tau_{xz} \\ \tau_{xy} & \sigma_y - \sigma_\mathrm{m} & \tau_{yz} \\ \tau_{xz} & \tau_{yz} & \sigma_z - \sigma_\mathrm{m} \end{bmatrix} \\ \text{mit} \quad \sigma_\mathrm{m} &= \frac{1}{3}(\sigma_x + \sigma_y + \sigma_z) \\ &= \frac{1}{3}(\sigma_1 + \sigma_2 + \sigma_3)\,. \end{aligned}\right\} \quad (13)$$

$\underline{\sigma}_\mathrm{m}$ beschreibt einen hydrostatischen Spannungszustand. $\underline{\sigma}^*$ hat dieselben Hauptachsen wie $\underline{\sigma}$ und um σ_m kleinere Hauptnormalspannungen.

5.2.6 Ebener Spannungszustand. Mohrscher Spannungskreis

Seien in (9) alle Spannungen außer σ_x, σ_y und τ_{xy} Null, wie das z. B. in einer in der x, y-Ebene liegenden und nur in dieser Ebene belasteten Scheibe der Fall ist. In einer Schnittebene normal zu einer ξ-Achse (Bild 5-7; φ ist positiv bei Drehung im Rechtsschraubensinn um die z-Achse) sind

$$\sigma_\xi(\varphi) = \frac{1}{2}(\sigma_x + \sigma_y) + \frac{1}{2}(\sigma_x - \sigma_y)\cos 2\varphi + \tau_{xy}\sin 2\varphi\,, \quad (14\,\mathrm{a})$$

$$\tau_{\xi\eta}(\varphi) = -\frac{1}{2}(\sigma_x - \sigma_y)\sin 2\varphi + \tau_{xy}\cos 2\varphi\,. \quad (14\,\mathrm{b})$$

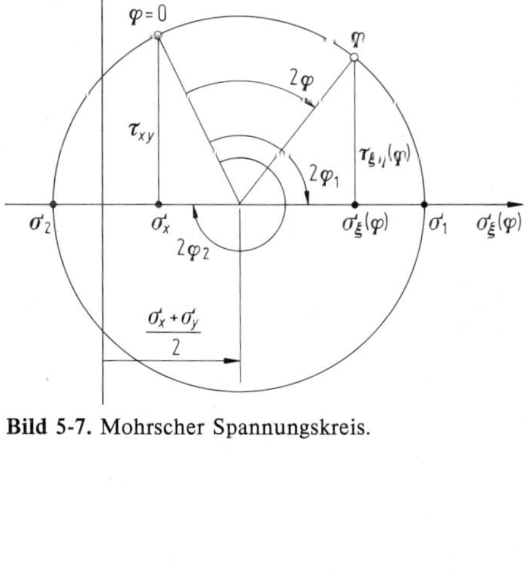

Bild 5-7. Mohrscher Spannungskreis.

Die Hauptnormalspannungen σ_1, σ_2 und die Winkel φ_1, φ_2 der Spannungshauptachsen gegen die x-Achse werden durch die Gleichungen bestimmt:

$$\left.\begin{aligned} \sigma_{1,2} &= \frac{1}{2}\left\{\sigma_x + \sigma_y \pm \left[(\sigma_x - \sigma_y)^2 + 4\tau_{xy}^2\right]^{1/2}\right\}, \\ \tan 2\varphi_{1,2} &= 2\tau_{xy}/(\sigma_x - \sigma_y)\,. \end{aligned}\right\} \quad (15)$$

Welcher Winkel zu welcher Hauptspannung gehört, wird dadurch festgestellt, daß man einen der beiden Winkel in (14a) einsetzt.
Im Achsensystem von Bild 5-7 liegt der Punkt mit den Koordinaten $\sigma_\xi(\varphi)$ und $\tau_{\xi\eta}(\varphi)$ auf dem gezeichneten sog. *Mohrschen Spannungskreis*. Der Mittelpunkt bei $(\sigma_x + \sigma_y)/2$ und der Kreispunkt (σ_x, τ_{xy}) für $\varphi = 0$ bestimmen den Kreis. Der Kreispunkt unter dem Winkel 2φ (von $\varphi = 0$ positiv im Uhrzeigersinn angetragen) hat die Koordinaten $\sigma_\xi(\varphi)$, $\tau_{\xi\eta}(\varphi)$.

5.2.7 Volumenkraft. Gleichgewichtsbedingungen

Das Gewicht, die Zentrifugalkraft und einige andere eingeprägte Kräfte sind stetig auf das gesamte Volumen eines Körpers verteilt. Die auf das Volumen bezogene Kraftdichte $\Delta \boldsymbol{F}/\Delta V$ bzw. ihr Grenzwert für $\Delta V \to 0$ hat die irreführende Bezeichnung *Volumenkraft*. Zum Beispiel ist die Volumenkraft zum Gewicht das spezifische Gewicht ϱg multipliziert mit dem Einheitsvektor in vertikaler Richtung. Seien $X(x, y, z)$, $Y(x, y, z)$ und $Z(x, y, z)$ ganz allgemein die ortsabhängigen Koordinaten der Volumenkraft in einem x, y, z-System. Damit ein Körper im Gleichgewicht ist, müssen die Spannungen in jedem Körperpunkt die Gleichgewichtsbedingungen erfüllen:

$$\left.\begin{aligned} \frac{\partial \sigma_x}{\partial x} + \frac{\partial \tau_{xy}}{\partial y} + \frac{\partial \tau_{xz}}{\partial z} + X &= 0\,, \\ \frac{\partial \tau_{xy}}{\partial x} + \frac{\partial \sigma_y}{\partial y} + \frac{\partial \tau_{yz}}{\partial z} + Y &= 0\,, \\ \frac{\partial \tau_{xz}}{\partial x} + \frac{\partial \tau_{yz}}{\partial y} + \frac{\partial \sigma_z}{\partial z} + Z &= 0\,. \end{aligned}\right\} \quad (16)$$

Im Sonderfall des ebenen Spannungszustandes in der x, y-Ebene lauten sie

$$\frac{\partial \sigma_x}{\partial x} + \frac{\partial \tau_{xy}}{\partial y} + X = 0\,, \qquad \frac{\partial \tau_{xy}}{\partial x} + \frac{\partial \sigma_y}{\partial y} + Y = 0\,. \quad (17)$$

Die entsprechenden Gleichungen in Polarkoordinaten siehe in (94).

5.3 Hookesches Gesetz

Die lineare Elastizitätstheorie behandelt Werkstoffe mit linearen Spannungs-Verzerrungs-Beziehungen, bei denen die zur Erzeugung eines Verzerrungszustandes nötige Arbeit (bei konstanter Temperatur) nur vom Verzerrungszustand selbst und nicht von der Art seines Zustandekommens abhängt (Potentialeigenschaft; siehe 5.8.1). Wenn der Körper außerdem isotrop, d. h. in allen Richtungen gleich beschaffen ist, bestehen zwischen Spannungen, Verzerrungen und Temperaturänderung ΔT die sechs Beziehungen

$$\varepsilon_i = \frac{\sigma_i - \nu(\sigma_j + \sigma_k)}{E} + \alpha \Delta T, \quad \gamma_{ij} = \frac{\tau_{ij}}{G} \tag{18}$$

$$(i, j, k = x, y, z \text{ verschieden}),$$

bzw. bei Auflösung nach den Spannungen

$$\left.\begin{aligned} \sigma_i &= \frac{E}{1+\nu}\left[\varepsilon_i + \frac{\nu}{1-2\nu}(\varepsilon_x + \varepsilon_y + \varepsilon_z)\right] \\ &\quad - \frac{E}{1-2\nu}\alpha \Delta T, \\ &\quad (i, j, k = x, y, z), \\ \tau_{ij} &= G\gamma_{ij} \quad (i, j = x, y, z;\ i \neq j). \end{aligned}\right\} \tag{19}$$

Diese Beziehungen heißen *Hookesches Gesetz*. Zur werkstoffmechanischen Bedeutung siehe D 9.2.1. Zur Formulierung mit Deviatorspannungen und Deviatorverzerrungen siehe 6.2. Im Hookeschen Gesetz treten der *Elastizitätsmodul* E, der *Schubmodul* G (E und G haben die Dimension einer Spannung), die *Poisson-Zahl* (auch *Querdehnungszahl* oder Querzahl) ν und der *thermische Längenausdehnungskoeffizient* α (Dimension einer Temperatur^{-1}) auf. ν liegt im Bereich $0 \leqq \nu \leqq 1/2$. Zwischen E, G und ν besteht die Beziehung

$$E = 2(1 + \nu)\, G, \tag{20}$$

so daß außer α nur zwei unabhängige Werkstoffkonstanten auftreten. Werte von E, ν und α siehe in Tabelle 5-1, Werte von E und α auch in Tabelle D 9-2 bzw. Tabelle D 9-6. Aus (19) folgt, daß Dehnungshauptachsen und Spannungshauptachsen zusammenfallen.

In einem Körperpunkt mit beliebigen Scherungen und mit den Dehnungen ε_x, ε_y und ε_z ist die *Volu-*

Tabelle 5-1. Elastizitätsmodul E, Poisson-Zahl ν und thermischer Längenausdehnungskoeffizient α von Werkstoffen. (Siehe auch die Tabellen D 9-2 für E und D 9-6 für α)

Werkstoff	E kN/mm²	ν	α 10^{-6}/K
Metalle:			
Aluminium	71	0,34	23,9
Aluminiumlegierungen	59...78		18,5...24,0
Bronze	108...124	0,35	16,8...18,8
Blei	19	0,44	29
Duralumin 681B	74	0,34	23
Eisen	206	0,28	11,7
Gußeisen	64...181		9...12
Kupfer	125	0,34	16,8
Magnesium	44		26
Messing	78...123		17,5...19,1
Messing (60 % Cu, 40 % Zn)	100	0,36	18
Nickel	206	0,31	13,3
Nickellegierungen	158...213		11...14
Silber	80	0,38	19,7
Silizium	100	0,45	7,8
Stahl legiert (s. [1])	186...216	0,2...0,3	9...19
Baustahl	215	0,28	12
V2A-Stahl	190	0,27	16
Titan	108	0,36	8,5
Zink	128	0,29	30
Zinn	44	0,33	23
Anorganisch-nichtmetallische Werkstoffe:			
Beton (s. [2], DIN 1045)	22...39	0,15...0,22	5,4...14,2
Eis (s. [5])			
−4 °C, polykristallin	9,8	0,33	
Glas, allgemein	39...98	0,10...0,28	3,5...5,5
Bau-, Sicherheitsglas	62...86	0,25	9
Quarzglas	62...75	0,17...0,25	0,5...0,6
Granit	50...60	0,13...0,26	3...8
Werkstoff	E kN/m²	ν	α 10^{-6}/K
Anorganisch-nichtmetallische Werkstoffe – Forts.			
Kalkstein	40...90	0,28	
Marmor	60...90	0,25...0,30	5...16
Porzellan	60...90		3...6,5
Ziegelstein	10...40	0,20...0,35	8...10
Al_2O_3 (hochdicht)	380	0,23	8
ZrO_2 (hochdicht)	220	0,23	10
SiC (hochdicht)	440	0,16	5
Si_3N_4 (dicht)	320	0,3	3,3
Si_3N_4 (20 % Poren)	180	0,23	3
Organische Werkstoffe:			
Araldit	3,2	0,33	50...70
glasfaserverstärkte Kunststoffe	7...45		25
Holz (s. [3, 4]):			
faserparallel: Buche	14		
Eiche	13		4,9
Fichte	10		5,4
Kiefer	11		
radial: Buche	2,3		
Eiche	1,6		54,4
Fichte	0,8		34,1
Kiefer	1,0		
kohlenstoffaserverstärkte Kunststoffe	70...200		
Plexiglas (PMMA)	2,7...3,2	0,35	70...100
Polyamid (Nylon)	2...4		70...100
Polyethylen (HDPE)	0,15...1,65		150...200
Polyvinylchlorid (PVC)	1...3		70...100

mendehnung ε_V, das ist der Quotient Volumenzunahme/Ausgangsvolumen,

$$\begin{aligned}\varepsilon_V &= \varepsilon_x + \varepsilon_y + \varepsilon_z \\ &= (1-2\nu)(\sigma_x + \sigma_y + \sigma_z)/E + 3\alpha\,\Delta T. \qquad (21)\end{aligned}$$

Der einachsige Spannungszustand mit $\sigma_x \neq 0$, $\sigma_y = \sigma_z = \tau_{xy} = \tau_{yz} = \tau_{zx} = 0$ verursacht nach (18) den dreiachsigen Verzerrungszustand

$$\left.\begin{aligned}&\varepsilon_x = \frac{\sigma_x}{E} + \alpha\,\Delta T, \quad \varepsilon_y = \varepsilon_z = -\nu\frac{\sigma_x}{E} + \alpha\,\Delta T, \\ &\gamma_{xy} = \gamma_{yz} = \gamma_{zx} = 0.\end{aligned}\right\} \qquad (22)$$

Der *ebene Spannungszustand* mit $\sigma_x \neq 0$, $\sigma_y \neq 0$, $\tau_{xy} \neq 0$ und $\sigma_z = \tau_{xz} = \tau_{yz} = 0$ verursacht nach (18) den dreiachsigen Verzerrungszustand

$$\left.\begin{aligned}&\varepsilon_x = \frac{\sigma_x - \nu\sigma_y}{E} + \alpha\,\Delta T, \\ &\varepsilon_y = \frac{\sigma_y - \nu\sigma_x}{E} + \alpha\,\Delta T, \quad \gamma_{xy} = \frac{\tau_{xy}}{G},\end{aligned}\right\} \qquad (23\,\text{a})$$

$$\varepsilon_z = -\frac{\nu}{E}(\sigma_x + \sigma_y) + \alpha\,\Delta T, \quad \gamma_{yz} = \gamma_{zx} = 0. \qquad (23\,\text{b})$$

Die Darstellung der Spannungen durch ε_x und ε_y ist in diesem Fall

$$\left.\begin{aligned}&\sigma_x = \frac{E}{1-\nu^2}[\varepsilon_x + \nu\varepsilon_y - (1+\nu)\alpha\,\Delta T], \\ &\sigma_y = \frac{E}{1-\nu^2}[\varepsilon_y + \nu\varepsilon_x - (1+\nu)\alpha\,\Delta T], \\ &\tau_{xy} = G\gamma_{xy}, \quad \sigma_z = \tau_{xz} = \tau_{yz} = 0.\end{aligned}\right\} \qquad (24)$$

5.4 Geometrische Größen für Stabquerschnitte

Im Zusammenhang mit der Biegung und Torsion von Stäben spielen außer der Querschnittsfläche A und dem Flächenschwerpunkt S die folgenden geometrischen Querschnittsgrößen eine Rolle.

5.4.1 Flächenmomente 2. Grades

In einem y, z-System mit beliebigem Ursprung sind die *axialen Flächenmomente 2. Grades* I_y und I_z und das *biaxiale Flächenmoment 2. Grades (Deviationsmoment)* I_{yz} einer Fläche definiert (vgl. B 7.2):

$$I_y = \int_A z^2\,\mathrm{d}A, \quad I_z = \int_A y^2\,\mathrm{d}A, \quad I_{yz} = -\int_A yz\,\mathrm{d}A. \qquad (25)$$

Wenn Mißverständnisse ausgeschlossen sind, wird vom Flächenmoment statt vom Flächenmoment 2. Grades gesprochen. Eine andere, noch gebräuchliche Bezeichnung ist *Flächenträgheitsmoment*. Flächenmomente 2. Grades haben die Dimension einer Länge[4]. I_y, I_z und I_{yz} sind mit den Flächenmomenten $I_{y'}$, $I_{z'}$ und $I_{y'z'}$ im parallel aus-

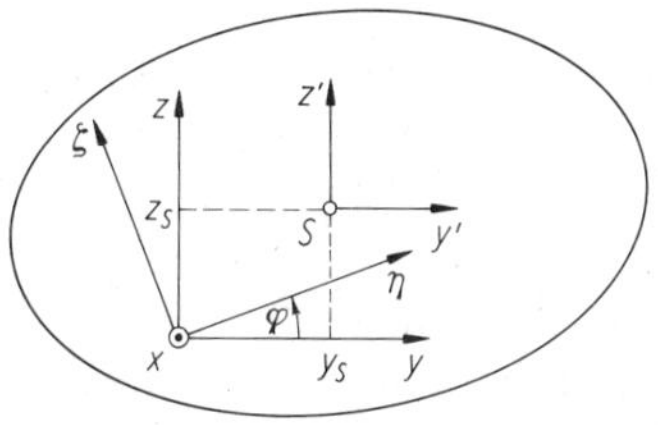

Bild 5-8. Zur Definition von Flächenmomenten 2. Grades.

gerichteten y', z'-System mit dem Ursprung im Schwerpunkt S durch die Formeln von Huygens und Steiner verknüpft (Bild 5-8):

$$\left.\begin{aligned}&I_y = I_{y'} + z_S^2 A, \quad I_z = I_{z'} + y_S^2 A, \\ &I_{yz} = I_{y'z'} - y_S z_S A.\end{aligned}\right\} \qquad (26)$$

In einem η, ζ-System, das nach Bild 5-8 gegen das y, z-System um den Winkel φ gedreht ist (φ ist positiv bei Drehung im Rechtsschraubensinn um die x-Achse) ist

$$I_\eta(\varphi) = \frac{1}{2}(I_y + I_z) + \frac{1}{2}(I_y - I_z)\cos 2\varphi + I_{yz}\sin 2\varphi, \qquad (27\,\text{a})$$

$$I_{\eta\zeta}(\varphi) = -\frac{1}{2}(I_y - I_z)\sin 2\varphi + I_{yz}\cos 2\varphi. \qquad (27\,\text{b})$$

Diese Beziehungen werden im $(I_\eta(\varphi), I_{\eta\zeta}(\varphi))$-Achsensystem von Bild 5-9 durch den *Mohrschen Kreis* abgebildet. Der Mittelpunkt bei $(I_y + I_z)/2$

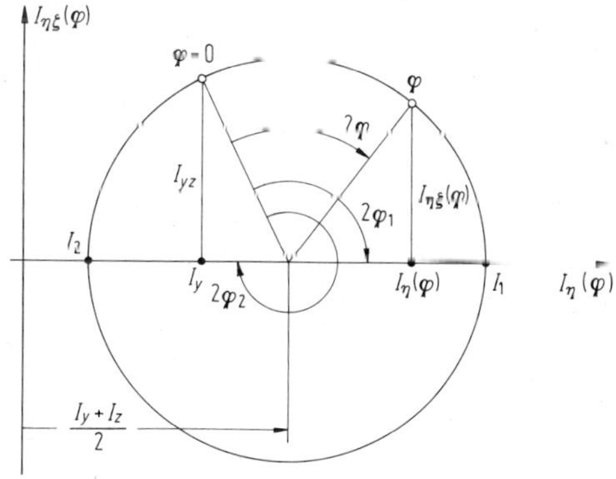

Bild 5-9. Mohrscher Kreis für Flächenmomente 2. Grades.

und der Kreispunkt (I_y, I_{yz}) für $\varphi = 0$ bestimmen den Kreis. Der Kreispunkt unter dem Winkel 2φ (von $\varphi = 0$ positiv im Uhrzeigersinn angetragen) hat die Koordinaten $I_\eta(\varphi)$ und $I_{\eta\zeta}(\varphi)$.

Hauptflächenmomente. Hauptachsen

Der Mohrsche Kreis liefert zwei orthogonale Hauptachsen der Fläche unter Winkeln φ_1 und φ_2 mit zugehörigen extremalen *Hauptflächenmomenten* I_1 und I_2 und mit dem biaxialen Flächenmoment $I_{12} = 0$. Die ablesbaren Formeln

$$\left.\begin{aligned} I_{1,2} &= \frac{1}{2}\{I_y + I_z \pm [(I_y - I_z)^2 + 4I_{yz}^2]^{1/2}\},\\ \tan 2\varphi_{1,2} &= -2I_{yz}/(I_y - I_z) \end{aligned}\right\} \quad (28)$$

lassen die Zuordnung zwischen den Winkeln und den Hauptflächenmomenten erst erkennen, wenn man einen der beiden Winkel wieder in (27a) einsetzt. Die Achse des kleineren Hauptflächenmoments liegt so, daß sich die Querschnittsfläche möglichst eng um sie lagert. Wegen dieser Eigenschaft kann man die Lage der Achse i. allg. gut schätzen. Symmetrieachsen sind zentrale, d. h. auf den Schwerpunkt als Ursprung bezogene Hauptachsen. Wenn die axialen Flächenmomente für zwei oder mehr Achsen durch S gleich sind, dann sind sie für alle Achsen durch S gleich. Das ist z. B. der Fall, wenn mehr als zwei Symmetrieachsen existieren (z. B. beim regelmäßigen n-Eck).

Flächenmomente für zusammengesetzte Querschnitte

Für einen aus Teilflächen zusammengesetzten Querschnitt sollen die Flächenmomente I_η, I_ζ und $I_{\eta\zeta}$ in einem η, ζ-System mit dem Gesamtschwerpunkt S als Ursprung berechnet werden. Bild 5-10a zeigt nur eine Teilfläche A_i mit ihrem eigenen Schwerpunkt S_i und ihre Lage im η, ζ-System. Für die Teilfläche werden die Flächenmomente für irgendein y, z-System aus Tabellen entnommen und mit (26) und (27) in drei Schritten in Flächenmomente im y', z'-System (1. Schritt), im η', ζ'-System oder im y'', z''-System (2. Schritt) und im η, ζ-System (3. Schritt) umgerechnet. Die letzteren seien $I_{\eta i}$, $I_{\zeta i}$ und $I_{\eta\zeta i}$ für die Teilfläche i ($i = 1, \ldots, n$). Die drei Summen dieser Größen über $i = 1, \ldots, n$ liefern I_η, I_ζ und $I_{\eta\zeta}$ für den gesamten Querschnitt. Ausschnitte und Löcher können als Teilflächen mit negativem Flächeninhalt behandelt werden, was eine Umkehrung der Vorzeichen aller ihrer Flächenmomente bedeutet. Der Querschnitt in Bild 5-10b kann z. B. als Summe zweier Rechtecke und eines Dreiecks mit negativer Fläche behandelt werden. Für Flächenmomente einfacher Flächen siehe Tabelle 5-2. Flächenmomente genormter Walzprofile siehe in [1, 2].

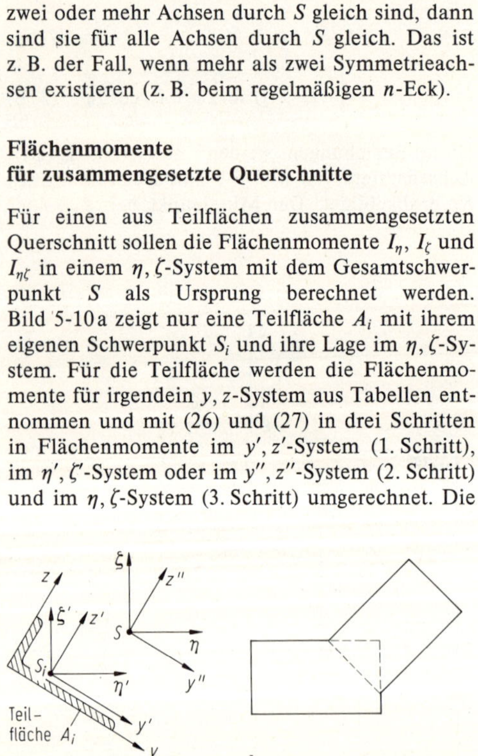

Bild 5-10. a Teilfläche A_i eines zusammengesetzten Querschnitts mit dem Gesamtschwerpunkt S. **b** Aus zwei Rechtecken und einem Dreieck mit negativer Fläche zusammengesetzter Querschnitt.

5.4.2 Statische Flächenmomente

Im folgenden sind die y- und z-Achsen zentrale Hauptachsen. Bei einfach berandeten Querschnitten mit einem oder mehreren Stegen (Bild 5-11) ist s die Bogenlänge von einem beliebig gewählten Stegende $s = 0$ entlang Stegmittellinien zu einem Punkt mit der Koordinate s. $A_0(s)$ und $A_1(s)$ sind die einander zu A ergänzenden Teilflächen, die durch einen Schnitt bei s quer zur Stegmittellinie entstehen, wobei $A_0(s)$ den Punkt $s = 0$ enthält. $z_{S_0}(s)$ und $z_{S_1}(s)$ sind die z-Koordinaten der Flächenschwerpunkte S_0 von $A_0(s)$ bzw. S_1 von $A_1(s)$. Das *statische Flächenmoment* $S_y(s)$ hat die Dimension einer Länge[3]. Es wird nach einer der folgenden Formeln berechnet:

$$\begin{aligned} S_y(s) &= -\int_{A_0(s)} z\,\mathrm{d}A = -z_{S_0}(s)\,A_0(s)\\ &= \int_{A_1(s)} z\,\mathrm{d}A = z_{S_1}(s)\,A_1(s)\,. \end{aligned} \quad (29)$$

Entsprechend ergibt sich, wenn man überall z und y vertauscht:

$$\begin{aligned} S_z(s) &= -\int_{A_0(s)} y\,\mathrm{d}A = -y_{S_0}(s)\,A_0(s)\\ &= \int_{A_1(s)} y\,\mathrm{d}A = y_{S_1}(s)\,A_1(s)\,. \end{aligned} \quad (30)$$

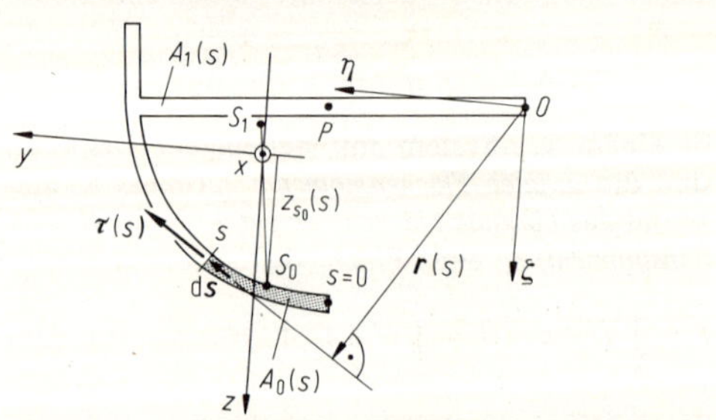

Bild 5-11. Einfach berandeter Querschnitt mit dünnen Stegen. Die Teilflächen $A_0(s)$ und $A_1(s)$ mit ihren Schwerpunkten S_0 bzw. S_1 beziehen sich auf (29) und (30). Die y- und z-Achsen sind zentrale Hauptachsen. Die dazu parallelen η- und ζ-Achsen und die Lotlänge $r(s)$ beziehen sich auf (33) und (37) und $\tau(s)$ auf (56). P ist der Mittelpunkt des Viertelkreisbogens.

Tabelle 5-2. Flächenmomente 2. Grades I_y, I_z, I_{yz} und Biegewiderstandsmomente W_y. Der Ursprung des y, z-Systems ist der Flächenschwerpunkt. Seine Lage ist in Tabelle 2-2 angegeben. Wenn I_{yz} nicht angegeben ist, sind die y- und z-Achsen Hauptachsen

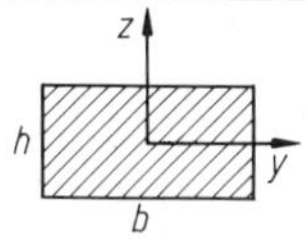	$I_y = bh^3/12$ $I_z = hb^3/12$	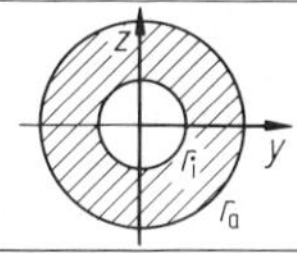	$I_y = I_z = \pi(r_a^4 - r_i^4)/4$ $W_y = I_y/r_a$
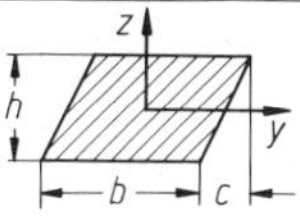	$I_y = bh^3/12$ $I_z = bh(b^2+c^2)/12$ $I_{yz} = -h^2bc/12$	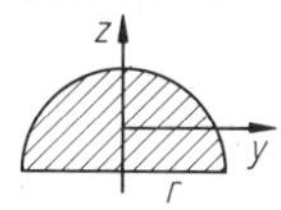	$I_y = (\frac{\pi}{8} - \frac{8}{9\pi})r^4 \approx 0{,}110\,r^4$ $I_z = \pi r^4/8$ $W_y \approx 0{,}191\,r^3$
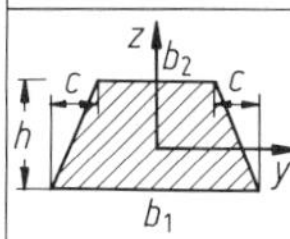	$I_y = h^3(B^2 + 2b_1b_2)/(36B)$ $I_z = hB(b_1^2 + b_2^2)/48$ $W_y = h^2(B^2 + 2b_1b_2)/[12(2b_{max} + b_{min})]$ $B = b_1 + b_2$	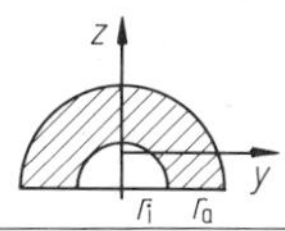	$I_y \approx 0{,}110(r_a^4 - r_i^4) - 0{,}283\,r_a^2 r_i^2 \frac{r_a - r_i}{r_a + r_i}$ $I_z = \pi(r_a^4 - r_i^4)/8$ $W_y = I_y/\lvert z\rvert_{max}$ (siehe Tabelle 2-2)
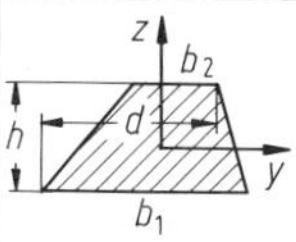	$I_y = h^3(B^2 + 2b_1b_2)/(36B)$ $I_z = h[B^2(B^2 - b_1b_2) - d(B-d)(B^2 + 2b_1b_2)]/(36B)$ $I_{yz} = -h^2(2d - B)(B^2 + 2b_1b_2)/(72B)$ $B = b_1 + b_2$	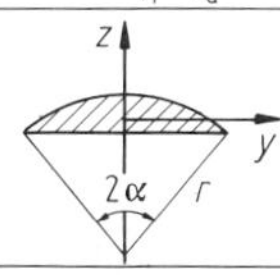	$I_y = r^4\{(4\alpha - \sin 4\alpha)/16 - 8\sin^6\alpha/[9(2\alpha - \sin 2\alpha)]\}$ $I_z = r^4[2\alpha - (4/3)\sin 2\alpha + (1/6)\sin 4\alpha]$ $W_y = I_y/\lvert z\rvert_{max}$ (siehe Tabelle 2-2)
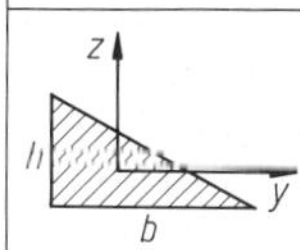	$I_y = bh^3/36$ $I_z = hb^3/36$ $I_{yz} = b^2h^2/72$	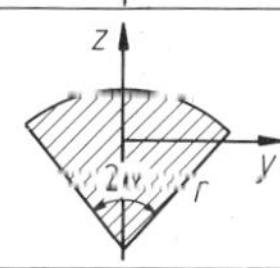	$I_y = r^4[(\alpha + \sin\alpha)/8 - 4(1-\cos\alpha)/(9\alpha)]$ $I_z = r^4(\alpha - \sin\alpha)/8$ $W_y = I_y/\lvert z\rvert_{max}$ (siehe Tabelle 2-2)
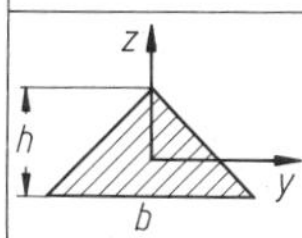	$I_y = bh^3/36$ $I_z = hb^3/48$ $W_y = bh^2/24, \quad W_z = hb^2/24$	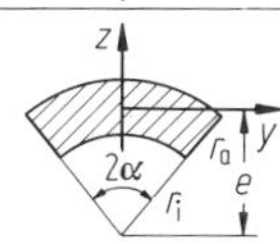	$I_y = (r_a^4 - r_i^4)(\alpha + \sin\alpha)/8 - e^2\alpha(r_a^2 - r_i^2)/2$ $I_z = (r_a^4 - r_i^4)(\alpha - \sin\alpha)/8, \quad W_y = I_y/(r_a - e)$ $e = 2(r_a^3 - r_i^3)\sin\alpha/[3(r_a^2 - r_i^2)\alpha]$
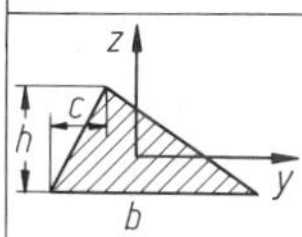	$I_y = bh^3/36$ $I_z = bh(b^2 - bc + c^2)/36$ $I_{yz} = bh^2(b - 2c)/72$	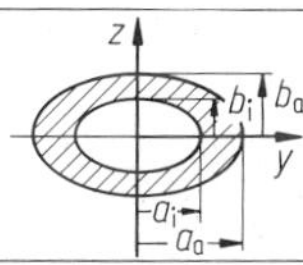	$I_y = \pi(a_a b_a^3 - a_i b_i^3)/4$ $I_z = \pi(a_a^3 b_a - a_i^3 b_i)/4$
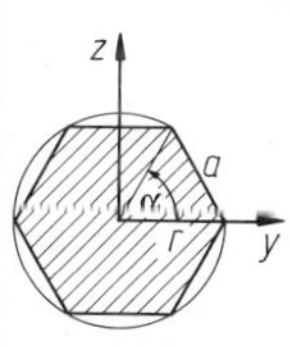	regelmäßiges n-Eck: $I_y = nr^4\sin\alpha(2 + \cos\alpha)/24$ $= na^4\sin\alpha(2 + \cos\alpha)/[96(1 - \cos\alpha)^2]$ für alle Achsen gleich $n = 3: I_y = a^4\sqrt{3}/96; \quad n = 4: I_y = a^4/12$ $n = 6: I_y = a^4 5\sqrt{3}/16$	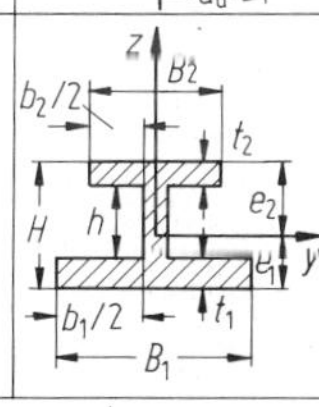	$I_y = [B_1e_1^3 - b_1(e_1 - t_1)^3 + B_2e_2^3 - b_2(e_2 - t_2)^3]/3$ $I_z = [t_1B_1^3 + h(B_1 - b_1)^3 + t_2B_2^3]/12$ $W_y = I_y/\max(e_1, e_2)$ $e_1 = \frac{(B_1 - b_1)H^2 + b_1t_1^2 + b_2t_2(2H - t_2)}{2[(B_1 - b_1)H + b_1t_1 + b_2t_2]}$ $e_2 = H - e_1$
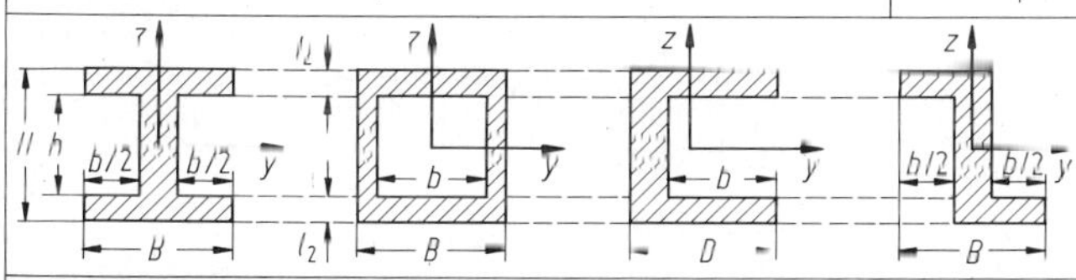	$I_y = (BH^3 - bh^3)/12$ $W_y = 2I_y/H$ nur für ⅂ : $I_{yz} = bt_2(h + t_2)(2B - b)$		
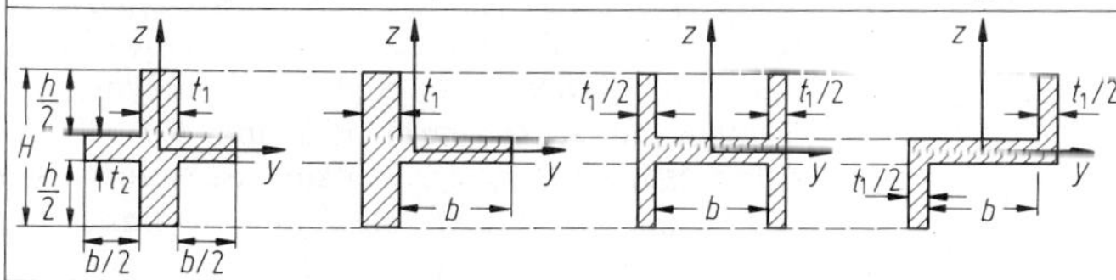	$I_y = (t_1H^3 + bt_2^3)/12$ $W_y = 2I_y/H$ nur für ⌐┘ : $I_{yz} = -ht(b + t_1)(2H - h)/8$		
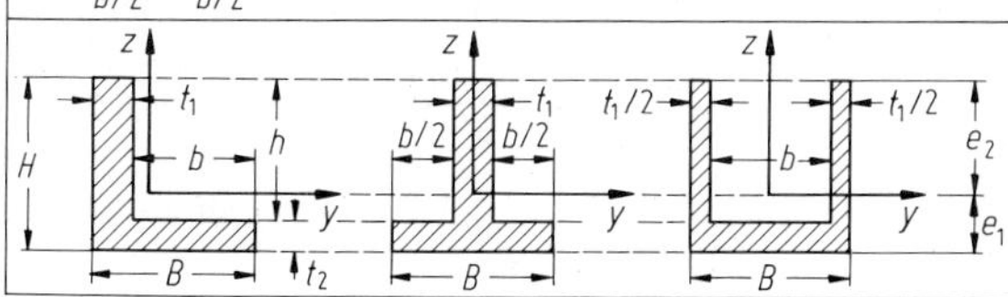	$I_y = [Bt_2^3 + h^3t_1 + 3hH^2Bt_1t_2/(Bt_2 + ht_1)]/12$ $W_y = I_y/e_2$ $e_1 = (t_1H^2 + bt_2^2)/[2(t_1H + bt_2)], \; e_2 = H - e_1$ nur für L : $I_{yz} = BHbht_1t_2/[4(BH - bh)]$		

Beispiel 5-1: Für den Stabquerschnitt in Bild 5-12a ist im Bereich $0 \leqq s \leqq b$ $z_{S_0}(s) = -h/2$, $A_0(s) = ts$, also $S_y(s) = hts/2$. Bei einem Schnitt durch den vertikalen Steg an einer Stelle z besteht A_0 aus der Fläche bt des horizontalen Stegs mit der Schwerpunktkoordinate $-h/2$ und der Fläche $(h/2 + z)\,t$ mit der Schwerpunktkoordinate

$$-\frac{1}{2}h + \frac{1}{2}\left(\frac{1}{2}h + z\right) = \frac{1}{2}\left(-\frac{1}{2}h + z\right).$$

Damit ist

$$S_y(z) = \frac{1}{2}htb - \left(\frac{1}{2}h + z\right)t \cdot \frac{1}{2}\left(-\frac{1}{2}h + z\right)$$
$$= \frac{1}{2}\left(hb + \frac{1}{4}h^2 - z^2\right)t.$$

5.4.3 Querschubzahlen

Für einfach berandete Querschnitte aus dünnen Stegen der Breite $t(s)$ sind die dimensionslosen *Querschubzahlen* $\varkappa_y$ und $\varkappa_z$ wie folgt definiert (Integration über alle Stege):

$$\varkappa_y = \frac{A}{I_z^2}\int \frac{S_z^2(s)}{t(s)}\,ds, \quad \varkappa_z = \frac{A}{I_y^2}\int \frac{S_y^2(s)}{t(s)}\,ds. \qquad (31)$$

Zahlenwerte siehe in Tabelle 5-3.

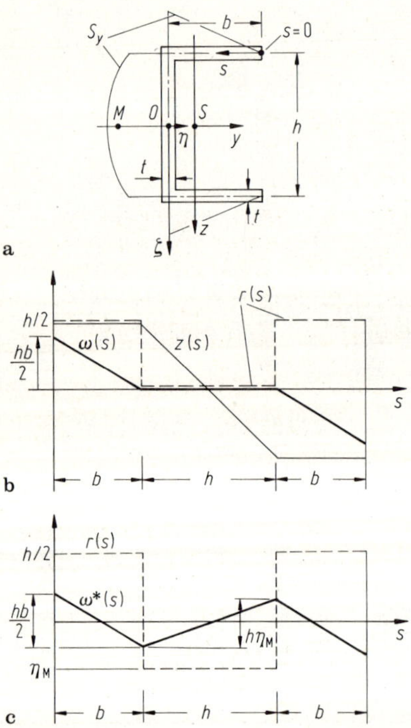

Bild 5-12. **a** [-Profil. Quer zur Wandmittellinie ist $S_y(s)$ aufgetragen. Zur Bedeutung des η,ζ-Systems und des Schubmittelpunkts M siehe 5.4.4. **b** Hilfsfunktionen $r(s)$, $\omega(s)$ und $z(s)$ des Profils von Bild a für (32) und (33). **c** Hilfsfunktionen $r(s)$ und $\omega^*(s)$ desselben Profils für (37).

Tabelle 5-3. Querschubzahlen $\varkappa_z$ für Stabquerschnitte

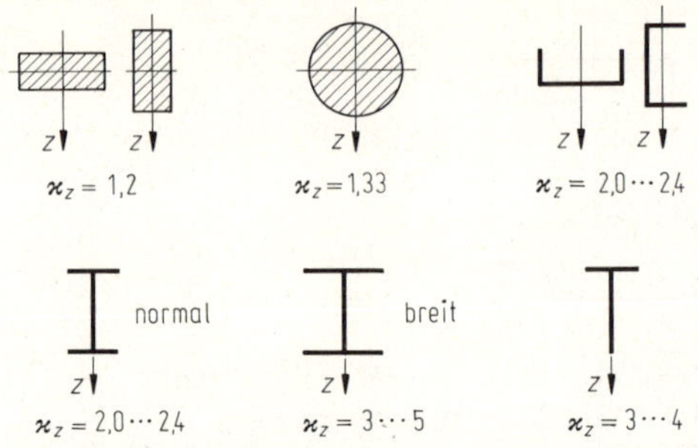

5.4.4 Schubmittelpunkt oder Querkraftmittelpunkt

Wenn der Stabquerschnitt Symmetrieachsen besitzt, dann liegt der *Schubmittelpunkt M* auf diesen. Bei ⌊- und ⊤-Profilen und allgemeiner bei Querschnitten aus geraden, dünnen Stegen, die alle von einem Punkt ausgehen, liegt M in diesem Punkt. Bei beliebigen einfach berandeten Querschnitten aus dünnen Stegen (Bild 5-11) hat M in einem beliebig gewählten, zum y, z-System parallelen η, ζ-System die Koordinaten (Integration über alle Stege)

$$\left.\begin{aligned} \eta_M &= -(1/I_y)\int \omega(s)\,z(s)\,t(s)\,ds,\\ \zeta_M &= (1/I_z)\int \omega(s)\,y(s)\,t(s)\,ds. \end{aligned}\right\} \qquad (32)$$

Darin sind $y(s)$ und $z(s)$ die y- und z-Koordinaten des Punktes an der Stelle s und

$$\omega(s) = -\int r(\bar{s})\,d\bar{s} + \omega_0 \qquad (33)$$

(Integration über alle Stege von $A_0(s)$). $r(s)$ ist die vorzeichenbehaftete Länge des Lotvektors $\boldsymbol{r}(s)$ vom Ursprung O des η,ζ-Systems auf die Tangente an die Stegmittellinie an der Stelle s. $r(s)$ ist positiv (negativ), wenn $\boldsymbol{r} \times d\boldsymbol{s}$ die Richtung der positiven (der negativen) x-Achse hat. Die Konstante ω_0 kann beliebig gewählt werden. Eine zweckmäßige Wahl von O und von ω_0 vereinfacht die Rechnung.

Beispiel 5-2: In Bild 5-11 ist der Punkt P die beste Wahl, weil dann $r(s)$ für den horizontalen Steg Null und für alle anderen Stege konstant ist. Für den Stabquerschnitt in Bild 5-12a und den gewählten Punkt O haben $r(s)$ und $z(s)$ die in Bild 5-12b gezeichneten Verläufe. ω_0 wurde so gewählt, daß $\omega(s)$ im Mittelteil null ist. Damit liefert (32)

$$\eta_M = -\frac{h^2b^2t}{4I_y} = -\frac{3b^2}{6b+h}, \quad \text{falls } t \ll b, h \text{ gilt.}$$

Tabelle 5-4 gibt für einige Querschnitte die Lage des Schubmittelpunkts an.

Tabelle 5-4. Schubmittelpunktkoordinaten d und Wölbwiderstände C_M für symmetrische Stabprofile mit dünnen Stegen

Profil	d	C_M
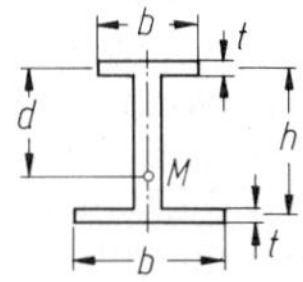	$\frac{hb_2^3}{b_1^3+b_2^3}$	$\frac{th^2}{12}\frac{b_1^3 b_2^3}{b_1^3+b_2^3}$
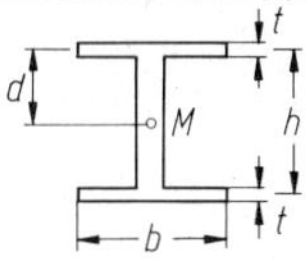	$\frac{h}{2}$	$\frac{tb^3h^2}{24}$
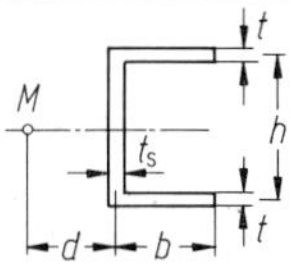	$\frac{3tb^2}{ht_s+6bt}$	$\frac{tb^3h^2}{12}\frac{2ht_s+3bt}{ht_s+6bt}$
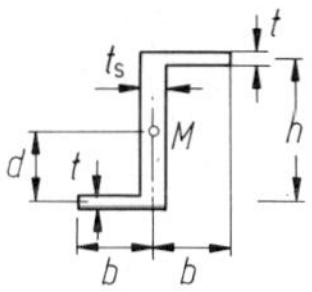	$\frac{h}{2}$	$\frac{tb^3h^2}{12(2b+h)^2}[2(b+h)^2-bh(2-\frac{t_s}{t})]$
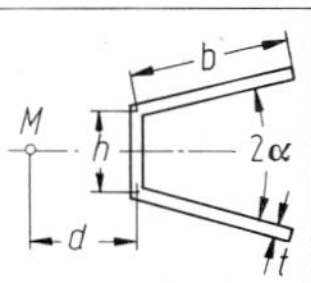	$\frac{b^2h(3h+4b\sin\alpha)\cos\alpha}{h^3+2b^3\sin^2\alpha+6b(h+b\sin\alpha)^2}$	
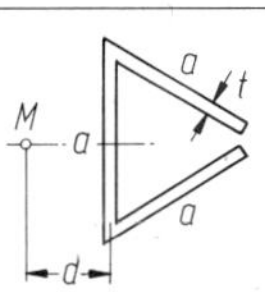	$\frac{a\sqrt{3}}{6}$	$\frac{5ta^5}{48}$
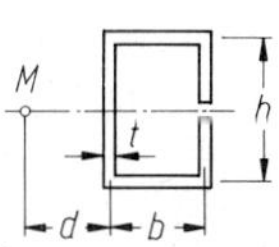	$\frac{b}{2}\frac{3b+2h}{3b+h}$	$\frac{tb^2h^2}{24}\frac{3b^2+34bh+10h^2}{3b+h}$
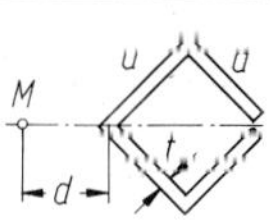	$\frac{a\sqrt{2}}{4}$	$\frac{7ta^5}{12}$
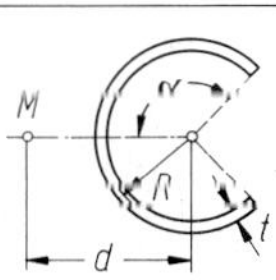	$2R\frac{\sin\alpha-\alpha\cos\alpha}{\alpha-\sin\alpha\cos\alpha}$	$2tR^5\{\frac{\alpha^3}{3}-\frac{d}{R}[\sin\alpha(2+\cos\alpha)-\alpha(1+2\cos\alpha)]\}$
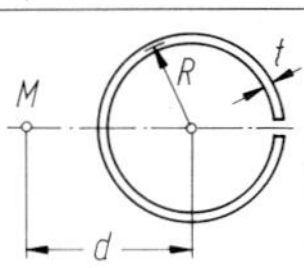	$2R$	$2\pi(\frac{\pi^2}{3}-2)tR^5$

5.4.5 Torsionsflächenmomente

Die Dimension des *Torsionsflächenmoments* I_T ist Länge[4]. Für Kreis- und Kreisringquerschnitte vom Innenradius R_i und Außenradius R_a ist I_T das *polare Flächenmoment 2. Grades* $I_p = \int_A r^2\,dA = \frac{\pi}{2}(R_a^4 - R_i^4)$. Für einfach berandete Querschnitte beliebiger Form ist $I_T \equiv 2 \int \Phi(y,z)\,dA$ (Integration über die gesamte Querschnittsfläche), wobei $\Phi(y,z)$ die Lösung des Randwertproblems

$$\frac{\partial^2\Phi}{\partial y^2} + \frac{\partial^2\Phi}{\partial z^2} = -2, \quad \Phi \equiv 0 \text{ am ganzen Rand,} \qquad (34)$$

ist. Tabelle 5-5 gibt Lösungen an. Weitere Lösungsformeln siehe in [6]. Zahlenwerte für genormte Walzprofile siehe in [7, 8]. Für einfach berandete Querschnitte kann I_T experimentell wie folgt bestimmt werden. Nach *Prandtls Membrananalogie* [6] hat eine Seifenhaut über einer Öffnung von der Form des Stabquerschnitts bei klei-

Tabelle 5-5. Torsionsflächenmomente I_T und Torsionswiderstandsmomente W_T. $\tau_{max} = M_T/W_T$

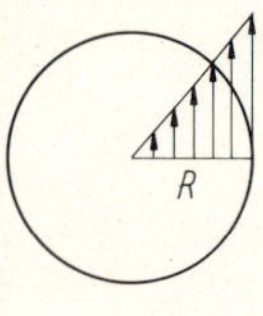

$I_T = \pi R^4/2$, $W_T = \pi R^3/2$

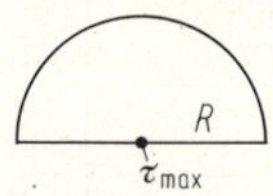

$I_T = 0{,}296\,R^4$, $W_T = 0{,}348\,R^3$

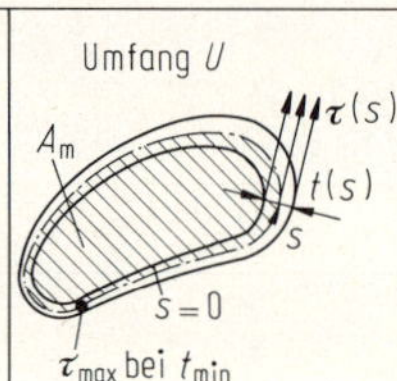

$I_T = 4A_m^2 \Big/ \int_0^U \frac{ds}{t(s)}$, $W_T = 2A_m t_{min}$, $t = \text{const}: I_T = \frac{4A_m^2 t}{U}$

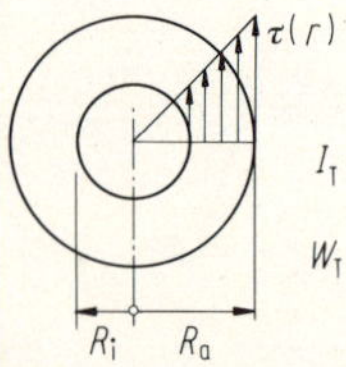

$I_T = \frac{\pi(R_a^4 - R_i^4)}{2}$, $W_T = \frac{\pi(R_a^4 - R_i^4)}{2R_a}$

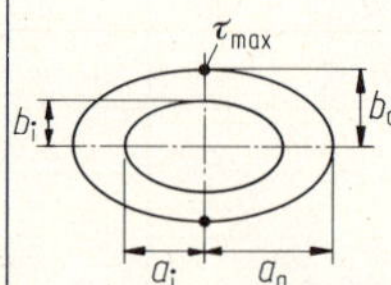

$a_a : b_a = a_i : b_i = c$

$I_T = \frac{\pi c^3 (b_a^4 - b_i^4)}{1+c^2}$, $W_T = \frac{\pi c (b_a^4 - b_i^4)}{2b_a}$

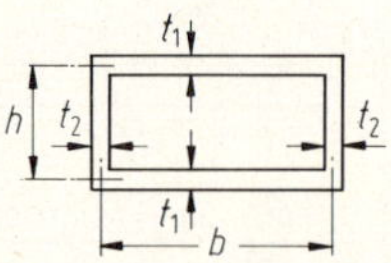

$I_T = \frac{2b^2h^2}{b/t_1 + h/t_2}$, $W_T = 2bht_{min}$

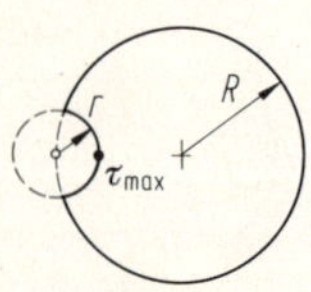

$I_T = c_1 \pi R^4/2$, $W_T = c_2 \pi R^3/2$

$r/(2R)$	→0	0,05	0,1	0,2	0,3	0,4	0,5
c_1	1	0,98	0,93	0,78	0,59	0,40	0,24
c_2	0,5	0,52	0,52	0,49	0,42	0,33	0,24

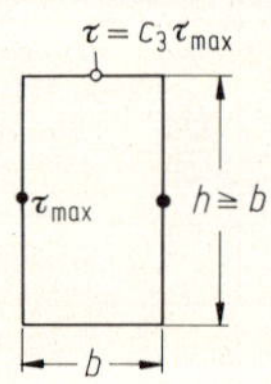

$I_T = c_1 hb^3$, $W_T = c_2 hb^2$

h/b	1	1,5	2	3	4	6	8	10	∞
c_1	0,141	0,196	0,229	0,263	0,281	0,298	0,307	0,312	0,333
c_2	0,208	0,231	0,246	0,267	0,282	0,299	0,307	0,312	0,333
c_3	1	0,858	0,796	0,753	0,745	0,743	0,743	0,743	0,743

regelmäßiges n-Eck $I_T = c_1 a^4 = c_2 r^4$, $W_T = c_3 a^3 = c_4 r^3$

a Seitenlänge

r Inkreisradius

τ_{max} in Seitenmitte

n	c_1	c_2	c_3	c_4
3	0,0216	3,12	0,050	2,08
4	0,141	2,26	0,208	1,66
6	1,04	1,84	0,977	1,50
8	3,67	1,73	2,60	1,48

dünnstegige Profile

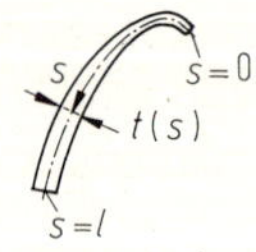

$I_T = \frac{1}{3}\int_0^l t^3(s)\,ds$

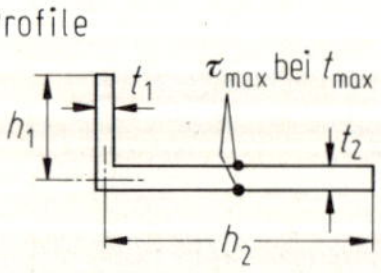

$I_T = \frac{c}{3}\sum_i h_i t_i^3$, $W_T = I_T / t_{max}$

Profil	L	[	T	I	I PB	+
c	0,99	1,12	1,12	1,31	1,29	1,17

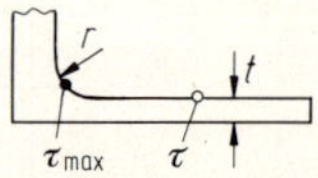

Spannungsmaximum am Anschluß eines dünnen Steges mit Schubspannung τ:

$\tau_{max} = \tau[c + (1+c^2)^{1/2}]$

$c = t/(4r)$

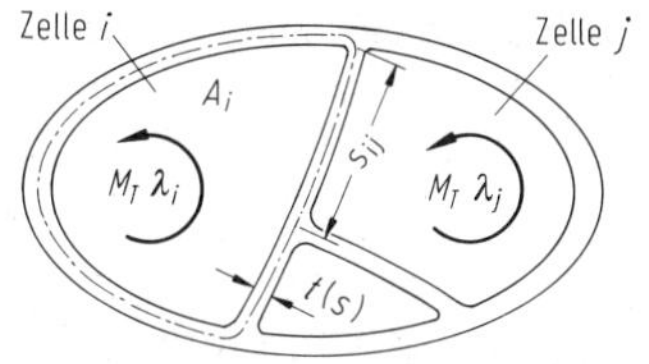

Bild 5-13. Dünnwandiger Hohlquerschnitt mit $n = 3$ Zellen. Zu den umlaufenden Pfeilen siehe 5.6.8.

ner Druckdifferenz die Höhenverteilung $\text{const} \cdot \Phi(y, z)$ mit der Lösung $\Phi(y, z)$ von (34). Man erzeugt bei gleicher Druckdifferenz zwei Seifenhäute, eine über dem zu untersuchenden Querschnitt und die andere über einem Kreis vom Radius R. Aus Meßwerten für die Volumina V und V_{Kreis} der Seifenhauthügel ergibt sich für den untersuchten Querschnitt $I_T = (V/V_{\text{Kreis}})\pi R^4/2$.
Für einzellige, dünnwandige Hohlquerschnitte gilt die *zweite Bredtsche Formel* (siehe Tabelle 5-5; Fläche A_m innerhalb der Wandmittellinie; Integration über die ganze Wandmittellinie)

$$I_T = 4A_m^2 \Big/ \int \frac{ds}{t(s)}. \qquad (35)$$

Bei n-zelligen, dünnwandigen Hohlquerschnitten nach Bild 5-13 muß zur Berechnung von I_T das lineare Gleichungssystem für $\lambda_1, \ldots, \lambda_n$ und $1/I_T$ mit symmetrischer Koeffizientenmatrix gelöst werden:

$$\left.\begin{aligned} & P_{ii}\lambda_i - \sum_{\substack{j=1\\ \neq i}}^{n} P_{ij}\lambda_j - 2A_i/I_T = 0 \\ & (i = 1, \ldots, n) \\ & -\sum_{i=1}^{n} 2A_i\lambda_i = -1 \end{aligned}\right\} \qquad (36)$$

Zur Bedeutung von $\lambda_1, \ldots, \lambda_n$ siehe 5.6.8; A_i Fläche innerhalb der Wandmittellinie von Zelle i; $P_{ii} = \int (ds/t(s))$ bei Integration über die geschlossene Wandmittellinie von Zelle i; $P_{ij} = \int_{s_{ij}} (ds/t(s))$ bei Integration über die den Zellen i und j gemeinsame Wandmittellinie s_{ij}. Im Sonderfall $n = 2$ mit überall gleicher Wanddicke t ist

$$I_T = \frac{4t(A_1^2U_2 + A_2^2U_1 + 2A_1A_2s_{12})}{U_1U_2 - s_{12}^2}$$

mit den Teilflächen A_1, A_2 und Umfängen U_1, U_2 der Zellen 1 bzw. 2 und der gemeinsamen Steglänge s_{12}.

5.4.6 Wölbwiderstand

Die Dimension des Wölbwiderstandes C_M ist Länge[6]. Für ⌊- und ⊤-Profile und allgemeiner für alle Querschnitte aus geraden, dünnen Stegen, die von einem Punkt ausgehen, ist $C_M = 0$. Für beliebige einfach berandete Querschnitte aus dünnen Stegen nach Bild 5-11 ist (Integration über alle Stege)

$$C_M = \int \omega^{*2}(s)\, t(s)\, ds. \qquad (37)$$

Für $\omega^*(s)$ gilt (33) mit der Besonderheit, daß erstens der Vektor $\boldsymbol{r}(s)$ in Bild 5-11 nicht von einem beliebigen Punkt O, sondern vom Schubmittelpunkt M ausgeht, und daß zweitens die Konstante ω_0^* nicht beliebig ist, sondern so bestimmt wird, daß das Integral $\int \omega^*(s)\, ds$ über alle Stege gleich null ist.

Beispiel 5-3: Für den Querschnitt in Bild 5-12a hat $r(s)$ den in Bild 5-12c gestrichelten und $\omega^*(s)$ den durchgezogenen Verlauf. Mit $\eta_M = -3b^2/(6b + h)$ ergibt sich mit Hilfe von Tabelle 5-8

$$C_M = tb^3h^2 \frac{3b + 2h}{12(6b + h)}.$$

Tabelle 5-4 gibt Formeln für C_M für einige Querschnitte an. Zahlenwerte für genormte Walzprofile siehe in [7, 8].

5.5 Schnittgrößen in Stäben

5.5.1 Definition der Schnittgrößen für gerade Stäbe

Schnittgrößen eines geraden Stabes werden im x, y, z-System von Bild 5-14 beschrieben. Im unverformten Stab fällt die x-Achse mit der Verbindungslinie der Flächenschwerpunkte aller Stabquerschnitte (das ist die sog. *Stabachse*) und die y- sowie die z-Achse mit den Hauptachsen der Querschnittsfläche zusammen. Ein Schnitt quer zur x-Achse an der Stelle x erzeugt zwei Stabteile mit je einem *Schnittufer*. Das positive Schnittufer ist dasjenige, aus dem die x-Achse herausweist.
Über den Querschnitt verteilte Schnittkräfte werden nach Bild 5-14 zu einem äquivalenten Kräftesystem zusammengefaßt, das aus einer *Längskraft* $N(x)$ im Flächenschwerpunkt, *Querkräften* $Q_y(x)$ und $Q_z(x)$ im Schubmittelpunkt M, *Biegemomenten* $M_y(x)$ und $M_z(x)$ und einem *Torsionsmoment* $M_T(x)$ besteht. Diese sechs Kraft- und Momentenkomponenten sind die sog. *Schnittgrößen* des Stabes. Sie greifen mit entgegengesetzten Richtungen an beiden Schnittufern an. Eine Schnittgröße ist positiv, wenn sie am positiven Schnittufer die Richtung der positiven Koordinatenachse hat. Im Sonderfall der ebenen Belastung in der zur x, z-Ebene parallelen Ebene durch den Schubmittelpunkt M sind nur $N(x)$, $Q_z(x)$ und $M_y(x)$ vorhanden.
Zu den Spannungen $\sigma(x, y, z)$, $\tau_{xy}(x, y, z)$ und $\tau_{xz}(x, y, z)$ im Querschnitt bei x (σ steht für σ_x)

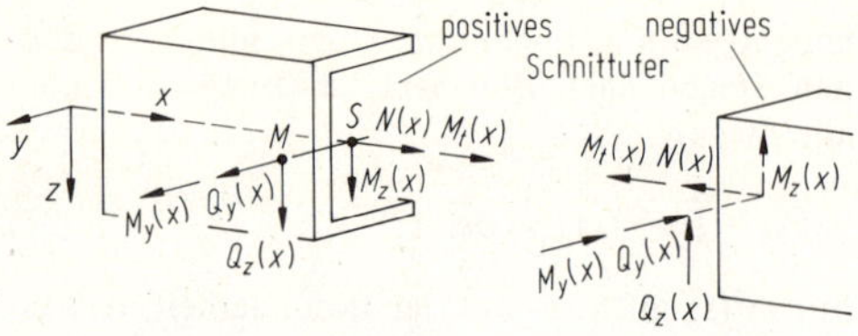

Bild 5-14. Schnittufer und Schnittgrößen eines Stabes.

bestehen die Beziehungen (alle Integrationen über die gesamte Querschnittfläche):

$$\left.\begin{aligned} N(x) &= \int \sigma \, \mathrm{d}A, \quad Q_y(x) = \int \tau_{xy} \, \mathrm{d}A, \\ & \qquad Q_z(x) = \int \tau_{xz} \, \mathrm{d}A, \\ M_\mathrm{T}(x) &= \int [-(z - z_\mathrm{M}) \tau_{xy} + (y - y_\mathrm{M}) \tau_{xz}] \, \mathrm{d}A \\ &= \int (-z\tau_{xy} + y\tau_{xz}) \, \mathrm{d}A \\ & \quad + z_\mathrm{M} Q_y(x) - y_\mathrm{M} Q_z(x), \\ M_y(x) &= \int z\sigma \, \mathrm{d}A, \quad M_z(x) = -\int y\sigma \, \mathrm{d}A. \end{aligned}\right\} \qquad (38)$$

5.5.2 Berechnung von Schnittgrößen für gerade Stäbe

Gleichgewichtsbedingungen an freigeschnittenen Stabteilen liefern Beziehungen zwischen den Schnittgrößen eines Stabes und den äußeren eingeprägten Kräften und Momenten am Stab. Für die hier behandelte sog. Theorie 1. Ordnung werden Gleichgewichtsbedingungen am unverformten Stab formuliert. Ein Stab heißt *statisch bestimmt*, wenn die Gleichgewichtsbedingungen ausreichen, um alle Schnittgrößen explizit durch eingeprägte äußere Kräfte und Momente auszudrücken. Statisch unbestimmte Stäbe siehe in 5.8.6. Die Abhängigkeit der Schnittgrößen von der Koordinate x wird nach Bild 5-16 in Diagrammen unter dem Stab dargestellt. Die Kurven in den Diagrammen nennt man *Querkraftlinie, Biegemomentenlinie* usw.

Gleichgewichtsbedingungen. Um Schnittgrößen an einer Stelle x zu berechnen, wird der Stab bei x in zwei Stücke geschnitten. Das einfacher zu untersuchende Stück wird an allen Lagern freigeschnitten. An den Schnittstellen werden die unbekannten Schnittgrößen und die (vorher berechneten) Lagerreaktionen angebracht. Gleichgewichtsbedingungen (sechs im räumlichen, drei im ebenen Fall) liefern die Schnittgrößen. Schnittstellen beiderseits des Angriffspunktes einer Einzelkraft oder eines Einzelmoments liefern unterschiedliche Schnittgrößenfunktionen. Man muß also beiderseits jedes derartigen Punktes einen Schnitt untersuchen.

Prinzip der virtuellen Arbeit. Statt Gleichgewichtsbedingungen kann das Prinzip der virtuellen Arbeit verwendet werden, und zwar besonders vorteilhaft, wenn nur eine einzige Schnittgröße als Funktion von x gesucht wird. Im Fall einer Kraftschnittgröße wird bei x eine Schiebehülse in Richtung der gesuchten Schnittgröße eingeführt. Im Fall einer Momentenschnittgröße wird bei x ein Gelenk mit der Achse in Richtung der gesuchten Schnittgröße eingeführt. Beiderseits der Schiebehülse bzw. des Gelenks wird die betreffende Schnittgröße mit entgegengesetzten Vorzeichen als äußere Last angebracht. An dem so gewonnenen Ein-Freiheitsgrad-Mechanismus wird die in 2.1.16 geschilderte Rechnung durchgeführt. Als Beispiel siehe Bild 2-14c.

Hilfssätze. Die Anwendung der Gleichgewichtsbedingungen und des Prinzips der virtuellen Arbeit wird teilweise oder ganz überflüssig, wenn man die folgenden Hilfsmittel einsetzt.

a) Das Superpositionsprinzip. Es sagt aus, daß eine Schnittgröße, z. B. $M_y(x)$, für eine Kombination von Lasten gleich der Summe der Schnittgrößen $M_y(x)$ für die einzelnen Lasten ist.

b) Am Angriffspunkt einer Einzelkraft F (eines Einzelmoments M) in x- oder y- oder z-Richtung macht die entsprechende Kraft bzw. Momentenschnittgröße gleicher Richtung einen Sprung. Der Sprung hat die Größe $-F$ bzw. $-M$, wenn man die x-Achse in positiver Richtung durchläuft.

c) Zwischen Streckenlast $q_z(x)$, Querkraft $Q_z(x)$ und Biegemoment $M_y(x)$ gilt überall außer an Angriffspunkten von Einzelkräften in z-Richtung

$$\left.\begin{aligned} \frac{\mathrm{d}Q_z}{\mathrm{d}x} &= -q_z(x), \quad \frac{\mathrm{d}M_y}{\mathrm{d}x} = Q_z(x), \\ \frac{\mathrm{d}^2 M_y}{\mathrm{d}x^2} &= -q_z(x). \end{aligned}\right\} \qquad (39)$$

Entsprechend gilt

$$\left.\begin{aligned} \frac{\mathrm{d}Q_y}{\mathrm{d}x} &= -q_y(x), \quad \frac{\mathrm{d}M_z}{\mathrm{d}x} = -Q_y(x), \\ \frac{\mathrm{d}^2 M_z}{\mathrm{d}x^2} &= q_y(x). \end{aligned}\right\} \qquad (40)$$

Hieraus folgt: In Bereichen ohne Streckenlast q_z ist $Q_z(x)$ konstant und $M_y(x)$ linear mit x veränderlich. In Bereichen mit konstanter Streckenlast $q_z(x) = \text{const} \neq 0$ ist $Q_z(x)$ linear und $M_y(x)$ quadratisch von x abhängig. Die Biegemomentenlinie $M_y(x)$ hat Knicke an den Angriffspunkten von Einzelkräften mit z-Richtung. Das Biegemoment $M_y(x)$ hat stationäre Werte (Maxima, Minima oder Sattelpunkte) an allen Stellen, an denen $Q_z(x) = 0$ ist. Für Extrema von M_y kommen nur diese Stellen und die Angriffspunkte von Einzelkräften und Einzelmomenten in Betracht.

Stückweise konstante Streckenlasten werden häufig nach Bild 5-15 durch äquivalente Einzelkräfte

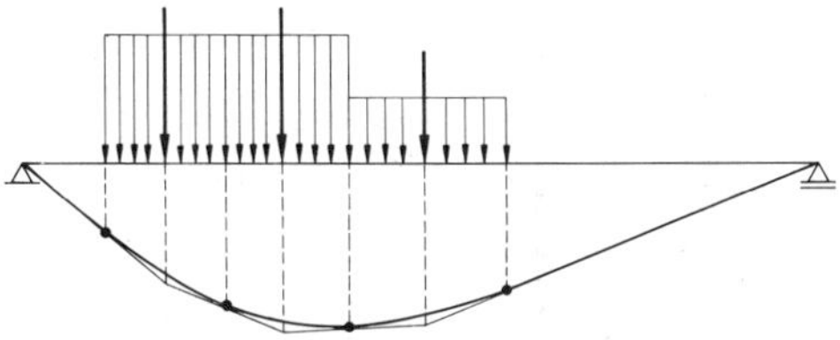

Bild 5-15. Biegemomentenlinien für eine Streckenlast (gekrümmte Linie) und für äquivalente Einzelkräfte (Polygonzug).

ersetzt. Die Biegemomentenlinie für die Streckenlasten (gekrümmte Linie) und die Biegemomentenlinie für die Einzelkräfte (Polygonzug) haben an den Rändern der durch Einzelkräfte ersetzten Streckenlastabschnitte gleiche Funktionswerte und gleiche Steigungen.

d) Randbedingungen: An einem freien Stabende ohne Einzelkraft (bzw. ohne Einzelmoment) in x- oder y- oder z-Richtung ist die Kraftschnittgröße (bzw. Momentenschnittgröße) gleicher Richtung null. An der Stelle einer Schiebehülse in x- oder y- oder z-Richtung ist die Kraftschnittgröße gleicher Richtung null. An der Stelle eines Gelenks um die x- oder y- oder z-Achse ist die Momentenschnittgröße gleicher Richtung null.

Beispiel 5-4: Bild 5-16 demonstriert, wie man allein mit den Hilfsmitteln (a) bis (d) Querkraft- und Biegemomentenlinien bestimmt. Die Kraft F an der Stütze hat auf den horizontalen Stab dieselbe Wirkung, wie F und das Moment Fh im Diagramm darunter. Die Lagerreaktion $D_v = 3ql/2$ wird zuerst berechnet (Momentengleichgewicht um C für die bei C und D freigeschnittene rechte Stabhälfte). $Q_z(x)$ ist durch die Randbedingung bei E, durch die Steigung $-q$ zwischen D und E, durch die Steigung null zwischen A und D und durch den Sprung bei D um $-D_v = -3ql/2$ festgelegt. $M_y(x)$ ist zwischen A und D durch die Randbedingung am Gelenk C, durch die konstante Steigung $Q_z = -ql/2$ und durch den Sprung um Fh bei B festgelegt. Zwischen D und E gilt $\mathrm{d}M_y/\mathrm{d}x = Q_z = q(4l - x)$, also $M_y(x) = -q(4l - x)^2/2 + \text{const}$. Die Konstante ist wegen der Randbedingung bei E gleich null.

Schnittgrößen in abgewinkelten Stäben. Bild 5-17 ist ein Beispiel für stückweise gerade Stäbe, die abgewinkelt miteinander verbunden sind. Für jedes einzelne gerade Stabstück mit der Nummer i werden Schnittgrößen wie in Bild 5-14 in einem individuellen x_i, y_i, z_i-System des betreffenden Stabes definiert und berechnet.

Schnittgrößen in gekrümmten Stäben. Der Kreisring in Bild 5-18a und die Wendel einer Schraubenfeder sind Beispiele für Stäbe, die schon im unbelasteten Zustand eben oder räumlich gekrümmt sind. Die Schnittgrößen an einer Stelle des Stabes sind wie beim geraden Stab und mit denselben Definitionen eine Längskraft, Querkräfte, Biegemomente und ein Torsionsmoment. Ihre Richtungen sind die der Tangente an die Stabachse bzw. der Hauptachsen im Querschnitt an der betrachteten Stelle.

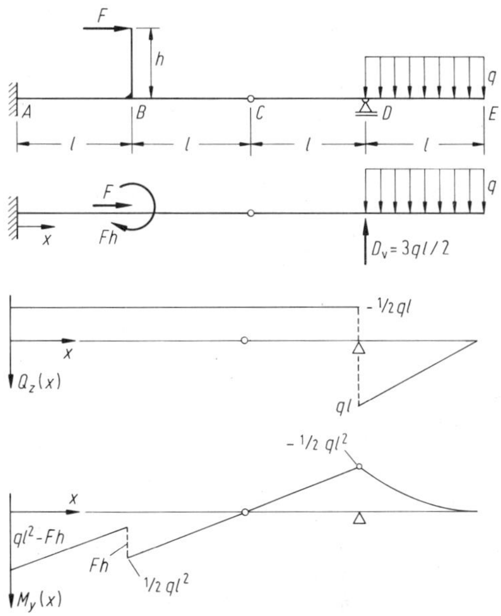

Bild 5-16. Statisch bestimmter Träger (oben), der horizontale Teil des Trägers mit derselben Belastung (darunter) und die Funktionsverläufe von Querkraft $Q_z(x)$ und Biegemoment $M_y(x)$ (darunter).

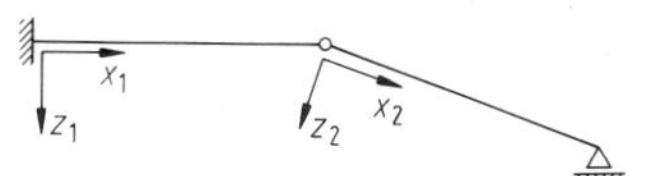

Bild 5-17. Abgewinkelter Stab mit individuellen Koordinatensystemen für alle Abschnitte.

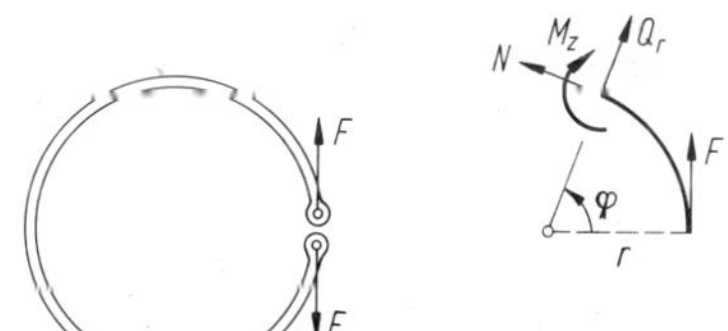

a b

Bild 5-18. Gekrümmter Stab **(a)** und seine Schnittgrößen **(b)**

Beispiel 5-5: In Bild 5-18a sind nur die Längskraft $N(\varphi)$, die Querkraft $Q_r(\varphi)$ und das Biegemoment $M_z(\varphi)$ vorhanden (Bild 5-18b). Kräftegleichgewichtsbedingungen in radialer und in tangentialer Richtung und eine Momentengleichgewichtsbedingung um die Schnittstelle ergeben

$Q_r(\varphi) = -F\sin\varphi,\ N(\varphi) = -F\cos\varphi,$

$M_z(\varphi) = Fr(1 - \cos\varphi)\,.$

5.6 Spannungen in Stäben

Für Spannungen gilt im Gültigkeitsbereich des Hookeschen Gesetzes das Superpositionsprinzip. Es macht die Aussage: Zwei Lastfälle 1 und 2, die jeder für sich in einem Körperpunkt die Spannungen $\sigma_{x1}, \sigma_{y1}, \tau_{xy1}$, usw. bzw. $\sigma_{x2}, \sigma_{y2}, \tau_{xy2}$ usw. verursachen, verursachen gemeinsam die Spannungen $\sigma_{x1} + \sigma_{x2}$, $\sigma_{y1} + \sigma_{y2}$, $\tau_{xy1} + \tau_{xy2}$ usw.

5.6.1 Zug und Druck

Im Querschnitt an der Stelle x tritt nur die *Längsspannung* (Normalspannung) auf

$$\sigma(x) = \frac{N(x)}{A(x)}. \tag{41}$$

5.6.2 Gerade Biegung

Von *gerader Biegung* spricht man, wenn nur Schnittgrößen $Q_z(x)$ und $M_y(x)$ oder nur $Q_y(x)$ und $M_z(x)$ vorhanden sind. Ein Biegemoment $M_y(x)$ verursacht im Querschnitt bei x die Längsspannung (Normalspannung)

$$\sigma(x, z) = \frac{M_y(x)}{I_y(x)} z. \tag{42}$$

Sie ist nach Bild 5-19 linear über den Querschnitt verteilt. Sie hat bei $z = 0$ den Wert null (spannungslose oder neutrale Fasern) und im größten Abstand $|z|_{\max}$ von der neutralen Faser das Betragsmaximum

$$|\sigma|_{\max} = \frac{|M_y(x)|}{W_y(x)} \quad \text{mit} \quad W_y(x) = \frac{I_y(x)}{|z|_{\max}}. \tag{43}$$

W_y heißt *Biegewiderstandsmoment*. Bei Biegung um die z-Achse durch ein Biegemoment $M_z(x)$ tritt an die Stelle von (42) $\sigma(x,y) = -yM_z(x)/I_z(x)$. Im Fall $M_y(x) = \text{const}$ bzw. $M_z(x) = \text{const}$ spricht man von *reiner Biegung*, weil dann $Q_z(x) \equiv 0$ bzw. $Q_y(x) \equiv 0$ ist. Tabelle 5-2 gibt Biegewiderstandsmomente W_y für zahlreiche Querschnitte an.

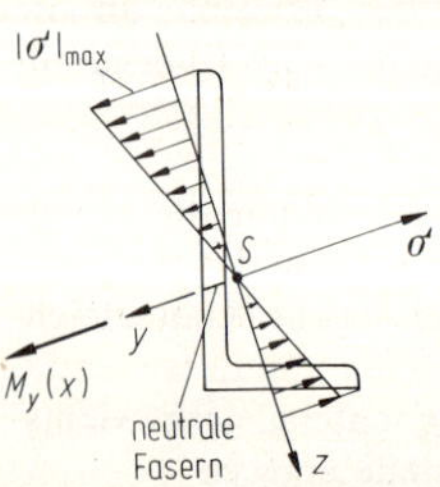

Bild 5-19. Spannungsverlauf $\sigma(z)$ in einem Stabquerschnitt bei gerader Biegung um die y-Hauptachse.

5.6.3 Schiefe Biegung

Bei gemeinsamer Wirkung von Biegemomenten $M_y(x)$ und $M_z(x)$ spricht man von schiefer Biegung. Sie erzeugt die Längsspannung

$$\sigma(x, y, z) = \frac{M_y(x)}{I_y(x)} z - \frac{M_z(x)}{I_z(x)} y. \tag{44}$$

Linien gleicher Spannung im Querschnitt an der Stelle x sind Parallelen zur *Spannungsnullinie* $\sigma = 0$, die die Gleichung

$$z = \frac{M_z(x)\, I_y(x)}{M_y(x)\, I_z(x)} y \tag{45}$$

hat (Bild 5-20). Die betragsgrößte Spannung $|\sigma|_{\max}$ im Querschnitt tritt im Punkt oder in den Punkten mit dem größten Abstand von der Spannungsnullinie auf. Man zeichnet die Spannungsnullinie, liest die Koordinaten des Punktes bzw. der Punkte ab und berechnet mit ihnen die Spannung aus (44).

5.6.4 Druck und Biegung. Kern eines Querschnitts

Eine auf der Stirnseite des Stabes im Punkt (y_0, z_0) eingeprägte Kraft F parallel zur Stabachse verursacht nach Bild 5-21 die Schnittgrößen $N = F/A$, $M_y = Fz_0$ und $M_z = -Fy_0$ und damit nach (41) und (44) Längsspannungen

$$\sigma(y, z) = \frac{F}{A} + \frac{zz_0F}{I_y} + \frac{yy_0F}{I_z}.$$

Die Spannungsnullinie im Querschnitt hat die Gleichung

$$z = -y\frac{y_0}{z_0} \cdot \frac{I_y}{I_z} - \frac{I_y}{Az_0}. \tag{46}$$

Der *Kern eines Querschnitts* ist derjenige Bereich des Querschnitts, in dem der Kraftangriffspunkt (y_0, z_0) liegen muß, damit im gesamten Querschnitt nur Spannungen eines Vorzeichens auftreten. Zulässige Spannungsnullinien sind also Geraden $z = my + n$, die die Querschnittskontur berühren (Bild 5-22). Der Koeffizientenvergleich mit (46) liefert für jede Gerade einen Punkt der Kernkontur mit den Koordinaten

$$y_0 = \frac{mI_z}{nA}, \quad z_0 = \frac{-I_y}{nA}. \tag{47}$$

Wenn ein Querschnitt durch ein Polygon eingehüllt wird (Bild 5-22), dann ist die Kernkontur das Polygon mit den Ecken (y_0, z_0) zu den Seiten des einhüllenden Polygons.
Der Kern eines Rechteckquerschnitts ist ein Rhombus mit den y- und z-Achsen als Diagonalen. Jede Diagonale ist ein Drittel so lang wie die gleichgerichtete Rechteckseite. Der Kern eines

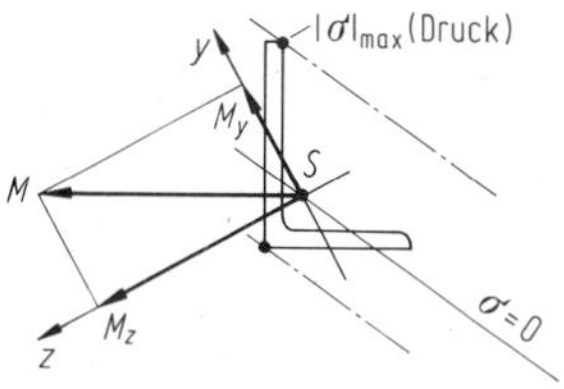

Bild 5-20. Spannungsverlauf $\sigma(y, z)$ in einem Stabquerschnitt bei schiefer Biegung. Spannungsnullinie $\sigma = 0$.

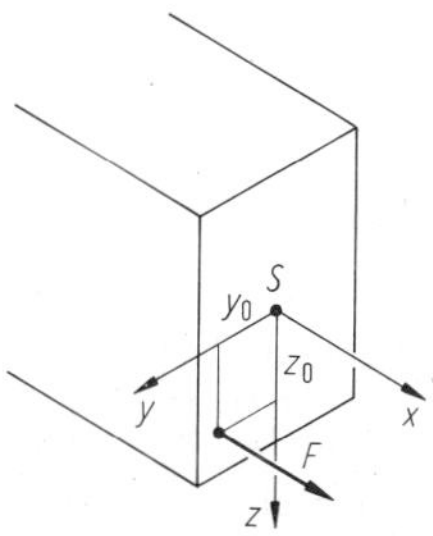

Bild 5-21. Die Kraft F verursacht eine Längskraft N und Biegemomente M_y und M_z im Stab.

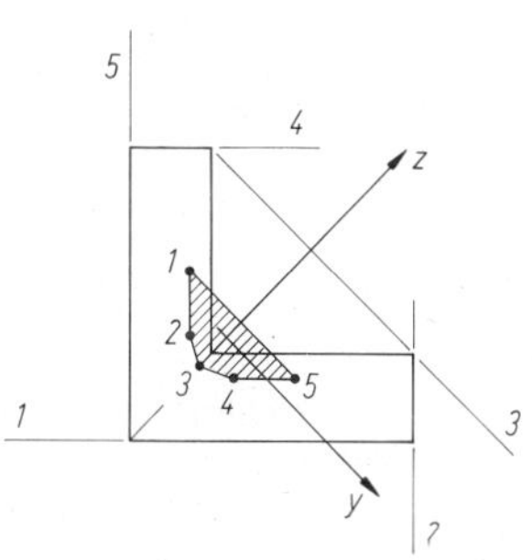

Bild 5-22. Der Stabquerschnitt wird von den Geraden $1, \ldots, 5$ eingehüllt. Jede Gerade bestimmt einen Eckpunkt des schraffierten Kernquerschnitts.

Kreis- oder Kreisringquerschnitts vom Innenradius R_i und Außenradius R_a ist der Kreis mit dem Radius $R = \frac{1}{4} R_a [1 + (R_i/R_a)^2]$.

5.6.5 Biegung von Stäben aus Verbundwerkstoff

Betrachtet werden Stabquerschnitte, die aus n zur z-Achse symmetrischen Teilquerschnitten mit verschiedenen Werkstoffen zusammengesetzt sind (Bild 5-23a). Der Flächenschwerpunkt des Gesamtquerschnitts ist Ursprung des x, y, z-Systems. Ein Biegemoment $M_y(x)$ verursacht Längsspannungen

$$\sigma(x, y, z) = E(y, z) \frac{z - z_0(x)}{\varrho(x)} \tag{48}$$

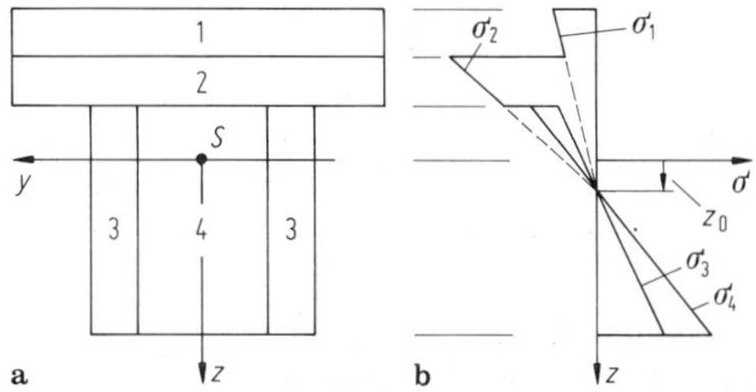

Bild 5-23. Ein Verbundquerschnitt mit zur z-Achse symmetrischen Teilquerschnitten (Bild a) und ein möglicher Spannungsverlauf bei Biegung um die y-Achse (Bild b).

mit

$$\frac{1}{\varrho(x)} = \frac{M_y(x) \sum E_i A_i}{(\sum E_i I_{yi})(\sum E_i A_i) - (\sum E_i z_{Si} A_i)^2}, \tag{49}$$

$$z_0(x) = \frac{\sum E_i z_{Si} A_i}{\sum E_i A_i}. \tag{50}$$

Darin bezeichnet $E(y, z)$ den ortsabhängigen E-Modul. E_i, A_i, I_{yi}, z_{Si} sind für den i-ten Teilquerschnitt der E-Modul, die Querschnittsfläche, das Flächenmoment 2. Grades um die y-Achse bzw. die z-Koordinate des Flächenschwerpunkts. Alle Summen erstrecken sich über $i = 1, \ldots, n$. Bei $z = z_0$ liegt die neutrale Faser mit der Krümmung $1/\varrho(x)$. Bild 5-23b zeigt qualitativ den Spannungsverlauf im Querschnitt mit Sprüngen an den Werkstoffgrenzen und mit der Möglichkeit von Maxima im Stabinneren.

Spannbeton mit Verbund

Zur Herstellung eines Stabes aus Spannbeton mit Verbund wird Beton in eine Form um Stähle gegossen, die in ein Spannbett eingespannt sind (Bild 5-24a). Nach dem Aushärten des Betons werden die Stähle aus dem Spannbett befreit. Danach hat der Spannbetonstab einen Eigenspannungszustand und eine Krümmung (Bild 5-24b). Wenn zusätzlich das Biegemoment $M_y(x)$ infolge einer äußeren Last wirkt, ist die Längsspannung

$$\sigma(x, y, z) = E(y, z) \frac{z - z_0(x)}{\varrho(x)} + \sigma_0(y, z) \quad \text{mit} \tag{51}$$

$$\frac{1}{\varrho(x)} = \frac{\Delta}{(\sum E_i I_{yi})(\sum E_i A_i) - (\sum E_i z_{Si} A_i)^2}, \tag{52}$$

$$z_0(x) = \frac{1}{\Delta} [(M_y(x) - \sum \sigma_{0i} z_{Si} A_i)(\sum E_i z_{Si} A_i) + (\sum \sigma_{0i} A_i)(\sum E_i I_{yi})], \tag{53}$$

$$\Delta = (M_y(x) - \sum \sigma_{0i} z_{Si} A_i)(\sum E_i A_i) + (\sum \sigma_{0i} A_i)(\sum E_i z_{Si} A_i). \tag{54}$$

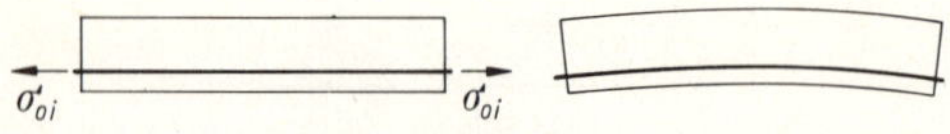

a b

Bild 5-24. Stab aus Spannbeton mit Verbund während der Herstellung (Bild a) und im Eigenspannungszustand ohne äußere Belastung (Bild b).

Alle Summen erstrecken sich über $i = 1, \dots, n$. Die Formeln setzen n zur z-Achse symmetrische Teilquerschnitte $i = 1, \dots, n$ voraus, und zwar Beton ($i = 1$, $\sigma_{01} = 0$) und $n - 1$ Gruppen von Spannstählen mit den Vorspannungen σ_{0i}. Alle anderen Bezeichnungen sind wie in (48) bis (50) definiert. Bei $z = z_0$ liegt die Spannungsnullinie mit der Krümmung $1/\varrho(x)$. Im Fall $M_y = 0$ ergibt sich der Eigenspannungszustand von Bild 5-24b.

5.6.6 Biegung vorgekrümmter Stäbe

Der Stab in Bild 5-25 hat an der betrachteten Stelle im unbelasteten Zustand den Krümmungsradius ϱ_0 der Schwerpunktachse. $\varrho_0 < 0$ bedeutet Krümmung nach der anderen Seite. Die y- und z-Achsen sind Hauptachsen der Fläche. Schnittgrößen N und M_y erzeugen im Querschnitt an dieser Stelle die Längsspannung

$$\sigma(z) = \frac{N}{A} + \frac{M_y}{\varrho_0 A}\left[1 + \frac{z}{\varkappa(\varrho_0 + z)}\right]$$
$$\text{mit} \quad \varkappa = \frac{-1}{A}\int_A \frac{z}{\varrho_0 + z}\,\mathrm{d}A. \qquad (55)$$

Die neutrale Faser liegt bei

$$z_0 = -\varrho_0 \varkappa[\varkappa + (1 + \varrho_0 N/M_y)^{-1}]^{-1}.$$

Bild 5-25 zeigt den Spannungsverlauf qualitativ. $\varkappa$ ist eine Zahl. Im Fall $\varrho_0 > 0$ ist $0 < \varkappa < 1$.
Für einen Rechteckquerschnitt (Höhe h in z-Richtung, beliebige Breite; $\alpha = h/(2\varrho_0)$) ist

$$\varkappa = \frac{1}{2\alpha}\ln\frac{1+\alpha}{1-\alpha} - 1.$$

Für einen Kreis- oder Ellipsenquerschnitt (Halbachse a in z-Richtung; $\alpha = a/\varrho_0$) ist

$$\varkappa = \frac{2}{\alpha^2} - \frac{2}{\alpha}\cdot\left(\frac{1}{\alpha^2} - 1\right)^{1/2} - 1.$$

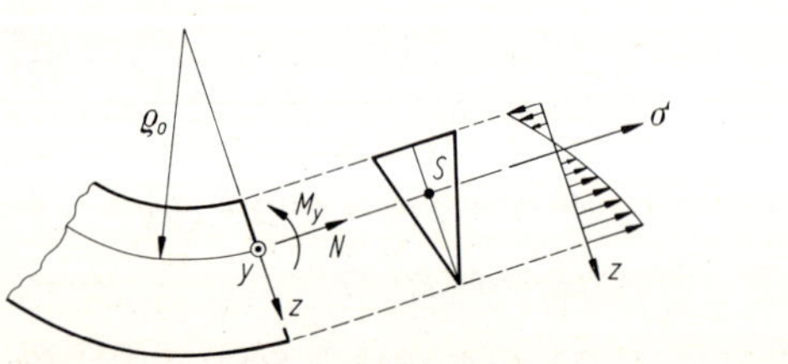

Bild 5-25. Stark vorgekrümmter Stab mit Spannungsverteilung $\sigma(z)$ bei Biegung um die y-Achse.

Für ein gleichschenkliges Dreieck (Höhe h in z-Richtung; $h > 0$ im Fall der Spitze bei $z > 0$, sonst $h < 0$; $\alpha = h/(3\varrho_0)$) ist

$$\varkappa = \frac{2}{9\alpha}\left(2 + \frac{1}{\alpha}\right)\ln\frac{1+2\alpha}{1-\alpha} - \frac{2}{3\alpha} - 1.$$

Bei schwach gekrümmten Stäben ist $|\varrho_0| \gg |z|$. Dann ist $\varkappa \approx I_y/(\varrho_0^2 A)$ und

$$\sigma(z) \approx \frac{M_y}{I_y}\cdot\left(z + \frac{I_y/A - z^2}{\varrho_0}\right) \approx \frac{M_y}{I_y}\cdot z,$$

wie beim geraden Stab.

5.6.7 Reiner Schub

Eine durch den Schubmittelpunkt gerichtete Querkraft $Q_z(x)$ verursacht im Querschnitt eines geraden Stabes an der Stelle x nur Schubspannungen. Am ganzen Rand des Querschnitts ist die Schubspannung tangential zum Rand gerichtet. In einfach berandeten Querschnitten aus dünnen Stegen nach Bild 5-11 ist sie überall annähernd tangential zur Stegmittellinie gerichtet und nur von der Koordinate s entlang der Stegmittellinie abhängig, und zwar nach der Gleichung

$$\tau(x, s) = \frac{Q_z(x)\, S_y(s)}{t(s)\, I_y}. \qquad (56)$$

Die Bogenlänge s ist wie in Bild 5-11 definiert, und $\tau > 0$ bedeutet, daß die Schubspannung am positiven Schnittufer positive s-Richtung hat. Tabelle 5-6 gibt die Richtungen und Größen von Schubspannungen für einige technische Querschnitte an.
Die Anwendung von (56) auf nicht dünnstegige Querschnitte liefert nur grobe Näherungen. Die Anwendung auf den Kreisquerschnitt und den Rechteckquerschnitt liefert für $z = 0$ als brauchbare Näherungen für die Maximalspannung $\tau_{max} = (4/3)Q_z/A$ bzw. $\tau_{max} = (3/2)Q_z/A$.
Nach dem Satz von der Gleichheit zugeordneter Schubspannungen (8) herrscht die Schubspannung $\tau(s)$ auch in der Schnittebene parallel zur Stabachse und normal zum Steg bei s (Bild 5-26a). Auf einem Stabstück der Länge l wird in dieser Schnittebene die Schubkraft

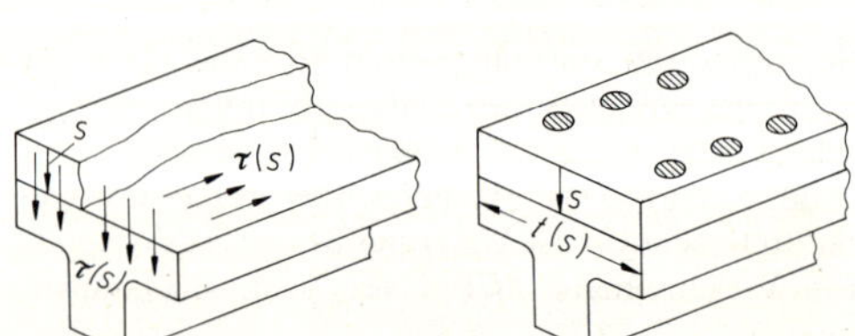

a b

Bild 5-26. Schubspannung in einer Klebverbindung (Bild a) und in den Nieten eines Deckbandes (Bild b).

Tabelle 5-6. Schubspannungen τ in dünnstegigen Stabquerschnitten infolge einer vertikalen Querkraft Q_z. Pfeile geben die Richtung von τ an

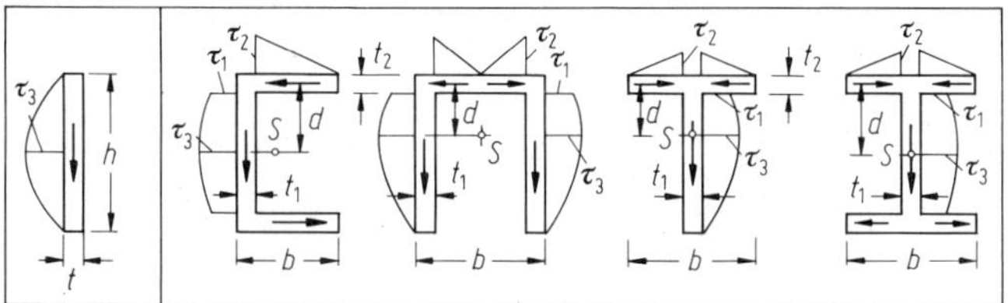

$$\tau_3 = \frac{3Q_z}{2th}$$

$$\tau_1 = Q_z \frac{bd}{I_y} \frac{t_1}{t_2}$$

$$\tau_2 = \tau_1 \frac{t_2}{t_1} \qquad \tau_2 = \frac{1}{2} \tau_1 \frac{t_1}{t_2}$$

$$\tau_3 = \tau_2 + Q_z \frac{(d - t_2/2)^2}{2I_y}$$

$\tau(s)\,t(s)\,l$ übertragen. Wenn die Schnittebene eine Niet- oder Schweißverbindung ist (Bild 5-26b), dann ist der tragende Querschnitt i. allg. kleiner, also $\lambda t(s)\,l$ mit $\lambda < 1$. Die Spannung im tragenden Querschnitt ist deshalb $\tau(s)/\lambda$.

5.6.8 Torsion ohne Wölbbehinderung (Saint-Venant-Torsion)

Die Schnittgröße $M_T(x)$ verursacht im Stabquerschnitt nur Schubspannungen. Die maximale Schubspannung ist $\tau_{max} = M_T/W_T$. W_T ist das nur von der Querschnittsform abhängige *Torsionswiderstandsmoment* (Dimension: Länge^3). Tabelle 5-5 gibt Werte von W_T für verschiedene Querschnittsformen an. Die Schubspannung im Stabquerschnitt ist am ganzen Rand tangential zum Rand gerichtet. Bei einfach berandeten Querschnitten beliebiger Form liefert der in 5.4.5 geschilderte Seifenhauthügel über dem Querschnitt in jedem Punkt Größe und Richtung der Schubspannung. Die Größe ist proportional zur maximalen Steigung des Hügels im betrachteten Punkt, und die Richtung ist tangential zur Höhenlinie des Hügels im betrachteten Punkt. In einem schmalen Rechteckquerschnitt (Höhe h, Breite $b \ll h$) tritt die größte Schubspannung $\tau_{max} \approx 3M_T/(hb^2)$ am Außenrand in der Mitte der langen Seiten auf. Weitere Lösungen siehe in [6].

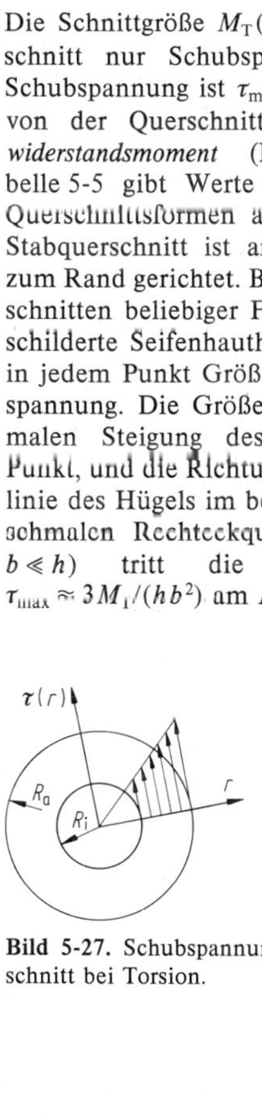

Bild 5-27. Schubspannungsverteilung im Kreisringquerschnitt bei Torsion.

Da die Form des Seifenhauthügels ohne Experiment leicht vorstellbar ist, können Stellen mit Spannungskonzentrationen vorhergesagt werden, z. B. in einspringenden Ecken einer Querschnittskontur.

In Kreis- und Kreisringquerschnitten (Innenradius R_i, Außenradius R_a, polares Flächenmoment 2. Grades $I_p = \pi(R_a^4 - R_i^4)/2$) hat die Spannung am Radius r die Größe

$$\tau(x, r) = \frac{M_T(x)}{I_p(x)} r \tag{57}$$

und die Richtung der Tangente an den Kreis (Bild 5-27).

In einzelligen, dünnwandigen Hohlquerschnitten ist die Schubspannung überall tangential zur Wandmittellinie gerichtet. Ihre Größe wird durch die 1. *Bredtsche Formel* angegeben (Bezeichnungen wie in (35))

$$\tau(s) = \frac{M_T}{2A_m\,t(s)}. \tag{58}$$

Bei n-zelligen, dünnwandigen Hohlquerschnitten (Bild 5-13) ist an der Stelle s in der Wand zwischen zwei beliebigen Zellen i und j $\tau(s) = M_T(\lambda_i - \lambda_j)/t(s)$ mit $\lambda_1, \ldots, \lambda_n$ aus (36). Wenn die Wand nur einer Zelle i anliegt, wird $\lambda_j = 0$ gesetzt.

Vorzeichenregel: Ein $\lambda_k > 0$ für Zelle k bedeutet, daß $M_T\lambda_k/t(s)$ eine Schubspannung ist, die am positiven Schnittufer die Zelle k im Drehsinn von M_T umkreist.

5.6.9 Torsion mit Wölbbehinderung

Nur Querschnitte mit einem Wölbwiderstand $C_M \neq 0$ werden bei Torsion verwölbt. Wölbbehinderungen verursachen im Querschnitt Schubspannungen τ^* zusätzlich zu den ohne Wölbbehinderung vorhandenen Schubspannungen und außerdem Längsspannungen σ^*. In einfach berandeten Querschnitten aus dünnen Stegen gilt mit den Bezeichnungen von Bild 5-11 mit derselben Funktion $\omega^*(s)$ wie in (37) und mit $\varphi(x)$ aus (70)

$$\left.\begin{aligned} \tau^*(x,s) &= -\frac{E\varphi'''(x)}{t(s)}\int \omega^*(\bar{s})\,t(\bar{s})\,\mathrm{d}\bar{s}, \\ \sigma^*(x,s) &= E\varphi''(x)\,\omega^*(s) \end{aligned}\right\}. \quad (59)$$

Die Integration erstreckt sich über alle Stege von $A_0(s)$. σ^* kann Werte annehmen, die nicht vernachlässigbar sind. Weitere Einzelheiten siehe in [9, 10].

5.7 Verformungen von Stäben

Verformungen eines geraden Stabes werden in dem ortsfesten x,y,z-System von Bild 5-14 beschrieben. Für alle Verformungen gilt das Superpositionsprinzip, d. h. Verformungen für mehrere Lastfälle beliebiger Art können einzeln berechnet und linear überlagert werden. Energiemethoden zur Berechnung von Verformungen siehe in 5.8. Statisch unbestimmte Systeme siehe in 5.8.6.

5.7.1 Zug und Druck

Die Längenänderung eines geraden Stabes der Länge l infolge einer Längskraft $N(x)$ und einer Temperaturänderung $\Delta T(x)$ ist (Integrationen über die gesamte Länge)

$$\begin{aligned} \Delta l &= \int \varepsilon(x)\,\mathrm{d}x = \frac{1}{E}\int \sigma(x)\,\mathrm{d}x + \alpha\int \Delta T(x)\,\mathrm{d}x \\ &= \frac{1}{E}\int \frac{N(x)}{A(x)}\,\mathrm{d}x + \alpha\int \Delta T(x)\,\mathrm{d}x. \end{aligned} \quad (60)$$

Im Sonderfall $N = \text{const}$, $A = \text{const}$, $\Delta T = \text{const}$ ist $\Delta l = Nl/(EA) + \alpha\,\Delta T l$. EA heißt *Dehnsteifigkeit* oder *Längssteifigkeit* des Stabes.

5.7.2 Gerade Biegung

Ein Biegemoment $M_y(x)$ verursacht eine *Krümmung* $1/\varrho(x)$ des Stabes um die y-Achse und eine *Durchbiegung* $w(x)$ in z-Richtung. Die Bernoulli-Hypothese vom Ebenbleiben der Querschnitte ergibt den Zusammenhang ($w' = \mathrm{d}w/\mathrm{d}x$)

$$\frac{1}{\varrho(x)} = \frac{w''(x)}{[1 + w'^2(x)]^{3/2}} = \frac{-M_y(x)}{EI_y(x)}. \quad (61)$$

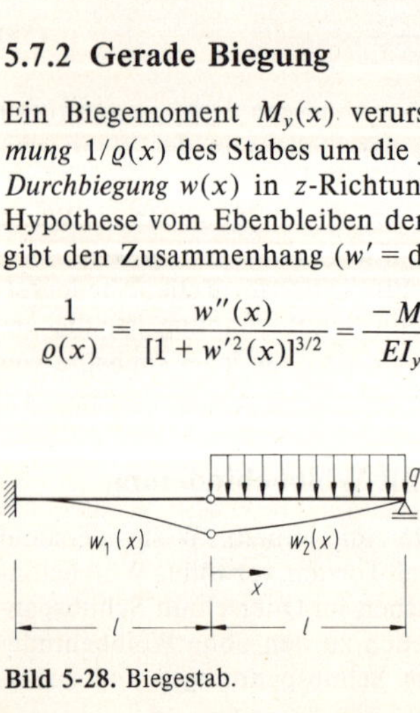

Bild 5-28. Biegestab.

Für sehr kleine Neigungen $|w'(x)| \ll 1$ lautet die Differentialgleichung der Biegelinie also

$$w''(x) = \frac{-M_y(x)}{EI_y(x)}. \quad (62)$$

EI_y heißt *Biegesteifigkeit* des Stabes. Wenn die rechte Seite bekannt ist, ergeben sich $w'(x)$ und $w(x)$ durch zweifache Integration. Die dabei auftretenden Integrationskonstanten werden aus Randbedingungen für w' und für w ermittelt. Bei einem n-feldrigen Stab mit n verschiedenen Funktionen $M_y(x)/(EI_y(x))$ wird (62) für jedes Feld gesondert aufgestellt und integriert, wobei die Durchbiegung in Feld i mit $w_i(x)$ bezeichnet wird. Bei der Integration fallen $2n$ Integrationskonstanten an. Zu ihrer Bestimmung stehen bei statisch bestimmten Systemen $2n$ Randbedingungen zur Verfügung. Statisch unbestimmte Systeme siehe in 5.8.6.

Beispiel 5-6: Für den Stab in Bild 5-28 wird die Rechnung am einfachsten, wenn man $x = 0$ am Gelenk definiert. Dann ist im linken Feld $Q_z(x) = ql/2$, $M_y(x) = xql/2$ und im rechten Feld

$$\begin{aligned} Q_z(x) &= (ql/2)\,(1 - 2x/l), \\ M_y(x) &= (ql^2/2)\,[-x^2/l^2 + x/l]. \end{aligned}$$

Damit lautet (62)

$$w_1''(x) = -12C\frac{x}{l}, \quad w_2''(x) = 12C\left(\frac{x^2}{l^2} - \frac{x}{l}\right)$$

mit $C = \dfrac{ql^2}{24EI_y}$. Zwei Integrationen ergeben

$$\begin{aligned} w_1'(x) &= C\,(-6x^2/l + a_1), \\ w_2'(x) &= C\,(4x^3/l^2 - 6x^2/l + b_1), \\ w_1(x) &= C\,(-2x^3/l + a_1x + a_2), \\ w_2(x) &= C\,(x^4/l^2 - 2x^3/l + b_1x + b_2). \end{aligned}$$

Die Randbedingungen $w_1'(-l) = 0$, $w_1(-l) = 0$, $w_1(0) = w_2(0)$ und $w_2(l) = 0$ ergeben $a_1 = 6l$, $a_2 = 4l^2$, $b_1 = -3l$, $b_2 = 4l^2$ und damit

$$w_1(x) = \frac{ql^4}{24EI_y}\left[-2\left(\frac{x}{l}\right)^3 + 6\frac{x}{l} + 4\right]$$

$$w_2(x) = \frac{ql^4}{24EI_y}\left[\left(\frac{x}{l}\right)^4 - 2\left(\frac{x}{l}\right)^3 - 3\frac{x}{l} + 4\right].$$

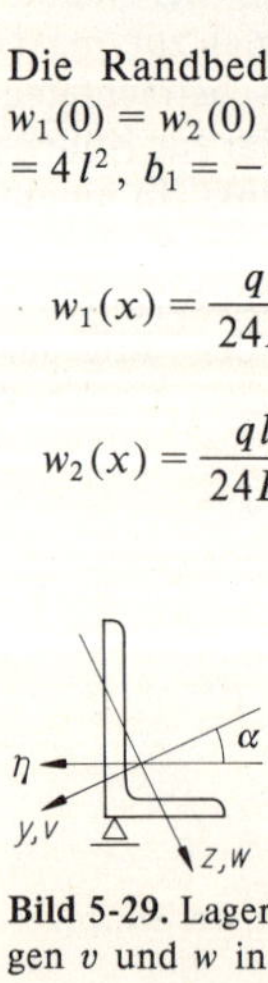

Bild 5-29. Lagerung, die eine Kopplung der Durchbiegungen v und w in den Randbedingungen verursacht.

Tabelle 5-7 gibt Durchbiegungen und Neigungen für Standardfälle an. Viele andere Fälle siehe in [11].
Zwischen dem Biegemoment $M_z(x)$ und der Durchbiegung $v(x)$ in y-Richtung gilt entsprechend (62) die Gleichung

$$v''(x) = \frac{M_z(x)}{EI_z(x)}. \tag{63}$$

Ihre Integration liefert mit denselben Rechenschritten $v'(x)$ und $v(x)$.

5.7.3 Schiefe Biegung

Schiefe Biegung ist die Superposition von $M_y(x)$ und $M_z(x)$. Die Durchbiegungen $w(x)$ und $v(x)$ werden aus (62) bzw. (63) berechnet. Anmerkung: Die Geometrie eines Systems kann eine Kopplung der Randbedingungen für $w(x)$ und für $v(x)$ herstellen.

Beispiel 5-7: Wenn der Stab in Bild 5-28 den Querschnitt nach Bild 5-29 hat, dann heißt das Biegemoment $M_y(x)$ von Beispiel 5-6 jetzt $M_\eta(x)$. Daraus ergibt sich für die gedrehten Hauptachsen $M_y(x) = M_\eta(x)\cos\alpha$, $M_z(x) = -M_\eta(x)\sin\alpha$. Das Lager am rechten Ende erlaubt keine vertikale Verschiebung. Also lautet die Randbedingung $v(l)\sin\alpha + w(l)\cos\alpha = 0$.

5.7.4 Stab auf elastischer Bettung (Winkler-Bettung)

Bei Eisenbahnschienen und anderen elastisch gebetteten Stäben nimmt man nach Winkler die von der Bettung ausgeübte Streckenlast $q_B(x)$ als proportional zur örtlichen Durchbiegung $w(x)$ an, $q_B(x) = -Kw(x)$. Unter einer äußeren eingeprägten Streckenlast $q(x)$ ergibt sich für $w(x)$ die Differentialgleichung

$$(EI_y w'')'' = -M_y'' = q(x) - Kw(x)$$

und im Fall $EI_y = \text{const}$ die Gleichung

$$w^{(4)} + 4\lambda^4 w = \frac{q(x)}{EI_y}$$

mit der Abkürzung $4\lambda^4 = \dfrac{K}{EI_y}$. Die allgemeine Lösung ist die Summe aus der Lösung der homogenen Gleichung,

$$\begin{aligned} w(x) = \; & (c_1\cos\lambda x + c_2\sin\lambda x)\exp(-\lambda x) \\ & + (c_3\cos\lambda x + c_4\sin\lambda x)\exp(\lambda x), \end{aligned} \tag{64}$$

und der partikulären Lösung der inhomogenen Gleichung. Es gilt das Superpositionsprinzip. Die Integrationskonstanten $c_1, \ldots, c_4$ werden aus Randbedingungen für w, w', w'' (Biegemoment) und w''' (Querkraft) bestimmt.

Beispiel 5-8: Bei einer unendlich langen Eisenbahnschiene mit einer Einzelkraft F an der Stelle $x = 0$ ist $w(-x) = w(x)$, und im Bereich $x \geqq 0$ ist

$$w(x) = \frac{F\lambda}{K\sqrt{2}}\exp(-\lambda x)\sin\left(\lambda x + \frac{\pi}{4}\right).$$

Das bei $x = 0$ maximale Biegemoment ist $M_{y\max} = F/(4\lambda)$.

Zahlreiche andere spezielle Lösungen siehe in [12–14].

5.7.5 Biegung von Stäben aus Verbundwerkstoff

Stäbe mit Querschnitten nach Bild 5-23 haben die Differentialgleichung der Biegelinie

$$w''(x) = \frac{-M(x)\sum E_i A_i}{(\sum E_i I_{yi})\,(\sum E_i A_i) - (\sum E_i z_{Si} A_i)^2} \tag{65}$$

Der Ausdruck auf der rechten Seite ist die mit -1 multiplizierte Krümmung $1/\varrho(x)$ von (49). Die Gleichung hat dieselbe Form wie (62) und wird mit denselben Rechenschritten gelöst.

Spannbeton mit Verbund. Bei Spannbetonstäben nach Bild 5-24 lautet die Differentialgleichung der Biegelinie:

$$\begin{aligned} w''(x) = & -[(M_y(x) - \textstyle\sum \sigma_{0i} z_{Si} A_i)(\sum E_i A_i) \\ & + (\textstyle\sum \sigma_{0i} A_i)(\sum E_i z_{Si} A_i)]/ \\ & [(\textstyle\sum E_i I_{yi})(\sum E_i A_i) - (\sum E_i z_{Si} A_i)^2]. \end{aligned} \tag{66}$$

Der Ausdruck auf der rechten Seite ist die mit -1 multiplizierte Krümmung $1/\varrho(x)$ von (49). Die Gleichung hat dieselbe Form wie (62) und wird mit denselben Rechenschritten gelöst. Für $M_y(x) \equiv 0$ erhält man die Durchbiegung im Zustand von Bild 5-24b.

5.7.6 Querkraftbiegung

Der Beitrag der Querkraft $Q_z(x)$ zur Durchbiegung eines Stabes wird $w_Q(x)$ genannt. Bei gleichmäßiger Verteilung der Schubspannung im Stabquerschnitt wäre $w_Q' = Q_z/(GA)$. Wegen der tatsächlich ungleichmäßigen Verteilung nach (56) gilt mit der Querschubzahl $\varkappa_z$ von (31)

$$w_Q'(x) = \varkappa_z \frac{Q_z(x)}{GA(x)}. \tag{67}$$

Entsprechend gilt für die Verschiebung v_Q in y-Richtung

$$v_Q'(x) = \varkappa_y \frac{Q_y(x)}{GA(x)}.$$

Tabelle 5-7. Biegelinien und Neigungen von statisch bestimmten und statisch unbestimmten Stäben. Bei den statisch unbestimmten Stäben sind Auflagerreaktionen F_B und M_B angegeben. Abkürzungen: $\xi = x/l$, $\xi_1 = x_1/l$, $\alpha = a/l$, $\beta = b/l$; W ist jeweils unter der Abbildung erklärt. Das Symbol ⓣ weist auf extremale Durchbiegungen w_m hin, die in der Tabelle angegeben sind.

Nr.	Biegestab mit Lagerung und Belastung	Biegelinie $w(\xi)$ oder $w(\xi_1)$ Lagerreaktionen F_B und M_B bei statisch unbestimmter Lagerung	Durchbiegungen w_A, w_B, w_C größte Durchbiegungen w_m w_m tritt bei $\xi = \xi_m$ auf	Neigungen w'_A, w'_B, w'_C $w' = dw/dx$
1	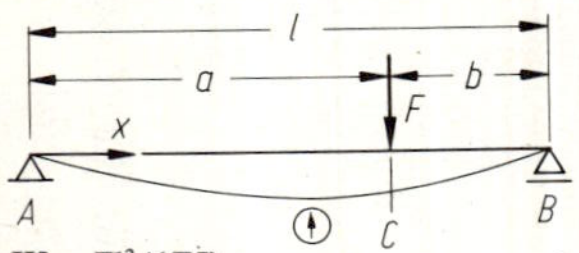 $W = Fl^3/(EI)$	$w = \begin{cases} W\beta\xi(1-\beta^2-\xi^2)/6 & \xi \leqq \alpha \\ W\alpha(1-\xi)[1-\alpha^2-(1-\xi)^2]/6 & \xi \geqq \alpha \end{cases}$	$w_C = W\alpha^2\beta^2/3$ für $a \geqq b$: $w_m = W\beta\xi_m^3/3$ $\xi_m = \sqrt{(1-\beta^2)/3}$	$w'_A = (W/l)\,\beta(1-\beta^2)/6$ $w'_B = -(W/l)\,\alpha(1-\alpha^2)/6$ $w'_C = (W/l)\,\alpha\beta(\beta-\alpha)/3$
		für $a = b$: $w = W\xi(3-4\xi^2)/48$ $\quad \xi \leqq 1/2$	$w_m = w_C = W/48$	$w'_A = -w'_B = W/(16l)$
2	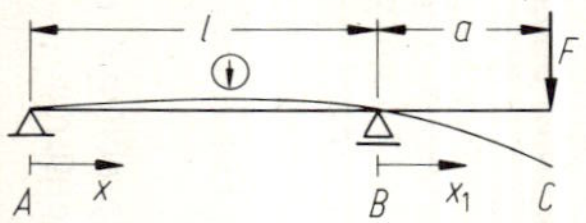 $W = Fl^3/(EI)$	$w = \begin{cases} -W\alpha\xi(1-\xi^2)/6 & \xi \leqq 1 \\ W\xi_1[\alpha(2+3\xi_1)-\xi_1^2]/6 & \xi_1 \geqq 0 \end{cases}$	$w_C = W\alpha^2(1+\alpha)/3$ $w_m = -W\alpha\sqrt{3}/27$ $\xi_m = \sqrt{1/3}$	$w'_C = (W/l)\,\alpha(2+3\alpha)/6$ $w'_B = -2w'_A = W\alpha/(3l)$
3	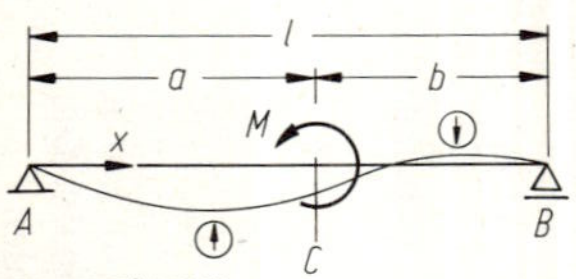 $W = Ml^2/(EI)$	$w = \begin{cases} W\xi(1-3\beta^2-\xi^2)/6 & \xi \leqq \alpha \\ W(1-\xi)(3\alpha^2-2\xi+\xi^2)/6 & \xi \geqq \alpha \end{cases}$	$w_C = W\alpha\beta(\alpha-\beta)/3$ $w_{m1} = W\xi_{m1}^3/3$, $\quad \xi_{m1} = \sqrt{1/3-\beta^2}$ $w_{m2} = -W(1-\xi_{m2})^3/3$ $\xi_{m2} = 1-\sqrt{1/3-\alpha^2}$	$w'_A = W(1-3\beta^2)/(6l)$ $w'_B = W(1-3\alpha^2)/(6l)$ $w'_C = -W(1-3\alpha\beta)/(3l)$
		für $a = l$: $w = W\xi(1-\xi^2)/6$	$w_m = W\sqrt{3}/27$, $\quad \xi_m = \sqrt{1/3}$	$w'_B = -2w'_A = -W/(3l)$
4	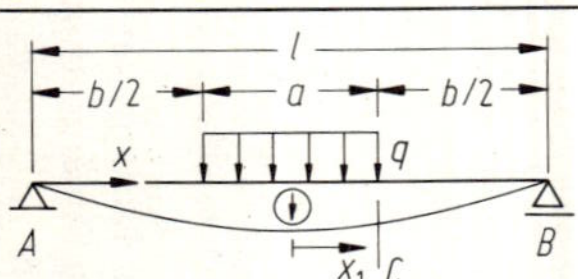 $W = ql^4/(EI)$	$w = \begin{cases} W[(1-\beta^2)(5-\beta^2-24\xi_1^2)+16\xi_1^4]/384 & \lvert\xi_1\rvert \leqq \alpha/2 \\ W\alpha(1-2\xi_1)[4\xi_1(1-\xi_1)+2-\alpha^2]/96 & \xi_1 \geqq \alpha/2 \end{cases}$	$w_C = W\alpha\beta(1+\alpha\beta)/48$ $w_m = W(1-\beta^2)(5-\beta^2)/384$	$w'_C = -(W/l)\,\alpha^2(3-2\alpha)/24$ $w'_B = -(W/l)\,\alpha(3-\alpha^2)/48$
		für $a = l$: $w = W(5-24\xi_1^2+16\xi_1^4)/384$ $= W\xi(1-\xi)(1+\xi-\xi^2)/24$	$w_m = 5W/384$	$w'_A = -w'_B = W/(24l)$
5	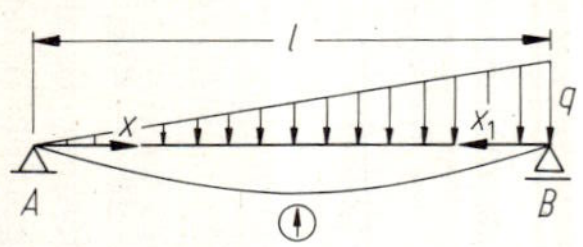 $W = ql^4/(EI)$	$w = W\xi(7-10\xi^2+3\xi^4)/360$ $= W\xi_1(8-20\xi_1^2+15\xi_1^3-3\xi_1^4)/360$	$w_m \approx W/153$ $\xi_m \approx 0{,}52$	$w'_A = 7W/(360l)$ $w'_B = -8W/(360l)$

Nr.	Biegestab mit Lagerung und Belastung	Biegelinie $w(\xi)$ oder $w(\xi_1)$ Lagerreaktionen F_B und M_B bei statisch unbestimmter Lagerung	Durchbiegungen w_A, w_B, w_C größte Durchbiegungen w_m w_m tritt bei $\xi = \xi_m$ auf	Neigungen w'_A, w'_B, w'_C $w' = dw/dx$
6	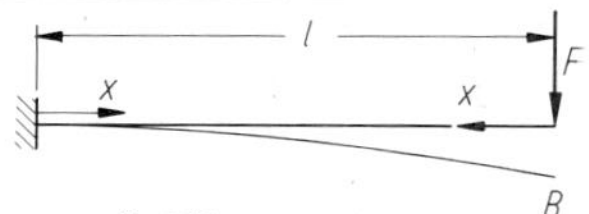 $W = Fl^3/(EI)$	$w = W\xi^2(3 - \xi)/6$ $= W(2 - 3\xi_1 + \xi_1^3)/6$	$w_B = W/3$	$w'_B = W/(2l)$
7	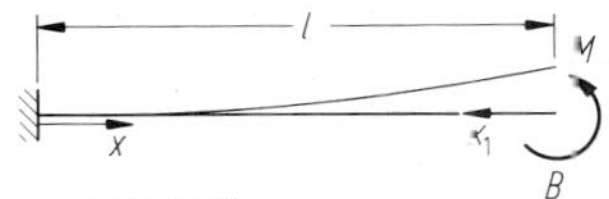 $W = Ml^2/(EI)$	$w = -W\xi^2/2$ $= -W(1 - \xi_1)^2/2$	$w_B = -W/2$	$w'_B = -W/l$
8	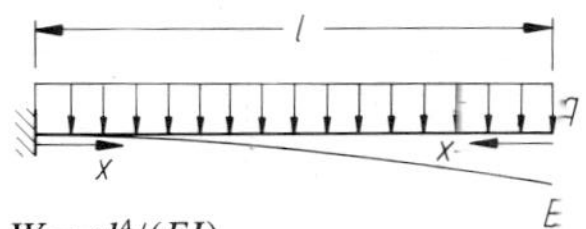 $W = ql^4/(EI)$	$w = W\xi^2(6 - 4\xi + \xi^2)/24$ $= W(3 - 4\xi_1 + \xi_1^4)/24$	$w_B = W/8$	$w'_B = W/(6l)$
9	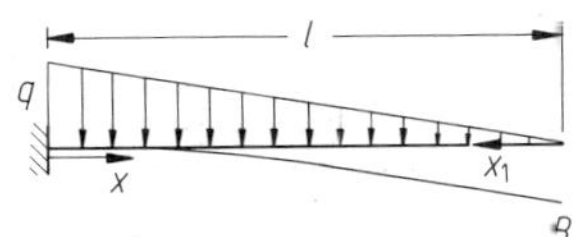 $W = ql^4/(EI)$	$w = W\xi^2(10 - 10\xi + 5\xi^2 - \xi^3)/120$ $= W(4 - 5\xi_1 + \xi_1^5)/120$	$w_B = W/30$	$w'_B = W/(24l)$
10	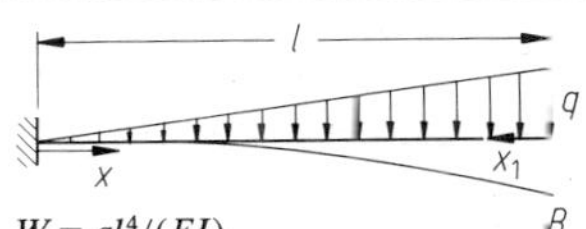 $W = ql^4/(EI)$	$w = W\xi^2(20 - 10\xi + \xi^3)/120$ $= W(11 - 15\xi_1 + 5\xi_1^4 - \xi_1^5)/120$	$w_B = 11W/120$	$w'_B = W/(8l)$

Tabelle 5-7 (Fortsetzung)

Nr.	Biegestab mit Lagerung und Belastung	Biegelinie $w(\xi)$ oder $w(\xi_1)$ Lagerreaktionen F_B und M_B bei statisch unbestimmter Lagerung	Durchbiegungen w_A, w_B, w_C größte Durchbiegungen w_m w_m tritt bei $\xi = \xi_m$ auf	Neigungen w'_A, w'_B, w'_C $w' = dw/dx$
11	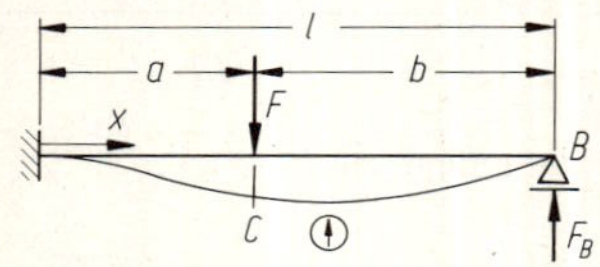 $W = Fl^3/(EI)$	$w = \begin{cases} W\beta\xi^2[3(1-\beta)^2 - (3-\beta^2)\,\xi]/12 & \xi \leqq \alpha \\ W\alpha^2(1-\xi)[(3-\alpha)\,\xi(2-\xi) - 2\alpha]/12 & \xi \geqq \alpha \end{cases}$ $F_B = F\alpha^2(1+\beta/2)$	$w_C = W\beta^2\alpha^3(4-\alpha)/12$ $\alpha \leqq 2 - \sqrt{2}$: $w_m = W\alpha^2\beta\sqrt{\beta/(3-\alpha)}\,/6$ $\xi_m = 1 - \sqrt{1 - \beta/(3-\alpha)}$ $\alpha \geqq 2 - \sqrt{2}$: $w_m = W\beta^2(1-\beta^2)^2/[3(3-\beta^2)]$ $\xi_m = 2(1-\beta^2)/(3-\beta^2)$	$w'_C = W\beta\alpha^2(\alpha^2 - 4\alpha + 2)/(4l)$ $w'_B = -W\beta\alpha^2/(4l)$
12	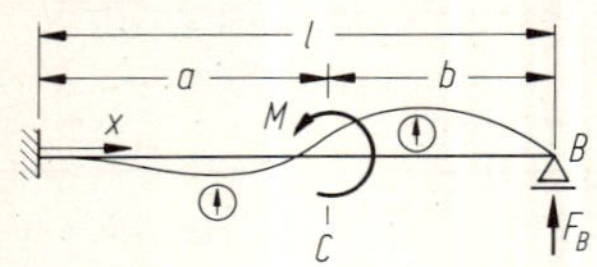 $W = Ml^2/(EI)$	$w = \begin{cases} -W\xi^2[2 - (1-\beta^2)(3-\xi)]/4 & \xi \leqq \alpha \\ -W\alpha(1-\xi)[(2-\alpha)\,\xi(2-\xi) - 2\alpha]/4 & \xi \geqq \alpha \end{cases}$ $F_B = -3(M/l)(1-\beta^2)/2$	$w_C = -W\beta\alpha^2(\alpha^2 - 4\alpha + 2)/4$ $w_{m1} = W(1/3 - \beta^2)^3/(1-\beta^2)^2$ $\xi_{m1} = 2(1/3 - \beta^2)/(1-\beta^2)$ $w_{m2} = -W\alpha\sqrt{(\beta - 1/3)^3/(\beta+1)}\,/2$ $\xi_{m2} = 1 - \sqrt{(\beta - 1/3)/(\beta+1)}$	$w'_C = W\alpha(3\beta^2 - 1)/(4l)$ $w'_B = W\alpha(3\beta - 1)/(4l)$
13	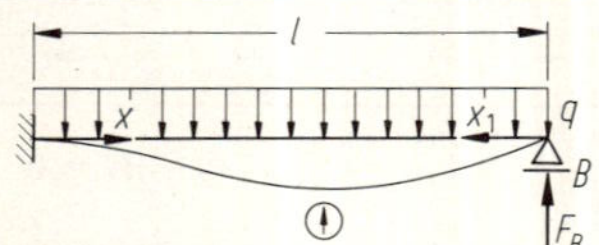 $W = ql^4/(EI)$	$w = W\xi^2(1-\xi)(3-2\xi)/48$ $= W\xi_1(1-\xi_1)^2(1+2\xi_1)/48$ $F_B = 3ql/8$	$w_m = W/185$ $\xi_m \approx 0{,}58$	$w'_B = -W/(48l)$
14	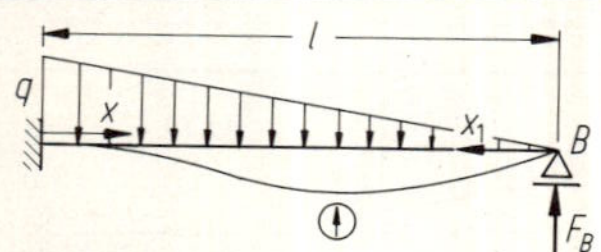 $W = ql^4/(EI)$	$w = W\xi^2(1-\xi)(2-\xi)^2/120$ $= W\xi_1(1-\xi_1^2)^2/120$ $F_B = ql/10$	$w_m = W/419$ $\xi_m = 1 - 1/\sqrt{5} \approx 0{,}55$	$w'_B = -W/(120l)$

Nr.	Biegestab mit Lagerung und Belastung	Biegelinie $w(\xi)$ oder $w(\xi_1)$ Lagerreaktionen F_B und M_B bei statisch unbestimmter Lagerung	Durchbiegungen w_A, w_B, w_C größte Durchbiegungen w_m w_m tritt bei $\xi = \xi_m$ auf	Neigungen w'_A, w'_B, w'_C $w' = dw/dx$
15	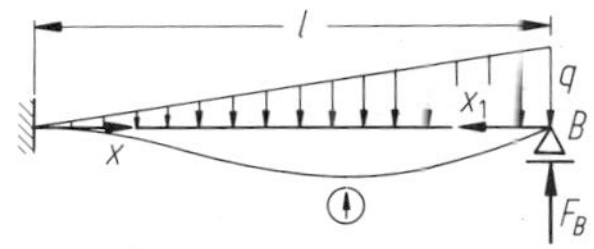 $W = ql^4/(EI)$	$w = W\xi^2(1-\xi)(7-2\xi-2\xi^2)/240$ $= W\xi_1(1-\xi_1)^2(3+6\xi_1-2\xi_1^2)/240$ $F_B = 11ql/40$	$w_m = W/328$ $\xi_m \approx 0{,}60$	$w'_B = -W/(80l)$
16	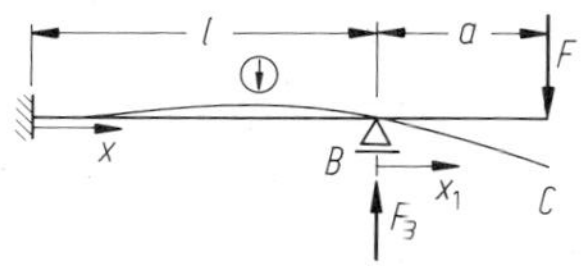 $W = Fl^3/(EI)$	$w = \begin{cases} -W\alpha\xi^2(1-\xi)/4 & \xi \leqq 1 \\ W\xi_1[6\alpha+\xi_1(3\alpha-\xi_1)]/24 & \xi_1 \geqq 0 \end{cases}$ $F_B = F(1+3\alpha/2)$	$w_C = W\alpha^2(3+\alpha)/12$ $w_m = -W\alpha/27$ $\xi_m = 2/3$	$w'_C = W\alpha(2+\alpha)/(8l)$ $w'_B = W\alpha/(4l)$
17	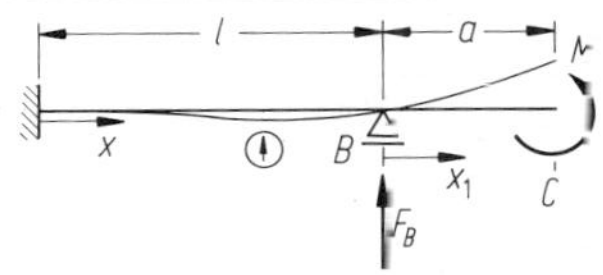 $W = Ml^2/(EI)$	$w = \begin{cases} W\xi^2(1-\xi)/4 & \xi \leqq 1 \\ -W\xi_1(1+2\xi_1)/4 & \xi_1 \geqq 0 \end{cases}$ $F_B = -3M/(2l)$	$w_C = -W\alpha(1+2\alpha)/4$ $w_m = W/27$ $\xi_m = 2/3$	$w'_C = -W(1+4\alpha)/(4l)$ $w'_B = -W/(4l)$
18	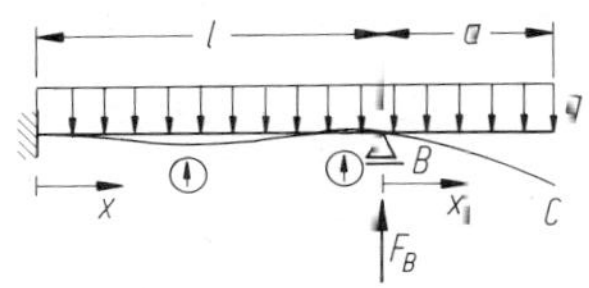 $W = ql^4/(EI)$	$w = \begin{cases} W\xi^2(1-\xi)[3(1-2\alpha^2)-2\xi]/48 & \xi \leqq 1 \\ W\xi_1[6\alpha^2-1+2\xi_1(6\alpha^2-4\alpha\xi_1+\xi_1^2)]/48 & \xi_1 \geqq 0 \end{cases}$ $F_B = ql(3+8\alpha+6\alpha^2)/8$	$w_C = W\alpha(5\alpha^3+6\alpha^2-1)/48$ Extrema zwischen A und B bei $\xi_m = \left[3(2+\lambda) \pm \sqrt{9(2+\lambda)^2-64\lambda}\right]/16$ mit $\lambda = 3(1-2\alpha^2)$ (zwei Extrema nur für $\sqrt{1/6} \leqq \alpha \leqq \sqrt{1/2}$) Extremum zwischen B und C nur für $0{,}34 \leqq \alpha \leqq \sqrt{1/6}$	$w'_C = W(8\alpha^3+6\alpha^2-1)/(48l)$ $w'_B = W(6\alpha^2-1)/(48l)$

Tabelle 5-7 (Fortsetzung)

Nr.	Biegestab mit Lagerung und Belastung	Biegelinie $w(\xi)$ oder $w(\xi_1)$ Lagerreaktionen F_B und M_B bei statisch unbestimmter Lagerung	Durchbiegungen w_A, w_B, w_C größte Durchbiegungen w_m w_m tritt bei $\xi = \xi_m$ auf	Neigungen w'_A, w'_B, w'_C $w' = dw/dx$
19	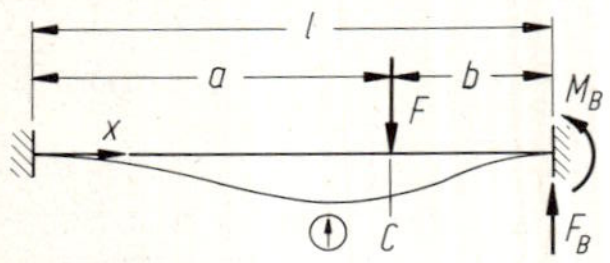 $W = Fl^3/(EI)$	$w = \begin{cases} W\beta^2\xi^2[3\alpha - (1+2\alpha)\xi]/6 & \xi \leqq \alpha \\ W\alpha^2(1-\xi)^2[-\alpha + (1+2\beta)\xi]/6 & \xi \geqq \alpha \end{cases}$ $F_B = F\alpha^2(1+2\beta)$, $M_B = -Fl\alpha^2\beta$	$w_C = W\alpha^3\beta^3/3$ $a > b$: $w_m = W \cdot 2\alpha^3\beta^2/[3(1+2\alpha)^2]$ $\xi_m = 2\alpha/(1+2\alpha)$	$w'_C = W\alpha^2\beta^2(\beta - \alpha)/(2l)$
20	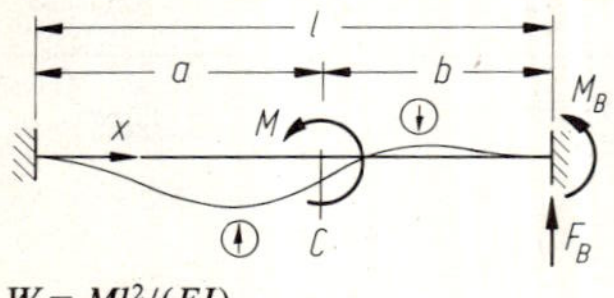 $W = Ml^2/(EI)$	$w = \begin{cases} -W\beta\xi^2(1 - 3\alpha + 2\alpha\xi)/2 & \xi \leqq \alpha \\ -W\alpha(1-\xi)^2(2\beta\xi - \alpha)/2 & \xi \geqq \alpha \end{cases}$ $F_B = -6\alpha\beta M/l$, $M_B = M\alpha(2 - 3\alpha)$	$w_C = -W\alpha^2\beta^2(\beta - \alpha)/2$ $w_{m1} = W\beta(3\alpha - 1)^3/(54\alpha^2)$ $\xi_{m1} = (\alpha - 1/3)/\alpha$ $w_{m2} = -W\alpha(3\beta - 1)^3/(54\beta^2)$ $\xi_{m2} = 1/(3\beta)$	$w'_C = -(W/l)\,\alpha\beta(1 - 3\alpha\beta)$
21	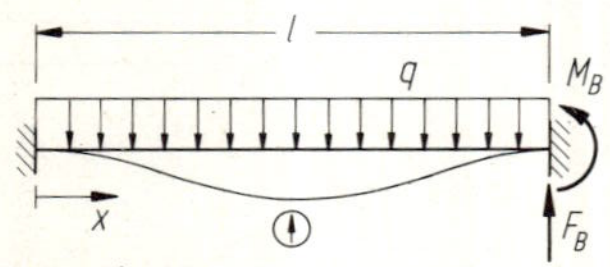 $W = ql^4/(EI)$	$w = W\xi^2(1-\xi)^2/24$ $F_B = ql/2$, $M_B = -ql^2/12$	$w_m = W/384$ $\xi_m = 1/2$	
22	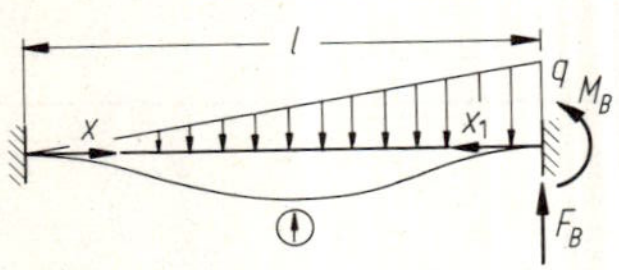 $W = ql^4/(EI)$	$w = W\xi^2(1-\xi)^2(2+\xi)/120$ $= W\xi_1^2(1-\xi_1)^2(3-\xi_1)/120$ $F_B = 7ql/20$, $M_B = -ql^2/20$	$w_m = W/764$ $\xi_m \approx 0{,}525$	

Im Fall $GA = \text{const}$ sind die Verschiebungen selbst wegen (39) und (40)

$$w_Q(x) = \varkappa_z \frac{M_y(x)}{GA} + \text{const} \quad \text{und}$$

$$v_Q(x) = -\varkappa_y \frac{M_z(x)}{GA} + \text{const}.$$

Die gesamte Durchbiegung in z-Richtung infolge $M_y(x)$ und $Q_z(x)$ ist $w_{\text{ges}}(x) = w(x) + w_Q(x)$ mit $w(x)$ aus (62). Bei langen, dünnen Stäben ist w_Q gegen w vernachlässigbar klein. Zum Beispiel ist das Verhältnis w_Q/w am freien Ende eines einseitig eingespannten Stabes der Länge l mit Rechteckquerschnitt der Höhe h gleich

$$\frac{0{,}3E}{G} \frac{h^2}{l^2} \approx \frac{h^2}{l^2}.$$

5.7.7 Torsion ohne Wölbbehinderung (Saint-Venant-Torsion)

Der Drehwinkel des Stabquerschnitts an der Stelle x heißt $\varphi(x)$. Die Drehung erfolgt um den Schubmittelpunkt. Die Ableitung $\varphi'(x) = \mathrm{d}\varphi/\mathrm{d}x$ heißt *Drillung* des Stabes. Zum Torsionsmoment $M_T(x)$ besteht die Beziehung

$$\varphi'(x) = \frac{M_T(x)}{GI_T(x)}. \tag{68}$$

GI_T heißt *Torsionssteifigkeit* des Stabes. Die Gleichung ist gültig für Stäbe, deren Querschnitte bei Torsion eben bleiben (Wölbwiderstand $C_M = 0$). Für Stäbe mit $C_M \neq 0$ gilt sie nur, wenn die Querschnittverwölbung nicht behindert wird. Das setzt Gabellager und $M_T(x) = \text{const}$ voraus. Die Wölbbehinderung durch Lager ist ein lokaler, mit wachsender Entfernung vom Lager schnell abklingender Effekt. Bei langen, dünnen Stäben kann sie häufig vernachlässigt werden.

Ein Stab der Länge l mit $M_T/(GI_T) = \text{const}$ hat den Verdrehwinkel $\varphi = M_T l/(GI_T)$ der Endquerschnitte. Sehr lange Stäbe, wie z. B. Bohrstangen bei Tiefbohrungen, können um mehrere Umdrehungen tordiert sein.

Angaben über Torsionsflächenmomente I_T von Stabquerschnitten siehe in 5.4.5 und in Tabelle 5-5.

5.7.8 Torsion mit Wölbbehinderung

Bei Stäben mit einem Wölbwiderstand $C_M \neq 0$ entstehen Wölbbehinderungen lokal durch Lager und im Fall $M_T(x) \neq \text{const}$ im ganzen Stab durch gegenseitige Beeinflussung benachbarter Querschnitte. Mit x veränderliche Torsionsmomente treten z. B. an Fahrbahnen von Brücken auf, wenn Eigengewicht und Verkehrslasten ein Moment um den Schubmittelpunkt des Fahrbahnquerschnitts erzeugen. Für die Drillung $\varphi'(x)$ und den Verdrehwinkel $\varphi(x)$ gilt

$$-\varphi''' + \lambda^2 \varphi' = \frac{M_T(x)}{EC_M}, \quad \lambda^2 = \frac{GI_T}{EC_M}. \tag{69}$$

Die Lösung hat die allgemeine Form

$$\varphi(x) = c_1 \cosh \lambda x + c_2 \sinh \lambda x + c_3 + \varphi_{\text{part}}(x) \tag{70}$$

mit Integrationskonstanten c_1, c_2 und c_3 und mit der partikulären Lösung $\varphi_{\text{part}}(x)$. Für $M_T(x) = M_{T0}$ und für $M_T(x) = mx + M_{T0}$ mit Konstanten M_{T0} und m ist $\varphi_{\text{part}}(x) = xM_{T0}/(GI_T)$ bzw.

$$\varphi_{\text{part}}(x) = \frac{x^2 m}{2GI_T} + \frac{xM_{T0}}{GI_T}.$$

Die Integrationskonstanten in (70) werden aus Randbedingungen bestimmt. Randbedingungen betreffen φ, φ' und φ''. Die wichtigsten Randbedingungen sind $\varphi = 0$ an festen Einspannungen und an Gabellagern, $\varphi' = 0$ an Stellen mit ganz unterdrückter Verwölbung (feste Einspannungen und aufgeschweißte starre Platten an freien Enden) und $\varphi'' = 0$ an Stellen ohne Längsspannung (freie Enden und Gabellager).

Beispiel 5-9: Für einen Stab mit fester Einspannung bei $x = 0$ und freiem Ende bei $x = l$ ist im Fall $M_T = \text{const}$

$$\varphi(x) = \frac{M_T}{GI_T} \left\{ x + \frac{1}{\lambda} [\tanh \lambda l (\cosh \lambda x - 1) - \sinh \lambda x] \right\}.$$

Bei mehrfeldrigen Stäben mit verschiedenen Lösungen (70) in verschiedenen Feldern hat jedes Feld Randbedingungen (z. B. die Bedingung, daß $\varphi(x)$ beiderseits einer Feldgrenze gleich ist). Lösungen zu vielen praktischen Fällen siehe in [9, 10].

Bei Stäben mit einfach berandeten Querschnitten aus dünnen Stegen (siehe Bild 5-11) ist die axiale Verschiebung $u(x, s) = \varphi'(x)\, \omega^*(s)$ mit der Drillung $\varphi'(x)$ und derselben Funktion $\omega^*(s)$, wie in (37).

Beispiel 5-10: Bei einem dünnwandigen Kreisrohr mit Längsschlitz (Radius r, Wanddicke $t \ll r$) und mit $\varphi' = \text{const}$ verschieben sich die Schlitzufer axial gegeneinander um $2\pi r^2 \varphi'$.

5.8 Energiemethoden der Elastostatik

Die allgemeinen Sätze und Methoden dieses Abschnitts sind auf elastische Systeme anwendbar, die in beliebiger Weise aus Stäben, Scheiben, Platten, Schalen und dreidimensionalen Körpern zusammengesetzt sind. Kräfte und Momente werden unter dem Oberbegriff *generalisierte Kraft F* zusammengefaßt; ebenso Verschiebungen und

Drehwinkel unter dem Oberbegriff *generalisierte Verschiebung w*.

5.8.1 Formänderungsenergie. Äußere Arbeit

Formänderungsenergie. In einem ruhenden, linear elastischen System ist Energie gespeichert. Bei konstanter Temperatur ist die Energie nur vom Spannungszustand abhängig und nicht davon, wie der Zustand entstanden ist. Sie ist also eine potentielle Energie. Sie heißt *Formänderungsenergie U* des Körpers. Durch Spannungen und Verzerrungen ausgedrückt ist (Integration über das gesamte Volumen V)

$$\begin{aligned} U &= \frac{1}{2}\int_V (\sigma_x\varepsilon_x + \sigma_y\varepsilon_y + \sigma_z\varepsilon_z \\ &\quad + \tau_{xy}\gamma_{xy} + \tau_{yz}\gamma_{yz} + \tau_{zx}\gamma_{zx})\,\mathrm{d}V \\ &= \frac{1}{2}\int_V \Big\{\frac{1}{E}[\sigma_x^2 + \sigma_y^2 + \sigma_z^2 \\ &\quad - 2\nu(\sigma_x\sigma_y + \sigma_y\sigma_z + \sigma_z\sigma_x)] \\ &\quad + \frac{1}{G}(\tau_{xy}^2 + \tau_{yz}^2 + \tau_{zx}^2)\Big\}\,\mathrm{d}V \\ &= \frac{E}{2(1+\nu)}\int_V \Big[\frac{\nu}{1-2\nu}(\varepsilon_x + \varepsilon_y + \varepsilon_z)^2 \\ &\quad + \varepsilon_x^2 + \varepsilon_y^2 + \varepsilon_z^2 \\ &\quad + \frac{1}{2}(\gamma_{xy}^2 + \gamma_{yz}^2 + \gamma_{zx}^2)\Big]\,\mathrm{d}V. \end{aligned} \tag{71}$$

Daraus folgt $U \geqq 0$; $U = 0$ nur bei völlig spannungsfreiem Körper. Für Stabsysteme ist U als Funktion der Schnittgrößen

$$\begin{aligned} U &= \frac{1}{2}\sum_i \int_0^{l_i} \Big[\frac{N^2(x)}{EA(x)} + \frac{M_y^2(x)}{EI_y(x)} + \frac{M_z^2(x)}{EI_z(x)} \\ &\quad + \varkappa_y(x)\frac{Q_y^2(x)}{GA(x)} + \varkappa_z(x)\frac{Q_z^2(x)}{GA(x)} \\ &\quad + \frac{M_\mathrm{T}^2(x)}{GI_\mathrm{T}(x)}\Big]\,\mathrm{d}x \end{aligned} \tag{72}$$

(Summation über alle Stäbe; Integration über die Stablängen). Ein Sonderfall hiervon sind Fachwerke (siehe 2.3) mit $N_i = \mathrm{const}$, $E_iA_i = \mathrm{const}$ in Stab i. In einem Fachwerk aus n Stäben ist die Formänderungsenergie

$$U = \frac{1}{2}\sum_{i=1}^{n}\frac{N_i^2 l_i}{E_iA_i}. \tag{73}$$

In Biegestäben und Platten kann U als Funktion von Durchbiegungen ausgedrückt werden (siehe 5.8.8 und 5.10.2).

Äußere Arbeit. Wenn äußere eingeprägte Kräfte ein anfangs spannungsfreies elastisches System bei konstanter Temperatur quasistatisch verformen, dann ist die äußere Arbeit W_a der Kräfte gleich der Formänderungsenergie U. Daraus folgt u. a., daß der Spannungszustand und der Verzerrungszustand am Ende der Belastung unabhängig von der Reihenfolge ist, in der die Kräfte aufgebracht werden.
Im Fall von generalisierten Einzelkräften $F_1, \ldots, F_n$ (äußere eingeprägte Kräfte oder Momente) ist

$$W_\mathrm{a} = U = \frac{1}{2}\sum_{i=1}^{n} F_i w_i, \tag{74}$$

wobei w_i die durch $F_1, \ldots, F_n$ verursachte Komponente der generalisierten Verschiebung am Ort und in Richtung von F_i ist (ein Drehwinkel, wenn F_i ein Moment ist).

5.8.2 Das Prinzip der virtuellen Arbeit

Das *Prinzip der virtuellen Arbeit* lautet: Bei einer virtuellen Verschiebung eines ideal elastischen Systems aus einer Gleichgewichtslage (das ist der deformierte Zustand unter äußeren eingeprägten Kräften) ist die virtuelle Arbeit δW_a der äußeren eingeprägten Kräfte gleich der virtuellen Änderung δU von U,

$$\delta W_\mathrm{a} = \delta U. \tag{75}$$

Aus diesem Prinzip folgen u. a. die Sätze in 5.8.3, 5.8.4 und 5.8.7 sowie der folgende *Satz vom stationären Wert der potentiellen Energie.* Im Sonderfall eines konservativen Systems haben die äußeren Kräfte ein Potential Π_a, so daß $\delta W_\mathrm{a} = -\delta\Pi_\mathrm{a}$ und folglich

$$\delta(\Pi_\mathrm{a} + U) = 0 \tag{76}$$

ist. Also hat das Gesamtpotential $\Pi_\mathrm{a} + U$ in Gleichgewichtslagen einen stationären Wert (Minimum, Maximum oder Sattelpunkt). In stabilen Gleichgewichtslagen hat es ein Minimum (siehe 2.6).

Beispiel 5-11: Zwei Stäbe (Längen l_1 und l_2, Längsfederkonstanten $k_1 = E_1A_1/l_1$ und $k_2 = E_2A_2/l_2$) werden nach Bild 5-30 zwischen starre Lager im Abstand $l = l_1 + l_2 - \Delta l$ mit $\Delta l > 0$ gezwängt. Ihre Verkürzungen Δl_1 und Δl_2 werden aus

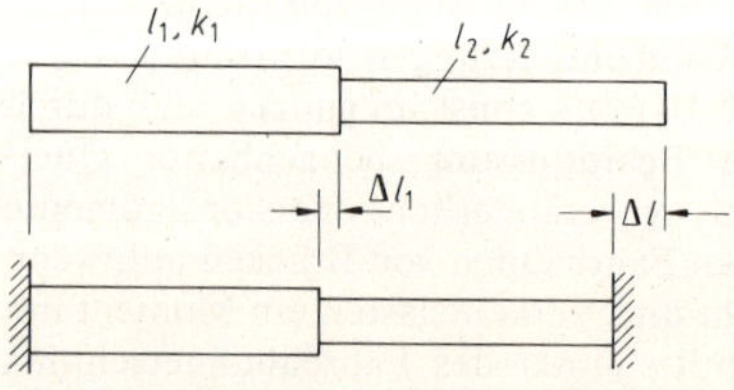

Bild 5-30. Druckstab zwischen starren Lagern.

dem Satz vom stationären Wert der potentiellen Energie wie folgt berechnet.

$$U = [k_1(\Delta l_1)^2 + k_2(\Delta l_2)^2]/2\,,$$

$\Pi_a = 0$ (weil die Lager starr sind). Mit der Nebenbedingung $f = \Delta l_1 + \Delta l_2 - \Delta l = 0$ und mit einem Lagrangeschen Multiplikator λ lauten die Stationaritätsbedingungen $\partial(U + \lambda f)/\partial(\Delta l_i) = k_i \Delta l_i + \lambda = 0$, $i = 1, 2$. Daraus folgt $\Delta l_1 = \Delta l k_2/(k_1 + k_2)$, $\Delta l_2 = \Delta l k_1/(k_1 + k_2)$

Weitere Anwendungen siehe in 5.8.8.

5.8.3 Arbeitsgleichung oder Verfahren mit einer Hilfskraft

Bei einem statisch bestimmten oder unbestimmten Stabsystem wird die generalisierte Verschiebung w (an einer beliebigen Stelle und in beliebiger Richtung) infolge einer gegebenen äußeren Belastung und einer gegebenen Temperaturänderung aus der *Arbeitsgleichung* berechnet:

$$\begin{aligned} w\bar{F} = \sum_i \int_0^{l_i} \Bigg[&\frac{N(x)\,\bar{N}(x)}{EA(x)} + \frac{M_y(x)\,\bar{M}_y(x)}{EI_y(x)} \\ &+ \frac{M_z(x)\,\bar{M}_z(x)}{EI_z(x)} + \varkappa_y(x)\,\frac{Q_y(x)\,\bar{Q}_y(x)}{GA(x)} \\ &+ \varkappa_z(x)\,\frac{Q_z(x)\,\bar{Q}_z(x)}{GA(x)} + \frac{M_T(x)\,\bar{M}_T(x)}{GI_T(x)} \\ &+ \alpha\,\Delta T(x)\,\bar{N}(x)\Bigg]\,dx\,. \end{aligned} \tag{77}$$

$\bar{F}$ ist eine generalisierte Hilfskraft beliebiger Größe am Ort und in Richtung von w (ein Hilfsmoment, wenn w ein Drehwinkel ist); die quergestrichenen Funktionen $\bar{N}(x)$, $\bar{M}_y(x)$ usw. sind die Schnittgrößen bei Belastung durch $\bar{F}$ allein, und die nicht gestrichenen $N(x)$, $M_y(x)$ usw. sind diejenigen unter der tatsächlichen äußeren Belastung durch Einzelkräfte, Streckenlasten usw.; $\Delta T(x)$ ist die gegebene Temperaturänderung; an der Stelle x muß sie über den Stabquerschnitt konstant sein.

Bei konstanten Nennerfunktionen sind alle Integrale in (77) vom Typ $\int_0^s P(x)\,K(x)\,dx$. Tabelle 5-8 gibt das Integral für verschiedene graphisch dargestellte Funktionen $P(x)$ und $K(x)$ an.

Beispiel 5-12: In einem statisch bestimmten Fachwerk aus n Stäben mit Stabkräften $N_1, \ldots, N_n$ infolge gegebener Knotenlasten ist die Verschiebung w eines beliebig gewählten Knotens in einer beliebig gewählten Richtung

$$w = \frac{1}{\bar{F}} \sum_{i=1}^{n} \frac{N_i \bar{N}_i l_i}{E_i A_i}\,.$$

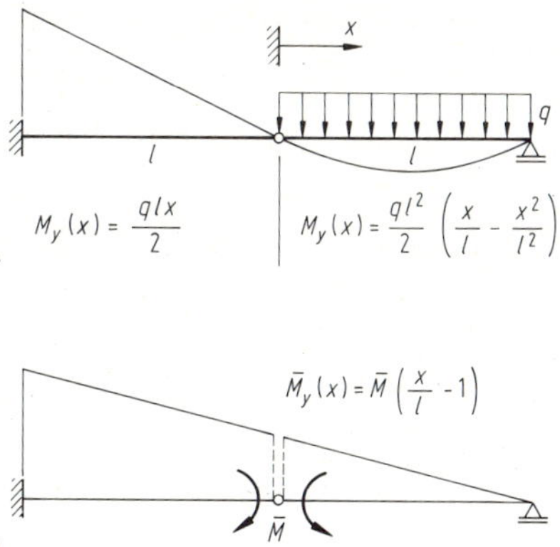

Bild 5-31. Biegestab.

Darin sind $\bar{N}_1, \ldots, \bar{N}_n$ die Stabkräfte infolge einer Hilfskraft $\bar{F}$ am Ort und in Richtung von w. Zur Verwendung von (77) bei statisch unbestimmten Systemen siehe 5.8.6.

Eine relative generalisierte Verschiebung w_{rel} zweier Punkte ein und desselben Systems kann entweder in zwei Schritten als Summe zweier entgegengesetzt gerichteter absoluter Verschiebungen berechnet werden oder wie folgt in einem Schritt. Man bringt an den sich relativ zueinander verschiebenden Stellen entgegengesetzt gerichtete, gleich große generalisierte Hilfskräfte an und setzt in (77) für $\bar{N}(x)$, $\bar{M}_y(x)$ usw. die Schnittgrößen infolge beider Hilfskräfte ein. Dann ist $w = w_{rel}$.

Beispiel 5-13: In Bild 5-31a wird der relative Drehwinkel φ der beiden Stabtangenten am Gelenk infolge der gegebenen Last q mit den Hilfsmomenten $\bar{M}$ von Bild 5-31b berechnet. Mit den angegebenen Funktionen $M_y(x)$ (vgl. Beispiel 5-6) und $\bar{M}_y(x)$ liefert (77) $\varphi = 3ql^3/(8EI_y)$.

Schwach gekrümmte Stäbe. Bei schwach gekrümmten Stäben ist die Biegespannung nach 5.5.6 angenähert so, wie bei geraden Stäben. Folglich gilt auch (77), wenn man dx durch das Element ds der Bogenlänge ersetzt.

Beispiel 5-14: Bei dem halbkreisförmigen Stab in Bild 5-32 ist $ds = R\,d\varphi$. Wenn z.B. der Drehwinkel α am freien Ende unter der Last F gesucht ist, werden das Biegemoment $M_y(\varphi) = FR\sin\varphi$ infolge F und das Biegemoment $\bar{M}_y(\varphi) \equiv \bar{M}$ infolge

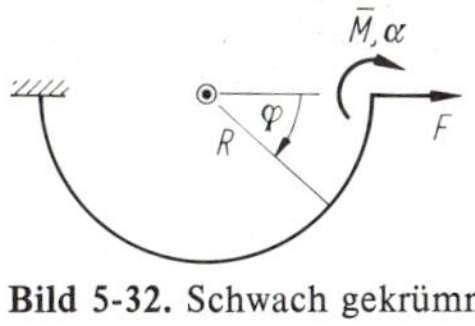

Bild 5-32. Schwach gekrümmter Biegestab.

Tabelle 5-8. Werte von Integralen $\int_0^s P(x)\,K(x)\,\mathrm{d}x$. Die Punkte ○ sind Scheitel von quadratischen Parabeln.

$P(x)$ \ $K(x)$	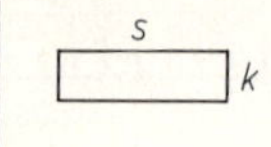	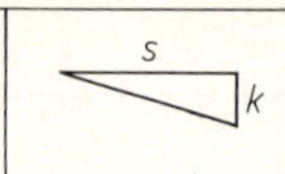	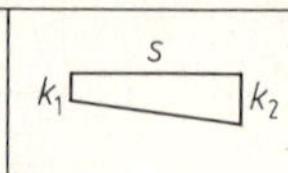	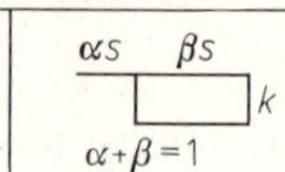	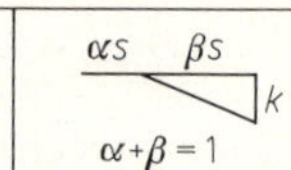	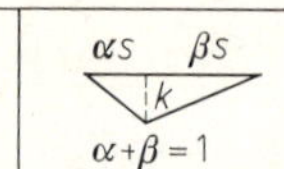
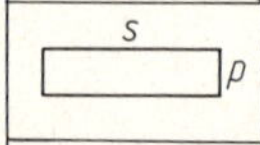	spk	$\frac{s}{2}pk$	$\frac{s}{2}p(k_1+k_2)$	$spk\beta$	$\frac{s}{2}pk\beta$	$\frac{s}{2}pk$
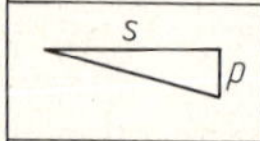	$\frac{s}{2}pk$	$\frac{s}{3}pk$	$\frac{s}{6}p(k_1+2k_2)$	$\frac{s}{2}pk(1-\alpha^2)$	$\frac{s}{6}pk\beta(3-\beta)$	$\frac{s}{6}pk(1+\alpha)$
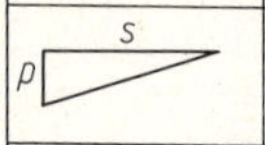	$\frac{s}{2}pk$	$\frac{s}{6}pk$	$\frac{s}{6}p(2k_1+k_2)$	$\frac{s}{2}pk\beta^2$	$\frac{s}{6}pk\beta^2$	$\frac{s}{6}pk(1+\beta)$
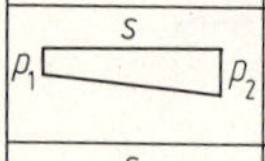	$\frac{s}{2}(p_1+p_2)k$	$\frac{s}{6}(p_1+2p_2)k$	$\frac{s}{6}[p_1(2k_1+k_2)+$ $+p_2(k_1+2k_2)]$	$\frac{s}{2}[p_1\beta^2+$ $+p_2(1-\alpha^2)]k$	$\frac{s}{6}[p_1\beta+$ $+p_2(3-\beta)]k\beta$	$\frac{s}{6}[p_1(1+\beta)+$ $+p_2(1+\alpha)]k$
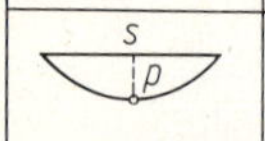	$\frac{2s}{3}pk$	$\frac{s}{3}pk$	$\frac{s}{3}p(k_1+k_2)$	$\frac{2s}{3}pk\beta^2(3-2\beta)$	$\frac{s}{3}pk\beta^2(2-\beta)$	$\frac{s}{3}pk(1+\alpha\beta)$
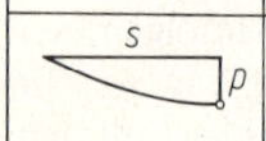	$\frac{2s}{3}pk$	$\frac{5s}{12}pk$	$\frac{s}{12}p(3k_1+5k_2)$	$\frac{s}{3}pk\beta(3-\beta^2)$	$\frac{s}{12}pk\beta(6-\beta^2)$	$\frac{s}{12}pk(5-\beta-\beta^2)$
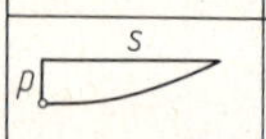	$\frac{2s}{3}pk$	$\frac{s}{4}pk$	$\frac{s}{12}p(5k_1+3k_2)$	$\frac{s}{3}pk\beta^2(3-\beta)$	$\frac{s}{12}pk\beta^2(4-\beta)$	$\frac{s}{12}pk(5-\alpha-\alpha^2)$
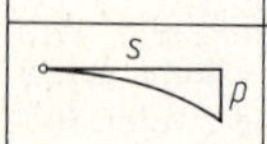	$\frac{s}{3}pk$	$\frac{s}{4}pk$	$\frac{s}{12}p(k_1+3k_2)$	$\frac{s}{3}pk(1-\alpha^3)$	$\frac{s}{12}pk\beta(6-4\beta+\beta^2)$	$\frac{s}{12}pk(1+\alpha+\alpha^2)$
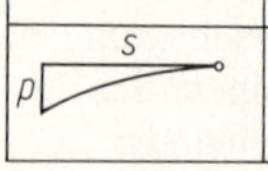	$\frac{s}{3}pk$	$\frac{s}{12}pk$	$\frac{s}{12}p(3k_1+k_2)$	$\frac{s}{3}pk\beta^3$	$\frac{s}{12}pk\beta^3$	$\frac{s}{12}pk(1+\beta+\beta^2)$

des Hilfsmoments $\bar{M}$ in (77) eingesetzt. Das liefert

$$\alpha = \frac{FR}{EI_y}\int_0^{\pi} \sin\varphi\,\mathrm{d}\varphi = 2\,\frac{FR}{EI_y}.$$

Lösungen vieler Probleme an Kreisbogenstäben siehe in [22], Rechenmethoden bei gekrümmten Durchlaufträgern siehe in [15].

5.8.4 Sätze von Castigliano

Der *2. Satz von Castigliano* lautet:

$$F_i = \frac{\partial U_w}{\partial w_i}. \tag{78}$$

Darin ist $U_w(w_1, \ldots, w_n)$ die Formänderungsenergie eines beliebigen linear oder nichtlinear elastischen Systems, ausgedrückt als Funktion von n generalisierten Verschiebungen. F_i ist die generalisierte Kraft am Ort und in Richtung von w_i (ein Moment, wenn w_i ein Drehwinkel ist). Systeme aus hookeschem Material können aus geometrischen Gründen nichtlinear sein.

Beispiel 5-15: Zwischen zwei Haken im Abstand $2l$ ist ein biegeschlaffes Seil (Längssteifigkeit EA) mit der Kraft S vorgespannt. In Seilmitte greift quer zum Seil eine Kraft F an und verursacht dort eine Auslenkung w. Welche Beziehung besteht zwischen F und w? Lösung: Das halbe Seil hat die Federkonstante $k = EA/l$, die Vorverlängerung $\Delta l_0 = Sl/(EA)$ infolge S und die Gesamtverlängerung $\Delta l = \Delta l_0 + (w^2 + l^2)^{1/2} - l$ infolge S und F. Für das ganze Seil ist damit

$$U_w(w) = 2k\frac{(\Delta l)^2}{2} = \frac{EA}{l}\left[\frac{Sl}{EA} + (w^2 + l^2)^{1/2} - l\right]^2.$$

(78) liefert den gewünschten Zusammenhang

$$F = \frac{\partial U_w}{\partial w} = \frac{2EA}{l}\left[\frac{Sl}{EA} + (w^2 + l^2)^{1/2} - l\right] w (w^2 + l^2)^{-1/2}.$$

Die Taylorentwicklung dieses Ausdrucks nach w ist

$$F = 2S\frac{w}{l} + (EA - S)\left(\frac{w^3}{l^3} - \frac{3}{4}\cdot\frac{w^5}{l^5}\right) + \ldots$$

Der *1. Satz von Castigliano* lautet:

$$w_i = \frac{\partial U_F}{\partial F_i}. \tag{79}$$

Darin ist $U_F(\ldots, F_i, \ldots)$ die Formänderungsenergie eines beliebigen linear elastischen Systems, ausgedrückt als explizite Funktion der äußeren eingeprägten Kräfte (generalisierte Einzelkräfte F_i, (ein Winkel im Fall eines Moments). Für statisch bestimmte Stabsysteme stellt der Ausdruck in (72) die Funktion U_F dar, sobald man die Schnittgrößen durch die äußeren eingeprägten Lasten ausgedrückt hat. Statisch unbestimmte Systeme siehe in 5.8.6. (79) dient zur Berechnung von Verschiebungen. Wenn die Verschiebung w eines Punktes gesucht ist, an dem keine Einzelkraft angreift, dann führt man dort in Richtung von w eine Hilfskraft $\bar{F}$ als zusätzliche äußere Kraft ein, bestimmt U_F für alle äußeren Kräfte einschließlich $\bar{F}$, bildet die Ableitung nach $\bar{F}$ und setzt dann $\bar{F} = 0$ ein.

5.8.5 Steifigkeitsmatrix. Nachgiebigkeitsmatrix. Satz von Maxwell und Betti

In einem beliebigen linear elastischen System mit generalisierten Kräften (d. h. Kräften oder Momenten) $F_1, \ldots, F_n$ seien $w_1, \ldots, w_n$ die generalisierten Verschiebungen (d. h. Verschiebungen oder Verdrehwinkel) am Ort und in Richtung der Kräfte. Im Gleichgewicht besteht zwischen den Matrizen $\underline{F} = [F_1 \ldots F_n]^{\mathrm{T}}$ und $\underline{w} = [w_1 \ldots w_n]^{\mathrm{T}}$ eine lineare Beziehung $\underline{F} = \underline{K}\,\underline{w}$ mit einer *Steifigkeitsmatrix* $\underline{K}$. *Der Satz von Maxwell und Betti* sagt aus, daß $\underline{K}$ symmetrisch ist. Wenn $F_1, \ldots, F_n$ eingeprägte Kräfte an einem unbeweglich gelagerten System sind, dann hat $\underline{K}$ eine ebenfalls symmetrische Inverse $\underline{K}^{-1} = \underline{H}$. Sie heißt *Nachgiebigkeitsmatrix*.

Beispiel 5-16: Für den Zugstab und den Biegestab in Bild 5-33 a, b gilt

$$\begin{bmatrix} F_1 \\ F_2 \end{bmatrix} = \frac{EA}{l} \begin{bmatrix} 1 & -1 \\ -1 & 1 \end{bmatrix} \begin{bmatrix} u_1 \\ u_2 \end{bmatrix}$$

bzw. $$\begin{bmatrix} F \\ M \end{bmatrix} = \frac{2EI_y}{l^3} \begin{bmatrix} 6 & -3l \\ -3l & 2l^2 \end{bmatrix} \begin{bmatrix} w \\ \varphi \end{bmatrix}.$$

Die linke Steifigkeitsmatrix ist singulär, die rechte hat eine Inverse, und zwar

$$\begin{bmatrix} w \\ \varphi \end{bmatrix} = \frac{l}{EI_y} \begin{bmatrix} \frac{l^2}{3} & \frac{l}{2} \\ \frac{l}{2} & 1 \end{bmatrix} \begin{bmatrix} F \\ M \end{bmatrix}.$$

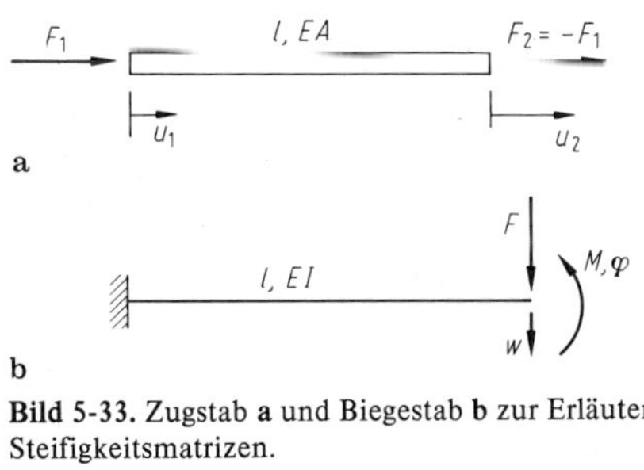

Bild 5-33. Zugstab **a** und Biegestab **b** zur Erläuterung von Steifigkeitsmatrizen.

Zur Aufstellung von Steifigkeitsmatrizen siehe 5.13.1.

5.8.6 Statisch unbestimmte Systeme. Kraftgrößenverfahren

In statisch unbestimmten Systemen entstehen Auflagerreaktionen und Schnittgrößen nicht nur durch äußere eingeprägte Lasten, sondern auch bei Temperaturänderungen und bei erzwungenen generalisierten Verschiebungen (Lagersetzungen, Stabverkürzungen durch Anziehen von Spannschlössern, durch Einbau falsch bemessener Stäbe u. dgl.). In einem n-fach statisch unbestimmten System sind insgesamt n Verschiebungen oder relative Verschiebungen entweder vorgeschrieben oder gesuchte Unbekannte. An diesen Stellen werden durch Schnitte n innere generalisierte Kräfte $K_1, \ldots, K_n$ zu äußeren Kräften an einem dadurch erzeugten, *statisch bestimmten Hauptsystem* gemacht. An diesem Hauptsystem werden mit Hilfe der Arbeitsgleichung (77) oder des 2. Satzes von Castigliano (79) oder der Dgl. (62) der Biegelinie oder mit Tabellenwerken die n ausgezeichneten Verschiebungen durch die äußere Belastung einschließlich $K_1, \ldots, K_n$ ausgedrückt. Das Ergebnis sind n Gleichungen für die n Unbekannten (je nach Aufgabenstellung Kraftgrößen oder Verschiebungen). Nach Auflösung der Gleichungen werden alle weiteren Rechnungen ebenfalls am Hauptsystem durchgeführt.

Beispiel 5-17: Am zweifach unbestimmten Fachwerk links in Bild 5-34 werden nach spiel- und spannungsfreier Montage die Last F, die Lagersenkung w_{B}, die Verkürzung Δw von Stab *6* durch ein Spannschloß und die gleichmäßige Erwärmung der Stäbe *4*, *5* und *6* um ΔT vorgegeben. Schnitte am Lager B und durch Stab *6* erzeugen das statisch bestimmte Hauptsystem rechts in Bild 5-34 mit den unbekannten Kraftgrößen K_1 und K_2. Am Hauptsystem werden Δw und w_{B} mit Hilfskräften $\bar{K}_1$ anstelle von K_1 bzw. $\bar{K}_2$ anstelle von K_2 aus (77) berechnet. Dazu werden zuerst die Stabkräfte in allen Stäben infolge F, K_1 und K_2, infolge $\bar{K}_1$ und infolge $\bar{K}_2$ berechnet. Das Ergebnis ist die Tabelle 5-9. Einsetzen in (77) liefert für K_1

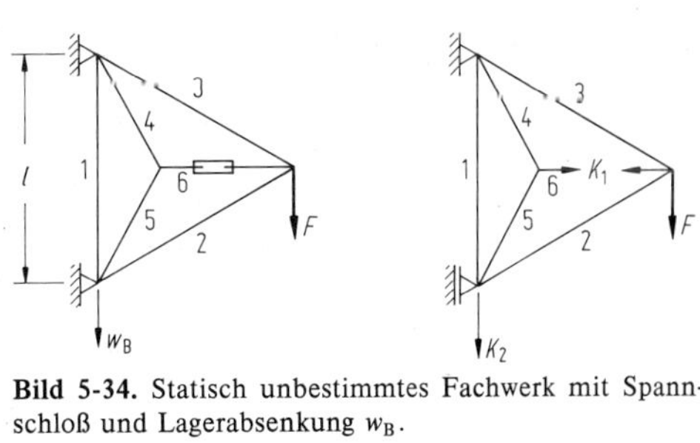

Bild 5-34. Statisch unbestimmtes Fachwerk mit Spannschloß und Lagerabsenkung w_{B}.

Tabelle 5-9. Stabkräfte im Fachwerk von Bild 5-34

i	N_i	$\bar{N}_i$ (nur $\bar{K}_1$)	$\bar{N}_i$ (nur $\bar{K}_2$)	l_i	ΔT_i
1	$F/2 - K_1/\sqrt{3} + K_2$	$-\bar{K}_1/\sqrt{3}$	$\bar{K}_2$	l	—
2	$-F - K_1/\sqrt{3}$	$-\bar{K}_1/\sqrt{3}$	—	l	—
3	$F - K_1/\sqrt{3}$	$-\bar{K}_1/\sqrt{3}$	—	l	—
4, 5, 6	K_1	$\bar{K}_1$	—	$l/\sqrt{3}$	ΔT

und K_2 die Gleichungen

$$\left.\begin{aligned}\Delta w &= l/(EA)\left[K_1(1+\sqrt{3}) - K_2/\sqrt{3}\right.\\ &\quad \left.- F\sqrt{3}/6\right] + \alpha\,\Delta T l\sqrt{3}\\ w_B &= l/(EA)(-K_1/\sqrt{3} + K_2 + F/2)\,.\end{aligned}\right\} \quad (80)$$

Dreimomentengleichung für Durchlaufträger. Der Durchlaufträger oben in Bild 5-35 mit Lagern $i = 0, \ldots, n$ und Feldern $i = 1, \ldots, n$ (l_i, EI_i) wird spannungsfrei montiert. Anschließend treten Lagerabsenkungen $w_0, \ldots, w_n$ und beliebige äußere Lasten auf. Das System ist n-fach statisch unbestimmt. Ein statisch bestimmtes Hauptsystem entsteht durch Einbau von Gelenken in die Lager $i = 1, \ldots, n-1$. Unbekannte Kraftgrößen sind Momente $M_1, \ldots, M_{n-1}$, wobei M_i ($i = 1, \ldots, n-1$) unmittelbar rechts und links von Gelenk i mit entgegengesetzten Vorzeichen am Träger angreift (siehe Bild 5-35 unten Mitte). Die Momente werden aus der Bedingung bestimmt, daß an keinem Gelenk ein Knick auftritt. Zur Formulierung der Bedingung für Gelenk i werden die Felder i und $i+1$ mit ihrer äußeren Last einschließlich M_{i-1}, M_i und M_{i+1} betrachtet (Bild 5-35 unten Mitte). Die Biegemomentenlinie ist die Überlagerung der Biegemomentenlinie infolge M_{i-1}, M_i und M_{i+1} (nicht dargestellt) und der Biegemomentenlinie zu den gegebenen äußeren Lasten ($M_y(x)$ in Bild 5-35 unten rechts). Der Knickwinkel am Gelenk i infolge der Lasten wird mit dem Hilfsmoment $\bar{M}_i$ in Bild 5-35 unten links und mit der zugehörigen Biegemomentenlinie $\bar{M}_y(x)$ berechnet. Der Knickwinkel infolge Lagerabsenkung ist

$$\varphi_i = \frac{w_{i-1} - w_i}{l_i} + \frac{w_{i+1} - w_i}{l_{i+1}}$$

Damit der gesamte Knickwinkel am Gelenk i gleich Null ist, muß die sog. *Dreimomentengleichung* erfüllt sein:

$$M_{i-1}\frac{l_i}{I_i} + 2M_i\left(\frac{l_i}{I_i} + \frac{l_{i+1}}{I_{i+1}}\right) + M_{i+1}\frac{l_{i+1}}{I_{i+1}}$$
$$= 6E\varphi_i - \frac{6}{\bar{M}_i}\left[\frac{1}{I_i}\int_{l_i} M_y(x)\,\bar{M}_y(x)\,\mathrm{d}x\right.$$
$$\left. + \frac{1}{I_{i+1}}\int_{l_{i+1}} M_y(x)\,\bar{M}_y(x)\,\mathrm{d}x\right] \quad (i = 1, \ldots, n-1). \quad (81)$$

Die Integrale werden mit Tabelle 5-8 ausgewertet. Aus (81) werden $M_1, \ldots, M_{n-1}$ bestimmt ($M_0 = M_n = 0$). Damit sind auch die Biegemomentenlinien bekannt. Lagerreaktionen werden an den Systemen in Bild 5-35 unten Mitte bestimmt. Tabellen mit Lösungen für verschiedene Felderzahlen n und für verschiedene Lastfälle siehe in [2, 16].

5.8.7 Satz von Menabrea

In einem n-fach statisch unbestimmten System, das ohne äußere Belastung spannungsfrei ist, sind bei beliebiger äußerer Belastung die Verschiebungen und Relativverschiebungen an den Angriffspunkten der unbekannten Kraftgrößen $K_1, \ldots, K_n$ gleich null (zur Bedeutung von $K_1, \ldots, K_n$ siehe 5.8.6). Aus (79) folgt deshalb

$$\frac{\partial U_F}{\partial K_i} = 0 \quad (i = 1, \ldots, n)\,. \quad (82)$$

Darin ist U_F die Formänderungsenergie des statisch bestimmten Hauptsystems als Funktion der

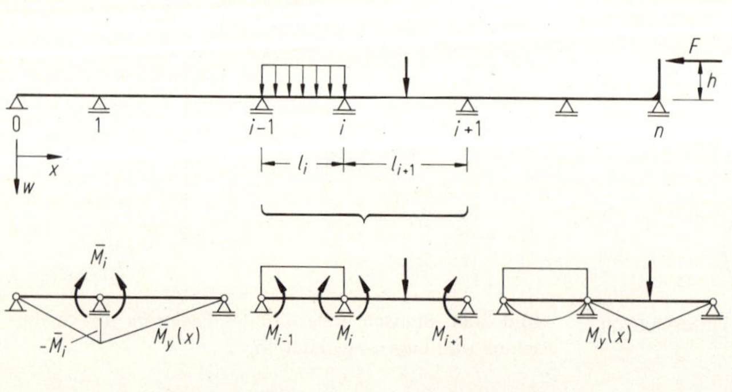

Bild 5-35. n-fach statisch unbestimmter Durchlaufträger (oben) und ein statisch bestimmtes Hauptsystem (unten Mitte) mit Biegemomentenlinien (links und rechts daneben).

äußeren Belastung einschließlich $K_1, \ldots, K_n$. Sie wird mit den Schnittgrößen des Hauptsystems für allgemeine Stabsysteme aus (72) und für Fachwerke aus (73) gewonnen. (82) stellt n lineare Gleichungen zur Bestimmung von $K_1, \ldots, K_n$ dar.

Beispiel 5-18: In Beispiel 5-17 sei $w_B = 0$, $\Delta w = 0$, $\Delta T = 0$, so daß das Fachwerk in Bild 5-34a ohne die Last F spannungsfrei ist. Unter der Last F hat das statisch bestimmte Hauptsystem von Bild 5-34b mit den Kraftgrößen K_1 und K_2 die Stabkräfte $N_1, \ldots, N_6$ nach Tabelle 5-9. Damit erhält man aus (73)

$$U_F = \frac{l}{2EA}\left[\left(\frac{1}{2}F - \frac{K_1}{\sqrt{3}} + K_2\right)^2 + \left(-F - \frac{K_1}{\sqrt{3}}\right)^2 + \left(F - \frac{K_1}{\sqrt{3}}\right)^2 + 3\frac{K_1^2}{\sqrt{3}}\right].$$

Wenn man hiervon die partiellen Ableitungen nach K_1 und K_2 bildet und zu null setzt, ergeben sich die Bestimmungsgleichungen (80) für K_1 und K_2 für den betrachteten Sonderfall.

5.8.8 Verfahren von Ritz für Durchbiegungen

In dem Stab von Bild 5-36 ist in der gebogenen Gleichgewichtslage die potentielle Energie

$$U = \frac{1}{2}\int EI_y(x)\, w''^2(x)\, \mathrm{d}x$$

gespeichert. Das folgt aus (72) und (62). Wenn F und $q(x)$ Gewichtskräfte sind, dann haben sie in der Gleichgewichtslage die potentielle Energie

$$\Pi_a = -Fw(x_1) - \int q(x)\, w(x)\, \mathrm{d}x.$$

Entsprechendes gilt für andere Belastungen. Das Gesamtpotential (76) des Systems ist

$$\Pi = \Pi_a + U = -Fw(x_1) - \int q(x)\, w(x)\, \mathrm{d}x + \frac{1}{2}\int EI_y(x)\, w''^2(x)\, \mathrm{d}x. \tag{83}$$

Aus dem Satz, daß Π in der Gleichgewichtslage einen stationären Wert hat (siehe 5.8.2), wird nach Ritz eine Näherung für die Funktion $w(x)$ wie folgt berechnet. Man wählt n (häufig genügen $n = 2$) vernünftig erscheinende Ansatzfunktionen $w_1(x), \ldots, w_n(x)$, die die sog. wesentlichen oder geometrischen Randbedingungen (das sind die für w und w') erfüllen und bildet die Funktionenklasse $w(x) = c_1 w_1(x) + \ldots + c_n w_n(x)$ mit unbestimmten Koeffizienten $c_1, \ldots, c_n$. Die beste Näherung an die tatsächliche Biegelinie wird mit den Werten $c_1, \ldots, c_n$ erreicht, die die Stationaritätsbedingungen

$$\frac{\partial \Pi}{\partial c_i} = 0 \quad (i = 1, \ldots, n) \tag{84}$$

erfüllen. Sie liefern das lineare Gleichungssystem $\underline{A}[c_1 \ldots c_n]^T = \underline{B}$ mit einer symmetrischen Matrix $\underline{A}$ und einer Spaltenmatrix $\underline{B}$ mit den Elementen

$$\left.\begin{aligned} A_{ij} &= \int EI_y(x)\, w_i''(x)\, w_j''(x)\, \mathrm{d}x, \\ B_i &= Fw_i(x_1) + \int q(x)\, w_i(x)\, \mathrm{d}x. \end{aligned}\right\} \tag{85}$$
$$(i, j = 1, \ldots, n)$$

Die B_i sind für andere äußere Lasten sinngemäß zu berechnen.

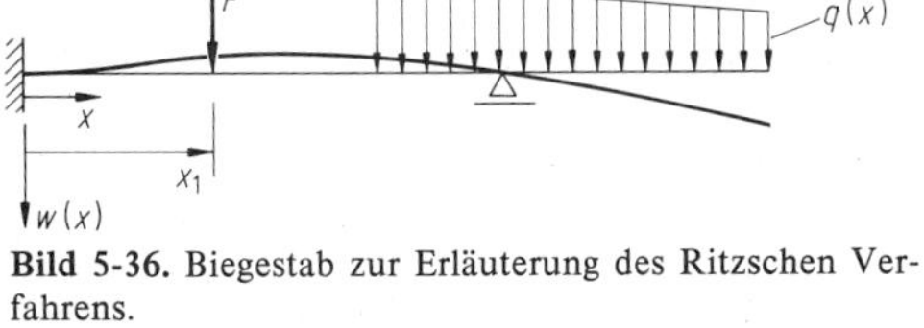

Bild 5-36. Biegestab zur Erläuterung des Ritzschen Verfahrens.

5.9 Rotierende Stäbe und Ringe

Stäbe. Bei der Anordnung nach Bild 5-37 und mit den dort erklärten Größen $m(r)$ und $r_S(r)$ sind die Radialspannung und die Radialverschiebung

$$\sigma(r) = \omega^2\left[m_0 r_0 + \varrho\int_r^{r_a} \bar{r}A(\bar{r})\, \mathrm{d}\bar{r}\right]\Big/A(r)$$
$$= \omega^2 m(r)\, r_S(r)/A(r) \tag{86}$$

$$u(r) = (1/E)\int_{r_i}^{r} \sigma(\bar{r})\, \mathrm{d}\bar{r}. \tag{87}$$

Im Sonderfall $A(r) \equiv A = \text{const}$ ist mit der Stabmasse $m = \varrho A l$

$$\sigma_{\max} = \sigma(r_i) = \omega^2[m_0 r_0 + m(r_i + r_a)/2]/A \tag{88}$$
$$\Delta l = u(r_a) = \omega^2 l[m_0 r_0 + m(r_i/2 + l/3)]/(EA). \tag{89}$$

Damit in einem Stab überall die Spannung $\sigma_a \equiv \sigma(r_a) = \omega^2 m_0 r_0 / A(r_a)$ herrscht, muß die Quer-

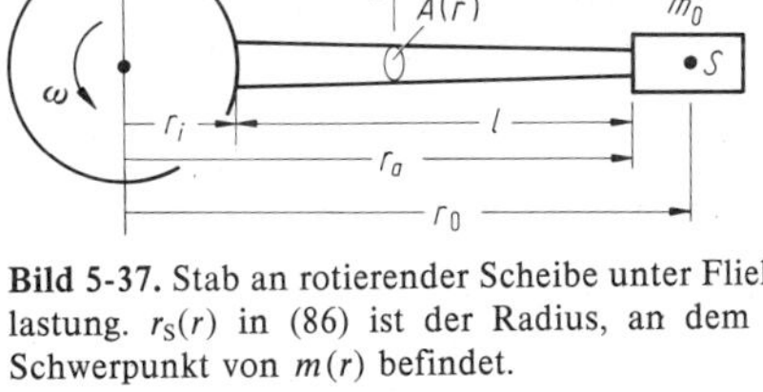

Bild 5-37. Stab an rotierender Scheibe unter Fliehkraftbelastung. $r_S(r)$ in (86) ist der Radius, an dem sich der Schwerpunkt von $m(r)$ befindet.

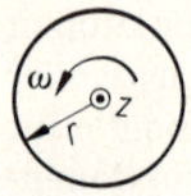

Bild 5-38. Dünnwandiger Ring oder Hohlzylinder in Rotation um die z-Achse.

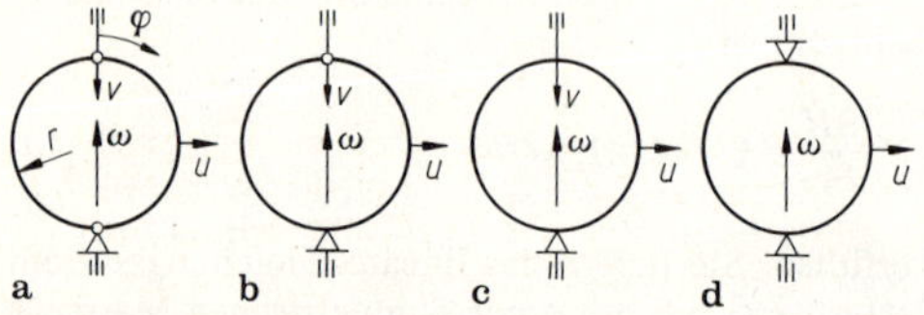

Bild 5-39. Verschieden gelagerte dünne Ringe mit und ohne Gelenke bei Rotation um den vertikalen Durchmesser.

schnittsfläche den Verlauf

$$A(r) = A(r_a)\,\exp[\varrho\omega^2(r_a^2 - r^2)/(2\sigma_a)]$$

haben.

Ringe. Der dünnwandige Ring oder Hohlzylinder in Bild 5-38 rotiert um die z-Achse. Dabei treten die Umfangsspannung $\sigma_\varphi = \varrho\omega^2 r^2$ und die radiale Aufweitung $\Delta r = \varrho\omega^2 r^3/E$ auf (ϱ Dichte, r Ringradius).
Die dünnwandigen Ringe in den Bildern 5-39a bis d rotieren um die vertikale Achse. Der oberste Punkt ist in Bild d axial gelagert und sonst axial frei verschieblich. Die radiale Verschiebung u bei $\varphi = 90°$ und die axiale Verschiebung v bei $\varphi = 0$ sind in Tabelle 5-10 als Vielfache von $\varrho A\omega^2 r^5/(12EI)$ angegeben. Außerdem sind der Ort φ des maximalen Biegemoments und dessen Größe als Vielfaches von $\varrho A\omega^2 r^3$ angegeben (ϱ Dichte, A Ringquerschnittsfläche, r Ringradius).

Tabelle 5-10. Verschiebungen u und v, maximale Biegemomente M_{max} und Orte φ des maximalen Biegemoments für rotierende Ringe nach Bild 5-39a bis d

	a	*b*	*c*	*d*
$u = \frac{\varrho A\omega^2 r^5}{12EI}\times$	2,71	π/2	1	0,08
$v = \frac{\varrho A\omega^2 r^5}{12EI}\times$	8	4	2	0
$M_{max} = \varrho A\omega^2 r^3\times$	1/2	25/72	1/4	0,107
φ	π/2	arccos (1/6)	0 und π/2	0

5.10 Flächentragwerke

5.10.1 Scheiben

Scheiben sind ebene Tragwerke, die nur in ihrer Ebene (x, y-Ebene) durch Kräfte belastet werden (Kräfte am Rand und im Innern der Scheibe, Eigengewicht bei lotrechten Scheiben, Fliehkraft bei rotierenden Scheiben usw.). Spannungen werden außer durch Kräfte auch durch Temperaturfelder und erzwungene Verschiebungen erzeugt. In dünnen Scheiben konstanter Dicke h treten nur Spannungen σ_x, σ_y und τ_{xy} auf, und diese sind nur von x und y abhängig (ebener Spannungszustand). Für die 8 unbekannten Funktionen σ_x, σ_y, τ_{xy}, ε_x, ε_y, γ_{xy}, u und v — jeweils von x und y — stehen acht Gleichungen zur Verfügung, nämlich die Gleichgewichtsbedingungen (17), die Gleichungen (2) für ε_x, ε_y und γ_{xy} und das Hookesche Gesetz (23a). Die Lösungen müssen Randbedingungen erfüllen. Man unterscheidet das *erste Randwertproblem* (Spannungen am ganzen Rand vorgegeben), das *zweite Randwertproblem* (Verschiebungen am ganzen Rand vorgegeben) und das *gemischte Randwertproblem* (Spannungen und Verschiebungen auf je einem Teil des Randes vorgegeben).
Beim ersten Randwertproblem ist die Reduktion der acht Gleichungen auf die eine Gleichung

$$\Delta\Delta F = -\Delta[(1-\nu)V + E\alpha\Delta T] \qquad (90)$$

für die unbekannte *Airysche Spannungsfunktion* $F(x, y)$ möglich. Sie ist durch

$$\sigma_x = \frac{\partial^2 F}{\partial y^2} + V, \quad \sigma_y = \frac{\partial^2 F}{\partial x^2} + V, \quad \tau_{xy} = -\frac{\partial^2 F}{\partial x \partial y} \qquad (91)$$

definiert, wobei $V(x, y)$ das Potential der Volumenkraft ist ($X = -\partial V/\partial x$, $Y = -\partial V/\partial y$). (91) liefert auch Randbedingungen für F. In (90) werden die Operatoren

$$\Delta = \frac{\partial^2}{\partial x^2} + \frac{\partial^2}{\partial y^2}, \quad \Delta\Delta = \frac{\partial^4}{\partial x^4} + 2\frac{\partial^4}{\partial x^2 \partial y^2} + \frac{\partial^4}{\partial y^4} \qquad (92)$$

verwendet. Wenn $V(x, y)$ und die Erwärmung $\Delta T(x, y)$ lineare Funktionen vom Typ $c_0 + c_1 x + c_2 y$ sind (z. B. das Potential für Eigengewicht), dann vereinfacht sich (90) zur *Bipotentialgleichung*

$$\Delta\Delta F = 0. \qquad (93)$$

Für diese sind viele Lösungen bekannt, die keine technisch interessanten Randbedingungen erfüllen (z. B. $F = ax^2 + bxy + cy^2$). Es gibt aber technische Probleme, bei denen die Randbedingungen durch eine Linearkombination solcher spezieller Lösungen erfüllt werden, wenn man die Koeffizienten geeignet anpaßt (semiinverse Lösungsmethode; siehe [17]). Wenn die Spannungen in einer Koordinatenrichtung (x-Richtung) periodisch sind, wird für $F(x, y)$ eine Fourierreihe nach x mit von y abhängigen Koeffizienten angesetzt. Damit entstehen aus (93) gewöhnliche Differentialgleichungen [17]. (93) kann auch mit komplexen Funktionen gelöst werden [18, 19].

Beispiel 5-19: Für die hohe Wandscheibe in Bild 5-40 mit der Streckenlast q und mit periodisch angeordneten Lagern liefert die Methode der Fourierzerlegung für die Spannungen $\sigma_x(y)$ entlang den Geraden über und mittig zwischen den Lagern die dargestellten Ergebnisse.

Weitere Lösungen für Rechteckscheiben siehe in [17, 20].

Gleichungen in Polarkoordinaten. Für nicht rotationssymmetrische Scheibenprobleme sind die 8 Größen σ_r, σ_φ, $\tau_{r\varphi}$, ε_r, ε_φ, $\gamma_{r\varphi}$, u und v (Verschiebungen in radialer bzw. in Umfangsrichtung) unbekannte Funktionen von r und φ. Wenn die Volumenkraft $R^*(r, \varphi)$ radial gerichtet ist, lauten die acht Bestimmungsgleichungen

$$\left.\begin{aligned} &\frac{\partial \sigma_r}{\partial r} + \frac{1}{r}\left(\sigma_r - \sigma_\varphi + \frac{\partial \tau_{r\varphi}}{\partial \varphi}\right) + R^* = 0 \\ &\frac{1}{r}\left(\frac{\partial \sigma_\varphi}{\partial \varphi} + 2\tau_{r\varphi}\right) + \frac{\partial \tau_{r\varphi}}{\partial r} = 0, \end{aligned}\right\} \qquad (94)$$

$$\left.\begin{aligned} &\varepsilon_r = \frac{\partial u}{\partial r}, \quad \varepsilon_\varphi = \frac{1}{r}\left(u + \frac{\partial v}{\partial \varphi}\right), \\ &\gamma_{r\varphi} = \frac{1}{r}\left(\frac{\partial u}{\partial \varphi} - v\right) + \frac{\partial v}{\partial r}, \end{aligned}\right\} \qquad (95)$$

$$\left.\begin{aligned} &\varepsilon_r = (\sigma_r - \nu\sigma_\varphi)/E + \alpha\Delta T, \\ &\varepsilon_\varphi = (\sigma_\varphi - \nu\sigma_r)/E + \alpha\Delta T, \quad \gamma_{r\varphi} = \tau_{r\varphi}/E. \end{aligned}\right\} \qquad (96)$$

Im Fall $R^* \equiv 0$, $\Delta T \equiv 0$ wird beim *ersten Randwertproblem* die Airysche Spannungsfunktion $F(r, \varphi)$ definiert durch

$$\left.\begin{aligned} &\sigma_r = \frac{1}{r}\cdot\frac{\partial F}{\partial r} + \frac{1}{r^2}\cdot\frac{\partial^2 F}{\partial \varphi^2}, \quad \sigma_\varphi = \frac{\partial^2 F}{\partial r^2}, \\ &\tau_{r\varphi} = -\frac{\partial}{\partial r}\left(\frac{1}{r}\cdot\frac{\partial F}{\partial \varphi}\right). \end{aligned}\right\} \qquad (97)$$

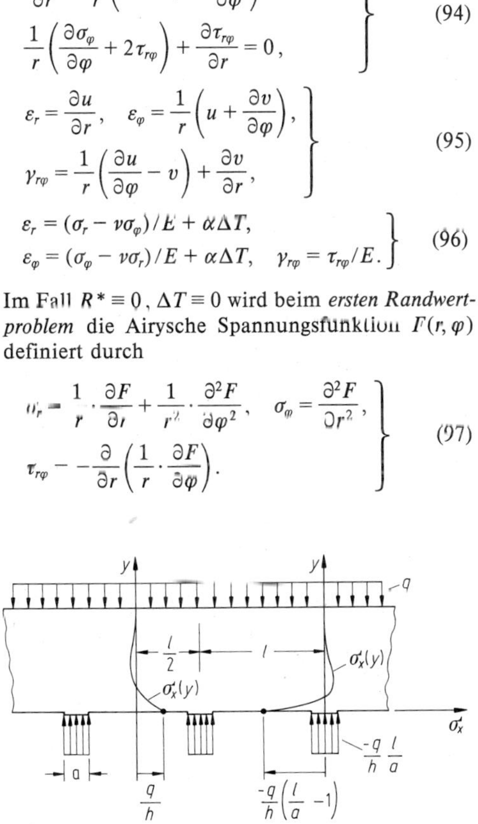

Bild 5-40. Längsspannungen $\sigma_x(y)$ über und mittig zwischen den Stützen in einer sehr hohen Wandscheibe mit periodisch angeordneten Stützen. Scheibendicke h.

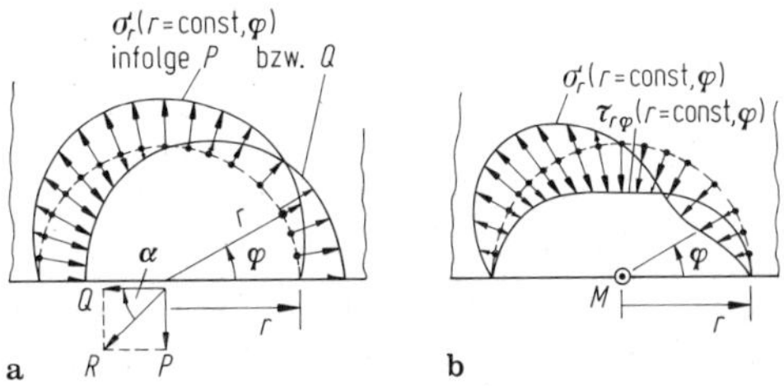

Bild 5-41. Spannungen $\sigma_r(r, \varphi)$ und $\tau_{r\varphi}(r, \varphi)$ bei $r = \text{const}$ in Scheiben, die die unendliche Halbebene über der horizontalen Geraden einnehmen und die am Rand durch Kräfte P und Q (Bild a) und durch ein Moment M (Bild b) belastet werden.

Für F ergibt sich wieder die Bipotentialgleichung

$$\Delta\Delta F = 0 \quad \text{mit} \quad \Delta = \frac{\partial^2}{\partial r^2} + \frac{1}{r}\cdot\frac{\partial}{\partial r} + \frac{1}{r^2}\cdot\frac{\partial^2}{\partial \varphi^2}. \qquad (98)$$

Beispiel 5-20: Scheibe in unendlicher Halbebene mit Einzelkräften P und Q (Bild 5-41a) und mit einem Moment M (Bild 5-41b) am Rand. In Bild 5-41a ist

$$\sigma_r(r, \varphi) = \frac{2(P\sin\varphi + Q\cos\varphi)}{\pi h r} = \frac{2R\cos(\varphi - \alpha)}{\pi h r},$$

$$\sigma_\varphi \equiv 0, \quad \tau_{r\varphi} \equiv 0.$$

In Bild 5-41b ist M ein Kräftepaar mit zwei Kräften P und $-P$ im Abstand l mit $Pl = M$, so daß man das Ergebnis durch Überlagerung zweier Spannungsfelder zu Bild 5-41a im Grenzfall $l \to 0$ erhält:

$$\sigma_r(r, \varphi) = \frac{-2M\sin 2\varphi}{\pi h r^2}, \quad \sigma_\varphi \equiv 0,$$

$$\tau_{r\varphi}(r, \varphi) = \frac{-2M\sin^2\varphi}{\pi h r^2}.$$

Spannungsfelder für normale und für tangentiale Streckenlasten $q = \text{const}$ auf endlichen Bereichen des Scheibenrandes siehe in [17].

Beispiel 5-21: Die keilförmige Scheibe in Bild 5-42a mit den Eckkräften F_1 und F_2 entsteht, wenn man in Bild 5-41a einen Schnitt entlang $\varphi = 2\beta$ macht. Auch im Keil ist $\sigma_\varphi \equiv 0$, $\tau_{r\varphi} \equiv 0$. $\sigma_r(r, \varphi)$ ist in der Bildunterschrift angegeben. Technisch wichtig ist die Rechteckscheibe mit Einzellast F nach Bild 5-42b:

$$\sigma_r(r, \varphi) = \frac{F\sqrt{2}}{hr}\cdot\sin(\varphi + 12{,}5°),$$

$$\sigma_r = \tau_{r\varphi} \equiv 0.$$

Es entstehen ein Druck- und ein Zugfeld mit der Gefahr des Eckenabrisses.

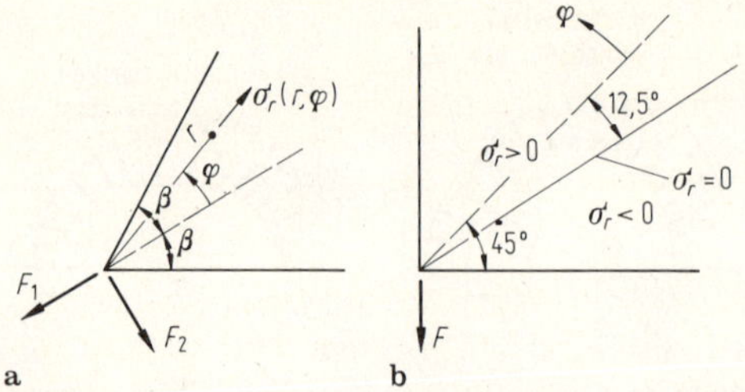

Bild 5-42. **a** Keilförmige Scheibe der Dicke h mit Eckkräften.
$\sigma_r(r, \varphi) = 2F_1 \cos\varphi/[rh(2\beta + \sin 2\beta)] + 2F_2 \sin\varphi/[rh(2\beta - \sin 2\beta)]$.
b Zug- und Druckfelder in der 90°-Ecke einer Scheibe.

Bei rotationssymmetrisch gelagerten und belasteten Scheiben sind $\tau_{r\varphi} \equiv 0$, $\gamma_{r\varphi} \equiv 0$ und $v \equiv 0$, und σ_r, σ_φ, ε_r, ε_φ und u hängen nur von r ab. Damit vereinfachen sich (94) und (95) zu

$$\frac{\mathrm{d}\sigma_r}{\mathrm{d}r} + \frac{\sigma_r - \sigma_\varphi}{r} + R^* = 0 \tag{99}$$

$$\varepsilon_r = \frac{\mathrm{d}u}{\mathrm{d}r}, \quad \varepsilon_\varphi = \frac{u}{r}. \tag{100}$$

Beispiel 5-22:

(a) In einer Vollkreisscheibe vom Radius R mit nach außen gerichteter, radialer Streckenlast $q = \text{const}$ am ganzen Rand ist

$$\sigma_r(r) = \sigma_\varphi(r) \equiv q/h, \quad \tau_{r\varphi} \equiv 0,$$

$$u(R) = (1 - \nu)\, qR/(Eh).$$

Daraus folgt, daß eine erzwungene radiale Randverschiebung $u(R)$ die Spannungen

$$\sigma_r(r) = \sigma_\varphi(r) \equiv \frac{Eu(R)}{R(1-\nu)} \quad \text{und} \quad \tau_{r\varphi} \equiv 0$$

erzeugt.

(b) Wenn zusätzlich zu $u(R)$ eine konstante Erwärmung ΔT der ganzen Scheibe vorgegeben ist, ist

$$\sigma_r(r) = \sigma_\varphi(r) \equiv \frac{E[u(R) - R\alpha\Delta T]}{R(1-\nu)}, \quad \tau_{r\varphi} \equiv 0.$$

(c) Wenn $u(R)$ und ein nicht konstantes Erwärmungsfeld $\Delta T(r)$ vorgegeben sind, wird das Verschiebungsfeld aus der Gleichung

$$u(r) = [u(R) - u_p(R)]\, r/R + u_p(r)$$

mit der partikulären Lösung $u_p(r)$ zu der Eulerschen Differentialgleichung

$$\frac{\mathrm{d}^2 u}{\mathrm{d}r^2} + \frac{1}{r}\cdot\frac{\mathrm{d}u}{\mathrm{d}r} - \frac{u}{r^2} = (1+\nu)\alpha\frac{\mathrm{d}(\Delta T)}{\mathrm{d}r}$$

berechnet. Mit $u(r)$ werden aus (100) ε_r und ε_φ und damit aus (96) die Spannungen berechnet.

[21] gibt Lösungen für symmetrisch belastete Kreis- und Kreisringscheiben für viele Belastungsfälle an.

Rotierende Scheiben. Bei einer mit $\omega = \text{const}$ rotierenden Scheibe konstanter Dicke mit Radius R und Dichte ϱ ist in (99) $R^*(r) = \varrho\omega^2 r$. Die Lösung für die Vollscheibe lautet

$$\sigma_r(r) = \sigma_r(R) + \beta_1\varrho\omega^2(R^2 - r^2),$$
$$\sigma_\varphi(r) = \sigma_r(R) + \varrho\omega^2(\beta_1 R^2 - \beta_2 r^2),$$
$$u(r) = r(\sigma_\varphi(r) - \nu\sigma_r(r))/E$$

und speziell

$$u(R) = (1-\nu)\,(\sigma_r(R) + \varrho\omega^2 R^2/4)\, R/E.$$

Darin sind $\beta_1 = (3+\nu)/8$ und $\beta_2 = (1+3\nu)/8$. Die radiale Randspannung $\sigma_r(R)$ kann z. B. durch aufgesetzte Turbinenschaufeln (vgl. (5.9)) oder durch einen aufgeschrumpften Ring (vgl. 5.10.3) verursacht werden.
Bei einer Scheibe konstanter Dicke mit mittigem Loch vom Radius R_i sind die Spannungen als Funktion des Parameters $z_0 = R_i/R$ und der normierten Ortsvariable $z = r/R$:

$$\sigma_r(z) = \varrho\omega^2 R^2\beta_1\left(1 - \frac{z_0^2}{z^2}\right)(1 - z^2),$$

$$\sigma_\varphi(z) = \varrho\omega^2 R^2\left[\beta_1\left(1 + \frac{z_0^2}{z^2}\right)(1 + z^2) - \frac{1+\nu}{2}z^2\right].$$

$\sigma_\varphi(z)$ nimmt von innen nach außen monoton ab und ist an jeder Stelle z größer als $\sigma_r(z)$. Am Innenrand ist σ_φ größer als im Zentrum einer Scheibe ohne Loch (im Grenzfall $R_i \to 0$ zweimal so groß).
Geschlossene Lösungen bei Kreisscheiben mit speziellen Dickenverläufen $h = h(r)$ siehe in [22]. Numerische Verfahren bei Scheiben veränderlicher Dicke siehe in 5.14.2.

5.10.2 Platten

Platten sind ebene Flächentragwerke, die normal zu ihrer Ebene (der x, y-Ebene) belastet werden. Bei dünnen Platten konstanter Dicke h ($h \ll$ Plattenbreite) gilt für die Durchbiegung w im Fall $w \ll h$ die *Kirchhoffsche Plattengleichung*

$$\Delta\Delta w = \frac{\partial^4 w}{\partial x^4} + 2\frac{\partial^4 w}{\partial x^2 \partial y^2} + \frac{\partial^4 w}{\partial y^4} = \frac{p(x,y)}{D} \tag{101}$$

mit der *Plattensteifigkeit* $D = Eh^3/[12(1-\nu^2)]$ und der Flächenlast $p(x,y)$.

Randbedingungen: An einem freien Rand bei $x = \text{const}$ ist

$$\frac{\partial^2 w}{\partial x^2} + \nu\frac{\partial^2 w}{\partial y^2} = 0, \quad \frac{\partial^3 w}{\partial x^3} + (2-\nu)\cdot\frac{\partial^3 w}{\partial x \partial y^2} = 0.$$

An einem drehbar gelagerten Rand bei $x = \text{const}$ ist

$$w = 0\,, \quad \frac{\partial^2 w}{\partial x^2} + \nu \frac{\partial^2 w}{\partial y^2} = 0\,.$$

An einem fest eingespannten Rand bei $x = \text{const}$ ist $w = 0$ und $\partial w/\partial x = 0$.
Aus Lösungen $w(x, y)$ von (101) werden die Spannungen σ_x, σ_y und τ_{xy} berechnet. Sie sind proportional zu z (also null in der Plattenmittelebene). An der Plattenoberfläche bei $z = h/2$ ist

$$\left.\begin{aligned} \sigma_x(x,y) &= -\frac{D}{W}\left(\frac{\partial^2 w}{\partial x^2} + \nu\frac{\partial^2 w}{\partial y^2}\right), \\ \sigma_y(x,y) &= -\frac{D}{W}\left(\frac{\partial^2 w}{\partial y^2} + \nu\frac{\partial^2 w}{\partial x^2}\right), \\ \tau_{xy}(x,y) &= -\frac{D}{W}(1-\nu)\frac{\partial^2 w}{\partial x \partial y} \\ (W &= h^2/6)\,. \end{aligned}\right\} \quad (102)$$

Exakte Lösungen von (101) durch unendliche Reihen siehe in [17]. Näherungslösungen für $w(x, y)$ werden bei einfachen Plattenformen mit dem *Verfahren von Ritz* gewonnen. Zur Begründung, zu den Bezeichnungen und zu den Rechenschritten siehe 5.8.8. An die Stelle von (83) tritt dabei (Integration über die gesamte Fläche)

$$\begin{aligned} \Pi = &-Fw(x_1, y_1) - \iint p(x,y)\, w(x,y)\, \mathrm{d}x\, \mathrm{d}y \\ &+ \frac{D}{2}\iint\left\{\left(\frac{\partial^2 w}{\partial x^2} + \frac{\partial^2 w}{\partial y^2}\right)^2\right. \\ &\left.+ 2(1-\nu)\left[\left(\frac{\partial^2 w}{\partial x \partial y}\right)^2 - \frac{\partial^2 w}{\partial x^2}\cdot\frac{\partial^2 w}{\partial y^2}\right]\right\} \mathrm{d}x\, \mathrm{d}y. \end{aligned} \quad (103)$$

Die ersten beiden Glieder berücksichtigen eine Einzelkraft F bei (x_1, y_1) und eine Flächenlast $p(x, y)$ mit der Dimension einer Spannung. Entsprechendes gilt bei anderen Lasten. Bei Kreis- und Kreisringplatten mit rotationssymmetrischer Belastung durch eine Linienlast q am Radius r_1 und eine Flächenlast $p(r)$ ist (Integrationen über den ganzen Radienbereich)

$$\begin{aligned} \Pi = &-2\pi r_1 q w(r_1) - 2\pi \int r p(r)\, w(r)\, \mathrm{d}r \\ &+ \frac{\pi D}{2}\int\left\{r\left(\frac{\mathrm{d}^2 w}{\mathrm{d}r^2} + \frac{1}{r}\cdot\frac{\mathrm{d}w}{\mathrm{d}r}\right)^2\right. \\ &\left.- 2(1-\nu)\frac{\mathrm{d}w}{\mathrm{d}r}\cdot\frac{\mathrm{d}^2 w}{\mathrm{d}r^2}\right\} \mathrm{d}r\,. \end{aligned} \quad (104)$$

Für (103) wird eine Funktionenklasse

$$w(x,y) = c_1 w_1(x,y) + \ldots + c_n w_n(x,y)$$

und für (104) eine Funktionenklasse

$$w(r) = c_1 w_1(r) + \ldots + c_n w_n(r)$$

mit Ansatzfunktionen $w_i(x, y)$ bzw. $w_i(r)$ gebildet, die alle wesentlichen Randbedingungen erfüllen. (84) liefert wie bei Stäben ein lineares Gleichungssystem für $c_1, \ldots, c_n$, dessen Lösung in $w(x, y)$ bzw. in $w(r)$ eingesetzt eine Näherungslösung für die Durchbiegung ergibt. Bei der Durchführung wird erst nach c_i differenziert und dann über x, y bzw. r integriert.

Beispiel 5-23: Für eine quadratische, auf zwei benachbarten Seiten fest eingespannte, an den anderen Seiten freie und in der freien Ecke mit F belastete Platte (Seitenlänge a) wird die Funktionenklasse $w(x, y) = c_1 x^2 y^2$ gewählt (also $n = 1$); die x- und die y-Achse liegen entlang den eingespannten Seiten. In (103) ist $w(x_1 y_1) = c_1 a^4$ und $p(x, y) \equiv 0$. (84) liefert $c_1 = 3F/[8Da^2(29/15 - \nu)]$.

Bei rotationssymmetrisch belasteten Kreis- und Kreisringplatten mit Polarkoordinaten r, φ sind $\tau_{r\varphi} \equiv 0$ und w, σ_r und σ_φ nur von r abhängig. An die Stelle von (101) und (102) treten die Eulersche Differentialgleichung ($' = \mathrm{d}/\mathrm{d}r$)

$$w^{(4)} + 2\frac{w'''}{r} - \frac{w''}{r^2} + \frac{w'}{r^3} = \frac{p(r)}{D} \quad (105)$$

und für die Spannungen an der Plattenoberfläche bei $z = h/2$ die Beziehungen $\tau_{r\varphi} \equiv 0$ und mit $W = h^2/6$

$$\left.\begin{aligned} \sigma_r(r) &= \frac{D}{W}\left(w'' + \nu\frac{w'}{r}\right), \\ \sigma_\varphi(r) &= \frac{D}{W}\left(\nu w'' + \frac{w'}{r}\right). \end{aligned}\right\} \quad (106)$$

Exakte Lösungen siehe in [17, 21]. Als Nachschlagewerke für Lösungen zu Platten mit Rechteck-, Kreis- und anderen Formen bei technisch wichtigen Lagerungs- und Lastfällen siehe [20, 23, 24]. Numerische Lösungen werden mit Finite-Elemente-Methoden gewonnen (5.13 und [25]).

5.10.3 Schalen

Schalen sind räumlich gekrümmte Flächentragwerke, die tangential und normal zur Fläche belastet werden. Wenn keine Biegung auftritt, spricht man von *Membranen.*

Membranen. Notwendige Voraussetzungen für einen Membranspannungszustand sind stetige Flächenkrümmungen, stetige Verteilung von Lasten normal zur Fläche (also keine Einzelkräfte) und an den Rändern tangentiale Einleitung von eingeprägten und Lagerkräften. Bei rotationssymmetrisch geformten und belasteten Membranen werden nach Bild 5-43 die Koordinaten r, φ, ϑ verwendet. Bei gegebener Form $r = r(\vartheta)$ und gegebenen Flächenlasten $p_n(\vartheta)$ und $p_\vartheta(\vartheta)$ normal bzw. tangential zur Membran (Dimension einer Spannung; positiv in den gezeichneten Richtungen) gelten für die Meridian-

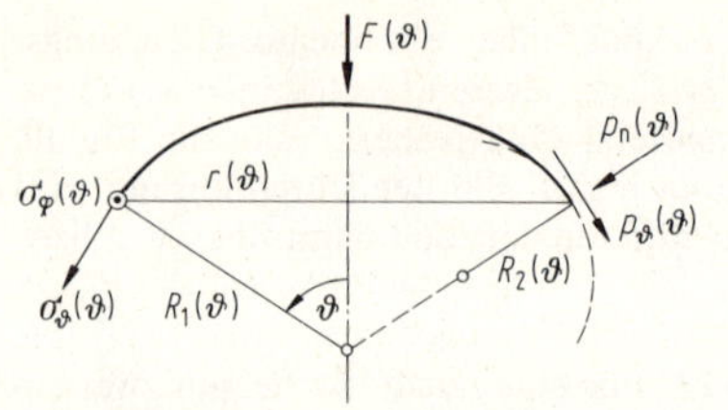

Bild 5-43. Rotationssymmetrische Membran mit rotationssymmetrischen Flächenlasten $p_n(\vartheta)$ und $p_\vartheta(\vartheta)$. Freikörperbild des Winkelbereichs ϑ. Spannungen $\sigma_\varphi(\vartheta)$ in Umfangsrichtung und $\sigma_\vartheta(\vartheta)$. $F(\vartheta)$ ist die aus p_n und p_ϑ nach (107) berechnete Resultierende Kraft am freigeschnittenen Bereich.

spannung $\sigma_\vartheta(\vartheta)$ und die Umfangsspannung $\sigma_\varphi(\vartheta)$ die Gleichungen

$$\left.\begin{aligned} \sigma_\vartheta(\vartheta) &= -F(\vartheta)/[2\pi h r(\vartheta)\sin\vartheta], \\ \sigma_\varphi(\vartheta)/R_1(\vartheta) &= -p_\mathrm{n}(\vartheta)/h - \sigma_\vartheta(\vartheta)/R_2(\vartheta), \\ F(\vartheta) &= 2\pi\int_0^\vartheta [p_\mathrm{n}(\bar\vartheta)\cos\bar\vartheta + p_\vartheta(\bar\vartheta)\sin\bar\vartheta] \\ &\quad\times r(\bar\vartheta)\,R_2(\bar\vartheta)\,\mathrm{d}\bar\vartheta. \end{aligned}\right\} \quad (107)$$

Darin sind $h = \text{const}$ die Membrandicke, $R_1(\vartheta) = r(\vartheta)/\sin\vartheta$ und $R_2(\vartheta)$ die Hauptkrümmungsradien am Kreis bei ϑ und $F(\vartheta)$ die resultierende eingeprägte Kraft am Membranstück zwischen $\vartheta = 0$ und ϑ. Bei Eigengewicht ist $F(\vartheta) = G(\vartheta)$ (Gewicht des Membranstücks) und $p_\mathrm{n}(\vartheta) = \gamma h\cos\vartheta$. Bei konstantem Innendruck $p_\mathrm{n}(\vartheta) = -p = \text{const}$ ist $F(\vartheta) = -p\pi r^2(\vartheta)$. Ein freier Rand bei ϑ_0 muß im Fall $\vartheta_0 \neq \pi/2$ drehbar auf einem Ring gelagert werden (Bild 5-44). Die Zugkraft im Ring ist $S = F(\vartheta_0)\cot\vartheta_0/(2\pi)$.
Geschlossene Lösungen für viele technische Beispiele sind in [17, 21] zu finden.
Zur Theorie dünner biegesteifer Schalen siehe [26, 27].

Schrumpfsitz. *Schrumpfsitz* ist die Bezeichnung für die kraftschlüssige Verbindung zweier koaxialer zylindrischer Bauteile (Welle w und Hülse h genannt) durch eine Schrumpfpressung p und durch Coulombsche Ruhereibungskräfte in der Fügefläche. R_iw und R_ih sind die Innenradien und R_aw und R_ah die Außenradien bei der Fertigungstemperatur vor dem Fügen. $\Delta d = 2(R_\mathrm{aw} - R_\mathrm{ih}) > 0$ ist das die Pressung verursachende Übermaß des Wellendurchmessers. Es wird vorausgesetzt, daß Welle und Hülse gleich lang sind und sich beim Fügevorgang axial unbehindert ausdehnen können (ebener Spannungszustand).
In einer Hohlwelle und in einer Hülse hat das radiale Verschiebungsfeld $u(r)$ als Funktion von Innendruck p_i, Außendruck p_a (beide als positive Größen aufgefaßt) und Erwärmung $\Delta T = \text{const}$ die

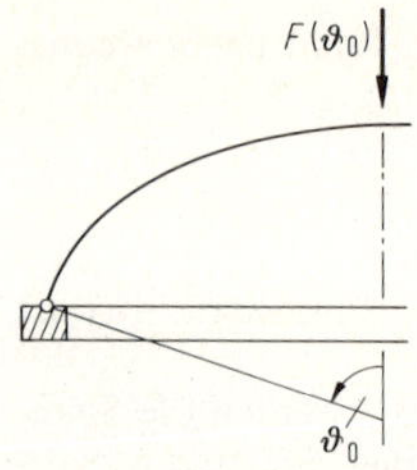

Bild 5-44. Lagerung einer Membran auf einem Zugring.

Form

$$\begin{aligned} u(r) = &-(1/E)\big[(1-\nu)\,(p_\mathrm{a}R_\mathrm{a}^2 - p_\mathrm{i}R_\mathrm{i}^2)\,r \\ &-(1+\nu)\,(p_\mathrm{i}-p_\mathrm{a})\,R_\mathrm{i}^2R_\mathrm{a}^2/r\big]/(R_\mathrm{a}^2 - R_\mathrm{i}^2) \\ &+\alpha\Delta T r. \end{aligned} \quad (108)$$

Darin sind die Größen u, R_i, R_a, p_i, p_a, ΔT, E, ν und α mit dem Index w für Welle bzw. h für Hülse zu versehen. Insbesondere ist $p_\mathrm{aw} = p_\mathrm{ih} = p$ die Flächenpressung und $p_\mathrm{iw} = p_{ah} = 0$. (108) gilt auch im Fall $R_\mathrm{i} = 0$ (Vollwelle; $u(r) = -(1-\nu)\,p_\mathrm{a}r/E + \alpha\Delta T r$) und im Grenzfall $R_\mathrm{a} \to \infty$ (unendlich ausgedehnte Hülse; $u(r) = (1+\nu)\,p_\mathrm{i}R_\mathrm{i}^2/(Er) + \alpha\Delta T r$). Die Schrumpfpressung p bei gegebenen Erwärmungen ΔT_w und ΔT_h wird aus der Gleichung

$$u_\mathrm{h}(R_\mathrm{ih}) - u_\mathrm{w}(R_\mathrm{aw}) = \Delta d/2 = R_\mathrm{aw} - R_\mathrm{ih} \quad (109)$$

berechnet. Dieselbe Gleichung liefert mit $p_\mathrm{aw} = p_\mathrm{ih} = p = 0$ eine Beziehung zwischen der minimalen Erwärmung ΔT_h der Hülse und der minimalen Abkühlung ΔT_w der Welle, die erforderlich sind, um beide Teile ohne Pressung übereinanderschieben zu können.
Nach Berechnung von p werden die Felder der Radialspannung $\sigma_r(r)$ und der Umfangsspannung $\sigma_\varphi(r)$ für Welle und Hülse aus

$$\left.\begin{aligned} \sigma_r(r) &= -\big[p_\mathrm{a}R_\mathrm{a}^2 - p_\mathrm{i}R_\mathrm{i}^2 \\ &\quad + (p_\mathrm{i}-p_\mathrm{a})\,R_\mathrm{i}^2R_\mathrm{a}^2/r^2\big]/(R_\mathrm{a}^2 - R_\mathrm{i}^2), \\ \sigma_\varphi(r) &= -\big[p_\mathrm{a}R_\mathrm{a}^2 - p_\mathrm{i}R_\mathrm{i}^2 \\ &\quad - (p_\mathrm{i}-p_\mathrm{a})\,R_\mathrm{i}^2R_\mathrm{a}^2/r^2\big]/(R_\mathrm{a}^2 - R_\mathrm{i}^2) \end{aligned}\right\} \quad (110)$$

berechnet. Für eine Vollwelle ist $\sigma_\mathrm{rw}(r) = \sigma_{\varphi\mathrm{w}}(r) \equiv -p$. Für eine unendlich ausgedehnte Hülse ist $\sigma_\mathrm{rh}(r) = -\sigma_{\varphi\mathrm{h}}(r) = -pR_\mathrm{ih}^2/r^2$.
Ein Schrumpfsitz der Länge l mit der Schrumpfpressung p und mit der Ruhereibungszahl μ_0 in der Fügefläche kann das Torsionsmoment $2\mu_0\pi R_\mathrm{aw}^2 lp$ übertragen. Fliehkräfte am rotierenden System haben beim Werkstoff Stahl bis zu Umfangsgeschwindigkeiten von 700 m/s keinen nennenswerten Einfluß auf die berechneten Größen [22].

5.11 Dreidimensionale Probleme

5.11.1 Einzelkraft auf Halbraumoberfläche (Boussinesq-Problem)

Eine Normalkraft F auf der Oberfläche eines unendlich ausgedehnten *Halbraums* (Bild 5-45) verursacht die rotationssymmetrischen Spannungs- und Verschiebungsfelder (Zylinderkoordinaten ϱ, φ, z; $r = (\varrho^2 + z^2)^{1/2}$)

$$\left.\begin{aligned}
\sigma_\varrho &= \frac{F}{2\pi r^2}\left[(1-2\nu)\frac{r}{r+z} - \frac{3\varrho^2 z}{r^3}\right],\\
\sigma_z &= \frac{-F}{2\pi r^2}\cdot\frac{3z^3}{r^3},\\
\sigma_\varphi &= \frac{F}{2\pi r^2}\cdot(1-2\nu)\left(\frac{z}{r} - \frac{r}{r+z}\right),\\
\tau_{\varrho z} &= \frac{-F}{2\pi r^2}\cdot\frac{3\varrho z^2}{r^3}, \quad \tau_{\varrho\varphi} = \tau_{\varphi z} \equiv 0,\\
u_\varrho &= \frac{F}{4\pi G r}\left[\frac{\varrho z}{r^2} - (1-2\nu)\frac{\varrho}{r+z}\right],\\
u_z &= \frac{F}{4\pi G r}\left[\frac{z^2}{r^2} + 2(1-\nu)\right], \quad u_\varphi \equiv 0.
\end{aligned}\right\} \quad (111)$$

Zur Herleitung und zu entsprechenden Lösungen für eine tangentiale Einzelkraft und für eine Einzelkraft im Innern des Halbraums siehe [18, 28].

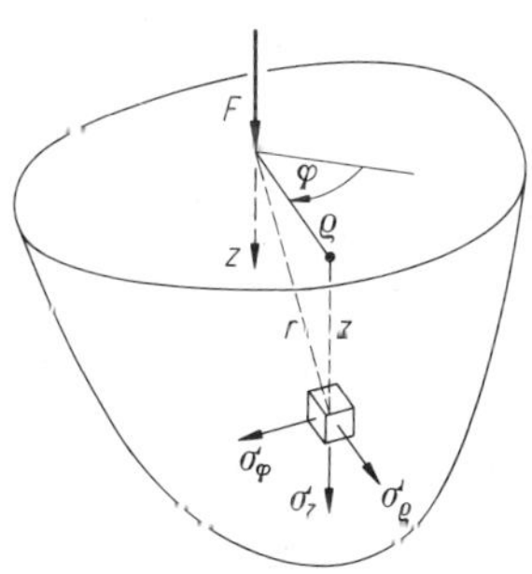

Bild 5-45. Einzelkraft am Halbraum. Boussinesq-Problem.

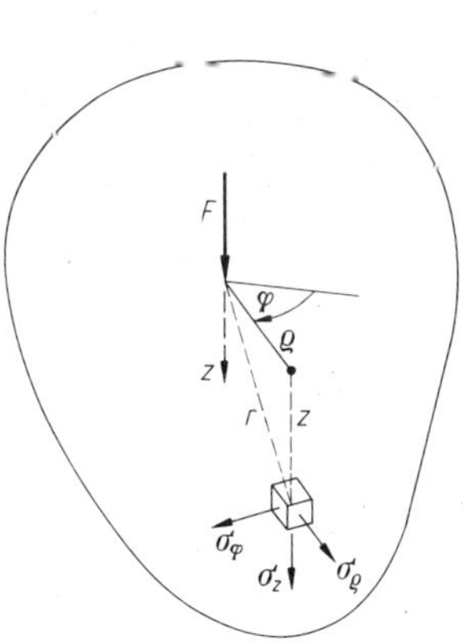

Bild 5-46. Einzelkraft im Vollraum. Kelvin-Problem.

5.11.2 Einzelkraft im Vollraum (Kelvin-Problem)

Eine Einzelkraft F in einem allseitig unendlich ausgedehnten Körper (sog. *Vollraum*; Bild 5-46) verursacht die rotationssymmetrischen Spannungs- und Verschiebungsfelder (siehe [18, 28, 29]; Bezeichnungen wie in 5.11.1)

$$\left.\begin{aligned}
\sigma_\varrho &= \frac{F}{8\pi(1-\nu)r^2}\left((1-2\nu)\frac{z}{r} - \frac{3\varrho^2 z}{r^3}\right),\\
\sigma_\varphi &= \frac{F}{8\pi(1-\nu)r^2}\cdot(1-2\nu)\frac{z}{r},\\
\sigma_z &= \frac{-F}{8\pi(1-\nu)r^2}\left((1-2\nu)\frac{z}{r} + \frac{3z^3}{r^3}\right),\\
\tau_{\varrho z} &= \frac{-F}{8\pi(1-\nu)r^2}\left((1-2\nu)\frac{\varrho}{r} + \frac{3\varrho z^2}{r^3}\right),\\
\tau_{\varrho\varphi} &= \tau_{\varphi z} \equiv 0, \quad u_\varphi \equiv 0,\\
u_\varrho &= \frac{F}{16\pi(1-\nu)Gr}\cdot\frac{\varrho z}{r^2},\\
u_z &= \frac{F}{16\pi(1-\nu)Gr}\left(3 - 4\nu + \frac{z^2}{r^2}\right).
\end{aligned}\right\} \quad (112)$$

5.11.3 Druckbehälter. Kesselformeln

In einem homogenen dickwandigen, kugelförmigen Druckbehälter (Radien und Drücke R_i, p_i innen und R_a, p_a außen) treten die Radial- und Tangentialspannungen und die Radialverschiebung auf (siehe [18, 29, 30]):

$$\left.\begin{aligned}
\sigma_r(r) &= \frac{p_\mathrm{i}R_\mathrm{i}^3 - p_\mathrm{a}R_\mathrm{a}^3 - (p_\mathrm{i} - p_\mathrm{a})R_\mathrm{i}^3 R_\mathrm{a}^3/r^3}{R_\mathrm{a}^3 - R_\mathrm{i}^3},\\
\sigma_\varphi(r) &= \frac{p_\mathrm{i}R_\mathrm{i}^3 - p_\mathrm{a}R_\mathrm{a}^3 + (p_\mathrm{i} - p_\mathrm{a})R_\mathrm{i}^3 R_\mathrm{a}^3/(2r^3)}{R_\mathrm{a}^3 - R_\mathrm{i}^3}\\
&\quad \text{(im Fall } p_\mathrm{i} > p_\mathrm{a}\\
&\quad \text{ist } \sigma_\varphi \text{ maximal bei } r = R_\mathrm{i}),\\
u_r(r) &= \frac{r}{R_\mathrm{a}^3 - R_\mathrm{i}^3}\left[\frac{(1-2\nu)(p_\mathrm{i}R_\mathrm{i}^3 - p_\mathrm{a}R_\mathrm{a}^3)}{E}\right.\\
&\qquad \left. + \frac{(p_\mathrm{i} - p_\mathrm{a})R_\mathrm{i}^3 R_\mathrm{a}^3}{4Gr^3}\right].
\end{aligned}\right\} \quad (113)$$

Bei einem dünnwandigen Kugelbehälter (Radius R, Wanddicke $h \ll R$) ist $\sigma_\varphi = (p_\mathrm{i} - p_\mathrm{a})R/(2h)$. $\sigma_r(r)$ fällt in der Wand linear von p_i auf p_a ab.
Ein dickwandiger zylindrischer Druckbehälter (Radius und Druck R_i, p_i innen und R_a, p_a außen) hat im Mittelteil (mehr als $2R_\mathrm{a}$ von den Enden entfernt) die Radialspannung $\sigma_r(r)$ und die Umfangsspannung $\sigma_\varphi(r)$ nach (110) und die von r unabhängige Längsspannung

$$\sigma_x = (p_\mathrm{i}R_\mathrm{i}^2 - p_\mathrm{a}R_\mathrm{a}^2)/(R_\mathrm{a}^2 - R_\mathrm{i}^2).$$

Für den dünnwandigen Behälter (Radius R, Wanddicke $h \ll R$) entstehen daraus die *Kesselformeln*

$$\sigma_\varphi = (p_i - p_a)\, R/h\,, \quad \sigma_x = \sigma_\varphi/2\,.$$

Weitere Einzelheiten der Theorie von Druckbehältern siehe in [30] und Bemessungsvorschriften in [31, 32].

5.11.4 Kontaktprobleme. Hertzsche Formeln

Zwei sich in einem Punkt oder längs einer Linie berührende Körper verformen sich, wenn sie gegeneinandergedrückt werden, und bilden eine kleine Druckfläche. *Hertz* hat die Verformungen und die Spannungen für homogen-isotrope Körper aus hookeschem Material berechnet. Seine Formeln setzen voraus, daß in der Druckfläche nur Normalspannungen wirken. Außerdem muß die Druckfläche im Vergleich zu den Körperabmessungen so klein sein, daß man jeden Körper als unendlichen Halbraum auffassen und seine Spannungsverteilung als Überlagerung von Boussinesq-Spannungsverteilungen (111) berechnen kann. Für zwei Körper mit E-Moduln E_1 und E_2 und Querdehnungszahlen ν_1 und ν_2 wird

$$E^* = 2E_1E_2/\left[(1-\nu_1^2)\,E_2 + (1-\nu_2^2)\,E_1\right]$$

definiert.

Kontakt zweier Kugeln. Zwei Kugeln mit den Radien r_1 und r_2 berühren sich in der Anordnung von Bild 5-47a im Fall $r_2 > 0$ oder von Bild 5-47b im Fall $r_2 < 0$ oder von Bild 5-47c im Sonderfall $r_2 = \infty$. Sei $r = r_1r_2/(r_1 + r_2)$. Die gegenseitige Anpreßkraft F der Körper erzeugt eine Änderung der Mittelpunktsentfernung beider Körper von der Größe

$$w = \left(\frac{9F^2}{4rE^{*2}}\right)^{1/3}.$$

Der durch Deformation entstehende Druckkreis hat den Radius

$$a = \left(\frac{3Fr}{2E^*}\right)^{1/3}.$$

Die nur in Bild 5-47b über dem Druckkreis gezeichnete Halbkugel gibt die Verteilung der Druckspannung in der Druckfläche an. Die maximale Druckspannung hat den Betrag

$$\sigma_{\max} = \frac{3F}{2\pi a^2}\,.$$

In den Körpern tritt die größte Zugspannung am Umfang des Druckkreises auf. Ihre Größe ist $(1-2\nu_i)\,\sigma_{\max}/3$ in Körper i $(i = 1, 2)$. Sie ist für spröde Werkstoffe maßgebend. Für duktile Werk-

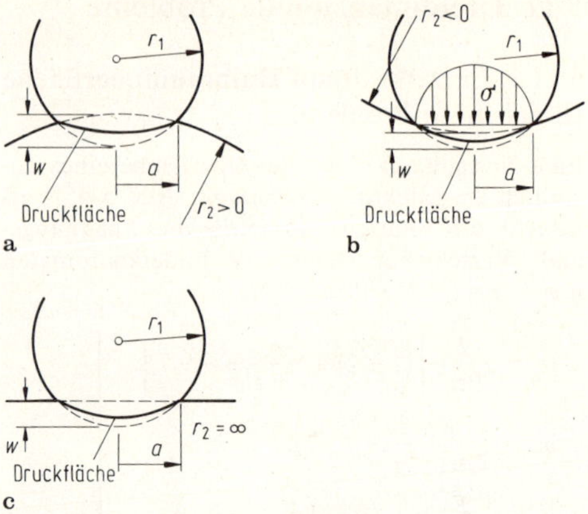

Bild 5-47. Kontakt zweier kugelförmiger oder zylindrischer Körper mit Radien r_1 und r_2 im Fall $r_2 > 0$ **a**, $r_2 < 0$ **b** und $r_2 = \infty$ **c**.

stoffe ist die größte Schubspannung maßgebend. Sie tritt in beiden Körpern in der Tiefe $a/2$ unter dem Mittelpunkt des Druckkreises auf. Für $\nu = 0{,}3$ hat sie ungefähr den Wert $0{,}3\,\sigma_{\max}$.

Kontakt zweier achsenparalleler Zylinder. In Rollenlagern werden zwei Zylinder mit den Radien r_1 und r_2 längs einer Mantellinie mit der Streckenlast q gegeneinandergedrückt. In axialer Projektion entstehen je nach Kombination der Krümmungen die Bilder 5-47a, b oder c. Die halbe Breite a des Druckstreifens ist $a = [8qr/(\pi E^*)]^{1/2}$ mit $r = r_1r_2/(r_1 + r_2)$. Der nur in Bild 5-47b gezeichnete Halbkreis über dem Druckstreifen gibt die Verteilung der Normalspannung im Druckstreifen an. Die größte Druckspannung ist $\sigma_{\max} = 2q/(\pi a)$. Die maximale Schubspannung im Körperinneren ist ungefähr $0{,}3\,\sigma_{\max}$.

Kontakt zweier beliebig geformter Körper. Im allgemeinen Fall punktförmiger Berührung zweier Körper hat jeder Körper i $(i = 1, 2)$ im Kontaktpunkt zwei verschiedene Hauptkrümmungsradien r_i und r_i^*, und die Krümmungshauptachsensysteme beider Körper sind gegeneinander gedreht. Ein Krümmungsradius ist positiv, wenn der Krümmungsmittelpunkt auf der Seite zum Körperinnern hin liegt, andernfalls negativ. Zum Beispiel sind für die Kugel und den Innenring eines Rillenkugellagers drei Radien positiv und einer negativ. Ein oder mehrere Radien können unendlich groß sein, z. B. bei der Paarung Radkranz/Schiene (Kegel/Zylinder) und bei der Paarung Ellipsoid/Ebene. Die Druckfläche ist stets eine Ellipse. Ihre Halbachsen a_1 und a_2 sind

$$a_i = c_i\left(\frac{3Fr}{2E^*}\right)^{1/3} \qquad (i = 1, 2) \quad \text{mit}$$

Tabelle 5-11. Hilfsfunktionen für Kontaktprobleme

β	0°	10°	20°	30°	40°	50°	60°	70°	80°	90°
c_1	∞	6,612	3,778	2,731	2,136	1,754	1,486	1,284	1,128	1
c_2	0	0,319	0,408	0,493	0,567	0,641	0,717	0,802	0,893	1
c_3	∞	2,80	2,30	1,98	1,74	1,55	1,39	1,25	1,12	1

$$r = \frac{2}{\dfrac{1}{r_1} + \dfrac{1}{r_1^*} + \dfrac{1}{r_2} + \dfrac{1}{r_2^*}}$$

und mit Hilfsgrößen c_1 und c_2. Diese werden Tabelle 5-11 als Funktionen von

$$\beta = \arccos\left\{\frac{1}{2} r \left[\left(\frac{1}{r_1} - \frac{1}{r_1^*}\right)^2 + \left(\frac{1}{r_2} - \frac{1}{r_2^*}\right)^2 + 2\left(\frac{1}{r_1} - \frac{1}{r_1^*}\right)\left(\frac{1}{r_2} - \frac{1}{r_2^*}\right)\cos 2\alpha\right]^{1/2}\right\} \quad (114)$$

entnommen. Darin ist α der Winkel zwischen der Hauptkrümmungsebene mit r_1 in Körper 1 und der Hauptkrümmungsebene mit r_2 in Körper 2. Als r_1 und r_2 müssen Hauptkrümmungsradien verwendet werden, die ein reelles β liefern. Die maximale Druckspannung in der Druckfläche ist $\sigma_{max} = 3F/(\pi a_1 a_2)$. Die Änderung des Körperabstandes infolge Deformation ist $w = 3c_3F/(2E^*a_1)$ mit c_3 nach Tabelle 5-11. Weitere Einzelheiten siehe in [18, 28].

5.11.5 Kerbspannungen

Ebene und räumliche Spannungsfelder in der Umgebung von Rissen und Kerben an Körperoberflächen und von Rissen und Hohlräumen im Körperinnern siehe in [18, 33-35].

5.12 Stabilitätsprobleme

5.12.1 Knicken von Stäben

Wenn an einem im unbelasteten Zustand ideal geraden Stab Druckkräfte entlang der Stabachse angreifen, dann ist unterhalb einer *kritischen Last* die gerade Lage stabil, während oberhalb dieser Last nur gekrümmte stabile Gleichgewichtslagen existieren. Die Kenntnis der kritischen Last ist wichtig, weil schon geringe Überschreitungen zur Zerstörung des Stabes führen. Man spricht von *Knicken*, wenn die gekrümmte Gleichgewichtslage eine Biegelinie ist und von *Biegedrillknicken,* wenn eine Torsion überlagert ist. Biegedrillknicken tritt nur bei Stäben auf, bei denen Schubmittelpunkt und Flächenschwerpunkt nicht zusammenfallen (siehe 5.12.2). Die kritische Last für solche Stäbe ist kleiner als die, die sich für Knicken ergibt!

Um welche Achse ein knickender Stab gebogen wird, hängt von den i. allg. für beide Achsen unterschiedlichen Randbedingungen ab. Bei gleichen Randbedingungen für beide Achsen tritt Biegung um die Achse mit I_{min} ein. Im folgenden wird das Flächenmoment immer I_y genannt. Kritische Lasten werden mit der sog. *Theorie 2. Ordnung* berechnet, bei der Gleichgewichtsbedingungen am verformten Stabelement formuliert werden. Im ausgeknickten Zustand verursachen Lager Schnittkräfte $Q_z(x)$. Bei Stäben, in denen $Q_z(x)$, $N(x)$ und EI_y bereichsweise konstant sind, hat ein herausgeschnittenes Stabstück der Länge Δx Durchbiegungen und Schnittgrößen nach Bild 5-48. Momentengleichgewicht erfordert

$$M_y(x + \Delta x) - M_y(x) - Q_z\Delta x - N[w(x + \Delta x) - w(x)] = 0$$

und im Grenzfall $\Delta x \to 0$

$$M_y' - Nw' = Q_z.$$

Substitution von $M_y = -EI_y w''$ (vgl. (62)) und eine weitere Differentiation nach x erzeugen für $w(x)$ die Differentialgleichung

$$w^{(4)} + \beta^2 w'' = 0 \quad \text{mit} \quad \beta^2 = N/(EI_y). \quad (115)$$

Ihre allgemeine Lösung ist mit Integrationskonstanten A, B, C und D

$$w(x) = A\cos\beta x + B\sin\beta x + Cx + D. \quad (116)$$

Im allgemeinen hat ein Stab mehrere Bereiche $i = 1, \ldots, n$ mit verschiedenen Konstanten β_i und verschiedenen Biegelinien $w_i(x)$ mit Integrationskonstanten A_i, B_i, C_i und D_i. Stets existieren $4n$ Randbedingungen für w_i, w_i', $M_y = -EI_y w_i''$ und

$$Q_z = -EI_y w_i''' - Nw_i' = -EI_y \beta_i^2 C_i,$$

so daß $4n$ Gleichungen für die Integrationskonstanten angebbar sind. Da diese Gleichungen homogen sind, liegt ein Eigenwertproblem vor. Der

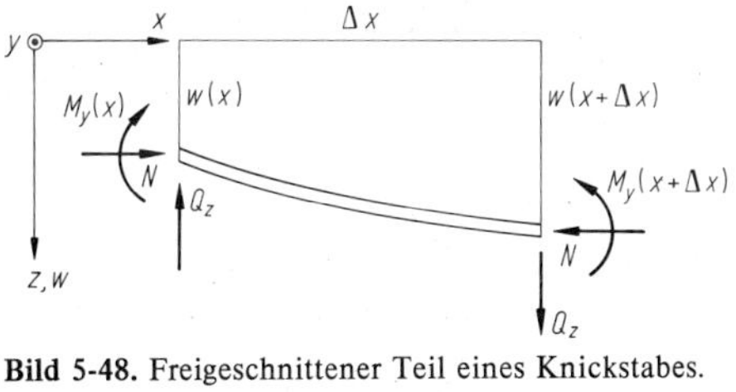

Bild 5-48. Freigeschnittener Teil eines Knickstabes.

Eigenwert ist die in $\beta_1, \ldots, \beta_n$ vorkommende äußere Belastung des Stabes. Der kleinste positive Eigenwert ist die kritische Last. Die zugehörigen Integrationskonstanten sind bis auf eine bestimmt, so daß von der Biegelinie bei der kritischen Last die Form (die sog. *Eigenform* zum ersten Eigenwert), aber nicht die absolute Größe bestimmbar ist.

Beispiel 5-24: In Bild 5-49 sind zwei Bereiche mit $\beta_2^2 = \beta^2 = F/(EI_y)$ und $\beta_1^2 = 2\beta^2$ und mit

$$w_i(x) = A_i \cos\beta_i x + B_i \sin\beta_i x + C_i x + D_i \quad (i = 1, 2)$$

zu unterscheiden. Die fünf Randbedingungen $w_1(0) = w_2(0)$, $w_1'(0) = w_2'(0)$, $w_1''(0) = w_2''(0)$ und $Q_{z1} \equiv Q_{z2} \equiv 0$ liefern $A_2 = 2A_1$, $B_2 = B_1\sqrt{2}$, $C_1 = C_2 = 0$, $D_2 = D_1 - A_1$. Die übrigen drei Randbedingungen $w_1(-l) = 0$, $w_1'(-l) = 0$ und $w_2''(l) = 0$ liefern für A_1, B_1 und D_1 die homogenen Gleichungen

$$\begin{aligned} A_1 \cos(\beta l\sqrt{2}) - B_1 \sin(\beta l\sqrt{2}) + D_1 &= 0, \\ A_1 \sin(\beta l\sqrt{2}) + B_1 \cos(\beta l\sqrt{2}) &= 0, \\ A_1\sqrt{2}\cos\beta l + B_1 \sin\beta l &= 0. \end{aligned}$$

Die Bedingung „Koeffizientendeterminante = 0" führt zur Eigenwertgleichung $\tan\beta l \tan(\beta l\sqrt{2}) = \sqrt{2}$ mit dem kleinsten Eigenwert $\beta l \approx 0{,}719$. Das ergibt die kritische Last

$$F_k = \beta^2 EI_y \approx 0{,}517\, EI_y/l^2.$$

Bild 5-50 zeigt die sog. *Eulerschen Knickfälle* mit Knicklasten und Eigenformen. Knicklasten für Stäbe und Stabsysteme bei vielen anderen Lagerungsfällen sind [36, 37] zu entnehmen.

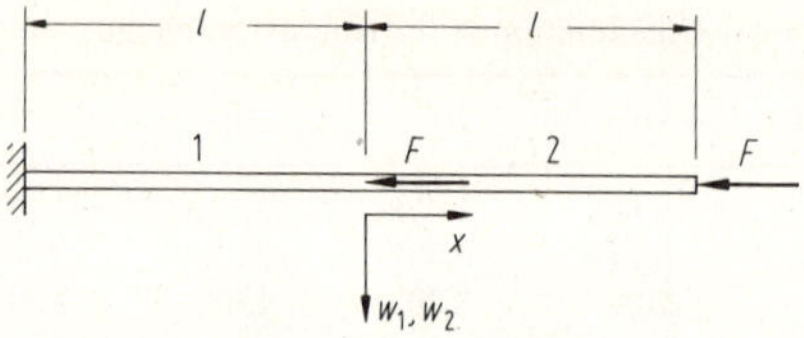

Bild 5-49. Knickstab mit zwei Kräften.

Der Quotient heißt *Rayleigh-Quotient.* Im Zähler steht die potentielle Energie des Stabes und der Federn. Das Produkt F_k mal Nennerausdruck ist die Arbeit der Kräfte F_1 und F_2 längs der Absenkung ihrer Angriffspunkte. Die Integrale im Nenner erstrecken sich über die Stabbereiche, die den Druckkräften F_1 bzw. F_2 ausgesetzt sind. Jede zusätzliche Einzelkraft vermehrt den Nenner um ein entsprechendes Glied. Das Gleichheitszeichen gilt, wenn für $w(x)$ die Eigenform $w_e(x)$ des Stabes für die gegebenen (in Bild 5-51 willkürlich angenommenen) Randbedingungen eingesetzt wird. Eine geringfügig von $w_e(x)$ abweichende Ansatzfunktion $w(x)$ liefert eine brauchbare obere Schranke für F_k. Ansatzfunktionen müssen die

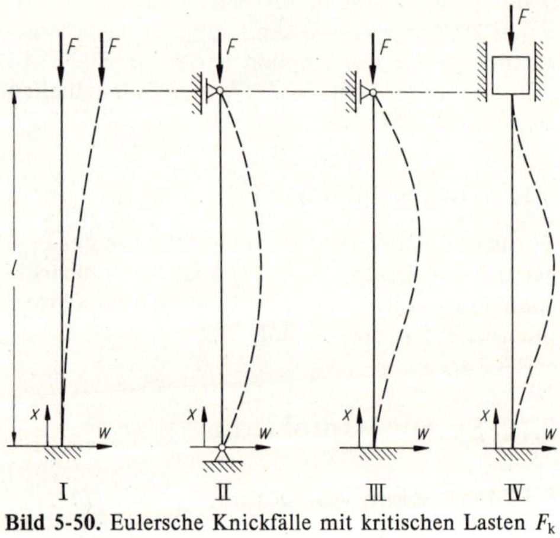

Bild 5-50. Eulersche Knickfälle mit kritischen Lasten F_k und Eigenformen $w_e(x)$. Die Eigenformen sind exakt gezeichnet.

Fall	F_k	$w_e(x)$
I	$0{,}25\pi^2 EI_y/l^2$	$1-\cos[\pi x/(2l)]$
II	$\pi^2 EI_y/l^2$	$\sin(\pi x/l)$
III	$2{,}04\pi^2 EI_y/l^2$	$\beta l(1-\cos\beta x)+\sin\beta x-\beta x$, $\beta = 4{,}493/l$
IV	$4\pi^2 EI_y/l^2$	$1-\cos(2\pi x/l)$

Rayleigh-Quotient

Bild 5-51 zeigt einen Knickstab mit veränderlichem Querschnitt (Querschnittsfläche $A(x)$, Biegesteifigkeit $EI_y(x)$, spezifisches Gewicht $\gamma = \varrho g$), mit einer Federstütze und einer Drehfederstütze (Federkonstanten k bzw. k_D) bei $x = x_S$ bzw. $x = x_D$ und mit zwei Einzelkräften $F_1 = F$ und $F_2 = a_2 F$ bei $x = x_1$ bzw. $x = x_2$. Der Stab wird durch sein Eigengewicht und durch die beiden Kräfte auf Knickung belastet. Für die kritische Größe F_k von F gilt die Ungleichung

$$F_k \leqq \frac{\int_0^l EI_y(x)\,w''^2(x)\,dx + kw^2(x_S) + k_D w'^2(x_D) - \gamma\int_0^l A(x)\int_0^x w'^2(\xi)\,d\xi\,dx}{\int_0^{x_1} w'^2(x)\,dx + a_2\int_0^{x_2} w'^2(x)\,dx}. \tag{117}$$

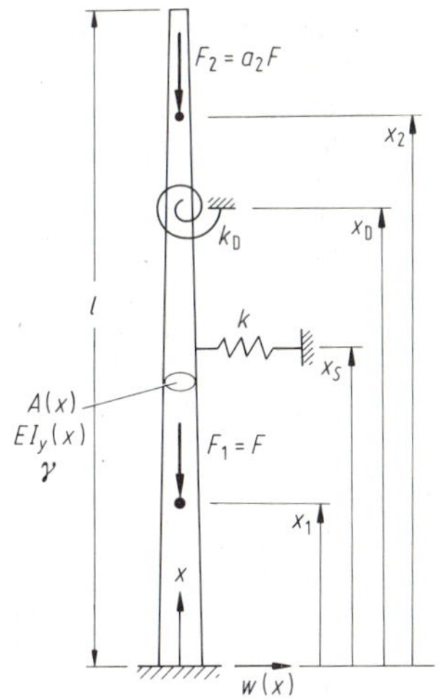

Bild 5-51. Knickstab mit veränderlichem Querschnitt, Federstützen, Einzellasten und Eigengewicht (spezifisches Gewicht γ).

sog. wesentlichen oder geometrischen Randbedingungen erfüllen (das sind die für w und w'). (117) vereinfacht sich, wenn EI_y oder A konstant ist oder wenn das Eigengewicht vernachlässigt wird ($\gamma = 0$) oder wenn die Federstützen fehlen ($k = 0$ oder $k_D = 0$). Jede zusätzliche Federstütze vermehrt den Zähler um ein Glied. Wenn der Stab auf ganzer Länge eine Winkler-Bettung hat (siehe 5.7.4), muß im Zähler der Ausdruck $K \int_0^l w^2(x)\,dx$ addiert werden.

Beispiel 5-25: Für die *Euler-Knickfälle* von Bild 5-50 lautet (117) bei Berücksichtigung des Eigengewichts

$$F_k \leqq \left[EI_y \int_0^l w''^2(x)\,dx - \gamma A \int_0^l \int_0^x w'^2(\xi)\,d\xi\,dx \right] \Big/ \int_0^l w'^2(x)\,dx. \quad (118)$$

Wenn man für $w(x)$ jeweils die Eigenform des Stabes ohne Eigengewicht einsetzt, erhält man $F_k \leqq F_{k0} - 0{,}3G$ im Fall I, $F_k \leqq F_{k0} - 0{,}35G$ im Fall III und $F_k \leqq F_{k0} - 0{,}5G$ in den Fällen II und IV (jeweilige Knicklast F_{k0} ohne Eigengewicht, Stabgewicht $G = \gamma Al$). Wenn F fehlt, knickt der Stab infolge Eigengewicht bei einer kritischen Länge l_k, für die sich im Fall I aus $0 \leqq \pi^2 EI_y/(4l_k^2) - 0{,}3\gamma Al_k$ die Formel $l_k \leqq 2{,}02 \times (EI_y/(\gamma A))^{1/3}$ ergibt. In den Fällen II, III und IV ist der Faktor 2,02 zu ersetzen durch 2,70 bzw. 3,88 bzw. 4,29.

Verfahren von Ritz. Für Stäbe mit komplizierten Randbedingungen ist die Wahl einer guten Näherung der Eigenform für den Rayleigh-Quotienten schwierig. Stattdessen wählt man n vernünftig erscheinende Ansatzfunktionen $w_1(x), \ldots, w_n(x)$ (häufig genügen $n = 2$) und bildet die Funktionenklasse $w(x) = c_1 w_1(x) + \ldots + c_n w_n(x)$ mit unbestimmten Koeffizienten $c_1, \ldots, c_n$. Mit ihr wird der Rayleigh-Quotient eine Funktion von $c_1, \ldots, c_n$. Das Minimum dieser Funktion ist die beste mit der Funktionenklasse mögliche Schranke für F_k. Man berechnet das Minimum als den kleinsten Eigenwert λ der Gleichung $\det(\underline{Z} - \lambda \underline{N}) = 0$. Darin sind $\underline{Z}$ und $\underline{N}$ symmetrische Matrizen, deren Elemente aus dem Zähler und Nenner des Rayleigh-Quotienten (117) nach der Vorschrift berechnet werden

$$\left.\begin{aligned} Z_{ij} &= \int_0^l EI_y(x) w_i''(x) w_j''(x)\,dx \\ &\quad + k w_i(x_S) w_j(x_S) + k_D w_i'(x_D) w_j'(x_D) \\ &\quad - \gamma \int_0^l A(x) \int_0^x w_i'(\xi) w_j'(\xi)\,d\xi\,dx, \\ N_{ij} &= \int_0^{x_1} w_i'(x) w_j'(x)\,dx \\ &\quad + a_2 \int_0^{x_2} w_i'(x) w_j'(x)\,dx \\ &\qquad (i, j = 1, \ldots, n). \end{aligned}\right\} \quad (119)$$

Schlankheitsgrad. Die bisher geschilderten Methoden zur Berechnung kritischer Lasten setzen elastisches Stabverhalten voraus. Die kritische Last hat dabei stets die Form $F_k = \pi^2 EI_y/l_k^2$ mit einer geeignet berechneten Länge l_k. Sie ist die Länge eines Stabes nach Bild 5-50, Fall II, mit demselben F_k. Die Spannung im Stab ist $\sigma_k = F_k/A = E\pi^2/\lambda^2$ mit dem dimensionslosen *Schlankheitsgrad* $\lambda = l_k(I_y/A)^{-1/2}$. Aus der Forderung $\sigma_k \leqq R_{p0,2}$ (0,2 %-Dehngrenze) folgt $\lambda \leqq \pi(E/R_{p0,2})^{1/2} = \lambda_0$. Für St37, St60 und einen Stahl mit 5 % Nickel-Anteil ist $\lambda_0 = 104$ bzw. 89

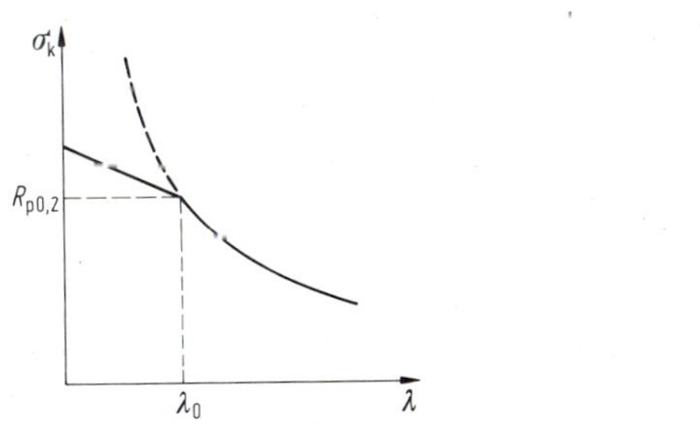

Bild 5-52. Kritische Spannung σ_k eines Knickstabes als Funktion des Schlankheitsgrades λ im elastischen Bereich ($\lambda > \lambda_0$) und nach Tetmajer im unelastischen Bereich.

bzw. 86. Stäbe mit $\lambda < \lambda_0$ knicken unelastisch. Nach Tetmajer wird in diesem Bereich σ_k nach Bild 5-52 durch eine Gerade bestimmt, die durch den Punkt $(\lambda_0, R_{p0,2})$ verläuft und bei $\lambda = 0$ einen experimentell ermittelten Wert liefert (310 N/mm² für St37, 335 N/mm² für St60 und 470 N/mm² für den 5%-Ni-Stahl).
Im Kran-, Hoch- und Brückenbau schreibt DIN 18800 Teil 2 ein Traglastverfahren zur Bemessung von knicksicheren Druckstäben vor, das λ als Parameter verwendet.

5.12.2 Biegedrillknicken

Wenn die Koordinaten y_M und z_M des Schubmittelpunktes ungleich null sind, kann bei der kritischen Last eine Gleichgewichtslage entstehen, bei der schiefe Biegung mit Auslenkungen $v_M(x)$ und $w_M(x)$ des Schubmittelpunktes und Torsion mit dem Torsionswinkel $\varphi(x)$ gekoppelt auftreten. Man spricht von *Biegedrillknicken*. Bei Belastung in der Stabachse durch eine Druckkraft F lauten die gekoppelten Differentialgleichungen

$$\left.\begin{aligned} &EI_z v_M^{(4)} + Fv_M'' + Fz_M\varphi'' = 0\,,\\ &EI_y w_M^{(4)} + Fw_M'' - Fy_M\varphi'' = 0\,,\\ &EC_M\varphi^{(4)} + (Fi_M^2 - GI_T)\varphi''\\ &\quad + Fz_M v_M'' - Fy_M w_M'' = 0 \end{aligned}\right\} \quad (120)$$

mit $i_M^2 = y_M^2 + z_M^2 + (I_y + I_z)/A$.

Beispiel 5-26: Beim beidseitig gabelgelagerten Stab der Länge l wird die Eigenform bei der kritischen Last durch $v_M = A_1 \sin(\pi x/l)$, $w_M = A_2 \sin(\pi x/l)$ und $\varphi = A_3 \sin(\pi x/l)$ angenähert. Einsetzen in (120) liefert für A_1, A_2, A_3 die homogenen Gleichungen

$$\begin{aligned} &A_1(\pi^2 EI_z/l^2 - F) - A_3 F z_M = 0\,,\\ &A_2(\pi^2 EI_y/l^2 - F) + A_3 F y_M = 0\,,\\ &A_3(\pi^2 EC_M/l^2 - Fi_M^2 + GI_T)\\ &\quad - A_1 F z_M + A_2 F y_M = 0\,. \end{aligned}$$

Die Bedingung „Koeffizientendeterminante = 0" ist eine Gleichung 3. Grades für den Eigenwert F. Ihre kleinste Lösung ist die kritische Last F_k. Sie ist kleiner als die Knicklast $\pi^2 EI_{min}/l^2$ des Stabes. Stäbe mit anderen Randbedingungen siehe in [9, 36].

5.12.3 Kippen

Unter *Kippen* versteht man die Erscheinung, daß ein Stab mit zur z-Achse symmetrischem Querschnitt bei Belastung entlang der z-Achse oberhalb einer kritischen Last in y-Richtung ausweicht und dabei verdreht wird (Bild 5-53). Die Differentialgleichungen für die Auslenkung v_M des Schubmittelpunkts M in y-Richtung und für den Verdrehwinkel φ lauten

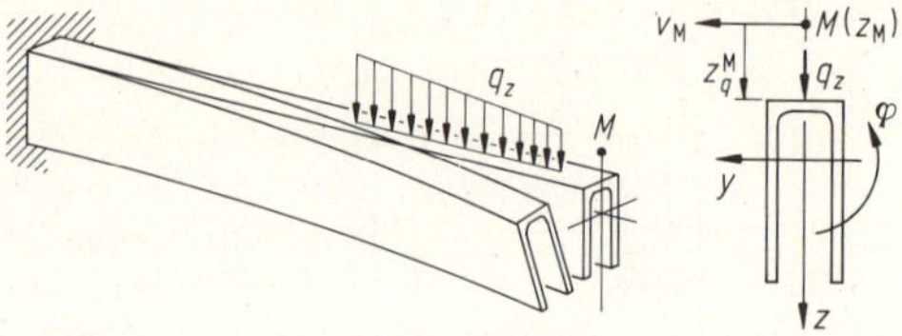

Bild 5-53. Kippen eines Stabes. $z_M = z$-Koordinate des Schubmittelpunkts M. Im Bild ist $z_M < 0$, $z_q^M > 0$.

$$\left.\begin{aligned} &EI_z v_M^{(4)} + (M_y(x)\varphi)'' = 0\,,\\ &EC_M\varphi^{(4)} - GI_T\varphi'' - c_0(M_y(x)\varphi')'\\ &\quad + M_y(x)v_M'' + q_z(x)z_q^M\varphi = 0\,. \end{aligned}\right\} \quad (121)$$

Darin sind z_M und z_q^M die in Bild 5-53 erklärten Größen und $c_0 = \int_A z(y^2 + z^2)\,dA/I_y - 2z_M$. Für doppeltsymmetrische Querschnitte ist $c_0 = 0$. Außer für einfachste Fälle ist die kritische Last aus (121) nicht bestimmbar. In [9] sind mit Energiemethoden gewonnene Näherungslösungen für kritische Lasten für viele technisch wichtige Lagerungs- und Belastungsfälle zusammengestellt. Dort werden auch unsymmetrische Querschnitte und die Überlagerung von Kippen und Biegedrillknicken behandelt.
Kritische Lasten für Stäbe mit Rechteckquerschnitt nach Bild 5-54a, b: Im folgenden ist $K = (EI_z GI_T)^{1/2}$, $c = [EI_z/GI_T]^{1/2}$.

$$\left.\begin{aligned} &\text{Bild 5-54a:}\\ &\quad F_k = 4{,}02(1 - cH/l)K/l^2\,,\\ &\quad q_k = 12{,}85(1 - \nu^2)^{-1/2}K/l^3\\ &\text{Bild 5-54b:}\\ &\quad F_k = 16{,}9(1 - 3{,}48cH/l)K/l^2\,,\\ &\quad q_k = 28{,}3(1 - \nu^2)^{-1/2}K/l^3\,,\\ &\quad M_k = \pi(1 - \nu^2)^{-1/2}K/l. \end{aligned}\right\} \quad (122)$$

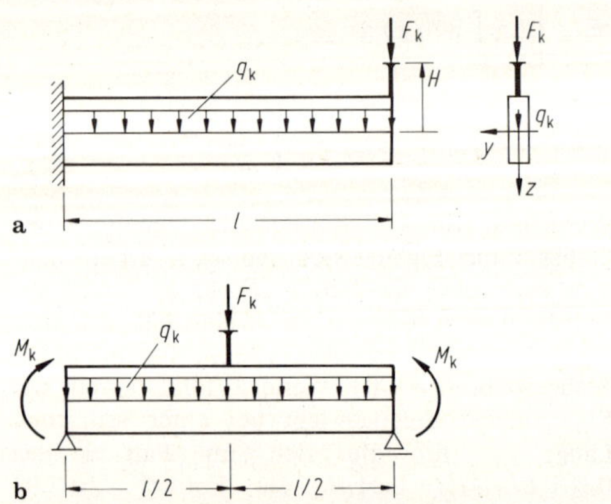

Bild 5-54. Kippen eines Kragträgers (Bild a) und eines beidseitig gelenkig gelagerten Stabes (Bild b) unter verschiedenen Lasten (nur F, nur q oder nur M).

5.12.4 Plattenbeulung

Wenn in einer ebenen Platte (Dicke $h = \text{const}$, Plattensteifigkeit $D = Eh^3/[12(1-\nu^2)]$) in der Mittelebene wirkende Kräfte einen ebenen Spannungszustand $\sigma_x(x, y)$, $\sigma_y(x, y)$ und $\tau_{xy}(x, y)$ verursachen, dann wird bei Überschreiten einer kritischen Last F_k die ebene Form instabil. An ihre Stelle tritt eine stabile *Beuleigenform* mit einer Durchbiegung $w(x, y)$. Bei Platten mit einfacher Form und Belastung kann man die kritische Last aus der Differentialgleichung für w,

$$\Delta\Delta w + \frac{h}{D}\left(\sigma_x \frac{\partial^2 w}{\partial x^2} + 2\tau_{xy}\frac{\partial^2 w}{\partial x \partial y} + \sigma_y \frac{\partial^2 w}{\partial y^2}\right) = 0\,, \qquad (123)$$

als kleinsten Eigenwert eines Eigenwertproblems bestimmen (siehe [17]).

Beispiel 5-27: Die allseitig gelenkig gelagerte Rechteckplatte (Länge a in x-Richtung, Breite b) mit $\sigma_x = \text{const}$, $\sigma_y = \tau_{xy} \equiv 0$ hat nach [50] die kritische Spannung

$$\sigma_{xk} = \frac{\pi^2 D}{b^2 h}\,\frac{\left[1+\left(\frac{b}{a}\right)^2\right]^2}{\nu + \left(\frac{b}{a}\right)^2}.$$

Für kompliziertere Fälle ist das *Ritzsche Verfahren* geeignet. Zu den Bezeichnungen und zur Methodik vgl. das Verfahren bei Stäben in 5.12.1. Man setzt eine Klasse von Ansatzfunktionen

$$w(x, y) = c_1 w_1(x, y) + \ldots + c_n w_n(x, y)$$

in den Energieausdruck

$$\Pi = \frac{h}{2}\iint\left[\sigma_x\left(\frac{\partial w}{\partial x}\right)^2 + 2\tau_{xy}\frac{\partial w}{\partial x}\cdot\frac{\partial w}{\partial y} + \sigma_y\left(\frac{\partial w}{\partial y}\right)^2\right]\mathrm{d}x\,\mathrm{d}y + \frac{D}{2}\iint\left\{\left(\frac{\partial^2 w}{\partial x^2} + \frac{\partial^2 w}{\partial y^2}\right)^2 + 2(1-\nu) \times \left[\left(\frac{\partial^2 w}{\partial x \partial y}\right)^2 - \frac{\partial^2 w}{\partial x^2}\cdot\frac{\partial^2 w}{\partial y^2}\right]\right\}\mathrm{d}x\,\mathrm{d}y \qquad (124)$$

ein (siehe [17]) und bildet für $c_1, \ldots, c_n$ das homogene lineare Gleichungssystem $\partial\Pi/\partial c_i = 0$ ($i = 1, \ldots, n$). Die Koeffizientendeterminante wird gleich null gesetzt. In ihr steht als Eigenwert die Last, die σ_x, σ_y und τ_{xy} verursacht. Der kleinste Eigenwert ist eine obere Schranke für die kritische Last F_k. [36, 37] sind Nachschlagewerke für kritische Lasten von Platten unterschiedlicher Form, Lagerung und Belastung.

5.12.5 Schalenbeulung

Für kritische Lasten von Schalen werden wesentlich zu große Werte berechnet, wenn man geometrische Imperfektionen der Schale vernachlässigt. Die Berücksichtigung von Imperfektionen ist i. allg. nur in numerischen Rechnungen möglich [38, 39].
Die klassische Theorie für geometrisch perfekte Schalen berechnet Beullasten aus Energieausdrükken und aus Ansatzfunktionen für die Beulform [26, 36].

Beispiel 5-28: Die dünne Kreiszylinderschale mit gelenkiger Lagerung des Mantels auf starren Endscheiben. Bild 5-55 unterscheidet Belastungen durch einen konstanten Außendruck p auf dem Schalenmantel, durch eine konstante axiale Streckenlast q auf den Mantelrändern und durch Kombinationen von p und q. Zum Beispiel gilt bei Außendruck p auf Mantel und Endscheiben $2\pi R q = \pi R^2 p$, also $q = \frac{1}{2}pR$.

Der Ansatz $w(x, \varphi) = \sin(m\pi x/l)\cos n\varphi$ für die Radialverschiebung erfüllt bei ganzzahligen $m, n > 0$ die Randbedingungen. Er stellt ein Beulmuster mit m Halbwellen in axialer und mit $2n$ Halbwellen in Umfangsrichtung dar (siehe Bild 5-55 mit $m = 1$ und $n = 2$). Mit den normierten Größen

$$\left.\begin{aligned} \lambda &= m\pi R/l, \quad \beta = (h/R)^2/12\,, \\ p^* &= (1-\nu^2)pR/(Eh)\,, \\ q^* &= (1-\nu^2)q/(Eh) \end{aligned}\right\} \qquad (125)$$

führt der Ansatz auf die Gleichung

$$\begin{aligned} &p^* n^2[(\lambda^2+n^2)^2 - 3\lambda^2 - n^2] \\ &\quad + q^*\lambda^2[(\lambda^2+n^2)^2 + n^2] \\ &= (1-\nu^2)\lambda^4 + \beta\{(\lambda^2+n^2)^4 \\ &\quad - 2[\nu\lambda^6 + 3\lambda^4 n^2 + (4-\nu)\lambda^2 n^4 + n^6] \\ &\quad + 2(2-\nu)\lambda^2 n^2 + n^4\}\,. \end{aligned} \qquad (126)$$

Die normierte kritische Last — je nach Lastfall entweder p^* oder q^* — ist die kleinste für ganzzahlige $m, n > 0$ existierende Lösung dieser Gleichung. Im Lastfall Manteldruck ist stets $m = 1$, so daß Lösungen p^* für verschiedene Größen von n verglichen werden müssen. Bei anderen Lastfällen

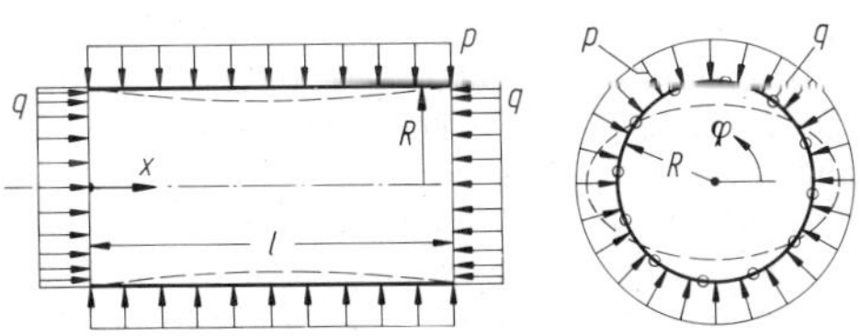

Bild 5-55. Dünne Kreiszylinderschale mit Manteldruck p und axialer Streckenlast q auf dem Mantel. Gestrichelte Linien stellen eine Beulform mit $m = 1$ und $n = 2$ dar.

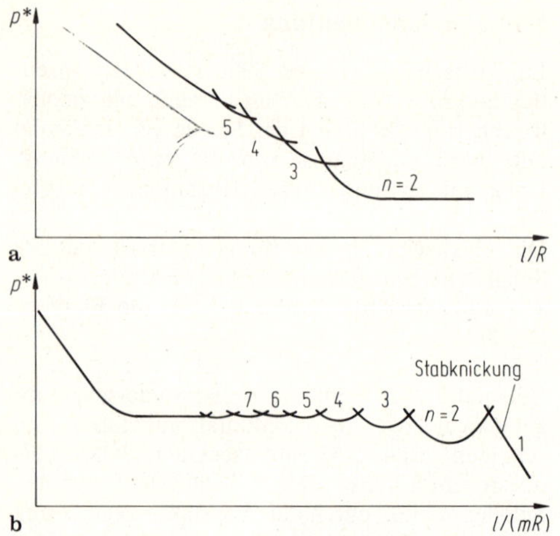

Bild 5-56. Der normierte kritische Manteldruck p^* im Fall $q = 0$ (Bild a) und die normierte kritische Streckenlast q^* im Fall $p = 0$ (Bild b) für die Schale von Bild 5-55 in doppelt-logarithmischer Darstellung.

müssen Lösungen für verschiedene m und n verglichen werden. Die Bilder 5-56a und b zeigen qualitativ die Abhängigkeit $p^*(l/R)$ bzw. $q^*(l/(mR))$ für gegebene β und ν. (126) setzt die Gültigkeit des Hookeschen Gesetzes voraus. Nur bei sehr dünnwandigen Schalen ist die Spannung bei der kritischen Last hinreichend klein. Der Nachweis ist erforderlich.

Wenn im kritischen Lastfall $m > 1$ Halbwellen auf die Zylinderlänge verteilt sind, dann ändert sich an der kritischen Last nichts, wenn man die Schale in den Knoten der Halbwellen ringförmig versteift.

5.13 Finite Elemente

Finite-Elemente-Methoden werden bei geometrisch komplizierten Systemen angewandt. Sie sind Näherungsmethoden zur Berechnung von Spannungen und Verformungen bei statischer Belastung, von Eigenfrequenzen und Eigenformen bei Eigenschwingungen, von erzwungenen Schwingungen u. a. Man stellt sich das System nach den Beispielen von Bild 5-57a, b aus geometrisch einfachen Teilen von endlicher Größe — den *finiten Elementen* — zusammengesetzt vor. Typische Elemente sind Zugstäbe, Stücke von Biegestäben, Scheibenstücke, Plattenstücke, Schalenstücke, Tetraeder usw. Die Punkte in Bild 5-57 sind die sog. *Knoten* der Elemente und des Elementenetzes. Das *Elementenetz* wird so angelegt, daß alle Lagerreaktionen in Knoten angreifen. Alle eingeprägten Kräfte und Momente werden durch äquivalente Kräfte und Momente ersetzt, die in Knoten angreifen. Vereinfachend wird vorausgesetzt, daß benachbarte Elemente nur an

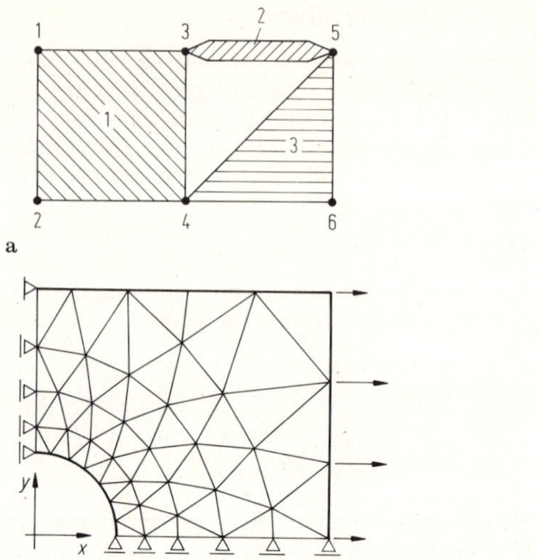

Bild 5-57. a Drei finite Elemente mit sechs Knoten. **b** Netz aus dreieckigen Scheibenelementen für einen Zugstab mit Loch. Wegen der Symmetrie genügt ein Viertel mit den gezeichneten Knotenlagern. Die Knotenkräfte am rechten Rand sind einer konstanten Streckenlast äquivalent. Außer dem globalen x,y-System werden u. U. für die Elemente anders gerichtete, individuelle x_i, y_i-Systeme verwendet (vgl. Bild 5-58).

Knoten mit Kräften und Momenten aufeinander wirken.

5.13.1 Elementmatrizen. Formfunktionen

Knotenverschiebungen und Knotenkräfte. Für ein einzelnes, durch Schnitte isoliertes finites Element i werden in einem *individuellen* x_i, y_i, z_i-System für die Elementknoten *generalisierte Knotenverschiebungen* $\bar{q}_{ij}$ und *Knotenkräfte* $\bar{F}_{ij}$ definiert.

Beispiel 5-29: Für einen Knoten eines Zugstabelementes werden eine Längsverschiebung und eine Längskraft definiert (Bild 5-58); für einen Knoten

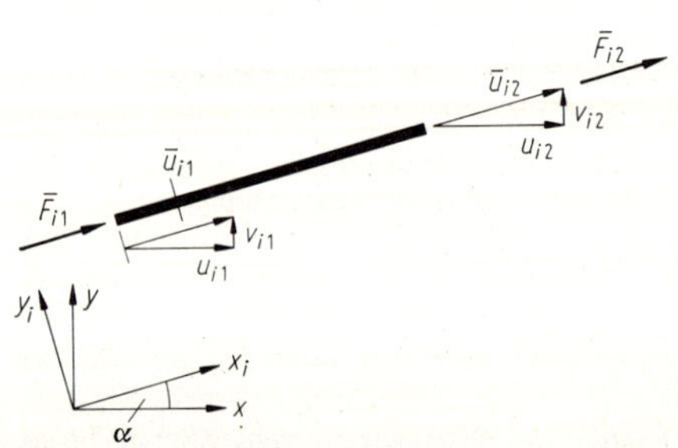

Bild 5-58. Finites Zugstabelement mit Knotenverschiebungen $\underline{\bar{q}}_i = [\bar{u}_{i1}\bar{u}_{i2}]^T$ im individuellen x_i, y_i-System und mit Knotenverschiebungen $\underline{q}_i = [u_{i1}v_{i1}u_{i2}v_{i2}]^T$ im globalen x,y-System.

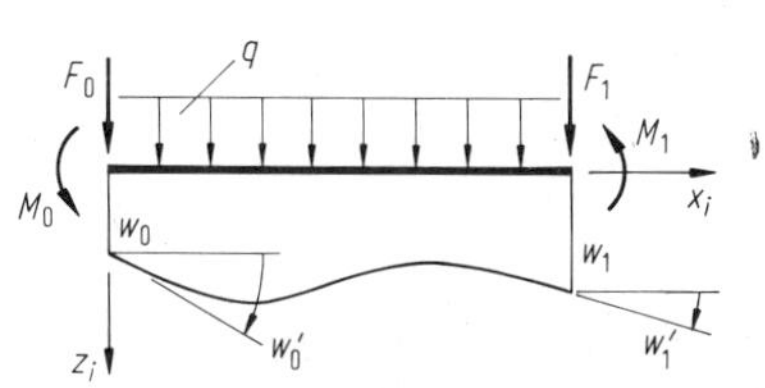

Bild 5-59. Knotenverschiebungen $\underline{\bar{q}}_i = [w_0 w_0' w_1 w_1']^{\mathrm{T}}$ und Knotenkräfte $\underline{\bar{F}}_i = [F_0 M_0 F_1 M_1]^{\mathrm{T}}$ an einem finiten Biegestabelement.

eines Biegestabelementes werden Durchbiegung und Neigung als Verschiebungen und eine Kraft und ein Moment als generalisierte Kräfte definiert (Bild 5-59).

Massenmatrix und Steifigkeitsmatrix. Alle $\bar{q}_{ij}$ und alle $\bar{F}_{ij}$ an Element i werden in Spaltenmatrizen $\underline{\bar{q}}_i$ bzw. $\underline{\bar{F}}_i$ zusammengefaßt. Bei linearem Werkstoffgesetz besteht im dynamischen Fall die Beziehung

$$\underline{\bar{M}}_i \ddot{\underline{\bar{q}}}_i + \underline{\bar{K}}_i \underline{\bar{q}}_i = \underline{\bar{F}}_i \tag{127}$$

und im Sonderfall der Statik die Beziehung

$$\underline{\bar{K}}_i \underline{\bar{q}}_i = \underline{\bar{F}}_i \tag{128}$$

mit einer symmetrischen *Massenmatrix* $\underline{\bar{M}}_i$ und einer symmetrischen *Steifigkeitsmatrix* $\underline{\bar{K}}_i$. Näherungen für die Matrizen werden wie folgt aus dem d'Alembertschen Prinzip (3-34) entwickelt. Es lautet

$$\varrho \int_V \delta \boldsymbol{u} \cdot \ddot{\boldsymbol{u}} \, \mathrm{d}V + \int_V \delta \underline{\varepsilon}^{\mathrm{T}} \underline{\sigma} \, \mathrm{d}V - \sum_{(V)} \delta \boldsymbol{u} \cdot \boldsymbol{F} = 0 \tag{129}$$

(ϱ Dichte, $\boldsymbol{u}$ Verschiebungsvektor des Volumenelements $\mathrm{d}V$ bzw. der äußeren Kraft $\boldsymbol{F}$, $\underline{\varepsilon} = [\varepsilon_x \;\; \varepsilon_y \;\; \varepsilon_z \;\; \gamma_{xy} \;\; \gamma_{yz} \;\; \gamma_{zx}]^{\mathrm{T}}$ Verzerrungszustand und $\underline{\sigma} = [\sigma_x \;\; \sigma_y \;\; \sigma_z \;\; \tau_{xy} \;\; \tau_{yz} \;\; \tau_{zx}]^{\mathrm{T}}$ Spannungszustand des Volumenelements $\mathrm{d}V$, das im spannungsfreien Ausgangszustand des finiten Elements an der Stelle x_i, y_i, z_i liegt). Die Summe ist die virtuelle Arbeit aller am gesamten Volumen V eingeprägten Kräfte. Jede Kraft $\boldsymbol{F}$ wird mit der virtuellen Verschiebung $\delta \boldsymbol{u}$ ihres Angriffspunkts multipliziert. Das zweite Integral ist die virtuelle Änderung δU der Formänderungsenergie U von (71). Mit den Spaltenmatrizen $\underline{\ddot{u}}$ und $\underline{F}$ der x_i-, y_i- und z_i-Komponenten von $\ddot{\boldsymbol{u}}$ bzw. $\boldsymbol{F}$ ist $\delta \boldsymbol{u} \cdot \ddot{\boldsymbol{u}} = \delta \underline{u}^{\mathrm{T}} \underline{\ddot{u}}$ und $\delta \boldsymbol{u} \cdot \boldsymbol{F} = \delta \underline{u}^{\mathrm{T}} \underline{F}$.

Formfunktionen. Das unbekannte Verschiebungsfeld $\underline{u}(x_i, y_i, z_i)$ in (129) wird als Linearkombination der Knotenverschiebungen $\bar{q}_{ij}$ approximiert:

$$\underline{u}(x_i, y_i, z_i) = \underline{N}(x_i, y_i, z_i) \underline{\bar{q}}_i \, . \tag{130}$$

Darin ist $\underline{N}(x_i, y_i, z_i)$ eine Matrix von sog. *Formfunktionen*. Diese sind frei wählbar mit den Einschränkungen, daß erstens $\underline{u}(x_i, y_i, z_i)$ für die Koordinaten x_i, y_i, z_i der Knoten die Knotenverschiebungen selbst liefert, daß zweitens für Knotenverschiebungen $\underline{\bar{q}}_i$, die eine Starrkörperbewegung beschreiben, $\underline{u}(x_i, y_i, z_i)$ das Verschiebungsfeld derselben Starrkörperbewegung darstellt, und daß drittens die Verschiebungen $\underline{u}(x_i, y_i, z_i)$ benachbarter Elemente an den gemeinsamen Kanten konform sind (siehe [25, 40]).

(130) stellt einen Ritz-Ansatz dar. Man kann die Ordnung des Ansatzes erhöhen, indem man die Zahl der Knoten des finiten Elements vergrößert. Ein dreieckiges Scheibenelement kann z. B. außer an den Ecken weitere Knoten auf den Kanten und im Innern haben.

Aus (130) und (2) folgt $\underline{\varepsilon} = \underline{B}(x_i, y_i, z_i) \underline{\bar{q}}_i$ mit einer Matrix $\underline{B}$, die partielle Ableitungen von $\underline{N}$ enthält. Bei Gültigkeit des Hookeschen Gesetzes (19) ist

$$\underline{\sigma}(x_i, y_i, z_i) = \underline{D} \underline{\varepsilon} = \underline{D} \underline{B} \underline{\bar{q}}_i \tag{131}$$

mit einer symmetrischen Matrix $\underline{D}$, die die Stoffkonstanten E, G und ν enthält. Einsetzen aller Beziehungen in (129) liefert

$$\delta \underline{\bar{q}}_i^{\mathrm{T}} \left[\varrho \int_V \underline{N}^{\mathrm{T}} \underline{N} \, \mathrm{d}V \ddot{\underline{\bar{q}}}_i + \int_V \underline{B}^{\mathrm{T}} \underline{D} \underline{B} \, \mathrm{d}V \underline{\bar{q}}_i - \sum_{(V)} \underline{N}^{\mathrm{T}} \underline{F} \right] = 0 \tag{132}$$

oder, da die Elemente von $\delta \underline{\bar{q}}_i$ unabhängig sind,

$$\underbrace{\varrho \int_V \underline{N}^{\mathrm{T}} \underline{N} \, \mathrm{d}V}_{\underline{\bar{M}}_i} \ddot{\underline{\bar{q}}}_i + \underbrace{\int_V \underline{B}^{\mathrm{T}} \underline{D} \underline{B} \, \mathrm{d}V}_{\underline{\bar{K}}_i} \underline{\bar{q}}_i - \underbrace{\sum_{(V)} \underline{N}^{\mathrm{T}} \underline{F}}_{\underline{\bar{F}}_i} = 0 \, . \tag{133}$$

Das ist Gl. (127) mit Berechnungsvorschriften für $\underline{\bar{M}}_i$, $\underline{\bar{K}}_i$ und $\underline{\bar{F}}_i$. Die Summe erstreckt sich über alle Kräfte am Volumen V, und $\underline{N}$ ist bei jeder Kraft der Funktionswert für den Angriffspunkt.

Beispiel 5-30: Für das Biegestabelement in Bild 5-59 werden die Knotenverschiebungen $\underline{\bar{q}}_i = [w_0 \;\; w_0' \;\; w_1 \;\; w_1']_i^{\mathrm{T}}$ gewählt. Die Durchbiegung $w(x)$ wird approximiert durch

$$w(x) = \left[1 - 3\frac{x^2}{l^2} + 2\frac{x^3}{l^3} ; \; l\left(\frac{x}{l} - 2\frac{x^2}{l^2} + \frac{x^3}{l^3}\right) ; \right.$$

$$\left. 3\frac{x^2}{l^2} - 2\frac{x^3}{l^3} ; \; l\left(-\frac{x^2}{l^2} + \frac{x^3}{l^3}\right) \right] \underline{\bar{q}}_i - \underline{N} \underline{\bar{q}}_i \, .$$

Das ist Gl. (130). Jedes Element von $\underline{N}$ gibt die Biegelinie für den Fall an, daß das entsprechende Element von $\underline{\bar{q}}_i$ gleich eins und die anderen gleich null sind. Beim Biegestab ist

$$\underline{\varepsilon} = \varepsilon_x = -w''z = -\underline{N}'' \underline{\bar{q}}_i z \, ,$$

$$\underline{\sigma} = \sigma_x = E\varepsilon_x = -E\underline{N}'' \underline{\bar{q}}_i z \, ,$$

$$\delta \underline{\varepsilon}^{\mathrm{T}} \underline{\sigma} = \delta \varepsilon_x \sigma_x \, .$$

Damit liefert (133)

$$\underline{\bar{K}}_i = E \int_V \underline{N}''^{\mathrm{T}} \underline{N}'' z^2 \, \mathrm{d}V = E \int_{x=0}^{l} \underline{N}''^{\mathrm{T}} \underline{N}'' \int_A z^2 \, \mathrm{d}A \, \mathrm{d}x$$

$$= EI_y \int_0^l \underline{N}''^{\mathrm{T}} \underline{N}'' \, \mathrm{d}x,$$

$$\underline{\bar{M}}_i = \varrho \int_V \underline{N}^{\mathrm{T}} \underline{N} \, \mathrm{d}V = \varrho A \int_0^l \underline{N}^{\mathrm{T}} \underline{N} \, \mathrm{d}x.$$

Die Kräfte F_0 und F_1, Momente M_0 und M_1 und die Streckenlast q von Bild 5-59 liefern nach (133)

$$\underline{\bar{F}}_i = \underline{N}^{\mathrm{T}}(0) F_0 + \underline{N}^{\mathrm{T}}(l) F_1 - \underline{N}'^{\mathrm{T}}(0) M_0$$

$$- \underline{N}'^{\mathrm{T}}(l) M_1 + \int_0^l \underline{N}^{\mathrm{T}}(x) q \, \mathrm{d}x$$

$$= [F_0 + ql/2; \ -M_0 + ql^2/12; \ F_1 + ql/2; \ -M_1 - ql^2/12]^{\mathrm{T}}.$$

Koordinatentransformation. Wenn das individuelle x_i, y_i, z_i-System des Elements i nicht parallel zum sog. *globalen* x, y, z-System liegt, müssen (127) und (128) ins globale System transformiert werden. Das Ergebnis sind die Gleichungen

$$\underline{M}_i \underline{\ddot{q}}_i + \underline{K}_i \underline{q}_i = \underline{F}_i \quad \text{bzw.} \quad \underline{K}_i \underline{q}_i = \underline{F}_i \qquad (134\,\mathrm{a,\,b})$$

mit $\underline{M}_i = \underline{T}_i^{\mathrm{T}} \underline{\bar{M}}_i \underline{T}_i$ und $\underline{K}_i = \underline{T}_i^{\mathrm{T}} \underline{\bar{K}}_i \underline{T}_i$. Darin sind $\underline{q}_i$ und $\underline{F}_i$ die Spaltenmatrizen aller generalisierten Knotenverschiebungen bzw. Knotenkräfte von Element i im globalen System, und $\underline{T}_i$ ist durch die Gleichung $\underline{\bar{q}}_i = \underline{T}_i \underline{q}_i$ definiert.

Beispiel 5-31: Für das Zugstabelement in Bild 5-58 ist

$$\underline{\bar{q}}_i = [\bar{u}_{i1} \ \ \bar{u}_{i2}]^{\mathrm{T}}, \quad \underline{q}_i = [u_{i1} \ \ v_{i1} \ \ u_{i2} \ \ v_{i2}]^{\mathrm{T}}.$$

Man liest ab

$$\underline{T}_i = \begin{bmatrix} \cos\alpha & \sin\alpha & 0 & 0 \\ 0 & 0 & \cos\alpha & \sin\alpha \end{bmatrix}.$$

5.13.2 Matrizen für das Gesamtsystem

Sei $\underline{q}$ die Spaltenmatrix der generalisierten Knotenverschiebungen aller Knoten des gesamten Elementenetzes im *globalen* x, y, z-System. Jedes Element jeder Matrix $\underline{q}_i$ ist mit einem Element von $\underline{q}$ identisch. Deshalb kann man beide Gleichungen (134) durch Hinzufügen von Identitäten $\underline{0} = \underline{0}$ in eine Gleichung der Form

$$\underline{M}_i^* \underline{\ddot{q}} + \underline{K}_i^* \underline{q} = \underline{F}_i^* \quad \text{bzw.} \quad \underline{K}_i^* \underline{q} = \underline{F}_i^* \qquad (135\,\mathrm{a,\,b})$$

mit symmetrischen Matrizen $\underline{M}_i^*$ und $\underline{K}_i^*$ einbetten.

Beispiel 5-32: Für das Element $i = 2$ in Bild 5-57a lautet (135a)

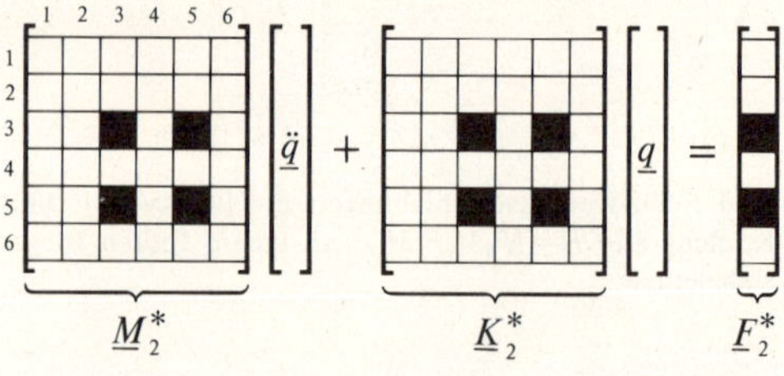

Die Zahlen sind Knotennummern. Schwarze Felder sind Untermatrizen von $\underline{M}_2$, $\underline{K}_2$ bzw. $\underline{F}_2$, und weiße Felder sind mit Nullen besetzt.

Aus den Matrizen $\underline{M}_i^*$ und $\underline{K}_i^*$ aller finiten Elemente $i = 1, \ldots, e$ eines Elementenetzes werden die Gleichungen der Dynamik und Statik des Gesamtsystems gebildet. Sie lauten

$$\underline{M}\underline{\ddot{q}} + \underline{K}\underline{q} = \underline{F} \quad \text{bzw.} \quad \underline{K}\underline{q} = \underline{F} \qquad (136\,\mathrm{a,\,b})$$

mit der Massenmatrix $\underline{M} = \sum \underline{M}_i^*$ und der Steifigkeitsmatrix $\underline{K} = \sum \underline{K}_i^*$ (Summation über $i = 1, \ldots, e$). $\underline{M}$ und $\underline{K}$ sind symmetrisch und schwach besetzt. Bei günstiger Knotennumerierung ist nur ein schmales Band um die Hauptdiagonale besetzt.

Finite-Elemente-Programmsysteme enthalten die Massen- und Steifigkeitsmatrizen $\underline{\bar{M}}_i$ und $\underline{\bar{K}}_i$ für einen ganzen Katalog von Elementtypen. Sie bilden die Matrizen $\underline{M}$ und $\underline{K}$ eines ganzen Elementenetzes, sobald die Lage aller Knoten im globalen Koordinatensystem, die Numerierung der Elemente und Knoten und die Elementtypen durch Eingabedaten festgelegt sind.

5.13.3 Aufgabenstellungen bei Finite-Elemente-Rechnungen

Statik. Bei statisch bestimmten und bei statisch unbestimmten Systemen ist in (136b) von jedem Paar (Knotenkraft, Knotenverschiebung) eine Größe gegeben und eine unbekannt. Also ist die Zahl der Gleichungen ebenso groß, wie die Zahl der Unbekannten. Man löst (136b) nach den Unbekannten auf. Aus $\underline{q}$ werden anschließend mit (131) Spannungen in den finiten Elementen berechnet.

Kinetik. Bei Eigenschwingungen sind keine eingeprägten Kräfte vorhanden. In (136a) enthält $\underline{F}$ also nur Nullen und unbekannte zeitlich veränderliche Lagerreaktionen. Jeder Nullkraft entspricht in $\underline{q}$ eine unbekannte zeitlich veränderliche Verschiebung und jeder Lagerreaktion eine Verschiebung Null. Also hat (136a) im Prinzip die Form

$$\begin{bmatrix} \underline{M}_{11} & \underline{M}_{12} \\ \underline{M}_{12}^{\mathrm{T}} & \underline{M}_{22} \end{bmatrix} \begin{bmatrix} \underline{\ddot{q}}^* \\ \underline{0} \end{bmatrix} + \begin{bmatrix} \underline{K}_{11} & \underline{K}_{12} \\ \underline{K}_{12}^{\mathrm{T}} & \underline{K}_{22} \end{bmatrix} \begin{bmatrix} \underline{q}^* \\ \underline{0} \end{bmatrix} = \begin{bmatrix} \underline{0} \\ \underline{F}^* \end{bmatrix} \qquad (137)$$

oder ausmultipliziert

$$\underline{M}_{11}\ddot{\underline{q}}^* + \underline{K}_{11}\underline{q}^* = \underline{0}\,, \quad \underline{F}^* = \underline{M}_{12}^{\mathrm{T}}\ddot{\underline{q}}^* + \underline{K}_{12}^{\mathrm{T}}\underline{q}^*\,, \tag{138}$$

wobei $\underline{q}^*$ und $\underline{F}^*$ die zeitlich veränderlichen Größen sind. Die erste Gl. (138) liefert die Eigenfrequenzen und Eigenformen (siehe 4.1.2) und die zweite die zugehörigen Lagerreaktionen.
Bei erzwungenen Schwingungen sind entweder periodisch veränderliche, eingeprägte Erregerkräfte oder periodisch veränderliche eingeprägte Lagerverschiebungen vorhanden. Im Fall von Erregerkräften steht in (137) anstelle der Null-Untermatrix auf der rechten Seite eine Spaltenmatrix der Form $\underline{A}\cos\Omega t$ mit bekanntem $\underline{A}$ und bekanntem Ω. An die Stelle der ersten Gl. (138) tritt $\underline{M}_{11}\ddot{\underline{q}}^* + \underline{K}_{11}\underline{q}^* = \underline{A}\cos\Omega t$. Für die Lösung von $\underline{q}^*(t)$ siehe 4.2.2.

Matrizenkondensation. Bei statischen Problemen an Systemen mit mehrfach auftretenden, identischen Substrukturen (Bild 5-60) verkleinert *Matrizenkondensation* die Steifigkeitsmatrix. Sei $\underline{K}$ die Steifigkeitsmatrix der Gleichung $\underline{K}\underline{q} = \underline{F}$ für die markierte Substruktur. Nur für die dick markierten *Randknoten* existieren Randbedingungen für Knotenverschiebungen. Mit den Indizes r für Randknoten und i für die restlichen, *inneren Knoten* wird die Gleichung der Substruktur in der partitionierten Form geschrieben

$$\begin{bmatrix} \underline{K}_{11} & \underline{K}_{12} \\ \underline{K}_{12}^{\mathrm{T}} & \underline{K}_{22} \end{bmatrix} \begin{bmatrix} \underline{q}_i \\ \underline{q}_r \end{bmatrix} = \begin{bmatrix} \underline{F}_i \\ \underline{F}_r \end{bmatrix} \tag{139}$$

oder ausmultipliziert

$$\underline{K}_{11}\underline{q}_i + \underline{K}_{12}\underline{q}_r = \underline{F}_i\,, \quad \underline{K}_{12}^{\mathrm{T}}\underline{q}_i + \underline{K}_{22}\underline{q}_r = \underline{F}_r\,. \tag{140}$$

Auflösung der ersten Gleichung nach $\underline{q}_i$ und Einsetzen in die zweite Gleichung liefert

$$\left.\begin{aligned} \underline{q}_i &= \underline{K}_{11}^{-1}(-\underline{K}_{12}\underline{q}_r + \underline{F}_i)\,, \\ \underline{K}_r\underline{q}_r &= \underline{F}_r - \underline{K}_{12}^{\mathrm{T}}\underline{K}_{11}^{-1}\underline{F}_i \end{aligned}\right\} \tag{141}$$

mit der wesentlich kleineren, kondensierten Steifigkeitsmatrix

$$\underline{K}_r = \underline{K}_{22} - \underline{K}_{12}^{\mathrm{T}}\underline{K}_{11}^{-1}\underline{K}_{12}\,.$$

Sie wird nur einmal berechnet. Aus $\underline{K}_r$ wird die Matrix des Gesamtsystems (d. h. nur für die Randknoten des Gesamtsystems) nach dem Schema gebildet, das im Zusammenhang mit Gl. (135) erläutert wurde. Die Gleichung des Gesamtsystems liefert zu gegebenen eingeprägten Kräften $\underline{F}_i$ an den inneren Knoten alle Verschiebungen und Kräfte an den Randknoten. Mit q_r ergibt (141) dann auch $\underline{q}_i$.

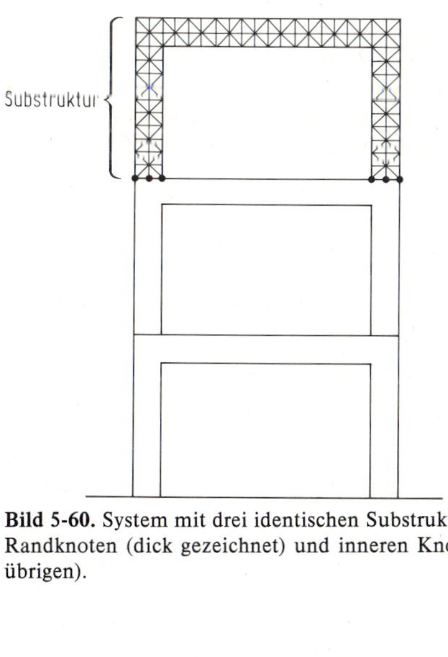

Bild 5-60. System mit drei identischen Substrukturen mit Randknoten (dick gezeichnet) und inneren Knoten (alle übrigen).

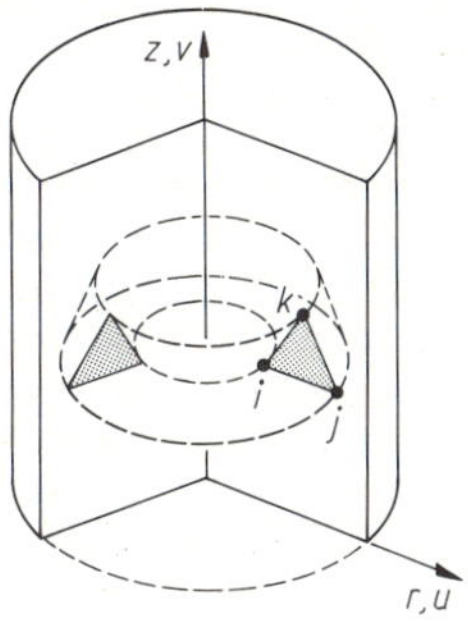

Bild 5-61. Ringelement mit dreieckigem Querschnitt für Systeme mit rotationssymmetrischer Form und Belastung. Die Knotenverschiebungen sind u_i, u_j, u_k in radialer und v_i, v_j, v_k in axialer Richtung. Die Knotenkräfte sind radiale und axiale Streckenlasten auf den Kreisen i, j und k.

Ergänzende Bemerkungen. Für rotationssymmetrische Probleme werden ringförmige Elemente definiert. Bild 5-61 zeigt ein Ringelement mit Dreiecksquerschnitt mit drei Knoten und mit Knotenverschiebungen in radialer und in axialer Richtung. Für Einzelheiten siehe [25]. Für krummlinig berandete Körper werden krummlinig berandete finite Elemente benötigt. Sie entstehen mit *isoparametrischen* Ansätzen [25, 40]. Für Gebiete mit Spannungskonzentrationen können finite Elemente mit speziellen, dem Problem angepaßten Ritz-Ansätzen verwendet werden [41]. Finite-Elemente-Methoden existieren auch für nichtlineare Stoffgesetze. Zum Beispiel kann man in (131) statt einer konstanten Matrix $\underline{D}$ eine Matrix einsetzen, deren Stoffparameter von der Verformung abhängig sind. Damit lassen sich statische Probleme durch inkrementelle Laststeigerung berechnen. Anwendungen in der Plastizitätstheorie siehe in [42].

5.14 Übertragungsmatrizen

Viele elastische Systeme lassen sich nach dem Schema von Bild 5-62 als Aneinanderreihung von einfachen Systembereichen $i = 1, \dots, n$ mit Bereichsgrenzen $0, \dots, n$ auffassen. Für die Bereichsgrenze i $(i = 0, \dots, n)$ wird ein *Zustandsvektor* (eine Spaltenmatrix) $\underline{z}_i$ definiert. $\underline{z}_i$ enthält generalisierte Verschiebungen von ausgewählten Punkten der Bereichsgrenze i und die diesen Verschiebungen zugeordneten Schnittgrößen (das Produkt einer Verschiebung und der zugeordneten Schnittgröße hat die Dimension einer Arbeit). Für den Bereich i zwischen den Bereichsgrenzen $i-1$ und i wird eine Übertragungsmatrix $\underline{U}_i$ so definiert, daß

$$\underline{z}_i = \underline{U}_i \underline{z}_{i-1} + \underline{Q}_i \quad (i = 1, \dots, n) \tag{142}$$

gilt. Die Spaltenmatrix $\underline{Q}_i$ enthält generalisierte Kräfte und Verschiebungen. Im Sonderfall $\underline{Q}_i = \underline{0}$ gilt

$$\underline{z}_i = \underline{U}_i \underline{z}_{i-1} \quad (i = 1, \dots, n)\,. \tag{143}$$

Im Fall $\underline{Q}_i \neq \underline{0}$ wird (142) in der mit (143) formal gleichen Form

$$\underbrace{\begin{bmatrix} \underline{z}_i \\ \hline 1 \end{bmatrix}}_{\underline{z}_i^*} = \underbrace{\left[\begin{array}{c|c} \underline{U}_i & \underline{Q}_i \\ \hline \underline{0} & 1 \end{array}\right]}_{\underline{U}_i^*} \underbrace{\begin{bmatrix} \underline{z}_{i-1} \\ \hline 1 \end{bmatrix}}_{\underline{z}_{i-1}^*} \quad (i = 1, \dots, n) \tag{144}$$

geschrieben. $\underline{z}_i^*$ und $\underline{U}_i^*$ heißen *erweiterter Zustandsvektor* bzw. *erweiterte Übertragungsmatrix*. An den äußersten Bereichsgrenzen 0 und n schreiben Randbedingungen jeweils die Hälfte aller Zustandsgrößen in $\underline{z}_0^*$ und in $\underline{z}_n^*$ vor. Die jeweils andere Hälfte ist unbekannt. Die Grundidee des Übertragungsmatrizenverfahrens besteht darin, die aus (143) und (144) folgenden Gleichungen

$$\left.\begin{aligned} \underline{z}_n &= \underline{U}_n \underline{U}_{n-1} \cdot \ldots \cdot \underline{U}_2 \underline{U}_1 \underline{z}_0 \\ &\text{bzw.} \\ \underline{z}_n^* &= \underline{U}_n^* \underline{U}_{n-1}^* \cdot \ldots \cdot \underline{U}_2^* \underline{U}_1^* \underline{z}_0^* \end{aligned}\right\} \tag{145}$$

zur Bestimmung der Unbekannten zu verwenden. Aus (145) werden Eigenschwingungen, stationäre erzwungene Schwingungen und statische Lastzustände berechnet.

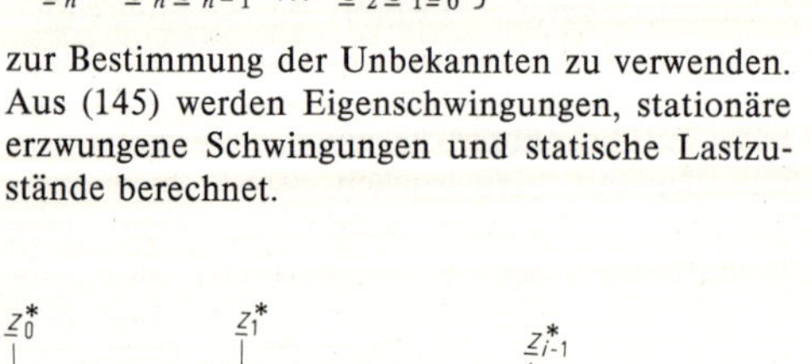

Bild 5-62. System mit Bereichen $1, \dots, n$ und mit erweiterten Zustandsvektoren $\underline{z}_0^*, \dots, \underline{z}_n^*$ an den Bereichsgrenzen $0, \dots, n$. Sehr schematische Darstellung.

5.14.1 Übertragungsmatrizen für Stabsysteme

Durchlaufträger und Maschinenwellen werden nach Bild 5-63 als Systeme aus masselosen Stabfeldern, Punktmassen und starren Körpern modelliert. Bereichsgrenzen $i = 0, \dots, n$ werden an beiden Enden jedes Stabfeldes, jeder Punktmasse, jedes starren Körpers, jeder elastischen Stütze (auch wenn sie am Stabende liegt) und jedes inneren Lagers und Gelenks definiert. Zur Untersuchung von Vorgängen mit Längsdehnung und Biegung in der x,z-Ebene wird der Zustandsvektor

$$\underline{z}_i = [u_i \quad N_i \;\vdots\; w_i \quad \psi_i \quad M_{yi} \quad Q_{zi}]^{\mathrm{T}} \tag{146}$$

benötigt (u axiale Verschiebung, N Längskraft, w Durchbiegung, $\psi = -w'$ Drehung, M_y Biegemoment, Q_z Querkraft; Reihenfolge beliebig). Wenn Längsdehnung oder Biegung nicht auftritt, entfallen die entsprechenden Größen. Im Fall von Biegung um die z-Achse und von Torsion treten entsprechende Größen zusätzlich auf.

Erweiterte Übertragungsmatrix des masselosen Stabfeldes. Bild 5-64 zeigt ein masseloses Stabfeld mit seinen Zustandsgrößen an den Feldgrenzen $i-1$ und i und mit eingeprägten Lasten F_{xi}, F_{zi} und $q_{zi} = \text{const}$. Man formuliert drei Gleichgewichtsbedingungen und mit Hilfe von Tabelle 5-7 drei Kraft-Verschiebungs-Beziehungen. Zwei von ihnen lauten z. B.

$$\begin{aligned} M_{yi} &= M_{yi-1} + Q_{zi-1} l_i - F_{zi} b_i - q_{zi} l_i^2/2\,, \\ \psi_i &= \psi_{i-1} + \frac{M_{yi} l_i - Q_{zi} l_i^2/2 - F_{zi} a_i^2/2 - q_{zi} l_i^3/6}{E_i I_{yi}}\,. \end{aligned} \tag{147}$$

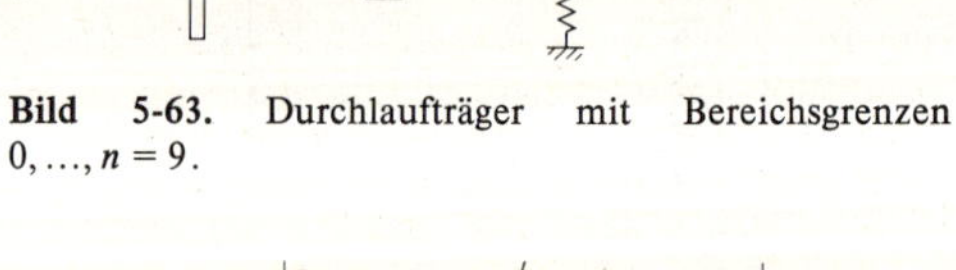

Bild 5-63. Durchlaufträger mit Bereichsgrenzen $0, \dots, n = 9$.

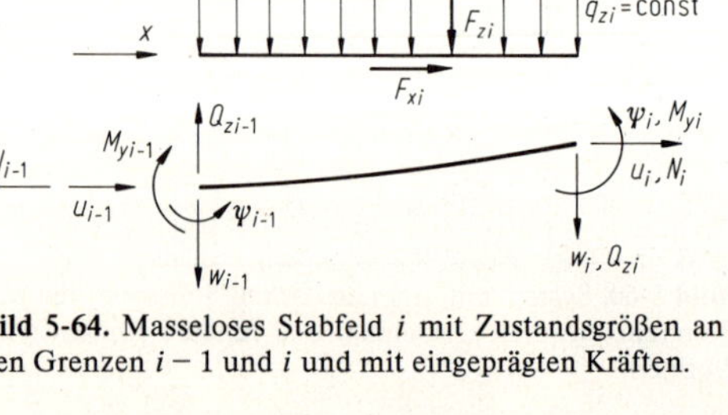

Bild 5-64. Masseloses Stabfeld i mit Zustandsgrößen an den Grenzen $i-1$ und i und mit eingeprägten Kräften.

Die Auflösung aller sechs Gleichungen in der Form (144) liefert für $\underline{U}_i$ und $\underline{Q}_i$ die Ausdrücke

$$\left.\begin{aligned}\underline{U}_i &= \left[\begin{array}{cc|cccc} 1 & l/(EA) & 0 & 0 & 0 & 0 \\ 0 & 1 & 0 & 0 & 0 & 0 \\ \hline 0 & 0 & 1 & -l & -l^2/(2EI_y) & -l^3/(6EI_y) \\ 0 & 0 & 0 & 1 & l/(EI_y) & l^2/(2EI_y) \\ 0 & 0 & 0 & 0 & 1 & l \\ 0 & 0 & 0 & 0 & 0 & 1 \end{array}\right]_i, \\ \underline{Q}_i &= \left[\frac{-F_x b}{EA}, \quad -F_x \;\Big|\; \frac{F_z b^3}{6EI_y} + \frac{q_z l^4}{24EI_y}, \quad \frac{-F_z b^2}{2EI_y} - \frac{q_z l^3}{6EI_y}, \quad -F_z b - \frac{q_z l^2}{2}, \quad -F_z - q_z l\right]_i^{\mathrm{T}}. \end{aligned}\right\} \tag{148}$$

Mit diesen Matrizen gilt (144) sowohl für statische Lastzustände als auch für die Amplituden von stationären erzwungenen Schwingungen der Form

$$\underline{Q}_i(t) = \underline{Q}_i \cos \Omega t,$$
$$\underline{z}_{i-1}(t) = \underline{z}_{i-1} \cos \Omega t, \quad \underline{z}_i(t) = \underline{z}_i \cos \Omega t,$$

als auch für die Amplituden von freien Schwingungen in irgendeiner Eigenform ($\underline{Q}_i(t) = \underline{0}$, $\underline{z}_{i-1}(t) = \underline{z}_{i-1} \cos \omega t$, $\underline{z}_i(t) = \underline{z}_i \cos \omega t$).

Erweiterte Übertragungsmatrix für starre Körper und Punktmassen. Bild 5-65 zeigt einen starren Körper i mit seinen Zustandsgrößen an den Bereichsgrenzen $i-1$ und i und mit eingeprägten Kräften F_{xi} und F_{zi}. Man formuliert drei Bewegungsgleichungen und drei geometrische Beziehungen. Zwei von ihnen lauten z. B.

$$M_{yi} - M_{yi-1} - Q_{zi} b_i - Q_{zi-1} a_i - F_{zi} c_i$$
$$= J_{yi} \ddot{\psi}_{i-1}, \quad \psi_i = \psi_{i-1}. \tag{149}$$

Bei erzwungenen Schwingungen mit der Erregerfrequenz Ω ist im stationären Zustand $\ddot{\psi}_{i-1} = -\Omega^2 \psi_{i-1}$. Nach dieser Substitution ist (149) eine Gleichung für die Amplituden der Erregerkräfte und der Zustandsgrößen. Bei freien Schwingungen in einer Eigenform gilt das gleiche mit der Eigenfrequenz ω anstelle von Ω. Die Auflösung aller sechs Gleichungen in der Form (144)

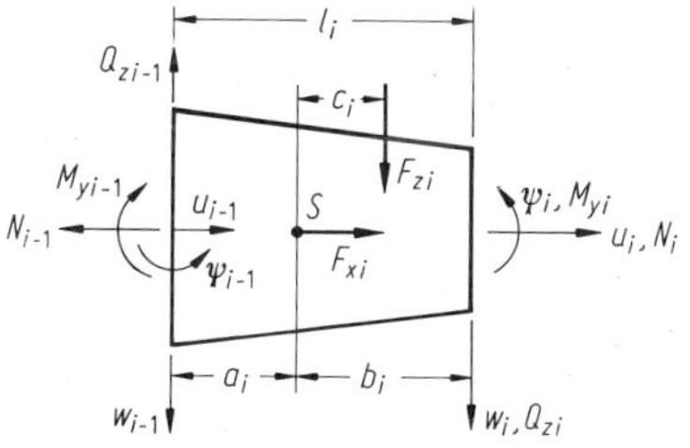

Bild 5-65. Starrer Körper i mit Zustandsgrößen an den Grenzen $i-1$ und i und mit eingeprägten Kräften.

liefert für $\underline{U}_i$ und $\underline{Q}_i$ die Ausdrücke

$$\underline{U}_i = \left[\begin{array}{cc|cccc} 1 & 0 & 0 & 0 & 0 & 0 \\ -\Omega^2 m & 1 & 0 & 0 & 0 & 0 \\ \hline 0 & 0 & 1 & -l & 0 & 0 \\ 0 & 0 & 0 & 1 & 0 & 0 \\ 0 & 0 & -\Omega^2 mb & \Omega^2(mab - J_y) & 1 & l \\ 0 & 0 & -\Omega^2 m & \Omega^2 ma & 0 & 1 \end{array}\right]_i,$$

$$\underline{Q}_i = \left[\begin{array}{c} 0 \\ -F_x \\ \hline 0 \\ 0 \\ -F_z(b-c) \\ -F_z \end{array}\right]_i \tag{150}$$

Diese Matrizen sind im Sonderfall $a = b = c = l = 0$, $J_y = 0$ auch für eine Punktmasse gültig.

Erweiterte Übertragungsmatrizen für elastische Stützen. Für die elastische Stütze von Bild 5-66 gelten die Gleichungen $u_i = u_{i-1}$, $w_i = w_{i-1}$, $\psi_i = \psi_{i-1}$ und $N_i - N_{i-1} + k_{xi} u_i$, $M_{yi} = M_{yi-1} + k_{yi} \psi_i$, $Q_{zi} = Q_{zi-1} + k_{zi} w_i$. Die Schreibweise dieser Gleichungen in der Form (144) liefert die Ausdrücke

$$\underline{U}_i = \left[\begin{array}{cc|cccc} 1 & 0 & 0 & 0 & 0 & 0 \\ k_x & 1 & 0 & 0 & 0 & 0 \\ \hline 0 & 0 & 1 & 0 & 0 & 0 \\ 0 & 0 & 0 & 1 & 0 & 0 \\ 0 & 0 & 0 & k_y & 1 & 0 \\ 0 & 0 & k_z & 0 & 0 & 1 \end{array}\right]_i, \quad \underline{Q}_i = \underline{0}. \tag{151}$$

Innere Lager und Gelenke. An jedem Lager und an jedem Gelenk im Innern eines Trägers (Drehgelenk, Schiebehülse usw.) sind einige Zustandsgrößen unmittelbar beiderseits gleich null (z. B. w

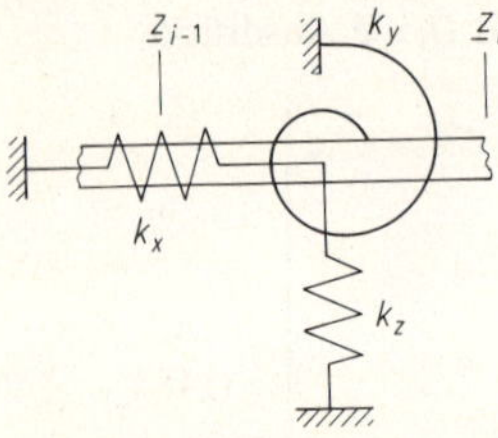

Bild 5-66. Elastische Stütze i mit Bereichsgrenzen $i-1$ und i des Stabes infinitesimal dicht neben der Stütze.

an einem Gelenklager und M_y an einem Drehgelenk). Die diesen Nullgrößen zugeordneten Zustandsgrößen machen Sprünge unbekannter Größe (z. B. Q_z an einem Gelenklager und ψ an einem Drehgelenk). Alle anderen Zustandsgrößen sind beiderseits gleich (aber i. allg. nicht gleich null). Alle Gleichungen werden in der Form (144) mit den folgenden Ausdrücken für $\underline{U}_i$ und $\underline{Q}_i$ zusammengefaßt:

$$\left.\begin{aligned} \underline{U}_i &= \text{Einheitsmatrix}, \\ \underline{Q}_i &= [\text{Sprunggrößen und Nullen}]^{\mathrm{T}}. \end{aligned}\right\} \qquad (152)$$

Jeder unbekannten Sprunggröße in $\underline{Q}_i$ entspricht die zusätzliche Bestimmungsgleichung, daß die zugeordnete Zustandsgröße gleich null ist.

Erzwungene Schwingungen. Bei Durchlaufträgern nach Bild 5-63 sind in (45) die Matrizen $\underline{U}_i$ und $\underline{U}_i^*$ ($i = 1, \ldots, n$) vom Typ (148), (150), (151) oder (152) mit gegebenen Erregerkraftamplituden und mit einer gegebenen Erregerfrequenz Ω. Jeder unbekannten Sprunggröße in (152) ist eine zusätzliche Bestimmungsgleichung zugeordnet. Mit den Randbedingungen für $\underline{z}_0$ und $\underline{z}_n$ sind insgesamt ebenso viele Gleichungen wie Unbekannte vorhanden. Die Gleichungen (145) sind inhomogen. Sie bestimmen alle unbekannten Schwingungsamplituden als Funktionen von Ω. Nach der Bestimmung von $\underline{z}_0^*$ liefert (144) nacheinander $\underline{z}_1^*, \ldots, \underline{z}_{n-1}^*$. $\Omega = 0$ ist der statische Sonderfall. Literatur siehe [43, 44].

Eigenschwingungen. Bei Eigenschwingungen in einer Eigenform sind keine Erregerkräfte vorhanden. Das für erzwungene Schwingungen erläuterte Gleichungssystem ist dann homogen mit Koeffizienten, die statt einer Erregerfrequenz Ω die unbekannte Eigenfrequenz ω enthalten. Die Bedingung „Koeffizientendeterminante = 0" liefert alle Eigenfrequenzen (wegen der gewählten Modellierung endlich viele). Zu jeder Eigenfrequenz liefern (144) und (145) die zugehörige Eigenform. Literatur siehe [43, 44].

Verzweigte Stabsysteme. Bild 5-67 zeigt schematisch einen Stabbereich mit den Bereichsgrenzen $k-1$ und k, dem ein anderer Stab derselben Art starr angeschlossen ist. Dieser Stab hat an seiner Bereichsgrenze m und in seinem eigenen x', y', z'-System einen Zustandsvektor

$$\underline{z}'_m = [u'_m \quad N'_m \;\vdots\; w'_m \quad \psi'_m \quad M'_{y'm} \quad Q'_{z'm}]^{\mathrm{T}}$$

entsprechend (146). Für diesen Stab gilt entsprechend (145)

$$\underline{z}'_m = \underline{U}'_m \ldots \underline{U}'_1 \underline{z}'_0 \quad \text{bzw.} \quad \underline{z}'^*_m = \underline{U}'^*_m \ldots \underline{U}'^*_1 \underline{z}'^*_0 . \qquad (153)$$

Für den Stabknoten in Bild 5-67 sind drei Gleichgewichtsbedingungen (z. B. $N_k - N_{k-1} - N'_m \sin\alpha - Q'_{z'm} \cos\alpha = 0$) und die drei Gleichungen $u_k = u_{k-1}$, $w_k = w_{k-1}$, $\psi_k = \psi_{k-1}$ gültig. Sie werden in der Matrizengleichung

$$\underline{z}_k^* = \underline{z}_{k-1}^* + \underline{T}_k^* \underline{z}'^*_m \qquad (154)$$

zusammengefaßt. $\underline{T}_k^*$ ist eine nur von α abhängige Koordinatentransformationsmatrix. Außerdem liefert Bild 5-67 die geometrischen Beziehungen

$$\left.\begin{aligned} u_k &= u'_m \cos\alpha + w'_m \sin\alpha, \\ w_k &= -u'_m \sin\alpha + w'_m \cos\alpha, \\ \psi_k &= \psi'_m . \end{aligned}\right\} \qquad (155)$$

Mit (154) und (144) erhält man für das gesamte System aus zwei Stäben statt (145b) die Gleichung

$$\begin{aligned} \underline{z}_n^* = {} & \underline{U}_n^* \underline{U}_{n-1}^* \cdot \ldots \cdot \underline{U}_{k+1}^* [\underline{U}_{k-1}^* \cdot \ldots \cdot \underline{U}_1^* \underline{z}_0^* \\ & + \underline{T}_k^* \underline{U}'^*_m \cdot \ldots \cdot \underline{U}'^*_1 \underline{z}'^*_0] . \end{aligned} \qquad (156)$$

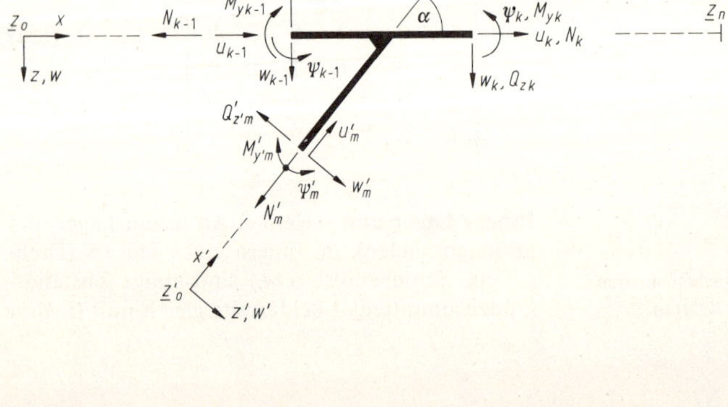

Bild 5-67. Stabverzweigung mit Bereichsgrenzen $k-1$, k und m und mit verschiedenen Koordinatensystemen x, y, z und x', y', z'.

Mit den Randbedingungen für $\underline{z}_0^*$, $\underline{z}_0'^*$ und $\underline{z}_n^*$ und mit (155) ist die Zahl der Gleichungen und der Unbekannten wieder gleich groß, so daß die Berechnung von freien und von erzwungenen Schwingungen demselben Schema folgt, wie bei unverzweigten Systemen (siehe [43, 45, 46]).

5.14.2 Übertragungsmatrizen für rotierende Scheiben

Zur Berechnung von Spannungen und Verschiebungen in einer mit ω rotierenden Scheibe veränderlicher Dicke $h(r)$ und mit vom Radius abhängiger Temperaturerhöhung $\Delta T(r)$ (Bild 5-68a) wird das Ersatzsystem von Bild 5-68b mit Scheibenringen $i = 1, \ldots, n$ mit jeweils konstanter Dicke H_i und konstanter Temperaturerhöhung ΔT_i gebildet. Am Radius R_i wird der erweiterte Zustandsvektor $\underline{z}_i^* = [\sigma_r H \;\; u \;\; 1]_i^{\mathrm{T}}$ aus Radialspannung σ_r und Radialverschiebung u gebildet. Aus der exakten Lösung $\sigma_r(r)$ und $u(r)$ für den Scheibenring (siehe 5.10.1 und [22]) werden für die Matrizen $\underline{U}_i$ und $\underline{Q}_i$ in (144) die folgenden Ausdrücke gewonnen. Darin ist $a = 1 - (R_{i-1}/R_i)^2$.

$$\underline{U}_i = \begin{bmatrix} 1-(1-\nu)a/2 & EH_i a/(2R_{i-1}) \\ (1-\nu^2)R_i a/(2EH_i) & [1-(1+\nu)a/2]R_i/R_{i-1} \end{bmatrix},$$

$$\underline{Q}_i = \begin{bmatrix} -(H_i a/2)\{(\varrho\omega^2 R_i^2/2) \\ \times[1+\nu+(1-\nu)(2-a)/2] + E\alpha\Delta T_i\} \\ -(R_i a/2)\{(1-\nu^2)\varrho\omega^2 R_i^2 a/(4E) \\ -(1+\nu)\alpha\Delta T_i\} \end{bmatrix}. \tag{157}$$

Für den Scheibenbereich zwischen $\underline{z}_0^*$ und $\underline{z}_1^*$ ist

$$\left.\begin{aligned} \underline{U}_1 &= \begin{bmatrix} 1 & 0 \\ (1-\nu)R_1/(EH_1) & 0 \end{bmatrix}, \\ \underline{Q}_1 &= \begin{bmatrix} -(3+\nu)\varrho\omega^2 R_1^2 H_1/8 \\ -(1-\nu^2)\varrho\omega^2 R_1^3/(8E) + R_1\alpha\Delta T_1 \end{bmatrix}. \end{aligned}\right\} \tag{158}$$

Bei Scheiben ohne Loch ist die Randbedingung $u_0 = 0$ gegeben. Bei Scheiben mit Loch am Radius R_1 ist bei R_1 eine Randbedingung gegeben.
Die mittlere Umfangsspannung $\sigma_{\varphi i}$ im Bereich i $(i = 1, \ldots, n)$ wird aus der Gleichung

$$\sigma_{\varphi i} = [\nu/H_i \;\; Eh_i/(H_i R_i) \;\; 0]\,\underline{z}_i^*$$

berechnet.

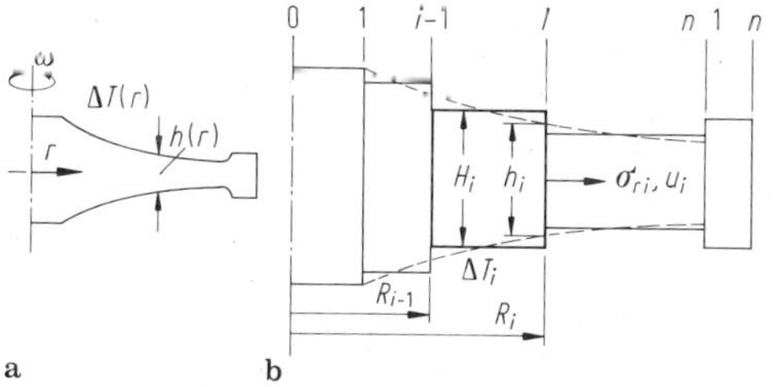

a b

Bild 5-68. Rotierende Scheibe **a** und Ersatzsystem **b**. Bei einer Scheibe ohne Loch (mit Loch vom Radius R_1) sind Randbedingungen für $\underline{z}_0^*$ (bzw. für $\underline{z}_1^*$) vorgeschrieben.

5.14.3 Ergänzende Bemerkungen

In [43, 44, 47] sind Kataloge von Übertragungsmatrizen für gebettete Stäbe, kontinuierlich mit Masse behaftete Stäbe, gekrümmte Stäbe, Scheiben, Platten und für viele andere spezielle Systeme zusammengestellt.
Übertragungsmatrizen können wie folgt aus Steifigkeitsmatrizen berechnet werden und umgekehrt. Wenn man an den Bereichsgrenzen $i-1$ und i die Spaltenmatrizen aller Verschiebungen mit $\underline{u}_{i-1}$ bzw. $\underline{u}_i$ und die Spaltenmatrizen aller zugeordneten Schnittgrößen mit $\underline{S}_{i-1}$ bzw. $\underline{S}_i$ bezeichnet, dann stellt die Übertragungsmatrix $\underline{U}_i$ die Beziehung her:

$$\begin{bmatrix} \underline{u}_i \\ \underline{S}_i \end{bmatrix} = \begin{bmatrix} \underline{U}_{11} & \underline{U}_{12} \\ \underline{U}_{21} & \underline{U}_{22} \end{bmatrix} \begin{bmatrix} \underline{u}_{i-1} \\ \underline{S}_{i-1} \end{bmatrix} \quad \text{oder}$$

$$\underline{z}_i = \underline{U}_i \underline{z}_{i-1}. \tag{159}$$

Die stets symmetrische Steifigkeitsmatrix $\underline{K}_i$ desselben Systembereichs stellt die Beziehung her:

$$\begin{bmatrix} -\underline{S}_{i-1} \\ \underline{S}_i \end{bmatrix} = \begin{bmatrix} \underline{K}_{11} & \underline{K}_{12} \\ \underline{K}_{12}^{\mathrm{T}} & \underline{K}_{22} \end{bmatrix} \begin{bmatrix} \underline{u}_{i-1} \\ \underline{u}_i \end{bmatrix} \quad \text{oder}$$

$$\underline{F} = \underline{K}\underline{u}. \tag{160}$$

Darin steht $-\underline{S}_{i-1}$, weil Steifigkeitsmatrizen nicht mit Schnittgrößen, sondern mit eingeprägten Kräften definiert werden, die an beiden Schnittufern in derselben Richtung als positiv erklärt sind. Der Vergleich von (159) und (160) liefert die Beziehungen

$$\left.\begin{aligned} &\underline{U}_{11} = -\underline{K}_{12}^{-1}\underline{K}_{11}, \quad \underline{U}_{12} = -\underline{K}_{12}^{-1}, \\ &\underline{U}_{21} = \underline{K}_{12}^{\mathrm{T}} - \underline{K}_{22}\underline{K}_{12}^{-1}\underline{K}_{11}, \quad \underline{U}_{22} = -\underline{K}_{22}\underline{K}_{12}^{-1}, \\ &\underline{K}_{11} = \underline{U}_{12}^{-1}\underline{U}_{11}, \quad \underline{K}_{12} = -\underline{U}_{12}^{-1}, \\ &\underline{K}_{22} = \underline{U}_{22}\underline{U}_{12}^{-1}. \end{aligned}\right\} \tag{161}$$

Bei dem schematisch dargestellten System in Bild 5-69 mit den radialen Bereichsgrenzen $i = 0, \ldots, n$ lautet die Randbedingung $\underline{z}_n = \underline{z}_0$. Damit nimmt (145a) die Form $(\underline{U}_n \cdot \ldots \cdot \underline{U}_1 - \underline{E})\underline{z}_0 = \underline{0}$ an. Das ergibt für Eigenschwingungen die charakteristische Frequenzgleichung

$$\det[\underline{U}_n \cdot \ldots \cdot \underline{U}_1 - \underline{E}] = 0.$$

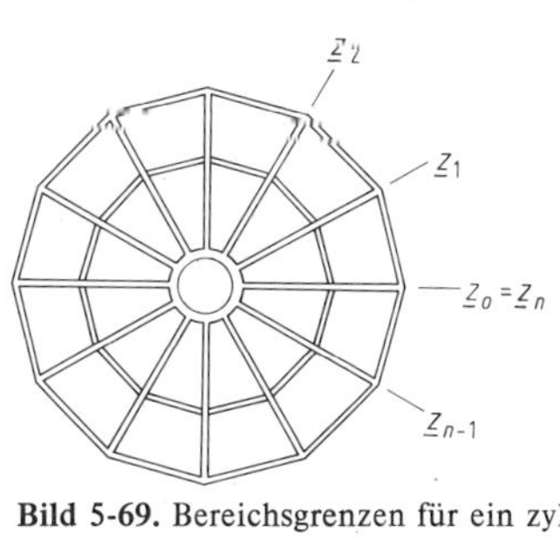

Bild 5-69. Bereichsgrenzen für ein zyklisches System.

Wenn n durch $2m$ ($m = 1, 2, \ldots$) teilbar ist, zeichnen sich alle Eigenformen mit m Knotendurchmessern durch die Randbedingung $\underline{z}_{n/m} = \underline{z}_0$ aus. Die Frequenzgleichung dieser Eigenformen lautet

$$\det[\underline{U}_{n/m} \cdot \ldots \cdot \underline{U}_1 - \underline{E}] = 0 .$$

5.15 Festigkeitshypothesen

Zur Beurteilung, ob ein gegebener dreiachsiger Spannungszustand ($\sigma_x, \sigma_y, \sigma_z, \tau_{xy}, \tau_{yz}, \tau_{zx}$) in einem Werkstoff bei gegebener Beanspruchungsart (statisch, stoßartig oder schwingend) zum Versagen führt, werden mit Hilfe von *Festigkeitshypothesen Vergleichsspannungen* σ_V berechnet. Der Werkstoff versagt, wenn σ_V größer ist als der für die gegebene Beanspruchungsart zutreffende Werkstoffkennwert (Fließgrenze R_e für Fließbeginn, Zugfestigkeit R_m für Bruch, Wechselfestigkeit σ_w für Schwingbeanspruchung usw.; vgl. D 9.2.3, D 9.2.5 und Tabelle D 9-3). σ_V wird aus den Hauptnormalspannungen σ_1, σ_2 und σ_3 des gegebenen Spannungszustandes berechnet. Zu deren Bestimmung siehe 5.2.3. Bei schwingenden Spannungszuständen der Form $\sigma_{1,2,3} = (\sigma_m \pm \sigma_a)_{1,2,3}$ mit Mittelwerten σ_m und Amplituden σ_a werden mit denselben Hypothesen Mittelwert σ_{Vm} und Amplitude σ_{Va} einer Vergleichsspannung berechnet, und zwar σ_{Vm} aus $(\sigma_m)_{1,2,3}$ und $\sigma_{Vm} + \sigma_{Va}$ aus $(\sigma_m + \sigma_a)_{1,2,3}$. Je nachdem, ob als Maß der Werkstoffbeanspruchung eine Spannung, eine Dehnung oder ein Energiebetrag angesehen wird, kann man die Festigkeitshypothesen unterteilen in Spannungshypothesen, Dehnungshypothesen und Energiehypothesen. Die folgenden Hypothesen sind am gebräuchlichsten [48, 49]:

Normalspannungshypothese

$$\sigma_V = \sigma_{max} = \max(\sigma_1, \sigma_2, \sigma_3) . \quad (162)$$

Diese Hypothese wird bei spröden Werkstoffen im Fall $\sigma_{max} > 0$ für den Dauerbruch unter mehrachsiger dynamischer Beanspruchung von metallischen Werkstoffen verwendet. Für Polymerwerkstoffe (Kunststoffe) wird die Anwendung der Normalspannungshypothese aus der Tatsache abgeleitet, daß der Bruch in Kunststoffbauteilen in der Regel senkrecht zur größten Hauptnormalspannung erfolgt (Trennbruch).

Schubspannungshypothese

$$\begin{aligned} &\sigma_V = 2\tau_{max} = \sigma_1 - \sigma_3 \\ &(\sigma_1 \geqq \sigma_2 \geqq \sigma_3 \text{ vorausgesetzt}). \end{aligned} \quad (163)$$

Diese Hypothese eignet sich für duktile Werkstoffe bei statischer Belastung für das Versagen durch einen Gleitbruch und für spröde Werkstoffe bei Druckbeanspruchung. Ihre Anwendung ist ebenfalls sinnvoll bei Polymerwerkstoffen, die ein Versagen durch ausgeprägten Verformungsbruch zeigen (Kaltverstreckung mit Einschnürung).

Gestaltänderungsenergiehypothese

$$\begin{aligned} \sigma_V &= \{(1/2)[(\sigma_1 - \sigma_2)^2 + (\sigma_2 - \sigma_3)^2 \\ &\quad + (\sigma_3 - \sigma_1)^2]\}^{1/2} \\ &= [\sigma_x^2 + \sigma_y^2 + \sigma_z^2 - (\sigma_x\sigma_y + \sigma_y\sigma_z + \sigma_z\sigma_y) \\ &\quad + 3(\tau_{xy}^2 + \tau_{yz}^2 + \tau_{zx}^2)]^{1/2} . \end{aligned} \quad (164)$$

Beim ebenen Spannungszustand ist

$$\begin{aligned} \sigma_V &= (\sigma_1^2 + \sigma_2^2 - \sigma_1\sigma_2)^{1/2} \\ &= (\sigma_x^2 + \sigma_y^2 - \sigma_x\sigma_y + 3\tau_{xy}^2)^{1/2} . \end{aligned} \quad (165)$$

Diese Hypothese hat einen vergleichbaren Anwendungsbereich, wie die Schubspannungshypothese. Der maximale Unterschied zwischen σ_V nach (163) und σ_V nach (164) beträgt 15 %. Ihre Hauptanwendungsbereiche betreffen den Fließbeginn von Werkstoffen, die sich im normalen Zugversuch zäh verhalten, sowie den Dauerbruch unter mehrachsiger dynamischer Beanspruchung bei duktilen Werkstoffen.

6 Plastizitätstheorie

Die Plastizitätstheorie beschreibt das Verhalten von (vornehmlich metallischen) Werkstoffen unter Spannungen an der Fließgrenze. Ein plastifiziertes Werkstoffvolumen fließt je nach seinen Randbedingungen entweder unbeschränkt (z. B. beim Fließpressen) oder eingeschränkt (z. B. in der Umgebung einer Rißspitze mit umgebendem elastischem Werkstoff) oder gar nicht (z. B. bei starrer Einschließung). Stoffgesetze für den plastischen Bereich setzen Spannungen σ_{ij} mit Verzerrungsinkrementen $d\varepsilon_{ij}$ in Beziehung. Es ist üblich, mit der Zeit t als Parameter durch die Gleichung $d\varepsilon_{ij} = \dot{\varepsilon}_{ij}\,dt$ Verzerrungsgeschwindigkeiten $\dot{\varepsilon}_{ij}$ einzuführen, obwohl die Spannungen geschwindigkeitsunabhängig sind (siehe (4) und (6)). $\dot{\varepsilon}_{ij}$ ist analog zu (5-2) mit den Fließgeschwindigkeitskomponenten v_1, v_2 und v_3 definiert als

$$\dot{\varepsilon}_{ij} = \frac{1}{2}\left(\frac{\partial v_i}{\partial x_j} + \frac{\partial v_j}{\partial x_i}\right) \quad (i, j = 1, 2, 3) \quad (1)$$

(in diesem Kapitel werden kartesische Koordinaten x_1, x_2, x_3 genannt, Spannungen nicht σ_x, τ_{xy} usw., sondern σ_{11}, σ_{12} usw. und Verzerrungen nicht ε_x, γ_{xy} usw., sondern ε_{11}, $2\varepsilon_{12}$ usw.; vgl. (5-2)). Trägheitskräfte spielen allenfalls bei extrem schnellen Umformvorgängen eine Rolle (Explosivumformung, Hochgeschwindigkeitshämmern; siehe [1]).

6.1 Fließkriterien

Damit in einem Körperpunkt Fließen stattfinden kann, muß der Spannungszustand dort eine *Fließbedingung* (ein *Fließkriterium*) erfüllen. Durch

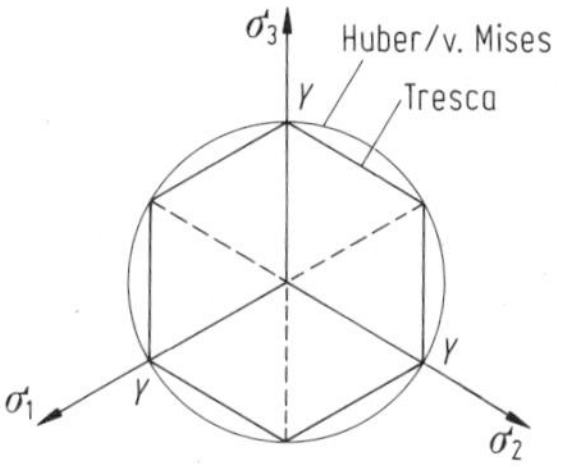

Bild 6-1. Fließflächen nach Huber/v. Mises und Tresca in der Projektion entlang der Diagonale $\sigma_1 = \sigma_2 = \sigma_3$ im Spannungshauptachsensystem.

Hauptnormalspannungen σ_1, σ_2, σ_3 ausgedrückt lautet sie nach Huber und von Mises

$$(\sigma_1 - \sigma_2)^2 + (\sigma_2 - \sigma_3)^2 + (\sigma_3 - \sigma_1)^2 = 2Y^2 \quad (2)$$

und die nach Tresca

$$2\tau_{max} = \sigma_{max} - \sigma_{min} = Y. \quad (3)$$

Im Sonderfall des einachsigen Spannungszustands lauten beide $|\sigma| = Y$. Darin ist Y die sog. *Fließspannung* (yield stress) oder *Formänderungsfestigkeit*. Sie wird häufig auch mit k_f bezeichnet. Werkstoffe mit Y = const heißen *ideal-plastisch*. Bei Werkstoffen mit Verfestigung wird Y als Funktion einer *Vergleichsformänderungsgeschwindigkeit* $\dot{\varepsilon}_V$ und der *Vergleichsformänderung* $\varepsilon_V = \int \dot{\varepsilon}_V \, dt$ angesetzt. Übliche Annahmen sind eine lineare Funktion von ε_V bei Kaltumformung und eine lineare Funktion von $\dot{\varepsilon}_V$ bei Warmumformung. Außerdem ist Y temperaturabhängig. (2) und (3) definieren im $\sigma_1, \sigma_2, \sigma_3$-Koordinatensystem von Bild 6-1 je eine Fließfläche, und zwar einen Zylinder mit Kreis- bzw. Sechseckquerschnitt um die Raumdiagonale $\sigma_1 = \sigma_2 = \sigma_3$. Von (2) und (3) abweichende Fließbedingungen werden in [2-4] diskutiert.

6.2 Fließregeln

Wenn das Fließkriterium erfüllt ist, finden Spannungsumlagerungen und den Randbedingungen entsprechend Fließvorgänge statt, die durch *Fließregeln* beschrieben werden. Die wichtigsten Fließregeln sind die von Prandtl/Reuß [5] und von St.-Venant/Levy/von Mises [3, 5] und die Fließregel zum Tresca-Kriterium (3). Weitere Fließregeln werden in [3] diskutiert.

Prandtl-Reuß-Gleichungen. Diese Theorie berücksichtigt den elastischen Verzerrungsanteil im plastischen Bereich. Sie eignet sich deshalb besonders für Vorgänge mit eingeschränkter plastischer Verformung. Die Grundannahmen der Theorie sind (a) das Hookesche Gesetz für den elastischen Verzerrungsanteil, (b) Inkompressibilität für den plastischen Anteil und (c) Proportionalität zwischen dem Spannungsdeviator $\underline{\sigma}^*$ (siehe 5-13) und dem Inkrement des plastischen Anteils des Verzerrungsdeviators $\underline{\varepsilon}^*$ (analog zu (5-13) wird in (5-2) $\underline{\varepsilon} = \underline{\varepsilon}_m + \underline{\varepsilon}^*$ mit $\varepsilon_m = (\varepsilon_{11} + \varepsilon_{22} + \varepsilon_{33})/3$ geschrieben). Daraus folgen die Prandtl-Reußschen Gleichungen

$$\left.\begin{aligned} &\dot{\sigma}^*_{ij} = 2G\,[\dot{\varepsilon}^*_{ij} - 3\sigma^*_{ij} \sum_{k,l=1}^{3} \sigma^*_{kl}\dot{\varepsilon}^*_{kl}/(2Y^2)] \\ &\quad (i, j = 1, 2, 3) \\ &\dot{\sigma}_m = \dot{\varepsilon}_m E/(1-2\nu)\,. \end{aligned}\right\} \quad (4)$$

Sie gelten, wenn das Fließkriterium (2) erfüllt und außerdem $\sum_{k,l=1}^{3} \sigma^*_{kl}\dot{\varepsilon}^*_{kl} > 0$ ist. Andernfalls gilt das Hookesche Gesetz, das man auch in der Form $\sigma^*_{ij} = 2G\varepsilon^*_{ij}$ $(i, j = 1, 2, 3)$ schreiben kann. Aus (4) folgt, daß die Spannungen von der Geschwindigkeit eines Fließvorgangs unabhängig sind, und daß der Spannungszustandspunkt in Bild 6-1 auf oder in dem Kreiszylinder bleibt. (1), (4), die Gleichgewichtsbedingungen (5-16),

$$\sum_{j=1}^{3} \frac{\partial \sigma_{ij}}{\partial x_j} = 0 \quad (i = 1, 2, 3)\,, \quad (5)$$

und Randbedingungen legen in plastischen Zonen die 15 Funktionen σ_{ij}, $\dot{\varepsilon}_{ij}$ und v_i $(i, j = 1, 2, 3)$ eindeutig fest [3].

Fließregel von Saint-Venant/Levy/von Mises. Diese Theorie macht dieselben Annahmen (b) und (c), wie die Theorie von Prandtl/Reuß und darüber hinaus die Annahme, daß der elastische Verzerrungsanteil im plastischen Bereich gleich null ist (starr-plastisches Werkstoffverhalten). Die Theorie ist deshalb besonders für Vorgänge mit unbeschränktem plastischem Fließen geeignet. Sie führt auf die Fließregel (siehe [3])

$$Y\dot{\varepsilon}_{ij} = \sigma^*_{ij} \left[\frac{3}{2} \sum_{k,l=1}^{3} \dot{\varepsilon}^2_{kl}\right]^{1/2} \quad (i, j = 1, 2, 3)\,. \quad (6)$$

Sie gilt, solange das Fließkriterium (2) erfüllt ist. Aus (2) und (6) folgt, daß die Spannungen von der Geschwindigkeit eines Fließvorgangs unabhängig sind, und daß der Spannungszustandspunkt in Bild 6-1 auf oder in dem Kreiszylinder bleibt. Aus den $\dot{\varepsilon}_{ij}$ ergibt sich die Vergleichsformänderungsgeschwindigkeit

$$\dot{\varepsilon}_V = \left[\frac{2}{3} \sum_{k,l=1}^{3} \dot{\varepsilon}^2_{kl}\right]^{1/2} \quad (7)$$

(ein einachsiger plastischer Spannungszustand mit den Hauptverzerrungsgeschwindigkeiten $\dot{\varepsilon}_1 = \dot{\varepsilon}_V$, $\dot{\varepsilon}_2 = \dot{\varepsilon}_3 = -\dot{\varepsilon}_V/2$ hat dieselbe Leistungsdichte). Aus $\dot{\varepsilon}_V$, ε_V und der Temperatur wird bei Werkstoffen mit Verfestigung Y berechnet. Die Gleichungen (1), (5), (6) und Randbedingungen legen in plastischen Zonen die 15 Funktionen σ_{ij}, $\dot{\varepsilon}_{ij}$ und v_i $(i, j = 1, 2, 3)$ eindeutig fest [3]. Numeri-

sche Lösungsverfahren mit finiten Elementen siehe in [3, 6, 7].
Die Fließregel zum Tresca-Kriterium (3) lautet

$$\dot{\varepsilon}_{\max} = -\dot{\varepsilon}_{\min}, \quad \dot{\varepsilon}_{\text{mittel}} = 0, \quad \dot{\varepsilon}_{\text{V}} = \dot{\varepsilon}_{\max}. \tag{8}$$

Auch sie bedeutet Volumenkonstanz und in Bild 6-1, daß der Spannungszustandspunkt auf oder in dem Sechskantzylinder bleibt. Die Fließregel (8) läßt im Gegensatz zu (6) die Hauptverzerrungsgeschwindigkeiten $\dot{\varepsilon}_1$, $\dot{\varepsilon}_2$ und $\dot{\varepsilon}_3$ unbestimmt.

6.3 Gleitlinien

Im Sonderfall des ebenen Spannungsproblems mit $Y = \text{const}$ führt sowohl (2) als auch (3) zusammen mit (5) auf zwei hyperbolische Differentialgleichungen für σ_{11} und σ_{12}, deren Charakteristiken ein orthogonales Netz von sog. *Gleitlinien* (Linien extremaler Schubspannung von überall gleichem Betrag $Y/2$) bestimmen. Geschlossene Lösungen sind nur für einige spezielle Fälle bekannt, z. B. für ebenes Fließpressen ohne Wandreibung und mit 50 % Dickenabnahme (Bild 6-2, siehe [3, 5, 7]).

6.4 Elementare Theorie technischer Umformprozesse

6.4.1 Schrankensatz für Umformleistung

Bei technischen Umformprozessen in Werkzeugen bilden sich in der Umformzone unter dem Einfluß von Spannungs- und Fließgeschwindigkeitsrandbedingungen Spannungsfelder $\sigma_{ij}(x_1, x_2, x_3)$ und Fließgeschwindigkeitsfelder $\boldsymbol{v}(x_1, x_2, x_3)$, die durch Fließkriterium und Fließregel bestimmt sind. In der *elementaren Umformtheorie* wird die Fließregel durch den Ansatz einer Näherungslösung $\boldsymbol{v}^*(x_1, x_2, x_3)$ für das wahre Geschwindigkeitsfeld $\boldsymbol{v}(x_1, x_2, x_3)$ überflüssig gemacht. Der Ansatz $\boldsymbol{v}^*(x_1, x_2, x_3)$ muß alle Geschwindigkeitsrandbedingungen erfüllen, d. h. kinematisch zulässig sein. Aus $\boldsymbol{v}^*$ ergibt sich mit (1) $\dot{\varepsilon}^*_{ij}(x_1, x_2, x_3)$ und damit aus (7) oder (8) die Vergleichsformänderungsgeschwindigkeit $\dot{\varepsilon}^*_V(x_1, x_2, x_3)$. Mit $\dot{\varepsilon}^*_V(x_1, x_2, x_3)$ wird bei bekannter Formänderungsfestigkeit Y die Umformleistung P^*_V im Volumen V der Umformzone berechnet:

$$P^*_V = \int_V Y\dot{\varepsilon}^*_V(x_1, x_2, x_3)\,\mathrm{d}V.$$

Dieser Ausdruck liefert eine obere Schranke für die erforderlichen Umformkräfte und damit für die Leistung der Maschine. Es gilt nämlich der

Schrankensatz: Die Leistung P^* der unbekannten, wahren Oberflächenkräfte $\boldsymbol{\sigma}\mathrm{d}A$ am Volumen V bei den angenommenen, kinematisch zulässigen Geschwindigkeiten $\boldsymbol{v}^*$ an der Oberfläche ist kleiner oder gleich P^*_V:

$$P^* = \int_A \boldsymbol{\sigma} \cdot \boldsymbol{v}^*\,\mathrm{d}A \leqq \int_V Y\dot{\varepsilon}^*_V\,\mathrm{d}V. \tag{9}$$

Zur Begründung und zu Anwendungsbeispielen des Satzes siehe [1, 3].

Beispiel 6-1: Beim Drahtziehen durch eine Düse ohne Wandreibung ist $P^* = F_A v^*_A$ (F_A Zugkraft, v^*_A Austrittsgeschwindigkeit). Damit liefert (9) eine obere Schranke für F_A.

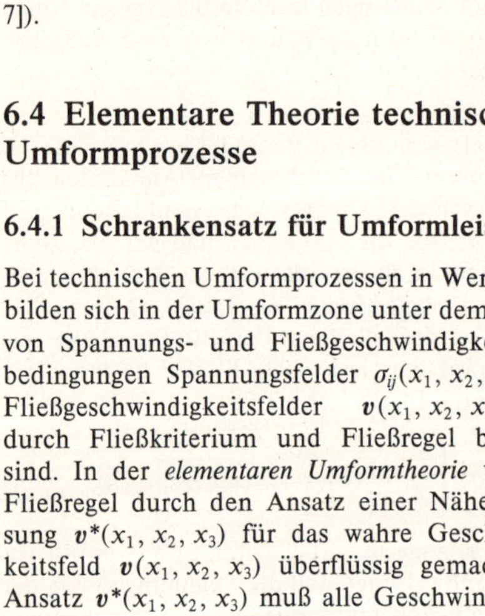

Bild 6-2. Gleitlinienfeld beim ebenen Fließpressen mit 50 % Dickenabnahme. Im Fächer *OAB* wird der Werkstoff plastisch umgeformt. Die Zone *OBC* ist plastifiziert, aber starr. Die anderen Zonen oberhalb der Symmetrieachse sind nicht plastifiziert.

6.4.2 Streifen-, Scheiben- und Röhrenmodell

Bei ebener Umformung nach Bild 6-3 a zwischen ruhenden oder bewegten Werkzeughälften mit der gegebenen Spalthöhe $h(x_1, t)$ und mit gegebenen Winkeln $\alpha_1(x_1) \ll 1$ und $\alpha_2(x_1) \ll 1$ besteht der Ansatz für das Geschwindigkeitsfeld $\boldsymbol{v}^*$ in der Annahme, daß der schraffierte, infinitesimal schmale Streifen bei der Bewegung durch den Spalt eben bleibt und homogen umgeformt wird. Bei axialsymmetrischer Umformung nach Bild 6-3 b durch eine Düse mit dem Radius $R(x_1)$ wird dieselbe Annahme für die schraffierte Kreisscheibe getroffen. Bei axialsymmetrischem Schmieden nach Bild 6-3 c zwischen zwei Gesenken mit der gegebenen Höhe $h(r, t)$ wird angenommen, daß die schraffierte Zylinderröhre bei ihrer Stauchung und Aufweitung zylindrisch bleibt und homogen umgeformt wird. Alle drei Modelle führen auf eine gewöhnliche Differentialgleichung vom Typ

$$\frac{\mathrm{d}\sigma_1}{\mathrm{d}x_1} + \sigma_1 f(x_1, t) = Yg(x_1, t) \tag{10}$$

für eine Spannung σ_1. Begründung am Streifenmodell von Bild 6-3 a: x_1 und x_2 sind Hauptachsen für σ_{ij} und $\dot{\varepsilon}_{ij}$. σ_1 und σ_2 hängen nur von x_1 ab. Wegen (3) gilt $\sigma_1 - \sigma_2 = Y$. (10) drückt das Kräftegleichgewicht am Streifen von Bild 6-3 a mit

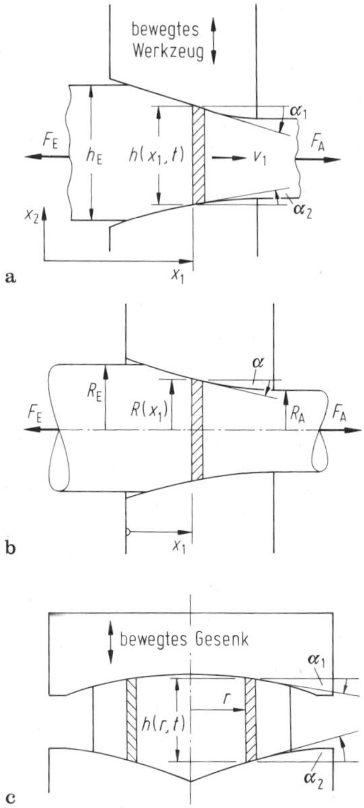

Bild 6-3. **a** Streifenmodell, **b** Scheibenmodell und **c** Röhrenmodell der elementaren Umformtheorie.

Wandreibungskräften aus. Dabei ist

$$f(x_1, t) = \frac{\mu_1 + \mu_2}{h(x_1, t)},$$

$$g(x_1, t) = \frac{\mu_1 + \mu_2 + \alpha_1(x_1) + \alpha_2(x_1)}{h(x_1, t)}.$$

Beim Scheibenmodell von Bild 6-3b ist

$$f(x_1) = \frac{2\mu}{R(x_1)},$$

$$g(x_1) = \frac{2[\mu + \alpha(x_1)]}{R(x_1)}.$$

Beim Röhrenmodell von Bild 6-3c sind f und g dieselben Funktionen wie für Bild 6-3a. Die Variablen sind aber $x_1 = r$ und $\sigma_1 = \sigma_r$. Bei der Integration von (10) sind folgende Umstände zu beachten.

— Die Randbedingungen enthalten bei Bild 6-3a und b die Zugkräfte F_E und F_A am Werkstoffein- bzw. Auslauf, von denen eine unbekannt ist.
— An Stellen x_1 in Bild 6-3a, b oder c, wo $h(x_1, t)$ oder $R(x_1)$ einen Knick hat, macht σ_1 einen endlichen Sprung $\Delta\sigma_1$, weil dort eine unendlich große Schergeschwindigkeit auftritt. Beim Scheibenmodell ist dieser Sprung

$$\Delta\sigma_1 = \sigma_1(x_1+) - \sigma_1(x_1-) = -(Y/3)\Delta\alpha \operatorname{sgn} v_1.$$

Beim Streifen- und beim Röhrenmodell steht $Y/4$ statt $Y/3$ in der Formel.
— Umkehrpunkte der Werkstückgeschwindigkeit relativ zum Werkzeug heißen *Fließscheiden.* Beiderseits einer Fließscheide gelten verschiedene Gleichungen (10) mit entgegengesetzten Vorzeichen der Reibbeiwerte μ.
— (10) gilt nur, wenn der Werkstoff nicht am Werkzeug haftet.
— Bei Werkstoff mit Verfestigung ist $Y = Y(\dot\varepsilon_V, \varepsilon_V)$. In Bild 6-3b erfordert die Kontinuitätsgleichung $v_1(x_1) = v_{1E}R_E^2/R^2(x_1)$. Daraus folgt mit (1) und (8)

$$\dot\varepsilon_V(x_1) = \frac{2\,|v_{1E}|R_E^2 \tan\alpha(x_1)}{R^3(x_1)}$$

und

$$\varepsilon_V(x_1) = \int \dot\varepsilon_V \,\mathrm{d}t = \int \left(\frac{\dot\varepsilon_V}{v_1}\right) \mathrm{d}x_1$$

$$= 2\int \frac{\tan\alpha(x_1)}{R(x_1)}\,\mathrm{d}x_1 = 2\ln\frac{R(x_1)}{R_E}.$$

Damit ist Y als Funktion von x_1 bekannt. In Bild 6-3a und c ist

$$\dot\varepsilon_V = \frac{|\mathrm{d}h/\mathrm{d}t|}{h} = \frac{\partial h/\partial t + v_1(\tan\alpha_1 - \tan\alpha_2)}{h},$$

und im Sonderfall $\alpha_1(x_1) \equiv \alpha_2(x_1)$ ist

$$\dot\varepsilon_V = \frac{(\partial h/\partial t)}{h}, \quad \varepsilon_V = \ln\frac{h_E}{h}.$$

Beispiel 6-2: Beim Drahtziehen durch eine konische Düse mit $\alpha = \text{const}$ ist (10) in geschlossener Form integrierbar. Für die erforderliche Zugkraft F_A erhält man für $Y = \text{const}$ die *Siebelsche Formel*

$$F_A = \pi R_A^2 Y[2(1 + \mu/\alpha)\ln(R_E/R_A) + 2\alpha/3].$$

Weitere Anwendungen auf das Ziehen, Schmieden und Walzen siehe in [1, 3, 8].

6.5 Traglast

Statisch unbestimmte Systeme können, wenn sie nicht durch Knicken, Kippen oder Beulen versagen, bei monotoner Laststeigerung über ihre Elastizitätsgrenze hinaus belastet werden, ohne zusammenzubrechen. Bei elastisch-ideal-plastischem Werkstoff erfolgt der Zusammenbruch erst bei der sog. *Traglast*, bei der das System durch Ausbildung von ausreichend vielen Fließzonen zu einem Mechanismus wird. Das Verhältnis von Traglast zu Last an der Elastizitätsgrenze heißt *plastischer Formfaktor* α des Systems und $\alpha - 1$ *plastische Lastreserve.* Die Definition setzt voraus, daß alle Lasten am System monoton und proportional zueinander anwachsen. Bei einem Werkstoff mit Verfestigung existiert keine ausgeprägte Traglast. Versagen tritt vielmehr durch unzulässig große Deformationen ein.

6.5.1 Fließgelenke. Fließschnittgrößen

Die Traglast eines Systems bleibt unverändert, wenn man die E-Moduln aller Systemteile mit derselben, beliebig großen Zahl multipliziert, so daß man bei der Berechnung auch starr-plastisches Verhalten annehmen kann (wenn gesichert ist, daß die tatsächlichen Deformationen eine Theorie 1. Ordnung erlauben). Bei Erreichen der Traglast wird das System ein Mechanismus aus starren Gliedern, die durch Fließzonen mit darin wirkenden *Fließschnittgrößen* „gelenkig" verbunden sind. Zugstäbe werden auf ganzer Länge plastisch. Ihre Fließschnittgröße ist die Längskraft $N_F = AY$. Biegestäbe bilden am Ort des maximalen Biegemoments eine plastische Zone aus, die man sich für Traglastrechnungen punktförmig als sog. *Fließgelenk* mit Fließschnittgrößen N_F, Q_F und M_F vorstellt. Wenn man Q_F vernachlässigt, liegt ein einachsiges Spannungsproblem vor. Der vollplastische Querschnitt ist dann nach Bild 6-4a durch eine Gerade in zwei Teilflächen A_1 und A_2 mit Schwerpunkten S_1 bzw. S_2 und mit Spannungen $+Y$ bzw. $-Y$ geteilt. Bei gerader und bei schiefer Biegung erfordert das Momentengleichgewicht, daß S_1 und S_2 auf der zu M_F orthogonalen ζ-Achse liegen, so daß nur eine bestimmte Geradenschar zulässig ist. Außerdem muß gelten: $M_F = 2A_1\zeta_{S1}Y$ und $N_F = (A_1 - A_2)Y$. Für ein vorgeschriebenes Verhältnis M_F/N_F muß die passende Gerade bestimmt werden. Die Schnittgrößen M_e und N_e an der Elastizitätsgrenze werden nach 5.6.4 berechnet. Damit ist der plastische Formfaktor α bekannt.

Beispiel 6-3: Für einen doppeltsymmetrischen Querschnitt ist bei gerader Biegung die Gerade aus Symmetriegründen $z = 0$ (Bild 6-4b). Damit ist $M_F = 2A_1z_{S1}Y = 2S_y(0)Y$. Mit $M_e = 2YI_y/h$ ist $\alpha = hS_y(0)/I_y$.

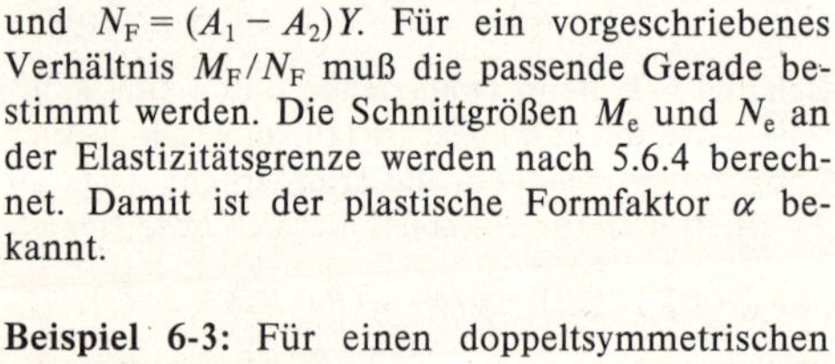

Bild 6-4. Bereiche mit positiver und negativer Fließspannung im vollplastifizierten Querschnitt eines Stabes bei vorgegebener Richtung von M_F und vorgegebenem Verhältnis $N_F : M_F$. Der allgemeine Fall (Bild a) und der doppeltsymmetrische Querschnitt mit $N_F = 0$ und mit M_F in y-Richtung (Bild b).

Zum Einfluß von Schubspannungen auf Fließgelenke und Traglasten siehe [9].

6.5.2 Traglastsätze

Die *Traglastsätze* von Drucker/Prager/Greenberg liefern untere und obere Schranken für Traglasten (siehe [10, 11]).

Satz 1: Die Traglast ist größer als jede Last, für die im System eine Schnittgrößenverteilung angebbar ist, die die Gleichgewichtsbedingungen erfüllt und die an keiner Stelle Fließen verursacht.

Satz 2: Die Traglast ist kleiner als jede Last, zu der ein starr-plastischer Ein-Freiheitsgrad-Mechanismus mit Fließschnittgrößen in den Gelenken existiert, der im Gleichgewicht ist und der an wenigstens einer Stelle außerhalb der Gelenke Schnittgrößen größer als die dortigen Fließschnittgrößen hat.

Hilfssatz: Wenn der Ein-Freiheitsgrad-Mechanismus, der nach Satz 2 eine bestimmte obere Schranke F für die Traglast F_T liefert, statisch bestimmt ist, dann kann man das größte in ihm auftretende Verhältnis $\mu = \max$ (Schnittgröße/Fließschnittgröße) berechnen. Nach Satz 1 und 2 gilt dann für die Traglast F_T

$$F/\mu \leqq F_T \leqq F. \tag{11}$$

Aus den Traglastsätzen folgt, daß die Traglast eines Systems durch Einbau von zusätzlichen Versteifungen (z. B. von Knotenblechen in Gelenkfachwerke) nicht kleiner wird.

6.5.3 Traglasten für Durchlaufträger

Ein Durchlaufträger mit Lasten gleicher Richtung (Bild 6-5a) versagt, indem ein einzelnes Feld an seinen Enden A und B und an einer Stelle x_0 im Feld Fließgelenke ausbildet. Man muß für jedes Feld einzeln seine Traglast berechnen. Die kleinste dieser Traglasten ist die Traglast des gesamten Trägers. Für das Einzelfeld in Bild 6-5b ist das Fließmoment M_{AF} im Gelenk bei A das kleinere der beiden Fließmomente der bei A verbundenen Trägerfelder. Entsprechendes gilt für M_{BF}. Wenn im Feld nur Einzelkräfte angreifen, liegt das innere Gelenk unter einer Einzelkraft. Im Fall mehrerer Einzelkräfte sind entsprechend viele Lagen möglich. Für jede Lage wird auf den entsprechenden Mechanismus das Prinzip der virtuellen Arbeit (2.1.16) angewandt. Es liefert nach dem zweiten Traglastsatz (6.5.2) eine obere Schranke für die Traglast des Feldes.

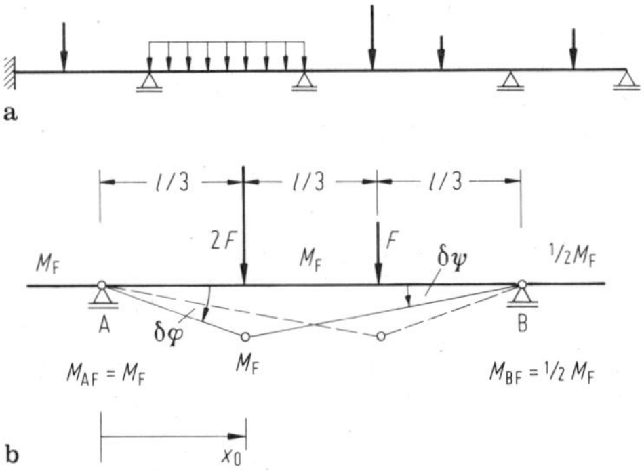

Bild 6-5. **a** Durchlaufträger mit eingeprägten Kräften, deren Verhältnisse zueinander vorgeschrieben sind, so daß *eine* Traglast angebbar ist. **b** Die einzigen möglichen Fließgelenkmechanismen in einem Trägerfeld mit zwei Einzelkräften.

Beispiel 6-4: Der in Bild 6-5b dick gezeichnete Mechanismus wird virtuell verschoben ($\delta\varphi$, $\delta\psi = \delta\varphi/2$). Das Prinzip der virtuellen Arbeit lautet

$$2F(l/3)\delta\varphi + F(l/3)\delta\psi - M_{AF}\delta\varphi - M_F(\delta\varphi + \delta\psi) - M_{BF}\delta\psi = 0$$

mit der Lösung

$$F = (33/10)M_F/l.$$

Der gestrichelt gezeichnete Mechanismus liefert in derselben Weise $F = (15/4)M_F/l$. Die kleinere obere Schranke $(33/10)\, M_F/l$ ist der exakte Wert für die Traglast des Feldes, weil andere Fließgelenklagen nicht möglich sind.

Bei Streckenlasten $q(x)$ — evtl. kombiniert mit Einzellasten — wird die Lage x_0 des Fließgelenks als Unbekannte eingeführt. Mit dem Prinzip der virtuellen Arbeit wird die obere Schranke der Traglast als Funktion von x_0 berechnet. Das Minimum dieser Funktion ist der exakte Wert für die Traglast des Feldes.

Beispiel 6-5: Im Sonderfall $q(x) \equiv q = \text{const}$ auf der ganzen Länge l eines Trägerfeldes ist die obere Schranke der Traglast q_T als Funktion von x_0 (siehe [11])

$$q(x_0) = 2 \cdot \frac{M_{AF}(l - x_0) + M_F l + M_{BF} x_0}{l x_0 (l - x_0)}.$$

$q(x_0)$ nimmt sein Minimum an für

$$x_0 = \begin{cases} l/2 & M_{BF} = M_{AF} \\ l\left[\left(\dfrac{M_{BF} + M_F}{M_{AF} + M_F}\right)^{1/2} - 1\right] \dfrac{M_{AF} + M_F}{M_{BF} - M_{AF}} & M_{BF} \neq M_{AF}. \end{cases}$$

Mit diesem x_0 ist $q(x_0)$ die exakte Traglast q_T.

Wenn die exakte Berechnung von x_0 zu aufwendig ist, schätzt man x_0, berechnet dazu die obere Schranke der Traglast (im folgenden q^* genannt) und berechnet dann den Biegemomentenverlauf und insbesondere das maximale im Feld auftretende Biegemoment $M_{max} \geqq M_F$. Nach dem Hilfssatz in 6.5.2 ist $q^* M_F / M_{max}$ eine untere Schranke für die Traglast.

6.5.4 Traglasten für Rahmen

Für einen Rahmen mit gegebener Belastung kann man die Anzahl m aller möglichen Fließgelenke ohne Rechnung angeben.

Beispiel 6-6: In Bild 6-6 sind nur die $m = 12$ durch Punkte markierten Fließgelenke möglich. Dabei ist noch ungeklärt, welche von ihnen sich tatsächlich ausbilden und wo sich die im Innern von Stabfeldern liegenden ausbilden.

Bei einem n-fach statisch unbestimmten System mit m möglichen Fließgelenken kann man sämtliche möglichen Ein-Freiheitsgrad-Mechanismen durch Linearkombination von $m - n$ *Elementarmechanismen* erzeugen. Elementarmechanismen sind vom Typ *Balkenmechanismus* (Bild 6-7a), *Rahmenmechanismus* (Bild 6-7b) oder *Eckenmechanismus* (Bild 6-7c). Bild 6-7d zeigt einen kombinierten Ein-Freiheitsgrad-Mechanismus. Für jeden Mechanismus wird mit dem Prinzip der virtuellen Arbeit eine obere Schranke für die Traglast bestimmt. Die kleinste berechnete Schranke ist die genaueste. Einzelheiten des Verfahrens siehe in [10, 11].

Traglasten von Rechteck- und Kreisplatten, von Schalen, rotierenden Scheiben und dickwandigen Behältern bei Innendruck siehe in [10].

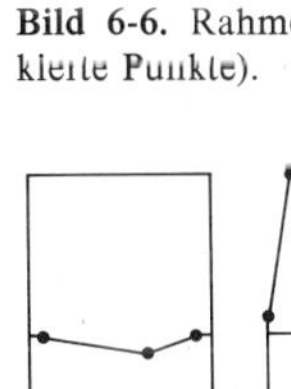

Bild 6-6. Rahmen mit möglichen Fließgelenken (markierte Punkte).

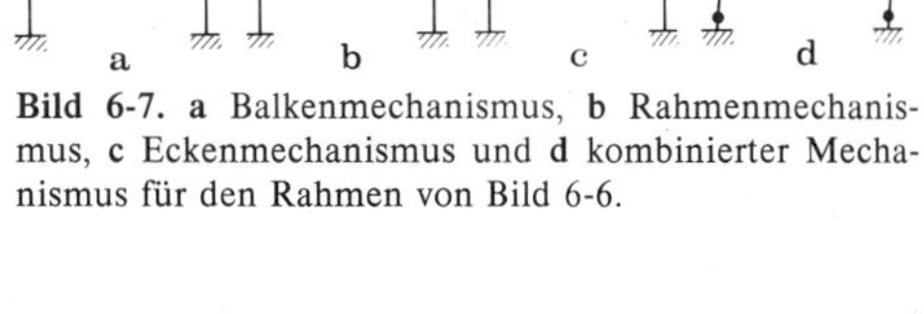

Bild 6-7. **a** Balkenmechanismus, **b** Rahmenmechanismus, **c** Eckenmechanismus und **d** kombinierter Mechanismus für den Rahmen von Bild 6-6.

Strömungsmechanik

J. Zierep, K. Bühler

7 Einführung in die Strömungsmechanik

7.1 Eigenschaften von Fluiden

Strömungsvorgänge werden allgemein durch die Geschwindigkeit $w = (u, v, w)$, Druck p, Dichte ϱ und Temperatur T als Funktion von (x, y, z, t) beschrieben. Die Bestimmung dieser Größen geschieht mit den Erhaltungssätzen für Masse, Impuls und Energie sowie mit einer Zustandsgleichung für den thermodynamischen Zusammenhang zwischen p, ϱ und T des Strömungsmediums (Fluids). Vier ausgezeichnete Zustandsänderungen sind in Bild 7-1 dargestellt. Welche Zustandsänderung eintritt, hängt von den Stoffeigenschaften und dem Verlauf der Strömung ab.

Dichte

Bei Gasen ist die Dichte $\varrho = \varrho(p, T)$ von Druck und Temperatur abhängig. Für ideale Gase gilt die thermische Zustandsgleichung $p = \varrho R_i T$, wobei R_i die *spezielle Gaskonstante* des Stoffes i ist. Sind p_0, ϱ_0, T_0 als Bezugswerte bekannt, so gilt der Zusammenhang

$$\frac{\varrho}{\varrho_0} = \frac{p}{p_0} \cdot \frac{T_0}{T}. \qquad (1)$$

Die Dichte ändert sich bei Gasen also proportional zum Druck und umgekehrt proportional zur Temperatur.
Für Luft gelten die Werte $p_0 = 1$ bar, $T_0 = 273{,}16$ K, $\varrho_0 = 1{,}275$ kg/m³. Für die Abhängigkeit von der Strömungsgeschwindigkeit folgt aus der Beziehung (9-31) der Zusammenhang

$$\frac{\Delta\varrho}{\varrho} \approx \frac{M^2}{2}. \qquad (2)$$

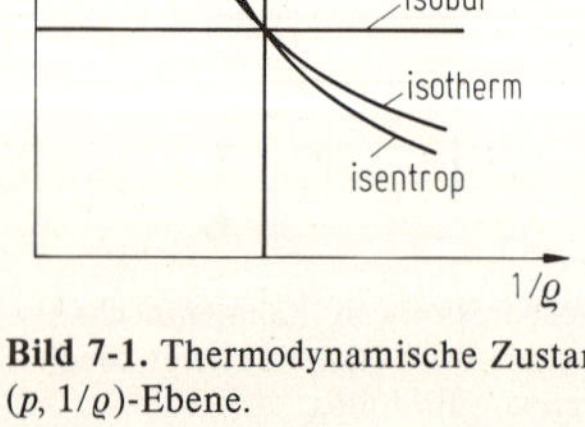

Bild 7-1. Thermodynamische Zustandsänderungen in der $(p, 1/\varrho)$-Ebene.

Die Mach-Zahl $M = w/a$ ist der Quotient aus Strömungs- und Schallgeschwindigkeit eines Mediums. Nach der Beziehung (9-8) ergibt sich die Schallgeschwindigkeit in Luft zu $a = 347$ m/s bei $T = 300$ K. Damit folgt die relative Dichteänderung $\Delta\varrho/\varrho \leqq 0{,}01$ für $M \leqq 0{,}14$ und $w \leqq 49$ m/s. Bei geringen Geschwindigkeiten können deshalb Strömungsvorgänge in Gasen als inkompressibel betrachtet werden. Bei Flüssigkeiten ist die Dichte nur wenig von der Temperatur abhängig und der Druckeinfluß ist vernachlässigbar klein. Es gilt damit

$$\frac{\varrho}{\varrho_0} \approx \text{const}. \qquad (3)$$

Flüssigkeiten sind damit als inkompressibel zu betrachten. Inkompressible Strömungsvorgänge entsprechen in Bild 7-1 einer isochoren Zustandsänderung. In der Tabelle 7-1 sind Zahlenwerte für die Dichte von Luft und Wasser für verschiedene Temperaturen zusammengestellt [1, 2].

Viskosität

Flüssigkeiten und Gase haben die Eigenschaft, daß bei Formänderungen durch Verschieben von Fluidelementen ein Widerstand zu überwinden ist. Die Reibungskraft durch die Schubspannungen zwischen den Fluidelementen ist nach Newton direkt proportional dem Geschwindigkeitsgradienten. Für die in Bild 7-2 dargestellte ebene laminare Scherströmung ergibt sich mit der auf die Fläche A bezogenen Kraft $\boldsymbol{F}$ die Schubspannung

$$\tau = \frac{F}{A} = \eta \frac{\mathrm{d}u}{\mathrm{d}y} = \eta \frac{U}{h}. \qquad (4)$$

Der Proportionalitätsfaktor wird als *dynamische Viskosität* η bezeichnet. η ist stark von der Tempe-

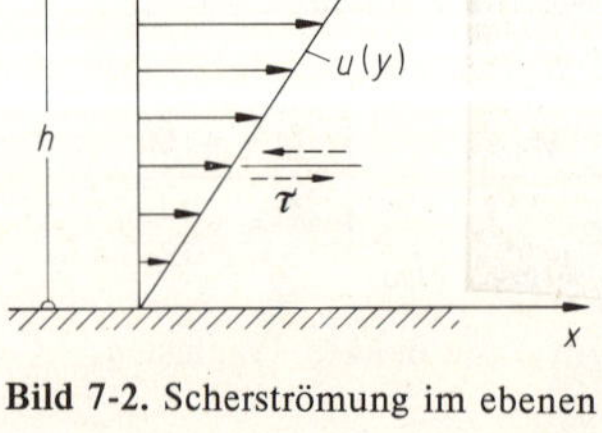

Bild 7-2. Scherströmung im ebenen Spalt.

ratur abhängig, während der Druckeinfluß vernachlässigbar gering ist, d. h., $\eta(T, p) \approx \eta(T)$. Als abgeleitete Stoffgröße ergibt sich die *kinematische Viskosität* ν:

$$\nu = \frac{\eta}{\varrho}. \tag{5}$$

Bei Gasen steigt die Viskosität mit der Temperatur an, während bei Flüssigkeiten die Viskosität mit steigender Temperatur abnimmt. Für diese Abhängigkeiten gelten formelmäßige Zusammenhänge [1]. Für Gase gilt die Beziehung:

$$\frac{\eta}{\eta_0} = \frac{T_0 + T_S}{T + T_S}\left(\frac{T}{T_0}\right)^{3/2} \approx \left(\frac{T}{T_0}\right)^{\omega}. \tag{6}$$

Die Bezugswerte für Luft bei $p_0 = 1$ bar sind $T_0 = 273{,}16$ K, $\eta_0 = 17{,}10\ \mu$Pa · s, und $T_S = 122$ K ist die Sutherland-Konstante. Für Flüssigkeiten gilt im Bereich $0 < \vartheta < 100$ °C die Beziehung

$$\frac{\eta}{\eta_0} = \exp\left(\frac{T_A}{T + T_B} - \frac{T_A}{T_B + T_0}\right). \tag{7}$$

Für Wasser gelten die Konstanten $T_A = 506$ K, $T_B = -150$ K und beim Druck $p_0 = 1$ bar die Bezugswerte $T_0 = 273{,}16$ K und $\eta_0 = 1{,}793$ mPa · s.
In Tabelle 7-1 sind für Luft und Wasser Zahlenwerte für ϱ, η und ν in Abhängigkeit von der Temperatur ϑ zusammengestellt.
Für andere Medien sind Daten der Stoffeigenschaften einschlägigen Tabellenwerken [3, 4] zu entnehmen.
Die Verallgemeinerung des nach Newton benannten Ansatzes (4) auf mehrdimensionale Strömungen führt zum allgemeinen Spannungstensor [5].

7.2 Newtonsche und nicht-newtonsche Medien

Newtonsche Medien sind dadurch ausgezeichnet, daß die Viskosität unabhängig von der Schergeschwindigkeit ist. In Bild 7-3 ist dieses Verhalten durch einen linearen Zusammenhang zwischen der Schubspannung τ und der Schergeschwindigkeit $D = du/dy$ gekennzeichnet. Bei nicht-newtonschen Medien besteht dagegen ein nichtlinearer Zusammenhang zwischen der Schubspannung und der Schergeschwindigkeit. Die dynamische Viskosität η ist dann von der Schergeschwindigkeit D abhängig. Der Zusammenhang $\eta(D)$ wird als Fließkurve bezeichnet. Steigt die Viskosität mit der Schergeschwindigkeit an, so wird das Verhalten als *dilatant* bezeichnet, während ein Abfall der Viskosität als *pseudoplastisches Verhalten* bezeichnet wird. Ändert sich bei einer konstanten Scherbeanspruchung die Viskosität mit der Zeit, dann wird das Verhalten mit steigender Viskosität als *rheopex* und bei abfallender Viskosität als *thixotrop* bezeichnet. Das Strömungsverhalten nicht-newtonscher Medien ist in [6, 7] umfassend dargestellt. Die rheologischen Begriffe sind in [8] definiert.

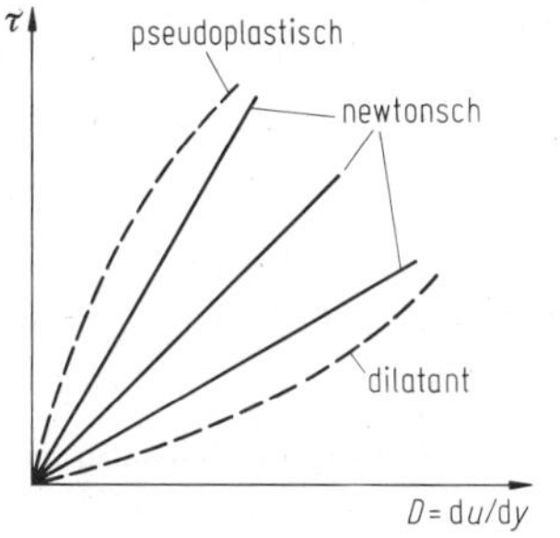

Bild 7-3. Schubspannung als Funktion der Schergeschwindigkeit.

7.3 Hydrostatik und Aerostatik

Das Verhalten der Zustandsgrößen im Ruhezustand ist der Gegenstand der Hydrostatik und der

Tabelle 7-1. Stoffdaten für Luft und Wasser als Funktion der Temperatur beim Bezugsdruck $p_0 = 1$ bar [1, 2]

Luft:									
ϑ in °C	−20	0	20	40	60	80	100	200	500
ϱ in kg/m³	1,376	1,275	1,188	1,112	1,045	0,986	0,933	0,736	0,451
η in μPa · s	16,07	17,10	18,10	19,06	20,00	20,91	21,79	25,88	35,95
ν in mm²/s	11,68	13,41	15,23	17,14	19,13	21,20	23,35	35,16	79,80

Wasser:							
ϑ in °C	0	10	20	40	60	80	90
ϱ in kg/m³	999,8	999,8	998,4	992,3	983,1	971,5	965,0
η in mPa · s	1,793	1,317	1,010	0,655	0,467	0,356	0,316
ν in mm²/s	1,793	1,317	1,012	0,660	0,475	0,366	0,328

Aerostatik. Der Druck p ist eine skalare Größe. In Kraftfeldern gilt für die Druckverteilung die hydrostatische Grundgleichung [9]

$$\operatorname{grad} p = \varrho \boldsymbol{f} \tag{8}$$

mit $\partial p/\partial x = \varrho f_x$, $\partial p/\partial y = \varrho f_y$ und $\partial p/\partial z = \varrho f_z$. Die Änderung des Druckes ist damit gleich der angreifenden Massenkraft.

Hydrostatische Druckverteilung im Schwerefeld. Es wirkt die Massenkraft $\boldsymbol{f} = (0, 0, -g)$. Die Integration der hydrostatischen Grundgleichung $\mathrm{d}p/\mathrm{d}z = -\varrho g$ liefert für Medien mit konstanter Dichte eine lineare Abhängigkeit für den Druckverlauf:

$$p(z) = p_1 - \varrho g z. \tag{9}$$

Der Druck nimmt ausgehend von p_1 bei $z = 0$ linear mit zunehmender Höhe z ab.

Archimedisches Prinzip. Ein im Schwerefeld in Flüssigkeit eingetauchter Körper erfährt einen Auftrieb, der gleich dem Gewicht der verdrängten Flüssigkeit ist.

Druckverteilung in geschichteten Medien. Ändert sich die Dichte $\varrho(z)$ mit der Höhe, so lautet für ein ideales Gas mit $p/\varrho = R_i T$ die Bestimmungsgleichung (8) für den Druck:

$$\frac{\mathrm{d}p}{p} = -\frac{g}{R_i} \cdot \frac{\mathrm{d}z}{T}. \tag{10}$$

Für eine isotherme Gasschicht $T = T_0 = \text{const}$ folgen mit den Anfangswerten $p(z=0) = p_0$, $\varrho(z=0) = \varrho_0$ die Druck- und Dichteverteilungen zu

$$p(z) = p_0 \exp\left(-\frac{g}{R_i T_0} z\right) \tag{11}$$

$$\varrho(z) = \varrho_0 \exp\left(-\frac{g}{R_i T_0} z\right) \tag{12}$$

In einer isothermen Atmosphäre nehmen Druck und Dichte mit zunehmender Höhe exponentiell ab. Bild 7-4 zeigt den Druckverlauf als Funktion der Höhe z für ein inkompressibles Medium und für ein kompressibles Medium mit veränderlicher Dichte $\varrho(p)$ bei isothermer Atmosphäre.

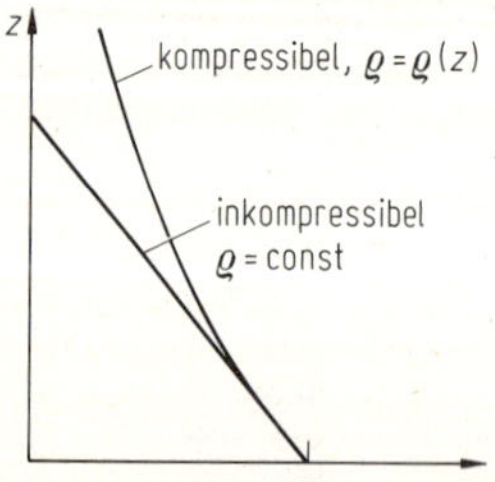

Bild 7-4. Druckverlauf in inkompressiblen und kompressiblen Medien.

7.4 Gliederung der Darstellung: Nach Viskositäts- und Kompressibilitätseinflüssen

Die in der Realität auftretenden Strömungserscheinungen sind sehr vielfältig. Verschiedenartige physikalische Effekte erfordern unterschiedliche Beschreibungs- und Berechnungsmethoden. Wir betrachten hier zunächst Strömungen inkompressibler Medien mit und ohne Reibung (Kapitel 8), sodann untersuchen wir den Einfluß der Kompressibilität bei reibungsfreien Strömungen (Kapitel 9). In Kapitel 10 werden schließlich Vorgänge behandelt, bei denen Reibungs- und Kompressibilitätseffekte gleichzeitig bedeutsam sind. Begonnen wird jeweils mit eindimensionalen Modellen, die dann auf mehrere Dimensionen erweitert werden.

8 Hydrodynamik: Inkompressible Strömungen mit und ohne Viskositätseinfluß

8.1 Eindimensionale reibungsfreie Strömungen

8.1.1 Grundbegriffe

Man unterscheidet zwei Möglichkeiten zur Beschreibung von Stromfeldern. Mit der *teilchen- oder massenfesten Betrachtung* nach Lagrange folgen die Geschwindigkeit $\boldsymbol{w}$ und Beschleunigung $\boldsymbol{a}$ aus der substantiellen Ableitung des Ortsvektors $\boldsymbol{r}$ nach der Zeit t:

$$\frac{\mathrm{d}\boldsymbol{r}}{\mathrm{d}t} = \boldsymbol{w}, \quad \frac{\mathrm{d}^2\boldsymbol{r}}{\mathrm{d}t^2} = \frac{\mathrm{d}\boldsymbol{w}}{\mathrm{d}t} = \boldsymbol{a}. \tag{1}$$

Nach der *Eulerschen Methode* wird die Änderung der Strömungsgrößen an einem festen Ort betrachtet. Die *zeitliche Änderung* des Teilchenzustandes $f(x, y, z, t)$ ergibt sich zu

$$\frac{\mathrm{d}f}{\mathrm{d}t} = \frac{\partial f}{\partial t} + \boldsymbol{w} \cdot \operatorname{grad} f. \tag{2}$$

Die *substantielle Änderung* setzt sich aus dem lokalen und dem konvektiven Anteil zusammen.
Teilchenbahnen werden von den Fluidteilchen durchlaufen. Für bekannte Geschwindigkeitsfelder $\boldsymbol{w}$ folgen die Teilchenbahnen aus (1) durch Integration. *Stromlinien* sind Kurven, die in jedem

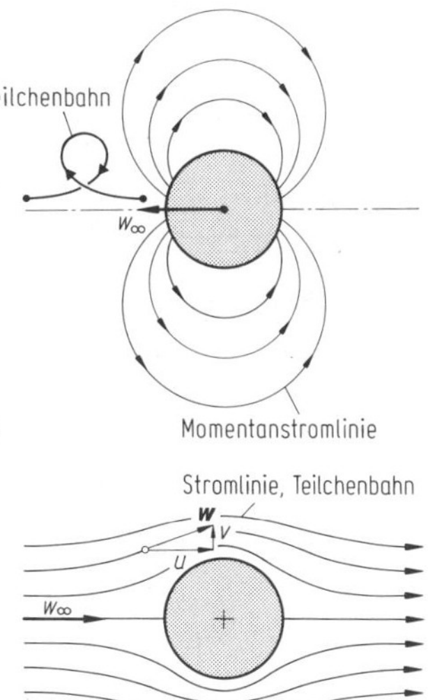

a

b

Bild 8-1. Zylinderumströmung. **a** bewegter Zylinder: instationäre Strömung; **b** ruhender Zylinder: stationäre Strömung.

festen Zeitpunkt auf das Geschwindigkeitsfeld passen. Die Differentialgleichungen der Stromlinien lauten

$$\mathrm{d}x : \mathrm{d}y : \mathrm{d}z = u(x, y, z, t) : v(x, y, z, t) : w(x, y, z, t). \quad (3)$$

Bei *stationären Strömungen* ist die lokale Beschleunigung Null. Das Strömungsfeld ändert sich nur mit dem Ort, nicht jedoch mit der Zeit. Stromlinien und Teilchenbahnen sind dann identisch. Bei *instationären Strömungen* ändert sich das Strömungsfeld mit dem Ort und der Zeit. Stromlinien und Teilchenbahnen sind im allgemeinen verschieden. Durch die Wahl eines geeigneten Bezugssystems können instationäre Strömungen oft in stationäre Strömungen überführt werden. Zum Beispiel ist die Strömung eines in ruhender Umgebung bewegten Körpers in Bild 8-1a instationär. Wird dagegen der Körper festgehalten und mit konstanter Geschwindigkeit angeströmt, dann ist die Umströmung in Bild 8-1b stationär.

8.1.2 Grundgleichungen der Stromfadentheorie

Ausgehend von der zentralen Stromlinie 1 →2 in Bild 8-2 hüllen die Stromlinien durch den Rand der Flächen A_1 und A_2 eine Stromröhre ein. Ein Stromfaden ergibt sich aus der Umgebung einer Stromlinie, für die die Änderungen aller Zustandsgrößen quer zum Stromfaden sehr viel kleiner sind als in Längsrichtung. Die Zustandsgrößen sind dann nur eine Funktion der Bogenlänge s und der Zeit t [1].

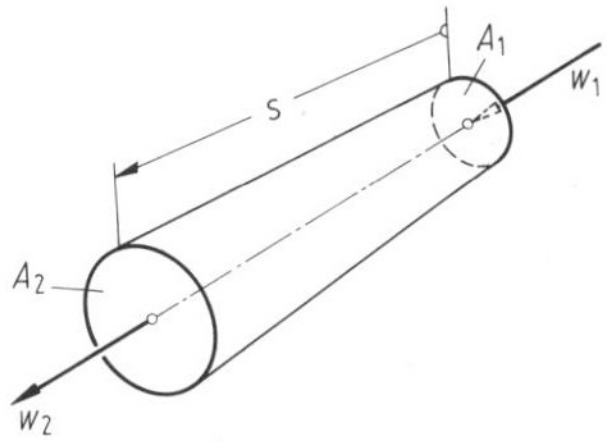

Bild 8-2. Stromfadendefinition.

Kontinuitätsgleichung. Der Massenstrom durch den von Stromlinien begrenzten Stromfaden in Bild 8-2 ist bei stationärer Strömung konstant.

$$\dot{m} = \varrho \dot{V} = \varrho_1 w_1 A_1 = \varrho_2 w_2 A_2 = \text{const}. \quad (4)$$

Für inkompressible Medien ($\varrho = \text{const}$) folgt hieraus die Konstanz des Volumenstromes $\dot{V}$.

Bewegungsgleichung. Mit dem Newtonschen Grundgesetz folgt aus dem Kräftegleichgewicht in Stromfadenrichtung s nach Bild 8-3 die *Eulersche Differentialgleichung*

$$\frac{\mathrm{d}w}{\mathrm{d}t} = \frac{\partial w}{\partial t} + w\frac{\partial w}{\partial s} = -\frac{1}{\varrho}\cdot\frac{\partial p}{\partial s} - g\frac{\partial z}{\partial s}. \quad (5)$$

Die Integration längs des Stromfadens 1 →2 ergibt für inkompressible Strömungen die *Bernoulli-Gleichung*

$$\int_1^2 \frac{\partial w}{\partial t}\mathrm{d}s + \frac{w_2^2 - w_1^2}{2} + \frac{p_2 - p_1}{\varrho} + g(z_2 - z_1) = 0. \quad (6)$$

Das Integral ist für instationäre Strömungen bei festem t längs des Stromfadens 1 →2 auszuführen. Ändert sich die Geschwindigkeit mit der Zeit nicht, so ist $\partial w/\partial t = 0$, und es folgt aus (6) die *Bernoulli-Gleichung für stationäre Strömungen*:

$$\frac{w^2}{2} + \frac{p}{\varrho} + gz = \text{const}. \quad (7)$$

Bei stationärer Strömung entlang einem gekrümmten Stromfaden folgt für das Kräftegleichgewicht normal zur Strömungsrichtung s in Bild 8-4:

$$\frac{\mathrm{d}w_n}{\mathrm{d}t} = -\frac{w^2}{r} = -\frac{1}{\varrho}\cdot\frac{\partial p}{\partial n} - g\frac{\partial z}{\partial n}. \quad (8)$$

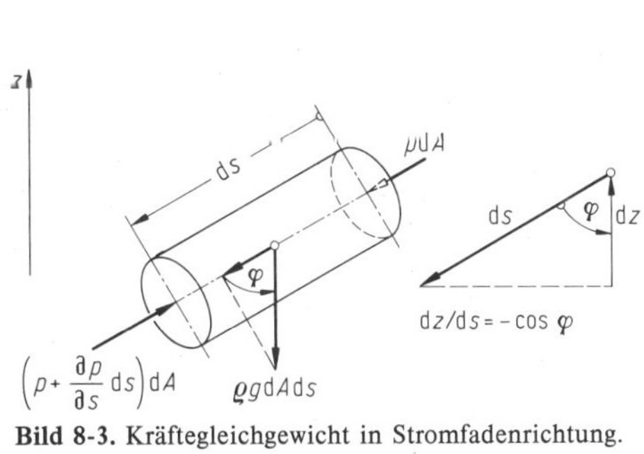

Bild 8-3. Kräftegleichgewicht in Stromfadenrichtung.

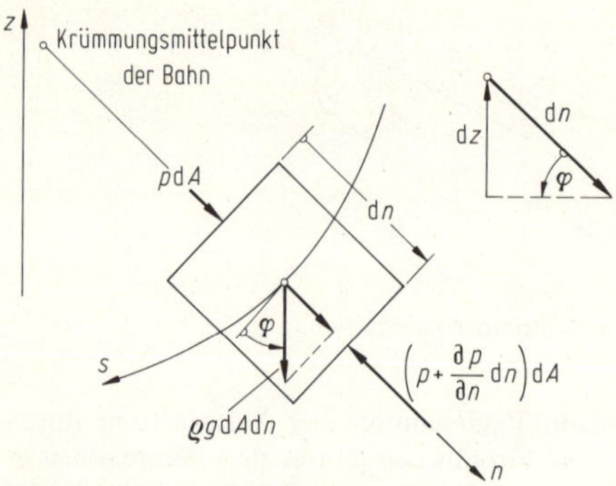

Bild 8-4. Kräftegleichgewicht senkrecht zum Stromfaden.

Hierbei ist r der lokale Krümmungsradius in Normalrichtung $\boldsymbol{n}$. Erfolgt die Bewegung in konstanter Höhe z, so folgt aus (8) das Gleichgewicht zwischen Fliehkraft und Druckkraft. Hierbei steigt der Druck in radialer Richtung an.

Energiesatz. Wir betrachten ein reibungsbehaftetes Fluid im Kontrollraum zwischen den Querschnitten A_1 und A_2 des Stromfadens nach Bild 8-2. Die Energiebilanz bezogen auf den Massenstrom $\dot{m}$ lautet für das stationär durchströmte System [2]:

$$h_1 + \frac{1}{2}w_1^2 + gz_1 + q_{12} + a_{12} = h_2 + \frac{1}{2}w_2^2 + gz_2. \quad (9)$$

Hierbei ist $h = e + p/\varrho$ die spezifische Enthalpie, q_{12} die spezifische zugeführte Wärmeleistung und a_{12} die durch Reibung und mechanische Arbeit dem System von außen zugeführte spezifische Leistung. Für Arbeitsmaschinen (Pumpen) ist $a_{12} > 0$ und für Kraftmaschinen (Turbinen) ist $a_{12} < 0$ definiert. Im Fall verschwindender Energiezufuhr über den Kontrollraum ist $q_{12} = 0$ und $a_{12} = 0$. Die innere Energie e ändert sich dann nur durch den irreversiblen Übergang von mechanischer Energie in innere Energie. Diese Dissipation bewirkt zugleich eine Temperaturerhöhung und kann als zusätzlicher Druckabfall (Druckverlust) interpretiert werden. Mit $\varrho(e_2 - e_1) = \varrho c_p(T_2 - T_1) = \Delta p_\mathrm{v}$ lautet dann die Energiebilanz (9):

$$\frac{p_1}{\varrho} + \frac{w_1^2}{2} + gz_1 = \frac{p_2}{\varrho} + \frac{w_2^2}{2} + gz_2 + \frac{\Delta p_\mathrm{v}}{\varrho}. \quad (10)$$

Für den Sonderfall reibungsfreier Strömungen ist $\Delta p_\mathrm{v} = 0$ und die Energiebilanz unter den entsprechenden Voraussetzungen identisch mit der Bernoulli-Gleichung.

8.1.3 Anwendungsbeispiele

Bewegung auf konzentrischen Bahnen (Wirbel)

Die Bewegung verläuft nach Bild 8-5 mit kreisförmigen Stromlinien in der horizontalen Ebene. Bei rotationssymmetrischer Strömung sind Geschwindigkeit w und Druck p nur vom Radius r abhängig. Aus den Kräftebilanzen (7) und (8) folgen die Bestimmungsgleichungen

$$\frac{w^2}{2} + \frac{p}{\varrho} = \text{const}, \quad (11)$$

$$\frac{w^2}{r} = \frac{1}{\varrho}\cdot\frac{\mathrm{d}p}{\mathrm{d}r}. \quad (12)$$

Ist die Konstante in (11) für jede Stromlinie gleich, so liegt eine *isoenergetische Strömung* vor. Damit verknüpft die Bernoulli-Gleichung auch die Zustände der Stromlinien mit verschiedenen Radien. Mit der Vorgabe der Strömungszustände w_1 und p_1 auf dem Radius r_1 folgt aus (11) und (12) für die Geschwindigkeits- und Druckverteilung:

$$w(r) = \frac{w_1 r_1}{r}, \qquad p(r) = p_1 + \frac{\varrho}{2}w_1^2\left(1 - \frac{r_1^2}{r^2}\right). \quad (13)$$

Diese Bewegung mit der hyperbolischen Geschwindigkeitsverteilung wird als *Potentialwirbel* bezeichnet. Druck und Geschwindigkeit variieren entgegengesetzt, was das Kennzeichen einer isoenergetischen Strömung ist. Um ein unbegrenztes

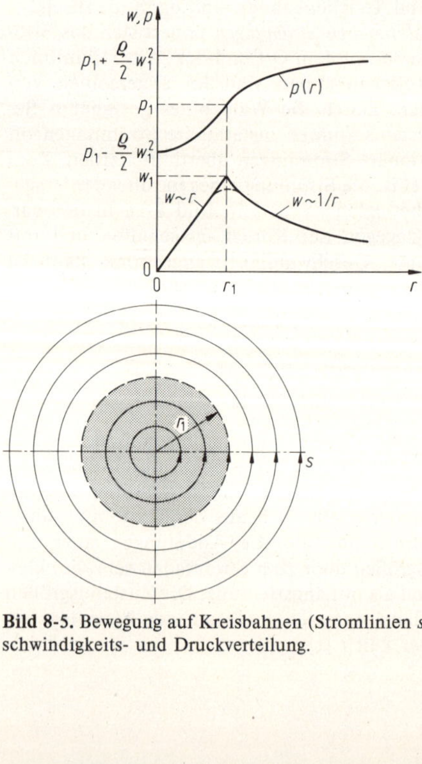

Bild 8-5. Bewegung auf Kreisbahnen (Stromlinien s), Geschwindigkeits- und Druckverteilung.

Anwachsen der Geschwindigkeit zu vermeiden, beschränken wir die Lösung (13) auf den Bereich $r \geqq r_1$.
Im Bereich $r \leqq r_1$ rotiert das Medium stattdessen wie ein starrer Körper. Die Geschwindigkeitsverteilung und die dazugehörige Druckverteilung aus (12) ergeben sich mit der Winkelgeschwindigkeit $\omega = \text{const}$ zu

$$w(r) = \omega r = \frac{w_1}{r_1} r, \qquad p(r) = p_1 + \frac{\varrho}{2} w_1^2 \left(\frac{r^2}{r_1^2} - 1 \right). \tag{14}$$

Bei dieser Starrkörperrotation variieren Geschwindigkeit und Druck gleichsinnig. In Bild 8-5 ist die Geschwindigkeitsverteilung und die dazugehörige Druckverteilung für den Starrkörperwirbel im Bereich $r \leqq r_1$ und für den Potentialwirbel im Bereich $r \geqq r_1$ dargestellt. Im Wirbelzentrum bei $r = 0$ kann ein erheblicher Unterdruck auftreten.

Druckbegriffe und Druckmessung

Aus der Bernoulli-Gleichung (7) folgen die Druckbegriffe

$p = p_{\text{stat}}$ statischer Druck,

$\frac{1}{2} \varrho w^2 = p_{\text{dyn}}$ dynamischer Druck.

Bei der Umströmung des Körpers in Bild 8-6a ohne Fallbeschleunigung gilt längs der Staustromlinie

$$p_\infty + \frac{1}{2} \varrho w_\infty^2 = p + \frac{1}{2} \varrho w^2 = p_0 . \tag{15}$$

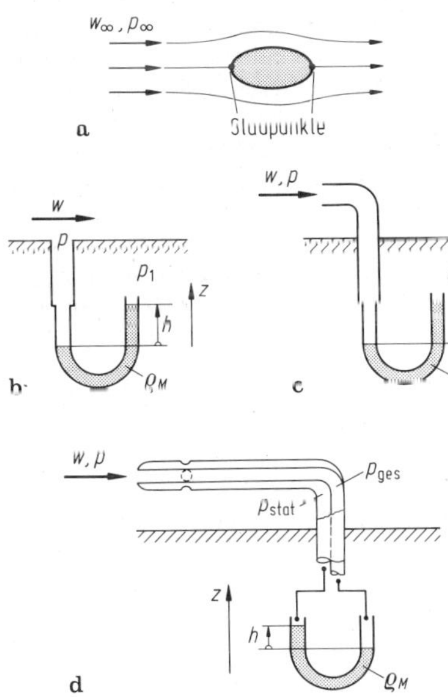

Bild 8-6. Druckmessung. **a** Körperumströmung, **b** Wandanbohrung, **c** Pitotrohr, **d** Prandtlsches Staurohr.

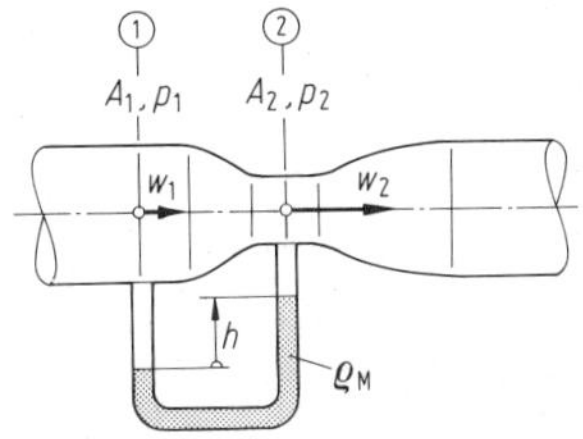

Bild 8-7. Venturirohr.

Der Druck p_0 im Staupunkt wird als *Ruhedruck* oder *Gesamtdruck* bezeichnet, womit der Zusammenhang $p_{\text{stat}} + p_{\text{dyn}} = p_{\text{ges}}$ gültig ist.
Die Messung des statischen Druckes p kann mit einer Wandanbohrung senkrecht zur Strömungsrichtung nach Bild 8-6b erfolgen. Aus der Steighöhe im Manometer folgt mit dem Außendruck p_1 der statische Druck $p = p_1 + \varrho_M g h$ unter der Voraussetzung, daß die Dichte ϱ des Strömungsmediums sehr viel kleiner als die Dichte ϱ_M der Meßflüssigkeit ist. Mit dem Pitotrohr (Bild 8-6c) wird durch den Aufstau der Strömung der Gesamt- oder Ruhedruck $p_0 = p_1 + \varrho_M g h$ gemessen. Der dynamische Druck p_{dyn} läßt sich aus der Differenz zwischen dem Gesamtdruck und dem statischen Druck mit dem *Prandtlschen Staurohr* (Bild 8-6d) ermitteln. Aus der Messung von $p_{\text{dyn}} = p_{\text{ges}} - p_{\text{stat}} = \varrho_M g h$ folgt die *Strömungsgeschwindigkeit*

$$w = \sqrt{2 p_{\text{dyn}} / \varrho} .$$

Venturirohr

Mit dem Venturirohr nach Bild 8-7 lassen sich Strömungsgeschwindigkeiten und Volumenströme in Rohrleitungen bestimmen. Aus der Kontinuitätsgleichung (4) und der Bernoulli-Gleichung (7) folgen die Beziehungen

$$\dot{V} = \frac{\dot{m}}{\varrho} = w_1 A_1 = w_2 A_2 ,$$

$$\frac{w_1^2}{2} + \frac{p_1}{\varrho} = \frac{w_2^2}{2} + \frac{p_2}{\varrho} .$$

Die Geschwindigkeit im Querschnitt ② folgt hieraus zu

$$w_2 = \frac{1}{\sqrt{1 - \left(\frac{A_2}{A_1} \right)^2}} \sqrt{\frac{2}{\varrho} (p_1 - p_2)} = \alpha \sqrt{\frac{2}{\varrho} (p_1 - p_2)} . \tag{16}$$

Aus der Hydrostatik ergibt sich die Druckdifferenz $p_1 - p_2 = \varrho_M g h$ unter der Voraussetzung $\varrho \ll \varrho_M$. Die Konstante α ist hier nur vom Flächenverhältnis A_2/A_1 abhängig. Bei realen Fluiden wird neben dem Flächenverhältnis auch der

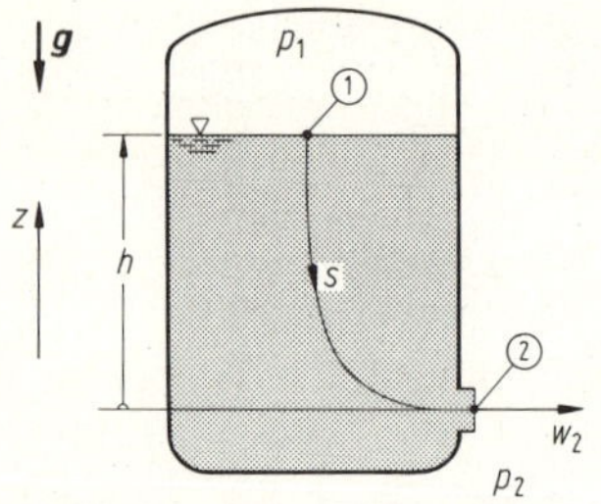

Bild 8-8. Ausströmen aus einem Behälter.

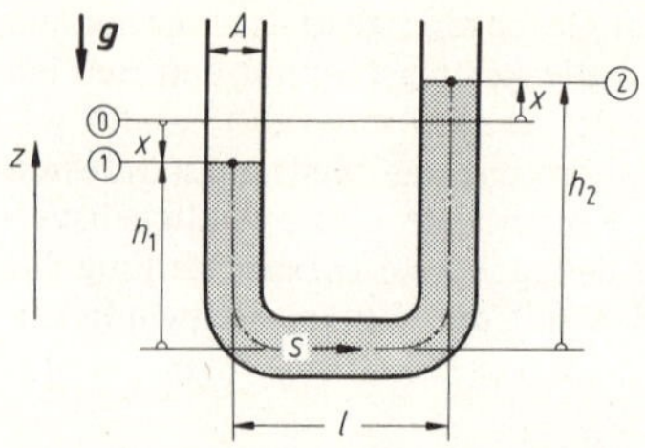

Bild 8-9. Schwingende Flüssigkeitssäule.

Reibungseinfluß durch diese als *Durchflußzahl* α bezeichnete Größe berücksichtigt. Experimentell ermittelte Werte von α sind für genormte Düsen in [3] enthalten.

Ausströmen aus einem Gefäß

Wir betrachten den Ausfluß einer Flüssigkeit der Dichte ϱ aus dem Behälter in Bild 8-8 im Schwerefeld. Die Bernoulli-Gleichung (7) lautet für den Stromfaden von der Flüssigkeitsoberfläche ① bis zum Austritt ②:

$$\frac{w_1^2}{2} + \frac{p_1}{\varrho} + gz_1 = \frac{w_2^2}{2} + \frac{p_2}{\varrho} + gz_2 .$$

Unter der Voraussetzung $A_1 \gg A_2$ folgt aus der Kontinuitätsbedingung, daß die Geschwindigkeit $w_1 = w_2 \cdot A_2/A_1$ vernachlässigbar klein ist. Die Ausflußgeschwindigkeit ergibt sich damit zu

$$w_2 = \sqrt{\frac{2}{\varrho}(p_1 - p_2) + 2gh} . \qquad (17)$$

Es sind zwei Sonderfälle interessant. Für $p_1 = p_2$ ist die Ausflußgeschwindigkeit $w_2 = \sqrt{2gh}$. Diese Beziehung wird als *Torricellische Formel* bezeichnet. Für $h = 0$ erfolgt der Ausfluß durch den Überdruck im Behälter gegenüber der Umgebung. Es folgt die Geschwindigkeit $w_2 = \sqrt{(2/\varrho)(p_1 - p_2)}$.
Beispiel: Atmosphärische Bewegung. Bei einer Druckdifferenz von $p_1 - p_2 = 10$ hPa folgt für Luft mit der konstanten Dichte $\varrho = 1{,}205$ kg/m^3 die Geschwindigkeit $w_2 = 40{,}7$ m/s $= 146{,}6$ km/h.

Schwingende Flüssigkeitssäule

Eine instationäre Strömung liegt bei der schwingenden Flüssigkeitssäule in einem U-Rohr nach Bild 8-9 vor. Bei konstantem Querschnitt A folgt aus der Kontinuitätsbedingung, daß die Geschwindigkeit $w_1 = w_2 = w(t)$ in der Flüssigkeit nur von der Zeit t, aber nicht vom Ort s abhängt. Die Auslenkung x der Flüssigkeitsoberflächen ist auf beiden Seiten gleich groß. Die Bernoulli-Gleichung (6) lautet dann für den Stromfaden s zwischen ① und ②:

$$\frac{w_1^2}{2} + \frac{p_1}{\varrho} + gz_1 = \frac{w_2^2}{2} + \frac{p_2}{\varrho} + gz_2 + \int_1^2 \frac{\partial w}{\partial t}\,\mathrm{d}s . \qquad (18)$$

Mit der Druckgleichheit $p_1 = p_2$ auf den beiden Flüssigkeitsoberflächen folgt

$$\frac{\mathrm{d}w}{\mathrm{d}t} \int_1^2 \mathrm{d}s + g(h_2 - h_1) = 0 . \qquad (19)$$

Die Länge des Stromfadens ist $L = \int_1^2 \mathrm{d}s \approx h_1 + l + h_2$ und die Geschwindigkeit folgt aus der zeitlichen Änderung der Oberflächenlage zu $w = \mathrm{d}x/\mathrm{d}t$. Aus (19) ergibt sich die Differentialgleichung

$$\frac{\mathrm{d}^2 x}{\mathrm{d}t^2} + 2g\frac{x}{L} = 0 . \qquad (20)$$

Die Lösung $x = x_0 \sin \omega t$ stellt eine harmonische Schwingung mit der Amplitude x_0 und der Kreisfrequenz $\omega = \sqrt{2g/L}$ dar.

Einströmen in einen Tauchbehälter

Der in Bild 8-10 dargestellte Tauchbehälter füllt sich langsam durch die Öffnung im Boden. Bei kleinem Querschnittsverhältnis, $A_2 \ll A_3$, ist die zeitliche Änderung der Geschwindigkeit längs des Stromfadens s ① → ② ebenfalls klein, so daß der Beschleunigungsterm in der Bernoulli-Gleichung (6) vernachlässigbar ist. Die Zeitabhängigkeit wird allein durch die zeitlich veränderlichen Randbedingungen berücksichtigt. Diese Strömung wird als quasistationär bezeichnet. Von ① nach ② gilt die Bernoulli-Gleichung (7). Bei ② strömt das Medium als Freistrahl in den Behälter. Der Druck

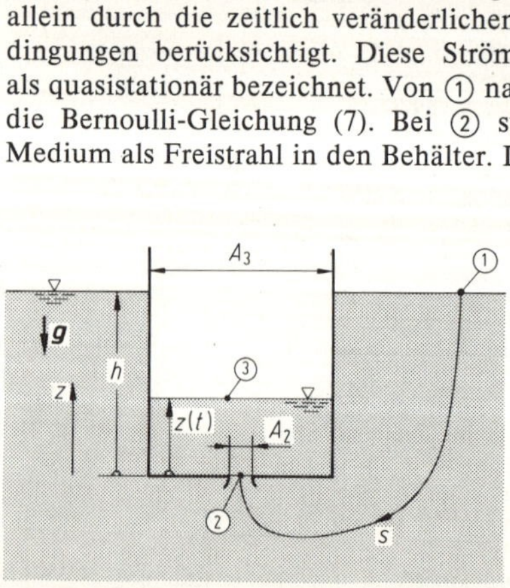

Bild 8-10. Einströmen in einen Tauchbehälter.

im Strahl entspricht dem hydrostatischen Druck in der Umgebung: $p_2(t) = p_1 + \varrho g z(t)$. Aus der Bernoulli-Gleichung folgt nun bei einer ruhenden Oberfläche mit $w_1 = 0$ die Geschwindigkeit im Eintrittsquerschnitt:

$$w_2(t) = \sqrt{2g[h - z(t)]}\,. \tag{21}$$

Mit der Kontinuität des Volumenstromes zwischen ② und ③,

$$w_2(t) A_2\,\mathrm{d}t = A_3\,\mathrm{d}z\,,$$

folgt die Differentialgleichung

$$\mathrm{d}t = \frac{A_3}{A_2}\cdot\frac{\mathrm{d}z}{w_2(t)} = \frac{A_3}{A_2}\cdot\frac{\mathrm{d}z}{\sqrt{2g[h - z(t)]}}\,. \tag{22}$$

Aus der Integration ergibt sich mit der Anfangsbedingung $z = 0$ für $t = 0$:

$$t = \frac{A_3}{A_2}\cdot\frac{2h}{\sqrt{2gh}}\left(1 - \sqrt{1 - \frac{z(t)}{h}}\right). \tag{23}$$

Für $z = h$ folgt die Auffüllzeit

$$\Delta t = \frac{A_3}{A_2}\cdot\frac{2h}{\sqrt{2gh}}\,. \tag{24}$$

Die zeitliche Änderung der Spiegelhöhe $z(t)$ ist dann

$$\frac{z(t)}{h} = 1 - \left(1 - \frac{t}{\Delta t}\right)^2, \tag{25}$$

und für die Eintrittsgeschwindigkeit $w_2(t)$ folgt

$$w_2(t) = \sqrt{2gh}\left(1 - \frac{t}{\Delta t}\right). \tag{26}$$

Diese Geschwindigkeit nimmt linear mit der Zeit ab.

8.2 Zweidimensionale reibungsfreie, inkompressible Strömungen

8.2.1 Kontinuität

Aus der allgemeinen Massenerhaltung

$$\frac{\partial \varrho}{\partial t} + \operatorname{div}(\varrho \boldsymbol{w}) = \frac{\mathrm{d}\varrho}{\mathrm{d}t} + \varrho \cdot \operatorname{div}\boldsymbol{w} = 0$$

folgt für inkompressible Medien mit $\varrho = \text{const}$ die Divergenzfreiheit des Strömungsfeldes:

$$\operatorname{div}\boldsymbol{w} = \frac{\partial u}{\partial x} + \frac{\partial v}{\partial y} = 0\,. \tag{27}$$

8.2.2 Eulersche Bewegungsgleichungen

Aus dem Kräftegleichgewicht am Massenelement folgen die Bewegungsgleichungen

$$\frac{\mathrm{d}\boldsymbol{w}}{\mathrm{d}t} = \frac{\partial \boldsymbol{w}}{\partial t} + \boldsymbol{w}\cdot\operatorname{grad}\boldsymbol{w} = -\frac{1}{\varrho}\operatorname{grad}p + \boldsymbol{f} \tag{28}$$

mit der spezifischen Massenkraft $\boldsymbol{f}$, wobei alle Glieder auf die Masse des Elementes bezogen sind.

Charakteristische Größen der Strömungen sind die *Rotation* und die *Zirkulation*. Die Rotation (Wirbelstärke) $\operatorname{rot}\boldsymbol{w} = 2\boldsymbol{\omega}$ ist gleich der doppelten Winkelgeschwindigkeit eines Fluidteilchens. Die *Zirkulation*

$$\Gamma = \oint_C \boldsymbol{w}\cdot\mathrm{d}\boldsymbol{s}$$

ist gleich dem Linienintegral über das Skalarprodukt aus Geschwindigkeitsvektor $\boldsymbol{w}$ und Wegelement $\mathrm{d}\boldsymbol{s}$ längs einer geschlossenen Kurve C. Über den Satz von Stokes besteht zwischen Zirkulation und Rotation der Zusammenhang:

$$\Gamma = \oint_C \boldsymbol{w}\cdot\mathrm{d}\boldsymbol{s} = \int_A \operatorname{rot}\boldsymbol{w}\cdot\mathrm{d}\boldsymbol{A}\,,$$

wobei A die von der Kurve C berandete Fläche darstellt. Für die Zirkulation und die Rotation gelten allgemeine Erhaltungssätze, die auf Helmholtz und Thomson zurückgehen [4].

8.2.3 Stationäre ebene Potentialströmungen

Wir betrachten ebene Strömungen ohne Massenkraft. Verlaufen diese Strömungen wirbelfrei mit $\operatorname{rot}\boldsymbol{w} = 0$, dann existiert für das Geschwindigkeitsfeld $\boldsymbol{w}$ ein Potential Φ mit $\boldsymbol{w} = \operatorname{grad}\Phi$. Damit gilt für das Geschwindigkeitsfeld:

$$\operatorname{rot}\boldsymbol{w} = \frac{\partial v}{\partial x} - \frac{\partial u}{\partial y} = 0\,. \tag{29}$$

Mit den Geschwindigkeitskomponenten $u = \partial\Phi/\partial x$ und $v = \partial\Phi/\partial y$ folgt aus der Kontinuitätsgleichung (27) für das *Geschwindigkeitspotential* Φ die Laplace-Gleichung:

$$\frac{\partial^2\Phi}{\partial x^2} + \frac{\partial^2\Phi}{\partial y^2} = \Delta\Phi = 0\,. \tag{30}$$

Wird die Kontinuitätsgleichung (27) mit $u = \partial\Psi/\partial y$ und $v = -\partial\Psi/\partial x$ durch eine Stromfunktion Ψ erfüllt, so gilt aufgrund der Wirbelfreiheit (29) für diese Stromfunktion Ψ ebenfalls die Laplace-Gleichung:

$$\frac{\partial^2\Psi}{\partial x^2} + \frac{\partial^2\Psi}{\partial y^2} = \Delta\Psi = 0\,. \tag{31}$$

Die Funktionen Φ und Ψ lassen sich physikalisch deuten. Für die Kurven $\Psi = \text{const}$ als Höhenlinien

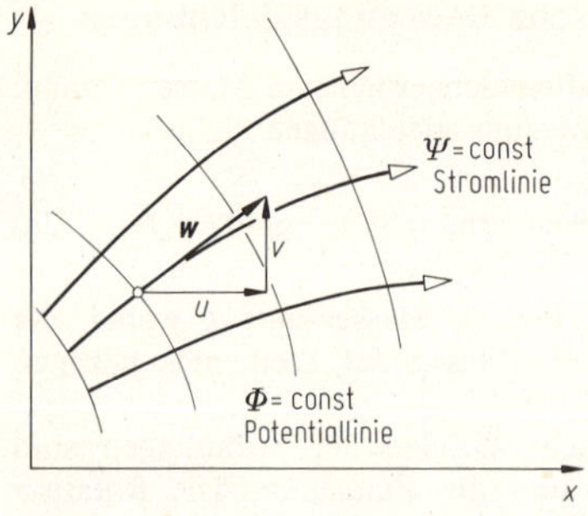

Bild 8-11. Orthogonales Netz der Potential- und Stromlinien.

der Ψ-Fläche gilt:

$$\mathrm{d}\Psi = -v\,\mathrm{d}x + u\,\mathrm{d}y = 0\,, \qquad \left(\frac{\mathrm{d}y}{\mathrm{d}x}\right)_{\Psi=\mathrm{const}} = \frac{v}{u}. \tag{32}$$

Damit sind nach (3) die Kurven $\Psi = \mathrm{const}$ Stromlinien.
Für die Kurven $\Phi = \mathrm{const}$ folgt analog:

$$\mathrm{d}\Phi = u\,\mathrm{d}x + v\,\mathrm{d}y = 0\,, \qquad \left(\frac{\mathrm{d}y}{\mathrm{d}x}\right)_{\Phi=\mathrm{const}} = -\frac{u}{v}. \tag{33}$$

Die Kurven $\Phi = \mathrm{const}$ sind Potentiallinien, die mit den Stromlinien ein orthogonales Netz bilden, siehe Bild 8-11. Der auf die Tiefe bezogene Volumenstrom zwischen zwei Stromlinien folgt aus der Differenz der Stromfunktionswerte:

$$\dot{V} = \Psi_2 - \Psi_1 = \int_1^2 (u\,\mathrm{d}y - v\,\mathrm{d}x)\,. \tag{34}$$

Längs der Stromlinien gilt auch hier die Bernoulli-Gleichung (7). Aufgrund der Wirbelfreiheit sind Potentialströmungen isoenergetisch, so daß für alle Stromlinien die Bernoulli-Konstante gleich ist. Bei bekannten Anströmdaten wird das Druckfeld über das Geschwindigkeitsfeld ermittelt:

$$p_\infty + \frac{1}{2}\varrho w_\infty^2 = p + \frac{1}{2}\varrho(u^2 + v^2) = p_0\,. \tag{35}$$

Der normierte *Druckkoeffizient*

$$C_p = \frac{p - p_\infty}{\frac{1}{2}\varrho w_\infty^2} = 1 - \left(\frac{w}{w_\infty}\right)^2 \tag{36}$$

besitzt die ausgezeichneten Werte $C_{p\infty} = 0$ in der Anströmung und $C_{p0} = 1$ in den Staupunkten.

Lösungseigenschaften der Potentialgleichung (Laplace-Gleichung). Jede differenzierbare komplexe Funktion $\chi(z) = \Phi(x, y) + \mathrm{i}\Psi(x, y)$ ist eine Lösung der Potentialgleichung, wobei der Realteil dem Potential Φ und der Imaginärteil der Stromfunktion Ψ entspricht.
Eine wesentliche Eigenschaft der Potentialgleichung ist ihre Linearität. Damit lassen sich einzelne Teillösungen zu einer Gesamtlösung überlagern. Jede Stromlinie kann als Begrenzung des Stromfeldes oder als Körperkontur interpretiert werden. Als Randbedingung ist dann die wandparallele Strömung mit verschwindender Geschwindigkeit in Normalenrichtung erfüllt.

8.2.4 Anwendungen elementarer und zusammengesetzter Potentialströmungen

Beispiele von Potentialströmungen sind in der Tabelle 8-1 zusammengestellt. Durch geeignete Überlagerung lassen sich unterschiedliche Umströmungsaufgaben konstruieren. Zwei Fälle werden betrachtet.

Umströmung einer geschlossenen Körperkontur

Die Überlagerung einer Parallelströmung mit einer Quelle und einer Senke der Stärke Q bzw. $-Q$ ergibt die in Bild 8-12 dargestellte Strömungssituation. Die Quelle ist bei $x = -a$ angeordnet, so daß sich bei $x = -l$ ein Staupunkt bildet. Ebenso führt die Senke bei $x = a$ an der Stelle $x = l$ zu einem Staupunkt. Die durch die Staupunkte führende Stromlinie $\Psi = 0$ entspricht der

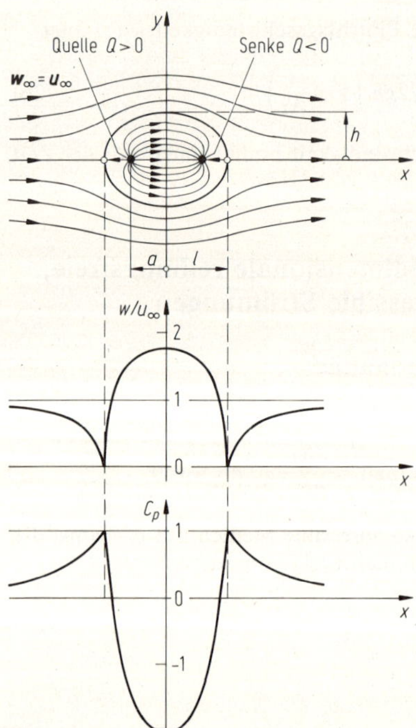

Bild 8-12. Umströmung einer geschlossenen Körperkontur.

Körperkontur mit der Länge $2l$ und der Dicke $2h$. Die Werte des normierten Druckkoeffizienten C_p und die Geschwindigkeit w/u_∞ auf der Körperkontur sowie auf der Staustromlinie sind in Bild 8-12 längs der x-Achse aufgezeichnet. Druck und Geschwindigkeit variieren entgegengesetzt. Aus der Stromfunktion

$$\Psi = u_\infty y - \frac{Q}{2\pi} \arctan \frac{2ay}{x^2 + y^2 - a^2} \tag{37}$$

resultieren in Abhängigkeit des dimensionslosen Parameters $Q/(2\pi u_\infty a)$ für die Geometrie und die Maximalgeschwindigkeit auf der y-Achse die Beziehungen [2]

$$\frac{h}{a} = \cot \frac{h/a}{Q/(\pi u_\infty a)}, \quad \frac{l}{a} = \left(1 + \frac{Q}{\pi u_\infty a}\right)^{1/2} \tag{38}$$

$$\frac{u(0, \pm h)}{u_\infty} = 1 + \frac{Q/(\pi u_\infty a)}{1 + h^2/a^2}. \tag{39}$$

Im folgenden sind Resultate für spezielle Werte von $Q/(2\pi u_\infty a)$ zusammengestellt.

$\frac{Q}{2\pi u_\infty a}$	$\frac{h}{a}$	$\frac{l}{a}$	$\frac{l}{h}$	$\frac{u(0, \pm h)}{u_\infty}$
0	0	1,0	∞	1,0
1,0	1,307	1,732	1,326	1,739
∞	∞	∞	1,0	2,0

Der Grenzfall $Q/(2\pi u_\infty a) \to 0$ entspricht der Parallelströmung um eine unendlich dünne Platte und im Grenzfall $Q/(2\pi u_\infty a) \to \infty$ geht der Körper in einen Kreiszylinder über.

Ist nun die Körperkontur vorgegeben, so läßt sich das Geschwindigkeits- und Druckfeld mit Singularitätenverfahren durch die kontinuierliche Anordnung von Quellen und Senken unterschiedlicher Stärke berechnen. Diese allgemeinen Verfahren und deren Anwendung sind in [1, 5, 6] beschrieben.

Zylinderumströmung mit Wirbel

In Bild 8-13 ist diese Strömung mit einem rechts im Uhrzeigersinn drehenden Wirbel der Zirkulation $\Gamma > 0$ dargestellt. Das Strömungsfeld ist bezüglich der x-Achse unsymmetrisch. Der Zylinder entspricht der Stromlinie mit dem Wert $\Psi = (\Gamma/2\pi) \cdot \ln R$. Die Staupunkte liegen für $\Gamma < 4\pi u_\infty R$ auf dem Zylinder und fallen für $\Gamma = 4\pi u_\infty R$ bei $x = 0$ und $y = -R$ zusammen, so daß für größere Werte Γ der gemeinsame Staupunkt auf der y-Achse im Strömungsfeld liegt. Aus der Geschwindigkeitsverteilung nach Tabelle 8-1 folgt die Druckverteilung auf dem Zylinder in normierter Form:

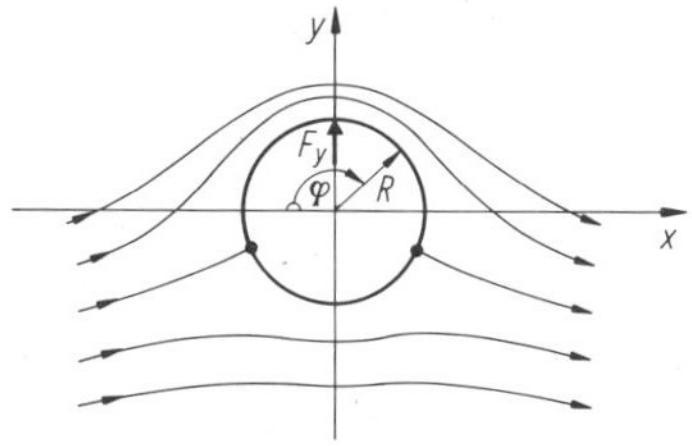

Bild 8-13. Zylinderumströmung mit Zirkulation.

$$C_p = \frac{p - p_\infty}{\frac{1}{2}\varrho w_\infty^2} = 1 - \left(\frac{w}{u_\infty}\right)^2 = 1 - \left(2|\sin\varphi| + \frac{\Gamma}{2\pi u_\infty R}\right)^2. \tag{40}$$

Aus dieser bezüglich der x-Achse unsymmetrischen Druckverteilung ergibt sich für einen Zylinder mit der Breite b folgende Kraft in y-Richtung:

$$F_y = -bR\int_0^{2\pi} (p - p_\infty) \sin\varphi \, d\varphi = \varrho u_\infty b\Gamma. \tag{41}$$

Dieses Ergebnis, wonach diese Auftriebskraft F_y direkt proportional der Zirkulation Γ ist, wird als Kutta-Joukowski-Formel für den Auftrieb bezeichnet. Durch eine entsprechende Rechnung folgt, daß eine Kraft in x-Richtung, die als Widerstand bezeichnet wird, nicht auftritt. Für Potentialströmungen gilt dieses als d'Alembertsches Paradoxon bezeichnete Ergebnis allgemein.

Eine experimentelle Realisierung dieser Potentialströmung ist näherungsweise durch die Anströmung eines rotierenden Zylinders gegeben. Die von der Strömung auf den Zylinder ausgeübten Kräfte werden in dimensionsloser Form durch den Auftriebsbeiwert c_A und den Widerstandsbeiwert c_W gekennzeichnet. In Bild 8-14 ist die Abhängig-

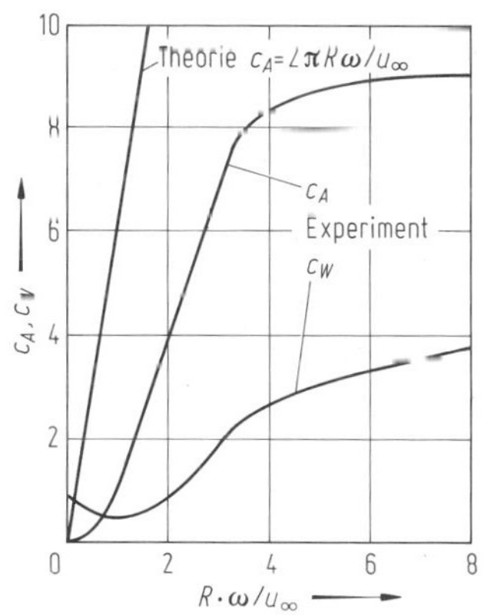

Bild 8-14. Auftrieb und Widerstand beim rotierenden Zylinder.

Tabelle 8-1. Elementare und überlagerte Potentialströmungen [1]

komplexes Potential $X(z)$	Potential $\varphi(x,y)$	Stromfunktion $\psi(x,y)$
$(u_\infty - \mathrm{i}v_\infty)\,z$ Parallelströmung	$u_\infty x + v_\infty y$	$u_\infty y - v_\infty x$
$\frac{Q}{2\pi}\ln z$ Quelle $Q>0$, Senke $Q<0$	$\frac{Q}{2\pi}\ln r = \frac{Q}{2\pi}\ln\sqrt{x^2+y^2}$	$\frac{Q}{2\pi}\varphi = \frac{Q}{2\pi}\arctan\frac{y}{x}$
$\frac{\Gamma}{2\pi}\mathrm{i}\ln z$ Wirbel, $\Gamma \gtrless 0$ rechtsdrehend / linksdrehend	$-\frac{\Gamma}{2\pi}\arctan\frac{y}{x}$	$\frac{\Gamma}{2\pi}\ln\sqrt{x^2+y^2}$
$\frac{m}{z}$ Dipol	$\frac{mx}{x^2+y^2}$	$-\frac{my}{x^2+y^2}$
$u_\infty z + \frac{Q}{2\pi}\ln z$ Parallelströmung + Quelle/Senke	$u_\infty x + \frac{Q}{2\pi}\ln r$	$u_\infty y + \frac{Q}{2\pi}\varphi$
$u_\infty\left(z + \frac{R^2}{z}\right)$ Parallelströmung + Dipol = Zylinderumströmung	$u_\infty x\left(1 + \frac{R^2}{x^2+y^2}\right)$	$u_\infty y\left(1 - \frac{R^2}{x^2+y^2}\right)$
$u_\infty\left(z + \frac{R^2}{z}\right) + \frac{\Gamma}{2\pi}\mathrm{i}\ln z$ Zylinderumströmung + Wirbel	$u_\infty x\left(1 + \frac{R^2}{x^2+y^2}\right) - \frac{\Gamma}{2\pi}\varphi$	$u_\infty y\left(1 - \frac{R^2}{x^2+y^2}\right) + \frac{\Gamma}{2\pi}\ln r$
Parallelströmung + Wirbel	$u_\infty x - \frac{\Gamma}{2\pi}\varphi$	$u_\infty y + \frac{\Gamma}{2\pi}\ln r$

Geschwindigkeit u	v	w	Stromlinien $\psi = \text{const}$
u_∞	v_∞	$w_\infty = \sqrt{u_\infty^2 + v_\infty^2}$	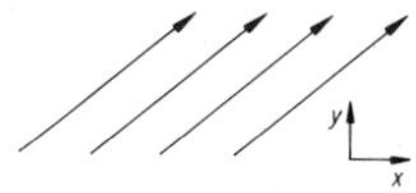
$\frac{Q}{2\pi} \cdot \frac{x}{x^2+y^2}$	$\frac{Q}{2\pi} \cdot \frac{y}{x^2+y^2}$	$\frac{Q}{2\pi r}$	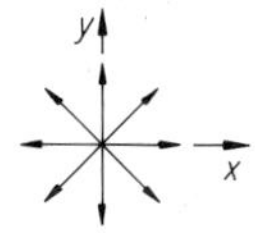
$\frac{\Gamma}{2\pi} \cdot \frac{y}{x^2+y^2}$	$-\frac{\Gamma}{2\pi} \cdot \frac{x}{x^2+y^2}$	$\frac{\Gamma}{2\pi r}$	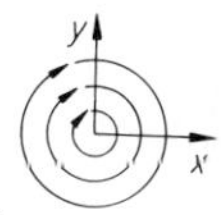
$m\frac{y^2-x^2}{(x^2+y^2)^2}$	$-m\frac{2xy}{(x^2+y^2)^2}$	$\frac{m}{r^2}$	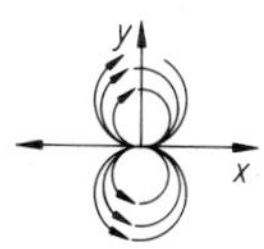
$u_\infty + \frac{Q}{2\pi} \cdot \frac{x}{x^2+y^2}$	$\frac{Q}{2\pi} \cdot \frac{y}{x^2+y^2}$		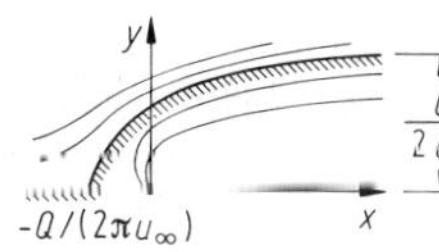
auf dem Zylinder: $2u_\infty \sin^2\varphi$	$-2u_\infty \sin\varphi \cos\varphi$	$2u_\infty \lvert\sin\varphi\rvert$	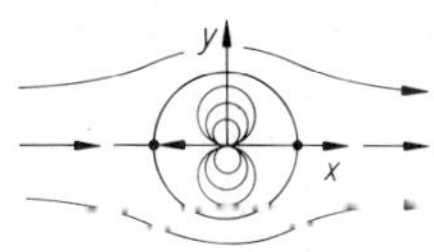
auf dem Zylinder: $2u_\infty \sin^2\varphi + \frac{\Gamma}{2\pi R}\sin\varphi$	$-2u_\infty \sin\varphi \cos\varphi - \frac{\Gamma}{2\pi R}\cos\varphi$	$2u_\infty \lvert\sin\varphi\rvert + \frac{\Gamma}{2\pi R}$	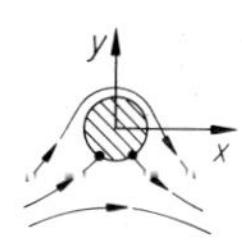
$u_\infty + \frac{\Gamma}{2\pi} \cdot \frac{y}{x^2+y^2}$	$-\frac{\Gamma}{2\pi} \cdot \frac{x}{x^2+y^2}$		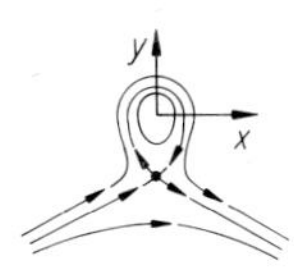

keit dieser Beiwerte vom Verhältnis aus Umfangsgeschwindigkeit $R\omega$ und Anströmgeschwindigkeit u_∞ aufgetragen. Mit dem Resultat (41) folgt mit der Bezugsfläche $A = 2Rb$ als theoretischer Auftriebsbeiwert

$$c_A = \frac{F_y}{\frac{1}{2}\varrho u_\infty^2 A} = \frac{\varrho u_\infty b\Gamma}{\frac{1}{2}\varrho u_\infty^2 2Rb} = \frac{\Gamma}{u_\infty R} = 2\pi \frac{R\omega}{u_\infty}. \tag{42}$$

Die in 8-14 dargestellten Werte wurden im Experiment mit einem Zylinder endlicher Breite $L/D = 12$ ermittelt [7]. Die Ursache für die Abweichung liegt im wesentlichen an der Randbedingung am Zylinder. Die Umfangsgeschwindigkeit ist konstant, während bei der Potentialströmung eine vom Umfangswinkel φ abhängige Geschwindigkeit vorliegt. Deshalb tritt im Experiment auch eine Kraft in x-Richtung auf, die durch den Widerstandsbeiwert

$$c_W = \frac{F_x}{\frac{1}{2}\varrho u_\infty^2 A} = \frac{F_x}{\varrho u_\infty^2 bR} \tag{43}$$

charakterisiert wird. Das experimentelle Ergebnis ist in Bild 8-14 ebenfalls eingetragen.

8.2.5 Stationäre räumliche Potentialströmungen

Bei räumlichen Potentialströmungen sind die rotationssymmetrischen Stromfelder besonders ausgezeichnet. Beispiele sind in dem umfassenden Werk [8] enthalten.

8.3 Reibungsbehaftete inkompressible Strömungen

8.3.1 Grundgleichungen für Masse, Impuls und Energie

Die Massenerhaltung (27) gilt unabhängig vom Reibungseinfluß. Bei einer allgemeinen Kräftebilanz am Volumenelement treten durch die Reibung Zusatzspannungen auf. Bei newtonschen Medien besteht zwischen diesen Spannungen und den Deformationsgeschwindigkeiten ein linearer Zusammenhang. Die dynamische Viskosität $\eta = \varrho\nu$ ist der Proportionalitätsfaktor und charakterisiert als Fluideigenschaft den Reibungseinfluß des Strömungsmediums. Die thermischen Eigenschaften des Mediums sind durch die Temperaturleitzahl $k = \lambda/(\varrho \cdot c_p)$ gegeben, wobei λ die Wärmeleitfähigkeit und c_p die spezifische Wärmekapazität ist. Für inkompressible Strömungen mit $\varrho = \text{const}$ und konstanten Stoffwerten η und k lauten die Erhaltungsgleichungen für Masse, Impuls und thermische Energie [9]

$$\operatorname{div} \boldsymbol{w} = 0 \tag{44}$$

$$\frac{\partial \boldsymbol{w}}{\partial t} + \boldsymbol{w} \cdot \operatorname{grad} \boldsymbol{w} = \boldsymbol{f} - \frac{1}{\varrho} \operatorname{grad} p + \nu \cdot \Delta \boldsymbol{w} \tag{45}$$

$$\frac{\partial e}{\partial t} + \boldsymbol{w} \cdot \operatorname{grad} e = -\frac{1}{\varrho} \operatorname{div} \boldsymbol{q} + \nu \Phi_v . \tag{46}$$

Äußere Kraftfelder sind durch die spezifische Massenkraft $\boldsymbol{f}$ charakterisiert. Die Energie ist durch $e = c_p T$ und der Wärmestrom durch $\boldsymbol{q} = -\lambda \operatorname{grad} T$ gegeben [10].
In kartesischen Koordinaten lauten damit diese Bilanzgleichungen

$$\frac{\partial u}{\partial x} + \frac{\partial v}{\partial y} + \frac{\partial w}{\partial z} = 0, \tag{47}$$

$$\frac{\partial u}{\partial t} + u\frac{\partial u}{\partial x} + v\frac{\partial u}{\partial y} + w\frac{\partial u}{\partial z} = f_x - \frac{1}{\varrho}\cdot\frac{\partial p}{\partial x} + \nu\left(\frac{\partial^2 u}{\partial x^2} + \frac{\partial^2 u}{\partial y^2} + \frac{\partial^2 u}{\partial z^2}\right), \tag{48}$$

$$\frac{\partial v}{\partial t} + u\frac{\partial v}{\partial x} + v\frac{\partial v}{\partial y} + w\frac{\partial v}{\partial z} = f_y - \frac{1}{\varrho}\cdot\frac{\partial p}{\partial y} + \nu\left(\frac{\partial^2 v}{\partial x^2} + \frac{\partial^2 v}{\partial y^2} + \frac{\partial^2 v}{\partial z^2}\right), \tag{49}$$

$$\frac{\partial w}{\partial t} + u\frac{\partial w}{\partial x} + v\frac{\partial w}{\partial y} + w\frac{\partial w}{\partial z} = f_z - \frac{1}{\varrho}\cdot\frac{\partial p}{\partial z} + \nu\left(\frac{\partial^2 w}{\partial x^2} + \frac{\partial^2 w}{\partial y^2} + \frac{\partial^2 w}{\partial z^2}\right), \tag{50}$$

$$\frac{\partial T}{\partial t} + u\frac{\partial T}{\partial x} + v\frac{\partial T}{\partial y} + w\frac{\partial T}{\partial z} = k\left(\frac{\partial^2 T}{\partial x^2} + \frac{\partial^2 T}{\partial y^2} + \frac{\partial^2 T}{\partial z^2}\right) + \frac{\nu}{c_p}\Phi_v \tag{51}$$

mit der Dissipationsfunktion

$$\Phi_v = 2\left[\left(\frac{\partial u}{\partial x}\right)^2 + \left(\frac{\partial v}{\partial y}\right)^2 + \left(\frac{\partial w}{\partial z}\right)^2\right] + \left(\frac{\partial v}{\partial x} + \frac{\partial u}{\partial y}\right)^2 + \left(\frac{\partial w}{\partial y} + \frac{\partial v}{\partial z}\right)^2 + \left(\frac{\partial u}{\partial z} + \frac{\partial w}{\partial x}\right)^2. \tag{52}$$

Diese 5 nichtlinearen partiellen Differentialgleichungen genügen zur Bestimmung von $\boldsymbol{w} = (u, v, w)$, p und T. Bei den hier betrachteten inkompressiblen Strömungen ist das Stromfeld vom Temperaturfeld entkoppelt. In der Energiegleichung zeigt sich der Einfluß der Reibung durch die Dissipation Φ_v.

8.3.2 Kennzahlen

Werden nun diese Gleichungen im Schwerefeld mit charakteristischen Größen des Strömungsfeldes, der Geschwindigkeit w, der Zeit t, der Länge l

und dem Druck p normiert, dann lassen sich folgende Kennzahlen bilden:

$$Eu = \frac{p}{\varrho w^2} \quad \text{Euler-Zahl (Druck- durch Trägheitskraft)} \tag{53}$$

$$Fr = \frac{w^2}{lg} \quad \text{Froude-Zahl (Trägheits- durch Schwerkraft)} \tag{54}$$

$$Sr = \frac{l}{tw} \quad \text{Strouhal-Zahl (lokale durch konvektive Beschleunigung)} \tag{55}$$

$$Re = \frac{wl}{\nu} \quad \text{Reynolds-Zahl (Trägheits- durch Reibungskraft).} \tag{56}$$

Aus der Energiegleichung folgen mit $T_2 - T_1$ als charakteristischer Temperaturdifferenz die Kennzahlen:

$$Fo = \frac{l^2}{kt} \quad \text{Fourier-Zahl (Instationäre Wärmeleitung)} \tag{57}$$

$$Pe = \frac{wl}{k} \quad \text{Péclet-Zahl (Konvektiver Wärmetransport)} \tag{58}$$

$$Ec = \frac{w^2}{c_p(T_2 - T_1)} \quad \text{Eckert-Zahl (kinetische Energie durch Enthalpie).} \tag{59}$$

Aus Kombinationen lassen sich nun weitere Kennzahlen ableiten. Aus dem Quotienten von Péclet-Zahl und Reynolds-Zahl folgt die Prandtl-Zahl

$$Pr = \frac{\nu}{k} \tag{60}$$

als Verhältnis der molekularen Transportkoeffizienten für Impuls und Wärme.
Der Auftriebsbeiwert (42) und der Widerstandsbeiwert (43) bei Umströmungsproblemen sind ebenfalls dimensionslose Größen. Die Kennzahlen bilden die Grundlage der Ähnlichkeitsgesetze und Modellregeln der Strömungsmechanik. In der Regel wird man sich auf die jeweils dominierenden Kennzahlen beschränken. Grundlagen und Anwendungen sind in [11] ausführlich dargestellt.

8.3.3 Lösungseigenschaften der Navier-Stokesschen Gleichungen

Zu den Navier-Stokesschen Gleichungen (47) bis (50) kommen die aus der Problemstellung resultierenden Anfangs- und Randbedingungen hinzu. Analytische Lösungen lassen sich nur unter bestimmten Voraussetzungen angeben. Der entscheidende Parameter ist dabei die Reynolds-Zahl (56). Ist die Stromlinienform von der Reynolds-Zahl unabhängig, lassen sich oft analytische Lösungen angeben. Damit sind alle Potentialströmungen Lösungen der Navier-Stokesschen Gleichungen, wobei allerdings die entsprechenden Geschwindigkeitsverteilungen auf den Rändern zu erfüllen sind. Ähnlichkeitslösungen lassen sich dann finden, wenn keine ausgezeichnete Länge im Strömungsfeld auftritt. Durch Approximationen können diese Gleichungen weiter vereinfacht werden. Im Grenzfall sehr kleiner Reynolds-Zahlen $Re < 1$ können die Trägheitskräfte gegenüber den Reibungskräften vernachlässigt werden. Diese Strömungen werden als Stokessche Schichtenströmungen bezeichnet. Bei sehr großen Reynolds-Zahlen $Re \gg 1$ spielt die Reibung im Bereich fester Wände die entscheidende Rolle und die Strömungen werden als Grenzschichtströmungen bezeichnet [12].

8.3.4 Spezielle Lösungen für laminare Strömungen

Kartesische Koordinaten

Für eine stationäre, eindimensionale, ebene und ausgebildete Spaltströmung ohne äußeres Kraftfeld mit $u = u(y)$, $v = w = 0$, $p = p(x)$ folgt aus den Navier-Stokesschen Gleichungen

$$\frac{d^2u}{dy^2} = \frac{1}{\eta} \cdot \frac{dp}{dx}. \tag{61}$$

Die allgemeine Lösung dieser Gleichung lautet

$$u(y) = \frac{1}{\eta} \cdot \frac{dp}{dx} y^2 + C_1 y + C_2. \tag{62}$$

Couette-Strömung. Mit den Randbedingungen $u(0) = 0$, $u(h) = U$ und $p = \text{const}$ folgt die lineare Geschwindigkeitsverteilung in Bild 8-15a zu

$$\frac{u(y)}{U} = \frac{y}{h}. \tag{63}$$

Aus der Energiegleichung (51) folgt die Lösung für die Temperaturverteilung

$$T(y) = -\frac{\eta}{k\varrho c_p} \cdot \frac{U^2}{h^2} \cdot \frac{y^2}{2} + C_1 y + C_2. \tag{64}$$

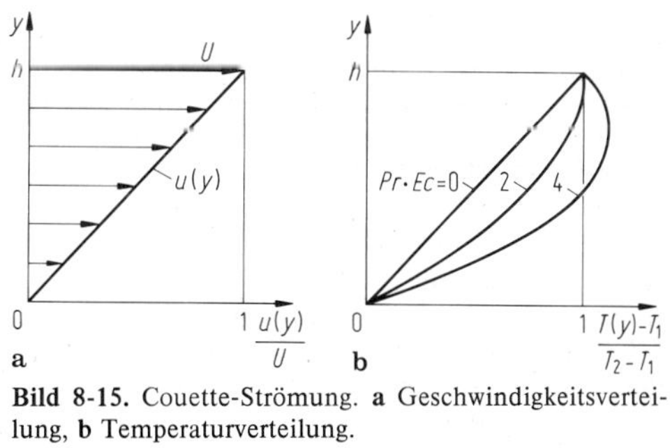

Bild 8-15. Couette-Strömung. **a** Geschwindigkeitsverteilung, **b** Temperaturverteilung.

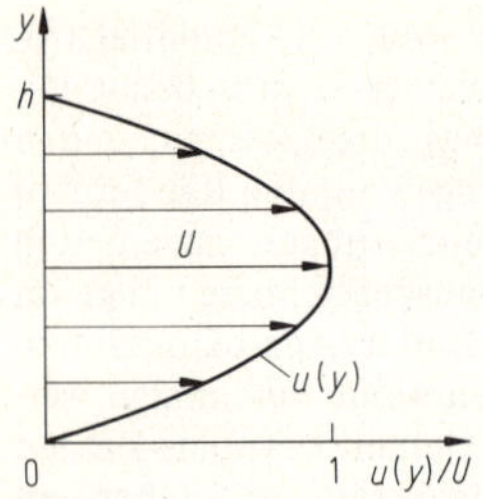

Bild 8-16. Poiseuille-Strömung, Geschwindigkeitsverteilung.

Mit den Randbedingungen $T(0) = T_1$, $T(h) = T_2$ resultiert die Temperaturverteilung

$$\frac{T(y)-T_1}{T_2-T_1} = \frac{y}{h} + \frac{\nu U^2}{kc_p(T_2-T_1)} \cdot \frac{y}{2h}\left(1-\frac{y}{h}\right)$$
$$= \frac{y}{h} + Pr \cdot Ec \cdot \frac{y}{2h}\left(1-\frac{y}{h}\right). \tag{65}$$

Bild 8-15b zeigt Temperaturverteilungen für verschiedene Werte $Pr \cdot Ec$ [12].

Poiseuille-Strömung. Mit den Randbedingungen $u(0) = 0$, $u(h) = 0$ und dem Druckverlauf $\mathrm{d}p/\mathrm{d}x = -\Delta p/l$ folgt die Geschwindigkeitsverteilung in Bild 8-16 zu

$$\frac{u(y)}{U} = \frac{-1}{\eta} \cdot \frac{\Delta p}{l} \cdot \frac{1}{U} \cdot \frac{h^2}{2}\left(\frac{y^2}{h^2} - \frac{y}{h}\right)$$
$$= 4\frac{y}{h}\left(1-\frac{y}{h}\right). \tag{66}$$

U ist die Geschwindigkeit in Spaltmitte bei $y = h/2$. Der Volumenstrom $\dot{V}$ ist für einen Kanal mit der Breite b

$$\dot{V} = b\int_0^h u(y)\,\mathrm{d}y = \frac{2}{3} bhU = bhu_\mathrm{m}, \tag{67}$$

mit $u_\mathrm{m} = (2/3)\,U$ als mittlerer Geschwindigkeit. Der Druckabfall Δp ist bei einem Kanal der Länge l und der Reynolds-Zahl $Re = u_\mathrm{m}h/\nu$:

$$\Delta p = \frac{\varrho}{2} u_\mathrm{m}^2 \frac{l}{h} \cdot \frac{24}{Re}. \tag{68}$$

Die Geschwindigkeitsverteilungen der Couette- und Poiseuille-Strömung lassen sich direkt superponieren, da die zugrunde liegende Bewegungsgleichung (61) linear ist.

Stokessches Problem. Für eine plötzlich bewegte, in der x-Ebene unendlich ausgedehnte Platte läßt sich eine zeitabhängige Ähnlichkeitslösung angeben. Mit den Voraussetzungen $u = u(y, t)$, $v = w = 0$ und damit $p = \text{const}$ sowie den Anfangs-

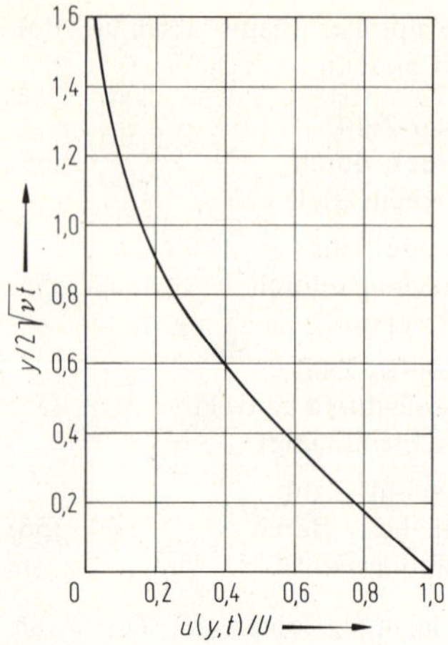

Bild 8-17. Stokessches Problem, Geschwindigkeitsverteilung.

und Randbedingungen

$$t \leqq 0:\ u(y, t) = 0$$
$$t > 0:\ u(0, t) = U, \quad u(\infty, t) = 0$$

lautet die Lösung:

$$\frac{u(y,t)}{U} = 1 - \frac{1}{\sqrt{\pi}} \int_0^{y/\sqrt{\nu t}} \exp\left(-\frac{1}{4}\xi^2\right) \mathrm{d}\xi$$
$$= 1 - \operatorname{erf}\left(\frac{y}{2\sqrt{\nu t}}\right). \tag{69}$$

In Bild 8-17 ist diese Geschwindigkeitsverteilung dargestellt. Die Dicke der mitgenommenen Schicht bis $u/U = 0{,}01$ ist $y = \delta \approx 4\sqrt{\nu t}$, sie wächst mit der Wurzel aus der Zeit.

Zylinderkoordinaten

Wir legen die Navier-Stokesschen Gleichungen mit den Geschwindigkeitskomponenten u, v, w in r-, φ- und z-Richtung zugrunde [9].

Rohrströmung. Für die eindimensionale Strömung folgt mit $w(r)$, $u = v = 0$ und $\mathrm{d}p/\mathrm{d}z = -\Delta p/l = \text{const}$ die Geschwindigkeitsverteilung

$$w(r) = \frac{\Delta p}{l} \cdot \frac{R^2}{4\eta}\left(1 - \frac{r^2}{R^2}\right)$$
$$= W\left(1 - \frac{r^2}{R^2}\right). \tag{70}$$

Für den Volumenstrom $\dot{V}$ folgt damit

$$\dot{V} = 2\pi\int_0^R w(r)\,\mathrm{d}r = \frac{\pi}{8} \cdot \frac{\Delta p}{l} \cdot \frac{R^4}{\eta}$$
$$= \pi R^2 w_\mathrm{m}, \tag{71}$$

wobei die mittlere Geschwindigkeit $w_m = (1/2)\,W$ der halben Maximalgeschwindigkeit entspricht. Der Druckabfall Δp ist

$$\Delta p = \frac{8\eta l w_m}{R^2} = \frac{\varrho}{2} w_m^2 \frac{l}{2R} \lambda$$

mit (72)

$$\lambda = \frac{64}{Re}, \quad Re = \frac{w_m D}{\nu}.$$

Aus (70) folgt für die Schubspannungsverteilung

$$\tau(r) = -\eta \frac{\mathrm{d}w}{\mathrm{d}r} = 2\frac{W}{R^2} r. \tag{73}$$

In Bild 8-18 ist die Verteilung der Geschwindigkeit $w(r)$ und der Schubspannung $\tau(r)$ dargestellt.

Strömung zwischen zwei rotierenden Zylindern. Für die rotationssymmetrische Zylinderspaltströmung mit $v(r)$, $u = w = 0$, $p(r)$ folgt die allgemeine Lösung für die Geschwindigkeitsverteilung in Umfangsrichtung:

$$v(r) = Ar + \frac{B}{r}. \tag{74}$$

Mit den Randbedingungen $v(R_1) = \omega_1 R_1$ und $v(R_2) = \omega_2 R_2$ ergeben sich die Konstanten A und B zu

$$A = \frac{\omega_2 R_2^2 - \omega_1 R_1^2}{R_2^2 - R_1^2}, \quad B = \frac{R_1^2 R_2^2(\omega_1 - \omega_2)}{R_2^2 - R_1^2}.$$

Die Schubspannungsverteilung ist dabei

$$\tau(r) = -\eta\left(\frac{\mathrm{d}v}{\mathrm{d}r} - \frac{v}{r}\right) = \eta\frac{2B}{r^2}. \tag{75}$$

Die Verteilung der Geschwindigkeit und der Schubspannung im Spalt ist in Bild 8-19 bei gegebenen Randbedingungen dargestellt.
In radialer Richtung gilt die Beziehung $\mathrm{d}p/\mathrm{d}r = \varrho \cdot v^2/r$, aus der durch Integration die

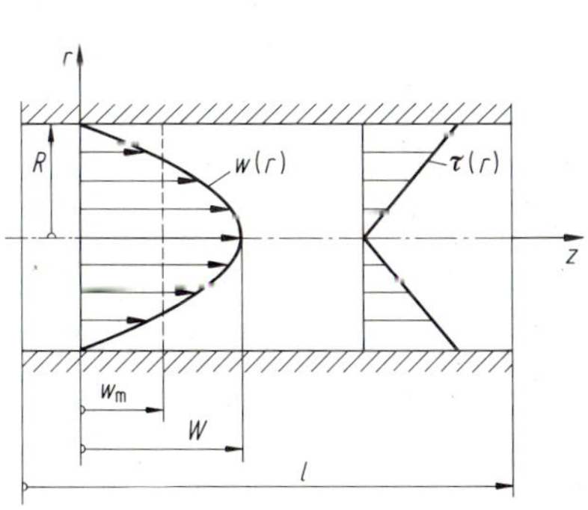

Bild 8-18. Rohrströmung, Verteilung der Geschwindigkeit und Schubspannung.

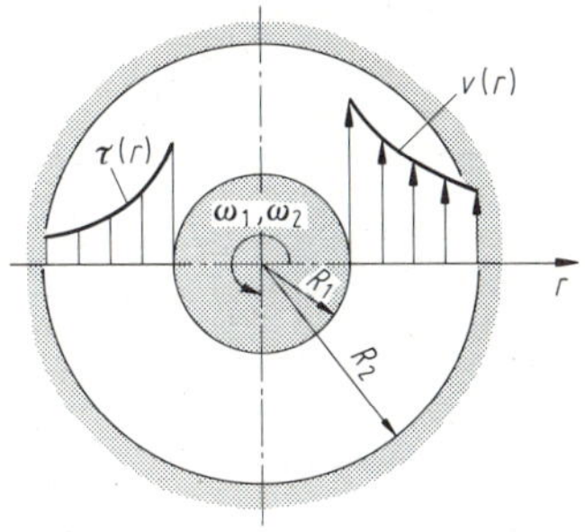

Bild 8-19. Zylinderspaltströmung, Geschwindigkeits- und Schubspannungsverteilung.

Druckverteilung $p(r)$ folgt:

$$p(r) = p(R_1) + \varrho\left[\frac{A^2}{2}(r^2 - R_1^2) + 2AB\ln\frac{r}{R_1} + \frac{B^2}{2}\left(\frac{1}{R_1^2} - \frac{1}{r^2}\right)\right]. \tag{76}$$

Für das längenbezogene Drehmoment am inneren Zylinder gilt:

$$M_1 = 4\pi\eta B. \tag{77}$$

Das am äußeren Zylinder angreifende Drehmoment ist gleich groß und wirkt in der entgegengesetzten Richtung.
Als Grenzfälle ergeben sich aus (74) für $R_2 \to \infty$, $v(r \to \infty) = 0$ der Potentialwirbel mit $v(r) = B/r$ und für $R_1 \to 0$ folgt die Starrkörperrotation mit $v(r) = Ar$.

Kugelkoordinaten

Die folgenden Lösungen gelten nur für den Grenzfall kleiner Reynolds-Zahlen $Re < 1$.

Stokessche Kugelumströmung. Für die translatorische Bewegung einer festen Kugel durch ein viskoses Medium mit der Geschwindigkeit U ergibt sich aus dem Geschwindigkeits- und Druckfeld die Widerstandskraft [12]

$$F_W = 6\pi\eta R U. \tag{78}$$

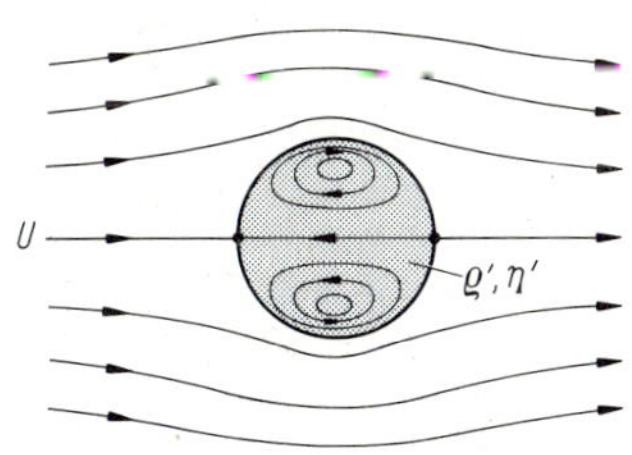

Bild 8-20. Stromfeld einer umströmten Fluidkugel.

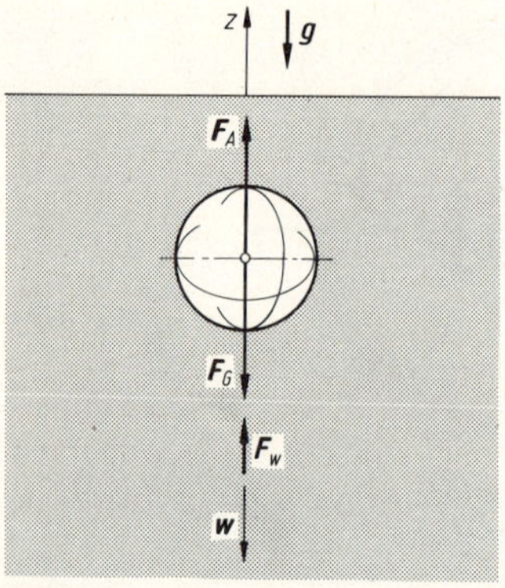

Bild 8-21. Fallende Kugel im Schwerefeld.

Für die Umströmung einer Fluidkugel nach Bild 8-20 mit der Dichte ϱ' und der Viskosität η' gilt nach [13] die erweiterte Beziehung für die Widerstandskraft:

$$F_W = 6\pi\eta R U \frac{2\eta + 3\eta'}{3\eta + 3\eta'}. \tag{79}$$

Beispiel: Fallgeschwindigkeit einer Kugel. Im Schwerefeld stehen nach Bild 8-21 Auftriebskraft, Gewichtskraft und Widerstandskraft bei einer stationären Bewegung im Gleichgewicht: $F_A - F_G + F_W = 0$. Mit $F_A = (4/3)\pi R^3 \varrho g$, $F_G = (4/3)\pi R^3 \varrho' g$ und $F_W = 6\pi\eta R w$ nach (78) folgt die Fallgeschwindigkeit $w = (2/9)(\varrho' - \varrho)R^2 g/\eta$. Sind die Dichten ϱ' der Kugel und ϱ der Flüssigkeit bekannt, so läßt sich über die Messung dieser Fallgeschwindigkeit w die Viskosität η ermitteln.

Beispiel: Steiggeschwindigkeit einer Gasblase. Unter der Voraussetzung $\varrho' \ll \varrho$ und $\eta' \ll \eta$ folgt über das Gleichgewicht zwischen Auftriebskraft F_A und Widerstandskraft F_W nach (79) die Steiggeschwindigkeit $w = (1/3)gR^2/\nu$.

8.3.5 Turbulente Strömungen

Mit wachsender Reynolds-Zahl gehen die wohlgeordneten laminaren Schichtenströmungen in irreguläre turbulente Strömungen über. Dem molekularen Impulsaustausch überlagert sich ein zusätzlicher Transportprozess durch die makroskopische Turbulenzbewegung. Bei der Rohrströmung in Bild 8-18 vollzieht sich dieser Umschlag für Reynolds-Zahlen $Re \geqq 2320$. Die Beschreibung turbulenter Strömungen geschieht nach Reynolds mit der Zerlegung der instationären Geschwindigkeitskomponenten, z. B. $u(x, y, z, t)$ in einen zeitlichen Mittelwert $\bar{u}(x, y, z)$ und eine Schwankungsgröße $u'(x, y, z, t)$ nach Bild 8-22:

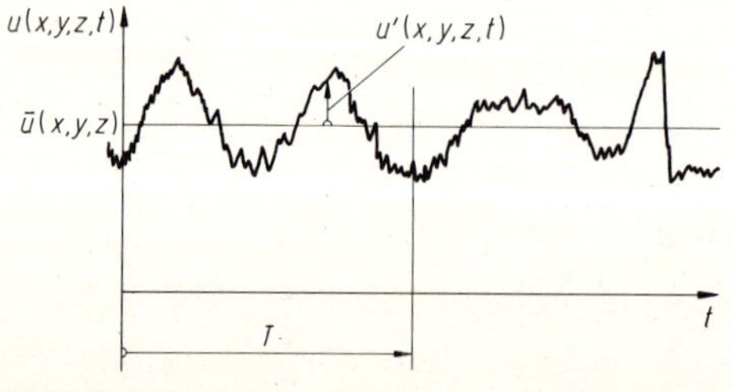

Bild 8-22. Turbulente Strömung, zeitabhängiger Geschwindigkeitsverlauf.

$$u(x, y, z, t) = \bar{u}(x, y, z) + u'(x, y, z, t). \tag{80}$$

Der zeitliche Mittelwert am festen Ort ist definiert durch

$$\bar{u}(x, y, z) = \frac{1}{T}\int_0^T u(x, y, z, t)\,\mathrm{d}t, \tag{81}$$

Dabei ist T so groß gewählt, daß die Zeitabhängigkeit für $\bar{u}$ entfällt. Damit sind die zeitlichen Mittelwerte der Schwankungsgeschwindigkeiten Null.

$$\overline{u'} = \overline{v'} = \overline{w'} = 0.$$

Die Intensität der Turbulenz wird durch den Turbulenzgrad Tu charakterisiert.

$$Tu = \frac{\sqrt{\frac{1}{3}\left(\overline{u'^2} + \overline{v'^2} + \overline{w'^2}\right)}}{\sqrt{\bar{u}^2 + \bar{v}^2 + \bar{w}^2}}. \tag{82}$$

Das Einsetzen von (80) in die Navier-Stokesschen Gleichungen führt zu den Reynoldsschen Gleichungen. Die Kontinuitätsgleichung ist auch für die Mittelwerte gültig:

$$\frac{\partial \bar{u}}{\partial x} + \frac{\partial \bar{v}}{\partial y} + \frac{\partial \bar{w}}{\partial z} = 0. \tag{83}$$

Die Impulsbilanz liefert in x-Richtung ohne Massenkraft f_x nach [14]:

$$\begin{aligned}\varrho \frac{\mathrm{d}\bar{u}}{\mathrm{d}t} = &-\frac{\partial \bar{p}}{\partial x} + \frac{\partial}{\partial x}\left(\eta \frac{\partial \bar{u}}{\partial x} - \varrho \overline{u'^2}\right) \\ &+ \frac{\partial}{\partial y}\left(\eta \frac{\partial \bar{u}}{\partial y} - \varrho \overline{u'v'}\right) \\ &+ \frac{\partial}{\partial z}\left(\eta \frac{\partial \bar{u}}{\partial z} - \varrho \overline{u'w'}\right).\end{aligned} \tag{84}$$

Die Schwankungsgrößen führen dabei zu den turbulenten Scheinspannungen

$$-\varrho \overline{u'^2}, \quad -\varrho \overline{u'v'}, \quad -\varrho \overline{u'w'}. \tag{85}$$

Die allgemeine Betrachtung ergibt den Reynoldsschen Spannungstensor. Diese Größen werden über Turbulenzmodelle und Transportgleichungen für die Turbulenzbewegung ermittelt [15].

Als einfaches Turbulenzmodell gilt der Prandtlsche Mischungswegansatz. Das Konzept ist in Bild 8-23 für eine turbulente Hauptströmung in

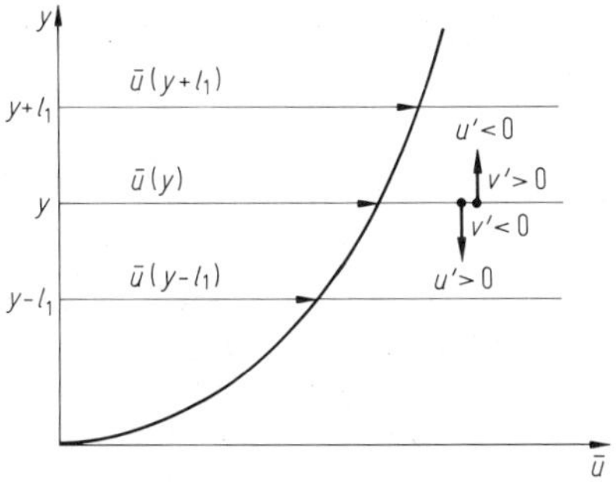

Bild 8-23. Mischungswegkonzept nach Prandtl.

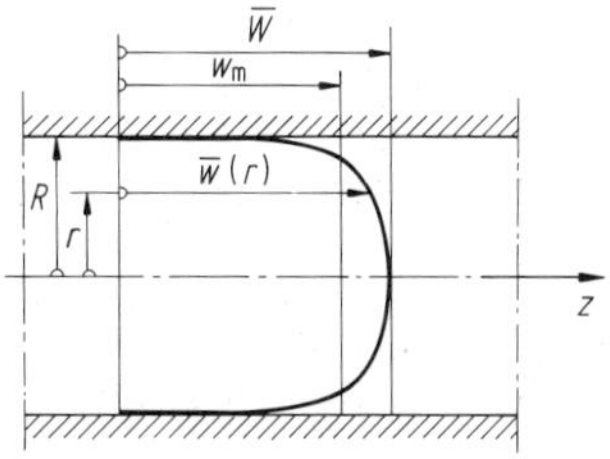

Bild 8-25. Geschwindigkeitsverteilung in turbulenter Rohrströmung.

x-Richtung dargestellt. In positiver y-Richtung erfährt ein Fluidelement bei einem Mischungsweg l_1 eine Schwankungsgeschwindigkeit $u' = -l_1 \cdot \mathrm{d}\bar{u}/\mathrm{d}y$. Aus Kontinuitätsgründen gilt $v' = l_2 \cdot \mathrm{d}\bar{u}/\mathrm{d}y$. Für die Bewegung in negativer y-Richtung gilt ein analoges Verhalten. Die Reynoldssche scheinbare Schubspannung folgt damit zu

$$\bar{\tau} = -\varrho \overline{u'v'} = \varrho \overline{l_1 l_2} \left(\frac{\mathrm{d}\bar{u}}{\mathrm{d}y}\right)^2 = \varrho l^2 \left(\frac{\mathrm{d}\bar{u}}{\mathrm{d}y}\right)^2. \qquad (86)$$

Für die gesamte Schubspannung gilt

$$\bar{\tau}_{\mathrm{ges}} = \eta \frac{\mathrm{d}\bar{u}}{\mathrm{d}y} + \varrho l^2 \left(\frac{\mathrm{d}\bar{u}}{\mathrm{d}y}\right)^2. \qquad (87)$$

Die Integration von (87) führt zur Geschwindigkeitsverteilung turbulenter Strömungen in der Nähe fester Wände.

Mit der Wandschubspannungsgeschwindigkeit $u_\tau = \sqrt{\bar{\tau}_{\mathrm{w}}/\varrho}$ folgt für die viskose Unterschicht mit $l \to 0$

$$\frac{\bar{u}(y)}{u_\tau} = \frac{y u_\tau}{\nu} = y^+, \quad y^+ < 5. \qquad (88)$$

Außerhalb dieser Schicht dominiert der Anteil (86). Mit der Annahme von Prandtl, daß $\bar{\tau}_{\mathrm{ges}} = \bar{\tau}_{\mathrm{W}}$ = const und $l = \varkappa y$ mit $\varkappa$ = const ist, erhält man durch Integration

$$\frac{\bar{u}(y)}{u_\tau} = \frac{1}{\varkappa} \ln y^+ + C. \qquad (89)$$

Aus dem Experiment folgen für die Konstanten die sog. universellen Werte $\varkappa = 0{,}4$ und $C = 5{,}5$. Diese Gesetzmäßigkeit gilt für $y^+ > 30$ außerhalb der viskosen Unterschicht und einem Übergangsbereich. In Bild 8-24 ist die Geschwindigkeitsverteilung in halblogarithmischer Darstellung über dem Wandabstand aufgetragen. Bei sehr großen Wandabständen $y^+ > 10^3$ schließt sich die freie Turbulenz an.

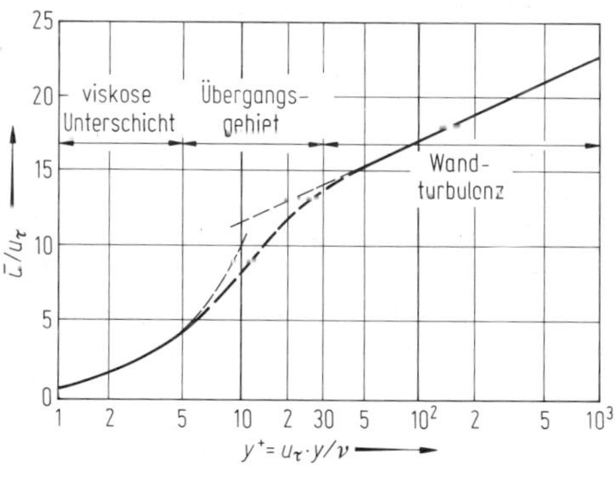

Bild 8-24. Geschwindigkeitsverteilung nahe fester Wände.

Turbulente Rohrströmung. Mit zunehmender Reynolds-Zahl $Re = w_{\mathrm{m}} D/\nu > 2\,320$ wird die Verteilung der zeitlich gemittelten Geschwindigkeit $\bar{w}(r)$ rechteckförmiger (Bild 8-25). Folgender Potenzansatz hat sich zur Beschreibung bewährt:

$$\frac{w(r)}{\bar{W}} = \left(1 - \frac{r}{R}\right)^{1/n} \quad \text{mit} \quad n = 7. \qquad (90)$$

Bei diesem Gesetz ist die Wandschubspannung vom Rohrradius unabhängig. Die turbulente Strömung ist durch die lokalen Eigenschaften des Stromfeldes bestimmt. Zwischen der über den Rohrquerschnitt gemittelten Geschwindigkeit $\bar{w}_{\mathrm{m}}$ und der maximalen Geschwindigkeit $\bar{w}$ gilt der Zusammenhang $\bar{w}_{\mathrm{m}} = 0{,}816\,\bar{W}$. Der Gültigkeitsbereich von (90) wird für $Re > 10^5$ verlassen, da n im Exponenten mit wachsender Reynolds-Zahl zunimmt.

8.3.6 Grenzschichttheorie

Bei sehr großen Reynolds-Zahlen, $Re = u_\infty l/\nu \gg 1$, ist der Reibungseinfluß in der Grenzschicht dominant. Aufgrund der Haftbedingung an der Körperoberfläche erfolgt der Geschwindigkeitsanstieg von Null auf den Wert der Außenströmung in dieser Grenzschicht der Dicke δ. Für eine stationäre ebene Strömung ohne Massenkraft folgen aus der Kontinuitätsgleichung und den Navier-Stokesschen Gleichungen für $\delta \ll l$ die Prandtlschen

Grenzschichtgleichungen [12]:

$$\frac{\partial u}{\partial x}+\frac{\partial v}{\partial y}=0\,, \tag{91}$$

$$u\frac{\partial u}{\partial x}+v\frac{\partial u}{\partial y}=-\frac{1}{\varrho}\cdot\frac{\mathrm{d}p}{\mathrm{d}x}+\nu\frac{\partial^2 u}{\partial y^2}\,. \tag{92}$$

Der Druck $p(x)$ in der Grenzschicht wird durch die Außenströmung aufgeprägt. Über die Bernoulli-Gleichung folgt der Zusammenhang mit der Geschwindigkeit U der Außenströmung zu

$$-\frac{1}{\varrho}\cdot\frac{\mathrm{d}p}{\mathrm{d}x}=U\frac{\mathrm{d}U}{\mathrm{d}x}\,.$$

Impulssatz der Grenzschichttheorie

Die integrale Erfüllung der Grenzschichtgleichungen im Bereich $0 \leqq y \leqq \delta$ führt zu dem Impulssatz

$$\frac{\mathrm{d}}{\mathrm{d}x}(U^2\delta_2)+\delta_1 U\frac{\mathrm{d}U}{\mathrm{d}x}=\frac{\tau_w}{\varrho}\,.$$

Dabei ist $\delta_1=\int\limits_0^\infty (1-u/U)\,\mathrm{d}y$ die Verdrängungsdicke, $\delta_2=\int\limits_0^\infty u/U\,(1-u/U)\,\mathrm{d}y$ die Impulsverlustdicke und τ_w die Wandschubspannung. Analog dazu läßt sich ein Energiesatz für die Grenzschicht herleiten. Der Impulssatz bildet die Grundlage von Näherungsverfahren zur Berechnung von Grenzschichten [16].

Reibungswiderstand der Plattengrenzschicht

Bei der Umströmung einer ebenen Platte ist der Druck $p=\text{const}$ und damit ohne Einfluß. Es stellt sich bei laminarer Strömung die in Bild 8-26 dargestellte Grenzschicht ein. Aus der analytischen Lösung der Gleichungen (91), (92) folgt für die Platte der Länge l die Grenzschichtdicke mit $Re=u_\infty l/\nu$:

$$\frac{\delta}{l}=\frac{3{,}46}{\sqrt{Re}}\,. \tag{93}$$

Der *lokale Reibungsbeiwert* c_f ist mit $Re_x=u_\infty x/\nu$

$$c_f=\frac{\tau_w}{\frac{1}{2}\varrho u_\infty^2}=\frac{0{,}664}{\sqrt{Re_x}}\,. \tag{94}$$

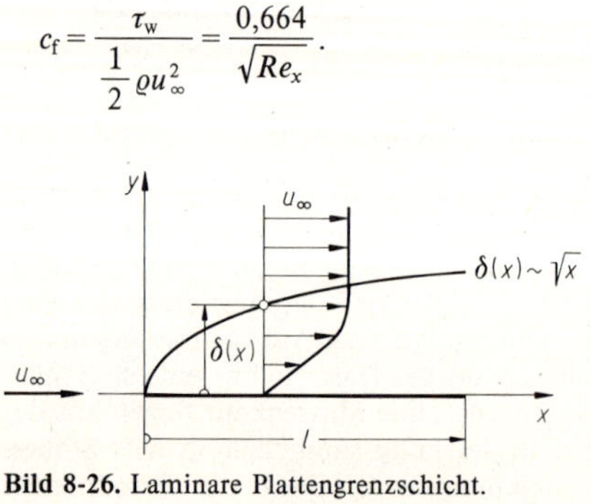

Bild 8-26. Laminare Plattengrenzschicht.

Bei einfacher Benetzung folgt durch Integration der Reibungswiderstand in normierter Form für die Platte der Länge l und Breite b:

$$c_F=\frac{F_W}{\frac{1}{2}\varrho u_\infty^2 bl}=\frac{1{,}328}{\sqrt{Re}}\quad\text{(Blasius)}. \tag{95}$$

Für sehr große Reynolds-Zahlen, $Re > 5\cdot 10^5$, liegt eine *turbulente Grenzschichtströmung* vor. Mit dem Potenzgesetz (90) für die Geschwindigkeitsverteilung ergeben sich für die turbulente Plattengrenzschicht bei einfacher Benetzung für hydraulisch glatte Oberflächen

$$\frac{\delta}{l}=\frac{0{,}37}{Re^{1/5}}\,, \tag{96}$$

$$c_f=\frac{\tau_w}{\frac{1}{2}\varrho u_\infty^2}=\frac{0{,}0577}{Re_x^{1/5}}\,, \tag{97}$$

$$c_F=\frac{F_W}{\frac{1}{2}\varrho u_\infty^2 bl}=\frac{0{,}074}{Re^{1/5}} \tag{98}$$

$(5\cdot 10^5 < Re < 10^7)$ (Prandtl).

Auf der Basis des logarithmischen Wandgesetzes gilt für einen größeren Reynoldszahlenbereich [12]:

$$c_F=\frac{0{,}455}{(\lg Re)^{2{,}58}}-\frac{1700}{Re} \tag{99}$$

(Prandtl-Schlichting).

Der zweite Anteil berücksichtigt den laminar-turbulenten Übergang mit der kritischen Reynolds-Zahl $Re_{crit}=5\cdot 10^5$.
Für die vollkommen turbulent rauhe Plattenströmung gilt

$$c_F=\left(1{,}89+1{,}62\lg\frac{l}{k_S}\right)^{-2{,}5}$$

$$\left(10^2<\frac{l}{k_S}<10^6\right). \tag{100}$$

Die Rauhigkeit ist dabei durch die äquivalente Sandkornrauhigkeit k_S charakterisiert.

Strömungsablösung

Bei der Umströmung von Körpern wird der Grenzschicht im Bereich verzögerter Strömung ein positiver Druckgradient $\mathrm{d}p/\mathrm{d}x > 0$ aufgeprägt. Mit der Grenzschichtgleichung (92) ergibt sich auf dem Profil der Zusammenhang zwischen Druckgradient und Krümmung des Geschwindigkeitsprofils:

$$\frac{1}{\varrho}\cdot\frac{\mathrm{d}p}{\mathrm{d}x}=\nu\left(\frac{\partial^2 u}{\partial y^2}\right)_w\,.$$

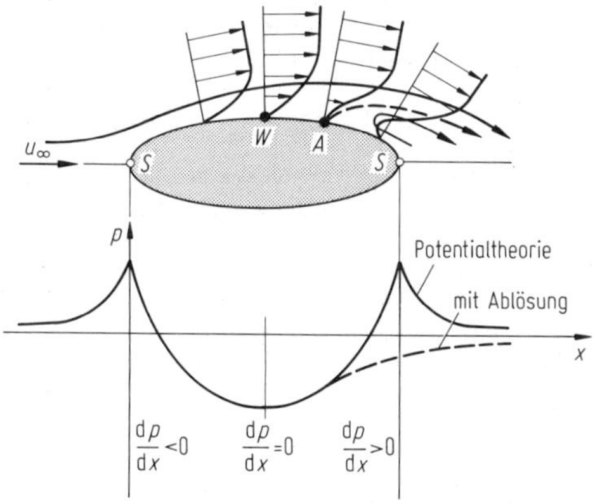

Bild 8-27. Profilumströmung mit Ablösung.

Bild 8-27 zeigt eine laminare Profilumströmung mit Ablösung und den dazugehörigen Druckverlauf. Im Dickenmaximum ist $\mathrm{d}p/\mathrm{d}x = 0$, und auf der Oberfläche tritt ein Wendepunkt im Geschwindigkeitsprofil auf. Mit steigendem Druckgradienten wandert dieser Wendepunkt in die Grenzschicht, bis an der Wand eine vertikale Tangente im Geschwindigkeitsprofil auftritt. In diesem Ablösepunkt ist die Wandschubspannung $\tau_w = 0$. Es kommt stromab zu einer Rückströmung. Die der Potentialtheorie entsprechende Druckverteilung in Bild 8-27 wird dabei erheblich verändert. Hierdurch tritt neben dem Reibungswiderstand durch die unsymmetrische Druckverteilung ein Druckwiderstand auf.

8.3.7 Impulssatz

Mit dem Impulssatz sind globale Aussagen über Strömungsvorgänge in einem Kontrollraum nach Bild 8-28 möglich. Die zeitliche Änderung des Impulses ist gleich der Resultierenden der äußeren Kräfte:

$$\frac{\mathrm{d}\boldsymbol{I}}{\mathrm{d}t} = \frac{\mathrm{d}}{\mathrm{d}t}\int_V \varrho \boldsymbol{w}\,\mathrm{d}V = \int_V \frac{\partial \varrho \boldsymbol{w}}{\partial t}\,\mathrm{d}V + \int_A \varrho \boldsymbol{w}(\boldsymbol{w}\cdot\boldsymbol{n})\,\mathrm{d}A - \sum \boldsymbol{F}_A . \quad (101)$$

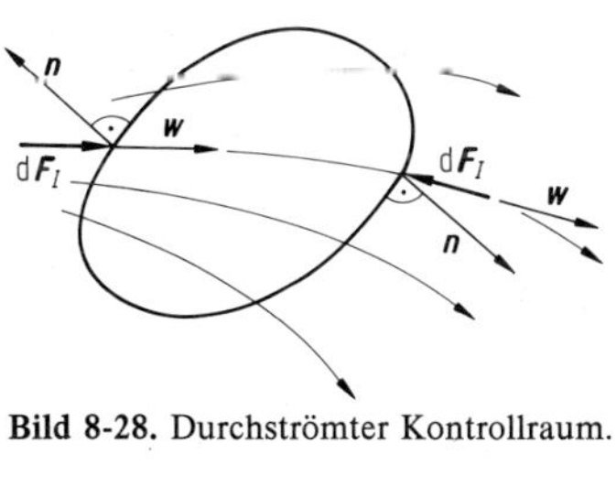

Bild 8-28. Durchströmter Kontrollraum.

Diese Bilanzaussage ist für reibungsfreie und reibungsbehaftete Strömungsvorgänge gültig. Mit der Beschränkung auf stationäre Strömungen braucht die Integration nur über die Oberfläche A des Kontrollraumes ausgeführt werden. Der Impulssatz beschreibt das Gleichgewicht zwischen Impuls-, Oberflächen- und Massenkräften:

$$\boldsymbol{F}_I + \sum \boldsymbol{F}_A = 0 . \quad (102)$$

Die Impulskraft ist hierin $\boldsymbol{F}_I = -\int_A \varrho \boldsymbol{w}(\boldsymbol{w}\cdot\boldsymbol{n})\,\mathrm{d}A$ und die Druckkraft $\boldsymbol{F}_D = -\int_A p\boldsymbol{n}\,\mathrm{d}A$.

Anwendungsbeispiele

Haltekraft von Diffusor und Düse

Gesucht ist die Haltekraft $\boldsymbol{F}_H$, die am Diffusor über die Schrauben angreift. Mit $p_2 = p_a$ und konstanten Werten für p und w über den Querschnitten folgt für den Kontrollraum nach Bild 8-29 in x-Richtung ($\varrho = \text{const}$):

$$\varrho w_1^2 A_1 + p_1 A_1 - \varrho w_2^2 A_2 - p_a A_1 + F_H = 0 . \quad (103)$$

Mit der Kontinuitätsbedingung $w_1 A_1 = w_2 A_2$ wird

$$F_H = \varrho w_2^2 \left(A_2 - \frac{A_2^2}{A_1}\right) + (p_a - p_1) A_1 . \quad (104)$$

Aus der Bernoulli-Gleichung folgt bei reibungsfreier Strömung

$$p_1 - p_a = \frac{1}{2}\varrho(w_2^2 - w_1^2) = \frac{1}{2}\varrho w_2^2\left(1 - \frac{A_2^2}{A_1^2}\right) . \quad (105)$$

Die Haltekraft ergibt sich dann zu

$$F_H = -\frac{1}{2}\varrho w_1^2 A_1 \left(\frac{A_1}{A_2} - 1\right)^2 . \quad (106)$$

Die Haltekraft $\boldsymbol{F}_H$ ist in negative x-Richtung gerichtet. Die Schrauben werden auf Zug beansprucht. Die Kraft von der Strömung auf den Diffusor wirkt in Strömungsrichtung. Dieses Resultat ist für den Diffusor mit $A_2 > A_1$ und für die Düse mit $A_2 < A_1$ gültig.

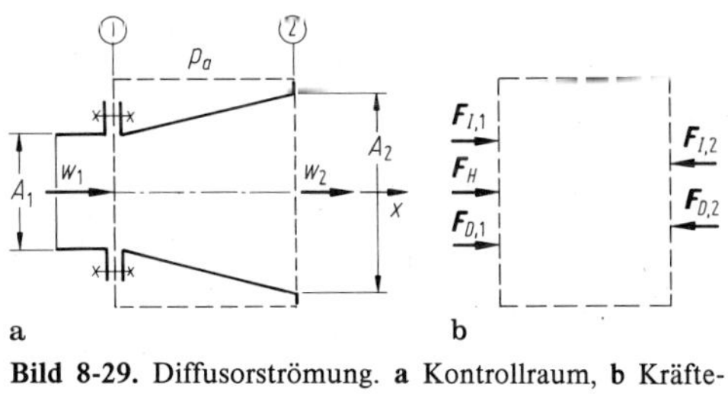

Bild 8-29. Diffusorströmung. **a** Kontrollraum, **b** Kräftebilanz.

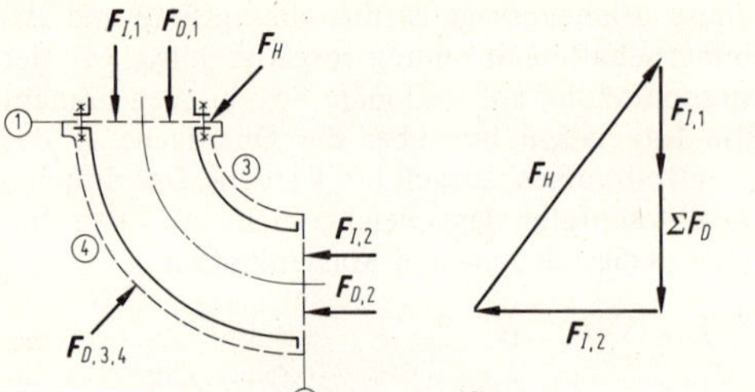

Bild 8-30. Durchströmter Krümmer. **a** Kräfte am Kontrollraum, **b** Kräftedreieck.

Durchströmen eines Krümmers

Gesucht ist die Haltekraft $\boldsymbol{F}_H$ am frei ausblasenden Krümmer in Bild 8-30a. Ohne Massenkraft wird aus dem Impulssatz (102):

$$\boldsymbol{F}_{I1} + \boldsymbol{F}_{I2} + \boldsymbol{F}_{D1} + \boldsymbol{F}_{D2} + \boldsymbol{F}_{D3,4} + \boldsymbol{F}_H = 0\,. \qquad (107)$$

Mit konstanten Geschwindigkeiten in den beiden Querschnitten folgen die Impulskräfte

$$\boldsymbol{F}_{I1} = -\boldsymbol{n}_1 \varrho w_1^2 A_1\,, \quad \boldsymbol{F}_{I2} = -\boldsymbol{n}_2 \varrho w_2^2 A_2\,. \qquad (108)$$

Die Druckkräfte lassen sich mit der Tatsache, daß ein konstanter Druck auf eine geschlossene Fläche keine resultierende Kraft ausübt, vereinfachend zusammenfassen. Mit $p_2 = p_a$ folgt

$$\begin{aligned}\sum \boldsymbol{F}_D &= \boldsymbol{F}_{D1} + \boldsymbol{F}_{D2} + \boldsymbol{F}_{D3,4} \\ &= -\Big\{\int_{A_1} (p_1 - p_a)\,\boldsymbol{n}\,\mathrm{d}A + \int_{A_1} p_a\,\boldsymbol{n}\,\mathrm{d}A \\ &\quad + \int_{A_2} p_a\,\boldsymbol{n}\,\mathrm{d}A + \int_{A_{3,4}} p_a\,\boldsymbol{n}\,\mathrm{d}A\Big\} \\ &= -\int_{A_1} (p_1 - p_a)\,\boldsymbol{n}\,\mathrm{d}A\,. \end{aligned} \qquad (109)$$

Aus dem Kräftedreieck in Bild 8-30b resultiert die Haltekraft $\boldsymbol{F}_H$ durch vektorielle Addition der beiden Impulskräfte $\boldsymbol{F}_{I1}$ und $\boldsymbol{F}_{I2}$ sowie der resultierenden Druckkraft $\sum \boldsymbol{F}_D$. Die Haltekraft $\boldsymbol{F}_H$ wird von den Schrauben durch Zug- und Schubkräfte aufgenommen.

Schubkraft eines Strahltriebwerkes

Die Impulsbilanz wird auf den Kontrollraum in Bild 8-31 angewandt. Auf den Kontrollflächen vor und hinter dem Triebwerk ist der Druck $p = p_\infty$. Der Fangquerschnitt A_∞ wird durch den Antrieb auf den Strahlquerschnitt A_S verringert. Die Geschwindigkeit im Strahl wird von w_∞ auf w_S erhöht. Aus der Massenstrombilanz außerhalb des Triebwerkes folgt die Massenzufuhr durch die seitlichen Kontrollflächen

$$\dot m = \varrho_\infty w_\infty (A_\infty - A_S)\,. \qquad (110)$$

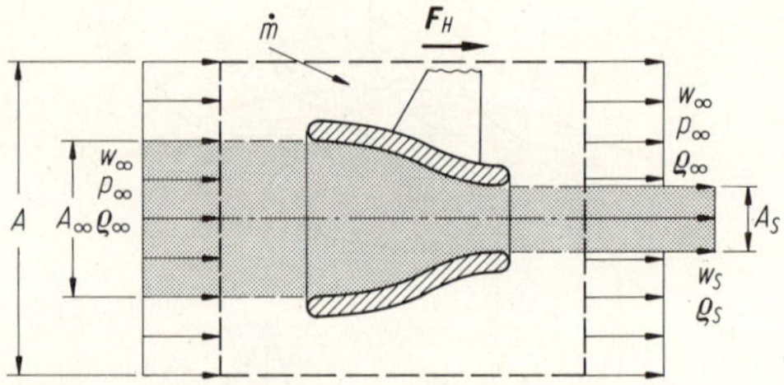

Bild 8-31. Kontrollraum beim Flugtriebwerk.

Damit verbunden ist eine Impulskraft in x-Richtung (M = Mantelfläche):

$$\begin{aligned} F_{I,x} &= -\int_M \varrho w_x (\boldsymbol{w}\cdot\boldsymbol{n})\,\mathrm{d}A \\ &= w_\infty \dot m = \varrho_\infty w_\infty^2 (A_\infty - A_S)\,. \end{aligned} \qquad (111)$$

Die Impulsbilanz ergibt damit

$$\begin{aligned} &\varrho_\infty w_\infty^2 A + \varrho_\infty w_\infty^2 (A_\infty - A_S) \\ &- \varrho_S w_S A_S - \varrho_\infty w_\infty^2 (A - A_S) + F_H = 0\,. \end{aligned} \qquad (112)$$

Im Gleichgewicht folgt für die Haltekraft

$$F_H = \varrho_S w_S^2 A_S - \varrho_\infty w_\infty^2 A_\infty = \dot m_T (w_S - w_\infty)\,. \qquad (113)$$

Der Massenstrom im Triebwerk ist $m_T = \varrho_S w_S A_S = \varrho_\infty w_\infty A_\infty$. Der Schub S ist der Haltekraft F_H entgegengerichtet: $S = -F_H$. Aus der Beziehung (113) sind die Möglichkeiten zur Schubsteigerung zu erkennen.

Leistung einer Windenergieanlage

Durch Verzögerung der Geschwindigkeit wird mit dem Windrad in Bild 8-32 dem Luftstrom Energie entzogen. Die Massenbilanz für die den Propeller einschließende Stromröhre liefert

$$\varrho w_\infty A_1 = \varrho w_3 A_3 = \varrho w_S A_5 = \dot m\,. \qquad (114)$$

Zwischen den Querschnitten ① und ② sowie ④ und ⑤ ist die Bernoulli-Gleichung gültig. Mit der Voraussetzung $A_2 \approx A_3 \approx A_4$ folgt $w_2 \approx w_3 \approx w_4$ und damit die Druckdifferenz

$$p_2 - p_4 = \Delta p = \frac{\varrho}{2}(w_\infty^2 - w_S^2)\,. \qquad (115)$$

Für den Kontrollraum zwischen den Querschnitten A_1 und A_5 folgt mit dem Impulssatz:

$$F_H = -\varrho w_\infty^2 A_1 + \varrho w_S^2 A_5 = -\dot m (w_\infty - w_S)\,. \qquad (116)$$

Für den Kontrollraum zwischen A_2 und A_4 gilt nach dem Impulssatz:

$$F_H = -(p_2 - p_4) A_3 = -\frac{\varrho}{2}(w_\infty^2 - w_S^2)\,. \qquad (117)$$

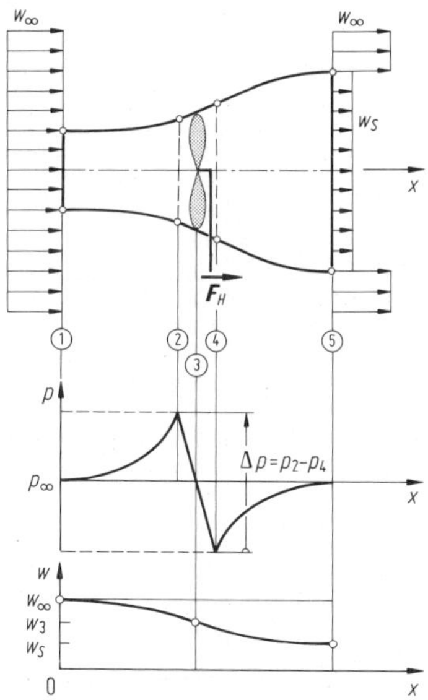

Bild 8-32. Windenergieanlage, Kontrollflächen sowie Druck- und Geschwindigkeitsverlauf.

Durch Gleichsetzen der Ergebnisse für die Haltekraft folgt die Geschwindigkeit im Querschnitt A_3 zu

$$w_3 = \frac{1}{2}(w_\infty + w_S)\,. \tag{118}$$

Die Leistung der Anlage ergibt sich zu

$$P = -F_H w_3 = +\frac{1}{4}\varrho A_3 (w_\infty^2 - w_S^2)(w_\infty + w_S) \tag{119}$$

mit dem Maximalwert für $w_S = \frac{1}{3} w_\infty$:

$$P_{max} = \frac{8}{27}\varrho A_3 w_\infty^3\,. \tag{120}$$

Bezogen auf den Energiestrom durch den Propeller folgt die Leistungskennzahl (Betz-Zahl)

$$c_B = \frac{P_{max}}{\frac{1}{2}\varrho A_3 w_\infty^3} = \frac{16}{27} = 0{,}593\,. \tag{121}$$

Diese Betz-Zahl c_B dient zur Charakterisierung von Windenergieanlagen.

Beispiel: Welche Leistung liefert eine Windenergieanlage mit einem Rotor mit $D = 10$ m bei einer Windgeschwindigkeit $w_\infty = 10$ m/s $= 36$ km/h? Aus (121) folgt mit der Dichte von Luft $\varrho = 1{,}205$ kg/m³

$$P_{max} = \frac{\varrho}{2}\cdot\frac{\pi D^2}{4} w_\infty^3 c_B = 28 \text{ kW}.$$

Diese maximale Leistung variiert also mit der 3. Potenz der Windgeschwindigkeit. Ist diese doppelt oder halb so groß, so ist $P_{max} = 224$ bzw. 3,5 kW!

8.4 Druckverlust und Strömungswiderstand

8.4.1 Durchströmungsprobleme

Bei hydraulischen Problemen besteht die Hauptaufgabe in der Ermittlung des Druckverlustes durchströmter Leitungselemente wie gerader Rohre, Krümmer und Diffusoren. Aus Dimensionsbetrachtungen folgt für den Druckverlust bei ausgebildeter Strömung in geraden Rohren:

$$\Delta p_v = \frac{1}{2}\varrho w_m^2 \frac{l}{D}\lambda\,. \tag{122}$$

Der Koeffizient λ ist die sog. *Rohrreibungszahl.* Für die weiteren Rohrleitungselemente gilt

$$\Delta p_v = \frac{1}{2}\varrho w_m^2 \zeta\,. \tag{123}$$

Mit der Druckverlustzahl ζ werden die durch Sekundärströmungen hervorgerufenen Zusatzdruckverluste erfaßt. Bei turbulenter Strömung ist $\zeta = \text{const}$ und der Druckverlust proportional zum Quadrat der mittleren Geschwindigkeit w_m.

Strömungen in Rohren mit Kreisquerschnitt

Die Strömungsform in Kreisrohren ist von der Reynolds-Zahl $Re = w_m D/\nu$ abhängig, wobei für $Re < 2\,320$ laminare und für $Re > 2\,320$ turbulente Strömung auftritt. Der Reibungseinfluß wird durch die Rohrreibungszahl λ erfaßt, der von der Reynolds-Zahl Re und der relativen Wandrauhigkeit k/D abhängen kann. Es gelten die Beziehungen [2]:

Laminare Strömung:

$$\lambda = \frac{64}{Re} \quad (Re < 2\,320) \tag{124}$$

(Hagen-Poiseuille).

Turbulente Strömung:

a) hydraulisch glatt $\lambda = \lambda(Re)$

$$\lambda = \frac{0{,}3164}{\sqrt[4]{Re}} \quad (2\,320 < Re < 10^5) \tag{125}$$

(Blasius)

$$\frac{1}{\sqrt{\lambda}} = 2{,}0 \lg\left(Re\sqrt{\lambda}\right) - 0{,}8 \tag{126}$$

$(10^5 < Re < 3\cdot 10^6)$ (Prandtl)

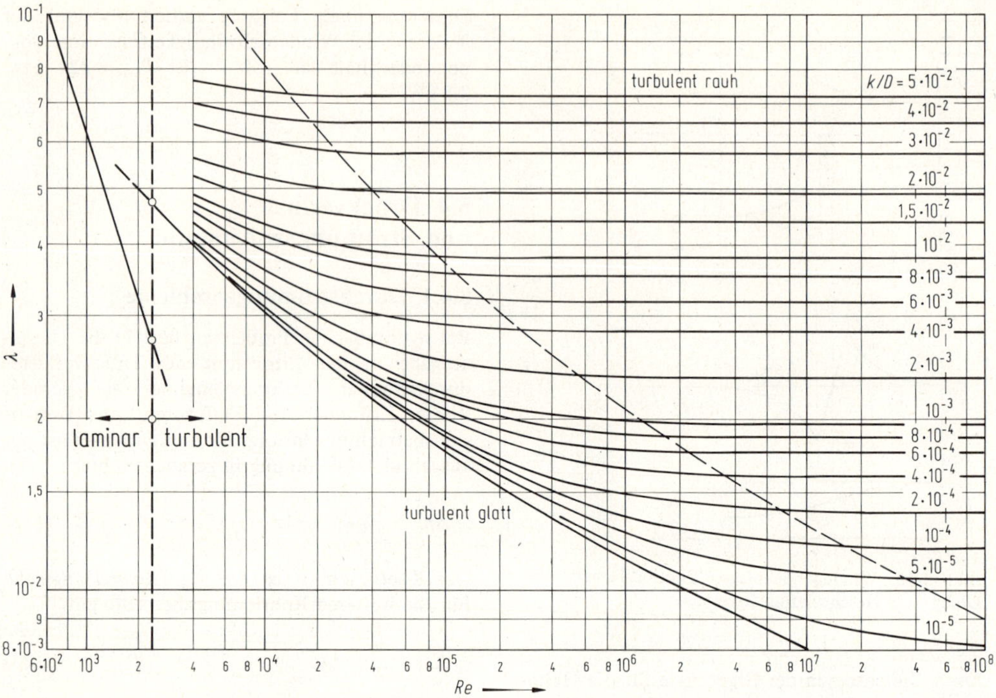

Bild 8-33. Rohrreibungszahl nach Moody/Colebrook [2].

b) Übergangsgebiet $\lambda = \lambda\,(Re, k/D)$

$$\frac{1}{\sqrt{\lambda}} = -2{,}0\,\lg\left(\frac{k}{D\cdot 3{,}715} + \frac{2{,}51}{Re\sqrt{\lambda}}\right) \qquad (127)$$

(Colebrook)

c) vollkommen rauh $\lambda = \lambda\,(k/D)$

$$\lambda = \frac{0{,}25}{\left(\lg \dfrac{3{,}715 D}{k}\right)^2}$$

$$\left(Re > 400\,\frac{D}{k}\,\lg\left(3{,}715\,\frac{D}{k}\right)\right). \qquad (128)$$

Bei der turbulenten Rohrströmung ist die Dicke der viskosen Unterschicht und die Rauhigkeit der Rohrwand für das globale Strömungsverhalten wichtig. Bei einer hydraulisch glatten Wand werden die Wandrauhigkeiten von der viskosen Unterschicht überdeckt. Im Übergangsbereich sind beide von gleicher Größenordnung. Bei vollkommen rauher Wand sind die Rauhigkeitserhebungen wesentlich größer als die Dicke der viskosen Unterschicht und bestimmen damit die Reibung der turbulenten Strömung. In Bild 8-33, dem sog. Moody-Colebrook-Diagramm, ist die Rohrreibungszahl $\lambda(Re, k/D)$ für alle Bereiche der Rohrströmung als Diagramm dargestellt. Anhaltswerte

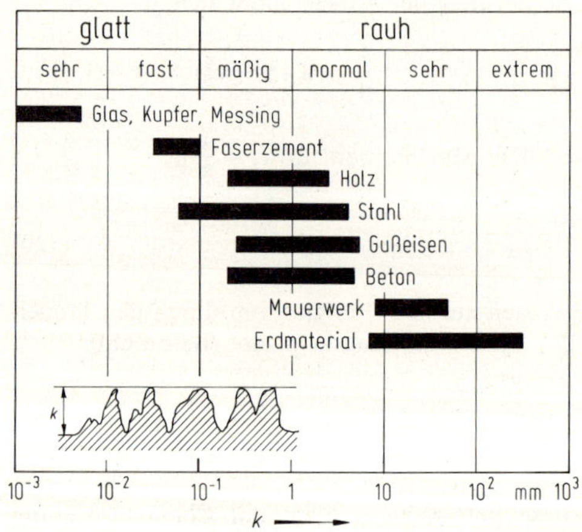

Bild 8-34. Wandrauhigkeiten verschiedener Materialien.

für technische Rauhigkeiten k sind in Bild 8-34 für verschiedene Werkstoffe angegeben. Genaue Daten sind von der Bearbeitung und dem Betriebszustand des Rohres abhängig. Mit dem Rohrdurchmesser läßt sich dann die relative Rauhigkeit k/D bestimmen.

Strömungen in Leitungen mit nichtkreisförmigen Querschnitten

Die verschiedenen Querschnittsformen werden durch den hydraulischen Durchmesser d_h charakterisiert, der sich aus der Querschnittsfläche A und dem benetzten Umfang U ergibt:

$$d_h = \frac{4A}{U}. \tag{129}$$

In Bild 8-35 sind einige Beispiele zusammengestellt [17].
Bei laminarer Strömung ist die Rohrreibungszahl λ von der Geometrie abhängig. Die Geometrie beeinflußt die Geschwindigkeitsverteilung und damit die Wandreibung und den Druckverlust. Die analytische Berechnung von λ ist für elementare Geometrien möglich [2, 18]. In Bild 8-36 ist für laminare Strömung das Produkt $\lambda \cdot Re$ mit $Re = w_m d_h/\nu$ für verschiedene Querschnittsformen dargestellt.
Bei turbulenter Strömung in nichtkreisförmigen Querschnitten wird durch den turbulenten Austausch die Geschwindigkeitsverteilung vergleichmäßigt [19]. Der Reibungseinfluß ist damit auf den Wandbereich beschränkt und die Form der Geometrie deshalb für den Druckverlust von untergeordneter Bedeutung. Die kritische Reynolds-Zahl ist jedoch kleiner als beim Kreisrohr. Mit dem hydraulischen Durchmesser d_h lassen sich die Verluste auf die Rohrströmung mit Kreisquerschnitt zurückführen. Für die Rohrreibungszahl λ gelten bei turbulenter Strömung damit die Beziehungen (125 bis 128) und das Diagramm von Moody-Colebrook [2] in Bild 8-33.

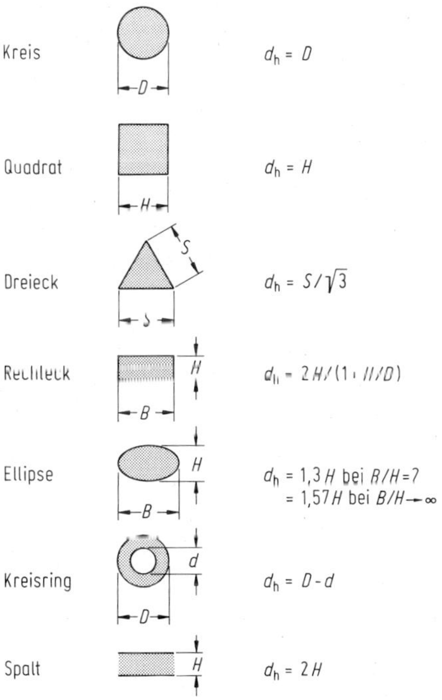

Bild 8-35. Querschnittsform und hydraulischer Durchmesser.

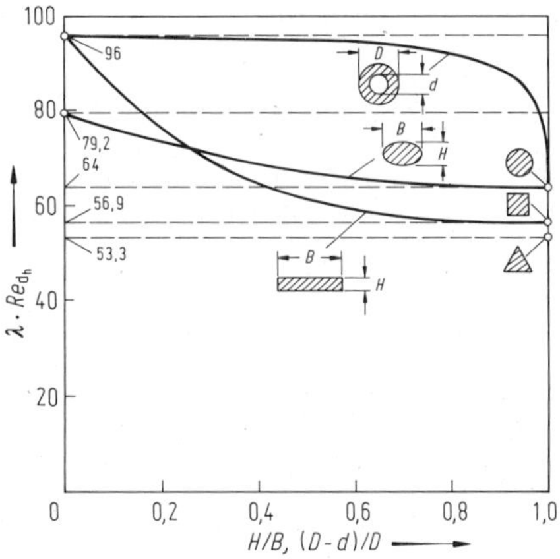

Bild 8-36. Rohrreibungszahl für verschiedene Querschnitte bei laminarer Strömung.

Druckverluste bei der Rohreinlaufströmung

Durch die Umformung des Geschwindigkeitsprofiles tritt in der Einlaufstrecke ein erhöhter Druckabfall auf. In Bild 8-37 ist zu sehen, daß die Strömung in Rohrmitte beschleunigt werden muß und zusätzlich an der Wand über die Länge l ein größerer Geschwindigkeitsgradient vorliegt.
Bei laminarer Strömung folgt für die Zusatzdruckverlustzahl und die Länge der Einlaufstrecke [20]:

$$\zeta = 1{,}08\,, \quad \frac{l}{D} = 0{,}06\,Re\,. \tag{130}$$

Bei turbulenter Strömung gleicht das Geschwindigkeitsprofil bei ausgebildeter Strömung mehr der Rechteckform, so daß nur ein geringer Zusatzverlust auftritt. Hierbei gilt nach [20]:

$$\zeta = 0{,}07\,, \quad \frac{l}{D} = 0{,}6\,Re^{1/4}\,. \tag{131}$$

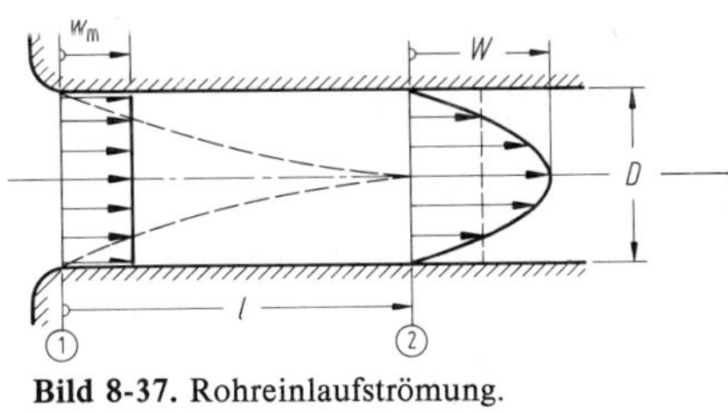

Bild 8-37. Rohreinlaufströmung.

Druckverluste bei unstetigen Querschnittsänderungen

Eine plötzliche Rohrerweiterung nach Bild 8-38a wird als Carnot-Diffusor bezeichnet. Mit der Kontinuitätsbedingung und dem Impulssatz folgt für die Druckerhöhung von ① → ② [1]:

$$C_p = \frac{p_2 - p_1}{\frac{1}{2}\varrho w_1^2} = 2\frac{A_1}{A_2}\left(1 - \frac{A_1}{A_2}\right). \tag{132}$$

Im Idealfall liefert die Bernoulli-Gleichung von ① → ②:

$$C_{p\,\mathrm{id}} = \frac{p_{2\,\mathrm{id}} - p_1}{\frac{1}{2}\varrho w_1^2} = 1 - \left(\frac{A_1}{A_2}\right)^2. \tag{133}$$

Die Druckverlustzahl folgt aus der Differenz zwischen idealem und realem Druckanstieg zu

$$\zeta_1 = \frac{\Delta p_\mathrm{v}}{\frac{1}{2}\varrho w_1^2} = C_{p\,\mathrm{id}} - C_p = \left(1 - \frac{A_1}{A_2}\right)^2. \tag{134}$$

Der Maximalwert $\zeta_1 = 1$ wird beim Austritt ins Freie, $A_2 \to \infty$, erreicht. Die verlustbehaftete Energieumsetzung ist bei $l/D = 4$ nahezu abgeschlossen. Bei der plötzlichen Rohrverengung in Bild 8-38b kommt es zu einer Strahleinschnürung, die auch als *Strahlkontraktion* bezeichnet wird. Die wesentlichen Verluste treten durch die Verzögerung der Geschwindigkeit zwischen den Querschnitten Ⓢ und ② auf. Mit der Kontinuitätsbedingung, dem Impulssatz und der Bernoulli-Gleichung von Ⓢ → ② folgt die Druckverlustzahl bezogen auf Querschnitt ①:

$$\zeta_1 = \frac{\Delta p_\mathrm{v}}{\frac{1}{2}\varrho w_1^2} = \frac{w_2^2}{w_1^2}\left(\frac{w_\mathrm{s}}{w_2} - 1\right)^2 = \frac{A_1^2}{A_2^2}\left(\frac{A_2}{A_\mathrm{s}} - 1\right)^2. \tag{135}$$

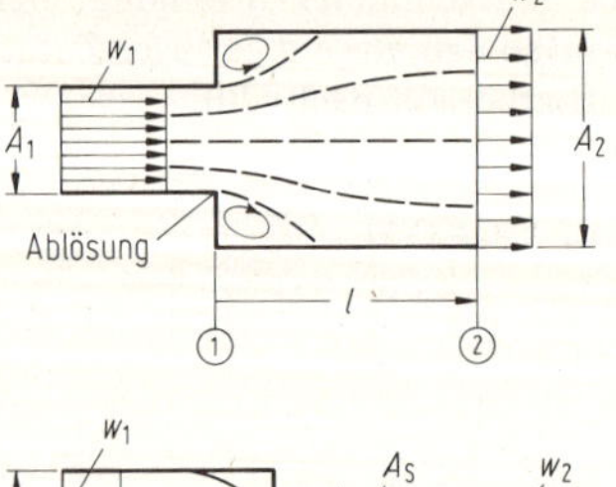

a

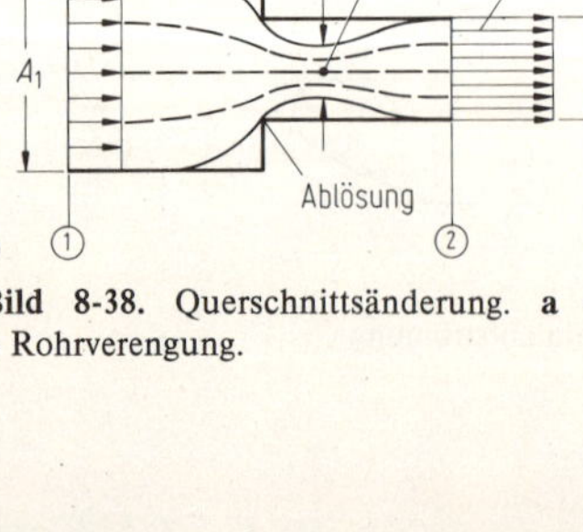

b

Bild 8-38. Querschnittsänderung. **a** Carnot-Diffusor, **b** Rohrverengung.

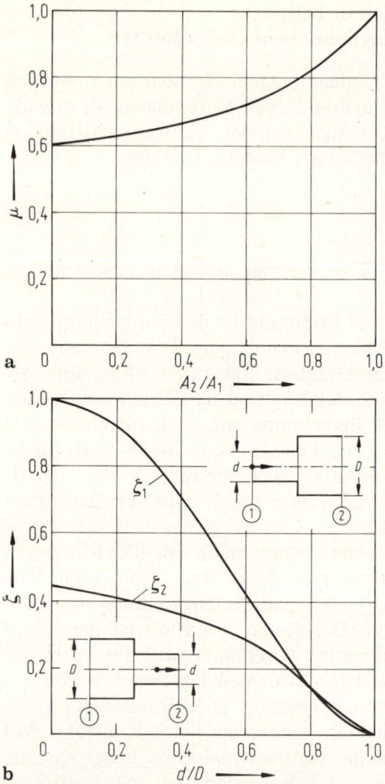

Bild 8-39. Unstetige Querschnittsänderungen. **a** Strahlkontraktion μ, **b** Druckverlustzahlen ζ.

Bezogen auf den Querschnitt ② ist die Druckverlustzahl

$$\zeta_2 = \frac{\Delta p_\mathrm{v}}{\frac{1}{2}\varrho w_2^2} = \left(\frac{A_2}{A_\mathrm{s}} - 1\right)^2. \tag{136}$$

Das Flächenverhältnis $A_\mathrm{s}/A_2 = \mu$ wird als *Kontraktionszahl* bezeichnet. Bild 8-39a zeigt die Abhängigkeit der Strahlkontraktion μ vom Flächenverhältnis A_2/A_1 für die scharfkantige Rohrverengung [21]. Damit ist die Druckverlustzahl $\zeta_2 = \zeta_2(\mu)$ bekannt. In Bild 8-39b sind die Druckverlustzahlen ζ_1 der Rohrerweiterung und ζ_2 der Rohrverengung in Abhängigkeit vom Durchmesserverhältnis d/D aufgetragen.

Die Rohreinlaufgeometrie ergibt sich aus der Rohrverengung im Grenzfall $d/D \to 0$. Die Strahl-

a b c

Bild 8-40. Rohreinlaufgeometrien. **a** Scharfkantig, **b** abgerundet, **c** vorstehend.

kontraktion μ ist nun allein von der Geometrie des Rohranschlusses abhängig. Bild 8-40 zeigt drei typische Fälle, wobei in Bild 8-40a durch die scharfe Kante Kontraktion durch Ablösung auftritt, in Bild 8-40b die Ablösung durch Abrundung verhindert wird und in Bild 8-40c die Strahlkontraktion durch den vorstehenden Einlauf verstärkt wird. Für die Kontraktion μ und die Druckverlustzahl ζ_2 gilt [17]:

Fall	μ	ζ_2
a	0,6	0,45
b	0,99	~0
c	0,5	~1

Druckverluste bei stetigen Querschnittsänderungen

Die primäre Aufgabe von Diffusoren ist die Druckerhöhung durch Verzögerung der Strömung. Die Strömungseigenschaften in einem Diffusor nach Bild 8-41a hängen von der Geometrie (Flächenverhältnis A_2/A_1, Öffnungswinkel α) und von der Geschwindigkeitsverteilung der Zuströmung ab [22]. Die reale normierte Druckerhöhung

$$C_p = \frac{p_2 - p_1}{\frac{1}{2}\varrho w_1^2} \tag{137}$$

wird als *Druckrückgewinnungsfaktor* bezeichnet. Die Druckverlustzahl ergibt sich aus der Differenz zwischen idealer (133) und realer (137) Druckerhöhung zu:

$$\zeta_1 = \frac{\Delta p_v}{\frac{1}{2}\varrho w_1^2} = C_{p\,\mathrm{id}} - C_p = 1 - \left(\frac{A_1}{A_2}\right)^2 - C_p. \tag{138}$$

Die Druckverlustzahl ζ_1 resultiert bei Trennung von Öffnungswinkel und Querschnittsverhältnis aus der Beziehung

$$\zeta_1 = k(\alpha)\left(1 - \frac{A_1}{A_2}\right)^2. \tag{139}$$

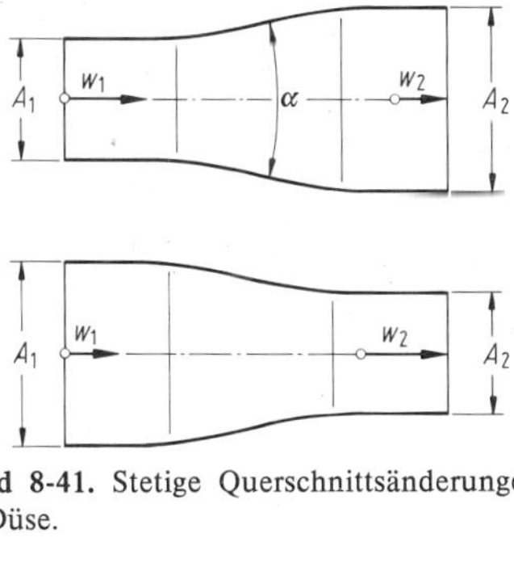

Bild 8-41. Stetige Querschnittsänderungen. **a** Diffusor, **b** Düse.

Für den Faktor k gelten nach experimentellen Untersuchungen [1, 2, 22, 23] als Mittelwerte:

α	5°	7,5°	10°	15°	20°	40°	180°
k	0,13	0,14	0,16	0,27	0,43	1,0	1,0

Grenzwerte der Druckverlustzahl sind durch die Rohrströmung ($\alpha = 0$, $\zeta_1 = 0$) und den Austritt ins Freie ($\alpha = 180°$, $\zeta_1 = 1$) gegeben. Bei einem Öffnungswinkel $\alpha = 40°$ wird bereits der Wert des entsprechenden Carnot-Diffusors erreicht. Im Bereich $40° < \alpha < 180°$ treten sogar noch höhere Verluste $\zeta_1 > 1$ auf, so daß hier der unstetige Übergang des Carnot-Diffusors mit geringeren Verlusten vorzuziehen ist.

Optimale Diffusoren ergeben sich bei Öffnungswinkeln α von 5° bis 8°. In einer Düse (Bild 8-41b) ist die Umsetzung von Druckenergie in kinetische Energie nahezu verlustfrei möglich. Die Zusatzdruckverluste sind deshalb mit

$$\zeta_1 = (0 \ldots 0{,}075) \tag{140}$$

gering [20].

Druckverluste bei Strömungsumlenkung

Der Krümmer ist ein wesentliches Element zur Richtungsänderung von Rohrströmungen. In Bild 8-42a sind die Bezeichnungen der geometrischen Größen eingetragen. Zusatzdruckverluste sind auf Sekundärströmungen, Ablösungserscheinungen und Vermischungsvorgänge zum Geschwindigkeitsausgleich zurückzuführen. Der Einfluß der Krümmung und der Oberflächenbeschaffenheit auf die Druckverlustzahl ζ ist in Bild 8-42b für einen Rohrkrümmer mit $\varphi = 90°$ dargestellt [23]. Bei kleinen Radienverhältnissen R/D steigen die Verluste stark an. Der Einfluß des

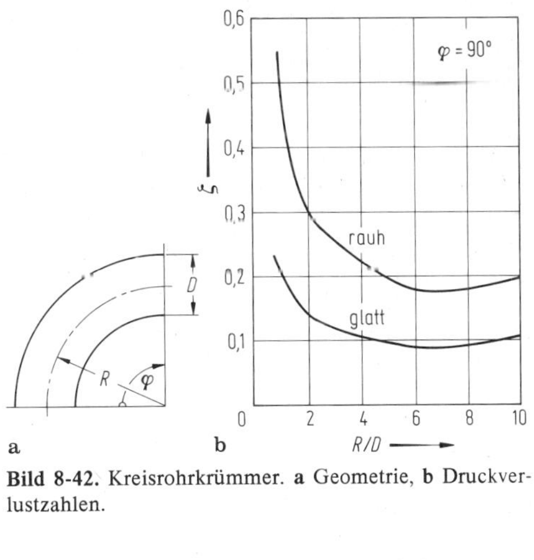

Bild 8-42. Kreisrohrkrümmer. **a** Geometrie, **b** Druckverlustzahlen.

Umlenkwinkels φ läßt sich über den Proportionalitätsfaktor k

φ	30°	60°	90°	120°	150°	180°
k	0,4	0,7	1,0	1,25	1,5	1,7

mit $\zeta = k\,\zeta_{90°}$ aus den Werten in Bild 8-42 b berücksichtigen. Den Einfluß unterschiedlicher Bauarten zeigt Bild 8-43 für Krümmer mit Rechteckquerschnitt [24]. Die Druckverlustzahlen ζ gelten für Flachkantkrümmer mit dem Seitenverhältnis $h/b = 0{,}5$ und der Reynolds-Zahl $Re = w_m d_h/\nu = 10^5$. Die Strömung im Krümmer und damit die Umlenkverluste sind stark von der Bauform abhängig. Bei mehrfacher Umlenkung mit Krümmerkombinationen (Bild 8-44) treten erhebliche Abweichungen auf [24]. Je nach der Anordnung der Hochkantkrümmer ($h/b = 2$) sind die Gesamtverluste kleiner oder größer als die Summe der Einzelverluste mit $\zeta = 2 \cdot 1{,}3 = 2{,}6$. Wird zwischen beide Krümmer ein Rohr mit der Länge $l > 6 d_h$ zwischengeschaltet, werden die Kombinationseffekte vernachlässigbar.

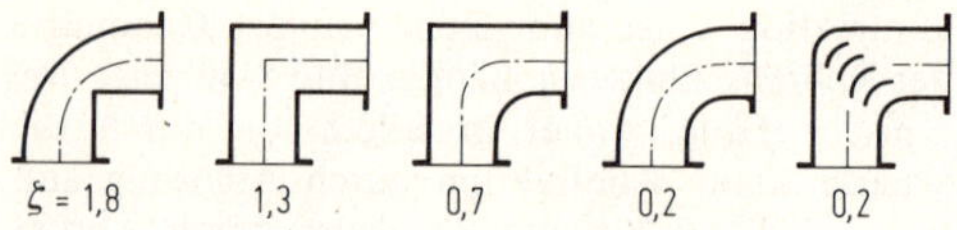

Bild 8-43. Bauformen von Rechteckkrümmern.

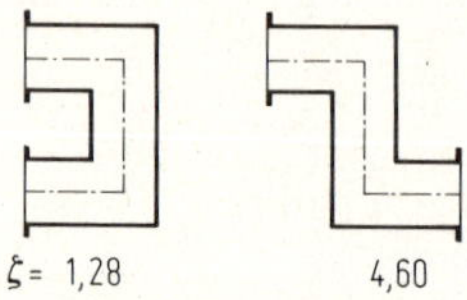

Bild 8-44. Kombinationen von Krümmern.

Druckverluste von Absperr- und Regelorganen

Bei Formteilen zur Durchflußänderung ändert sich der Widerstand je nach Bauform und Öffnungszustand um mehrere Größenordnungen [25]. Im Öffnungszustand ist die Druckverlustzahl $\zeta = (0{,}2 \dots 0{,}3)$ bei der Drosselklappe und Schieber, während bei Regelventilen bei entsprechender strömungstechnischer Ausführung Werte von $\zeta = 50$ erreicht werden. Bei teilweiser Öffnung steigen die Verluste erheblich an, wie die Diagramme in Bild 8-45 zeigen.

Druckverluste bei Durchflußmeßgeräten

Normblenden, Normdüsen und Venturirohre in Bild 8-46 a dienen zur Durchflußmessung [3]. Die Druckverlustzahlen ζ_2 bezogen auf den engsten Querschnitt D_2 sind in Bild 8-46 b über dem Durchmesserverhältnis D_2/D_1 aufgetragen [2, 23]. Mit der Kontinuitätsbedingung folgt für die Druckverlustzahl ζ_1 bezogen auf den Rohrquerschnitt: $\zeta_1 = (A_1/A_2)^2 \cdot \zeta_2$. Für weitere Rohrleitungselemente wie Dehnungsausgleicher, Rohrverzweigungen und Rohrvereinigungen sowie Gitter und Siebe sind Druckverlustzahlen in [26, 27] angegeben.

Beispiel: Rohrhydraulik. Welche Druckdifferenz $p_1 - p_6$ ist notwendig, damit sich in der Anlage nach Bild 8-47 ein Volumenstrom $\dot{V} = 2 \cdot 10^{-3}\,\mathrm{m^3/s}$ einstellt? Gegeben: Strömungsmedium Wasser bei 20 °C, $\varrho = 998{,}4\,\mathrm{kg/m^3}$, $\nu = 1{,}012 \cdot 10^{-6}\,\mathrm{m^2/s}$, Anlagengeometrie $h = 7\,\mathrm{m}$, Rohre hydraulisch glatt $D_1 = 30\,\mathrm{mm}$, D_2

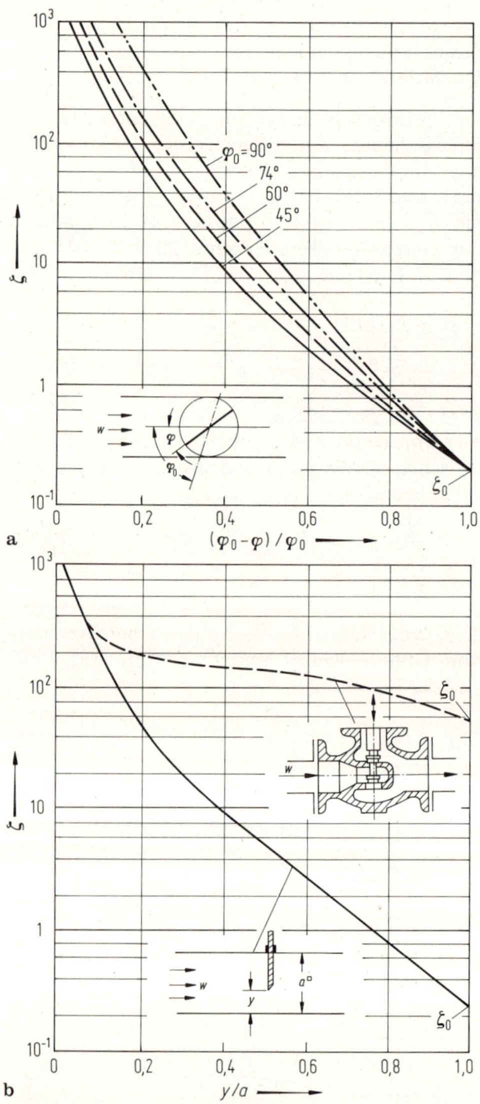

Bild 8-45. Druckverlustzahlen von Regelorganen. **a** Drosselklappe, **b** Ventil und Schieber.

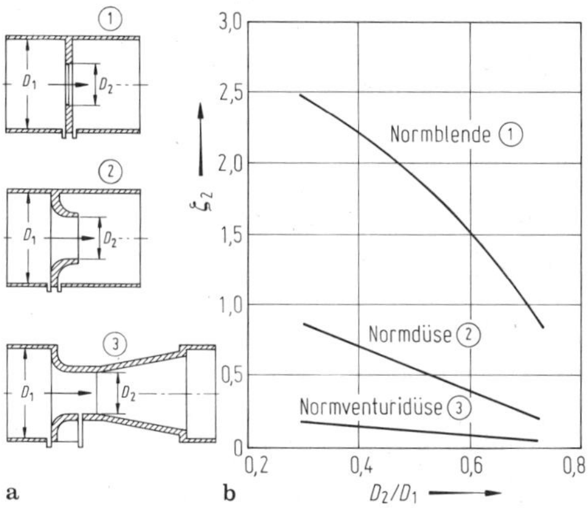

Bild 8-46. Durchflußmeßgeräte. **a** Bauformen der Normblende, Normdüse und Venturirohr; **b** Druckverlustzahlen.

$= 60\,\mathrm{mm}$, $l_1 = 50\,\mathrm{m}$, $l_2 = 10\,\mathrm{m}$. Zwei unterschiedliche Lösungswege sind durch eine mechanische auf Kräftebilanzen basierenden sowie einer energetischen Betrachtungsweise entlang der Stromfadenkoordinate s möglich.

a) Mechanische Betrachtung:

① → ② reibungsfreie Strömung, Bernoulli-Gleichung $p_1 + \frac{1}{2}\varrho w_1^2 + \varrho g z_1 = p_2 + \frac{1}{2}\varrho w_2^2 + \varrho g z_2$ mit den Voraussetzungen $w_1 = 0$, $z_2 = 0$ folgt die Druckdifferenz $p_1 - p_2 = \frac{1}{2}\varrho w_2^2 - \varrho g z_1$,

② → ⑤ reibungsbehaftete Rohrströmung mit Verlustelementen, Impulssatz, Kontinuität, Hydrostatik, Reynolds-Zahlen:

$$Re_1 = \frac{w_2 D_1}{\nu} = 8{,}39 \cdot 10^4$$

mit $w_2 = \frac{4}{\pi} \cdot \frac{\dot V}{D_1^2} = 2{,}83\,\mathrm{m/s}$,

$$Re_2 = \frac{w_4 D_2}{\nu} = 4{,}20 \cdot 10^4$$

mit $w_4 = w_2 \frac{D_1^2}{D_2^2} = 0{,}71\,\mathrm{m/s}$.

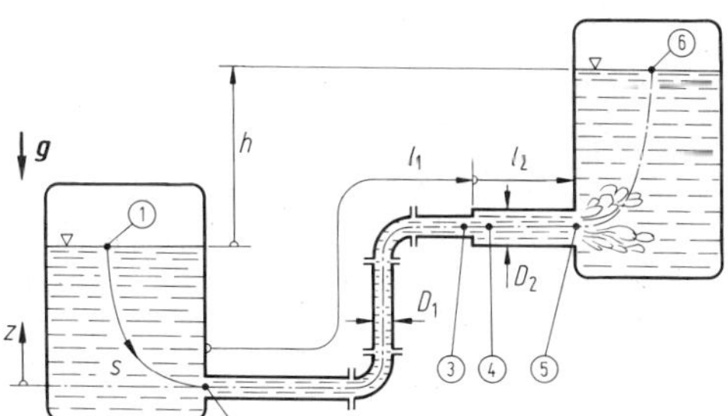

Bild 8-47. Strömungsanlage mit Rohrleitung.

In beiden Rohrabschnitten ist die Strömung turbulent. Die Rohrreibungszahlen folgen aus (125) zu: $\lambda_1 = \frac{0{,}3164}{\sqrt[4]{Re_1}} = 0{,}0186$, $\lambda_2 = 0{,}0221$, Druckverlustzahlen für Rohreinlauf nach (131) $\zeta_E = 0{,}07$, Krümmer mit $R/D = 2$ nach Bild 8-42 $\zeta_K = 0{,}14$, Druckerhöhung im Carnot-Diffusor nach (132):

$$p_2 - p_3 = \frac{1}{2}\varrho w_2^2 \left(\frac{l_1}{D_1}\lambda_1 + \zeta_E + 2\zeta_K\right) + \varrho g z_5$$

$$= \frac{1}{2}\varrho w_2^2 \cdot 31{,}35 + \varrho g z_5$$

$$p_3 - p_4 = -\frac{1}{2}\varrho w_2^2 \cdot 2\frac{A_1}{A_2}\left(1 - \frac{A_1}{A_2}\right)$$

$$= -\frac{1}{2}\varrho w_2^2 \cdot 0{,}375$$

$$p_4 - p_5 = \frac{1}{2}\varrho w_4^2 \frac{l_2}{D_2}\lambda_2 = \frac{1}{2}\varrho w_2^2 \frac{A_1^2}{A_2^2} \cdot \frac{l_2}{D_2}\lambda_2$$

$$= \frac{1}{2}\varrho w_2^2 \cdot 0{,}230\,.$$

⑤ → ⑥ Freistrahl, Hydrostatik

$$p_5 - p_6 = \varrho g (z_6 - z_5)\,.$$

Zusammenfassung der Druckdifferenzen zwischen ① und ⑥ ergibt mit $z_6 - z_1 = h$:

$$p_1 - p_6 = \frac{1}{2}\varrho w_2^2 \cdot 32{,}20 + \varrho g h = 1{,}973\,\mathrm{bar}\,.$$

b) Energetische Betrachtung:

Energiegleichung (10) für stationär durchströmtes System von ① → ⑥:

$$p_1 + \frac{1}{2}\varrho w_1^2 + \varrho g z_1 = p_6 + \frac{1}{2}\varrho w_6^2 + \varrho g z_6 + \Delta p_v\,.$$

Mit der Voraussetzung konstanter Spiegelhöhe, d. h. $w_1 = 0$, $w_6 = 0$ folgt:

$$p_1 - p_6 = \varrho g (z_6 - z_1) + \Delta p_v\,.$$

Die Druckverluste Δp_v längs der Koordinate s setzen sich zusammen aus:

Rohreinlauf $\Delta p_E = \frac{1}{2}\varrho w_2^2 \zeta_E$

Rohr mit l_1 $\Delta p_{R1} = \frac{1}{2}\varrho w_2^2 \frac{l_1}{D_1}\lambda_1$

Krümmer $\Delta p_K = \frac{1}{2}\varrho w_2^2 2\zeta_K$

Carnot-Diffusor $\Delta p_C = \frac{1}{2}\varrho w_2^2 \zeta_1$

mit $\zeta_1 = \left(1 - \frac{A_1}{A_2}\right)^2$ nach (134)

Rohr mit l_2 $\Delta p_{R2} = \frac{1}{2}\varrho w_4^2 \frac{l_2}{D_2}\lambda_2$

Austritt in Behälter $\Delta p_A = \frac{1}{2}\varrho w_4^2 \zeta_A$

mit $\zeta_A = 1$ nach (134)

$$\Delta p_v = \frac{1}{2}\varrho w_2^2\left(\zeta_E + \frac{l_1}{D_1}\lambda_1 + 2\zeta_K + \zeta_1 + \frac{A_1^2}{A_2^2}\cdot\frac{l_2}{D_2}\lambda_2 + \frac{A_1^2}{A_2^2}\zeta_A\right) = \frac{1}{2}\varrho w_2^2 \cdot 32{,}20\,.$$

Damit folgt für die Druckdifferenz:

$$p_1 - p_6 = \varrho g h + \frac{1}{2}\varrho w_2^2 \cdot 32{,}20 = 1{,}973\ \text{bar}\,.$$

8.4.2 Umströmungsprobleme

Bei der Umströmung von Körpern, Fahrzeugen und Bauwerken tritt ein Strömungswiderstand auf. Der Gesamtwiderstand setzt sich aus Druck- und Reibungskräften zusammen, deren Anteile je nach Strömungsproblem variieren. Bild 8-48 zeigt die beiden Grenzfälle. Bei der quergestellten Platte (Bild 8-48a) tritt nur Druckwiderstand (Formwiderstand) auf. Die Strömung löst an den Plattenkanten ab, so daß sich hinter der Platte ein Rückströmgebiet bildet. Zur Struktur von Rückströmgebieten hinter Körpern unterschiedlicher Form gibt es neuere Untersuchungen [28]. Der Widerstand wird allein durch die Druckkräfte auf die Platte bestimmt. Bei der längs angeströmten Platte (Bild 8-48b) tritt nur Reibungswiderstand (Flächenwiderstand) auf. Bei allgemeinen Strömungsproblemen treten beide Anteile gleichzeitig auf, so daß der Widerstand von der Reynolds-Zahl der Anströmung abhängt. Berechnungsmöglichkeiten beschränken sich auf Stokessche Schichtenströmungen mit kleinen Reynolds-Zahlen und auf Grenzschichtprobleme, wobei die Grenzschichttheorie nur bis zur Ablösung gültig ist. Numerische Lösungsverfahren ermöglichen die Lösung spezieller Aufgaben. Für größere Reynolds-Zahlen sind experimentelle Untersuchungen unumgänglich. Neben dem Strömungswiderstand F_W in Strömungsrichtung tritt oft eine durch Anstellung oder asymmetrische Körperform verursachte Auftriebskraft F_A auf. Auch bei symmetrischen

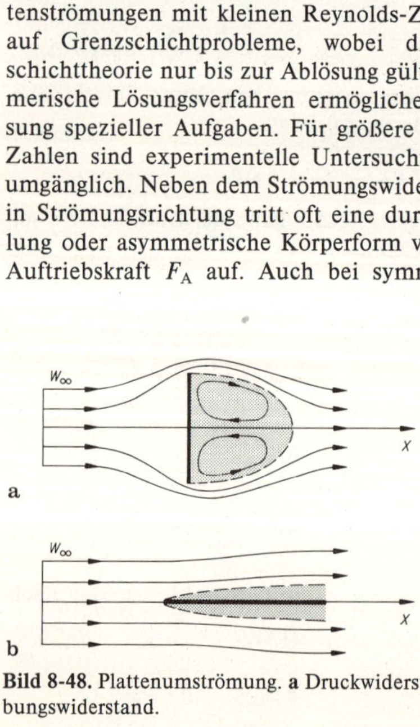

Bild 8-48. Plattenumströmung. **a** Druckwiderstand, **b** Reibungswiderstand.

Querschnitten können im Bereich der kritischen Reynolds-Zahl durch Ablöseerscheinungen zeitlich veränderliche Auftriebskräfte auftreten [29].

Für die dimensionslosen Widerstands- und Auftriebsbeiwerte gilt:

$$c_W = \frac{F_W}{\frac{1}{2}\varrho w^2 A}\,, \quad c_A = \frac{F_A}{\frac{1}{2}\varrho w^2 A}\,. \tag{141}$$

Hierbei ist $(\varrho/2)\,w^2 = p_{dyn}$ der dynamische Druck der Anströmung und A eine geeignete Bezugsfläche des umströmten Körpers in Strömungsrichtung bzw. senkrecht dazu. Eine umfangreiche Zusammenstellung von Widerstandsbeiwerten ist in [30] enthalten.

Ebene Strömung um prismatische Körper

Bei der Umströmung des Kreiszylinders ist für kleine Reynolds-Zahlen, $Re = wD/\nu < 1$, eine analytische Lösung bekannt [31]:

$$c_W = \frac{8\pi}{Re\,(2{,}002 - \ln Re)}\,, \quad Re = \frac{wD}{\nu}\,. \tag{142}$$

Für größere Reynolds-Zahlen liegen Resultate aus Messungen vor [7, 32]. In Bild 8-49 sind die Widerstandsbeiwerte c_W bezogen auf die Fläche $A = DL$ über der Reynolds-Zahl Re aufgetragen. Im Bereich der kritischen Reynolds-Zahl, $Re_{crit} \approx 4 \cdot 10^5$, findet ein Widerstandsabfall statt, da beim laminar-turbulenten Umschlag der Druckwiderstand stärker abnimmt als der Reibungswiderstand ansteigt. Eine Erhöhung der Rauhigkeit bewirkt eine Verringerung der kritischen Reynolds-Zahl und hat damit einen starken Einfluß auf den Widerstandsbeiwert. Eine endliche Länge des Zylinders bringt durch die seitliche Umströmung einen geringeren Widerstand, wie das Beispiel mit $L/D = 5$ in Bild 8-49 zeigt. Die quergestellte unendlich lange Platte hat durch die festen Ablösestellen einen konstanten Wert $c_W = 2{,}0$. Beim quadratischen Zylinder bilden die Kanten der Stirnfläche die Ablöselinien, so daß sich nahezu gleiche Widerstandswerte wie bei der Platte ergeben. Für die ebene, längs angeströmte Platte sind für laminare und turbulente Strömung theoretische Werte bekannt. Die Reynolds-Zahl ist mit der Plattenlänge l gebildet, $Re = wl/\nu$. Als Bezugsfläche $A = bl$ dient die Querschnittsfläche, so daß die Widerstandsbeiwerte (98), (99), (100) für die hier beidseitig umströmte Platte zu verdoppeln sind. Zwischen Theorie und Experiment besteht gute Übereinstimmung bis auf den Bereich kleinerer Reynolds-Zahlen, $Re < 10^4$, wo sich Hinterkanteneffekte aufgrund der endlichen Plattenlänge durch eine Widerstandserhöhung bemerkbar machen. Die Widerstandsbeiwerte für das Normalprofil NACA 4415 (National Advisory

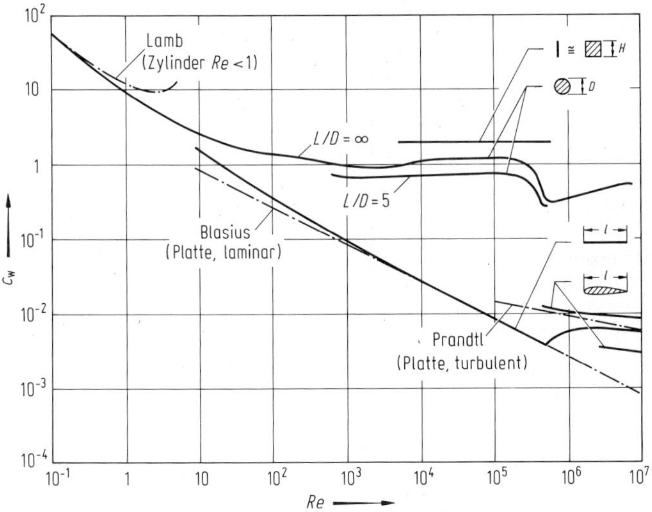

Bild 8-49. Widerstandsbeiwerte prismatischer Körper.

Committee for Aeronautics, USA) liegen oberhalb der turbulenten Plattengrenzschicht. Für das Laminarprofil NACA 66-009 liegen die Widerstandsbeiwerte dagegen unterhalb der Werte für die turbulente Plattengrenzschicht. Durch eine geeignete Profilform wird der laminar-turbulente Umschlag möglichst weit stromab verlagert, wodurch mit Laminarprofilen ein möglichst geringer Widerstand erreicht wird.

Umströmung von Rotationskörpern

Für die Kugelumströmung sind analytische Lösungen für kleine Reynolds-Zahlen $Re = wD/\nu$ bekannt [12]. Mit der Querschnittsfläche $A = \pi D^2/4$ als Bezugsfläche folgen die Widerstandsbeiwerte:

$$c_W = \frac{24}{Re}, \quad Re < 1 \quad \text{(Stokes)}, \tag{143}$$

$$c_W = \frac{24}{Re}\left(1 + \frac{3}{16} Re\right), \quad Re \leqq 5 \quad \text{(Oseen)}, \tag{144}$$

$$c_W = \frac{24}{Re}(1 + 0{,}11\sqrt{Re})^2, \tag{145}$$

$Re \leqq 6000$ (Abraham).

Der Widerstand nach Stokes (143) setzt sich aus 1/3 Druckwiderstand und 2/3 Reibungswiderstand zusammen. In (144) wurde von Oseen in erster Näherung der Trägheitseinfluß mitberücksichtigt. Die Beziehung (145) ist empirisch auf der Basis von Grenzschichtüberlegungen gewonnen [33]. Als Sonderfälle folgen für $Re < 1$ [34]:

$$c_W = \frac{64}{\pi Re} = \frac{20{,}4}{Re} \tag{146}$$

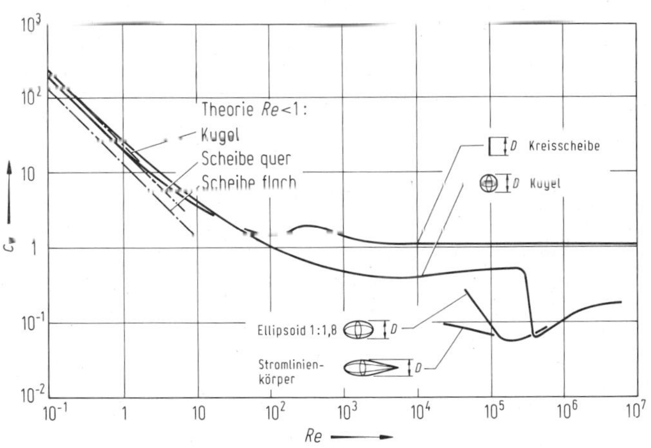

Bild 8-50. Widerstandsbeiwerte von Rotationskörpern.

quergestellte Kreisscheibe,

$$c_W = \frac{128}{3\pi Re} = \frac{13{,}6}{Re} \qquad (147)$$

längs angeströmte Kreisscheibe.

Bei der quergestellten Scheibe (146) tritt nur Druckwiderstand und bei der längs angeströmten Scheibe (147) nur Reibungswiderstand auf. In Bild 8-50 sind gemessene Widerstandsbeiwerte [7, 35, 36] über der Reynolds-Zahl aufgetragen. Die analytischen Lösungen stellen Asymptoten für kleine Reynolds-Zahlen dar. Der Kugelwiderstand fällt sehr stark im Bereich des laminar-turbulenten Umschlages und steigt danach wieder an. Für ein in Strömungsrichtung gestrecktes Ellipsoid ergeben sich gegenüber der Kugel größtenteils niedrigere Widerstandsbeiwerte. Optimale Widerstandsbeiwerte lassen sich mit Stromlinienkörpern erreichen [37]. Die quergestellte Scheibe hat bei größeren Reynolds-Zahlen eine feste Ablöselinie am äußeren Rand, so daß sich ein konstanter Widerstandsbeiwert einstellt.

Kennzahlunabhängige Widerstandsbeiwerte [7, 21]

Für größere Reynolds-Zahlen, $Re > 10^4$, sind bei Körpern mit festen Ablöselinien die Widerstandsbeiwerte nahezu unabhängig von der Reynolds-Zahl. Die Widerstandskraft ist dann proportional zum Quadrat der Anströmgeschwindigkeit. In der Tabelle 8-2 sind einige Beispiele zusammengestellt. Interessant ist das Widerstandsverhalten der beiden hintereinander angeordneten Kreisscheiben, deren Gesamtwiderstand kleiner als der Widerstand einer Scheibe werden kann (Windschattenproblem). Durch eine Variation von Abstand und Durchmesser können erhebliche Widerstandsreduzierungen erreicht werden [38]. Die Widerstands- und Auftriebsbeiwerte der Profilstäbe entsprechen den Messungen in [7]. Lastannahmen für Profilstäbe sind in [39] zusammengestellt. Aerodynamische Eigenschaften von Bauwerken sind in [40] umfassend dargestellt. Über die Zusammensetzung des Widerstandes von kraftfahrzeugähnlichen Körpern und Möglichkeiten zur Widerstandsreduzierung sind interessante Aspekte in [41] enthalten.

Beispiel: Welche Kräfte belasten eine Verkehrszeichentafel bei normaler und tangentialer Anströmung? Gegeben: Breite $b = 1{,}5$ m, Höhe $h = 3$ m, Windgeschwindigkeit $w = 20$ m/s $= 72$ km/h, Dichte und kinematische Viskosität der Luft $\varrho = 1{,}188$ kg/m³, $\nu = 15{,}24 \cdot 10^{-6}$ m²/s. Lösung: Anströmung normal zur Oberfläche $A = bh$ mit $c_W = 1{,}15$ nach Tabelle 8-2, $F_W = (\varrho/2)\, w^2 A c_W = 1\,230$ kg m/s² $= 1\,230$ N. Anströmung tangential zur Oberfläche, Reynolds-Zahl $Re = wb/\nu = 1{,}97 \cdot 10^6$, Widerstandsbeiwert der

Tabelle 8-2. Widerstands- und Auftriebsbeiwerte kennzahlunabhängiger Körperformen

Kreisscheibe

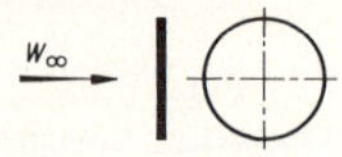

$c_W = 1{,}11$

Rechteckplatte

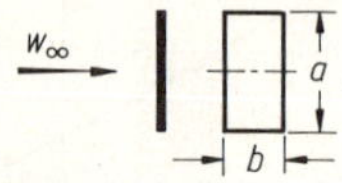

a/b	1	2	4	10	18	∞
c_W	1,0	1,15	1,19	1,29	1,40	2,01

Halbkugel

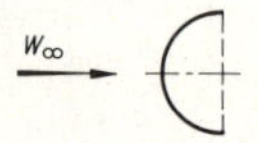

	ohne Boden	mit Boden
c_W	0,34	0,42

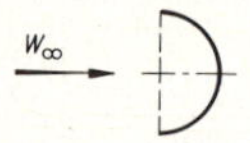

	ohne Boden	mit Boden
c_W	1,33	1,17

Kreisringplatte

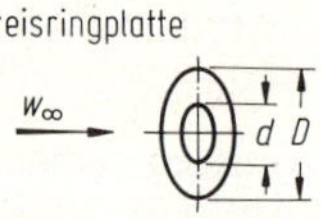

$c_W = 1{,}22 \qquad \frac{d}{D} = 0{,}5$

Kegel

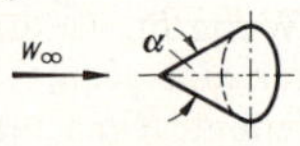

	mit Boden	
α	30°	60°
c_W	0,34	0,51

2 Kreisscheiben hintereinander

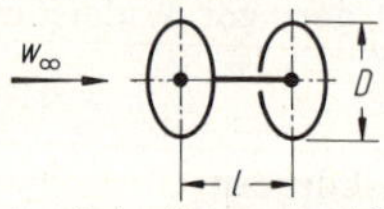

l/D	1	1,5	2	3
c_W	0,93	0,78	1,04	1,52

Kreiszylinder längs angeströmt

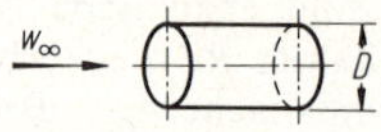

l/D	1	2	4	7
c_W	0,91	0,85	0,87	0,99

Profilstäbe

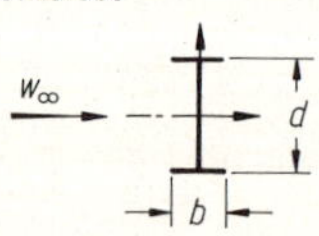

$c_W = 2{,}04 \quad c_A = 0 \quad \frac{b}{d} \approx 0{,}5$

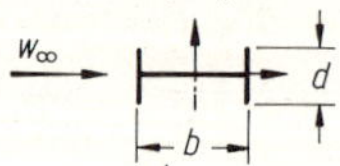

$c_W = 0{,}86 \quad c_A = 0 \quad \frac{b}{d} \approx 2$

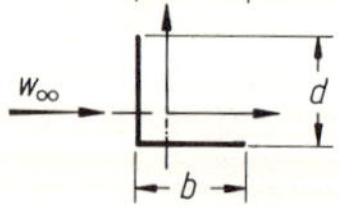

$c_W = 2{,}0 \quad c_A = -0{,}3 \quad \frac{b}{d} \approx 1$

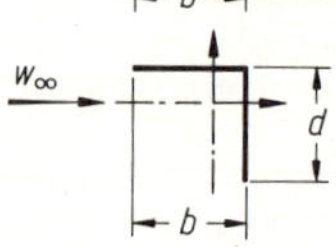

$c_W = 1{,}83 \quad c_A = 2{,}07 \quad \frac{b}{d} \approx 1$

turbulenten Plattengrenzschicht aus Bild 8-49 bzw. nach (99) mit dem Faktor 2, da beide Seiten überströmt werden.

$$c_W = 2c_F = 2\left[\frac{0{,}455}{(\lg Re)^{2{,}58}} - \frac{1\,700}{Re}\right] = 0{,}0062\,,$$

$$F_W = \frac{1}{2}\,\varrho w^2 bh c_W = 6{,}63\ \mathrm{N}\,.$$

Die Belastung durch Druckkräfte ist erheblich größer als durch Reibungskräfte.

Beispiel: Wie groß ist die Geschwindigkeit eines Fallschirmspringers bei stationärer Bewegung im freien Fall? Gegeben sind: Schirmdurchmesser $D = 8$ m, Masse von Person und Schirm $m = 90$ kg, Dichte der Luft $\varrho = 1{,}188\ \mathrm{kg/m^3}$. Lösung: Entspricht die Schirmform einer offenen Halbkugel, so folgt aus Tabelle 8-2 der Widerstandsbeiwert $c_W = 1{,}33$. Mit (141): $F_W = mg = (\varrho/2)\,w^2 A c_W$ ergibt sich die Fallgeschwindigkeit zu

$$w = \left(\frac{8mg}{\pi D^2 \varrho c_W}\right)^{1/2}$$

$$\approx \left(\frac{8\cdot 90\ \mathrm{kg}\cdot 9{,}81\ \mathrm{m/s^2}}{\pi\cdot 8^2\ \mathrm{m^2}\cdot 1{,}188\ \mathrm{kg/m^3}\cdot 1{,}33}\right)^{1/2}$$

$$\approx 4{,}7\ \mathrm{m/s} \approx 17\ \mathrm{km/h}\,.$$

In Wirklichkeit ist der Widerstandsbeiwert c_W durch die Porösität des Schirmes geringer und die Geschwindigkeit damit höher.

8.5 Strömungen in rotierenden Systemen

Beim Durchströmen rotierender Strömungskanäle wird dem Medium in Kraftmaschinen (Turbinen) Energie entzogen und in Arbeitsmaschinen (Pumpen) zugeführt. Für das in Bild 8-51 dargestellte Turbinenlaufrad folgt aus dem Erhaltungssatz für den Drehimpuls die Eulersche Turbinengleichung [1]:

$$P = M_T\,\omega = \dot m\,(u_1 c_{u_1} - u_2 c_{u_2})\,. \tag{148}$$

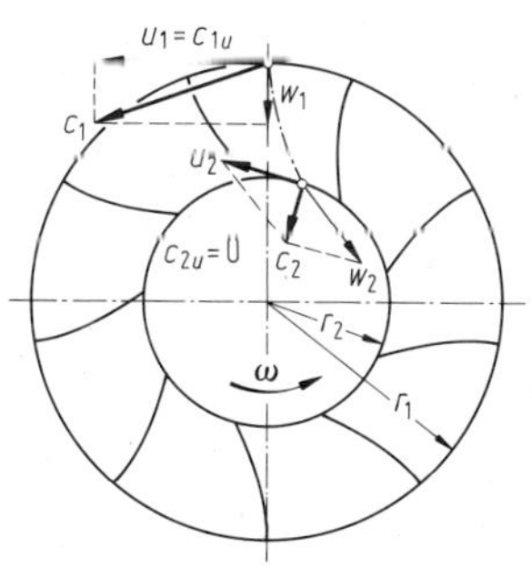

Bild 8-51. Geschwindigkeiten im Turbinenlaufrad.

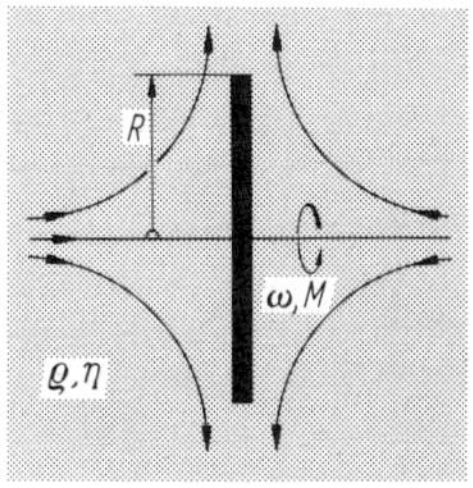

Bild 8-52. Frei rotierende Scheibe.

Die Leistung P des Turbinenrades als Produkt aus Drehmoment M_T und Winkelgeschwindigkeit ω ist vom Massenstrom $\dot m$ sowie den Geschwindigkeitsverhältnissen am Ein- und Austritt abhängig.

Drehmoment rotierender Körper

In viskosen Medien erfahren rotierende Körper ein Reibmoment. Für die frei rotierende Scheibe in Bild 8-52 gilt die Abhängigkeit

$$M = f(R, \omega, \varrho, \eta)\,. \tag{149}$$

Aus dimensionsanalytischen Betrachtungen folgt der allgemeine Zusammenhang [11]

$$c_M = F(Re)$$

$$\text{mit}\quad c_M = \frac{M}{\frac{1}{2}\varrho R^5 \omega^2} \quad\text{und}\quad Re = \frac{R^2\omega}{\nu}\,. \tag{150}$$

Für die schleichende Strömung, die laminare und turbulente Grenzschichtströmung resultieren aus

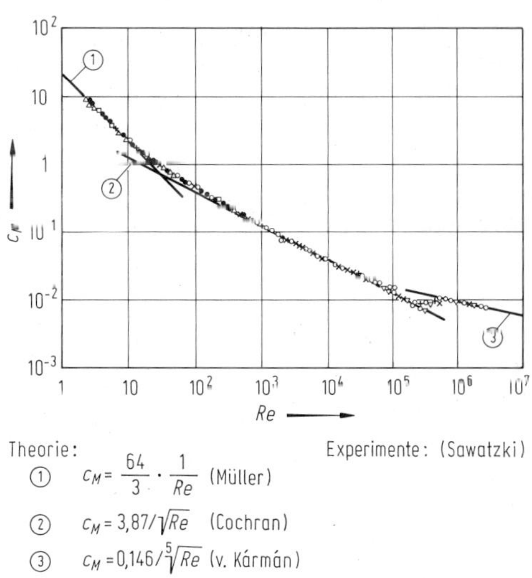

Bild 8-53. Momentenbeiwert der frei rotierenden Scheibe.

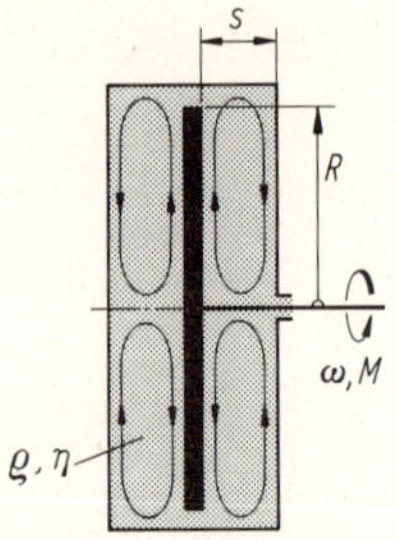

Bild 8-54. Rotierende Scheibe im Gehäuse.

der Theorie die Beziehungen [12, 18]:

$$c_M = \frac{64}{3} \cdot \frac{1}{Re} \quad (Re < 30, \quad \text{laminar}), \tag{151}$$

$$c_M = \frac{3{,}87}{\sqrt{Re}} \quad (30 < Re < 3 \cdot 10^5, \quad \text{laminar}), \tag{152}$$

$$c_M = \frac{0{,}146}{\sqrt[5]{Re}} \quad (Re > 3 \cdot 10^5, \quad \text{turbulent}). \tag{153}$$

In Bild 8-53 sind die theoretischen Lösungen und Meßergebnisse aus [42] aufgetragen. Die Grenzen für die Anwendung der Beziehungen (151) bis (153) sind diesem Diagramm entnommen.
Ist die rotierende Scheibe von einem geschlossenen Gehäuse umgeben (Bild 8-54), dann ist die normierte Spaltweite $\sigma = s/R$ ein weiterer Parameter. Der Einfluß von σ auf das Drehmoment zeigt sich für kleine Werte, $\sigma < 0{,}3$, im Bereich der laminaren Schichtenströmung. Für den Momentenbeiwert gelten die Beziehungen [43]:

$$c_M = \frac{2\pi}{\sigma} \cdot \frac{1}{Re} \quad (Re < 10^4, \quad \text{laminar}), \tag{154}$$

$$c_M = \frac{2{,}67}{\sqrt{Re}} \quad (10^4 < Re < 3 \cdot 10^5, \quad \text{laminar}), \tag{155}$$

$$c_M = \frac{0{,}0622}{\sqrt[5]{Re}} \quad (Re > 3 \cdot 10^5, \quad \text{turbulent}). \tag{156}$$

Interessant ist die Feststellung, daß die rotierende Scheibe im Gehäuse für $Re > 10^4$ ein kleineres Drehmoment erfordert als die im unendlich ausgedehnten Medium rotierende Scheibe. Dieser Effekt ist auf die dreidimensionale Grenzschichtströmung im abgeschlossenen Gehäuse zurückzuführen. Für Kugeln in einem Gehäuse mit abgeschlossenem Spalt sind entsprechende Ergebnisse in [44] dargestellt. Tritt neben der Rotation noch eine überlagerte Durchströmung des Kugelspaltes auf, so wird das Drehmomentverhalten zusätzlich vom Volumenstrom abhängig. Eine umfassende Darstellung der theoretischen und experimentellen Resultate zu diesem Strömungsproblem ist in [45] enthalten.

Beispiel: Ein scheibenförmiges Laufrad rotiert in einem mit Wasser gefüllten Gehäuse (Bild 8-54) mit der Drehzahl $n = 3000 \frac{1}{\text{min}} = 50 \frac{1}{\text{s}}$. Wie groß sind Drehmoment und Leistung des Antriebs? Radius $R = 0{,}1$ m, Wasser $\varrho = 998$ kg/m³, $\nu = 1{,}004 \cdot 10^{-6}$ m²/s, Winkelgeschwindigkeit $\omega = 2\pi n = 314{,}16 \frac{1}{\text{s}}$, Reynolds-Zahl $Re = R^2 \omega / \nu = 3{,}13 \cdot 10^6$ (turbulente Grenzschichtströmung). Nach (155) folgt der Momentenbeiwert $c_M = 0{,}0622/\sqrt[5]{Re} = 0{,}00312$ und mit (150) das Drehmoment $M = \frac{1}{2} \varrho R^5 \omega^2 c_M = 1{,}537$ Nm. Die erforderliche Leistung ist $P = M\omega = 0{,}482$ kW.
Würde dagegen das Laufrad frei ohne Gehäuse im Wasser rotieren, wäre der Momentenbeiwert $c_M = 0{,}146/\sqrt[5]{Re} = 0{,}00733$, das Drehmoment $M = 3{,}61$ Nm und die Leistung $P = 1{,}134$ kW.

9 Gasdynamik

9.1 Erhaltungssätze für Masse, Impuls und Energie

Die Strömung eines kompressiblen Mediums wird in jedem Punkt (x, y, z) des betrachteten Feldes zu jeder Zeit t durch diese Größen beschrieben:

Geschwindigkeit $\boldsymbol{w} = (u, v, w)$, Druck p,
Dichte ϱ, Temperatur T.

Zur Bestimmung dieser 6 abhängigen Zustandsgrößen werden 6 physikalische Grundgleichungen sowie Rand- und/oder Anfangsbedingungen der speziellen Aufgabe benötigt. Diese Grundgesetze sind die physikalischen Erhaltungssätze für Masse m, Impuls I und Energie E sowie eine thermodynamische Zustandsgleichung (das sind insgesamt 6 Gleichungen) in Integralform. Die Integralform der Gesetze führt zu den Kräften im Strömungsfeld (Auftrieb, Widerstand; siehe auch in 8.3.7 den Impulssatz) und zu den Verdichtungsstoßgleichungen. Die später zusätzlich gemachten Differenzierbarkeitsannahmen ergeben die Differentialgleichungen (Kontinuitätsgleichung, Euler- oder Navier-Stokes-Gleichung und Energiesatz).
Die Herleitung der integralen Sätze erfolgt am einfachsten im massenfesten, d. h. im mitschwimmenden Kontrollraum. Das Endergebnis gilt massenfest wie raumfest (Bild 9-1).

Massenerhaltung:

$$\frac{\mathrm{d}m}{\mathrm{d}t} = \frac{\mathrm{d}}{\mathrm{d}t} \int_V \varrho \,\mathrm{d}V = \int_V \frac{\partial \varrho}{\partial t} \mathrm{d}V + \int_A \varrho \boldsymbol{w} \cdot \boldsymbol{n} \,\mathrm{d}A = 0. \tag{1}$$

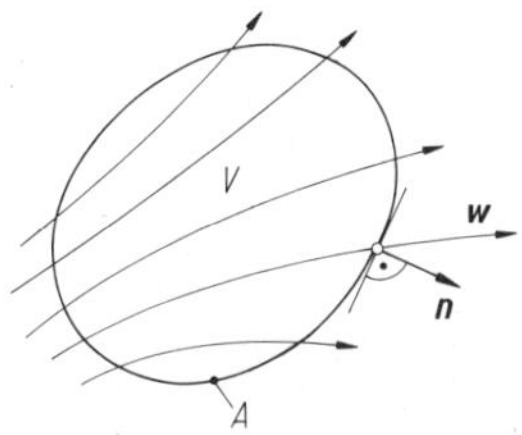

Bild 9-1. Kontrollbereich für integrale Erhaltungssätze. V Volumen, A Oberfläche, $\boldsymbol{n}$ äußere Normale.

Das Volumenintegral über $\partial\varrho/\partial t$ erfaßt die zeitliche lokale Massenänderung im Volumen V, das Oberflächenintegral liefert den zugehörigen Massenzu- oder -abfluß durch die Oberfläche A.

Impulssatz:

$$\frac{\mathrm{d}\boldsymbol{I}}{\mathrm{d}t}=\frac{\mathrm{d}}{\mathrm{d}t}\int_V \varrho\boldsymbol{w}\,\mathrm{d}V$$

$$=\int_V \frac{\partial\varrho\boldsymbol{w}}{\partial t}\,\mathrm{d}V+\int_A \varrho\boldsymbol{w}(\boldsymbol{w}\cdot\boldsymbol{n})\,\mathrm{d}A=\boldsymbol{F}_\mathrm{M}+\boldsymbol{F}_\mathrm{A}. \tag{2}$$

Rechts treten alle am Kontrollbereich angreifenden Massenkräfte (Schwerkraft, Zentrifugalkraft, elektrische und magnetische Kraft usw) $=\boldsymbol{F}_\mathrm{M}$ sowie Oberflächenkräfte (Druckkraft, Reibungskraft usw) $=\boldsymbol{F}_\mathrm{A}$ auf. Für die statische Druckkraft gilt

$$\boldsymbol{F}_\mathrm{D}=-\int_A p\boldsymbol{n}\,\mathrm{d}A. \tag{2a}$$

Energiesatz (Leistungsbilanz):

$$\frac{\mathrm{d}E}{\mathrm{d}t}=\frac{\mathrm{d}}{\mathrm{d}t}\int_V \varrho\left(e+\frac{1}{2}w^2\right)\mathrm{d}V$$

$$=\int_V \frac{\partial}{\partial t}\varrho\left(e+\frac{1}{2}w^2\right)\mathrm{d}V$$

$$+\int_A \varrho\left(e+\frac{1}{2}w^2\right)(\boldsymbol{w}\cdot\boldsymbol{n})\,\mathrm{d}A$$

$$=P_\mathrm{M}+P_\mathrm{A}+P_\mathrm{W}. \tag{3}$$

e ist die spezifische innere Energie. Rechts stehen die Leistungen der Massenkräfte (P_M), der Oberflächenkräfte (P_A) sowie die übrigen Energieströme, z. B. durch Wärmeleitung (P_W), am Kontrollbereich.
Für die Leistung der Druckkraft gilt

$$P_\mathrm{D}=-\int_A p(\boldsymbol{w}\cdot\boldsymbol{n})\,\mathrm{d}A \tag{3a}$$

Die Deutung der jeweils in (2) und (3) rechts auftretenden Integrale, lokale Änderung im Volumen V sowie zugehöriger Strom durch die Oberfläche A, ist analog zu der bei (1).

9.2 Allgemeine Stoßgleichungen

Die Erhaltungssätze liefern die Sprungrelationen für die Zustandsgrößen über Stoßflächen. Dies ist eine zweckmäßige Idealisierung der Tatsache, daß in sehr dünnen Schichten (von der Größenordnung der mittleren freien Weglänge des Gases) die Gradienten von Zustandsgrößen und Stoffparametern hohe Werte annehmen können. Im Rahmen der Kontinuumsmechanik sprechen wir daher von Unstetigkeiten (Verdichtungsstößen). Die integralen Erhaltungssätze (1) bis (3) geben für stationäre Strömung, ohne Massenkräfte, Reibung und Wärmeleitung (Bild 9-2):

$$\varrho v_\mathrm{n}=\hat{\varrho}\hat{v}_\mathrm{n},$$

$$\varrho v_\mathrm{n}^2+p=\hat{\varrho}\hat{v}_\mathrm{n}^2+\hat{p},$$

$$\varrho v_\mathrm{t}v_\mathrm{n}=\hat{\varrho}\hat{v}_\mathrm{t}\hat{v}_\mathrm{n},$$

$$\varrho v_\mathrm{n}\left[h+\frac{1}{2}(v_\mathrm{n}^2+v_\mathrm{t}^2)\right]=\hat{\varrho}\hat{v}_\mathrm{n}\left[\hat{h}+\frac{1}{2}(\hat{v}_\mathrm{n}^2+\hat{v}_\mathrm{t}^2)\right].$$

Die Indizes n, t bezeichnen Normal- und Tangentialkomponenten, das Zeichen ^ die Werte hinter dem Stoß, $h=e+p/\varrho$ die spezifische Enthalpie. Ist $\varrho v_\mathrm{n}=0$ — kein Massenfluß über A — so kann $v_\mathrm{t}\neq\hat{v}_\mathrm{t}$ sein, dann liegt eine Wirbelfläche vor. Für Verdichtungsstöße ist $\varrho v_\mathrm{n}\neq 0$ und damit $v_\mathrm{t}=\hat{v}_\mathrm{t}$, also

$$\varrho v_\mathrm{n}=\hat{\varrho}\hat{v}_\mathrm{n}, \tag{4a}$$

$$\varrho v_\mathrm{n}^2+p=\hat{\varrho}\hat{v}_\mathrm{n}^2+\hat{p}, \tag{4b}$$

$$v_\mathrm{t}=\hat{v}_\mathrm{t} \tag{4c}$$

$$h+\frac{1}{2}v_\mathrm{n}^2=\hat{h}+\frac{1}{2}\hat{v}_\mathrm{n}^2. \tag{4d}$$

9.2.1 Rankine-Hugoniot-Relation

Elimination der Geschwindigkeitskomponenten in (4a) bis (4d) ergibt die allgemeinen Rankine-Hugoniot-Relationen [1, 2]:

$$\hat{h}-h=\frac{1}{2}\left(\frac{1}{\varrho}+\frac{1}{\hat{\varrho}}\right)(\hat{p}-p), \tag{5a}$$

$$\hat{e}-e=\left(\frac{1}{\varrho}-\frac{1}{\hat{\varrho}}\right)\left(\frac{\hat{p}+p}{2}\right). \tag{5b}$$

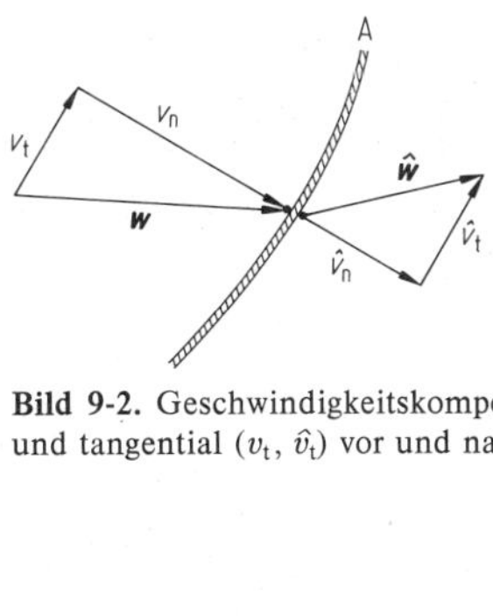

Bild 9-2. Geschwindigkeitskomponenten normal (v_n, $\hat{v}_\mathrm{n}$) und tangential (v_t, $\hat{v}_\mathrm{t}$) vor und nach dem Stoß.

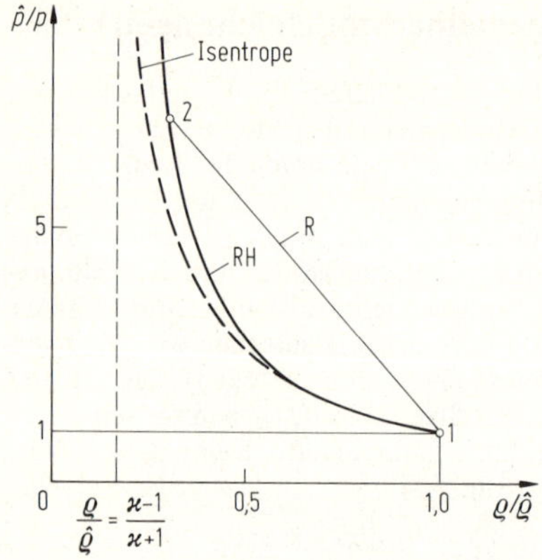

Bild 9-3. Rankine-Hugoniot-Kurve (RH), Rayleigh-Gerade (R) und Isentrope.

Der Zusammenhang mit dem 1. Hauptsatz im adiabaten Fall ist offensichtlich. Die Änderung der inneren Energie beim Stoß ist nach (5 b) gleich der Arbeit, die der mittlere Druck bei der Volumenänderung leistet. Für ideale Gase konstanten Verhältnisses $\varkappa$ der spezifischen Wärmen kommt die spezielle Form (RH) [3, 4]

$$\frac{\hat{p}}{p} = \frac{(\varkappa+1)\,\hat{\varrho} - (\varkappa-1)\,\varrho}{(\varkappa+1)\,\varrho - (\varkappa-1)\,\hat{\varrho}}. \tag{6}$$

Die RH-Kurve und die Isentrope (Bild 9-3) haben im Ausgangspunkt $\hat{p}/p = 1$, $\varrho/\hat{\varrho} = 1$ Tangente und Krümmung gemeinsam. Das heißt, *schwache* Stöße verlaufen *isentrop*. Für *starke* Stöße, $\hat{p}/p \gg 1$, gilt dagegen $\hat{\varrho}/\varrho \rightarrow (\varkappa+1)/(\varkappa-1)$, während die Isentrope beliebig anwächst. Allerdings sind bei diesen extremen Zustandsänderungen reale Gaseffekte zu berücksichtigen. Es sind nur Verdichtungsstöße thermodynamisch möglich. Mit s, der spezifischen Entropie, folgt wegen $\hat{s} - s \geqq 0$

$$\frac{\hat{p}}{p} = \left(\frac{\hat{\varrho}}{\varrho}\right)^{\varkappa} \exp\left(\frac{\hat{s}-s}{c_v}\right) \geqq \left(\frac{\hat{\varrho}}{\varrho}\right)^{\varkappa},$$

d. h., die RH-Kurve muß stets oberhalb der Isentropen liegen. Dies ist (Bild 9-3) nur für

$$\frac{\varkappa-1}{\varkappa+1} < \frac{\varrho}{\hat{\varrho}} \leqq 1,$$

d. h. bei Verdichtung, möglich.

9.2.2 Rayleigh-Gerade

Die sogenannten mechanischen Stoßgleichungen Massenerhaltung (4 a) und Impulssatz (4 b) führen zur Rayleigh-Geraden (R) [5]:

$$\frac{\hat{p}}{p} - 1 = \varkappa M_n^2 \left(1 - \frac{\varrho}{\hat{\varrho}}\right) \tag{7a}$$

mit der Abkürzung

$$M_n^2 = \frac{v_n^2}{\varkappa \dfrac{p}{\varrho}} = \frac{v_n^2}{a^2}. \tag{7b}$$

Diese Gerade (R) muß mit der (RH)-Kurve geschnitten werden (Bild 9-3) und führt damit im allgemeinen zu den zwei Lösungen *(1)* und *(2)* der Erhaltungssätze beim Verdichtungsstoß. *(1)* ist die Identität, sie ist aufgrund des Aufbaus der Gleichungen (4 a) bis (4 d) enthalten, *(2)* ist der Verdichtungsstoß. Das System der Erhaltungssätze ist also nicht eindeutig lösbar. Zusätzliche Bedingungen müssen hier eine Entscheidung herbeiführen. Im Grenzfall, daß beide Lösungen zusammenfallen, (R) also tangential zu (RH) und zur Isentropen im Ausgangspunkt (1,1) verläuft, gilt $M_n = 1$.

9.2.3 Schallgeschwindigkeit

Die in (7 b) formal vorgenommene Abkürzung führt zur Schallgeschwindigkeit a. Mit R_i als individueller und $R = 8{,}314\,51\ \mathrm{J/(mol \cdot K)}$ als universeller (molarer) Gaskonstante und M_i als molarer Masse des Stoffes i gilt für ideale Gase

$$a = \sqrt{\left(\frac{\partial p}{\partial \varrho}\right)_s} = \sqrt{\varkappa \frac{p}{\varrho}} = \sqrt{\varkappa \frac{R}{M_i} T} = \sqrt{\varkappa R_i T}. \tag{8}$$

Für $T = 300$ K wird

Gas	O_2	N_2	H_2	Luft
M_i in g/mol	32	28,016	2,016	≈29
a in m/s	330	353	1 316	347

Diese Schallgeschwindigkeit ist die Ausbreitungsgeschwindigkeit kleiner Störungen der Zustandsgrößen in einem ruhenden kompressiblen Medium. Sie ist eine Signalgeschwindigkeit, zum Unterschied von der Strömungsgeschwindigkeit. Betrachten wir die Ausbreitung einer Schallwelle in ruhendem Medium und wenden auf die Zustandsänderung in der Wellenfront Kontinuitätsbedingung sowie Impulssatz an, so erhalten wir (8) (siehe z. B. [6]). Die Schallgeschwindigkeit hängt von der Druck- und Dichtestörung in der Front ab. Führt eine Drucksteigerung in der Welle nur zu einer geringen Dichteänderung (inkompressibles Medium), so ist die Schallgeschwindigkeit groß. Kommt es zu einer beträchtlichen Dichtezunahme (kompressibles Medium), so ist a klein. Beim idealen Gas gelten die typischen Proportionalitäten $a \sim \sqrt{T}$, $a \sim 1/\sqrt{M_i}$ womit Möglichkeiten der Variation von a gegeben sind. a ist eine wichtige Bezugsgeschwindigkeit für alle kompressiblen Strömungen. Ackeret führte 1928 zu Ehren von Ernst Mach die folgende Bezeichnung ein:

$$\frac{\text{Strömungsgeschwindigkeit}}{\text{Schallgeschwindigkeit}}$$

$$= \frac{w}{a} = M \quad \text{Machsche Zahl oder Mach-Zahl.} \qquad (9)$$

Statt M schreibt man auch Ma.
Man unterscheidet danach Unterschallströmungen mit $M < 1$ und Überschallströmungen mit $M > 1$. Die wichtigsten Eigenschaften solcher Strömungen werden im folgenden behandelt.

9.2.4 Senkrechter Stoß

Steht die Stoßfront senkrecht zur Anströmung (Bild 9-4), so ist $v_n = w$, $v_t = 0$. Für das ideale Gas konstanter spezifischer Wärmekapazität wird aus (4a) bis (4d)

$$\varrho w = \hat{\varrho}\hat{w}, \quad \varrho w^2 + p = \hat{\varrho}\hat{w}^2 + \hat{p},$$
$$\frac{\varkappa}{\varkappa - 1} \cdot \frac{p}{\varrho} + \frac{1}{2} w^2 = \frac{\varkappa}{\varkappa - 1} \cdot \frac{\hat{p}}{\hat{\varrho}} + \frac{1}{2} \hat{w}^2. \qquad (10)$$

Bei gegebener Zuströmung (ϱ, p, w) kommen für die Zustandswerte die Identität oder die folgende Lösung für den senkrechten Stoß:

$$\frac{\hat{w}}{w} = \frac{\varrho}{\hat{\varrho}} = 1 - \frac{2}{\varkappa + 1}\left(1 - \frac{1}{M^2}\right),$$
$$\frac{\hat{p}}{p} = 1 + \frac{2\varkappa}{\varkappa + 1}(M^2 - 1),$$
$$\frac{\hat{T}}{T} = \frac{\hat{a}^2}{a^2} = \frac{\hat{p}}{p} \cdot \frac{\varrho}{\hat{\varrho}} \qquad (11)$$
$$= \left[1 + \frac{2\varkappa}{\varkappa + 1}(M^2 - 1)\right]\left[1 - \frac{2}{\varkappa + 1}\left(1 - \frac{1}{M^2}\right)\right]$$
$$\frac{\hat{s} - s}{c_V} = \ln\left[\frac{\hat{p}}{p}\left(\frac{\varrho}{\hat{\varrho}}\right)^{\varkappa}\right]$$
$$= \frac{2}{3} \cdot \frac{\varkappa(\varkappa - 1)}{(\varkappa + 1)^2}(M^2 - 1)^3 + \ldots, \qquad (M \approx 1),$$
$$\hat{M}^2 = \frac{1 + \frac{\varkappa - 1}{\varkappa + 1}(M^2 - 1)}{1 + \frac{2\varkappa}{\varkappa + 1}(M^2 - 1)}.$$

Alle normierten Stoßgrößen hängen nur von M ab und zeigen einen charakteristischen Verlauf (Bild 9-5 und 9-6). Ein senkrechter Stoß kann nur in Überschallströmung $M > 1$ auftreten (Entropiezunahme!), dahinter herrscht Unterschallgeschwindigkeit $\hat{M} < 1$. Die Zunahme der Entropie

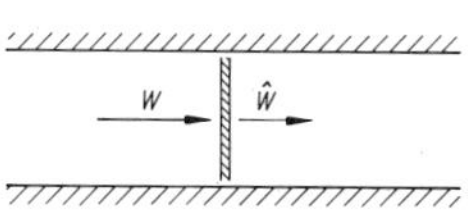

Bild 9-4. Senkrechter Verdichtungsstoß.

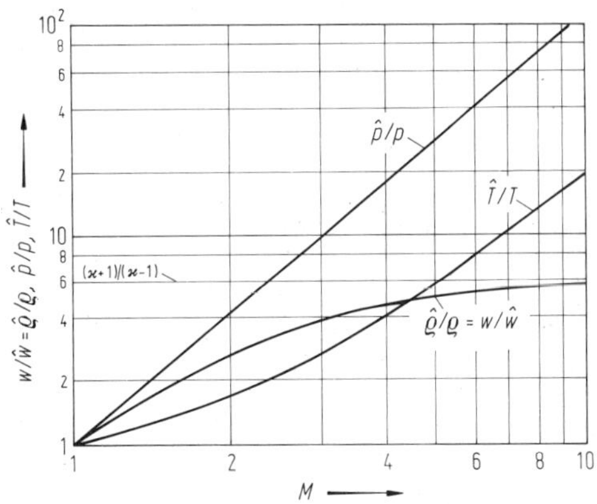

Bild 9-5. Die bezogenen Stoßgrößen beim senkrechten Verdichtungsstoß als Funktion von M ($\varkappa = 1{,}40$).

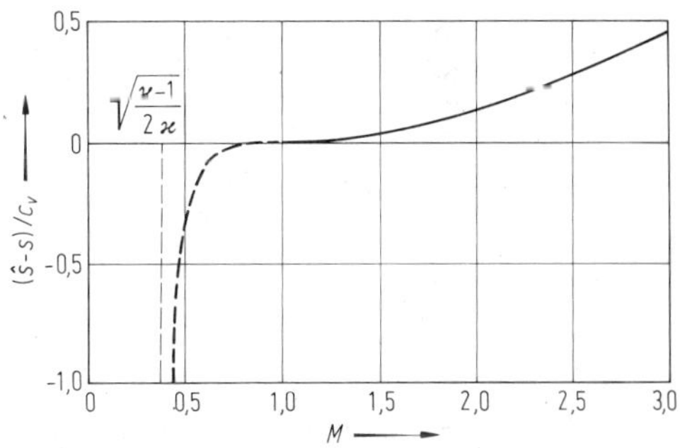

Bild 9-6. Die normierte Entropie $(\hat{s} - s)/c_V$ beim senkrechten Verdichtungsstoß als Funktion von M ($\varkappa = 1{,}40$).

erfolgt im Stoß — in der Nähe von $M = 1$ — erst mit der dritten Potenz der Stoßstärke $\hat{p}/p - 1$, d.h., schwache Stöße verlaufen isentrop.
Für $M^2 \gg 1$, den sog. Hyperschall, erhält man die Grenzwerte

$$\frac{\hat{\varrho}}{\varrho} = \frac{w}{\hat{w}} \to \frac{\varkappa + 1}{\varkappa - 1}, \quad \frac{\hat{p}}{p} \to \frac{2\varkappa}{\varkappa + 1} M^2,$$
$$\frac{\hat{T}}{T} \to \frac{2\varkappa(\varkappa - 1)}{(\varkappa + 1)^2} M^2, \quad \hat{M}_{\min} = \frac{\hat{w}}{\hat{a}} \to \sqrt{\frac{\varkappa - 1}{2\varkappa}}. \qquad (12)$$

Diese Zustandsgrößen treten z.B. bei der Umströmung eines stumpfen Körpers mit abgelöster Kopfwelle hinter dem Stoß auf. Die Dichte strebt gegen einen endlichen Wert, während Druck und Temperatur stark ansteigen. Die Mach-Zahl $\hat{M}$ erreicht ein Minimum.
Charakteristisch verhalten sich die Ruhegrößen. Denken wir uns das Medium vor und nach dem Stoß in den Ruhezustand überführt, so lautet der Energiesatz über den Stoß hinweg

$$c_p T_0 = c_p T + \frac{w^2}{2} = c_p \hat{T} + \frac{\hat{w}^2}{2} = c_p \hat{T}_0,$$

d. h.,

$$T_0 = \hat{T}_0, \quad a_0 = \hat{a}_0. \tag{13}$$

Bei Druck und Dichte wird jeweils eine isentrope Abbremsung vor und nach dem Stoß vorgenommen. Verwendet man weiterhin wegen (13) einen isothermen Vergleichsprozeß, so erhält man die sog. *Rayleigh-Formel*

$$\frac{\hat{p}_0}{p_0} = \frac{\hat{\varrho}_0}{\varrho_0} = \left[1 + \frac{2\varkappa}{\varkappa+1}(M^2 - 1)\right]^{-\frac{1}{\varkappa-1}} \times \left[1 - \frac{2}{\varkappa+1}\left(1 - \frac{1}{M^2}\right)\right]^{-\frac{\varkappa}{\varkappa+1}}. \tag{14}$$

Die Ruhedruckabnahme ist in Schallnähe gering, denn es gilt

$$\frac{\hat{s} - s}{c_V} = -(\varkappa - 1)\left(\frac{\hat{p}_0}{p_0} - 1\right) + \ldots$$

Für starke Stöße, d. h. hohe Mach-Zahlen, ist der Ruhedruckabfall dagegen beträchtlich (Bild 9-7).

Beim Pitotrohr in Überschallströmung finden diese Beziehungen Anwendung. Gemessen wird $\hat{p}_0$. Kennt man M, so kann mit (14) p_0 berechnet werden. Falls jedoch p oder $\hat{p}$ *und* $\hat{p}_0$ gemessen werden, kann M ermittelt werden. Hierzu wird der nachfolgend angegebene isentrope Zusammenhang zwischen p, p_0 und M benutzt (31).

Der Ruhedruckverlust in Überschallströmungen hat wichtige praktische Konsequenzen. Ist der Einlauf eines Staustrahltriebwerkes wie ein Pitotdiffusor ausgebildet, d. h., steht vor der Öffnung ein starker senkrechter Stoß, so tritt ein hoher Ruhedruckverlust auf, der nachteilig für den Antrieb ist; denn stromab kann durch Aufstau nur $\hat{p}_0$ wieder erreicht werden. Dies führte zur Entwicklung des Stoßdiffusors von Oswatitsch [7]. Hier wird in den Pitotdiffusor ein kegelförmiger Zentralkörper eingeführt. Die Abbremsung der Überschallströmung geschieht über ein System schiefer Stöße mit abschließendem schwachen senkrechten Stoß zwischen Kegel und Pitotrohr. Dieses Stoßsystem führt im Endeffekt zu einer erheblich geringeren Gesamtdruckabnahme als bei einem einzigen senkrechten Stoß.

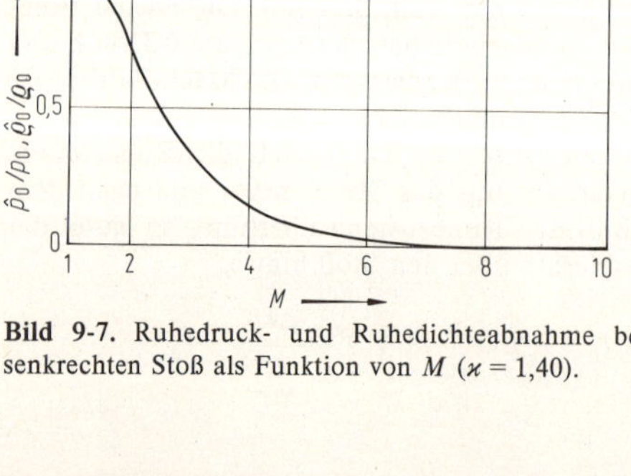

Bild 9-7. Ruhedruck- und Ruhedichteabnahme beim senkrechten Stoß als Funktion von M ($\varkappa = 1{,}40$).

9.2.5 Schiefer Stoß

Ein schiefer Stoß tritt in Überschallströmungen z. B. an der Körperspitze (Kopfwelle) und am Heck (Schwanzwelle) auf. Die Gleichungen erhält man am einfachsten aus denen des senkrechten Stoßes (Bild 9-4) in einem Koordinatensystem, das entlang der Stoßfront mit $v_t = \hat{v}_t \neq 0$ bewegt wird (Bild 9-2). Mit Θ = Neigungswinkel des Stoßes gegen die Anströmung = Stoßwinkel ergibt sich die Ersetzung (Bild 9-8) entsprechend folgender Tabelle:

Senkrechter Stoß	Schiefer Stoß
w	v_n
$\hat{w}$	$\hat{v}_n$
$\boxed{M} = \frac{w}{a}$	$\frac{v_n}{a} = \frac{w}{a}\sin\Theta = \boxed{M\sin\Theta}$

In allen Gleichungen des senkrechten Stoßes (11) und (14) ist also lediglich M durch $M\sin\Theta$ zu ersetzen. Es wird

$$\frac{\hat{v}_n}{v_n} = \frac{\varrho}{\hat{\varrho}} = 1 - \frac{2}{\varkappa+1}\left(1 - \frac{1}{M^2\sin^2\Theta}\right),$$
$$\frac{\hat{p}}{p} = 1 + \frac{2\varkappa}{\varkappa+1}(M^2\sin^2\Theta - 1), \tag{15}$$
$$\frac{\hat{T}}{T} = \frac{\hat{a}^2}{a^2} = \frac{\hat{p}}{p}\,\frac{\varrho}{\hat{\varrho}}, \quad \frac{\hat{s} - s}{c_V} = \ln\left[\frac{\hat{p}}{p}\left(\frac{\varrho}{\hat{\varrho}}\right)^{\varkappa}\right].$$

Die Bedingung $M \geqq 1$ beim senkrechten Stoß führt hier zu $M\sin\Theta \geqq 1$, d. h., $M \geqq 1/\sin\Theta \geqq 1$. Ein schiefer Stoß ist auch nur in Überschallströmung möglich. Bei festem M ist die untere Grenze für Θ bei verschwindendem Drucksprung durch $M\sin\Theta = 1$ gegeben, die obere Grenze da-

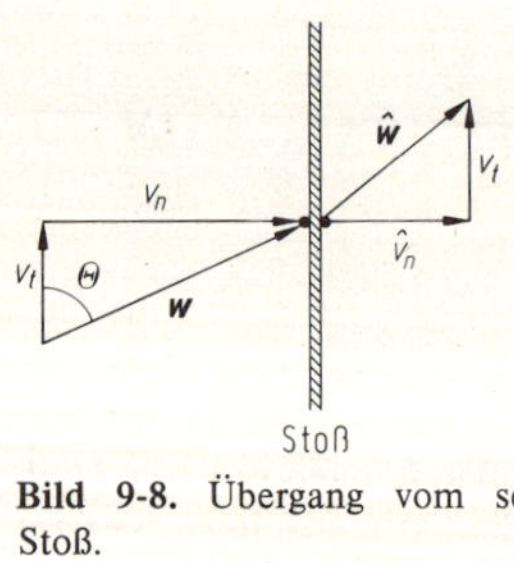

Bild 9-8. Übergang vom senkrechten zum schiefen Stoß.

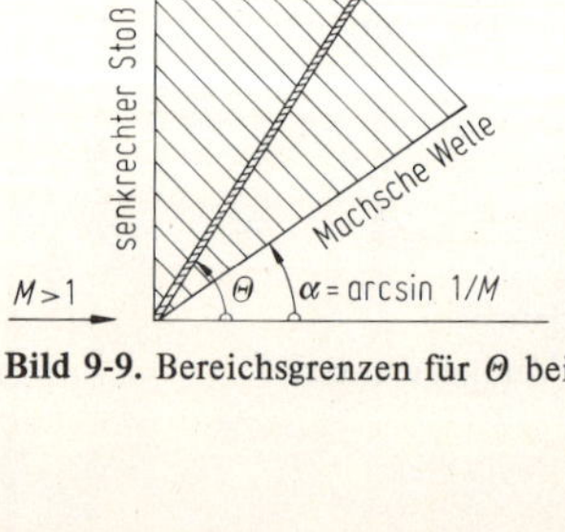

Bild 9-9. Bereichsgrenzen für Θ bei festem M.

gegen durch den größtmöglichen Druckanstieg im senkrechten Stoß (Bild 9-9):

$$\alpha = \arcsin\frac{1}{M} \leqq \Theta \leqq \frac{\pi}{2}.$$

α heißt Machscher Winkel. Er begrenzt den Einflußbereich kleiner Störungen in Überschallströmungen.

9.2.6 Busemann-Polare

Wir drehen das Koordinatensystem in Bild 9-8 so, daß die Anströmung in die x-Richtung fällt (Bild 9-10). Führt man diese Drehung in den Stoßrelationen durch und benutzt die Bezeichnungen von Bild 9-10, so erhält man die Busemann-Polare [8]

$$(u\hat{u} - a^{*2})(u - \hat{u})^2 = \hat{v}^2\left[a^{*2} + \frac{2}{\varkappa + 1}u^2 - u\hat{u}\right]. \tag{16}$$

$a^* = a_0\sqrt{2/(\varkappa+1)}$ bezeichnet hierin die sog. kritische Schallgeschwindigkeit. (16) stellt in der Form $\hat{v} = f(\hat{u}, u)$ die Parameterdarstellung einer Kurve in der $\hat{u}, \hat{v}$-Hodographenebene dar. Mit der Anströmungsgeschwindigkeit u als Parameter enthält sie alle möglichen Strömungszustände $(\hat{u}, \hat{v})$ hinter dem schiefen Stoß an der Körperspitze. Es handelt sich um ein Kartesisches Blatt mit Doppelpunkt $P(u, 0)$ und einer vertikalen Asymptote bei $\hat{u} = (a^{*2} + 2/(\varkappa+1)\,u^2)/u$. Der senkrechte Stoß ist mit $\hat{v} = 0$ enthalten. Es ergibt sich $\hat{u}u = a^{*2}$ (Prandtl-Relation) oder $\hat{u} = u$ (Identität). Ist der Abströmwinkel $\hat{\vartheta}$ (z. B. Keilwinkel) gegeben, so gibt es drei Lösungen (Bild 9-11): (*1*) starke Lösung, führt für $\hat{\vartheta} \to 0$ auf den senkrechten Stoß; (*2*) schwache Lösung, liefert mit $\hat{\vartheta} \to 0$ die Identität (Machsche Welle); (*3*) Schwanzwellenlösung. (*3*) löst das sogenannte inverse Problem. $(u, 0)$ ist der Zustand hinter der Schwanzwelle, $(\hat{u}, \hat{v})$ derjenige davor. (*3*) ist nur sinnvoll, solange $w < w_{max}$. Die Stoßneigung Θ ergibt sich durch das Lot vom Ursprung auf die Verbindungslinie $P \to 1$, $P \to 2$, $P \to 3$. Bei gegebener Anströmung gibt es ein ϑ_{max}. Für $\hat{\vartheta} > \hat{\vartheta}_{max}$ löst der Stoß von der Körperspitze ab und steht vor dem Hindernis. Der Schallkreis teilt die Stoßpolare in einen Unter- und einen Überschallteil. Eine genaue Analyse zeigt, daß hinter einem schiefen Stoß in Abhängigkeit von $\hat{\vartheta}$ Über- oder Unterschall herrschen kann.

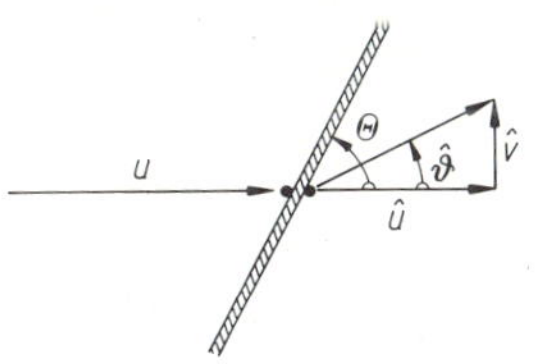

Bild 9-10. Schiefer Stoß bei horizontaler Anströmung.

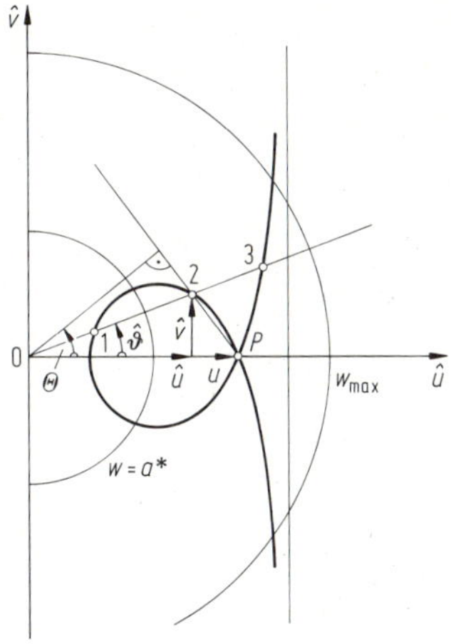

Bild 9-11. Busemannsche Stoßpolare in der Hodographenebene. Stoßkonstruktion.

Hinter dem Stoß muß jeweils eine der Größen gegeben sein. Die Lösung ist bei Vorgabe von $\hat{\vartheta}$ oder $\hat{v}$ mehrdeutig, dagegen bei Θ oder $\hat{u}$ eindeutig. Interessante Grenzfälle ergeben sich für die Stoßpolare für $u \to a^*$ und

$$u \to w_{max} = a^*\sqrt{(\varkappa+1)/(\varkappa-1)} = a_0\sqrt{2/(\varkappa-1)}\,.$$

Im ersten Fall zieht sich der geschlossene Teil der Stoßpolaren auf den Schallpunkt $\hat{u} \to a^*$, $\hat{v} \to 0$ zusammen, im zweiten Fall entsteht der Kreis

$$\left(\hat{u} - \frac{\varkappa a^*}{\sqrt{\varkappa^2 - 1}}\right)^2 + \hat{v}^2 = \frac{a^{*2}}{\varkappa^2 - 1}, \tag{17}$$

in dessen Innern alle anderen Stoßpolaren liegen. Beide Grenzfälle sind wichtig, und zwar im ersten Fall für sogenannte schallnahe (transsonische) Strömungen, im zweiten Fall für Hyperschallströmungen.

9.2.7 Herzkurve

In den Anwendungen ist oft der Druck eine bevorzugte Größe, z. B. wenn eine Diskontinuitätsfläche in Form einer Wirbelschicht oder einer freien Strahlgrenze im Stromfeld auftritt. Dazu muß die Stoßpolare nicht nur in der $\hat{u}, \hat{v}$-Ebene, sondern auch in der $\hat{p}, \hat{\vartheta}$-Ebene verwendet werden. In der letzteren Ebene kommt die sog. Herzkurve [9]

$$\tan\hat{\vartheta} = \frac{\dfrac{\hat{p}}{p} - 1}{\varkappa M^2 - \left(\dfrac{\hat{p}}{p} - 1\right)} \times \sqrt{\frac{\dfrac{2\varkappa}{\varkappa+1}(M^2 - 1) - \left(\dfrac{\hat{p}}{p} - 1\right)}{\dfrac{\hat{p}}{p} + \dfrac{\varkappa - 1}{\varkappa + 1}}}. \tag{18}$$

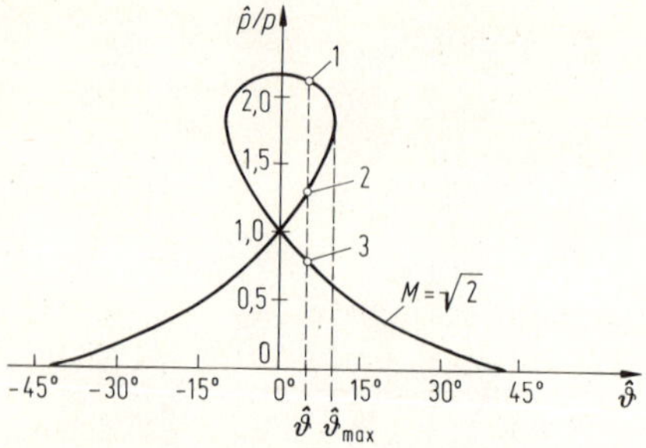

Bild 9-12. Herzkurve in der $\hat{p}, \hat{\vartheta}$-Ebene.

Es handelt sich um eine der Busemannschen Stoßpolaren ähnliche Kurve (Bild 9-12)

$$\frac{\hat{p}}{p} = F(\hat{\vartheta}, M),$$

wobei M als Kurvenparameter fungiert. Bei bekanntem $\hat{\vartheta}$ ergeben sich in der Regel die drei Lösungen (*1*), (*2*), (*3*). (*1*) ist die starke, (*2*) die schwache Lösung, (*3*) löst wie oben das inverse Problem.

An der Körperspitze tritt in der Regel die schwache Lösung (*2*) auf. Dies läßt sich anhand der Herzkurve plausibel machen [10]. Bild 9-12 entnimmt man für $\hat{\vartheta} > 0$: $(\partial \hat{p}/\partial \hat{\vartheta})_1 < 0$, und $(\partial \hat{p}/\partial \hat{\vartheta})_2 > 0$. Wir betrachten einen symmetrischen Keil ($\hat{\vartheta} < \hat{\vartheta}_{max}$) in Überschallströmung. Drehen wir ihn um die Keilspitze um den kleinen Anstellwinkel $\varepsilon > 0$, so führt dies bei der starken Lösung (*1*) an der Keil*ober*seite zu einer Druck*ab*nahme und an der Keil*unter*seite zu einer Druck*zu*nahme. Dies würde zu einer Vergrößerung der ursprünglichen Drehung, d. h. zu einer Instabilität, führen. Der schwache Stoß (*2*) entspricht dagegen der stabilen Lösung, d. h., die vorgenommene Drehung würde rückgängig gemacht. Diese Eigenschaft weist auf eine Bevorzugung der schwachen Lösung an der Körperspitze hin. Da hinter der schwachen Lösung stets Überschall herrscht, liegt hier ein *lokales* Strömungsphänomen vor. Die starke Lösung führt dagegen in der Regel auf Unterschall. Hier können sich Störungen auch stromauf fortpflanzen. Das liefert eine *globale* Abhängigkeit der starken Lösung von Randbedingungen stromab, die häufig die starke Lösung erzwingen.

Mit der Busemann-Polaren und der Herzkurve können die in den Anwendungen auftretenden Stoßprobleme behandelt werden, z. B. die Stoßreflektion an der festen Wand sowie am Strahlrand und das Durchkreuzen zweier Stöße. Im letzteren Fall geht vom Kreuzungspunkt außer den reflektierten Stößen eine Diskontinuitätsfläche ab. Die Stetigkeit des Druckes über diese Fläche führt im Herzkurvendiagramm zur Neigung dieser Schicht und mit der Busemann-Polaren zu allen Zustandswerten.

9.3 Kräfte auf umströmte Körper

Der Impulssatz (2) liefert für stationäre Strömungen ohne Massenkräfte (Bild 9-13)

$$\boldsymbol{F}_{\mathrm{K}} = -\int_A \varrho \boldsymbol{w}(\boldsymbol{w} \cdot \boldsymbol{n})\,\mathrm{d}A - \int_A p\boldsymbol{n}\,\mathrm{d}A. \tag{19}$$

$\boldsymbol{F}_{\mathrm{K}}$ ist hierin die dem Körper K insgesamt übertragene Kraft. Die Kontrollfläche A umschließt den Körper in hinreichendem Abstand, so daß *dort* die Reibung vernachlässigt werden kann. Bezüglich einer horizontalen Anströmung mit u_∞ gilt $F_{\mathrm{K},x} = F_{\mathrm{W}}$ Widerstand, $F_{\mathrm{K},y} = F_{\mathrm{A}}$ Auftrieb, $F_{\mathrm{K},z}$ Querkraft. Ist die Strömung generell reibungsfrei, so bestimmt sich $\boldsymbol{F}_{\mathrm{K}}$ allein durch das Druckintegral über die Körperoberfläche.

(19) kann durch geeignete Wahl der Kontrollfläche A oft sehr vereinfacht werden. Wir nehmen z. B. die Parallelen zur y, z-Ebene in der Anströmung und weit hinter dem Körper $x = x_0 = \mathrm{const} \gg l$ (Bild 9-14)

$$F_{\mathrm{W}} = -\iint \{\varrho u^2 + p - (\varrho_\infty u_\infty^2 + p_\infty)\}\,\mathrm{d}y\,\mathrm{d}z\Big|_{x = x_0}, \tag{20a}$$

$$F_{\mathrm{A}} = -\iint (\varrho uv - \varrho_\infty u_\infty v_\infty)\,\mathrm{d}y\,\mathrm{d}z\Big|_{x = x_0}, \tag{20b}$$

$$F_{\mathrm{K},z} = -\iint (\varrho uw - \varrho_\infty u_\infty w_\infty)\,\mathrm{d}y\,\mathrm{d}z\Big|_{x = x_0}. \tag{20c}$$

Integriert wird hierin jetzt nur noch hinter dem Körper, in der sogenannten Trefftz-Ebene.

Mit der Massenerhaltung im Zu- und Abstrom

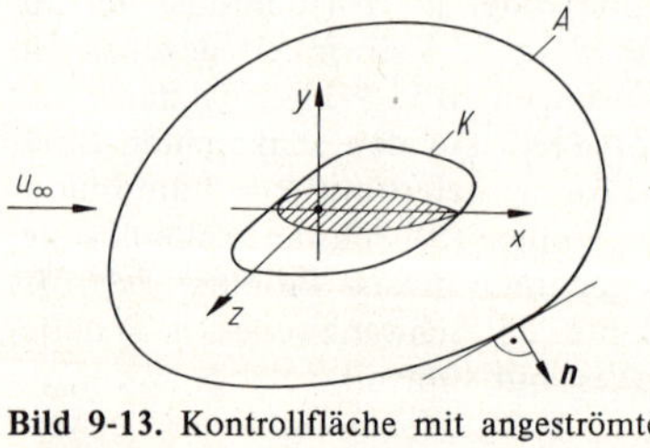

Bild 9-13. Kontrollfläche mit angeströmtem Körper für den Impulssatz.

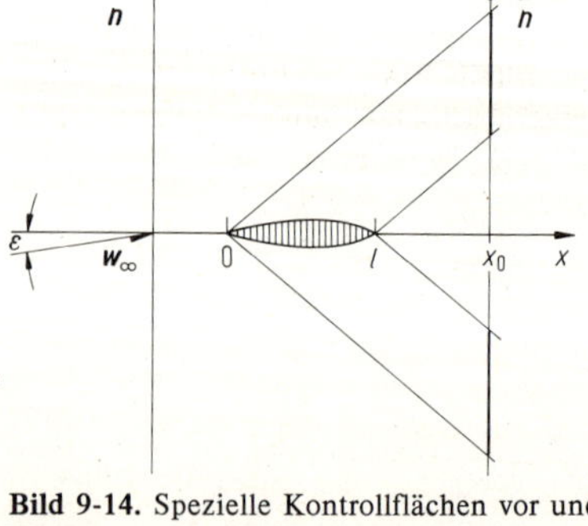

Bild 9-14. Spezielle Kontrollflächen vor und hinter dem Körper.

wird aus (20a)

$$F_W = -\iint \{\varrho u(u - u_\infty) + p - p_\infty\}\,\mathrm{d}y\,\mathrm{d}z\Big|_{x=x_0}. \quad (21)$$

Die Geschwindigkeits- und die Druckstörungen im Nachlauf des Körpers bestimmen den Widerstand. Dies kann zur Messung oder Berechnung desselben benutzt werden.

Entwickelt man den Integranden in (21) für kleine Abweichungen vom Anströmzustand: $u_\infty, v_\infty = w_\infty = 0, p_\infty, \varrho_\infty, T_\infty, s_\infty$ unter Benutzung des Energiesatzes, so erhält man den Widerstandssatz von Oswatitsch [11, 12]:

$$F_W u_\infty = \underline{\varrho_\infty u_\infty \iint \Big\{ T_\infty(s - s_\infty)} + \frac{1}{2}\big[-(1 - M_\infty^2) \times (u - u_\infty)^2 + v^2 + w^2\big]\Big\}\,\mathrm{d}y\,\mathrm{d}z\Big|_{x=x_0}. \quad (22)$$

Hierin sind von den Störungen jeweils die ersten — tragenden — Terme berücksichtigt ($M_\infty \gtrless 1$). Der unterstrichene Anteil liefert den Entropiestrom durch die Kontrollfläche. Abgesehen von den Geschwindigkeitsbeiträgen wird die erforderliche Schleppleistung des Körpers also durch diesen Entropiestrom bestimmt. Alle dissipativen — entropieerzeugenden — Effekte (Verdichtungsstöße, Reibung, Wärmeleitung usw.) liefern hier Beiträge. Im Unterschall beschreibt der Geschwindigkeitsanteil in (22) den induzierten Widerstand [12], im Überschall den Wellenwiderstand. In Schallnähe kommt anstelle von (22) die Darstellung ([13], S. 157)

$$F_W a^* = \varrho^* a^* \iint \Big\{ T^*(s - s^*) + \frac{1}{3}(\varkappa + 1) \times \frac{(u - a^*)^3}{a^*} + \frac{1}{2}(v^2 + w^2)\Big\}\,\mathrm{d}y\,\mathrm{d}z\Big|_{x=x_0}. \quad (23)$$

Im *linearen Überschall* ($s = s_\infty$) gilt im zweidimensionalen Fall (Bild 9-14) mit der Ackeret-Formel

$$F_W = \frac{\varrho_\infty b}{2}\int \big[(M_\infty^2 - 1)(u - u_\infty)^2 + v^2\big]\,\mathrm{d}y\Big|_{x=x_0}$$

$$= \varrho_\infty b \int v^2\,\mathrm{d}y = \frac{2\varrho_\infty u_\infty^2 b}{\sqrt{M_\infty^2 - 1}} \int_0^l \left(\frac{\mathrm{d}h}{\mathrm{d}x}\right)^2 \mathrm{d}x\Big|_{x=x_0},$$

also für das Parabelzweieck (Dickenparameter $\tau = 2h_{max}/l$) der Widerstandsbeiwert

$$c_W = \frac{F_W}{\frac{\varrho_\infty}{2} u_\infty^2 bl} = \frac{16}{3} \cdot \frac{\tau^2}{\sqrt{M_\infty^2 - 1}}. \quad (24)$$

Desselben folgt aus (20b) für die um $\varepsilon > 0$ angestellte Platte

$$F_A = -b \int_{x=x_0} (\varrho uv - \varrho_\infty u_\infty v_\infty)\,\mathrm{d}y$$

$$= -\varrho_\infty b \int_{x=x_0} u_\infty(v - v_\infty)\,\mathrm{d}y = \varrho_\infty b \int_{x=x_0} u_\infty^2 \varepsilon\,\mathrm{d}y$$

der Auftriebsbeiwert

$$c_A = \frac{F_A}{\frac{\varrho_\infty}{2} u_\infty^2 bl} = \frac{4\varepsilon}{\sqrt{M_\infty^2 - 1}}. \quad (25)$$

9.4 Stromfadentheorie

Für $p(x)$, $\varrho(x)$ und $w(x)$ benutzen wir hier die Kontinuitätsbedingung (8-4), die Euler-Gleichung ohne Massenkräfte (8-5) sowie die Isentropie. Integration ergibt die Ausströmgeschwindigkeit bei Isentropie (Bild 9-15)

$$w_1 = \sqrt{2\int_{p_1}^{p_0} \frac{\mathrm{d}p}{\varrho}} = \sqrt{2\frac{\varkappa}{\varkappa - 1} \cdot \frac{p_0}{\varrho_0}\left[1 - \left(\frac{p_1}{p_0}\right)^{\frac{\varkappa - 1}{\varkappa}}\right]}. \quad (26)$$

Sie hängt maßgeblich vom Druckverhältnis p_1/p_0 ab und erreicht für $p_1/p_0 \to 0$ den Maximalwert

$$w_{1max} = \sqrt{2\frac{\varkappa}{\varkappa - 1} \cdot \frac{p_0}{\varrho_0}} = \sqrt{\frac{2}{\varkappa - 1}}\, a_0$$

$$= \sqrt{2\frac{\varkappa}{\varkappa - 1} \cdot \frac{R}{M_i} T_0}$$

$$= \sqrt{2\frac{\varkappa}{\varkappa - 1} R_i T_0} = \sqrt{c_p T_0}$$

$$= 750\ \mathrm{m/s} \text{ für Luft unter Normalbedingungen}. \quad (27)$$

Die Existenz einer maximalen Ausströmgeschwindigkeit ist eine typische Eigenschaft kompressibler Medien. (27) zeigt dieselben charakteristischen Abhängigkeiten wie die Schallgeschwindigkeit (8): $w_{1max} \sim \sqrt{T_0}$, $w_{1max} \sim 1/\sqrt{M_i}$ und damit Möglichkeiten der Veränderung dieser Maximalgeschwindigkeit.

9.4.1 Lavaldüse

Die Euler-Gleichung liefert für isentrope Strömung mit der Schallgeschwindigkeit (8) sowie der Mach-Zahl (9)

$$\frac{1}{\varrho} \cdot \frac{\mathrm{d}\varrho}{\mathrm{d}x} = -M^2 \frac{1}{w} \cdot \frac{\mathrm{d}w}{\mathrm{d}x}. \quad (28)$$

Die relative Dichteänderung ist damit der relativen Geschwindigkeitsänderung längs des Stromfa-

Bild 9-15. Ausströmen aus einem Kessel.

dens proportional. Der Proportionalitätsfaktor M^2 bestimmt das gegenseitige Größenverhältnis.
Für inkompressible Strömung, $M^2 \ll 1$, überwiegt die Änderung der Geschwindigkeit die der Zustandsgrößen ϱ, p, T bei weitem. Im Hyperschall, $M^2 \gg 1$, ist es umgekehrt. In Schallnähe, $M \approx 1$, sind alle Änderungen von gleicher Größenordnung.
Berücksichtigen wir in (28) die Kontinuität mit dem Stromfadenquerschnitt $A(x)$, so wird

$$\frac{1}{w}\cdot\frac{\mathrm{d}w}{\mathrm{d}x}=\frac{1}{M^2-1}\cdot\frac{1}{A}\cdot\frac{\mathrm{d}A}{\mathrm{d}x}$$

oder umgeschrieben auf die Mach-Zahl

$$\frac{1}{M}\cdot\frac{\mathrm{d}M}{\mathrm{d}x}=\frac{1+\frac{\varkappa-1}{2}M^2}{M^2-1}\cdot\frac{1}{A}\cdot\frac{\mathrm{d}A}{\mathrm{d}x}. \tag{29}$$

Für beschleunigte Strömung $\frac{\mathrm{d}M}{\mathrm{d}x}>0$ verlangt dies für $M<1$ $\frac{\mathrm{d}A}{\mathrm{d}x}<0$, für $M=1$ $\frac{\mathrm{d}A}{\mathrm{d}x}=0$ und für $M>1$ $\frac{\mathrm{d}A}{\mathrm{d}x}>0$.

Diese gewöhnliche Differentialgleichung läßt sich geschlossen integrieren:

$$\frac{A}{A^*}=\frac{1}{M}\left[1+\frac{\varkappa-1}{\varkappa+1}(M^2-1)\right]^{\frac{\varkappa+1}{2(\varkappa-1)}} = \frac{1}{M^*\left[1-\frac{\varkappa-1}{2}(M^{*2}-1)\right]^{\frac{1}{\varkappa-1}}}, \tag{30}$$

mit A^* als kritischem (engsten) Querschnitt bei $M=1$ und $M^*=w/a^*$ als kritischer Mach-Zahl.
Eine Übersicht über alle möglichen Düsenströmungen in Abhängigkeit vom jeweiligen Gegendruck erhält man aus einer Richtungsfelddiskussion von (29). Eine Beschleunigung der Strömung, $\mathrm{d}M/\mathrm{d}x>0$, erfordert im Unterschall eine Querschnittsverengung $(\mathrm{d}A/\mathrm{d}x<0)$ und im Überschall eine Erweiterung $(\mathrm{d}A/\mathrm{d}x>0)$. Schallgeschwindigkeit $(M=1)$ ist nur am engsten Querschnitt $(\mathrm{d}A/\mathrm{d}x=0)$ möglich. Diese ideale Lavaldüse läßt sich nur bei einem ganz bestimmten Druck am Düsenende realisieren (Bild 9-16).
Alle Kurven gehen durch den linken Eckpunkt, der dem Kesselzustand entspricht. Wir senken den Gegendruck kontinuierlich ab und erhalten der Reihe nach reine Unterschallströmungen, bis die Schallgeschwindigkeit am engsten Querschnitt erreicht, aber nicht überschritten wird.
Eine weitere Druckabsenkung macht zunächst einen senkrechten Stoß — von Überschall auf Unterschall — erforderlich, dann sogar einen schiefen Stoß, bis wir den zur idealen Lavaldüse passenden Druck erreichen. Wird der Druck noch weiter abgesenkt, kommt es anschließend zu einer Expansion am Düsenende, die im Extremfall bis zur Maximalgeschwindigkeit (27) führt.
Die quantitative Ermittlung einer Lavaldüsenströmung benutzt neben (30) die aus dem Energiesatz und der Isentropie folgenden Beziehungen (Bild 9-17):

$$\frac{T}{T_0}=\frac{1}{1+\frac{\varkappa-1}{2}M^2}=1-\frac{\varkappa-1}{\varkappa+1}M^{*2},$$

$$\frac{\varrho}{\varrho_0}=\frac{1}{\left(1+\frac{\varkappa-1}{2}M^2\right)^{\frac{1}{\varkappa-1}}}, \tag{31}$$

$$\frac{p}{p_0}=\frac{1}{\left(1+\frac{\varkappa-1}{2}M^2\right)^{\frac{\varkappa}{\varkappa-1}}}.$$

Dadurch ergeben sich insbesondere die Proportionalitäten zwischen kritischen Größen und Ruhewerten (Zahlenwerte für Luft)

$$\left(\frac{a^*}{a_0}\right)^2=\frac{T^*}{T_0}=\frac{2}{\varkappa+1}=0{,}833,$$

$$\frac{\varrho^*}{\varrho_0}=\left(\frac{2}{\varkappa+1}\right)^{\frac{1}{\varkappa-1}}=0{,}634, \tag{32}$$

$$\frac{p^*}{p_0}=\left(\frac{2}{\varkappa+1}\right)^{\frac{\varkappa}{\varkappa-1}}=0{,}528.$$

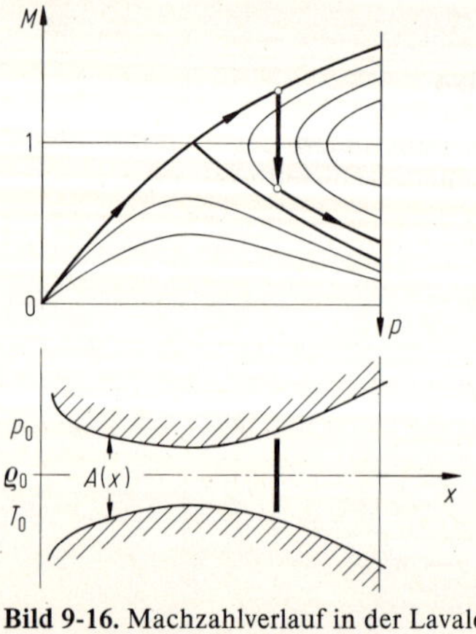

Bild 9-16. Machzahlverlauf in der Lavaldüse bei verschiedenen Gegendrücken.

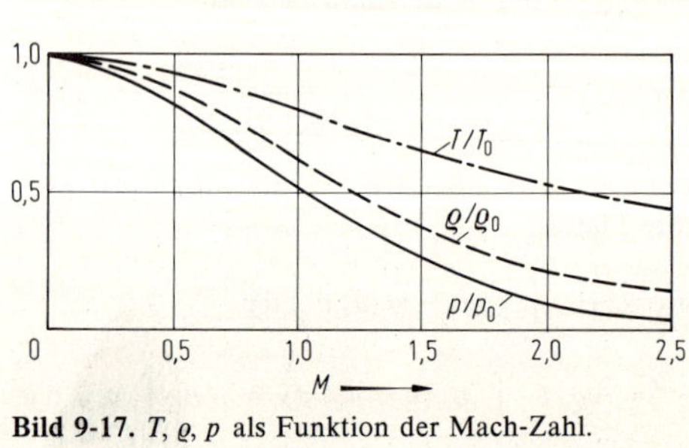

Bild 9-17. T, ϱ, p als Funktion der Mach-Zahl.

Schreibt man (30) mit (31) als Funktion von p, so wird

$$\frac{\varrho^* a^*}{\varrho w}=\frac{A}{A^*}=\frac{\sqrt{\dfrac{\varkappa-1}{\varkappa+1}}}{\left(\dfrac{p}{p^*}\right)^{\frac{1}{\varkappa}}\sqrt{1-\dfrac{2}{\varkappa+1}\left(\dfrac{p}{p^*}\right)^{\frac{\varkappa-1}{\varkappa}}}}$$

$$=\frac{\left(\dfrac{2}{\varkappa+1}\right)^{\frac{\varkappa}{\varkappa-1}}\sqrt{\dfrac{\varkappa-1}{\varkappa+1}}}{\left(\dfrac{p}{p_0}\right)^{\frac{1}{\varkappa}}\sqrt{1-\left(\dfrac{p}{p_0}\right)^{\frac{\varkappa-1}{\varkappa}}}}. \qquad (33)$$

Mit den Gleichungen (11) kann ein senkrechter Verdichtungsstoß eingearbeitet werden.

Beispiel: Gegeben sind bei einer Lavaldüse die Stoß-Mach-Zahl $M_S = 2$ und das Flächenverhältnis $A_1/A^* = 3$. Erfragt ist das erforderliche Druckverhältnis p_1/p_0 und A_S/A^*, d.h. die Stoßlage (Bild 9-18).
Aus (30) folgt mit $M_S = 2$, $A_S/A^* = 1{,}686$ und damit die Stoßlage. Weiter kommt aus (14) $A^*/\hat{A}^* = \hat{\varrho}_0/\varrho_0 = \hat{p}_0/p_0 = 0{,}721$ und damit $p^*/\hat{p}^* = 1{,}387$.
(33) wird hinter dem Stoß umgeformt zu

$$\frac{A_1}{A^*}\cdot\frac{A^*}{\hat{A}^*}=\frac{\sqrt{\dfrac{\varkappa-1}{\varkappa+1}}}{\left(\dfrac{p_1}{p^*}\cdot\dfrac{p^*}{\hat{p}^*}\right)^{\frac{1}{\varkappa}}\sqrt{1-\dfrac{2}{\varkappa+1}\left(\dfrac{p_1}{p^*}\cdot\dfrac{p^*}{\hat{p}^*}\right)^{\frac{\varkappa-1}{\varkappa}}}}.$$

Mit $A_1/A^* = 3$ und den soeben berechneten Werten $A^*/\hat{A}^* = 0{,}721$ und $p^*/\hat{p}^* = 1{,}387$ folgt $p_1/p^* = 1{,}28$, d.h., $p_1/p_0 = p_1/p^* \cdot p^*/p_0 = 1{,}28 \times 0{,}528 = 0{,}68$. Da $p_1/p_0 = 0{,}68 > p^*/p_0 = 0{,}528$, entsteht die Frage, wie diese Strömung zustande kommt (Anlaufen!). Am einfachsten denkt man sich am Düsenende den Druck abgesenkt, bis kritische Zustände eintreten. Sodann wird p_1/p_0 quasistationär auf 0,68 angehoben, und die oben betrachtete Strömung stellt sich ein. In der Praxis handelt es sich beim Starten um einen komplizierten instationären Vorgang, bei dem Wellen stromauf und stromab laufen, bis der stationäre Endzustand erreicht ist.

Oft treten bei technischen Anwendungen mehrere Einschnürungen in der Düse auf. Der Fall von zwei engsten (A_1, A_3) und einem weitesten Querschnitt (A_2) enthält alles Wesentliche. Ist $A_1 = A_3$ (Bild 9-19), so herrschen in 1 und 3 gleichzeitig kritische Verhältnisse. Dort liegt jeweils ein Sattelpunkt der Integralkurven vor, während es sich bei 2 um einen Wirbelpunkt handelt. Das entnimmt man der aus (29) folgenden Beziehung in den singulären Punkten

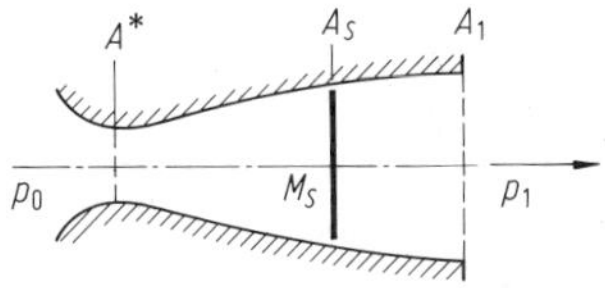

Bild 9-18. Beispiel einer Lavaldüsenrechnung.

$$\frac{\mathrm{d}M}{\mathrm{d}x}=\pm\sqrt{\frac{\varkappa+1}{4}\cdot\frac{1}{A^*}\cdot\left(\frac{\mathrm{d}^2A}{\mathrm{d}x^2}\right)^*}.$$

Ein Verdichtungsstoß zwischen 1 und 3 ist nicht möglich. Die Strömung würde sonst bereits vor dem zweiten engsten Querschnitt 3 auf Schall führen (Blockierung!). Die Abnahme der Ruhegrößen (14) und damit der kritischen Werte (32) reduziert den Massenstrom. Der Querschnitt 3 ist zu gering, um die Kontinuität zu gewährleisten.
Falls $A_1 < A_3$ (Bild 9-20), so liegt das Modell eines Überschallkanales vor. Die Integralkurve mit Schalldurchgang in 1 führt auf Überschall in der Meßstrecke, 3 eingeschlossen. Ein Stoß zwischen 1 und 3 ist möglich, wenn der Verstelldiffusor in 3 gerade um soviel geöffnet wird, wie die Abnahme der Ruhegrößen vorschreibt. Mit der Stoß-Mach-Zahl M_S und der durch (14) gegebenen Funktion $f(M)$ gilt

$$\frac{A_1}{A_3}=\frac{\hat{\varrho}^*\hat{a}^*}{\varrho^* a^*}=\frac{\hat{\varrho}_0}{\varrho_0}=\frac{\hat{p}_0}{p_0}=f(M_S).$$

Beispiel: Wie weit muß bei den Daten des obigen Beispiels der Verstelldiffusor (3 in Bild 9-20) geöffnet werden, um dort mindestens auf kritische Verhältnisse zu führen? $A_3/A_1 \geqq \hat{A}^*/A^* = 1{,}387$.

Im Prinzip sind zwei Stoßlösungen s, s' möglich, s entspricht einem stabilen, s' einem instabilen Zustand.

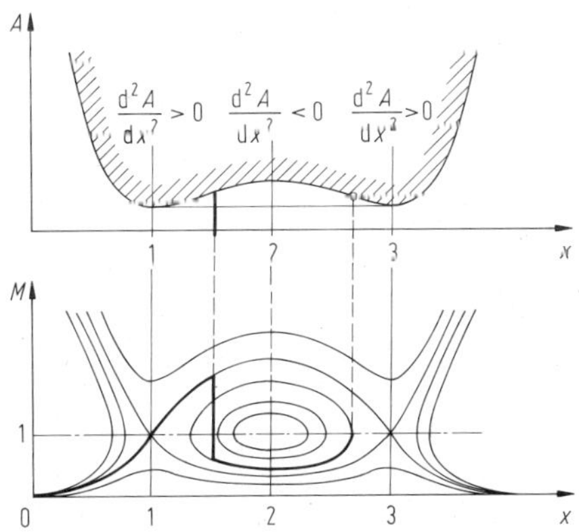

Bild 9-19. Lavaldüse mit zwei Einschnürungen $A_1 = A_3$.

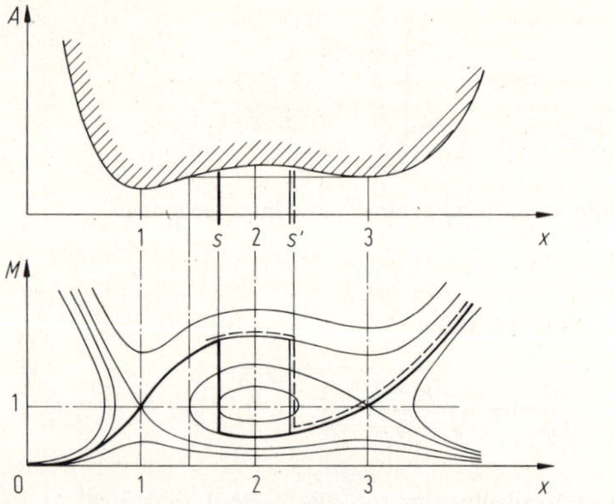

Bild 9-20. Lavaldüse mit zwei Einschnürungen $A_1 < A_3$, s, s' Stoßlösungen.

Im Fall $A_1 > A_3$ handelt es sich um eine mit Unterschall durchströmte Meßstrecke, die frühestens in 3 auf Schall führen kann.
Liegen mehrere engste Querschnitte vor, so schreibt der absolut kleinste das Auftreten kritischer Werte vor. Ob im weiteren Verlauf Stöße möglich sind, hängt vom Öffnungsverhältnis der engsten Querschnitte ab.

9.5 Zweidimensionale Strömungen

Unter der Voraussetzung differentiierbarer Strömungsgrößen, d. h. in Gebieten ohne Stöße, folgen aus den Erhaltungssätzen in Integralform die zugehörigen Differentialgleichungen. Im stationären Fall ohne Massenkräfte, Reibung und Wärmeleitung kommen aus (1) die *Kontinuitätsgleichung*

$$\frac{\partial(\varrho u)}{\partial x} + \frac{\partial(\varrho v)}{\partial y} = 0\,, \tag{34}$$

aus (2), (2a) die *Euler-Gleichungen*

$$u\frac{\partial u}{\partial x} + v\frac{\partial u}{\partial y} = -\frac{1}{\varrho}\cdot\frac{\partial p}{\partial x}\,, \tag{35a}$$

$$u\frac{\partial v}{\partial x} + v\frac{\partial v}{\partial y} = -\frac{1}{\varrho}\cdot\frac{\partial p}{\partial y}\,, \tag{35b}$$

und aus (3), (3a) die Aussage, daß die *Entropie längs Stromlinien konstant* ist. Elimination von p und ϱ führt zur *gasdynamischen Grundgleichung*

$$\left(1-\frac{u^2}{a^2}\right)\frac{\partial u}{\partial x} + \left(1-\frac{v^2}{a^2}\right)\frac{\partial v}{\partial y} - \frac{uv}{a^2}\left(\frac{\partial u}{\partial y}+\frac{\partial v}{\partial x}\right) = 0\,. \tag{36}$$

Diese Gleichung gilt auch dann, wenn die Entropie von Stromlinie zu Stromlinie variiert, was z. B. bei Hyperschallströmungen hinter stark gekrümmten Kopfwellen der Fall ist. Schließen wir dies im Augenblick aus, d. h. setzen wir Isentropie voraus, so gilt die Wirbelfreiheit (8-29). Mit dem Geschwindigkeitspotential Φ wird wegen $u = \partial\Phi/\partial x$, $v = \partial\Phi/\partial y$ aus (36)

$$\left(1-\frac{\Phi_x^2}{a^2}\right)\Phi_{xx} + \left(1-\frac{\Phi_y^2}{a^2}\right)\Phi_{yy} - 2\frac{\Phi_x\Phi_y}{a^2}\Phi_{xy} = 0\,, \tag{37a}$$

$$a^2 = a_\infty^2 + \frac{\varkappa-1}{2}\left[w_\infty^2 - (\Phi_x^2+\Phi_y^2)\right]. \tag{37b}$$

Der Index ∞ bezeichnet den Anströmzustand.
(37a, b) ist eine quasilineare partielle Differentialgleichung 2. Ordnung. Der Typ hängt von der jeweiligen Lösung ab. Er ist für

$$w = \sqrt{\Phi_x^2+\Phi_y^2}\ \begin{cases} < a & \text{elliptisch (Unterschall)}, \quad (38a)\\ = a & \text{parabolisch (Schall)}, \quad (38b)\\ > a & \text{hyperbolisch (Überschall)}. \quad (38c)\end{cases}$$

Die Charakteristiken im Fall (38c) heißen Machsche Linien und begrenzen den Einflußbereich kleiner Störungen im Stromfeld.

9.5.1 Kleine Störungen, $M_\infty \lesseqgtr 1$

Verursacht ein Körper nur eine geringe Abweichung der wenig angestellten Parallelströmung (u_∞, $v_\infty \approx \varepsilon u_\infty$), so machen wir den Störansatz

$$\Phi(x,y) = \underbrace{u_\infty[x+\varphi(x,y)]}_{\text{I}} + \underbrace{u_\infty[\varepsilon y+\bar\varphi(x,y)]}_{\text{II}} \tag{39}$$

I beschreibt hierin den nichtangestellten Fall, d. h. den Dickeneinfluß, II dagegen den Anstellungseffekt. Trägt man (39) in (37a, b) ein und linearisiert bezüglich Dicke und Anstellung, so erhält man die für φ und $\bar\varphi$ gültige lineare Differentialgleichung

$$(1-M_\infty^2)\,\varphi_{xx} + \varphi_{yy} = 0\,. \tag{40a}$$

Die Randbedingung der tangentialen Strömung

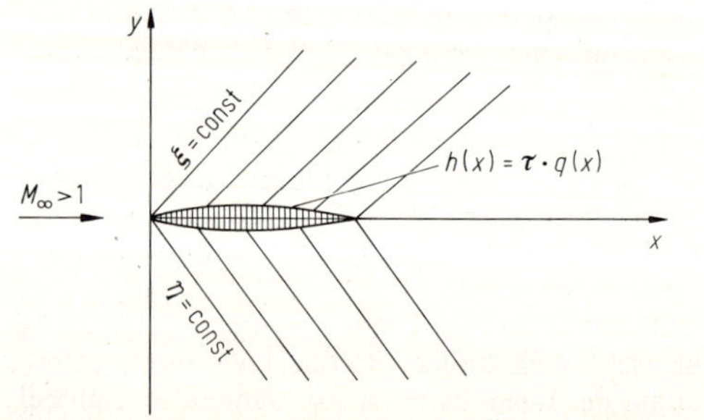

Bild 9-21. Machsche Linien bei der Überschallumströmung eines schlanken Profiles.

z. B. am schlanken nichtangestellten Körper (Dicke τ, Profilklasse $q(x)$) ist (Bild 9-21)

$$\frac{v(x,0)}{u_\infty} = \varphi_y(x,0) = \frac{\mathrm{d}h}{\mathrm{d}x} = \tau\frac{\mathrm{d}q}{\mathrm{d}x}. \tag{40b}$$

Die Charakteristiken (Machsche Linien) für (40a) lauten

$$\xi = x - \sqrt{M_\infty^2 - 1}\, y = \text{const},$$
$$\eta = x + \sqrt{M_\infty^2 - 1}\, y = \text{const}.$$

Die allgemeine — sog. d'Alembertsche — Lösung ist

$$\varphi = F_1\left(x - \sqrt{M_\infty^2 - 1}\, y\right) + F_2\left(x + \sqrt{M_\infty^2 - 1}\, y\right).$$

Da für $M_\infty > 1$ die Strömung an der Profiloberseite unabhängig ist von der an der Unterseite, gilt die *Ackeret-Formel* [14]

$$\frac{u - u_\infty}{u_\infty} = \mp \frac{\frac{v}{u_\infty}}{\sqrt{M_\infty^2 - 1}} \begin{cases} y > 0 \\ y < 0 \end{cases}. \tag{41}$$

Bei Anstellung tritt rechts die Differenz $v - v_\infty$ auf. In jedem Fall hängt die u-Störung in einem Punkt eines Überschallfeldes nur vom *lokalen* Strömungswinkel ab. Für $M_\infty < 1$ liegt dagegen stets eine *globale* Abhängigkeit vor (Kapitel 8). Bei einer Ablenkung in die Anströmung ($\vartheta > 0$) liefert (41) eine Untergeschwindigkeit (Eckenkompression), bei $\vartheta < 0$ eine Übergeschwindigkeit (Eckenexpansion). Für den Druck führt die Linearisierung der Bernoulli-Gleichung zu

$$C_p = \frac{p - p_\infty}{\frac{\varrho_\infty}{2} u_\infty^2} = -2\frac{u - u_\infty}{u_\infty}. \tag{42}$$

Die Untergeschwindigkeit an der Profilvorderseite gibt damit einen Überdruck, die Übergeschwindigkeit auf der Rückseite einen Sog. Beides liefert eine Kraft in Strömungsrichtung, den sog. Wellenwiderstand (siehe z. B. (24)). Mit den Definitionen (24) und (25) für Auftriebs- und Widerstandsbeiwerte ergeben sich die drei elementaren Effekte (Dicke, Anstellung und Wölbung), die für das Verständnis der wirkenden Kräfte wichtig sind. Durch lineare Überlagerung dieser drei Effekte, gegebenenfalls bei komplizierten Dicken- und Wölbungsverteilungen, lassen sich allgemeinere Umströmungsprobleme erfassen. Die in

$$c_A \sim \varepsilon,\quad c_A \sim f,\quad c_A \sim 1/\sqrt{|1 - M_\infty^2|},$$
$$c_W \sim \tau^2,\ c_W \sim \varepsilon^2,\ c_W \sim f^2,\ c_W \sim 1/\sqrt{M_\infty^2 - 1} \tag{43}$$

enthaltenen Ähnlichkeitsaussagen gelten im Rahmen der Linearisierung allgemein und entsprechen der Prandtl-Glauertschen Regel. Bei komplizierten Profilen ändern sich die Werte der Koeffizienten, die Abhängigkeiten von den Parametern τ, ε, f, M_∞ bleiben unverändert. Man kann damit leicht innerhalb einer Profilklasse Geschwindigkeits- und Druckverteilungen sowie c_A, c_W bei Änderung von τ, ε, f, M_∞ ermitteln.

9.5.2 Transformation auf Charakteristiken

Die gasdynamische Grundgleichung (36) und die Wirbelfreiheit (8-29) nehmen eine besonders einfache Form an, wenn man anstelle von x, y die charakteristischen Koordinaten ξ, η verwendet und von u, v auf w, ϑ übergeht. $\xi = \text{const}$, $\eta = \text{const}$ beschreiben die links- bzw. rechtsläufige Machsche Linie, die mit der Stromlinie den Machschen Winkel α ($\sin\alpha = 1/M$) einschließt (Bild 9-22). Es gelten auf den Charakteristiken:

$$\frac{\partial\vartheta}{\partial\xi} + \frac{\sqrt{M^2 - 1}}{w}\cdot\frac{\partial w}{\partial\xi} = 0 \quad \text{auf} \quad \eta = \text{const},$$
$$\frac{\mathrm{d}y}{\mathrm{d}x} = \tan(\vartheta - \alpha), \tag{44a}$$

$$\frac{\partial\vartheta}{\partial\eta} - \frac{\sqrt{M^2 - 1}}{w}\cdot\frac{\partial w}{\partial\eta} = 0 \quad \text{auf} \quad \xi = \text{const},$$
$$\frac{\mathrm{d}y}{\mathrm{d}x} = \tan(\vartheta + \alpha), \tag{44b}$$

		*Dicken*effekt Parabelzweieck $\tau \neq 0$	*Anstellungs*effekt angestellte Platte $\varepsilon \neq 0$	*Wölbungs*effekt gewölbte Platte $f \neq 0$
$M_\infty < 1$	c_A	0	$2\pi\frac{\varepsilon}{\sqrt{1 - M_\infty^2}}$	$4\pi\frac{f}{\sqrt{1 - M_\infty^2}}$
	c_W	0	0	0
$M_\infty > 1$	c_A	0	$4\frac{\varepsilon}{\sqrt{M_\infty^2 - 1}}$	0
	c_W	$\frac{16}{3}\cdot\frac{\tau^2}{\sqrt{M_\infty^2 - 1}}$	$4\frac{\varepsilon^2}{\sqrt{M_\infty^2 - 1}}$	$\frac{64}{3}\cdot\frac{f^2}{\sqrt{M_\infty^2 - 1}}$
		$h(x) = 2\tau x(1 - x)$		$h(x) = 4fx(1 - x)$

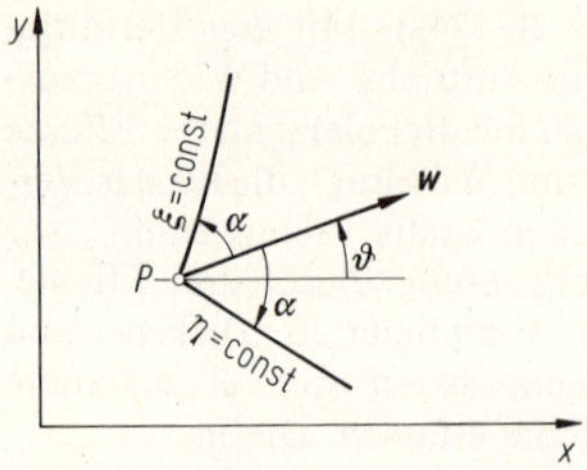

Bild 9-22. Machsche Linien $\xi = \text{const}$ und $\eta = \text{const}$ durch P.

oder in Differentialform zusammengefaßt:

$$d\vartheta \pm \sqrt{M^2 - 1}\,\frac{dw}{w} = 0\,. \qquad (44)$$

Längs der Machschen Linien sind damit die Änderungen von Strömungswinkel ϑ und Geschwindigkeit w einander proportional. Bei kleinen Störungen (Linearisierung) kommt man zur Ackeret-Formel (41) zurück:

$$d\vartheta \pm \sqrt{M^2 - 1}\,\frac{dw}{w} \approx \Delta\vartheta \pm \sqrt{M_\infty^2 - 1}\,\frac{\Delta w}{w}$$

$$\approx \frac{v}{u_\infty} \pm \sqrt{M_\infty^2 - 1}\,\frac{u - u_\infty}{u_\infty} = 0\,.$$

Entscheidend ist, daß in jeder Gleichung (44 a, b) nur noch Ableitungen nach einer unabhängigen Variablen ξ oder η auftreten. Dies gestattet eine allgemeine Integration in der Hodographenebene. Mit der Normierung $M = 1$, $\vartheta = \vartheta^*$ wird

$$\vartheta - \vartheta^* = \mp\left\{\sqrt{\frac{\varkappa + 1}{\varkappa - 1}}\,\arctan\sqrt{\frac{\varkappa - 1}{\varkappa + 1}(M^2 - 1)} - \arctan\sqrt{M^2 - 1}\right\}, \qquad (45)$$

$$= \mp\frac{2}{3}\,\frac{(M^2 - 1)^{3/2}}{\varkappa + 1} + \ldots, \quad (M \approx 1)\,. \qquad (45\,a)$$

Es handelt sich um eine Epizykloide zwischen dem Schallkreis $w = a^*$ und dem mit der Maximalgeschwindigkeit (27)

$$w = w_{max} = \sqrt{(\varkappa + 1)/(\varkappa - 1)}\;a^*\,.$$

In Schallnähe ($M \approx 1$) tritt eine Spitze auf (45 a). Im Hyperschall ($M_\infty^2, M^2 \gg 1$) gilt mit der Normierung $M = M_\infty$, $\vartheta = \vartheta_\infty$:

$$\vartheta - \vartheta_\infty = \mp\frac{2}{\varkappa - 1}\left(\frac{1}{M_\infty} - \frac{1}{M}\right) + \ldots \qquad (45\,b)$$

Die Epizykloide läuft tangential in $w = w_{max}$ ein. Aus (45) ergibt sich der maximale Umlenkwinkel ϑ_{max} bei Expansion eines Schallparallelstrahles ins Vakuum ($M \to \infty$):

$$\vartheta_{max} - \vartheta^* = \mp\frac{\pi}{2}\left(\sqrt{\frac{\varkappa + 1}{\varkappa - 1}} - 1\right)$$

$$= \mp\begin{cases} 90^\circ & \varkappa = 5/3 = 1{,}66 \\ 130{,}5^\circ, & \varkappa = 7/5 = 1{,}40 \\ 148{,}1^\circ, & \varkappa = 4/3 = 1{,}33\,. \end{cases} \qquad (46)$$

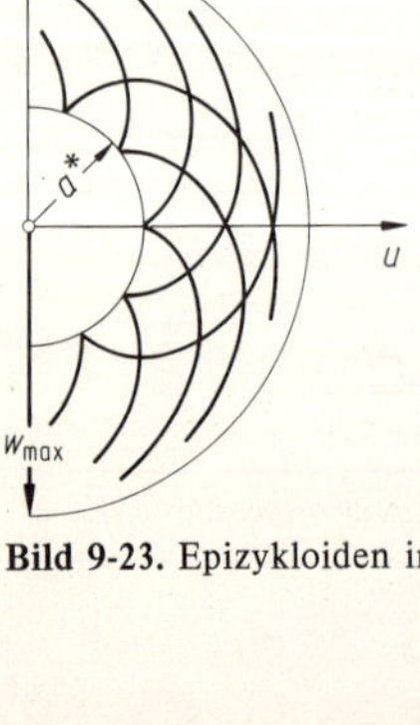

Bild 9-23. Epizykloiden in der Hodographenebene.

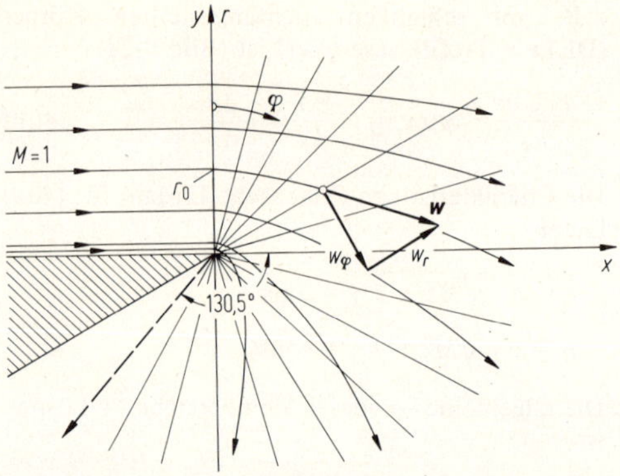

Bild 9-24. Prandtl-Meyer-Expansion in der Strömungsebene.

Durch Drehung um den Ursprung entsteht das Epizykloidendiagramm (Bild 9-23), das zusammen mit dem Busemannschen Stoßpolarendiagramm (Bild 9-11) zur Berechnung von Überschallströmungsfeldern benutzt wird. Im Ausgangspunkt stimmen Epizykloide und Stoßpolaren in Tangente und Krümmung überein [15], d. h., schwache Stöße verlaufen näherungsweise isentrop. Siehe hierzu die frühere Anmerkung über die RH-Kurve und die Isentrope (Bild 9-3). Die Tangente an die Epizykloide und die Stoßpolare wird durch die Ackeret-Formel (41) gegeben.

Die Integration von (44 a, b) ist in der Hodographenebene allgemein durchgeführt. Wichtig ist die Übertragung in die Strömungsebene und gegebenenfalls die Einarbeitung von Verdichtungsstößen. Dies erfolgt meistens auf numerischem Wege durch Differenzenapproximation der Charakteristikengleichungen.

9.5.3 Prandtl-Meyer-Expansion [16, 17]

Für die zentrierte Eckenexpansion eines Schallparallelstrahles (Bild 9-24) ist auch in der Strömungsebene eine explizite Lösung möglich. Auf allen Strahlen durch die Ecke sind die Strömungsgrößen konstant, d. h., sie sind nur von φ abhängig. Für die Radial- (w_r) und die Umfangskomponente w_φ der Geschwindigkeit gilt [18]

$$w_r = w_{max} \sin \sqrt{\frac{\varkappa - 1}{\varkappa + 1}}\,\varphi ,$$

$$w_\varphi = a = a^* \cos \sqrt{\frac{\varkappa - 1}{\varkappa + 1}}\,\varphi . \tag{47}$$

Bei der Expansion

$$0 \leqq \varphi \leqq \varphi_{max} = \sqrt{(\varkappa + 1)/(\varkappa - 1)} \cdot \pi/2$$

wächst w_r von 0 auf w_{max} an, während w_φ von $a = a^*$ auf 0 abfällt. Der Grenzwinkel φ_{max} entspricht (46). Für die Stromlinie durch den Punkt $\varphi = 0, r = r_0$ gilt

$$r = \frac{r_0}{\left(\cos \sqrt{\frac{\varkappa - 1}{\varkappa + 1}}\,\varphi\right)^{\frac{\varkappa + 1}{\varkappa - 1}}} .$$

Für $\varphi \rightarrow \varphi_{max}$ geht $r \rightarrow \infty$. Der ganzen Strömungsebene entspricht im Hodographen der Epizykloidenast von

$$M = M^* = 1 \text{ bis } M^*_{max} = \sqrt{(\varkappa + 1)/(\varkappa - 1)}$$

bei der Umlenkung [46]. Die Abbildung entartet also. Bei der Expansion eines Überschallparallelstrahles ($M_1 > 1$, $\vartheta_1 = 0$) längs einer gekrümmten Wandkontur (Bild 9-25) ist die Darstellung analog. Die ($\xi = \text{const}$)-Charakteristiken sind geradlinig, da die Expansion an ein Gebiet konstanten Zustandes anschließt, sog. einfache Welle. Die ($\eta = \text{const}$)-Kurven sind zur Wand gekrümmt. Im Hodographen entspricht der Expansion das Stück auf der Epizykloide von $P'_1 \rightarrow P'_6$.

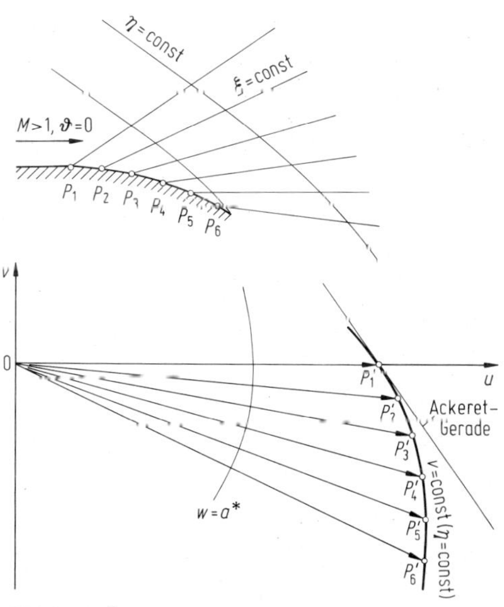

Bild 9-25. Überschallexpansion in der Strömungsebene und im Hodographen.

9.5.4 Düsenströmungen

Mit den Charakteristikengleichungen (44a, b) kann man das zweidimensionale Strömungsfeld im Überschallteil von Lavaldüsen (9.4.1) berechnen. Dazu schreibt man (44a, b) in Differenzenapproximation und diskretisiert gleichzeitig die Anfangs- oder Randvorgaben. Sind w und ϑ auf der *Anfangskurve A* bekannt, z. B. in den Punkten P und Q (Bild 9-26), so kann man im jeweiligen Schnittpunkt der Charakteristikenrichtungen, z. B. R, w_R und ϑ_R, aus dem aus (44a, b) folgenden linearen Gleichungssystem bestimmen:

$$\vartheta_R - \vartheta_P - \sqrt{M_P^2 - 1}\,\frac{w_R - w_P}{w_P} = 0, \quad \xi = \text{const}, \tag{48a}$$

$$\vartheta_R - \vartheta_Q + \sqrt{M_Q^2 - 1}\,\frac{w_R - w_Q}{w_Q} = 0, \quad \eta = \text{const}. \tag{48b}$$

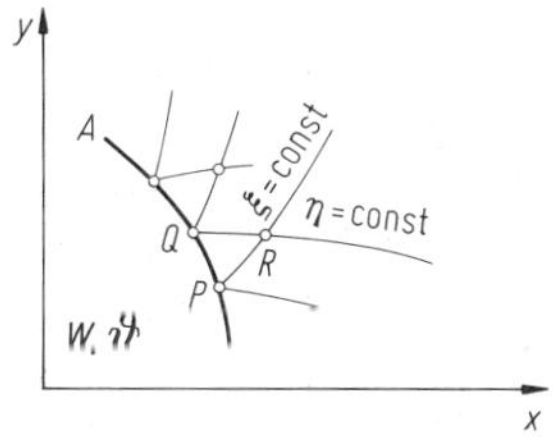

Bild 9-26. Zur Lösung der Anfangswertaufgabe.

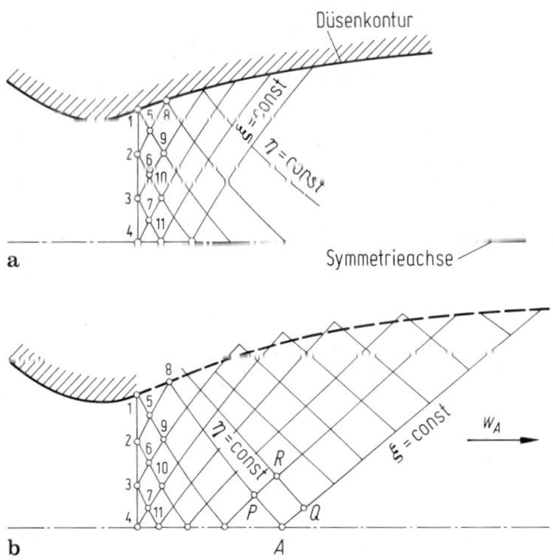

Bild 9-27. Lavaldüse. **a** Charakteristikenverfahren, **b** Konstruktion der Parallelstrahldüse.

Durch wiederholte Anwendung derselben Operationen kann man alle Strömungsdaten im Einflußbereich der Anfangswerte berechnen. Dasselbe Verfahren kann in der Hodographenebene mit Hilfe der Epizykloiden durch die Bildpunkte von P und Q durchgeführt werden. Liegt in R ein *Rand* vor, so führt nur eine Charakteristik zu ihm (z. B. $\eta = \text{const}$) und es gilt (48b). Im Fall der festen Wand ist ϑ_R dort vorgeschrieben, und wir erhalten w_R. Handelt es sich um einen freien Strahlrand (z. B. am Düsenaustritt), so kennen wir dort den Druck und damit w_R. (48b) liefert dann die Strahlrichtung ϑ_R.

Bei einer Lavaldüse ist die Kontur vorgegeben (Bild 9-27a). Hinter dem engsten Querschnitt seien die Überschallanfangswerte (transsonische Lösung) z. B. für 1, 2, 3 und 4 bekannt, 5, 6, 7, 9, 10 ergeben sich durch Lösung des Anfangswertproblems, 8 und 11 aus dem Randwertproblem. So kann das gesamte Überschallstromfeld zwischen Düsenkontur und Symmetrieachse sukzessive bestimmt werden. Handelt es sich dagegen um die

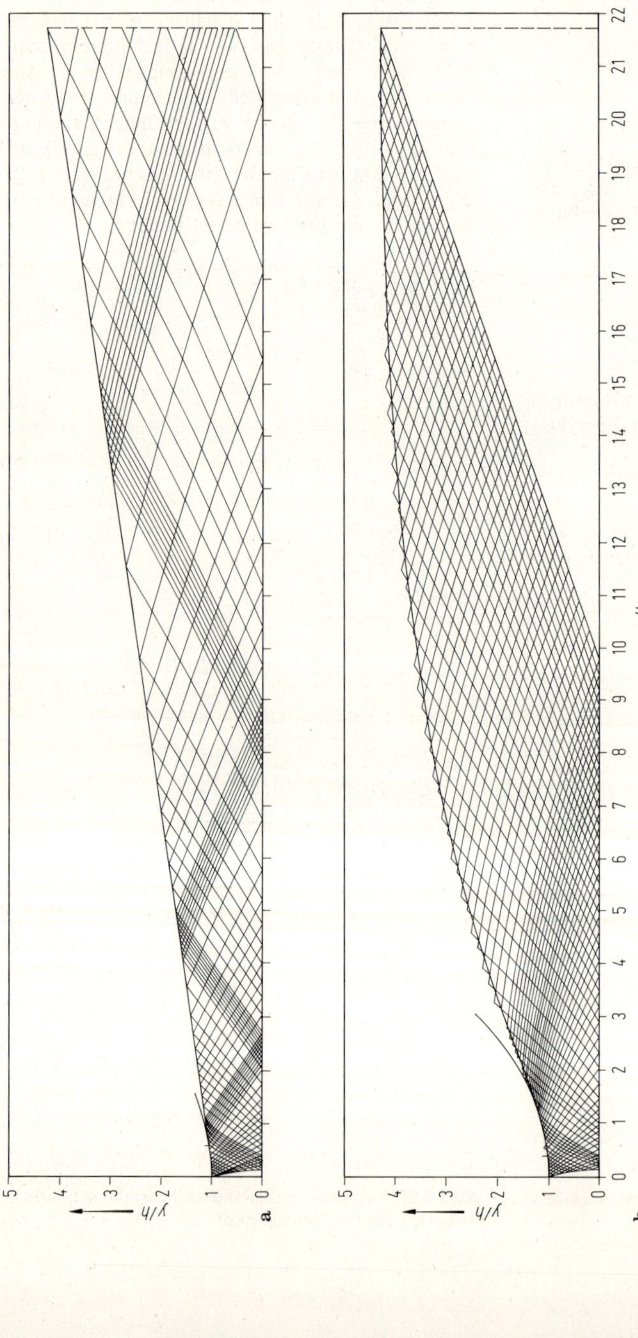

Bild 9-28. Berechnete Lavaldüsen, Austrittsmachzahl $M = 3$, $\varkappa = 1{,}4$. **a** Keildüse, **b** Ebene Parallelstrahldüse [25].

Bestimmung einer Parallelstrahldüse, wie sie z. B. in der Meßstrecke eines Überschallkanales benötigt wird, so ist die Kontur nur bis zum Anfangsquerschnitt gegeben (Bild 9-27b). Die Expansion am Rand (8) erfolgt soweit, bis auf der Achse A die gewünschte Austrittsgeschwindigkeit w_A erreicht ist. Die durch A gehende ($\xi = \text{const}$)-Charakteristik ($w_A, \vartheta_A = 0$) ist geradlinig. Nun werden in dem durch die beiden Charakteristiken $\xi = \text{const}$ und $\eta = \text{const}$ begrenzten Winkelbereich mit Spitze in A die Strömungsdaten (w, ϑ) berechnet. Die gewünschte Düsenkontur ergibt sich als Stromlinie, die auf das Richtungsfeld paßt (Bild 9-28).

9.5.5 Profilumströmungen

An der Profilspitze soll für $M_\infty > 1$ ein anliegender Stoß auftreten. Wir erläutern das Wesentliche zunächst an der Keilströmung (Bild 9-29). Eingetragen sind neben dem Stoß die Machschen Linien, die hier geradlinig sind. Bei geringer Überschallanströmung ($M_\infty = 1{,}20$) handelt es sich um einen schwachen, steilen Stoß, der winkelhalbierend zwischen den linksläufigen Machschen Linien vor und hinter dem Stoß verläuft. Je größer M_∞ ist, desto mehr neigt sich der Stoß zur Keiloberfläche, seine Intensität nimmt dabei zu. Die Beeinflussung der Strömung durch den Keil beschränkt sich bei solchen Hyperschallströmungen auf den schmalen Sektor zwischen Stoß und Keiloberfläche.

Liegt anstelle eines Keiles ein gekrümmtes Profil vor, so muß die Rechnung in Differenzenform unter Verwendung der Charakteristiken- und der Stoßgleichungen erfolgen. An der Körperspitze beginnen wir lokal mit der Keillösung. Sodann rechnen wir (Bild 9-29) längs $\xi = \text{const}$ mit (44b) vom Körper an den Stoß heran (Stoßrandwertaufgabe). Im Hodographen führt dies auf den Schnitt einer Epizykloiden mit der Stoßpolaren. Dadurch ergeben sich alle Strömungsdaten hinter dem Stoß sowie eine abgeänderte Neigung Θ desselben. Damit kann die Rechnung im Feld zwischen Stoß und Körper fortgesetzt werden. Bild 9-30 zeigt den Stoß sowie das Charakteristikennetz für ein Parabelzweieck ($\tau = 0{,}10$) bei $M_\infty = 2$.

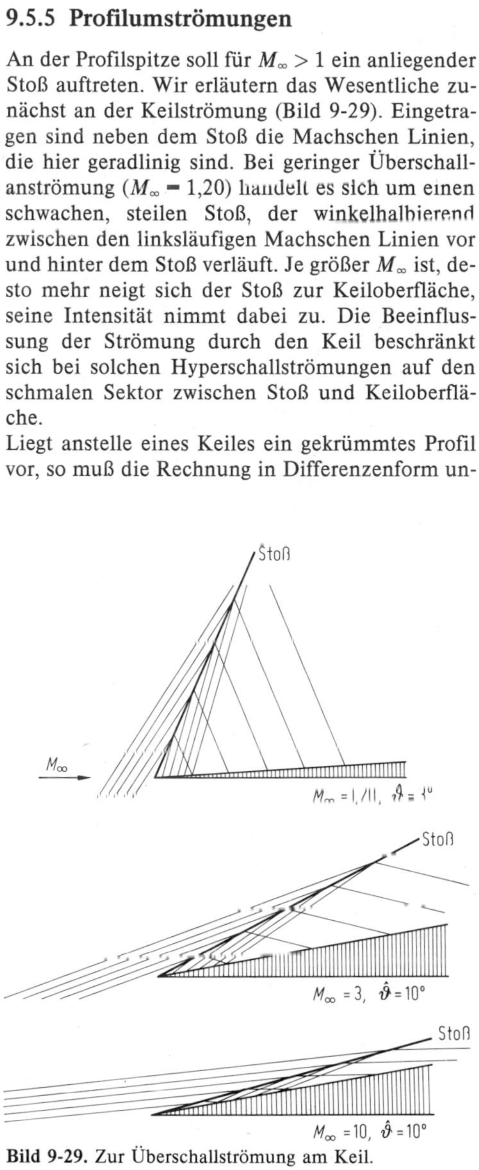

Bild 9-29. Zur Überschallströmung am Keil.

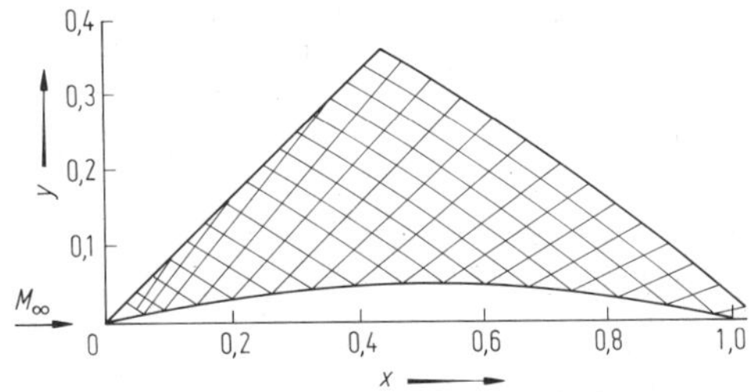

Bild 9-30. Überschallströmung ($M_\infty = 2$) um ein 10 % dikkes Parabelzweieck.

9.5.6 Transsonische Strömungen

In transsonischen — schallnahen — Strömungen ist im ganzen Strömungsfeld die Teilchengeschwindigkeit etwa gleich der Schallgeschwindigkeit (Signalgeschwindigkeit). Der Körper bewegt sich also nahezu mit der Geschwindigkeit, mit der von ihm Störungen ausgesandt werden. Die typischen Eigenschaften solcher Felder erkennt man bereits bei der Umströmung schlanker Profile (Bild 9-31a–c). Bei schallnaher Unterschallanströmung $M_\infty \lesssim 1$ (Bild 9-31a) entsteht in der Umgebung des Dickenmaximums ein *lokales Überschallgebiet*, das stromabwärts in der Regel durch einen Verdichtungsstoß abgeschlossen wird. Die lokale Machzahlverteilung auf der Profilstromlinie veranschaulicht die Strömung. Vor dem Körper erfolgt ein Abbremsen bis zum Staupunkt, danach Beschleunigung auf Überschall. Im Stoß Sprung auf Unterschall mit anschließender Nachexpansion. Dann Verzögerung zum hinteren Staupunkt mit nachfolgender Annäherung an die Zuströmung. Im schallnahen Überschall $M_\infty \gtrsim 1$ (Bild 9-31c) löst die Kopfwelle in der Regel ab. Zwischen Stoß und Körper liegt ein *lokales Unterschallgebiet*. Durch die Verdrängung des Körpers kommt es anschließend zu einer Beschleunigung auf Überschall bis zur Schwanzwelle. Die Grenz-Machlinie ist die letzte vom Körper ausgehende Charakteristik, die das Unterschallgebiet trifft, während die Einflußgrenze die vom Unterschallgebiet ausgehenden Störungen stromabwärts berandet. $M_\infty \to 1$ führt zum Grenzfall der Schallan-

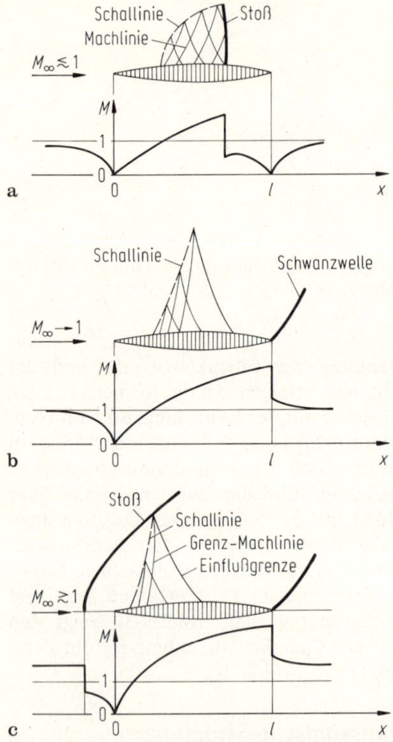

Bild 9-31. Stromfelder und Machzahlverteilungen. **a** $M_\infty \lesssim 1$, **b** $M_\infty = 1$, **c** $M_\infty \gtrsim 1$.

strömung (Bild 9-31b). Die Schallinie geht bis zum Unendlichen und die Strömung wird am Körper bis zur Schwanzwelle beschleunigt. Vergleicht man die Machzahlverteilungen auf dem Körper, so ändern sie sich in Schallnähe wenig, die sog. *Einfrierungseigenschaft*. Die Begründung ist die folgende: Ist $M_\infty \gtrsim 1$ sehr wenig über 1, so steht die Kopfwelle als nahezu senkrechter Stoß in großer Entfernung mit $\hat{M}_\infty \lesssim 1$. Damit registriert das Profil die schallnahe Überschallanströmung quasi als Unterschallanströmung, d. h., die Strömungsdaten auf dem Profil ändern sich von $M_\infty \lesssim 1$ nach $M_\infty \gtrsim 1$ nur noch unwesentlich.

Für schlanke Profile, die nur kleine Störungen der Parallelströmung hervorrufen, gilt jetzt statt (40a)

$$(1 - M_\infty^2)\,\varphi_{xx} + \varphi_{yy} = f(M_\infty, \varkappa)\,\varphi_x \varphi_{xx}, \qquad (49\,\mathrm{a})$$

$$f(M_\infty, \varkappa) = M_\infty^2 \{2 + (\varkappa - 1)\,M_\infty^2\} \to \varkappa + 1,$$

$$\text{für} \quad M_\infty \to 1.$$

$$\varphi_y(x, 0) = \frac{\mathrm{d}h}{\mathrm{d}x} = \tau \frac{\mathrm{d}q}{\mathrm{d}x}. \qquad (49\,\mathrm{b})$$

Der rechts in (49a) auftretende nichtlineare Term ist der erste in einer Entwicklung und muß berücksichtigt werden, weil in Schallnähe durchaus

$$1 - M_\infty^2 \sim f(M_\infty, \varkappa)\,\varphi_x \sim (\varkappa + 1)\,\varphi_x$$

gelten kann. Insbesondere im Grenzfall $M_\infty \to 1$ wird

$$\varphi_{yy} = (\varkappa + 1)\,\varphi_x \varphi_{xx}, \quad \varphi_y(x, 0) = \tau \frac{\mathrm{d}q}{\mathrm{d}x}. \qquad (50)$$

Es handelt sich um quasilineare partielle Differentialgleichungen. Die Schwierigkeiten bei der Lösung derselben (numerisch oder analytisch) entsprechen der physikalischen Problematik (Bild 9-31a bis c). Allerdings sind Ähnlichkeitsaussagen möglich. Die Prandtl-Glauert-Transformationen der linearen Theorie gelten auch hier, wenn Profile betrachtet werden, für die der schallnahe Kármánsche Parameter [19] konstant ist:

$$\chi = \frac{|1 - M_\infty^2|}{(\varkappa + 1)^{2/3}\,\tau^{2/3}}. \qquad (51)$$

Vergleicht man Profile verschiedener Dicke τ miteinander, so müssen die Machzahlen M_∞ dementsprechend gewählt werden. Die Prandtl-Meyer-Expansion (45a) enthält sofort die Aussage $\chi = \mathrm{const}$, wenn man die Umlenkung als Maß für die Dicke betrachtet. Dem Parameter (51) kommt eine Schlüsselrolle zu. Aus (49a) und (41) folgt z. B. als Abgrenzung

$\chi \gg 1$ lineare Theorie,

$\chi \lesssim 1$ transsonische, nichtlineare Theorie.

Das heißt, der Gültigkeitsbereich der jeweiligen Theorie hängt sowohl von τ als auch von M_∞ ab. Viele charakteristische Eigenschaften bei der Profilumströmung sind durch (51) bestimmt. Für die Stoßlage (Bild 9-31a) gilt $x_s/l = g(\chi)$, wobei g allein durch die Profilklasse gegeben ist. Für den Stoßabstand von der Körperspitze (Bild 9-31c) ergibt sich $d/l = f(\chi)$. Hier kann für alle Profile die asymptotische Aussage $f \sim 1/\chi^2$ gemacht werden [20]. Wann zum ersten Mal am Dickenmaximum Schall erreicht wird (kritische Mach-Zahl), wann der abschließende Stoß in die Schwanzwelle übergeht, wann die Kopfwelle ablöst, ist allein durch einen charakteristischen χ-Wert bestimmt.

Die experimentelle Realisierung transsonischer Strömungen bereitet Schwierigkeiten. Im schallnahen Unterschall kommt es zur *Blockierung* (vgl. 9.4.1), wenn die Schallinie vom Körper bis zur Gegenwand reicht (Bild 9-32). Die Stromfadentheo-

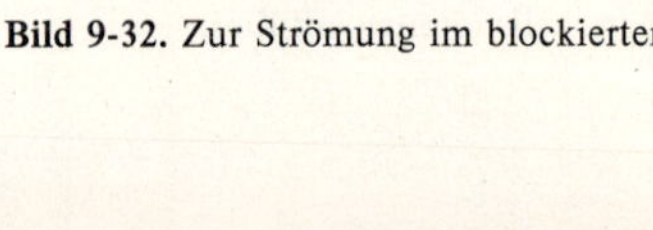

Bild 9-32. Zur Strömung im blockierten Kanal.

rie liefert

$$M_{\infty\,\text{Block}} = \begin{cases} 1 - \sqrt{\dfrac{\varkappa+1}{2}\cdot\dfrac{h_{\max}}{b}} & \text{zweidimensional,} \\ 1 - \sqrt[3]{\dfrac{\varkappa+1}{2}\cdot\dfrac{h_{\max}}{b}} & \text{rotationssymmetrisch,} \end{cases}$$

$\dfrac{h_{\max}}{b}$		0,01	0,05
$M_{\infty\,\text{Block}}$	zweidimensional	0,89	0,75
	rotationssymmetrisch	0,99	0,95

Der Einfluß ist im ebenen Fall gravierend. Eine Steigerung von $M_{\infty\,\text{Block}}$ über die angegebenen Werte hinaus ist nur durch Änderung der Randbedingungen an der Gegenwand möglich (Absaugen, Adaption, usw.). Der Blockierungszustand dient häufig der Simulation der Schallanströmung. Bei $M_\infty > 1$ werden die Machschen Wellen an der *Kanalwand* reflektiert (Bild 9-33). Für

$$\frac{b}{l} \geqq \frac{1}{\sqrt{M_\infty^2 - 1}} = \tan\alpha_\infty$$

treffen sie nicht mehr auf den Körper und haben keinen Einfluß auf die Strömungswerte.

Profilströmungen und Lavaldüsen-Lösung

Mit der transsonischen Lavaldüsen-Lösung kann man die Eigenschaften der Profilströmungen (Bild 9-31) bestätigen und die Ausgangswerte für das Charakteristikenverfahren (Bild 9-27 und 9-28) berechnen. (50) hat die Polynomlösung

$$\varphi(x, y) = Ax^2 + 2A^2(\varkappa+1)\,xy^2 + \frac{A^3(\varkappa+1)^2}{3}\,y^4, \tag{52a}$$

$$\varphi_x = \frac{u - a^*}{a^*} = 2Ax + 2A^2(\varkappa+1)\,y^2, \tag{52b}$$

$$\varphi_y = \frac{v}{a^*} = 4A^2(\varkappa+1)\,xy + \frac{4}{3}A^3(\varkappa+1)^2 y^3. \tag{52c}$$

Für $A > 0$ ist dies eine längs der x-Achse (Symmetrieachse der Düse) von Unterschall auf Überschall beschleunigte Strömung. Die Schallinie

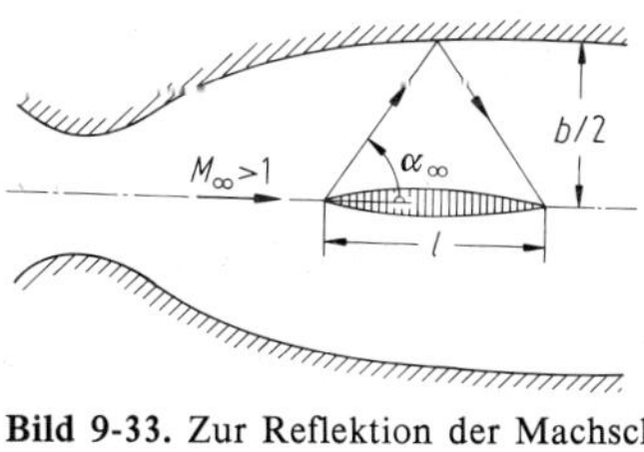

Bild 9-33. Zur Reflektion der Machschen Linien an der Kanalwand.

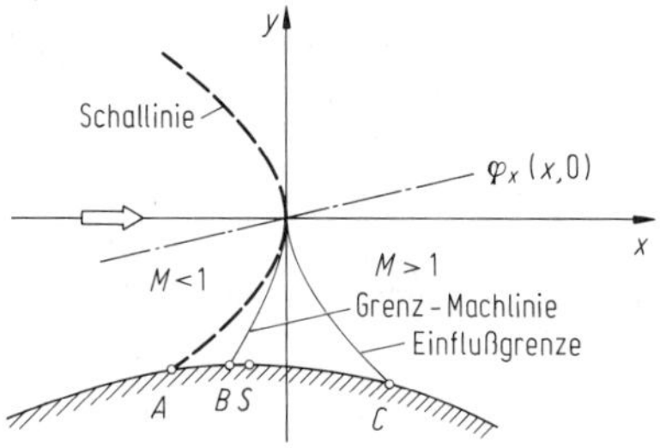

Bild 9-34. Lavaldüsenströmung.

($\varphi_x = 0$) ist eine Parabel (Bild 9-34)

$$y = \pm\sqrt{-\frac{x}{A(\varkappa+1)}}.$$

Die Wandstromlinie ($y(0) = y^*$) folgt durch Integration aus (52c)

$$y - y^* = 2A^2(\varkappa+1)\,y^* x^2 + \frac{4}{3}A^3(\varkappa+1)^2 y^{*3} x,$$

mit dem Scheitel bei $x_s = -A(\varkappa+1)/3 \cdot y^{*2}$.
Für die Charakteristiken (44a, b) kommt mit $|\vartheta| \ll \alpha$ und $M_\infty \to 1$

$$\frac{dy}{dx} = \tan(\vartheta \mp \alpha) = \mp\tan\alpha = \mp\frac{1}{\sqrt{M^2-1}}$$

$$= \mp\frac{1}{\sqrt{M_\infty^2 - 1 + f(M_\infty, \varkappa)\,\dfrac{u-u_\infty}{u_\infty}}}$$

$$= \mp\frac{1}{\sqrt{(\varkappa+1)\,\dfrac{u-a^*}{a^*}}}$$

die gewöhnliche Differentialgleichung 1. Ordnung

$$\frac{dy}{dx} = \mp\frac{1}{\sqrt{2A(\varkappa+1)\,[x + A(\varkappa+1)\,y^2]}}.$$

Alle Machschen Linien besitzen Spitzen mit vertikaler Tangente auf der Schallinie. Grenz-Machlinie: $y = \pm\sqrt{(-2x)/(A(\varkappa+1))}$, Einflußgrenze: $y = \pm\sqrt{x/(A(\varkappa+1))}$. Die Schallinie und die Grenz-Machlinie (Bild 9-34) treffen (A, B) bereits vor dem engsten Querschnitt (Scheitel S) auf die Düsenwand, die Einflußgrenze danach. Dies entspricht völlig der Profilströmung (Bild 9-31c).
Die Ergebnisse können mit (R^* Krümmungsradius)

$$A = \frac{1}{2\sqrt{(\varkappa+1)\,R^* y^*}}$$

auf eine vorgegebene Düse umgerechnet werden. Für den Massenstrom $\dot{m}$ ergibt sich (Düsenbreite *b*) [21]:

$$\frac{\dot m}{\varrho^* a^* y^* b} = 1 - \frac{\varkappa + 1}{90}\left(\frac{y^*}{R^*}\right)^2,$$

eine in der Regel kleine Abnahme gegenüber dem Stromfadenwert. Im achsensymmetrischen Fall ist lediglich rechts im Nenner 90 durch 96 zu ersetzen.

Einordnung der transsonischen Strömungen

Zur Einordnung stellen wir die Größenordnungen der Geschwindigkeitsstörungen auf schlanken nichtangestellten Körpern ($\tau \ll 1$) zusammen [22]:

M_∞	<1	~ 1	>1	$\gg 1$	
$\frac{u - u_\infty}{u_\infty}$	τ	$\tau^{2/3}$	τ	τ^2	zweidimensional
$\frac{v}{u_\infty}$	——— τ ———				
$\frac{u - u_\infty}{u_\infty}$	$\tau^2 \ln \tau$	τ^2	$\tau^2 \ln \tau$	τ^2	achsensymmetrisch

Während also für $M_\infty \lesssim 1$ im zweidimensionalen Fall u- und v-Störungen stets von gleicher Größenordnung sind, ist in Schallnähe die u-Störung größer und im Hyperschall kleiner als die v-Störung. Das liegt an den unterschiedlichen physikalischen Strukturen dieser Strömungsfelder.

Auftriebs- und Widerstandsbeiwerte

Wichtig für die Anwendungen ist der *Auftriebsbeiwert* c_A der ebenen Platte bei geringer Anstellung ($\varepsilon \ll 1$):

10 Gleichzeitiger Viskositäts- und Kompressibilitätseinfluß

10.1 Eindimensionale Rohrströmung mit Reibung

In diesem Kapitel werden Kompressibilität und Reibung in einfacher Form gleichzeitig berücksichtigt. Wir benutzen ein Modell, bei dem die Reibung allein im Impulssatz über die Wandschubspannung $\tau_\mathrm{w} = (\lambda/4)\ (\varrho/2)\ w^2$ eingeht. Für die Widerstandszahl λ gilt hierin im allgemeinen

$$\lambda = f(Re, M), \quad Re = \frac{w d_\mathrm{h}}{\nu} = \frac{\varrho w \cdot 4A}{\eta U}. \qquad (1)$$

$d_\mathrm{h} = 4A/U$ bezeichnet den hydraulischen Durchmesser des Rohres.

Kontinuitätsbedingung:

$$\frac{1}{w}\cdot\frac{\mathrm{d}w}{\mathrm{d}x} + \frac{1}{\varrho}\cdot\frac{\mathrm{d}\varrho}{\mathrm{d}x} = 0, \qquad (2\,\mathrm{a})$$

Impulssatz:

$$\frac{1}{w}\cdot\frac{\mathrm{d}w}{\mathrm{d}x} + \frac{1}{\varkappa M^2}\cdot\frac{1}{p}\cdot\frac{\mathrm{d}p}{\mathrm{d}x} = -\frac{\lambda}{2}\cdot\frac{1}{d_\mathrm{h}}, \qquad (2\,\mathrm{b})$$

Zustandsgleichung:

$$\frac{1}{\varrho}\cdot\frac{\mathrm{d}\varrho}{\mathrm{d}x} + \frac{1}{T}\cdot\frac{\mathrm{d}T}{\mathrm{d}x} - \frac{1}{p}\cdot\frac{\mathrm{d}p}{\mathrm{d}x} = 0, \qquad (2\,\mathrm{c})$$

Machzahlgleichung:

$$\frac{1}{w}\cdot\frac{\mathrm{d}w}{\mathrm{d}x} - \frac{1}{2T}\cdot\frac{\mathrm{d}T}{\mathrm{d}x} - \frac{1}{M}\cdot\frac{\mathrm{d}M}{\mathrm{d}x} = 0. \qquad (2\,\mathrm{d})$$

Bei *adiabater* Strömung — gute Isolation des Rohres — benutzen wir $w^2/2 + c_p T = \mathrm{const}$, d.h.

M_∞	$\ll 1$	<1	≈ 1	>1	$\gg 1$
c_A	$2\pi\varepsilon$	$\frac{2\pi\varepsilon}{\sqrt{1 - M_\infty^2}}$	$\frac{5{,}72\,\varepsilon^{2/3}}{(\varkappa + 1)^{1/3}}$	$\frac{4\varepsilon}{\sqrt{M_\infty^2 - 1}}$	$(\varkappa + 1)\,\varepsilon^2$
$\varepsilon = 5°$	0,55		0,84	0,35 ($M_\infty = \sqrt{2}$)	0,018

Der Wert bei Schall ist bemerkenswert groß [23].
Der *Widerstandsbeiwert* c_W für das Rhombusprofil [24]:

M_∞	≈ 1	>1	$\gg 1$
c_W	$\frac{5{,}47\,\tau^{5/3}}{(\varkappa + 1)^{1/3}}$	$\frac{4\tau^2}{\sqrt{M_\infty^2 - 1}}$	$2\tau^3$
$\tau = 0{,}10$	0,088	0,04 ($M_\infty = \sqrt{2}$)	0,002

Energiesatz:

$$\frac{1}{w}\cdot\frac{\mathrm{d}w}{\mathrm{d}x} + \frac{1}{\varkappa - 1}\cdot\frac{1}{M^2}\cdot\frac{1}{T}\cdot\frac{\mathrm{d}T}{\mathrm{d}x} = 0. \qquad (2\,\mathrm{e})$$

(2a) bis (2e) beschreiben als gewöhnliche Differentialgleichungen die Änderungen von p, ϱ, T, w, M mit der Rohrlänge x. Elimination ergibt

$$\frac{1 - M^2}{1 + \frac{\varkappa - 1}{2} M^2}\cdot\frac{1}{M^3}\cdot\frac{\mathrm{d}M}{\mathrm{d}x} = \frac{\varkappa}{2}\cdot\frac{\lambda}{d_\mathrm{h}}. \qquad (3)$$

Durch Rohrreibung werden also Unterschallströmungen beschleunigt ($\mathrm{d}M/\mathrm{d}x > 0$), Überschallströmungen dagegen verzögert ($\mathrm{d}M/\mathrm{d}x < 0$). Ein Schalldurchgang ist dabei jedoch nicht möglich. Der Reibungseinfluß wirkt hier ähnlich wie eine Querschnittsverengung bei reibungsloser Strömung (9-29). Integration von (3) bei $\lambda = \text{const}$ und $M = 1$ bei $x = 0$ gibt

$$\frac{1}{\varkappa}\left(1-\frac{1}{M^2}\right) + \frac{\varkappa+1}{2\varkappa}\ln\left[1-\frac{2}{\varkappa+1}\left(1-\frac{1}{M^2}\right)\right] = \frac{\lambda}{d_h}x. \quad (4)$$

Alle (stoßfreien) Strömungen im Rohr werden in normierter Form durch (4) beschrieben. Andere Randbedingungen erfordern eine Translation in x-Richtung. Das zugehörige Diagramm von Koppe und Oswatitsch [1,2] gestattet, den gleichzeitigen Einfluß von Reibung und Kompressibilität zu erfassen (Bild 10-1). Durch Messungen werden diese Kurve und damit das benutzte Modell gut bestätigt [3]. (4) entspricht qualitativ völlig dem Zusammenhang $A/A^* = f(M)$ bei der Lavaldüsenströmung (9-30). Für die Anwendungen ist die Umrechnung von M auf p an der Ordinate zweckmäßig:

$$\frac{p}{p_0}\cdot\frac{\dot m_{max}}{\dot m} = \frac{\left(\frac{2}{\varkappa+1}\right)^{\frac{\varkappa}{\varkappa-1}}}{M\sqrt{1+\frac{\varkappa-1}{\varkappa+1}(M^2-1)}} = \frac{0{,}528}{M\sqrt{1+\frac{\varkappa-1}{\varkappa+1}(M^2-1)}}, \quad (5)$$

mit $\dot m_{max} = \varrho^* a^* A$ als maximalem Massenstrom ohne Reibung und $\dot m = \varrho_1 w_1 A$ als effektivem, durch die Reibung reduziertem Massenstrom. Eine *Unterschallströmung* wird im Rohr höchstens

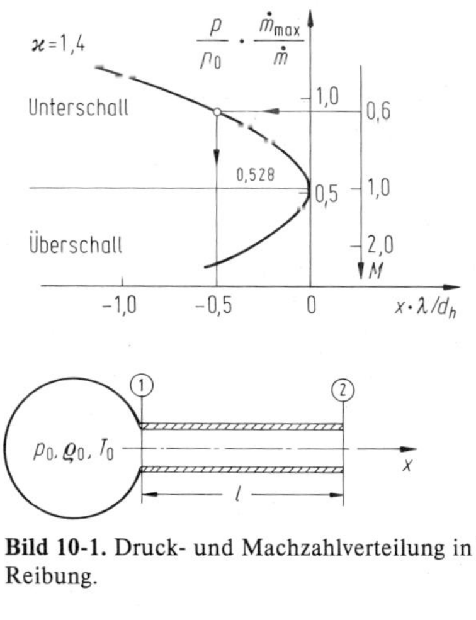

Bild 10-1. Druck- und Machzahlverteilung in Rohren mit Reibung.

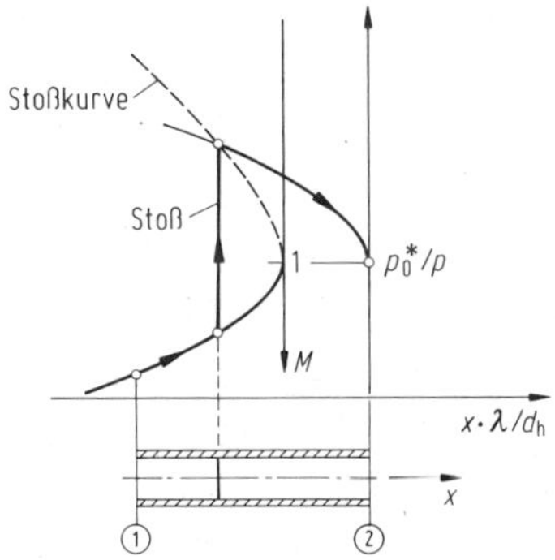

Bild 10-2. Rohrströmung mit Reibung und Verdichtungsstoß.

bis $M_2 = 1$ beschleunigt, sofern $(p_2/p_0)\cdot(\dot m_{max}/\dot m) \leqq p_0^*/p_0 = 0{,}528$ ist. Die hierzu erforderliche Rohrlänge in Vielfachen von d_h liefert (4).
Eine *Überschallströmung* wird im Rohr verzögert. Hierbei kann, wenn die Rohrlänge nicht paßt, d.h., wenn es im Rohr zu einer Reibungsblockierung ($M = 1$) kommt, ein Stoß auftreten (Bild 10-2). Die Stoßkurve genügt (9-11). Hinter dem Stoß liegt der oben besprochene Unterschallfall vor. Am Rohrende kommt es dann zur Schallgeschwindigkeit, wenn der Gegendruck genügend abgesenkt ist [4,5]. Messungen zeigen, daß λ von M weitgehend unabhängig ist. Für die Re-Abhängigkeit gilt das Moody-Colebrook-Diagramm (Bild 8-33). Die Reynolds-Zahl kann sich längs x durch $\eta = \eta(T)$ ändern. Meistens reicht es, einen konstanten Mittelwert zu nehmen.

Beispiel: In den Anwendungen (Bild 10-1) sind häufig gegeben: p_2; p_0, ϱ_0, T_0; A, d_h, l; $\varkappa$, η; gefragt ist der einsetzende Massenstrom $\dot m$. Am einfachsten ist das folgende Rechenverfahren [4], bei dem $\dot m$ zunächst als freier Parameter betrachtet wird. $\dot m_{max}$ ist bekannt, $Re = \varrho_1 w_1 d_h/\eta = \dot m d_h/(A\eta)$ und damit $\lambda = F(Re)$. $\varrho_1 w_1 = \dot m/A$ führt mit (9-33) zu p_1/p_0. (5) gibt M_1. Mit l ergibt (4) M_2. Bild 10-1 führt zu p_2. Ist dies der vorgegebene Wert, so ist die Rechnung beendet. Ansonsten ist sie mit verändertem $\dot m$ erneut durchzuführen.
Einfacher ist natürlich der Fall, daß $\dot m$ bekannt ist und z.B. nach der Rohrlänge l mit $M_2 = 1$ gefragt wird.

Zahlenbeispiel: $p_0 = 2$ bar, $\varrho_0 = 2{,}18\ \mathrm{kg/m^3}$, $T_0 = 320$ K; $d_h = 0{,}2$ m, $\varkappa = 1{,}40$, $\eta = 19{,}4\cdot 10^{-6}$ Pa·s, $\dot m = 10$ kg/s. Wir erhalten der Reihe nach: $\dot m_{max} = 14{,}2$ kg/s, $Re = 3{,}3\cdot 10^6$, $\lambda = 0{,}0096$, $p_1 = 1{,}728$ bar, $\varrho_1 = 1{,}964\ \mathrm{kg/m^3}$, $T_1 = 306{,}88$ K, $M_1 = 0{,}46$, $l = 30{,}2$ m, $p_2 = 0{,}74$ bar, $M_2 = 1$.

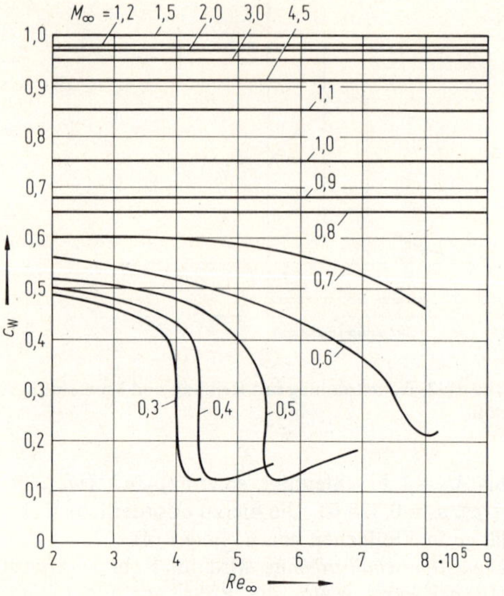

Bild 10-3. Kugelwiderstand als Funktion von M_∞ und Re_∞ [6].

10.2 Kugelumströmung, Naumann-Diagramm für c_W [6]

Charakteristische Einflüsse von Kompressibilität (M_∞) und Reibung (Re_∞) zeigen sich bei der Kugelumströmung (Bild 10-3). Für $M_\infty \leqq 0{,}3$ tritt kein wesentlicher Einfluß der Mach-Zahl auf. Dort liegt, insbesondere im kritischen Bereich ($Re_\infty = 4 \cdot 10^5$), die typische Abhängigkeit von der Reynolds-Zahl vor (Bild 8-50). Bei Steigerung der Mach-Zahl nimmt der Druckwiderstand erheblich zu (Newtonsches Modell, $c_W = 1$!). Jetzt tritt der Einfluß der Reynolds-Zahl und damit verbunden der des Umschlages mit dem rapiden Abfall von c_W zurück. Nun dominiert die Mach-Zahl. Für $M_\infty^2 \gg 1$ (Hyperschall) hängt c_W weder von M_∞ noch von Re_∞ ab, es gilt die Einfrierungseigenschaft [7].
Ein ganz entsprechendes Verhalten bezüglich der Mach- und Reynoldszahlabhängigkeit tritt auch bei Verzögerungsgittern auf [8].

10.3 Grundsätzliches über die laminare Plattengrenzschicht

Für $Pr = \eta c_p / \lambda = 1$ und $(\partial T/\partial y)_w = 0$ gilt $T_w = T_0 = T_\infty (1 + (\varkappa - 1) M_\infty^2/2)$. Die Ruhetemperatur T_0 stimmt hier mit der adiabaten Wandtemperatur T_w überein. Bild 10-4 enthält auch den Fall anderer Temperaturrandbedingungen. Ist $Pr \neq 1$, so gilt für die adiabate Wandtemperatur (Eigentemperatur) $T_w = T_\infty (1 + r (\varkappa - 1) M_\infty^2/2)$. Der sog. *Recovery-Faktor* $r = \sqrt{Pr}$ gibt das Verhältnis der

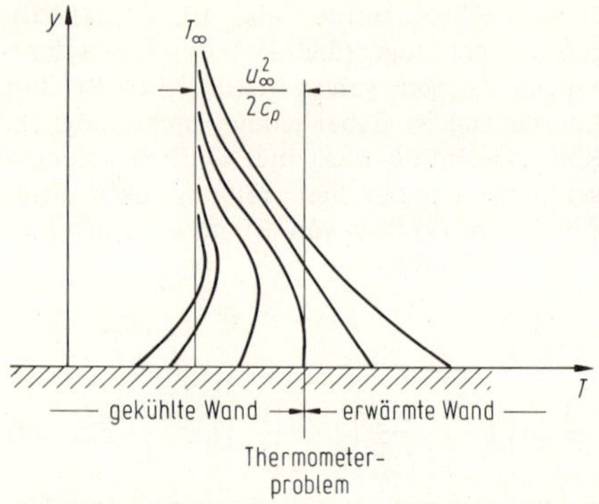

Bild 10-4. Temperaturprofile in der Grenzschicht bei erwärmter oder gekühlter Wand.

Erwärmung durch Reibung zu derjenigen durch adiabate Kompression an:

$$r = \sqrt{Pr} = \frac{T_w - T_\infty}{T_0 - T_\infty}.$$

Für $Pr \neq 1$ unterscheidet sich also die Wandtemperatur T_w von der Ruhetemperatur T_0. Dies ist bei der Temperaturmessung in strömenden Gasen zu beachten.
Bei $M_\infty^2 \gg 1$ führt die starke Erwärmung der Grenzschicht ($p = \text{const}$), $\varrho/\varrho_\infty = T_\infty/T \ll 1$, zu einer Massenstromreduktion und damit zu einer Zunahme der Verdrängungsdicke δ_1 (Bild 10-5) [9].
Mit dem Viskositätsansatz

$$\frac{\eta}{\eta_w} = \left(\frac{T}{T_w}\right)^\omega$$

und der Newtonschen Schubspannung τ

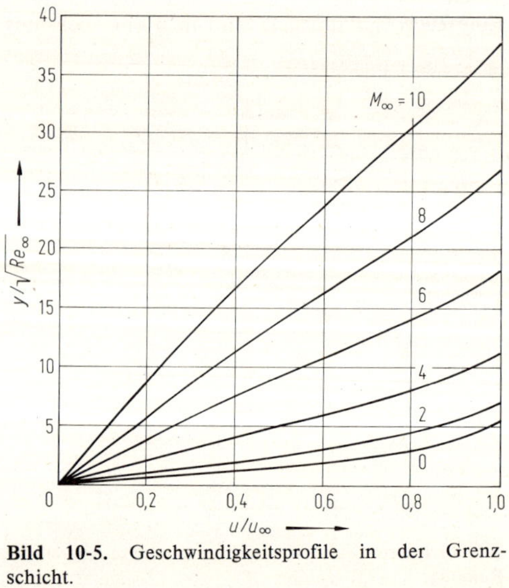

Bild 10-5. Geschwindigkeitsprofile in der Grenzschicht.

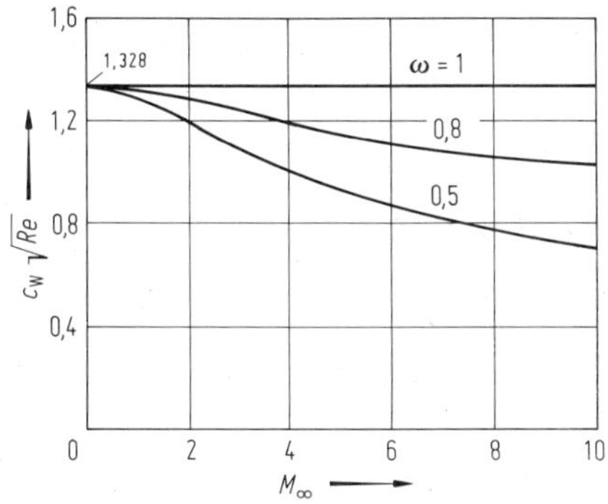

Bild 10-6. Gesamtreibungsbeiwert für die Plattengrenzschicht beim Thermometerproblem ($Pr = 1$, $\varkappa = 1{,}40$).

$= \eta \cdot \partial u / \partial y$ gilt für den lokalen Reibungskoeffizienten ([10], S. 468)

$$c_f = \frac{\tau_w}{\frac{\varrho_\infty}{2} u_\infty^2} = \frac{k}{\sqrt{Re_x}},$$

$$k^2 \sim \frac{\varrho \eta}{\varrho_w \eta_w} = \left(\frac{T_w}{T}\right)^{1-\omega}. \tag{6}$$

Durch Integration erhält man Bild 10-6 [11]. $\omega = 1$ gibt den Wert der inkompressiblen Strömung. Der Machzahleinfluß ist generell relativ gering. Das liegt daran, daß durch die Aufheizung η zwar ansteigt, aber gleichzeitig $\partial u/\partial y$ abfällt (Bild 10-5). Dadurch ist eine Kompensation bei der Schubspannung und im Reibungskoeffizienten möglich. Für δ_1 ergibt sich bei $Pr = 1$, $(\partial T/\partial y)_w = 0$, $\omega = 1$

$$\frac{\delta_1}{l} \sim \frac{1}{k\sqrt{Re_\infty}} \left(1 + \frac{\varkappa - 1}{2} M_\infty^2\right) \sim \frac{M_\infty^2}{k\sqrt{Re_\infty}}, \tag{7}$$

woraus die starke Zunahme von δ_1 mit M_∞ ersichtlich ist.

Stoß-Grenzschicht-Interferenz

Bei der Plattengrenzschicht tritt bei Überschallanströmung ein schiefer Stoß auf, der für $M_\infty^2 \gg 1$ am Rand der relativ dicken Grenzschicht verläuft (Bild 10-7). Stoßlage (Θ) und Stoßstärke ($\hat{p}/p$) hängen von den Grenzschichtdaten ab. Diese wiederum werden von den Stoßgrößen beeinflußt. Das führt zum Phänomen der *Stoß-Grenzschicht-Interferenz*, das durch den folgenden Parameter K beschrieben wird:

$$K = \frac{M_\infty^3}{\sqrt{Re_\infty}} \begin{cases} \lesssim 1 & \text{schwache Interferenz,} \\ \gg 1 & \text{starke Interferenz.} \end{cases} \tag{8}$$

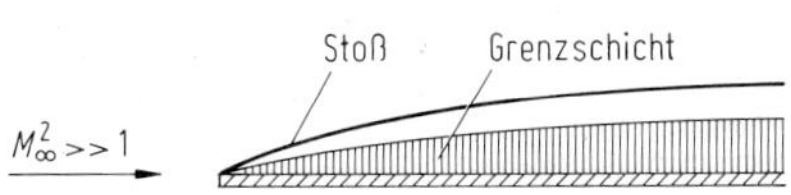

Bild 10-7. Stoß und Grenzschicht an der ebenen Platte.

K kann oft gedeutet werden als *Tsien-Parameter* [12] mit der Verdrängungsdicke δ_1 anstelle der Körperdicke τ, $K = M_\infty \tau$.
Ihm kommt eine ähnliche Bedeutung zu wie dem schallnahen (Kármánschen) Parameter (9-51). Aus (9-45 b) folgt z. B. eine entsprechende Aussage, falls bis ins Vakuum expandiert wird $M_\infty |\vartheta - \vartheta_\infty| = 2/(\varkappa - 1)$.
Ist der Stoß weit stromab, so herrscht *schwache Interferenz*. Für den normierten Druck am Grenzschichtrand kommt mit der Ackeret-Formel (9-41):

$$C_p = \frac{p - p_\infty}{\frac{1}{2} \varrho_\infty u_\infty^2} = -2 \frac{u - u_\infty}{u_\infty} = +2 \frac{v/u_\infty}{\sqrt{M_\infty^2 - 1}},$$

also mit $M_\infty^2 \gg 1$ und (8)

$$\frac{p}{p_\infty} - 1 = \frac{1}{2} \varkappa M_\infty^2 \left(2 \frac{v/u_\infty}{M_\infty}\right) = \varkappa M_\infty \vartheta$$

$$= \varkappa M_\infty \frac{\delta_1}{l} \sim \frac{M_\infty^3}{\sqrt{Re_\infty}} = K \lessgtr 1.$$

Verläuft der Stoß in Vorderkantennähe, so herrscht *starke Interferenz*. Am Grenzschichtrand liegt ein starker schiefer Stoß vor. Mit (9-15)

$$\frac{p}{p_\infty} \sim \frac{2\varkappa}{\varkappa + 1} M_\infty^2 \Theta^2 = \frac{\varkappa(\varkappa + 1)}{2} (M_\infty \vartheta)^2$$

$$= \frac{\varkappa(\varkappa + 1)}{2} \left(M_\infty \frac{\delta_1}{l}\right)^2. \tag{9}$$

Dieser Druck am Grenzschichtrand muß mit dem aus der Verdrängungsdicke δ_1 und (6) übereinstimmen:

$$\frac{\delta_1}{l} \sim \frac{M_\infty^2}{k\sqrt{Re_\infty}},$$

$$k^2 \sim \frac{\varrho \eta}{\varrho_\infty \eta_\infty} = \frac{\varrho}{\varrho_\infty} \cdot \frac{T}{T_\infty} = \frac{p}{p_\infty}, \quad \omega = 1. \tag{10}$$

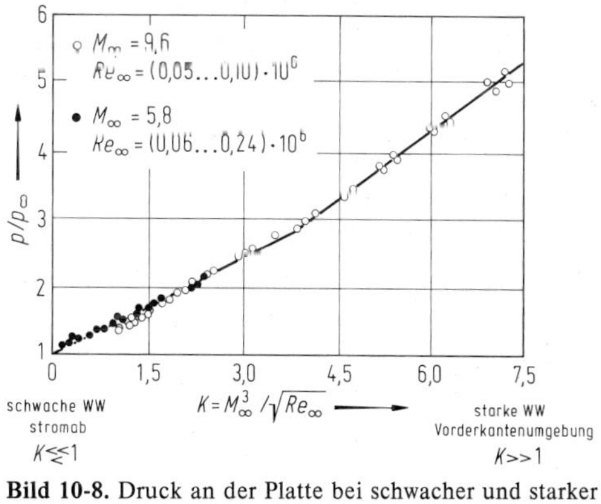

Bild 10-8. Druck an der Platte bei schwacher und starker Stoß-Grenzschichtinterferenz (WW Wechselwirkung).

Also (9) und (10) zusammengefaßt:

$$\sqrt{\frac{p}{p_\infty}} \sim M_\infty \frac{\delta_1}{l} \sim \sqrt{\frac{p_\infty}{p}} \cdot \frac{M_\infty^3}{\sqrt{Re_\infty}}$$

$$\frac{p}{p_\infty} \sim \frac{M_\infty^3}{\sqrt{Re_\infty}} = K \gg 1 .$$

In beiden Fällen ergibt sich also eine *lineare* Abhängigkeit des induzierten Druckes an der Platte vom Parameter K, was durch Messungen gut bestätigt wird (Bild 10-8) [13].

10.4 (M, Re)-Ähnlichkeit in der Gasdynamik

Die Konstanz der Kennzahlen M und Re sichert die physikalische Ähnlichkeit geometrisch ähnlicher Stromfelder [14]. Für spezielle Fragestellungen können Kombinationen der folgenden Form nützlich sein:

$$\pi = \frac{M^n}{Re^m} .$$

Beispiele sind:

$$\frac{M}{Re} = Kn = \text{Knudsen-Zahl} \sim \frac{\lambda}{l}$$

$$= \frac{\text{mittlere freie Weglänge}}{\text{makroskopische Länge}}$$

$$\frac{M^2}{\sqrt{Re}} \sim \frac{\delta_1}{l} = \text{Verdrängungsdicke ebene Platte} ,$$

$$\frac{M^3}{\sqrt{Re}} \sim K$$

= Stoß-Grenzschichtinterferenz-Parameter

Bild 10-9 enthält die zugehörigen physikalischen Aussagen in den unterschiedlichen Bereichen der M, Re-Ebene. Einige Folgerungen: Für Kontinuumsströmungen ist $Kn \ll 1$, also stets $M \ll Re$. Untersucht man z. B. schleichende Strömungen, so verlaufen sie zwangsläufig inkompressibel. Dagegen erfordern Hyperschallströmungen bei kleiner Reynolds-Zahl (Vorderkantenumgebung!) stets die Einbeziehung gaskinetischer Effekte, z.B. Gleitströmung.

In der modernen Versuchstechnik (Transsonik, Überschallkanäle) bereitet die Forderung nach der Simulation der hohen Flug-Reynolds-Zahl (bis 10^8) große Schwierigkeiten. Die Mach-Zahl läßt sich weitgehend variieren, der Kanalwandeinfluß durch Absaugung oder Adaption flexibler Wände zumindest reduzieren. Umformung von Re liefert

$$Re = \frac{\varrho w l}{\eta} = \frac{M l a}{\eta} \cdot \frac{p}{R_i T} = \frac{p l M}{\eta} \sqrt{\frac{\varkappa}{R_i T}} .$$

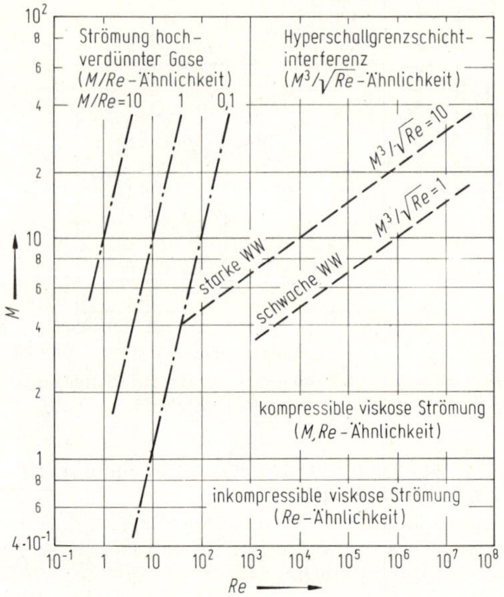

Bild 10-9. Abgrenzung der verschiedenen Strömungsbereiche in der M,Re-Ebene.

Mit $\eta \sim T^\omega$ ($\omega \sim 0{,}7$) bieten sich für eine Steigerung von Re an:

$$Re \sim p$$

$$Re \sim l$$

$$Re \sim (\eta T^{1/2})^{-1} \sim (T^{\omega+0,5})^{-1} = T^{-1,2} ,$$

d. h. Erhöhung des Meßstreckendruckes p (sogenanntes Aufladen), Vergrößerung der Modellänge l (große Meßstrecke!), Absenkung der Meßstreckentemperatur T (Kryokanal). Die Daten eines ausgeführten Kryokanals (NTF, National Transonic Facility der NASA in Langley) sowie des geplanten Europäischen Kanals (ETW) sind die folgenden [15]:

		ETW	NTF
Meßstreckenquerschnitt	m²	2,4 × 2,0	2,5 × 2,5
max. Reynolds-Zahl	10^6	50	120
Mach-Zahl		0,15-1,3	0,2-1,2
Druckbereich	bar	1,25-4,5	1,0-9,0
Temperaturbereich	K	90-313	80-350
Antriebsleistung	MW	50	93

10.5 Auftriebs- und Widerstandsbeiwerte aktueller Tragflügel

Wir beginnen mit einem Größenordnungsvergleich von Wellenwiderstand und Reibungswiderstand für das Rhombusprofil:

	M_∞ \ τ	0,1	0,01
c_W	$\sqrt{2}$	0,04	0,000 4
	1	0,088	0,001 9

Re_∞	10^6	10^7	10^8
$c_{R,\,turb}$	0,008	0,006	0,004
$c_{R,\,lam}$	0,003	0,000 8	

$c_R = 2c_F$ ist hierin der Reibungskoeffizient für die glatte, doppelt benetzte Platte aus (8-95) und (8-98). Nur beim extrem dünnen Profil überwiegt hier die (turbulente) Reibung den Druckwiderstand. Sonst ist der Wellenwiderstand erheblich größer als die Reibung.
Bei schallnaher Unterschallanströmung, $M_\infty = (0{,}75 \ldots 0{,}85)$, aktueller Profile (z. B. NACA 0012) sind die Dinge erheblich komplizierter. M_∞, Re_∞, Anstellung und Profilform bedingen wesentlich die Größenordnungen der einzelnen Widerstandsanteile. Man erkennt dies an der Struktur solcher Strömungsfelder (Bild 10-10). Zur Berechnung derselben verwendet man unterschiedliche Gleichungen, sog. *zonale Lösungsverfahren*. Außerhalb der Grenzschicht handelt es sich um eine transsonische Profilströmung mit Stoß (siehe Bild 9-31a). Vor dem Stoß benutzt man die Potentialgleichung, dahinter die wirbelbehafteten Euler-Gleichungen. Hierfür liegen Rechenverfahren vor [16]. In der Grenzschicht kann man Standardverfahren benutzen [17, 18]. Die reibungsfreie kompressible Außenströmung muß an die Grenzschichtrechnung angeschlossen werden. Hierbei treten Sonderfälle auf, die eine lokale Betrachtung erforderlich machen, z. B. die Stoß-Grenzschichtinterferenz und die Hinterkantenströmung. Der das lokale Überschallgebiet berandende Stoß läuft in die Grenzschicht ein und kann mit seinem Druckanstieg zur Ablösung derselben führen. Im übrigen stellt er einen beträchtlichen Widerstandsbeitrag dar. Eine lokale Betrachtung in der Umgebung von Stoß und Kontur benutzt ein sog. Dreischichtenmodell (Bild 10-11). Hiermit ist es möglich, alle Strömungsgrößen im Feld zu ermitteln [19]. Das zugehörige Rechenverfahren wird als Unterprogramm im globalen Feld benutzt.
Zur generellen Beurteilung geben wir einige Rechenergebnisse. Bei der Angabe von c_W-Werten ist wohl zu unterscheiden zwischen (1.) dem Druckwiderstand bei Nullanstellung, (2.) dem Druckwiderstand bei Anstellung und (3.) dem Gesamtwiderstand bei Anstellung. Während im Fall (1) und (2) der Stoß den Hauptbeitrag liefert, kommt bei (3) der Reibungsanteil (Schubspannung und Nachlauf, c_R) hinzu.

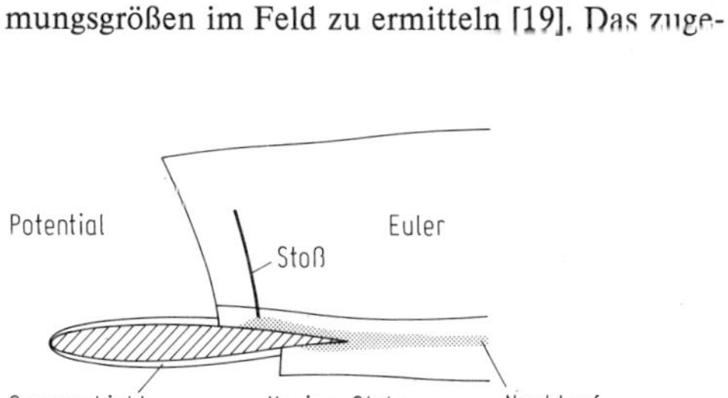

Bild 10-10. Transsonische Profilumströmung. Zonale Rechenverfahren mit entsprechenden Gleichungen.

Auftrieb und Widerstand des Profils NACA 0012 (stoßbehaftet, reibungsfrei)

M_∞	α [°]	c_A	$c_W \cdot 10^2$	Bearbeiter
0,75	2	0,587 8	1,82	Jameson [20]
0,8	0		0,8	Lock [21]
			1,03	Dohrmann/Schnerr [22]
			1,0	Carlson [23]
			0,86	Jameson [24]
0,8	1,25	0,348	2,40	Dohrmann/Schnerr [25]
		0,363 2	2,30	AGARD-AR-211 Sol 9 [26]
		0,321	1,99	Carlson [23]
		0,351 3	2,3	Jameson [24]
0,85	0		4,71	Jameson [24]
			3,81	Carlson [23]
			4,0	Lock [23]
0,85	1	0,358 4	5,80	AGARD-AR-211 Sol 9 [26]
		0,283	4,44	Carlson [23]
0,95	0		10,84	AGARD-AR-211 Sol 9 [26]
			9,58	Carlson [23]
1,2	0		9,6	AGARD-AR-211 Sol 9 [26]
1,2	7	0,513 8	15,38	AGARD-AR-211 Sol 9 [26]

AGARD-Testfall 01. $M_\infty = 0{,}8$, $\alpha = 1{,}25°$, AGARD-Mittelwerte $c_A = 0{,}36$, $c_W = 2{,}325 \cdot 10^{-2}$ [26] (AGARD – Advisory Group Aeronautical Research and Development).

Aus dieser Zusammenstellung läßt sich der Einfluß der Parameter α, M_∞ entnehmen. Bei fester Mach-Zahl ($M_\infty = 0{,}8$) kann eine Anstellwinkelvergrößerung ($\alpha = 0° \rightarrow 1{,}25°$) zu einem beträchtlichen Widerstandsanstieg führen ($c_W = 0{,}8 \cdot 10^{-2} \rightarrow 2{,}4 \cdot 10^{-2}$). Bei konstantem Anstellwinkel ($\alpha = 0°$) ergibt eine Steigerung der Mach-Zahl ($M_\infty = 0{,}8 \rightarrow 0{,}85$) ebenfalls einen starken Widerstandsanstieg ($c_W = 0{,}8 \cdot 10^{-2} \rightarrow 4{,}71 \cdot 10^{-2}$). Selbst eine Abnahme des Anstellwinkels ($\alpha = 2° \rightarrow 0°$) kann bei gleichzeitiger Steigerung

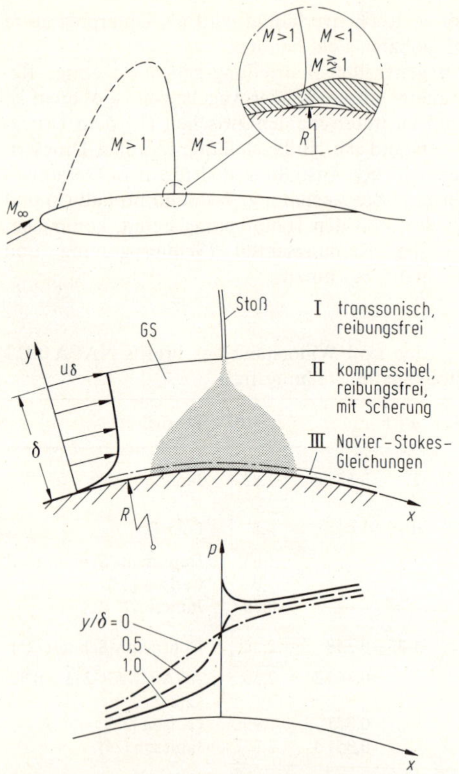

Bild 10-11. Zur Stoßgrenzschichtinterferenz am Flügel.

der Mach-Zahl ($M_\infty = 0{,}75 \rightarrow 0{,}85$) noch zu einem erheblichen Widerstandsanstieg führen ($c_W = 1{,}82 \cdot 10^{-2} \rightarrow 4{,}71 \cdot 10^{-2}$). Es hängt also jeweils von den Parameterwerten ab, welcher Einfluß dominiert. [23] enthält einen kritischen Vergleich der wichtigsten bekannten reibungsfreien Rechenmethoden. Die verschiedenen Ergebnisse zeigen einen erheblichen Streubereich.

Widerstand des Profils NACA 0012 (reibungsbehaftet)
$\alpha = 0°$, $Re = 9 \cdot 10^6$ [27]

M_∞	$c_R \cdot 10^2$	$c_{\mathrm{Welle}} \cdot 10^2$	$c_{\mathrm{W\,ges}} \cdot 10^2$
0,76	0,870	0,002	0,872
0,78	0,891	0,078	0,969
0,80	0,952	0,368	1,320
0,82	1,094	0,891	1,985
0,84	1,32	1,82	3,14

Beim Vergleich dieser Rechenergebnisse mit den vorangegangenen fällt unter anderem auf, daß z.B. der Wellenwiderstand bei $M_\infty = 0{,}8$ von $c_{\mathrm{Welle}} = 0{,}8 \cdot 10^{-2}$ (reibungsfrei) auf $0{,}368 \cdot 10^{-2}$ (reibungsbehaftet) abnimmt. Dies liegt daran, daß im letzteren Fall durch die Grenzschicht die Druckverteilung am Körper stark geglättet wird. Es kommt allerdings der Reibungswiderstand hinzu, der diese Abnahme sogar überkompensiert.

Wellen- und Reibungswiderstand können bei aktuellen Daten also von gleicher und von erheblicher Größenordnung sein. Es lohnt sich daher, *beide* zu minimieren. Was den Stoß angeht, so kann man zu stoßfreien Profilen übergehen [28] oder durch eine sog. passive Beeinflussung ihn zumindest schwächen. Hierzu wird im Flügel in der Stoßumgebung eine Kavität angebracht, die durch ein Lochblech abgedeckt wird. Die Druckdifferenz über den Stoß gleicht sich durch die Kavität aus und reduziert damit die Stoßstärke.

Bild 10-12 [29] enthält c_A- und c_W-Werte eines 12% dicken Profiles vor und nach einer stoßfreien Entwurfsrechnung. Zahlenbeispiel: $M_\infty = 0{,}75$, $Re_\infty = 4 \cdot 10^7$, $c_A = 0{,}60$, stoßbehaftet $c_{\mathrm{W\,ges}} = 0{,}85 \cdot 10^{-2}$, stoßfrei $c_{\mathrm{W\,ges}} = 0{,}73 \cdot 10^{-2}$. Reduktion $\approx 15\%$.

Beim Reibungswiderstand wäre eine Laminarisierung bis zu sehr hohen Reynolds-Zahlen das Optimum. Bei $Re = 10^7$ würde dies den Schubspannungsanteil fast um eine Zehnerpotenz verringern. Beide Möglichkeiten zusammen führen zum Konzept des stoßfreien transsonischen Laminarflügels, dessen Realisierung eine wichtige Zukunftsaufgabe ist.

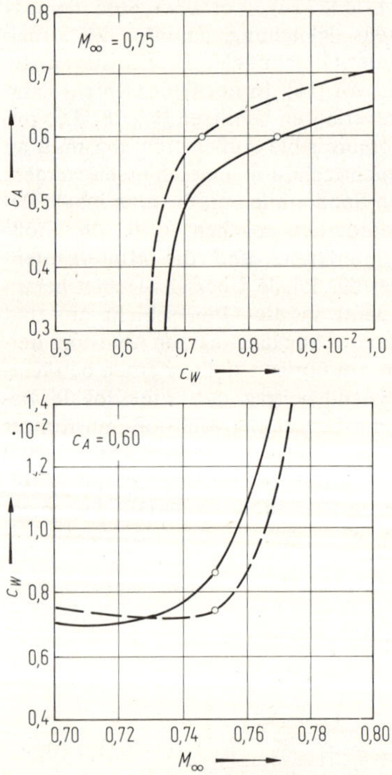

Bild 10-12. c_A, c_W vor **a** und nach **b** dem stoßfreien Entwurf. NACA-Profil 12% Dicke, $Re_\infty = 4 \cdot 10^7$ [29].

Formelzeichen für die Kapitel 1 bis 6

a	Länge, Hebelarm, große Halbachse einer Ellipse, Skalar, Fourierkoeffizient, Anzahl der Lagerreaktionen im Fachwerk, Beschleunigung
$\boldsymbol{a}$	Beschleunigung
$\boldsymbol{a}_{\mathrm{kP}}$	Beschleunigung eines körperfesten Punktes
$\boldsymbol{a}_{\mathrm{rel}}$	Relativbeschleunigung
$\underline{a}$	$[\boldsymbol{a}_1 \ldots \boldsymbol{a}_n]^{\mathrm{T}}$, Koeffizientenmatrix
b	Breite, Hebelarm, kleine Halbachse einer Ellipse, Fourierkoeffizient, Dämpferkonstante
$b(i)$	Index des inneren Nachbarkörpers von Körper i
$\underline{b}$	Spaltenmatrix in System linearer Vektorgleichungen
c	Koeffizient, Integrationskonstante, Abkürzung für cos, Normierungskonstante für Eigenform, Wellenausbreitungsgeschwindigkeit
c	Geschwindigkeit nach einem Stoß
$\boldsymbol{c}_{ij}$	Gelenkvektor auf Körper i
d	Durchmesser, Dämpferkonstante
e	Stoßzahl, Anzahl der Elemente eines Finite-Elemente-Netzes
$\boldsymbol{e}$	Achseneinheitsvektor
$\underline{e}$	Spaltenmatrix der drei Einheitsvektoren eines kartesischen Achsensystems (einer Basis); zugleich Bezeichnung für diese Basis
f	Anzahl der Freiheitsgrade, Funktion, Seildurchhang
g	Fallbeschleunigung
$g(x)$	Funktion, Eigenform
h	Höhe, Scheibendicke
i	Zählindex
j	Zählindex
k	Zählindex, Modul einer elliptischen Funktion, Anzahl der Knoten im Fachwerk, Federkonstante
k_{f}	Fließspannung
k_{D}	Drehfederkonstante
$\boldsymbol{k}$	Gelenkachsenvektor
$\underline{k}$	Matrix von Gelenkachsenvektoren $\boldsymbol{k}_{ij}$
l	Länge, Hebelarm
l_{k}	kritische Länge eines Knickstabes
m	Zählindex, Steigung einer Geraden, Anzahl möglicher Fließgelenke, Masse
m_{ges}	Gesamtmasse eines Systems
$\dot{m}$	$\mathrm{d}m/\mathrm{d}t$ in einem System veränderlicher Masse
$\underline{m}$	diagonale Massenmatrix
n	Anzahl (der Körper, der Freiheitsgrade usw.), Achsenabschnitt in der Gleichung einer Geraden
$\boldsymbol{n}$	Achseneinheitsvektor
p	Parameter, Druck, Flächenlast
$\boldsymbol{p}$	Impuls oder Bewegungsgröße, Gelenkachsenvektor
$\underline{p}$	Matrix von Gelenkachsenvektoren $\boldsymbol{p}_{ij}$
q	generalisierte Koordinate, Eulerparameter, Streckenlast
$\dot{q}$	generalisierte Geschwindigkeit
$\ddot{q}$	generalisierte Beschleunigung
q_{B}	Streckenlast infolge einer Bettung
q_{k}	kritische Streckenlast
q_{T}	Traglast
$\boldsymbol{q}$	Achsenvektor einer endlichen Drehung
$\underline{q}$	Spaltenmatrix von generalisierten Koordinaten
r	Radius, Krümmungsradius, Maß für die Störung einer Bewegung
r, φ	Polarkoordinaten
r, ϑ, φ	Kugelkoordinaten
$\boldsymbol{r}$	Ortsvektor
$\dot{\boldsymbol{r}}$	absolute Geschwindigkeit $\mathrm{d}\boldsymbol{r}/\mathrm{d}t$
$\ddot{\boldsymbol{r}}$	absolute Beschleunigung $\mathrm{d}^2\boldsymbol{r}/\mathrm{d}t^2$
$\underline{\ddot{r}}$	$[\ddot{\boldsymbol{r}}_1 \ldots \ddot{\boldsymbol{r}}_n]^{\mathrm{T}}$
s	Bogenlänge, Abkürzung für sin, Anzahl der Stäbe im Fachwerk
$\boldsymbol{s}_i$	geschwindigkeitsabhängiger Beschleunigungsanteil
$\underline{s}$	Spaltenmatrix $[\boldsymbol{s}_1 \ldots \boldsymbol{s}_n]^{\mathrm{T}}$
t	Zeit, Dicke eines Steges
t_{F}	Flugdauer
t_i	$\varepsilon^i t$ (langsam ablaufende Zeitvariable)
u	Ausschlag, Verschiebung, Durchbiegung, $1/r$ bei Satellitenbahnen
v	Geschwindigkeit, Fließgeschwindigkeit, Verschiebung
v_{f}	Fluchtgeschwindigkeit eines Satelliten
$\boldsymbol{v}$	Geschwindigkeit
$\boldsymbol{v}_{\mathrm{kP}}$	Geschwindigkeit eines körperfesten Punktes
$\boldsymbol{v}_{\mathrm{rel}}$	Relativgeschwindigkeit
$\underline{v}$	Spaltenmatrix $[\boldsymbol{v}_1 \ldots \boldsymbol{v}_n]^{\mathrm{T}}$
w	Wertigkeit eines Lagers, Durchbiegung, Verschiebung
$w(x)$	Gleichung der Biegelinie, Ansatzfunktion für Ritz-Ansatz
$w_0(x)$	Eigenform
$\boldsymbol{w}_i$	winkelgeschwindigkeitsabhängiger Winkelbeschleunigungsanteil
$\underline{w}$	Spaltenmatrix $[\boldsymbol{w}_1 \ldots \boldsymbol{w}_n]^{\mathrm{T}}$
x	kartesische Koordinate
y	kartesische Koordinate
$y(x)$	Funktion, Seillinie
$y(t)$	Störung einer Koordinate $q(t)$
z	kartesische Koordinate
$\underline{z}$	Zustandsvektor bei Übertragungsmatrix
A	Punkt, Richtungskosinus, Integrationskonstante, Fourierkoeffizient, Amplitude, Fläche, Kraft, Lagerreaktion
$\underline{A}$	Koeffizientenmatrix, (3×3)-Transformationsmatrix
$\hat{A}$	Kraftstoß an einem Lager

B	Punkt, Fourierkoeffizient, Amplitude, Lagerreaktion
$\underline{B}$	Koeffizientenmatrix, Spaltenmatrix eines linearen Gleichungssystems
C	Punkt, Integrationskonstante, Amplitude, Lagerreaktion
C_{M}	Wölbwiderstand
$\boldsymbol{C}_{ij}$	mit Vorzeichen gewichteter Gelenkvektor $\boldsymbol{c}_{ij}$
$\underline{C}$	Matrix von Vektoren $\boldsymbol{C}_{ij}$
D	Punkt, Integrationskonstante, Dämpfungsgrad, Lagerreaktion, Plattensteifigkeit
$\underline{\boldsymbol{D}}$	Dämpfungsmatrix
E	Punkt, elliptisches Integral, Gesamtenergie, Elastizitätsmodul
$\underline{E}$	Einheitsmatrix
F	Kraft, Airysche Spannungsfunktion
$\bar{F}$	Hilfskraft
F_{k}	kritische Last
F_{T}	Traglast
$\boldsymbol{F}_i$	Kraft
$\underline{\boldsymbol{F}}$	Spaltenmatrix $[\boldsymbol{F}_1 \ldots \boldsymbol{F}_n]^T$
$\hat{\boldsymbol{F}}$	Kraftstoß $\int_0^{\Delta t} \boldsymbol{F}(t)\,\mathrm{d}t$ für $\Delta t \to 0$
G	Gewicht, Schubmodul, Gravitationskonstante
$\underline{G}$	(3×3)-Transformationsmatrix für ein Gelenk
H	Scheibendicke, horizontale Seilkraftkomponente
$\underline{H}$	Nachgiebigkeitsmatrix
I, I_x	axiale Flächenmomente 2. Grades
I_{xy}	biaxiales Flächenmoment 2. Grades
I_1, I_2	Hauptflächenmomente
I_1, I_2, I_3	Invarianten eines Tensors
I_{p}	polares Flächenmoment
I_{T}	Torsionsflächenmoment
J, J_x	axiale Massenträgheitsmomente
J_{xy}	zentrifugales Massenträgheitsmoment
J_1, J_2, J_3	Haupt(massen)trägheitsmomente
$\underline{J}$	(3×3)-Matrix der axialen und negativen zentrifugalen Trägheitsmomente, Jacobi-Matrix von Ableitungen $\partial f_i/\partial q_j$ $(i, j = 1, 2, \ldots)$
$\boldsymbol{J}$	Trägheitstensor
K	elliptisches Integral, Kraftgröße in einem statisch unbestimmten System, Abkürzung für GM im Gravitationsgesetz, Bettungskonstante
$\underline{K}$	Steifigkeitsmatrix
L	Länge, Lagrangesche Funktion
$\boldsymbol{L}$	Drall
M	Mittelpunkt, Schubmittelpunkt, Masse
$\boldsymbol{M}$	Moment
M_{E}	Masse der Erde
M_y, M_z	Biegemomente
M_{T}	Torsionsmoment
$\boldsymbol{M}_{\mathrm{grav}}$	Gravitationsmoment an einem Körper
$\underline{M}$	Massenmatrix
$\underline{\boldsymbol{M}}$	Spaltenmatrix $[\boldsymbol{M}_1 \ldots \boldsymbol{M}_n]^{\mathrm{T}}$ von Momenten
N	Normalkraft, Längskraft, Stabkraft, Formfunktion
$\underline{N}$	Spaltenmatrix von Formfunktionen, Matrix beim Ritz-Verfahren für Knickstäbe
0	Punkt
P	Punkt, Pol, Leistung
Q_i	generalisierte Kraft
Q_y, Q_z	Querkräfte
$\underline{Q}$	Spaltenmatrix $[Q_1 \ldots Q_n]^{\mathrm{T}}$ von generalisierten Kräften
$\underline{Q}_i$	Eigenform
R	Radius, Hauptkrümmungsradius, Rayleigh-Quotient
R^*	Radialkomponente der Volumenkraft
R_{e}	Fließgrenze
R_{m}	Zugfestigkeit
S	Schwerpunkt, Stabkraft, Vorspannkraft
S_y, S_z	statische Flächenmomente
T	Periodendauer, Umlaufzeit eines Satelliten, kinetische Energie
$T^*_{\max}$	$T_{\max}/\omega^2$ bei Eigenschwingung
$\underline{T}$	Strukturmatrix einer verzweigten Gelenkkette, Transformationsmatrix
U	Umfang, Formänderungsenergie
$U(x)$	Ausschlag einer Saite bei $t = t_0$
$\underline{U}$	Übertragungsmatrix
V	Volumen, Potential, potentielle Energie, vertikale Seilkraftkomponente
$V(x)$	Geschwindigkeit einer Saite bei $t = t_0$
$V_i(\eta, D)$	Vergrößerungsfunktion bei harmonischer Erregung
$V_I(\eta, D)$	Vergrößerungsfunktion bei periodischer Stoßerregung
W	Arbeit
W_{12}	Arbeit einer Kraft längs einer Bahn von 1 nach 2
X	Volumenkraftkomponente, Polkoordinate
Y	Volumenkraftkomponente, Polkoordinate, Fließspannung
Z	Volumenkraftkomponente, komplexe Amplitude
$\underline{Z}$	Matrix beim Ritz-Verfahren für Knickstäbe
α	Winkel, thermischer Längenausdehnungskoeffizient, plastischer Formfaktor, Verhältnis bei Reflexion und Transmission einer Welle
β	Winkel, Eigenwert, Reichweite bei ballistischem Flug
γ	Winkel, spezifisches Gewicht, Parameter in Mathieugleichung
γ_{xy}	Scherung
δ	Symbol für virtuelle Änderung (z. B. $\delta\boldsymbol{r}$, δx, $\delta\varphi$), beliebig kleine Zahl
δW	virtuelle Arbeit

$\delta\boldsymbol{\pi}$	Vektor einer virtuellen Drehung
$\delta\underline{\pi}$	Spaltenmatrix $[\delta\boldsymbol{\pi}_1 \ldots \delta\boldsymbol{\pi}_n]^T$
ε	Bahnexzentrizität, beliebig kleine Zahl, Dehnung
ε_x	Dehnung
ε_{xy}	Verzerrung
$\varepsilon_1, \varepsilon_2, \varepsilon_3$	Hauptdehnungen
ε_m	mittlere Dehnung
ε_V	Volumendehnung, Vergleichsformänderung
$\dot{\varepsilon}_V$	Vergleichsformänderungsgeschwindigkeit
$\underline{\varepsilon}$	(3×3)-Matrix der Komponenten des Verzerrungstensors, Spaltenmatrix der drei Dehnungen und drei Scherungen
$\underline{\varepsilon}^*$	Verzerrungsdeviator
$\boldsymbol{\varepsilon}_i$	Winkelbeschleunigung
$\underline{\varepsilon}$	Spaltenmatrix $[\boldsymbol{\varepsilon}_1 \ldots \boldsymbol{\varepsilon}_n]^T$
ξ, η, ζ	kartesische Koordinaten
η	Koordinate, Verhältnis Ω/ω_0 (Erregerfrequenz/Eigenfrequenz)
ζ	Koordinate
$\varkappa$	Konstante
$\varkappa_y, \varkappa_z$	Querschubzahlen
λ	Eigenwert, Lagrangescher Multiplikator, Parameter, Schubfluß τt
μ	Gleitreibungszahl, Parameter, charakteristischer Exponent für Differentialgleichung mit periodischen Koeffizienten, lineare Massendichte
μ_0	Ruhereibungszahl
ν	Anzahl überzähliger Koordinaten, Poisson-Zahl, Abkürzung für $(1-D^2)^{1/2}$, Frequenz
Π	Gesamtpotential
ϱ	Gleitreibungswinkel, Krümmungsradius, Dichte
ϱ_0	Ruhereibungswinkel
$\boldsymbol{\varrho}$	Ortsvektor auf einem bewegten Körper
ϱ, φ, z	Zylinderkoordinaten
σ	Spannung, Maß für die Abweichung einer Erregerfrequenz von der Eigenfrequenz
σ_{ij}	Normal- und Schubspannungen
σ_x	Normalspannung
$\sigma_1, \sigma_2, \sigma_3$	Hauptnormalspannungen
σ_m	mittlere Spannung
σ_0	Vorspannung
σ_V	Vergleichsspannung
σ_w	Wechselfestigkeit
σ^*	Normalspannung infolge Wölbbehinderung bei Torsion
$\boldsymbol{\sigma}_i$	Spannungsvektor auf der Fläche normal zu $\boldsymbol{\varepsilon}_i$
$\underline{\sigma}$	(3×3)-Matrix der Komponenten des Spannungstensors, Spaltenmatrix der drei Normal- und drei Schubspannungen
$\underline{\sigma}_m$	Kugeltensor der Spannungen
$\underline{\sigma}^*$	Spannungsdeviator
τ	normierte Zeit $\omega_0 t$, Schubspannung
τ_{xy}	Schubspannung
τ_1, τ_2, τ_3	Hauptschubspannungen
τ^*	Schubspannung infolge Wölbbehinderung bei Torsion
φ	Winkel, Phasenwinkel
$\varphi_1, \varphi_2, \varphi_3$	Kardanwinkel
$\boldsymbol{\varphi}$	Vektor einer kleinen Drehung
φ'	Drillung $\mathrm{d}\varphi/\mathrm{d}x$
$\varphi(x, y)$	Spannungsfunktion bei Saint-Venant-Torsion
$\underline{\Phi}$	Modalmatrix
ψ	Winkel, Phasenwinkel
$\dot{\psi}$	Nutationswinkelgeschwindigkeit
ψ, ϑ, φ	Eulerwinkel
ω	Winkelgeschwindigkeit
ω_0	Eigen(kreis)frequenz
$\boldsymbol{\omega}, \boldsymbol{\omega}_i$	Winkelgeschwindigkeiten
$\underline{\omega}$	Spaltenmatrix $[\boldsymbol{\omega}_1 \ldots \boldsymbol{\omega}_n]^T$
ω_{ij}	Winkelgeschwindigkeit von Körper i relativ zu Körper j
$\underline{\tilde{\omega}}$	schiefsymmetrische (3×3)-Matrix aus den Komponenten von $\boldsymbol{\omega}$
$\dot{\boldsymbol{\omega}}$	Winkelbeschleunigung
$\mathring{\boldsymbol{\omega}}$	Winkelbeschleunigung eines Rotors relativ zu seinem Rahmen
Ω	Winkelgeschwindigkeit, Erregerfrequenz
$\boldsymbol{\Omega}_i$	relative Winkelgeschwindigkeit in Gelenk i
$\underline{\Omega}$	Spaltenmatrix $[\boldsymbol{\Omega}_1 \ldots \boldsymbol{\Omega}_n]^T$

Indizes

a	außen
b	binormal
e	elastisch, Eigenform
f	Flucht-
ges	gesamt
grav	Gravitations-
h	Hülse
i	Zählindex
i	innen
ij	doppelter Zählindex, i relativ zu j
j	Zählindex
k	Zählindex
k	kritisch
kP	körperfester Punkt
m	mittel
max	maximal
min	minimal
n	Zählindex
n	normal
0	Anfangs-, Eigen-, Ruhe-
p	polar
r	radial
rel	relativ
res	resultierend
t	tangential
w	Welle
x	x-Komponente

y	y-Komponente
z	z-Komponente
A	Austritts-, auf Punkt A bezogen
B	Bettung
E	Eintritts-, Erde
F	Fließ-, Flug-
H	horizontal
I	Impuls
M	auf Punkt M bezogen
O	auf Punkt O bezogen
P	auf Punkt P bezogen
Q	infolge Querkraft
S	auf den Schwerpunkt S bezogen
T	Torsion, Traglast
V	Vergleichs-, vertikal, Volumen
ξ	ξ-Komponente
ζ	ζ-Komponente
ϑ	Hinweis auf Koordinate ϑ
ϱ	Hinweis auf Zylinderkoordinate ϱ
φ	Hinweis auf Eulerwinkel φ
ψ	Hinweis auf Eulerwinkel ψ

Sonstige Zeichen

ln	natürlicher Logarithmus
sin, cos, tan, cot	Kreisfunktionen
sinh, cosh, tanh, coth	Hyperbelfunktionen
exp (...)	$e^{(...)}$
$\bar{\ }$	bezüglich lokalem Koordinatensystem, infolge Hilfskraft $\bar{F}$
*	kennzeichnet spezielle oder erweiterte Größe
$\boldsymbol{A}, \boldsymbol{F}, \boldsymbol{\omega}$	Vektoren
$\boldsymbol{J}$	Tensor
$\underline{A}, \underline{\boldsymbol{r}}, \underline{\boldsymbol{J}}$	Matrizen mit skalaren bzw. vektoriellen bzw. tensoriellen Elementen; für die Multiplikation gelten die Regeln der Matrizenalgebra sinngemäß, z. B. $\delta\underline{\boldsymbol{r}}^{\mathrm{T}} \cdot \underline{\boldsymbol{F}} = \sum \delta \boldsymbol{r}_i \cdot \boldsymbol{F}_i$

Operationen

·	skalare Multiplikation
×	vektorielle Multiplikation
$\mathrm{d}/\mathrm{d}t$	totale Zeitableitung
$\dot{\ }$	$\mathrm{d}/\mathrm{d}t$
$^\circ$, $^i\mathrm{d}/\mathrm{d}t$	Zeitableitung im rotierenden Koordinatensystem, in $\underline{\boldsymbol{e}}^i$
′	$\mathrm{d}/\mathrm{d}x$, $\mathrm{d}/\mathrm{d}y$, $\mathrm{d}/\mathrm{d}z$
$\lvert\ \rvert$	Betrag
$\underline{A}^{\mathrm{T}}$	$\underline{A}$ transponiert
sp $\underline{A}$	Spur von $\underline{A}$
det $\underline{A}$	Determinante von $\underline{A}$
δ	virtuelle Änderung
Δ	Differenz, $\partial^2/\partial x^2 + \partial^2/\partial y^2$
$\Delta\Delta$	$\partial^4/\partial x^4 + 2\partial^4/\partial x^2\,\partial y^2 + \partial^4/\partial y^4$
$\boldsymbol{o}$	Nullvektor
$\underline{0}$	Nullmatrix (Elemente = Skalare)
$\underline{\boldsymbol{o}}$	Nullmatrix (Elemente = Vektoren)

Formelzeichen für die Kapitel 7 bis 10

a	spezifische (massenbezogene) Arbeitsleistung, Abstand, Schallgeschwindigkeit
a_0	Ruheschallgeschwindigkeit
a^*	kritische Schallgeschwindigkeit
b	Breite
$\boldsymbol{a}$	Beschleunigungsvektor
c	Absolutgeschwindigkeit
c_p	spezifische Wärme bei konstantem Druck
c_V	spezifische Wärme bei konstantem Volumen
c_{u}	Geschwindigkeitskomponente in Umfangsrichtung
d	Durchmesser
e	spezifische innere Energie
f	Teilcheneigenschaft, Funktion, spezifische Massenkraft (Kraftdichte)
$\boldsymbol{f}$	spezifische Massenkraft (Vektor)
g	Fallbeschleunigung, Funktion
h	Höhe, Breite
h	spezifische Enthalpie
k	Temperaturleitzahl, Rauhigkeit, Faktor, Funktion
k_{S}	Sandkornrauhigkeit
l	Länge
m	Masse
$\dot{m}$	Massenstrom
$\dot{m}_{\mathrm{T}}$	Massenstrom durch Turbine
n	Drehzahl, Exponent
$\boldsymbol{n}$	Normalenvektor
p	Druck
p_∞	Druck in der Anströmung
p_{stat}	statischer Druck
p_{dyn}	dynamischer Druck
p_{ges}	Gesamtdruck
p_0	Bezugsdruck, Druck im Staupunkt, Ruhedruck
p_{a}	Außendruck
Δp	Druckdifferenz
Δp_{v}	Druckverlust
q	Profilklasse
$\boldsymbol{q}$	Wärmestromvektor
r	Krümmungsradius, Recovery-Faktor
$\boldsymbol{r}$	Ortsvektor
s	Stromfadenkoordinate, spezifische Entropie
t	Zeit
Δt	Auffüllzeit
u	Geschwindigkeitskomponente in x-Richtung, Umfangsgeschwindigkeit
u_τ	Wandschubspannungsgeschwindigkeit
u_δ	Geschwindigkeit am Grenzschichtrand
v	Geschwindigkeitskomponente in y-Richtung
w	Geschwindigkeitskomponente in z-Richtung, Betrag des Geschwindigkeitsvektors
$\boldsymbol{w}$	Geschwindigkeitsvektor
x	Koordinate
x_0	Auslenkung

x_S	Stoßlage, Scheitel
y	Koordinate
y^+	normierter Wandabstand
z	Koordinate
A	Fläche, Querschnitt, Konstante, Ablösepunkt
A_S	Strahlfläche
A^*	kritischer Querschnitt, engster Querschnitt
B	Konstante, Fußpunkt der Grenz-Machlinie
C	geschlossene Kurve
c_1, c_2	Konstanten
c_A	Auftriebsbeiwert
c_B	Betz-Zahl
c_f	lokaler Reibungsbeiwert
c_F	Reibungsbeiwert der einseitig benetzten Platte
c_M	Momentenbeiwert
C_p	Druckkoeffizient
c_R	Reibungsbeiwert
c_W	Widerstandsbeiwert
D	Durchmesser
d_h	hydraulischer Durchmesser
E	Energie
Ec	Eckert-Zahl
Eu	Euler-Zahl
F	Funktion
Fo	Fourier-Zahl
Fr	Froude-Zahl
F_H	Haltekraft
F_D	Druckkraft
F_I	Impulskraft
F_W	Widerstandskraft
F_A	Auftriebskraft
F_K	Kraft auf Körper
F_G	Schwerkraft
H	Höhe, Dicke, Länge
I	Impuls
K	Tsien-Parameter
Kn	Knudsen-Zahl
L	Länge
M	Mach-Zahl, Drehmoment, molare Masse (Molmasse)
M_S	Stoß-Machzahl
M_T	Turbinendrehmoment
P	Leistung (Energiestromstärke)
Pe	Péclet-Zahl
Q	Quell- bzw. Senkenstärke
R	Radius, Krümmungsradius, universelle Gaskonstante
R_i	individuelle (spezielle) Gaskonstante
Re	Reynolds-Zahl
S	Staupunkt, Schubkraft
Sr	Strouhal-Zahl
T	Temperatur (absolute)
Tu	Turbulenzgrad
U	Umfang, ausgezeichnete Geschwindigkeit
V	Volumen
$\dot{V}$	Volumenstromstärke
W	ausgezeichnete Geschwindigkeit, Wendepunkt
χ	komplexes Geschwindigkeitspotential
α	Durchflußzahl, Öffnungswinkel, Machscher Winkel
Γ	Zirkulation
δ	Grenzschichtdicke
δ_1	Verdrängungsdicke
δ_2	Impulsverlustdicke
ε	Anstellwinkel
ζ	Druckverlustzahl
η	dynamische Viskosität, Charakteristik
ϑ	Strömungswinkel
Θ	Stoßwinkel, Stoßlage, Temperatur
$\varkappa$	Mischungswegkonstante, Verhältnis der spezifischen Wärmen
λ	Wärmeleitfähigkeit, Rohrreibungszahl
μ	Kontraktionszahl
ν	kinematische Viskosität
ξ	Charakteristik
ϱ	Dichte
σ	normierte Spaltweite
τ	Schubspannung, Dickenparameter
τ_w	Wandschubspannung
φ	Winkel, Koordinate, Störpotential für Dickeneffekt
$\bar{\varphi}$	Störpotential für Anstellungseffekt
φ_{max}	Grenzwinkel
Φ	Geschwindigkeitspotential
Φ_v	Dissipation
χ	schallnaher Ähnlichkeitsparameter, komplexes Geschwindigkeitspotential $\chi = \Phi + i\Psi$
Ψ	Stromfunktion
ω	Winkelgeschwindigkeit, Exponent

Indizes

∞	Anströmung
w	Wand
W	Widerstand
0	Staupunkt, Ruhezustand, Auslenkung
n	Normalenrichtung
t	Tangentialrichtung
m	volumetrisch gemittelt
max	maximal
stat	statisch
dyn	dynamisch
ges	gesamt
δ	Grenzschichtrand
a	Außen[druck]
A	Auftrieb, Kräfte auf Fläche A
S	Stoß, Strahl
T	Turbine

Sonstige Zeichen

$\bar{}$	zeitliche Mittelung
$'$	Schwankungsgröße, Unterschied
$*$	kritische Werte, Krümmung, lokale
$\hat{}$	Werte nach Stoß
$\boldsymbol{A}$	vektorielle Größe
$\| \|$	Betrag

Operationen

grad	Gradient
rot	Rotation
div	Divergenz
$\frac{\mathrm{d}}{\mathrm{d}t}$	totale Zeitableitung
$\frac{\partial}{\partial t}$	partielle Zeitableitung
Δ	Laplace-Operator
erf	Fehlerfunktion

Literatur

Allgemeine Literatur zu Kapitel 1

Beyer, R.: Technische Kinematik. Leipzig: Barth 1931
Beyer, R.: Technische Raumkinematik. Berlin: Springer 1963
Bottema, O.; Roth, B.: Theoretical kinematics. Amsterdam: North-Holland 1979
Dizioğlu, B.: Getriebelehre, Bd. 2: Maßbestimmung. Braunschweig: Vieweg 1967
Hain, K.: Angewandte Getriebelehre. 2. Aufl. Düsseldorf: VDI-Verlag 1961
Lichtenheldt, W.; Luck, K.: Konstruktionslehre der Getriebe. 5. Aufl. Berlin: Akademie-Verlag 1979
Wunderlich, W.: Ebene Kinematik. Mannheim: B.I.-Wissenschaftsvlg. 1970

Spezielle Literatur zu Kapitel 1

1. Strubecker, K.: Differentialgeometrie I: Kurventheorie der Ebene und des Raumes. Berlin: de Gruyter 1964
2. Lichtenheldt, W.; Luck, K.: Konstruktionslehre der Getriebe. 5. Aufl. Berlin: Akademie-Verlag 1979
3. Wittenburg, J.: Dynamics of systems of rigid bodies. Stuttgart: Teubner 1977

Allgemeine Literatur zu Kapitel 2

Falk, S.: Lehrbuch der Technischen Mechanik, Bd. 2: Die Mechanik des starren Körpers. Berlin: Springer 1968
Gross, D.; Hauger, W.; Schnell, W.: Technische Mechanik I Statik. Berlin: Springer 1982
Holzmann, G.; Meyer, H.; Schumpich, G.: Technische Mechanik, Teil I: Statik. 3. Aufl. Stuttgart: Teubner 1976
Marguerre, K.: Technische Mechanik, Teil I: Statik. Berlin: Springer 1967
Neuber, H.: Technische Mechanik, Teil I: Statik. Berlin: Springer 1967
Pestel, E.: Technische Mechanik, Bd. 1: Statik. 3. Aufl. Mannheim: Bibliogr. Inst. 1988
Reckling, K.-A.: Mechanik, Teil I: Statik. Braunschweig: Vieweg 1973
Szabó, I.: Einführung in die Technische Mechanik. 8. Aufl. Berlin: Springer 1975

Spezielle Literatur zu Kapitel 2

1. Routh, E.J.: A treatise on analytical statics, vol. 1. Cambridge: University Press 1891
2. Timoshenko, S.: Suspension bridges. J. Franklin Inst. 235 (1943), No. 3 + 4
3. Bowden, F.P.; Tabor, D.: Friction and lubrication. London: Methuen 1956
4. Bowden, F.P., Tabor, D.: The friction and lubrication of solids, parts 1, 2. Oxford: Clarendon Press 1958; 1964
5. Neale, M.J. (Ed.): Tribology handbook. London: Butterworths 1973
6. Hagedorn, P.: Nichtlineare Schwingungen. Wiesbaden: Akad. Verlagsges. 1978

Allgemeine Literatur zu Kapitel 3

Falk, S.: Lehrbuch der Technischen Mechanik, Bd. 1; 2. Berlin: Springer 1967; 1968
Gummert, P.; Reckling, K.-A.: Mechanik. Braunschweig; Vieweg 1986
Hauger, W.; Schnell, W.; Gross, D.: Technische Mechanik III: Kinetik. Berlin: Springer 1983
Holzmann, G.; Meyer, H.; Schumpich, G.: Technische Mechanik, Bd. 3: Kinetik. 3. Aufl. Stuttgart: Teubner 1976
Lehmann, Th.: Elemente der Mechanik, Bd. 3: Kinetik. 3. Aufl. Braunschweig: Vieweg 1985
Magnus, K.: Kreisel. Berlin: Springer 1971
Magnus, K.; Müller, H.H.: Grundlagen der Technischen Mechanik. 5. Aufl. Stuttgart: Teubner 1987
Marguerre, K.: Technische Mechanik, Teil III: Kinetik. Berlin: Springer 1968
Neuber, H.: Technische Mechanik, Teil III. Berlin: Springer 1974
Parkus, H.: Mechanik der festen Körper. 2. Aufl. Wien: Springer 1966
Pestel, E.: Technische Mechanik, Bd. 3. 2. Aufl. Mannheim: Bibliogr. Inst. 1988
Reckling, K.-A.: Mechanik, Teil III: Kinetik. Braunschweig: Vieweg 1973
Schiehlen, W.: Technische Dynamik. Stuttgart: Teubner 1986
Szabó, I.: Einführung in die Technische Mechanik. 8. Aufl. Berlin: Springer 1975
Szabó, I.: Höhere Technische Mechanik. 3. Aufl. Berlin: Springer 1972
Wittenburg, J.: Dynamics of systems of rigid bodies. Stuttgart: Teubner 1977
Ziegler, F.: Technische Mechanik der festen und flüssigen Körper. Wien: Springer 1985

Spezielle Literatur zu Kapitel 3

1. Federn, K.: Auswuchttechnik, Bd. 1: Allgemeine Grundlagen, Meßverfahren und Richtlinien. Berlin: Springer 1977
2. Kelkel, K.: Auswuchten elastischer Rotoren in isotrop federnder Lagerung. Ettlingen: Hochschulvlg. 1978
3. Tondl, A.: Some problems of rotor dynamics. Prag: Publ. House of the Czechoslovak Acad. of Sciences 1965
4. Gasch, R.; Pfützner, H.: Rotordynamik. Berlin: Springer 1975
5. Magnus, K.: Kreisel. Berlin: Springer 1971
6. Wittenburg, J.: Dynamics of system of rigid bodies. Stuttgart: Teubner 1977
7. Biezeno, C.B.; Grammel, R.: Technische Dynamik, Bd. 2. 2. Aufl. Berlin: Springer 1953
8. Holzweißig, F.; Dresig, H.: Lehrbuch der Maschinendynamik. Wien: Springer 1979

9. Wittenburg, J.: Analytical methods in mechanical system dynamics. In: Computer aided analysis and optimization of mechanical system dynamics (Ed.: Haug, E.J.) (NATO ASI series ser. F, 9). Berlin: Springer 1984
10. Lu're, A.I.: Mécanique analytique, Bd. 1, 2. Paris: Masson 1968
11. Thomson, W.T.: Introduction to space dynamics. New York: Wiley 1961
12. Bohrmann, A.: Bahnen künstlicher Satelliten. Mannheim: Bibliogr. Inst. 1963
13. Müller, P.C.: Stabilität und Matrizen. Berlin: Springer 1977
14. Malkin, J.G.: Theorie der Stabilität einer Bewegung. München: Oldenbourg 1959
15. Hahn, W.: Stability of motion. Berlin: Springer 1967
16. Carr, J.: Applications of center manifold theory. Berlin: Springer 1981

Allgemeine Literatur zu Kapitel 4

Biezeno, C.B.; Grammel, R.: Technische Dynamik, Bd. 1; 2. 2. Aufl. Berlin: Springer 1953
Clough, R.W.; Penzien, J.: Dynamics of structures. Tokyo: McGraw-Hill Kogakusha 1975
Crawford, F.S.: Schwingungen und Wellen. (Berkeley Physik Kurs, 3). Braunschweig: Vieweg 1974
Fischer, U.; Stephan, W.: Mechanische Schwingungen. Leipzig: Fachbuchvlg. 1981
Forbat, N.: Analytische Mechanik der Schwingungen. Berlin: Dtsch. Vlg. d. Wissenschaften 1966
Hagedorn, P.: Nichtlineare Schwingungen. Wiesbaden: Akad. Verlagsges. 1978
Hagedorn, P.; Otterbein, S.: Technische Schwingungslehre. Lineare Schwingungen diskreter mechanischer Systeme. Berlin: Springer 1987
Hagedorn, P.: Technische Schwingungslehre, Bd. 2: Lineare Schwingungen kontinuierlicher mechanischer Systeme. Berlin: Springer 1989
Hale, J.K.: Oscillations in nonlinear systems. New York: McGraw-Hill 1963
Hayashi, C.: Nonlinear oscillations in physical systems. New York: McGraw-Hill 1964
Holzweißig, F.; Dresig, H.: Lehrbuch der Maschinendynamik. Wien: Springer 1979
Holzweißig, F.; u. a.: Arbeitsbuch Maschinendynamik/Schwingungslehre. 2. Aufl. Leipzig: Fachbuchvlg. 1987
Kauderer, H.: Nichtlineare Mechanik. Berlin: Springer 1958
Klotter, K.: Technische Schwingungslehre, Bd. 1: Einfache Schwinger, Teil A. Lineare Schwingungen; Teil B: Nichtlineare Schwingungen. 3. Aufl. Berlin: 1978; 1980
Korenev, B.G.; Rabinovic, I.M.: Baudynamik. Berlin. Vlg. f. Bauwesen 1980
Kozesnik, J.: Maschinendynamik. Leipzig: Fachbuchvlg. 1965
Lippmann, H.: Schwingungslehre. Mannheim: Bibliogr. Inst. 1968
Magnus, K.: Schwingungen. 2. Aufl. Stuttgart: Teubner 1969
Marguerre, K.; Wölfel, H.: Technische Schwingungslehre. Mannheim: Bibliogr. Inst. 1979
Meirovitch, L.: Analytical methods in vibration. New York: Macmillan 1967
Müller, P.C.; Schiehlen, W.O.: Lineare Schwingungen. Wiesbaden: Akad. Verlagsges. 1976
Müller, P.C.; Schiehlen, W.O.: Forced linear vibrations. (CISM Courses and Lectures, 172). Wien: Springer 1977
Nayfeh, A.H.; Mook, D.T.: Nonlinear oscillations. New York: Wiley 1979
Roseau, M.: Vibrations des systèmes mécaniques. Paris: Masson 1984
Schmidt, G.: Parametererregte Schwingungen. Berlin: Dtsch. Vlg. d. Wissenschaften 1975
Schmidt, G.; Tondl, A.: Non-linear vibrations. Berlin: Akademie-Verlag 1986
Ziegler, G.: Maschinendynamik. München: Hanser 1977

Spezielle Literatur zu Kapitel 4

1. Korenev, B.G.; Rabinovic, I.M.: Baudynamik. Berlin: Vlg. f. Bauwesen 1980
2. Caughey, T.K.; O'Kelly, M.E.J.: Classical normal modes in damped linear dynamic system. ASME Trans. ser. E, J. of Appl. Mechanics 32 (1965) 583-588
3. Snowdon, J.C.: Vibration and shock in damped mechanical systems. New York: Wiley 1968
4. Lazan, B.J.: Damping of materials and members in structural mechanics. Oxford: Pergamon 1968
5. Eicher, N.: Einführung in die Berechnung parametererregter Schwingungen. (TUB-Dokumentation Weiterbildung, 1). Berlin: Techn. Univ. Berlin 1981
6. Whittaker, E.T.; Watson, G.N.: A course of modern analysis. 4th ed. Campridge: University Press 1958
7. Klotter, K.: Technische Schwingungslehre, Bd. 1: Einfache Schwinger, Teil A: Lineare Schwingungen. 3. Aufl. Berlin: Springer 1978
8. Schmidt, G.: Parametererregte Schwingungen. Berlin: Dtsch. Vlg. d. Wissenschaften 1975
9. Levine, H.: Unidirectional wave motions. Amsterdam: North-Holland 1978
10. Achenbach, J.D.: Wave propagation in elastic solids. Amsterdam: North-Holland 1973
11. Graff, K.F.: Wave motion in elastic solids. Oxford: Clarendon Press 1975
12. Brekhovskikh, L.; Goncharov, V.: Mechanics of continua and wave dynamics. Berlin: Springer 1985
13. Kolsky, H.: Stress waves in solids. New York: Dover 1963
14. Biezeno, C.B.; Grammel, R.: Technische Dynamik, Bd. 2. 2. Aufl. Berlin: Springer 1953
15. Traupel, W.: Thermische Turbomaschinen, Bd. 2. 2. Aufl. Berlin: Springer 1968
16. Magnus, K.: Schwingungen. 2. Aufl. Stuttgart: Teubner 1969
17. Nayfeh, A.H.; Mook, D.T.: Nonlinear oscillations. New York: Wiley 1979

Allgemeine Literatur zu Kapitel 5

Axelrad, E.: Schalentheorie. Stuttgart: Teubner 1983
Basar, Y.; Krätzig, W.B.: Mechanik der Flächentragwerke. Braunschweig: Vieweg 1985
Bathe, K.-J.: Finite-Element-Methoden. Berlin: Springer 1986
Beton-Kalender. Berlin: Ernst (jährlich)
Biezeno, C.B.; Grammel, R.: Technische Dynamik, Bd. 1, 2. 2. Aufl. Berlin: Springer 1953
Brush, D.O.; Almroth, B.O.: Buckling of bars, plates, and shells. New York: McGraw-Hill 1975
Eschenauer, H.; Schnell, W.: Elastizitätstheorie I. 2. Aufl. Mannheim: B.I.-Wissenschaftsvlg. 1986

Falk, S.: Technische Mechanik, Bd. 3: Mechanik des elastischen Körpers. Berlin: Springer 1969
Flügge, W.: Festigkeitslehre. Berlin: Springer 1967
Flügge, W.: Stresses in shells. 2. Aufl. Berlin: Springer 1973
Föppl, A.; Föppl, F.: Drang und Zwang, Bd. 1 und 2. 3. Aufl. New York: Johnson Reprint 1969
Gallagher, R.H.: Finite-Element-Analysis. Berlin: Springer 1976
Girkmann, K.: Flächentragwerke. 6. Aufl. Wien: Springer 1963
Göldner, H.: Lehrbuch höhere Festigkeitslehre, Bd. 1. Weinheim: Physik-Verlag 1979
Göldner, H.; Holzweißig, F.: Leitfaden der Technischen Mechanik. 5. Aufl. Leipzig: Fachbuchvlg. 1976
Gravina, P.B.J.: Theorie und Berechnung der Rotationsschalen. Berlin: Springer 1961
Gummert, P.; Reckling, K.-A.: Mechanik. Braunschweig: Vieweg 1986
Hahn, H.G.: Elastizitätstheorie. Stuttgart: Teubner 1985
Hahn, H.G.: Methode der finiten Elemente in der Festigkeitslehre. 2. Aufl. Wiesbaden: Akad. Verlagsges. 1982
Hirschfeld, K.: Baustatik: Theorie und Beispiele, Teil 1, 2. 3. Aufl. Berlin: Springer 1969
Holzmann, G.; Meyer, H.; Schumpich, G.: Technische Mechanik, Bd. 3. Stuttgart: Teubner 1968
Kovalenko, A.D.: Thermoelasticity. Groningen: Wolters-Noordhoff 1969
Lehmann, Th.: Elemente der Mechanik, Bd. 2: Elastostatik. 2. Aufl. Braunschweig: Vieweg 1984
Leipholz, H.: Festigkeitslehre für den Konstrukteur. Berlin: Springer 1969
Leipholz, H.: Stabilitätstheorie. Stuttgart: Teubner 1968
Magnus, K.; Müller, H.H.: Grundlagen der Technischen Mechanik. 5. Aufl. Stuttgart: Teubner 1987
Marguerre, K.: Technische Mechanik, Teil 2: Elastostatik. 2. Aufl. Berlin: Springer 1977
Melan, E.; Parkus, H.: Wärmespannungen infolge stationärer Temperaturfelder. Wien: Springer 1953
Neal, B.G.: The plastic methods of structural analysis. 3rd ed. London: Chapman & Hall 1973
Neuber, H.: Technische Mechanik, Teil 2: Elastostatik und Festigkeitslehre. Berlin: Springer 1971
Parkus, H.: Mechanik der festen Körper. 2. Aufl. Wien: Springer 1966
Pestel, E.; Leckie, F.A.: Matrix methods in elastomechanics. New York: McGraw-Hill 1963
Pestel, E.; Wittenburg, J.: Technische Mechanik, Bd. 2: Festigkeitslehre. Mannheim: B.I.-Wissenschaftsvlg. 1981
Pflüger, A.: Stabilitätsprobleme der Elastostatik. 2. Aufl. Berlin: Springer 1964
Reckling, K.-A.: Mechanik, Teil 2: Festigkeitslehre. Braunschweig: Vieweg 1973
Roik, K.: Vorlesungen über Stahlbau: Grundlagen. Berlin: Ernst 1978
Save, M.A.; Massonet, C.E.: Plastic analysis and design of plates, shells and discs. Amsterdam: North-Holland 1972
Schnell, W.; Gross, D.; Hauger, W.: Technische Mechanik, Bd. 2: Elastostatik. Berlin: Springer 1985
Stahlbau: Ein Handbuch für Studium und Praxis, Bd. 1. Köln: Stahlbau-Verlag 1981
Szabó, I.: Einführung in die Technische Mechanik. 8. Aufl. Berlin: Springer 1975
Szabó, I.: Höhere Technische Mechanik. 3. Aufl. Berlin: Springer 1972
Timoshenko, S.; Goodier, J.N.: Theory of elasticity. New York: McGraw-Hill 1951
Waller, H.; Krings, W.: Matrizenmethoden in der Maschinen- und Bauwerksdynamik. Mannheim: B.I.-Wissenschaftsvlg. 1975
Zienkiewicz, o.C.: The finite element method. 3rd. ed. London: McGraw-Hill 1977

Spezielle Literatur zu Kapitel 5

1. Stahlbau: Ein Handbuch für Studium und Praxis, Bd. 1. Köln: Stahlbau-Verlag 1981
2. Beton-Kalender 1988. Berlin: Ernst 1988
3. Holzbau-Taschenbuch, Bd. 1. 8. Aufl. Berlin: Ernst 1985
4. Kollmann, F.: Technologie des Holzes und der Holzwerkstoffe, Bd. 1. 2. Aufl. Berlin: Springer 1982
5. Hobbs, P.V.: Ice physics. Oxford: Clarendon Press 1974
6. Weber, C.; Günther, W.: Torsionstheorie. Braunschweig: Vieweg 1958
7. Bornscheuer, F.W.; Anheuser, L.: Tafeln der Torsionskenngrößen für die Walzprofile der DIN 1025 bis 1027. Stahlbau 30 (1961) 81-82
8. Heimann, G.: Zusatz zu Tafeln der Torsionskenngrößen für die Walzprofile der DIN 1025 bis 1027. Stahlbau 32 (1963) 384
9. Roik, K.; Carl, J.; Lindner, J.: Biegetorsionsprobleme gerader dünnwandiger Stäbe. Berlin: Ernst 1972
10. Bornscheuer, F.W.: Beispiel- und Formelsammlung zur Spannungsberechnung dünnwandiger Stäbe. Stahlbau 21 (1952) 225-232; 22 (1953) 32-41; 30 (1961) 96 (Berichtigung)
11. Schneider, K.-J.: Bautabellen mit Berechnungshinweisen und Beispielen. 8. Aufl. Düsseldorf: Werner 1988
12. Hayashi, K.: Theorie des Trägers auf elastischer Unterlage und ihre Anwendung auf den Tiefbau. Berlin: Springer 1921
13. Wölfer, K.H.: Elastisch gebettete Balken. 3. Aufl. Wiesbaden: Bauverlag 1971
14. Hetényi, M.: Beams on elastic foundation. 9th printing. Ann Arbor: Univ. of Michigan Press 1971
15. Vogel, U.: Praktische Berechnung des im Grundriß gekrümmten Durchlaufträgers nach dem Kraftgrößenverfahren. Bautechnik 11 (1983) 373-379
16. Zellerer, E.: Durchlaufträger-Einflußlinien und Momentenlinien. Berlin: Ernst 1967
17. Girkmann, K.: Flächentragwerke. 6. Aufl. Wien: Springer 1963
18. Hahn, H.G.: Elastizitätstheorie. Stuttgart: Teubner 1985
19. Babuška, I.; Rektorys, K.; Vyčichlo, F.: Mathematische Elastizitätstheorie der ebenen Probleme. Berlin: Akademie-Verlag 1960
20. Bareš, R.: Berechnungstafeln für Platten und Wandscheiben. 3. Aufl. Wiesbaden: Bauverlag 1979
21. Márkus, G.: Theorie und Berechnung rotationssymmetrischer Bauwerke. 3. Aufl. Düsseldorf: Werner 1978
22. Biezeno, C.B.; Grammel, R.: Technische Dynamik, Bd. 2. 2. Aufl. Berlin: Springer 1953
23. Stieglat, K.; Wippel, H.: Platten. 3. Aufl. Berlin: Ernst 1983
24. Márkus, G.: Kreis- und Kreisringplatten unter antimetrischer Belastung. Berlin: Ernst 1973

25. Zienkiewicz, O.C.: The finite element method. 3rd ed. London: McGraw-Hill 1977
26. Flügge, W.: Stresses in shells. 2nd ed. New York: Springer 1973
27. Başar, Y.; Krätzig, W.B.: Mechanik der Flächentragwerke. Braunschweig: Vieweg 1985
28. Lur'e, A.I.: Räumliche Probleme der Elastizitätstheorie. Berlin: Akademie-Verlag 1963
29. Timoshenko, S.; Goodier, J.N.: Theory of elasticity. 2nd ed. New York: McGraw-Hill 1951
30. Schwaigerer, S.: Festigkeitsberechnung im Dampfkessel-, Behälter- und Rohrleitungsbau. 4. Aufl. Berlin: Springer 1983
31. AD-Merkblätter (Arbeitsgemeinschaft Druckbehälter). Berlin: Beuth
32. Jaeger/Ulrichs/Greinert/Hoffmann: Dampfkessel, Bd. 2: Die Technischen Regeln für Dampfkessel. Köln: C. Heymann; Berlin: Beuth (Loseblattwerk)
33. Neuber, H.: Kerbspannungslehre. 2. Aufl. Berlin: Springer 1958
34. Vocke, W.: Räumliche Probleme der linearen Elastizität. Leipzig: Fachbuchvlg. 1968
35. Sternberg, E.: Three-dimensional stress concentrations in the theory of elasticity. Appl. Mech. Rev. 11 (1958) 1-4
36. Pflüger, A.: Stabilitätsprobleme der Elastostatik. 2. Aufl. Berlin: Springer 1964
37. Petersen, C.: Statik und Stabilität der Baukonstruktionen. 2. Aufl. Braunschweig: Vieweg 1982
38. Brush, D.O.; Almroth, B.O.: Buckling of bars, plates, and shells. New York: McGraw-Hill 1975
39. Bushnell, D.: Computerized buckling analysis of shells. Dordrecht: Martinus Nijhoff 1985
40. Hahn, H.G.: Methode der finiten Elemente in der Festigkeitslehre. 2. Aufl. Wiesbaden: Akad. Verlagsges. 1982
41. Piltner, R.: Spezielle finite Elemente mit Löchern, Ecken und Rissen unter Verwendung von analytischen Teillösungen. (Fortschrittber. VDI-Zeitschr., Reihe 1, 96). Düsseldorf: VDI-Verlag 1982
42. Simulation of metal forming processes by the finite element method. Proc. First Int. Workshop, Stuttgart, June 1, 1985. Editor: Lange, K. (IFU. Berichte aus dem Inst. f. Umformtechnik d. Univ. Stuttgart, 85). Berlin: Springer 1986
43. Pestel, E.; Leckie, F.A.: Matrix methods in elastomechanics. New York: McGraw-Hill 1963
44. Waller, H.; Krings, W.: Matrizenmethoden in der Maschinen- und Bauwerksdynamik. Mannheim: B.I.-Wissenschaftsvlg. 1975
45. Falk, S.: Die Berechnung des beliebig gestützten Durchlaufträgers nach dem Reduktionsverfahren. Ingenieur-Arch. 24 (1956) 216-232
46. Falk, S.: Die Berechnung offener Rahmentragwerke nach dem Reduktionsverfahren. Ingenieur-Arch. 26 (1958) 61-80
47. Pestel, E.; Schumpich, G.; Spierig, S.: Katalog von Übertragungsmatrizen zur Berechnung technischer Schwingungsprobleme. VDI-Ber. 35 (1959) 11-43
48. Schreyer, G.: Konstruieren mit Kunststoffen. München: Hanser 1972
49. Wellinger, K.; Dietmann, H.: Festigkeitsberechnung. Stuttgart: Kröner 1969
50. Clemens, H.: Beulen elastischer Platten mit nichtlinearer Verformungsgeometrie. ZAMM 65 (1985) T 37–T 40

Allgemeine Literatur zu Kapitel 6

Ismar, H.; Mahrenholtz, O.: Technische Plastomechanik. Braunschweig: Vieweg 1979

Lippmann, H.: Mechanik des plastischen Fließens. Berlin: Springer 1981

Lippmann, H.; Mahrenholtz, O.: Plastomechanik der Umformung metallischer Werkstoffe, Bd. 1: Elementare Theorie [...]. Berlin: Springer 1967

Prager, W.; Hodge, P.G.: Theorie ideal plastischer Körper. Wien: Springer 1954

Reckling, K.-A.: Plastizitätstheorie und ihre Anwendung auf Festigkeitsprobleme. Berlin: Springer 1967

Save, M.A.; Massonet, C.E.: Plastic analysis and design of plates, shells and disks. Amsterdam: North-Holland 1972

Spezielle Literatur zu Kapitel 6

1. Lippmann, H.: Mechanik des plastischen Fließens. Berlin: Springer 1981
2. v. Mises, R.: Mechanik der plastischen Formänderung von Kristallen. ZAMM 8 (1928) 161-185
3. Ismar, H.; Mahrenholtz, O.: Technische Plastomechanik. Braunschweig: Vieweg 1979
4. Mendelson, A.: Plasticity. New York: Macmillan 1968
5. Prager, W.; Hodge, P.G.: Theorie ideal plastischer Körper. Wien: Springer 1954
6. Simulation of metal forming processes by the Finite Element Method (Proc. First Int. Workshop). (K. Lange, Hrsg.) (IFU. Ber. a. d. Inst. f. Umformtechnik d. Universität Stuttgart, 85). Berlin: Springer 1986
7. Hill, R.: The mathematical theory of plasticity. Oxford: Clarendon 1950
8. Lippmann, H.; Mahrenholtz, O.: Plastomechanik der Umformung metallischer Werkstoffe, Bd. 1: Elementare Theorie [...]. Berlin: Springer 1967
9. Vogel, U.; Maier, D.H.: Einfluß der Schubweichheit bei der Traglast räumlicher Systeme. Stahlbau 9 (1987) 271-277
10. Reckling, K.-A.: Plastizitätstheorie und ihre Anwendung auf Festigkeitsprobleme. Berlin: Springer 1967
11. Massonet, Ch.; Olszak, W.; Philips, A.: Plasticity in structural engineering fundamentals and applications (CISM Courses and Lectures, 241). Wien: Springer 1979

Allgemeine Literatur zu Kapitel 7

Becker, E.: Technische Thermodynamik. Stuttgart: Teubner 1985

Becker, E.; Bürger, W.: Kontinuumsmechanik. Stuttgart: Teubner 1975

Prandtl, L.; Oswatitsch, K.; Wieghardt, K.: Führer durch die Strömungslehre. 8. Aufl. Braunschweig: Vieweg 1984

Truckenbrodt, E.: Fluidmechanik, Bd. 1, 2. Berlin: Springer 1980

Zierep, J.: Grundzüge der Strömungslehre. 3. Aufl. Karlsruhe: Braun 1987

Spezielle Literatur zu Kapitel 7

1. Truckenbrodt, E.: Fluidmechanik. 2 Bände. Berlin: Springer 1980
2. Schmidt, E.: Thermodynamik. 10. Aufl. Berlin: Springer 1963

3. D'Ans; Lax: Taschenbuch für Chemiker und Physiker, Bd. 1: Makroskopische physikalisch-chemische Eigenschaften. Hrsg.: Lax, E.; Synowietz, C. 3. Aufl. Berlin: Springer 1967
4. Landolt-Börnstein: Zahlenwerte und Funktionen aus Physik, Chemie, Astronomie, Geophysik und Technik. 4 Bände in 20 Teilen. 6. Aufl. Berlin: Springer 1950-1980
5. Prandtl, L.; Oswatitsch, K.; Wieghardt, K.: Führer durch die Strömungslehre. 8. Aufl. Braunschweig: Vieweg 1984
6. Böhme, G.: Strömungsmechanik nicht-newtonscher Fluide. Stuttgart: Teubner 1981
7. Bird, R.B.; Armstrong, R.G.; Hassager, O.: Dynamics of polymeric liquids. New York: Wiley 1977
8. DIN 1342 Teil 1: Viskosität; Rheologische Begriffe (Okt. 1983); DIN 1342 Teil 2: Newtonsche Flüssigkeiten (Febr. 1980)
9. Zierep, J.: Grundzüge der Strömungslehre. 3. Aufl. Karlsruhe: Braun 1987

Allgemeine Literatur zu Kapitel 8

Becker, E.: Technische Strömungslehre. 5. Aufl. Stuttgart: Teubner 1982

Becker, E.; Piltz, E.: Übungen zur technischen Strömungslehre. Stuttgart: Teubner 1978

Eppler, R.: Strömungsmechanik. Wiesbaden: Akad. Verlagsges. 1975

Gersten, K.: Einführung in die Strömungsmechanik. 4. Aufl. Braunschweig: Vieweg 1986

Prandtl, L.; Oswatitsch, K.; Wieghardt, K.: Führer durch die Strömungslehre. 8. Aufl. Braunschweig: Vieweg 1984

Schlichting, H.: Grenzschicht-Theorie. 8. Aufl. Karlsruhe: Braun 1982

Truckenbrodt, E.: Fluidmechanik, Bd. 1, 2. Berlin: Springer 1980

White, F.M.: Fluid mechanics. 2nd ed. New York: McGraw-Hill 1986

Wieghardt, K.: Theoretische Strömungslehre. Stuttgart: Teubner 1965

Zierep, J.: Grundzüge der Strömungslehre. 3. Aufl. Karlsruhe: Braun 1987

Spezielle Literatur zu Kapitel 8

1. Zierep, J.: Grundzüge der Strömungslehre. 3. Aufl. Karlsruhe: Braun 1987
2. White, F.M.: Fluid mechanics. 2nd ed. New York: McGraw-Hill 1986
3. DIN 1952: Durchflußmessung mit Blenden, Düsen und Venturirohren in voll durchströmten Rohren mit Kreisquerschnitt (Juli 1982)
4. Prandtl, L.; Oswatitsch, K.; Wieghardt, K.: Führer durch die Strömungslehre. 8. Aufl. Braunschweig: Vieweg 1984
5. Schneider, W.: Mathematische Methoden der Strömungsmechanik. Braunschweig: Vieweg 1978
6. Keune, F.; Burg, K.: Singularitätenverfahren der Strömungslehre. Karlsruhe: Braun 1975
7. Prandtl, L.; Betz, A.: Ergebnisse der Aerodynamischen Versuchsanstalt zu Göttingen; I.-IV. Lieferung. München: Oldenburg 1921; 1923; 1927; 1932
8. Milne-Thomson, L.M.: Theoretical hydrodynamics. 5th ed. London: Macmillan 1968
9. Bird, R.B.; Stewart, W.E.; Lightfoot, E.N.: Transport phenomena. New York: Wiley 1960
10. Merker, G.P.: Konvektive Wärmeübertragung. Berlin: Springer 1987
11. Zierep, J.: Ähnlichkeitsgesetze und Modellregeln der Strömungslehre. 2. Aufl. Karlsruhe: Braun 1982
12. Schlichting, H.: Grenzschicht-Theorie. 8. Aufl. Karlsruhe: Braun 1982
13. Rybczynski, W.: Über die fortschreitende Bewegung einer flüssigen Kugel in einem zähen Medium. Bull. Int. Acad. Sci. Cracovie, Ser. A (1911) 40-46
14. Oswatitsch, K.: Physikalische Grundlagen der Strömungslehre. In: Handbuch d. Physik, Bd. VIII/1. Berlin: Springer 1959, S. 1-124
15. Rodi, W.: Turbulence models and their application in hydraulics. 2nd ed. Delft: Intern. Ass. for Hydraulic Research 1984
16. Walz, A.: Strömungs- und Temperaturgrenzschichten. Karlsruhe: Braun 1966
17. Truckenbrodt, E.: Mechanik der Fluide. In: Physikhütte, Bd. 1. 29. Aufl. Berlin: Ernst 1971, S. 346-464
18. Müller, W.: Einführung in die Theorie der zähen Flüssigkeiten. Leipzig: Geest & Portig 1932
19. Nikuradse, J.: Untersuchungen über turbulente Strömungen in nicht-kreisförmigen Rohren. Ing.-Archiv 1 (1930) 306-332
20. Truckenbrodt, E.: Fluidmechanik. Bd. 1, 2. Berlin: Springer 1980
21. Betz, A.: IV. Mechanik unelastischer Flüssigkeiten. V. Mechanik elastischer Flüssigkeiten. In: Hütte I. 28. Aufl. Berlin: Ernst 1955, S. 764-834
22. Sprenger, H.: Experimentelle Untersuchungen an geraden und gekrümmten Diffusoren. (Mitt. Inst. Aerodyn. ETH, 27). Zürich: Leemann 1959
23. Herning, F.: Stoffströme in Rohrleitungen. Düsseldorf: VDI-Verlag 1966
24. Sprenger, H.: Druckverluste in 90°-Krümmern für Rechteckrohre. Schweizerische Bauzg. 87 (1969), 13, 223-231
25. Jung, R.: Die Bemessung der Drosselorgane für Durchflußregelung. BWK 8 (1956) 580-583
26. Richter, H.: Rohrhydraulik. Berlin: Springer 1971
27. Eck, B.: Technische Strömungslehre. Band 1: Grundlagen; Band 2: Anwendungen. Berlin: Springer 1978; 1981
28. Geropp, D.; Leder, A.: Turbulent separated flow structures behind bodies with various shapes. In: Papers presented at the Int. Conf. on Laser Anemometry. Manchester, 16.-18. Dec. 1985, Cranfield, England: Fluid Engineering Centre 1985, S. 219-231
29. Schewe, G.: Untersuchung der aerodynamischen Kräfte, die auf stumpfe Profile bei großen Reynolds-Zahlen wirken. DFVLR-Mitt. 84-19 (1984)
30. Hoerner, S.F.: Fluid-dynamic drag. 2nd ed. Brick Town, N.J.: Selbstverlag 1965
31. Lamb, H.: Lehrbuch der Hydrodynamik. 2. Aufl. Leipzig: Teubner 1931
32. Schewe, G.: On the force fluctuations acting on a circular cylinder in crossflow from supercritical up to transcritical Reynolds numbers. J. Fluid Mech. 133 (1983) 265-285
33. Abraham, F.F.: Functional dependence of drag coefficient of a sphere on Reynolds number. Phys. of Fluids 13 (1970) 2194-2195
34. Dryden, H.L.; Murnaghan, F.D.; Bateman, H.: Hydrodynamics. New York: Dover 1956
35. Rouse, H.: Elementary mechanics of fluids. New York: Wiley 1946

36. Achenbach, E.: Experiments on the flow past spheres at very high Reynolds numbers. J. Fluid Mech. 54 (1972) 565-575
37. Fuhrmann, G.: Widerstands- und Druckmessungen an Ballonmodellen. Z. Flugtechn. und Motorluftschiffahrt 2 (1911) 165-166
38. Koenig, K.; Roshko, A.: An experimental study of geometrical effects on the drag and flow field of two bluff bodies separated by a gap. J. Fluid Mech. 156 (1985) 167-204
39. DIN 1055 Teil 4: Lastannahmen für Bauten; Verkehrslasten; Windlasten nicht schwingungsanfälliger Bauwerke (April 1986)
40. Sockel, H.: Aerodynamik der Bauwerke. Braunschweig: Vieweg 1984
41. Ludwieg, H.: Widerstandsreduzierung bei kraftfahrzeugähnlichen Körpern. In: Vortex Motions. Hornung, H.G.; Müller, E.A. (Eds.) Braunschweig: Vieweg 1982, S. 68-81
42. Sawatzki, O.: Reibungsmomente rotierender Ellipsoide. In: (Strömungsmechanik und Strömungsmaschinen, 2). Karlsruhe: Braun (1965), S. 36-60
43. Schultz-Grunow, F.: Der Reibungswiderstand rotierender Scheiben in Gehäusen. ZAMM 15 (1935) 191-204
44. Wimmer, M.: Experimentelle Untersuchungen der Strömung im Spalt zwischen zwei konzentrischen Kugeln, die beide um einen gemeinsamen Durchmesser rotieren. Diss. Univ. Karlsruhe 1974
45. Bühler, K.: Strömungsmechanische Instabilitäten zäher Medien im Kugelspalt. (Fortschrittber. VDI, Reihe 7, Nr. 96). Düsseldorf: VDI-Verlag 1985

Allgemeine Literatur zu Kapitel 9

Becker, E.: Gasdynamik. Stuttgart: Teubner 1965

Oswatitsch, K.: Grundlagen der Gasdynamik. Wien: Springer 1976

Oswatitsch, K.: Spezialgebiete der Gasdynamik. Wien: Springer 1977

Zierep, J.: Theoretische Gasdynamik. 3. Aufl. Karlsruhe: Braun 1976

Spezielle Literatur zu Kapitel 9

1. Rankine, W.J.: On the thermodynamic theory of waves of finite longitudinal disturbance. Phil. Trans. Roy. Soc. London 160 (1870) 277-288
2. Hugoniot, H.: Mémoire sur la propagation du mouvement dans les corps et spécialement dans les gases parfaits. J. Ecole polytech., Cahier 57 (1887) 1-97; Cahier 58 (1889) 1-125
3. Eichelberg, G.: Zustandsänderungen idealer Gase mit endlicher Geschwindigkeit. Forsch. Ing.-Wes. 5 (1934) 127-129
4. Kármán, Th. v.: The problem of resistance in compressible fluids. Volta Kongr. (1936), 222-283
5. Lord Rayleigh, J.W.S.: Aerial plane waves of finite amplitude. Proc. Roy. Soc. London A 84 (1911) 247-284
6. Zierep, J.: Grundzüge der Strömungslehre. 3. Aufl. Karlsruhe: Braun 1987
7. Oswatitsch, K.: Der Druckwiderstand bei Geschossen mit Rückstoßantrieb bei hohen Überschallgeschwindigkeiten. Forsch. Entw. d. Heereswaffenamtes 1005 (1944); NACA TM 1140 (engl.)
8. Busemann, A.: Vorträge aus dem Gebiet der Aerodynamik (Aachen 1929). (Hrsg.: Gilles, A.; Hopf, L.; v. Kármán, Th.) Berlin: Springer 1930, S. 162
9. Weise, A.: Die Herzkurvenmethode zur Behandlung von Verdichtungsstößen. Festschrift Lilienthalges. zum 70. Geburtstag von L. Prandtl (1945)
10. Richter, H.: Die Stabilität des Verdichtungsstoßes in einer konkaven Ecke. ZAMM 28 (1948) 341-345
11. Oswatitsch, K.: Der Luftwiderstand als Integral des Entropiestromes. Nachr. Ges. Wiss. Göttingen, math.-phys. Kl., 1 (1945) 88-90
12. Oswatitsch, K.: Physikalische Grundlagen der Strömungslehre. In: Handbuch d. Physik, Bd. VIII/1. Berlin: Springer 1959, S. 1-124
13. Zierep, J.: Theorie und Experiment bei schallnahen Strömungen. In: Übersichtsbeiträge zur Gasdynamik (Hrsg. E. Leiter; J. Zierep). Wien: Springer 1971, S. 117-162
14. Ackeret, J.: Luftkräfte an Flügeln, die mit größerer als Schallgeschwindigkeit bewegt werden. Z. Flugtechn. Motorluftsch. 16 (1925) 72-74
15. Busemann, A.: Aerodynamischer Auftrieb bei Überschallgeschwindigkeit. Volta Kongr. (1936), 329-332
16. Prandtl, L.: Neue Untersuchungen über strömende Bewegung der Gase und Dämpfe. Phys. Z. 8 (1907) 23-30
17. Meyer, Th.: Über zweidimensionale Bewegungsvorgänge in einem Gas, das mit Überschallgeschwindigkeit strömt. Diss. Göttingen 1908; VDI-Forsch.-Heft 62 (1908)
18. Zierep, J.: Ähnlichkeitsgesetze und Modellregeln der Strömungslehre. 2. Aufl. Karlsruhe: Braun 1982, S. 76
19. v. Kármán, Th.: The similarity law of transonic flow. J. Math. Phys. 26 (1947) 182-190
20. Zierep, J.: Der Kopfwellenabstand bei einem spitzen, schlanken Körper in schallnaher Überschallanströmung. Acta Mechanica 5 (1968) 204-208
21. Oswatitsch, K.; Rothstein, W.: Das Strömungsfeld in einer Laval-Düse. Jb. dtsch. Luftfahrtforschung I (1942), S. 91-102
22. Zierep, J.: Theoretische Gasdynamik. 3. Aufl. Karlsruhe: Braun 1976
23. Guderley, K.G.: The flow over a flat plate with a small angle of attack. J. Aeronaut. Sci. 21 (1954) 261-274
24. Guderley, K.G.; Yoshihara, H.: The flow over a wedge profile at Mach number 1. J. Aerosp. Sci. 17 (1950) 723-735
25. Woerner, M.; Oertel, H.jr.: Numerical calculation of supersonic nozzle flow. In: Applied Fluid Mechanics (Festschrift zum 60. Geburtstag von Herbert Oertel) Karlsruhe: Universität Karlsruhe 1978, S. 173-183

Allgemeine Literatur zu Kapitel 10

Becker, E.: Technische Thermodynamik. Stuttgart: Teubner 1985

Küchemann, D.: The aerodynamic design of aircraft. Oxford: Pergamon 1978

Prandtl, L.; Oswatitsch, K.; Wieghardt, K.: Führer durch die Strömungslehre. 8. Aufl. Braunschweig: Vieweg 1984

Schlichting, H.: Grenzschicht-Theorie. 8. Aufl. Karlsruhe: Braun 1982

Walz, A.: Strömungs- und Temperaturgrenzschichten. Karlsruhe: Braun 1966

Zierep, J.: Strömungen mit Energiezufuhr. Karlsruhe: Braun 1975

Spezielle Literatur zu Kapitel 10

1. Koppe, M.: Der Reibungseinfluß auf stationäre Rohrströmungen bei hohen Geschwindigkeiten. Ber. Kaiser-Wilhelm-Inst. für Strömungsforschung (1944)
2. Oswatitsch, K.: Grundlagen der Gasdynamik. Wien: Springer 1976, S. 107-112
3. Frössel, W.: Strömungen in glatten geraden Rohren mit Über- und Unterschallgeschwindigkeit. Forsch. Ingenieurwes. 7 (1936) 75-84
4. Leiter, E.: Strömungsmechanik, Band I. Braunschweig: Vieweg 1978, S. 78-86
5. Becker, E.: Technische Thermodynamik. Stuttgart: Teubner 1985, S. 155-163
6. Naumann, A.: Luftwiderstand von Kugeln bei hohen Unterschallgeschwindigkeiten. Allg. Wärmetechnik 4 (1953) 217-221
7. Oswatitsch, K.: Ähnlichkeitsgesetze für Hyperschallströmungen. ZAMP 2 (1951) 249-264
8. Albring, W.: Angewandte Strömungslehre. 4. Aufl. Dresden: Steinkopff 1970
9. von Kármán, Th.; Tsien, H.S.: Boundary layer in compressible fluids. J. Aerosp. Sci. 5 (1938) 227-232
10. Zierep, J.: Theoretische Gasdynamik. 3. Aufl. Karlsruhe: Braun 1976
11. Hantzsche, W.; Wendt, H.: Zum Kompressibilitätseinfluß bei der laminaren Grenzschicht der ebenen Platte. Jb. dtsch. Luftfahrtforschung I (1940), S. 517-521
12. Tsien, H.S.: Similarity laws of hypersonic flows. J. Math. Phys. 25 (1946) 247-251
13. Hayes, W.D.; Probstein, R.F.: Hypersonic flow theory. New York: Academic Press 1959, S. 362
14. Zierep, J.: Ähnlichkeitsgesetze und Modellregeln der Strömungslehre. 2. Aufl. Karlsruhe: Braun 1982
15. Lawaczeck, O.: Der Europäische Transsonische Windkanal (ETW). Phys. Bl. 41 (1985) 100-102
16. Eberle, A.: A new flux extrapolation scheme solving the Euler equations for arbitrary 3-D geometry and speed. Firmenbericht MBB/LKE 122/S/PUB/140 (Ottobrunn 1984)
17. Rotta, J.: Turbulente Strömungen. Stuttgart: Teubner 1972
18. Walz, A.: Strömungs- und Temperaturgrenzschichten. Karlsruhe: Braun 1966
19. Bohning, R.; Zierep, J.: Der senkrechte Verdichtungsstoß an der gekrümmten Wand unter Berücksichtigung der Reibung. ZAMP 27 (1976) 225-240
20. Jameson, A.: Acceleration of transonic potential flow calculations on arbitrary meshes by the multiple grid method. AIAA, 4th Computational Fluid Dynamics Conference, Williamsburg, Va. AIAA Paper 79-1458 (July 1979)
21. Lock, R.C.: Prediction of the drag of wings of subsonic speeds by viscous/inviscid interaction techniques. In: AGARD Report 723 (1985)
22. Dohrmann, U.; Schnerr, G.: Persönl. Mitteilung 1987
23. Rizzi, A.; Viviand, H. (Eds.): Numerical methods for the computation of inviscid transonic flows with shock waves. (Notes on numerical fluid mechanics, Vol. 3), Braunschweig: Vieweg 1981
24. Jameson, A.; Yoon, S.: Multigrid solution of the Euler equations using implicit schemes. AIAA J. 24 (1986) 1737-1743
25. Dohrmann, U.; Schnerr, G.: Theoretische und experimentelle Untersuchungen transsonischer Strömungen um Profile und Düsen mit Energiezufuhr durch homogene Kondensation. Ber. Inst. f. Strömungslehre, Univ. Karlsruhe 1987
26. AGARD Report 211 (1985): Test cases for inviscid flow field methods
27. Dargel, G.; Thiede, P.: Viscous transonic airfoil flow simulation by an efficient viscous-inviscous interaction method. (25th Aerospace Sciences Meeting: Viscous Transonic Airfoil Workshop. Reno, Nev., 1987) AIAA Paper 87-0412, 1-10
28. Fung, K.Y.; Sobieczky, H.; Seebass, A.R.: Shock-free wing design. AIAA J. 18 (1980) 1153-1158
29. Sobieczky, H.: Verfahren für die Entwurfsaerodynamik moderner Transportflugzeuge. DFVLR Forschungsber. 85-05 (1985)

F Technische Thermodynamik

J. Ahrendts

Die Thermodynamik betrachtet physikalische Objekte unter dem Gesichtspunkt der Energie, die in verschiedenen ineinander umwandelbaren Formen auftritt und ein verknüpfendes Band zwischen allen in der Natur ablaufenden Vorgängen darstellt. Das Fundament der Thermodynamik sind die *Hauptsätze*, in denen die Existenz und Eigenschaften der Energie und der in B 8.9 eingeführten Entropie formuliert sind. Aus den Hauptsätzen resultieren ordnende Beziehungen zwischen den Eigenschaften der Materie in ihren Gleichgewichtszuständen sowie Aussagen über die Möglichkeiten und Grenzen von Energieumwandlungen. Die folgenden Ausführungen beschränken sich auf die Thermodynamik fluider Nichtelektrolyt-Phasen.

1 Grundlagen

Ein physikalisches Objekt heißt in der Thermodynamik ein System und die Grenze, die es von seiner Umgebung trennt, Systemgrenze. Jedes System ist Träger physikalischer Eigenschaften, die als Variablen oder Zustandsgrößen bezeichnet werden. In einem bestimmten Zustand haben die Variablen feste Werte.

1.1 Energie und Energieformen

1.1.1 Erster Hauptsatz der Thermodynamik

Der erste Hauptsatz postuliert:

1. Jedes System besitzt die Zustandsgröße Energie. Die Energie eines aus den Teilen $\alpha, \beta, \ldots, \omega$ mit den Energien $E^\alpha, E^\beta, \ldots, E^\omega$ zusammengesetzten Systems beträgt

$$E = E^\alpha + E^\beta + \ldots + E^\omega. \tag{1}$$

2. Für die Energie besteht ein Erhaltungssatz, d.h., die Erzeugung und Vernichtung von Energie ist unmöglich.

Gilt die Newtonsche Mechanik, so kann die Energie eines Systems in seine kinetische und potentielle Energie E_k und E_p in einem konservativen Kraftfeld und die makroskopische innere Energie U seiner molekularen Freiheitsgrade zerlegt werden:

$$E = E_k + E_p + U. \tag{2}$$

Die Energie eines Systems läßt sich nach dem ersten Hauptsatz nur durch Energietransport über die Systemgrenze ändern. Die Übergabe der Energie an der Systemgrenze kann erfolgen als

- *mechanische oder elektrische Arbeit.* Ihr Kennzeichen sind äußere Kräfte oder Momente, die auf eine bewegte Systemgrenze wirken, oder — bei Beschränkung auf nicht magnetisierbare und nicht polarisierbare Phasen — das Fließen eines elektrischen Stroms über die Systemgrenze. Die Verrichtung von Arbeit an abgeschlossenen, d. h. energetisch isolierten, Systemen ist definitionsgemäß nicht möglich.
- *Wärme.* Wärme wird aufgrund eines Temperaturgefälles zwischen System und Umgebung übertragen. Adiabate Wände unterbinden den Wärmefluß.
- *materiegebundene Energie.* Hierzu müssen Substanzen die Grenzen eines offenen Systems überschreiten. Im Gegensatz zu offenen Systemen haben geschlossene Systeme materiedichte Grenzen, welche einen Stoffaustausch mit der Umgebung ausschließen.

Um die übertragene Energie aufzunehmen, kann jedes System einen Satz unabhängiger Variabler verändern, die für seine innere Beschaffenheit charakteristisch sind. Im folgenden soll ein solcher Variablensatz für fluide Nichtelektrolyt-Phasen zusammengestellt werden. Dies sind homogene Bereiche endlicher oder infinitesimaler Ausdehnung von Gasen und Flüssigkeiten aus ungeladenen Teilchen. Schubspannungsfreie Festkörper, die weder magnetisierbar noch elektrisch polarisierbar sind, können wie fluide Phasen behandelt werden.

1.1.2 Zweiter Hauptsatz der Thermodynamik

Wird eine Phase als Ganzes durch eine Kraft im Schwerefeld der Erde bewegt, so ist bei Ausschluß der Rotation die am System verrichtete äußere Arbeit

$$\mathrm{d}W^{\mathrm{a}} = c \cdot \mathrm{d}I + mg\,\mathrm{d}z\,. \tag{3}$$

Dabei bedeuten c die Geschwindigkeit, $I = mc$ den Impuls, m die Masse, z die Schwerpunkthöhe des Systems und g die Fallbeschleunigung. Das System nimmt die zugeführte Energie über die äußeren, mechanischen Variablen I und z auf. Ihnen zugeordnet sind die Energieformen $c \cdot \mathrm{d}I$ und $mg\,\mathrm{d}z$, die in das System fließen und seine Energie vermehren. Die Integration von (3) zwischen den Anfangs- und Endzuständen 1 und 2 liefert bei $m = \mathrm{const}$

$$W_{12}^{\mathrm{a}} = \frac{m}{2}\,(c_2^2 - c_1^2) + mg\,(z_2 - z_1)\,, \tag{4}$$

d.h., die äußere Arbeit ist gleich der Zunahme der kinetischen und potentiellen Energie des Systems während der Bewegung.

Bild 1-1a zeigt, wie an einer ruhenden, geschlossenen Phase, die sich in einem Zylinder mit verschiebbarem Kolben befindet, Arbeit verrichtet werden kann. Die Kolbenkraft F sei im Gleichgewicht mit der von der Phase auf den Kolbenboden ausgeübten Druckkraft. Die von F verrichtete Arbeit bei der Verschiebung des Kolbens, die sog. Volumenänderungsarbeit, ist dann

$$\mathrm{d}W^{\mathrm{V}} = -p\,\mathrm{d}V \tag{5}$$

mit p als dem an allen Stellen gleich großen Druck und V als dem Volumen der Phase. Das Volumen mit der zugehörigen Energieform $-p\,\mathrm{d}V$ ist somit eine unabhängige Variable, über welche die Energie einer Phase, speziell die innere Energie, veränderbar ist.

Die Bilder 1-1b bis 1-1d zeigen Möglichkeiten der Energiezufuhr an eine ruhende geschlossene Phase bei konstantem Volumen. Im ersten Fall wird die Wärme $\mathrm{d}Q$ von einer heißen Umgebung auf das kältere System übertragen. Im zweiten Fall liefert eine Rührwerkswelle die Wellenarbeit

$$\mathrm{d}W^{\mathrm{W}} = M_{\mathrm{d}}\,\omega\,\mathrm{d}\tau \tag{6}$$

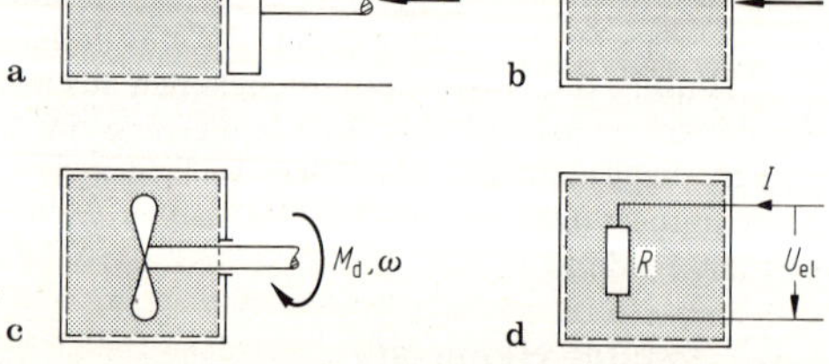

Bild 1-1. Mechanismen der Energiezufuhr an ruhende, geschlossene Phasen. **a** Volumenänderungsarbeit, **b** Wärme, **c** Wellenarbeit und **d** elektrische Arbeit.

an das System, wobei M_{d} das Drehmoment, ω die Winkelgeschwindigkeit und τ die Zeit bedeuten. Im dritten Fall wird einem elektrischen Widerstand R im System die elektrische Arbeit

$$\mathrm{d}W^{\mathrm{el}} = I U_{\mathrm{el}}\,\mathrm{d}\tau \tag{7}$$

(I elektrische Stromstärke und U_{el} elektrische Spannung) zugeleitet. Wie die Erfahrung zeigt, können die Systeme nach Bild 1-1c und 1-1d Wellen- und elektrische Arbeit nur aufnehmen, nicht aber abgeben.

Schließt man chemische Reaktionen aus, wird die zugeführte Energie durch Änderung einer der unmittelbaren Anschauung verborgenen Zustandsgröße, der Entropie S, aufgenommen. Dies gilt nicht nur für die Wärme, sondern auch für die Wellen- und die elektrische Arbeit, weil dem System geeignete Arbeitskoordinaten, wie Drehimpuls bzw. elektrische Ladung, fehlen. Arbeit, welche über die Entropiekoordinate die Energie eines Systems vermehrt, heißt dissipierte Arbeit W^{diss}.

Der *zweite Hauptsatz* postuliert für die Eigenschaften der Entropie:

1. Jedes System besitzt die Zustandsgröße Entropie. Die Entropie eines aus den Teilen $\alpha, \beta, \ldots, \omega$ mit den Entropien $S^{\alpha}, S^{\beta}, \ldots, S^{\omega}$ zusammengesetzten Systems ist
$$S = S^{\alpha} + S^{\beta} + \ldots + S^{\omega}\,. \tag{8}$$
2. Die Entropie eines Systems ist eine monoton wachsende, differenzierbare Funktion der inneren Energie. Für eine Phase α mit konstantem Volumen und Stoffmengen gilt
$$\frac{\partial S^{\alpha}}{\partial U^{\alpha}} = 1/T^{\alpha} > 0\,. \tag{9}$$
Dabei ist T^{α} die mit dem Gasthermometer meßbare thermodynamische Temperatur der Phase, vgl. 1.4. Die Entropie hat somit die Dimension einer auf die Temperatur bezogenen Energie.
3. Entropie kann nicht vernichtet werden, sondern wird bei allen in der Natur ablaufenden Vorgängen erzeugt. Gleichgewichtszustände aus Teilen zusammengesetzter geschlossener Systeme sind bei einem festen Wert der Energie durch ein Maximum der Entropie gekennzeichnet. Dies ist gleichbedeutend mit einem Minimum der Energie bei einem festen Wert der Entropie [1]. Als Nebenbedingung sind dabei alle Arbeitskoordinaten, d. h. alle zur Abgabe von Arbeit geeigneten Koordinaten des Gesamtsystems, konstant zu halten.

Der *dritte Hauptsatz* fügt ein weiteres Postulat hinzu:

4. Die Entropie eines Systems verschwindet in allen Gleichgewichtszuständen im Grenzfall $T = 0$.

Da die bei den Prozessen nach Bild 1-1b bis d zugeführte Energie eine Erhöhung der inneren Energie zur Folge hat, gilt nach (9)

$$\mathrm{d}Q = T\,\mathrm{d}S, \quad \mathrm{d}W^{\mathrm{W}} = T\,\mathrm{d}S, \quad \mathrm{d}W^{\mathrm{el}} = T\,\mathrm{d}S. \quad (10)$$

Wärme und dissipierte Arbeit gelangen also über die Energieform $T\,\mathrm{d}S$ in das System.
Eine fluide Phase kann schließlich Energie durch Änderung ihres Stoffbestands aufnehmen. Dieser ist durch die Massen m_i der Teilchenarten i oder die entsprechenden, vorzugsweise in der SI-Einheit Mol gemessenen Stoffmengen n_i bestimmt. Beide Größen sind durch die stoffmengenbezogene (molare) Masse M_i der Teilchen verknüpft

$$m_i = M_i n_i. \quad (11)$$

Benutzt man für M_i die Einheit g/mol, so ist der Zahlenwert $\{M_i\}$ mit der relativen (Molekül)masse der Teilchenart i identisch. Nach (2) bewirkt die Änderung $\mathrm{d}n_i$ der Stoffmenge einer Substanz i in einer fluiden Phase die Energieänderung

$$\mu_{i\,\mathrm{ges}}\,\mathrm{d}n_i = [(\partial E_k/\partial n_i)_{I,\,n_{j\neq i}} + (\partial E_p/\partial n_i)_{z,\,n_{j\neq i}} + (\partial U/\partial n_i)_{S,\,V,\,n_{j\neq i}}]\,\mathrm{d}n_i, \quad (12)$$

womit das Gesamtpotential $\mu_{i\,\mathrm{ges}}$ der Teilchenart i definiert ist. Wie in der Thermodynamik üblich, sind die Variablen, die beim Differenzieren konstant zu halten sind, als Indizes an den Ableitungen vermerkt. Die beiden ersten Terme der eckigen Klammer lassen sich durch Ausdifferenzieren der Funktionen $E_\mathrm{k} = \boldsymbol{I}^2/(2m)$ und $E_\mathrm{p} = mgz$ bestimmen. Der letzte Term, für den die Abkürzung μ_i gebräuchlich ist, heißt das chemische Potential der Teilchenart i. Es ist von der Größenart einer auf die Stoffmenge bezogenen Energie. Damit wird

$$\mu_{i\,\mathrm{ges}}\,\mathrm{d}n_i = \left[-\frac{1}{2}M_i c^2 + M_i g z + \mu_i\right]\mathrm{d}n_i. \quad (13)$$

Bei K unabhängig veränderlichen Stoffmengen gibt es K unabhängige Energieformen (13). Alle Energieformen einer Phase können in der Gestalt $\zeta_j\,\mathrm{d}X_j$ geschrieben werden. Die Größen X_j und alle mengenartigen Zustandsgrößen, die Relationen wie (1) oder (8) erfüllen, heißen *extensive*, die konjugierten Größen ζ_j *intensive Variable*.

1.2 Fundamentalgleichungen

Die Summe der unabhängigen Energieformen einer Phase ist das totale Differential ihrer Energie

$$\mathrm{d}E = \boldsymbol{c}\,\mathrm{d}\boldsymbol{I} + mg\,\mathrm{d}z + T\,\mathrm{d}S - p\,\mathrm{d}V + \sum_{i=1}^{K}\left(-\frac{1}{2}M_i c^2 + M_i g z + \mu_i\right)\mathrm{d}n_i. \quad (14)$$

Jeder Energieform entspricht eine unabhängige Variable in dieser Gibbsschen Fundamentalform der Energie, der alle Prozesse genügen, die eine Phase überhaupt ausführen kann.

1.2.1 Innere Energie

Substrahiert man von (14) die Differentiale der kinetischen und potentiellen Energie $\mathrm{d}E_\mathrm{k} = \boldsymbol{c}\,\mathrm{d}\boldsymbol{I} - \frac{1}{2}c^2\,\mathrm{d}m$ und $\mathrm{d}E_\mathrm{p} = mg\,\mathrm{d}z + gz\,\mathrm{d}m$, so erhält man mit (2) die Gibbssche Fundamentalform der inneren Energie

$$\mathrm{d}U = T\,\mathrm{d}S - p\,\mathrm{d}V + \sum_{i=1}^{K}\mu_i\,\mathrm{d}n_i. \quad (15)$$

Die Zerlegung der Energie nach (2) trennt eine Phase in zwei unabhängige Teilsysteme, von denen das äußere bei konstanter Masse von den Variablen $\boldsymbol{I}$ und z, das innere, für die Thermodynamik besonders interessante, von den Variablen S, V und n_i abhängt. Das Verhalten einer Phase bei inneren Zustandsänderungen wird durch die Funktion

$$U = U(S, V, n_i), \quad (16)$$

die *Fundamentalgleichung für die innere Energie*, vollständig beschrieben. Alle thermodynamischen Eigenschaften lassen sich auf diese Funktion und ihre Ableitungen zurückführen. Aus (16) folgen zunächst die Zustandsgleichungen

$$T(S, V, n_i) = (\partial U/\partial S)_{V,\,n_i}, \quad (1 \leqq i \leqq K), \quad (17)$$

$$p(S, V, n_i) = -(\partial U/\partial V)_{S,\,n_i} \quad (1 \leqq i \leqq K), \quad (18)$$

$$\mu_i(S, V, n_j) = (\partial U/\partial n_i)_{S,\,V,\,n_{j\neq i}} \quad (1 \leqq j \leqq K). \quad (19)$$

Eliminiert man z. B. aus (17) und (18) die Entropie, erhält man die thermische Zustandsgleichung einer Phase,

$$p = p(T, V, n_i), \quad (20)$$

die ebenso der Messung zugänglich ist wie — vgl. 1.5.2 — die Wärmekapazität bei konstantem Volumen

$$C_V \equiv (\partial U/\partial T)_{V,\,n_i} = T(\partial S/\partial T)_{V,\,n_i}. \quad (21)$$

Nach (17) bis (19) hängen die intensiven Zustandsgrößen des inneren Teilsystems nicht allein von den konjugierten extensiven Variablen ab. Die Integrale über die Energieformen bei einer Zustandsänderung von 1 nach 2 sind daher keine Zustandsgrößen, sondern wegabhängige Prozeßgrößen, d.h., das innere Teilsystem speichert seine Energie nicht in den Energieformen als Wärme oder Arbeit, sondern allein als innere Energie.
Denkt man sich eine Phase aus λ gleichen Teilen zusammengesetzt, dann sind die mengenartigen extensiven Zustandsgrößen das λ-fache der Zustandsgrößen der Teile. Die Fundamentalglei-

chung (16) ist daher wie jede Beziehung zwischen mengenartigen Variablen eine homogene Funktion erster Ordnung

$$U(\lambda S, \lambda V, \lambda n_i) = \lambda U(S, V, n_i). \qquad (22)$$

Nach einem Satz von Euler [2] erfüllt eine in den Variablen $X_1, X_2, \dots$ homogene Funktion der Ordnung k

$$\begin{aligned} &y(x_1, x_2, \dots, \lambda X_1, \lambda X_2, \dots) \\ &= \lambda^k y(x_1, x_2, \dots, X_1, X_2, \dots) \end{aligned} \qquad (23)$$

die Identität

$$k y(x_1, x_2, \dots, X_1, X_2, \dots) = X_1 \frac{\partial y}{\partial X_1} + X_2 \frac{\partial y}{\partial X_2} + \dots \qquad (24)$$

Wendet man diese Beziehung auf (22) an, so folgt mit (17) bis (19) die *Eulersche Gleichung*

$$U = TS - pV + \sum_{i=1}^{K} \mu_i n_i. \qquad (25)$$

Die Kenntnis der Fundamentalgleichung (16) ist danach der Kenntnis von $K+2$ Zustandsgleichungen (17) bis (19) äquivalent. Eine weitere Konsequenz der Homogenität der Fundamentalgleichung (16) ist die *Gleichung von Gibbs-Duhem*, die sich aus dem Differential von (25) in Verbindung mit (15) ergibt:

$$S\,\mathrm{d}T - V\,\mathrm{d}p + \sum_{i=1}^{K} n_i\,\mathrm{d}\mu_i = 0. \qquad (26)$$

Sie besagt, daß sich nur $K+1$ intensive Variable einer Phase unabhängig voneinander verändern lassen.

1.2.2 Spezifische, molare und partielle molare Größen

Die intensiven Zustandsgrößen (17), (18), (19) hängen nicht von der Systemgröße ab und sind homogene Funktionen nullter Ordnung der extensiven Variablen. Dies gilt auch für die Massen- und Stoffmengenanteile der Substanzen:

$$\xi_i \equiv m_i/m \quad \text{mit} \quad m = \sum_j m_j, \qquad (27)$$

$$x_i \equiv n_i/n \quad \text{mit} \quad n = \sum_j n_j, \qquad (28)$$

die nach

$$\xi_i = x_i M_i / \sum_j x_j M_j \qquad (29)$$

und

$$x_i = (\xi_i/M_i) / \sum_j (\xi_j/M_j) \qquad (30)$$

ineinander umzurechnen sind. Unabhängig von der Systemgröße sind auch die spezifischen, molaren und partiellen molaren Zustandsgrößen, die sich – ohne Massen und Stoffmengen – aus jeder mengenartigen extensiven Zustandsgröße Z bilden lassen:

$$z \equiv Z/m, \qquad (31)$$

$$Z_m \equiv Z/n, \qquad (32)$$

$$Z_i \equiv (\partial Z/\partial n_i)_{T,p,n_{j \neq i}}. \qquad (33)$$

Sie können daher in erweitertem Sinn als intensive Zustandsgrößen angesehen werden. Nach dem Eulerschen Satz (24) gilt für die partiellen molaren Größen

$$Z(T, p, n_i) = \sum_i n_i Z_i, \qquad (34)$$

woraus sich durch Differenzieren der linken und rechten Seite

$$\sum_i n_i\,\mathrm{d}Z_i = 0 \quad \text{für} \quad T, p = \text{const} \qquad (35)$$

herleiten läßt. Zwischen den molaren und den partiellen molaren Zustandsgrößen besteht der Zusammenhang [3]

$$Z_K = Z_m - \sum_{i=1}^{K-1} x_i\,\partial Z_m(T, p, x_1, x_2, \dots, x_{K-1})/\partial x_i. \qquad (36)$$

Die Zahl der unabhängigen Variablen ist in homogenen Funktionen nullter Ordnung der extensiven Zustandsgrößen auf $K+1$ reduziert. Für die Funktion $Z_m = Z_m(T, p, n_i)$ z. B. folgt mit $\lambda = 1/n$ aus (23)

$$Z_m = Z_m(T, p, n_i/n), \qquad (37)$$

d. h., an die Stelle von K Stoffmengen treten wegen $x_K = 1 - \sum_{i=1}^{K-1} x_i$ $K-1$ unabhängige Molanteile. Die Verminderung der Zahl der unabhängigen Variablen der intensiven Zustandsgrößen auf $K+1$ spiegelt sich auch in der Gibbsschen Fundamentalform für die spezifische innere Energie wider:

$$\mathrm{d}u = T\,\mathrm{d}s - p\,\mathrm{d}v + \sum_{i=1}^{K-1} \left(\frac{\mu_i}{M_i} - \frac{\mu_K}{M_K}\right) \mathrm{d}\xi_i, \qquad (38)$$

die aus (11), (15), (25) und (31) abzuleiten ist. Für Systeme konstanter Zusammensetzung entfällt der letzte Term.

1.2.3 Legendre-Transformierte der inneren Energie

In der Praxis ist es häufig einfacher, anstelle von (16) mit den Veränderlichen S und V eine auf die

Variablen Druck oder Temperatur transformierte Fundamentalgleichung zu benutzen. Die Transformation, welche in der Funktion (16) $U = U(X_1, \dots, X_{K+2})$ die extensive Größe X_j durch die konjugierte intensive Zustandsgröße $\zeta_j = \partial U/\partial X_j$ ersetzt, ist nach der Regel

$$U^{[j]} = U - X_j (\partial U/\partial X_j)_{X_{k+j}} \quad (39)$$

auszuführen und heißt Legendre-Transformation [4]. Eliminiert man in (39) die Größen U und X_j mit Hilfe von (16) und einer Zustandsgleichung (17), (18), (19), so erhält man die Legendre-Transformierte von U bezüglich der Variablen X_j in der gewünschten Form

$$U^{[j]} = U^{[j]}(X_1, \dots, X_{j-1}, \zeta_j, X_{j+1}, \dots) . \quad (40)$$

Diese Funktion ist deshalb eine Fundamentalgleichung, weil sich die Ausgangsgleichung (16), welche die gesamte thermodynamische Information über eine Phase enthält, aus ihr rekonstruieren läßt. Hierzu ist die Legendre-Transformation nur erneut auf die Funktion $U^{[j]}$ bezüglich der Variablen ζ_j unter Beachtung der aus (39) folgenden Beziehung

$$\partial U^{[j]}/\partial \zeta_j = -X_j \quad (41)$$

anzuwenden. Keine Fundamentalgleichungen entstehen dagegen, wenn in (16) eine extensive Variable mit Hilfe einer Zustandsgleichung (17), (18), (19) durch die konjugierte intensive Zustandsgröße ersetzt wird. Die resultierenden Zustandsgleichungen sind Differentialgleichungen für die Funktion (16), aus denen diese nicht vollständig wiederzugewinnen ist [4].

Wird die innere Energie (16) getrennt oder gleichzeitig einer Legendre-Transformation in bezug auf das Volumen und die Entropie unterworfen, gelangt man zu den Fundamentalgleichungen für die Enthalpie $H = H(S, p, n_i)$, die freie Energie $F = F(T, V, n_i)$ und die freie Enthalpie $G = G(T, p, n_i)$. Wegen (17), (18), (25) und (39) gilt für diese extensiven, energieartigen Größen

$$H \equiv U + pV \quad = TS + \sum_i \mu_i n_i, \quad (42)$$

$$F = U - TS \quad = -pV + \sum_i \mu_i n_i, \quad (43)$$

$$G \equiv U + pV - TS = \sum_i \mu_i n_i \quad (44)$$

Bildet man die totalen Differentiale, so folgen mit (15) die Gibbsschen Fundamentalformen für die Enthalpie, die freie Energie und die freie Enthalpie:

$$dH = T\,dS + V\,dp + \sum_i \mu_i\,dn_i, \quad (45)$$

$$dF = -S\,dT - p\,dV + \sum_i \mu_i\,dn_i, \quad (46)$$

$$dG = -S\,dT + V\,dp + \sum_i \mu_i\,dn_i. \quad (47)$$

Für die spezifischen Größen gelten zu (38) analoge Formulierungen. Nach (45), (46), (47) haben die partiellen Ableitungen der Fundamentalgleichungen nach „ihren" Variablen eine konkrete physikalische Bedeutung. Insbesondere sind die partiellen molaren freien Enthalpien G_i, vgl. (33), gleich den chemischen Potentialen $\mu_i = \mu_i(T, p, x_i)$, welche nach (44) die Fundamentalgleichung $G = G(T, p, n_i)$ vollständig bestimmen.

Die Ableitung

$$C_p \equiv (\partial H/\partial T)_{p, n_i} = T(\partial S/\partial T)_{p, n_i} \quad (48)$$

heißt analog zu (21) Wärmekapazität bei konstantem Druck und ist wie C_V (vgl. 1.5.2) eine meßbare Größe.

Die Zustandsgrößen, die in den Fundamentalformen (15), (45), (46) und (47) als Koeffizienten der Differentiale der unabhängigen Variablen auftreten, sind durch die Bedingung verknüpft, daß die gemischten partiellen Ableitungen zweiter Ordnung von Funktionen mehrerer Veränderlicher nicht von der Reihenfolge der Differentiation abhängen [5]. Die wichtigsten Zusammenhänge dieser Art, die als Maxwell-Beziehungen bekannt sind, können aus (46) und (47) abgelesen werden:

$$(\partial S/\partial V)_{T, n_i} = (\partial p/\partial T)_{V, n_i}, \quad (49)$$

$$(\partial S/\partial p)_{T, n_i} = -(\partial V/\partial T)_{p, n_i}, \quad (50)$$

$$V_i = (\partial \mu_i/\partial p)_{T, xj}, \quad (51)$$

$$S_i = -(\partial \mu_i/\partial T)_{p, xj}. \quad (52)$$

Hierin bedeuten V_i und S_i das partielle molare Volumen und die partielle molare Entropie der Substanz i, vgl. (33). Aus $G = H - TS$ nach (42) und (44) folgt mit H_i als der partiellen molaren Enthalpie des Stoffes i

$$\mu_i = H_i - TS_i, \quad (53)$$

was in Verbindung mit (52) auf

$$H_i/T^2 = -(\partial(\mu_i/T)/\partial T)_{p, xi}. \quad (54)$$

führt.

Obwohl Fundamentalgleichungen selten explizit bekannt sind, schafft ihre bloße Existenz ein Ordnungsschema, das Sätze experimentell bestimmbarer, unabhängiger Stoffeigenschaften aufzufinden gestattet, auf die sich alle weiteren thermodynamischen Größen zurückführen lassen. Für ein System konstanter Zusammensetzung können hierfür die zweiten Ableitungen der spezifischen freien Enthalpie $\partial^2 g/\partial T^2 = -c_p/T$, $\partial^2 g/\partial p\,\partial T = (\partial v/\partial T)_p$ und $\partial^2 g/\partial p^2 = (\partial v/\partial p)_T$, d. h. die isobare spezifische Wärmekapazität c_p und die thermische Zustandsgleichung (20), benutzt werden. Die systematische Reduktion thermodynamischer Eigenschaften auf diese Größen ist in [6] gezeigt und ergibt für die isochore, d. h. bei konstantem

Tabelle 1-1. Ableitungen thermodynamischer Funktionen bei konstanter Zusammensetzung, dargestellt durch spezifische Wärmen und die thermische Zustandsgleichung. Herleitung aus den Definitionen der spezifischen Wärmen c_v und c_p, den Gibbsschen Fundamentalformen für u und h und den Maxwell-Beziehungen für s.

$(\partial u/\partial T)_v = c_v(T, v)$	$(\partial u/\partial v)_T = T(\partial p/\partial T)_v - p$
$(\partial h/\partial T)_p = c_p(T, p)$	$(\partial h/\partial p)_T = v - T(\partial v/\partial T)_p$
$(\partial s/\partial T)_v = c_v(T, v)/T$	$(\partial s/\partial v)_T = (\partial p/\partial T)_v$
$(\partial s/\partial T)_p = c_p(T, p)/T$	$(\partial s/\partial p)_T = -(\partial v/\partial T)_p$

Volumen zunehmende spezifische Wärmekapazität

$$c_v = c_p + T(\partial v/\partial T)_p^2/(\partial v/\partial p)_T. \tag{55}$$

Einige häufig gebrauchte Beziehungen sind in Tabelle 1-1 zusammengestellt.

1.3 Gleichgewichte

Nicht immer sind die intensiven Zustandsgrößen in Fluiden räumlich homogen. Die Medien müssen dann im Sinne der Thermodynamik als aus mehreren, im einfachsten Fall aus zwei Phasen zusammengesetzte Systeme aufgefaßt werden. Wenn es die inneren Beschränkungen erlauben, können die Phasen über ihre gleichartigen extensiven Variablen X_j^α und X_j^β in Wechselwirkung treten, was in der Regel in Form eines Austauschprozesses

$$X_j^\alpha + X_j^\beta = \text{const}, \quad X_{k\neq j}^\alpha = \text{const},$$
$$X_{k\neq j}^\beta = \text{const} \tag{56}$$

geschieht. Eine Phase gewinnt dann so viel an der Größe X_j, z. B. an Volumen, wie die andere abgibt. Die Zustandsmannigfaltigkeit, die durch die Prozeßbedingungen (56) gegeben ist, enthält als ausgezeichneten Punkt den Gleichgewichtszustand, auf den der Austausch zwischen den Phasen α und β hinführt.

1.3.1 Extremalbedingungen

Das Gleichgewicht hinsichtlich der möglichen Austauschprozesse in einem geschlossenen System ist nach dem zweiten Hauptsatz durch ein Maximum der Entropie bei einem festen Wert der Energie bzw. durch ein Minimum der Energie bei einem festen Wert der Entropie des Systems gekennzeichnet. Dabei sind die Arbeitskoordinaten, insbesondere das Volumen des Systems, konstant zu halten. Die an die Energie gestellten Forderungen übertragen sich bei ruhenden, geschlossenen Systemen geringer Höhenausdehnung auf die innere Energie. Aus diesem Gleichgewichtskriterium lassen sich weitere Minimalprinzipe herleiten [7]:

Wird einem ruhenden, geschlossenen System von dem als Umgebung wirkenden Reservoir R der konstante Druck p^R aufgeprägt, hat seine Enthalpie bei einem vorgegebenen Wert der Entropie im Gleichgewicht ein Minimum.

Denn aus

$$U + U^R = \text{Min}$$

unter den Nebenbedingungen des freien Volumenaustausches

$$V + V^R = \text{const} \quad \text{bei} \quad p^R = \text{const},$$
$$S = \text{const}, \quad S^R = \text{const}, \quad n_i^R = \text{const}$$

folgt wegen (15) mit V als unabhängiger Variabler

$$\mathrm{d}(U + U^R) = \mathrm{d}U + p^R\,\mathrm{d}V = \mathrm{d}(U + p^R V) = \mathrm{d}H = 0$$

und

$$\mathrm{d}^2(U + U^R) = \mathrm{d}^2 U = \mathrm{d}^2(U + p^R V) = \mathrm{d}^2 H > 0.$$

Entsprechend besitzt ein ruhendes, geschlossenes System, das von der Umgebung auf der konstanten Temperatur T^R gehalten wird, im Gleichgewicht bei einem vorgegebenen Wert des Volumens ein Minimum seiner freien Energie.

Schließlich nimmt in einem ruhenden, geschlossenen System, dem von der Umgebung die festen Werte p^R und T^R von Druck und Temperatur vorgeschrieben werden, die freie Enthalpie im Gleichgewicht ein Minimum an.

Die Funktionen $U = U(S, V, n_i)$, $H = H(S, p, n_i)$, $F = F(T, V, n_i)$ und $G = G(T, p, n_i)$ heißen aufgrund der Minimalprinzipe thermodynamische Potentiale. Vorteilhaft anzuwenden ist das Extremalprinzip für die Funktion, mit deren Variablen die Prozeßbedingungen für die Einstellung des Gleichgewichts formuliert sind. Unterschiedliche Prozeßbedingungen führen auf unterschiedliche Gleichgewichtszustände. Mit den Werten der Variablen im Gleichgewicht sind aber alle Gleichgewichtskriterien gleichermaßen erfüllt. Es spielt keine Rolle, ob die Werte aufgezwungen oder frei eingestellt sind.

1.3.2 Notwendige Gleichgewichtsbedingungen

Aus den Extremalprinzipien ergeben sich nach den Regeln der Differentialrechnung die notwendigen Bedingungen für das Gleichgewicht. Für ein ruhendes, geschlossenes Zweiphasensystem mit starren äußeren Wänden verlangt das Minimumprinzip für die Energie wegen (1) und (2)

$$\mathrm{d}U = \mathrm{d}U^\alpha + \mathrm{d}U^\beta = 0. \tag{57}$$

Ist die Phasengrenze verschieblich, wärme- und stoffdurchlässig und werden keine Substanzen durch chemische Reaktionen erzeugt oder verbraucht, lauten die Nebenbedingungen für das Minimum:

$$\left.\begin{aligned} S^\alpha + S^\beta &= \text{const}, \\ V^\alpha + V^\beta &= \text{const}, \end{aligned}\right\} \tag{58}$$

$$n_i^\alpha + n_i^\beta = \text{const} \quad (1 \leqq i \leqq K). \tag{59}$$

Aus (15), (57), (58), (59) folgt

$$\mathrm{d}U = (T^\alpha - T^\beta)\,\mathrm{d}S^\alpha - (p^\alpha - p^\beta)\,\mathrm{d}V^\alpha + \sum_{i=1}^{K} (\mu_i^\alpha - \mu_i^\beta)\,\mathrm{d}n_i = 0, \tag{60}$$

d. h., notwendig für das Phasengleichgewicht bei freiem Entropie-, Volumen- und Stoffaustausch ohne chemische Reaktionen sind das thermische, mechanische und stoffliche Gleichgewicht:

$$\left.\begin{aligned} T^\alpha = T^\beta &= T, \\ p^\alpha = p^\beta &= p, \end{aligned}\right\} \tag{61}$$

$$\mu_i^\alpha = \mu_i^\beta = \mu_i \quad (1 \leqq i \leqq K). \tag{62}$$

Eine Modifizierung dieser Bedingungen ergibt sich für chemisch reaktionsfähige Systeme. In den Phasen α und β können dann verschiedene Reaktionen r der Gestalt

$$\sum_{j=1}^{K} \nu_{jr} A_j = 0 \tag{63}$$

mit ν_{jr} als den stöchiometrischen Koeffizienten der Substanzen A_j ablaufen. Vereinbarungsgemäß sind die ν_{jr} für die Reaktionsprodukte positiv und für die Ausgangsstoffe negativ. Für die Synthesereaktion $CO + 2\,H_2 \rightarrow CH_3OH$ z. B. ist $\nu_{CO} = -1$, $\nu_{H_2} = -2$ und $\nu_{CH_3OH} = 1$. Die ν_{jr} unterliegen der Bedingung, daß auf der linken und rechten Seite einer Reaktionsgleichung die Menge jedes Elements gleich groß sein muß. Bezeichnet man mit a_{ij} die Stoffmenge des Elementes i bezogen auf die Stoffmenge der Verbindung j und mit L die Anzahl der Elemente im System, so gilt

$$\sum_{j=1}^{K} a_{ij} \nu_{jr} = 0 \quad \text{mit} \quad 1 \leqq i \leqq L. \tag{64}$$

Für NH_3 z. B. ist $a_{N,NH_3} = 1$ und $a_{H,NH_3} = 3$. Das homogene lineare Gleichungssystem (64) besitzt mit R als Rang der Matrix (a_{ij}) $K - R$ linear unabhängige Lösungen für die stöchiometrischen Koeffizienten ν_{jr} [8]. Häufig stimmt R mit der Zahl L der Elemente im System überein. In einer Phase gibt es somit nur $K - R$ unabhängige Reaktionen; alle anderen sind als Linearkombinationen der unabhängigen Reaktionen darstellbar.

Aufgrund des Stoffumsatzes wird in reagierenden Systemen die Austauschbedingung (59) ungültig. An ihre Stelle tritt die Forderung nach der Konstanz der Mengen n_i^0 der Elemente im System unabhängig von ihrer Verteilung auf die einzelnen Verbindungen, die mit den Mengen n_j^α und n_j^β im System enthalten sind:

$$\sum_{j=1}^{K} a_{ij} n_j^\alpha + \sum_{j=1}^{K} a_{ij} n_j^\beta = n_i^0 \quad 1 \leqq i \leqq L \tag{65}$$

$$\text{mit} \quad n_j^\alpha \geqq 0 \quad \text{und} \quad n_j^\beta \geqq 0 \quad 1 \leqq j \leqq K. \tag{66}$$

Äquivalent hierzu sind Erhaltungssätze für die Mengen von R Basiskomponenten c, aus denen sich stöchiometrisch gesehen das reagierende Stoffgemisch herstellen läßt.

Die notwendigen Bedingungen für das Energieminimum der Phasen α und β unter den Beschränkungen (58) und (65) lassen sich vorteilhaft nach der Methode der Lagrangeschen Multiplikatoren [9] bestimmen. Das Ergebnis sind neben den Relationen (61) und (62) Gleichgewichtsbedingungen für die unabhängigen Reaktionen (63) einer Phase, z. B. α:

$$\sum_{j=1}^{K} \mu_j^\alpha \nu_{jr} = 0 \quad \text{für} \quad 1 \leqq r \leqq K - R. \tag{67}$$

Mit (62) und (67) sind entsprechende Gleichgewichtsbedingungen für alle homogenen und heterogenen Reaktionen erfüllt, die zwischen Stoffen einer oder beider Phasen ablaufen können. Sind die im Gleichgewicht vorhandenen Phasen richtig angesetzt, trifft (66) von selbst zu. Wie sich mit Hilfe der Erhaltungssätze für die Basiskomponenten und der Gleichgewichtsbedingungen für die Bildung der Nichtbasis- aus Basiskomponenten zeigen läßt, reduziert sich für alle Zustände des chemischen Gleichgewichts die Gibbssche Fundamentalform (15) einer Phase auf

$$\mathrm{d}U^\alpha = T^\alpha\,\mathrm{d}S^\alpha - p^\alpha\,\mathrm{d}V^\alpha + \sum_{c=1}^{R} \mu_c^\alpha\,\mathrm{d}n_c^{0\alpha}. \tag{68}$$

Unabhängige Stoffmengen sind dann nur die rechnerisch-stöchiometrisch vorhandenen Mengen $n_c^{0\alpha}$ der Basiskomponenten. Die einzelnen im Gleichgewicht vorhandenen Teilchenarten brauchen nicht bekannt zu sein. Für das Phasengleichgewicht gilt die Austauschbedingung (59). Teilchenarten und Basiskomponenten werden häufig gemeinsam als Komponenten bezeichnet.

1.3.3 Stabilitätsbedingungen und Phasenzerfall

In einem Zustand, in dem die notwendigen Gleichgewichtsbedingungen (61) und (62) erfüllt sind, hat die innere Energie eines aus den Phasen α und β zusammengesetzten Systems ein Minimum, wenn die Funktion (16) für die innere Energie jeder Phase in der Umgebung dieses Zustands konvex ist [10]. Eine notwendige Bedingung hierfür ist

$$\mathrm{d}^2 U = (1/2) \sum_{i,j}^{N} (\partial^2 U / \partial X_i \partial X_j)\,\mathrm{d}X_i\,\mathrm{d}X_j \geqq 0, \tag{69}$$

wobei für die X_i die N extensiven Variablen S, V und n_i der Phasen einzusetzen sind. Die quadratische Form (69) ist positiv semidefinit, wenn für die innere Energie und ihre Legendre-Transformierten

$$\frac{\partial^2 U}{\partial X_1^2} \geqq 0, \quad \frac{\partial^2 U^{[1]}}{\partial X_2^2} \geqq 0, \ldots, \frac{\partial^2 U^{[1,\ldots,N-2]}}{\partial X_{N-1}^2} \geqq 0 \tag{70}$$

gilt [11]. Die Indizierung der Variablen ist dabei beliebig. Für ein Zweikomponentensystem mit der Variablenfolge (S, V, n_1, n_2) erhält man daraus

$$\left(\frac{\partial^2 U}{\partial S^2}\right)_{V,n_1,n_2} \geqq 0; \quad \left(\frac{\partial^2 F}{\partial V^2}\right)_{T,n_1,n_2} \geqq 0;$$
$$\left(\frac{\partial^2 G}{\partial n_1^2}\right)_{p,T,n_2} \geqq 0. \tag{71}$$

Dies geht mit (21), (46) und (47) in

$$c_v \geqq 0; \quad (\partial p/\partial v)_T \leqq 0; \quad (\partial \mu_i/\partial x_i)_{T,p} \geqq 0 \tag{72}$$

über, was weitere Relationen, z. B. $c_p \geqq c_v$ nach (55) einschließt.

Die Bedingungen (70) und (72) heißen Stabilitätsbedingungen. Denn kehrt eine der Ableitungen in (70) das Vorzeichen um, ändert ein zusammengesetztes System trotz Gültigkeit der Gleichgewichtsbedingungen (61) und (62) spontan seinen Zustand. Dies soll am Beispiel eines Einstoffsystems aus zwei identischen Phasen mit $(\partial p/\partial v)_T > 0$ an Bild 1-2 erläutert werden. Der Zustandspunkt beider Phasen soll anfänglich bei A_0 zwischen den Wendepunkten W_1 und W_2 der mit $T < T_k$ bezeichneten Isotherme im f, v-Diagramm liegen. Dem Minimumprinzip für die freie Energie folgend verläßt das System jedoch diesen Zustand und bildet bei konstantem Volumen zwei neue Phasen, deren Zustandspunkte A^α und A^β die Berührungspunkte der Doppeltangente sind, die an die Isotherme gelegt werden kann. Dabei nimmt die spezifische freie Energie des Systems von f_{A_0} auf f_A ab, wie aus den Bedingungen

$$F = m^\alpha f^\alpha + m^\beta f^\beta; \quad V = m^\alpha v^\alpha + m^\beta v^\beta;$$
$$m = m^\alpha + m^\beta$$
$$f = F/m \quad \text{und} \quad v = V/m$$

herzuleiten ist. Die neuen Phasen sind im Gleichgewicht, denn neben $T^\alpha = T^\beta = T$ ist wegen $p = -(\partial f/\partial v)_T$ auch $p^\alpha = p^\beta = p_s$ und der geometrische Zusammenhang $f^\alpha - f^\beta = p_s(v^\beta - v^\alpha)$ sichert $\mu^\alpha = \mu^\beta$. Daraus folgt unmittelbar das Maxwell-Kriterium für das Phasengleichgewicht reiner Stoffe

$$p_s(v^\beta - v^\alpha) = \int_{v^\alpha}^{v^\beta} p\,(v, T)\,\mathrm{d}v, \tag{73}$$

das die Gleichheit der schraffierten Flächen im p,v-Diagramm im unteren Teil von Bild 1-2 verlangt.

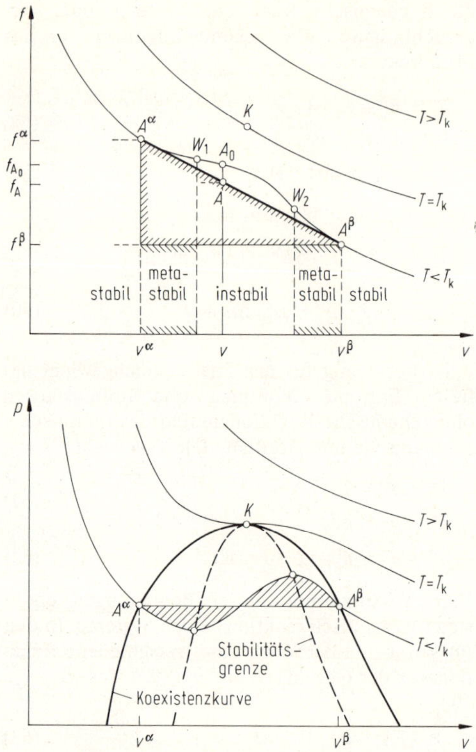

Bild 1-2. Phasenzerfall eines Einstoffsystems.

Der instabile Zustandsbereich, in dem jede Schwankung des spezifischen Volumens in Teilen des Systems zur Abnahme der freien Energie und damit zum Phasenzerfall führt, ist durch die Wendepunkte der Isothermen mit $(\partial^2 f/\partial v^2)_T = 0$ begrenzt. Hierin spiegelt sich das allgemeine Gesetz wider, daß beim Instabilwerden eines Systems die letzte der Bedingungen (70) zuerst verletzt wird und das Verschwinden der entsprechenden Ableitung die Stabilitätsgrenze markiert. Diese Bedingung läßt sich auf andere thermodynamische Potentiale umrechnen. Für ein Mehrstoffsystem erhält man in der Formulierung mit der molaren freien Enthalpie als Stabilitätsgrenze [11]

$$D_1 \equiv \begin{vmatrix} \partial^2 G_m/\partial x_1^2 & \ldots & \partial^2 G_m/\partial x_1\,\partial x_{K-1} \\ \vdots & & \vdots \\ \partial^2 G_m/\partial x_{K-1}\,\partial x_1 & \ldots & \partial^2 G_m/\partial x_{K-1}^2 \end{vmatrix} = 0. \tag{74}$$

Bemerkenswert ist, daß in dem Gebiet zwischen der Stabilitätsgrenze und der Koexistenzkurve, die von den Punkten A^α und A^β gebildet wird, trotz $(\partial^2 f/\partial v^2)_T > 0$ bei hinreichend großen Störungen des inneren Gleichgewichts Phasenzerfall möglich ist. Die Existenz dieses metastabilen Gebietes zeigt, daß die lokale Konvexität nach (69) zur Kennzeichnung stabiler, auch bei großen Störun-

gen unveränderlicher Zustände nicht ausreicht. Metastabile Zustände sind im Gegensatz zu instabilen experimentell realisierbar.
Die Wendepunkte der Isothermen der f,v,T-Fläche fallen für die kritische Temperatur $T = T_k$ im Punkt K, dem kritischen Punkt, zusammen und verschwinden für $T > T_k$ ganz. In K ist $(\partial^2 f/\partial v^2) = 0$ und $(\partial^3 f/\partial v^3)_T = 0$, so daß die kritische Isotherme an dieser Stelle im p,v-Diagramm eine horizontale Wendetangente besitzt:

$$(\partial p/\partial v)_T = 0 \quad \text{und} \quad (\partial^2 p/\partial v^2)_T = 0\,. \tag{75}$$

Diese berührt dort gleichzeitig die Stabilitätsgrenze und die Koexistenzkurve, die in K einen gemeinsamen Punkt haben. Im Gegensatz zu den anderen Punkten der Stabilitätsgrenze repräsentiert der kritische Punkt einen stabilen Zustand, in dem die koexistierenden Phasen identisch werden [11]. Kritische Zustände in Mehrstoffsystemen zeichnen sich durch dieselben Eigenschaften aus, sind aber eine höherdimensionale Zustandsmannigfaltigkeit. Diese ist in der Darstellung mit der molaren freien Enthalpie durch

$$D_1 = 0 \quad \text{und} \quad D_2 = 0 \tag{76}$$

gegeben, wobei D_1 nach (74) zu berechnen ist und

$$D_2 \equiv \begin{vmatrix} \partial^2 G_m/\partial x_1^2 & \ldots \partial^2 G_m/\partial x_1\, \partial x_{K-1} \\ \vdots & \vdots \\ \partial^2 G_m/\partial x_{K-2}\, \partial x_1 & \ldots \partial^2 G_m/\partial x_{K-2}\, \partial x_{K-1} \\ \partial D_1/\partial x_1 & \ldots \partial D_1/\partial x_{K-1} \end{vmatrix} \tag{77}$$

bedeutet [11]. Statt (76) ist eine Formulierung mit der molaren freien Energie möglich, die mit (75) korrespondiert, aber weniger praktisch ist.

1.4 Messung der thermodynamischen Temperatur

Grundlegend für die Temperaturmessung ist, daß zwei Systeme im thermischen Gleichgewicht nach (61) dieselbe thermodynamische Temperatur haben. Bei der Messung wird ein System mit einem zweiten, als Thermometer dienenden System durch Energieaustausch über die Entropievariable ins thermische Gleichgewicht gebracht, wobei die Wärmekapazität des Thermometers so klein sein muß, daß der Meßprozeß den Zustand des Systems nicht merklich verändert.
Da die Relation, im thermischen Gleichgewicht zu sein, transitiv und symmetrisch ist, sind zwei Systeme A und B im thermischen Gleichgewicht, wenn zwischen ihnen und einem dritten, als Thermometer benutzten System thermisches Gleichgewicht vorhanden ist. Diese Tatsache wird manchmal als nullter Hauptsatz der Thermodynamik bezeichnet und erlaubt zusammen mit der Reflexivität des thermischen Gleichgewichts, Systeme in zueinander fremde Äquivalenzklassen gleicher und ungleicher thermodynamischer Temperatur einzuteilen. Jeder Klasse gleicher thermodynamischer Temperatur läßt sich eine willkürliche empirische Temperatur Θ zuordnen, die durch die Ablesevariable des Thermometers bestimmt ist. Hierzu eignet sich im Prinzip jede Größe wie die Länge eines Flüssigkeitsfadens oder der elektrische Widerstand eines Leiters [12], die umkehrbar eindeutig von der thermodynamischen Temperatur T abhängt.
Unter den empirischen Temperaturen nimmt die Temperatur Θ des Gasthermometers eine Sonderstellung ein. Hierbei handelt es sich um ein mit gasförmiger Materie kleiner (molarer) Dichte $\varrho_m \equiv n/V$ gefülltes System konstanten Drucks oder konstanten Volumens, aus dessen Zustandgrößen die Ablesevariable

$$\Theta = \Theta_{tr} \lim_{\varrho_m \to 0} (p V_m) / \lim_{\varrho_m \to 0} (p V_m)_{\Theta_{tr}} \tag{78}$$

gebildet wird. Sie bezieht sich auf den Grenzzustand des idealen Gases und ist unabhängig von der Natur der Füllsubstanz. Die Nennergröße ist bei der Tripelpunkttemperatur Θ_{tr} des Wassers zu bestimmen, d. h. der einzigen Temperatur, bei der nach 3.1 Eis, flüssiges Wasser und Wasserdampf im Gleichgewicht nebeneinander bestehen können. Durch internationale Vereinbarung wurde dieser Temperatur der Wert

$$\Theta_{tr} \equiv 273{,}16\,\text{K} \tag{79}$$

zugewiesen, wobei das Einheitenzeichen K die Temperatureinheit Kelvin bedeutet. Im Rahmen der Meßgenauigkeit findet man damit für den Eis- und Siedepunkt des Wassers beim Normaldruck $p = 101\,325$ Pa $\Theta_0 = 273{,}15$ K und $\Theta_1 = 373{,}15$ K. Für die aus den Konstanten von (78) zusammengesetzte universelle Gaskonstante erhält man als derzeit besten Wert [13]

$$R_0 \equiv (1/\Theta_{tr}) \lim_{\varrho_m \to 0} (p V_m)_{\Theta_{tr}} = (8{,}314\,510 \pm 0{,}000\,070)\ \text{J/(mol}\cdot\text{K)}\,. \tag{80}$$

Der Zusammenhang zwischen der Temperatur Θ des Gasthermometers und der thermodynamischen Temperatur T läßt sich aus einem Ergebnis der statistischen Mechanik herleiten, wonach die molare innere Energie der Materie im idealen Gaszustand bei konstanter Zusammensetzung allein von der Temperatur, nicht aber vom Molvolumen abhängt.

$$(\partial U_m/\partial V_m)_{T,\,x_i} = (\partial U_m/\partial V_m)_{\Theta,\,x_i} = 0\,. \tag{81}$$

Mit (15) und (49) folgt daraus

$$T\,(\partial p/\partial \Theta)_{V_m,\,x_i} \cdot (\mathrm{d}\Theta/\mathrm{d}T) - p = 0\,. \tag{82}$$

Andererseits ist nach (78) und (80) für den Grenzzustand des idealen Gases $p = R_0 \Theta/V_m$, so daß aus (82) die Differentialgleichung $\mathrm{d}\Theta/\Theta = \mathrm{d}T/T$ mit der Lösung

$$T(\Theta) = (T_{\text{tr}}/\Theta_{\text{tr}})\,\Theta \tag{83}$$

resultiert. Da (9) gegenüber der Transformation $S' = S/\lambda$ und $T' = \lambda T$ invariant ist, darf $T_{\text{tr}} = \Theta_{\text{tr}}$ gesetzt werden. Die thermodynamische Temperatur ist danach identisch mit der Temperatur des Gasthermometers und wird durch diese realisiert.

Von der thermodynamischen Temperatur abgeleitet ist die Celsius-Temperatur

$$t \equiv T - 273{,}15\,\text{K}\,. \tag{84}$$

Der Gradschritt auf der Celsiusskala ist das Kelvin, das in Verbindung mit Celsius-Temperaturen aber Grad Celsius (Einheitenzeichen °C) genannt wird, um auf den verschobenen Nullpunkt der Celsius-Temperatur hinzuweisen.

In angelsächsischen Ländern wird neben dem Kelvin die Temperatureinheit Rankine

$$1\,\text{R} = (5/9)\,\text{K} \tag{85}$$

benutzt. Ferner ist dort die Fahrenheitsskala in Gebrauch

$$t_{\text{F}} = T - 459{,}67\,\text{R}\,, \tag{86}$$

deren Temperaturen in Analogie zur Celsius-Temperatur in Grad Fahrenheit (Einheitszeichen °F mit 1 °F = 1 R) angegeben werden. Der Eispunkt des Wassers liegt exakt bei 32 °F, so daß für die Umrechnung von Fahrenheit- in Celsius-Temperaturen die zugeschnittene Größengleichung

$$t/°\text{C} = (5/9)\,(t_{\text{F}}/°\text{F} - 32) \tag{87}$$

gilt.

1.5 Bilanzgleichungen der Thermodynamik

Für jede mengenartige Zustandsgröße X_j, die über die Grenzen eines Systems transportiert werden kann, lassen sich Bilanzen aufstellen. Sie beziehen sich auf das von den Systemgrenzen eingeschlossene Kontrollgebiet, das frei nach Gesichtspunkten der Zweckmäßigkeit definierbar ist, und haben die Form

Geschwindigkeit der Änderung des Bestands der Größe X_j im System	=	Differenz der über die Systemgrenze zu- und abfließenden Ströme der Größe X_j	+	Differenz der Quell- und Senkenströme der Größe X_j im System.	(88)

Der Strom der Größe X_j ist dabei als

$$\dot{X}_j = \lim_{\Delta\tau \to 0} \Delta X_j/\Delta\tau \tag{89}$$

erklärt, wobei ΔX_j die Menge der Größe X_j bedeutet, die im Zeitintervall $\Delta\tau$ die Systemgrenze überschreitet. Sind die Systeme stationär, d. h. hängen ihre Zustandsgrößen nicht von der Zeit ab, verschwindet die linke Seite von (88) und alle Ströme $\dot{X}_j$ sind zeitlich konstant. Die Systemgrenzen sind in diesem Fall fest im Raum stehende Flächen; werden sie von Stoffströmen überquert, spricht man von stationären Fließsystemen. Bei geschlossenen Systemen entfällt der materiegebundene Transport von X_j über die Systemgrenze. Die Quell- und Senkenströme in (88) werden Null, wenn für X_j ein Erhaltungssatz gilt.

1.5.1 Stoffmengen- und Massenbilanzen

Mit X_j als der Menge n_i der Teilchenart i in der Phase α eines Mehrphasensystems folgt aus (88) für das Bilanzgebiet α [14]

$$\mathrm{d}n_i^\alpha/\mathrm{d}\tau = (\dot{n}_i^\alpha)_{\text{z}} + (\dot{n}_i^\alpha)_{\text{t}} + (\dot{n}_i^\alpha)_{\text{r}}\,. \tag{90}$$

Hierin bedeuten $(\dot{n}_i^\alpha)_{\text{z}}$ den Nettostrom des Stoffes i, welcher der Phase α extern aus der Umgebung des Mehrphasensystems zugeführt wird, und $(\dot{n}_i^\alpha)_{\text{t}}$ den Nettostrom von i, der aus anderen Teilen des Mehrphasensystems in die Phase α transportiert wird. $(\dot{n}_i^\alpha)_{\text{r}}$ ist die Differenz der Quell- und Senkenströme, die von Erzeugung und Verbrauch des Stoffes i bei chemischen Reaktionen in der Phase α herrühren.

Multipliziert man (90) mit der Molmasse M_i des Stoffes i und summiert über alle Stoffe und Phasen, erhält man die Massenbilanz des Gesamtsystems, das auch Maschinen und Anlagen umfassen kann. Die Bilanz lautet mit m als der Systemmasse sowie $\dot{m}_{\text{e}}$ und $\dot{m}_{\text{a}}$ als den an der Grenze des Mehrphasensystems zu der externen Umgebung ein- und ausfließenden Massenströmen

$$\mathrm{d}m/\mathrm{d}\tau = \sum_{\text{ein}} \dot{m}_{\text{e}} - \sum_{\text{aus}} \dot{m}_{\text{a}}\,. \tag{91}$$

Denn die zwischen den Phasen übertragenen Stoffströme heben sich in der Summe heraus, und chemische Reaktionen verändern die Masse einer Phase nicht. Jeder Massenstrom in (91) läßt sich als Produkt der mittleren Strömungsgeschwindigkeit c, dem zu c senkrechten Strömungsquerschnitt A und der über A konstant vorausgesetzten Dichte $\varrho = 1/v$ an der Systemgrenze darstellen:

$$\dot{m} = \varrho c A\,. \tag{92}$$

Der Quotient $\dot{V} = \dot{m}/\varrho = cA$ ist der zu $\dot{m}$ gehörende Volumenstrom. Die Integration von (91) über die Zeit ergibt

$$m_2 - m_1 = \sum_{\text{ein}} m_{e12} - \sum_{\text{aus}} m_{a12}. \tag{93}$$

Dabei sind $m_2 - m_1$ die Massenänderung des Systems, m_{e12} und m_{a12} die ein- und ausströmenden Massen während der Zeit $\Delta\tau$.

1.5.2 Energiebilanzen

Auch für die Energie lassen sich gemäß (88) Bilanzen aufstellen, die oft als erster Hauptsatz für die zugrundeliegenden Systeme bezeichnet werden. Zunächst soll eine offene Phase α, die Teil eines Mehrphasensystems ist, als Bilanzgebiet gewählt werden. Die Änderungen der kinetischen und potentiellen Energie seien vernachlässigbar. Die Bilanzgrenze wird dann von Wärmeströmen, Leistungen angreifender Kräfte, elektrischer Leistung und Strömen innerer Energie überschritten, die an übertragene Materie gekoppelt sind. Quell- und Senkenströme treten nach dem ersten Hauptsatz nicht auf.
Die der Phase α zugeführten Wärmeströme werden analog zu den Komponentenmengenströmen in die Anteile $\dot{Q}_z^\alpha$ aus der externen Umgebung und $\dot{Q}_t^\alpha$ aus benachbarten Teilen des Mehrphasensystems aufgeteilt, vgl. Bild 1-3. Abgeführte Wärmeströme sind negativ. Die Ströme der inneren Energie und die Leistung der Normalkräfte an der Bilanzgrenze lassen sich als Summe der Enthalpieströme $\dot{H}_z^\alpha$ und $\dot{H}_t^\alpha$, die aus der externen Umgebung und aus benachbarten Phasen stammen, und einer mit der Bewegung der Bilanzgrenzen verknüpften Leistung darstellen. Diese ist wegen der Vernachlässigung der kinetischen und potentiellen Energie als Volumenänderungsleistung $(P^V)^\alpha$ zu deuten, während die Leistung der Tangentialkräfte in diesem Fall dissipiert wird und zusammen mit der elektrischen Leistung $(P^{\text{diss}})^\alpha$ ergibt. Damit erhält man, vgl. [15],

$$\mathrm{d}U^\alpha/\mathrm{d}\tau = \dot{Q}_z^\alpha + \dot{Q}_t^\alpha - p^\alpha\,\mathrm{d}V^\alpha/\mathrm{d}\tau + (P^{\text{diss}})^\alpha + \sum_{i=1}^{K} H_i^\alpha\left((\dot{n}_i^\alpha)_z + (\dot{n}_i^\alpha)_t\right), \tag{94}$$

wobei $(P^V)^\alpha$ nach (5) und $\dot{H}^\alpha$ nach (34) mit H_i^α als der partiellen molaren Enthalpie des Stoffes i in der Phase α berechnet ist. Unter denselben Voraussetzungen läßt sich für das heterogene Gesamtsystem, das nur eine Grenze zu der externen Umgebung besitzt, eine Energiebilanz aufstellen:

$$\sum_\alpha \mathrm{d}U^\alpha/\mathrm{d}\tau = \sum_\alpha \dot{Q}_z^\alpha - \sum_\alpha p^\alpha\,\mathrm{d}V^\alpha/\mathrm{d}\tau + \sum_\alpha (P^{\text{diss}})^\alpha + \sum_\alpha \sum_{i=1}^{K} H_i^\alpha (\dot{n}_i^\alpha)_z. \tag{95}$$

Der Vergleich von (94) und (95) liefert für ein aus den Phasen α und β zusammengesetztes System wegen $(\dot{n}_i^\alpha)_t = -(\dot{n}_i^\beta)_t$

$$\dot{Q}_t^\alpha + \dot{Q}_t^\beta + \sum_{i=1}^{K} (H_i^\alpha - H_i^\beta)(\dot{n}_i^\alpha)_t = 0. \tag{96}$$

Dieses Ergebnis, das unabhängig von den Vorgängen an der externen Systemgrenze ist, vereinfacht sich für geschlossene Phasen zu $\dot{Q}_t^\alpha = -\dot{Q}_t^\beta$. Letzteres bleibt auch in bewegten Systemen gültig.
Integriert man (95) für eine einzige, geschlossene Phase über die Zeit und läßt den Phasenindex α fort, so folgt

$$U_2 - U_1 = Q_{12} - \int_1^2 p\,\mathrm{d}V + W_{12}^{\text{diss}}. \tag{97}$$

Dabei ist $U_2 - U_1$ die Änderung der inneren Energie zwischen dem Anfangszustand 1 und dem Endzustand 2 des Systems. Die Wärme Q_{12}, die

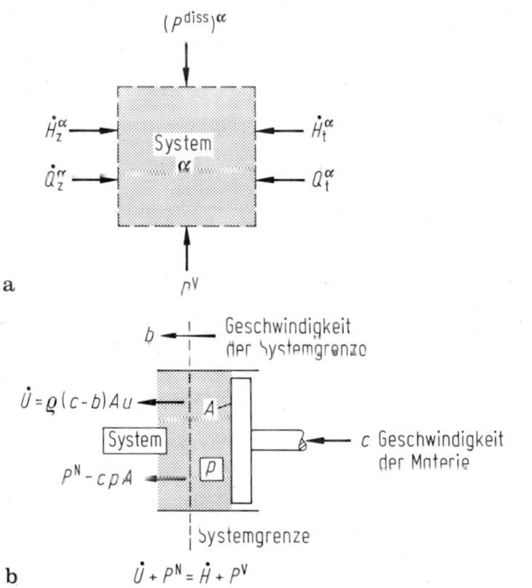

Bild 1-3. Zur Energiebilanz einer ruhenden, offenen Phase. **a** zufließende Energieströme; **b** Zusammenfassung des Stroms $\dot{U}$ der inneren Energie und der Leistung P^N der Normalkräfte zu dem Enthalpiestrom
$\dot{H} = \varrho(c-b)A(u + p/\varrho)$
und der Volumenänderungsleistung $P^V = bpA$.

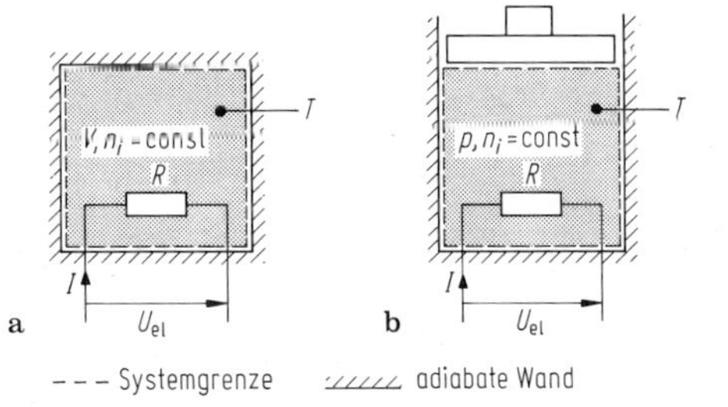

Bild 1-4. Messung der Wärmekapazität einer Phase. **a** Bei konstantem Volumen, **b** bei konstantem Druck.

Volumenänderungsarbeit $-\int_1^2 p\,\mathrm{d}V$ und die dissipierte Arbeit W_{12}^{diss} sind die bei der Realisierung der Zustandsänderung, d.h. dem Prozeß 12, zugeführten Energien.

Durch Messung der mit der Dissipation elektrischer Arbeit W_{12}^{el} in einem adiabaten Prozeß verbundenen Temperaturerhöhung ΔT lassen sich die isochore und isobare Wärmekapazität einer Phase mit Hilfe von (97) bestimmen, siehe Bild 1-4. Vernachlässigt man die Energieänderung des elektrischen Leiters, so gilt

$$C_v \equiv \lim_{\Delta T \to 0} (\Delta U/\Delta T)_{V,n_i} = \lim_{\Delta T \to 0} (W_{12}^{\mathrm{el}}/\Delta T)_{V,n_i}, \quad (98)$$

$$C_p \equiv \lim_{\Delta T \to 0} (\Delta H/\Delta T)_{p,n_i} = \lim_{\Delta T \to 0} (W_{12}^{\mathrm{el}}/\Delta T)_{p,n_i}. \quad (99)$$

Von besonderer technischer Bedeutung sind Energiebilanzen für Kontrollräume mit feststehenden Grenzen, die Maschinen und Anlagen einschließen, vgl. Bild 1-5. In das System fließen der Nettowärmestrom $\dot{Q}$ sowie die mechanische und elektrische Nettoleistung P, die durch Wellen oder Kabel übertragen wird. Wellen- und elektrische Leistung können bei dem betrachteten Systemtyp auch abgegeben werden und sind dann negativ. Die Stoffströme transportieren wie bei der offenen Phase Enthalpie über die Systemgrenze. Im allgemeinen muß in der Bilanz aber auch die mitgeführte kinetische und potentielle Energie berücksichtigt werden. Die Leistung der Schubkräfte ist in den Ein- und Austrittsquerschnitten vernachlässigbar und an den festen Wänden null. Damit folgt aus (88)

$$\mathrm{d}E/\mathrm{d}\tau = \dot{Q} + P + \sum_{\mathrm{ein}} \dot{m}_{\mathrm{e}}(h_{\mathrm{e}} + c_{\mathrm{e}}^2/2 + g z_{\mathrm{e}}) - \sum_{\mathrm{aus}} \dot{m}_{\mathrm{a}}(h_{\mathrm{a}} + c_{\mathrm{a}}^2/2 + g z_{\mathrm{a}}). \quad (100)$$

Die materiegebundenen Energieströme sind dabei als Produkt der Massenströme $\dot{m}$ und der spezifischen Enthalpie h, der spezifischen kinetischen Energie $c^2/2$ und der spezifischen potentiellen Energie gz dargestellt. Die Indizes e und a beziehen sich auf die Ein- und Austrittsquerschnitte.

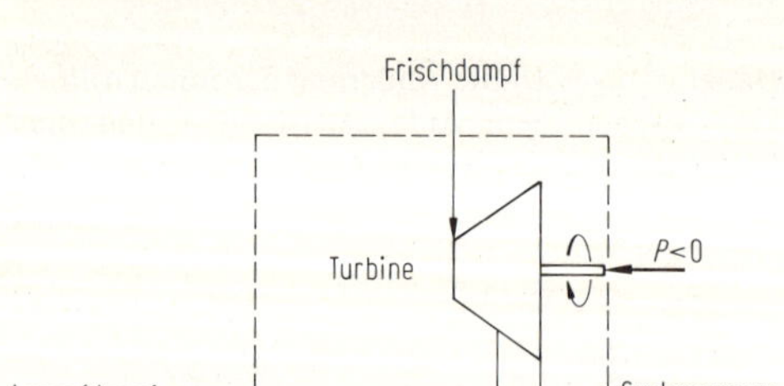

Bild 1-5. Teil einer Dampfkraftanlage als Beispiel eines Kontrollraums mit starren Grenzen. Von der Turbine abgegebene Leistung $P < 0$. Im Kondensator abgeführter Wärmestrom $\dot{Q} < 0$.

Ein wichtiger Sonderfall, dem viele technische Anlagen genügen, ist das stationäre Fließsystem mit $\mathrm{d}m/\mathrm{d}\tau = 0$ und $\mathrm{d}E/\mathrm{d}\tau = 0$. Ist nur ein zu- und abfließender Massenstrom vorhanden, gilt nach (91) $\dot{m}_{\mathrm{e}} = \dot{m}_{\mathrm{a}} = \dot{m}$. In diesem Fall werden die Ein- und Austrittsquerschnitte durch die Indizes 1 und 2, bei einer Folge von durchströmten Kontrollräumen durch i und $i+1$ gekennzeichnet. Nach Division durch $\dot{m}$ vereinfacht sich (100) zu

$$q_{12} + w_{\mathrm{t}12} = h_2 - h_1 + (1/2)(c_2^2 - c_1^2) + g(z_2 - z_1) \quad (101)$$

mit $q_{12} \equiv \dot{Q}/\dot{m}$ und $w_{\mathrm{t}12} \equiv P/\dot{m}$ als der spezifischen technischen Arbeit zwischen den Querschnitten 1 und 2.

Ein weiterer Sonderfall, der häufig beim Füllen von Behältern auftritt, sind zeitlich konstante Zustandsgrößen $h + c^2/2 + gz$ in den Ein- und Austrittsquerschnitten des Kontrollraums. Dann kann (100) in geschlossener Form über die Zeit integriert werden. Gibt es nur einen zu- und abfließenden Massenstrom und ist die Änderung der kinetischen und potentiellen Energie innerhalb des Kontrollraums vernachlässigbar, erhält man

$$U_2 - U_1 = Q_{12} + W_{\mathrm{t}12} + m_{\mathrm{e}12}(h_{\mathrm{e}} + c_{\mathrm{e}}^2/2 + g z_{\mathrm{e}}) - m_{\mathrm{a}12}(h_{\mathrm{a}} + c_{\mathrm{a}}^2/2 + g z_{\mathrm{a}}). \quad (102)$$

Besteht der Kontrollraum aus einer endlichen Zahl von Phasen, ist die innere Energie in den Anfangs- und Endzuständen 1 und 2 des Systems aus $U = \sum_\alpha U^\alpha$ zu berechnen. Q_{12} ist die Wärme und $W_{\mathrm{t}12}$ die Wellen- und elektrische Arbeit, die dem Kontrollraum während der Zeit $\Delta\tau$ zugeführt werden; $m_{\mathrm{e}12}$ und $m_{\mathrm{a}12}$ sind die während dieser Zeit ein- und ausfließenden Massen.

1.5.3 Entropiebilanzen. Bernoullische Gleichung

Die zeitliche Änderung $\mathrm{d}S/\mathrm{d}\tau = \sum_\alpha \mathrm{d}S^\alpha/\mathrm{d}\tau$ der Entropie eines aus mehreren ruhenden, offenen Phasen zusammengesetzten Systems läßt sich durch Verknüpfung der Energiebilanz (94) mit der Gibbsschen Fundamentalform (15) der einzelnen Phasen unter Berücksichtigung von (53) und (90) darstellen [16]. Das Ergebnis ist eine Entropiebilanzgleichung der Form (88)

$$\mathrm{d}S/\mathrm{d}\tau = \dot{S}_{\mathrm{z}} + \dot{S}_{\mathrm{irr}} \quad (103)$$

$$\text{mit} \quad \dot{S}_{\mathrm{z}} = \sum_\alpha \dot{Q}_{\mathrm{z}}^\alpha/T^\alpha + \sum_\alpha \sum_{i=1}^{K} S_i^\alpha (\dot{n}_i^\alpha)_{\mathrm{z}} \quad (104)$$

und $$\dot S_{irr} = \sum_\alpha (P^{diss})^\alpha/T^\alpha + \sum_\alpha \dot Q_t^\alpha/T^\alpha + \sum_\alpha \sum_{i=1}^{K} H_i^\alpha (\dot n_i^\alpha)_t/T^\alpha - \sum_\alpha \sum_{i=1}^{K} (\mu_i^\alpha/T^\alpha)\,[(\dot n_i^\alpha)_t + (\dot n_i^\alpha)_r] \geqq 0\,. \quad (105)$$

Der aus der Umgebung zufließende Nettoentropiestrom $\dot S_z$ ist dadurch gekennzeichnet, daß beide Vorzeichen möglich sind. Er ist an Wärme- und Stoffströme gekoppelt, die sich als Träger von Entropieströmen erweisen. Mechanische oder elektrische Leistung führen dagegen keine Entropie mit sich und sind entropiefrei. Für geschlossene adiabate Systeme ist $\dot S_z = 0$.

Der Strom $\dot S_{irr}$ der erzeugten Entropie ist ein positives Quellglied. Denn bei unterbundenem Entropiefluß zur Umgebung kann die Entropie eines Systems nicht abnehmen, weil nach dem zweiten Hauptsatz Entropievernichtung unmöglich ist. Ursachen der Entropieerzeugung sind die Dissipation mechanischer und elektrischer Leistung sowie der Wärme- und Stoffaustausch einschließlich chemischer Reaktionen im Inneren des Systems. Die letzteren Beiträge verschwinden, wenn das System die Gleichgewichtsbedingungen von 1.3.2 erfüllt. Alle in der Natur ablaufenden Prozesse sind mit Erzeugung von Entropie verbunden und wegen der Unmöglichkeit der Entropievernichtung irreversibel. Die beteiligten Systeme können danach nicht wieder in ihren Ausgangszustand gelangen, ohne daß Änderungen in der Umgebung zurückbleiben. Reversible Prozesse, bei denen dies möglich wäre, sind als Grenzfall verschwindender Entropieerzeugung denkbar. Sie müssen dissipationsfrei ablaufen und die Systeme durch eine Folge von Gleichgewichtszuständen bezüglich der jeweils möglichen Austauschvorgänge führen.

Aus (105) läßt sich ableiten, daß natürliche, von selbst ablaufende Prozesse in abgeschlossenen Systemen auf den Zustand des thermischen, mechanischen und stofflichen Gleichgewichts gerichtet sind. Für ein aus den starren Phasen α und β ohne Stoffaustausch und chemische Reaktionen zusammengesetztes, abgeschlossenes System folgt mit (96) zunächst

$$\dot S_{irr} = (T^\beta - T^\alpha)\,\dot Q_t^\alpha/(T^\alpha T^\beta) \geqq 0\,. \quad (106)$$

Die Wärme fließt danach in Richtung fallender Temperatur, so daß der Temperaturunterschied zwischen den Phasen abgebaut wird. Gibt man für das isotherme System mit $T^\alpha = T^\beta = T$ die Bedingung starrer Phasen auf, erhält man mit (95)

$$\dot S_{irr} = (1/T)\,(p^\alpha - p^\beta)\,dV^\alpha/d\tau \geqq 0\,. \quad (107)$$

Die Phase mit dem höheren Druck vergrößert ihr Volumen auf Kosten der anderen und führt so den Druckausgleich herbei. Erlaubt man im isothermen System gleichförmigen Drucks den Übergang einer einzigen Komponente i von einer Phase zur anderen, ergibt sich

$$\dot S_{irr} = (1/T)\,(\mu_i^\beta - \mu_i^\alpha)\,(d\dot n_i^\alpha)_t \geqq 0\,. \quad (108)$$

Die Komponente wandert in Richtung abnehmenden chemischen Potentials μ_i und bewirkt den Ausgleich dieser Größe zwischen den Phasen. Bei nichtisothermem Stoffübergang mehrerer Komponenten gelten kompliziertere Bedingungen. Schließlich erhält man für den Ablauf chemischer Reaktionen in einer Phase α

$$\dot S_{irr} = -\sum_{i=1}^{K} (\mu_i^\alpha/T^\alpha)\,(d\dot n_i^\alpha)_r \geqq 0\,. \quad (109)$$

Integriert man (103) für eine einzige, geschlossene Phase über die Zeit und läßt die Indizes α und z fort, so folgt

$$S_2 - S_1 = \int_1^2 dQ/T + (S_{irr})_{12}$$

$$\text{mit} \quad (S_{irr})_{12} \geqq 0\,, \quad (110)$$

$$\text{bzw.} \quad \int_1^2 T\,dS = Q_{12} + \Psi_{12}$$

$$\text{mit} \quad \Psi_{12} \equiv \int_1^2 T\,dS_{irr} \geqq 0\,. \quad (111)$$

In diesen manchmal als zweiter Hauptsatz bezeichneten Gleichungen ist dQ die im Zeitintervall dτ vom System bei der Temperatur T aufgenommene Wärme. Sie addiert sich für den gesamten Prozeß zwischen den Zuständen 1 und 2 zu Q_{12}. Die Größe $(S_{irr})_{12}$ ist die bei dem Prozeß erzeugte Entropie und Ψ_{12} die Dissipationsenergie des Prozesses.

Ist die Zusammensetzung des Systems konstant, oder ist es stets im chemischen Gleichgewicht, gilt nach (15) bzw. (68)

$$\int_1^2 T\,dS = U_2 - U_1 + \int_1^2 p\,dV\,. \quad (112)$$

Aus (111), (112) und der Energiebilanz (97) folgt dann

$$-\int_1^2 p\,dV = W_{12} - \Psi_{12}\,, \quad (113)$$

wobei die Volumenänderungs- und die dissipierte Arbeit zur Gesamtarbeit W_{12} zusammengefaßt sind. Nach Übergang zu spezifischen Größen lassen sich (111) und (113) durch Flächen unter den Zustandslinien im T,s- und p,v-Diagramm veranschaulichen, vgl. Bild 1-6 a und b. Dabei ist $q_{12} \equiv Q_{12}/m$, $\psi_{12} \equiv \Psi_{12}/m$ und $w_{12} = W_{12}/m$ mit m als der Systemmasse gesetzt.

Nachdem geklärt ist, daß Entropie durch Wärme- und Stoffströme über die Systemgrenze getragen

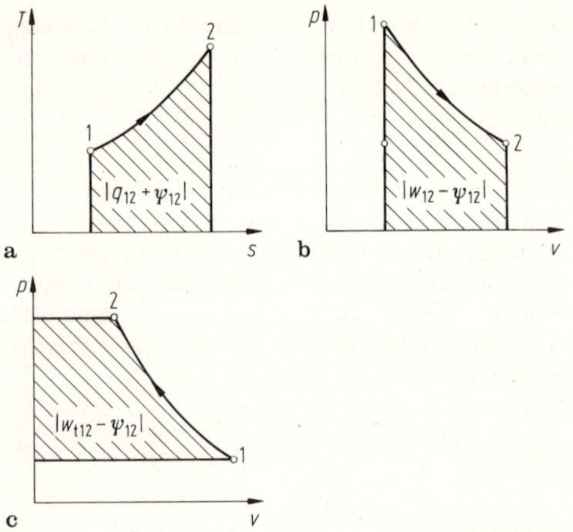

Bild 1-6. Bedeutung von Flächen in Zustandsdiagrammen. **a** *T, s*-Diagramm; **b** und **c** *p, v*-Diagramm.

wird, lassen sich auch für Kontrollräume, die nicht aus einer endlichen Zahl ruhender Phasen bestehen, Entropiebilanzen aufstellen. Auf die Aufschlüsselung des Stroms der erzeugten Entropie muß dabei jedoch verzichtet werden. Nach (88) gilt

$$\mathrm{d}S/\mathrm{d}\tau = \int_A (\dot{q}/T)\,\mathrm{d}A + \sum_{\text{ein}} \dot{m}_\mathrm{e} s_\mathrm{e} - \sum_{\text{aus}} \dot{m}_\mathrm{a} s_\mathrm{a} + \dot{S}_\mathrm{irr}$$

$$\text{mit} \quad \dot{S}_\mathrm{irr} \geqq 0\,, \tag{114}$$

wobei $\dot{q} \equiv \mathrm{d}\dot{Q}/\mathrm{d}A$ die Wärmestromdichte auf einem Oberflächenelement $\mathrm{d}A$ des Kontrollraums bedeutet, an dem der Wärmestrom $\mathrm{d}\dot{Q}$ bei der Temperatur T übertragen wird. Die materiegebundenen Entropieströme sind als Produkt von Massenströmen $\dot{m}$ und spezifischen Entropien s dargestellt.

Für stationäre Fließsysteme ist $\mathrm{d}S/\mathrm{d}\tau = 0$. Gibt es darüber hinaus nur einen zu- und abfließenden Massenstrom $\dot{m}$, vgl. (91), vereinfacht sich (114) zu

$$s_2 - s_1 = (1/\dot{m}) \int_A (\dot{q}/T)\,\mathrm{d}A + (s_\mathrm{irr})_{12}$$

$$\text{mit} \quad (s_\mathrm{irr})_{12} \equiv \dot{S}_\mathrm{irr}/\dot{m} \geqq 0\,. \tag{115}$$

Die Indizes 1 und 2 kennzeichnen wieder die Ein- und Austrittsquerschnitte des Kontrollraums. Ist dieser nach Bild 1-7 ein Kanal, und ist in eindimensionaler Betrachtungsweise die Zustandsänderung der Materie längs der Kanalachse bekannt, kann (115) in Analogie zu (111) in

$$\int_1^2 T\,\mathrm{d}s = q_{12} + \psi_{12} \quad \text{mit} \quad \psi_{12} \equiv \int_1^2 T\,\mathrm{d}s_\mathrm{irr} \geqq 0 \tag{116}$$

umgeformt werden. Die Differentiale der spezifischen Entropie sind Inkremente auf der Kanalachse; $q_{12} \equiv \dot{Q}/\dot{m}$ ist der auf den Massenstrom bezogene Wärmestrom und ψ_{12} die spezifische

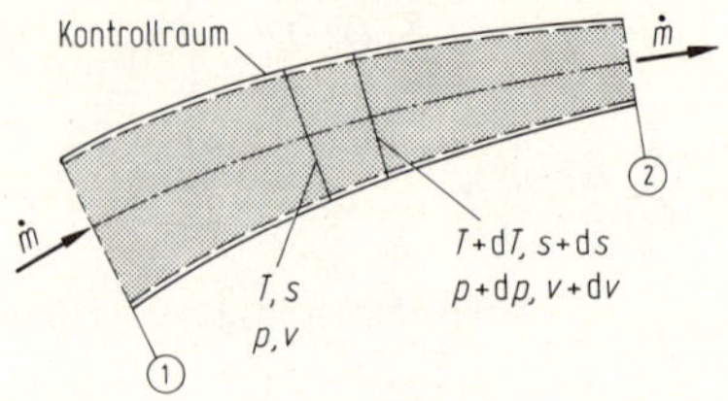

Bild 1-7. Stationäre Kanalströmung mit Zustandsänderung zwischen zwei benachbarten Querschnitten.

Dissipationsenergie für den Kontrollraum. Das Ergebnis (116) läßt sich wieder im T,s-Diagramm, vgl. Bild 1-6 a, veranschaulichen.

Ändert das strömende Medium seine Zusammensetzung im Kanal nicht, oder ist es im chemischen Gleichgewicht, folgt aus (45)

$$\int_1^2 T\,\mathrm{d}s = h_2 - h_1 - \int_1^2 v\,\mathrm{d}p\,. \tag{117}$$

Die Integrale sind dabei wieder für die Zustandsänderung längs des Kanals zu berechnen. Verknüpft man (116) und (117) mit der Energiebilanz (101), erhält man die Bernoullische Gleichung

$$w_{\mathrm{t}12} - \psi_{12} = \int_1^2 v\,\mathrm{d}p + \frac{1}{2}(c_2^2 - c_1^2) + g(z_2 - z_1)$$

$$\text{mit} \quad \psi_{12} \geqq 0\,. \tag{118}$$

Diese Energiegleichung für eine stationäre Kanalströmung enthält mit Ausnahme von ψ_{12} keine kalorischen Größen. Zur Auswertung genügen aber im Gegensatz zu (101) die Zustandsgrößen an den Grenzen des Kontrollraums nicht.

Sind die Änderungen der kinetischen und potentiellen Energie vernachlässigbar, folgt aus (118)

$$\int_1^2 v\,\mathrm{d}p = w_{\mathrm{t}12} - \psi_{12}\,, \tag{119}$$

was nach Bild 1-6 c im p,v-Diagramm darstellbar ist.

1.6 Energieumwandlung

Die wechselseitige Umwandelbarkeit von Energieformen wird durch ihre unterschiedliche Beladung mit Entropie bestimmt. Energieumwandlungen mit Entropievernichtung sind unmöglich.

1.6.1 Beispiele stationärer Energiewandler. Kreisprozesse

Elektrische Maschinen wandeln nach Bild 1-8 a mechanische und elektrische Leistung P_mech und P_el ineinander um. Sie geben dabei einen Abwärmestrom $\dot{Q}_0 \geqq 0$ bei einer als einheitlich angenommenen Temperatur T_0 an die Umgebung ab. Aus

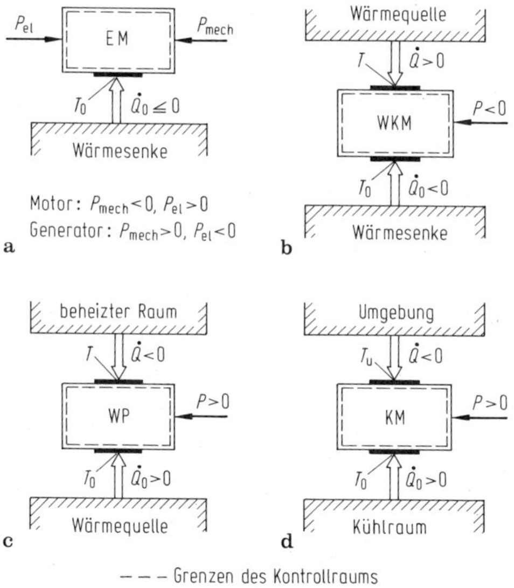

Bild 1-8. Energiewandler. **a** Elektrische Maschine EM; **b** Wärmekraftmaschine WKM; **c** Wärmepumpe WP; **d** Kältemaschine KM.

den Energie- und Entropiebilanzen (100) und (114) für den stationären Betrieb

$$P_{el} + P_{mech} + \dot{Q}_0 = 0 \quad \text{und} \quad \dot{Q}_0/T_0 + \dot{S}_{irr} = 0$$

folgt, daß im reversiblen Grenzfall mit $\dot{S}_{irr} = 0$ mechanische und elektrische Leistung vollständig ineinander überführbar sind. Entropieerzeugung schmälert die gewünschte Nutzleistung.

Wärmekraftmaschinen gewinnen nach Bild 1-8b mechanische oder elektrische Leistung $P < 0$ aus einem Wärmestrom $\dot{Q} > 0$. Sie sind nicht funktionsfähig, ohne einen Abwärmestrom $\dot{Q}_0 < 0$ auf Kosten der Nutzleistung an die Umgebung abzuführen. Wärmezu- und -abfuhr sollen bei einheitlichen Temperaturen T und $T_0 < T$ erfolgen. Die Bilanzen (100) und (114) für den stationären Betrieb,

$$P + \dot{Q} + \dot{Q}_0 = 0$$

$$\text{und} \quad \dot{Q}/T + \dot{Q}_0/T_0 + \dot{S}_{irr} = 0\,, \qquad (120)$$

liefern als thermischen Wirkungsgrad der Maschine

$$\eta_{th} \equiv -P/\dot{Q} = \eta_C - T_0\dot{S}_{irr}/\dot{Q} \leqq \eta_C \qquad (121)$$

$$\text{mit} \quad \eta_C \equiv 1 - T_0/T. \qquad (122)$$

Der Maximalwert η_C, der von einer reversiblen Maschine erreicht wird, heißt Carnotscher Wirkungsgrad. Da T_0 nicht unter die Temperatur T_u der natürlichen Umgebung auf der Erde sinken kann und T durch die Temperatur der Wärmequelle und die Festigkeit von Bauteilen nach oben begrenzt ist, gilt stets $\eta_C < 1$. Ein Wärmestrom kann daher prinzipiell nicht vollständig in mechanische Leistung umgewandelt werden. Der umwandelbare Anteil steigt mit wachsender Temperatur T und wird bei $T = T_0$ zu Null.

Die abgegebene Leistung ist entropiefrei. Der Abwärmestrom

$$|\dot{Q}_0| = (1 - \eta_C)\,\dot{Q} + T_0\dot{S}_{irr} \qquad (123)$$

führt den mit dem Wärmestrom $\dot{Q}$ eingebrachten und den erzeugten Entropiestrom aus der Maschine in die Umgebung ab. Der erste Summand ist nach dem zweiten Hauptsatz unumgänglich, der zweite bedeutet einen im Prinzip vermeidbaren Leistungsverlust.

Wärmepumpen, die zur Heizung dienen, nehmen nach Bild 1-8c einen Wärmestrom $\dot{Q}_0 > 0$ bei einer tiefen Temperatur, z. B. aus der natürlichen Umgebung, auf und wandeln ihn in einen Wärmestrom $\dot{Q} < 0$ um, der bei höherer Temperatur an den zu heizenden Raum abgegeben wird. Dazu benötigen sie eine mechanische oder elektrische Antriebsleistung $P > 0$. Die Temperaturen der Wärmezu- und -abfuhr sollen wieder einheitliche Werte T_0 und $T > T_0$ besitzen, und der Betrieb sei stationär. Die Energie- und Entropiebilanzen lauten dann wie (120) und ergeben für die Leistungszahl

$$\varepsilon \equiv -\dot{Q}/P = \varepsilon_{rev}(1 - T_0\dot{S}_{irr}/P) \leqq \varepsilon_{rev} \qquad (124)$$

$$\text{mit} \quad \varepsilon_{rev} \equiv T/(T - T_0)\,. \qquad (125)$$

Eine Sonderform der Wärmepumpe ist die Kältemaschine, siehe Bild 1-8d. Sie entzieht einem Kühlraum den Wärmestrom $\dot{Q}_0 > 0$ bei einer Temperatur T_0 unterhalb der Temperatur T_u der natürlichen Umgebung und führt den Wärmestrom $\dot{Q} > 0$ bei $T = T_u$ an diese Umgebung ab. Aus den Energie- und Entropiebilanzen (120) erhält man für die Leistungszahl der Kältemaschine

$$\varepsilon_K \equiv \dot{Q}_0/P = (\varepsilon_K)_{rev}(1 - T_u\dot{S}_{irr}/P) \leqq (\varepsilon_K)_{rev} \qquad (126)$$

$$\text{mit} \quad (\varepsilon_K)_{rev} \equiv T_0/(T_u - T_0)\,. \qquad (127)$$

Beide Verhältnisse von Nutzen zu Aufwand, ε und ε_K, nehmen für den reversiblen Grenzfall einen temperaturabhängigen Maximalwert an und werden durch Entropieerzeugung gemindert. Wegen $-\dot{Q} = \dot{Q}_0 + P$ ist stets $\varepsilon \geqq 1$, während ε_K Werte größer oder kleiner als eins annehmen kann.

Die Ergebnisse (121), (124) und (126) lassen sich auf den Fall der Wärmezu- und -abfuhr bei nicht einheitlicher Temperatur übertragen, wenn anstelle von T und T_0 thermodynamische Mitteltemperaturen benutzt werden. Diese sind als

$$T_m \equiv \frac{\dot{Q}}{\int d\dot{Q}/T} \qquad (128)$$

definiert, wobei $d\dot{Q}$ der auf dem Flächenelement dA bei der Temperatur T übertragene Wärmestrom ist, der sich für die Gesamtfläche zu $\dot{Q}$ summiert. Die Nennergröße bedeutet den von $\dot{Q}$ mit-

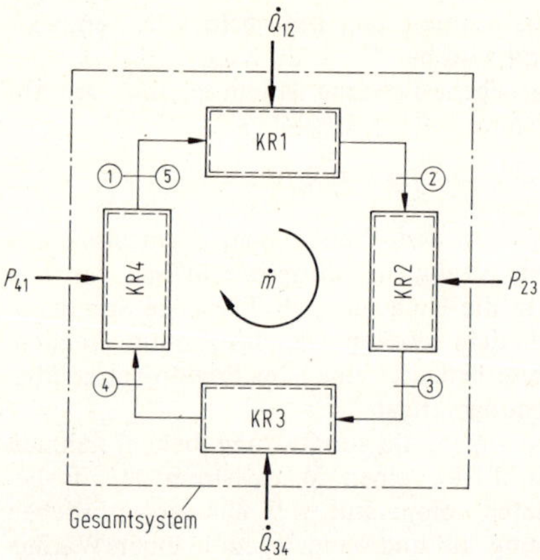

Bild 1-9. Ausführung eines Kreisprozesses als stationärer Fließprozeß in einer geschlossenen Kette von Kontrollräumen KR1 bis KR4.

geführten Entropiestrom. Mit (128) bleiben alle Entropiebilanzen formal unverändert. Wird die Wärme über die Wände eines Kanals an ein reversibel und isobar strömendes Fluid konstanter Zusammensetzung übertragen, folgt mit (115), (116) und (117) aus (128)

$$T_m = (h_2 - h_1)/(s_2 - s_1)\,. \tag{129}$$

Damit ist T_m auf die Zustandsänderung des Fluids zurückgeführt.

Im allgemeinen durchläuft in den Maschinen von Bild 1-8 b bis c ein fluides Arbeitsmittel konstanter Zusammensetzung einen Kreisprozeß. Dieser ist so erklärt, daß in der Folge der Zustandsänderungen der Endzustand des Arbeitsmittels mit dem Anfangszustand übereinstimmt. In technischen Ausführungen strömt das Arbeitsmittel meist nach Bild 1-9 durch eine in sich geschlossene Kette stationärer Maschinen und Apparate. Aber auch periodische Zustandsänderungen des Arbeitsmittels im Zylinder einer Kolbenmaschine sind denkbar. Obwohl in diesem Fall ein stationärer Zustand nur im zeitlichen Mittel möglich ist, gelten die Bilanzen (120) und ihre Folgerungen aufgrund von (97) und (110) auch hier.

Summiert man (116) und (119) über alle Teile einer in sich geschlossenen Reihenschaltung stationärer Fließsysteme, folgt mit $q \equiv \sum q_{ik}$, $\psi \equiv \sum \psi_{ik}$ und $w_t \equiv \sum w_{t\,ik}$

$$\oint T\,ds = q + \psi \quad \text{und} \quad \oint v\,dp = w_t - \psi\,. \tag{130}$$

Danach ist die von den Zustandslinien im T,s-Diagramm, siehe Bild 1-10 a, eingeschlossene Fläche gleich dem Betrag der Wärme q und der Dissipationsenergie ψ des Kreisprozesses. Die entsprechende Fläche im p,v-Diagramm, siehe Bild 1-10 b, ist der Betrag der um die Dissipationsenergie verminderten technischen Arbeit w_t. Beide Flächen sind nach (117) betragsgleich:

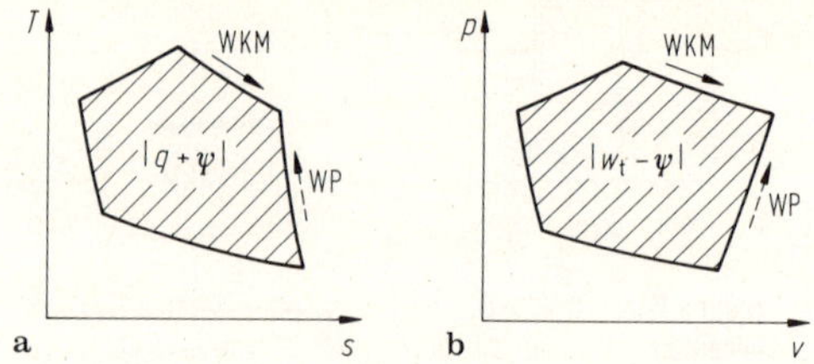

Bild 1-10. Eingeschlossene Flächen in Zustandsdiagrammen und Umlaufsinn der Kreisprozesse für Wärmekraftmaschine WKM und Wärmepumpe WP. **a** T,s-Diagramm; **b** p,v-Diagramm.

$$q + \psi = \oint T\,ds = -\oint v\,dp = -(w_t - \psi)\,, \tag{131}$$

worin sich die Energiebilanz des Kreisprozesses widerspiegelt. Aufgrund der Vorzeichen von q und w_t sind Wärmekraftmaschinenprozesse in beiden Diagrammen rechtsläufig und Wärmepumpenprozesse linksläufig. Für Kreisprozesse mit periodisch arbeitenden Maschinen erhält man auf der Grundlage von (111), (112) und (113) identische Ergebnisse.

1.6.2 Wertigkeit von Energieformen

Jede Energieform kann in die Anteile

$$\text{Energie} = \text{Exergie} + \text{Anergie} \tag{132}$$

zerlegt werden. Die Exergie ist dabei — nach Maßgabe der jeweils zugelassenen Austauschprozesse mit der Umgebung — der in jede Energieform, insbesondere in Nutzarbeit umwandelbare Teil der Energie. Die Anergie ist der nicht in Nutzarbeit umwandelbare Rest.

In dieser Definition ist die Umgebung als Reservoir im inneren Gleichgewicht idealisiert, das bei konstanten Werten der Temperatur T_u, der Drucks p_u und der chemischen Potentiale μ_{iu} seiner Komponenten Entropie, Volumen und Stoffmengen aufnehmen kann. Zur Anwendung auf Verbrennungsprozesse hat Baehr [17] eine Umgebung aus gesättigter feuchter Luft, vgl. 2.2.2, sowie den Mineralien Kalkspat und Gips vorgeschlagen. Ein komplizierteres Umgebungsmodell findet man in [18].

Wellen- und elektrische Arbeit sind in jede andere Energieform umwandelbar und bestehen aus reiner Exergie. Dies läßt sich auch für die kinetische und potentielle Energie in einer ruhenden Umgebung der Höhe $z_u = 0$ zeigen. Von der Volumenänderungsarbeit W_{12}^V eines Systems ist dagegen der an der Umgebung verrichtete Anteil $-p_u\,\Delta V$ nicht technisch nutzbar und muß als Anergie gerechnet werden. Damit ergibt sich für die Exergie und Anergie der Volumenänderungsarbeit

$$E_{WV} = -\int_1^2 (p - p_u)\, dV, \tag{133}$$

$$B_{WV} = -p_u(V_2 - V_1)\,. \tag{134}$$

Die Exergie $\dot{E}_Q$ und Anergie $\dot{B}_Q$ eines Wärmestroms $\dot{Q}$ mit der thermodynamischen Mitteltemperatur T_m ist durch die Leistung und den Abwärmestrom einer reversiblen Wärmekraftmaschine gegeben. Nach (121) und (122) gilt

$$\dot{E}_Q = (1 - T_u/T_m)\,\dot{Q}, \tag{135}$$

$$\dot{B}_Q = (T_u/T_m)\,\dot{Q}. \tag{136}$$

Für $T_m < T_u$ ist $1 - T_u/T_m < 0$, so daß die Exergie entgegengesetzt zur Wärme strömt.

Die Exergie einer Phase α mit der inneren Energie U^α findet man als maximale Nutzarbeit $(-W^n)_{max}$ eines Prozesses, der die Phase ins Gleichgewicht mit der Umgebung U bringt. In diesem Zustand besitzt das System aus α und U nach dem zweiten Hauptsatz ein Minimum seiner inneren Energie und hat seine Arbeitsfähigkeit verloren. Aus den Bilanzen (95) und (103) für das zusammengesetzte System

$$dW^n = dU^\alpha + dU^U \quad \text{und} \quad dS^\alpha + dS^U = dS_{irr}$$

läßt sich die maximale Nutzarbeit berechnen, die bei einem reversiblen Prozeß anfällt. Es folgt für die Exergie E^α und die Anergie B^α der inneren Energie:

$$E^\alpha = U_1^\alpha - U_u^\alpha - T_u(S_1^\alpha - S_u^\alpha) + p_u(V_1^\alpha - V_u^\alpha), \tag{137}$$

$$B^\alpha = U_u^\alpha + T_u(S_1^\alpha - S_u^\alpha) - p_u(V_1^\alpha - V_u^\alpha). \tag{138}$$

Der Index 1 bezieht sich auf den Anfangszustand, der Index u auf das Gleichgewicht der Phase α mit der Umgebung. Wird außer dem thermischen und mechanischen auch das stoffliche Gleichgewicht mit der Umgebung hergestellt, gilt

$$U_u^\alpha = \sum_{i=1}^K U_{iu}(n_i^\alpha)_1,$$

$$S_u^\alpha = \sum_{i=1}^K S_{iu}(n_i^\alpha)_1 \tag{139}$$

$$\text{und} \quad V_u^\alpha = \sum_{i=1}^K V_{iu}(n_i^\alpha)_1,$$

wobei Z_{iu} die partiellen molaren Zustandsgrößen der Stoffe i in der Umgebung sind. Für isotherm-isobare Prozesse bei T_u und p_u wird (137) gleich der Abnahme der freien Enthalpie.

Die spezifische Exergie eines Stoffstroms $\dot{m}$ mit der spezifischen Enthalpie h und der spezifischen Entropie s läßt sich als maximale Nutzarbeit $(-w_t)_{max}$ einer stationären Maschine bestimmen, die den Stoffstrom ins Gleichgewicht mit der Umgebung setzt. Die Bilanzen (100) und (114) für das aus der Umgebung und der Maschine zusammengesetzte System

$$dU^U/d\tau = \dot{m}w_t + \dot{m}h \quad \text{und} \quad dS^U/d\tau = \dot{m}s + \dot{S}_{irr}$$

zeigen, daß die maximale Nutzarbeit von einer reversiblen Maschine geliefert wird, und ergeben für die spezifische Exergie e und die spezifische Anergie b der Enthalpie

$$e = h - h_u - T_u(s - s_u), \tag{140}$$

$$b = h_u + T_u(s - s_u). \tag{141}$$

Der Index u kennzeichnet wieder den Gleichgewichtszustand des Stoffstroms mit der Umgebung. Besteht neben dem thermischen und mechanischen auch stoffliches Gleichgewicht, ist analog zu (139)

$$h_u = \sum_{i=1}^K H_{iu}\xi_i/M_i \quad \text{und} \quad s_u = \sum_{i=1}^K S_{iu}\xi_i/M_i \tag{142}$$

zu setzen. Dabei sind ξ_i die Massenanteile der Komponenten i des Stoffstroms und M_i ihre Molmassen. Im Gegensatz zur Exergie der inneren Energie kann die Exergie der Enthalpie auch negativ werden, so daß Arbeit aufzuwenden ist, um den Stoffstrom in die Umgebung zu fördern. Wie Wärme bei Umgebungstemperatur sind die innere Energie einer Phase und die Enthalpie eines Stoffstroms im Gleichgewichtszustand mit der Umgebung reine Anergie.

Für Exergie und Anergie lassen sich Bilanzen der Form (88) aufstellen:

$$dE/d\tau = \sum_{ein} \dot{E}_e - \sum_{aus} |\dot{E}_a| - \dot{E}_v, \tag{143}$$

$$dB/d\tau = \sum_{ein} \dot{B}_e - \sum_{aus} |\dot{B}_a| + \dot{E}_v, \tag{144}$$

deren Summe den Energieerhaltungssatz ergibt. Der Exergieverluststrom $\dot{E}_v$ ist stets positiv, denn aus dem Vergleich der Anergiebilanz mit der Entropiebilanz (114) für einen beliebigen Kontrollraum folgt

$$\dot{E}_v = T_u\dot{S}_{irr} \geqq 0\,. \tag{145}$$

Alle Lebens- und Produktionsprozesse benötigen Exergie, die durch Entropieerzeugung unwiderbringlich in Anergie verwandelt wird. Diese Entwertung von Energie ist in der Sprache der Energiewirtschaft der Energieverbrauch. Exergiebilanzen zeigen, wo Exergie verloren geht, und bilden die Grundlage für die Definition exergetischer Wirkungsgrade [19].

2 Stoffmodelle

Für die praktische Anwendung muß die Rahmentheorie von Kapitel 1 durch Stoffmodelle ergänzt werden, welche die Zustandsgleichungen fluider Phasen bestimmen.

2.1 Reine Stoffe

Am einfachsten sind die Eigenschaften reiner Stoffe in den Grenzzuständen hoher und kleiner Dichte zu beschreiben.

2.1.1 Ideale Gase

Aus der Sicht der Statischen Mechanik, vgl. B 8, ist ein ideales Gas ein System punktförmiger Teilchen, die keine Kräfte aufeinander ausüben. Dieses Modell gibt das Grenzverhalten der Materie bei verschwindender Dichte wieder und kann nach einer Faustregel auf Gase mit Drücken bis zu 1 MPa (10 bar) angewendet werden. Jedes reine ideale Gas genügt der thermischen Zustandsgleichung

$$pV = nR_0T = mRT \quad (1)$$

mit $R_0 = (8{,}314\,51 \pm 0{,}000\,07\ \mathrm{J/(mol \cdot K)}$ (2)

und $R = R_0/M.$ (3)

Dabei ist R_0 nach [1-13] die universelle und R die spezielle Gaskonstante; M ist die molare Masse des Gases. Im Normzustand mit $t_n = 0\,°\mathrm{C}$ und $p_n = 1{,}013\,25$ bar beträgt das Molvolumen einheitlich $V_{mn} = 22{,}414\ \mathrm{m^3/kmol}$. Gleichungen für die Isothermen (T = const), Isobaren (p = const) und Isochoren (v = const) eines idealen Gases lassen sich unmittelbar aus (1) ablesen, vgl. B 8.7. Aus $(\partial u/\partial v)_T = T(\partial p/\partial T)_v - p$ nach Tabelle 1-1 folgt mit (1) $(\partial u/\partial v)_T = 0$, d. h., die kalorische Zustandsgleichung $u(T, v) = u^0(T)$ für die innere Energie des idealen Gases ist eine reine Temperaturfunktion. Wegen $h = u + pv$ nach (1-42) überträgt sich diese Eigenschaft auf die kalorische Zustandsgleichung $h(T, p) = u^0(T) + RT = h^0(T)$ für die Enthalpie sowie auf die spezifischen Wärmen

$$c_v(T, v) = (\partial u/\partial T)_v = \mathrm{d}u^0(T)/\mathrm{d}T = c_v^0(T), \quad (4)$$

$$c_p(T, p) = (\partial h/\partial T)_p = \mathrm{d}h^0(T)/\mathrm{d}T = c_p^0(T), \quad (5)$$

mit $c_p^0(T) - c_v^0(T) = R,$ (6)

vgl. (1-21), (1-48) und (1-55). Im Gegensatz zu (1) ist $c_v^0(T)$ bzw. $c_p^0(T)$ nach Bild 2-1 eine individuelle, von den molekularen Freiheitsgraden abhängige Eigenschaft jedes Gases. Für Edelgase ist $c_v^0 = (3/2)R$. Das Verhältnis

$$\varkappa(T) = c_p^0(T)/c_v^0(T) \quad (7)$$

heißt Isentropenexponent des idealen Gases. Die Integration von (4) und (5) über die Temperatur liefert für die spezifische innere Energie und die spezifische Enthalpie

$$u = u_0 + \int_{T_0}^{T} c_v^0(T)\,\mathrm{d}T$$

$$= u_0 + (h - h_0) - R(t - t_0), \quad (8)$$

$$h = h_0 + \int_{T_0}^{T} c_p^0(T)\,\mathrm{d}T = h_0 + \bar{c}_p^0(t)t - \bar{c}_p^0(t_0)t_0 \quad (9)$$

$$\text{mit} \quad \bar{c}_p^0(t) \equiv (1/t)\int_0^t c_p^0(t)\,\mathrm{d}t, \quad (10)$$

wobei t die Celsius-Temperatur bedeutet. Tabelle 2-1 gibt für einige Gase Werte der mittleren spezifischen Wärmekapazität $\bar{c}_p^0(t)$.

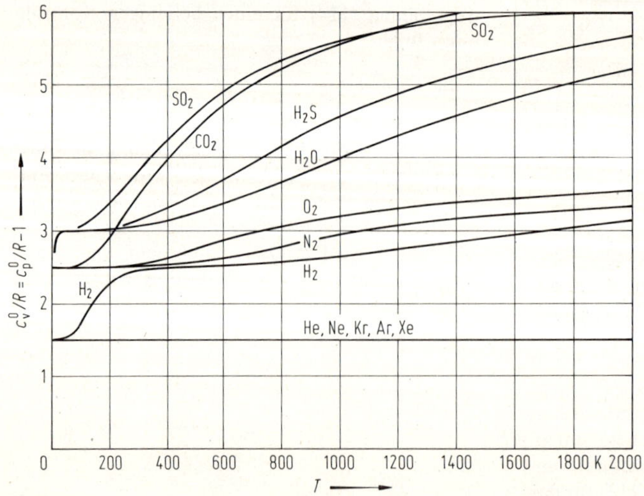

Bild 2-1. Verhältnis $c_v^0/R = c_p^0/R - 1$ für verschiedene ideale Gase als Funktion der Temperatur T [1].

Tabelle 2-1. Mittlere spezifische Wärmekapazität $\bar{c}_p^0$ idealer Gase in kJ/(kg · K) als Funktion der Celsius-Temperatur t [2]. Zusammensetzung der (trockenen) Luft nach Tabelle 2-4. Luftstickstoff N_2^* umfaßt die Komponenten der trockenen Luft ohne Sauerstoff.

t in °C	Luft	N_2^*	N_2	O_2	CO_2	H_2O	SO_2
−60	1,0030	1,0303	1,0392	0,9123	0,7831	1,8549	0,5915
−40	1,0032	1,0304	1,0392	0,9130	0,7943	1,8561	0,5971
−20	1,0034	1,0304	1,0393	0,9138	0,8055	1,8574	0,6026
0	1,0037	1,0305	1,0394	0,9148	0,8165	1,8591	0,6083
20	1,0041	1,0306	1,0395	0,9160	0,8273	1,8611	0,6139
40	1,0046	1,0308	1,0396	0,9175	0,8378	1,8634	0,6196
60	1,0051	1,0310	1,0398	0,9191	0,8481	1,8660	0,6252
80	1,0057	1,0313	1,0401	0,9210	0,8580	1,8690	0,6309
100	1,0065	1,0316	1,0404	0,9230	0,8677	1,8724	0,6365
120	1,0073	1,0320	1,0408	0,9252	0,8771	1,8760	0,6420
140	1,0082	1,0325	1,0413	0,9276	0,8863	1,8799	0,6475
160	1,0093	1,0331	1,0419	0,9301	0,8952	1,8841	0,6529
180	1,0104	1,0338	1,0426	0,9327	0,9038	1,8885	0,6582
200	1,0117	1,0346	1,0434	0,9355	0,9122	1,8931	0,6634
250	1,0152	1,0370	1,0459	0,9426	0,9322	1,9054	0,6759
300	1,0192	1,0401	1,0490	0,9500	0,9509	1,9185	0,6877
350	1,0237	1,0437	1,0526	0,9575	0,9685	1,9323	0,6987
400	1,0286	1,0477	1,0568	0,9649	0,9850	1,9467	0,7090
450	1,0337	1,0522	1,0613	0,9722	1,0005	1,9615	0,7185
500	1,0389	1,0569	1,0661	0,9792	1,0152	1,9767	0,7274
550	1,0443	1,0619	1,0712	0,9860	1,0291	1,9923	0,7356
600	1,0498	1,0670	1,0764	0,9925	1,0422	2,0082	0,7433
650	1,0552	1,0722	1,0816	0,9988	1,0546	2,0244	0,7505
700	1,0606	1,0775	1,0870	1,0047	1,0664	2,0408	0,7571
750	1,0660	1,0827	1,0923	1,0104	1,0775	2,0574	0,7633
800	1,0712	1,0879	1,0976	1,0158	1,0881	2,0741	0,7692
850	1,0764	1,0930	1,1028	1,0209	1,0981	2,0909	0,7746
900	1,0814	1,0981	1,1079	1,0258	1,1076	2,1077	0,7797
950	1,0863	1,1030	1,1130	1,0305	1,1167	2,1246	0,7846
1000	1,0910	1,1079	1,1179	1,0350	1,1253	2,1414	0,7891
1050	1,0956	1,1126	1,1227	1,0393	1,1335	2,1582	0,7934
1100	1,1001	1,1172	1,1274	1,0434	1,1414	2,1749	0,7974
1150	1,1045	1,1217	1,1319	1,0474	1,1489	2,1914	0,8013
1200	1,1087	1,1260	1,1363	1,0512	1,1560	2,2078	0,8049
1250	1,1128	1,1302	1,1406	1,0548	1,1628	2,2240	0,8084
1300	1,1168	1,1343	1,1448	1,0584	1,1693	2,2400	0,8117
1400	1,1243	1,1422	1,1528	1,0651	1,1816	2,2714	0,8178
1500	1,1315	1,1495	1,1602	1,0715	1,1928	2,3017	0,8234
1600	1,1382	1,1564	1,1673	1,0775	1,2032	2,3311	0,8286
1700	1,1445	1,1629	1,1739	1,0833	1,2128	2,3594	0,8333
1800	1,1505	1,1690	1,1801	1,0888	1,2217	2,3866	0,8377
1900	1,1561	1,1748	1,1859	1,0941	1,2300	2,4127	0,8419
2000	1,1615	1,1802	1,1914	1,0993	1,2377	2,4379	0,8457
2100	1,1666	1,1853	1,1966	1,1043	1,2449	2,4620	0,8493
2200	1,1714	1,1901	1,2015	1,1092	1,2517	2,4851	0,8527

Zustandsgleichungen für die spezifische Entropie lassen sich unter Berücksichtigung der speziellen Eigenschaften (1), (4) und (5) idealer Gase durch Integration der Beziehungen

$$\mathrm{d}s = \mathrm{d}u/T + (p/T)\,\mathrm{d}v$$

und

$$\mathrm{d}s = \mathrm{d}h/T - (v/T)\,\mathrm{d}p \qquad (11)$$

gewinnen, die bei konstanter Zusammensetzung aus (1-38) und (1-42) folgen. Das Ergebnis ist

$$s = s_0 + \int_{T_0}^{T} (c_v^0(T)/T)\,\mathrm{d}T + R\ln(v/v_0)\,, \qquad (12)$$

$$s = s_0 + \int_{T_0}^{T} (c_p^0(T)/T)\,\mathrm{d}T - R\ln(p/p_0)\,, \qquad (13)$$

Tabelle 2-2. Spezifische Entropie $s^0(t)$ idealer Gase beim Standarddruck $p_0 = 1$ bar in kJ/(kg · K) als Funktion der Celsius-Temperatur t [3]. Normierung nach dem 3. Hauptsatz. Zusammensetzung der (trockenen) Luft nach Tabelle 2-4.

t in °C	Luft	N_2^*	N_2	O_2	CO_2	H_2O	SO_2
−50	6,573 5	6,510 5	6,538 8	6,146 1	4,624 7	9,943 3	3,700 6
−40	6,617 5	6,555 7	6,584 3	6,186 0	4,658 3	10,024 5	3,726 1
−30	6,659 6	6,599 0	6,628 0	6,224 3	4,690 9	10,102 4	3,750 9
−20	6,700 0	6,640 5	6,669 8	6,261 1	4,722 7	10,177 1	3,774 8
−10	6,738 9	6,680 4	6,710 1	6,296 5	4,753 7	10,249 1	3,798 0
0	6,776 3	6,718 8	6,748 9	6,330 5	4,783 9	10,318 4	3,820 6
10	6,812 4	6,755 9	6,786 2	6,363 5	4,813 5	10,385 3	3,842 6
20	6,847 3	6,791 7	6,822 3	6,395 3	4,842 4	10,449 9	3,864 0
30	6,881 0	6,826 2	6,857 2	6,426 1	4,870 7	10,512 4	3,884 9
40	6,913 6	6,859 7	6,890 9	6,455 9	4,898 4	10,573 0	3,905 3
50	6,945 2	6,892 1	6,923 6	6,484 9	4,925 5	10,631 8	3,925 2
60	6,975 9	6,923 6	6,955 3	6,513 0	4,952 1	10,688 9	3,944 7
70	7,005 7	6,954 1	6,986 1	6,540 4	4,978 3	10,744 4	3,963 7
80	7,034 7	6,983 7	7,016 0	6,567 0	5,003 9	10,798 4	3,982 4
90	7,062 8	7,012 6	7,045 1	6,593 0	5,029 1	10,850 9	4,000 7
100	7,090 3	7,040 6	7,073 4	6,618 3	5,053 8	10,902 2	4,018 7
110	7,117 0	7,068 0	7,101 0	6,643 1	5,078 2	10,952 3	4,036 4
120	7,143 1	7,094 6	7,127 9	6,667 2	5,102 1	11,001 1	4,053 7
130	7,168 5	7,120 6	7,154 1	6,690 8	5,125 6	11,048 9	4,070 7
140	7,193 4	7,146 0	7,179 7	6,714 0	5,148 8	11,095 6	4,087 4
150	7,217 7	7,170 8	7,204 7	6,736 6	5,171 6	11,141 3	4,103 9
160	7,241 4	7,195 0	7,229 1	6,758 8	5,194 0	11,186 0	4,120 1
170	7,264 7	7,218 7	7,253 1	6,780 5	5,216 1	11,229 9	4,136 0
180	7,287 4	7,242 0	7,276 5	6,801 8	5,237 9	11,272 8	4,151 7
190	7,309 8	7,264 7	7,299 4	6,822 7	5,259 4	11,315 0	4,167 2
200	7,331 6	7,286 9	7,321 8	6,843 3	5,280 6	11,356 4	4,182 4
210	7,353 1	7,308 8	7,343 9	6,863 4	5,301 5	11,397 0	4,197 4
220	7,374 1	7,330 2	7,365 4	6,883 3	5,322 1	11,437 0	4,212 2
230	7,394 8	7,351 2	7,386 6	6,902 8	5,342 4	11,476 2	4,226 8
240	7,415 1	7,371 8	7,407 4	6,921 9	5,362 4	11,514 8	4,241 1
250	7,435 0	7,392 1	7,427 9	6,940 8	5,382 2	11,552 7	4,255 3
260	7,454 6	7,412 0	7,448 0	6,959 4	5,401 8	11,590 0	4,269 3
270	7,473 9	7,431 6	7,467 7	6,977 7	5,421 1	11,626 8	4,283 1
280	7,492 8	7,450 8	7,487 1	6,995 7	5,440 1	11,663 0	4,296 7
290	7,511 5	7,469 8	7,506 2	7,013 4	5,459 0	11,698 7	4,310 2
300	7,529 9	7,488 4	7,525 0	7,030 9	5,477 6	11,733 8	4,323 4
320	7,565 8	7,524 8	7,561 8	7,065 1	5,514 1	11,802 6	4,349 5
340	7,600 7	7,560 2	7,597 4	7,098 4	5,549 8	11,869 5	4,374 9
360	7,634 6	7,594 6	7,632 1	7,130 8	5,584 7	11,934 7	4,399 7
380	7,667 6	7,628 0	7,665 8	7,162 4	5,618 9	11,998 3	4,424 0
400	7,699 7	7,660 5	7,698 7	7,193 2	5,652 3	12,060 3	4,447 7
420	7,731 1	7,692 3	7,730 7	7,223 2	5,685 0	12,120 9	4,470 8
440	7,761 7	7,723 3	7,762 0	7,252 6	5,717 1	12,180 2	4,493 5
460	7,791 6	7,753 5	7,792 5	7,281 2	5,748 5	12,238 2	4,515 6
480	7,820 8	7,783 1	7,822 3	7,309 3	5,779 4	12,295 0	4,537 3

$$= s^0(T) - R \ln (p/p_0)\,, \qquad (14)$$

$$\text{mit} \quad s^0(T) \equiv s_0 + \int_{T_0}^{T} (c_p^0(T)/T)\,\mathrm{d}T. \qquad (15)$$

Werte für die Entropiefunktion $s^0(T)$ einiger Gase beim Standarddruck $p_0 = 1$ bar findet man in Tabelle 2-2. Ist $c_p^0(T)$ in einem Temperaturbereich näherungsweise konstant, kann die Entropie nach (12) mit (1) und (6) auch in der Form

$$s = s_0 + c_v^0 \ln (p/p_0) + c_p^0 \ln (v/v_0) \qquad (16)$$

dargestellt werden. Die Isentropengleichungen $s = s_0 = \text{const}$ eines idealen Gases folgen unmittelbar aus (12), (13) und (16).

Mit den Tabellen 2-1 und 2-2 läßt sich die in den Anwendungen häufig benötigte isentrope Enthalpiedifferenz

$$\Delta h_s \equiv h(p_2, s_1) - h(p_1, s_1) = \int_1^2 v(p, s_1)\,\mathrm{d}p\,, \qquad (17)$$

vgl. (1-45), bestimmen. Auf einer Isentrope ist

Luftstickstoff N_2^* umfaßt die Komponenten der trockenen Luft ohne Sauerstoff. Die Mischungsentropie dieser Gasgemische ist berücksichtigt.

t in °C	Luft	N_2^*	N_2	O_2	CO_2	H_2O	SO_2
500	7,8494	7,8120	7,8515	7,3367	5,8096	12,3506	4,5586
520	7,8773	7,8403	7,8800	7,3635	5,8393	12,4052	4,5794
540	7,9047	7,8680	7,9080	7,3898	5,8684	12,4588	4,5998
560	7,9315	7,8952	7,9354	7,4155	5,8970	12,5114	4,6198
580	7,9578	7,9218	7,9623	7,4408	5,9251	12,5631	4,6394
600	7,9836	7,9479	7,9886	7,4655	5,9527	12,6140	4,6586
620	8,0089	7,9735	8,0145	7,4897	5,9799	12,6640	4,6775
640	8,0338	7,9987	8,0399	7,5135	6,0065	12,7132	4,6961
660	8,0581	8,0234	8,0648	7,5369	6,0328	12,7616	4,7143
680	8,0821	8,0476	8,0893	7,5598	6,0586	12,8094	4,7321
700	8,0157	8,0715	8,1134	7,5823	6,0840	12,8564	4,7497
720	8,1288	8,0949	8,1370	7,6045	6,1090	12,9027	4,7670
740	8,1516	8,1180	8,1603	7,6262	6,1337	12,9484	4,7839
760	8,1740	8,1407	8,1832	7,6476	6,1579	12,9935	4,8006
780	8,1960	8,1630	8,2058	7,6686	6,1818	13,0381	4,8170
800	8,2177	8,1850	8,2280	7,6893	6,2053	13,0820	4,8332
850	8,2704	8,2386	8,2820	7,7395	6,2626	13,1894	4,8724
900	8,3212	8,2901	8,3340	7,7878	6,3179	13,2937	4,9102
950	8,3703	8,3399	8,3843	7,8344	6,3713	13,3951	4,9465
1000	8,4176	8,3879	8,4328	7,8792	6,4230	13,4937	4,9816
1050	8,4634	8,4344	8,4798	7,9226	6,4730	13,5897	5,0155
1100	8,5077	8,4795	8,5252	7,9645	6,5214	13,6834	5,0482
1150	8,5506	8,5231	8,5693	8,0051	6,5684	13,7748	5,0799
1200	8,5922	8,5654	8,6120	8,0444	6,6140	13,8640	5,1106
1250	8,6326	8,6065	8,6535	8,0825	6,6583	13,9512	5,1403
1300	8,6719	8,6465	8,6939	8,1196	6,7013	14,0365	5,1692
1350	8,7101	8,6853	8,7331	8,1556	6,7432	14,1199	5,1973
1400	8,7473	8,7231	8,7713	8,1906	6,7839	14,2016	5,2245
1450	8,7835	8,7600	8,8085	8,2247	6,8236	14,2815	5,2511
1500	8,8187	8,7959	8,8447	8,2580	6,8623	14,3599	5,2769
1550	8,8531	8,8308	8,8801	8,2904	6,9000	14,4366	5,3021
1600	8,8867	8,8650	8,9145	8,3220	6,9368	14,5119	5,3266
1650	8,9195	8,8983	8,9482	8,3530	6,9728	14,5857	5,3505
1700	8,9515	8,9309	8,9811	8,3832	7,0079	14,6581	5,3739
1750	8,9828	8,9627	9,0132	8,4127	7,0422	14,7292	5,3967
1800	9,0134	8,9938	9,0446	8,4417	7,0758	14,7990	5,4190
1850	9,0433	9,0242	9,0754	8,4700	7,1086	14,8675	5,4408
1900	9,0726	9,0540	9,1055	8,4977	7,1407	14,9348	5,4621
1950	9,1013	9,0832	9,1349	8,5249	7,1722	15,0009	5,4830
2000	9,1295	9,1117	9,1638	8,5516	7,2030	15,0660	5,5035
2050	9,1570	9,1397	9,1920	8,5778	7,2332	15,1299	5,5235
2100	9,1841	9,1671	9,2197	8,6035	7,2628	15,1927	5,5431
2150	9,2106	9,1940	9,2469	8,6287	7,2919	15,2545	5,5624
2200	9,2366	9,2204	9,2736	8,6535	7,3203	15,3153	5,5813
2250	9,2621	9,2463	9,2997	8,6778	7,3483	15,3752	5,5998

nämlich nach (14) $s^0(T_2) = s^0(T_1) + R\ln(p_2/p_1)$. Bei bekanntem Anfangszustand 1 und Enddruck p_2 erhält man die Temperatur T_2 aus Tabelle 2-2 und Δh_S mit Tabelle 2-1 aus (9). Darf (16) angewendet werden, gibt es die geschlossene Lösung

$$\Delta h_S = \frac{\varkappa}{\varkappa - 1} R T_1 \left[(p_2/p_1)^{(\varkappa-1)/\varkappa} - 1\right]. \qquad (18)$$

Für das chemische Potential eines reinen idealen Gases folgt aus (1-53) mit (9) und (13)

$$\mu = \mu^0(T) + R_0 T \ln(p/p_0). \qquad (19)$$

Dabei ist $\mu^0(T)$ das nicht näher spezifizierte chemische Potential beim Standarddruck p_0 und der Temperatur T, in das die individuellen Stoffeigenschaften eingehen.

2.1.2 Inkompressible Fluide

In begrenzten Temperatur- und Druckbereichen haben Flüssigkeiten näherungsweise konstante Dichte und folgen der thermischen Zustandsgleichung

$$v(T, p) = v_0 = \text{const}. \tag{20}$$

Dies führt nach Tabelle 1-1 zu $(\partial s/\partial p)_T = 0$, d. h., die spezifische Entropie s und die spezifische Wärmekapazität $c_p(T, p) = c(T)$ des inkompressiblen Fluids hängen allein von der Temperatur ab. Innerhalb des Gültigkeitsbereichs von (20) ist es zulässig, $c(T) = c = \text{const}$ zu setzen. Dann folgt mit $\mathrm{d}u = \mathrm{d}h - v\,\mathrm{d}p - p\,\mathrm{d}v$ nach (1-42) und $\mathrm{d}h = c\,\mathrm{d}T + v_0\,\mathrm{d}p$ nach Tabelle 1-1 und (20) für die innere Energie und die Enthalpie

$$u = u_0 + c(T - T_0), \tag{21}$$

$$h = h_0 + c(T - T_0) + v_0(p - p_0). \tag{22}$$

Wegen $c_v = (\partial u/\partial T)_v = c$ besitzt das inkompressible Fluid nur eine einzige spezifische Wärmekapazität $c_p = c_v = c$. Für die Entropie findet man aus $\mathrm{d}s = (c/T)\,\mathrm{d}T$ nach Tabelle 1-1

$$s = s_0 + c \ln (T/T_0), \tag{23}$$

und die in (17) definierte isentrope Enthalpiedifferenz wird

$$\Delta h_S = v_0(p_2 - p_1). \tag{24}$$

Der Herleitung entsprechend gelten (21) bis (24) auch für Gemische, wenn für die Parameter c und v_0 die entsprechenden Gemischgrößen eingesetzt werden.

2.1.3 Reale Fluide

Die Modelle des idealen Gases und der inkompressiblen Flüssigkeit sind nicht geeignet, die Aufspaltung eines realen Fluids in eine flüssige und in eine dampfförmige Phase zu beschreiben. Hierzu bedarf es nach 1.3.3 thermischer Zustandsgleichungen, für die bereichsweise $(\partial p/\partial v)_T > 0$ gilt.

Nach dem mit einer Unsicherheit von wenigen Prozenten erfüllten erweiterten Prinzip der korrespondierenden Zustände stimmen die thermischen Zustandsgleichungen realer Fluide,

$$p_r = p_r(T_r, v_r, \omega), \tag{25}$$

überein, wenn man als Variable die reduzierten Zustandsgrößen

$$p_r \equiv p/p_k, \quad T_r \equiv T/T_k \quad \text{und} \quad v_r \equiv v/v_k \tag{26}$$

und wenigstens einen weiteren stoffspezifischen Parameter ω benutzt. Dabei sind p_k, T_k und v_k die Daten des kritischen Zustands für das Dampf-Flüssigkeits-Gleichgewicht, vgl. Bild 1-2. Als stoffspezifischer Parameter wird gewöhnlich der azentrische Faktor nach Pitzer [4]

$$\omega \equiv -\lg\,[p_s(T_r = 0{,}7)/p_k] - 1 \tag{27}$$

verwendet. Hierin bedeutet $p_s(T_r = 0{,}7)$ den Dampfdruck bei der reduzierten Temperatur $T_r = 0{,}7$, der jeder Temperatur $T < T_k$ durch das Maxwell-Kriterium (1-73) zugeordnet wird. Daten für die kritischen Zustandsgrößen und den azentrischen Faktor vieler Stoffe findet man in [5]; Beispiele gibt Tabelle 2-3. Für Edelgase ist $\omega = 0$.

Die Vielzahl bekannter thermischer Zustandsgleichungen [7] läßt sich auf zwei Grundformen, Potenzreihenansätze und kubische Gleichungen zurückführen. Theoretisch begründet [8] ist die Virialgleichung, die man durch Entwicklung des Realgasfaktors

$$z_0 \equiv pV_m/(R_0T) \tag{28}$$

nach der molaren Dichte $\varrho_m = 1/V_m$ um den Grenzzustand des idealen Gases

$$z_0 = 1 + B(T)/V_m + C(T)/V_m^2 + \ldots \tag{29}$$

erhält. Prausnitz [9] bezeichnet (29) als Leiden-Form und die analoge Entwicklung des Realgasfaktors nach dem Druck

$$z_0 = 1 + B'(T)p + C'(T)p^2 + \ldots \tag{30}$$

als Berlin-Form der Virialgleichung. Die stoffabhängigen Temperaturfunktionen $B(T)$ und $B'(T)$ heißen zweite, $C(T)$ und $C'(T)$ dritte Virialkoeffizienten. Beide Koeffizientensätze sind ineinander umrechenbar; insbesondere ist [9]

$$B' = B/(R_0T) \quad \text{und}$$
$$C' = (C - B^2)/(R_0T)^2. \tag{31}$$

Die Größen B und C lassen sich aus gemessenen p,v,T-Daten auf einer Isotherme

$$B = \lim_{\varrho_m \to 0} [(z_0 - 1)/\varrho_m]_T \tag{32}$$

$$C = \lim_{\varrho_m \to 0} [(z_0 - 1 - B\varrho_m)/\varrho_m^2]_T \tag{33}$$

bestimmen. Werte für den zweiten Virialkoeffizienten einzelner Gase sind in [10] zusammengestellt. Für nicht stark polare und nicht assoziierende oder dimerisierende Stoffe wurde von Tsonopoulos [11] die nach dem Korrespondenzprinzip generalisierte Darstellung

$$Bp_k/(R_0T_k) = f^{(0)}(T_r) + \omega f^{(1)}(T_r) \tag{34}$$

$$\text{mit} \quad f^{(0)} = 0{,}1445 - 0{,}330/T_r - 0{,}1385/T_r^2 - 0{,}0121/T_r^3 - 0{,}000607/T_r^8 \tag{35}$$

$$\text{und} \quad f_1^{(0)} = 0{,}0637 + 0{,}331/T_r^2 - 0{,}423/T_r^3 - 0{,}008/T_r^8 \tag{36}$$

gefunden. Bekannt sind Zustandsgleichungen einiger technisch wichtiger Stoffe [12] bis [16], die das gesamte fluide Gebiet in einer von (29) abge-

Tabelle 2-3. Temperatur T_k, Druck p_k, Molvolumen V_{mk} und Realgasfaktor $(z_0)_k$ im kritischen Zustand sowie azentrischer Faktor ω ausgewählter Substanzen [6]

	T_k/K	p_k/MPa	V_{mk}/(dm³/mol)	$(z_0)_k$	ω
Einfache Gase					
Argon Ar	150,8	4,87	0,0749	0,291	0,0
Brom Br_2	584	10,3	0,127	0,270	0,132
Chlor Cl_2	417	7,7	0,124	0,275	0,073
Helium 4 He	5,2	0,227	0,0573	0,301	−0,387
Wasserstoff H_2	33,2	1,30	0,0650	0,305	−0,22
Krypton Kr	209,4	5,50	0,0912	0,288	0,0
Neon Ne	44,4	2,76	0,0417	0,311	0,0
Stickstoff N_2	126,2	3,39	0,0895	0,290	0,040
Sauerstoff O_2	154,6	5,05	0,0734	0,288	0,021
Xenon Xe	289,7	5,84	0,118	0,286	0,0
Verschiedene anorganische Substanzen					
Ammoniak NH_3	405,6	11,28	0,0725	0,242	0,250
Kohlendioxid CO_2	304,2	7,38	0,0940	0,274	0,225
Schwefelkohlenstoff CS_2	552	7,9	0,170	0,293	0,115
Kohlenmonoxid CO	132,9	3,50	0,0931	0,295	0,049
Tetrachlorkohlenstoff CCl_4	556,4	4,56	0,276	0,272	0,194
Chloroform $CHCl_3$	536,4	5,5	0,239	0,293	0,216
Hydrazin N_2H_4	653	14,7	0,0961	0,260	0,328
Chlorwasserstoff HCl	324,6	8,3	0,081	0,249	0,12
Cyanwasserstoff HCN	456,8	5,39	0,139	0,197	0,407
Schwefelwasserstoff H_2S	373,2	8,94	0,0985	0,284	0,100
Stickstoffoxid NO	180	6,5	0,058	0,25	0,607
Distickstoffoxid N_2O	309,6	7,24	0,0974	0,274	0,160
Schwefeldioxid SO_2	430,8	7,88	0,122	0,268	0,251
Schwefeltrioxid SO_3	491,0	8,2	0,130	0,26	0,41
Wasser H_2O	647,3	22,05	0,056	0,229	0,344
Verschiedene organische Substanzen					
Methan CH_4	190,6	4,60	0,099	0,288	0,008
Ethan C_2H_6	305,4	4,88	0,148	0,285	0,098
Propan C_3H_8	369,8	4,25	0,203	0,281	0,152
n-butan C_4H_{10}	425,2	3,80	0,255	0,274	0,193
Isobutan C_4H_{10}	408,1	3,65	0,263	0,283	0,176
n-Pentan C_5H_{12}	469,6	3,37	0,304	0,262	0,251
Isopentan C_5H_{12}	460,4	3,38	0,306	0,271	0,227
Neopentan C_5H_{12}	433,8	3,20	0,303	0,269	0,197
n-Hexan C_6H_{14}	507,4	2,97	0,370	0,260	0,296
n-Heptan C_7H_{16}	540,2	2,74	0,432	0,263	0,351
n-Octan C_8H_{18}	568,8	2,48	0,492	0,259	0,394
Ethylen C_2H_4	282,4	5,04	0,129	0,276	0,085
Propylen C_3H_6	365,0	4,62	0,181	0,275	0,148
1-Buten C_4H_8	419,6	4,02	0,240	0,277	0,187
1-Penten C_5H_{10}	464,7	4,05	0,300	0,31	0,245
Essigsaure CH_3COOH	594,4	5,79	0,171	0,200	0,454
Aceton CH_3COCH_3	508,1	4,70	0,209	0,232	0,309
Acetonitril CH_3CN	547,9	4,83	0,173	0,184	0,321
Acetylen C_2H_2	308,3	6,14	0,113	0,271	0,184
Benzol C_6H_6	562,1	4,89	0,259	0,271	0,212
1,3-Butadien C_4H_6	425,0	4,33	0,221	0,270	0,195
Chlorbenzol C_6H_5Cl	632,4	4,52	0,308	0,265	0,249
Cyclohexan C_6H_{12}	553,4	4,07	0,308	0,273	0,213
Dichlordifluormethan (Freon-12) CCl_2F_2	385,0	4,12	0,217	0,280	0,176
Diethylether $C_2H_5OC_2H_5$	466,7	3,64	0,280	0,262	0,281
Ethanol C_2H_5OH	516,2	6,38	0,167	0,248	0,635
Ethyleneoxid C_2H_4O	469	7,19	0,140	0,258	0,200
Methanol CH_3OH	512,6	8,10	0,118	0,224	0,559
Methylchlorid CH_3Cl	416,3	6,68	0,139	0,268	0,156
Methylethylketon $CH_3COC_2H_5$	535,6	4,15	0,267	0,249	0,329
Toluol $C_6H_5CH_3$	591,7	4,11	0,316	0,264	0,257
Trichlorfluormethan (Freon-11) CCl_3F	471,2	4,41	0,248	0,279	0,188
Trichlortrifluorethan (Freon-113) $C_2Cl_3F_3$	487,2	3,41	0,304	0,256	0,252

leiteten Form mit vielen stoffspezifischen Koeffizienten genau beschreiben. Beschränkt man sich auf Gaszustände bis zur halben kritischen Dichte, darf die Virialentwicklung nach dem 2. Glied abgebrochen werden. Aus (30) und (31) folgt dann die nach dem Druck und Molvolumen auflösbare Beziehung

$$pV_m = R_0 T + Bp. \quad (37)$$

Die halbempirischen kubischen Zustandsgleichungen fassen die Reihenglieder von (29) in wenigen Termen zusammen. Praktisch bewährt hat sich für unpolare und schwach polare Stoffe die Gleichung von Redlich-Kwong-Soave [17]

$$p = R_0 T/(V_m - b) - a/[V_m(V_m + b)] \quad (38)$$

$$\text{mit} \quad a = a_k \alpha(T_r, \omega), \quad (39)$$

$$\alpha = [1 + \bar{m}(1 - T_r^{0,5})]^2 \quad (40)$$

$$\text{und} \quad \bar{m} = 0{,}480 + 1{,}574\omega - 0{,}176\omega^2, \quad (41)$$

in der $a(T_r = 1) = a_k$ ist. Die Koeffizienten a_k und b sind aus der Bedingung zu ermitteln, daß die kritische Isotherme im kritischen Punkt eine horizontale Wendetangente besitzt, vgl. Bild 1-2 unten. Die Auswertung von (1-75) und (38) am kritischen Punkt [18] liefert für das kritische molare Volumen

$$V_{mk} = (1/3) R_0 T_k / p_k \quad (42)$$

und für die beiden Koeffizienten

$$a_k = (1/9) R_0^2 T_k^2 / (b_r p_k) = V_{mk}^2 p_k / b_r \quad (43)$$

$$b = (1/3)\, b_r R_0 T_k / p_k = b_r V_{mk} \quad (44)$$

$$\text{mit} \quad b_r = 2^{1/3} - 1 = 0{,}2599, \quad (45)$$

die sämtlich durch Vorgabe von p_k und T_k festgelegt sind. Mit diesem Ergebnis läßt sich (38) in die dimensionslose Form (25) bringen, so daß das Korrespondenzprinzip erfüllt ist. Eine äquivalente Schreibweise ist die kubische Gleichung

$$v_r^3 - 3(T_r/p_r) v_r^2 + [(\alpha - 3T_r b_r^2)/(b_r p_r) - b_r^2] v_r - \alpha/p_r = 0, \quad (46)$$

aus der bei gegebenen Werten von p_r und T_r das reduzierte Volumen $v_r = v/v_k = V_m/V_{mk}$ ohne Iteration mit Hilfe der Cardanischen Formeln [19] zu berechnen ist. Vergleichbar mit dem unteren Teil von Bild 1-2 erhält man für $T < T_k$ drei reelle Wurzeln, von denen die größte dem gasförmigen Zustand und die kleinste dem flüssigen Zustand zuzuordnen ist, während die mittlere zu einem instabilen, unphysikalischen Zustand gehört. Die größten Fehler in der Vorhersage des reduzierten Volumens treten im Flüssigkeitsgebiet auf und betragen bis zu 10%.

Die kalorischen Zustandsgrößen z realer Fluide, speziell die spezifische innere Energie, Enthalpie und Entropie, lassen sich aus einem Beitrag z^{iG} des hypothetischen idealen Gases bei den Werten der Variablen (T, v) bzw. (T, p) des Fluids und einem Realanteil Δz^{Rv} bzw. Δz^{Rp} zusammensetzen

$$z(T, v) = z^{iG}(T, v) + \Delta z^{Rv}(T, v), \quad (47)$$

$$z(T, p) = z^{iG}(T, p) + \Delta z^{Rp}(T, p). \quad (48)$$

Der Beitrag des idealen Gases ist dabei durch (8), (9), (12) und (13) gegeben. Zu beachten ist, daß für einen Zustand im allgemeinen $z^{iG}(T, v) = z^{iG}(T, p^{iG} = RT/v) \neq z^{iG}(T, p)$ ist, weil das reale Fluid die thermische Zustandsgleichung des idealen Gases nicht erfüllt. Für die Realanteile gilt

$$\Delta z^{Rv}(T, v) = (z - z^{iG})_{T, v=\infty} + \int_\infty^v [\partial(z - z^{iG})/\partial v]_T \,\mathrm{d}v, \quad (49)$$

$$\Delta z^{Rp}(T, p) = (z - z^{iG})_{T, p=0} + \int_0^p [\partial(z - z^{iG})/\partial p]_T \,\mathrm{d}p. \quad (50)$$

Da sich jede Substanz bei $v = \infty$ bzw. $p = 0$ wie ein ideales Gas verhält, ist der erste Summand Null. Mit $(\partial z/\partial v)_T$ und $(\partial z/\partial p)_T$ nach Tabelle 1-1 und z^{iG} nach 2.1.1 folgt

$$\Delta u^{Rv}(T, v) = \int_\infty^v [T(\partial p/\partial T)_v - p] \,\mathrm{d}v, \quad (51)$$

$$\Delta h^{Rp}(T, p) = \int_0^p [v - T(\partial v/\partial T)_p] \,\mathrm{d}p, \quad (52)$$

$$\Delta s^{Rv}(T, v) = \int_\infty^v [(\partial p/\partial T)_v - R/v] \,\mathrm{d}v, \quad (53)$$

$$\Delta s^{Rp}(T, p) = \int_0^p [-(\partial v/\partial T)_p + R/p] \,\mathrm{d}p. \quad (54)$$

Aus der Definition (1-42) der Enthalpie ergibt sich

$$\Delta u^{Rp}(T, p) = \Delta h^{Rp}(T, p) - [pv(T, p) - RT], \quad (55)$$

$$\Delta h^{Rv}(T, v) = \Delta u^{Rv}(T, v) + [vp(T, v) - RT]. \quad (56)$$

Bei einer druckexpliziten thermischen Zustandsgleichung sind die Variablen (T, v) anzuwenden; für die Variablen (T, p) werden volumenexplizite Zustandsgleichungen benötigt.

Auf der Grundlage der spezifischen Wärme im idealen Gaszustand und einer thermischen Zustandsgleichung sind die Größen u, h und s realer Fluide nach (47), (48) und (51) bis (56) berechenbar. Die kalorischen Zustandsgrößen sind dabei nur bis auf eine Konstante bestimmt, die durch Vereinbarung festgelegt werden muß. Die Ergebnisse solcher Rechnungen sind für einige technisch wichtige Stoffe in Dampftafeln, z. B. [13, 14, 20-23], niedergelegt.

Die in (17) definierte isentrope Enthalpiedifferenz läßt sich für reale Fluide mit Hilfe von Dampftafeln ermitteln. Die Enthalpie im Zustand 2 ist dabei zweckmäßig mit der Formel

$$h(p_2, s_1) = h(p_0, s_0) + v_0(p_2 - p_0) + T_0(s_1 - s_0) \quad (57)$$

zu interpolieren, welche die Funktion $h(p, s)$ an einem geeigneten Gitterpunkt 0 der Dampftafel linearisiert.
Ein anderes Verfahren zur Berechnung von Δh_s geht von dem Isentropenexponenten

$$k \equiv -(v/p)(\partial p/\partial v)_s \quad (58)$$

aus. Diese im Prinzip veränderliche Größe [24]

$$k(T, v) = (v/p)\,[(T/c_v)(\partial p/\partial T)_v^2 - (\partial p/\partial v)_T] \quad (59)$$

$$\text{mit} \quad c_v(T, v) = c_v^0(T) + T\int_\infty^v (\partial^2 p/\partial T^2)_v\, dv \quad (60)$$

oder

$$1/k(T, p) = -(p/v) \times [(T/c_p)(\partial v/\partial T)_p^2 + (\partial v/\partial p)_T] \quad (61)$$

$$\text{mit} \quad c_p(T, p) = c_p^0(T) - T\int_0^p (\partial^2 v/\partial T^2)_p\, dp, \quad (62)$$

die für ideale Gase $k = \varkappa(T)$ wird, ist in Bereichen des Gasgebietes näherungsweise konstant [25, 26]. Mit einem Mittelwert $k = \text{const}$ folgt aus (58) die Isentropengleichung $p = p_0(v_0/v)^k$, die für (17) in Verallgemeinerung von (18) die Lösung ergibt

$$\Delta h_s = \frac{k}{k-1} R T_1\,[(p_2/p_1)^{(k-1)/k} - 1]\,. \quad (63)$$

Für das chemische Potential eines realen Fluids benutzt man in Analogie zu (19) den Ansatz

$$\mu = \mu^0(T) + R_0 T \ln(f/p_0) = \mu^0(T) + R_0 T \ln(p/p_0) + R_0 T \ln\varphi \quad (64)$$

$$\text{mit} \quad \varphi \equiv f/p \quad (65)$$

$$\text{und} \quad \lim_{p\to 0} \varphi = 1\,. \quad (66)$$

Die Größe $\mu^0(T)$ ist dabei das chemische Potential des hypothetischen idealen Gases beim Standarddruck p_0 und der Temperatur T. Die durch (64) definierte Fugazität f des Fluids hat die Dimension eines Drucks und geht im Grenzfall $p \to 0$ in den Druck über. Der Fugazitätskoeffizient φ kennzeichnet die Abweichung des chemischen Potentials des realen Fluids von dem des idealen Gases. Differenziert man (64) bei $T = \text{const}$ unter Beachtung von (1-51) nach dem Druck und integriert das Ergebnis bei $T = \text{const}$ über diese Variable, so folgt

$$\ln\varphi = \int_0^p [V_m(T, p)/(R_0 T) - 1/p]\, dp\,. \quad (67)$$

Der Fugazitätskoeffizient ist danach aus einer volumenexpliziten Zustandsgleichung zu berechnen. Eine Variablentransformation von p nach V_m [27] bringt (67) in die Form

$$\ln\varphi = -\int_\infty^{V_m} [p(T, V_m)/(R_0 T) - 1/V_m]\, dV_m + z_0 - 1 - \ln z_0\,, \quad (68)$$

die sich mit einer druckexpliziten Zustandsgleichung auswerten läßt.

2.2 Gemische

Ein wesentlicher Bestandteil der thermodynamischen Eigenschaften von Gemischen sind die Daten der reinen Komponenten. Die Eigenschaften einer Komponente i im Gemisch, z. B. die partiellen molaren Größen, werden durch den Index i gekennzeichnet. Wird ausdrücklich auf die reine Komponente i Bezug genommen, wird der Index $0i$ verwendet.

2.2.1 Ideale Gasgemische

Dieses Modell beschreibt das Verhalten von Gemischen im Grenzzustand verschwindender Dichte. Nach einem Theorem von Gibbs [28] sind die innere Energie und die Entropie eines idealen Gasgemisches die Summe der entsprechenden Größen der reinen idealen Gase, aus denen das System zusammengesetzt ist, bei der Temperatur und dem Volumen der Mischung

$$U(T, V, m_i) = \sum_{i=1}^K U_{0i}(T, V, m_i) = \sum_{i=1}^K m_i u_{0i}^0(T)\,, \quad (69)$$

$$S(T, V, m_i) = \sum_{i=1}^K S_{0i}(T, V, m_i) = \sum_{i=1}^K m_i s_{0i}(T, V/m_i)\,. \quad (70)$$

Aus dieser Parameterdarstellung einer Fundamentalgleichung folgen mit s_{0i} nach (16) die Zustandsgleichungen des Modells. Mit Hilfe von $p = T(\partial S/\partial V)_{U, m_i}$ nach (1-15) erhält man aus (69) und (70) für das Gemisch dieselbe thermische Zustandsgleichung wie für ein reines ideales Gas:

$$pV = nR_0T = mRT. \quad (71)$$

Dabei sind

$$R \equiv \sum_i \xi_i R_i = R_0/M \quad \text{mit} \quad \xi_i = m_i/m \quad (72)$$

und

$$M \equiv m/n = \sum_i x_i M_i \quad \text{mit} \quad \begin{cases} m = \sum_i m_i \\ n = \sum_i n_i \end{cases} \quad (73)$$

die spezielle Gaskonstante und die molare Masse des Gemisches. Aus (71) ergibt sich das Daltonsche Gesetz. Danach ist der für beliebige Gemische definierte Partialdruck einer Komponente,

$$p_i \equiv x_i p, \tag{74}$$

in einem idealen Gasgemisch gleich dem Druck $p_{0i} = n_i R_0 T/V$ des reinen idealen Gases i bei der Temperatur T und dem Volumen V der Mischung.

Die spezifische innere Energie und Enthalpie idealer Gasgemische sind nach (69), (1.42) und (71) reine Temperaturfunktionen

$$u = \sum_{i=1}^{K} \xi_i u_{0i}^0(T), \tag{75}$$

$$h = \sum_{i=1}^{K} \xi_i [u_{0i}^0(T) + R_i T] = \sum_{i=1}^{K} \xi_i h_{0i}^0(T). \tag{76}$$

Diese Eigenschaft geht beim Differenzieren nach der Temperatur, vgl. (1-21), (1-48) und (10), auf die spezifischen Wärmen über:

$$c_v^0(T) = \sum_{i=1}^{K} \xi_i c_{v0i}^0(T), \tag{77}$$

$$c_p^0(T) = \sum_{i=1}^{K} \xi_i c_{p0i}^0(T) = c_v^0(T) + R, \tag{78}$$

$$\bar{c}_p^0(t) = \sum_{i=1}^{K} \xi_i \bar{c}_{p0i}^0(t). \tag{79}$$

Für die spezifische Entropie idealer Gasgemische folgt aus (70) und (71)

$$s = \sum_{i=1}^{K} \xi_i s_{0i}(T, p_i) = \sum_{i=1}^{K} \xi_i s_{0i}(T, p) + \Delta s^{\mathrm{M}}. \tag{80}$$

Danach setzt sich die Entropie aus den Beiträgen der reinen Komponenten bei Druck und Temperatur des Gemisches und der stets positiven Mischungsentropie

$$\Delta s^{\mathrm{M}} = -R \sum_{i=1}^{K} x_i \ln x_i > 0 \tag{81}$$

zusammen, in der sich die Irreversibilität des isotherm-isobaren Mischens widerspiegelt. Da Δs^{M} nur von der Zusammensetzung abhängt, gelten für ideale Gasgemische konstanter Zusammensetzung (12) bis (16) für die Entropie und (18) für die isentrope Enthalpiedifferenz reiner idealer Gase weiter, wenn die Gemischgrößen R, c_p^0, c_v^0 und $\varkappa = c_p^0/c_v^0$ eingesetzt werden.

Das chemische Potential einer Komponente i in einem idealen Gasgemisch ist nach (1-53) mit (76) und (80)

$$\begin{aligned} \mu_i &= \mu_{0i}^0(T) + R_0 T \ln(p_i/p_0) \\ &= \mu_{0i}^0(T) + R_0 T \ln(p/p_0) + R_0 T \ln x_i, \end{aligned} \tag{82}$$

wobei $\mu_{0i}^0(T)$ das chemische Potential des reinen idealen Gases i bei der Temperatur T und dem Standarddruck p_0 bedeutet. Bemerkenswert ist, daß μ_i neben T und p nur vom Stoffmengenanteil x_i der Komponente i selbst abhängt.

2.2.2 Gas-Dampf-Gemische. Feuchte Luft

Ideale Gasgemische können neben Bestandteilen, die im betrachteten Temperaturbereich nicht kondensieren, eine als Dampf bezeichnete Komponente enthalten, die als reine flüssige oder feste Phase ausfallen kann. Man spricht dann von Gas-Dampf-Gemischen.

Der Sättigungspartialdruck p_s des Dampfes D, d. h. seine Löslichkeit in der Gasphase, wird durch die Bedingungen des Phasengleichgewichts zwischen Gas und Kondensat bestimmt, vgl. 1.3.2. Wie die Rechnung zeigt [29], ist p_s in guter Näherung gleich dem für jede Temperatur durch das Maxwell-Kriterium (1-73) festgelegten Sättigungsdruck $p_{s0}(t)$ des reinen Stoffs D.

Gas-Dampf-Gemische heißen ungesättigt für $p_D < p_{s0}$ und gesättigt für $p_D = p_{s0}$; im letzteren Fall können sie Kondensat mitführen. Unter der Taupunkttemperatur T_T eines ungesättigten Gas-Dampf-Gemisches versteht man die Temperatur, auf die das Gemisch isobar abgekühlt werden kann, bis der erste Tautropfen ausfällt. Bei gegebenem Partialdruck p_D des Dampfes ergibt sich die Taupunkttemperatur aus der Bedingung

$$p_{s0}(T_T) = p_D. \tag{83}$$

Das in den Anwendungen am häufigsten auftretende Gas-Dampf-Gemisch ist feuchte Luft. Ihre nicht kondensierenden Bestandteile werden als trockene Luft L bezeichnet, deren Zusammensetzung nach Tabelle 2-4 die Molmasse $M_L = 28{,}9647$ kg/kmol ergibt. Der Wasserdampf W mit der molaren Masse $M_W = 18{,}0153$ kg/kmol und dem Sättigungsdruck $p_{s0}(T)$ nach Tabelle 2-5 ist die Dampfkomponente der feuchten Luft.

Der Wasseranteil ungesättigter feuchter Luft läßt sich durch die absolute Feuchte

$$\varrho_W \equiv m_W/V = p_W/(R_W T) \tag{84}$$

mit m_W als der Masse des Wassers beschreiben, das bei der Temperatur T im Volumen V gelöst

Tabelle 2-4. Zusammensetzung trockener Luft in Stoffmengenanteilen x_i [30]

Komponente i	Stoffmengenanteil x_i
Stickstoff N_2	0,780 84
Sauerstoff O_2	0,209 48
Argon Ar	0,009 34
Neon Ne	0,000 02
Kohlendioxid CO_2	0,000 32

Tabelle 2-5. Sättigungsdampfdruck p_{s0} von festem und flüssigem Wasser als Funktion der Celsiustemperatur t [31]

t in °C	p_{s0}/mbar
−40	0,1285
−30	0,3802
−20	1,0328
−10	2,5992
0	6,1115
10	12,279
20	23,385
30	42,452
40	73,813
50	123,448
60	199,33
70	311,77

ist. Der Zusammenhang zwischen ϱ_W und dem Partialdruck p_W mit R_W als der speziellen Gaskonstante des Wassers beruht auf dem Daltonschen Gesetz. Für eine gegebene Temperatur hat ϱ_W im Sättigungszustand den Maximalwert $\varrho_{Ws} = p_{s0}(T)/(R_W T)$. Der absoluten Feuchte zugeordnet ist die relative Feuchte

$$\varphi \equiv \varrho_W / \varrho_{Ws} = p_W / p_{s0}(T)\,, \tag{85}$$

die bei Sättigung den größten Wert $\varphi_s = 1$ annimmt.

Ein Maß für den Wassergehalt, das sich auf ungesättigte und gesättigte feuchte Luft einschließlich des mitgeführten Kondensats anwenden läßt, ist die Beladung

$$x \equiv m_W / m_L\,. \tag{86}$$

Die Masse m_L der trockenen Luft ist dabei eine Bezugsgröße, die auch beim Austauen und Befeuchten konstant bleibt. Für ungesättigte feuchte Luft gilt nach dem Daltonschen Gesetz

$$x = (R_L/R_W)\,p_W/(p - p_W) \quad \text{mit} \quad x \leqq x_s\,. \tag{87}$$

Dabei sind R_W und R_L die speziellen Gaskonstanten, p_W und $p_L = p - p_W$ die Partialdrücke der Komponenten und p der Gesamtdruck. Überschreitet x die Beladung x_s der gesättigten Gasphase, siehe (87) mit $p_W = p_{s0}(T)$, enthält die feuchte Luft die Kondensatmenge $m_L(x - x_s)$ als Nebel oder Bodenkörper aus flüssigem Wasser oder Eis.

Das spezifische Volumen ungesättigter feuchter Luft ergibt sich aus dem Ansatz $p = p_L + p_W$ und den Partialdrücken p_L und p_W nach dem Daltonschen Gesetz zu

$$v_{1+x} \equiv V/m_L = (1 + x)v = (R_L + xR_W)(T/p)$$
$$\text{mit} \quad x \leqq x_s\,. \tag{88}$$

Als Bezugsgröße wird dabei m_L verwendet; $v = V/(m_L + m_W)$ ist das gewöhnliche spezifische Volumen. Näherungsweise kann (88) mit $x = x_s$ auch für kondensathaltige feuchte Luft benutzt werden, wenn das Kondensatvolumen vernachlässigbar ist.

Die Enthalpie kondensathaltiger feuchter Luft addiert sich aus den Beiträgen der Phasen, wobei die Enthalpie des Gases nach (76) die Summe der Enthalpien der trockenen Luft und des Wasserdampfes ist und nicht vom Druck abhängt. Mit m_L als Bezugsgröße erhält man für die spezifische Enthalpie des homogenen oder heterogenen Gemisches

$$h_{1+x} \equiv H/m_L = (1 + x)\,h$$
$$= \begin{cases} h_{0L} + x h^g_{0W} & \text{für} \quad x < x_s \quad (89) \\ h_{0L} + x_s h^g_{0W} \\ \quad + (x - x_s)\,h^k_{0W} & \text{für} \quad x \geqq x_s \quad (90) \end{cases}$$

Hierin ist $h = H/(m_L + m_W)$ die gewöhnliche spezifische Enthalpie des Gemisches, während h_{0L}, h^g_{0W} und h^k_{0W} die spezifischen Enthalpien der trockenen Luft, des Wasserdampfes und des Kondensats bedeuten. Über die Enthalpiekonstanten wird so verfügt, daß die spezifischen Enthalpien von trockener Luft und flüssigem Wasser bei $t = 0\,°C$ Null sind. Setzt man konstante spezifische Wärmen voraus und vernachlässigt die Druckabhängigkeit der Kondensatenthalpie, so folgt [32]

$$h_{0L} = c^0_{p0L}\,t = 1{,}004\ \text{kJ/(kg}\cdot\text{K)}\cdot t \tag{91}$$

$$h^g_{0W} = r_0 + c^0_{p0W}\,t$$
$$= 2\,500\ \text{kJ/kg} + 1{,}86\ \text{kJ/(kg}\cdot\text{K)}\cdot t \tag{92}$$

$$h^k_{0W} = \begin{cases} c_{0W} t = 4{,}19\ \text{kJ/(kg}\cdot\text{K)}\cdot t \\ \text{für flüssiges Wasser} \quad (93) \\ -r_E + c_{0E} t = -333\ \text{kJ/kg} \\ \quad + 2{,}05\ \text{kJ/(kg}\cdot\text{K)}\cdot t \\ \text{für Eis}\,. \quad (94) \end{cases}$$

Dabei sind r_0 und r_E die Verdampfungs- und Schmelzenthalpien des Wassers bei 0 °C, vgl. 3.1; c_{p0L}, c_{p0W}, c_{0W} und c_{0E} sind die isobaren spezifischen Wärmekapazitäten der trockenen Luft, des Wasserdampfes, des flüssigen Wassers und des Eises. Die spezifische Enthalpie feuchter Luft kann auch aus Diagrammen [33] entnommen werden.

2.2.3 Reale Gemische

Um die Eigenschaften fluider Gemische im gesamten Dichtebereich wiederzugeben, benötigt man eine geeignete thermische Zustandsgleichung. Dabei geht man von einem einheitlichen Ansatz für die Zustandsgleichung des Gemisches und seiner realen Komponenten aus, siehe 2.1.3. Die Koeffizienten der Gemischzustandsgleichung werden mit Hilfe von Mischungsregeln aus den Koeffizienten der reinen Stoffe und einigen Zusatzinformationen bestimmt. Theoretisch begründet [34] sind die Mischungsregeln der Virialgleichung (29)

$$B = \sum_{i=1}^{K} \sum_{j=1}^{K} x_i x_j B_{ij},$$

$$C = \sum_{i=1}^{K} \sum_{j=1}^{K} \sum_{k=1}^{K} x_i x_j x_k C_{ijk}, \quad \text{usw.} \qquad (95)$$

mit B, C, ... als den Virialkoeffizienten des Gemisches. Die Größen B_{ij}, C_{ijk}, ..., die nur von der Temperatur abhängen, sind für $i = j = k$ die Virialkoeffizienten der reinen Komponenten und andernfalls sog. Kreuzvirialkoeffizienten. Alle Indizes sind aufgrund der Symmetrie der molekularen Wechselwirkungen vertauschbar. Daten für den Kreuzvirialkoeffizienten $B_{12} = B_{21}$ vieler Gemische findet man in [10]. Eine Abschätzung erhält man aus (34) mit den Mischungsregeln [35]

$$T_{k12} = (T_{k1} T_{k2})^{0,5} (1 - k_{12}), \qquad (96)$$

$$V_{mk12} = [(V_{mk1}^{1/3} + V_{mk2}^{1/3})/2]^3, \qquad (97)$$

$$\omega_{12} = (\omega_1 + \omega_2)/2, \qquad (98)$$

$$(z_0)_{k12} = 0{,}291 - 0{,}08\omega_{12}, \qquad (99)$$

$$p_{k12} = (z_0)_{k12} R_0 T_{k12} / V_{mk12}. \qquad (100)$$

Nur für chemisch ähnliche Moleküle vergleichbarer Größe darf der binäre Parameter $k_{12} = 0$ gesetzt werden.

Die Redlich-Kwong-Soave-Gleichung (38) benutzt empirische Mischungsregeln [17] für die Gemischkoeffizienten a und b. Danach ist für Gemische aus nicht polaren oder schwach polaren Stoffen

$$a = \sum_{i=1}^{K} \sum_{j=1}^{K} x_i x_j a_{ij} \qquad (101)$$

mit a_{ii} als dem Koeffizienten a der reinen Komponente i nach (39). Der Kreuzkoeffizient ist nach der Vorschrift

$$a_{ij} = (a_{ii} a_{jj})^{0,5} (1 - k_{ij}) \quad \text{für} \quad i \neq j \qquad (102)$$

zu berechnen. Der binäre Wechselwirkungsparameter $k_{ij} = k_{ji}$ wurde für viele Stoffpaare aus Phasengleichgewichtsmessungen bestimmt [36] und ist trotz kleiner Werte, siehe Tabelle 2-6, nicht zu vernachlässigen. Die Mischungsregel für den Koeffizienten b lautet unter denselben Voraussetzungen

$$b = \sum_{i=1}^{K} x_i b_i, \qquad (103)$$

wobei der Koeffizient b_i der reinen Komponente i durch (44) gegeben ist. Ein Mehrkomponentensystem wird damit durch Informationen über die binären Teilsysteme beschrieben.

Die spezifische innere Energie, Enthalpie und Entropie realer Gemische sind mit denselben Ansät-

Tabelle 2-6. Binäre Wechselwirkungsparameter k_{ij} der Zustandsgleichung von Redlich-Kwong-Soave für einige Zweistoffsysteme [37]

System	k_{ij}
Wasserstoff-Methan H_2-CH_4	−0,0222
Wasserstoff-Ethylen H_2-C_2H_4	−0,0681
Stickstoff-Methan N_2-CH_4	0,0278
Stickstoff-Ethylen N_2-C_2H_4	0,0798
Stickstoff-Propan N_2-C_3H_8	0,0763
Stickstoff-n-Butan N_2-n-C_4H_{10}	0,0700
Stickstoff-Kohlendioxid N_2-CO_2	−0,0315
Stickstoff-Ammoniak N_2-NH_3	0,2222
Methan-Ethylen CH_4-C_2H_4	0,0186
Methan-Ethan CH_4-C_2H_6	−0,0078
Methan-Propan CH_4-C_3H_8	0,0090
Methan-n-Pentan CH_4-n-C_5H_{12}	0,0190
Methan-Kohlendioxid CH_4-CO_2	0,0933
Ethylen-Kohlendioxid C_2H_4-CO_2	0,0533
Kohlendioxid-Schwefelwasserstoff CO_2-H_2S	0,0989
Kohlendioxid-n-Pentan CO_2-n-C_5H_{12}	0,1311

Tabelle 2-7. Realanteile der kalorischen Zustandsgrößen, Isentropenexponent und Fugazitätskoeffizient nach der Zustandsgleichung (37) für Gemische

$$M\,\Delta h^{Rp}(T,p) = p[B - T(\mathrm{d}B/\mathrm{d}T)]$$

$$M\Delta s^{Rp}(T,p) = -p(\mathrm{d}B/\mathrm{d}T)$$

$$1/k(T,p) = -(p/V_m)\{[T/(Mc_p)](\partial V_m/\partial T)_p^2 + (\partial V_m/\partial p)_T\}^a$$
mit $V_m = R_0 T/p + B$
und $c_p = c_p^0(T) + \partial \Delta h^{Rp}(T,p)/\partial T$

$$\ln \varphi_i(T,p) = \left(2 \sum_{j=1}^{K} x_j B_{ij} - B\right) [p/(R_0 T)]$$

[a] Dabei ist $V_m = Mv$ mit M als der Molmasse des Gemisches.

Tabelle 2-8. Realanteile der kalorischen Zustandsgrößen, Isentropenexponent und Fugazitätskoeffizient nach der Zustandsgleichung (38) für Gemische

$$M\,\Delta u^{Rv}(T,v) = -(1/b)\,[a - T(\mathrm{d}a/\mathrm{d}T)] \ln(1 + b/V_m)^{ab}$$

$$M\,\Delta s^{Rv}(T,v) = R_0 \ln(1 - b/V_m) + (1/b)\,(\mathrm{d}a/\mathrm{d}T) \ln(1 + b/V_m)^{ab}$$

$$k(T,v) = (V_m/p)\,\{[T/(Mc_v)]\,(\partial p/\partial T)_{V_m}^2 - (\partial p/\partial V_m)_T\}^a$$
mit $p = R_0 T/(V_m - b) - a/[V_m(V_m + b)]$
und $c_v(T,v) = c_v^0(T) + \partial u^{Rv}(T,v)/\partial T$

$$\ln \varphi_i(T,v) = (b_i/b)(z_0 - 1) - \ln[z_0(1 - b/V_m)] - \left[2 \sum_{j=1}^{K} x_j a_{ij}/(R_0 T b)\right] \ln(1 + b/V_m) + [a b_i/(R_0 T b^2)] \ln(1 + b/V_m)^a$$

[a] Dabei ist $V_m = Mv$ mit M als der Molmasse des Gemisches.

[b] $\mathrm{d}a/\mathrm{d}T = -(1/T^{0,5}) \sum_{i=1}^{K} \sum_{j=1}^{K} x_i x_j a_{ij} \bar{m}_j / (T_{kj}\alpha_j)^{0,5}$
mit α_j und $\bar{m}_j$ nach (39) und (40). T_{kj} ist die kritische Temperatur der Komponente j.

zen zu berechnen, die nach (47), (48) und (51) bis (56) für reine reale Fluide gelten. Für die Eigenschaften des idealen Gases sind dabei die Eigenschaften des Gemisches im idealen Gaszustand, siehe 2.2.1, einzusetzen, und zur Auswertung der Realanteile ist eine thermische Zustandsgleichung für das Gemisch heranzuziehen. Entsprechendes gilt für den Isentropenexponenten und die isentrope Enthalpiedifferenz nach (58) bis (63). In den Tabellen 2-7 und 2-8 sind die Realanteile der kalorischen Zustandsgrößen und der Isentropenexponent realer Gemische auf der Grundlage der Zustandsgleichungen (37) und (38) zusammengestellt. Die Ergebnisse enthalten als Sonderfall die Eigenschaften reiner Stoffe.

Für das chemische Potential einer Komponente i in einem realen Gemisch setzt man in Verallgemeinerung von (82)

$$\mu_i = \mu^0_{0i}(T) + R_0 T \ln (f_i/p_0) \quad (104)$$

$$= \mu^0_{0i}(T) + R_0 T \ln (p_i/p_0) + R_0 T \ln \varphi_i \quad (105)$$

mit $\varphi_i \equiv f_i/p_i$ (106)

und $\lim_{p \to 0} \varphi_i = 1\,.$ (107)

Dabei ist μ^0_{0i} das chemische Potential des hypothetischen reinen idealen Gases i beim Standarddruck p_0 und f_i die Fugazität der Komponente i im Gemisch. Im Grenzzustand des idealen Gasgemisches geht f_i in den Partialdruck p_i über. Der Fugazitätskoeffizient φ_i kennzeichnet die Abweichung des chemischen Potentials der Komponente i vom Wert dieser Größe in einem idealen Gasgemisch. Auf der Grundlage von (1-51) läßt sich analog zu (67)

$$\ln \varphi_i = \int_0^p [V_i(T, p, x_j)/(R_0 T) - 1/p]\, \mathrm{d}p \quad (108)$$

herleiten [38], wobei V_i das partielle molare Volumen der Komponente i nach (1-33) bedeutet. Diese Größe ist von den Molanteilen x_j aller Komponenten im Gemisch abhängig. Die Variablentransformation von p nach V ergibt [39]

$$\ln \varphi_i = -\int_\infty^V [(\partial p/\partial n_i)_{T, V, n_{j \neq i}}/(R_0 T) - 1/V]\, \mathrm{d}V - \ln z_0\,. \quad (109)$$

Zur Auswertung von (108) bedarf es einer volumenexpliziten Zustandsgleichung, während (109) auf druckexplizite Zustandsgleichungen zugeschnitten ist. Die Tabellen 2-7 und 2-8 enthalten auch den Fugazitätskoeffizienten φ_i, berechnet aus den Gemischzustandsgleichungen (37) und (38) mit dem reinen Stoff i als Sonderfall.

Zur Berechnung der Eigenschaften flüssiger Gemische mit stark polaren Komponenten sind keine genügend genauen thermischen Zustandsgleichungen verfügbar. Ausgangspunkt für die Beschreibung solcher Systeme sind zu (104) parallele Ansätze für die chemischen Potentiale im Gemisch. Existiert die reine Komponente i bei Druck und Temperatur der Mischung als Flüssigkeit, wird

$$\mu_i = \mu_{0i}(T, p) + R_0 T \ln (x_i \gamma_i) \quad (110)$$

mit $\lim_{x_i \to 1} \gamma_i(T, p, x_j) = 1$ (111)

gesetzt. Dabei ist $\mu_{0i}(T, p)$ das chemische Potential der reinen Flüssigkeit i und γ_i der Aktivitätskoeffizient von i im Gemisch. Er ist dimensionslos, hängt von den Molanteilen x_j aller Komponenten ab und wird für den reinen Stoff eins. Gilt für alle Komponenten über den gesamten Konzentrationsbereich $\gamma_i = 1$, spricht man von einer idealen Lösung

$$\mu_i^{iL} = \mu_{0i}(T, p) + R_0 T \ln x_i\,. \quad (112)$$

Dieses Lösungsmodell erfüllt die Gibbs-Duhem-Gleichung (1-26) $\sum x_i \,\mathrm{d}\mu_i = 0$ bei T, $p = \text{const}$ und ist damit thermodynamisch konsistent. Physikalisch wird es nur von sehr ähnlichen Komponenten wie Strukturisomeren realisiert. Die Abweichungen eines Gemisches vom Modell der idealen Lösung werden durch die Aktivitätskoeffizienten gekennzeichnet. Die Gibbs-Duhem-Gleichung verlangt hier $\sum_i x_i \,\mathrm{d}\ln \gamma_i = 0$ für $T, p = \text{const}$, was für ein binäres Gemisch zur Folge hat, daß die Taylor-Entwicklungen von $\ln \gamma_i$ um die Stelle $x_i = 1$ nach $1 - x_i$ mit dem quadratischen Glied beginnen. Der Vergleich von (104) und (110) ergibt

$$f_i = x_i \gamma_i f_{0i}(T, p) \quad (113)$$

mit f_{0i} als der Fugazität der reinen Flüssigkeit i nach 2.1.3.

Sind die reinen Komponenten i, die in einem Lösungsmittel j gelöst sind, bei Druck und Temperatur der Mischung nicht flüssig, schreibt man in Abwandlung von (110) für das chemische Potential der gelösten Stoffe

$$\mu_i = \mu_i^* + R_0 T \ln (x_i \gamma_i^*) \quad (114)$$

mit $\mu_i^* \equiv \lim_{x_i \to 0} (\mu_i - R_0 T \ln x_i)\,,$ (115)

$$\gamma_i^* \equiv \gamma_i/\gamma_i^\infty\,, \quad (116)$$

$$\gamma_i^\infty \equiv \lim_{x_i \to 0} \gamma_i \quad (117)$$

und $\lim_{x_i \to 0} \gamma_i^* = 1\,.$ (118)

Praktisch kann dieser Ansatz mit γ_i^* als dem rationellen Aktivitätskoeffizienten nur für Zweikomponentensysteme angewendet werden, da die Grenzwerte $x_i \to 0$ nur für diesen Fall eindeutig sind.

Vergleicht man (104) mit (114) bis (117), folgt

$$f_i = x_i \gamma_i^* H_{i,j} \qquad (119)$$

$$\text{mit} \quad H_{i,j} \equiv \lim_{x_i \to 0} (f_i/x_i) = \gamma_i^\infty f_{0i}. \qquad (120)$$

Der Henrysche Koeffizient $H_{i,j}$ mit der Dimension eines Drucks ist eine Eigenschaft des gelösten Stoffes i und des Lösungsmittels j und kann aus Phasengleichgewichtmessungen, vgl. 3.2, bestimmt werden. Für einfache Gase (2) und Wasser (1) gilt im Temperaturbereich $0 \leq t \leq 50\,°\text{C}$ [40]

$$\ln\{H_{2,1}[T, p_{s01}(T)]/1{,}013\,25\,\text{bar}\} = \alpha_2(1 - T_2/T) - 36{,}855(1 - T_2/T)^2 \qquad (121)$$

mit $p_{s01}(T)$ als dem Sättigungsdruck des Wassers. Tabelle 2-9 gibt die Koeffizienten α_2 und T_2 für Helium, Stickstoff, Sauerstoff und Argon an.

Tabelle 2-9. Parameter T_2 und α_2 des Henryschen Koeffizienten $H_{1,2}$ nach (121) für einige in Wasser gelöste Gase [40]

Gelöstes Gas	T_2/K	α_2
Helium He	131,42	41,824
Stickstoff N_2	162,02	41,712
Sauerstoff O_2	168,85	40,622
Argon Ar	168,27	40,404

Dem Ansatz (110) für die chemischen Potentiale entspricht eine Fundamentalgleichung für die molare freie Enthalpie eines flüssigen Gemisches, siehe (1-44),

$$G_m(T, p, x_i) = G_m^{iL}(T, p, x_i) + G_m^E(T, p, x_i) \qquad (122)$$

$$\text{mit} \quad G_m^{iL} = \sum_{i=1}^{K} x_i[\mu_{0i}(T, p) + R_0 T \ln x_i] \qquad (123)$$

$$\text{und} \quad G_m^E = R_0 T \sum_{i=1}^{K} x_i \ln \gamma_i, \qquad (124)$$

die sich aus einem Beitrag G_m^{iL} der idealen Lösung und einem Zusatz- oder Exzeßanteil G_m^E zusammensetzt. Daraus folgen mit den Definitionen (1-42) bis (1-44) und den Ableitungen $(\partial G_m^E/\partial p)_{T,x_i} = V_m^E$ und $(\partial G_m^E/\partial T)_{p,x_i} = -S_m^E$ nach (1-47) alle weiteren molaren Größen des Gemisches in der Form

$$Z_m(T, p, x_i) = Z_m^{iL}(T, p, x_i) + Z_m^E(T, p, x_i), \qquad (125)$$

wobei Z_m^{iL} den Beitrag der idealen Lösung und Z_m^E die molare Zusatzgröße bedeuten. Bei reinen Stoffen ist $Z_m^E = 0$. Insbesondere gilt für das Molvolumen, die molare Enthalpie und Entropie

$$V_m = V_m^{iL} + V_m^E = \sum_{i=1}^{K} x_i V_{0i} + (\partial G_m^E/\partial p)_{T,x_i}, \qquad (126)$$

$$H_m = H_m^{iL} + H_m^E = \sum_{i=1}^{K} x_i H_{0i} - T^2[\partial(G_m^E/T)/\partial T]_{p,x_i}, \qquad (127)$$

$$S_m = S_m^{iL} + S_m^E = \sum_{i=1}^{K} x_i(S_{0i} - R_0 \ln x_i) - (\partial G_m^E/\partial T)_{p,x_i}. \qquad (128)$$

Die Änderungen der molaren Zustandsgrößen beim isotherm-isobaren Mischen der reinen Komponenten

$$\Delta Z_m^M \equiv \sum_{i=1}^{K} x_i[Z_i(T, p, x_j) - Z_{0i}(T, p)] \qquad (129)$$

heißen molare Mischungsgrößen, wobei nach (1-34) $Z_m = \sum x_i Z_i$ mit Z_i als der zugehörigen partiellen molaren Zustandsgröße der Komponente i im Gemisch gesetzt ist. Nach (126) und (127) und dieser Definition sind V_m^E und H_m^E als molares Mischungsvolumen ΔV_m^M und molare Mischungsenthalpie ΔH_m^M meßbar. Gemischte mit $\Delta H_m^M > 0$ werden als endotherm, solche mit $\Delta H_m^M < 0$ als exotherm bezeichnet. Bei idealen Lösungen ist $\Delta V_m^M = 0$, $\Delta H_m^M = 0$ und $\Delta U_m^M = 0$. Für die Aktivi-

Tabelle 2-10. Relative van-der-Waalssche Größen und Beispiele der Strukturgruppenunterteilung für einige ausgewählte Strukturgruppen [45]

Untergruppe k	Hauptgruppe	r_k^G	q_k^G	Zuordnung
1 CH_3	1 CH_2	0,9011	0,848	Hexan
2 CH_2		0,6744	0,540	2 CH_3, 4 CH_2
3 CH		0,4469	0,228	Neopentan
4 C		0,2195	0,000	4 CH_3, 1 C
5 CH_2=CH	2 C=C	1,3454	1,176	Hexen-1
6 CH=CH		1,1167	0,867	1 CH_3, 3 CH_2, 1 CH_2=CH
7 CH_2=C		1,1173	0,988	Hexen-2
8 CH=C		0,8886	0,676	2 CH_3, 2 CH_2, 1 CH=CH
9 C=C		0,6605	0,485	

Tabelle 2-10 (Forts.)

Untergruppe k	Hauptgruppe	r_k^G	q_k^G	Zuordnung
10 ACH	3 ACH	0,5313	0,400	Naphthalin
11 AC		0,3652	0,120	8 ACH, 2 AC
12 $ACCH_3$	4 $ACCH_2$	1,2663	0,968	Toluol
13 $ACCH_2$		1,0396	0,660	5 ACH, 1 $ACCH_3$
14 ACCH		0,8121	0,348	Cumol
				2 CH_3, 5 ACH, 1 ACCH
15 OH	5 OH	1,0000	1,200	Propanol-2
				2 CH_3, 1 CH, 1 OH
16 CH_3OH	6 CH_3OH	1,4311	1,432	Methanol
				1 CH_3OH
17 H_2O	7 H_2O	0,9200	1,400	Wasser
				1 H_2O
18 ACOH	8 ACOH	0,8952	0,680	Phenol
				5 ACH, 1 ACOH
19 CH_3CO	9 CH_2CO	1,6724	1,488	Pentanon-3
20 CH_2CO		1,4457	1,180	2 CH_3, 1 CH_2, 1 CH_2CO
21 CHO	10 CHO	0,9980	0,948	Propionaldehyd
				1 CH_3, 1 CH_2, 1 CHO
22 CH_3COO	11 CCOO	1,9031	1,728	Methylpropionat
23 CH_2COO		1,6764	1,420	2 CH_3, 1 CH_2COO
24 CH_3O	12 CH_2O	1,1450	1,088	Diethylether
25 CH_2O		0,9183	0,780	2 CH_3, 1 CH_2, 1 CH_2O
26 CHO		0,6908	0,468	
27 CH_3NH_2	13 CNH_2	1,5959	1,544	Ethylamin
28 CH_2NH_2		1,3692	1,236	1 CH_3, 1 CH_2NH_2
29 $CHNH_2$		1,1417	0,924	
30 $ACNH_2$	14 $ACNH_2$	1,0600	0,816	Anilin
				5 ACH, 1 $ACNH_2$
31 CH_3CN	15 CCN	1,8701	1,724	Propionitril
32 CH_2CN		1,6434	1,416	1 CH_3, 1 CH_2CN
33 COOH	16 COOH	1,3013	1,224	Essigsäure
34 HCOOH		1,5280	1,532	1 CH_3, 1 COOH
35 CH_2Cl	17 CCl	1,4654	1,264	1-Chlorbutan
36 CHCl		1,2380	0,952	1 CH_3, 2 CH_2, 1 CH_2Cl
37 CCl		1,0106	0,724	
38 CH_2Cl_2	18 CCl_2	2,2564	1,998	1,1-Dichlorethan
39 $CHCl_2$		2,0606	1,684	1 CH_3, 1 $CHCl_2$
40 CCl_2		1,8016	1,448	
41 $CHCl_3$	19 CCl_3	2,8700	2,410	1,1,1-Trichlorethan
42 CCl_3		2,6401	2,184	1 CH_3, 1 CCl_3
43 CCl_4	20 CCl_4	3,3900	2,910	Tetrachlorkohlenstoff
				1 CCl_4
44 ACCl	21 ACCl	1,1562	0,844	Chlorbenzol
				5 ACH, 1 ACCl

tätskoeffizienten findet man nach (1-36), (1-47), (1-51) und (1-54) die in bezug auf die Gibbs-Duhem-Gleichung konsistente Darstellung

$$R_0 T \ln \gamma_i = (\partial G^{\mathrm{E}}_{\mathrm{m}}/\partial n_i)_{T,p,x_{j \neq i}}$$

$$= G^{\mathrm{E}}_{\mathrm{m}} - \sum_{j=1}^{K-1} x_j \partial G^{\mathrm{E}}_{\mathrm{m}}(T, p, x_1, \ldots, x_{i-1}, x_{i+1}, \ldots, x_K)/\partial x_j \quad (130)$$

mit $(\partial \ln \gamma_i/\partial p)_{T,x_j} = V^{\mathrm{E}}_i/(R_0 T)$ (131)

und $(\partial \ln \gamma_i/\partial T)_{p,x_j} = -H^{\mathrm{E}}_i/(R_0 T^2)$. (132)

Die partiellen molaren Zusatzvolumina V^{E}_i und Enthalpien H^{E}_i folgen dabei mit (1-36) aus den entsprechenden molaren Zusatzgrößen.

Die in der Fundamentalgleichung (122) benötigten Reinstoffeigenschaften sind nach 2.1.3 zu berechnen; die molare freie Zusatzenthalpie $G^{\mathrm{E}}_{\mathrm{m}}$ erhält man aus empirischen oder halbtheoretischen Ansätzen [41], deren Konstanten aus Phasengleichgewichtsmessungen, siehe 3.2, bestimmt werden müssen.

Auf molekularen Vorstellungen aufgebaut und für Mehrstoffsysteme anwendbar ist der UNIQUAC-Ansatz von Abrams und Prausnitz [42]. Er erfaßt die unterschiedliche Größe und Gestalt der Moleküle und ihre energetischen Wechselwirkungen in einem kombinatorischen und einem Restanteil $(G^{\mathrm{E}}_{\mathrm{m}})^{\mathrm{C}}$ und $(G^{\mathrm{E}}_{\mathrm{m}})^{\mathrm{R}}$ der molaren freien Zusatzenthalpie. Der Ansatz hat daher die Form

$$G^{\mathrm{E}}_{\mathrm{m}} = (G^{\mathrm{E}}_{\mathrm{m}})^{\mathrm{C}} + (G^{\mathrm{E}}_{\mathrm{m}})^{\mathrm{R}} \quad (133)$$

mit

$$(G^{\mathrm{E}}_{\mathrm{m}})^{\mathrm{C}}/(R_0 T) = \sum_{j=1}^{K} x_j \ln(\Phi_j/x_j) + 5 \sum_{j=1}^{K} x_j q_j \ln(\Theta_j/\Phi_j) \quad (134)$$

und

$$(G^{\mathrm{E}}_{\mathrm{m}})^{\mathrm{R}}/(R_0 T) = -\sum_{j=1}^{K} q_j x_j \ln\left[\sum_{k=1}^{K} \Theta_k \tau_{kj}\right]. \quad (135)$$

Summiert wird über alle K Komponenten des Gemisches. Im einzelnen bedeuten

$$\Theta_j \equiv x_j q_j \Big/ \sum_{k=1}^{K} x_k q_k$$

und $\Phi_j \equiv x_j r_j \Big/ \sum_{k=1}^{K} x_k r_k$ (136)

den molaren Oberflächen- bzw. Volumenanteil und x_j den Stoffmengenanteil der Komponente j. Die Größen q_j und r_j sind die relative van-der-Waalssche Oberfläche bzw. das relative van-der-Waalssche Volumen eines Moleküls j in bezug auf die CH_2-Gruppe eines unendlich langen Polyethylens. Diese Reinstoffeigenschaften sind für viele Substanzen berechnet und in [43] vertafelt. Der Faktor

$$\tau_{kj} \equiv \exp[-\Delta u_{kj}/(R_0 T)] \quad (137)$$

mit $\Delta u_{kj} \neq \Delta u_{jk}$ und $\Delta u_{jj} = 0$ (138)

ist Ausdruck der molekularen Paarwechselwirkun-

Tabelle 2-11. UNIFAC-Wechselwirkungsparameter a_{nm} einiger ausgewählter Strukturgruppen in K [48]

Hauptgruppe	1	2	3	4	5	6	7
1 CH_2	0	86,02	61,13	76,5	986,5	697,2	1318,0
2 C=C	−35,36	0	38,81	74,15	524,1	787,6	270,6
3 ACH	−11,12	3,446	0	167,0	636,1	637,35	903,8
4 $ACCH_2$	−69,7	−113,6	−146,8	0	803,2	603,25	5695,0
5 OH	156,4	457,0	89,6	25,82	0	−137,1	353,5
6 CH_3OH	16,51	−12,52	−50,0	−44,5	249,1	0	−180,95
7 H_2O	300,0	496,1	362,3	377,6	−229,1	289,6	0
8 ACOH	275,8	217,5	25,34	244,2	−451,6	−265,2	−601,8
9 CH_2CO	26,76	42,92	140,1	365,8	164,5	108,65	472,5
10 CHO	505,7	56,3	23,39	106,0	−404,8	−340,18	232,7
11 CCOO	114,8	132,1	85,84	−170,0	245,4	249,63	200,8
12 CH_2O	83,36	26,51	52,13	65,69	237,7	238,4	−314,7
13 CNH_2	−30,48	1,163	−44,85	—	−164,0	−481,65	−330,4
14 $ACNH_2$	1139,0	2000,0	247,5	762,8	−17,4	−118,1	−367,8
15 CCN	24,82	−40,62	−22,97	−138,4	185,4	157,8	242,8
16 COOH	315,3	1264,0	62,32	268,2	−151,0	1020,0	−66,17
17 CCl	91,46	97,51	4,68	122,91	562,2	529,0	698,24
18 CCl_2	34,01	18,25	121,3	140,78	747,7	669,9	708,7
19 CCl_3	36,7	51,06	288,5	33,61	742,1	649,1	826,76
20 CCl_4	−78,45	160,9	−4,7	134,7	856,3	860,1	1201,0
21 ACCl	−141,26	−158,8	−237,68	375,5	246,9	661,6	920,4

gen, die im UNIQUAC-Ansatz allein berücksichtigt werden. Deshalb benötigt der Ansatz zur Beschreibung eines Vielstoffsystems mit den binären Wechselwirkungsparametern Δu_{kj} und Δu_{jk} nur Gemischinformationen bezüglich der binären Randsysteme. Die als konstant vorausgesetzten Wechselwirkungsparameter wurden für viele Zweistoffsysteme aus Phasengleichgewichten, siehe 3.2, ermittelt und sind in [43] ebenfalls tabelliert.
Wegen der Bedingung $\Delta u_{kj} = \text{const}$ ist die Temperaturabhängigkeit von G_m^E durch den UNIQUAC-Ansatz (133) nur grob erfaßt und die Genauigkeit der molaren Zusatzenthalpie H_m^E nach (127) unbefriedigend. Das molare Zusatzvolumen V_m^E nach (126) ist wegen der fehlenden Druckabhängigkeit der Parameter gar nicht zu bestimmen. Die Aktivitätskoeffizienten der Komponenten, vgl. (130), werden durch den Ansatz aber sehr gut wiedergegeben:

$$\ln \gamma_i = \ln \gamma_i^\text{C} + \ln \gamma_i^\text{R} \qquad (139)$$

mit

$$\ln \gamma_i^\text{C} = 1 - \Phi_i/x_i + \ln(\Phi_i/x_i) - 5q_i[1 - \Phi_i/\Theta_i + \ln(\Phi_i/\Theta_i)] \qquad (140)$$

und

$$\ln \gamma_i^\text{R} = q_i\left\{1 - \ln\left[\sum_{j=1}^{K}\Theta_j\tau_{ji}\right] - \sum_{j=1}^{K}\left[\Theta_j\tau_{ij}\Big/\sum_{k=1}^{K}\Theta_k\tau_{kj}\right]\right\}. \qquad (141)$$

Darin liegt seine Bedeutung.
Die Aktivitätskoeffizienten organischer Substanzen können nach der UNIFAC-Methode von Fredenslund, Jones und Prausnitz [44] abgeschätzt werden. Die Methode verbindet den UNIQUAC-Ansatz mit dem Konzept einer aus Strukturgruppen statt aus Molekülen zusammengesetzten Lösung. Dadurch wird die große Zahl organischer Substanzen auf eine überschaubare Zahl von Strukturgruppen zurückgeführt.
Die Aktivitätskoeffizienten nach der UNIFAC-Methode ergeben sich wieder aus

$$\ln \gamma_i = \ln \gamma_i^\text{C} + \ln \gamma_i^\text{R}. \qquad (142)$$

Der kombinatorische Anteil $\ln \gamma_i^\text{C}$ ist nach (140) zu berechnen, wobei die relativen molekularen Oberflächen und Volumina der Komponenten i aus den Werten q_k^G und r_k^G der Strukturgruppen k addiert werden. Danach ist

$$q_i = \sum_{k=1}^{N} \nu_{ki} q_k^\text{G} \quad \text{und} \quad r_i = \sum_{i=1}^{N} \nu_{ki} r_k^\text{G} \qquad (143)$$

mit ν_{ki} als der Anzahl der Strukturgruppen k im Molekül i zu setzen; N ist die Anzahl der Strukturgruppen in der Lösung. In Tabelle 2-10 sind q_k^G und r_k^G für ausgewählte Strukturgruppen, die als Untergruppen bezeichnet werden, zahlenmäßig angegeben. Die Untergruppen zwischen den horizontalen Linien werden zu Hauptgruppen zusammengefaßt, die ebenso wie die Untergruppen numeriert sind. Die letzte Spalte gibt Beispiele für die Zerlegung von Molekülen in Untergruppen; sind mehrere Zerlegungen möglich, ist die mit der kleinsten Zahl verschiedener Untergruppen korrekt. Ausführlichere Daten sind in [46] und [47] aufgeführt. Der Restanteil der Aktivitätskoeffi-

Tabelle 2-11 (Forts.)

Hauptgruppe	8	9	10	11	12	13	14
1 CH_2	1333,0	476,4	677,0	232,1	251,5	391,5	920,7
2 C=C	526,1	182,6	448,75	37,85	214,5	240,9	749,3
3 ACH	1329,0	25,77	347,3	5,994	32,14	161,7	648,2
4 $ACCH_2$	884,9	−52,1	586,8	5688,0	213,1	—	664,2
5 OH	−259,7	84,0	441,8	101,1	28,06	83,02	52,39
6 CH_3OH	−101,7	23,39	306,42	−10,72	−128,6	359,3	489,7
7 H_2O	324,5	−195,4	−257,3	72,87	540,5	48,89	−52,29
8 ACOH	0	−356,1	—	−449,4	—		119,9
9 CH_2CO	−133,1	0	−37,36	−213,7	−103,6	—	6201,0
10 CHO	—	128,0	0	−110,3	304,1	—	—
11 CCOO	−36,72	372,2	185,1	0	−235,7	—	475,5
12 CH_2O	—	191,1	−7,838	461,3	0	—	—
13 CNH_2	—	—	—	—	—	0	−200,7
14 $ACNH_2$	−253,1	−450,3	—	−294,8	—	−15,07	0
15 CCN	—	−287,5	—	−266,6	38,81	—	777,4
16 COOH	—	−297,8	—	−256,3	−338,5	—	—
17 CCl	—	286,28	−47,51	35,38	225,39	—	429,7
18 CCl_2	—	423,2	—	−132,95	−197,71	—	140,8
19 CCl_3	—	552,1	242,8	176,45	−20,93	—	—
20 CCl_4	10000,0	372,0	—	129,49	113,9	261,1	898,2
21 ACCl	—	128,1	—	−246,3	95,5	203,5	530,5

Tabelle 2-11 (Forts.)

Hauptgruppe	15	16	17	18	19	20	21
1 CH_2	597,0	663,5	35,93	53,76	24,9	104,3	321,5
2 C=C	336,9	318,9	204,6	5,892	−13,99	−109,7	393,1
3 ACH	212,5	537,4	−18,81	−144,4	−231,9	3,0	538,23
4 $ACCH_2$	6096,0	603,8	−114,14	−111,0	−12,14	−141,3	−126,9
5 OH	6,712	199,0	75,62	−112,1	−98,12	143,1	287,8
6 CH_3OH	36,23	−289,5	−38,32	−102,54	−139,35	−67,8	17,12
7 H_2O	112,6	−14,09	325,44	370,4	353,68	497,54	678,2
8 ACOH	–	–	–	–	–	1827,0	–
9 CH_2CO	481,7	669,4	−191,69	−284,0	−354,55	−39,2	174,5
10 CHO	–	–	751,9	–	−483,7	–	–
11 CCOO	494,6	660,2	−34,74	108,85	−209,66	54,57	629,0
12 CH_2O	−18,51	664,6	301,14	137,77	−154,3	47,67	66,15
13 CNH_2	–	–	–	–	–	−99,81	68,81
14 $ACNH_2$	−281,6	–	287,0	−111,0	–	882,0	287,9
15 CCN	0	–	88,75	−152,7	−15,62	−54,86	52,31
16 COOH	–	0	44,42	120,2	76,75	212,7	–
17 CCl	−62,41	326,4	0	108,31	249,15	62,42	464,4
18 CCl_2	258,6	339,6	−84,53	0	0	56,33	–
19 CCl_3	74,04	1346,0	−157,1	0	0	−30,1	–
20 CCl_4	491,95	689,0	11,8	17,97	51,9	0	475,83
21 ACCl	356,9	–	−314,9	–	–	−255,43	0

zienten wird nach der Vorschrift

$$\ln \gamma_i^{\mathrm{R}} = \sum_{k=1}^{N} \nu_{ki} [\ln \gamma_k^{\mathrm{RG}} - \gamma_k^{\mathrm{RG}(i)}] \tag{144}$$

aus den Beiträgen der N Strukturgruppen berechnet. Dabei ist γ_k^{RG} der Restaktivitätskoeffizient der Gruppe k im Gemisch und $\gamma_k^{\mathrm{RG}(i)}$ der Restaktivitätskoeffizient der Gruppe k in der reinen Flüssigkeit i. Durch die Differenzbildung wird die Bedingung $\gamma_i^{\mathrm{R}} = 1$ für $x_i = 1$ gewährleistet. Die Gruppenrestaktivitätskoeffizienten γ_k^{RG} und $\gamma_k^{\mathrm{RG}(i)}$ ergeben sich auf der Grundlage des UNIQUAC-Ansatzes zu

$$\ln \gamma_k^{\mathrm{RG}} = q_k^{\mathrm{G}} \left\{ 1 - \ln \left[\sum_{m=1}^{N} \Theta_m \Psi_{mk} \right] - \sum_{m=1}^{N} \left[\Theta_m \Psi_{km} \Big/ \sum_{n=1}^{N} \Theta_n \Psi_{nm} \right] \right\}. \tag{145}$$

Zu summieren ist jeweils über die N Strukturgruppen in der Lösung. Dabei ist

$$\Theta_m = x_m^{\mathrm{G}} q_m^{\mathrm{G}} \Big/ \sum_{n=1}^{N} x_n^{\mathrm{G}} q_n^{\mathrm{G}} \tag{146}$$

der Oberflächenanteil der Gruppe m, wobei

$$x_m^{\mathrm{G}} = \sum_{j=1}^{K} \nu_{mj} x_j \Big/ \sum_{j=1}^{N} \sum_{n=1}^{N} \nu_{nj} x_j \tag{147}$$

den Molanteil der Gruppe m mit x_j als dem Molanteil der Komponente j und K als der Zahl der Komponenten in der Lösung bedeutet. Der Faktor

$$\Psi_{nm} = \exp[-a_{nm}/T] \tag{148}$$

$$\text{mit} \quad a_{nm} \neq a_{mn} \quad \text{und} \quad a_{mm} = 0 \tag{149}$$

berücksichtigt die energetischen Wechselwirkungen zwischen zwei Gruppen. Alle Untergruppen derselben Hauptgruppe gelten in Bezug auf diese Wechselwirkungen als identisch. Die als konstant vorausgesetzten Wechselwirkungsparameter a_{nm} und a_{mn} der Hauptgruppen wurden durch Auswertung von Phasengleichgewichten, vgl. 3.2, bestimmt. In Tabelle 2-11 sind diese Parameter für die Hauptgruppen aus Tabelle 2-10 zusammengestellt. Eine umfangreichere Matrix ist in [47] und [50] zu finden. Die angegebenen Daten gelten für Dampf-Flüssigkeits-Gleichgewichte kondensierbarer Komponenten bei mäßigen Drucken in größerem Abstand von kritischen Zuständen und Temperaturen zwischen 30 und 125 °C. Einen Parametersatz für Flüssig-flüssig-Gleichgewichte enthält [51].

3 Phasengleichgewichte

Die intensiven Zustandsgrößen einer fluiden Phase mit C Komponenten sind durch Druck, Temperatur und $C-1$ Stoffmengenanteile der Komponenten festgelegt. Für ein System aus P Phasen im thermodynamischen Gleichgewicht sind diese Variablen der Phasen nicht unabhängig voneinander. Aufgrund der Bedingungen (1-61) und (1-62) für das thermische, mechanische und stoffliche Gleichgewicht bestehen zwischen ihnen

$(P-1)(C+2)$ Verknüpfungen, so daß das Gesamtsystem nur

$$f = C - P + 2 \tag{1}$$

unabhängige intensive Variable oder Freiheitsgrade hat. Dieses Ergebnis wird als *Gibbssche Phasenregel* bezeichnet [1]. Für chemisch inerte Systeme stimmt die Zahl C der Komponenten mit der Zahl K der Teilchenarten überein. Sind die Teilchenarten im chemischen Gleichgewicht, wird die Zahl der Komponenten durch jede unabhängige Reaktion um eins vermindert und ist gleich dem Rang R der sogenannten Formelmatrix (a_{ij}) oder der Zahl der Basiskomponenten, vgl. 1.3.2. Stöchiometrische Bedingungen zwischen den Komponenten setzen die Zahl der Freiheitsgrade weiter herab. In gleichem Maß sinkt gegenüber C die Zahl der unabhängigen Bestandteile, aus denen sich das System herstellen läßt. Ein Beispiel ist die Elektroneutralitätsbedingung in Elektrolytlösungen.

3.1 Phasengleichgewicht reiner Stoffe

Die Aussagen der Phasenregel lassen sich in Zustandsdiagrammen veranschaulichen.

3.1.1 p,v,T-Fläche

Bild 3-1 zeigt die thermische Zustandsgleichung (1-20) eines reinen Stoffes als Fläche in einem dreidimensionalen Raum, der vom Druck p, der Temperatur T und dem spezifischen Volumen v aufgespannt wird. Die Maxwell-Bedingung (1-73) schneidet zwischen den Zustandsbereichen des Festkörpers, der Flüssigkeit und des Gases bzw. überhitzten Dampfes die Teile der Fläche heraus, in denen der Stoff nicht einphasig vorliegt, sondern in zwei Phasen zerfällt. Die Zustandspunkte der koexistierenden Phasen liegen bei denselben Werten von Druck und Temperatur auf den Schnitträndern der Fläche, vgl. 1.3.3. Die Verbindungsgeraden dieser Zustandspunkte erzeugen zur p,T-Ebene senkrechte Flächen, deren Punkte ein heterogenes Gemisch koexistierender Phasen darstellen. Ihr spezifisches Volumen $v = (V^\alpha + V^\beta)/m$ ist dabei ein Rechenwert aus den Volumina V^α und V^β der beiden Phasen und der Masse m des heterogenen Gemisches. Im Einklang mit der Phasenregel, die für $C = 1$ und $P = 2$ den Freiheitsgrad $f = 1$ ergibt, können in den Zweiphasengebieten Druck und Temperatur nicht unabhängig voneinander vorgegeben werden. Während eines Phasenwechsels bei konstantem Druck bewegt

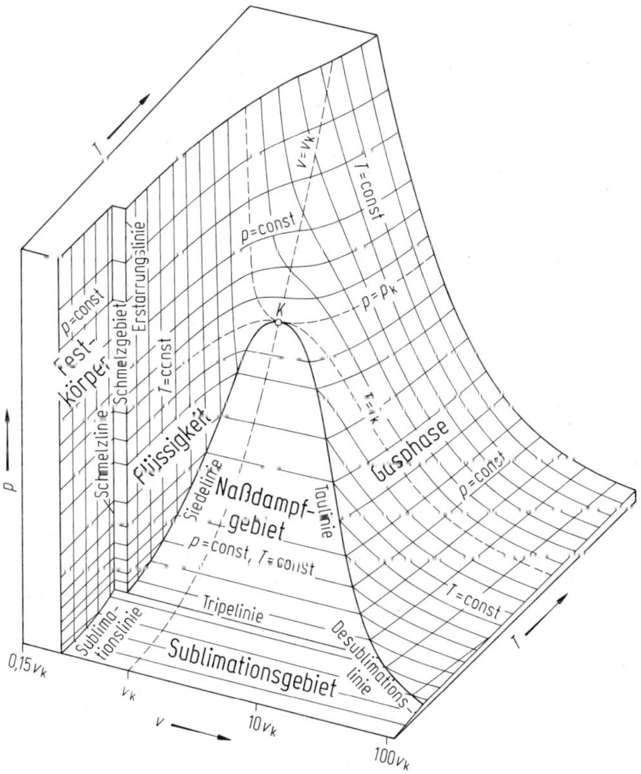

Bild 3-1. p, v, T-Fläche eines reinen Stoffes mit logarithmischer Auftragung des spezifischen Volumens [2].

sich der Zustandspunkt eines Systems auf der Verbindungsgeraden zwischen den Punkten der koexistierenden Phasen. Dabei bleibt die Temperatur notwendig konstant.

Insgesamt enthält Bild 3-1 drei Zweiphasengebiete, das Schmelzgebiet, das Naßdampfgebiet und das Sublimationsgebiet, in denen Festkörper und Schmelze, siedende Flüssigkeit und gesättigter Dampf bzw. Festkörper und gesättigter Dampf nebeneinander im Gleichgewicht bestehen. Die Zweiphasengebiete sind durch die Schmelz- und die Erstarrungslinie, die Siede- und die Taulinie bzw. die Sublimations- und die Desublimationslinie begrenzt. Das Durchqueren dieser Gebiete entspricht dem Schmelzen und dem Erstarren, dem Verdampfen und dem Kondensieren sowie dem Sublimieren und dem Desublimieren.

Siede- und Taulinie treffen sich mit einer gemeinsamen Tangente im kritischen Punkt *K*, dem Scheitel des Naßdampfgebietes, vgl. 1.3.3. Das Flüssigkeits- und Gasgebiet hängen bei überkritischen Drücken und Temperaturen miteinander zusammen. Der kritische Druck p_k ist der höchste Druck, bei dem eine Flüssigkeit durch isobare Wärmezufuhr unter Blasenbildung verdampfen kann. Umgekehrt läßt sich ein Gas durch isotherme Kompression nur bei Temperaturen unterhalb der kritischen Temperatur T_k mit sichtbaren Tropfen verflüssigen. Ein kritischer Zustand für das Schmelzgebiet ist nicht bekannt.

Die Flächen der Zweiphasengebiete schneiden sich auf der Tripellinie, einer Geraden senkrecht zur p,T-Ebene. Hier finden sich die Zustände, in denen Feststoff, Schmelze und Dampf miteinander im Gleichgewicht sind. Die Phasenregel liefert für solche Systeme mit $C = 1$ und $P = 3$ den Freiheitsgrad $f = 0$, d. h., nur bei den ausgezeichneten Werten p_{tr} und T_{tr} von Druck und Temperatur auf der Tripellinie ist dieses Gleichgewicht möglich. Entsprechend realisiert das Dreiphasengleichgewicht eines reinen Stoffes eine wohldefinierte Temperatur, die als Fixpunkt einer Temperaturskala dienen kann, siehe 1.4.

Ebene Darstellungen der thermischen Zustandsgleichung erhält man durch Projektion von Bild 3-1 in die Koordinatenebenen. Ein Beispiel ist das p,v-Diagramm mit Isothermen $T = \text{const}$, die in den Zweiphasengebieten mit den Isobaren $p = \text{const}$ zusammenfallen, siehe Bild 3-2. In den Grenzzuständen des idealen Gases am rechten Bildrand haben die Isothermen Hyperbelform.

3.1.2 Koexistenzkurven

Bild 3-3 zeigt das p,T-Diagramm mit Isochoren $v = \text{const}$, das aus der p,v,T-Fläche eines reinen Stoffes hervorgeht. Die Zweiphasengebiete sind zu Linien entartet, die sich im Tripelpunkt, dem Bild der Tripellinie, schneiden. Die Dampfdruckkurve, die vom Tripelpunkt bis zum kritischen Punkt reicht, ist die Projektion des Naßdampfgebietes. Die Schmelz- und Sublimationsdruckkurve entsprechen dem Schmelz- und Sublimationsgebiet. Diese sog. Koexistenzkurven, welche die Zustandsgebiete des Festkörpers, der Flüssigkeit und des Gases gegeneinander abgrenzen, ordnen jedem Druck eine Schmelz-, Siede- oder Sublimationstemperatur zu. Umgekehrt geben sie zu jeder Temperatur den Schmelzdruck, Dampfdruck oder Sublimationsdruck an.

Der stoffspezifische Verlauf der Koexistenzkurven ist durch die Bedingungen (1-61) und (1-62) für das Phasengleichgewicht festgelegt. Für einen reinen Stoff sind diese dem Maxwell-Kriterium

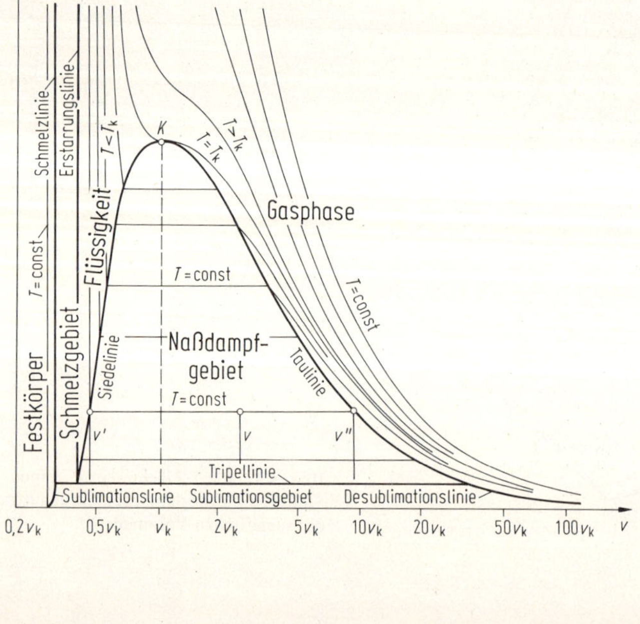

Bild 3-2. Zustandsgebiete eines reinen Stoffes im p, v-Diagramm mit logarithmischer Auftragung des spezifischen Volumens [3].

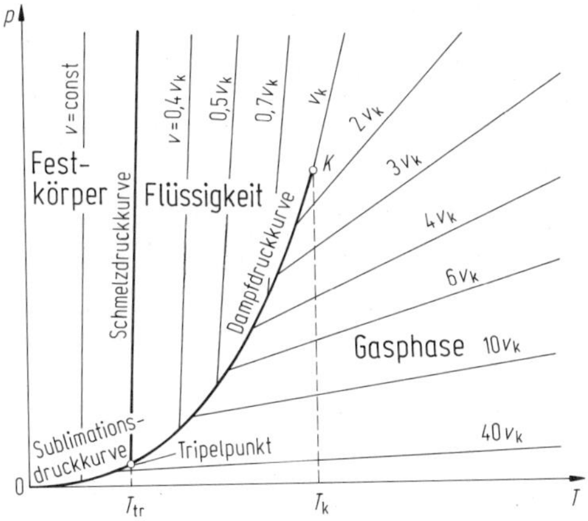

Bild 3-3. Koexistenzkurven eines reinen Stoffes im p, T-Diagramm [4].

(1-73) und der zusätzlichen Forderung äquivalent, daß die koexistierenden Phasen bei Druck und Temperatur des Gleichgewichts die thermische Zustandsgleichung erfüllen, siehe 1.3.3. Die Koexistenzkurven folgen damit allein aus der thermischen Zustandsgleichung.
Differenziert man (1-73) nach der Temperatur, erhält man mit (1-49)

$$\mathrm{d}p_s/\mathrm{d}T = (s^\alpha - s^\beta)/(v^\alpha - v^\beta)\,. \tag{2}$$

Dies ist die Gleichung von Clausius und Clapeyron für die Steigung der Koexistenzkurven der Phasen α und β eines reinen Stoffes. Die spezifischen Entropien und Volumina s^α, s^β, v^α und v^β sind bei der Temperatur T und dem zugehörigen Sättigungsdruck p_s des heterogenen Gleichgewichts einzusetzen. Die spezifische Umwandlungsentropie $s^\alpha - s^\beta$ ist wegen $\mu^\alpha = \mu^\beta$ nach (1-62) und $\mu = H_m - TS_m$ nach (1-53) durch

$$h^\alpha - h^\beta = T(s^\alpha - s^\beta) \tag{3}$$

mit der entsprechenden Umwandlungsenthalpie $h^\alpha - h^\beta$ verknüpft. Aus (2) und (1-49) folgt, daß die kritische Isochore $v = v_k$, siehe Bild 3-3, Tangente der Dampfdruckkurve im kritischen Punkt ist.

3.1.3 Sättigungsgrößen des Naßdampfgebietes

Der Dampfdruck p_s und die spezifischen Volumina v' und v'' auf Siede- und Taulinie lassen sich bei vorgegebener Temperatur mit einer thermischen Zustandsgleichung punktweise berechnen. Für das Beispiel der Gleichung von Redlich-Kwong-Soave gibt Baehr [5] ein Verfahren an, das die kubische Form (2-46) dieser Zustandsgleichung und das mit der druckexpliziten Form (2-38) aufbereitete Maxwell-Kriterium (1-73)

$$p_{sr} = \frac{1}{v_r'' - v_r'}\left[3T_r \ln\frac{v_r'' - b_r}{v_r' - b_r} - \frac{\alpha}{b_r^2}\ln\left(\frac{v_r''}{v_r'}\cdot\frac{v_r' + b_r}{v_r'' + b_r}\right)\right] \tag{4}$$

als dimensionslose Arbeitsgleichungen benutzt. Die Bezeichnungen entsprechen 2.1.3; insbesondere kennzeichnet der Index r reduzierte, d. h. auf ihren Wert im kritischen Zustand bezogene Größen. Die Zeichen ′ und ″ verweisen generell auf Zustandsgrößen der siedenden Flüssigkeit bzw. des gesättigten Dampfes. Die Iteration läuft in folgenden Schritten ab:

1. Vorgabe der reduzierten Temperatur T_r und Schätzung des reduzierten Dampfdrucks p_{sr}.
2. Berechnung der reduzierten spezifischen Volumina v_r' und v_r'' aus (2-46).
3. Berechnung von p_{sr} aus (4).
4. Rücksprung zu 2., falls sich p_{sr} über eine vorgegebene Schranke hinaus verändert hat.
5. Ende der Rechnung.

Die Konvergenz des Verfahrens ist in einigem Abstand vom kritischen Zustand gut. Eine Alternative ist das Newton-Verfahren zur Bestimmung von p_{sr} aus (4).
Viele Dampfdruckkorrelationen [6] leiten sich aus der Gleichung von Clausius und Clapeyron ab, sind aber im strengen Sinn nicht thermodynamisch konsistent. Setzt man z. B. für die spezifische Verdampfungsenthalpie $h'' - h' = r_0 = \mathrm{const}$ und für die spezifischen Volumina $v' = 0$ und $v'' = RT/p$, ergibt die Integration von (2) mit (3)

$$\ln[p_s/(p_s)_0] = r_0(1 - T_0/T)/(RT_0)\,. \tag{5}$$

Zur Anwendung dieser in begrenzten Temperaturbereichen erstaunlich genauen Dampfdruckgleichung wird ein Punkt $[(p_s)_0, T_0]$ der Dampfdruckkurve und die zugehörige Verdampfungsenthalpie r_0 benötigt.
Rein empirisch ist die Dampdruckgleichung von Antoine,

$$\lg(p_s/\mathrm{bar}) = A - B(T/\mathrm{K} + C)\,, \tag{6}$$

die nur in dem Temperaturbereich zuverlässig ist, in dem die Konstanten A, B und C bestimmt wurden. Vielfach werden andere Einheiten als Bar und Kelvin verwendet. Antoine-Konstanten vieler Stoffe findet man in [7] und [8].
Bei gegebener Temperatur folgen mit v' und v'' die spezifischen Enthalpien und Entropien h', h'', s' und s'' auf den Grenzkurven des Naßdampfgebietes nach 2.1.3. Für ausgewählte Stoffe sind Siedetemperaturen und Dampfdrücke sowie spezifische Volumina, Enthalpien und Entropien auf Siede- und Taulinie in Dampftafeln, vgl. 2.1.3, verzeichnet. Unabhängige Variable sind dabei die Temperatur *oder* der Druck. Ein Beispiel ist die

Tabelle 3-1. Dampftafel für das Naßdampfgebiet von Wasser [9]

t °C	p bar	v' dm³/kg	v'' m³/kg	h' kJ/kg	h'' kJ/kg	r kJ/kg	s' kJ/(kg·K)	s'' kJ/(kg·K)
0,01	0,006 112	1,000 2	206,2	0,00	2 501,6	2 501,6	0,000 0	9,157 5
5	0,008 718	1,000 0	147,2	21,01	2 510,7	2 489,7	0,076 2	9,026 9
10	0,012 27	1,000 3	106,4	41,99	2 519,9	2 477,9	0,151 0	8,902 0
15	0,017 04	1,000 8	77,98	62,94	2 529,1	2 466,1	0,224 3	8,782 6
20	0,023 37	1,001 7	57,84	83,86	2 538,2	2 454,3	0,296 3	8,668 4
25	0,031 66	1,002 9	43,40	104,77	2 547,3	2 442,5	0,367 0	8,559 2
30	0,042 41	1,004 3	32,93	125,66	2 556,4	2 430,7	0,436 5	8,454 6
35	0,056 22	1,006 0	25,24	146,56	2 565,4	2 418,8	0,504 9	8,354 3
40	0,073 75	1,007 8	19,55	167,45	2 574,4	2 406,9	0,572 1	8,258 3
45	0,095 82	1,009 9	15,28	188,35	2 583,3	2 394,9	0,638 3	8,166 1
50	0,123 35	1,012 1	12,05	209,26	2 592,2	2 382,9	0,703 5	8,077 6
55	0,157 4	1,014 5	9,579	230,17	2 601,0	2 370,8	0,767 7	7,992 6
60	0,199 2	1,017 1	7,679	251,09	2 609,7	2 358,6	0,831 0	7,910 8
65	0,250 1	1,019 9	6,202	272,02	2 618,4	2 346,3	0,893 3	7,832 2
70	0,311 6	1,022 8	5,046	292,97	2 626,9	2 334,0	0,954 8	7,756 5
75	0,385 5	1,025 9	4,134	313,94	2 635,4	2 321,5	1,015 4	7,683 5
80	0,473 6	1,029 2	3,409	334,92	2 643,8	2 308,8	1,075 3	7,613 2
85	0,578 0	1,032 6	2,829	355,92	2 652,0	2 296,5	1,134 3	7,545 4
90	0,701 1	1,036 1	2,361	376,94	2 660,1	2 283,2	1,192 5	7,479 9
95	0,845 3	1,039 9	1,982	397,99	2 668,1	2 270,2	1,250 1	7,416 6
100	1,013 3	1,043 7	1,673	419,1	2 676,0	2 256,9	1,306 9	7,355 4
110	1,432 7	1,051 9	1,210	461,3	2 691,3	2 230,0	1,418 5	7,238 8
120	1,985 4	1,060 6	0,891 5	503,7	2 706,0	2 202,3	1,527 6	7,129 3
130	2,701	1,070 0	0,668 1	546,3	2 719,9	2 173,6	1,634 4	7,026 1
140	3,614	1,080 1	0,508 5	589,1	2 733,1	2 144,0	1,739 0	6,928 4
150	4,760	1,090 8	0,392 4	632,2	2 745,4	2 113,2	1,841 6	6,835 8
160	6,181	1,102 2	0,306 8	675,5	2 756,7	2 081,2	1,942 5	6,747 5
170	7,920	1,114 5	0,242 6	719,1	2 767,1	2 048,0	2,041 6	6,663 0
180	10,027	1,127 5	0,193 8	763,1	2 776,3	2 013,2	2,139 3	6,581 9
190	12,551	1,141 5	0,156 3	807,5	2 784,3	1 976,8	2,235 6	6,503 6
200	15,549	1,156 5	0,127 2	852,4	2 790,9	1 938,5	2,330 7	6,427 8
210	19,077	1,173	0,104 2	897,5	2 796,2	1 898,7	2,424 7	6,353 9
220	23,198	1,190	0,086 04	943,7	2 799,9	1 856,2	2,517 8	6,281 7
230	27,976	1,209	0,071 45	990,3	2 802,0	1 811,7	2,610 2	6,210 7
240	33,478	1,229	0,059 65	1 037,6	2 802,2	1 764,6	2,702 0	6,140 6
250	39,776	1,251	0,050 04	1 085,8	2 800,4	1 714,6	2,793 5	6,070 8
260	46,943	1,276	0,042 13	1 134,9	2 796,4	1 661,5	2,884 8	6,001 0
270	55,058	1,303	0,035 59	1 185,2	2 789,9	1 604,6	2,976 3	5,930 4
280	64,202	1,332	0,030 13	1 236,8	2 780,4	1 543,6	3,068 3	5,858 6
290	74,461	1,366	0,025 54	1 290,0	2 767,6	1 477,6	3,161 1	5,784 8
300	85,927	1,404	0,021 65	1 345,0	2 751,0	1 406,0	3,255 2	5,708 1
310	98,700	1,448	0,018 33	1 402,4	2 730,0	1 327,6	3,351 2	5,627 8
320	112,89	1,500	0,015 48	1 462,6	2 703,7	1 241,1	3,450 0	5,542 3
330	128,63	1,562	0,012 99	1 526,5	2 670,2	1 143,6	3,552 8	5,449 0
340	146,05	1,639	0,010 78	1 595,5	2 626,2	1 030,7	3,661 6	5,342 7
350	165,35	1,741	0,008 80	1 671,9	2 567,7	895,7	3,780 0	5,217 7
360	186,75	1,896	0,006 94	1 764,2	2 485,4	721,3	3,921 0	5,060 0
370	210,54	2,214	0,004 97	1 890,2	2 342,8	452,6	4,110 8	4,814 4
374,15	221,20	3,17	0,003 17	2 107,4	2 107,4	0,0	4,442 9	4,442 9

Temperaturtafel Tabelle 3-1 für Wasser mit $r = h'' - h'$ als der spezifischen Verdampfungsenthalpie. Sie ist gleich der auf die Masse bezogenen Wärme, die bei der isobaren Verdampfung einer siedenden Flüssigkeit zuzuführen ist.

3.1.4 Eigenschaften von nassem Dampf

Ein heterogenes Gemisch aus siedender Flüssigkeit und gesättigtem Dampf im Gleichgewicht heißt nasser Dampf. Seine Zusammensetzung wird durch den Dampfgehalt

$$x \equiv m''/(m' + m'') = m''/m \tag{7}$$

mit m' als der Masse der Flüssigkeit, m'' als der Masse des Dampfes und $m = m' + m''$ als der Masse des heterogenen Systems gekennzeichnet. Jede mengenartige extensive Zustandsgröße Z dieses Systems, z. B. das Volumen V, die Enthalpie H oder die Entropie S, ist die Summe der entsprechenden Zustandsgrößen Z' und Z'' der Phasen. Die spezifischen Zustandsgrößen von nassem Dampf ergeben sich daher nach der Mischungsregel

$$z \equiv Z/m = (1 - x)z' + xz'' \tag{8}$$

aus den gleichartigen Eigenschaften $z' = Z'/m'$ und $z'' = Z''/m''$ der Phasen. Wegen des Phasengleichgewichts sind z' und z'' nach 3.1.3 Funktionen von Druck *oder* Temperatur und können für die technisch wichtigsten Substanzen Dampftafeln entnommen werden. Aus (8) folgt unmittelbar das sog. *Hebelgesetz* der Phasenmengen

$$m'(z - z') = m''(z'' - z), \tag{9}$$

das sich in Phasendiagrammen, z. B. Bild 3-2, geometrisch deuten läßt. Die isothermen Abstände eines Zustandspunktes von nassem Dampf zu den Grenzkurven verhalten sich wie Hebelarme, die unter der Last der Phasenmengen im Gleichgewicht sind.

Zur Berechnung isentroper Enthalpiedifferenzen ist der Zusammenhang

$$h = h' + T(s - s') \tag{10}$$

zwischen der spezifischen Enthalpie h und der spezifischen Entropie s von nassem Dampf mit der Siedetemperatur T nützlich. Das Ergebnis beruht auf der Spezialisierung von (8) auf Enthalpie und Entropie und der Elimination des Dampfgehaltes x unter Beachtung von (3).

3.1.5 T,s- und h,s-Diagramm

Wichtiger als das p,v-Diagramm sind bei der Darstellung von Prozessen das T,s- und h,s-Diagramm. Denn neben den umgesetzten Energien lassen sich in diesen Koordinaten auch Aussagen des zweiten Hauptsatzes kenntlich machen.

Bild 3-4 zeigt das T,s-Diagramm eines reinen Stoffes in der Umgebung des Naßdampfgebietes. Siede- und Taulinie mit dem Dampfgehalt $x = 0$ und $x = 1$ bilden eine glockenförmige Kurve, in deren Scheitel der kritische Punkt K liegt. Sie schließen das Naßdampfgebiet ein; links der Siedelinie ist das Flüssigkeits- und rechts der Taulinie das Gasgebiet. Die Isobaren, die im Flüssigkeitsgebiet dicht an der Siedelinie verlaufen, haben nach Tabelle 1-1 die Steigung $(\partial T/\partial s)_p = T/c_p$. Dies gilt auch im Naßdampfgebiet, wo die Isobaren mit den Isothermen zusammenfallen. In den Grenzzuständen des idealen Gases am rechten Bildrand sind die Isobaren nach (2-13) in s-Richtung parallel verschobene Kurven. Der Verlauf der Linien $x = \text{const}$ ist durch das Hebelgesetz (9) bestimmt. Spezifische Energien erscheinen im T,s-Diagramm als Flächen. Insbesondere bedeutet die Fläche unter einer Isobaren wegen $T\,ds = dh - v\,dp$ die Differenz spezifischer Enthalpien. So ist das Rechteck unter einer Isobaren des Naßdampfgebietes die spezifische Verdampfungsenthalpie, vgl. (3). Die Fläche unter einer beliebigen Zustandslinie ist nach (1-111) die Summe der auf die Masse bezogenen Wärme und dissipierten Energie; nur für einen reversiblen Prozeß stellt die Fläche eine Wärme dar.

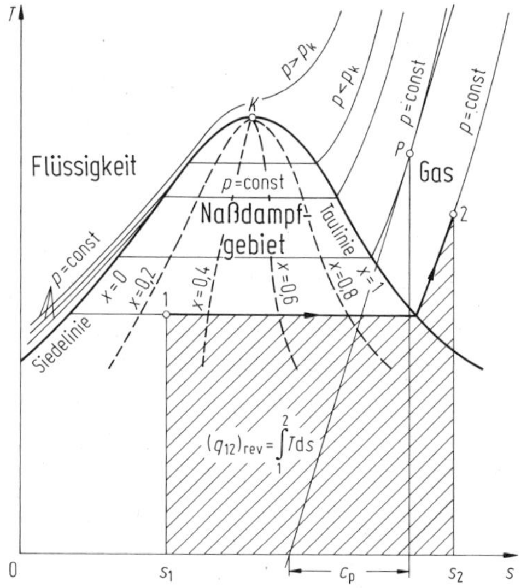

Bild 3-4. Fluider Zustandsbereich eines reinen Stoffes im T,s-Diagramm [10].

Das h,s-Diagramm eines reinen Stoffes mit Linien $p = \text{const}$, das in Bild 3-5 für die Umgebung des Naßdampfgebietes gezeichnet ist, enthält die Information der Fundamentalgleichung $h = h(s, p)$, vgl. 1.2.3. Siede- und Taulinie grenzen das Naßdampfgebiet nach links und rechts gegen das Flüssigkeits- und Gasgebiet ab. Der kritische Punkt K liegt im gemeinsamen Wendepunkt von Siede- und Taulinie am linken Hang des Naßdampfgebietes. Wie sich aus Tabelle 1-1, vgl. auch (10), ergibt, beträgt die Steigung der Isobaren in den homogenen und heterogenen Gebieten $(\partial h/\partial s)_p = T$. Da die Temperatur von nassem Dampf nach 3.1.2 bei konstantem Druck einen festen Wert hat, sind die Isobaren des Naßdampfgebietes Geraden mit einem Steigungsdreieck nach (3). Die Geraden werden mit wachsendem Druck, d. h. steigender Siedetemperatur, immer steiler, wobei die kritische Isobare Tangente an die Grenzkurven im kritischen Punkt K ist. Die Isobaren überqueren

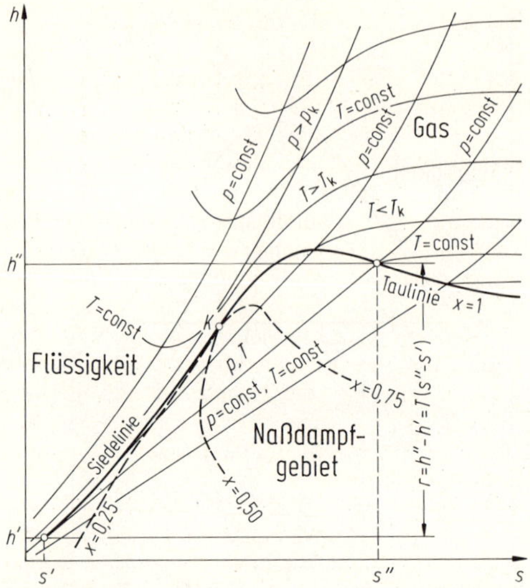

Bild 3-5. Fluider Zustandsbereich eines reinen Stoffes im h,s-Diagramm [11].

die Grenzkurven ohne Knick, weil die Temperatur sich dort nicht sprungartig ändert. Die Isothermen, die im Naßdampfgebiet mit den Isobaren zusammenfallen, knicken auf den Grenzkurven ab und gehen im Gasgebiet asymptotisch in Linien $h = \text{const}$ über. Denn in den Grenzzuständen des idealen Gases hängt die Enthalpie nur von der Temperatur ab. Die Linien $x = \text{const}$ folgen aus dem Hebelgesetz (9). Die spezifischen Energien des h,s-Diagramms sind Ordinatendifferenzen, die durch die Energiebilanzen von 1.5.2 mit der massebezogenen Wärme und Arbeit eines Prozesses verknüpft sind.

3.2 Phasengleichgewichte fluider Mehrstoffsysteme

Koexistierende Phasen von Mehrstoffsystemen haben im allgemeinen unterschiedliche Zusammensetzung. Druck, Temperatur und Konzentrationen sind dabei durch die Gleichgewichtsbedingungen (1-62) verknüpft. Mit den Komponenten wächst die Zahl der maximal möglichen Phasen eines Systems, die sich aus (1) mit $f = 0$ ergibt.

3.2.1 Phasendiagramme

Die ein- und mehrphasigen Zustandsgebiete binärer und ternärer Systeme lassen sich in Phasendiagrammen kenntlich machen. Variable sind dabei Druck, Temperatur und $K - 1$ Molanteile der als inert vorausgesetzten Komponenten. Für viele Anwendungen genügen Ausschnitte der Diagramme im dampfförmig-flüssigen, flüssig-flüssigen und fest-flüssigen Zustandsbereich.

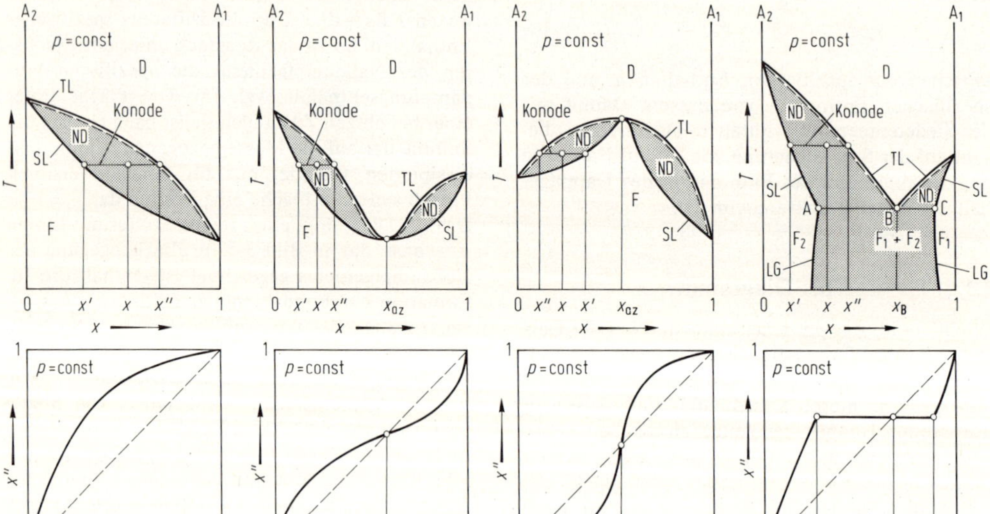

Bild 3-6. Formen des Verdampfungsgleichgewichts binärer Systeme im Siede- und Gleichgewichtsdiagramm. Es bedeuten D Dampf, F Flüssigkeit, ND nasser Dampf, SL Siedelinie, TL Taulinie und LG Löslichkeitsgrenze. Die Zweiphasengebiete sind schattiert angelegt. **a** Gemisch mit monotonem Verlauf von Siede- und Taulinie. **b** Gemisch mit einem Minimum der Siedetemperatur. **c** Gemisch mit einem Maximum der Siedetemperatur. **d** Gemisch mit einer Mischungslücke im Flüssigkeitsgebiet.

Die Bilder 3-6a bis d zeigen verschiedene Formen des Verdampfungsgleichgewichts binärer Systeme der Komponenten A_1 und A_2 im Siede- und Gleichgewichtsdiagramm. Die Koordinaten sind T und x bzw. x' und x'' bei $p = \text{const}$. Dabei ist x der Stoffmengenanteil der Komponente A_1, die beim gegebenen Druck die kleinere Siedetemperatur hat. Die Marken $'$ und $''$ kennzeichnen die siedende Flüssigkeit und den gesättigten Dampf. Der Druck liegt unterhalb des kritischen Drucks der reinen Komponenten.

Die Zustände der siedenden Flüssigkeit und des gesättigten Dampfes, die nach der Phasenregel durch Funktionen $x' = x'(T, p)$ und $x'' = x''(T, p)$ beschrieben werden, bilden sich im T,x-Diagramm als Siede- bzw. Taulinie ab. Die Punkte, die durch das Phasengleichgewicht einander zugeordnet sind, liegen auf Linien $T = \text{const}$, die als Konoden bezeichnet werden. Auf den Konoden lassen sich die Konzentrationen x' und x'' ablesen, die im Gleichgewichtsdiagramm gegeneinander aufgetragen sind. Siede- und Taulinie schließen das Naßdampfgebiet ein, dessen Punkte einem zweiphasigen Gemisch aus siedender Flüssigkeit und gesättigtem Dampf entsprechen. Eine Konode durch einen Zustandspunkt dieses Feldes markiert mit ihren Endpunkten den Zustand der Phasen des Gemisches. Die Stoffmengen n' und n'' der beiden Phasen genügen dem Hebelgesetz

$$n'(x - x') = n''(x'' - x)\,, \tag{11}$$

das auf der Erhaltung der Komponentenmengen beim Zerfall eines Systems mit der Zusammensetzung x in eine $'$- und in eine $''$-Phase beruht. Unterhalb der Siedelinie liegt das Flüssigkeitsgebiet, in dem es bereichsweise zwei Phasen geben kann. Oberhalb der Taulinie ist das Einphasengebiet des überhitzten Dampfes.

Im Beispiel der Bilder 3-6a bis c bilden die flüssigen Komponenten im gesamten Konzentrationsbereich homogene Mischungen. Bei Systemen nach Bild 3-6a, zu denen auch ideale Lösungen mit idealem Dampf zählen, ändert sich die Temperatur auf den Grenzen des Naßdampfgebiets monoton. Stärkere Abweichungen von der Idealität führen bei ähnlichen Siedetemperaturen der Komponenten häufig zu Minima oder Maxima von Siede- und Taulinie, vgl. Bild 3-6b und c. Die Kurven berühren sich dann in einem gemeinsamen Punkt mit horizontaler Tangente, einem sog. *azeotropen Punkt*, der im Gleichgewichtsdiagramm auf der Hauptdiagonale liegt. Bild 3-6d zeigt den Fall, daß die flüssigen Komponenten nur beschränkt ineinander löslich sind und in einer Mischungslücke zwei flüssige Phasen vorliegen. Siede- und Taulinie bestehen dann aus zwei Ästen mit einem Minimum der Siedetemperatur im gemeinsamen Punkt B, einem *heteroazeotropen Punkt*. Die Linie AC ist ein Dreiphasengebiet aus den Flüssigkeiten A und C und dem Dampf B. Die azeotropen Zusammensetzungen sind Funktionen des Drucks.

Bei isobarer Wärmezufuhr bewegt sich der Zustandspunkt eines flüssigen Systems im T,x-Diagramm auf einer Linie $x = \text{const}$ zu höheren Temperaturen. Ist die Siedelinie erreicht, bildet sich die erste Dampfblase, die im Fall von Bild 3-6a stark an der leichter siedenden Komponente A_1 angereichert ist. Weitere Wärmezufuhr läßt die Temperatur und die Dampfmenge entsprechend dem Hebelgesetz wachsen. Beim Überschreiten der Taulinie verschwindet der letzte, an A_1 verarmte Flüssigkeitstropfen. Im Gegensatz zu einem reinen Stoff bleibt die Temperatur eines binären Systems bei isobarem Phasenwechsel nicht konstant. Ausgenommen sind Systeme mit azeotroper Zusammensetzung.

Mit wachsendem Druck verschieben sich die Grenzen des Naßdampfgebietes im T,x-Diagramm zu höheren Temperaturen, vgl. Bild 3-7 für ein System des Typs a aus Bild 3-6. Wird der kritische Druck einer Komponente überschritten, löst sich das Naßdampfgebiet von den Begrenzungen $x = 0$ bzw. $x = 1$ des Diagramms. In diesem Fall gehen Siede- und Taulinie in einem Punkt mit gemeinsamer horizontaler Tangente ineinander über, die zugleich Konode ist. Flüssigkeits- und Dampfphase sind in einem solchen Punkt identisch, so daß hier ein kritischer Zustand des Systems vorliegt. Ist der Druck größer als der kriti-

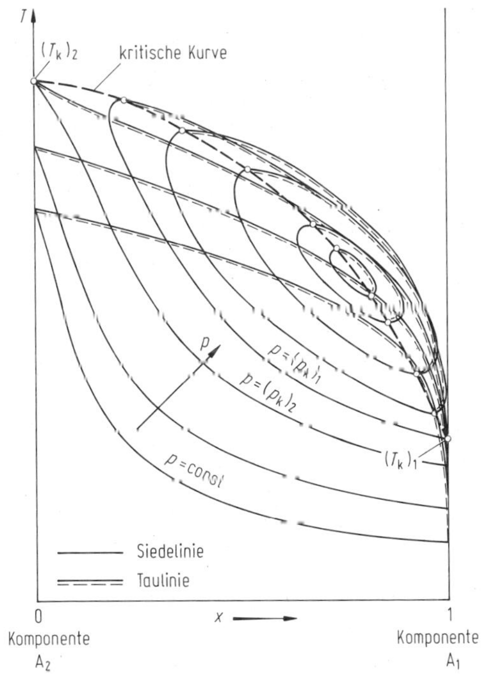

Bild 3-7. Grenzkurven des Naßdampfgebietes eines Systems nach Bild 3-6a für verschiedene Drücke im Siedediagramm [12].

sche Druck beider Komponenten, wird das Naßdampfgebiet eine Insel, die schließlich ganz verschwindet. Die Verbindungslinie der kritischen Zustände heißt kritische Kurve.

Eine Darstellung der Gleichgewichte fester und flüssiger binärer Phasen im T,x-Diagramm findet man in [13].

Die Zusammensetzung ternärer Systeme läßt sich in Dreiecksdiagrammen beschreiben. Vornehmlich werden gleichseitige Dreiecke nach Bild 3-8 a benutzt, deren Seiten zu eins normiert sind. Die Ecken entsprechen den reinen Komponenten A_1, A_2 und A_3 des Systems. Auf den Dreiecksseiten, die nach Stoffmengenanteilen geteilt sind, findet man die binären Randsysteme. Punkte innerhalb des Dreiecks stellen ternäre Gemische dar. Die Linien konstanter Stoffmengenanteile x_i verlaufen parallel zu den Dreiecksseiten, die der Ecke A_i gegenüberliegen, und schneiden auf den Randmaßstäben die Werte x_i ab. Die Geometrie des Diagramms sichert die Bedingung $x_1 + x_2 + x_3 = 1$.

Bild 3-8 b zeigt das Phasendiagramm eines ternären Systems im Bereich flüssiger Zustände für

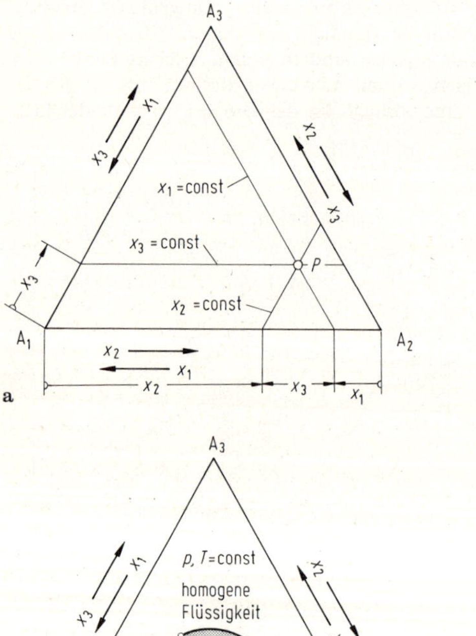

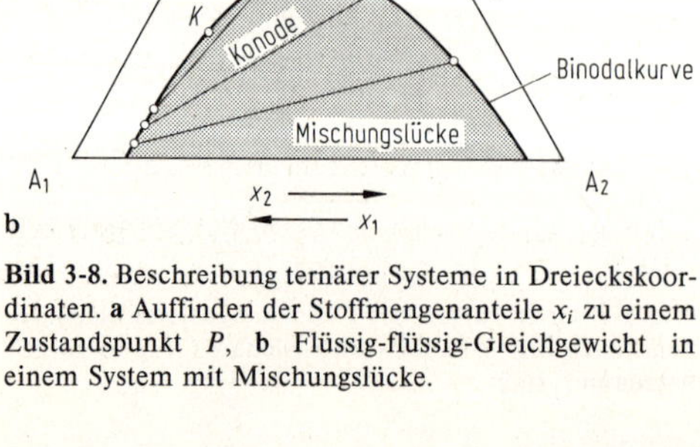

Bild 3-8. Beschreibung ternärer Systeme in Dreieckskoordinaten. **a** Auffinden der Stoffmengenanteile x_i zu einem Zustandspunkt P, **b** Flüssig-flüssig-Gleichgewicht in einem System mit Mischungslücke.

konstante Werte von Druck und Temperatur in Dreieckskoordinaten. Das binäre Randsystem der Komponenten A_1 und A_2 hat eine Mischungslücke, die sich auf die benachbarten ternären Systeme ausdehnt. Die Phase mit der größeren Dichte wird mit ′, die andere mit ″ bezeichnet. Nach der Phasenregel bilden sich die Zustände der koexistierenden Phasen in der Koordinatenebene als Linien ab. Dies sind die Äste der Binodalkurve, die im Punkt K ineinander übergehen. Die geradlinigen Konoden verbinden die Zustandspunkte von Phasen, die miteinander im Gleichgewicht sind. Jeder Zustandspunkt auf einer Konode stellt ein heterogenes Gemisch dieser Phasen dar. Die Phasenmengen folgen dem Hebelgesetz

$$n'(x_i - x_i') = n''(x_i'' - x_i) \quad (i = 1, 2, 3), \tag{12}$$

das sich aus der Erhaltung der Komponentenmengen beim Phasenzerfall eines ternären Systems mit der Zusammensetzung x_i ergibt. Im Punkt K berühren sich Konode und Binodalkurve, so daß beide Phasen identisch werden. Damit ist K ein kritischer Punkt. Andere Formen des Flüssig-flüssig-Gleichgewichts ternärer Systeme enthält [14].

3.2.2 Differentialgleichungen der Phasengrenzkurven

Aus den Bedingungen (1-62) für das Phasengleichgewicht lassen sich Differentialgleichungen herleiten, die allgemeine Aussagen über den Verlauf der Grenzkurven in Phasendiagrammen liefern. Dies soll am Beispiel eines binären Systems mit den Phasen α und β gezeigt werden, die bei der Temperatur T, dem Druck p sowie den Werten x^α und x^β des Stoffmengenanteils der Komponente 1 im Gleichgewicht sind. Da die Differenz $\mu_i^\alpha - \mu_i^\beta$ der chemischen Potentiale der Komponente i nach (1-62) in allen Gleichgewichtszuständen Null ist, verschwindet unter den Bedingungen des Gleichgewichts das totale Differential $\mathrm{d}(\mu_i^\alpha - \mu_i^\beta)$. Die Änderungen der intensiven Zustandsgrößen zwischen benachbarten Gleichgewichtszuständen sind daher durch

$$\begin{aligned} &-(S_i^\alpha - S_i^\beta)\,\mathrm{d}T + (V_i^\alpha - V_i^\beta)\,\mathrm{d}p \\ &+ (\partial\mu_i^\alpha/\partial x^\alpha)_{T,p}\,\mathrm{d}x^\alpha - (\partial\mu_i^\beta/\partial x^\beta)_{T,p}\,\mathrm{d}x^\beta = 0 \\ &\text{mit} \quad 1 \leqq i \leqq 2 \end{aligned} \tag{13}$$

verknüpft, wobei die Temperatur- und Druckableitung des chemischen Potentials μ_i nach (1-52) und (1-51) durch die negative partielle molare Entropie S_i und das partielle Molvolumen V_i der Komponente i ersetzt sind. Wegen (1-62) und (1-53) besteht dabei der Zusammenhang $S_i^\alpha - S_i^\beta = (H_i^\alpha - H_i^\beta)/T$ mit H_i als der partiellen molaren Enthalpie der Komponente i. Sind die α- und β-Phasen Dampf ″ bzw. Flüssigkeit ′, erhält man aus

(13) unter Berücksichtigung der Gleichung (1-26) von Gibbs-Duhem für die Siede- und Taulinie $T = T(x')$ bzw. $T = T(x'')$ bei $p = \text{const}$ die Differentialgleichungen [15]

$$\left.\begin{aligned} \frac{\mathrm{d}T}{\mathrm{d}x'} &= \frac{T(x'-x'')(\partial\mu_1'/\partial x')_{T,p}}{(1-x')[x''(H_1''-H_1')+(1-x'')(H_2''-H_2')]} \qquad (14)\\ \frac{\mathrm{d}T}{\mathrm{d}x''} &= \frac{T(x'-x'')(\partial\mu_1''/\partial x'')_{T,p}}{(1-x'')[x'(H_1''-H_1')+(1-x')(H_2''-H_2')]} \qquad (15) \end{aligned}\right\} p = \text{const}.$$

Die Ableitungen des chemischen Potentials μ_1 sind aufgrund der Stabilitätsbedingungen (1-72) stets positiv. Die eckigen Klammern im Nenner, welche die molare Überführungsenthalpie beim Übergang einer Stoffportion mit der Zusammensetzung x'' bzw. x' von der Flüssigkeit in den Dampf bedeuten, sind in einigem Abstand von kritischen Zuständen ebenfalls positiv. Die Steigung von Siede- und Taulinie im T,x-Diagramm ist daher negativ, wenn der Dampf im Vergleich zur Flüssigkeit an der Komponente 1 angereichert ist. Sind Dampf und Flüssigkeit gleich zusammengesetzt, haben Siede- und Taulinie eine horizontale Tangente, wie in Bild 3-7b und c zu erkennen ist. Aus (13) läßt sich ableiten, daß einem Minimum der Siedetemperatur bei $p = \text{const}$ ein Maximum des Dampfdrucks bei $T = \text{const}$ entspricht und umgekehrt.

Ist die im Lösungsmittel 1 gelöste Komponente 2 nicht flüchtig, besteht der Dampf aus reinem Lösungsmittel mit $x'' = 1$. In diesem Fall vereinfacht sich (14) zu

$$\mathrm{d}T/\mathrm{d}x' = -T(\partial\mu_1'/\partial x')_{T,p}/(H_1''-H_1') \qquad (16)$$

bei $p = \text{const}$,

d. h., die Siedetemperatur der Lösung erhöht sich mit steigendem Molanteil $x_2' = (1-x')$ des gelösten Stoffes. Beschränkt man sich auf Zustände großer Verdünnung $x_2' \ll 1$, folgt μ_1' dem Ansatz (2-112) für das chemische Potential der Komponenten einer idealen Lösung. Die Integration von (16) bei $p = \text{const}$ ergibt dann unter Vernachlässigung kleiner Terme für die isobare Siedepunktserhöhung der Lösung im Vergleich zum Lösungsmittel [16]

$$T - T_{s01} = R_0 T_{s01}^2 x_2'/(M_1 r_{01}). \qquad (17)$$

Dabei sind T_{s01} die Siedetemperatur und r_{01} die spezifische Verdampfungsenthalpie des reinen Lösungsmittels mit der molaren Masse M_1 beim Druck p. Dissoziiert der Stoff 2, ist für x_2' die Summe der Stoffmengenanteile der Teilchenarten einzusetzen, die bei der Lösung des Stoffes 2 entstehen. Der isobaren Siedepunktserhöhung entspricht eine isotherme Dampfdruckerniedrigung, die sich unter den Voraussetzungen von (17) aus dem Raoultschen Gesetz (25), siehe 3.2.3, berechnen läßt.

Analog zur Siedepunktserhöhung findet man für das Gleichgewicht eines reinen festen Stoffes 1 mit einer flüssigen Mischphase aus den Stoffen 1 und 2 eine Gefrierpunktserniedrigung der Mischung gegenüber dem Schmelzpunkt des reinen Stoffes 1 [17].

3.2.3 Punktweise Berechnung von Phasengleichgewichten

Für die Praxis wichtiger als die differentiellen Beziehungen für das Gleichgewicht zweier fluider Phasen $'$ und $''$ ist die punktweise Auswertung der Gleichgewichtsbedingungen (1-62)

$$\mu_i'(T, p, x_1', \ldots, x_{K-1}') = \mu_i''(T, p, x_1'', \ldots, x_{K-1}'')$$
$$\text{mit} \quad 1 \leq i \leq K \qquad (18)$$

für einen Satz gesuchter Größen. Mit dem Ansatz (2-104), der das chemische Potential μ_i einer Komponente i mit Hilfe der Fugazität f_i darstellt, reduziert sich (18) auf

$$f_i'(T, p, x_1', \ldots, x_{K-1}') = f_i''(T, p, x_1'', \ldots, x_{K-1}'')$$
$$\text{mit} \quad 1 \leq i \leq K. \qquad (19)$$

Das Phasengleichgewicht ist daher allein durch die thermische Zustandsgleichung des Systems bestimmt, aus der die Fugazitäten im Prinzip berechenbar sind. In Abhängigkeit von den jeweils verfügbaren Stoffmodellen wird (19) in mehreren Varianten angewendet.

Für Systeme mit schwach polaren Komponenten kann bei der Auswertung der Bedingungen für das Dampf-Flüssigkeits-Gleichgewicht häufig auf eine thermische Zustandsgleichung für das gesamte fluide Gebiet zurückgegriffen werden. In diesem Fall führt man den Fugazitätskoeffizienten $\varphi_i = \varphi_i(T, p, x_1, \ldots, x_{K-1})$ nach (2-106) ein, so daß (19) die Gestalt

$$x_i'\varphi_i' = x_i''\varphi_i'' \quad \text{mit} \quad 1 \leq i \leq K \qquad (20)$$

erhält. Die Zeichen $'$ und $''$ beziehen sich dabei auf die Flüssigkeit und den Dampf. Tabelle 2-8 gibt an, wie man Fugazitätskoeffizienten aus der Zustandsgleichung (2-38) von Redlich-Kwong-Soave berechnen kann, wenn man zuvor die

Molvolumina

$$V'_m = V'_m(T, p, x'_1, \ldots, x'_{K-1})$$

und $$V''_m = V''_m(T, p, x''_1, \ldots, x''_{K-1})$$

bestimmt hat.

Für das Dampf-Flüssigkeits-Gleichgewicht von Systemen mit stark polaren Komponenten können die Fugazitäten f'_i in der flüssigen Phase nur mit Hilfe von Aktivitätskoeffizienten-Modellen angegeben werden, vgl. 2.2.3. Liegt die Temperatur des Phasengleichgewichts unter der kritischen Temperatur der reinen Komponenten, läßt sich f'_i nach (2-113) berechnen. Dabei wird die Existenz der reinen flüssigen Komponenten bei der Temperatur und dem Druck des Systems vorausgesetzt. In diesem Fall geht (19) mit f''_i nach (2-106) in

$$x'_i \gamma_i f'_{0i}(T, p) = x''_i \varphi''_i p \quad \text{mit} \quad 1 \leqq i \leqq K \tag{21}$$

über, wobei $\gamma_i = \gamma_i(T, p, x'_1, \ldots, x'_{K-1})$ den Aktivitätskoeffizienten der Komponente i in der Flüssigkeit und f'_{0i} die Fugazität der reinen flüssigen Komponente i bei der Temperatur T und dem Druck p des Phasengleichgewichts bedeuten. Wegen (1-51) und (2-104) ist

$$f'_{0i}(T, p) = f'_{0i}(T, p_{s0i}) \exp\left[\int_{p_{s0i}}^{p} V'_{0i}/(R_0 T)\,\mathrm{d}p\right] \tag{22}$$

mit p_{s0i} als dem Sättigungsdruck und V'_{0i} als dem Molvolumen der reinen Flüssigkeit i bei der Temperatur T. Der i. allg. kleine Exponentialausdruck heißt Poynting-Korrektur. Wegen des Phasengleichgewichts des reinen Stoffes i auf seiner Dampfdruckkurve haben der reine Dampf und die reine Flüssigkeit i dort dieselbe Fugazität

$$f'_{0i}(T, p_{s0i}) = f''_{0i}(T, p_{s0i}) = \varphi''_{s0i} p_{s0i}. \tag{23}$$

Damit erhält man aus (21) die viel benutzte Gleichgewichtsbedingung

$$x''_i \varphi''_i p = x'_i \gamma_i \varphi''_{s0i} p_{s0i} \exp\left[\int_{p_{s0i}}^{p} V'_{0i}/(R_0 T)\,\mathrm{d}p\right] \tag{24}$$

mit $1 \leqq i \leqq K$.

Zur Auswertung werden neben den Reinstoffdaten p_{s0i} und V'_{0i} eine thermische Zustandsgleichung des Dampfes, z. B. (1-37) für kleine Drücke mit Fugazitätskoeffizienten nach Tabelle 2-7, sowie ein Ansatz für die molare freie Zusatzenthalpie der Flüssigkeit benötigt. Hierfür stehen z. B. das UNIQUAC- oder UNIFAC-Modell zur Verfügung, aus denen sich die Aktivitätskoeffizienten ermitteln lassen, vgl. 2.2.3. Im Fall einer idealen Lösung im Gleichgewicht mit einem idealen Gas folgt aus (24) bei vernachlässigbarer Poynting-Korrektur das Raoultsche Gesetz

$$x''_i p = x'_i p_{s0i}(T) \quad \text{mit} \quad 1 \leqq i \leqq K. \tag{25}$$

Es gilt unter den übrigen Voraussetzungen auch für reale Lösungen im Grenzfall $x'_i \to 1$ und gibt Einblick in die Schlüsselgrößen des Dampf-Flüssigkeits-Gleichgewichts.

Ein Mangel von (24) ist, daß in der Poynting-Korrektur gegebenenfalls mit $V'_{0i} = \text{const}$ über hypothetische Zustände der reinen Flüssigkeit integriert wird. Für überkritische Komponenten ist (24) im Prinzip nicht anwendbar, weil für $T > (T_k)_{0i}$ kein Dampfdruck existiert. Um diese Einschränkung in der Praxis zu umgehen, sind Korrelationen entwickelt worden [18], welche die Fugazität $f'_{0i}(T, p)$ der reinen Flüssigkeit über die kritische Temperatur hinaus extrapolieren.

Das Verdampfungsgleichgewicht überkritischer Komponenten läßt sich im Gegensatz zu (24) mit (20) konsistent beschreiben. Dies ist bei einem binären System aus dem Lösungsmittel 1 und der überkritischen Komponente 2 auch möglich, wenn die Fugazität der Komponente 2 in der Flüssigkeit nach (2-119) mit Hilfe des Henryschen Koeffizienten $H_{2,1}$ formuliert wird. Dann folgt aus (19) mit f''_2 nach (2-106) die Gleichgewichtsbedingung für den gelösten Stoff

$$x'_2 \gamma_2^* H_{2,1} = x''_2 \varphi''_2 p \tag{26}$$

mit γ_2^* als dem rationellen Aktivitätskoeffizienten der Komponente 2 in der Flüssigkeit, vgl. (2-116). Die Gleichgewichtsbedingung für das Lösungsmittel ist unverändert (24), so daß die Symmetrie zwischen den Komponenten gebrochen wird. Wichtig ist, daß sich (26) auf das Gleichgewicht derselben Teilchenart des Stoffes 2 im Dampf und in der Flüssigkeit bezieht. Daher entspricht x'_2 nicht der gesamten in der Flüssigkeit enthaltenen Menge des Stoffes 2, wenn der Stoff im gelösten Zustand dissoziiert oder Verbindungen mit dem Lösungsmittel eingeht.

Wie alle Variablen in (26) ist der Henrysche Koeffizient $H_{2,1}$ der Komponente 2 im Lösungsmittel 1 bei der Temperatur T und dem Druck p des Phasengleichgewichts einzusetzen. Sein Wert in diesem Zustand ergibt sich mit (2-120), (2-104) und (1-51) aus den in der Regel beim Sättigungsdruck $p_{s01}(T)$ des reinen Lösungsmittels angegebenen Daten der Literatur, vgl. (2-121), zu

$$H_{2,1}(T, p) = H_{2,1}(T, p_{s01}) \times \exp\left[V_2'^{\infty}(p - p_{s01})/(R_0 T)\right]. \tag{27}$$

Dabei ist vorausgesetzt, daß das partielle molare Volumen $V_2'^{\infty}$ der unendlich verdünnten Komponente 2 in der Flüssigkeit nicht vom Druck abhängt. Einige Daten für $V_2'^{\infty}$ findet man in [19]. Der rationelle Aktivitätskoeffizient γ_2^*, dessen Druckabhängigkeit selten berücksichtigt wird, kann nach (2-116) und (2-130) aus einem Modell für die molare freie Zusatzenthalpie der Lösung bestimmt werden. Häufig genügt der Ansatz von Porter $G_m^E/(R_0 T) = A x'_1 x'_2$ mit dem anzupassenden

Koeffizienten A, womit

$$\ln \gamma_2^* = A(x_1'^2 - 1) \tag{28}$$

wird. Aus (26) folgt mit (27) und (28) die Gleichung von Krichevsky-Ilinskaya

$$x_2''\varphi_2'' p = x_2' H_{2,1}(T, p_{s01}) \times \exp\left[\frac{V_2'^\infty (p - p_{s01})}{R_0 T} + A(x_1'^2 - 1)\right]. \tag{29}$$

Im Grenzfall großer Verdünnung, $x_2' \to 0$ und $x_1' \to 1$, ist der Term $A(x_1^2 - 1)$ vernachlässigbar. Die weitere Spezialisierung von (29) auf kleine Drücke, bei denen die Gasphase ideal und der Henrysche Koeffizient vornehmlich durch die Temperatur bestimmt ist, führt auf das Henrysche Gesetz

$$x_2'' p = x_2' H_{2,1}(T, p_{s01}). \tag{30}$$

Es enthält die Grundelemente zur Beschreibung von Gaslöslichkeiten.

Die Empfindlichkeit des Lösungsgleichgewichts von Gasen gegen Änderungen von Temperatur und Druck ist aus (26), leichter aber aus den Differentialgleichungen der Phasengrenzkurven zu ermitteln. Bei unendlicher Verdünnung $x_2' \to 0$ und reiner Gasphase $x_2'' = 1$ folgt aus (13), (2-114) und (2-118)

$$(\partial \ln x_2'/\partial T)_p = (H_2'^\infty - H_2'')/(R_0 T^2) \tag{31}$$

mit $H_2'^\infty$ und H_2'' als den partiellen molaren Enthalpien des gelösten Stoffes in der Flüssigkeit und im Dampf. Da der Lösungsvorgang i. allg. exotherm, d. h. $H_2'^\infty - H_2'' < 0$ ist, nimmt die Gaslöslichkeit in der Regel mit steigender Temperatur ab, was einer Zunahme des Henryschen Koeffizienten $H_{2,1}$ in (30) entspricht. Mit denselben Voraussetzungen erhält man

$$(\partial \ln x_2'/\partial p)_T = (V_2'' - V_2'^\infty)/(R_0 T). \tag{32}$$

Danach muß die Löslichkeit mit dem Druck ansteigen, weil das partielle molare Volumen V_2'' des gelösten Stoffes im Gas stets größer ist als der Wert $V_2'^\infty$ in der Flüssigkeit.

Schließlich soll eine spezielle Gleichgewichtsbedingung für ein heterogenes System aus zwei flüssigen Phasen $'$ und $''$ mit den Dichten $\varrho' > \varrho''$ hergeleitet werden, dessen reine Komponenten bei Temperatur und Druck des Gleichgewichts flüssig sind. In diesem Fall lassen sich die Fugazitäten der Komponenten in beiden Phasen durch (2-113) beschreiben, so daß (19) die Form

$$x_i'\gamma_i' = x_i''\gamma_i'' \quad \text{mit} \quad 1 \leqq i \leqq K \tag{33}$$

mit γ_i als dem Aktivitätskoeffizienten der Komponente i annimmt. Sind die Phasen ideale Lösungen mit $\gamma_i = 1$, stimmen die Molanteile x_i der Komponenten in beiden Phasen überein.

Die auf verschiedene Stoffmodelle zugeschnittenen Gleichgewichtsbedingungen (20), (24), (29) und (33) lassen sich in standardisierter Form

$$x_i''/x_i' = K_i(T, p, x_1', \ldots, x_{K-1}', x_1'', \ldots, x_{K-1}'') \tag{34}$$

mit $1 \leqq i \leqq K$

schreiben, wobei K_i als Gleichgewichtsverhältnis für die Komponente i bezeichnet wird. Die Nichtlinearität dieser K Gleichungen mit $2K$ Variablen ist in der Temperatur stärker als im Druck.

Eine charakteristische Anwendung von (34) ist, bei gegebenem Druck p und gegebener Zusammensetzung $x_1', \ldots, x_{K-1}'$ einer Flüssigkeit die Siedetemperatur T und die Zusammensetzung $x_1'', \ldots, x_{K-1}''$ des Gleichgewichtsdampfes zu bestimmen. Dabei hat sich folgende iterative Rechnung bewährt [20]:

1. Vorgabe von p und aller x_i' sowie Schätzung von T und aller x_i''.
2. Berechnung aller K_i in (34).
3. Berechnung aller x_i'' aus (34)

$$x_i'' = x_i' K_i \Big/ \sum_{i=1}^{K} x_i' K_i .$$

4. Rücksprung zu 2., falls sich ein x_i'' über eine vorgegebene Schranke hinaus verändert hat.
5. Berechnung der Restfunktion

$$f = \sum_{i=1}^{K} x_i' K_i - 1 . \tag{36}$$

6. Anpassung von T, z. B. nach dem Newton-Verfahren, und Rücksprung zu 2., falls $|f|$ eine vorgegebene Schranke übersteigt.
7. Ende der Rechnung.

In ähnlichen Schritten hat man vorzugehen [20], wenn bei gegebenem Druck p und gegebener Dampfzusammensetzung $x_1'', \ldots, x_{K-1}''$ die Taupunkttemperatur T und die Zusammensetzung $x_1', \ldots, x_{K-1}'$ der Gleichgewichtsflüssigkeit gefragt ist:

1. Vorgabe von p und allen x_i'' sowie Schätzung von T und allen x_i'.
2. Berechnung aller K_i in (34).
3. Berechnung aller x_i' aus (34)

$$x_i' = (x_i''/K_i) \Big/ \sum_{i=1}^{K} (x_i''/K_i) .$$

4. Rücksprung zu 2., falls sich ein x_i' über eine vorgegebene Schranke hinaus verändert hat.
5. Berechnung der Restfunktion

$$f = \sum_{i=1}^{K} (x_i''/K_i) - 1 . \tag{37}$$

6. Anpassung von T, z. B. nach dem Newton-Verfahren, und Rücksprung zu 2., falls $|f|$ eine vorgegebene Schranke übersteigt.
7. Ende der Rechnung.

Die Konvergenz dieser einfachen Algorithmen ist besonders bei hohen Drücken ein Problem. Es wird daher empfohlen, die Berechnung von Gleichgewichtszuständen bei niedrigen Drücken zu beginnen und das Ergebnis als Startwert für die nächste Druckstufe zu benutzen. Bei flachem Verlauf der Phasengrenzkurven $(\partial \ln p/\partial \ln T)_x < 2$ ist es günstiger, statt des Drucks die Temperatur vorzugeben [21]. Eine Diskussion der Gleichgewichtsberechnung mit Zustandsgleichungen findet man in [22]. Rechenprogramme sind in [23] enthalten.

Eine weitere Anwendung von (34) ist die Berechnung der Zusammensetzung $x'_1, \ldots, x'_{K-1}$ und $x''_1, \ldots, x''_{K-1}$ sowie des Mengenverhältnisses $\beta = n''/(n' + n'')$ der koexistierenden Phasen für einen gegebenen Zustandspunkt mit den Koordinaten T, p, und $x_1, \ldots, x_{K-1}$ in einem Zweiphasengebiet. Diese Aufgabe stellt sich z. B. beim Zerfall einer Flüssigkeit in eine dampfförmige und eine flüssige Phase durch isotherme Druckabsenkung. Dieselbe Aufgabe ist zu lösen, um den Verlauf der Konoden für das Flüssig-flüssig-Gleichgewicht eines ternären Systems zu bestimmen. Die Arbeitsgleichungen ergeben sich aus der Verknüpfung von (34) mit dem Hebelgesetz (12)

$$x_i = \beta x'_i + (1-\beta)x''_i = [\beta + K_i(1-\beta)]x'_i \quad \text{mit} \quad 1 \leqq i \leqq K, \tag{38}$$

$$x'_i = x_i/[\beta + K_i(1-\beta)] \quad \text{mit} \quad 1 \leqq i \leqq K \tag{39}$$

und

$$f = \sum_{i=1}^{K} x_i/[\beta + K_i(1-\beta)] - 1 = 0\,. \tag{40}$$

Die Rechnung läuft in folgenden Schritten [24] ab:

1. Vorgabe von T, p und allen x_i sowie Schätzung aller x'_i und des Mengenverhältnisses β.
2. Berechnung aller x''_i aus (38)

$$x''_i = (x_i - \beta x'_i)/(1-\beta)\,. \tag{41}$$

3. Berechnung aller K_i in (34).
4. Berechnung von β aus (40), z. B. mit dem Newton-Verfahren.
5. Berechnung aller x'_i aus (39).
6. Rücksprung zu 2., falls sich ein x'_i über eine vorgegebene Schranke hinaus verändert hat.
7. Ende der Rechnung.

Für die Konvergenz des Verfahrens bei der Berechnung ternärer Flüssig-flüssig-Gleichgewichte ist es vorteilhaft, die Iteration mit einem nicht mischbarem binären Randsystem zu beginnen. Dieses sei aus den Komponenten 1 und 2 zusammengesetzt. Bei der schrittweisen Erhöhung der Konzentration der Komponente 3 können die vorangegangenen Ergebnisse jeweils als Startwert dienen. Die Konzentrationen x_1, x_2 und x_3 in dem heterogenen Zustand sollten so gewählt werden, daß sich $\beta \approx 0{,}5$ ergibt. Ein Rechenprogramm findet man in [23].

Literatur

Allgemeine Literatur zu Kapitel 1

Baehr, H.D.: Thermodynamik. 6. Aufl. Berlin: Springer 1988

Callen, H.B.: Thermodynamics and an introduction to thermostatistics. 2nd ed. New York: Wiley 1985

Falk, G.; Ruppel, W.: Energie und Entropie. Berlin: Springer 1976

Haase, R.: Thermodynamik. 2. Aufl. Darmstadt: Steinkopff 1985

Kestin, J.: A course in thermodynamics, vols. 1; 2. Waltham: Blaisdell 1966; 1968

Löffler, H.J.: Thermodynamik, Bd. 1: Grundlagen und Anwendung auf reine Stoffe, Bd. 2: Gemische und chemische Reaktionen. Nachdruck der 1. Aufl. Berlin: Springer 1985

Modell, M.; Reid, R.C.: Thermodynamics and its applications. 2nd ed. Englewood Cliffs: Prentice-Hall 1983

Stephan, K.; Mayinger, F.: Thermodynamik. Bd. 1: Einstoffsysteme, Bd. 2: Mehrstoffsysteme und chemische Reaktionen. 12. Aufl. Berlin: Springer 1986; 1988

Spezielle Literatur zu Kapitel 1

1. Callen, H.B.: Thermodynamics and an introduction to thermostatistics. 2nd ed. New York: Wiley 1985, S. 131-137
2. Modell, M.; Reid, R.C.: Thermodynamics and its applications. 2nd ed. Englewood Cliffs: Prentice-Hall 1983, Anhang C
3. Stephan, K.; Mayinger, F.: Thermodynamik, Bd. 2: Mehrstoffsysteme und chemische Reaktionen. 12. Aufl. Berlin: Springer 1988, insbesondere S. 112-114
4. In [3], S. 87-96
5. Strubecker, K.: Einführung in die höhere Mathematik, Bd. IV. München: Oldenbourg 1984, S. 478-479
6. In [1], S. 186-189
7. In [1], S. 153-157
8. In [5], S. 182-191
9. In [2], S. 322-329
10. Falk, G.: Theoretische Physik, Bd. II: Thermodynamik. Berlin: Springer 1968, S. 171-179
11. In [2], S. 227-255
12. Henning, F.: Temperaturmessung (Hrsg. H. Moser). 3. Aufl. Berlin: Springer 1977
13. Thermophysikalische Stoffgrößen. (Hrsg. W. Blanke). Berlin: Springer 1989, S. 1
14. Haase, R.: Thermodynamik. 2. Aufl. Darmstadt: Steinkopff 1985, S. 72-74
15. In [14], S. 74-79
16. In [14], S. 92-103
17. Baehr, H.D.: Thermodynamik. 6. Aufl. Berlin: Springer 1988, S. 317-318
18. Ahrendts, J.: Die Exergie chemisch reaktionsfähiger Systeme (VDI-Forschungsheft, 579) (1977)
19. Baehr, H.D.: Zur Definition exergetischer Wirkungsgrade, Brennst.—Wärme—Kraft 20 (1968) 197-200

Allgemeine Literatur zu Kapitel 2

Baehr, H.D.: Thermodynamik. 6. Aufl. Berlin: Springer 1988

Gmehling, J.; Kolbe, B.: Thermodynamik. Stuttgart: Thieme 1988

Prausnitz, J.M.; Lichtenthaler, R.N.; Gomes de Azevedo, E.: Molecular thermodynamics of fluid-phase equilibria. 2nd ed. Englewood Cliffs: Prentice-Hall 1986

Reid, R.C.; Prausnitz, J.M.; Poling, E.B.: The properties of gases and liquids. 4th ed. New York: McGraw-Hill 1987

Stephan, K.; Mayinger, F.: Thermodynamik, Bd. 2: Mehrstoffsysteme und chemische Reaktionen. 12. Aufl. Berlin: Springer 1988

Thermophysikalische Stoffgrößen. (Hrsg. W. Blanke), Berlin: Springer 1989

Spezielle Literatur zu Kapitel 2

1. Baehr, H.D.: Thermodynamik. 6. Aufl. Berlin: Springer 1988, insbesondere Abb. 5.2 auf S. 195
2. In [1], Tabelle 10.7
3. In [1], Tabelle 10.8
4. Pitzer, K.S.: The volumetric and thermodynamic properties of fluids, Part I. J. Am. Chem. Soc. 77 (1955) 2427-2433; Pitzer, K.S.; et. al.: The volumetric and thermodynamic properties of fluids, Part II. J. Am. Chem. Soc. 77 (1955) 2433-2440
5. Reid, R.C.; Prausnitz, J.M.; Poling, B.E.: The properties of gases and liquids. 4th ed. New York: McGraw-Hill 1987, S. 656-732
6. Smith, J.M.; van Ness, H.C.: Introduction to chemical engineering thermodynamics. 4th ed. New York: McGraw-Hill 1987, S. 571-572
7. Walas, S.M.: Phase equilibria in chemical engineering. Boston: Butterworth 1985, S. 3-107
8. Reed, T.M.; Gubbins, K.E.: Applied statistical mechanics. New York: McGraw-Hill 1973, S. 192-224
9. Prausnitz, J.M.; Lichtenthaler, R.N.; Gomes de Azevedo, E.: Molecular thermodynamics of fluid-phase equilibria. 2nd ed. Englewood Cliffs: Prentice-Hall 1986, S. 522-525
10. Dymond, J.H.; Smith, E.B.: The virial coefficients of pure gases and mixtures. Oxford: Clarendon Press 1980
11. Tsonopoulos, C.: An empirical correlation of second virial coefficients. AIChE J. 20 (1974) 263-272
12. Kestin, J.; Sengers, J.V.: New international formulations for the thermodynamic properties of light and heavy water. J. Phys. Chem. Ref. Data 15 (1986) 305-320
13. Baehr, H.D.; Schwier, K.: Die thermodynamischen Eigenschaften der Luft im Temperaturbereich zwischen −210 °C und +1250 °C bis zu Drucken von 4500 bar. Berlin: Springer 1961
14. Ahrendts, J.; Baehr, H.D.: Die thermodynamischen Eigenschaften von Ammoniak. VDI-Forschungsheft 596 (1979)
15. Schmidt, R., Wagner, W.: A new form of the equation of state for pure substances and its application to oxygen. Fluid Phase Equilibria 19 (1985) 175-200
16. Jacobsen, R.T.; Stewart, R.B.; and Jahangiri, M.: A thermodynamic property formulation for nitrogen from the freezing line to 2000 K at pressures to 1000 MPa. Int. J. Thermophysics 7 (1986) 503-511
17. Soave, G.: Equilibrium constants from a modified Redlich-Kwong equation of state. Chem. Eng. Sci. 27 (1972) 1197-1203
18. In [1], S. 162-168
19. Strubecker, K.: Einführung in die höhere Mathematik, Bd. 1: Grundlagen. 2. Aufl. München: Oldenbourg 1966, S. 245-254
20. Properties of water and steam in SI-units, Prepared by E. Schmidt, Third enlarged Printing, Ed. by U. Grigull. Berlin: Springer; München: Oldenbourg 1982
21. Kältemaschinenregeln. Hrg. v. Deutschen Kälte- und Klimatech. Ver. 7. Aufl. Karlsruhe: Müller 1981
22. Im Auftrag der Union of Pure and Applied Chemistry (IUPAC) haben S. Angus u. a. eine Reihe von Tafeln veröffentlicht: Int. thermodynamic tables of the fluid state. Argon (1971), Ethylene (1972), Carbon Dioxide (1976), Helium (1977), Methane (1978), Nitrogen (1979), Propylene (1980), Clorine (1985). Oxford: Pergamon Press
23. Starling, K.E.: Fluid thermodynamic properties for light petroleum systems. Houston: Gulf 1973
24. Baehr, H.D.: Der Isentropenexponent der Gase H_2, N_2, O_2, CH_4, CO_2, NH_3 und Luft für Drücke bis 300 bar. Brennst.—Wärme—Kraft 19 (1967) 65-68
25. In [1], Abb. 4.22
26. Ahrendts, J.; Baehr, H.D.: Der Isentropenexponent von Ammoniak. Brennst.—Wärme—Kraft 33 (1981) 237-239
27. Gmehling, J.; Kolbe, B.: Thermodynamik. Stuttgart: Thieme 1988, S. 26
28. Callen, H.B.: Thermodynamics and an introduction to thermostatistics. 2nd ed. New York: Wiley 1985, S. 68-69; 289-290
29. In [1], S. 208-210
30. In [1], Tabelle 5.2
31. In [1], Tabelle 5.4
32. In [1], S. 217-219
33. Baehr, H.D.: Mollier-i,x-Diagramme für feuchte Luft. Berlin: Springer 1961
34. In [8], S. 219
35. In [9], S. 131-132; 161-164
36. Knapp, H.; u. a.: Vapor-liquid equilibria for mixtures of low boiling substances. (DECHEMA Chemistry Data Series, Vol. VI, Parts 1-3). Frankfurt: DECHEMA 1982
37. VDI-Wärmeatlas. 5. Aufl. Düsseldorf: VDI-Verlag 1988, Tabelle 12, S. DF 29
38. Stephan, K.; Mayinger, F.: Thermodynamik, Bd. 2: Mehrstoffsysteme und chemische Reaktionen. 12. Aufl. Berlin: Springer 1988, S. 118-122
39. In [38], S. 355-356
40. In [9], S. 387
41. In [9], Table 8.5
42. Abrams, D.S.; Prausnitz, J.M.: Statistical thermodynamics of liquid mixtures: A new expression for the excess Gibbs energy of partly or completely miscible systems. AIChE J. 21 (1975) 116-128
43. Gmehling, J.; u. a.: Vapor-liquid equilibrium data collection. (DECHEMA Chemistry Data Series, Vol. I, Parts 1-8). Frankfurt: DECHEMA 1977-1988
44. Fredenslund, A.; Jones, R.L.; Prausnitz, J.M.: Group-contribution estimation of activity coefficients in nonideal liquid mixtures. AIChE J. 21 (1975) 1086-1099
45. In [27], S. 251-252
46. In [37], Tabelle 8, S. DF 18-20
47. In [5], Tabelle 8.21
48. In [27], S. 253
49. In [37], Tabelle 9, S. DF 20-24
50. In [5], Table 8.22
51. Magnussen, T.; Rasmussen, P.; Fredenslund, A.: An UNIFAC parameter table for prediction of liquid-liquid equilibria. Ind. Eng. Chem. Proc. Des. Dev. 20 (1981) 331-339

Allgemeine Literatur zu Kapitel 3

Baehr, H.D.: Thermodynamik. 6. Aufl. Berlin: Springer 1988

Gmehling, J.; Kolbe, B.: Thermodynamik. Stuttgart: Thieme 1988

Modell, M.; Reid, R.C.: Thermodynamics and its applications. 2nd ed. Englewood Cliffs: Prentice-Hall 1983

Prausnitz, J.M.; Lichtenthaler, R.N.; Gomes de Azevedo, E.: Molecular thermodynamics of fluid phase equilibria. 2nd ed. Englewood Cliffs: Prentice-Hall 1986

Stephan, K.; Mayinger, F.: Thermodynamik. Bd. 1: Einstoffsysteme, Bd. 2: Mehrstoffsysteme und chemische Reaktionen. 12. Aufl. Berlin: Springer 1986; 1988

Walas, S.M.: Phase equilibria in chemical engineering. Boston: Butterworth 1985

Spezielle Literatur zu Kapitel 3

1. Walas, S.M.: Phase equilibria in chemical engineering. Boston: Butterworth 1985, S. 255
2. Baehr, H.D.: Thermodynamik. 6. Aufl. Berlin: Springer 1988, Abb. 4.1
3. In [2], Abb. 4.2
4. In [2], Abb. 4.3
5. In [2], S. 167-168
6. Reid, R.C.; Prausnitz, J.M.; Poling, B.E.: The properties of gases and liquid., 4th ed. New York: McGraw-Hill 1987, S. 205-218
7. Boublik, T.; Fried, V.; Hála, E.: The vapour pressures of pure substances. Amsterdam: Elsevier: 1984
8. Gmehling, J.; et al.: Vapor-liquid equilibrium data collection (DECHEMA Chemistry Data Series, Vol. 1, Part 1-8). Frankfurt a. M.: DECHEMA 1977-1988
9. In [2], Tabelle 10.11 auf S. 430
10. In [2], Abb. 4.18 auf S. 186
11. In [2], Abb. 4.20 auf S. 188
12. In [1], Bild 5.17b auf S. 262
13. Haase, R.; Schönert, H.: Solid-liquid equilibrium. Oxford: Pergamon Press 1969, S. 88-134
14. Treybal, R.E.: Liquid extraction. 2nd ed. New York: McGraw-Hill 1963, S. 13-21
15. Stephan, K.; Mayinger, F.: Thermodynamik, Band 2: Mehrstoffsysteme und chemische Reaktionen. 12. Aufl. Berlin: Springer 1988, S. 198-200
16. In [15], S. 201-203
17. In [15], S. 204
18. Gmehling, J.; Kolbe, B.: Thermodynamik. Stuttgart: Thieme 1988, S. 168-169
19. In [6], Table 8.24
20. Henley, E.J.; Seader, J.D.: Equilibrium-stage separation operations in chemical engineering. New York: Wiley 1981, S. 281-284
21. In [6], S. 348
22. Nghiem, L.X.; Li, Y.-K.: Computation of multiphase equilibrium phenomena with an equation of state. Fluid Phase Equilibria 17 (1984) 77-95
23. Prausnitz, J.M.; et al.: Computer calculations for multicomponent vapor-liquid and liquid-liquid equilibria. Englewood Cliffs: Prentice-Hall 1980
24. In [1], S. 370-371

G Elektrotechnik

H. Clausert, L. Haase, K. Hoffmann, G. Wiesemann, H. Zürneck

Netzwerke

G. Wiesemann

1 Elektrische Stromkreise

1.1 Elektrische Ladung und elektrischer Strom

1.1.1 Elementarladung

Das Elektron hat die Ladung $-e$, das Proton die Ladung $+e$; hierbei ist $e = 1{,}602\,177\,33 \cdot 10^{-19}$ As. Jede elektrische Ladung Q ist ein ganzes Vielfaches der Elementarladung:

$$Q = ne\,.$$

1.1.2 Elektrischer Strom

Wenn sich Ladungen (Elektronen oder Ionen) bewegen, so entsteht ein *elektrischer Strom*, seine Größe wird korrekterweise als *Stromstärke* i bezeichnet. Sie wird als Ladungsmenge pro Zeit definiert:

$$i = \frac{\mathrm{d}Q}{\mathrm{d}t}; \quad Q = \int i\,\mathrm{d}t\,.$$

Fließt ein Strom i während der Zeit $\Delta t = t_2 - t_1$ durch einen Leiter, so tritt durch jede Querschnittsfläche dieses Leiters die Ladung

$$\Delta Q = \int_{t_1}^{t_2} i(t)\,\mathrm{d}t$$

hindurch (Bild 1-1).

Technisch wichtig sind außer dem Strom in metallischen Leitern auch der Ladungstransport in Halbleitern (Dioden, Transistoren, Integrierte Schaltkreise, Thyristoren), Elektrolyten (galvanische Elemente, Galvanisieren), in Gasen (Leuchtstoffröhren, Funkenüberschlag in Luft) und im Hochvakuum (Elektronenröhren).

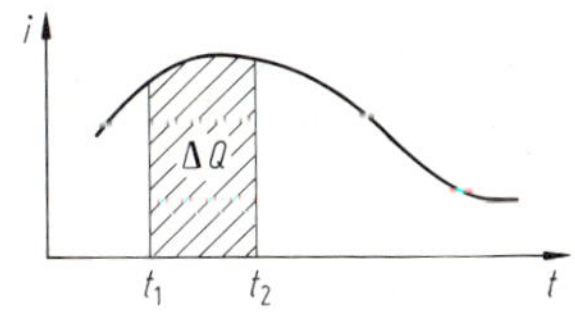

Bild 1-1. Der Zusammenhang zwischen Strom i und Ladung Q.

Kommt ein Strom durch die Bewegung positiver Ladungen zustande, so betrachtet man deren Richtung auch als die Richtung des Stromes *(konventionelle Stromrichtung)*. Wenn also z. B. Elektronen von der Kathode zur Anode einer Elektronenröhre fliegen (Bild 1-2), so geht der positive Strom i von der Anode zur Kathode (v Geschwindigkeit der Elektronen).

Die folgenden drei Wirkungen des Stromes werden zur Messung der Stromstärke verwendet:

1. Magnetfeld (Kraftwirkung)
2. Stofftransport (z. B. bei Elektrolyse)
3. Erwärmung (eines metallischen Leiters)

Besonders geeignet zur Strommessung ist die Kraft, die auf eine stromdurchflossene Spule im Magnetfeld wirkt (Drehspulgerät). Die Kraft, die zwei stromdurchflossene Leiter aufeinander ausüben, dient zur *Definition der SI-Einheit Ampere* für den elektrischen Strom:

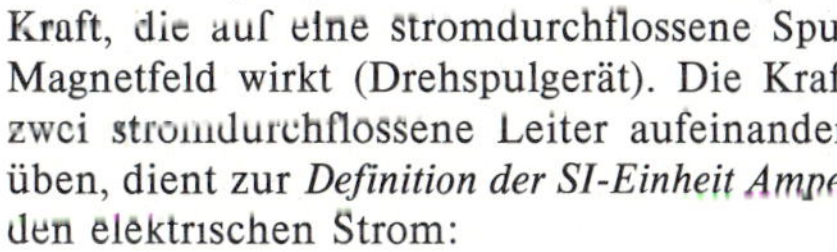

Bild 1-2. Konventionelle Richtung des Stromes i und Geschwindigkeit v der Elektronen in einer Hochvakuumdiode.

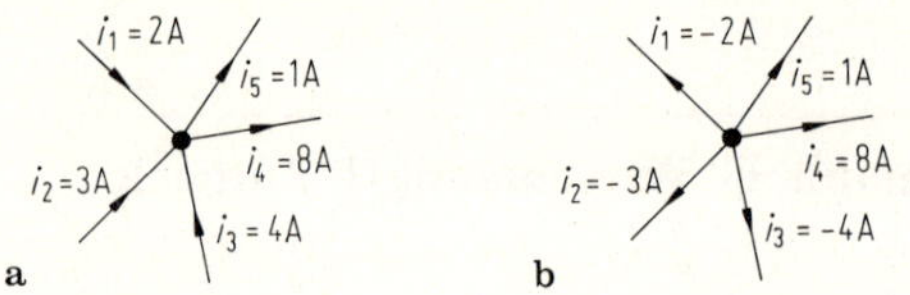

Bild 1-3. Knoten mit 3 zufließenden und 2 abfließenden Strömen.

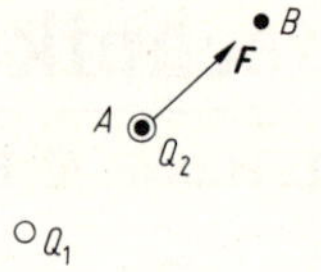

Bild 1-4. Kraftwirkung zwischen zwei Punktladungen.

1 Ampere (1 A) ist die Stärke eines zeitlich konstanten Stromes durch zwei geradlinige parallele unendlich lange Leiter von vernachlässigbar kleinem Querschnitt, die voneinander den Abstand 1 m haben und zwischen denen die durch diesen Strom hervorgerufene Kraft im leeren Raum pro 1 m Leitungslänge $2 \cdot 10^{-7}$ mkg/s² beträgt.

Beispiel für die Driftgeschwindigkeit von Elektronen. Durch einen Kupferdraht mit dem Querschnitt $A = 50\,\text{mm}^2$ fließt der Strom $I = 200\,\text{A}$ (Dichte der freien Elektronen: $n = 8{,}5 \cdot 10^{19}/\text{mm}^3$). Die Driftgeschwindigkeit ist

$$v_{\text{dr}} = \frac{I}{enA} \approx 0{,}3\,\frac{\text{mm}}{\text{s}}.$$

1.1.3 1. Kirchhoffscher Satz (Satz von der Erhaltung der Ladungen; Strom-Knotengleichung)

Die Ladungen, die in eine (resistive) elektrische Schaltung hineinfließen, gehen dort weder verloren, noch sammeln sie sich an, sondern sie fließen wieder heraus. Dies gilt auch für die Ströme; insbesondere in den Knoten (Verzweigungspunkten) elektrischer Schaltungen (Bild 1-3 a) gilt:

$$\sum i_{\text{ein}} = \sum i_{\text{aus}}; \quad \sum i_{\text{ein}} - \sum i_{\text{aus}} = 0\,.$$

Man kann aber auch

$$\sum i = 0$$

schreiben. Dann muß man z. B. einfließende Ströme mit positivem Vorzeichen einsetzen und ausfließende mit negativem (oder auch umgekehrt). Ist die Richtung des Stromes in einem Zweig zunächst nicht bekannt, so ordnet man ihm willkürlich einen sogenannten *Zählpfeil* bzw. eine sog. *Bezugsrichtung* zu. Liefert die Rechnung dann einen negativen Zahlenwert, so fließt der Strom entgegen der angenommenen Zählrichtung.

1.2 Energie und elektrische Spannung; Leistung

1.2.1 Definition der Spannung

Zwei positive Ladungen Q_1, Q_2 stoßen sich ab (Bild 1-4).

Ist Q_1 unbeweglich und Q_2 beweglich, so ist mit der Verschiebung der Ladung Q_2 in den Punkt B eine Abnahme der potentiellen Energie E_p der Ladung Q_2 verbunden: $E_\text{A} - E_\text{B}$. E_p ist der Größe Q_2 proportional, also gilt auch für die Energieabnahme:

$$E_\text{A} - E_\text{B} \sim Q_2\,.$$

Schreibt man statt dieser Proportionalität eine Gleichung, so tritt hierbei ein Proportionalitätsfaktor auf, den man als die elektrische Spannung U_{AB} zwischen den Punkten A und B bezeichnet:

$$\frac{E_\text{A} - E_\text{B}}{Q_2} = U_{\text{AB}}\,.$$

Eine Einheit der elektrischen Spannung ergibt sich daher, wenn man eine Energieeinheit durch eine Ladungseinheit teilt. Im SI wählt man:

$$1\,\text{Volt} = 1\,\text{V} = \frac{1\,\text{J}}{1\,\text{C}} = \frac{1\,\text{Ws}}{1\,\text{As}} = \frac{1\,\text{W}}{1\,\text{A}}\,.$$

1.2.2 Energieaufnahme eines elektrischen Zweipols

Ein elektrischer Zweipol (Bild 1-5 a), zwischen dessen beiden Anschlußklemmen eine (i. allg. zeitabhängige) Spannung u liegt und in den der (i. allg. ebenfalls zeitabhängige) Strom i hinein- und aus dem er auch wieder herausfließt, nimmt im Zeitraum von t_1 bis t_2 folgende Energie auf:

$$W = \int_{t_1}^{t_2} ui\,\text{d}t\,.$$

Hier haben u und i gleiches Vorzeichen, wenn sie am Zweipol gleichsinnig wie in Bild 1-5 a gezählt werden (Verbraucherzählpfeilsystem).
Das Produkt ui bezeichnet man als die elektrische Leistung p:

$$ui = p = \frac{\text{d}W(t)}{\text{d}t}\,.$$

Im Falle zeitlich konstanter Größen $i = I$ und $u = U$ wird

$$W = UIt; \quad P = UI = W/t\,.$$

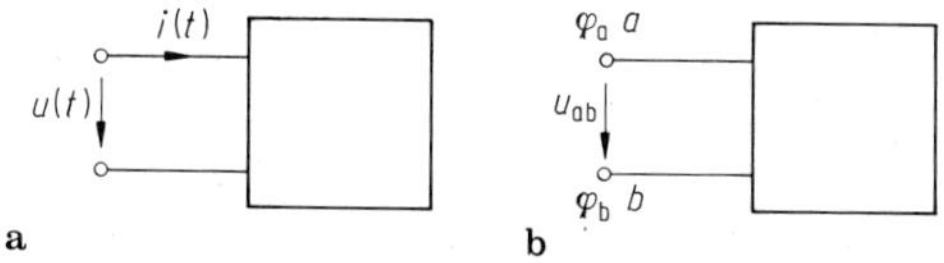

Bild 1-5. a Zweipol als (Energie-)Verbraucher; b Spannung zwischen zwei Punkten unterschiedlichen Potentials.

(Für konstante Ströme, Spannungen und Leistungen werden gewöhnlich Großbuchstaben verwendet; die Kleinbuchstaben i, u, p für die zeitabhängigen Größen.)
Ist $ui > 0$, so nimmt der Zweipol (Bild 1-5a) Leistung auf (Verbraucher); ist $ui < 0$, so gibt er Leistung ab (Erzeuger, Generator).

1.2.3 Elektrisches Potential

Die elektrische Spannung zwischen zwei Punkten (a und b) kann häufig auch als die Differenz zweier Potentiale φ aufgefaßt werden (Bild 1-5b):

$$u_{ab} = \varphi_a - \varphi_b .$$

Ist z.B. $u_{ab} = 2$ V, so wäre das Wertepaar $\varphi_a = 2$ V, $\varphi_b = 0$ V ebenso wie $\varphi_a = 3$ V, $\varphi_b = 1$ V usw. eine mögliche Darstellung.

1.2.4 Spannungsquellen

Positive und negative Ladungen ziehen sich an. Kommt es dadurch in elektrischen Schaltungen zum Ladungsausgleich, so verlieren die Ladungen hierbei ihre potentielle Energie; dies geschieht in allen Verbrauchern elektrischer Energie. Erzeuger elektrischer Energie hingegen bewirken eine Trennung positiver von negativen Ladungen, erhöhen also deren potentielle Energie: Solche Erzeuger nennt man auch Spannungsquellen. (Die Ausdrücke Erzeuger und Verbraucher sind üblich, obwohl in ihnen eigentlich nur eine Energieumwandlung stattfindet.)
Das Bild 1-6 zeigt als Beispiel einer Gleichspannungsquelle ein galvanisches Element. Die Energie, die hier bei chemischen Reaktionen frei wird, bewirkt, daß es zwischen den positiven Ladungen des Pluspols und den negativen des Minuspols innerhalb der Quelle nicht zum Ladungsausgleich

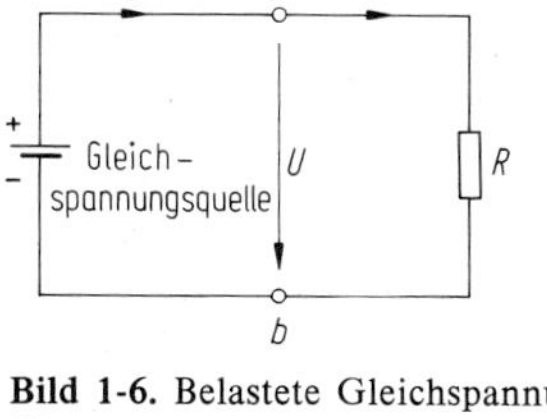

Bild 1-6. Belastete Gleichspannungsquelle (galvanisches Element).

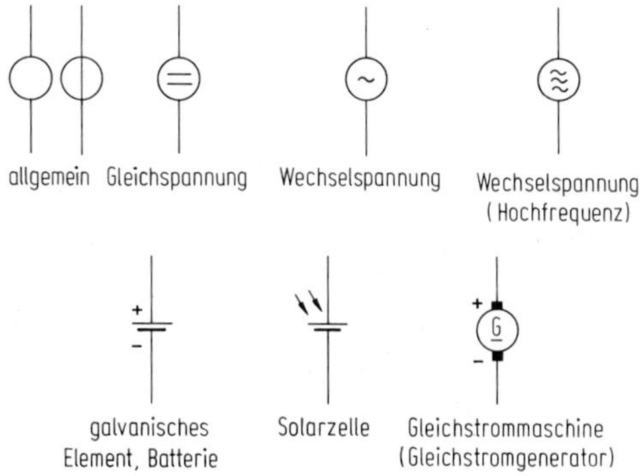

Bild 1-7. Symbole für Spannungsquellen.

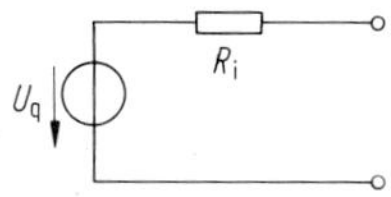

Bild 1-8. Ersatzschaltbild einer realen Spannungsquelle.

kommt. Ein Ausgleich kommt nur zustande, wenn an die beiden Klemmen a, b ein Verbraucher (z. B. ein ohmscher Widerstand R) angeschlossen wird (im Verbraucher gibt es keine „elektromotorische Kraft", die dem Ladungsausgleich entgegenwirkt). In dem dargestellten einfachen Stromkreis wird die Quellenleistung P_q vom Widerstand „verbraucht":

$$P_q = P_R = UI.$$

Einige Schaltzeichen (Symbole) für Spannungsquellen sind in Bild 1-7 zusammengestellt.
Typische Spannungen galvanischer Elemente bzw. „Batterien" sind 1,5 V; 3 V, 4,5 V, 9 V, 18 V; Blei-Akkumulatoren von Autos haben 6 V oder (meist) 12 V. Solarzellen haben einen anderen Mechanismus und können ca. 0,5 V erreichen.
Die inneren Verluste einer Spannungsquelle werden im Schaltbild durch den *inneren Widerstand* repräsentiert: die reale Quelle wird als Reihenschaltung einer idealen Spannungsquelle (U_q) mit dem inneren Widerstand (R_i) aufgefaßt (Bild 1-8).

1.2.5 2. Kirchhoffscher Satz (Satz von der Erhaltung der Energie; Spannungs-Maschengleichung)

In jeder elektrischen Schaltung ist die in einer bestimmten Zeit von den Quellen insgesamt abgegebene Energie gleich der von allen Verbrauchern insgesamt aufgenommenen Energie; dasselbe gilt natürlich für die Leistungen. Daraus folgt, daß bei jedem (geschlossenen) Umlauf (Bild 1-9)

$$\sum u = 0$$

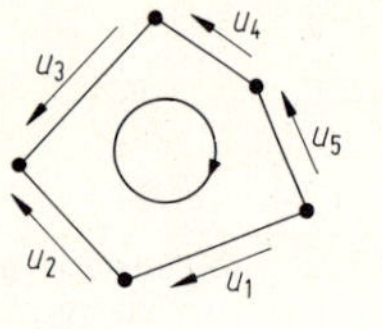

Bild 1-9. Umlauf mit 5 Spannungen.

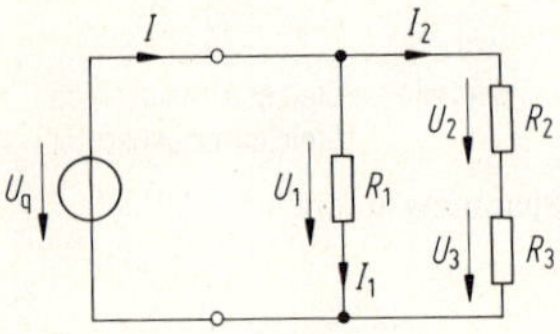

Bild 1-10. Schaltung mit 2 Maschen.

wird, was in Bild 1-10 an einem Schaltungsbeispiel verdeutlicht ist. (In Bild 1-9 zählen die Spannungen, die dem willkürlich festgelegten Umlaufsinn entsprechen, positiv — die anderen negativ.) In der Schaltung in Bild 1-10 ist die Quellenleistung (an die Schaltung abgegebene L.) $P_{ab} = U_q I$ und die Verbraucherleistung (von der Schaltung aufgenommene L.)

$$P_{auf} = I_1 U_1 + I_2 U_2 + I_2 U_3 .$$

Wegen $P_{ab} = P_{auf}$ und $I = I_1 + I_2$ wird hieraus

$$I_1 U_q + I_2 U_q = I_1 U_1 + I_2 (U_2 + U_3) .$$

Dies muß u. a. auch in den Sonderfällen $I_2 = 0$ oder $I_1 = 0$ gelten, es ist also $U_q = U_1$ und $U_q = U_2 + U_3$ und damit auch $U_1 = U_2 + U_3$.

1.3 Elektrischer Widerstand

1.3.1 Ohmsches Gesetz

Ohmsche Widerstände sind solche, bei denen die Stromstärke i der anliegenden Spannung u proportional ist: $u \sim i$ (Bild 1-11). Diese Proportionalität beschreibt man als Gleichung in der Form

$$u = Ri, \quad \text{(Ohmsches Gesetz)}$$

wobei man den Proportionalitätsfaktor R als ohmschen Widerstand(swert) bezeichnet. Für manche Aussagen nützlicher ist der Leitwert

$$G = 1/R .$$

Das Ohmsche Gesetz läßt sich damit auch in der Form $i = Gu$ schreiben; außerdem gilt

$$R = u/i; \quad G = i/u .$$

Die SI-Einheit des Widerstandes ist das Ohm ($\Omega = \mathrm{V/A}$, ferner ist 1 Siemens = 1 S = $1/\Omega$.

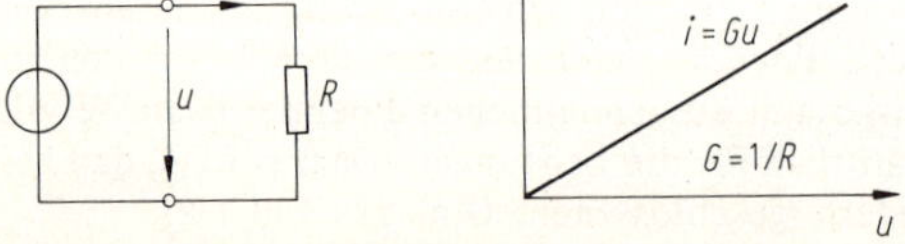

Bild 1-11. Der Zusammenhang zwischen Strom i und Spannung u an einem ohmschen Widerstand R.

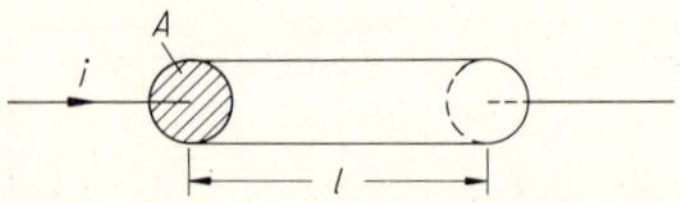

Bild 1-12. Leiter mit konstantem Querschnitt.

1.3.2 Spezifischer Widerstand und Leitfähigkeit

Für den Widerstand eines Leiters (Bild 1-12) mit konstanter Querschnittsfläche A und der Länge l (Bild 1-12) gilt $R \sim l/A$. Als Proportionalitätsfaktor wird hier die Größe ϱ eingeführt:

$$R = \varrho \frac{l}{A}, \quad \varrho = \frac{A}{l} R .$$

ϱ ist materialspezifisch (und temperaturabhängig) und wird als *spezifischer Widerstand (Resistivität)* bezeichnet. Für den Leitwert des Leiters gilt

$$G = \frac{A}{\varrho l} = \frac{\varkappa A}{l} .$$

Man nennt $\varkappa$ die *Leitfähigkeit* (die *Konduktivität*) des Leitermaterials ($\varkappa = 1/\varrho$). In Tabelle 1-1 sind die Größen ϱ und $\varkappa$ für verschiedene Materialien angegeben. Übliche Einheiten für ϱ sind (vgl. $\varrho = RA/l$):

$$1 \frac{\Omega \mathrm{mm}^2}{\mathrm{m}} = 1\,\mu\Omega\mathrm{m} .$$

Anschauliche Deutung: $\varrho = 1\,\Omega\mathrm{mm}^2/\mathrm{m}$ bedeutet, daß ein Draht mit dem Querschnitt 1 mm² und der Länge 1 m den Widerstand 1 Ω hat.
$\varrho = 1\,\Omega\mathrm{cm}$ bedeutet, daß ein Würfel von 1 cm Kantenlänge zwischen zwei gegenüberliegenden Flächen gerade den Widerstand 1 Ω hat.

1.3.3 Temperaturabhängigkeit des Widerstandes

In metallischen Leitern gilt die Proportionalität $i \sim u$ (Ohmsches Gesetz) nur bei konstanter Temperatur. ϱ nimmt bei Metallen im allgemeinen mit der Temperatur ϑ zu. Bei reinen Metallen (außer den ferromagnetischen) stellt $\varrho = f(\vartheta)$ nahezu eine Gerade dar. Bestimmte Legierungen verhal-

Tabelle 1-1. Spezifischer Widerstand und Temperaturbeiwerte verschiedener Stoffe

Stoff	ϱ_{20} $10^{-6}\,\Omega\cdot m$	$\varkappa_{20}$ 10^{6} S/m	α_{20} 10^{-3}/K	β_{20} $10^{-6}/K^2$
1. Reinmetalle				
Aluminium	0,027	37	4,3	1,3
Blei	0,21	4,75	3,9	2,0
Eisen	0,1	10	6,5	6,0
Gold	0,022	45,2	3,8	0,5
Kupfer	0,017	58	4,3	0,6
Nickel	0,07	14,3	6,0	9,0
Platin	0,098	10,5	3,5	0,6
Quecksilber	0,97	1,03	0,8	1,2
Silber	0,016	62,5	3,6	0,7
Zinn	0,12	8,33	4,3	6,0
2. Legierungen				
Konstantan (55 % Cu, 44 % Ni, 1 % Mn)	0,5	2	−0,04	
Manganin (86 % Cu, 2 % Ni, 12 % Mn)	0,43	2,27	±0,01	
Messing	0,066	15	1,5	
	$\Omega\cdot m$	S/m		
3. Kohle, Halbleiter				
Germanium (rein)	0,46	2,2		
Graphit	$8,7\cdot10^{-6}$	$115\cdot10^{3}$		
Kohle (Bürstenkohle)	$(40...100)\cdot10^{-6}$	$(10...25)\cdot10^{3}$	−0,2...−0,8	
Silizium (rein)	2 300	$0,43\cdot10^{-3}$		
4. Elektrolyte				
Kochsalzlösung (10 %)	$79\cdot10^{-3}$	12,7		
Schwefelsäure (10 %)	$25\cdot10^{-3}$	40,0		
Kupfersulfatlösung (10 %)	$300\cdot10^{-3}$	3,3		
Wasser (rein)	$2,5\cdot10^{5}$	$0,4\cdot10^{-3}$		
Wasser (destilliert)	$4\cdot10^{4}$	$2,5\cdot10^{-3}$		
Meerwasser	$300\cdot10^{-3}$	3,3		
5. Isolierstoffe				
Bernstein	$>10^{16}$			
Glas	$10^{11}...10^{12}$			
Glimmer	$10^{13}...10^{15}$			
Holz (trocken)	$10^{9}...10^{13}$			
Papier	$10^{15}...10^{16}$			
Polyethylen	10^{16}			
Polystyrol	10^{16}			
Porzellan	bis $5\cdot10^{12}$			
Transformator-Öl	$10^{10}...10^{13}$			

ten sich allerdings anders, z. B. Manganin (86 % Cu, 12 % Mn, 2 % Ni), siehe Bild 1-13.

Bei reinen Metallen ist folgende Beschreibung der Abhängigkeit des spezifischen Widerstandes von der Temperatur zweckmäßig:

$$\varrho = \varrho_{20}(1 + \alpha_{20}\Delta\vartheta + \beta_{20}\Delta\vartheta^2 + \dots)\,.$$

Hierbei ist $\Delta\vartheta = \vartheta - 20\,°C$ und

ϱ_{20} Resistivität bei 20 °C
α_{20} linearer Temperaturbeiwert
β_{20} quadratischer Temperaturbeiwert.

Einige Temperaturbeiwerte (Temperaturkoeffizienten) sind in Tabelle 1-1 angegeben.

Supraleitung

Bei einer Reihe von Stoffen ist unterhalb der sogenannten *Sprungtemperatur* T_c keine Resistivität mehr meßbar ($\varrho < 10^{-23}\,\Omega$ m) (Tabelle 1-2); dieser Effekt wird als Supraleitung bezeichnet.
Bei den guten Leitern Cu, Ag, Au konnte bisher noch keine Supraleitung nachgewiesen werden. Das Bekanntwerden von Keramiksintermaterialien mit $T_c > 90$ K („Hochtemperatur-Supraleitung") hat seit 1986 dazu geführt, daß die Supraleitungs-Forschung in vielen Ländern sehr intensiviert worden ist.
Sprungtemperaturen oberhalb von 77,36 K (Siedetemperatur des Stickstoffs) erlauben es, Supraleitung mit Hilfe von flüssigem Stickstoff zu errei-

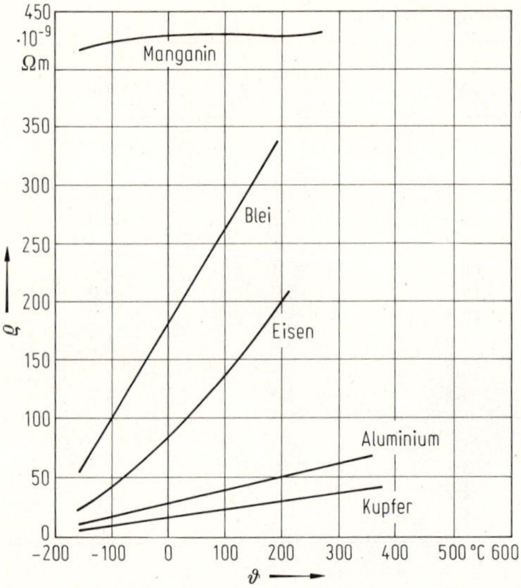

Bild 1-13. Temperaturabhängigkeit spezifischer Widerstände.

chen, also ohne das teure flüssige Helium auszukommen (vgl. Tabelle 1-3).

Tabelle 1-2. Sprungtemperaturen verschiedener Supraleiter

Stoff	T_c in K
Cd	0,54
Al	1,18
Ti	1,8
Sn	3,69
Hg	4,17
V	4,4
Ta	4,48
Pb	7,26
Nb-Ti 50	8,5
Nb	9,2
Tc	11,2
V_3Ga	14,5
Nb_3Sn	18,0
Nb_3Ge	23,2
$Ba_xLa_{5-x}Cu_5O_{3-y}$	>30
Y-La-Cu-O	>90

K Kelvin; absoluter Nullpunkt: 0 K ≙ −273,15 °C

Tabelle 1-3. Schmelz- und Siedetemperaturen von (He), H, N und O

Stoff	Schmelztemperatur T_{sl}	Siedetemperatur T_{lg}
He		4,23
H_2	13,96	20,38
N_2	63,16	77,36
O_2	54,36	90,19

Mit Supraleitern lassen sich verlustlos sehr starke Magnetfelder erzeugen (wie sie in der Hochenergiephysik, in Induktionsmaschinen oder für Magnetbahnen gebraucht werden). Bei einer Reihe dieser Stoffe setzt aber die Supraleitung durch Einwirkung eines starken Magnetfeldes wieder aus (Nb-Sn- und Nb-Ti-Legierungen z. B. bleiben aber noch unter dem Einfluß recht starker Magnetfelder supraleitend). Die Möglichkeit verlustloser Energieübertragung über supraleitende Kabel wird dadurch begrenzt, daß auch oberhalb bestimmter Stromdichten (kritischer Stromdichten) Supraleitung unmöglich wird.

2 Wechselstrom

2.1 Beschreibung von Wechselströmen und -spannungen

Ein sinusförmig schwingender Strom (Bild 2-1),

$$i = \hat{i}\cos(\omega t + \varphi_0),$$

ist durch die drei Parameter *Scheitelwert* $\hat{i}$, *Kreisfrequenz* ω und *Nullphasenwinkel* φ_0 bestimmt (wird eine dieser drei Größen zeitabhängig, so spricht man von Modulation). Für die *Periodendauer* T der Schwingung gilt:

$$T = 2\pi/\omega,$$

die *Frequenz* ist

$$f = \frac{1}{T} = \frac{\omega}{2\pi}.$$

Sinusförmige Ströme haben den Mittelwert Null (sie haben keinen Gleichanteil) und sind Wechselströme. (Alle periodischen Größen ohne Gleich-

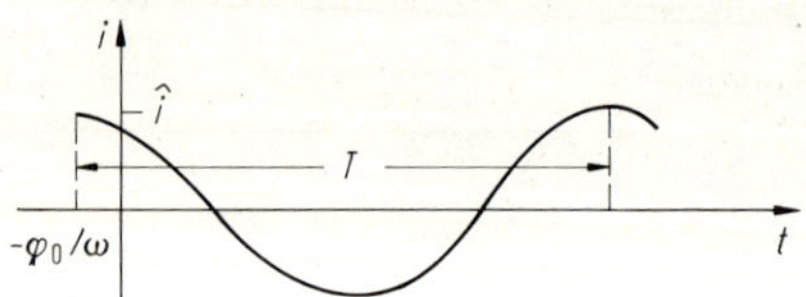

Bild 2-1. Sinusförmiger Wechselstrom.

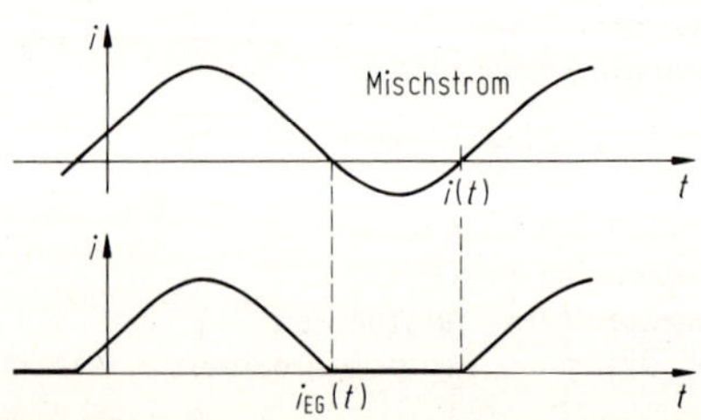

Bild 2-2. Mischstrom vor und nach der Einweg-Gleichrichtung.

anteil nennt man Wechselgrößen). Eine Summe aus einem Gleich- und einem Wechselstrom nennt man *Mischstrom* (Bild 2-2).
Für $i(t)$ kann man auch schreiben:

$$i(t) = \hat{i}\,\mathrm{Re}\,\{\exp[\mathrm{j}(\omega t + \varphi_0)]\}$$
$$= \mathrm{Re}\,\{\hat{i}\exp(\mathrm{j}\varphi_0)\exp(\mathrm{j}\omega t)\}$$
$$= \mathrm{Re}\,\{\hat{\underline{i}}\exp(\mathrm{j}\omega t)\} = \mathrm{Re}\,\{\underline{i}(t)\}\,.$$

Hierbei ist

$\hat{\underline{i}} = \hat{i}\exp(\mathrm{j}\varphi_0)$ die *komplexe Amplitude*

und

$\underline{i}(t) = \hat{\underline{i}}\exp(\mathrm{j}\omega t)$ die *komplexe Zeitfunktion*

des Stromes i.
Die Amplitude $\hat{i}$ geht aus der komplexen Amplitude $\hat{\underline{i}}$ durch Betragsbildung hervor:

$$\hat{i} = |\hat{\underline{i}}|\,.$$

Die reelle Zeitfunktion $i(t)$ entsteht aus der komplexen durch Realteilbildung:

$$i(t) = \mathrm{Re}\,\{\underline{i}(t)\}\,.$$

Den Wert $\hat{\underline{i}}/\sqrt{2} = \underline{I}$ bezeichnet man als komplexen Effektivwert (vgl. 2.2) der Größe i.

Die Kennzeichnung komplexer Größen durch Unterstreichung kann entfallen, wenn verabredet ist, daß die betreffenden Formelbuchstaben eine komplexe Größe darstellen. Beträge sind dann durch Betragsstriche zu kennzeichnen.

2.2 Mittelwerte periodischer Funktionen

Für einen periodischen Strom $i(t)$ mit der Periode T werden verschiedene Mittelwerte definiert (Tabelle 2-1 und Bild 2-2).
Das Verhältnis von Scheitelwert zu Effektivwert bezeichnet man als den *Scheitelfaktor*

$$k_\mathrm{s} = \hat{i}/I$$

und das Verhältnis des Effektivwertes zum Gleichrichtwert als *Formfaktor*

$$k_\mathrm{f} = I/\overline{|i|}\,.$$

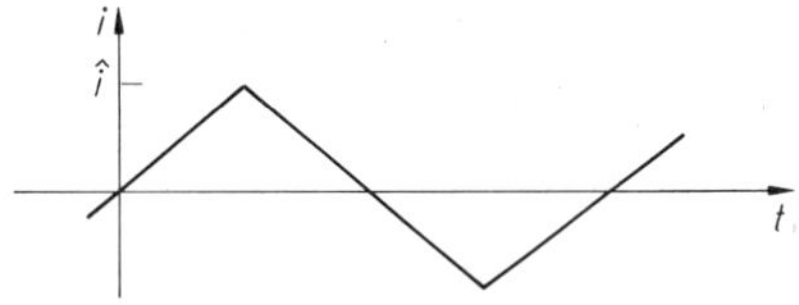

Bild 2-3. Dreieckförmiger Strom $i(t)$.

Tabelle 2-1. Mittelwerte eines periodischen Stromes

arithmetischer Mittelwert	$\bar{i} = \frac{1}{T}\int_\tau^{\tau+T} i(t)\,\mathrm{d}t$
Einweggleichrichtwert	$\bar{i}_\mathrm{EG} = \frac{1}{T}\int_\tau^{\tau+T} i_\mathrm{EG}(t)\,\mathrm{d}t$
Gleichrichtwert (elektrolytischer Mittelwert)	$\overline{\lvert i\rvert} = \frac{1}{T}\int_\tau^{\tau+T} \lvert i(t)\rvert\,\mathrm{d}t$
Effektivwert (quadratischer Mittelwert)	$I = \sqrt{\frac{1}{T}\int_\tau^{\tau+T} i^2(t)\,\mathrm{d}t}$

In der Tabelle 2-2 sind die Mittelwerte, der Scheitel- und der Formfaktor eines sinusförmigen (Bild 2-1) und eines dreieckförmigen (Bild 2-3) Wechselstromes angegeben.

2.3 Wechselstrom in Widerstand, Spule und Kondensator

In der Tabelle 2-3 sind die Zusammenhänge zwischen Strom und Spannung in Widerstand, (idealer) Spule und (idealem) Kondensator — allgemein und für eingeschwungene Sinusgrößen — in unterschiedlicher Weise dargestellt, vgl. Bild 2-5.

Reale Spule und realer Kondensator

Eine eisenlose Spule hat außer ihrer Induktivität L auch den ohmschen Widerstand R der Wicklung (Wicklungsverluste). Für eine genauere Betrachtung muß daher jede Spule als RL-Reihenschaltung dargestellt werden (Bild 2-4a). In einer Spule mit einem Eisenkern treten außer den

Tabelle 2-2. Mittelwerte, Scheitel- und Formfaktor des sinusförmigen und des dreieckförmigen Wechselstromes

	$\bar{i}$	$\bar{i}_\mathrm{EG}$	$\overline{\lvert i\rvert}$	I	k_s	k_f
Sinusförmiger Strom	0	$\frac{\hat{i}}{\pi} = 0{,}318\,\hat{i}$	$\frac{2\hat{i}}{\pi} = 0{,}637\,\hat{i}$	$\frac{\hat{i}}{\sqrt{2}} = 0{,}707\,\hat{i}$	$\sqrt{2} = 1{,}414$	$\frac{\pi}{2\sqrt{2}} = 1{,}11$
Dreieckförmiger Strom	0	$0{,}25\,\hat{i}$	$0{,}5\,\hat{i}$	$\frac{\hat{i}}{\sqrt{3}} = 0{,}577\,\hat{i}$	$\sqrt{3} = 1{,}732$	$\frac{2}{\sqrt{3}} = 1{,}156$

Tabelle 2-3. Zusammenhang zwischen Spannung und Strom bei Widerstand, Spule und Kondensator. (Komplexe Größen sind nicht besonders gekennzeichnet.)

Bauelement		Widerstand	Spule	Kondensator
Kennzeichnende Größe		Resistanz ohmscher W. R	Induktivität L	Kapazität C
Zusammenhang zwischen U und I	allgemein	$u = Ri$	$u = L \cdot \frac{di}{dt}$	$i = C \cdot \frac{du}{dt}$
	komplexe Effektivwerte von Sinusgrößen	$U = R \cdot I$	$U = j\omega L \cdot I$	$I = j\omega C \cdot U$

Wicklungsverlusten *(„Kupferverlusten")* auch noch im Eisenkern Ummagnetisierungsverluste *(Hystereseverluste)* und *Wirbelstromverluste* auf, die man zusammenfassend als *Eisenverluste* bezeichnet. Diese Eisenverluste stellt man im Ersatzschaltbild (Bild 2-4b) durch einen Widerstand parallel zur Induktivität dar. (Ein noch genaueres Ersatzschaltbild müßte auch die Kapazität zwischen den einzelnen Windungen berücksichtigen.)

Bei einem Kondensator hat das Dielektrikum zwischen den beiden Elektroden auch eine (geringe) elektrische Leitfähigkeit. Daher stellt man bei genauerer Betrachtung einen Kondensator als RC-Parallelschaltung dar (Bild 2-4c). (Bei noch genauerer Darstellung dürfte auch die Induktivität der Zuleitung nicht vernachlässigt werden.)

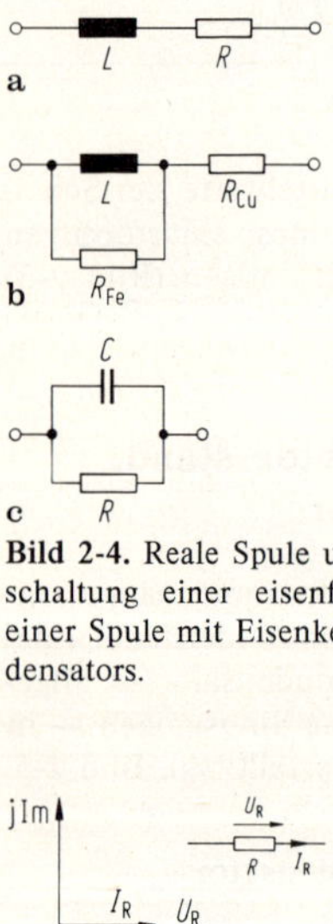

Bild 2-4. Reale Spule und realer Kondensator. **a** Ersatzschaltung einer eisenfreien Spule; **b** Ersatzschaltung einer Spule mit Eisenkern; **c** Ersatzschaltung eines Kondensators.

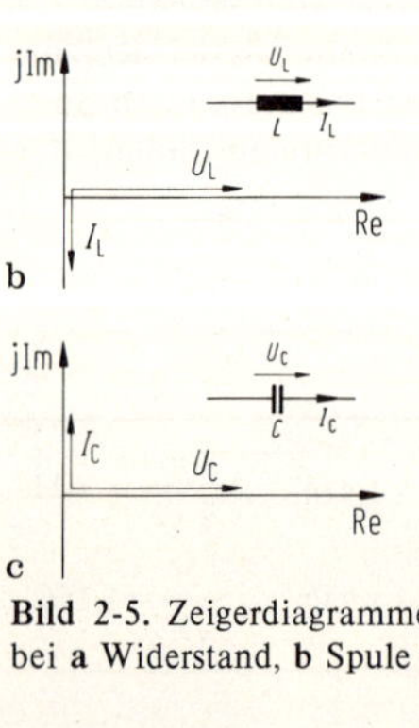

Bild 2-5. Zeigerdiagramme für Strom und Spannungen bei **a** Widerstand, **b** Spule und **c** Kondensator.

2.4 Zeigerdiagramm

Die komplexen Zeitfunktionen $\underline{u}(t)$ und $\underline{i}(t)$, die komplexen Amplituden $\hat{\underline{u}}$ und $\hat{\underline{i}}$ und auch die komplexen Effektivwerte $\underline{U}$ und $\underline{I}$ können in der komplexen (Gaußschen Zahlen-)Ebene als sog. Zeiger anschaulich dargestellt werden. Üblich ist die Zeigerdarstellung vor allem für die komplexen Effektivwerte.

Bild 2-5 stellt (ab jetzt ohne Unterstreichung der komplexen Effektivwerte!) die Zeiger für U und I an den idealen Elementen Widerstand, Spule und Kondensator dar. Dabei ist U jeweils (willkürlich) als reell vorausgesetzt.

Man sagt:

(a) Der Strom ist im Widerstand mit der Spannung phasengleich („in Phase").
(b) Der Strom eilt der Spannung an der Spule um 90° nach.
(c) Der Strom eilt der Spannung am Kondensator um 90° voraus.

Weitere Beispiele für Zeigerdiagramme: Bilder 7-3 und 7-9 in Kapitel 7.

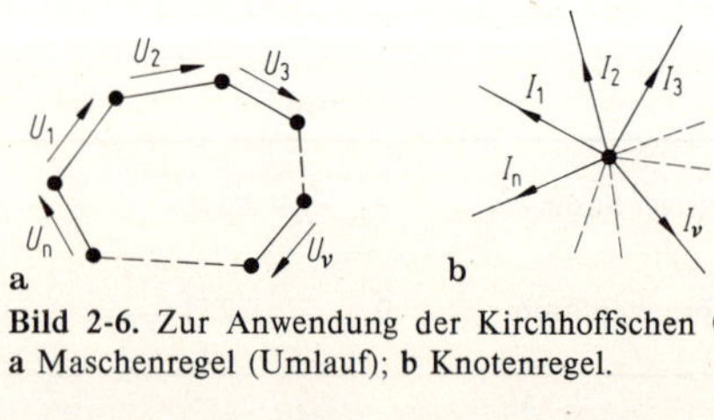

Bild 2-6. Zur Anwendung der Kirchhoffschen Gesetze. **a** Maschenregel (Umlauf); **b** Knotenregel.

2.5 Impedanz und Admittanz

Entsprechend dem auf komplexe Effektivwerte angewandten Ohmschen Gesetz

$$U_R / I_R = R$$

ergeben sich aus dem Verhältnis U/I auch bei Spule und Kondensator Größen mit der Dimension eines Widerstandes:

$$\frac{U_L}{I_L} = j\omega L = jX_L = Z_L;$$

$$\frac{U_c}{I_c} = \frac{1}{j\omega C} = jX_c = Z_c.$$

Man nennt Z_L bzw. Z_c den *komplexen Widerstand* oder die *Impedanz* von Spule bzw. Kondensator. Z_L und Z_c sind rein imaginär; den Imaginärteil einer Impedanz Z nennt man ihren *Blindwiderstand* (ihre *Reaktanz*) X:

$$X_L = \omega L, \quad X_c = 1/(\omega C).$$

Den Realteil R einer Impedanz nennt man ihren *Wirkwiderstand (Resistanz)*.
Die Kehrwerte der Impedanzen nennt man *Admittanzen:*

$$Y = 1/Z;$$

$$Y_L = \frac{1}{Z_L} = \frac{1}{j\omega L} = jB_L;$$

$$Y_c = \frac{1}{Z_c} = j\omega C = jB_c.$$

Auch Y_L und Y_c sind rein imaginär; man nennt den Imaginärteil einer Admittanz ihren *Blindleitwert* (ihre *Suszeptanz*) B:

$$B_L = -1/(\omega L);$$

$$B_c = \omega C.$$

Den Realteil G einer Admittanz nennt man ihren *Wirkleitwert (Konduktanz)*.
Den Betrag $|Z|$ einer Impedanz Z nennt man ihren *Scheinwiderstand*, den Betrag $|Y|$ einer Admittanz Y ihren *Scheinleitwert*.

2.6 Kirchhoffsche Sätze für die komplexen Effektivwerte

Die Kirchhoffschen Sätze gelten nicht nur für die Momentanwerte beliebig zeitabhängiger Spannungen (u) und Ströme (i) (insbesondere also auch für Gleichspannungen U und -ströme I), sondern auch für die komplexen Amplituden ($\hat{\underline{u}}$, $\hat{\underline{i}}$) und komplexen Effektivwerte (U, I) eingeschwungener Sinusspannungen und -ströme (vgl. Bild 2-6) (ohne Nachweis):

$$\sum_{\nu=1}^{n} U_\nu = 0; \quad \sum_{\nu=1}^{n} I_\nu = 0.$$

Spannungen und Ströme, deren Zählpfeile umgekehrt gerichtet sind wie in Bild 2-6, erhalten bei der Summation ein Minuszeichen.

3 Lineare Netze

Als linear werden Schaltungen bezeichnet, in denen nur konstante ohmsche Widerstände, Kapazitäten, Induktivitäten sowie Gegeninduktivitäten vorkommen und in denen die Quellenspannungen und -ströme entweder konstant sind oder aber einer anderen Strom- oder Spannungsgröße proportional sind („gesteuerte Quellen").
Die linearen Gleichstromnetze stellen eine spezielle Klasse der linearen Netze dar, nämlich Netze, die nur ohmsche Widerstände sowie konstante Quellenspannungen U_0 oder konstante Quellenströme I_0 enthalten ($Z \to R$; $U \to U_0$; $I \to I_0$).

3.1. Widerstandsnetze

3.1.1 Gruppenschaltungen

Reihen- und Parallelschaltung

Impedanzen, durch die ein gemeinsamer Strom I hindurchfließt, nennt man *in Reihe* (in Serie) *geschaltet*. Eine Reihenschaltung von n Impedanzen (Bild 3-1) wirkt wie ein einziger Zweipol mit der Impedanz

$$Z = \sum_{\nu=1}^{n} Z_\nu.$$

Impedanzen, die an einer gemeinsamen Spannung U liegen (Bild 3-2), nennt man *parallel geschaltet*.
Eine Parallelschaltung von n Impedanzen wirkt wie ein einziger Zweipol mit der Admittanz

$$Y = \sum_{\nu=1}^{n} Y_\nu = \frac{1}{Z},$$

(hierbei ist $Y_\nu = 1/Z_\nu$).

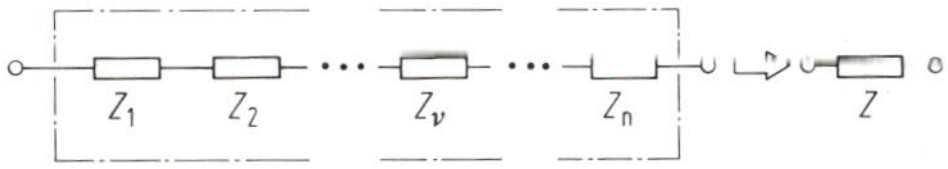

Bild 3-1. Reihenschaltung.

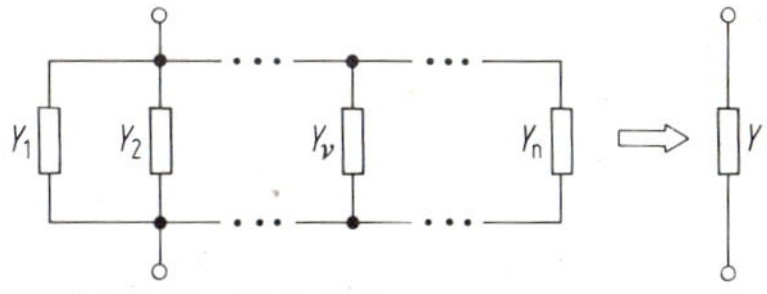

Bild 3-2. Parallelschaltung.

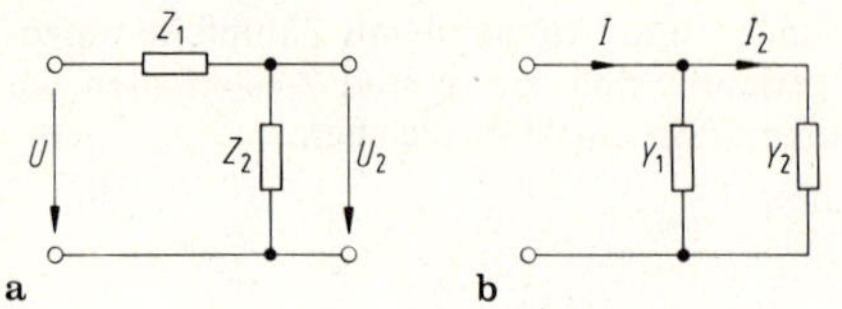

Bild 3-3. Spannungsteilung und Stromteilung.

Speziell für zwei parallelgeschaltete Zweipole mit den Impedanzen Z_1, Z_2 ergibt sich als Gesamtimpedanz

$$Z = \frac{Z_1 Z_2}{Z_1 + Z_2}.$$

Spannungs- und Stromteiler

Bei einer Reihenschaltung verhalten sich die Spannungen zueinander wie die zugehörigen Widerstände (Bild 3-3a):

$$\frac{U_2}{U} = \frac{Z_2}{Z_1 + Z_2}; \quad U_2 = \frac{Z_2}{Z_1 + Z_2} U.$$

Bei einer Parallelschaltung verhalten sich die Ströme zueinander wie die zugehörigen Leitwerte (Bild 3-3b):

$$\frac{I_2}{I} = \frac{Y_2}{Y_1 + Y_2} = \frac{Z_1}{Z_1 + Z_2}.$$

Gruppenschaltungen

Setzt man Reihen- und Parallelschaltungen ihrerseits wieder zu Reihen- und Parallelschaltungen zusammen usw., so läßt sich die Gesamtimpedanz zwischen zwei Anschlußklemmen dadurch berechnen, daß man alle parallel oder in Reihe geschalteten Zweipole bzw. Schaltungsteile schrittweise zusammenfaßt; ein Beispiel hierfür zeigt Bild 3-4.

Zwischen den Klemmen a und b ergibt sich die Gesamtimpedanz

$$Z_{ab} = Z_C + Z_D = \frac{Z_A Z_B}{Z_A + Z_B} + Z_D$$
$$= \frac{(Z_1 + Z_2)(Z_3 + Z_4 + Z_5)}{Z_1 + Z_2 + Z_3 + Z_4 + Z_5} + \frac{Z_7 Z_8}{Z_7 + Z_8}.$$

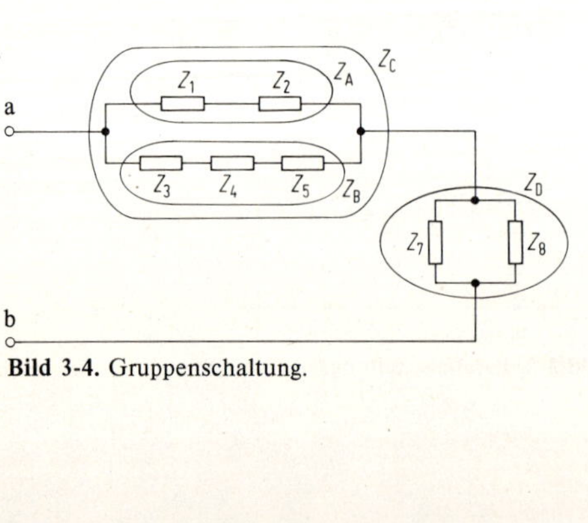

Bild 3-4. Gruppenschaltung.

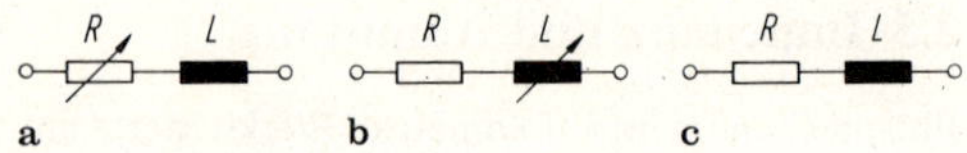

Bild 3-5. RL-Reihenschaltung. **a** R variabel, L const, ω const; b L variabel, ω const, R const; c ω variabel, L const, R const.

Impedanz- und Admittanz-Ortskurven

Wenn man z. B. beschreiben will, wie die Impedanz

$$Z = R + j\omega L$$

einer RL-Reihenschaltung (Bild 3-5) von ω abhängt, so stellt man fest, daß die Spitzen der Z-Operatorpfeile auf einer Geraden liegen, siehe Bild 3-6c.

In Bild 3-6 ist außerdem die Abhängigkeit der Größe Z von R und L dargestellt. Eine Kurve, auf der sich die Spitze einer komplexen Größe bei Veränderung eines reellen Parameters bewegt, nennt man Ortskurve. Für einige weitere Schaltungen sind Ortskurven in den Bildern 3-7 bis 3-10 dargestellt.

3.1.2 Brückenschaltungen

Die Brückenschaltung (Bild 3-11) ist ein Beispiel für eine Schaltung, die keine Gruppenschaltung ist.

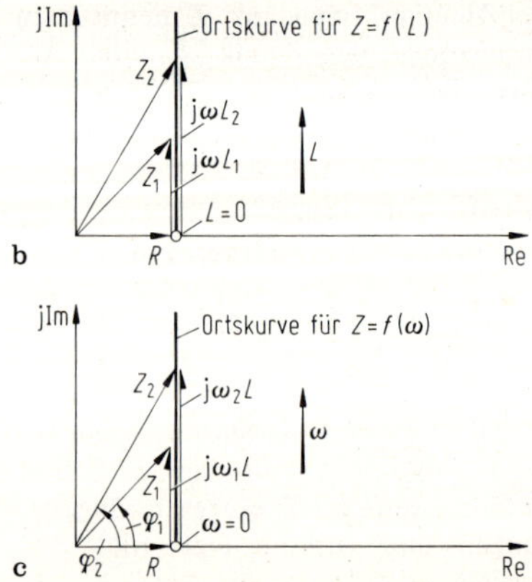

Bild 3-6. Z-Ortskurven einer RL-Reihenschaltung. **a** R variabel, L const, ω const; **b** L variabel, ω const, R const; **c** ω variabel, L const, R const.

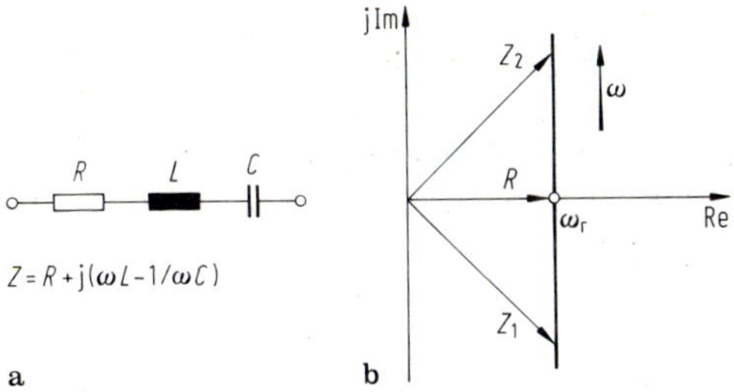

Bild 3-7. Die RLC-Reihenschaltung und ihre Z-Ortskurve.

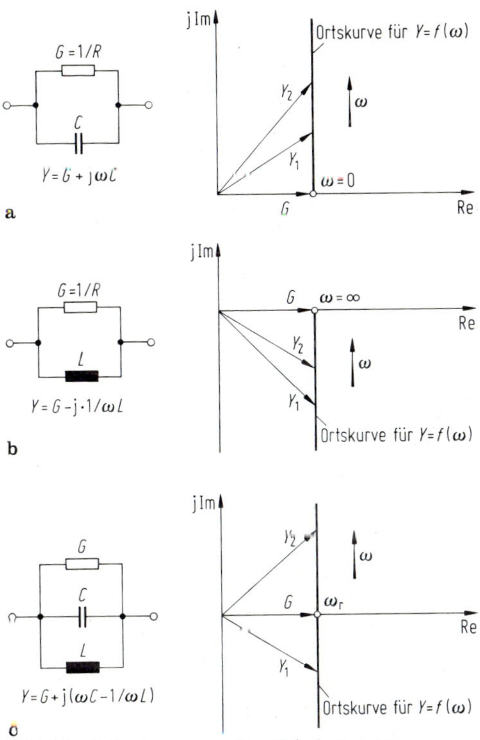

Bild 3-8. Y-Ortskurven von Parallelschaltungen.

Im allgemeinen ist hier $U_5 \neq 0$, $I_5 \neq 0$ und somit $I_1 \neq I_2$ und $I_3 \neq I_4$; Z_1, Z_2 und Z_3, Z_4 bilden also keine Reihenschaltungen. Ebenso ist i. allg. $U_1 \neq U_3$ und $U_2 \neq U_4$; Z_1, Z_3 und Z_2, Z_4 bilden also keine Parallelschaltungen. Nur im Sonderfall

$$Z_1/Z_2 = Z_3/Z_4 \quad \text{(Brückenabgleich)}$$

werden $U_5 = 0$, $I_5 = 0$, und es gilt

$$Z_{ab} = \frac{(Z_1 + Z_2)(Z_3 + Z_4)}{Z_1 + Z_2 + Z_3 + Z_4} = \frac{Z_1 Z_3}{Z_1 + Z_3} + \frac{Z_2 Z_4}{Z_2 + Z_4}$$

(Eingangsimpedanz einer abgeglichenen Brücke).

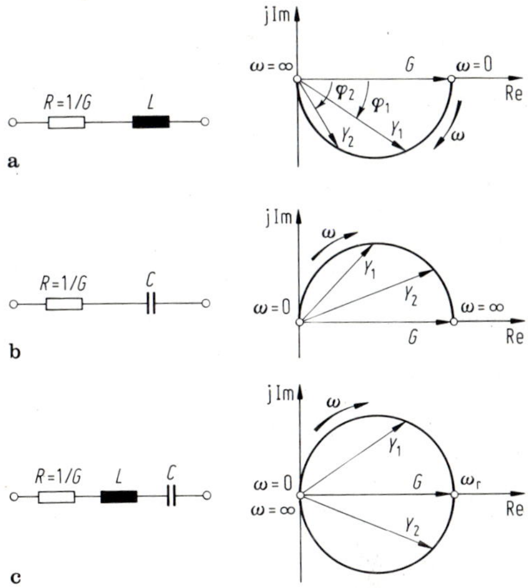

Bild 3-9. Y-Ortskurven von Reihenschaltungen.

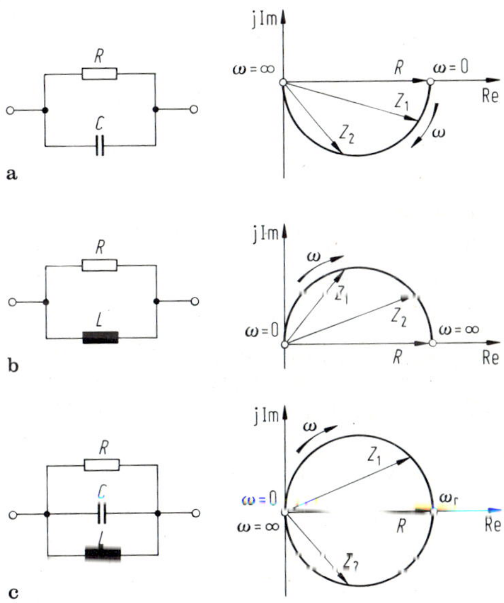

Bild 3-10. Z-Ortskurven von Parallelschaltungen.

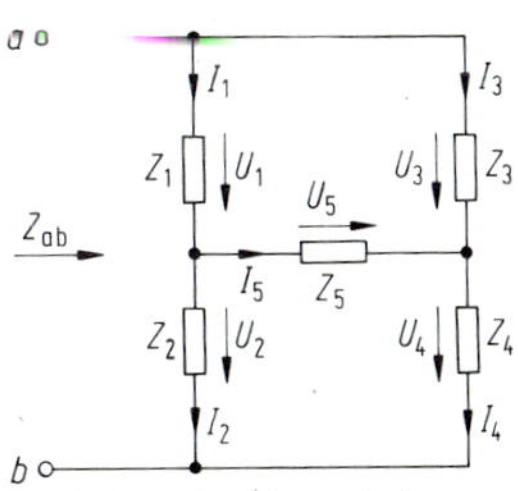

Bild 3-11. Brückenschaltung.

In der Meßtechnik sind Brückenschaltungen (Meßbrücken) sehr wichtig.

3.1.3 Stern-Dreieck-Umwandlung

Jede beliebige Zusammenschaltung konstanter Impedanzen mit drei Anschlußklemmen („Dreipol") kann durch einen gleichwertigen (äquivalenten) Impedanzstern oder ein gleichwertiges Impedanzdreieck (Bild 3-12) so ersetzt werden, daß die drei Eingangsimpedanzen Z_{E12}, Z_{E23}, Z_{E31} jeweils übereinstimmen.
So kann jeder Stern in ein äquivalentes Dreieck umgewandelt werden und umgekehrt. Wenn die Impedanzen Z_{12}, Z_{23}, Z_{31} eines Dreiecks gegeben sind, so können hieraus die Impedanzen Z_{10}, Z_{20}, Z_{30} des äquivalenten Sternes berechnet werden:

$$Z_{10} = \frac{Z_{12}Z_{31}}{Z_{12} + Z_{23} + Z_{31}},$$

$$Z_{20} = \frac{Z_{23}Z_{12}}{Z_{12} + Z_{23} + Z_{31}},$$

$$Z_{30} = \frac{Z_{31}Z_{23}}{Z_{12} + Z_{23} + Z_{31}}.$$

Umgekehrt gilt

$$Z_{12} = \frac{Z_{10}Z_{20} + Z_{20}Z_{30} + Z_{30}Z_{10}}{Z_{30}},$$

$$Z_{23} = \frac{Z_{10}Z_{20} + Z_{20}Z_{30} + Z_{30}Z_{10}}{Z_{10}},$$

$$Z_{31} = \frac{Z_{10}Z_{20} + Z_{20}Z_{30} + Z_{30}Z_{10}}{Z_{20}}.$$

Stern-Vieleck-Umwandlungen sind für allgemeine n-Pole möglich (jeder n-strahlige Stern läßt sich durch ein vollständiges n-Eck ersetzen, nicht aber umgekehrt jedes vollständige n-Eck durch einen n-strahligen Stern).

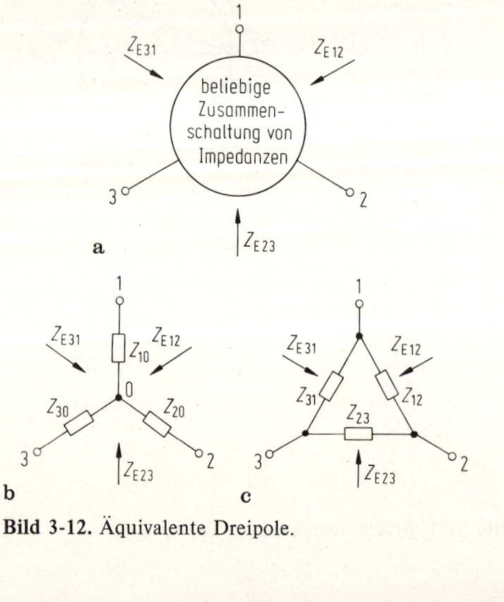

Bild 3-12. Äquivalente Dreipole.

3.2 Strom- und Spannungsberechnung in linearen Netzen

3.2.1 Der Überlagerungssatz (Superpositionsprinzip)

In einem *linearen* Netz mit m Zweigen und n Spannungsquellen $(U_{q1}, \ldots, U_{qn})$ kann der Strom I_μ im μ-ten Zweig berechnet werden, indem man zunächst die Wirkung jeder einzelnen Quelle auf diesen Zweig berechnet (wobei jeweils alle anderen Quellen unwirksam sein müssen, die Spannungsquellen also durch *Kurzschlüsse* zu ersetzen sind); die so berechneten Einzelwirkungen

$$I_\mu^{(\nu)} = K_\mu^{(\nu)} U_{q\nu}$$

ergeben den Strom

$$I_\mu = \sum_{\nu=1}^{n} K_\mu^{(\nu)} U_{q\nu}.$$

(Enthält das Netz auch oder nur Stromquellen, so kann man auch hier zunächst die Einzelwirkungen berechnen, die sich ergeben, wenn jeweils alle Stromquellen bis auf eine unwirksam gemacht werden, d. h. durch eine Leitungsunterbrechung ersetzt werden.)

Beispiel

Parallelschaltung von 3 Spannungsquellen an einem Verbraucher Z_4, Bild 3-13.

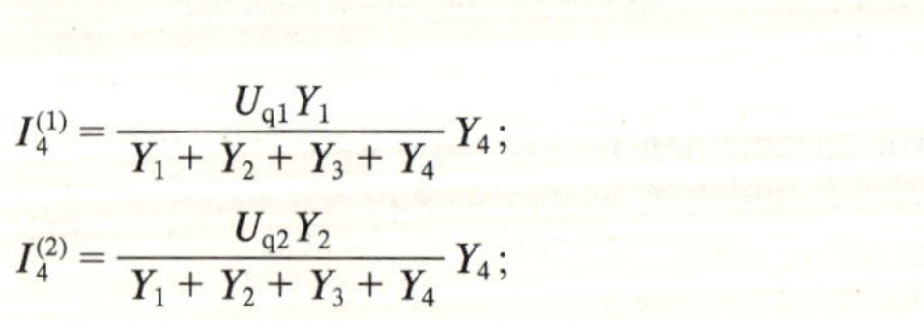

Bild 3-13. Parallelschaltung von 3 Spannungsquellen an einem Verbraucher (Z_4).

$$I_4^{(1)} = \frac{U_{q1}Y_1}{Y_1 + Y_2 + Y_3 + Y_4} Y_4;$$

$$I_4^{(2)} = \frac{U_{q2}Y_2}{Y_1 + Y_2 + Y_3 + Y_4} Y_4;$$

$$I_4^{(3)} = \frac{U_{q3}Y_3}{Y_1 + Y_2 + Y_3 + Y_4} Y_4$$

$$I_4 = I_4^{(1)} + I_4^{(2)} + I_4^{(3)} = \frac{U_{q1}Y_1 + U_{q2}Y_2 + U_{q3}Y_3}{Y_1 + Y_2 + Y_3 + Y_4} Y_4.$$

3.2.2 Aktive Ersatzzweipole

Strom-Spannungs-Kennlinie eines aktiven linearen Zweipoles

Beispiel: Spannungsteiler. Die Klemmengrößen U, I der Spannungsteilerschaltung (Bild 3-14a) können als die Koordinaten des Schnittpunktes S der Arbeitsgerade $U = f(I)$ (Achsenabschnitte: *Kurzschlußstrom* I_k und *Leerlaufspannung* U_l) mit der Widerstandskennlinie $I = U/R$ aufgefaßt werden (Bild 3-14b).
Der durch I_k und U_l beschriebene Zweipol hat den inneren Widerstand

$$R_i = \frac{U_l}{I_k} = \frac{R_1 R_2}{R_1 + R_2}.$$

Dieser innere Widerstand ergibt sich auch, wenn man U_q unwirksam macht (kurzschließt) und den Widerstand R_{ab} des Zweipols mit den Klemmen a, b berechnet (Bild 3-15a).
Jeder lineare Zweipol (d.h. jeder Zweipol, der nur konstante Widerstände und konstante Quellenspannungen oder -ströme enthält) ist durch seine Arbeitsgerade (also allein durch das Wertepaar I_k, U_l) vollständig charakterisiert.

Äquivalenz aktiver Zweipole

Aktive Zweipole, die durch dasselbe Wertepaar I_k, U_l charakterisiert sind, stimmen nach außen hin überein, obwohl sie sich intern unterscheiden können. Man nennt aktive Zweipole mit gleicher Arbeitsgerade *äquivalent*.

Ersatzspannungsquelle

Ein beliebiger Zweipol ist z. B. einer einfachen Spannungsquelle äquivalent, wenn deren Kurz-

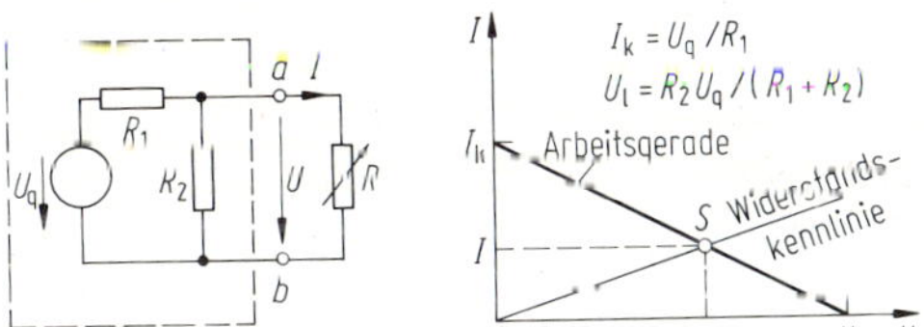

a b

Bild 3-14. Belasteter Spannungsteiler. **a** Schaltbild; **b** die Klemmengrößen U, I als Schnittpunkt-Koordinaten.

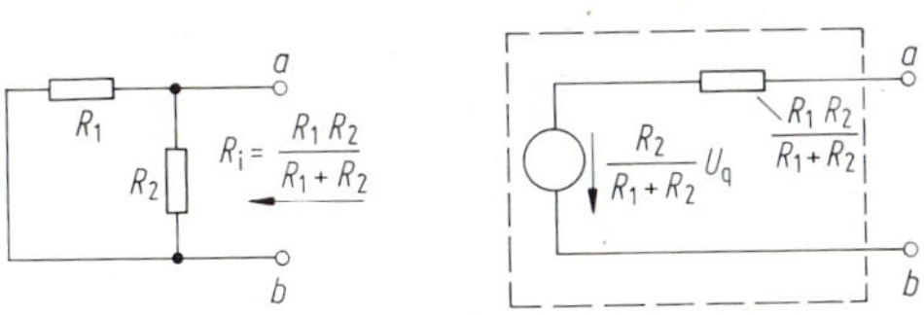
a b

Bild 3-15. Spannungsteiler. **a** Zur Bestimmung des inneren Widerstandes eines Spannungsteilers; **b** Ersatzspannungsquelle eines Spannungsteilers (vgl. Bild 14a).

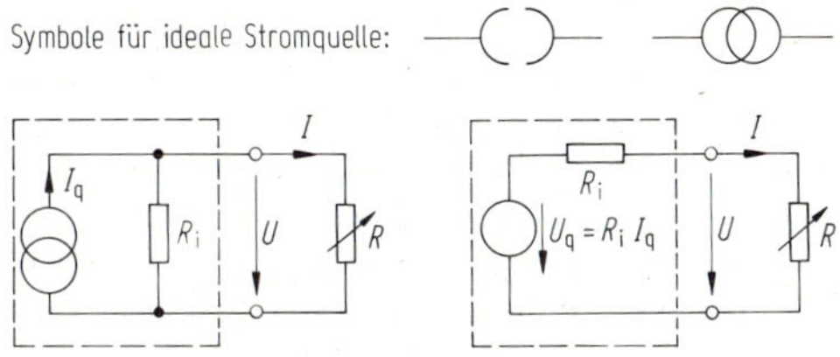

a b

Bild 3-16. Äquivalente Quellen. **a** Ersatzstromquelle; **b** Ersatzspannungsquelle.

schlußstrom und Leerlaufspannung mit denen des beliebigen Zweipols übereinstimmen. Der Spannungsteilerschaltung 3-14a ist also die Ersatzspannungsquelle nach Bild 3-15b äquivalent. (Intern unterscheiden sich die Zweipole in den Bildern 3-14a und 3-15b: z. B. wird der Quelle bei Klemmenleerlauf, d. h. $R = \infty$, in der Schaltung 3-14a Leistung entnommen, in der Schaltung 3-15b aber nicht.)

Ersatzstromquelle

Ein Paar äquivalenter Zweipole stellen auch die beiden Schaltungen in Bild 3-16 dar: ein Quellenstrom I_q (Bild 3-16a), der konstant (also unabhängig von R) ist, bildet zusammen mit R_i eine *Stromquelle*, deren Leerlaufspannung $I_q R_i$ ist.
Gilt für die Quellenspannung U_q der Schaltung 3-16b und den Quellenstrom I_q der Schaltung 3-16a der Zusammenhang

$$U_q = I_q R_i,$$

so stimmen Leerlaufspannung und Kurzschlußstrom beider Schaltungen überein: die Schaltungen sind äquivalent. (Die Schaltungen 3-16a und b können auch als Wechselspannungsschaltungen verwendet werden: man muß nur R_i durch Z_i und R durch Z ersetzen; außerdem bezeichnen dann I_q und U_q komplexe Effektivwerte.)

3.2.3 Maschen- und Knotenanalyse

Struktur elektrischer Netze

Interessiert man sich nur für die Struktur eines Netzes (Anzahl der Knoten, Anzahl und Lage der

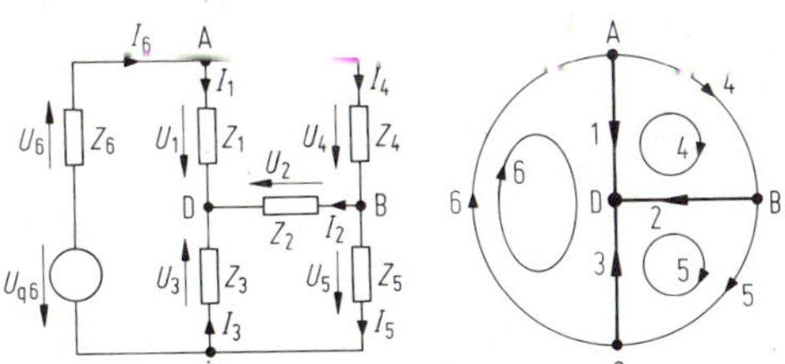
a b

Bild 3-17. Spannungsquelle an einer Brückenschaltung. **a** Schaltung; **b** Schaltungsstruktur (Graph).

Zweige), nicht aber für den „Inhalt" der einzelnen Zweige, so kann man jeden Zweig durch eine einfache Linie ersetzen (Bild 3-17).
Bei den einzelnen Impedanzen Z sind die Bezugsrichtungen bzw. Zählpfeile von U und I jeweils in gleicher Richtung gewählt worden; diese Richtungen sind auch in die Zweige des Strukturgraphen übernommen worden. Das Netz hat 4 Knoten ($k = 4$), und es existieren alle möglichen 6 Direktverbindungen zwischen diesen Knoten ($z = 6$; „vollständiges Viereck"). Jeden Linienkomplex, in dem kein geschlossener Umlauf möglich ist (in dem es also jeweils nur einen einzigen Weg gibt, um von einem Punkt zu einem anderen zu gelangen) nennt man einen *Baum*:
(1;2), (1;3), (5;6), (1;2;3); (1;2;5); (1;3;5) usw.

Ein Baum, der alle Knoten miteinander verbindet, ist ein *vollständiger* Baum:
(1;2;3), (1;2;5), (1;3;5), (2;3;4) usw.

Die jeweils nicht im vollständigen Baum enthaltenen Zweige nennt man Verbindungszweige; z. B. gehören zum vollständigen Baum (1;2;3) die Verbindungszweige (4;5;6).

Bezeichnungen

k	Anzahl der Knoten
z_{max}	maximale Anzahl von Zweigen
z	Anzahl der vorhandenen Zweige
v_{max}	maximale Anzahl von Verbindungszweigen
v	Anzahl der vorhandenen Verbindungszweige
b	Anzahl der Zweige eines vollständigen Baumes
n_b	Anzahl der möglichen vollständigen Bäume

Zwischen diesen Größen gelten folgende Beziehungen:

$$b = k - 1,$$
$$z_{max} = 0{,}5k\,(k-1),$$
$$v_{max} = (0{,}5k - 1)\,(k-1),$$
$$v = z - b = z - (k-1),$$
$$n_b = k^{(k-2)}.$$

Maschenanalyse

Für ein Netz mit k Knoten und z Zweigen können $b = k - 1$ voneinander linear unabhängige Knotengleichungen und $v = z - b$ linear unabhängige Maschengleichungen aufgestellt werden; außerdem gilt an den einzelnen Impedanzen jeweils $U = ZI$. Im Fall des Netzes nach Bild 3-17a bedeutet das: für die 6 Spannungen und 6 Ströme erhält man $b = 3$ Knotengleichungen und $v = 3$ Maschengleichungen, außerdem die 6 Gleichungen $U_1 = Z_1 I_1$ usw., insgesamt zunächst also 12 Gleichungen.

Mit dem Verfahren der Maschenanalyse wird die Aufstellung der Gleichungen wesentlich erleichtert: man erhält direkt ein Gleichungssystem für die v Ströme in den Verbindungszweigen (im Beispiel also 3 Gleichungen für 3 Ströme, z. B. für die Ströme I_4, I_5, I_6).

Man bezeichnet die Maschenanalyse auch als *Umlaufanalyse*.

Am folgenden Beispiel wird die Aufstellung des Gleichungssystems für die Ströme I_4, I_5, I_6 der Schaltung in Bild 3-17a beschrieben: Zunächst wird irgendein vollständiger Baum aus den

$$n_b = k^{(k-2)} = 4^2 = 16$$

möglichen ausgewählt, für das Beispiel der Baum mit den Zweigen 1; 2; 3. Die Zweige 4; 5; 6 werden dadurch zu Verbindungszweigen. Dann zeichnet man den Umlauf 4 in die Schaltung oder ihren Graphen ein (Bild 3-17b): dieser Umlauf entsteht dadurch, daß man bei A beginnend dem Zweig 4 folgt bis B (in der für Zweig 4 zuvor willkürlich festgelegten Richtung) und von dort *nur über Baumzweige* (also die Zweige 1; 2) zum Punkt A zurückkehrt. Auf die gleiche Art werden die Umläufe 5 und 6 gebildet. Die Wahl des vollständigen Baumes führt hier übrigens dazu, daß die 3 Umläufe gerade den 3 *Maschen* des Netzes folgen (Maschen: kleinste Umläufe, gültig jeweils für eine bestimmte Art, das Netz zu zeichnen).

Für die Ströme in den Verbindungszweigen 4; 5; 6 wird nun das Gleichungssystem aufgestellt (die Bildungsgesetze für die Koeffizienten und die rechten Gleichungsseiten werden danach beschrieben):

$$\begin{aligned}
(Z_4 + Z_2 + Z_1)\,I_4 \quad - Z_2\,I_5 \quad - Z_1\,I_6 &= 0\\
- Z_2\,I_4 + (Z_5 + Z_3 + Z_2)\,I_5 \quad - Z_3\,I_6 &= 0\\
- Z_1\,I_4 + \quad - Z_3\,I_5 + (Z_6 + Z_1 + Z_3)\,I_6 &= U_{q6}.
\end{aligned}$$

In der folgenden Darstellung läßt sich das Gleichungssystem, insbesondere das Koeffizientenschema (die Impedanzmatrix) besser überblikken:

	I_4	I_5	I_6	
Masche 4	$Z_4 + Z_2 + Z_1$	$-Z_2$	$-Z_1$	0
Masche 5	$-Z_2$	$Z_5 + Z_3 + Z_2$	$-Z_3$	0
Masche 6	$-Z_1$	$-Z_3$	$Z_6 + Z_1 + Z_3$	U_{q6}

In Matrizenschreibweise:

$$\begin{bmatrix} (Z_4 + Z_2 + Z_1) & -Z_2 & -Z_1 \\ -Z_2 & (Z_5 + Z_3 + Z_2) & -Z_3 \\ -Z_1 & -Z_3 & (Z_6 + Z_1 + Z_3) \end{bmatrix} \begin{bmatrix} I_4 \\ I_5 \\ I_6 \end{bmatrix} = \begin{bmatrix} 0 \\ 0 \\ U_{q6} \end{bmatrix}.$$

Anweisung zur direkten Aufstellung dieses Gleichungssystems
Die (unbekannten) Ströme I_4, I_5, I_6 werden (in dieser Reihenfolge) hingeschrieben. In die Hauptdiagonale der Impedanzmatrix werden in der entsprechenden Reihenfolge die *Maschenimpedanzen* der Umläufe 4; 5; 6 eingetragen (Maschenimpedanz: Summe aller Impedanzen entlang eines Umlaufes). Außerhalb der Hauptdiagonalen stehen die *Kopplungsimpedanzen*, z. B. steht an zweiter Stelle in der oberen Gleichung $-Z_2$, weil Z_2 die Impedanz ist, die den Umläufen 4 und 5 gemeinsam ist; dieselbe Impedanz muß deshalb auch an erster Stelle in der mittleren Gleichung auftreten (d. h. die Impedanzmatrix ist zur Hauptdiagonalen symmetrisch). Wenn zwei Umläufe einander in ihrer Kopplungsimpedanz entgegengerichtet sind, erhält diese ein Minuszeichen. Auf der rechten Gleichungsseite steht die Summe aller Quellenspannungen des betreffenden Umlaufes. Jede Quellenspannung erhält hierbei ein Minuszeichen, wenn ihr Zählpfeil mit der Richtung des Umlaufes übereinstimmt, anderenfalls ein Pluszeichen.

Knotenanalyse

Während bei der Umlaufanalyse ein Gleichungssystem für die Ströme in den Verbindungszweigen aufgestellt wird, entsteht bei der Knotenanalyse ein Gleichungssystem für die Spannungen an den Baumzweigen. Dies soll wieder am Beispiel der Schaltung 3-17a gezeigt werden, wobei zunächst die Spannungsquelle durch die äquivalente Stromquelle ersetzt wird (Bild 3-18).
Zuerst wird (willkürlich) wieder der vollständige Baum (1, 2, 3) ausgewählt (für die Knotenanalyse werden allerdings nur Bäume verwendet, die einen *Bezugsknoten* besitzen, in dem nur Baumzweige zusammentreffen: 1; 2; 3 mit Bezugsknoten D, 1, 4; 6 mit A, 2; 4; 5 mit B oder 3; 5; 6 mit C. Die Zählpfeile der drei Baumzweige sollen alle auf den Bezugsknoten D zeigen (es können also die in Bild 3-17 schon eingetragenen Richtungen für die Zweige 1; 2; 3 beibehalten werden). Für die Spannungen an den drei Baumzweigen wird nun das Gleichungssystem aufgestellt (die Bildungsgesetze für die Koeffizienten und die rechten Gleichungsseiten werden danach beschrieben):

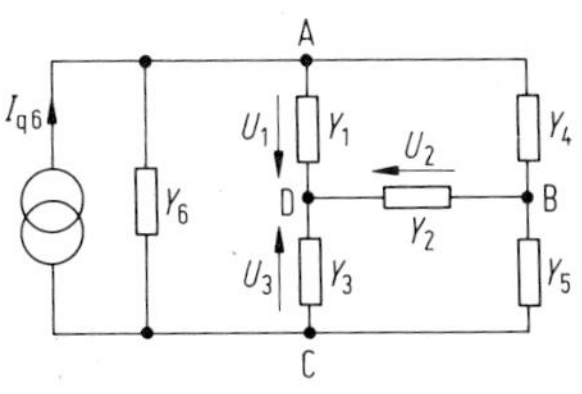

Bild 3-18. Stromquelle an einer Brückenschaltung.

	U_1	U_2	U_3	
Knoten A	$Y_1 + Y_6 + Y_4$	$-Y_4$	$-Y_6$	I_{q6}
Knoten B	$-Y_4$	$Y_2 + Y_4 + Y_5$	$-Y_5$	0
Knoten C	$-Y_6$	$-Y_5$	$Y_3 + Y_5 + Y_6$	$-I_{q6}$

Anweisung zur direkten Aufstellung dieses Gleichungssystems. Die (unbekannten) Spannungen U_1, U_2, U_3 werden (in dieser Reihenfolge) hingeschrieben. In die Hauptdiagonale der Admittanzmatrix werden in der entsprechenden Reihenfolge die *Knotenadmittanzen* der Knoten A, B, C eingetragen (Knotenadmittanz = Summe aller Admittanzen, die in einem Knoten zusammentreffen). Außerhalb der Hauptdiagonale stehen die *Kopplungsadmittanzen*, z. B. steht an zweiter Stelle in der oberen Gleichung $-Y_4$, weil Y_4 die Admittanz zwischen den Knoten A und B ist; dieselbe Admittanz muß deshalb auch an erster Stelle in der mittleren Gleichung auftreten (d. h. die Admittanzmatrix ist zur Hauptdiagonalen symmetrisch). Die Kopplungsadmittanzen erhalten immer das Minuszeichen. Auf der rechten Gleichungsseite steht die Summe aller Quellenströme, die in den betreffenden Knoten hineinfließen. Jeder Quellenstrom erhält hierbei ein Pluszeichen, wenn er in den Knoten hineinfließt (von der Quelle aus gesehen), andernfalls ein Minuszeichen.

Netze mit idealen Quellen

Ideale Spannungsquellen. Liegen ideale Spannungsquellen in einzelnen Zweigen, so sind die Spannungen, für die das Gleichungssystem aufgestellt wird, nicht alle unbekannt (wenn man die idealen Spannungsquellen in den vollständigen Baum einbezieht), womit sich die Anzahl der Unbekannten verringert. Das folgende Beispiel macht deutlich, daß in Netzen mit (nahezu) idealen Spannungsquellen die Knotenanalyse besonders vorteilhaft ist: In der Schaltung 3-19 soll die Spannung U_1 berechnet werden.
Die Knotenanalyse führt hier zu einem Gleichungssystem für drei Spannungen. Da in zwei Zweigen ideale Spannungsquellen liegen, wäre es am besten, diese Zweige zu Baumzweigen zu machen; es gibt aber keinen für die Knotenanalyse geeigneten vollständigen Baum, in dem die Zweige 2 und 6 vereinigt werden können. Deshalb

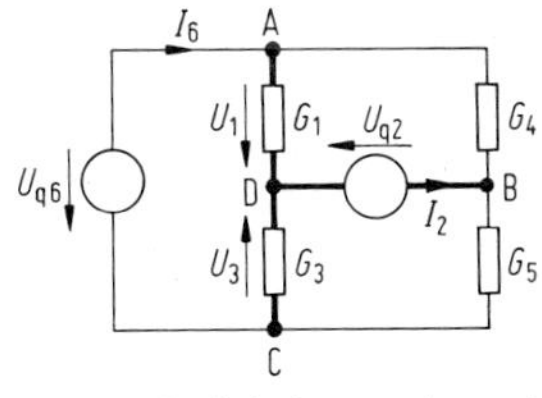

Bild 3-19. Schaltung mit zwei idealen Spannungsquellen.

muß man sich damit begnügen, daß zunächst im Gleichungssystem nur eine von den beiden Quellenspannungen auftritt: in der vorgeschlagenen Lösung mit dem vollständigen Baum 1; 2; 3 ist dies U_{q2}.

	U_1	U_{q2}	$U_3 = U_1 - U_{q6}$	
(A)	$G_1 + G_4$	$-G_4$	0	I_6
(B)	$-G_4$	$G_4 + G_5$	$-G_5$	I_2
(C)	0	$-G_5$	$G_3 + G_5$	$-I_6$

Hierin sind die Ströme I_2 und I_6 unbekannt und nicht belastungsunabhängig wie der Quellenstrom I_{q6} in Bild 3-18. Das Gleichungssystem enthält daher zunächst sogar vier Unbekannte: U_1, U_3, I_2, I_6. (B) ist zur Berechnung von U_1 überflüssig. Durch Addition von (A) und (C) wird I_6 eliminiert:

$$(G_1 + G_4)\,U_1 - (G_4 + G_5)\,U_{q2} + (G_3 + G_5)\,U_3 = 0\,.$$

Hierin läßt sich U_3 einfach mit Hilfe von $U_3 = U_1 - U_{q6}$ eliminieren:

$$(G_1 + G_4)\,U_1 - (G_4 + G_5)\,U_{q2} + (G_3 + G_5)\,(U_1 - U_{q6}) = 0$$

$$U_1 = \frac{(G_4 + G_5)\,U_{q2} + (G_3 + G_5)\,U_{q6}}{G_1 + G_3 + G_4 + G_5}\,.$$

Zum Beispiel mit den Zahlenwerten $U_{q2} = 2\,\text{V}$; $U_{q6} = 6\,\text{V}$;

$R_1 = 0{,}1\,\text{k}\Omega$; $R_3 = 0{,}\bar{3}\,\text{k}\Omega$;

$R_4 = 0{,}25\,\text{k}\Omega$; $R_5 = 0{,}2\,\text{k}\Omega$

wird $U_1 = 3\,\text{V}$.

Ideale Stromquellen. Sind die Ströme in irgendwelchen Zweigen bekannt (z. B. durch Strommessung), so treten diese Ströme beim Aufstellen eines Gleichungssystems mit Hilfe der Umlaufanalyse zwar auf, aber nicht als Unbekannte. Dementsprechend kann sich die Auflösung des Gleichungssystems vereinfachen. Hierzu als Beispiel die Schaltung 3-20a, in der I_A, I_B, I_C, die 4 Quellenspannungen und die 4 Widerstände gegeben sind und I_1 berechnet werden soll.

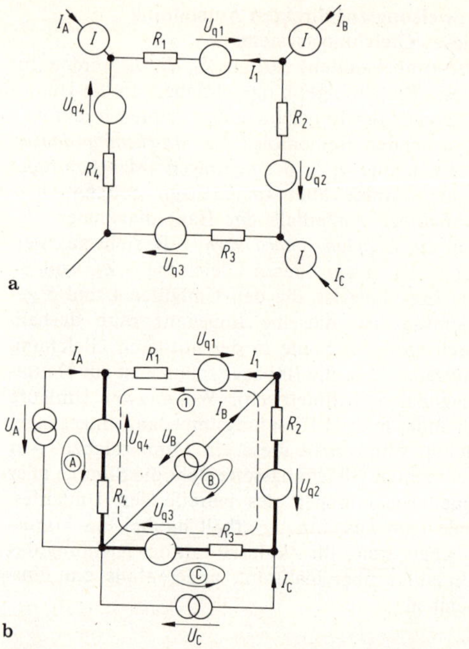

Bild 3-20. Masche eines Netzwerkes mit Einströmungen an drei Stellen. **a** Schaltung; **b** Beschreibung der Einströmungen I_A, I_B, I_C als ideale Stromquellen.

Die Ströme I_A, I_B, I_C kann man auch durch ideale Stromquellen (d. h. Stromquellen ohne Parallelwiderstand) beschreiben: Bild 3-20b.

Wählt man den vollständigen Baum 2; 3; 4 aus, so ergibt sich aus dem Umlauf 1 (mit den Zweigen 1; 2; 3; 4) eine Gleichung, in der von vornherein nur die Unbekannte I_1 auftritt.

Die Gleichungen (A), (B), (C) sind zur Berechnung von I_1 entbehrlich; I_1 läßt sich direkt aus (1) berechnen:

$$I_1 = \frac{U_{q1} + U_{q2} + U_{q3} + U_{q4} - R_4 I_4 + (R_2 + R_3)\,I_B + R_3 I_C}{R_1 + R_2 + R_3 + R_4}\,.$$

Beispielsweise mit $R_1 = 1\,\Omega$, $R_2 = 2\,\Omega$, $R_3 = 3\,\Omega$, $R_4 = 4\,\Omega$;

$U_{q1} = 1\,\text{V}$, $U_{q2} = 2\,\text{V}$, $U_{q3} = 3\,\text{V}$, $U_{q4} = 4\,\text{V}$;

$I_A = 2\,\text{A}$, $I_B = I_C = 1\,\text{A}$

wird $I_1 = 1\,\text{A}$.

	I_1	I_A	I_B	I_C	
(1)	$(R_1 + R_2 + R_3 + R_4)$	R_4	$-(R_2 + R_3)$	$-R_3$	$U_{q1} + U_{q2} + U_{q3} + U_{q4}$
(A)	R_4	R_4	0	0	$U_{q4} + U_A$
(B)	$-(R_2 + R_3)$	0	$(R_2 + R_3)$	R_3	$-U_{q2} - U_{q3} + U_B$
(C)	$-R_3$	0	R_3	R_3	$-U_{q3} + U_C$

In (A), (B), (C) treten U_A, U_B, U_C auf: diese Spannungen sind unbekannt und nicht belastungsunabhängig wie die Quellenspannungen $U_{q1}, \ldots, U_{q4}$. Im Gleichungssystem kommen demnach vier Unbekannte vor (I_1, U_A, U_B, U_C), von denen aber in (1) nur I_1 auftritt.

Vergleich zwischen Maschen- und Knotenanalyse

Die Knotenanalyse ist bei Netzen mit $k > 4$ und starker Vermaschung, d.h. $z > 2(k-1)$, günstiger als die Maschenanalyse; z.B. $k = 5$, $z = 10$ (Bild 3-21). Falls ideale Stromquellen bzw. Spannungsquellen vorhanden sind, vermindert sich allerdings der Lösungsaufwand bei Anwendung der Maschen- bzw. Knotenanalyse entsprechend.

Gesteuerte Quellen

Wenn Quellenspannungen oder -ströme nicht einfach konstant sind (wie in allen bisherigen Betrachtungen im Kapitel 3), sondern einer anderen Spannung oder einem anderen Strom proportional sind, spricht man von gesteuerten Quellen. Es gibt demnach vier Arten gesteuerter Quellen (vgl. Bild 3-22):

U_1 steuert U: $U = k_1 U_1$ (spannungsgesteuerte Spannungsquelle)
U_1 steuert I: $I = k_2 U_1$ (spannungsgesteuerte Stromquelle)
I_1 steuert U: $U = k_3 I_1$ (stromgesteuerte Spannungsquelle)
I_1 steuert I: $I = k_4 I_1$ (stromgesteuerte Stromquelle).

Muß man spannungsgesteuerte Quellen bei der Analyse eines linearen Netzes berücksichtigen, so geht dies am besten mit der Knotenanalyse, weil hier ohnehin ein Gleichungssystem für die Spannungen aufgestellt wird. Bei stromgesteuerten Quellen dagegen bietet sich die Umlaufanalyse an.

Ein wichtiges Beispiel einer spannungsgesteuerten Spannungsquelle ist der nichtübersteuerte Operationsverstärker, vgl. 8.2: $u_A = v_0 u_D$. Wie eine gesteuerte Quelle bei der Berechnung berücksichtigt werden kann, soll am Beispiel des Umkehrverstärkers (Bild 8-6a) gezeigt werden. Für den Knoten N gilt hier mit $G_1 = 1/R_1$, $G_2 = 1/R_2$ und $u_A = v_0 u_D$:

$$-G_1 u_E - u_D (G_1 + G_2) - G_2 v_0 u_D = 0$$

$$-G_1 u_E - \left[\frac{G_1 + G_2}{v_0} + G_2\right] u_A = 0$$

$$v = \frac{u_A}{u_E} = -\frac{G_1}{\frac{G_1 + G_2}{v_0} + G_2} = -\frac{R_2/R_1}{\frac{R_2/R_1 + 1}{v_0} + 1}.$$

Hieraus ergibt sich mit $v_0 \gg R_2/R_1 + 1$

$$\frac{u_A}{u_E} \approx -\frac{R_2}{R_1} \quad \text{(vgl. 8.3.3).}$$

3.3 Vierpole

Eine Schaltung mit vier Anschlußklemmen nennt man Vierpol. Faßt man die vier Anschlüsse zu zwei Paaren zusammen (siehe Bild 3-23), so entsteht ein Zweitor (Vierpol im engeren Sinne), das durch zwei Ströme und zwei Spannungen charakterisiert ist. Einige Aussagen über solche Zweitore werden im folgenden zusammengestellt, wobei vorausgesetzt ist, daß die Zweitore nur lineare, zeitinvariante Verbraucher und gesteuerte Quellen (aber keine konstanten Quellenspannungen oder -ströme) enthalten.

3.3.1 Vierpolgleichungen in der Leitwertform

Gleichungspaare, die den Zusammenhang zwischen den vier Klemmengrößen (U_1, I_1, U_2, I_2) des Zweitores beschreiben, nennt man Vierpolgleichungen. Als Beispiel soll der einfache Vierpol nach Bild 3-24 betrachtet werden; hier gilt

$$I_1 = Y_1 (U_1 - U_2);$$
$$I_2 = -(Y_1 + k Y_2)\, U_1 + (Y_1 + Y_2)\, U_2$$

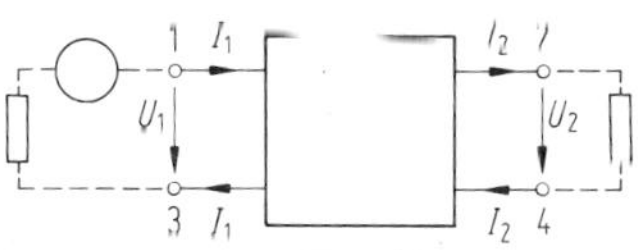

Bild 3-23. Vierpol als Zweitor mit Kettenbepfeilung.

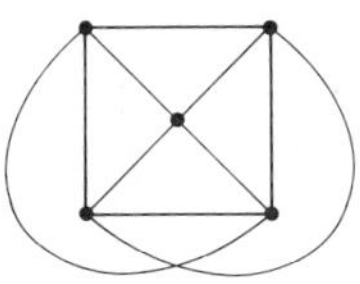
Bild 3-21. Vollständiges Fünfeck.

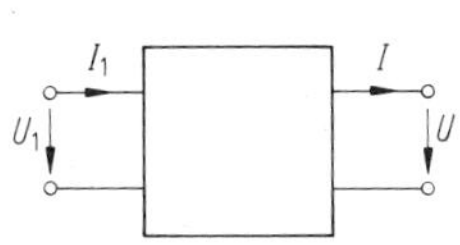

Bild 3-22. Gesteuerte Quelle.

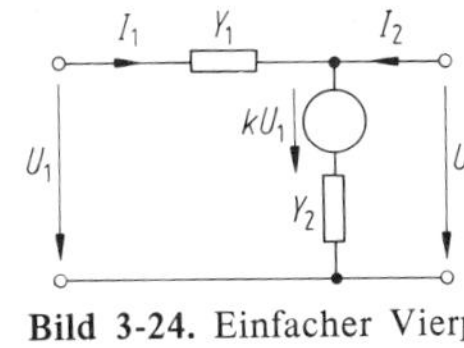

Bild 3-24. Einfacher Vierpol mit symmetrischer Bepfeilung.

oder in Matrizenschreibweise

$$\begin{bmatrix} I_1 \\ I_2 \end{bmatrix} = \begin{bmatrix} Y_1 & -Y_1 \\ -(Y_1 + kY_2) & (Y_1 + Y_2) \end{bmatrix} \begin{bmatrix} U_1 \\ U_2 \end{bmatrix} = \begin{bmatrix} y_{11} & y_{12} \\ y_{21} & y_{22} \end{bmatrix} \begin{bmatrix} U_1 \\ U_2 \end{bmatrix}.$$

Hierfür schreibt man auch

$$[I] = [Y]\,[U], \quad \text{oder} \quad \boldsymbol{I} = \boldsymbol{YU}$$

und nennt $\boldsymbol{I}$ die Spaltenmatrix der Ströme, $\boldsymbol{U}$ die Spaltenmatrix der Spannungen und $\boldsymbol{Y}$ die Leitwertmatrix mit den Elementen

$$y_{11} = \left.\frac{I_1}{U_1}\right|_{U_2=0} = \text{Kurzschluß-Eingangsadmittanz},$$

$$y_{12} = \left.\frac{I_1}{U_2}\right|_{U_1=0} = \text{Kurzschluß-Kernadmittanz rückwärts},$$

$$y_{21} = \left.\frac{I_2}{U_1}\right|_{U_2=0} = \text{Kurzschluß-Kernadmittanz vorwärts},$$

$$y_{22} = \left.\frac{I_2}{U_2}\right|_{U_1=0} = \text{Kurzschluß-Ausgangsadmittanz}.$$

3.3.2 Vierpolgleichungen in der Widerstandsform

Löst man die Vierpolgleichungen nach den Spannungen auf, so erhält man sie in der Widerstandsform:

$$\begin{bmatrix} U_1 \\ U_2 \end{bmatrix} = \begin{bmatrix} z_{11} & z_{12} \\ z_{21} & z_{22} \end{bmatrix} \begin{bmatrix} I_1 \\ I_2 \end{bmatrix}; \quad \boldsymbol{U} = \boldsymbol{ZI}.$$

Die Elemente der Widerstandsmatrix $\boldsymbol{Z}$ sind:

$$z_{11} = \left.\frac{U_1}{I_1}\right|_{I_2=0} = \text{Leerlauf-Eingangsimpedanz},$$

$$z_{12} = \left.\frac{U_1}{I_2}\right|_{I_1=0} = \text{Leerlauf-Kernimpedanz rückwärts},$$

$$z_{21} = \left.\frac{U_2}{I_1}\right|_{I_2=0} = \text{Leerlauf-Kernimpedanz vorwärts},$$

$$z_{22} = \left.\frac{U_2}{I_2}\right|_{I_1=0} = \text{Leerlauf-Ausgangsimpedanz}.$$

Für die Umrechnung der Widerstandsparameter in die Leitwertparameter gilt

$$\boldsymbol{Y} = \boldsymbol{Z}^{-1} \frac{1}{\det \boldsymbol{Z}} \begin{bmatrix} z_{22} & -z_{12} \\ -z_{21} & z_{11} \end{bmatrix}.$$

3.3.3 Vierpolgleichungen in der Kettenform

Man kann die Vierpolgleichungen auch nach U_1, I_1 auflösen und schreibt dann (mit Kettenpfeilen gemäß Bild 3-23):

$$\begin{bmatrix} U_1 \\ I_1 \end{bmatrix} = \begin{bmatrix} a_{11} & a_{12} \\ a_{21} & a_{22} \end{bmatrix} \begin{bmatrix} U_2 \\ I_2 \end{bmatrix}.$$

$$a_{11} = \left.\frac{U_1}{U_2}\right|_{I_2=0} = \text{Leerlauf-Spannungsübersetzung}$$

$$a_{22} = \left.\frac{I_1}{I_2}\right|_{U_2=0} = \text{Kurzschluß-Stromübersetzung}.$$

Passive Vierpole (Vierpole, die keine Quellen enthalten) sind richtungssymmetrisch; für sie gilt

$$\det \boldsymbol{A} = a_{11}a_{22} - a_{12}a_{21} = \frac{z_{12}}{z_{21}} = 1.$$

4 Schwingkreise

4.1 Phasen- und Betragsresonanz

Die Impedanz Z bzw. die Admittanz Y eines Zweipols, der auch Kondensatoren und/oder Spulen enthält, ist frequenzabhängig komplex. Falls Z bei einer bestimmten Frequenz reell wird, spricht man von Phasenresonanz oder kurz von Resonanz; falls der Betrag $|Z|$ bzw. $|Y|$ maximal bzw. minimal werden, von Betragsresonanz.
Die Frequenzen, bei denen Phasen- und Betragsresonanz eintreten, liegen i. allg. nahe bei den Frequenzen der Eigenschwingungen, die in RLC-Schaltungen durch eine beliebige Anregung auftreten können (Eigenfrequenzen).

4.2 Einfache Schwingkreise

4.2.1 Reihenschwingkreis

Bei einer RLC-Reihenschaltung (Bild 4-1) gilt

$$Z = R + \mathrm{j}\left(\omega L - \frac{1}{\omega C}\right),$$

für $\omega_0 = (LC)^{-1/2}$ wird $\mathrm{Im}(Z) = 0$ und $|Z|$ minimal:

$$Z\,|_{\omega_0} = R.$$

Phasen- und Betragsresonanz fallen hier also zusammen. Die Schaltung kann übrigens frei

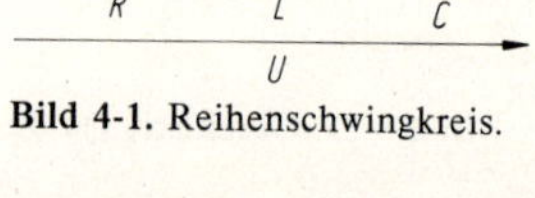

Bild 4-1. Reihenschwingkreis.

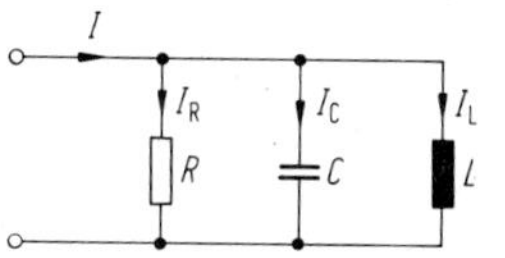

Bild 4-2. Parallelschwingkreis.

schwingen bei der *Eigenkreisfrequenz*

$$\omega_e = \omega_0 \sqrt{1 - \frac{CR^2}{4L}}\,.$$

Dieser Wert weicht von ω_0 umso stärker ab, je größer R wird; für $R \geqq 2\sqrt{L/C}$ sind keine Eigenschwingungen möglich.

4.2.2 Parallelschwingkreis

Für eine RLC-Parallelschaltung (Bild 4-2) gilt

$$Y = \frac{1}{R} + \mathrm{j}\left(\omega C - \frac{1}{\omega L}\right),$$

und bei

$$\omega_0 = \frac{1}{\sqrt{LC}}$$

wird $\mathrm{Im}(Y) = 0$ und $|Y|$ minimal:

$$Y\,|_{\omega=\omega_0} = \frac{1}{R}\,.$$

Auch hier fallen Phasen- und Betragsresonanz zusammen und liegen bei der gleichen Frequenz wie bei einem Reihenschwingkreis, der dieselbe Induktivität und dieselbe Kapazität enthält.

4.2.3 Spannungsüberhöhung am Reihenschwingkreis

Für die Schaltung von Bild 4-1 gilt

$$\frac{|U_R|}{|U|} = \frac{\omega RC}{\sqrt{(\omega RC)^2 + (\omega^2 LC - 1)^2}}\,,$$

$$\frac{|U_L|}{|U|} = \frac{\omega^2 LC}{\sqrt{(\omega RC)^2 + (\omega^2 LC - 1)^2}}\,,$$

$$\frac{|U_C|}{|U|} = \frac{1}{\sqrt{(\omega RC)^2 + (\omega^2 LC - 1)^2}}\,.$$

In den Bildern 4-3 a bis c sind diese Funktionen (Resonanzkurven) dargestellt.

Falls $R < \sqrt{2L/C}$ ist, kann bei bestimmten Frequenzen $|U_L| > |U|$ bzw. $|U_C| > |U|$ werden. Diesen Resonanzeffekt nennt man Spannungsüberhöhung. Im Resonanzfall $\omega = \omega_0$ wird

$$\frac{|U_L|}{|U|} = \frac{|U_C|}{|U|} = \frac{\sqrt{L/C}}{R}\,.$$

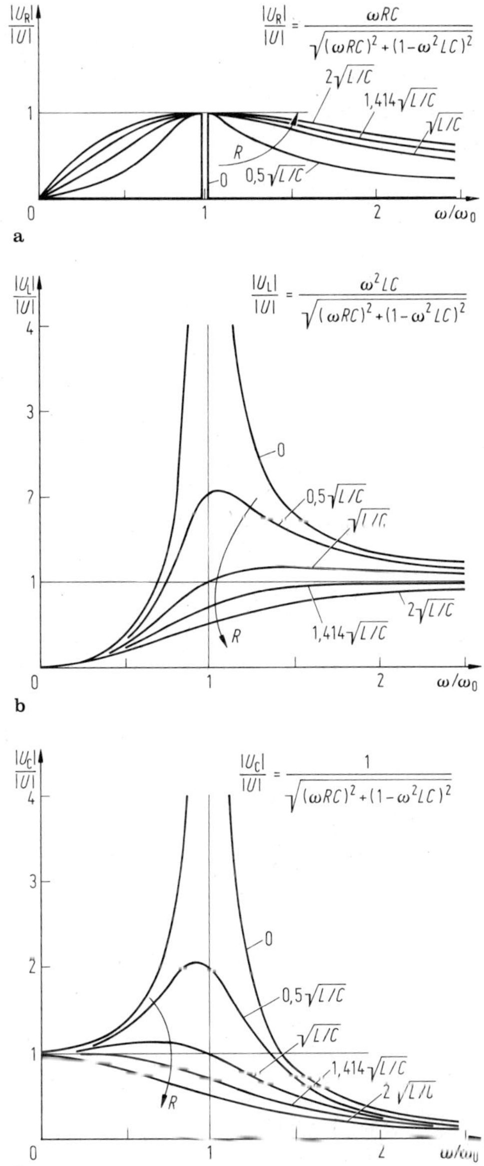

Bild 4-3. Frequenzabhängigkeit der Spannung an den Elementen eines Reihenschwingkreises. **a** Ohmscher Widerstand; **b** Induktivität, **c** Kapazität

Dieses Verhältnis heißt *Güte* Q_r des Reihenschwingkreises; sie gibt an, wie ausgeprägt die Resonanz und damit die Selektivität des Schwingkreises ist. Ihr Kehrwert ist der Verlustfaktor d_r:

$$Q_r = \frac{\sqrt{L/C}}{R} \quad \text{(Güte)}\,,$$

$$d_r = \frac{1}{Q_r} = \frac{R}{\sqrt{L/C}} \quad \text{(Verlustfaktor)}\,.$$

4.2.4 Bandbreite

Als Bandbreite des Reihenschwingkreises definiert man die Frequenzdifferenz Δf der beiden Frequenzen, die den Funktionswerten

$$\frac{|U_L|}{|U|} = \frac{\sqrt{L/C}}{\sqrt{2}\,R} \quad \text{bzw.} \quad \frac{|U_C|}{|U|} = \frac{\sqrt{L/C}}{\sqrt{2}\,R}$$

zugeordnet sind (Bild 4-4):

$$\left.\begin{matrix}\omega_{gu}\\ \omega_{go}\end{matrix}\right\} = \mp \frac{R}{2L} + \sqrt{\omega_0^2 + \left(\frac{R}{2L}\right)^2}$$

$$\Delta f = \frac{1}{2\pi}(\omega_{go} - \omega_{gu})$$

$$= \frac{1}{2\pi} \cdot \frac{R}{L} \quad \text{(absolute Bandbreite)}$$

$$\frac{\Delta f}{f_0} = \frac{R}{\sqrt{L/C}} = d_r \quad \text{(relative Bandbreite)}.$$

Beim einfachen Parallelschwingkreis (Bild 4-2) kann (entsprechend der Spannungsüberhöhung des Reihenschwingkreises) eine Stromüberhöhung auftreten. Hier gilt $Q_p = R/\sqrt{L/C}$.

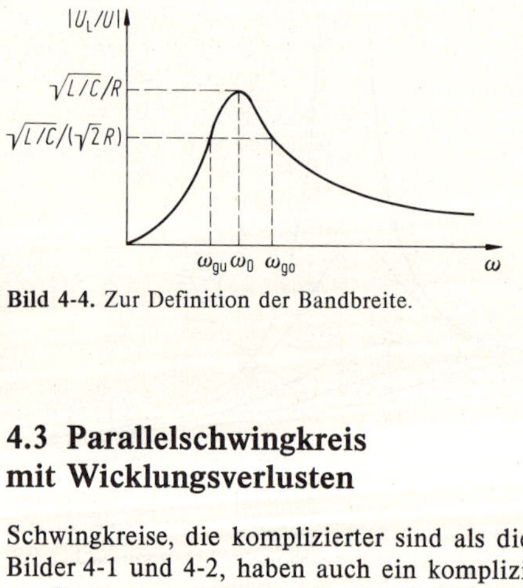

Bild 4-4. Zur Definition der Bandbreite.

4.3 Parallelschwingkreis mit Wicklungsverlusten

Schwingkreise, die komplizierter sind als die der Bilder 4-1 und 4-2, haben auch ein komplizierteres Resonanzverhalten: z. B. fallen Phasen- und Betragsresonanz nicht mehr zusammen. Als Beispiel hierfür dient ein Parallelschwingkreis, bei dem die Wicklungsverluste als Reihenwiderstand zur Induktivität L dargestellt werden (Bild 4-5). Zwischen den beiden Klemmen hat er die Admittanz

$$Y_{ges} = \mathrm{j}\omega C + \frac{1}{R + \mathrm{j}\omega L}$$

$$= \frac{R}{R^2 + (\omega L)^2} + \mathrm{j}\omega \frac{C[R^2 + (\omega L)^2] - L}{R^2 + (\omega L)^2}$$

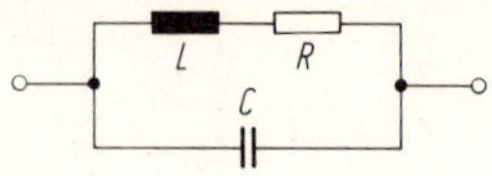

Bild 4-5. Parallelschwingkreis mit Wicklungsverlusten.

Aus $\mathrm{Im}(Y_{ges}) = 0$ ergibt sich (Phasen-)Resonanz bei

$$\omega_{01} = \frac{1}{\sqrt{LC}} \sqrt{1 - \frac{R^2 C}{L}}.$$

Im Unterschied zu den einfachen Schaltungen 4-1 und 4-2 gibt es hier oberhalb eines bestimmten Widerstandswertes keine Phasenresonanz mehr, nämlich für $R \geqq \sqrt{L/C}$.
Das Minimum des Scheinleitwertes $|Y|$ erhält man (aus $\mathrm{d}|Y|/\mathrm{d}\omega = 0$) für

$$\omega_{02} = \frac{1}{\sqrt{LC}} \sqrt{\sqrt{1 + 2\frac{R^2 C}{L}} - \frac{R^2 C}{L}};$$

diese Betragsresonanz ist nicht mehr möglich für $R \geqq (1 + \sqrt{2})\sqrt{L/C}$.

Zahlenbeispiel

Für die Schaltung Bild 4-5 soll gelten $R = 0$, $L = 10\,\mathrm{mH}$, $C = 10\,\mathrm{nF}$.
Dann wird

$$\omega_{01} = \omega_{02} = 100 \cdot 10^3/\mathrm{s}.$$

Mit $R = 800\,\Omega$, $L = 10\,\mathrm{mH}$, $C = 10\,\mathrm{nF}$ dagegen werden

$$\omega_{01} = 60 \cdot 10^3/\mathrm{s} \quad \text{und} \quad \omega_{02} = 93{,}3 \cdot 10^3/\mathrm{s}.$$

4.4 Reaktanzzweipole

Das Verhalten von Schwingkreisen mit mehr als einer Spule und einem Kondensator (z. B. einer Parallelschaltung zweier Reihenschwingkreise) zu berechnen, ist so aufwendig, daß es sich lohnt, hierbei die ohmschen Verluste (zunächst) zu vernachlässigen. Jede (reale) Spule wird dann nicht durch eine LR-Reihenschaltung sondern einfach nur durch L repräsentiert.
Desgleichen wird jeder (reale) Kondensator nicht durch eine CR-Parallelschaltung dargestellt, sondern nur durch C. Dadurch entstehen Reaktanzschaltungen, deren Eigenschaften leicht zu berechnen sind, weil die entstehenden Gleichungen nicht komplex sind.

4.4.1 Verlustloser Reihen- und Parallelschwingkreis

Die Vernachlässigung der ohmschen Verluste führt beim einfachen Reihen- bzw. Parallel-

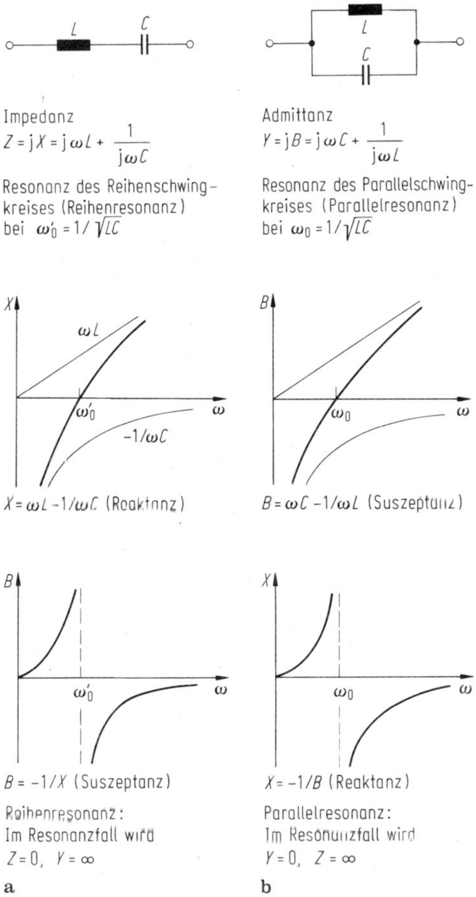

Dild 4-6. Vergleich zwischen Reihen- und Parallelresonanz.

schwingkreis zu den in Bild 4-6 zusammengefaßten Ergebnissen.

4.4.2 Kombinationen verlustloser Schwingkreise

Die Bilder 4-7 und 4-8 zeigen zwei Beispiele komplizierterer Schwingkreise.

Bei der Schaltung 4-7a ergeben sich i. allg. eine Parallelresonanzfrequenz (hier wird $Z_{ab} \to \infty$) und

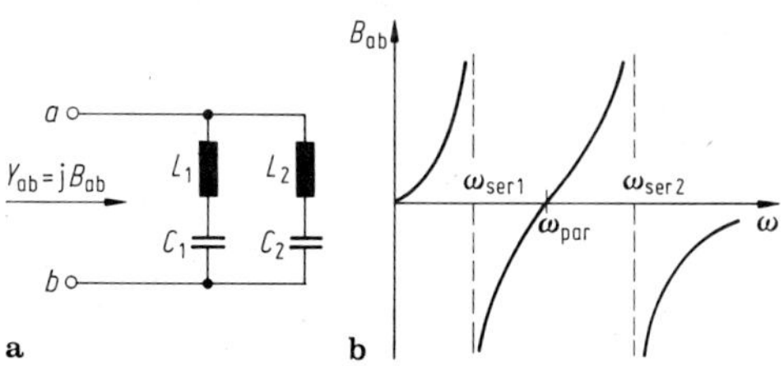

Bild 4-7. Parallelschaltung zweier Reihenschwingkreise. **a** Schaltung; **b** Suszeptanzfunktion.

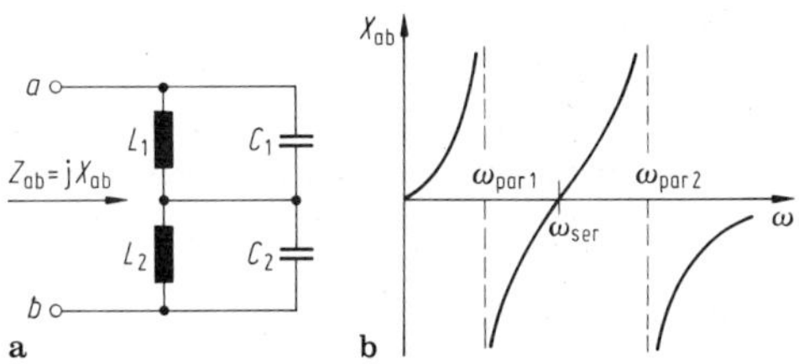

Bild 4-8. Reihenschaltung zweier Parallelschwingkreise. **a** Schaltung; **b** Reaktanzfunktion.

zwei Reihenresonanzfrequenzen (hier wird $Z_{ab} = 0$):

$$\omega_{ser1} = \frac{1}{\sqrt{L_1 C_1}}; \quad \omega_{ser2} = \frac{1}{\sqrt{L_2 C_2}}; \quad \omega_{par} = \frac{1}{\sqrt{LC}}$$

$$\text{mit} \quad L = L_1 + L_2 \quad \text{und} \quad C = \frac{C_1 C_2}{C_1 + C_2}.$$

Bei der Schaltung Bild 4-8a gibt es i. allg. eine Reihenresonanzfrequenz ($Z_{ab} = 0$) und zwei Parallelresonanzfrequenzen ($Z_{ab} \to \infty$):

$$\omega_{par1} = \frac{1}{\sqrt{L_1 C_1}}; \quad \omega_{par2} = \frac{1}{\sqrt{L_2 C_2}}; \quad \omega_{ser} = \frac{1}{\sqrt{LC}}$$

$$\text{mit} \quad L = \frac{L_1 L_2}{L_1 + L_2} \quad \text{und} \quad C = C_1 + C_2.$$

Bei den Reaktanz- und Suszeptanzfunktionen in den Bildern 4-6 bis 4-8 wechseln Pol- und Nullstellen miteinander ab; die Steigung ist überall positiv ($dX/d\omega > 0$ bzw. $dB/d\omega > 0$). Dies gilt auch für beliebige andere Reaktanzzweipole.

5 Leistung in linearen Schaltungen

5.1 Leistung in Gleichstromkreisen

5.1.1 Wirkungsgrad

In einem Widerstand R (Bild 5-1a) wird die Leistung

$$p = ui = \frac{u^2}{R} = Ri^2$$

umgesetzt: der Widerstand nimmt diese Leistung elektrisch auf und gibt sie als Wärme ab.

Wenn der Widerstand diese Leistung einer Quelle entnimmt, die den inneren Widerstand R_i hat, so bringt die Quelle selbst die Leistung

$$P_q = U_q i$$

auf. Wenn man die an den Klemmen abgegebene Leistung P auf die Gesamtleistung P_q bezieht, so erhält man den *Wirkungsgrad*

$$\eta = P/P_\mathrm{q}. \tag{1}$$

Im Falle der Schaltung 5-1a ist demnach

$$\eta = \frac{ui}{U_\mathrm{q} i} = \frac{u}{U_\mathrm{q}} = \frac{R}{R + R_\mathrm{i}}. \tag{2}$$

5.1.2 Leistungsanpassung

Der Widerstand R (Bild 5-1a) nimmt die Leistung

$$P = R i^2 = \frac{U_\mathrm{q}^2}{(R + R_\mathrm{i})^2} R = \frac{U_\mathrm{q}^2}{R_\mathrm{i}} \cdot \frac{R/R_\mathrm{i}}{(1 + R/R_\mathrm{i})^2}$$

auf; sie hat ein Maximum bei $R = R_\mathrm{i}$, siehe Bild 5-1b.
Den Fall maximaler Leistungsentnahme an den Klemmen bezeichnet man als Leistungsanpassung; die maximale Nutzleistung ist

$$P_\mathrm{max} = \frac{1}{4} \cdot \frac{U_\mathrm{q}^2}{R_\mathrm{i}} = \frac{1}{4} P_\mathrm{qk}.$$

($P_\mathrm{qk} = U_\mathrm{q}^2/R_\mathrm{i}$ ist die Quellenleistung im Kurzschlußfall.)

Beispiel: Leistungsanpassung und Wirkungsgrad bei einer Spannungsteilerschaltung.
Bei der Schaltung Bild 5-2 wird die Leistungsabgabe an den Nutzwiderstand maximal, wenn

$$R = R_\mathrm{i} = \frac{R_1 R_2}{R_1 + R_2}$$

ist. Speziell für $R_1 = R_2$ wird die Leistungsanpassung also erreicht, wenn $R = \frac{1}{2} R_1$ ist.
In diesem Fall gilt

$$\eta = \frac{P_\mathrm{nutz}}{P_\mathrm{ges}} = \frac{\frac{1}{8} \cdot \frac{U_\mathrm{q}^2}{R_1}}{\frac{6}{8} \cdot \frac{U_\mathrm{q}^2}{R_1}} = \frac{1}{6}.$$

$\left(\text{Im Gegensatz dazu ist in Schaltung Bild 5-1 im Anpassungsfall } \eta = \frac{1}{2}\right).$

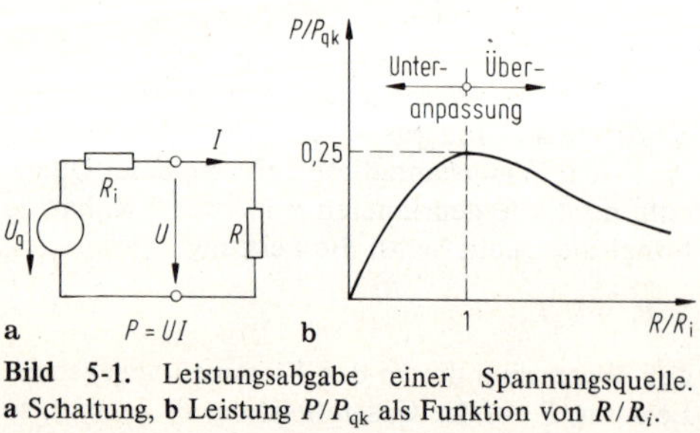

Bild 5-1. Leistungsabgabe einer Spannungsquelle. a Schaltung, b Leistung P/P_qk als Funktion von R/R_i.

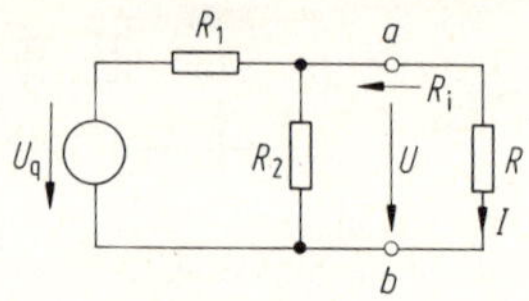

Bild 5-2. Belasteter Spannungsteiler.

5.1.3 Belastbarkeit von Leitungen

Die Leistung in einer Leitung (mit dem Leitungswiderstand R) wächst gemäß $P = RI^2$ mit dem Strom quadratisch an, die Erwärmung nimmt entsprechend zu. Für alle Leitungen gibt es daher höchstzulässige Stromstärken, z. B. für Kupferleitungen mit 1 mm² Querschnitt 11 bis 19 A, mit 10 mm² Querschnitt 45 bis 73 A. Daher sind Leitungsschutz-Sicherungen (Schmelzsicherungen, Schutzschalter) in Reihe zur Leitung zu legen, die den Strom unterbrechen, wenn er den höchstzulässigen Wert überschreitet.

5.2 Leistung in Wechselstromkreisen

5.2.1 Wirk-, Blind- und Scheinleistung

Ein Zweipol (Bild 5-3a) nimmt die Leistung

$$p = ui$$

auf. Bei einem ohmschen Widerstand gilt mit

$$i = \hat{\imath} \cos(\omega t + \varphi_0)$$

und wegen $u = Ri$ für die Leistung

$$p = R\hat{\imath}^2 \cos^2(\omega t + \varphi_0)$$
$$= \frac{1}{2} R\hat{\imath}^2 [1 + \cos 2(\omega t + \varphi_0)]. \tag{3}$$

Deren arithmetischer Mittelwert

$$P = \frac{1}{2} R\hat{\imath}^2 = R|I|^2 \quad \left(\text{Effektivwert } |I| = \hat{\imath}/\sqrt{2}\right)$$

ist die *Wirkleistung* im Widerstand.
Bei einer *Spule* mit der Induktivität L gilt mit

$$i = \hat{\imath} \sin(\omega t + \varphi_{0\mathrm{L}})$$

und wegen

$$u = L\frac{\mathrm{d}i}{\mathrm{d}t} = \omega L \hat{\imath} \cos(\omega t + \varphi_{0\mathrm{L}})$$

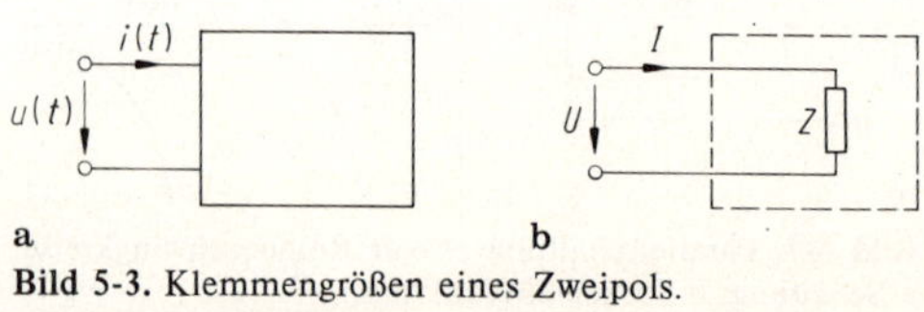

Bild 5-3. Klemmengrößen eines Zweipols.

für die Leistung:

$$p(t) = \omega L \hat{\imath}^2 \sin(\omega t + \varphi_{0L}) \cos(\omega t + \varphi_{0L}) = 0{,}5 \omega L \hat{\imath}^2 \sin 2(\omega t + \varphi_{0L}). \qquad (4)$$

Deren Mittelwert ist null; in der Spule wird keine Wirkleistung umgesetzt; die Spulenleistung pendelt lediglich um diesen Mittelwert (mit der Leistungsamplitude $0{,}5\omega L\hat{\imath}^2$), d. h., die Spule nimmt zeitweilig (während der positiven Sinushalbwelle) Leistung auf und gibt (während der negativen Halbwelle) wieder Leistung ab. Für die Leistungsamplitude gilt

$$0{,}5\omega L\hat{\imath}^2 = 0{,}5\hat{u}\hat{\imath} = 0{,}5\frac{\hat{u}^2}{\omega L} = \omega L|I|^2 = |UI| = \frac{|U|^2}{\omega L}.$$

Entsprechend ergibt sich beim *Kondensator* (Kapazität C) mit

$$u(t) = \hat{u}\cos(\omega t + \varphi_{0C})$$

und wegen

$$i(t) = C\frac{\mathrm{d}u(t)}{\mathrm{d}t} = -\omega C\hat{u}\sin(\omega t + \varphi_{0C})$$

$$p(t) = -\omega C\hat{u}\sin(\omega t + \varphi_{0C})\hat{u}\cos(\omega t + \varphi_{0C}) = -0{,}5\omega C\hat{u}^2 \sin 2(\omega t + \varphi_{0C}). \qquad (5)$$

Auch hier ist die Wirkleistung null; die Amplitude der Leistungsschwingung ist

$$\frac{1}{2}\omega C\hat{u}^2 = \frac{1}{2}\hat{\imath}\hat{u} = \frac{1}{2}\frac{\hat{\imath}^2}{\omega C} = \omega C|U|^2 = |IU| = \frac{|I|^2}{\omega C}.$$

An einem beliebigen linearen RLC-Zweipol (Bild 5-3 a) gilt ganz allgemein mit

$$u = \hat{u}\cos(\omega t + \varphi); \quad i = \hat{\imath}\cos(\omega t)$$

für die aufgenommene Leistung:

$$p = ui = \hat{u}\cos(\omega t + \varphi)\,\hat{\imath}\cos\omega t = \hat{u}\hat{\imath}\cos\varphi\cos^2\omega t - \hat{u}\hat{\imath}\sin\varphi\sin\omega t\cos\omega t. \qquad (6)$$

Der erste Summand auf der rechten Gleichungsseite läßt sich als das Produkt einer Spannung mit einem phasengleichen Strom auffassen, beschreibt also ebenso wie (3) eine reine Wirkleistung. Der zweite Summand läßt sich auffassen als Produkt einer Spannung $\hat{u}\cos\omega t$ mit einem um $\pi/2$ nach- bzw. voreilenden Strom $\hat{\imath}\sin\varphi\sin\omega t$ (nacheilend, falls $\varphi > 0$; voreilend, falls $\varphi < 0$); dieses Produkt stellt demnach wie (4) bzw. (5) eine Leistungsschwingung dar, bei der Leistungsaufnahme und -abgabe ständig miteinander abwechseln und deren Mittelwert gleich Null ist. Aus (6) folgt weiterhin

$$p = \frac{\hat{u}\hat{\imath}}{2}\cos\varphi\,[1 + \cos 2\omega t] - \frac{\hat{u}\hat{\imath}}{2}\sin\varphi\sin 2\omega t.$$

Hierin bezeichnet man

$$P = \frac{\hat{u}\hat{\imath}}{2}\cos\varphi$$

als die *Wirkleistung* und

$$Q = \frac{\hat{u}\hat{\imath}}{2}\sin\varphi$$

als die *Blindleistung*.
Aus der Definition von Q ergibt sich

$$Q > 0 \quad \text{für} \quad \varphi > 0,$$

(d. h., wenn die Spannung dem Strom vorauseilt, also bei induktiver Reaktanz der Impedanz Z)

und

$$Q < 0 \quad \text{für} \quad \varphi < 0,$$

(d. h., wenn die Spannung dem Strom nacheilt, also bei kapazitiver Reaktanz der Impedanz Z).

Da P von $\cos\varphi$ abhängt, bezeichnet man $\cos\varphi$ als *Leistungsfaktor*. Damit wird

$$P = |UI|\cos\varphi,$$
$$Q = |UI|\sin\varphi.$$

Mit den Definitionen für P und Q ergibt sich für die zeitabhängige Leistung:

$$p(t) = P[1 + \cos 2\omega t] - Q\sin 2\omega t.$$

Außerdem definiert man

$$S = P + \mathrm{j}Q = |UI|(\cos\varphi + \mathrm{j}\sin\varphi) = |UI|\exp(\mathrm{j}\varphi)$$

und bezeichnet S als die *komplexe Scheinleistung*; ihren Betrag $|S|$ nennt man einfach *Scheinleistung*

$$|S| = \sqrt{P^2 + Q^2} = |UI|.$$

Die SI-Einheit der Leistung ist das Watt:

$$1\,\text{Watt} = 1\,\text{W} = 1\,\text{V}\cdot\text{A} = 1\,\text{N}\cdot\text{m/s} = 1\,\text{J/s} = 1\,\text{kg}\cdot\text{m}^2/\text{s}^3;$$

statt der Einheit 1 W schreibt man bei Blindleistungen auch die Einheit Var (var), bei Scheinleistungen die Einheit 1 VA (um auf diese Weise die dimensionsgleichen Größen P, Q, S außer durch ihre Formelzeichen zusätzlich durch ihre Einheiten zu unterscheiden).
Mit $U = ZI$ wird $|U| = |Z||I|$ und damit

$$P = \frac{|U|^2}{|Z|}\cos\varphi = |I|^2|Z|\cos\varphi;$$

$$Q = \frac{|U|^2}{|Z|}\sin\varphi = |I|^2|Z|\sin\varphi;$$

$$|S| = \frac{|U|^2}{|Z|} = |I|^2|Z|.$$

Für die Größen S, P, Q gilt mit

$$U = |U| \exp(\mathrm{j}\varphi_u), \quad U^* = |U| \exp(-\mathrm{j}\varphi_u)$$

$$I = |I| \exp(\mathrm{j}\varphi_i), \quad I^* = |I| \exp(-\mathrm{j}\varphi_i)$$

(wenn man für die Winkeldifferenz zwischen Strom und Spannung wieder $\varphi_u - \varphi_i = \varphi$ setzt), schließlich außerdem

$$S = |UI| \exp(\mathrm{j}\varphi) = |UI| \exp[\mathrm{j}(\varphi_u - \varphi_i)]$$

$$= |U| \exp(\mathrm{j}\varphi_u)|I| \exp(-\mathrm{j}\varphi_i)$$

$$S = UI^*$$

$$P = \mathrm{Re}(UI^*) = 0{,}5\,(UI^* + U^*I)$$

$$Q = \mathrm{Im}(UI^*) = -\mathrm{j}0{,}5(UI^* - U^*I).$$

5.2.2 Wirkleistungsanpassung

Einer Wechselspannungsquelle mit der inneren Impedanz $Z_i = R_i + \mathrm{j}X_i$ (Bild 5-4) wird die maximale Wirkleistung entnommen, wenn für die Verbraucherimpedanz $Z_a = R_a + \mathrm{j}X_a$ folgende Bedingung erfüllt ist;

$$Z_a = Z_i^*, \quad \text{also} \quad R_a = R_i \quad \text{und} \quad X_a = -X_i.$$

Falls die Bedingung $X_a = -X_i$ nicht eingehalten werden kann, so ergibt sich die maximale Wirkleistungsabgabe aus der Bedingung

$$R_a = \sqrt{R_i^2 + (X_a + X_i)^2},$$

speziell für $X_a = 0$ müßte also

$$R_a = \sqrt{R_i^2 + X_i^2}$$

gewählt werden.

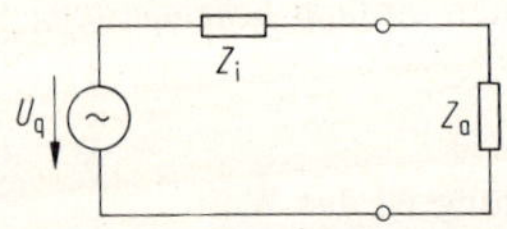

Bild 5-4. Belastete Wechselspannungsquelle.

Blindstromkompensation (Blindleistungskompensation)

Falls $X_i = 0$ ist, muß für Leistungsanpassung auch $X_a = 0$ werden: besteht z. B. Z_a aus einer RL-Parallelschaltung, so kann man durch Parallelschalten eines Kondensators (mit der Kapazität $C = 1/\omega^2 L$) erreichen, daß $X_a = \omega L - 1/\omega C = 0$ wird.
Durch diese Blindstromkompensation wird vor allem aber auch der Wirkungsgrad verbessert (geringerer Zuleitungsstrom!).

6 Der Transformator

6.1 Schaltzeichen

In einem Transformator sind (mindestens) zwei Wicklungen miteinander magnetisch gekoppelt (induktive Kopplung). Die Ersatzschaltungen stellen das Transformatorverhalten allein mit Hilfe ungekoppelter Induktivitäten dar (in bestimmten Fällen unter Einbeziehung eines idealen Transformators). Bild 6-1 zeigt Schaltzeichen für Transformatoren (bzw. Übertrager) mit 2 Wicklungen.

6.2 Der eisenfreie Transformator

6.2.1 Transformator-Gleichungen

Mit symmetrischen Zählpfeilen (Bild 6-2 a) gilt

$$U_1 = R_1 I_1 + \mathrm{j}\omega L_1 I_1 + \mathrm{j}\omega M I_2 \qquad (1\,\mathrm{a})$$

$$U_2 = R_2 I_2 + \mathrm{j}\omega L_2 I_2 + \mathrm{j}\omega M I_1. \qquad (1\,\mathrm{b})$$

6.2.2 Verlustloser Transformator

Mit $R_1 = R_2 = 0$ (Vernachlässigung der Wicklungswiderstände) und der Abschlußimpedanz Z_A (Bild 6-2 c) wird:

$$\frac{I_2}{I_1} = \frac{\mathrm{j}\omega M}{Z_A + \mathrm{j}\omega L_2} \quad \text{(Stromübersetzung)},$$

$$\frac{U_2}{U_1} = \frac{\mathrm{j}\omega M Z_A}{\mathrm{j}\omega L_1 Z_A - \omega^2(L_1 L_2 - M^2)}$$

(Spannungsübersetzung).

6.2.3 Verlust- und streuungsfreier Transformator

Im streuungsfreien Transformator (Bild 6-3 a) gilt

$$\frac{L_1}{L_2} = \left(\frac{N_1}{N_2}\right)^2 = n^2$$

$$\left(\frac{N_1}{N_2} = n = \text{Windungszahlverhältnis}\right)$$

und $M^2 = L_1 L_2$; außerdem

$$\frac{I_2}{I_1} = \pm \frac{N_1}{N_2} \cdot \frac{\mathrm{j}\omega L_2}{Z_A + \mathrm{j}\omega L_2} \quad \text{(Stromübersetzung)},$$

$$\frac{U_2}{U_1} = \pm \frac{N_2}{N_1} = \pm \frac{1}{n} \quad \text{(Spannungsübersetzung)}.$$

Das Vorzeichen hängt hierbei davon ab, welches Vorzeichen für $M = \pm\sqrt{L_1 L_2}$ in Frage kommt,

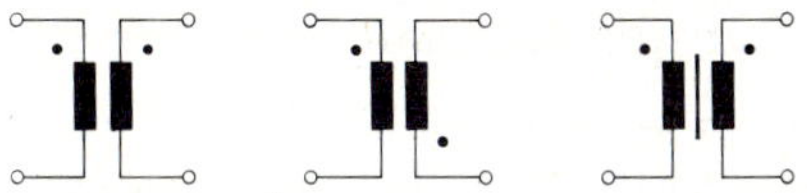

a b c

Bild 6-1. Transformator-Schaltzeichen. **a** Eisenfreier Transformator, gleichsinnige Kopplung ($M > 0$); **b** eisenfreier Transformator, gegensinnige Kopplung ($M < 0$); **c** Transformator mit Eisenkern, gleichsinnige Kopplung.

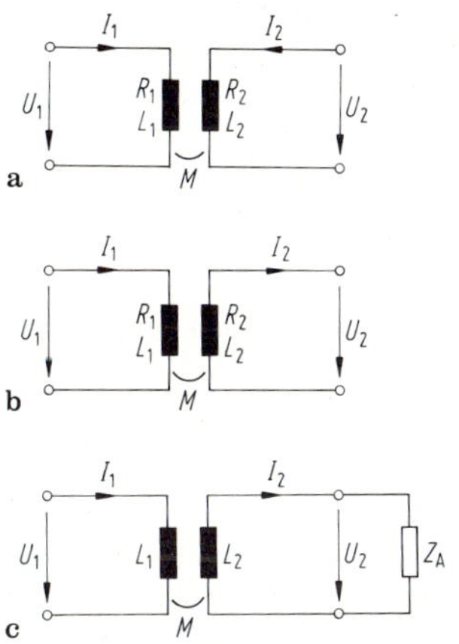

Bild 6-2. Transformator mit Zählpfeilen für die Größen an den Primärklemmen (U_1, I_1) und an den Sekundärklemmen (U_2, I_2). **a** Symmetrische Zählpfeile; **b** Kettenzählpfeile; **c** verlustloser Transformator mit Abschlußimpedanz

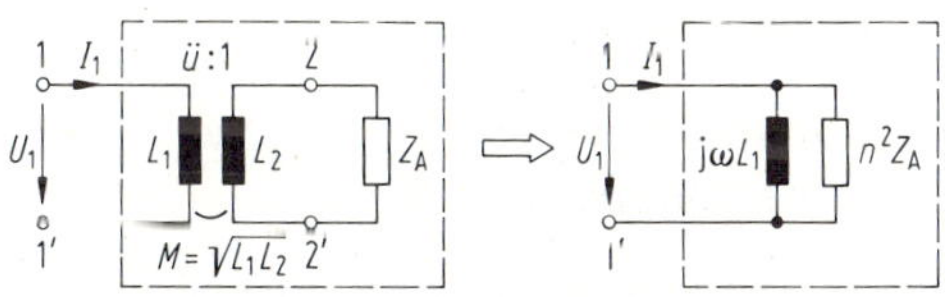

a b

Bild 6-3. Verlust- und streuungsfreier Transformator. **a** Transformator mit Abschlußimpedanz Z_A; **b** Zweipolersatzschaltung.

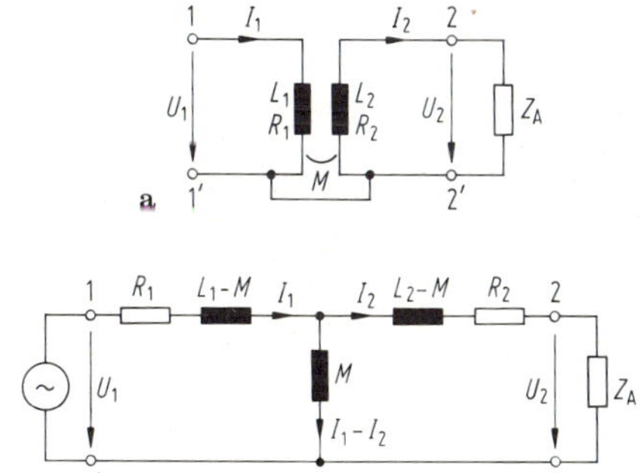

Bild 6-4. Transformator und Ersatzschaltung. **a** Transformatorschaltung; **b** T-Schaltung mit drei magnetisch nicht gekoppelten Spulen als Vierpolersatzschaltung eines Transformators.

d. h., ob die Spulen gleich- oder gegensinnig gewickelt sind.
Für die Eingangsadmittanz gilt (Bild 6-3b):

$$Y_E = \frac{U_1}{I_1} = \frac{1}{j\omega L_1} + \frac{1}{n^2 Z_A}.$$

6.2.4 Idealer Transformator

Setzt man zusätzlich zu den Idealisierungen $R_1 = R_2 = 0$ (Vernachlässigung der Wicklungsverluste) und $L_1 L_2 = M^2$ (Vernachlässigung der magnetischen Streuung) voraus, daß in Bild 6-3b L_1 weggelassen werden kann ($L_1 \to \infty$), so nennt man einen solchen Transformator ideal; es wird

$$\frac{U_2}{U_1} = \pm\frac{N_2}{N_1} = \pm\frac{1}{n}$$

(ideale Spannungstransformation),

$$\frac{I_2}{I_1} = \pm\frac{N_1}{N_2} = \pm n$$

(ideale Stromtransformation),

und für Eingangsadmittanz bzw. -impedanz gilt bei idealer Impedanztransformation:

$$Y_E = \frac{1}{n^2 Z_A}, \quad Z_E = n^2 Z_A.$$

Durch Impedanztransformation kann eine Abschlußimpedanz an die innere Impedanz der Quelle angepaßt werden (Anpassungsübertrager).

6.2.5 Streufaktor und Kopplungsfaktor

Es werden definiert der Kopplungsfaktor

$$k = \frac{M}{\sqrt{L_1 L_2}} \quad (0 < k < 1)$$

und der Streufaktor

$$\sigma = 1 - \frac{M^2}{L_1 L_2} = 1 - k^2 \quad (1 > \sigma > 0).$$

Beim idealen Transformator ist $k = 1$, $\sigma = 0$.

6.2.6 Vierpolersatzschaltungen

Ein Transformator, dessen untere beiden Klemmen verbunden sind (Bild 6-4a), kann durch die Schaltung in Bild 6-4b, aber auch durch die Schaltung in Bild 6-5 ersetzt werden (Schaltung 6-4b ist ein Sonderfall von 6-5; er entsteht, wenn $v = 1$ gesetzt wird): für alle drei Schaltungen gelten die Transformator-Gleichungen (1a, b).
Wählt man in Bild 6-5 $v = L_1/M$, so verschwindet die primäre Streuinduktivität, und mit $v = M/L_2$ verschwindet die sekundäre. Für $v = \sqrt{L_1/L_2}$ bilden die Induktivitäten eine symmetrische T-Schaltung (Bild 6-6).

6.2.7 Zweipolersatzschaltung

Falls man sich nur für das Eingangsverhalten eines Transformators (Bild 6-6) interessiert, so genügt eine Zweipolersatzschaltung, in der die Sekundärgrößen U_2, I_2 nicht mehr auftreten (Bild 6-7).

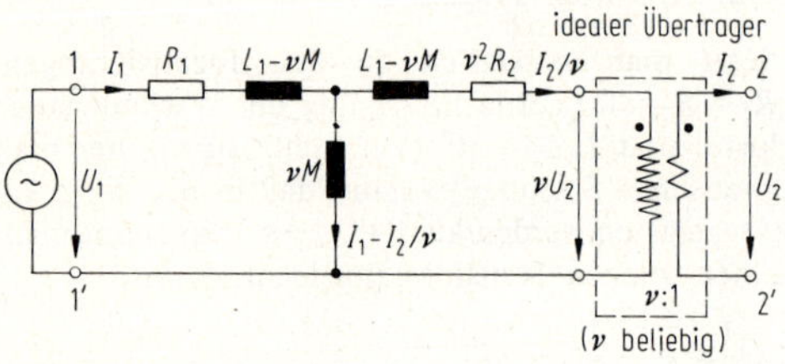

Bild 6-5. Transformatorersatzschaltung mit idealem Übertrager (Transformator).

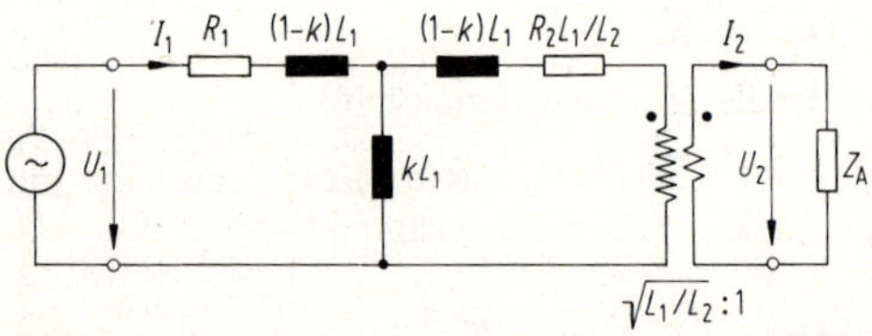

Bild 6-6. Transformatorersatzschaltung mit symmetrischer T-Schaltung.

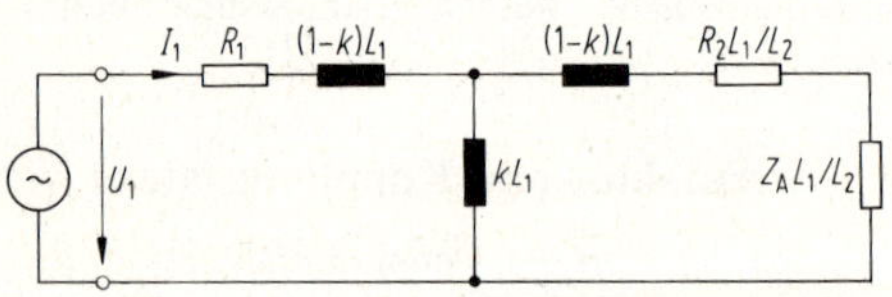

Bild 6-7. Zweipolersatzschaltung eines Transformators.

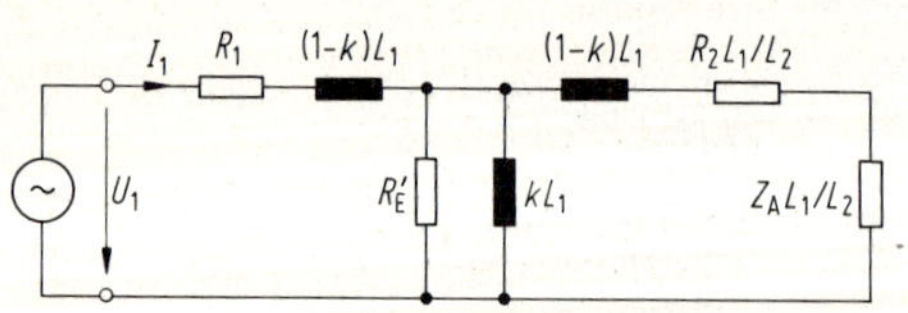

Bild 6-8. Berücksichtigung der Eisenverluste eines Transformators in einem Zweipolersatzschaltbild.

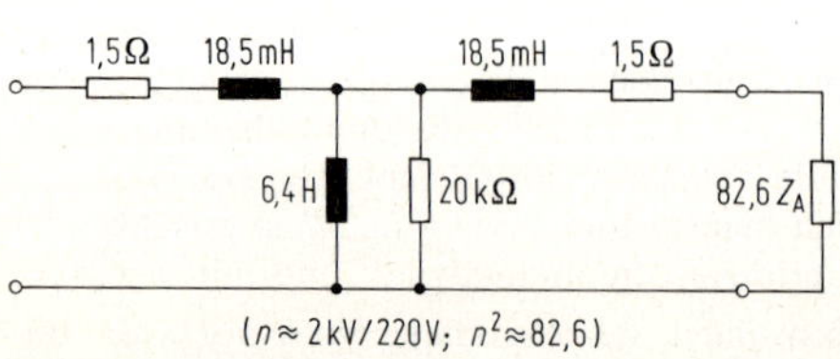

Bild 6-9. Ersatzschaltung eines Einphasentransformators (Zahlenbeispiel).

6.3 Transformator mit Eisenkern

Idealen Transformatoreneigenschaften ($\sigma\to 0$; $L_1\to\infty$) kommt man am nächsten, wenn die Transformatorwicklungen auf einen gemeinsamen Eisenkern gewickelt werden, der einen geschlossenen Umlauf bildet (die magnetischen Feldlinien verlaufen dann fast nur im Eisen). Allerdings sind L_1, L_2, M wegen der Nichtlinearität der Magnetisierungskennlinie nicht konstant. Außerdem entstehen durch die ständige Ummagnetisierung (Wechselfeld!) frequenzproportionale Verluste (Hystereseverluste) $P_H \sim \omega$ und durch Wirbelströme die Wirbelstromverluste $P_W \sim \omega^2$ (die Wirbelstromverluste werden durch die Zusammensetzung des Eisenkernes aus dünnen Blechen klein gehalten).

P_H und P_W können z. B. im Ersatzbild 6-7 dadurch berücksichtigt werden, daß man einen (auf die Primärseite bezogenen) ohmschen Widerstand R_E parallel zur Hauptinduktivität kL_1 vorsieht (Bild 6-8).

Beispiel:
Bild 6-9 zeigt eine Ersatzschaltung eines 50-Hz-Einphasentransformators mit den Nenndaten

$|U_{1N}| = 2$ kV (primäre Nennspannung),

$|U_{2N}| = 220$ V (sekundäre Nennspannung),

$|S_N| = 20$ kVA (Nennscheinleistung).

7 Drehstrom

7.1 Spannungen symmetrischer Drehstromgeneratoren

Elektrische Systeme mit Generatorspannungen gleicher Frequenz, aber unterschiedlicher Phasenlage, nennt man Mehrphasensysteme. Das wichtigste System ist das Dreiphasensystem (Drehstrom-

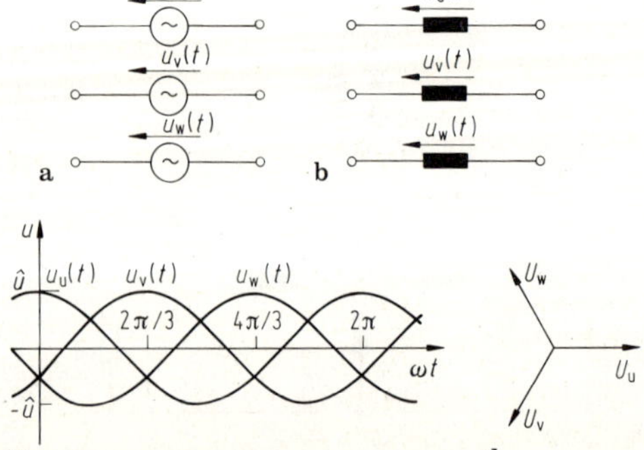

Bild 7-1. Spannungen eines symmetrischen Drehstromgenerators. **a** und **b** Symbole für phasenverschobene Spannungsquellen; **c** Liniendiagramm; **d** Zeigerdiagramm.

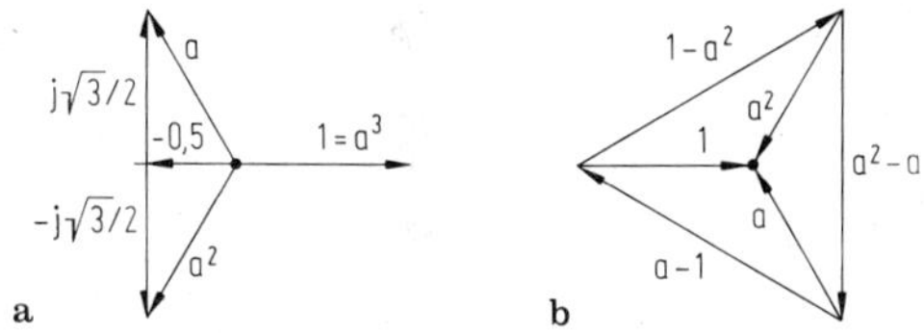

Bild 7-2. Zur Veranschaulichung des Operators a. **a** a und seine Potenzen, **b** Differenzen.

system). Ein Drehstromgenerator, der drei um jeweils $2\pi/3$ gegeneinander phasenverschobene Spannungen gleicher Amplitude erzeugt (symmetrischer Generator), gibt insgesamt eine zeitlich konstante elektrische Leistung ab, belastet also vorteilhafterweise auch die Turbine oder den Verbrennungsmotor zeitlich konstant.
Die drei Spannungsquellen mit

$$u_u(t) = \hat{u} \cos \omega t$$
$$u_v(t) = \hat{u} \cos (\omega t - 2\pi/3)$$
$$u_w(t) = \hat{u} \cos (\omega t - 4\pi/3) = \hat{u} \cos (\omega t + 2\pi/3)$$

(Bild 7-1 c) können durch drei Wechselspannungsquellen wie in 1.2.4 (Bild 1-7) oder durch die drei Wicklungen des Generators (Generatorstränge, Bild 7-1 b) symbolisiert werden. Bild 7-1 d zeigt ein Zeigerdiagramm für die komplexen Effektivwerte U_u, U_v, U_w der drei Generatorspannungen. Hierbei gilt mit der Abkürzung

$$\mathrm{a} = \exp(\mathrm{j} \cdot 2\pi/3):$$

$$U_\mathrm{u} = \frac{\hat{u}}{\sqrt{2}}, \quad U_\mathrm{v} = \frac{\hat{u}}{\sqrt{2}}\,\mathrm{a}^{-1} = \frac{\hat{u}}{\sqrt{2}}\,\mathrm{a}^2,$$
$$U_\mathrm{w} = \frac{\hat{u}}{\sqrt{2}}\,\mathrm{a}^{-2} = \frac{\hat{u}}{\sqrt{2}}\,\mathrm{a}.$$

Für den komplexen Operator a gilt außerdem (vgl. Bild 7-2 a):

$$\mathrm{a} = \exp(\mathrm{j} \cdot 2\pi/3) = 0{,}5\left(-1 + \mathrm{j}\sqrt{3}\right)$$
$$\mathrm{a}^2 = \exp(\mathrm{j} \cdot 4\pi/3) = 0{,}5\left(-1 - \mathrm{j}\sqrt{3}\right)$$
$$\mathrm{a}^3 = 1$$

und

$$1 + \mathrm{a} + \mathrm{a}^2 = 0$$
$$1 - \mathrm{a}^2 = -\mathrm{j}\sqrt{3}\,\mathrm{a};$$
$$\mathrm{a}^2 - \mathrm{a} = -\mathrm{j}\sqrt{3}; \quad \mathrm{a} - 1 = -\mathrm{j}\sqrt{3}\,\mathrm{a}^2$$

(vgl. Bild 7-2 b).

Für die Summe der Generatorspannungen gilt

$$U_\mathrm{u} + U_\mathrm{v} + U_\mathrm{w} = U_\mathrm{v} + \mathrm{a}^2 U_\mathrm{v} + \mathrm{a} U_\mathrm{v}$$
$$= U_\mathrm{v}(1 + \mathrm{a}^2 + \mathrm{a}) = 0,$$

die drei Generatorstränge können also im Idealfall völliger Generatorsymmetrie zu einem geschlossenen Umlauf in Reihe geschaltet werden (Bild 7-3 b), ohne daß ein Strom fließt.

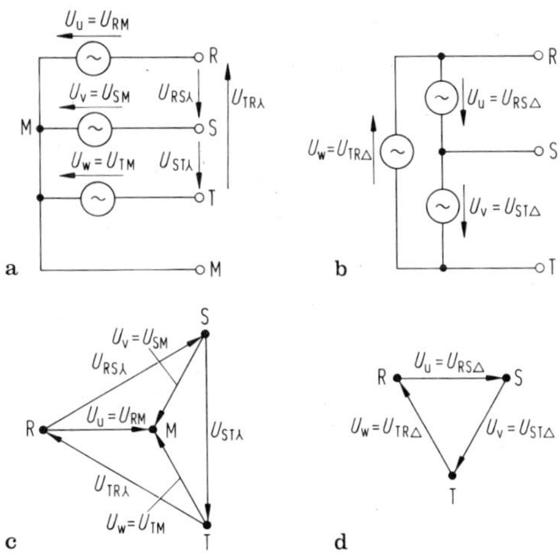

Bild 7-3. Symmetrische Generatorschaltungen. **a** Generator-Sternschaltung; **b** Generator-Dreieckschaltung; **c** Spannungs-Zeigerdiagramm zur Sternschaltung; **d** Spannungs-Zeigerdiagramm zur Dreieckschaltung.

(Falls aber u_u, u_v, u_w nicht rein sinusförmig sind, so entsteht grundsätzlich im Generatordreieck ein Kurzschlußstrom; wenn z. B. u_u, u_v, u_w außer der Grundschwingung (ω) auch noch die 3. Harmonische (3ω) enthalten, so sind die Oberschwingungen nicht gegeneinander phasenverschoben, löschen sich also nicht aus wie die Grundschwingungen.)
Das Bild 7-3 a zeigt die normalerweise verwendete Generator-Sternschaltung mit dem Generator-Sternpunkt M. Für die Spannungen zwischen den Anschlußklemmen R, S, T (die auch mit 1, 2, 3 bezeichnet werden können), die sogenannten (Außen-)Leiterspannungen, gilt für die Generator-Sternschaltung:

$$U_{\mathrm{RS}\perp} = U_\mathrm{RM}(1 - \mathrm{a}^2) = -\mathrm{j}\mathrm{a}\sqrt{3}\,U_\mathrm{u},$$
$$U_{\mathrm{ST}\perp} = U_\mathrm{RM}(\mathrm{a}^2 - \mathrm{a}) = -\mathrm{j}\sqrt{3}\,U_\mathrm{u},$$
$$U_{\mathrm{TR}\perp} = U_\mathrm{RM}(\mathrm{a} - 1) = -\mathrm{j}\mathrm{a}^2\sqrt{3}\,U_\mathrm{u};$$

sowie für die Generator-Dreieckschaltung

$$U_{\mathrm{RS}\Delta} = U_\mathrm{u}; \quad U_{\mathrm{ST}\Delta} = \mathrm{a}^2 U_\mathrm{u}; \quad U_{\mathrm{TR}\Delta} = \mathrm{a} U_\mathrm{u}.$$

Die Außenleiterspannungen sind bei Sternschaltung also um $\sqrt{3}$ größer als bei Dreieckschaltung:

$$|U_{\mathrm{RS}\perp}| = |U_{\mathrm{ST}\perp}| = |U_{\mathrm{TR}\perp}| = \sqrt{3}\,|U_{\mathrm{RS}\Delta}| = \sqrt{3}\,|U_{\mathrm{ST}\Delta}|$$
$$= \sqrt{3}\,|U_{\mathrm{TR}\Delta}|.$$

7.2 Die Spannung zwischen Generator- und Verbrauchersternpunkt

Wenn n Generatorstränge zu einem Stern zusammengeschaltet und mit einem Verbraucherstern aus n Impedanzen verbunden werden (Bild 7-4), so gilt für die *Verlagerungsspannung* U_{NM} zwischen den beiden Sternpunkten M und N (vgl. 3.2.1):

$$U_{NM} = \frac{Y_1 U_{1M} + Y_2 U_{2M} + \ldots + Y_n U_{nM}}{Y_1 + Y_2 + \ldots + Y_n + Y_M}. \tag{1}$$

Für die Außenleiterströme ergibt sich damit

$$I_1 = (U_{1M} - U_{NM}) Y_1, \quad I_2 = (U_{2M} - U_{NM}) Y_2,$$

usw.

Sind beide Sternpunkte kurzgeschlossen ($Z_M = 0$), so wird einfach

$$I_1 = Y_1 U_{1M}, \quad I_2 = Y_2 U_{2M} \quad \text{usw.}$$

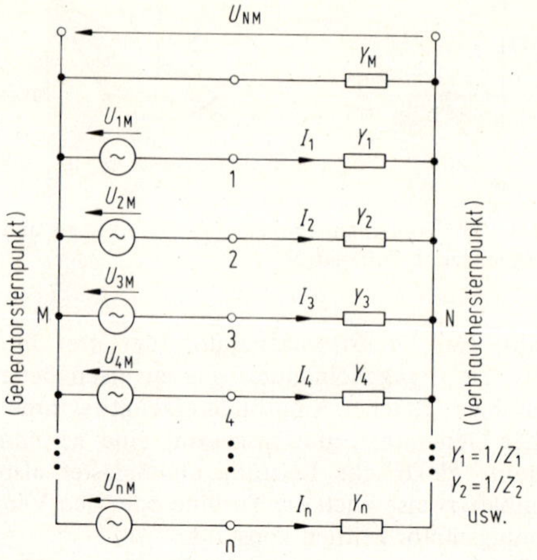

Bild 7-4. Generator und Verbraucher in Sternschaltung.

7.3 Symmetrische Drehstromsysteme (symmetrische Belastung symmetrischer Drehstromgeneratoren)

In Bild 7-5 werden zwei verschiedene Belastungsfälle miteinander verglichen:

a) Drei gleiche Impedanzen $Z = |Z| \exp(j\varphi)$ bilden einen Verbraucherstern, der an einen Generatorstern angeschlossen ist (Bild 7-5 a).

b) An den Generatorstern wird ein Verbraucherdreieck aus den gleichen Impedanzen wie im Fall a angeschlossen (Bild 7-5 b).

Die Verbraucher-Dreieckschaltung nimmt eine dreimal so große Gesamtleistung auf wie die Sternschaltung. Da die Außenleiterströme jedoch im Fall b ebenfalls dreimal so groß sind, werden hier die Leitungsverluste ($3|I_R|^2 R_L$, R_L Leitungswiderstand) neunmal so groß wie im Fall a. Der Wirkungsgrad ist im Fall a (Verbraucher-Sternschaltung) also besser.

Im allgemeinen (d. h., wenn das Drehstromsystem nicht ganz symmetrisch ist) wird die Gesamtleistung, die der Generator abgibt, zeitabhängig. Bei idealer Symmetrie des Generators und des Verbrauchers gilt jedoch (mit $u_{RM} = \hat{u} \cos \omega t$ und $Z = |Z| \exp(j\varphi)$):

$$\begin{aligned} p_{ges} &= u_{RM} \cdot i_R + u_{SM} \cdot i_S + u_{TM} \cdot i_T \\ &= \hat{u} \cos \omega t \cdot \hat{\imath} \cos(\omega t - \varphi) \\ &\quad + \hat{u} \cos(\omega t - 2\pi/3) \cdot \hat{\imath} \cos(\omega t - 2\pi/3 - \varphi) \\ &\quad + \hat{u} \cos(\omega t + 2\pi/3) \cdot \hat{\imath} \cos(\omega t + 2\pi/3 - \varphi) \\ &= 1{,}5 \hat{u}\hat{\imath} \cos \varphi = \text{const}. \end{aligned}$$

Das heißt: Ein symmetrisches Verbraucherdreieck oder ein symmetrischer Verbraucherstern entnehmen einem Drehstromgenerator eine konstante Leistung. Auch die Antriebsmaschine des elektrischen Generators muß daher bei symmetrischer Last keine pulsierende Leistung, sondern vorteilhafterweise nur eine konstante Leistung abgeben.

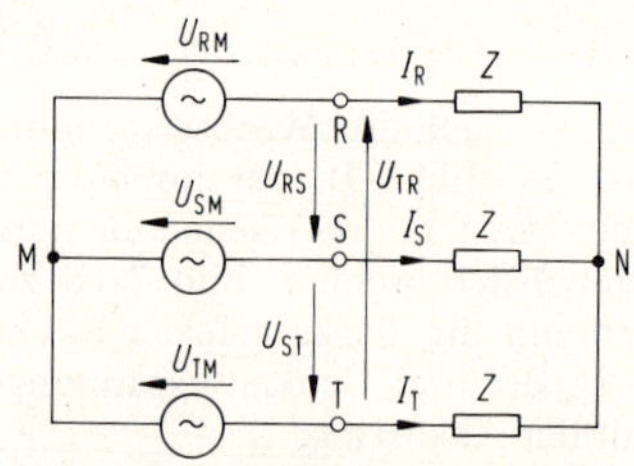

Verbraucherspannungen: $|U_{RN}| = |U_{SN}| = |U_{TN}| = |U_{RM}|$
Außenleiterspannungen: $|U_{RS}| = |U_{ST}| = |U_{TR}| = \sqrt{3}|U_{RM}|$
Außenleiterströme: $|I_R| = |I_S| = |I_T| = |U_{RM}|/|Z|$

a Gesamtleistung: $P_{ges} = 3|I_R|^2|Z| \cos\varphi = 3|U_{RM}|^2 \cos\varphi/|Z|$

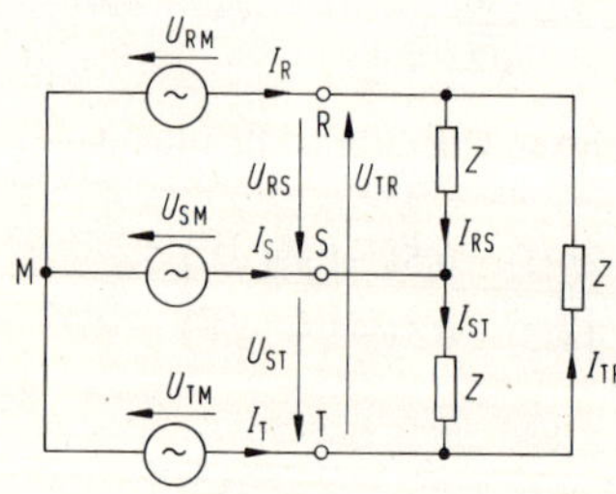

Außenleiterspannungen: $|U_{RS}| = |U_{ST}| = |U_{TR}| = \sqrt{3}|U_{RM}|$
Dreieckströme: $|I_{RS}| = |I_{ST}| = |I_{TR}| = |U_{RS}|/|Z| = \sqrt{3}|U_{RM}|/|Z|$
Außenleiterströme: $|I_R| = |I_S| = |I_T| = \sqrt{3}|I_{RS}| = 3|U_{RM}|/|Z|$

b Gesamtleistung: $P_{ges} = 3|I_{RS}|^2|Z| \cos\varphi = 9|U_{RM}|^2 \cos\varphi/|Z|$

Bild 7-5. Symmetrische Drehstromsysteme.

7.4 Asymmetrische Belastung eines symmetrischen Generators

7.4.1 Verbraucher-Sternschaltung

Speziell im Dreiphasensystem vereinfacht sich (1) zu

$$U_{NM} = \frac{Y_R U_{RM} + Y_S U_{SM} + Y_T U_{TM}}{Y_R + Y_S + Y_T + Y_M}$$

Wenn der Generator symmetrisch ist ($U_{SM} = a^2 U_{RM}$; $U_{TM} = a U_{RM}$), wird

$$U_{NM} = U_{RM} \frac{Y_R + a^2 Y_S + a Y_T}{Y_R + Y_S + Y_T + Y_M}.$$

Wenn $Y_R = Y_S = Y_T$ ist, wird der Zähler gleich Null. Er kann aber auch verschwinden, wenn die Verbraucheradmittanzen nicht übereinstimmen. Ein Beispiel hierzu liefert Bild 7-6. Bei einem Verbraucherstern, bei dem alle Impedanzen $Z = |Z| \exp(j\varphi)$ den gleichen Winkel φ haben, kann allerdings nur dann $U_{NM} = 0$ werden, wenn sie auch betragsgleich sind. Bild 7-7 zeigt dies am Beispiel einer rein ohmschen Last.

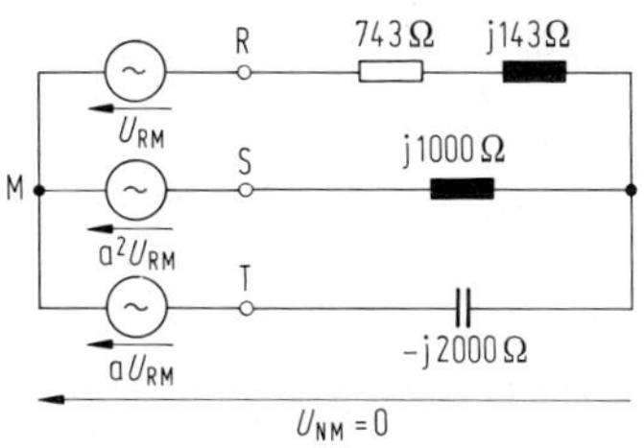

Bild 7-6. Asymmetrischer Verbraucherstern mit symmetrischen Verbraucherspannungen.

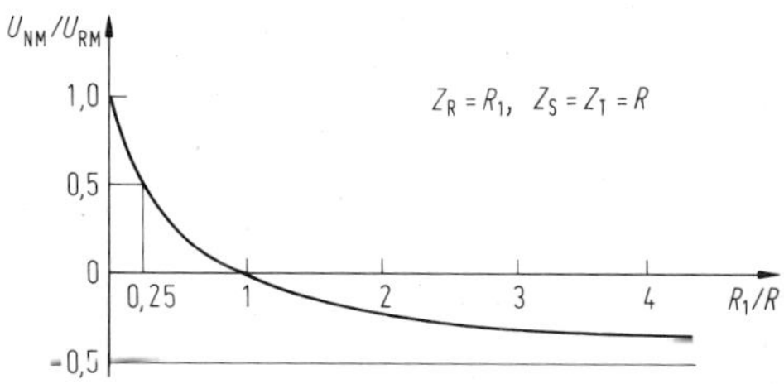

Bild 7-7. Abhängigkeit der Verlagerungsspannung von der Asymmetrie eines ohmschen Verbrauchersternes.

7.4.2 Verbraucher-Dreieckschaltung

Bei der Verbraucher-Dreieckschaltung werden

$$I_{RS} = U_{RS}/Z_{RS},$$
$$I_{ST} = U_{ST}/Z_{ST},$$
$$I_{TR} = U_{TR}/Z_{TR};$$

$$I_R = \frac{U_{RS}}{Z_{RS}} - \frac{U_{TR}}{Z_{TR}},$$

$$I_S = \frac{U_{ST}}{Z_{ST}} - \frac{U_{RS}}{Z_{RS}},$$

$$I_T = \frac{U_{TR}}{Z_{TR}} - \frac{U_{ST}}{Z_{ST}}.$$

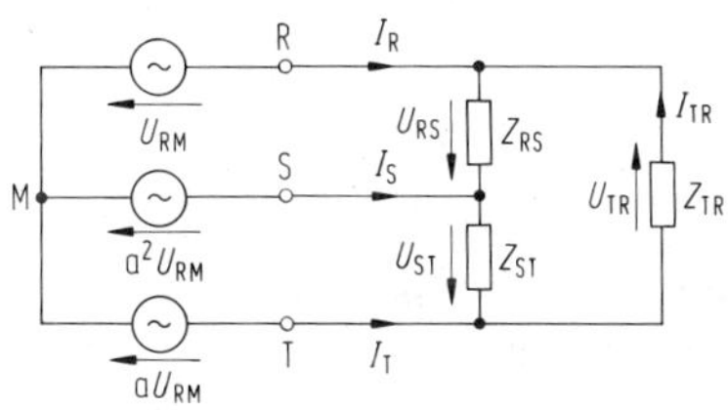

Bild 7-8. Verbraucher-Dreieckschaltung.

Bei symmetrischer Last ($Z_{RS} = Z_{ST} = Z_{TR} = Z$) sind die Außenleiterströme symmetrisch (d. h. betragsgleich und um $2\pi/3$ gegeneinander phasenverschoben):

$$I_R = 3 U_{RM}/Z,$$
$$I_S = 3 U_{SM}/Z,$$
$$I_T = 3 U_{TM}/Z.$$

Auch in bestimmten Fällen asymmetrischer Belastung (Bild 7-9a) können die Außenleiterströme symmetrisch sein: unter Umständen kann ein Verbraucherdreieck, das außer Blindwiderständen nur einen einzigen ohmschen Widerstand enthält (also völlig asymmetrisch ist), einen Generator durchaus symmetrisch belasten.

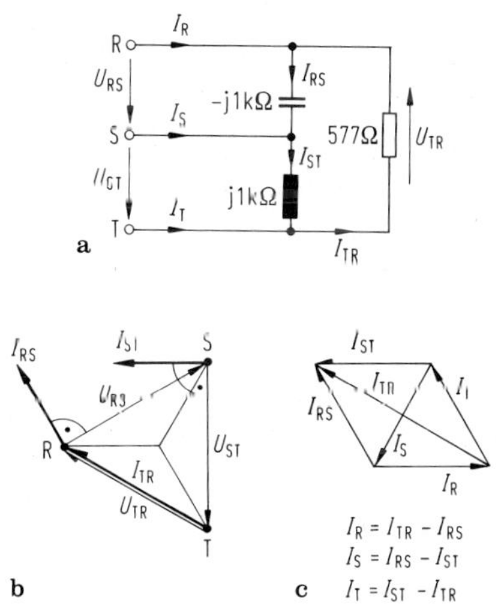

Bild 7-9. Symmetrische Belastung $|I_R| = |I_S| = |I_T|$) durch einen asymmetrischen Verbraucher.

7.5 Wirkleistungsmessung im Drehstromsystem (Zwei-Leistungsmesser-Methode, Aronschaltung)

In einem Drehstromsystem mit drei Außenleitern (aber ohne Mittelleiter; Bild 7-10) kann die von einer beliebigen Verbraucherschaltung aufgenommene Gesamtwirkleistung P mit nur zwei Leistungsmessern bestimmt werden:

$$S = U_{RS} I_R^* - U_{ST} I_T^* = U_{RS} I_R^* + U_{TS} I_T^*$$

(I^* bedeutet: konjugiert komplexer Wert zu I).

$$P = \operatorname{Re}(S) = |U_{RS} I_R| \cos \varphi_{RS} - |U_{ST} I_T| \cos \varphi_{ST} .$$

Hierbei ist φ_{RS} der Winkel zwischen U_{RS} und I_R, φ_{ST} der Winkel zwischen U_{ST} und I_T. (Bei rein ohmscher Last ist auch die vom Leistungsmesser 2 gemessene Leistung $P_2 = -|U_{ST} I_T| \cos \varphi_{ST}$ immer positiv, weil hier $\cos \varphi_{ST}$ negativ wird.)

Rechenbeispiel 1

Aus $U_{RS} = 500\ \text{V}$, $U_{ST} = 500\ \text{V} \cdot \text{a}^2$;
$I_R = 43{,}6\ \text{A} \exp(-\text{j} \cdot 36{,}6°)$,
$I_T = 70\ \text{A} \exp(\text{j} \cdot 81{,}8°)$
ergibt sich:

$$P = 500\ \text{V} \cdot 43{,}6\ \text{A} \cos 36{,}6° - 500\ \text{V} \cdot 70\ \text{A} \cos(81{,}8° + 120°)$$
$$P \approx 17{,}5\ \text{kW} + 32{,}5\ \text{kW} = 50\ \text{kW} .$$

Rechenbeispiel 2

Bei einer Verbraucherschaltung, die sich nur aus Blindwiderständen zusammensetzt, muß $P = 0$ werden. Allerdings kann jeder der beiden Leistungsmesser eine Wirkleistung anzeigen. Hierbei wird $P_1 = -P_2$, also $P = P_1 + P_2 = 0$. Schließt man z. B. eine Sternschaltung dreier gleicher Kondensatoren (C) an einen symmetrischen Drehstromgenerator an, so wird

$$|I_R| = |I_T| = \frac{|U_{RS}|}{\sqrt{3}} \omega C; \quad \varphi_{RS} = 60°; \quad \varphi_{ST} = 60° .$$

$$P = |U_{RS}| \frac{|U_{RS}|}{\sqrt{3}} \omega C \cdot 0{,}5 - |U_{RS}| \frac{|U_{RS}|}{\sqrt{3}} \omega C \cdot 0{,}5 = 0 .$$

(Die Schaltung nimmt nur Blindleistung auf: $Q_{ges} = -|U_{RS}|^2 \omega C$.)

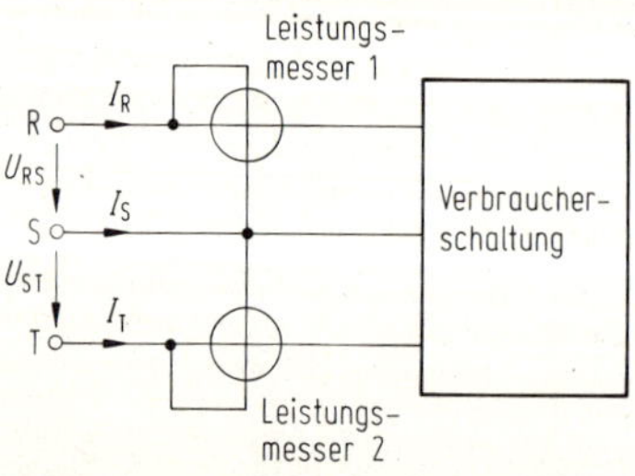

Bild 7-10. Spannungen und Ströme an den Klemmen eines Drehstromverbrauchers.

8 Nichtlineare Schaltungen

8.1 Linearität

Die Netzwerkanalyse (3), aber auch die in 2 und 4 bis 7 beschriebenen Methoden setzen großenteils voraus, daß die betrachteten Schaltungen linear sind. Das heißt: Bei einem Widerstand seien Stromstärke i und Spannung u einander proportional, R sei konstant:

$$u \sim i, \quad \text{d. h.,} \quad u = Ri \quad \text{mit} \quad R = \text{const} .$$

Bei einem Kondensator seien Ladung q und Spannung u proportional, C sei konstant:

$$u \sim q, \quad \text{d. h.,} \quad u = Cq \quad \text{mit} \quad C = \text{const} .$$

Bei einer Spule seien Fluß Φ und Stromstärke i proportional, L sei konstant:

$$Q \sim i, \quad \text{d. h.,} \quad N\Phi = Li \quad \text{mit} \quad L = \text{const} .$$

(N Windungszahl).

Mit R, C, L = const sind die Gleichungen $u = Ri$, $u = Cq$, $N\Phi = Li$ lineare Gleichungen. Man nennt Bauelemente, in denen dies gilt, lineare Bauelemente. Schaltungen aus ihnen nennt man dementsprechend lineare Schaltungen. Im folgenden werden einige Beispiele dafür gegeben, wie man in einfachen Fällen nichtlineare Bauelemente in die Berechnung einbeziehen kann.

8.2 Nichtlineare Kennlinien

8.2.1 Beispiele nichtlinearer Strom-Spannungs-Kennlinien von Zweipolen

Siehe Bild 8-1

8.2.2 Verstärkungskennlinie des Operationsverstärkers

Operationsverstärker (Bild 8-2a) lassen sich als lineare Spannungsverstärker (spannungsgesteuerte Spannungsquellen) beschreiben, die ihre Ein-

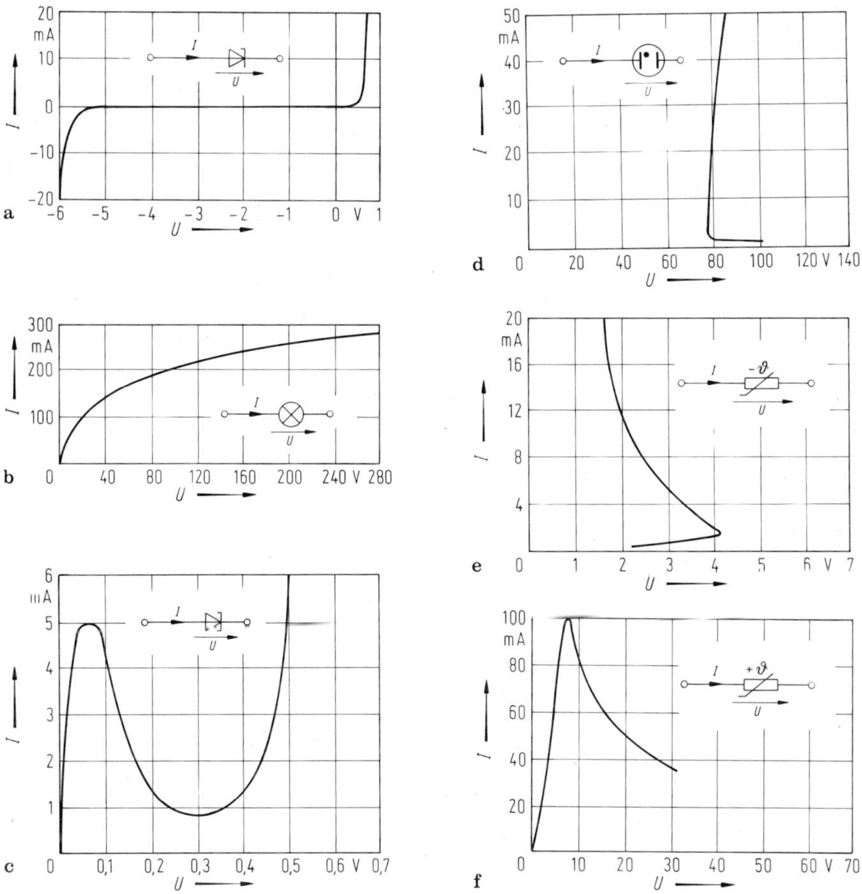

Bild 8-1. Strom-Spannungs-Kennlinien nichtlinearer Zweipole. **a** Z-Diode; **b** Glühlampe; **c** Tunneldiode; **d** Glimmlampe; **e** Heißleiter; **f** Kaltleiter

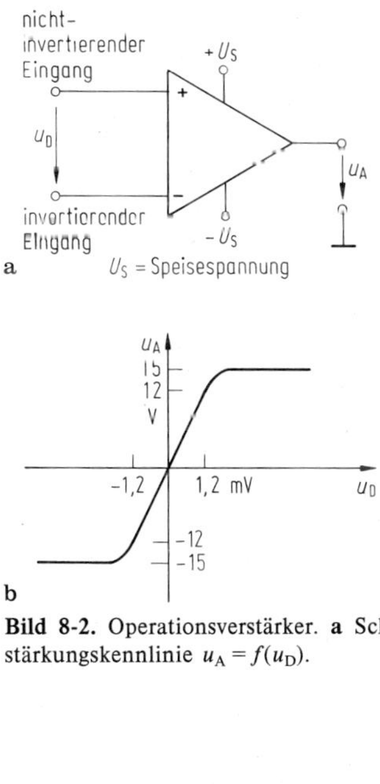

Bild 8-2. Operationsverstärker. **a** Schaltzeichen; **b** Verstärkungskennlinie $u_A = f(u_D)$.

gangsspannung u_D mit dem Faktor v_0 (Leerlaufverstärkung) multiplizieren:

$$u_A = v_0 u_D$$

(in Bild 8-2b ist $v_0 = 10^4$). Diese Beschreibung ist aber nur zutreffend innerhalb eines relativ kleinen Wertebereiches für u_D (Bild 8-2b). Außerhalb dieses Wertebereiches wächst die Ausgangsspannung u_A nicht mehr proportional mit u_D an, man sagt der Verstärker ist „übersteuert".

Bei den meisten Anwendungen werden die Operationsverstärker im Bereich linearer Verstärkung betrieben (in Bild 8-2b also im Bereich $-1{,}2$ mV $< u_D < 1{,}2$ mV), so daß sie deshalb oft als lineare Schaltungen bezeichnet werden. Der Zusammenhang $u_A = f(u_D)$ ist offensichtlich nichtlinear und bei einer Reihe wichtiger Anwendungen werden die Verstärker außerhalb des Bereiches linearer Verstärkung betrieben (Mitkopplungsschaltungen).

8.3 Graphische Lösung durch Schnitt zweier Kennlinien

8.3.1 Arbeitsgerade und Verbraucherkennlinie

In 3.3.2 (Bild 3-14b) ist dargestellt, daß sich die Klemmengrößen u, i als die Koordinaten des Schnittpunktes der Arbeitsgeraden (des Quellenzweipols) mit der Kennlinie des Verbraucherzweipols ergeben. Dies gilt selbstverständlich auch dann, wenn die Verbraucherkennlinie nichtlinear ist, siehe Bild 8-3b. Wie die Lage der Arbeitsgeraden von U_q und R_i abhängt, zeigt Bild 8-4.

Bei der Spannungsteilerschaltung in 3.2.2 (Bild 3-14a) ist der i-Achsenabschnitt (Klemmenkurzschlußstrom) von R_2 unabhängig. Wenn R_2 geändert wird, ändert sich hier nur der u-Achsenabschnitt U^* (siehe Bild 8-4c):

$$U^* = \frac{R_2}{R_1 + R_2} U_q .$$

8.3.2 Stabile und instabile Arbeitspunkte einer Schaltung mit nichtlinearem Zweipol

Bei Strom-Spannungs-Kennlinien, die einen Abschnitt mit negativer Steigung haben (der differentielle Widerstand $r = du/di$ wird hier negativ; siehe auch die Bilder 8-1c bis f), können sich die Arbeitsgerade der Quelle und die Kennlinie des nichtlinearen Zweipols in mehreren Punkten schneiden (Bild 8-5). Diese Schnittpunkte können stabil oder instabil sein. Zum Beispiel stimmen in den Bildern 8-5a3 und b3 die Diodenkennlinien und auch die Arbeitsgeraden überein (also auch deren Schnittpunkte). Ob der mittlere Schnittpunkt stabil ist oder nicht, hängt von zusätzlichen kapazitiven und induktiven Effekten ab, die sich auf die Achsenabschnitte der (statischen) Arbeitsgeraden überhaupt nicht auswirken.

Anmerkung: Der mittlere Arbeitspunkt in Bild 8-5b3 ist stabil. Da der differentielle Wider-

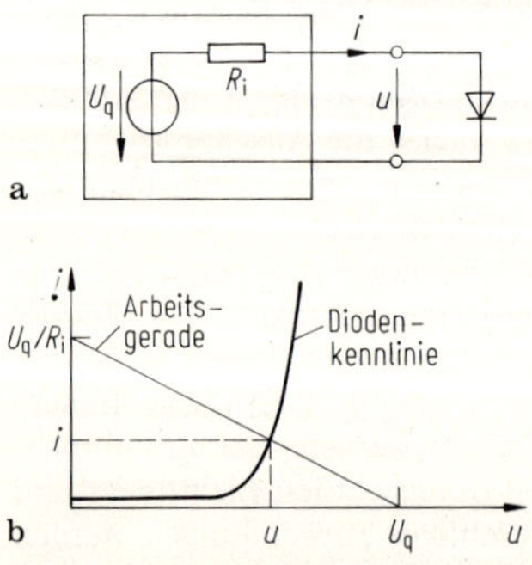

Bild 8-3. Lineare Quelle und nichtlinearer Verbraucher. **a** Schaltung; **b** Strom-Spannungs-Kennlinien von Quelle (Arbeitsgerade) und Verbraucher (Diodenkennlinie).

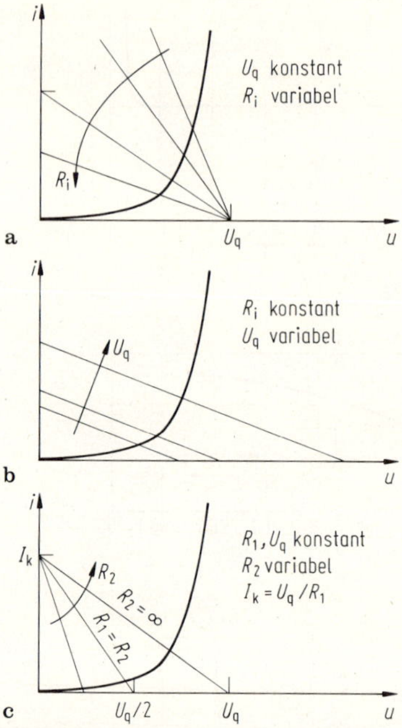

Bild 8-4. Abhängigkeit der Lage der Arbeitsgeraden von U_q, R_1 oder R_2. **a** Drehung der Arbeitsgeraden um den Punkt (U_q, 0); **b** Parallelverschiebung der Arbeitsgeraden; **c** Drehung der Arbeitsgeraden um den Punkt (0, I_k).

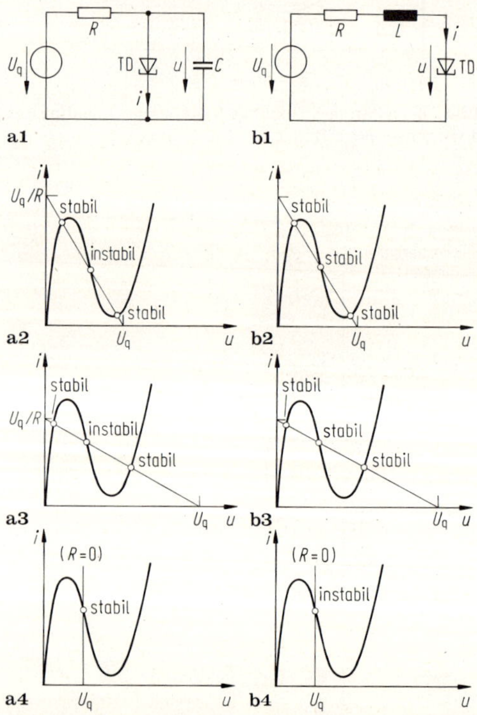

Bild 8-5. Tunneldiodenschaltungen mit stabilen und instabilen Arbeitspunkten.

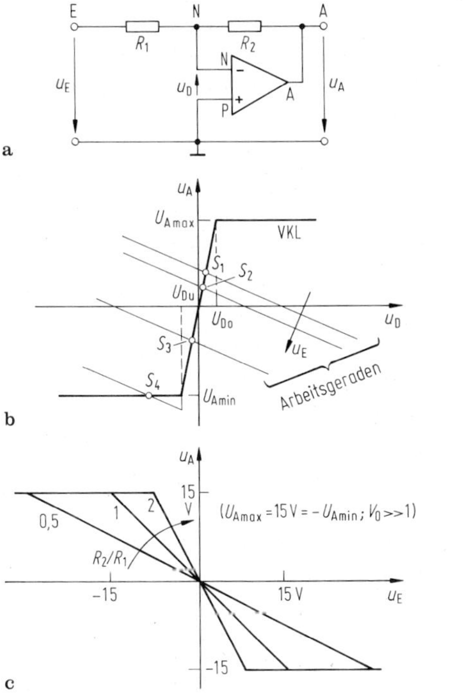

Bild 8-6. Lineare Verstärkung und Übersteuerung beim Umkehrverstärker. **a** Invertierende Gegenkopplung eines Operationsverstärkers (Umkehrverstärker); **b** Darstellung jedes Arbeitspunktes als Schnittpunkt der Arbeitsgerade mit der VKL; **c** Übertragungskennlinien $u_A = f(u_E)$ (Gesamtverstärkung).

stand r der Tunneldiode in diesem Bereich negativ ist, kann man durch Einstellen dieses Punktes einen Schwingkreis so entdämpfen, daß er ungedämpft schwingt (vgl. Bild 25-19a).
Wählt man dagegen eine Arbeitspunkteinstellung nach Bild 8-5b4, so können hierbei Kippschwingungen entstehen.

8.3.3 Rückkopplung von Operationsverstärkern

Gegenkopplung

Wird der Ausgang A mit dem invertierenden Eingang N verbunden (in Bild 8-6a über R_2), so entsteht im allgemeinen eine Gegenkopplung. (Bei komplexen frequenzabhängigen Rückkopplungsnetzwerken kann eine Rückführung von A nach N wegen einer Phasendrehung u. U. auch Mitkopplung bewirken.)

Umkehrverstärker (invertierende Gegenkopplung). Die Verstärkungskennlinie (VKL) $u_A = f(u_D)$ eines Operationsverstärkers (Bild 8-2) kann so idealisiert werden, wie es in Bild 8-6b dargestellt ist. Außer der VKL besteht noch ein zweiter Zusammenhang zwischen u_A und u_D,

$$u_A = -\frac{R_1 + R_2}{R_1} u_D - \frac{R_2}{R_1} u_E \text{ (Arbeitsgerade)},$$

so daß die Koordinaten des Schnittpunktes der VKL mit der jeweiligen Arbeitsgeraden (Bild 8-6b) das sich tatsächlich einstellende Wertepaar (u_D, u_A) darstellen. Die Lage des Schnittpunktes (also auch die Größe von u_A) hängt von u_E ab, vgl. Bild 8-6c.
Solange die Schnittpunkte auf dem steilen Teil der VKL (Bereich linearer Verstärkung: $u_A = v_0 u_D$) liegen (Punkte S_1, S_2, S_3 in Bild 8-6b), gilt $u_D \approx 0$ und daher

$$\frac{u_A}{u_E} \approx -\frac{R_2}{R_1}$$

(Gesamtverstärkung des nicht übersteuerten Umkehrverstärkers).

Das heißt, beim nicht übersteuerten Verstärker mit hoher Leerlaufverstärkung hängt die Gesamtverstärkung praktisch nur von der äußeren Beschaltung (R_1, R_2) ab; vgl. 3.2.3: gesteuerte Quellen.

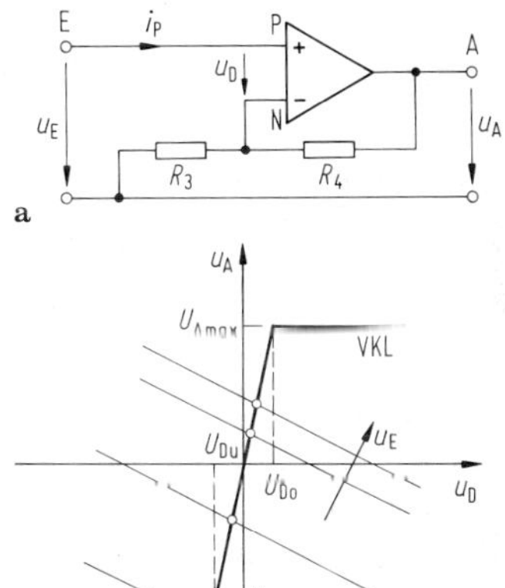

Bild 8-7. Lineare Verstärkung und Übersteuerung beim Elektrometerverstärker. **a** Nichtinvertierende Gegenkopplung eines Operationsverstärkers (Elektrometerverstärker); **b** Darstellung jedes Arbeitspunktes als Schnittpunkt der Arbeitsgerade mit der VKL; **c** Übertragungskennlinien $u_A = f(u_E)$ (Gesamtverstärkung).

Elektrometerverstärker (nichtinvertierende Gegenkopplung). Aus der Schaltung (Bild 8-7a) ergibt sich für die Arbeitsgeraden:

$$u_A = -(1 + R_4/R_3)\,u_D + (1 + R_4/R_3)\,u_E\,.$$

Für Schnittpunkte VKL/Arbeitsgerade im steilen Teil der VKL ($u_A = v_0 u_D$) gilt (wie beim Umkehrverstärker) mit $v_0 \gg 1$ praktisch $u_D \approx 0$ und daher gilt für die Gesamtverstärkung des nicht übersteuerten Elektrometerverstärkers:

$$\frac{u_A}{u_E} \approx 1 + \frac{R_4}{R_3}\,.$$

Der Elektrometerverstärker hat gegenüber dem Umkehrverstärker den Vorteil eines höheren Eingangswiderstandes $R_E = u_E/i_P$: R_E wird im wesentlichen durch den sehr hohen Eingangswiderstand des Operationsverstärkers (Widerstand zwischen P und N, Bild 8-7a; vgl. Tabelle 25-2) bestimmt, während beim Umkehrverstärker (Bild 8-6a) R_1 maßgebend ist.

Mitkopplung (Schmitt-Trigger)

Wird der Ausgang mit dem nichtinvertierenden Eingang verbunden, so entsteht im allgemeinen eine Mitkopplung.

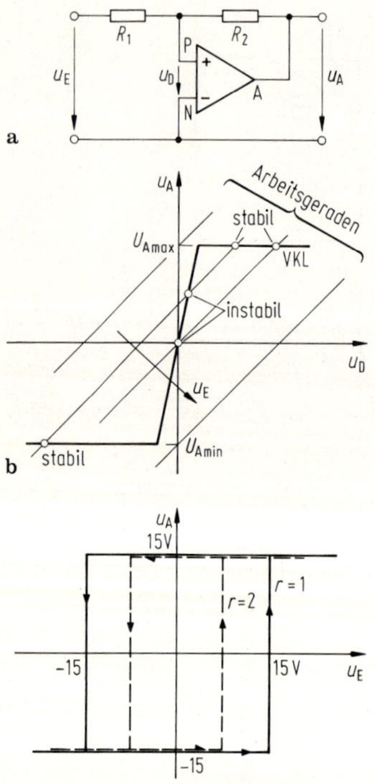

Bild 8-8. Entstehung der Schalthysterese bei einer nichtinvertierenden Mitkopplungsschaltung. **a** Nichtinvertierende Mitkopplung eines Operationsverstärkers; **b** stabile und instabile Arbeitspunkte; **c** Übertragungsverhalten (Schalthysterese).

Nichtinvertierende Mitkopplung. Vertauscht man in der Schaltung von Bild 8-6a P und N miteinander, so entsteht eine nichtinvertierende Mitkopplung (Bild 8-8a). Für die Arbeitsgeraden gilt nun

$$u_A = \frac{R_1 + R_2}{R_1}\,u_D - \frac{R_2}{R_1}\,u_E\,,$$

siehe Bild 8-8b. Ein Teil der Arbeitsgeraden bildet nun sogar drei Schnittpunkte mit der VKL; in einem solchen Fall ist der mittlere Schnittpunkt nicht stabil. Die Abhängigkeit der Ausgangs- von der Eingangsspannung zeigt Hysterese (Bild 8-8c). Ob z. B. im Fall $r = 1$ bei $u_E = 10$ V am Ausgang $u_A = 15$ V oder $u_A = -15$ V wird, hängt vom Vorzustand ab: ist zunächst $u_E = -20$ V, so ist $u_A = -15$ V; erhöht man u_E dann stetig auf 10 V, so bleibt $u_A = -15$ V. Erst wenn $u_E = +15$ V überschritten wird, springt die Ausgangsspannung auf $u_A = +15$ V.

Invertierende Mitkopplung. Bei der Schaltung von Bild 8-9a gilt für die Arbeitsgeraden

$$u_A = \left(1 + \frac{R_4}{R_3}\right) u_D + \left(1 + \frac{R_4}{R_3}\right) u_E\,.$$

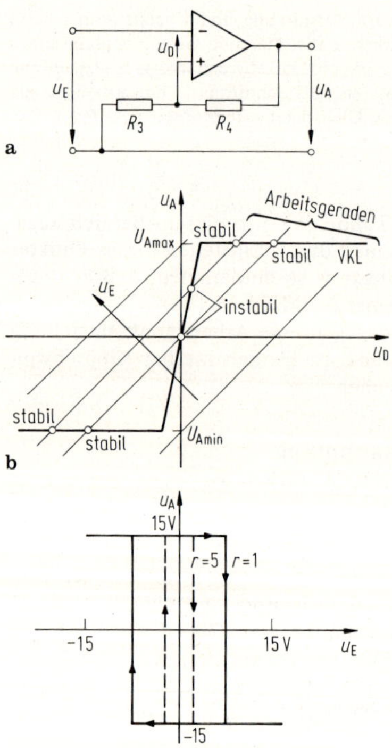

Bild 8-9. Entstehung der Schalthysterese bei einer invertierenden Mitkopplungsschaltung. **a** Invertierende Mitkopplung eines Operationsverstärkers; **b** stabile und instabile Arbeitspunkte; **c** Übertragungsverhalten (Schalthysterese).

8.4 Graphische Zusammenfassung von Strom-Spannungs-Kennlinien

Die Kennlinien in Reihe geschalteter Zweipole können durch Addition der Spannungen zu einer resultierenden Kennlinie „addiert" werden, vgl. Bild 8-10. Bei parallelgeschalteten Zweipolen werden die Stromstärken addiert, vgl. Bild 8-11.

8.4.1 Reihenschaltung

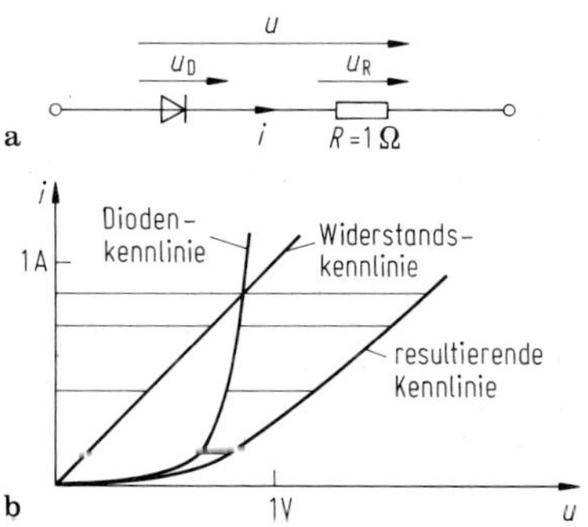

Bild 8-10. Strom-Spannungs-Kennlinie einer Widerstands-Dioden-Reihenschaltung. **a** Reihenschaltung von Widerstand und Diode; **b** Konstruktion der resultierenden Kennlinie (Addition der Spannungen).

8.4.2 Parallelschaltung

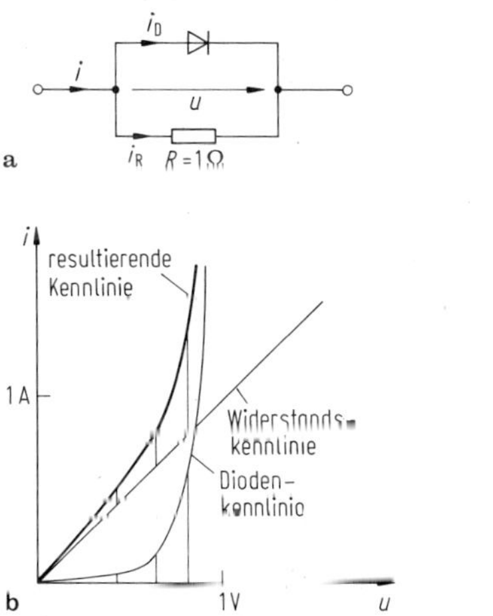

Bild 8-11. Strom-Spannungs-Kennlinie einer Widerstands-Dioden-Parallelschaltung. **a** Parallelschaltung von Widerstand und Diode; **b** Konstruktion der resultierenden Kennlinie (Addition der Ströme).

8.5 Lösung durch abschnittweises Linearisieren

Wenn die u,i-Kennlinie eines nichtlinearen Zweipols wenigstens abschnittweise als gerade angesehen werden kann (idealisierte Kennlinie; vgl. Bild 8-12b), so reduziert sich in den einzelnen Abschnitten die Berechnung von u und i auf ein lineares Problem. Ein einfaches Beispiel hierzu liefert die Schaltung 8-12a, in der eine Z-Diode die Spannung am Nutzwiderstand auf 6 V begrenzt. Der Wirkungsgrad $\eta = f(R)$ soll berechnet werden. Er ergibt sich aus folgenden Überlegungen:

1. Bereich: $R \leqq R_i$; $u \leqq 6\,\text{V}$; $i_D = 0$, $i = i_i$.

$$\eta = \frac{ui}{U_q i_i} = \frac{R}{R + R_i}.$$

2. Bereich: $R \geqq R_i$; $u = 6\,\text{V}$.

$$\eta = \frac{ui}{U_q i_i} = \frac{u^2/R}{U_q\, u_i/R_i} = \frac{u^2/R}{U_q(U_q - u)/R_i} = \frac{R_i}{2R}.$$

Die Ergebnisse für beide Bereiche sind in Bild 8-12c zusammengefaßt.

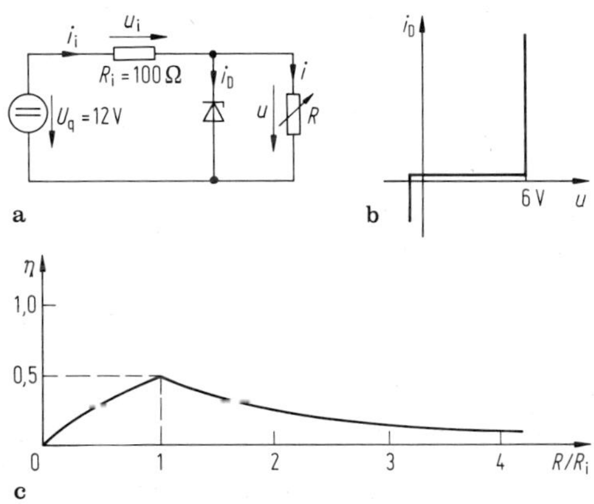

Bild 8-12. Spannungsbegrenzung mit einer Z-Diode. **a** Schaltung; **b** idealisierte Diodenkennlinie; **c** Wirkungsgrad.

Felder

H. Clausert

9 Leitungen

9.1 Die Differentialgleichungen der Leitung und ihre Lösungen

Bei der „langen“ Leitung hängen Strom und Spannung außer von der Zeit auch vom Ort ab (Bild 9-1).

Die Eigenschaften der Leitung werden nach dem Ersatzschaltbild Bild 9-2 durch vier auf die Länge bezogene Kenngrößen beschrieben: R' Widerstandsbelag (auf die Länge bezogener Widerstand für Hin- und Rückleitung zusammen: $\Delta R/\Delta l$ für $\Delta l \to 0$), L' Induktivitätsbelag, C' Kapazitätsbelag, G' Ableitungsbelag (auf die Länge bezogener Leitwert zwischen Hin- und Rückleitung).

Wird der 1. Kirchhoffsche Satz auf das Leitungselement nach Bild 9-2 angewendet, so folgt mit $i = C\,\mathrm{d}u/\mathrm{d}t$ (siehe 2.3):

$$-i\left(z-\frac{1}{2}\mathrm{d}z, t\right)+i\left(z+\frac{1}{2}\mathrm{d}z, t\right)$$
$$+G'\,\mathrm{d}z\,u(z,t)+C'\,\mathrm{d}z\frac{\partial u(z,t)}{\partial t}=0. \qquad (1)$$

Entsprechend liefert der 2. Kirchhoffsche Satz mit $u = L\,\mathrm{d}i/\mathrm{d}t$ (siehe 2.3):

$$-u\left(z-\frac{1}{2}\mathrm{d}z, t\right)+u\left(z+\frac{1}{2}\mathrm{d}z, t\right)$$
$$+R'\,\mathrm{d}z\,i(z,t)+L'\,\mathrm{d}z\frac{\partial i(z,t)}{\partial t}=0. \qquad (2)$$

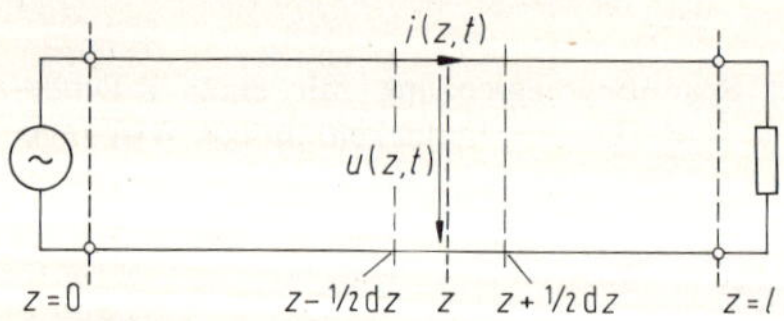

Bild 9-1. Leitung, aus zwei Drähten bestehend: Doppelleitung.

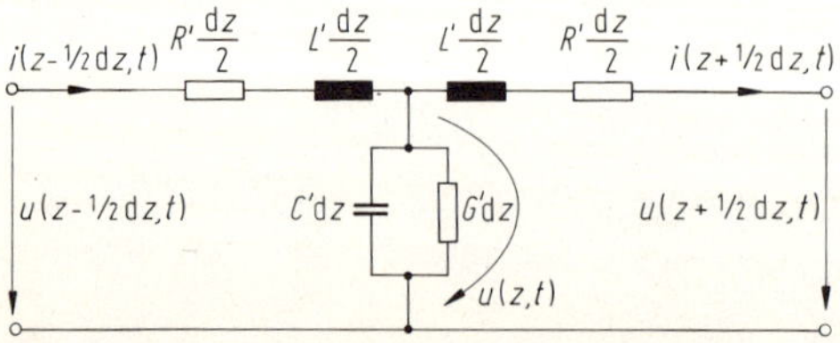

Bild 9-2. Ersatzschaltbild eines Leitungselements.

Ersetzt man die ersten beiden Summanden in (1) und (2) jeweils durch die ersten beiden Glieder der zugehörigen Taylorreihen, so ergibt sich

$$\frac{\partial i(z,t)}{\partial z}+G'u(z,t)+C'\frac{\partial u(z,t)}{\partial t}=0, \qquad (3)$$

$$\frac{\partial u(z,t)}{\partial z}+R'i(z,t)+L'\frac{\partial i(z,t)}{\partial t}=0. \qquad (4)$$

Sollen (3) und (4) nur für den speziellen Fall gelöst werden, daß Strom und Spannung sich mit der Zeit sinusförmig ändern, so macht man wie in 2.1 die Ansätze

$$i(z,t)=\sqrt{2}\,\mathrm{Re}\{I(z)\,\mathrm{e}^{\mathrm{j}\omega t}\},$$
$$u(z,t)=\sqrt{2}\,\mathrm{Re}\{U(z)\,\mathrm{e}^{\mathrm{j}\omega t}\}$$

und erhält anstelle von (3) und (4):

$$\frac{\mathrm{d}I}{\mathrm{d}z}+(G'+\mathrm{j}\omega C')\,U=0, \qquad (5)$$

$$\frac{\mathrm{d}U}{\mathrm{d}z}+(R'+\mathrm{j}\omega L')\,I=0. \qquad (6)$$

Hier sind I und U komplexe Effektivwerte, die von z abhängen. Aus (5) und (6) ergibt sich

$$\frac{\mathrm{d}^2 I}{\mathrm{d}z^2}-\gamma^2 I=0, \qquad (7)$$

$$\frac{\mathrm{d}^2 U}{\mathrm{d}z^2}-\gamma^2 U=0, \qquad (8)$$

wenn die Abkürzung

$$\gamma^2=(R'+\mathrm{j}\omega L')(G'+\mathrm{j}\omega C') \qquad (9)$$

verwendet wird. (7) und (8) haben gleichartige Lösungen; so ist z. B.

$$U(z)=U_\mathrm{r}\,\mathrm{e}^{\gamma z}+U_\mathrm{p}\,\mathrm{e}^{-\gamma z}. \qquad (10)$$

Man nennt den ersten Summanden die rücklaufende (daher Index r) Welle oder *Echowelle*, den zweiten Summanden die hinlaufende oder primäre (daher Index p) Welle oder *Hauptwelle*.

Aus (10) ergibt sich mit (6), (9) und der Abkürzung

$$Z_\mathrm{L}=\sqrt{\frac{R'+\mathrm{j}\omega L'}{G'+\mathrm{j}\omega C'}}: \qquad (11)$$

$$I(z)=-\frac{U_\mathrm{r}}{Z_\mathrm{L}}\,\mathrm{e}^{\gamma z}+\frac{U_\mathrm{p}}{Z_\mathrm{L}}\,\mathrm{e}^{-\gamma z}. \qquad (12)$$

9.2 Die charakteristischen Größen der Leitung

Die Größe Z_L nach (11) nennt man den *Wellenwiderstand* der Leitung. Die durch (9) definierte Größe γ heißt *Ausbreitungskoeffizient*. Er ist i. allg. komplex:

$$\gamma = \alpha + j\beta. \tag{14}$$

Der Realteil α ist ein Maß für die Dämpfung der Welle auf der Leitung und heißt *Dämpfungskoeffizient*. Durch den Imaginärteil β ist die Ausbreitungs- oder Phasengeschwindigkeit der Welle bestimmt:

$$v = \frac{\omega}{\beta}. \tag{15}$$

Man bezeichnet β als *Phasenkoeffizient*. Zwischen β und der Wellenlänge λ besteht die Beziehung

$$\lambda = \frac{2\pi}{\beta}. \tag{16}$$

Bild 9-3 zeigt den Einfluß der Größen α, β, λ auf den Spannungs- bzw. Stromverlauf auf der Leitung. Aus (15), (16) folgt mit $\omega = 2\pi f$:

$$v = f\lambda. \tag{17}$$

Die Eigenschaften einer homogenen Leitung können durch die vier konstanten Leitungsbeläge R', L', C', G' oder durch die beiden komplexen Größen Z_L und γ charakterisiert werden.
Wenn die Leitungsverluste vernachlässigt werden $R' \to 0$, $G' \to 0$), gehen (11) und (14) über in

$$Z_L = \sqrt{\frac{L'}{C'}}, \tag{18}$$

$$\gamma = j\beta = j\omega\sqrt{C'L'}. \tag{19}$$

Bei geringen Verlusten (d. h., $\omega L' \gg R'$, $\omega C' \gg G'$), hat man

$$Z_L = \sqrt{\frac{L'}{C'}}\left[1 - \frac{j}{2\omega}\left(\frac{R'}{L'} - \frac{G'}{C'}\right)\right], \tag{20}$$

$$\alpha = \frac{1}{2}\left(R'\sqrt{\frac{C'}{L'}} + G'\sqrt{\frac{L'}{C'}}\right) \tag{21}$$

und ein unverändertes β (19).

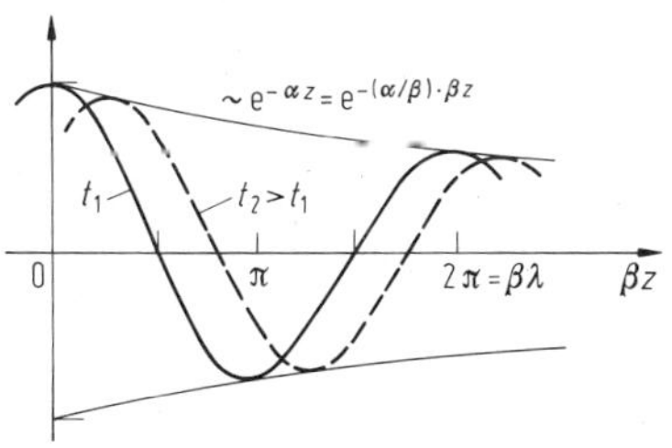

Bild 9-3. Spannungs- bzw. Stromverlauf auf der Leitung für zwei Zeitpunkte (nur Hauptwelle).

9.3 Die Leitungsgleichungen

Nach (10) und (12) ist — mit $U_1 = U(0)$, $U_2 = U(l)$, $I_1 = I(0)$, $I_2 = I(l)$ -:

$$U_1 = U_p + U_r, \quad U_2 = U_p\,e^{-\gamma l} + U_r\,e^{\gamma l},$$

$$I_1 = \frac{U_p}{Z_L} - \frac{U_r}{Z_L}, \quad I_2 = \frac{U_p}{Z_L}e^{-\gamma l} - \frac{U_r}{Z_L}e^{\gamma l}.$$

Gibt man z. B. U_2 und I_2 vor, so kann man diese vier Gleichungen nach U_p, U_r oder U_1, I_1 auflösen und erhält

$$\begin{aligned} U_p &= \frac{1}{2}e^{\gamma l}(U_2 + Z_L I_2), \\ U_r &= \frac{1}{2}e^{-\gamma l}(U_2 - Z_L I_2) \end{aligned} \tag{22}$$

bzw. die sog. *Leitungsgleichungen*

$$\begin{bmatrix} U_1 \\ I_1 \end{bmatrix} = \begin{bmatrix} \cosh\gamma l & Z_L \sinh\gamma l \\ \frac{1}{Z_L}\sinh\gamma l & \cosh\gamma l \end{bmatrix} \begin{bmatrix} U_2 \\ I_2 \end{bmatrix}. \tag{23}$$

Eine zweite Form dieser Gleichungen entsteht durch Auflösen nach U_2, I_2:

$$\begin{bmatrix} U_2 \\ I_2 \end{bmatrix} = \begin{bmatrix} \cosh\gamma l & -Z_L \sinh\gamma l \\ -\frac{1}{Z_L}\sinh\gamma l & \cosh\gamma l \end{bmatrix} \begin{bmatrix} U_1 \\ I_1 \end{bmatrix}. \tag{24}$$

9.4 Der Eingangswiderstand

Die Leitung mit dem Abschlußwiderstand $Z_2 = U_2/I_2$ hat den Eingangswiderstand $Z_1 = U_1/I_1$, für den mit (23) gilt:

$$Z_1 = Z_L \frac{Z_2\cosh\gamma l + Z_L\sinh\gamma l}{Z_2\sinh\gamma l + Z_L\cosh\gamma l}. \tag{25}$$

Ist die Leitung mit dem Wellenwiderstand abgeschlossen ($Z_2 = Z_L$, „Wellenanpassung"), so folgt

$$Z_{1w} = Z_L. \tag{26}$$

Für die leerlaufende Leitung ($Z_2 = \infty$) hat man

$$Z_{1l} = Z_L \coth\gamma l \tag{27}$$

und für die kurzgeschlossene Leitung ($Z_2 = 0$)

$$Z_{1k} = Z_L \tanh\gamma l. \tag{28}$$

Im Fall der verlustfreien Leitung sind (27) und (28) durch

$$Z_{1l} = -jZ_L\cot\beta l, \tag{29}$$

$$Z_{1k} = jZ_L\tan\beta l. \tag{30}$$

zu ersetzen.
Sind die Eingangswiderstände Z_{1l} und Z_{1k} bekannt, so können wegen (27) und (28) die charak-

teristischen Größen Z_L ud γl bestimmt werden:

$$Z_L = \sqrt{Z_{1l} Z_{1k}}\,, \tag{31}$$

$$\gamma l = \frac{1}{2} \ln \frac{\sqrt{Z_{1l}/Z_{1k}} + 1}{\sqrt{Z_{1l}/Z_{1k}} - 1}. \tag{32}$$

9.5 Der Reflexionsfaktor

Ersetzt man in (10) die Größen U_r und U_p durch (22), so folgt

$$U(z) = \frac{1}{2}(U_2 + Z_L I_2)\,e^{\gamma(l-z)} + \frac{1}{2}(U_2 - Z_L I_2)\,e^{-\gamma(l-z)}. \tag{33}$$

Den Quotienten aus dem zweiten Summanden (Echowelle) und dem ersten (Hauptwelle) in (33) bezeichnet man als *Reflexionsfaktor* $r(z)$; mit $Z_2 = U_2/I_2$ erhält man

$$r(z) = \frac{Z_2 - Z_L}{Z_2 + Z_L}\,e^{-2\gamma(l-z)}. \tag{34}$$

Als Reflexionsfaktor des Abschlußwiderstandes definiert man $r_2 = r(l)$:

$$r_2 = \frac{Z_2 - Z_L}{Z_2 + Z_L}. \tag{35}$$

Für die drei Sonderfälle Wellenanpassung, Leerlauf und Kurzschluß nimmt r_2 die Werte 0, +1 bzw. −1 an.
Mit der Abkürzung r_2 entsteht aus (33):

$$U(z) = \frac{1}{2}(U_2 + Z_L I_2)\,[e^{\gamma(l-z)} + r_2\,e^{-\gamma(l-z)}]. \tag{36}$$

Der zugehörige Strom ergibt sich mit (6) zu

$$I(z) = \frac{1}{2Z_L}(U_2 - Z_L I_2)\,[e^{\gamma(l-z)} - r_2\,e^{-\gamma(l-z)}]. \tag{37}$$

10 Elektrostatische Felder

Näheres zur Einteilung der elektrischen und magnetischen Felder findet man in 14.2.

10.1 Skalare und vektorielle Feldgrößen

Bei den Größen Strom und Spannung ist an einen bestimmten durchströmten Querschnitt zu denken bzw. an eine gewisse Länge, auf der der Spannungsabfall auftritt. Daneben gibt es physikalische Größen, die einem Punkt (im Raum) zugeordnet sind. Solche Größen, die einen Raumzustand charakterisieren, nennt man *Feldgrößen.* Ist eine Feldgröße ungerichtet, wie z. B. die Temperatur oder der Luftdruck, so heißt sie *skalare Feldgröße*, hat sie auch eine Richtung, wie z. B. die Windgeschwindigkeit, so spricht man von einer *vektoriellen Feldgröße.*
Wenn die Feldgröße im Raum konstant ist, so nennt man das Feld *homogen*, andernfalls *inhomogen.* Ein Feld heißt (reines) *Quellenfeld*, wenn alle Feldlinien Anfang und Ende haben. Bei einem (reinen) *Wirbelfeld* sind alle Feldlinien geschlossen.

10.2 Die elektrische Feldstärke

Das *Coulombsche Gesetz* besagt: Haben zwei Punktladungen q und Q gleiche Polarität und voneinander den Abstand r, so stoßen sie sich gegenseitig mit der Kraft

$$F = \frac{qQ}{4\pi\varepsilon r^2} \tag{1}$$

ab. (Bei ungleichen Vorzeichen der Ladungen ziehen sie sich an.) Die Größe ε in (1) heißt *Permittivität* (Dielektrizitätskonstante, Influenzkonstante). Sie charakterisiert die elektrischen Eigenschaften eines Materials, z. B. des Raumes, in dem sich die Ladungen q und Q befinden. (1) gilt nur, wenn der die Ladungen umgebende Raum ein konstantes ε aufweist.
Schreibt man (1) in der Form

$$F = q\frac{Q}{4\pi\varepsilon r^2} = qE, \tag{2}$$

so liegt folgende Interpretation nahe: Die Kraft auf die (Probe-)Ladung q ist der Ladung q und einem zweiten Faktor proportional, der eine Eigenschaft des Raumes am Ort der Kraftwirkung auf q beschreibt. Diese Eigenschaft des Raumes nennt man das *elektrische Feld* E, das von der im Abstand r vorhandenen Ladung Q hervorgerufen wird. Wegen (2) gilt für das elektrische Feld der Punktladung also die *Feldstärke*

$$E = \frac{Q}{4\pi\varepsilon r^2}, \tag{3}$$

und allgemein gilt für die Kraft auf eine (Probe-)Ladung q an einem Ort der elektrischen Feldstärke E:

$$F = qE \quad \text{bzw.} \quad \boldsymbol{F} = q\boldsymbol{E}. \tag{4}$$

Der Zusammenhang zwischen der elektrischen Spannung U und der elektrischen Feldstärke $\boldsymbol{E}$ kann durch eine Energiebetrachtung gefunden werden: Bei der Verschiebung der Ladung q im elektrischen Feld $\boldsymbol{E}$ um das Wegelement $\Delta\boldsymbol{s}$ tritt eine Änderung der potentiellen Energie auf:

$$\Delta W = \boldsymbol{F}\cdot\Delta\boldsymbol{s} = q(\boldsymbol{E}\cdot\Delta\boldsymbol{s}) = q\Delta U. \tag{5}$$

Bewegt sich die Ladung q im elektrischen Feld vom Punkt A zum Punkt B, so hat man

$$W_{AB} = q \int_A^B \boldsymbol{E} \cdot \mathrm{d}\boldsymbol{s} = qU_{AB}. \quad (6)$$

Das in (6) auftretende Integral hängt nur von den Punkten A und B ab, nicht vom Verlauf des Weges zwischen diesen Punkten; ein solches Integral nennt man wegunabhängig. Diese Eigenschaft läßt sich auch so darstellen:

$$\oint_C \boldsymbol{E} \cdot \mathrm{d}\boldsymbol{s} = 0. \quad (7)$$

C ist ein beliebiger geschlossener Weg. Felder, für die (7) gilt, heißen *wirbelfrei.*
Bei bekannter Feldstärke kann die Spannung zwischen den Punkten A und B wegen (6) berechnet werden:

$$U_{AB} = \int_A^B \boldsymbol{E} \cdot \mathrm{d}\boldsymbol{s}. \quad (8)$$

Schwieriger ist die Umkehrung des Problems: Es sei die Spannung zwischen einem beliebigen (Auf-)Punkt P und einem willkürlich gewählten Bezugspunkt O bekannt. Dann folgt aus (8) wegen der Wegunabhängigkeit des Integrals, wenn das Ergebnis der unbestimmten Integration mit f bezeichnet wird:

$$U_{PO} = \int_P^O \boldsymbol{E} \cdot \mathrm{d}\boldsymbol{s} = f \Big|_P^O = f(O) - f(P) = \int_P^O \mathrm{d}f.$$

Üblicherweise arbeitet man mit $\varphi = -f$ und nennt φ die Potentialfunktion:

$$U_{PO} = \int_P^O \boldsymbol{E} \cdot \mathrm{d}\boldsymbol{s} = \varphi(P) - \varphi(O) = -\int_P^O \mathrm{d}\varphi \quad (9)$$

oder

$$\varphi(P) = -\int_O^P \boldsymbol{E} \cdot \mathrm{d}\boldsymbol{s} + \varphi(O) \quad (10)$$

oder

$$\varphi(P) = -\int \boldsymbol{E} \cdot \mathrm{d}\boldsymbol{s}\ (+\mathrm{const}). \quad (11)$$

Wegen (9) oder (11) gilt:

$$\boldsymbol{E} \cdot \mathrm{d}\boldsymbol{s} = -\mathrm{d}\varphi, \quad \text{d. h.} \quad \text{(siehe A)}, \quad (12)$$

$$\boldsymbol{E} = -\operatorname{grad} \varphi. \quad (13)$$

10.3 Die elektrische Flußdichte

Neben der elektrischen Feldstärke benutzt man eine zweite Feldgröße zur Beschreibung des elektrischen Feldes, nämlich die *elektrische Flußdichte* (elektrische Verschiebung), die durch

$$\boldsymbol{D} = \varepsilon \boldsymbol{E} \quad (14)$$

definiert ist. Die Richtungen von $\boldsymbol{D}$ und $\boldsymbol{E}$ stimmen bei den meisten Materialien überein. Materialien mit dieser Eigenschaft nennt man isotrop. Sind die Richtungen von $\boldsymbol{D}$ und $\boldsymbol{E}$ unterschiedlich, so bezeichnet man das Material als anisotrop; dann ist ε kein Skalar mehr, sondern ein Tensor (siehe A).
Im Fall der Punktladung erhält man wegen (3)

$$D = \frac{Q}{4\pi r^2}, \quad (15)$$

also einen Ausdruck, der die Permittivität ε nicht enthält.
Die elektrische Feldkonstante (Permittivität des Vakuums) ist

$$\varepsilon_0 = 8{,}854 \cdot 10^{-12} \frac{\mathrm{As}}{\mathrm{Vm}} = 8{,}854 \ldots \mathrm{pF/m}. \quad (16)$$

Für den von einem Material ausgefüllten Raum gibt man nicht ε selbst an, sondern die Permittivitätszahl (Dielektrizitätszahl), siehe Tabelle 10-1:

$$\varepsilon_r = \varepsilon / \varepsilon_0. \quad (17)$$

Man bezeichnet die von einer elektrischen Ladung Q insgesamt ausgehende Wirkung als *elektrischen Fluß* ψ_{ges} und setzt

$$\psi_{ges} = Q. \quad (18)$$

Für die Punktladung gilt nach (15)

$$4\pi r^2 D = AD = Q, \quad (19)$$

wobei A die Oberfläche einer bezüglich der Lage von Q konzentrischen Kugel ist und D die Flußdichte auf dieser Kugel. Handelt es sich bei A um eine Hüllfläche S um die Ladung, so hat man statt (19) den Gaußschen Satz der Elektrostatik:

$$\oint_S \boldsymbol{D} \cdot \mathrm{d}\boldsymbol{A} = Q. \quad (20)$$

Tabelle 10-1. Permittivitätszahl ε_r

Bariumtitanat	1000...9000
Bernstein	≈ 2,8
Epoxidharz	3,7
Glas	≈ 10
Glimmer	≈ 8
Kautschuk	≈ 2,4
Luft, Gase	≈ 1
Mineralöl	2,2
Papier, chlophen.	5,4
Polyethylen	2,2...2,7
Polystyrol (PS)	2,5...2,8
Polyvinylchlorid (PVC)	3,1
Porzellan	5,5
Starkstromkabelisolation (Papier, Öl)	3...4,5
Transformatoröl	2,5
Wasser	81

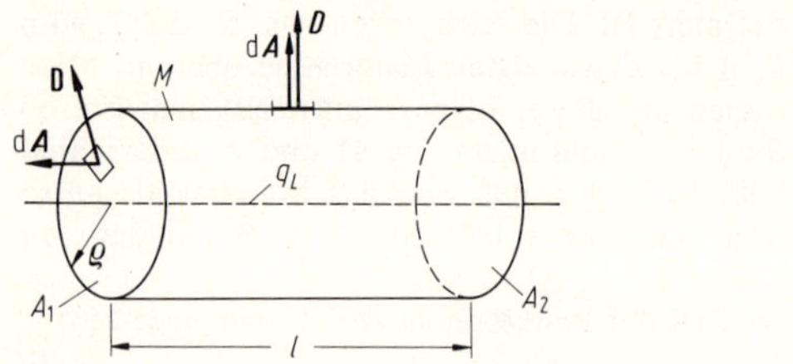

Bild 10-1. Zur Herleitung der Potentialfunktion einer Linienladung sehr großer Länge.

In (20) bedeutet Q die von der Hüllfläche S insgesamt umschlossene Ladung; sind es mehrere Ladungen, so hat man diese unter Beachtung des Vorzeichens zu addieren. Ist die Ladung räumlich verteilt, so ist Q durch Integration über die Raumladungsdichte ϱ $(= \lim(\Delta Q/\Delta V)$ für $\Delta V \to 0)$ zu bestimmen. Das Flächenelement d$\boldsymbol{A}$ wird vereinbarungsgemäß nach außen positiv gezählt.
Der elektrische Fluß ψ durch eine beliebige Fläche A ist

$$\psi = \int_A \boldsymbol{D} \cdot \mathrm{d}\boldsymbol{A}. \qquad (21)$$

Mit (20) kann die Feldstärke z. B. in der Umgebung einer Linienladung q_L $(= \lim(\Delta Q/\Delta l)$ für $\Delta l \to 0)$ berechnet werden. Im Fall eines koaxialen Zylinders (Bild 10-1) ergeben die Deckflächen A_1 und A_2 keinen Beitrag zum Integral, da hier die Vektoren $\boldsymbol{D}$ und d$\boldsymbol{A}$ aufeinander senkrecht stehen. Der Beitrag des Mantels $\boldsymbol{M}$ wird, da $\boldsymbol{D}$ auf dem Mantel die gleiche Richtung hat wie d$\boldsymbol{A}$ (in demselben Punkt) und außerdem dem Betrage nach konstant ist:

$$\int_M \boldsymbol{D} \cdot \mathrm{d}\boldsymbol{A} = \int D\,\mathrm{d}A = D \int \mathrm{d}A = D \cdot 2\pi\varrho l. \qquad (22)$$

Es wird die Ladung $q_\mathrm{L} l$ umschlossen. Damit hat man $D \cdot 2\pi\varrho l = q_\mathrm{L} l$ oder

$$D = \frac{q_\mathrm{L}}{2\pi\varrho}. \qquad (23)$$

10.4 Die Potentialfunktion spezieller Ladungsverteilungen

Ist für eine Ladungsverteilung die elektrische Feldstärke bekannt, so kann die Potentialfunktion mit (11) bestimmt werden. Für die Punktladung folgt wegen (3), wenn entlang einer Feldlinie integriert wird (hier ist d$\boldsymbol{s}$ = d$\boldsymbol{r}$)

$$\varphi(P) = -\int \boldsymbol{E} \cdot \mathrm{d}\boldsymbol{s} = -\int E\,\mathrm{d}r = -\frac{Q}{4\pi\varepsilon} \int \frac{\mathrm{d}r}{r^2}, \qquad (24)$$

also

$$\varphi(P) \equiv \varphi(r) = \frac{Q}{4\pi\varepsilon r} + \varphi_0. \qquad (25)$$

Für die Linienladung ergibt sich entsprechend aus (23):

$$\varphi(P) = -\int \boldsymbol{E} \cdot \mathrm{d}\boldsymbol{\varrho} = -\frac{q_\mathrm{L}}{2\pi\varepsilon} \int \frac{\mathrm{d}\varrho}{\varrho},$$

also

$$\varphi(P) \equiv \varphi(\varrho) = \frac{q_\mathrm{L}}{2\pi\varepsilon} \ln\frac{1}{\varrho} + \varphi_0 = \frac{q_\mathrm{L}}{2\pi\varepsilon} \ln\frac{\varrho_0}{\varrho}. \qquad (26)$$

10.5 Influenz

Bringt man einen ungeladenen Leiter (der also gleich viele positive wie negative Ladungen trägt) in ein elektrisches Feld, so werden die beweglichen Ladungsträger (Leitungselektronen) verschoben. In Bild 10-2 ist das für eine spezielle Anordnung schematisch dargestellt: Unter der Einwirkung des Feldes eines Plattenkondensators bildet sich auf der einen Seite des hier rechteckigen Leiters ein Elektronenüberschuß $(-Q')$ aus, während es auf der anderen Seite zu einem Elektronenmangel $(+Q')$ kommt. Das Feld dieser Ladungen $(+Q', -Q')$ und das äußere Feld heben sich im Innern des Leiters gerade auf, d. h., das Leiterinnere ist feldfrei. Diese Erscheinung der Ladungstrennung unter der Einwirkung eines äußeren Feldes bezeichnet man als *Influenz*; die getrennten Ladungen auf dem insgesamt ungeladenen Leiter heißen Influenzladungen (oder influenzierte Ladungen).

10.6 Die Kapazität

In Bild 10-3 sind zwei isolierte Leiter im Querschnitt dargestellt, die die Ladungen $+Q$ und $-Q$ tragen. Eine solche Anordnung heißt *Kondensator*; die beiden Leiter nennt man die *Elektroden* des Kondensators. Nach dem Coulombschen Gesetz

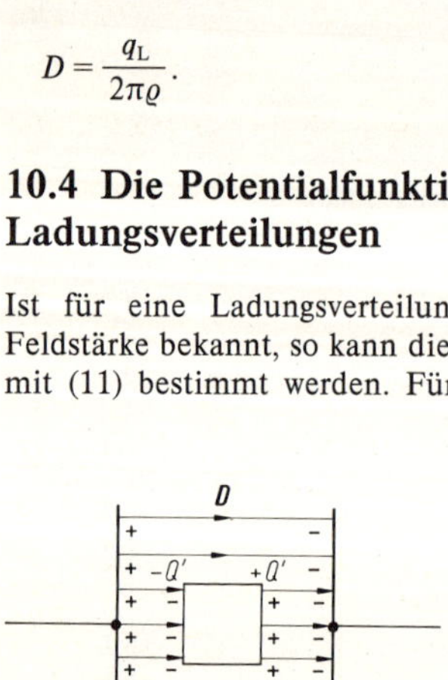

Bild 10-2. Influenz (schematisch). (Q' Influenzladung).

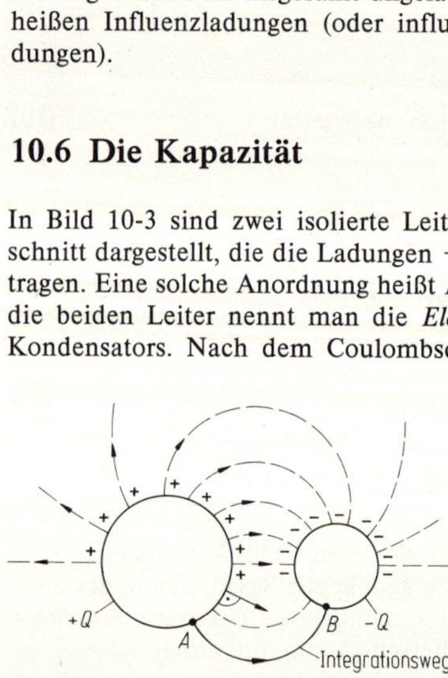

Bild 10-3. Kondensator, Feldlinien gestrichelt.

wirken Kräfte zwischen den Ladungsträgern. Im statischen Fall stellt sich eine solche Ladungsverteilung ein, daß beide Leiter ein konstantes Potential erhalten. Damit ist die Leiteroberfläche eine Äquipotentialfläche; auf ihr stehen die Feldlinien senkrecht. Das Leiterinnere ist feldfrei.
Die Spannung zwischen den beiden Elektroden eines Kondensators ist ihrer Ladung proportional:

$$Q = CU. \tag{27}$$

Der Proportionalitätsfaktor C heißt *Kapazität* (des Kondensators).
Werden n Kondensatoren *parallel geschaltet*, so gilt:

$$\begin{aligned} Q &= Q_1 + Q_2 + \ldots + Q_n \\ &= C_1 U + C_2 U + \ldots + C_n U \\ &= (C_1 + C_2 + \ldots + C_n)\, U \\ &\stackrel{!}{=} C_{\text{ges}} U. \end{aligned}$$

Ein einzelner Kondensator, der bei der gleichen Spannung U die gleiche Ladung Q speichert, hat also die Kapazität

$$C_{\text{ges}} = C_1 + C_2 + \ldots + C_n = \sum_{k=1}^{n} C_k. \tag{28}$$

Sind n ungeladene Kondensatoren *in Reihe geschaltet*, so nimmt jeder beim Anlegen der Spannung U die gleiche Ladung Q auf. Es gilt

$$\begin{aligned} U &= U_1 + U_2 + \ldots + U_n \\ &= \frac{Q}{C_1} + \frac{Q}{C_2} + \ldots + \frac{Q}{C_n} \\ &= \left(\frac{1}{C_1} + \frac{1}{C_2} + \ldots + \frac{1}{C_n}\right) Q \\ &\stackrel{!}{=} \frac{Q}{C_{\text{ges}}}. \end{aligned}$$

Für die Kapazität eines einzelnen Kondensators, der die Reihenschaltung ersetzen kann, folgt

$$\frac{1}{C_{\text{ges}}} = \frac{1}{C_1} + \frac{1}{C_2} + \ldots + \frac{1}{C_n} = \sum_{k=1}^{n} \frac{1}{C_k}. \tag{29}$$

10.7 Die Kapazität spezieller Anordnungen

Nach (27) ist

$$C = \frac{Q}{U}. \tag{30}$$

Die Kapazität läßt sich demnach bestimmen, indem man die Ladung vorgibt, dann die Spannung berechnet und den Quotienten (30) bildet. Diese Vorgehensweise soll am Beispiel des *Zylinderkondensators* der Länge $l \gg \varrho_{1,2}$ erläutert werden (Bild 10-4). Die Ladung des Kondensators sei

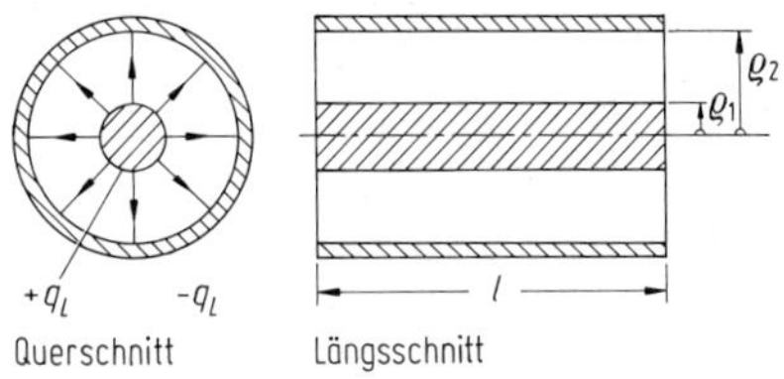

Bild 10-4. Zylinderkondensator.

$Q = q_L l$. Zunächst ermittelt man die elektrische Flußdichte D mit (20). Das ist oben gezeigt worden mit dem Ergebnis (23). Damit ist wegen (14)

$$E = \frac{q_L}{2\pi\varepsilon\varrho}. \tag{31}$$

Mit (8) ergibt sich, wenn entlang einer Feldlinie integriert wird:

$$\begin{aligned} U &= \int_A^B \boldsymbol{E} \cdot \mathrm{d}\boldsymbol{s} = \int_{\varrho_1}^{\varrho_2} E(\varrho)\, \mathrm{d}s \\ &= \frac{q_L}{2\pi\varepsilon} \int_{\varrho_1}^{\varrho_2} \frac{\mathrm{d}\varrho}{\varrho} = \frac{q_L}{2\pi\varepsilon} \ln\frac{\varrho_2}{\varrho_1}. \end{aligned}$$

Also wird C mit (30) und $Q = q_L l$:

$$C = \frac{2\pi\varepsilon l}{\ln\frac{\varrho_2}{\varrho_1}}. \tag{32}$$

Im vorliegenden Fall hätte man die Spannung schneller ermitteln können, da die Potentialfunktion der zylindersymmetrischen Anordnung bereits bekannt ist: (26). Damit wird die Spannung als Differenz des Potentials der positiv geladenen Elektrode (φ_+) und des Potentials der negativ geladenen Elektrode (φ_-):

$$U = \varphi_+ - \varphi_- = \varphi(\varrho_1) - \varphi(\varrho_2) = \frac{q_L}{2\pi\varepsilon} \ln\frac{\varrho_2}{\varrho_1}.$$

Auf die gleiche Weise kann man die Kapazität des *Plattenkondensators* (Bild 10-5)

$$C = \frac{\varepsilon A}{d} \tag{33}$$

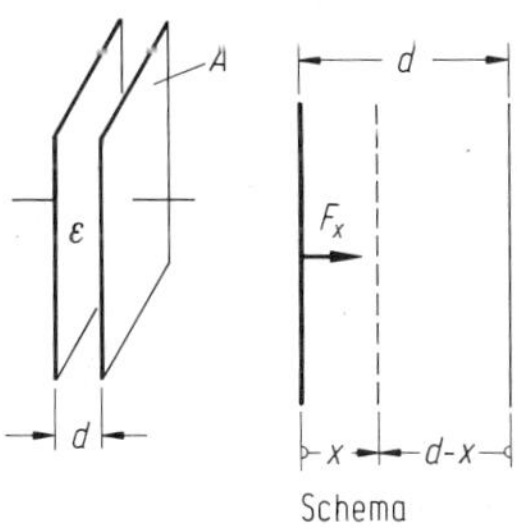

Bild 10-5. Plattenkondensator.

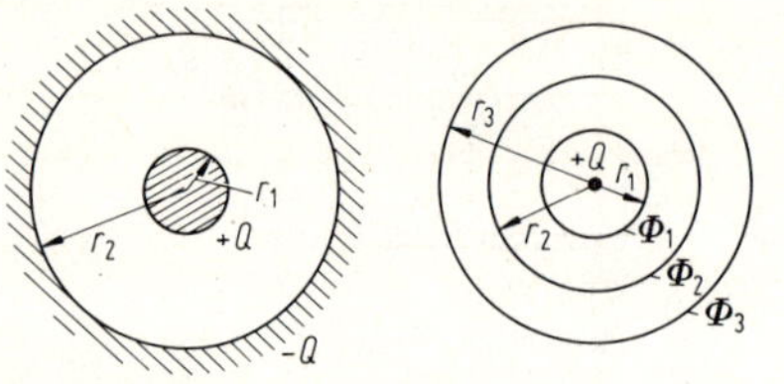

Bild 10-6. Kugelkondensator, gleiche Feld- und Potentialverteilung wie bei der Punktladung (Querschnitt).

und die des *Kugelkondensators* (Bild 10-6) bestimmen:

$$C = \frac{4\pi\varepsilon r_1 r_2}{r_2 - r_1}. \quad (34)$$

Hieraus folgt mit $r_2 \to \infty$ die Kapazität einer Kugel mit dem Radius r_1 gegenüber der (sehr weit entfernten) Umgebung:

$$C = 4\pi\varepsilon r_1. \quad (35)$$

10.8 Energie und Kräfte

Die in einem Kondensator gespeicherte Energie ergibt sich nach 1.2.2, wobei $i\,\mathrm{d}t$ nach 1.1.2 durch $\mathrm{d}Q$ ersetzt werden kann:

$$W_\mathrm{e} = \int ui\,\mathrm{d}t = \int u\,\mathrm{d}Q. \quad (36)$$

Wegen (27) ist (für konstantes C) $\mathrm{d}Q = \mathrm{d}(Cu) = C\,\mathrm{d}u$ und damit

$$W_\mathrm{e} = C\int_0^U u\,\mathrm{d}u = \frac{1}{2}CU^2 = \frac{1}{2}QU = \frac{1}{2}\cdot\frac{Q^2}{C}, \quad (37)$$

wobei die beiden letzten Ausdrücke auf (27) beruhen.
Für einen Plattenkondensator ist $u = Ed$ und $Q = DA$. Damit folgt aus (36)

$$W_\mathrm{e} = \int EdA\,\mathrm{d}D = V\int E\,\mathrm{d}D.$$

Hier ist $Ad = V$ das Volumen zwischen den Platten, also des von dem elektrischen Feld erfüllten Raumes. Für die Energiedichte $w_\mathrm{e} = W/V$ gilt also

$$w_\mathrm{e} = \int_0^{D_e} E\,\mathrm{d}D. \quad (38)$$

Mit (14) erhält man für konstantes ε wie bei (37) drei Ausdrücke

$$w_\mathrm{e} = \frac{1}{2}\varepsilon E^2 = \frac{1}{2}DE = \frac{1}{2}\cdot\frac{D^2}{\varepsilon}. \quad (39)$$

Mit dem aus der Mechanik bekannten Prinzip der virtuellen Verschiebung gewinnt man einen Zusammenhang zwischen der Änderung der elektrischen Energie und der Kraft. Die linke Platte des Kondensators in Bild 10-5 verschiebe sich aufgrund der Anziehungskraft F_x um ein Wegelement $\mathrm{d}x$. Dabei wird die mechanische Energie $F_x\,\mathrm{d}x$ gewonnen. Wenn die Bewegung reibungsfrei und langsam erfolgt und außerdem die Ladung konstant bleibt, tritt nur eine weitere Energieform auf, nämlich die im Kondensator gespeicherte elektrische Energie W_e. Die Summe der Energieänderungen ist Null, also $F_x\,\mathrm{d}x + \mathrm{d}W_\mathrm{e} = 0$ oder

$$F_x = -\frac{\mathrm{d}W_\mathrm{e}}{\mathrm{d}x} \quad (Q = \mathrm{const}). \quad (40)$$

Ist bei der betrachteten Verschiebung der linken Platte die Spannung U konstant (der Kondensator bleibt mit der Spannungsquelle verbunden), so nimmt der Kondensator eine zusätzliche Ladung $\mathrm{d}Q$ auf und gleichzeitig ändert sich die in der Spannungsquelle gespeicherte Energie W_Q. Die Summe der Änderungen der drei jetzt auftretenden Energieformen ist Null, also $F_x\,\mathrm{d}x + \mathrm{d}W_\mathrm{e} + \mathrm{d}W_Q = 0$. Hier ist nun nach (37) $\mathrm{d}W_\mathrm{e} = \frac{1}{2}U\,\mathrm{d}Q$ und nach (36) $\mathrm{d}W_Q = -Ui\,\mathrm{d}t = -U\,\mathrm{d}Q$. Das Minuszeichen rührt daher, daß die Quelle Energie abgibt. Damit folgt

$$F_x\,\mathrm{d}x + \frac{1}{2}U\,\mathrm{d}Q - U\,\mathrm{d}Q = 0 \quad \text{oder}$$

$$F_x\,\mathrm{d}x = \frac{1}{2}U\,\mathrm{d}Q.$$

Ersetzt man $\frac{1}{2}U\,\mathrm{d}Q$ wieder durch $\mathrm{d}W_\mathrm{e}$, so erhält man schließlich

$$F_x = \frac{\mathrm{d}W_\mathrm{e}}{\mathrm{d}x} \quad (U = \mathrm{const}). \quad (41)$$

Bei der Herleitung von (40) und (41) wurde keine bestimmte Elektrodenform des Kondensators vorausgesetzt; die Gleichungen gelten also für beliebig geformte Leiter.
Mit (40) und (41) soll die Kraft zwischen den Platten eines Plattenkondensators berechnet werden. Dazu muß die gespeicherte Energie als Funktion von x dargestellt werden. Nach (37) ist z. B.

$$W_\mathrm{e}(x) = \frac{1}{2}\cdot\frac{Q^2}{C(x)} \quad (Q = \mathrm{const})$$

oder

$$W_\mathrm{e}(x) = \frac{1}{2}U^2C(x) \quad (U = \mathrm{const})$$

mit

$$C(x) = \frac{\varepsilon A}{d - x}.$$

Dabei wird x wie in Bild 10-5 gezählt. Also erhält

man mit (40)

$$F_x = -\frac{d}{dx}\left(\frac{1}{2}\cdot\frac{Q^2}{C(x)}\right) = \frac{Q^2}{2\varepsilon A} \tag{42}$$

und mit (41)

$$F_x = \frac{d}{dx}\left(\frac{1}{2}U^2 C(x)\right) = \frac{U^2}{2}\cdot\frac{\varepsilon A}{(d-x)^2}. \tag{43}$$

Das letzte Ergebnis zeigt, daß bei konstanter Spannung die Kraft vom Plattenabstand abhängt. Ist dieser gleich d, so ist $x = 0$, also

$$F_x = \frac{U^2 \varepsilon A}{2d^2}. \tag{44}$$

Geht man in (42) und (44) zu Feldgrößen über, ($Q/A = D$, $U/d = E$), so ergibt sich:

$$F_x = \frac{\varepsilon E^2}{2}A = \frac{DE}{2}A = \frac{D^2}{2\varepsilon}A. \tag{45}$$

Für die Kraft pro Fläche F_x/A oder Kraftdichte (Kraftbelag) erhält man demnach die Ausdrücke (39).

10.9 Bedingungen an Grenzflächen

Um eine Aussage über das Verhalten der Normalkomponente zu gewinnen, wendet man (20) auf einen flachen Zylinder an, der gemäß Bild 10-7 im Grenzgebiet zwischen zwei Materialien mit unterschiedlichen Permittivitäten liegt. Die Höhe des Zylinders wird als so gering angenommen, daß nur die Beiträge der beiden Deckflächen berücksichtigt werden müssen. Dann liefert die linke Seite von (20):

$$\begin{aligned} \boldsymbol{D}_2\cdot\Delta \boldsymbol{A}_2 + \boldsymbol{D}_1\cdot\Delta \boldsymbol{A}_1 &= (\boldsymbol{n}\cdot\boldsymbol{D}_2 - \boldsymbol{n}\cdot\boldsymbol{D}_1)\Delta A \\ &= (D_{2n} - D_{1n})\Delta A. \end{aligned}$$

Auf der rechten Seite steht die von dem Zylinder umschlossene Ladung

$$\Delta Q = \sigma \Delta A,$$

wobei σ die Flächenladungsdichte (Ladung pro Fläche, Ladungsbelag) in der Grenzschicht ist. Es

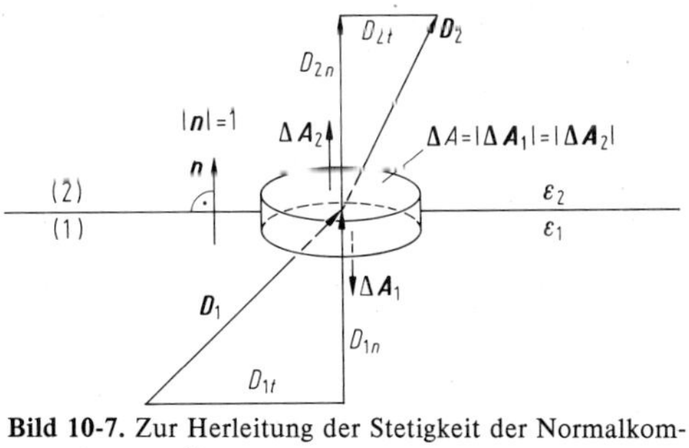

Bild 10-7. Zur Herleitung der Stetigkeit der Normalkomponenten von $\boldsymbol{D}$.

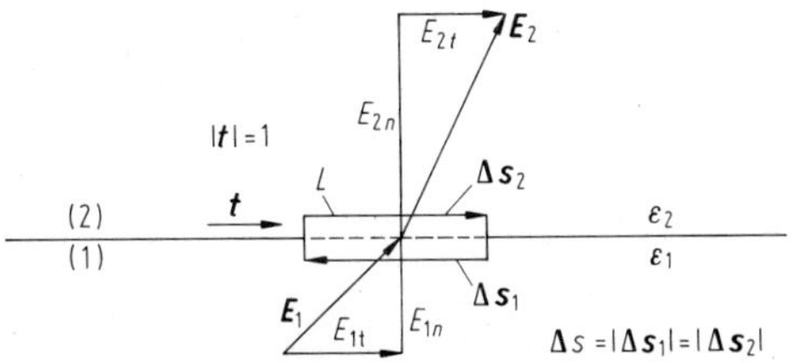

Bild 10-8. Zur Herleitung der Stetigkeit der Tangentialkomponenten von $\boldsymbol{E}$.

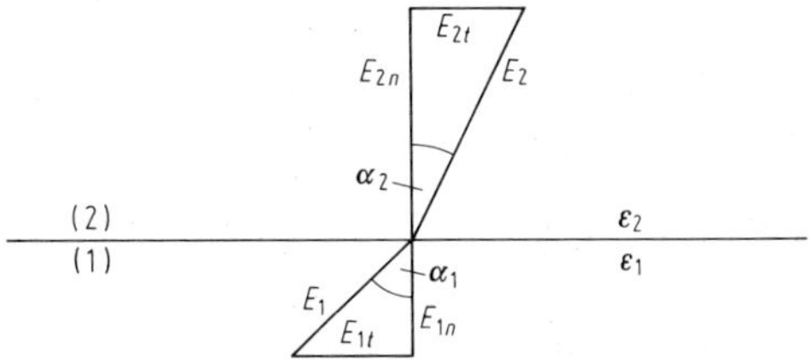

Bild 10-9. Zum Brechungsgesetz für elektrische Feldlinien.

ergibt sich

$$D_{2n} - D_{1n} = \sigma. \tag{46}$$

Das Verhalten der Tangentialkomponenten folgt aus (7). Dabei wird nach Bild 10-8 für den Umlauf ein Rechteck geringer Höhe gewählt, so daß nur die Beiträge der Wegelemente parallel zur Grenzschicht zu berücksichtigen sind:

$$\begin{aligned} \boldsymbol{E}_2\cdot\Delta \boldsymbol{s}_2 + \boldsymbol{E}_1\cdot\Delta \boldsymbol{s}_1 &= (\boldsymbol{t}\cdot\boldsymbol{E}_2 - \boldsymbol{t}\cdot\boldsymbol{E}_1)\Delta s \\ &= (E_{2t} - E_{1t})\Delta s = 0 \end{aligned}$$

oder

$$E_{2t} = E_{1t}. \tag{47}$$

Mit (46) und (47) wird das Brechungsgesetz für elektrische Feldlinien hergeleitet, und zwar unter der Voraussetzung, daß sich in der Grenzschicht keine Ladungen befinden. Nach Bild 10-9 ist mit (14)

$$\tan\alpha_1 = \frac{E_{1t}}{E_{1n}} = \frac{\varepsilon_1 E_{1t}}{D_{1n}}, \quad \tan\alpha_2 = \frac{E_{2t}}{E_{2n}} = \frac{\varepsilon_2 E_{2t}}{D_{2n}}.$$

Durch Division folgt

$$\frac{\tan\alpha_1}{\tan\alpha_2} = \frac{\varepsilon_1}{\varepsilon_2}. \tag{48}$$

11 Stationäre elektrische Strömungsfelder

11.1 Die Grundgesetze

Zur Beschreibung des räumlich verteilten elektrischen Stromes dient — analog der elektrischen Flußdichte — die *elektrische Stromdichte* J. Diese ist durch

$$J = \frac{\Delta I}{\Delta A}$$

definiert, wobei der Strom ΔI senkrecht durch das Flächenelement ΔA hindurchtritt. Im allgemeinen Fall ist nach Bild 11-1

$$\Delta I = \boldsymbol{J} \cdot \Delta \boldsymbol{A} \quad \text{bzw.} \quad \mathrm{d}I = \boldsymbol{J} \cdot \mathrm{d}\boldsymbol{A}. \tag{1}$$

Damit wird der Strom durch einen Querschnitt A:

$$I = \int_A \boldsymbol{J} \cdot \mathrm{d}\boldsymbol{A}. \tag{2}$$

Für den ersten Kirchhoffschen Satz (1.1.3) ergibt sich

$$\sum_k \int_{A_k} \boldsymbol{J}_k \cdot \mathrm{d}\boldsymbol{A}_k = 0. \tag{3}$$

Einfacher läßt sich dieser Zusammenhang formulieren, wenn man die durchströmten Querschnittsflächen A_k zu einer geschlossenen Fläche S ergänzt und also in (3) das Integral über die nicht durchströmten Querschnitte (das Null ist) hinzunimmt (Bild 11-1):

$$\oint_S \boldsymbol{J} \cdot \mathrm{d}\boldsymbol{A} = 0. \tag{4}$$

Das Feld der elektrischen Stromdichte ist quellenfrei.
Für den Zusammenhang zwischen Spannung und elektrischer Feldstärke gilt (10-8). Damit lautet der zweite Kirchhoffsche Satz in allgemeiner Formulierung

$$\oint_C \boldsymbol{E} \cdot \mathrm{d}\boldsymbol{s} = 0. \tag{5}$$

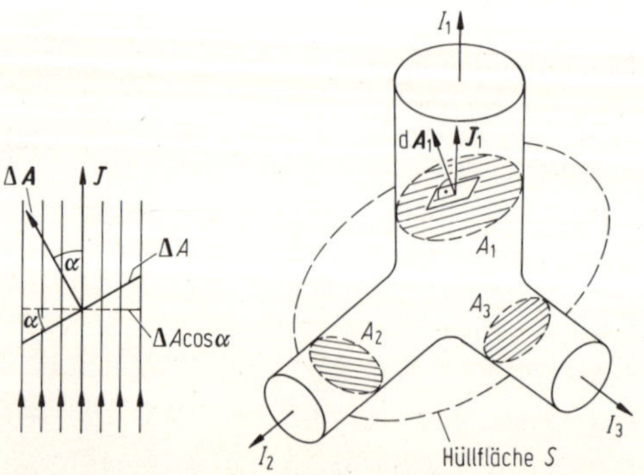

Bild 11-1. Zum 1. Kirchhoffschen Satz.

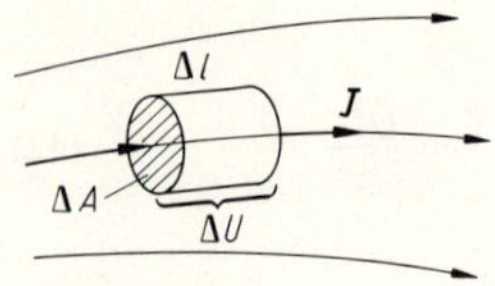

Bild 11-2. Zur Herleitung von (6) und (8).

Das Feld der elektrischen Feldstärke ist wie in der Elektrostatik wirbelfrei. Zwischen den Feldgrößen $\boldsymbol{E}$ und $\boldsymbol{J}$ besteht eine dem Ohmschen Gesetz entsprechende Beziehung. Der in Bild 11-2 skizzierte Zylinder hat den Leitwert $G = \varkappa \Delta A / \Delta l$. Andererseits ist $G = \Delta I / \Delta U$ mit $\Delta I = J \Delta A$ und $\Delta U = E \Delta l$. Durch Gleichsetzung beider Ausdrücke für G folgt

$$J = \varkappa E \tag{6}$$

oder allgemeiner (für isotrope Materialien)

$$\boldsymbol{J} = \varkappa \boldsymbol{E}. \tag{7}$$

Die Grundgleichungen des Strömungsfeldes sind in Tabelle 12-1 den analogen Beziehungen für das elektrostatische und das magnetische Feld gegenübergestellt.
Die in dem Volumenelement in Bild 11-2 umgesetzte elektrische Leistung ergibt sich mit $P = I^2 R$ bzw. $\Delta P = (\Delta I)^2 \Delta R$ mit der Resistivität $\varrho = 1/\varkappa$ zu

$$\Delta P = (\Delta I)^2 \frac{\varrho \Delta l}{\Delta A} = \left(\frac{\Delta I}{\Delta A}\right)^2 \varrho \Delta l \Delta A = \varrho J^2 \Delta V.$$

Bezieht man die Leistung P auf das Volumenelement $\Delta V = \Delta l \Delta A$, so folgen für die *Leistungsdichte* $p = \Delta P / \Delta V$ mit (6) die Ausdrücke

$$p = \varrho J^2 = EJ = \varkappa E^2. \tag{8}$$

11.2 Methoden zur Berechnung von Widerständen

In Analogie zu (10-30) gilt $G = I/U$. Man kann also den Strom in einem betrachteten Widerstand vorgeben, die zugehörige Spannung ausrechnen und den Quotienten bilden. In manchen Fällen kann ein Widerstand auch als Reihenschaltung aus Elementarwiderständen der speziellen Form $\Delta R = \varrho \Delta l / A$ aufgefaßt werden:

$$R = \sum \Delta R = \sum \varrho \frac{\Delta l}{A} \quad \text{oder}$$

$$R = \int \mathrm{d}R = \int \frac{\varrho}{A} \mathrm{d}l \tag{9}$$

bzw. als Parallelschaltung aus Leitwerten der speziellen Form $\Delta G = \varkappa \Delta A / l$:

$$G = \sum \Delta G = \sum \varkappa \frac{\Delta A}{l} \quad \text{oder}$$

$$G = \int \mathrm{d}G = \int \frac{\varkappa}{l} \mathrm{d}A. \tag{10}$$

Ist die Kapazität einer Anordnung bekannt, so kennt man auch den Leitwert bzw. Widerstand der entsprechenden Anordnung. Es gilt nämlich

$$RC = \varrho\varepsilon \quad \text{oder} \quad \frac{G}{C} = \frac{\varkappa}{\varepsilon}. \tag{11}$$

11.3 Bedingungen an Grenzflächen

Das Verhalten der Feldkomponenten an der Grenzfläche zwischen zwei Materialien mit den Leitfähigkeiten $\varkappa_1$ bzw. $\varkappa_2$ ergibt sich entsprechend wie in 10.9.

Aus (4), angewendet auf den in Bild 10-7 skizzierten flachen Zylinder, folgt

$$J_{2n} = J_{1n}. \tag{12}$$

Wegen (5) gilt (wie in der Elektrostatik)

$$E_{2t} = E_{1t}. \tag{13}$$

Das Brechungsgesetz lautet

$$\frac{\tan \alpha_1}{\tan \alpha_2} = \frac{\varkappa_1}{\varkappa_2}, \tag{14}$$

wobei die Winkel wie in Bild 10-9 definiert sind.

Hat ein Dielektrikum, gekennzeichnet durch seine Permittivität ε, auch eine gewisse Leitfähigkeit $\varkappa$, so wird die Feldverteilung (auch an Grenzflächen) im stationären Fall (Gleichstrom) durch die Leitfähigkeiten bestimmt. So verhält sich nach (12) die Normalkomponente von $\boldsymbol{J}$ stetig, nicht dagegen die Normalkomponente von $\boldsymbol{D}$. Es bildet sich vielmehr in der Grenzschicht eine Oberflächenladung gemäß (10-46) aus.

12 Stationäre Magnetfelder

12.1 Die magnetische Flußdichte

Im Gegensatz zu elektrischen Ladungen treten magnetische Pole immer paarweise auf: Teilt man z. B. einen stabförmigen Dauermagneten zwischen seinen Polen, so entstehen zwei neue Stabmagnete (jeder mit einem Nord- und einem Südpol). Dabei wird das Ende, das bei freier Lagerung nach Norden (geographisch) weist, als (magnetischer) Nordpol bezeichnet, das andere als (magnetischer) Südpol.

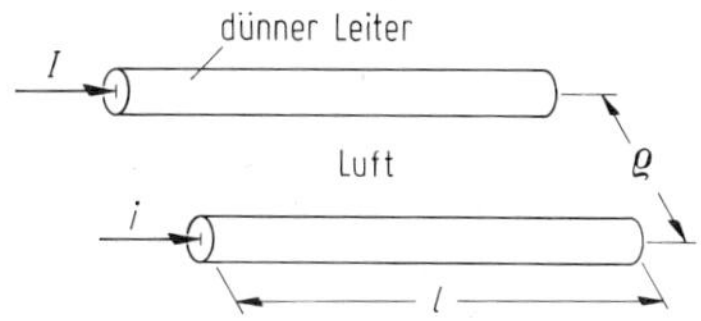

Bild 12-1. Zur Kraft zwischen zwei stromdurchflossenen Leitern.

Von Magnetpolen hervorgerufene Felder können weitgehend auf gleiche Art behandelt werden wie die von elektrischen Ladungen verursachten Felder. Wichtiger für die technischen Anwendungen sind Magnetfelder, die von bewegten Ladungen (elektrischen Strömen) erzeugt werden. Solche Felder werden in den folgenden Abschnitten betrachtet.

Zwei stromdurchflossene Leiter, die nach Bild 12-1 angeordnet sind, ziehen sich mit der Kraft

$$F = \frac{\mu i I l}{2\pi\varrho} \quad (l \gg \varrho) \tag{1}$$

an, wenn beide Ströme die gleiche Richtung haben, andernfalls stoßen sie sich ab. Die Größe μ in (1) ist eine Materialkonstante und heißt *Permeabilität* (Induktionskonstante). Ähnlich wie in 10.2 läßt sich (1) in der Form schreiben:

$$F = \frac{\mu i I l}{2\pi\varrho} \quad (l \gg \varrho) \tag{1}$$

Man nennt B die *magnetische Flußdichte (magnetische Induktion)*. Nach (2) ist die magnetische Flußdichte des stromdurchflossenen (geraden, sehr langen) Leiters

$$B = \frac{\mu I}{2\pi\varrho}. \tag{3}$$

Allgemein gilt für die Kraft auf den stromdurchflossenen Leiter der Länge l im Magnetfeld der Flußdichte B, wenn das Magnetfeld senkrecht auf dem Leiter steht:

$$F = ilB. \tag{4}$$

Ist der Winkel zwischen dem Leiter und dem Magnetfeld α, so wird

$$F = ilB \sin \alpha. \tag{5}$$

Die Kraft steht senkrecht auf dem Leiter und auf B. Am einfachsten läßt sich dieser Sachverhalt formulieren, wenn man l einen Vektor zuordnet, dessen Richtung in die des Stromflusses zeigt. Dann gilt (s. Bild 12-2a)

$$\boldsymbol{F} = i(\boldsymbol{l} \times \boldsymbol{B}). \tag{6}$$

Befindet sich ein beliebig geformter dünner Draht, durch den der Strom i fließt, in einem inhomoge-

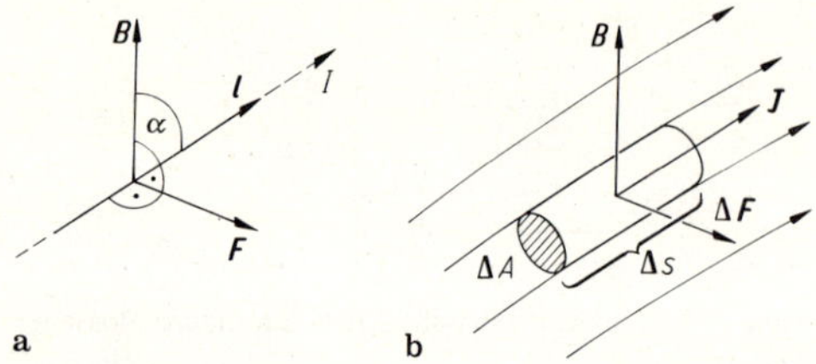

Bild 12-2. Stromdurchflossener Leiter im Magnetfeld.

nen Magnetfeld, so kann (6) nur auf ein Leiterelement $\Delta \boldsymbol{s}$ angewendet werden:

$$\Delta \boldsymbol{F} = i(\Delta \boldsymbol{s} \times \boldsymbol{B}) . \tag{7}$$

Die Gesamtkraft folgt durch Integration:

$$\boldsymbol{F} = i \int \mathrm{d}\boldsymbol{s} \times \boldsymbol{B} . \tag{8}$$

Bei räumlich verteilter elektrischer Strömung ist ein Volumenelement ΔV zu betrachten: Bild 12-2 b. Hier ist

$$\Delta \boldsymbol{F} = \Delta V(\boldsymbol{J} \times \boldsymbol{B}) . \tag{9}$$

Bewegt sich eine Ladung Q mit der Geschwindigkeit $\boldsymbol{v}$ durch das Magnetfeld, so wirkt auf sie die Kraft

$$\boldsymbol{F} = Q(\boldsymbol{v} \times \boldsymbol{B}) . \tag{10}$$

12.2 Die magnetische Feldstärke

Neben der magnetischen Flußdichte benutzt man zur Beschreibung des magnetischen Feldes als zweite Feldgröße die *magnetische Feldstärke*, die (für isotrope Materialien) durch

$$\boldsymbol{H} = \frac{\boldsymbol{B}}{\mu} \tag{11}$$

definiert ist. Für den stromdurchflossenen Leiter (gerade, sehr lang) erhält man mit (3)

$$H = \frac{I}{2\pi\varrho} . \tag{12}$$

Die *magnetische Feldkonstante* (Permeabilität des Vakuums) ist

$$\mu_0 = 4\pi \cdot 10^{-7} \frac{\mathrm{Vs}}{\mathrm{Am}} \approx 1{,}256\,6 \ldots \mu\mathrm{H/m} .$$

(Dieser spezielle Wert hat sich durch entsprechende Festlegung der Basiseinheit Ampere ergeben.)
In Analogie zu (10-17) beschreibt man die magnetischen Eigenschaften der Stoffe durch die *Permeabilitätszahl* (relative Permeabilität)

$$\mu_r = \mu / \mu_0 . \tag{13}$$

Die magnetischen Werkstoffe teilt man ein in dia-, para- und ferromagnetische Stoffe.

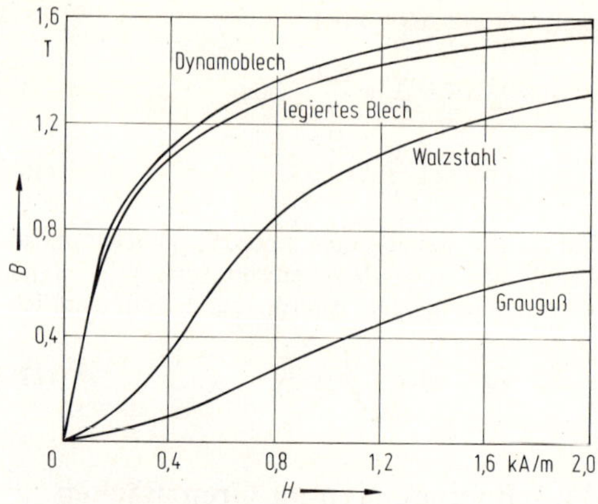

Bild 12-3. Magnetisierungskennlinien.

Bei para- und diamagnetischen Stoffen unterscheidet sich μ_r nur wenig von 1. Liegt μ_r wenig unter 1, so nennt man den Stoff diamagnetisch (z. B. Kupfer: $\mu_r = 0{,}998\,4$). Ist μ_r etwas größer als 1, so heißt der Stoff paramagnetisch (z. B. Platin: $\mu_r = 1{,}000\,3$).
Bei ferromagnetischen Stoffen (Eisen, Kobalt, Nickel u. a.) ist $\mu_r \gg 1$. Der Grund dafür liegt darin, daß sich bei diesen Stoffen Elementarmagnete (bzw. Weisssche Bezirke, s. Teil B) unter dem Einfluß des äußeren Feldes ausrichten. Der Vorgang ist nichtlinear: Bild 12-3. Außerdem spielt die Vorgeschichte eine Rolle: wird ein Material erstmals magnetisiert, so bewegt man sich auf Kurve *1* in Bild 12-4, der sog. *Neukurve*, vom Punkt O z. B. bis zum Punkt P_1, in dem die Sättigungsfeldstärke erreicht ist (alle Elementarmagnete sind ausgerichtet). Läßt man jetzt die Feldstärke wieder auf Null zurückgehen, so gelangt man auf Kurve *2* zur Remanenzflußdichte B_r usw. (H_c Koerzitivfeldstärke).
Nach (12) ist

$$2\pi\varrho H = lH = I , \tag{14}$$

wobei l die Länge der Feldlinie C mit dem Radius ϱ bedeutet und H die Feldstärke auf dieser Feldlinie. Handelt es sich bei C um einen nicht

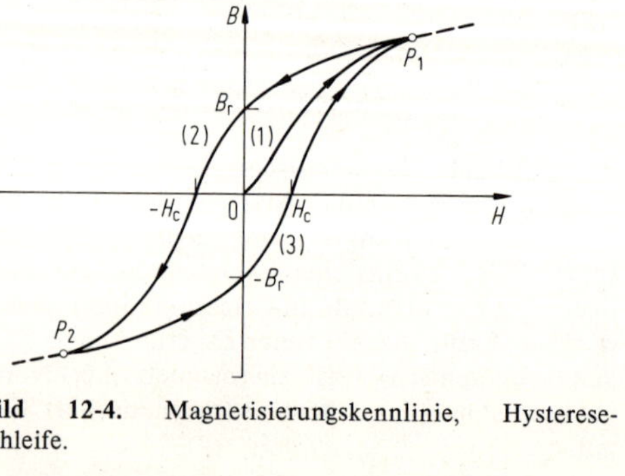

Bild 12-4. Magnetisierungskennlinie, Hystereseschleife.

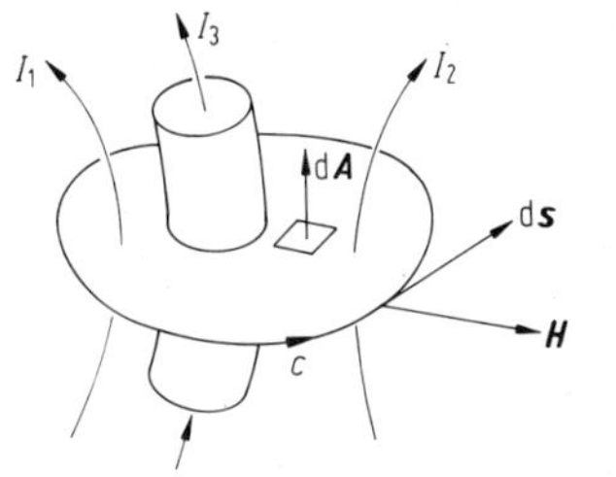

Bild 12-5. Zum Durchflutungsgesetz in allgemeiner Form.

kreisförmigen Weg (oder geht der stromdurchflossene Leiter nicht durch den Kreismittelpunkt), so hat man statt (14):

$$\oint_C \boldsymbol{H} \cdot \mathrm{d}\boldsymbol{s} = I. \tag{15}$$

Das ist das *Durchflutungsgesetz.* Die Richtung des Stromes und der Umlauf C (bzw. des Wegelements $\mathrm{d}\boldsymbol{s}$) sind einander gemäß der Rechtsschraubenregel zugeordnet. Im allgemeinen steht auf der rechten Seite von (15) die Summe der von dem Umlauf C umfaßten Ströme:

$$\oint_C \boldsymbol{H} \cdot \mathrm{d}\boldsymbol{s} = \sum_k I_k = \Theta. \tag{16}$$

Man nennt die Summe der Ströme die *Durchflutung Θ.*

Ist die umfaßte Strömung räumlich verteilt, so gilt wegen (11-2)

$$\oint_C \boldsymbol{H} \cdot \mathrm{d}\boldsymbol{s} = \int_A \boldsymbol{J} \cdot \mathrm{d}\boldsymbol{A}. \tag{17}$$

Der Zusammenhang zwischen dem Umlaufsinn und der Orientierung der Fläche ist wieder durch die Rechtsschraubenregel festgelegt (Bild 12-5).

Den gleichen physikalischen Zusammenhang, nur in anderer Formulierung, beschreibt das Gesetz von Biot-Savart:

$$\mathrm{d}\boldsymbol{B} = \frac{\mu I}{4\pi} \cdot \frac{\mathrm{d}\boldsymbol{s} \times \boldsymbol{r}^0}{r^2}. \tag{18}$$

Es gibt den Beitrag zur Flußdichte im sog. Aufpunkt P an, den das stromdurchflossene Leiterelement $\mathrm{d}\boldsymbol{s}$ (im sog. Quellpunkt) liefert (Bild 12-6). Vorausgesetzt wird hier eine im ganzen Raum konstante Permeabilität.

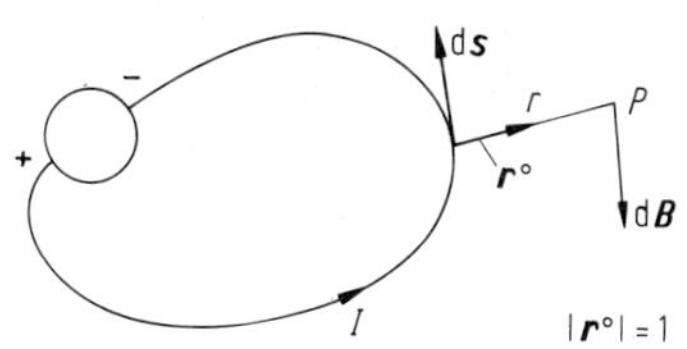

Bild 12-6. Zum Biot-Savartschen Gesetz.

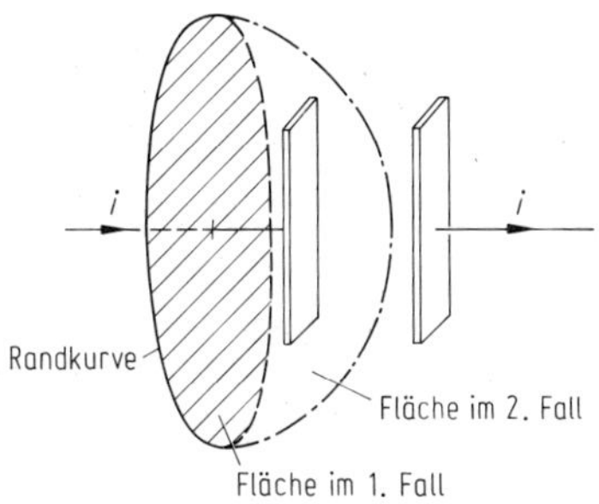

Bild 12-7. Anwendung des Durchflutungssatzes auf offene Stromkreise.

Wendet man (15) auf einen sog. offenen Stromkreis nach Bild 12-7 an, so liefert die rechte Seite den Strom i oder den Wert Null, je nach der Form der Fläche A (bei gleicher Randkurve). Dieser Widerspruch läßt sich dadurch auflösen, daß auf der rechten Seite die Leitungsstromdichte $\boldsymbol{J}$ durch die Verschiebungsstromdichte $\partial \boldsymbol{D}/\partial t$ ergänzt wird:

$$\oint_C \boldsymbol{H} \cdot \mathrm{d}\boldsymbol{s} = \int_A \left(\boldsymbol{J} + \frac{\partial \boldsymbol{D}}{\partial t}\right) \cdot \mathrm{d}\boldsymbol{A}. \tag{19}$$

Das so erweiterte Durchflutungsgesetz nennt man die *1. Maxwellsche Gleichung*, vgl. 14.2.

12.3 Der magnetische Fluß

Entsprechend den Zusammenhängen (10-21) im elektrischen Feld und (11-2) im Strömungsfeld definiert man den *magnetischen Fluß*

$$\Phi = \int_A \boldsymbol{B} \cdot \mathrm{d}\boldsymbol{A}. \tag{20}$$

Im Fall des homogenen Feldes vereinfacht sich (20) zu

$$\Phi = \boldsymbol{B} \cdot \boldsymbol{A}, \tag{21}$$

und wenn B senkrecht auf der Fläche A steht, wird

$$\Phi = BA. \tag{22}$$

Eine grundlegende Eigenschaft der Flußdichte B ist ihre Quellenfreiheit:

$$\oint_S \boldsymbol{B} \cdot \mathrm{d}\boldsymbol{A} = 0. \tag{23}$$

12.4 Bedingungen an Grenzflächen

Wie in 10.9 und 11.3 werden die Grundgesetze — hier (23) und (15) — auf einen flachen Zylinder bzw. auf ein Rechteck angewendet. Im ersten Fall erhält man

$$B_{2n} = B_{1n}, \tag{24}$$

im zweiten Fall zunächst

$$(H_{2t} - H_{1t})\,\Delta s = \Delta I,$$

falls in der Grenzschicht ein Strom ΔI (innerhalb des Rechtecks) fließt. Dividiert man hier durch Δs und führt den längenbezogenen Strom $I' = \Delta I/\Delta s$ ein, so wird

$$H_{2t} - H_{1t} = I' \tag{25}$$

und für $I' = 0$

$$H_{2t} = H_{1t}. \tag{26}$$

12.5 Magnetische Kreise

Für die bisher behandelten Felder gelten ganz ähnliche Gesetze, wie Tabelle 12-1 zeigt. (Einige der auftretenden Größen werden erst in den folgenden Abschnitten erklärt.)

Wegen der weitgehenden Übereinstimmung der Grundgesetze können magnetische Kreise (solange μ konstant ist oder als konstant vorausgesetzt werden darf) genauso wie lineare Netze behandelt werden. Auch lassen sich ganz analoge Begriffe bilden. Das folgende Beispiel macht das deutlich: Bild 12-8. Ein Eisenring mit Luftspalt trägt eine stromdurchflossene Wicklung mit N Windungen. Die Querschnittsabmessungen des Ringes seien klein gegen den Radius einer Feldlinie; dann kann das Feld im Eisen näherungsweise als homogen angesehen werden. Außerdem soll die Luftspaltlänge sehr viel kleiner als die Luftspaltbreite sein; damit kann man das Feld auch

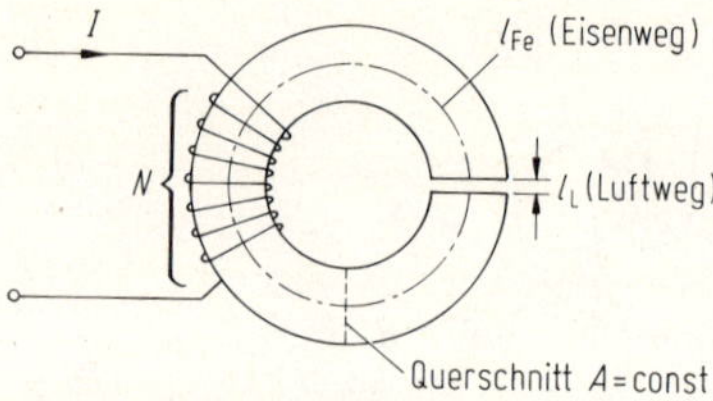

Bild 12-8. Magnetischer Kreis.

im Luftspalt als homogen betrachten und von den Feldverzerrungen am Rand des Luftspalts absehen. Unter diesen Voraussetzungen folgt mit (24)

$$B_{Fe} = B_L = B \tag{27}$$

und mit (16)

$$H_{Fe} l_{Fe} + H_L l_L = \Theta = NI. \tag{28}$$

Mit (11) und (22) ergibt sich hieraus

$$\Phi\left(\frac{l_{Fe}}{\mu_{Fe}A} + \frac{l_L}{\mu_L A}\right) = \Theta. \tag{29}$$

Falls der Fluß gesucht ist und alle übrigen Größen bekannt sind, ist die Aufgabe hiermit im Prinzip gelöst.

Nach Tabelle 12-1 entspricht der Fluß Φ dem Strom I, die Durchflutung Θ einer Spannung (Quellenspannung). Der Ausdruck in den runden Klammern stellt die Summe zweier Widerstände dar. Man nennt ihn den *magnetischen Widerstand* R_m. So ist der magnetische Widerstand des Luftspalts und der des Eisenbügels durch einen Ausdruck der Form

$$R_m = \frac{l}{\mu A} \tag{30}$$

Tabelle 12-1. Die Grundgesetze stationärer Felder

	Elektrostatisches Feld	Stationäres elektrisches Strömungsfeld	Stationäres Magnetfeld
Grundgesetze formuliert mit Feldgrößen	$\oint_S \boldsymbol{D}\cdot d\boldsymbol{A} = Q$ $\oint_C \boldsymbol{E}\cdot d\boldsymbol{s} = 0$ $\boldsymbol{D} = \varepsilon\boldsymbol{E}$	$\oint_S \boldsymbol{J}\cdot d\boldsymbol{A} = 0$ $\oint_C \boldsymbol{E}\cdot d\boldsymbol{s} = 0$ $\boldsymbol{J} = \varkappa\boldsymbol{E}$	$\oint_S \boldsymbol{B}\cdot d\boldsymbol{A} = 0$ $\oint_C \boldsymbol{H}\cdot d\boldsymbol{s} = \Theta$ $\boldsymbol{B} = \mu\boldsymbol{H}$
integralen Größen	$\sum\Psi_e = Q$ $\sum U = 0$ $\left.\begin{matrix}Q\\ \Psi_e\end{matrix}\right\} = CU$	$\sum I = 0$ $\sum U = 0$ $I = GU$	$\sum\Phi = 0$ $\sum V = \Theta$ $\Phi = \left\{\begin{matrix}LI\\ \Lambda V\end{matrix}\right.$
Zusammenhang zwischen integralen Größen und Feldgrößen	$\Psi_e = \int_A \boldsymbol{D}\cdot d\boldsymbol{A}$ $U = \int_s \boldsymbol{E}\cdot d\boldsymbol{s}$	$I = \int_A \boldsymbol{J}\cdot d\boldsymbol{A}$ $U = \int_s \boldsymbol{E}\cdot d\boldsymbol{s}$	$\Phi = \int_A \boldsymbol{B}\cdot d\boldsymbol{A}$ $V = \int_s \boldsymbol{H}\cdot d\boldsymbol{s}$

gegeben. Der Kehrwert heißt *magnetischer Leitwert* Λ:

$$\Lambda = \frac{1}{R_m}. \tag{31}$$

Bezeichnet man nun noch das Produkt aus Feldstärke und Länge als magnetische Spannung V_m, also

$$V_m = Hl, \tag{32}$$

so läßt sich das *Ohmsche Gesetz des magnetischen Kreises* formulieren:

$$V_m = R_m \Phi \quad \text{bzw.} \quad \Phi = \Lambda V_m. \tag{33}$$

Damit kann man statt (29) auch schreiben:

$$\Phi(R_{mFe} + R_{mL}) = V_{mFe} + V_{mL} = \Theta.$$

Bei vielen Anwendungen ist μ_{Fe} nicht bekannt und auch nicht annähernd konstant. Die Eigenschaft des Eisens ist vielmehr durch die Magnetisierungskennlinie vorgegeben. Ist jetzt wieder der Fluß oder die Flußdichte gesucht (bei sonst gleicher Anordnung), so geht man wieder von (27) und (28) aus. Mit (11) für den Luftspalt (nur hier ist μ bekannt, nämlich μ_0) folgt aus (28)

$$H_{Fe} l_{Fe} + \frac{B}{\mu_0} l_L = \Theta \tag{34}$$

oder

$$\frac{H_{Fe}}{\Theta / l_{Fe}} + \frac{B}{\mu_0 \Theta / l_L} = 1. \tag{35}$$

Diese Gleichung enthält die beiden Unbekannten H_{Fe} und $B (= B_{Fe} = B_L)$. Es wird eine zweite Bedingung gebraucht; sie liegt in Form der Magnetisierungskennlinie vor: Bild 12-9. In dieses Diagramm hat man die erste Bedingung, also den linearen Zusammenhang zwischen H_{Fe} und B gemäß (35) (Scherungsgerade), einzutragen. Der Schnittpunkt zwischen beiden Kurven liefert die gesuchte Flußdichte.

Von einem Dauermagneten mit Luftspalt sind die Abmessungen l_{Fe} und l_L (Bild 12-8) und die Hystereseschleife bekannt, eine Wicklung ist nicht vor

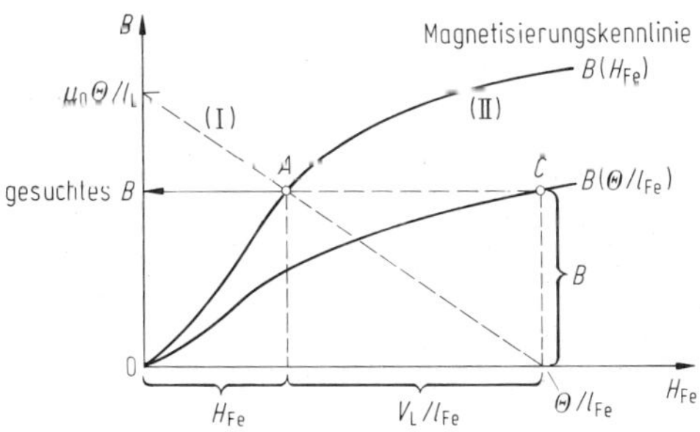

Bild 12-9. Zum Verfahren der Scherung.

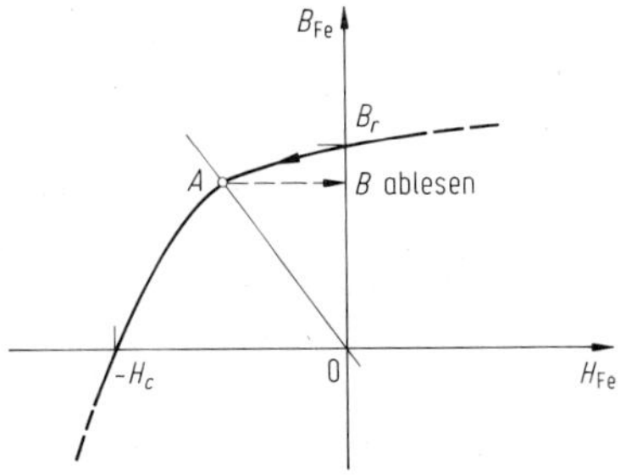

Bild 12-10. *B* im Luftspalt eines Dauermagneten.

handen. Gesucht ist die Flußdichte. Anstelle von (34) hat man (mit $\Theta = 0$):

$$H_{Fe} l_{Fe} + \frac{B}{\mu_0} l_L = 0$$

oder

$$B = -\mu_0 H_{Fe} \frac{l_{Fe}}{l_L}. \tag{36}$$

Die zweite Bedingung liegt als Kurve vor (Bild 12-10). Dabei wird vorausgesetzt, daß das Material sich für $l_L = 0$ in dem durch $H_{Fe} = 0$, $B_{Fe} = B_r$ gekennzeichneten Zustand befindet. Bei Vergrößern des Abstandes zwischen den Magnetpolen auf das vorgegebene l_L verringert sich B_{Fe}. Das gesuchte B_{Fe} kann im Punkt A abgelesen werden (Bild 12-10).

13 Zeitlich veränderliche Magnetfelder

13.1 Das Induktionsgesetz

Bewegt man einen insgesamt ungeladenen Leiter durch ein Magnetfeld, so wirken auf die Ladungsträger Kräfte nach (12-10). Die negativ geladenen Leitungselektronen wandern hier an das untere Ende des Leiterstabes, während sich am oberen Ende eine positive Ladung (Elektronenmangel) zeigt. Zwischen den Ladungen an den Stabenden existiert ein elektrisches Feld und damit eine elektrische Spannung. Diese kann man messen, indem man den bewegten Leiter über leitende Federn

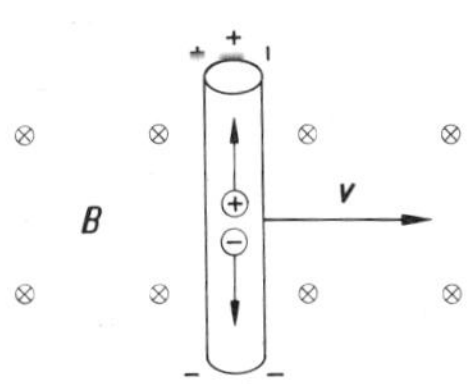

Bild 13-1. Ungeladener Leiterstab bewegt sich durch Magnetfeld.

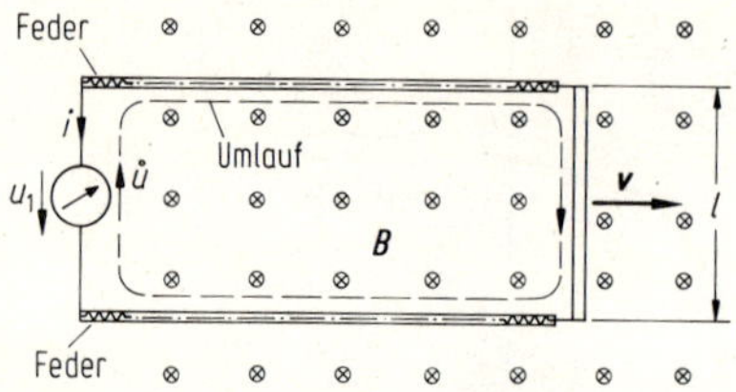

Bild 13-2. Zum Induktionsgesetz.

mit einem ruhenden Spannungsmesser verbindet: Bild 13-2.
Man findet experimentell:

$$u_1 = \frac{\mathrm{d}\Phi}{\mathrm{d}t},$$

wenn die Leiterschleife den Widerstand Null hat. Es ist $\mathrm{d}t$ der Zeitraum, in dem der von der Leiterschleife bzw. dem Umlauf umfaßte Fluß um $\mathrm{d}\Phi$ zunimmt. Dem Fluß Φ ordnet man die Umlaufrichtung und zugleich die Zählrichtung der Umlaufspannung $\mathring{u}$ (= induzierte Spannung) nach der Rechtsschraubenregel zu. Damit lautet das *Induktionsgesetz*

$$\mathring{u} = -\frac{\mathrm{d}\Phi}{\mathrm{d}t}. \tag{1}$$

Die Erfahrung zeigt, daß (1) auch dann gilt, wenn die Flußänderung $\mathrm{d}\Phi/\mathrm{d}t$ durch eine zeitliche Änderung der Flußdichte zustandekommt. Ist z. B. $\Phi(t) = B(t)A(t)$, so geht (1) über in

$$\mathring{u} = -B(t)\frac{\mathrm{d}A}{\mathrm{d}t} - A(t)\frac{\mathrm{d}B}{\mathrm{d}t}. \tag{2}$$

Hieraus folgt, wenn B zeitlich konstant ist, für die in Bild 13-2 skizzierte Anordnung (mit $A = xl$):

$$\mathring{u} = -B\frac{\mathrm{d}(xl)}{\mathrm{d}t} = -Bl\frac{\mathrm{d}x}{\mathrm{d}t} = -Blv. \tag{3}$$

Bild 13-2 enthält auch den von der induzierten Spannung verursachten Strom i. Mit diesem ist ein „sekundäres" Magnetfeld verknüpft, das dem vorgegebenen „primären" Magnetfeld entgegenwirkt: Lenzsche Regel.
Die allgemeine Form des Induktionsgesetzes erhält man, indem man in (1) den Fluß durch (12-20) und die Spannung durch (10-8) darstellt:

$$\oint_C \boldsymbol{E}\cdot\mathrm{d}\boldsymbol{s} = -\frac{\mathrm{d}}{\mathrm{d}t}\int_A \boldsymbol{B}\cdot\mathrm{d}\boldsymbol{A}. \tag{4}$$

Das ist die *2. Maxwellsche Gleichung.* Sie gilt ganz allgemein für beliebige Umläufe. Wichtig ist, daß die Umlaufrichtung und die Orientierung der Fläche gemäß der Rechtsschraubenregel miteinander verknüpft sind.
Im Gegensatz zum elektrostatischen Feld ist das durch Induktionswirkungen entstehende elektrische Feld nicht wirbelfrei. Damit folgt, daß das Integral in (10-8) nicht wegunabhängig ist.
Bei einer Wicklung mit N Windungen umfaßt u. U. jede Windung einen anderen Fluß (Teil- oder Bündelfluß): $\Phi_1, \Phi_2, \ldots, \Phi_N$. Dann ist (1) durch

$$\mathring{u} = -\frac{\mathrm{d}}{\mathrm{d}t}(\Phi_1 + \Phi_2 + \ldots + \Phi_N) \tag{5}$$

zu ersetzen. Die Summe der Teilflüsse nennt man den Gesamt- oder Induktionsfluß ψ, also ist

$$\mathring{u} = -\frac{\mathrm{d}\psi}{\mathrm{d}t}. \tag{6}$$

Sind die N Teilflüsse gleich, so hat man

$$\mathring{u} = -N\frac{\mathrm{d}\Phi}{\mathrm{d}t}. \tag{7}$$

13.2 Die magnetische Energie

Um die zum Aufbau des magnetischen Feldes erforderliche Energie zu bestimmen, stellt man zunächst die Umlaufgleichung auf. Nach (1) lautet sie für die Anordnung nach Bild 13-3:

$$\mathring{u} = -u + Ri = -N\frac{\mathrm{d}\Phi}{\mathrm{d}t}. \tag{8}$$

Durch Multiplizieren mit $i\,\mathrm{d}t$ entsteht

$$ui\,\mathrm{d}t = Ri^2\,\mathrm{d}t + Ni\,\mathrm{d}\Phi. \tag{9}$$

Die linke Seite stellt die von der Spannungsquelle in der Zeit $\mathrm{d}t$ abgegebene Energie dar, der erste Summand rechts ist die im Widerstand in Wärme umgesetzte Energie und der zweite Summand die zum Aufbau des Feldes aufgewendete Energie. Für diese Energieaufwendung läßt sich mit (12-22) schreiben (wobei bezüglich der Abmessungen des Kerns vorausgesetzt wird, daß das Feld als homogen betrachtet werden kann):

$$\mathrm{d}W_\mathrm{m} = Ni\,\mathrm{d}\Phi = NiA\,\mathrm{d}B. \tag{10}$$

Hier läßt sich Ni aufgrund des Durchflutungsgesetzes (12-16) durch $2\pi\varrho H$ ersetzen:

$$\mathrm{d}W_\mathrm{m} = 2\pi\varrho AH\,\mathrm{d}B = VH\,\mathrm{d}B. \tag{11}$$

Dabei ist V das Volumen des Kerns. Durch Inte-

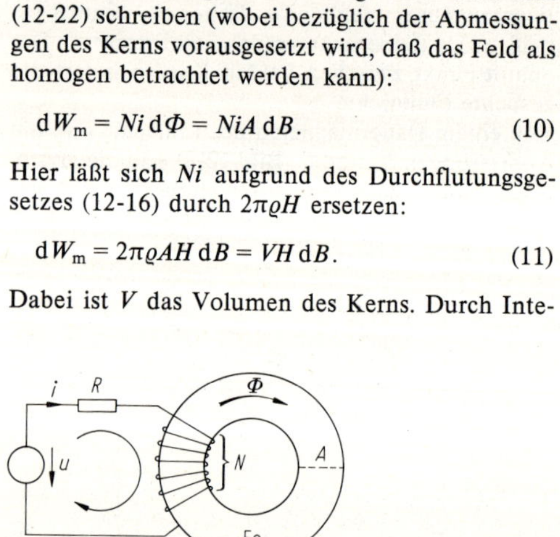

Bild 13-3. Zur Bestimmung der magnetischen Feldenergie.

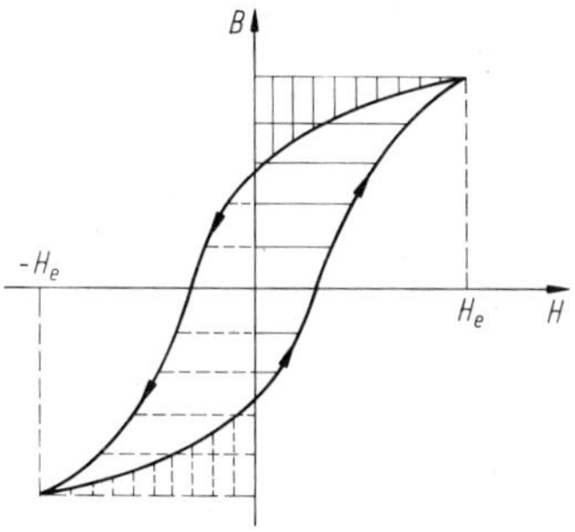

Bild 13-4. Hystereseverlust.

gration folgt

$$W_\mathrm{m} = V \int_0^{B_\mathrm{e}} H \,\mathrm{d}B .$$

Für die *Energiedichte* $w_\mathrm{m} = W_\mathrm{m}/V$ gilt also

$$w_\mathrm{m} = \int_0^{B_\mathrm{e}} H \,\mathrm{d}B . \qquad (12)$$

Mit (12-11) erhält man hieraus für konstantes μ den Audruck

$$w_\mathrm{m} = \frac{1}{2}\mu H^2 = \frac{1}{2} BH = \frac{1}{2} \cdot \frac{B^2}{\mu} . \qquad (13)$$

Verringert man die magnetische Feldstärke von ihrem Endwert auf Null, so gewinnt man die magnetische Energie vollständig zurück, wenn das Material keine Hysterese zeigt. Wird dagegen bei einem Material mit Hysterese die Hystereseschleife einmal vollständig durchlaufen, so kommt es — wie sich aus (12) ergibt — zu einem Energieverlust (Hystereseverlust, Ummagnetisierungsverlust), der der von der Hystereseschleife umschlossenen Fläche proportional ist: Bild 13-4 (die waagrecht schraffierten Flächen entsprechen der aufgewendeten Energie, die senkrecht schraffierten der zurückgewonnenen Energie).

13.3 Induktivitäten

13.3.1 Die Selbstinduktivität

Für die Leiterschleife (Spule) nach Bild 13-5 gilt die Umlaufgleichung (8). Besteht zwischen dem Fluß Φ und dem verursachenden Strom i ein linearer Zusammenhang, so setzt man

$$\Psi = N\Phi = Li \qquad (14)$$

und nennt L die Selbstinduktivität der Spule. Mit (14) folgt aus (8) der Zusammenhang

$$u = Ri + L\frac{\mathrm{d}i}{\mathrm{d}t} , \qquad (15)$$

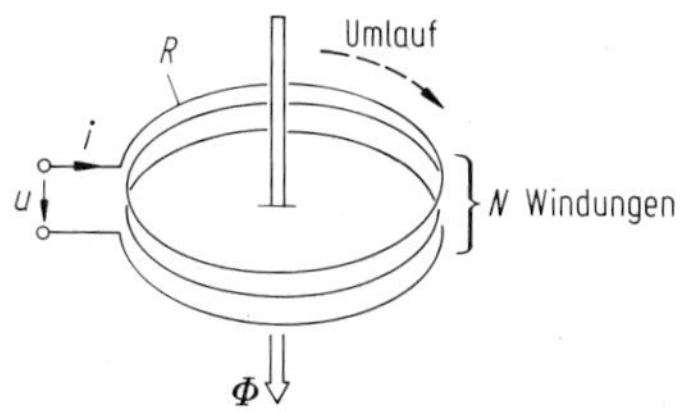

Bild 13-5. Stromdurchflossene Leiterschleife, Selbstinduktivität.

für den man das Ersatzschaltbild 13-6 angeben kann. Die Selbstinduktivität entspricht also einem Schaltelement, bei dem gilt:

$$u_\mathrm{L} = L\frac{\mathrm{d}i}{\mathrm{d}t} . \qquad (16)$$

13.3.2 Die Gegeninduktivität

Zwischen zwei stromdurchflossenen Spulen nach Bild 13-7 tritt eine magnetische Kopplung auf. Zunächst ist wegen (7)

$$\mathring{u}_1 = -u_1 + R_1 i_1 = -N_1 \frac{\mathrm{d}\Phi_1}{\mathrm{d}t} ,$$
$$\mathring{u}_2 = -u_2 + R_2 i_2 = -N_2 \frac{\mathrm{d}\Phi_2}{\mathrm{d}t} . \qquad (17)$$

Die Flüsse werden von beiden Strömen verursacht. Bei Linearität gilt

$$\Psi_1 = N_1\Phi_1 = L_{11} i_1 + L_{12} i_2 ,$$
$$\Psi_2 = N_2\Phi_2 = L_{21} i_1 + L_{22} i_2 \qquad (18)$$

Hier sind L_{11} und L_{22} die Selbstinduktivitäten der Spulen 1 bzw. 2, L_{12} und L_{21} die Gegeninduktivitäten zwischen den Spulen. Diese stimmen (bei isotropen Medien) überein, wie mit einer Energiebetrachtung gezeigt werden kann. Üblich sind die vereinfachten Bezeichnungen

$$L_1 = L_{11}, L_2 = L_{22}, \quad M = L_{12} = L_{21} . \qquad (19)$$

Mit (18) und (19) folgt aus (17):

$$u_1 = R_1 i_1 + L_1 \frac{\mathrm{d}i_1}{\mathrm{d}t} + M\frac{\mathrm{d}i_2}{\mathrm{d}t} ,$$
$$u_2 = R_2 i_2 + L_2 \frac{\mathrm{d}i_2}{\mathrm{d}t} + M\frac{\mathrm{d}i_1}{\mathrm{d}t} . \qquad (20)$$

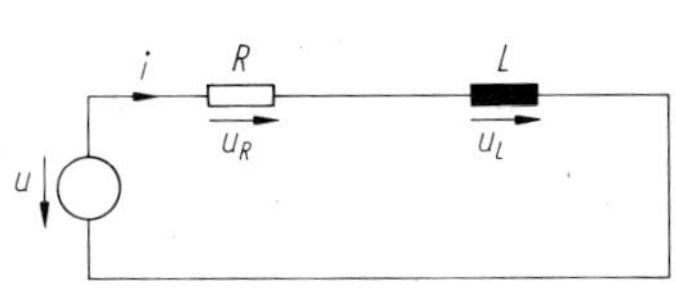

Bild 13-6. Ersatzschaltbild zu Bild 13-5.

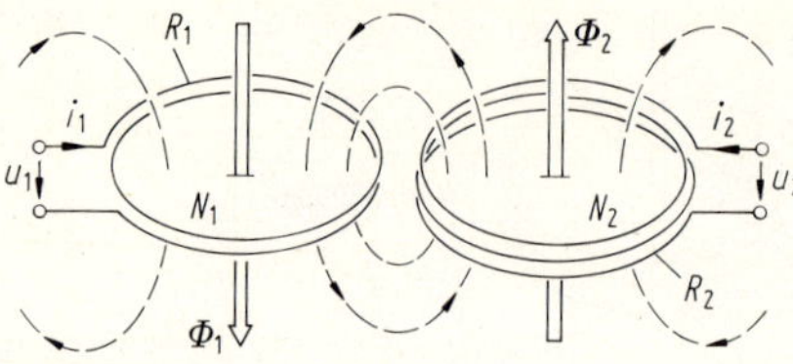

Bild 13-7. Zwei magnetisch gekoppelte Leiterschleifen.

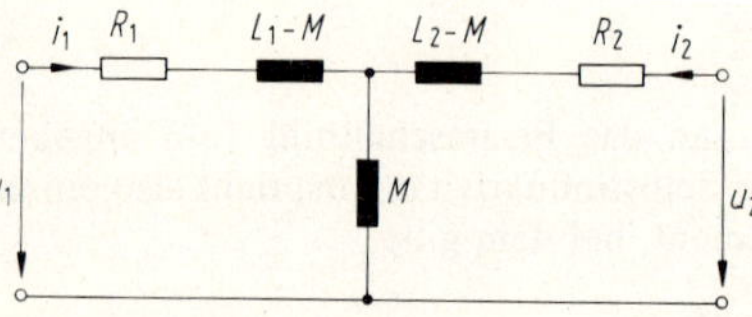

Bild 13-8. Ersatzschaltbild zu Bild 13-7.

Durch Umformung entsteht das Gleichungspaar

$$u_1 = R_1 i_1 + (L_1 - M)\frac{\mathrm{d}i_1}{\mathrm{d}t} + M\frac{\mathrm{d}(i_1 + i_2)}{\mathrm{d}t},$$
$$u_2 = R_2 i_2 + (L_2 - M)\frac{\mathrm{d}i_2}{\mathrm{d}t} + M\frac{\mathrm{d}(i_1 + i_2)}{\mathrm{d}t}, \quad (21)$$

für das das Ersatzschaltbild 13-8 gilt.

13.3.3 Berechnung von Selbst- und Gegeninduktivitäten

Mit (14) und (18), (19) folgt — in Analogie zu (10-30) —

$$L = \frac{\Psi}{i} = \frac{N\Phi}{i} \quad (22)$$

und

$$M = L_{12} = L_{21} = \frac{\Psi_{12}}{i_2} = \frac{N_1\Phi_{12}}{i_2}$$
$$= \frac{\Psi_{21}}{i_1} = \frac{N_2\Phi_{21}}{i_1}. \quad (23)$$

Man gibt sich also einen Strom vor, berechnet den Fluß und bildet den Quotienten (22) bzw. (23).

Beispiel

Die Ermittlung einer Selbstinduktivität soll für die mit N gleichmäßig verteilten Windungen bewickelten Ringspule mit rechteckigem Querschnitt

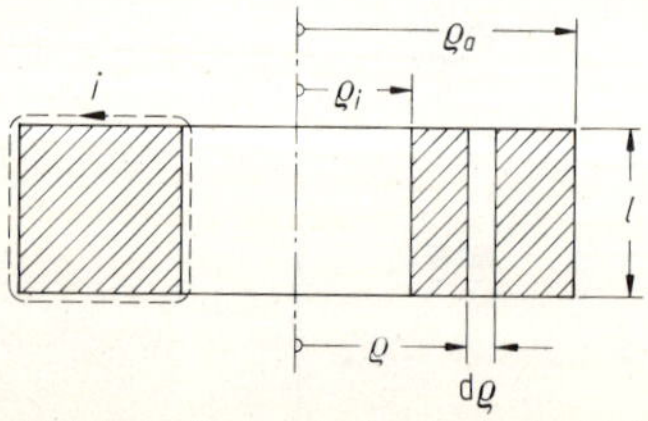

Bild 13-9. Ringspule im Querschnitt (es ist nur eine der N Windungen dargestellt).

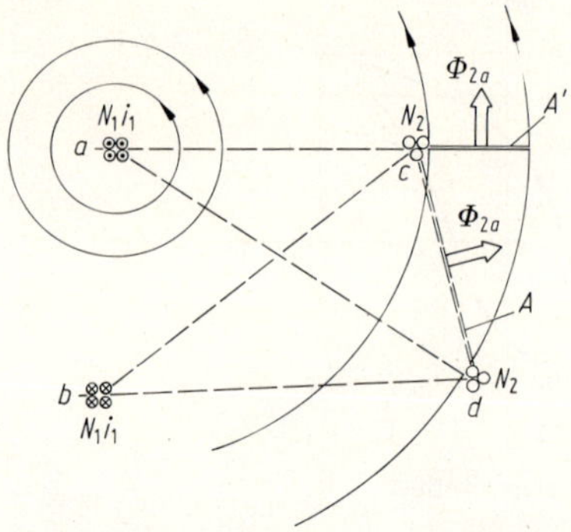

Bild 13-10. Zur Berechnung der Gegeninduktivität zwischen zwei senkrecht zur Papierebene sehr langen rechteckigen Spulen mit N_1 bzw. N_2 Windungen.

und den Abmessungen nach Bild 13-9 durchgeführt werden.

Wegen (12-20), (12-11) und (12-12) mit Ni statt I erhält man

$$\Phi = \int B\,\mathrm{d}A = \int \mu H l\,\mathrm{d}\varrho = \frac{\mu l N i}{2\pi}\int_{\varrho_\mathrm{i}}^{\varrho_\mathrm{a}} \frac{\mathrm{d}\varrho}{\varrho}$$
$$= \frac{\mu l N i}{2\pi}\ln\frac{\varrho_\mathrm{a}}{\varrho_\mathrm{i}}.$$

Daraus folgt mit (22):

$$L = \frac{\mu l N^2}{2\pi}\ln\frac{\varrho_\mathrm{a}}{\varrho_\mathrm{i}}. \quad (24)$$

Beispiel

Als Beispiel für die Berechnung einer Gegeninduktivität werden die beiden senkrecht zur Papierebene sehr langen Leiterschleifen (Länge l) mit N_1 bzw. N_2 Windungen nach Bild 13-10 betrachtet. Bei vorgegebenem Strom i_1 wird der Beitrag der Leiter a wegen (12-20), (12-11), (12-12) mit $I = N_1 i_1$

$$\Phi_{2\mathrm{a}} = \frac{\mu l N_1 i_1}{2\pi}\int_{\varrho_\mathrm{ac}}^{\varrho_\mathrm{ad}} \frac{\mathrm{d}\varrho}{\varrho} = \frac{\mu l N_1 i_1}{2\pi}\ln\frac{\varrho_\mathrm{ad}}{\varrho_\mathrm{ac}}.$$

Dabei wurde statt über A über die Fläche A' integriert, da die Feldvektoren senkrecht auf A' stehen und diese Integration einfacher ist.

Ganz entsprechend erhält man für den Beitrag der Leiter b

$$\Phi_{2\mathrm{b}} = \frac{\mu l N_1 i_1}{2\pi}\ln\frac{\varrho_\mathrm{bc}}{\varrho_\mathrm{bd}}.$$

Mit $\Phi_{21} = \Phi_{2\mathrm{a}} + \Phi_{2\mathrm{b}}$ liefert (23):

$$M = \frac{\mu l N_1 N_2}{2\pi}\ln\frac{\varrho_\mathrm{ad}\,\varrho_\mathrm{bc}}{\varrho_\mathrm{ac}\,\varrho_\mathrm{bd}}. \quad (25)$$

Die Ergebnisse (24) und (25) zeigen, daß die Windungszahl in der Selbstinduktivität als N^2 enthalten ist, während die beiden Windungszahlen in die Gegeninduktivität als Produkt $N_1 N_2$ eingehen.

13.3.4 Die gespeicherte Energie

Die im Feld einer Spule gespeicherte Energie ergibt sich aus (10-36) mit (16) zu

$$W_\mathrm{m} = \int u i \,\mathrm{d}t = \int L \frac{\mathrm{d}i}{\mathrm{d}t} i \,\mathrm{d}t = \int L i \,\mathrm{d}i .$$

Für konstantes L folgt

$$W_\mathrm{m} = L \int_0^I i \,\mathrm{d}i = \frac{1}{2} L I^2 = \frac{1}{2} \Psi I = \frac{1}{2} \cdot \frac{\Psi^2}{L}, \qquad (26)$$

wobei die beiden letzten Ausdrücke auf (14) beruhen.
Durch ähnliche Überlegungen erhält man für zwei magnetisch gekoppelte Spulen (Bild 13-7):

$$W_\mathrm{m} = \frac{1}{2} L_1 I_1^2 + M I_1 I_2 + \frac{1}{2} L_2 I_2^2 . \qquad (27)$$

Dabei ist vorausgesetzt, daß die von beiden Strömen erzeugten Beiträge zum „koppelnden" Fluß sich addieren. Andernfalls steht vor M ein Minuszeichen.
Für n gekoppelte Spulen kann man herleiten:

$$W_m = \frac{1}{2} \sum_{\mu=1}^{n} \sum_{\nu=1}^{n} L_{\mu\nu} I_\mu I_\nu , \qquad (28)$$

wobei $L_{\mu\nu} = L_{\nu\mu}$ die Gegeninduktivität zwischen der μ-ten und ν-ten Spule ist.
Übrigens können Selbst- und Gegeninduktivitäten auch über die Energie ermittelt werden. Im ersten Fall bestimmt man für einen vorgegebenen Strom I die Energie W und bildet mit (26):

$$L = \frac{2W}{I^2} . \qquad (29)$$

Bei zwei Spulen gibt man sich I_1 und I_2 vor, berechnet W und liest aus (27) die gesuchten Koeffizienten L_1, L_2, M ab.

13.4 Kräfte im Magnetfeld

Das Prinzip der virtuellen Verschiebung werde auf die in Bild 13-11 skizzierte Anordnung angewendet, und zwar unter den folgenden Voraussetzungen: Die Stromquelle gibt einen konstanten Strom ab, die Leitungen sind widerstandsfrei, der senkrechte Leiterstab kann sich reibungsfrei bewegen, weiter ist der Übergangswiderstand zwischen dem beweglichen Leiterstab und den feststehenden Leitern gleich Null. Bei einer Verschiebung um $\mathrm{d}x$ wird die mechanische Energie $F_x \,\mathrm{d}x$ gewonnen.

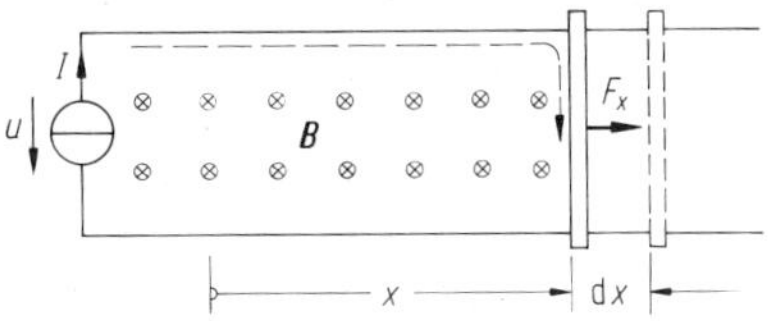

Bild 13-11. Zur Herleitung der Kraft mit Hilfe des Prinzips der virtuellen Verschiebung.

Gleichzeitig ändern sich die magnetische Feldenergie und die in der Quelle gespeicherte Energie um $\mathrm{d}W_\mathrm{m}$ bzw. $\mathrm{d}W_\mathrm{q}$. Die Summe der Änderungen ist Null: $F_x \,\mathrm{d}x + \mathrm{d}W_\mathrm{m} + \mathrm{d}W_\mathrm{q} = 0$. Hierin ist nach (26) $\mathrm{d}W_\mathrm{m} = \frac{1}{2} I \,\mathrm{d}\Psi = \frac{1}{2} I \,\mathrm{d}\Phi$ (für $N = 1$) und mit (1) $\mathrm{d}W_\mathrm{Q} = -uI \,\mathrm{d}t = -\frac{\mathrm{d}\Phi}{\mathrm{d}t} I \,\mathrm{d}t = -I \,\mathrm{d}\Phi$. Das Minuszeichen bringt zum Ausdruck, daß die Quelle Energie abgibt. Damit hat man

$$F_x \,\mathrm{d}x + \frac{1}{2} I \,\mathrm{d}\Phi - I \,\mathrm{d}\Phi$$

oder

$$F_x \,\mathrm{d}x = \frac{1}{2} I \,\mathrm{d}\Phi .$$

Ersetzt man $\frac{1}{2} I \,\mathrm{d}\Phi$ wieder durch $\mathrm{d}W_\mathrm{m}$, so erhält man

$$F_x = \frac{\mathrm{d}W_\mathrm{m}}{\mathrm{d}x} \quad (I = \mathrm{const}) . \qquad (30)$$

Mit (30) soll die Kraft zwischen zwei Eisenjochen nach Bild 13-12 bestimmt werden (Anwendung: Elektromagnet). Die Abmessungen seien so gewählt, daß man von Randeffekten absehen kann. Die magnetische Energie ist nach (13) und mit (12-22), (12-29), (12-33):

$$W_\mathrm{m} = A l_\mathrm{Fe} \frac{B^2}{2\mu_\mathrm{Fe}} + A l_\mathrm{L} \frac{B^2}{2\mu_0} = \frac{\Phi^2}{2} \left(\frac{l_\mathrm{Fe}}{\mu_\mathrm{Fe} A} + \frac{l_\mathrm{L}}{\mu_0 A} \right) = \frac{\Phi^2 R_\mathrm{m\,ges}}{2} = \frac{\Theta^2}{2 R_\mathrm{m\,ges}} .$$

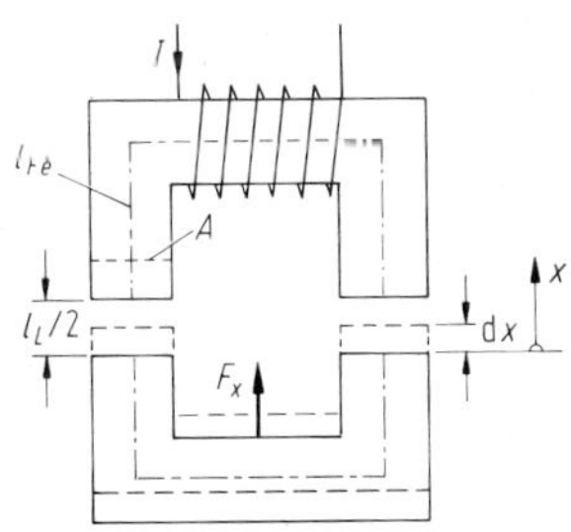

Bild 13-12. Kraft zwischen Eisenjochen.

Nach (30) wird mit (12-33)

$$F_x = \frac{\Theta^2}{2} \cdot \frac{d}{dx} \cdot \frac{1}{R_{\text{m ges}}} = -\frac{\Theta^2}{2} \cdot \frac{1}{R^2_{\text{m ges}}} \cdot \frac{dR_{\text{m ges}}}{dx}$$
$$= -\frac{\Phi^2}{2} \cdot \frac{dR_{\text{m ges}}}{dx}.$$

Darin ist mit (12-30), wenn μ_{Fe} nicht von x abhängt:

$$R_{\text{m ges}}(x) = \frac{l_{\text{Fe}}}{\mu_{\text{Fe}} A} + \frac{l_{\text{L}} - x}{\mu_0 A}, \quad \frac{dR_{\text{m ges}}}{dx} = -\frac{1}{\mu_0 A},$$

also wird mit (12-22)

$$F_x = \frac{\Phi^2}{2\mu_0 A} = \frac{B^2}{2\mu_0} A. \tag{31}$$

Die Kraft pro Fläche (der Kraftbelag) ist also

$$\frac{1}{2} \frac{B^2}{\mu_0} = \frac{1}{2} B H_{\text{L}} = \frac{1}{2} \mu_0 H^2_{\text{L}}, \text{ vgl. (13).}$$

14 Elektromagnetische Felder

14.1 Die Maxwellschen Gleichungen in integraler und differentieller Form

Die beiden Maxwellschen Hauptgleichungen machen Aussagen über die Wirbel des magnetischen bzw. elektrischen Feldes:

$$\text{(12-19)} \quad \oint_C \boldsymbol{H} \cdot d\boldsymbol{s} = \int_A \left(\boldsymbol{J} + \frac{\partial \boldsymbol{D}}{\partial t} \right) \cdot d\boldsymbol{A}, \tag{1}$$

$$\text{(13-4)} \quad \oint_C \boldsymbol{E} \cdot d\boldsymbol{s} = -\frac{d}{dt} \int_A \boldsymbol{B} \cdot d\boldsymbol{A}. \tag{2}$$

Aussagen über die Quellen der Felder machen

$$\text{(12-23)} \quad \oint_S \boldsymbol{B} \cdot d\boldsymbol{A} = 0, \tag{3}$$

$$\text{(10-20)} \quad \oint_S \boldsymbol{D} \cdot d\boldsymbol{A} = \int_V \varrho \, dV, \tag{4}$$

die auch als 3. und 4. Maxwellsche Gleichung bezeichnet werden. In (4) ist ϱ die Raumladungsdichte. Zu (1) bis (4) kommen noch die sog. Materialgleichungen (10-14), (11-6), (12-11) hinzu:

$$\boldsymbol{D} = \varepsilon \boldsymbol{E}, \quad \boldsymbol{J} = \varkappa \boldsymbol{E}, \quad \boldsymbol{B} = \mu \boldsymbol{H}. \tag{5 a, b, c}$$

Mit dem Stokesschen Satz (siehe A 17.3) läßt sich (1) umformen:

$$\oint_C \boldsymbol{H} \cdot d\boldsymbol{s} = \int_A \operatorname{rot} \boldsymbol{H} \cdot d\boldsymbol{A} = \int_A \left(\boldsymbol{J} + \frac{\partial \boldsymbol{D}}{\partial t} \right) \cdot d\boldsymbol{A}.$$

Damit ist

$$\operatorname{rot} \boldsymbol{H} = \boldsymbol{J} + \frac{\partial \boldsymbol{D}}{\partial t}. \tag{6}$$

Entsprechend folgt aus (2)

$$\operatorname{rot} \boldsymbol{E} = -\frac{\partial \boldsymbol{B}}{\partial t}. \tag{7}$$

Mit dem Gaußschen Satz (siehe A 17.3) ergibt sich aus (4):

$$\oint_S \boldsymbol{D} \cdot d\boldsymbol{A} = \int_V \operatorname{div} \boldsymbol{D} \, dV = \int_V \varrho \, dV$$

und somit

$$\operatorname{div} \boldsymbol{D} = \varrho. \tag{8}$$

Entsprechend kann (3) durch

$$\operatorname{div} \boldsymbol{B} = 0 \tag{9}$$

ersetzt werden. (6) bis (9) sind die Maxwellschen Gleichungen in differentieller Form.

14.2 Die Einteilung der elektromagnetischen Felder

Die Einteilung der Felder in die Kapitel 10 bis 15 erscheint sinnvoll, wenn man die Maxwellschen Gleichungen unter verschiedenen einschränkenden Annahmen betrachtet.
Der speziellste und zugleich einfachste Fall ist der, daß keine zeitlichen Änderungen auftreten und kein Strom fließt ($\partial/\partial t = 0$, $\boldsymbol{J} = \boldsymbol{o}$). Die Grundgleichungen zerfallen dann in zwei Gruppen

$$\begin{array}{ll} \operatorname{rot} \boldsymbol{E} = \boldsymbol{o} & \operatorname{rot} \boldsymbol{H} = \boldsymbol{o} \\ \operatorname{div} \boldsymbol{D} = \varrho & \operatorname{div} \boldsymbol{B} = 0 \\ \boldsymbol{D} = \varepsilon \boldsymbol{E} & \boldsymbol{B} = \mu \boldsymbol{H}, \end{array}$$

zwischen denen keine Beziehungen bestehen: in die *Elektrostatik* und die *Magnetostatik*. Diese Gebiete lassen sich also völlig unabhängig voneinander behandeln.
Setzt man weiterhin $\partial/\partial t = 0$ voraus, läßt aber Gleichströme zu, so sind das elektrische und das magnetische Feld über $\operatorname{rot} \boldsymbol{H} = \varkappa \boldsymbol{E}$ verknüpft. Hier spricht man von *Feldern stationärer Ströme.*
Eine recht enge Verbindung zwischen elektrischen und magnetischen Größen liegt dann vor, wenn zeitliche Änderungen der magnetischen Flußdichte berücksichtigt werden (die magnetisierende Wirkung des Verschiebungsstromes jedoch noch nicht). Dieses Teilgebiet heißt *Felder quasistationärer Ströme.*
Die Maxwellschen Gleichungen in der allgemeinsten Form bilden die Grundlage zur Behandlung *elektromagnetischer Wellen*.

14.3 Die Maxwellschen Gleichungen bei harmonischer Zeitabhängigkeit

Ändern sich die Feldgrößen zeitlich nach einem Sinusgesetz, so geht man wie in 2.1 zur komplexen Darstellung über und macht z. B. für die elektrische Feldstärke den Ansatz

$$\boldsymbol{E}(x, y, z; t) \equiv \boldsymbol{E}(P, t) = \operatorname{Re}\{\boldsymbol{E}(P)\, \mathrm{e}^{\mathrm{j}\omega t}\}.$$

Hier ist P der Aufpunkt, der z. B. in kartesischen Koordinaten durch (x, y, z) bestimmt ist. Aus (1) und (2) ergeben sich

$$\oint_C \boldsymbol{H} \cdot \mathrm{d}\boldsymbol{s} = \int_A (\boldsymbol{J} + \mathrm{j}\omega \boldsymbol{D}) \cdot \mathrm{d}\boldsymbol{A}, \tag{10}$$

$$\oint_C \boldsymbol{E} \cdot \mathrm{d}\boldsymbol{s} = -\mathrm{j}\omega \int_A \boldsymbol{B} \cdot \mathrm{d}\boldsymbol{A}. \tag{11}$$

Statt (6) und (7) hat man

$$\operatorname{rot} \boldsymbol{H} = \boldsymbol{J} + \mathrm{j}\omega \boldsymbol{D}, \tag{12}$$

$$\operatorname{rot} \boldsymbol{E} = -\mathrm{j}\omega \boldsymbol{B}. \tag{13}$$

Die allein vom Ort P abhängenden komplexen Amplituden $\boldsymbol{E}(P)$, $\boldsymbol{H}(P)$ usw. nennt man Phasoren. (Anders als in der Wechselstromlehre arbeitet man in der Feldtheorie mit Amplituden und nicht mit Effektivwerten.)

15 Elektromagnetische Wellen

15.1 Die Wellengleichung

Die Maxwellschen Gleichungen (in der allgemeinsten Form) beschreiben die sehr enge Verknüpfung zwischen elektrischen und magnetischen Feldern: beide Felder „induzieren" sich gegenseitig. Wenn dieser Vorgang nicht an einen Ort gebunden ist, sondern im Raum fortschreitet, liegt eine *elektromagnetische* Welle vor.

Die folgenden Überlegungen beschränken sich auf den Fall sinusförmiger Zeitabhängigkeit. (Die Erweiterung auf den allgemeinen Fall beliebiger zeitlicher Änderung läßt sich mit Hilfe von Fourierreihen bzw. von Fourierintegralen leicht durchführen.) Außerdem wird vorausgesetzt, daß das betrachtete Gebiet raumladungsfrei, homogen und isotrop ist. Dann folgt aus (14-12) und (14-13), wenn man jeweils auf beiden Seiten die Rotation bildet:

$$\operatorname{rot}\operatorname{rot} \boldsymbol{H} + \gamma^2 \boldsymbol{H} = \boldsymbol{o} \tag{1}$$

$$\operatorname{rot}\operatorname{rot} \boldsymbol{E} + \gamma^2 \boldsymbol{E} = \boldsymbol{o} \tag{2}$$

mit der Abkürzung

$$\gamma^2 = \mathrm{j}\omega\mu(\varkappa + \mathrm{j}\omega\varepsilon); \quad \gamma = \alpha + \mathrm{j}\beta \quad (\alpha, \beta \text{ reell}). \tag{3}$$

(Häufig wird die Abkürzung $k^2 = -\gamma^2$ verwendet; man nennt k die komplexe Kreisrepetenz.)

Statt (1) und (2) kann mit der aus der Vektoranalysis (A 17.1, (6)) bekannten Beziehung

$$\operatorname{rot}\operatorname{rot} \boldsymbol{A} = \operatorname{grad}\operatorname{div} \boldsymbol{A} - \Delta \boldsymbol{A}$$

und bei Beachtung von (14-8), (14-9) und $\varrho = 0$ geschrieben werden:

$$\Delta \boldsymbol{H} - \gamma^2 \boldsymbol{H} = \boldsymbol{o} \tag{4}$$

$$\Delta \boldsymbol{E} - \gamma^2 \boldsymbol{E} = \boldsymbol{o}. \tag{5}$$

Diese Gleichungen nennt man *Helmholtz-Gleichungen* oder auch *Wellengleichungen*.
Bei Verwendung rechtwinkliger Koordinaten ist

$$\Delta = \frac{\partial^2}{\partial x^2} + \frac{\partial^2}{\partial y^2} + \frac{\partial^2}{\partial z^2},$$

d. h., jede rechtwinklige Komponente von $\boldsymbol{E}$ und $\boldsymbol{H}$ (z. B. E_x) genügt der Gleichung

$$\frac{\partial^2 E_x}{\partial x^2} + \frac{\partial^2 E_x}{\partial y^2} + \frac{\partial^2 E_x}{\partial z^2} - \gamma^2 E_x = 0. \tag{6}$$

Zur Illustration eines Wellenfeldes soll eine möglichst einfache Lösung betrachtet werden. Es sei

$$\boldsymbol{E} = \boldsymbol{e}_x E_x(z). \tag{7}$$

Damit folgt aus (5) bzw. (6)

$$\frac{\mathrm{d}^2 E_x}{\mathrm{d}z^2} - \gamma^2 E_x = 0 \tag{8}$$

mit der Lösung (vgl. 9.1)

$$E_x(z) = E_\mathrm{p}\, \mathrm{e}^{-\gamma z} + E_\mathrm{r}\, \mathrm{e}^{\gamma z}. \tag{9}$$

Die zugehörige magnetische Feldstärke ergibt sich aus (14-13) mit (14-5):

$$\operatorname{rot} \boldsymbol{E} = \begin{vmatrix} \boldsymbol{e}_x & \boldsymbol{e}_y & \boldsymbol{e}_z \\ 0 & 0 & \partial/\partial z \\ E_x & 0 & 0 \end{vmatrix} = \boldsymbol{e}_y \frac{\mathrm{d}E_x}{\mathrm{d}z}$$
$$= -\mathrm{j}\omega\mu \boldsymbol{H} = -\mathrm{j}\omega\mu \boldsymbol{e}_y H_y.$$

Da $\operatorname{rot} \boldsymbol{E}$ hier nur eine y-Komponente aufweist, kann $\boldsymbol{H}$ (auf der rechten Seite) auch nur eine y-Komponente besitzen:

$$\frac{\mathrm{d}E_x}{\mathrm{d}z} = -\mathrm{j}\omega\mu H_y, \tag{10}$$

Auf gleiche Weise folgt aus (14.12)

$$\frac{\mathrm{d}H_y}{\mathrm{d}z} = -(\varkappa + \mathrm{j}\omega\varepsilon)\, E_x. \tag{11}$$

Mit (10) erhält man aus (9), wenn man die *Feldwellenimpedanz* (Feldwellenwiderstand)

$$Z_\mathrm{F} = \frac{\mathrm{j}\omega\mu}{\gamma} = \sqrt{\frac{\mathrm{j}\omega\mu}{\varkappa + \mathrm{j}\omega\varepsilon}} \tag{12}$$

einführt, für das magnetische Feld:

$$H_y(z) = \frac{E_\mathrm{P}}{Z_\mathrm{F}}\, \mathrm{e}^{-\gamma z} - \frac{E_\mathrm{r}}{Z_\mathrm{F}}\, \mathrm{e}^{\gamma z}. \tag{13}$$

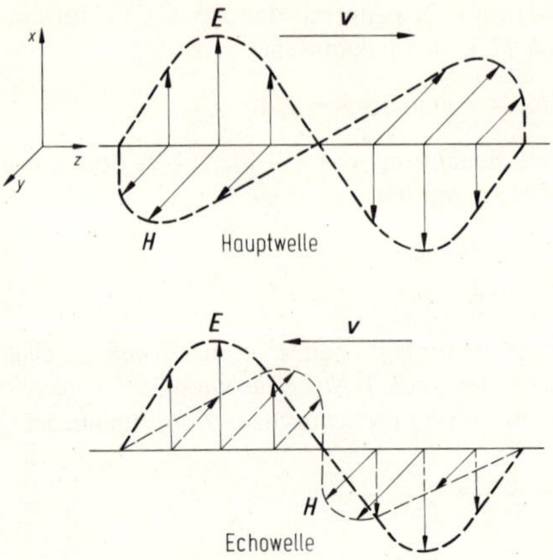

Bild 15-1. Transversalwelle.

Das Gleichungspaar ((9), (13)) stellt eine Welle dar, bei der beide Felder senkrecht auf der Ausbreitungsrichtung (z-Achse) stehen und keine Feldkomponenten in Ausbreitungsrichtung auftreten. Eine solche Welle nennt man transversalelektromagnetisch (abgekürzt: *TEM-Welle*).

Anmerkung: Weist dagegen das elektrische oder das magnetische Feld eine Komponente in Ausbreitungsrichtung auf, so spricht man im 1. Fall von einer E-Welle oder *TM-Welle* (transversal-magnetisch) und im 2. Fall von einer H-Welle oder *TE-Welle* (transversal-elektrisch).

Die Lösung soll noch für zwei Sonderfälle betrachtet werden.

Breitet sich die **Welle im Vakuum** aus (die folgenden Beziehungen gelten näherungsweise auch für den Luftraum), so wird Z_F nach (12)

$$Z_F = \sqrt{\frac{\mu_0}{\varepsilon_0}} \approx 377\,\Omega \quad \text{(reell)}, \tag{14}$$

d. h., das elektrische und das magnetische Feld der Hauptwelle sind in Phase; das gleiche gilt für die Echowelle. Beide Wellen sind in Bild 15-1 veranschaulicht.

Für γ ergibt sich nach (3)

$$\gamma = \mathrm{j}\omega\sqrt{\varepsilon_0\mu_0} = \mathrm{j}\beta = \mathrm{j}\,\frac{\omega}{c_0} \quad \text{(rein imaginär)}. \tag{15}$$

Die Welle ist ungedämpft und breitet sich nach (9-15) mit der Geschwindigkeit

$$v = 1/\sqrt{\varepsilon_0\mu_0} \approx 3\cdot 10^8\,\mathrm{m/s},$$

also mit der Lichtgeschwindigkeit c_0, aus. Die Wellenlänge beträgt nach (9-16) $\lambda = c_0/f$.

Der zweite Sonderfall betrifft die **Wellenausbreitung in einem Leiter**; es soll dabei $\varkappa \gg \omega\varepsilon$ sein, d. h., die Verschiebungsstromdichte $\partial \boldsymbol{D}/\partial t$ wird gegenüber der Leitungsstromdichte $\boldsymbol{J}$ vernachlässigbar. Dann folgt aus (12)

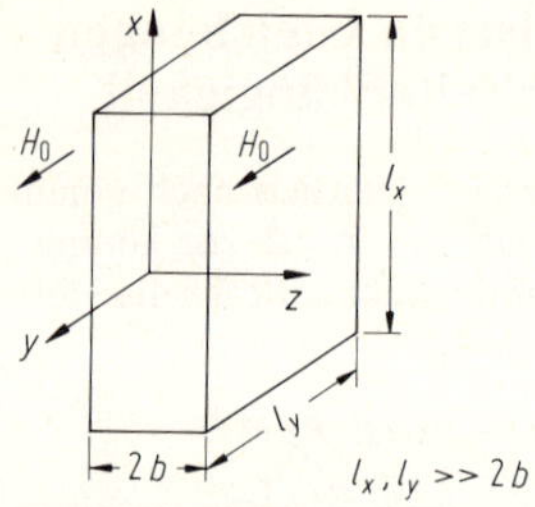

Bild 15-2. Leitende Platte im magnetischen Wechselfeld (Transformatorblech).

$$Z_F = \sqrt{\frac{\mathrm{j}\omega\mu}{\varkappa}} = (1+\mathrm{j})\sqrt{\frac{\omega\mu}{2\varkappa}} \tag{16}$$

und aus (3)

$$\gamma = \sqrt{\mathrm{j}\omega\mu\varkappa} = (1+\mathrm{j})\sqrt{\frac{\omega\mu\varkappa}{2}}$$

$$=: \frac{1+\mathrm{j}}{d} = \alpha + \mathrm{j}\beta. \tag{17}$$

Man nennt d die *Eindringtiefe*. Die Welle in diesem Fall heißt *Wirbelstromwelle.*

Für die in Bild 15-2 skizzierte Anordnung (Transformatorblech) ergibt sich aus Symmetriegründen mit (13):

$$H_y(z) = \frac{E}{Z_F}(\mathrm{e}^{\gamma z} + \mathrm{e}^{-\gamma z}) = \frac{2E}{Z_F}\cos\gamma z.$$

Arbeitet man hier die Randbedingung $H_y(\pm b) = H_0$ ein, so erhält man

$$H_y(z) = H_0\,\frac{\cosh\gamma z}{\cosh\gamma b}. \tag{18}$$

Die Ströme in dem Leiter bezeichnet man als Wirbelströme. Die Stromdichte folgt mit (11):

$$\varkappa E_x(z) = J_x(z) = -H_0\gamma\,\frac{\sinh\gamma z}{\cosh\gamma b}. \tag{19}$$

15.2 Die Anregung elektromagnetischer Wellen

Elektromagnetische Wellen werden von (Sende-) *Antennen* angeregt. Eine Elementarform einer solchen Antenne stellt eine um ihre Ruhelage schwingende Ladung Q dar. Gleichwertig ist die Vorstellung, daß ein Wechselstrom I in einem Leiter der sehr kleinen Länge l fließt. Es läßt sich zeigen, daß ein im Ursprung eines Kugelkoordinatensystems nach Bild 15-3 angeordnetes Stromelement das folgende Feld verursacht (der das Leiterelement umgebende Raum sei nichtleitend, damit

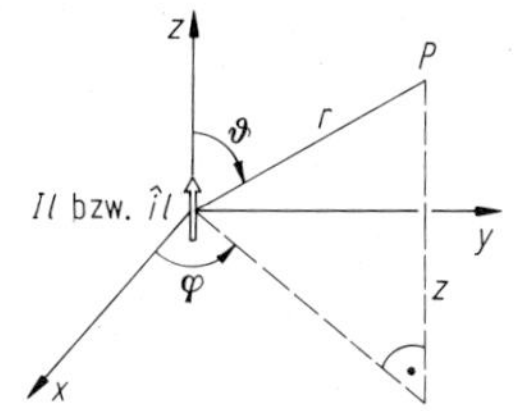

Bild 15-3. Im Ursprung eines Kugelkoordinatensystems angeordnetes Stromelement (Hertzscher Dipol).

wird $\gamma = \mathrm{j}\omega/c = \mathrm{j}k$, imaginär):

$$E_r = \frac{\hat{i}l}{2\pi}\,\mathrm{e}^{-\mathrm{j}\frac{\omega}{c}r}\left(\frac{Z_\mathrm{F}}{r^2} + \frac{1}{\mathrm{j}\omega\varepsilon r^3}\right)\cos\vartheta, \qquad (20)$$

$$E_\vartheta = \frac{\hat{i}l}{4\pi}\,\mathrm{e}^{-\mathrm{j}\frac{\omega}{c}r}\left(\frac{\mathrm{j}\omega\mu}{r} + \frac{Z_\mathrm{F}}{r^2} + \frac{1}{\mathrm{j}\omega\varepsilon r^3}\right)\sin\vartheta, \qquad (21)$$

$$H_\varphi = \frac{\hat{i}l}{4\pi}\,\mathrm{e}^{-\mathrm{j}\frac{\omega}{c}r}\left(\frac{\mathrm{j}\omega/c}{r} + \frac{1}{r^2}\right)\sin\vartheta. \qquad (22)$$

Die übrigen Feldkomponenten sind Null. Das Feld in unmittelbarer Nähe des Stromelements bezeichnet man als *Nahfeld.* Für die Funktechnik interessant ist das Feld in großer Entfernung, das *Fernfeld*; dieses wird durch die Terme beschrieben, die proportional zu $1/r$ sind:

$$E_\vartheta = \frac{\hat{i}l}{4\pi}\,\mathrm{e}^{-\mathrm{j}\frac{\omega}{c}r}\,\frac{\mathrm{j}\omega\mu}{r}\sin\vartheta, \qquad (23)$$

$$H_\varphi = \frac{\hat{i}l}{4\pi}\,\mathrm{e}^{-\mathrm{j}\frac{\omega}{c}r}\,\frac{\mathrm{j}\omega/c}{r}\sin\vartheta. \qquad (24)$$

Die Gln. (20) bis (24), die die Entstehung der elektromagnetischen Welle und ihre Ablösung von dem Elementarerreger beschreiben, kann man durch Feldbilder veranschaulichen: Bild 15-4.

Die bis jetzt betrachtete Elementarantenne nennt man auch einen *Hertzschen Dipol,* entsprechend der Vorstellung, daß hier ein elektrischer Dipol oszilliert. Hat der Elementarerreger dagegen die Form einer kleinen stromdurchflossenen Leiterschleife (die einen oszillierenden magnetischen Dipol darstellt), so benutzt man die Bezeichnung *Fitzgeraldscher Dipol.*

15.3 Die abgestrahlte Leistung

Einen Ausdruck für die von der Welle transportierte Leistung gewinnt man, indem man von dem zeitlichen Zuwachs der elektrischen und magnetischen Energiedichte ausgeht. Dieser ist wegen (10-39) und (13-13)

$$\frac{\mathrm{d}w}{\mathrm{d}t} = \boldsymbol{E}\cdot\frac{\partial \boldsymbol{D}}{\partial t} + \boldsymbol{H}\cdot\frac{\partial \boldsymbol{B}}{\partial t}$$

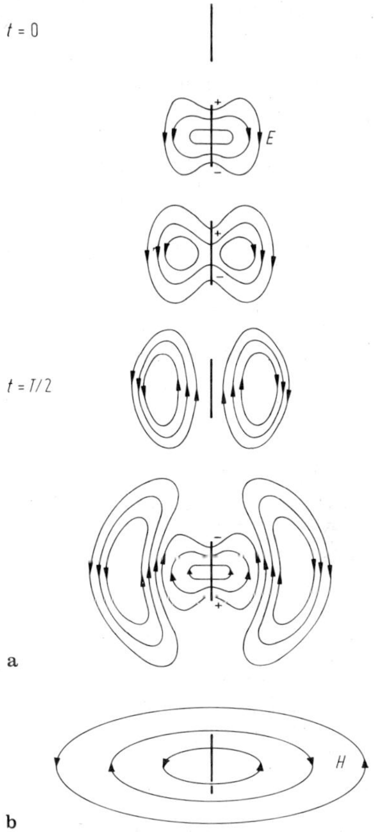

Bild 15-4. Die Entstehung einer elektromagnetischen Welle in der Umgebung eines Hertzschen Dipols.

oder mit (14-6) und (14-7)

$$\frac{\mathrm{d}w}{\mathrm{d}t} = -\boldsymbol{E}\cdot\boldsymbol{J} + \boldsymbol{E}\cdot\operatorname{rot}\boldsymbol{H} - \boldsymbol{H}\cdot\operatorname{rot}\boldsymbol{E}$$

Die beiden letzten Terme lassen sich zusammenfassen (vgl. A 17.1):

$$\frac{\mathrm{d}w}{\mathrm{d}t} = -\boldsymbol{E}\cdot\boldsymbol{J} - \operatorname{div}(\boldsymbol{E}\times\boldsymbol{H})\,. \qquad (25)$$

Durch Integration über das Volumen und Benutzung des Gaußschen Satzes (siehe A 17.3) entsteht

$$-\oint_S (\boldsymbol{E}\times\boldsymbol{H})\,\mathrm{d}\boldsymbol{A} = \int_V \boldsymbol{E}\cdot\boldsymbol{J}\,\mathrm{d}V + \int_V \frac{\mathrm{d}w}{\mathrm{d}t}\,\mathrm{d}V. \qquad (26)$$

Die Terme auf der rechten Seite sind die in Wärme umgesetzte Leistung und der auf die Zeit bezogene Zuwachs der Feldenergie; demnach muß die linke Seite die in das Volumen eingestrahlte Leistung sein; deren Flächendichte nennt man den *Poynting-Vektor*:

$$\boldsymbol{S} = \boldsymbol{E}\times\boldsymbol{H}. \qquad (27)$$

Mit den soeben entwickelten Beziehungen soll die

vom Fernfeld eines Hertzschen Dipols transportierte Leistung berechnet werden. Man denkt sich um den Dipol eine geschlossene Fläche gelegt, am einfachsten eine Kugel, in deren Mittelpunkt sich der Dipol befindet. Dann erhält man (ohne Zwischenrechnung) mit (26), (23), (24) für den Mittelwert der Leistung (Wirkleistung):

$$P = \mathrm{Re}\,\frac{1}{2}\oint_S (\boldsymbol{E} \times \boldsymbol{H}^*)\,\mathrm{d}\boldsymbol{A} = \frac{2\pi}{3} Z_{\mathrm{F}} \left(\frac{l}{\lambda}\right)^2 |I|^2 . \quad (28)$$

Ordnet man der Antenne durch die Gleichung

$$P = R_{\mathrm{rd}} |\mathrm{I}|^2 \quad (29)$$

einen *Strahlungswiderstand* R_{rd} zu, so ergibt sich für den Hertzschen Dipol

$$R_{\mathrm{rd}} = \frac{2\pi}{3} Z_{\mathrm{F}} \left(\frac{l}{\lambda}\right)^2 \quad (30)$$

und, falls dieser sich im Vakuum befindet:

$$R_{\mathrm{rd}} \approx 80\,\Omega \left(\frac{l}{\lambda}\right)^2 .$$

15.4 Die Phase und aus dieser abgeleitete Begriffe

Die komplexe Wellenfunktion, die man als Lösung von (6) erhält, kann in der Form

$$A(P)\,\mathrm{e}^{\mathrm{j}\varphi(P)} \quad \text{oder} \quad A(x,y,z)\,\mathrm{e}^{\mathrm{j}\varphi(x,y,z)} \quad (31)$$

geschrieben werden. Die Amplitude A und der Nullphasenwinkel φ sind reelle Größen. Zu der komplexen Wellenfunktion gehört der Augenblickswert

$$A(P)\cos[\omega t + \varphi(P)] . \quad (32)$$

Flächen, auf denen φ konstant ist, heißen *Flächen gleicher Phase* oder *Phasenflächen*. Nach der Form dieser Flächen unterscheidet man *ebene Wellen, Zylinderwellen, Kugelwellen* u. a. Wenn A auf den Phasenflächen konstant ist, spricht man von gleichförmigen (uniformen) Wellen. Die *Wellennormale* (in irgendeinem Punkt) steht senkrecht auf der Phasenfläche und hat die Richtung von grad φ. (Der Betrag von grad φ gibt die stärkste Änderungsrate der Nullphase φ an.) Die auf die Länge bezogene Abnahme der Phase in irgendeiner Richtung ist der der betreffenden Richtung zugeordnete Phasenkoeffizient:

$$\beta_x = -\frac{\partial\varphi}{\partial x}, \quad \beta_y = -\frac{\partial\varphi}{\partial y}, \quad \beta_z = -\frac{\partial\varphi}{\partial z} . \quad (33)$$

Diese Terme lassen sich zu einem vektoriellen Phasenkoeffizienten zusammenfassen:

$$\boldsymbol{\beta} = -\mathrm{grad}\,\varphi . \quad (34)$$

Das Argument der Cosinusfunktion in (32) gibt die augenblickliche Phase der Welle an. Eine *Fläche konstanter Phase* ist durch

$$\omega t + \varphi(P) = \mathrm{const} \quad (35)$$

definiert. Die Fläche konstanter Phase stimmt in jedem Augenblick mit einer Phasenfläche überein. Bei einer Zeitänderung um $\mathrm{d}t$ muß, wenn (35) erfüllt sein soll, die Phase um $\mathrm{d}\varphi$ abnehmen. In kartesischen Koordinaten gilt:

$$\mathrm{d}\varphi = \frac{\partial\varphi}{\partial x}\mathrm{d}x + \frac{\partial\varphi}{\partial y}\mathrm{d}y + \frac{\partial\varphi}{\partial z}\mathrm{d}z = \mathrm{grad}\,\varphi \cdot \mathrm{d}\boldsymbol{s} .$$

Damit lautet die Bedingung für die Bewegung einer Fläche konstanter Phase

$$\omega\,\mathrm{d}t + \mathrm{grad}\,\varphi \cdot \mathrm{d}\boldsymbol{s} = 0 . \quad (36)$$

Daraus folgen die Phasengeschwindigkeiten in den drei Richtungen der kartesischen Koordinaten:

$$v_x = -\frac{\omega}{\partial\varphi/\partial x} = \frac{\omega}{\beta_x}$$
$$v_y = -\frac{\omega}{\partial\varphi/\partial y} = \frac{\omega}{\beta_y} \quad (37)$$
$$v_z = -\frac{\omega}{\partial\varphi/\partial z} = \frac{\omega}{\beta_z} .$$

Die Phasengeschwindigkeit in Richtung der Wellennormalen ist

$$v_{\mathrm{p}} = -\frac{\omega}{|\mathrm{grad}\,\varphi|} . \quad (38)$$

Die Größe v_{p} ist kein Vektor (mit den Komponenten (37)), sondern die kleinste Phasengeschwindigkeit der Welle.

Energietechnik

H. Zürneck

16 Prinzipien der Energieumwandlung

16.0 Grundbegriffe

16.0.1 Energie, Leistung, Wirkungsgrad

Energieumwandlung und Energietransport sind die Aufgaben der elektrischen Energietechnik im weitesten Sinn. Elektrische Energie ist ohne grundsätzliche physikalische Einschränkung, wie sie z. B. der 2. Hauptsatz in der Thermodynamik darstellt, in andere Energieformen umwandelbar („Exergie“), wobei sich die Umwandlungsverluste gering halten lassen. Ihre Höhe ist durch die Bemessung der verwendeten Betriebsmittel beeinflußbar, und damit im wesentlichen eine Frage wirtschaftlicher Abwägung.
Ist W eine übertragene oder umgesetzte Energie, dann ist

$$P = \frac{\mathrm{d}W}{\mathrm{d}t} \tag{1}$$

die zugehörige momentane Leistung.
Ein Teil der umgesetzten Leistung kommt nicht dem gewünschten Ziel zugute, geht dem Prozeß „verloren“. Die übliche, wenn auch nicht korrekte Bezeichnung dafür ist „Verluste“.
Leistungswirkungsgrad, kurz *Wirkungsgrad* η, ist das Verhältnis von abgegebener Leistung zur aufgenommenen Leistung eines Betriebsmittels oder einer Übertragungsstrecke.

$$\eta = \frac{P_{ab}}{P_{auf}}. \tag{2}$$

Gelegentlich wird mit dem Arbeitswirkungsgrad gerechnet, bei dem man das Verhältnis der entsprechenden Energien bildet.

Tabelle 16-1. Typische elektrische Leistungen

Gerät, Prozeß	Leistung P
Signal in Fernsehempfangsantenne	10 nW
Leuchtdiode	10 mW
Glühlampen (ohne Speziallampen)	0,1...200 W
Lichtmaschine in Kfz	400 W
Dauerleistung aus 16-A-Steckdose	3,5 kW
E-Lokomotive	2...6 MW
Synchrongenerator	...1 300 MW

16.0.2 Energietechnische Betrachtungsweisen

Wichtigste Form, in der elektrische Energie angewandt und erzeugt wird, ist 3phasiger Drehstrom. Daraus abgeleitet wird zum Betrieb kleinerer Verbraucher auf der Niederspannungsebene einphasiger Wechselstrom.
Im symmetrischen Drehstromnetz gilt für die Sternspannungen U_s in der Darstellung als Zeitfunktionen

$$u_1 = \hat{u}\cos\omega t,$$
$$u_2 = \hat{u}\cos\left(\omega t - \frac{2\pi}{3}\right), \tag{3}$$
$$u_3 = \hat{u}\cos\left(\omega t - \frac{4\pi}{3}\right).$$

Bei symmetrischem Verbraucher bilden die Ströme ein Drehstromsystem:

$$i_1 = \hat{i}\cos(\omega t - \varphi),$$
$$i_2 = \hat{i}\cos\left(\omega t - \frac{2\pi}{3} - \varphi\right), \tag{4}$$
$$i_3 = \hat{i}\cos\left(\omega t - \frac{4\pi}{3} - \varphi\right).$$

Für die verketteten Spannungen U_V ergibt sich

$$u_{12} = u_1 - u_2,$$
$$u_{23} = u_2 - u_3, \tag{5}$$
$$u_{31} = u_3 - u_1,$$

und nach Auflösung

$$|U_V| = \sqrt{3}\,|U_S|. \tag{6}$$

Bildet man aus (3) und (4)

$$P = u_1 i_1 + u_2 i_2 + u_3 i_3 \tag{7}$$

die Summe der Leistungen aller drei Stränge, so erhält man

$$P = \frac{3}{2}\hat{u}_S\hat{i}\cos\varphi \tag{8}$$

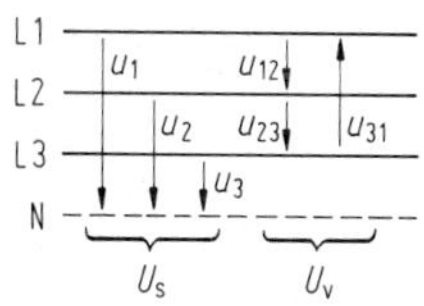

Bild 16-1. Symmetrisches Drehspannungssystem. U_V verkettete Spannungen, U_S Sternspannungen.

oder in Effektivwerten:

$$P = 3\,U_S I \cos\varphi = \sqrt{3}\;U_V I \cos\varphi \qquad (9)$$

für die übertragene (Wirk-)Leistung.
Eine einzelne Teilleistung aus (7), die die Leistung eines Wechselstromsystems darstellt, pulsiert mit doppelter Netzfrequenz (2ω). Bei der Summation der Teilleistungen zur Gesamtleistung des Drehstromsystems heben sich die pulsierenden Anteile auf. Die Leistung wird also durch symmetrischen Drehstrom kontinuierlich, und nicht pulsierend übertragen.
Dies hat weitreichende Folgen:
Verbraucher und Generator arbeiten mit zeitlich konstantem Leistungsfluß.
Ist der Verbraucher ein Drehstrommotor, so ist dessen Drehmoment $M = P/\omega$. Da der Leistungsfluß P nicht pulsiert, ist auch das Drehmoment zeitlich konstant. Die gleiche Überlegung gilt für den Generator.

16.0.3 Definitionen

Wirkleistung P

(a) *Wechselstrom:*

$$P = UI\cos\varphi\,. \qquad (10)$$

Mittelwert der zeitlich pulsierenden Leistung. Spannung und Strom sinusförmig und gegeneinander um den Phasenwinkel φ verschoben.

(b) *Drehstrom:*

$$P = 3\,U_S I\cos\varphi = \sqrt{3}\;U_V I\cos\varphi\,. \qquad (11)$$

Übertragungsleistung nicht pulsierend.

Scheinleistung S

(a) *Wechselstrom:*

$$S = UI, \qquad (16)$$

(b) *Drehstrom:*

$$S = 3\,U_S I = \sqrt{3}\;U_V I\,. \qquad (13)$$

Formales Produkt (bzw. Summe der Produkte) der Effektivwerte von Strom und Spannung. Keine physikalische Größe, da entgegen (10) und (11) nicht maßgebend für die übertragene Wirkleistung und damit die Energie. Maßgebend für die Auswahl von Betriebsmitteln, deren Beanspruchung unabhängig von der Phasenlage des Stromes ist, z. B. Transformatoren. Angaben nicht in physikalischer Einheit Watt (W), sondern Kunstbezeichnungen VA, kVA.

Blindleistung Q

(a) Wechselstrom: $Q = UI\sin\varphi,$ (15)

(b) Drehstrom:

$$Q = 3\,U_S I\sin\varphi = \sqrt{3}\;U_V I\sin\varphi\,. \qquad (16)$$

Formales Produkt (oder bei Drehstrom Summe der Produkte) aus Spannung und derjenigen Komponente des Stromes $I\sin\varphi$, die im Mittel nichts zur Übertragung von Energie beiträgt. Angabe in Var (var), kvar oder Mvar.

Andere Darstellungen:
Statt der Zeitfunktionen für die Größen des symmetrischen Drehstromsystems werden vorzugsweise bei der Behandlung unsymmetrischer (Fehler-)Fälle (z. B. bei der Kurzschlußberechnung) andere Darstellungen bevorzugt. Beim Verfahren der „symmetrischen Komponenten" [1], transformiert man das Drehstromsystem in einen Bildraum, in dem ihrerseits wieder symmetrische Mit-, Gegen- oder Nullkomponenten auftreten. Auch werden die Ersatzbilder der Betriebsmittel (Maschinen, Leitungen, Transformatoren, Fehlerstellen) in diesen Bildbereich transformiert. Nach Berechnung der im Bildbereich symmetrischen, und damit einfacher zu behandelnden Vorgänge, wird ggf. zurücktransformiert und man erhält die Auswirkungen im Originalnetz.

16.1 Elektrodynamische Energieumwandlung

16.1.1 Energiedichte in magnetischen und elektrischen Feldern

Die Umwandlung mechanischer in elektrische Energie (Generator) sowie die Wandlung elektrischer in mechanische Energie (Motor) ist prinzipiell sowohl unter Ausnutzung der elektrischen wie auch der magnetischen Feldstärke möglich. In der Technik kommt bis auf wenige Ausnahmen (elektrostatischer Bandgenerator für Hochspannungsuntersuchungen, Kondensatormikrofon) nur die Verwendung der magnetischen Kraftwirkungen zur Anwendung, da die unter technisch realisierbaren Feldstärken erzielbaren Energiedichten im Magnetfeld wesentlich größer sind als im elektrischen Feld [2].
Bei einer elektrischen Feldstärke von $E = 1\,\mathrm{kV/mm}$ (unterhalb der Durchbruchsfeldstärke für Luft) ist die Energiedichte (vgl. (10-39))

$$w = \frac{1}{2}\,\varepsilon_0 E^2 = 4{,}4\,\mathrm{J/m^3}\,. \qquad (16)$$

Im Magnetfeld der Flußdichte $|B| = 1{,}5\,\mathrm{T}$ (Eisen schon im Sättigungsgebiet) beträgt die Energie-

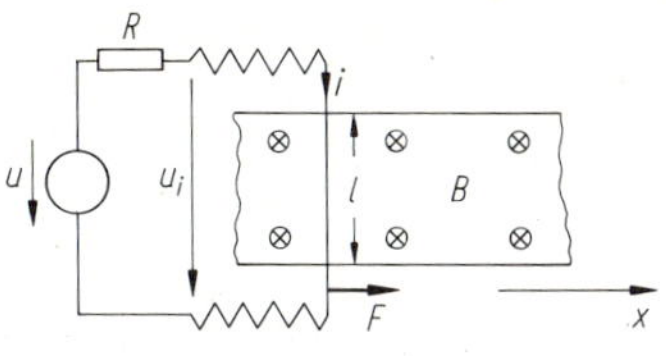

Bild 16-2. Elementarmaschine.

dichte (vgl. (13-13))

$$w = \frac{1}{2}\,\frac{B^2}{\mu_0} = 0{,}9 \cdot 10^6\,\mathrm{J/m^3}\,. \tag{17}$$

Letztere ist also um mehr als 5 Zehnerpotenzen größer als im Fall des angenommenen elektrischen Feldes.

16.1.2 Energiewandlung in elektrischen Maschinen

Allen elektrodynamischen Energiewandlern (Generatoren, Motoren, Schallwandlern) gemeinsam ist das Prinzip, daß sich ein stromdurchflossenes Leitersystem in einem Magnetfeld befindet und daß Strom und Feld gegeneinander Relativbewegungen ausführen *können*. Im Schema der Elementarmaschine (Bild 16-2) ist ein ortsfestes und (hier) zeitlich konstantes Feld der Flußdichte B angenommen, in dem senkrecht zur Flußrichtung ein Leiter der Länge l den Strom i führen kann. Die Art der Stromzuführung, die vom Maschinentyp abhängig ist, wird schematisch durch flexibel angenommene Leitungen dargestellt. u_i ist die durch Bewegung induzierte Spannung, R soll den Widerstand der Leiteranordnung symbolisieren, und u ist eine von außen wirkende „Betriebsspannung“. Die Rückwirkung, die der Leiterstrom auf das Feld hat, und die bei vielen elektrischen Maschinen große Bedeutung für das Betriebsverhalten hat, wird durch das Schema nicht erfaßt.
Unabhängig von einer Bewegung des Leiters entsteht eine Kraft (z. B. Teil der Umfangskraft bei einer rotierenden Maschine)

$$F = Bli \tag{18}$$

Bewegt sich der Leiter in x-Richtung mit der Geschwindigkeit v, so ist die Flußänderung in der Leiterschleife

$$\mathrm{d}\Phi = B\,\mathrm{d}A = Bl\,\mathrm{d}x \tag{19}$$

und bei zeitlich und örtlich konstanter Flußdichte

$$u_i = \frac{\mathrm{d}\Phi}{\mathrm{d}t} = Bl\frac{\mathrm{d}x}{\mathrm{d}t} = Blv\,. \tag{20}$$

Der Momentanwert der dabei umgesetzten mechanischen Leistung,

$$P_{\mathrm{mech}} = Fv\,, \tag{21}$$

entspricht dem Momentanwert der „inneren“ elektrischen Leistung

$$P_{\mathrm{el}} = u_i i\,. \tag{22}$$

Sie unterscheidet sich um die „Verluste“

$$P_{\mathrm{V}} = (u - u_i)\,i = i^2 R \tag{23}$$

von der außen, an den Maschinenklemmen wirksamen Leistung

$$P = ui\,. \tag{24}$$

Bewegt sich der Leiter stromlos, d. h., sind induzierte und äußere Spannung im Gleichgewicht, so stellt sich eine Leerlaufgeschwindigkeit

$$v_0 = \frac{u}{Bl} \tag{25}$$

ein. Wird der Leiter abgebremst, also $v < v_0$ und $u_i < u$, so gibt er mechanische Leistung ab, die er zuzüglich der Verluste P_{V} der Spannungsquelle u als elektrische Leistung entnimmt: Fall des Motorbetriebes. Wird der Leiter in Richtung der Bewegung angetrieben, $v > v_0$, $u_i > u$, so kehrt sich der Strom gegenüber dem Motorbetrieb um und die dem Leiter zugeführte mechanische Leistung fließt, abzüglich der Verluste, der Spannungsquelle als elektrische Leistung zu: Generatorbetrieb.
Der Anordnung der „Elementarmaschine“ unmittelbar entsprechen Energiewandler, von denen nur eine begrenzte translatorische, u. U. oszillierende, Bewegung verlangt wird. Dynamische Lautsprecher/Mikrofone, Aktuatoren in Plattenlaufwerken (Momentanleistungen im Kilowattbereich). Der Leiter ist dort in Form einer Spule ausgebildet, die sich in einem im Bewegungsbereich homogenen Magnetfeld befindet.

Rotierende Maschinen

Die Maschinen bestehen grundsätzlich aus einem zylindrischen Stator, siehe Bild 16-3 a, und einem Rotor R, der innerhalb der „Bohrung“ des Stators S im Abstand des Luftspaltes L drehbar gelagert ist. Die dem Luftspalt benachbarten Zonen von Stator und Rotor sind mit Längsnuten verse-

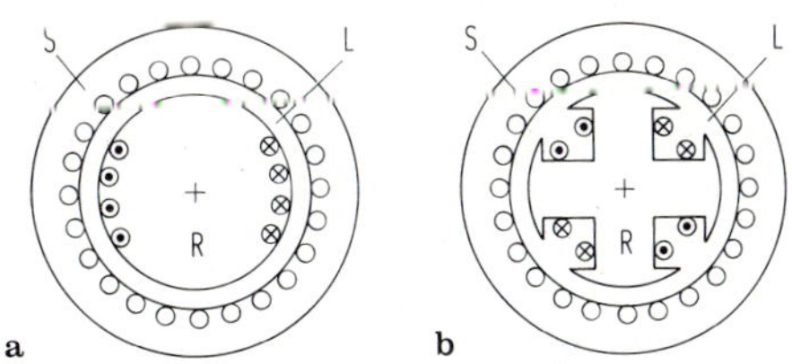

Bild 16-3. a Schematischer Querschnitt der rotationssymmetrischen Maschine; **b** Schematischer Querschnitt durch Maschine mit ausgeprägten Polen im Rotor.

hen, in die der jeweiligen Bauart entsprechende Wicklungen eingelegt sind.
Bei einigen Maschinentypen sind Rotor oder Stator nicht als rotationssymmetrische Körper ausgebildet, sondern es handelt sich um Rotoren bzw. Statoren mit „ausgeprägten Polen", Bild 16-3b.

Drehmoment und Bauvolumen. Mit dem Strombelag a, der die Stromstärke pro Umfangseinheit an der Luftspaltoberfläche angibt und der wirksamen Leiterlänge l ergibt sich das Element der Umfangskraft zu

$$\mathrm{d}F = a(x)\,\mathrm{d}x lB(x) \tag{26}$$

und damit das Element des Drehmomentes zu

$$\mathrm{d}M = a(x)\,\mathrm{d}x lB(x)\,r. \tag{27}$$

Unter der idealisierenden Annahme rechteckförmiger Verteilung von Strombelag a und Flußdichte B über dem Umfang sowie der Polpaarzahl $p = 1$ ergibt sich für das Drehmoment

$$M = \int_{x=0}^{2\pi r} \mathrm{d}M = aBl \cdot 2\pi r^2, \tag{28}$$

$$M = aB \cdot 2V, \tag{29}$$

mit $V = \pi r^2 l$ dem Volumen des Läufers. Da die Größe des Strombelages die Wicklungserwärmung bestimmt und damit auch in den Wirkungsgrad eingeht, sind ihm enge Grenzen gesetzt. Ebenso ist die maximale Flußdichte durch die Sättigungseigenschaften des stets verwendeten Eisens begrenzt. Ein Vergleich von Maschinen unterschiedlicher Größe, jedoch gleicher Bauart, zeigt gemäß (29), daß das erzielbare Drehmoment proportional dem Läufervolumen ist. Damit bestimmt ersteres auch das Gesamtvolumen und im wesentlichen das Gewicht der Maschine.
Auch bei anderen Verteilungen der Feldgrößen über dem Umfang, z. B. bei der bei Drehfeldmaschinen angestrebten sinusförmigen Verteilung, trifft diese Aussage zu, lediglich sind in (27) dann andere räumliche Verläufe der Feldgrößen einzusetzen und ggf. z. B. die Scheitelwerte von a und B.
Die mechanische Wellenleistung P_{mech} einer Maschine ist

$$P_{\mathrm{mech}} = M\omega_{\mathrm{mech}} \tag{30}$$

mit der Kreisfrequenz ω_{mech} der Rotation. Die Leistung geht über das Drehmoment in die Baugröße ein. Demgemäß sind Maschinen mit geringem Verhältnis Gewicht/Leistung solche, die möglichst hohe Drehzahlen haben.

16.1.3 Kommutatormaschinen

Bei Kollektormaschinen wird das Feld von Erregerpolen geführt, die über eine Erregerwicklung die Durchflutung erhalten. Bei kleineren Gleichstrommaschinen werden auch Permanentmagnete eingesetzt. Ein Rotor („Anker") aus geblechtem Eisen dreht sich relativ zum Feld. Er trägt in Nuten eine Wicklung, deren einzelne Wicklungsstränge zu einem Polygon zusammengeschaltet sind. Die Ecken des Polygons sind an Lamellen eines Kollektors angeschlossen, der mit dem Rotor umläuft. Die Stromzuführung zu den Lamellen des Kollektors erfolgt über Gleitkontakte (Bürsten) in der Weise, daß, unbeschadet der Rotation, stets gleichbleibende Zuordnung von Strom- und Feldrichtung auftritt, d. h., die Umfangskraft in allen Leitern in gleicher tangentialer Richtung zeigt. Gleichzeitig sorgt die Umschaltung von einer zur benachbarten Lamelle, die Kommutierung, auch für die geeignete Zuordnung der Polaritäten von induzierter Spannung und Klemmenspannung an den Bürsten.
Kollektormaschinen werden als Motoren mit Gleichstromspeisung für Antriebe, die kontinuierlich steuerbare Drehmomente und Drehzahl haben sollen, noch in großem Umfang eingesetzt.
Im Grunddrehzahlbereich wird die Drehzahl über die Ankerspannung gesteuert. Zur Speisung werden heute fast ausschließlich Geräte der Leistungselektronik verwendet. Oberhalb des Grunddrehzahlbereiches kann durch Feldschwächung die Drehzahl nochmals erhöht werden, jedoch wird aus Gründen einer oberen Grenze für den Ankerstrom (Erwärmung, Kollektor) das erreichbare Drehmoment mit zunehmender Feldschwächung kleiner.
Sollen Kollektormaschinen an Wechselstrom betrieben werden, müssen die zeitlichen Verläufe von Fluß und Ankerstrom übereinstimmen. Erreicht wird dies durch Reihenschaltung der entsprechend bemessenen Erregerwicklung und des Ankers. Als Universalmotor hat diese Form des Reihenschlußmotors erhebliche Bedeutung bis zur Leistung von etwa 2 kW, da die Kollektormaschine, prinzipiell in ihrer Drehzahl, unabhängig von der Netzfrequenz ist.
Weitere Einzelheiten: Kommutierung wird durch zusätzliche „Wendepole", deren Wicklung vom Ankerstrom durchflossen ist, verbessert. „Kompensationswicklung", ebenfalls vom Ankerstrom durchflossen, hebt das Ankerfeld ganz oder teilweise auf. Dadurch auch Verbesserung der Kommutierung und Verbesserung der dynamischen Eigenschaften, insbesondere bei geregelten Antrieben.

16.1.4 Magnetisches Drehfeld

In Bild 16-4 sind drei gleiche Spulen an symmetrische Drehspannung u_1, u_2, u_3 angeschlossen. Die Spulenachsen sind um jeweils $2\pi/3$ entsprechend den Phasewinkeln des Drehspannungssystemes räumlich gegeneinander versetzt, die räumlichen

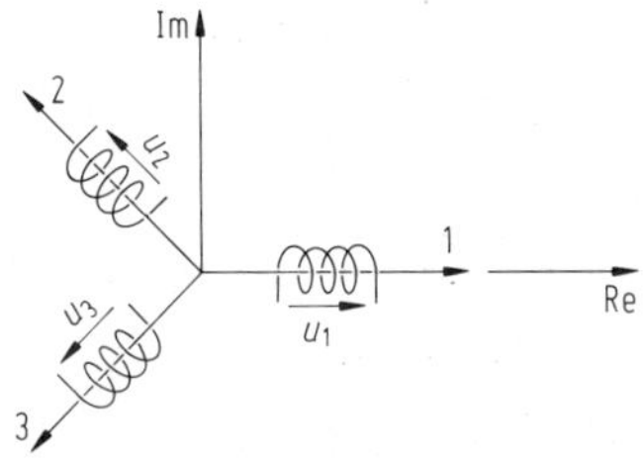

Bild 16-4. Zur Entstehung eines magnetischen Drehfeldes.

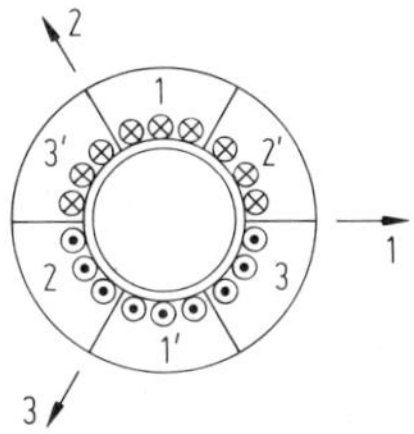

Bild 16-5. Schema einer Drehstromwicklung.

Einheitsvektoren der Achsrichtung lauten:

$$\boldsymbol{E}_1 = \mathrm{e}^{\mathrm{j}0}, \quad \boldsymbol{E}_2 = \mathrm{e}^{\mathrm{j}\frac{2\pi}{3}}, \quad \boldsymbol{E}_3 = \mathrm{e}^{\mathrm{j}\frac{4\pi}{3}}.$$

In jeder Achsrichtung bildet sich ein magnetisches Wechselfeld der Form

$$b(t) = \hat{b} \cdot \cos(\omega t + \alpha), \tag{31}$$

wobei α der Phasenlage der jeweiligen Spannung entspricht, im Dreiphasensystem also 0, $-2\pi/3$, $-4\pi/3$.

Multiplikation dieser Wechselfelder mit dem entsprechenden Einheitsvektor und Addition der Produkte liefert die Flußdichte im Koordinatenursprung:

$$\begin{aligned} b = {} & \hat{b} \cdot \cos(\omega t - 0) \cdot \mathrm{e}^{\mathrm{j}0} \\ & + \hat{b} \cdot \cos\left(\omega t - \frac{2\pi}{3}\right) \cdot \mathrm{e}^{\mathrm{j}\frac{2\pi}{3}} \\ & + \hat{b} \cdot \cos\left(\omega t - \frac{4\pi}{3}\right) \cdot \mathrm{e}^{\mathrm{j}\frac{4\pi}{3}}, \end{aligned}$$

$$\begin{aligned} b = {} & \frac{\hat{b}}{2} \cdot \left[\mathrm{e}^{\mathrm{j}\omega t} + \mathrm{e}^{-\mathrm{j}\omega t} + \mathrm{e}^{\mathrm{j}\omega t} + \mathrm{e}^{-\mathrm{j}\omega t} \cdot \mathrm{e}^{\mathrm{j}\frac{4\pi}{3}} \right. \\ & \left. + \mathrm{e}^{\mathrm{j}\omega t} + \mathrm{e}^{-\mathrm{j}\omega t} \cdot \mathrm{e}^{\mathrm{j}\frac{8\pi}{3}}\right], \end{aligned}$$

und wegen

$$\mathrm{e}^{-\mathrm{j}\omega t} \cdot \left(\mathrm{e}^{\mathrm{j}0} + \mathrm{e}^{\mathrm{j}\frac{4\pi}{3}} + \mathrm{e}^{\mathrm{j}\frac{8\pi}{3}}\right) = 0,$$

$$b = \frac{3}{2} \cdot \hat{b} \cdot \mathrm{e}^{\mathrm{j}\omega t}$$

ein Drehfeld, welches sich durch einen Zeiger konstanter Länge $(3/2 \cdot \hat{b})$ und konstanter Rotationskreisfrequenz ω darstellen läßt (Kreisdrehfeld).

Etwaige Unsymmetrien der Spannungen oder der Spulen erzeugen ein überlagertes gegenläufiges Drehfeld ($\mathrm{e}^{-\mathrm{j}\omega t}$), damit periodische zeitliche Pulsationen von $|b|$ und somit ein elliptisches Drehfeld.

In realen Maschinen sind die Spulen der Drehstromwicklung über dem Umfang verteilt (Bild 16-5).

Die Wicklungsanordnung bewirkt, daß das von einer Spule ausgehende Feld räumlich annähernd sinusförmig im Luftspalt verteilt ist. Die Anwendung der vorhergehenden Überlegung auf diese Verteilung ergibt eine als Drehfeld im Luftspalt umlaufende Welle der Flußdichte.

Die gleichen Überlegungen gelten auch für die umlaufende Welle des Strombelages a.

Bild 16-5 stellt eine Wicklung mit der Polpaarzahl $p = 1$ dar. Bei größeren Polpaarzahlen werden p derartiger Spulenanordnungen am Umfang verteilt untergebracht, wobei das Einzelsystem auf den Bogen $2\pi p$ zusammengedrängt wird. Allgemein gilt für die Kreisfrequenz ω_D des Drehfeldes

$$\omega_\mathrm{D} = \omega_1 / p \tag{32}$$

mit der Drehspannungsfrequenz ω_1.

16.1.5 Synchronmaschine

Der Stator trägt eine Drehstromwicklung der Polpaarzahl p, der Rotor eine vom Erregergleichstrom i_e durchflossene Wicklung derselben Polpaarzahl. Der Erregerstrom i_e wird über Schleifringe und Bürsten zugeführt. Bei kleineren Leistungen sind gelegentlich die Aufbauten von Stator und Rotor vertauscht (Außenpolmaschine).

Die an das Drehstromnetz angeschlossene Statorwicklung erzeugt ein umlaufendes Drehfeld (Feldwelle), deren Rotationsfrequenz ω_D von der Netzkreisfrequenz ω_N und der Polpaarzahl p abhängt:

$$\omega_\mathrm{D} = \frac{\omega_\mathrm{N}}{p}. \tag{33}$$

Die entsprechende Drehzahl ist die „synchrone" Drehzahl n_0. Der Rotor dreht sich im normalen stationären Betrieb mit der synchronen Drehzahl, sein Gleichfeld wird also mit ω_D in Richtung des Statorfeldes gedreht. Er erzeugt damit ein Drehfeld, welches synchron mit dem Statordrehfeld umläuft. Für die Behandlung des Betriebsverhaltens wird räumlich sinusförmige Verteilung beider Drehfelder angenommen, was auch in der Praxis durch entsprechenden Wicklungsaufbau und andere konstruktive Maßnahmen annähernd erreicht wird. Beide mit gleicher Geschwindigkeit umlaufende Felder addieren sich zu einem resultierenden Drehfeld, welches für Spannungsbildung und Drehmomenterzeugung maßgebend ist. Entschei-

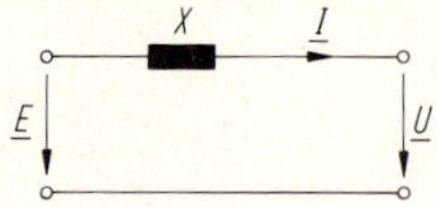

Bild 16-6. Vereinfachtes Ersatzbild des Synchronturbogenerators.

dend für die Größe des resultierenden Feldes ist der räumliche Winkel zwischen Stator- und Rotorfeld.
Für stationäre Betriebsverhältnisse (Hauptanwendungsfall: Generator in Kraftwerken) läßt sich der Turbogenerator durch eine Ersatzschaltung nach Bild 16-6 nachbilden |3|.
Die „innere" Spannung $\underline{E}$ und die Klemmenspannung $\underline{U}$ unterscheiden sich durch den Spannungsabfall, den der Laststrom $\underline{I}$ an der Reaktanz X, die die Wirkung der Fehler innerhalb der Maschine beschreibt, hervorruft:

$$\underline{I} = -\frac{\underline{U}}{\mathrm{j}X} + \frac{\underline{E}}{\mathrm{j}X}. \tag{34}$$

Ist ϑ der Winkel zwischen $\underline{E}$ und $\underline{U}$ (Polradwinkel), so beträgt die Wirkleistung

$$P = 3\,UI_{\mathrm{w}} = \frac{3\,|E|\,|U|}{X}\sin\vartheta. \tag{35}$$

Für das Moment gilt

$$M = p\frac{P}{\omega} = \frac{3p}{\omega}\cdot\frac{|E|\,|U|}{X}\sin\vartheta. \tag{36}$$

Das den Generator antreibende (oder den Synchronmotor belastende) Moment darf den Scheitelwert, der sich aus (36) ergibt, nicht überschreiten und muß bei Winkeländerungen (Lastschwankungen) zu einem stabilen Punkt zurückkehren. Grenzlagen des Polradwinkels sind $\vartheta = 0°$ und $90°$, in der Praxis $\vartheta < 90°$.
Die Regelung für den Generator greift an zwei Stellen ein:

1. Über den Erregerstrom als Stellgröße wird der Blindleistungsaustausch zwischen Generator und Netz beeinflußt und damit die Spannung der Maschine geregelt.
2. Das Drehmoment des Antriebes (Turbine) ist Stellgröße für die vom Generator abgegebene Wirkleistung. Die statische Einstellung des Reglers ist so, daß mit fallender Frequenz (steigende Last) die Wirkleistungsabgabe steigt.

16.1.6 Asynchronmotoren

Asynchronmaschinen enthalten in ihrem Stator eine Drehstromwicklung der Polpaarzahl p. Der Rotor (auch Läufer) enthält bei der Schleifringausführung auch eine Drehstromwicklung mit der selben Polpaarzahl wie der Stator, deren Anschlüsse über Schleifringe zugänglich sind. Über diese Anschlüsse können Widerstände zur Anlaufhilfe bei Schweranlauf angeschlossen werden oder — in seltenen Fällen — leistungselektronische Einrichtungen zur Verstellung der Drehzahl.
Bei der sehr viel häufiger verwendeten Käfigläuferausführung besteht die „Rotorwicklung" aus Stäben, die an den Stirnseiten des Rotors untereinander kurzgeschlossen sind (Käfig). Die Vielzahl der Stäbe hat magnetisch die Wirkung einer vielphasigen, in sich kurzgeschlossenen Drehstromwicklung. Die Ausdehnung der Stäbe in radialer Richtung ist in fast allen Fällen größer als in Richtung des Rotorumfanges (Stromverdrängungsläufer zur Verbesserung des Anlaufverhaltens).
Der Stator wird üblicherweise an das Versorgungsnetz konstanter Frequenz und Spannung angeschlossen. Bei dieser Betriebsart ist die erzielbare Drehzahl aus thermischen und wirtschaftlichen Gründen auf einen engen Bereich festgelegt. Seit einigen Jahren wird bei Asynchronmotoren, deren Drehzahl und/oder Drehmoment elektronisch steuerbar sein soll, der Stator über Einrichtungen der Leistungselektronik aus dem Netz oder einer Gleichstromquelle gespeist.
Die Drehspannung erzeugt ein magnetisches Drehfeld, welches in Bezug auf ein statorfestes Koordinatensystem mit der Kreisfrequenz $\omega_{\mathrm{el}} = \omega_1/p$ (ω_1 = Kreisfrequenz der Statorspannung) rotiert.
Von der Differenz der Rotationsgeschwindigkeit des Feldes ω_{el} und der Rotationsfrequenz des Läufers ω_{mech} hängen Kreisfrequenz ω_2 und Größe der im Läufer induzierten Drehspannung ab:

$$\omega_2 = \omega_{\mathrm{el}} - \omega_{\mathrm{mech}}. \tag{37}$$

Der Schlupf

$$s = \frac{\omega_2}{\omega_{\mathrm{el}}} = \frac{\omega_{\mathrm{el}} - \omega_{\mathrm{mech}}}{\omega_{\mathrm{el}}} = \frac{n_0 - n}{n_0} \tag{38}$$

gibt die relative Abweichung der mechanischen Drehzahl von der des Drehfeldes an.
n Drehzahl des Läufers
$n_0 = f_1/p$ „synchrone" Drehzahl (Drehzahl im verlustfreien Leerlauf des Motors)
f_1 Frequenz der angelegten Drehspannung
Die induzierte Läuferspannung hat in der kurzgeschlossenen Läuferwicklung Drehstrom zur Folge, der bezogen auf das Läufersystem die Kreisfrequenz ω_2 besitzt. Vom Stator aus betrachtet hat

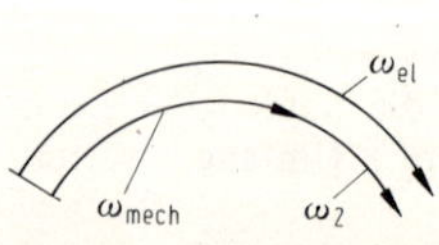

Bild 16-7. Drehrichtung von Läufer (ω_{mech}), Drehfeld (ω_{el}) und Läufer-Drehstromsystem (ω_2).

der Läuferstrom wegen der Rotation des Läufers jedoch scheinbar die Kreisfrequenz ω_{el}. Damit kann er zusammen mit dem mit ω_{el} rotierenden Feld ein Drehmoment entwickeln.
Wie beim Transformator können Läuferwiderstand und -reaktanz auf die Primärseite (Stator) umgerechnet werden. Vernachlässigt man den für das Betriebsverhalten der Maschine nicht bedeutenden Statorwiderstand, so überträgt das Drehfeld die Wirkleistung

$$P_{el} = 3\,\mathrm{Re}\,\{\underline{U}_1 \underline{I}_1^*\} \tag{39}$$

auf den Rotor.
Diese Leistung teilt sich auf in die mechanische Leistung

$$P_{mech} = (1-s)\,P_{el} \tag{40}$$

und die im Läuferwiderstand umgesetzte Verlustleistung

$$P_{vl} = sP_{el}\,. \tag{41}$$

Nach Umrechnung |1| ist

$$P_{mech} = 3\,(1-s)\,U_1^2 \frac{R_1/s}{(R_1/s)^2 + X_\sigma^2}\,, \tag{42}$$

R_1 umgerechneter Läuferwiderstand,
X_σ umgerechnete Streureaktanz.

Damit ist das Moment nach Einführung von $\omega_{el} = 2\pi f_1/p$

$$M = \frac{P_{mech}}{\omega_{mech}} = \frac{P_{mech}}{(1-s)\,\omega_{el}}$$
$$= \frac{3pU_1^2}{2\pi f_1 X_\sigma} \cdot \frac{1}{\dfrac{R_1}{sX_\sigma} + \dfrac{sX_\sigma}{R_1}}\,. \tag{43}$$

Beim sog. Kippschlupf

$$s_{kp} = \frac{R_1}{X_\sigma} \tag{44}$$

durchläuft das Moment ein Maximum, das Kippmoment M_{kp}.
Bezieht man das Moment darauf und führt s_{kp}, den Kippschlupf, als charakteristische Größe der

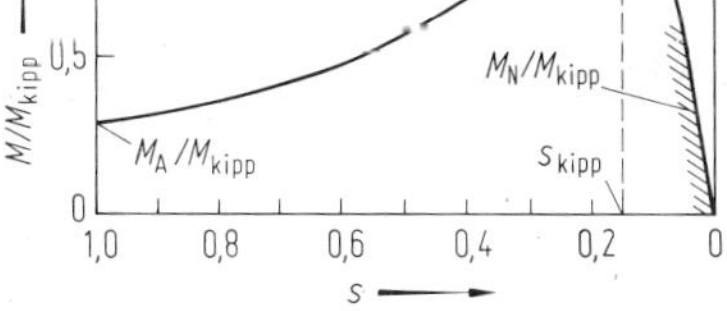

Bild 16-8. Betriebskennlinie des Asynchronmotors (schraffiert: normaler Betriebsbereich).
M_A Anlaufmoment, M_N Nennmoment.

Tabelle 16-2. Betriebsarten der Asynchronmaschine

s	n	Betriebsart
1	0	Anlauf
0...1	$n_0 \ldots 0$	Motor, Dauerbetrieb bis $s = (3 \ldots 5)\,\%$
< 0	$> n_0$	Generator
> 1	< 0	Gegenstrombremsbetrieb

Maschine ein, so gilt für das Moment die Klosssche Gleichung

$$\frac{M}{M_{kp}} = \frac{2}{\dfrac{s}{s_{kp}} + \dfrac{s_{kp}}{s}}\,. \tag{45}$$

Bild 16-8 stellt diesen Zusammenhang dar.
Tabelle 16-2 zeigt zusammengefaßt die Betriebsarten der Asynchronmaschine.
Im Anlauffall $s = 1$ stellt die Maschine einen kurzgeschlossenen Transformator dar. Reduktion des Anlaufstromes evtl. durch Verringern der Spannung (Stern-Dreieck-Schaltung), (vermindert nach (16.1.6.7) das Anlaufmoment) oder/und Erhöhung des Läuferwiderstandes beim Anfahren (Schleifringläufer, Stromverdrängungsläufer).
Bereich von $s = 1$ bis s_{kp} wird beim Hochlauf durchfahren. Arbeitspunkt im Motorbetrieb im Bereich $s = s_{kp} \ldots s = 0$, für Dauerbetrieb wegen der Läuferverluste etwa bis $M = 0{,}5 M_{kp}$. Dort „harte Kennlinie", d. h., im normalen Betriebsbereich hängt die Drehzahl nur wenig vom Lastmoment ab.
Im übersynchronen Generatorbetrieb ($n > n_0$, $s < 0$) nimmt die Maschine, wie auch im Motorbetrieb, induktive Blindleistung auf und kann Wirkleistung abgeben. Betrieb daher nur am Netz möglich, welches induktive Blindleistung abgeben kann. Anwendung praktisch auf „Senkbremsschaltung" beschränkt (Aufzüge, Förderanlagen).

16.2 Elektromagneten

Das Feld B im Luftspalt eines Elektromagneten (Bild 16-9), werde homogen angenommen. Die im Volumen Ax gespeicherte Energie beträgt

$$W = \frac{Ax}{2} \cdot \frac{B^2}{\mu_0}\,. \tag{46}$$

Dagegen ist die in den Eisenteilen des magnetischen Kreises herrschende Energiedichte, wegen der wesentlich größeren Permeabilität des Ferromagnetikums gegenüber derjenigen von Luft sehr viel kleiner als im Luftspalt.
Unter Annahme aufgeprägter Flußdichte B bewirkt eine Verschiebung dx der Pole in Richtung der Anzugskraft eine Volumenänderung und da-

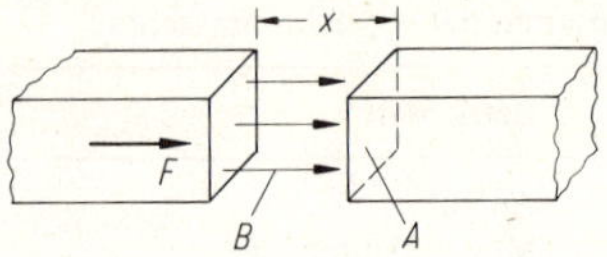

Bild 16-9. Zur Anziehungskraft eines Elektromagneten.

mit eine Änderung der gespeicherten Energie:

$$\mathrm{d}W = \mathrm{d}x\, A \frac{1}{2} \cdot \frac{B^2}{\mu_0}. \tag{47}$$

Die Kraft F des Magneten wird damit

$$F = \frac{\mathrm{d}W}{\mathrm{d}x} = \frac{1}{2} A \frac{B^2}{\mu_0}. \tag{48}$$

16.3 Thermische Wirkungen des elektrischen Stromes

Technisch bedeutsam sind neben vielen thermisch-elektrischen Effekten im wesentlichen die Widerstandserwärmung und die Bogenentladung.

16.3.1 Widerstandserwärmung

Ein durch einen Leiter fließender Strom i setzt im Widerstand R des Leiters die Leistung

$$P = i^2 R \tag{49}$$

um. Diese wird in Wärme umgewandelt, in Form von Wärme abgegeben und, bei entsprechend hohen Temperaturen, auch in Form von kurzwelliger Strahlung z. B. sichtbarem Licht, abgestrahlt. Sofern die Wandlung der elektrischen Energie in Wärme Ziel der technischen Anwendung ist, der Widerstand also einen „Verbraucher" darstellt, ist die Wandlung vollständig, der Wirkungsgrad 100 %.
Die Wärmewirkung tritt als Verlust in Erscheinung wo immer Ströme durch Leiter fließen, also auch dort, wo die Wärmewirkung nicht Ziel der Anwendung ist, wie z. B. in Leitungen, Wicklungen elektrischer Maschinen und Halbleiterbauelementen. Die Verlustleistung beeinträchtigt den Wirkungsgrad und muß oft unter erheblichem Aufwand abgeführt werden, damit die Temperaturgrenzen nicht überschritten werden.

16.3.2 Bogenentladung

Gasentladungen entstehen, wenn das elektrische Feld in einem Gas auf Ionen, d. h. elektrisch nicht neutrale Gasmoleküle, einwirkt. Bei der Bogenentladung sorgt der im Plasma herrschende Leistungsumsatz für die stete Bildung einer zur Aufrechterhaltung der Entladung ausreichenden Zahl von Ionen. Außerdem erwärmt der Aufprall der positiven Ionen die Kathode und schafft hier die Bedingungen für Elektronenemission.
Charakteristisch für Bogenentladungen ist die „negative" Spannungs-Strom-Charakteristik der Entladung, d. h., mit zunehmendem Strom sinkt die Spannung, die Entladungsstrecke wird mit steigender Stromstärke leitfähiger. Bogenentladungen sind daher für direkten Betrieb aus Konstantspannungsquellen nicht geeignet. Durch geeignete Maßnahmen (aufgeprägter Strom, Vorschaltinduktivitäten bei Wechselstrom) muß für stabilen Betrieb gesorgt werden.
Die Leistungsabgabe des Plasmas erfolgt abhängig von den Bedingungen wie Gasart, Gasdruck, Stromdichte, Elektrodenmaterial und Temperatur in Form von Wärme und anderen kurzwelligen Strahlungskomponenten, wie z. B. von ultraviolettem Licht zur Anregung der Leuchtstoffe in Niederdruck-Leuchtstofflampen.

Anwendung: Lichtbogenofen zum Schmelzen von Metallen, Elektroschweißen, Beleuchtung.

16.4 Chemische Wirkungen des elektrischen Stromes

Beim Stromdurchgang durch Elektrolyte ist der Ladungstransport, im Gegensatz zur metallischen Leitung, mit einem Stofftransport verbunden. Positive Ionen (Wasserstoff, Metalle) bewegen sich in Richtung der Kathode, negative Ionen wandern zur Anode. Die transportierte Stoffmenge ist proportional der transportierten Ladung $q = \int i\,\mathrm{d}t$. Werden der Elektrolyse keine neuen Ionen (etwa durch Auflösung der Anode) zugeführt, verarmt der Elektrolyt an Ladungsträgern, d. h., er verliert die Leitfähigkeit.

Beispiele

Bei der Elektrolyse des geschmolzenen Kryoliths, einer natürlich vorkommenden Aluminiumverbindung, schlägt sich an der Kathode das gewonnene Aluminium nieder. Die Elektrolyse von Kupfersulfat mit Anoden aus Kupfer bewirkt, daß das Anoden-Kupfer in Lösung geht und sich als raffiniertes Kupfer an der Kathode niederschlägt. Chlor wird durch die Elektrolyse von NaCl-Lösung gewonnen, es entsteht an der Anode der Elektrolyseanlage.
Die erwähnten großtechnisch durchgeführten Prozesse bedingen den Einsatz erheblicher elektrischer Energiemengen in Form von Gleichstrom.

16.4.1 Primärelemente

Primärelemente (fälschlich oft „Batterien") sind elektrolytische Zellen, in denen durch Elektrolyse eine Stoffumsetzung derart erfolgt, daß die dabei

freiwerdende Energie zum Teil in Form von elektrischer Energie entnommen werden kann. Die Stoffumsetzung ist irreversibel, d. h., die Zelle ist nach Entladung verbraucht. Die negative Elektrode ist i. allg. Zn, als positive Elektroden werden MnO_2, HgO oder Ag_2O verwendet. Der Elektrolyt ist bei den heutigen Bauformen pastös.
In *Brennstoffzellen* werden meist gasförmig (z. B. H_2 und O_2) die Reaktionsstoffe zugeführt und mit Hilfe katalytischer Prozesse verbrannt. Ein Teil der dabei frei werdenden chemischen Energie kann in Form elektrischer Energie abgenommen werden. Die Verbrennungsprodukte (H_2O im obigen Beispiel) werden abgeführt und damit eine kontinuierliche Energieumsetzung gewährleistet (Anwendung zur Energieversorgung in der Raumfahrt).
Die technische Bedeutung von Primärelementen steigt, da die Fortschritte der Mikroelektronik mit ihrem spezifisch niedrigen Energieverbrauch zu immer neuen Anwendungen dafür führen.

16.4.2 Akkumulatoren

Akkumulatoren wird beim Laden elektrische Energie zugeführt. Die durch den Ladestrom bewirkte Elektrolyse ruft unterschiedliche stoffliche Veränderungen der Elektroden hervor. Bei der Entladung werden die Veränderungen unter Abgabe elektrischer Energie rückgängig. So ist z. B. beim Bleiakkumulator in geladenem Zustand der wirksame Teil der negativen Elektrode in Blei, der der positiven Elektrode in Bleidioxid PbO_2 gewandelt. Die Dichte des Elektrolyten (Schwefelsäure H_2SO_4) hat ihren Maximalwert.
Bei der Entladung bewirkt die Elektrolyse die Wandlung beider Elektroden in Bleisulfat ($PbSO_4$) und eine Verdünnung des Elektrolyten durch das bei der Entladung frei werdende Wasser.
Akkumulatoren können nur geringere Energiemengen/Gewicht speichern, als sie in Primärelementen vorhanden sind, die Wiederaufladbarkeit macht sie jedoch für bestimmte Anwendungen unentbehrlich.
Im Bemühen, die Energiedichten über diejenigen „klassischer" Blei- oder Nickel-Cadmium-Akkumulatoren hinaus zu steigern, gibt es Entwicklungen an Energiespeichern mit heißen Elektrolyten. In Verbindung mit der Leistungselektronik besteht das Ziel, gewichtsarme Versorgungssysteme für Fahrzeugantriebe zu realisieren. Auch gibt es Entwicklungsprojekte zur kurzzeitigen Stützung von Energieversorgungsnetzen während Starklastzeiten mit Hilfe von Akkumulatoren.

16.5 Direkte Energiewandlung, Photovoltaischer Effekt, Solarzellen

Wird der PN-Übergang (Sperrschicht) einer Halbleiterdiode ionisierender Strahlung ausgesetzt, so

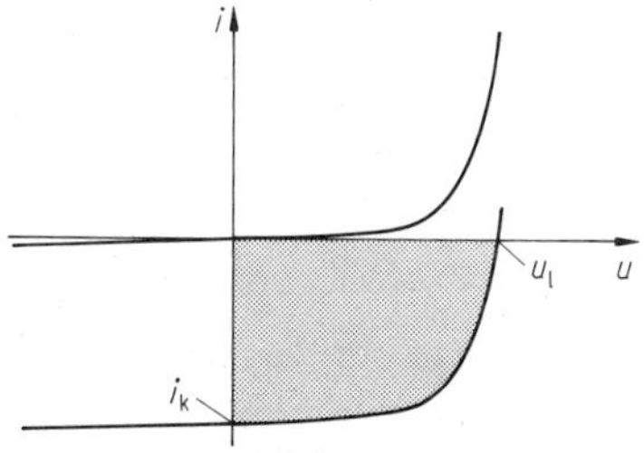

Bild 16-10. Verschiebung des u,i-Verhaltens eines PN-Überganges bei Einwirkung von ionisierender Strahlung auf die Sperrschicht.

verschiebt sich die Diodenkennlinie gemäß Bild 16-10 in den Quadranten negativer Ströme und positiver Spannungen [6]. Der Kurzschlußstrom i_k ist abhängig von den Parametern des PN-Überganges, dem Spektrum der Strahlung und im übrigen proportional der Strahlungsdichte. Die Leerlaufspannung u_e erreicht schon bei kleinen Strahlungsdichten ihren praktischen Grenzwert von unter 1 V (0,6 V bei Silizium). Ist der äußere Stromkreis so aufgebaut, daß der Arbeitspunkt in den schraffierten Bereich fällt, so arbeitet der PM-Übergang generatorisch, d. h., ein Teil der mit der Strahlung zugeführten Leistung wird in Form elektrischer Leistung abgegeben.
Praktisch angewendet werden Solarzellen auf Siliziumbasis, da die Siliziumtechnologie auf dem Gebiet der Halbleiter am weitesten fortgeschritten ist.
Die Energieversorgung von Satelliten geschieht überwiegend durch Solarzellen. Im freien Raum werden Wirkungsgrade um 16 % erzielt.
In der Regel werden Solargeneratoren so betrieben, daß eine nachgeschaltete Elektronik dafür sorgt, daß der Punkt maximaler Leistungsabgabe aus der Kennlinie erreicht wird.

17 Übertragung elektrischer Energie

17.1 Leistungsdichte, Spannungsabfall

Übertragungsmedium für elektrische Energie ist das elektromagnetische Feld, vorwiegend in der Umgebung von Leitungen. Der im Leiter fließende Strom hat im Leiter selbst und in dessen Umgebung ein Magnetfeld zur Folge. In der Umgebung des Leiters und zu einem verschwindend kleinen Teil auch in dessen Inneren, bildet sich ein elektrisches Feld aus.

An jedem Punkt dieser beiden Felder läßt sich nach Poynting die Leistungsdichte (Strahlungsdichte)

$$\boldsymbol{S} = \boldsymbol{E} \times \boldsymbol{H} \tag{1}$$

ausdrücken, ein Vektor, der in Richtung des Leistungsflusses zeigt.

Im (verlustlosen) Idealfall ist er der Energieleitung parallel gerichtet. Dazu orthogonale Komponenten stellen die in den Leiter einziehenden Verlustleistungsanteile dar.

Im Fall höherer Frequenzen kann sich das elektromagnetische Feld von dafür besonders geformten Leitern (Antennen) lösen, und es findet eine Abstrahlung statt. (Nachrichtentechnik, Sender, Energie als Träger der Nachricht). Die Strahlungsleistung der Sonne ist eine Freiraumausbreitung einer elektromagnetischen Welle.

Die Übertragung erfolgt in den meisten Fällen in Form von Drehstrom (Europa 50 Hz, USA 60 Hz). In besonderen Fällen, z. B. bei sehr großen Übertragungsleistungen und weiten Entfernungen, wird hochgespannter Gleichstrom übertragen (HGÜ). Übertragung einphasigen Wechselstroms erfolgt in Europa in Netzen der Bahnstromversorgung (16⅔ Hz, 15 kV), in USA auch auf der Mittelspannungsebene der öffentlichen Versorgung (3 kV).

Die am Verbrauchsort gewünschte Spannung stimmt selten mit der für die Übertragung technisch und wirtschaftlich optimalen Übertragungsspannung überein. Die Übertragung bedient sich daher verschiedener Spannungsebenen, die durch Transformatoren verlustarm gekoppelt werden.

Bild 17-1 stellt ein Ersatzbild einer Drehstrom-Übertragungsleitung dar, welches die Leitungsverluste und den Spannungsabfall ΔU repräsentiert. Ableitung und Wirkung von Koronaverlusten sind hier nicht miterfaßt.

Die *Übertragungs-Wirkleistung* ist

$$P_1 = \sqrt{3}\, U_1 I_1 \cos\varphi_1 . \tag{2}$$

Der auf die Übertragungsspannung bezogene Spannungsabfall beträgt

$$\frac{|\Delta U|}{|U_1|} = \frac{P_1 \sqrt{R^2 + X^2}}{\sqrt{3}\, U_1^2 \cos\varphi_1} . \tag{3}$$

Die *Leitungsverluste*

$$P_\mathrm{v} = 3 I_1^2 R \tag{4}$$

ergeben das Verlustverhältnis v, wenn sie auf die

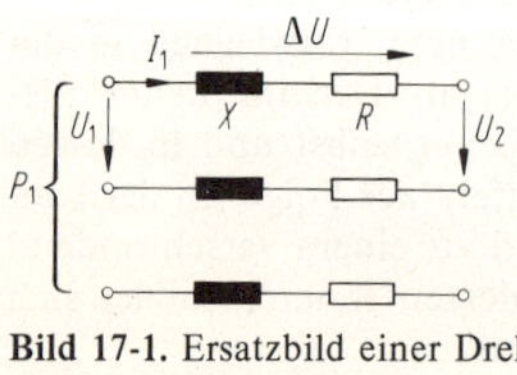

Bild 17-1. Ersatzbild einer Drehstromleitung.

Übertragungsleistung bezogen werden:

$$v = \frac{P_\mathrm{v}}{P_1} = \frac{P_1}{(U_1^2/R)\cos\varphi_1} . \tag{5}$$

Für den Übertragungswirkungsgrad ergibt sich

$$\eta = 1 - \frac{P_\mathrm{v}}{P_1} = 1 - \frac{P_1 R}{U_1^2 \cos\varphi_1} . \tag{6}$$

Da am Verbrauchsort die Spannung konstant sein soll (Konstantspannungsnetze), muß der strom- bzw. leistungsabhängige Spannungsabfall in Grenzen gehalten werden. Geringe Verluste und damit hoher Wirkungsgrad sind ein wirtschaftliches Erfordernis und ggf. auch eines der zulässigen Erwärmung.

Beide Forderungen zielen wegen des Faktors P_1/U_1^2 in (3) grundsätzlich auf möglichst hohe Übertragungsspannungen, da die Variationsbreite möglicher Leitungsdaten (R und X) begrenzt ist (Baustoffaufwand, Form der Leitung).

Für die Obergrenze der zu wählenden Übertragungsspannung von Freileitungen sind u. a. die bei großen Feldstärken auftretende Ionisation der Luft (Korona) und die damit verbundenen Leistungsverluste maßgebend. Durch Vergrößerung der wirksamen Leiteroberfläche (Bündelleiter) wird bei Freileitungen diese Grenze heraufgesetzt.

17.2 Stabilitätsprobleme

Bei Drehstromübertragungen über größere Entfernungen, bei denen mehrere Generatoren an verschiedenen Orten miteinander verbunden sind (allgemeiner Fall des Verbundnetzes), kann der Fall auftreten, daß der Winkel ϑ zwischen den Generatorspannungen so groß wird, daß Lastschwankungen zum Überschreiten des Kippunktes eines Generators führen und damit stabiler Betrieb nicht mehr möglich ist.

Der theoretische Grenzfall für den Winkel ist $\vartheta = 90°$, aus Gründen stets notwendiger Lastreserven bleibt man immer deutlich unter diesem Wert.

Dem Grenzwert des Winkels entspricht bei 50 Hz und einer Freileitung, die mit der natürlichen Leistung P_n betrieben wird

$$P_\mathrm{n} = \frac{U^2}{Z_\mathrm{L}}, \quad Z_\mathrm{L} = \sqrt{\frac{L'}{C'}} \tag{7}$$

eine Entfernung von 1 500 km (Wellenlänge bei 50 Hz: 6 000 km).

Reichen die unter Berücksichtigung notwendiger Stabilitätsreserven erzielbaren Leitungslängen nicht aus, so können Kompensationsmittel (in Abständen der Leitung parallel geschaltete Induktivitäten oder Reihenkondensatoren) eingesetzt werden.

Hochspannungs-Gleichstromübertragung (HGÜ)

Sind sehr große Entfernungen zu überbrücken (1 000 km und mehr) oder sollen Netze völlig unterschiedlicher Leistung miteinander verbunden werden, so werden die Stabilitätsprobleme durch Entkopplung mit Hilfe einer HGÜ-Verbindung gelöst. Anfang und Ende der HGÜ-Verbindung enthalten Stromrichter in Halbleiterbauweise, die auf jeder Seite sowohl als (gesteuerte) Gleichrichter als auch als Wechselrichter betrieben werden können. Damit weist die Verbindung Stellglieder auf, die es gestatten, den Leistungsfluß zwischen den gekoppelten Netzen zu steuern und zu regeln, ohne daß die bei Drehstromübertragungen zu erwartenden Stabilitätsprobleme auftreten.
Darüber hinaus kann der Aufwand für die Fernleitung bei Gleichstrom unter Umständen kleiner sein als bei leistungsgleicher Drehstromübertragung.

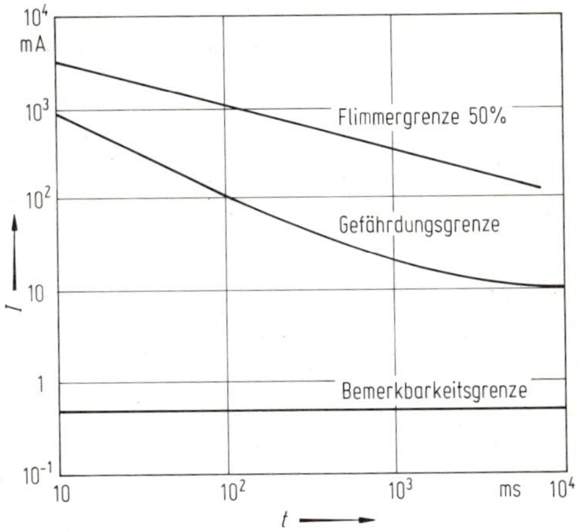

Bild 17-2. Auswirkungen von Körperströmen linke Hand — Fuß [4].

17.3 Grundsätzliches zum Berührungsschutz

Rechtlicher Hinweis: Der folgende Abschnitt kann nur die technische Seite der Unfallverhütung umreißen und auch dies nicht vollständig. Technisches Handeln hat sich an den gültigen Bestimmungen und Normen (Gerätesicherheitsgesetz, DIN-VDE-Bestimmungen, Unfallverhütungsvorschriften und evtl. ausländischen Bestimmungen) zu orientieren. Die Beachtung der nachfolgenden Grundsätze allein genügt daher weder im technischen noch im rechtlichen Sinn.

17.3.1 Körperströme

Stromfluß durch den menschlichen Körper hat zur Folge, daß das Herz in das elektrische Strömungsfeld gelangen kann. In Abhängigkeit von der Stromstärke, der Stromart, der Zeitdauer der Einwirkung kann es dabei zum Herzkammerflimmern, einer Funktionslosigkeit des Herzmuskels mit tödlichem Ausgang, kommen [4]. Bild 17-2 zeigt die für die Schutztechnik maßgebenden Strom-Zeit-Kennlinien bei Wechselstrom 50 Hz für Stromdurchgang Hand-Fuß. Man erkennt, daß im Fall des Stromdurchganges der kurzfristigen Abschaltung lebensrettende Bedeutung zukommen kann.

17.3.2 Schutzmaßnahmen [5]

Nennspannungen bis zu 25 V Wechselspannung und 60 V Gleichspannung, gelten als ungefährlich, so daß sich ein Berührungsschutz erübrigt (Ausnahme: Medizinische Anwendungen, Operationsräume).
Oberhalb dieser Spannungen und bis zu 1 kV, dem besonders wichtigen Fall der Verteilung elektrischer Energie auf der Niederspannungsebene, sind mehrere Schutzmaßnahmen genormt, die allein oder gemeinsam angewendet werden müssen.
Gegen „direktes" Berühren sind aktive Teile durch Isolieren zu schützen. In Fällen von Betriebsmitteln der Schutzklasse I ist zwischen der Basisisolierung und den von außen berührbaren Teilen eine Zusatzisolierung vorzusehen (Schutzisolierung).
„Indirektes" Berühren liegt vor, wenn das Metallgehäuse (Körper) eines Betriebsmittels durch einen internen Isolationsfehler eine gefährliche Berührungsspannung annimmt, und eine Person den Körper berührt. Schutzmaßnahmen hiergegen zielen darauf ab, das Bestehenbleiben der gefährlichen Berührungsspannung zu vermeiden, also an geeigneter Stelle schnell abzuschalten.
Die Art dieser Schutzmaßnahmen sind vom Netztyp abhängig. Im wichtigsten Fall des TN-C-S-Netzes (DIN VDE 0100 Teil 310/04.82) ist der Sternpunkt des Speisetransformators geerdet und als PEN-Leiter (Protect, Earth, Neutral) an die Verbrauchsorte geführt. Reduziert sich im Verlauf der Leitung deren Querschnitt auf unter 10 mm² oder liegt ein Übergang zu einem beweglichen Betriebsmittel vor, so wird ab dort neben dem Neutralleiter (N) ein getrennter Schutzleiter (PE) verwendet. Dieser Schutzleiter wird mit den Körpern angeschlossener Betriebsmittel verbunden. Im Fall eines Körperschlusses fließt ein Kurzschlußstrom über die Fehlerstelle und den Schutzleiter, der ein im Zuge des Leiters L (nicht des Schutzleiters) liegendes Überstromschutzorgan zum schnellen Abschalten bringt.
Die Auswahl des Schutzorganes hat u. a. nach der Größe dieses Kurzschlußstromes zu erfolgen.
Bei einer anderen Schutzmaßnahme, der Fehlerstrom-Schutzschaltung, wird die Summe der Mo-

mentanwerte der Ströme in den Leitern und dem Neutralleiter gemessen. Sie ist im Normalfall Null. Fließt im Fehlerfall ein Strom aus dem System, das überwacht wird, in den Schutzleiter oder, z. B. über einen menschlichen Körper gegen Erde, so tritt dieser „Fehlerstrom" als Meßgröße in der Überwachungseinrichtung (Summenstromwandler im Fehlerstrom-Schutzschalter) hervor und löst in sehr kurzer Zeit (weniger als 200 ms laut Vorschrift, in praxi innerhalb von 30 ms) ein Abschaltvorgang für den gesamten nachgeschalteten Netzteil aus.
Neben den beschriebenen Maßnahmen sind eine ganze Reihe zusätzlicher und/oder alternativer Schutzmaßnahmen genormt, die z. T. auf andere Netztypen bezogen sind.

18 Umformung elektrischer Energie

18.1 Schalten

In der elektrischen Energietechnik werden mechanische Schalter zur Unterbrechung und Umschaltung von Stromkreisen benutzt. In der überwiegenden Zahl dieser Fälle findet der Schaltvorgang in einer Schaltstrecke statt, die Luft enthält. In der Hochspannungstechnik werden spezielle Isoliergase und -flüssigkeiten eingesetzt und auch Vakuumschalter haben ein breites Anwendungsfeld.
Periodische Schaltvorgänge in Stromrichtern und Schaltnetzgeräten werden mit Hilfe von Leistungshalbleitern (Transistoren, Thyristoren, Dioden usw.) bewerkstelligt.

Einschalten

Vor dem eigentlichen Schaltvorgang ist die Schaltstrecke spannungsbeansprucht und es fließt kein Strom, oder, im Fall der Leistungshalbleiter, ein sehr kleiner Reststrom. In der Übergangsphase des Einschaltens baut sich der Strom auf, bei gleichzeitigem Vorhandensein einer Spannung; in der Schaltstrecke wird *Einschaltarbeit* in Wärme umgesetzt. Die zeitlichen Verläufe von Strom und Spannungen werden im wesentlichen durch die Daten des einzuschaltenden Stromkreises bestimmt. Bei Halbleitern mit sehr raschem Stromaufbau bestimmen auch die Eigenschaften des Halbleiters (Abbau der Sperrschicht, Ladungsträgergeschwindigkeiten) den zeitlichen Verlauf des Schaltvorganges.

Eingeschalteter Zustand

Bei mechanischen Schaltern bildet der Strom mit dem Spannungsabfall an der Schaltstrecke, der sich aus der Übergangsspannung an den sich berührenden Kontakten und den ohmschen Spannungsabfällen in den Kontakten und anderen stromdurchflossenen Teilen zusammensetzt, eine dauernd wirkende Verlustleistung, die die Obergrenze des Stromes festsetzt, welchen der Schalter dauernd führen kann.
Halbleiter haben in eingeschaltetem Zustand eine Restspannung in der Größenordnung von 1 V, bei Dioden und Thyristoren Durchlaßspannung genannt, die mit dem Strom Verluste bildet, welche durch entsprechende Gestaltung der thermisch wirksamen Teile abgeführt werden müssen.

Ausschalten

In mechanischen Schaltern bildet sich unmittelbar nach Öffnen der Kontakte ein Lichtbogen aus, der den im wesentlichen durch die Daten des Stromkreises bestimmten Strom führt. Die Brennspannung des Lichtbogens liegt an der Schaltstrecke an. Schalter für Wechselstrom nutzen die Tatsache aus, daß der Strom periodische Nulldurchgänge hat, in denen der Lichtbogen verschwindet. Kühlung sorgt für Entionisierung des Lichtbogenraumes und verhindert ein Wiederzünden. Die im Lichtbogen umgesetzte Energie ist im allgemeinen die stärkste Beanspruchung des Schalters, insbesondere beim Abschalten von Kurzschlüssen.
Beim Abschalten größerer Gleichströme in induktiven Stromkreisen (Glättungsdrosselspulen, Motoren), muß der Lichtbogen durch magnetische Kräfte (Blasmagneten) in einer entsprechend gestalteten Brennkammer erweitert werden, so daß er nach Abbau der in der Induktivität gespeicherten Energie verlischt. Dieses Hilfsmittel wird auch bei Schaltern für Wechselstrom angewandt.
Abschalten von Dioden und *Thyristoren* (vgl. 27.4) erfolgt dadurch, daß der zeitliche Verlauf der treibenden Spannung einen Stromnulldurchgang erzwingt. Bei Stromrichtern, die am Dreh- oder Wechselstromnetz arbeiten, erfolgt dieser Nulldurchgang periodisch („natürliche" Kommutierung). In Schaltungen, die keine natürlichen Stromnulldurchgänge aufweisen, wie z. B. bei Wechselrichtern die aus Gleichspannung betrieben werden, wird durch eine Hilfsschaltung, die einen Energiespeicher enthält, ein Stromnulldurchgang erzwungen (Zwangskommutierung). Charakteristisch für beide Bauelemente ist das Auftreten eines negativen Rückstromes unmittelbar nach dem Stromnulldurchgang, der, von der negativen Sperrspannung getrieben, Ladungsträger aus dem Kristall entfernt. Erst nach Abklingen dieses Rückstromes, das unter Umständen mit großer Stromsteilheit $\mathrm{d}i/\mathrm{d}t$ erfolgt, ist die Schaltstrecke für negative Spannungen aufnahmefähig, d. h. abgeschaltet. Beim Thyristor, der im Gegensatz zur Diode auch positive Sperrspannungen aufzunehmen vermag, darf letztere erst nach Ab-

lauf einer Freiwerdezeit, die länger als die Rückstromzeit ist, auftreten, da sonst „Durchzünden", d. h. unkontrolliertes Wiedereinschalten der Schaltstrecke, erfolgt. Die Freiwerdezeit wird durch die Daten des Bauelementes und die Höhe der negativen Sperrspannung, die der positiven Sperrspannung vorausgehen muß, bestimmt [6].
Bei Transistoren wird der Abschaltvorgang durch Wegnahme des Basisstromes (bipolarer Transistor in Emittergrundschaltung) oder durch Steuerung der Spannung am Gate (Feldeffekttransistor) eingeleitet. Unter Annahme von Übergangszeiten der Steuergrößen, die kurz gegenüber allen anderen beteiligten transienten Vorgängen sind (Verhältnisse, die in der Praxis der Schalttransistoren angestrebt und erreicht werden), beginnt der Strom nach Ablauf einer Speicherzeit zu fallen und gleichzeitig tritt Spannung an der Schaltstrecke auf. Die zeitlichen Verläufe dieser Größen werden durch die Charakteristik des abzuschaltenden Stromkreises bestimmt und, falls dieser nur kleine Zeitverzögerungen aufweist, auch durch die Eigenschaften des Bauelementes. In jedem Fall tritt beim Ausschalten Verlustarbeit auf, die durch Kühlung abgeleitet werden muß.

Beschaltung

Zur Begrenzung und auch zur zeitlichen Steuerung der beanspruchenden Größen, werden Schaltstrecken, insbesondere Halbleiterschaltstrecken, „beschaltet", d. h., zu ihnen parallel werden Entlastungsnetzwerke angebracht, welche aus Kombinationen von Kapazitäten, Widerständen und in einigen Fällen auch nichtlinearen Elementen zusammengesetzt sind.

18.2 Gleichrichter, Wechselrichter, Umrichter

18.2.1 Leistungselektronik

Unter Leistungselektronik versteht man den Einsatz von elektronischen Bauelementen (vorwiegend Halbleiter, gelegentlich noch Ionen- und Hochvakuumröhren) zum Zweck der Steuerung, des Schaltens und der Umformung elektrischer Energie, wobei Umformung die Wandlung von elektrischer Energie der einen Stromart in eine andere bedeutet, z. B. Drehstrom in Gleichstrom.

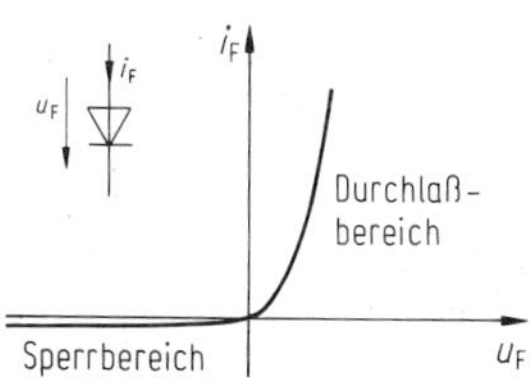

Bild 18-1. Diodenkennlinie.

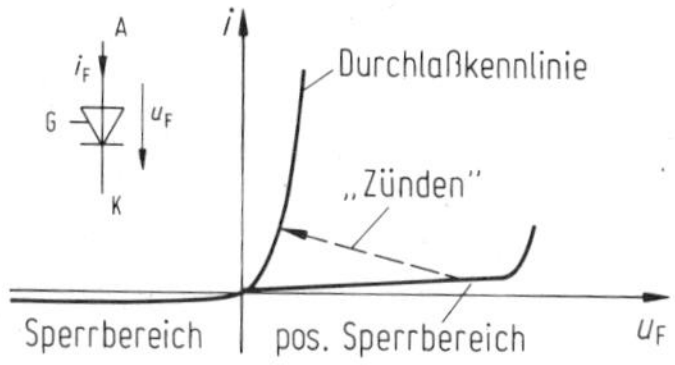

Bild 18-2. Kennlinie eines Thyristors.

Zu den Elementen der Leistungselektronik gehören die Diode (Kennlinie in Bild 18-1), der Thyristor in mehreren Varianten, jedoch am häufigsten in Form des vorwärtsleitenden steuerbaren Ventils (Kennlinie Bild 18-2) und Leistungstransistoren, sowohl als bipolare Transistoren und in zunehmendem Maße als MOS-Feldeffekttransistoren [6].

18.2.2 Netzgeführte Stromrichter mit natürlicher Kommutierung

Der Anschluß erfolgt an Drehstromnetze, in Fällen kleiner Leistung auch an einphasigen Wechselstrom. Unter Verwendung von ungesteuerten Ventilen, Dioden, ergibt sich Gleichrichtung der Spannung. Drehspannung und erzeugte Gleichspannung stehen je nach angewandter Schaltungsart in festem Verhältnis zueinander. Die erzeugte Gleichspannung ist durch die Wirkung der Kommutierung und die übrigen Spannungsabfälle lastabhängig, der Energiefluß geht ausschließlich in Richtung der Gleichstromseite (ungesteuerter Gleichrichter).
Bei Verwendung steuerbarer Ventile und Zufuhr von geeignet gelagerten netzsynchronen Zündimpulsen, die in einer der Steuerungsaufgabe ange-

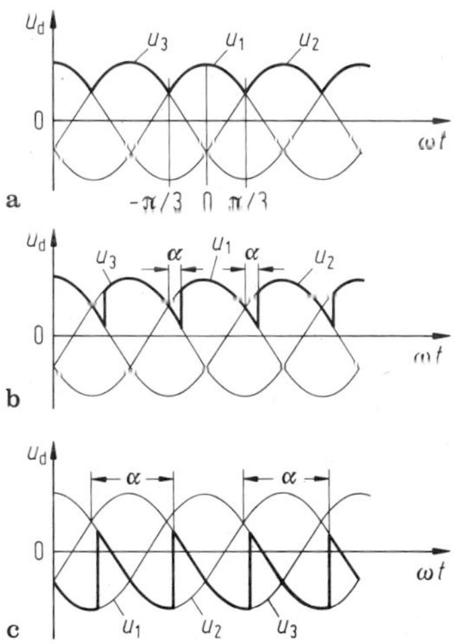

Bild 18-3. Netzgeführter Stromrichter. **a** ungesteuert; **b** $\alpha = 20°$, angesteuerter Gleichrichter; **c** $\alpha = 130°$, Wechselrichter.

paßten Elektronik erzeugt werden, läßt sich der Mittelwert der Gleichspannung steuern. Ist der Zünd-(verzugs)Winkel α der Winkel zwischen dem natürlichen Zündzeitpunkt und dem Auftreten des Zündimpulses, so beträgt die unbelastete Gleichspannung

$$U_{\text{di}} = U_{\text{di0}} \cos \alpha$$

mit der Leerlaufspannung U_{di0} des ungesteuerten Gleichrichters ($\alpha = 0$).

Übersteigt der Zündverzug den Winkel $\alpha = \frac{1}{2}\pi$, so kehrt die Gleichspannung ihr Vorzeichen um. Unter Voraussetzung ausreichender Stromglättung (nichtlückender Betrieb, bei Stromrichtern einiger Leistung stets gegeben) und für den Fall, daß auf der Gleichspannungsseite Leistung zugeführt werden kann, kehrt sich die Richtung des Leistungsflusses um, der Stromrichter wird zum netzgeführten *Wechselrichter*.

Die Stromglättung bewirkt, daß der Netzstrom nicht sinusförmig ist. Durch Zündverzug verschiebt sich die Phase der Stromgrundschwingung gegenüber der Netzspannung, so daß dem Netz *Steuer*blindleistung entnommen wird.

18.2.3 Selbstgeführte Stromrichter mit Zwangskommutierung oder abschaltbaren Ventilen

Wird die Ablösung der zeitlich aufeinanderfolgend betriebenen Schaltstrecken nicht durch die Betriebswechselspannung bewirkt, so müssen abschaltbare Schaltstrecken (Transistoren, Gate-turn-off-Elemente) verwendet werden oder die Kommutierung durch *Zwangslöschung* normaler steuerbarer Ventile bewirkt werden. Bei der Zwangslöschung wird die leitfähige Schalterstrecke für einen Mindestzeitraum vom Strom entlastet. Dieser Zeitraum muß größer sein als diejenige Zeit, die der Halbleiter benötigt, um wieder Sperrspannung aufnehmen zu können. Der entlastende Parallelweg (Löschkreis) für den Strom enthält im allgemeinen einen aufgeladenen Kondensator und einen Hilfsthyristor zum Einschalten des Löschkreises.

Selbstgeführte Stromrichter sind sowohl für Speisung aus Drehstromnetzen, wie auch für den Betrieb aus Gleichspannungsquellen ausführbar. Sie benötigen im Gegensatz zu Stromrichtern mit natürlicher Kommutierung keine Blindleistung. Der Ausgang stellt entweder eine gesteuerte Gleichspannung bereit (Gleichstromsteller) oder ein Drehstromsystem einstellbarer Spannung und Frequenz (Wechselrichter, insbesondere zur Speisung drehzahlvariabler Antriebe).

Leistungstransistoren und abschaltbare Thyristoren (Gate-turn-off-switches, GTO) sowie andere Elemente, deren Entwicklung voll im Fluß ist, ermöglichen den Fortfall des aufwendigen Löschkreises. Sie können über die Steuerelektrode abgeschaltet werden. Für kleinere und mittlere Leistungen werden sie als Schaltelemente in selbstgeführten Schaltungen angewandt. Mit Verbreiterung des Anwendungsbereiches ist zu rechnen.

Nachrichtentechnik

K. Hoffmann

Grundlagen der Nachrichtentechnik

Nachrichtentechnische Sachverhalte beziehen sich auf die Zusammenhänge zeitlich veränderlicher Größen. Ihre Beschreibung kann in allgemeingültiger strukturunabhängiger Form hergeleitet werden. Für die Bemessung der zugehörigen Schaltungen sei auf die einschlägige Literatur verwiesen [1].

19 Grundbegriffe

19.1 Signal, Information, Nachricht

19.1.1 Beschreibung zeitabhängiger Signale

Als elektrische Größen, die eine Nachricht enthalten können, kommen Spannungen oder Ströme, aber auch elektromagnetische Felder in Betracht, die dazu zeitabhängige Veränderungen aufweisen müssen und unter dem Begriff des Signales s(t) zusammengefaßt werden. Durch die Art der Betrachtung und gerätetechnische Bearbeitung ist

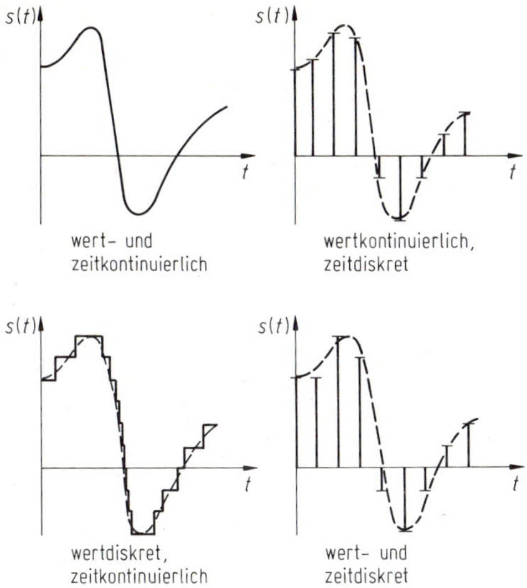

Bild 19-1. Kontinuierliche und diskrete Signalverläufe.

eine Einteilung der Signale in vier Gruppen nach Bild 19-1 (vgl. DIN 40146) zweckmäßig, je nachdem, ob ein Signal in seiner Amplitude und/oder seiner Zeiteinteilung an allen oder nur an bestimmten Stellen ausgewertet wird.
Mit der Fourier-Transformation kann zu jedem zeitabhängigen Signalverlauf $s(t)$ eine, Spektrum genannte, Frequenzabhängigkeit ermittelt werden. Aus einem reellen Signal $s(t)$ entsteht ein komplexes Spektrum $\underline{S}(f) = S(f)\,e^{j\varphi(f)}$, wobei $S(f)$ Betragsspektrum und $\varphi(f)$ Phasenspektrum genannt wird. Systemanalysen erfordern häufig die Einführung von Amplituden- und Frequenzgrenzen ohne Kenntnis des Signales $s(t)$. Dazu dient die Frequenzband genannte, ebenfalls mit $S(f)$ bezeichnete Größe als Einhüllende der Betragsspektren aller damit erfaßbaren Signalverläufe.
Eine Nachricht besteht aus einer zufälligen Folge von Ereignissen, die Informationen genannt werden und unvorherbestimmbare Veränderungen der zugehörigen Signale erfordern. Diese Veränderungen müssen auf eine begrenzte Anzahl von Zuständen aus einem bekannten Vorrat beschränkt werden, um nach eindeutigen Regeln und in endlicher Zeit eine Zuordnung zu der damit beschriebenen Nachricht treffen zu können.

19.1.2 Deterministische und stochastische Signale

Durch geschlossene Formeln beschreibbare Vorgänge wären in jedem Zeitpunkt vorherbestimmbar. Da aber eine Nachricht stets zufällige Informationsanteile enthalten muß, können vollständig berechenbare (deterministische) Zeitabhängigkeiten keine Nachricht enthalten. In der Nachrichtentechnik werden trotzdem deterministische Signaleverläufe, harmonische oder Pulsschwingungen zur Systemanalyse verwendet. Dabei wird vorausgesetzt, daß solche Modellsignale durch Amplituden- und/oder Frequenzänderungen die nachrichtenbeinhaltenden Frequenzbänder $S(f)$ vollständig ausfüllen.
Stochastische Signale, die keine vorherbestimmbare Bindungen zwischen den Signalwerten aufweisen, enthalten zeitbezogen die meisten Informationen und damit auch den höchsten Nachrichtengehalt. Jede störungsbedingte Veränderung des Signalverlaufes bewirkt dann jedoch eine unerkennbare Verfälschung von Informationen und damit auch der Nachricht. Durch deterministische und damit vorherbestimmbare Signalanteile kann diese Gefahr vermindert werden. Deshalb bestehen die Nachrichtensignale in praktischen Systemen meist aus einer Mischung deterministischer und stochastischer Signalanteile.

19.1.3 Symbolische Darstellungsweise, Bewertung

Der Informationsgehalt eines Signales wird durch die Häufigkeit der Veränderungen und die Zahl der Entscheidungen zwischen den zugrunde liegenden Unterschieden bestimmt. Durch eine Umsetzung von Signalwerten in Symbole, die nur an diese Unterschiede gebunden sind, wird die Auswertung von Nachrichten ganz wesentlich vereinfacht. Dazu können analoge mit wert- und zeitkontinuierlichen Signalen arbeitende oder digitale auf zweistufige wert- und zeitdiskrete Signale gegründete Verfahren eingesetzt werden, die entsprechend den Qualitätsanforderungen unterschiedlichen Aufwand erfordern. Subjektive Bewertungen, die eine Meinung über den Wert einer Nachricht beinhalten, dürfen dabei nicht enthalten sein.

19.1.4 Unverschlüsselte und codierte Darstellung

Die unverschlüsselte Darstellung eines, eine Nachricht enthaltenden Signales erlaubt, dieses jederzeit in die enthaltenen Informationen umzuwandeln. Zur Vereinfachung von Entscheidungen bei der Auswertung und wegen unvermeidbarer Störeinflüsse bei der Übertragung ist die symbolisch verschlüsselte Darstellung von größter Wichtigkeit, da sie die beste Ausnutzung von Nachrichtenübertragungswegen ermöglicht. Symbolische Verschlüsselungen werden in der Nachrichtentechnik als Codierung bezeichnet. Ein typisches Beispiel stellt die Wandlung von Schriftzeichen in Symbole des internationalen Fernschreibcodes dar, siehe Bild 19-2.

Buchstabenreihe	A	B	C	D	E	F	G	H	I	J	K	L	M	N	O	P	Q	R	S	T	U	V	W	X	Y	Z	<	≡	A...	1...	Zwr	◥
Zeichenreihe	–	?	:	+	3	◥	◥	◥	8	🔔	(	)	.	.	9	0	1	4	’	5	7	=	2	/	6	+						◥
Anlaufschritt																																
5er Schrittgruppe 1	•	•		•	•	•				•	•						•		•		•		•	•	•	•			•	•		
2	•		•				•		•	•	•	•				•	•	•			•	•	•					•	•	•		
3			•			•		•	•		•		•	•		•	•		•		•	•		•	•				•		•	
4		•	•	•		•	•			•	•		•	•	•			•				•		•			•		•	•		
5		•					•	•				•	•		•	•	•			•		•	•	•	•	•			•	•		
Sperrschr. 1,5×	•	•	•	•	•	•	•	•	•	•	•	•	•	•	•	•	•	•	•	•	•	•	•	•	•	•	•	•	•	•	•	•

□ Pausenschritt
⊡ Stromschritt
A... Buchstabenumschaltung
1... Ziffernumschaltung
Zwr Zwischenraum
🔔 Klingel
< Wagenrücklauf
≡ Zeilenvorschub
+ Anruf
◥ Frei

Bild 19-2. Der internationale Fernschreibcode (nach CCITT).

19.2 Aufbereitung, Übertragung, Verarbeitung

19.2.1 Grundprinzip der Signalübertragung

Die Nachrichtentechnik ermöglicht die Übertragung von Informationen zwischen räumlich getrennten Orten. Dabei ist der Übertragungsweg bei größerer Entfernungen der aufwendigste und störempfindlichste Teil des Systemes. Die Beschreibung solcherer Systeme erfolgt nach dem Grundschema in Bild 19-3. Die Signale entstammen einer Quelle, ihr Ziel ist die Senke. Moderne nachrichtentechnische Systeme bedienen sich der Verfahren der Codierung, um Übertragungswege besser zu nutzen und eine störfestere Auswertung zu ermöglichen. Quellenseitig wird dazu vor den Übertragungsweg eine Aufbereitung genannte Einrichtung eingefügt, in der die Signale so umgeformt werden, daß ihre senkenseitige Rückwandlung in der Verarbeitung genannten Einrichtung diese übertragungstechnischen Vorteile zu nutzen erlaubt. Bepfeilten Linien geben dabei die möglichen Wege und die Laufrichtungen der auf ihnen geführten Signale an.

Bild 19-3. Grundschema einer Nachrichtenübertragung.

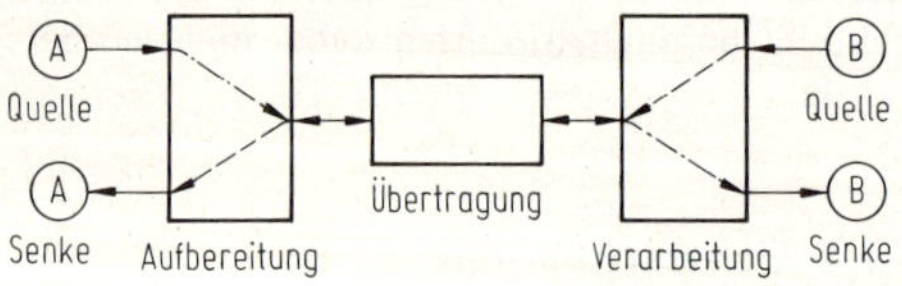

Bild 19-4. Prinzip der Einwegkommunikation.

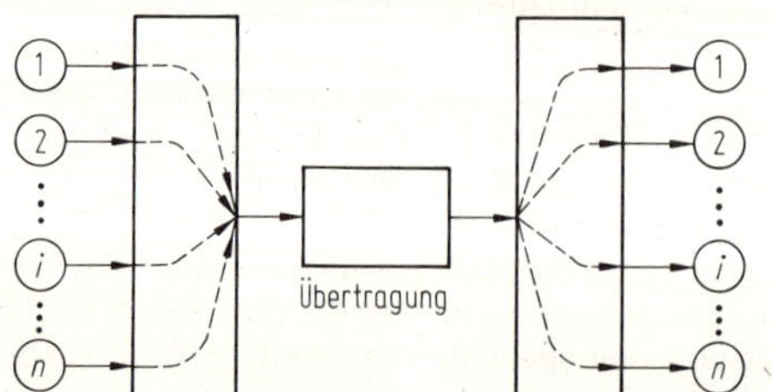

Bild 19-5. Vielfachnutzung eines Nachrichtenübertragungsweges.

19.2.2 Eigenschaften von Quellen und Senken

Werden die Quellen und Senken einer Nachrichtenübertragung durch das menschliche Kommunikationsvermögen bestimmt, so ist auf jeder Seite eine Signalwandlung erforderlich, da der Mensch für elektrische Signale kein angemessenes Unterscheidungsvermögen besitzt. Dies gilt in ähnlicher Weise auch für andere nichtelektrische Vorgänge, deren Informationen übertragen oder verarbeitet werden sollen. Die erforderlichen Wandler sind Teile der Aufbereitung und Verarbeitung und erfordern eine Umsetzung der Energieform. Bei Nachrichtensignalwandlern finden je nach der Art der zu wandelnden Signale und deren Frequenzbereich sehr unterschiedliche physikalische Prinzipien Anwendung. Neuere Wandlerkonstruktionen führen außer der eigentlichen Energieumwandlung zunehmend auch Codierungs- oder Decodierungsaufgaben durch.

19.2.3 Grundschema der Kommunikation

In dem Schema Bild 19-3 ist nur eine Übertragung nach rechts hin zur Senke möglich. Eine Antwort auf eine übermittelte Nachricht erfordert aber, daß auch eine Verbindung in Gegenrichtung besteht. Dies kann zwar durch zwei gleiche Anordnungen, für jede Richtung eine, erreicht werden, würde aber den doppelten technischen Aufwand erfordern. Durch das Einfügen von Richtungsweichen bzw. Richtungsgabeln in die Aufbereitung und Verarbeitung entsprechend Bild 19-4 kann eine Kommunikationsverbindung über einen einzigen Übertragungsweg hergestellt werden. Diese Betriebsart erlaubt gleichzeitig oder auch in zeitlich wechselnder Folge die Nachrichtenübertragung zwischen Quelle A und Senke B und umgekehrt.

19.2.4 Betriebsweise der Vielfachnutzung

Durch eine Erweiterungen in der Aufbereitung und in der Verarbeitung kann ein einziger Nachrichtenübertragungsweg auch von einer Vielzahl einzelner Quellen-Senken-Verbindungen gleichzeitig oder in zeitlicher Folge genutzt werden. Diese Betriebsweise wird als Vielfach oder Multiplex bezeichnet. Das in Bild 19-5 gezeigte Schema eines Multiplexsystemes erfordert eine Multiplexer genannte Einrichtung zur Zusammenführung der einzelnen Kanäle vor dem Übertragungsweg und seine funktionsmäßige Umkehr den Demultiplexer, der die Kanaltrennung auf der Verarbeitungsseite bewirkt.

Die störungsarme Zusammenführung und Wiederauftrennung der Signale auf dem als Bündel bezeichneten gemeinsamen Übertragungsweg, stellt hohe Anforderungen an die Eigenschaften der Systemteile. Dem Übertragungsweg zugeordnete Einrichtungen zur Verbesserung seiner Eigenschaften kommen aber allen Multiplexkanälen gleichermaßen zugute, sodaß sich der Aufwand je Kanal mit deren steigender Zahl vermindert. Ein weitverbreitetes System dieser Art stellt bei analoger Aufbereitung und Verarbeitung 2 700 Telefonkanäle auf einem einzigen Übertragungsweg zur Verfügung, wie in Abschnitt 22.4.4 erläutert wird.

19.3 Schnittstelle, Funktionsblock, System

19.3.1 Konstruktive und funktionelle Abgrenzung

Die Eigenschaften nachrichtentechnischer Einrichtungen werden durch logische und funktionelle Zusammenhänge zwischen ihren Ein- und Ausgangssignalen beschrieben. Zeitabhängige Veränderungen der Signale besitzen dabei ein besonderes Gewicht, da sie die Informationen enthalten. Um das Gesamtverhalten umfangreicherer Systeme überschaubarer zu machen, ist eine Untergliederung in Einzelfunktionen sinnvoll. Dazu werden verknüpfte Signale auf Schnittstellen bezogen. Diese Schnittstellen decken sich vielfach mit konstruktiv vorhandenen Verbindungsstellen, die dann als Meßpunkte zum Nachweis der einwandfreien Funktion von Einrichtungen dienen können.

19.3.2 Mathematische Beschreibungsformen

Das Zusammenwirken von Signalen $s = f(s_i)$ $(i = 1, \dots, n)$ kann sehr unterschiedlichste Abhängigkeiten aufweisen. Für die Beschreibung solcher Beziehungen werden in der Nachrichtentechnik vorzugsweise mathematische Darstellungsformen benutzt. Die meisten Aufbereitungs- und Verarbeitungsverfahren verwenden deshalb logische, arithmetische oder stetige Funktionen. Dabei ist zu beachten, daß es sich stets um technische Näherungen handelt und die Signalwerte s_i nur mit einer endlichen, aufwandsbestimmten Auflösung der Abweichung Δs_i eingehalten werden können. In zunehmendem Maße gewinnen rechnergestützte Verfahren an Bedeutung, da mit ihnen die informationstragenden Signalanteile von dafür unwesentlichen getrennt werden können. Integrierbare elektronische Schaltungen erlauben umfangreiche Berechnungsverfahren mit Signalbandbreiten bis einige MHz, so daß damit auch in bewegten Fernsehbildern enthaltene Muster analysiert werden können, was in Abschnitt 24.3.1 erörtert wird.

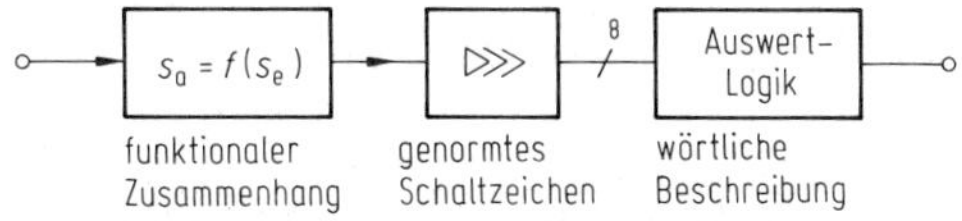

Bild 19-6. Darstellungsweisen für Funktionsblöcke.

19.3.3 Darstellung in Funktionsblockbildern

Die Analyse des Verhaltens und der Entwurf nachrichtentechnischer Einrichtungen, die eine Vielzahl von gegenseitigen Abhängigkeiten aufweisen, erfordert eine bis zur Einzelfunktion gehende Untergliederung. Das geschieht in Form von Blockschaltbildern, wobei die einzelnen Funktionsblöcke durch Schnittstellen voneinander abgegrenzt sind. Die Verknüpfungsbeziehungen können durch mathematische Zusammenhänge in Form funktionaler Abhängigkeiten, durch Schaltzeichen nach DIN 40 900 oder durch beschreibenden Text angegeben werden, siehe Bild 19-6.

19.3.4 Zusammenwirken und Betriebsverhalten

Das Zusammenwirken einzelner Funktionsblöcke in einem nachrichtentechnischen System führt zur gegenseitiger Beeinflussung wie auch zum Übergriff von Signalen auf andere Abläufe. Für einen zuverlässigen Betrieb von Einrichtungen während eines Zeitraumes müssen bestimmte Toleranzen sowohl der Funktion als auch der Signalwerte eingehalten werden. Eine Überschreitung von Toleranzgrenzen bedeutet einen Ausfall, der durch jedes einzelne Element hervorgerufen werden kann. Hochzuverlässige Nachrichtensysteme sind deshalb oft redundant aufgebaut, wobei ausfallbedrohte Teile mehrfach vorhanden sind und im Störungsfall das geschädigte Teil ersetzt werden kann, so daß sich dieses im Gesamtbetriebsverhalten der Einrichtung nicht bemerkbar macht [2].

20 Signaleigenschaften

20.1 Signaldynamik, Verzerrungen

20.1.1 Dämpfungsmaß und Pegelangaben

Signale der Nachrichtentechnik umfassen in ihrem Spannungs- und Stromwertebereich viele Zehnerpotenzen. Lineare Skalierung würde zu einer sehr unübersichtlichen Zahlendarstellung führen. Man verwendet deshalb eine logarithmische Darstellung bei Bezug auf eine dimensionsgleiche Größe. Das so definierte logarithmische Dämpfungsmaß ist leistungsbezogen und lautet

$$d = 10 \lg (P/P_b) \text{ dB}. \quad (1)$$

Zur Kennzeichnung wird die unechte Sondereinheit dB (Dezibel) benutzt. Negative Werte ($P < P_b$) werden unter Weglassen des Vorzeichens auch als Dämpfung, positive Werte ($P > P_b$) auch als Verstärkung bezeichnet. Veränderungen um Zehnerpotenzen ergeben Zuschläge oder Abzüge um Vielfache von 10 dB, so daß logarithmisches dekadisches Rechnen besonders einfach ist. Angaben absoluter Leistungswerte, die als Pegel p bezeichnet werden, bezieht man in der Nachrichtentechnik meist auf $P_b = 1$ mW und kennzeichnet dies durch die Einheit dBm. Für Signalwerte ist wegen der Quotientenbildung die Festlegung eines Bezugswiderstandes nicht erforderlich. Der Widerstand darf jedoch nicht den Wert 0 oder ∞ annehmen. Der Spannungspegel ist

$$p_u = 20 \lg (U/U_b) \text{ dB}, \quad (2)$$

wobei als Bezugsgröße i. allg. $U_b = 1$ V oder 1 µV verwendet wird. Die Einheit ist dann sinngemäß dBV bzw. dBµV. Werte aus den Beziehungen (1) und (2) können bei gleichem Bezugswiderstand mit dem Faktor 2 ineinander umgerechnet werden. Pegeldifferenzen bedeuten einen Wertebereich, der als Verhältnis von Grenzwerten als Signaldynamik $D_s = s_{max}/s_{min}$ bezeichnet wird.

20.1.2 Lineare und nichtlineare Verzerrungen

Nachrichtensignale werden zur Trennung von Kanälen und zur Ausblendung von Störungen häufig einer frequenzabhängigen Aufbereitung oder Verarbeitung durch Filter unterzogen. Diese bewirken eine frequenzabhängige Veränderung der Amplituden- und Phasenwerte des Signalspektrums, erzeugen jedoch keine zusätzlichen Spektralanteile. Voraussetzung dafür ist ein linearer Zusammenhang zwischen Ausgangsignal s_a und Eingangssignal s_e, so daß das Verhältnis s_a/s_e keine Abhängigkeit von den Signalen selbst aufweisen darf. Im Gegensatz dazu werden beim Übergang auf diskrete Signale und zur frequenzmäßigen Umsetzung von Signalen in andere Bänder Einrichtungen verwendet, die nichtlineare Zusammenhänge aufweisen. Eine Abhängigkeit dieser Art ist die Multiplikation zweier Signale. Dabei können jedoch auch verarbeitungsseitig nicht ausgleichbare Überlagerungen linearer und nichtlinearer Verzerrungen entstehen.

20.2 Auflösung, Störungen, Störabstand

20.2.1 Empfindlichkeit und Aussteuerung

Die Grenze der Auswertbarkeit von Signalen wird durch den kleinstzulässigen Signalpegel bestimmt, der Grenzempfindlichkeit genannt wird. Zusammen mit dem aus der Signaldynamik bestimmten höchsten Signalpegel ergibt sich der Aussteuerbereich, der für einen wirtschaftlichen und verzerrungsarmen Betrieb vorzusehen ist. Hier liegen die Vorteile der digitalen Nachrichtentechnik, bei der nur zwischen zwei Signalwerten zu unterscheiden ist.

20.2.2 Störungsarten und Auswirkungen

Die Sicherheit einer Nachrichtenübertragung wird durch die Auswirkungen von Störungen bestimmt, gleichgültig ob diese aus systeminternen Kanälen oder von systemfremden Einflüssen herrühren. Es ist zwischen kurzzeitigen und kontinuierlichen Störungen zu unterscheiden, wobei erstere meist durch betriebsbedingte Zustandswechsel, letztere vorwiegend durch physikalische Unvollkommenheiten hervorgerufen werden. Störungen können gleichermaßen aus deterministischen wie stochastischen Signalen bestehen. Ihre Auswirkungen in analogen wie digitalen Systemen liegen in einer Unschärfe der Signalauswertung. Die Störanteile werden durch das Leistungsverhältnis

$$S/N = 10 \lg (P_{\text{Nutzsignal}}/P_{\text{Störsignal}}) \text{ dB} \quad (3)$$

beschrieben, das Störabstand (Signal to Noise Ratio) heißt.

20.2.3 Maßnahmen zur Störverminderung

Bessere Eigenschaften lassen sich mit einer störungsbezogenen Signalbewertung erzielen, weil damit alle Nutzsignalanteile gleichen Störabstand besitzen können. Verfahren dieser Art filtern die spektrale Verteilung der Signale entsprechend den Störspektren. Durch eine Preemphasis genannte lineare Verzerrung wird in der Aufbereitung ein frequenzunabhängiger Störabstand hergestellt. Der verarbeitungsseitige, Deemphasis genannte Ausgleich bezüglich des Nutzsignales liefert dann

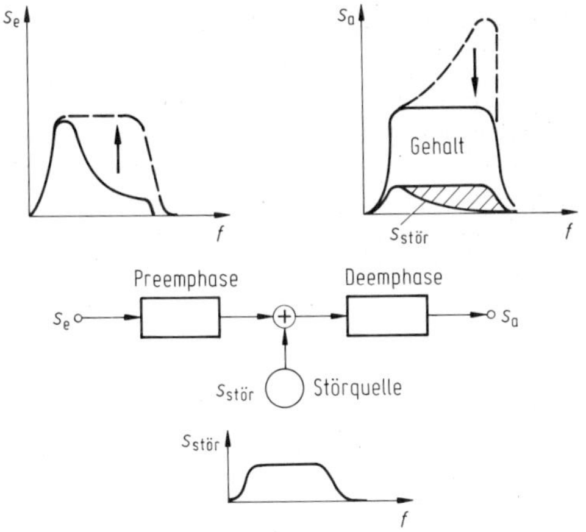

Bild 20-1. Störverminderung durch lineare Filterung.

eine Verbesserung, die in Bild 20-1 als Fläche mit Schraffur gekennzeichnet ist. Einrichtungen dieser Art heißen Optimalfilter [3].

Digitale Codierungsverfahren erlauben eine frequenzmäßige Umsetzung von Signalen mit den darin enthaltenen Informationen auf einzelne, voneinander getrennte Frequenzbänder. Damit kann eine wirksamere Verbesserung des Störabstandes als mit Analogverfahren erreicht werden, indem mit Hilfe von Filtern, die kammartige Frequenzgänge besitzen, ineinander verschachtelte Signal- und Störfrequenzbänder getrennt werden können.

20.3 Informationsfluß, Nachrichtengehalt

20.3.1 Herleitung des Entscheidungsbaumes

Die Auswertung nachrichtenbeinhaltender Signale bezieht sich auf Symbole, die sich in ihren Signalwerten oder deren zeitlicher Folge unterscheiden können. Die Zuordnung der Symbole erfordert den Vergleich von Unterscheidungsmerkmalen und läßt sich im einfachsten Fall auf die zweiwertige Entscheidung „zutreffend" bzw. „nicht zutreffend" zurückführen. Mit n Entscheidungen können $m = 2^n$ verschiedene Symbole voneinander getrennt werden. Dies erfordert bei einem Vorrat von m Symbolen im Mittel einen Durchlauf durch einen Entscheidungsbaum mit $n = \operatorname{ld} m$ Verzweigungen. Werden statt dessen p-wertige Entscheidungen verwendet, so gilt $n = {}^p\log m = \ln m / \ln p$. Für das Alphabet mit $m = 27$ Buchstaben und Leerzeichen sind dann $n = \ln 27 / \ln 3 = 3$ dreiwertige Entscheidungen für eine Zuordnung zu treffen.

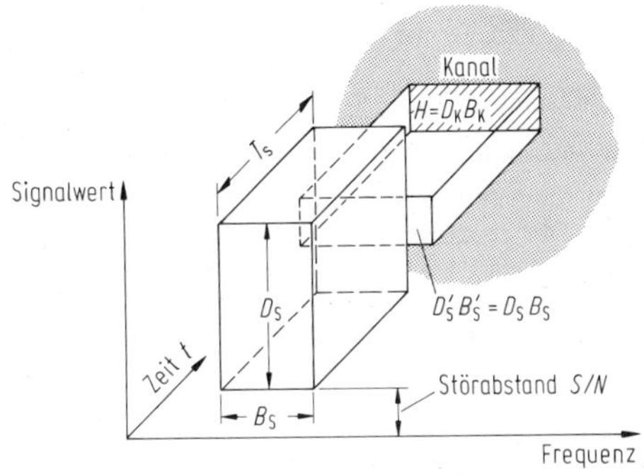

Bild 20-2. Nachrichtenquader und Kanalkapazität.

20.3.2 Darstellung mit Nachrichtenquader

Um den Vorrat an Symbolen, deren Änderungsgeschwindigkeit und die zeitliche Dauer eines Nachrichtensignales zugleich wiedergeben zu können, benötigt man eine dreidimensionale Darstellung, da diese Größen voneinander unabhängig sind. Der Inhalt des umfaßten Volumens ist ein Maß für die Nachrichtenmenge des betreffenden Signales. Bezieht man sich auf stationäre Grenzwerte, so ergibt sich ein prismatischer Körper, der Nachrichtenquader genannt wird. Die Codierungsverfahren der Nachrichtentechnik ermöglichen Veränderungen sowohl seiner Lage als auch seiner Form, wie Bild 20-2 zeigt, wobei inhaltliche Verluste durch gleichbleibendes Volumen vermieden werden können.

20.3.3 Grenzwerte und Mittelungszeitraum

Die Grenzen jeder Nachrichtenaufbereitung und -übertragung werden durch die Sicherung der Auswertbarkeit auf der Verarbeitungsseite bestimmt. Hier spielen die Dynamik

$$d_s = 20 \lg D_s \text{ dB} = 20 \lg (s_{max}/s_{min}) \text{ dB}, \qquad (4)$$

der Störabstand S/N und die Frequenzbandbreite B_s des Signales eine entscheidende Rolle, damit keine Überdeckungseffekte durch Störungen auftreten oder informationstragende Signalanteile durch Filterung abgetrennt werden. Die zeitliche Zuordnung kann bei der Auswertung von Signalen auch durch Laufzeiteffekte gestört werden, wenn die Information im zeitlichen Bezug von Signalwerten zueinander steckt.

20.3.4 Kanalkapazität und Informationsverlust

Die Gesamtzahl N_s der Entscheidungen, die zur vollständigen Auswertung eines die Zeitdauer T_s währenden Nachrichtensignales zu treffen sind, kann über den Zusammenhang

$$N_s = (T_s/\Delta t)\, n \text{ bit} = 2 B_s T_s \,\mathrm{ld}\, m \text{ bit} \quad (5)$$

aus der Anzahl $n = \mathrm{ld}\, m$ zweiwertiger Entscheidungen für jeden Auswertungszeitpunkt bestimmt werden. Der Zeitabstand Δt der einzelnen Auswertungen erfordert wegen des Einschwingverhaltens eine Systembandbreite von mindestens $B_s = 1/2\Delta t$. Wird die Anzahl m der Signalwertstufen durch das Verhältnis

$$m = s_{max}/s_{min} = \sqrt{(P_{max}/P_{min})} = \sqrt{(1 + S/N)} \quad (6)$$

bei Bezug auf die Leistungen $P_{max} = P_s + P_N$ und $P_{min} = P_N$ des Störabstandes S/N gebildet, so entspricht dies einer linearen Unterteilung der Signalwerte. Aus den Beziehungen (5) und (6) kann dann die Rate der Entscheidungen

$$H' = N_s/T_s = B_s \,\mathrm{ld}\,(1 + S/N) \text{ bit} \quad (7)$$

bestimmt werden. Diese Größe H' wird Informationsfluß und bei Übertragungswegen Kanalkapazität genannt. Zur Unterscheidung von der Bandbreite B_s benutzt man wegen der zweiwertigen Entscheidungen für die Größe H' die unechte Sondereinheit bit/s (Bit je Sekunde).
Die Übertragungsfähigkeit eines Kanales kann in dieser Darstellung als Öffnung in einer aus Signalwert und Frequenz aufgespannten Ebene beschrieben werden. Um Informationsverluste zu vermeiden, muß der Kanal in seiner Dynamik D_k und Bandbreite B_k so ausgelegt sein, daß er das zu Signal verlustfrei zu übertragen vermag oder es muß eine Umcodierung des Signales zur Anpassung an die Kanaleigenschaften vorgenommen werden, siehe Bild 20-2.

20.4 Relevanz, Redundanz, Fehlerkorrektur

20.4.1 Erkennungssicherheit bei Mustern

Die Signalauswertung mit Hilfe eines Entscheidungsbaumes erlaubt nur dann eine sichere Zuordnung von Symbolen, wenn die Unterscheidungsmerkmale eindeutig erkannt werden können. Dazu ist ein Vergleich der auszuwertenden Signale untereinander oder mit gespeicherten Werten erforderlich. Derartige Verfahren bezeichnet man als Mustererkennung. Die als Erkennungssicherheit bezeichnete Wahrscheinlichkeit der richtigen Symbolzuordnung wird durch das Verhältnis aus richtigen Entscheidungen zur Gesamtzahl aller Entscheidungen bestimmt. Zuverlässige Nachrichtenübertragung erfordert Werte für die dazu komplementäre Fehlerwahrscheinlichkeit genannte Größe zwischen 10^{-8} und 10^{-10}.

20.4.2 Störeinflüsse und Redundanz

Die für richtige Entscheidungen erforderlichen Informationen werden als relevant bezeichnet. Ihre Mindestzahl ist aus (5) zu bestimmen. Die Erkennungssicherheit kann durch Hinzunahme weiterer nicht unbedingt erforderlicher Merkmale und damit zusätzlicher Entscheidungen gesteigert werden. Dies wird als Redundanz bezeichnet und durch das Verhältnis

$$R = (H' - H'_{min})/H'_{min} \quad (8)$$

beschrieben, wobei H' der Informationsfluß des betrachteten Signales und H'_{min} der des redundanzfreien Signales bedeutet. Kanalstörungen bewirken jedoch bei absoluter Redundanzfreiheit stets nicht erkennbare Übertragungsfehler.

20.4.3 Fehlererkennung und Fehlerkorrektur

Die Fortschritte auf dem Gebiet der digitalen Signalverarbeitung erlauben durch Speicherung immer größerer Nachrichtenmengen und immer rascherer vergleichender Auswertung bei Anwendung geeigneter Codierungsarten sowohl die Verminderung der redundanten Signalanteile als auch die Erkennung und Korrektur von Fehlern, die bei der Übertragung durch Störeinflüsse aufgetreten sind. Dazu wird die Redundanz R genutzt, die dafür in ihrer Verteilung dem Verarbeitungsprozeß und auch den fehlerverursachenden Störungen angepaßt werden kann.

21 Beschreibungsweisen

21.1 Signalfilterung, Korrelation

21.1.1 Reichweite des Filterungsbegriffes

Alle Arten der Signalverarbeitung, die auf eine frequenz- oder amplitudenabhängige Signalbewertung $h(f)$ bzw. $h(s)$ führen, werden mit dem Oberbegriff der Filterung erfaßt. Jeder Bearbeitungsschritt, der die Verzerrung des Zeitverlaufes $s(t)$ eines Signales oder dessen Amplituden- und/oder Phasenspektrums $S(f)$ bzw. $\varphi(f)$ bewirkt, ist eine solche Filterung, gleichgültig, ob diese beabsichtigt oder eine unerwünschte Nebenwirkung ist. Bedingt durch den Einsatz digitaler Rechner, kommen in zunehmendem Maße rekursive und adaptive Verfahren zum Einsatz, die eine signalwertabhängige Steuerung der Filter ermöglichen. Gestützt auf die zeitlichen Veränderungen wert- und zeitdiskreter Signalwerte $s(t)$ erfolgt deren Betrachtung meist im Zeitbereich. Das Frequenzverhalten $\underline{S}(f)$ läßt sich daraus mit Hilfe der Fouriertransformation bestimmen

$$\underline{S}(f) = \int_0^\infty s(t)\, e^{-j \cdot 2\pi f t}\, dt. \quad (1)$$

21.1.2 Lineare und nichtlineare Verzerrungen

Jede Art der Verzerrung erfordert eine Unterscheidung zwischen linearem und nichtlinearem Betrieb. Die mathematisch einfacher beschreibbaren linearen Verzerrungen führen auf lineare Gleichungssysteme für die Signalspektren, wobei der Überlagerungssatz

$$\underline{S}_a(f) = \underline{S}_e(f)\, \underline{h}(f) \quad (2)$$

gilt und dies bevorzugt zur Begrenzung von Frequenzbändern eingesetzt wird. Dabei ist die Stationarität aller Parameter $\underline{h}(f)$ und die Beschränkung der Eingangssignalamplituden S_e auf die verarbeitbare Dynamik vorausgesetzt. Nachführbare adaptive Prozesse und Signalwertbegrenzungen führen auf nichtlineare Verzerrungen. Die Systemkennwerte $h(t) = f(s)$ werden dadurch signalabhängig. Die Betrachtung wird dann im Zeitbereich mit dem Faltungsintegral

$$s_a(t) = s_e(t) * h(t) = \int_0^t s_e(\tau)\, h(\tau - t)\, d\tau \quad (3)$$

vorgenommen. Unerwünschte Spektralanteile können entweder durch Kompensation oder durch frequenzabhängige Filterung gedämpft werden. Sind die zeitlichen Veränderungen der Systemeigenschaften hinreichend klein, $\Delta h(t) \ll s(t)$, kann die Betrachtung durch intervallweise Linearisierung vereinfacht werden.

21.1.3 Redundanzverteilung in Mustern

Die senkenseitige Verarbeitung von Nachrichtensignalen zur Wiedergewinnung darin enthaltener Informationen erfordert im Falle der codierten Übertragung den Vergleich von Unterschieden, um die erforderliche Zuordnung vornehmen zu können. In störbehafteter Umgebung muß jedes Symbol mit einer gewissen Redundanz behaftet sein, um seine Erkennungssicherheit zu gewährleisten. Die Redundanz kann dabei jedem einzelnen Signalwert aber auch Signalwertfolgen, die Muster genannt werden, zugeordnet sein. Kurzzeitstörungen, deren Häufigkeit reziprok zu ihrer Dauer ist, wirken sich deshalb in länger währenden Mustern zunehmend weniger aus. Dies ist bei der Auswertung von störbehafteten Signalen durch Mustererkennung von großer Bedeutung, da damit Verdekkungseffekte beherrscht werden können.

21.1.4 Kreuz- und Autokorrelation

Der Gehalt eines bestimmten Musters in einem Signal $s(t)$ läßt sich durch Vergleich mit dem dieses Muster beschreibenden Bezugssignal $s_b(t)$ ermitteln. Die zeitvariable Produktbildung liefert bei anschließender Integration nur für phasenrichtige Spektralanteile von Null verschiedene Werte. Diese Vorgehensweise wird im Zeitbereich durchgeführt und als Korrelation

$$B(t) = \lim_{T -> \infty} \frac{1}{2T} \int_0^T s(t)\, s_b(t + \tau)\, dt \quad (4)$$

bezeichnet. Die Korrelation stellt eine spezielle Art adaptiver Filterung dar. Die Korrelation eines Signales mit sich selbst heißt Autokorrelation, wobei der Zusammenhang

$$A(t) = \lim_{T -> \infty} \frac{1}{2T} \int_0^T s(t)\, s(t + \tau)\, dt$$

$$= 2\pi \int_0^8 P(f) \cos(2\pi f t)\, df \quad (5)$$

über die Fourier-Transformation eine frequenzunabhängige Leistungsverteilung $P(f) = \text{const}$ bei Redundanzfreiheit erfordert und deshalb zur Prüfung auf Redundanzgehalt verwendet werden kann.

21.1.5 Änderung der Redundanzverteilung

Die Veränderung des Redundanzgehaltes von Nachrichtensignalen zur Verbesserung des Störabstandes kann durch gezielten Zusatz von signalbezogenen Informationen erreicht werden. Dazu gibt es sowohl festeingestellte als auch von den Signalverläufen abhängige lineare und nichtlineare Verfahren. Eine Steigerung des Störabstandes unter Verwendung korrelativer Verfahren erhöht jedoch wegen der zeitlichen Integration nach (4) stets die Auswertzeit.

21.2 Analoge und digitale Signalbeschreibung

21.2.1 Lineare Beschreibungsweise, Überlagerung

Aus Aufwandsgründen muß die Dynamik nachrichtentechnischer Systeme beschränkt werden. Ihr Verhalten läßt sich bei vernachlässigbaren nichtlinearen Verzerrungen mit proportionalen Zusammenhängen

$$\underline{S}_a(f) = \underline{S}_e(f) \prod_0^n \underline{h}_i(f) \quad (6)$$

beschreiben. Dieser Betrachtungsweise liegt die lineare Filterung und Analyse im Spektralbereich zugrunde. Bei Entkopplung der Parameter $\underline{h}_i(f)$ kann der Prozeß umgekehrt und der Überlagerungssatz zur Bemessung genutzt werden [4].

21.2.2 Beschreibung nichtlinearer Zusammenhänge

Nichtlineare Signalzusammenhänge erfordern eine funktionale Darstellungsweise der Art $s_a = f(s)$, die bei Frequenzabhängigkeit $S(f)$ stets auf nichtlineare Differential- oder Integralgleichungen führt. Eine geschlossene Lösung und Umkehrung ist nur in sehr einfachen Fällen möglich. Zur Betrachtung haben sich deshalb zwei Näherungsverfahren herausgebildet: Funktionalreihenansätzen $s_a(t) = \sum_0^n f_i(s_e(t))$ und die intervallweise Linearisierung unter Berücksichtigung der Übergangsbedingungen von energiespeichernden Elementen an den Intervallgrenzen.

21.2.3 Parallele und serielle Bearbeitung

Im Gegensatz zu analogen nachrichtentechnischen Einrichtungen, bei denen die zu verknüpfenden Signale in kontinuierlicher Form gleichzeitig und damit parallel verfügbar sind, verwenden digitale Aufbereitungs- und Verarbeitungsverfahren in Anlehnung an den Rechnerbetrieb meist eine serielle Signalbehandlung. Dies ist darin begründet, daß digitale Einrichtungen Zwischenwerte speichern und deshalb im Multiplexbetrieb umschaltbare Verknüpfungseinrichtungen verwenden können. Bei hohem Informationsfluß kann die zeitliche Folge der Bearbeitungsschritte zu Durchsatzschwierigkeiten führen, wenn Echtzeitbetrieb gefordert wird. Besondere auf die nachrichtentechnischen Anforderungen der Codierung und Filterung zugeschnittene Signalprozessoren erlauben durch eine raschere, zum Teil auch parallel ablaufende Signalbearbeitung die erforderliche Erhöhung des Informationsflusses.

Verfahren der Nachrichtentechnik

Die in der Nachrichtentechnik verwendeten Verfahren der Signalbehandlung zur Übermittlung und Verarbeitung von Informationen unterliegen stets störenden Beeinflussungen aufgrund nichtidealer Eigenschaften der verwendeten Einrichtungen. Im Gegensatz zu den physikalisch bedingten absoluten Grenzwerten müssen auch verfahrensbedingte Einflüsse berücksichtigt und in ihren Auswirkungen auf ein vorherbestimmtes Mindestmaß reduziert werden. Die dafür zutreffenden Abhängigkeiten werden mit Blick auf die verwendeten technischen Einrichtungen in den Kapiteln 22 bis 24 erörtert.

22 Aufbereitungsverfahren

22.1 Basisbandsignale, Signalwandler

22.1.1 Dynamik der Signalquellen

Der Begriff des Basisbandsignales umfaßt Signale mit der von den Quellen zur Verfügung gestellten Dynamik und Frequenzbandbreite. Dabei ist die Energieform unerheblich, da der Einsatz von Signalwandlern keine Einschränkung darstellt, wenn sie keine Veränderung relevanter Signalanteile bewirken. Bandbreite, Dynamik und Störabstand von Basisbandsignalen für Systeme zur Nachrichtenübertragung sind in Tabelle 22-1 zusammengestellt. Diese Angaben gründen sich auf Untersuchungen, die zu Normwerten geführt haben.
Die Anpassung der Signale an die Eigenschaften zugeordneter Übertragungswege kann bei Verminderung der Dynamik und/oder Bandbreite ohne Verlust an Informationsgehalt durch eine Umcodierung vorgenommen werden. Dazu können informationsverarbeitende Signalwandler mit kontinuierlicher oder diskreter Wertzuordnung verwendet werden. Besondere Vorteile ergeben sich damit durch Anpassung an das Kanalverhalten unter Verminderung des Einflußes kanaltypischer Störungen. Zeitbezogene Zuordnungen haben

Tabelle 22-1. Eigenschaften von Nachrichtenübertragungssystemen

Art des Nachrichtensignals	Frequenzbandbreite	Dynamik ≙ Amplitudenverhältnis	Störabstand ≙ Leistungsverhältnis
Fernschreiben (Telegrafie 120 Baud)	(0...240) Hz	3 dB ≙ $\sqrt{2}$	10 dB ≙ 10
Fernsprechen (Telefonie)	(0,3...3,4) kHz	30 dB ≙ 32	34 dB ≙ 2 500
Bildübertragung (Fernsehrundfunk)	(0...5,5) MHz	24 dB ≙ 16	30 dB ≙ 1 000
Tonübertragung (UKW-Tonrundfunk)	(0,05...15) kHz	55 dB ≙ 560	15 dB ≙ 32

sich, da verarbeitungsseitig mit festen Takten korrelierbar, für die Übertragung in stark gestörter Umgebung besonders bewährt.

22.1.2 Direktwandler, Steuerungswandler

Die Signalwandlung bei der Aufbereitung und Verarbeitung nichtelektrischer Quellen- bzw. Senkensignale kann durch die physikalischen Effekte des betreffenden Energieumsatzes erfolgen. Wegen unvermeidlicher Verluste wird stets ein gewisser Energieanteil in Verlustwärme umgewandelt und geht der Signalübertragung verloren. Diese Verluste bewirken eine Dämpfung

$$d_v = 10 \lg (P_a/P_e) = 10 \lg \eta \qquad (1)$$

und damit eine Verschlechterung des Störabstandes

$$(S/N)_{\text{Ausgang}} = (S/N)_{\text{Eingang}} - d_v\,. \qquad (2)$$

Anforderungen an die Bandbreite von Signalwandlern können oft nur durch Bedämpfung frequenzabhängiger Einflüsse erfüllt werden, was die niedrigen Wirkungsgrade η einiger Wandlerarten in der Tabelle 22-2 erklärt.

Außer den Direktwandler genannten Einrichtungen mit Energiekonversion gibt es noch eine weitere Wandlergruppe, bei der eine informationsfreie Hilfsenergie zugeführt wird und der Wandlungseffekt in einer signalabhängigen Steuerung der Hilfsquelle besteht. Der Wirkungsgrad η für das Signal kann dadurch >1 werden, da ein Verstärkungseffekt vorliegt. Bei Berücksichtigung der Hilfsquellenleistung muß jedoch der Gesamtwirkungsgrad stets <1 bleiben. Bei diesen Steuerungswandlern ist deshalb die Angabe eines Wirkungsgrades in Tabelle 22-2 nicht sinnvoll. Dagegen spielen hier Verzerrungen, vor allem nichtlinearer Art eine wichtige Rolle. Durch kleine Aussteuerungswerte s im Verhältnis zum Hilfsquellensignal s_h können sie in vertretbaren Grenzen gehalten werden, wie die Entwicklung der Nichtlinearität als Potenzreihe

$$\begin{aligned}(s + s_h)^x &\approx x s s_h^{x-1} + s_h^x \sim s + \text{const}\\ \text{für} \quad & s \ll s_h = \text{const}\end{aligned} \qquad (3)$$

erkennen läßt.

22.2 Abtastung, Quantisierung, Codierung

22.2.1 Zeitquantisierung, Abtasttheorem

Signale endlichen Nachrichtengehaltes sind stets durch eine bestimmte Anzahl von Entscheidungen vollständig zu beschreiben, so daß eine lückenlose Kenntnis des zeitlichen Signalverlaufes

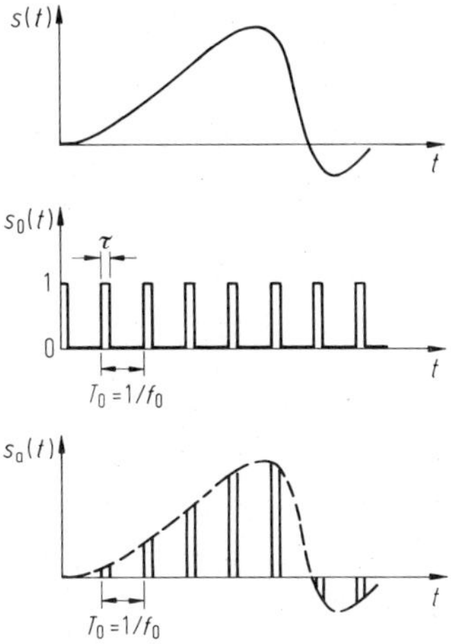

Bild 22-1. Abtastung von Nachrichtensignalen.

$s(t)$ nicht erforderlich ist. Dies führt auf die zeitliche Quantisierung, die nur einer endlichen Anzahl n von Stützstellen bei $s(t_i)$ $(i = 1, \ldots, n)$ bedarf. Aus Gründen des technischen Aufwandes ist es vorteilhaft, den Abstand der Abtastzeitpunkte, $T_0 = \Delta t = t_i - t_{i-1}$, konstant und damit die Frequenz $f_0 = 1/\Delta t$ des zugehörigen Abtastsignales s_0 konstant zu halten und so festzulegen, daß das abzutastende Signal $s(t)$ ohne Informationsverlust rekonstruiert werden kann. Dies läßt sich durch Multiplikation mit einem Rechteckpuls $s_0(t)$ der Werte 1 und 0 entsprechend Bild 22-1 zeigen. Dabei ist vorausgesetzt, daß das Signal $s(t)$ nur Spektralanteile bis zur Grenzfrequenz f_g aufweist, also bei f_g bandbegrenzt ist. Der Rechteckpuls kann durch den Zusammenhang

$$s_0(t) = t f_0 \left\{1 + 2 \sum_{1}^{n} [\sin(i\pi f_0 t)/i\pi f_0 t] \cos(2 i\pi f_0 t)\right\} \qquad (4)$$

beschrieben werden. Das Produkt für eine Signalschwingung $s(t) = s \cos 2\pi f t$ innerhalb des Frequenzbandes $S(f_g)$ liefert dann als niedrigste Spektralanteile für $i = 1$ im Ausgangssignal die beiden Beiträge

$$\begin{aligned} s_a(t) = s(t)\, s_0(t) &\sim s \cos 2\pi f t \\ &+ s \cos 2\pi (f_0 - f)\, t\, (\sin \pi f_0 t/\pi f_0 t)\,. \end{aligned} \qquad (5)$$

Zur fehlerfreien Rekonstruktion des Signalverlaufes $s(t)$ muß das Ausgangssignal $s_a(t)$ von dem frequenzmäßig nächstgelegenen Spektralanteil bei $f_0 - f$ befreit werden, was durch Tiefpaßfilterung entsprechend dem Spektrogramm Bild 22-2 geschieht. Da praktische Tiefpässe nur einen begrenzten Dämpfungsanstieg aufweisen können,

Tabelle 22-2. Eigenschaften von Signalwandlern

Art	Verfahren	Eingabe (typ. Bsp.)	Ausgabe (typ. Bsp.)	Übertragungs-frequenzbereich	Empfindlichkeit	Wirkungsgrad
Mechanisch	Elektromechanisch	Tastatur	Wähler	(0…100) Hz	(0,01…1) N/(0,1…10) W	gesteuert
	Elektromagnetisch	Magnettonkopf	Relais	(0…10) MHz/(0…1) kHz	—/(0,1…10) W	1 % gesteuert
	Elektrodynamisch	—	Drehspulinstrument	(0…1) Hz	$(0{,}1\ldots10)\,\frac{\mu A}{Grad}$	—
	Druckempfindliche Widerstandsänderung	Kontaktfreie Tastatur	—	(0…1) kHz	(0,01…1) N	gesteuert
Akustisch	Elektromagnetisch	Magnettonabnehmer	Telefonhörer	(50 Hz…20) kHz/ (300…3 400) Hz	$ca.\ 1\,\frac{mVs}{cm} \Big/ 100\,\frac{\mu B}{mA}\,(50\,\Omega)$	gesteuert/20 %
	Elektrodynamisch	Dynamisches Mikrofon	Lautsprecher	50 Hz…20 kHz	$0{,}3\ldots3\,\frac{mV}{\mu B} \Big/ 0{,}01\ldots0{,}2$	1…20 %
	Druckempfindliche Widerstandsänderung	Telefonmikrofon	—	(300…3 400) Hz	$50\,\frac{mV}{\mu B}\,(100\,\Omega)$	gesteuert
	Piezoeffekt	Kristalltonabnehmer	Ultraschallwandler	(0,1…10) kHz/ (10 kHz…1 MHz)	$ca.\ 50\,\frac{mVs}{cm} \Big/ (0{,}6\ldots0{,}8)$	3 %/(60…80) %
Optisch	Strahlungsempfindliche Widerstandsänderung	Photowiderstand, -diode, -transistor	—	(0…10) MHz	$(30\ldots400)\,\frac{\mu A}{lx}$	gesteuert
	Innerer Photoeffekt	Photozelle	—	(0…5) MHz	$1\,\frac{mV}{lx}$	ca. 12 %
	Elektronenerregte Strahlungsemission	—	Glühlampe, Elektronenleuchtschirm, LASER-Diode	(0…100) Hz (0…100) MHz (0… 10) MHz	—	(0,1…1) % (0,1…10) % (1…10) %

muß die Abtastfrequenz stets

$$f_0 > 2 f_g \qquad (6)$$

gewählt werden, da für $f_0 = 2 f_g$ die beiden Spektralanteile zusammenfallen. Gleichung (6) wird als Abtasttheorem bezeichnet.

22.2.2 Amplitudenquantisierung

Zur wertdiskreten Darstellung von Signalen ist eine schwellenbehaftete Amplitudenbewertung erforderlich, die sich bei konstanter Auflösung als Treppenkurve einheitlicher Stufenhöhe nach Bild 22-3 darstellt. Zweiwertigen Entscheidungen entsprechen der digitalen Codierung, z. B. den im Bild 22-3 angegebenen Dualzahlen. Zuordnungsunterschiede ergeben sich zwischen fortlaufenden Zahlenfolgen und vorzeichenbehafteter Betragsdarstellung sowie in der Beschreibung des Nullwertes.

Akustische Signalpegel werden vom menschlichen Ohr logarithmisch bewertet, so daß die expontielle Stufung bei Schallsignalen stets eine Reduktion des Informationsflusses ohne Verlust relevanter Anteile bewirkt. Die nichtlinearen Wertzuordnungen werden allgemein unter dem Begriff der Pulscodemodulation (PCM) zusammengefaßt. Bild 22-4 zeigt den Störabstand S/N eines Telefonkanales in Abhängigkeit vom Signalpegel d_s bei logarithmischer Signalquantisierung.

22.2.3 Differenz- und Blockcodierung

Schöpft ein wertquantisiertes Nachrichtensignal den Dynamikbereich der Codierung im zeitlichen Mittel nicht voll aus, kann die zur Übertragung erforderliche Kanalkapazität durch Differenzbildung mit zeitlich vorangegangenen Signalwerten vermindert werden. Verfahren der Differenzcodierung erfordern deshalb zur Verminderung des Informationsflusses zumindest zeitweise redundante Signalanteile. Die Wiedergewinnung der Signalwerte erfolgt im einfachsten Fall durch Summenbildung aus der übertragenen Differenz und dem zuletzt bestimmten Signalwert, wie dies Bild 22-5 zeigt. Daraus folgt bis zum Verfügbarkeitszeitpunkt eines Signalwertes $s_a(t)$ am Ausgang des Systemes ein Zeitverzug von zwei Abtastperioden Δt. Die Differenzbildung kann auch aus mehreren zeitlich vorhergehenden Signalwerten nach feststehenden oder auch signalwertabhängigen Regeln vorgenommen werden. Bei der Fernsehbildübertragung ist so mit Bildpunkten von Nachbarzeilen (Interframe-Codierung) und Nachbarbildern (Intraframe-Codierung) ohne merklichen Qualitätsverlust etwa eine Halbierung des Informationsflusses erreicht worden.

Kann dagegen ein Signalverlauf durch eine feste Anzahl von Mustern beschrieben werden, deren codierte Übertragung eine geringere Kanalkapazität als die des ursprünglichen Signales erfordert,

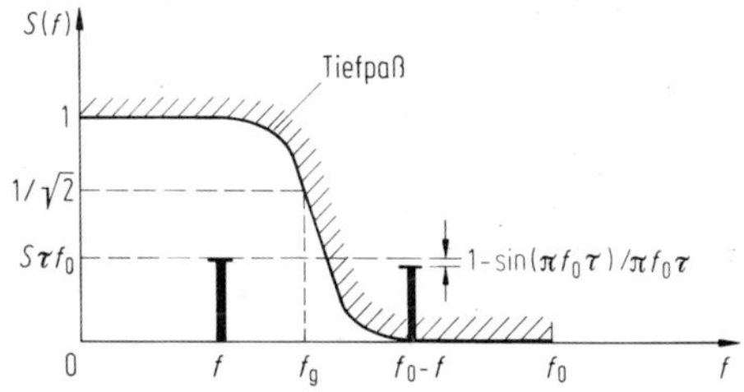

Bild 22-2. Rekonstruktion abgetasteter Signale.

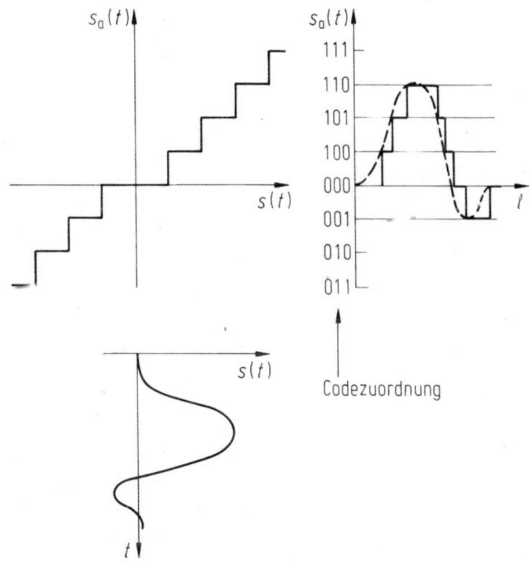

Bild 22-3. Codierte Amplitudenbewertung.

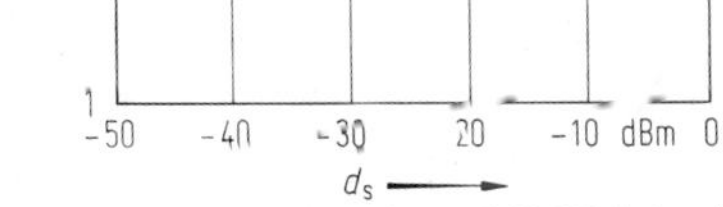

Bild 22-4. Störabstand von PCM-Telefonsignalen.

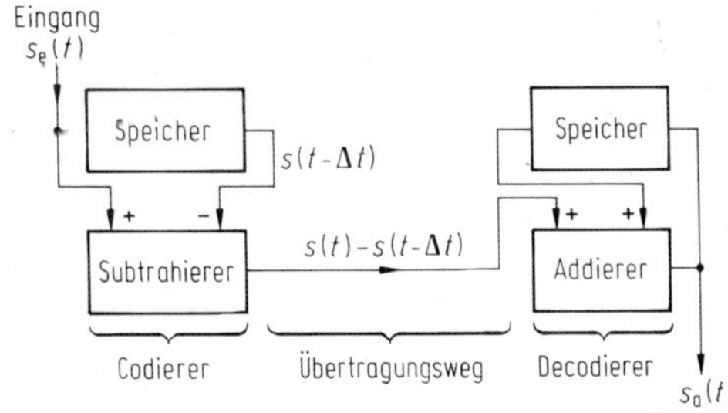

Bild 22-5. Prinzip der Differenzcodierung.

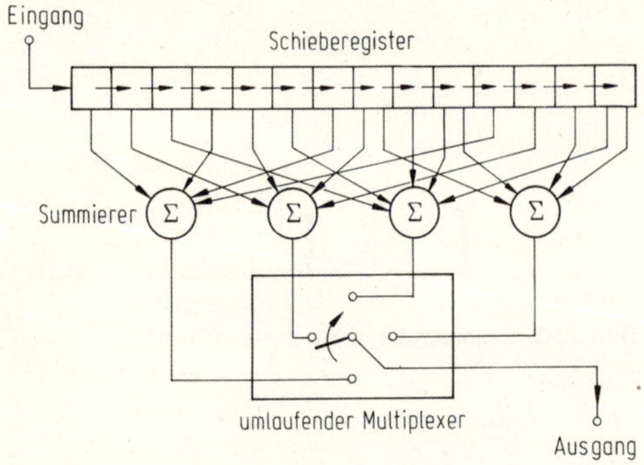

Bild 22-6. Blockorientierte Kanalcodierung.

so bringt dies übertragungstechnische Vorteile. Diese Blockquantisierung genannte Codierungsart benötigt zur Auswertung Referenzmuster, die durch Korrelation von Signalausschnitten zu gewinnen sind und für die bestmögliche Redundanzreduktion eine adaptive Anpassung an den augenblicklichen Signalverlauf erfordern.

22.2.4 Quellen- und Kanalcodierung

Bei redundanzverändernden Codierungsarten ist zwischen der Berücksichtigung quellenspezifischer Merkmale und kanalspezifischer Störungseinflüsse zu unterscheiden. Bei Kenntnis des Mustervorrates einer Signalquelle und der Häufigkeit des Auftretens einzelner Muster kann der Informationsfluß auch durch eine verteilungsabhängige Codierung vermindert werden. Codierungen, die solche quellenbezogenen Merkmale berücksichtigen, werden als Quellencodierung bezeichnet.

Durch Umcodierung von Nachrichtensignalen ohne Berücksichtigung quellenbezogener Merkmale kann eine Veränderung der Redundanzverteilung und damit meist eine Verbesserung des Störabstandes erreicht werden. Da Umcodierungen in einer Veränderung der Zuordnung zwischen Signalwerten und Codes bestehen, kann damit vor allem musterabhängigen Störeinflüssen entgegengewirkt werden. Bild 22-6 zeigt dazu ein blockorientiertes Kanalcodierverfahren, bei dem durch partielle Summation aus einer Folge von Signalwerten eine Umordnung und Zusammenfassung erfolgt.

22.3 Sinusträger- und Pulsmodulation

22.3.1 Modulationsprinzip und Darstellungsarten

Wird einem zu übertragenden Nachrichtensignal $s(t)$ ein deterministisches und damit informationsfreies Hilfssignal durch eine nichtlineare Operation hinzugefügt, so bezeichnet man diese Art der Signalaufbereitung als Modulation. Sie dient vor allem zur Veränderung von Kanalfrequenzlagen für die Nutzung in Frequenzmultiplexsystemen. Bei einigen Modulationsarten können durch die Verarbeitungsverfahren Störeinflüsse des Übertragungsweges vermindert werden. Voraussetzung jeder Modulation ist die Kenntnis des zeitlichen Verlaufes des als Träger bezeichneten Hilfssignales $s_T(t)$, dem das zu übertragende Nachrichtensignal $s(t)$ aufgeprägt wird. Aus dem entstehenden Signal $S(t)$ kann mit einer als Demodulator bezeichneten Einrichtung das Modula-

Tabelle 22-3. Übersicht über gebräuchliche Modulationsarten

Modulationssignal Amplitudenverlauf	Trägersignal Verlauf	Modulationsart (Kurzzeichen)	
Wertkontinuierlich	sinusförmig	Amplitudenmodulation	(AM)
		— Restseitenbandmodulation	(RM)
		— Einseitenbandmodulation	(ESB)
		Frequenzmodulation	(FM)
		Phasenmodulation	(PM)
	pulsförmig	Amplitudenumtastung	(ASK)
		— Trägertastung	(A 1)
		Frequenzumtastung	(FSK)
		Phasenumtastung	(PSK)
Wertdiskret	sinusförmig	Pulsamplitudenmodulation	(PAM)
		— je 2^n Signalwerte auf 2 orthogonalen Trägern	(QAM)
		Pulsfrequenzmodulation	(PFM)
		Pulsphasenmodulation	(PPM)
	pulsförmig	verschiedene Arten von PCM, wegen Störspektren bandbegrenzt, gibt quantisierte PAM-, PFM- oder PPM-Modulation	

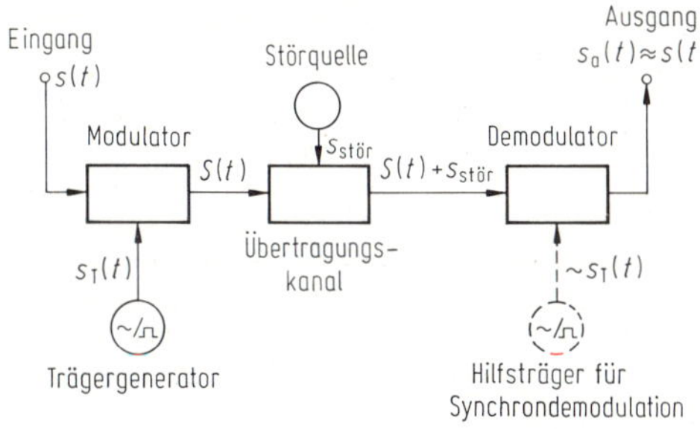

Bild 22-7. Prinzip der Modulationsübertragung.

tionssignal $s(t)$ wiedergewonnen werden. Das Schema von Modulationsübertragungen zeigt Bild 22-7, wobei für bestimmte Demodulationsverfahren ein Hilfsträger erforderlich ist, dessen Signal phasenstarr mit dem Trägersignal $s_T(t)$ verkoppelt sein muß. Die Modulationsarten stützen sich zum überwiegenden Teil auf sinus- oder pulsförmige Trägersignale $s_T(t)$, da die harmonische oder binäre Darstellungsweise den analogen bzw. digitalen Verfahren zur Signalaufbereitung und Signalverarbeitung besonders entspricht. Für wertkontinuierlich und für wertdiskret quantisierte Nachrichtensignale sind die Bezeichnungen der üblichen Modulationsarten in Tabelle 22-3 zusammengestellt.

Nach der Aufprägung des Nachrichtensignales $s(t)$ ist unabhängig von der Modulationsart stets ein Frequenzband zur Übertragung der signalabhängigen Veränderungen erforderlich. Die Anforderungen an die Bandbreite B des Übertragungskanales lassen sich aus der spektralen Amplitudenverteilung $S(f)$ des modulierten Signales, die Dynamikverhältnisse aus seinem Zeitverlauf $S(t)$ erkennen.

22.3.2 Zwei-, Ein- und Restseitenbandmodulation

Wird eine harmonische Schwingung $S(t)$ der Frequenz F als Trägersignal verwendet, so läßt sich ein Nachrichtensignal $s(t)$ im einfachsten Falle auf deren Amplitude A aufprägen.

$$S(t) = A(s)\cos(2\pi Ft)$$

$$= A_0(1 + ms(t)/s_{max})\cos(2\pi Ft) \quad (7)$$

Dabei wird der Faktor m *Modulationsgrad* genannt und darf für verzerrungsarme Modulation nur Werte $m < 1$ annehmen. Füllt das Spektrum $s(f)$ des Nachrichtensignales $s(t)$ ein Frequenzband mit der Amplitude s_{max} aus, so läßt sich das modulierende Signal durch die Beziehung $s(t) = s_{max}\cos(2\pi ft)$ beschreiben und das Produkt der trigonometrischen Funktionen in Summen und Differenzen angeben. Damit gilt für die Zeitabhängigkeit

$$S(t) = A_0\cos 2\pi Ft + m\,(A_0/2)\,(\cos(2\pi(F-f)\,t) + \cos(2\pi(F+f)\,t))\,. \quad (8)$$

Wird der Zusammenhang (8) im Spektralbereich $S(f)$ dargestellt, so ergeben sich neben dem Träger mit der Amplitude A_0 zwei Seitenbänder mit Amplitude $mA_0/2$ symmetrisch auf beiden Seiten der Trägerfrequenz F_0. Die Richtung steigender Modulationsfrequenz f ist in den Seitenbändern entgegengesetzt, wie dies die Pfeile in Bild 22-8a andeuten. Die unverzerrte Übertragung eines zweiseitenband-amplitudenmodulierten Signales erfordert deshalb die doppelte Kanalbandbreite B des modulierenden Signales $s(t)$. Der zeitliche Verlauf des modulierten Signales $S(t)$ weist als Produkt aus modulationssignalabhängiger Amplitude und Trägeramplitude nach (7) und Bild 22-8b als Einhüllende das Modulationssignal $s(t)$ auf. Diesen Zusammenhang läßt auch die Modulationstrapez genannte Abhängigkeit $S(s)$, Bild 22-8c, erkennen, mit der der Modulationsgrad m und nichtlineare Verzerrungen bei dieser Modulationsart auf einfache Weise darstellbar sind.

Da die Information des aufmodulierten Signales $s(t)$ in jedem der beiden Seitenbänder vollständig enthalten ist, muß die Übertragung eines einzigen Seitenbandes zur Wiedergewinnung des Signales $s(t)$ auf der Empfangsseite und damit auch dessen Bandbreite B für den Übertragungskanal genügen. Frequenzbandsparende Nachrichtensysteme be-

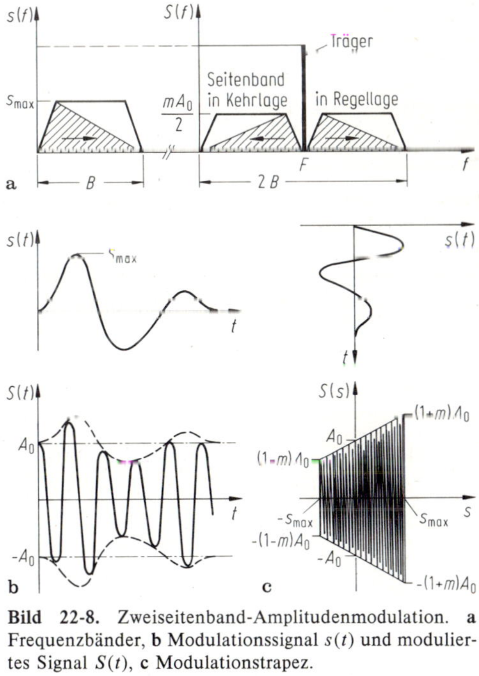

Bild 22-8. Zweiseitenband-Amplitudenmodulation. **a** Frequenzbänder, **b** Modulationssignal $s(t)$ und moduliertes Signal $S(t)$, **c** Modulationstrapez.

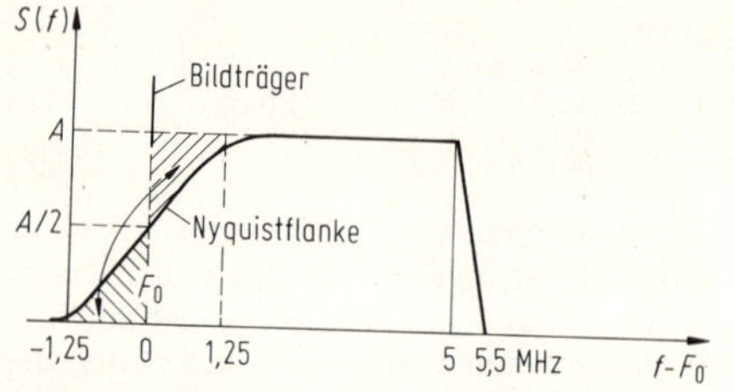

Bild 22-9. Spektrum der Fernseh-Restseitenbandmodulation.

nutzen deshalb das Einseitenbandmodulation (ESB) genannte Übertragungsverfahren, das nur ein einziges Seitenband nutzt. Dazu wird sendeseitig ein Filter mit steilen Dämpfungsanstieg zur Trennung der Seitenbänder eingesetzt und empfangsseitig durch Zusatz eines Hilfsträgersignales der Frequenz F im Demodulator entsprechend Bild 22-7 durch Synchrondemodulation eine verzerrungsarme Wiedergewinnung des Nutzsignales erreicht. Die Bewegtbildübertragung des Fernsehens erfordert wegen des großen Informationsflusses eine Verminderung der Kanalbandbreite. Helligkeitsschwankungen verbieten jedoch als sehr niederfrequente Signalanteile aufgrund unzureichender Filtereigenschaften die Einseitenbandmodulation als Übertragungsverfahren. Durch eine teilweise Übertragung des anderen Seitenbandes kann jedoch die Flankensteilheit der Filter auf einen technisch beherrschbaren Wert vermindert werden, siehe Bild 22-9. Der zum halben Trägerwert $A/2$ und zur Trägerfrequenz F_0 punktsymmetrische Dämpfungsverlauf im Bereich niederer Frequenzen wird als Nyquist-Flanke bezeichnet und bestimmt die Eigenschaften dieses Restseitenbandmodulation (RM) genannten Übertragungsverfahrens.

22.3.3 Frequenz- und Phasenmodulation

Wird die Phase φ des Übertragungssignales $S(t) = A_0 \cos \varphi$ moduliert und die Amplitude A_0 konstant gehalten, so bezeichnet man dies je nach der Art der Abhängigkeit als Frequenz- oder als Phasenmodulation. Über den Zusammenhang

$\Phi = 2\pi \int_0^\infty F(t)\,\mathrm{d}t$ besteht die Verbindung zwischen

Phase F und Frequenz F eines Signales. Für die aus Aufwandsgründen bevorzugte Frequenzmodulation ist der modulationsabhängige Verlauf der Momentanfrequenz $F(t)$ und das zugehörige Ausgangssignal $S(t)$ in Bild 22-10 dargestellt. Dafür gilt der Zusammenhang

$$S(t) = A_0 \cos\left\{2\pi F_0\left[t + (\Delta F/F_0)\int_0^\infty [s(t)/s_{\max}]\,\mathrm{d}t\right]\right\}, \quad (9)$$

dessen Zerlegung in harmonische Komponenten eine Summe von Besselfunktionen liefert. Daraus ergeben sich in Abhängigkeit von dem auf die höchste Modulationsfrequenz $f_{\max}$ bezogenen Frequenzhub ΔF sehr unterschiedliche Spektralverteilungen $S(f)$, siehe Bild 22-11. Die Kanalbandbreite B für eine verzerrungsarme Übertragung muß in beiden Fällen mindestens $B > 2(\Delta F + f_{\max})$ betragen. Phasenmodulationsverfahren erlauben zur Frequenzaufbereitung zwar eine bessere Kontrolle der Ruhefrequenzlage, haben aber wegen des höheren technischen Aufwandes weniger praktische Bedeutung erlangt.

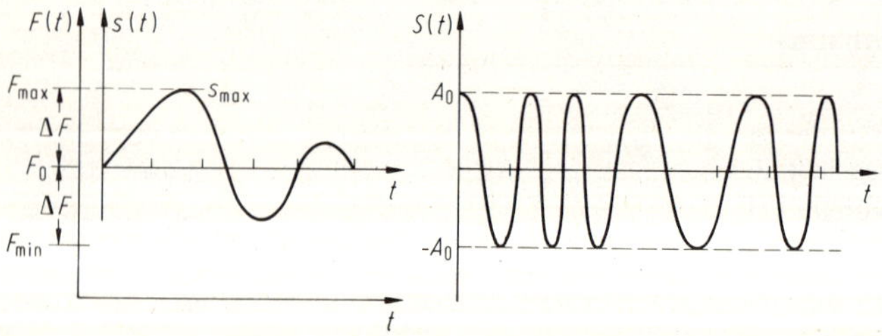

Bild 22-10. Frequenzmodulationsverfahren (FM).

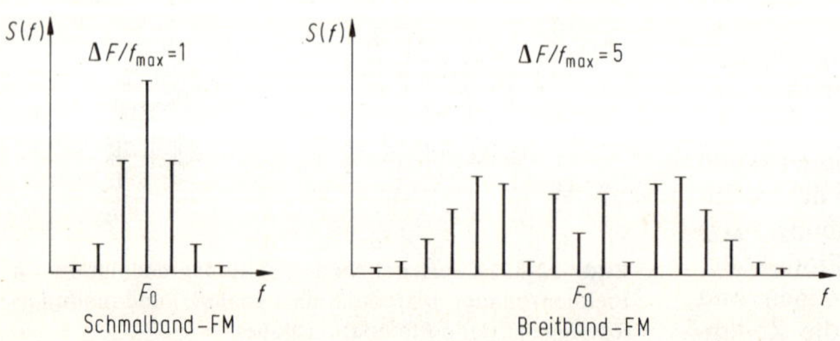

Bild 22-11. Spektrum einer Schmalband- und einer Breitband-FM.

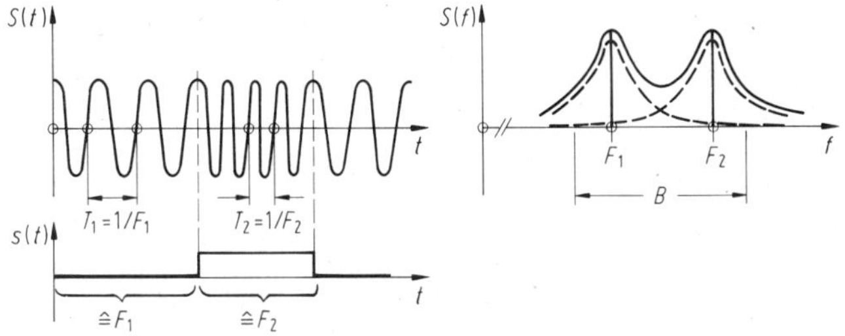

Bild 22-12. Frequenzumtastung (FSK).

22.3.4 Zeitkontinuierliche Umtastmodulation

Die Übertragung digitaler Modulationssignale führt bei konstanten Amplitudenwerten im einfachsten Falle auf das zeitabhängige Ein- und Ausschalten eines Hilfsträgersignales. Dieses Verfahren wird Trägertastung (A1) genannt und in der Morsefunktelegrafie noch verwendet. Da nachregelnde Empfangseinrichtungen in den signalfreien Zeitabschnitten keine Information erhalten, bevorzugt man heute Umtastmodulationsarten, die ständig ein Übertragungssignal bereitstellen. Die modulationsabhängige Umschaltung zwischen zwei Trägergeneratoren der Frequenzen F_1 und F_2 zeigt Bild 22-12. Sie wird als Frequenzumtastung (FSK, frequency-shift keying) bezeichnet. Das zugehörige Spektrum $S(f)$ des Übertragungssignales setzt sich aus den Pulsspektren beider Modulationsintervalle zusammen. Die Beschränkung der Übertragungsbandbreite auf $B = 2(F_2 - F_1 + 3f_{max})$ erfaßt etwa 95 % der Signalleistung, wenn die beiden Trägerfrequenzen F_1 und F_2 als ganzzahliges Vielfaches der modulierenden Frequenzen f gewählt werden und keine sprunghaften Übergänge im Umschaltaugenblick auftreten.

Durch Signalfilterung kann eine modulationsabhängige Phasenzuordnung erreicht werden. Dieses Phasenumtastung (PSK, phase-shift keying) genannte Verfahren läßt sich durch ein Vektordiagramm z. B. für vier Phasenzustände entsprechend Bild 22-13 beschreiben. Bei einer Beschränkung der Phasenänderungsgeschwindigkeit $d\Phi/dt = 2\pi f_{max}$ auf die höchste Modulationsfrequenz f_{max} ergibt sich die geringste Bandbreiteforderung an den Übertragungskanal.

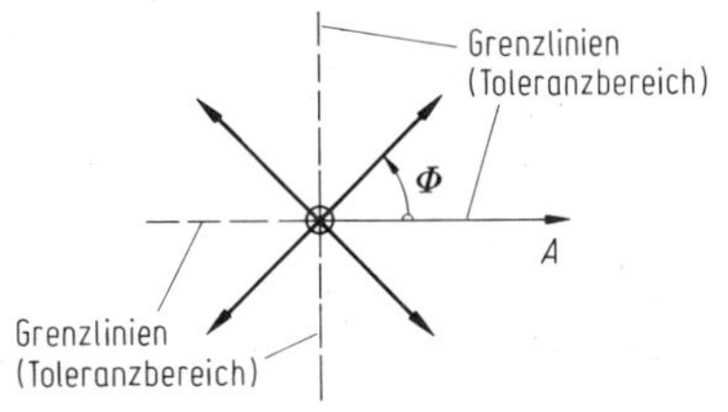

Bild 22-13. Zeigerdiagramm einer Vierphasenumtastung (PSK).

22.3.5 Kontinuierliche Pulsmodulation

Anstelle harmonischer Schwingungen kann als Trägersignal auch ein rechteckförmiges Pulssignal dienen, das weniger Aufwand bei der Signalauswertung erfordert. Zur analogen Aufprägung des Modulationssignales $s(t)$ bieten sich die Pulsamplitude $A(s)$ bei der Pulsamplitudenmodulation (PAM), die Pulsfrequenz $F(s)$ bei der Pulsfrequenzmodulation (PFM), die Pulsphase $\Phi(s)$ bei der Pulsphasenmodulation (PPM) und die Pulsdauer $t(s)$ bei der Pulsdauermodulation (PDM)

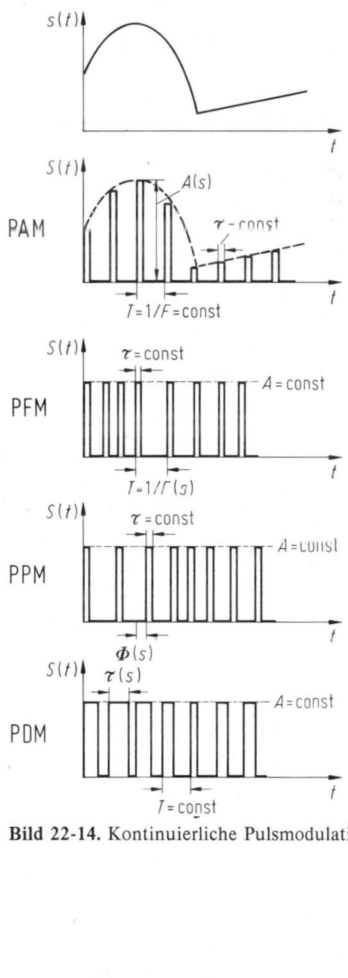

Bild 22-14. Kontinuierliche Pulsmodulationsarten.

an. Zur Veranschaulichung sind die Ausgangssignale $S(t)$ bei diesen Modulationsarten in Bild 22-14 dargestellt. Die volldigitale Betriebsweise von Nachrichtenkanälen hat diese Verfahren jedoch weitgehend verdrängt, so daß sie nur noch vereinzelt zur Signalaufbereitung und Signalverarbeitung eingesetzt werden. Der Einfluß unterschiedlicher spektraler Energieverteilungen und Störabstände ist bei diesen Verfahren von Bedeutung.

22.3.6 Pulscode- und Deltamodulation

Unter Pulscodemodulation (PCM) versteht man alle Arten der wert- und zeitquantisierten Signalübertragung mit seriellen synchronen Pulsmustern. Bevorzugt dienen zur nichtlinearen Wertquantisierung Dualzahlen. Mit dem Faktor 2 kann dabei die Dynamik auf einfache Weise exponentiell erweitert werden. Das zur Sprachübertragung in Telefonqualität bevorzugte logarithmische PCM-Codierungsschema zeigt Bild 22-15, bei dem für die Signalwerte $s = (+/-)M \cdot 2^E$ gilt. Die Modulationseinrichtungen sind dabei Analog-Digital-umsetzer, die diese Stufung bei serieller Ausgabe der Signalwerte aufweisen.

Das einfachste digitale Modulationsverfahren ist die Deltamodulation (DM), die aus einer schwellenbehafteten Differenzbildung für zweiwertige Ausgangssignale $S(t) = +/-A$ besteht. Die zugehörige sehr einfache Modulationseinrichtung nach Bild 22-16 besteht aus einem Differenzbilder, einem Einstufenkomparator und einem Integrierglied. Bei verschwindendem Eingangssignal $s(t)$ liefert sie eine konstante Pulsfolge höchstmöglicher Änderungsrate. Sie erreicht jedoch nur eine tiefpaßbegrenzte zeitliche Anstiegsgeschwindigkeit und ist auch noch durch den Integrationsverzug mit Überschwingen behaftet. Diese Nachteile beschränken die Anwendbarkeit des Deltamodulationsverfahrens in hohem Maße.

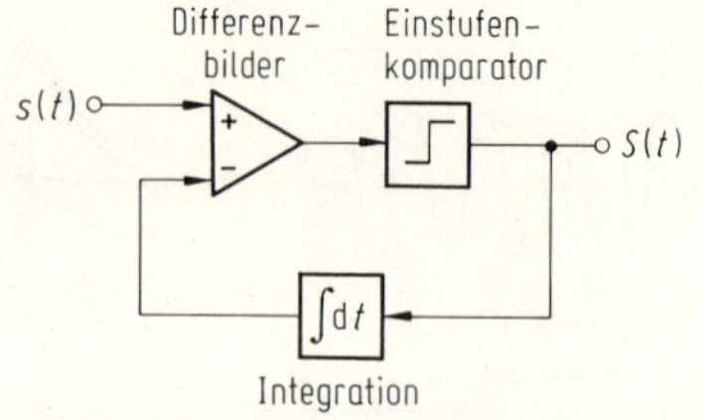

Bild 22-16. Prinzip der Deltamodulation (DM).

22.4 Raum-, Frequenz- und Zeitmultiplex

22.4.1 Baum- und Matrixstruktur

Die Nutzung verfügbarer Nachrichtenkanäle für wechselnde Quellen und Senken erfordert deren bedarfgerechte Zuordnung und damit Einrichtungen, die Umschaltungen ermöglichen. Die Struktur derartiger Anordnungen unterscheidet sich darin, ob die Kanäle in Folge oder parallel mit den Schaltpunkten verbunden sind, wie siehe Bild 22-17 erkennen läßt. Die Folgeschaltung Bild 22-17a wird auch Baumstruktur genannt und schützt durch räumliche Trennung vor Fehlschaltungen von Kanälen, hat jedoch den Nachteil, daß die als Bündel bezeichneten parallellaufenden Verbindungswege wegen der räumlichen und zeitlichen Abfragefolge nur unvollständig genutzt werden können. Abhilfe schafft hier ein Mehrfachzugriff in unterschiedlicher Reihenfolge, der als Mischung bezeichnet wird und dem Informationsfluß angepaßt werden kann. Im Gegensatz dazu erfordert die kreuzschienenartige Matrixstruktur nach Bild 22-17b stets ein Steuerwerk, das ist eine Hilfseinrichtung, die für die störungsfreie Auswahl der Durchschaltepunkte sorgt. Voraussetzung ist die Kenntnis über bereits belegte Schaltpunkte, um eine innere Blockierung zu vermeiden. Aus diesem Grunde können derartige Einrichtungen sinnvoll nur mit digitaler Steuerungen betrieben werden. Sie haben wegen der besseren Ausnutzung der Bündel die Baumstruktur weitgehend verdrängt.

22.4.2 Durchschalt- und Speicherverfahren

Der wichtigste Unterschied beim Betrieb von Einrichtungen zur bedarfsabhängigen Kanalzuweisung besteht darin, ob die Durchschaltung entwe-

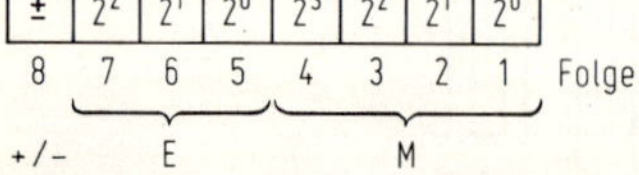

Bild 22-15. Muster einer 8-Bit-Pulscodemodulation (PCM).

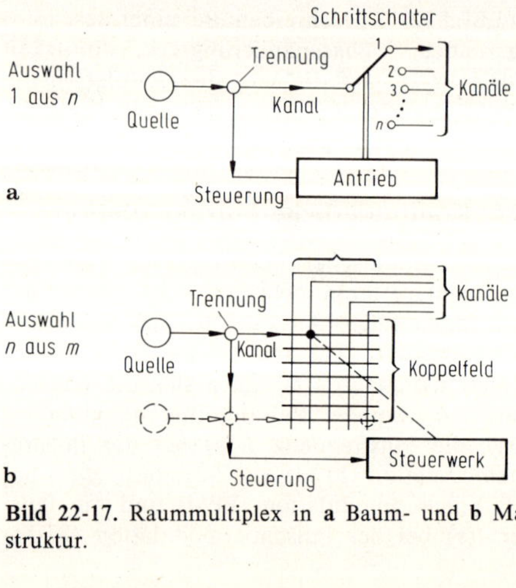

Bild 22-17. Raummultiplex in **a** Baum- und **b** Matrixstruktur.

der direkt auf Anforderung hin oder erst nach einer Überprüfung des Gesamtschaltzustandes erfolgen kann. Letzteres erfordert die zeitunabhängige Verfügbarkeit unbearbeiteter Anforderungen und wird deshalb als Speicherverfahren bezeichnet. Damit kann die Nutzung von Durchschaltmöglichkeiten in Systemen hoher Kanalzahl erheblich verbessert werden, es erfordert jedoch eine besondere Signalisierung des Schaltzustandes. Im Gegensatz dazu ist bei dem jeder Anforderung folgenden Durchschaltverfahren zu jedem Zeitpunkt der Schaltzustand systembedingt festgelegt. Der höhere Aufwand des Speicherverfahrens hat sich durch den Einsatz von Digitalrechnern zur Speicherung und Steuerung beträchtlich vermindert und den Ablauf so beschleunigt, daß verfahrensbedingte Verzögerungen kaum mehr in Erscheinung treten. In Systemen hoher Kanalzahl werden heute deshalb vorzugsweise digitale Speicherverfahren verwendet.

22.4.3 Zugänglichkeit und Blockierung

Für die Zugänglichkeit von Nachrichtenkanälen in kanalzuweisenden Systemen ist zwischen Wähl- und Suchsystemen zu unterscheiden, die von der anfordernden Quelle ausgehend einen freien Kanal nach Bild 22-18a oder von einem freien Kanal aus die anfordernde Quelle nach Bild 22-18b aufsuchen. Dabei sind neben der Anzahl der abzusuchenden Verbindungsstellen auch deren zeitliche Verfügbarkeit für die Auslastung solcher Einrichtungen von Bedeutung.

Entsprechend den Regeln zur Anforderungsbearbeitung besteht jedoch die Gefahr der Blockierung, so daß in bestimmten Belastungsfällen keine weitere Anforderungsbearbeitung mehr erfolgen kann. Dabei ist zwischen der inneren, durch die Systemstruktur bedingten Blockierung und der äußeren, durch das Anforderungsverhalten bedingten Blockierungen zu unterscheiden. Durch zunehmenden Einsatz von Speicherverfahren an Stelle von Durchschaltverfahren hat sich das Blockierungsverhalten von äußeren auf innere Einflüsse verlagert und wird vorwiegend durch eine nicht hinreichende Berücksichtigung des Systemverhaltens in den programmierten Steuerungsabläufen bestimmt.

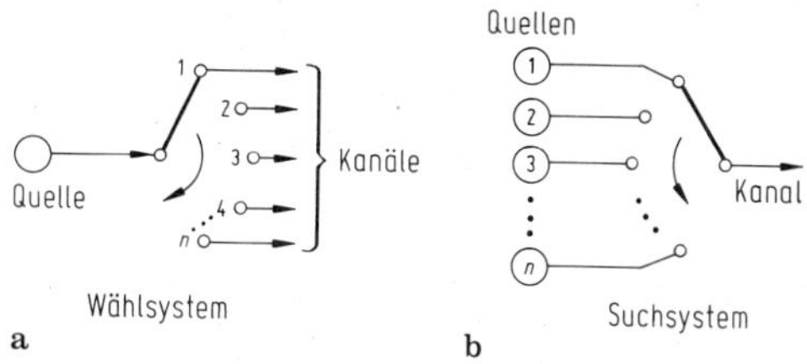

Bild 22-18. Prinzip **a** des Wähl- und **b** des Suchsystems.

22.4.4 Trägerfrequenzverfahren

Der Hauptvorteil moderner Nachrichtensysteme besteht in der Mehrfachnutzung von Übertragungswegen nach dem Multiplexverfahren. Das älteste und verbreitetste Verfahren dieser Art ist das Trägerfrequenzverfahren, bei dem mit Hilfe von Modulation und frequenzselektiver Filterung eine Änderung der von den Nachrichtenkanälen benutzten Frequenzbänder herbeigeführt wird. Bei hinreichend linearem Übertragungsverhalten des Übertragungsweges können so eine Vielzahl von Kanälen störungsfrei zusammengeführt und wieder getrennt werden, siehe Bild 22-19. Der Vorteil des Trägerfrequenzverfahrens besteht darin, daß bei nichtkorrelierten Signalen s_i in den n Einzelkanälen sich deren Leistungen addieren und deshalb die Amplitude des Gesamtsignales S auf dem Übertragungsweg bei gleichen Maximalwerten $s_{\max}$ in den Einzelkanälen

$$S = \sqrt{P_s} = \sqrt{\sum_1^n (s_i)^2} = \sqrt{\sum_1^n (s_{\max})^2} = s_{\max}\sqrt{n} \tag{10}$$

nur mit der Wurzel der Kanalzahl n ansteigt. Die Kennwerte der fünf meistverwendeten Trägerfrequenzsysteme für den Einsatz auf Telefonfernleitungen sind in Tabelle 22-4 zusammengestellt.

22.4.5 Geschlossene und offene Systeme

Trägerfrequenzsysteme erlauben nur die einmalige Verwendung eines Frequenzbandes auf einem Übertragungsweg, um Übersprechstörungen zwischen Kanälen zu vermeiden. Mehrfache Frequenzzuweisung auf unterschiedlichen Übertragungswegen erfordert einen hohen Entkopplungs-

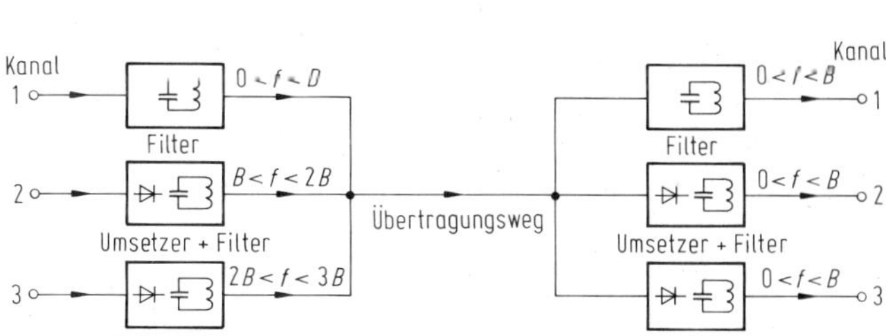

Bild 22-19. Prinzip des Trägerfrequenz-Multiplexverfahrens.

Tabelle 22-4. Eigenschaften von Trägerfrequenzsystemen

Bezeichnung	Kanalzahl	Frequenzband	Leitungsart	Verstärkerabstand
V 60	60	(12- 252) kHz	symmetrisch 1,3 mm ∅	18,6 km
V 120	120	(12- 552) kHz		
V 960	960	(60- 4 028) kHz	koaxial 2,6/9,5 mm ∅	9,3 km
V 2 700	2 700	(312-12 388) kHz		4,65 km
V 10 800	10 800	(4 332-61 160) kHz		1,55 km

Tabelle 22-5. Eigenschaften von PCM-Übertragungssystemen

Bezeichnung	Kanalzahl	Bitrate	Leitungsart	Verstärkerabstand
PCM 30	30	2 048 kbit/s	symmetrisch 1,4 mm ∅	4,8 km
PCM 120	120	8 448 kbit/s		4,3 km
PCM 480	480	34 368 kbit/s	koaxial 1,2/4,4 mm ∅	4,1 km
PCM 1 920	1 920	104 448 kbit/s		2,0 km

grad zwischen diesen und kann mit Koaxialleitungen (80 bis 100 dB) oder Lichtwellenleitern (∞) am besten gesichert werden. Solche leitungsgebundenen Übertragungssysteme arbeiten mit getrennten Räumen zur Ausbreitung der die Nachricht tragenden elektromagnetischen Wellen und werden als geschlossene Systeme bezeichnet. Im Gegensatz dazu werden Systeme, die sich des freien Raumes zur Wellenausbreitung bedienen, als offene Systeme bezeichnet. Hierzu rechnet der Rundfunk, aber auch Funkverbindungen, bei denen mit strahlbündelnden Antennen für das Aussenden und den Empfang der elektromagnetischen Wellen durch Richtfunk eine räumliche Entkopplungen gegen gleichfrequent genutzte Übertragungskanäle geschaffen wird.

22.4.6 Zeitschlitz- und Amplitudenauswertung

Durch die Verwendung zeitdiskret quantisierter Signale wird eine zeitbezogene Kanalzuordnung möglich, die als Zeitmultiplexverfahren bezeichnet wird. Das Grundprinzip der Arbeitsweise ist in Bild 22-20 dargestellt. Der typische Verlauf des Signales $S(t)$ auf dem Übertragungsweg bei Pulsamplitudenmodulation zeigt Bild 22-21. Unter Beachtung des Abtasttheoremes (6) kann durch selektive Filterung die Bandbreite ohne Informationsverlust beschränkt werden. Moderne Systeme dieser Art arbeiten mit Pulscodemodulation, wobei die Information der Kanäle in binär codierter Folge in den zugeordneten Zeitschlitzen übertragen wird. Einige im Telefonweitverkehr eingesetzten Systeme dieser Art sind in Tabelle 22-5 aufgeführt.

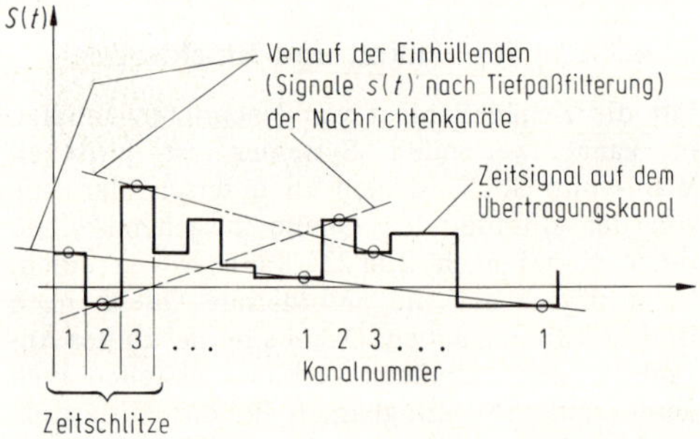

Bild 22-21. Verlauf eines Zeitmultiplexsignals.

Ein vereinfachtes Zeitmultiplexverfahren ergibt sich bei unterschiedlichen Signalamplituden in den Kanälen. Die verarbeitungsseitige Kanaltren-

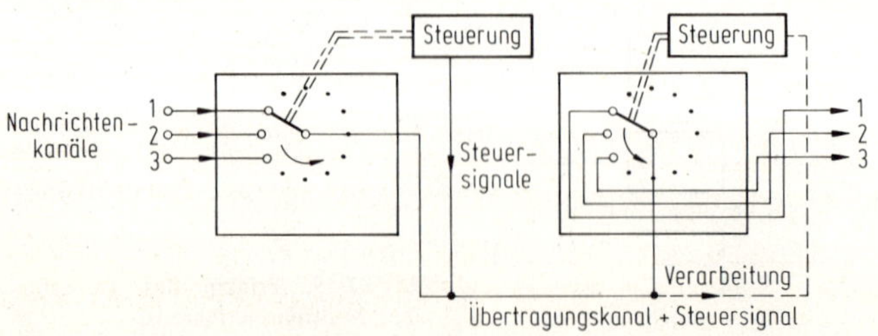

Bild 22-20. Prinzip des Zeitmultiplexverfahrens.

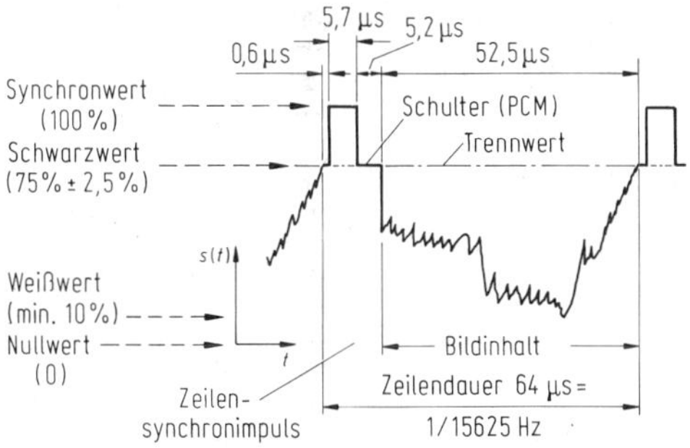

Bild 22-22. Amplitudenmultiplex beim Fernsehbildsignal.

nung kann dann an einfachen Amplitudenschwellen erfolgen und erfordert keinen quellsynchronen Zeitbezug. Dieses Verfahren wird bei der Fernsehbildübertragung eingesetzt, wo neben dem Bildinhalt stets Synchronisiersignale zu übertragen sind. Einen Signalausschnitt nach der Gerber-Norm zeigt Bild 22-22. Die Kanaltrennung erfolgt hier bei einem Amplitudenwert von 75 % des Maximalwertes, so daß Synchronisierimpulse „ultraschwarz" werden und bei der Bildwiedergabe nicht in Erscheinung treten. Die dafür erforderliche Amplitudenumkehr des Bildsignales wird Negativmodulation genannt und ist auch zur optischen Ausblendung von Störimpulsen im Bildinhalt besonders vorteilhaft.

23 Signalübertragung

23.1 Kanaleigenschaften, Übertragungsrate

23.1.1 Eigenschaften, Verzerrungen, Entzerrung

Das Übertragungsverhalten eines Nachrichtenkanales wird durch seine linearen und nichtlinearen Verzerrungen sowie durch die Einprägung von Störsignalen bestimmt. Diese Einflüsse bewirken meist eine Verschlechterung des Störabstandes und können durch verarbeitungsseitige Signalfilterung vermindert werden. Entsprechend der modellartigen Betrachtung nach Bild 23-1 lassen sich amplituden- und phasenabhängige Kanalverzerrungen über den Zusammenhang

$$\underline{h}_\mathrm{k} = (1/\underline{h}_\mathrm{f})\,\underline{h}_\mathrm{e} \tag{1}$$

ausgleichen, soweit das auf den Kanaleingang bezogene Störsignal $s_{\text{stör}} \ll s_\mathrm{f}$ hinreichend klein ist. Der frequenzabhängige Amplitudenverlauf kann durch die Signalfilterung $\underline{h}_\mathrm{f}$ so beeinflußt werden, daß sich für das Ausgangssignal s_a der größtmögliche Störabstand ergibt. Diese Art der Entzerrung des Übertragungsverhaltens wird Optimalfilterung genannt [3], vgl. Bild 20-1. Kanalbedingte nichtlineare Verzerrungen müssen für einen störungsfreien Multiplexbetrieb zur einwandfreien Kanaltrennung mit Filtern vermindert werden. In praktischen Übertragungsmedien herrschen jedoch die linearen Verzerrungen vor, deren Ausgleich stets mit einem verarbeitungsseitigen Filter des Übertragungsverhaltens $\underline{h}_\mathrm{e} = 1/\underline{h}_\mathrm{k}$ vorgenommen werden kann und als Kanalentzerrung bezeichnet wird. Ein frequenzabhängiger Störabstand im Kanal erfordert dann eine aufbereitungsseitige Vorverzerrung $\underline{h}_\mathrm{f}$ des Eingangssignales s_e um allen relevanten Anteilen den gleichen Störabstand zu sichern.

23.1.2 Nutzungsgrad und Kompressionssysteme

Entscheidend für die optimale Nutzung eines Nachrichtenkanales ist allein die einwandfreie Wiedergewinnung übertragener Informationen. Deshalb ist nicht der Störabstand des augenblicklichen Signalverlaufes $s(t)$ von Bedeutung sondern der Störabstand des gesamten die Nachricht tragenden Musters. Im allgemein bestehen diese Muster aus der blockweisen Zusammenfassung von Einzelsignalen und besitzen den aus Dynamik und Bandbreite multiplikativ gebildeten Informationsfluß H'_s. Bei endlichem Auflösungsvermögen kann der momentane Informationsfluß $H'_\mathrm{s}(t)$ für jedes Signal bestimmt werden, wobei die Kanalkapazität des Übertragungsweges H'_k $H'_\mathrm{s}(t)$ zur verlustfreien Übertragung sein muß. Das Verhältnis dieser beiden Größen wird Kanalnutzungsgrad η_k genannt und als zeitlicher Mittelwert angegeben

$$\eta_\mathrm{k} = (1/T) \int_0^T (H'_\mathrm{s}(t)/H'_\mathrm{k})\,\mathrm{d}t. \tag{2}$$

Einsparungen an Kanalkapazität können für $\eta_\mathrm{k} < 1$ durch eine bessere aufbereitungsseitige Anpassung des Informationsflusses H'_s an die Kanalkapazität H'_k erreicht werden, da sich die amplituden- und frequenzmäßige Zuordnung durch

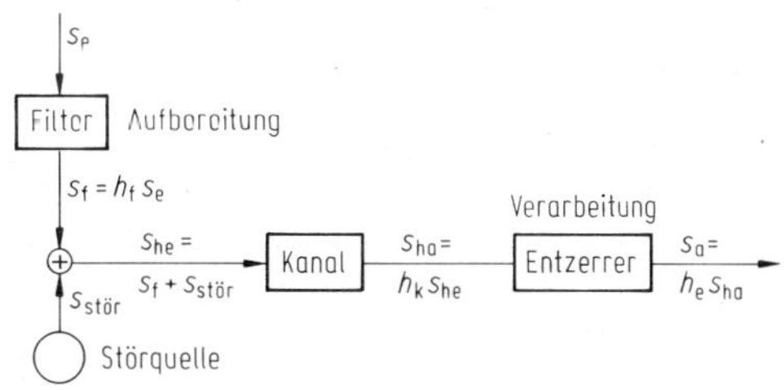

Bild 23-1. Ausgleich von Amplituden- und Phasenverzerrungen.

Umcodierung verändern läßt. Dazu dienen nichtlineare Signalquantisierungsarten und die spektrale Energieumverteilung durch Modulationsverfahren. Übertragungseinrichtungen dieser Art werden als Kompressionssysteme bezeichnet und in zunehmendem Maße auf stark gestörten Übertragungswegen zur Reduktion der Bandbreite oder zur Verbesserung des Störabstandes eingesetzt. Der Ausgleich momentaner Nutzungsgrad- und/oder Störabstandsschwankungen erfolgt dabei durch zeitabhängige Musterzuweisung und verarbeitungsseitige Mittelwertbildung. Bei Quellen mit zeitvarianten Informationsfluß kann zusätzlich eine adaptive Anpassung an die Kanalkapazität vorgenommen werden.

23.2 Leitungsgebundene Übertragungswege

23.2.1 Symmetrische und unsymmetrische Leitungen

Übertragungsleitungen können Nachrichtensignale mit Hilfe elektromagnetischer Wellen dämpfungsarm über große Entfernungen führen. Sie werden für erdsymmetrischen Betrieb als Zweidrahtleitungen ausgeführt, die aus konstruktiven Gründen paarweise zu „Sternvieren" genannten Bündeln in Kabeln zusammengefaßt werden, Bild 23-2a. Für den erdunsymmetrischen Betrieb verwendet man Koaxialleitungen nach Bild 23-2b zum Aufbau der Kabel. Eigenschaften einiger für die Trägerfrequenzübertragung eingesetzter Ausführungsformen enthält Tabelle 23-1. Das Übersprechen in den zu Viererbündeln zusammengefaßten Zweidrahtleitungen wird durch Verdrillung der Bündel mit unterschiedlicher Schlagweite, das bei Koaxialleitungen dagegen durch die Schirmwirkung des Außenleiters bestimmt.

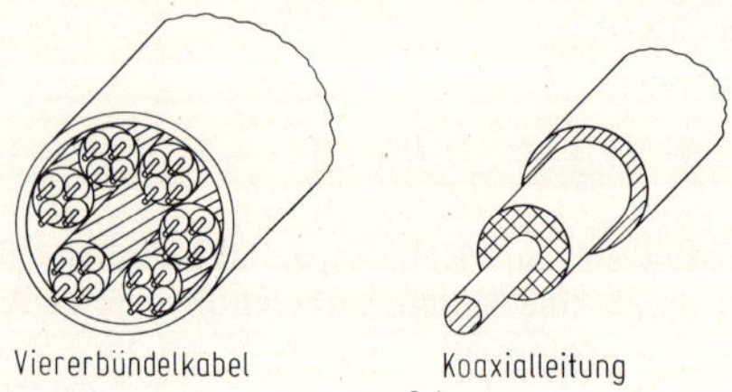

a b

Bild 23-2. Schnittbilder von Übertragungsleitungen.

Tabelle 23-1. Eigenschaften von Trägerfrequenzleitungen

Art	Bezeichnung Abmessung	Wellenwiderstand Z_L	Dämpfungsmaß bei 1 MHz dB/km
Symmetrisch	2×0,6 mm Ø 2×1,4 mm Ø	ca. 175 Ω	2,1 0,9
Koaxial	1,2/4,4 mm Ø 2,6/9,5 mm Ø	ca. 75 Ω	5,2 2,4

23.2.2 Hohlleiter- und Glasfaserarten

Zur Übertragung von Signalen bei höheren Pegeln $p > 40$ dBm kommen im Höchstfrequenzbereich (1 GHz $< f <$ 100 GHz) metallische Wellenleiter in Betracht. Eindeutige Schwingungsformen ergeben sich z. B. bei einem Frequenzverhältnis von $f_{max}/f_{min} \approx 2$ in rechteckförmigen Hohlleitern deren Seitenverhältnis 1:2 beträgt. Die zulässige Grenzpegel p_{max} und die Dämpfung d/R können dann näherungsweise aus der leitend umschlossenen materialfreien Querschnittsfläche q nach den Beziehungen

$$p_{max} \approx [60 + 10 \lg (400\ \text{cm}^2/q)]\ \text{dBm}$$
$$\text{und} \quad d/R \approx 0{,}22\ (q/\text{cm}^2)^{0{,}83}\ \text{dB/m} \tag{3}$$

bestimmt werden. Für die Nachrichtenübertragung wird in zunehmendem Maße der optische Wellenbereich genutzt, seit es gelingt dämpfungsarme, dielektrische Wellenleiter auf der Basis von Quarzglasfasern (SiO_2) herzustellen. Es gibt zwei Faserarten, die sich durch ihre relativen Querschnittsabmessungen a/λ unterscheiden. Die Gradientenfaser nutzt bei einem Durchmesser $a \approx 50\,\lambda$ eine radial abnehmende Brechzahl zur Reduktion der Abstrahlung aus dem Leiterinneren und damit zur Verminderung der Übertragungsdämpfung. Bild 23-3 zeigt den typischen Verlauf der längenbezogenen Dämpfung d/R einer solchen Faser. Bei den neueren Monomode- oder Stufenindexfasern werden diese Energieverluste durch den Betrieb mit eindeutiger Schwingungsform der ausbreitungsfähigen Wellen in einem kleineren Querschnitt des Durchmessers $a \approx \lambda$ vermieden.

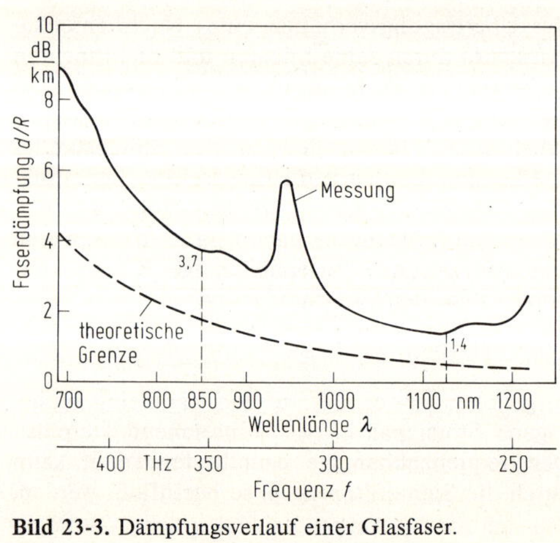

Bild 23-3. Dämpfungsverlauf einer Glasfaser.

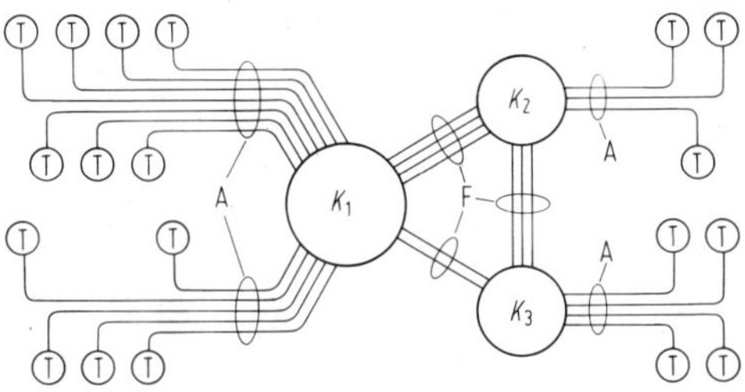

Bild 23-4. Teilnehmerzuordnung eines Nachrichtennetzes.

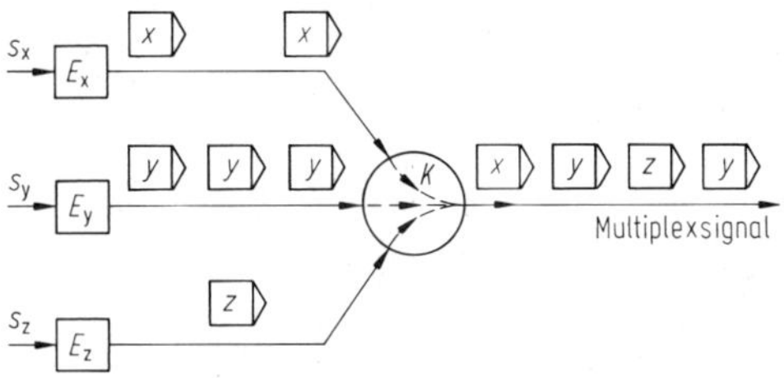

Bild 23-5. Betrieb protokollgesteuerter Nachrichtennetze.

23.2.3 Kabelnetze

Die Bereitstellung leitungsgebundener Übertragungswege fordert einen wirtschaftlichen Ausgleich zwischen dem Herstellungsaufwand und der Auslastung der Kanalkapazität. In Kommunikationssystemen hat sich die hierarchische organisierte Informationsbündelung in fest zugeordneten oder umschaltbaren Kanälen als wirtschaftlichste und störungsärmste Art der Nachrichtenübertragung erwiesen. Entsprechend Bild 23-4 werden die Anschlußleitungen A genannten Wege zwischen den, die Signalquellen und -senken beinhaltenden Teilnehmern T und den in den Knoten K_i befindlichen Vermittlungseinrichtungen fest zugeordnet. Die Fernleitungen F genannten Verbindungen zwischen den auch Netzknoten K_i genannten Vermittlungseinrichtungen werden dagegen umschaltbar gemacht. Hohe Belegungsdichte fördert die Zusammenfassung parallelgeführter Kanäle eines Fernleitungsweges F im Multiplexbetrieb und erhöht den Nutzungsgrad des Netzes. Das Ausfallverhalten ist im Anschlußbereich teilnehmerbezogen, im Fernbereich dagegen vermittlungsbezogen und kann durch Ersatzschaltung verbessert werden. Dies bedeutet, daß ein dem Knoten K_2 zugeordneter Teilnehmer in Bild 23-4 von den zum Knoten K_1 gehörigen Teilnehmern über den Knoten K_3 erreicht werden kann. Konstruktiv werden die Einzelleitungen zur Verminderung der Herstellungs- und Verlegekosten soweit wie möglich in Form von Bündeln in Kabeln zusammengefaßt [5].

Tabelle 23-2. Protokollschema zum ISDN-Netzbetrieb

Ebene	Protokollbeschreibung	Auswertung	
7	Anwendungsart		↑
6	Darstellungsart	↑	
5	Folgeart		
4	Transportart	Knoten	Endgeräte
3	Vermittlungsart		
2	Sicherungsart		
1	Übertragungsart	○	○

23.3 Datennetze, integrierte Dienste

23.3.1 Netzgestaltung, Vermittlungsprotokoll

Durch den Einsatz von Datenspeichern in den Endstellen T und den Vermittlungsknoten K bei der digitalen Nachrichtenübertragung kann der Informationsfluß unterschiedlichster Signale blockweise zusammengefaßt und im Zeitmultiplex übertragen werden, s. Bild 23-5. Durch die sequentielle Auswertung vorangestellter Kennzeichnungssegmente, hier mit *x*, *y* und *z* bezeichnet, können die Datenpakete belastungsabhängig vermittelt werden. Trotz der zur Zustandskennzeichnung erforderlichen Zusatzinformation nutzt diese Art der Blockvermittlung die Kanalkapazitäten eines Netzes besser als die einfache Leitungsvermittlung aus. Alle Steuerungs-, Bearbeitungs- und Zuweisungsinformationen werden in dem Vermittlungsprotokoll genannten Kennzeichnungssegment zusammengefaßt. Die folgerichtige Auswertbarkeit dieser Information erfordert eine Rangfolge in Schichten nach Tabelle 23-2, wobei den Anforderungen der Netzknoten und Endgeräte entsprechend ein stufenweiser Ausbau vorgenommen werden kann.

23.3.2 Fernschreiben, Bildfernübertragung

Aus der Telegrafie, der historisch ersten Art elektrischer Nachrichtenübertragung hat sich die Fernschreibtechnik entwickelt, die sich des international genormten Codes nach Bild 19-2 zur Übertragung alphanumerischer Zeichen bedient. Als Basisbandsignal können derartige Zeichen im Frequenzmultiplex zusammen mit Sprachsignalen über Fernsprechanschlußleitungen geführt und durch Hoch-Tiefpaßfilter mit einer Grenzfrequenz von 300 Hz abgetrennt werden. Dabei ist die Übertragungsrate 50 Schritte/s = 50 Baud bei moderneren Einrichtungen auch 100 Baud. Die ungünstigen Übertragungseigenschaften längerer Leitungen für gleichstrombehaftete Signale vermeidet das WT-Verfahren (WT, Wechselstromtelegrafie), bei dem das Fernschreibsignal einer Trägerfrequenz von 120 Hz als tonlose Amplitudenmodulation (Al) aufgeprägt wird. Zur Fernübertragung im Multiplexbetrieb und für Übertragungsraten bis 1,2 kBaud benutzt man Fernsprechkanäle der Frequenzbreite 300 bis 3 400 Hz und setzt die Modulationsart FSK (frequency-shift keying) ein. Modernere Verfahren mit QAM-Modulation (Quaternär-Amplituden-Modulation) ermöglichen auf derartigen Kanälen Übertragungsraten bis 9,6 kBaud. Bei der Bildfernübertragung wird wegen des Endgeräteaufwandes und der erforderlichen Kanalkapazitäten die Übertragungsrate dadurch begrenzt, daß nur Verfahren für ruhende farbfreie Vorlagen hoher Gradation und Auflösung, Fernkopie bzw. Telefax genannt, und Verfahren für langsamveränderliche farbiger Bilder geringer Auflösung als Bildschirm- bzw. Videotext sowie die farbfreie Grauwertübertragung des Bildfernsprechens vorgesehen sind. Die Zuordnung der Bildinformation auf Quell- und Senkenseite wird in allen Fällen durch eine zeilenweise Abtastung und Synchronisation gewährleistet. Die Übertragungsverfahren orientieren sich für ruhende Bilder an der Fernschreibübertragung, für bewegte Bilder dagegen an der Fernsehübertragung.

23.3.3 Verbundnetze mit Dienstintegration

Die Zusammenschaltung von Übertragungswegen zu einem Nachrichtennetz bezog sich in der Vergangenheit immer auf die zu übertragenden Signale und führte zu Netzen, die nur bestimmte Endgeräte für Quellen und Senken zuließen. Durch die digitale signalunabhängige Auslegung dieser Einrichtungen entstanden die sogenannten offenen Netze, bei denen im Rahmen der verfügbaren Kanalkapazitäten eine beliebige Quellen- und Senkenbeschaltung zugelassen ist. Dabei kann auch eine bedarfsabhängige Zusammenschaltung unterschiedlicher Übertragungswege erfolgen, was als Verbundnetz bezeichnet wird. Bezüglich der verfügbaren Signale muß zwischen netzfremden und netzinternen Quellen unterschieden werden, wobei letztere bedarfsabhängig vom Benutzer abrufbare Sonderfunktionen ermöglichen. Das ISDN-Netzkonzept (Integrated Services Digital Network) verfügt über eine Kanalkapazität von 144 kbit/s in beiden Richtungen, die in zwei Kanäle mit je 64 kbit/s Kanalkapazität und einen Signalisationskanal mit einer Kanalkapazität von 16 kbit/s aufgeteilt ist. Diese Werte beruhen zwar auf der Codierung von Fernsprechsignalen, bedeuten jedoch keine Einschränkungen bei der Zuordnung von Endgeräten entsprechend Bild 23-6. Das ISDN-Netz kann durch Austausch der Vermittlungs- und Endgeräte auf den Anschluß- und Fernleitungen des analogen Fernsprechnetzes eingerichtet werden. Zur Fernsehbildübertragung in Echtzeit ist eine Kanalkapazität von 140 Mbit/s erforderlich, die breitbandigere Übertragungswege erfordert (Breitband-ISDN). Glasfasern bieten Kanalkapazitäten bis Gbit/s bei höchster elektromagnetischer Störsicherheit und werden deshalb gegenüber den vorhandenen Koaxialkabeln sowohl als Fernleitungen wie auch als Breitbandanschlußleitungen bevorzugt werden.

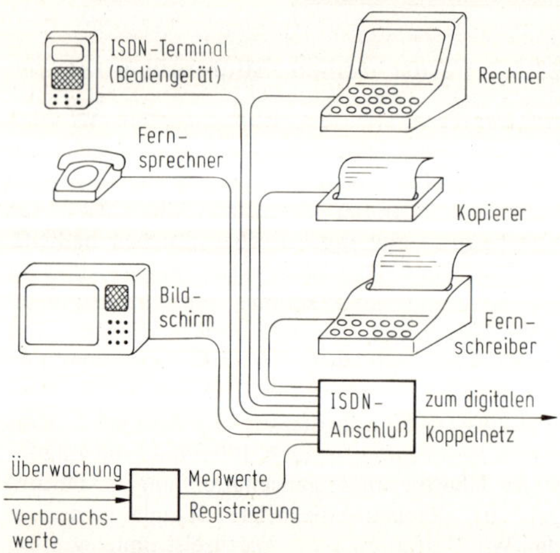

Bild 23-6. Endgeräte des ISDN-Nachrichtennetzes.

23.4 Richtfunk, Rundfunk, Sprechfunk

23.4.1 Funkwege, Antennen, Wellenausbreitung

Bei der Verwendung elektromagnetischer Wellen im freien Raum zur Übertragung von Nachrichten sind keine Einrichtungen auf den Übertragungswegen erforderlich, da sich die Wellen im Gegensatz zur Führung in metallischen oder dielektrischen Wellenleitern auch ungeführt ausbreiten können. Dadurch kann die räumliche Lage von Empfangs- und Sendestellen in weiten Grenzen frei gewählt werden. Von Hindernissen abgesehen, unterliegt die Wellenausbreitung einer rückwirkungsfreien Zerstreuung der Energie längs der Wegstrecke R und ergibt eine von der Betriebsfrequenz f abhängige Grundübertragungsdämpfung

$$d = 20\lg((R/\mathrm{km})(f/\mathrm{MHz}))\ \mathrm{dB} + 32{,}44\ \mathrm{dB}\,. \quad (4)$$

Durch den Einsatz strahlbündelnder Antennen am Übergang von bzw. zu leitungsgebundenen Sende-/Empfangseinrichtungen kann eine richtungsmäßige Entkopplung von Übertragungswegen erreicht werden. Für Antennen mit relativ zum Quadrat der Wellenlänge λ großer Öffnungsfläche A kann die als Antennengewinn g bezeichnete, auf eine allseitig gleichmäßige Energiezer-

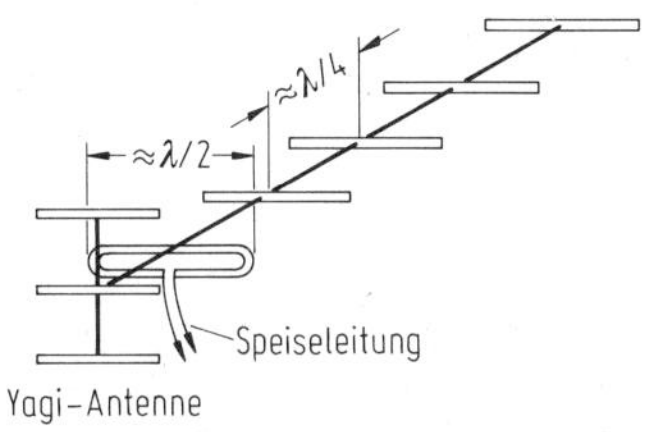

Bild 23-7. Bauweise einer Yagi-Antenne.

streuung bezogene Kenngröße aus der Beziehung

$$g = 10 \lg (4\pi q A/\lambda^2) \text{ dB}, \qquad (5)$$

bestimmt werden. Dabei stellt der Faktor $q < 1$ ein Maß für die Gleichförmigkeit der Energieverteilung in der strahlenden Öffnung A dar. Oberhalb von 1 GHz werden vor allem Reflektorspiegel aus rotationsparabolischen Abschnitten leitender Flächen verwendet, die quasioptischen Gesetzmäßigkeiten der Strahlbündelung gehorchen. Unter 1 GHz dienen dagegen Antennen aus stabförmigen Monopolen oder Dipolen oder Gruppen derartiger Elemente zur Strahlbündelung. Bild 23-7 zeigt eine solche Yagi-Antenne, bei der durch mehrere mit dem schleifenförmigen Speisedipol strahlungsgekoppelte stabförmige Hilfselemente die Richtwirkung erreicht wird. Da es sich bei den Antennen im allgemeinen um geometriebezogene auf metallischer Wellenführung beruhende Feldwandler handelt, ist ihr elektrisches Verhalten umkehrbar, also ihr Gewinn g für den Sende- und Empfangsfall, abgesehen von ihrer leistungsmäßigen Belastbarkeit, gleich.

Zwischen 2 und 20 GHz erfordern Funkverbindungen weitgehend hindernisfreie Wege, siehe Bild 23-8a. Der Kurzwellenbereich zwischen 3 und 30 MHz kann dagegen durch Spiegelung an sonnenbedingten Ionisationsschichten in der hohen Atmosphäre bei Dämpfungswerten von nur 70 dB für Reichweiten bis 8 000 km Abstand genutzt werden, siehe Bild 23-8b. Im Langwellenbereich unter 300 kHz werden Freiraumwellen an der Erdoberfläche durch deren Leitfähigkeit geführt, siehe Bild 23-8c. In dem dazwischenliegenden Frequenzbereich zeigt sich ein Übergangsverhalten.

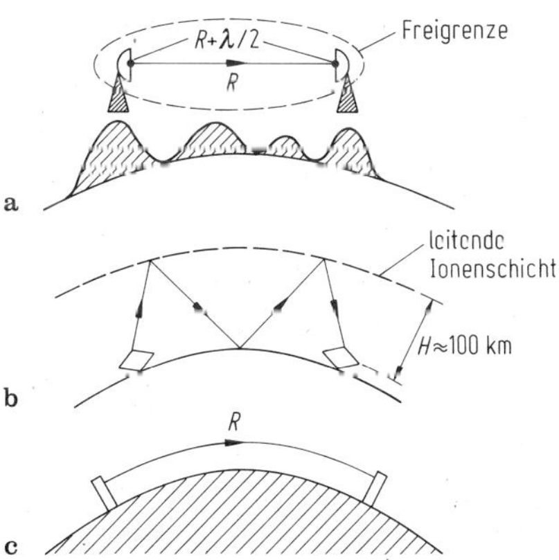

Bild 23-8. Arten der Wellenausbreitung. **a** Sichtverbindung, **b** Spiegelung in der Ionosphäre, **c** erdgeführte Wellen.

23.4.2 Punkt-zu-Punkt-Verbindung, Systemparameter

Die Ausbreitung der von strahlbündelnden Antennen ausgesendeten elektromagnetischen Wellen erlaubt bei Störungs- und Hindernisfreiheit die aufwandsgünstigste Art der Nachrichtenübertragung. Im Frequenzbereich zwischen 2 und 20 GHz und für Entfernungen bis 50 km wird die Punkt-zu-Punkt-Verbindung zwischen erhöhten Standorten für Sende- und Empfangsstelle nach Bild 23-8a als erdgebundener Richtfunk bezeichnet. Die interkontinentalen Punkt-zu-Punkt-Verbindungen bedienen sich bei Übertragungsfrequenzen von einigen GHz geostationärer Satelliten als Umlenkstationen im Weltraum, siehe Bild 23-9. Die Eigenschaften solcher Funkübertragungen werden durch die Systemparameter Störabstand S/N, Grundübertragungsdämpfung d, Gewinn g_s und g_e von Sende- und Empfangsantenne sowie je einen Dämpfungsanteil d_s und d_e für deren Zuleitungen und Weichen als Systemkennwert

$$k = 20 \lg (S/N) \text{ dB} + d - (g_s + g_e) + (d_s + d_e) \qquad (6)$$

angegeben.

23.4.3 Ton- und Fernsehrundfunk

Die Nachrichtenübertragung bei flächenhafter Versorgung einer beliebigen Anzahl von Empfangsstellen von einer Sendestelle aus wird als Rundfunk bezeichnet. Nach der Art der übertragenen Signale unterscheidet man zwischen Ton- und Fernsehrundfunk. Tonrundfunk bedient sich bei Frequenzen unter 30 MHz der Zweiseitenband-Amplitudenmodulation bei einer Kanalbandbreite von 9 kHz und im Ultrakurzwellenbereich zwischen 88 und 108 MHz bei einer

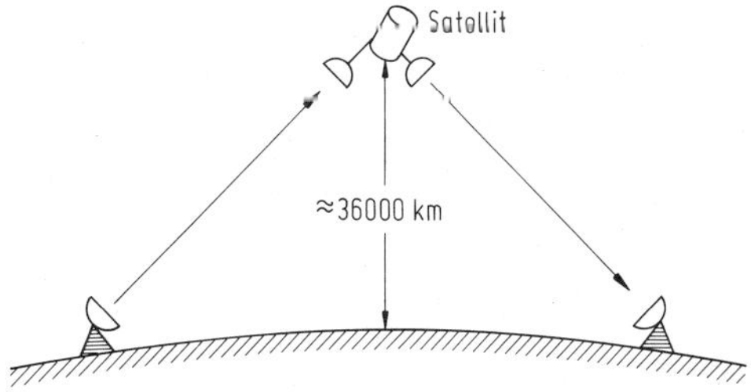

Bild 23-9. Prinzip der Satellitenfunkübertragung.

Kanalbandbreite von 200 kHz der Frequenzmodulation als Übertragungsverfahren. Der Fernsehrundfunk mit 52 Kanälen der Bandbreite 7 MHz in den Frequenzbereichen 47 bis 68 MHz (I) und 174 bis 223 MHz (III) sowie 470 bis 789 MHz (IV/V) benutzt Restseitenbandmodulation für die Bildübertragung bei einer in 5,5 MHz Abstand zum Bildträger an der oberen Bandgrenze eingelagerten Frequenzmodulation mit einem Frequenzhub von 50 kHz für den zugeordneten Tonkanal. Zur digitalen Mehrkanal-Tonübertragung höherer Qualität wird ein PCM-Signal auf der Synchronschulter an der in Bild 22-22 gezeigten Stelle eingefügt. Zunehmend werden in dichtbesiedelten Gebieten zur Fernsehübertragung leitungsgebundene Übertragungswege für zusätzliche Kanäle geschaffen. Die in solchen Kabelnetzen angewendeten Übertragungsverfahren gründen sich auf die für Funkkanäle, um die vorhandenen Empfangsgeräte benutzen zu können.
Maßgebend für die Qualität einer Rundfunkversorgung ist die Größe des Empfangssignales an den Orten des Empfangsbereiches und der aus der Erreichung eines Mindestwertes abgeleitete Versorgungsgrad. Bei Funkübertragung kann durch sende- und empfangsseitigen Einsatz von Richtantennen höheren Gewinnes stets eine Verminderung der Übertragungsdämpfung und damit Einsparung von Sendeleistung erzielt werden. Bei Kabelnetzen gelingt dies durch Einfügen von Zwischen- und Verteilverstärkern in den Leitungszügen.

23.4.4 Stationärer und mobiler Sprechfunk

Die bedarfsabhängige Übertragung von Sprachsignalen im Wechsel- oder Gegenverkehr über Funkkanäle bezeichnet man als Sprechfunk. Verbindungswechsel zwischen ortsfesten und/oder ortsveränderlichen Sende- und Empfangsstellen erfordern Rundstrahlantennen oder bündelnde Antennen mit schwenkbarer Hauptstrahlrichtung. Qualitätsminderungen durch Funkstörungen bei hinreichender Verständlichkeit lassen sich bei Kanalbandbreiten unter 10 KHz im Frequenzbereich zwischen 3 und 300 MHz mit Schmalbandfrequenzmodulation durch Signalbegrenzung am besten beherrschen. Zunehemend werden jedoch digitale PCM-Verfahren eingesetzt, da sie eine bessere Nutzung der Kanäle erlauben. Die Einteilung nach Benutzerkreis in öffentliche, lizenzierte und nichtöffentliche Funkdienste sowie die Begrenzung der Sendeleistung ermöglicht eine Mehrfachbelegung gleicher Kanäle in größerem örtlichen Abstand.

24 Signalverarbeitung

24.1 Detektionsverfahren, Funkmessung

24.1.1 Detektionsprinzipien, Auflösungsgrenze

Um eine Nachricht aus dem sie enthaltenden zeitabhängigen Signal zu entnehmen, müssen die informationstragenden Merkmale bekannt sein und dürfen nicht durch Störsignale verdeckt werden. Detektionsverfahren für diesen Zweck lassen sich als eine besondere Art der Modulation beschreiben, wobei das Ausgangssignal dem aufbereitungsseitig zugeführten Nachrichtensignal $s(t)$ entsprechen muß. Dazu kann die in Bild 22-7 gestrichelt eingetragene synchrone Hilfsträgerquelle dienen. Modulierte Übertragungssignale weisen oft einen nicht zur Nachricht gehörenden Informationsanteil auf, der zur Signalabtrennung und zur Verminderung von Störeinflüssen genutzt werden kann. Einfache Demodulatoranordnungen ergeben sich, wenn an Stelle eines Hilfsträgers solche im Übertragungssignal enthaltenen Signalanteile genutzt werden können. Die Empfindlichkeit von Detektoren wird durch die im logarithmischen Dämpfungsmaß angegebene Auflösungsgrenze

$$d_g = 20 \lg (s_{stör}/1 \mu V) \, dB\mu V + 10 \lg (S/N) \, dB \quad (1)$$

bestimmt, die das Störsignal $s_{stör}$ als kleinstzulässigen Wert des Eingangssignales s_{min} mit dem Störabstand S/N verknüpft.

24.1.2 Aussteuerung und Verzerrungen

Da jede Demodulation eine nichtlineare Signalverarbeitung erfordert, entstehen neben dem Nachrichtensignal $s(t)$ auch noch Störspektren, die den Störabstand verschlechtern, wenn sie in das Nutzsignalband $S(f)$ fallen und nicht mit Filtern abgetrennt werden. Demodulatoren sind durch die zu ihrem Aufbau verwendeten elektronischen Bauteile in ihrem amplitudenmäßigen Aussteuerbereich begrenzt. Der zulässige Verzerrungsgrad bestimmt so das höchstzulässige Eingangssignal s_{max} und damit die Signaldynamik

$$\begin{aligned} d &= 20 \lg (s_{max}/s_{min}) \, dB \\ &= 120 \, dB + 20 \lg (s_{max}/V) \, dB + d_g \, dB/db\mu V. \quad (2) \end{aligned}$$

24.1.3 Amplituden- und Frequenzdemodulation

Die Zweiseitenband-Amplitudenmodulation gründet ihre Verbreitung auf die Einfachheit analoger Demodulatoren. Die Information steckt bei dieser

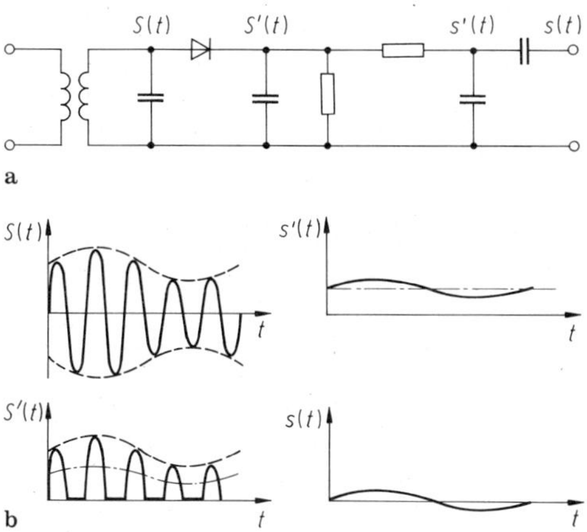

Bild 24-1. Verfahren der Zweiseitenband-Demodulation. a Schaltung, b Signale.

Modulationsart nach Bild 22-8 b in den Einhüllenden des Signales $S(t)$ und kann durch einfache Gleichrichtung gewonnen werden, wie dies Bild 24-1 zeigt. Das verzerrungsbedingte Störspektrum läßt sich mit einem RC-Tiefpaß vom Nutzsignal trennen, wenn der Spektralanteil bei der Frequenz $f_T - f_{s,max}$ gegenüber der höchsten Signalfrequenz $f_{s,max}$ genügend gedämpft werden kann.

Zur Demodulation frequenzmodulierter Signale werden heute digitale Koinzidenzschaltungen bevorzugt. Die momentane Frequenzabweichung wird mit Hilfe der frequenzabhängigen Phasenlaufzeit eines LC-Schwingkreises nach Rechteckformung mit dem ebenso geformten Eingangssignal $S(f)$ multipliziert. Das Nutzsignal $s(t)$ ergibt sich dann als zeitlicher Mittelwert am Ausgang eines RC-Tiefpaßgliedes, s. Bild 24-2.

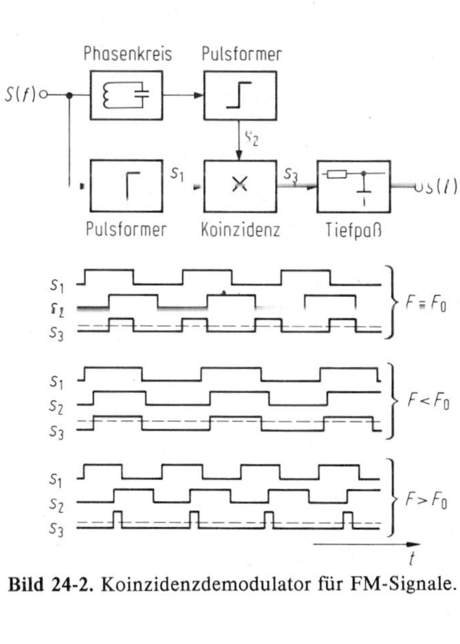

Bild 24-2. Koinzidenzdemodulator für FM-Signale.

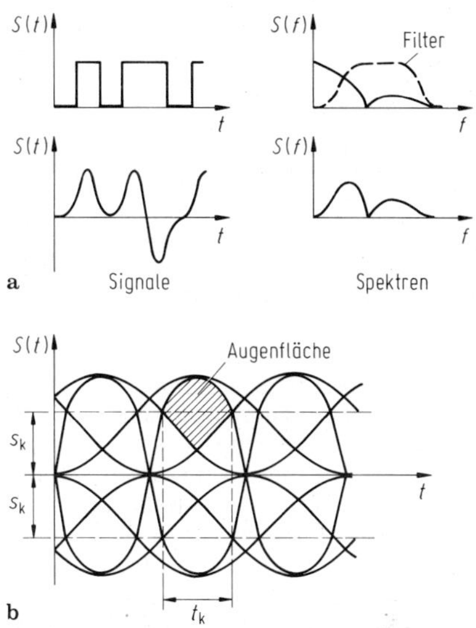

Bild 24-3. a PCM-Frequenzbandbegrenzung und b Augendiagramm.

24.1.4 Pulsdemodulation, Augendiagramm

Zur Wiedergewinnung von Nachrichten aus pulsmodulierten Übertragungssignalen bedient man sich bei wertquantisiertem Modulationssignal stets schwellenbehafteter Koinzidenzschaltungen, da diese in hohem Maße die Ausblendung kanalbedingter Störungen erlauben. Gute Kanalnutzung bei hohem Störabstand erfordert eine Begrenzung des Übertragungsfrequenzbandes $S(f)$, so daß sich sinusartige Signalverläufe $S(t)$ ergeben, wie dies Bild 24-3 a erkennen läßt. Durch lineare und nichtlineare Verzerrungen des Übertragungskanales werden die Zeitverläufe $S(t)$ jedoch von den Musterfolgen abhängig. Die grafische Überlagerung aller möglichen Signalfolgen führt auf das Augendiagramm, das für störsichere Detektion eine geöffnete, im Bild Bild 24-3 b schraffierte Augenfläche aufweisen muß. Deren zeitliche Ausdehnung entspricht der Koinzidenzzeit t_k und deren mittlerer Signalwert dem bestmöglichen Wert s_k für die Entscheidungsschwelle.

24.1.5 Funkmeßprinzip und Signalauswertung

Durch Pulsmodulation einer hochfrequenten Trägerschwingung kann bei sich ungehindert geradlinig ausbreitenden elektromagnetischen Wellen die Laufzeit zwischen einem Sende- und Empfangsort durch Zeitvergleich aus einem aufmodulierten Signal bestimmt werden. Mit einer einzigen Richtantenne für Senden und Empfang ergeben sich gleiche Ausbreitungswege zu und von einem reflektierenden Hindernis, so daß sich die Richtung aus der Antennenstellung und der Abstand des Hindernisses aus der Laufzeit ermitteln läßt. Verfahren dieser Art werden unter dem Begriff Puls-Radar (Radio Detection and Ranging) zusammengefaßt. Die Reichweite R einer solchen Einrichtung kann aus der Beziehung

$$R = 0{,}080\sqrt[4]{4\pi\sigma}\,\sqrt{\lambda}\,10^{(2g+d)/40\,\mathrm{dB}} \tag{3}$$

bestimmt werden, wobei λ die Wellenlänge, g der Antennengewinn und d die zugelassene Dämpfung zwischen Sende- und Empfangssignal bedeutet. Die Größe σ ist eine das Reflexionsverhalten des Hindernisses beschreibende Radarquerschnitt genannte Kenngröße mit der Dimension einer Fläche. Durch den Doppler-Effekt wird bei zeitlicher Veränderung des Abstandes R an der Reflexionsstelle der elektromagnetischen Welle eine Frequenzmodulation aufgeprägt. Verfahren, die diese zusätzliche Information nutzen, werden als Doppler-Radar bezeichnet. Sie liefern aus der Geschwindigkeit $v_R = \mathrm{d}R/\mathrm{d}t$ der Abstandsänderung in der Ausbreitungsrichtung R der elektromagnetischen Welle die Doppler-Modulationsfrequenz

$$\Delta f_D = f(t) - f_T = 2(f/c)(\mathrm{d}R/\mathrm{d}t) = 2v_R/\lambda. \tag{4}$$

Durch eine trägerphasenbezogene Synchrondemodulation kann auch die Bewegungsrichtung bestimmt werden [6].
Die räumliche Abtastung, aus Aufwandsgründen meist in zeitlicher Folge vorgenommen, läßt mit speicherbehafteter Signalverarbeitung eine Zeit-Orts-Transformation zu, die bei phasenrichtiger Überlagerung der Ergebnisse ein räumliches Abbild aller erfaßten reflektierenden Stellen zu liefern vermag. Verfahren dieser Art werden unter dem Begriff der Mikrowellenholografie zusammengefaßt.

24.2 Signalrekonstruktion, Signalspeicherung

24.2.1 Systemadaption und Umsetzalgorithmen

Die Widergewinnung nachrichtentechnischer Signale auf der Verarbeitungsseite kann umso einfacher und von kanalspezifischen Störeinflüssen unabhängiger geschehen, je mehr redundante Anteile für die Auswertung zur Verfügung stehen. Diese Anteile brauchen nicht in den augenblicklichen Signalen enthalten zu sein, sondern können auch aus dem Systemverhalten oder dessen Veränderungen gewonnen werden. Dies erfordert eine Informationsspeicherung, da Entscheidungen über die zu erwartenden Veränderungen dann aus bereits übertragenen Informationen gewonnen werden können. Solche Systeme bezeichnet man als adaptiv, da sie in ihrem Verhalten signalabhängig angepaßt werden können, wobei sich Verzugseffekte und Auflösungsgrenzen bemerkbar machen. Durch redundante Signalanteile kann zwar das Verhalten verbessert werden, jedoch kostet dies zusätzliche Kanalkapazität. Zur Adaption signalabhängigen Systemverhaltens kann in endlicher Zeit nur eine beschränkte Anzahl von Werten und Verfahren genutzt werden. Die Regeln nach denen dies erfolgt, müssen eindeutig sein und werden Umsetzalgorithmen genannt. Umsetzungen, die viele verschiedenartige Einflüsse berücksichtigen und/oder längere Zeiträume erfassen, erfordern aus Aufwandsgründen digitale Rechenwerke.

24.2.2 Speicherdichte, Schreib- und Leserate

Die systemangepaßte algorithmische Signalverarbeitung erfordert veränderbare Bezugs- und/oder Steuerwerte, die den Entscheidungskriterien zugrunde liegen. Anordnungen mit Speichern erlauben bei digitalem Aufbau einen besonders einfachen Austausch dieser Werte. Durch Zwischenspeicherung des diskontinuierlichen Informationsflusses H'_q einer Quelle kann dieser auf den Mittelwert reduziert und damit Kanalkapazität H'_k des Übertragungsweges eingespart werden. Der in dem Pufferspeicher aufzunehmende Informationsgehalt beträgt dann

$$H_s = \int_0^T (H'_q - H'_k)\,\mathrm{d}t. \tag{5}$$

Dies ist für die schmalbandige störarme Übertragung großer redundanzbehafteter Informationsflüsse auf schmalbandigen Kanälen, wie z. B. von Bewegtbildern aus dem Weltraum, von Interesse.
Der in einem Speicher aufnehmbare Informationsgehalt H_s spielt dann eine entscheidende Rolle, wenn es sich um eine Signalreproduktion handelt, da die speicherbare Signaldauer T_s bei konstantem Informationsfluß H' durch $T_s = H_s/H'$ bestimmt wird. Der Informationsgehalt hochwertiger akustischer und optischer Nachrichtensignale erfordert bei Signaldauern von einigen Stunden Speicher der Größenordnung Gbit bis Tbit, so daß die Speicherdichte, auf die Fläche bezogen, der üblicherweise benutzte Kennwert ist.
Es sind Schreib-Lese-Speicher und reine Reproduktionsspeicher zu unterscheiden, wobei erstere eine betriebsmäßige Änderung der gespeicherten Information ermöglichen, letztere dagegen nur der Signalkonservierung dienen. Die Art des Zugriffs auf die zur Speicherung benutzten Medien bestimmt die Anwendbarkeit der Speicherverfahren für nachrichtentechnische Zwecke, da die abzulegenden oder aufzurufenden Informationen sowohl in ihrer Reihenfolge als auch in ihrer Geschwindigkeit den zugeordneten Quellen und Senken

entsprechen müssen. Man bezeichnet diese Informationsflüsse als Schreib- bzw. Leserate, wobei zur Übertragung sowohl einkanalige serielle als auch vielkanalige parallele und Multiplex-Verfahren gleichermaßen zum Einsatz kommen.

24.2.3 Flüchtige und remanente Speicherung

Alle Verfahren zur Signalspeicherung beruhen auf Zustandsänderungen in den Speichermedien. Nach signalabhängiger Einprägung der Veränderungen kann mit Hilfe von zuordnungsabhängigen Detektionsverfahren zeitversetzt das gespeicherte Signal ein- oder auch mehrmals reproduziert werden. Die einfachste Speicheranordnung ist der Laufzeitspeicher, der als verzerrungsfreier Übertragungsweg eine Signalverzögerung $s(t-\tau)$ bewirkt und in analoger wie auch digitaler Bauweise verwendet wird. Derartige Speicher verlieren nach jedem Durchlauf die Information und werden deshalb als flüchtige Speicher bezeichnet. Ähnliche Eigenschaften weisen auch die meisten vollelektronischen Speicher auf, da die in ihnen enthaltenen Halbleiterbauteile für den Speichervorgang eine kontinuierliche Stromversorgung benötigen. Im Gegensatz dazu benötigen mechanische und elektromagnetische Speicherverfahren keine Hilfsenergie und werden deshalb als remanente Speicher bezeichnet.

24.2.4 Magnetische, elektrische und optische Speicher

Ausgehend von Lochstreifen und Schallplatten zur Signalspeicherung für Reproduktionszwecke werden heute vorwiegend remanente Magnetfelder in dünnen permeablen Schichten genutzt. Dieses Verfahren erlaubt einen wahlfreien Schreib- und Lesebetrieb bei Speicherdichten von einigen kbit/mm^2 und Bandbreiten bis zu mehreren MHz. In Spurform auf Bändern oder Scheiben mit Köpfen nach Bild 24-4 aufmagnetisierte und auslesbare Signalfolgen sind vor allem für die Signalreproduktion längerer Signaldauern und Speicherzeiten geeignet.
Für die Kurzzeitspeicherung der adaptiven Nachrichtenverarbeitung werden bedarfsabhängig einteilbare Speicher mit hoher Schreib- und Leserate benötigt. Hier werden elektrische Verfahren unter

Bild 24-4. Schnittbild eines Magnetkopfes.

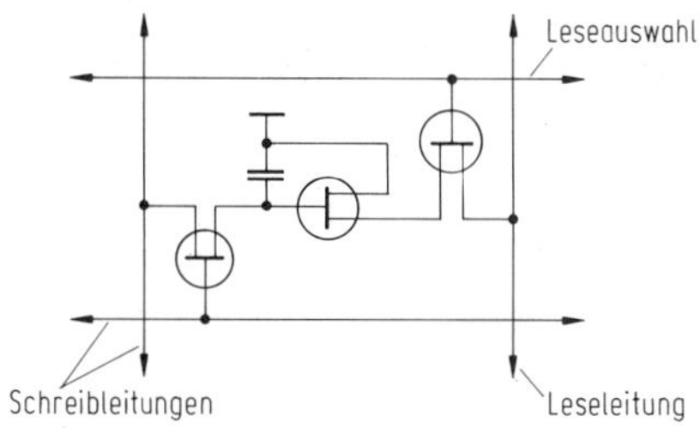

Bild 24-5. Schaltung eines FET-Speicherelementes.

Verwendung digitaler mikroelektronischer Schaltungen aus Feldeffekttransistoren nach Bild 24-5 bevorzugt, da sie einschränkungsfrei adressierbar bei Speicherdichten von Mbit/cm^2 bei einem Strombedarf von einigen mA/Mbit aufweisen. Der Nachteil der Flüchtigkeit kann durch Pufferung der Stromversorgung ausgeglichen werden. Zur Speicherung sehr umfangreicher Nachrichten bedient man sich zunehmend digitaler optischer Verfahren holografischer Art, die Speicherdichten bis zu Mbit/mm^2 ermöglichen. Die hierzu verwendeten Verfahren gestatten jedoch vorerst nur eine sequentiell serielle Signalreproduktion.

24.3 Signalverarbeitung und Signalvermittlung

24.3.1 Strukturen für die Verarbeitung analoger und digitaler Signale

Die signalwertabhängige Beeinflussung von Eigenschaften nachrichtentechnischer Einrichtungen wird als Signalverarbeitung bezeichnet. Es können sowohl signalabhängige als auch durch Störeinflüsse bedingte Veränderungen gleichermaßen vermindert oder ausgeglichen werden. Gesteuerte Systemveränderungen sind den Signalwerten starr zugeordnet, wie z. B. bei der nichtlinearen Quantisierung. Bei den geregelten Systemveränderungen dagegen werden mittels Detektion bestimmte Systemeigenschaften nachgeführt, wie z. B. der Dämpfungsausgleich in Systemen mit pilotabhängiger Verstärkungsregelung, bei denen ein Trägersignal konstanter Amplitude als Bezugsgröße dient.
Die Signalverarbeitung bediente sich früher vorwiegend analoger Einrichtungen, die jedoch zunehmend durch digitale ersetzt wurden, weil sich damit systembedingte Abhängigkeiten einfacher berücksichtigen ließen. Analoge Einrichtungen zeigen zwar signalspeicherndes Tiefpaßverhalten, das bei einfacheren Verarbeitungszusammenhängen zu aufwandsgünstigeren Anordnungen bei hoher Bandbreite führt, sind jedoch Einschränkungen hinsichtlich der Stabilität unterworfen. Auflösung und Bandbreite digitaler Einrichtungen sind dagegen nur vom Aufwand und den Eigenschaften

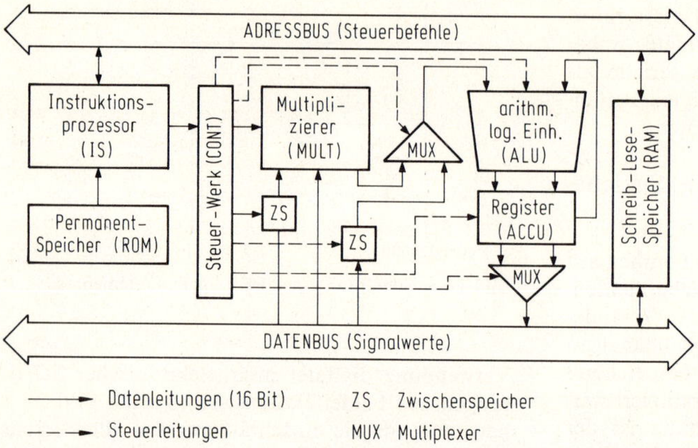

Bild 24-6. Aufbauprinzip eines Signalprozessors.

der Signalwandler abhängig. Informationsflüsse bis 100 Mbit/s und Störabstände bis 100 dB lassen sich bei vertretbarem Aufwand beherrschen. Dabei werden die modernen Signalprozessoren genutzt. Diese Elemente sind höchstintegrierte Spezialrechner, die bei Auflösungen von 16 Bit Signalflüsse bis 100 Mbit/s mit Filterungs- und Korrelationsverfahren in parallelen Strukturen verarbeiten können, siehe Bild 24-6.

24.3.2 Signalauswertung und Parametersteuerung

Die Anpassung von Systemeigenschaften erfordert steuerungsabhängige Informationen. Verfahren dieser Art setzen voraus, daß die entscheidenden Störungseinflüsse bekannt sind und durch in eindeutig steuerungsfähige Parameter beschrieben werden können. Durch Vergleich zwischen erwartetem und vorhandenem Signal können dabei diese Systemparameter durch Korrelation bei trennbaren Mustern gewonnen werden. Dazu müssen gespeicherte Referenzmuster vorliegen oder durch Berechnung aus Signalwertfolgen bestimmt werden. Die Korrelationsintervalle müssen dazu den Änderungsgeschwindigkeiten der Störeinflüsse angepaßt werden. Daraus folgt stets eine Verzögerung in der Nachführung, die Vorhalt genannt wird und zu Fehlern bei sprunghaften Zustandsänderungen führt.

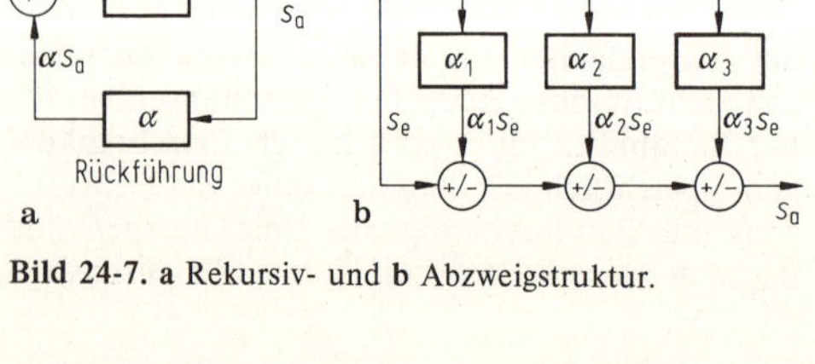

Bild 24-7. **a** Rekursiv- und **b** Abzweigstruktur.

24.3.3 Rekursion, Adaption, Stabilität, Verklemmung

Die Signalverarbeitung besteht aus rekursiven und nichtrekursiven Verfahren, die sich auf die Bearbeitung vorhergehender Zustände stützen bzw. diese nicht benötigen. Die Grundstrukturen gliedern sich in Schleifenschaltungen für den rekursiven Betrieb, siehe Bild 24-7a und in Abzweigschaltungen für den nichtrekursiven Betrieb, siehe Bild 24-7b. Maßgebend für die Annäherung an Sollwerte ist bei digitalen Einrichtungen mit schrittweisem Vorgehen die zeitabhängige Veränderung der Systemparameter z, die als Adaption bezeichnet wird und sich auf die vorgenannte Parametersteuerung stützt.

Die beiden Strukturen von Bild 24-7 zeigen insoweit unterschiedliches Verhalten, als bei rekursiven Verfahren durch phasenrichtige Rückführung die Anordnung zu Eigenschwingungen erregt werden kann. Die Stabilität des Betriebsverhaltens kann so ungünstig beeinflußt werden, daß vom Eingangssignal unabhängige Ausgangssignale auftreten, die Grenzzyklen genannt werden. Andererseits neigen alle parametergesteuerten Signalverarbeitungsverfahren mit auswertungsabhängiger Rückkopplung zur Verklemmung, bei der das System fortwährend in einem durch Signaländerungen unbeeinflußbaren Zustand verharrt und damit untauglich wird [7].

24.3.4 Netzarten, Netzführung, Ausfallverhalten

Eine besondere Art der Signalverarbeitung stellt die gesteuerte Umschaltung von Nachrichtenkanälen in Verteilsystemen mit mehr als 2 Knoten dar. Man nennt derartige Systeme Nachrichtennetze. Je nach der Anordnung der zwischen den Knoten vorhandenen Kanälen ist zwischen dem Sternnetz nach Bild 24-8a, dem Maschennetz nach Bild 24-8b und dem Schleifennetz Bild 24-8c zu

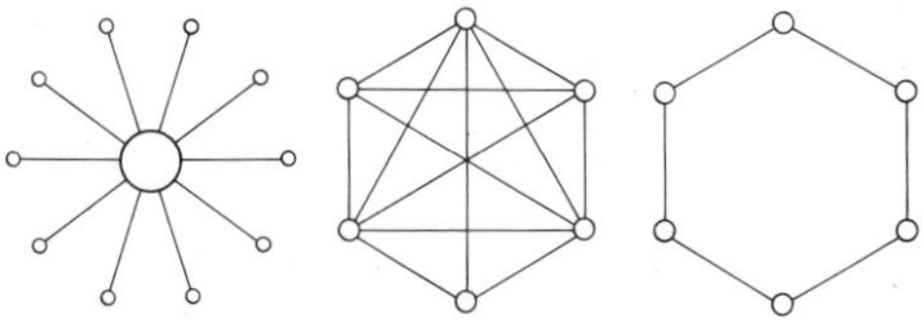

Bild 24-8. Grundstrukturen von Nachrichtennetzen. a Sternnetz, b Maschennetz, c Schleifennetz.

unterscheiden. Die Vermittlungsstellen in den Knoten bestehen aus Multiplexeinrichtungen zur bedarfsabhängigen Umschaltung der Übertragungskanäle und werden zur informationsflußabhängigen Zuweisung der Kanalkapazität durch Signalverarbeitungseinrichtungen gesteuert. Diese Funktion wird als Netzführung bezeichnet.
Im Sternnetz kann nur der erste Teil dieser Funktion erfüllt werden, da die Übertragungswege den Teilnehmern starr zugeordnet sind und deshalb ein Austausch verfügbarer Kanalkapazität nicht möglich ist. Im Gegensatz dazu erlaubt das Maschennetz eine bedarfsabhängige Zuweisung von Kanalkapazität, was sich bei hoher Auslastung oder Ausfällen von Übertragungswegen für Umweg- bzw. Ersatzschaltungen nutzen läßt. Voraussetzung dafür sind Informationen über die Belastungsverhältnisse des Netzes und über die Veränderungen des Schaltzustandes. Informationen dieser Art können zwar in einem übergeordneten Steuerungsnetz übertragen werden, heute wird aber ihre Aufnahme in das sog. Vermittlungsprotokoll bevorzugt. Das Schleifennetz ist meist protokollgesteuert und fordert zwar den geringsten Aufwand, doch besteht selbst bei Gegenverkehr hier im Überlastungs- oder Störungsfall die Gefahr der Inselbildung, bei der nicht mehr alle Knoten jederzeit miteinander in Verbindung treten können.

24.3.5 Belegungsdichte, Verlust- und Wartezeitsysteme

Die Belastung eines Nachrichtennetzes wird durch die Ausnutzung von bereitgestellter Kanalkapazität bestimmt. Für ein Netz mit n gleichen Kanälen ergibt sich dann die Belegungsdichte E als Verhältnis aus Nutzungsdauer t_N und Verfügbarkeitszeit t_V. Der Größe E wird zur Unterscheidung die unechte Sondereinheit Erl (Erlang) zugewiesen. Sind in einem Netz n Kanäle unterschiedlicher Kanalkapazität H'_i zusammengefaßt, so sind diese entsprechend zu bewerten und es gilt

$$E = (t_N / t_V)\,\mathrm{Erl} = \left[\sum_1^n (H'_i\, t_{Ni}) \Big/ \sum_1^n H'_i\, t_{Vi}) \right] \mathrm{Erl}\,. \quad (6)$$

Die Kanalanforderung und Zuweisung kann entweder in einem festgelegten Zeitrahmen in der Reihenfolge der Anforderungen oder auch nach einer zustandsabhängigen Prüfung in einer belastungsgünstigeren Reihenfolge vorgenommen werden. Vermittlungsnetze der ersten Art werden als Verlustssysteme bezeichnet, da in ihnen bei hoher Belegungsdichte Anforderungen als undurchführbar zurückgewiesen werden.
Im Gegensatz dazu ergeben sich bei den Wartezeitsystemen belastungsabhängige Verzugszeiten zwischen Bedarfsanforderung und Kanalzuweisung. Durch die Anpassungsfähigkeit digitaler signalspeichernder Verarbeitungseinrichtungen zur bedarfsgesteuerten Zuweisung von Übertragungswegen unterschiedlicher Kanalkapazität ist es inzwischen gelungen, die Suchzeit soweit zu verkürzen und betriebsbedingte Umsteuerungen so zu beschleunigen, daß sich kaum noch Unterschiede zwischen diesen beiden Betriebsarten ergeben und Wartezeitsysteme fast echtzeittauglich geworden sind.

Elektronik

K. Hoffmann, G. Wiesemann, L. Haase

25 Analoge Grundschaltungen

Das Betriebsverhalten elektronischer Schaltungen wird vor allem von den in ihnen enthaltenen elektronischen Bauelementen (vgl. 27) bestimmt. Ihre besonderen Eigenschaften sind nichtlineare Zusammenhänge zwischen Strom und Spannung oder die verstärkende Wirkung gesteuerter Energieumsetzung. Dazu sind Ruhespannungen und -ströme erforderlich, die sogenannte Arbeitspunkte bilden und eine Beschaltung dieser Elemente erfordern. Neben Versorgungsquellen werden dafür passive lineare Netze oder auch elektronische Bauteile eingesetzt. Durch Störeffekte der Beschaltung und Trägheitseffekte der elektronischen Ladungsträgersteuerung ergeben sich Frequenzabhängigkeiten, die auf nichtlineare Differentialgleichungen führen. Aus ihnen lassen sich jedoch keine überschaubaren Bemessungskriterien ableiten [1]. In der Praxis wird die Zerlegung in Grundschaltungen bevorzugt, da sich damit Einflußfaktoren getrennt betrachten lassen. Umfangreichere Anordnungen werden dann aus solchen Grundschaltungen zusammengesetzt.

25.1 Passive Netzwerke (RLC-Schaltungen)

Widerstände, Kondensatoren, Spulen und Übertrager sind zwar keine elektronischen Elemente, werden wegen der sicheren Einhaltung ihrer Kennwerte, wegen ihres einfacheren Aufbaues und geringeren Störbeeinflussung aber bevorzugt zur stabilisierenden Beschaltung elektronischer Bauteile eingesetzt. Dies trifft vor allem auf die signalunabhängige Festlegung von Arbeitspunkten und die Vermeidung von Rückwirkungen zwischen Signal- und Versorgungsquellen zu, da mit passiven Netzwerken Signale besonders einfach frequenzselektiv voneinander getrennt werden können.

25.1.1 Tief- und Hochpaßschaltung

Die einfachste Art frequenzselektiver Entkopplung besteht in einer aus einem Kondensator C und einem Widerstand R gebildeten Weiche nach Bild 25-1. Diese wird vorzugsweise zur Trennung der Gleichstrom-Arbeitspunkteinstellung von der Wechselstromansteuerung in elektronischen Schaltungen eingesetzt und als kapazitive Ankopplung bezeichnet. Für den Versorgungspfad gilt mit der Eingangsimpedanz $|Z_e| = |U/I| \gg R$, $|1/\omega C|$ und $U_s \ll U_0$

$$U(f)/U_0 = (1/\mathrm{j}\omega C)/(R + 1/\mathrm{j}\omega C) = 1/(1 + \mathrm{j}\omega RC) = 1/(1 + \mathrm{j}f/f_g)\,. \quad (1)$$

Wichtigster Kennwert dieser Anordnung ist die Eckfrequenz $f_g = 1/2\pi RC$, bei der die Eingangsamplitude U auf das $1/\sqrt{2}$-fache des Bezugswertes U_0 absinkt, der hier der Gleichspannungswert $U_0 = U(f=0)$ ist. Diese Frequenzabhängigkeit $h(f)$ wird Tiefpaßverhalten genannt und als Bode-Diagramm in doppeltlogarithmischer Darstellung nach Bild 25-2 wiedergegeben. Der Signalpfad besitzt dagegen bei Bezug auf den Signalwert $U_s = U(f \to \infty)$ Hochpaßverhalten mit der gleichen Eckfrequenz f_g:

$$U(f)/U_s = R/(R + 1/\mathrm{j}\omega C) = 1/(1 + 1/\mathrm{j}\omega RC) = 1/(1 - \mathrm{j}f_g/f) \quad (2)$$

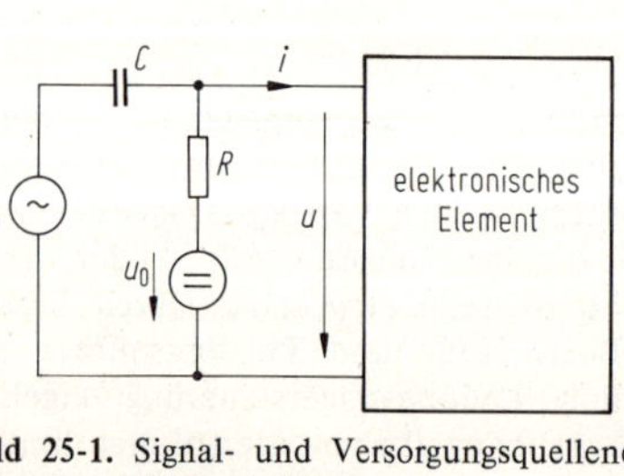

Bild 25-1. Signal- und Versorgungsquellenentkopplung durch Hoch-Tiefpaß-Glied.

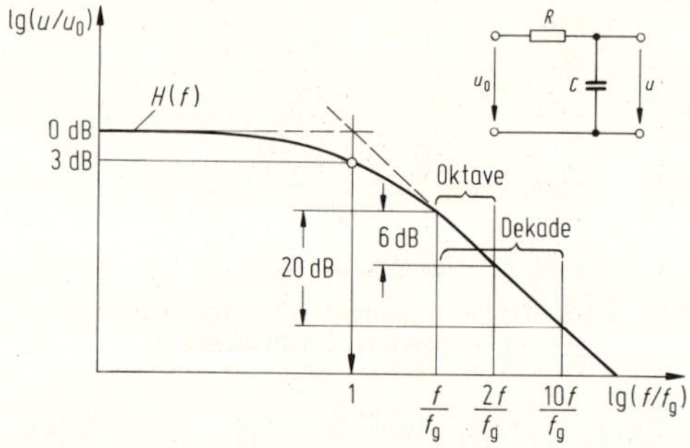

Bild 25-2. Bode-Diagramm eines Tiefpaß-RC-Gliedes.

25.1.2 Differenzier- und Integrierglieder

Hoch- und Tiefpaßverhalten führen im Zeitbereich auf Differentialgleichungen, deren Lösungen Exponentialfunktionen der Art $\mathrm{e}^{-t/\tau}$ oder $1 - \mathrm{e}^{-t/\tau}$ sind. Sprunghafter Signalanstieg zum Zeitpunkt $t = 0$ bewirkt ein Einschwingverhalten nach Bild 25-3. Als Kennwert dient die Zeitkonstante τ, die mit der Grenzfrequenz f_g und Werten R und C über die Beziehung

$$\tau = 1/(2\pi f_g) = RC \quad (3)$$

zusammenhängt. Die Übertragung pulsförmiger Signale in elektronischen Schaltungen führt wegen Tiefpaßverhaltens stets auf Signalverzögerungen. Bei einer relativen Schwellamplitude von $U/U_0 = 0{,}5$ ergibt sich dadurch ein Zeitversatz um $t_V = \tau \ln 2 = 0{,}69\tau$, wie in Bild 25-3 eingetragen. Die Eingangsimpedanz Z_e elektronischer Bauteile kann durch ein RC-Glied nach Bild 25-4 genähert werden. Durch Überbrückung eines vorgeschalteten Widerstandes R mit einer Zusatzkapazität C_z kann diese Störung vermindert werden, wenn die Zeitkonstanten der beiden RC-Glieder gleich be-

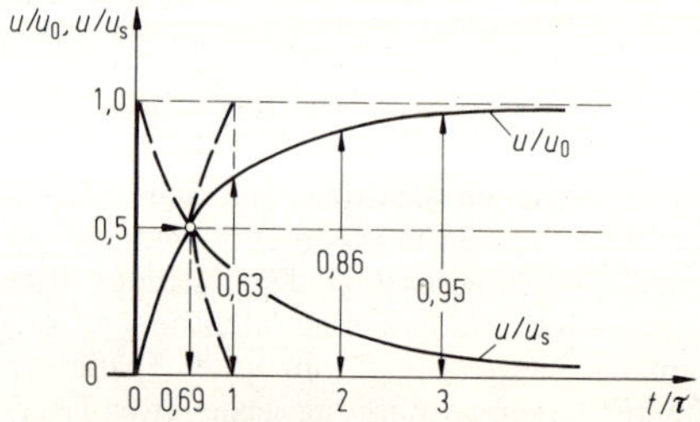

Bild 25-3. Einschwingverhalten von RC-Gliedern.

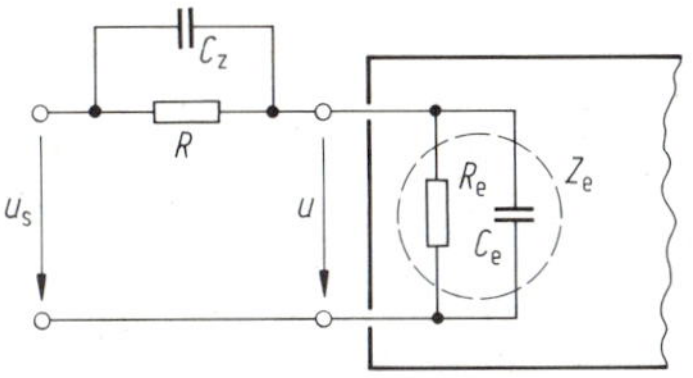

Bild 25-4. Frequenzkompensierte Teilerschaltung.

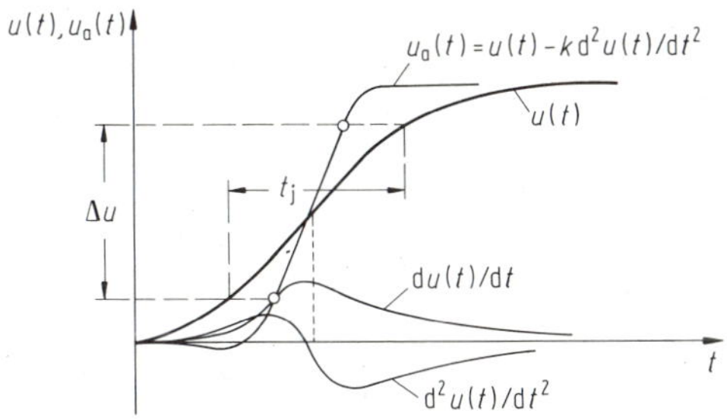

Bild 25-5. Zur Versteilerung von Impulsflanken.

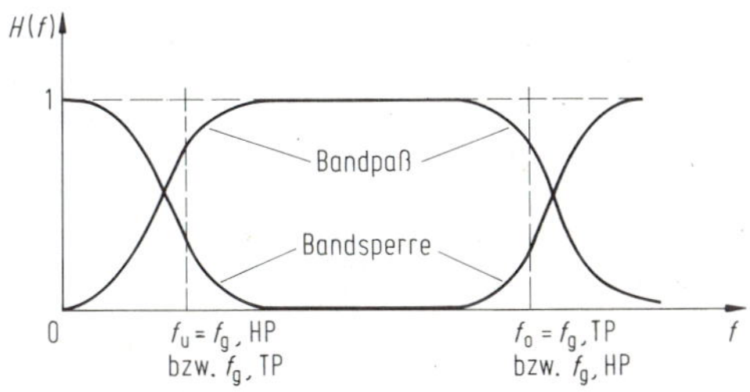

Bild 25-6. Frequenzverlauf von Bandpaß und Bandsperre.

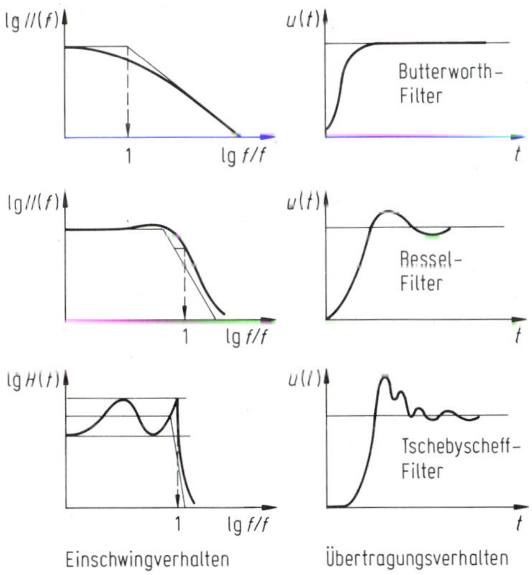

Bild 25-7. Übertragungs- und Einschwingverhalten von Butterworth-, Bessel- und Tschebyscheff-Filtern.

messen werden

$$\tau = R_e C_e = R C_z \quad \text{und damit} \quad C_z = R_e C_e / R\,. \quad (4)$$

Diese Anordnung bezeichnet man als frequenzkompensierten Spannungsteiler. Die Abflachung von Impulsflanken durch Tiefpaßverhalten führt bei ungenauer schwellenbehafteter Auswertung auf zeitliche Schwankungen t_j, die als sog. *Jitter* bezeichnet werden. Durch Signalumkehr und zweimalige Differentiation mit Hochpaßschaltungen können Impulsflanken versteilert und dadurch ein in Schwellpegelschwankungen ΔU begründeter Jitter t_j gemäß Bild 25-5 vermindert werden.

25.1.3 Bandpässe, Bandsperren, Allpässe

Die selektive Trennung von Signalanteilen in einzelne Frequenzbänder erfordert die Zusammenschaltung frequenzabhängiger Übertragungsglieder, im einfachsten Fall je eines Hoch- und eines Tiefpasses. Dabei ist zwischen zwei Fällen zu unterscheiden, da $f_{g,HP} > f_{g,TP}$ oder $f_{g,HP} < f_{g,TP}$ gewählt werden kann, wie Bild 25-6 erkennen läßt. Innerhalb der Bandbreite $B = |f_{g,TP} - f_{g,HP}| = f_0 - f_u$ wird das Signal übertragen oder unterdrückt. Man bezeichnet solche Schaltungen als Bandpässe bzw. Bandsperren. Die Frequenzabhängigkeit ihres Übertragungsverhaltens $h(f) = U_a(f)/U_e$ läßt sich als Produkt von (1) und (2) aus je einem entkoppelten RC-Hoch- und Tiefpaß gewinnen:

$$h(f) = 1/(1 + (f_{g,HP}/f_{g,TP}) + \mathrm{j}(f/f_{g,TP} - f_{g,HP}/f))\,. \quad (5)$$

Schwingkreise aus Spulen und Kondensatoren weisen wegen geringerer Verluste gegenüber RC-Schaltungen höhere Kreisgüten

$$Q = \sqrt{f_{g,TP} f_{g,HP}}/B = f_m/B$$

auf und ermöglichen deshalb den Bau von Filtern geringerer Bandbreite B. Eine Steigerung der Kreisgüte Q erfordert eine bessere Konstanz der Mittenfrequenz f_m, was durch Bauteile mit mechanischen Resonanzen, z. B. durch Schwingquarze, erreicht werden kann.
Allgemein läßt sich frequenzselektives Verhalten auf das entsprechender Tiefpässe zurückführen, indem eine Frequenznormierung $|f - f_m|/f_g$ vorgenommen wird, so daß bei zur Mittenfrequenz f_m symmetrischem Dämpfungsverlauf die Angabe einer Eckfrequenz f_g genügt. Die Bemessung von Filterschaltungen höheren Grades richtet sich dabei nach der für den Dämpfungsverlauf gewählten Polynomfunktion [2]. Dabei ist zwischen Butterworth-, Bessel- und Tschebyscheff-Filtern zu unterscheiden, deren Übertragungs- und Einschwingverhalten in Bild 25-7 vergleichend dargestellt ist. Die in der elektronischen Schaltungstechnik bevorzugten Bessel-Filter bieten einen gewissen

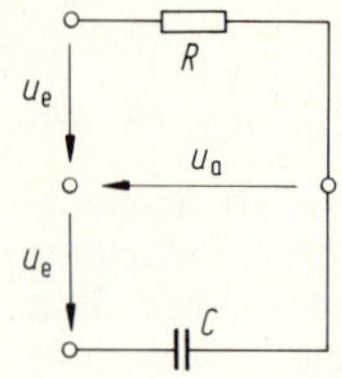

Bild 25-8. Allpaßfilter.

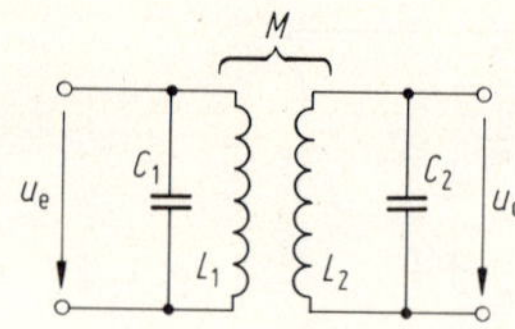

Bild 25-9. Koppelfilter.

Ausgleich zwischen Dämpfungsanstieg und Überschwingen.

Eine besondere Filterart sind *Allpässe.* Sie bewirken eine frequenzabhängige Phasendrehung der übertragenen Signale ohne Amplitudenveränderung. Werden sie als RC-Schaltung entsprechend Bild 25-8 ausgeführt, so gilt mit der Eckfrequenz $f_g = 1/2\pi RC$ für ihr Übertragungsverhalten

$$h(f) = (1 - \mathrm{j}f/f_g)/(1 + \mathrm{j}f/f_g) = \exp(-\mathrm{j} \cdot 2 \arctan(f/f_g)) . \quad (6)$$

Die verzerrungsfreie Auftrennung und Wiederzusammenführung von Signalen durch selektive Filterschaltungen wird als Frequenzweiche bezeichnet und erfordert, daß das Summensignal U_a am Ausgang keine Abhängigkeit von der Frequenz f aufweisen darf. Diese Forderung wird durch je eine einfache RC-Hoch- und Tiefpaßschaltung gleicher Eckfrequenz f_g nach Bild 25-1 erfüllt. Dies zeigt die Summenbildung der Ausgangssignale U_0 und U_s in Bild 25-3 für beide Schaltungen, die verzerrungsfrei die anregende Sprungfunktion liefert.

25.1.4 Resonanzfilter und Übertrager

Schmale Bandpässe zur selektiven Abtrennung von Spektralanteilen werden als Resonanzfilter bezeichnet. In der Elektronik werden dazu je nach Anforderungen sehr unterschiedliche Ausführungen und Bemessungsprinzipien verwendet. Weit verbreitet sind Potenzfilter bei denen mehrere Resonanzkreise rückwirkungsfrei so überlagert werden, daß sich das Gesamtübertragungsverhalten als Produkt in der Form

$$h(f) = U_a(f)/U_a(f_m) = 1 \Big/ \prod_{i=1}^{n} [1 + \mathrm{j}Q_i(f/f_{mi} - f_{mi}/f)] \quad (7)$$

schreiben läßt, wobei f_{mi} die Mittenfrequenzen und Q_i die Güten der einzelnen Kreise sind. Je nach Ansatz des Polynomes für den Dämpfungsverlauf ergeben sich Butterworth-, Bessel- und Tschebycheff-Filter. Einen einfacheren Aufbau bietet die Zusammenfassung je zweier Resonanzkreise zu einem Koppelfilter, das meist mit transformatorischer Kopplung nach Bild 25-9 ausgeführt wird. Bei gleicher Mittenfrequenz $f_m = 1/(2\pi\sqrt{L_1C_1}) = 1/(2\pi\sqrt{L_2C_2})$ der beiden Kreise und überkritisch bemessener Kopplung $K > M\sqrt{Q_1Q_2}/\sqrt{L_1L_2}$ ergibt sich ein höckerartiger zur Mittenfrequenz f_m symmetrischer Dämpfungsverlauf mit steilerem Anstieg in Resonanznähe als bei Einzelkreisen. Die transformatorische Signalübertragung erlaubt außerdem eine Potentialtrennung zwischen Ein- und Ausgang.

Mitten- und Grenzfrequenzen sollen in elektronischen Schaltungen die geforderten Werte frei von Schwankungseinflüssen einhalten. Dazu bedient man sich der Empfindlichkeitsanalyse und vermindert störende Abhängigkeiten durch Kompensationsmaßnahmen. Die wichtigste Einflußgröße stellt die Betriebstemperatur ϑ dar, deren Einfluß durch den Temperaturkoeffizienten α als relative temperaturbezogene Abweichung beschrieben wird. Für Kapazitäten gilt so z. B. $\alpha = (\Delta C/C)/\Delta\vartheta$. Kompensationsmaßnahmen erfordern Bauteile entgegengesetzt wirkenden Temperaturverhaltens, also umgekehrtem Vorzeichen des Temperaturkoeffizienten α. Für die Reihenschaltung zweier temperaturabhängiger Kondensatoren C_1 und C_2 nach Bild 25-10 gilt damit

$$1/C_{ges} = (1/C_1 + 1/C_2)$$

und $$\alpha_{ges} = \frac{\alpha_1 C_2 + \alpha_2 C_1}{C_1 + C_2} . \quad (8)$$

25.2 Nichtlineare Zweipole (Dioden)

Grundsätzlich besitzen alle elektronischen Bauteile nichtlineare Zusammenhänge zwischen ihren Klemmenspannungen und/oder -strömen, die mit wachsender Aussteuerung zunehmend zu Verzerrungen führen. Je nach Anwendungszweck werden bestimmte Verzerrungen funktionsmäßig genutzt oder sie werden durch Begrenzung der Aussteuerung und/oder durch Beschaltung mit linearen passiven Bauteilen entsprechend den Anforderungen vermindert.

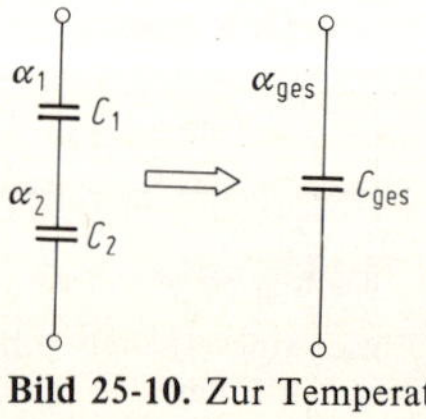

Bild 25-10. Zur Temperaturkompensation.

25.2.1 Diodenverhalten (Beschreibung)

Das einfachste aus einem Halbleiterübergang (siehe 27.2) bestehende elektronische Bauelement ist die Diode. Der Zusammenhang zwischen I und U wird bei überlastungsfreiem Betrieb durch eine Exponentialfunktion beschrieben:

$$I = I_s(e^{U/U_T} - 1) \approx I_s e^{U/U_T} \quad \text{für} \quad |I| \gg I_s. \qquad (9)$$

Dabei bedeutet I_s den Sperrstrom und U_T die Temperaturspannung. Die Temperaturspannung U_T, im praktischen Fall stets etwas größer als ihr theoretischer Wert (Stefan-Boltzmann-Konstante × Temperatur/Elementarladung), besitzt für Siliziumhalbleiter einen Wert von etwa 40 mV. Der Zusammenhang (9) führt auf den spannungsabhängigen Widerstand $R = U/I = R(U)$, den Bild 25-11 zeigt und der durch den Sperrwiderstand R_s und den Durchlaßwiderstand R_d sowie die Schleusenspannung $U_S = U\left(R = \sqrt{R_s R_d}\right)$ gekennzeichnet ist, die für Siliziumdioden etwa $U_S = 0{,}7$ V beträgt. Das Verhalten von Dioden kann aussteuerungs- und beschaltungsabhängig in folgenden Schritten angenähert werden:

A. Sprungartige Umschaltung zwischen Sperr- und Durchlaßwiderstand bei der Schleusenspannung U_S
B. Sperrwiderstand der Diode vernachlässigbar hoch: $R_s \to \infty$
C. Schleusenspannung vernachlässigbar klein $U_s \approx 0$
D. Diodenstrom vom Durchlaßwiderstand $R_d = 0$ unabhängig und damit das Verhalten des idealen Schalters.

Die Geschwindigkeit der Umschaltung wird durch die Trägheit der Ladungsträger im Halbleiter und durch die Umladung innerer spannungsabhängiger wie auch aufbaubedingter fester Kapazitäten begrenzt. Daraus folgt Tiefpaßverhalten nach (1), das sich dem spannungsabhängigen nichtlinearen Verhalten der Diode überlagert.

25.2.2 Gleichrichterschaltungen

Gleichrichterschaltungen werden zur Erzeugung von Gleichspannungen und -strömen aus der netzfrequenten Wechselstromversorgung eingesetzt und bestehen im einfachsten Fall aus einer Anordnung mit einer Diode D nach Bild 25-12. Ein dem Verbraucherlastwiderstand R_L parallel geschalteter Ladekondensator C_L liefert dabei den Ausgangsgleichstrom I in der Sperrphase der Diode. Bei sinusförmiger Netzspannung U_N der Frequenz $f = 1/T$, exponentiellem Verlauf der Spannung $U(t)$ in der Sperrphase nach Bild 25-13 und linearer Entwicklung dieser Abhängigkeit gilt für die *Brummspannung* genannte Spannungsschwankung

$$\Delta U = U_{max} - U_{min} = U_{max}(1 - e^{-T/R_L C_L}) \approx U_{max} T/R_L C_L \qquad (10)$$

am Ausgang dieser Einwegschaltung genannten Anordnung. Für die Bemessung des Ladekondensators ergibt sich daraus

$$C_L \approx U_{max}/\Delta U f R_L = I/\Delta U f. \qquad (11)$$

Der Ausgangsgleichstrom I durchfließt in dieser Schaltung auch die Speisequelle. Sie muß deshalb gleichstromdurchgängig sein und wird dadurch belastet. Die in Bild 25-14a gezeigte Brückenschaltung vermeidet diesen Nachteil, da sich der Gleichstrompfad in der Gleichrichterschaltung schließt. Zur Bemessung des Siebkondensators C_L ist wie bei der für größere Ströme günstigeren Mittelpunktschaltung Bild 25-14b und der für symmetrische Ausgangsspannungen bevorzugten Doppelmittelpunktschaltung Bild 25-14c die Frequenz f der Brummspannung ΔU in (11) gleich der doppelten Netzfrequenz $2f_N$ zu setzen, da die

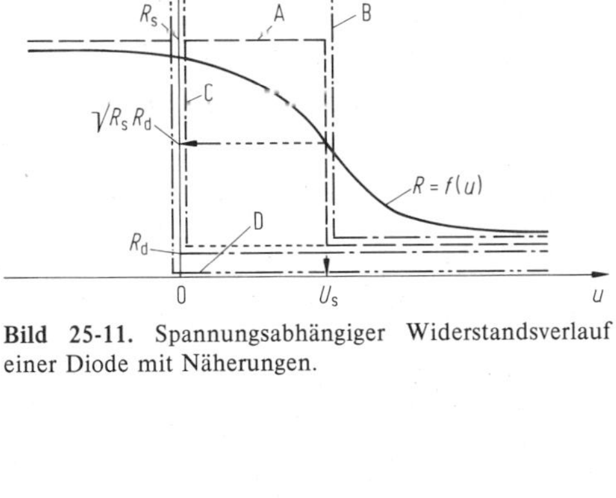

Bild 25-11. Spannungsabhängiger Widerstandsverlauf einer Diode mit Näherungen.

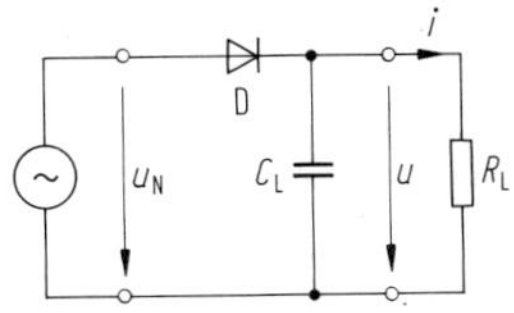

Bild 25-12. Diodengleichrichterschaltung.

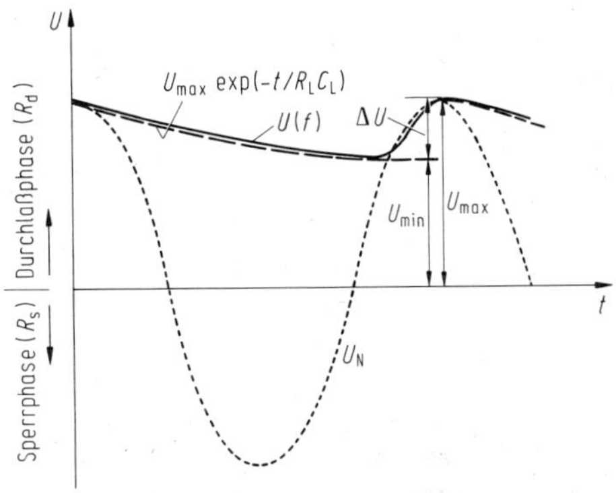

Bild 25-13. Brummspannungsverlauf beim Einweggleichrichter.

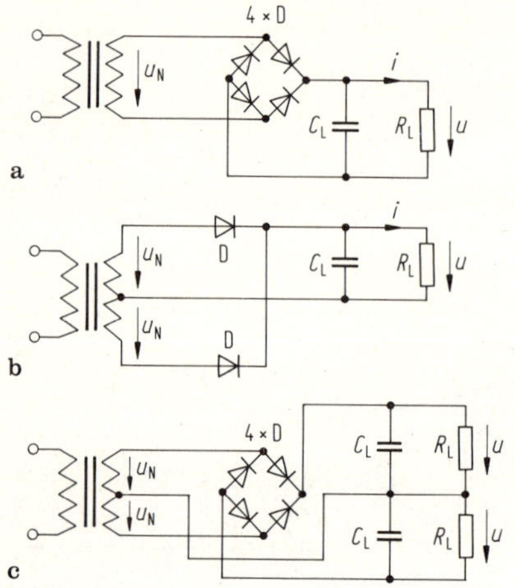

Bild 25-14. Zweiweg-Gleichrichterschaltungen.

Zweiwegschaltungen von Bild 25-14 beide Halbschwingungen zur Gleichrichtung nutzen. Wird die untere Hälfte der Gleichrichterbrücke in Bild 25-14c nebst der zugehörigen Speisung fortgelassen, so ergibt sich die Delon-Schaltung Bild 25-15a, die eine Verdopplung der Ausgangsspannung auf $2U$ bewirkt und aus zwei Einwegschaltungen besteht. Entsprechendes Verhalten besitzt auch die Villard-Schaltung Bild 25-15b, mit einer galvanischen Verbindung zwischen Ein- und Ausgang. Der Koppelkondensator C_K wird von der Überlagerung der Gleich- und der Wechselspannung $U + U_N$ beansprucht. Diese Schaltung n-stufig fortgesetzt, wie in Bild 25-15c gezeigt, wird Greinacher-Kaskade genannt und dient zur Erzeugung hoher Gleichspannungen. Spannungsvervielfacherschaltungen haben einen hohen ausgangsseitigen Innenwiderstand, der auf die kapazitive Zuführung der Netzspannung U_N zurückzuführen ist.

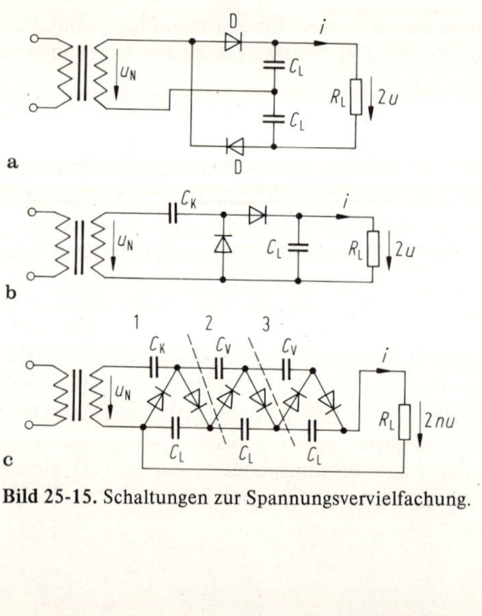

Bild 25-15. Schaltungen zur Spannungsvervielfachung.

25.2.3 Mischer und Demodulatoren

Das nichtlineare Diodenverhalten wird auch zur Frequenzumsetzung von Signalbändern in Modulationsschaltungen genutzt. Im einfachsten Fall nach Bild 25-16 wird dazu der Signalspannung U_s eine monofrequente Trägerspannung $U_t \gg U_s$ überlagert und eine Diode verwendet, die im Aussteuerbereich um ihren Arbeitspunkt (U_A, I_A) einen möglichst quadratischen Kennlinienverlauf besitzt. Dann gilt für den nichtlinearen Spannungsanteil U_L am Lastwiderstand R_L

$$U_L = IR_L = I_A R_L ((U_0 + U_s \cos(2\pi f_s t) + U_t \cos(2\pi f_t t))/U_A)^2 \tag{12}$$

Nach Abtrennen der Gleichstromkomponente mit dem Koppelkondensator C_K und trigonometrischen Umformungen ergibt sich für die Ausgangsspannung

$$U = K\left[\sqrt{U_s U_t}\,(\cos(2\pi(f_s + f_t))\,t + \cos(2\pi(f_s - f_t)\,t)) + \left(U_s/\sqrt{2}\right)\cos(4\pi f_s t) + \left(U_t/\sqrt{2}\right)\cos(4\pi f_t t)\right], \tag{13}$$

wobei der Vorfaktor K Konversionskonstante genannt wird. Es entstehen neben der doppelten Signal- und Trägerfrequenz zwei proportionale Seitenbandspektren bei $f_s + f_t$ und bei $f_s - f_t$ von denen eines durch selektive Filterung hervorgehoben, das andere unterdrückt wird. Dieser als *Mischung* bezeichnete Vorgang wird zur Frequenztransponierung benutzt. Mit dem gleichen Verfahren kann auch eine Demodulation amplitudenmodulierter Signale vorgenommen werden, wenn dem Empfangssignal U_s das Trägersignal U_t aufgemischt wird und am Ausgang durch Tiefpaßfilterung eine Signalbandbegrenzung erfolgt. Diese Anordnung erfordert ein Trägersignal und ist deshalb zur Einseitenbanddemodulation bei unterdrücktem Träger geeignet. Sie wird als *Synchrondemodulator* bezeichnet. Der Demodulatoraufwand kann durch Verzicht auf den Trägergenerator und die Vorspannungsquelle so vermindert werden, daß die Gleichrichterschaltung von Bild 25-12 entsteht. Die verzerrungsarme Demodulation erfordert zur Mischung des Empfangssignales $U_s \triangleq U_N$, daß in ihm ein hinreichend großer Trägeranteil enthalten ist. Der zusammen mit dem Innenwider-

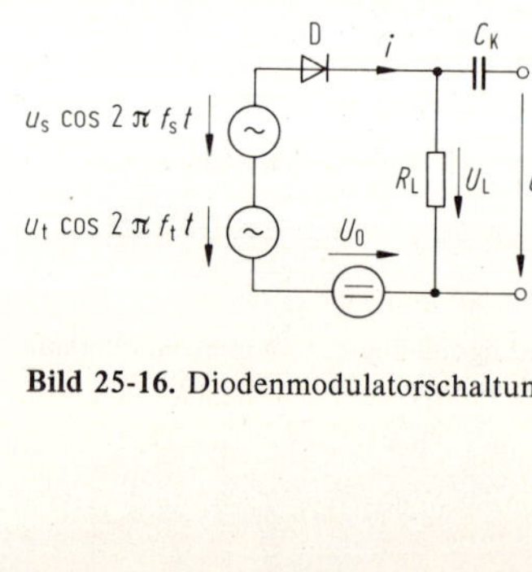

Bild 25-16. Diodenmodulatorschaltung.

stand der Anordnung auf die Signalbandgrenze $f_{s,max}$ bemessene Ladekondensator C_L dient dann der Tiefpaßfilterung.

25.2.4 Besondere Diodenschaltungen

Das Sperrverhalten von Dioden wird nach Bild 25-17a durch die Stromzunahme im Zener-Bereich bestimmt. Die Grenze wird für Gleichrichterdioden als Spannung U_{zd} bei dem Strom $I = 1$ mA angegeben. Dioden für größere Ströme im Zener-Bereich mit kleinem differentiellen Widerstand $R_z = dU_z/dI_z$ werden als Z-Dioden bezeichnet (siehe 27.2.4). Sie dienen zur Erzeugung von Referenzspannungen und zur Überspannungsbegrenzung. Durch Vorschalten eines Widerstandes R nach Bild 25-17b kann eine Spannungsänderung ΔU_0 mit der Z-Diode ZD auf den Wert ΔU_z vermindert werden, wenn der Vorwiderstand $R > R_z$ gewählt wird. Bild 25-17a zeigt, wie über den Widerstand $R = dU/dI$ die Spannungsgrenzwerte U_0, max und $U_{0,min}$ zu gewinnen sind. Das Ersatzbild einer Z-Diode ZD besteht nach Bild 25-17c aus einer Gleichspannungsquelle $U_{z,d}$ mit vorgeschaltetem Zenerwiderstand R_z. Kurzzeitig überlastungsfeste Z-Dioden werden als Supressordioden (TAZ, transient-absorption zener) bezeichnet und dienen dem Schutz elektronischer Schaltungen durch Ableitung von Strömen bis zu $I = 100$ A bei Anstiegszeiten von wenigen Pikosekunden.

Thyristoren sind steuerbare Dioden, bei denen durch einen Steuerstrom I_s in einer zusätzlichen Elektrode bei positiven Spannungen U wahlweise eine Öffnung oder Sperrung erfolgen kann (siehe 27.4.1). Das Unterbrechen des Stromes erfordert die Unterschreitung eines Haltestrom I_h genannten Mindestwertes: $I < I_h$. Der Kennlinienverlauf Bild 25-18a weist für $U > 0$ eine steuerstromabhängige Verzweigung für den Grenzwert I_{s0} auf. Thyristoren werden als elektronische Schalter eingesetzt, z. B. in Überspannungssicherungen nach Bild 25-18b. Bei einem Anstieg der Ausgangsspannung U_a über Summe aus Zenerspannung U_z der Z-Diode ZD und Schleusenspannung U_S der Steuerelektrode wird der Thyristor Th geöffnet und die vorgeschaltete Sicherung Si ausgelöst oder die Ausgangsspannung U_a an einem Vorwiderstand $R_v < (U_0 - U_S)/I_h$ abgesenkt.

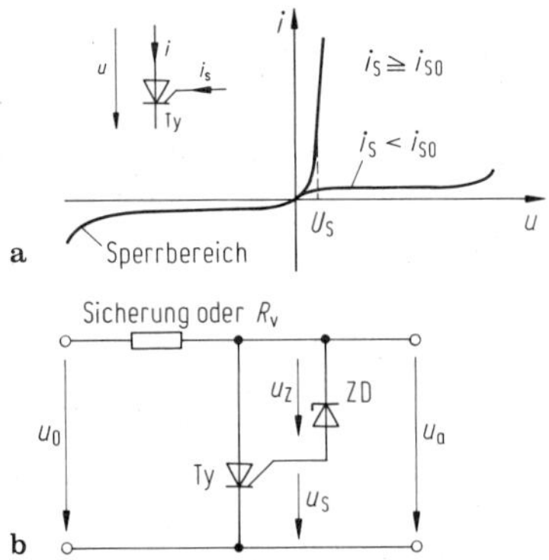

Bild 25-18.
a Thyristorkennlinie und **b** Sicherungsschaltung.

Dioden mit bereichsweise fallenden Kennlinien, wie z. B. die von Tunneldioden nach Bild 25-19a, erlauben eine Entdämpfung und bei resonanzfähiger Beschaltung die Erregung von Schwingungen. Im Arbeitspunkt A kann bei sehr niedrigem Innenwiderstand R_0 der Gleichspannungsquelle U_0 ein LC-Reihenkreis nach Bild 25-19b erregt werden; vgl. 8.3.2.

Die Sperrschichtkapazität von Dioden ist nach Bild 25-20a spannungsabhängig, was zur elektronischen Abstimmung von Resonanzkreisen genutzt wird. Wegen des nichtlinearen Zusammenhanges $C = f(U)$ können aus Verzerrungsgründen jedoch nur kleine Wechselspannungsamplituden zugelassen werden. Die Trennung der Steuerspan-

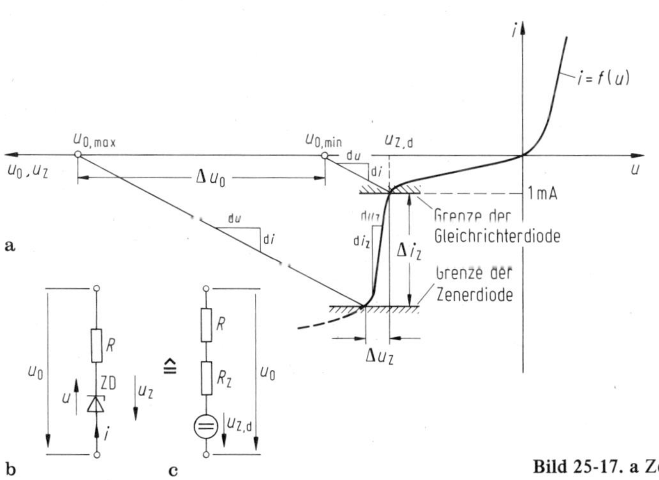

Bild 25-17. a Zenerverhalten von Dioden, **b**; **c** Ersatzbild.

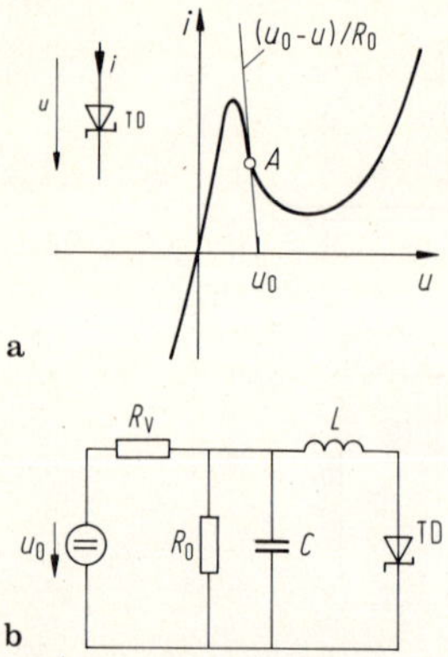

a

b

Bild 25-19. **a** Tunneldiodenkennlinie und **b** Oszillatorschaltung.

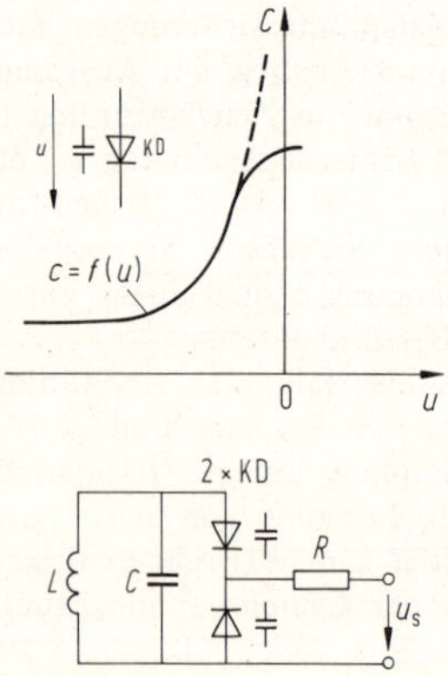

a

b

Bild 25-20. **a** Kapazitätsdiodenkennlinie und **b** Varaktorschaltung.

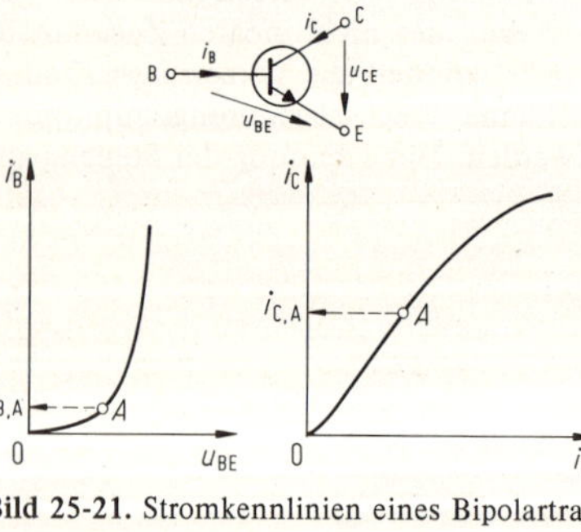

Bild 25-21. Stromkennlinien eines Bipolartransistors.

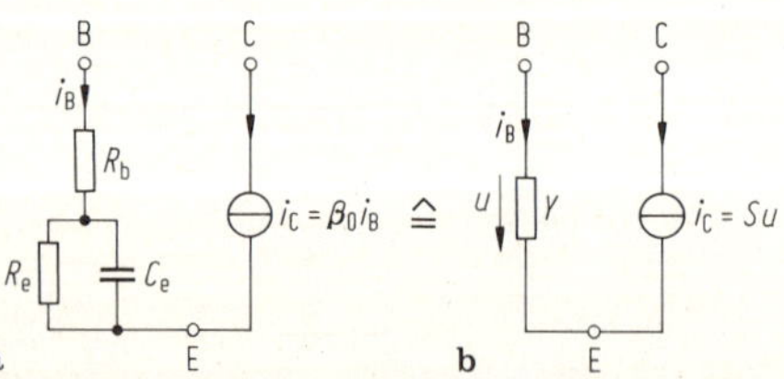

a b

Bild 25-22. Leitwertersatzbilder von Transistoren, mit **a** Stromverstärkung β_0 und **b** Steilheit *S*.

nung U_s von der Signalspannung des abzustimmenden Schwingkreises kann am einfachsten durch die gegensinnige Reihenschaltung zweier Kapazitätsdioden (KD) nach Bild 25-20b erreicht werden.

25.3 Aktive Dreipole (Transistoren)

Zur Verstärkung von Signalen höherer Änderungsgeschwindigkeit sind trägheitsarm elektronisch steuerbare Bauteile erforderlich, die für eine stabile Betriebsweise über hinreichend entkoppelte Ein- und Ausgänge verfügen müssen. Einzelbauteile dieser Art werden als Transistoren (siehe 27.3) bezeichnet.

25.3.1 Transistorverhalten

Gesteuerte Verstärkung läßt sich elektronisch durch Stromsteuerung zweier ladungsgekoppelter Diodenstrecken erzielen. Diese Anordnung wird Bipolartransistor genannt. Das Klemmenverhalten ist durch den zum Steuerstrom I_B in der Basis B proportionalen, jedoch vom Potential des Kollektors C weitgehend unabhängigen Kollektorstrom I_C, der in Sperrichtung betriebenen Steuerstrecke C-E, sowie dem Impedanzverhalten der in Durchlaßrichtung betriebenen Basis-Emitter-Strecke B-E bestimmt. Transistoren werden meist im Strombereich $I_B \gg I_S$ betrieben, so daß sich mit (9) der Zusammenhang

$$I_C = \beta_0 I_B \approx \beta_0 I_S \, e^{U_{BE}/U_T} \qquad (14)$$

ableiten läßt. Der Faktor $\beta_0 = I_C/I_B$ wird als Stromverstärkung bezeichnet. Die Temperaturspannung U_T ist für Siliziumtransistoren etwa $U_T = 40$ mV. Typische Kennlinienverläufe $I_B = f(U_{BE})$ und $I_C = f(I_B)$ sind in Bild 25-21 für NPN-Transistoren dargestellt und ein für Aussteuerung mit kleinen Signalamplituden günstiger Arbeitspunkt *A* ist eingetragen. Die entsprechenden Werte für PNP-Transistoren unterscheiden sich nur durch entgegengesetztes Vorzeichen aller Ströme und Spannungen.

Das frequenzabhängige Übertragungsverhalten von Bipolartransistoren wird vor allem durch die Impedanz der Basis-Emitter-Diode bestimmt, deren Verhalten durch das in Bild 25-22a gezeigte RC-Netzwerk angenähert werden kann und den Eingangsleitwert

$$Y = 1/(R_b + 1/(j \cdot 2\pi f C_e + 1/R_e)) \qquad (15)$$

liefert. Der Anfangswert $Y_0 = Y(f \to 0) = 1/(R_b + R_e)$ kann auch aus (14) durch Differentiation im Arbeitspunkt an der Stelle $I_B = I_{B,A}$ gewonnen werden:

$$Y_0 = dI_B/dU_{BE} = I_s(e^{U_{BE}U_T})/U_T = I_{B,A}/U_T. \qquad (16)$$

Für ein- und ausgangsseitig parallelgeschaltete

Impedanzen ist die Umwandlung der Stromverstärkung β_0 in den Leitwertparameter der Steilheit S vorteilhaft. Im Arbeitspunkt $I_C = I_{C,A}$ ergibt sich aus (14) der Zusammenhang

$$S = \mathrm{d}I_C/\mathrm{d}U_{BE} = \beta_0 I_s(e^{U_{BE}/U_T})/U_T = I_{C,A}/U_T \quad (17)$$

und damit das Ersatzbild 25-22b. (16) und (17) zeigen, daß die dynamischen Kenngrößen Y_0 und $S = \beta_0 Y_0$ eines Bipolartransistors aus seinen statischen Betriebsströmen im Arbeitspunkt $I_{B,A}$ oder $I_{c,A} = \beta_0 I_{B,A}$ und der Stromverstärkung β_0 ermittelt werden können.

Feldeffektgesteuerte Transistoren (FET) können in vier Gruppen eingeteilt werden, die sich nicht nur durch die Polarität des steuerbaren Strompfades zwischen Source S und Drain D, sondern auch dadurch unterscheiden, ob das Gate G als in Sperrichtung betriebene Diode (Sperrschicht-Feldeffekt-Transistor JFET) oder als vollisolierte Feldelektrode, (Isolierschicht-Feldeffekt-Transistor, IGFET, auch MOSFET) ausgeführt ist [3]. Bild 25-23 zeigt die vier Stromabhängigkeiten, für die der einheitliche Zusammenhang

$$I_D = (I_{D0}/U_p^2)(U_{GS} - U_p)^2, \quad (18)$$

gilt, wenn als Pinch-off-Spannung U_p die dem Transistortyp entsprechende Bedingung $U_{pp} \geqq U \geqq U_{pn}$ erfüllt wird. Feldeffekttransistoren werden meist mit dem Ersatzbild 15-22b beschrieben, wobei der Eingangsleitwert $Y = \mathrm{j} \cdot 2\pi f C_e$ kapazitiv und die Steilheit

$$S = \mathrm{d}I_D/\mathrm{d}U_{GS} = 2\,(I_{D0}/U_p^2)(U_{GS,A} - U_p) = 2\sqrt{I_{D0} I_{D,A}}\,/\,|U_p| \quad (19)$$

proportional der Gate-Source-Spannung $U_{GS,A}$ im Arbeitspunkt ist und von der Wurzel des Drainstromes $I_{D,A}$ abhängt.

25.3.2 Lineare Kleinsignalverstärker

Die Einstellung von Arbeitspunkten wird durch Temperaturabhängigkeit und damit vom Leistungsumsatz im Halbleiter beeinflußt. Für übliche Transistoren mit Stromverstärkungen $\beta_0 = I_C/I_B \gg 10$ und damit $I_C \approx I_E$ ist die Kollektorverlustleistung

$$Q_C = U_{CE} I_C = (U_0 - I_E R_E - I_C R_C)\,I_C = U_0 I_C - I_C^2 (R_E + R_C) \quad (20)$$

die bestimmende Größe. Die Stabilität ist gesichert, wenn sich diese Leistung unabhängig von der Aussteuerung ist, also der Differentialquotient $\mathrm{d}Q_C/\mathrm{d}I_C$ im Arbeitspunkt $I_{C,A}$ verschwindet. Dies liefert die Beziehung

$$R_E + R_C = U_0/2I_{C,A}. \quad (21)$$

Die Basis-Emitter-Spannung von Bipolartransistoren weist eine Temperaturabhängigkeit von etwa 2 mV/K auf, so daß die Reduktion der dadurch bedingten Stromänderung auf 1/10 bei einer Übertemperatur von etwa 100 K näherungsweise einen statischen Spannungsabfall von 2 V am Emitterwiderstand $R_E = 2\,\mathrm{V}/I_{C,A}$ erfordert. Damit ergibt sich für den Kollektorwiderstand

$$R_C = (U_0 - 4\,\mathrm{V})/2I_{C,A}.$$

Der Querstrom I_t im Spannungsteiler R_{t1} und R_{t2} sollte $I_t \geqq 10 I_B$ sein und die Betriebsspannung U_0 mindestens 5 V betragen.

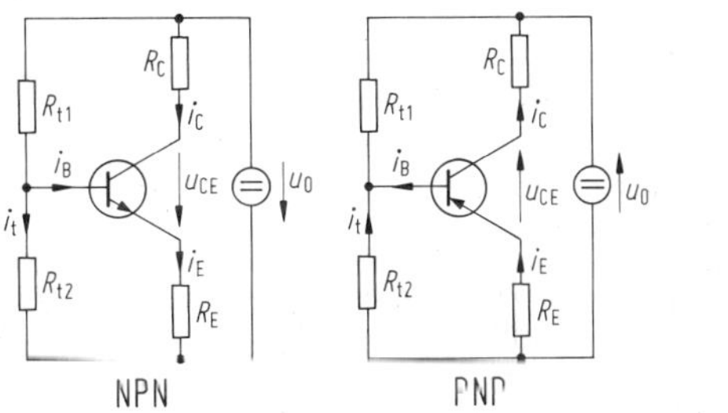

Bild 25-24. Zur Stabilisierung von NPN- und PNP-Transistoren.

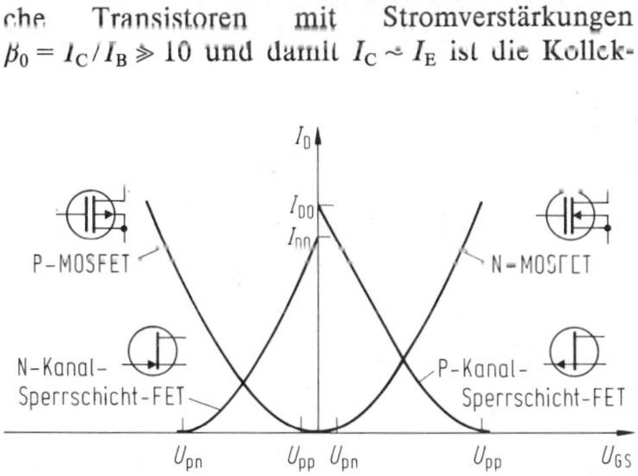

Bild 25-23. Drainstromkurven von Feldeffekttransistoren (FET).

Das Übertragungsverhalten von Transistorstufen nach Bild 25-24 kann unter Verwendung des Ersatzbildes 25-22b durch Bild 25-25 beschrieben werden, bei dem die Versorgungsquelle U_0 als Wechselstromkurzschluß zu betrachten ist. Das als Verstärkung bezeichnete Verhältnis von Ausgangs- zu Eingangsspannung wird damit

$$v = U_a/U_e = -SZ_C/(S + Y)\,Z_E. \quad (22)$$

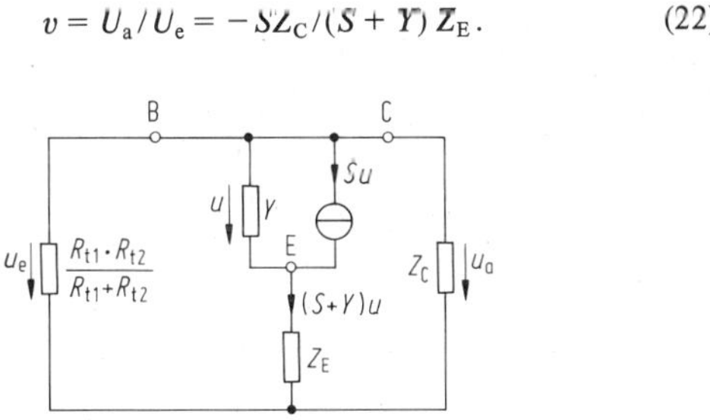

Bild 25-25. Wechselstromersatzbild der Bipolartransistorschaltungen nach Bild 25-24.

Für den praktischen Fall von Stromverstärkungen $\beta_0 > 10$ ist $S \gg Y$ und damit die Spannungsverstärkung $v = -Z_C/Z_E$ nur von den Impedanzen Z_C und Z_E, nicht jedoch von Transistorkennwerten S, Y und β_0 abhängig. Diese Art der Schaltungsbemessung erlaubt den exemplar- und typunabhängigen Einsatz von Transistoren in Verstärkerschaltungen.

Mit steigender Aussteuerung ergeben sich zunehmende Verzerrungen, die in vielen Fällen den nutzbaren Signalbereich begrenzen. Eine Gegenkopplung über passive lineare Bauteile vermindert diese Einflüsse. Die bevorzugte Anordnung besteht in einer wechselstrommäßig nicht überbrückten Gegenkopplungsimpedanz Z_E am Emitter- bzw. Sourceanschluß. Bild 25-26 zeigt das Verhalten einer solchen Stufe mit N-Kanal-Sperrschicht-FET. Die Steuerspannung U_{GS} des Transistors ergibt sich als Differenz der Eingangsspannung U_e und der Gegenkopplungsspannung U_g, so daß sich der Drainstrom $I_D = f(U_{GS})$ des Transistors auf den Wert $I_D = f(U_e)$ der Anordnung vermindert, wie die obere Bildhäfte zeigt. Der verstärkungsbestimmende Kennwert der Steilheit wird im Gegenkopplungsfall

$$S_g = dI_D/dU_e = S/(1 + SR_g) = 1/(R_g + 1/S)\,, \qquad (23)$$

er weist zwar eine geringere Größe, dafür aber eine kleinere Änderung auf, wie der untere Bildteil von 25-26 zeigt. Für die Bemessung $R_g \gg 1/S$ wird die Steilheit $S_g \approx 1/R_g$ und damit für Signalwerte $U_e > 0$ von der Aussteuerung und dem Transistorkennwert S weitgehend unabhängig.

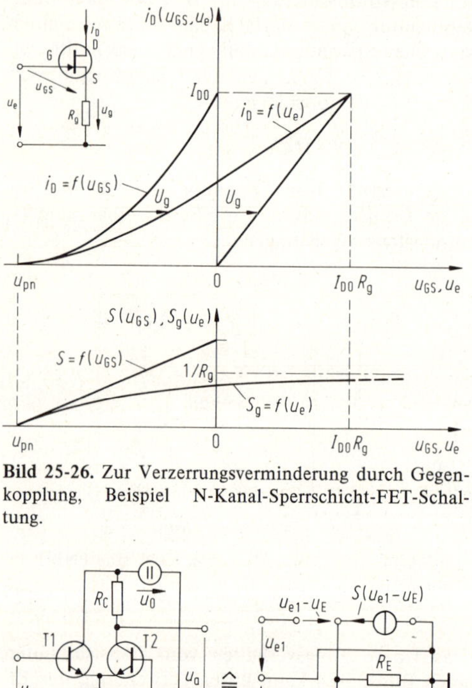

Bild 25-26. Zur Verzerrungsverminderung durch Gegenkopplung, Beispiel N-Kanal-Sperrschicht-FET-Schaltung.

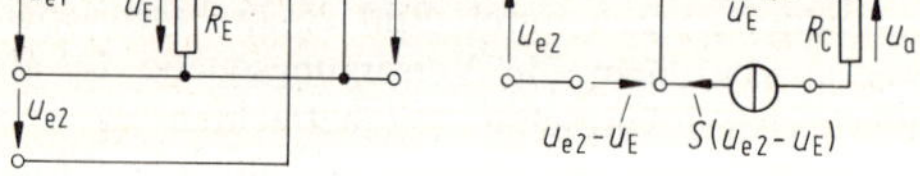

a b

Bild 25-27. **a** Differenzverstärkerschaltung mit **b** Ersatzbild.

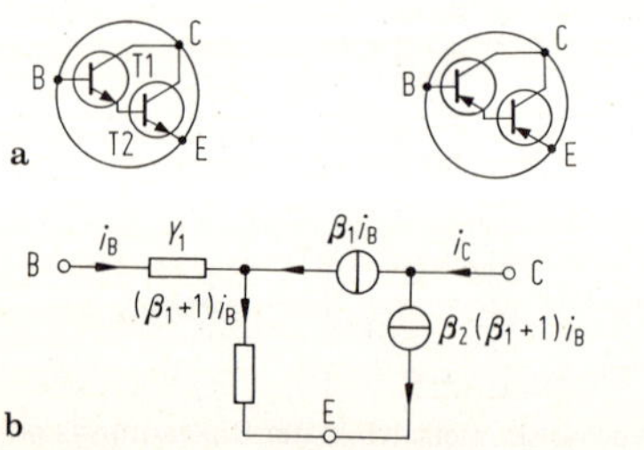

Bild 25-28. **a** Darlington-Schaltungen mit **b** Ersatzbild.

Die Zusammenschaltung zweier Transistoren in der Schaltung von Bild 25-27a liefert mit der Kopplung über den gemeinsamen Emitterwiderstand R_E eine Verstärkeranordnung mit zwei Eingängen, die als Differenzverstärker bezeichnet wird. Transistoren T1 und T2 mit gleicher Steilheit S führen bei Vernachlässigung des Eingangsleitwertes Y auf das Wechselstromersatzbild 25-27b. Für unterschiedliche Eingangssignale U_{e1} und U_{e2} kann daraus das Differenzverstärkung genannte Übertragungsverhalten

$$\begin{aligned} v_D &= U_a/(U_{e1} - U_{e2}) \\ &= -SR_C(U_{e2} - U_E)/(U_{e1} - U_{e2}) \\ &= -SR_C(U_{e2} - (U_{e1} + U_{e2})/2(1 + 1/2SR_E))/ \\ &\quad (U_{e1} - U_{e2}) \end{aligned} \qquad (24)$$

gewonnen werden. Wird die Gegenkopplung $SR_E \gg 1$ gewählt, so ergibt sich $v_D = SR_C$. Werden dagegen beide Eingänge mit dem gleichen Signal $U_{e1} = U_{e2}$ beaufschlagt, so ergibt sich unter den gleichen Voraussetzungen das Gleichtaktverstärkung genannte Übertragungsverhalten

$$v_G = SR_C/(1 + 2SR_E) \approx R_C/2R_E\,. \qquad (25)$$

Durch die Bemessung $SR_E \gg 1$ kann mit dieser Schaltung ein großes Verhältnis v_D/v_G erreicht und damit können Gleichtaktstörsignale von Gegentaktnutzsignalen getrennt werden.

Transistoren für große Kollektorströme verfügen nur über kleine Stromverstärkungen. Dieser Nachteil läßt sich für NPN- wie auch PNP-Transistoren mit einer Darlington-Schaltung genannten Anordnung zweier Transistoren nach Bild 25-28a ausgleichen. Das zugehörige Ersatzbild 25-28b führt auf die Stromverstärkung der Gesamtanordnung

$$\beta = I_C/I_B = \beta_1\beta_2 + \beta_1 + \beta_2 \approx \beta_1\beta_2\,, \qquad (26)$$

wenn $\beta_1 \gg 1$ und $\beta_2 > 1$ gilt.

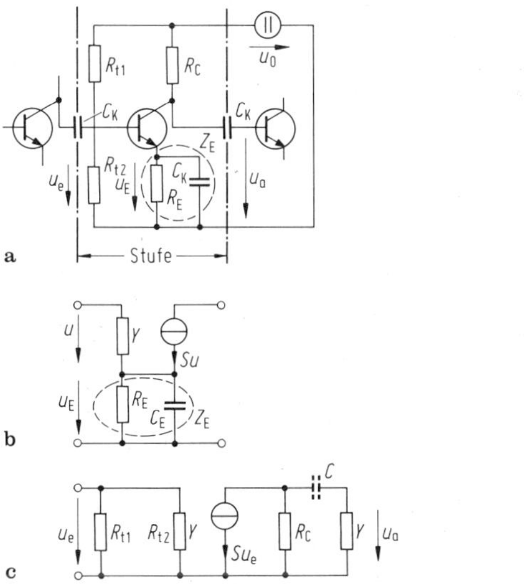

Bild 25-29. Ausschnitt aus einer Verstärkerkette. **a** Schaltung, **b** zur Bemessung der Emitterkombination und **c** Wechselstromersatzbild.

Werden mehrere Transistorverstärkerstufen zu Erhöhung der Verstärkung nach Bild 25-29a hintereinandergeschaltet, so bezeichnet man diese Anordnung als Kaskaden- oder Kettenschaltung. Die arbeitspunktstabilisierende Gegenkopplung des Emitterwiderstandes R_E kann in der gezeigten Weise wechselstrommäßig durch einen parallelgeschalteten Kondensator C_E unwirksam gemacht werden. Für seine Bemessung muß die Impedanz Z_E nach Ersatzbild 25-29b für diesen Schaltungsteil so gewählt werden, daß der Spannungsabfall U_E an ihr klein gegen die Steuerspannung U des betreffenden Transistors bleibt.

$$|U_E|/U = (S+Y)\,Z_E = (S+Y)\Big/\sqrt{(1/R_E)^2 + (\omega C)^2} \ll 1\,. \quad (27)$$

Die Nebenbedingung $\omega C R_E \gg 1$ ergibt für Transistoren größerer Stromverstärkung $\beta \gg 1$ und damit Steilheit $S \gg Y$ aus (25) die Bemessungsvorschrift $\omega C \gg S$, so daß die Eckfrequenz $f_g = 1/2\pi SC$ beträgt. Die in Bild 25-29a abgegrenzte Verstärkerstufe hat dann bei Frequenzen $f \gg f_g$ entsprechend dem Wechselstromersatzbild 25-29c die Verstärkung

$$v = U_a/U_e = -S/(Y + 1/R_C)\,, \quad (28)$$

wenn der punktiert eingetragene Koppelkondensator C_K die Bedingung $C_K \gg Y/2\pi f$ erfüllt. Für den Arbeitswiderstand $R_C \gg 1/Y$ ergibt sich die Maximalverstärkung $v_{max} = -S/Y$. Sie ist von der Belastung durch den Eingangsleitwert Y des Folgetransistors abhängig. Dieser Nachteil kann durch Einfügen einer Emitterfolger genannten Schaltung nach Bild 25-30a vermieden werden. Die Anordnung enthält einen zusätzlichen Transistor T2, bei dem das Ausgangssignal U_a an der Emitterklemme E abgegriffen wird. Das Ersatzbild mit beiden Transistoren zeigt Bild 25-30b. Die Verstärkung wird danach

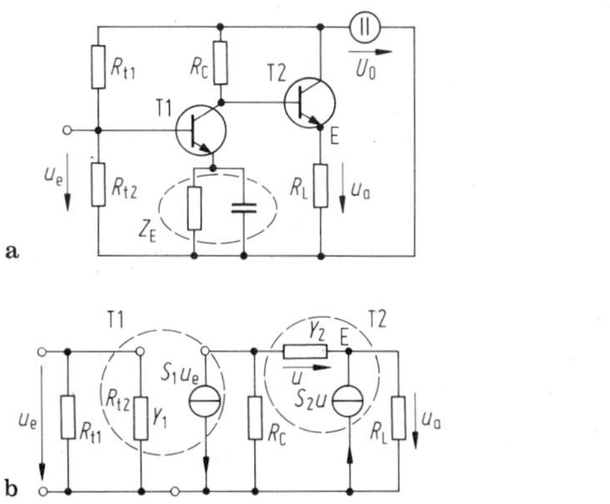

Bild 25-30. Verstärkerstufe mit Emitterfolger. **a** Schaltung und **b** Wechselstromersatzbild.

$$v = U_a/U_e = -S_1 R_C/(1 + (1 + Y_2 R_C)/(S_2 + Y_2)\,R_L)\,. \quad (29)$$

Sind die Bedingungen $S_2 \gg Y_2$ und $Y_2 R_C \gg 1$ erfüllt und wird der Lastwiderstand $R_L \gg 1/S_2$ bemessen, so ist die Verstärkung $v = -S_1 R_C$ vom Lastwiderstand R_L unabhängig.

25.3.3 Lineare Großsignalverstärker (A- und B-Betrieb)

Die in einer RC-Verstärkerschaltung auftretende größte Ausgangsspannungsamplitude wird durch den Wert der Versorgungsspannung U_0 bestimmt und bewirkt als Produkt mit dem in der Stufe geführten Strom die in Wärme umgesetzte Verlustleistung Q_v. Transistoren unterliegen hinsichtlich ihrer Spannungsfestigkeit U_{max}, ihrer Stromergiebigkeit I_{max} und ihrer zulässigen Verlustleistung Q_v Grenzen, die in das Ausgangskenn-

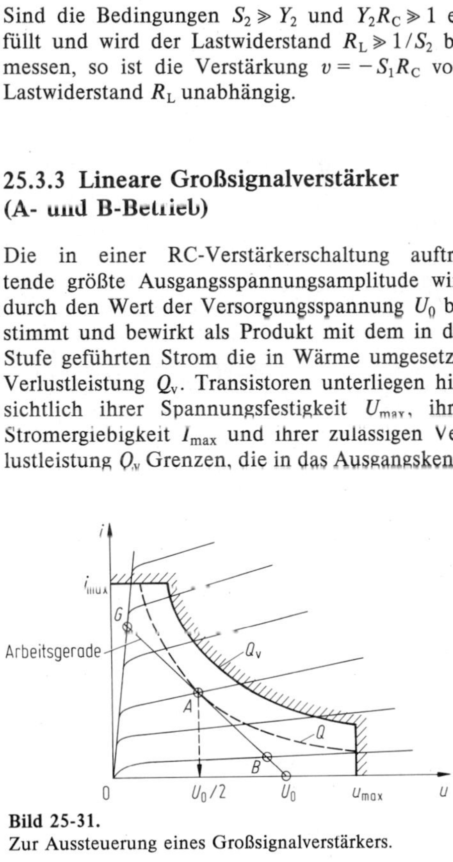

Bild 25-31.
Zur Aussteuerung eines Großsignalverstärkers.

linienfeld $I = f(U)$, Bild 25-31, eingetragen werden können. Bei kollektor- bzw. drainseitigem Arbeitswiderstand R und Speisung aus einer Versorgungsquelle U_0 kann der Zusammenhang $U = f(I) = U_0 - RI$ auf der als Arbeitsgerade bezeichneten Kurve abgegriffen werden. Der Transistor wird bei symmetrischer Aussteuerung zwischen dem Sättigungspunkt G und dem Sperrpunkt B am besten genutzt, wenn der Arbeitspunkt A in der Mitte der Arbeitsgerade bei dem Wert $U_0/2$ liegt und an dieser Stelle die Verlustleistungshyperbel $Q = U_0^2/4R$ tangiert wird. Diese Betriebsweise heißt A-Betrieb. Um eine Überlastung bei fehlender Ansteuerung zu vermeiden, darf in diesem Betriebszustand höchstens die Grenzleistung $Q = Q_v$ erreicht werden. Bei Vollaussteuerung und sinusförmigem Spannungs- und Stromverlauf ergibt sich näherungsweise die entnehmbare Wechselstromleistung

$$P_A = (1/T) \int_0^T UI \, dt = (U_0^2/RT) \int_0^T \sin^2 t \, dt$$

$$= U_0^2/8R = Q/2 \qquad (30)$$

als halbe Ruheleistung.
Wird dagegen der Arbeitspunkt des Transistors im Sperrpunkt B in der Nähe der Versorgungsspannung U_0 gewählt, so ergibt sich bei Vollaussteuerung mit sinusförmigen Halbwellen

$$P_B = (2/T) \int_0^T UI \, dt = 2P_A$$

$$= U_0^2/4R = Q \qquad (31)$$

die doppelte Leistung und damit eine bessere Ausnutzung, die jedoch durch die Nichtumkehrbarkeit des Ausgangsstromes erkauft wird. Eine entgegengerichtete Stromaussteuerung kann durch einen gegensinnig betriebenen weiteren Transistor erreicht werden. Schaltungstechnisch geschieht dies im einfachsten Falle durch Reihenschaltung eines komplementären Transistors, was Bild 25-32a zeigt. Diese Anordnung wird als Gegentakt-B-Komplementärstufe bezeichnet. Der Widerstand R_d dient der Einstellung des Arbeitspunktes und erlaubt, die Sperrströme zu kompensieren, so daß sich bei gleichen Kennwerten die Arbeitskennlinien nach Bild 25-32b verzerrungsarm zusammenfügen. Durch Verwendung eines Widerstandes R_d mit negativem Temperaturkoeffizienten (NTC) kann einer vom Leistungsumsatz abhängigen Arbeitspunktverlagerung entgegengewirkt werden. Der Koppelkondensator C_K sperrt den Gleichstromweg zum Lastwiderstand R_L. Die beiden sequentiell eingeschalteten Transistoren T1 und T2 werden in dieser Anordnung im Hinblick auf einen kleinen ausgangsseitigen Innenwiderstand als Emitterfolger betrieben. In der Brückenverstärkerschaltung Bild 25-33 sind zwei gleichartige Gegentakt-B-Stufen symmetrisch zum Lastwiderstand R_L zusammengeschaltet, so daß der Koppelkondensator entfallen kann und mit einem Differenzsignal an den Eingängen beliebig langsame Signaländerungen übertragen werden können.

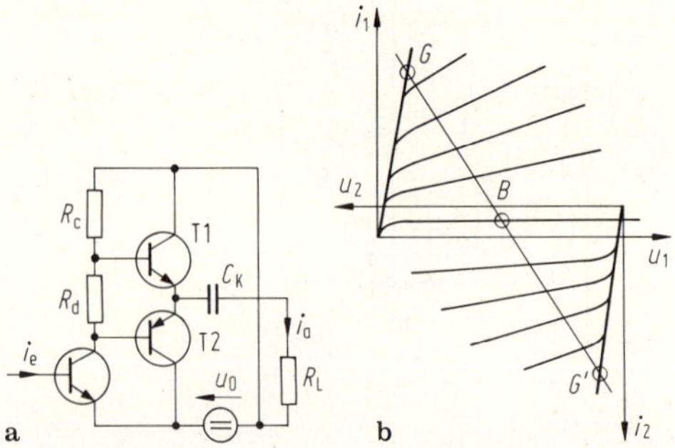

Bild 25-32. Komplementär-Gegentakt-B-Stufe. **a** Schaltung und **b** Ausgangskennlinienfelder.

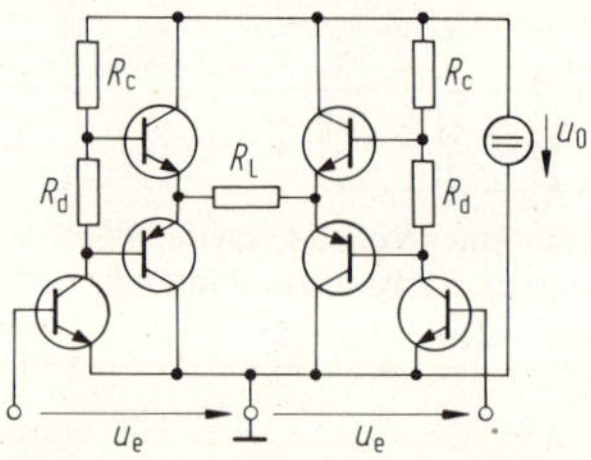

Bild 25-33. Schaltung eines Brückenverstärkers.

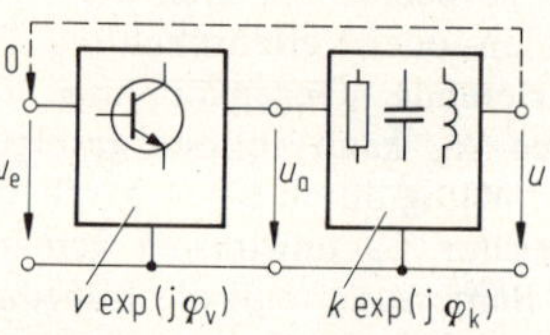

Bild 25-34. Zur Erläuterung der Schwingbedingung.

Verstärkeranordnungen nach Bild 25-34, die über eine Signalrückführung vom Ausgang zum Eingang verfügen, können sich bei entsprechender Bemessung zu Eigenschwingungen erregen. Bei hinreichend hohem Verstärkereingangswiderstandes $Z_e = U_e/I_e$ kann mit der gestrichelt gezeichneten Verbindung für $U = U_e$ die Schwingbedingung sehr einfach abgeleitet werden, wenn der Verstärker mit der Verstärkung $U_a/U_e = v\,e^{j\varphi_v}$ die Dämpfung des Koppelnetzes mit dem Koppelfaktor $U/U_a = k\,e^{j\varphi_k}$ auszugleichen vermag. Diese, *charakteristische Gleichung* genannte, Beziehung

$$(U_a/U_e)(U/U_a) = 1 = vk\,e^{j(\varphi_v + \varphi_k)} \qquad (32)$$

beschreibt den Schwingungseinsatz bei linearem Verhalten aller Schaltungsteile. Die Phasenbedin-

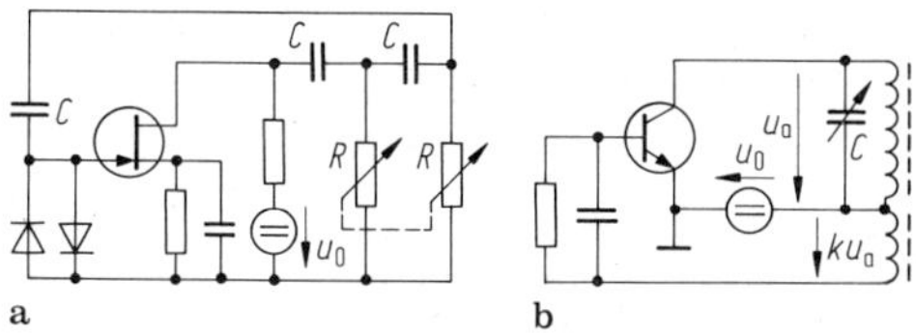

Bild 25-35. Oszillatorschaltungen, Beispiele: **a** RC-Oszillator und **b** LC-Oszillator.

gung $\varphi_v + \varphi_k = 2n\pi$ wird bei niederen Frequenzen oder für pulsförmige Schwingungen meist über RC-Glieder, bei höheren Frequenzen und für harmonische Schwingungen meist über einen LC-Schwingkreis oder piezomechanische Resonanzen (Schwingquarz) im Kopplungsvierpol erfüllt. Die Amplitudenbedingung $kv = 1$ muß zum sicheren Anschwingen überschritten werden ($kv > 1$) und bedingt durch die mit zunehmender Aussteuerung abnehmende Verstärkung $v = f(U)$ automatisch die Einhaltung der zugehörigen Schwingamplitude U.
Typische Oszillatorschaltungen dieser Art sind z. B. der Phasenschieberoszillator nach Bild 25-35a, bei dem die Frequenzeinstellung meist durch gleichlaufende Veränderung der beiden Widerstände R vorgenommen wird, und der Meißneroszillator nach Bild 25-35b mit transformatorischer Phasenumkehr und Abstimmung über die Schwingkreiskapazität C. Die Schwingamplitude wird bei beiden Schaltungen durch automatische Verstärkungssteuerung mit Signalgleichrichtung in den Dioden bzw. in der Basis-Emitter-Strecke des Transistors bestimmt.

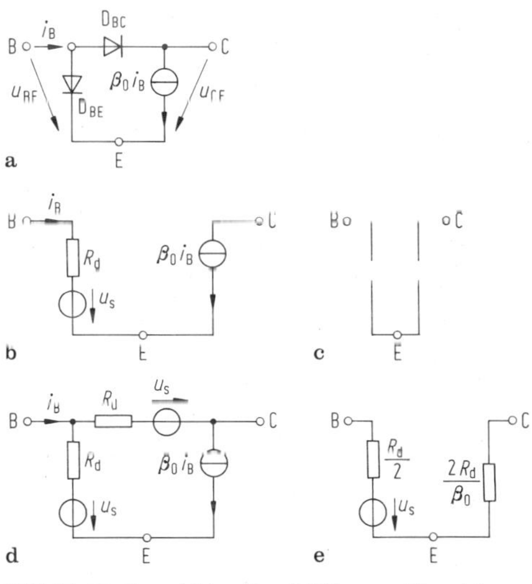

Bild 25-36. Ersatzbilder für nichtlineares Transistorverhalten. **a** Diodenersatzbild allgemein und Ersatzbilder für **b** den aktiv normalen Betrieb; **c** den Sperrzustand und **d** den Sättigungszustand mit Vereinfachung **e**.

25.3.4 Nichtlineare Großsignalverstärker

Mit hinreichend großen Ansteueramplituden kann ein Transistor zwischen voller Öffnung und Sperrung durchgesteuert werden und damit in den mit G und B bezeichneten Zuständen in Bild 25-31 verharren. Die Betrachtung erfordert dann die Berücksichtigung nichtlinearer Zusammenhänge. Für einen NPN-Transistor ergibt sich für den linearen Verstärkerbetrieb das Ersatzbild in Bild 25-36a, das aus dem Ersatzbild in Bild 25-22b dadurch entsteht, daß der Eingangsleitwert Y durch die spannungsabhängige Basis-Emitter-Diode D_{BE} ersetzt und die Basis-Kollektor-Diode D_{BC} eingefügt wird. Für PNP-Transistoren sind die Richtungen aller Ströme und Spannungen wie auch die Polarität der beiden Dioden umzukehren. Wird das Diodenverhalten nach Näherung B von Abschnitt 25.2.1 mit Durchlaßwiderstand R_d und Schleusenspannung U_S angenähert, so führt dies zu drei unterschiedlichen Ersatzbildern. Für den aktiv normalen Betrieb auf der Arbeitsgeraden gilt Bild 25-36b:

$$U_{BE} \text{ und } U_{CE} - U_{BE} > U_S\,;$$
$$D_{BE} \rightarrow R_d\,; \quad D_{CE} \rightarrow R_s\,;$$

für den Sperrzustand gilt Bild 25-36c:

$$U_{BE} \text{ und } U_{BE} - U_{CE} < U_S\,;$$
$$D_{BE} \text{ und } D_{BC} \rightarrow R_s\,;$$

und für den Sättigungszustand gilt Bild 25-36d:

$$U_{BE} \text{ und } U_{BE} - U_{CE} > U_S\,;$$
$$D_{BE} \text{ und } D_{BC} \rightarrow R_d\,.$$

Bei Sättigung ist die Kollektor-Emitter-Spannung $U_{CE} \ll U_S$, so daß die beiden Dioden D_{BE} und D_{BC} näherungsweise parallelgeschaltet sind und das Ersatzbild 25-36d in das Bild 25-36e überführt werden kann. Diese nichtlineare Betriebsweise wird vor allem zur Hochfrequenz- und Pulsverstärkung genutzt, da dann der Arbeitspunkt entsprechend Bild 25-37a von B nach C in den Sperrbereich des Transistors verlagert und so die stromführende Betriebszeit weiter verkürzt werden kann. Die Arbeitsgerade überschreitet die Verlustleistungshyperbel Q_v. Trotzdem kann die mittlere Kollektorverlustleistung

$$Q_C = (1/T) \int_0^T U_{CE}(t)\, I_C(t)\, dt \leqq Q_v \qquad (33)$$

im Rahmen der thermischen Integrationsfähigkeit des betreffenden Transistors unter dem zulässigen Grenzwert Q_v bleiben. Bei harmonischer Ansteuerung treten dann Stromimpulse $I_C(t)$ der Dauer $\tau < T/2$ auf, wie Bild 25-37b zeigt. Sinusförmige Schwingungen $U_{CE}(t)$ am Ausgang werden mit einem LC-Schwingkreis am Kollektoranschluß in der Anordnung nach Bild 35-37c erreicht. Dieser

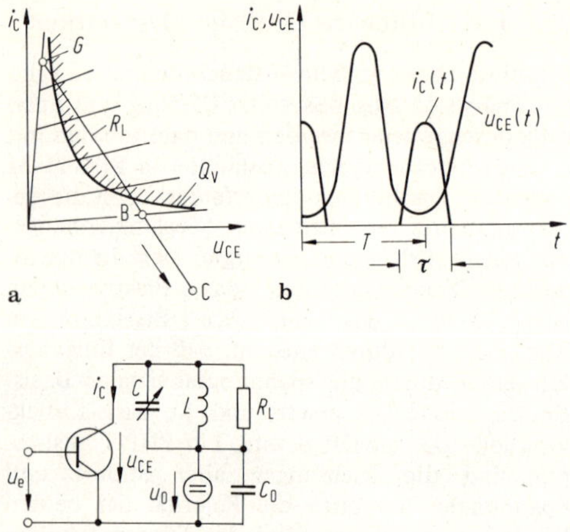

Bild 25-37. C-Betrieb eines Transistorverstärkers mit **a** Ausgangskennlinienfeld und **b** dem Ausgangsspannungs- und Stromverlauf der Schaltungsanordnung des Sendeverstärkers **c**.

Kreis wird meist auf die Frequenz $f_0 = 1/2\pi\sqrt{LC}$ abgestimmt, kann aber auch auf eine ungerade Harmonische $(2n+1)f_0$ eingestellt werden. Die Anordnung Bild 25-37c wird als Sendeverstärker, seine Arbeitspunkteinstellung weit im Sperrbereich als C-Betrieb bezeichnet. Wird eine solche Verstärkerstufe ohne ausgangsseitigen Resonanzkreis betrieben, so stellt sich am Lastwiderstand R_L bei Aussteuerung bis an den Sättigungspunkt G ein trapezförmiger Spannungs- und Stromverlauf mit der Anstiegs- und Abfallzeit Δt nach Bild 25-38b ein. Im Kollektor des Transistors wird dabei die Leistung Q_C umgesetzt, die einen parabelförmigen Zeitverlauf $Q_C(t)$ und damit den zeitlichen Mittelwert

$$\begin{aligned}\tilde{Q}_C &= (2/T)\int_0^T U_{CE}(t)\,I_C(t)\,dt \\ &= 2(\hat{U}_{CE}\hat{I}_C/T)\int_0^T (t/\Delta t)(1-t/\Delta t)\,dt \\ &= 2(\hat{U}_{CE}\hat{I}_C/T)[(t^2/2\Delta t)-(t^3/3\Delta t^2)] \\ &= \hat{U}_{CE}\hat{I}_C\,\Delta t/3T \end{aligned} \tag{34}$$

aufweist. Um eine Überlastung des Transistors zu vermeiden, darf dieser Wert den zulässigen Grenzwert Q_v nicht überschreiten. Diese zur Verstärkung von Impulsen variabler Breite bevorzugte Art der Transistoraussteuerung wird D-Betrieb genannt. Werden zwei derartige nichtlineare Verstärkerstufen nach Bild 25-39a in Kette geschaltet, wie Bild 25-39a zeigt, so verläuft der Zusammenhang zwischen Aus- und Eingangssignal $U_a = f(U_e)$ nach Bild 25-39b treppenförmig, da der Transistor T2 aussteuerungsabhängig in den Sättigungs- und Sperrzustand gelangen kann. In dem Übergangsbereich zwischen diesen Betriebszuständen sind

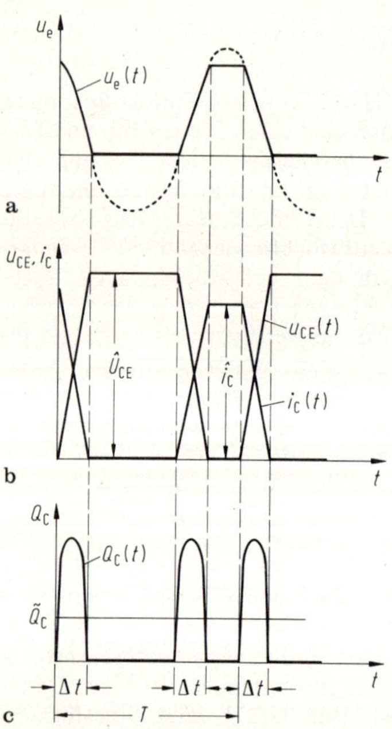

Bild 25-38. Verhalten eines Verstärkers im D-Betrieb. **a** Eingangs- und **b** Ausgangsspannungsverlauf und **c** die daraus abgeleitete Verlustleistung.

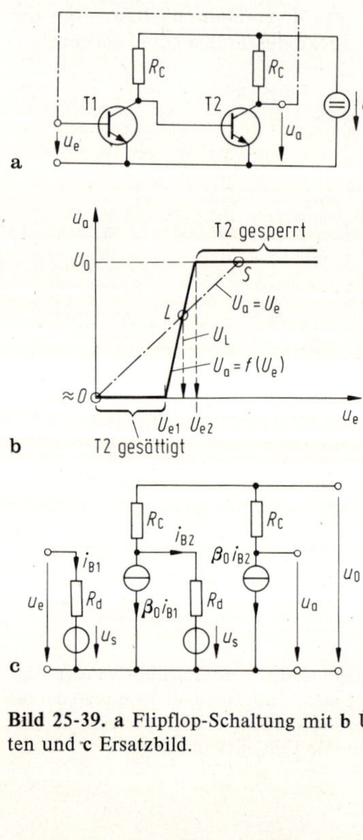

Bild 25-39. **a** Flipflop-Schaltung mit **b** Übergangsverhalten und **c** Ersatzbild.

beide Transistoren T_1 und T_2 im aktiv normalen Betrieb, so daß das Ersatzbild 25-39b gilt. Bei gleichen Kennwerten beider Transistoren wird damit

$$U_a = \frac{U_0 - \beta_0 R_C (U_0 - U_S - \beta_0 R_C \times (U_e - U_S)/R_d)}{R_C + R_d}. \quad (35)$$

Die Grenzen der Gültigkeit dieser Beziehung sind die Ausgangsspannungen $U_a = 0$ und $U_a = U_0$ und damit bei hinreichend hoher Stromverstärkung $\beta_0 \gg 1$ und Versorgungsspannung $U_0 \gg U_S$ die zugehörigen Eingangsspannungen

$$U_{e1,e2} = U_S \pm (U_0 - U_S)/\beta_0 R_C/R_d. \quad (36)$$

Wird in der Schaltung Bild 25-39a die strichpunktierte Verbindung zwischen Ein- und Ausgang hergestellt, so führt dies auf die Zusatzbedingung $U_a = U_e$, und es können nur noch die drei Punkte *O*, *L* oder *S* eingenommen werden. Da es sich um einen rückgekoppelten schwingfähigen Analogverstärker handelt, ist der Betriebspunkt *L* ein instabiler Zustand, von dem aus die Anordnung sofort in den Punkt *O* oder *S* umschlägt, wenn sie sich selbst überlassen wird. Wegen ihres umsteuerbaren in zwei stabilen Zuständen verharrenden Verhaltens wird sie Flipflop-Schaltung genannt und bildet das Grundelement aller statischen digitalen Speicherschaltungen; vgl. 26.2.

Werden die beiden Verstärkerstufen dagegen über RC-Hochpaßglieder nach Bild 25-40a miteinander gekoppelt und die Basisvorwiderstände R_{B1} und R_{B2} so bemessen, daß die beiden Transistoren T1 und T2 im Ruhezustand Arbeitspunkte im aktiv normalen Betriebszustand einnehmen, erregen sich nichtharmonische Schwingungen. Diese Anordnung führt die Bezeichnung Multivibrator. Aufgrund des Ausweichens der Anordnung in die stabilen Betriebspunkte ergeben sich sehr rasche Zustandsübergänge und damit eine wechselseitige Sperrung und Sättigung der beiden Transistoren T1 und T2. Die Öffnungs- und Sperrzeiten hängen von den Zeitkonstanten τ der RC-Glieder und den Schwellenspannungswerten U_S der Transistoren sowie der Versorgungsspannung U_0 ab. Für den Transistor T2 dieser Schaltung sind in Bild 25-40b die Spannungsverläufe $U_a(t)$ und $U_e(t)$ dargestellt. Aus ihnen geht hervor, daß die Spannung $U_e(t)$ wegen exponentiell zeitabhängiger Umladung des Kondensators C_2 zum Öffnungszeitpunkt $t = t_2$ die Schleusenspannung U_S erreicht:

$$U_e(t_2) = U_S = U_0 + (U_S - 2U_0)\,e^{-t_2/\tau_2}. \quad (37)$$

Aus dieser Beziehung kann die Sperrzeit t_2 des Transistors T2 gewonnen werden. Ein entsprechender Zusammenhang gilt für die Sperrzeit t_1 des Transistors T1. Die Periodendauer als Summe der beiden Sperrzeiten beträgt damit

$$T = t_1 + t_2 = (R_{B1}C_1 + R_{B2}C_2)\ln(2U_0 - U_S)/(U_0 - U_S), \quad (38)$$

wobei die Versorgungsspannung $U_0 > U_S$ sein muß und bei $U_0 \gg U_S$ für die Schwingfrequenz die Näherung

$$f = 1/T = 1/(\tau_1 + \tau_2)\ln 2 = 1{,}44/(\tau_1 + \tau_2) \quad (39)$$

gilt.

Elektronische Kippschaltungen können besonders einfach mit bistabilen schwellenbehafteten Elementen aufgebaut werden. Der Thyristor Ty besteht aus einer komplementären Transistorenschaltung nach Bild 25-41a und stellt einen gesteuerten Schalter dar. Seine Schließbedingung wird durch Überschreiten der Schleusenspannung U_S und des Haltestromes I_h als hysteresebehaftete Umschaltung zwischen Sättigungs- und Sperrbetrieb nach Bild 25-41b bewirkt. Dieses Schaltelement kann mit einem einzigen RC-Glied periodische Kippschwingungen liefern, wenn die Versorgungsspannung die Bedingung $U_B > U_S + U_z$ und der Haltestrom die Bedingung $I_h < U_B/R$ erfüllt. Zur Erhöhung der Ausgangsspannung wird der Steuerelektrode G eine Zenerdiode ZD vorgeschaltet. Im Ladefall herrscht dann in der Schaltstrecke A-K des Thyristors sein Sperrwiderstand R_s im Entladefall sein Durchlaßwiderstand R_d, wie dies die Ersatzbilder 25-42b zeigen. Die Kondensatorspannung setzt sich dann aus exponentiellen RC-Umladungen nach Bild 25-42c zusammen und die Schwingfrequenz $f = 1/T$ ist damit aus den Schwellenwerten $U_z + U_S$ bzw. $I_h R_d$ zu bestimmen:

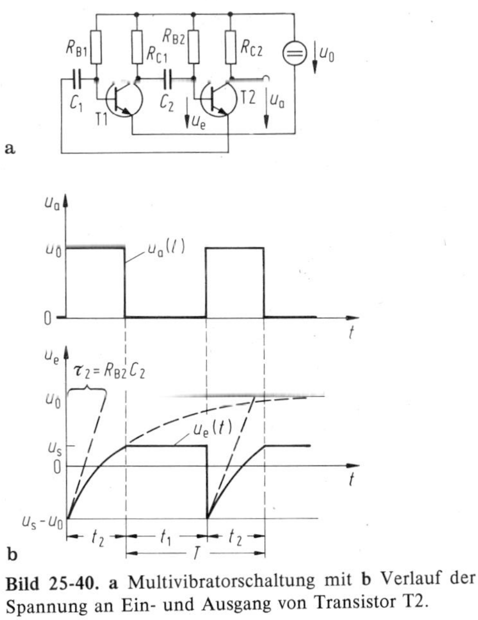

Bild 25-40. **a** Multivibratorschaltung mit **b** Verlauf der Spannung an Ein- und Ausgang von Transistor T2.

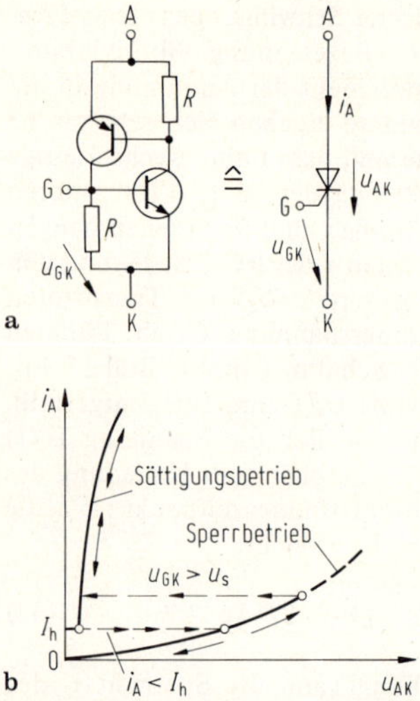

Bild 25-41. **a** Thyristorprinzipschaltung und Klemmenbezeichnung; **b** Strom-Spannungs-Abhängigkeit im Schaltbetrieb.

$$T = t_{an} + t_{ab} = U_B(1 - e^{-t/\tau_{an}}) + I_h R_d\, e^{-t/\tau_{ab}} + (U_z + U_S)\, e^{-t/\tau_{ab}}. \quad (40)$$

Die Zeitkonstanten besitzen die Werte $\tau_{an} = RC/(1 + R/R_s)$ und $\tau_{ab} = RC/(1 + R/R_d)$. Zur Linearisierung des Anstieges der Kondensatorspannung U_C im Zeitbereich t_{an} kann der Ladewiderstand R durch eine Konstantstromquelle ersetzt werden. Die Erregung von Kippschwingungen in stark nichtlinearen elektronischen Verstärkerschaltungen läßt sich mit dem für diesen Zweck entwickelten *Unijunktiontransistor UIT* be-

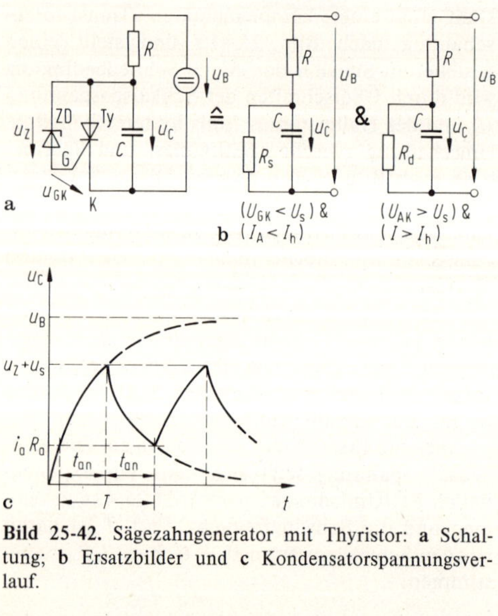

Bild 25-42. Sägezahngenerator mit Thyristor: **a** Schaltung; **b** Ersatzbilder und **c** Kondensatorspannungsverlauf.

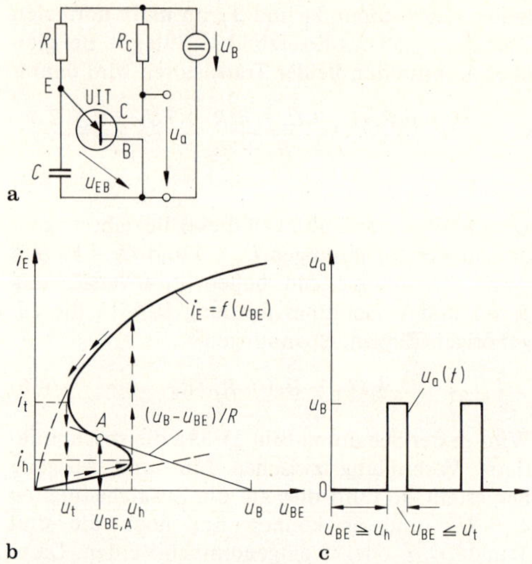

Bild 25-43. Sägezahngenerator mit Unijunktiontransistor: **a** Schaltung, **b** Strom-Spannungs-Kennlinie und **c** Zeitverlauf der Ausgangsspannung.

sonders gut veranschaulichen. Für seine Beschaltung wird nach Bild 25-43a außer dem RC-Zeitglied nur noch ein einziger Widerstand R_C zum Abgreifen des Ausgangssignales U_a benötigt. Zur Erregung muß der statische Arbeitspunkt A des Elementes in den fallenden Teil der Arbeitskennlinie $I_E = f(U_{BE})$ gebracht werden, wie Bild 25-43b zeigt. Dadurch stellt sich der labile Zustand ein, aus dem sich die Anordnung aufzuschaukeln vermag. Die Kondensatorspannung ist gleich der Steuerspannung U_{EB} des Unijunktiontransistors, so daß sein Emitterstrom I_E zwischen dem Hökkerwert I_h und dem Talwert I_t springt. Periodische Durchschaltung und Sperrung der Kollektor-Basis-Strecke des Transistors UIT liefert dann die pulsförmige Ausgangsspannung $U_a(t)$ von Bild 25-43c.

25.4 Operationsverstärker

25.4.1 Verstärkung

Spannungsverstärkung

Im Beispiel (Bild 25-44) gilt: für

$$-2{,}5\,\text{V} < u_1 < 2{,}5\,\text{V}$$

(Bereich linearer Verstärkung)

ist $u_2 \sim u_1$ oder anders ausgedrückt:

$$u_2 = V_u u_1 \quad (\text{mit } V_u = 4)\,. \quad (41)$$

Man kann den Vierpol im Bereich linearer Verstärkung als spannungsgesteuerte Spannungsquelle auffassen (u_1 ist die *steuernde*, u_2 die *gesteu-*

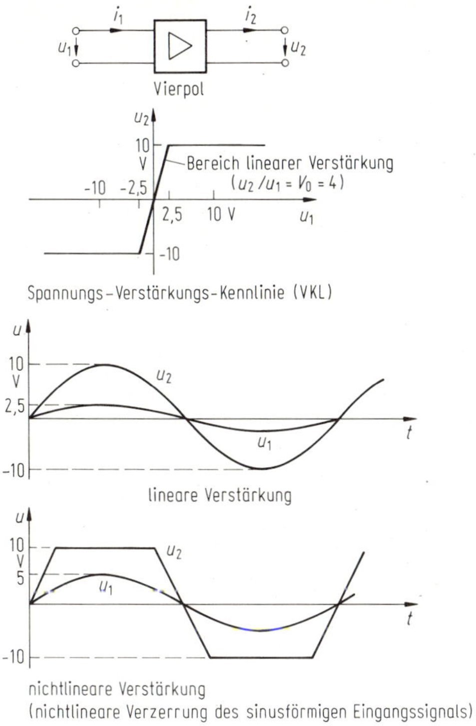

Bild 25-44. Beispiel für Spannungsverstärkung.

erte Spannung), vgl. 3.2.3. V_u bezeichnet man als *Spannungsverstärkung*.

Stromverstärkung

In dem Fall, den das Bild 25-45 darstellt, kann der Vierpol im Bereich

$$-1\,\text{mA} < i_1 < 1\,\text{mA}$$

als stromgesteuerte Stromquelle aufgefaßt werden:

$$i_2 = V_i i_1 . \tag{42}$$

Hierbei bezeichnet man V_i als Stromverstärkung, im Beispiel ist $V_i = 10$.

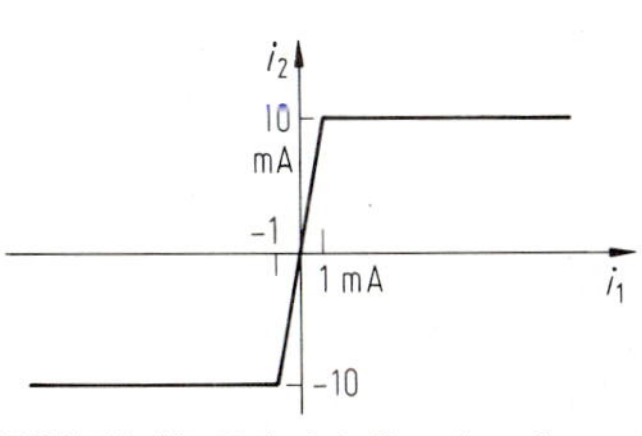

Bild 25-45. Beispiel für eine Stromverstärkungskennlinie.

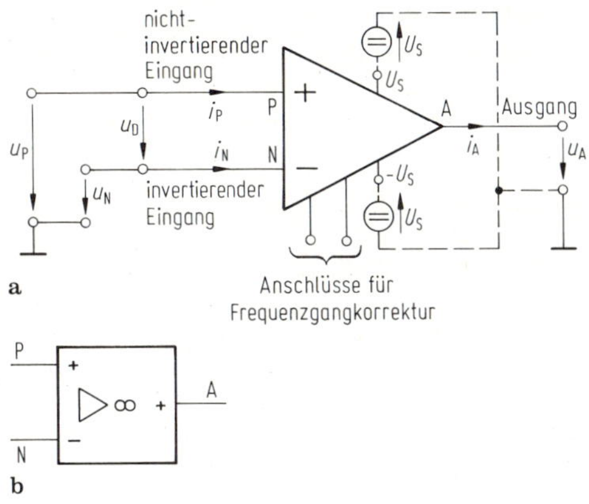

Bild 25-46. Schaltzeichen für den Operationsverstärker.

Leistungsverstärkung

Wenn $-2{,}5\,\text{V} < u_1 < 2{,}5\,\text{V}$ und $-1\,\text{mA} < i_1 < 1\,\text{mA}$ ist, so gilt für die Ausgangsleistung:

$$p_2 = u_2 i_2 = V_u u_1 V_i i_1 = V_u V_i p_1 = V_p p_1 . \tag{43}$$

Hierbei bezeichnet man

$$V_p = V_u V_i$$

als *Leistungsverstärkung*. Im Beispiel wird $V_p = 40$, d. h.,

$$p_2 = 40 p_1 \quad (\text{für } 2{,}5\,\text{V} < u_1 < 2{,}5\,\text{V} \text{ und } -1\,\text{mA} < i_1 < 1\,\text{mA}) .$$

Speziell für $u_1 = 2{,}5\,\text{V} \sin \omega t$, $i_1 = 1\,\text{mA} \sin \omega t$ ergeben sich

$$p_1 = u_1 i_1 = 2{,}5\,\text{V} \cdot 1\,\text{mA} \sin^2 \omega t = 1{,}25\,\text{mW}\,(1 - \cos 2\omega t)$$

und

$$p_2 = 40 p_1 = 50\,\text{mW}\,(1 - \cos 2\omega t) .$$

Die zeitlichen Mittelwerte dieser Leistungen (die sog. *Wirkleistungen*) sind

$$P_1 = 1{,}25\,\text{mW} ; \quad P_2 = 50\,\text{mW} .$$

Logarithmische Verhältnisgrößen (Pegel)

Von Spannungs-, Strom- und Leistungsverhältnissen ($u_2/u_1, i_2/i_1, p_2/p_1$) bildet man gern den dekadischen (lg) oder den natürlichen Logarithmus (ln); diese logarithmischen Verhältnisgrößen nennt man Pegel oder Dämpfungen (je nach dem Zusammenhang), vgl. Abschnitt 20.1.

25.4.2 Idealer und realer Operationsverstärker

Idealer Operationsverstärker

Bild 25-46 stellt das Schaltzeichen für einen Operationsverstärker dar. Der innere Aufbau eines solchen Integrierten Schaltkreises (IC, integrated circuit) soll hier nicht betrachtet werden.
Die Eingangsgröße u_D (Eingangs-Differenzspannung: u_D ist die Potentialdifferenz der beiden Eingänge) steuert die von den Versorgungsquellen gelieferte Leistung so, daß eine hohe (Gegentakt-)-Spannungsverstärkung V_0 (Leerlaufverstärkung) möglich ist (Bild 25-47). Die beiden Versorgungsspannungen müssen übrigens nicht bei allen Verstärkern gleich groß sein.
In vielen Prinzipschaltbildern zeichnet man zur Vereinfachung die Versorgungsspannungs-Anschlüsse und eventuelle weitere IC-Anschlüsse nicht mit ein. Hierdurch entsteht eine Darstellung, bei der die Gleichung $\sum i = 0$ nicht erfüllt zu sein scheint, weil eben nicht alle Ströme berücksichtigt werden, die aus dem Verstärker herausfließen (oder in ihn hinein).
Ein idealer Verstärker hat außer dem Idealverlauf der VKL noch weitere (niemals vollständig realisierbare) Eigenschaften, deren wichtigste in Tabelle 25-2 zusammengefaßt sind; dazu gehören:

$$U_{D\,offset} = 0$$

(durch Offsetspannungskompensation erreichbar);

für $U_{Du} < u_D < U_{Do}$

ist $u_A = V_0 u_D$, wobei $V_0 \gg 1$ ist.

Realer Operationsverstärker (Beispiel: LM 148)

Der in Bild 25-48 dargestellte integrierte Schaltkreis LM 148 enthält vier Verstärker des Typs 741. Einige typische Werte eines solchen Verstärkers sind in den Tabellen 25-1 und 25-2 zusammengestellt. Es muß immer beachtet werden, daß die Be-

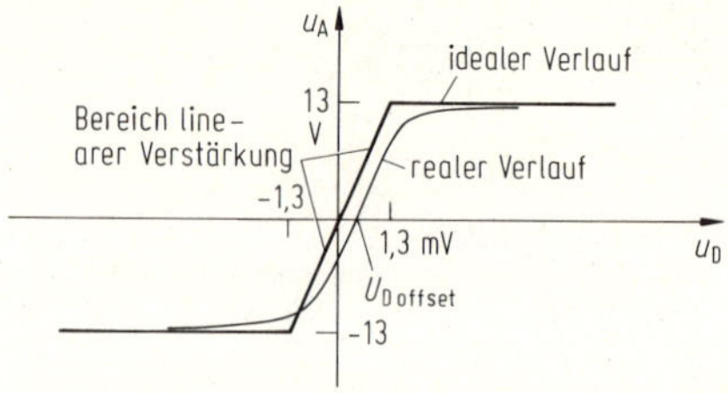

Bild 25-47. Beispiel einer Verstärkungskennlinie (VKL): $U_{Do} = +1{,}3$ mV, $U_{Du} = -1{,}3$ mV, $U_{A\,max} = 13$ V, $U_{A\,min} = -13$ V, $V_0 = 10^4$.

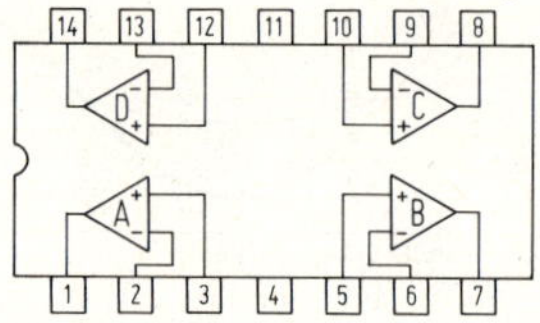

Anschluß (pin)	Funktion
1	Ausgang (output) A
2	invertierender Eingang ($-V_{IN}$) A
3	nichtinvertierender Eingang ($+V_{IN}$) A
4	Versorgungsspannung $+U_S$ ($+V_S$)
5	nichtinvertierender Eingang B
6	invertierender Eingang B
7	Ausgang B
8	Ausgang C
9	invertierender Eingang C
10	nichtinvertierender Eingang C
11	Versorgungsspannung $-U_S$
12	nichtinvertierender Eingang D
13	invertierender Eingang D
14	Ausgang D

Bild 25-48. Anschlüsse eines Vierfach-Operationsverstärker-ICs (LM 148), 14-Lead-dual-in-line-package.

Tabelle 25-1. Grenzen der Betriebsgrößen (OpVerst 741)

Maximum der Versorgungsspannungen (supply voltages)	$U_{S\,max}$	22 V
Extremwerte der Eingangs(differenz)spannung (differential input voltage)	$U_{D\,max}$ $U_{D\,min}$	44 V −44 V
Extremwerte der Eingangspotentiale (input voltage)	$U_{P\,max}$, $U_{N\,max}$ $U_{P\,min}$, $U_{N\,min}$	22 V −22 V
Betriebstemperaturbereich (operating temperature range)	T_A	−55 °C...125 °C
Maximum des Ausgangsstromes (output current) Minimum des Ausgangsstromes	$I_{A\,max}$ $I_{A\,min}$ (kurzschlußsicher)	20 mA −20 mA

Tabelle 25-2. Abweichungen eines Operationsverstärkers vom Idealverhalten

		Idealer Verstärker	Op.Verst. 741
(Statische) Leerlaufverstärkung (open loop voltage gain)	$V_{0\,\text{stat}}$	∞	$(0{,}5\ldots1{,}6)\cdot10^5$
Eingangswiderstand (input resistance)	R_E	∞	(0,8...2,5) MΩ
Ausgangswiderstand (output resistance)	R_A	0	100 Ω
(Eingangs-)Offsetspannung (input offset voltage)	$u_{D\,\text{offset}}$	0	(1...5) mV
Offsetspannungsdrift	$\mathrm{d}u_{D\,\text{offset}}/\mathrm{d}T$	0	10 μV/K
Mittlerer Eingangsruhestrom (input bias current)	$i_{Eb} = 0{,}5\,(i_P + i_N)$	0	(30...100) nA
Eingangs-Offsetstrom (input offset current)	$i_{E\,\text{offset}} = i_P - i_N$	0	(4...25) nA
Gleichtaktverstärkung (common mode voltage gain)	$V_{cm} = \mathrm{d}u_A/\mathrm{d}u_{cm}$ mit $u_{cm} = 0{,}5\,(u_P + u_N)$	0	10^{-5}
(Maximale) Anstiegsgeschwindigkeit der Ausgangsspannung (slew rate)	$r_s = \left.\frac{\mathrm{d}u_A}{\mathrm{d}t}\right\vert_{max}$	∞	0,5 V/μs
Transitfrequenz (unity gain bandwidth)	f_T	∞	1 MHz

dingungen

$$u_D < 2U_s \quad \text{und} \quad |u_P| < U_S, \quad |u_N| < U_S \tag{44}$$

eingehalten werden, damit der Schaltkreis nicht beschädigt wird. Im Normalfall wird gewählt $U_S = (5\ldots18)$ V.
Soll z. B. $U_{A\max} = -U_{A\min} = 13$ V sein (vgl. Bild 25-47), so muß $U_S = 15$ V gewählt werden. Im übrigen können die Operationsverstärker auch bei Versorgungsspannungen $|U_S| < |U_{S\,\text{nenn}}|$ arbeiten, i. allg. bis zum Wert $|U_S| - 0{,}3\,|U_{S\,\text{nenn}}|$.

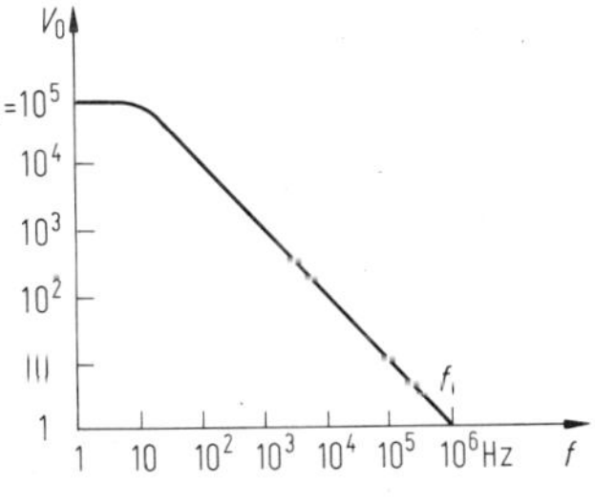

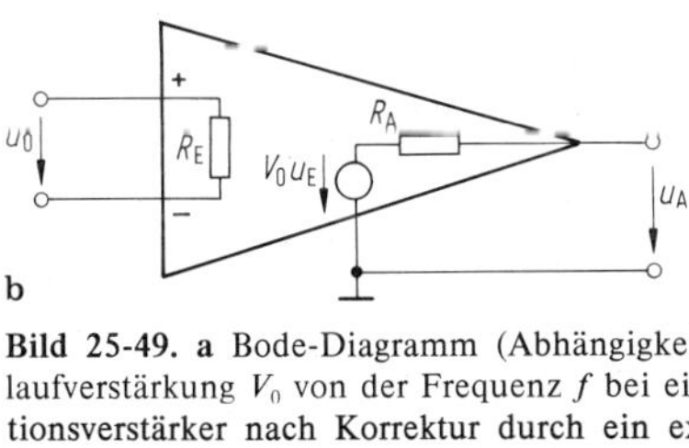

Bild 25-49. a Bode-Diagramm (Abhängigkeit der Leerlaufverstärkung V_0 von der Frequenz f bei einem Operationsverstärker nach Korrektur durch ein externes RC-Glied). **b** Ersatzschaltbild eines nicht übersteuerten Operationsverstärkers.

Wie sehr ein realer Verstärker vom Idealverhalten abweichen kann, zeigt die Tabelle 25-2: So ist z. B. die Verstärkung V_0 nur für niedrige Frequenzen sehr hoch und sinkt schließlich bis auf den Wert 1 ab (die zugehörige Frequenz nennt man Transitfrequenz f_T), vgl. Bild 25-49a. Wegen dieser dynamischen Unvollkommenheit können Operationsverstärker nur im Niederfrequenzbereich eingesetzt werden.
Bestimmte Operationsverstärker kommen in einzelnen Eigenschaften dem Idealverhalten näher als der Standardverstärker 741; es gibt z. B. Verstärker mit $R_E = 10^6$ MΩ (FET-Eingang), $r_s = 20$ V/μs oder $f_T = 10$ MHz.
Das Bild 25-49b zeigt ein einfaches Ersatzschaltbild für den nichtübersteuerten Operationsverstärker als spannungsgesteuerte Spannungsquelle.

25.4.3 Komparatoren

Nichtinvertierender Komparator

Wählt man für die Darstellung der VKL auf beiden Achsen gleiche Maßstäbe, so erscheint der lineare Verstärkungsbereich praktisch als Spannungssprung (Bild 25-50).

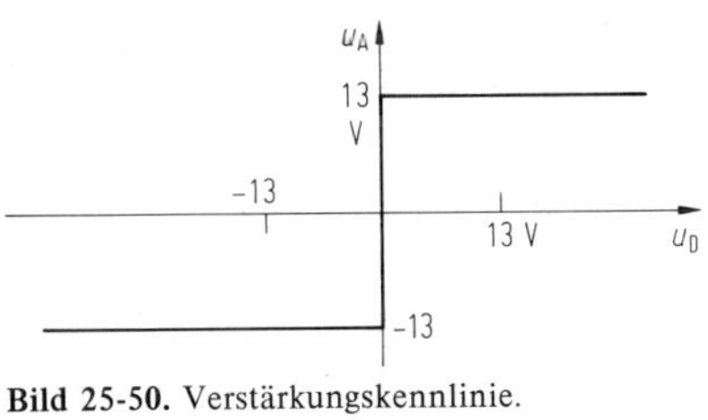

Bild 25-50. Verstärkungskennlinie.

Für den Verlauf $u_A = f(u_D)$ gilt im Beispiel aus Bild 25-47:

$$u_A = \begin{cases} 13\,\text{V} & \text{für} \quad u_D \geqq 1{,}3\,\text{mV} \\ -13\,\text{V} & \text{für} \quad u_D \leqq -1{,}3\,\text{mV}. \end{cases}$$

Eine an das Eingangsklemmenpaar angelegte Spannung wird also praktisch mit dem Wert 0 V verglichen: $u_A = -13$ V bedeutet, daß $u_D < 0$ ist.

So gesehen ist jeder Operationsverstärker auch ein Vergleicher (Komparator). Die Bezugsschwelle muß nicht bei 0 V liegen, sondern läßt sich auch verschieben (Bild 25-51 b).

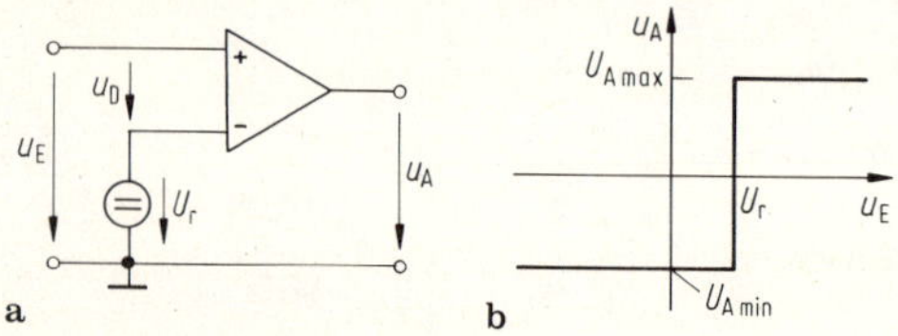

Bild 25-51. Nichtinvertierender Komparator.

Invertierender Komparator

Vertauscht man in Bild 25-51 a die beiden Eingänge miteinander (Bild 25-52 a), so erhält man eine Inversion der Kennlinie $u_A = f(u_E)$, vgl. Bild 25-52 b.

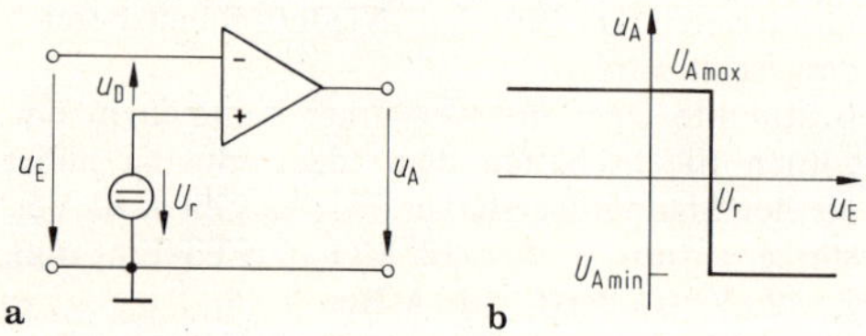

Bild 25-52. Invertierender Komparator.

Fensterkomparator

Am folgenden Beispiel wird dargestellt, wie eine Kombination zweier Komparatoren anzeigt, ob eine Spannung u_E z. B. im Bereich

$$5\,\text{V} < u_E < 10\,\text{V}$$

liegt oder außerhalb davon.

Beispiel

Für die beiden Operationsverstärker in der Schaltung in Bild 25-53 soll gelten $V_0 = \infty$ und

$$U_{A\,max} = -U_{A\,min} = 15\,\text{V}.$$

Die beiden Dioden können als ideal angesehen werden (vgl. Kennlinie $i = f(u)$). Außerdem ist

$$U_{r1} = 10\,\text{V}; \quad U_{r2} = 5\,\text{V}.$$

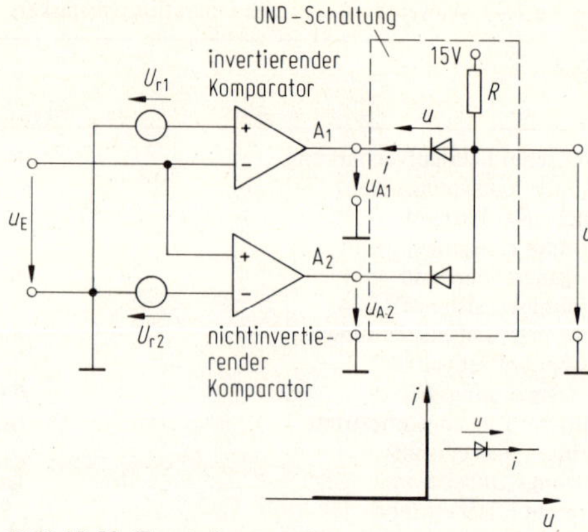

Bild 25-53. Fensterkomparator.

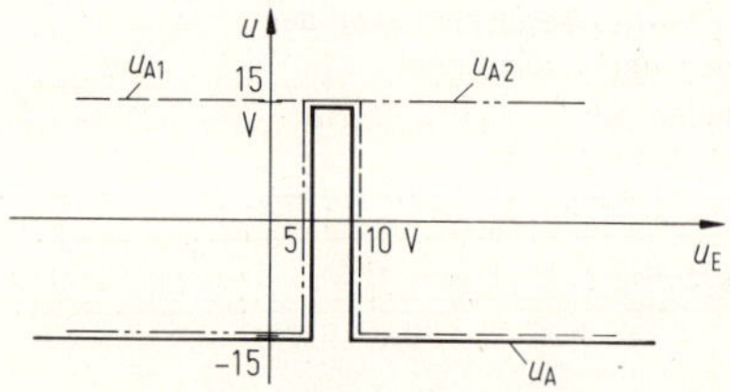

Bild 25-54. Ausgangsspannungen zweier Komparatoren und ihrer UND-Verknüpfung (Fensterkomparator).

Ein UND-Gatter verknüpft die Ausgänge zweier Komparatoren:

$$u_A = u_{A1} \mathbin{\&} u_{A2}.$$

u_A, u_{A1}, u_{A2} sind in Bild 25-54 dargestellt.

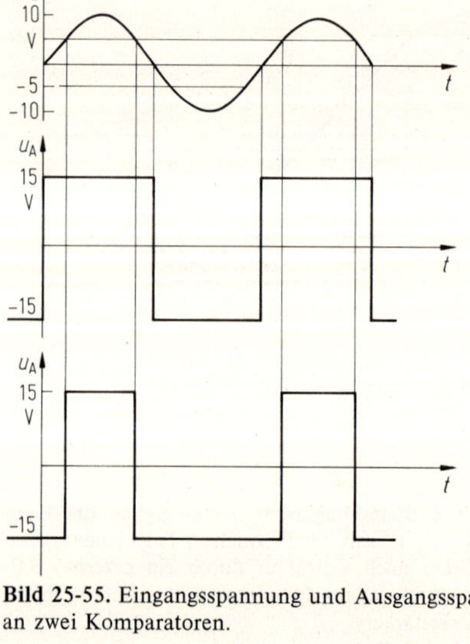

Bild 25-55. Eingangsspannung und Ausgangsspannungen an zwei Komparatoren.

Umwandlung einer Sinus- in eine Rechteckspannung

Bild 25-55 zeigt, welchen Verlauf $u_A(t)$ hat, wenn eine sinusförmige Spannung u_E am Eingang eines nichtinvertierenden Komparators (Bild 25-51) liegt. Die Schwingung a gibt den Verlauf für $U_r = 0$ an, Schwingung b für $U_r = 5$ V.

25.4.4 Anwendungen des Umkehrverstärkers

Die Gesamtverstärkung des Umkehrverstärkers

In 8.3.3 sind vier Rückkopplungsprinzipien dargestellt; eines davon ist die invertierende Gegenkopplung (Umkehrverstärker, Bild 25-56) mit der Gesamtverstärkung

$$V_{ges} = \frac{u_A}{u_E} \approx -\frac{R_2}{R_1}. \quad (45)$$

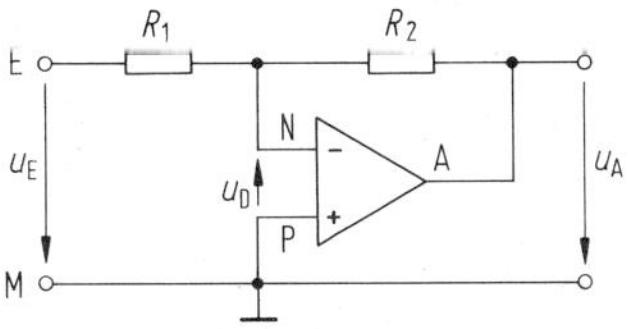

Bild 25-56. Umkehrverstärker.

Falls V_0 sehr groß (d. h. $u_D \approx 0$ im Bereich linearer Verstärkung) ist, hängt also beim idealen Verstärker das Verhältnis u_A/u_E praktisch nur von der äußeren Beschaltung ab.
Eine genauere Berechnung ergibt

$$V_{ges} = \frac{u_A}{u_E} \approx -\frac{R_2/R_1}{1 + \dfrac{1 + R_2/R_1}{V_0}}. \quad (46)$$

Wenn $V_0 \to \infty$ geht, so ergibt sich hieraus (45). Die Formel (46) zeigt, daß stets gelten muß $V_0 > V_{ges}$. Durch die Gegenkopplung (GK) ergibt sich eine Verkleinerung der Verstärkung. Der Vorteil der GK besteht darin, daß durch das Verhältnis zweier zugeschalteter Widerstände ein beliebiger Verstärkungswert $V_{ges} < V_0$ eingestellt werden kann. Solange $V_{ges} \ll V_0$ bleibt, wird V_{ges} damit praktisch unabhängig von Schwankungen der Leerlaufverstärkung V_0, die sich z. B. in Abhängigkeit von der Temperatur oder der Betriebsfrequenz ergeben können. Durch GK wird also eine Verstärkungsbegrenzung (Verstärkungs-„Stabilisierung") erreicht.

Rechenverstärker

Umkehraddierer. Für den nichtübersteuerten idealen Verstärker mit hoher Leerlaufverstärkung

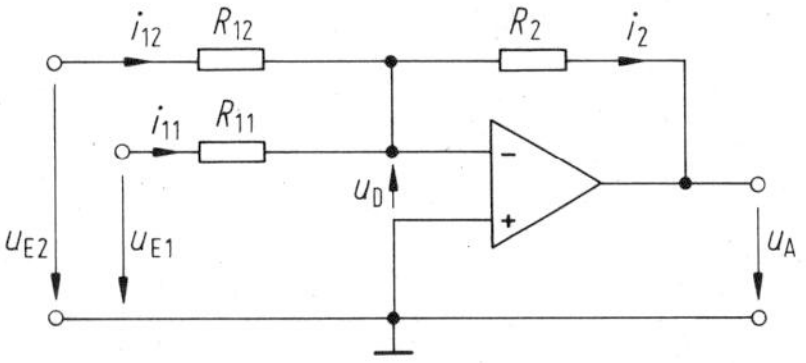

Bild 25-57. Umkehraddierer mit zwei Eingängen.

V_0 ist $u_D \approx 0$, so daß gilt (vgl. Bild 25-57):

$$i_{11} + i_{12} \approx i_2$$

$$\frac{u_{E1}}{R_{11}} + \frac{u_{E2}}{R_{12}} \approx -\frac{u_A}{R_2}$$

$$u_A \approx -\left(\frac{R_2}{R_{11}} u_{E1} + \frac{R_2}{R_{12}} u_{E2}\right). \quad (47)$$

Subtrahierer. In Bild 25-58 gilt mit $u_D = 0$ und wegen $\sum u = 0$ für den Umlauf 1

$$\frac{R_N}{\alpha} i_{E1} - \frac{R_p}{\alpha} i_{E2} + u_{E2} - u_{E1} = 0 \quad (48)$$

und für den Umlauf 2

$$u_A - R_p i_{E2} + R_N i_{E1} = 0$$

$$\frac{R_N}{\alpha} i_{E1} - \frac{R_p}{\alpha} i_{E2} + \frac{u_A}{\alpha} = 0. \quad (49)$$

Zieht man (49) von (48) ab, so entsteht

$$-\frac{u_A}{\alpha} + u_{E2} - u_{E1} = 0; \quad u_A = \alpha(u_{E2} - u_{E1}). \quad (50)$$

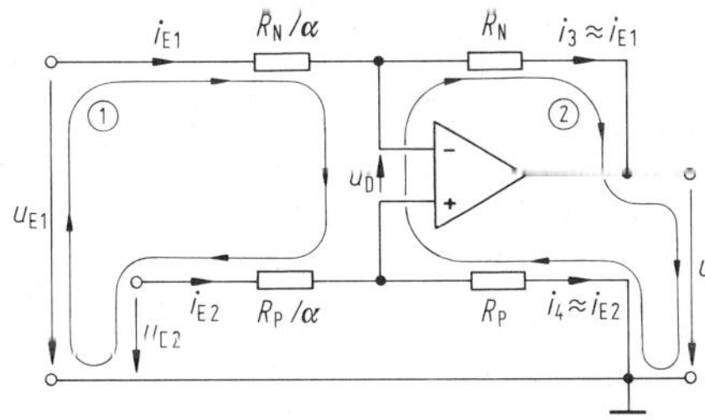

Bild 25-58. Subtrahierer.

Integrierer. In Bild 25-59 gilt mit $u_D \approx 0$:

$$i_1 \approx \frac{u_E}{R} \quad \text{und} \quad u_A \approx \frac{-1}{C} \int i_2 \, dt.$$

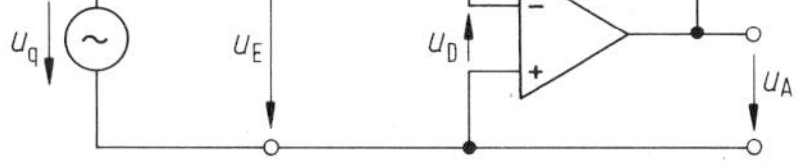

Bild 25-59. Integrierer.

Wegen $i_1 \approx i_2$ folgt dann

$$u_A \approx -\frac{1}{RC} \int u_E(t)\,dt,$$

$$u_A \approx -\frac{1}{RC} \int_{-\infty}^{t} u_E(\tau)\,d\tau$$

$$= -\frac{1}{RC} \int_{0}^{t} u_E(\tau)\,d\tau + u_A(0). \quad (51)$$

Vertauscht man den Widerstand R mit dem Kondensator C, so entsteht im Prinzip ein Differenzierer.

Quadrierer. Mit $u_D = 0$ und $i_1 = Ku_1^2$ (Approximation der Diodenkennlinie im Durchlaßbereich durch eine quadratische Parabel) wird wegen $i_1 \approx i_2$ (Bild 25-60)

$$Ku_E^2 = -\frac{u_A}{R}, \quad u_A = -RKu_E^2. \quad (52)$$

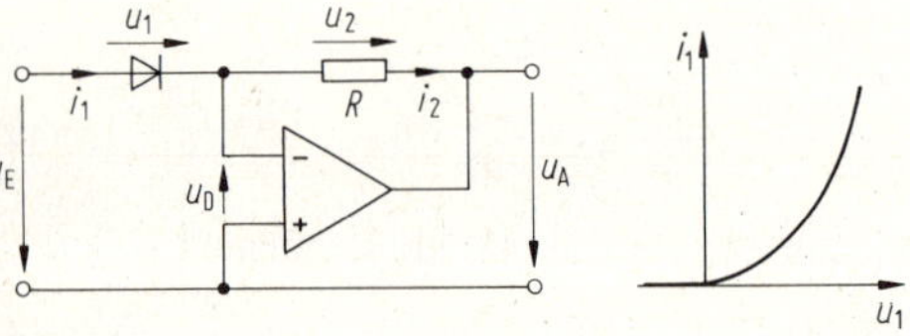

Bild 25-60. Quadrierer, Schaltung und Diodenkennlinie.

Multiplizierer. Eine Analogmultiplikation läßt sich auf Addition, Subtraktion und Quadratbildung zurückführen (Bild 25-61).

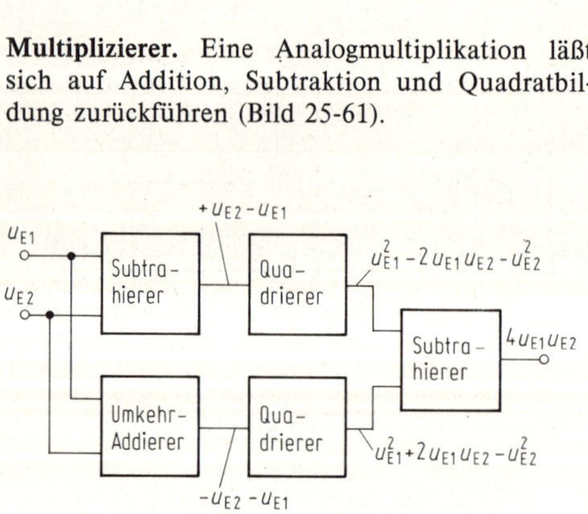

Bild 25-61. Blockschaltbild eines Multiplizierers.

Umkehraddierer als Digital-Analog-Umsetzer

Für den Umkehraddierer in Bild 25-62 gilt:

$$u_A = -\left(u_2 + \frac{1}{2}u_1 + \frac{1}{4}u_0\right); \text{ vgl. Tabelle 25-3}. \quad (53)$$

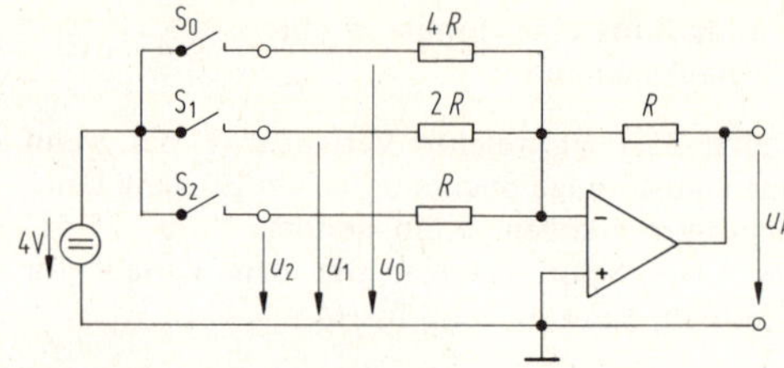

Bild 25-62. Digital-Analog-Umsetzer (DAU) zur Darstellung einer dreistelligen Binärzahl.

Tabelle 25-3. Zuordnung der analogen Ausgangsspannung zu den Schalterstellungen bei einem D/A-Wandler (Geschlossener Schalter ≙1, Offener Schalter ≙0).

S_2	S_1	S_0	$-u_A$/V
0	0	0	0
0	0	1	1
0	1	0	2
0	1	1	3
1	0	0	4
1	0	1	5
1	1	0	6
1	1	1	7

Der Umkehraddierer mit vorgeschalteten Komparatoren als Analog-Digital-Umsetzer

Für die vier Operationsverstärker eines Analog-Digital-Umsetzers (Bild 25-63) soll gelten $V_0 = \infty$ und $U_{A\max} = -U_{A\min} = 15$ V.

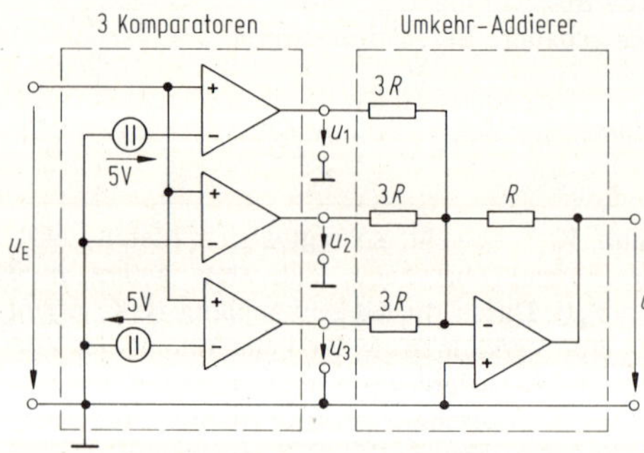

Bild 25-63. Analog-Digital-Umsetzer (ADU).

Für den Umkehraddierer in Bild 25-63 gilt:

$$u_A = -\frac{1}{3}(u_1 + u_2 + u_3).$$

In Bild 25-64 sind u_1, u_2, u_3 und u_A dargestellt. Hier ist u_A (ebenso wie beim DAU, Bild 25-62,) ein stufiges Analogsignal. Die Spannungen u_1, u_2, u_3 bilden die Digitalinformation, die noch einem Codier-Schaltnetz zugeführt werden müßte, damit an dessen zwei Ausgängen y_0, y_1 schließlich die Dualzahl $y = y_1 2^1 + y_0 2^0$ zur Verfügung steht.

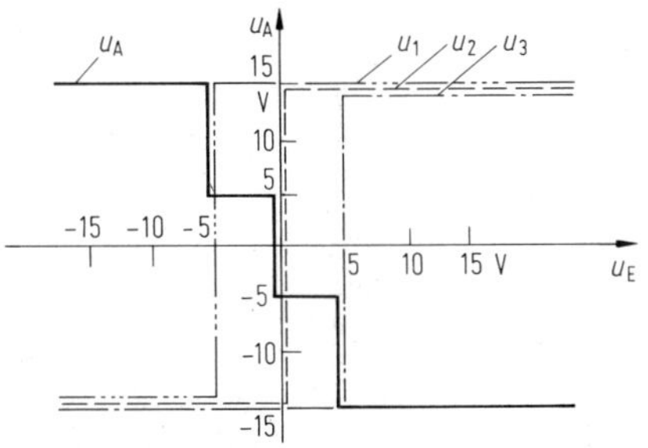

Bild 25-64. Quantisierungs-Kennlinie eines Analog-Digital-Umsetzers (ADU).

25.4.5 Anwendungen des Elektrometerverstärkers

Beim Elektrometerverstärker (Bild 25-65) gilt im linearen Verstärkungsbereich für die Gesamtverstärkung (vgl. 8.3.3)

$$V_{\text{ges}} = \frac{u_A}{u_E} \approx 1 + \frac{R_4}{R_3}. \tag{54}$$

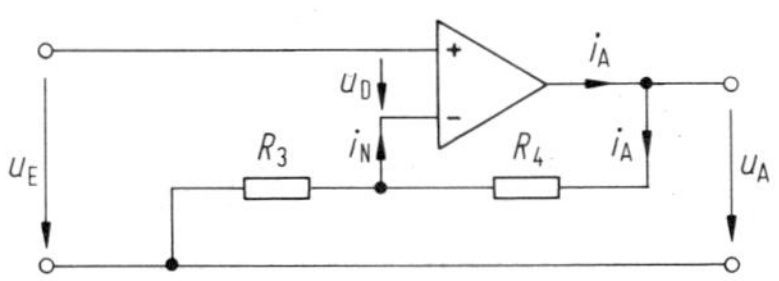

Bild 25-65. Elektrometerverstärker.

Der Elektrometerverstärker als spannungsgesteuerte Stromquelle

Wegen $i_N \approx 0$ ist $u_A \approx i_A(R_3 + R_4)$ und mit (54) daher

$$\frac{i_A(R_3 + R_4)}{u_E} \approx \frac{R_3 + R_4}{R_3} \qquad i_A \approx \frac{u_E}{R_3}. \tag{55}$$

Der Strom i_A ist also zur Eingangsspannung u_E proportional und von R_4 unabhängig (Konstantstromquelle). (Wenn u_E bzw. R_4 zu groß werden, dann wird der Bereich linearer Verstärkung verlassen, so daß die Voraussetzung $u_D \approx 0$ nicht mehr zutrifft; (55) wird dadurch ungültig.)

Der Elektrometerverstärker als Widerstandswandler (Impedanzwandler)

Macht man beim Elektrometerverstärker $R_4 = 0$, so wird (falls $u_D \approx 0$) $u_A/u_E \approx 1$. Eingangs- und Ausgangsspannung sind also gleich (Spannungsfolger), der Eingangswiderstand ist aber praktisch unendlich groß und der Ausgangswiderstand niedrig (Stromverstärkung).

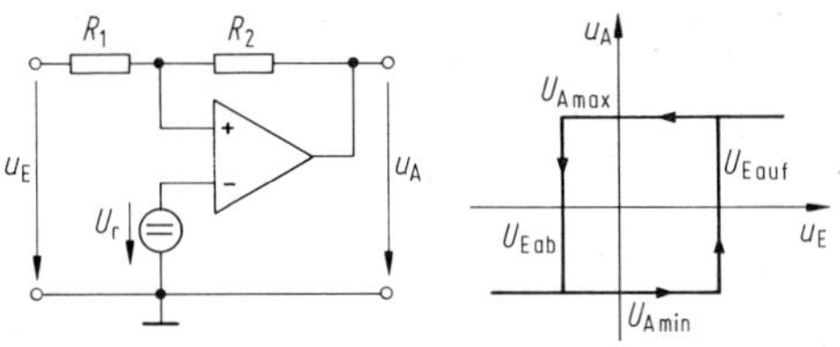

Bild 25-66. Schalthysterese bei nichtinvertierender Mitkopplung.

25.4.6 Mitkopplungsschaltungen (Schmitt-Trigger)

Nichtinvertierende Mitkopplung

In einer nichtinvertierenden Mitkopplungsschaltung (Bild 25-66; vgl. 8.3.3 b) gilt für die Sprungspannungen

$$U_{E\,auf} = \left(1 + \frac{R_1}{R_2}\right) U_r - \frac{R_1}{R_2} U_{A\,min}, \tag{56a}$$

$$U_{E\,ab} = \left(1 + \frac{R_1}{R_2}\right) U_r - \frac{R_1}{R_2} U_{A\,max}. \tag{56b}$$

Aufgelöst nach R_2/R_1 und U_r:

$$\frac{R_2}{R_1} = \frac{U_{A\,max} - U_{A\,min}}{U_{E\,auf} - U_{E\,ab}}, \tag{57a}$$

$$U_r = \frac{U_{A\,max} U_{E\,auf} - U_{A\,min} U_{E\,ab}}{(U_{A\,max} + U_{E\,auf}) - (U_{A\,min} + U_{E\,ab})}. \tag{57b}$$

Diese Formeln können also zur Dimensionierung der Schaltung dienen, wenn der Verlauf $u_A(u_E)$ vorgegeben ist.

Invertierende Mitkopplung

In einer invertierenden Mitkopplungsschaltung (Bild 25-67, vgl. 8.3.3 b) gilt für die Sprungspannungen:

$$U_{E\,auf} = \frac{U_{A\,min} + \frac{R_4}{R_3} U_r}{1 + R_4/R_3}, \tag{58a}$$

$$U_{E\,ab} = \frac{U_{A\,max} + \frac{R_4}{R_3} U_r}{1 + R_4/R_3}. \tag{58b}$$

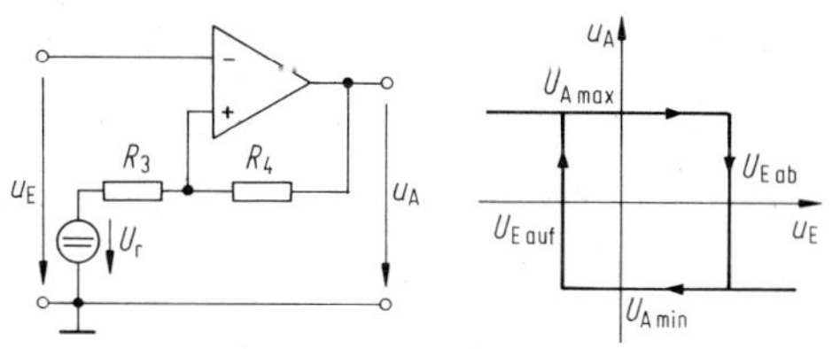

Bild 25-67. Schalthysterese bei invertierender Mitkopplung.

Aufgelöst nach R_4/R_3 und U_r:

$$\frac{R_4}{R_3} = \frac{U_{\text{A max}} - U_{\text{A min}}}{U_{\text{E ab}} - U_{\text{E auf}}} - 1\,, \tag{59a}$$

$$U_r = \frac{U_{\text{A max}} U_{\text{E auf}} - U_{\text{A min}} U_{\text{E ab}}}{(U_{\text{A max}} + U_{\text{E auf}}) - (U_{\text{A min}} + U_{\text{E ab}})}\,. \tag{59b}$$

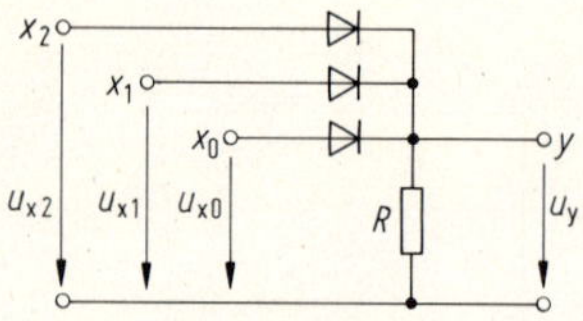

Bild 26-1. Höchstwertgatter: $u_y = \text{Max}(u_{x0}, u_{x1}, u_{x2})$.

26 Digitale Grundschaltungen

26.1 Gatter

26.1.1 Diodengatter

Höchstwertgatter

Wenn man voraussetzt, daß die Dioden in Bild 26-1 ideale elektronische Ventile darstellen (Diodenwiderstand im Durchlaßbereich $u > 0$: $R_{\text{durchlaß}} = 0$; im Sperrbereich $u < 0$: $R_{\text{sperr}} = \infty$), dann ist die Diode mit der höchsten Spannung u_x durchlässig; es wird $u_y = \text{Max}(u_{x0}, u_{x1}, u_{x2})$ und alle Dioden mit $u_x < u_y$ sperren. Die höchste Eingangsspannung setzt sich also am Ausgang durch *(Höchstwertgatter)*. Falls nur zwei verschiedene Eingangsspannungswerte vorkommen, nämlich

L: Low = niedriger Pegel und

H: High = hoher Pegel,

so ergibt sich damit zwischen den Eingangsspannungen und der Ausgangsspannung der Zusammenhang nach Tabelle 26-1a.

Im allgemeinen wählt man die positive Logik (Tabelle 26-1b): dann wird das Höchstwertgatter zur ODER-Schaltung (Bild 26-2a); andernfalls wird es zur UND-Schaltung (Bild 26-2b).

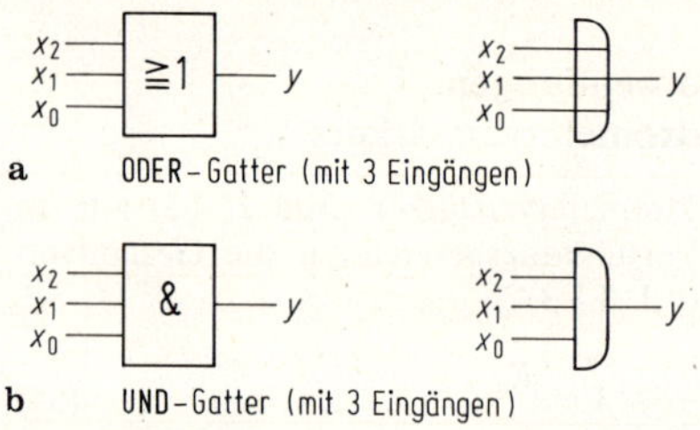

Bild 26-2. Schaltzeichen für Gatter zur disjunktiven und konjunktiven Verknüpfung.

Tiefstwertgatter

Beim Tiefstwertgatter (Bild 26-3) bestimmt die Diode mit der niedrigsten Spannung u_x die Spannung u_y am Ausgang: $u_y = \text{Min}(u_{x0}, u_{x1}, u_{x2})$. Bei positiver Logik stellt dieses Gatter eine UND-Verknüpfung her, bei negativer eine ODER-Verknüpfung.

Tabelle 26-1. Verknüpfung der Eingangsgrößen durch das Höchstwertgatter

u_{x2}	u_{x1}	u_{x0}	u_y	x_2	x_1	x_0	y	x_2	x_1	x_0	y
L	L	L	L	0	0	0	0	1	1	1	1
L	L	H	H	0	0	1	1	1	1	0	0
L	H	L	H	0	1	0	1	1	0	1	0
L	H	H	H	0	1	1	1	1	0	0	0
H	L	L	H	1	0	0	1	0	1	1	0
H	L	H	H	1	0	1	1	0	1	0	0
H	H	L	H	1	1	0	1	0	0	1	0
H	H	H	H	1	1	1	1	0	0	0	0
a Spannungsverknüpfung				b Zuordnung L ≙ 0; H ≙ 1 („positive Logik"): führt hier zur disjunktiven Verknüpfung (ODER-Verknüpfung): $y = x_2 + x_1 + x_0$ $(y = x_2 \vee x_1 \vee x_0)$.				c Zuordnung L ≙ 1; H ≙ 0 („negative Logik"): führt hier zur konjunktiven Verknüpfung (UND-Verknüpfung): $y = x_2 \cdot x_1 \cdot x_0$ $(y = x_2 \wedge x_1 \wedge x_0)$.			
				boolesche Verknüpfungen							

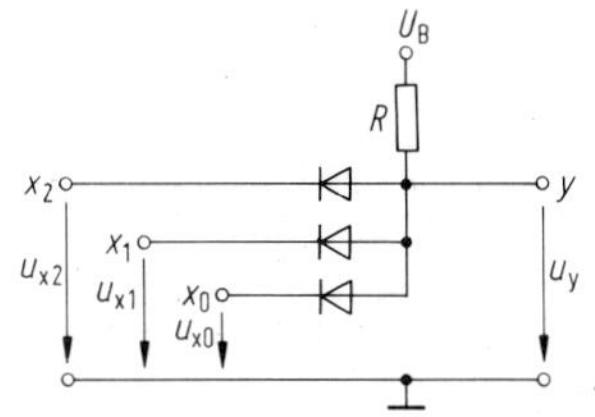

Bild 26-3. Tiefstwertgatter: $u_y = \mathrm{Min}(u_{x0}, u_{x1}, u_{x2})$.

Fehlende Signalregeneration; Belastung

Berücksichtigt man, daß an einer Diode auch im Durchlaßbetrieb eine Spannung abfällt (Schwellenspannung U_S, z. B. $U_S \approx 0{,}6$ V), so wird klar, daß in einem Diodenschaltnetz der Abstand zwischen L- und H-Pegel von Stufe zu Stufe abnimmt und in den (passiven) Diodenschaltungen nicht regeneriert werden kann (Signalregeneration ist nur in Schaltungen mit Verstärkungseigenschaften möglich, z. B. in Transistorschaltungen); vgl. Bild 26-4. Außerdem kann mit Dioden kein Inverter aufgebaut werden, so daß mit ihnen nicht alle möglichen Verknüpfungen realisierbar sind. Legt man übrigens (mit z. B. $U_B = 6$ V, $U_s = 0{,}6$ V) an alle drei Eingänge des Höchstwertgatters (Bild 26-1) 0 V an und belastet seinen Ausgang y mit einem Eingang eines Tiefstwertgatters (Bild 26-3), dessen andere Eingänge an 6 V gelegt werden, so ergibt sich am Tiefstwertgatterausgang 3,3 V (statt 0 V im Idealfall), falls beide Gatter gleiche ohmsche Widerstände haben.

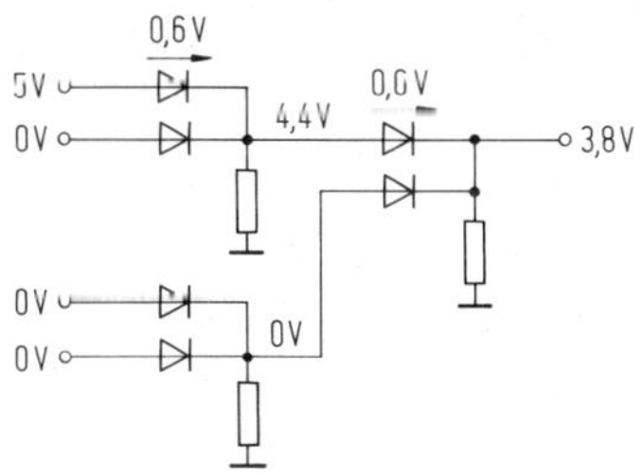

Bild 26-4. Verringerung des Abstandes zwischen H- und L-Pegel in einem Diodenschaltnetz.

Entkopplung der Eingänge

Voraussetzung für die logische Verknüpfung mehrerer Eingangsgrößen ist, daß die Dioden die einzelnen Eingänge voneinander entkoppeln.
Dies ist bei beiden Schaltungen (Bilder 26-1 und 26-3) der Fall (es könnte z. B. kein Strom von x_0 nach x_1 fließen).
In beiden Schaltungen können nicht nur 3, sondern auch 2 oder mehr als 3 Eingänge vorgesehen werden; es entstehen dann UND- und ODER-Verknüpfungen von entsprechend vielen Eingangsgrößen.

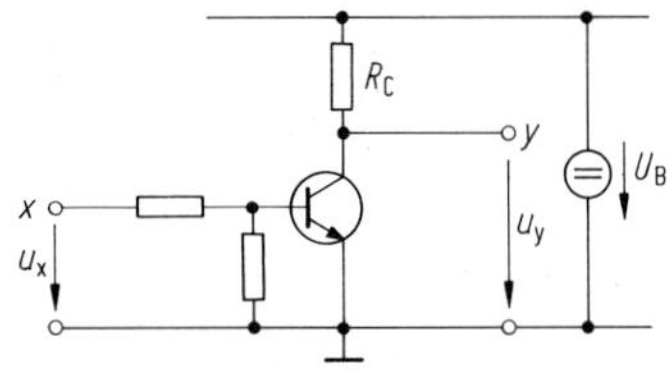

Bild 26-5. NPN-Transistor in Emitterschaltung.

a

u_x	u_y
L	H
H	L

b

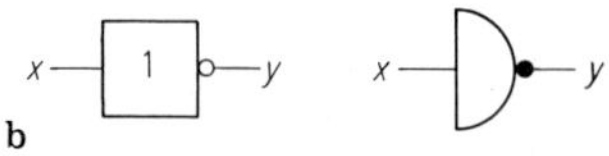

Bild 26-6. Inversion.

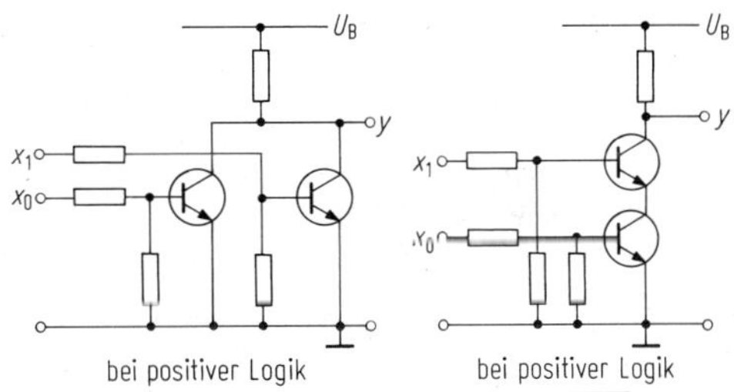

Bild 26-7. Parallel- und Reihenschaltung der Kollektor-Emitter-Strecken.

26.1.2 Der Transistor als Inverter

In einer Emitterschaltung (Bild 26-5) wird bei geeigneter Wahl der Widerstandswerte erreicht, daß der Transistor für $u_x \triangleq$ L sperrt und für $u_x \triangleq$ H (= U_B) leitet, so daß an ihm (fast) keine Spannung abfällt. Damit gilt für u_x und u_y die Zuordnung nach Bild 26-6a. Sowohl bei positiver als auch bei negativer Logik ist somit $x = \bar{y}$ (Schaltzeichen: Bild 26-6b). Bild 26-7 zeigt eine Reihen- und eine Parallelschaltung von Invertern.

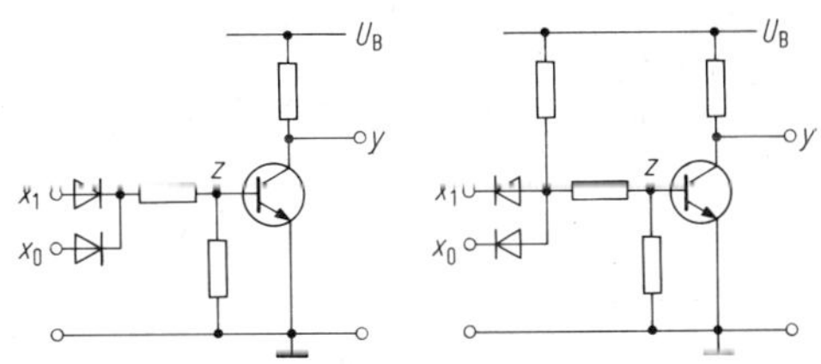

x_1	x_0	z	y
L	L	L	H
L	H	H	L
H	L	H	L
H	H	H	L

bei positiver Logik
$y = \bar{z} = \overline{x_1 + x_0}$

x_1	x_0	z	y
L	L	L	H
L	H	L	H
H	L	L	H
H	H	H	L

bei positiver Logik
$y = \bar{z} = \overline{x_1 \cdot x_0}$

Bild 26-8. DTL-Gatter.

26.1.3 DTL-Gatter

Dem Inverter (Bild 26-5) kann ein Dioden-ODER-Gatter oder ein Dioden-UND-Gatter (Bilder 26-1 und 26-3) vorgeschaltet werden (Bild 26-8): so entstehen eine NOR-Schaltung ($y = \overline{x_1 + x_0}$) oder eine NAND-Schaltung ($y = \overline{x_1 \cdot x_0}$) in Dioden-Transistor-Technik (Dioden-Transistor-Logik, DTL-Technik).

26.1.4 TTL-Gatter

Wenn die Eingangsdioden der DTL-Schaltungen (Bild 26-8) in einem Multiemittertransistor zusammengefaßt werden, dann entstehen die Grundformen von TTL-Schaltkreisen (TTL, Transistor-Transistor-Logik). Das Bild 26-9 zeigt dies am Beispiel der Schaltung von Bild 26-8b (inverser Betrieb von T1, wenn $x_1 = x_0 = \mathrm{H}$).
Besondere technische Bedeutung haben TTL-Standardschaltkreise. Die Erweiterung der NAND-Schaltung von Bild 26-9 zu einem solchen Schaltkreis zeigt Bild 26-10.

26.1.5 Schaltkreisfamilien (Übersicht)

Außer den erwähnten gibt es noch wichtige andere Schaltkreisfamilien (Tabelle 26-2). Um die Vor- und Nachteile beurteilen zu können, muß man vor allem folgende Kriterien betrachten:

Betriebsspannung. Die meisten Schaltungen verwenden $U_B = 5$ V. MOS- und LSL-Schaltungen brauchen höhere Spannungen. CMOS-Schaltungen können mit verschieden hohen Betriebsspannungen betrieben werden: bei höheren Spannungen arbeiten sie schneller und der Störspannungsabstand wird größer.

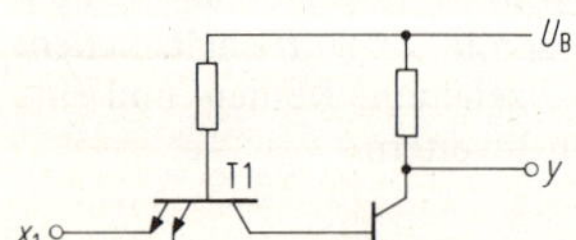

Bild 26-9. Grundform einer TTL-Schaltung (bei positiver Logik NAND-Verknüpfung: $y = \overline{x_1 \cdot x_0}$).

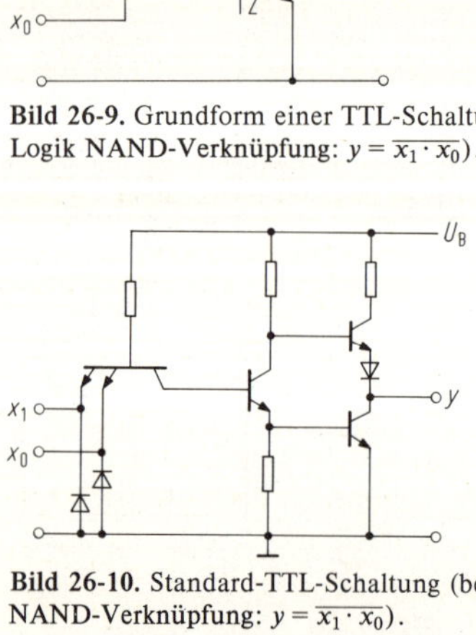

Bild 26-10. Standard-TTL-Schaltung (bei positiver Logik NAND-Verknüpfung: $y = \overline{x_1 \cdot x_0}$).

Stör(spannungs)abstand. Ein H-Ausgangssignal darf nach Überlagerung eines Störsignals nur um einen bestimmten Betrag U_{SH} unterschritten werden, wenn es am Eingang des nachfolgenden Gatters noch sicher als H-Signal erkennbar sein soll. Ebenfalls darf das L-Ausgangssignal nur um U_{SL} überschritten werden. Als Störabstand definiert man $U_S = 0{,}5(U_{SH} + U_{SL})$. Bei LSL-Schaltungen ist U_S besonders groß.

Verlustleistung. Als (mittlere) Verlustleistung wird definiert: $P_V = 0{,}5(P_{VH} + P_{VL})$ (P_{VH}, P_{VL}: Leistung bei H- bzw. L-Signal am Ausgang). Insbesondere bei TTL-Schaltungen werden kurze Signallaufzeiten durch hohe Verlustleistung erkauft. CMOS-Schaltungen nehmen besonders kleine Leistungen auf (allerdings frequenzabhängig).

Signallaufzeit. Als (mittlere) Signallaufzeit wird definiert: $T = 0{,}5(T_{LH} + T_{HL})$ (T_{LH} ist die Zeit, um die der Wechsel des Ausgangspegels von L auf H verzögert ist gegenüber dem Wechsel des Eingangspegels; T_{HL} ist die Zeit, um die der Wechsel des Ausgangspegels von H auf L verzögert wird). Schnelle Standard- und Schottky-TTL haben besonders kleine Laufzeiten; noch schneller sind die ECL-Bausteine.

Maximale Schaltfrequenz. Taktgesteuerte Flipflops (siehe 26.2.2 und 26.2.3) arbeiten mit (periodischen) Folgen von Rechteck-Steuerimpulsen. Die maximale Frequenz, die das Flipflop (beim Tastverhältnis $V_T = 0{,}5$) verarbeiten kann, nennt man die maximale Schaltfrequenz (V_T = Impulsdauer/Periodendauer).

Ausgangslastfaktor. Der Ausgangslastfaktor (fanout) F_A gibt an, wieviele Eingänge folgender Bausteine derselben Schaltkreisfamilie höchstens an den Ausgang angeschlossen werden dürfen. CMOS-Schaltungen haben einen hohen Ausgangslastfaktor ($F_A = 50$).

Preis. Am preisgünstigsten sind die TTL-Standard-Schaltkreise.

Aus der Tabelle 26-2 können charakteristische Werte zum Vergleich wichtiger Schaltkreisfamilien entnommen werden. In den Spalten für P_V und f_{max} würden sich durchweg ungünstigere Werte ergeben, wenn man statt der typischen (mittleren) Verlustleistung P_V die maximale Verlustleistung nähme bzw. statt der typischen maximalen Schaltfrequenz f_{max} deren garantierten Wert (z. B. ist für Standard-TTL: $P_V = 10$ mW, $P_{V\,gar} = 19$ mW; $f_{max} = 25$ MHz, $f_{max\,gar} = 15$ MHz). Zur Großintegration (LSI, large-scale integration) eignet sich besonders die MOS- und die CMOS-Technik, deren Empfindlichkeit gegen statische Aufladungen allerdings ein Problem darstellt (Eingangsschutzschaltung!). Weiterentwicklungen der CMOS-Technik sind die LOCMOS- und die HCMOS-Technik (geringere Signallaufzeiten als bei CMOS); vgl. J 1.1.

Tabelle 26-2. Vergleich wichtiger Schaltkreisfamilien

		Betriebsspannung U_B/V	Typische Verlustleistung P_V/mW	Typische maximale Schaltfrequenz f_{max}/MHz	Typische Signallaufzeit T/ns	Typischer statischer Störspannungsabstand U_S/V	Ausgangslastfaktor (fan out) F_A
TTL (Transistor-Transistor-Logik, Standard-Technik)	Standard TTL Serie 74	5	10	25	9	1	10
	leistungsarme Standard-TTL (Low Power TTL) Serie 74 L	5	1	3	33	1	20
	schnelle Standard-TTL (High Speed TTL) Serie 74 H	5	22,5	30	6	1	10
Schottky-TTL	schnelle Schottky-TTL Serie 74 S	5	20	125	3	0,8	10
	leistungsarme Schottky-TTL (Low Power Schottky) Serie 74 LS	5	2	50	10	0,8	20
MOS (Metal Oxide Semiconductor)	P-MOS (P-Kanal-MOS)	−12	6	2	100	3	20
	N-MOS (N-Kanal-MOS)	10	2	15	15	2	20
C(OS)MOS [Complementary (Symmetry) Metal Oxide Semiconductor]		5...15	$10^{-5}...10^{1}$ [a]	2...7	100...40	1,5...4,5	50
Dioden-Transistor-Logik	Standard-DTL	5...6	9	2	30	1,2	8
	LSL (langsame störsichere Logik)	12...15	20...30	1	200	5...8	10
ECL (Emitter Coupled Logic)		−5	60	500	1...2	0,3	15

[a] von der Schaltfrequenz abhängig

26.1.6 Beispiele digitaler Schaltnetze

Rückkopplungsfreie Schaltungen aus Logikgattern nennt man Schaltnetze. In den folgenden drei Beispielen sollen Schaltnetze entworfen werden, die vorgegebene logische Funktionen realisieren.

Beispiel 1: Zweidrittel-Mehrheit

Die Feststellung einer Zweidrittel-Mehrheit (Tabelle 26-3) kann man mit Hilfe der disjunktiven Normalform (vgl. J 1.2)

$$y = (\bar{x}_2 x_1 x_0) + (x_2 \bar{x}_1 x_0) + (x_2 x_1 \bar{x}_0) + (x_2 x_1 x_0) \quad (1\,a)$$

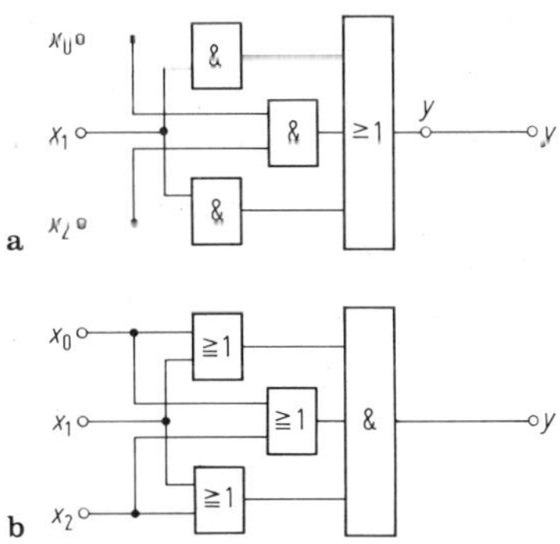

Bild 26-11. Schaltungen zur Feststellung einer Zweidrittel-Mehrheit.

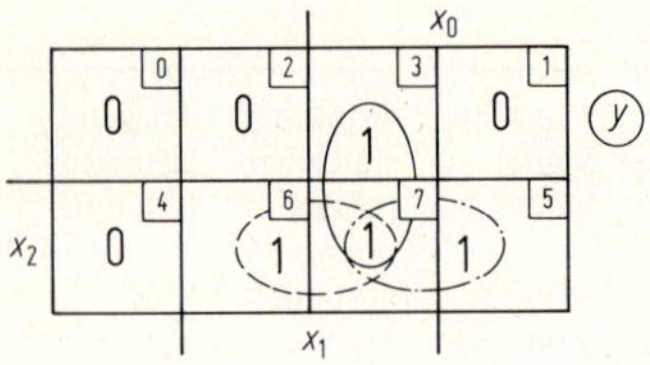

Bild 26-12. KV-Diagramm zur Tabelle 26-3: $y = x_0x_1 + x_1x_2 + x_2x_0$.

oder mit Hilfe der konjunktiven Normalform

$$y = (x_2 + x_1 + x_0)(x_2 + x_1 + \bar{x}_0)$$

$$\times (x_2 + \bar{x}_1 + x_0)(\bar{x}_2 + x_1 + x_0) \qquad (1\,\text{b})$$

treffen. Beide Formen können nach den Regeln der Booleschen Algebra minimiert und auch ineinander überführt werden:

$$y = (x_1x_0) + (x_2x_0) + (x_2x_1) \quad \text{bzw.} \qquad (2\,\text{a})$$

$$y = (x_2 + x_1)(x_2 + x_0)(x_1 + x_0)\,. \qquad (2\,\text{b})$$

Schaltungen zu den beiden Minimalformen (2) sind in Bild 26-11 dargestellt. Meist jedoch geschieht die Minimierung (1) $\rightarrow$ (2) anhand eines Karnaugh-Veitch-Diagrammes (KV-Diagramm); Bild 26-12 zeigt dies für die Darstellung (1a): den Zeilen $n = 0, \ldots, 7$ der Tabelle 26-3 entsprechen die Felder $0, \ldots, 7$ des KV-Diagrammes.

Tabelle 26-3. Funktionstabelle (Wahrheitstabelle) zur Feststellung einer Zweidrittel-Mehrheit ($y = 1$ zeigt an, daß 2 oder 3 Eingangsvariable den Wert 1 haben)

n	x_2	x_1	x_0	y
0	0	0	0	0
1	0	0	1	0
2	0	1	0	0
3	0	1	1	1
4	1	0	0	0
5	1	0	1	1
6	1	1	0	1
7	1	1	1	1

Beispiel 2: Vergleich zweier zweistelliger Dualzahlen (Zwei-Bit-Komparator)

Wenn festgestellt werden soll, ob für die beiden Zahlen

$$x = x_1 \cdot 2^1 + x_0 \cdot 2^0 \quad \text{und} \quad y = y_1 \cdot 2^1 + y_0 \cdot 2^0$$

gilt $x > y$, $x = y$ oder $x < y$, so kann man die Zuordnung der Tabelle 26-4 wählen: $A = 1$ bedeutet $x > y$, $B = 1$ bedeutet $x = y$ und $C = 1$ bedeutet $x < y$. Hierbei ist

$$A = (x_1\bar{y}_1) + (x_0x_1\bar{y}_0) + (x_0\bar{y}_0\bar{y}_1)\,;$$

$$B = (x_0 \odot y_0)(x_1 \odot y_1)\,; \quad C = \overline{A + B}\,.$$

$x_0 \odot y_0$ ist die Äquivalenz-Verknüpfung von x_0 mit y_0; der invertierte Wert $\overline{x_0 \odot y_0} = x_0 \oplus y_0$ ist die Antivalenz-Verknüpfung (Exklusiv-ODER-Verknüpfung von x_0 mit y_0, vgl. J 1.2).

Tabelle 26-4. Vergleich zweier zweistelliger Dualzahlen x und y

	x_1	x_0	y_1	y_0	A	B	C
0	0	0	0	0	0	1	0
1	0	0	0	1	0	0	1
2	0	0	1	0	0	0	1
3	0	0	1	1	0	0	1
4	0	1	0	0	1	0	0
5	0	1	0	1	0	1	0
6	0	1	1	0	0	0	1
7	0	1	1	1	0	0	1
8	1	0	0	0	1	0	0
9	1	0	0	1	1	0	0
10	1	0	1	0	0	1	0
11	1	0	1	1	0	0	1
12	1	1	0	0	1	0	0
13	1	1	0	1	1	0	0
14	1	1	1	0	1	0	0
15	1	1	1	1	0	1	0

Beispiel 3: Decodiermatrix

Zehn verschiedene vierstellige Dualzahlen

$$x = x_3 \cdot 2^3 + x_2 \cdot 2^2 + x_1 \cdot 2^1 + x_0 \cdot 2^0$$

sollen den 10 Ausgängen $(y_0, \ldots, y_9)$ eines Decoders eindeutig zugeordnet werden (Tabelle 26-5). Die übrigen sechs Binärzahlen sollen bei fehler-

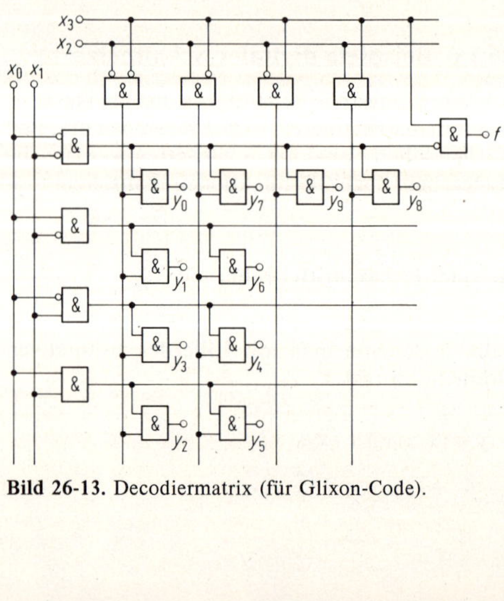

Bild 26-13. Decodiermatrix (für Glixon-Code).

Tabelle 26-5. Zuordnung der Dezimalziffern 0, ..., 9 zu zehn verschiedenen vierstelligen Dualzahlen (x) nach dem Glixon-Code

x	y	x_3	x_2	x_1	x_0	f
0	0	0	0	0	0	0
1	1	0	0	0	1	0
3	2	0	0	1	1	0
2	3	0	0	1	0	0
6	4	0	1	1	0	0
7	5	0	1	1	1	0
5	6	0	1	0	1	0
4	7	0	1	0	0	0
12	8	1	1	0	0	0
8	9	1	0	0	0	0
9	—	1	0	0	1	1
10	—	1	0	1	0	1
11	—	1	0	1	1	1
13	—	1	1	0	1	1
14	—	1	1	1	0	1
15	—	1	1	1	1	1

freier Übertragung nicht auftreten; andernfalls soll es zu einer Fehleranzeige ($f = 1$) kommen.
In Bild 26-13 wird eine Decodiermatrix angegeben, die den Code nach Tabelle 26-5 realisiert (der übrigens *einschrittig* und für 10 Schritte zyklisch permutiert ist: bei der Bildung der Nachbarzahl ändert sich in der vierstelligen Binärzahl x nur eine einzige Stelle — ein Bit —, und zwar auch beim Übergang von 9 (≙ 1000) zu 0 (≙ 0000)).

26.2 Ein-Bit-Speicher

26.2.1 Einfache Kippschaltungen

Bistabile Kippstufe (SR-Flipflop = RS-Flipflop)

Bei aktiven Systemen spricht man von Rückkopplung, wenn ein Systemausgang mit einem Systemeingang verbunden ist; speziell bei Mitkopplung

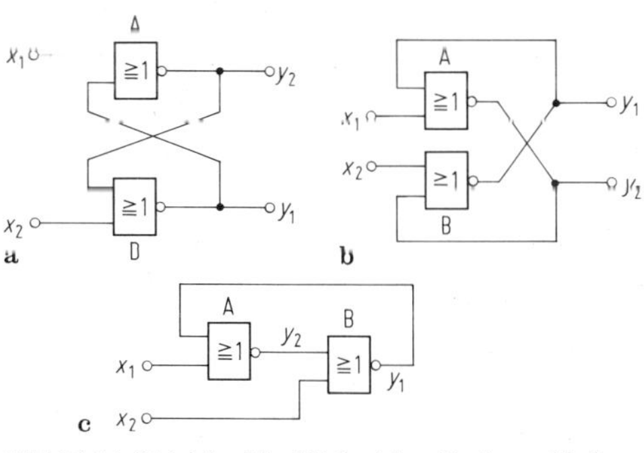

Bild 26-14. Bistabiler Ein-Bit-Speicher (drei verschiedene Darstellungen für zwei kreuzweise mitgekoppelte NOR-Gatter).

können Schaltungen mit Selbsthalte-Eigenschaften (Speicher) entstehen (vgl. 8.3.3 und 25.4.6): Übertragungscharakteristik mit Hysterese. Diesen Effekt gibt es auch bei mitgekoppelten (aktiven) Digitalschaltkreisen, z. B. zwei kreuzweise mitgekoppelten NOR-Gattern; Bild 26-14. Eine solche Schaltung ist kein Schaltnetz mehr im Sinne von 26.1.6, sondern ein (einfaches) *Schaltwerk*.
Wenn an einem der beiden NOR-Gatter (z. B. A) das Eingangssignal den Wert H hat ($x_1 = \mathrm{H}$), so gilt am Ausgang $y_2 = \mathrm{L}$. Ist zugleich $x_2 = \mathrm{L}$, so liegt an beiden Eingängen von B das Signal L; also wird $y_1 = \mathrm{H}$ (Zeile 1 in Tabelle 26-6). Falls danach $x_1 = \mathrm{L}$ wird und weiterhin $x_2 = \mathrm{L}$ bleibt, ändern sich die Ausgangssignale nicht (Zeile 2 in Tabelle 26-6). Die Eingangskombination $x_1 = \mathrm{H}$, $x_2 = \mathrm{L}$ bewirkt also eine Ausgangskombination, die auch dann erhalten bleibt (gespeichert wird), wenn $x_1 = x_2 = \mathrm{L}$ wird; man nennt einen solchen Speicher ein *Flipflop*.

Tabelle 26-6. Schaltfolgetabelle eines Ein-Bit-Speichers

n	x_2	x_1	$y_2^{(n-1)}$	$y_1^{(n-1)}$	$y_2^{(n)}$	$y_1^{(n)}$
1	L	H	b	b	L	H
2	L	L	L	H	L	H
3	H	L	b	b	H	L
4	L	L	H	L	H	L
5	H	H	b	b	L	L

In der Tabelle 26-6 bezeichnen $y_2^{(n)}$, $y_1^{(n)}$ die Ausgangsgrößen im n-ten Schaltzustand; $y_2^{(n-1)}$, $y_1^{(n-1)}$ bezeichnen den vorangehenden Ausgangszustand.
Falls der Eingangszustand $x_2 = x_1 = \mathrm{H}$ vermieden wird, so ist immer $y_2 = \bar{y}_1$, und man stellt den Speicher aus Bild 26-14 durch ein einfaches Schaltzeichen dar (Bild 26-15), wobei $x_1 = S$ (Setzen, set), $x_2 = R$ (Rücksetzen, reset, Löschen), $y_1 = Q$ und $y_2 = \bar{Q}$ gesetzt wird. Die Schaltfolgetabelle 26-7 für ein SR-Flipflop (Bild 26-15) braucht nur *eine* Ausgangsgröße (Q) zu enthalten, weil am zweiten Ausgang stets die komplementäre Größe liegt (falls $S = R = \mathrm{H}$ ausgeschlossen ist).
Bei dem SR-Flipflop in den Bildern 26-14 und 26-15 ist das H-Signal die aktive Größe. Bei einem SR-Flipflop aus zwei NAND-Gattern wird das L-Signal zur aktiven Größe; um auch hier das in Tabelle 26-6 beschriebene Verhalten zu erreichen, müssen alle Ein- und Ausgänge invertiert werden (Bild 26-16).

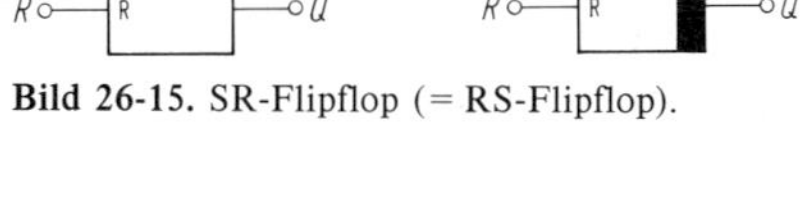

Bild 26-15. SR-Flipflop (= RS-Flipflop).

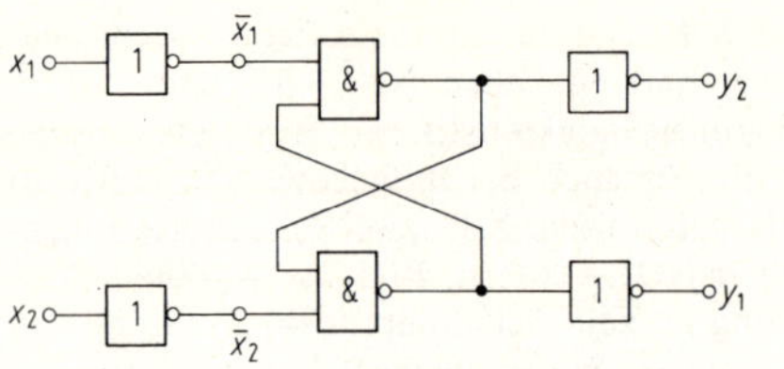

Bild 26-16. Aus zwei NAND-Gattern aufgebauter Ein-Bit-Speicher mit dem gleichen Verhalten wie der Speicher in Bild 26-14.

Tabelle 26-7. Schaltfolgetabelle des SR-Flipflops: $Q^{(n)} = S + \bar{R} \cdot Q^{(n-1)}$

n	R	S	$Q^{(n-1)}$	$Q^{(n)}$
1	L	H	b	H
2	L	L	H	H
3	H	L	b	L
4	L	L	L	L

Monostabile Kippstufe (Monoflop)

Bei einem Monoflop ist nur ein Zustand stabil (in Bild 26-17 ist dies $y = \mathrm{L}$). Ein H-Impuls am Eingang (x) bewirkt, daß während der Zeit T $y = \mathrm{H}$ wird. Die Dauer T des Ausgangsimpulses hängt von der Zeitkonstante RC des Verzögerungsgliedes ab; der Widerstand R und der Kondensator C müssen extern an den integrierten Schaltkreis angeschlossen werden (Bild 26-17c).

Astabile Kippstufe

Aus zwei Monoflops (Bild 26-17c) kann eine Rückkopplungsschaltung (Bild 26-18a) gebildet werden, bei der die Rückflanke des Ausgangsim-

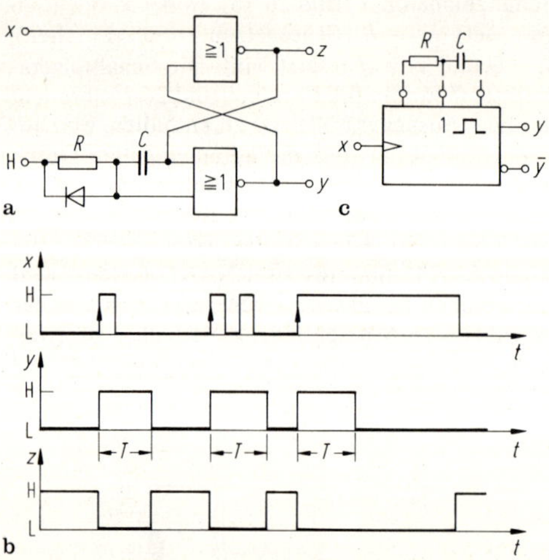

Bild 26-17. Monoflop (SR-Flipflop mit vorgeschaltetem Differenzierglied).

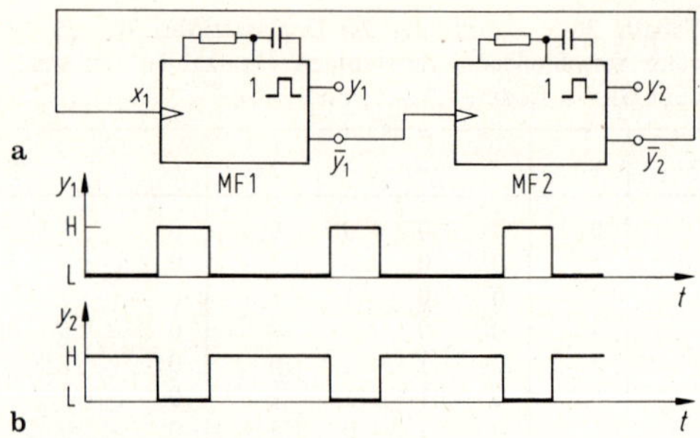

Bild 26-18. Taktgenerator.

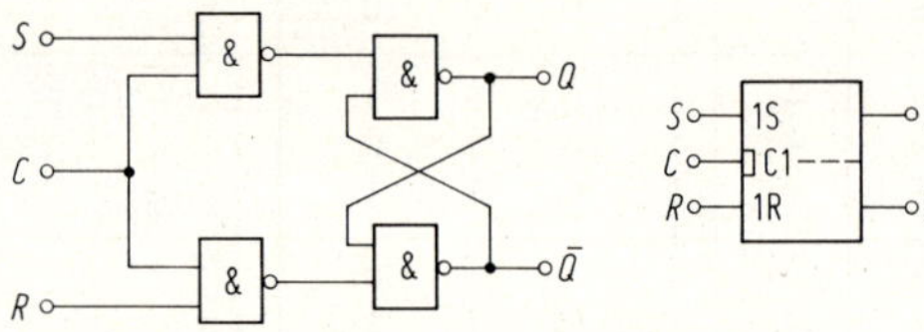

Bild 26-19. Taktzustandsgesteuertes SR-Flipflop.

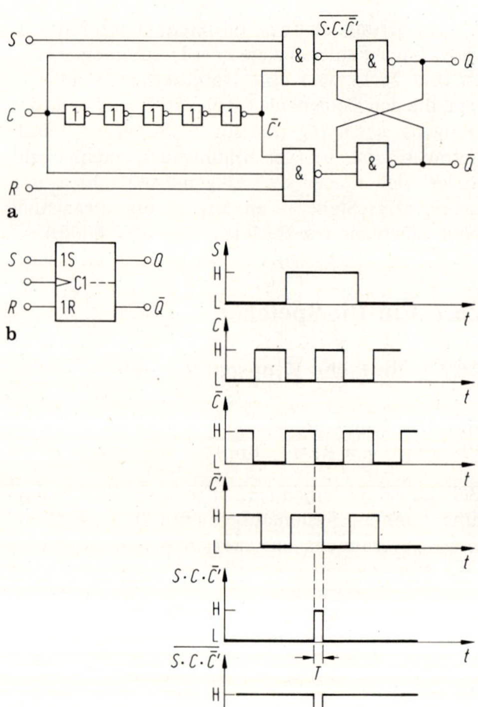

Bild 26-20. Mit der positiven Taktflanke gesteuertes SR-Flipflop.

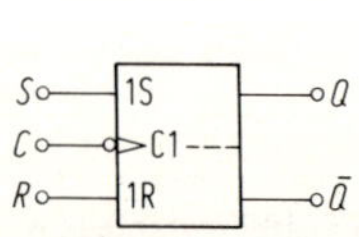

Bild 26-21. Mit der negativen Taktflanke gesteuertes SR-Flipflop.

pulses von MF 1 den Ausgangsimpuls von MF 2 bewirkt; dessen Rückflanke stößt wiederum MF 1 an usw. (u. U. kann die Schaltung nicht anschwingen).

26.2.2 Getaktete SR-Flipflops

Taktzustands-Steuerung. In Bild 26-19 wird ein taktzustandsgesteuertes SR-Flipflop dargestellt. Es kann nur dann durch das Eingangssignal $S = \mathrm{H}$ gesetzt ($Q \rightarrow \mathrm{H}$) oder durch $R = \mathrm{H}$ gelöscht ($Q \rightarrow \mathrm{L}$) werden, wenn zugleich am Takteingang ein Freigabeimpuls $C = \mathrm{H}$ auftritt (C clock = Takt).

Taktflanken-Steuerung. Das Bild 26-20a zeigt ein taktflankengesteuertes SR-Flipflop: dieses Flipflop ist nicht während der gesamten Dauer des Eingangsimpulses ($C = \mathrm{H}$) aufnahmebereit, sondern nur für kurze Zeit nach Beginn des Impulses (die Aufnahmebereitschaft beginnt mit der positiven Taktflanke und bleibt nur für die sehr kurze Zeit T erhalten; siehe Bild 26-20c). Ein Impuls mit der (sehr kurzen) Dauer T entsteht als Laufzeit eines Inverters (evtl. 3 oder 5 Inverter usw.; vgl. die Spalte für die Signallaufzeit in Tabelle 26-2): dynamischer Takteingang. Falls ein SR-Flipflop das Eingangssignal mit der *negativen* Taktflanke übernimmt, wählt man das Schaltbild nach Bild 26-19.

26.2.3 Flipflops mit Zwischenspeicherung (Master-slave-Flipflops, Zählflipflops)

SR-Master-slave-Flipflop (SR-MS-FF). In Bild 26-22a bewirken die differenzierenden Eingänge (für C und $\bar{C}$) der UND-Gatter, daß zwei taktflankengesteuerte SR-Flipflops entstehen. Das linke („master") übernimmt ein H-Signal an einem der beiden Eingänge mit der positiven Impulsflanke. Das rechte („slave") übernimmt vom master dessen Inhalt aber erst mit Beendigung des Eingangsimpulses, also um die Dauer τ dieses Impulses verzögert (Bild 26-23).

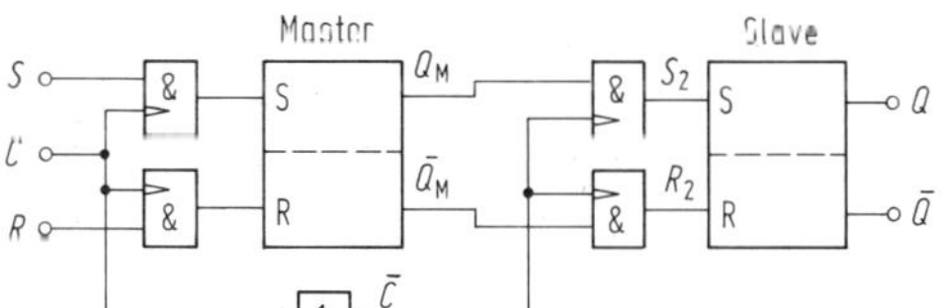

a

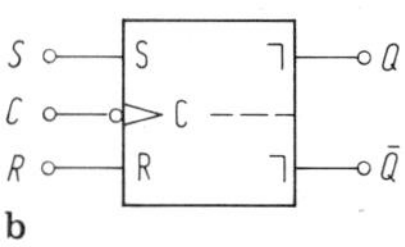

b

Bild 26-22. SR-MS-Flipflop (Übernahme an den Ausgang mit den Taktrückflanken).

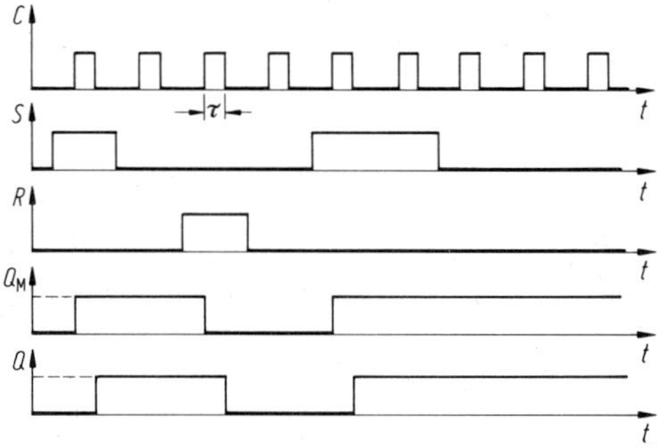

Bild 26-23. Setzen und Löschen eines SR-MS-Flipflops (Impulsdiagramm).

JK-(MS-)Flipflop. Ein besonders vielseitig verwendbares Flipflop ist das JK-Flipflop. Bei ihm darf im Gegensatz zum SR-Flipflop oder zum SR-MS-Flipflop an beiden Haupteingängen (J, K) gleichzeitig das H-Signal auftreten: in diesem Fall kehrt sich Q mit jedem Eingangsimpuls C um. Im übrigen verhält sich das JK-Flipflop genauso wie das SR-MS-Flipflop (Bild 26-25). JK-FFs haben gewöhnlich außer den (Vorbereitungs-)Eingängen J, K noch zwei Eingänge zum *direkten* Setzen (preset, S) und Rücksetzen (clear, R), die auch beim SR-MS-FF (Bild 26-22a) entstehen würden, wenn man S_2 disjunktiv mit dem Direkt-Setzsi-

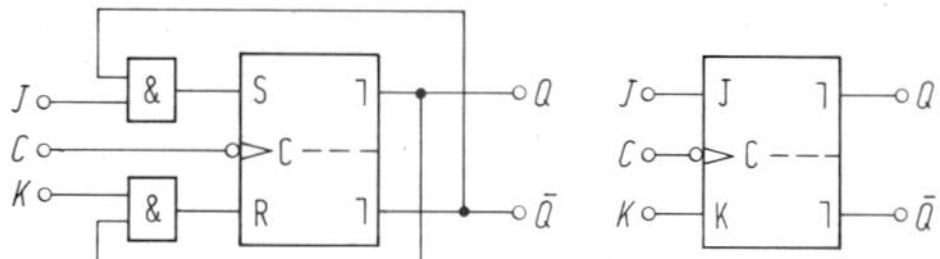

a b

Bild 26-24. JK-Flipflop (Übernahme an den Ausgang mit den Taktrückflanken).

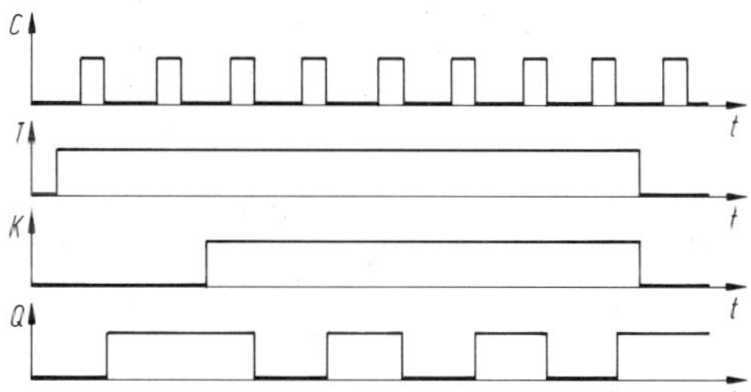

Bild 26-25. Impulsdiagramm eines JK-Flipflops.

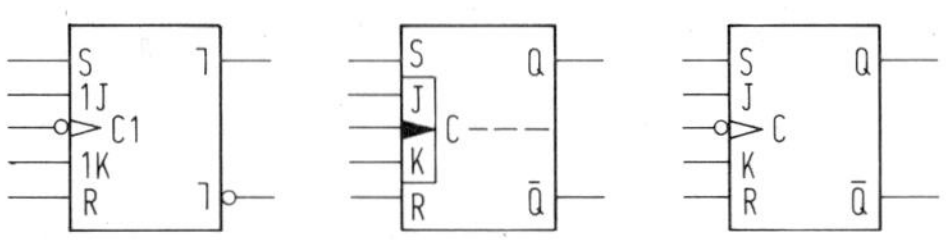

Bild 26-26. Schaltzeichen für das JK-Flipflop mit Eingängen zum direkten Setzen und Löschen (S, R), Übernahme an den Ausgang mit den Taktrückflanken.

gnal S und R_2 disjunktiv mit dem Direkt-Rücksetzsignal R verknüpft. Bild 26-26 zeigt ein JK-FF mit direkter Setz- und Rücksetz-Möglichkeit.

D-Flipflop. Das Bild 26-27a zeigt, wie ein JK-Flipflop als D-Flipflop verwendet werden kann. Das D-Flipflop (Bild 26-27b) wird gesetzt ($Q = \mathrm{H}$), wenn $D = J = \mathrm{H}$ wird, und es wird mit $D = \mathrm{L}$ rückgesetzt (wegen $K = \bar{J}$), vgl. Bild 26-27c.

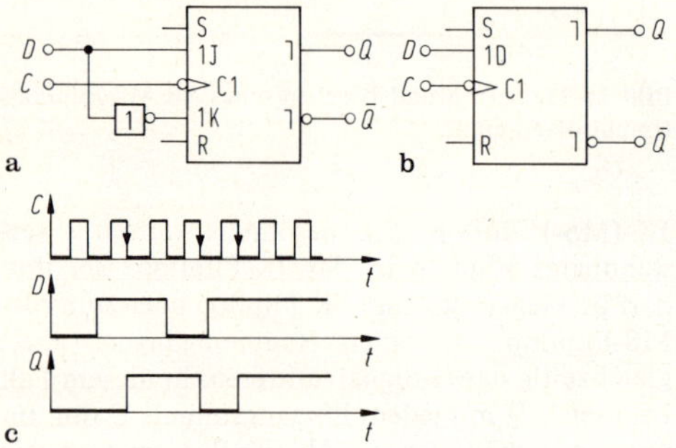

Bild 26-27. D-Flipflop.

T-Flipflop. Das Bild 26-28a zeigt, wie ein JK-Flipflop als T-Flipflop (Toggle-Flipflop) verwendet werden kann. Das T-Flipflop (Bild 26-28b) ändert seinen Ausgangszustand mit jeder Rückflanke des Eingangssteuertaktes (C), falls zugleich $T = \mathrm{H}$ ist; die Frequenz von Q ist halb so groß wie die von C:

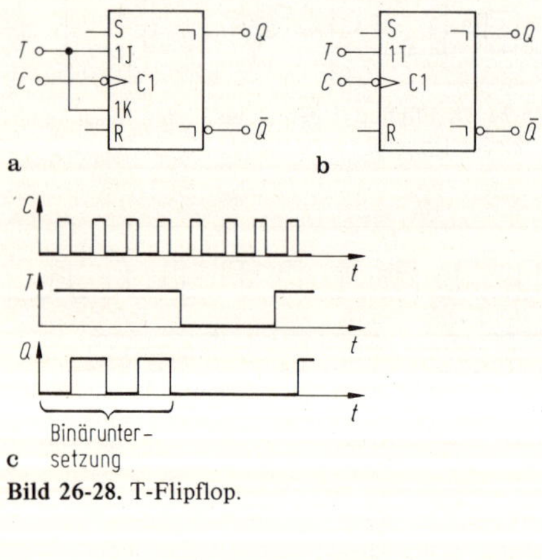

Bild 26-28. T-Flipflop.

Binäruntersetzung. Ist dagegen $T = \mathrm{L}$, so bleibt der Ausgangszustand unverändert, vgl. Bild 26-28c.

26.3 Schaltwerke

Schaltungen zur logischen Verknüpfung nennt man Schaltwerke, wenn sie Speicher (Flipflops) enthalten.

26.3.1 Auffang- und Schieberegister

Auffangregister übernehmen mehrere Bits gleichzeitig (in Bild 26-29: mit der Taktvorderflanke) und speichern sie so lange, bis ein Reset-Impuls ($\bar{R} = \mathrm{L}$) das Register löscht oder bis durch einen neuen Steuerimpuls ein neuer Inhalt eingelesen wird. Es gibt Auffangregister für 4, 8, 16 oder 32 Bit.

Schieberegister übernehmen mehrere Bits nacheinander (sequentiell; in Bild 26-30 mit der Taktrückflanke). Gebräuchlich sind 4- oder 8-Bit-Schieberegister.

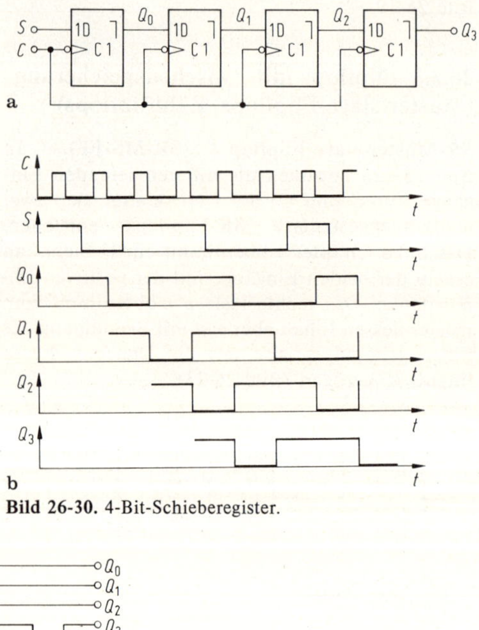

Bild 26-30. 4-Bit-Schieberegister.

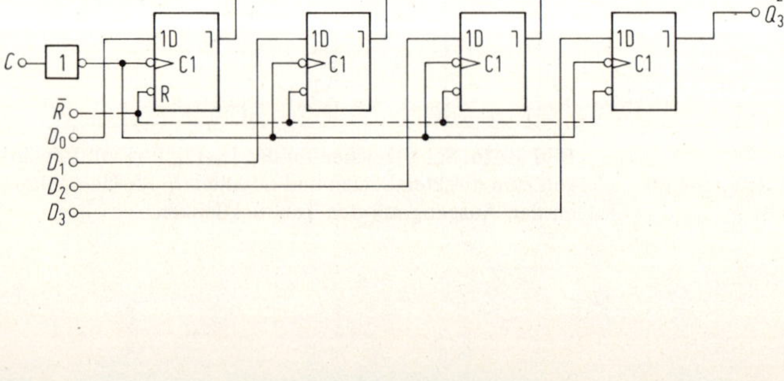

Bild 26-29. 4-Bit-Auffangregister mit D-Flipflops (positiv flankengesteuert).

a

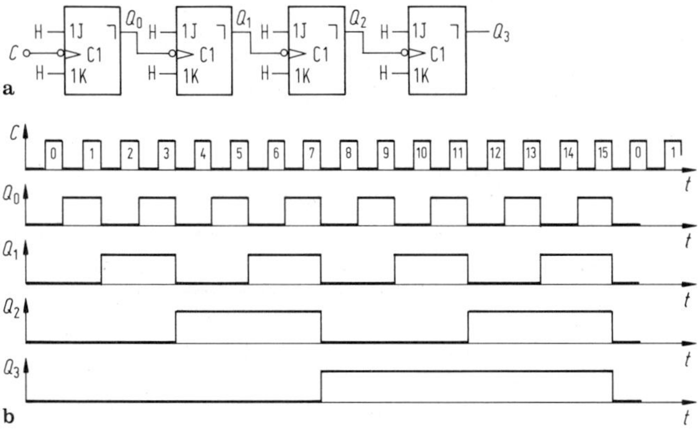

b

Bild 26-31. Asynchroner 4-Bit-Binärzähler.

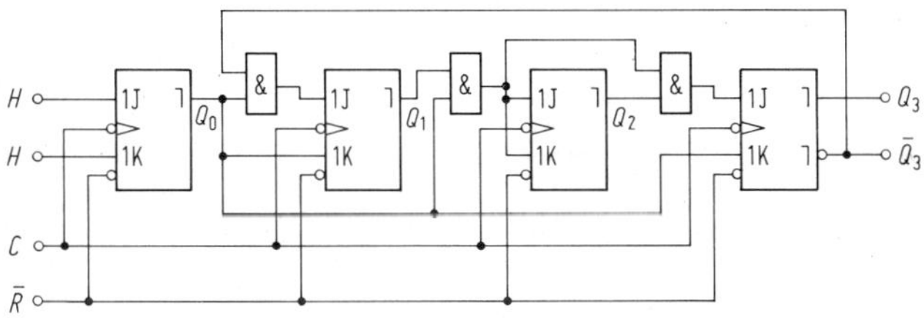

Bild 26-32. Synchroner Dezimalzähler aus 4 JK-Flipflops.

26.3.2 Zähler

Asynchrone Zähler

Flipflop-Ketten können als Zähler arbeiten. Wenn der Takt C nur das erste FF steuert (Bild 26-31 a), so nennt man eine solche Zählschaltung asynchron. Das Diagramm 26-31 b zeigt, daß die Dualzahl

$$y = Q_3 \cdot 2^3 + Q_2 \cdot 2^2 + Q_1 \cdot 2^1 + Q_0 \cdot 2^0 \qquad (3)$$

nacheinander die Werte 0,1,2, ..., 15,0,1,2, ..., 15,0,1, ... durchläuft: es sind 16 verschiedene Zustände möglich (16er-Zähler).

Synchrone Zähler

Zähler, deren Flipflops alle von einem gemeinsamen Takt gesteuert werden, nennt man synchron. Das Bild 26-32 zeigt als Beispiel einen synchronen Dezimalzähler. Bei ihm kann durch das Lösch-Signal (Reset) $\bar{R} = \mathrm{L}$ der Anfangszustand $Q_0 = Q_1 = Q_2 = Q_3 = \mathrm{L}$ eingestellt werden. Danach durchläuft die Binärzahl y (vgl. (3)) nacheinander die Werte 1, ..., 9,0,1, ..., 9,0,1, ...

Ringzähler und Johnson-Zähler

Durch Rückkopplung kann ein Schieberegister (Bild 26-30) zu einem Zähler werden: entweder zu einem Ringzähler (Bild 26-33) oder zu einem Johnson-Zähler (Bild 26-34).
Beim Johnson-Zähler (Bild 26-34 a) hängt der periodische Verlauf des Zählerzustandes vom Anfangszustand ab, der über die S- und R-Eingänge der Flipflops vorgegeben werden kann. Es entsteht entweder (Bild 26-34 b) die Folge

$$y = \underbrace{1,3,7,15,14,12,8,0}_{\text{Periode}},1,3,7 \ldots .$$

oder (Bild 26-34 c)

$$y = \underbrace{5,11,6,13,10,4,9,2}_{\text{Periode}},5,11,6 \ldots .$$

Bei einem Johnson-Zähler aus beispielsweise fünf JK-Flipflops sind je nach Anfangszustand vier ver-

a

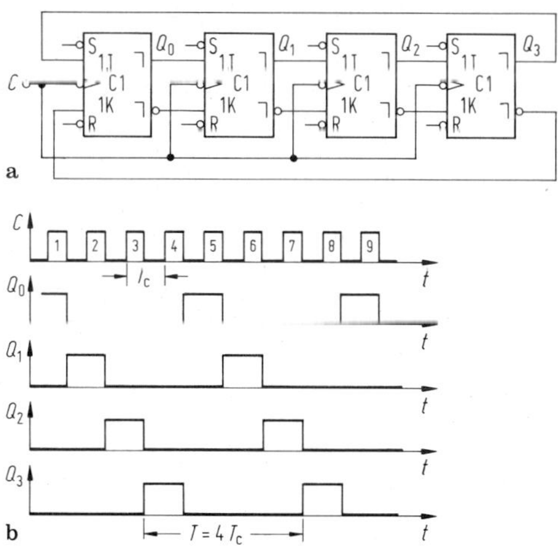

b

Bild 26-33. Ringzähler.

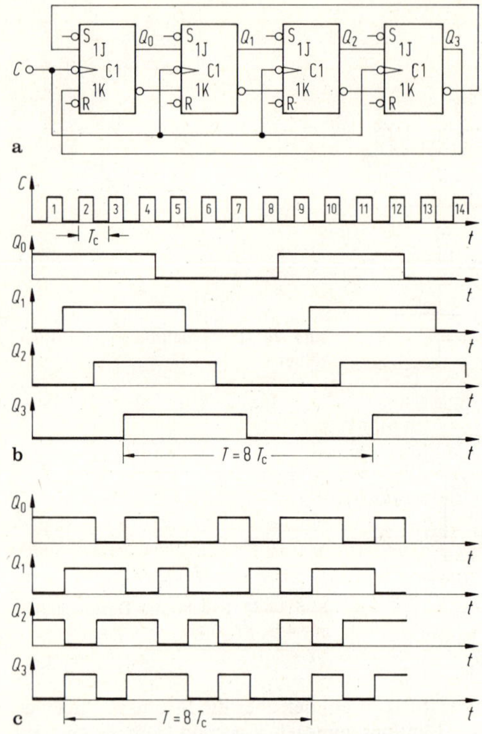

Bild 26-34. Johnson-Zähler.

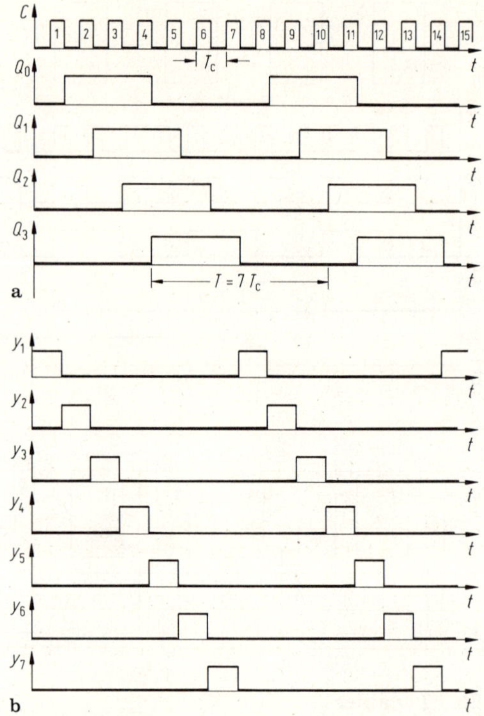

Bild 26-36. Nacheinanderansteuerung von 7 Leuchtdioden, Lampen oder dgl.

schiedene periodische Verläufe möglich; für drei von ihnen gilt $T = 10T_C$ und für einen $T = 2T_C$.

Beispiel: Johnson-Zähler mit asymmetrischer Rückkopplung

Es soll eine Schaltung aufgebaut werden, bei der sieben Leuchtdioden ständig nacheinander aufleuchten: wenn Diode 1 erlischt, leuchtet 2 auf; wenn 2 erlischt, leuchtet 3 auf; ...; wenn 7 erlischt, leuchtet wieder 1 auf usw. Dies kann z. B. mit einem asymmetrisch rückgekoppelten Schieberegister realisiert werden (Bild 26-35).
Geht man von dem Anfangszustand $Q_0 = Q_1 = Q_2 = Q_3 = 0$ aus, so ergibt sich ein Impulsdiagramm, bei dem für die Periode T der Flipflopausgänge gilt: $T = 7T_C$ (Bild 26-36a).
Die Verknüpfungen

$$y_1 = \bar{Q}_3\bar{Q}_0\,, \quad y_2 = Q_0\bar{Q}_1\,, \quad y_3 = Q_1\bar{Q}_2\,,$$

$$y_4 = Q_2\bar{Q}_3 = Q_2Q_0\,, \quad y_5 = Q_3Q_1\,, \quad y_6 = \bar{Q}_1Q_2\,,$$
$$y_7 = \bar{Q}_2Q_3$$

liefern eine Folge von Impulsen, mit denen die Leuchtdioden angesteuert werden können (Bild 26-36b). Für y_4 ist die Realisierung in Bild 26-35 eingezeichnet, die Steuerausgänge für die anderen 6 Dioden sind nicht dargestellt, um das Schaltbild übersichtlich zu lassen.
Wählt man übrigens einen Anfangszustand aus, der in der Abfolge des Impulsdiagramms (y = 0, 1, 3, 7, 14, 12, 8, 0, 1, 3 ...) nicht vorkommt, so stellt sich trotzdem nach spätestens fünf Steuerimpulsen C der periodische Ablauf des Impulsdiagrammes Bild 26-36a ein. Daher ist es für die Erzeugung der aufeinander folgenden Impulse an den sieben Ausgängen $y_1, \ldots, y_7$ zur Ansteuerung der Leuchtdioden nicht nötig, das Register zu Beginn mit Hilfe von S- und R-Eingängen in einen bestimmten Anfangszustand zu versetzen.

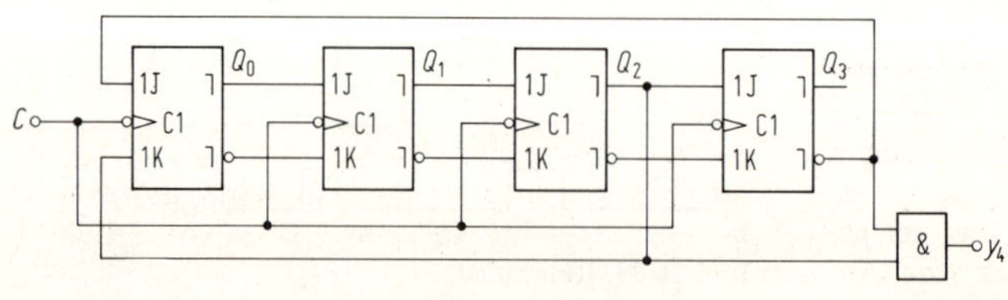

Bild 26-35. Schieberegister mit asymmetrischer Rückkopplung.

27 Halbleiterbauelemente

27.1 Grundprinzipien elektronischer Halbleiterbauelemente

27.1.1 Ladungsträger in Silizium

Eigenschaften des eigenleitenden Siliziums

Das heute technisch bedeutendste Halbleitermaterial ist das vierwertige Silizium. Es steht in der IV. Hauptgruppe des periodischen System der Elemente und kristallisiert in einer sog. Diamantgitterstruktur. Die räumliche Tetraederstruktur kann man in der Ebene, wie Bild 27-1 zeigt, vereinfacht darstellen. Jede der vier freien Bindungen eines Siliziumeinzelatoms findet im idealen Gitteraufbau einen Partner bei insgesamt vier Nachbaratomen. Alle Elektronen des Siliziums sind scheinbar im Gitteraufbau gebunden; es stehen keine freien Elektronen, wie beispielsweise bei Metallen, zum Stromtransport zur Verfügung. Bei sehr tiefen Temperaturen ist Silizium tatsächlich extrem hochohmig, und die Leitfähigkeit nimmt — anders als bei metallischen Leitern — mit steigender Temperatur zu. Die Erklärung dafür liegt in der mit der Temperatur zunehmenden Instabilität des Gitters. Einige Gitterbindungen brechen auf, d. h., Elektronen werden frei und können sich im Gitter bewegen. In die entstandene Bindungslücke, deren Gebiet durch das fehlende Elektron elektrisch positiv wirkt, kann ein benachbartes Elektron springen, das seinerseits eine Bindungslücke hinterläßt. Obwohl dieser Vorgang aus Elektronenbewegungen besteht, erscheint es so, als ob sich die Bindungslücke bewegt, und es hat sich als zweckmäßig erwiesen, die bewegliche Bindungslücke als ein eigenständiges, einfach positiv geladenes Teilchen, ein sog. *Loch*, aufzufassen (Bild 27-2). Diesen Vorgang des Aufbrechens einer Gitterbindung und des gleichzeitigen Entstehens eines Elektron-Loch-Paares, nennt man Generation. Beim Anlegen einer Spannung an den Halbleiterkristall sind bewegliche Ladungsträger (Elektronen und Löcher) für einen Ladungsträgertransport vorhanden: der Kristall ist leitfähig. Treffen ein Elektron und ein Loch zusammen, wird die Gitterbindung wieder geschlossen und beide Ladungsträger verschwinden gleichzeitig: sie *rekombinieren.* Die räumliche Dichte der Elektron-Loch-Paare, heißt *Eigenleitungsdichte* n_i. Ein von außen angelegtes elektrisches Feld übt auf Elektronen und Löcher Kräfte entgegengesetzter Richtungen aus: es kommt zum Ladungstransport infolge der Elektronen- und des Löcherstroms. Reine Halbleiter werden als *NTC-Widerstände* (negative temperature coefficient) angewendet.

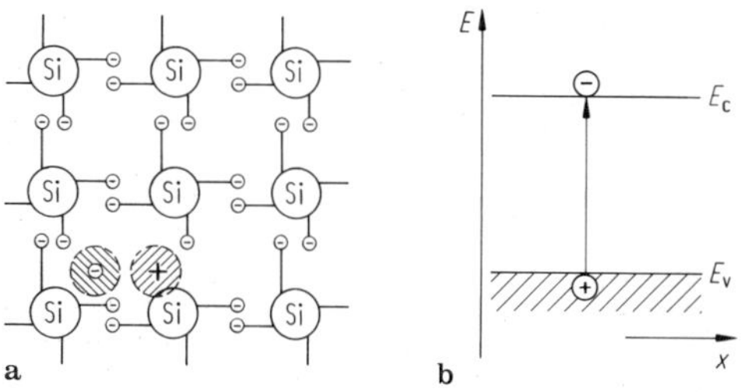

Bild 27-2. Elektron-Loch-Paarbildung durch thermische Generation. a im ebenen Gittermodell und b im Bändermodell.

Eigenschaften des dotierten Siliziums

Die Konzentration der freien Ladungsträger ist in einem reinen Siliziumkristall bei Zimmertemperatur mit $10^{10}\,cm^{-3}$ außerordentlich klein gegenüber der Elektronenzahldichte eines metallischen Leiters von etwa $10^{23}\,cm^{-3}$. Die Elektronenzahldichte und damit die Leitfähigkeit von Silizium kann erhöht werden, wenn man Atome der V. Hauptgruppe des periodischen Systems (z. B. Phosphor oder Arsen) anstelle von Siliziumatomen auf regulären Gitterplätzen einbaut (Donatoren). Das fünfte Elektron, das keine Gitterbindung eingehen kann, wird schon durch die Zufuhr einer geringen Energie (sehr viel niedriger als Zimmertemperatur) vom Atom gelöst. Zusätzlich zu den Elektron-Loch-Paaren befinden sich etwa so viele Elektronen im Kristall, wie fünfwertige Atome in das Gitter eingebaut sind. Die Zahl der im Kristall

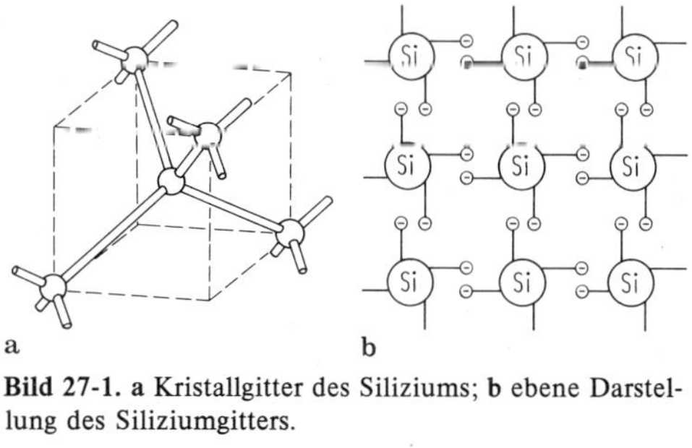

Bild 27-1. a Kristallgitter des Siliziums; b ebene Darstellung des Siliziumgitters.

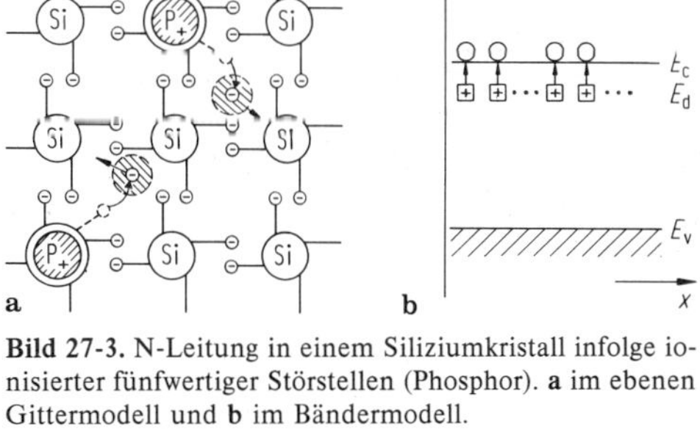

Bild 27-3. N-Leitung in einem Siliziumkristall infolge ionisierter fünfwertiger Störstellen (Phosphor). a im ebenen Gittermodell und b im Bändermodell.

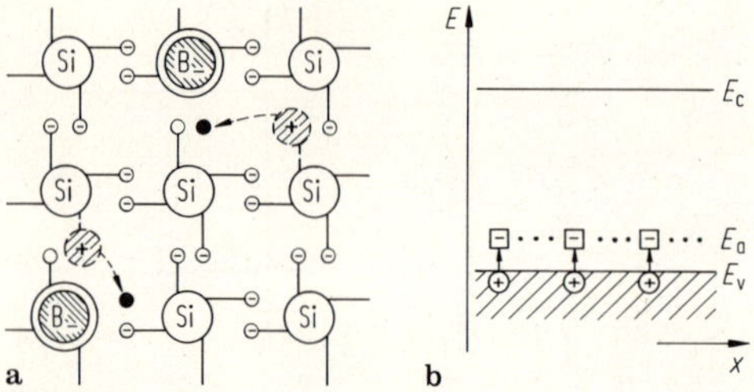

Bild 27-4. P-Leitung in einem Siliziumkristall infolge ionisierter dreiwertiger Störstellen (Bor). **a** im ebenen Gittermodell und **b** im Bändermodell.

vorhandenen freien Elektronen ist dann weit größer, als die der Löcher, man spricht von einem N-dotierten Silizium oder kurz N-Silizium. Die Elektronen bezeichnet man in diesem Fall als die *Majoritätsträger*, die Löcher als die *Minoritätsträger*. Der Kristall ist elektrisch neutral, weil jedes ionisierte Donatoratom elektrisch positiv geladen ist. Im Gegensatz zu einem Loch ist das ionisierte positive Störatom fest im Gitter eingebaut und daher unbeweglich und kann nicht zum Stromtransport beitragen (Bild 27-3). Die Zahl der Löcher im Kristall wird kleiner als im Fall der Eigenleitung. Das Verhältnis von Majoritätsträgern zu Minoritätsträgern wird durch das Massenwirkungsgesetz, $p \cdot n = n_i^2$, geregelt.

Die Leitfähigkeit läßt sich analog auch durch den Einbau von dreiwertigen Atomen (z. B. Aluminium, Bor oder Gallium) in das Siliziumgitter erreichen. In die unvollständige Gitterbindung am Ort des dreiwertigen Störatoms kann schon bei geringer Energiezufuhr leicht ein Elektron springen. Es fehlt dann für andere Gitterbindungen; ein Loch ist gleichzeitig mit einer ortsfesten negativen Ladung entstanden (Bild 27-4). Der Halbleiter ist P-dotiert, P-leitend oder ein P-Halbleiter. In diesem Fall sind die Löcher Majoritätsträger, die Elektronen die Minoritätsladungsträger.

27.1.2 Das Bändermodell

Zur Erklärung vieler Eigenschaften von Halbleiterbauelementen ist es zweckmäßig, die potentiellen Energien der beteiligten Elektronen im Halbleiterkristall heranzuziehen. Eine Darstellung, die die Energie der Elektronen unter Einbeziehung ihres Wellencharakters über dem Ort des Kristalls beschreibt, ist das *Bändermodell*. Es berücksichtigt die Coulomb-Wechselwirkung der eng im Kristall benachbarten Elektronen. Die im Bohrschen Atommodell auftretenden diskreten Energiewerte der Elektronen und die zugeordneten festen Bahnen spalten sich theoretisch in so viele Einzelwerte auf, wie Atome im Kristall in Wechselwirkung stehen: d. h., die diskreten Energiewerte der Siliziumeinzelatome spalten sich in dichte Energiebänder auf, die durch verbotene Zonen getrennt sind (Bild 27-5). Wichtig für das Verständnis der Bauelemente ist die Elektronenbesetzung bzw. -Nichtbesetzung der oberen beiden Bänder: dem Leitungs- und dem Valenzband. In Bild 27-2 ist das Bändermodell eines eigenleitenden Kristalls dargestellt. Statistische Betrachtungen liefern die Ergebnisse für die Besetzung des Leitungs- und des Valenzbandes mit Elektronen bzw. Löchern. Die Angaben werden in Abhängigkeit von der energetischen Lage des *Fermi-Niveaus* E_F geliefert. Das Fermi-Niveau ist eine markante Größe der Fermi-Statistik, die die Wahrscheinlichkeit der Besetzung von Energieniveaus mit Elektronen in Festkörpern in Abhängigkeit von der Temperatur und der Teilchenenergie beschreibt, und ist der Energiewert, bei dem die Wahrscheinlichkeit von 50 % vorliegt, ob der dort vorhandene Platz mit einem Elektron besetzt ist oder nicht. Dabei kann das Fermi-Niveau durchaus auch in der verbotenen Zone liegen, obwohl sich dort keine Elektronen aufhalten dürfen. (Im Normalfall befindet sich das Fermi-Niveau in Halbleitern in der verbotenen Zone, in Metallen dagegen innerhalb des Leitungsbandes.) Die Abbildungen 27-3 und 27-4 zeigen neben den vereinfachten Kristalldarstellungen die entsprechenden Bändermodelle für dotierte Halbleiter. Die geringe Energiezufuhr zur Ionisierung von Donatoren bzw. Akzeptoren wird durch die kleinen energetischen Abstände zu den Bandkanten E_c (Unterkante Leitungsband) und E_v (Oberkante Valenzband) deutlich.

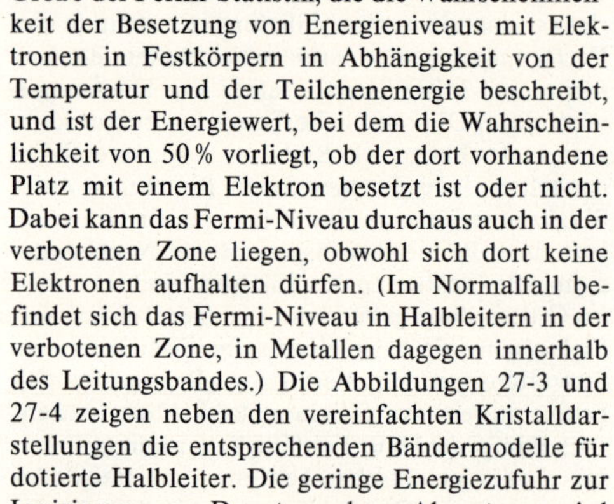

Bild 27-5. Entstehung von Energiebändern aus den Energieniveaus der Einzelatome. *a* Gitterkonstante; e erlaubte Energiewerte; v verbotene Energiewerte.

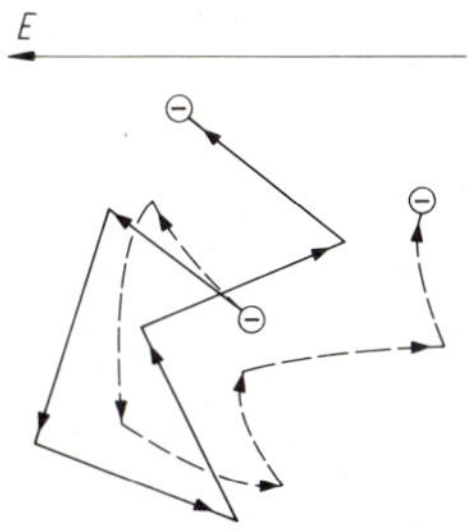

Bild 27-6. Thermische Wärmebewegung freier Elektronen im Festkörper: ausgezogene Linie: ohne elektrisches Feld gestrichelte Linie: unter Einfluß eines elektrischen Feldes.

27.1.3 Stromleitung in Halbleitern

Beweglichkeit, Driftgeschwindigkeit

Ohne elektrisches Feld bewegen sich die Elektronen mit thermischer Bewegung durch Stöße mit den äußeren Schalen der Gitteratome oder anderen freien Ladungsträgern auf Zickzackbahnen durch den Kristall (Bild 27-6). Zwischen zwei Stößen legen sie die mittlere freie Weglänge zurück. Da keine Richtung bevorzugt ist, ist der Mittelwert der Geschwindigkeit $\bar{v} = 0$; es fließt kein Strom. Unter dem Einfluß eines angelegten elektrischen Feldes $\boldsymbol{E}$ wird ein Elektron zwischen den Stößen mit der Coulombkraft $\boldsymbol{F} = -e\boldsymbol{E}$ beschleunigt. Daraus ergibt sich eine mittlere Geschwindigkeit der Elektronen von $\boldsymbol{v}_n = -\mu_n \cdot \boldsymbol{E}$. Den Proportionalitätsfaktor μ_n nennt man die *Beweglichkeit* der Elektronen. Analog gilt für die Löcher $v_p = \mu_p \cdot \boldsymbol{E}$.

Leitfähigkeit

Die sich mit der Driftgeschwindigkeit v durch den Kristall bewegenden Ladungsträger stellen per definitionem einen elektrischen Strom dar. Den Zusammenhang zwischen Stromdichte und elektrischer Feldstärke beschreibt das Ohmsche Gesetz.

$$j_{ges} = (I_n + I_p) \cdot \frac{1}{A}$$
$$= q \cdot (n \cdot \mu_n + p \cdot \mu_p) \cdot E = \sigma \cdot E,$$

σ ist die Leitfähigkeit des Halbleitermaterials.

Diffusionsströme in Halbleitern

In Metallen spielen Diffusionsströme keine Rolle, da Anhäufungen der einzigen beweglichen Ladungsträgersorte, der Elektronen, durch Feldströme in der Relaxationszeit $\tau_R \approx 10^{-14}$ s abgebaut werden. Im Halbleiter dagegen gibt es positive und negative Ladungsträger, so daß neutrale Ladungsträgeranhäufungen entstehen können, die sich durch gegen τ_R langsame Diffusionsvorgänge ausgleichen.
Das Auftreten von Diffusionsströmen ist ein wesentliches Merkmal der Halbleiter und eine Voraussetzung für die Funktion aller bipolaren Bauelemente.
Teilchen, die sich statistisch bewegen, strömen in Richtung des Konzentrationsgefälles. Elektronen und Löcher bewegen sich im ungestörten Halbleitermaterial mit thermischer Geschwindigkeit ohne Vorzugsrichtung. Liegt ein Konzentrationsgefälle der freien Ladungsträger vor, kommt eine gezielte Bewegung der geladenen Teilchen durch Diffusion zustande, was gleichbedeutend mit einem elektrischen Strom ist:

$$j_{n,diff} = e \cdot D_n \cdot \text{grad}\, n\ ; \quad j_{p,diff} = -e \cdot D_p \cdot \text{grad}\, p$$

27.1.4 Ausgleichsvorgänge bei der Injektion von Ladungsträgern

Unter dem Begriff *Injektion* versteht man das Einbringen einer zusätzlichen Ladungsträgermenge in den Halbleiter. Dabei ergeben sich zwei grundsätzlich verschiedene Möglichkeiten:

Majoritätsträgerinjektion. Beispiel der Injektion von Elektronen in einen N-dotierten Halbleiter (Bild 27-7b):
Der Elektronenüberschuß wird im wesentlichen durch einen Elektronen-Feldstrom in der Relaxationszeit τ_R abgebaut. Es liegen ähnliche Verhältnisse wie im Metall vor.

Minoritätsträgerinjektion. Beispiel der Injektion von Elektronen in einen P-dotierten Halbleiter (Bild 27-7a):

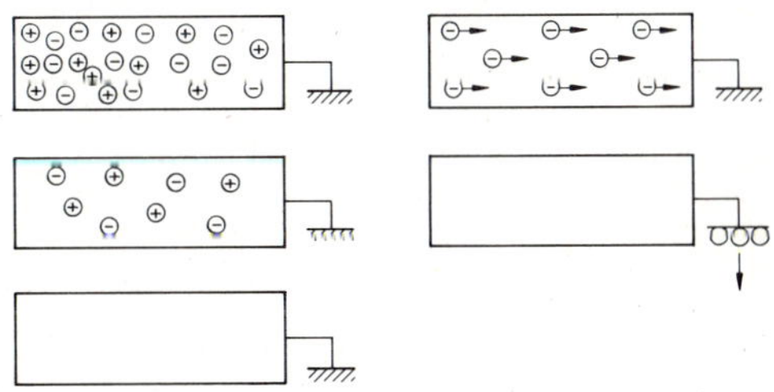

a b

Bild 27-7. Veranschaulichung des Injektionsvorganges **a** Minoritätsträgerinjektion, Elektronen in einen P-Halbleiter; **b** Majoritätsträgerinjektion, Elektronen in einen N-Halbleiter.

Die Raumladung der injizierten Elektronen baut ein elektrisches Feld im P-Halbleiter auf, das einen Löcherfeldstrom zur Folge hat. Die Ladungsanhäufung wird zwar in der Relaxationszeit neutralisiert, aber nicht abgebaut. Der Konzentrationsausgleich erfolgt über Rekombinationsvorgänge bei gleichzeitiger Diffusion. Der Abbau der Ladungsträgerüberschüsse erfolgt mit der Zeitkonstante τ, der Minoritätsladungsträgerlebensdauer, die in Silizium in der Größenordnung von einigen µs liegt. Sie ist etwa um den Faktor 10^8 größer als die Relaxationszeit τ_R. Dieses Verhalten unterscheidet den Leitungsmechanismus in Halbleitermaterial wesentlich von dem im Metall.

27.2 Halbleiterdioden

27.2.1 Aufbau und Wirkungsweise des PN-Überganges

Der PN-Übergang bildet die Grundlage zum Verständnis aller Halbleiterbauelemente. Man kann ihn sich aus zwei aneinanderstoßenden P- und N-Halbleitern aufgebaut vorstellen. Legt man an den PN-Übergang eine Spannung, so fließt ein erheblich höherer Strom, wenn das P-Gebiet positiv gegenüber dem N-Gebiet ist, als bei entgegengesetzter Polung. Der PN-Übergang wirkt als *Gleichrichter oder Diode.* Bei Durchlaßspannungen von einigen Volt können je nach Querschnitt bis zu mehreren hundert Ampere geführt werden. In Sperrichtung dagegen beträgt der Strom nur wenige Mikroampere. Erhöht man die Sperrspannung über einen bestimmten Wert (Durchbruchspannung U_B), verliert der PN-Übergang seine Sperrfähigkeit und der Strom steigt steil an.
Wegen seiner grundlegenden Bedeutung wird der abrupte PN-Übergang hier eingehender behandelt.

Stromloser Zustand. Ausbildung der Raumladungszone

In einem Gedankenmodell werden zwei Halbleiterquader, der eine P-dotiert, der andere N-dotiert, miteinander in Berührung gebracht. Unmittelbar nach der Berührung diffundieren Elektronen aus dem N-Gebiet entlang dem steilen Konzentrationsgefälle in das P-Gebiet und entsprechend Löcher aus dem P-Gebiet in das N-Gebiet. Sie rekombinieren dort und hinterlassen ortsfest gebundene ionisierte Störstellen, die elektrisch geladene Bereiche, Raumladungen, darstellen. Damit verbunden ist ein von den positiven Donatorionen im N-Gebiet zu den negativen Akzeptorionen im P-Gebiet gerichtetes elektrisches Feld. Es behindert sowohl die Elektronen als auch die Löcher an einer weiteren Diffusion in die Nachbargebiete. Die entstandene Raumladungszone vergrößert

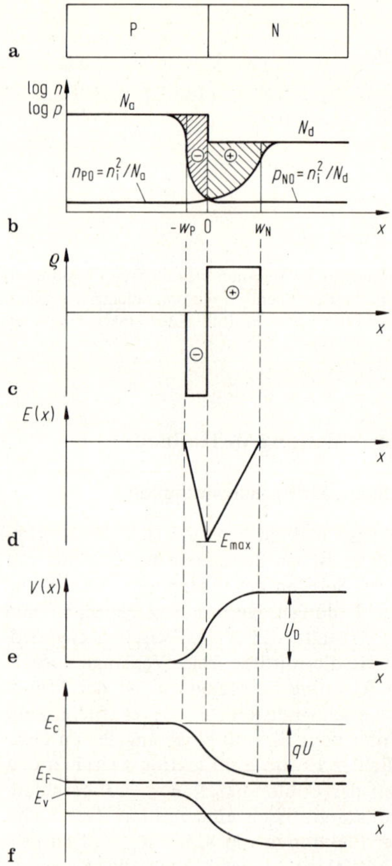

Bild 27-8. Stromloser abrupter PN-Übergang. **a** Eindimensionales Modell. Örtliche Verläufe **b** der Dotier- und freien Ladungsträgerkonzentrationen; **c** der Raumladungsdichte; **d** der Feldstärke; **e** des Potentials; **f** der Bandkanten des Bändermodells.

sich so lange, bis das mit ihr verknüpfte elektrische Feld keinen Nettostrom mehr über die Grenzfläche zwischen P- und N-Gebiet zuläßt. Der PN-Übergang befindet sich in diesem Zustand im thermodynamischen Gleichgewicht. Die Integration über die entstandene elektrische Feldstärke ergibt die Diffusionsspannung U_D. Sie beträgt für Silizium bei üblichen Dotierungen etwa 0,8 V. Die Raumladungszone wird sich in das niedriger dotierte Gebiet weiter ausbreiten als in das benachbarte hochdotierte Gebiet, weil sich in beiden Raumladungsbereichen die gleiche Gesamtladung befinden muß.
Der Kristall besteht demnach aus den raumladungsfreien Bahngebieten und der Raumladungszone. Die Sperrschichtgrenzen sind von der Dotierung der beiden aneinandergrenzenden Gebiete abhängig. In Bild 27-8 wird, ausgehend vom vereinfachten eindimensionalen Modell des PN-Überganges, die Raumladungszone schrittweise ausgehend von der Poissongleichung über den Ort integriert. Als

erstes Ergebnis erhält man den Feldstärkeverlauf $E(x)$ und aus dem zweiten Integrationsschritt den örtlichen Verlauf des Potentials $V(x)$. Aus der Potentialdifferenz über der Raumladungszone läßt sich die Diffusionsspannung U_D ablesen. Die Multiplikation des Potentials mit der Elektronenladung liefert die potentielle Energie der Elektronen und damit den örtlichen Verlauf der Bandkanten des Bändermodells eines PN-Überganges.

27.2.2 Der PN-Übergang in Flußpolung

Das thermodynamische Gleichgewicht, das zur Ausbildung der Raumladungszone geführt hatte, wird durch Anlegen einer äußeren Spannung gestört. Die Spannung des P-Gebietes soll positiv gegenüber dem N-Gebiet sein:
Bei Flußpolung überlagert sich die von außen angelegte Spannung U der Diffusionsspannung U_D, wodurch das über der Raumladungszone liegende elektrische Feld geschwächt wird. Es können jetzt mehr Elektronen und Löcher über die Sperrschicht diffundieren, als vom elektrischen Feld zurücktransportiert werden, weil das elektrische Feld, das den Diffusionsstrom im stromlosen Fall noch kompensieren konnte, nun kleiner geworden ist. Die in die Nachbargebiete diffundierenden Ladungsträger stellen eine Minoritätsträgerinjektion dar und erhöhen die Minoritätsträgerkonzentrationen an den Sperrschichträndern. Die zu ihrer Kompensation notwendigen Ladungsträger werden von den Kontakten geliefert und stellen den Strom dar, den der PN-Übergang führt.
Die Verkleinerung der Raumladungszone bei Flußpolung ist als ein Nebeneffekt zu betrachten,

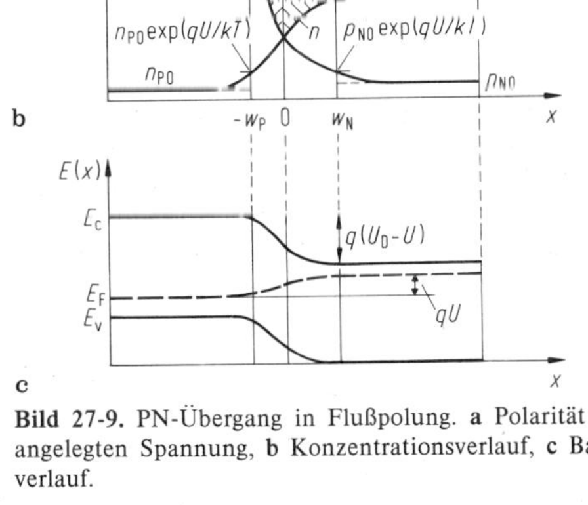

Bild 27-9. PN-Übergang in Flußpolung. **a** Polarität der angelegten Spannung, **b** Konzentrationsverlauf, **c** Bandverlauf.

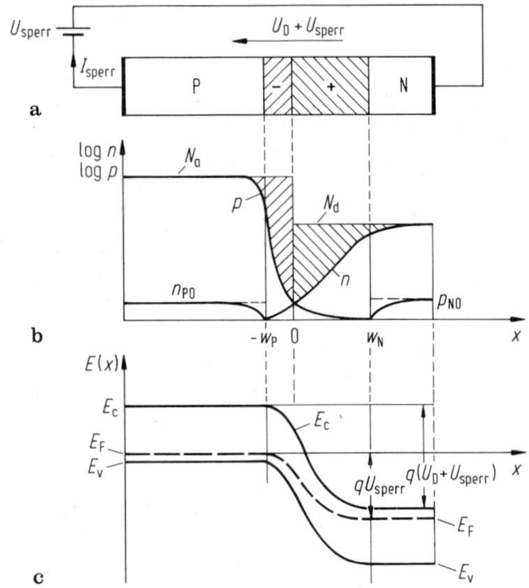

Bild 27-10. PN-Übergang in Sperrpolung. **a** Polarität der angelegten Spannung, **b** Konzentrationsverlauf, **c** Bandverlauf.

der allein nicht die gute Durchlaßeigenschaft erklärt.

27.2.3 Der PN-Übergang in Sperrpolung
(Bild 27-10)

Bei Anlegen einer Spannung, die das N-Gebiet positiv gegenüber dem P-Gebiet polt, wird das elektrische Feld der Raumladungszone noch verstärkt. Der Feldstrom überwiegt in der Raumladungszone. Das elektrische Feld ist so gerichtet, daß es nur Minoritätsträger transportieren kann. Die sind allerdings in den Bahngebieten nicht zahlreich vorhanden und müssen aus einer kleinen Konzentration an die Sperrschichtränder herandiffundieren. Deshalb führt der PN-Übergang in Sperrichtung nur einen sehr kleinen Strom, der in erster Näherung unabhängig von der angelegten Sperrspannung ist.
Bei dieser Polung der Spannung weitet sich die Raumladungszone abhängig von der angelegten Spannung weit in den Halbleiter aus.

27.2.4 Durchbruchmechanismen

Lawinendurchbruch (Bild 27.11)

An dem im Bild 27-8 dargestellten Verlauf der Feldstärke ändert sich bei angelegter Sperrspannung die Höhe des Feldstärkemaximums an der Dotierungsgrenze. Da auch der Weg, der durch die Sperrschicht gelangenden Minoritätsträger länger wird, kann die Aufnahme der kinetischen Energie auf der mittleren freien Weglänge zu Ionisierun-

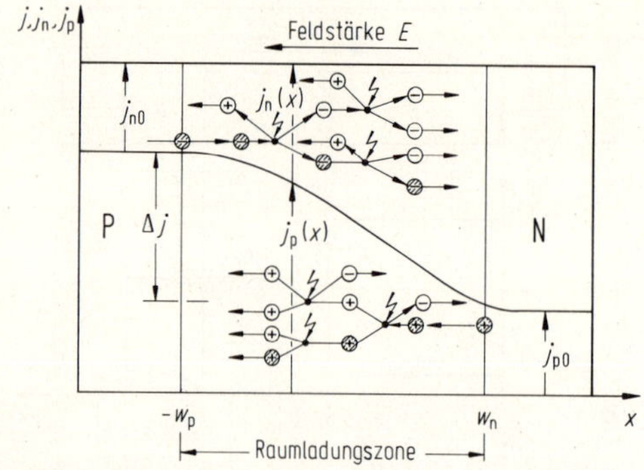

Bild 27-11. Ladungsträgermultiplikation beim Lawinendurchbruch.

gen von Gitteratomen, d. h. zur Generation von Elektron-Loch-Paaren, führen. Die neu entstandenen freien Ladungsträger können widerum Ionisierungen auslösen. Das kann zum lawinenartigen Anwachsen des Sperrstromes führen. Der Wert der Sperrspannung, bei dem der Lawinendurchbruch auftritt, nennt man Durchbruchspannung U_B.

Zener-Durchbruch (Bild 27-12)

Der Zener-Durchbruch tritt bei Dioden mit beidseitig hochdotierten Zonen auf. Er beruht auf dem quantenmechanischen Tunneleffekt: Ein Elektron kann hinreichend dünne Potentialschwellen ohne Energieverlust überwinden. Ein Elektron mit der Energie E_1 sieht sich in der Sperrschicht einer dreieckigen Potentialschwelle gegenüber, deren Höhe dem Bandabstand $E_c - E_v$ entspricht und deren Breite b ist. Die Steigung der Bandkante entspricht der elektrischen Feldstärke, d. h., die Breite b nimmt mit steigender Feldstärke ab. Die Tunnelwahrscheinlichkeit steigt mit abnehmender Breite b, so daß ab einer kritischen Feldstärke viele Ladungsträger die Sperrschicht überwinden können.

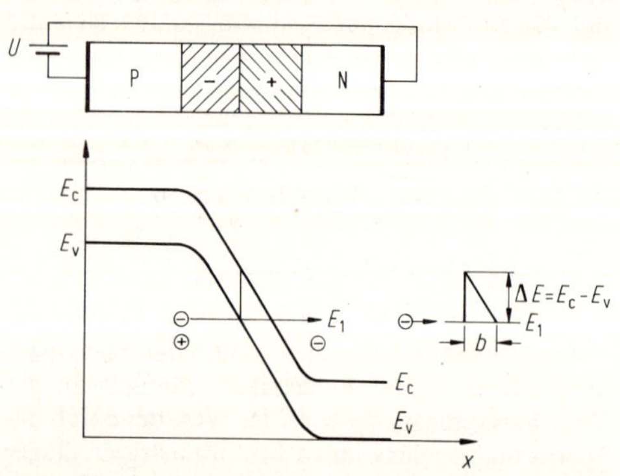

Bild 27-12. Zener-Durchbruch als Folge des quantenmechanischen Tunneleffekts.

27.2.5 Kennliniengleichung des PN-Überganges

Trifft man einige in der Praxis nicht ganz zutreffende Vereinfachungen, wie ladungsneutrale Bahngebiete, keine Generation oder Rekombination in der Sperrschicht und keine starken Injektionen, d. h., die Minoritätsträgerkonzentrationen an den Sperrschichträndern bleiben klein gegenüber den Majoritätsträgerkonzentrationen, ergibt sich die Kennlinie eines PN-Überganges:

$$j = j_0[\exp(eU/kT) - 1].$$

Für große negative Spannungen nimmt die Stromdichte j den Wert j_0 an, die deshalb *Sättigungsstromdichte* heißt. In Bild 27-13 ist die Kennlinie und das Schaltbild einer Diode dargestellt.

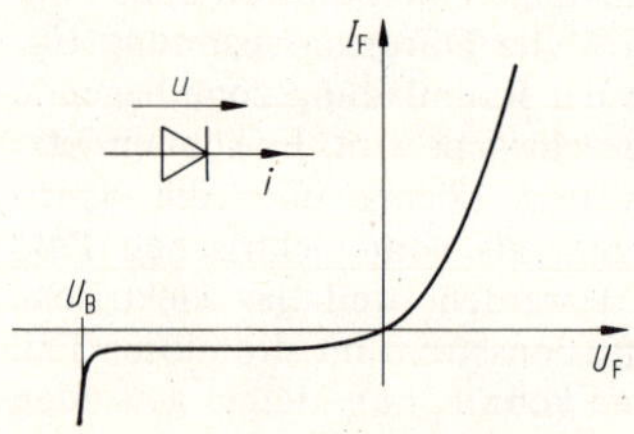

Bild 27-13. Diodenkennlinie mit dem Schaltzeichen und Spannungsrichtung.

27.2.6 Zenerdioden

Dioden sperren nur bis zu einer bestimmten Durchbruchspannung U_B. Von U_B an steigt der Sperrstrom steil mit der Spannung an. Sind P- und N-Gebiet hochdotiert, (N_a, $N_d > 10^{17}$ cm^3), so ist der Durchbruch auf den *Zener-Durchbruch* ($U_B < 5$ V) zurückzuführen, sonst auf den Lawinendurchbruch ($U_B > 5$ V). Den steilen Stromanstieg oberhalb U_B nutzt man zur Spannungsstabilisierung aus. Die Spannung ändert sich selbst bei Stromänderungen von mehreren Größenordnungen nur wenig. Dioden, die bestimmungsgemäß im Durchbruch betrieben werden, nennt man un-

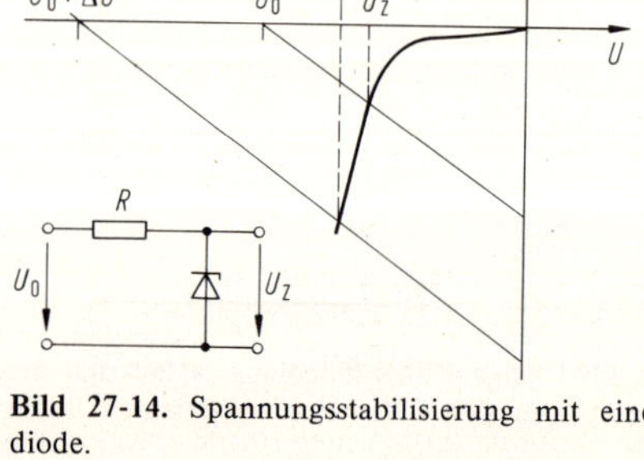

Bild 27-14. Spannungsstabilisierung mit einer Zenerdiode.

abhängig vom Durchbruchmechanismus Z-Dioden oder auch *Zenerdioden.*
Bild 27-14 zeigt das Schaltzeichen der Z-Diode, die Kennlinie und die Grundschaltung zur Spannungsstabilisierung. Als Stabilisierungsfaktor bezeichnet man das Spannungsverhältnis U_0/U_z.

27.2.7 Tunneldioden

Eine Tunneldiode ist so hoch dotiert, daß die (mit der Elementarladung *e* multiplizierte) Diffusionsspannung größer wird als der Bandabstand. Das Ferminiveau liegt dann in den erlaubten Bändern. Dadurch wird der Tunnelprozeß auch in Flußrichtung möglich. Die Wirkungsweise wird an dem vereinfachten Bändermodell in den Bildern 27-15a bis e erläutert. Für die verschiedenen Spannungszustände ergeben sich unterschiedliche Tunnelwahrscheinlichkeiten, die in der Kennlinie der Tunneldiode zu einem negativen Kennlinienbereich („negativen Widerstand") führen. Das kann zur Entdämpfung von Schwingkreisen ausgenutzt werden. (Anwendungsbereich: Erzeugung und Verstärkung sehr hoher Frequenzen bis 100 GHz).

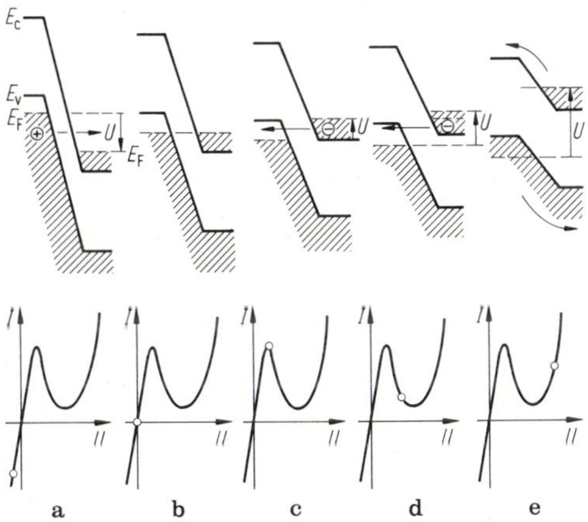

Bild 27-15. Bändermodell und Kennlinie der Tunneldiode; **a** Tunnelstrom in Sperrichtung aufgrund des Zener-Durchbruchs; **b** stromloser Fall; **c** maximaler Tunnelstrom in Vorwärtsrichtung. Elektronen aus dem Leitungsband tunneln in den freien Teil des Valenzbandes; **d** Zurückgehen des Tunnelstromes wegen kleiner werdender Überlappung zwischen dem besetzten Teil des Leitungsbandes und dem leeren Teil des Valenzbandes; **e** Zunahme des Stromes aufgrund des Injektionsstromes wie bei einer normalen Diode.

27.2.8 Kapazitätsdioden („Varaktoren")

Bei den Kapazitätsdioden (siehe Bild 27-16) wird die Abhängigkeit der differentiellen Sperrschichtkapazität von der Sperrspannung ausgenutzt. Bei einer Erhöhung der Sperrspannung nimmt die Dicke der Raumladungszone zu. Während der

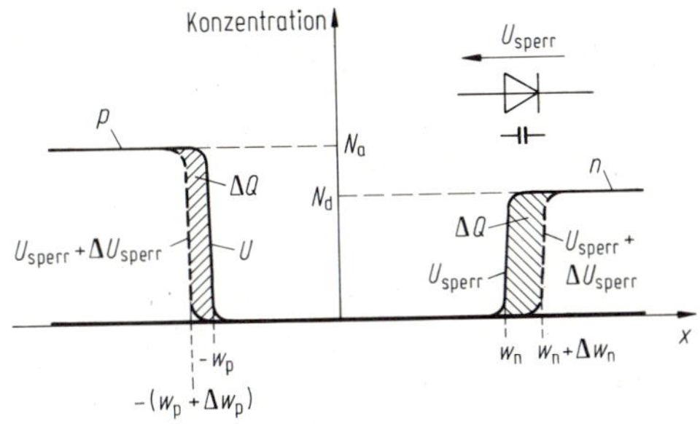

Bild 27-16. Zur Veranschaulichung der differentiellen Sperrschichtkapazität C_S bei Belastung des PN-Überganges in Sperrichtung und Schaltzeichen der Kapazitätsdiode.

Spannungserhöhung fließt ein Strom, um die freien Ladungsträger aus dem sich ausdehnenden Raumladungsgebiet abzuführen. Wird die Spannung wieder angesenkt, muß die sich verkleinernde Raumladungszone mit freien Ladungsträgern gefüllt werden. Der PN-Übergang zeigt ein kapazitives Verhalten. Das von der Sperrschicht herrührende kapazitive Verhalten wird deswegen Sperrschichtkapazität C_s genannt. Für den abrupten PN-Übergang ist die Sperrschichtkapazität dem reziproken Quadrat der Sperrspannung proportional. Dieser funktionale Zusammenhang kann durch die Wahl des Dotierungsprofiles beeinflußt werden. Wählt man für die Dotierung einen geeigneten Verlauf des Dotierungsprofiles, läßt sich daraus ein Kapazitätsverlauf $C_s(U)$ erzielen, der in Schwingkreisen zu einer linearen Beziehung zwischen Spannung und Frequenz führt. Die Kapazitätsdiode ist für elektronische Frequenzabstimmung, Frequenzmodulation und parametrische Verstärkung geeignet.

27.2.9 Leistungsgleichrichterdioden, PIN-Dioden

Als Anforderung an eine gute Leistungsdiode stehen hohe Sperrfähigkeit bei geringen Durchlaßverlusten im Vordergrund. Für die Herstellung stellt sich diese Doppelforderung als ein Widerspruch heraus, weil eine hohe Sperrspannung lange, gering dotierte Gebiete erforderlich macht, die wiederum zu schlechten Durchlaßeigenschaften (hohe Bahnwiderstände) führen. Einen gelungenen Kompromiß stellt die PIN-Diode dar. Der Name PIN-Diode beschreibt den Aufbau dieses Diodentyps. Eine im Idealfall eigenleitende I-Zone wird zwischen zwei hochdotierte P- und N-Gebiete angeordnet. In der Praxis wird es eine schwach dotierte Zone sein, deshalb wird auch oft der Name PSN-Diode verwendet. Der Vorteil dieser Anordnung liegt im Sperrverhalten. Die beweglichen Ladungsträger werden aus der I-Zone und dem Rand der hochdotierten Gebiete abgesaugt. Die Feldlinien laufen dann von den ent-

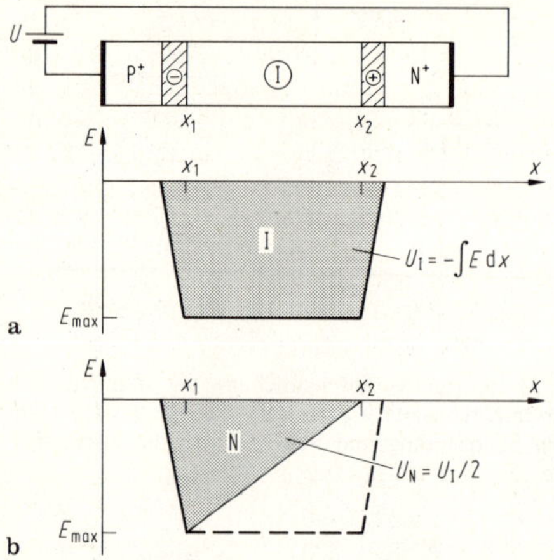

Bild 27-17. Sperrspannung und Feldstärkeverlauf in einer PIN-Diode im Vergleich zur P^+N-Diode.

blößten Donatoren der N-Seite zu den negativen Akzeptoren der P-Seite. Die Feldverhältnisse sind ähnlich wie beim Plattenkondensator. Die PIN-Diode kann bei gleicher Sperrschichtweite die doppelte Spannung gegenüber einer P^+N-Diode (P^+ bedeutet ein sehr hoch dotiertes P-Gebiet) bei gleicher maximaler Feldstärke aufnehmen (Bild 27-17).

Das Durchlaßverhalten der PIN-Diode ist grundsätzlich unterschiedlich zu dem eines PN-Überganges: Von beiden Randzonen werden Ladungsträger in das I-Gebiet injiziert, das dadurch mit Ladungsträgern überschwemmt wird (Bild 27-18).

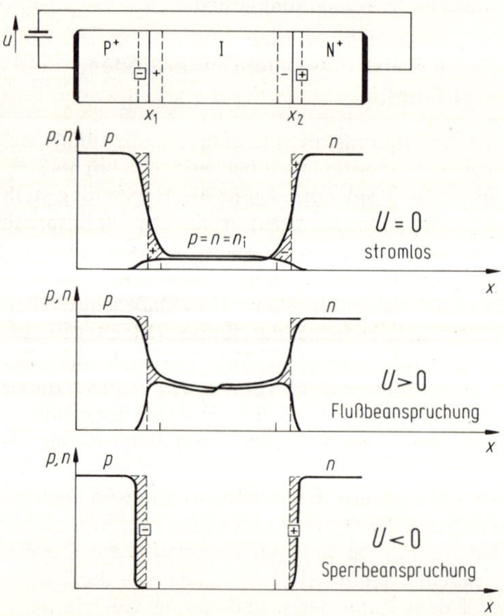

Bild 27-18. Konzentrationsverläufe in einer PIN-Diode.

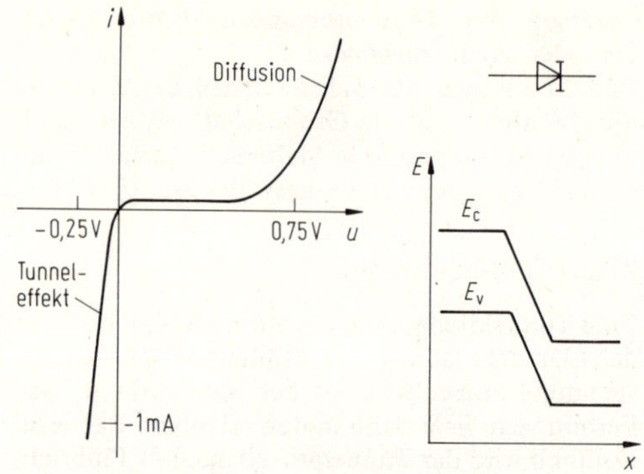

Bild 27-19. Kennlinie, Bandermodell (stromloser Fall) und Schaltzeichen einer Rückwärtsdiode.

Der Strom, den die PIN-Diode führt, wird durch die im I-Gebiet rekombinierenden Ladungsträger verursacht. Die Kennliniengleichung ist mit der eines P^+N-Überganges vergleichbar und lautet:

$$j_{\mathrm{PIN}} = j_{0\,(\mathrm{PIN})}\left(\mathrm{e}^{\frac{eU}{2kT}} - 1\right)$$

Die Sättigungsstromdichte ist um ein Vielfaches größer als beim PN-Übergang.

27.2.10 Mikrowellendioden, Rückwärtsdioden

Bei der Rückwärtsdiode (siehe Bild 27-19) ist die P- und N-Dotierung so gewählt, daß der Zenerdurchbruch schon bei beliebig kleinen Sperrspannungen auftritt. In Vorwärtsrichtung ist der Strom bis zu einigen Zehntel Volt beträchtlich kleiner als der Tunnelstrom in Rückwärtsrichtung. Sie wird deswegen in Rückwärtsrichtung als Flußrichtung eingesetzt. Der Tunnelstrom ist ein Majoritätsträgereffekt und unterliegt nicht den Diffusions- und Speichereffekten, so daß die Eigenschaften der Rückwärtsdiode weitgehend frequenzunabhängig sind. Sie ist bis in das GHz-Gebiet einsetzbar und findet ihre Hauptanwendung in der Mikrowellengleichrichtung und Mikrowellenmischung.

27.3 Bipolare Transistoren

27.3.1 Prinzip und Wirkungsweise

Der Bipolartransistor ist ein Bauelement, das aus drei Halbleiterschichten, die entweder in der Reihenfolge NPN oder PNP aufgebaut sind. Daraus ergibt sich eine Anordnung von zwei hintereinandergeschalteten PN-Übergängen, verbunden durch eine einkristalline Halbleiterschicht, die Basis. Jede Schicht ist mit einem metallischen Kontakt versehen. Bild 27-20 zeigt eine eindimensiona-

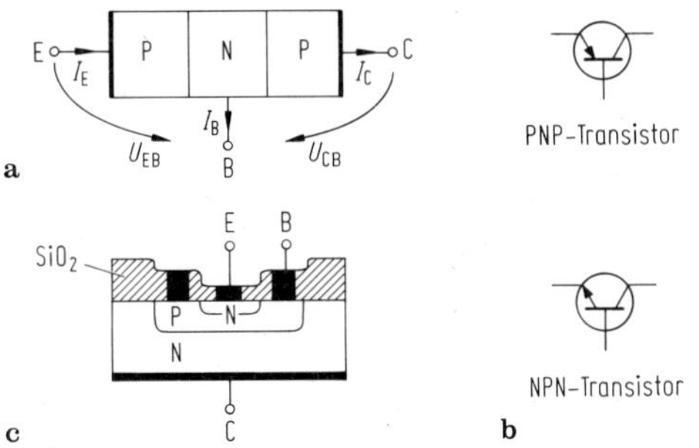

Bild 27-20. Modell eines PNP-Transistors. **a** Schematische Anordnung der Dreischichtenfolge; **b** Schaltzeichen für PNP- und NPN-Transistor; **c** prinzipieller Aufbau eines NPN-Transistors.

les PNP-Transistormodell mit seinen Anschluß-, Spannungs- und Strombezeichnungen; daneben ist das Schaltzeichen dargestellt.

Im Normalbetrieb ist die Basis-Emitter-Diode in Durchlaßrichtung, die Basis-Kollektor-Diode in Sperrichtung gepolt. Aus der Diodentheorie (27.2.2) ergibt sich wegen der Flußpolung eine Anhebung der Minoritätsträgerkonzentration (gegenüber dem Gleichgewichtswert) am emitterseitigen Basisrand; am kollektorseitigen Basisrand stellt sich dagegen wegen der Sperrpolung eine Absenkung auf nahezu Null ein. Bei entsprechender Dimensionierung der Basisweite — bezogen auf die Diffusionslänge — ergibt sich ein nahezu geradliniger Verlauf der Minoritätsträger in der Basis (Bild 27-21). Die vom Emitter injizierten Löcher diffundieren bis zur Kollektorsperrschicht und werden dort als Minoritätsträger vom elektrischen Feld der Raumladungszone in den Kollektor gesaugt. Für den Kollektor bedeutet das eine Majoritätsträgerinjektion, d. h., die Überschußladung wird in Form eines Stromes aus dem Kollektorkontakt abgeführt. Die Größe des Kollektorstromes ist von der Menge der an den Kollektor andiffundierenden Löcher und damit von der Steigung der Löcherkonzentration am Sperrschichtrand abhängig. Die Steigung läßt sich durch die Höhe der Injektion durch den P-Emitter einstellen. Rekombinationsverluste in der Basis führen zu einer Abnahme der Steigung und damit Verkleinerung des Kollektorstromes. Der Transistoreffekt ist also auf einen reinen Minoritätsträgereffekt in der Basis zurückzuführen. Von der Dimensionierung der Basis hängt das elektrische Verhalten des Transistors entscheidend ab.

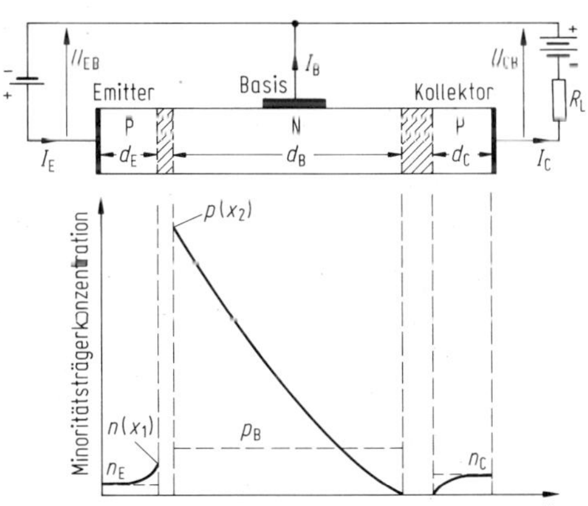

Bild 27-21. Transistormodell und Minoritätsträgerkonzentrationsverlauf.

Die Wirkungsweise des bipolaren Transistors ist mit der eines gesperrten PN-Überganges vergleichbar, dessen Sperrstrom steuerbar ist.

Der Kollektorstrom ergibt sich aus dem Anteil $\alpha \cdot I_E$ des Emitterstromes, der den Kollektor erreicht und dem Sperrstrom der Basis-Kollektor-Diode I_{CB0}:

$$I_C = \alpha \cdot I_E + I_{CB0}\,.$$

Für einen möglichst großen Stromverstärkungsfaktor α ist eine hohe Löcherinjektion am Emitterrand der Basis notwendig. Diese Eigenschaft wird als Emitterwirkungsgrad bezeichnet und erfordert eine hohe Dotierung des Emitters gegenüber der Basis. Weiterhin sollen möglichst alle Löcher ohne zu rekombinieren den Kollektorsperrschichtrand erreichen (Transportfaktor), das erfordert eine kleine Basisweite gegenüber der Diffusionslänge. Damit sind die Grundbedingungen für die Herstellung von Transistoren genannt.

Das für den PNP-Transistor erläuterte Prinzip gilt entsprechend für den NPN-Transistor.

Ersatzschaltbilder und Vierpolparameter

Ähnlich wie für den PN-Übergang läßt sich auch der Transistor mit dem Halbleitergleichungssystem berechnen und man erhält als Ergebnis zwei Ausdrücke für den Emitterstrom I_E und den Kollektorstrom I_C:

$$I_E = I_{ED} - \alpha_I \cdot I_{CD} \quad \text{und} \quad I_C = \alpha \cdot I_{ED} - I_{CD}\,.$$

Die Ausdrücke für I_{ED} und I_{CD} sind Diodenströme, die die Spannungsabhängigkeiten der Basis- und Kollektordiode beschreiben. Daraus läßt sich ein Ersatzschaltbild mit gesteuerten Stromquellen (Bild 27-22) konstruieren. Je nach Anwendungsgebiet kann das Ersatzschaltbild vereinfacht werden.

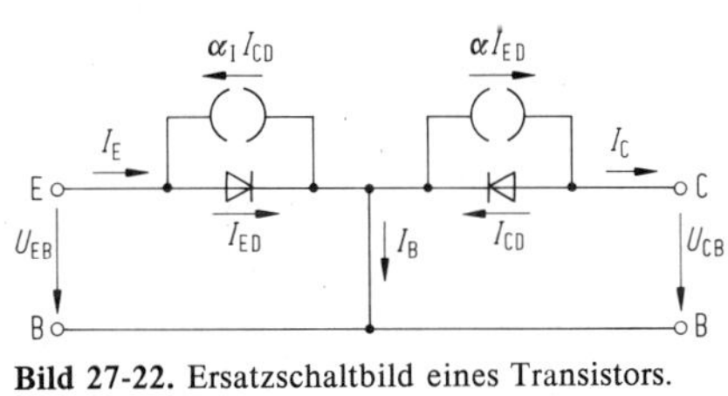

Bild 27-22. Ersatzschaltbild eines Transistors.

Für die Vierpoldarstellung des Transistors wird das Ergebnis der Kennlinienberechnung für die Leitwertparameterdarstellung in der Form:

$$I_E = Y_1(U_{EB}, U_{CB})\,; \quad I_C = Y_2(U_{EB}, U_{CB})$$

geschrieben.
Für kleine Wechselspannungen u und kleine Wechselströme i werden die Kennliniengleichungen durch eine Taylorentwicklung angenähert:

$$i_e = y_{11} \cdot u_e + y_{12} \cdot u_C\,; \quad i_C = y_{21} \cdot u_e + y_{22} \cdot u_C\,.$$

Spannungsgrenzen des Transistors. Lawinendurchbruch

Wie in einer Diode kann in der Kollektorsperrschicht der Lawinendurchbruch auftreten, der bei offenem oder kurzgeschlossenem Emitter bei den gleichen Spannungswerten einer vergleichbaren Diode liegt. Ist dagegen die Basis offen, wird durch den Lawinenstrom die Majoritätsträgerkonzentration in der Basis erhöht und dadurch der Emitter veranlaßt, noch stärker zu injizieren. Dadurch sinkt die Spannunsgrenze des Transistors unter den entsprechenden Wert einer vergleichbaren Diode.

Punch-through-Effekt

Durch Erhöhung der Kollektorspannung breitet sich die Raumladungszone weiter in die Basis aus. Berührt die Kollektorsperrschicht den Emittersperrschichtrand, ist die Punch-through-Spannung erreicht und die Basis kann den Transistor nicht mehr steuern, es fließt ein starker Emitter-Diffusionsstrom.

Frequenzverhalten des Transistors

Der Transistoreffekt beruht auf der Diffusion von Minoritätsträgern durch die Basis. Dafür benötigen sie eine Laufzeit oder Transitzeit t_{tr}, die von der Basisdicke und der Diffusionskonstanten D abhängt. Als Grenzfrequenz ergibt sich für die Basisschaltung eine der reziproken Transitzeit proportionale Größe.

27.3.2 Universaltransistoren. Kleinleistungstransistoren

Kleinleistungstransistoren sind typischerweise PNP-Transistoren mit diffundierten PN-Übergängen. Ihre Verlustleistung liegt bei einigen 100 mW. Sie werden in Baureihen von 30 V, 60 V und 100 V für die Kollektorspannung, 5 bis 10 V für die Emitter-Basis-Spannung und bis zu maximal 500 mA für den Kollektorstrom, angeboten. Die Grenzfrequenzen liegen zwischen 10 und 100 MHz.

27.3.3 Schalttransistoren

Transistoren lassen sich auch als Schalter betreiben. Die eingeführten Vereinfachungen bei der Vierpolbetrachtung sind nicht anwendbar, denn sie gelten für Kleinsignalaussteuerungen. Wichtig sind für den Betrieb eines Schalttransistors die beiden Zustände „Ein“ und „Aus“ und die dynamischen Übergänge. Im „Aus“-Zustand muß der Transistor einen hohen Widerstand bei hoher Sperrfähigkeit besitzen und im „Ein“-Zustand muß er einen möglichst großen Strom bei kleinem Spannungsabfall führen können. In der Praxis wird man für Schalttransistoren die Emitterschaltung verwenden, da mit ihr sowohl Strom- als auch Spannungsverstärkung erzielt werden können.
Im Kennlinienfeld der Emitterschaltung ändert sich der Arbeitspunkt beim Schaltbetrieb schnell zwischen den beiden in Bild 27-23 markierten Endzuständen. Der Kennlinienbereich unterhalb des „Aus“-Zustandes *(Sperrbereich)* wird durch Anlegen von Sperrspannungen an den Emitter- und den Kollektorübergang erreicht. Der Kennlinienzweig für $I_B = 0$ trennt den *Sperrbereich* vom *aktiven Bereich.* Im aktiven Bereich, dem Normalbetrieb für Transistoren, liegt der Emitter an Durchlaßpolung, der Kollektor wird in Sperrichtung betrieben.
Wird die Kollektor-Emitter-Spannung vom „Ein“-Zustand weiter verkleinert, wird auch die Kollektordiode in Durchlaßrichtung betrieben und beide Übergänge injizieren in die Basis und überschwemmen sie mit Ladungsträgern. Dieser Betriebsbereich hat deswegen sinngemäß den Namen *Sättigungsbereich* erhalten.
In Bild 27-24 wird der Schaltvorgang erläutert. Zum Zeitpunkt $t = 0$ wird ein konstanter Basisstrom eingeschaltet. Während der Zeit t_d wird das Konzentrationsgefälle in der Basis aufgebaut, ohne daß ein nennenswerter Kollektorstrom fließt. Diese Anfangsphase heißt Verzögerungszeit t_d (delay time) und wird als die Zeit bis zum Erreichen des 10%-Wertes des endgültigen Kollektorstromes definiert. Während der Zeit t_r (rise time) steigt das Konzentrationsgefälle am Kollektorsperrschicht-

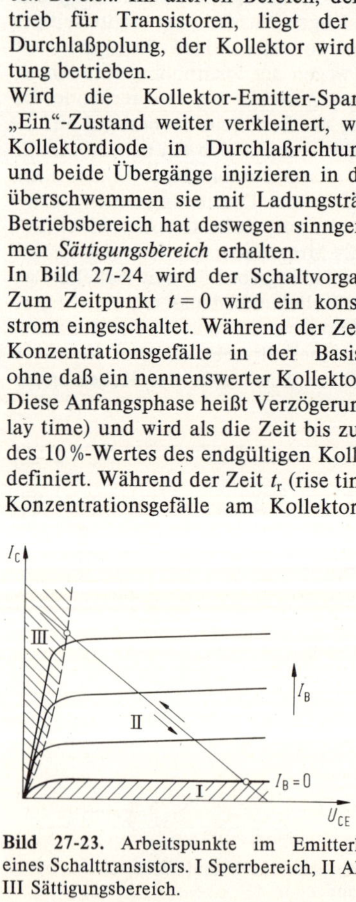

Bild 27-23. Arbeitspunkte im Emitterkennlinienfeld eines Schalttransistors. I Sperrbereich, II Aktiver Bereich, III Sättigungsbereich.

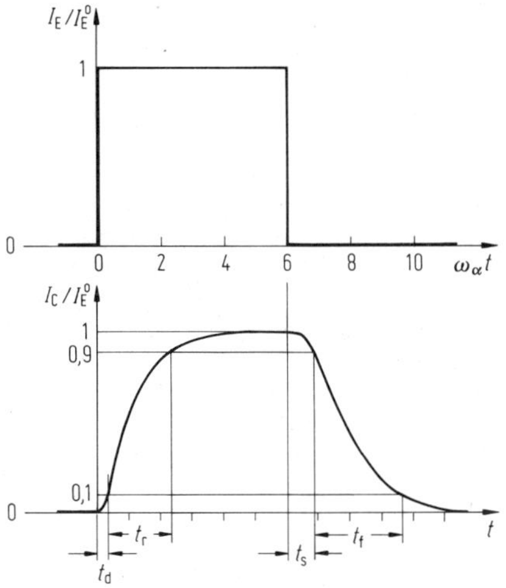

Bild 27-24. Schaltvorgang zwischen Sperrbereich und aktivem Bereich. **a** Emitterstrompuls, **b** zeitlicher Verlauf des Kollektorstromes t_d Verzögerungszeit, t_r Anstiegszeit, t_f Abfallzeit.

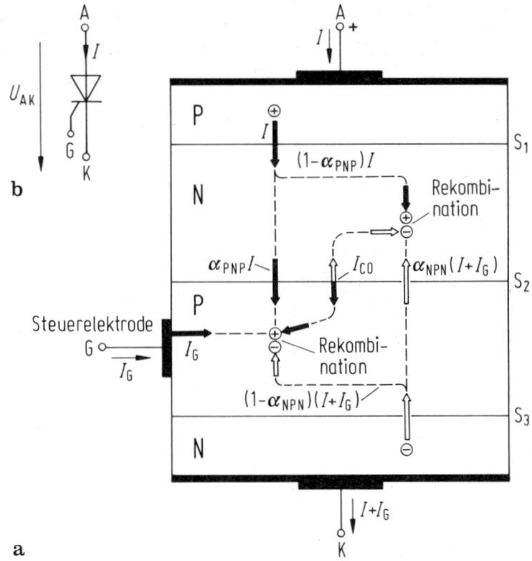

Bild 27-25. Thyristor. **a** Schematischer Aufbau der Vierschichtstruktur; **b** Schaltzeichen.

rand. Sie wird bis zum Erreichen des 90 %-Wertes des Kollektorstromes definiert. Anschließend wird die Speicherladung in der Basis noch weiter erhöht, ohne daß sich die Steigung oder der Kollektorstrom noch merklich ändern. Der Ausschaltvorgang gestaltet sich ähnlich. Während der Speicherzeit t_s (storage time) wird die Speicherladung abgebaut, der Strom ändert sich nur wenig. Erst während der Abfallzeit t_f (fall time) wird das Konzentrationsgefälle kleiner und der Strom nimmt ab. Die Zeitgrenzen werden wie beim Einschalten bei Erreichen des 90 % und 10 % Wertes vom Kollektorstrom abgelesen. Zu bemerken ist, daß ein Ausschaltvorgang aus dem Sättigungsbetrieb längere Speicherzeiten benötigt. Diesen Nachteil muß der Anwender mit dem Vorteil der kleineren Verlustleistung im eingeschalteten Zustand abwägen. Beispiel für die Anwendung von Schalttransistoren sind astabile, bistabile und monostabile Kippschaltungen.

27.4 Halbleiterleistungsbauelemente

27.4.1 Der Thyristor

Aufbau und Wirkungsweise

Der Thyristor ist ein Halbleiterbauelement, das ohne einen Gatestrom gesperrt ist, gleichgültig, welche Polarität der angelegten Spannung vorliegt. Ist die Spannung positiv, läßt er sich durch einen kleinen Steuerstrom in einen gut leitenden Zustand schalten und hat dann eine ähnliche Strom-Spannungs-Kennlinie wie die PIN-Diode.

Der elektrische aktive Teil eines Thyristors besteht aus drei PN-Übergängen. Die beiden äußeren Schichten sind stark dotiert, während die beiden inneren Basisschichten schwach dotiert sind. Der Anschluß an die äußere P-Schicht wird als Anode, der Anschluß an die äußere N-Schicht wird als Kathode bezeichnet; die Steuerelektrode (Gate[anschluß]) ist an der P-Zone angebracht (Bild 27-25).

Zum besseren Verständnis der Funktionsweise zerlegt man den Thyristor gedanklich in zwei Transistoren (Bild 27-26). Die beiden Kollektoranschlüsse des NPN- und des PNP-Transistors sind jeweils mit dem Basisanschluß des anderen Transistors verbunden. Der Kollektorstrom $\alpha_{PNP}I$ des PNP-Transistors fließt als Basisstrom in den PNP-Transistor. Der fehlende Anteil $(1 - \alpha_{PNP}I)$ geht als Rekombinationsstrom in der N-Basis verloren. Entsprechend fließt vom NPN-Transistor der Kollektorstrom $\alpha_{NPN}I$ in die N-Basis des PNP-Transistors, in die zusätzlich noch der Steuerstromanteil $\alpha_{NPN}I_s$ fließt. Über den PN-Übergang S_2, der für

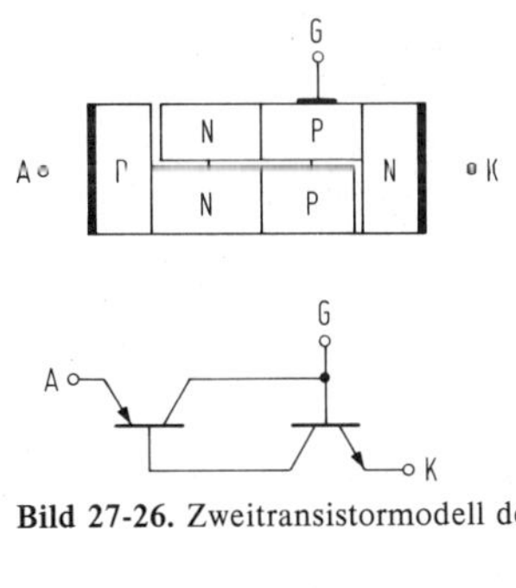

Bild 27-26. Zweitransistormodell des Thyristors.

beide Teiltransistoren als Kollektor wirkt, fließt in die beiden Basiszonen des Thyristors noch der Sperrstrom I_{C0}. Die Bilanz der Rekombinationspartner in der N- oder P-Basis liefert nach einer Umformung:

$$I_A = \frac{I_{C0}}{1-(\alpha_{NPN}+\alpha_{PNP})} + \frac{\alpha_{NPN} \cdot I_G}{1-(\alpha_{NPN}+\alpha_{PNP})}.$$

Dieser Zusammenhang wird als Kennliniengleichung bezeichnet. Die Spannung tritt in ihr zwar nicht unmittelbar in Erscheinung, sie ist jedoch im Sperrstrom I_{c0} und in den Stromverstärkungsfaktoren α_{NPN} und α_{PNP} enthalten. Für den Verlauf der Kennlinie ist darüberhinaus die Stromabhängigkeit der Stromverstärkungsfaktoren maßgeblich, deren Summe in Bild 27-27 dargestellt ist.

Diskussion der Kennlinie für $I_s = 0$ (offenes Gate)

Bei Erhöhung der Sperrspannung wächst I_{c0} infolge der Ladungsträgermultiplikation im Übergang S_2 an. Wird die Durchbruchspannung erreicht, steigt I_{C0} steil an und die Summe der Stromverstärkungsfaktoren $(\sum \alpha)$ wächst gemäß Bild 27-27 gegen 1. Dies führt zu einer Abnahme von I_{C0} und damit zu einer Abnahme von U_2. Es entsteht ein Kennlinienteil mit negativer Steigung. Erreicht die $\sum \alpha$ den Wert 1, wird I_{C0} zu null, d. h., die Spannung U_2 wird null. Wächst der Strom I_A weiter an, übersteigt die $\sum \alpha$ den Wert 1, der Sperrstrom I_{C0} wird negativ; der Übergang S_2 wird in Flußrichtung betrieben. Beide Teiltransistoren des Thyristors arbeiten im Sättigungsbereich.

Diskussion der Kennlinie für $I_s > 0$. Bei zusätzlicher Einspeisung eines Gatestromes gehört ein kleineres I_{C0} zu einem vorgegeben I_A als bei $I_s = 0$, damit wird der Spannungswert für die Zündung des Thyristors herabgesetzt (Bild 27-28).

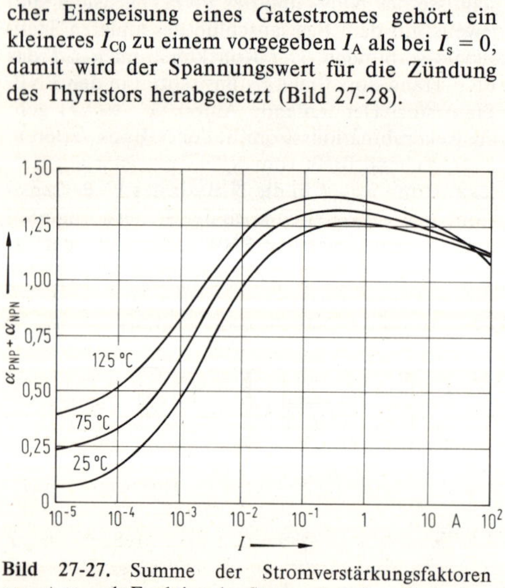

Bild 27-27. Summe der Stromverstärkungsfaktoren $\alpha_{NPN} + \alpha_{PNP}$ als Funktion des Stromes bei einer Kathodenfläche von 20 mm².

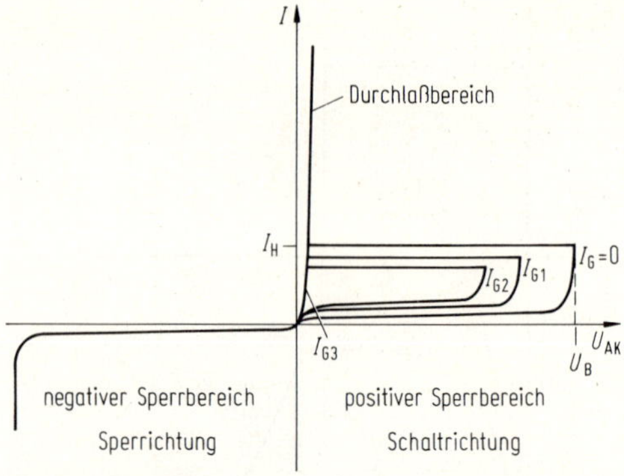

Bild 27-28. Strom-Spannungs-Kennlinie eines Thyristors mit I_G als Parameter.

Àusschalten des Thyristors

Im Durchlaßbereich sind die Basiszonen mit beweglichen Ladungsträgern „überschwemmt". Es liegen Verhältnisse wie in einer durchlaßbelasteten PIN-Diode vor. Damit der Thyristor in Sperrichtung oder in der Vorwärtsrichtung sperren kann, müssen diese gespeicherten Ladungsträger abgebaut werden. In welcher Zeit das erfolgt, hängt von den Bedingungen des äußeren Stromkreises und den Rekombinationsverhältnissen im Thyristor ab. Den Anwender interessiert in erster Linie die Zeitspanne nach Abschalten des Stromes, bis der Thyristor in Vorwärtsrichtung sperrfähig wird. Diese Zeit bezeichnet man als Freiwerdezeit.

27.4.2 Der abschaltbare Thyristor

Um einen Thyristor mittels Steuerstrom abzuschalten, muß der Steuerbasis ein hinreichend großer negativer Steuerstrom entzogen werden, (GTO-, Gate-turn-off-Thyristor), (Bild 27-29). Der Thyristor schaltet aus, wenn die Flußpolung am Übergang S_1 wieder aufgehoben wird, d. h. wenn U_2 null oder gar negativ wird. Der zum Abschalten eines Anodenstroms I_{A0} notwendige negative Steu-

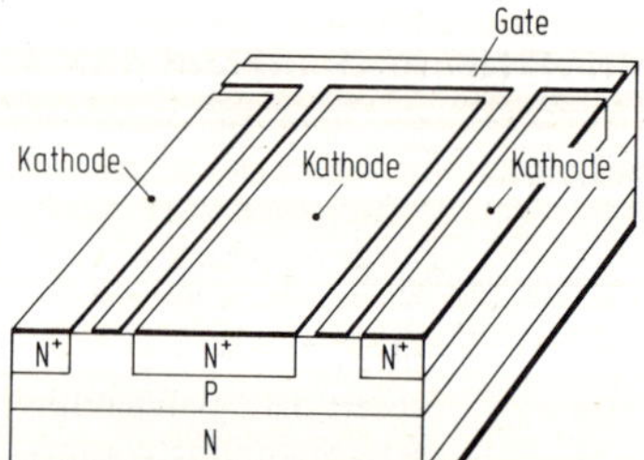

Bild 27-29. Schema der Gate-Kathoden-Struktur eines GTO-Thyristors.

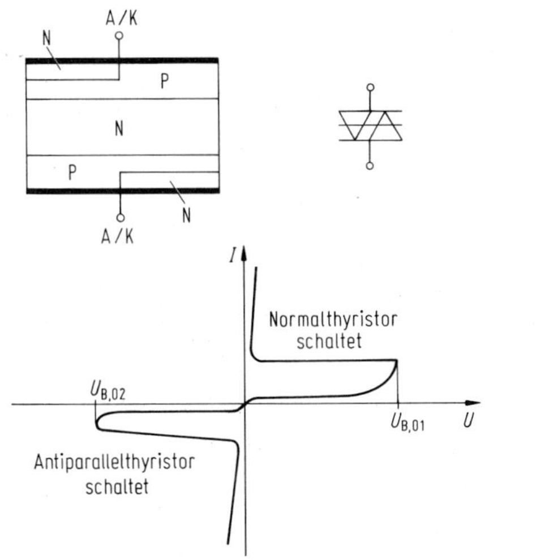

Bild 27-30. Schematischer Schichtenaufbau, Schaltzeichen und Kennlinie einer Zweirichtungs-Thyristordiode (auch „eines Diacs").

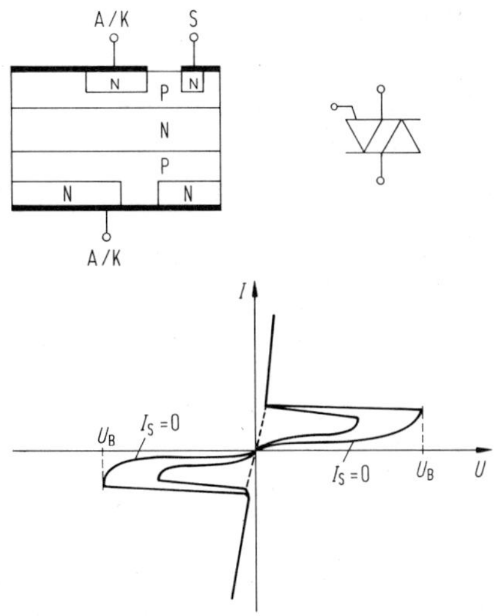

Bild 27-31. Schematischer Aufbau der Schichtenfolge, Schaltzeichen und Kennlinie eines Triacs.

erstrom heißt I_{G0}. Als Abschaltverstärkung β_0 bezeichnet man:

$$\beta_0 = \frac{I_{A0}}{|I_{G0}|}.$$

Die heute üblichen Werte für β_0 liegen zwischen 5 und 10. Man muß zwar einen kräftigen Steuerstrom aufwenden um den Thyristor abzuschalten, dieser Strom braucht aber nur für kurze Zeit von wenigen µs zu fließen. Darin liegt ein wesentlicher Vorteil des GTO-Thyristors gegenüber Transistoren.

27.4.3 Zweirichtungs-Thyristordiode (Diac)

Wird in ein symmetrisches PNP-System die Kathoden-N-Zone in der einen Scheibenhäfte in die obere und in der anderen Scheibenhäfte in die untere P-Schicht eingelassen und werden beide Scheibenseiten ganz kontaktiert, so entsteht ein fünfschichtiges Gebilde, das einer integrierten Schaltung aus zwei antiparallelen Thyristoren ohne Steueranschluß entspricht. Die Strom-Spannungskennlinie dieser Anordnung verfügt über je eine Schaltcharakteristik in Vorwärts- und Rückwärtsrichtung. Solche bidirektionalen Thyristordioden können durch Überschreiten der Kippspannung oder durch steilen Anstieg der Spannung gezündet werden (Bild 27-30).

27.4.4 Bidirektionale Thyristordiode (Triac)

Bidirektionale Thyristordioden (Triacs) können sowohl bei positiver als auch bei negativer Spannung durch einen positiven *oder* negativen Gatestrom gezündet werden. Dadurch können Wechselstromverbraucher in einem großen Leistungsbereich geregelt werden. Ähnlich aufgebaut wie das Diac ist das Triac eine integrierte Schaltung aus zwei antiparallelen Thyristoren, die mit einem Gatestrom gezündet werden können (Bild 27-31).

27.5 Feldeffektbauelemente

Bei den Feldeffekt(FE)-Bauelementen werden Majoritätsträger durch ein elektrisches Querfeld gesteuert. Minoritätsträger spielen keine Rolle.

27.5.1 Sperrschicht-Feldeffekt-Transistoren (Junction-FET, PN-FET, MSFET oder JFET)

Aufbau und Wirkungsweise (N-Kanal-FET)

Ein N-Halbleiter ist an den Enden mit einer Spannungsquelle verbunden. Elektronen fließen von dem als Source (Quelle) bezeichneten Kontakt zum Drain (Senke). Die Breite des Kanals, durch den die Elektronen fließen, wird durch zwei seitliche P-Gebiete bestimmt. Die Breite des Kanals kann durch eine an diese PN-Übergänge angeschlossene Spannung noch verändert werden. Den sperrschichtfreien Anschluß an die P-Zonen nennt man Gate. Wird das Gate aus einem sperrenden Metall-Halbleiter-Kontakt (Schottky-Diode) gebildet, wird das Bauelement als MeSFET oder MSFET bezeichnet. Die Dotierungen können auch umgekehrt gewählt werden, dann liegt ein P-Kanal-FET vor.

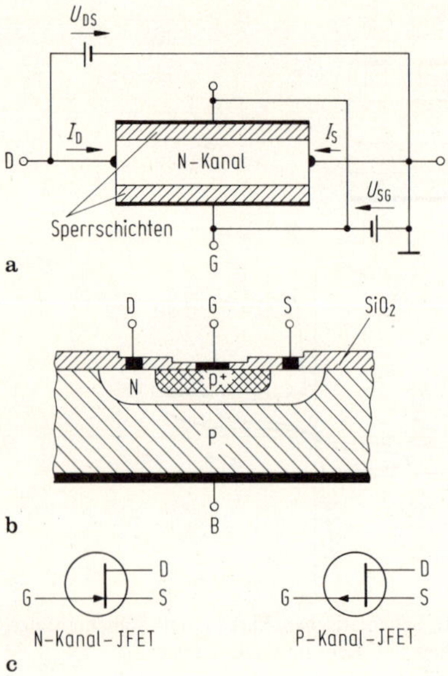

Bild 27-32. **a** Vereinfachtes Prinzip des Feldeffekttransistors (JFET); **b** prinzipieller Aufbau als N-Kanal-PN-FET; **c** Schaltzeichen.

Bild 27-32 zeigt das Prinzipbild des Sperrschicht-FET (JFET) mit seinem Schaltzeichen und den Betriebsspannungen. Die JFETs werden vorzugsweise in Planartechnik hergestellt. Die Spannung U_{DS} (Drain-Source) bewirkt den Drainstrom I_D durch den Kanal. An das Gate wird eine Sperrspannung U_{GS} gegen den Source-Kontakt angeschlossen, so daß sich eine Raumladungszone weit in den Kanal ausbreitet, die den nutzbaren Querschnitt für den Kanal herabsetzt. Die Spannung U_{GS}, bei der der Kanal auf seiner vollen Breite bei $U_{DS} = 0$ abgeschnürt wird, nennt man Abschnürspannung U_P. Bei fließendem Drainstrom fällt längs des Kanals die Spannung U_{DS} ab. Die Spannungsquellen sind so gepolt, daß sich U_{DS} am drainseitigen Ende des Kanals zu der Gate-Source-Spannung U_{GS} addiert, so daß der Kanal dort am engsten wird. Die Spannung U_{DS}, bei der sich der Kanal abzuschnüren beginnt, bezeichnet man als Kniespannung U_{DSsat}; den Strom an der Sättigungsgrenze bei $U_{GS} = 0$ nennt man Drain-Source-Kurzschlußstrom I_{DSS}. Bei Steigerung der Drain-Source-Spannung über die Kniespannung hinaus bleibt der Drainstrom nahezu konstant, weil der leitende Kanal durch die mit U_{DS} anwachsende Sperrschicht den Kanal weiter abschnürt und die in die Sperrschicht einströmenden Majoritätsträger — abgesehen von dem Einfluß der Verkürzung der verbleibenden leitenden Kanallänge — auf den gleichen Wert begrenzt bleiben. Legt man zusätzlich an die Gate-Source-Strecke eine Sperrspannung, beginnt die Abschnürung des Kanals bei entsprechend kleineren Drain-Source-

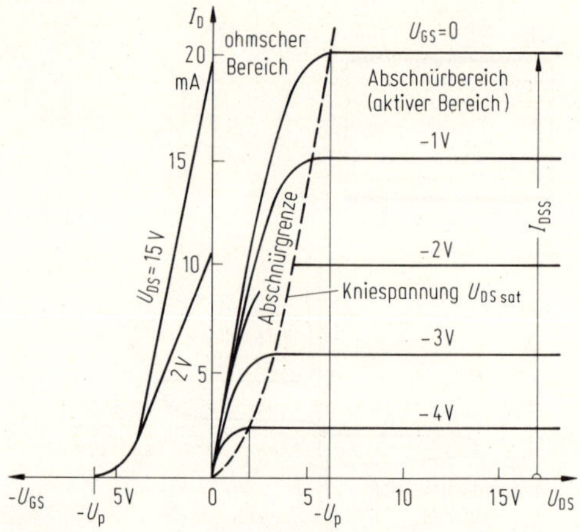

Bild 27-33. Kennlinienfeld des JFET, links Übertragungskennlinien, rechts Ausgangskennlinienfeld.

Spannungen (siehe Ausgangskennlinienfeld Bild 27-33).

27.5.2 Feldeffekttransistoren mit isoliertem Gate (IG-FET, MISFET, MOSFET oder MNSFET)

Die Steuerung des leitenden Kanals erfolgt beim IGFET ebenfalls durch ein elektrisches Querfeld, das im Gegensatz zum JFET durch ein isoliertes Gate erzeugt wird. Wird die Isolierschicht durch eine Siliziumdioxidschicht gebildet, spricht man von einem MOSFET (Metal oxide semiconductor FET), wird sie durch eine Siliziumnitritschicht gebildet, von einem MNSFET (Metal nitride semiconductor FET), allgemein von einem MISFET (Metal insulator semiconductor FET).
Ist der Kanal bei offenem Gate bereits abgeschnürt, spricht man von einem Anreicherungs- oder selbstsperrenden IGFET, besitzt der Kanal dagegen bei offenem Gate bereits eine nennenswerte Leitfähigkeit, bezeichnet man diesen Typ als Verarmungs- oder selbstleitenden IGFET.

Aufbau und Wirkungsweise des Anreicherungs-IG FET

Bild 27-34 zeigt den planaren Aufbau eines N-Kanal-Anreicherungs-IG-FET mit seinem Schaltsymbol und den Betriebsspannungen. In einen P-Halbleiter sind die N-leitenden Drain- und Source-Inseln eindiffundiert. Zwischen den Inseln ist eine dünne Siliziumdioxidschicht aufgebracht, die mit dem metallisierten Gatekontakt versehen ist. Bei offenem Gate ($U_{GS} = 0$) kann kein Drainstrom fließen, da unabhängig von der Polung von U_{DS} immer einer der beiden PN-Übergänge in Sperrichtung gepolt ist. Legt man eine positive Spannung an das Gate, enden die elektrischen

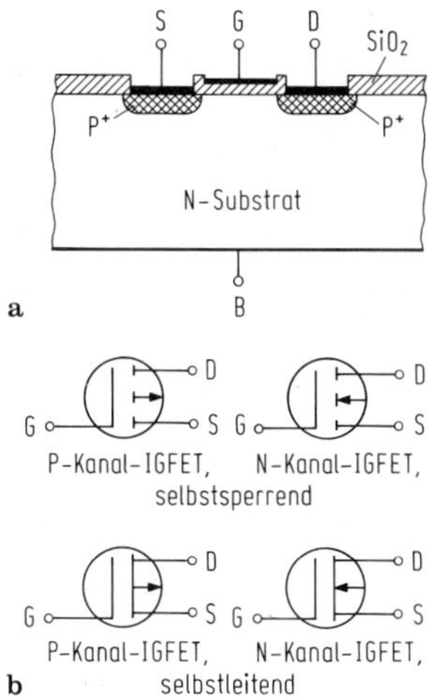

Bild 27-34. **a** Schematischer Aufbau eines N-Kanal JGFET; **b** Schaltzeichen verschiedener JGFET.

Feldlinien senkrecht auf der Oberfläche des Halbleiters unterhalb der Isolierschicht und binden dort freie Elektronen. Die Elektronenkonzentration steigt mit wachsender Gatespannung und erreicht den Wert der Löcherkonzentration bei der sog. Schwellenspannung U_{T0}. Steigert man die Gatespannung über U_{T0} hinaus, bildet sich ein N-leitender Kanal zwischen Source und Drain, und es kann ein von der Gatespannung gesteuerter Drainstrom fließen. Wie beim JFET addiert sich der Spannungsabfall über der Source-Drain-Strecke zur Gatespannung. Daher ist der Kanal am drainseitigen Ende am kleinsten und an der Sourceseite am größten. Reicht die Spannung von der Draininsel zur Kanalbildung nicht mehr aus, beginnt sich der Kanal abzuschnüren, den dazugehörigen Spannungswert bezeichnet man als Kniespannung $U_{DS\,sat}$. Wie in 27.5.1 beschrieben, beginnt sich bei einer Steigerung von U_{DS} über $U_{DS\,sat}$ hinaus der Kanal weiter abzuschnüren und den Drainstrom auf seinen Sättigungswert $I_{D\,sat}$ zu begrenzen. Bild 27-35 zeigt das Kennlinienfeld des N-Kanal-Anreicherungs-MOSFET.

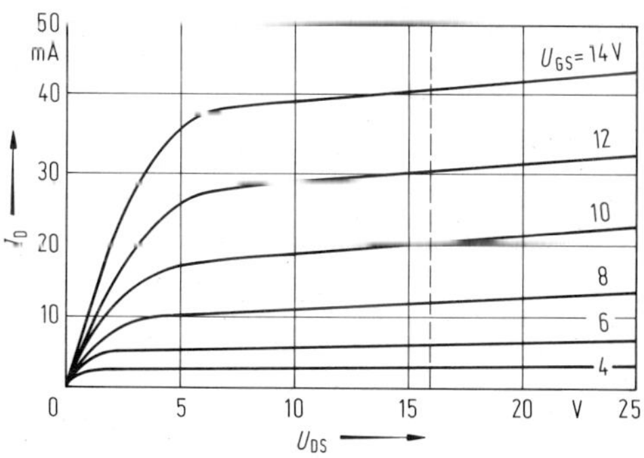

Bild 27-35. Kennlinienfeld eines IGFET vom Anreicherungstyp.

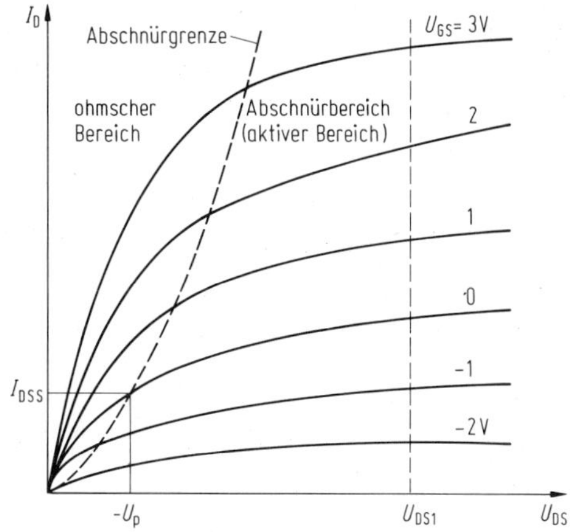

Bild 27-36. Kennlinienfeld eines IGFET vom Verarmungstyp.

Aufbau und Wirkungsweise des Verarmungs-IGFET

Im Gegensatz zum Anreicherungs-IGFET besteht beim Verarmungstyp, bei sonst ähnlichem Aufbau, bereits ein leitender Kanal zwischen Source und Drain. Je nach Polarität der Gatespannung wird der leitende Kanal breiter oder schmaler, so daß die Kennlinien (Bild 27-36) gegenüber dem Anreicherungstyp verschoben sind. Die Gatespannung, bei der der Kanal abgeschnürt wird, bezeichnet man wie beim JFET als Abschnürspannung U_P.

Schalteigenschaften des MOSFET

Die IGFETs besitzen wegen ihrer (a) einfachen Ansteuerung, (b) kleinen Restströme im gesperrten Zustand und (c) spannungsunabhängigen Gatekapazitäten gute Schalteigenschaften und sind deswegen Grundbausteine für integrierte Schaltungen der Digitaltechnik. In der CMOS-Technik (complementary) werden in ein Substrat (N-Typ) sowohl N-Kanal- als auch P-Kanal-Transistoren integriert (Inverter).

27.6 Optoelektronische Halbleiterbauelemente

27.6.1 Innerer Photoeffekt

Wird in ein Halbleitermaterial Lichtenergie (Photonen) eingestrahlt, so können Elektronen aus ihren Gitterbindungen gelöst werden; es werden zusätzliche Elektronen-Loch-Paare erzeugt. Vereinfachend wird angenommen, daß die Absorption eines Lichtquantes durch einen Band-Band-Übergang (Bild 27-37) erfolgt. Das erfordert, daß

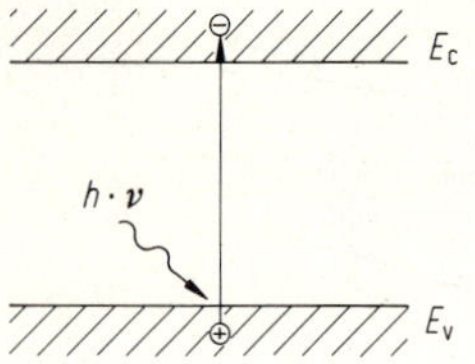

Bild 27-37. Absorption eines Lichtquantes durch einen Band-Band-Übergang (Generation eines Ladungsträger-Paares).

die Photonen über eine Mindestenergie verfügen müssen, die dem Bandabstand von $E_c - E_v$ entspricht:

$$E_\gamma = h\nu \geqq E_c - E_v .$$

Aus $\lambda\nu = c$ (ν Frequenz und λ Wellenlänge des eingestrahlten Lichtes, c Lichtgeschwindigkeit, h Planck-Konstante) ergibt sich, daß für Silizium (Bandabstand $E_c - E_v = 1{,}106$ eV) $\lambda_{min} \leqq 1{,}1$ µm sein muß. Gleichzeitig mit der Entstehung eines Elektron-Loch-Paares ist die Absorption von Lichtquanten verbunden. Bezeichnet man mit I_0 die Quantenstromdichte (Zahl der in den Halbleiter eindringenden Lichtquanten bezogen auf die Zeit und die Fläche, auch („Intensität") und mit $\alpha(\lambda)$ den wellenlängenabhängigen Absorptionsgrad, so ist $I(x)$, die Quantenstromdichte durch den Querschnitt mit der Koordinate x, eine exponentiell abklingende Funktion

$$I(x) = I_0 \exp(-\alpha x) .$$

Der Kehrwert der Absorptionskonstanten α wird auch als *Eindringtiefe* der Strahlung in den Halbleiter bezeichnet.

27.6.2 Der Photowiderstand

Das Funktionsprinzip des Photowiderstandes beruht auf dem inneren Photoeffekt, der die Leitfähigkeit des Halbleitermaterials erhöht. Er ist ein passives Bauelement ohne Sperrschicht. Verwendet werden je nach Anwendungsbereich Halbleiterwerkstoffe, deren Bandabstand der zu detektierenden Strahlung angepaßt ist: CdS (Cadmiumsulfid), CdSe (Cadmiumselenid), ZnS (Zinksulfid) oder deren Mischkristalle. Beurteilt werden Photowiderstände nach:

(a) der Photoleitfähigkeit $\sigma_{phot}(u)$ im Verhältnis zur Dunkelleitfähigkeit σ_0 als Funktion der Bestrahlungsstärke E des mit konstanter Wellenlänge λ eingestrahlten Lichtes,
(b) der spektralen Empfindlichkeit $\sigma_{phot}(\lambda)$ als Funktion der Wellenlänge des mit konstanter Bestrahlungsstärke E eingestrahlten Lichtes,
(c) dem Zeitverhalten $\sigma_{phot}(t)$,
(d) und den Rauscheigenschaften NEP (noise-equivalent power).

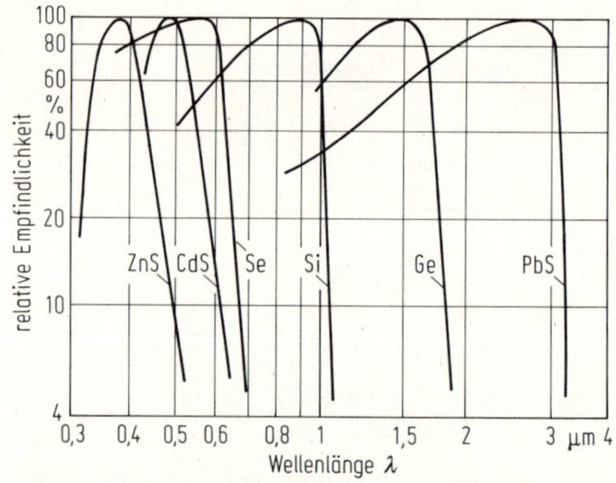

Bild 27-38. Relative spektrale Empfindlichkeit verschiedener Photohalbleiterwerkstoffe abhängig von der Wellenlänge des eingestrahlten Lichtes.

Bild 27-38 zeigt eine Auswahl von Halbleiterwerkstoffen mit deren relativen spektralen Empfindlichkeiten als Funktion der Wellenlänge.

27.6.3 Der PN-Übergang bei Lichteinwirkung

Wird die Umgebung eines PN-Überganges beleuchtet, so werden durch den inneren Fotoeffekt örtlich Ladungsträgerpaare generiert. Die Ladungsträger, die durch Diffusion die Sperrschicht erreichten oder in ihr generiert werden, werden durch das elektrische Feld getrennt und können einen äußeren Strom hervorrufen. Der Fotostrom fließt sowohl bei positiver als auch bei negativer äußerer Spannung in Sperrichtung, d. h., die Kennlinie des unbeleuchteten PN-Überganges wird nach unten verschoben (Bild 27-39). Wird der PN-Übergang im 1. oder 3. Quadranten betrie-

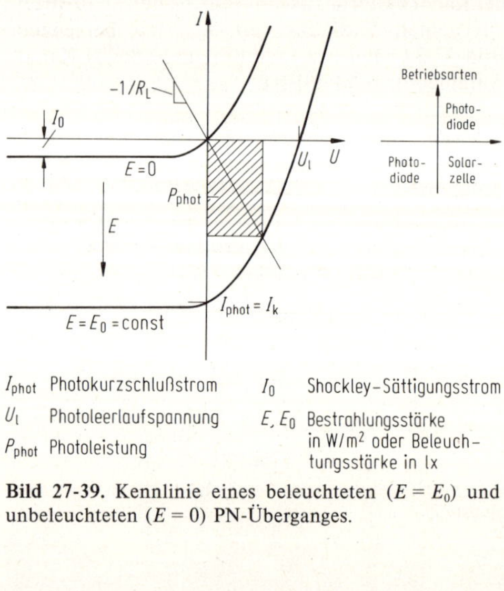

I_{phot} Photokurzschlußstrom
U_l Photoleerlaufspannung
P_{phot} Photoleistung
I_0 Shockley-Sättigungsstrom
E, E_0 Bestrahlungsstärke in W/m² oder Beleuchtungsstärke in lx

Bild 27-39. Kennlinie eines beleuchteten ($E = E_0$) und unbeleuchteten ($E = 0$) PN-Überganges.

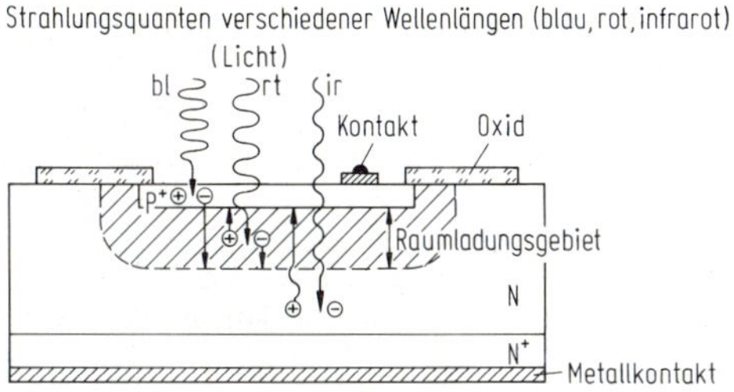

Bild 27-40. Schematischer Aufbau einer Photodiode. Die gestrichelt gezeichnete Linie gibt die Grenze der Raumladungszone an.

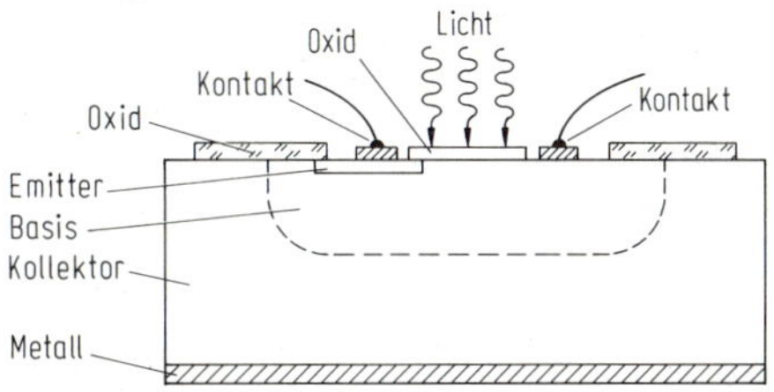

Bild 27-41. Schematischer Aufbau eines Phototransistors. Die gestrichelt gezeichnete Linie gibt die Grenze der Basis-Kollektor-Raumladungszone an.

ben, so bezeichnet man ihn als Photodiode und bei generatorischem Betrieb im 4. Quadranten als Solarzelle.

Die Photodiode

In Anwendungsschaltungen wird die Photodiode meist in Sperrichtung betrieben. Ohne Beleuch tung fließt der sehr kleine Sperrstrom. Dieser Sperrstrom erhöht sich bei Beleuchtung proportional zur Beleuchtungsstärke, deshalb eignen sie sich besonders gut zur Lichtmessung. (Bild 27-40) zeigt den schematischen Aufbau einer Photodiode in Planartechnik. Zur Verbesserung des kapazitiven Verhaltens für schnelle Detektoren, wird die Photodiode auch als PIN-Diode ausgeführt.

Die Solarzelle

Die Solarzelle ist in der Lage, bei Lichteinwirkung eine Wirkleistung P_{phot} abzugeben (siehe schraffierte Fläche in Bild 27-39). Die abgegebene Lei stung hängt von der spektralen Bestrahlungsstärke $E(\lambda)$ der einfallenden Strahlung, dem Verlauf der Diodenkennlinie und der Wahl des Arbeitspunktes ab. Die Emitterschicht wird bei Solarzellen (wie auch bei Photodioden) möglichst dünn ausgeführt, um auch bei kurzen Wellenlängen des Lichtes (hohe Absorption bzw. geringe Eindringtiefe) noch die Nähe der Raumladungszone zu erreichen. Die Oberflächen werden oft mit Antireflexschichten versehen. Großflächige Solarzellen sind mit dünnen fingerförmigen Metallkontakten ausgerüstet, um möglichst viel Licht einfallen zu lassen. Der auf der Erde gegenwärtig technisch erreichbare Wirkungsgrad η (abgegebene zu eingestrahlter Leistung) liegt bei Silizium-Solarzellen bei etwa 11 % (vgl. 16.5).

27.6.4 Der Phototransistor

In der Wirkungsweise entspricht ein Phototransistor einer Photodiode mit eingebautem Verstärker und weist eine bis zu 500 mal größere Photoempfindlichkeit im Vergleich zur Photodiode auf. Im Bild 27-41 ist der Aufbau eines Phototransistors wiedergegeben. Emitter- und Basisanschluß sind so angebracht, daß eine möglichst große Öffnung für die einfallende Strahlung entsteht. Der Basis-Kollektor-Sperrstrom wird bei Bestrahlung um den Photostrom erhöht. Der Kollektor führt dann in Emitterschaltung den um den Stromverstärkungsfaktor β erhöhten Fotostrom.

27.6.5 Die Lumineszenzdiode (LED)

Unter Lumineszenz versteht man alle Fälle von optischer Strahlungsemission, deren Ursache nicht auf der Temperatur des strahlenden Körpers beruht. Ein in Durchlaßrichtung betriebener PN-Übergang injiziert in die Bahngebiete Minoritätsträger, die dort unter Abgabe von Photonen rekombinieren. Diese Eigenschaft bezeichnet man als Injektionslumineszenz und die speziell auf diese Eigenschaft gezüchteten Dioden als Lumineszenzdioden. Bild 27-42 zeigt den schematischen Aufbau einer LED am Beispiel von GaAsP. Die Strahlung wird durch die Rekombinationsprozesse in der P-Schicht erzeugt. Aufgrund des Bandabstandes emittiert Silizium nichtsichtbare Strahlung im nahen Infrarotbereich und ist deshalb als Material für Lumineszenzdioden nicht geeignet. Die wichtigsten Materialien, mit denen Injektionslumineszenz im sichtbaren Bereich des Spektrums möglich ist, sind GaAs (Galliumarsenid für Infrarot und Rot), GaAsP (Galliumarsenidphosphid für Rot und Gelb) und GaP (Galliumphosphid für Rot, Gelb und Grün). Das Anwen-

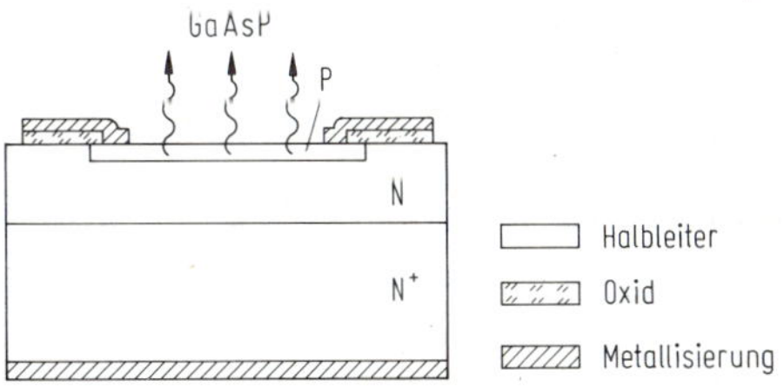

Bild 27-42. Schematischer Aufbau einer GaAsP-Lumineszenzdiode. Die Rekombinationsstrahlung entsteht in der 2 bis 4 μm dicken P-Zone unter der Halbleiteroberfläche.

dungsgebiet der LEDs liegt hauptsächlich im Einsatz als Signal- und Anzeigelämpchen oder als Strahlungsquellen für infrarote Lichtschranken; ihre Vorteile gegenüber Glühlampen sind hauptsächlich die höhere Lebensdauer und Stoßfestigkeit sowie die bessere Modulierbarkeit.

Literatur

Kapitel 1 bis 15

Ameling, W.: Grundlagen der Elektrotechnik, Bd. 1, 3. Aufl.; Bd. 2, 2. Aufl. Braunschweig: Vieweg 1984

Bauer, W.; Wagener, H.H.: Bauelemente und Grundschaltungen der Elektronik. Bd. 1. Grundlagen und Anwendungen, 3. Aufl., Bd. 2. Grundschaltungen, 2. Aufl. München: Hanser 1989; 1984

Blume, S.: Theorie elektromagnetischer Felder. 2. Aufl. Heidelberg: Hüthig 1988

Böhmer, E.: Elemente der angewandten Elektronik. 6. Aufl. Braunschweig: Vieweg 1989

Böhmer, E.: Rechenübungen zur angewandten Elektronik, 3. Aufl. Braunschweig: Vieweg 1987

Bosse, G.: Grundlagen der Elektrotechnik, Bd. 1: Elektrostatisches Feld und Gleichstrom, 2. Aufl.; Bd. 2: Magnetisches Feld und Induktion, 3. Aufl.; Bd. 3: Wechselstromlehre, Vierpol- und Leitungstheorie, 2. Aufl.; Bd. 4: Drehstrom, Ausgleichsvorgänge in linearen Netzen. Mannheim: Bibliogr. Inst. 1978-1989

Clausert, H.; Wiesemann, G.: Grundgebiete der Elektrotechnik, Bd. 1: Gleichstrom, elektrische und magnetische Felder; Bd. 2: Wechselströme, Leitungen, Anwendungen der Laplace- und Z-Transformation. 3. Aufl. München: Oldenbourg 1988

Döring, E.: Werkstoffkunde der Elektrotechnik. 2. Aufl. Braunschweig: Vieweg 1988

Felderhoff, R.: Elektrische Meßtechnik. 4. Aufl. München: Hanser 1982

Frohne, H.: Einführung in die Elektrotechnik, Bd. 1: Grundlagen und Netzwerke, 5. Aufl.; Bd. 2: Elektrische und magnetische Felder, 5. Aufl.; Bd. 3: Wechselstrom, 4. Aufl. Stuttgart: Teubner 1985-1989

Führer, A.; Heidemann, K.; Nerreter, W.: Grundgebiete der Elektrotechnik, Bd. 1, 3. Aufl.; Bd. 2, 3. Aufl. München: Hanser 1988

Grafe, H.; Loose, J.; Kühn, H.: Grundlagen der Elektrotechnik, Bd. 1: Gleichspannungstechnik, 13. Aufl. Bd. 2: Wechselspannungstechnik, 9. Aufl., Heidelberg: Hüthig 1989; 1985

Hofmann, H.: Das elektromagnetische Feld. 3. Aufl. Wien: Springer 1986

Jötten, R.; Zürneck, H.: Einführung in die Elektrotechnik, Bd. 1 und 2. Braunschweig: Vieweg 1970; 1972

Klein, W.: Vierpoltheorie. Mannheim: Bibliogr. Inst. 1972

Krämer, H.: Elektrotechnik im Maschinenbau. Braunschweig: Vieweg 1984

Küpfmüller, K.: Einführung in die theoretische Elektrotechnik. 12. Aufl. Berlin: Springer 1988

Lindner, H.; Brauer, H.; Lehmann, C.: Taschenbuch der Elektrotechnik und Elektronik. Thun: Deutsch 1986

Lunze, K.: Theorie der Wechselstromschaltungen. 2. Aufl. Heidelberg: Hüthig 1977

Lunze, K.: Einführung in die Elektrotechnik (Lehrbuch). 12. Aufl. Heidelberg: Hüthig 1988

Lunze, K.; Wagner, E.: Einführung in die Elektrotechnik (Arbeitsbuch). 5. Aufl. Heidelberg: Hüthig 1984

Mäusl, R.: Modulationsverfahren in der Nachrichtentechnik mit Sinusträger. 2. Aufl. Heidelberg: Hüthig 1988

Mende/Simon: Physik (Gleichungen und Tabellen), 10. Aufl. Leipzig: Fachbuchvlg. 1988

Mennenga, H.: Operationsverstärker. 2. Aufl. Heidelberg: Hüthig 1982

Papoulis, A.: Circuits and systems: A modern approach. New York: Holt, Rinehart and Winston, 1980

Paul, R.: Elektrotechnik, Bd. 1: Elektrische Erscheinungen und Felder; Bd. 2: Netzwerke. Berlin: Springer 1985

Philippow, E.: Taschenbuch Elektrotechnik, Bd. 1: Allgemeine Grundlagen. 3. Aufl. München: Hanser 1986

Piefke, G.: Feldtheorie, Bd. 1-3. Mannheim: Bibliogr. Inst. 1973-1977

Pregla, R.: Grundlagen der Elektrotechnik, Bd. 1, 3. Aufl.; Bd. 2, 2. Aufl. Heidelberg: Hüthig 1986; 1985

Schrüfer, E.: Elektrische Meßtechnik. 3. Aufl. München: Hanser 1988

Schüßler, H.W.: Netzwerke, Signale und Systeme, Bd. 1: Systemtheorie linearer elektrischer Netzwerke, Berlin: Springer 1981, Bd. 2: Theorie kontinuierlicher und diskreter Signale und Systeme, Berlin: Springer 1981; 1984

Simonyi, K.: Theoretische Elektrotechnik. 9. Aufl. Berlin: Dtsch. Vlg. d. Wissenschaften 1989

Steinbuch, K.; Rupprecht, W.: Nachrichtentechnik. 3. Aufl. Berlin: Springer 1982

Tholl, H.: Bauelemente der Halbleiterelektronik, Teil 1: Grundlagen, Dioden und Transistoren, Teil 2: Feldeffekt-Transistoren, Thyristoren und Optoelektronik, Stuttgart: Teubner 1976; 1978

Unbehauen, R.: Elektrische Netzwerke. 3. Aufl. Berlin: Springer 1987

Vahldiek, H.: Operationsverstärker. 3. Aufl. München: Thiemig 1980

Weiss, A. von: Allgemeine Elektrotechnik. 10. Aufl. Braunschweig: Vieweg 1987

Wiesemann, G.; Kraft, K.H.: Aufgaben über Operationsverstärker- und Filterschaltungen. Mannheim: Bibliogr. Inst. 1985

Wolf, H.: Lineare Systeme und Netzwerke. 2. Aufl. Berlin: Springer 1985

Zinke, O.; Seither, H.: Widerstände, Kondensatoren, Spulen und ihre Werkstoffe. 2. Aufl. Berlin: Springer 1982

Kapitel 16 bis 18

1. Hosemann, G.; Boeck, W.: Grundlagen der elektrischen Energietechnik. 3. Aufl. Berlin: Springer 1987
2. Küpfmüller, K.: Einführung in die theoretische Elektrotechnik. 12. Aufl. Berlin: Springer 1988
3. Happoldt, H.: Oeding, D.: Elektrische Kraftwerke und Netze. 5. Aufl. Berlin: Springer 1978
4. Brinkmann, K.; Schäfer, H. (Hrsg.): Der Elektrounfall. Berlin: Springer 1982
5. DIN VDE 0100. Errichten von Starkstromanlagen bis 1000 V
6. Hütte. Elektrische Energietechnik. Bd. 2: Geräte. Berlin: Springer 1978

Kapitel 19 bis 24

Allgemeine Literatur

Herter, E.; Lörcher, W.: Nachrichtentechnik. 4. Aufl. München: Hanser 1987

Spezielle Literatur

1. Steinbuch, K.; Rupprecht, W.: Nachrichtentechnik, Band I: Schaltungstechnik. 3. Aufl. Berlin: Springer 1982, S. 23-170
2. Hoffmann, K.: Planung und Aufbau elektronischer Systeme. 2. Aufl. Ulmen: Zimmermann-Neufang 1987, S. 62-88
3. Hänsler, E.: Grundlagen der Theorie statistischer Signale. Berlin: Springer 1983, S. 146-221
4. Lüke, H.D.: Signalübertragung. 2. Aufl. Berlin: Springer 1979, S. 2-10
5. Hütte: Band IV B Fernmeldetechnik, 28. Aufl. Berlin: Ernst 1962, S. 487-517
6. Philippow, E.: Taschenbuch Elektrotechnik, Bd. 4: Systeme der Informationstechnik. München: Hanser 1979, S. 369-397
7. Lacroix, A.: Digitale Filter. München: Oldenbourg 1980, S. 164-188

Abschnitte 25.1 bis 25.3

Allgemeine Literatur

Wupper, H.: Grundlagen elektronischer Schaltungen. 2. Aufl. Heidelberg: Hüthig 1986

Spezielle Literatur

1. Nerreter, W.: Berechnung elektrischer Schaltungen. München: Hanser 1987, S. 125-188
2. Tietze, U.; Schenk, Ch.: Halbleiter-Schaltungstechnik. 9. Aufl. Berlin: Springer 1989, S. 391-414
3. Horowitz, P.; Hill, W.: The art of electronics. London: Cambridge University Press 1980, S. 223-259

Abschnitt 25.4

Bergtold, F.: Umgang mit Operationsverstärkern. 2. Aufl. München: Oldenbourg 1975

Böhmer, E.: Elemente der angewandten Elektronik. 6. Aufl. Braunschweig: Vieweg 1989

Fliege, N.: Lineare Schaltungen mit Operationsverstärkern. Berlin: Springer 1979

Fritzsche, G.; Seidel, V.: Aktive RC-Schaltungen in der Elektronik. Heidelberg: Hüthig 1981

Mennenga, H.: Operationsverstärker. 2. Aufl. Heidelberg: Hüthig 1981

Vahldiek, H.: Aktive RC-Filter. 2. Aufl. München: Oldenbourg 1976

Vahldiek, H.: Operationsverstärker. 3. Aufl. München: Thiemig 1980

Wiesemann, G.; Kraft, K.H.: Aufgaben über Operationsverstärker- und Filterschaltungen. Mannheim: Bibliogr. Inst. 1985

Kapitel 26

Beuth, K.: Elektronik-Grundwissen, Bd. 4: Digitaltechnik. 5. Aufl. Würzburg: Vogel 1987

Böhmer, E.: Elemente der angewandten Elektronik. 6. Aufl. Braunschweig: Vieweg 1989

Borucki, L.: Grundlagen der Digitaltechnik. 3. Aufl. Stuttgart: Teubner 1989

Leonhardt, E.: Grundlagen der Digitaltechnik. 3. Aufl. München: Hanser 1984

Oberthür, W.; u.a.: Digitale Steuerungstechnik (HPI-Fachbuchreihe Elektronik, IV D). 4. Aufl. München: Pflaum 1987

Pernards, P.: Digitaltechnik. Heidelberg: Hüthig 1986

Schaller, G.; Nüchel, W.: Nachrichtenverarbeitung: Bd. 1: Digitale Schaltkreise, 3. Aufl.; Bd. 2: Entwurf digitaler Schaltwerke. 4. Aufl. Stuttgart: Teubner 1987

Seifart, M.: Digitale Schaltungen. 3. Aufl. Heidelberg: Hüthig 1988

Kapitel 27

Fraser, D.A.: The physics of semiconductor devices. Oxford: Clarendon Press 1979

Gerlach, W.: Skript zur Vorlesung: Werkstoffe und Bauelemente der Elektrotechnik II. TU Berlin, FB 19

Gerlach, W.: Skript zur Vorlesung: Statisches Verhalten von Halbleiterbauelementen. TU Berlin, FB 19

Gerlach, W.: Skript zur Vorlesung: Dynamisches Verhalten von Halbleiterbauelementen. TU Berlin, FB 19

Gerlach, W.: Thyristoren. Berlin: Springer 1979

Guggenbühl, W.; Strutt, M.J.O.; Wunderlin, W.: Halbleiterbauelemente, Bd. 1. Basel: Birkhäuser 1962

Lehmann, J.G.: Dioden und Transistoren. Würzburg: Vogel 4. Aufl. 1975

Paul, R.: Elektronische Halbleiterbauelemente. Stuttgart Teubner 1986

Siemens AG: Bauelemente: Technische Erläuterungen und Kenndaten für Studierende. 2. Auflage, Siemens AG, Bereich Bauelemente: München 1977

Unger, H.-G.; Schultz, W.; Weinhausen, G.: Elektronische Bauelemente und Netzwerke, Bd. 1. 3. Aufl. Braunschweig: Vieweg 1979

Wagemann, H.-G.: Skript zur Vorlesung: Feldeffekthalbleiterbauelemente. TU Berlin, FB 19

Wagemann, H.-G.: Skript zur Vorlesung: Optoelektronische Halbleiterbauelemente. TU Berlin, FB 19

H Meßtechnik

H.-R. Tränkler

1 Grundlagen der Meßtechnik

1.1 Übersicht

1.1.1 Meßsysteme und Meßketten

Die Meßtechnik hat die Aufgabe, eindimensionale Meßgrößen und mehrdimensionale Meßvektoren technischer Prozesse aufzunehmen, die erhaltenen Meßsignale umzuformen und umzusetzen (Meßwerterfassung) sowie die erhaltenen Meßwerte so zu verarbeiten (Meßwertverarbeitung), daß das gewünschte Meßergebnis (die Zielgröße) gewonnen wird.
In Meßeinrichtungen oder in Meßsystemen (Bild 1-1) formen zunächst Aufnehmer (Sensoren) die im allgemeinen nichtelektrische Meßgröße in ein elektrisches Meßsignal um.
Dieses wird in der Regel mit geeigneten Meßschaltungen, Meßverstärkern und analogen Rechengliedern so umgeformt, daß ein normiertes analoges Meßsignal gewonnen wird (Meßumformer zur Signalanpassung). Es schließt sich ein Analog-Digital-Umsetzer an, der das normierte analoge in ein digitales Meßsignal umsetzt. Nach einer Meßwertverarbeitung liegen die gesuchten Informationen vor. Sie können analog oder digital ausgegeben werden.

In Meßeinrichtungen und Meßsystemen spielen lineare Umformungen und Umsetzungen von Meßsignalen eine wesentliche Rolle. Wegen nichtidealer Meßglieder (besonders unter den Sensoren) sind die Meßsignale häufig verfälscht. In solchen Fällen ist eine korrigierende Signalverarbeitung erforderlich; ebenso wie Meßsignalverarbeitung bei einer Reihe von Meßaufgaben erst zu den interessierenden Zielgrößen führt (Intelligente Sensoren und Meßsysteme).

1.1.2 Anwendungsgebiete und Aufgabenstellungen der Meßtechnik

Die verschiedenen Anwendungsgebiete der Meßtechnik können zum Teil im Rahmen von Automatisierungssystemen gesehen werden. Bei einer Vielzahl von Anwendungen ist jedoch der Mensch der Empfänger der Information.
Die Anwendungsgebiete der Meßtechnik lassen sich in drei Gruppen unterteilen, nämlich in

- Meß- und Prüfprozesse in Forschung und Entwicklungslabors, im Prüffeld und bei Anlagenerprobungen
- Industrielle Großprozesse zur Herstellung und Verteilung von Fließ- und Stückgut und von Energie
- Dezentrale Einzelprozesse, z. B. der Gebäudetechnik, Fahrzeugtechnik oder der privaten Haushalte.

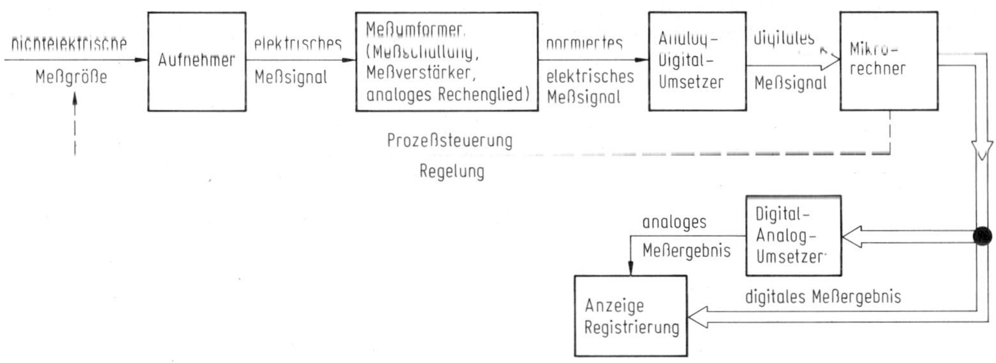

Bild 1-1. Meßglieder einer Meßkette in einem Meßsystem.

Typische Aufgabenstellungen sind:
- Sicherstellung der Genauigkeit (Kalibrierung)
- Verrechnung (Energie, Masse, Stückzahl)
- Prüfung (z. B. Lehrung)
- Qualitätssicherung (z. B. Materialprüfung)
- Steuerung und/oder Regelung
- Optimierung
- Überwachung (z. B. Schadensfrüherkennung)
- Meldung und/oder Abschaltung (Schutzsystem)
- Mustererkennung (Gestalt, Oberfläche, Geräusch, z. B. für Handhabungs- und Montagezwecke).

1.2 Übertragungseigenschaften von Meßgliedern

Für die Beurteilung einer aus mehreren Meßgliedern aufgebauten Meßeinrichtung sind verschiedene Eigenschaften von Bedeutung. Dazu zählen die statischen Übertragungseigenschaften (z. B. die Genauigkeit), die dynamischen Übertragungseigenschaften (z. B. die Einstellzeit), die Zuverlässigkeit (z. B. die Ausfallrate) und nicht zuletzt die Wirtschaftlichkeit und Wartbarkeit einer Meßeinrichtung.

1.2.1 Statische Kennlinien von Meßgliedern

Der Zusammenhang zwischen der stationären Ausgangsgröße y und der Eingangsgröße x eines Meßgliedes bzw. seine graphische Darstellung wird als *statische Kennlinie* bezeichnet (Bild 1-2). Der *Meßbereich* geht hier von x_0 bis $x_0 + \Delta x$. Die Differenz zwischen Meßbereichsende $x_0 + \Delta x$ und Meßbereichsanfang x_0 ist die *Eingangsspanne* Δx. Die zugeordneten Ausgangsgrößen y_0 und $y_0 + \Delta y$ begrenzen den Ausgangsbereich mit der Ausgangsspanne Δy.
Dem *linearen Anteil* der Kennlinie (gestrichelt) ist i. allg. ein unerwünschter *nichtlinearer Anteil* $y_N(x)$ überlagert. Die *Kennlinienfunktion* $y(x)$ läßt sich

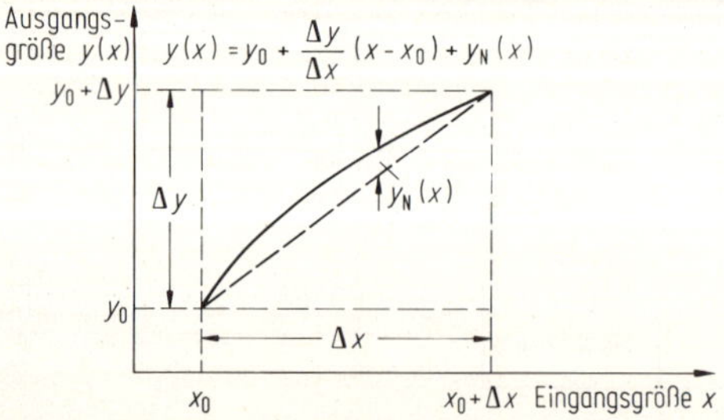

Bild 1-2. Kennlinie eines Meßgliedes.

darstellen durch

$$y(x) = \underbrace{y_0 + \frac{\Delta y}{\Delta x}(x - x_0)}_{\text{linearer Anteil}} + y_N(x)\,.$$

Die *Empfindlichkeit* $\varepsilon(x)$ von nichtlinearen Meßgliedern ist nicht konstant. Sie ist identisch mit der Steigung der Kennlinie im betrachteten Arbeitspunkt $(x, y(x))$:

$$\varepsilon(x) = \frac{\mathrm{d}y(x)}{\mathrm{d}x} = \frac{\Delta y}{\Delta x} + \frac{\mathrm{d}y_N(x)}{\mathrm{d}x}\,.$$

Bei linearen Meßgliedern, deren Kennlinie durch den Ursprung des Koordinatensystems geht $(x_0 = 0,\ y_0 = 0)$, berechnen sich Kennlinienfunktion und Empfindlichkeit zu

$$y(x) = \frac{\Delta y}{\Delta x}\,x\,,$$

$$\varepsilon(x) = \frac{\mathrm{d}y(x)}{dx} = \frac{\Delta y}{\Delta x} = \text{const}\,.$$

Eine näherungsweise konstante Empfindlichkeit haben z. B. anzeigende Drehspulinstrumente.

1.2.2 Dynamische Übertragungseigenschaften von Meßgliedern

Die Ausgangssignale von Meßgliedern folgen Änderungen des Eingangssignals i. allg. nur mit Verzögerungen. Gewöhnlich lassen sich dann zur Beschreibung der dynamischen Übertragungseigenschaften bestimmte Systemstrukturen und bestimmte Kenngrößen angeben. Besonders häufig treten lineare verzögernde Meßglieder 1. und 2. Ordnung auf, die durch eine bzw. durch zwei Kenngrößen (Parameter) im Zeit- und/oder Frequenzbereich charakterisiert werden. Zuweilen besteht die Notwendigkeit, auch Meßglieder höherer Ordnung durch geeignete Kenngrößen zu beschreiben. Schließlich tritt nichtlineares Verhalten bei Meßgliedern auf, wenn Signale Sättigungs- oder Begrenzungserscheinungen aufweisen.

Zeitverhalten linearer Übertragungsglieder

Bei einem verzögerungsfreien Meßglied folgt das Ausgangssignal direkt dem Eingangssignal $x(t)$ und ist diesem im einfachsten Fall gemäß $k \cdot x(t)$ proportional. Die Ausgangssignale $y(t)$ verzögerungsbehafteter Meßglieder können veränderlichen Eingangssignalen $x(t)$ nicht direkt folgen. Es ergibt sich ein dynamischer Fehler

$$F_{\text{dyn}}(t) = y(t) - kx(t)$$

als Differenz des realen Ausgangssignals $y(t)$ und des unverzögerten Sollsignals $kx(t)$, das sich bei gleicher Eingangsgröße im Beharrungszustand ergeben hätte (Bild 1-3, vgl. 1.3.2).

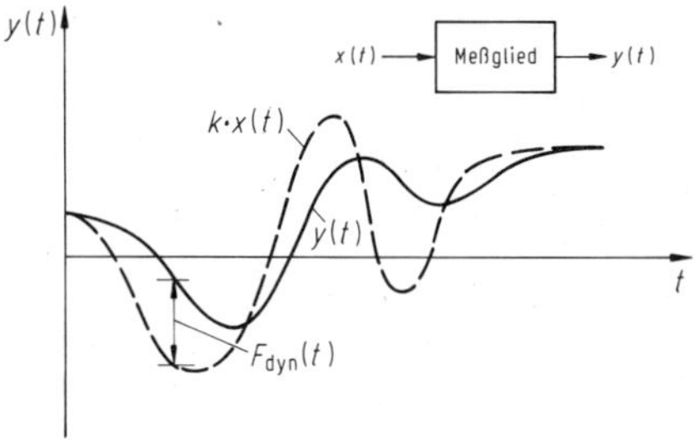

Bild 1-3. Dynamischer Fehler eines verzögerungsbehafteten Meßgliedes.

Am Beispiel eines fundamentalen passiven Meßgliedes soll gezeigt werden, wie man das Zeitverhalten beschreiben kann und welche Verallgemeinerungen sinnvoll und möglich sind.
In der Meßschaltung in Bild 1-4 liegt die Eingangsspannung $u_e(t)$ an der Serienschaltung eines ohmschen Widerstandes R und einer Kapazität C, an der die Ausgangsspannung $u_a(t)$ abgegriffen werden kann.
Die Spannung $u_a(t)$ an der Kapazität ist proportional der Ladung $\int_0^t i(\tau)\,d\tau$, der Strom beträgt also $i(t) = C(du_a(t)/dt)$ und die Spannung am Widerstand R ist

$$u_R(t) = Ri(t) = RC\frac{du_a(t)}{dt}.$$

Aus $u_R(t) + u_a(t) = u_e(t)$ erhält man für das Zeitverhalten dieses Übertragungsgliedes

$$RC\frac{du_a(t)}{dt} + u_a(t) = u_e(t).$$

Das Zeitverhalten wird also durch eine Differentialgleichung (Dgl.) der Form

$$\tau\frac{dy(t)}{dt} + y(t) = kx(t)$$

beschrieben, in der $x(t)$ die Eingangsgröße, $y(t)$ die Ausgangsgröße und τ eine Zeitkonstante ist.
Aufgrund der höchsten vorkommenden Ableitung handelt es sich hier um ein Übertragungsglied 1. Ordnung, das zudem linear ist, weil unter der Annahme $x_1(t) \rightarrow y_1(t)$ und $x_2(t) \rightarrow y_2(t)$ sich für

$$x_2(t) = c \cdot x_1(t) \rightarrow y_2(t) = c \cdot y_1(t)$$

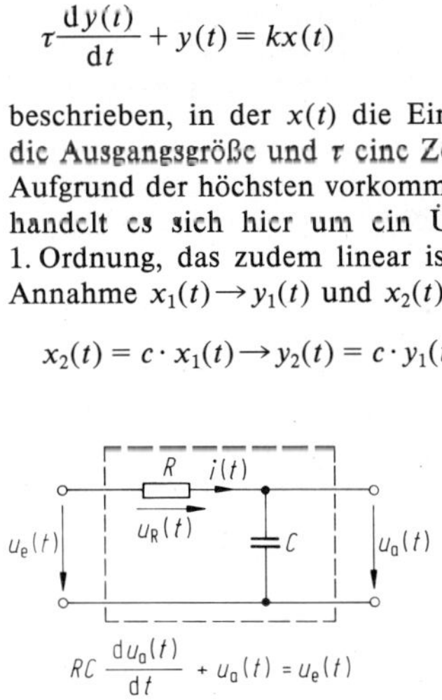

Bild 1-4. Passives Meßglied 1. Ordnung (Tiefpaßfilter).

ergibt. Wird bei einem linearen Meßglied also das Eingangssignal mit einem Faktor c multipliziert, so nimmt auch das Ausgangssignal den c-fachen Wert an.
Außerdem gilt bei linearen Meßgliedern das Superpositionsgesetz:

$$x(t) = x_1(t) + x_2(t) \rightarrow y(t) = y_1(t) + y_2(t).$$

Legt man an den Eingang eines linearen Meßgliedes die Summe zweier Signale $x_1(t)$ und $x_2(t)$, so erhält man am Ausgang die Summe der beiden Signale $y_1(t)$ und $y_2(t)$, die sich jeweils ergeben würden, wenn nur $x_1(t)$ oder nur $x_2(t)$ am Eingang anliegen würden.
In ähnlicher Weise liefern differenzierte oder integrierte Eingangssignale bei linearen Meßgliedern am Ausgang differenzierte oder integrierte Ausgangssignale:

$$x_2(t) = \frac{dx_1(t)}{dt} \rightarrow y_2(t) = \frac{dy_1(t)}{dt},$$

$$x_2(t) = \int_0^t x_1(\tau)\,d\tau \rightarrow y_2(t) = \int_0^t y_1(\tau)\,d\tau.$$

Das Zeitverhalten linearer Verzögerungsglieder n-ter Ordnung wird allgemein durch die Dgl.

$$a_n\frac{d^n y(t)}{dt^n} + \ldots + a_1\frac{dy(t)}{dt} + a_0 y(t) = kx(t)$$

beschrieben, wobei die Konstante k meist so gewählt wird, daß $a_0 = 1$ wird.

1.2.3 Testfunktionen und Übergangsfunktionen für Übertragungsglieder

Um das Zeitverhalten von Übertragungsgliedern überprüfen zu können, legt man an den Eingang bestimmte typische Testfunktionen, die sich vergleichsweise einfach realisieren lassen und beobachtet das sich ergebende Ausgangssignal (vgl. I 3.2).
Besonders häufig dient als Testfunktion die Einheitssprungfunktion $\varepsilon(t)$, die zur Zeit $t = 0$ vom Wert 0 auf einen konstanten Wert x_0 springt. Zuweilen verwendet man als Testfunktion auch die zeitliche Ableitung oder das zeitliche Integral der Sprungfunktion und es ergeben sich auf diese Weise als Testfunktionen die Impulsfunktion $\delta(t)$ und die Rampenfunktion $r(t) = t\varepsilon(t)$ (Bild 1-5).
Wird ein Übertragungsglied 1. Ordnung mit einer Sprungfunktion $x_0\varepsilon(t)$ erregt, so lautet die Dgl.

$$\tau\frac{dy(t)}{dt} + y(t) = y_0 \quad (= kx_0).$$

Die homogene Dgl. $\tau(dy(t)/dt) + y(t) = 0$ ist separierbar, und man erhält die vollständige Lösung

$$y(t) = c_0 + c_1 e^{-t/\tau}.$$

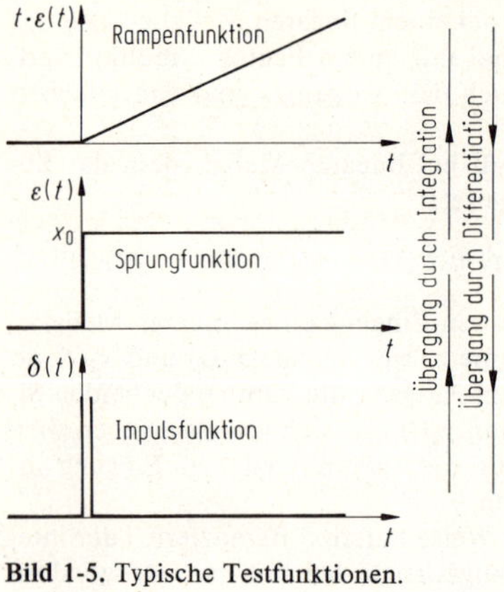

Bild 1-5. Typische Testfunktionen.

Wegen $y(t) = 0$ für $t = 0$ und $y(t) = y_0$ für $t \to \infty$ ergibt sich als Sprungantwort

$$y(t) = y_0(1 - e^{-t/\tau}).$$

Durch Normierung auf die Höhe x_0 der Sprungfunktion am Eingang erhält man die *Übergangsfunktion* oder *Sprungantwort*

$$h(t) = \frac{y(t)}{x_0} = k(1 - e^{-t/\tau}).$$

Die Steigung der Übergangsfunktion im Ursprung beträgt

$$\left(\frac{dh(t)}{dt}\right)_{t=0} = \frac{k}{\tau}\left|e^{-t/\tau}\right|_{t=0} = \frac{k}{\tau}.$$

Die Tangente schneidet also die Asymptote zur Zeit $t = \tau$ (Bild 1-6). Ebenfalls dort hat die Übergangsfunktion den Wert $(1 - 1/e)k$, also 63,2 % ihres Endwertes erreicht.
Der dynamische Fehler ist

$$F_{dyn}(t) = h(t) - k = -k e^{-t/\tau}.$$

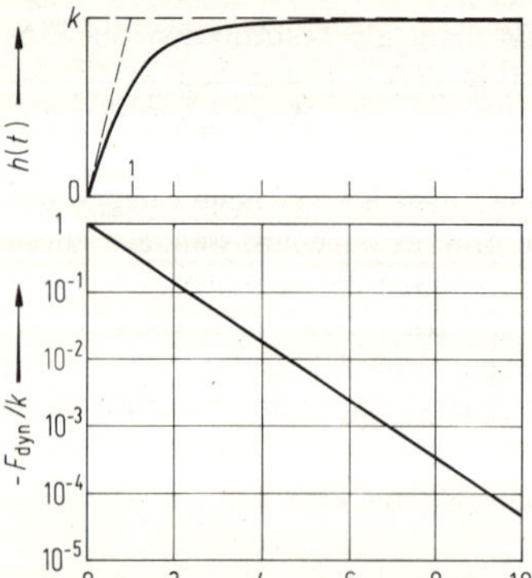

Bild 1-6. Übergangsfunktion $h(t)$ und relativer dynamischer Fehler $-F_{dyn}/k$ eines Meßgliedes 1. Ordnung.

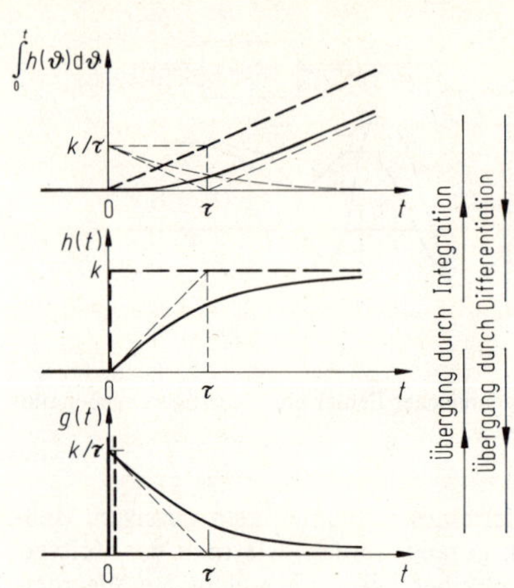

Bild 1-7. Gewichtsfunktion $g(t)$, Übergangsfunktion $h(t)$ und Rampenantwort $\int_0^t h(\vartheta)\,d\vartheta$ eines Meßgliedes 1. Ordnung.

Der relative dynamische Fehler ist

$$\frac{F_{dyn}}{k} = -e^{-t/\tau}.$$

Er ist im logarithmischen Maßstab ebenfalls in Bild 1-6 dargestellt. Man kann dort ablesen, daß der Betrag des relativen dynamischen Fehlers erst nach fast 5 Zeitkonstanten unter 1 % gesunken ist.
Da sich die Impulsfunktion $\delta(t)$ durch Differentiation der Einheitssprungfunktion $\varepsilon(t)$ ergibt, berechnet sich die *Impulsantwort* oder *Gewichtsfunktion* $g(t)$ durch Differentiation der Übergangsfunktion zu

$$g(t) = \frac{dh(t)}{dt} = \frac{k}{\tau} e^{-t/\tau}.$$

Wird die durch Integration aus der Sprungfunktion $\varepsilon(t)$ erhaltene Rampenfunktion $r(t) = t\varepsilon(t)$ als Testfunktion an ein Übertragungsglied 1. Ordnung gelegt, so liefert dieses die *Rampenantwort* $\int_0^t h(\vartheta)\,d\vartheta$, die durch Integration der Übergangsfunktion erhalten wird:

$$\int_0^t h(\vartheta)\,d\vartheta = k\tau\left[\left(\frac{t}{\tau} - 1\right) + e^{-t/\tau}\right].$$

Die Verläufe von Gewichtsfunktion (Impulsantwort), Übergangsfunktion (Sprungantwort) und Rampenantwort sind in Bild 1-7 dargestellt, wobei die jeweiligen Testfunktionen gestrichelt eingetragen sind.

1.2.4 Das Frequenzverhalten des Übertragungsgliedes 1. Ordnung

Als Testfunktionen eignen sich auch Sinusfunktionen veränderlicher Frequenz (bei konstanter Amplitude). Nach dem jeweiligen Einschwingen des Ausgangssignals beobachtet man bei linearen Meßgliedern wieder ein sinusförmiges Signal, dessen Amplitude und Phase jedoch von der Frequenz abhängig sind.
Das Frequenzverhalten des elektrischen Übertragungsgliedes 1. Ordnung (passives Tiefpaßfilter) in Bild 1-4 läßt sich mit Hilfe der (in der Elektrotechnik üblichen) komplexen Rechnung zu

$$G(\mathrm{j}\omega) = \frac{U_a}{U_e} = \frac{1/(\mathrm{j}\omega C)}{R + 1/(\mathrm{j}\omega C)} = \frac{1}{1 + \mathrm{j}\omega RC}$$

bestimmen (vgl. G 2.1). Hier beträgt die Zeitkonstante $\tau = RC = 1/\omega_g$. Das Amplitudenverhältnis ergibt sich zu (Bild 1-8)

$$\left|\frac{U_a}{U_e}\right| = \frac{1}{\sqrt{1 + (\omega/\omega_g)^2}}.$$

Legt man z. B. die Grenzfrequenz auf $f_g = 1/(2\pi\tau) = 1/(2\pi RC) = 1\,\mathrm{Hz}$ fest, so beträgt von 0 bis 0,2 Hz der Amplitudenabfall höchstens etwa 2 %, während Störsignale von 50 Hz ebenfalls nur mit etwa 2 % durchgelassen werden.

1.2.5 Das Frequenzverhalten des Übertragungsgliedes 2. Ordnung

Übertragungsglieder 2. Ordnung enthalten in ihrer Dgl. die erste und die zweite zeitliche Ableitung der Ausgangsgröße. Typische Beispiele mechanischer Meßglieder 2. Ordnung sind translatorische Feder-Masse-Systeme, wie Federwaagen oder Beschleunigungsmesser, oder rotatorische Systeme mit Drehfeder und Trägheitsmoment, wie anzeigende *Drehspulmeßwerke*.
Für dynamische Betrachtungen muß die statische Drehmomentengleichung

$$D\alpha = M_{el}$$

für den Skalenverlauf eines linearen Drehspulmeßwerks um das Dämpfungsmoment $p\dot{\alpha}$ und das Beschleunigungsmoment $J\ddot{\alpha}$ erweitert werden. Die Dgl. lautet also

$$J\frac{\mathrm{d}^2\alpha(t)}{\mathrm{d}t^2} + p\frac{\mathrm{d}\alpha(t)}{\mathrm{d}t} + D\alpha(t) = M_{el}(t).$$

Sie beschreibt den zeitlichen Verlauf $\alpha(t)$ der Winkelanzeige als Funktion des elektrisch erzeugten Moments $M_{el}(t)$ und des Trägheitsmoments J, der Dämpfungskonstanten p und der Drehfederkonstanten D des rotatorischen Systems.
Das Zeitverhalten eines allgemeinen Übertragungsglieds 2. Ordnung wird durch die folgende Dgl. beschrieben, deren Glieder in Einheiten der Ausgangsgröße $y(t)$ angegeben werden:

$$\frac{1}{\omega_0^2}\cdot\frac{\mathrm{d}^2y(t)}{\mathrm{d}t^2} + \frac{2\vartheta}{\omega_0}\cdot\frac{\mathrm{d}y(t)}{\mathrm{d}t} + y(t) = kx(t).$$

($x(t)$ Eingangsgröße, ω_0 Kreisfrequenz der ungedämpften Eigenschwingung, ϑ Dämpfungsgrad und k statische Empfindlichkeit).
Durch einen Vergleich der obigen speziellen Dgl. des Drehspulmeßwerks mit der allgemeinen Dgl. erhält man:

$$\omega_0 = \sqrt{\frac{D}{J}} \quad \text{bzw.} \quad \xi = \frac{p}{2\sqrt{DJ}}.$$

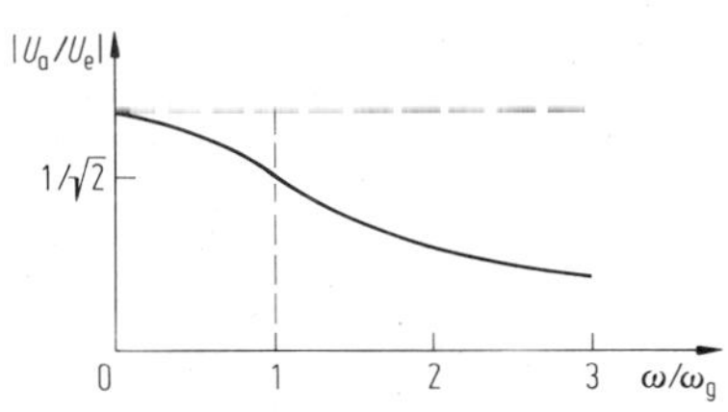

Bild 1-8. Frequenzverhalten des Amplitudenverhältnisses bei einem Meßglied 1. Ordnung.

1.2.6 Sprungantwort eines Übertragungsgliedes 2. Ordnung

Nach sprungförmiger Änderung der Eingangsgröße $x(t)$ eines Meßgliedes 2. Ordnung auf den Wert $x = x_0$ lautet die Dgl.

$$\frac{1}{\omega_0^2}\ddot{y} + \frac{2\vartheta}{\omega_0}\dot{y} + y = kx_0 \quad (= y_0).$$

Abhängig vom Dämpfungsgrad ϑ ergibt sich für die normierte Sprungantwort y/y_0

bei ungedämpfter Einstellung ($\vartheta = 0$):

$$y/y_0 = 1 - \cos\omega_0 t,$$

bei periodischer (schwingender) Einstellung ($\vartheta < 1$):

$$y/y_0 = 1 - \frac{\omega_0}{\omega}\mathrm{e}^{-\vartheta\omega_0 t}\cos(\omega t - \varphi)$$

$$\text{mit} \quad \omega = \omega_0\sqrt{1 - \vartheta^2} \quad \text{und} \quad \tan\varphi = \frac{\vartheta}{\sqrt{1 - \vartheta^2}},$$

beim aperiodischen Grenzfall ($\vartheta = 1$):

$$y/y_0 = 1 - \mathrm{e}^{-\omega_0 t}(1 + \omega_0 t),$$

bei aperiodischer (kriechender) Einstellung ($\xi > 1$):

$$\frac{y}{y_0} = 1 - \left[\frac{T_1}{T_1 - T_2}\mathrm{e}^{-t/T_1} - \frac{T_2}{T_1 - T_2}\mathrm{e}^{-t/T_2}\right]$$

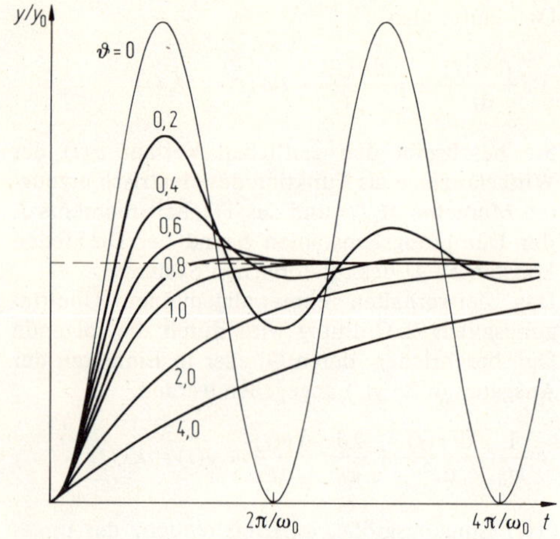

Bild 1-9. Sprungantwort eines Meßgliedes 2. Ordnung bei verschiedenen Dämpfungsgraden ϑ.

$$\text{mit} \quad T_1 = \frac{1}{\omega_0(\vartheta - \sqrt{\vartheta^2 - 1})}$$

$$\text{und} \quad T_2 = \frac{1}{\omega_0(\vartheta + \sqrt{\vartheta^2 - 1})}.$$

Sprungantworten eines Meßgliedes 2. Ordnung sind für verschiedene Dämpfungsgrade ϑ in Bild 1-9 dargestellt.

Kenngrößen bei schwingender Einstellung ($\vartheta < 1$)

Die Kreisfrequenz ω bei gedämpft schwingender Einstellung ($\vartheta < 1$) ist gegenüber der Kreisfrequenz ω_0 bei ungedämpfter Einstellung ($\vartheta = 0$) um den Faktor $\sqrt{1 - \vartheta^2}$ verringert. Bei schwingender Einstellung (Bild 1-10) sind die Hüllkurven der Sprungantwort

$$(y/y_0)_{\text{hüll}} = 1 \mp \frac{\omega_0}{\omega} \mathrm{e}^{-\vartheta\omega_0 t}.$$

Berührungspunkte mit den Hüllkurven ergeben sich zu den Zeiten t_B gemäß

$$\cos(\omega t_B - \varphi) = 1, \quad \omega t_B - \varphi = i\pi,$$

$$t_B = \frac{\varphi}{\omega} + i\frac{\pi}{\omega} \quad (i = 0, 1, \ldots).$$

Der Nullphasenwinkel φ wird dabei wie angegeben über den Dämpfungsgrad ϑ berechnet.
Schnittpunkte mit der Asymptoten $y/y_0 = 1$ ergeben sich zu den Zeiten t_S gemäß

$$\cos(\omega t_S - \varphi) = 0, \quad \omega t_S - \varphi = \frac{\pi}{2} + i\pi,$$

$$t_S = \frac{\varphi}{\omega} + \frac{\pi}{2\omega} + i\frac{\pi}{\omega} \quad (i = 0, 1, \ldots).$$

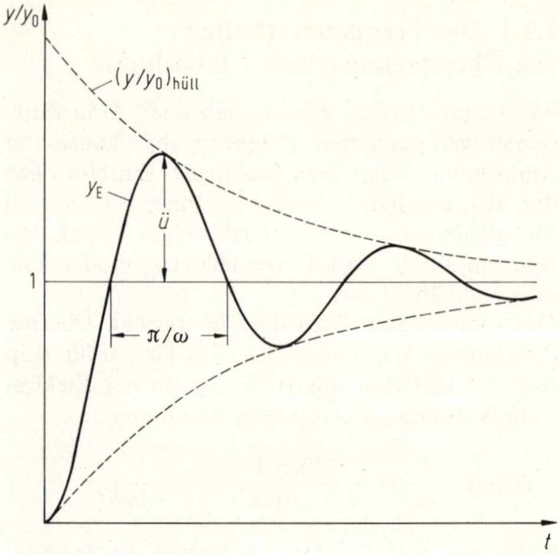

Bild 1-10. Kenngrößen bei schwingender Einstellung (Meßglied 2. Ordnung).

Die Berührungspunkte mit den Hüllkurven und die Schnittpunkte mit der Asymptoten liegen jeweils um $T/4 = \pi/2\omega$ voneinander entfernt. Damit läßt sich die Kreisfrequenz ω einfach bestimmen.
Extrema erhält man durch Nullsetzen der Ableitung der Sprungantwort zu den Zeiten t_E gemäß

$$\frac{\mathrm{d}(y/y_0)}{\mathrm{d}t} = 0, \quad t_E = i\frac{\pi}{\omega} \quad (i = 0, 1, \ldots).$$

Im Ursprung weist die Sprungantwort also ein Minimum auf. Die Extrema liegen jeweils um $T/2 = \pi/\omega$ voneinander entfernt.
Für die *Bestimmung des Dämpfungsgrades* ϑ aus der Sprungantwort benötigt man die Abweichungen der Funktionswerte y_E an den Extremstellen vom asymptotischen Wert y_0. Die Beträge dieser Abweichungen sind

$$|y_E/y_0 - 1| = \frac{\omega_0}{\omega} \mathrm{e}^{-\vartheta\omega_0 t_E} \cos\varphi.$$

Das Verhältnis q_1 zweier aufeinanderfolgender maximaler Abweichungen beträgt

$$q_1(\xi) = \frac{\mathrm{e}^{-\vartheta\omega_0 \frac{\pi}{\omega}(i+1)}}{\mathrm{e}^{-\vartheta\omega_0 \frac{\pi}{\omega} i}} = \mathrm{e}^{-\vartheta\omega_0 \frac{\pi}{\omega}} = \mathrm{e}^{-\pi\vartheta/\sqrt{1-\vartheta^2}}.$$

Die relative Überschwingweite q_1 ist in Bild 1-11 als Funktion des Dämpfungsgrades ϑ aufgetragen und ergibt den Dämpfungsgrad gemäß

$$\vartheta = \frac{-\ln q_1}{\sqrt{\pi^2 + (\ln q_1)^2}}.$$

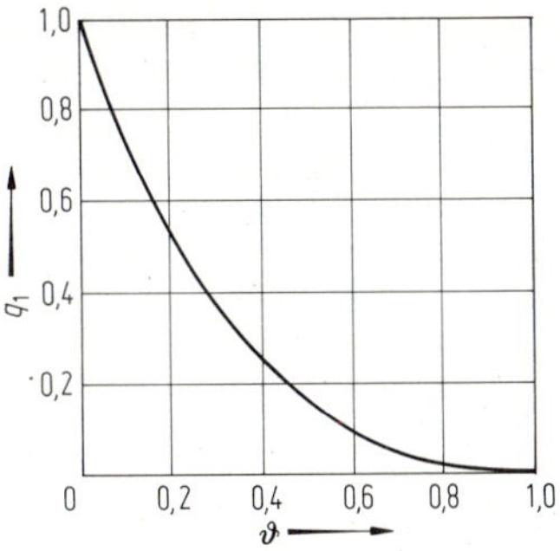

Bild 1-11. Relative Überschwingweite q_1 als Funktion des Dämpfungsgrades ϑ.

Aperiodischer Grenzfall ($\vartheta = 1$)

Bei kriechender Einstellung ($\vartheta > 1$) findet kein Überschwingen der Sprungantwort statt. Von Interesse ist der aperiodische Grenzfall ($\vartheta = 1$). Die Sprungantwort und die zweite Ableitung lauten

$$y/y_0 = 1 - (1 + \omega_0 t)\,\mathrm{e}^{-\omega_0 t},$$

$$\frac{\mathrm{d}^2(y/y_0)}{\mathrm{d}t^2} = \omega_0^2(1 - \omega_0 t)\,\mathrm{e}^{-\omega_0 t}.$$

Der Wendepunkt der Sprungantwort wird zur Zeit $t_W = 1/\omega_0$ erreicht. Der normierte Funktionswert am Wendepunkt beträgt

$$y_W/y_0 = 1 - 2/\mathrm{e} = 26{,}4\,\%.$$

1.2.7 Frequenzgang eines Übertragungsgliedes 2. Ordnung

Beim Übertragungsglied 2. Ordnung erhält man den Frequenzgang $G(\mathrm{j}\omega)$, indem man in die Dgl. sinusförmige Ansätze für die Eingangs- und die Ausgangsgröße einführt. Es ergibt sich mit der normierten Frequenz $\eta = \omega/\omega_0$ ($= f/f_0$)

$$G(\mathrm{j}\eta) = \frac{k}{1 + \mathrm{j}\cdot 2\vartheta\eta - (\eta)^2}.$$

Amplitudengang $|G(\mathrm{j}\omega)|$ und Phasengang $\varphi(\omega)$ sind in Bild 1-12 dargestellt.

Der Amplitudengang ist

$$|G(\mathrm{j}\eta)| = \frac{k}{\sqrt{[1 - (\eta)^2]^2 + [2\vartheta\eta]^2}}.$$

Für Dämpfungsgrade ϑ von 0 bis $1/\sqrt{2}$ treten im Amplitudengang bei den Kreisfrequenzen $\omega/\omega_0 = \sqrt{1 - 2\vartheta^2}$ Resonanzüberhöhungen um den Faktor $\frac{1}{2}\vartheta\sqrt{1 - \vartheta^2}$ auf.

Der Phasengang ist

$$\varphi(\eta) = -\arctan\left(\frac{2\vartheta\eta}{1 - \eta^2}\right).$$

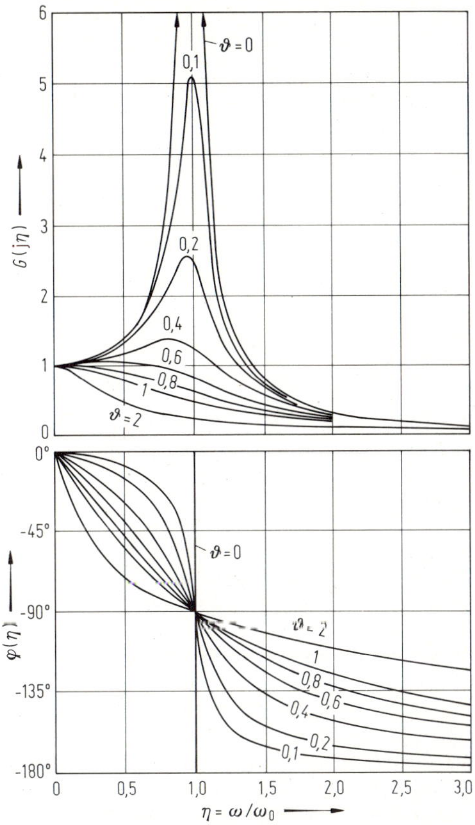

Bild 1-12. Amplitudengang $|G(\mathrm{j}\eta)|$ und Phasengang $\varphi(\eta)$ eines Meßgliedes 2. Ordnung als Funktion der normierten Frequenz $\eta = \omega/\omega_0$ (Parameter ist der Dämpfungsgrad ϑ).

Unabhängig vom Dämpfungsgrad ϑ ist bei $\eta = 1$ die Phase gleich $-90°$.

Die Kenngrößen ω_0 und ϑ eines Meßgliedes können sowohl aus der Sprungantwort oder der Gewichtsfunktion als auch aus dem komplexen Frequenzgang ermittelt werden. Welche Methode im Einzelfall am vorteilhaftesten ist, hängt von den verfügbaren Meßeinrichtungen und von möglichen Einschränkungen der Betriebsparameter ab.

1.2.8 Kenngrößen für Meßglieder höherer Ordnung

Bei Meßgliedern höherer als 2. Ordnung ist die exakte Bestimmung der mindestens 3 dynamischen Kenngrößen oft nur schwer möglich und teilweise auch nicht notwendig. Man behilft sich in diesen Fällen mit Ersatzkenngrößen und unterscheidet, ähnlich wie bei Meßgliedern 2. Ordnung, zwischen schwingender und kriechender Einstellung. Bei *schwingender Einstellung* nach Bild 1-13 a verwendet man als Kenngröße gerne die *Einstellzeit*

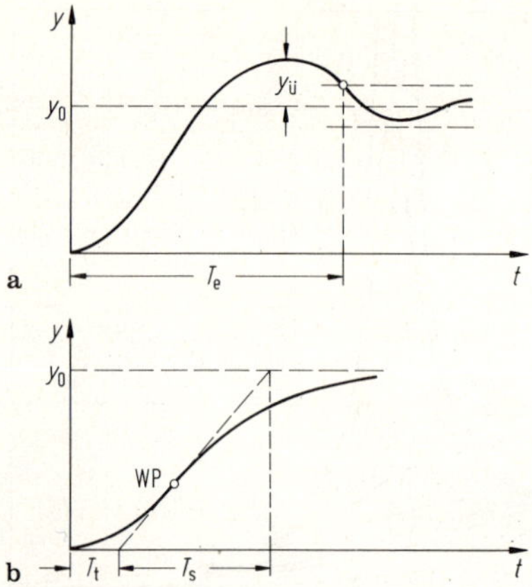

Bild 1-13. Kenngrößen eines Meßgliedes höherer Ordnung. **a** bei schwingender Einstellung, **b** bei kriechender Einstellung.

T_e, die notwendig ist, bis die Sprungantwort eines Meßgliedes innerhalb vorgegebener Toleranzgrenzen bleibt.

Als weitere Kenngröße ist die Größe $y_ü$ des *ersten* Überschwingers üblich. Sie gibt einen Anhaltspunkt über die Größe der Dämpfung des Meßgliedes.

Bei *kriechender Einstellung* nach Bild 1-13b verwendet man als Kenngrößen neben der Einstellzeit T_e (wie bei schwingender Einstellung) gerne die *Ersatztotzeit* T_t und die Ersatzzeitkonstante T_s. Die Wendetangente der Sprungantwort trifft die Zeitachse nach Ablauf der Ersatztotzeit T_t. Die Ersatzzeitkonstante T_s ist als die Differenz zwischen den Zeitpunkten definiert, die durch den Schnitt der Wendetangente mit der Zeitachse einerseits und mit der Asymptote andererseits gegeben sind.

1.3 Meßfehler

1.3.1 Zufällige und systematische Fehler

Die in technischen Prozessen vorkommenden Meßgrößen und die über Meßeinrichtungen gewonnenen Meßwerte sind i. allg. fehlerbehaftet und weichen vom Soll- bzw. Nennwert ab. Die beobachteten Fehler setzen sich dabei aus systematischen (deterministischen) und zufälligen (stochastischen) Anteilen zusammen.

Die Ursachen für systematische Fehler können z. B. fehlerhafte Einstellungen oder deterministische Einflußeffekte, aber auch bleibende Veränderungen oder definierte Zeitabhängigkeiten der Meßgrößen sein. Die Größe eines systematischen Fehlers ist prinzipiell feststellbar. Systematische Fehler lassen sich deshalb korrigieren.

Im Gegensatz dazu sind die Ursachen der die Einzelmessung beeinflussenden zufälligen Fehler nicht erkennbar. So ist z. B. die örtliche Verteilung der Dichte bei inhomogenen Gemischen nicht reproduzierbar; ebensowenig wie die zeitliche Folge der Kernzerfälle, die bei bestimmten Strahlungsmeßgeräten aufgenommen wird. Es handelt sich also um zufällige Fehler, wenn deren Ursachen bei den gegenwärtigen Kenntnissen und technischen Möglichkeiten nicht gemessen und reproduziert werden können.

Zufällige Fehler lassen sich in ihrer Gesamtheit durch Verteilungsfunktionen und durch statistische Kennwerte erfassen, und zwar um so genauer, je größer die Zahl der zur Verfügung stehenden Einzelwerte ist.

1.3.2 Definition von Fehlern, Fehlerkurven und Fehleranteilen

Der Fehler eines Meßgliedes zeigt sich als unerwünschte Abweichung des Istwertes y_{ist} vom Sollwert y_{soll} der Ausgangsgröße bei derselben Eingangsgröße x (Bild 1-14).

Der (absolute) *Fehler F* ist definiert als die Differenz von Istwert y_{ist} und Sollwert y_{soll}. Der *relative Fehler* F_{rel} ist der auf die Ausgangsspanne Δy (oder bei Meßverkörperungen, z. B. Widerständen, auf den Sollwert y_{soll}) bezogene (absolute) Fehler. Er hat die Dimension Eins (ist „dimensionslos"):

$$F = y_{ist} - y_{soll}, \quad F_{rel} = \frac{y_{ist} - y_{soll}}{\Delta y}.$$

Absolute Fehler werden häufig in Einheiten der Eingangsgröße angegeben. Bei linearen Meßgliedern ist dies in einfacher Weise durch Umrechnung mit der Empfindlichkeit ε möglich:

$$F_x = (y_{ist} - y_{soll})/\varepsilon.$$

Der in der Fehlerkurve dargestellte Gesamtfehler F läßt sich aufspalten (Bild 1-15) in den

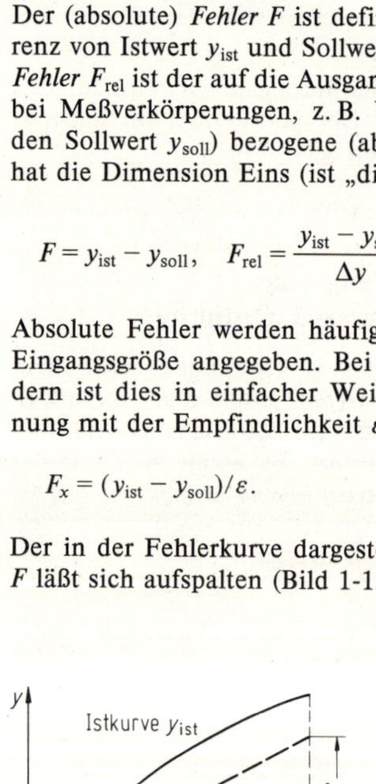

Bild 1-14. Istkurve, Sollkurve und Fehlerkurve eines Meßgliedes.

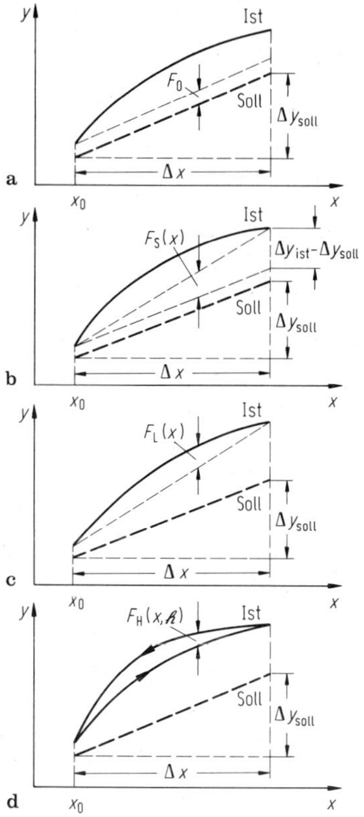

Bild 1-15. Aufspaltung des Gesamtfehlers. **a** Nullpunktfehler, **b** Steigungsfehler, **c** Linearitätsfehler, **d** Hysteresefehler.

— Nullpunktfehler F_0,
— Steigungsfehler $F_S(x)$,
— Linearitätsfehler $F_L(x)$,
— Hysteresefehler $F_H(x, h)$.

Istkennlinie y_{ist}, Sollkennlinie y_{soll} und Fehler $F = y_{ist} - y_{soll}$ sind gegeben durch

$$y_{ist} = y_{0\,ist} + \frac{\Delta y_{ist}}{\Delta x}(x - x_0) + F_L(x) + F_H(x, h),$$

$$y_{soll} = y_{0\,soll} + \frac{\Delta y_{soll}}{\Delta x}(x - x_0),$$

$$F = \underbrace{(y_{0\,ist} - y_{0\,soll})}_{F_0} + \underbrace{(\Delta y_{ist} - \Delta y_{soll})\frac{x - x_0}{\Delta x}}_{F_S(x)} + F_L(x) + F_H(x, h).$$

Alle Fehleranteile sind absolute Fehler (in Einheiten) der Ausgangsgröße.

Häufig gibt man relative Fehler an, die auf den Sollwert Δy_{soll} der Ausgangsspanne bezogen werden. Schwierigkeiten bereiten die Hysteresefehler $F_H(x, h)$, die naturgemäß außer von der Eingangsgröße x auch von der Vorgeschichte h (history) abhängen.

1.3.3 Linearitätsfehler und zulässige Fehlergrenzen

Bei der Zerlegung des Gesamtfehlers in Fehleranteile haben wir den Linearitätsfehler etwas willkürlich nach der *Festpunktmethode* bestimmt. Die Sollkennlinie geht dabei durch die zwei Punkte der Istkennlinie am Anfang und am Ende des Meßbereichs (Bild 1-16a).

Andere Möglichkeiten zur Festlegung dieser Ausgleichsgeraden sind:

— Gerade durch den Meßbereichsanfang, aber mit einer Steigung, die ein bestimmtes Minimalprinzip erfüllt (Bild 1-16b).
— Gerade, deren Lage so gewählt wird (Toleranzbandmethode), daß ausschließlich ein bestimmtes Minimalprinzip erfüllt wird (Bild 1-16c).
— Gerade durch den Meßbereichsanfang (Mba) mit einer Steigung gleich der der Istkennlinie im Meßbereichsanfang (Bild 1-16d). Diese Festlegung ist besonders bei kleinen Aussteuerungen sinnvoll.

Bei der Klassenangabe für elektrische Meßgeräte ist über den ganzen Meßbereich ein konstanter Fehler zugelassen.

Im Gegensatz dazu ist es bei Meßgliedern i. allg. sinnvoll, die zulässigen Fehler in der Umgebung des Meßbereichsanfangs kleiner festzulegen als am Meßbereichsende. Linearitätsfehlerfestlegungen mit Sollgeraden durch den Meßbereichsanfang der Istkennlinie nehmen darauf Rücksicht, daß der Meßbereichsanfang, auch aufgrund von Fertigungsmaßnahmen (Abgleich des Nullpunktes), in der Regel geringere Fehler aufweist als das Meßbereichsende (Bild 1-17).

Zum konstanten maximalen Nullpunktfehler $|F_0|_{max}$ addiert sich der zur Eingangsgröße $(x - x_0)$ proportionale maximale Steigungsfehler

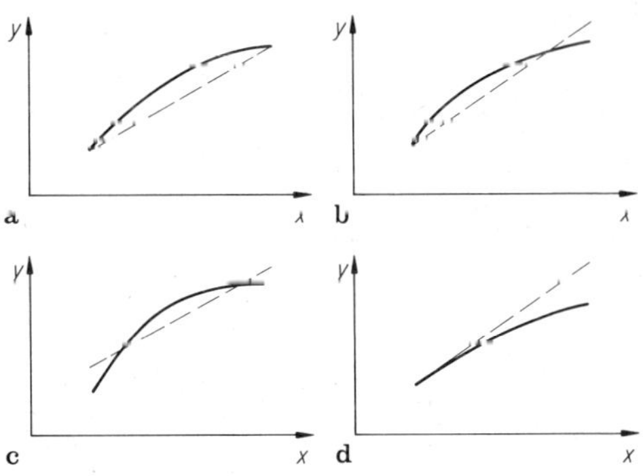

Bild 1-16. Verschiedene Ausgleichsgeraden zur Festlegung des Linearitätsfehlers. **a** Festpunktmethode, **b** Gerade durch Meßbereichsanfang (Mba), **c** Toleranzbandmethode, **d** Gerade durch Meßbereichsanfang (Mba) mit Steigung wie im Mba.

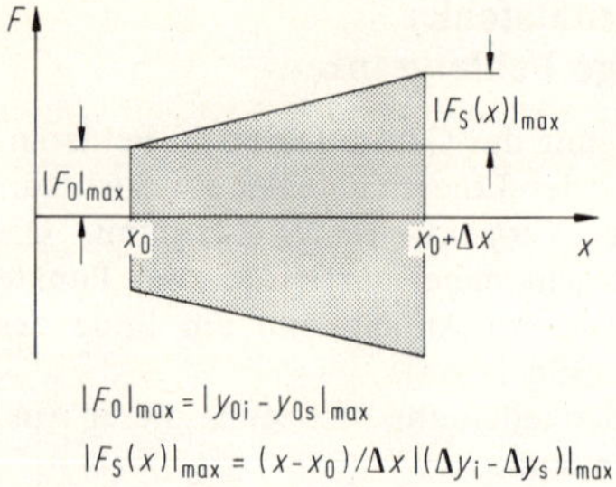

Bild 1-17. Sinnvolle Festlegung zulässiger Fehlergrenzen bei Meßgliedern.

$|F_S(x)|_{\max}$:

$$|F_0|_{\max} = |y_{0\,\text{ist}} - y_{0\,\text{soll}}|_{\max},$$

$$|F_S(x)|_{\max} = \frac{x - x_0}{\Delta x} |\Delta y_{\text{ist}} - \Delta y_{\text{soll}}|_{\max}.$$

Die Angabe des zulässigen Fehlers F_{zul} muß durch die (konstante) Empfindlichkeit ε dividiert werden, um den Fehler in Einheiten der Eingangsgröße zu erhalten, wie z. B. bei einem Gerät zur Messung der Länge l:

$$F_{\text{zul}} = \pm(50 + 0{,}1\; l/\text{mm})\;\mu\text{m}.$$

Man kann auch den zulässigen Fehler F_{zul} durch die Ausgangsspanne Δy (bzw. die Eingangsspanne Δx) dividieren und erhält so den zulässigen relativen Fehler. Nimmt man beim gleichen Längenmeßgerät (z. B. einem Meßschieber mit elektronischer Anzeige) eine maximale Meßlänge $l_{\max} = \Delta x = 500$ mm an, so beträgt der zulässige relative Fehler

$$F_{\text{rel,zul}} = \pm(10^{-4} + 10^{-4}\; l/l_{\max}).$$

Der Fehler besteht also wieder aus der Summe eines konstanten Nullpunktfehlers und eines proportionalen Steigungsfehlers.

1.3.4 Einflußgrößen und Einflußeffekt

Bisher wurde immer angenommen, daß die Einflußgrößen als konstant angesehen werden können. In Wirklichkeit können Einflußgrößen nicht unerheblich zu den Meßfehlern beitragen. Wichtige Einflußgrößen sind:

- die *Temperatur* (wenn sie nicht gerade selbst die Meßgröße ist),
- die *Versorgungsspannung* von aktiven Sensoren, Verstärkern oder Meßschaltungen,
- die fertigungsbedingten Abweichungen von wesentlichen Bauteilen und Komponenten,
- ein- und/oder ausgangsseitige Rückwirkungen, z. B. durch die Belastung einer Quelle von endlichem Innenwiderstand.

Zuweilen beeinflussen auch Luftdruck und Luftfeuchte, mechanische Erschütterung, elektrische und magnetische Felder oder die Einbaulage die Meßwerte in unerwünschter Weise. Es finden Verknüpfungen mit der Meßgröße statt, deren Entflechtung aufwendig sein kann. Am einfachsten lassen sich Einflußgrößen in Kennlinienfeldern darstellen (Bild 1-18).

In Sonderfällen kann es vorkommen, daß eine Einflußgröße nur den Nullpunkt (a) oder nur die Steigung (b) der Kennlinie eines Meßgliedes beeinflußt. Im allgemeinen ist jedoch mit gemischter (c), und auch mit Beeinflussung des Linearitätsfehlers (d) zu rechnen.

In den Kennlinienfunktionen y treten neben der Meßgröße x als Parameter die Einflußgrößen auf. Bei nur einer Einflußgröße ϑ läßt sich die Kennlinienfunktion in folgende Reihe entwickeln

$$\begin{aligned} y(x, \vartheta) &= y(x_0 \pm \xi, \vartheta_0 + \tau) \\ &= y(x_0, \vartheta_0) + \left(\frac{\partial y}{\partial x}\right)_{x = x_0} \xi \\ &\quad + \frac{1}{2}\left(\frac{\partial^2 y}{\partial x^2}\right)_{x = x_0} \xi^2 + \ldots \\ &\quad + \left(\frac{\partial y}{\partial \vartheta}\right)_{\vartheta = \vartheta_0} \tau + \frac{1}{2}\left(\frac{\partial^2 y}{\partial \vartheta^2}\right)_{\vartheta = \vartheta_0} \tau^2 \\ &\quad + \ldots + \frac{1}{2}\left(\frac{\partial^2 y}{\partial x \partial \vartheta}\right)_{\substack{x = x_0 \\ \vartheta = \vartheta_0}} \xi\tau + \ldots \end{aligned}$$

Die Einflußgröße tritt i. allg. nicht unabhängig von der Meßgröße auf, was sich in dem gemischtquadratischen Glied der Reihe ausdrückt.

In ähnlicher Weise wie die Empfindlichkeit $(\partial y/\partial x)_{x = x_0}$ ist auch der Einflußeffekt als partielles Differential der Ausgangsgröße nach der Einflußgröße im Arbeitspunkt definiert:

$$\left(\frac{\partial y}{\partial \vartheta}\right)_{\vartheta = \vartheta_0}.$$

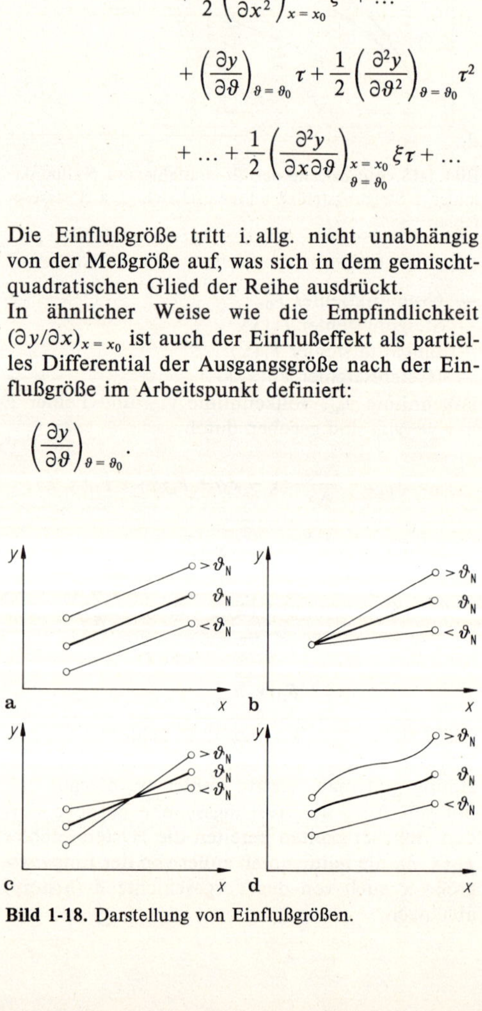

Bild 1-18. Darstellung von Einflußgrößen.

Er gibt an, um welchen Betrag ∂y sich die Ausgangsgröße ändert, wenn bei konstanter Meßgröße sich die Einflußgröße ϑ von ϑ_0 auf $\vartheta_0 + \partial\vartheta$ ändert.

1.3.5 Diskrete Verteilungsfunktionen zufälliger Meßwerte

Diskrete Meßwertverteilungen entstehen im einfachsten Fall dadurch, daß ganzzahlige absolute Häufigkeiten h_k über äquidistanten diskreten Meßwerten x_k aufgetragen werden, die der jeweiligen Klassenmitte entsprechen (Bild 1-19). Die Klassenbreite ist dabei gleich der Differenz benachbarter diskreter Meßwerte $\Delta x = x_{k+1} - x_k$.
Wenn insgesamt n Meßwerte x_i zur Verteilungsfunktion beitragen, so ist die Wahrscheinlichkeit P_k, daß Meßwerte in die Klasse k fallen,

$$P_k = \frac{n_k}{n}$$

und die Wahrscheinlichkeit P für das Auftreten von Meßwerten in mehreren benachbarten Klassen beträgt

$$P = \sum_k P_k = \sum_k \frac{h_k}{n} = \frac{1}{n} \sum_k h_k .$$

Werden alle besetzten Klassen einbezogen, so ist natürlich $\sum_k h_k = n$ und die Wahrscheinlichkeit ist $P = 1$.
Anstelle der Verteilungsfunktion verwendet man gerne charakteristische Kennwerte, die sich aus den n Meßwerten x_i berechnen lassen. Betrachtet man die Verteilungsfunktion in Bild 1-19, so erkennt man zunächst, daß sich die Meßwerte in der Umgebung eines etwa in der Mitte liegenden Wertes häufen. Es ist deshalb sinnvoll, den (arithmetischen) Mittelwert $\bar{x}$ als erste Kenngröße festzulegen.

$$\bar{x} = \frac{1}{n} \sum_{i=1}^{n} x_i .$$

Weicht der Mittelwert vom Soll- oder Nennwert der Meßgrößen ab, so liegt ein systematischer Fehler vor, der gerade gleich der Differenz zwischen Mittelwert und Soll- bzw. Nennwert ist.

Zur Charakterisierung der zufälligen Fehler ist als zweite Kenngröße der mittlere quadratische Fehler, die sog. *Standardabweichung* s üblich. Deren Quadrat, die *Varianz* („Streuung") s^2, ist

$$s^2 = \frac{1}{n-1} \sum_{i=1}^{n} (x_i - \bar{x})^2 .$$

Wie man leicht zeigen kann, gilt auch die numerisch günstigere Beziehung

$$s^2 = \frac{1}{n-1} \left[\sum_{i=1}^{n} x_i^2 - \frac{1}{n} \left(\sum_{i=1}^{n} x_i \right)^2 \right] .$$

Mittelwert und Standardabweichung sagen nicht alles über die Form der Verteilungsfunktion aus. Außerdem ist es für weiterführende Überlegungen oft zweckmäßig, statt von einer diskreten Verteilungsfunktion von einer kontinuierlichen Verteilung der Meßwerte auszugehen, die dann aber nur für eine große Anzahl n von Meßwerten x gültig ist. Praktisch beobachtete Verteilungen lassen sich häufig näherungsweise durch die Normalverteilung beschreiben.

1.3.6 Die Normalverteilung

Die Normalverteilung (Gaußsche Verteilung) $f(x)$ ist eine symmetrische Verteilung der streuenden Meßwerte x um den Mittelwert μ. Betragsmäßig gleich große positive und negative Abweichungen (zufällige Fehler) besitzen gleiche Häufigkeit. Große Abweichungen sind weniger häufig als kleine. Schließlich liegt an der Stelle des Mittelwerts $x = \mu$ (zufälliger Fehler = null) das Maximum der Verteilungsfunktion.
Weiterhin gilt, daß die Standardabweichung σ die Beziehung

$$\sigma^2 = \int_{-\infty}^{\infty} (x - \mu)^2 f(x)\, \mathrm{d}x$$

erfüllt und die Gesamtfläche unter der Verteilungsfunktion

$$\int_{-\infty}^{\infty} f(x)\, \mathrm{d}x = 1$$

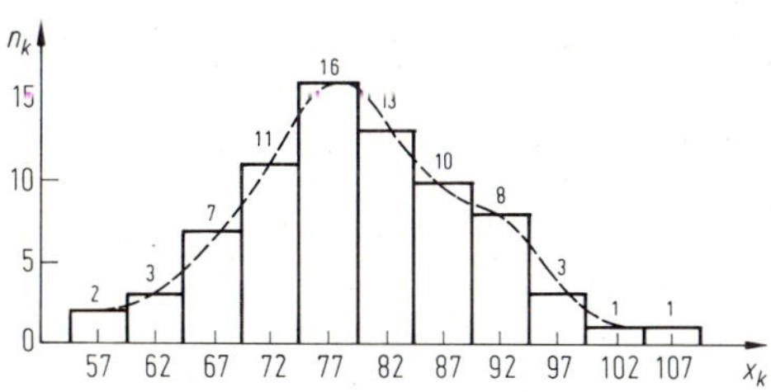

Bild 1-19. Diskrete Meßwertverteilung.

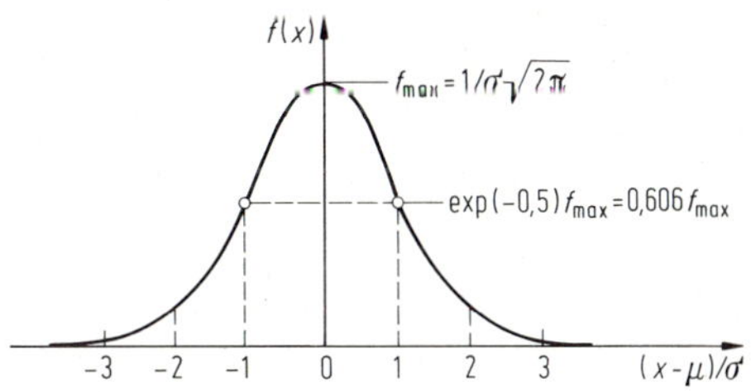

Bild 1-20. Normalverteilung $f(x)$.

ist, da sie die Wahrscheinlichkeit für das Auftreten jedes beliebigen Meßwertes im Bereich $-\infty < x < \infty$ darstellt.

Aufgrund dieser Eigenschaften lautet die Normalverteilung $f(x)$ abhängig von den Meßwerten x bzw. den zufälligen Fehlern $x - \mu$

$$f(x) = \frac{1}{\sqrt{2\pi}\,\sigma} \exp\left[-\frac{(x-\mu)^2}{2\sigma^2}\right].$$

Die Diskussion dieser in Bild 1-20 dargestellten Verteilungsfunktion liefert das Maximum $f_{max} = 1/(\sigma\sqrt{2\pi})$ bei $x = \mu$ und Wendepunkte bei $x = \mu \pm \sigma$.

Allgemein erhält man durch Integration einer Verteilungsfunktion über einem bestimmten Intervall die Wahrscheinlichkeit für das Auftreten von Meßwerten in diesem Intervall. Eine Verteilungsfunktion wird deshalb oft auch als Wahrscheinlichkeitsdichte bezeichnet.

1.3.7 Gaußsche Fehlerwahrscheinlichkeit

Die differentielle Wahrscheinlichkeit $\mathrm{d}P$ für das Auftreten von Meßwerten x (bzw. Fehlern $x - \mu$) im differentiellen Intervall der Breite $\mathrm{d}x$ beträgt

$$\mathrm{d}P = f(x)\,\mathrm{d}x.$$

In einem endlichen Intervall $x_1 \leqq x \leqq x_2$ nach Bild 1-21 ergibt sich also für die Wahrscheinlichkeit P

$$P = \int_{x_1}^{x_2} f(x)\,\mathrm{d}x = \frac{1}{\sigma\sqrt{2\pi}} \int_{x_1}^{x_2} \exp\left[-\frac{(x-\mu)^2}{2\sigma^2}\right] \mathrm{d}x.$$

Das auftretende Integral ist elementar nicht lösbar. In verschiedenen Tabellenwerken ist dieses Integral als *Fehlerfunktion (erro function)*

$$\mathrm{erf}(x) = \frac{2}{\sqrt{\pi}} \int_0^x \mathrm{e}^{-t^2}\,\mathrm{d}t \quad \text{tabelliert.}$$

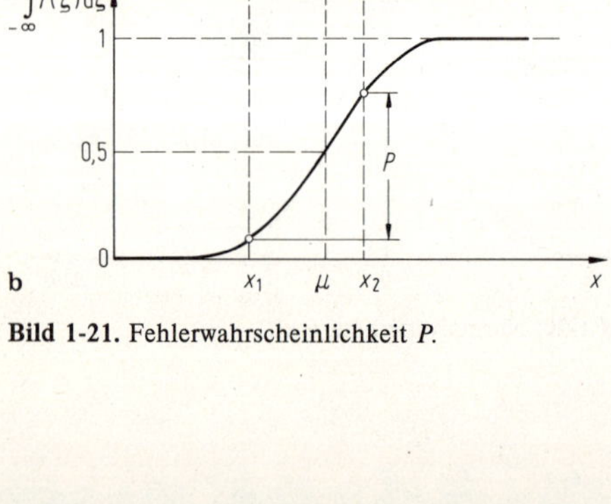

Bild 1-21. Fehlerwahrscheinlichkeit P.

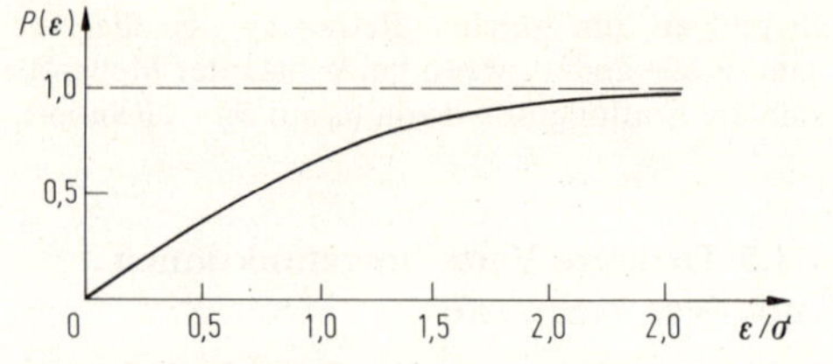

ε/σ	0,5	0,67	1	1,65	1,96	2	2,58	2,81	3	3,3
$P(\varepsilon)$	0,383	0,50	0,6826	0,90	0,95	0,954	0,99	0,995	0,9973	0,999

Bild 1-22. Fehlerwahrscheinlichkeit $P(\varepsilon)$ bei symmetrischem Intervall $-\varepsilon \leqq x - \mu \leqq \varepsilon$.

Mit der Substitution $\dfrac{x-\mu}{\sigma\sqrt{2}} = t$

ergibt sich nach Zwischenrechnung

$$P = \frac{1}{2}\left[\mathrm{erf}\frac{x_2-\mu}{\sigma\sqrt{2}} - \mathrm{erf}\frac{x_1-\mu}{\sigma\sqrt{2}}\right].$$

Die Wahrscheinlichkeit des Auftretens von Fehlern im symmetrischen Intervall $-\varepsilon \leqq x - \mu \leqq \varepsilon$ ist wegen $\mathrm{erf}(x) = -\mathrm{erf}(-x)$

$$P(\varepsilon) = \mathrm{erf}\frac{\varepsilon}{\sigma\sqrt{2}}.$$

Diese Fehlerwahrscheinlichkeit ist in Bild 1-22 graphisch und in einer Wertetabelle dargestellt.

1.3.8 Wahrscheinlichkeitspapier

Abweichungen von der Glockenform der Normalverteilung können im sog. Wahrscheinlichkeitsnetz (Bild 1-23) häufig leichter erkannt werden.

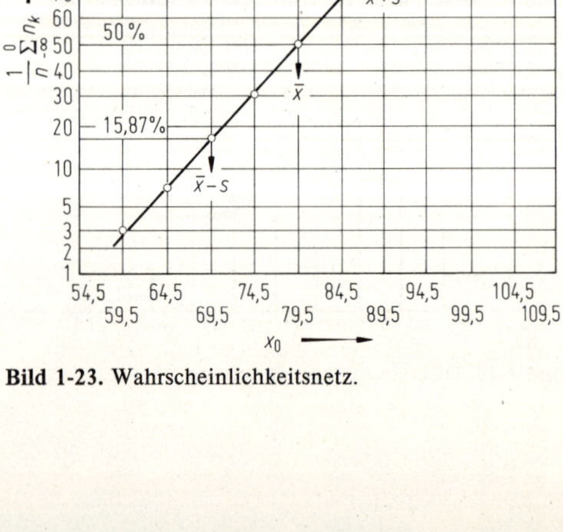

Bild 1-23. Wahrscheinlichkeitsnetz.

Dort ist die Summenwahrscheinlichkeit bzw. die relative Summenhäufigkeit

$$\int_{-\infty}^{x_0} f(x)\,\mathrm{d}x \quad \text{bzw.} \quad \frac{1}{n}\sum_{-\infty}^{0} n_k$$

abhängig von der jeweils oberen Meßwertgrenze x_0 aufgetragen. Die Ordinatenachse der Summenwahrscheinlichkeit ist derart geteilt, daß sich für die Normalverteilung eine Gerade ergibt. Abweichungen von der Geradenform zeigen also entsprechende Abweichungen von der Normalverteilung.

Der Schnittpunkt der erhaltenen Geraden mit der 50%-Linie liefert den Mittelwert $\bar{x}$. Die Werte $\bar{x} \pm s$ erhält man bei den Summenwahrscheinlichkeiten 84,13% und 15,87% (50% ± 0,5 · 68,26%).

1.3.9 Fehlerfortpflanzung zufälliger Fehler

Der Fehler $\mathrm{d}y$ eines Meßergebnisses $y = f(x_1, x_2, \ldots, x_n)$ berechnet sich aus den Fehleranteilen $\mathrm{d}x_1, \mathrm{d}x_2, \ldots, \mathrm{d}x_n$ der Eingangsgrößen $x_1, x_2, \ldots, x_n$ über das totale Differential zu

$$\mathrm{d}y = \frac{\partial y}{\partial x_1}\mathrm{d}x_1 + \frac{\partial y}{\partial x_2}\mathrm{d}x_2 + \ldots + \frac{\partial y}{\partial x_n}\mathrm{d}x_n .$$

Zur Berechnung der Standardabweichung eines zufällig schwankenden Meßergebnisses sind die auftretenden Fehler zunächst zu quadrieren. Man erhält

$$(\mathrm{d}y)^2 = \sum_{i=1}^{n}\left(\frac{\partial y}{\partial x_i}\mathrm{d}x_i\right)^2 + 2\sum_{i \neq j}\frac{\partial y}{\partial x_i}\cdot\frac{\partial y}{\partial x_j}\mathrm{d}x_i\,\mathrm{d}x_j .$$

Die gemischten Glieder ($i \neq j$) heben sich im statistischen Mittel gegenseitig auf, da die Wahrscheinlichkeit positiver zufälliger Fehler gleich der von negativen zufälligen Fehlern ist. Unter der Voraussetzung einer Normalverteilung und für kleine Standardabweichungen $s_i \ll x_i$ ergibt sich die Standardabweichung s_y des Meßergebnisses y aus den Standardabweichungen $s_1, s_2, \ldots, s_n$ der Meßwerte $x_1, x_2, \ldots, x_n$ zu

$$s_y = \sqrt{\left(\frac{\partial y}{\partial x_1}s_1\right)^2 + \left(\frac{\partial y}{\partial x_2}s_2\right)^2 + \ldots + \left(\frac{\partial y}{\partial x_n}s_n\right)^2} .$$

Für Summen- und Produktfunktionen y ergeben sich die Standardabweichungen s_y zu

$$y = a_1x_1 + a_2x_2 - a_3x_3:$$

$$s_y = \sqrt{a_1^2s_1^2 + a_2^2s_2^2 + a_3s_3^2}, \quad \text{bzw.}$$

$$y = \frac{x_1x_2}{x_3}:$$

$$\frac{s_y}{y} = \sqrt{\left(\frac{s_1}{x_1}\right)^2 + \left(\frac{s_2}{x_2}\right)^2 + \left(\frac{s_3}{x_3}\right)^2} .$$

1.3.10 Fehlerfortpflanzung systematischer Fehler

Die Bedeutung der Gesetze der Fehlerfortpflanzung liegt darin, daß man mit ihnen Aussagen über die Zuverlässigkeit eines von mehreren Eingangsgrößen bestimmten Ergebnisses oder eines Meßverfahrens machen kann, wenn nur die Fehler bei der Messung der einzelnen Eingangsgrößen bekannt sind.

Häufig ist das Meßergebnis y eine Funktion einer oder mehrerer Eingangsgrößen x_i, von denen jede entweder durch einen einzelnen Meßwert oder den Mittelwert einer Anzahl von Meßwerten repräsentiert wird (Bild 1-24).

Diese Eingangsgrößen sind mit Fehlern behaftet, deren Auswirkung auf das Meßergebnis unterschiedlich ist, je nachdem, ob es sich um systematische oder um zufällige Fehler handelt. Hier werden systematische Fehler behandelt, deren Größe nach Betrag und Vorzeichen bekannt ist.

Bei großen Fehlern $F_{x1}, F_{x2}, \ldots$ der Eingangsgrößen führt die Differenzenrechnung zum Fehler F_y des Meßergebnisses y. Bei einem multiplikativen Zusammenhang $y = x_1 \cdot x_2$ ist der relative Fehler des Meßergebnisses

$$\frac{F_y}{y} = \frac{F_{x1}}{x_1} + \frac{F_{x2}}{x_2} + \frac{F_{x1}}{x_1}\cdot\frac{F_{x2}}{x_2} .$$

Bei genügend kleinen Fehleranteilen können die endlichen Fehler F_{xi} durch Differentiale $\mathrm{d}x_i$ ersetzt werden. Der Fehler $\mathrm{d}y$ des Meßergebnisses y berechnet sich dann aus den Fehleranteilen $\mathrm{d}x_1, \mathrm{d}x_2, \ldots, \mathrm{d}x_n$ über das totale Differential zu

$$\mathrm{d}y = \left(\frac{\partial y}{\partial x_1}\right)\mathrm{d}x_1 + \left(\frac{\partial y}{\partial x_2}\right)\mathrm{d}x_2 + \ldots + \left(\frac{\partial y}{\partial x_n}\right)\mathrm{d}x_n .$$

Für Summen-, Produkt- und Potenzfunktionen y erhält man die „fortgepflanzten“ systematischen Fehler $\mathrm{d}y$

$$y = x_1 + x_2 - x_3 - x_4:$$

$$\mathrm{d}y = \mathrm{d}x_1 + \mathrm{d}x_2 - \mathrm{d}x_3 - \mathrm{d}x_4 ,$$

$$y = \frac{x_1x_2}{x_3x_4}:$$

$$\frac{\mathrm{d}y}{y} = \frac{\mathrm{d}x_1}{x_1} + \frac{\mathrm{d}x_2}{x_2} - \frac{\mathrm{d}x_3}{x_3} - \frac{\mathrm{d}x_4}{x_4} ,$$

$$y = kx^m:$$

$$\frac{\mathrm{d}y}{y} = m\frac{\mathrm{d}x}{x} .$$

Bild 1-24. Fortpflanzung systematischer Fehler bei Verknüpfungen und Funktionsbildungen.

Bei der Summenfunktion addieren sich also die absoluten Fehler, bei der Produktfunktion die relativen Fehler und bei der Potenzfunktion wird der relative Fehler mit dem Exponenten m multipliziert.

2 Strukturen der Meßtechnik

2.1 Meßsignalverarbeitung durch strukturelle Maßnahmen

Für die erreichbaren Übertragungseigenschaften von Meßeinrichtungen ist in starkem Maße die Struktur der Vermaschung der einzelnen Meßglieder maßgebend. Die Qualität der Meßeinrichtungen ist von der durch strukturelle Maßnahmen bedingten Meßsignalverarbeitung abhängig. Es lassen sich drei Grundstrukturen, nämlich (1.) die Kettenstruktur, (2.) die Parallelstruktur und (3.) die Kreisstruktur unterscheiden.

2.1.1 Die Kettenstruktur

In der Kettenstruktur werden Meßketten von der nichtelektrischen Meßgröße als Eingangsgröße eines Aufnehmers bis zum Ausgangssignal eines Ausgabegerätes realisiert. Die Anpassung des Aufnehmer-Ausgangssignals an das Eingangssignal des sog. Ausgebers erfolgt meist über eine Meßschaltung, einen Meßverstärker und/oder ein geeignetes Rechengerät. Häufig wird in einer Kettenstruktur auch die nichtlineare Kennlinie eines Meßgrößenaufnehmers linearisiert, indem ein Meßglied mit inverser Übertragungskennlinie nachgeschaltet wird.
Die Kettenstruktur nach Bild 2-1a ist dadurch gekennzeichnet, daß das Ausgangssignal y_i des vorangehenden Meßgliedes jeweils das Eingangssignal x_{i+1} des nachfolgenden Meßgliedes bildet.
Die resultierende statische Kennlinie $y_3 = f(x_1)$ ergibt sich i. allg. am einfachsten graphisch gemäß Bild 2-1b. Für den Spezialfall linearer Kennlinien mit konstanten Empfindlichkeiten ε_i,

$$y_i = c_i + \varepsilon_i x_i \quad \text{mit} \quad \varepsilon_i = \frac{\mathrm{d}y_i}{\mathrm{d}x_i},$$

ergibt sich bei der Kettenstruktur wieder eine lineare Kennlinie mit der Empfindlichkeit

$$\varepsilon_{\text{ges}} = \prod_{i=1}^{n} \varepsilon_i \quad (n \text{ Anzahl der Meßglieder}).$$

Beispiel: Im Zusammenhang mit der Durchflußmessung nach dem Wirkdruckverfahren (3.4.1) ist der Differenzdruck Δp über einer Drosselstelle näherungsweise dem Quadrat des Volumendurchflusses Q proportional ($\Delta p \sim Q^2$). Eine Linearisierung ist mit einem nachgeschalteten radizierenden Differenzdruck-Meßumformer möglich, dessen Ausgangsstrom I der Wurzel aus dem Differenzdruck proportional ist $\left(I \sim \sqrt{p}\right)$. In Bild 2-1c sind die nichtlinearen Einzelkennlinien und die resultierende lineare Gesamtkennlinie graphisch dargestellt.

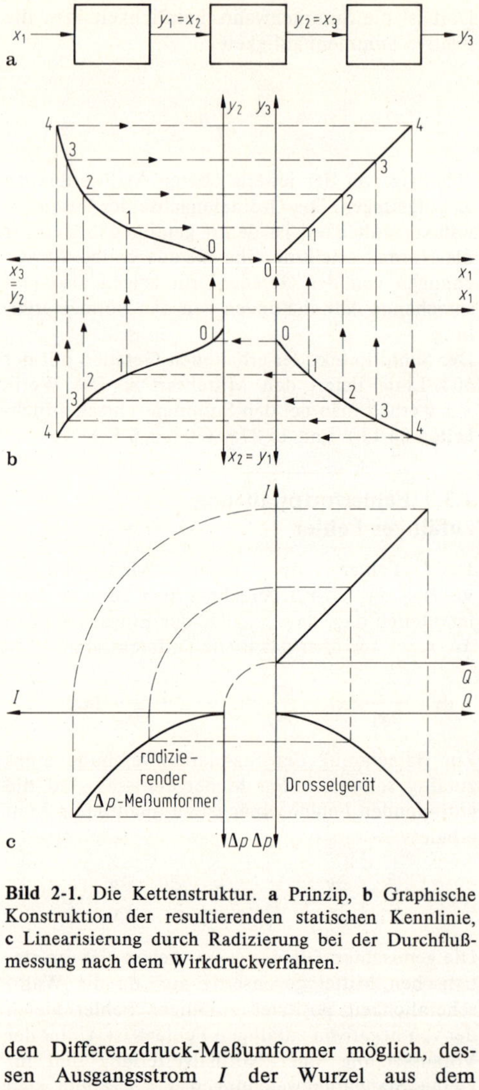

Bild 2-1. Die Kettenstruktur. **a** Prinzip, **b** Graphische Konstruktion der resultierenden statischen Kennlinie, **c** Linearisierung durch Radizierung bei der Durchflußmessung nach dem Wirkdruckverfahren.

2.1.2 Die Parallelstruktur (Differenzprinzip)

Besondere Bedeutung hat die Parallelstruktur in Gestalt des *Differenzprinzips* erlangt. Ähnlich wie bei Gegentaktschaltungen für Verstärkerendstufen, können z. B. zwei sonst gleichartige nichtlineare Wegsensoren um einen bestimmten Arbeitspunkt x_0 herum, von der Meßgröße x (dem Meßweg) gegensinnig ausgesteuert werden, während Einflußgrößen, wie z. B. die Temperatur ϑ, gleichsinnig wirken (Bild 2-2a). Durch Subtraktion der Ausgangssignale y_1 und y_2 kann die Über-

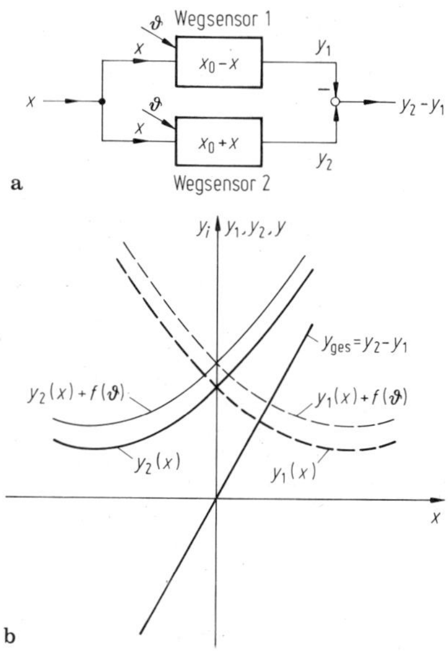

Bild 2-2. Die Parallelstruktur (Differenzprinzip). **a** Differenzprinzip, **b** Linearisierung durch Anwendung des Differenzprinzips.

tragungskennlinie linearisiert und der Einfluß gleichsinnig wirkender Störungen reduziert werden.

Läßt sich die Abhängigkeit der Ausgangsgrößen y beider Meßglieder von der allgemeinen Eingangsgröße ξ und der Temperatur ϑ durch

$$y = a_0 + a_1\xi + a_2\xi^2 + f(\vartheta)$$

beschreiben und werden die beiden Meßglieder mit $\xi_1 = x_0 - x$ bzw. $\xi_2 = x_0 + x$ ausgesteuert, so sind ihre Ausgangssignale

$$y_1 = a_0 + a_1(x_0 - x) + a_2(x_0 - x)^2 + f(\vartheta)\,,$$

$$y_2 = a_0 + a_1(x_0 + x) + a_2(x_0 + x)^2 + f(\vartheta)\,.$$

Das Differenzsignal ist dann

$$y_{ges} = y_2 - y_1 = 2(a_1 + 2a_2x_0)\,x\,.$$

Das Differenzsignal y_{ges} ist unter den getroffenen Annahmen streng linear von der Meßgröße x abhängig und völlig unabhängig von der Temperatur ϑ (Bild 2-2b).

Die Empfindlichkeit ε_{ges} ist konstant und doppelt so groß wie der Betrag beider Empfindlichkeiten ε_i eines einzelnen Meßgliedes im Arbeitspunkt $\xi = x_0$ ($x = 0$):

$$\varepsilon_{1,2} = \left(\frac{\partial y_{1,2}}{\partial x}\right)_{x=0} = \mp(a_1 + 2a_2x_0)\,,$$

$$\varepsilon_{ges} = \left(\frac{\partial y_{ges}}{\partial x}\right)_{x=0} = 2(a_1 + 2a_2x_0)\,.$$

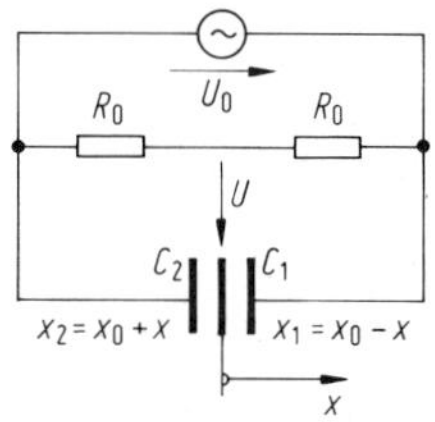

Bild 2-3. Anwendung des Differenzprinzips: Linearer Wegaufnehmer mit Differentialkondensator.

Allgemein ergibt sich im Arbeitspunkt ein Wendepunkt, also eine Linearisierung der Gesamtkennlinie, und eine Reduktion des Einflusses gleichsinnig wirkender Störungen.

Anwendungen des Differenzprinzips

Das Differenzprinzip kann in Meßschaltungen immer dann angewendet werden, wenn an einen zweiten Meßgrößenaufnehmer die Meßgröße gegensinnig angelegt werden kann, wie z. B. bei Kraft-, Dehnungs- oder Wegsensoren. Zwei gegensinnig ausgesteuerte *Dehnungsmeßstreifen* können in einer *Brückenschaltung* sowohl den Meßeffekt verdoppeln als auch den gleichsinnigen Temperatureinfluß stark reduzieren.

Der Linearisierungseffekt spielt in diesem Fall nur eine untergeordnete Rolle, da die Dehnungen und die daraus resultierenden relativen Widerstandsänderungen nur klein sind und gewöhnlich unter 1% liegen.

Beispiel: Exakte Linearisierung wird bei einem Differentialkondensator-Wegaufnehmer (siehe 3.2.3) erreicht, wenn nach Bild 2-3 die Plattenabstände x_1 und x_2 der beiden Kondensatoren C_1 und C_2 durch den Meßweg x gemäß $x_1 = x_0 - x$ und $x_2 = x_0 + x$ gegensinnig beeinflußt werden. Die normierte Ausgangsspannung U/U_0 der wechselspannungsgespeisten Brückenschaltung beträgt mit $C_i = \varepsilon A/x_i$ (A Plattenfläche, Dielektrizitätskonstante $\varepsilon = \varepsilon_0\varepsilon_r$, $i = 1, 2$).

$$\frac{U}{U_0} = \frac{1/\mathrm{j}\omega C_2}{(1/\mathrm{j}\omega C_1) + (1/\mathrm{j}\omega C_2)} - \frac{1}{2} = \frac{1}{2}\cdot\frac{x}{x_0}\,.$$

Die Ausgangsspannung U ist also dem Meßweg x direkt proportional.

2.1.3 Die Kreisstruktur

Die Kreisstruktur in Gestalt des Kompensationsprinzips (Gegenkopplung) ergibt sich nach Bild 2-4a. Der zu messenden Eingangsgröße x wird die Ausgangsgröße x_K eines in der Rückführung liegenden Meßgliedes entgegengeschaltet und so lange verändert, bis sie näherungsweise gleich der Eingangsgröße ist.

Im Falle konstanter Übertragungsfaktoren v und G der Meßglieder im Vorwärtszweig bzw. in der

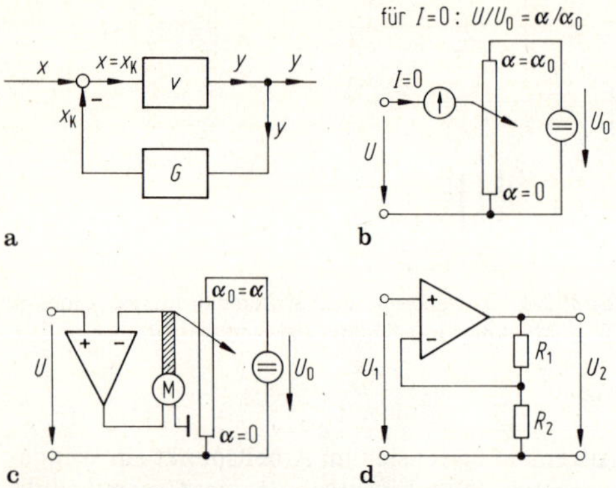

Bild 2-4. Die Kreisstruktur. a Prinzip, b Spannungskompensation von Hand, c Motorische Kompensation einer Spannung, d Gegengekoppelter reiner Spannungsverstärker.

Rückführung berechnet sich der Übertragungsfaktor y/x bei Gegenkopplung aus

$$y = v(x - x_K) = v(x - Gy) \quad \text{zu}$$

$$\frac{y}{x} = \frac{v}{1+Gv} = \frac{1}{\frac{1}{v}+G}$$

Bei sehr großen Übertragungsfaktoren $v \gg 1/G$ des Meßgliedes im Vorwärtszweig vereinfacht sich der Übertragungsbeiwert bei Gegenkopplung zu $y/x = 1/G$.
Als Beispiele können die verschiedenen Methoden der Spannungsmessung und Spannungsverstärkung in Bild 2.4b bis d dienen. Im Fall (b) führt die Kompensation von Hand, im Fall (c) die motorische Kompensation („Servo") zu einem der Meßspannung U proportionalen Winkel α. Im Fall (d) des reinen Spannungsverstärkers vergrößert sich die Ausgangsspannung U_2 so lange, bis die rückgeführte Spannung $[R_2/(R_1+R_2)]\,U_2$ gleich der Eingangsspannung U_1 ist. Damit ist U_2 auch proportional zu U_1.

2.2 Das Modulationsprinzip

Die nullpunktsichere Verstärkung oder Umformung kleiner Meßsignale ist häufig in unerwünschter Weise durch vorhandene — teils extrem niederfrequente — Störsignale begrenzt. In erster Linie handelt es sich dabei um Temperaturdrift oder um Langzeitdrift wegen Alterung.
Mit Hilfe des Modulationsprinzips nach Bild 2-5 kann Nullpunktsicherheit gewährleistet werden (vgl. G 22.3). Die Amplitude einer oft sinus- oder rechteckförmigen Trägerschwingung wird mit dem zu verstärkenden Meßsignal moduliert, dann mit einem a priori nullpunktsicheren Wechselspannungsverstärker verstärkt und anschließend wieder vorzeichenrichtig demoduliert.

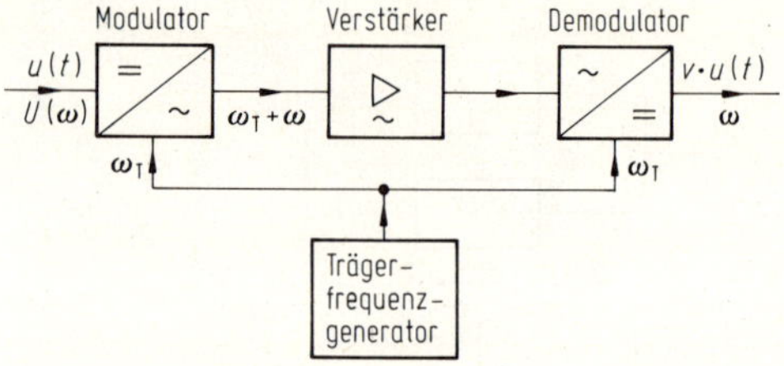

Bild 2-5. Das Prinzip der Modulation.

Die Frequenz ω_T der Trägerschwingung wählt man so, daß sie in einen vergleichsweise ungestörten Frequenzbereich zu liegen kommt. Die Frequenz muß daher einerseits größer sein als die Frequenz der höchsten Oberwellen der Netzfrequenz, die Störungen verursachen können. Andrerseits soll die Frequenz niedriger als die Frequenz störender Rundfunksender liegen. Aus diesen Überlegungen heraus bietet sich als Frequenz für die Trägerschwingung etwa der Bereich zwischen 500 Hz und 50 kHz an.

Modulatoren zur Messung nichtelektrischer Größen

Bei trägerfrequenzgespeisten Meßbrücken (Bild 2-6a) erfolgt eine nullpunktsichere Umformung von Widerstands-, Kapazitäts- oder Induktivitätsänderungen in amplitudenmodulierte Wechselspannungen.
Bei einer mit vier Widerstandsaufnehmern ausgestatteten Vollbrücke, die mit der Trägerfrequenz-Spannung $U_0 \cos \omega_T t$ gespeist wird, ist die nor-

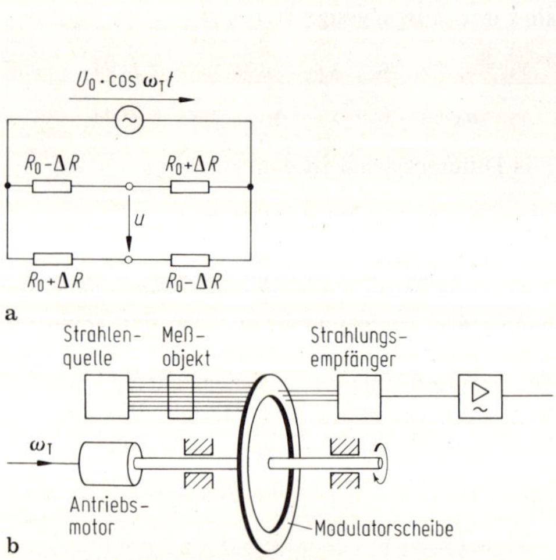

Bild 2-6. Modulatoren zur Messung nichtelektrischer Größen. a Trägerfrequenz-Meßbrücke, b Rotierende Modulatorscheibe im Wechsellicht-Photometer.

mierte Ausgangsspannung

$$\frac{U}{U_0} = \left(\frac{R_0 + \Delta R}{2R_0} - \frac{R_0 - \Delta R}{2R_0}\right) \cos \omega_T t$$
$$= \frac{\Delta R}{R_0} \cos \omega_T t.$$

Diese Brückenausgangsspannung kann mit einem nullpunktsicheren Wechselspannungsverstärker verstärkt und anschließend phasenabhängig gleichgerichtet werden. Dieser Synchrongleichrichter wird von derselben Trägerfrequenz gesteuert, die die Meßbrücke speist.

Für die Messung optischer und daraus abgeleiteter Größen kann mit einer *rotierenden Modulatorscheibe* ein Lichtstrom periodisch moduliert werden (Bild 2-6b). Dieses Verfahren ist dann von Vorteil, wenn die Intensität eines Lichtstroms nullpunktsicher ausgewertet werden soll. Beispiele sind das Wechsellichtphotometer, mit dem die Transparenz einer Probe bestimmt werden kann, und Gasanalysegeräte, bei denen aus der Infrarotabsorption auf die Gaskonzentration geschlossen werden kann.

Die Drehzahl des Antriebsmotors der Modulatorscheibe bestimmt die Trägerfrequenz. Die Modulatorscheibe moduliert die von der Strahlenquelle zum Strahlungsempfänger gelangende Intensität. Die Modulation kann rechteckförmig oder sinusähnlich sein. Das vom Strahlungsempfänger abgegebene Signal wird mit einem Wechselspannungsverstärker verstärkt und dann gleichgerichtet.

2.3 Struktur eines digitalen Instrumentierungssystems

Die Struktur digitaler Instrumentierungssysteme ist durch dezentrale, „intelligente“ Komponenten gekennzeichnet, die über ein digitales Sammelleitungssystem (Bussystem) miteinander kommunizieren. Jede individuelle Peripheriekomponente enthält dabei einen Mikrorechner, mit dem spezifische Signalverarbeitungsmaßnahmen vollzogen werden können (Mikroperipherik-Komponenten). Dadurch sind spezifische Anforderungen des Prozesses, des Bedienungspersonals, des Sammelleitungssystems und der Mikroperipherik-Komponenten erfüllbar.

2.3.1 Erhöhung des nutzbaren Informationsgehalts

Der nutzbare Informationsgehalt H jedes Sensors ist begrenzt und läßt sich i. allg. durch Meßsignalverarbeitung erhöhen. Nur von theoretischer Bedeutung ist der unendlich hohe Informationsgehalt eines analogen Sensors, dessen Kennlinie unabhängig von Einflußgrößen und ideal reproduzierbar ist.

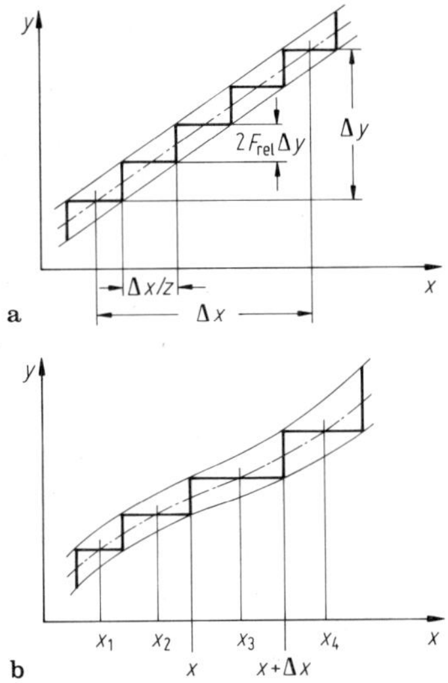

Bild 2-7. Bestimmung der Zahl z der unterscheidbaren Zustände.

In Wirklichkeit ist jedem Sensor-Ausgangssignal aufgrund der Meßunsicherheit ein *bestimmter* Eingangsbereich zugeordnet. Die Zahl der unterscheidbaren Eingangssignale ist also begrenzt und läßt sich bei gegebenem Streubereich auch bei einer nichtlinearen Kennlinie graphisch bestimmen (Bild 2-7).

Bei einer linearen Sollkennlinie und einem zulässigen relativen Fehler F_{rel} berechnet sich die Zahl z der unterscheidbaren Eingangssignale zu

$$z = \frac{1}{2F_{rel}}.$$

Der Nutz-Informationsgehalt H_{nutz} beträgt allgemein

$$H_{nutz} = \text{ld } z \text{ Sh (Shannon, bisher: bit)}$$

Bei linearer Sollkennlinie ist daher der Nutz-Informationsgehalt

$$H_{nutz} = (\text{ld}(1/F_{rel}) - \text{ld } 2) \text{ Sh} = -(\text{ld } F_{rel} + 1) \text{ Sh}.$$

Typischerweise liegt der Nutz-Informationsgehalt eines industriellen Drucksensors ohne Korrektur des Temperatureinflusses zwischen 4 und 6 Sh. Mit rechnerischer Korrektur des Temperatureinflusses lassen sich möglicherweise Werte zwischen 8 und 12 Sh erreichen.

2.3.2 Struktur von Mikroelektroniksystemen mit dezentraler Intelligenz

Die grundsätzliche Struktur von Mikroelektroniksystemen und Mikroperipherikkomponenten (speziell der Sensoren) ist gekennzeichnet durch die Anwendung der Mikroelektronik zur Prozeßführung und durch die notwendigen Mikroperipherik-

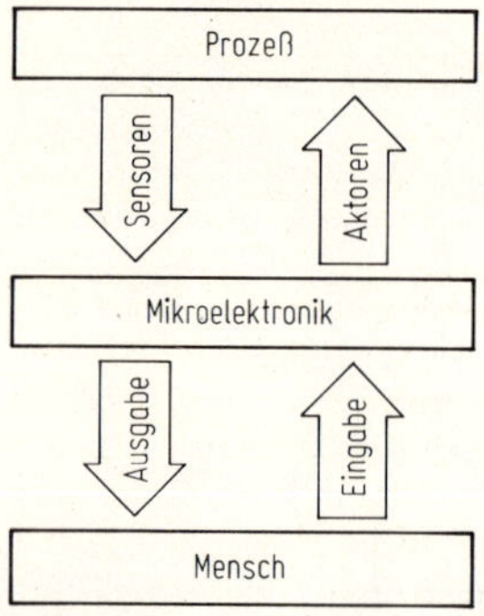

Bild 2-8. Komponenten der Mikroperipherik.

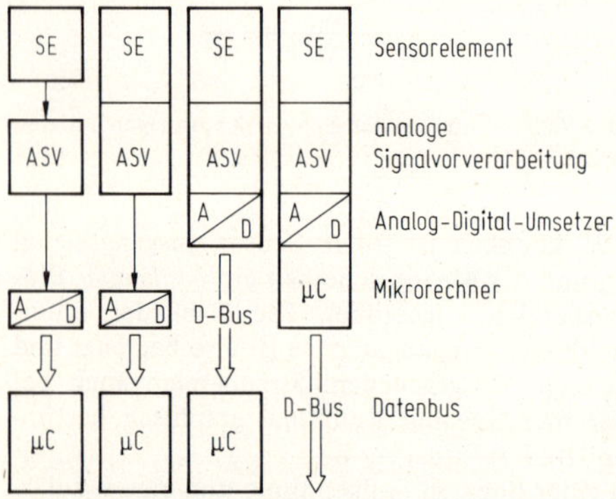

Bild 2-9. Sensorgenerationen.

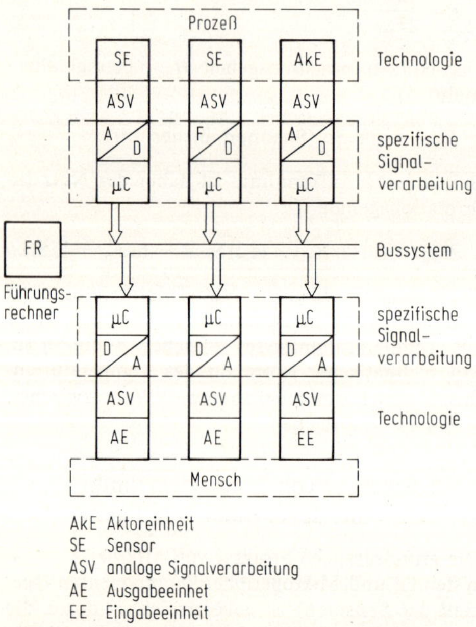

Bild 2-10. Struktur eines futuristischen Mikroelektronik-Systems.

komponenten zur Verbindung von Prozeß, Mikroelektronik und Mensch (Bild 2-8).

In einer fortgeschrittenen Version sind die dezentralen Mikroperipherikkomponenten (speziell die Sensoren) „intelligent", beinhalten einen Mikrorechner und sind mit einem Datenbus verbunden (Bild 2-9).

Ausgehend von diesen Vorstellungen und dem Wunsche nach möglichst vollständiger Integration von Komponente (speziell Sensor) und Signalverarbeitung ergibt sich die Struktur eines Mikroelektronik-Systems nach Bild 2-10.

Mit der sog. *anthropospezifischen Meßsignalverarbeitung* in der Ausgabekomponente ist eine Anpassung an die Eigenschaften des Menschen, speziell an die zulässige Informationsrate, möglich. Im einfachsten Fall wird außer einem besonders interessierenden Meßwert dessen Änderungsgeschwindigkeit oder Streuung angegeben. Die Änderungsgeschwindigkeit kann dabei in Form des Wertes angegeben werden, der erreicht wird, wenn die momentane Änderungsgeschwindigkeit für einen konstanten Zeitraum, z. B. von 10 s, beibehalten wird.

Die Angabe der Streuung eines Meßwertes, z. B. durch die Breite einer Meßmarke, verhindert fälschliche Interpretationen, die nur bei entsprechend höherer Meßgenauigkeit Gültigkeit besäßen.

Besondere Bedeutung hat die *flexible Anpassung* einer Mikroperipherikkomponente an den Peripheriebus, was gegenwärtig in der Industrie noch wenig beachtet wird. Dabei ist es die Aufgabe der „komponentenspezifischen Intelligenz", nur die tatsächlich benötigte Übertragungsrate anzufordern und zu benutzen und bei Überlastung des Busses ein Notprogramm zu fahren, das den wichtigsten Systemaufgaben noch gerecht wird.

3 Meßgrößenaufnehmer (Sensoren)

3.1 Sensoren und deren Umfeld

3.1.1 Aufgabe der Sensoren

Beim Entwurf und beim Betrieb von Meß- und Automatisierungssystemen kommt den Sensoren besondere Bedeutung zu. Ihre Aufgabe ist es, die Verbindung zum technischen Prozeß herzustellen und die nichtelektrischen Meßgrößen in elektrische Signale umzuformen.

Bei dieser Umformung bedienen sie sich eines physikalischen oder chemischen Meßeffektes, der von unerwünschten Stör- oder Einflußeffekten überlagert ist. Jedes Sensorsystem enthält eine im allgemeinen individuelle Auswerteschaltung, mit

deren Hilfe das Signal in ein Amplituden- oder Frequenzsignal umgeformt wird, eine Verstärkerschaltung, eine Umsetzungsschaltung ins digitale Signalformat und an geeigneter Stelle Maßnahmen zu analogen oder digitalen Signalverarbeitung.
Die Realisierung des Meßeffektes in einem Sensor bedarf konstruktiver und fertigungstechnischer Maßnahmen. Ein Sensor muß kalibriert und gegebenenfalls nachkalibriert werden. Schließlich müssen auch die für den Betrieb des Sensors erforderlichen Maßnahmen, wie z. B. Hilfsenergie oder Steuerungssignale verfügbar sein.
Je nach Anwendungsbereich lassen sich verschiedene Sensorklassen unterscheiden. Typisch sind dabei Sensoren für die industrielle Technik, z. B. Verfahrenstechnik oder Fertigungstechnik, aber auch Sensoren für Präzisionsanwendungen oder für Anwendungen in Massengütern, also in dezentralen Einzelprozessen.
Abhängig vom Anwendungsbereich werden unterschiedliche Anforderungen an die Sensoren gestellt. Eine wesentliche Rolle spielen die erreichbare Genauigkeit, die Einflußeffekte, die dynamischen Eigenschaften, die Signalform bei der Signalübertragung, die Zuverlässigkeit und natürlich auch die Kosten.

3.1.2 Meßeffekt und Einflußeffekt

Von grundsätzlicher Bedeutung beim Entwurf eines Sensors ist der verwendete Meßeffekt und die zu erwartenden störenden Einflußeffekte. Nicht für jede Meßaufgabe stehen einfach aufgebaute, selektive Sensoren zur Verfügung. Die Art und die Zahl der verfügbaren physikalischen und chemischen Meßeffekte ist begrenzt. In manchen Fällen liegt ein leicht realisierbarer Effekt zu Grunde wie z. B. der thermoelektrische Effekt, bei dem eine Temperaturdifferenz in eine eindeutig davon abhängige Spannung umgeformt wird.
Vom Prinzip her schwieriger gestaltet sich schon die Messung mechanischer Größen, wie z. B. die Druckmessung. Neben dem eigentlichen Meßeffekt tritt dabei immer die Temperatur als Einflußgröße auf. Die Kunst des Sensorentwicklers ist es dabei, die Auswirkung des Einflußeffekts möglichst zu eliminieren.

3.1.3 Anforderungen an Sensoren

Zu den wichtigsten Anforderungen, die an Sensoren gestellt werden, zählen statische Übertragungseigenschaften, Einflußeffekte und Umgebungsbedingungen, dynamische Übertragungseigenschaften, Zuverlässigkeit und Wirtschaftlichkeit.
Als statische Übertragungseigenschaften interessieren zunächst die *Empfindlichkeit* des Sensors und die zulässigen *Fehlergrenzen*. Eine zu geringe Empfindlichkeit kann wegen der notwendigen Nachverstärkung zusätzliche Fehler verursachen. Ein niedriger resultierender Gesamtfehler des Sensors ist von Bedeutung, wenn z. B. genaue Temperatur- oder Lageregelungen erforderlich sind.
Weiterhin sollen Sensoren möglichst geringe *Einfluß- und Störeffekte* aufweisen. Eine Einflußgröße, z. B. eine Temperatur, kann dabei dann entweder durch geeignete Maßnahmen konstant gehalten werden oder aber der Einfluß wird in der Auswerteschaltung korrigiert. Daneben können sich mechanische Erschütterungen und Schwingungen als *Störgrößen* auswirken, ebenso wie elektromagnetische Einflüsse unterschiedlich vertragen werden (Elektromagnetische Verträglichkeit, EMV).
Neben diesen Einflußeffekten existieren gewöhnlich Grenzwerte für die Umgebungsbedingungen, die nicht überschritten werden dürfen, wenn ein zuverlässiger Betrieb angestrebt wird. Die zulässigen mechanischen und thermischen Beanspruchungen sind z. B. gewöhnlich durch bestimmte maximale Beschleunigungswerte bzw. auf bestimmte Temperaturbereiche begrenzt.

3.1.4 Signalform der Sensorsignale

Die Entscheidung darüber, welche Signalform der Sensorsignale möglich und vorteilhaft ist, hängt u. a. von den erforderlichen Eigenschaften bei der Signalübertragung und von der Art der erforderlichen Meßwertverarbeitung ab. Im wesentlichen lassen sich dabei die amplitudenanaloge, die frequenzanaloge und die (direkt) digitale Signalform unterscheiden. Für amplitudenanaloge Signale gilt:

— Die erreichbare statische Genauigkeit ist beschränkt.
— Die dynamischen Übertragungseigenschaften sind im allgemeinen sehr gut.
— Die Störsicherheit ist gering.
— Die möglichen Rechenoperationen sind beschränkt.
— Die galvanische Trennung ist sehr aufwendig.
— Die anthropotechnische Anpassung ist gut, da z. B. Tendenzen schneller erkennbar sind.

Für frequenzanaloge und für digitale Signale gilt:

— Die mögliche statische Genauigkeit ist im Prinzip beliebig hoch.
— Die Dynamik ist begrenzt.
Die Störsicherheit bei der Signalübertragung ist hoch.
— Rechenoperationen sind wegen der einfachen Anpassung an einen Mikrorechner leicht möglich.
— Eine galvanische Trennung ist mit Übertragern oder Optokoppler einfach möglich.

Eine anthropotechnische Anpassung ist im Falle frequenzanaloger Signale akustisch möglich. Bei digitalen Signalen kann durch Erhöhung der Stel-

lenzahl eine sehr hohe Auflösung erzielt werden.
Für spezielle Rechenoperationen, wie z. B. Quotienten- oder Integralwertbildung, sind frequenzanaloge Signale sehr gut geeignet. Frequenzanaloge Signale lassen sich mit wenig Aufwand ins digitale Signalformat umsetzen. Da außerdem eine Reihe wichtiger Sensoren frequenzanaloge Ausgangssignale liefern und zudem einfacher aufgebaut sind als vergleichbare amplitudenanaloge Sensoren, steigt die Bedeutung frequenzanaloger Signale und Sensoren.

3.2 Sensoren für geometrische und kinematische Größen

3.2.1 Resistive Weg- und Winkelaufnehmer

Vom Prinzip her besonders einfach sind resistive Weg- und Winkelaufnehmer, bei denen ein veränderlicher ohmscher Widerstand an einem Draht oder an einer Wicklung abgegriffen wird. Im einfachsten Fall bewegt sich nach Bild 3-1a und b ein vom Meßweg oder Meßwinkel angetriebener Schleifer auf einem gestreckten oder kreisförmigen Meßdraht.
Der abgegriffene Widerstand R ist im unbelasteten Zustand dem Meßweg x proportional. Mit dem Widerstandswert R_0 beim Meßbereichsendwert x_0 ergibt sich

$$R = \frac{x}{x_0} R_0 .$$

Im belasteten Zustand hängt die Kennlinie vom Verhältnis R_0/R_L (R_L Lastwiderstand) ab, siehe 4.1.2.
Die Querschnittsfläche A des Widerstandsdrahtes soll möglichst konstant und der spezifische Widerstand ϱ hinreichend groß und temperaturunabhängig sein.

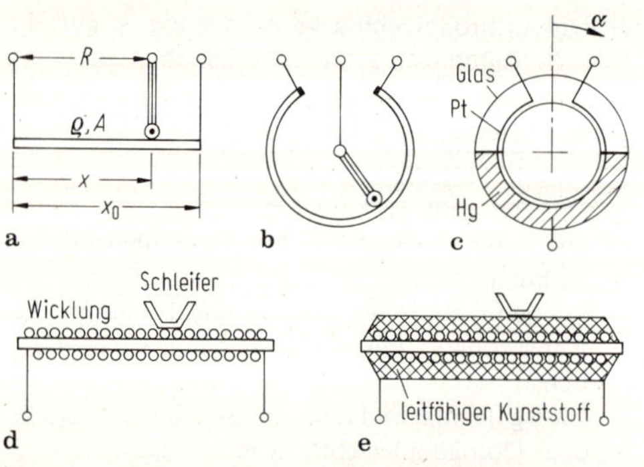

Bild 3-1. Resistive Weg- und Winkelaufnehmer. **a** Prinzip eines Wegaufnehmers, **b** Prinzip eines Winkelaufnehmers, **c** Ringrohr-Winkelaufnehmer, **d** gewickelter Wegaufnehmer, **e** Leitplastik-Aufnehmer.

Beim *Ringrohr-Winkelaufnehmer* nach Bild 3-1c fungiert Quecksilber als Abgriff, indem es unterschiedliche Teilbereiche des Meßdrahtes kurzschließt und damit den Widerstand zwischen Quecksilber und den Drahtenden winkelproportional verändert.
Ein wesentlich höherer Gesamtwiderstand kann bei resistiven Weg- und Winkelaufnehmern nach Bild 3-1d durch *Wendelung des Meßdrahtes* auf einem isolierenden Trägermaterial erzielt werden. Dadurch ergeben sich Unstetigkeiten im Widerstandsverlauf des Aufnehmers; es tritt der sog. Windungssprung auf. Durch eine zusätzliche Schicht aus *leitfähigem Kunststoff* („Leitplastik") über der Meßwicklung (Bild 3-1e) kann sowohl der Windungssprung eliminiert als auch der Abrieb stark vermindert werden.

3.2.2 Induktive Weg- und Längenaufnehmer

Bei induktiven Aufnehmern wird durch Weg oder Winkel die Selbstinduktivität einer Spule oder die Gegeninduktivität (Kopplung) zwischen zwei Spulen gesteuert.

Drossel als Wegaufnehmer

Beim Drosselsystem nach Bild 3-2a wird die Induktivität $L(x)$ durch Veränderung des Luftspaltes x eines weichmagnetischen Kreises gesteuert.

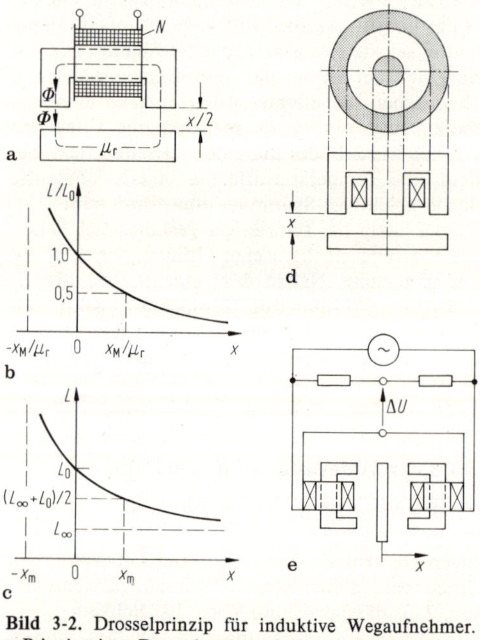

Bild 3-2. Drosselprinzip für induktive Wegaufnehmer. **a** Prinzip eines Drosselsystems, **b** Kennlinie ohne Streufluß, **c** Kennlinie mit Streufluß, **d** Schalenkernsystem aus Ferritmaterial, **e** Doppeldrossel (Differenzprinzip).

Bei Normierung mit der Induktivität $L(0) = L_0$ ergibt sich

$$\frac{L}{L_0} = \frac{1}{1 + \mu_r \dfrac{x}{x_M}}.$$

Dabei ist μ_r die Permeabilitätszahl (relative Permeabilität) und x_M die Weglänge im magnetischen Material.
Der Zusammenhang zwischen der Induktivität L und dem Meßweg x ist in Bild 3-2b qualitativ dargestellt.
Tatsächlich ergibt sich unter Berücksichtigung von Streuflüssen auch bei sehr großem Luftspalt eine endliche Induktivität $L(x \to \infty) = L_\infty > 0$. Die reale Kennlinie kann dann mit guter Näherung durch eine gebrochene rationale Funktion 1. Grades der Form

$$\frac{L}{L_0} = \frac{1 + \dfrac{L_\infty}{L_0} \cdot \dfrac{x}{x_m}}{1 + \dfrac{x}{x_m}}$$

beschrieben werden und ist in Bild 3-2c dargestellt.
Dabei ist x_m der mittlere Weg, für den sich die mittlere Induktivität $\frac{1}{2}(L_0 + L_\infty)$ ergibt.
Wegaufnehmer nach diesem Prinzip können auch mit kreisförmigen Schalenkernen aus Ferritmaterial nach Bild 3-2d realisiert und mit Frequenzen bis etwa 100 kHz betrieben werden. Oft ist es von Vorteil, zwei Aufnehmer (Doppeldrossel) mit der Meßgröße x gegensinnig auszusteuern (Bild 3-2e) und die Ausgangssignale voneinander zu subtrahieren (Spannung ΔU). Durch dieses Differenzprinzip kann eine Linearisierung der Kennlinie und eine Kompensierung des Temperatureinflusses erreicht werden.

Tauchkernsysteme

Tauchkernsysteme sind zur Messung mittlerer und auch größerer Wege geeignet. Nach Bild 3-3a besteht ein einfacher Tauchkernaufnehmer aus einer, in der Regel mehrlagigen Spule, deren Induktivität durch die Eintauchtiefe eines ferromagnetischen Tauchkerns gesteuert wird.
Die Anwendung des Differenzprinzips führt entweder zum *Doppelspulen-Tauchkernsystem* (Bild 3-3b) oder zum *Differentialtransformator-Tauchkernsystem* (linear variable differential transformer, LVDT) nach Bild 3-3c, wobei beide Differentialsysteme bessere Kennlinienlinearität (Bild 3-3d) aufweisen als das einfache Tauchkernsystem.

Weitere induktive Aufnehmer

In der Werkstoffprüfung, für die Schwingungsmessung, sowie als Aufnehmer für kleine und mittlere Wege haben *Wirbelstromaufnehmer* (Bild 3-4a) Bedeutung erlangt.
Durch das von der Spule erzeugte Wechselfeld werden in der nichtmagnetischen leitenden Platte Wirbelströme erzeugt, die zu einer Bedämpfung der Spule und zu einer Verringerung der Induktivität führen. Es haben sich sogar gedruckte spiralförmige Flachspulen (Bild 3-4b) als sehr geeignet zur Wegaufnahme erwiesen. Verwendet man statt einer leitenden eine ferromagnetische Platte, so steigt die Induktivität der Spule bei Annäherung an. So lassen sich z. B. Eisenteile von unmagnetischen Metallen unterscheiden.
Als induktiver Aufnehmer für größere Wege im Bereich von etwa 10 bis 200 mm eignen sich auch

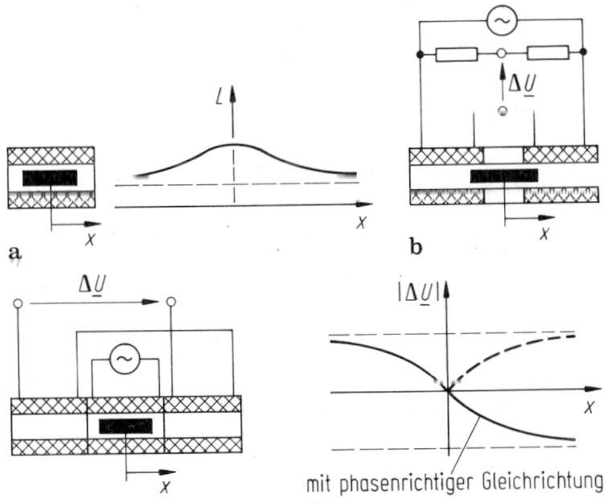

Bild 3-3. Tauchkernprinzip für induktive Aufnehmer. **a** Einfacher Tauchkernaufnehmer, **b** Doppelspulen-Tauchkernsystem, **c** Differentialtransformator-Tauchkernsystem, **d** Kennlinie von Differentialsystemen.

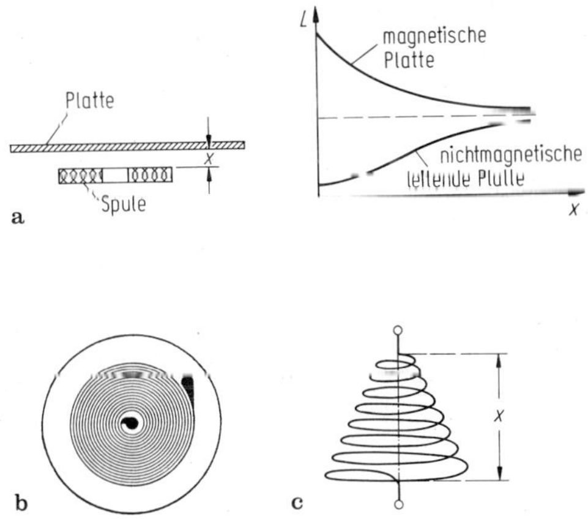

Bild 3-4. Weitere induktive Aufnehmer. **a** Prinzip des Wirbelstromaufnehmers, **b** gedruckte spiralförmige Flachspule, **c** konische Schraubenfeder als Wegaufnehmer.

Luftspulen, die aus Federmaterial, z. B. Kupfer-Beryllium, gefertigt und als *konische Schraubenfedern* ausgebildet sind (Bild 3-4c). Näherungsweise ist die Windungszahl einer solchen Spule und ihre wirksame Fläche konstant. Die Induktivität dieser Spule, die bei Frequenzen im MHz-Bereich betrieben wird, ist der wirksamen Länge umgekehrt proportional. Die Baulänge der Spule ist praktisch identisch mit der Meßspanne. Bei kleinen Wegen x legt sich die Spule fast vollständig flach zusammen.

3.2.3 Kapazitive Aufnehmer für Weg und Höhenstand

Bei kapazitiven Aufnehmern wird durch den Meßweg oder durch den Höhenstand einer Flüssigkeit die Kapazität eines Platten- oder Zylinderkondensators gesteuert. Die Kapazität C eines Plattenkondensators berechnet sich aus der Fläche A und dem Abstand d zu

$$C = \varepsilon_0 \varepsilon_r \frac{A}{d}.$$

Dabei ist $\varepsilon_0 = 1/\mu_0 c_0^2 = 8{,}854\ldots\text{pF/m}$ die elektrische Feldkonstante und ε_r die Permittivitätszahl (Dielektrizitätszahl). Verändert der Meßweg x den Plattenabstand, wie in Bild 3-5a gezeigt, so ist die daraus resultierende Kapazität dem Meßweg näherungsweise umgekehrt proportional. Beeinflußt der Meßweg x die Plattenfläche nach Bild 3-5b, so ergibt sich ein näherungsweise linearer Anstieg der Kapazität mit dem Weg. Während bei der gewöhnlichen Wegmessung Luft das Dielektrikum ist ($\varepsilon_r = 1$), kann bei bekannter Permittivitätszahl die Dicke von Kunststoffolien und -platten bestimmt werden.

Die *Höhenstandsmessung* von Flüssigkeiten in Behältern ist mit Hilfe eines Zylinderkondensators möglich. Die Kapazität besteht dabei aus einem konstanten Anteil C_0, der sich beim Füllstand x_0 ergibt, und aus einem Anteil, der dem Füllstand $(x - x_0)$ proportional ist:

$$C = C_0 + \frac{2\pi\varepsilon_r}{\ln(D/d)}(x - x_0).$$

Dabei ist D der Innendurchmesser der Außenelektrode und d der Außendurchmesser der Innenelektrode. Bei isolierenden Flüssigkeiten bildet das Füllgut das Dielektrikum des Zylinderkondensators (Bild 3-5c). Bei leitenden Flüssigkeiten besitzt der Zylinderkondensator ein festes Dielektrikum, während das Füllgut die Außenelektrode des Zylinderkondensators bildet (Bild 3-5d).

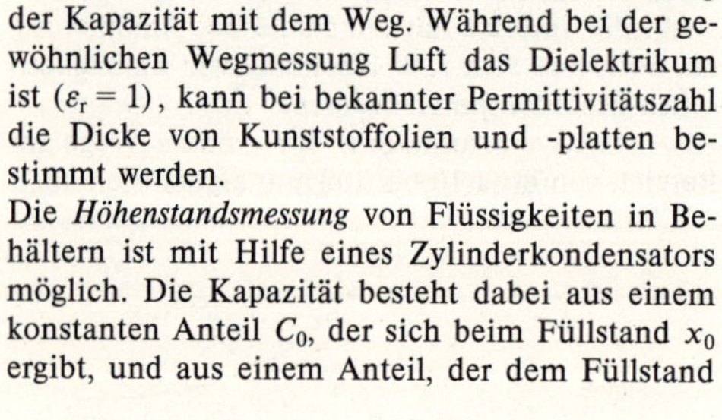

Bild 3-5. Kapazitive Aufnehmer. **a** und **b** Kapazitive Wegaufnehmer, **c** Höhenstandsmessung bei isolierenden Flüssigkeiten, **d** Höhenstandsmessung bei leitenden Flüssigkeiten.

3.2.4 Magnetische Aufnehmer

Mit magnetischen Aufnehmern lassen sich Wege und Winkel messen, wenn der Aufnehmer durch die jeweiligen Meßgrößen unterschiedlichen magnetischen Induktionen ausgesetzt ist, die eindeutig der Meßgröße zugeordnet werden können.

Die wichtigsten magnetischen Aufnehmer sind Hall-Sensoren, die auf dem Hall-Effekt beruhen, und Feldplatten (magnetfeldabhängige Widerstände), die auf dem Gauß-Effekt beruhen.

Hall-Sensoren

Bei den Hall-Sensoren (Bild 3-6a) wird ein Halbleiterstreifen der Dicke d einem magnetischen Feld der Induktion B ausgesetzt. Läßt man durch den Streifen in Längsrichtung einen Steuerstrom I fließen, so entsteht durch Ladungsverschiebung im Streifen ein Querfeld und deshalb zwischen den Längsseiten eine Hall-Spannung

$$U_H = R_H \frac{IB}{d}.$$

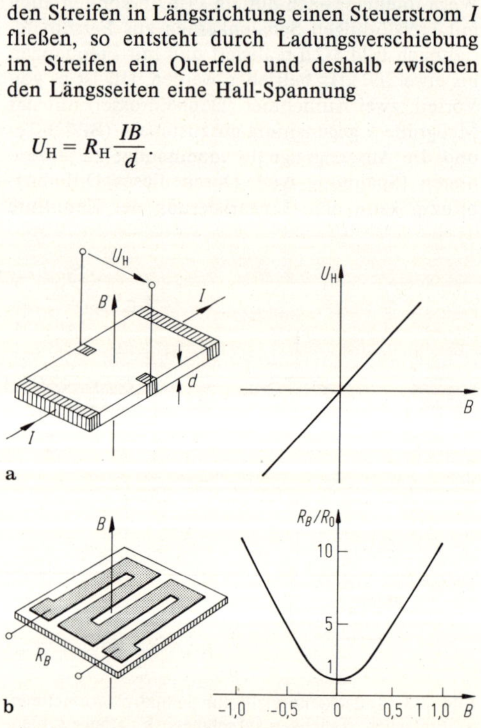

Bild 3-6. Magnetische Aufnehmer. **a** Hallsensor und Kennlinie, **b** Feldplatte und Kennlinie.

R_H ist der *Hall-Koeffizient*. Hall-Sensoren aus GaAs besitzen eine vergleichsweise geringe Temperaturabhängigkeit und sind bis etwa 120 °C geeignet.

Feldplatten

Bei der Feldplatte (Bild 3-6b) wird die Abhängigkeit des Widerstandes R_B in Längsrichtung des Halbleiterstreifens von der Induktion B ausgenutzt. Beim MDR (magnetic field depending resistor) spricht man auch vom magnetischen Widerstandseffekt oder Gauß-Effekt. Der Widerstand R_B der Feldplatten nimmt etwa quadratisch mit der Induktion B zu und beträgt

$$R_B = R_0(1 + kB^2).$$

Der typische Widerstandsverlauf einer Feldplatte ist in Bild 3-6b dargestellt. Da die Empfindlichkeit der Feldplatten mit steigender Induktion gemäß

$$\frac{\mathrm{d}_{RB}}{\mathrm{d}B} = 2kR_0B$$

wächst, werden Feldplatten in der Umgebung eines Arbeitspunktes $|B| > 0$ betrieben. Wegen ihrer hohen Temperaturabhängigkeit werden Feldplatten gerne in einer Differentialanordnung eingesetzt. So lassen sich Weg-, Winkel- und auch Drehzahlaufnehmer realisieren.

3.2.5 Codierte Weg- und Winkelaufnehmer

Bei codierten Längen- und Winkelmaßstäben ist jeder Meßlänge bzw. jedem Meßwinkel ein umkehrbar eindeutiges, binär codiertes digitales Signal zugeordnet. Dieses liegt in räumlich parallel codierter Form vor und kann unmittelbar abgelesen werden.

Der Winkelcodierer oder die Codescheibe besteht aus einer Welle und einer Scheibe oder einer Trommel, die mit einem Codemuster versehen ist (Bild 3-7).

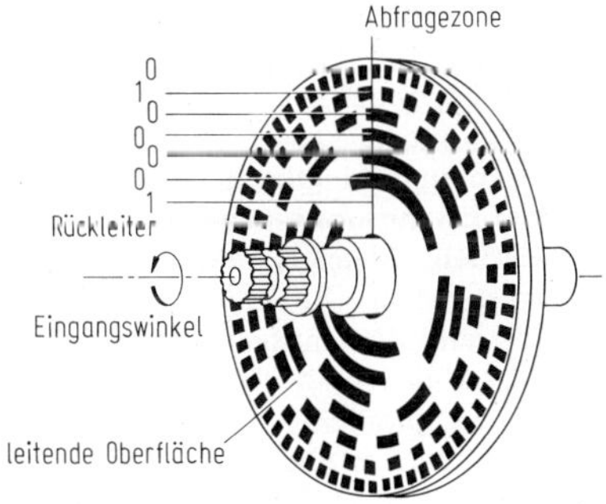

Bild 3-7. Winkelcodierer (Codescheibe).

Das Codemuster besteht entweder aus einer Kombination leitender und nichtleitender Flächen oder aus einer Kombination lichtdurchlässiger und lichtundurchlässiger Flächen. Es sind auch magnetische Winkelcodierer bekannt, bei denen das Codemuster aus magnetischen und nichtmagnetischen Flächen aufgebaut ist. Die erreichbare Auflösung liegt je nach Ausführungsform etwa zwischen 100 und 50 000 auf dem Umfang.

Damit bei der Abtastung von Winkelcodierern der Fehler nicht größer als eine Quantisierungseinheit werden kann, wird die Codescheibe mit einer redundanten Abtasteinrichtung abgefragt oder es werden sog. einschrittige Codes, wie der *Gray-Code*, angewendet, bei dem sich beim Übergang von einer Zahl zur nächsten stets nur ein einziges Bit ändert.

3.2.6 Inkrementale Aufnehmer

Bei den sog. inkrementalen Meßverfahren wird der gesamte Meßweg bzw. der gesamte Meßwinkel in eine Anzahl gleich großer Elementarschritte zerlegt. Die Breite eines Elementarschrittes kennzeichnet das Auflösungsvermögen.

Der Aufbau eines inkrementalen Längenmeßsystems ist in Bild 3-8 gezeigt. Es besteht aus dem Maßstab und dem zugehörigen Abtastkopf. Der Abtastkopf ist über dem Maßstab in einem Abstand von wenigen Zehntelmillimetern montiert. Die Abtastplatte besteht aus vier Abtastfeldern und ist im Abtastkopf enthalten.

Der Aufbau ist wie bei einem Strichgitter und setzt sich aus lichtundurchlässigen Strichen und aus durchsichtigen Lücken zusammen, deren Teilung mit der Maßstabsteilung übereinstimmt. Das Licht der im Abtastkopf eingebauten Lampe fällt schräg auf die Abtastplatte und durch die Lücken der vier Abtastfelder auf den Maßstab. Von den blanken Maßstabslücken wird das Licht reflektiert. Es tritt wieder durch die Lücken der Abtastplatte und trifft auf die zugeordneten Photoempfänger.

Wird nun der Maßstab relativ zum Abtastkopf verschoben, so schwankt die Intensität des auf die Photoempfänger gelangenden Lichtes periodisch. Die Photoempfänger wiederum liefern eine sinusähnliche Spannung, deren Periodenzahl nach Impulsformung gezählt wird.

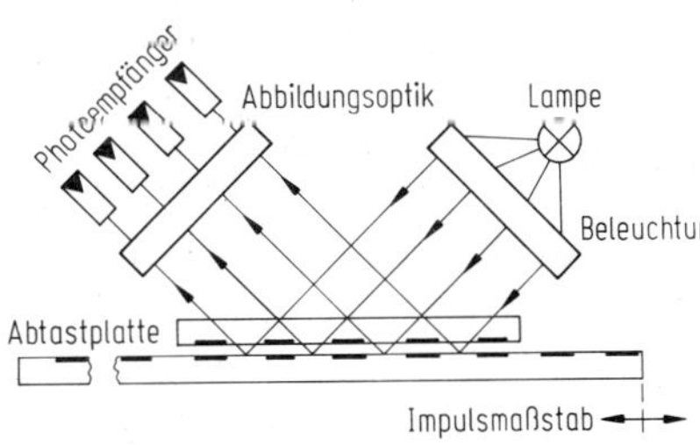

Bild 3-8. Inkrementales Längenmeßsystem.

Die vier Gitterteilungen sind jeweils um eine Viertel Gitterperiode gegeneinander versetzt angeordnet. Durch Antiparallelschaltung der Gegentaktsignale ergeben sich zwei um 90° verschobene Differenzsignale, deren Gleichanteil kompensiert ist.
Diese um 90° gegeneinander verschobenen Signale ergeben nach Auswertung der Phasenlage die Richtungsinformation der Bewegung. Je nach Bewegungsrichtung, eilt das eine Signal dem anderen um 90° vor oder nach. Mit einem Richtungsdiskriminator kann deshalb die Zählrichtung für den nachgeschalteten Vorwärts-Rückwärts-Zähler bestimmt werden.
Neben den inkrementalen Längenmaßstäben mit optischer Abtastung gibt es auch inkrementale Winkelmaßstäbe mit optischer, magnetischer oder induktiver Abtastung. Ein typischer Wert der erreichbaren Auflösung liegt bei einer Winkelminute.

3.2.7 Laser-Interferometer

Höhere Genauigkeit und höhere Auflösung als mit inkrementalen Gittermaßstäben ist mit einem Laser-Interferometer erreichbar, dessen Prinzip bereits von Michelson beschrieben wurde. Das Funktionsprinzip eines Laser-Interferometers kann mit Bild 3-9 erklärt werden.
Durch einen halbdurchlässigen Spiegel wird das von einem Laser erzeugte monochromatische Licht in einen Meßstrahl und einen Vergleichsstrahl aufgespalten (*A*). Der Meßstrahl trifft auf einen rechtwinkeligen Reflektor, dessen Abstand gemessen werden soll. Der Vergleichsstrahl wird über einen fest angeordneten Reflektor zum Punkt *B* des halbdurchlässigen Spiegels zurückgeführt. Dort werden durch Überlagerung mit dem reflektierten Meßstrahl die Interferenzstreifen gebildet und von den Photodetektoren *C* und *D* analysiert.
Durch eine Abstandsänderung von $\lambda/4$ wird so die Lichtintensität vom Maximalwert auf einen Minimalwert geändert. Bei Bewegung des Meßreflektors wird in den Photodetektoren ein sinusähnliches Signal erzeugt, dessen Periodenzahl nach

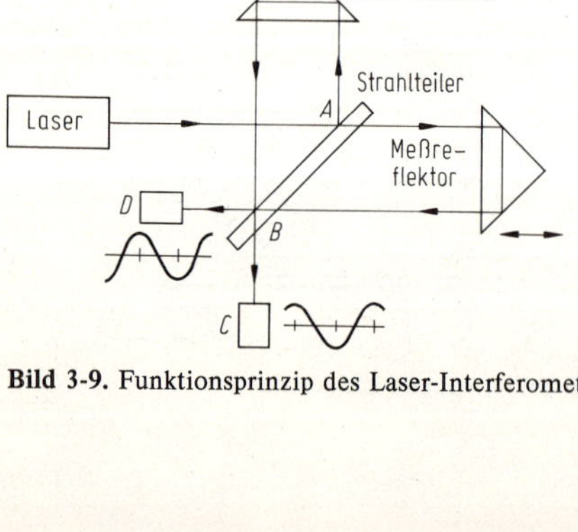

Bild 3-9. Funktionsprinzip des Laser-Interferometers.

Impulsformung in einem elektronischen Zähler ermittelt werden kann.
Die Genauigkeit eines Laser-Interferometers hängt nur von der Genauigkeit der Wellenlänge des monochromatischen Lichtes ab. Diese Wellenlänge ist von den Umgebungsbedingungen abhängig. Eine Abstandsänderung d des Meßreflektors hängt mit der Wellenlänge λ_0 bei Normalbedingungen und der Zahl N der Interferenzstreifen über folgende Beziehung zusammen:

$$2d = \lambda_0 N(1 + K)\,.$$

Der Korrekturfaktor K berücksichtigt die vorhandenen Werte von Druck, Temperatur und relativer Luftfeuchte nach der Beziehung

$$K = k_p(p - p_0) + k_T(T - T_0) + k_f(f - f_0)\,.$$

k_p, k_T und k_f sind die Korrekturbeiwerte für den Druck p, die Temperatur T bzw. die relative Luftfeuchte f. Die mit 0 indizierten Größen kennzeichnen die Normalbedingungen. Die Korrekturbeiwerte betragen

$$k_p = -0{,}2 \cdot 10^{-6}/\text{hPa}\,,$$
$$k_T = 0{,}9 \cdot 10^{-6}/\text{K}\,,$$
$$k_f = 3{,}0 \cdot 10^{-6}\,.$$

Die herrschenden Umgebungsbedingungen müssen also bei genauen Messungen mit Sensoren erfaßt und berücksichtigt werden.

3.2.8 Drehzahlaufnehmer

Nach dem Funktionsprinzip unterscheidet man analoge Tachogeneratoren, bei denen eine Spannung induziert wird, deren Amplitude der Drehzahl proportional ist, und Impulsabgriffe, bei denen die Impulsfolgefrequenz der Drehzahl proportional ist (siehe 6.3.4).

Wirbelstromtachometer

Beim Wirbelstromtachometer (Bild 3-10a) wird die induzierte Spannung nicht direkt abgegriffen, sondern das Drehmoment der von ihr erzeugten Wirbelströme erfaßt. Ein mehrpoliger Dauermagnet rotiert in einem getrennt gelagerten Kupfer- oder Aluminiumzylinder. Dieser taucht in den Luftspalt zwischen dem ringförmigen Dauermagneten und einer Eisenrückschlußglocke ein. Die Feldlinien zwischen Magnet und Eisenrückschlußglocke erzeugen bei Rotation im Zylinder Wirbelströme, die ein Moment bewirken, das proportional der Drehzahl steigt. Diesem Moment wirkt ein von einer Spiralfeder erzeugtes Gegendrehmoment entgegen. Im Gleichgewicht ist der Winkelausschlag von der Drehzahl linear abhängig.

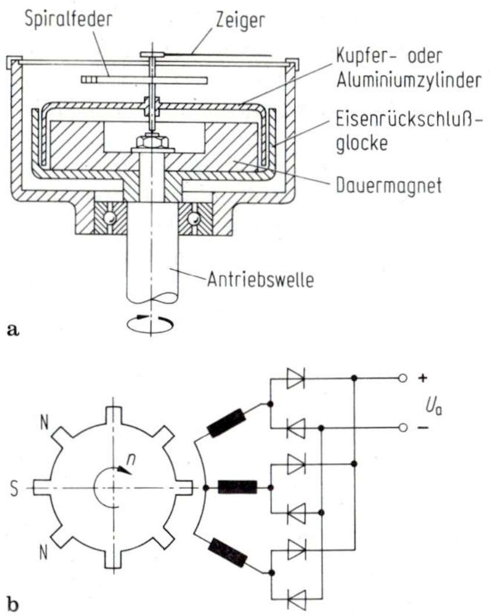

Bild 3-10. Analoge Drehzahlaufnehmer. **a** Wirbelstromtachometer (Merz), **b** dreiphasiger Tachogenerator.

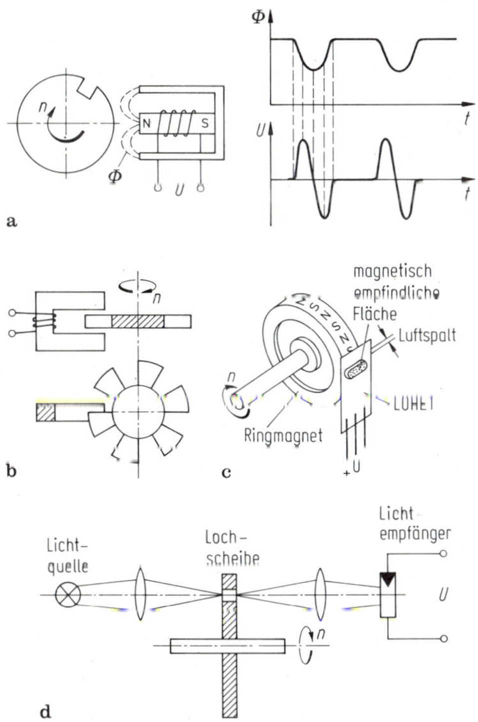

Bild 3-11. Impulsabgriffe zur Drehzahlaufnahme. **a** Induktionsabgriff (Hartmann & Braun), **b** induktiver Abgriff. **c** magnetischer Abgriff (Honeywell), **d** optischer Abgriff.

Tachogeneratoren

Bei Wechselspannungs-Tachogeneratoren werden über feststehende Spulen und rotierende Magnete Wechselspannungen erzeugt, deren Amplitude der Drehzahl proportional ist. Bei einphasigen Tachogeneratoren kann die Messung dieser Amplitude entweder durch Brückengleichrichtung und nachfolgende Mittelwertbildung erfolgen oder es wird die Spannung in ihrem Maximum abgetastet und so lange gehalten (sample and hold), bis der gesuchte Maximalwert ausgewertet worden ist.

Bei dreiphasigen Tachogeneratoren (Bild 3-10b) besitzt die gleichgerichtete Ausgangsspannung nur eine geringe Restwelligkeit. Der Anker besteht aus einem umlaufenden Polrad mit gerader Polzahl, wobei Nord- und Südpole abwechseln. Die Ständerwicklungen sind natürlich (anders als im Bild 3-10b) gleichmäßig am Umfang angeordnet.

Impulsabgriffe

Eine drehzahlproportionale Frequenz erhält man über Impulsabgriffe, die nach Bild 3-11a entweder als Induktionsabgriff oder nach Bild 3-11b, c und d als induktive, magnetische oder optische Begriffe realisiert sein können.

Ein *Induktionsabgriff*, der im Prinzip in Bild 3-11a dargestellt ist, besteht aus einem Dauermagnetstab, einer Induktionsspule und einem Eisenrückschlußmantel. Die Marken auf der Meßwelle sind so ausgebildet, daß der magnetische Fluß in der Induktionsspule geändert wird. Im einfachsten Fall dienen Nuten oder ein weichmagnetisches Zahnrad zur Modulation des magnetischen Flusses. Nach dem Induktionsgesetz ist die induzierte Spannung U der Änderungsgeschwindigkeit des magnetischen Flusses und der Windungszahl N proportional:

$$U = N\frac{\mathrm{d}\Phi}{\mathrm{d}t} \sim n .$$

Die induzierte Spannung ist der Drehzahl n proportional. Bei der Messung kleiner Drehzahlen treten deshalb höhere relative Fehler auf.

Induktive, magnetische und optische Abgriffe sind im Prinzip Wegaufnehmer und haben diesen Nachteil nicht.

Beim *induktiven Abgriff* wird durch Marken auf der Meßwelle der magnetische Widerstand eines magnetischen Kreises und damit die Induktivität geändert.

Beim *magnetischen Abgriff* werden ähnlich wie beim Induktionsabgriff ein oder mehrere Permanentmagnete verwendet, um durch die Marken der Meßwelle den magnetischen Fluß zu modulieren. Mit Hall-Sonden oder Feldplatten (magnetfeldempfindlichen Widerständen) ergibt sich dann ein vom Wert der magnetischen Induktion abhängiges Ausgangssignal.

Beim *optischen Abgriff* (Bild 3-11 d) wird das von einer Lichtquelle (z. B. von lichtemittierenden Dioden) auf einen Lichtempfänger (z. B. Phototransistor) gerichtete Licht durch entsprechende Marken auf einer Meßwelle oder -scheibe (Schlitzscheibe oder Photoscheibe) moduliert.

In allen drei Fällen ist die Frequenz des Ausgangssignals der Drehzahl proportional. Die Messung dieser Frequenz ist mit einfachen Mitteln mit Hilfe der digitalen Zählertechnik möglich. Es können auch eine oder mehrere Perioden des Meßsignals durch nachfolgende Reziprokwertbildung ausgewertet werden.

Analoganzeige der Drehzahl

Analoge Anzeiger sind immer dann von Bedeutung, wenn der Mensch eine grobe, aber schnelle Information, z. B. über die Drehzahl eines Verbrennungsmotors erhalten soll.

Liegen drehzahlproportionale Frequenzsignale vor, so können diese nach Bild 3-12 mit einem Frequenz-Spannungs-Umsetzer in eine proportionale Spannung umgeformt werden. Nach Impulsformung wird das Signal des Impulsabgriffes auf eine monostabile Kippstufe geleitet, die am Ausgang Impulse konstanter Breite τ und konstanter Höhe U_0 liefert. Der arithmetische Mittelwert dieses Signales ist

$$\bar{u} = \frac{1}{T}\int_0^T u(t)\,\mathrm{d}t = f\int_0^\tau U_0\,\mathrm{d}t = U_0\tau f.$$

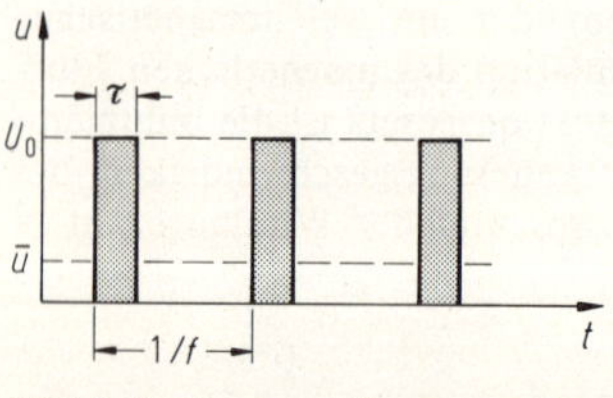

Bild 3-12. Frequenz-Spannungs-Umsetzung.

3.2.9 Beschleunigungsaufnehmer

Mit Sensoren zur Messung der Linearbeschleunigung kann die Beanspruchung von Mensch oder Material ermittelt werden. Ferner ist durch einfache bzw. doppelte Integration von Beschleunigungssignalen die Bestimmung der Geschwindigkeit oder des zurückgelegten Weges von Luft- und Raumfahrzeugen möglich (Trägheitsnavigation).

Beschleunigungsmessungen werden in der Regel auf Kraftmessungen zurückgeführt. Für die Beschleunigung a einer Masse m und die Trägheitskraft F gilt $a = F/m$. Beschleunigungsaufnehmer unterscheiden sich im wesentlichen im verwendeten Prinzip der Kraftmessung. Dementsprechend unterscheidet man Beschleunigungssensoren mit elektrischer Kraftkompensation, mit piezoelektrischer Kraftaufnahme und mit Federkraftmessung. Zu der zuletzt genannten Gruppe gehören z. B. *Feder-Masse-Systeme* nach Bild 3-13 a, bei denen die Beschleunigung a eine proportionale Auslenkung x der Masse bewirkt.

Eine scheibenförmige Masse ist an zwei Membranfedern aufgehängt und unterliegt wegen der Ölfüllung des Gehäuses einer näherungsweise geschwindigkeitsproportionalen Dämpfung. Der Verschiebeweg x der Masse wird über ein induktives Doppeldrosselsystem erfaßt. (Die Induktivität der einen Drossel wird dabei vergrößert, die der anderen Drossel verkleinert.) In einer Wechselstrom-Brückenschaltung können diese gegensinnigen Induktivitätsänderungen ausgewertet werden (Differenzprinzip).

Dynamisches Verhalten

Das dynamische Verhalten eines Beschleunigungsaufnehmers mit Feder-Masse-System läßt sich durch die Dgl.

$$k\frac{\mathrm{d}x}{\mathrm{d}t} + cx = m\frac{\mathrm{d}^2(s-x)}{\mathrm{d}t^2}$$

beschreiben. Darin bedeuten

x Auslenkung der Masse (gegen das Gehäuse),

s Absolutweg des Gehäuses,

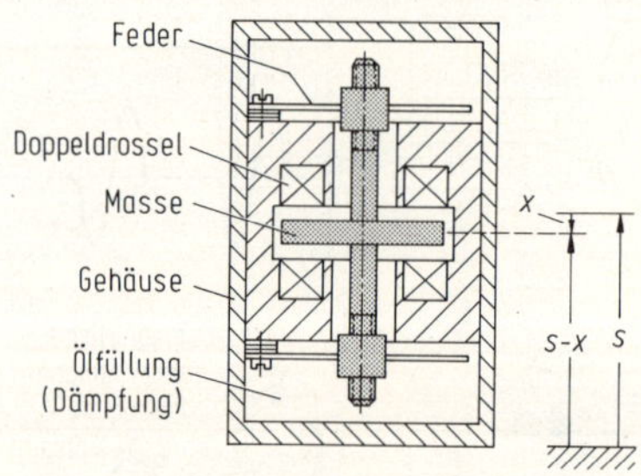

a

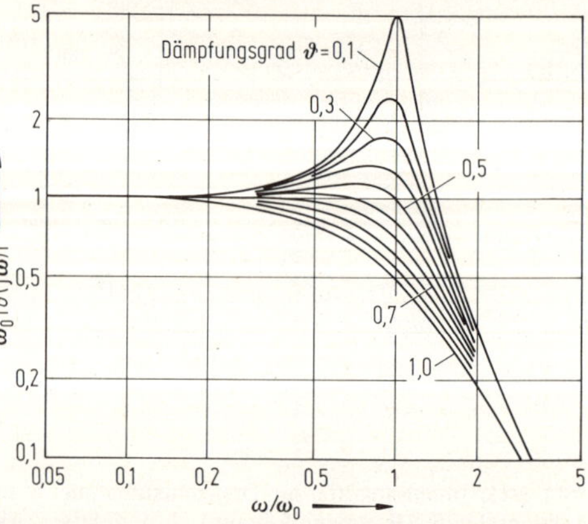

b

Bild 3-13. Feder-Masse-System als Beschleunigungs-Aufnehmer. **a** Konstruktionsskizze, **b** Amplitudengang.

$s - x$ Absolutweg der Masse, sowie
k Dämpfungskonstante,
c Federkonstante,
m Masse.

Führt man die Kreisfrequenz ω_0 der ungedämpften Eigenschwingung und den Dämpfungsgrad ϑ gemäß

$$\omega_0 = \sqrt{\frac{c}{m}} \quad \text{und} \quad \vartheta = \frac{k}{2m\omega_0}$$

ein, so erhält man für die Beschleunigung

$$a = \frac{\mathrm{d}^2 s}{\mathrm{d}t^2} = \omega_0^2 x + 2\vartheta\omega_0 \frac{\mathrm{d}x}{\mathrm{d}t} + \frac{\mathrm{d}^2 x}{\mathrm{d}t^2}.$$

Während „tief abgestimmte" Systeme mit sehr niedriger Eigenfrequenz als seismische Wegaufnehmer verwendet werden ($s \approx x$), müssen Feder-Masse-Systeme für Beschleunigungsaufnehmer „hoch abgestimmt" sein, um auch schnellen Änderungen möglichst verzögerungsfrei folgen zu können. Der Wunsch nach möglichst hoher Kreisfrequenz ω_0 der ungedämpften Eigenschwingung widerspricht der Forderung nach hoher statischer Empfindlichkeit ε. Die *Empfindlichkeit* ist nämlich

$$\varepsilon = \frac{\mathrm{d}x}{\mathrm{d}a} = \frac{1}{\omega_0^2} = \frac{m}{c},$$

ist also umgekehrt proportional dem Quadrat der Eigenfrequenz. Der Amplitudengang $|G(\mathrm{j}\omega)|$ eines Feder-Masse-Systems als Beschleunigungsaufnehmer ist gleich dem Verhältnis der Amplitude der Relativbewegung der Masse zur Amplitude der sinusförmigen Beschleunigung am Eingang:

$$|G(\mathrm{j}\omega)| = \frac{|x|}{|a|} = \frac{1}{\omega_0^2} \cdot \frac{1}{\sqrt{\left[1 - \left(\frac{\omega}{\omega_0}\right)^2\right]^2 + \left(2\vartheta\frac{\omega}{\omega_0}\right)^2}}.$$

Der Verlauf des Amplitudengangs (Bild 3-13b) hängt stark vom Dämpfungsgrad ϑ ab. Der wiederum hängt stark von der Viskosität des zur Dämpfung verwendeten Öles und damit von der Temperatur der Ölfüllung ab. Beschleunigungsaufnehmer mit Feder-Masse-Systemen sind bei hohen Genauigkeitsansprüchen nur bis zu Meßfrequenzen von etwa 10% der Eigenfrequenz und bei verminderten Ansprüchen etwa bis zu 50% der Eigenfrequenz geeignet.

Beschleunigungsaufnehmer werden bei Schwingungsuntersuchungen und für Schocktests eingesetzt. In Kraftfahrzeugen werden sie zur Auslösung von Airbags verwendet, sobald zulässige Werte der Stoßbeschleunigung überschritten werden.

3.3 Sensoren für mechanische Beanspruchungen

Bei der Messung mechanischer Beanspruchungen sind Sensoren für Kräfte, Drücke und Drehmomente von Bedeutung. Diese mechanischen Beanspruchungen können zunächst mit Federkörpern gemessen werden, deren Dehnung oder Auslenkung ausgewertet wird. Außerdem gibt es Aufnehmer mit selbsttätiger Kompensation über die Schwerkraft oder mit elektrischer Kraftkompensation. Kräfte und Drücke lassen sich auch mit magnetoelastischen und piezoelektrischen Aufnehmern erfassen. Präzisions-Druckmessungen sind mit Schwingquarzen möglich. Ein kraftanaloges Frequenzsignal liefern Aufnehmer mit Schwingsaite, schwingender Membran oder Schwingzylinder.

3.3.1 Dehnungsmessung mit Dehnungsmeßstreifen

Beim Dehnungsmeßstreifen (DMS) ändert sich der elektrische Widerstand eines Drahtes unter dem Einfluß einer Dehnung. Nach Bild 3-14a wird dabei die Länge l des Drahtes um die Länge $\mathrm{d}l$ vergrößert und der Durchmesser D um den Betrag $\mathrm{d}D$ verringert.

Mit dem spezifischen Widerstand ϱ ist der Widerstand des Drahtes vor der Dehnung

$$R = \frac{4\varrho l}{\pi D^2}.$$

Durch die Dehnung wird der Widerstand

$$R + \mathrm{d}R = \frac{4}{\pi} \cdot \frac{(\varrho + \mathrm{d}\varrho)(l + \mathrm{d}l)}{(D + \mathrm{d}D)^2}.$$

Für differentielle Änderungen $\mathrm{d}\varrho$, $\mathrm{d}l$ und $\mathrm{d}D$ ergibt sich die relative Widerstandsänderung

$$\frac{\mathrm{d}R}{R} = \frac{\mathrm{d}l}{l} - 2\frac{\mathrm{d}D}{D} + \frac{\mathrm{d}\varrho}{\varrho} = \frac{\mathrm{d}l}{l}\left(1 - 2\frac{\mathrm{d}D/D}{\mathrm{d}l/l} + \frac{\mathrm{d}\varrho/\varrho}{\mathrm{d}l/l}\right).$$

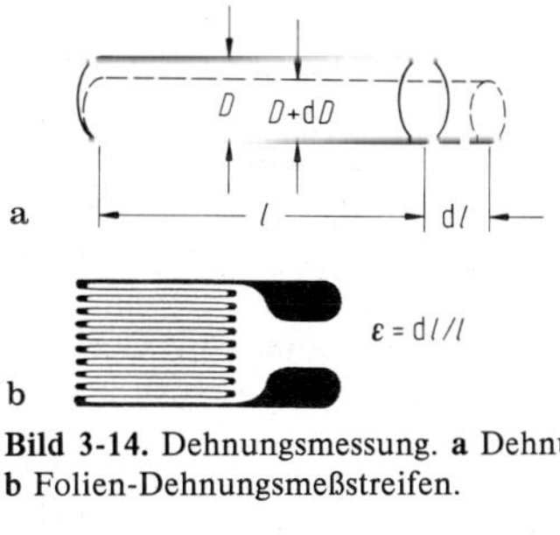

Bild 3-14. Dehnungsmessung. **a** Dehnung eines Drahtes, **b** Folien-Dehnungsmeßstreifen.

Die relative Längenänderung $\varepsilon = \mathrm{d}l/l$ bezeichnet man als *Dehnung*, die relative Längenänderung $\varepsilon q = \mathrm{d}D/D$ als Querdehnung.
Der Quotient aus negativer Querdehnung und Dehnung heißt *Poisson-Zahl*

$$\mu = \frac{-\varepsilon_q}{\varepsilon}.$$

Mit diesen Größen ist die relative Widerstandsänderung

$$\frac{\mathrm{d}R}{R} = \left(1 + 2\mu + \frac{\mathrm{d}\varrho/\varrho}{\varepsilon}\right)\varepsilon = k\varepsilon.$$

Der sog. *k-Faktor* beschreibt die Empfindlichkeit des DMS. Aus dem Volumen $V = \frac{1}{4}\pi D^2 l$ berechnet sich die relative Volumenänderung

$$\frac{\mathrm{d}V}{V} = \frac{\mathrm{d}l}{l} + 2\frac{\mathrm{d}D}{D} = \frac{\mathrm{d}l}{l}(1 - 2\mu).$$

Da unter der Wirkung eines Zuges allenfalls eine Volumenzunahme erfolgt, kann die Poisson-Zahl höchstens gleich 0,5 sein. Gemessene Werte der Poisson-Zahl liegen etwa zwischen 0,15 und 0,45.
Bei Dehnung ohne Volumenänderung ist die Poisson-Zahl 0,5. Bleibt gleichzeitig der spezifische Widerstand konstant, so wird der k-Faktor

$$k = 1 + 2\mu + \frac{\mathrm{d}\varrho/\varrho}{\varepsilon} = 1 + 2 \cdot 0{,}5 + 0 = 2.$$

Dieser Wert wird bei Konstantan (60 % Cu, 40 % Ni) und bei Karma (74 % Ni, 20 % Cr, 3 % Al) tatsächlich beobachtet. Bei höheren Temperaturen bis 650 °C bzw. 1 000 °C ist Platiniridium (90 % Pt, 10 % Ir) oder Platin als DMS-Material geeignet. Beide Materialien haben etwa den k-Faktor $k = 6$.
Besonders hohe Widerstandsänderungen ergeben sich bei Halbleiterdehnungsmeßstreifen. In dotiertem Silizium ist der Piezowiderstandseffekt sehr gut ausgeprägt. Typisch sind k-Faktoren von etwa 100. Zulässige Dehnungen von etwa $3 \cdot 10^{-3}$ führen zu vergleichsweise hohen relativen Widerstandsänderungen. Störend ist u. U. die starke Temperaturabhängigkeit von Nullpunkt und Steilheit (Widerstand und k-Faktor), die sich jedoch in gewissen Grenzen kompensieren läßt.
Die gebräuchliche Ausführungsform ist heute der *Folien-DMS* (vgl. Bild 3-14b) für beschränkte Umgebungstemperaturen. Nur bei höheren Temperaturen werden noch *Draht-DMS* verwendet. Folien-DMS lassen sich leicht in großen Stückzahlen in Ätztechnik herstellen (ähnlich wie gedruckte Schaltungen). Die Gestalt des Leiters kann nahezu beliebig sein, deshalb können die Querverbindungen auch breiter ausgeführt werden als die Leiter in Meßrichtung. Typische Widerstandswerte von DMS liegen zwischen 100 und 600 Ω.

3.3.2 Kraftmessung mit Dehnungsmeßstreifen

Wirkt an einem Stab mit dem Querschnitt A die Zug- oder Druckkraft F, so entsteht nach Bild 3-15a in diesem eine mechanische Spannung σ.
Sie bewirkt nach dem Hookeschen Gesetz innerhalb des Elastizitätsbereiches eine proportionale Dehnung

$$\varepsilon = \frac{\sigma}{E},$$

(E Elastizitätsmodul). Bei der in Bild 3-15b dargestellten Kraftmeßdose mit DMS sind zwei DMS in Kraftrichtung und zwei DMS senkrecht dazu auf einem Hohlzylinder aufgeklebt, der durch die Meßkraft gestaucht wird. Im Idealfall erfahren die DMS in Kraftrichtung eine Längsdehnung

$$\varepsilon_l = \frac{F}{AE}$$

und die DMS senkrecht dazu eine kleinere Querdehnung

$$\varepsilon_q = -\mu\varepsilon_l.$$

(F Meßkraft, A Querschnittsfläche des Stauchzylinders, E Elastizitätsmodul, μ Poisson-Zahl.)

Der Widerstand der beiden DMS in Kraftrichtung verringert sich dabei, der Widerstand der beiden DMS senkrecht dazu vergrößert sich. Die vier DMS werden so in einer Brückenschaltung im Ausschlagverfahren angeordnet, daß die maximale Empfindlichkeit erreicht wird. Gleichzeitig ergibt sich bei geeigneter Dimensionierung eine Verringerung der Temperaturabhängigkeit des Ausgangssignals durch das Differenzprinzip (Unterdrükkung von Gleichtaktstörungen).
Zur Abschätzung der im elastischen Bereich erhaltenen Dehnungen nehmen wir für Stahl ein Elastizitätsmodul von $E = 200\ \mathrm{kN/mm^2}$ und eine zulässige Spannung $\sigma_{zul} = 500\ \mathrm{N/mm^2}$ an. Daraus

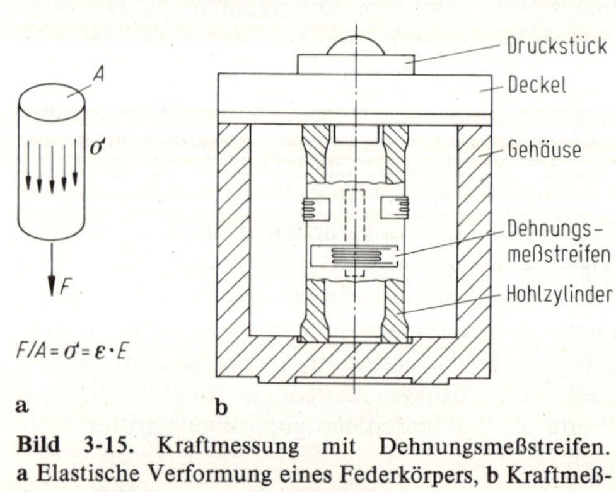

Bild 3-15. Kraftmessung mit Dehnungsmeßstreifen. **a** Elastische Verformung eines Federkörpers, **b** Kraftmeßdose mit Dehnungsmeßstreifen (Siemens).

errechnet sich die Dehnung

$$\varepsilon = \sigma_{\text{zul}}/E = 2{,}5\,‰ = 2{,}5\ \text{mm/m}\,.$$

Im elastischen Bereich sind also nur Dehnungen von wenigen ‰ zulässig. Typische Meßbereiche bei der Dehnungsmessung an metallischen Werkstoffen liegen bei $\pm 5\,000\ \mu\text{m/m} = \pm 5\,‰$. Dehnungen von 1 % dürfen im Normalfall nicht erreicht werden, da sie zu plastischen Verformungen führen.

3.3.3 Druckmessung mit Dehnungsmeßstreifen

Häufig werden zur Druckmessung elastische Membranen oder Plattenfedern eingesetzt, die sich bei Belastung mit einem Druck p bzw. einem Differenzdruck Δp verformen. Die an der Membranoberfläche entstehenden radialen und tangentialen Spannungen σ_r und σ_t bewirken Dehnungen ε_r und ε_t und können mit geeigneten DMS erfaßt werden (Bild 3-16).

Für gegen die Membrandicke h kleine Durchbiegungen sind die Dehnungen der Membran mit fester Randeinspannung nach Bild 3-16a

$$\varepsilon_r = \frac{\sigma_r}{E} = \frac{3}{8}\left(\frac{R}{h}\right)^2 \frac{p}{E}(1+\mu)\left[1 - \frac{3+\mu}{1+\mu}\left(\frac{r}{R}\right)^2\right],$$

$$\varepsilon_t = \frac{\sigma_t}{E} = \frac{3}{8}\left(\frac{R}{h}\right)^2 \frac{p}{E}(1+\mu)\left[1 - \frac{1+3\mu}{1+\mu}\left(\frac{r}{R}\right)^2\right].$$

(E Elastizitätsmodul, μ Poisson-Zahl, r radiale Koordinate, R Membranradius.)

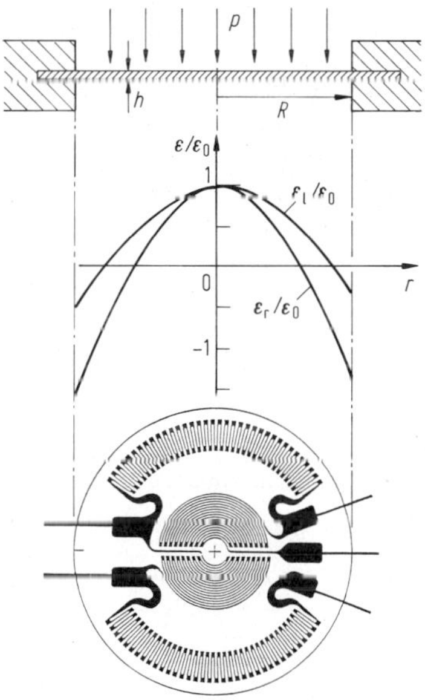

Bild 3-16. Druckmessung mit Dehnungsmeßstreifen. **a** Durch Druck verformte Membran, **b** Radialer Verlauf der tangentialen und radialen Dehnung, **c** Rosetten-Dehnungsmeßstreifen (Hottinger Baldwin Meßtechnik).

Die Dehnungen verlaufen parabelförmig und haben am Membranrand das entgegengesetzte Vorzeichen gegenüber der Mitte. In Membranmitte sind die radialen und tangentialen Dehnungen gleich groß (vgl. Bild 3-16b).

Zur Dehnungsmessung an der Membranoberfläche verwendet man spezielle *Rosetten-Dehnungsmeßstreifen* (Bild 3-16c). Diese DMS sind so gestaltet, daß je zwei Streifen die große Radialdehnung in der Nähe des Membranrandes bzw. die darauf senkrechte Tangentialdehnung in der Nähe der Membranmitte erfassen.

3.3.4 Drehmomentmessung mit Dehnungsmeßstreifen

Zur *Drehmomentmessung* mit Dehnungsmeßstreifen verwendet man eine elastische Hohlwelle mit den Radien R_1 und R_2 nach Bild 3-17a, die auf einer Meßlänge L unter dem Einfluß des Torsionsmomentes M_T um den Winkel φ verdreht wird.

Der Torsionswinkel φ ist

$$\varphi = \frac{2}{\pi} \cdot \frac{L M_T}{(R_2^4 - R_1^4)\,G}\,.$$

(G Schubmodul.) Mit Bild 3-17a ergibt sich für die Dehnung ε an der Oberfläche der Meßwelle abhängig vom Winkel α

$$\varepsilon = \frac{1}{2} \cdot \frac{R_2 \varphi}{L} \sin 2\alpha = \frac{1}{\pi} \cdot \frac{R_2}{R_2^4 - R_1^4} \cdot \frac{M_T}{G} \sin 2\alpha\,.$$

Das Torsionsmoment M_T kann also durch Messung der Dehnung an der Oberfläche der Meßwelle bestimmt werden. Dazu werden DMS auf die Meßwelle aufgeklebt. Parallel und auch senkrecht zur Achse der Meßwelle ist die Dehnung gleich Null. Betragsmäßig maximale Dehnung erhält man bei den Aufklebewinkeln $\alpha_{max} = 45°$ oder 135°.

Bild 3-17b zeigt eine Meßwelle mit vier Dehnungsmeßstreifen, deren Widerstandsänderungen

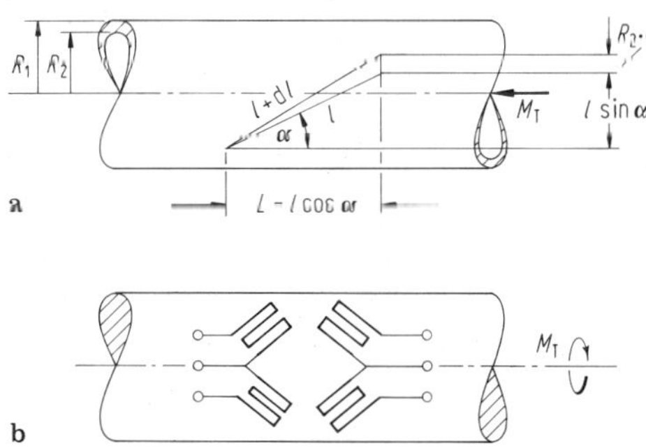

Bild 3-17. Drehmomentmessung mit Dehnungsmeßstreifen. **a** Dehnung an der Oberfläche einer Meßwelle, **b** Drehmoment-Meßwelle mit Dehnungsmeßstreifen.

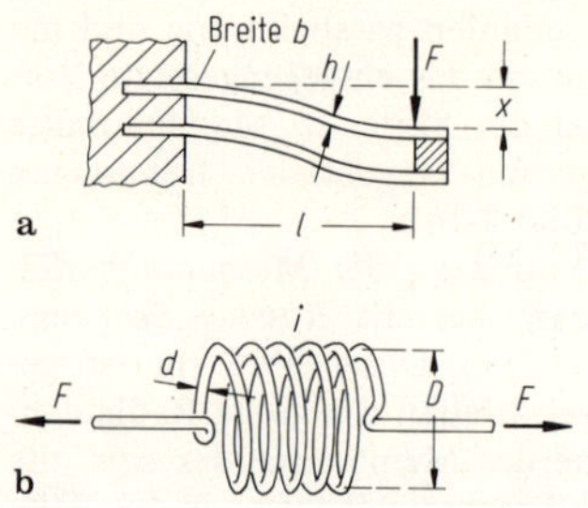

Bild 3-18. Messung von Kräften über die Auslenkung von Federkörpern. **a** Parallelfeder als Federkörper, **b** zylindrische Schraubenfeder.

in einer Vollbrückenschaltung ausgewertet werden können.

3.3.5 Messung von Kräften über die Auslenkung von Federkörpern

Parallelfeder

Beim einfachen Biegebalken als Meßfeder stört die bei der Durchbiegung auftretende Neigung des freien Endes. Durch parallele Anordnung zweier gleicher Blattfedern nach Bild 3-18a wird erreicht, daß sich das freie Ende nur parallel bewegt. Die Auslenkung der Parallelfeder ist

$$x = \frac{1}{2b}\left(\frac{l}{h}\right)^3 \frac{F}{E}$$

(l Länge, b Breite und h Höhe der Biegefedern, E Elastizitätsmodul.)

Die Umformung einer Meßkraft F in eine Auslenkung x ist auch mit einer zylindrischen Schraubenfeder (Bild 3-18b) möglich. Die Auslenkung ist

$$x = \frac{8iD^3}{d^4} \cdot \frac{F}{G}.$$

(i Windungszahl, d Drahtdurchmesser, D Federdurchmesser, G Schubmodul, F Meßkraft.)

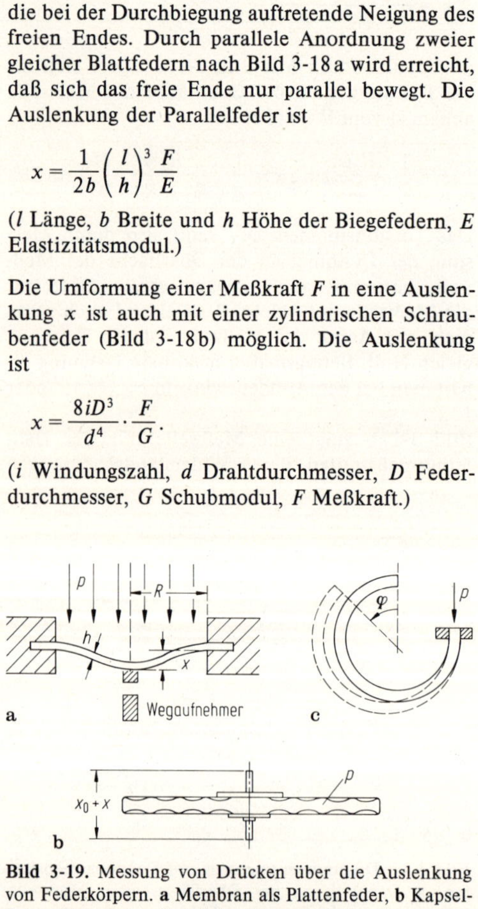

Bild 3-19. Messung von Drücken über die Auslenkung von Federkörpern. **a** Membran als Plattenfeder, **b** Kapselfeder (Siemens), **c** Rohrfeder (Bourdonfeder).

3.3.6 Messung von Drücken über die Auslenkung von Federkörpern

Druckmessung mit Membranen ist auch durch Messung der maximalen Auslenkung in Membranmitte nach Bild 3-19a möglich.
Die Auslenkung x berechnet sich abhängig vom Meßdruck p zu

$$x = \frac{3}{16}(1-\mu^2)\frac{R^4}{h^3} \cdot \frac{p}{E},$$

(μ Poisson-Zahl, R Radius, h Dicke, E Elastizitätsmodul der eingespannten Membran.)

Dieser Zusammenhang gilt nur für kleine Auslenkungen x (etwa bis zur Membrandicke h), da sich die *Plattenfeder* durch auftretende Zugspannungen versteift. Größere mögliche Auslenkungen bei sonst gleicher Geometrie erhält man durch gewellte Membranen.
Zur Aufnahme kleiner Drücke, z. B. zur Luftdruckmessung oder zur Messung kleiner Differenzdrücke eignen sich *Kapselfedern*, die vergleichsweise dünn, großflächig und gewellt ausgeführt sind und in ihrem Aufbau einer Dose ähneln, die auf Ober- und Unterseite mit einer Membran abgeschlossen ist (Bild 3-19b).
Für hohe Drücke bis etwa 1 000 bar werden *Rohrfedern* (Bild 3-19c) *(Bourdonfedern)* verwendet, bei denen sich ein kreisförmig gebogenes Rohr mit ovalem Querschnitt bei Druckbeanspruchung um einen Winkel φ aufbiegt, weil wegen der größeren Außenbogenlänge die Kraft auf die bogenäußere Innenwand größer ist als die auf die bogeninnere Wand.

3.3.7 Kraftmessung über Schwingsaiten

Eine gespannte, meist metallische Saite kann nach Bild 3-20a z. B. elektromagnetisch zu Transversalschwingungen angeregt werden.
Die Grundfrequenz f der schwingenden Saite ist

$$f = \frac{1}{2l}\sqrt{\frac{\sigma}{\varrho}}.$$

(l Länge, ϱ Dichte des Saitenmaterials, σ mechanische Spannung.)

Die mechanische Spannung σ kann durch die Spannkraft F und den Durchmesser d der Saite ausgedrückt werden: $\sigma = F\Big/\left(\frac{1}{4}\pi D^2\right)$. Für die Grundfrequenz f der Schwingsaite ergibt sich damit

$$f = \frac{1}{ld}\sqrt{\frac{F}{\pi\varrho}}.$$

Für praktische Anwendungen ist die Schwingsaite mit einer Mindestkraft F_0 vorgespannt und schwingt dabei bei der Frequenz f_0. Wirkt die zu-

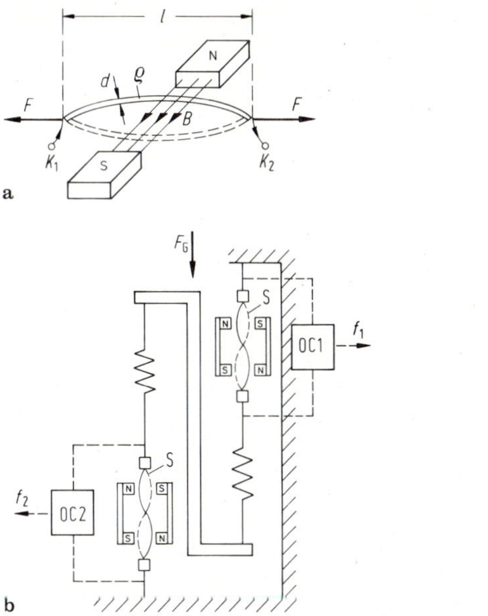

Bild 3-20. Kraft- und Druckmessung über Schwingsaiten. **a** Prinzip der Schwingsaitenaufnehmer, **b** Schwingsaitenwaage (Mettler).

sätzliche Meßkraft F, so resultiert die neue Frequenz f. Aus

$$f = \frac{1}{ld}\sqrt{\frac{F_0 + F}{\pi \varrho}} \quad \text{und} \quad f_0 = \frac{1}{ld}\sqrt{\frac{F_0}{\pi \varrho}}$$

ergibt sich

$$\frac{F}{F_0} = \left(\frac{f}{f_0}\right)^2 - 1 .$$

Mit dem Differenzprinzip (siehe 2.1.2) läßt sich die Linearität wesentlich verbessern. Bei der *Schwingsaiten-Waage* (Bild 3-20b) sind zwei Schwingsaiten durch je eine Schraubenfeder vorgespannt. Durch die Gewichtskraft F_G wird die Spannkraft und damit die Frequenz der ersten Schwingsaite erhöht und die der zweiten Schwingsaite erniedrigt. Aus der Frequenzdifferenz $f_1 - f_2$ läßt sich F_G bestimmen.

3.3.8 Waage mit elektrodynamischer Kraftkompensation

Bei elektrischen Präzisionswaagen wird nach Bild 3-21 die zu messende Gewichtskraft F_G durch eine Gegenkraft F_K kompensiert, die von einem Tauchspulsystem erzeugt wird, das vom Strom I durchflossen wird.

Der Tauchspulstrom I ist der Kompensationskraft F_K und für die Verstärkung $v \to \infty$ der Gewichtskraft F_G proportional. Es handelt sich hierbei um eine Kreisstruktur, die die Wirkungsrichtung des Tauchspulsystems umkehrt. Ein mit der Waagschale verbundener Wegaufnehmer liefert über einen Verstärker den Tauchspulstrom I, der so nachgeregelt wird, daß das Kräftegleichgewicht $F_G = F_K$ für eine bestimmte Position der Waagschale erreicht wird. Lediglich der Temperatureinfluß muß noch gesondert korrigiert werden.

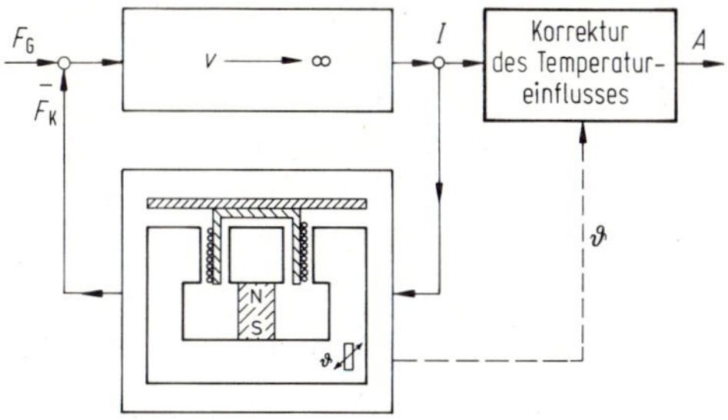

Bild 3-21. Waage mit elektrodynamischer Kraftkompensation.

Die Kompensationskraft F_K des Tauchspulsystems ist

$$F_K = \pi DBNI$$

(πD mittlerer Wicklungsumfang, B magnetische Induktion, N Windungszahl, I Stromstärke. $NI = \Theta$ heißt auch Durchflutung oder „Amperewindungszahl".)

In ähnlicher Weise wird bei *Meßumformern für Niederdruck* der zu messende Druck oder Differenzdruck über eine richtkraftlose Membran in eine Kraft umgeformt, die dann über einen Hebel, an dem auch die Tauchspule angreift, kompensiert wird.

3.3.9 Piezoelektrische Kraft- und Druckaufnehmer

Belastet man einen Quarzkristall (SiO_2) oder Bariumtitanat ($BaTiO_3$) in bestimmten Richtungen mechanisch, so treten an deren Oberfläche elektrische Ladungen auf.

Synthetisch erzeugter Quarz kristallisiert in sechseckigen Prismen (Bild 3-22a).

Wirkt eine Kraft F in Richtung einer dieser elektrischen Achsen, so entsteht auf den senkrecht dazu stehenden Flächen eine Ladung

$$Q = k_p F .$$

Die *piezoelektrische Konstante* (der sog. Piezomodul) k_p beträgt bei

Quarz	$k_p = 2{,}3 \cdot 10^{-12}$ As/N ,
Bariumtitanat	$k_p = 250 \cdot 10^{-12}$ As/N .

Die Empfindlichkeit ist also bei Bariumtitanat etwa 100mal so groß als bei Quarz. Nachteilig ist beim Bariumtitanat der gleichzeitig vorhandene

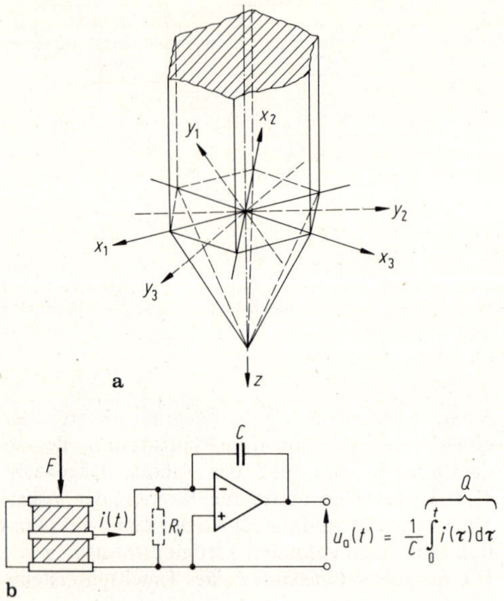

Bild 3-22. Piezoelektrische Kraft- und Druckaufnehmer. **a** Achsen und Struktur eines Quarzkristalls (Grave), **b** Ladungsverstärker für statische Messungen.

pyroelektrische Effekt, bei dem durch Wärmeeinwirkung Ladungen erzeugt werden.
Piezokeramische Aufnehmer sind im besonderen für Körperschallmessungen, Schwingungs- und Beschleunigungsmessungen geeignet.
Die Eigenkapazität von Quarzaufnehmern liegt bei etwa 200 pF. Dies bedeutet, daß bei einem Isolationswiderstand von $10^{12}\,\Omega$ mit einer Zeitkonstanten von 200 s bzw. mit einer Spannungsverringerung von 0,5 %/s zu rechnen ist. Für statische Messungen werden deshalb *Ladungsverstärker* nach Bild 3-22 b eingesetzt. Die entstehenden Ladungen werden dabei sofort über den niederohmigen Eingang des Stromintegrierers auf die vergleichsweise verlustfreie Integrationskapazität abgesaugt, so daß Verluste des Piezoaufnehmers und des Eingangskabels keine Schwächung des Signals mehr bewirken können.
Piezoelektrische Aufnehmer sind zur Messung schnell veränderlicher Drücke, wie sie z. B. in Verbrennungsmotoren auftreten, sehr gut geeignet. Mit ihrer Hilfe kann das sog. Indikatordiagramm (p,V-Diagramm) im Betrieb aufgenommen werden.

3.4 Sensoren für strömungstechnische Kenngrößen

Sensoren zur Messung von Durchflüssen sind z. B. bei Verbrennungsvorgängen erforderlich, wenn der Durchfluß von Flüssigkeiten oder Gasen gesteuert oder geregelt werden muß. Ferner sind Aufnehmer für Durchflüsse z. B. für Abrechnungszwecke und zur Überwachung von Anlagen erforderlich.

3.4.1 Durchflußmessung nach dem Wirkdruckverfahren

Schnürt man den Querschnitt einer Rohrleitung durch eine Drosseleinrichtung nach Bild 3-23 ein, so läßt sich aus der Druckerniedrigung (dem sog. Wirkdruck oder dynamischen Druck) der Durchfluß berechnen (vgl. E 8.1.3).
Bei horizontaler Rohrleitung, bei inkompressiblem Meßmedium (Flüssigkeit) und unter Vernachlässigung von Reibungskräften besagt das Gesetz von Bernoulli, daß für eine betrachtete Massenportion m die Summe aus statischer Druckenergie pV und kinetischer Energie $\frac{1}{2}mv^2$ konstant ist (vgl. B 10.1). Nach Division durch das Volumen V und mit der Dichte $\varrho = m/V$ führt die Gleichheit der Energiedichten vor (Index 1) und an (Index 2) der Drosselstelle auf

$$p_1 + \frac{1}{2}\varrho v_1^2 = p_2 + \frac{1}{2}\varrho v_2^2 .$$

(p_1, p_2 statischer Druck, v_1, v_2 Geschwindigkeit vor bzw. an der Drosselstelle.) Aus einer Erhöhung der Geschwindigkeit, $\Delta v = v_2 - v_1$, folgt also eine Abnahme des Drucks an der Drosselstelle, der sog. Wirkdruck

$$\Delta p = p_1 - p_2 = \frac{\varrho}{2}(v_2^2 - v_1^2)$$
$$= \frac{\varrho}{2} v_1^2 \left[\left(\frac{v_2}{v_1}\right)^2 - 1\right].$$

Außerdem gilt das Kontinuitätsgesetz für den Volumendurchfluß

$$Q = A_1 v_1 = A_2 v_2 .$$

Es besagt, daß der Volumendurchfluß Q als Produkt von Querschnittsfläche A und Geschwindigkeit v vor und an der Drosselstelle gleich groß ist. Dabei bedeuten A_1 und A_2 die Strömungsquerschnitte vor bzw. an der Drosselstelle. Führt man das aus der Kontinuitätsgleichung errechnete Öffnungsverhältnis $m = A_2/A_1 = v_1/v_2$ in die Bernoullische Gleichung ein, so ergibt sich die Durchfluß-

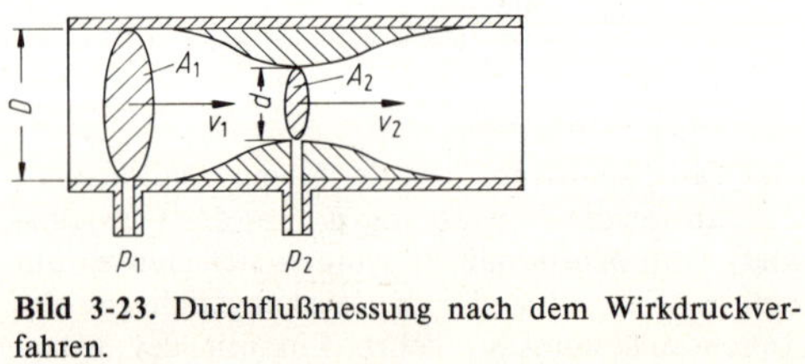

Bild 3-23. Durchflußmessung nach dem Wirkdruckverfahren.

gleichung

$$Q = A_1 v_1 = m A_1 \sqrt{\frac{2\Delta p}{\varrho} \cdot \frac{1}{1 - m^2}}\,.$$

Der Durchfluß ist also proportional der Wurzel aus dem Differenzdruck Δp. Deshalb werden Radiziereinrichtungen zur Durchflußberechnung eingesetzt. Bei einer Strömungsgeschwindigkeit ($v_1 = 1$ m/s, einem Öffnungsverhältnis $m = 0{,}5$ des Drosselgerätes und einer Dichte $\varrho = 1$ kg/dm^3 des Meßmediums berechnet sich ein theoretischer Differenzdruck von

$$\Delta p = \frac{\varrho}{2} v_1^2 \left(\frac{1}{m^2} - 1\right) = 1\,500 \text{ Pa} = 15 \text{ mbar}.$$

In DIN 1952 sind Blende, Düse und Venturidüse als Bauarten von Drosselgeräten genormt.

3.4.2 Schwebekörper-Durchflußmessung

Bei der Durchflußmessung mit Schwebekörper wird nach Bild 3-24 auf einen Schwebekörper in einem vertikalen, konischen Rohr von unten eine Kraft F von der Strömung ausgeübt:

$$F = \frac{\varrho}{2} \cdot \frac{A_2}{(A_1 - A_2)^2} Q^2 .$$

A_1 ist der Querschnitt des konischen Rohres in der Höhe des größten Querschnittes des Schwebekörpers, A_2 ist die Querschnittsfläche des Schwebekörpers.

Der durch die Strömung erzeugten Kraft F wirkt die Differenz aus Gewichtskraft F_G und Auftriebskraft F_A auf den Schwebekörper (Dichte ϱ_S, Volumen V_S) entgegen. Diese nach unten gerichtete Kraft beträgt

$$F_G - F_A = (\varrho_S - \varrho)\, V_S g .$$

Der Schwebekörper stellt sich auf eine Höhe h bzw. einen Querschnitt ein, wo die wirksamen Kräfte im Gleichgewicht sind:

$$\frac{\varrho}{2} \cdot \frac{A_2}{(A_1 - A_2)^2} Q^2 = g(\varrho_S - \varrho)\, V_S .$$

Daraus ergibt sich der Volumendurchfluß

$$Q = \frac{A_1 - A_2}{\sqrt{A_2}} \sqrt{\frac{2}{\varrho} g (\varrho_S - \varrho)\, V_S}\,.$$

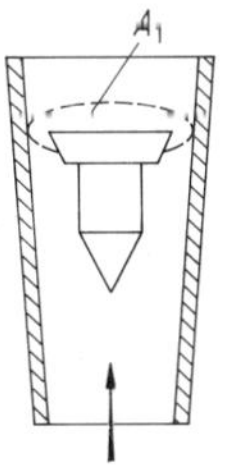

Bild 3-24. Schwebekörper-Durchflußmessung.

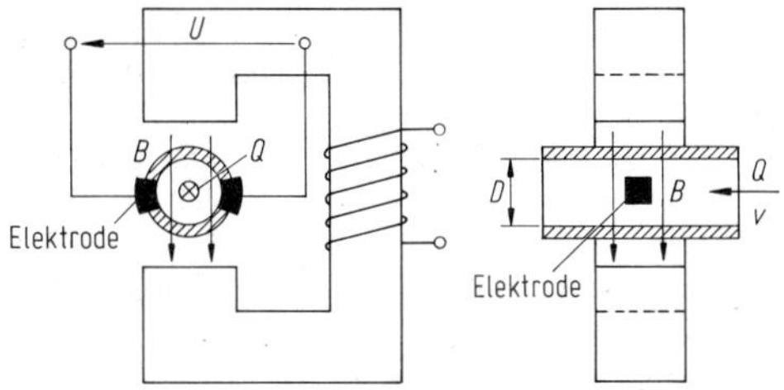

Bild 3-25. Durchflußmessung über magnetische Induktion.

3.4.3 Durchflußmessung über magnetische Induktion

Nach dem Induktionsgesetz läßt sich die Geschwindigkeit v eines senkrecht zur Richtung eines magnetischen Feldes mit der Induktion B bewegten Leiters der Länge D über die an den Enden dieses Leiters induzierte Spannung U bestimmen. Das darauf basierende Durchflußmeßverfahren über die magnetische Induktion ist im Prinzip in Bild 3-25 dargestellt.

Die strömende Flüssigkeit wird hierbei als Leiter angesehen, d. h., sie muß eine Mindestleitfähigkeit von etwa 0,1 mS/m besitzen. Die meisten technischen Flüssigkeiten erfüllen diese Anforderung, z. B. Leitungswasser mit etwa 50 bis 80 mS/m. Destilliertes Wasser liegt mit 0,1 mS/m an der Grenze, Kohlenwasserstoffe sind ungeeignet.

Das erforderliche Magnetfeld muß das Rohrstück senkrecht zur Strömungsrichtung durchsetzen. Senkrecht zur Richtung der magnetischen Induktion B und senkrecht zur Strömungsrichtung wird eine Spannung induziert. Sie kann durch zwei Elektroden, die in dem isolierten Rohr angebracht sind, abgegriffen werden. Die induzierte Spannung ergibt sich aus dem Induktionsgesetz zu

$$U = \frac{\mathrm{d}\Phi}{\mathrm{d}t} = B \frac{\mathrm{d}A}{\mathrm{d}t} = B \frac{D\,\mathrm{d}s}{\mathrm{d}t} = BDv .$$

(Φ magnetischer Fluß, B magnetische Induktion, A Fläche, D Rohrinnendurchmesser, s Weglänge, v Geschwindigkeit.)

Der wesentliche Vorteil gegenüber dem Wirkdruckverfahren liegt in dem linearen Zusammenhang und in der Tatsache, daß kein Druckverlust durch Drosselgeräte oder Strömungskörper auftritt. Der Volumendurchfluß Q als Produkt von Rohrquerschnitt $\frac{1}{4}\pi D^2$ und Geschwindigkeit v beträgt dann

$$Q = \frac{1}{4}\pi D^2 v = \frac{\pi}{4} \cdot \frac{D}{B} U .$$

Im allgemeinen ist die induzierte Spannung U gering. Sie beträgt z. B. bei $B = 0{,}1$ T, $D = 0{,}1$ m und $v = 0{,}1$ m/s nur 1 mV.

Der Innenwiderstand des Aufnehmers bezüglich der beiden Elektroden hängt von der Leitfähigkeit der strömenden Flüssigkeit und von der Geometrie der Anordnung ab. Üblicherweise ergibt sich ein Innenwiderstand im MΩ-Bereich; deshalb muß der Eingangswiderstand des nachfolgenden Meßverstärkers besonders hochohmig sein (vgl. 4.4.4).

3.4.4 Ultraschall-Durchflußmessung

Bei der Ultraschall-Durchflußmessung wird nach Bild 3-26 an einem Piezokristall ein kurzer Schallimpuls erzeugt, der stromabwärts mit der Geschwindigkeit $c_1 = c + v\cos\varphi$ und stromaufwärts mit $c_2 = c - v\cos\varphi$ unter dem Winkel φ zur Strömungsrichtung der Meßflüssigkeit auf den Empfängerkristall zuläuft. Dabei ist c die Schallgeschwindigkeit und v die durchschnittliche Strömungsgeschwindigkeit der Flüssigkeit. Die beiden Laufzeiten t_1 und t_2 auf den beiden Strecken der Länge L betragen

$$t_1 = \frac{L}{c_1} = \frac{L}{c + v\cos\varphi},$$

$$t_2 = \frac{L}{c_2} = \frac{L}{c - v\cos\varphi}.$$

Wird der am Empfängerkristall empfangene Impuls ohne Verzögerung, aber mit verstärkter Amplitude wieder auf den Sender gegeben (Singaround-Verfahren), so ergeben sich die Impulsfolgefrequenzen f_1 und f_2 zu

$$f_1 = \frac{1}{t_1} = \frac{c + v\cos\varphi}{L};$$

$$f_2 = \frac{1}{t_2} = \frac{c - v\cos\varphi}{L};$$

Da die Strömungsgeschwindigkeit v klein ist gegen die Schallgeschwindigkeit c (im Wasser z. B. 1450 m/s), können schon kleine temperaturbedingte Änderungen der Schallgeschwindigkeit (in Wasser z. B. 3,5 (m/s)/K) das Meßergebnis stark verfälschen. Deshalb wird die Differenz der beiden Impulsfolgefrequenzen,

$$f_1 - f_2 = \frac{2}{L} v\cos\varphi,$$

ausgewertet, die — unabhängig von der momentanen Schallgeschwindigkeit — der Strömungsgeschwindigkeit v und damit auch dem Volumendurchfluß $Q = Av$ proportional ist (A Rohrquerschnitt).

Zur Bestimmung des Massendurchflusses aus dem Volumendurchfluß Q oder der Strömungsgeschwindigkeit v muß die Dichte ϱ der Meßflüssigkeit bekannt sein, die sich bei bekanntem Kompressionsmodul K aus der Schallgeschwindigkeit c zu $\varrho = K/c^2$ ergibt. Die Schallgeschwindigkeit c wiederum erhält man beim Ultraschallverfahren aus der Summe der beiden Impulsfolgefrequenzen:

$$f_1 + f_2 = \frac{2}{L} c.$$

Der Massendurchfluß ist damit

$$\underline{q} = \varrho Q = \frac{K}{c^2} Av = \frac{2KA}{L\cos\varphi} \cdot \frac{f_1 - f_2}{(f_1 + f_2)^2}.$$

3.4.5 Turbinen-Durchflußmesser (mittelbare Volumenzähler mit Meßflügeln)

Bei den mittelbaren Volumenzählern mit Meßflügeln (Turbinen-Durchflußzählern) versetzt die Strömung im Meßrohr ein drehbar gelagertes Turbinenrad in Rotation. Die Drehzahl ist unter bestimmten Bedingungen proportional zur Strömungsgeschwindigkeit.

Bei den als Hauswasserzähler verwendeten *Flügelradzählern* (Bild 3-27) wird mit einem Flügelrad die Geschwindigkeit erfaßt.

Das Wasser tritt durch die Öffnung im Boden des Grundbechers ein, treibt das Flügelrad an und tritt oben wieder aus.

3.4.6 Verdrängungszähler (unmittelbare Volumenzähler)

Verdrängungszähler haben bewegliche, meist rotierende Meßkammerwände, die vom Meßgut angetrieben werden.

Beim *Ovalradzähler* (Bild 3-28) rollen in einer Meßkammer zwei drehbar gelagerte Ovalräder mit Evolventenverzahnung aufeinander ab. In der

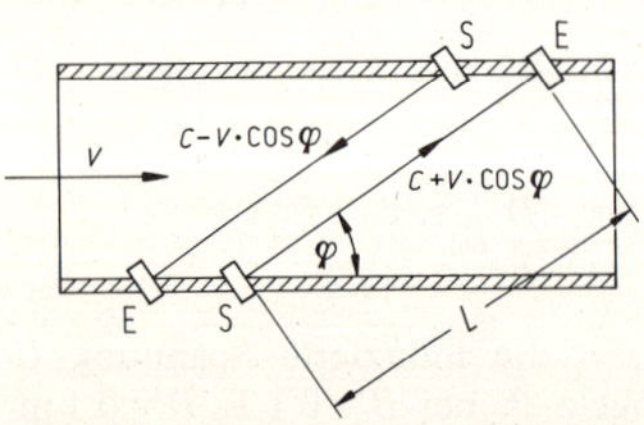

Bild 3-26. Prinzip der Ultraschall-Durchflußmessung.

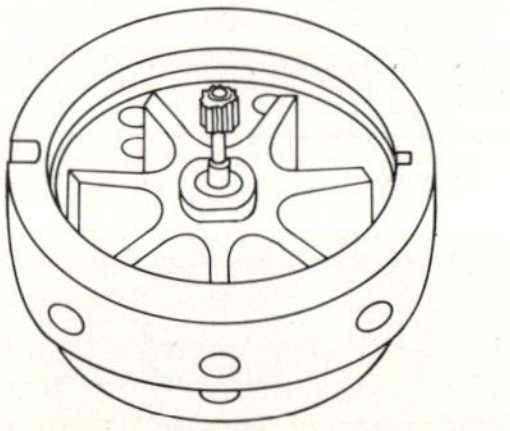

Bild 3-27. Turbinen-Durchflußmessung (Flügelradzähler, Siemens).

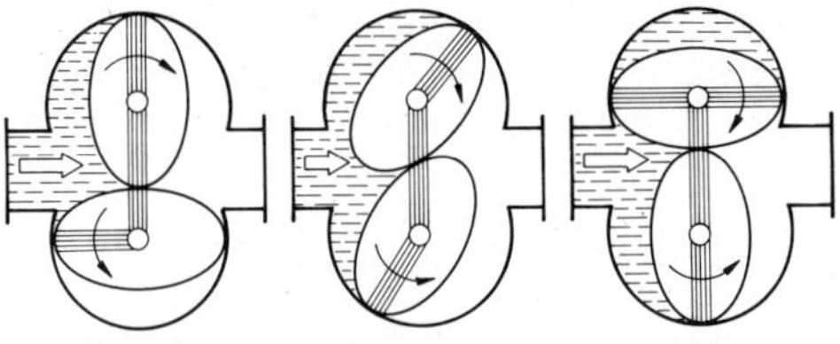

Bild 3-28. Verdrängungszähler (Ovalradzähler, Orlicek).

links gezeichneten Stellung wird vom Druck der eintretenden Meßflüssigkeit auf das untere Ovalrad ein linksdrehendes Drehmoment ausgeübt. Das obere rechtsdrehende Ovalrad schließt ein Teilvolumen zur Meßkammerwand hin ab und transportiert diesen Teil der Meßflüssigkeit auf die Ausgangsseite. Bei einer Umdrehung der Ovalräder werden so vier Teilvolumina transportiert, die dem Meßkammerinhalt V_M entsprechen.

3.5 Sensoren zur Temperaturmessung

3.5.1 Platin-Widerstandsthermometer

Nach DIN IEC 751 wird die Temperaturabhängigkeit des Widerstandes eines Platin-Widerstandsthermometers im Bereich $0\,°C \leqq \vartheta \leqq 850\,°C$ durch

$$R = R_0(1 + A\vartheta + B\vartheta^2)$$

beschrieben (Bild 3-29a).
(ϑ Celsiustemperatur, R_0 Widerstand bei 0 °C.)
Die Koeffizienten betragen

$$A = 3{,}908\,02 \cdot 10^{-3}/K, \quad B = -0{,}580\,195 \cdot 10^{-6}/K^2.$$

Ersetzt man A und B durch den mittleren Temperaturkoeffizienten α im Bereich von 0 bis 100 °C, so ergibt sich

$$\alpha = A + 100\,K \cdot B = 3{,}85 \cdot 10^{-3}/K.$$

Der maximale Linearitätsfehler F_L im Bereich $0 \leq \vartheta \leq 100\,°C$ ergibt sich bei $\vartheta = 50\,°C$ zu

$$F_L = 1{,}45 \cdot 10^{-3}.$$

Bei Bezug auf die Ausgangsspanne $(100\,K) \cdot \alpha$ ergibt sich ein relativer Fehler

$$F_L/(100\,K \cdot \alpha) = 3{,}77\,‰.$$

Die Toleranzgrenzen der genormten Toleranzklassen A und B sind in Bild 3-29b dargestellt und betragen für Platin-Widerstandsthermometer

$$\Delta\vartheta = 0{,}15\,K + 0{,}002\,|\vartheta - \vartheta_0| \text{ (Klasse A bis 650 °C)},$$

$$\Delta\vartheta = 0{,}3\ \ K + 0{,}005\,|\vartheta - \vartheta_0| \text{ (Klasse B bis 850 °C)}.$$

Für technische Messungen baut man den Meßwiderstand in einen Meßeinsatz und diesen wiederum in eine Schutzarmatur ein (Bild 3-30).

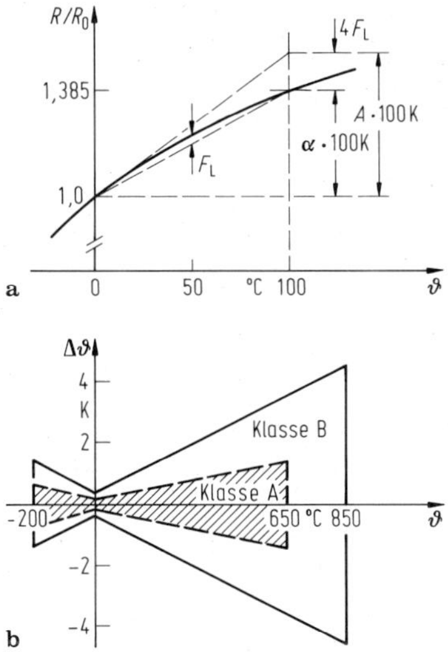

Bild 3-29. Platin-Widerstandsthermometer. **a** Temperaturabhängigkeit des elektrischen Widerstandes, **b** Toleranzgrenzen der Klassen A und B.

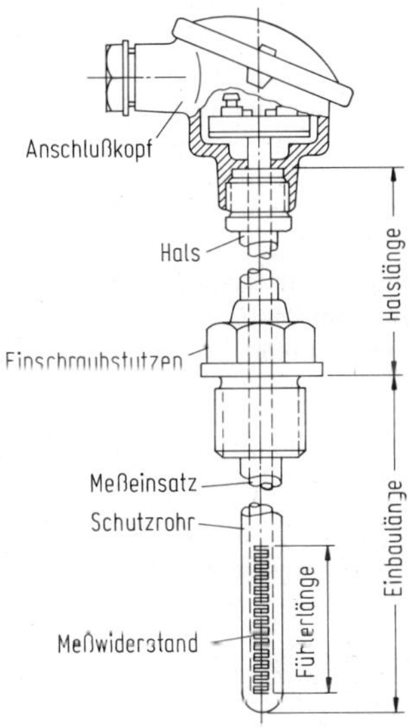

Bild 3-30. Platin-Widerstandsthermometer im Schutzrohr (Siemens)

3.5.2 Andere Widerstandsthermometer

Nickel besitzt im Vergleich zu Platin eine höhere Temperaturempfindlichkeit des elektrischen Widerstandes. Der mittlere Temperaturkoeffizient im Bereich zwischen 0 und 100 °C beträgt $\alpha = 6{,}18 \cdot 10^{-3}/K$. Meßwiderstände Ni 100 können im Temperaturbereich von −60 °C bis +250 °C eingesetzt werden.

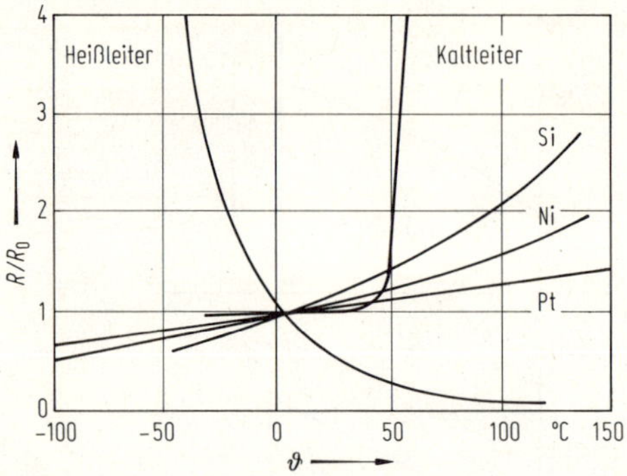

Bild 3-31. Kennlinien von Widerstandsthermometern.

Von den reinen Metallen eignet sich Kupfer nur in dem eingeschränkten Temperaturbereich von −50 bis +150 °C (max. +250 °C) als Material für Widerstandsthermometer.

Heißleiter

Für Heißleiter werden sinterfähige Metalloxide, im besonderen oxidische Mischkristalle, verwendet.
Die Abhängigkeit des elektrischen Widerstandes R eines Heißleiters von der Temperatur ϑ ist im Vergleich zu „Kaltleitern" in Bild 3-31 dargestellt.
Wegen ihres negativen Temperaturkoeffizienten werden Heißleiter häufig auch als NTC-Widerstände (negative temperature coefficient) bezeichnet. Im Umgebungstemperaturbereich ergeben sich Temperaturkoeffizienten von etwa −3 bis −6 %/K. Heißleiter werden bis zu +250 °C, in Sonderfällen bis zu +400 °C und darüber, eingesetzt. Meßschaltungen für Heißleiter: siehe 4.1.3.

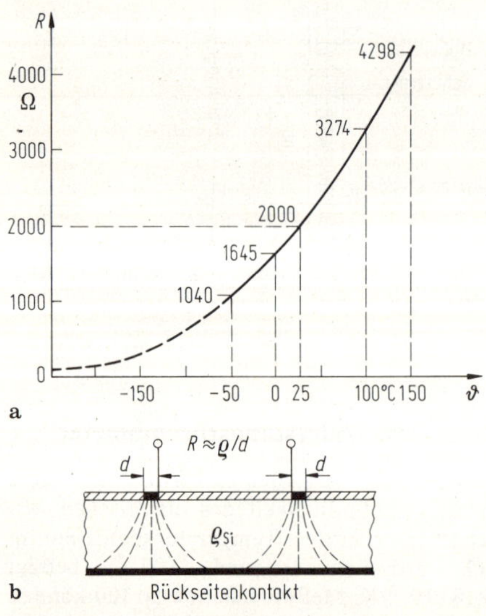

Bild 3-32. Silizium-Temperatursensor. **a** Kennlinie, **b** Aufbau.

Silizium-Widerstandsthermometer

Reines monokristallines Silizium ist als Widerstandsmaterial für Temperatursensoren im Bereich von −50 °C bis +150 °C gut geeignet. Mit steigender Temperatur nimmt die Leitfähigkeit ab, da die Beweglichkeit der Ladungsträger geringer wird. Silizium-Temperatursensoren haben einen positiven Temperaturkoeffizienten mit näherungsweise parabelförmiger Temperaturabhängigkeit (Bild 3-32a).
Es gilt

$$R = R_0 + k(\vartheta - \vartheta_0)^2 .$$

Ein typischer Temperatursensor hat bei 25 °C einen Widerstand von 2 000 Ω. Im Bereich zwischen 0 und 100 °C beträgt der mittlere Temperaturkoeffizient

$$\alpha = \frac{R(100\,°\mathrm{C}) - R(0\,°\mathrm{C})}{100\,\mathrm{K} \cdot R(0\,°\mathrm{C})} \approx 1\,\%/\mathrm{K}.$$

Er ist etwa doppelt so groß wie der von Metallen.
Eine Linearisierung der Sensorkennlinie ist entweder in einer Spannungsteilerschaltung oder durch Parallelschalten eines konstanten Widerstandes R_p möglich.
Silizium-Temperatursensoren werden gewöhnlich als Ausbreitungswiderstände realisiert. Der Widerstand zwischen einer kreisförmigen Kontaktierung mit dem Durchmesser d und dem flächigen Rückseitenkontakt einer Siliziumscheibe mit dem spezifischen Widerstand ϱ beträgt $R = \frac{1}{2}\varrho/d$ und ist unabhängig von der Dicke und dem Durchmesser der Scheibe, solange diese beiden Größen groß gegen den Kontaktdurchmesser d sind. Praktisch ausgeführt wird ein symmetrischer Aufbau (Bild 3-32b), bei dem sich mit $\varrho = 0{,}06\,\Omega\mathrm{m}$ bei 25 °C und $d = 25\,\mu\mathrm{m}$ der Widerstand $\varrho/d \approx R \approx 2\,\mathrm{k}\Omega$ ergibt.

3.5.3 Thermoelemente als Temperaturaufnehmer

Verbindet man nach Bild 3-33a zwei Metalle A und B an ihren Enden durch Löten oder Schweißen, so erhält man ein Thermoelement (Thermopaar).
Bringt man die Verbindungsstellen auf Meßtemperatur ϑ bzw. Vergleichstemperatur ϑ_v, so entsteht zwischen den Drähten eine Thermospannung U_{th}, die in erster Näherung der Temperaturdifferenz $(\vartheta - \vartheta_v)$ zwischen Meßstelle und Ver-

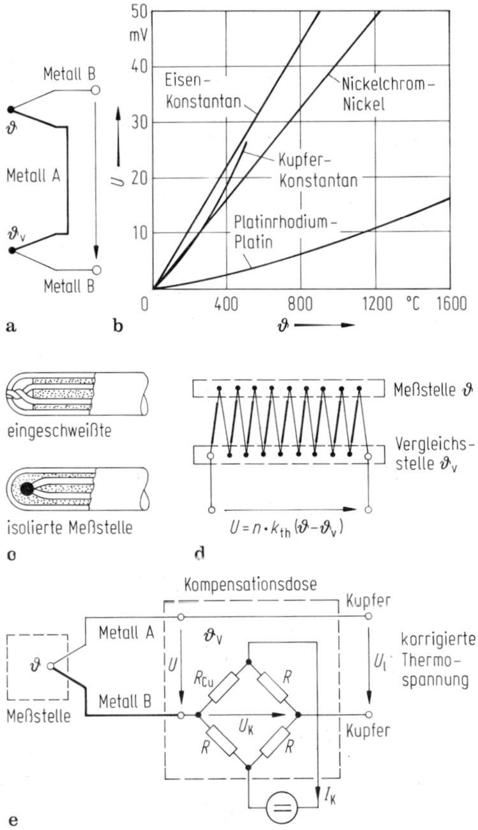

Bild 3-33. Thermoelemente. **a** Verbindungsstellen eines Thermopaars, **b** Kennlinien verschiedener Thermopaare, **c** Mantel-Thermoelemente, **d** Prinzip der Thermoketten, **e** Kompensationsdose zur Korrektur der Vergleichsstellentemperatur.

gleichsstelle proportional ist:

$$U_{\text{th}} = k_{\text{th}}(\vartheta - \vartheta_{\text{v}}).$$

Die Thermoempfindlichkeit k_{th} hängt im wesentlichen von den verwendeten Metallen ab. Bei metallischen Thermopaaren liegen die Thermoempfindlichkeiten etwa bei

$$k_{\text{th}} = \frac{k}{e} \ln \frac{n_{\text{B}}}{n_{\text{A}}} = 86\,\mu\text{V/K} \cdot \ln \frac{n_{\text{B}}}{n_{\text{A}}}.$$

(k Boltzmann-Konstante, e Elementarladung, n_{A}, n_{B} Elektronenkonzentration in den beiden Metallen).

Die Thermoempfindlichkeit k_{AB} eines Metalls A gegen ein Metall B ergibt sich auch aus den Thermoempfindlichkeiten k_{ACu} und k_{BCu} von A bzw. B gegen Kupfer zu

$$k_{\text{AB}} = k_{\text{ACu}} - k_{\text{BCu}}.$$

Für ein Eisen-Konstantan-Thermoelement z. B. beträgt die Thermoempfindlichkeit bei $\vartheta = 100\,°\text{C}$ und $\vartheta_{\text{v}} = 0\,°\text{C}$

$$k_{\text{FeKon}} = [+1{,}05 - (-4{,}1\,\text{mV})]/(100\,\text{K}) \approx 5{,}15 \frac{\text{mV}}{100\,\text{K}}.$$

Die obere Meßgrenze liegt bei Kupfer-Konstanten bei etwa 500 °C, bei Eisen-Konstantan bei etwa 700 °C, bei Nickelchrom-Nickel bei etwa 1 000 °C und bei Platinrhodium-Platin bei etwa 1 300 °C (mit Einschränkungen bei 1 600 °C). Die Kennlinien dieser Thermopaare sind in Bild 3-33 b eingetragen.

Für industrielle Anwendungen werden die Thermopaardrähte z. B. mit Keramikröhrchen isoliert und in eine Schutzarmatur eingebaut. Kürzere Einstellzeiten erhält man mit *Mantelthermoelementen* nach Bild 3-33 c, bei denen die Thermopaare zur Isolation in Al_2O_3 eingebettet und mit einem Edelstahlmantel umhüllt sind. Außendurchmesser von weniger als 3 mm sind dabei realisierbar.

Zur Messung kleiner Temperaturdifferenzen können Thermoketten nach Bild 3-33 d verwendet werden, bei denen z. B. mit $n = 10$ Meß- und Vergleichsstellen der Meßeffekt entsprechend vergrößert ist:

Bei Thermoelementmessungen handelt es sich im Prinzip um Differenztemperaturmessungen zwischen Meßstelle und Vergleichsstelle. Soll die absolute Temperatur einer Meßstelle bestimmt werden, dann muß entweder mit einem Vergleichsstellenthermostaten die Temperatur der Vergleichsstelle z. B. auf $\vartheta_{\text{v}} = 50\,°\text{C}$ konstant gehalten werden, oder man verwendet eine sog. Kompensationsdose nach Bild 3-33 e, die den Einfluß einer veränderlichen Vergleichsstellentemperatur korrigiert. Die Kompensationsdose enthält im wesentlichen eine Brückenschaltung im Ausschlagverfahren mit einem temperaturabhängigen Kupferwiderstand als Widerstandsthermometer. Abhängig von der Vergleichsstellentemperatur liefert die Brückenschaltung eine Kompensationsspannung U_{K}, die zur Thermospannung addiert wird und dadurch die Temperaturänderung der Vergleichsstelle kompensiert.

3.5.4 Strahlungsthermometer (Pyrometer)

Physikalische Grundlagen

Strahlungsthermometer arbeiten im Gegensatz zu Widerstandsthermometern und Thermoelementen berührungslos und sind besonders zur Messung höherer Temperaturen (etwa 300 °C bis 3 000 °C) geeignet.

Die physikalische Grundlage für die Strahlungsthermometer bildet das *Plancksche Strahlungsgesetz.* Danach beträgt die von der Fläche A des

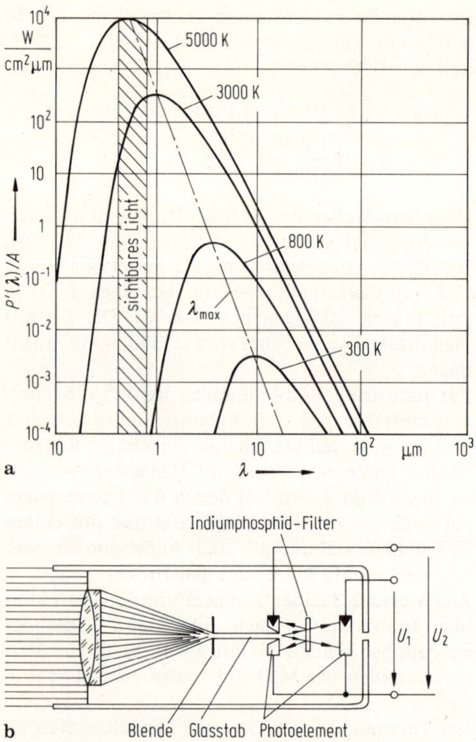

Bild 3-34. Strahlungsthermometer. **a** Spektrale Strahlungsleistung nach dem Planckschen Strahlungsgesetz (Mester), **b** Farbpyrometer (Siemens).

schwarzen Körpers bei der Temperatur T in den Halbraum (Raumwinkel 2π) ausgesandte spektrale spezifische Ausstrahlung $M_\lambda(\lambda)$ im Wellenlängenbereich zwischen λ und $\lambda + \mathrm{d}\lambda$

$$M_\lambda(\lambda) = \frac{\mathrm{d}M(\lambda)}{\mathrm{d}\lambda} = \frac{c_1}{\lambda^5\left[\exp\left(\frac{c_2}{\lambda T}\right) - 1\right]}.$$

Die Größen c_1 und c_2 sind dabei Konstanten.
Die spektrale spezifische Ausstrahlung $M_\lambda(\lambda)$ des schwarzen Körpers ist in Bild 3-34a als Funktion der Wellenlänge λ mit der Temperatur T als Parameter dargestellt.
Die spektrale spezifische Ausstrahlung besitzt abhängig von der Temperatur T ein ausgeprägtes Maximum bei einer bestimmten Wellenlänge $\lambda_{\max}$. Nach dem *Wienschen Verschiebungsgesetz* verschiebt sich dieses Maximum mit wachsender Temperatur T nach kleineren Wellenlängen. Das Maximum der spektralen spezifischen Ausstrahlung liegt bei

$$\lambda_{\max} = \frac{a}{T}$$

und hat den Wert

$$\left(\frac{M_\lambda(\lambda)}{A}\right)_{\max} = bT^5.$$

Die Größen a und b sind ebenfalls Konstanten.
Durch Integration über alle Wellenlängen ergibt sich das *Stefan-Boltzmannsche Gesetz* für die gesamtspezifische Ausstrahlung M des schwarzen Körpers bei der Temperatur T

$$M = \int_0^\infty M_\lambda(\lambda)\,\mathrm{d}\lambda$$

$$= c_1 \int_0^\infty \frac{\mathrm{d}\lambda}{\lambda^5[\exp(c_2/\lambda T) - 1]} = \sigma T^4,$$

σ ist die Stefan-Boltzmann-Konstante:

$$\sigma = 5{,}67 \cdot 10^{-8}\ \mathrm{W/m^2 \cdot K^4}.$$

Emissionsgrad technischer Flächen

Technische Flächen können i. allg. nicht als schwarze Körper angesehen werden. Ihre spektrale (spezifische) Ausstrahlung ist um den spektralen Emissionsgrad $\varepsilon(\lambda)$ kleiner als die aus dem Planckschen Strahlungsgesetz sich ergebende spektrale spezifische Ausstrahlung des schwarzen Körpers, der die gesamte auffallende Strahlung absorbiert. Der spektrale Emissionsgrad $\varepsilon(\lambda)$ eines nichtschwarzen Körpers ist i. allg. von der Wellenlänge λ abhängig. Als Integralwert verwendet man den Gesamtemissionsgrad $\varepsilon_{\mathrm{ges}}$, der nur von der Temperatur abhängt.
Für 20 °C erhält man folgende Gesamtemissionsgrade $\varepsilon_{\mathrm{ges}}$.

Metalle, blank poliert	3 %
Aluminiumblech, roh	7 %
Nickel, matt	11 %
Messing, matt	22 %
Stahl, blank	24 %
Stahlblech, Walzhaut	77 %
Stahl, stark verrostet	85 %

Mit Ausnahme der Metalle verhalten sich bei niedrigen Temperaturen alle Stoffe angenähert wie der schwarze Körper. Wasser hat z. B. bei 20 °C ein Gesamtemissionsgrad von 96 %.
Für den Sonderfall, daß der spektrale Emissionsgrad unabhängig von der Wellenlänge ist, spricht man von einem grauen Strahler. Die spezifische Ausstrahlung von grauen Strahlen unterscheidet sich von der des schwarzen Körpers gleicher Temperatur nur durch einen konstanten Faktor ε.

Aufbau und Eigenschaften von Pyrometern

Praktisch ausgeführte Strahlungsthermometer (Pyrometer) unterscheiden sich in ihrem Aufbau im

wesentlichen durch die verwendete Optik zum Sammeln der Strahlung und durch die verwendeten Strahlungsempfänger.
Mit einem Hohlspiegelpyrometer mit metallischer Oberfläche kann nahezu verlustlos und unabhängig von der Wellenlänge die Strahlung des Meßobjekts auf den Strahlungsempfänger übertragen werden.
Zur Messung höherer Temperaturen werden *Linsenpyrometer* bevorzugt. Linsen aus Glas, Quarz oder Lithiumfluorid besitzen jedoch eine obere Absorptionsgrenze bei 2,5 µm für Glas, bei 4 µm für Quarz und bei 10 µm für Lithiumfluorid.
Linsenpyrometer mit Silizium-Photoelement als Strahlungsempfänger besitzen einen beschränkten Wellenlängenbereich von 0,55 bis 1,15 µm. Wegen der kurzen Einstellzeiten von etwa 1 ms sind diese Pyrometer besonders zum Messen von Walzguttemperaturen geeignet.
Beim *Farbpyrometer* nach Bild 3-34b wird das Verhältnis zweier spektraler Strahlungsleistungen, z. B. bei den beiden Wellenlängen 0,888 und 1,034 µm (oder bei zwei Spektralbereichen) bestimmt. Die beiden Wellenlängen (-bereiche) werden z. B. mit einem Indiumphosphid-Filter erzeugt, das Strahlen mit Wellenlängen bis 1 µm reflektiert und über 1 µm durchläßt. Die Strahlung dieser beiden Wellenlängen (-bereiche) trifft auf je ein Silizium-Photoelement.
Bei diesem Farbpyrometer wird das Verhältnis der beiden Ausgangssignale U_1 und U_2 gebildet und deshalb die Temperaturmessung unabhängig vom Emissionsgrad ε des Meßobjekts, solange dieser für beide Wellenlängen gleich groß ist.

3.6 Sensorspezifische Meßsignalverarbeitung

3.6.1 Analoge Meßsignalverarbeitung

Zu den bisher vorherrschenden Verfahren der analogen Meßsignalverarbeitung zählen neben den strukturellen Maßnahmen die mechanisch-konstruktiven Verfahren und die analog-elektronische Meßsignalverarbeitung.
Von den *mechanisch-konstruktiven Verfahren* sind besonders bekannt geworden:
- das sog. Radizierschwert, eingesetzt z. B. zur Radizierung des Differenzdrucks bei der Durchflußmessung nach dem Wirkdruckverfahren,
- der Reibradintegrator zur Integration von Signalen,
- Einrichtungen zur Linearisierung durch konstruktive Maßnahmen, z. B. der Teleperm-Abgriff als magnetischer Winkelaufnehmer.

Bei der *analog-elektronischen* Meßsignalverarbeitung haben sich bewährt
- die Addition und Subtraktion mit Operationsverstärkern,
- die Integration mit Integrationsverstärkern,
- die Multiplikation (zur Leistungsmessung) mit Impulsflächenmultiplizierern,
- die Division mit Hilfe von Kompensationsschreibern.

3.6.2 Inkrementale Meßsignalverarbeitung

Zu den bisher vorherrschenden Verfahren der inkrementalen bzw. hybriden Meßsignalverarbeitung zählen die Meßsignalverarbeitung bei der Analog-Digital-Umsetzung und die rein inkrementale Meßsignalverarbeitung.
Bei der *Analog-Digital-Umsetzung* bestehen folgende Möglichkeiten der Signalverarbeitung:
1. Die Division bei der Spannungs-Digital-Umsetzung durch Ersatz der Referenzspannung durch eine veränderliche Eingangsspannung.
2. Die Division bei der Frequenz-Digital-Umsetzung durch Ersatz der Referenzfrequenz durch eine veränderliche Eingangsfrequenz.
3. Die zeitliche Integration einer zeitlich veränderlichen Frequenz durch Aufzählen in einem Zähler.
4. Die Subtraktion zweier Frequenzen durch Subtraktion zweier Impulszahlen, die bei gleichen Torzeiten von den beiden Eingangsfrequenzen erhalten wurden und nacheinander in einen Vorwärts-Rückwärts-Zähler einlaufen.

Schließlich ist bei der rein *inkrementalen* Meßsignalverarbeitung ein Impulslogarithmierer zu erwähnen, der immer dann einen Ausgangsimpuls abgibt, wenn die Zahl der Eingangsimpulse sich um die Zahl der bereits vorhandenen Impulse erhöht hat.

3.6.3 Digitale Grundverknüpfungen und Grundfunktionen

Neben den vier Grundrechenarten stehen bei Mikrorechnern mit arithmetischen Koprozessoren eine Reihe von Grundfunktionen in einem ROM (*r*ead-*o*nly *m*emory) zur Verfügung. Dazu zählen z. B. Radizierung, Logarithmierung, trigonometrische Funktionen und deren Umkehrfunktionen (vgl. J 2.4).
Die *Grundverknüpfungen* finden Anwendung bei der
- Summation und Subtraktion für Verrechnungszwecke,
- Multiplikation für die Leistungsmessung,
- Quotientenbildung zur Bezugnahme auf eine zweite Größe. Beispielsweise wird eine Frequenz bei der Multiperiodendauermessung durch die Division zweier Zählerstände ermittelt.

Die *Grundfunktionen* finden Anwendung bei der Berechnung

- des Durchflusses durch Radizierung des Differenzdruckes an einem Drosselgerät,
- der Leistung eines Kernreaktors durch Logarithmierung seiner Aktivität,
- des Winkels eines Resolversystems durch Bildung des Arcussinus bzw. Arcuscosinus.

Integration über die Zeit ist durch genügend häufige Abtastung und Aufsummierung der Abtastwerte möglich oder besser durch Integration des durch Interpolation gewonnenen Funktionsverlaufes. Die Integration über die Zeit gehört also nicht zu den Grundfunktionen.

3.6.4 Physikalische Modellfunktionen für einen Sensor

Ist das statische Verhalten eines Sensors durch physikalische Gesetze hinreichend genau beschreibbar, so ist es natürlich zweckmäßig, eine so erhaltene Modellfunktion für die rechnergestützte Korrektur zu verwenden.

Beispiel: Induktive Drosselsysteme als Wegaufnehmer lassen sich z. B. ohne Berücksichtigung des Streuflusses mit einer vereinfachten Theorie durch eine in Richtung des Meßweges verschobene Hyperbel beschreiben. Bei Berücksichtigung von Streuflüssen ergibt sich jedoch auch bei sehr großem Luftspalt, der dem Meßweg entspricht, eine von Null verschiedene Induktivität. Der prinzipielle Kennlinienverlauf der Induktivität L, abhängig vom Meßweg x, ist in Bild 3-35 dargestellt.

Mit L_0 und L_∞ sind die Induktivitäten bei den Weglängen $x = 0$ bzw. $x \to \infty$ bezeichnet, während die mittlere Induktivität $\frac{1}{2}(L_0 + L_\infty)$ die Weglänge x_m bestimmt. Zwei Modellfunktionen bieten sich an, eine Exponentialfunktion und eine gebrochen rationale Funktion 1. Grades.

Für die Exponentialfunktion kann man ansetzen

$$L = L_\infty + (L_0 - L_\infty)\, e^{-(x/x_m)\ln 2}\,.$$

Für die gebrochen rationale Funktion 1. Grades ergibt sich

$$L = \frac{L_0 x_m + L_\infty x}{x_m + x}\,.$$

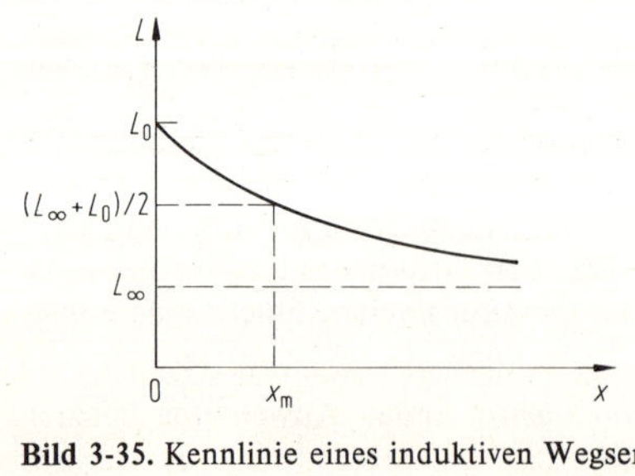

Bild 3-35. Kennlinie eines induktiven Wegsensors.

Sind drei Punkte (x_i, L_i) der Kennlinie bekannt, so lassen sich die Koeffizienten x_m, L_∞ und L_0 berechnen zu

$$x_m = \frac{(x_3L_3 - x_2L_2)(x_2 - x_1) - (x_2L_2 - x_1L_1)(x_3 - x_2)}{(L_2 - L_1)(x_3 - x_2) - (L_3 - L_2)(x_2 - x_1)}\,,$$

$$L_\infty = \frac{x_3L_3 - x_2L_2 + x_m(L_3 - L_2)}{x_3 - x_2}\,,$$

$$L_0 = (x_3L_3 - x_3L_\infty + x_mL_3)\,\frac{1}{x_m}\,.$$

Durch Vergleich mit den Meßergebnissen an einem Sensor muß entschieden werden, welche der beiden Modellfunktionen besser geeignet ist.

3.6.5 Skalierung und Linearisierung von Sensorkennlinien durch Interpolation

Durch Konstantenaddition und Konstantenmultiplikation ist der Ausgleich herstellungsbedingter Streuungen von Nullpunkt und Steilheit bei im übrigen linearer Sollkennlinie eines Sensors möglich. Man spricht hier von Skalierung.

Nichtlineare Sollkennlinien können durch folgende Maßnahmen nachgebildet werden:

1. Tabellarische Abspeicherung (look-up tables),
2. Polygonzug-Interpolation,
3. Polynom-Interpolation (niedrigen Grades),
4. Spline-Interpolation.

Der meiste Speicherplatz und die geringste Rechenzeit wird bei der tabellarischen Abspeicherung aller vorkommenden Wertepaare benötigt, wobei eine der gewünschten Genauigkeit entsprechende Quantisierung eingehalten werden muß (Bild 3-36a). Die tabellarische Abspeicherung ist für Kennlinienscharen (Kennfelder) wegen des hohen Speicherbedarfs weniger geeignet.

Geringeren Speicherbedarf und nur sehr geringe Rechenzeit benötigt die Polygonzug-Interpolation (Interpolation mit Geradenstücken, Bild 3-36b). Die Zahl der Definitionsbereiche bleibt jedoch meist verhältnismäßig hoch. Gewöhnlich wird zwischen mindestens 10 Stützwerten interpoliert.

Polynom-Interpolation 2. Grades (Parabelinterpolation) ist in Bild 3-36c für Parabeln mit Symmetrieachse parallel zur y-Achse bzw. x-Achse dargestellt. Drei Wertepaare der Kennlinie legen die jeweilige Parabel fest.

	Symmetrieachse parallel zur
$y = a + bx + cx^2$	y-Achse
$x = d + ey + fy^2$	x-Achse

Mit einer *Polynom-Interpolation 3. Grades* (kubische Parabel) ist die Einbeziehung eines Wendepunktes in die Kennlinie möglich (Bild 3-36d). Mit vier Wertepaaren lassen sich die vier Koeffi-

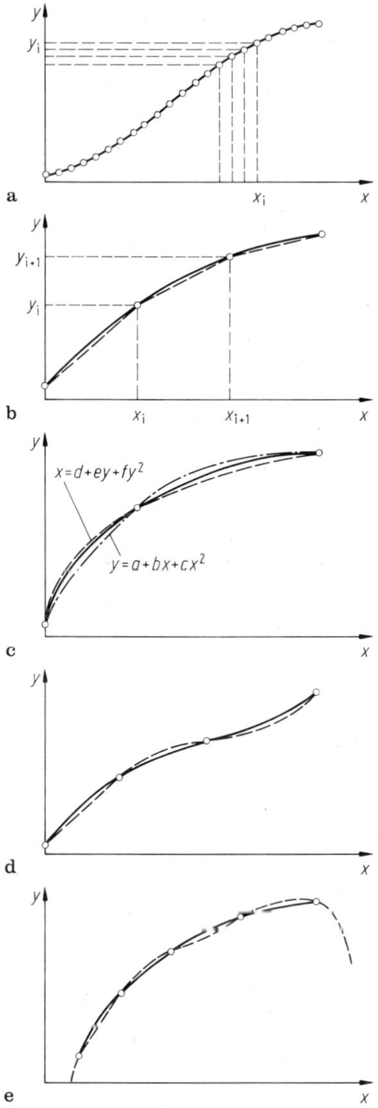

Bild 3-36. Nachbildung von Kennlinien und Polynominterpolation. **a** Tabellenverfahren, **b** Polygonzug-Interpolation, **c** Parabel-Interpolation, **d** Interpolation mit kubischer Parabel, **e** mangelnde Eignung von Polynomen höheren Grades.

zienten a, b, c und d des Polynoms

$$y = a + bx + cx^2 + dx^3$$

bestimmen.

Für die Interpolation von Sensorkennlinien zwischen festen Stützwerten sind Polynome höheren als 3. Grades i. allg. wenig geeignet, weil Polynome höheren Grades außerhalb der Intervallgrenzen schnell über alle Grenzen wachsen und meist alle $k-2$ Wendepunkte des Polynoms k-ten Grades innerhalb des Interpolationsintervalles liegen. Diese Eigenschaften widersprechen dem eher glatten Verlauf realer Sensorkennlinien. Die mangelhafte Eignung eines Polynoms 4. Grades zur Interpolation einer Sensorkennlinie ist in Bild 3-36e an den Oszillationen des Interpolations-Polynoms deutlich zu erkennen.

3.6.6 Interpolation von Sensorkennlinien mit kubischen Splines

Glatte Kennlinienverläufe und höchstens ein Wendepunkt je Definitionsbereich ergeben sich bei kubischen Spline-Polynomen. Nach Bild 3-37 handelt es sich dabei um aneinandergesetzte Polynome 3. Grades (kubische Parabeln), die in den Übergangspunkten im Funktionswert, in der Steigung und in der Krümmung übereinstimmen.

Die Spline-Funktionen $S_i(x)$ zwischen zwei benachbarten Stützwerten x_i, y_i und x_{i+1}, y_{i+1} $(i = 0, 1, \ldots, m-1)$ lauten

$$S_i(x) = a_i + b_i(x - x_i) + c_i(x - x_i)^2 + d_i(x - x_i)^3 .$$

Durch $m + 1$ Stützwerte werden also m Spline-Polynome $S_0(x)$ bis $S_{m-1}(x)$ gelegt. Die $4m$ Koeffizienten der m Spline-Polynome berechnen sich aus den

- $2m$ Bedingungen für die Funktionswerte, da jedes Spline-Polynom am Anfang und am Ende des Definitionsbereiches durch die beiden dort vorhandenen Stützwerte gehen soll,
- $m-1$ Bedingungen für die Steigungsgleichheit in den Übergangspunkten und
- $m-1$ Bedingungen für Krümmungsgleichheit in den Übergangspunkten.

$(4m-2)$ Bedingungen sind also festgelegt. Es verbleiben zwei noch frei wählbare Bedingungen, die im einfachsten Fall so festgelegt werden, daß die Krümmungen (nicht die Steigungen!) am Anfang

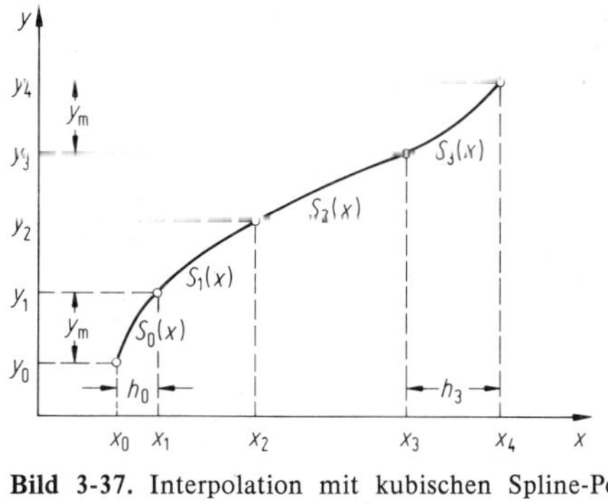

Bild 3-37. Interpolation mit kubischen Spline-Polynomen.

und Ende der Gesamtfunktion verschwinden ($c_0 = c_m = 0$).
Mit $y_{i+1} - y_i = y_m = \text{const}$ und $x_{i+1} - x_i = h_i$ ergibt sich als Algorithmus zur Koeffizientenbestimmung:

$$a_i = S_i(x_i) = y_i ,$$
$$h_{i-1}c_{i-1} + 2c_i(h_{i-1} + h_i) + h_i c_{i+1}$$
$$= 3y_m(1/h_i - 1/h_{i-1}),$$
$$b_i = y_m/h_i - (c_{i+1} + 2c_i)\, h_i/3 ,$$
$$d_i = (c_{i+1} - c_i)/3h_i .$$

Dieser Algorithmus für die Bestimmung der Koeffizienten a_i, b_i, c_i und d_i der m Spline-Polynome ist noch überschaubar und liefert sehr gute Ergebnisse für die Kennlinieninterpolation.

3.6.7 Ausgleichskriterien zur Approximation von Sensorkennlinien

Bei der Kennlinieninterpolation geht die approximierende Funktion exakt durch die Stützwerte. Da die Stützwerte jedoch in der Regel nicht genau bekannt und selbst mit Streuungen behaftet sind, ist eine Interpolation nicht immer die beste Approximation einer Kennlinie. Man benutzt daher gerne die Ausgleichsrechnung (Regression). Die Koeffizienten der Approximationsfunktion werden dabei gewöhnlich durch Minimierung eines Fehlermaßes gewonnen. Die erhaltene Approximationsfunktion verläuft dann i. allg. nicht durch die Stützwerte.
Häufig verwendete Fehlermaße sind das
— Fehlermaß R für die L_1-Approximation,
— Fehlermaß S für die L_2-Approximation,
— Fehlermaß T für die L_∞-Approximation.

Bezeichnet man die gemessenen Stützwerte mit (x_k, y_k), die mit der Approximationsfunktion gewonnenen Werte mit $f(x_k)$ und die Koeffizienten der Approximationsfunktion mit $a_1, \ldots, a_m$, so berechnen sich die Fehlermaße R, S und T gemäß

$$R(a_1, \ldots, a_m) = \sum_{k=1}^{n} p_k |y_k - f(a, \ldots, a_m, x_k)| \overset{!}{=} \text{Min},$$

$$S(a_1, \ldots, a_m) = \sum_{k=1}^{n} p_k [y_k - f(a_1, \ldots, a_m, x_k)]^2 \overset{!}{=} \text{Min},$$

$$T(a_1, \ldots, a_m) = \max_k p_k |y_k - f(a_1, \ldots, a_m, x_k)| \overset{!}{=} \text{Min}.$$

Die Gewichtsfaktoren p_k werden im einfachsten Fall gleich eins gesetzt.
Das Fehlermaß R ist die gewichtete Summe der Absolutbeträge der Abweichungen und ergibt die *L_1-Approximation* bei minimaler Abweichung. Die L_1-Approximation ist zur Ausreißererkennung gut geeignet. Liegt lediglich ein einziger Punkt außerhalb eines sonst linearen Zusammenhangs, so bleibt dieser Ausreißer unberücksichtigt und die Approximationsfunktion verläuft exakt durch alle anderen Punkte.
Das Fehlermaß S ist die gewichtete Summe der quadratischen Abweichungen und liefert die *L_2-Approximation (leastsquare method)* oder *Gaußsche Fehlerquadratmethode* nach Minimierung. Diese Methode wird im Regelfall angewendet. Große Abweichungen gehen dabei besonders stark in die Fehlersumme ein.
Das Fehlermaß T ergibt sich als die größte (gewichtete) vorkommende Abweichung. Man spricht von der *L_∞-Approximation* oder *Tschebyscheff-Approximation*, wenn die größte vorkommende Abweichung minimal ist. Für die Sensortechnik ist diese Approximation von besonderer Bedeutung.
Für die Anwendungen gilt als Faustregel, daß die Zahl der Stützwerte 3 bis 5mal so groß sein soll wie die Zahl der zu bestimmenden Parameter.

Beispiel für die Ausgleichsrechnung

Die Steigung m einer linearen Kennlinie $y = mx$ durch den Ursprung soll so bestimmt werden, daß die Summe der quadratischen Abweichungen von n Meßpunkten (x_k, y_k) minimal wird (Bild 3-38).
Bei identischen Gewichtsfaktoren $p_k = 1$ ergibt sich das Fehlermaß

$$S(m) = \sum_{k=1}^{n} [y_k - f(m, x_k)]^2$$
$$= \sum_{k=1}^{n} [y_k - mx_k]^2$$
$$= \sum_{k=1}^{n} [y_k^2 - 2mx_k y_k + (mx_k)^2] \overset{!}{=} \text{Min},$$
$$\frac{dS}{dm} = \sum_{k=1}^{n} (-2x_k y_k + 2mx_k^2) = 0 .$$

Die Steigung ergibt sich zu

$$m = \frac{\sum_{k=1}^{n} x_k y_k}{\sum_{k=1}^{n} x_k^2} .$$

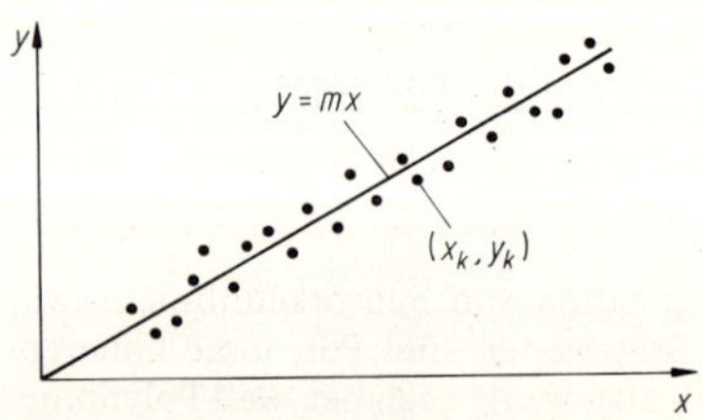

Bild 3-38. Regressionsgerade durch Ursprung mit Steigung *m*.

3.6.8 Korrektur von Einflußeffekten auf Sensorkennlinien

Ist der prinzipielle Verlauf einer Sensorkennlinie (Stammfunktion) bekannt und erfährt diese durch fertigungsbedingte Streuungen und Einflußeffekte keine Veränderungen des qualitativen Verlaufs, so bewährt sich das Stammfunktionsverfahren zur Beschreibung des Einflußeffektes auf die Sensorkennlinie.
Nach Bild 3-39a fungiert die Stammfunktion

$$y_0 = f(x_1, x_{20})$$

bei konstanter Einflußgröße als Nennkennlinie.
Bei veränderlicher Einflußgröße x_2 wird beim Stammfunktionsverfahren das Ausgangssignal y abhängig von der Meßgröße x_1

$$y(x_1, x_2) = c_0(x_2) + [1 + c_1(x_2)]\, y_0(x_1, x_{20}) + c_2(x_2)\, y_0^2(x_1, x_{20}) + \ldots$$

Die Funktionen $c_0(x_2)$, $c_1(x_2)$, $c_2(x_2)$, ... beschreiben den Einflußeffekt und sind beim Nennwert x_{20} der Einflußgröße x_2 gleich null.

Beispiel: In Anlehnung an dieses Stammfunktionsverfahren kann bei einem ausgeführten mikrorechner-orientierten *Sensorsystem* nach Bild 3-39b der Temperatureinfluß auf induktive Sensoren zur Messung von Weggrößen korrigiert werden. Die Weggröße steuert die Induktivität der Sensoren und damit die Frequenz eines LC-Oszillators, in dem die Sensoren betrieben werden. Die Einflußgröße Temperatur wird mit einem Silizium-Temperatursensor erfaßt und steuert durch Veränderung des Widerstandes die Frequenz eines RC-Oszillators. Die beiden frequenzanalogen Ausgangssignale im MHz-Bereich (Meßgröße) bzw. kHz-Bereich (Einflußgröße) werden zum Mikrorechnersystem übertragen. Dort wird sensorspezifisch die Kennlinie linearisiert und der Temperatureinfluß korrigiert. Auf diese Weise ist auch eine einfache Kalibrierung ohne Abgleichelemente möglich.
Bei einem ausgeführten rechnerkorrigierten Wegsensor ergaben sich gemäß Bild 3-39c bei einem Meßbereich von 2,5 mm in einem Temperaturbereich von 25 bis 50 °C Abweichungen vom Sollwert, deren Betrag 1 µm nicht überschritt.

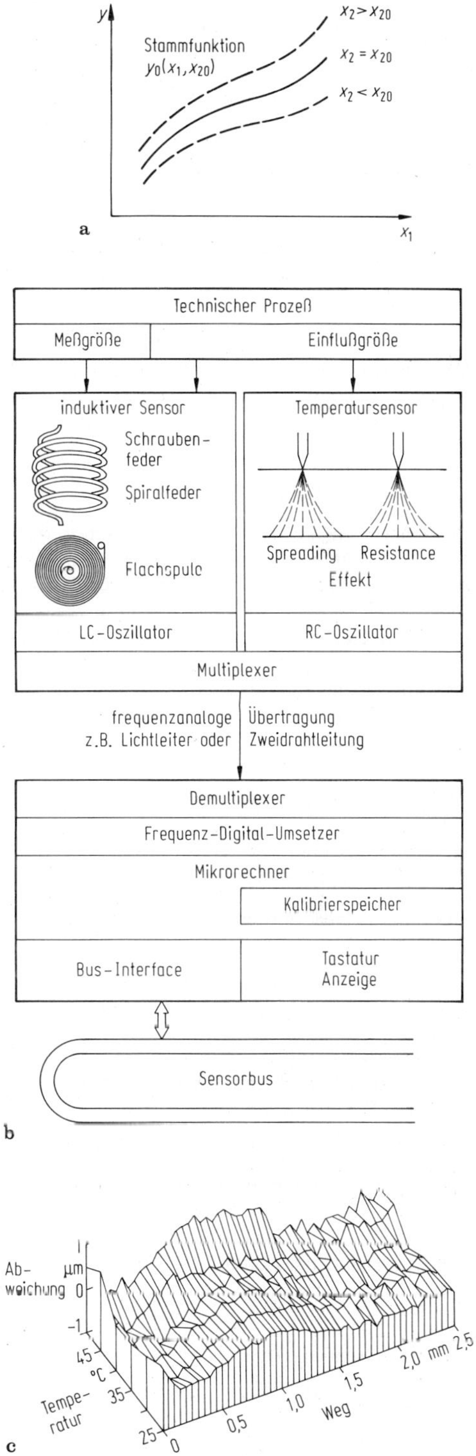

Bild 3-39. Korrektur von Einflußeffekten. **a** Stammfunktion und Einflußeffekt, **b** mikrorechnerorientiertes Sensorsystem, **c** Restfehler eines rechnerkorrigierten Wegsensors.

3.6.9 Dynamische Korrektur von Sensoren

Mit geeigneten Algorithmen auf Mikrorechnern ist eine dynamische Korrektur von Sensoren möglich. Bei bekannten Systemparametern muß für die dynamische Korrektur linearer Systeme i. allg. das Faltungsintegral ausgewertet werden (vgl. I 3.2.3).
Mit den Bezeichnungen in Bild 3-40 wird die be-

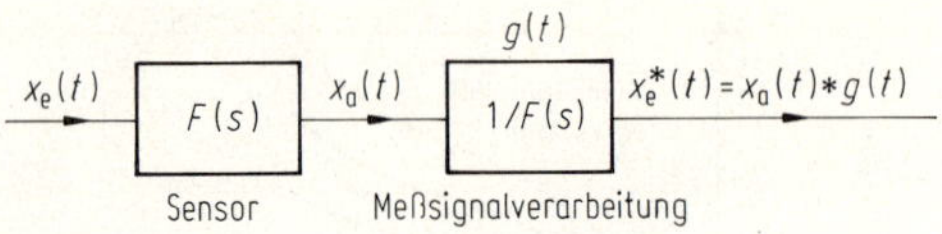

Bild 3-40. Dynamische Korrektur durch Berechnung des Faltungsintegrals.

rechnete (rekonstruierte) Eingangsgröße zu

$$x_e^*(t) = \int_0^t x_a(t-\tau)\, g(\tau)\, d\tau = x_a(t) * g(t)\,.$$

Die Gewichtsfunktion $g(t)$ ergibt sich dabei durch Laplace-Rücktransformation aus der reziproken Übertragungsfunktion $1/F(s)$ des Sensors (vgl. A 23.2):

$$g(t) = \mathcal{L}^{-1}[1/F(s)]\,.$$

Einfacher wird die dynamische Korrektur, wenn sich der in der Differentialgleichung enthaltene zeitliche Verlauf $x_e(t)$ der Eingangsgröße des Sensors explizit als Funktion der Ausgangsgröße $x_a(t)$ darstellen läßt. Bei vielen Sensoren ist dies der Fall. Sie verhalten sich in guter Näherung wie Verzögerungsglieder 1. oder 2. Ordnung. Für die Eingangsgröße $x_e(t)$ ergibt sich beim Verzögerungsglied 2. Ordnung

$$x_e(t) = \frac{1}{k}\left[x_a + \frac{2\vartheta}{\omega_0}\dot{x}_a + \frac{1}{\omega_0^2}\ddot{x}_a\right].$$

(ϑ Dämpfungsgrad, ω_0 Kreisfrequenz der ungedämpften Eigenschwingung.)

Für ein Verzögerungsglied 1. Ordnung mit der Zeitkonstanten τ ist die Eingangsgröße

$$x_e(t) = \frac{1}{k}(x_a + \tau\dot{x}_a)\,.$$

Die Eingangsgröße $x_e(t)$ läßt sich also aus der Ausgangsgröße $x_a(t)$ und deren Ableitung(en) berechnen. Die Ausgangsgröße $x_a(t)$ wird dabei unter Verwendung mehrerer vorangegangener Abtastwerte approximiert. Auch hier erweisen sich bei Sensoren 2. Ordnung Spline-Polynome 3. Ordnung als vorteilhaft, da die 2. Ableitung der Ausgangsgröße $x_a(t)$ dann noch zumindest linear von der Zeit t abhängen kann.

4 Meßschaltungen und Meßverstärker

Mit Meßschaltungen und Meßverstärkern werden analoge elektrische Signale verarbeitet, die entweder am Ausgang von Meßgrößenaufnehmern für nichtelektrische Größen anfallen oder selbst elektrische Meßgrößen darstellen.

4.1 Signalumformung mit verstärkerlosen Meßschaltungen

Mit verstärkerlosen Meßschaltungen lassen sich analoge Meßsignale proportional umformen oder gezielt verarbeiten.
Bei der proportionalen Umformung wird entweder nur die Größe des Meßsignals verändert, wie z. B. bei einem Spannungsteiler oder es wird die Art des Meßsignals umgewandelt, wie z. B. bei der Strom-Spannungs-Umformung.

4.1.1 Strom-Spannungs-Umformung mit Meßwiderstand

Die Aufgabe der linearen Umformung eines Meßstromes I in eine Spannung U stellt sich bei der Darstellung des zeitlichen Verlaufs eines Stromes mit Hilfe eines Oszillographen, da dieser gewöhnlich nur Spannungseingänge besitzt.
Die Güte der Umformung gemäß $U = R \cdot I$ hängt von der Präzision des Widerstandes R ab. Sein Wert soll nicht nur möglichst exakt abgeglichen, sondern auch möglichst unabhängig sein vom Meßstrom (Eigenerwärmung), von der Umgebungstemperatur (Fremderwärmung), von der Anschlußtechnik, von Alterungseffekten und von der Betriebsfrequenz.
Daneben ist eine möglichst geringe Thermospannung gegen Kupfer und ein höherer spezifischer Widerstand erwünscht. Reine Metalle sind vorwiegend wegen ihres zu hohen Temperaturkoeffizienten von etwa $4 \cdot 10^{-3}$/K, teilweise auch wegen ihres zu geringen spezifischen Widerstandes für Meßwiderstände ungeeignet.
Bei geringeren Anforderungen verwendet man Kohle- oder Metallschichtwiderstände; ebenso für hochohmige Meßwiderstände, die gewendelt oder mäanderförmig ausgeführt werden. Eine Abgleichtoleranz und Langzeitstabilität von 0,5 %, bestenfalls 0,1 % wird dabei eingehalten. Widerstandswerte von ca. 10 Ω bis über 10 MΩ sind realisierbar.
Bei höheren Anforderungen an die Genauigkeit und bei niederohmigen Widerständen sind Drähte oder Stäbe aus bestimmten Metallegierungen üblich. Manganin (86 Cu, 12 Mn, 2 Ni; $\varrho = 0{,}43\ \Omega\,\text{mm}^2/\text{m}$) ist gut bewährt. Gute Alterna-

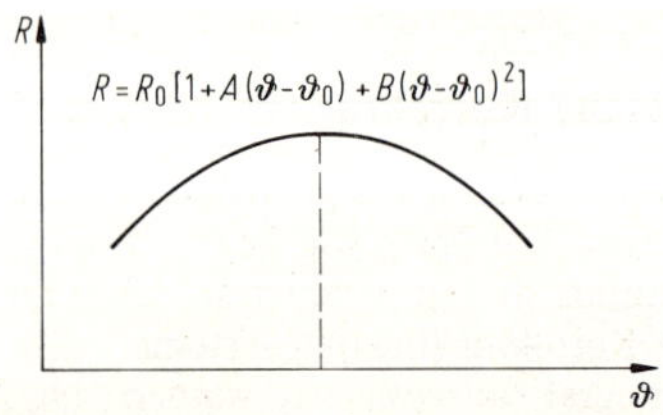

Bild 4-1. Typische Temperaturabhängigkeit von Legierungen für Präzisionswiderstände.

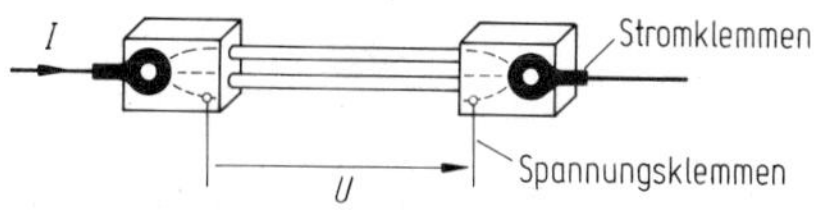

Bild 4-2. Niederohmiger Meßwiderstand in Vierleitertechnik.

tiven stellen die Legierungen Isaohm und Konstantan (54 Cu, 45 Ni, 1 Mn; $\varrho = 0{,}5\,\Omega\,\text{mm}^2/\text{m}$) dar. Die Abhängigkeit des elektrischen Widerstandes dieser Legierungen von der Temperatur ist näherungsweise parabelförmig. Der Parabelscheitel liegt dabei gewöhnlich bei Temperaturen zwischen 30 °C und 50 °C (Bild 4-1).
Der Betrag der relativen Widerstandsänderung liegt in dem Temperaturbereich von −20 bis +80 °C im Mittel bei einigen 10^{-5}/K. In der Umgebung des Extremums sind die temperaturbedingten Widerstandsänderungen natürlich kleiner.
Niederohmige Meßwiderstände müssen in Vierleitertechnik ausgeführt werden, damit der Einfluß von Übergangs- und Zuleitungswiderständen genügend klein gehalten werden kann. Nach Bild 4-2 fließt der Meßstrom I durch die konstruktiv außen liegenden Stromklemmen, während an den innen angeordneten Spannungsklemmen (Potentialklemmen) die Meßspannung U abgegriffen wird.
Der Meßwiderstand $R = U/I$ wird damit unabhängig von Übergangs- und Zuleitungswiderständen, die außerhalb der Potentialklemmen wirksam sind.

4.1.2 Spannungsteiler und Stromteiler

Das Teilerverhältnis eines Spannungsteilers nach Bild 4-3 ist

$$\frac{U_2}{U_1} = \frac{R_2}{R_1 + R_2} = \frac{R_{20}[1 + \alpha_2(\vartheta_2 - \vartheta_0)]}{R_{10}[1 + \alpha_1(\vartheta_1 - \vartheta_0)] + R_{20}[1 + \alpha_2(\vartheta_2 - \vartheta_0)]},$$

wobei die Temperaturabhängigkeit der beiden Teilerwiderstände durch $R = R_0[1 + \alpha(\vartheta - \vartheta_0)]$ beschrieben sind. Das Teilerverhältnis wird temperatur*un*abhängig gleich $R_{20}/(R_{10} + R_{20})$, wenn $\alpha_1(\vartheta_1 - \vartheta_0) = \alpha_2(\vartheta_2 - \vartheta_0)$, was bei gleichen Temperaturkoeffizienten $\alpha_1 = \alpha_2$ und gleichen Temperaturen $\vartheta_1 = \vartheta_2$ der Teilerwiderstände gegeben ist.

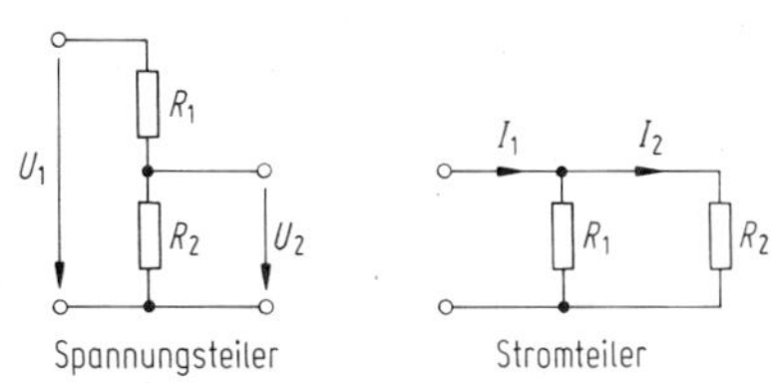

Bild 4-3. Spannungs- und Stromteiler.

Das Teilerverhältnis eines Stromteilers (Bild 4-3) ist

$$t = \frac{I_2}{I_1} = \frac{R_1}{R_1 + R_2}$$

und wird bei gleichen Temperaturen und Temperaturkoeffizienten der Teilerwiderstände ebenfalls temperaturunabhängig.
Der als resistiver Weg- oder Winkelaufnehmer häufig verwendete *einstellbare belastete Spannungsteiler* (vgl. 3.2.1) nach Bild 4-4 verwendet ein lineares Präzisionspotentiometer mit dem Gesamtwiderstand R, das häufig als Mehrgangpotentiometer (z. B. für 10 volle Umdrehungen) ausgeführt ist.
Das Teilerverhältnis U_2/U_1 berechnet man mit dem Satz von der Zweipolquelle. Die Leerlaufspannung U_l und der Innenwiderstand R_i der Ersatzschaltung in Bild 4-4, sowie die der Original- und der Ersatzschaltung gemeinsame Ausgangsspannung U_2 sind

$$U_\text{l} = \frac{\alpha}{\alpha_0}\,U_1, \quad R_\text{i} = \frac{\alpha}{\alpha_0}\left(1 - \frac{\alpha}{\alpha_0}\right)R,$$

$$U_2 = \frac{R_\text{L}}{R_\text{i} + R_\text{L}}\,U_\text{l} = \frac{1}{1 + R_\text{i}/R_\text{L}}\,U_\text{l}.$$

Das Teilerverhältnis U_2/U_1 hängt damit vom bezogenen Winkel α/α_0 ab, bei Belastung aber auch vom Lastwiderstand R_L. Diese Abhängigkeit ist

$$\frac{U_2}{U_1} = \frac{1}{1 + \dfrac{R}{R_\text{L}} \cdot \dfrac{\alpha}{\alpha_0}\left(1 - \dfrac{\alpha}{\alpha_0}\right)} \cdot \frac{\alpha}{\alpha_0}$$

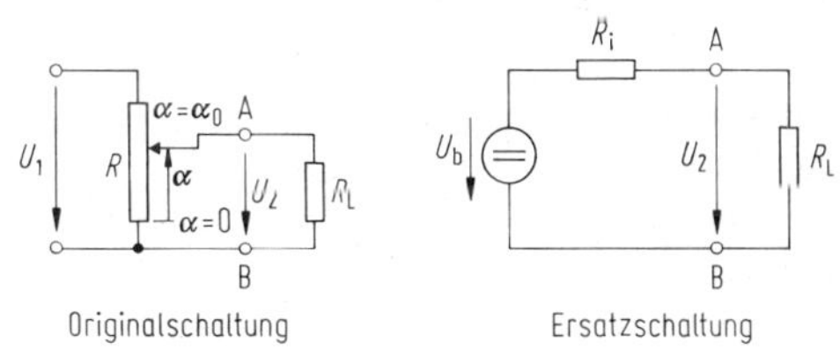

Bild 4-4. Einstellbarer Spannungsteiler und Ersatzschaltbild.

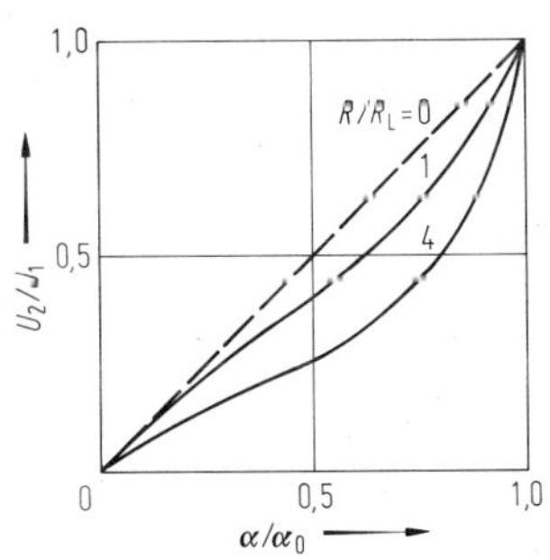

Bild 4-5. Teilerverhältnis U_2/U_1 als Funktion des bezogenen Winkels α/α_0 mit Lastwiderstand R_L als Parameter.

und ist in Bild 4-5 mit R/R_L als Parameter aufgetragen.
Für $\alpha/\alpha_0 = 0$ und für $\alpha/\alpha_0 = 1$ ist der Innenwiderstand $R_i = 0$. Die Anfangs- und Endpunkte der Kennlinie sind deshalb unabhängig vom Lastwiderstand. Im Bereich $0 < \alpha/\alpha_0 < 1$ ergibt sich jedoch wegen des endlichen Lastwiderstands eine Durchbiegung der Kennlinie gegenüber dem unbelasteten Fall $R/R_L = 0$.

4.1.3 Direktanzeigende Widerstandsmessung

Mit der in Bild 4-6 angegebenen Meßschaltung können unbekannte Widerstände R im Bereich von ∞ bis 0 in eine Stromspanne von $I = 0$ bis $I = I_0$ umgeformt werden.
Mit dem Satz von der Ersatzspannungsquelle bezüglich der Klemmen A, B ergibt sich für den Strom

$$I = \frac{U_l}{\mathrm{R_i} + R_0} = \frac{\dfrac{R_1}{R_1 + R}U_0}{\dfrac{R_1 R}{R_1 + R} + R_0},$$

$$= \frac{U_0}{R_0 + (1 + R_0/R_1)\,R}.$$

Vor der Messung wird für $R = 0$ der in Serie zum Meßinstrument liegende Widerstand so eingestellt, daß Vollausschlag $I = I_0$ angezeigt wird. Es ist dann $R_0 = U_0/I_0$ und der normierte Strom ist

$$\frac{I}{I_0} = \frac{1}{1 + \left(\dfrac{1}{R_0} + \dfrac{1}{R_1}\right)R}.$$

Mit umschaltbaren Widerständen R_1 sind verschiedene Strommeßbereiche realisierbar. Die Bemessung der Widerstände R_1 erfolgt so, daß bei bestimmten Widerständen $R = R_{1/2}$ gerade halber Vollausschlag $I = I_0/2$ erreicht wird.

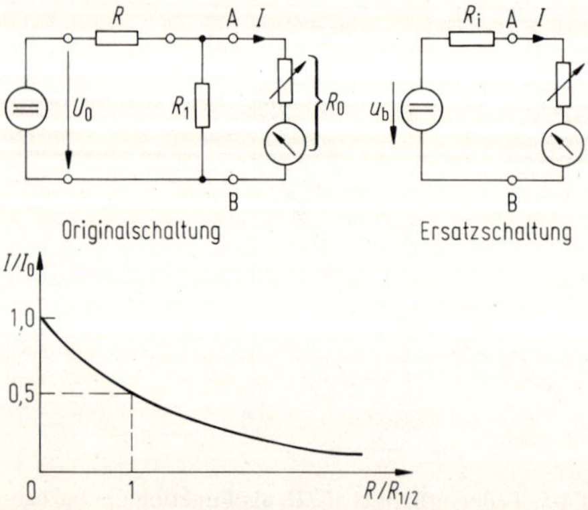

Bild 4-6. Direktanzeigende Widerstandsmessung.

$$\frac{1}{2} = \frac{1}{1 + \left(\dfrac{1}{R_0} + \dfrac{1}{R_1}\right)R_{1/2}} \quad \text{oder} \quad \frac{1}{R_1} = \frac{1}{R_{1/2}} - \frac{1}{R_0}.$$

Da sich schwankende Versorgungsspannungen U_0 auf R_0 auswirken, ist die Bemessung von R_1 nur für einen Wert von R_0 möglich, der z. B. der mittleren Versorgungsspannung entsprechen kann.
Bei konstanter Versorgungsspannung U_0, entsprechend eingestelltem Widerstand R_0 und einem danach bemessenen Widerstand R_1 ergibt sich für den normierten Strom (siehe Bild 4-6)

$$\frac{I}{I_0} = \frac{1}{1 + R/R_{1/2}}.$$

Der Vorteil dieses Verfahrens liegt in der nichtlinearen Transformation des Widerstandsbereiches $0 \leqq R < \infty$ in den endlichen Strombereich $1 \geqq I/I_0 > 0$. Gegen $R_{1/2}$ hochohmige bzw. niederohmige Widerstände lassen sich damit schnell erkennen.
Nach diesem Schaltungsprinzip lassen sich Temperaturen mit Hilfe von *Heißleitern* (NTC-Widerstände) messen (siehe 3.5.2). Die Temperaturabhängigkeit des normierten Widerstandes eines Heißleiters läßt sich näherungsweise beschreiben durch

$$R_\vartheta/R_0 = \exp\left[B\left(\frac{1}{\vartheta} - \frac{1}{\vartheta_0}\right)\right].$$

Eine Kennlinie für $\vartheta_0 = 20\,°\mathrm{C}$ und $B = 3\,000\,\mathrm{K}$ ist in Bild 4-7a dargestellt.
Betreibt man diesen Heißleiter in der Meßschaltung von Bild 4-7b, so ist der normierte Strom

$$\frac{I}{U_0/R_0} = \frac{1}{1 + R_\vartheta/R_0}.$$

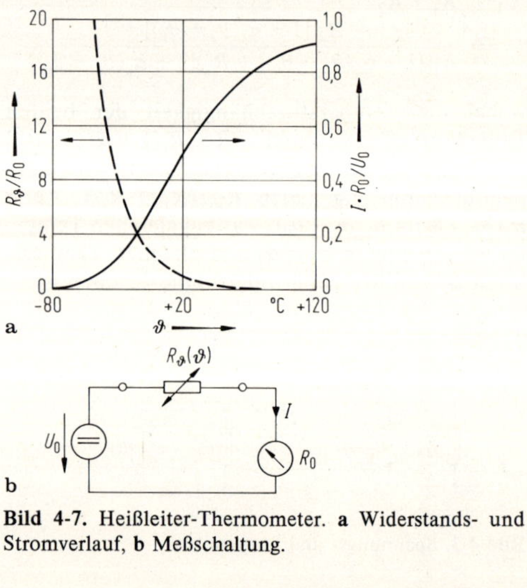

Bild 4-7. Heißleiter-Thermometer. **a** Widerstands- und Stromverlauf, **b** Meßschaltung.

Der in Bild 4-7a eingetragene Stromverlauf besitzt einen Wendepunkt. In der Umgebung dieses Wendepunktes (etwa von −20 bis +50 °C) ist die Empfindlichkeit $\mathrm{d}I/\mathrm{d}\vartheta$ näherungsweise konstant.

4.2 Meßbrücken und Kompensatoren

4.2.1 Qualitative Behandlung der Prinzipschaltungen

Kompensationsschaltungen zur Spannungs-, Strom- oder Widerstandsmessung enthalten eine Spannungsquelle, mindestens zwei Widerstände zur Spannungs- bzw. Stromteilung und ein Spannungs- bzw. Strommeßinstrument, das bei Teilkompensation im Ausschlagverfahren, bei vollständiger Kompensation als Nullindikator betrieben wird (Bild 4-8).

Teilkompensation oder vollständige Kompensation wird bei diesen mit Gleichspannung betriebenen Schaltungen durch geeignete Einstellung eines Widerstandes, z. B. des Widerstandes R_1, erzielt.

In der Kompensationsschaltung nach Bild 4-8a kann eine unbekannte Spannung U_x durch die am Widerstand R_2 anliegende Spannung U_K kompensiert werden.

In der Kompensationsschaltung nach Bild 4-8b wird ein unbekannter Strom I_x kompensiert, indem Spannungsgleichheit an dem von $(I_0 - I_x)$ durchflossenen Widerstand R_2 und an dem von I_x durchflossenen Widerstand R_4 erreicht wird.

Schließlich wird in der Kompensationsschaltung nach Bild 4-8c — einer Wheatstone-Brücke — ein unbekannter Widerstand R_x dadurch bestimmt, daß die Spannung an R_x durch die Spannung U_K an R_2 kompensiert wird. Eine Wheatstone-Brücke kann man sich also entstanden denken aus zwei Spannungsteilern, die durch die gleiche Quelle gespeist werden und deren Teilspannungen miteinander verglichen werden.

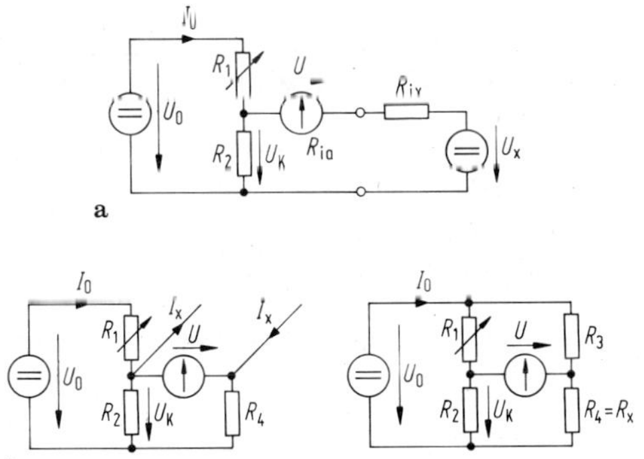

Bild 4-8. Kompensationsschaltungen zur **a** Spannungsmessung (U_x), **b** Strommessung (I_x), **c** Widerstandsmessung (R_x).

4.2.2 Spannungs- und Stromkompensation

Bei vollständiger *Spannungskompensation* ($U = 0$) nach Bild 4-8a wird die Leerlaufspannung U_x der Meßspannungsquelle belastungsfrei gemessen und ist

$$U_x = \frac{R_2}{R_1 + R_2}\, U_0 .$$

Mit der in Bild 4-8b dargestellten Schaltung kann ein unbekannter Strom I_x rückwirkungsfrei kompensiert werden. Dazu wird der Widerstand R_1 verändert, bis die Spannung U am Nullindikator (und damit auch der Strom durch den Nullindikator) zu Null wird.

Im abgeglichenen Zustand ($U = 0$) ist

$$(I_0 - I_x)\, R_2 = U_K = I_K R_4 .$$

Der Strom ist damit

$$I_x = I_0 \frac{R_2}{R_2 + R_4} .$$

4.2.3 Meßbrücken im Ausschlagverfahren (Teilkompensation)

Unterschiedliche Darstellungsmöglichkeiten von Meßbrücken

Die in Bild 4-8c angegebene Prinzipschaltung einer Meßbrücke läßt sich auf unterschiedliche Weise darstellen. Die in Bild 4-9 angegebenen 6 Varianten a bis f sind funktionsgleich.

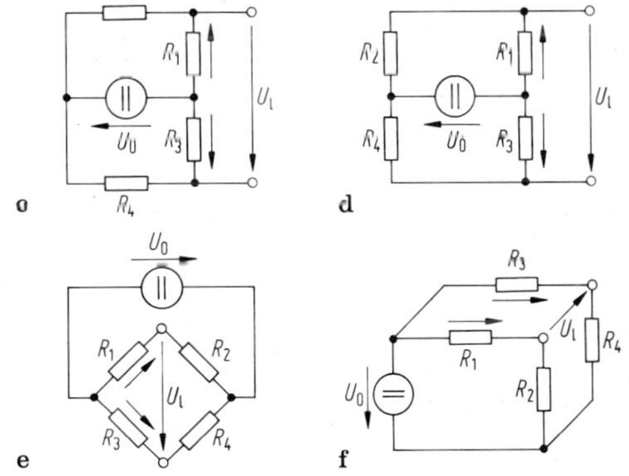

Bild 4-9. Varianten der Prinzipschaltung einer Meßbrücke.

Ausgehend von der Originalschaltung mit außenliegender Spannungsquelle in (a) ist in Schaltung (d) die Spannungsquelle nach innen verlegt und die Brückenausgangsspannung kann außen abgegriffen werden; Variante (e) läßt erkennen, warum die Brückenausgangsspannung auch als Brückendiagonalspannung bezeichnet wird.
Variante (f) bietet aufgrund der dreidimensionalen Darstellung einen besonders guten Einblick in den Aufbau der Schaltung.

Brückenspeisung mit konstanter Spannung

Bei Teilkompensation kann aus der Brückenausgangsspannung nach Bild 4-9 einer der Brückenwiderstände bestimmt werden, wenn die Speisespannung U_0 und die drei anderen Widerstände bekannt sind. Bei diesem Ausschlagverfahren ist die Ausgangsspannung U_l im Leerlauf

$$U_l = \left(\frac{R_3}{R_3 + R_4} - \frac{R_1}{R_1 + R_2}\right) U_0 .$$

Für den Spezialfall $R_1 = R_2 = R_3 = R_0$ und $R_4 = R_x$ ist die normierte Ausgangsspannung

$$\frac{U_l}{U_0} = \frac{1}{1 + R_x/R_0} - \frac{1}{2} .$$

Die spezielle Meßschaltung und ihre Kennlinie sind in Bild 4-10 dargestellt.

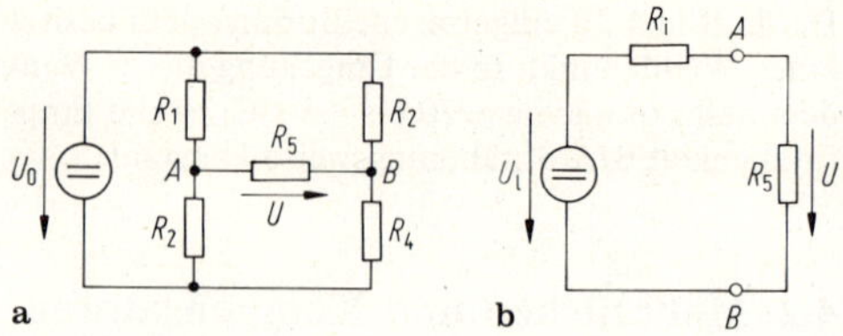

Bild 4-11. Mit konstanter Spannung gespeiste und am Ausgang belastete Brückenschaltung. **a** Originalschaltung, **b** Ersatzschaltung.

tungen dieser Art ist ihre nichtlineare Kennlinie.
Bei *Belastung der Brückendiagonalen* mit dem endlichen Widerstand R_5 berechnet man die Ausgangsspannung U an den Klemmen A, B am besten mit dem Satz von der Zweipolquelle (Bild 4-11).
Die Leerlaufspannung U_l (ohne R_5!) ist bereits bestimmt, den Innenwiderstand R_i berechnet man, indem man die starre Spannungsquelle durch einen Kurzschluß ersetzt, zu

$$R_i = \frac{R_1 R_2}{R_1 + R_2} + \frac{R_3 R_4}{R_3 + R_4} .$$

Nach Zwischenrechnung ergibt sich die Ausgangsspannung

$$U = \frac{R_5}{R_5 + R_i} U_l ,$$

$$\frac{U}{U_0} = \frac{R_2 R_3 - R_1 R_4}{(R_1 + R_2)(R_3 + R_4) + [R_1 R_2 (R_3 + R_4) + R_3 R_4 (R_1 + R_2)]/R_5} .$$

Die normierte Empfindlichkeit ist

$$\varepsilon = \frac{\mathrm{d}(U_l/U_0)}{\mathrm{d}(R_x/R_0)} = \frac{-1}{(1 + R_x/R_0)^2} .$$

Die Empfindlichkeit bei $R_x/R_0 = 0$ ist 4mal so groß als bei $R_x/R_0 = 1$. Typisch für Brückenschal-

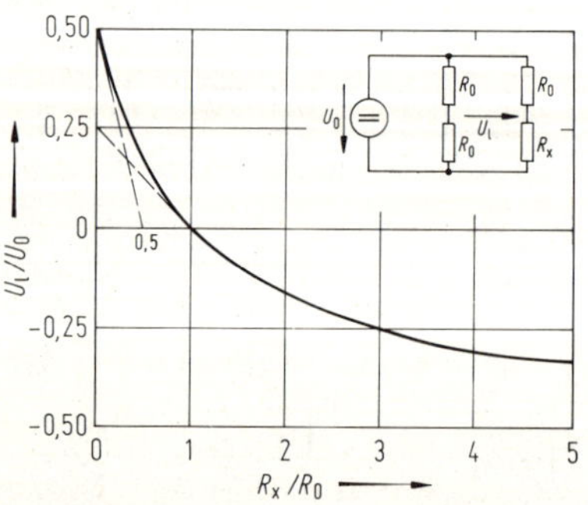

Bild 4-10. Normierte Leerlauf-Ausgangsspannung U_l/U_0 als Funktion von R_x/R_0.

Brückenspeisung mit konstantem Strom

Bei Speisung der Brückenschaltung nach Bild 4-12a mit konstantem Strom I_0 ergibt sich für die Spannung an der Brücke

$$U_0 = I_0 \frac{(R_1 + R_2)(R_3 + R_4)}{R_1 + R_2 + R_3 + R_4} .$$

Die Leerlauf-Ausgangsspannung U_l ist wie bei der spannungsgespeisten Brücke

$$U_l = \left(\frac{R_3}{R_3 + R_4} - \frac{R_1}{R_1 + R_2}\right) U_0 .$$

Damit ist die Leerlauf-Ausgangsspannung U_l bei Stromspeisung

$$U_l = \frac{R_2 R_3 - R_1 R_4}{R_1 + R_2 + R_3 + R_4} I_0 .$$

Für den Spezialfall $R_1 = R_4 = R_0$ und $R_2 = R_3 = R_0 + \Delta R$ ist die auf den Speisestrom I_0 bezo-

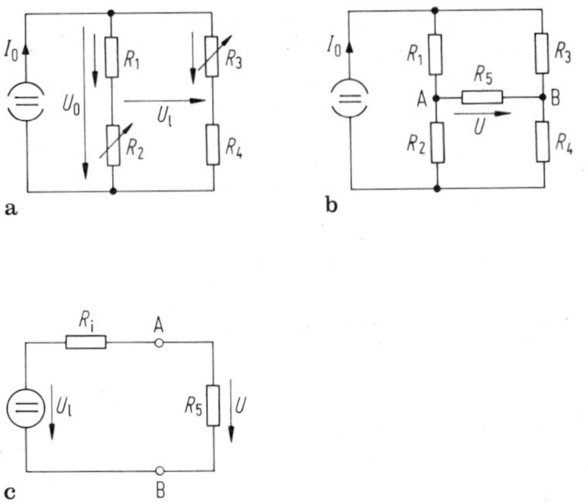

Bild 4-12. Mit konstantem Strom gespeiste Brückenschaltung. a Im Leerlauf, b mit Lastwiderstand R_5 am Ausgang, c Ersatzschaltung.

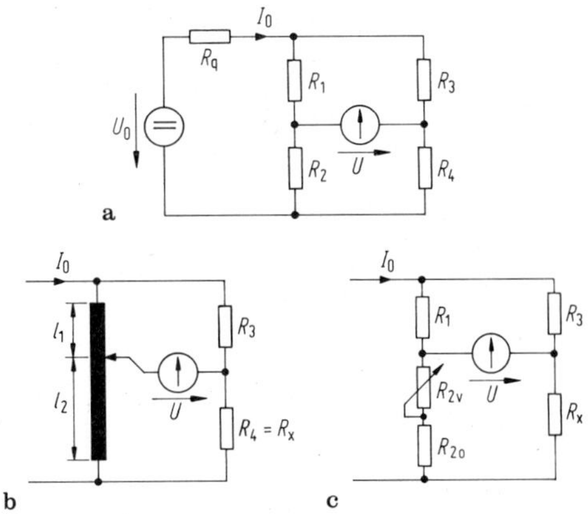

Bild 4-13. Wheatstonesche Brücken im Abgleichverfahren. a Prinzip, b Schleifdraht-Meßbrücken, c Toleranz-Meßbrücke.

gene Leerlauf-Ausgangsspannung

$$\frac{U_l}{I_0} = \frac{(R_0 + \Delta R)^2 - R_0^2}{2(2R_0 + \Delta R)} = \frac{\Delta R}{2}.$$

Mit zwei gleichen Platin-Widerstandsthermometern, die die Brückenwiderstände

$$R_2 = R_3 = R_0[1 + \alpha(\vartheta - \vartheta_0)]$$

bilden (Bild 4-12a), ist also eine lineare Temperaturmessung möglich gemäß

$$\frac{U_l}{I_0} = \frac{\Delta R}{2} = \frac{1}{2}\alpha(\vartheta - \vartheta_0)\,R_0.$$

Bei belasteter Brückendiagonale benötigt man außer der bereits berechneten Leerlaufspannung U_l den Innenwiderstand, der

$$R_i = \frac{(R_1 + R_3)(R_2 + R_4)}{R_1 + R_2 + R_3 + R_4}$$

ist, da die Stromquelle für die Bestimmung des Innenwiderstandes durch eine Unterbrechung ersetzt werden muß. Die Ausgangsspannung bei Belastung mit R_5 beträgt damit

$$U = \frac{R_5}{R_5 + R_i}\,U_l,$$

$$\frac{U}{I_0} = \frac{R_2R_3 - R_1R_4}{(R_1 + R_2 + R_3 + R_4) + (R_1 + R_3)(R_2 + R_4)/R_5}.$$

4.2.4 Wheatstone-Brücke im Abgleichverfahren

Da ein Handabgleich von Meßbrücken in Meß- und Automatisierungssystemen kaum mehr praktikabel ist, sind die heute verwendeten Abgleichverfahren entweder auf den Einsatz von Verstärkern, die in geeigneter Weise den Abgleich herbeiführen, oder aber auf den Laborbereich beschränkt, der in vielen Fällen an die Dynamik der Messungen keine höheren Anforderungen stellt. Bei vollständigem Abgleich wird die Brückenausgangsspannung U nach Bild 4-13a zu Null und die zugehörige *Abgleichbedingung* lautet

$$\frac{R_1}{R_2} = \frac{R_3}{R_4}.$$

Um den Abgleich möglichst genau durchführen zu können, ist außer einem hohen Brückenspeisestrom I_0 eine hohe Empfindlichkeit des Nullindikators notwendig. Der Brückenspeisestrom kann jedoch wegen der Verlustleistung nicht beliebig hoch sein. Die Eigenerwärmung würde zu Widerstandsänderungen und damit zu Meßfehlern führen. Die hohe Empfindlichkeit des Nullindikators wiederum wird am besten durch einen sog. nullpunktsicheren Verstärker erreicht.

Schleifdraht-Meßbrücke

Bei der sog. Schleifdraht-Meßbrücke nach Bild 4-13b sind die Widerstände R_1 und R_2 durch einen möglichst homogenen Widerstandsdraht konstanten Querschnitts ersetzt. Die den Längen l_1 und l_2 proportionalen Widerstände R_1 und R_2 sind durch die Stellung des Schleifkontaktes gegeben. Die Abgleichbedingung lautet

$$R_3/R_4 = l_1/l_2.$$

Der Schleifdraht wird gewöhnlich als Schleifdrahtwendel auf einer Walze in mehreren Windungen aufgebracht. Bei geringeren Anforderungen ist auch ein Schleifdrahtring geeignet. Für didaktische Zwecke wird gerne ein gestreckter Schleifdraht von 1 m Länge verwendet.

Toleranz-Meßbrücke (Bild 4-13c)

Die Abweichungen unbekannter Widerstände R_x von ihrem Sollwert R_3 können aus dem Einstellwinkel α des zum Abgleich benötigten linearen Potentiometers mit dem Gesamtwiderstand R_{2v} ermittelt werden. Allgemein gilt

$$\frac{R_x}{R_3} = \frac{R_{20} + (\alpha/\alpha_0)\, R_{2v}}{R_1}.$$

Mit $\alpha = 0$ für $R_x = R_3 - \Delta R$ und $\alpha = \alpha_0$ für $R_x = R_3 + \Delta R$ ergibt sich

$$\frac{R_3 - \Delta R}{R_3} = \frac{R_{20}}{R_1}, \quad \frac{R_3 + \Delta R}{R_3} = \frac{R_{20} + R_{2v}}{R_1}.$$

Bei gegebenen Werten von R_3, ΔR und R_{2v} sind die Widerstände

$$R_1 = \frac{R_{2v} R_3}{2\,\Delta R}, \quad R_{20} = \frac{R_{2v}(R_3 - \Delta R)}{2\,\Delta R}.$$

Der Fehler $R_x - R_3$ des unbekannten Widerstandes R_x ist damit

$$R_x - R_3 = \Delta R\,(2\alpha/\alpha_0 - 1),$$

er ist linear vom Einstellwinkel α abhängig.

4.2.5 Wechselstrombrücken

Prinzip und Abgleichbedingungen

Wechselstrommeßbrücken können zur Messung von Kapazitäten, Induktivitäten und deren Verlustwiderständen sowie ganz allgemein zur Messung komplexer Widerstände eingesetzt werden. Der grundsätzliche Aufbau einer Wechselstrombrücke (Bild 4-14a) besteht aus einer (meist niederfrequenten) Wechselspannungsquelle, aus einem Nullindikator (mit selektivem Verstärker) und aus den vier komplexen Widerständen $\underline{Z}_1$ bis $\underline{Z}_4$.

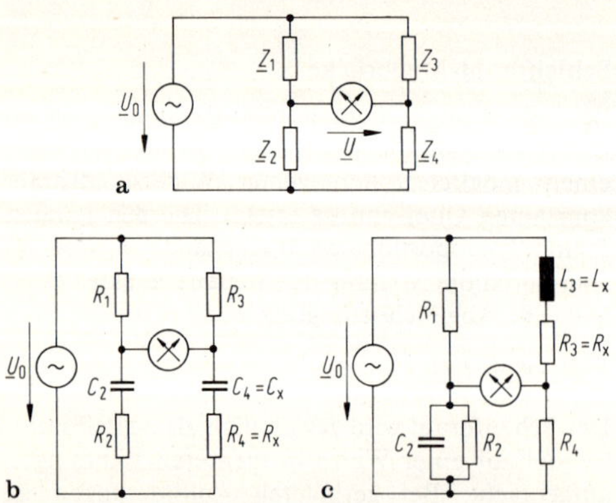

Bild 4-14. Wechselstrom-Meßbrücken. **a** Prinzipieller Aufbau, **b** Kapazitäts-Meßbrücke, **c** Induktivitäts-Meßbrücke.

Wie bei den Gleichstrom-Meßbrücken ergibt sich die Abgleichbedingung ($\underline{U} = 0$) aus dem Verhältnis der entsprechenden Widerstände. Bei Wechselstrombrücken handelt es sich um die komplexe Gleichung

$$\frac{\underline{Z}_1}{\underline{Z}_2} = \frac{\underline{Z}_3}{\underline{Z}_4}.$$

Mit $\underline{Z}_i = |\underline{Z}_i|\,e^{j\varphi_i}$

resultieren die beiden reellen Abgleichbedingungen

$$\frac{|\underline{Z}_1|}{|\underline{Z}_2|} = \frac{|\underline{Z}_3|}{|\underline{Z}_4|} \quad \text{und} \quad \varphi_1 + \varphi_4 = \varphi_2 + \varphi_3.$$

Für den Brückenabgleich werden im allgemeinen zwei Einstellelemente benötigt. Ein Abgleich ist nur möglich, wenn die Summe der Phasenwinkel der beiden jeweils schräg gegenüberliegenden komplexen Widerstände gleich ist.

Kapazitäts- und Induktivitätsbrücken

Eine *Kapazitätsmeßbrücke* (nach Wien) ist im einfachsten Fall symmetrisch aufgebaut (Bild 4-14b).
Aus der Abgleichbedingung

$$\frac{R_2 + 1/(j\omega C_2)}{R_1} = \frac{R_x + 1/(j\omega C_x)}{R_3}$$

ergibt sich sofort

$$R_x = R_2 \frac{R_3}{R_1}, \quad C_x = C_2 \frac{R_1}{R_3}.$$

Ähnlich lassen sich entsprechende Parallelverlustwiderstände R_{xp} aus R_{2p} bestimmen.
Bei einer *Induktivitätsmeßbrücke* (nach Maxwell und Wien) verwendet man bevorzugt Vergleichskapazitäten (Bild 4-14c), da sie einfacher und genauer herstellbar sind als Induktivitäten. Die Abgleichbedingung ist

$$\frac{R_2 \dfrac{1}{j\omega C_2}}{R_2 + \dfrac{1}{j\omega C_2}} = \frac{R_1 R_4}{R_x + j\omega L_x}.$$

Daraus ergibt sich

$$R_x = \frac{R_1 R_4}{R_2}, \quad L_x = R_1 R_4 C_2.$$

4.3 Grundschaltungen von Meßverstärkern

Mit hochverstärkenden Operationsverstärkern lassen sich durch Substraktion einer dem Ausgangssignal proportionalen Größe vom Eingangssignal

(Gegenkopplung) lineare Meßverstärker mit konstanter Übersetzung realisieren.

4.3.1 Operationsverstärker

In der Meß- und Automatisierungstechnik ist es häufig notwendig, kleine elektrische Spannungen oder Ströme zu verstärken. Eine Besonderheit dabei ist, daß Gleichgrößen und auch Differenzen von Gleichgrößen verstärkt werden müssen.
Als Grundbausteine für derartige *Meßverstärker* eignen sich sog. *Operationsverstärker*, die im wesentlichen aus Widerständen und Transistoren aufgebaut sind und als analoge integrierte Schaltungen (sog. lineare ICs) verfügbar sind (Bild 4-15), vgl. G 8.2.2.

4.3.2 Anwendung von Operationsverstärkern als reine Nullverstärker

Da die Grundverstärkung v eines unbeschalteten Operationsverstärkers endlich ist und, z. B. aufgrund von Temperaturänderungen, starken Schwankungen unterliegen kann, eignen sich Operationsverstärker grundsätzlich nur als Nullverstärker. Die Anwendung als *Vergleicher (Komparator)* ist sofort verständlich, da bei positiver bzw. negativer Übersteuerung die Ausgangsspannung angenähert die positive bzw. negative Versorgungsspannung erreicht. Auf diese Weise läßt sich leicht ein Grenzwertschalter aufbauen, dessen Ausgangssignal beim Über- oder Unterschreiten eines bestimmten Sollwertes den einen oder den anderen Pegel (logischen Zustand) annimmt.
Nach Bild 4-16 kann mit Hilfe eines Operationsverstärkers auch ein automatischer (motorischer) Abgleich einer Kompensations- oder einer Brückenschaltung durchgeführt werden.
Der Nullindikator zur Anzeige der Differenzspannung und der Mensch als Regler (a) werden dabei durch einen Operationsverstärker und einen Meßmotor ersetzt (b), der den Abgriff des Potentiometers so lange verstellt, bis die Differenzspannung angenähert zu Null geworden ist.

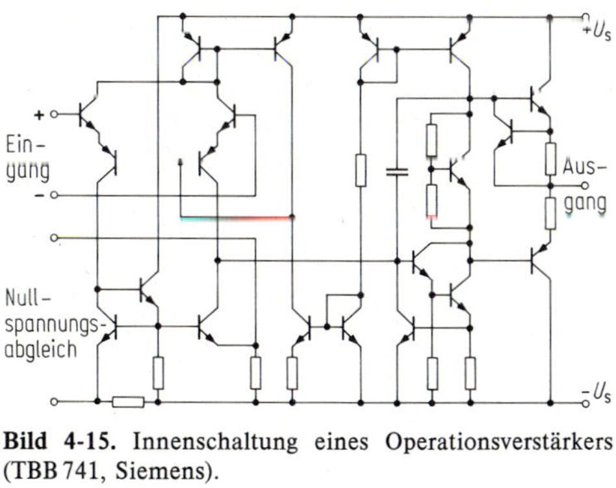

Bild 4-15. Innenschaltung eines Operationsverstärkers (TBB 741, Siemens).

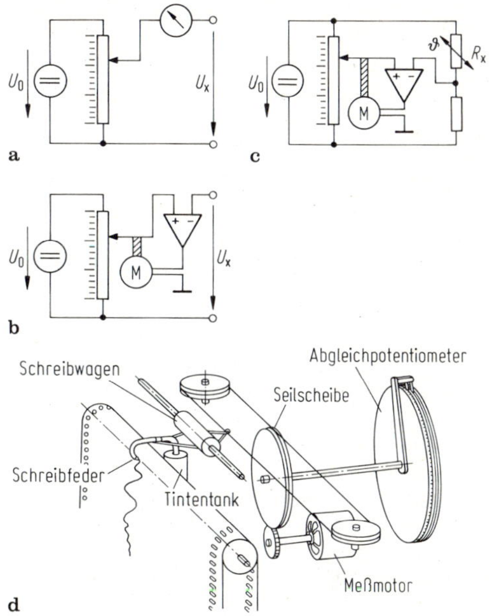

Bild 4-16. Operationsverstärker als Nullverstärker. **a** Handabgleich einer Kompensationsschaltung, **b** motorischer Abgleich einer Kompensationsschaltung, **c** motorischer Abgleich einer Brückenschaltung, **d** Prinzip des Kompensationsschreibers (Siemens).

In ähnlicher Weise können Operationsverstärker zum automatischen Abgleich von Meßbrücken eingesetzt werden (c). Die Stellung des Abgriffs am Potentiometer ist dabei ein Maß entweder für die unbekannte Spannung U_x (b) oder für den unbekannten Widerstand R_x (c), der wiederum zur Messung von Temperaturen als Widerstandsthermometer ausgeführt sein kann.
Nach diesem Prinzip werden *Kompensationsanzeiger*, besonders aber Kompensationsschreiber aufgebaut, bei denen die Stellung des Abgriffes am Potentiometer auf einem mit konstanter Geschwindigkeit vorbeigezogenen Registrierpapier aufgezeichnet wird.
Eine wichtige Anwendung von Operationsverstärkern besteht jedoch im Aufbau automatischer Kompensationsschaltungen (ohne Stellmotor). Durch Gegenkopplung lassen sich damit lineare Meßverstärker mit konstanter Übersetzung realisieren.

4.3.3 Das Prinzip der Gegenkopplung am Beispiel des reinen Spannungsverstärkers

Ein auf Gegenkopplung beruhender Meßverstärker mit Spannungseingang und Spannungsausgang besteht nach Bild 4-17 aus dem als rückwirkungsfrei ($R_e \to \infty$, $R_a = 0$) betrachteten Operationsverstärker mit der Grundverstärkung

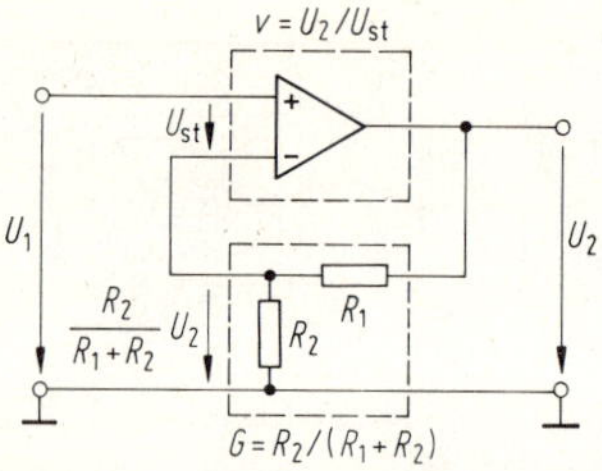

Bild 4-17. Gegenkopplung beim reinen Spannungsverstärker.

$v = U_2/U_{st}$ und einem als Gegenkopplungsnetzwerk wirkenden Spannungsteiler mit dem Teilerverhältnis $G = R_2/(R_1 + R_2)$.

Der Operationsverstärker im Vorwärtszweig mit der Grundverstärkung v vergrößert die Ausgangsspannung $U_2 = vU_{st}$ so lange, bis die vom Gegenkopplungsnetzwerk zurückgeführte Spannung

$$\frac{R_2}{R_1 + R_2} U_2$$

angenähert gleich der zu verstärkenden Eingangsspannung U_1 geworden ist. Da die gegengekoppelte Spannung der Eingangsspannung entgegengeschaltet ist, verbleibt am Eingang des Operationsverstärkers nur die kleine Steuerspannung $U_{st} = U_2/v$

$$U_{st} = U_1 - \frac{R_2}{R_1 + R_2} U_2 = \frac{U_2}{v}.$$

Die Übersetzung $G = U_2/U_1$ des reinen Spannungsverstärkers ist damit

$$G = \frac{U_2}{U_1} = \frac{1}{\dfrac{R_2}{R_1 + R_2} + \dfrac{1}{v}}.$$

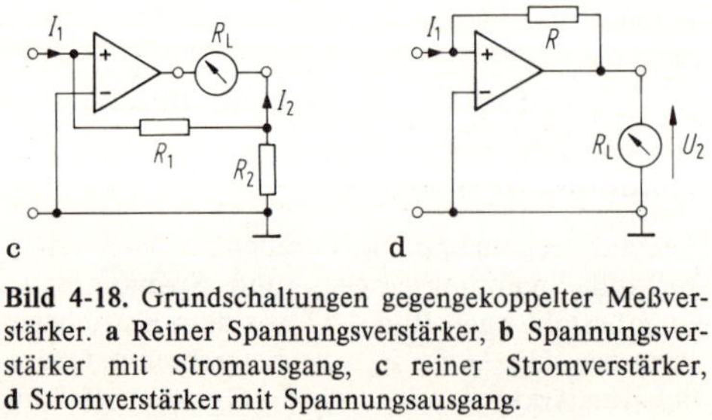

Bild 4-18. Grundschaltungen gegengekoppelter Meßverstärker. **a** Reiner Spannungsverstärker, **b** Spannungsverstärker mit Stromausgang, **c** reiner Stromverstärker, **d** Stromverstärker mit Spannungsausgang.

Unter der Annahme eines idealen Operationsverstärkers mit sehr hoher Grundverstärkung v

$$v \gg \frac{R_1 + R_2}{R_2}$$

ist die ideale Übersetzung

$$G_{id} = \frac{U_2}{U_1} = \frac{R_1 + R_2}{R_2}.$$

4.3.4 Die vier Grundschaltungen gegengekoppelter Meßverstärker

Jede der vier Grundschaltungen für gegengekoppelte Meßverstärker enthält im Vorwärtszweig einen, hier als ideal betrachteten Operationsverstärker. In der Rückführung liegt ein Gegenkopplungsnetzwerk aus einem oder aus zwei Widerständen, das die Spannung (den Strom) am Ausgang in eine proportionale Spannung (einen proportionalen Strom) umformt, die (der) der (dem) zu verstärkenden Eingangsspannung (Eingangsstrom) entgegengeschaltet wird (Bild 4-18).

Schaltung (a) ist bereits erklärt. Die ideale Übersetzung übergab sich zu

$$G_{id} = \frac{U_2}{U_1} = \frac{R_1 + R_2}{R_2}.$$

In Schaltung (b) fließt bei Vernachlässigung des Steuerstromes am Eingang des Operationsverstärkers der Ausgangsstrom I_2 durch den Gegenkopplungswiderstand R und erzeugt an diesem die Spannung I_2R. Bei Vernachlässigung der Steuerspannung des Operationsverstärkers wird die gegengekoppelte Spannung I_2R gleich der Eingangsspannung U_1. Deshalb ist die ideale Übersetzung

$$G_{id} = \frac{I_2}{U_1} = \frac{1}{R}.$$

In Schaltung (c) fließt bei Vernachlässigung des Steuerstromes am Eingang des Operationsverstärkers der Eingangsstrom I_1 durch den Widerstand R_1 und erzeugt an diesem die Spannung I_1R_1. Durch den Widerstand R_2 fließt der Differenzstrom $I_2 - I_1$ und bewirkt am Widerstand die Spannung $(I_2 - I_1)R_2$. Bei Vernachlässigung der Steuerspannung des Operationsverstärkers sind die Spannungen an den beiden Widerständen gleich groß. Daraus ergibt sich die ideale Übersetzung zu

$$G_{id} = \frac{I_2}{I_1} = \frac{R_1 + R_2}{R_2}.$$

In Schaltung (d) fließt bei Vernachlässigung des Steuerstromes am Eingang des Operationsverstärkers der Eingangsstrom I_1 durch den Widerstand R und bewirkt an diesem die Spannung I_1R. Bei Vernachlässigung der Steuerspannung des Operationsverstärkers ist diese Spannung I_1R

gleich der Ausgangsspannung U_2. Die ideale Übersetzung ist also

$$G_{id} = \frac{U_2}{I_1} = R.$$

4.4 Ausgewählte Meßverstärker-Schaltungen

4.4.1 Vom Stromverstärker mit Spannungsausgang zum Invertierer

Der Stromverstärker mit Spannungsausgang in Bild 4-19a besitzt im Idealfall die Übersetzung

$$G_{id} = \frac{U_2}{I_1} = R_2.$$

Der Eingangswiderstand R_E geht bei genügend hoher Grundverstärkung v wegen $U_{st} \to 0$ gegen 0. Schaltet man nun — wie in Bild 4-19b gezeigt — in Serie zum invertierenden Eingang einen Widerstand R_1, so entsteht ein *Invertierer (Umkehrverstärker).* Der Eingangsstrom I_1 wird in eine proportionale Eingangsspannung $U_1 = I_1 R_1$ umgeformt und der Invertierer hat die Übersetzung

$$G_{id} = \frac{U_2}{U_1} = \frac{U_2}{I_1 R_1} = \frac{R_2}{R_1}.$$

Der Eingangswiderstand beträgt in diesem Fall $R_E = U_1/I_1 = R_1$ und ist also keineswegs besonders hochohmig, wie dies beim nichtinvertierenden reinen Spannungsverstärker der Fall ist. Wegen der einfachen Programmierbarkeit der Übersetzung wird diese Verstärkerschaltung jedoch gerne verwendet.
Ein *lineares Ohmmeter* entsteht, wenn die Eingangsspannung U_1 konstant gehalten wird und der Gegenkopplungswiderstand R_2 durch den zu messenden Widerstand R_x ersetzt wird. Die Ausgangsspannung U_2 ist dem Widerstand R_x proportional und beträgt

$$U_2 = \frac{U_1}{R_1} R_x.$$

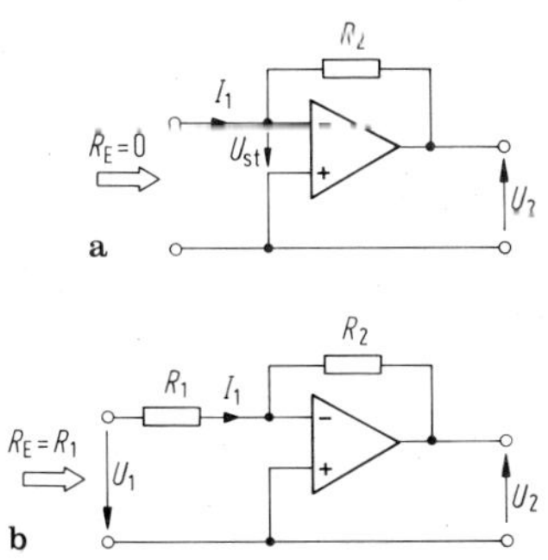

Bild 4-19. a Stromverstärker mit Spannungsausgang, **b** Invertierer (Umkehrverstärker).

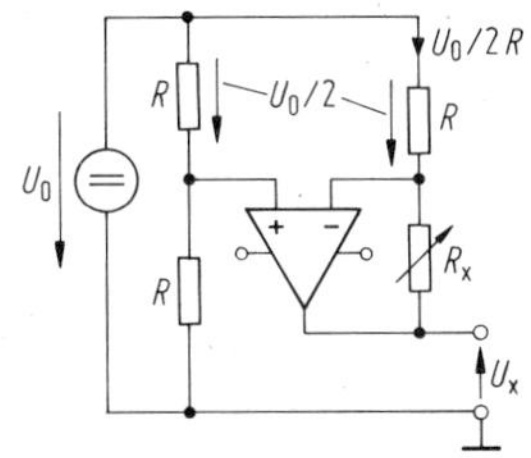

Bild 4-20. Aktive Brückenschaltung.

Der Serienwiderstand R_1 am Eingang kann zur Meßbereichsumschaltung verwendet werden. Beträgt beispielsweise die Spannung $U_1 = 1$ V und soll die Ausgangsspannung U_2 im Bereich von 0 bis 1 V liegen, so ist für einen Meßbereich von $R_x = (0 \ldots 1)$ kΩ ein Widerstand $R_1 = 1$ kΩ erforderlich und der Meßstrom beträgt $I_1 = 1$ mA. Für einen Meßbereich von $R_x = (0 \ldots 1)$ MΩ muß $R_1 = 1$ MΩ gewählt werden, und der Meßstrom ist $I_1 = 1$ μA.

4.4.2 Aktive Brückenschaltung

Ein Beispiel möge verdeutlichen, wie Operationsverstärker mit Vorteil in Brückenschaltungen eingesetzt werden können.
Bei der *aktiven Brückenschaltung* in Bild 4-20 erzwingt der Operationsverstärker in der Brückendiagonalen die Spannung Null, indem er im Zweig des veränderlichen Widerstandes R_x eine Spannung U_x mit umgekehrter Polarität (für $R_x > R$) addiert. Diese Spannung U_x muß zusammen mit der Spannung an R_x gerade die halbe Versorgungsspannung der Brückenschaltung $U_0/2$ ergeben. Da der Strom im Widerstand R_x identisch mit dem Strom $U_0/2R$ in jeder der beiden Brückenhälften sein muß, ist die Spannung

$$U_x = \frac{U_0}{2R} R_x - \frac{U_0}{2}.$$

Mit $R_x = R + \Delta R$ ergibt sich

$$\frac{U_x}{U_0} = \frac{1}{2}\left(\frac{R_x}{R} - 1\right) = \frac{1}{2} \cdot \frac{\Delta R}{R}.$$

Die Spannung U_x ist der Widerstandsänderung ΔR direkt proportional.

4.4.3 Addier- und Subtrahierverstärker

Die Addition nach Bild 4-21a beruht auf der Addition der drei Ströme I_1, I_2 und I_3 am Knotenpunkt K zum Gesamtstrom $I = I_1 + I_2 + I_3$, der vom nachfolgenden Stromverstärker mit Spannungsausgang um den Faktor R verstärkt wird, der dem Gegenkopplungswiderstand entspricht.
Da der Eingangswiderstand R_E am Stromverstärker mit Spannungsausgang wegen der Gegenkopp-

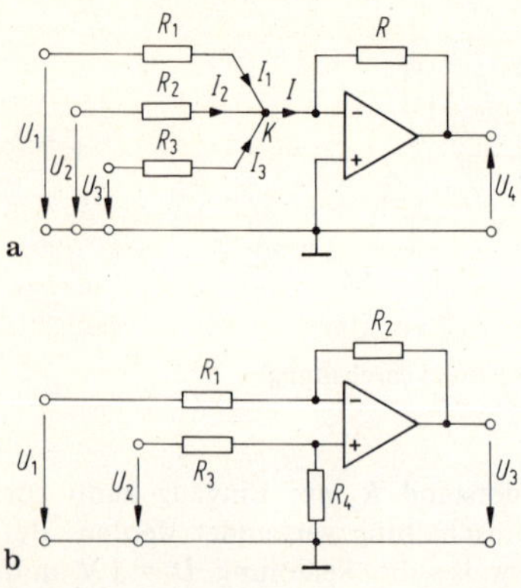

Bild 4-21. a Addierverstärker, b Subtrahierverstärker.

lung gegen Null geht, berechnet sich die Ausgangsspannung zu

$$U_4 = IR = \frac{R}{R_1} U_1 + \frac{R}{R_2} U_2 + \frac{R}{R_3} U_3 .$$

Wählt man alle Widerstände gleich, so ist die Ausgangsspannung U_4 direkt die Summe der Eingangsspannungen.

Beim *Subtrahierverstärker* nach Bild 4-21b berechnet man die Ausgangsspannung U_3 am besten durch Superposition der beiden Spannungen U_{31} und U_{32}, die sich ergeben, wenn $U_2 = 0$ bzw. wenn $U_1 = 0$ gesetzt wird. Für $U_2 = 0$ handelt es sich um einen Invertierer und es ergibt sich

$$U_{31} = -\frac{R_2}{R_1} U_1 , \quad \text{wenn} \quad U_2 = 0 .$$

Für $U_1 = 0$ entsteht ein nichtinvertierender Verstärker mit den Gegenkopplungswiderständen R_1 und R_2, an dessen Plus-Eingang ein Spannungsteiler, bestehend aus den Widerständen R_3 und R_4 vorgeschaltet ist. Man erhält

$$U_{32} = \frac{R_4}{R_3 + R_4} \cdot \frac{R_1 + R_2}{R_1} U_2 , \quad \text{wenn} \quad U_1 = 0 .$$

Durch Superposition berechnet man die Ausgangsspannung zu

$$U_3 = U_{31} + U_{32} = \frac{R_4}{R_3 + R_4} \cdot \frac{R_1 + R_2}{R_1} U_2 - \frac{R_2}{R_1} U_1 .$$

Wählt man alle Widerstände gleich groß, so ergibt sich die Ausgangsspannung direkt aus der Differenz $U_3 = U_2 - U_1$.

4.4.4 Der Elektrometerverstärker (Instrumentation Amplifier)

Wird ein besonders hochohmiger Eingangswiderstand benötigt, so wurde dies früher mit Elektrometerröhren im Eingangskreis erreicht. Aus drei Operationsverstärkern aufgebaute Meßverstärker

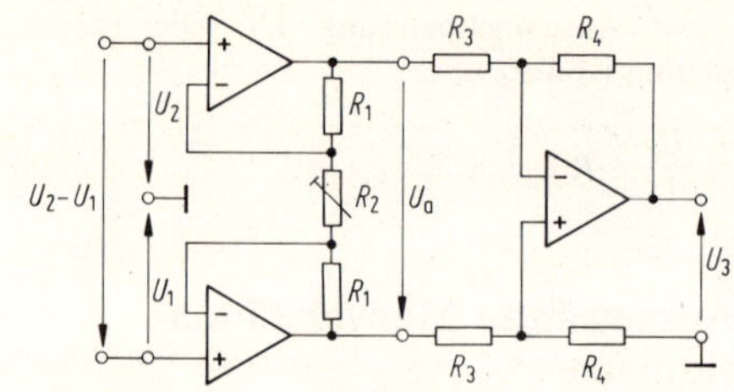

Bild 4-22. Elektrometerverstärker (Instrumentation Amplifier).

mit besonders hohem Differenz-Eingangswiderstand werden deshalb noch heute gerne als Elektrometerverstärker bezeichnet (Bild 4-22).

Sind die Grundverstärkungen der verwendeten Operationsverstärker genügend hoch und deshalb die erforderlichen Steuerspannungen genügend klein, so wird die Differenz-Eingangsspannung $U_2 - U_1$ gleich der von der Ausgangsspannung U_a heruntergeteilten Spannung am Widerstand R_2:

$$U_2 - U_1 = \frac{R_2}{R_2 + 2R_1} U_a .$$

Der nachgeschaltete Subtrahierer erzeugt lediglich eine der Spannung U_a proportionale, geerdete Ausgangsspannung

$$U_3 = \frac{R_4}{R_3} U_a .$$

Die Übersetzung des Elektrometerverstärkers beträgt also

$$G_{id} = \frac{U_3}{U_2 - U_1} = \frac{R_4}{R_3} \left(1 + \frac{2R_1}{R_2}\right) .$$

Ein solcher „Instrumentierungsverstärker" ist z. B. bei der induktiven Durchflußmessung (siehe 3.4.3) sehr gut zur Messung der induzierten Spannung geeignet, da bei Flüssigkeiten mit geringer Leitfähigkeit der hohe Quellenwiderstand einen sehr hohen Eingangswiderstand des Meßverstärkers erfordert.

4.4.5 Präzisionsgleichrichtung

Legt man nach Bild 4-23 an den Ausgang eines mit dem Widerstand R gegengekoppelten Spannungsverstärkers mit Stromausgang eine Diodenbrücke, die ein Drehspulmeßwerk speist, so fließt durch dieses Anzeigeinstrument der gleichgerichtete Ausgangsstrom $|I_2| = |U_1|/R$.

Die Eingangsspannung U_1 wird also exakt gleichgerichtet. Den Spannungsbedarf der Dioden deckt der Operationsverstärker. Das Anzeigeinstrument hat keinen eindeutigen Bezug zum Massepotential; es liegt auf „schwebendem" (floating) Potential, man spricht auch von einer Schwebespan-

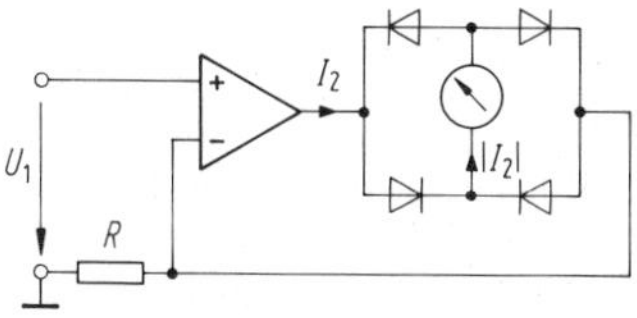

Bild 4-23. Präzisionsgleichrichtung.

nung. Der Eingangswiderstand ist wegen der gewählten Gegenkopplungsschaltung sehr hochohmig. Als Tiefpaßfilter fungiert das Anzeigeinstrument.

4.4.6 Aktive Filter

Aktive Filter bestehen aus frequenzabhängigen Netzwerken, die Widerstände, Kapazitäten oder andere frequenzabhängige Bauelemente enthalten, die mit Hilfe von Operationsverstärkern rückwirkungsfrei bezüglich des Ein- und des Ausgangs betrieben werden können. Induktivitäten erheblicher Baugröße und mit nichtidealem Verhalten können vermieden werden. Hier soll nur das Prinzip aktiver Filter dargestellt werden.
Ersetzt man nach Bild 4-24a den Gegenkopplungswiderstand beim Stromverstärker mit Spannungsausgang durch einen komplexen Widerstand $\underline{Z}_2$, so ist die komplexe Übersetzung $\underline{G} = \underline{U}_2/\underline{I}_1 = \underline{Z}_2$. Legt man in Serie zum Eingang einen weiteren komplexen Widerstand $\underline{Z}_1$, so resultiert daraus ein Eingangsstrom $\underline{I}_1 = \underline{U}_1/\underline{Z}_1$. Mit der Eingangsspannung $\underline{U}_1$ ergibt sich der Frequenzgang $\underline{G}(\mathrm{j}\omega)$ des so entstandenen aktiven Filters

$$\underline{G}(\mathrm{j}\omega) = \frac{\underline{U}_2}{\underline{U}_1} = \frac{\underline{Z}_2}{\underline{Z}_1}.$$

Beim aktiven Tiefpaßfilter 1. Ordnung nach Bild 4-24b ist $\underline{Z}_1$ durch den Widerstand R_1 ersetzt und $\underline{Z}_2$ durch die Parallelschaltung eines Widerstandes R_2 und einer Kapazität C. Der Frequenzgang $G(\mathrm{j}\omega)$ dieses aktiven Tiefpaßfilters ist

$$\underline{G}(\mathrm{j}\omega) = \frac{\underline{U}_2}{\underline{U}_1} = \frac{R_2}{R_1} \cdot \frac{1}{(1 + \mathrm{j}\omega R_2 C)}.$$

Es besitzt die gleiche Frequenzabhängigkeit wie ein R_2C-Glied, hat aber bei niedrigen Frequenzen die Spannungsverstärkung R_2/R_1. Der Eingangswiderstand ist konstant $R_E = R_1$, der Ausgangswiderstand geht gegen $R_A = 0$. Der Amplitudengang $|\underline{G}(\mathrm{j}\omega)|$ ist

$$|G(\mathrm{j}\omega)| = \frac{R_2}{R_1} \cdot \frac{1}{\sqrt{1 + (\omega R_2 C)^2}}$$

$$= \frac{R_2}{R_1} \cdot \frac{1}{\sqrt{1 + (\omega/\omega_g)^2}}.$$

Er ist bei der Grenzkreisfrequenz $\omega_g = 1/R_2C$ auf $1/\sqrt{2}$ des Wertes bei $\omega = 0$ abgesunken und geht für hohe Kreisfrequenzen gegen Null. Die Phasenverschiebung ist bei niedrigen Frequenzen null, bei der Grenzfrequenz $-45°$ und geht bei hohen Frequenzen gegen $-90°$.
Wegen des Tiefpaßcharakters eignet sich dieses aktive RC-Filter zur *Mittelwertbildung* eines Eingangssignals $u_1(t)$. Die hochfrequenten Signalanteile werden wegen $\omega \gg \omega_g$ unterdrückt, und der langsam veränderliche Mittelwert wird am Ausgang ausgegeben.

4.4.7 Ladungsverstärker

Verlustarme Kapazitäten eignen sich vorzüglich zur (zeitlichen) Integration von Strömen.
Die Spannung $u(t)$ an einer Kapazität C ist

$$u(t) = \frac{1}{C} q(t) = \frac{1}{C} \int_0^t i(\tau)\,\mathrm{d}\tau.$$

Um diesen Zusammenhang zur Integration anwenden zu können, muß Rückwirkungsfreiheit zwischen dem Eingangsstrom $i_1(t)$ und dem Strom $i(t)$ durch den Kondensator sowie zwischen der Ausgangsspannung $u_2(t)$ und der Spannung $u(t)$ am Kondensator gewährleistet sein. Dies geschieht nach Bild 4-25a durch einen Stromverstärker mit Spannungsausgang, bei dem der Gegenkopplungswiderstand durch die Kapazität C ersetzt ist.
Bei vernachlässigbarem Steuerstrom i_{st} und vernachlässigbarer Steuerspannung u_{st} ergibt sich wegen $i_1(t) = i(t)$ und $u_2(t) = u(t)$:

$$u_2(t) = \frac{1}{C} \int_0^t i_1(\tau)\,\mathrm{d}\tau = \frac{1}{C} q(t).$$

Die Ausgangsspannung $u_2(t)$ ist also proportional dem Integral des Eingangsstroms $i_1(t)$ und damit proportional der Ladung $q(t)$. Man bezeichnet

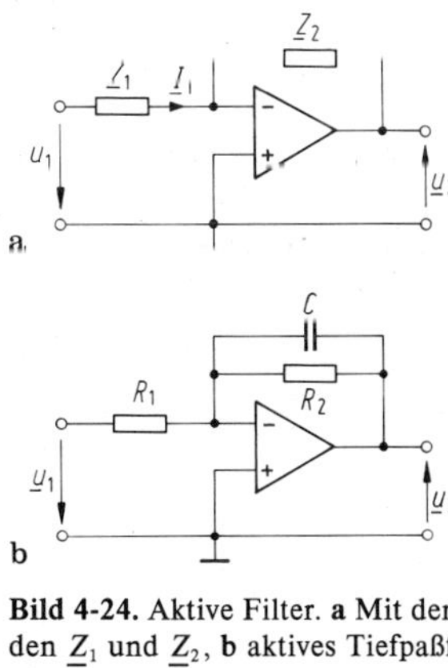

Bild 4-24. Aktive Filter. **a** Mit den komplexen Widerständen $\underline{Z}_1$ und $\underline{Z}_2$, **b** aktives Tiefpaßfilter 1. Ordnung.

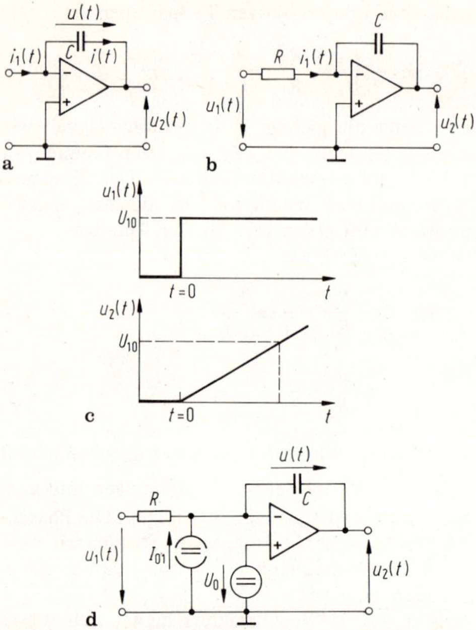

Bild 4-25. a Ladungsverstärker, **b** Integrationsverstärker, **c** Erzeugung einer Sägezahnspannung, **d** Einfluß von Nullpunktfehlergrößen.

diese Schaltung deshalb auch als *Ladungsverstärker*, obwohl nicht etwa die Ladung, sondern die am Ausgang verfügbare Leistung verstärkt wird. Der Eingangswiderstand beträgt im Idealfall $R_E = 0$ und der Ausgangswiderstand $R_A = 0$.

4.4.8 Integrationsverstärker für Spannungen

Zur Integration von Spannungen $u_1(t)$ wird beim Ladungsverstärker am Eingang ein Widerstand R in Serie geschaltet, und es ergibt sich ein *Integrationsverstärker* für Spannungen nach Bild 4-25b. Mit $u_1(t) = Ri_1(t)$ beträgt die Ausgangsspannung

$$u_2(t) = \frac{1}{RC} \int_0^t u_1(\tau)\,\mathrm{d}\tau \; (+\,U_{20})\,.$$

Integrationsverstärker werden zur Integration unbekannter Spannungsverläufe verwendet, wie z. B. zur Bestimmung der Flächenanteile des von einem Gaschromatographen gelieferten Meßsignals, um daraus auf die verschiedenen Gaskonzentrationen schließen zu können. Andere typische Integrationsaufgaben sind die Bestimmung des magnetischen Flusses durch Integration der induzierten Spannung, die Bestimmung der Arbeit aus der Momentanleistung oder die Bestimmung von Geschwindigkeit und Weg aus der Beschleunigung (Trägheitsnavigation).

Integrationsverstärker werden aber auch zur gezielten Erzeugung bestimmter Signalverläufe eingesetzt. Durch periodisch wiederholte Integration einer konstanten Eingangsspannung erhält man eine linear ansteigende Ausgangsspannung, die die Form einer Rampe besitzt und auch als Sägezahnspannung bezeichnet wird (Bild 4-25c).

Integrationsverstärker werden auch in Analog-Digital-Umsetzern zur Erzeugung von Zeiten oder Frequenzen als Zwischengrößen eingesetzt, die dann leicht digitalisiert werden können.

Ein Problem sind bei Integrationsverstärkern die *Nullpunktfehlergrößen*, die auch beim Eingangssignal Null eine Hochintegration der Ausgangsspannung bis zur Begrenzung durch eine der beiden Speisespannungen bewirken können, wenn keine geeigneten Gegenmaßnahmen getroffen werden. Mit der Nullpunktfehlerspannung U_0 und dem Nullpunktfehlerstrom I_{01} nach Bild 4-25d ergibt sich die Ausgangsspannung

$$u_2(t) = \frac{1}{RC} \int_0^t u_1(\tau)\,\mathrm{d}\tau + \frac{1}{C} \int_0^t I_{01}\,\mathrm{d}\tau - \frac{1}{RC} \int_0^t U_0\,\mathrm{d}\tau - U_0\,.$$

Besonders störend ist der Anstieg der Ausgangsspannung aufgrund des Integralanteils

$$\frac{1}{C} \int_0^t (I_{01} - U_0/R)\,\mathrm{d}\tau\,,$$

der bei vorgegebener Integrationszeit t nur durch kleine Nullpunktfehlergrößen klein gehalten werden kann. Große Integrationskapazitäten C verringern dabei den Einfluß des Nullpunktfehlerstromes I_{01}.

Im Dauerbetrieb ist entweder eine zyklische Rücksetzung der Spannung an der Integrationskapazität notwendig, oder es muß mit einem hochohmigen Parallelwiderstand zur Kapazität dafür gesorgt werden, daß die durch Nullpunktfehler bedingten, extrem langsamen Aufladungen der Integrationskapazität durch mindestens ebenso große Entladeströme ausgeglichen werden.

5 Analoge Meßtechnik

Analoges Messen ist immer dann zweckmäßig, wenn der Mensch in einen technischen Prozeß eingebunden ist. Dies ist z. B. bei Abgleichvorgängen oder Arbeitspunkteinstellungen im Labor der Fall oder bei Nachlaufregelungen im Zusammenhang mit Fahrzeugen oder bei der optischen Überwachung von Prozessen in einer Meßwarte. Immer müssen Abweichungen vom Sollwert schnell erkannt und der jeweiligen Abweichung entsprechend reagiert werden. Bei analogen Meßwertausgaben werden diese Abweichungen gewöhnlich als Weg- oder Winkeldifferenzen dargestellt, da diese vom Menschen unmittelbar aufgenommen werden können.

5.1 Analoge Meßwerke

Analoge Weg- oder Winkelanzeigen können aus Gleichgewichtsbedingungen für Kräfte oder Drehmomente gewonnen werden, die elektrostatisch, elektromagnetisch oder thermisch erzeugt werden.
Beispiele für Meßwerke mit signalverarbeitenden Eigenschaften sind das Dreheisenmeßwerk zur Effektivwertmessung, das elektrodynamische Meßwerk zur Wirkleistungsmessung und das Kreuzspulmeßwerk zur Widerstandsbestimmung über eine Quotientenbildung.
Eine Sonderstellung unter allen Meßwerken nimmt das *lineare Drehspulmeßwerk mit Außenmagnet* ein.

5.1.1 Prinzip des linearen Drehspulmeßwerks

Die Wirkungsweise des Drehspulmeßwerks beruht auf der selbständigen Kompensation des durch einen proportionalen Meßstrom I in einer Drehspule elektrisch erzeugten Drehmomentes M_{el} mit einem über zwei Drehfedern mechanisch erzeugten Gegendrehmoment M_{mech}, das wiederum dem Ausschlagwinkel α der Drehspule proportional ist.
Bei linearen Drehspulmeßwerken (mit Außenmagneten) wird mit Hilfe eines im Magnetkreis angeordneten Permanentmagneten ein radialsymmetrisches Magnetfeld der Induktion B erzeugt. In diesem Feld können sich die Flanken einer drehbar gelagerten Spule (Drehspule) auf einer Kreisbahn bewegen (Bild 5-1).
Innerhalb der Drehspule befindet sich ein Weicheisenkern, der den Luftspalt zwecks optimaler Ausnutzung des verwendeten Magneten verkleinert. Außerdem ergibt sich bei ebenfalls kreisförmig ausgebildeten Polschuhen ein etwa konstanter Luftspalt und damit näherungsweise das gewünschte radialsymmetrische Magnetfeld. Solange sich die Flanken der Drehspule im Luftspalt befinden, ist die magnetische Induktion unabhängig von der Winkelstellung der Drehspule.
Bei dem Meßstrom I, der magnetischen Induktion B, einer Windungszahl N der Drehspule, einem Rähmchendurchmesser d und einer Rähmchenhöhe h beträgt das elektrisch erzeugte Drehmoment

$$M_{el} = 2F_{el}\frac{d}{2} = BdhNI.$$

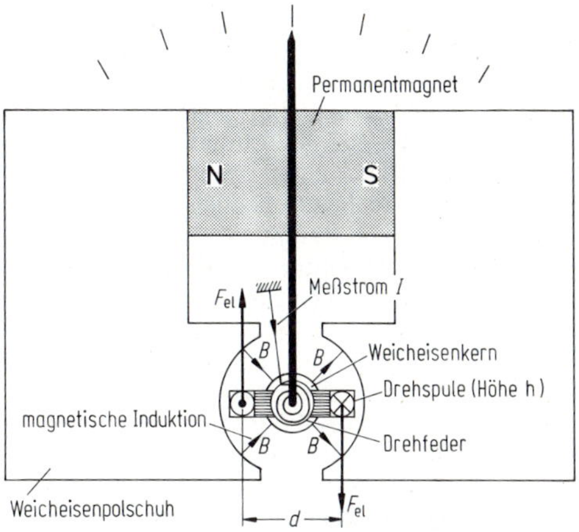

Bild 5-1. Prinzip eines linearen Drehspulmeßwerks.

Diesem Moment entgegen wirkt das in zwei Drehfedern mit der gemeinsamen Drehfederkonstanten (Richtmoment) D mechanisch erzeugte Moment M_{mech}, das dem Ausschlagwinkel α der Drehspule und des mit ihr fest verbundenen Zeigers proportional ist:

$$M_{mech} = D\alpha.$$

Im eingeschwungenen Zustand errechnet sich der Skalenverlauf aus $M_{el} = M_{mech}$ zu

$$\alpha = \frac{1}{D} BdhNI.$$

Der Ausschlagwinkel α ist damit linear vom Meßstrom I abhängig und die *Stromempfindlichkeit* ist konstant:

$$\frac{d\alpha}{dI} = \frac{BdhN}{D}.$$

Die Drehspule ist gewöhnlich mit lackisoliertem Kupferdraht von 0,02 bis 0,3 mm Durchmesser bewickelt. Die Wicklung wird vom Rähmchen getragen, das in der Regel aus Aluminium gefertigt ist und eine Kurzschlußwindung darstellt. Bei Bewegung des Rähmchens wird durch die im Rähmchen induzierte Spannung und dem daraus resultierenden Kurzschlußstrom ein der Winkelgeschwindigkeit proportionales Bremsmoment erzeugt, das zur Dämpfung des Einstellvorgangs benötigt wird (Induktionsdämpfung).

5.1.2 Statische Eigenschaften des linearen Drehspulmeßwerks

Typische Fehlerkurven von Drehspulmeßwerken, die sich als Differenz zwischen den Istwerten α_{ist} und den Sollwerten α_{soll} ergeben, sind in Bild 5-2 dargestellt.

Bezieht man den *Fehler* $F = \alpha_{ist} - \alpha_{soll}$ auf den Meßbereichsendwert α_0, so erhält man den dimensionslosen *relativen Fehler* F_{rel}, der unter Nennbedingungen der Einflußgrößen (z. B. der Temperatur) für alle Meßströme innerhalb des Meßbereiches sicher unter einer bestimmten zulässigen Grenze (z. B. 1 %) bleiben muß, damit ein Meßwerk einer bestimmten *Genauigkeitsklasse* (z. B. Klasse 1) zugeordnet werden kann. Als Genauigkeitsklassen sind für Betriebsmeßinstrumente die Klassen 1, 1,5, 2,5 und 5 üblich.

Der *Einflußeffekt* darf einen zusätzlichen, der jeweiligen Klasse entsprechenden Fehler verursachen, wenn sich dabei die jeweilige Einflußgröße nur innerhalb festgelegter Grenzen ändert.

Bei der Verwendung eines Drehspulmeßwerks als *Spannungsmeßgerät* muß die Temperaturabhängigkeit des Innenwiderstandes der Drehspulwicklung aus Kupfer berücksichtigt werden:

$$R_i(\vartheta) = R_{i0}[1 + \alpha(\vartheta - \vartheta_0)] .$$

Näherungsweise genügt häufig die Berücksichtigung des linearen Temperaturkoeffizienten α, bei einer Übertemperatur ϑ gegenüber der Bezugstemperatur ϑ_0. Der Innenwiderstand bei Bezugstemperatur ϑ_0 beträgt dabei $R_i(\vartheta_0) = R_{i0}$ und der Temperaturkoeffizient α liegt für Kupfer bei etwas über $4 \cdot 10^{-3}$/K.

Der Temperatureinfluß kann bei Spannungsmeßgeräten durch Serienschaltung eines größeren temperaturunabhängigen Widerstandes verkleinert werden. Besonders für kleine Spannungsbereiche kann ein Vorwiderstand mit negativem Temperaturkoeffizienten den Temperatureinfluß in einem begrenzten Temperaturbereich näherungsweise aufheben, ohne den Gesamtwiderstand wesentlich zu erhöhen.

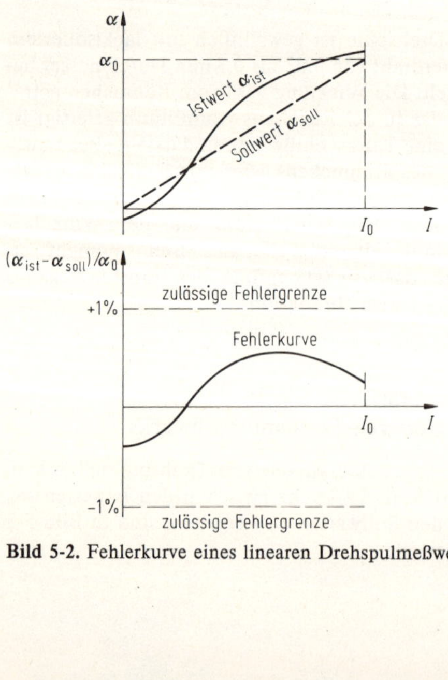

Bild 5-2. Fehlerkurve eines linearen Drehspulmeßwerks.

5.2 Funktionsbildung und Verknüpfung mit Meßwerken

Verschiedene Aufgaben der Meßsignalverarbeitung können mit anderen Meßwerkstypen, z. B. mit Kreuzspulmeßwerken oder mit elektrodynamischen Meßwerken gelöst werden. Neben der Bestimmung von Mittelwerten von Wechsel- und Mischgrößen ist auf diese Weise die Quotientenbildung zur Widerstandsmessung, die Produktbildung zur Leistungsmessung oder die Integralbildung zur Energiemessung möglich.

Bestimmte Meßwerkstypen werden überwiegend aus wirtschaftlichen Gründen oder wegen ihrer geringen Baugröße eingesetzt. So besitzen z. B. Kernmagnetmeßwerke eine besonders kompakte Bauform, weisen aber gewöhnlich einen nichtlinearen Skalenverlauf auf.

5.2.1 Kernmagnetmeßwerk mit radialem Sinusfeld

Beim Kernmagnetmeßwerk mit radialem Sinusfeld beträgt nach Bild 5-3 a die magnetische Induktion B am Ort der Drehspulflanke

$$B = B_0 \cos(\alpha - \beta) .$$

Dabei bedeutet B_0 die maximale magnetische Induktion in Magnetisierungsrichtung des Kernes, α den Ausschlagwinkel und β den Magnetisierungswinkel zwischen der Ruhelage der Rähmchenflanke und der Magnetisierungsrichtung. Das elektrisch erzeugte Drehmoment M_{el} ist der wirksamen magnetischen Induktion B und dem Spulenstrom I proportional und ist gleich dem mechanischen Gegendrehmoment M_{mech}, das wiederum dem Ausschlagwinkel α proportional ist. Der Ska-

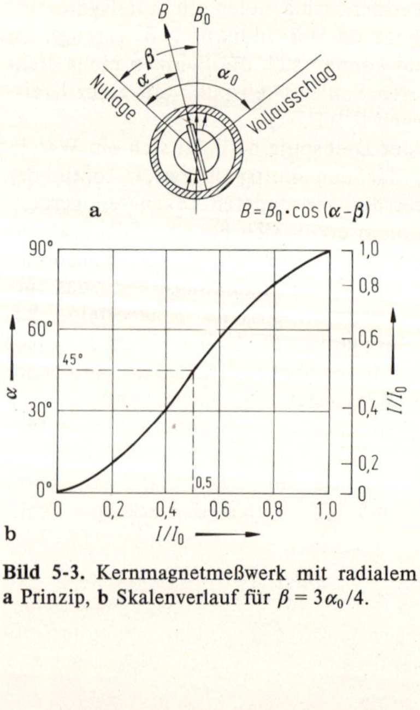

Bild 5-3. Kernmagnetmeßwerk mit radialem Sinusfeld. **a** Prinzip, **b** Skalenverlauf für $\beta = 3\alpha_0/4$.

lenverlauf folgt daher der Beziehung

$$I = \frac{k\alpha}{\cos(\alpha - \beta)},$$

wobei k eine Konstante ist. Der Skalenverlauf läßt sich durch den Magnetisierungswinkel β beeinflussen. Fordert man z. B. $I = I_0/2$ für $\alpha = \alpha_0/2$, so erhält man unter Berücksichtigung von $I = I_0$ für $\alpha = \alpha_0$

$$\cos(\alpha_0 - \beta) = \cos(\alpha_0/2 - \beta), \quad \beta = 3\alpha_0/4.$$

Unter dieser Annahme und mit $\alpha_0 = 90°$ ergibt sich der in Bild 5-3 b gezeichnete Skalenverlauf.

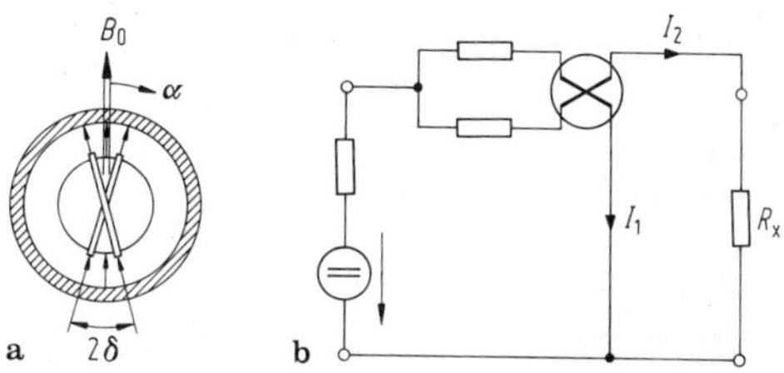

Bild 5-4. Kreuzspulmeßwerk. **a** Prinzip des Kreuzspulmeßwerks mit Kernmagnet, **b** Meßschaltung für Widerstandsmessungen mit Kreuzspulmeßwerk.

5.2.2 Quotientenbestimmung mit Kreuzspulmeßwerken

Bei Kreuzspulmeßwerken werden in den beiden unter dem Kreuzungswinkel 2δ fest miteinander verbundenen Drehspulen elektrisch zwei entgegengerichtete Drehmomente erzeugt, die im Gleichgewichtsfall gleich sind. Eine richtkraftlose Aufhängung ist möglich, da kein mechanisches Gegendrehmoment benötigt wird. Der radiale Verlauf des Permanentmagnetfeldes muß jedoch unsymmetrisch sein, damit bestimmten Werten für den Quotienten der beiden Ströme I_1 und I_2 durch die beiden gekreuzten Spulen definierte Ausschlagwinkel α zugeordnet werden können. Wegen der einfachen Konstruktion werden gerne Kreuzspulmeßwerke mit Kernmagnet nach Bild 5-4 a verwendet.

Die Drehmomente in den beiden Spulen gleicher Windungsflächen sind den jeweiligen Strömen I_1 und I_2, den jeweiligen Windungszahlen N_1 und N_2 und der am Ort der jeweiligen Spulenflanke herrschenden Induktion $B_0 \cos(\alpha - \delta)$ bzw. $B_0 \cos(\alpha + \delta)$ proportional. Der Skalenverlauf folgt der Beziehung wegen des sinusförmigen Feldverlaufs

$$\frac{I_1 N_1}{I_2 N_2} = \frac{\cos(\alpha - \delta)}{\cos(\alpha + \delta)}.$$

Damit besteht ein eindeutiger Zusammenhang zwischen dem Winkel α und dem Quotienten I_1/I_2 der Spulenströme. Kreuzspulmeßwerke sind daher besonders für Widerstandsmessungen geeignet.

Bei den Meßschaltungen zur Widerstandsmessung mit Kreuzspulmeßwerken nach Bild 5-4 b sorgt man dafür, daß die Ströme I_1 und I_2 durch die beiden Spulen angenähert proportional der Spannung am bzw. dem Strom durch den zu messenden Widerstand R_x sind.

Der Ausschlagwinkel α des Kreuzspulmeßwerks ist dann näherungsweise unabhängig von der Versorgungsspannung der Meßschaltungen, weil bei einer Änderung der Quotient konstant bleibt.

5.2.3 Bildung von linearen Mittelwerten und Extremwerten

Linearer Mittelwert

Das dynamische Verhalten vieler Meßwerke entspricht dem eines Meßgliedes 2. Ordnung mit (gerade noch) schwingender Einstellung. Ändert sich der Meßstrom nur langsam, dann ist die Anzeige proportional dem Meßstrom. Bei hoher Frequenz des Meßstromes geht die Anzeige gegen Null. Ist einem Meßstrom $i(t)$ mit dem Gleichanteil I_- ein höherfrequenter Meßstrom $I_\sim = I_0 \sin \omega t$ (Wechselanteil) überlagert, so wird aufgrund des dynamischen Verhaltens der lineare Mittelwert

$$\bar{i} = \frac{1}{T} \int_0^T i(t)\, dt$$

angezeigt, der durch Integration über die Dauer T einer Periode bestimmt werden kann. Verzögernde Meßglieder wirken wie Tiefpaßfilter. Sind z. B. einem Gleichsignal störende netzfrequente Wechselanteile mit Frequenzen von 50 Hz, 150 Hz, usw. überlagert, so werden diese Störanteile von den üblichen Meßwerken herausgefiltert, da sie den linearen Mittelwert anzeigen.

Gleichrichtwert

Wechselströme und Wechselspannungen werden entweder aus dem quadratischen Mittelwert (Effektivwert) oder aus dem nach Gleichrichtung erhaltenen Mittelwert, dem sog. Gleichrichtwert bestimmt. Der Gleichrichtwert $|\bar{i}|$ eines Stromes $i(t)$ ist

$$|\bar{i}| = \frac{1}{T} \int_0^T |i(t)|\, dt$$

und berechnet sich für sinusförmige Wechsel-

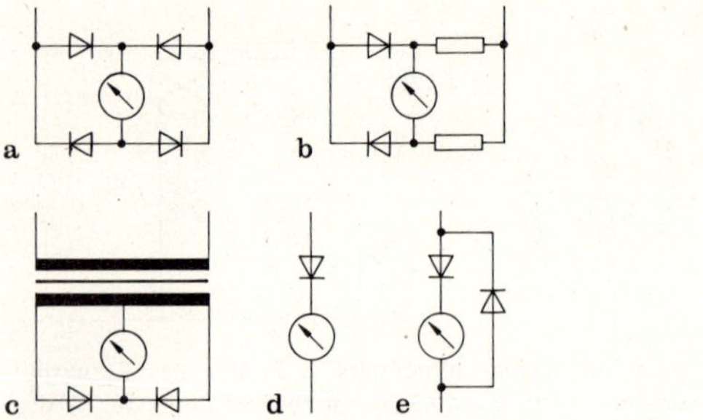

Bild 5-5. Gleichrichterschaltungen. **a** bis **c** Zweiweg-Gleichrichterschaltungen, **d** und **e** Einweg-Gleichrichterschaltungen.

ströme $i(t) = I_0 \sin \omega t$ zu

$$|\bar{i}| = \frac{2}{T} \int_0^{T/2} I_0 \sin \omega t \, \mathrm{d}t$$

$$= \frac{2}{\pi} I_0 = \frac{2\sqrt{2}}{\pi} I_{\text{eff}} = 0{,}9003 I_{\text{eff}}.$$

In Bild 5-5 sind verschiedene Gleichrichterschaltungen dargestellt.

Unter der Annahme idealer Gleichrichter (Durchlaßwiderstand gleich Null, Sperrwiderstand unendlich), wird mit den Zweiweggleichrichterschaltungen und einem mittelwertanzeigenden Meßwerk der Gleichrichtwert gebildet. Bei den Einweggleichrichterschaltungen erhält man bei reinen Wechselgrößen den halben Gleichrichtwert.

Die Brückenschaltung in (a) wird auch als Graetzschaltung bezeichnet. In der Schaltung (b) sind zwei Dioden durch Widerstände ersetzt. Die reale, gekrümmte Diodenkennlinie wirkt sich hier nur einmal aus, und ein Teil des Meßstromes fließt nicht durch das Meßwerk. Bei der Mittelpunktschaltung (c) ist eine Mittelanzapfung der Sekundärwicklung des Wandlers notwendig. Der Einweggleichrichter in (d) ist nur für Spannungsgleichrichtung und der in (e) nur für Stromgleichrichtung geeignet; in dieser Schaltung muß auch bei umgekehrter Polarität Stromfluß möglich sein.

Spitzengleichrichtung

Bei Spitzengleichrichtung wird eine Kapazität über eine Diode auf den positiven oder negativen Extremwert einer Wechselspannung aufgeladen, bei sinusförmiger Wechselspannung im Idealfall auf den Scheitelwert U_0 (Bild 5-6a).

Bei realen Gleichrichterdioden ist der erhaltene Spitzenwert mindestens um die minimale Durchlaßspannung der Diode vermindert. Außerdem sinkt bei Belastung der Kapazität C mit einem Lastwiderstand R die Spannung innerhalb einer Periode exponentiell um einen Anteil $\Delta U / U_0$ ab,

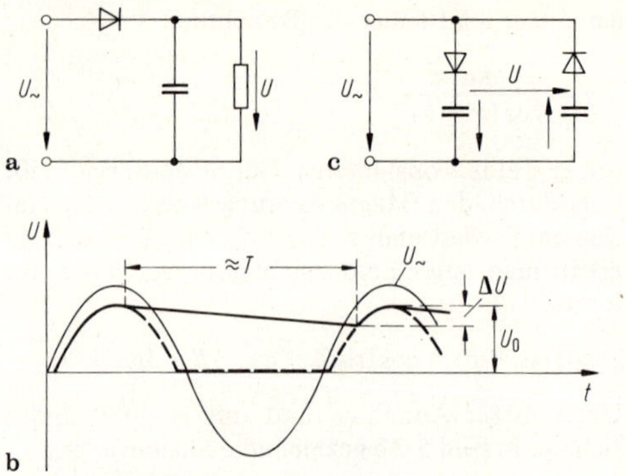

Bild 5-6. Spitzenwertgleichrichtung. **a** Prinzip, **b** Restwelligkeit, **c** Greinacherschaltung (Spitze-Spitze-Wert).

der durch die Zeitkonstante RC und die Periodendauer T des Meßsignals gegeben ist (Bild 5-6b). Für $T \ll RC$ gilt

$$\frac{\Delta U}{U_0} = \frac{U_0 - U}{U_0} = 1 - \frac{U}{U_0} = 1 - \mathrm{e}^{-T/RC} \approx \frac{T}{RC}.$$

Bei einer Frequenz von 10 kHz ($T = 0{,}1$ ms) und einer Zeitkonstanten von $RC = 100\,\text{k}\Omega \cdot 100\,\text{nF} = 10\,\text{ms}$ ergibt sich für die Restwelligkeit $\Delta U / U_0 = 1\,\%$.

Die sog. Schwingungsbreite (Schwankung) einer Wechselspannung kann mit der Greinacher-Schaltung nach Bild 5-6c bestimmt werden, die bei sinusförmigen Wechselspannungen im Idealfall zu einer Verdoppelung des Scheitelwerts auf den Wert $2U_0$ führt. Spitzenwertgleichrichtung wird besonders bei höheren Frequenzen angewendet.

5.2.4 Bildung von quadratischen Mittelwerten

Der quadratische Mittelwert (Effektivwert) I eines zeitlich veränderlichen, periodischen Stromes $i(t)$ ist als der Strom definiert, der in einem Widerstand R während der Dauer einer Periode T die gleiche Energie umsetzt wie der periodische Strom. Für den Effektivwert erhält man daraus

$$I = \sqrt{\frac{1}{T} \int_0^T i^2(t) \, \mathrm{d}t}\,.$$

Für einen sinusförmigen Wechselstrom $i(t) = I_0 \sin \omega t$ ergibt sich für den Effektivwert $I = I_0 / \sqrt{2}$. Will man mit Meßinstrumenten, die den Gleichrichtwert bilden, den Effektivwert I anzeigen, dann muß der Gleichrichtwert $|\bar{i}|$ mit dem *Formfaktor* $F_g = I / |\bar{i}|$ multipliziert werden. Der Formfaktor hängt von der Kurvenform der Wechselgröße ab. Bei sinusförmigen Wechselgrößen ist

$$F_g = \frac{I}{|\bar{i}|} = \frac{\pi}{2\sqrt{2}} \approx 1{,}111\,.$$

In Effektivwerten geeichte Meßgeräte mit linearer Mittelwertgleichrichtung zeigen also bei Gleichgrößen um 11,1 % zu viel an, da der Formfaktor der Gleichgrößen gleich Eins ist.

Effektivwertmessung mit Thermoumformern

Bei Thermoumformern wird die Übertemperatur $\Delta\vartheta$ eines vom Meßstrom $i(t)$ durchflossenen Heizleiters mit einem Thermoelement (siehe 3.5.3) und einem nachgeschalteten Drehspulinstrument gemessen. Wesentlich ist dabei, daß die Übertemperatur $\Delta\vartheta$ näherungsweise der Jouleschen Wärme I^2R proportional und die Thermospannung des Thermoelements ebenfalls näherungsweise dieser Übertemperatur proportional ist. Die Ausgangsspannung eines Thermoumformers ist also der Leistung und damit dem Quadrat des Effektivwertes des Meßstromes proportional. Thermoumformer eignen sich bis zu sehr hohen Frequenzen zur Leistungs- bzw. Effektivwertmessung. Sie sind leider nur wenig überlastbar.

Effektivwertmessung mit Dreheisenmeßwerken

Zur Anzeige von Effektivwerten bei Netzfrequenz werden in Schaltwarten bis heute gerne Dreheisenmeßwerke verwendet. Das für didaktische Zwecke gerne benutzte translatorische Prinzip, bei dem ein Eisenstab in eine stromdurchflossene Spule gezogen wird, ist in der Praxis durch eine rotatorische Anordnung ersetzt. In dem in Bild 5-7a dargestellten Mantelkern-Dreheisenmeßwerk magnetisiert die vom Meßstrom durchflossene Rundspule ein festes und ein beweglich mit der Drehachse verbundenes zylinderförmiges Eisenteil.
Aufgrund der gleichnamigen Magnetisierung stoßen sich die beiden Eisenteile einander ab und erzeugen so ein Drehmoment, das mit dem mechanischen winkelproportionalen Gegendrehmoment im Gleichgewicht steht. Zur Dämpfung des Meßwerkes verwendet man bevorzugt eine Luftdämpfung.
Das elektrisch erzeugte Drehmoment läßt sich durch Differentiation der Energie E nach dem Ausschlagwinkel α berechnen. Die gespeicherte magnetische Energie ist

$$E_m = \frac{1}{2} L I^2\,.$$

Dabei ist I der Meßstrom und L die Selbstinduktivität des Meßwerks. Das elektrisch erzeugte Drehmoment M_{el} ist bei konstantem Strom I abhängig vom Ausschlagwinkel α

$$M_{el} = \frac{dE_m}{d\alpha} = \frac{1}{2} \cdot \frac{dK}{d\alpha} I^2$$

und steht mit dem mechanischen Gegendrehmoment

$$M_{mech} = D\alpha$$

im Gleichgewicht.
Mit der Drehfederkonstanten D ergibt sich für den Skalenverlauf

$$\alpha = \frac{1}{2D} \cdot \frac{dL}{d\alpha} I^2\,.$$

Der Skalenverlauf hängt also vom Quadrat des Stromes und vom Verlauf $dL/d\alpha$ der Selbstinduktivität des Meßwerks ab. Bei linearem Induktivitätszuwachs ergibt sich ein quadratischer Skalenverlauf, bei ungefähr logarithmischem Induktivitätszuwachs ergibt sich ein näherungsweise linearer Skalenverlauf (Bild 5-7b).

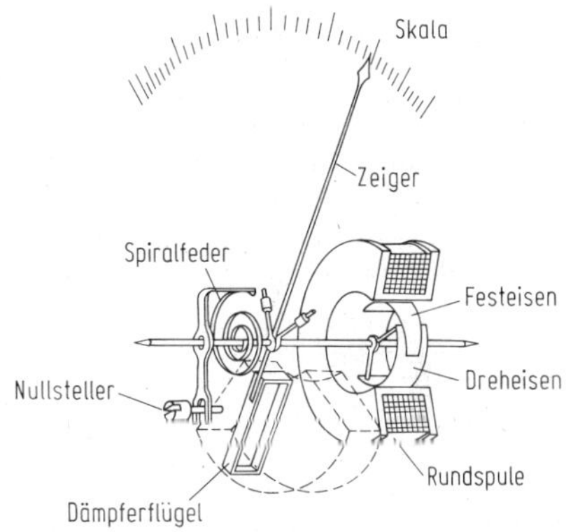

a

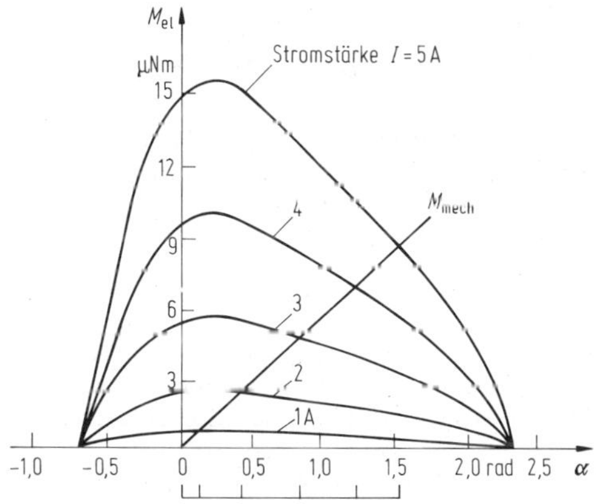

b

Bild 5-7. Dreheisen-Meßwerk. **a** Mantelkern-Dreheisenmeßwerk (Hartmann & Braun), **b** Typische Drehmomentkurve (Palm).

Dreheisenmeßwerke werden bevorzugt zur Effektivwertmessung von Strömen oder Spannungen bei niedrigen Frequenzen eingesetzt, sind aber auch für Gleichgrößenmessung geeignet. Der Eigenverbrauch liegt bei Strommessung bei mindestens 0,1 VA, bei Spannungsmessung wegen des notwendigen hohen, temperaturunabhängigen Vorwiderstandes bei mindestens 1 VA. Bei Spannungsmessern kann man den Frequenzfehler bis etwa 500 Hz durch einen geeignet dimensionierten Parallelkondensator zum Vorwiderstand kompensieren.

5.2.5 Multiplikation mit elektrodynamischen Meßwerken

Zur Bestimmung der Wirkleistung in Wechselstromnetzen werden in Warten bevorzugt elektrodynamische Meßwerke eingesetzt. Sie ähneln in ihrem Aufbau einem Drehspulmeßwerk mit Außenmagnet (siehe 5.1.1), wobei der Permanentmagnet durch einen Elektromagneten ersetzt ist.

Prinzip der Leistungsmessung mit elektrodynamischen Meßwerken

Die in einem komplexen Verbraucher $\underline{Z}$ umgesetzte Momentanleistung $p(t)$ berechnet sich aus der sinusförmigen Spannung $u(t) = U_0 \sin \omega t$ und dem phasenverschobenen sinusförmigen Strom $i(t) = I_0 \sin(\omega t + \varphi)$ zu

$$p(t) = u(t)\, i(t) = U_0 \sin \omega t\, I_0 \sin(\omega t + \varphi)\,.$$

Mit der Formel

$$\sin\alpha \sin\beta = \frac{1}{2}\left[\cos(\alpha - \beta) - \cos(\alpha + \beta)\right]$$

wird die *Momentanleistung*

$$p(t) = \frac{1}{2} U_0 I_0 [\cos\varphi - \cos(2\omega t + \varphi)]\,.$$

Der in der Momentanleistung enthaltene Gleichanteil ist die im Verbraucher umgesetzte Wirkleistung

$$P_\mathrm{w} = \frac{1}{2} U_0 I_0 \cos\varphi = UI \cos\varphi\,.$$

Der überlagerte Wechselanteil stellt eine mit der doppelten Frequenz pulsierende Leistung dar. Bei linearer Mittelwertbildung der Momentanleistung $p(t)$ ergibt sich also die Wirkleistung P_w.
Schickt man durch die Drehspule eines elektrodynamischen Meßwerkes einen Strom i_D, der der Spannung $u(t)$ am Verbraucher und durch die Feldspule einen Strom i_F, der dem Strom $i(t)$ durch den Verbraucher proportional ist, so ist die Anzeige des mittelwertbildenden Meßwerks der

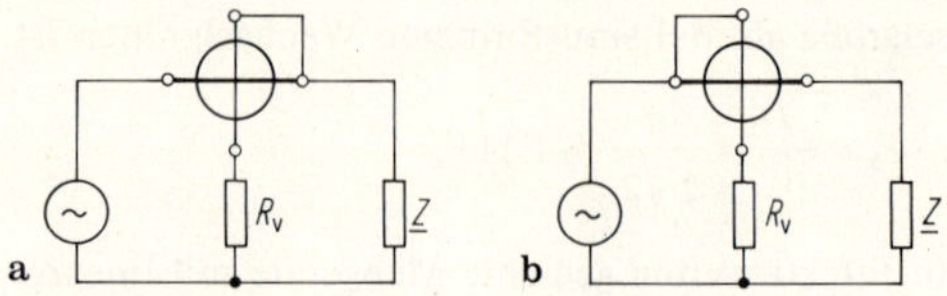

Bild 5-8. Wirkleistungsmessung mit elektrodynamischen Meßwerken. **a** Spannungsrichtige Verbraucherleistungsmessung, **b** stromrichtige Verbraucherleistungsmessung.

Wirkleistung proportional:

$$\alpha \sim \frac{1}{T} \int_0^T i_\mathrm{D} i_\mathrm{F}\, \mathrm{d}t \sim \frac{1}{T} \int_0^T u(t)\, i(t)\, \mathrm{d}t = P_\mathrm{w}\,,$$

$$P_\mathrm{w} = UI \cos\varphi \sim \alpha\,.$$

Bei einem Phasenwinkel $\varphi = 90°$ zwischen Spannung und Strom ist die von einem elektrodynamischen Meßwerk angezeigte Wirkleistung Null, da wegen fehlender Wirkwiderstände nur Blindleistung pendeln kann.

Meßschaltungen zur Leistungsmessung

Bei den in Bild 5-8 dargestellten Meßschaltungen zur Bestimmung einer Leistung müssen die Vorwiderstände R_v so ausgelegt werden, daß bei Nennspannung der Strom in der Drehspule einen bestimmten Nennwert nicht überschreitet.
Außerdem muß der Vorwiderstand R_v im Spannungspfad so angeordnet werden, daß zwischen Feld-(Strom-) und Dreh-(Spannungs-)spule möglichst keine Potentialdifferenz entsteht, die zu Isolationsproblemen führen könnte.
Mit Meßschaltung (a) ist spannungsrichtige Verbraucherleistungsmessung oder aber stromrichtige Quellenleistungsmessung möglich. Bei Meßschaltung (b) wird die Verbraucherleistung stromrichtig, die Quellenleistung jedoch spannungsrichtig gemessen.

Leistungsmessung in Netzen

Zur Anpassung an die unterschiedlichen Nennströme und Nennspannungen werden Spannungs- und Stromwandler eingesetzt, die gleichzeitig eine galvanische Trennung vom Netz bewirken.
In symmetrisch belasteten Drehstromnetzen braucht nur die Leistung einer Phase gemessen und 3mal genommen zu werden. Bei einem Dreileiternetz wird der fehlende Sternpunkt mit Hilfe dreier Widerstände künstlich gebildet.
Bei einem beliebig belasteten Dreileiternetz genügen zwei Meßwerke zur Bestimmung der Gesamtleistung, wenn die beiden mit der 3. Phase verketteten Spannungen an die jeweiligen Spannungspfade angeschlossen werden (Aron-Schaltung).
Die komplexe Gesamtleistung $\underline{P}$

$$\underline{P} = \underline{U}_\mathrm{R0} \underline{I}_\mathrm{R} + \underline{U}_\mathrm{S0} \underline{I}_\mathrm{S} + \underline{U}_\mathrm{T0} \underline{I}_\mathrm{T}$$

kann nämlich wegen $\underline{I}_S = -(\underline{I}_R + \underline{I}_T)$ in

$$\underline{P} = (\underline{U}_{R0} - \underline{U}_{S0})\,\underline{I}_R + (\underline{U}_{T0} - \underline{U}_{S0})\,\underline{I}_T = \underline{U}_{RS}\underline{I}_R + \underline{U}_{TS}\underline{I}_T$$

umgeformt werden.
Blindleistungsmessungen sind in Drehstromnetzen vergleichsweise einfach möglich, wenn bei symmetrischen Spannungsverhältnissen an den Spannungspfad eines wirkleistungsmessenden elektrodynamischen Meßwerks statt der Phasenspannung die um 90° verschobene verkettete Spannung zwischen den beiden anderen Phasen angelegt wird. Bei der Auswertung sind die Teilleistungen dann aber durch $\sqrt{3}$ zu dividieren.

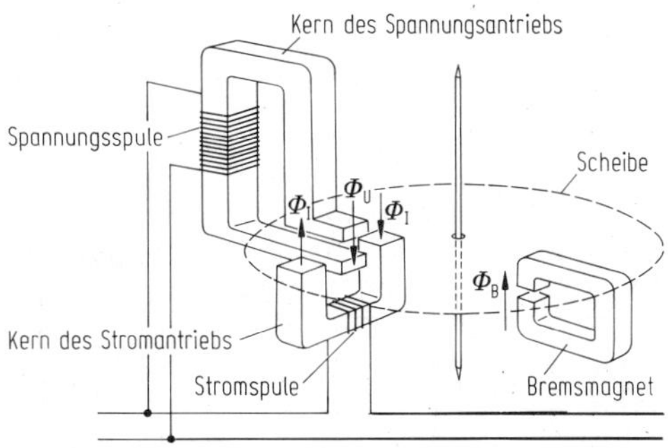

Bild 5-9. Prinzip eines Induktionszählers (Pflier).

5.2.6 Integralwertbestimmung mit Induktionszählern

Durch zeitliche Integration der an einen Verbraucher abgegebenen Wirkleistung $P_w(t)$ läßt sich die während der Zeit t_1 bis t_2 verbrauchte Energie bestimmen:

$$E = \int_{t_1}^{t_2} P_w(t)\,\mathrm{d}t.$$

Bei dem in Bild 5-9 skizzierten Induktionszähler wirkt auf eine drehbar gelagerte Aluminiumscheibe parallel zur Lagerachse ein von einer Spannungsspule erzeugter magnetischer Fluß Φ_U und ein von einer Stromspule erzeugter Fluß Φ_I.
Die in der Scheibe induzierten Spannungen bewirken Wirbelströme in der Scheibe. Das elektromagnetisch erzeugte Moment M_{el} ergibt sich aus der Kraftwirkung der beiden Flüsse Φ_U und Φ_I mit den jeweils vom anderen Fluß erzeugten Wirbelströmen. Das resultierende Drehmoment M_{el} ist der Netzfrequenz f, den Flüssen Φ_U und Φ_I und dem Sinus des Phasenwinkels zwischen den beiden Flüssen proportional:

$$M_{el} \sim f\Phi_U\Phi_I \sin \sphericalangle(\Phi_U, \Phi_I).$$

Um ein der Wirkleistung P_w proportionales Drehmoment

$$M_{el} \sim P_w = UI\cos\varphi$$

zu erzielen, muß der Stromfluß Φ_I dem Strom I proportional sein. Der den Spannungsfluß Φ_U erzeugende Strom durch die Spannungsspule muß dem Betrage nach der Spannung U proportional sein, in der Phase jedoch um 90° gegenüber der Spannung U verschoben sein, was bei einer Drosselspule in etwa gegeben ist. Bei rein ohmschem Verbraucher muß also der Fluß Φ_U gegenüber dem Fluß Φ_I um genau 90° verschoben sein (90°-Abgleich).
Da außerdem auf die Scheibe über einen Permanentmagneten ein der Winkelgeschwindigkeit ω_S der Scheibe proportionales Bremsmoment $M_b \sim \omega_S$ ausgeübt wird, stellt sich die momentane Winkelgeschwindigkeit $\omega_S(t)$ der Scheibe proportional zur momentanen Wirkleistung $P_w(t)$ ein:

$$\omega_S(t) \sim P_w(t).$$

Die über ein mechanisches Untersetzungsgetriebe erhaltene Zahl N der Umdrehungen wird bei den in Haushalten üblichen Ein- und Dreiphasen-Induktionszählern mit einem mechanischen Zählwerk gezählt und ist dem während der Zeitdauer $t_2 - t_1$ erhaltenen Integral über die Winkelgeschwindigkeit $\omega_S(t)$ der Scheibe proportional:

$$N = k_1 \int_{t_1}^{t_2} \omega_S(t)\,\mathrm{d}t = k_2 \int_{t_1}^{t_2} P_w(t)\,\mathrm{d}t.$$

5.3 Prinzip und Anwendung des Elektronenstrahloszilloskops

Das Elektronenstrahloszilloskop, das klassische analoge elektronische Meßgerät in Labor und Prüffeld, gestattet die Darstellung einer oder mehrerer Meßgrößen in Abhängigkeit einer anderen Größe auf einem flächenförmigen Bildschirm. Besonders geeignet ist ein gewöhnliches *analoges* Oszilloskop zur Darstellung periodischer Signalverläufe, da durch meßsignalgesteuerte Auslösung *(Triggerung)* der Ablenkung des Elektronenstrahls ein *stehendes Schirmbild* erzielt werden kann.

5.3.1 Elektronenstrahlröhre. Ablenkempfindlichkeit

Das Herz eines Oszilloskops stellt die Elektronenstrahlröhre dar, deren prinzipieller Aufbau in Bild 5-10 angegeben ist.
Von einer meist indirekt geheizten Kathode werden Elektronen emittiert und in Richtung der positiven Anode beschleunigt, an der eine Spannung von einigen kV gegenüber der Kathode anliegt. Die Intensität des Elektronenstroms kann durch

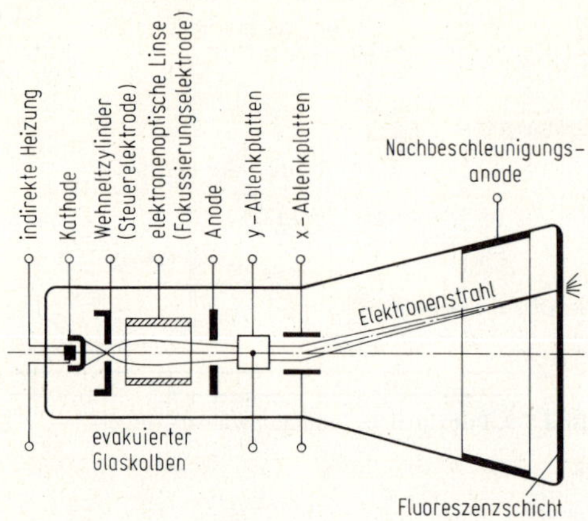

Bild 5-10. Prinzipieller Aufbau einer Elektronenstrahlröhre.

die Steuerelektrode, den negativ geladenen Wehneltzylinder, gesteuert werden. So ist es z. B. möglich, den Elektronenstrahl zu bestimmten Zeiten dunkel zu steuern. Die Linsenelektrode dient zur Fokussierung des Elektronenstrahls auf dem fluoreszierenden Bildschirm. Dadurch wird ein scharfer Leuchtpunkt bzw. eine scharfe Leuchtspur erreicht. Die Ablenklung des Elektronenstrahls erfolgt elektrostatisch über die x- und y-Ablenkplatten, die an den Ablenkspannungen U_x und U_y liegen.

Berechnung der Ablenkempfindlichkeit
(Bild 5-11)

Die von der Kathode emittierten Elektronen mit der Elementarladung e und der Ruhemasse m_e werden durch die Anodenspannung U_z auf die Geschwindigkeit v_z beschleunigt.
Da die kinetische Energie jedes Elektrons gleich der längs des Weges geleisteten Arbeit ist, ergibt sich

$$\frac{m_e}{2} v_z^2 = e\,U_z\,.$$

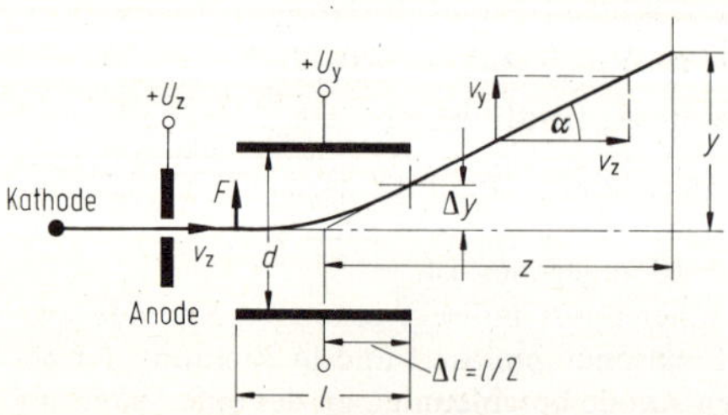

Bild 5-11. Elektrostatische Ablenkung des Elektronenstrahls.

Daraus berechnet man mit $e = 1{,}602 \cdot 10^{-19}$ As und $m_e = 9{,}109 \cdot 10^{-31}$ kg die Geschwindigkeit

$$v_z = \sqrt{\frac{2e}{m_e} U_z} = \sqrt{U_z/\mathrm{V}} \cdot 593\ \mathrm{km/s}\,.$$

Im Bereich der Ablenkplatten wirkt wegen der Feldstärke $E_y = U_y/d$ auf die Elektronen die Kraft $F = eE_y$, die gleich dem Produkt aus Masse m_e und Beschleunigung a_y ist:

$$F = eE_y = m_e a_y\,.$$

Mit der Verweilzeit $t = l/v_z$ ist die Geschwindigkeit in y-Richtung nach Verlassen der Ablenkplatten

$$v_y = a_y t = \frac{e}{m_e} \cdot \frac{U_y}{d} \cdot \frac{l}{v_z}\,.$$

Der Tangens des Ablenkwinkels α ist damit

$$\tan\alpha = \frac{v_y}{v_z} = \frac{e}{m_e} \cdot \frac{U_y}{d} \cdot \frac{l}{v_z^2}\,.$$

Setzt man $v_z^2 = (2e/m_e)\,U_z$ ein, so wird

$$\tan\alpha = \frac{l}{2d} \cdot \frac{U_y}{U_z}\,.$$

Mit der Auslenkung y, dem Abstand z der Platten vom Bildschirm und mit $y = z\tan\alpha$ ist die Ablenkempfindlichkeit ε_y

$$\varepsilon_y = \frac{y}{U_y} = \frac{zl}{2d} \cdot \frac{1}{U_z}\,.$$

Als Kenngröße ist jedoch gegenwärtig der Reziprokwert der Ablenkempfindlichkeit, der sog. *Ablenkkoeffizient* k_y genormt. Es gilt

$$k_y = \frac{1}{\varepsilon_y} = \frac{U_y}{y}\,.$$

5.3.2 Darstellung des zeitlichen Verlaufs periodischer Meßsignale

Zur Darstellung des zeitlichen Verlaufs $y(t)$ eines periodischen Meßsignals auf einem Oszilloskop wird zunächst ein steuerbarer Zeitablenkgenerator als Zeitbasis benötigt, der — ausgehend von einer negativen Anfangsspannung — eine linear mit der Zeit ansteigende Sägezahnspannung für die x-Ablenkplatten liefert. Das Meßsignal selbst wird an die y-Ablenkplatten gelegt. Das *entstehende Schirmbild* läßt sich nach Bild 5-12 aus dem zeitlichen Verlauf der Meßsignalspannung $y(t)$ — im Beispiel sinusförmig — und aus der Sägezahnspannung $x(t)$ konstruieren.
Durch die vom Meßsignal $y(t)$ gesteuerte Auslösung des Zeitablenkgenerators ergibt sich ein stehendes Schirmbild. Im einfachsten Fall erhält man aus der vertikalen Auslenkung y und dem

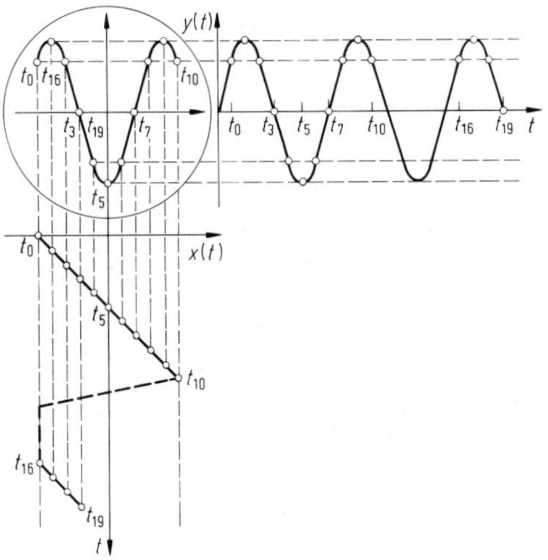

Bild 5-12. Darstellung eines zeitlichen Verlaufs auf dem Bildschirm.

Ablenkkoeffizienten k_y (in V/cm) die Amplitude

$$U_y = k_y y$$

und aus dem horizontalen Abstand Δx und dem Zeitkoeffizienten k_t (in s/cm) die Periodendauer T des Meßsignals entsprechend

$$T = \Delta t = k_t \Delta x .$$

Der *Zeitablenkgenerator* besteht im Prinzip aus einem Integrationsverstärker, dessen Kapazität zu Beginn des Ablenkvorgangs negativ aufgeladen ist und dessen Ausgangsspannung bei konstantem negativen Eingangsstrom linear ansteigt.

Die *Auslösung* oder *Triggerung* des Zeitablenkgenerators erfolgt im Regelfall durch das Meßsignal, wenn dieses einen bestimmten einstellbaren Pegel bei einer bestimmten Flanke erreicht.

5.3.3 Blockschaltbild eines Oszilloskops in Standardausführung

Das Blockschaltbild eines typischen Oszilloskops ist in Bild 5-13 dargestellt.

Über je einen *Vorverstärker*, einen elektronischen Umschalter und einen y-Endverstärker gelangen die Meßsignale $y_1(t)$ und $y_2(t)$ an die y-Ablenkplatten der Elektronenstrahlröhre. Die breitbandigen Vorverstärker mit einem Frequenzbereich von 0 bis etwa 20 (50) MHz (Grenzfrequenz) sind im Nullpunkt und in der Verstärkung einstellbar. *Ablenkkoeffizienten* bis herab zu etwa 5 mV/cm sind üblich.

Im y,t-Betrieb kann die *Triggerung* entweder extern oder über eines der beiden Meßsignale erfolgen. Bei fehlendem Triggersignal kann durch Freilauf des Zeitablenkgenerators die Nullinie geschrieben werden. An der Triggereinrichtung sind der Signalpegel und die Signalflanke einstellbar. Besonders bei der Messung kurzer Anstiegszeiten ist eine einstellbare *Verzögerungszeit* für die Zeitablenkung von Vorteil. Bis kurz vor der ansteigenden Flanke eines Meßsignals kann die Ablenkung verzögert und dann mit höherer Ablenkgeschwindigkeit dessen Anstiegsflanke, über den ganzen Bildschirm gedehnt, dargestellt werden.

Der Elektronenstrahl kann bei Bedarf über eine negative Spannung am Wehneltzylinder dunkelgesteuert werden. Diese *Dunkelsteuerung* erfolgt immer dann, wenn der Elektronenstrahl am rechten Rand des Schirmes angelangt ist und an den linken Rand zurückgesetzt wird. Eine Dunkelsteuerung kann auch über einen getrennten Eingang, den sog. z-Eingang erfolgen. Mit Hilfe dieser z-Modulation können bestimmte Amplituden oder Zeitmarken eingeblendet werden.

Die *Umschaltung* zwischen den beiden Meßsignalen am y-Eingang erfolgt entweder alternierend oder mit einer Rechteckfrequenz („Chopperfrequenz") von etwa 1 MHz. Im alternierenden Be-

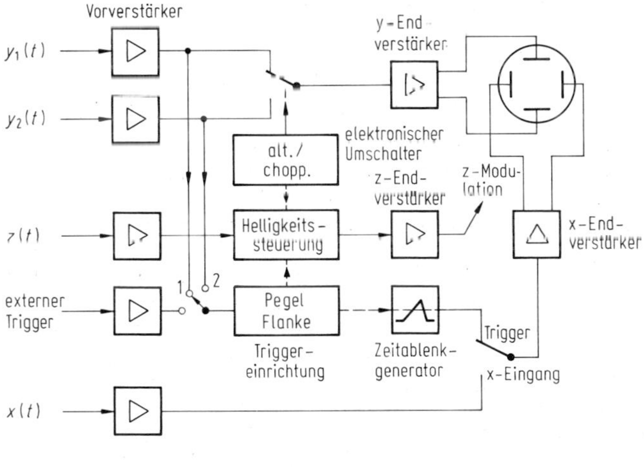

Bild 5-13. Blockschaltbild eines Oszilloskops in Standardausführung.

trieb steuert der Zeitablenkgenerator den Umschalter, wobei abwechselnd jedes der beiden Meßsignale für einen Durchlauf durchgeschaltet wird. Schließlich kann die x-Ablenkung statt vom Zeitablenkgenerator auch über einen getrennten Eingang mit eigenem Vorverstärker angesteuert werden. Man spricht dann von einem x,y-Betrieb.

5.3.4 Anwendung eines Oszilloskops im x,y-Betrieb

Im x,y-Betrieb sind eine Vielzahl von Anwendungen möglich. Hier soll auf die Darstellung von Spannungs-Strom-Kennlinien eingegangen werden.

Für die Darstellung der *Spannungs-Strom-Kennlinie* eines nichtlinearen, passiven Zweipols muß nach Bild 5-14 eine Wechselspannung an die Serienschaltung eines ohmschen Widerstandes und des Zweipols gelegt werden.

Die Spannung am Zweipol, z. B. einer Testdiode, wird an den x-Eingang und die Spannung am Widerstand an den y-Eingang gelegt. Da die Spannung am Widerstand dem Strom proportional ist, entsteht ein Schirmbild, das die Spannungs-Strom-Kennlinie des Zweipols darstellt. Die Kennlinie wird dabei mit der Frequenz der speisenden Wechselspannung durchfahren. Für ein stehendes Bild sind Frequenzen von mindestens etwa 25 Hz notwendig. Für didaktische Zwecke kann die Kennlinie langsam, z. B. mit 1 Hz durchfahren werden.

Probleme stellen die fast immer vorhandenen Bezugspotentiale, häufig das sog. Massepotential. Sind die Eingänge am Oszilloskop nicht massefrei, so muß eine massefreie Wechselspannung zur Ansteuerung verwendet werden. Die Verbindung von Widerstand und nichtlinearem Zweipol kann dann an Masse gelegt werden. Will man die aus dieser Schaltung resultierende Spiegelung der U,I-Kennlinie um die vertikale Stromachse vermeiden, so muß zusätzlich ein Umkehrverstärker (Invertierer) eingesetzt werden.

5.3.5 Frequenzkompensierter Eingangsteiler

Der Anschluß eines Meßobjekts geschieht häufig über einen Tastteiler, der dieses mit dem Ein-

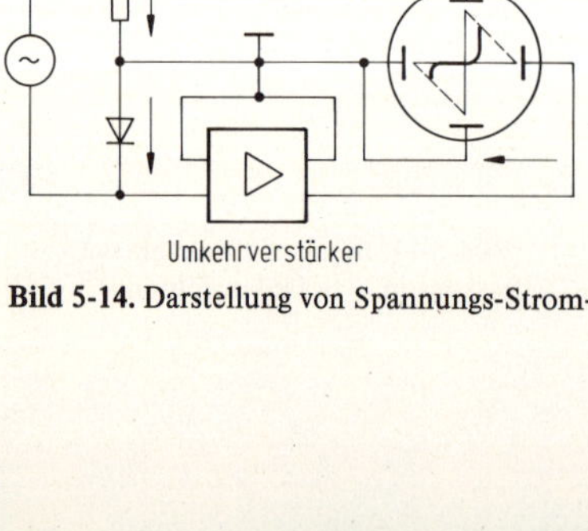

Bild 5-14. Darstellung von Spannungs-Strom-Kennlinien.

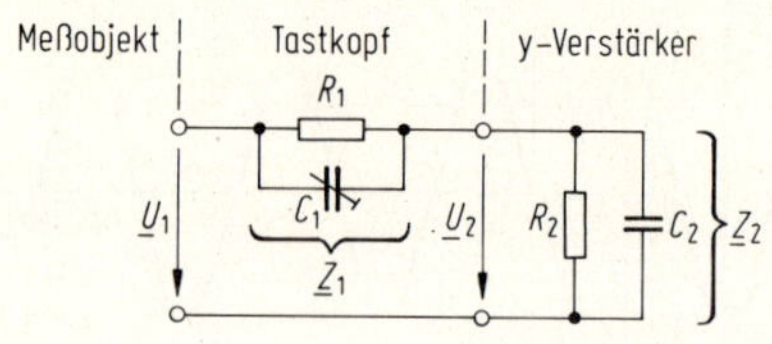

a

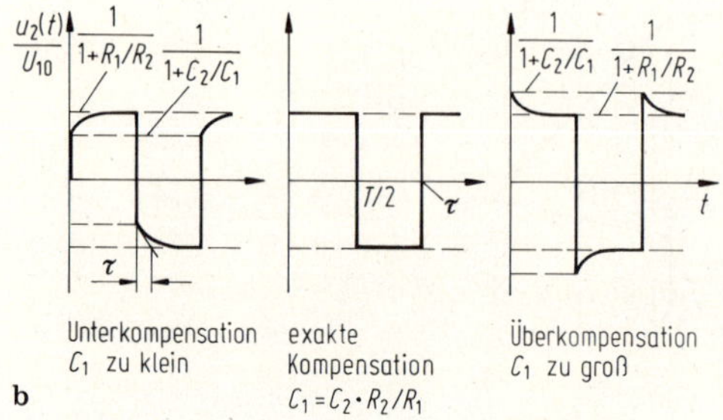

b

Bild 5-15. Frequenzkompensation des Eingangsteilers. **a** Ersatzschaltung eines Tastteilers am Verstärkereingang, **b** Unterkompensation, Kompensation und Überkompensation.

gangsverstärker eines Oszillographen verbindet. Die Vorverstärker am Eingang eines Oszillographen besitzen eine Eingangsimpedanz, die durch die Parallelschaltung eines Widerstandes R_2 und einer Kapazität C_2 beschrieben werden kann (typische Werte: 1 MΩ, 27 pF). Der Tastteiler enthält nach Bild 5-15a einen Teilerwiderstand R_1 und eine einstellbare Kapazität C_1.

Durch geeigneten Abgleich der Kapazität C_1 entsteht ein frequenzkompensierter Tastteiler mit erhöhtem Eingangswiderstand R_{res} und erniedrigter Eingangskapazität C_{res}, wie dies bei vielen Meßaufgaben wünschenswert ist. Der komplexe Teilerfaktor ist

$$\underline{t} = \frac{\underline{U}_1}{\underline{U}_2} = 1 + \frac{R_1}{R_2} \cdot \frac{1 + j\omega R_2 C_2}{1 + j\omega R_1 C_1}.$$

Bei gleichen Zeitkonstanten, $R_1 C_1 = R_2 C_2$, wird der Teilerfaktor frequenzunabhängig:

$$t = \frac{\underline{U}_1}{\underline{U}_2} = 1 + \frac{R_1}{R_2} = 1 + \frac{C_2}{C_1}.$$

Der erhöhte Eingangswiderstand R_{res} und die erniedrigte Eingangskapazität C_{res} sind im Falle der Frequenzkompensation

$$R_{res} = R_1 + R_2 = tR_2, \quad C_{res} = \frac{C_1 C_2}{C_1 + C_2} = \frac{C_2}{t}.$$

Bei einem Eingangswiderstand $R_2 = 1\,\text{M}\Omega$, einer Eingangskapazität $C_2 = 27$ pF und einem reellen Teilerfaktor $t = 10$ betragen der resultierende Eingangswiderstand $R_{res} = 10\,\text{M}\Omega$ und die resultierende Eingangskapazität $C_{res} = 2{,}7$ pF.

Der Abgleich des Tastteilers kann am besten durch eine Rechteckspannung überprüft werden.

Bei Frequenzkompensation erscheint am Bildschirm eine saubere Rechteckspannung. Nach Bild 5-15 b ergeben sich bei abweichender Kapazität C_1 Abweichungen von der Rechteckform. Man spricht dann von Unterkompensation bzw. Überkompensation.
Im ersten Augenblick sind nur die Kapazitäten wirksam, und das Spannungsverhältnis $u_2(0)/U_{10}$ hat den gleichen Wert wie bei sehr hohen Frequenzen, nämlich $C_1/(C_1+C_2)$.
Im eingeschwungenen Zustand sind nur die Widerstände wirksam und das Spannungsverhältnis $u_2(T/2)/U_{10}$ hat den gleichen Wert wie bei niedrigen Frequenzen, nämlich $R_2/(R_1+R_2)$.
Für den frequenzkompensierten Zustand $R_1C_1 = R_2C_2$ sind beide Spannungsverhältnisse gleich.
Die Periodendauer des Testrechtecksignals soll so groß sein, daß der eingeschwungene Zustand während jeder Halbperiode praktisch erreicht wird. Dies ist etwa bei Frequenzen unter 5 kHz der Fall.

6 Digitale Meßtechnik

Wichtige Gründe für die Bedeutung der digitalen Meßtechnik sind die kostengünstige Verfügbarkeit der Mikrorechner sowie damit verbunden die der digitalen Meßsignalverarbeitung.
Digitale Meßsignale besitzen außerdem Vorteile im Hinblick auf die Störsicherheit der Signalübertragung und die Einfachheit der galvanischen Trennung.

6.1 Quantisierung und digitale Signaldarstellung

6.1.1 Informationsverlust durch Quantisierung

Im Gegensatz zur analogen Signaldarstellung, bei der die Meßgrößen in stetige Meßsignale abgebildet werden, sind bei der digitalen Meßsignaldarstellung nur diskrete Meßsignale vorhanden, die durch Abtastung, Quantisierung und Codierung erhalten werden.
Bei der Quantisierung ist ein Informationsverlust unvermeidlich. Die sinnvolle Quantisierung hängt von der Art des physikalischen Meßsignals und von der vorgesehenen Anwendung ab. Bei akustischen Signalen bietet sich z. B. eine *ungleichförmige* Quantisierung an. Durch logarithmische Quantisierung wird z. B. vermieden, daß sehr kleine Meßsignale im sog. Quantisierungsrauschen untergehen (Anwendung beim Kompander).
Die Quantisierung bei gleichförmiger Quantisierung wird i. allg. so gewählt, daß sie in etwa dem zulässigen Fehler des Meßsignals entspricht. Dadurch wird sichergestellt, daß weder durch übermäßige Quantisierung eine zu hohe Genauigkeit vorgetäuscht wird, noch durch zu geringe Quantisierung die vorhandene Genauigkeit des Meßgrößenaufnehmers verschenkt wird.
In Bild 6-1 a ist eine Quantisierungskennlinie für 8 Quantisierungsstufen dargestellt. Bild 6-1 b zeigt den Quantisierungsfehler, der gleich der Differenz von digitalem Istwert (Treppenkurve) und linear verlaufendem Sollwert ist. Er springt an den Sprungstellen von $-0{,}5$ auf $+0{,}5$ und sinkt dann wieder linear auf den Wert $-0{,}5$ ab, wo die nächste Sprungstelle ist.
Der mit der Quantisierung verbundene Informationsverlust ist deutlich in Bild 6-1 c zu erkennen, da sämtlichen Analogwerten A im Bereich

$$N - 0{,}5 < A \leqq N + 0{,}5$$

der eine diskrete Wert $D = N$ zugeordnet ist.

6.1.2 Der relative Quantisierungsfehler

Im einfachsten Fall werden den bei der Quantisierung erhaltenen diskreten Quantisierungsstufen (positive ganze n-stellige) Dualzahlen zugeordnet, für die gilt

$$N = \sum_{i=0}^{n-1} a_i \cdot 2^i .$$

(Weitere Codes zur Zahlendarstellung siehe J 4.1).
Mit einer n-stelligen Dualzahl lassen sich die

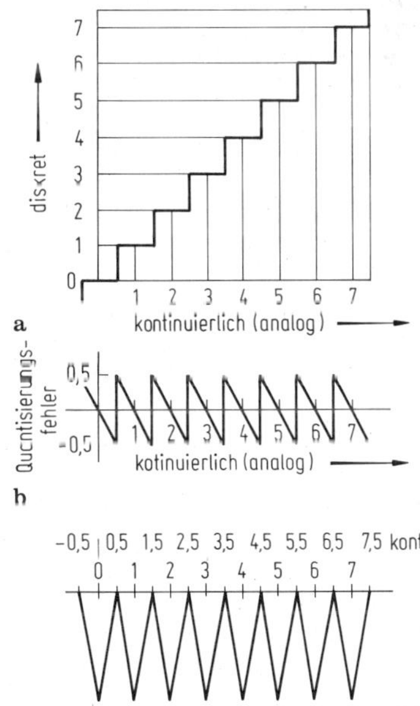

Bild 6-1. Quantisierung. **a** Kennlinie, **b** Quantisierungsfehler, **c** Informationsverlust.

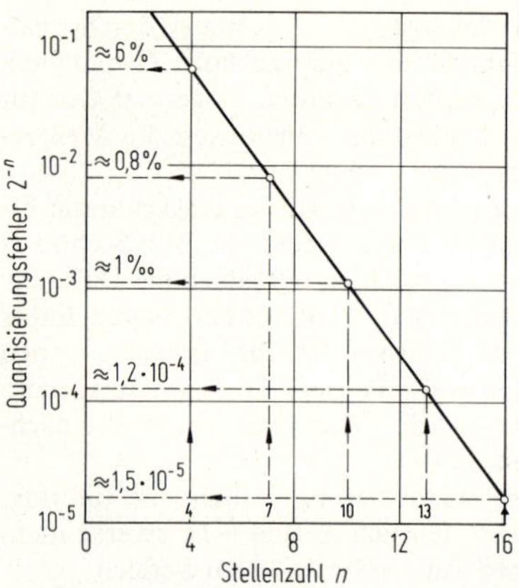

Bild 6-2. Relativer Quantisierungsfehler abhängig von der Stellenzahl.

Werte 0 bis $2^n - 1$ darstellen, die Anzahl der darstellbaren Werte ist also 2^n. Die Koeffizienten a_i sind binäre Größen, die also nur die Werte 0 oder 1 annehmen können. Der größtmögliche Informationsgehalt H einer n-stelligen Dualzahl ist

$$H = \mathrm{ld}\, 2^n = n\,\mathrm{bit}\,.$$

Die Wortlänge (Stellenzahl) eines binären Datenworts wird häufig in der Einheit Bit, in der Zahl der Binärstellen, angegeben. Eine einzelne Binärstelle wird ebenfalls als Bit bezeichnet. Ein Datenwort mit einer Wortlänge von 8 Bit nennt man ein Byte. Ein Speicher mit einem Datenumfang von 1 Kbyte (Kilobyte) kann $2^{10} = 1\,024$ Datenworte zu 8 Bit speichern.

Setzt man bei ganzen Dualzahlen den Quantisierungsfehler gleich Eins, so ist der *relative Quantisierungsfehler* bei Bezug auf den Codeumfang von 2^n

$$F_{\mathrm{q\,rel}} = 2^{-n}\,.$$

Abhängig von der Stellenzahl n ist in Bild 6-2 der relative Quantisierungsfehler aufgetragen. Bei einem 10stelligen Digitalsignal liegt der Quantisierungsfehler von $2^{-10} = 1/1\,024$ also bereits unter 1‰.

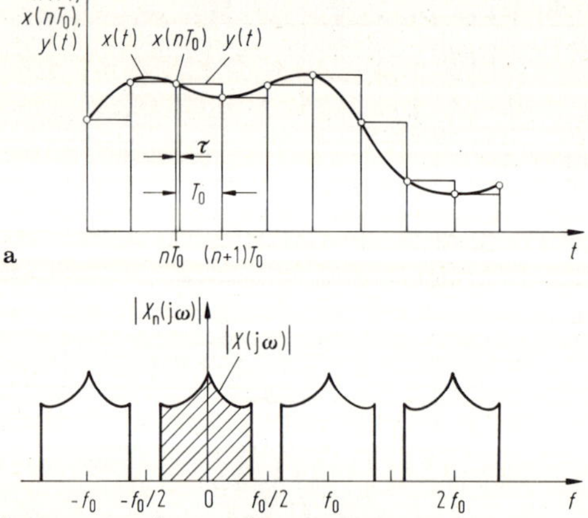

Bild 6-3. a Abtastung eines Meßsignals $x(t)$ zu den Zeiten nT_0, **b** Spektrum $|X(\mathrm{j}\omega)|$ eines frequenzbandbegrenzten, abgetasteten Meßsignals.

6.2 Abtasttheorem und Abtastfehler

6.2.1 Das Shannonsche Abtasttheorem

Ein kontinuierliches, analoges Meßsignal $x(t)$, dessen Funktionswerte für negative Zeiten verschwinden, besitzt das komplexe Spektrum $X(\mathrm{j}\omega)$, das sich mit Hilfe der Fourier-Transformation (vgl. A 23.1) zu

$$X(\mathrm{j}\omega) = \int_0^\infty x(t)\,\mathrm{e}^{-\mathrm{j}\omega t}\mathrm{d}t$$

berechnen läßt.

Wird das Signal $x(t)$ nach Bild 6-3a zu äquidistanten Zeiten $t = nT_0$ ($n = 0, 1, \ldots$) abgetastet, so erhält man eine Folge $x(nT_0)$ von Meßwerten.

Mit der Abtastperiode T_0, der Kreisfrequenz ω und der differentiellen Abtastdauer τ ergibt sich das Differential $\mathrm{d}X_\mathrm{n}(\mathrm{j}\omega)$ und das Spektrum $X_\mathrm{n}(\mathrm{j}\omega)$ des abgetasteten Signals zu

$$\mathrm{d}X_\mathrm{n}(\mathrm{j}\omega) = x(nT_0)\,\mathrm{e}^{-\mathrm{j}\omega nT_0}\,\tau,$$

$$X_\mathrm{n}(\mathrm{j}\omega) \;= \tau \sum_{n=0}^{\infty} x(nT_0)\,\mathrm{e}^{-\mathrm{j}\omega nT_0}\,.$$

Für ein auf $f < f_\mathrm{m}$ frequenzbandbegrenztes Signal ist der Betrag $|X_\mathrm{n}(\mathrm{j}\omega)|$ des Spektrums des abgetasteten Signals in Bild 6-3b dargestellt. Das Spektrum des zeitdiskreten Signals ist periodisch. Der spektrale Periodenabstand ist dabei gleich der Abtastfrequenz $f_0 = 1/T_0 = \omega_0/2\pi$.

Das Spektrum $X_\mathrm{n}(\mathrm{j}\omega)$ ist im Bereich $-f_\mathrm{m} \leqq f \leqq f_\mathrm{m}$ identisch mit dem Spektrum $X(\mathrm{j}\omega)$ des kontinuierlichen Analogsignals. Wenn sich also die Teilspektren von $X_\mathrm{n}(\mathrm{j}\omega)$ nicht überlappen, dann kann durch ideale Tiefpaßfilterung ohne Informationsverlust das kontinuierliche Signal $x(t)$ wiedergewonnen werden.

Das *Shannonsche Abtasttheorem* besagt daher, daß die halbe Abtastfrequenz $f_0/2$ größer sein muß als die höchste im Signal enthaltene (nicht: gewünschte!) Frequenz f_m, damit der Verlauf eines Signals aus den Abtastwerten (im Idealfall vollständig) rekonstruiert werden kann. Für die Abtastfrequenz muß also gelten:

$$f_0 > 2 f_\mathrm{m}\,.$$

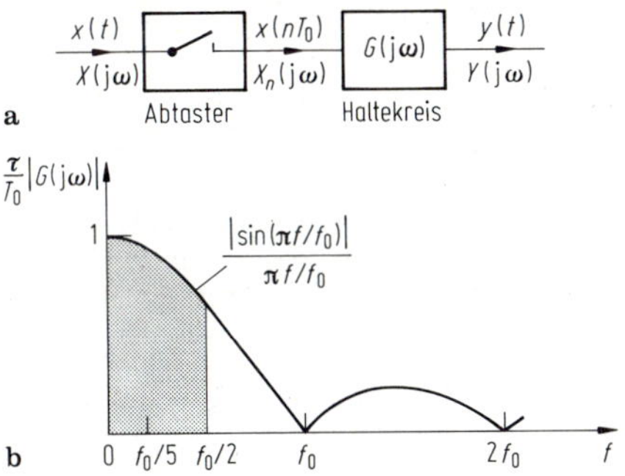

Bild 6-4. **a** Abtast- und Haltekreis, **b** Amplitudengang eines Haltekreises.

Um bei überlappenden Teilspektren eine Mehrdeutigkeit zu vermeiden, muß gegebenenfalls ein analoges sog. Antialiasing-Filter vorgeschaltet werden, das Signalanteile mit Frequenzen $f \geqq f_0/2$ ausfiltert (sperrt).

6.2.2 Frequenzgang bei Extrapolation nullter Ordnung

Die vollständige Rekonstruktion eines bandbegrenzten Signals aus den Abtastwerten ist entsprechend dem Abtasttheorem mit einem idealen Rechteckfilter möglich, das zum Abtastzeitpunkt nT_0 den Wert 1 und zu allen anderen Abtastzeitpunkten den Wert 0 liefert.

Im Regelfall begnügt man sich mit einem einfachen *Abtast- und Haltekreis* nach Bild 6-4a, bei dem der abgetastete Wert bis zur nächsten Abtastung beibehalten wird. Man spricht deshalb auch von einer Extrapolation nullter Ordnung.

Das Spektrum $Y(\mathrm{j}\omega)$ des Ausgangssignals $y(t)$ des Abtast- und Haltekreises berechnet sich durch Summation der Teilintegrale im jeweiligen Definitionsbereich $nT_0 \leq t < (n+1)\,T_0$ zu

$$Y(\mathrm{j}\omega) = \int_0^\infty y(t)\,\mathrm{e}^{-\mathrm{j}\omega t}\,\mathrm{d}t = \sum_{n=0}^{\infty} \int_{nT_0}^{(n+1)T_0} x(nT_0)\,\mathrm{e}^{-\mathrm{j}\omega t}\,\mathrm{d}t.$$

Die Lösung des Integrals liefert zunächst

$$Y(\mathrm{j}\omega) = \sum_{n=0}^{\infty} x(nT_0)\,\frac{1}{-\mathrm{j}\omega}\,[\mathrm{e}^{-\mathrm{j}\omega t}]_{nT_0}^{(n+1)T_0}$$

$$= \sum_{n=0}^{\infty} x(nT_0)\,\mathrm{e}^{-\mathrm{j}\omega nT_0}\,\frac{1-\mathrm{e}^{-\mathrm{j}\omega T_0}}{\mathrm{j}\omega}.$$

Nach Ausklammern von $\mathrm{e}^{-\mathrm{j}\omega T_0/2}$ ergibt sich

$$Y(\mathrm{j}\omega) = \sum_{n=0}^{\infty} x(nT_0)\,\mathrm{e}^{-\mathrm{j}\omega nT_0}\,\mathrm{e}^{-\mathrm{j}\omega T_0/2}\,\frac{\mathrm{e}^{\mathrm{j}\omega T_0/2}-\mathrm{e}^{-\mathrm{j}\omega T_0/2}}{\mathrm{j}\omega}.$$

Mit $\mathrm{e}^{\mathrm{j}\varphi} - \mathrm{e}^{-\mathrm{j}\varphi} = 2\mathrm{j}\sin\varphi$ erhält man

$$Y(\mathrm{j}\omega) = \sum_{n=0}^{\infty} x(nT_0)\,\mathrm{e}^{-\mathrm{j}\omega nT_0}\,\mathrm{e}^{-\mathrm{j}\omega T_0/2}\,T_0\,\frac{\sin(\omega T_0/2)}{\omega T_0/2}.$$

Der Frequenzgang eines Haltekreises ergibt sich nach Division durch das oben berechnete Spektrum $X_\mathrm{n}(\mathrm{j}\omega)$ zu

$$G(\mathrm{j}\omega) = \frac{Y(\mathrm{j}\omega)}{X_\mathrm{n}(\mathrm{j}\omega)} = \frac{T_0}{\tau}\cdot\frac{\sin(\omega T_0/2)}{\omega T_0/2}\,\mathrm{e}^{-\mathrm{j}\omega T_0/2}.$$

Mit $\omega T_0/2 = \pi f/f_0$ ergibt sich der Amplitudengang zu

$$|G(\mathrm{j}\omega)| = \frac{T_0}{\tau}\cdot\frac{\sin(\pi f/f_0)}{\pi f/f_0}.$$

In Bild 6-4b ist der Frequenzbereich $0 \leqq f < f_0/2$, in dem das Abtasttheorem erfüllt ist, gestrichelt dargestellt.

6.2.3 Abtastfehler eines Haltekreises

Der relative Abtastfehler F_rel eines Abtastkreises beträgt

$$F_\mathrm{rel} = \frac{\sin(\pi f/f_0)}{\pi f/f_0} - 1 = \mathrm{si}(\pi f/f_0) - 1.$$

Dabei wurde für den Istwert die Funktion $\mathrm{si}(\pi f/f_0)$ und für den Sollwert der Wert 1 eingesetzt, der sich bei der Frequenz $f = 0$ ergibt. Nach Reihenentwicklung ergibt sich der Abtastfehler

$$F_\mathrm{rel} = -\frac{(\pi f/f_0)^2}{3!} + \frac{(\pi f/f_0)^4}{5!} - \ldots$$

Für Frequenzen unter etwa $0{,}2\,f_0$ genügt es, nur das erste Glied dieser Reihe zu berücksichtigen, da das zweite Glied mit weniger als 2 % zum Abtastfehler beiträgt wegen

$$F_\mathrm{rel} = -\frac{(\pi f/f_0)^2}{6}\left(1 - \frac{(\pi f/f_0)^2}{20} + \ldots\right).$$

Bei einem zulässigen relativen Fehler F_rel ergibt sich die maximale Frequenz f_m als Funktion der Abtastfrequenz f_0 zu

$$f_\mathrm{m} = \frac{1}{\pi}\sqrt{6(-F_\mathrm{rel})}\,f_0.$$

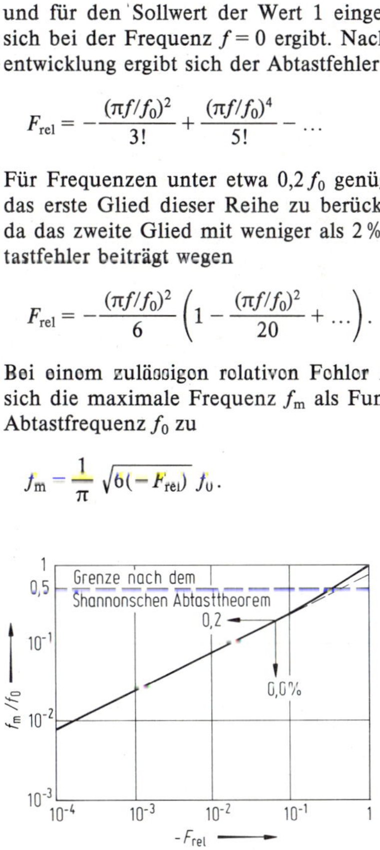

Bild 6-5. Bezogene Maximalfrequenz f_m/f_0 als Funktion des zulässigen relativen Fehlers F_rel bei einem Haltekreis.

Das Frequenzverhältnis f_m/f_0 ist in Bild 6-5 abhängig von F_{rel} aufgetragen.
Bei 5 Abtastungen pro Periode der höchsten Meßsignalfrequenz ($f_0 = 5 f_m$) ist der relative Abtastfehler betragsmäßig noch 6,6 %. Soll der zulässige Abtastfehler jedoch nur 1 % oder 0,01 % betragen, so sind 12,8 bzw. 128 Abtastungen pro Periode der höchsten Meßsignalfrequenz erforderlich.

6.3 Digitale Zeit- und Frequenzmessung

Der Übergang von der analogen zur digitalen Signalstruktur erfordert prinzipiell eine Quantisierung mit Hilfe von Komparatoren oder Schmitt-Triggern (Grundschaltungen siehe G 25).

6.3.1 Prinzip der digitalen Zeit- und Frequenzmessung

Bei der *digitalen Zeitmessung* werden die von einem Signal bekannter Frequenz während der unbekannten Zeit in einen Zähler einlaufenden Impulse gezählt. Bei der *digitalen Frequenzmessung* werden umgekehrt die während einer bekannten Zeit von dem Signal unbekannter Frequenz herrührenden Impulse gezählt. Nach Bild 6-6a gelangen Zählimpulse vom Frequenzeingang zum Impulszähler, solange durch eine logische Eins am Zeiteingang das UND-Gatter freigeschaltet ist.
Im Ablaufdiagramm nach Bild 6-6b sind die Start- und Stopsignale im Abstand t am Eingang des Flipflops, das Zeitsignal mit der Zeitdauer t am Ausgang des Flipflops, das Frequenzsignal mit der Frequenz f bzw. der Periodendauer $1/f$ und die begrenzte Impulsfolge am Ausgang des UND-Gatters, die in den Impulszähler einläuft, dargestellt. Schmale Impulse des Frequenzsignals vorausgesetzt, ist bei beliebiger Lage des Startzeitpunktes die Zeitdauer

$$t = N\frac{1}{f} + (t_1 - t_2) = N_{soll}\frac{1}{f}.$$

Dabei ist N die ganzzahlige Impulszahl der begrenzten Impulsfolge, die in den Zähler einläuft, $1/f$ die Periodendauer des Frequenzsignals sowie t_1 und t_2 die kleinen Restzeiten zwischen Startsignal bzw. Stopsignal und dem nächstliegenden Impuls des Frequenzsignals. Der Sollwert N_{soll} ist eine gebrochene Zahl, die angibt, wie oft die reziproke Periodendauer $1/f$ in der Meßzeit t enthalten ist. Durch Multiplikation mit der Frequenz f erhält man die Beziehung

$$ft = N + f(t_1 - t_2) = N_{soll}.$$

Für große Meßzeiten $t \gg t_1 - t_2$ gegenüber der Differenz $t_1 - t_2$ der Restzeiten ergibt sich der Zählerstand

$$N = ft.$$

Der absolute Quantisierungsfehler ist

$$F_q = N - N_{soll} = f(t_2 - t_1).$$

Da der Betrag von $t_2 - t_1$ die reziproke Frequenz $1/f$ nicht überschreiten kann, kann der Betrag des Quantisierungsfehlers Eins nicht überschreiten:

$$|F_q| \leqq 1.$$

Ist die Zeitdauer t zufällig ein ganzzahliges Vielfaches der reziproken Frequenz $1/f$, so sind die Restzeiten gleich groß ($t_1 = t_2$) und der Quantisierungsfehler — unabhängig vom Startzeitpunkt — gleich Null. Bei gleichverteiltem Startzeitpunkt beträgt für $t_1 > t_2$ die Wahrscheinlichkeit P, daß statt N der Wert $N + 1$ ausgegeben wird

$$P = (t_1 - t_2) f = ft - N.$$

Beobachtet man also beispielsweise Zählerstände $N + 1$ mit der Wahrscheinlichkeit P und Zählerstände N mit der Wahrscheinlichkeit $1 - P$, so ist bei einer genügenden Zahl von Beobachtungen der Sollwert

$$N_{soll} = N + P.$$

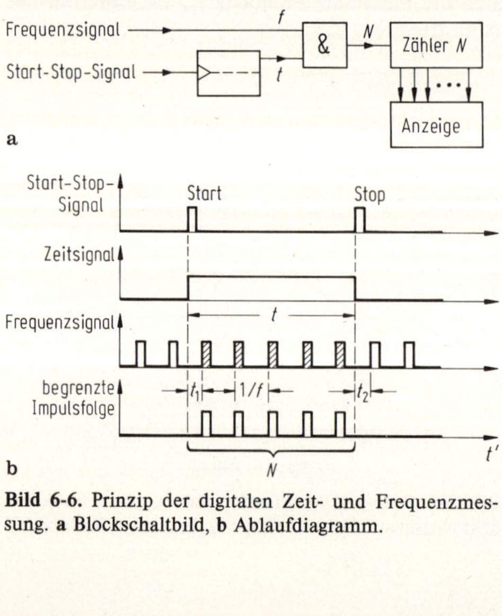

Bild 6-6. Prinzip der digitalen Zeit- und Frequenzmessung. **a** Blockschaltbild, **b** Ablaufdiagramm.

6.3.2 Der Quarzoszillator

Die Genauigkeit einer digitalen Zeit- oder Frequenzmessung hängt außer vom Quantisierungsfehler im wesentlichen von der Genauigkeit der verwendeten Referenzfrequenz bzw. Referenzzeit ab. Ohne Berücksichtigung des Quantisierungsfehlers ist der Zählerstand $N = ft$ sowohl der Meßzeit als auch der Meßfrequenz proportional. Bei der digitalen Zeitmessung muß also die Referenzfrequenz f und bei der digitalen Frequenzmessung die Referenzzeit t konstant gehalten werden. Dies

wird in beiden Fällen durch einen Quarzoszillator geleistet, an dessen Frequenzkonstanz hohe Anforderungen gestellt werden müssen.
Relative Frequenzabweichungen von weniger als 10^{-4} sind mit einfachsten Mitteln, Abweichungen von weniger als 10^{-8} noch mit vertretbarem Aufwand (Thermostatisierung) erreichbar. Typische Werte für relative Frequenzabweichungen liegen zwischen 10^{-6} und 10^{-5}.
Von besonderer Bedeutung für die Konstanz der Quarzfrequenz ist dessen *Temperaturgang*. Die relativen Frequenzabweichungen $\Delta f/f$ lassen sich in ihrer Abhängigkeit von der Temperatur mit guter Näherung durch Polynome 2. oder 3. Grades beschreiben:

$$\frac{\Delta f}{f} = a(\vartheta - \vartheta_0) + b(\vartheta - \vartheta_0)^2 + c(\vartheta - \vartheta^0)^3 .$$

Dabei ist ϑ die Temperatur und ϑ_0 die Temperatur, bei der der Quarz abgeglichen wurde; a, b und c sind der lineare, quadratische bzw. kubische Temperaturkoeffizient.
Das Schaltzeichen eines Schwingquarzes (a) und ein typischer Temperaturgang der Resonanzfrequenz für AT-Schnitte (b) sind in Bild 6-7 angegeben.
Abweichungen vom Schnittwinkel $\Theta \approx 35°$ führen zu unterschiedlichen Maxima und Minima im Temperaturgang. Dadurch lassen sich bei einem gegebenen Temperaturbereich die Frequenzabweichungen minimieren. Die gestrichelte Kurve stellt den sog. optimalen AT-Schnitt dar, bei dem von $-50\,°C$ bis $+100\,°C$ die Frequenzabweichungen unter $\pm 12 \cdot 10^{-6}$ bleiben.

6.3.3 Digitale Zeitmessung

Bei der digitalen Zeitmessung werden nach Bild 6-8a die von der bekannten Frequenz f_{ref}/N_f

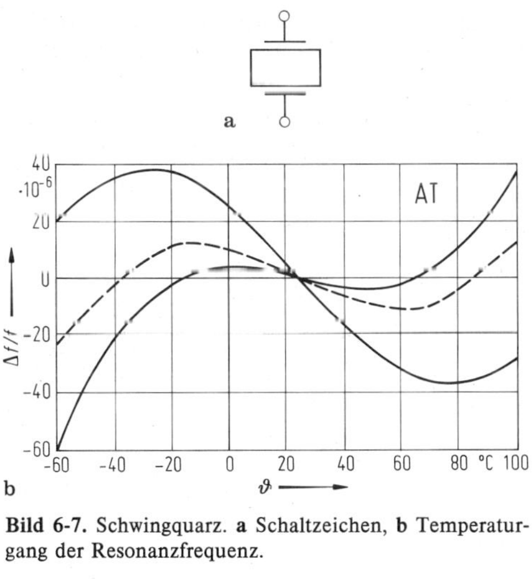

Bild 6-7. Schwingquarz. **a** Schaltzeichen, **b** Temperaturgang der Resonanzfrequenz.

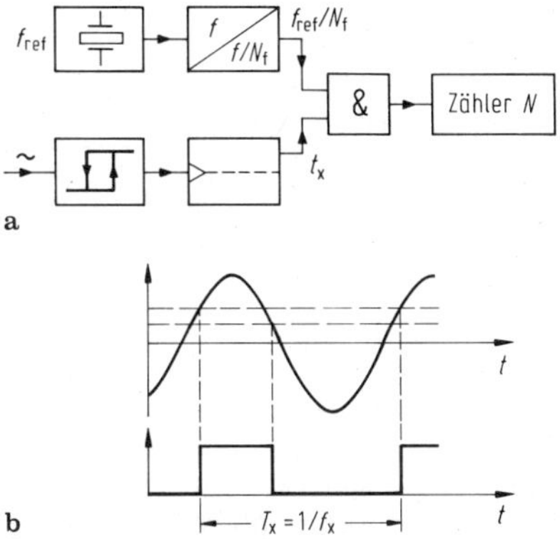

Bild 6-8. Digitale Zeitmessung. **a** Blockschaltbild, **b** Impulsformung bei Periodendauermessung.

während der zu messenden Zeit t_x in einen Zähler einlaufenden Impulse gezählt.
Die zu messende Zeit ist

$$t_x = \frac{N_f}{f_{ref}} N .$$

Die erreichbare Zeitauflösung hängt von der Quarzfrequenz ab und ist z. B. bei $f_{ref} = 10$ MHz und $N_f = 1$ zu $1/f_{ref} = 0{,}1\ \mu s$.
Zur Messung längerer Zeiten wird dem Quarzoszillator ein digitaler Frequenzteiler mit dem ganzzahligen Teilerfaktor N_f nachgeschaltet. Bei Quarzuhren verwendet man z. B. einen Biegeschwinger-Quarz (Stimmgabelquarz) mit 32 768 Hz. Nach Frequenzteilung um den Faktor $N_f = 2^{15} = 32\,768$ ergibt sich eine Referenzfrequenz von 1 Hz, die zu der gewünschten Auflösung von 1 s führt.
Fordert man für eine Quarzuhr einen zulässigen Fehler von weniger als 1 Sekunde pro Tag, so entspricht dem ein mittlerer relativer Fehler der Quarzfrequenz von

$$\left|\frac{\Delta f}{f}\right| \leqq \frac{1\,s}{1\,d} = \frac{1}{86\,400} \approx 10^{-5} .$$

Ein relativer Fehler von 10^{-5} darf dann also nicht überschritten werden, was durch die Unmöglichkeit einer Thermostatisierung erschwert ist.
Zur digitalen Messung der Periodendauer eines Signals wird dieses nach Bild 6-8b zunächst über einen Schmitt-Trigger in ein Rechtecksignal umgeformt und dann wie bei der Differenzzeitmessung zur Bildung des Start- und des Stopsignals benutzt. Kleine Frequenzen werden bevorzugt über die Periodendauer gemessen, um eine kleine Meßzeit zu erhalten.

6.3.4 Digitale Frequenzmessung

Bei der digitalen Frequenzmessung werden nach Bild 6-9 die von einer unbekannten Frequenz f_x

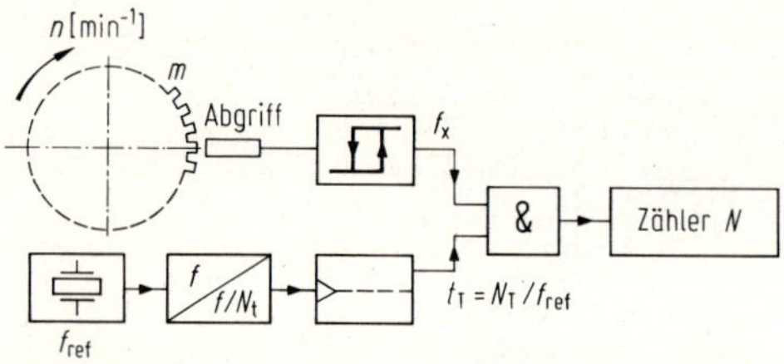

Bild 6-9. Digitale Frequenzmessung (Blockschaltbild).

während der bekannten Zeit t_T (Torzeit) in einen Zähler einlaufenden N Impulse gezählt.
Die Torzeit t_T ist dabei identisch mit der Periodendauer der Frequenz, die durch digitale Teilung der Quarzfrequenz f_{ref} durch den Faktor N_T entsteht. Mit $t_T = N_T/f_{ref}$ ergibt sich für die unbekannte Frequenz

$$f_x = \frac{N}{t_T} = \frac{f_{ref}}{N_T} N.$$

Die erreichbare Frequenzauflösung hängt von der Torzeit (Meßzeit) t_T ab. Oft ist aus dynamischen Gründen die Torzeit auf 1 s oder 10 s begrenzt. Die Frequenzauflösung ist dann 1 Hz bzw. 0,1 Hz.
Zur Messung von Frequenzen über 10 MHz bis in den GHz-Bereich kann die Meßfrequenz mit Hilfe eines schnellen Teilers, z. B. in ECL-Technologie (emitter-coupled logic), in einen Frequenzbereich herabgeteilt werden, der mit der herkömmlichen Technologie beherrscht wird (5 bis 10 MHz).

Digitale Drehzahlmessung

Wichtig ist die digitale Frequenzmessung bei der digitalen Drehzahlmessung (vgl. 3.2.8). Auf einer mit der Drehzahl n (in U/min) rotierenden Meßwelle sind m Marken gleichmäßig am Umfang verteilt. Über einen geeigneten Abgriff (z. B. optisch, magnetisch, induktiv oder durch Induktion) wird ein elektrisches Signal erzeugt, dessen Frequenz f_x nach Impulsformung ausgewertet werden kann. Diese Zählfrequenz f_x beträgt

$$f_x = m f_D = \frac{mn}{60}.$$

Dabei bedeutet f_D die Drehfrequenz der Welle in Hz, die sich aus der Drehzahl n in U/min durch Division durch den Faktor 60 ergibt. Der Zusammenhang zwischen Zählerstand N und Drehzahl n in U/min berechnet sich aus

$$f_x = \frac{N}{t_T} = \frac{mn}{60}.$$

Der Zählerstand N ergibt sich damit zu

$$N = \frac{m t_T}{60} n.$$

Drehzahl n und Zählerstand N stimmen also zahlenmäßig überein, wenn der Faktor

$$\frac{m}{60} t_T = 10^i \quad (i = 0, 1, \ldots)$$

einen dekadischen Wert einnimmt. Da bei Universalzählern Torzeiten t_T von 0,1, 1 und 10 s üblich sind, ergibt sich bei einer Markenzahl m von 600, 60 bzw. 6 Marken am Umfang ein der Drehzahl n in U/min zahlenmäßig entsprechender Zählerstand N. Bei $m = 1\,000$ oder 100 Marken am Umfang ist eine Torzeit t_T von 60 ms bzw. 600 ms notwendig.

6.3.5 Auflösung und Meßzeit bei der Periodendauer- bzw. Frequenzmessung

Unter der Annahme einer Quarz-Referenzfrequenz von 10 MHz sollen die bei der Periodendauer- bzw. Frequenzmessung sich ergebenden Quantisierungsfehler und die zugehörigen Meßzeiten bestimmt und miteinander verglichen werden.
Bei der digitalen *Periodendauermessung* beträgt der relative Quantisierungsfehler

$$\frac{1}{N} = \frac{1}{f_{ref} T_x} = \frac{f_x}{f_{ref}}.$$

In Bild 6-10 ist dieser relative Quantisierungsfehler $1/N$ abhängig von der Meßfrequenz f_x im doppeltlogarithmischen Maßstab aufgetragen. Die Meßzeit ist identisch mit einer Periode $T_x = 1/f_x$ der Meßfrequenz.
Bei der digitalen Frequenzmessung ist der relative Quantisierungsfehler

$$\frac{1}{N} = \frac{1}{f_x t_T}.$$

Er ist im Bild 6-10 für verschiedene Torzeiten t_T als Parameter abhängig von der Meßfrequenz aufgetragen. Man erkennt, daß bei einer zulässigen Meßzeit von z. B. 1 s unter 1 kHz die Perioden-

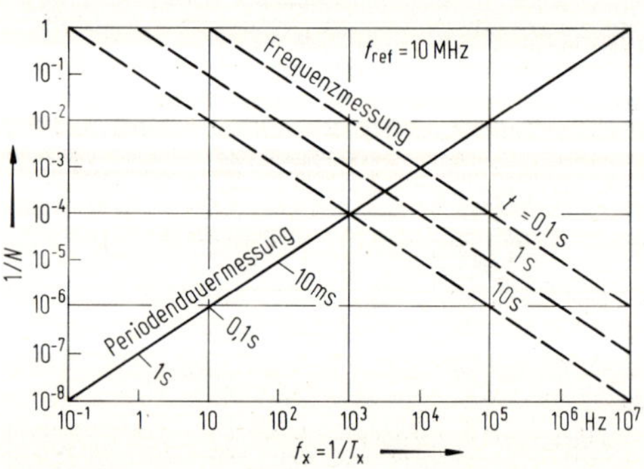

Bild 6-10. Relativer Quantisierungsfehler als Funktion der Meßfrequenz bei Periodendauermessung und bei Frequenzmessung.

dauermessung und über 10 kHz die Frequenzmessung zum kleineren Quantisierungsfehler führt. Vom Standpunkt der Genauigkeit her gesehen, ist es sinnvoll, keinen wesentlich kleineren Quantisierungsfehler $1/N$ als den relativen Fehler $\Delta f_{ref}/f_{ref}$ der Quarzfrequenz anzustreben.

6.3.6 Reziprokwertbildung und Multiperiodendauermessung

Bei kleinen Meßfrequenzen, wie z. B. der Netzfrequenz von 50 Hz, liefert die Periodendauermessung in wesentlich kürzerer Zeit einen Meßwert mit hinreichender *Auflösung*. Zum Vergleich beträgt bei Frequenzmessung mit einer Torzeit von 1 s der relative Quantisierungsfehler maximal 1/50 = 2 %.

Bei Frequenzsignalen im kHz-Bereich wird bei digitaler Frequenzmessung zur Erzielung einer hohen Auflösung eine verhältnismäßig hohe Torzeit von etwa 10 s oder mehr benötigt. Im Vergleich dazu erfüllt die digitale Periodendauermessung zwar die Forderung nach einer geringen Meßzeit, die Auflösung ist dann aber durch die maximale Referenzfrequenz beschränkt. Abhilfe schafft hier die *Multiperiodendauermessung* nach Bild 6-11 a.

Die Meßfrequenz $f_x = 1/T_x$ wird dabei um den Faktor N_T digital geteilt. Als Meßergebnis ergibt sich der Zählerstand

$$N = N_T f_{ref} T_x = N_T \frac{f_{ref}}{f_x}.$$

Die Auflösung beträgt

$$\frac{1}{N} = \frac{1}{N_T} \cdot \frac{f_x}{f_{ref}}$$

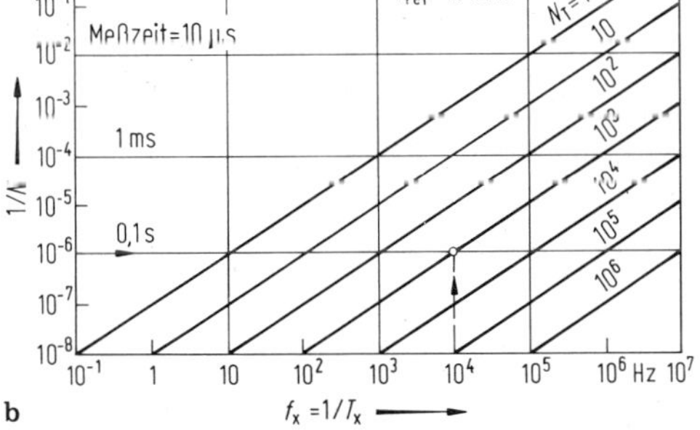

Bild 6-11. Multiperiodendauermessung. **a** Blockschaltbild, **b** Auflösung als Funktion der Meßfrequenz.

und ist in Bild 6-11 b als Funktion der Meßfrequenz f_x mit N_T als Parameter aufgetragen.

Die Meßzeit ist

$$N_T T_x = \frac{N_T}{f_x}.$$

Das Produkt Auflösung $1/N$ und Meßzeit N_T/f_x ist konstant und beträgt

$$\frac{1}{N} \cdot \frac{N_T}{f_x} = \frac{1}{f_{ref}}.$$

Der minimale Wert dieses Produkts ist durch die Höhe der Referenzfrequenz gegeben. Bei einer zulässigen Meßzeit $N_T/f_x = 0{,}1$ s und einer Referenzfrequenz f_{ref} von 10 MHz ist eine Auflösung $1/N$ von 10^{-6} möglich. Bei einer Meßfrequenz f_x von 10 kHz müssen dazu $N_T = 1\,000$ Perioden der Meßfrequenz ausgewertet werden (Bild 6-11 b).

Der angezeigte Zählerstand N ist bei der Multiperiodendauermessung proportional der Periodendauer. Wird als Meßergebnis die Frequenz gewünscht, so muß der Reziprokwert gebildet werden. Dies geschieht bei besseren Universalzählern mit einem Mikrorechner. Die Rechenzeit für die Bildung dieses Reziprokwertes liegt heute schon deutlich unter 100 µs. Die Multiperiodendauermessung ist deshalb heute für Frequenzmessungen in allen Frequenzbereichen bedeutungsvoll geworden. Die digitale Frequenzmessung mit voreingestellter Torzeit (preset time) wird deshalb in zunehmendem Maße durch die Multiperiodendauermessung mit voreingestellter Periodenzahl (preset count) ersetzt.

6.4 Analog-Digital-Umsetzung über Zeit oder Frequenz als Zwischengrößen

Bei einer Reihe von Anwendungsfällen, z. B. bei Labor-Digitalvoltmetern, werden keine hohen Anforderungen an die Geschwindigkeit der Analog-Digital-Umsetzung gestellt. Dort können mit Vorteil Umsetzungsverfahren mit der Zeit oder der Frequenz als Zwischengröße eingesetzt werden, die teilweise eine sehr hohe Genauigkeit ermöglichen.

6.4.1 Charge-balancing-Umsetzer

Beim Charge-balancing-Umsetzer (Ladungskompensationsumsetzer) wird nach Bild 6-12 die umzusetzende Meßspannung U_x fortlaufend integriert, während für eine konstante Zeit t_1 zusätzlich eine negative Referenzspannung U_{ref} an den Eingang des Integrationsverstärkers angelegt wird. Die Zeit t_1 wird dabei gestartet, wenn die Ausgangsspannung durch Integration der Meßspannung auf den Wert Null abgesunken ist. Der

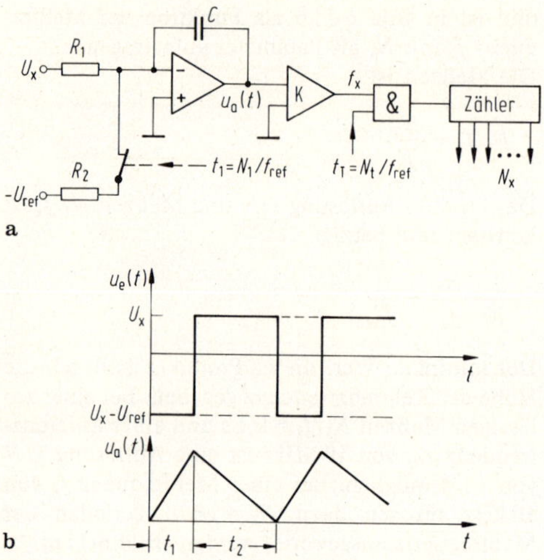

Bild 6-12. Charge-balancing-Umsetzer. **a** Prinzip, **b** Ablaufdiagramm.

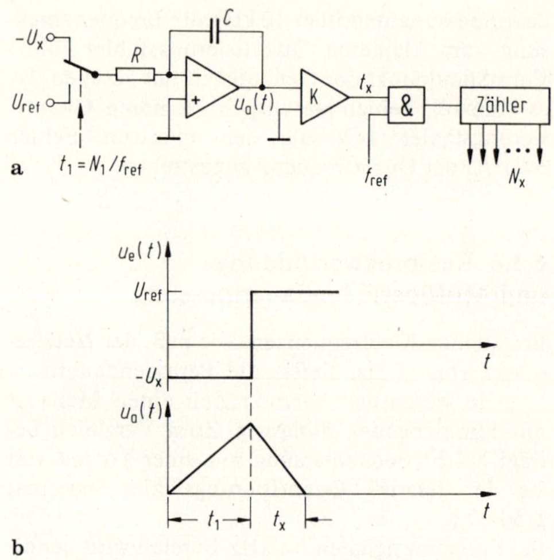

Bild 6-13. Dual-slope-Umsetzer. **a** Prinzip, **b** Ablaufdiagramm.

wesentliche Unterschied zum einfachen Spannungs-Frequenz-Umsetzer besteht also darin, daß für eine konstante Zeit t_1 auch eine am Eingang anliegende Referenzspannung U_{ref} integriert wird.

Die Ausgangsspannung, die nach Ablauf von t_1 am Integratorausgang erreicht wird, ist

$$u_a(t_1) = \left(\frac{U_{ref}}{R_2} - \frac{U_x}{R_1}\right)\frac{t_1}{C}.$$

Sie wird durch Integration der Meßspannung U_x während der Zeit t_2 nach Null abgebaut:

$$u_a(t_1) - \frac{U_x}{R_1}\cdot\frac{t_2}{C} = 0.$$

Durch Elimination von $u_a(t_1)$ ergibt sich:

$$t_2 = \left(\frac{U_{ref}}{R_2} - \frac{U_x}{R_1}\right)\frac{R_1}{U_x}\,t_1 = \left(\frac{R_1}{R_2}\cdot\frac{U_{ref}}{U_x} - 1\right)t_1.$$

Die Frequenz f_x ist deshalb

$$f_x = \frac{1}{t_1 + t_2} = \frac{1}{t_1}\cdot\frac{R_2}{R_1}\cdot\frac{U_x}{U_{ref}}.$$

Die Frequenz f_x ist also der Meßspannung U_x proportional. Der Charge-balancing-Umsetzer ist gleichzeitig ein Spannungs-Frequenz-Umsetzer. Im Gegensatz zum einfachen Spannungs-Frequenz-Umsetzer ist die Genauigkeit jedoch nicht von der Integrationskapazität abhängig. Über digitale Treiber wird aus einer Referenzfrequenz f_{ref} sowohl die Zeit t_1 zur Integration gemäß $t_1 = N_1/f_{ref}$ als auch die Torzeit t_T zur digitalen Frequenzmessung gemäß $t_T = N_T/f_{ref}$ gewonnen. Das Digitalsignal entspricht dann der Zahl

$$N_x = t_T f_x = \frac{N_T}{f_{ref}}\cdot\frac{f_{ref}}{N_1}\cdot\frac{R_2}{R_1}\cdot\frac{U_x}{U_{ref}} = \frac{N_T}{N_1}\cdot\frac{R_2}{R_1}\cdot\frac{U_x}{U_{ref}}.$$

Langzeitschwankungen der Referenzfrequenz f_{ref} beeinflussen also die Meßgenauigkeit nicht.

6.4.2 Dual-slope-Umsetzer

Beim Dual-slope-Umsetzer (Zweirampenumsetzer) nach Bild 6-13 wird die Meßspannung U_x während einer konstanten Zeit t_1 integriert. Nach Ablauf dieser Zeit t_1 wird an den Eingang eine Referenzspannung U_{ref} mit umgekehrter Polarität angelegt. Die für die Rückintegration bis zur Ausgangsspannung Null benötigte Zeit t_x ist dabei der Meßspannung U_x proportional. Die Ausgangsspannung zur Zeit $t = t_1$ ist nämlich

$$u_a(t_1) = \frac{1}{RC}\int_0^{t_1} U_x\,dt = \frac{U_x}{RC}\,t_1.$$

Nach der Zeit $t = t_1 + t_x$ ist die Ausgangsspannung auf Null zurückintegriert worden:

$$u_a(t_1 + t_x) = u_a(t_1) - \frac{1}{RC}\int_{t_1}^{t_1+t_x} U_{ref}\,dt = 0.$$

Mit der Beziehung

$$u_a(t_1) = \frac{U_{ref}\,t_x}{RC}$$

ergibt sich die Zeit

$$t_x = t_1 \frac{U_x}{U_{ref}}.$$

Sie ist unabhängig vom Wert der Integrationszeitkonstante RC.
Über einen digitalen Teiler wird aus der Referenzfrequenz f_{ref} die Zeit t_1 zur Hochintegration gemäß $t_1 = N_1/f_{ref}$ gewonnen. Das digitale Ausgangssignal entspricht dann der Zahl

$$N_x = f_{ref}\, t_x = f_{ref} \frac{N_1}{f_{ref}} \cdot \frac{U_x}{U_{ref}} = N_1 \frac{U_x}{U_{ref}}.$$

Wie beim Charge-balancing-Umsetzer beeinflussen also auch beim Dual-slope-Umsetzer Langzeitschwankungen der Referenzfrequenz die Umsetzungsgenauigkeit nicht.

6.4.3 Integrierende Filterung bei integrierenden Umsetzern

Da bei den integrierenden Analog-Digital-Umsetzern die Umsetzung durch Integration der umzusetzenden Eingangsspannung U_x erfolgt, können bei geeigneter Wahl der Integrationszeit überlagerte Störspannungen stark oder sogar vollständig unterdrückt werden.

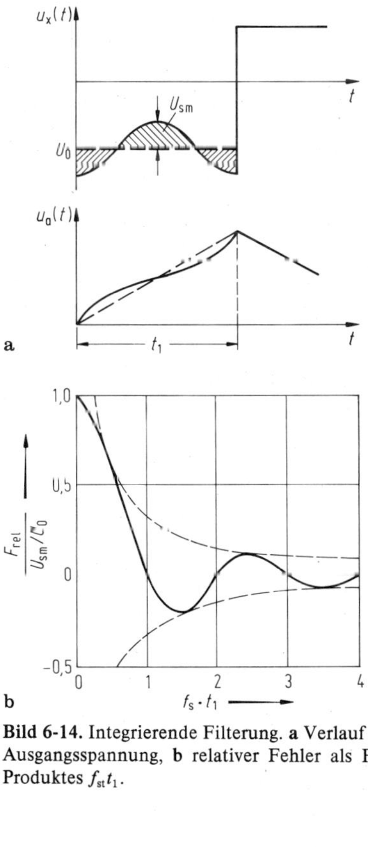

Bild 6-14. Integrierende Filterung. **a** Verlauf der Ein- und Ausgangsspannung, **b** relativer Fehler als Funktion des Produktes $f_{st}t_1$.

Dieser Effekt der integrierenden Filterung ist sowohl beim einfachen Spannungs-Frequenz-Umsetzer und beim Charge-balancing-Umsetzer als auch beim Dual-slope-Umsetzer anwendbar. Die integrierende Filterung soll am *Beispiel des Dual-slope-Umsetzers* erklärt werden.
Einer umzusetzenden Meßspannung U_0 sei eine sinusförmige Störspannung mit der Frequenz f_s und der Amplitude u_{sm} überlagert. Die am Eingang anliegende Spannung ist damit

$$u_x(t) = U_0 + u_{sm} \cos \omega_s t.$$

Im Zeitbereich $0 \leqq t \leqq t_1$ erhält man für die Ausgangsspannung des Integrationsverstärkers

$$u_a(t) = \frac{1}{RC} \int_0^t (U_0 + u_{sm} \cos \omega_s t)\, dt$$

$$= \frac{t}{RC} U_0 + \frac{\sin \omega_s t}{RC \cdot \omega_s} u_{sm}.$$

Der Verlauf von Eingangsspannung $u_x(t)$ und Ausgangsspannung $u_a(t)$ ist in Bild 6-14a dargestellt, wo angenommen ist, daß die Integrationszeit t_1 gerade gleich der Periodendauer $T_s = 1/f_s$ der überlagerten Störwechselspannung ist.
Eine überlagerte Störspannung wird vollständig unterdrückt, wenn die Integrationszeit t_1 ein ganzes Vielfaches der Periodendauer $1/f_s$ der Störspannung ist. Der relative Fehler, der durch die überlagerte Störspannung verursacht wird, ist allgemein

$$F_{rel} = \frac{u_{sm}}{U_0} \cdot \frac{\sin \omega_s t_1}{\omega_s t_1}.$$

Da in der Praxis keine definierte Phasenbeziehung zwischen dem zeitlichen Verlauf der Störspannung und der Integrationszeit besteht, muß der ungünstigste Fall zugrunde gelegt werden. Dieser ergibt sich, wenn anstelle der Integrationsgrenzen 0 und t_1 die Grenzen $-t_1/2$ und $+t_1/2$ eingeführt werden. Der relative Fehler wird dann

$$F_{rel} = \frac{u_{sm}}{U_0} \cdot \frac{\sin(\pi f_s t_1)}{\pi f_s t_1}.$$

Der relative Fehler F_{rel} ist abhängig von $f_s t_1 = t_1/T_s$ in Bild 6-14b aufgetragen.
Bei netzfrequenten Störspannungen mit einer Frequenz f_s von 50 Hz beträgt die kleinstmögliche Integrationszeit, für die die überlagerte Störspannung gerade vollständig unterdrückt wird, $t_1 = 1/f_s = 20$ ms.
Dual-slope-Umsetzer, die sowohl Störspannungen von 50 Hz als auch von 60 Hz (z. B. USA) integrierend filtern sollen, müssen also mindestens mit einer Integrationszeit t_1 von 100 ms, dem kleinsten gemeinsamen Vielfachen der beiden Periodendauern 20 ms bzw. 16⅔ ms oder mit ganzzahligen Vielfachen von 100 ms ausgestattet sein. Die meisten Digitalvoltmeter nach dem Dual-slope-Prin-

zip besitzen tatsächlich eine Hochintegrationszeit t_1 von 100 ms und ermöglichen wegen der Rückintegrationszeit gerade etwa 5 Messungen pro Sekunde, ein Wert, der für Laboranwendungen ausreichend ist.

6.5 Analog-Digital-Umsetzung nach dem Kompensationsprinzip

Neben den Analog-Digital-Umsetzern (ADUs) mit den Zwischengrößen Frequenz oder Zeit sind die direkten ADUs nach dem Kompensationsprinzip von Bedeutung. Diese enthalten gewöhnlich in der Rückführung Digital-Analog-Umsetzer (DAUs) mit bewerteten Leitwerten oder mit Widerstandskettenleiter. Abhängig von der Abgleichstrategie entstehen im einfachsten Fall Inkrementalumsetzer, die analogen Meßsignalen in einer oder in beiden Richtungen (Nachlaufumsetzer) folgen können. Höherwertige Umsetzer arbeiten mit Zähleraufteilung oder erzeugen in jedem Takt ein Bit des digitalen Ausgangssignals. So entsteht der serielle ADU mit Taktsteuerung, der nach dem Prinzip der sukzessiven Approximation arbeitet.

6.5.1 Prinzip der Analog-Digital-Umsetzung nach dem Kompensationsprinzip

Analog-Digital-Umsetzer nach dem Kompensationsprinzip enthalten nach Bild 6-15 in der Rückführung einen DAU.

Mit Hilfe einer Abgleichschaltung wird dessen digitales Eingangssignal D in geeigneter Weise verändert, bis das analoge Ausgangssignal U_v das umzusetzende analoge Eingangssignal U_x praktisch vollständig kompensiert. Das notwendige Steuersignal S empfängt die Abgleichschaltung von einem Komparator K, der eine logische Eins liefert, solange die umzusetzende Eingangsspannung U_x größer ist als die rückgeführte Vergleichsspannung U_v. Im abgeglichenen Zustand ist das digitale Eingangssignal D des DAU identisch mit dem digitalen Ausgangssignal des gesamten ADU. Ein n-

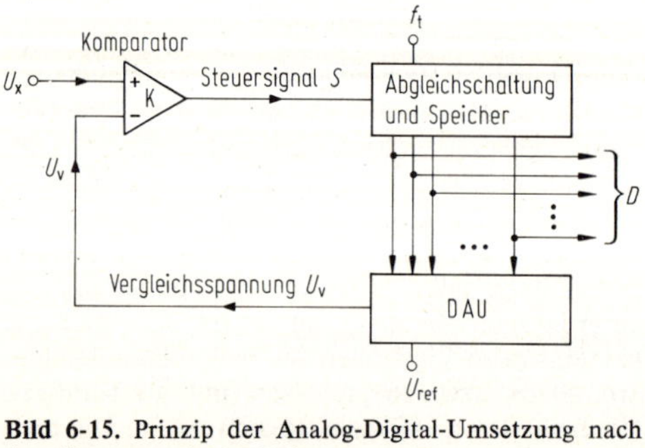

Bild 6-15. Prinzip der Analog-Digital-Umsetzung nach dem Kompensationsprinzip.

stelliges binärcodiertes Digitalsignal D läßt sich mit den n Koeffizienten a_1 bis a_n darstellen als

$$D = a_1 2^{-1} + a_2 2^{-2} + \ldots + a_{n-1} 2^{-(n-1)} + a_n 2^{-n}.$$

Der mögliche Quantisierungsfehler beträgt 2^{-n} und entspricht dem Wert der Stelle mit der kleinsten Stellenwertigkeit (LSB, least significant bit). Die Stelle mit der größten Stellenwertigkeit (MSB, most significant bit) hat den Wert $2^{-1} = 1/2$.

Der Endwert D_{max} ist erreicht, wenn alle Koeffizienten a_i der n Stellen 1 sind und beträgt

$$D_{max} = 2^{-1} + 2^{-2} + \ldots + 2^{-n} = 1 - 2^{-n} \approx 1.$$

Dieser Endwert ist praktisch unabhängig von der Stellenzahl n und beträgt näherungsweise 1.

6.5.2 Digital-Analog-Umsetzer mit bewerteten Leitwerten

Digital-Analog-Umsetzer sind also eine wesentliche Komponente in ADUs nach dem Kompensationsprinzip. Unter den Digital-Analog-Umsetzern mit Widerstandsnetzwerken haben außer den Umsetzern mit Kettenleitern die Umsetzer mit bewerteten Leitwerten besondere Bedeutung erlangt.

Nach Bild 6-16a besteht ein 1-Bit-DAU im Prinzip aus einem Leitwert G_i, der über einen digital gesteuerten Schalter von einer Referenzspannung U_{ref} gespeist wird.

Der Ausgangsstrom I ist abhängig vom digitalen Eingangssignal a_i:

$$I = U_{ref} a_i G_i.$$

Ist das digitale Eingangssignal $a_i = 0$, so ist der Schalter geöffnet; für $a_i = 1$ ist der Schalter geschlossen.

Ein mehrstelliges digitales Eingangssignal D mit gewichteter Codierung kann nach Bild 6-16b durch Parallelschaltung entsprechend bewerteter Leitwerte umgesetzt werden. Der analoge Ausgangsstrom wird dabei über einen Stromverstärker rückwirkungsfrei in ein proportionales Ausgangssignal, z. B. in eine Spannung U_a, umgeformt.

Der wirksame Leitwert G berechnet sich durch Addition der jeweils zugeschalteten Leitwerte G_i zu

$$G = \sum_{i=1}^{n} a_i G_i.$$

Mit $I = U_{ref} G$ und $U_a = R_g I$ ergibt sich die analoge Ausgangsspannung U_a zu

$$U_a = R_g U_{ref} \sum_{i=1}^{n} a_i G_i.$$

Bei einem DAU für dualcodiertes Eingangssignal müssen also die Leitwerte G_1 bis G_n gemäß

$$G_1 : G_2 : \ldots : G_n = 2^{-1} : 2^{-2} : \ldots : 2^{-n}$$

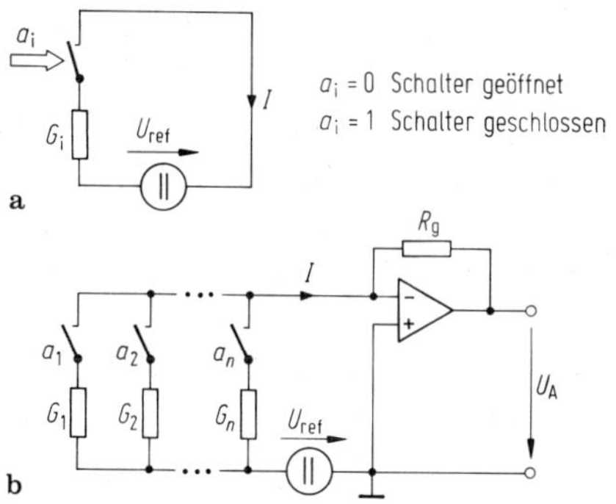

Bild 6-16. Digital-Analog-Umsetzer mit bewerteten Leitwerten. **a** Prinzip bei 1-Bit-Umsetzung, **b** mehrstellige Digital-Analog-Umsetzung.

dimensioniert werden. Der größte Leitwert ist der Stelle größter Wertigkeit zugeordnet.

6.5.3 Digital-Analog-Umsetzer mit Widerstandskettenleiter

Im Gegensatz zu den DAUs mit bewerteten Leitwerten sind beim DAU mit Widerstandskettenleiter die Stellenwertigkeiten durch die Lage der Einspeisepunkte gegeben. Nach Bild 6-17 enthält ein solcher Umsetzer in seiner einfachsten Form einen Kettenleiter mit Längswiderständen R und Querwiderständen $2R$. Die Stellungen a_1 bis a_n der n Schalter entsprechen dem digitalen Eingangssignal D. In der linksseitigen Stellung der Schalter ($a_i = 1$) werden die Querwiderstände $2R$ an die Referenzspannung U_{ref} gelegt, und es fließt ein Strom in den jeweiligen Knotenpunkt des Kettenleiters. Dieser Strom trägt um so mehr zur analogen Ausgangsspannung U_a am Abschlußwiderstand R_a bei, je näher der Knotenpunkt am Ausgang des Umsetzers liegt.

U_a ergibt sich durch Superposition der n Zustände, bei denen sich nur jeweils einer der n Schalter in der Stellung $a_k = 1$ befindet und die anderen in der Position $a_i = 0$:

$$U_a = \frac{R_a}{R_a + R} U_{ref} \underbrace{(a_1 2^{-1} + a_2 2^{-2} + \ldots + a_n 2^{-n})}_{D} .$$

Das digitale Eingangssignal D ist durch die Koeffizienten a_1 bis a_n bestimmt und der analogen Ausgangsspannung U_a proportional.

Beim DAU mit Widerstandskettenleiter gehen nicht die absoluten Fehler der Widerstände, sondern nur die Abweichungen voneinander in die Genauigkeit der Umsetzung ein. Es ist deshalb zulässig, Widerstände mit gleichen Fehlern einzusetzen. Ebenso muß der Temperaturkoeffizient der verwendeten Widerstände nicht möglichst klein gehalten werden. Wesentlich ist jedoch eine möglichst gute Übereinstimmung des Temperaturgangs der Einzelwiderstände.

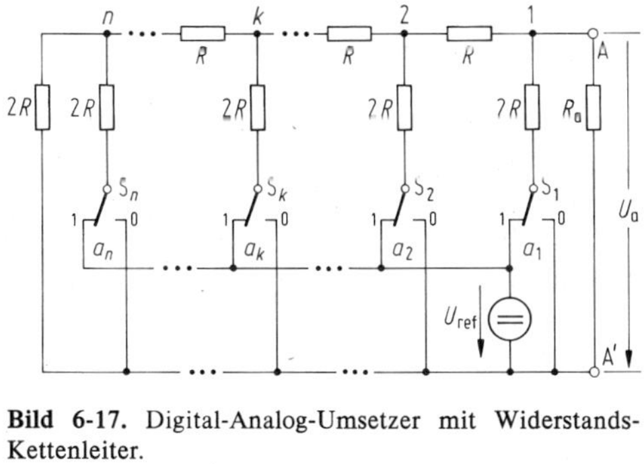

Bild 6-17. Digital-Analog-Umsetzer mit Widerstands-Kettenleiter.

6.5.4 Nachlaufumsetzer mit Zweirichtungszähler

Der einfachste ADU nach dem Kompensationsprinzip ist der Inkrementalumsetzer mit Einrichtungszähler. Da solche Umsetzer entweder nur steigenden oder nur fallenden Eingangsspannungen folgen können, werden Inkrementalumsetzer gewöhnlich mit Zweirichtungszählern gebaut. Diese Nachlaufumsetzer können sowohl steigenden als auch fallenden Eingangssignalen folgen. Im Blockschaltbild nach Bild 6-18a ist gezeigt, wie mit einer geeigneten Logik der Vorwärts-Eingang des Zählers angesteuert wird, solange das Eingangssignal größer als das rückgeführte Signal U_v des DAU ist.

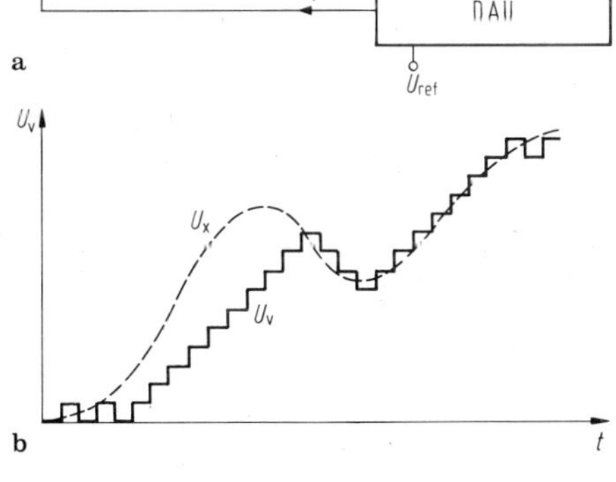

Bild 6-18. Nachlauf-Umsetzer mit Zweirichtungszähler. **a** Prinzip, **b** Ablaufdiagramm.

Der Rückwärts-Eingang des Vorwärts-Rückwärts-Zählers wird angesteuert, wenn die umzusetzende Eingangsspannung kleiner als U_v ist. Ohne zusätzliche Maßnahmen springt das digitale Ausgangssignal immer um eine Quantisierungseinheit hin und her, da ständig an einem der beiden Zählereingänge Taktimpulse anliegen. Dieses Hin- und Herspringen läßt sich vermeiden, indem der Komparator als sog. Fensterkomparator ausgeführt wird, der innerhalb einer bestimmten Totzone keinen der beiden Zählereingänge ansteuert.
Das Ablaufdiagramm nach Bild 6-18b zeigt, wie ein Nachlauf-Umsetzer steigenden und fallenden Eingangsspannungen folgt. Nur wenn die maximale Umsetzungsgeschwindigkeit überschritten ist, folgt der Umsetzer einer veränderlichen Eingangsspannung U_x mit Verzögerung.

Maximalfrequenz bei Nachlaufumsetzung

Bei einem n-Bit-Umsetzer mit einer Referenzspannung U_{ref}, die dem Meßbereichsendwert entspricht, und bei einer Taktfrequenz f_t beträgt die maximale Änderungsgeschwindigkeit der Vergleichsspannung

$$\left(\frac{dU_v}{dt}\right)_{max} = 2^{-n} U_{ref} f_t .$$

Erfolgt die Änderung der umzusetzenden Eingangsspannung U_x sinusförmig mit der Frequenz f und der Amplitude u_m, dann kann der Wechselanteil $U_\sim$ der Eingangsspannung durch

$$U_\sim(t) = u_m \sin(2\pi ft)$$

beschrieben werden. Die maximale Änderungsgeschwindigkeit dieses Wechselanteils der Eingangsspannung ist $2\pi f u_m$.

$$\left(\frac{dU}{dt}\right)_{max} = 2\pi f u_m [\cos(2\pi ft)]_{t=0} .$$

Soll der Nachlaufumsetzer verzögerungsfrei folgen können, dann darf die maximale Änderungsgeschwindigkeit der Eingangsspannung die maximale Änderungsgeschwindigkeit der Vergleichsspannung nicht überschreiten. Die daraus resultierende Ungleichung lautet

$$2^{-n} U_{ref} f_t \geqq 2\pi f u_m .$$

Die maximal zulässige Frequenz f_{max} der Eingangsspannung ergibt sich daraus zu

$$f_{max} = \frac{2^{-n}}{2\pi} \cdot \frac{U_{ref}}{u_m} f_t .$$

Für einen 10-Bit-Umsetzer ($n = 10$) beträgt bei einer Taktfrequenz f_t von 1 MHz und bei einer Amplitude von $u_m = \frac{1}{2} U_{ref}$ des Wechselanteils der Eingangsspannung die maximal zulässige Frequenz der Eingangsspannung etwa 310 Hz.

Kleinen Änderungen der Eingangsspannung kann ein Nachlaufumsetzer sogar schneller folgen als die seriellen Umsetzer, die in jeder Taktperiode 1 Bit des digitalen Ausgangssignals bilden, wie z. B. der ADU mit sukzessiver Approximation.

6.5.5 Analog-Digital-Umsetzer mit sukzessiver Approximation

Unter den Verfahren der Analog-Digital-Umsetzung ist die Methode der sukzessiven Approximation sehr verbreitet. Diese Umsetzer gehören zu den seriellen Umsetzern mit Taktsteuerung, bei denen in jeder Taktperiode eine Stelle des digitalen Ausgangssignals D gebildet wird (one bit at a time). Bei einem n-Bit-Umsetzer sind also n Schritte zur Umsetzung notwendig. Das Blockschaltbild eines ADUs nach dem Prinzip der sukzessiven Approximation ist in Bild 6-19a dargestellt.
Die Umsetzung beginnt mit dem Versuch, in die höchste Stelle eine logische Eins einzuschreiben. Ist die Ausgangsspannung U_v des DAU kleiner als die umzusetzende Eingangsspannung U_x, so bleibt diese Eins erhalten. Ist jedoch $U_v > U_x$, dann ist der Ausgang des Komparators erregt und die Stufe wird auf Null zurückgesetzt.
Dieses Vorgehen wird nun mit der nächsthöheren Stelle fortgesetzt und schließlich mit der niedrigsten Stelle abgeschlossen. Nach jedem Schritt wird die Ausgangsspannung U_v des DAU mit der

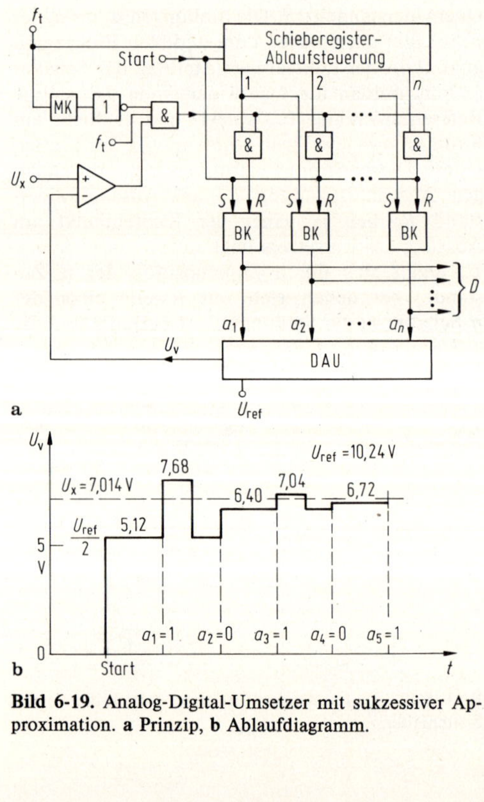

Bild 6-19. Analog-Digital-Umsetzer mit sukzessiver Approximation. **a** Prinzip, **b** Ablaufdiagramm.

analogen Eingangsspannung U_x verglichen. Wird die Spannung U_x nicht überschritten, so verbleibt die Eins in der bistabilen Kippstufe BK. Bei Überkompensation jedoch wird die Kippstufe auf Null zurückgesetzt (Bild 6-19b).
Die Ablaufsteuerung wird mit einem Schieberegister ausgeführt, das sowohl das UND-Gatter zur Löschung der Kippstufen bei Überkompensation freigibt, als auch das Setzen der Kippstufe der nächstkleineren Stelle übernimmt. Die monostabile Kippstufe MK verzögert das Signal des Komparators genügend lange, damit das Einschwingen von Übergangsvorgängen abgewartet werden kann.
Im Bild 6-19 ist am Beispiel einer Eingangsspannung von $U_x = 7{,}014$ V bei einer Referenzspannung U_{ref} von 10,24 V der Anfang der Umsetzung dargestellt.
Schnelle Umsetzer nach diesem Prinzip arbeiten mit einer Taktfrequenz von 1 MHz. Dies entspricht einer Taktperiode von 1 µs. Für die Umsetzung eines 10stelligen Signals (10 Bits) werden dann 10 µs benötigt.

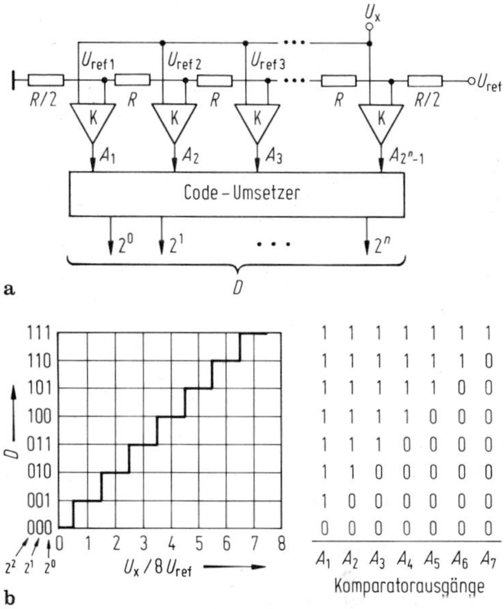

Bild 6-20. Paralleler Analog-Digital-Umsetzer. **a** Blockschaltbild, **b** Übertragungskennlinie.

6.6 Schnelle Analog-Digital-Umsetzung und Transientenspeicherung

Für die Analog-Digital-Umsetzung schneller Vorgänge sind Umsetzer mit entsprechend hoher Umsetzungsgeschwindigkeit erforderlich. Laufzeitumsetzer arbeiten seriell wie die ADUs mit sukzessiver Approximation, besitzen aber keine Taktsteuerung. Ihre Umsetzzeit ist nur durch die Signallaufzeiten bestimmt und daher vergleichsweise niedrig. Besonders kleine Umsetzzeiten werden mit den simultan arbeitenden Parallelumsetzern (flash converter) erreicht. Ein guter Kompromiß zwischen Aufwand und Umsetzzeit sind die Serien-Parallel-Umsetzer. Schnelle ADUs werden bei der Umsetzung von Videosignalen, besonders auch bei der sog. Transientenspeicherung in der Meß- und Versuchstechnik eingesetzt. Damit wird eine digitale Signalanalyse in Echtzeit oder auch in einem geeignet gedehnten Zeitmaßstab ermöglicht.

6.6.1 Parallele Analog-Digital-Umsetzer (Flash-Converter)

Die höchsten Umsetzungsgeschwindigkeiten können mit den simultan arbeitenden Parallelumsetzern erreicht werden. Der Aufwand wächst etwa proportional mit der Zahl der Quantisierungsstufen. Wie in Bild 6-20a gezeigt, sind für 2^n Quantisierungsstufen $2^n - 1$ Komparatoren K notwendig, die die analoge Eingangsspannung U_x gegen $2^n - 1$, z. B. linear gestufte, Referenzspannungen vergleichen.

Die Ausgangssignale A_i der Komparatoren sind logisch Null, wenn die Eingangsspannung U_x kleiner als die entsprechende Referenzspannung $U_{ref\,i}$ ist. Sie sind logisch Eins für $U_x > U_{ref\,i}$. Über einen Code-Umsetzer erfolgt die Codeumsetzung in den Dualcode. Für einen Parallelumsetzer mit 8 Dualstellen am Ausgang sind 255 Komparatoren nötig.
Für einen Umsetzer mit 3 Dualstellen ist in Bild 6-20b der Zusammenhang zwischen dem Dualzahl-Ausgangssignal und der auf die Referenzspannung U_{ref} bezogenen Eingangsspannung U_x dargestellt. Die Tabelle beschreibt die Codierungsvorschrift (den Code) zwischen den Komparatorausgangssignalen A_i und dem Dualzahlsignal D.
Mit den 1989 verfügbaren Integrationstechniken ist der Aufbau von Parallelumsetzern mit 10 Bit Auflösung möglich. Dabei müssen also 1023 Komparatoren und die erforderlichen Bauelemente zur Erzeugung der Referenzspannungen, die Umcodierung sowie der Ausgabespeicher auf einem Chip integriert werden. Dies bedeutet die Integration von über 60000 Bauelementen auf einem Chip.
Typische Frequenzen bei diesen Flash-Convertern liegen etwa bei 100 MHz. Die zugehörigen Umsetzzeiten betragen also 10 ns.

6.6.2 Transientenspeicherung

Die Aufzeichnung der Vorgeschichte einmalig verlaufender Vorgänge ist durch die Verfügbarkeit schneller ADUs und preiswerter Halbleiterspei-

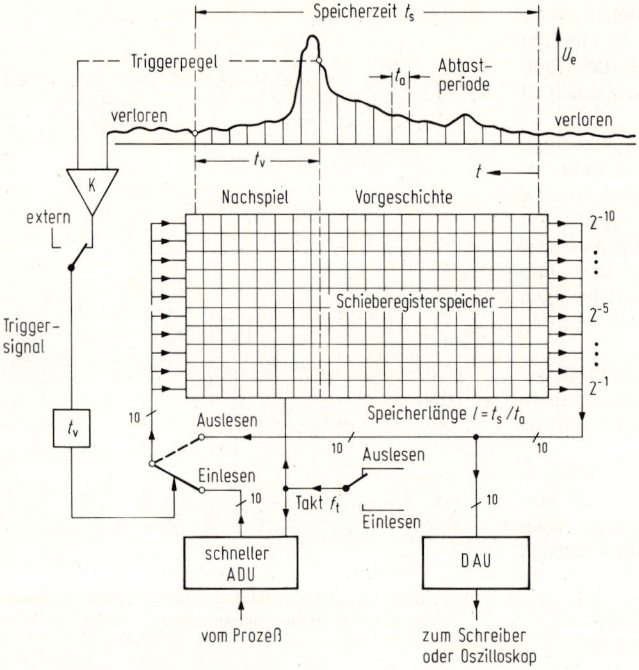

Bild 6-21. Prinzip des Transientenspeichers.

cher hoher Kapazität mit Hilfe von *Transientenspeichern* möglich geworden. In Verbindung mit einem Oszillographen oder einem Schreiber als Ausgabegerät stellen diese *Transientenrecorder* einen Ersatz für Schnellschreiber und Speicheroszillographen dar. Sie eignen sich vorzüglich für Aufgaben der Störwerterfassung und Meßwertanalyse, da mit ihnen die Betriebszustände vor, während und nach der Störung mit genügend hoher Abtastrate und Auflösung aufgezeichnet werden können. Darüber hinaus sind Transientenrecorder wertvoll in Forschung und Entwicklung, wenn der Verlauf von Meßsignalen bei nicht reproduzierbaren Versuchen aufgezeichnet werden soll (Digitaloszilloskop).

Gewöhnlich werden in einem Transientenrecorder über schnelle ADUs die interessierenden Signale mit Abtastfrequenzen im MHz-Bereich abgetastet, digitalisiert und in einen 8- oder 10stelligen Schieberegisterspeicher bitparallel eingeschrieben (Bild 6-21).

Der Halbleiterspeicher besitzt in der Regel mindestens 2^{10} Speicherzellen, so daß mindestens 1 024 Datenworte eingespeichert werden können und darüber hinaus dann die jeweils zuerst eingespeicherten Datenworte verloren gehen.

Ein Triggersignal stoppt beim Auftreten eines bestimmten Ereignisses nach Ablauf einer einstellbaren Verzögerungszeit t_v das Einspeichern weiterer Werte in den Speicher. Dieses Triggersignal kann von einem bestimmten Pegel des aufzuzeichnenden Signals selbst abgeleitet oder über andere Startkriterien ausgelöst werden, die das Auftreten von Anomalien oder Überschreiten zulässiger Grenzwerte anzeigen.

Mit einem variablen Auslesetakt kann dann der Transientenspeicher repetierend abgefragt werden. Mit einer erhöhten Taktfrequenz ist es so möglich, langsame Vorgänge flimmerfrei auf einem nichtspeichernden Oszillographen darzustellen oder einen sehr schnellen Vorgang mit hoher Auflösung auf einem einfachen Schreiber aufzuzeichnen, wenn dazu die Taktfrequenz entsprechend erniedrigt wird.

Ähnlich wie bei anderen Signalanalysatoren wird durch eine kleine Verzögerungszeit nach dem Triggerereignis eine sog. Pretriggerung und durch eine größere Verzögerungszeit eine sog. Posttriggerung erreicht, d. h., es wird der Signalverlauf vor bzw. nach dem Triggerereignis ausgewählt.

Auf dem Raster-Scanner-Prinzip basiert ein extrem schneller Transientendigitalisierer. Ein Signal mit maximal 6 GHz Bandbreite wird auf ein Siliziumplättchen projiziert und hinterläßt eine Spur, die digital abgelesen wird. Für derartige Geräte besteht Bedarf u. a. in der Teilchenphysik und bei digitalen Kommunikationssystemen.

Literatur

Kapitel 1

DIN 1319 Teil 3: Grundbegriffe der Meßtechnik; Begriffe für die Meßunsicherheit und für die Beurteilung von Meßgeräten und Meßeinrichtungen (Aug. 1983)

VDI/VDE 2600, Bl. 4, Nov. 1973, VDI/VDE-Richtlinie über Metrologie (Meßtechnik), Begriffe zur Beschreibung der Eigenschaften von Meßeinrichtungen

Doebelin, E.O.: Measurement systems. New York: McGraw-Hill 1975
Handbook of mathematical functions. (Eds. Abramowitz, M.; Stegun, I.A.). New York: Dover 1965
Heinhold, J.; Gaede, K.-W.: Ingenieur-Statistik. 4. Aufl. München: Oldenbourg 1979
Hemmi, P.: Dynamische Meßfehler. In: Kompendium der Grundlagen der Meßtechnik. (Hrsg. P. Profos). Essen: Vulkan Verlag 1974
Linder, A.: Statistische Methoden. 4. Aufl. Basel: Birkhäuser 1964, S. 381-386; S. 20
Oppelt, W.: Kleines Handbuch technischer Regelvorgänge. 5. Aufl. Weinheim: Verlag Chemie 1972
Woschni, E.-G.: Meßdynamik. 2. Aufl. Leipzig: Hirzel 1972

Kapitel 2

Arnolds, F.: Elektronische Meßtechnik. Stuttgart: Berliner Union 1976
Frohne, H.; Ueckert, E.: Grundlagen der elektrischen Meßtechnik. Stuttgart: Teubner 1984
Merz, L.: Grundkurs der Meßtechnik, Teil II: Das elektrische Messen nichtelektrischer Größen. 5. Aufl. München: Oldenbourg 1980

Kapitel 3

DIN 43710: Elektrische Temperaturaufnehmer; Grundwerte der Thermospannungen für Thermopaare Typ U und Typ L (Dez. 1985)
DIN IEC 751: Industrielle Platin-Widerstandsthermometer und Platin-Meßwiderstände (Okt. 1985)
DIN IEC 594 Teil 1: Thermopaare; Grundwerte der Thermospannungen (Jan. 1984)

Beitner, M.; Tomasi, G.: Mikroelektronischer Spreading-Widerstand-Temperatursensor. Siemens Forschungs- und Entwicklungsber. 10 (1981) 65-71
Bonfig, K.W.: Technische Durchflußmessung. Essen: Vulkan Verlag 1977
Grave, H.F.: Elektrische Messung nichtelektrischer Größen. 2. Aufl. Frankfurt: Akad. Verlagsges. 1965
Heywang, W.: Sensorik. 2. Aufl. Berlin: Springer 1986
Kohlrausch, F.: Praktische Physik, Band 1; 3 Tabellen und Diagramme. 23. Aufl. Stuttgart: Teubner 1985; 1986
Lieneweg, F.: Handbuch der technischen Temperaturmessung. Braunschweig: Vieweg 1976
Merz, L.: Grundkurs der Meßtechnik, Teil II: Das elektrische Messen nichtelektrischer Größen. 5. Aufl. München: Oldenbourg 1980
Messen und Regeln in der Wärme- und Chemietechnik. 5. Aufl. Karlsruhe: Siemens 1962
Messen, Steuern und Regeln in der Chemischen Technik, Bd. I: Betriebsmeßtechnik I: Messung von Zustandsgrößen, Stoffmengen und Hilfsgrößen. (Hrsg. J. Hengstenberg, B. Sturm, O. Winkler.) 3. Aufl. Berlin: Springer 1980
Novickij, P.V.; Knorring, V.G.; Gutnikov, V.S.: Frequenzanaloge Meßeinrichtungen. Berlin: Verlag Technik 1975
Orlicek, F.; Reuther, F.L.: Zur Technik der Mengen- und Durchflußmessung von Flüssigkeiten. München: Oldenbourg 1971
Rohrbach, Ch.: Handbuch für elektrisches Messen mechanischer Größen. Düsseldorf: VDI-Verlag 1967
Schubert, J.: Physikalische Effekte. Weinheim: Physik-Verlag 1982
Tränkler, H.-R.: Die Schlüsselrolle der Sensortechnik in Meßsystemen. Technisches Messen 49 (1982) 343-353
Tränkler, H.-R.: Sensorspezifische Meßsignalverarbeitung. Messen-Prüfen-Automatisieren, Juni 1986, S. 332-338
Tränkler, H.-R.: Die Technik des digitalen Messens. München: Oldenbourg 1976
Walcher, H.: Digitale Lagemeßtechnik. Düsseldorf: VDI-Verlag 1974

Kapitel 4

Merz, L.: Grundkurs der Meßtechnik, Teil I: Das Messen elektrischer Größen. 5. Aufl. München: Oldenbourg 1977
Operational amplifiers: Design and applications. (Tobey, Graeme and Huelsman, Eds.). New York: McGraw-Hill 1971
Pflier/Jahn/Jentsch: Elektrische Meßgeräte und Meßverfahren. 4. Aufl. Berlin: Springer 1978
Schrüfer, E.: Elektrische Meßtechnik. 3. Aufl. München: Hanser 1988
Tietze, U.; Schenk, Ch.: Halbleiter-Schaltungstechnik. 9. Aufl. Berlin: Springer 1989

Kapitel 5

DIN 43780: Elektrische Meßgeräte; Direkt wirkende anzeigende Meßgeräte und ihr Zubehör (Aug. 1976)

Merz, L.: Grundkurs der Meßtechnik, Teil I: Das Messen elektrischer Größen. 5. Aufl. München: Oldenbourg 1977
Meyer, G.: Oszilloskope. Heidelberg: Hüthig 1989
Palm, A.: Elektrische Meßgeräte und Meßeinrichtungen. 4. Aufl. Berlin: Springer 1963
Pflier/Jahn/Jentsch, Elektrische Meßgeräte und Meßverfahren. 4. Aufl. Berlin: Springer 1978
Stöckl/Winterling, Elektrische Meßtechnik. 8. Aufl. Stuttgart: Teubner 1987
Wunderlich, E.: Transientenspeicher – eines der vielseitigsten Meßgeräte in der Oszilloskopie. Elektronikpraxis Dez. 1979, 12-18

Kapitel 6

Borucki, L., Dittmann, J.. Digitale Meßtechnik. 2. Aufl. Berlin: Springer 1971
Dokter, F.; Steinhauer, J.: Digitale Elektronik in der Meßtechnik und Datenverarbeitung. Hamburg: Philips GmbH (Bd. I: 5. Aufl. 1975; Bd. II: 4. Aufl. 1975)
Hesselmann, N.: Digitale Signalverarbeitung. Würzburg: Vogel 1983
Loriferne, B.: Analog-digital and digital-analog conversion. London: Heyden 1982
Tietze, U.; Schenk, Ch.: Halbleiter-Schaltungstechnik. 9. Aufl. Berlin: Springer 1989
Tränkler, H.-R.: Die Technik des digitalen Messens. München: Oldenbourg 1976

I Regelungs- und Steuerungstechnik

H. Unbehauen

1 Einführung

1.1 Einordnung der Regelungs- und Steuerungstechnik

Automatisierte industrielle Prozesse sind gekennzeichnet durch selbsttätig arbeitende Maschinen und Geräte, die häufig sehr komplexe Anlagen bilden. Die Grundlagen dieser automatisierten Prozesse oder der modernen Automatisierungstechnik sind zu einem großen Teil die Regelungs- und Steuerungstechnik sowie die Prozeßdatenverarbeitung. Ein typisches Merkmal von Regel- und Steuerungssystemen ist, daß sich in ihnen eine zielgerichtete Beeinflussung gewisser Größen (Signale) und eine Informationsverarbeitung abspielt, die N. Wiener [1] veranlaßte, für die Gesetzmäßigkeiten dieser Regelungs- und Steuerungsvorgänge (in der Technik, Natur und Gesellschaft) den Begriff der *Kybernetik* einzuführen. Da Regelungs- und Steuerungstechnik weitgehend geräteunabhängig sind, sollen diese Gebiete den Systemwissenschaften zugeordnet werden, weshalb im weiteren mehr auf die systemtheoretischen als auf die gerätetechnischen Grundlagen eingegangen wird.

1.2 Darstellung im Blockschaltbild

In einem Regel- oder Steuerungssystem erfolgt eine Verarbeitung und Übertragung von Signalen. Derartige Systeme werden daher auch als Übertragungssysteme (oder Übertragungsglieder) bezeichnet. Diese besitzen eine eindeutige Wirkungsrichtung, die durch die Pfeilrichtung der Ein- und Ausgangssignale angegeben wird, und sind rückwirkungsfrei. Bei einem Eingrößensystem wirkt jeweils *ein* Eingangs- und Ausgangssignal $x_e(t)$ bzw. $x_a(t)$. Bei Mehrgrößensystemen sind es dementsprechend mehrere Größen am Eingang oder Ausgang des Übertragungsgliedes (auch Teilsystem genannt). Einzelne Übertragungsglieder werden dabei durch Kästchen dargestellt, die über Signale untereinander zu größeren Einheiten (Gesamtsystemen) verbunden werden können. Der Begriff des *Systems* reicht dabei vom einfachen Eingrößensystem über das Mehrgrößensystem bis hin zu hierarchisch gegliederten Mehrstufensystemen. Bild 1-1 zeigt ein einfaches Beispiel eines Blockschemas. Die wichtigsten bei Blockschaltbildern verwendeten Symbole sind in Tabelle 1-1 aufgeführt.

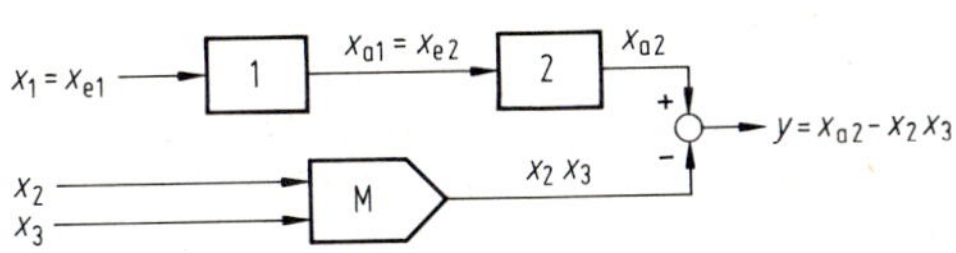

Bild 1-1. Beispiel für ein Blockschaltbild.

Tabelle 1-1. Die wichtigsten Symbole für Signalverknüpfungen und Systeme im Blockschaltbild

Benennung	Symbol	mathematische Operation
Verzweigungspukt	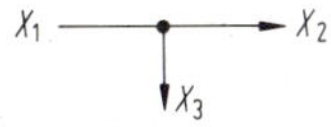	$X_1 = X_2 = X_3$
Summenpunkt	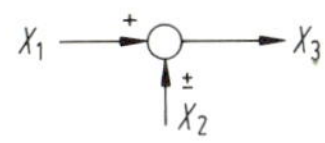	$X_3 = X_1 \pm X_2$
Multiplikationsstelle	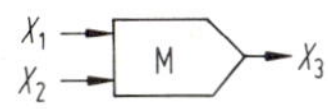	$X_3 = X_1 X_2$
Divisionsstelle	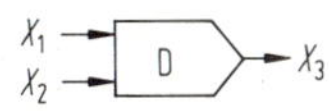	$X_3 = X_1 / X_2$
allgemeine lineare Operation	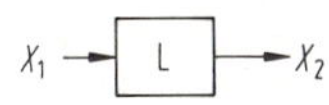	$X_2 = L(X_1)$
allgemeine nicht-lineare Operation	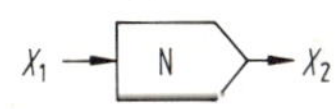	$X_2 = N(X_1)$

1.3 Unterscheidung zwischen Regelung und Steuerung

Nach DIN 19226 [2] ist „*regeln* ein Vorgang, bei dem eine Größe, die *Regelgröße*, fortlaufend erfaßt (gemessen), mit einer anderen Größe, der *Füh-*

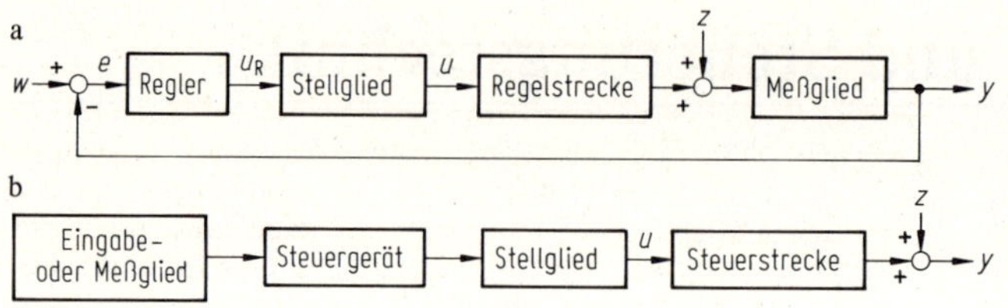

Bild 1-2. Gegenüberstellung **a** einer Regelung und **b** einer Steuerung im Blockschaltbild.

rungsgröße, verglichen und abhängig vom Ergebnis dieses Vergleichs im Sinne der Angleichung an die Führungsgröße beeinflußt wird. Der sich daraus ergebende Wirkungsablauf findet in einem geschlossenen Kreis, dem *Regelkreis*, statt". Demgegenüber ist „*steuern* der Vorgang in einem System, bei dem eine oder mehrere Größen als Eingangsgrößen andere Größen als Ausgangsgrößen aufgrund der dem System eigentümlichen Gesetzmäßigkeiten beeinflussen. Kennzeichnend für das Steuern ist der *offene* Wirkungsablauf über das einzelne Übertragungsglied oder die Steuerkette".

Aus dem Blockschaltbild (Bild 1-2a) erkennt man leicht, daß die Regelung durch folgende Schritte charakterisiert wird:

- Messung der Regelgröße y,
- Bildung der Regelabweichung $e = w - y$ durch Vergleich des Istwertes der Regelgröße y mit dem Sollwert w (Führungsgröße),
- Verarbeitung der Regelabweichung derart, daß durch Verändern der Stellgröße u die Regelabweichung vermindert oder beseitigt wird.

Vergleicht man nun eine Steuerung mit einer Regelung, so lassen sich folgende Unterschiede leicht feststellen:

Die *Regelung*

- stellt einen geschlossenen Wirkungsablauf (Regelkreis) dar;
- kann wegen des geschlossenen Wirkungsprinzips allen Störungen z entgegenwirken (negative Rückkopplung);
- kann instabil werden, d. h., Schwingungen im Kreis klingen dann nicht mehr ab, sondern wachsen auch bei beschränkten Eingangsgrößen w und z (theoretisch) über alle Grenzen an.

Die *Steuerung*

- stellt einen offenen Wirkungsablauf (Steuerkette) dar;
- kann nur den Störgrößen entgegenwirken, auf die sie ausgelegt wurde; andere Störeinflüsse sind nicht beseitigbar;
- kann, sofern das zu steuernde Objekt selbst stabil ist, nicht instabil werden.

Gemäß Bild 1-2a besteht ein Regelkreis aus 4 Hauptbestandteilen: Regelstrecke, Meßglied, Regler und Stellglied.

Anhand dieses Blockschaltbildes ist zu erkennen, daß die Aufgabe der Regelung einer Anlage oder eines Prozesses *(Regelstrecke)* darin besteht, die vom *Meßglied* zeitlich fortlaufend erfaßte *Regelgröße* $y(t)$ unabhängig von äußeren *Störungen* $z(t)$ entweder auf einem konstanten *Sollwert* $w(t)$ zu halten (Festwertregelung oder Störgrößenregelung) oder $y(t)$ einem veränderlichen Sollwert $w(t)$ *(Führungsgröße)* nachzuführen (Folgeregelung, Nachlauf- oder Servoregelung). Diese Aufgabe wird durch ein Rechengerät, den *Regler R*, ausgeführt. Der Regler bildet die *Regelabweichung* $e(t) = w(t) - y(t)$, also die Differenz zwischen Sollwert $w(t)$ und Istwert $y(t)$ der Regelgröße, verarbeitet diese entsprechend seiner Funktionsweise (z. B. proportional, integral oder differential) und erzeugt ein Signal $u_R(t)$, das über das *Stellglied* als *Stellgröße* $u(t)$ auf die Regelstrecke einwirkt und z. B. im Falle der Störgrößenregelung dem Störsignal $z(t)$ entgegenwirkt. Durch diesen geschlossenen Signalverlauf ist der Regelkreis gekennzeichnet, wobei die Reglerfunktion darin besteht, eine eingetretene Regelabweichung $e(t)$ möglichst schnell zu beseitigen oder zumindest klein zu halten. Die hier benutzten Symbole werden in Anlehnung an die international üblichen Bezeichnungen im folgenden verwendet.

1.4 Beispiele von Regel- und Steuerungssystemen

Anhand einiger typischer Anwendungsfälle wird im folgenden die Wirkungsweise einer Regelung und einer Steuerung gezeigt, ohne daß dabei bereits die interne Funktionsweise der Geräte erläutert wird. Bild 1-3 zeigt die schematische Gegenüberstellung einer Regelung und einer Steuerung für eine Raumheizungsanlage. Bei der Steuerung, Bild 1-3a, wird die Außentemperatur ϑ_A über einen Temperaturfühler gemessen und dem Steuergerät zugeführt. Das Steuergerät verstellt in Abhängigkeit von ϑ_A über den Motor M und das Ventil V den Wärmefluß Q. Am Steuergerät kann die Steigung der Kennlinie $Q = f(\vartheta_A)$ voreingestellt werden. Wie aus dem Blockschaltbild hervorgeht, kompensiert eine gut eingestellte Steuerung nur die Auswirkungen einer Änderung der Außentemperatur $z_2 \mathrel{\hat{=}} \vartheta_A$, jedoch nicht Störungen der Raumtemperatur, z. B. durch Öffnen eines Fensters oder durch starke Sonneneinstrahlung. Im Falle einer Regelung der Raumtemperatur ϑ_R, Bild 1-3b, wird diese gemessen und mit dem ein-

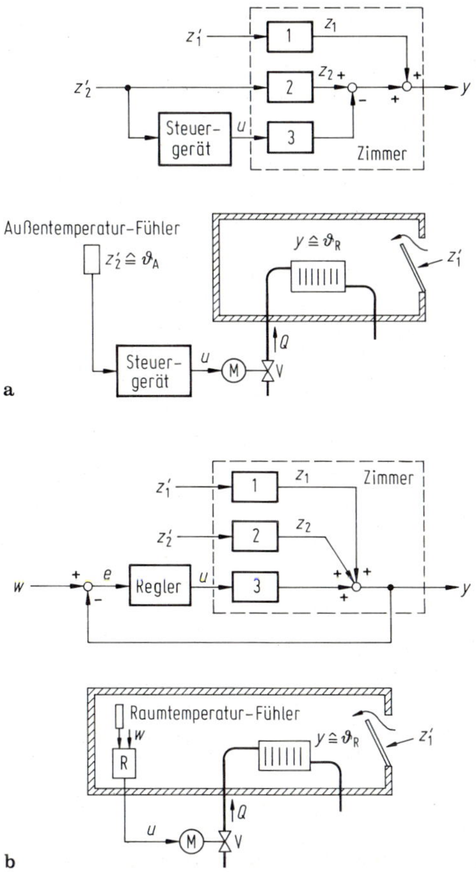

Bild 1-3. Gegenüberstellung **a** einer Steuerung und **b** einer Regelung für eine Raumheizung: Schemaskizzen und zugehörige Blockschaltbilder.

gestellten Sollwert w (z. B. $w = 20$ °C) verglichen. Weicht die Raumtemperatur vom Sollwert ab, so wird über einen Regler (R), der die Abweichung verarbeitet, der Wärmefluß Q verändert. Sämtliche Änderungen der Raumtemperatur ϑ_R werden vom Regler verarbeitet und möglichst beseitigt. Anhand der Blockschaltbilder erkennt man wiederum den geschlossenen Wirkungsablauf der Regelung (Regelkreis) und den offenen der Steuerung (Steuerkette).

Tabelle 1-2 zeigt einige weitere Anwendungsbeispiele für Regelungen. Daraus erkennt man anschaulich den Unterschied zwischen Festwertregelungen und Folgeregelungen. So muß z. B. bei einer Dampfturbine die Drehzahl entsprechend dem fest eingestellten Sollwert eingehalten werden (Festwertregelung), während bei der Kursregelung der Sollwert bei der Umfahrung eines Hindernisses u. U. verändert wird und die Kursregelung dann die Aufgabe hat, das Schiff diesem Sollkurs nachzuführen (Folgeregelung).

Wie diese Beispiele bereits zeigen, kann die Signalübertragung in Regel- und Steuerungssystemen in verschiedenen Formen, d. h. durch mechanische, hydraulische, pneumatische oder elektrische Hilfsenergie erfolgen. Unabhängig von der technischen Realisierung werden die Signale im weiteren aber nur hinsichtlich ihres Informationsinhaltes betrachtet.

Das eingangs gezeigte Beispiel der Raumheizungssteuerung stellt einen bestimmten Typ einer Steuerung dar, der in die Gruppe der *Führungssteuerungen* fällt, die im Beharrungszustand durch einen festen Zusammenhang zwischen Eingangs- und Ausgangsgrößen, z. B. durch die Heizkurve, charakterisiert sind. Daneben gibt es noch die sogenannten *Programmsteuerungen*, zu denen die Zeitplansteuerungen, Wegplansteuerungen und Ablaufsteuerungen sowie deren Kombinationen zählen. Zeitplansteuerungen laufen nach einem festen Zeitplan ohne Rückmeldungen ab. Wegplansteuerungen schalten in einzelnen Schritten

Tabelle 1-2. Anwendungsbeispiele für Regelungen

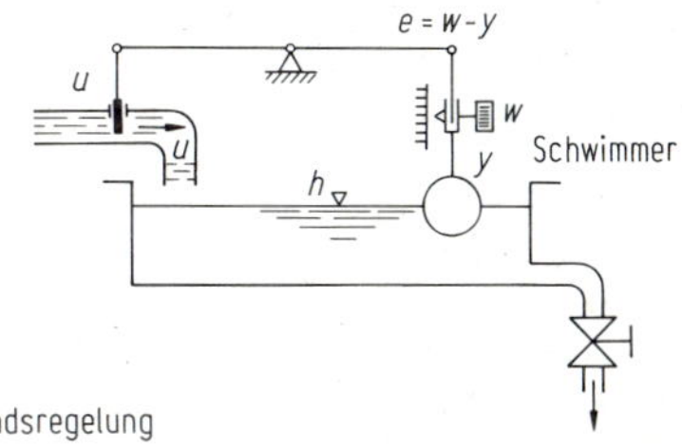

Füllstandsregelung

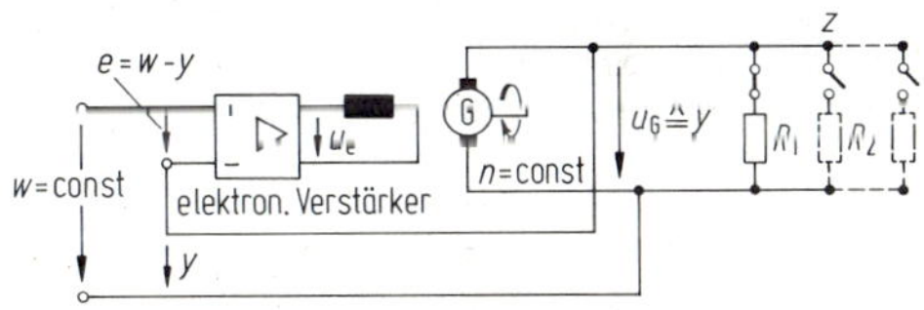

Spannungsregelung eines Generators (G)

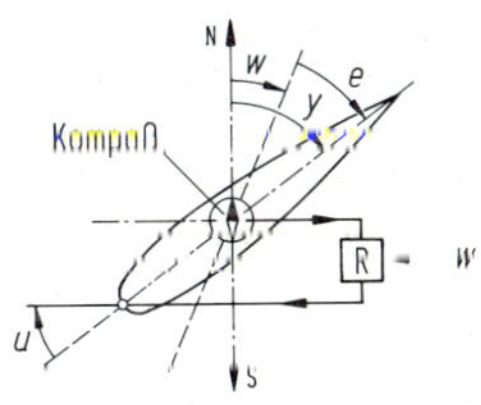

Kursregelung eines Schiffes

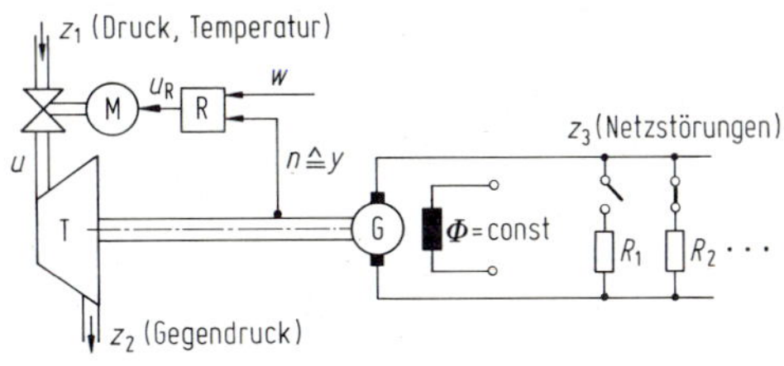

Drehzahlregelung einer Dampfturbine (T)

erst dann weiter, wenn bestimmte Bedingungen erreicht sind, die durch Rückmeldesignale (nicht zu verwechseln mit der Rückkopplung in Regelkreisen), z. B. durch Endschalter, realisiert werden können. Ablaufsteuerungen sind durch ein bestimmtes festes oder variierbares Programm gekennzeichnet, das schrittweise abläuft, wobei die Einzelschritte durch Rückmeldesignale ausgelöst werden. Ein typisches Beispiel für eine kombinierte Zeitplan- und Ablaufsteuerung ist der Waschautomat.

Da Programmsteuerungen heute weitgehend in digitaler Technik ausgeführt werden, bezeichnet man sie häufig auch als binäre Steuerungen. In diesen binären Steuerungen werden Signale verwendet, die nur zwei Werte annehmen können. Auf diesem Prinzip beruhen die modernen speicherprogrammierbaren Steuerungen (SPS), auf die ausführlich im Kapitel 14 eingegangen wird. Die Kapitel 2 bis 13 befassen sich mit der Behandlung regelungstechnischer Gesichtspunkte.

2 Modelle und Systemeigenschaften

2.1 Mathematische Modelle

Das statische und dynamische Verhalten eines Regel- oder Steuerungssystems kann entweder durch physikalische oder andere Gesetzmäßigkeiten analytisch beschrieben oder anhand von Messungen ermittelt und in einem *mathematischen Modell*, z. B. durch Differentialgleichungen, algebraische oder logische Gleichungen usw. dargestellt werden. Die spezielle Form hängt hinsichtlich ihrer Struktur und ihrer Parameter dabei im wesentlichen von den Systemeigenschaften ab. Die wichtigsten Eigenschaften von Regelsystemen sind im Bild 2-1 dargestellt. Mathematische Systemmodelle, die das Verhalten eines realen Systems in abstrahierender Form — eventuell vereinfacht, aber doch genügend genau — beschreiben, bilden gewöhnlich die Grundlage für die Analyse oder Synthese des realen technischen Systems sowie häufig auch für dessen rechentechnischer Simulation [1]. So lassen sich bereits im Entwurfsstadium verschiedenartige Betriebsfälle anhand einer Simulation des Systems leicht überprüfen.

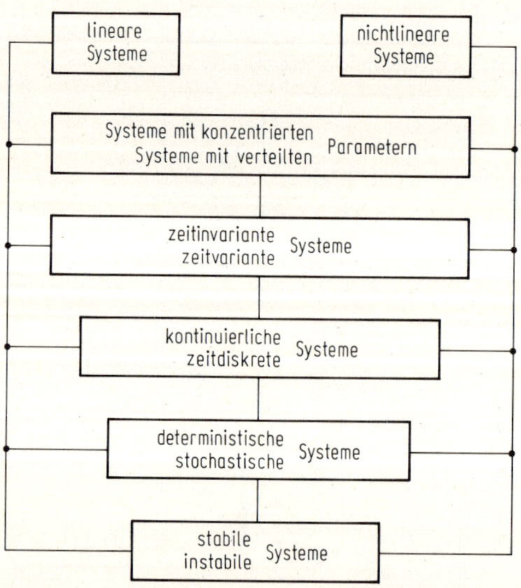

Bild 2-1. Gesichtspunkte zur Beschreibung der Eigenschaften von Regelungssystemen.

2.2 Systemeigenschaften

2.2.1 Lineare und nichtlineare Systeme

Man unterscheidet bei Systemen gewöhnlich zwischen dem dynamischen und dem statischen Verhalten. Das *dynamische Verhalten* oder Zeitverhalten beschreibt den zeitlichen Verlauf der Systemausgangsgröße $x_a(t)$ bei vorgegebener Systemeingangsgröße $x_e(t)$. Somit stellen $x_e(t)$ und $x_a(t)$ zwei einander zugeordnete Größen dar. Als Beispiel dafür sei im Bild 2-2 die Antwort $x_a(t)$ eines Systems auf eine sprungförmige Veränderung der Eingangsgröße $x_e(t)$ betrachtet. In diesem Beispiel beschreibt $x_a(t)$ den zeitlichen Übergang von einem stationären Anfangszustand zur Zeit $t \leqq 0$ in einen stationären Endzustand (theoretisch für $t \to \infty$) $x_a(\infty)$.

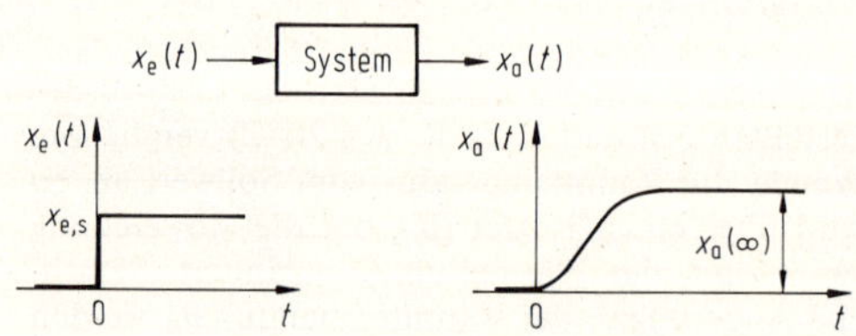

Bild 2-2. Beispiel für das dynamische Verhalten eines Systems.

Variiert man nun — wie im Bild 2-3 dargestellt — die Sprunghöhe $x_{e,s}$ = const und trägt die sich einstellenden stationären Werte der Ausgangsgröße $x_{a,s} = x_a(\infty)$ über $x_{e,s}$ auf, so erhält man die statische Kennlinie

$$x_{a,s} = f(x_{e,s}), \tag{1}$$

die das *statische Verhalten* oder Beharrungsverhalten des Systems in einem gewissen Arbeitsbereich beschreibt. (1) gibt also den Zusammenhang der Signalwerte im Ruhezustand an. Bei der weiteren Verwendung von (1) soll allerdings der einfache-

ren Darstellung wegen auf die Schreibweise $x_{a,s} = x_a$ und $x_{e,s} = x_e$ übergegangen werden, wobei x_a und x_e jeweils stationäre Werte von $x_a(t)$ und $x_e(t)$ darstellen. Beschreibt (1) eine Geradengleichung, so bezeichnet man das System als linear. Für ein lineares System gilt das Superpositionsprinzip, das folgenden Sachverhalt beschreibt: Läßt man nacheinander auf den Eingang eines Systems n beliebige Eingangsgrößen $x_{ei}(t)$ einwirken und bestimmt man die Systemantworten $x_{ai}(t)$, so ergibt sich die Systemantwort auf die Summe der n Eingangsgrößen als Summe der n Antworten $x_{ai}(t)$. Ist das Superpositionsprinzip nicht erfüllt, so ist das System nichtlinear.
Lineare kontinuierliche Systeme können gewöhnlich durch lineare Differentialgleichungen beschrieben werden. Als Beispiel sei eine gewöhnliche lineare Differentialgleichung betrachtet:

$$\sum_{i=0}^{n} a_i(t) \frac{d^i x_a(t)}{dt^i} = \sum_{j=0}^{n} b_j(t) \frac{d^j x_e(t)}{dt^j} . \qquad (2)$$

Wie man leicht sieht, gilt auch hier das Superpositionsprinzip. Da heute für die Behandlung linearer Systeme eine weitgehend abgeschlossene Theorie zur Verfügung steht, ist man beim Auftreten von Nichtlinearitäten i. allg. bemüht, eine Linearisierung durchzuführen. In vielen Fällen ist es möglich, durch einen linearisierten Ansatz das Systemverhalten hinreichend genau zu beschreiben. Die Durchführung der *Linearisierung* hängt vom jeweiligen nichtlinearen Charakter des Systems ab. Daher wird im weiteren zwischen der Linearisierung einer statischen Kennlinie und der Linearisierung einer nichtlinearen Differentialgleichung unterschieden.

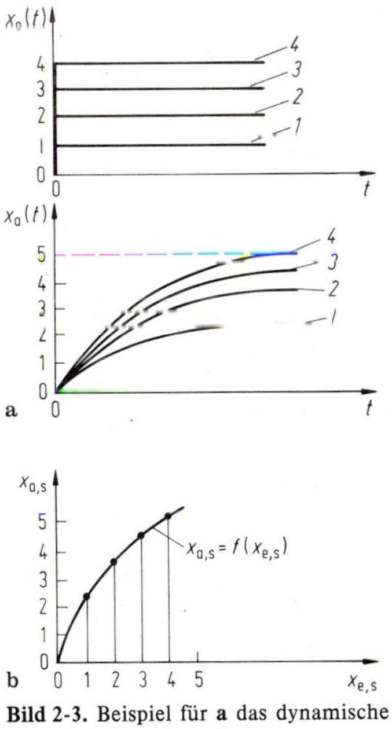

Bild 2-3. Beispiel für **a** das dynamische und **b** das statische Verhalten eines Systems.

(a) Linearisierung einer statischen Kennlinie
Wird die nichtlineare Kennlinie für das statische Verhalten eines Systems durch $x_a = f(x_e)$, also durch (1), beschrieben, so kann diese nichtlineare Gleichung im jeweils betrachteten Arbeitspunkt $(\bar{x}_e, \bar{x}_a)$ in die Taylor-Reihe

$$x_a = f(\bar{x}_e) + \left.\frac{df}{dx_e}\right|_{x_e = \bar{x}_e} (x_e - \bar{x}_e) + \frac{1}{2!} \cdot \left.\frac{d^2 f}{dx_e^2}\right|_{x_e = \bar{x}_e} (x_e - \bar{x}_e)^2 + \ldots \qquad (3)$$

entwickelt werden, siehe A 9.2.1 und A 11.2.1. Sind die Abweichungen $(x_e - \bar{x}_e)$ vom Arbeitspunkt klein, so können die Terme mit den höheren Ableitungen vernachlässigt werden, und aus (3) folgt die lineare Beziehung

$$x_a - \bar{x}_a \approx K(x_e - \bar{x}_e) , \qquad (4)$$

mit $\bar{x}_a = f(\bar{x}_e)$ und $K = \left.\frac{df}{dx_e}\right|_{x_e = \bar{x}_e}$.

Dieselbe Vorgehensweise ist auch für eine Funktion mit zwei oder mehreren unabhängigen Variablen $x_a = f(x_{e_1}, x_{e_2})$ möglich. In diesem Fall erhält man analog zu (4) die lineare Beziehung

$$x_a - \bar{x}_a \approx K_1(x_{e_1} - \bar{x}_{e_1}) + K_2(x_{e_2} - \bar{x}_{e_2}) . \qquad (5)$$

(b) Linearisierung nichtlinearer Differentialgleichungen
Ein nichtlineares dynamisches System mit der Eingangsgröße $x_e(t) = u(t)$ und der Ausgangsgröße $x_a(t) = y(t)$ werde beschrieben durch die nichtlineare Differentialgleichung 1. Ordnung

$$\dot{y}(t) = f[y(t), u(t)] , \qquad (6)$$

die in der Umgebung einer Ruhelage $(\bar{y}, \bar{u})$ linearisiert werden soll. Eine Ruhelage $\bar{y}$ zu einer konstanten Eingangsgröße $\bar{u}$ ist dadurch gekennzeichnet, daß $y(t)$ zeitlich konstant ist, d. h., es gilt $\dot{y}(t) = 0$. Man erhält zu einer gegebenen Eingangsgröße u die Ruhelagen des Systems durch Lösen der Gleichung $0 = f(\bar{y}, \bar{u})$. Bezeichnet man mit $y^*(t)$ die Abweichung der Variablen $y(t)$ von der Ruhelage $\bar{y}$, dann gilt $y(t) = \bar{y} + y^*(t)$, und daraus folgt $\dot{y}(t) = \dot{y}^*(t)$. Ganz entsprechend ergibt sich für die zweite Variable $u(t) = \bar{u} + u^*(t)$. Die Taylor-Reihenentwicklung von (6) um die Ruhelage $(\bar{y}, \bar{u})$ liefert bei Vernachlässigung der Terme mit den höheren Ableitungen näherungsweise die lineare Differentialgleichung

$$\dot{y}^*(t) \approx Ay^*(t) + Bu^*(t) , \qquad (7)$$

mit

$$A = \left.\frac{\partial f(y, u)}{\partial y}\right|_{\substack{y = \bar{y} \\ u = \bar{u}}} \quad \text{und} \quad B = \left.\frac{\partial f(y, u)}{\partial u}\right|_{\substack{u = \bar{u} \\ y = \bar{y}}} .$$

Ganz entsprechend kann auch bei nichtlinearen Vektordifferentialgleichungen

$$\dot{\boldsymbol{x}}(t) = \boldsymbol{f}[\boldsymbol{x}(t), \boldsymbol{u}(t)], \quad \text{mit}$$
$$\boldsymbol{x}(t) = [x_1(t) \ldots x_n(t)]^{\mathrm{T}}, \tag{8}$$
$$\boldsymbol{u}(t) = [u_1(t) \ldots u_r(t)]^{\mathrm{T}}$$

vorgegangen werden. Dabei stellen $\boldsymbol{f}(y, u)$, $\boldsymbol{x}(t)$ und $\boldsymbol{u}(t)$ Spaltenvektoren dar. Hierbei liefert die Linearisierung die lineare Vektordifferentialgleichung

$$\dot{x}^* = \boldsymbol{A}x^*(t) + \boldsymbol{B}u^*(t), \tag{9}$$

wobei $\boldsymbol{A}$ und $\boldsymbol{B}$ als Jacobi-Matrizen die partiellen Ableitungen enthalten:

$$\boldsymbol{A} = \left[\begin{matrix} \frac{\partial f_1(\boldsymbol{x}, \boldsymbol{u})}{\partial x_1} & \cdots & \frac{\partial f_1(\boldsymbol{x}, \boldsymbol{u})}{\partial x_n} \\ \vdots & & \vdots \\ \frac{\partial f_n(\boldsymbol{x}, \boldsymbol{u})}{\partial x_1} & \cdots & \frac{\partial f_n(\boldsymbol{x}, \boldsymbol{u})}{\partial x_n} \end{matrix}\right]_{\substack{\boldsymbol{x} = \bar{\boldsymbol{x}} \\ \boldsymbol{u} = \bar{\boldsymbol{u}}}} \tag{10}$$

$$\boldsymbol{B} = \left[\begin{matrix} \frac{\partial f_1(\boldsymbol{x}, \boldsymbol{u})}{\partial u_1} & \cdots & \frac{\partial f_1(\boldsymbol{x}, \boldsymbol{u})}{\partial u_r} \\ \vdots & & \vdots \\ \frac{\partial f_n(\boldsymbol{x}, \boldsymbol{u})}{\partial u_1} & \cdots & \frac{\partial f_n(\boldsymbol{x}, \boldsymbol{u})}{\partial u_r} \end{matrix}\right]_{\substack{\boldsymbol{x} = \bar{\boldsymbol{x}} \\ \boldsymbol{u} = \bar{\boldsymbol{u}}}} \tag{11}$$

2.2.2 Systeme mit konzentrierten und verteilten Parametern

Man kann sich ein Übertragungssystem aus endlich vielen idealisierten einzelnen Elementen zusammengesetzt denken, z. B. ohmschen Widerständen, Kapazitäten, Induktivitäten, Dämpfern, Federn, Massen usw. Derartige Systeme werden als Systeme mit konzentrierten Parametern bezeichnet. Diese werden durch gewöhnliche Differentialgleichungen beschrieben. Besitzt ein System unendlich viele, unendlich kleine Einzelelemente der oben angeführten Art, dann stellt es ein System mit verteilten Parametern dar, das durch partielle Differentialgleichungen beschrieben wird. Ein typisches Beispiel hierfür ist eine elektrische Leitung. Der Spannungsverlauf auf einer Leitung ist eine Funktion von Ort und Zeit und damit nur durch eine partielle Differentialgleichung beschreibbar.

2.2.3 Zeitvariante und zeitinvariante Systeme

Sind die Systemparameter nicht konstant, sondern ändern sie sich in Abhängigkeit von der Zeit, dann ist das System zeitvariant (zeitvariabel, nichtstationär). Ist das nicht der Fall, dann wird das System als zeitinvariant bezeichnet. Beispiele für zeitvariante Systeme sind: Rakete (Massenänderungen), Kernreaktor (Abbrand), chemische Prozesse (Verschmutzung).

Häufiger und wichtiger sind zeitinvariante Systeme, deren Parameter konstant sind. Bei diesen Systemen hat z. B. eine zeitliche Verschiebung des Eingangssignals $x_e(t)$ um t_0 eine gleiche Verschiebung des Ausgangssignals $x_a(t)$ zur Folge, ohne daß dabei $x_a(t)$ sonst verändert wird.

2.2.4 Systeme mit kontinuierlicher und diskreter Arbeitsweise

Ist eine Systemvariable (Signal) y, z. B. die Eingangs- oder Ausgangsgröße eines Systems, zu jedem beliebigen Zeitpunkt gegeben, und ist sie innerhalb gewisser Grenzen stetig veränderlich, dann spricht man von einem *kontinuierlichen* Signalverlauf (Bild 2-4a). Kann das Signal nur gewisse diskrete Amplitudenwerte annehmen, dann liegt ein *quantisiertes* Signal vor (Bild 2-4b). Ist hingegen der Wert des Signals nur zu bestimmten diskreten Zeitpunkten bekannt, so handelt es sich um ein *zeitdiskretes* (oder kurz: diskretes) Signal (Bild 2-4c). Sind die Signalwerte zu äquidistanten Zeitpunkten mit dem Intervall T gegeben, so spricht man von einem Abtastsignal mit der Abtastperiode T. Systeme, in denen derartige Signale verarbeitet werden, bezeichnet man auch als *Abtastsysteme.* In sämtlichen Regelsystemen, in denen ein Digitalrechner z. B. die Funktionen eines

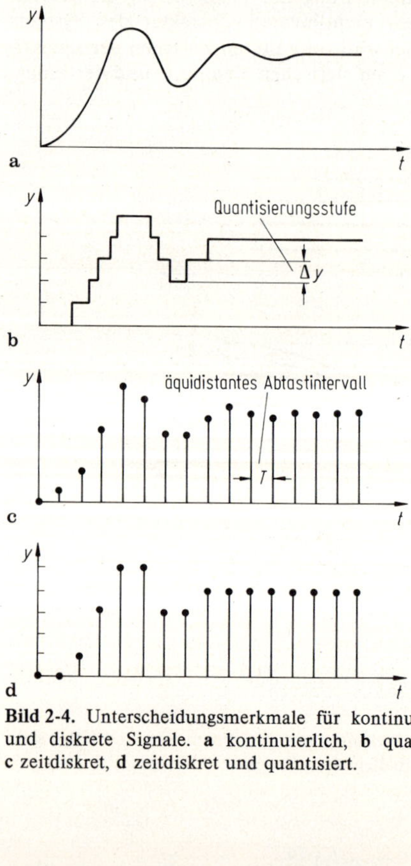

Bild 2-4. Unterscheidungsmerkmale für kontinuierliche und diskrete Signale. **a** kontinuierlich, **b** quantisiert, **c** zeitdiskret, **d** zeitdiskret und quantisiert.

Reglers übernimmt, können von diesem nur zeitdiskrete quantisierte Signale verarbeitet werden (Bild 2-4d).

2.2.5 Systeme mit deterministischen oder stochastischen Variablen

Eine Systemvariable kann entweder deterministischen oder stochastischen Charakter aufweisen. Die deterministischen oder stochastischen Eigenschaften beziehen sich sowohl auf die in einem System auftretenden Signale als auch auf die Parameter des mathematischen Systemmodells. Im deterministischen Fall sind die Signale und das mathematische Modell eines Systems eindeutig bestimmt. Das zeitliche Verhalten des Systems läßt sich somit reproduzieren. Im stochastischen Fall hingegen können sowohl die auf das System einwirkenden Signale als auch das Systemmodell, z. B. ein Koeffizient der Systemgleichung, stochastischen, also regellosen Charakter, besitzen. Der Wert dieser in den Signalen oder im System auftretenden Variablen kann daher zu jedem Zeitpunkt nur durch stochastische Gesetzmäßigkeiten beschrieben werden und ist somit nicht mehr reproduzierbar.

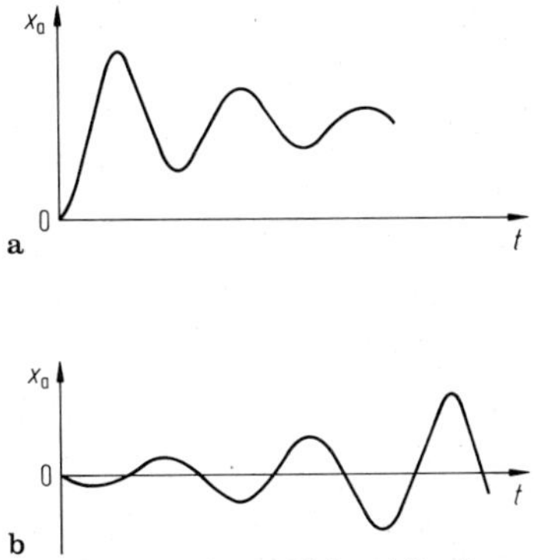

Bild 2-5. a stabiles und **b** instabiles Systemverhalten $x_a(t)$ bei beschränkter Eingangsgröße $x_e(t)$.

2.2.6 Kausale Systeme

Bei einem kausalen System hängt die Ausgangsgröße $x_a(t_1)$ zu einem beliebigen Zeitpunkt t_1 nur vom Verlauf der Eingangsgröße $x_e(t)$ bis zu diesem Zeitpunkt t_1 ab. Es muß also erst eine Ursache auftreten, bevor sich eine Wirkung zeigt. Alle realen Systeme sind daher kausal.

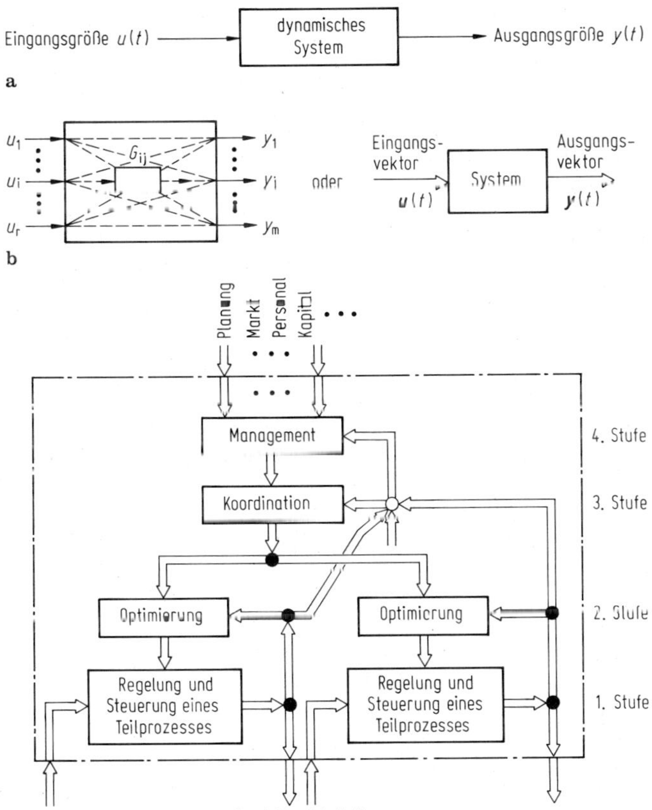

Bild 2-6. Symbolische Darstellung des Systembegriffs: **a** Eingrößensystem, **b** Mehrgrößensystem, **c** Mehrstufensystem.

2.2.7 Stabile und instabile Systeme

Ein System ist genau dann stabil, wenn jedes beschränkte zulässige Eingangssignal $x_e(t)$ ein ebenfalls beschränktes Ausgangssignal $x_a(t)$ zur Folge hat. Ist dies nicht der Fall, dann ist das System instabil (Bild 2-5).

2.2.8 Eingrößen- und Mehrgrößensysteme

Ein System, welches genau eine Eingangs- und eine Ausgangsgröße besitzt, heißt Eingrößensystem. Ein System mit mehreren Eingangsgrößen und/oder Ausgangsgrößen heißt Mehrgrößensystem. Große Systeme sind häufig in mehreren Stufen angeordnet. Man bezeichnet sie deshalb auch als Mehrstufensysteme (Bild 2-6).
Neben den hier diskutierten Systemeigenschaften gibt es noch einige weitere. So sind beispielsweise die *Steuerbarkeit* und *Beobachtbarkeit* eines Systems wesentliche Eigenschaften, die das innere Systemverhalten beschreiben.

3 Beschreibung linearer kontinuierlicher Systeme im Zeitbereich

3.1 Beschreibung mittels Differentialgleichungen

Das Übertragungsverhalten linearer kontinuierlicher Systeme kann durch lineare Differentialgleichungen beschrieben werden. Im Falle von Systemen mit konzentrierten Parametern führt dies auf gewöhnliche lineare Differentialgleichungen gemäß (2) in 2.2, während bei Systemen mit verteilten Parametern sich partielle lineare Differentialgleichungen als mathematische Modelle zur Systembeschreibung ergeben. Anhand einiger Beispiele soll die Aufstellung der das System beschreibenden Differentialgleichungen gezeigt werden.

3.1.1 Elektrische Systeme

Für die Behandlung elektrischer Netzwerke benötigt man die Kirchhoffschen Gesetze:
1. Die Summe der Ströme in einem Knotenpunkt ist gleich Null: $\sum i_i = 0$.
2. Die Summe der Spannungen bei einem Umlauf in einer Masche ist gleich Null: $\sum u_i = 0$.

Wendet man diese Gesetze auf die beiden Maschen und den Knoten A des in Bild 3-1 dargestellten Schwingkreises an und setzt voraus, daß $i_3 = 0$ ist, so erhält man nach kurzer Rechnung die lineare Differentialgleichung 2. Ordnung mit kon-

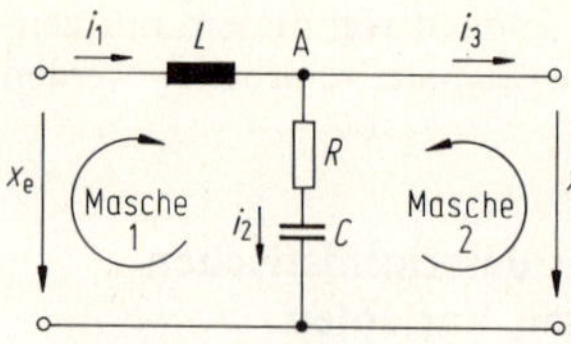

Bild 3-1. Ein elektrischer Schwingkreis.

stanten Koeffizienten

$$T_2^2 \frac{d^2 x_a}{dt^2} + T_1 \frac{dx_a}{dt} + x_a = x_e + T_1 \frac{dx_e}{dt}, \tag{1}$$

mit den Abkürzungen $T_1 = RC$ und $T_2 = \sqrt{LC}$. Zur eindeutigen Lösung müssen noch die beiden Anfangsbedingungen $x_a(0)$ und $\dot{x}_a(0)$ gegeben sein.

3.1.2 Mechanische Systeme

Zum Aufstellen der Differentialgleichungen von mechanischen Systemen benötigt man die folgenden Gesetze:
- Newtonsches Gesetz,
- Kräfte- und Momentengleichgewichte,
- Erhaltungssätze von Impuls, Drehimpuls und Energie.

Als Beispiel für ein mechanisches System soll die Differentialgleichung eines gedämpften Schwingers nach Bild 3-2 ermittelt werden. Dabei be-

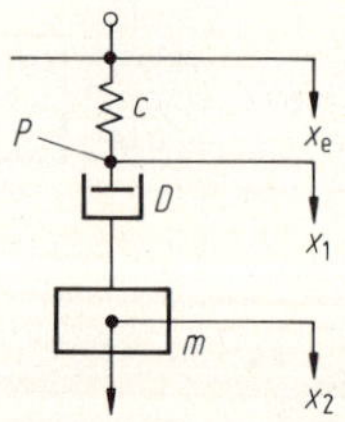

Bild 3-2. Gedämpfter mechanischer Schwinger.

zeichnen c die Federkonstante, D die Dämpfungskonstante (Dämpfungsgrad) und m die Masse desselben. Die Größen $x_1 (= x_a)$, x_2 und x_e beschreiben jeweils die Geschwindigkeiten in den gekennzeichneten Punkten. Die Anwendung obiger Gesetze liefert nach kurzer Zwischenrechnung dieselbe Differentialgleichung (1) wie bei dem zuvor betrachteten elektrischen Schwingkreis, wobei allerdings $T_1 = m/D$ und $T_2 = \sqrt{m/c}$ gilt. Beide Systeme sind daher analog zueinander.

3.1.3 Thermische Systeme

Zur Bestimmung der Differentialgleichungen thermischer Systeme benötigt man

— die Erhaltungssätze der inneren Energie oder Enthalpie sowie
— die Wärmeleitungs- und Wärmeübertragungsgesetze.

Als Beispiel soll das mathematische Modell des Stoff- und Wärmetransports in einem dickwandigen, von einem Fluid durchströmten Rohr gemäß Bild 3-3 betrachtet werden. Zunächst werden die folgenden vereinfachenden *Annahmen* getroffen:
— Die Temperatur, sowohl im Fluid, als auch in der Rohrwand, ist nur von der Koordinate z abhängig.
— Der gesamte Wärmetransport in Richtung der Rohrachse wird nur durch den Massetransport, nicht aber durch Wärmeleitung innerhalb des Fluids oder der Rohrwand bewirkt.
— Die Strömungsgeschwindigkeit des Fluids ist im ganzen Rohr konstant und hat nur eine Komponente in z-Richtung.
— Die Stoffwerte vom Fluid und Rohr sind über die Rohrlänge konstant.
— Nach außen hin ist das Rohr ideal isoliert.

Mit folgenden *Bezeichnungen*

$\vartheta(z, t)$	Fluidtemperatur
$\Theta(z, t)$	Rohrtemperatur
$\dot{m}$	Fluidstrom
L	Rohrlänge
w_F	Fluidgeschwindigkeit
ϱ_F, ϱ_R	Dichte (Fluid, Rohr)
c_F, c_R	spezifische Wärmekapazität (Fluid, Rohr)
α	Wärmeübergangszahl Fluid/Rohr
D_i, D_a	innerer und äußerer Rohrdurchmesser

sollen nun die Differentialgleichungen des mathematischen Modells hergeleitet werden. Betrachtet wird ein Rohrelement der Länge dz. Das zugehörige Rohrwandvolumen sei dV_R, das entsprechende Fluidvolumen sei dV_F. Für die im Bild 3-3 eingetragenen Wärmemengen gilt:

$$\mathrm{d}Q_1 = c_F \vartheta \dot{m}\, \mathrm{d}t$$

$$\mathrm{d}Q_2 = c_F \left(\vartheta + \frac{\partial \vartheta}{\partial z}\, \mathrm{d}z\right) \dot{m}\, \mathrm{d}t$$

$$\mathrm{d}Q_3 = \alpha(\vartheta - \Theta)\pi D_i\, \mathrm{d}z\, \mathrm{d}t\,.$$

Während des Zeitintervalls dt ändert sich im Fluidelement dV_F die gespeicherte Wärmemenge um

$$\mathrm{d}Q_F = \varrho_F \frac{\pi}{4} D_i^2\, \mathrm{d}z\, c_F \frac{\partial \vartheta}{\partial t}\, \mathrm{d}t\,.$$

Nun läßt sich die Wärmebilanzgleichung für das Fluid im betrachteten Zeitintervall dt angeben:

$$\mathrm{d}Q_F = \mathrm{d}Q_1 - \mathrm{d}Q_2 - \mathrm{d}Q_3\,. \tag{2}$$

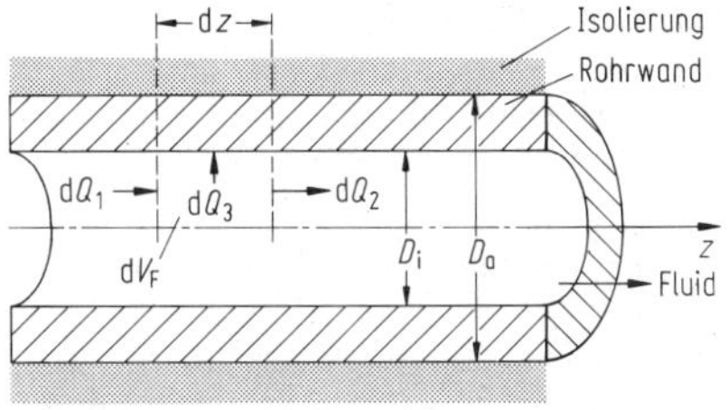

Bild 3-3. Ausschnitt aus dem untersuchten Rohr.

Für die Wärmespeicherung im Rohrwandelement dV_R folgt andererseits im selben Zeitintervall:

$$\mathrm{d}Q_R = \varrho_R \frac{\pi}{4} (D_a^2 - D_i^2)\, \mathrm{d}z\, c_R \frac{\partial \Theta}{\partial t}\, \mathrm{d}t\,.$$

Damit läßt sich nun die Wärmebilanzgleichung für das Rohrwandelement angeben. Es gilt

$$\mathrm{d}Q_R = \mathrm{d}Q_3\,, \tag{3}$$

da nach den getroffenen Voraussetzungen an der Rohraußenwand eine ideale Wärmeisolierung vorhanden ist. Werden in (2) und (3) die zuvor aufgestellten Beziehungen eingesetzt, so erhält man mit den Abkürzungen

$$K_1 = \frac{\alpha \pi D_i}{\frac{\pi}{4} D_i^2 \varrho_F c_F}\,, \quad K_2 = \frac{\alpha \pi D_i}{\frac{\pi}{4} (D_a^2 - D_i^2) \varrho_R c_R}$$

und $w_F = \dfrac{\dot{m}}{\frac{\pi}{4} D_i^2 \varrho_F}$

die beiden partiellen Differentialgleichungen

$$\frac{\partial \vartheta}{\partial t} + w_F \frac{\partial \vartheta}{\partial z} = K_1(\Theta - \vartheta) \tag{4a}$$

und $$\frac{\partial \Theta}{\partial t} = K_2(\vartheta - \Theta)\,, \tag{4b}$$

die das hier behandelte System beschreiben. Zur Lösung wird außer den beiden Anfangsbedingungen $\vartheta(z, 0)$ und $\Theta(z, 0)$ auch noch die Randbedingung $\vartheta(0, t)$ benötigt.

Als *Spezialfall* ergibt sich das dünnwandige Rohr, bei dem d$Q_3 = 0$ wird, da keine Wärmespeicherung stattfindet. Für diesen Fall geht (4a) über in

$$\frac{\partial \vartheta}{\partial t} + w_F \frac{\partial \vartheta}{\partial z} = 0\,. \tag{5}$$

Bei Systemen mit örtlich verteilten Parametern braucht die Eingangsgröße $x_e(t)$ nicht unbedingt in den Differentialgleichungen aufzutreten, sie kann vielmehr auch in die Randbedingungen eingehen. Im vorliegenden Fall wird als Eingangsgröße die Fluidtemperatur am Rohreingang betrachtet: $x_e(t) = \vartheta(0, t)$ $t > 0$.

Entsprechend wird als Ausgangsgröße

$x_a(t) = \vartheta(L, t)$ die Fluidtemperatur am Ende des Rohres der Länge L definiert. Unter der zusätzlichen Annahme $\vartheta(z, 0) = 0$ erhält man als Lösung von (5)

$$x_a(t) = x_e(t - T_t) \quad \text{mit} \quad T_t = \frac{L}{w_F}. \tag{6}$$

Diese Gleichung beschreibt somit den reinen Transportvorgang im Rohr. Die Zeit T_t, um die die Ausgangsgröße $x_a(t)$ der Eingangsgröße $x_e(t)$ nacheilt, wird als Totzeit bezeichnet.

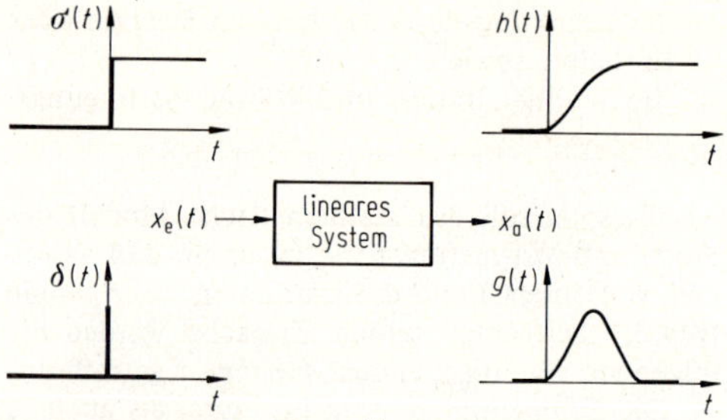

Bild 3-4. Zur Definition der Übergangsfunktion $h(t)$ und der Gewichtsfunktion $g(t)$.

3.2 Beschreibung mittels spezieller Ausgangssignale

3.2.1 Die Übergangsfunktion (Normierte Sprungantwort)

Für die weiteren Überlegungen wird der Begriff der *Sprungfunktion* (auch Einheitssprung) benötigt:

$$\sigma(t) = \begin{cases} 1 & \text{für } t > 0 \\ 1/2 & \text{für } t = 0 \\ 0 & \text{für } t < 0 . \end{cases} \tag{7}$$

Die sogenannte Sprungantwort läßt sich definieren als die Reaktion $x_a(t)$ des Systems auf eine sprungförmige Veränderung der Eingangsgröße

$$x_e(t) = \hat{x}_e \sigma(t) \quad \text{mit} \quad \hat{x}_e = \text{const},$$

vgl. Bild 3-4.

Die *Übergangsfunktion* stellt dann die auf die Sprunghöhe $\hat{x}_e$ bezogene Sprungantwort

$$h(t) = \frac{1}{\hat{x}_e} x_a(t) \tag{8}$$

dar, die bei einem kausalen System die Eigenschaft $h(t) = 0$ für $t < 0$ besitzt.

3.2.2 Die Gewichtsfunktion (Impulsantwort)

Die Gewichtsfunktion $g(t)$ ist definiert als die Antwort des Systems auf die Impulsfunktion (Einheitsimpuls oder Dirac-Impuls) $\delta(t)$. Dabei ist $\delta(t)$ keine Funktion im Sinne der klassischen Analysis, sondern muß als verallgemeinerte Funktion oder *Distribution* aufgefaßt werden [1], vgl. A 8.3. Der Einfachheit halber wird $\delta(t)$ näherungsweise als Rechteckfunktion

$$r_\varepsilon = \begin{cases} \dfrac{1}{\varepsilon} & \text{für } 0 \leqq t \leqq \varepsilon \\ 0 & \text{sonst} \end{cases} \tag{9}$$

mit kleinem positiven ε beschrieben (vgl. Bild 3-5). Somit ist die Impulsfunktion definiert durch

$$\delta(t) = \lim_{\varepsilon \to 0} r_\varepsilon(t) \tag{10}$$

mit den Eigenschaften

$$\delta(t) = 0 \quad \text{für} \quad t \neq 0 \quad \text{und} \quad \int_{-\infty}^{\infty} \delta(t)\,\mathrm{d}t = 1 .$$

Gewöhnlich wird die δ-Funktion gemäß Bild 3-5b für $t = 0$ symbolisch als Pfeil der Länge 1 darge-

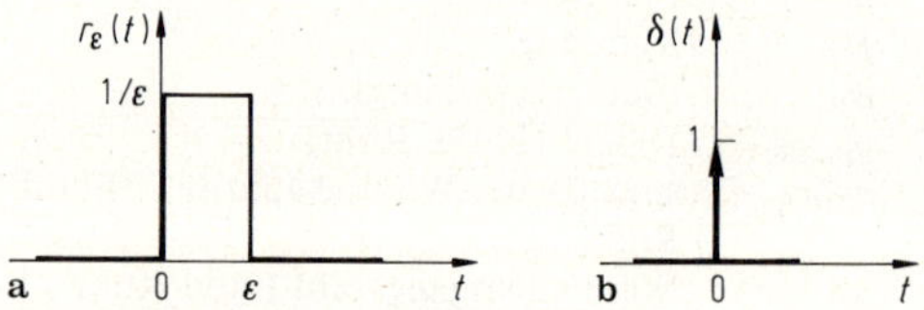

a b

Bild 3-5. **a** Annäherung der $\delta(t)$-Funktion; **b** symbolische Darstellung der δ-Funktion.

stellt. Man bezeichnet die Länge 1 als die Impulsstärke (zu beachten ist, daß für die Höhe des Impulses dabei weiterhin $\delta(0) = \infty$ gilt). Im Sinne der Distributionentheorie besteht zwischen der δ-Funktion und der Sprungfunktion $\sigma(t)$ der Zusammenhang

$$\delta(t) = \frac{\mathrm{d}\sigma(t)}{\mathrm{d}t}. \tag{11}$$

Entsprechend gilt zwischen der Gewichtsfunktion $g(t)$ und der Übergangsfunktion $h(t)$ die Beziehung

$$g(t) = \frac{\mathrm{d}}{\mathrm{d}t} h(t). \tag{12a}$$

Bezeichnet man den Wert von $h(t)$ für $t = 0+$ mit $h(0+)$, so läßt sich $h(t)$ in der Form

$$h(t) = h_0(t) + h(0+)\,\sigma(t)$$

darstellen, wobei angenommen wird, daß der sprungfreie Anteil $h_0(t)$ auf der gesamten t-Achse stetig und stückweise differenzierbar ist. Damit kann (12a) auch in der Form

$$g(t) = \dot{h}(t) = \dot{h}_0(t) + h(0+)\,\delta(t) \qquad (12\text{b})$$

geschrieben werden.

3.2.3 Das Faltungsintegral (Duhamelsches Integral)

Bei den folgenden Überlegungen wird als das zu beschreibende dynamische System die Regelstrecke mit der Eingangsgröße $x_e(t) = u(t)$ und der Ausgangsgröße $x_a(t) = y(t)$ gewählt. Es sei jedoch darauf hingewiesen, daß diese Überlegungen selbstverständlich allgemein gültig sind. Das Übertragungsverhalten eines kausalen linearen zeitinvarianten Systems ist durch die Kenntnis eines Funktionspaares $[y_i(t);\ u_i(t)]$ eindeutig bestimmt. Kennt man insbesondere die Gewichtsfunktion $g(t)$, so kann für ein beliebiges Eingangssignal $u(t)$ das Ausgangssignal $y(t)$ mit Hilfe des Faltungsintegrals

$$y(t) = \int_0^t g(t-\tau)\,u(\tau)\,\mathrm{d}\tau \qquad (13)$$

bestimmt werden, siehe A 25.6. Umgekehrt kann bei bekanntem Verlauf von $u(t)$ und $y(t)$ durch eine Umkehrung der Faltung die Gewichtsfunktion $g(t)$ berechnet werden. Sowohl die Gewichtsfunktion $g(t)$ als auch die Übergangsfunktion $h(t)$ sind für die Beschreibung linearer Systeme von großer Bedeutung, da sie die gesamte Information über deren dynamisches Verhalten enthalten.

3.3 Zustandsraumdarstellung

3.3.1 Zustandsraumdarstellung für Eingrößensysteme

Am Beispiel des im Bild 3-6 dargestellten RLC-Netzwerkes soll die Systembeschreibung in Form der Zustandsraumdarstellung in einer kurzen Einführung behandelt werden. Das dynamische Verhalten des Systems ist für alle Zeiten $t \geqq t_0$ vollständig definiert, wenn

— die Anfangswerte $u_C(t_0)$, $i(t_0)$

und

die Eingangsgröße $u_K(t)$ für $t \geqq t_0$

bekannt sind. Durch diese Angaben lassen sich die Größen $i(t)$ und $u_C(t)$ für alle Werte $t \geqq t_0$ bestimmen. Die Größen $i(t)$ und $u_C(t)$ charakterisieren den „Zustand" des Netzwerkes und werden

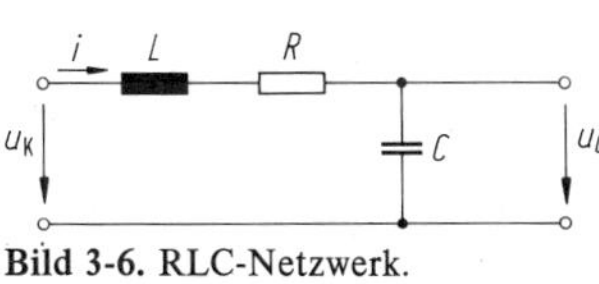

Bild 3-6. RLC-Netzwerk.

aus diesem Grund als dessen *Zustandsgrößen* bezeichnet. Für dieses Netzwerk gelten folgende Beziehungen:

$$L\,\frac{\mathrm{d}i}{\mathrm{d}t} + Ri + u_C = u_K, \qquad (14\text{a})$$

$$C\,\frac{\mathrm{d}u_C}{\mathrm{d}t} = i. \qquad (14\text{b})$$

Aus den Gln. (14a, b) erhält man

$$LC\,\frac{\mathrm{d}^2u_C}{\mathrm{d}t^2} + RC\,\frac{\mathrm{d}u_C}{\mathrm{d}t} + u_C = u_K.$$

Diese lineare Differentialgleichung 2. Ordnung beschreibt das System bezüglich des Eingangs-Ausgangs-Verhaltens vollständig. Man kann aber zur Systembeschreibung auch die beiden ursprünglichen linearen Differentialgleichungen 1. Ordnung, also (14a, b), benutzen. Dazu faßt man diese beiden Gleichungen zweckmäßigerweise mit Hilfe der Vektorschreibweise zu einer linearen Vektordifferentialgleichung 1. Ordnung

$$\begin{bmatrix} \dfrac{\mathrm{d}i}{\mathrm{d}t} \\ \dfrac{\mathrm{d}u_C}{\mathrm{d}t} \end{bmatrix} = \begin{bmatrix} -\dfrac{R}{L} & -\dfrac{1}{L} \\ \dfrac{1}{C} & 0 \end{bmatrix} \begin{bmatrix} i \\ u_C \end{bmatrix} + \begin{bmatrix} \dfrac{1}{L} \\ 0 \end{bmatrix} u_K \qquad (15)$$

mit dem Anfangswertvektor

$$\begin{bmatrix} i(t_0) \\ u_C(t_0) \end{bmatrix}$$

zusammen. Diese lineare Vektordifferentialgleichung 1. Ordnung beschreibt den Zusammenhang zwischen der Eingangsgröße und den Zustandsgrößen. Man benötigt nun aber noch eine Gleichung, die die Abhängigkeit der Ausgangsgröße von den Zustandsgrößen und der Eingangsgröße angibt. In diesem Beispiel gilt, wie man direkt sieht, für die Ausgangsgröße

$$y(t) = u_C(t).$$

Gewöhnlich stellt die Ausgangsgröße eine Linearkombination der Zustandsgrößen und der Eingangsgröße dar. Allgemein hat die Zustandsraumdarstellung für Eingrößensysteme daher folgende Form:

$$\dot{\boldsymbol{x}} = \boldsymbol{A}\boldsymbol{x} + \boldsymbol{b}u, \quad \boldsymbol{x}(t_0) = \boldsymbol{x}_0, \qquad (16)$$

$$y = \boldsymbol{c}^{\mathrm{T}}\boldsymbol{x} + du. \qquad (17)$$

Dabei beschreibt (16) ein lineares Differentialgleichungssystem 1. Ordnung für die Zustandsgrößen $x_1, x_2, \ldots, x_n$, die zum Zustandsvektor $\boldsymbol{x} = [x_1 \ldots x_n]^{\mathrm{T}}$ zusammengefaßt werden, wobei die Eingangsgröße u multipliziert mit dem Vektor $\boldsymbol{b}$ als Störterm auftritt. (17) ist dagegen eine rein algebraische Gleichung, die die lineare Abhängigkeit der Ausgangsgröße von den Zustandsgrößen und der Eingangsgröße angibt. Mathematisch be-

ruht die Zustandsraumdarstellung auf dem Satz, daß man jede lineare Differentialgleichung n-ter Ordnung in n gekoppelte Differentialgleichungen 1. Ordnung umwandeln kann, siehe A 26.
Vergleicht man die Darstellung gemäß (16) und (17) mit den Gleichungen des oben betrachteten Beispiels, so folgt:

$$\boldsymbol{x} = \begin{bmatrix} x_1 \\ x_2 \end{bmatrix} = \begin{bmatrix} i \\ u_C \end{bmatrix}, \quad \boldsymbol{x}_0 = \begin{bmatrix} i(t_0) \\ u_C(t_0) \end{bmatrix},$$

$$\boldsymbol{A} = \begin{bmatrix} -\frac{R}{L} & -\frac{1}{L} \\ \frac{1}{C} & 0 \end{bmatrix}, \quad \boldsymbol{b} = \begin{bmatrix} \frac{1}{L} \\ 0 \end{bmatrix}; \quad u = u_K,$$

$$\boldsymbol{c}^{\mathrm{T}} = [0 \;\; 1]; \quad d = 0.$$

3.3.2 Zustandsraumdarstellung für Mehrgrößensysteme

Für lineare Mehrgrößensysteme mit r Eingangsgrößen und m Ausgangsgrößen gehen die Gleichungen (16), (17) in die allgemeine Form

$$\dot{\boldsymbol{x}} = \boldsymbol{A}\boldsymbol{x} + \boldsymbol{B}\boldsymbol{u} \text{ mit der Anfangsbedingung } \boldsymbol{x}(t_0), \quad (18)$$

$$\boldsymbol{y} = \boldsymbol{C}\boldsymbol{x} + \boldsymbol{D}\boldsymbol{u} \quad (19)$$

über, wobei die folgenden Beziehungen gelten:

Zustandsvektor $\boldsymbol{x} = \begin{bmatrix} x_1 \\ \vdots \\ x_n \end{bmatrix}$,

Eingangsvektor (Steuervektor) $\boldsymbol{u} = \begin{bmatrix} u_1 \\ \vdots \\ u_r \end{bmatrix}$,

Ausgangsvektor $\boldsymbol{y} = \begin{bmatrix} y_1 \\ \vdots \\ y_m \end{bmatrix}$,

Systemmatrix	$\boldsymbol{A}$	$(n \times n)$-Matrix,
Steuermatrix	$\boldsymbol{B}$	$(n \times r)$-Matrix,
Ausgangs- oder Beobachtungsmatrix	$\boldsymbol{C}$	$(m \times n)$-Matrix,
Durchgangsmatrix	$\boldsymbol{D}$	$(m \times r)$-Matrix.

Selbstverständlich schließt die allgemeine Darstellung von (18) und (19) auch die Zustandsraumdarstellung des Eingrößensystems mit ein.
Die Verwendung der Zustandsraumdarstellung hat verschiedene Vorteile, von denen hier einige genannt seien:

1. Ein- und Mehrgrößensysteme können formal gleich behandelt werden.
2. Diese Darstellung ist sowohl für die theoretische Behandlung (analytische Lösungen, Optimierung) als auch für die numerische Berechnung gut geeignet.
3. Die Berechnung des Verhaltens des homogenen Systems unter Verwendung der Anfangsbedingung $\boldsymbol{x}(t_0)$ ist sehr einfach.
4. Schließlich gibt diese Darstellung einen besseren Einblick in das innere Systemverhalten. So lassen sich allgemeine Systemeigenschaften wie die Steuerbarkeit oder Beobachtbarkeit des Systems mit dieser Darstellungsform definieren und überprüfen.

Durch (18) und (19) werden *lineare* Systeme mit konzentrierten Parametern beschrieben. Die Zustandsraumdarstellung läßt sich jedoch auch auf *nichtlineare* Systeme mit konzentrierten Parametern erweitern:

$$\dot{\boldsymbol{x}} = \boldsymbol{f}_1(\boldsymbol{x}, \boldsymbol{u}, t) \text{ (Vektordifferentialgleichung)}, \quad (20)$$

$$\boldsymbol{y} = \boldsymbol{f}_2(\boldsymbol{x}, \boldsymbol{u}, t) \text{ (Vektorgleichung)}. \quad (21)$$

Der Zustandsvektor $\boldsymbol{x}(t)$ stellt für den Zeitpunkt t einen Punkt in einem n-dimensionalen euklidischen Raum (Zustandsraum) dar. Mit wachsender Zeit t ändert dieser *Zustandspunkt des Systems* seine räumliche Position und beschreibt dabei eine Kurve, die als *Zustandskurve* oder *Trajektorie* des Systems bezeichnet wird.

4 Beschreibung linearer kontinuierlicher Systeme im Frequenzbereich

4.1 Die Laplace-Transformation [1]

Die Laplace-Transformation kann als wichtiges Hilfsmittel zur Lösung linearer Differentialgleichungen mit konstanten Koeffizienten angesehen werden. Bei regelungstechnischen Aufgaben erfüllen die zu lösenden Differentialgleichungen meist die zum Einsatz der Laplace-Transformation notwendigen Voraussetzungen. Die Laplace-Transformation ist eine *Integraltransformation*, die einer großen Klasse von *Originalfunktionen* $f(t)$ umkehrbar eindeutig eine *Bildfunktion* $F(s)$ zuordnet, siehe A 23.2. Diese Zuordnung erfolgt über das *Laplace-Integral* von $f(t)$, also durch

$$F(s) = \int_0^\infty f(t)\,\mathrm{e}^{-st}\,\mathrm{d}t = \mathscr{L}\{f(t)\}, \quad (1)$$

wobei im Argument dieser *Laplace-Transformierten* $F(s)$ die komplexe Variable $s = \sigma + \mathrm{j}\omega$ auftritt. Die Voraussetzungen für die Gültigkeit von (1) sind:

(a) $f(t) = 0$ für $t < 0$;

(b) das Integral in (1) muß konvergieren.

Bei der Behandlung dynamischer Systeme stellt die Originalfunktion $f(t)$ gewöhnlich eine Zeitfunktion dar. Da die komplexe Variable s die Fre-

quenz ω enthält, wird die Bildfunktion $F(s)$ oft auch als Frequenzfunktion bezeichnet. Damit ermöglicht die Laplace-Transformation gemäß (1) den Übergang vom „Zeitbereich" (Originalbereich) in den „Frequenzbereich" (Bildbereich).
Die sogenannte Rücktransformation oder inverse Laplace-Transformation, also die Gewinnung der Originalfunktion aus der Bildfunktion wird durch das *Umkehrintegral*

$$f(t) = \frac{1}{2\pi j} \int_{c-j\infty}^{c+j\infty} F(s)\, e^{st}\, ds = \mathscr{L}^{-1}\{F(s)\}, \quad t > 0 \tag{2}$$

ermöglicht, wobei $f(t) = 0$ für $t < 0$ gilt, siehe A 23.2.
Die Laplace-Transformation ist eine *umkehrbar eindeutige* Zuordnung von Originalfunktion und Bildfunktion. Daher braucht in vielen Fällen das Umkehrintegral gar nicht berechnet zu werden; es können vielmehr *Korrespondenztafeln* verwendet werden, in denen für viele Funktionen die oben genannte Zuordnung enthalten ist, siehe Tabelle A 23-2.
Die Lösung von Differentialgleichungen mit Hilfe der Laplace-Transformation erfolgt gemäß Bild 4-1 in folgenden drei Schritten:

1. Transformation der Differentialgleichung in den Bildbereich,
2. Lösung der algebraischen Gleichung im Bildbereich,
3. Rücktransformation der Lösung in den Originalbereich.

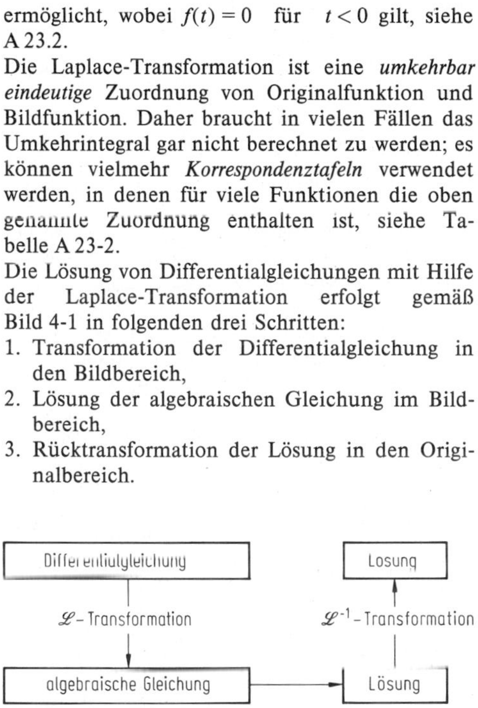

Bild 4-1. Schema zur Lösung von Differentialgleichungen mit der Laplace-Transformation.

Beispiel:
Gegeben ist die Differentialgleichung

$$\ddot{f}(t) + 3\dot{f}(t) + 2f(t) = e^{-t}$$

mit den Anfangsbedingungen $f(0+) = \dot{f}(0+) = 0$. Die Lösung erfolgt in den zuvor angegebenen Schritten:

1. Schritt:

$$s^2F(s) + 3sF(s) + 2F(s) = \frac{1}{s+1}.$$

2. Schritt:

$$F(s) = \frac{1}{s+1} \cdot \frac{1}{s^2 + 3s + 2}.$$

3. Schritt:
Vor der Rücktransformation wird $F(s)$ in Partialbrüche zerlegt, da die Korrespondenztafeln nur bestimmte Standardfunktionen enthalten:

$$F(s) = \frac{1}{s+2} - \frac{1}{s+1} + \frac{1}{(s+1)^2}.$$

Mittels der Korrespondenzen aus Tabelle A 23-2 folgt durch die inverse Laplace-Transformation als Lösung der gegebenen Differentialgleichung:

$$f(t) = e^{-2t} - e^{-t} + te^{-t}.$$

Wie man leicht anhand dieses Beispiels erkennt, ist die Lage der Pole s_1, s_2 und s_3 für den Verlauf von $f(t)$ ausschlaggebend. Da hier sämtliche Pole von $F(s)$ negativen Realteil besitzen, ist der Verlauf von $f(t)$ gedämpft, d. h., er klingt für $t \to \infty$ auf Null ab. Wäre jedoch der Realteil eines Poles positiv, dann würde für $t \to \infty$ auch $f(t)$ unendlich groß werden. Da bei regelungstechnischen Problemen die Originalfunktion $f(t)$ stets den zeitlichen Verlauf einer im Regelkreis auftretenden Systemgröße darstellt, läßt sich das Schwingungsverhalten dieser Systemgröße $f(t)$ durch die Untersuchung der Lage der Polstellen der zugehörigen Bildfunktion $F(s)$ direkt beurteilen. Auf diese so entscheidende Bedeutung der Lage der Polstellen einer Bildfunktion wird im Kapitel 6 ausführlich eingegangen.

4.2 Die Fourier-Transformation [2]

Oben wurde die Laplace-Transformation für Zeitfunktionen $f(t)$ mit der Eigenschaft $f(t) = 0$ für $t < 0$ behandelt. Zeitfunktionen mit dieser Eigenschaft kommen hauptsächlich bei technischen Einschaltvorgängen vor. Für Zeitfunktionen im gesamten t-Bereich $-\infty \leqq t \leqq +\infty$ wird die *Fourier-Transformierte* ($\mathcal{F}$-Transformierte, Spektral- oder Frequenzfunktion)

$$F(j\omega) = \mathcal{F}\{f(t)\} = \int_{-\infty}^{\infty} f(t)\, e^{-j\omega t}\, dt \tag{3}$$

und die *inverse Fourier-Transformierte*

$$f(t) = \mathcal{F}^{-1}\{F(j\omega)\} = \frac{1}{2\pi} \int_{-\infty}^{\infty} F(j\omega)\, e^{j\omega t}\, d\omega \tag{4}$$

benutzt, wobei mit den Operatorzeichen $\mathcal{F}$ und $\mathcal{F}^{-1}$ formal die Fourier-Transformation bzw. ihre Inverse gekennzeichnet wird.
Da die Fourier-Transformierte meist eine komplexe Funktion ist, können ebenfalls die Darstellungen

$$F(j\omega) = R'(\omega) + jI'(\omega) \tag{5}$$

und $$F(j\omega) = A'(\omega)\, e^{j\varphi'(\omega)} \tag{6}$$

unter Verwendung von Real- und Imaginärteil $R'(\omega)$ und $I'(\omega)$ oder von Amplituden- und Phasengang $A'(\omega)$ und $\varphi'(\omega)$ gewählt werden, wobei

$$A'(\omega) = |F(\mathrm{j}\omega)| = \sqrt{R'^2(\omega) + I'^2(\omega)} \tag{7}$$

auch als *Fourier-Spektrum* oder *Amplitudendichtespektrum* von $f(t)$ bezeichnet wird, und außerdem für den *Phasengang*

$$\varphi'(\omega) = \arctan \frac{I'(\omega)}{R'(\omega)} \tag{8}$$

gilt.

Ist $f(t)$ eine reelle Zeitfunktion, so erhält man aus (3) für Real- und Imaginärteil die Gleichungen

$$R'(\omega) = \int_{-\infty}^{\infty} f(t) \cos \omega t \, \mathrm{d}t, \tag{9}$$

$$I'(\omega) = -\int_{-\infty}^{\infty} f(t) \sin \omega t \, \mathrm{d}t, \tag{10}$$

wobei $R'(\omega)$ eine gerade und $I'(\omega)$ eine ungerade Funktion ist. Ähnlich wie bei der Laplace-Transformation stellt die Fourier-Transformation eine umkehrbar eindeutige Zuordnung zwischen Zeitfunktion $f(t)$ und Frequenz- oder Spektralfunktion $F(\mathrm{j}\omega)$ her. Die wichtigsten Funktionspaare sind in Tabelle A 23-1 zusammengestellt. Die wesentlichen Eigenschaften und Rechenregeln der Fourier-Transformation sind denen der Laplace-Transformation analog, siehe A 23.2.

4.3 Der Begriff der Übertragungsfunktion

4.3.1 Definition

Lineare, kontinuierliche, zeitinvariante Systeme mit konzentrierten Parametern werden — sofern eine Totzeit zunächst nicht berücksichtigt wird — durch die gewöhnliche Differentialgleichung

$$\sum_{i=0}^{n} a_i \frac{\mathrm{d}^i x_\mathrm{a}(t)}{\mathrm{d}t^i} = \sum_{j=0}^{m} b_j \frac{\mathrm{d}^j x_\mathrm{e}(t)}{\mathrm{d}t^j}, \quad m \leqq n \tag{11}$$

beschrieben. Setzt man alle *Anfangsbedingungen gleich Null* und wendet man auf beiden Seiten dieser Beziehung die Laplace-Transformation an, so folgt nach kurzer Umformung

$$\frac{X_\mathrm{a}(s)}{X_\mathrm{e}(s)} = \frac{b_0 + b_1 s + \ldots + b_m s^m}{a_0 + a_1 s + \ldots + a_n s^n} = G(s) = \frac{Z(s)}{N(s)}, \tag{12}$$

wobei $Z(s)$ und $N(s)$ das Zähler- und Nennerpolynom von $G(s)$ beschreiben. Diese das Übertragungsverhalten des Systems vollständig charakterisierende Funktion $G(s)$ wird *Übertragungsfunktion* des Systems genannt. Berücksichtigt man noch eine *Totzeit* T_t, dann erhält man anstelle von (11) die Differentialgleichung

$$\sum_{i=0}^{n} a_i \frac{\mathrm{d}_i x_\mathrm{a}(\mathrm{t})}{\mathrm{d}t^i} = \sum_{j=0}^{m} b_j \frac{\mathrm{d}^j x_\mathrm{e}(t - T_\mathrm{t})}{\mathrm{d}t^j}. \tag{13}$$

Die Laplace-Transformation liefert in diesem Fall die *transzendente* Übertragungsfunktion

$$G(s) = \frac{Z(s)}{N(s)} \mathrm{e}^{-sT_\mathrm{t}}. \tag{14}$$

4.3.2 Pole und Nullstellen der Übertragungsfunktion

Häufig ist es zweckmäßig, die rationale Übertragungsfunktion $G(s)$ gemäß (12) faktorisiert in der Form

$$G(s) = \frac{Z(s)}{N(s)} = k_0 \frac{(s - s_\mathrm{N1})(s - s_\mathrm{N2}) \ldots (s - s_\mathrm{Nm})}{(s - s_\mathrm{P1})(s - s_\mathrm{P2}) \ldots (s - s_\mathrm{Pn})} \tag{15}$$

darzustellen. Da aus physikalischen Gründen nur reelle Koeffizienten a_i, b_j vorkommen, können die *Nullstellen* $s_{\mathrm{N}i}$ bzw. die *Polstellen* $s_{\mathrm{P}j}$ von $G(s)$ *reell* oder *konjugiert komplex* sein. Pole und Nullstellen lassen sich anschaulich in der komplexen s-Ebene entsprechend Bild 4-2 darstellen. Ein lineares zeitinvariantes System *ohne* Totzeit wird somit durch die Angabe der Pol- und Nullstellenverteilung sowie des Faktors k_0 vollständig beschrieben. Darüber hinaus haben die Pole der Übertragungsfunktion eine weitere Bedeutung. Betrachtet man das ungestörte System ($x_\mathrm{e}(t) \equiv 0$) nach (11) und will man den Zeitverlauf der Ausgangsgröße $x_\mathrm{a}(t)$ nach Vorgabe von n Anfangsbedingungen ermitteln, so hat man die zugehörige homogene Differentialgleichung

$$\sum_{i=0}^{n} a_i \frac{\mathrm{d}^i x_\mathrm{a}(t)}{\mathrm{d}t^i} = 0 \tag{16}$$

zu lösen. Wird für (16) der Lösungsansatz $x_\mathrm{a}(t)$

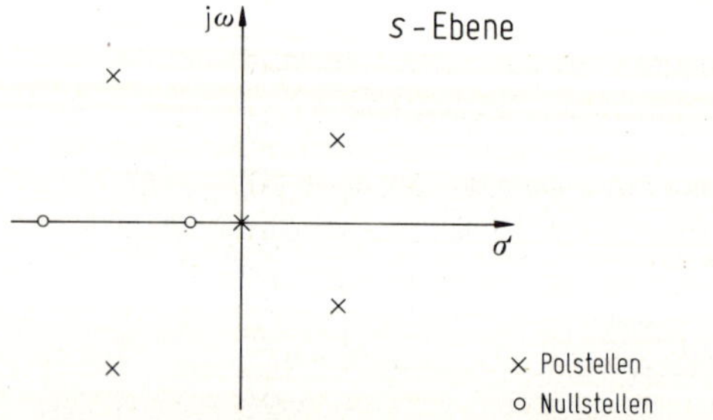

Bild 4-2. Darstellung der Pol- und Nullstellenverteilung einer gebrochen rationalen Übertragungsfunktion in der komplexen s-Ebene.

$= e^{st}$ gemacht, so erhält man als Bestimmungsgleichung für s die *charakteristische Gleichung*

$$\sum_{i=0}^{n} a_i s^i = 0 . \tag{17}$$

Diese Beziehung geht also unmittelbar durch Nullsetzen des Nenners ($N(s) = 0$) aus $G(s)$ hervor, sofern $N(s)$ und $Z(s)$ teilerfremd sind. Die Nullstellen s_k der charakteristischen Gleichung stellen somit Pole s_{Pj} der Übertragungsfunktion dar. Da das Eigenverhalten ($x_e(t) \equiv 0$) allein durch die charakteristische Gleichung beschrieben wird, enthalten somit die Pole s_{Pj} der Übertragungsfunktion diese Information vollständig.

4.3.3 Das Rechnen mit Übertragungsfunktionen

Für das Zusammenschalten von Übertragungsgliedern lassen sich nun einfache Rechenregeln zur Bestimmung der Übertragungsfunktion herleiten.

a) *Hintereinanderschaltung:* Aus der Schaltung entsprechend Bild 4-3 folgt

$$Y(s) = G_2(s)\, G_1(s)\, U(s) .$$

Damit ergibt sich als Gesamtübertragungsfunktion der Hintereinanderschaltung

$$G(s) = \frac{Y(s)}{U(s)} = G_1(s)\, G_2(s) . \tag{18}$$

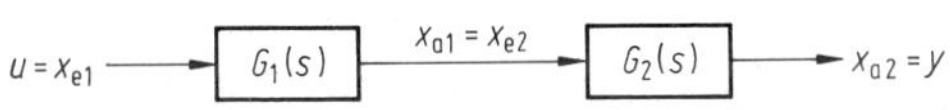

Bild 4-3. Hintereinanderschaltung zweier Übertragungsglieder.

b) *Parallelschaltung:* Für die Ausgangsgröße des Gesamtsystems nach Bild 4-4 erhält man

$$Y(s) = X_a(s)$$
$$= X_{a1}(s) + X_{a2}(s) = [G_1(s) + G_2(s)]\, U(s) ,$$

und daraus ergibt sich als Gesamtübertragungsfunktion der Parallelschaltung

$$G(s) = \frac{Y(s)}{U(s)} = G_1(s) + G_2(s) . \tag{19}$$

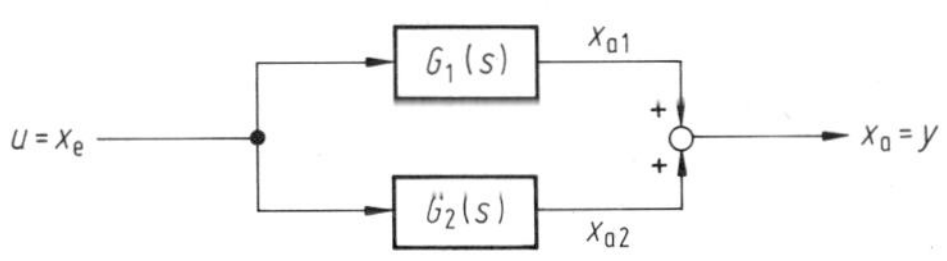

Bild 4-4. Parallelschaltung zweier Übertragungsglieder.

c) *Kreisschaltung:* Aus Bild 4-5 folgt unmittelbar für die Ausgangsgröße

$$Y(s) = X_a(s) = [U(s) - X_{a2}(s)]\, G_2(s) .$$

Mit $X_{a2}(s) = G_2(s)\, Y(s)$ erhält man daraus die Gesamtübertragungsfunktion der Kreisschaltung

$$G(s) = \frac{Y(s)}{U(s)} = \frac{G_1(s)}{\underset{(-)}{1 + G_1(s)\, G_2(s)}} . \tag{20}$$

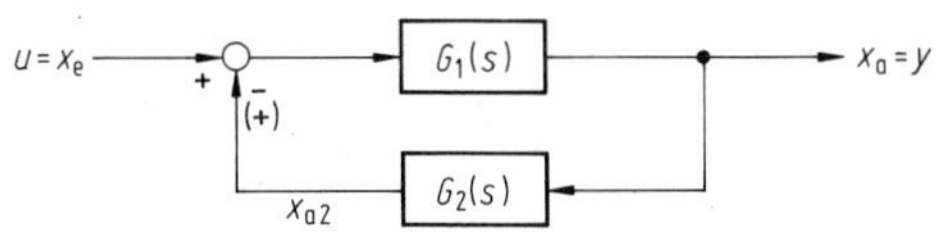

Bild 4-5. Kreisschaltung zweier Übertragungsglieder.

Da die Ausgangsgröße von $G_1(s)$ über $G_2(s)$ wieder an den Eingang zurückgeführt wird, spricht man auch von einer Rückkopplung. Dabei unterscheidet man zwischen positiver Rückkopplung *(Mitkopplung)* bei positiver Aufschaltung von $X_{e2}(s)$ und negativer Rückkopplung *(Gegenkopplung)* bei negativer Aufschaltung von $X_{e2}(s)$.

4.3.4 Zusammenhang zwischen $G(s)$ und der Zustandsraumdarstellung

Wendet man auf die Zustandsraumdarstellung eines Eingrößensystems, in 3.3.1 beschrieben durch (16) und (17) mit $x = o$, die Laplace-Transformation an, so folgt aus

$$s\boldsymbol{X}(s) = \boldsymbol{A}\boldsymbol{X}(s) + \boldsymbol{b}U(s) \quad \text{und}$$
$$Y(s) \;= \boldsymbol{c}^{\mathrm{T}}\boldsymbol{X}(s) + dU(s)$$

nach Elimination von $\boldsymbol{X}(s)$ nach kurzer Rechnung die Übertragungsfunktion

$$G(s) = \frac{Y(s)}{U(s)} = \boldsymbol{c}^{\mathrm{T}}(s\boldsymbol{I} - \boldsymbol{A})^{-1}\, \boldsymbol{b} + d . \tag{21}$$

$\boldsymbol{I}$ ist dabei die Einheitsmatrix. (21) stimmt natürlich mit (12) überein, wenn beide mathematischen Modelle dasselbe System beschreiben.

4.3.5 Die komplexe G-Ebene

Die komplexe Übertragungsfunktion $G(s)$ beschreibt eine lokal konforme Abbildung der s-Ebene auf die G-Ebene, vgl. A 19. Wegen der bei dieser Abbildung gewährleisteten Winkeltreue wird das orthogonale Netz achsenparalleler Geraden $\sigma = \text{const}$ und $\omega = \text{const}$ der s-Ebene in ein wiederum orthogonales, aber krummliniges Netz der G-Ebene — wie im Bild 4-6 dargestellt — abgebildet. Dabei bleibt „im unendlich Kleinen" auch die Maßstabstreue erhalten. Einen sehr wichtigen speziellen Fall erhält man für $\sigma = 0$ und $\omega \geqq 0$. Er repräsentiert die konforme Abbildung der positiven Imaginärachse der s-Ebene und wird als *Ortskurve des Frequenzganges* $G(j\omega)$ des Systems bezeichnet.

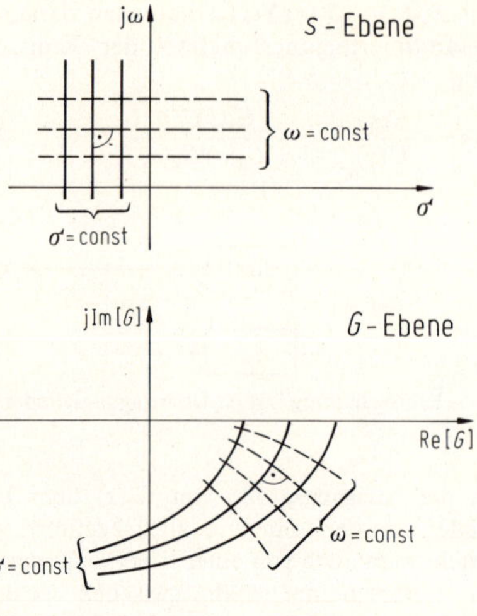

Bild 4-6. Lokal konforme Abbildung der Geraden $\sigma = \text{const}$ und $\omega = \text{const}$ der s-Ebene in die G-Ebene.

4.4 Die Frequenzgangdarstellung

4.4.1 Definition

Wie bereits kurz erwähnt, geht für $\sigma = 0$, also für den Spezialfall $s = \mathrm{j}\omega$, die Übertragungsfunktion $G(s)$ in den *Frequenzgang* $G(\mathrm{j}\omega)$ über. Während die Übertragungsfunktion $G(s)$ mehr eine abstrakte, nicht meßbare Beschreibungsform zur mathematischen Behandlung linearer Systeme darstellt, kann der Frequenzgang $G(\mathrm{j}\omega)$ unmittelbar auch anschaulich physikalisch interpretiert werden. Dazu wird zunächst der Frequenzgang als komplexe Größe

$$G(\mathrm{j}\omega) = R(\omega) + \mathrm{j}I(\omega), \tag{22}$$

mit dem Realteil $R(\omega)$ und dem Imaginärteil $I(\omega)$, zweckmäßigerweise durch seinen *Amplitudengang* $A(\omega)$ und seinen *Phasengang* $\varphi(\omega)$ in der Form

$$G(\mathrm{j}\omega) = A(\omega)\, e^{\mathrm{j}\varphi(\omega)} \tag{23}$$

dargestellt. Denkt man sich nun die Systemgröße $x_\mathrm{e}(t)$ sinusförmig mit der Amplitude $\hat{x}_\mathrm{e}$ und der Frequenz ω erregt, also durch

$$x_\mathrm{e}(t) = \hat{x}_\mathrm{e} \sin \omega t, \tag{24}$$

dann wird bei einem linearen kontinuierlichen System die Ausgangsgröße mit derselben Frequenz ω mit anderer Amplitude $\hat{x}_\mathrm{a}$ und mit einer gewissen Phasenverschiebung $\varphi = \varphi(\omega)$ ebenfalls sinusförmige Schwingungen ausführen:

$$x_\mathrm{a}(t) = \hat{x}_\mathrm{a} \sin(\omega t + \varphi). \tag{25}$$

Führt man dieses Experiment für verschiedene Frequenzen $\omega = \omega_\nu\ (\nu = 1, 2, \ldots)$ mit $\hat{x}_\mathrm{e} = \text{const}$ durch, dann stellt man eine Frequenzabhängigkeit der Amplitude $\hat{x}_\mathrm{a}$ des Ausgangssignals sowie der Phasenverschiebung φ fest, und somit gilt für die jeweilige Frequenz ω_ν

$$\hat{x}_{\mathrm{a},\nu} = \hat{x}_\mathrm{a}(\omega_\nu) \quad \text{und} \quad \varphi_\nu = \varphi(\omega_\nu).$$

Aus dem Verhältnis der Amplituden $\hat{x}_\mathrm{a}$ und $\hat{x}_\mathrm{e}$ läßt sich nun der *Amplitudengang* des Frequenzganges

$$A(\omega) = \frac{\hat{x}_\mathrm{a}(\omega)}{\hat{x}_\mathrm{e}} = |\,G(\mathrm{j}\omega)\,| = \sqrt{R^2(\omega) + I^2(\omega)} \tag{26}$$

als frequenzabhängige Größe definieren. Weiterhin wird die frequenzabhängige Phasenverschiebung $\varphi(\omega)$ als *Phasengang* des Frequenzganges bezeichnet. Es gilt somit

$$\varphi(\omega) = \arg G(\mathrm{j}\omega) = \arctan \frac{I(\omega)}{R(\omega)}. \tag{27}$$

Aus diesen Überlegungen ist ersichtlich, daß durch Verwendung sinusförmiger Eingangssignale $x_\mathrm{e}(t)$ unterschiedlicher Frequenz der Amplitudengang $A(\omega)$ und der Phasengang $\varphi(\omega)$ des Frequenzganges $G(\mathrm{j}\omega)$ direkt gemessen werden können. Der gesamte Frequenzgang $G(\mathrm{j}\omega)$ für alle Frequenzen $0 \leqq \omega \leqq \infty$ beschreibt ähnlich wie die Übertragungsfunktion $G(s)$ oder die Übergangsfunktion $h(t)$ das Übertragungsverhalten eines linearen kontinuierlichen Systems vollständig.

4.4.2 Ortskurvendarstellung des Frequenzganges

Trägt man für das oben behandelte Experiment für jeden Wert von ω_ν mit Hilfe von $A(\omega_\nu)$ und $\varphi(\omega_\nu)$ den jeweiligen Wert von $G(\mathrm{j}\omega_\nu) = A(\omega_\nu)\, \mathrm{e}^{\mathrm{j}\varphi(\omega_\nu)}$ in die komplexe G-Ebene ein, so erhält man die in ω parametrierte *Ortskurve des Frequenzganges*, die auch als *Nyquist-Ortskurve* bezeichnet wird. Bild 4-7 zeigt eine solche aus 8 Meßwerten experimentell ermittelte Ortskurve.

Die Ortskurvendarstellung von Frequenzgängen hat u. a. den Vorteil, daß die Frequenzgänge so-

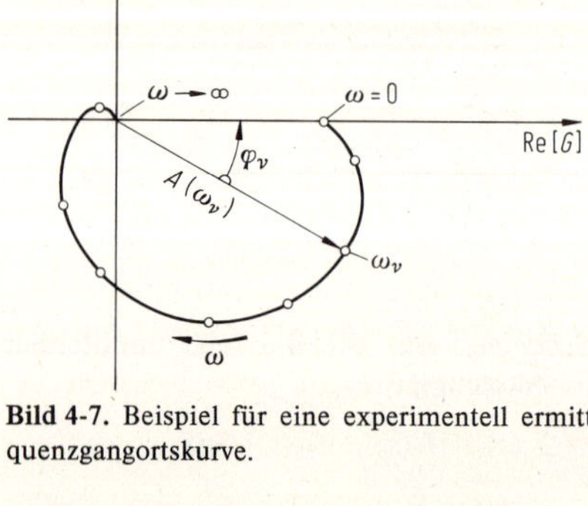

Bild 4-7. Beispiel für eine experimentell ermittelte Frequenzgangortskurve.

wohl von hintereinander als auch von parallel geschalteten Übertragungsgliedern sehr einfach graphisch konstruiert werden können. Dabei werden die zu gleichen ω-Werten gehörenden Zeiger der betreffenden Ortskurven herausgesucht. Bei der Parallelschaltung werden die Zeiger addiert (Parallelogrammkonstruktion); bei der Hintereinanderschaltung werden die Zeiger multipliziert, indem die Längen der Zeiger multipliziert und ihre Winkel addiert werden.

4.4.3 Darstellung des Frequenzganges durch Frequenzkennlinien (Bode-Diagramm)

Trägt man den Betrag $A(\omega)$ und die Phase $\varphi(\omega)$ des Frequenzganges $G(j\omega) = A(\omega)\, e^{j\varphi(\omega)}$ getrennt über der Frequenz ω auf, so erhält man den Amplitudengang oder die *Betragskennlinie* sowie den Phasengang oder die *Phasenkennlinie* des Übertragungsgliedes. Beide zusammen ergeben die *Frequenzkennlinien* oder das *Bode-Diagramm* (Bild 4-8). $A(\omega)$ und ω werden logarithmisch und $\varphi(\omega)$ linear aufgetragen. Es ist dabei üblich, $A(\omega)$ in Dezibel [dB] anzugeben. Laut Definition gilt in dB

$$A(\omega)_{dB} = 20 \lg A(\omega)\,[dB].$$

Die logarithmische Darstellung bietet besondere Vorteile bei der *Hintereinanderschaltung* von Übertragungsgliedern, zumal sich kompliziertere Frequenzgänge, wie sie beispielsweise aus

$$G(s) = K\frac{(s - s_{N1})\ldots(s - s_{Nm})}{(s - s_{P1})\ldots(s - s_{Pn})} \tag{28}$$

mit $s = j\omega$ hervorgehen, als Hintereinanderschaltung der Frequenzgänge einfacher Übertragungsglieder der Form

$$G_i(j\omega) = (j\omega - s_{Ni}) \quad \text{für} \quad i = 1, 2, \ldots, m \tag{29}$$

$$\text{und} \quad G_{m+i}(\omega) = \frac{1}{j\omega - s_{Pi}} \quad \text{für} \quad i = 1, 2, \ldots, n \tag{30}$$

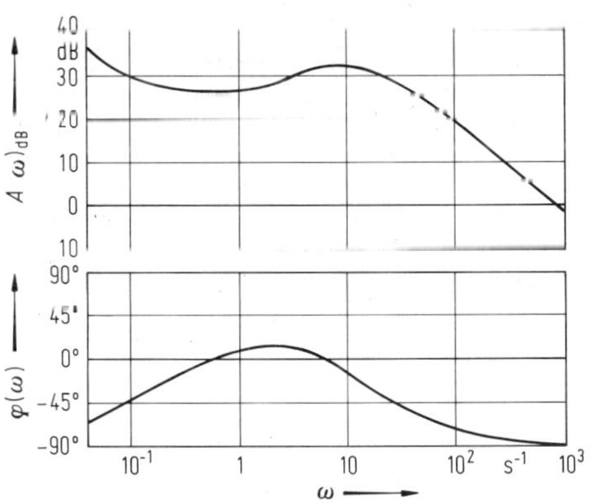

Bild 4-8. Darstellung des Frequenzganges durch Frequenzkennlinien (Bode-Diagramm).

darstellen lassen. Es gilt dann

$$G(j\omega) = G_1(j\omega)\, G_2(j\omega) \ldots G_{n+m}(j\omega)\,. \tag{31}$$

Aus der Darstellung

$$G(j\omega) = A_1(\omega)\, A_2(\omega) \ldots A_{n+m}(\omega)\, e^{j[\varphi_1(\omega) + \varphi_2(\omega) + \ldots + \varphi_{n+m}(\omega)]} \tag{32}$$

bzw. aus $A(\omega) = |\,G(j\omega)\,|$ erhält man den *logarithmischen Amplitudengang*

$$A(\omega)_{dB} = A_1(\omega)_{dB} + A_2(\omega)_{dB} + \ldots + A_{n+m}(\omega)_{dB} \tag{33}$$

und den *Phasengang*

$$\varphi(\omega) = \varphi_1(\omega) + \varphi_2(\omega) + \ldots + \varphi_{n+m}(\omega)\,. \tag{34}$$

Der Gesamtfrequenzgang einer Hintereinanderschaltung ergibt sich also durch Addition der einzelnen Frequenzkennlinien.

4.5 Das Verhalten der wichtigsten Übertragungsglieder

Für die nachfolgend behandelten Übertragungsglieder ist jeweils der Verlauf der Übergangsfunktion $h(t)$ und des Frequenzganges $G(j\omega)$ in Tabelle 4-1 zusammengestellt.

4.5.1 Das proportional wirkende Glied (P-Glied)

a) Darstellung im Zeitbereich:
$$x_a(t) = K x_e(t)\,. \tag{35}$$
K wird als *Verstärkungsfaktor* oder als Übertragungsbeiwert des P-Gliedes bezeichnet.

b) Übertragungsfunktion: $G(s) = K$. (36)

c) Frequenzgang: $G(j\omega) = K$. (37)

Die Ortskurve von $G(j\omega)$ stellt für sämtliche Frequenzen einen Punkt auf der reellen Achse mit dem Abstand K vom Nullpunkt dar, d.h., der Phasengang $\varphi(\omega)$ ist Null, während für den logarithmischen Amplitudengang

$$A(\omega)_{dB} = 20 \lg K = K_{dB} = \text{const}$$

gilt.

4.5.2 Das integrierende Glied (I-Glied)

a) Darstellung im Zeitbereich:

$$x_a(t) = \frac{1}{T}\int_0^t x_e(\tau)\, d\tau + x_a(0)\,. \tag{38}$$

T ist eine Konstante mit der Dimension Zeit und wird deshalb als *Integrationszeitkonstante* bezeichnet.

Tabelle 4-1. Übertragungsglieder mit Übergangsfunktion und Frequenzgang

lfd. Nr.	Glied	Übergangsfunktion $h(t)$	Gl. der Übergangsfunktion $h(t), t \geq 0$	Übertragungsfunktion $G(t)$	Ortskurve	Bode-Diagramm $A(\omega)_{dB}$ und $\varphi(\omega)$	Pole (×) und Nullstellen (○) in s-Ebene
1	P	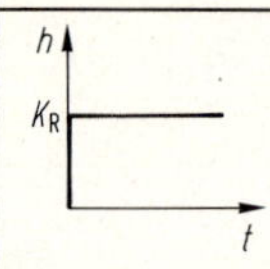	$K_R\sigma(t)$	K_R	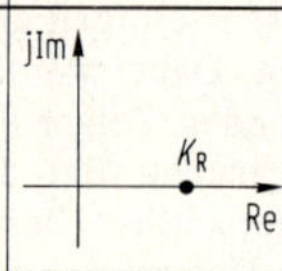	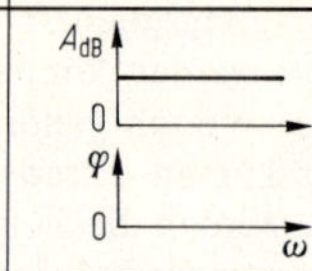	keine Pol- und Nullstellen
2	I	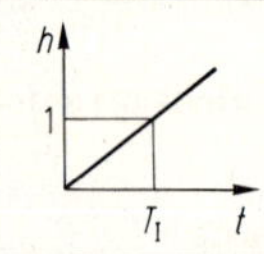	$\frac{t}{T_I}$	$\frac{1}{sT_I}$	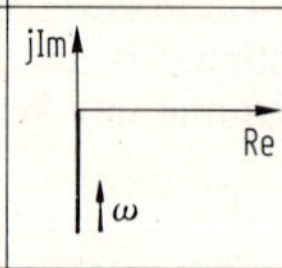	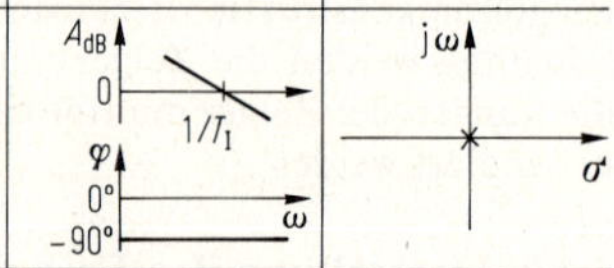	
3	PT_1	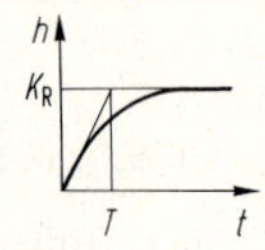	$K_R(1-e^{-t/T})$	$\frac{K_R}{1+sT}$	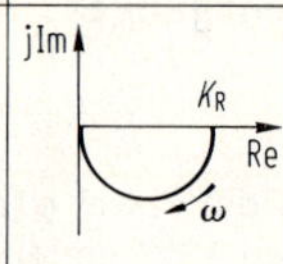	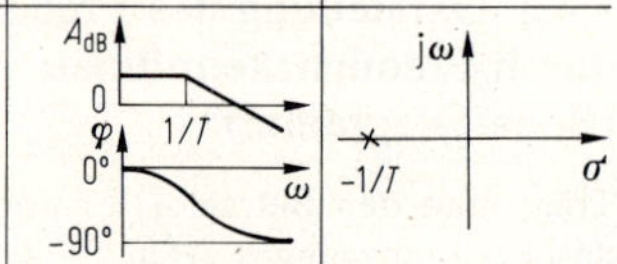	
4	PT_2	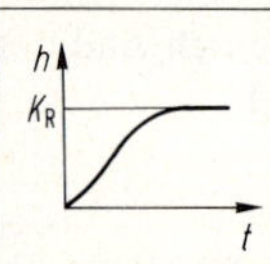	$K_R(1-\frac{T_1}{T_1-T_2}e^{-t/T_1}+\frac{T_2}{T_1-T_2}e^{-t/T_2})$	$\frac{K_R}{(1+sT_1)(1+sT_2)}$	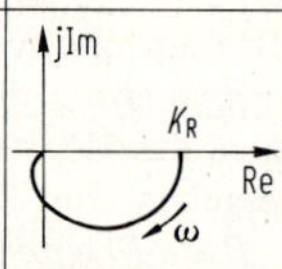	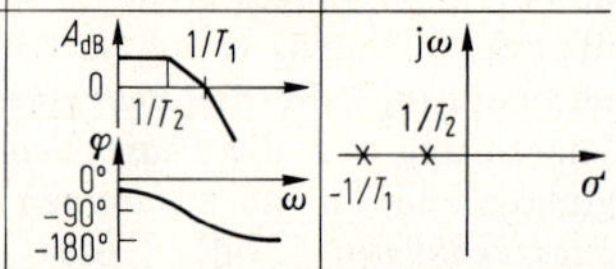	
5	PT_2S	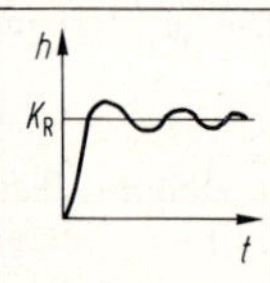	$K_R\{1-e^{-d\omega_0 t}\cdot[\cos(\sqrt{1-D^2}\,\omega_0 t)+\frac{D}{\sqrt{1-D^2}}\sin(\sqrt{1-D^2}\,\omega_0 t)]\}$	$\frac{K_R}{1+2\frac{D}{\omega_0}s+\frac{1}{\omega_0^2}s^2}$, $D<1$	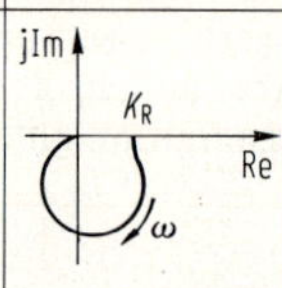	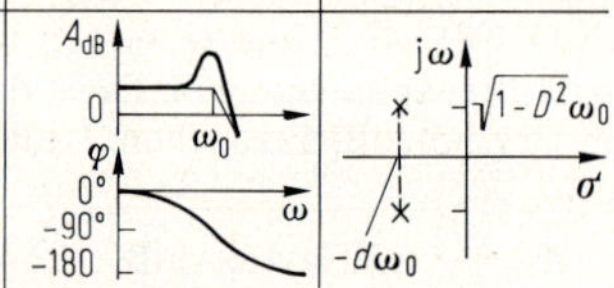	
6	IT_1	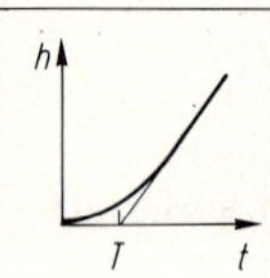	$\frac{t}{T_I}+\frac{T}{T_I}(e^{-t/T}-1)$	$\frac{1}{T_I s(1+sT)}$	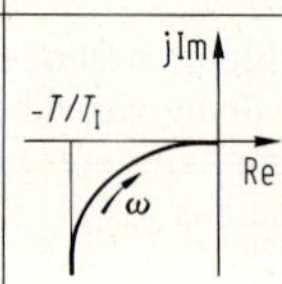	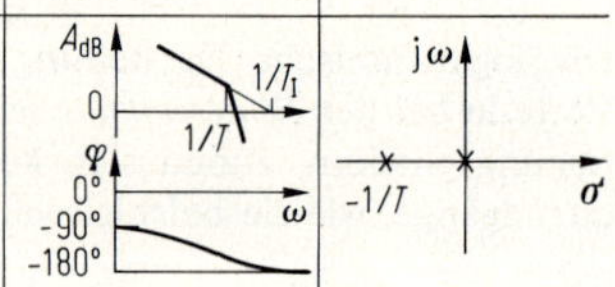	
7	PI	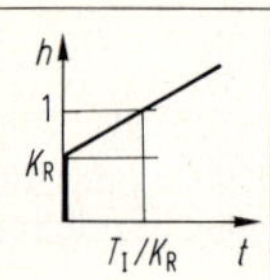	$K_R[\sigma(t)+t/T_I]$	$K_R\frac{1+sT_I}{sT_I}$	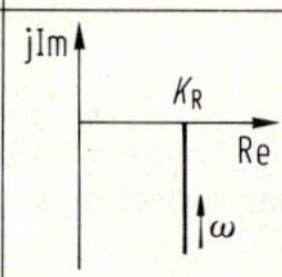	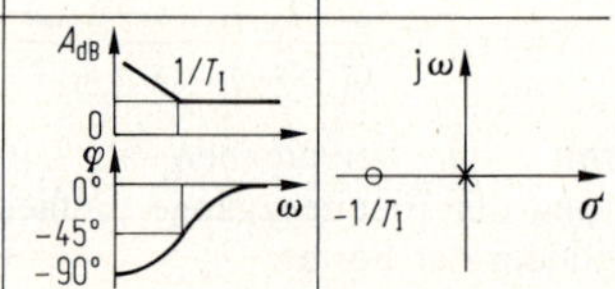	
8	D	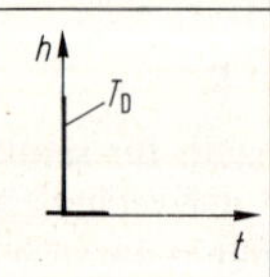	$T_D\delta(t)$	sT_D	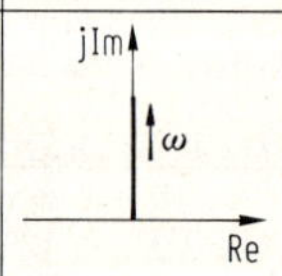	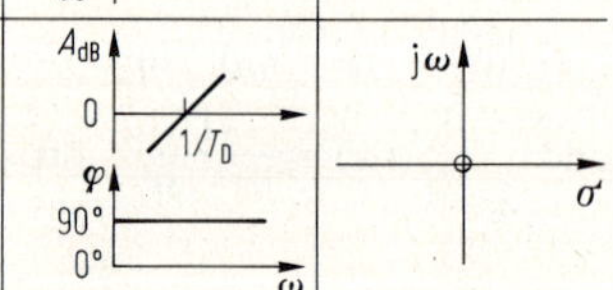	
9	DT_1	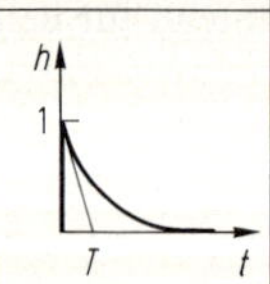	$e^{-t/T}\sigma(t)$	$\frac{sT}{1+sT}$	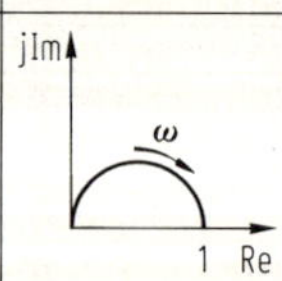	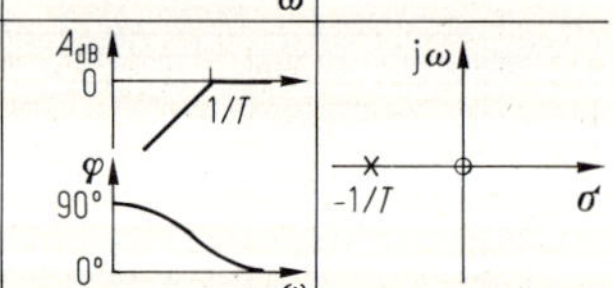	
10	PD	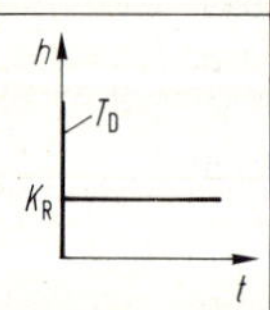	$K_R[\sigma(t)+T_D\delta(t)]$	$K_R(1+sT_D)$	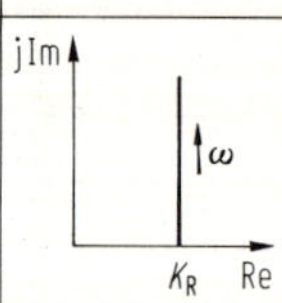	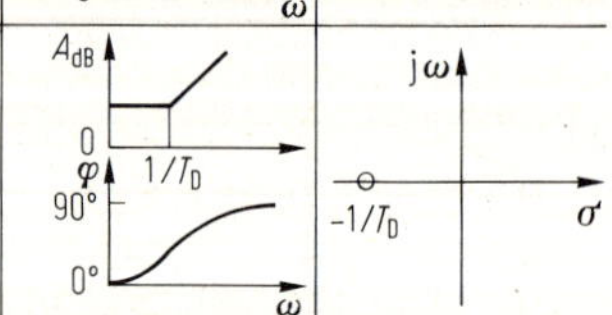	
11	PID	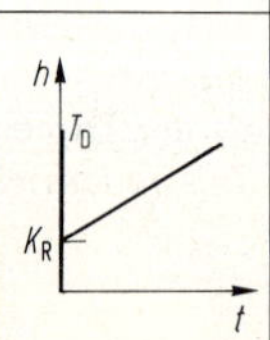	$K_R[\sigma(t)+\frac{t}{T_I}+T_D\delta(t)]$	$K_R\frac{1+sT_I+s^2T_IT_D}{sT_I}$	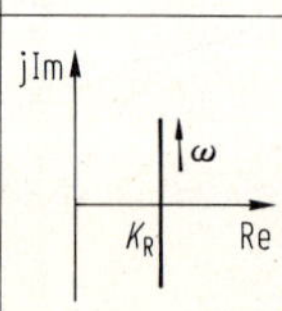	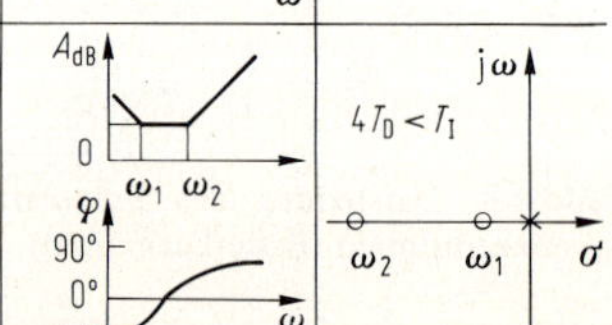	

b) Übertragungsfunktion:

$$G(s) = \frac{1}{sT}. \tag{39}$$

c) Frequenzgang:

$$G(\mathrm{j}\omega) = \frac{1}{\mathrm{j}\omega T} = \frac{1}{\omega T}\,\mathrm{e}^{-\mathrm{j}\frac{\pi}{2}}, \tag{40}$$

mit dem Amplituden- und Phasengang

$$A(\omega) = \frac{1}{\omega T} \quad \text{und} \quad \varphi(\omega) = -\frac{\pi}{2} = \text{const} \tag{41}$$

und dem logarithmischen Amplitudengang

$$A(\omega)_{\mathrm{dB}} = -20 \lg \omega T = -20 \lg \frac{\omega}{\omega_\mathrm{e}}, \tag{42}$$

wobei $\omega_\mathrm{e} = 1/T$ als *Eckfrequenz* definiert wird.

4.5.3 Das differenzierende Glied (D-Glied)

a) Darstellung im Zeitbereich:

$$x_\mathrm{a}(t) = T\frac{\mathrm{d}}{\mathrm{d}t}x_\mathrm{e}(t). \tag{43}$$

b) Übertragungsfunktion:

$$G(s) = sT. \tag{44}$$

c) Frequenzgang:

$$G(\mathrm{j}\omega) = \mathrm{j}\omega T = \omega T\,\mathrm{e}^{\mathrm{j}\frac{\pi}{2}}, \tag{45}$$

mit dem logarithmischen Amplitudengang

$$A(\omega)_{\mathrm{dB}} = 20 \lg \omega T = 20 \lg \frac{\omega}{\omega_\mathrm{e}} \tag{46}$$

und dem Phasengang

$$\varphi(\omega) = \frac{\pi}{2} = \text{const}. \tag{47}$$

Es ist leicht ersichtlich, daß die Übertragungsfunktionen von I- und D-Glied durch Inversion ineinander übergehen. Daher können die Kurvenverläufe für den Amplituden- und Phasengang des D-Gliedes durch Spiegelung der entsprechenden Kurvenverläufe des I-Gliedes an der 0-dB-Linie bzw. an der Linie $\varphi = 0$ gewonnen werden.

4.5.4 Das Verzögerungsglied 1. Ordnung (PT_1-Glied)

a) Darstellung im Zeitbereich:

$$x_\mathrm{a}(t) + T\dot{x}_\mathrm{a}(t) = Kx_\mathrm{e}(t), \quad \text{mit} \quad x_\mathrm{a}(0) = x_{\mathrm{a}0}. \tag{48}$$

b) Übertragungsfunktion:

$$G(s) = \frac{K}{1+sT}. \tag{49}$$

c) Frequenzgang:

$$G(\mathrm{j}\omega) = K\frac{1-\mathrm{j}\dfrac{\omega}{\omega_\mathrm{e}}}{1+\left(\dfrac{\omega}{\omega_\mathrm{e}}\right)^2} \tag{50}$$

mit der Knickfrequenz $\omega_\mathrm{e} = 1/T$. T wird als *Zeitkonstante* definiert. Als Amplitudengang ergibt sich

$$A(\omega) = |\,G(\mathrm{j}\omega)\,| = K\Big/\sqrt{1+\left(\frac{\omega}{\omega_\mathrm{e}}\right)^2} \tag{51}$$

und als Phasengang

$$\varphi(\omega) = \arctan\frac{I(\omega)}{R(\omega)} = -\arctan\frac{\omega}{\omega_\mathrm{e}}. \tag{52}$$

Aus (51) läßt sich der logarithmische Amplitudengang

$$A(\omega)_{\mathrm{dB}} = 20 \lg K - 20 \lg \sqrt{1+\left(\frac{\omega}{\omega_\mathrm{e}}\right)^2} \tag{53}$$

herleiten. (53) kann asymptotisch durch zwei Geraden approximiert werden:

α) Im Bereich $\omega/\omega_\mathrm{e} \ll 1$ durch die *Anfangsasymptote*

$$A(\omega)_{\mathrm{dB}} \approx 20 \lg K = K_{\mathrm{dB}},$$

wobei $\varphi(\omega) \approx 0$ wird.

β) Im Bereich $\omega/\omega_\mathrm{e} \gg 1$ durch die *Endasymptote*

$$A(\omega)_{\mathrm{dB}} \approx 20 \lg K - 20 \lg \frac{\omega}{\omega_\mathrm{e}},$$

wobei $\varphi(\omega) \approx -\frac{\pi}{2}$ gilt.

Der Verlauf der Anfangsasymptote ist horizontal, wobei die Endasymptote eine Steigung von −20 dB/Dekade aufweist. Als Schnittpunkt beider Geraden ergibt sich $\omega/\omega_\mathrm{e} = 1$. Die maximale Abweichung des Amplitudenganges von den Asymptoten tritt bei $\omega = \omega_\mathrm{e}$ auf und beträgt $\Delta A(\omega_\mathrm{e})_{\mathrm{dB}} = -20 \lg \sqrt{2} \approx -3$ dB.

4.5.5 Das Verzögerungsglied 2. Ordnung (PT_2-Glied und PT_2S-Glied)

Das Verzögerungsglied 2. Ordnung ist gekennzeichnet durch zwei voneinander unabhängige Energiespeicher. Je nach den Dämpfungseigenschaften bzw. der Lage der Pole von $G(s)$ unterscheidet man beim Verzögerungsglied 2. Ordnung zwischen schwingendem und aperiodischem Verhalten. Besitzt ein Verzögerungsglied 2. Ordnung ein konjugiert komplexes Polpaar, dann weist es schwingendes Verhalten (PT_2S-Verhalten) auf. Liegen die beiden Pole auf der negativ reellen Achse, so besitzt das Übertragungsglied ein verzögerndes PT_2-Verhalten.

a) Darstellung im Zeitbereich:

$$T_2^2 \frac{d^2 x_a(t)}{dt^2} + T_1 \frac{dx_a(t)}{dt} + x_a(t) = K x_e(t)\,. \quad (54)$$

b) Übertragungsfunktion:

$$G(s) = \frac{K}{1 + T_1 s + T_2^2 s^2}\,. \quad (55)$$

Führt man nun Begriffe ein, die das Zeitverhalten charakterisieren, und zwar den *Dämpfungsgrad* $D = T_1/2T_2$ sowie die *Eigenfrequenz* (der nicht gedämpften Schwingung) $\omega_0 = 1/T_2$, so erhält man aus (55)

$$G(s) = \frac{K}{1 + \frac{2D}{\omega_0} s + \frac{1}{\omega_0^2} s^2}\,. \quad (56)$$

c) Frequenzgang:

$$G(j\omega) = K \frac{\left[1 - \left(\frac{\omega}{\omega_0}\right)^2\right] - j \cdot 2D \frac{\omega}{\omega_0}}{\left[1 - \left(\frac{\omega}{\omega_0}\right)^2\right]^2 + \left[2D \frac{\omega}{\omega_0}\right]^2}\,. \quad (57)$$

Somit lautet der zugehörige Amplitudengang

$$A(\omega) = \frac{K}{\sqrt{\left[1 - \left(\frac{\omega}{\omega_0}\right)^2\right]^2 + \left[2D \frac{\omega}{\omega_0}\right]^2}} \quad (58)$$

und der Phasengang

$$\varphi(\omega) = -\arctan \frac{2D \frac{\omega}{\omega_0}}{1 - \left(\frac{\omega}{\omega_0}\right)^2}\,. \quad (59)$$

Für den logarithmischen Amplitudengang ergibt sich aus (58)

$$A(\omega)_{dB} = 20 \lg K - 20 \lg \sqrt{\left[1 - \left(\frac{\omega}{\omega_0}\right)^2\right]^2 + \left[2D \frac{\omega}{\omega_0}\right]^2}\,. \quad (60)$$

Der Verlauf von $A(\omega)_{dB}$ läßt sich durch folgende Asymptoten approximieren:

α) Im Bereich $\omega/\omega_0 \ll 1$ durch die *Anfangsasymptote*

$$A(\omega)_{dB} \approx 20 \lg K \quad \text{mit} \quad \varphi(\omega) \approx 0\,.$$

β) Im Bereich $\omega/\omega_0 \gg 1$ durch die *Endasymptote*

$$A(\omega)_{dB} \approx 20 \lg K - 40 \lg \left(\frac{\omega}{\omega_0}\right)$$

mit $\varphi(\omega) \approx -\pi$.

Die Endasymptote stellt im Bode-Diagramm eine Gerade mit der Steigung −40 dB/Dekade dar. Als Schnittpunkt beider Asymptoten folgt die auf ω_0 normierte Kreisfrequenz $\omega/\omega_0 = 1$. Der tatsächliche Wert von $A(\omega)_{dB}$ kann bei $\omega = \omega_0$ beträchtlich

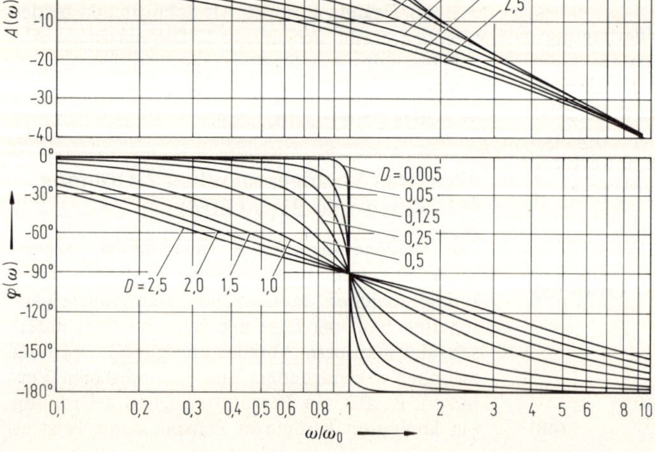

Bild 4-9. Bode-Diagramm eines Verzögerungsgliedes 2. Ordnung ($K = 1$).

vom Asymptotenschnittpunkt abweichen. Für $D < 0{,}5$ liegt der Wert oberhalb, für $D > 0{,}5$ unterhalb der Asymptoten. Bild 4-9 zeigt für $0 < D < 1$ und $K = 1$ den Verlauf von $A(\omega)_{\mathrm{dB}}$ und $\varphi(\omega)$ im Bode-Diagramm. Daraus ist ersichtlich, daß beim Amplitudengang ab einem bestimmten Dämpfungsgrad D für die einzelnen Kurvenverläufe jeweils ein Maximalwert existiert. Dieser Maximalwert tritt für die einzelnen D-Werte bei der sogenannten *Resonanzfrequenz*

$$\omega_{\mathrm{r}} = \omega_0 \sqrt{1 - 2D^2} \tag{61}$$

auf. Für den Maximalwert des Amplitudenganges mit $K = 1$ erhält man

$$A(\omega)_{\max} = A(\omega_{\mathrm{r}}) = \frac{1}{2D\sqrt{1 - D^2}}. \tag{62}$$

Das Eigenverhalten des Übertragungsgliedes wird durch die Pole der Übertragungsfunktion gemäß (59), also aus seiner charakteristischen Gleichung

$$N(s) = 0 = 1 + \frac{2D}{\omega_0} s + \frac{1}{\omega_0^2} s^2 \tag{63}$$

bestimmt. Als Pole der Übertragungsfunktion ergeben sich

$$s_{1,2} = -\omega_0 D \pm \omega_0 \sqrt{D^2 - 1}. \tag{64}$$

In Abhängigkeit von der Lage der Pole in der s-Ebene läßt sich nun anschaulich das Schwingungsverhalten eines Verzögerungsgliedes 2. Ordnung beschreiben. Dazu wird zweckmäßigerweise der Verlauf der zugehörigen Übergangsfunktion $h(t)$ gewählt. Tabelle 4-2 zeigt in Abhängigkeit

Tabelle 4-2. Lage der Pole und Übergangsfunktion für Übertragungsglieder 2. Ordnung (PT_2- und PT_2S-Verhalten)

Dämpfung	Lage der Pole	Übergangsfunktion $h(t)$
$0 < D < 1$ PT_2S-Verhalten	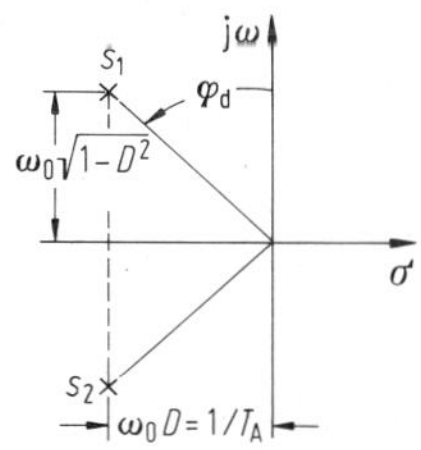	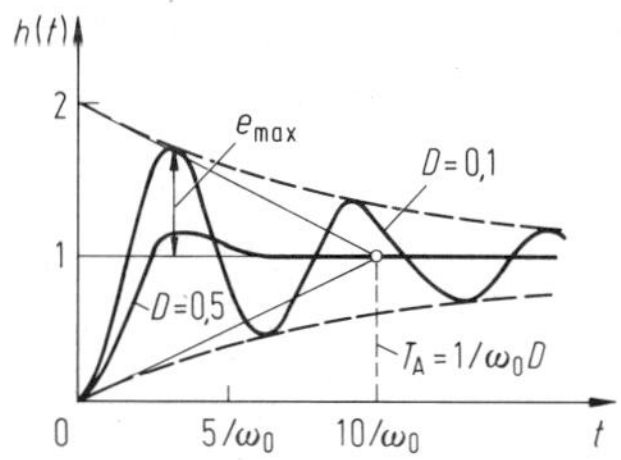
$D = 1$ PT_2-Verhalten $T_1 = T_2$	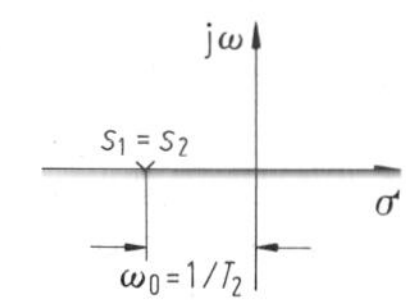	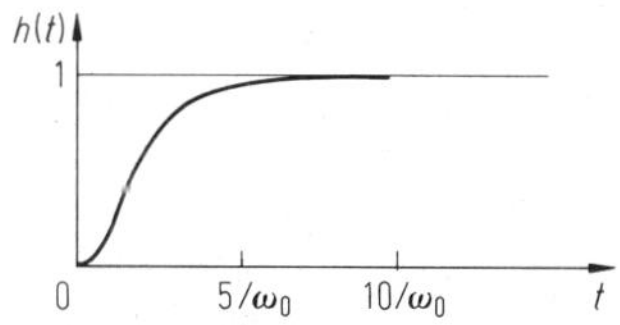
$D > 1$ PT_2-Verhalten $T_1 \neq T_2$	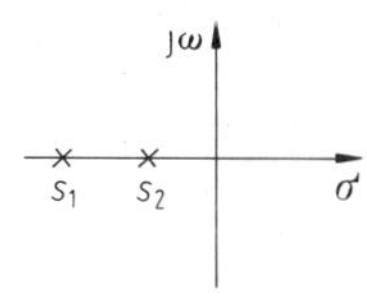	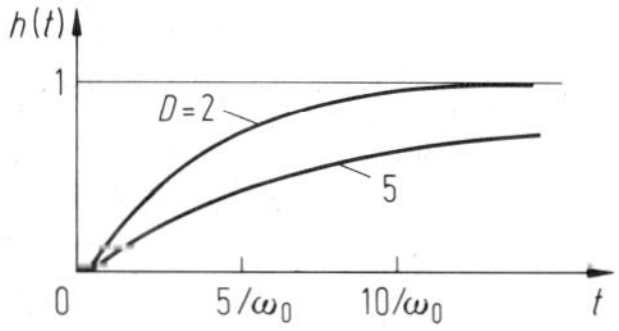
$D = 0$ ungedämpfter Fall	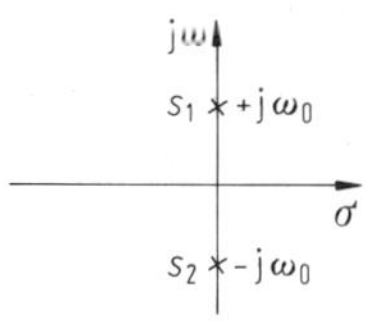	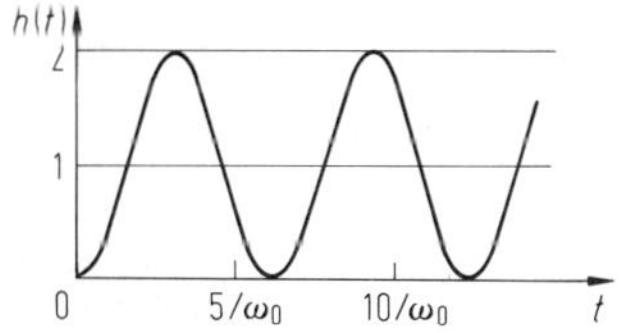
$-1 < D < 0$ instabiler Fall	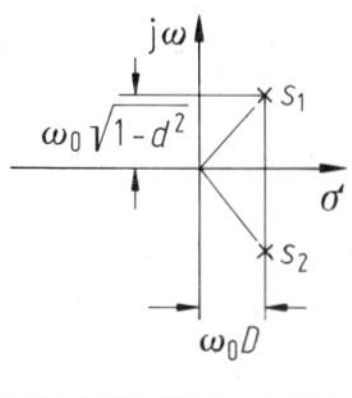	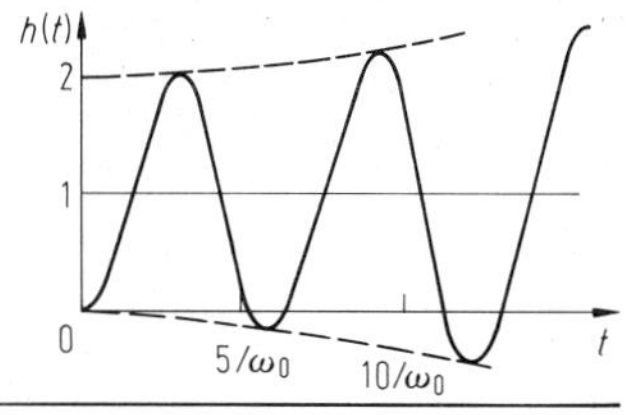

von D die Lage der Pole der Übertragungsfunktion und die dazugehörigen Übergangsfunktionen dieses Systems.

4.5.6 Bandbreite eines Übertragungsgliedes

Einen wichtigen Begriff stellt die *Bandbreite* eines Übertragungsgliedes dar. Verzögerungsglieder mit Proportionalverhalten, wie z. B. PT_1-, PT_2- und PT_2S-Glieder sowie PT_n-Glieder (Hintereinanderschaltung von n PT_1-Gliedern), besitzen sogenannte Tiefpaßeigenschaften, d. h., sie übertragen vorzugsweise tiefe Frequenzen, während hohe Frequenzen von Signalen entsprechend dem stark abfallenden Amplitudengang abgeschwächt übertragen werden. Zur Beschreibung dieses Übertragungsverhaltens führt man den Begriff der Bandbreite ein. Als Bandbreite eines Tiefpaßgliedes bezeichnet man die Frequenz ω_b, bei der der logarithmische Amplitudengang gegenüber der horizontalen Anfangsasymptote um -3 dB abgefallen ist, siehe Bild 4-10.

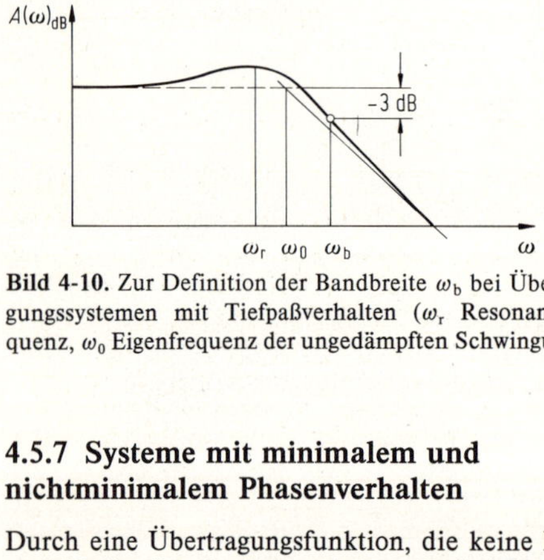

Bild 4-10. Zur Definition der Bandbreite ω_b bei Übertragungssystemen mit Tiefpaßverhalten (ω_r Resonanzfrequenz, ω_0 Eigenfrequenz der ungedämpften Schwingung).

4.5.7 Systeme mit minimalem und nichtminimalem Phasenverhalten

Durch eine Übertragungsfunktion, die keine Pole und Nullstellen in der rechten s-Halbebene besitzt, wird ein System mit *Minimalphasenverhalten* beschrieben. Es ist dadurch charakterisiert, daß bei bekanntem Amplitudengang $A(\omega) = |G(j\omega)|$ im Bereich $0 \leqq \omega \leqq \infty$ der zugehörige Phasengang $\varphi(\omega)$ aus $A(\omega)$ mit Hilfe des Bodeschen Gesetzes [3] berechnet werden kann und das dabei ermittelte $\varphi(\omega)$ betragsmäßig den kleinstmöglichen Phasenverlauf zu dem vorgegeben $A(\omega)$ besitzt. Weist eine Übertragungsfunktion in der rechten s-Halbebene Pole und/oder Nullstellen auf, dann hat das entsprechende System *nichtminimales Phasenverhalten*. Der zugehörige Phasenverlauf hat stets größere Werte als der bei dem entsprechenden System mit Minimalphasenverhalten, das denselben Amplitudengang besitzt. Die Übertragungsfunktion eines nichtminimalphasigen Übertragungsgliedes $G_b(s)$ läßt sich immer durch Hintereinanderschaltung des zugehörigen Minimalphasengliedes und eines reinen phasendrehenden Gliedes, die durch die Übertragungsfunktionen $G_a(s)$ und $G_A(s)$ beschrieben werden, darstellen:

$$G_b(s) = G_A(s)\, G_a(s)\,. \tag{65}$$

Ein phasendrehendes Glied, auch *Allpaßglied* genannt, ist dadurch charakterisiert, daß der Betrag seines Frequenzganges $G_A(j\omega)$ für alle Frequenzen gleich Eins ist. So lautet z. B. die Übertragungsfunktion des Allpaßgliedes 1. Ordnung

$$G_A(s) = \frac{1 - sT}{1 + sT}, \tag{66}$$

woraus als Amplitudengang $A_A(\omega) = 1$ und als Phasengang $\varphi_A(\omega) = -2 \arctan \omega T$ folgen. Dieses Allpaßglied überstreicht einen Winkel $\varphi_A(\omega)$ von 0° bis $-180°$. Die Bedingung für Allpaßglieder, d. h. $|G_A(j\omega)| = 1$, wird nur von Übertragungsgliedern erfüllt, bei denen die Nullstellenverteilung von $G_A(s)$ in der s-Ebene *spiegelbildlich* zur Polverteilung bezüglich der $j\omega$-Achse ist.

Ein typisches System mit nichtminimalem Phasenverhalten ist das *Totzeitglied* (PT_t-Glied), das durch die Übertragungsfunktion

$$G(s) = e^{-sT_t} \tag{67}$$

und den Frequenzgang

$$G(j\omega) = e^{-j\omega T_t} \tag{68}$$

mit dem Amplitudengang

$$A(\omega) = |G(j\omega)| = |\cos \omega T_t - j \sin \omega T_t| = 1 \tag{69}$$

sowie dem Phasengang (im Bogenmaß)

$$\varphi(\omega) = -\omega T_t \tag{70}$$

beschrieben wird. Die Ortskurve von $G(j\omega)$ stellt somit einen Kreis um den Koordinatenursprung dar, der mit $\omega = 0$ auf der reellen Achse bei $R(\omega) = 1$ beginnend mit wachsenden ω-Werten fortwährend durchlaufen wird, da der Phasenwinkel ständig zunimmt.

Bei Systemen mit Minimalphasenverhalten kann man eindeutig aus dem Amplitudengang $A(\omega)$ den Phasengang $\varphi(\omega)$ bestimmen. Dies gilt jedoch für Systeme mit nichtminimalem Phasenverhalten nicht. Die Überprüfung, ob ein System Minimalphasenverhalten aufweist oder nicht, läßt sich aus dem Verlauf von $\varphi(\omega)$ und $A(\omega)_{dB}$ für hohe Frequenzen leicht abschätzen. Bei einem Minimalphasensystem, das durch die gebrochen rationale Übertragungsfunktion $G(s) = Z(s)/N(s)$ dargestellt wird, wobei der Zähler $Z(s)$ vom Grade m und der Nenner $N(s)$ vom Grade n ist, erhält man nämlich für $\omega = \infty$ den Phasengang

$$\varphi(\infty) = -90°(n - m)\,. \tag{71}$$

Bei einem System mit nichtminimalem Phasenverhalten wird dieser Wert stets größer. In beiden

Fällen wird der logarithmische Amplitudengang für $\omega = \infty$ die Steigung $-20(n - m)$ dB/Dekade besitzen.

5 Das Verhalten linearer kontinuierlicher Regelkreise

5.1 Dynamisches Verhalten des Regelkreises

Bild 5-1 zeigt das Blockschema des geschlossenen Regelkreises mit den 4 klassischen Bestandteilen: Regler, Stellglied, Regelstrecke und Meßglied. Meist ist es zweckmäßig, Regler und Stellglied zur Regeleinrichtung zusammenzufassen, während das Meßglied oft der Regelstrecke zugerechnet wird. Man gelangt somit zur vereinfachten Beschreibung gemäß Bild 5-2. Da die Störgröße z gewöhnlich an einer anderen Stelle in der Regelstrecke eingreift als die Stellgröße u, stellt die Regelstrecke ein System mit mindestens zwei Eingangsgrößen dar (sofern nur eine Störung vorhanden ist). Im allgemeinen wirkt auch jede dieser beiden Eingangsgrößen mit verschiedenem Übertragungsverhalten auf die Regelgröße y. Es wird daher unterschieden zwischen dem *Stellverhalten* und dem *Störverhalten* der Regelstrecke, die durch die Übertragungsfunktionen $G_{SU}(s)$ und $G_{SZ}(s)$ beschrieben werden. Weiterhin kennzeichnet die Übertragungsfunktion $G_R(s)$ das Übertragungsverhalten der Regeleinrichtung (im weiteren meist wieder nur als „Regler" bezeichnet). Wie aus Bild 5-2 leicht abzulesen ist, gilt im geschlossenen Regelkreis für die Regelgröße

$$Y(s) = \frac{G_{SZ}(s)}{1 + G_R(s)\,G_{SU}(s)} Z(s) + \frac{G_R(s)\,G_{SU}(s)}{1 + G_R(s)\,G_{SU}(s)} W(s)\,. \tag{1}$$

Anhand dieser Beziehung lassen sich Übertragungsfunktionen für die beiden Aufgabenstellungen einer Regelung (vgl. 1.3) unterscheiden:

a) Für $W(s) = 0$ erhält man als Übertragungsfunktion des geschlossenen Regelkreises für *Störverhalten* (Festwertregelung oder Störgrößenregelung)

$$G_Z(s) = \frac{Y(s)}{Z(s)} = \frac{G_{SZ}(s)}{1 + G_R(s)\,G_{SU}(s)}\,. \tag{2}$$

b) Für $Z(s) = 0$ folgt entsprechend als Übertragungsfunktion des geschlossenen Regelkreises für *Führungsverhalten* (Nachlauf- oder Folgeregelung)

$$G_W(s) = \frac{Y(s)}{W(s)} = \frac{G_R(s)\,G_{SU}(s)}{1 + G_R(s)\,G_{SU}(s)}\,. \tag{3}$$

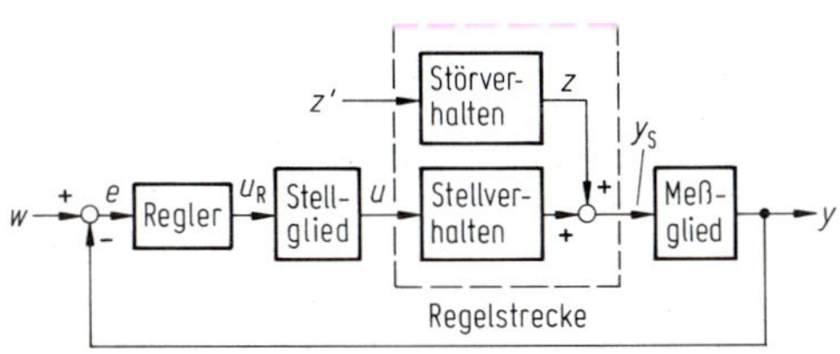

Bild 5-1. Die Grundbestandteile eines Regelkreises.

Beide Übertragungsfunktionen $G_Z(s)$ und $G_W(s)$ enthalten gemeinsam den *dynamischen Regelfaktor*

$$R(s) = 1/[1 + G_0(s)] \tag{4}$$

$$\text{mit} \quad G_0(s) = G_R(s)\,G_{SU}(s)\,. \tag{5}$$

Schneidet man für $W(s) = 0$ und $Z(s) = 0$ den Regelkreis gemäß Bild 5-3 an einer beliebigen Stelle auf, und definiert man unter Berücksichtigung der Wirkungsrichtung der Übertragungsglieder die Eingangsgröße $x_e(t)$ sowie die Ausgangsgröße $x_a(t)$, so erhält man als Übertragungsfunktion des *offenen Regelkreises*

$$G_{\text{offen}}(s) = \frac{X_a(s)}{X_e(s)} = -G_R(s)\,G_{SU}(s) = -G_0(s)\,. \tag{6}$$

Allerdings hat sich (inkorrekterweise) in der Regelungstechnik durchgesetzt, daß meist $G_0(s)$ als Übertragungsfunktion des offenen Regelkreises definiert wird. Für den geschlossenen Regelkreis erhält man durch Nullsetzen des Nennerausdrucks in (2) und (3) aus der Bedingung

$$1 + G_0(s) = 0 \tag{7}$$

die charakteristische Gleichung in der Form

$$a_0 + a_1 s + a_2 s^2 + \ldots + a_n s^n = 0\,, \tag{8}$$

sofern $G_0(s)$ eine gebrochen rationale Übertragungsfunktion darstellt.

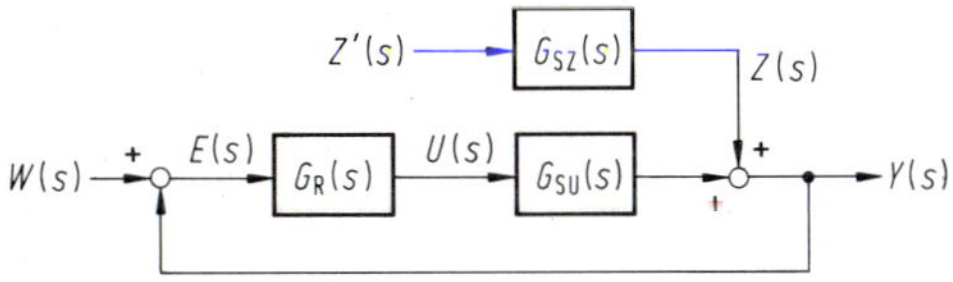

Bild 5-2. Blockschaltbild des Regelkreises.

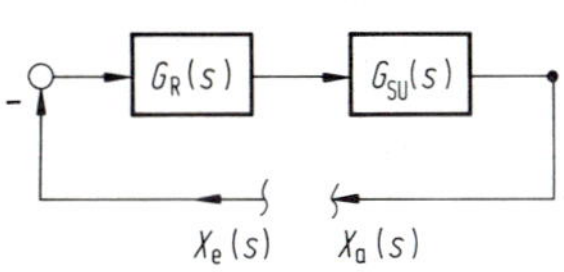

Bild 5-3. Offener Regelkreis.

5.2 Stationäres Verhalten des Regelkreises

Sehr häufig läßt sich das Übertragungsverhalten des offenen Regelkreises durch eine allgemeine Standardübertragungsfunktion der Form

$$G_0(s) = \frac{K_0}{s^k} \cdot \frac{1 + \beta_1 s + \ldots + \beta_m s^m}{1 + \alpha_1 s + \ldots + \alpha_{n-k} s^{n-k}} \, \mathrm{e}^{-T_t s}, \quad m \leqq n \tag{9}$$

beschreiben, wobei durch die (ganzzahlige) Konstante $k = 0, 1, 2, \ldots$ der Typ der Übertragungsfunktion $G_0(s)$ im wesentlichen charakterisiert wird. $K_0 = K_R K_S$ stellt die Verstärkung des offenen Regelkreises dar und wird auch als *Kreisverstärkung* bezeichnet; K_R und K_S sind die Verstärkungsfaktoren von Regler und Regelstrecke. $G_0(s)$ weist somit z. B. für

$k = 0$:	*Proportionales* Verhalten	(P-Verhalten)
$k = 1$:	*Integrales* Verhalten	(I-Verhalten)
$k = 2$:	*Doppelt-integrales* Verhalten	(I_2-Verhalten)

auf. Es sei nun angenommen, daß der in (9) auftretende Term der gebrochen rationalen Funktion nur Pole in der linken s-Halbebene besitzt. Damit kann im weiteren für die einzelnen Typen der Übertragungsfunktion $G_0(s)$ bei verschiedenen Signalformen der Führungsgröße $w(t)$ oder der Störgröße $z(t)$ das stationäre Verhalten des geschlossenen Regelkreises für $t \to \infty$ untersucht werden.
Mit $E(s) = W(s) - Y(s)$ folgt aus (1) und (5) für die Regelabweichung

$$E(s) = \frac{1}{1 + G_0(s)} [W(s) - Z(s)]. \tag{10}$$

Unter der Voraussetzung, daß der Grenzwert der Regelabweichung $e(t)$ für $t \to \infty$ existiert, gilt mit Hilfe des Grenzwertsatzes der Laplace-Transformation für den stationären Endwert der Regelabweichung

$$\lim_{t \to \infty} e(t) = \lim_{s \to 0} sE(s). \tag{11}$$

Für den Fall, daß alle Störgrößen auf den Streckenausgang bezogen werden, folgt aus (10), daß – abgesehen vom Vorzeichen – beide Arten von Eingangsgrößen, also Führungs- oder Störgrößen, gleich behandelt werden können. Im folgenden wird daher stellvertretend für beide Signalarten die Bezeichnung $X_e(s)$ als Eingangsgröße gewählt. Mit Hilfe von (10) und (11) lassen sich nun die stationären Endwerte der Regelabweichung für die unterschiedlichsten Signalformen von $x_e(t)$ bei verschiedenen Typen der Übertragungsfunktion $G_0(s)$ des offenen Regelkreises berechnen. Diese Werte charakterisieren das statische Verhalten des geschlossenen Regelkreises. Sie sollen im folgenden für die wichtigsten Fälle bestimmt werden.

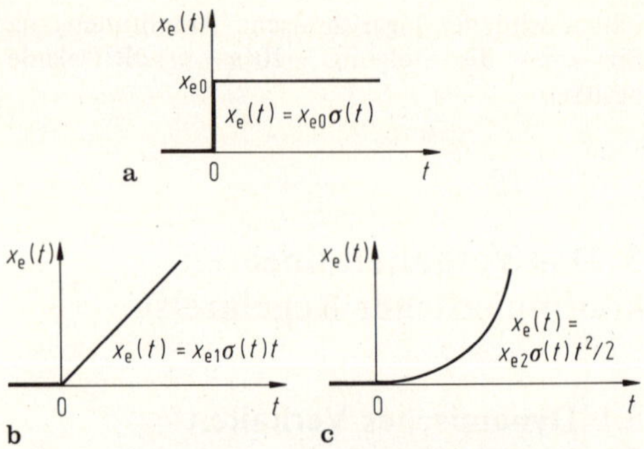

Bild 5-4. Verschiedene Eingangsfunktionen $x_e(t)$, die häufig für Störgrößen $z(t)$ und Führungsgrößen $w(t)$ zugrunde gelegt werden: **a** sprungförmiger, **b** rampenförmiger und **c** parabolischer Signalverlauf.

Bei den weiteren Betrachtungen werden gemäß Bild 5-4 folgende Testsignale zugrunde gelegt:

a) *Sprungförmige Erregung:*

$$X_e(s) = \frac{x_{e0}}{s}, \tag{12}$$

wobei x_{e0} die Sprunghöhe darstellt.

b) *Rampenförmige Erregung:*

$$X_e(s) = \frac{x_{e1}}{s^2}, \tag{13}$$

wobei x_{e1} die Geschwindigkeit des rampenförmigen Anstiegs des Signals $x_e(t)$ beschreibt.

c) *Parabelförmige Erregung:*

$$X_e(s) = \frac{x_{e2}}{s^3}, \tag{14}$$

wobei x_{e2} ein Maß für die Beschleunigung des parabolischen Signalanstiegs $x_e(t)$ ist.

Für die Regelabweichung gilt nach (10)

$$E(s) = \frac{1}{1 + G_0(s)} X_e(s), \tag{15}$$

wobei sich der Unterschied zwischen Führungs- und Störverhalten nur im Vorzeichen von $X_e(s)$ bemerkbar macht (Störverhalten: $X_e(s) = -Z(s)$; Führungsverhalten: $X_e(s) = W(s)$). Setzt man in diese Beziehung nacheinander (10) bis (14) ein, dann läßt sich damit die entsprechende Regelabweichung für verschiedene Typen der Übertragungsfunktion $G_0(s)$ berechnen. Die Ergebnisse sind in Tabelle 5-1 dargestellt. Daraus folgt, daß die bleibende Regelabweichung e_∞, die das statische Verhalten des Regelkreises charakterisiert, in all den Fällen, wo sie einen endlichen Wert annimmt, um so kleiner gehalten werden kann, je größer die Kreisverstärkung K_0 gewählt wird. Bei P-Verhalten des offenen Regelkreises bedeutet dies auch, daß die bleibende Regelabweichung e_∞

Tabelle 5-1. Bleibende Regelabweichung für verschiedene Systemtypen von $G_0(s)$ und unterschiedliche Eingangsgrößen $x_e(t)$ (Führungs- und Störgrößen, falls alle Störgrößen auf den Ausgang der Regelstrecke bezogen sind)

Systemtyp von $G_0(s)$ gemäß (9)	Eingangsgröße $X_e(s)$	Bleibende Regelabweichung e_∞
$k=0$ (P-Verhalten)	$\frac{x_{e0}}{s}$	$\frac{1}{1+K_0}x_{e0}$
	$\frac{x_{e1}}{s^2}$	∞
	$\frac{x_{e2}}{s^3}$	∞
$k=1$ (I-Verhalten)	$\frac{x_{e0}}{s}$	0
	$\frac{x_{e1}}{s^2}$	$\frac{1}{K_0}x_{e1}$
	$\frac{x_{e2}}{s^3}$	∞
$k=2$ (I_2-Verhalten)	$\frac{x_{e0}}{s}$	0
	$\frac{x_{e1}}{s^2}$	0
	$\frac{x_{e2}}{s^3}$	$\frac{1}{K_0}x_{e2}$

um so kleiner wird, je kleiner der *statische Regelfaktor*

$$R=\frac{1}{1+K_0} \tag{16}$$

wird.

Häufig führt jedoch eine zu große Kreisverstärkung K_0 schnell zur Instabilität des geschlossenen Regelkreises, wie in Kapitel 6 ausführlich besprochen wird. Daher ist bei der Festlegung von K_0 gewöhnlich ein entsprechender Kompromiß zu treffen, vorausgesetzt, daß nicht schon durch die Wahl eines geeigneten Reglertyps die bleibende Regelabweichung verschwindet.

5.3 Der PID-Regler und die aus ihm ableitbaren Reglertypen

Die gerätetechnische Ausführung eines Reglers umfaßt die Bildung der Regelabweichung, sowie deren weitere Verarbeitung zur Reglerausgangsgröße $u_R(t)$ gemäß Bild 5-1 oder direkt zur Stellgröße $u(t)$, falls das Stellglied mit dem Regler zur Regeleinrichtung entsprechend Bild 5-2 zusammengefaßt wird. Die meisten heute in der Industrie eingesetzten linearen Reglertypen sind Standardregler, deren Übertragungsverhalten sich auf die drei idealisierten linearen Grundformen des P-, I- und D-Gliedes zurückführen läßt. Der wichtigste Standardregler weist PID-Verhalten auf. Die

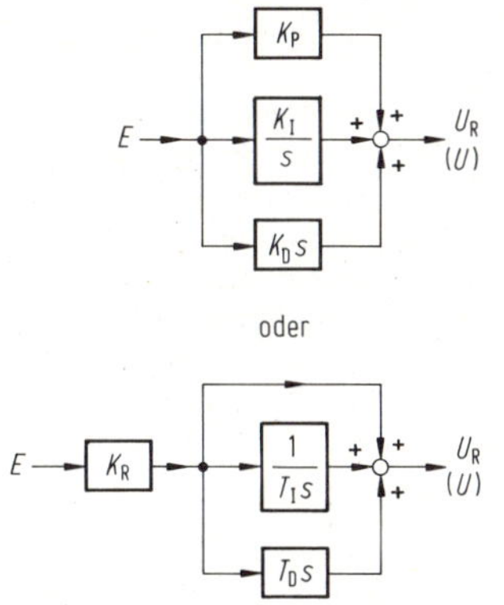

Bild 5-5. Zwei gleichwertige Blockschaltbilder des PID-Reglers.

prinzipielle Wirkungsweise dieses PID-Reglers läßt sich anschaulich durch die im Bild 5-5 dargestellte Parallelschaltung je eines P-, I- und D-Gliedes erklären. Aus dieser Darstellung folgt als *Übertragungsfunktion* des PID-Reglers

$$G_R(s)=\frac{U_R(s)}{E(s)}=K_P+\frac{K_I}{s}+K_D s. \tag{17}$$

Durch Einführen der Größen

$K_R=K_P$ Verstärkungsfaktor

$T_I=\frac{K_P}{K_I}$ Integralzeit oder Nachstellzeit

$T_D=\frac{K_D}{K_P}$ Differentialzeit oder Vorhaltezeit

läßt sich (17) so umformen, daß neben dem dimensionsbehafteten Verstärkungsfaktor K_R nur die beiden Zeitkonstanten T_I und T_D in der Übertragungsfunktion

$$G_R(s)=K_R\left(1+\frac{1}{T_I s}+T_D s\right) \tag{18}$$

auftreten. Diese drei Größen K_R, T_I und T_D sind gewöhnlich in bestimmten Wertebereichen einstellbar; sie werden daher auch als *Einstellwerte* des Reglers bezeichnet. Durch geeignete Wahl dieser Einstellwerte läßt sich ein Regler dem Verhalten der Regelstrecke so anpassen, daß ein möglichst günstiges Regelverhalten entsteht. Aus (18) folgt für den zeitlichen Verlauf der Reglerausgangsgröße

$$u_R(t)=K_R e(t)+\frac{K_R}{T_I}\int_0^t e(\tau)\,d\tau+K_R T_D\frac{de(t)}{dt}. \tag{19}$$

Damit läßt sich nun leicht für eine sprungförmige Änderung von $e(t)$, also $e(t)=\sigma(t)$, die *Über-*

gangsfunktion $h(t)$ des PID-Reglers bilden. Sie ist im Bild 5-6a dargestellt.

Bei den bisherigen Überlegungen wurde davon ausgegangen, daß sich das D-Verhalten im PID-Regler realisieren läßt. Gerätetechnisch kann jedoch das ideale D-Verhalten nicht verwirklicht werden. Bei tatsächlich ausgeführten Reglern ist das D-Verhalten stets mit einer gewissen Verzögerung behaftet, so daß anstelle des D-Gliedes in der Schaltung von Bild 5-5 ein DT_1-Glied mit der Übertragungsfunktion

$$G_D(s) = K'_D \frac{Ts}{1 + Ts} \tag{20}$$

zu berücksichtigen ist. Damit erhält man als Übertragungsfunktion des *realen* PID-Reglers oder genauer des $PIDT_1$-Reglers die Beziehung

$$G_R(s) = K_P + \frac{K_I}{s} + K'_D \frac{Ts}{1 + Ts}, \tag{21}$$

und durch Einführung der Reglereinstellwerte $K_R = K_P$, $T_I = K_R/K_I$ und $T_D = K'_D T/K_R$ folgt daraus

$$G_R(s) = K_R \left(1 + \frac{1}{T_I s} + T_D \frac{s}{1 + Ts}\right). \tag{22}$$

Die Übergangsfunktion $h(t)$ des $PIDT_1$-Reglers ist im Bild 5-6b dargestellt.

Als *Sonderfälle des PID-Reglers* erhält man für:

a) $T_D = 0$ den *PI-Regler* mit der Übertragungsfunktion

$$G_R(s) = K_R \left(1 + \frac{1}{T_I s}\right); \tag{23}$$

b) $T_I \to \infty$ den *PD-Regler* mit der Übertragungsfunktion

$$G_R(s) = K_R(1 + T_D s) \tag{24}$$

bzw. den PDT_1-Regler mit der Übertragungsfunktion

$$G_R(s) = K_R \left(1 + T_D \frac{s}{1 + Ts}\right); \tag{25}$$

c) für $T_D = 0$ und $T_I \to \infty$ den P-Regler mit der Übertragungsfunktion

$$G_R(s) = K_R. \tag{26}$$

Die Übergangsfunktionen dieser Reglertypen sind im Bild 5-7 dargestellt.

Neben den hier behandelten Reglertypen, die durch entsprechende Wahl der Einstellwerte sich direkt aus einem PID-Regler (Universalregler) herleiten lassen, kommt manchmal auch ein reiner *I-Regler* zum Einsatz. Die Übertragungsfunktion des I-Reglers lautet

$$G_R(s) = K_I \frac{1}{s} = \frac{K_R}{T_I s}. \tag{27}$$

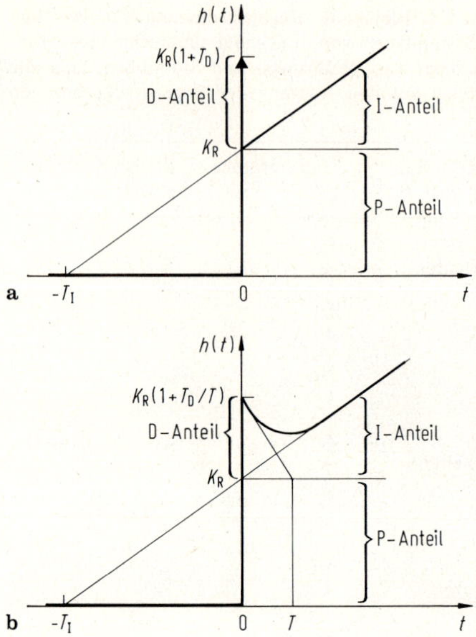

Bild 5-6. Übergangsfunktion **a** des idealen und **b** des realen PID-Reglers.

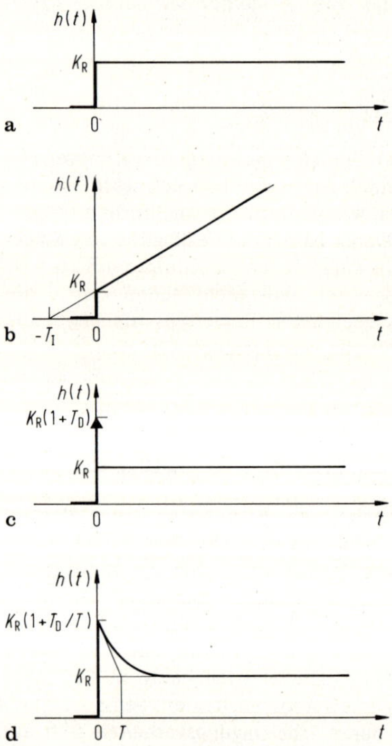

Bild 5-7. Übergangsfunktionen der aus dem PID-Regler ableitbaren Reglertypen: **a** P-Regler, **b** PI-Regler, **c** PD-Regler (ideal) und **d** PDT_1-Regler (realer PD-Regler).

Erwähnt sei noch, daß D-Glieder nicht direkt als Regler eingesetzt werden, sondern nur in Verbindung mit P-Gliedern beim PD- und PID-Regler auftreten.

Wendet man die hier vorgestellten Regler z. B. auf Regelstrecken mit P-Verhalten an und stört den so entstandenen Regelkreis mit einem Sprung der Höhe z_0, so lassen sich folgende qualitative Aussagen machen [1]:

a) Der *P-Regler* weist ein relativ großes maximales Überschwingen $y_{max}/K_S z_0$ der normierten Regelgröße, eine große Ausregelzeit $t_{3\%}$ (dies ist der Zeitpunkt, bei dem die Differenz $|y(t) - y(\infty)| < 3\,\%$ des stationären Endwertes der Regelstreckenübergangsfunktion beträgt), sowie eine bleibende Regelabweichung auf.

b) Der *I-Regler* besitzt aufgrund des langsam einsetzenden I-Verhaltens ein noch größeres maximales Überschwingen als der P-Regler, dafür aber keine bleibende Regelabweichung.

c) Der *PI-Regler* vereinigt die Eigenschaften von P- und I-Regler. Er liefert ungefähr ein maximales Überschwingen und eine Ausregelzeit wie der P-Regler und weist keine bleibende Regelabweichung auf.

d) Der *PD-Regler* besitzt aufgrund des „schnellen" D-Anteils eine geringere maximale Überschwingweite als die unter a) bis c) aufgeführten Reglertypen. Aus demselben Grund zeichnet er sich auch durch die geringste Ausregelzeit aus. Aber auch hier stellt sich eine bleibende Regelabweichung ein, die allerdings geringer ist als beim P-Regler, da der PD-Regler im allgemeinen aufgrund der phasenanhebenden Wirkung des D-Anteils mit einer höheren Verstärkung K_R betrieben wird.

e) Der *PID-Regler* vereinigt die Eigenschaften des PI- und PD-Reglers. Er besitzt ein noch geringeres maximales Überschwingen als der PD-Regler und weist aufgrund des I-Anteils keine

Tabelle 5-2. Realisierung der wichtigsten linearen Standardregler mittels Operationsverstärker

Reglertyp	Schaltung	Übertragungsfunktion $G_R(s) = U_R(s)/E(s)$	Einstellwerte
P	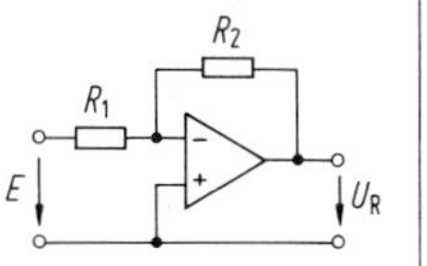	$-\frac{R_2}{R_1}$	Verstärkung $K_R = -\frac{R_2}{R_1}$
I	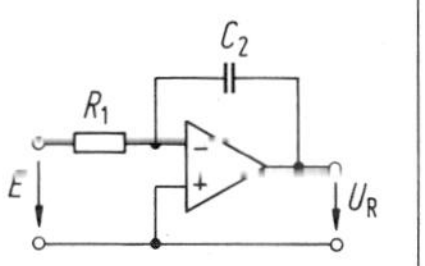	$-\frac{\frac{1}{sC_2}}{R_1} = -\frac{1}{sR_1C_2}$	Nachstellzeit $T_I = R_1C_2$
PI	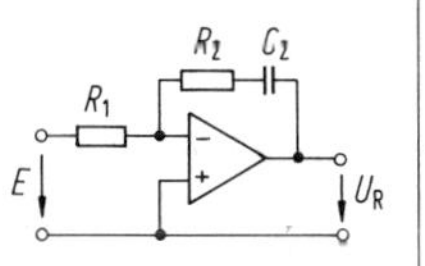	$-\frac{\frac{1}{sC_2}+R_2}{R_1} = -\frac{R_2}{R_1}\left(1+\frac{1}{sR_2C_2}\right)$	Verstärkung $K_R = -\frac{R_2}{R_1}$ Nachstellzeit $T_I = R_2C_2$
PD	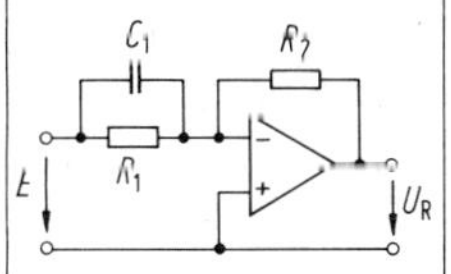	$-\frac{R_2}{\frac{R_1}{1+sR_1C_1}} = -\frac{R_2}{R_1}(1+sR_1C_1)$	Verstärkung $K_R = -\frac{R_2}{R_1}$ Vorhaltezeit $T_D = R_1C_1$
PID	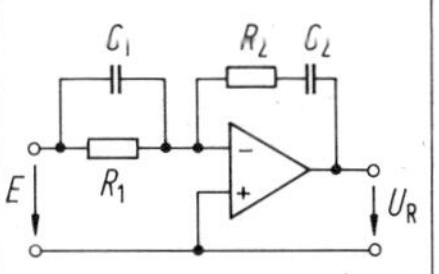	$-\frac{R_2+\frac{1}{sC_2}}{\frac{R_1}{1+sR_1C_1}}$ $= -\frac{R_1C_1+R_2C_2}{R_1C_2}\left[1+\frac{1}{R_1C_1+R_2C_2}\cdot\frac{1}{s}+\frac{R_1R_2C_1C_2}{R_1C_1+R_2C_2}s\right]$	Verstärkung $K_R = -\frac{R_1C_1+R_2C_2}{R_1C_2}$ Nachstellzeit $T_I = R_1C_1+R_2C_2$ Vorhaltezeit $T_D = \frac{R_1R_2C_1C_2}{R_1C_1+R_2C_2}$

bleibende Regelabweichung auf. Durch den hinzugekommenen I-Anteil wird die Ausregelzeit jedoch größer als beim PD-Regler.
Tabelle 5-2 zeigt mögliche Ausführungsformen der verschiedenen Reglertypen mit einem als Invertierer beschalteten Operationsverstärker.

6 Stabilität linearer kontinuierlicher Regelsysteme

6.1 Definition der Stabilität

Ein lineares zeitinvariantes Übertragungssystem heißt *(asymptotisch) stabil*, wenn seine Gewichtsfunktion asymptotisch auf Null abklingt, d. h., wenn gilt

$$\lim_{t \to \infty} g(t) = 0 . \tag{1}$$

Geht dagegen die Gewichtsfunktion betragsmäßig mit wachsendem t gegen unendlich, so nennt man das System *instabil.* Als Sonderfall sollen noch solche Systeme betrachtet werden, bei denen der Betrag der Gewichtsfunktion mit wachsendem t einen endlichen Wert nicht überschreitet oder einem endlichen Grenzwert zustrebt. Diese Systeme werden als *grenzstabil* bezeichnet. (Beispiele: ungedämpftes PT_2S-Glied, I-Glied.)
Die Stabilitätsbedingung gemäß (1) kann auch als Bedingung für $G(s)$ formuliert werden. Ist $G(s)$ als rationale Übertragungsfunktion

$$G(s) = \frac{Z(s)}{N(s)} = \frac{Z(s)}{a_0 + a_1 s + \ldots + a_n s^n} \tag{2}$$

gegeben, und sind $s_k = \sigma_k + \mathrm{j}\omega_k$ die Pole der Übertragungsfunktion $G(s)$, also die Wurzeln des Nennerpolynoms

$$N(s) = a_n(s - s_1)(s - s_2) \ldots (s - s_n) = \sum_{i=0}^{n} a_i s^i , \tag{3}$$

so setzt sich die zugehörige Gewichtsfunktion

$$g(t) = \sum_{k'=1}^{\nu} g_{k'}(t)$$

aus $\nu \leqq n$ Summanden der Form

$$g_{k'}(t) = c_{k'} t^{\mu} \mathrm{e}^{s_k t} \quad (\mu = 0, 1, 2, \ldots ; k' = 1, 2, \ldots, \nu) \tag{4}$$

zusammen. Dabei ist $c_{k'}$ im allgemeinen eine komplexe Konstante, und die Zahl μ wird für mehrfache Pole s_k größer als Null. Bildet man den Betrag dieser Funktion, so erhält man

$$|g_{k'}(t)| = |c_{k'} t^{\mu} \mathrm{e}^{s_k t}| = |c_{k'}| t^{\mu} \mathrm{e}^{\sigma_k t} .$$

Ist nun $\sigma_k < 0$, so strebt die e-Funktion gegen 0, und damit der ganze Ausdruck, selbst wenn $\mu > 0$ ist.
Diese Überlegung macht deutlich, daß (1) genau dann erfüllt ist, wenn sämtliche Pole von $G(s)$ einen negativen Realteil haben. Ist der Realteil auch nur eines Pols positiv, oder ist der Realteil eines mehrfachen Pols gleich Null, so wächst die Gewichtsfunktion mit t über alle Grenzen.
Es genügt also, zur Stabilitätsuntersuchung die Pole der Übertragungsfunktion $G(s)$ des Systems, d. h. die Wurzeln s_k seiner charakteristischen Gleichung

$$P(s) \equiv a_0 + a_1 s + a_2 s + \ldots + a_n s^n = 0 \tag{5}$$

zu überprüfen. Es lassen sich nun die folgenden notwendigen und hinreichenden *Stabilitätsbedingungen* formulieren:

a) Asymptotische Stabilität
   Ein lineares Übertragungssystem ist genau dann asymptotisch stabil, wenn für alle Wurzeln s_k $(k = 1, 2, \ldots, n)$ seiner charakteristischen Gleichung $\operatorname{Re} s_k < 0$ gilt, oder anders ausgedrückt, wenn *alle* Pole seiner Übertragungsfunktion in der linken s-Halbebene liegen.
b) Instabilität
   Ein lineares System ist genau dann instabil, wenn mindestens ein Pol seiner Übertragungsfunktion in der rechten s-Halbebene liegt, oder wenn mindestens ein mehrfacher Pol (Vielfachheit $\mu \geqq 2$) auf der imaginären Achse der s-Ebene liegt.
c) Grenzstabilität
   Ein lineares System ist genau dann grenzstabil, wenn kein Pol der Übertragungsfunktion in der rechten s-Halbebene liegt, keine mehrfachen Pole auf der imaginären Achse auftreten und auf dieser mindestens ein *einfacher* Pol vorhanden ist.

Für regelungstechnische Problemstellungen ist es oft nicht notwendig, die Wurzeln von (5) genau zu bestimmen. Für die Stabilitätsuntersuchung interessiert den Regelungstechniker nur, ob alle Wurzeln der charakteristischen Gleichung in der linken s-Halbebene liegen oder nicht. Hierfür gibt es einfache Kriterien, sog. *Stabilitätskriterien*, mit welchen dies leicht überprüft werden kann.

6.2 Algebraische Stabilitätskriterien

6.2.1 Das Hurwitz-Kriterium [1]

Mit Hilfe dieses Kriteriums läßt sich einfach prüfen, ob das durch (5) beschriebene charakteristische Polynom $P(s)$ zu einem asymptotisch stabilen System gehört. Notwendige und hinreichende Bedingungen für asymptotisch stabiles Verhalten des betrachteten Systems sind, daß

a) die Koeffizienten von $P(s)$ alle von Null verschieden sind und positives Vorzeichen haben und
b) folgende n Determinanten positiv sind, vgl. A 6.1:

$$D_1 = a_{n-1} > 0\,, \quad D_2 = \begin{vmatrix} a_{n-1} & a_n \\ a_{n-3} & a_{n-2} \end{vmatrix} > 0\,,$$

$$D_3 = \begin{vmatrix} a_{n-1} & a_n & 0 \\ a_{n-3} & a_{n-2} & a_{n-1} \\ a_{n-5} & a_{n-4} & a_{n-3} \end{vmatrix} > 0\,, \tag{6}$$

$$D_{n-1} = \begin{vmatrix} a_{n-1} & a_n & \dots & 0 \\ a_{n-3} & a_{n-2} & \dots & . \\ . & . & \dots & . \\ . & . & \dots & . \\ 0 & 0 & \dots & a_1 \end{vmatrix} > 0\,,$$

$$D_n = a_0 D_{n-1} > 0\,.$$

Während für ein System 2. Ordnung die Determinantenbedingungen von selbst erfüllt sind, sobald nur die Koeffizienten a_0, a_1, a_2 positiv sind, erhält man für den Fall eines Systems 3. Ordnung als Hurwitzbedingungen

$$D_1 = a_2 > 0\,, \quad D_2 = \begin{vmatrix} a_2 & a_3 \\ a_0 & a_1 \end{vmatrix} = a_1 a_2 - a_0 a_3 > 0$$

und $$D_3 = \begin{vmatrix} a_2 & a_3 & 0 \\ a_0 & a_1 & a_2 \\ 0 & 0 & a_0 \end{vmatrix} = a_0 D_2 > 0\,.$$

6.2.2 Das Routh-Kriterium [2]

Sind die Koeffizienten a_i des charakteristischen Polynoms $P(s)$ zahlenmäßig vorgegeben, so kann man zur Überprüfung der Stabilität eines Systems anstelle des Hurwitz-Kriteriums auch das Routhsche Verfahren verwenden. Dabei werden die Koeffizienten a_i ($i = 0, 1, \dots, n$) in folgender Form in den ersten beiden Zeilen des *Routh-Schemas* angeordnet, das insgesamt $(n + 1)$ Zeilen enthält:

n	a_n	a_{n-2}	a_{n-4}	a_{n-6}	…	0
$n-1$	a_{n-1}	a_{n-3}	a_{n-5}	a_{n-7}	…	0
$n-2$	b_{n-1}	b_{n-2}	b_{n-3}	b_{n-4}	…	0
$n-3$	c_{n-1}	c_{n-2}	c_{n-3}	c_{n-4}	…	0
⋮						
3	d_{n-1}	d_{n-2}	0			
2	e_{n-1}	e_{n-2}	0			
1	f_{n-1}	0				
0	g_{n-1}					

Die Koeffizienten b_{n-1}, b_{n-2}, b_{n-3}, … in der dritten Zeile ergeben sich durch die Kreuzproduktbildung aus den beiden ersten Zeilen:

$$b_{n-1} = \frac{a_{n-1}a_{n-2} - a_n a_{n-3}}{a_{n-1}}\,,$$

$$b_{n-2} = \frac{a_{n-1}a_{n-4} - a_n a_{n-5}}{a_{n-1}}\,,$$

$$b_{n-3} = \frac{a_{n-1}a_{n-6} - a_n a_{n-7}}{a_{n-1}}\,, \dots$$

Bei den Kreuzprodukten wird immer von den Elementen der ersten Spalte ausgegangen. Die Berechnung dieser b-Werte erfolgt so lange, bis alle restlichen Werte Null werden. Ganz entsprechend wird die Berechnung der c-Werte aus den beiden darüberliegenden Zeilen durchgeführt:

$$c_{n-1} = \frac{b_{n-1}a_{n-3} - a_{n-1}b_{n-2}}{b_{n-1}}\,,$$

$$c_{n-2} = \frac{b_{n-1}a_{n-5} - a_{n-1}b_{n-3}}{b_{n-1}}\,,$$

$$c_{n-3} = \frac{b_{n-1}a_{n-7} - a_{n-1}b_{n-4}}{b_{n-1}}\,, \dots .$$

Aus diesen beiden neu gewonnenen Zeilen werden in gleicher Weise weitere Zeilen gebildet, wobei sich schließlich für die letzten beiden Zeilen die Koeffizienten

$$f_{n-1} = \frac{e_{n-1}d_{n-2} - d_{n-1}e_{n-2}}{e_{n-1}} \quad \text{und}$$

$$g_{n-1} = e_{n-2}$$

ergeben. Nun lautet das *Routh-Kriterium*:

Das charakteristische Polynom $P(s)$ mit den positiven Koeffizienten a_i ($i = 0, 1, 2, \dots, n$) beschreibt genau dann ein asymptotisch stabiles System, wenn alle Koeffizienten in der ersten Spalte des Routh-Schemas positiv sind:

$$b_{n-1} > 0\,,\ c_{n-1} > 0, \dots, d_{n-1} > 0\,,\ e_{n-1} > 0\,,$$
$$f_{n-1} > 0\,,\ g_{n-1} > 0\,.$$

Beispiel:

$P(s) = 240 + 110s + 50s^2 + 30s^3 + 2s^4 + s^5$

Das Routh-Schema lautet hierfür:

5	1	30	110	0
4	2	50	240	0
3	5	−10	0	
2	54	240		
1	−32,44	0		
0	240			

Da in der 1. Spalte des Routh-Schemas ein Koeffizient negativ wird, ist das zugehörige System instabil.

6.3 Das Nyquist-Verfahren [3]

Dieses Verfahren ermöglicht, ausgehend vom Verlauf des Frequenzganges $G_0(j\omega)$ des offenen Regelkreises, eine Aussage über die Stabilität des geschlossenen Regelkreises. Für die praktische Anwendung genügt es, daß der Frequenzgang $G_0(j\omega)$ graphisch vorliegt, z. B. auch in Form experimentell ermittelter Frequenzgänge. Dieses Kriterium ist sehr allgemein anwendbar. Es ermöglicht nicht nur die Stabilitätsanalyse von Systemen mit konzentrierten Parametern, sondern auch von solchen mit verteilten Parametern oder Totzeit-Systemen. Das Kriterium kann entweder in der Ortskurvendarstellung oder in der Frequenzkennliniendarstellung formuliert werden.

6.3.1 Das Nyquist-Kriterium in der Ortskurvendarstellung

Der offene Regelkreis wird durch die Übertragungsfunktion

$$G_0(s) = G_S(s)G_R(s) = Z_0(s)/N_0(s)\,, \tag{7}$$

also durch die beiden teilerfremden Polynome $Z_0(s)$ und $N_0(s)$ beschrieben, für deren Grad gilt:

$$\text{Grad}\, Z_0(s) = m < n = \text{Grad}\, N_0(s)\,. \tag{8}$$

Aus dem Nenner der Übertragungsfunktion des geschlossenen Regelkreises oder aus $1 + G_0(s) = 0$ folgt das charakteristische Polynom des geschlossenen Regelkreises

$$P(s) \equiv N_g(s) = N_0(s) + Z_0(s) = 0\,, \tag{9}$$

das den Grad n besitzt. Bezeichnet man die Pole des geschlossenen Regelkreises, also die Wurzeln von $P(s)$, mit α_i und diejenigen des offenen Regelkreises mit β_i, so ist folgende Darstellung möglich:

$$G'(s) = 1 + G_0(s) = \frac{N_g(s)}{N_0(s)} = k'_0 \frac{\prod_{i=1}^{n} (s - \alpha_i)}{\prod_{i=1}^{n} (s - \beta_i)}\,. \tag{10}$$

Es sei nun angenommen, daß von den n Polen α_i des geschlossenen Regelkreises

N in der rechten s-Halbebene,
ν auf der imaginären Achse und
$(n - N - \nu)$ in der linken s-Halbebene liegen.

Entsprechend sollen von den n Polen β_i des offenen Regelkreises

P in der rechten s-Halbebene,
μ auf der imaginären Achse und
$(n - P - \mu)$ in der linken s-Halbebene liegen.

Bildet man aus (10) mit $s = \mathrm{j}\omega$ den Frequenzgang $G'(\mathrm{j}\omega)$, so gilt für dessen Phasengang

$$\varphi(\omega) = \arg[G'(\mathrm{j}\omega)] = \arg[N_g(\mathrm{j}\omega)] - \arg[N_0(\mathrm{j}\omega)]\,. \tag{11}$$

Durchläuft ω den Bereich $0 \leqq \omega \leqq \infty$, so setzt sich die Änderung der Phase $\Delta\varphi = \varphi(\infty) - \varphi(0)$ aus den Anteilen der Polynome $N_g(\mathrm{j}\omega)$ und $N_0(\mathrm{j}\omega)$ zusammen:

$$\Delta\varphi = \Delta\varphi_g - \Delta\varphi_0\,. \tag{12}$$

Zu $\Delta\varphi$ liefert jede Wurzel der Polynome $N_g(s)$ oder $N_0(s)$ einen Beitrag von $+\pi/2$ bzw. $-\pi/2$, wenn sie in der linken s-Halbebene liegt, und jede Wurzel rechts der imaginären Achse liefert einen Beitrag von $-\pi/2$ bzw. $+\pi/2$. Diese Phasenänderungen erfolgen stetig mit ω. Jede Wurzel $\mathrm{j}\delta$ auf der imaginären Achse bewirkt dagegen eine sprungförmige Phasenänderung beim Durchlauf von $\mathrm{j}\omega$ durch $\mathrm{j}\delta$. Dieser unstetige Phasenanteil kann im weiteren unberücksichtigt bleiben. Für den stetigen Anteil $\Delta\varphi_s$ der Phasenänderung $\Delta\varphi$ erhält man dann aus (12)

$$\Delta\varphi_s = [2(P - N) + \mu - \nu]\,\pi/2\,. \tag{13}$$

Da der Frequenzgang des offenen Regelkreises $G_0(\mathrm{j}\omega)$ vorgegeben ist, sind die Werte von P und μ meist bekannt. Mit dem Verlauf von $G_0(\mathrm{j}\omega)$ ist aber auch $\Delta\varphi_s$ bekannt. Deshalb kann aus (13) ermittelt werden, ob $N > 0$ oder/und $\nu > 0$ ist, d. h., ob und wie viele Pole des geschlossenen Regelkreises in der rechten s-Halbebene und auf der imaginären Achse liegen.
Zur Ermittlung von $\Delta\varphi_s$ wird die Ortskurve von $G'(\mathrm{j}\omega) = 1 + G_0(\mathrm{j}\omega)$ gezeichnet und der Phasenwinkel überprüft. Zweckmäßigerweise verschiebt man jedoch diese Kurve um den Wert 1 nach links und verlegt den Drehpunkt des Zeigers vom Koordinatenursprung nach dem Punkt $(-1, \mathrm{j}0)$ der $G_0(\mathrm{j}\omega)$-Ebene, der nun auch als *„kritischer Punkt"* bezeichnet wird. Somit braucht man gemäß Bild 6-1 nur die Ortskurve $G_0(\mathrm{j}\omega)$ des offenen Regelkreises zu zeichnen, um die Stabilität des geschlossenen Regelkreises zu überprüfen. Dabei gibt nun $\Delta\varphi_s$ die stetige Winkeländerung des Fahrstrahls vom kritischen Punkt $(-1, \mathrm{j}0)$ zum laufenden Punkt der Ortskurve $G_0(\mathrm{j}\omega)$ für $0 \leqq \omega \leqq \infty$ an. Da der geschlossene Regelkreis genau dann asymptotisch stabil ist, wenn $N = \nu = 0$ ist, und außerdem die Größen N und ν nichtnegativ sind,

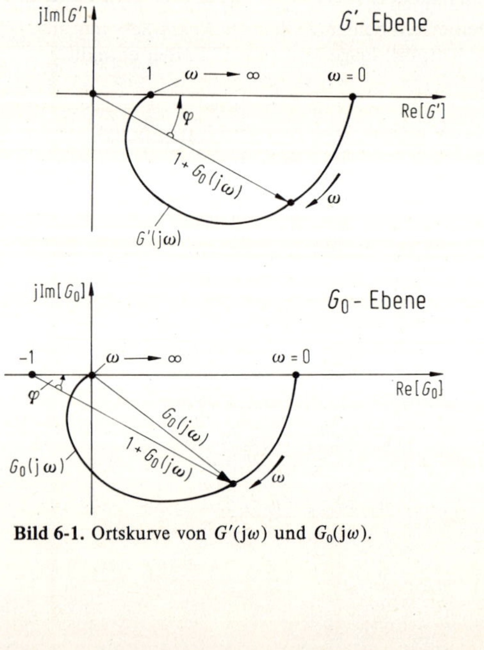

Bild 6-1. Ortskurve von $G'(\mathrm{j}\omega)$ und $G_0(\mathrm{j}\omega)$.

folgt aus (13) die allgemeine Fassung des *Nyquist-Kriteriums*:

> Der geschlossene Regelkreis ist dann und nur dann asymptotisch stabil, wenn die stetige Winkeländerung
>
> $$\Delta\varphi_s = P\pi + \mu\pi/2 \tag{14}$$
>
> ist.

Das Nyquist-Kriterium gilt auch dann, wenn der offene Regelkreis eine *Totzeit* enthält. Es ist das einzige der hier behandelten Stabilitätskriterien, das für diesen Fall anwendbar ist.

Beispiel:

Bei einem Regelkreis, der aus einem P-Regler und einer reinen Totzeitregelstrecke besteht, lautet die charakteristische Gleichung

$$1 + G_0(s) = 1 + K_R K_S\, e^{-sT_t} = 0\,.$$

Die Ortskurve von $G_0(j\omega) = K_0\, e^{-j\omega T_t}$ (mit $K_0 = K_R K_S$) beschreibt einen Kreis mit dem Radius $|K_0|$, der für $0 \leqq \omega \leqq \infty$ unendlich oft im Uhrzeigersinn durchlaufen wird. Da der offene Regelkreis stabil ist, gilt $P = 0$ und $\mu = 0$. Gemäß Bild 6-2 können zwei Fälle unterschieden werden:

a) $K_0 < 1$: $\Delta\varphi_s = 0$. Der geschlossene Regelkreis ist somit stabil.

b) $K_0 > 1$: $\Delta\varphi_s = -\infty$. Der geschlossene Regelkreis weist instabiles Verhalten auf.

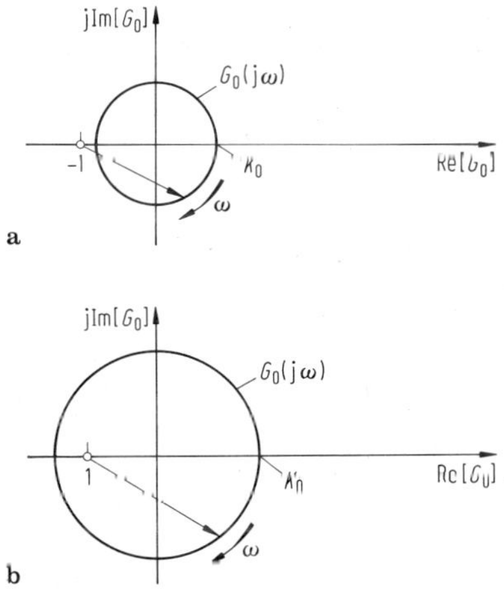

Bild 6-2. Ortskurve des Frequenzganges eines reinen Totzeitgliedes mit der Verstärkung K_0 für **a** stabiles und **b** instabiles Verhalten des geschlossenen Regelkreises.

6.3.2 Das Nyquist-Kriterium in der Frequenzkennliniendarstellung

Der zur Ortskurve von $G_0(j\omega)$ gehörende logarithmische Amplitudengang $A_0(\omega)_{dB}$ ist in den

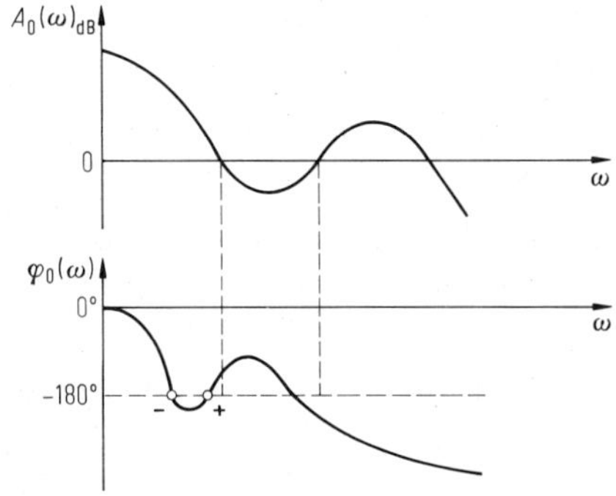

Bild 6-3. Frequenzkennliniendarstellung von $G_0(j\omega) = A_0(\omega)\, e^{j\varphi_0(\omega)}$ und Definition der positiven (+) und negativen (−) Übergänge des Phasenganges $\varphi_0(\omega)$ über die −180°-Linie.

Schnittpunkten der Ortskurve mit der reellen Achse im Intervall $(-\infty, -1)$ stets positiv. Andererseits entspricht diesen Schnittpunkten der Ortskurve jeweils der Schnittpunkt des Phasenganges $\varphi_0(\omega)$ mit den Geraden ±180°, ±540° usw., also einem ungeraden Vielfachen von 180°. Im Falle eines „positiven“ Schnittpunktes der Ortskurve erfolgt der Übergang des Phasenganges über die entsprechende $\pm(2k+1)180°$-Linie von unten nach oben und umgekehrt von oben nach unten bei einem „negativen“ Schnittpunkt gemäß Bild 6-3. Diese Schnittpunkte sollen im weiteren als positive (+) und negative (−) Übergänge des Phasenganges $\varphi_0(\omega)$ über die jeweilige $\pm(2k+1)180°$-Linie definiert werden, wobei $k = 0, 1, 2, \ldots$ gilt. Beginnt die Phasenkennlinie bei −180°, so zählt dieser Punkt als halber Übergang mit dem entsprechenden Vorzeichen. Damit läßt sich das Nyquist-Kriterium in der für die Frequenzkennliniendarstellung passenden Form aufstellen:

> Der offene Regelkreis mit der Übertragungsfunktion $G_0(s)$ besitze P Pole in der rechten s-Halbebene und möglicherweise einen einfachen oder doppelten Pol bei $s = 0$. Wenn für die ω-Werte, bei denen $A_0(\omega)_{dB} > 0$ ist, S^+ die Anzahl der positiven und S^- die Anzahl der negativen Übergänge des Phasenganges $\varphi_0(\omega)$ über $\pm(2k+1)180°$-Linien ist, so ist der geschlossene Regelkreis genau dann asymptotisch stabil, wenn für die Differenz $D = S^+ - S^-$ die Beziehung
>
> $$D = S^+ - S^- = \begin{cases} \dfrac{P}{2} & \text{für } \mu = 0, 1 \\[2mm] \dfrac{P+1}{2} & \text{für } \mu = 2 \end{cases} \tag{15}$$
>
> gilt.

Für den speziellen Fall, daß der offene Regelkreis stabil ist ($P = 0$, $\mu = 0$) muß also die Anzahl der positiven und negativen Schnittpunkte gleich groß sein ($D = 0$).

6.3.3 Vereinfachte Formen des Nyquist-Kriteriums

In vielen Fällen ist der offene Regelkreis stabil, also $P = 0$ und $\mu = 0$. In diesem Fall folgt aus (14) für die Winkeländerung $\Delta\varphi_s = 0$. Dann kann das Nyquist-Kriterium wie folgt formuliert werden:

Ist der offene Regelkreis asymptotisch stabil, so ist der geschlossene Regelkreis genau dann asymptotisch stabil, wenn die Ortskurve des offenen Regelkreises den kritischen Punkt $(-1, \mathrm{j}0)$ weder umkreist noch durchdringt.

Eine andere Fassung des vereinfachten Nyquist-Kriteriums, die auch angewandt werden kann, wenn $G_0(s)$ Pole bei $s = 0$ besitzt, ist die sogenannte *Linke-Hand-Regel:*

Der offene Regelkreis habe nur Pole in der linken s-Halbebene außer einem 1- oder 2fachen Pol bei $s = 0$ (P-, I- oder I_2-Verhalten). In diesem Fall ist der geschlossene Regelkreis genau dann asymptotisch stabil, wenn der kritische Punkt $(-1, \mathrm{j}0)$ in Richtung wachsender ω-Werte gesehen *links* der Ortskurve von $G_0(\mathrm{j}\omega)$ liegt.

Die Linke-Hand-Regel läßt sich auch für das Bode-Diagramm formulieren:

Der offene Regelkreis habe nur Pole in der linken s-Halbebene, außer möglicherweise einen 1- oder 2fachen Pol bei $s = 0$ (P-, I- oder I_2-Verhalten).

In diesem Fall ist der geschlossene Regelkreis genau dann asymptotisch stabil, wenn $G_0(\mathrm{j}\omega)$ für die *Durchtrittsfrequenz* ω_D bei $A_0(\omega_D)_{dB} = 0$ den Phasenwinkel $\varphi_0(\omega_D) = \arg G_0(\mathrm{j}\omega_D) > -180°$ hat.

Dieses Stabilitätskriterium bietet auch die Möglichkeit einer praktischen Abschätzung der „Stabilitätsgüte" eines Regelkreises. Je größer der Abstand der Ortskurve vom kritischen Punkt ist, desto weiter ist der geschlossene Regelkreis vom Stabilitätsrand entfernt. Als Maß hierfür benutzt man die Begriffe Phasenrand und Amplitudenrand, die in Bild 6-4 erklärt sind. Der *Phasenrand*

$$\varphi_R = 180° + \varphi_0(\omega_D) \tag{16}$$

ist der Abstand der Phasenkennlinie von der $-180°$-Geraden bei der Durchtrittsfrequenz ω_D, d.h. beim Durchgang der Amplitudenkennlinie durch die 0-dB-Linie ($|G_0| = 1$). Als *Amplitudenrand*

$$A_{R\,dB} = A_0(\omega_S)_{dB} \tag{17}$$

wird der Abstand der Amplitudenkennlinie von der 0-dB-Linie beim Phasenwinkel $\varphi_0 = -180°$ bezeichnet.

Für eine gut gedämpfte Regelung, z.B. im Sinne der weiter unten behandelten betragsoptimalen Einstellung, sollten etwa folgende Werte eingehalten werden:

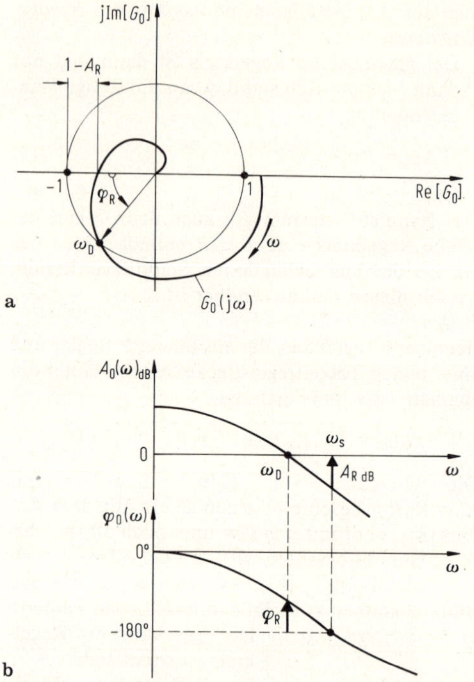

Bild 6-4. Phasen- und Amplitudenrand φ_R bzw. A_R **a** in der Ortskurvendarstellung und **b** im Bode-Diagramm.

$$A_{R\,dB} = \begin{cases} -12\,\text{dB bis } -20\,\text{dB bei Führungsverhalten} \\ -3{,}5\,\text{dB bis } -9{,}5\,\text{dB bei Störverhalten} \end{cases}$$

$$\varphi_R = \begin{cases} 40° \text{ bis } 60° \text{ bei Führungsverhalten} \\ 20° \text{ bis } 50° \text{ bei Störverhalten}\,. \end{cases}$$

Die Durchtrittsfrequenz ω_D stellt ein Maß für die dynamische Güte des Regelkreises dar. Je größer ω_D, desto größer ist die Grenzfrequenz des geschlossenen Regelkreises, und desto schneller die Reaktion auf Sollwertänderungen oder Störungen. Als *Grenzfrequenz* ist dabei jene Frequenz ω_g zu betrachten, bei der der Betrag des Frequenzganges des geschlossenen Regelkreises nahezu den Wert Null erreicht hat.

7 Das Wurzelortskurvenverfahren

7.1 Der Grundgedanke des Verfahrens [1]

Das Wurzelortskurvenverfahren erlaubt, aus der bekannten Pol- und Nullstellenverteilung der Übertragungsfunktion $G_0(s)$ des offenen Regelkreises in der s-Ebene in anschaulicher Weise einen Schluß auf die Wurzeln der charakteristischen Gleichung des geschlossenen Regelkreises zu ziehen. Variiert man beispielsweise einen Parameter des offenen Regelkreises, so verändert sich die Lage der Wurzeln der charakteristischen Gleichung des geschlossenen Regelkreises in der s-Ebene. Die Wurzeln beschreiben somit in der s-Ebene Bahnen, die man als *Wurzelortskurven* (WOK) des geschlossenen Regelkreises definiert. Die Kenntnis der Wurzelortskurve, die meist in Abhängigkeit von einem Parameter dargestellt wird, ermöglicht neben der Aussage über die Stabilität des geschlossenen Kreises auch eine Beurteilung der Stabilitätsgüte, z. B. durch den Abstand der Pole von der imaginären Achse. Die WOK eignet sich daher nicht nur zur Analyse, sondern vorzüglich auch zur Synthese von Regelkreisen. Zur Bestimmung der WOK geht man von der Übertragungsfunktion des offenen Regelkreises

$$G_0(s) = k_0 \frac{\prod_{\mu=1}^{m} (s - s_{N\mu})}{\prod_{\nu=1}^{n} (s - s_{P\nu})} = k_0 G(s) \tag{1a}$$

aus, wobei $k_0 > 0$, $m \leqq n$ und $s_{N\mu} \neq s_{P\nu}$ gelte. (1a) kann auch in der Form

$$G_0(s) = k_0 \frac{\prod_{\mu=1}^{m} |s - s_{N\mu}|}{\prod_{\nu=1}^{n} |s - s_{P\nu}|} \mathrm{e}^{\mathrm{j}\left(\sum_{\mu=1}^{m} \varphi_{N\mu} - \sum_{\nu=1}^{n} \varphi_{P\nu}\right)} \tag{1b}$$

dargestellt werden. Die charakteristische Gleichung des geschlossenen Regelkreises ergibt sich mit (1) aus

$$1 + k_0 G(s) = 0\,. \tag{2}$$

Hieraus folgt

$$G(s) = -1/k_0\,. \tag{3}$$

Die Gesamtheit aller komplexen Zahlen $s_i = s_i(k_0)$, die diese Beziehung für $0 \leqq k_0 \leqq \infty$ erfüllen, stellen die gesuchte WOK dar. Durch Aufspalten von (1b) in Betrag und Phase erhält man die *Amplitudenbedingung*

$$|G(s)| = \frac{1}{k_0} = \frac{\prod_{\mu=1}^{m} |s - s_{N\mu}|}{\prod_{\nu=1}^{n} |s - s_{P\nu}|} \tag{4}$$

und die *Phasenbedingung*

$$\varphi(s) = \arg[G(s)] = \sum_{\mu=1}^{m} \varphi_{N\mu} - \sum_{\nu=1}^{n} \varphi_{P\nu} = \pm 180°(2k+1) \tag{5}$$

mit $k = 0, 1, 2, \ldots$ Hierbei kennzeichnen $\varphi_{N\mu}$ und $\varphi_{P\nu}$ die zu den komplexen Zahlen $(s - s_{N\mu})$ bzw. $(s - s_{P\nu})$ gehörenden Winkel. Offensichtlich ist die Phasenbedingung von k_0 unabhängig. Alle Punkte der komplexen s-Ebene, die die Phasenbedingung erfüllen, stellen also den geometrischen Ort aller möglichen Pole des geschlossenen Kreises dar, die durch die Variation des Vorfaktors k_0 entstehen können. Die Codierung dieser WOK, d. h. die Zuordnung zwischen den Kurvenpunkten und den Werten von k_0 erhält man durch Auswertung der Amplitudenbedingung entsprechend (4).

7.2 Regeln zur Konstruktion von Wurzelortskurven

Wie Bild 7-1 zeigt, könnte die Konstruktion von Wurzelortskurven unter Verwendung von (5) graphisch durchgeführt werden. Dieses Vorgehen ist jedoch nur zur Überprüfung der Phasenbedingung einzelner Punkte der s-Ebene zweckmäßig. Für die Konstruktion einer WOK werden daher folgende Regeln angewandt:

1. Die WOK ist symmetrisch zur reellen Achse.
2. Die WOK besteht aus n Ästen. $(n - m)$ Äste enden im Unendlichen. Alle Äste beginnen mit $k_0 = 0$ in den Polen der charakteristischen Gleichung des offenen Regelkreises, m Äste enden mit $k_0 \to \infty$ in den Nullstellen des offenen Regelkreises. Die Anzahl der in einem Pol beginnenden bzw. in einer Nullstelle endenden Äste der WOK ist gleich der Vielfachheit der Pol- bzw. Nullstelle.
3. Es gibt $n - m$ Asymptoten mit Schnitt im Wurzelschwerpunkt auf der reellen Achse $(\sigma_a, \mathrm{j}0)$ mit
$$\sigma_a = \frac{1}{n-m}\left\{\sum_{\nu=1}^{n} \mathrm{Re}\, s_{P\nu} - \sum_{\mu=1}^{m} \mathrm{Re}\, s_{N\mu}\right\}. \tag{6}$$
4. Ein Punkt auf der reellen Achse gehört dann zur WOK, wenn die Gesamtzahl der rechts von ihm liegenden Pole und Nullstellen ungerade ist.

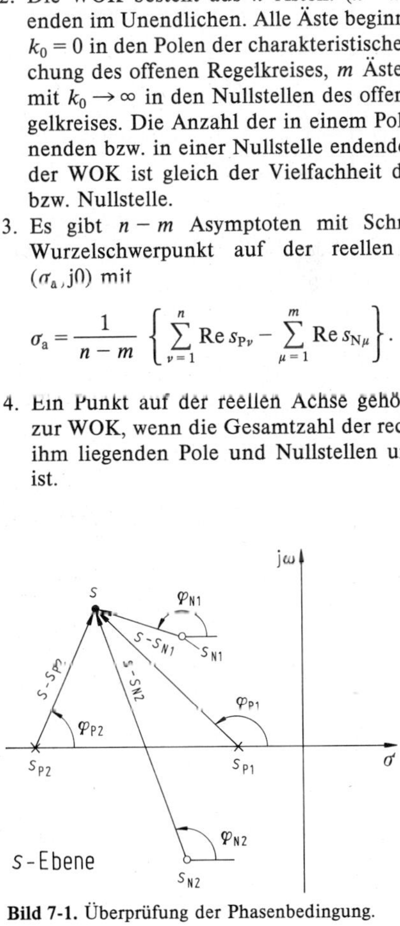

Bild 7-1. Überprüfung der Phasenbedingung.

Tabelle 7-1. Typische Beispiele für Pol- und Nullstellenverteilungen von $G_0(s)$ und zugehörige Wurzelortskurve des geschlossenen Regelkreises

lfd. Nr.	Wurzelortskurve
1	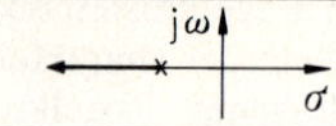
2	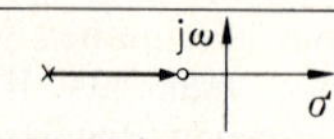
3	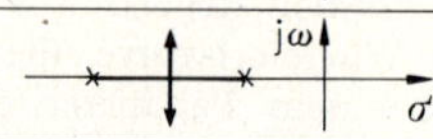
4	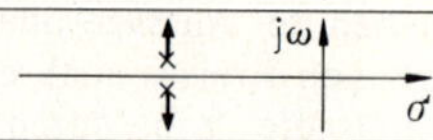
5	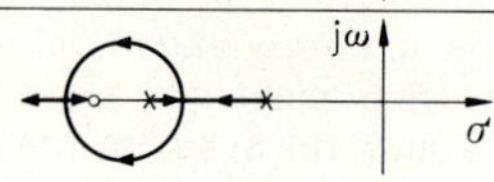
6	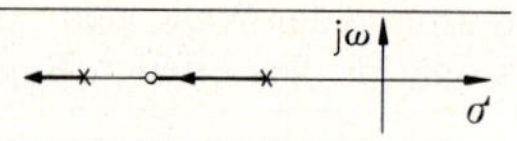
7	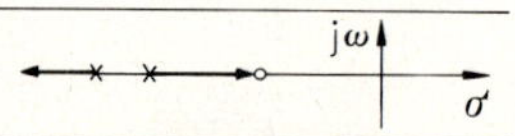
8	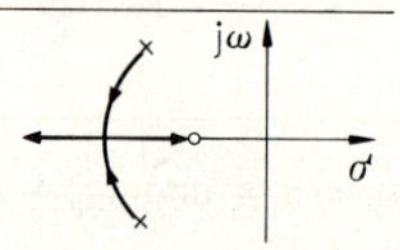
9	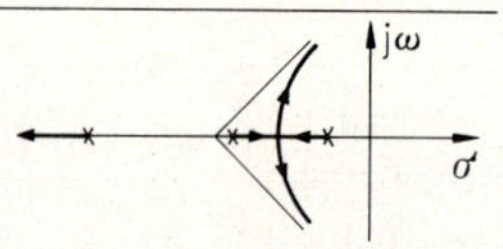
10	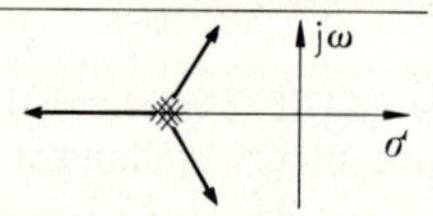
11	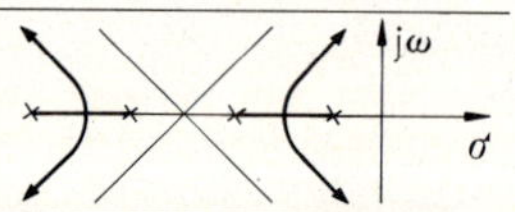
12	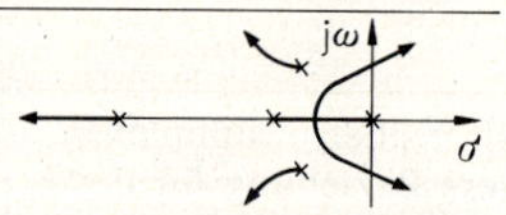
13	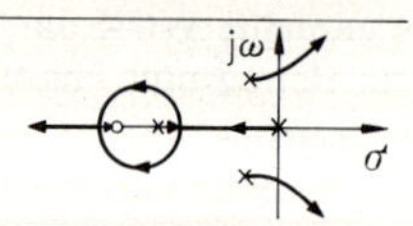
14	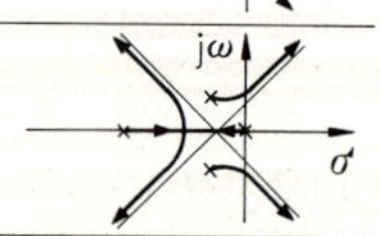
15	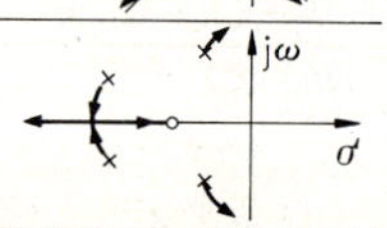
16	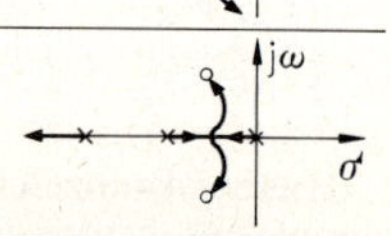

5. Mindestens ein Verzweigungs- bzw. Vereinigungspunkt existiert dann, wenn ein Ast der WOK auf der reellen Achse zwischen zwei Pol- bzw. Nullstellen verläuft; dieser reelle Punkt genügt der Beziehung

$$\sum_{\nu=1}^{n} \frac{1}{s - s_{\mathrm{P}\nu}} = \sum_{\mu=1}^{m} \frac{1}{s - s_{\mathrm{N}\mu}} \tag{7}$$

für $s = \sigma_\mathrm{v}$ als Verzweigungs- bzw. Vereinigungspunkt. Sind keine Pol- oder Nullstellen vorhanden, so ist der entsprechende Summenterm gleich Null zu setzen.

6. Austritts- und Eintrittswinkel aus Pol- bzw. in Nullstellenpaaren der Vielfachheit $r_{\mathrm{P}\varrho}$ bzw. $r_{\mathrm{N}\varrho}$:

$$\varphi_{\mathrm{P}\varrho,\mathrm{A}} = \frac{1}{r_{\mathrm{P}\varrho}} \left\{ -\sum_{\substack{\nu=1 \\ \nu \neq \varrho}}^{n} \varphi_{\mathrm{P}\nu} + \sum_{\mu=1}^{m} \varphi_{\mathrm{N}\mu} \pm 180°(2k+1) \right\} \tag{8a}$$

$$\varphi_{\mathrm{N}\varrho,\mathrm{E}} = \frac{1}{r_{\mathrm{N}\varrho}} \left\{ -\sum_{\substack{\mu=1 \\ \mu \neq \varrho}}^{m} \varphi_{\mathrm{N}\mu} + \sum_{\nu=1}^{n} \varphi_{\mathrm{P}\nu} \pm 180°(2k+1) \right\}. \tag{8b}$$

7. Belegung der WOK mit k_0-Werten: Zum Wert s gehört der Wert

$$k_0 = \frac{\prod_{\nu=1}^{n} |s - s_{\mathrm{P}\nu}|}{\prod_{\mu=1}^{m} |s - s_{\mathrm{N}\mu}|}, \tag{9}$$

(für $m = 0$ ist der Nenner gleich Eins).

8. Asymptotische Stabilität des geschlossenen Regelkreises liegt für alle k_0-Werte vor, die auf der WOK links von der imaginären Achse liegen. Die Schnittpunkte der WOK mit der imaginären Achse liefern die kritischen Werte $k_{0\mathrm{krit}}$.

Ein typisches Beispiel für den Verlauf der WOK für den Fall der Übertragungsfunktion des offenen Systems

$$G_0(s) = \frac{k_0(s+1)}{s(s+2)(s^2+12s+40)}$$

zeigt Bild 7-2. Aus dem Verlauf dieser WOK kann z. B. entnommen werden, daß für $k_0 > 644$ der geschlossene Regelkreis Pole in der rechten s-Halbebene aufweist und daher instabil wird. Weitere typische Fälle sind in Tabelle 7-1 aufgeführt.

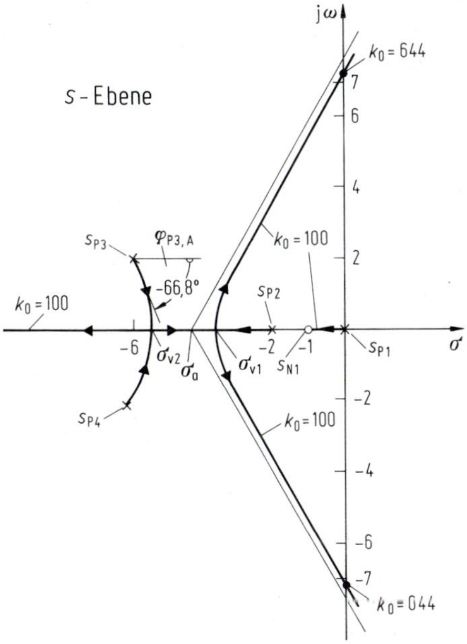

Bild 7-2. Die Wurzelortskurve des Regelkreises mit der Übertragungsfunktion des offenen Systems

$$G_0(s) = \frac{k_0(s+1)}{s(s+2)(s+6+2j)(s+6-2j)}.$$

8 Entwurfsverfahren für lineare kontinuierliche Regelsysteme

8.1 Problemstellung

Eine der wichtigsten Aufgaben stellt für den Regelungstechniker der Entwurf oder die Synthese eines Regelkreises dar. Diese Aufgabe, zu der streng genommen auch die komplette gerätetechnische Auslegung gehört, sei im folgenden auf das Problem beschränkt, für eine vorgegebene Regelstrecke einen geeigneten Regler zu entwerfen, der die an den Regelkreis gestellten Anforderungen möglichst gut oder mit geringstem technischen Aufwand erfüllt. An den Regelkreis werden gewöhnlich folgende Anforderungen gestellt:

1. Als Mindestforderung muß der Regelkreis selbstverständlich stabil sein.
2. Störgrößen $z(t)$ sollen einen möglichst geringen Einfluß auf die Regelgröße $y(t)$ haben.
3. Die Regelgröße $y(t)$ soll einer zeitlich sich ändernden Führungsgröße $w(t)$ möglichst genau und schnell folgen.
4. Der Regelkreis soll möglichst unempfindlich gegenüber nicht zu großen Parameteränderungen sein.

Um die unter 2. und 3. gestellten Anforderungen zu erfüllen, müßte gemäß Forderung 3 im *Idealfall* für die Führungsübertragungsfunktion

$$G_W(s) = \frac{Y(s)}{W(s)} = \frac{G_0(s)}{1+G_0(s)} = 1 \tag{1}$$

und bei einer Störung z. B. am Ausgang der Regelstrecke für die Störungsübertragungsfunktion gemäß Forderung 2

$$G_Z(s) = \frac{Y(s)}{Z(s)} = \frac{1}{1+G_0(s)} = 0 \tag{2}$$

gelten. Eine strenge Verwirklichung dieser Beziehungen ist jedoch aus physikalischen und technischen Gründen nicht möglich, da hierzu unendlich große Stellgrößen erforderlich wären. Für eine praktische Anwendung muß daher stets überlegt werden, welche Abweichung vom idealen Fall zugelassen werden kann.

8.2 Entwurf im Zeitbereich

8.2.1 Gütemaße im Zeitbereich

Bei der Beurteilung der Güte einer Regelung erweist es sich als zweckmäßig, den zeitlichen Verlauf der Regelgröße $y(t)$ bzw. der Regelabweichung $e(t)$ unter Einwirkung wohldefinierter Testsignale zu betrachten. Als das wohl wichtigste Testsignal wird dazu gewöhnlich eine sprungförmige Erregung der Eingangsgröße des untersuchten Regelkreises verwendet. So kann man beispielsweise für eine sprungförmige Erregung der Führungsgröße den im Bild 8-1a dargestellten Verlauf der Regelgröße $y(t) = h_W(t)$ beobachten.

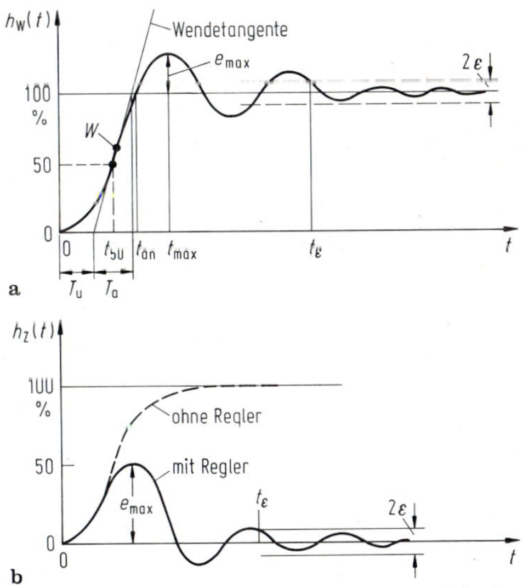

Bild 8-1. Typische Antwort eines Regelkreises bei einer sprungförmigen Änderung **a** der Führungsgröße und **b** der Störgröße.

Zur Beschreibung dieser Führungsübergangsfunktion werden die folgenden Begriffe eingeführt:
- Die *maximale Überschwingweite* e_{max} gibt den Betrag der maximalen Regelabweichung an, die nach erstmaligem Erreichen des Sollwertes (100 %) auftritt.
- Die t_{max}-Zeit beschreibt den Zeitpunkt des Auftretens der maximalen Überschwingweite.
- Die *Anstiegszeit* T_a ergibt sich aus dem Schnittpunkt der Tangente im Wendepunkt W von $h_W(t)$ mit der 0 %- und 100 %-Linie. Häufig wird allerdings die Tangente auch im Zeitpunkt t_{50} verwendet, bei dem $h_W(t)$ gerade 50 % des Sollwertes erreicht hat. Zur besseren Unterscheidung soll dann für diesen zweiten Fall die Anstiegszeit mit $T_{a,50}$ bezeichnet werden.
- Die *Verzugszeit* T_u ergibt sich aus dem Schnittpunkt der oben definierten Wendetangente mit der t-Achse.
- Die *Ausregelzeit* t_ε ist der Zeitpunkt, ab dem der Betrag der Regelabweichung kleiner als eine vorgegebene Schranke ε ist (z. B. $\varepsilon = 3\,\%$: $t_{3\,\%}$, also $\pm 3\,\%$ Abweichung vom Sollwert).
- Als *Anregelzeit* t_{an} bezeichnet man den Zeitpunkt, bei dem erstmalig der Sollwert (100 %) erreicht wird. Es gilt näherungsweise $t_{an} \approx T_u + T_a$.

In ähnlicher Weise läßt sich gemäß Bild 8-1b auch das Störverhalten charakterisieren. Hierbei werden ebenfalls die Begriffe „maximale Überschwingweite" und „Ausregelzeit" definiert.
Von den hier eingeführten Größen kennzeichnen im wesentlichen e_{max} und t_ε die Dämpfung und t_{an}, T_a und t_{max} die Schnelligkeit, also die Dynamik des Regelverhaltens, während die bleibende Regelabweichung e_∞ das statische Verhalten charakterisiert.

8.2.2 Integralkriterien

Aus Bild 8-1a ist ersichtlich, daß die Fläche zwischen der 100 %-Geraden und der Führungsübergangsfunktion $h_W(t)$ sicherlich ein Maß für die Abweichung des Regelkreises vom idealen Führungsverhalten darstellt. Ebenso ist in Bild 8-1b die Fläche zwischen der Störübergangsfunktion $h_Z(t)$ und der t-Achse ein Maß für die Abweichung des Regelkreises vom Fall der idealen Störungsunterdrückung. In beiden Fällen handelt es sich um die Gesamtfläche unterhalb der Regelabweichung $e(t) = w(t) - y(t)$, mit der man die Abweichung vom idealen Regelkreis beschreiben kann. Es liegt nahe, als Maß für die Regelgüte ein Integral der Form

$$I_k = \int_0^\infty f_k[e(t)]\,\mathrm{d}t \qquad (3)$$

einzuführen, wobei für $f_k[e(t)]$ gewöhnlich die in Tabelle 8-1 angegebenen verschiedenen Funktionen, wie z. B. $e(t)$, $|e(t)|$, $e^2(t)$ usw., verwendet werden. In einem derartigen integralen Gütemaß lassen sich zeitliche Ableitungen der Regelabweichung sowie zusätzlich die Stellgröße $u(t)$ berücksichtigen. Die wichtigsten dieser Gütemaße I_k sind in Tabelle 8-1 zusammengestellt.
Mit Hilfe solcher Gütemaße lassen sich die Integralkriterien folgendermaßen formulieren:
Eine Regelung ist im Sinne des jeweils gewählten Integralkriteriums um so besser, je kleiner I_k ist. Somit erfordert ein Integralkriterium stets die Mi-

Tabelle 8-1. Die wichtigsten Gütemaße für Integralkriterien

Gütemaß	Eigenschaft
$I_1 = \int_0^\infty e(t)\,\mathrm{d}t$	*Lineare Regelfläche:* Eignet sich zur Beurteilung stark gedämpfter monotoner Regelverläufe; einfache mathematische Behandlung.
$I_2 = \int_0^\infty \lvert e(t)\rvert\,\mathrm{d}t$	*Betragslineare Regelfläche:* Geeignet für nichtmonotonen Schwingungsverlauf. Umständliche Auswertung.
$I_3 = \int_0^\infty e^2(t)\,\mathrm{d}t$	*Quadratische Regelfläche:* Berücksichtigung großer Regelabweichungen; liefert größere Ausregelzeiten als I_2. In vielen Fällen analytische Berechnung möglich.
$I_4 = \int_0^\infty \lvert e(t)\rvert t\,\mathrm{d}t$	*Zeitbeschwerte betragslineare Regelfläche:* Wirkung wie I_2; berücksichtigt aber zusätzlich die Dauer der Regelabweichung.
$I_5 = \int_0^\infty e^2(t)\,t\,\mathrm{d}t$	*Zeitbeschwerte quadratische Regelfläche:* Wirkung wie I_3; berücksichtigt zusätzlich die Dauer der Regelabweichung.
$I_6 = \int_0^\infty [e^2(t) + \alpha\dot{e}^2(t)]\,\mathrm{d}t$	*Verallgemeinerte quadratische Regelfläche:* Wirkung günstiger als bei I_3, allerdings Wahl des Bewertungsfaktors α subjektiv.
$I_7 = \int_0^\infty [e^2(t) + \beta u^2(t)]\,\mathrm{d}t$	*Quadratische Regelfläche und Stellaufwand:* Etwas größerer Wert von e_{max}, jedoch t_ε wesentlich kürzer; Wahl des Bewertungsfaktors β subjektiv.

Anmerkung: Besitzt der betrachtete Regelkreis eine bleibende Regelabweichung e_∞, dann ist $e(t)$ durch $e(t) - e_\infty$ zu ersetzen, da sonst die Integrale in der obigen Form nicht konvergieren. Entsprechendes gilt auch für die Stellgröße $u(t)$.

nimierung von I_k, wobei dies durch geeignete Wahl der noch freien Entwurfsparameter oder Reglereinstellwerte $r_1, r_2, \ldots$ geschehen kann. Damit lautet das Integralkriterium schließlich

$$I_k = \int_0^\infty f_k[e(t)]\,\mathrm{d}t = I_k(r_1, r_2, \ldots) \stackrel{!}{=} \text{Min}. \tag{4}$$

Dabei kann das gesuchte Minimum sowohl im Innern als auch auf dem Rand des durch die möglichen Einstellwerte begrenzten Definitionsbereiches liegen. Dies ist zu beachten, da beide Fälle eine unterschiedliche mathematische Behandlung erfordern. Im ersten Fall handelt es sich gewöhnlich um ein *absolutes Optimum*, im zweiten um ein *Randoptimum*.

8.2.3 Quadratische Regelfläche

Aufgrund der verschiedenartigen Anforderungen, die beim Entwurf von Regelkreisen gestellt werden, ist es nicht möglich, für alle Anwendungsfälle ein einziges, gleichermaßen gut geeignetes Gütemaß festzulegen. In sehr vielen Fällen hat sich jedoch das Minimum der quadratischen Regelfläche als Gütekriterium sehr gut bewährt. Es besitzt außerdem den Vorteil, daß es für die wichtigsten Fälle auch leicht berechnet werden kann. Zur Berechnung der quadratischen Regelfläche wird die Parsevalsche Gleichung

$$I_3 = \int_0^\infty e^2(t)\,\mathrm{d}t = \frac{1}{2\pi \mathrm{j}} \int_{-\mathrm{j}\infty}^{+\mathrm{j}\infty} E(s)E(-s)\,\mathrm{d}s \tag{5}$$

verwendet. Ist $E(s)$ eine gebrochen rationale Funktion

$$E(s) = \frac{C(s)}{D(s)} = \frac{c_0 + c_1 s + \ldots + c_{n-1}s^{n-1}}{d_0 + d_1 s + \ldots + d_n s^n}, \tag{6}$$

deren sämtliche Pole in der linken s-Halbebene liegen, dann läßt sich das Integral in (5) durch Residuenrechnung bestimmen. Bis $n = 10$ liegt die Auswertung dieses Integrals in tabellarischer Form vor [1]. Tabelle 8-2 enthält die Integrale bis $n = 4$.

8.2.4 Ermittlung optimaler Einstellwerte eines Reglers nach dem Kriterium der minimalen quadratischen Regelfläche [2]

Bei vorgegebenem Führungs- bzw. Störsignal ist die quadratische Regelfläche

$$I_3 = \int_0^\infty [e(t) - e_\infty]^2\,\mathrm{d}t = I_3(r_1, r_2, \ldots) \tag{7}$$

nur eine Funktion der zu optimierenden Reglerparameter $r_1, r_2, \ldots$. Die optimalen Reglerparameter sind nun diejenigen, durch die I_3 minimal wird. Zur Lösung dieser einfachen mathematischen Extremwertaufgabe

$$I_3(r_1, r_2, \ldots) \stackrel{!}{=} \text{Min} \tag{8}$$

gilt unter der Voraussetzung, daß der gesuchte Optimalpunkt $(r_{1\,\text{opt}}, r_{2\,\text{opt}}, \ldots)$ nicht auf dem Rand des möglichen Einstellbereichs liegt, somit für alle partiellen Ableitungen von I_3

$$\left.\frac{\partial I_3}{\partial r_1}\right|_{r_{2\,\text{opt}},\, r_{3\,\text{opt}}, \ldots} = 0, \quad \left.\frac{\partial I_3}{\partial r_2}\right|_{r_{1\,\text{opt}},\, r_{3\,\text{opt}}, \ldots} = 0, \ldots \tag{9}$$

Diese Beziehung stellt einen Satz von Bestimmungsgleichungen für die Extrema von (7) dar. Im Optimalpunkt muß I_3 ein Minimum werden. Ein derartiger Punkt kann nur im Bereich stabiler Reglereinstellwerte liegen. Beim Auftreten mehrerer Punkte, die (8) erfüllen, muß u. U. durch Bildung der zweiten partiellen Ableitungen von I_3 geprüft werden, ob der betreffende Extremwert ein Minimum ist. Treten mehrere Minima auf, dann beschreibt das absolute Minimum den Optimalpunkt der gesuchten Reglereinstellwerte $r_i = r_{i\,\text{opt}}$ $(i = 1, 2, \ldots)$.

Am Beispiel einer Reglerstrecke mit der Übertragungsfunktion

$$G_S(s) = \frac{1}{(1+s)^3}, \tag{10}$$

die mit einem PI-Regler mit der Übertragungsfunktion

$$G_R(s) = K_P\left(1 + \frac{1}{T_I s}\right) \tag{11}$$

Tabelle 8-2. Quadratische Regelfläche $I_{3,n}$ für $n = 1$ bis $n = 4$

$$I_{3,1} = \frac{c_0^2}{2d_0 d_1}$$

$$I_{3,2} = \frac{c_1^2 d_0 + c_0^2 d_2}{2d_0 d_1 d_2}$$

$$I_{3,3} = \frac{c_2^2 d_0 d_1 + (c_1^2 - 2c_0c_2)d_0 d_3 + c_0^2 d_2 d_3}{2d_0 d_3(-d_0 d_3 + d_1 d_2)}$$

$$I_{3,4} = \frac{c_3^2(-d_0^2 d_3 + d_0 d_1 d_2) + (c_2^2 - 2c_1c_3)d_0 d_1 d_4 + (c_1^2 - 2c_0c_2)d_0 d_3 d_4 + c_0^2(-d_1 d_4^2 + d_2 d_3 d_4)}{2d_0 d_4(-d_0 d_3^2 - d_1^2 d_4 + d_1 d_2 d_3)}$$

zu einem Regelkreis zusammengeschaltet wird, soll die Ermittlung von $K_{\mathrm{R\,opt}}$ und $T_{\mathrm{I\,opt}}$ nach der minimalen quadratischen Regelfläche I_3 für eine sprungförmige Störung am Eingang der Regelstrecke gezeigt werden.

1. Schritt: Bestimmung des Stabilitätsrandes: Aus der charakteristischen Gleichung dieses Systems 4. Ordnung,

$$T_I s^4 + 3T_I s^3 + 3T_I s^2 + T_I(1 + K_R)s + K_R = 0\,, \quad (12)$$

erhält man nach Anwendung z. B. des Hurwitz-Kriteriums als Grenzkurven des Stabilitätsbereichs

$$K_R = 0 \text{ und } T_{\mathrm{I\,stab}} = 9K_R/[(1 + K_R)(8 - K_R)]\,. \quad (13)$$

Der Bereich stabiler Reglereinstellwerte ist in Bild 8-2 dargestellt.

2. Schritt: Bestimmung der quadratischen Regelfläche: Die Laplace-Transformierte der Regelabweichung $E(s)$ lautet im vorliegenden Fall

$$E(s) = \frac{-T_I}{K_R + (1 + K_R)T_I s + 3T_I s^2 + 3T_I s^3 + T_I s^4}\,.$$

Wendet man darauf den entsprechenden Ausdruck aus Tabelle 8-2 an, so erhält man die quadratische Regelfläche

$$I_3 = \frac{T_I(8 - K_R)}{2K_R\left\{(1 + K_R)(8 - K_R) - \dfrac{9K_R}{T_I}\right\}}\,. \quad (14)$$

3. Schritt: Bestimmung des Optimalpunktes ($K_{\mathrm{R\,opt}}, T_{\mathrm{I\,opt}}$): Da der gesuchte Optimalpunkt im

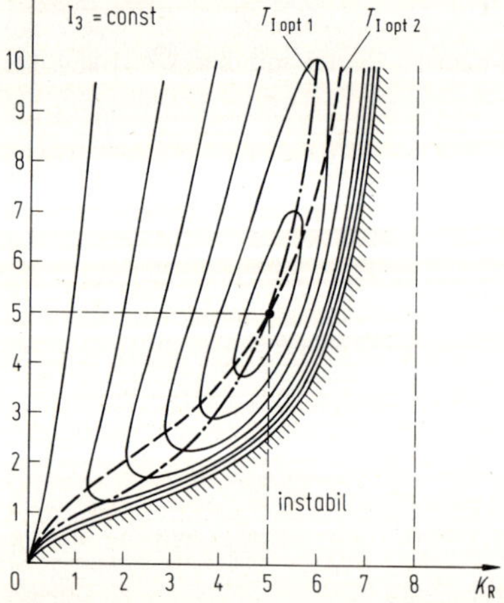

Bild 8-2. Das Regelgütediagramm für das untersuchte Beispiel.

Innern des Stabilitätsbereichs liegt, muß dort notwendigerweise

$$\frac{\partial I_3}{\partial K_R} = 0 \quad \text{und} \quad \frac{\partial I_3}{\partial T_I} = 0 \quad (15\text{a, b})$$

gelten. Jede dieser beiden Bedingungen liefert eine Optimalkurve $T_I(K_R)$ in der (K_R, T_I)-Ebene, deren Schnittpunkt, falls er existiert und im Innern des Stabilitätsbereichs liegt, der gesuchte Optimalpunkt ist. Aus (15a, b) erhält man die Optimalkurven

$$T_{\mathrm{I\,opt\,1}} = \frac{9K_R(16 - K_R)}{(8 - K_R)^2(1 + 2K_R)}$$
$$\text{und} \quad T_{\mathrm{I\,opt\,2}} = \frac{18K_R}{(1 + K_R)(8 - K_R)}\,. \quad (16\text{a, b})$$

Beide Optimalkurven gehen durch den Ursprung (Maximum von I_3 auf dem Stabilitätsrand) und haben, wie die Kurve für den Stabilitätsrand nach (13), bei $K_R = 8$ einen Pol. Durch Gleichsetzen der beiden rechten Seiten von (16a) und (16b) erhält man den gesuchten Optimalpunkt mit den Koordinaten

$$K_{\mathrm{R\,opt}} = 5 \quad \text{und} \quad T_{\mathrm{I\,opt}} = 5\,.$$

Der Optimalpunkt liegt im Bereich stabiler Reglereinstellwerte.

4. Schritt: Zeichnen des Regelgütediagramms: Vielfach will man den Verlauf von $I_3(K_R, T_I)$ in der Nähe des gewählten Optimalpunktes kennen, um das Verhalten des Regelkreises bei Veränderung der Reglerparameter abschätzen zu können. Ein Optimalpunkt, in dessen Umgebung $I_3(K_R, T_I)$ stark ansteigt, kann nur dann gewählt werden, wenn die einmal eingestellten Werte möglichst genau eingehalten werden.
Nun ermittelt man Kurven $T_{\mathrm{Ih}}(K_R)$, auf denen die quadratische Regelfläche konstante Werte annimmt (Höhenlinien), und zeichnet einige in das Stabilitätsdiagramm ein. (14), nach T_I aufgelöst, liefert als Bestimmungsgleichung für die gesuchten Höhenlinien

$$T_{\mathrm{Ih}_{1,2}} = K_R\left[I_3(K_R + 1) \pm \sqrt{I_3^2(K_R + 1)^2 - \frac{18I_3}{8 - K_R}}\,\right]. \quad (17)$$

Die Höhenlinien I_3 = const stellen geschlossene Kurven in der (K_R, T_I)-Ebene dar. Zusammen mit der Grenzkurve des Stabilitätsrandes bilden sie das *Regelgütediagramm* nach Bild 8-2. Die optimalen Reglereinstellwerte hängen von der Art und dem Eingriffsort der Störgröße ab. Auch sind diese Werte für Führungsverhalten anders als für Störverhalten. Die Berechnung optimaler Reglereinstellwerte nach dem quadratischen Gütekriterium ist im Einzelfall recht aufwendig. Daher wurden für die Kombinationen der wichtigsten Regelstrecken mit Standardreglertypen (PID-, PI-, PD- und P-Regler) die optimalen Einstellwerte in allgemein anwendbarer Form berechnet und für Regelstrecken bis 4. Ordnung tabellarisch dargestellt [2].

8.2.5 Empirisches Vorgehen

Viele industrielle Prozesse weisen Übergangsfunktionen mit rein aperiodischem Verhalten gemäß Bild 8-3 auf, d. h., ihr Verhalten kann durch PT_n-Glieder sehr gut beschrieben werden. Häufig können diese Prozesse durch das vereinfachte mathematische Modell

$$G_S(s) = \frac{K_S}{1+Ts}\,e^{-T_t s}, \qquad (18)$$

das ein Verzögerungsglied 1. Ordnung und ein Totzeitglied enthält, hinreichend gut approximiert werden. Bild 8-3 zeigt die Approximation eines PT_n-Gliedes durch ein derartiges PT_1T_t-Glied. Dabei wird durch die Konstruktion der Wendetangente die Übergangsfunktion $h_S(t)$ mit folgenden drei Größen charakterisiert: K_S (Übertragungsbeiwert oder Verstärkungsfaktor der Regelstrecke), T_a (Anstiegszeit) und T_u (Verzugszeit). Bei einer groben Approximation nach (18) wird dann meist $T_t = T_u$ und $T = T_a$ gesetzt.
Für Regelstrecken der hier beschriebenen Art wurden zahlreiche Einstellregeln für Standardregler in der Literatur [3] angegeben, die teils empirisch, teils durch Simulation an entsprechenden Modellen gefunden wurden. Die wohl am weitesten verbreiteten empirischen Einstellregeln sind die von *Ziegler* und *Nichols* [4]. Diese Einstellregeln wurden empirisch abgeleitet, wobei die Übergangsfunktion des geschlossenen Regelkreises je Schwingungsperiode eine Amplitudenabnahme von ca. 25% aufwies. Bei der Anwendung dieser Einstellregeln kann zwischen folgenden zwei Fassungen gewählt werden:

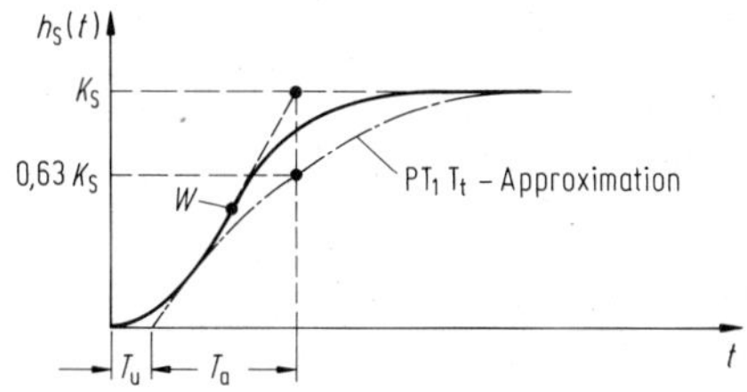

Bild 8-3. Beschreibung der Übergangsfunktion $h_S(t)$ durch K_S, T_a und T_u.

a) *Methode des Stabilitätsrandes (I):* Hierbei geht man in folgenden Schritten vor:
   1. Der jeweils im Regelkreis vorhandene Standardregler wird zunächst als reiner P-Regler geschaltet.
   2. Die Verstärkung K_R dieses P-Reglers wird so lange vergrößert, bis der geschlossene Regelkreis Dauerschwingungen ausführt. Der dabei eingestellte K_R-Wert wird als kritische Reglerverstärkung $K_{R\,krit}$ bezeichnet.
   3. Die Periodendauer T_{krit} (kritische Periodendauer) der Dauerschwingung wird gemessen.
   4. Man bestimmt nun anhand von $K_{R\,krit}$ und T_{krit} mit Hilfe der in Tabelle 8-3 angegebenen Formeln die Reglereinstellwerte K_R, T_I und T_D.

b) *Methode der Übergangsfunktion (II):* Häufig wird es bei einer industriellen Anlage nicht möglich sein, den Regelkreis zur Ermittlung von $K_{R\,krit}$ und T_{krit} im grenzstabilen Fall zu betreiben. Im allgemeinen bereitet jedoch die Messung der Übergangsfunktion $h_S(t)$ der Regelstrecke keine Schwierigkeiten. Daher erscheint in vielen Fällen die zweite Form der Ziegler-Nichols-Einstellregeln, die direkt von der Steigung der Wendetangente K_S/T_a und der Verzugszeit T_u der Übergangsfunktion ausgeht, als zweckmäßiger. Dabei ist zu beachten, daß

Tabelle 8-3. Reglereinstellwerte nach Ziegler und Nichols

	Reglertypen	Reglereinstellwerte		
		K_R	T_I	T_D
Methode I	P	$0{,}5K_{R\,krit}$	—	—
	PI	$0{,}45K_{R\,krit}$	$0{,}85T_{krit}$	—
	PID	$0{,}6K_{R\,krit}$	$0{,}5T_{krit}$	$0{,}12T_{krit}$
Methode II	P	$\frac{1}{K_S}\cdot\frac{T_a}{T_u}$	—	—
	PI	$\frac{0{,}9}{K_S}\cdot\frac{T_a}{T_u}$	$3{,}33T_u$	—
	PID	$\frac{1{,}2}{K_S}\cdot\frac{T_a}{T_u}$	$2T_u$	$0{,}5T_u$

die Messung der Übergangsfunktion $h_S(t)$ nur bis zum Wendepunkt W erforderlich ist, da die Steigung der Wendetangente bereits das Verhältnis K_S/T_a beschreibt. Anhand der Meßwerte T_u und K_S/T_a sowie mit Hilfe der in Tabelle 8-3 angegebenen Formeln lassen sich dann die Reglereinstellwerte einfach berechnen.

8.3 Entwurf im Frequenzbereich [5]

8.3.1 Kenndaten des geschlossenen Regelkreises im Frequenzbereich und deren Zusammenhang mit den Gütemaßen im Zeitbereich

Ein Regelkreis, dessen Übergangsfunktion $h_W(t)$ einen Verlauf entsprechend Bild 8-1a aufweist, besitzt gewöhnlich einen Frequenzgang $G_W(j\omega)$ mit einer Amplitudenüberhöhung, der sich qualitativ im Bode-Diagramm nach Bild 8-4 darstellen läßt. Zur Beschreibung dieses Verhaltens eignen sich folgende teilweise bereits eingeführten Kenndaten: (a) Resonanzfrequenz ω_r, (b) Amplitudenüberhöhung $A_{W\max dB}$, (c) Bandbreite ω_b und (d) Phasenwinkel $\varphi_b = \varphi(\omega_b)$. Für die weiteren Überlegungen wird die Annahme gemacht, daß der geschlossene Regelkreis näherungsweise durch ein PT_2S-Glied mit der Übertragungsfunktion

$$G_W(s) = \frac{G_0(s)}{1 + G_0(s)} = \frac{\omega_0^2}{s^2 + 2D\omega_0 s + \omega_0^2} \qquad (19)$$

beschrieben werden kann, wobei die Kenndaten der *Eigenfrequenz* ω_0 und des *Dämpfungsgrades* D das Regelverhalten vollständig charakterisieren. Dies ist sicherlich dann mit guter Näherung möglich, wenn die reale Führungsübertragungsfunktion ein *dominierendes Polpaar* besitzt, das in der s-Ebene der $j\omega$-Achse am nächsten liegt, somit die langsamste Eigenbewegung beschreibt und damit das dynamische Eigenverhalten des Systems

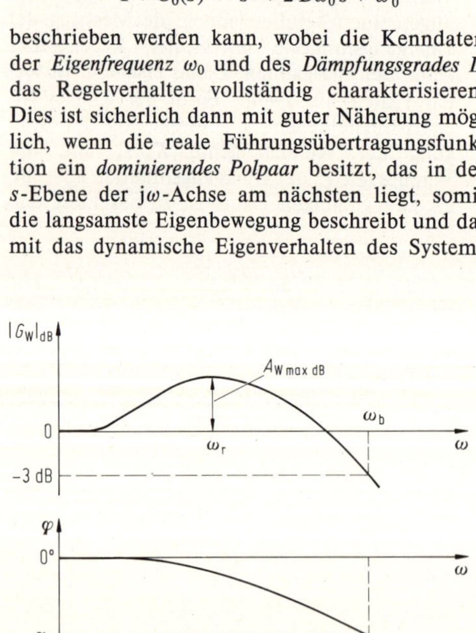

Bild 8-4. Bode-Diagramm des geschlossenen Regelkreises bei Führungsverhalten.

am stärksten beeinflußt, sofern die übrigen Pole hinreichend weit links davon liegen. Aus der zu (19) gehörenden Übergangsfunktion $h_W(t)$ können folgende dämpfungsabhängige Größen berechnet werden:

a) *Maximale Überschwingweite:*

$$e_{\max} = h_W(t_{\max}) - 1 = e^{-\left(\frac{D}{\sqrt{1-D^2}}\right)\pi} = f_1(D) . \qquad (20)$$

b) *Anstiegszeit* $T_{a,50}$:
Die Anstiegszeit wird nachfolgend nicht über die Wendetangente, sondern über die Tangente im Zeitpunkt $t = t_{50}$ (vgl. Bild 8-1a) bestimmt, bei dem $h_W(t)$ gerade 50 % des stationären Wertes $h_{W\infty} = 1$ erreicht hat. Die Berechnung liefert

$$\omega_0 T_{a,50} = \frac{\sqrt{1-D^2}}{e^{-Df_2^*(D)} \sin\left(\sqrt{1-D^2}\, f_2^*(D)\right)} = f_2(D) , \qquad (21)$$

wobei $f_2^*(D) = \omega_0 t_{50}$ numerisch bestimmt werden muß.

c) *Ausregelzeit* t_ε:
Wählt man $\varepsilon = 3\,\%$, dann erhält man über die Einhüllende des Schwingungsverlaufs

$$\omega_0 t_{3\%} \approx \frac{1}{D} [3{,}5 - 0{,}5 \ln(1 - D^2)] = f_3(D) . \qquad (22)$$

d) *Bandbreite* ω_b *und Phasenwinkel* φ_b:
Aus der in Bild 8-4 dargestellten Definition der Bandbreite folgt

$$\frac{\omega_b}{\omega_0} = \sqrt{(1-2D^2) + \sqrt{(1-2D^2)^2 + 1}} = f_4(D)$$

und (23)

$$\varphi_b = \arctan \frac{2D\sqrt{(1-2D^2) + \sqrt{(1-2D^2)^2+1}}}{2D^2 - \sqrt{(1-2D^2)^2+1}} \qquad (24)$$
$$= f_5(D) .$$

Weiterhin erhält man mit (21) aus (23)

$$\omega_b T_{a,50} = f_2(D) f_4(D) = f_6(D) . \qquad (25)$$

Der Verlauf der Funktionen $f_1(D)$ bis $f_6(D)$ ist im Bild 8-5a, b dargestellt. Durch Approximation von $f_4(D)$, $f_5(D)$ und $f_6(D)$ lassen sich dann folgende Faustformeln ableiten:

1. $\frac{\omega_b}{\omega_0} \approx 1{,}8 - 1{,}1D$ für $0{,}3 < D < 0{,}8$, (26)

2. $|\varphi_b| \approx \pi - 2{,}23D$ für $0 \leq D \leq 1{,}0$, (27)
(φ_b im Bogenmaß)

3. $\omega_b T_{a,50} \approx 2{,}3$ für $0{,}3 < D < 0{,}8$. (28)

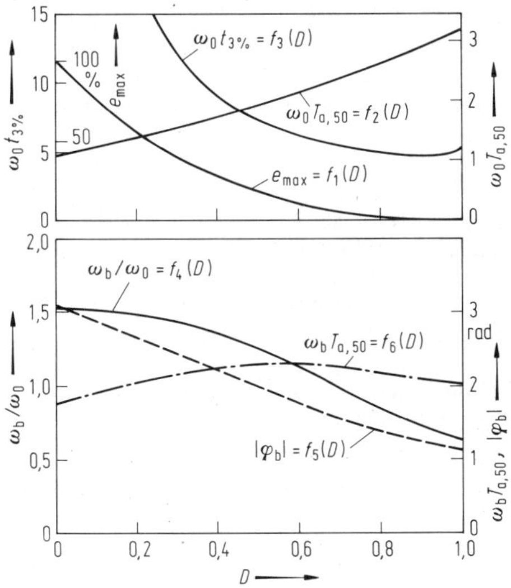

Bild 8-5. Abhängigkeit der Kenngrößen $f_1(D)$ bis $f_6(D)$ von der Dämpfung D des geschlossenen Regelkreises mit PT_2S-Verhalten.

8.3.2 Kenndaten des offenen Regelkreises und deren Zusammenhang mit den Gütemaßen des geschlossenen Regelkreises im Zeitbereich

Im folgenden wird davon ausgegangen, daß der offene Regelkreis Verzögerungsverhalten besitzt und somit ein Bode-Diagramm gemäß Bild 8-6 aufweist. Zur Beschreibung dieses Frequenzganges $G_0(j\omega)$ werden folgende Kenndaten verwendet: (a) Durchtrittsfrequenz ω_D, (b) Phasenrand φ_R und (c) Amplitudenrand $A_{R\,dB}$. Es sei wiederum angenommen, daß das dynamische Verhalten des geschlossenen Regelkreises angenähert durch ein dominierendes konjugiert komplexes Polpaar charakterisiert werden kann und somit durch (19) beschrieben wird. In diesem Fall folgt aus (19) als Übertragungsfunktion des offenen Regelkreises

$$G_0(s) = \frac{G_W(s)}{1 - G_W(s)} = \frac{\omega_0^2}{s(s + 2D\omega_0)} \tag{29}$$

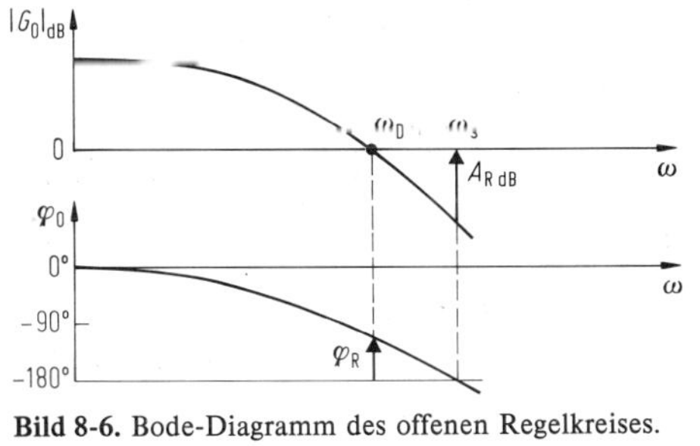

Bild 8-6. Bode-Diagramm des offenen Regelkreises.

Das zu (29) gehörende Bode-Diagramm weicht von dem in Bild 8-6 dargestellten wesentlich ab, da dieses offensichtlich keinen I-Anteil besitzt und von höherer als 2. Ordnung ist. In der Nähe der Durchtrittsfrequenz ω_D weisen allerdings beide Bode-Diagramme einen ähnlichen Verlauf auf und somit läßt sich $G_0(j\omega)$ gemäß Bild 8-6 in der Nähe der Durchtrittsfrequenz ω_D durch (29) approximieren. Damit erhält die zugehörige Führungsübertragungsfunktion $G_W(s)$ ein dominierendes konjugiert komplexes Polpaar. Um die für ein System 2. Ordnung hergeleiteten Gütespezifikationen auch auf Regelsysteme höherer Ordnung übertragen zu können, sollte man daher beim Entwurf anstreben, daß deren Betragskennlinien $|G_0(j\omega)|$ in der Nähe von ω_D mit etwa 20 dB/Dekade abfallen. Für (29) ist dies nur erfüllt, wenn $\omega_D < \omega_0$ ist. Aus (29) erhält man mit der Bedingung $|G_0(j\omega_D)| = 1$ die Kenngröße

$$\frac{\omega_D}{\omega_0} = \sqrt{\sqrt{4D^4 + 1} - 2D^2} = f_7(D), \tag{30}$$

aus der für $\omega_D < \omega_0$ schließlich die Bedingung $D > 0{,}42$ folgt. Wählt man also als Dämpfungsgrad einen Wert $D > 0{,}42$, dann ist gewährleistet, daß die Betragskennlinie $|G_0|_{dB}$ des offenen Regelkreises in der Umgebung der Durchtrittsfrequenz ω_D mit 20 dB/Dekade abfällt. Außerdem zeigt Bild 8-7, daß für den geschlossenen Regelkreis gerade das Intervall $0{,}5 < D < 0{,}7$ einen Bereich günstiger Dämpfungswerte darstellt, da hierbei sowohl die Anstiegszeit als auch die maximale Überschwingweite vom Standpunkt der Regelgüte aus akzeptable Werte annehmen. Dies bedeutet aber andererseits, daß dann auch Phasen- und Amplitudenrand φ_R und $A_{R\,dB}$ günstige Werte besitzen. Die Durchtrittsfrequenz ω_D stellt ein wichtiges Gütemaß für das dynamische Verhalten des geschlossenen Regelkreises dar. Je größer ω_D, desto größer ist gewöhnlich die Bandbreite ω_b von

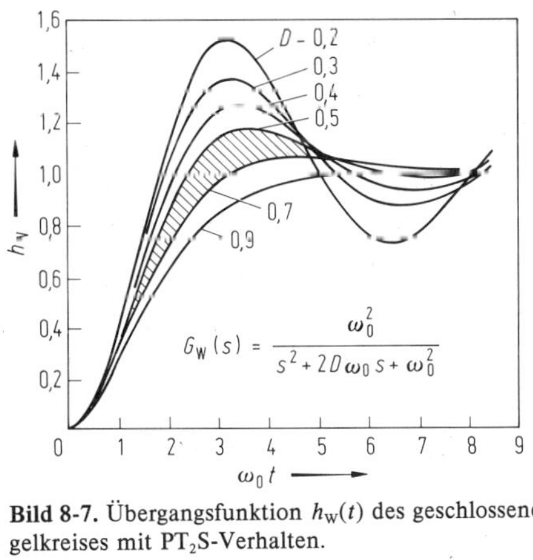

Bild 8-7. Übergangsfunktion $h_W(t)$ des geschlossenen Regelkreises mit PT_2S-Verhalten.

$G_W(j\omega)$ und desto schneller ist auch die Reaktion auf Sollwertänderungen.
Neben (30) lassen sich weitere wichtige Zusammenhänge zwischen den Kenndaten für das Zeitverhalten des geschlossenen Regelkreises und den Kenndaten für das Frequenzverhalten des offenen und damit teilweise auch des geschlossenen Regelkreises angeben. So folgt aus (30) unter Verwendung von (21) direkt

$$\omega_D T_{a,50} = f_2(D) f_7(D) = f_8(D)\,. \tag{31}$$

Der Verlauf von $f_8(D)$ ist im Bild 8-8 dargestellt. Es läßt sich leicht nachprüfen, daß dieser Kurvenverlauf in guter Näherung im Bereich $0 < D < 1$ durch die Näherungsformel

$$\omega_D T_{a,50} \approx 1{,}5 - \frac{e_{max}\,[\text{in }\%]}{250} \tag{32a}$$

oder

$$\omega_D T_{a,50} \approx 1{,}5 \quad \text{für } e_{max} \leqq 20\,\%$$
$$\text{oder } D > 0{,}5 \tag{32b}$$

beschrieben werden kann. Ein weiterer Zusammenhang ergibt sich aus der Durchtrittsfrequenz ω_D für den Phasenrand

$$\varphi_R = \arctan\left(2D\frac{\omega_0}{\omega_D}\right) = \arctan\left[2D\frac{1}{f_7(D)}\right] = f_9(D) \tag{33}$$

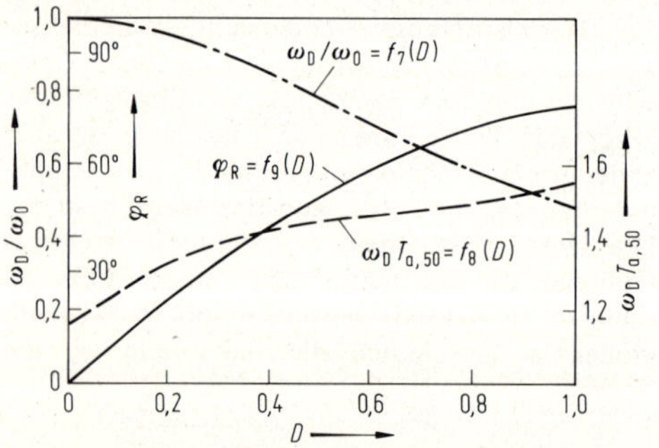

Bild 8-8. Abhängigkeit der Kenndaten $f_7(D)$ bis $f_9(D)$ von der Dämpfung D des geschlossenen Regelkreises mit PT_2S-Verhalten.

Bild 8-8 enthält auch den graphischen Verlauf dieser Funktion. Man kann auch hier durch Überlagerung von $f_9(D)$ mit $f_1(D)$ zeigen, daß im Bereich $0{,}3 \leqq D \leqq 0{,}8$, also für die hauptsächlich interessierenden Werte der Dämpfung, die Näherungsformel

$$\varphi_R[\text{in }°] + e_{max}[\text{in }\%] \approx 70 \tag{34}$$

gilt.

8.3.3 Reglerentwurf nach dem Frequenzkennlinien-Verfahren

Ausgangspunkt dieses Verfahrens ist die Darstellung des Frequenzganges $G_0(j\omega)$ des offenen Regelkreises im Bode-Diagramm. Die zu erfüllenden Spezifikationen des geschlossenen Regelkreises werden zunächst als Kenndaten des offenen Regelkreises formuliert. Die eigentliche Syntheseaufgabe besteht dann darin, durch Wahl einer geeigneten Reglerübertragungsfunktion $G_R(s)$ den Frequenzgang des offenen Regelkreises so zu verändern, daß er die geforderten Kenndaten erfüllt. Das Verfahren läuft im wesentlichen in folgenden Schritten ab:

1. Schritt: Gewöhnlich sind bei einer Syntheseaufgabe die Kenndaten für das Zeitverhalten des geschlossenen Regelkreises, also e_{max}, $T_{a,50}$ und e_∞ vorgegeben. Aufgrund dieser Werte werden mit Hilfe von Tabelle 5-1 der Verstärkungsfaktor K_0, aus der Faustformel für $\omega_D T_{a,50} \approx 1{,}5$ gemäß (32b) die Durchtrittsfrequenz ω_D und über (34) $\varphi_R[\text{in }°] \approx 70 - e_{max}$ [in %] der Phasenrand φ_R berechnet, sowie zweckmäßigerweise aus $f_1(D)$ der Dämpfungsgrad D bestimmt.

2. Schritt: Zunächst wird als Regler ein reines P-Glied gewählt, so daß der im 1. Schritt ermittelte Wert von K_0 eingehalten wird. Durch Einfügen weiterer geeigneter Reglerübertragungsglieder (oft auch als *Kompensations- oder Korrekturglieder* bezeichnet) verändert man G_0 so, daß man die übrigen im 1. Schritt ermittelten Werte ω_D und φ_R erhält, und dabei in der näheren Umgebung der Durchtrittsfrequenz ω_D der Amplitudenverlauf $|G_0(j\omega)|_{dB}$ mit etwa 20 dB/Dekade abfällt. Diese zusätzlichen Übertragungsglieder des Reglers werden meist in *Reihenschaltung* mit den übrigen Regelkreisgliedern angeordnet.

3. Schritt: Es muß nun geprüft werden, ob das ermittelte Ergebnis tatsächlich den geforderten Spezifikationen entspricht. Dies kann entweder durch Simulation an einem Rechner direkt durch Ermittlung der Größen von e_{max}, $T_{a,50}$ und e_∞ erfolgen oder indirekt unter Verwendung der Formeln zur Berechnung der Amplitudenüberhöhung $A_{W\,max} = 1/\left(2D\sqrt{1-D^2}\right)$ und der Bandbreite $\omega_b \approx 2{,}3/T_{a,50}$. Diese Werte werden eventuell noch überprüft, indem man anhand der Frequenzkennlinien des offenen Regelkreises die Frequenzkennlinien des geschlossenen Regelkreises berechnet. Hieraus ist ersichtlich, daß dieses Verfahren nicht zwangsläufig im ersten Durchgang bereits den geeigneten Regler liefert. Es handelt sich hierbei vielmehr um ein systematisches Probierverfahren, das gewöhnlich erst bei mehrmaligem Wiederholen zu einem befriedigenden Ergebnis führt. Zum Entwurf des Reglers reichen bei diesem Verfahren die im Kapitel 5 vorgestellten Standardreglertypen gewöhnlich nicht mehr aus. Der Regler muß —

wie oben bei Schritt 2 gezeigt wurde — aus verschiedenen Einzelübertragungsgliedern synthetisiert werden. Dabei sind die in 8.3.4 behandelten beiden Übertragungsglieder, die eine Phasenanhebung bzw. eine Phasenabsenkung ermöglichen, von besonderem Interesse.

8.3.4 Korrekturglieder für Phase und Amplitude

Derartige Übertragungsglieder, meist als Phasenkorrekturglieder bezeichnet, werden verwendet, um in gewissen Frequenzbereichen die Phase oder Amplitude anzuheben oder abzusenken. Die Übertragungsfunktion dieser Glieder ist

$$G_R(s) = \frac{1 + Ts}{1 + \alpha Ts} = \frac{1 + \dfrac{s}{1/T}}{1 + \dfrac{s}{1/(\alpha T)}}. \qquad (35)$$

Daraus ergibt sich für $s = j\omega$ der Frequenzgang

$$G_R(j\omega) = \frac{1 + j\dfrac{\omega}{\omega_Z}}{1 + j\dfrac{\omega}{\omega_N}} \qquad (36)$$

mit den beiden Eckfrequenzen

$$\omega_Z = \frac{1}{T} \quad \text{und} \quad \omega_N = \frac{1}{\alpha T}. \qquad (37\,\text{a, b})$$

Hierbei gilt für das *phasenanhebende Glied* (Lead-Glied)

$$0 < \alpha < 1 \quad \text{und} \quad m_h = \frac{1}{\alpha} = \omega_N/\omega_Z > 1$$

und für das *phasenabsenkende Glied* (Lag-Glied)

$$\alpha > 1 \quad \text{und} \quad m_s = \alpha = \omega_Z/\omega_N > 1\,.$$

Bild 8-9 zeigt für beide Übertragungsglieder das zugehörige Bode-Diagramm. Man erkennt leicht

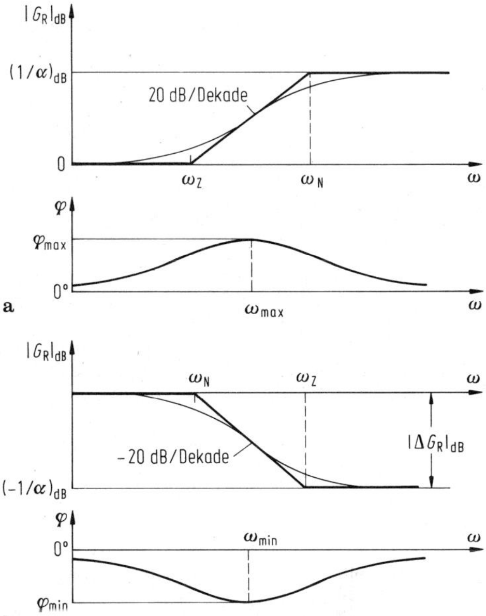

Bild 8-9. Bode-Diagramm **a** des phasenanhebenden und **b** des phasenabsenkenden Übertragungsgliedes.

die Symmetrieeigenschaften beider Korrekturglieder, die eine gleichartige Darstellung mit den entsprechenden Kenngrößen gemäß Tabelle 8-4 und dem Phasendiagramm nach Bild 8-10 ermöglichen. Für beide Glieder wird die untere Eckfrequenz mit ω_u, die obere Eckfrequenz mit ω_o bezeichnet.

8.3.5 Reglerentwurf mit dem Wurzelortskurvenverfahren

Der Reglerentwurf mit Hilfe des Wurzelortskurvenverfahrens schließt unmittelbar an die Überlegungen in 8.3.1 an. Dort wurden die Forderungen

Tabelle 8-4. Gemeinsame Darstellung des phasenanhebenden und phasenabsenkenden Gliedes

Gemeinsame Kenngröße	phasenanhebendes Glied ($0 < \alpha < 1$)	phasenabsenkendes Glied ($\alpha < 1$)
m	$m_h = \frac{1}{\alpha}$	$m_s = \alpha$
ω_u	ω_Z	ω_N
ω_o	$m_h\omega_Z$	$m_s\omega_N$
φ	$\varphi > 0°$	$\varphi < 0°$
Extremwert des Phasenwinkels bei	$\omega_{max} = \omega_Z\sqrt{m_h}$	$\omega_{min} = \omega_N\sqrt{m_s}$
Extremwert der Amplitude	$\lvert\Delta G_R\rvert_{dB} = 20 \lg m_h$	$\lvert\Delta G_R\rvert_{dB} = 20 \lg m_s$

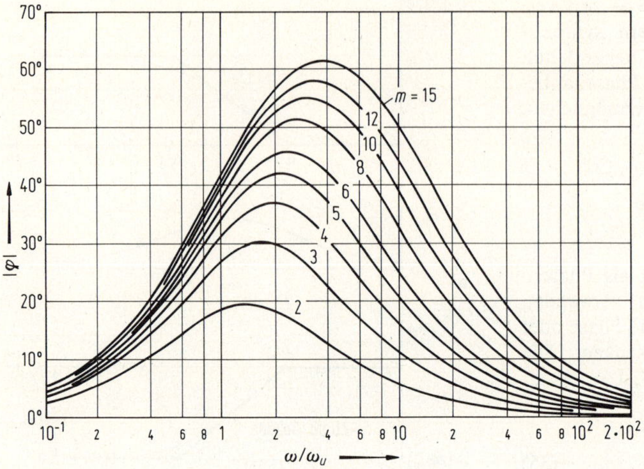

Bild 8-10. Phasendiagramm für Phasenkorrekturglieder.

an die Überschwingweite, die Anstiegszeit und die Ausregelzeit für den geschlossenen Regelkreis mit einem dominierenden Polpaar in Bedingungen für den Dämpfungsgrad D und die Eigenfrequenz ω_0 der zugehörigen Übertragungsfunktion $G_W(s)$ umgesetzt. Mit D und ω_0 liegen aber unmittelbar die Pole der Übertragungsfunktion $G_W(s)$ fest. Es muß nun eine Übertragungsfunktion $G_0(s)$ des offenen Regelkreises so bestimmt werden, daß der geschlossene Regelkreis ein dominierendes Polpaar an der gewünschten Stelle erhält, die durch die Werte ω_0 und D vorgegeben ist. Einen solchen Ansatz bezeichnet man auch als *Polvorgabe.* Mit dem Wurzelortskurvenverfahren besitzt man ein graphisches Verfahren, mit dem eine Aussage über die Lage der Pole des geschlossenen Regelkreises gemacht werden kann. Es bietet sich an, das gewünschte dominierende Polpaar zusammen mit der Wurzelortskurve (WOK) des fest vorgegebenen Teils des Regelkreises in die komplexe s-Ebene einzuzeichnen und durch Hinzufügen von Pol- und Nullstellen des Reglers im offenen Regelkreis die WOK so zu verformen, daß zwei ihrer Äste bei einer bestimmten Verstärkung K_0 das gewünschte dominierende, konjugiert komplexe Polpaar schneiden. Bild 8-11 zeigt, wie man prinzipiell durch Hinzufügen eines Pols die WOK nach rechts und durch Hinzufügen einer Nullstelle die WOK nach links verformen kann.

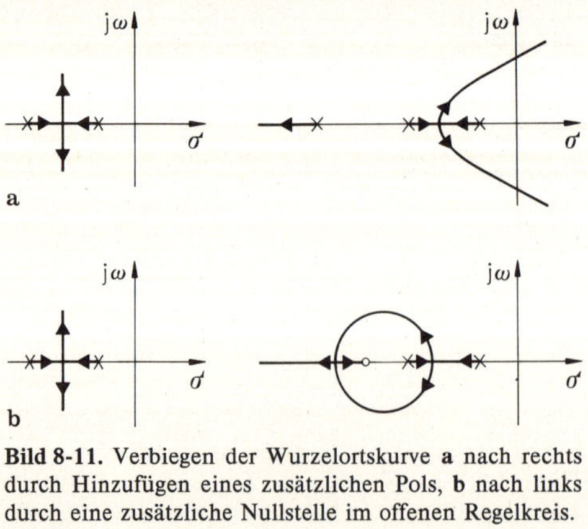

Bild 8-11. Verbiegen der Wurzelortskurve **a** nach rechts durch Hinzufügen eines zusätzlichen Pols, **b** nach links durch eine zusätzliche Nullstelle im offenen Regelkreis.

8.4 Analytische Entwurfsverfahren

8.4.1 Vorgabe des Verhaltens des geschlossenen Regelkreises

Die gewünschte Führungsübertragungsfunktion $G_W(s) \stackrel{!}{=} K_W(s)$ des Regelkreises wird im einfachsten Falle durch

$$K_W(s) = \frac{\beta_0}{\beta_0 + \beta_1 s + \ldots + \beta_u s^u} \tag{38}$$

festgelegt. Für einen derartigen Regelkreis existieren verschiedene Möglichkeiten, sogenannte *Standardformen*, um die Übergangsfunktion $h_W(t)$ sowie die Polverteilung von $K_W(s)$ bzw. die Koeffizienten des Nennerpolynoms $\beta(s)$ aus tabellarischen Darstellungen zu entnehmen [5]. Eine dieser Standardformen ist z. B. gegeben durch

$$K_W(s) = \frac{5^k(1+\varkappa^2)\,\omega_0^{k+2}}{(s+\omega_0+j\varkappa\omega_0)\,(s+\omega_0-j\varkappa\omega_0)\,(s+5\omega_0)^k}, \tag{39}$$

also durch einen reellen k-fachen Pol ($k = u - 2$) und ein komplexes Polpaar. Tabelle 8-5 enthält für verschiedene Werte von k und $\varkappa$ die zeitnormierten Übergangsfunktionen $h_W(\omega_0 t)$. Durch geeignete Wahl von k, $\varkappa$ und ω_0 läßt sich für zahlrei-

Tabelle 8-5. Übertragungsverhalten bei Vorgabe eines komplexen Polpaares und eines reellen k-fachen Pols für (39)

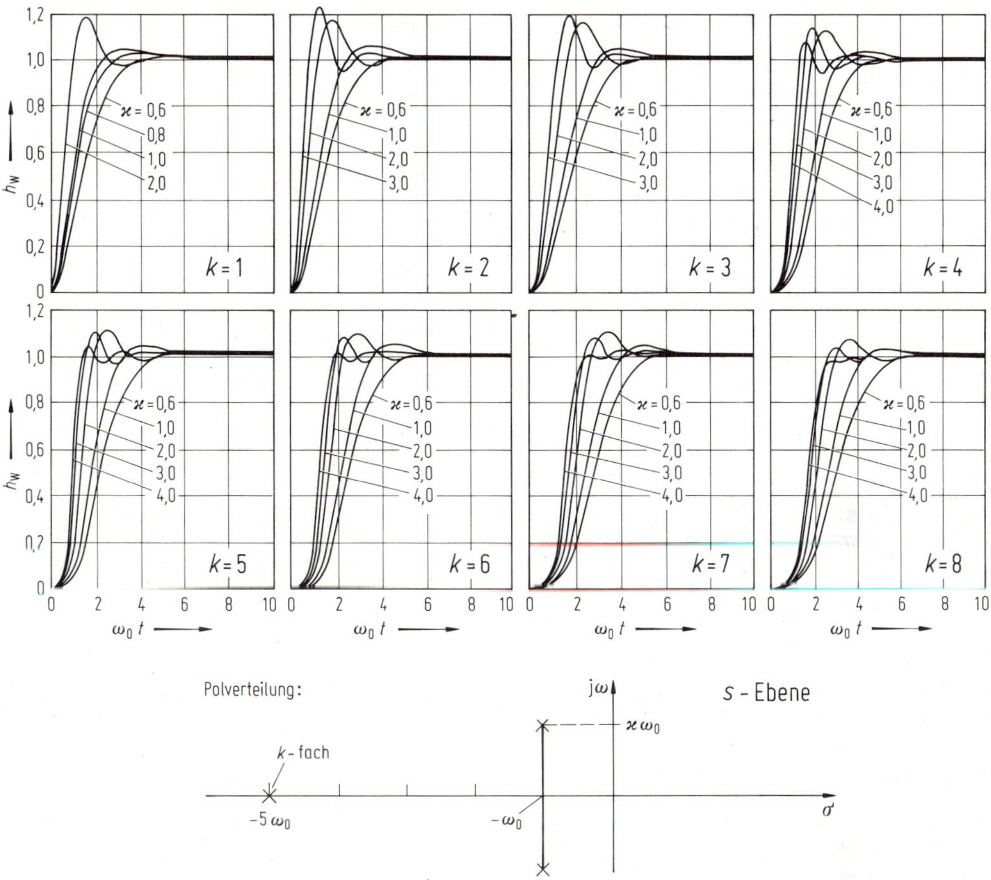

che Anwendungsfälle meist eine Führungsübertragungsfunktion finden, die die gewünschten Gütemaße im Zeitbereich erfüllt.

8.4.2 Das Verfahren nach Truxal-Guillemin [6]

Bei dem im Bild 8-12 dargestellten Regelkreis sei das Verhalten der Regelstrecke durch die gebrochen rationale Übertragungsfunktion

$$G_S(s) = \frac{d_0 + d_1 s + d_2 s^2 + \dots + d_m s^m}{c_0 + c_1 s + c_2 s^2 + \dots + c_n s^n} = \frac{D(s)}{C(s)} \qquad (40)$$

gegeben. Dabei sollen das Zähler- und Nennerpolynom $D(s)$ und $C(s)$ keine gemeinsamen Wurzeln besitzen; weiterhin sei $G_S(s)$ auf $c_n = 1$ normiert, und es gelte $m < n$. Zunächst wird angenommen, daß $G_S(s)$ stabil sei und minimales Phasenverhalten besitze. Für den zu entwerfenden Regler wird die Übertragungsfunktion

$$G_R(s) = \frac{b_0 + b_1 s + b_2 s^2 + \dots + b_w s^w}{a_0 + a_1 s + a_2 s^2 + \dots + a_z s^z} = \frac{B(s)}{A(s)} \qquad (41)$$

angesetzt und ebenfalls normiert mit $a_z = 1$. Aus Gründen der Realisierbarkeit des Reglers muß $w \leqq z$ gelten. Der Regler soll nun so entworfen werden, daß sich der geschlossene Regelkreis entsprechend einer gewünschten, vorgegebenen Führungsübertragungsfunktion

$$K_W(s) = \frac{\alpha_0 + \alpha_1 s + \dots + \alpha_v s^v}{\beta_0 + \beta_1 s + \dots + \beta_u s^u} = \frac{\alpha(s)}{\beta(s)} \qquad u > v \qquad (42)$$

verhält, wobei $K_W(s)$ unter der Bedingung der Realisierbarkeit des Reglers frei wählbar sein soll. Aus der Führungsübertragungsfunktion des ge-

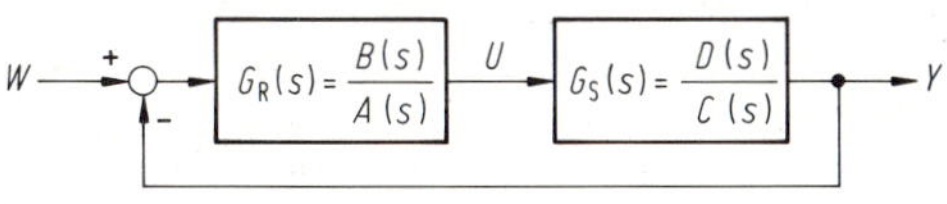

Bild 8-12. Blockschaltbild des zu entwerfenden Regelkreises.

schlossenen Regelkreises,

$$G_W(s) = \frac{G_R(s)G_S(s)}{1 + G_R(s)G_S(s)} \stackrel{!}{=} K_W(s), \quad (43)$$

erhält man die Reglerübertragungsfunktion

$$G_R(s) = \frac{1}{G_S(s)} \cdot \frac{K_W(s)}{1 - K_W(s)} \quad (44)$$

oder mit den oben angegebenen Zähler- und Nennerpolynomen

$$G_R(s) = \frac{B(s)}{A(s)} = \frac{C(s)\,\alpha(s)}{D(s)\,[\beta(s) - \alpha(s)]}. \quad (45)$$

Die *Realisierbarkeitsbedingung* für den Regler

$$\text{Grad}\,B(s) = w = n + v \leqq \text{Grad}\,A(s) = z = u + m$$

liefert somit

$$u - v \geqq n - m. \quad (46)$$

Der Polüberschuß $(u - v)$ der gewünschten Übertragungsfunktion $K_W(s)$ für das Führungsverhalten des geschlossenen Regelkreises muß also größer oder gleich dem Polüberschuß $(n - m)$ der Regelstrecke sein. Im Rahmen dieser Forderung ist die Ordnung von $K_W(s)$ zunächst frei wählbar. Nach (44) enthält der Regler die reziproke Übertragungsfunktion $1/G_S(s)$ der Regelstrecke; es liegt hier also eine vollständige Kompensation der Regelstrecke vor. Dies läßt sich auch in einem Blockschaltbild veranschaulichen, wenn man in (44) $K_W(s)$ explizit als „Modell" einführt (Bild 8-13). Bei der physikalischen Realisierung des Reglers $G_R(s)$ ist natürlich von (45) auszugehen, da ein direkter Aufbau von $1/G_S(s)$ nicht möglich ist. Dieses Verfahren ist in erweiterter Form auch für minimalphasige und instabile Regelstrecken anwendbar [5].

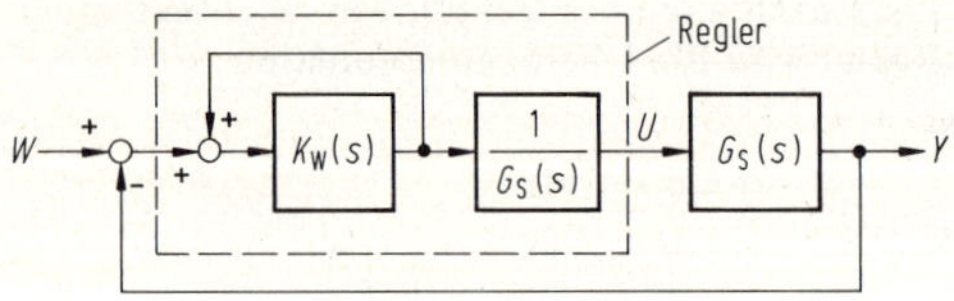

Bild 8-13. Kompensation der Regelstrecke.

8.4.3 Algebraisches Entwurfsverfahren

Bei diesem Verfahren soll entsprechend Bild 8-12 für eine durch (40) beschriebene Regelstrecke ein Regler gemäß (41) so entworfen werden, daß der geschlossene Regelkreis sich nach einer gewünschten, vorgegebenen Führungsübertragungsfunktion, (42), verhält. Dabei wird die Ordnung von Zähler- und Nennerpolynom der Reglerübertragungsfunktion gleich groß gewählt $(w = z)$. Die Pole des geschlossenen Regelkreises sind die Wurzeln der charakteristischen Gleichung, die man aus $1 + G_R(s)\,G_S(s) = 0$ unter Berücksichtigung der in (40) und (41) definierten Polynome zu

$$\beta(s) = A(s)\,C(s) + B(s)\,D(s) = 0 \quad (47)$$

erhält. Daraus folgt mit (42)

$$\beta(s) = \beta_0 + \beta_1 s + \ldots + \beta_u s^u = \beta_u \prod_{i=1}^{u} (s - s_i) = 0. \quad (48)$$

Dieses Polynom besitzt die Ordnung $u = z + n$; seine Koeffizienten hängen von den Parametern der Regelstrecke und des Reglers ab und sind lineare Funktionen der gesuchten Reglerparameter. Andererseits ergeben sich die Koeffizienten β_i unmittelbar aus den vorgegebenen Polen s_i des geschlossenen Regelkreises. Der Koeffizientenvergleich von (47) und (48) liefert die eigentlichen *Synthesegleichungen*, nämlich ein lineares Gleichungssystem für die $2z + 1$ unbekannten Reglerkoeffizienten $a_0, a_1, \ldots, a_{z-1}, b_0, b_1, \ldots, b_z$:

$$\beta_i = b_0 d_i + b_1 d_{i-1} + \ldots + b_w d_{i-w} + a_0 c_i + a_1 c_{i-1} + \ldots + a_z c_{i-z}, \quad (49)$$

wobei $d_k = 0$ für $k < 0$ und $k > m$, $c_k = 0$ für $k < 0$ und $k > n$ sowie $w = z$ nach Voraussetzung gilt. Die Zahl der Gleichungen ist $u = z + n$. Daraus ergibt sich als Bedingung für die eindeutige Auflösbarkeit die Ordnung des Reglers zu $z = n - 1$.

Für Regelstrecken mit integralem Verhalten genügt die Reglerordnung $z = n - 1$; bei Regelstrecken mit proportionalem Verhalten, oder wenn Störgrößen am Eingang integraler Regelstrecken berücksichtigt werden müssen, sollte die Verstärkung des Reglers beeinflußbar sein. Dies geschieht dadurch, daß man die Reglerordnung um 1 erhöht, d. h. $z = n$ setzt, so daß das Gleichungssystem unterbestimmt wird. Der so erzielte zusätzliche Freiheitsgrad erlaubt nun eine freie Wahl der Reglerverstärkung K_R, die zweckmäßig als reziproker Verstärkungsfaktor eingeführt wird:

$$1/K_R = c_R = a_0/b_0. \quad (50)$$

Allerdings erhöht sich damit auch die Ordnung des geschlossenen Regelkreises; sie ist jetzt doppelt so groß wie die Ordnung der Regelstrecke.

a) Berücksichtigung der Nullstellen des geschlossenen Regelkreises

Bei dem oben beschriebenen Vorgehen ergeben sich die Nullstellen der Führungsübertragungsfunktion

$$K_W(s) \stackrel{!}{=} G_W(s) = \frac{B(s)\,D(s)}{A(s)\,C(s) + B(s)\,D(s)} \quad (51)$$

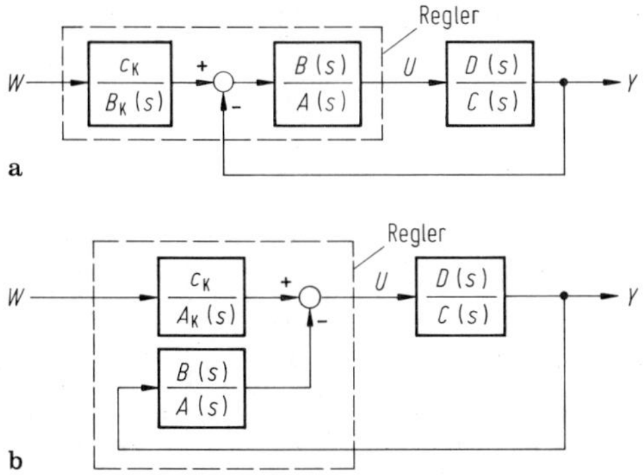

Bild 8-14. Kompensation der Reglernullstellen **a** mit Regler im Vorwärtszweig und **b** mit Regler im Rückkopplungszweig.

von selbst. Zwar können die Nullstellen der Regelstrecke, also die Wurzeln von $D(s)$, bei der Wahl der Polverteilung berücksichtigt und eventuell kompensiert werden, das Polynom $B(s)$ entsteht aber erst beim Reglerentwurf und muß nachträglich beachtet werden. Dies geschieht am einfachsten dadurch, daß man vor den geschlossenen Regelkreis, also in die Wirkungslinie der Führungsgröße, entsprechend Bild 8-14a ein Korrekturglied (Vorfilter) mit der Übertragungsfunktion

$$G_K(s) = c_K / B_K(s) \tag{52}$$

schaltet, mit dem sich die Nullstellen des Reglers und der Regelstrecke kompensieren lassen. Dies läßt sich aus Stabilitätsgründen allerdings nur für Nullstellen durchführen, deren Realteil negativ ist. Bezeichnet man die Teilpolynome von $B(s)$ und $D(s)$, deren Wurzlen in der linken s-Halbebene liegen als $B^+(s)$ und $D^+(s)$ sowie die Teilpolynome, deren Wurzeln in der rechten s-Halbebene bzw. auf der imaginären Achse liegen entsprechend als $B^-(s)$ und $D^-(s)$, so lassen sich die Zählerpolynome $B(s)$ und $D(s)$ wie folgt aufspalten:

$$B(s) = B^-(s)B^+(s) \quad \text{und} \quad D(s) = D^-(s)D^+(s).$$

Für den Fall, daß $B(s)$ und $C(s)$ sowie $A(s)$ und $D(s)$ teilerfremd sind, also im geschlossenen Regelkreis der Regler weder Pol- noch Nullstellen der Regelstrecke kompensiert, läßt sich das Nennerpolynom der Übertragungsfunktion des Korrekturgliedes wie folgt bestimmen:

$$B_K(s) = B^+(s)D^+(s). \tag{53}$$

Damit erhält man als Führungsübertragungsfunktion

$$G_W(s) = \frac{c_K B^-(s) D^-(s)}{A(s)C(s) + B(s)D(s)}. \tag{54}$$

Wenn sowohl der Regler als auch die Regelstrecke minimalphasiges Verhalten und deren Übertragungsfunktionen keine Nullstellen auf der imaginären Achse aufweisen, lassen sich sämtliche Nullstellen des geschlossenen Regelkreises kompensieren, so daß man anstelle von (54) die Beziehung

$$G_W(s) = \frac{c_K}{A(s)C(s) + B(s)D(s)}. \tag{55}$$

erhält. Soll der geschlossene Regelkreis auch vorgegebene Nullstellen enthalten, so ist in der Übertragungsfunktion $G_K(s)$ des Korrekturgliedes ein entsprechendes Zählerpolynom vorzusehen. Der Zählerkoeffizient c_K des Korrekturgliedes dient dazu, den Verstärkungsfaktor K_W der Führungsübertragungsfunktion $G_W(s)$ gleich 1 zu machen. Dies erreicht man mit

$$c_K = \beta_0 / (b_0^- d_0^-). \tag{56}$$

Im Falle eines Reglers mit I-Anteil wird $a_0 = 0$ und $c_R = 0$. Dann folgt direkt

$$c_K = b_0^+ d_0^+. \tag{57}$$

Wird der Regler gemäß Bild 8-14b in den *Rückkopplungszweig* des Regelkreises geschaltet, so ändert das am Eigenverhalten des so entstandenen Systems gegenüber dem der Konfiguration nach Bild 8-14a nichts. Allerdings erscheinen nun nicht mehr die Nullstellen der Übertragungsfunktion des Reglers, sondern deren Polstellen als Nullstellen in der Übertragungsfunktion des geschlossenen Regelkreises. Es gelten jetzt analoge Überlegungen bei der Bestimmung des Nennerpolynoms in der Übertragungsfunktion des Korrekturgliedes

$$A_K(s) = A^+(s)D^+(s). \tag{58}$$

Als Führungsübertragungsfunktion erhält man

$$G_W(s) = \frac{c_K A^-(s) D^-(s)}{A(s)C(s) + B(s)D(s)}, \tag{59}$$

wobei für einen proportional wirkenden Regler

$$c_K = \beta_0 / (a_0 d_0) \tag{60}$$

gilt. Es sei darauf hingewiesen, daß für einen integrierenden Regler im Rückkopplungszweig keine Führungsregelung realisierbar ist.

b) Lösung der Synthesegleichungen

Das durch (49) beschriebene Gleichungssystem kann leicht in Matrixschreibweise dargestellt werden. Dabei werden die gesuchten Reglerparameter in einem Parametervektor zusammengefaßt. Für *integrale Regelstrecken* ($c_0 = 0$) mit der Reglerordnung $z = n - 1$ und Normierung $c_n = 1$ lautet damit das Synthese-Gleichungssystem:

$$
\left[\begin{array}{ccccc|ccccc}
d_0 & & & & & 0 & & & & \\
d_1 & d_0 & & 0 & & c_1 & 0 & & & 0 \\
d_2 & d_1 & d_0 & & & c_2 & c_1 & 0 & & \\
\vdots & \vdots & \ddots & \ddots & & \vdots & \vdots & \ddots & \ddots & \\
 & & & & & c_{n-2} & c_{n-3} & \cdots & c_1 & 0 \\
d_{n-1} & d_{n-2} & & d_1 & d_0 & c_{n-1} & c_{n-2} & \cdots & c_2 & c_1 \\
\hline
0 & d_{n-1} & d_{n-2} & \cdots & d_1 & 1 & c_{n-1} & c_{n-2} & \cdots & c_2 \\
 & & d_{n-1} & \cdots & d_2 & & 1 & c_{n-1} & \cdots & c_3 \\
\vdots & & & \ddots & \vdots & & & \ddots & \ddots & \vdots \\
 & 0 & & & \vdots & & 0 & & & c_{n-1} \\
0 & & & & d_{n-1} & & & & & 1
\end{array}\right]
\left[\begin{array}{c}
b_0 \\ b_1 \\ b_2 \\ \vdots \\ b_{n-2} \\ b_{n-1} \\ \hline a_0 \\ a_1 \\ \vdots \\ a_{n-3} \\ a_{n-2}
\end{array}\right]
=
\left[\begin{array}{c}
\beta_0 \\ \beta_1 \\ \beta_2 \\ \vdots \\ \beta_{n-2} \\ \beta_{n-1} \\ \hline \beta_n \\ \beta_{n+1} \\ \vdots \\ \beta_{2n-3} \\ \beta_{2n-2}
\end{array}\right]
-
\left[\begin{array}{c}
0 \\ 0 \\ 0 \\ \vdots \\ 0 \\ 0 \\ \hline c_1 \\ c_2 \\ \vdots \\ c_{n-2} \\ c_{n-1}
\end{array}\right]
\qquad (61\text{a})
$$

und

$$a_{n-1} = \beta_u . \qquad (61\text{b})$$

Für *Regelstrecken mit proportionalem Verhalten* oder bei Störungen am Eingang integraler Regelstrecken, bei der man die Reglerordnung auf $z = n$ erhöht, erhält man mit den Beziehungen

$$a_0 = c_R b_0 \quad \text{und} \quad b_0 = \beta_0/(d_0 + c_R c_0)$$

das Synthese-Gleichungssystem

$$
\left[\begin{array}{ccccc|ccccc}
d_0 & & & & & c_0 & & & & \\
d_1 & d_0 & & 0 & & c_1 & c_0 & & & 0 \\
d_2 & d_1 & d_0 & & & c_2 & c_1 & c_0 & & \\
\vdots & & \ddots & \ddots & & \vdots & & & \ddots & \ddots \\
 & & & & & & & & & c_0 \\
d_{n-1} & d_{n-2} & \cdots & d_1 & d_0 & c_{n-1} & c_{n-2} & & \cdots & c_1 \\
\hline
0 & d_{n-1} & d_{n-2} & \cdots & d_1 & 1 & c_{n-1} & & \cdots & c_2 \\
 & & & & & & 1 & & & \\
\vdots & & \ddots & & \vdots & & & \ddots & \ddots & \vdots \\
 & 0 & & & & & 0 & & & c_{n-1} \\
0 & & & & d_{n-1} & & & & & 1
\end{array}\right]
\left[\begin{array}{c}
b_1 \\ b_2 \\ b_3 \\ \vdots \\ \\ b_n \\ \hline a_1 \\ a_2 \\ \vdots \\ \\ a_{n-1}
\end{array}\right]
$$

$$
=
\left[\begin{array}{c}
\beta_1 \\ \beta_2 \\ \beta_3 \\ \vdots \\ \\ \beta_n \\ \hline \beta_{n+1} \\ \\ \vdots \\ \\ \beta_{2n-1}
\end{array}\right]
- b_0
\left[\begin{array}{c}
d_1 + c_R c_1 \\ d_2 + c_R c_2 \\ \\ \vdots \\ d_{n-1} + c_R c_{n-1} \\ c_R \\ \hline 0 \\ \\ \vdots \\ \\ 0
\end{array}\right]
-
\left[\begin{array}{c}
0 \\ 0 \\ \\ \vdots \\ 0 \\ c_0 \\ \hline c_1 \\ \\ \vdots \\ \\ c_{n-1}
\end{array}\right]
\qquad (62\,\text{a})
$$

und

$$a_n = \beta_u . \qquad (62\,\text{b})$$

Die Matrizen jeweils der linken Seiten von (61a) und (62 a) sind regulär. Damit sind die Synthesegleichungen eindeutig lösbar. Die Lösung kann bei Systemen niedriger Ordnung von Hand durchgeführt werden.

9 Nichtlineare Regelsysteme

9.1 Allgemeine Eigenschaften nichtlinearer Regelsysteme

Die *Einteilung* nichtlinearer Übertragungssysteme erfolgt entweder nach mathematischen Gesichtspunkten (Form der das Regelsystem beschreibenden Differentialgleichung) oder nach den wichtigsten nichtlinearen Eigenschaften, die insbesondere bei technischen Systemen auftreten. Hierzu zählen die stetigen und nichtstetigen nichtlinearen *Systemkennlinien*, die in Tabelle 9-1 zusammengestellt sind. Dabei unterscheidet man zwischen eindeutigen Kennlinien (z. B. die Fälle 1 bis 4) und doppeldeutigen Kennlinien (z. B. die Fälle 5 bis 7). Die Kennlinien können symmetrisch oder unsymmetrisch zur x_e-Achse sein. Oftmals empfiehlt sich auch eine Unterteilung in *ungewollte* und *gewollte Nichtlinearitäten.* Zur Behandlung nichtlinearer Regelkreise, insbesondere zur Stabilitätsanalyse eignen sich — in Anbetracht des Fehlens einer allgemeinen Theorie — folgende spezielle Methoden:

a) Methode der harmonischen Linearisierung,
b) Methode der Phasenebene,
c) Zweite Methode von Ljapunow sowie das
d) Stabilitätskriterium von Popov.

Im übrigen wird man oft bei der Analyse und Synthese nichtlinearer Systeme direkt von der Darstellung im Zeitbereich ausgehen, d. h., man muß versuchen, die Differentialgleichungen zu lösen. Hierbei ist die *Simulation* auf Rechenanlagen ein wichtiges Hilfsmittel.

9.2 Regelkreis mit Zwei- und Dreipunktreglern

Während bei einem stetig arbeitenden Regler die Reglerausgangsgröße im zulässigen Bereich jeden beliebigen Wert annehmen kann, stellt sich bei Zwei- oder Dreipunktreglern gemäß Bild 9-1 die Reglerausgangsgröße jeweils nur auf zwei oder drei bestimmte Werte (Schaltzustände) ein. Bei einem Zweipunktregler können dies z. B. die beiden Stellungen „Ein“ und „Aus“ eines Schalters sein, bei einem Dreipunktregler z. B. die drei Schaltzustände „Vorwärts“, „Rückwärts“ und „Ruhestellung“ zur Ansteuerung eines Stellgliedes in Form eines Motors. Somit werden diese Regler durch einfache Schaltglieder realisiert, deren Kennlinien in Tabelle 9-1 enthalten sind. Zwei-

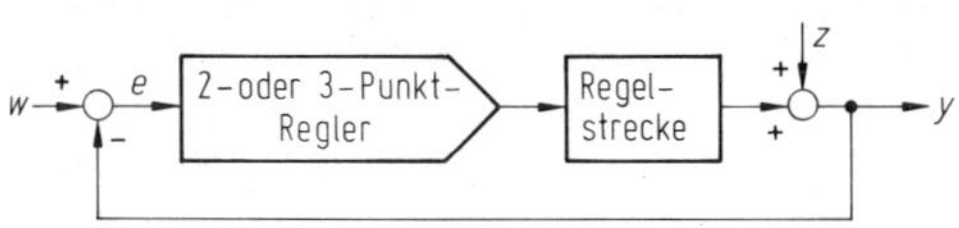

Bild 9-1. Regelkreis mit Zwei- oder Dreipunktregler.

Tabelle 9-1. Zusammenstellung der wichtigsten nichtlinearen Regelkreisglieder

1	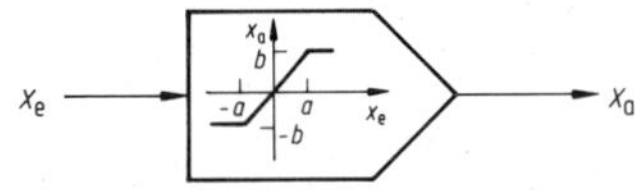 Begrenzung
2	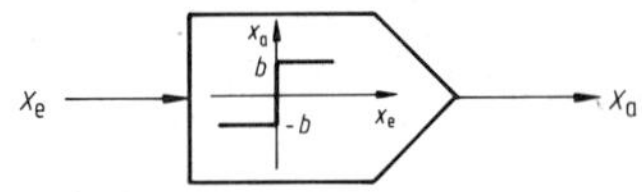 Zweipunktverhalten
3	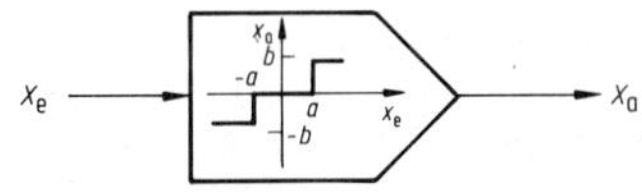 Dreipunktverhalten
4	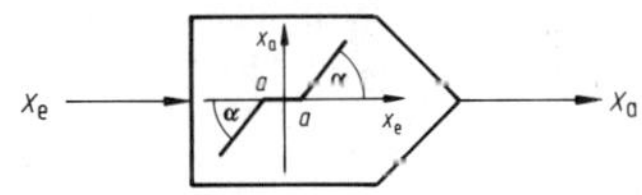 tote Zone
5	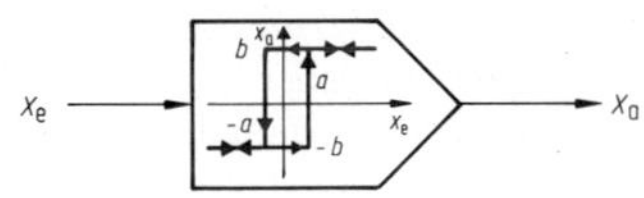 Hystereseverhalten
6	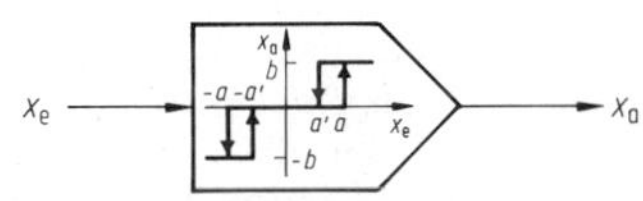 Dreipunktverhalten mit Hysterese
7	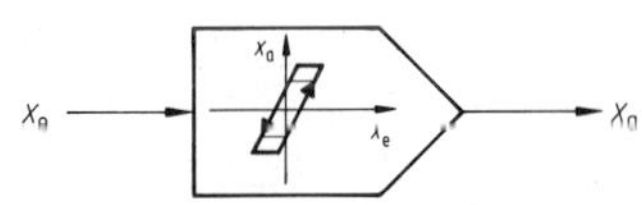 Getriebelose
8	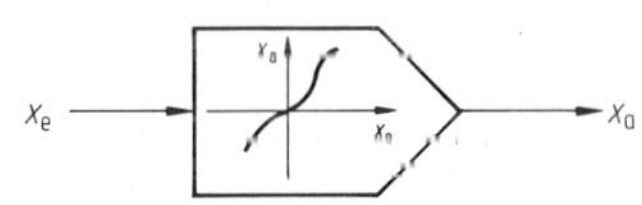 beliebige nichtlineare Kennlinie
9	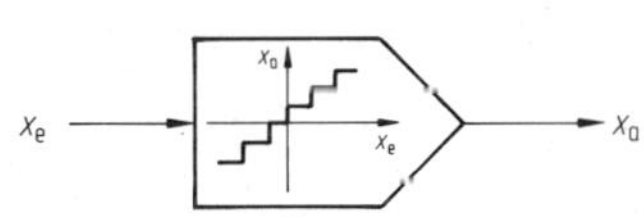 Quantisierung
10	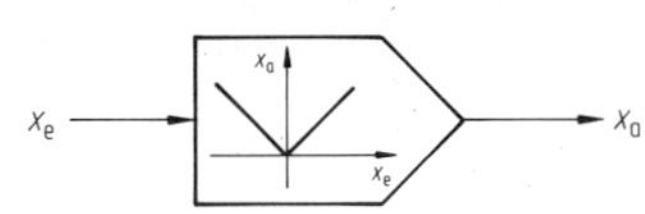 Betragsbildung

Tabelle 9-1 (Fortsetzung)

11	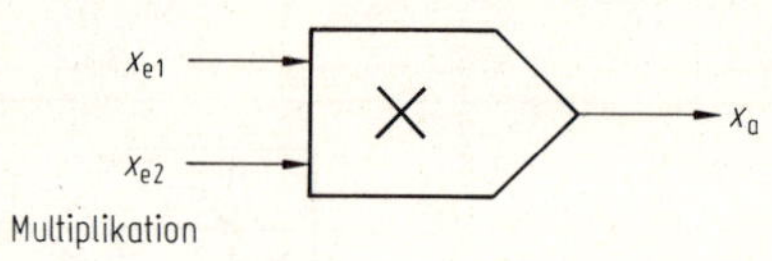
12	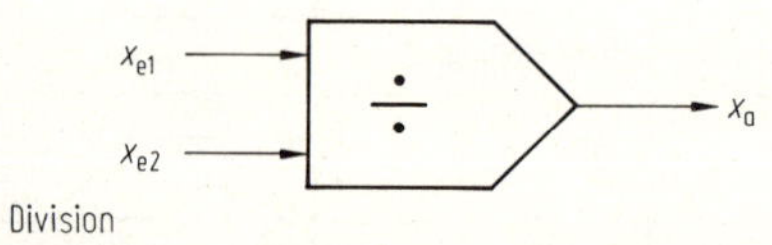

punktregler werden häufig bei einfachen Temperatur- oder Druckregelungen (z. B. Bügeleisen, Preßluftkompressoren u. a.) verwendet. Dreipunktregler eignen sich hingegen zur Ansteuerung von Motoren, die als Stellantriebe in zahlreichen Regelkreisen eingesetzt werden. Ein typisches Kennzeichen der Arbeitsweise dieser Regler, insbesondere der Zweipunktregler, ist, daß sie bei Erreichen des Sollwertes kleine periodische Schwingungen (auch Arbeitsbewegung genannt) um diesen herum ausführen. Damit diese stabile Arbeitsbewegung zustande kommt und keine zu hohe Schalthäufigkeit auftritt, dürfen reine Zweipunktregler entweder nur mit totzeitbehafteten Regelstrecken zusammengeschaltet werden, oder aber das Zweipunktverhalten muß durch eine möglichst einstellbare Hysteresekennlinie erweitert werden.

Regelkreise mit einem Zwei- oder Dreipunktregler werden auch als *Relaissysteme* bezeichnet. Gemäß Bild 9-2 können diese Reglertypen zusätzlich auch durch eine innere Rückführung mit einem

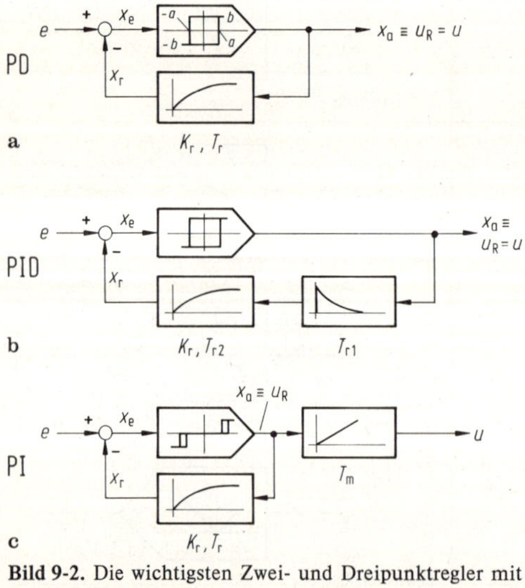

Bild 9-2. Die wichtigsten Zwei- und Dreipunktregler mit interner Rückführung.

einstellbaren Zeitverhalten versehen werden. Das Rückführnetzwerk ist dabei linear. Die so entstehenden Regler weisen annähernd das Verhalten linearer Regler mit PI-, PD- und PID-Verhalten auf. Daher werden sie oft als *quasistetige Regler* bezeichnet. Diese Reglertypen besitzen näherungsweise folgende Übertragungsfunktionen [1]:

a) Zweipunktregler mit verzögerter Rückführung (PD-Verhalten): Nach Bild 9-2a gilt

$$G_R(s) \approx \frac{1}{K_R}(1 + T_r s). \quad (1)$$

b) Zweipunktregler mit verzögert-nachgebender Rückführung (PID-Verhalten): Nach Bild 9-2b gilt

$$G_R(s) \approx \frac{T_{r_1} + T_{r_2}}{K_R T_{r_1}} \cdot \left[1 + \frac{1}{(T_{r1} + T_{r2})\,s} + \frac{T_{r1} T_{r2}}{T_{r1} + T_{r2}}\,s\right]. \quad (2)$$

c) Dreipunktregler mit verzögerter Rückführung und nachgeschaltetem integralem Stellglied (PI-Verhalten): Nach Bild 9-2c gilt

$$G_R(s) \approx \frac{1}{G_r(s)}\,G_m(s) = \frac{T_r}{K_r T_m}\left(1 + \frac{1}{T_r s}\right). \quad (3)$$

9.3 Analyse nichtlinearer Regelsysteme mit Hilfe der Beschreibungsfunktion

9.3.1 Definition der Beschreibungsfunktion

Nichtlineare Systeme sind unter anderem wesentlich dadurch gekennzeichnet, daß ihr Stabilitätsverhalten — im Gegensatz zu dem linearer Systeme — von den Anfangsbedingungen bzw. von der Erregung abhängig ist. Es gibt gewöhnlich stabile und instabile Zustände eines nichtlinearen Systems. Dazwischen existieren bestimmte stationäre Dauerschwingungen oder Eigenschwingungen, die man als *Grenzschwingungen* bezeichnet, weil unmittelbar benachbarte Einschwingvorgänge für $t \to \infty$ von denselben entweder weglaufen oder auf sie zustreben. Diese Grenzschwingungen können stabil, instabil oder semistabil sein. Zum Beispiel stellt die „Arbeitsbewegung" von Zwei- und Dreipunktreglern eine stabile Grenzschwingung dar. Das Verfahren der harmonischen Linearisierung, oft auch als Verfahren der harmonischen Balance bezeichnet, dient nun dazu, bei nichtlinearen Regelkreisen zu klären, ob solche Grenzschwingungen auftreten können, welche Frequenz und Amplitude sie haben und ob sie stabil oder instabil sind. Es handelt sich — dies sei ausdrücklich betont — um ein Näherungsverfahren zur

Untersuchung des Eigenverhaltens nichtlinearer Regelkreise.
Bei diesem Verfahren wird für das nichtlineare Regelkreiselement die *Beschreibungsfunktion* als eine Art „Ersatzfrequenzgang" eingeführt. Erregt man ein nichtlineares Übertragungsglied mit ursprungssymmetrischer Kennlinie am Eingang sinusförmig, so ist das Ausgangssignal eine periodische Funktion mit derselben Frequenz, jedoch keine Sinusschwingung. Bezieht man die Grundschwingung des Ausgangssignals $x_a(t)$ — wie bei der Bildung des Frequenzganges — auf das sinusförmige Eingangssignal $x_e(t) = \hat{x}_e \sin \omega t$, so erhält man die Beschreibungsfunktion $N(\hat{x}_e, \omega)$. In der komplexen Ebene ist die Beschreibungsfunktion als eine Schar von Ortskurven mit $\hat{x}_e$ und ω als Parameter darstellbar. Betrachtet man jedoch nur statische Nichtlinearitäten, so ist deren Beschreibungsfunktion frequenzunabhängig und durch *eine* Ortskurve $N(\hat{x}_e)$ darstellbar. Die Beschreibungsfunktionen sind für zahlreiche einfache Kennlinien tabelliert [2].

9.3.2 Stabilitätsuntersuchung mittels der Beschreibungsfunktion

Die Methode der harmonischen Linearisierung stellt ein Näherungsverfahren zur Untersuchung von Frequenz und Amplitude der Dauerschwingungen in nichtlinearen Regelkreisen dar, die *ein* nichtlineares Übertragungsglied enthalten bzw. auf eine solche Struktur zurückgeführt werden können. Geht man davon aus, daß die linearen Übertragungsglieder — bedingt durch die meist vorhandene Tiefpaßeigenschaft — die durch das nichtlineare Glied bedingten Oberwellen der Stellgröße u unterdrücken, dann kann — ähnlich wie für lineare Regelkreise — eine „charakteristische Gleichung"

$$N(\hat{x}_e)G(j\omega) + 1 = 0, \tag{4}$$

auch Gleichung der harmonischen Balance genannt, aufgestellt werden. Diese Gleichung beschreibt die Bedingung für Dauerschwingungen oder Eigenschwingungen. Jedes Wertepaar $\hat{x}_e = x_G$ und $\omega = \omega_G$, das (4) erfüllt, beschreibt eine Grenzschwingung des geschlossenen Kreises mit der Frequenz ω_G und der Amplitude x_G. Die Bestimmung solcher Wertepaare (x_G, ω_G) aus dieser Gleichung kann analytisch oder graphisch erfolgen. Bei der graphischen Lösung benutzt man das *Zweiortskurvenverfahren*, wobei (4) auf die Form

$$N(\hat{x}_e) = -\frac{1}{G(j\omega)} \tag{5}$$

gebracht wird. In der komplexen Ebene stellt man nun die beiden Ortskurven $N(\hat{x}_e)$ und $-1/G(j\omega)$ dar. Durch deren Schnittpunkt ist die Grenzschwingung gegeben. Die Frequenz ω_G der Grenzschwingung wird an der Ortskurve des linearen Systemteils, die Amplitude x_G an der Ortskurve der Beschreibungsfunktion abgelesen. Besitzen beide Ortskurven keinen gemeinsamen Schnittpunkt, so gibt es keine Lösung von (4) und es existiert keine Grenzschwingung des Systems. Allerdings gibt es aufgrund methodischer Fehler des hier betrachteten Näherungsverfahrens Fälle, in denen das Nichtvorhandensein von Schnittpunkten beider Ortskurven sogar zu qualitativ falschen Resultaten führt [2].
Ein Schnittpunkt der beiden Ortskurven stellt gewöhnlich eine *stabile Grenzschwingung* dar, wenn mit wachsendem $\hat{x}_e$ der Betrag der Beschreibungsfunktion abnimmt. Eine *instabile Grenzschwingung* ergibt sich, wenn $|N(\hat{x}_e)|$ mit $\hat{x}_e$ zunimmt. Diese Regel gilt nicht generell, ist jedoch in den meisten praktischen Fällen anwendbar. Sie gilt insbesondere bei mehreren Schnittpunkten (mit verschiedenen ω-Werten) nur für denjenigen mit dem kleinsten ω-Wert.

9.4 Analyse nichtlinearer Regelsysteme in der Phasenebene

Die Analyse nichtlinearer Regelsysteme im Frequenzbereich ist, wie oben gezeigt wurde, nur mit mehr oder weniger groben Näherungen möglich. Um exakt zu arbeiten, muß man im Zeitbereich bleiben, also die Differentialgleichungen des Systems unmittelbar benutzen. Hierbei eignet sich besonders die Beschreibung in der *Phasen-* oder *Zustandsebene* als zweidimensionalem Sonderfall des Zustandsraumes [3].

9.4.1 Zustandskurven

Es sei ein System betrachtet, das durch die gewöhnliche Differentialgleichung 2. Ordnung

$$\ddot{y} - f(y, \dot{y}, u) = 0 \tag{6}$$

beschrieben wird, wobei $f(y, \dot{y}, u)$ eine lineare oder nichtlineare Funktion sei. Durch die Substitution $x_1 \equiv y$ und $x_2 \equiv \dot{y}$ führt man (6) in ein System zweier simultaner Differentialgleichungen 1. Ordnung

$$\left.\begin{aligned} \dot{x}_1 &= x_2 \\ \dot{x}_2 &= f(x_1, x_2, u) \end{aligned}\right\} \tag{7}$$

über. Die beiden Größen x_1 und x_2 beschreiben den Zustand des Systems in jedem Zeitpunkt vollständig. Trägt man in einem rechtwinkligen Koordinatensystem x_2 als Ordinate über x_1 als Abszisse auf, so stellt jede Lösung $y(t)$ der Systemgleichung (6) eine Kurve in dieser Zustands- oder Phasenebene dar, die der Zustandspunkt (x_1, x_2) mit einer bestimmten Geschwindigkeit durchläuft (Bild 9-3a). Man bezeichnet diese Kurve als *Zu-*

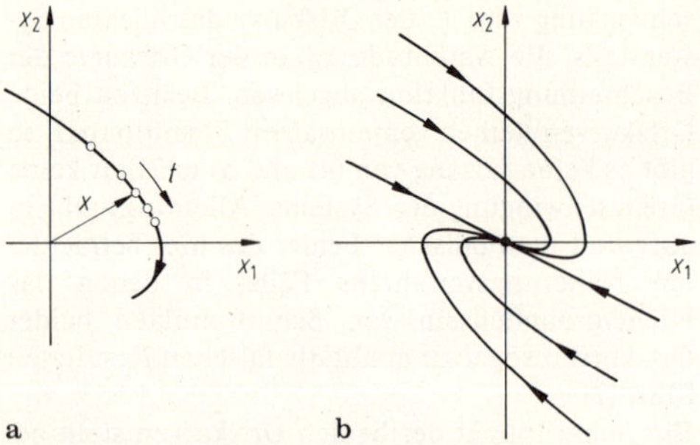

Bild 9-3. Systemdarstellung in der Phasenebene: **a** Trajektorie mit Zeitkodierung, **b** Phasenporträt.

standskurve, Phasenbahn oder auch als *Trajektorie.* Wichtig ist, daß zu jedem Punkt der Zustandsebene bei gegebenem $u(t)$ eine eindeutige Trajektorie gehört. Insbesondere für $u(t) = 0$ beschreiben die Trajektorien das Eigenverhalten des Systems. Zeichnet man von verschiedenen Anfangsbedingungen (x_{10}, x_{20}) aus die Phasenbahnen, so erhält man eine Kurvenschar, das *Phasenporträt* (Bild 9-3b). Damit ist zwar der entsprechende Zeitverlauf von $y(t)$ nicht explizit bekannt, er läßt sich jedoch leicht aus (7) berechnen. Allgemein besitzen Zustandskurven folgende Eigenschaften [2]:

1. Jede Trajektorie verläuft in der *oberen* Hälfte der Phasenebene $(x_2 > 0)$ *von links nach rechts* und in der *unteren* Hälfte der Phasenebene $(x_2 < 0)$ *von rechts nach links.*
2. Trajektorien schneiden die x_1-Achse gewöhnlich senkrecht. Erfolgt der Schnitt der Trajektorien mit der x_1-Achse nicht senkrecht, dann liegt ein *singulärer Punkt* vor.
3. Die *Gleichgewichtslagen* eines dynamischen Systems werden stets durch *singuläre Punkte* gebildet. Diese müssen auf der x_1-Achse liegen, da sonst keine Ruhelage möglich ist. Dabei unterscheidet man verschiedene singuläre Punkte: Wirbelpunkte, Strudelpunkte, Knotenpunkte und Sattelpunkte.
4. Im Phasenporträt stellen die in sich geschlossenen Zustandskurven Dauerschwingungen dar. Die früher erwähnten stationären Grenzschwingungen bezeichnet man in der Phasenebene als *Grenzzyklen.* Diese Grenzzyklen sind wiederum dadurch gekennzeichnet, daß zu ihnen oder von ihnen alle benachbarten Trajektorien konvergieren bzw. divergieren. Entsprechend dem Verlauf der Trajektorien in der Nähe eines Grenzzyklus unterscheidet man *stabile, instabile* und *semistabile* Grenzzyklen [2].

9.4.2 Anwendung der Methode der Phasenebene zur Untersuchung von Relaissystemen

Je nach Regelstrecke und Reglertyp erfolgt die Umschaltung der Stellgröße auf einer speziellen *Schaltkurve.* Zwei derartige Beispiele sind in den Bildern 9-4 und 9-5 für eine I_2-Regelstrecke dargestellt. Bei dem im Bild 9-5 dargestellten Fall wird

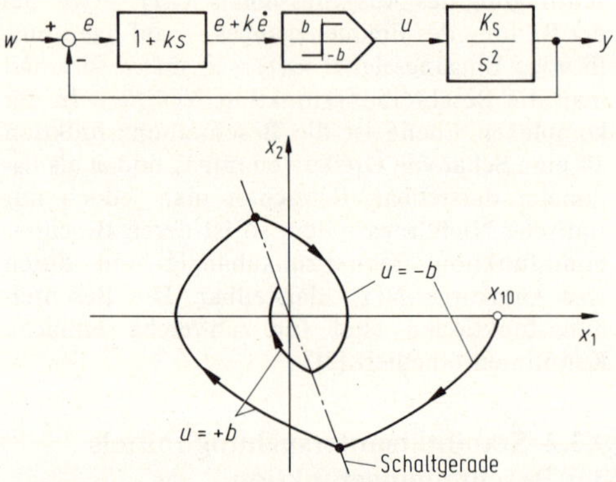

Bild 9-4. Blockschaltbild und Phasendiagramm einer Relaisregelung mit geneigter Schaltgerade.

die Regelstrecke in möglichst kurzer Zeit von einem beliebigen Anfangszustand $x_1(0)$ in die gewünschte Ruhelage ($x_1 = 0$ und $x_2 = 0$) gebracht. Dieses Problem tritt bei technischen Systemen recht häufig auf, besonders bei der Steuerung bewegter Objekte (Luft- und Raumfahrt, Förderanlagen, Walzantriebe, Fahrzeuge). Wegen der Begrenzung der Stellamplitude kann diese Zeit nicht beliebig klein gemacht werden. Bei diesem Beispiel befindet sich während des zeitoptimalen Vorgangs die Stellgröße immer an einer der beiden Begrenzungen; für das System 2. Ordnung ist *eine* Umschaltung erforderlich. Dieses Verhalten ist für zeitoptimale Regelsysteme charakteristisch. Diese Tatsache wird durch den Satz von Feldbaum [4] bewiesen.

Im vorliegenden Beispiel vom Bild 9-5 ergibt sich das optimale Regelgesetz nach Struktur und Parametern von selbst [3]. Entgegen den bisherigen Gewohnheiten, einen bestimmten Regler vorzugeben (z. B. mit PID-Verhalten) und dessen Parameter nach einem bestimmten Kriterium zu optimieren, wird in diesem Fall über die Reglerstruktur keine Annahme getroffen. Sie ergibt sich vollständig aus dem *Optimierungskriterium* (minimale Zeit) zusammen mit den *Nebenbedingungen* (Begrenzung, Randwerte, Systemgleichung). Man bezeichnet diese Art der Optimierung, im Gegensatz zu der Parameteroptimierung vorgegebener Reglerstrukturen, gelegentlich auch als *Strukturoptimierung.* Diese Art von Problemstellung läßt sich mathematisch als *Variationsproblem* formulieren

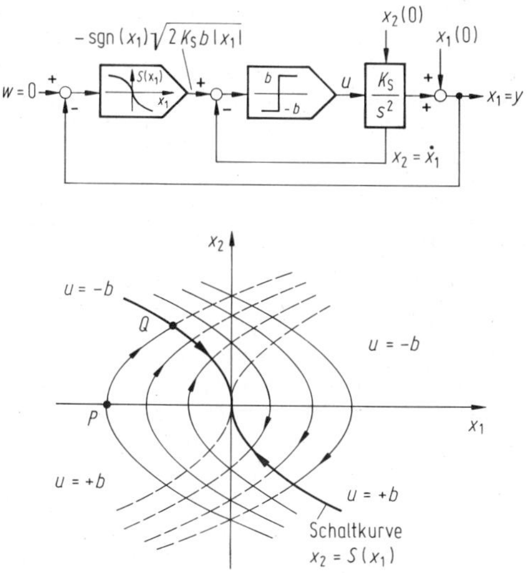

Bild 9-5. Blockschaltbild und Phasendiagramm einer zeitoptimalen Regelung für $x_1(0) \neq 0$ und $x_2(0) = 0$.

und zum Teil mit Hilfe der klassischen *Variationsrechnung* oder mit Hilfe des *Maximumsprinzip von Pontrjagin* [5] lösen.

9.5 Stabilitätstheorie nach Ljapunow

Mit Hilfe der direkten Methode von Ljapunow [6] (siehe A 32.2) ist es möglich, eine Aussage über die Stabilität der Ruhelage ($\boldsymbol{x} = \boldsymbol{o}$), also des Ursprungs des Zustandsraumes, zu machen, ohne daß man die explizite Lösung $\boldsymbol{x}(t)$ der das nichtlineare Regelsystem beschreibenden Differentialgleichung

$$\dot{\boldsymbol{x}} = \boldsymbol{f}[\boldsymbol{x}(t), \boldsymbol{u}(t), t], \quad \boldsymbol{x}(t_0) = \boldsymbol{x}_0 \tag{8}$$

kennt. Man bezeichnet dann alle Lösungen $\boldsymbol{x}(t)$ als *einfach stabil*, deren Trajektorien in der Nähe einer stabilen Ruhelage beginnen und für alle Zeiten in der Nähe der Ruhelage bleiben. Sie müssen nicht gegen diese konvergieren. Die Ruhelage $\boldsymbol{x}(t) = \boldsymbol{o}$ des Systems gemäß (8) heißt *asymptotisch stabil*, wenn sie stabil ist und wenn für alle Trajektorien $\boldsymbol{x}(t)$, die hinreichend nahe bei der Ruhelage beginnen,

$$\lim_{t \to \infty} \|\boldsymbol{x}(t)\| = \boldsymbol{o}$$

gilt.

9.5.1 Der Grundgedanke der direkten Methode von Ljapunow

Eine Funktion $V(\boldsymbol{x})$ heißt *positiv definit* in einer Umgebung Ω des Ursprungs $\boldsymbol{x} = \boldsymbol{o}$, falls

$$V(\boldsymbol{x}) > 0 \quad \text{für alle} \quad \boldsymbol{x} \in \Omega,\ \boldsymbol{x} \neq \boldsymbol{o} \quad \text{und}$$
$$V(\boldsymbol{x}) = 0 \quad \text{für} \quad \boldsymbol{x} = \boldsymbol{o}$$

gilt. $V(\boldsymbol{x})$ heißt *positiv semidefinit* in Ω, wenn sie auch für $\boldsymbol{x} \neq \boldsymbol{o}$ den Wert Null annehmen kann, d. h., wenn

$$V(\boldsymbol{x}) \geqq 0 \quad \text{für alle} \quad \boldsymbol{x} \in \Omega \quad \text{und}$$
$$V(\boldsymbol{x}) = 0 \quad \text{für} \quad \boldsymbol{x} = \boldsymbol{o}$$

wird.
Eine wichtige Klasse von Funktionen $V(\boldsymbol{x})$ hat die *quadratische Form*

$$V(\boldsymbol{x}) = \boldsymbol{x}^{\mathrm{T}} \boldsymbol{P} \boldsymbol{x}, \tag{9}$$

wobei $\boldsymbol{P}$ eine symmetrische Matrix ist. Die quadratische Form ist positiv definit, falls alle Hauptdeterminanten von $\boldsymbol{P}$ positiv sind.

9.5.2 Stabilitätssätze von Ljapunow

Satz 1: *Stabilität im Kleinen.*
Das System $\dot{\boldsymbol{x}} = \boldsymbol{f}(\boldsymbol{x})$ besitze die Ruhelage $\boldsymbol{x} = \boldsymbol{o}$. Existiert eine Funktion $V(\boldsymbol{x})$, die in einer Umgebung Ω der Ruhelage folgende Eigenschaften besitzt:

1. $V(\boldsymbol{x})$ und der dazugehörige Gradient $\nabla V(\boldsymbol{x})$ sind stetig,
2. $V(\boldsymbol{x})$ ist positiv definit,
3. $\dot{V}(\boldsymbol{x}) = [\nabla V(\boldsymbol{x})]^{\mathrm{T}} \boldsymbol{f}(\boldsymbol{x})$ ist negativ semidefinit,

dann ist die Ruhelage stabil. Eine solche Funktion $V(\boldsymbol{x})$ wird als *Ljapunow-Funktion* bezeichnet.

Satz 2: *Asymptotische Stabilität im Kleinen.*
Ist $\dot{V}(\boldsymbol{x})$ in Ω negativ definit, so ist die Ruhelage asymptotisch stabil.

Der Zusatz „im Kleinen" soll andeuten, daß eine Ruhelage auch dann stabil ist, wenn die Umgebung Ω, in der die Bedingungen erfüllt sind, beliebig klein ist. Man benutzt bei einer solchen asymptotisch stabilen Ruhelage mit sehr kleinem Einzugsbereich, außerhalb dessen nur instabile Trajektorien verlaufen, den Begriff der *„praktischen Instabilität"*.

Satz 3: *Asymptotische Stabilität im Großen.*
Das System $\boldsymbol{x} = \boldsymbol{f}(\boldsymbol{x})$ habe die Ruhelage $\boldsymbol{x} = \boldsymbol{o}$. Es sei $V(\boldsymbol{x})$ eine skalare Funktion und Ω_k ein Gebiet des Zustandsraums, definiert durch $V(\boldsymbol{x}) < k$, $k > 0$. Ist nun

1. Ω_k beschränkt,
2. $V(\boldsymbol{x})$ und $\nabla V(\boldsymbol{x})$ stetig in Ω_k,
3. $V(\boldsymbol{x})$ positiv definit in Ω_k,
4. $\dot{V}(\boldsymbol{x}) = [\nabla V(\boldsymbol{x})]^{\mathrm{T}} \boldsymbol{f}(\boldsymbol{x})$ negativ definit in Ω_k,

dann ist die Ruhelage asymptotisch stabil und Ω_k gehört zu ihrem Einzugsbereich.

Wesentlich hierbei ist, daß der Bereich Ω_k, in dem $V(\boldsymbol{x}) < k$ ist, beschränkt ist. In der Regel ist der gesamte Einzugsbereich nicht identisch mit Ω_k, d. h., er ist größer als Ω_k.

Satz 4: *Globale asymptotische Stabilität.*
Das System $\dot{x} = f(x)$ habe die Ruhelage $x = o$. Existiert eine Funktion $V(x)$, die im gesamten Zustandsraum folgende Eigenschaften besitzt:
1. $V(x)$ und $\nabla V(x)$ sind stetig.
2. $V(x)$ ist positiv definit,
3. $\dot{V}(x) = [\nabla V(x)]^{\mathrm{T}} f(x)$ ist negativ definit,

und ist außerdem

4. $\lim\limits_{\|x\| \to \infty} V(x) = \infty$,

so ist die Ruhelage global asymptotisch stabil.

Mit diesen Kriterien lassen sich nun die wichtigsten Fälle des Stabilitätsverhaltens eines Regelsystems behandeln, sofern es gelingt, eine entsprechende Ljapunow-Funktion zu finden. Gelingt es nicht, so ist keine Aussage möglich.

9.5.3 Ermittlung geeigneter Ljapunow-Funktionen

Hat man beispielsweise eine Ljapunow-Funktion gefunden, die zwar nur den Bedingungen von Satz 1 genügt, so ist damit noch keineswegs ausgeschlossen, daß die Ruhelage global asymptotisch stabil ist, denn das Verfahren nach Ljapunow liefert nur eine hinreichende Stabilitätsbedingung. Ein systematisches Verfahren, das mit einiger Sicherheit zu einem gegebenen nichtlinearen System die beste Ljapunow-Funktion liefert, gibt es nicht. Für lineare Systeme mit der Zustandsraumdarstellung

$$\dot{x} = Ax \tag{10}$$

kann man allerdings zeigen, daß der Ansatz einer quadratischen Form entsprechend (9) mit einer positiv definiten symmetrischen Matrix P immer eine Ljapunow-Funktion liefert. Die zeitliche Ableitung von $V(x)$ liefert mit (10)

$$\dot{V}(x) = x^{\mathrm{T}}[A^{\mathrm{T}}P + PA]x. \tag{11}$$

Diese Funktion besitzt wiederum eine quadratische Form, die bei asymptotischer Stabilität negativ definit sein muß. Mit einer positiv definiten Matrix Q gilt also

$$A^{\mathrm{T}}P + PA = -Q. \tag{12}$$

Man bezeichnet diese Beziehung auch als *Ljapunow-Gleichung.* Gemäß Satz 4 gilt folgende Aussage: Ist die Ruhelage $x = o$ des Systems nach (10) global asymptotisch stabil, so existiert zu jeder positiv definiten Matrix Q eine positiv definite Matrix P, die (12) erfüllt. Man kann also ein beliebiges positiv definites Q vorgeben, die Ljapunow-Gleichung nach P auflösen und anhand der Definitheit von P die Stabilität überprüfen.

Für nichtlineare Systeme ist ein solches Vorgehen nicht unmittelbar möglich. Es gibt jedoch verschiedene Ansätze, die in vielen Fällen zu einem befriedigenden Ergebnis führen. Hierzu gehören die Verfahren von Aiserman [7] und Schultz-Gibson [8].

9.6 Das Stabilitätskriterium von Popov

Es ist naheliegend, bei einem nichtlinearen Regelkreis den linearen Systemteil mit der Übertragungsfunktion $G(s)$ vom nichtlinearen abzuspalten. Dabei ist der Fall eines Regelkreises mit einer statischen Nichtlinearität entsprechend Bild 9-6 von besonderer Bedeutung. Für diesen Fall wurde von V. Popov [9] ein Stabilitätskriterium angegeben, das anhand des Frequenzgangs $G(\mathrm{j}\omega)$ des linearen Systemteils ohne Verwendung von Näherungen eine hinreichende Bedingung für die Stabilität liefert.

9.6.1 Absolute Stabilität

Die nichtlineare Kennlinie des im Bild 9-6 dargestellten Standardregelkreises darf in einem Bereich verlaufen, der durch zwei Geraden begrenzt wird, deren Steigung K_1 und $K_2 > K_1$ sei (Bild 9-7). Man bezeichnet ihn als *Sektor* $[K_1, K_2]$. Es gilt also für eine Kennlinie, die in diesem Sektor liegt

$$K_1 \leqq \frac{F(e)}{e} \leqq K_2, \quad e \neq 0.$$

Diese Kennlinie geht außerdem durch den Ursprung ($F(0) = 0$) und sei im übrigen eindeutig und stückweise stetig. Unter diesen Bedingungen

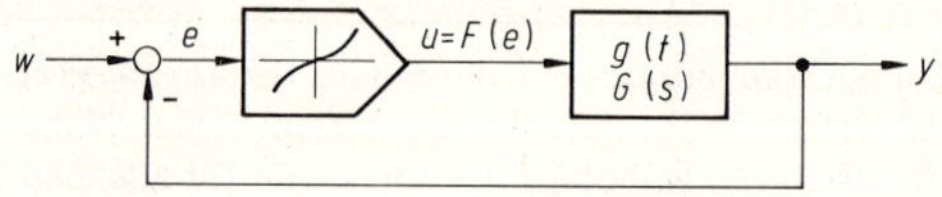

Bild 9-6. Standardregelkreis mit einer statischen Nichtlinearität.

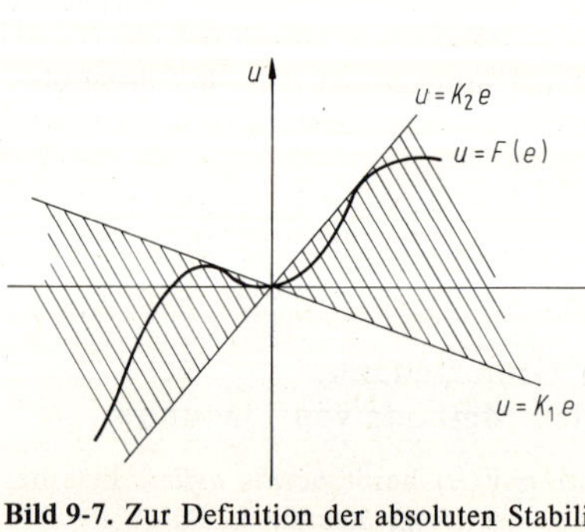

Bild 9-7. Zur Definition der absoluten Stabilität.

ist folgende Definition der Stabilität des betrachteten nichtlinearen Regelkreises zweckmäßig:

Definition: *Absolute Stabilität.*
Der nichtlineare Regelkreis in Bild 9-6 heißt *absolut stabil* im Sektor $[K_1, K_2]$, wenn es für jede Kennlinie $F(e)$, die vollständig innerhalb dieses Sektors verläuft, eine global asymptotisch stabile Ruhelage des geschlossenen Regelkreises gibt.

Zur Vereinfachung ist es zweckmäßig, den Sektor $[K_1, K_2]$ auf einen Sektor $[0, K]$ zu transformieren. Dies geschieht, ohne daß sich das Verhalten des Regelkreises ändert, dadurch, daß anstelle von $F(e)$ und $G(s)$ die Beziehungen

$$F'(e) = F(e) - K_1 e \quad \text{und}$$

$$G'(s) = G(s)/[1 + K_1 G(s)]$$

eingeführt werden. $F'(e)$ verläuft nun im Sektor $[0, K]$ mit $K = K_2 - K_1$. Für die weiteren Betrachtungen wird davon ausgegangen, daß diese Transformation bereits durchgeführt ist, wobei jedoch nicht die Bezeichnungen $F'(e)$ und $G'(s)$ verwendet werden sollen, sondern der Einfachheit halber $F(e)$ und $G(s)$ beibehalten werden.

9.6.2 Formulierung des Popov-Kriteriums

Für das lineare Teilsystem in Bild 9-6 gelte

$$G(s) = \frac{b_0 + b_1 s + \ldots + b_m s^m}{a_0 + a_1 s + \ldots + s^n} \quad m < n. \tag{13}$$

Hier darf $G(s)$ keine Pole mit positivem Realteil enthalten, und es sollen zunächst auch Pole mit verschwindendem Realteil ausgeschlossen werden. Dann gilt das *Popov-Kriterium*:
Der Regelkreis nach Bild 9-6 ist absolut stabil im Sektor $[0, K]$, falls eine beliebige reelle Zahl q existiert, so daß für alle $\omega \geqq 0$ die *Popov-Ungleichung*

$$\operatorname{Re}[(1 + \mathrm{j}\omega q)\, G(\mathrm{j}\omega)] + \frac{1}{K} > 0 \tag{14}$$

erfüllt ist.

Da der Sektor $[0, K]$ auch die Möglichkeit zuläßt, daß $F(e) = 0$ und somit $u = 0$ sein darf, entspricht dies der Untersuchung des Stabilitätsverhaltens des linearen Teilsystems. Absolute Stabilität im Sektor $[0, K]$ setzt jedoch voraus, daß dann im vorliegenden Fall das lineare Teilsystem asymptotisch stabil ist. Dies ist aber beim Vorhandensein von Polen auf der imaginären Achse nicht mehr der Fall. Deshalb muß der Fall $F(e) = 0$ ausgeschlossen werden, indem man als untere Sektorgrenze eine Gerade mit beliebig kleiner positiver Steigung γ benutzt, also den Sektor $[\gamma, K]$ betrachtet. Damit gilt das Popov-Kriterium auch für solche Systeme, wobei jedoch zusätzlich gefordert werden muß, daß der geschlossene Regelkreis mit der Verstärkung γ (linearer Fall) asymptotisch stabil ist. Dies ist immer erfüllt, wenn das lineare Teilsystem einen einfachen Pol bei $s = 0$ besitzt.

9.6.3 Geometrische Auswertung der Popov-Ungleichung

Schreibt man die Popov-Ungleichung (14) in der Form

$$\operatorname{Re}[G(\mathrm{j}\omega)] - q\omega \operatorname{Im}[G(\mathrm{j}\omega)] + \frac{1}{K} > 0\,, \tag{15}$$

so läßt sich $\operatorname{Re}[G(\mathrm{j}\omega)]$ als Realteil und $\omega \operatorname{Im}[G(\mathrm{j}\omega)]$ als Imaginärteil einer modifizierten Ortskurve, der sogenannten *Popov-Ortskurve*, definieren, die demnach beschrieben wird durch

$$G^*(\mathrm{j}\omega) = \operatorname{Re}[G(\mathrm{j}\omega)] + \mathrm{j}\omega \operatorname{Im}[G(\mathrm{j}\omega)] = X + \mathrm{j}Y. \tag{16}$$

Indem man nun allgemeine Koordinaten X und Y für den Real- und Imaginärteil von $G^*(\mathrm{j}\omega)$ ansetzt, erhält man aus der Ungleichung (15) die Beziehung

$$X - qY + 1/K > 0\,. \tag{17}$$

Diese Ungleichung wird durch alle Punkte der X,Y-Ebene erfüllt, die rechts von einer Grenzlinie mit der Gleichung

$$X - qY + 1/K = 0 \tag{18}$$

liegen. Diese Grenzlinie ist eine Gerade, deren Steigung $1/q$ beträgt und deren Schnittpunkt mit der X-Achse bei $-1/K$ liegt. Man nennt diese Gerade die *Popov-Gerade*. Ein Vergleich von (15) mit (18) zeigt, daß das Popov-Kriterium genau dann erfüllt ist, wenn die Popov-Ortskurve vollständig rechts der Popov-Geraden verläuft. Diese Zusammenhänge sind in Bild 9-8 dargestellt. Daraus ergibt sich folgendes Vorgehen bei der Anwendung des Popov-Kriteriums:

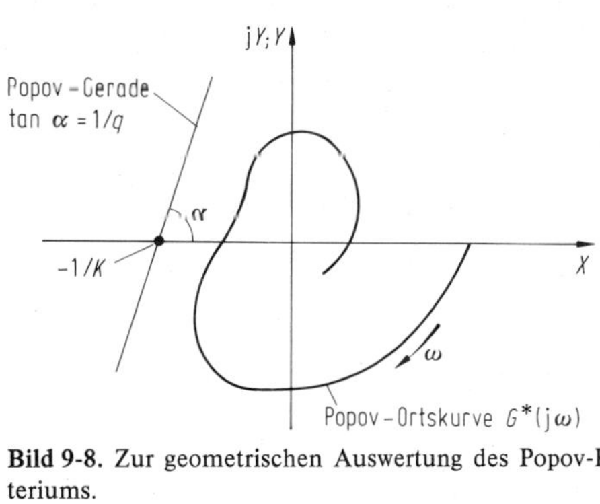

Bild 9-8. Zur geometrischen Auswertung des Popov-Kriteriums.

1. Man zeichnet gemäß (16) die Popov-Ortskurve $G^*(j\omega)$ in der X, jY-Ebene.
2a. Ist K gegeben, so versucht man, eine Gerade durch den Punkt $-1/K$ auf der X-Achse zu legen, mit einer solchen Steigung $1/q$, daß die Popov-Gerade vollständig links der Popov-Ortskurve liegt. Gelingt dies, so ist der Regelkreis absolut stabil. Gelingt es nicht, so ist keine Aussage möglich.

Hier zeigt sich die Verwandtschaft zum Nyquist-Kriterium, bei dem zumindest der kritische Punkt $-1/K$ der reellen Achse ebenfalls links der Ortskurve liegen muß.

Oft stellt sich auch die Aufgabe, den größten Sektor $[0, K_{krit}]$ der absoluten Stabilität zu ermitteln. Dann wird der zweite Schritt entsprechend modifiziert:

2b. Man legt eine Tangente von links so an die Popov-Ortskurve, daß der Schnittpunkt mit der X-Achse möglichst weit rechts liegt. Dies ergibt die maximale obere Grenze K_{krit}. Man nennt diese Tangente auch die *kritische Popov-Gerade* (Bild 9-9).

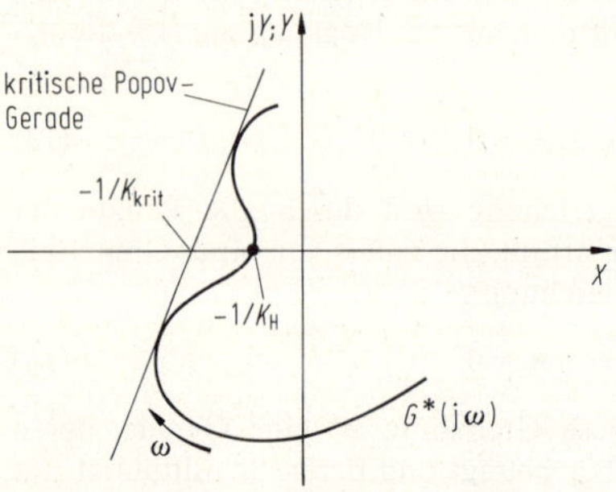

Bild 9-9. Ermittlung des maximalen Wertes K_{krit}.

Der maximale Sektor $[0, K_{krit}]$ wird als *Popov-Sektor* bezeichnet. Da das Popov-Kriterium nur eine hinreichende Stabilitätsbedingung liefert, ist es durchaus möglich, daß der maximale Sektor der absoluten Stabilität größer als der Popov-Sektor ist. Er kann jedoch nicht größer sein als der *Hurwitz-Sektor* $[0, K_H]$, der durch die maximale Verstärkung K_H des entsprechenden linearen Regelkreises begrenzt wird und der sich aus dem Schnittpunkt der Ortskurve mit der X-Achse ergibt.

10 Lineare zeitdiskrete Systeme (digitale Regelung)

10.1 Arbeitsweise digitaler Regelsysteme

Beim Einsatz digitaler Regelsysteme erfolgt die Abtastung eines gewöhnlich kontinuierlichen Prozeßsignals $f(t)$ meist zu äquidistanten Zeitpunkten, also mit einer konstanten *Abtastperiodendauer* oder auch *Abtastzeit* T bzw. Abtastfrequenz $\omega_p = 2\pi/T$. Ein solches Abtastsignal oder zeitdiskretes Signal wird somit beschrieben durch die Zahlenfolge

$$f(kT) = \{f(0), f(T), f(2T), \ldots\} \quad (1)$$

mit $k \geqq 0$ und $f(kT) = 0$ für $k < 0$, die meist auch abgekürzt als $f(k)$ bezeichnet wird. Den prinzipiellen Aufbau eines Abtastsystems, bei dem ein Prozeßrechner als Regler eingesetzt ist, zeigt Bild 10-1. Bei dieser *digitalen Regelung*, oft auch DDC-Betrieb genannt (DDC, *d*irect *d*igital *c*ontrol), wird der analoge Wert der Regelabweichung $e(t)$ in einen digitalen Wert $e(kT)$ umgewandelt. Dieser Vorgang entspricht einer Signalabtastung und erfolgt periodisch mit der Abtastzeit T. Infolge der beschränkten Wortlänge des hierfür erforderlichen Analog-Digital-Umsetzers (ADU) entsteht eine *Amplitudenquantisierung*. Diese Quantisierung oder auch Diskretisierung der Amplitude, die ähnlich auch beim Digital-Analog-Umsetzer (DAU) auftritt, ist im Gegensatz zur Diskretisierung der Zeit ein nichtlinearer Effekt. Allerdings können die Quantisierungsstufen im allgemeinen so klein gemacht werden, daß der Quantisierungseffekt vernachlässigbar ist. Die Amplitudenquantisierung wird deshalb in den folgenden Ausführungen nicht berücksichtigt.

Der Prozeßrechner als Regler berechnet nach einer zweckmäßig gewählten Rechenvorschrift *(Regelalgorithmus)* die Folge der Stellsignalwerte $u(kT)$ aus den Werten der Folge $e(kT)$. Da nur diskrete Signale auftreten, kann der digitale Regler als *diskretes Übertragungssystem* betrachtet werden.

Die berechnete diskrete Stellgröße $u(kT)$ wird vom Digital-Analog-Umsetzer in ein analoges Signal $\bar{u}(t)$ umgewandelt und jeweils über eine Abtastperiode $kT \leqq t < (k+1)T$ konstant gehalten. Dieses Element hat die Funktion eines *Haltegliedes*, und $\bar{u}(t)$ stellt – sofern das Halteglied nullter Ordnung ist – ein treppenförmiges Signal dar.

Eine wesentliche Eigenschaft solcher Abtastsysteme besteht darin, daß das Auftreten eines Abtastsignals in einem linearen kontinuierlichen System an der *Linearität* nichts ändert. Damit ist die theoretische Behandlung linearer diskreter Systeme in weitgehender Analogie zu der Behand-

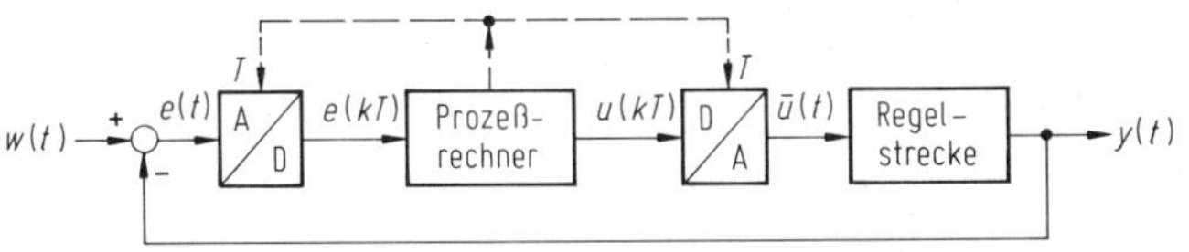

Bild 10-1. Prinzipieller Aufbau eines Abtastregelkreises.

lung linearer kontinuierlicher Systeme möglich. Dies wird dadurch erreicht, daß auch die kontinuierlichen Signale nur zu den Abtastzeitpunkten kT, also als Abtastsignale betrachtet werden. Damit ergibt sich für den gesamten Regelkreis eine *diskrete Systemdarstellung*, bei der alle Signale Zahlenfolgen sind.

10.2 Darstellung im Zeitbereich

Werden bei einem kontinuierlichen System Eingangs- und Ausgangssignal mit der Abtastzeit T synchron abgetastet, so erhebt sich die Frage, welcher Zusammenhang zwischen den beiden Folgen $u(kT)$ und $y(kT)$ besteht. Geht man von der das kontinuierliche System beschreibende Differentialgleichung aus, so besteht die Aufgabe in der *numerischen Lösung* derselben. Beim einfachsten hierfür in Frage kommenden Verfahren, dem Euler-Verfahren, werden die Differentialquotienten durch Rückwärts-Differenzenquotienten mit genügend kleiner Schrittweite T approximiert:

$$\left.\frac{\mathrm{d}f}{\mathrm{d}t}\right|_{t=kT} \approx \frac{f(kT) - f[(k-1)T]}{T} \tag{2a}$$

$$\left.\frac{\mathrm{d}^2 f}{\mathrm{d}t^2}\right|_{t=kT} \approx \frac{f(kT) - 2f[(k-1)T] + f[(k-2)T]}{T^2}. \tag{2b}$$

Dadurch geht die Differentialgleichung in eine *Differenzengleichung* über. Mit Hilfe einer solchen Differenzengleichung kann die Ausgangsfolge $y(k)$ rekursiv aus der Eingangsfolge $u(k)$ für $k = 0, 1, 2, \ldots$ berechnet werden. Allerdings handelt es sich dabei um eine Näherungslösung, die nur für kleine Schrittweiten T genügend genau ist.

Die allgemeine Form der Differenzengleichung zur Beschreibung eines linearen zeitinvarianten Eingrößensystems n-ter Ordnung mit der Eingangsfolge $u(k)$ und der Ausgangsfolge $y(k)$ lautet:

$$y(k) + \alpha_1 y(k-1) + \alpha_2 y(k-2) + \ldots + \alpha_n y(k-n)$$
$$= \beta_0 u(k) + \beta_1 u(k-1) + \ldots + \beta_n u(k-n). \tag{3a}$$

Durch Umformen ergibt sich eine rekursive Gleichung für $y(k)$,

$$y(k) = \sum_{\nu=0}^{n} \beta_\nu u(k-\nu) - \sum_{\nu=1}^{n} \alpha_\nu y(k-\nu), \tag{3b}$$

die gewöhnlich zur Berechnung der Ausgangsfolge $y(k)$ mit Hilfe des Digitalrechners verwendet wird.

Die Größen $y(k-\nu)$ und $u(k-\nu)$, $\nu = 1, 2, \ldots, n$, sind die zeitlich zurückliegenden Werte der Ausgangs- bzw. Eingangsgröße, die im Rechner gespeichert werden. Wie bei einer Differentialgleichung werden auch bei einer Differenzengleichung Anfangswerte für $k = 0$ berücksichtigt.

Ähnlich wie bei linearen kontinuierlichen Systemen die Gewichtsfunktion $g(t)$ zur Beschreibung des dynamischen Verhaltens verwendet wurde, kann für diskrete Systeme als Antwort auf den diskreten Impuls

$$u(k) = \delta_\mathrm{d}(k) = \begin{cases} 1 & \text{für} \quad k = 0 \\ 0 & \text{für} \quad k \neq 0 \end{cases} \tag{4}$$

die *Gewichtsfolge* $g(k)$ eingeführt werden. Zwischen einer beliebigen Eingangsfolge $u(k)$, der zugehörigen Ausgangsfolge $y(k)$ und der Gewichtsfolge $g(k)$ besteht für lineare diskrete Systeme der Zusammenhang über die *Faltungssumme*

$$y(k) = \sum_{\nu=0}^{\infty} u(\nu)\, g(k-\nu), \tag{5}$$

wobei anstelle der oberen Summengrenze auch die Variable k gesetzt werden darf.

Der Übergang zwischen kontinuierlichen und zeitdiskreten Signalen wird bei dem im Bild 10-1 dargestellten Abtastsystem durch den Analog-Digital-Umsetzer realisiert. Für eine mathematische Beschreibung eines solchen Systems ist jedoch eine einheitliche Darstellung der Signale erforderlich. Dazu wird eine Modellvorstellung entsprechend Bild 10-2 benutzt. Es wird also ein *δ-Abtaster* eingeführt, der eine Folge von gewichteten δ-Impulsen erzeugt. Diese Folge wird beschrieben durch die Pseudofunktion

$$f^*(t) = f(t) \sum_{k=0}^{\infty}{}' \delta(t - kT) = \sum_{k=0}^{\infty}{}' f(kT)\delta(t - kT), \tag{6}$$

bei der die δ-Impulse durch Pfeile repräsentiert werden, deren Höhe jeweils dem Gewicht, also der

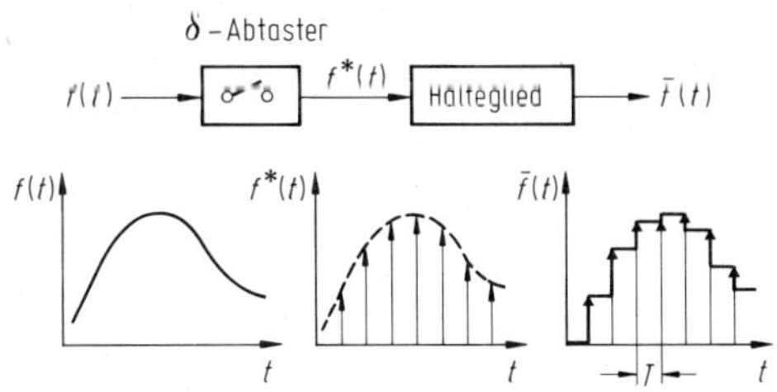

Bild 10-2. δ-Abtaster und Halteglied.

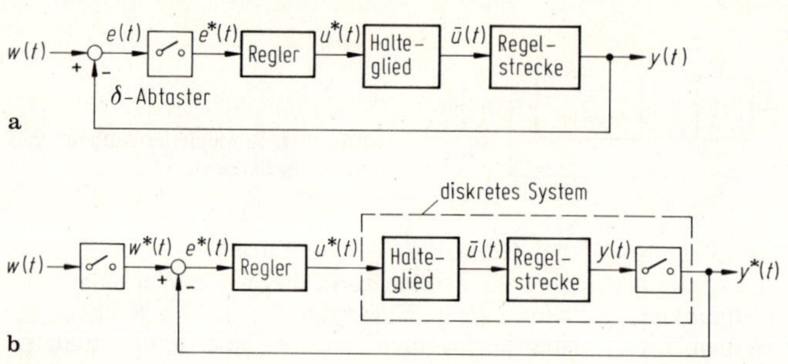

Bild 10-3. Äquivalente Blockschaltbilder eines Abtastregelkreises

„Fläche" des zugehörigen δ-Impulses, entspricht. Die Pfeilhöhe ist somit gleich dem Wert von $f(t)$ zu den Abtastzeitpunkten $t = kT$, also gleich $f(kT)$. Diese Pseudofunktion $f^*(t)$ stellt neben der Zahlenfolge entsprechend (1) eine weitere Möglichkeit zur mathematischen Beschreibung eines *Abtastsignals* dar. Die Bildung des im Bild 10-2 dargestellten treppenförmigen Signals $\bar{f}(t)$ aus dem Signal $f^*(t)$ erfolgt durch ein *Halteglied nullter Ordnung* mit der Übertragungsfunktion

$$H_0(s) = (1 - e^{-Ts})/s. \tag{7}$$

Mit diesem Halteglied läßt sich der Abtastregelkreis durch eine der im Bild 10-3 dargestellten Blockstrukturen beschreiben. Faßt man jetzt Halteglied, Regelstrecke und δ-Abtaster zu einem Block zusammen (Bild 10-3b), so treten im Regelkreis nur noch Abtastsignale auf. Man erhält damit eine vollständige diskrete Darstellung des Regelkreises.

10.3 Die z-Transformation

10.3.1 Definition der z-Transformation

Für die Darstellung der Abtastung eines kontinuierlichen Signals wurden oben bereits zwei äquivalente Möglichkeiten beschrieben: entweder die Zahlenfolge $f(k)$ gemäß (1) oder die Impulsfolge $f^*(t)$ als Zeitfunktion gemäß (6). Durch Laplace-Transformation von (6) erhält man die komplexe Funktion

$$F^*(s) = \sum_{k=0}^{\infty} f(kT)\, e^{-kTs}. \tag{8}$$

Da in dieser Beziehung die Variable s immer nur in Verbindung mit e^{Ts} auftritt, wird deshalb anstelle von e^{Ts} die komplexe Variable z eingeführt, indem man

$$e^{Ts} = z, \quad \text{bzw.} \quad s = \frac{1}{T} \ln z \tag{9}$$

setzt. Damit geht $F^*(s)$ in eine Funktion

$$F_z(z) = \sum_{k=0}^{\infty} f(kT)\, z^{-k} \tag{10}$$

über, wobei wegen der Substitution entsprechend (9) die Beziehungen

$$F^*(s) = F_z(e^{Ts}) \quad \text{und} \quad F_z(z) = F^*\left(\frac{1}{T} \ln z\right) \tag{11}$$

gelten. Man bezeichnet die Funktion $F_z(z)$ als *z-Transformierte* der Folge $f(kT)$, siehe A23.3. Da für die weiteren Überlegungen anstelle von $f(kT)$ meist die abgekürzte Schreibweise $f(k)$ benutzt wird, erfolgt die Definition der z-Transformation für diese Form durch

$$\mathfrak{z}\{f(k)\} = F_z(z) = \sum_{k=0}^{\infty} f(kT)\, z^{-k}, \tag{12}$$

wobei das Symbol $\mathfrak{z}$ als Operator der z-Transformation zu verstehen ist. Der Index z dient zur Unterscheidung dieser Transformierten gegenüber der Laplace-Transformierten $F(s)$ von $f(t)$.
Für die wichtigsten Zeitfunktionen $f(t)$ sind in Tabelle A23-3 die z-Transformierten zusammengestellt. Die Haupteigenschaften und Rechenregeln der z-Transformation sind denen der Laplace-Transformation analog, siehe A23.2.
Da $F_z(z)$ die z-Transformierte der Zahlenfolge $f(k)$ für $k = 0, 1, 2, \ldots$ darstellt, liefert die *inverse z-Transformation* von $F_z(z)$,

$$\mathfrak{z}^{-1}\{F_z(z)\} = f(k), \tag{13}$$

wieder die Zahlenwerte $f(k)$ dieser Folge, also die diskreten Werte der zugehörigen Zeitfunktion $f(t)|_{t=kT}$ für die Zeitpunkte $t = kT$. Da die z-Transformation umkehrbar eindeutig ist, kommen für die inverse z-Transformation zunächst natürlich die sehr ausführlichen Tabellenwerke [1, 2] in Betracht, aus denen unmittelbar korrespondierende Transformationen entnommen werden können. Für kompliziertere Fälle, die nicht in den Tabellen enthalten sind oder auf solche in den Tabellen zurückgeführt werden können, kann die Berechnung auf verschiedene Arten durchgeführt werden. Hierzu gehören die Potenzreihenentwicklung von (12), die Partialbruchzerlegung von $F_z(z)$ in Standardfunktionen und die Auswertung des komplexen Kurvenintegrals

$$f(k) = \frac{1}{2\pi j} \oint F_z(z)\, z^{k-1}\, dz, \quad k = 1, 2, \ldots \tag{14}$$

mit Hilfe der Residuenberechnung [3]

$$f(k) = \sum_i \operatorname{Res}\{F_z(z)\, z^{k-1}\}_{z=a_i}. \quad (15)$$

Hierbei sind die Größen a_i die Pole von $F_z(z)\, z^{k-1}$, also die Pole von $F_z(z)$.

10.4 Darstellung im Frequenzbereich

10.4.1 Die Übertragungsfunktion diskreter Systeme

Ein lineares diskretes System n-ter Ordnung wird durch die Differenzengleichung (3) beschrieben. Wendet man hierauf den Verschiebungssatz der z-Transformation an, so erhält man

$$\begin{aligned} &Y_z(z)\,(1 + \alpha_1 z^{-1} + \alpha_2 z^{-2} + \ldots + \alpha_n z^{-n}) \\ &= U_z(z)\,(\beta_0 + \beta_1 z^{-1} + \ldots + \beta_n z^{-n}), \end{aligned} \quad (16)$$

woraus direkt als Verhältnis der z-Transformierten von Eingangs- und Ausgangsfolge die *z-Übertragungsfunktion* des diskreten Systems

$$G_z(z) = \frac{Y_z(z)}{U_z(z)} = \frac{\beta_0 + \beta_1 z^{-1} + \ldots + \beta_n z^{-n}}{1 + \alpha_1 z^{-1} + \ldots + \alpha_n z^{-n}} \quad (17)$$

definiert werden kann. Dabei sind die Anfangswerte der Differenzengleichung als Null vorausgesetzt. In Analogie zu den kontinuierlichen Systemen ist die z-Übertragungsfunktion $G_z(z)$ auch als z-Transformierte der Gewichtsfolge $g(k)$ definiert:

$$G_z(z) = \mathfrak{z}\{g(k)\}. \quad (18)$$

Dies folgt unmittelbar aus der z-Transformation der Faltungssumme gemäß (5) und dem Vergleich mit (17).
Mit der Definition der z-Übertragungsfunktion hat man die Möglichkeit, diskrete Systeme formal ebenso zu behandeln wie kontinuierliche Systeme. Beispielsweise lassen sich zwei Systeme mit den z-Übertragungsfunktionen $G_{1z}(z)$ und $G_{2z}(z)$ hintereinanderschalten, und man erhält dann als Gesamtübertragungsfunktion

$$G_z(z) = G_{1z}(z)\, G_{2z}(z). \quad (19)$$

Entsprechend ergibt sich für eine Parallelschaltung

$$G_z(z) = G_{1z}(z) + G_{2z}(z). \quad (20)$$

Wie im kontinuierlichen Fall kann bei Systemen mit P-Verhalten (Systemen mit Ausgleich) auch der *Verstärkungsfaktor* K bestimmt werden, der sich bei sprungförmiger Eingangsfolge $u(k) = 1$ für $k \geqq 0$ als stationärer Endwert der Anfangsfolge über den Endwertsatz der z-Transformation zu

$$K = G_z(1) = \left(\sum_{\nu=0}^{n} \beta_\nu\right) \Big/ \left(1 + \sum_{\nu=1}^{n} \alpha_\nu\right) \quad (21)$$

ergibt.

10.4.2 Die z-Übertragungsfunktion kontinuierlicher Systeme

Zur theoretischen Behandlung von Abtastregelkreisen wird auch für die kontinuierlichen Teilsysteme eine diskrete Systemdarstellung benötigt, also eine z-Übertragungsfunktion. Dazu betrachtet man den gestrichelt dargestellten Teil des Abtastregelkreises von Bild 10-3b. Gesucht ist nun das Übertragungsverhalten zwischen den Abtastsignalen $u^*(t)$ und $y^*(t)$. Betrachtet man zunächst die Gewichtsfunktion $g_{HG}(t)$ des kontinuierlichen Systems einschließlich Halteglied, also

$$g_{HG}(t) = \mathcal{L}^{-1}\{H(s)G(s)\},$$

so erhält man hierzu durch Abtasten die Gewichtsfolge

$$g_{HG}(kT) = \mathcal{L}^{-1}\{H(s)G(s)\}|_{t=kT}. \quad (22)$$

Damit ergibt sich die Beziehung

$$HG_z(z) = \mathfrak{z}\{\mathcal{L}^{-1}\{H(s)G(s)\}|_{t=kT}\} \quad (23)$$

für die Bestimmung von $HG_z(z)$ aus $G(s)$, die häufig auch als

$$HG_z(z) = \mathcal{Z}\{H(s)G(s)\} \quad (24)$$

geschrieben wird, wobei das Symbol $\mathcal{Z}$ die in (23) enthaltene doppelte Operation $\mathfrak{z}\{\mathcal{L}^{-1}\{\ldots\}|_{t=kT}\}$ kennzeichnet. Es wäre somit falsch, $HG_z(z)$ als z-Transformierte der Übertragungsfunktion $H(s)G(s)$ zu betrachten; richtig ist vielmehr, daß $HG_z(z)$ die z-Transformierte der Gewichtsfolge $g_{HG}(kT)$ ist. Außerdem ist zu beachten, daß die durch (24) beschriebene Operation nicht umkehrbar eindeutig ist.
Verwendet man in (24) ein Halteglied nullter Ordnung gemäß (7), so folgt mit $H(s) = H_0(s)$ anstelle von (24) speziell

$$H_0G_z(z) = (1 - z^{-1})\,\mathcal{Z}\left\{\frac{G(s)}{s}\right\} = \frac{z-1}{z}\,\mathcal{Z}\left\{\frac{G(s)}{s}\right\}. \quad (25)$$

Generell stellt $HG_z(z)$ die diskrete Beschreibung des kontinuierlichen Systems mit der Übertragungsfunktion $G(s)$ dar. Besitzt $G(s)$ noch eine Totzeit

$$G(s) = G'(s)\, e^{-T_t s}, \quad (26)$$

so ergibt sich — sofern $T_t = dT$ gewählt wird (d ganzzahlig) — für die zugehörige diskrete Übertragungsfunktion

$$HG_z(z) = HG'_z(z)\, z^{-d}. \quad (27)$$

Hieraus ist ersichtlich, daß die Totzeit nur eine Multiplikation von $HG_z(z)$ mit z^{-d} bewirkt, d. h., die z-Übertragungsfunktion bleibt eine rationale Funktion. Dies vereinfacht natürlich die Behandlung von Totzeit-Systemen im diskreten Bereich außerordentlich.
Die mit Hilfe des Euler-Verfahrens ermittelte Differenzengleichung läßt sich leicht in eine z-Übertragungsfunktion umwandeln. Zur Verallgemeinerung wird (2a) auf ein I-Glied angewandt, das durch die Beziehung

$$\dot{y}(t) = u(t) \quad \text{bzw.} \quad Y(s) = \frac{1}{s} U(s) \tag{28}$$

beschrieben wird. Daraus folgt als Differenzengleichung

$$y(k) = y(k-1) + Tu(k),$$

die bekannte Beziehung für die Rechteck-Integration. Die Anwendung der z-Transformation auf diese Beziehung liefert

$$Y_z(z)(1 - z^{-1}) = TU_z(z),$$

und hieraus folgt

$$Y_z(z) = \frac{Tz}{z-1} U_z(z).$$

Durch Vergleich mit (28) ergibt sich für die entsprechenden Übertragungsfunktionen somit die Korrespondenz

$$\frac{1}{s} \rightarrow \frac{Tz}{z-1}. \tag{29}$$

Bei Systemen höherer Ordnung geht man nun bei der Anwendung der *approximierten z-Transformation* so vor, daß man aus der Korrespondenz von (29) die Substitutionsbeziehung

$$s \approx \frac{z-1}{Tz} \tag{30}$$

bildet und in $G(s)$ einsetzt, woraus sich die *approximierte z-Übertragungsfunktion* $G_z(z)$ ergibt. Allerdings ist nun $G_z(z)$ nicht mehr mit der Funktion vergleichbar, die durch die exakte Transformation mit Halteglied entsteht.
Eine etwas genauere Approximationsbeziehung erhält man aus (9),

$$s = \frac{1}{T} \ln z,$$

durch die Reihenentwicklung der ln-Funktion:

$$s = \frac{1}{T} \cdot 2 \left[\frac{z-1}{z+1} + \frac{1}{3} \left\{ \frac{z-1}{z+1} \right\}^3 + \frac{1}{5} \left\{ \frac{z-1}{z+1} \right\}^5 + \dots \right]. \tag{31}$$

Durch Abbruch nach dem ersten Glied entsteht die *Tustin-Formel*

$$s \approx \frac{2}{T} \cdot \frac{z-1}{z+1}, \tag{32}$$

mit der wiederum durch Substitution $G_z(z)$ aus $G(s)$ näherungsweise für kleine Werte von T berechnet werden kann [4].

10.5 Stabilität diskreter Regelsysteme

10.5.1 Stabilitätsbedingungen

Ein diskretes Regelsystem, beschrieben durch (3b) oder (7) oder auch in der Form

$$G_z(z) = \frac{\beta_0 z^n + \beta_1 z^{n-1} + \dots + \beta_n}{z^n + \alpha_1 z^{n-1} + \dots + \alpha_n}, \tag{33}$$

ist stabil, wenn zu jeder beschränkten Eingangsfolge $u(k)$ auch die Ausgangsfolge $y(k)$ beschränkt ist. Unter Benutzung dieser Stabilitätsdefinition kann man nun mit Hilfe der Faltungssumme (5) folgende notwendige und hinreichende Stabilitätsbedingung formulieren: Ist $g(k)$ die Gewichtsfolge eines diskreten Systems, so ist dieses System genau dann stabil, wenn

$$\sum_{k=0}^{\infty} |g(k)| < \infty \tag{34}$$

ist.
Diese Stabilitätsbedingung im Zeitbereich ist allerdings recht unhandlich. Durch Übergang in den komplexen Bereich der z-Transformierten $G_z(z)$ von $g(k)$ erhält man folgende *notwendige und hinreichende Stabilitätsbedingung in der z-Ebene:*
Das durch die rationale Funktion $G_z(z)$ gemäß (33) bestimmte Abtastsystem ist genau dann stabil, wenn alle Pole z_i von $G_z(z)$ innerhalb des Einheitskreises der z-Ebene liegen, d. h., wenn gilt

$$|z_i| < 1 \quad \text{für} \quad i = 1, 2, \dots, n. \tag{35}$$

Diese Stabilitätsbedingung folgt unmittelbar aus der Analogie zwischen der s-Ebene für kontinuierliche und der z-Ebene für diskrete Systeme. Die linke s-Halbebene wird mit Hilfe der Substitution (9),

$$z = e^{Ts} \quad \text{mit} \quad s = \sigma + j\omega,$$

in das Innere des Einheitskreises der z-Ebene abgebildet, wobei

$$|z| = e^{T\sigma} \tag{36a}$$

$$\text{und} \quad \varphi = \arg z = \omega T \tag{36b}$$

gilt. Da im kontinuierlichen Fall für asymptotische Stabilität alle Pole s_i der Übertragungsfunktion $G(s)$ in der linken s-Halbebene ($\mathrm{Re}(s_i) < 0$) liegen müssen, folgt aus den Abbildungsgesetzen

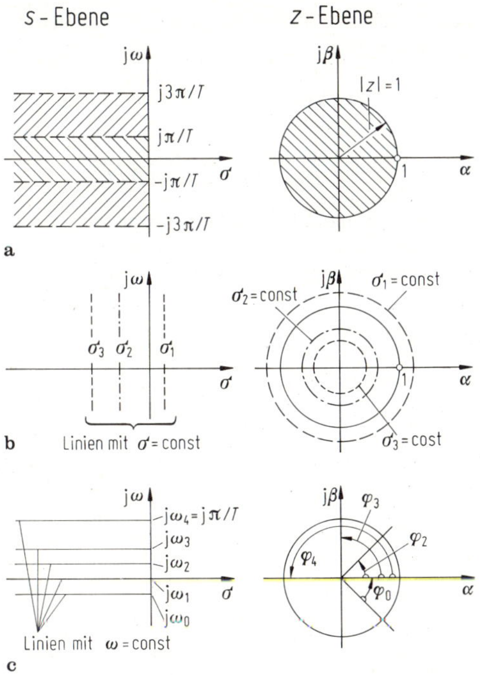

Bild 10-4. Abbildung der s-Ebene in die z-Ebene. **a** Abbildung der linken s-Halbebene in das Innere des Einheitskreises der z-Ebene, **b** Abbildung der Linien $\sigma = \text{const}$ in Kreise der z-Ebene, **c** Abbildung der Linien $\omega = \text{const}$ in Strahlen aus dem Ursprung der z-Ebene.

der z-Transformation, daß entsprechend bei einem diskreten System alle Pole z_i der z-Übertragungsfunktion $G_z(z)$ im Innern des Einheitskreises liegen müssen, wie oben bereits festgestellt wurde. Anhand von (36a, b) läßt sich leicht zeigen, daß die gesamte linke s-Halbebene ($\sigma < 0$) in das Innere des Einheitskreises $0 \leqq |z| < 1$ und die rechte s-Halbebene ($\sigma > 0$) in das Äußere des Einheitskreises $|z| > 1$ abgebildet wird. Der $j\omega$-Achse der s-Ebene entspricht der Einheitskreis der z-Ebene ($|z| = 1$), der bei deren Abbildung unendlich oft durchlaufen wird. Anhand dieser Überlegungen ist leicht ersichtlich, daß Linien konstanter Dämpfung ($\sigma = \text{const}$) in der s-Ebene bei dieser Abbildung in Kreise um den Ursprung der z-Ebene übergehen. Linien konstanter Frequenz ($\omega = \text{const}$) in der s-Ebene werden in der z-Ebene als Strahlen abgebildet, die im Ursprung der z-Ebene mit konstantem Winkel $\varphi = \omega T$ beginnen. Je größer die Frequenz, desto größer wird also auch der Winkel φ dieser Geraden (Bild 10-4).

10.5.2 Stabilitätskriterien

Zur Überprüfung der oben definierten Stabilitätsbedingungen, daß alle Pole z_i von $G_z(z)$ innerhalb des Einheitskreises der z-Ebene liegen müssen, stehen auch bei diskreten Systemen Kriterien zur Verfügung, die ähnlich wie bei linearen kontinuierlichen Systemen von der *charakteristischen Gleichung*

$$f(z) = \gamma_0 + \gamma_1 z + \ldots + \gamma_n z^n = 0 \qquad (37)$$

ausgehen. Diese Beziehung folgt aus (33) durch Nullsetzen und triviale Umbenennung des Nennerpolynoms.

Eine einfache Möglichkeit, die Stabilität eines diskreten Systems zu überprüfen, besteht in der Verwendung der *w-Transformation*

$$w = \frac{z-1}{z+1} \quad \text{oder} \quad z = \frac{1+w}{1-w}. \qquad (38)$$

Diese Transformation bildet das Innere des Einheitskreises der z-Ebene in die linke w-Ebene ab. Damit werden bei einem stabilen System alle Wurzeln z_i der charakteristischen Gleichung in der linken w-Halbebene abgebildet. Mit (38) erhält man als charakteristische Gleichung in der w-Ebene

$$\gamma_0 + \gamma_1 \left[\frac{1+w}{1-w}\right] + \ldots + \gamma_n \left[\frac{1+w}{1-w}\right]^n = 0. \qquad (39)$$

Hierauf kann das Routh- oder Hurwitz-Kriterium (siehe 6.2) angewandt werden. Dieser Weg ist jedoch nicht erforderlich, wenn speziell für diskrete Systeme entwickelte Stabilitätskriterien verwendet werden, wie beispielsweise das Kriterium von Jury [5] oder das Schur-Cohn-Kriterium [6]. Im folgenden sei kurz das Vorgehen beim *Jury-Stabilitätskriterium* gezeigt.

Zunächst wird in (37) das Vorzeichen so gewählt, daß

$$\gamma_n > 0 \qquad (40)$$

wird. Dann berechnet man das in Tabelle 10-1 dargestellte Koeffizientenschema. Zu diesem Zweck schreibt man die Koeffizienten γ_i in den ersten beiden Reihen vor- und rückwärts — wie dar-

Tabelle 10-1. Koeffizienten zum Jury-Stabilitätskriterium

Reihe	z^0	z^1	z^2	…	z^{n-2}	z^{n-1}	z^n
1	γ_0	γ_1	γ_2	…	γ_{n-2}	γ_{n-1}	γ_n
2	γ_n	γ_{n-1}	γ_{n-2}	…	γ_2	γ_1	γ_0
3	b_0	b_1	b_2	…	b_{n-2}	b_{n-1}	
4	b_{n-1}	b_{n-2}	b_{n-3}		b_1	b_0	
5	c_0	c_1	c_2	…	c_{n-2}		
6	c_{n-2}	c_{n-3}	c_{n-4}	…	c_0		
⋮				⋮			
$2n-5$	r_0	r_1	r_2	r_3			
$2n-4$	r_3	r_2	r_1	r_0			
$2n-3$	s_0	s_1	s_2				

gestellt — an. Jeder nachfolgende Satz zweier zusammengehöriger Reihen wird berechnet aus folgenden Determinanten:

$$b_k = \begin{vmatrix} \gamma_0 & \gamma_{n-k} \\ \gamma_n & \gamma_k \end{vmatrix}, \quad c_k = \begin{vmatrix} b_0 & b_{n-1-k} \\ b_{n-1} & b_k \end{vmatrix},$$

$$d_k = \begin{vmatrix} c_0 & c_{n-2-k} \\ c_{n-2} & c_k \end{vmatrix}, \ldots$$

$$s_0 = \begin{vmatrix} r_0 & r_3 \\ r_3 & r_0 \end{vmatrix}, \quad s_1 = \begin{vmatrix} r_0 & r_2 \\ r_3 & r_1 \end{vmatrix}, \quad s_2 = \begin{vmatrix} r_0 & r_1 \\ r_3 & r_2 \end{vmatrix}.$$

Die Berechnung erfolgt so lange, bis die letzte Reihe mit den drei Zahlen s_0, s_1 und s_2 erreicht ist. Das Jury-Stabilitätskriterium besagt nun, daß für asymptotisch stabiles Verhalten folgende notwendigen und hinreichenden Bedingungen erfüllt sein müssen:

a) $f(1) > 0 \quad \text{und} \quad (-1)^n f(-1) > 0$ (41)

b) außerdem folgende $(n-1)$ Bedingungen:

$$\begin{aligned} &|\gamma_0| < \gamma_n > 0 \qquad &&|d_0| > |d_{n-3}| \\ &|b_0| > |b_{n-1}| &&\vdots \\ &|c_0| > |c_{n-2}| &&|s_0| > |s_2| . \end{aligned} \tag{42}$$

Ist eine dieser Bedingungen nicht erfüllt, dann ist das System instabil. Bevor das Koeffizientenschema aufgestellt wird, muß zuerst $f(z=1)$ und $f(z=-1)$ berechnet werden. Erfüllt eine dieser Beziehungen die zugehörige obige Ungleichung nicht, dann liegt bereits instabiles Verhalten vor.

10.6 Regelalgorithmen für die digitale Regelung

10.6.1 PID-Algorithmus

Eine der einfachsten Möglichkeiten, einen Regelalgorithmus für die digitale Regelung zu realisieren, besteht darin, die Funktion des konventionellen PID-Reglers einem Prozeßrechner zu übertragen. Dazu muß der PID-Regler mit verzögertem D-Verhalten und der Übertragungsfunktion

$$G_{\text{PID}}(s) = K_{\text{R}} \left[1 + \frac{1}{\text{T}_{\text{I}} s} + \frac{T_{\text{D}} s}{1 + T_{\text{v}} s} \right] \tag{43}$$

in einen diskreten Algorithmus umgewandelt werden. Da hierbei der Zeitverlauf des Eingangssignals, nämlich die Regelabweichung $e(t)$ beliebig sein kann, ist die Bestimmung der z-Übertragungsfunktion des diskreten PID-Reglers nur näherungsweise möglich.

Für die Berechnung des I-Anteils wird die Tustin-Formel (32) benutzt, wodurch eine Integration nach der Trapezregel beschrieben wird. Zur Diskretisierung des D-Anteils erweist sich eine Substitution nach (30) als günstiger, so daß man insgesamt für den PID-Algorithmus die z-Übertragungsfunktion

$$\begin{aligned} D_{\text{PID}}(z) = K_{\text{R}} \Bigg[& 1 + \frac{T}{2T_{\text{I}}} \cdot \frac{z+1}{z-1} \\ & + \frac{T_{\text{D}}}{T} \cdot \frac{z-1}{z(1 + T_{\text{v}}/T) - T_{\text{v}}/T} \Bigg] \end{aligned} \tag{44}$$

erhält. Faßt man die einzelnen Terme zusammen, so ergibt sich eine z-Übertragungsfunktion 2. Ordnung mit den Polen $z = 1$ und $z = -c_1$

$$D_{\text{PID}}(z) = \frac{U_z(z)}{E_z(z)} = \frac{d_0 + d_1 z^{-1} + d_2 z^{-2}}{(1 - z^{-1})(1 + c_1 z^{-1})}, \tag{45}$$

deren Koeffizienten aus den Parametern K_{R}, T_{I}, T_{D} und T_{v} wie folgt berechnet werden:

$$d_0 = \frac{K_{\text{R}}}{1 + T_{\text{v}}/T} \left[1 + \frac{T + T_{\text{v}}}{2T_{\text{I}}} + \frac{T_{\text{D}} + T_{\text{v}}}{T} \right], \tag{46a}$$

$$d_1 = \frac{K_{\text{R}}}{1 + T_{\text{v}}/T} \left[-1 + \frac{T}{2T_{\text{I}}} - \frac{2(T_{\text{D}} + T_{\text{v}})}{T} \right], \tag{46b}$$

$$d_2 = \frac{K_{\text{R}}}{1 + T_{\text{v}}/T} \left[\frac{T_{\text{D}} + T_{\text{v}}}{T} - \frac{T_{\text{v}}}{2T_{\text{I}}} \right], \tag{46c}$$

$$c_1 = -\frac{T_{\text{v}}}{T + T_{\text{v}}}. \tag{46d}$$

Die zugehörige Differenzengleichung

$$\begin{aligned} u(k) = {} & d_0 e(k) + d_1 e(k-1) + d_2 e(k-2) \\ & + (1 - c_1) u(k-1) + c_1 u(k-2) \end{aligned} \tag{47}$$

erhält man direkt aus (45) durch inverse z-Transformation. (47) wird auch als *Stellungs-* oder *Positionsalgorithmus* bezeichnet, da hier die Stellgröße direkt berechnet wird. Im Gegensatz dazu wird beim *Geschwindigkeitsalgorithmus* jeweils die Änderung der Stellgröße

$$\Delta u(k) = u(k) - u(k-1) \tag{48}$$

berechnet, wobei die entsprechende Differenzengleichung lautet:

$$\begin{aligned} \Delta u(k) = {} & d_0 e(k) + d_1 e(k-1) \\ & + d_2 e(k-2) - c_1 \Delta u(k-1) . \end{aligned} \tag{49}$$

Durch Anwendung der z-Transformation folgt aus (49) direkt die z-Übertragungsfunktion des Geschwindigkeitsalgorithmus

$$D'_{\text{PID}}(z) = \frac{\Delta U_z(z)}{E_z(z)} = \frac{d_0 + d_1 z^{-1} + d_2 z^{-2}}{1 + c_1 z^{-1}}. \tag{50}$$

In der Praxis wird der Geschwindigkeitsalgorithmus immer dann angewendet, wenn das Stellglied speicherndes Verhalten hat, wie es z. B. bei einem Schrittmotor der Fall ist.

Die hier besprochenen PID-Algorithmen stellen aufgrund ihrer Herleitung *quasistetige* Regelalgorithmen dar. Wählt man dabei die Abtastzeit T mindestens 1/10 kleiner als die dominierende

Tabelle 10-2. Einstellwerte für diskrete Regler nach Takahashi

	Regler-typen	Reglereinstellwerte K_R	T_I	T_D
Methode I	P	$0{,}5K_{R\,krit}$	—	—
	PI	$0{,}45K_{R\,krit}$	$0{,}83T_{krit}$	—
	PID	$0{,}6K_{R\,krit}$	$0{,}5T_{krit}$	$0{,}125T_{krit}$
Methode II	P	$\frac{1}{K_S}\cdot\frac{T_a}{T_u}$	—	—
	PI	$\frac{0{,}9}{K_S}\cdot\frac{T_a}{T_u+T/2}$	$3{,}33(T_u+T/2)$	—
	PID	$\frac{1{,}2}{K_S}\cdot\frac{T_a}{T_u+T}$	$2\,\frac{(T_u+T/2)^2}{T_u+T}$	$\frac{T_u+T}{2}$
		für $T/T_a \leqq 1/10$		

Übergangs-funktion der Regelstrecke

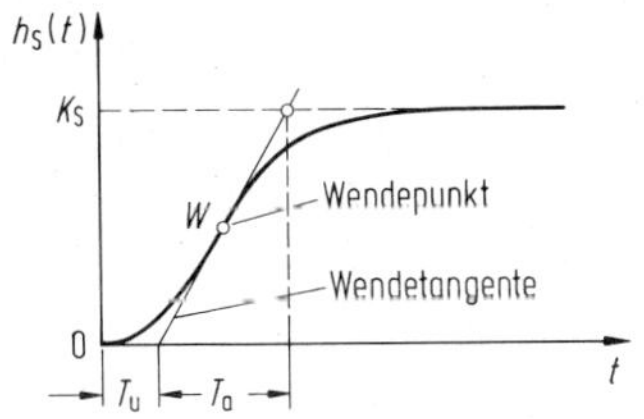

Zeitkonstante des Systems, so können unmittelbar die Parameter des kontinuierlichen PID-Reglers in (46a) bis (46d) eingesetzt werden, wie sie durch *Optimierung,* aufgrund von *Einstellregeln* oder Erfahrungswerten bekannt sind. Am meisten verbreitet sind die von Takahashi [7] für diskrete Regler entwickelten Einstellregeln, die sich weitgehend an die Regeln von Ziegler-Nichols (siehe 8) anlehnen.

Die Reglerparameter können entweder anhand der Kennwerte des geschlossenen Regelkreises an der Stabilitätsgrenze bei Verwendung eines P-Reglers (Methode I) oder anhand der gemessenen Übergangsfunktion der Regelstrecke (Methode II) ermittelt werden. Die hierfür notwendigen Beziehungen sind in Tabelle 10-2 für den P-, PI- und PID-Regler zusammengestellt. Dabei beschreiben die Größen K_{Rkrit} den Verstärkungsfaktor eines P-Reglers an der Stabilitätsgrenze und T_{krit} die Periodendauer der sich einstellenden Dauerschwingung. Bezüglich der Wahl der Größe von T_v ist darauf zu achten, daß bei kleinen Abtastzeiten das durch den Analog-Digital-Umsetzer verursachte „Quantisierungsrauschen" am Reglereingang nicht zu sehr verstärkt wird.

Selbstverständlich kann der PID-Algorithmus auch mit größeren Abtastzeiten eingesetzt werden. Allerdings ist es dann nicht mehr möglich, die Parameter nach den zuvor erwähnten Regeln einzustellen. Sehr gute Ergebnisse erhält man in diesem Fall durch Optimierung der Parameter.

10.6.2 Der Entwurf diskreter Kompensationsalgorithmen

Der diskrete Entwurf ist besonders dann interessant, wenn die Abtastzeit so groß gewählt wird, daß nicht mehr von einem quasistetigen Betrieb ausgegangen werden kann. In diesem Fall erhält man aus dem Prinzip der Kompensation der Regelstrecke ein sehr einfaches und leistungsfähiges Syntheseverfahren für diskrete Regelalgorithmen, das es ermöglicht, die diskrete Führungsübertragungsfunktion des geschlossenen Regelkreises nahezu beliebig vorzugeben. Ausgangspunkt ist ein Abtastregelkreis in diskreter Darstellung gemäß Bild 10-5, wobei die Regelstrecke, die kein sprungfähiges Verhalten besitzen soll ($b_0 = 0$), durch die z-Übertragungsfunktion (der einfacheren Beschreibung halber wird im folgenden auf den Index z verzichtet)

$$G(z) = \frac{B(z)z^{-d}}{A(z)} = \frac{b_1 z^{-1} + \ldots + b_n z^{-n}}{1 + a_1 z^{-1} + \ldots + a_n z^{-n}}\,z^{-d} \quad (51)$$

und der diskrete Regler durch $D(z)$ beschrieben werden. Hierbei ist d die diskrete Totzeit der Re-

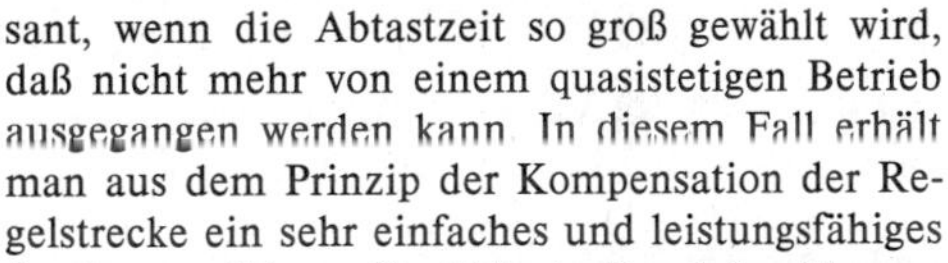

Bild 10-5. Diskreter Regelkreis.

gelstrecke, für die $d = T_t/T$ gilt. Die Führungsübertragungsfunktion dieses Regelkreises lautet:

$$G_W(z) = \frac{Y(z)}{W(z)} = \frac{D(z)\,G(z)}{1 + D(z)\,G(z)}. \quad (52)$$

Nun gibt man für $G_W(z)$ ein gewünschtes Übertragungsverhalten in Form einer „Modellübertragungsfunktion" $K_W(z)$ vor mit der Forderung

$$G_W(z) \overset{!}{=} K_W(z).$$

Damit löst man (52) nach $D(z)$ auf und erhält die Übertragungsfunktion des Reglers

$$D(z) = \frac{1}{G(z)} \cdot \frac{K_W(z)}{1 - K_W(z)}. \quad (53)$$

Diese Beziehung stellt die Grundgleichung der diskreten Kompensation dar.

Treten in $G(z)$ Pole und/oder Nullstellen außerhalb des Einheitskreises der z-Ebene auf, so muß $K_W(z)$ die folgenden Bedingungen erfüllen

$$K_W(z) = B^-(z)\,K_1(z)\,z^{-d} \quad (54)$$

$$\text{und} \quad 1 - K_W(z) = A^-(z)\,K_2(z), \quad (55)$$

wobei $A^-(z)$ und $B^-(z)$ die Teilpolynome von $A(z) = A^+(z)\,A^-(z)$ und $B(z) = B^+(z)\,B^-(z)$ darstellen, deren Wurzeln außerhalb und auf dem Einheitskreis liegen, d. h., es gilt $|z_i| \geqq 1$, während für $A^+(z)$ und $B^+(z)$ die Beziehung $|z_i| < 1$ gilt. Bei der Wahl von $K_1(z)$ und $K_2(z)$ ist weiter — wegen der stationären Genauigkeit für Führungsverhalten — die Bedingung $K_W(1) = 1$ einzuhalten. Diese Bedingung wird mit (54) und (55) gerade erfüllt durch die Ansätze

$$K_1(z) = \frac{B_K(z)\,P(z)}{N(z)} \quad (56)$$

$$\text{und} \quad K_2(z) = \frac{(1 - z^{-1})\,Q(z)}{N(z)}. \quad (57)$$

In diesen beiden Beziehungen können die Polynome $N(z)$ und $B_K(z)$ noch frei gewählt werden.

Damit ist $K_W(z)$ vollständig festgelegt. Die unbekannten Polynome $P(z)$ und $Q(z)$ werden mit minimaler Ordnung so bestimmt, daß $B_K(z)$ und $N(z)$ alle frei wählbaren Parameter enthalten. Durch Einsetzen von (54) in (55) folgt unter Berücksichtigung von (56) und (57) die Polynomgleichung

$$N(z) - A^-(z)\,(1 - z^{-1})\,Q(z) = B^-(z)\,B_K(z)\,P(z)\,z^{-d} \quad (58)$$

zur Bestimmung von $P(z)$ und $Q(z)$. Durch Einsetzen von (54) bis (57) und (51) in (53) erhält man schließlich als Beziehung für den allgemeinen Kompensationsalgorithmus

$$D(z) = \frac{A^+(z)\,B_K(z)\,P(z)}{B^+(z)\,Q(z)\,(1 - z^{-1})}. \quad (59)$$

10.6.3 Kompensationsalgorithmus für endliche Einstellzeit

Das Verfahren der diskreten Kompensation bietet die Möglichkeit, Regelkreise mit endlicher Einstellzeit *(deadbeat response)* zu entwerfen. Dies ist eine für Abtastsysteme typische Eigenschaft, die bei kontinuierlichen Regelsystemen nicht erreicht werden kann.

Es soll also $K_W(z)$ nun so gewählt werden, daß der Einschwingvorgang nach einer sprungförmigen Sollwertänderung innerhalb von $n_E = q + d$ Abtastschritten abgeschlossen ist. Offensichtlich wird diese Bedingung erfüllt, wenn $K_W(z)$ ein endliches Polynom in z^{-1} der Ordnung n_E ist. Dies ist gewährleistet, wenn

$$N(z) = 1$$

gewählt wird. Somit ergibt sich für die Modellübertragungsfunktion des Führungsverhaltens des geschlossenen Regelkreises

$$K_W(z) = B(z)\,B_K(z)\,P(z)\,z^{-d}. \quad (60)$$

Nach kurzer Zwischenrechnung erhält man für die Übertragungsfunktion des Reglers mit endlicher Einstellzeit

$$D(z) = \frac{A^+(z)\,B_K(z)\,P(z)}{Q(z)\,(1 - z^{-1})} \quad (61)$$

und als Bestimmungsgleichung für $P(z)$ und $Q(z)$

$$1 - A^-(z)(1 - z^{-1})\,Q(z) = B(z)\,B_K(z)\,P(z)\,z^{-d}. \quad (62)$$

$P(z)$ und $Q(z)$ können bei entsprechender Wahl von $B_K(z)$ mit (62) durch Koeffizientenvergleich gewonnen werden und ermöglichen so einen Entwurf, der den Anteil $A^-(z)$ der Streckenübertragungsfunktion berücksichtigt.

Für den speziellen Fall *stabiler Regelstrecken* führt das folgende Vorgehen auf sehr einfache Weise unmittelbar zum Entwurf eines Reglers mit endlicher Einstellzeit. Benutzt man in (60) noch die Abkürzung

$$B^*(z) = B(z)\,B_K(z) = \sum_{i=0}^{q} b_i^* z^{-1}, \quad (63)$$

dann erhält man für die Übertragungsfunktion des zugehörigen Reglers

$$D(z) = \frac{A(z)\,B_K(z)/B^*(1)}{1 - [B^*(z)/B^*(1)]\,z^{-d}}. \quad (64)$$

Wählt man beispielsweise $B_K(z) = 1$, so wird $q = n$, also gleich der Ordnung der Regelstrecke. Damit ergibt sich als minimale Anzahl von Abtastschritten $n_E = n + d$ für die Ausregelung eines Sollwertsprunges, wodurch die *minimale Ausregelzeit* festgelegt wird. Bezüglich der Wahl von $B_K(z)$ können verschiedene Kriterien angewendet werden. Einerseits erhöht sich mit der Ordnung von $B_K(z)$ die Reglerordnung und damit bei einem

Sollwertsprung die Anzahl der Abtastschritte bis zum Erreichen des stationären Endwertes der Regelgröße. Andererseits kann aber auch durch geeignete Wahl von $B_K(z)$ das Stellverhalten verbessert werden [3].

11 Zustandsraumdarstellung linearer Regelsysteme

11.1 Allgemeine Darstellung

Aufgrund ihrer Gemeinsamkeiten werden nachfolgend kontinuierliche und diskrete Systeme gemeinsam dargestellt und — soweit erforderlich — durch (a) und (b) in den Gleichungsnummern unterschieden. Eine Mehrgrößenregelstrecke wird durch die Zustandsgleichung

$$\dot{\boldsymbol{x}}(t) = \boldsymbol{A}\boldsymbol{x}(t) + \boldsymbol{B}\boldsymbol{u}(t), \quad \boldsymbol{x}(t_0) = \boldsymbol{x}_0 \quad (1a)$$

$$\boldsymbol{x}(k+1) = \boldsymbol{A}_d\boldsymbol{x}(k) + \boldsymbol{B}_d\boldsymbol{u}(k), \quad \boldsymbol{x}(0) = \boldsymbol{x}_0 \quad (1b)$$

und durch die Ausgangsgleichung

$$\boldsymbol{y}(t) = \boldsymbol{C}\boldsymbol{x}(t) + \boldsymbol{D}\boldsymbol{u}(t) \quad (2\,a)$$

$$\boldsymbol{y}(k) = \boldsymbol{C}_d\,\boldsymbol{x}(k) + \boldsymbol{D}_d\,\boldsymbol{u}(k) \quad (2\,b)$$

beschrieben, vgl. 3.3. Bei der Umrechnung eines kontinuierlichen Systems der Darstellung (a) in dem diskreten Fall von (b) existiert folgender Zusammenhang: $\boldsymbol{C}_d = \boldsymbol{C}$ und $\boldsymbol{D}_d = \boldsymbol{D}$, sowie

$$\boldsymbol{A}_d = \boldsymbol{I} + \boldsymbol{S}\boldsymbol{A} \quad \text{und} \quad \boldsymbol{B}_d = \boldsymbol{S}\boldsymbol{B} \quad (3)$$

$$\text{mit} \quad \boldsymbol{S} = T\sum_{n=0}^{\infty} \boldsymbol{A}^n \frac{T^n}{(n+1)!}, \quad (4)$$

wobei T die Abtastzeit ist, und $\boldsymbol{I}$ die Einheitsmatrix kennzeichnet. Die unendliche Reihe in (4) muß bei der praktischen Auswertung nach einer endlichen Zahl von Gliedern abgebrochen werden. Dabei wird zweckmäßigerweise ein zulässiger Abbruchfehler durch die Norm des Zuwachsterms vorgeschrieben.

Die Lösung von (1) lautet

$$\boldsymbol{x}(t) = \boldsymbol{\Phi}(t)\,\boldsymbol{x}_0 + \int_0^t \boldsymbol{\Phi}(t-\tau)\,\boldsymbol{B}\boldsymbol{u}(\tau)\,\mathrm{d}\tau, \quad (5\,a)$$

$$\boldsymbol{x}(k) = \boldsymbol{\Phi}(k)\,\boldsymbol{x}_0 + \sum_{j=0}^{k-1} \boldsymbol{A}_d^{k-j-1}\,\boldsymbol{B}_d\,\boldsymbol{u}(j), \quad (5\,b)$$

$$\text{wobei} \quad \boldsymbol{\Phi}(t) = e^{\boldsymbol{A}t}, \quad \boldsymbol{\Phi}(k) = \boldsymbol{A}_d^k \quad (6\,a, b)$$

als *Fundamental-* oder *Übergangsmatrix* bezeichnet wird. Diese Matrix spielt bei den Methoden des Zustandsraums eine wichtige Rolle. Sie ermöglicht auf einfache Weise die Berechnung des Systemzustands für alle Zeiten t allein aus der Kenntnis eines Anfangszustands $\boldsymbol{x}_0$ und des Zeitverlaufs des Eingangsvektors. Der Term $\boldsymbol{\Phi}\boldsymbol{x}_0$ in (5) beschreibt die homogene Lösung der Zustandsgleichung, die auch als *Eigenbewegung* oder als *freie Reaktion* des Systems bezeichnet wird. Der zweite Term entspricht der partikulären Lösung, also dem durch die äußere Erregung gegebenen Anteil *(erzwungene Reaktion)*.

Zur Berechnung von $\boldsymbol{\Phi}$ existieren verschiedene Methoden [1]. Eine einfache Möglichkeit besteht in der Berechnung im Frequenzbereich:

$$\boldsymbol{\Phi}(t) = \mathcal{L}^{-1}\{(s\boldsymbol{I} - \boldsymbol{A})^{-1}\}, \quad (7\,a)$$

$$\boldsymbol{\Phi}(k) = \mathcal{Z}^{-1}\{(z\boldsymbol{I} - \boldsymbol{A}_d)^{-1} z\}. \quad (7\,b)$$

Andererseits bietet sich für diskrete Systeme die rekursive Form

$$\boldsymbol{\Phi}(k+1) = \boldsymbol{A}_d\,\boldsymbol{\Phi}(k) \quad \text{mit} \quad \boldsymbol{\Phi}(0) = \boldsymbol{I} \quad (8)$$

zur einfachen Berechnung an.

Das Übertragungsverhalten der durch (1) beschriebenen Mehrgrößenregelstrecke läßt sich auch durch die *Übertragungsmatrix* $\mathbf{G}$ in der Darstellung

$$\boldsymbol{Y}(s) = \mathbf{G}(s)\,\boldsymbol{U}(s), \quad \boldsymbol{Y}(z) = \mathbf{G}(z)\,\boldsymbol{U}(z) \quad (9\,a, b)$$

beschreiben, wobei die Elemente G_{ij} von $\mathbf{G}$ $(i = 1, 2, \ldots, m;\ j = 1, 2, \ldots, r)$ die Teilübertragungsfunktionen des Mehrgrößensystems sind. Für $\mathbf{G}$ gilt

$$\mathbf{G}(s) = \boldsymbol{C}(s\boldsymbol{I} - \boldsymbol{A})^{-1}\boldsymbol{B} + \boldsymbol{D}, \quad (10\,a)$$

$$\mathbf{G}(z) = \boldsymbol{C}_d(z\boldsymbol{I} - \boldsymbol{A}_d)^{-1}\boldsymbol{B}_d + \boldsymbol{D}_d. \quad (10\,b)$$

Im Falle eines Eingrößensystems geht z. B. (10a) über in die *Übertragungsfunktion:*

$$G(s) = \boldsymbol{c}^{\mathrm{T}}(s\boldsymbol{I} - \boldsymbol{A})^{-1}\boldsymbol{b} + d. \quad (11)$$

Aus (10) bzw. (11) erhält man unmittelbar die *charakteristische Gleichung* des offenen Systems durch Berechnung der Determinanten

$$P^*(s) = |(s\boldsymbol{I} - \boldsymbol{A})| = 0, \quad (12\,a)$$

$$P^*(z) = |(z\boldsymbol{I} - \boldsymbol{A}_d)| = 0, \quad (12\,b)$$

wobei die sich aus diesem Polynom ergebenen Wurzeln die Pole des Systems darstellen, die auch als Eigenwerte von $\boldsymbol{A}$ bzw. $\boldsymbol{A}_d$ anzusehen sind. Zur Beurteilung der Stabilität kann die Lage dieser Pole in der s- oder z-Ebene herangezogen werden.

11.2 Normalformen für Eingrößensysteme

Der kürzeren Schreibweise wegen erfolgt im weiteren die Darstellung nur für kontinuierliche Systeme, die durch die Übertragungsfunktion

$$G(s) = \frac{Y(s)}{U(s)} = \frac{b_0 + b_1 s + \ldots + b_{n-1}s^{n-1} + b_n s^n}{a_0 + a_1 s + \ldots + a_{n-1}s^{n-1} + s^n} \quad (13)$$

beschrieben werden. Um für derartige Systeme eine Zustandsraumdarstellung anzugeben, können Standardformen gewählt werden:

a) Regelungsnormalform:

$$A = \begin{bmatrix} 0 & 1 & 0 & 0 & \dots & 0 \\ 0 & 0 & 1 & 0 & & 0 \\ 0 & 0 & 0 & 1 & & 0 \\ \vdots & & & & \ddots & \vdots \\ 0 & 0 & 0 & 0 & \dots & 1 \\ -a_0 & -a_1 & -a_2 & -a_3 & \dots & -a_{n-1} \end{bmatrix},$$

$$B = b \begin{bmatrix} 0 \\ 0 \\ 0 \\ \vdots \\ 0 \\ 1 \end{bmatrix}, \qquad (14\text{ a, b})$$

$$C = c^{\mathrm{T}} = [(b_0 - b_n a_0), (b_1 - b_n a_1), \dots (b_{n-1} - b_n a_{n-1})],$$

$$D = d = b_n. \qquad (14\text{ c, d})$$

Die Struktur der Matrix A wird als *Frobenius-Form* oder *Regelungsnormalform* bezeichnet. Sie ist dadurch gekennzeichnet, daß sie in der untersten Zeile genau die negativen Koeffizienten ihres charakteristischen Polynoms (normiert auf $a_n = 1$) enthält.

b) Beobachtungsnormalform:

$$A = \begin{bmatrix} 0 & 0 & \dots & 0 & 0 & -a_0 \\ 1 & 0 & & \vdots & \vdots & \vdots \\ 0 & 1 & & \vdots & \vdots & \vdots \\ 0 & 0 & \dots & 0 & 0 & -a_{n-3} \\ \vdots & \vdots & & 1 & 0 & -a_{n-2} \\ 0 & 0 & \dots & 0 & 1 & -a_{n-1} \end{bmatrix},$$

$$b = \begin{bmatrix} b_0 - b_n a_0 \\ \vdots \\ \vdots \\ b_{n-3} - b_n a_{n-3} \\ b_{n-2} - b_n a_{n-2} \\ b_{n-1} - b_n a_{n-1} \end{bmatrix}, \qquad (15\text{ a, b})$$

$$C = c^{\mathrm{T}} = [0 \;\; 0 \;\; \dots \;\; 0 \;\; 1], \quad D = d = b_n. \qquad (15\text{ c, d})$$

Man erkennt unmittelbar, daß diese Systemdarstellung dual zur Regelungsnormalform ist, insofern als die Vektoren b und c gerade vertauscht sind, während die Matrix A eine transponierte Frobenius-Form besitzt, in der die negativen Koeffizienten des charakteristischen Polynoms als Spalte auftreten.

c) Diagonalform:

Für einfache reelle Pole folgt:

$$A = \begin{bmatrix} s_1 & 0 & \dots & 0 \\ 0 & s_2 & & \vdots \\ \vdots & & \ddots & 0 \\ 0 & \dots & 0 & s_n \end{bmatrix}, \quad b = \begin{bmatrix} 1 \\ 1 \\ \vdots \\ 1 \end{bmatrix} \qquad (16\text{ a, b})$$

und $\quad c^{\mathrm{T}} = [c_1 \;\; c_2 \;\; \dots \;\; c_n]. \qquad (16\text{ c})$

In dieser Darstellung sind die Zustandsgleichungen entkoppelt. Das System zerfällt in n voneinander unabhängige Einzelsysteme 1. Ordnung, wobei jedem dieser Teilsysteme genau ein Pol des Systems zugeordnet ist. Die Systemmatrix hat Diagonalform und besitzt die Pole als Diagonalelemente. Treten mehrfache und/oder komplexe Pole auf, so ist eine blockdiagonale Struktur der Matrix in Form einer Jordan-Matrix [1] erforderlich.

11.3 Steuerbarkeit und Beobachtbarkeit

Das dynamische Verhalten eines Übertragungssystems wird, wie oben gezeigt wurde, durch die Zustandsgrößen vollständig beschrieben. Bei einem gegebenen System sind diese jedoch in der Regel nicht bekannt; man kennt gewöhnlich nur den Ausgangsvektor $y(t)$ sowie den Steuervektor $u(t)$. Dabei sind für die Analyse und den Entwurf eines Regelsystems folgende Fragen interessant, die eine erste Näherung der Begriffe Steuerbarkeit und Beobachtbarkeit ergeben:

— Gibt es irgendwelche Komponenten des Zustandsvektors $x(t)$ des Systems, die keinen Einfluß auf den Ausgangsvektor $y(t)$ ausüben? Ist dies der Fall, dann kann aus dem Verhalten des Ausgangsvektors $y(t)$ nicht auf den Zustandsvektor $x(t)$ geschlossen werden, und es liegt nahe, das betreffende System als nicht *beobachtbar* zu bezeichnen.

— Gibt es irgendwelche Komponenten des Zustandsvektors $x(t)$ des Systems, die nicht vom Eingangsvektor (Steuervektor) $u(t)$ beeinflußt werden? Ist dies der Fall, dann ist es naheliegend, das System als nicht *steuerbar* zu bezeichnen.

Die von Kalman [2] eingeführten Begriffe *Steuerbarkeit* und *Beobachtbarkeit* spielen in der modernen Regelungstechnik eine wichtige Rolle und ermöglichen eine schärfere Definition dieser soeben erwähnten Systemeigenschaften.

Definition der Steuerbarkeit: Das durch (1) beschriebene lineare System ist *vollständig zustandssteuerbar*, wenn es für jeden Anfangszustand $x(t_0)$ eine Steuerfunktion $u(t)$ gibt, die das System innerhalb einer beliebigen endlichen Zeitspanne $t_0 \leqq t \leqq t_1$ in den Endzustand $x(t_1) = o$ überführt.

Für die Steuerbarkeit eines linearen zeitinvarianten Systems ist folgende Bedingung notwendig und hinreichend:

$$\text{Rang } [\boldsymbol{B} \mid \boldsymbol{AB} \mid \ldots \mid \boldsymbol{A}^{n-1}\boldsymbol{B}] = n. \quad (17)$$

Das bedeutet, die $(n \times nr)$-Hypermatrix

$$\boldsymbol{S}_1 = [\boldsymbol{B} \mid \boldsymbol{AB} \mid \ldots \mid \boldsymbol{A}^{n-1}\boldsymbol{B}]$$

muß n linear unabhängige Spaltenvektoren enthalten. Bei Eingrößensystemen ist $\boldsymbol{S}_1$ eine quadratische Matrix, deren n Spalten linear unabhängig sein müssen. In diesem Fall kann der Rang von $\boldsymbol{S}_1$ anhand der Determinante $|\boldsymbol{S}_1|$ überprüft werden. Ist $|\boldsymbol{S}_1| \neq 0$ dann besitzt $\boldsymbol{S}_1$ den vollen Rang.

Definition der Beobachtbarkeit: Das durch (1) und (2) beschriebene lineare System ist *vollständig beobachtbar*, wenn man bei bekannter Steuerfunktion $\boldsymbol{u}(t)$ und bekannten Matrizen $\boldsymbol{A}$ und $\boldsymbol{C}$ aus der Messung des Ausgangsvektors $\boldsymbol{y}(t)$ über ein endliches Zeitintervall $t_0 \leqq t \leqq t_1$ den Anfangszustand $\boldsymbol{x}(t_0)$ eindeutig bestimmen kann.

Zur Prüfung der *Beobachtbarkeit* eines linearen zeitinvarianten Systems bildet man die $(n \times nm)$-Hypermatrix

$$\boldsymbol{S}_2^{\mathrm{T}} = [\boldsymbol{C}^{\mathrm{T}} \mid (\boldsymbol{CA})^{\mathrm{T}} \mid \ldots \mid (\boldsymbol{CA}^{n-1})^{\mathrm{T}}].$$

Das System ist genau dann beobachtbar, wenn gilt

$$\text{Rang } S_2 = n. \quad (18)$$

Diese Bedingung kann auch mit Hilfe der transponierten Matrix S_2^{T} ausgedrückt werden:

$$\text{Rang } [\boldsymbol{C}^{\mathrm{T}} \mid \boldsymbol{A}^{\mathrm{T}}\boldsymbol{C}^{\mathrm{T}} \mid \ldots \mid (\boldsymbol{A}^{\mathrm{T}})^{n-1}\boldsymbol{C}^{\mathrm{T}}] = n,$$

woraus man durch Vergleich mit (17) erkennt, daß Beobachtbarkeit und Steuerbarkeit duale Systemeigenschaften sind.

11.4 Synthese linearer Regelsysteme im Zustandsraum

11.4.1 Das geschlossene Regelsystem

Ist eine Regelstrecke in der Zustandsraumdarstellung nach (1),

$$\dot{\boldsymbol{x}} = \boldsymbol{Ax} + \boldsymbol{Bu} \quad \text{mit} \quad \boldsymbol{x}_0 = \boldsymbol{x}(0),$$

und (2),

$$\boldsymbol{y} = \boldsymbol{Cx} + \boldsymbol{Du},$$

gegeben, so bieten sich für ihre Regelung folgende zwei wichtige Möglichkeiten an:

a) Rückführung des Zustandsvektors $\boldsymbol{x}$,
b) Rückführung des Ausgangsvektors $\boldsymbol{y}$.

Die Blockstrukturen beider Möglichkeiten sind in Bild 11-1 dargestellt. Die Rückführung erfolge in beiden Fällen über konstante Verstärkungs- oder *Reglermatrizen*

$$\boldsymbol{F}_{(r \times n)} \quad \text{oder} \quad \boldsymbol{F}'_{(r \times m)},$$

die oft auch als *Rückführmatrizen* bezeichnet werden.

Beide Blockstrukturen weisen des weiteren für die Führungsgröße je ein *Vorfilter* auf, das ebenfalls durch eine konstante Matrix

$$V_{(r \times m)} \quad \text{oder} \quad V'_{(r \times m)}$$

beschrieben wird. Dieses Vorfilter sorgt dafür, daß der Ausgangsvektor $\boldsymbol{y}$ im stationären Zustand mit dem *Führungsvektor* $\boldsymbol{w}_{(m \times 1)}$ übereinstimmt. Für jede der beiden Regelkreisstrukturen läßt sich nun ebenfalls eine Zustandsraumdarstellung angeben.

Bei dem Regelsystem mit Rückführung des Zustandsvektors erhält man die Zustandsraumdar-

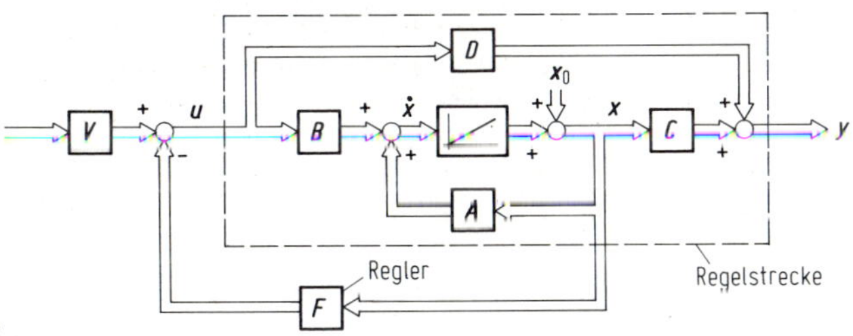

a

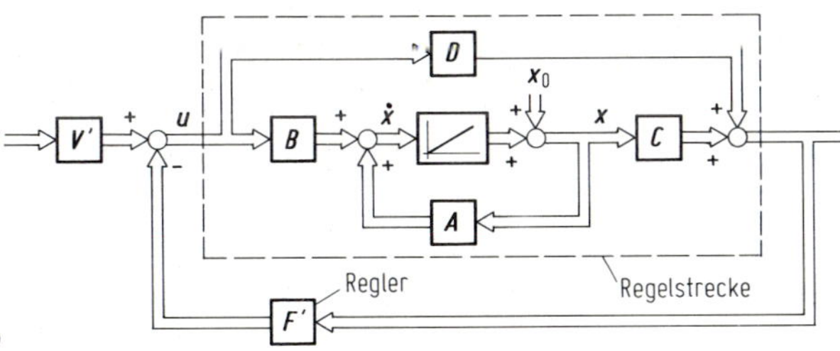

b

Bild 11-1. Regelung durch Rückführung **a** des Zustandsvektors $\boldsymbol{x}$ und **b** des Ausgangsvektors $\boldsymbol{y}$.

stellung

$$\dot{x} = (A - BF)x + BVw \tag{19}$$

und $y = (C - DF)x + DVw$. (20)

Diese beiden Beziehungen haben eine ähnliche Struktur wie (1) und (2). Somit gelten für den Übergang vom offenen zum geschlossenen Regelsystem die früher bereits eingeführten Beziehungen, nur daß nun die entsprechenden Korrespondenzen zwischen (1) und (19), bzw. (2) und (20), verwendet werden müssen. So erhält man z. B. mit der Systemmatrix $(A - BF)$ die zur Stabilitätsuntersuchung des geschlossenen Systems erforderliche charakteristische Gleichung

$$P(s) = |sI - (A - BF)| = 0, \tag{21}$$

aus der die Pole bzw. Eigenwerte des Regelkreises bestimmt werden können. Bei dem Regelsystem mit Rückführung des Ausgangsvektors erhält man die Zustandsraumdarstellung

$$\dot{x} = [A - BF'(I + DF')^{-1}C]x + B(I - F'D)^{-1}V'w \tag{22}$$

und $y = (I + DF')^{-1}(Cx + DV'w)$. (23)

Im folgenden soll für den Fall der Zustandsvektorrückführung die Berechnung der Matrix V des Vorfilters angegeben werden. Dabei werden folgende *Voraussetzungen* gemacht:

- Die Regler- oder Rückführmatrix F sei bereits bekannt.
- Die Anzahl von Stell- und Führungsgrößen sei gleich $(r = m)$.
- Zusätzlich gelte $D = o$.

Das Ziel des Entwurfs des Vorfilters ist, V so zu berechnen, daß im stationären Zustand Führungs- und Regelgrößen übereinstimmen. Als Lösung ergibt sich [1]

$$V = [C(BF - A)^{-1}B]^{-1}. \tag{24}$$

11.4.2 Der Grundgedanke der Reglersynthese

Im Gegensatz zur klassischen Ausgangsgrößenregelung gehen die Verfahren zur Synthese linearer Regelsysteme im Zustandsraum von einer Rückführung der Zustandsgrößen gemäß Bild 11-1 a aus, da diese ja das gesamte dynamische Verhalten der Regelstrecke beschreiben. Diese Struktur nennt man *Zustandsgrößenregelung*. Der Regler wird hierbei durch die konstante $(r \times n)$-Matrix F beschrieben. Er entspricht bezüglich der Zustandsgrößen einem P-Regler. Während man bei der klassischen Synthese dynamische Regler benutzt, um aus der Ausgangsgröße beispielsweise einen D-Anteil zu erzeugen, kann hier der D-Anteil direkt oder indirekt als Zustandsgröße der Regelstrecke entnommen werden.

Die Standardverfahren im Zustandsraum gehen zunächst davon aus, daß für $t > 0$ keine Führungs- und Störungssignale vorliegen. Damit hat der Regler F die Aufgabe, die *Eigendynamik* des geschlossenen Regelsystems zu verändern. Die homogene Differentialgleichung, die das Eigenverhalten des geschlossenen Regelsystems beschreibt, erhält man aus (19):

$$\dot{x} = (A - BF)x = \tilde{A}x \quad \text{mit} \quad x(0) = x_0. \tag{25}$$

Die Aufgabe der Regelung besteht nun darin, das System von einem Anfangszustand $x(0)$ in einen gewünschten Endzustand $x(t_e) = o$ überzuführen. Dazu haben sich im wesentlichen die nachfolgend aufgeführten drei Verfahren besonders bewährt. Gewöhnlich wird für deren Anwendung vorausgesetzt, daß die Regelstrecke steuerbar ist und daß ihre Zustandsgrößen verfügbar (z. B. meßbar) sind. Allerdings genügt meist bereits die Voraussetzung, daß die Regelstrecke *stabilisierbar* ist, d. h., daß instabile Pole der Regelstrecke durch den Regler stabilisiert, also in die linke s-Halbebene verschoben werden können.

11.4.3 Die modale Regelung

Der Grundgedanke der modalen Regelung besteht darin, die bestehenden Zustandsgrößen $x_i(t)$ des offenen Systems geeignet zu transformieren, so daß die neuen Zustandsgrößen $x_i^*(t)$ möglichst entkoppelt werden und getrennt geregelt werden können. Da der Steuervektor u nur r Komponenten besitzt, können nicht mehr als r modale Zustandsgrößen $x_i^*(t)$ unabhängig voneinander beeinflußt werden. Jede der r ausgesuchten modalen Zustandsgrößen $x_i^*(t)$ wirkt genau auf eine modale Steuergröße $u_i^*(t)$, so daß die Reglermatrix F Diagonalform erhält, sofern die Eigenwerte des offenen Systems einfach sind. Bei mehrfachen Eigenwerten ist eine derartige vollständige Entkopplung der Zustandsgleichungen im allgemeinen nicht mehr möglich. Unter Verwendung der Jordan-Form läßt sich dennoch eine weitgehende Entkopplung erreichen.

11.4.4 Das Verfahren der Polvorgabe

Das dynamische Eigenverhalten des geschlossenen Regelsystems wird im wesentlichen durch die Lage der Pole bzw. durch die Lage der Eigenwerte der zugehörigen Systemmatrix bestimmt. Durch die Elemente f_{ij} der Reglermatrix F können die Pole des offenen Systems aufgrund der Rückkopplung von $x(t)$ an bestimmte gewünschte Stellen in der s-Ebene verschoben werden. Will man alle Pole verschieben, so muß das offene System steuerbar sein. Praktisch geht man so vor, daß die gewünschten Pole s_i des geschlossenen Regelsystems vorgegeben und dazu die Reglerverstärkungen f_{ij} ausgerechnet werden.

Ein allgemein anwendbares Verfahren [1] für Ein- und Mehrgrößensysteme liefert die Reglermatrix

$$F = -[e_{j_1}\, e_{j_2} \ldots e_{j_n}]\,[\psi_{j_1}(s_1)\, \psi_{j_2}(s_2) \ldots \psi_{j_n}(s_n)]^{-1}, \tag{26}$$

wobei e_{j_ν} Einheitsvektoren sind und alle Pole s_i bei der Berechnung der Spaltenvektoren $\psi_{j_i}(s_i)$ berücksichtigt werden müssen. Diese Spaltenvektoren erhält man aus der $(n \times r)$-Matrix

$$\Psi(s) = \Phi(s)\, B = [\psi_1(s) \ldots \psi_r(s)], \tag{27}$$

indem für alle n vorgegebenen Pole s_i die $(n \times nr)$-Matrix

$$[\Psi(s_1)\Psi(s_2) \ldots \Psi(s_n)]$$

gebildet wird und daraus n linear unabhängige Spaltenvektoren $\psi_{j_1}(s_1), \ldots \psi_{j_n}(s_n)$ für die Berechnung von F ausgewählt werden, wobei j beliebige Werte von 1 bis r annehmen darf. Bei Eingrößensystemen ($r = 1$) ist die Wahl der $(n \times n)$-Matrix $[\psi_1(s_1) \ldots \psi_1(s_n)]$ eindeutig. Bei Mehrgrößensystemen bieten sich zum Aufbau der entsprechenden Matrix mehrere Möglichkeiten an. Aufgrund dieser Mehrdeutigkeit kann es verschiedene Reglermatrizen F geben, die zur gleichen charakteristischen Gleichung führen.
Bei einer Eingrößenregelstrecke, die in der Regelungsnormalform nach (14) vorliegt, deren charakteristische Gleichung

$$P^*(s) = a_0 + a_1 s + \ldots + a_{n-1} s^{n-1} + s^n \tag{28}$$

lautet und die durch einen Zustandsregler

$$u = vw - f^{\mathrm{T}} x$$

so geregelt werden soll, daß der geschlossene Regelkreis mit den vorgegebenen Polen s_i die charakteristische Gleichung

$$P(s) = p_0 + p_1 s + \ldots + p_{n-1} s^{n-1} + s^n \tag{29}$$

erfüllt, ergeben sich die gesuchten Elemente des Rückführvektors zu

$$f^{\mathrm{T}} = [(p_0 - a_0)\,(p_1 - a_1) \ldots (p_{n-1} - a_{n-1})]. \tag{30}$$

11.4.5 Optimaler Zustandsregler nach dem quadratischen Gütekriterium

In Anlehnung an das klassische, für Eingrößenregelsysteme eingeführte Kriterium der quadratischen Regelfläche unter Einbeziehung des Stellgrößenaufwandes läßt sich generell für Mehrgrößenregelsysteme die Gütevorschrift

$$I = x^{\mathrm{T}}(t_e)\, S x(t_e) + \int_{t_0}^{t_e} [x^{\mathrm{T}}(t)\, Q x(t) + u^{\mathrm{T}}(t)\, R u(t)]\, \mathrm{d}t \overset{!}{=} \mathrm{Min} \tag{31}$$

verwenden. Das Problem des Entwurfs eines optimalen Zustandsreglers läßt sich nach diesem Kriterium nun wie folgt formulieren: Für eine in der Zustandsraumdarstellung (1) und (2) gegebene Regelstrecke ist eine Reglermatrix F so zu ermitteln, daß ein optimaler Stellvektor

$$u^*(t) = -F^* x \tag{32}$$

das System von einem Anfangswert $x(t_0)$ derartig in die Ruhelage $x(t_e) = 0$ überführt, daß das obige Kriterium (31) erfüllt wird. Q ist eine positiv semidefinite, R eine positiv definite jeweils symmetrische Bewertungsmatrix, die häufig in Diagonalform gewählt wird, S ist eine symmetrische positiv semidefinite Matrix, die den Endzustand bewertet. Das Problem hierbei besteht in der günstigen Wahl dieser drei Matrizen. Hierbei sollten weniger mathematische als vielmehr ingenieurmäßige Gesichtspunkte berücksichtigt werden. Als optimale Reglermatrix ergibt sich bei der Lösung dieser Aufgabe

$$F^* = R^{-1} B^{\mathrm{T}} K, \tag{33}$$

wobei K die positiv definite, symmetrische und zeitlich konstante Lösungsmatrix der algebraischen Matrix-Riccati-Gleichung

$$KA + A^{\mathrm{T}} K - KBR^{-1} B^{\mathrm{T}} + Q = o \tag{34}$$

ist.

11.4.6 Das Meßproblem

Bis jetzt wurde bei der Reglersynthese vorausgesetzt, daß alle Zustandsgrößen meßbar sind. In vielen Fällen stehen jedoch die Zustandsgrößen nicht unmittelbar zur Verfügung. Oft sind sie auch nur reine Rechengrößen und damit nicht direkt meßbar. In diesen Fällen verwendet man einen sogenannten *Beobachter*, der aus den gemessenen Stell- und Ausgangsgrößen einen Näherungswert $\hat{x}(t)$ für den Zustandsvektor $x(t)$ liefert. Dieser Näherungswert $\hat{x}(t)$ konvergiert im Falle deterministischer Signale gegen den wahren Wert $x(t)$, d. h., es gilt

$$\lim_{t \to \infty} [x(t) - \hat{x}(t)] = o. \tag{35}$$

Die so entstehende Struktur eines Zustandsreglers mit Beobachter zeigt Bild 11-2. Für den Entwurf

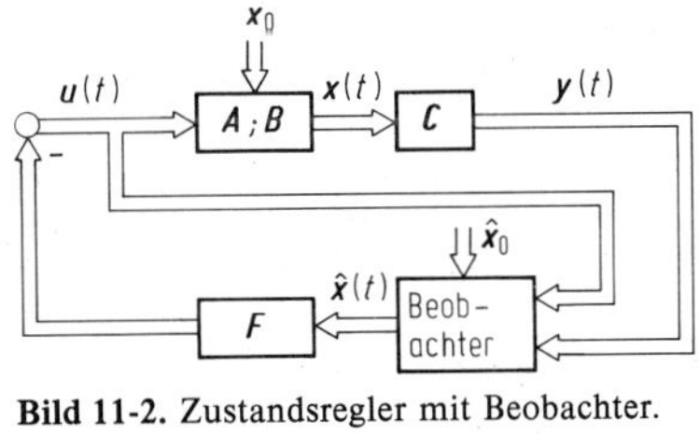

Bild 11-2. Zustandsregler mit Beobachter.

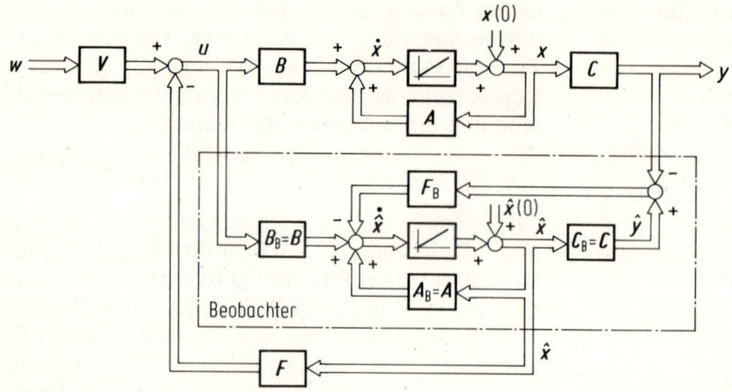

Bild 11-3. Geschlossenes Regelsystem mit Zustandsbeobachter.

eines Beobachters eignen sich ähnlich wie beim Reglerentwurf Verfahren der Polvorgabe [1].
Die Anordnung eines Zustandsbeobachters in Form eines Identitätsbeobachters (der im wesentlichen ein Modell der Regelstrecke darstellt) zeigt Bild 11-3. Dabei erhält die Reglermatrix $\boldsymbol{F}$ als Eingangsgröße anstelle von $\boldsymbol{x}$ den geschätzten Zustandsvektor $\hat{\boldsymbol{x}}$. Das Gesamtsystem besitzt nun die Ordnung $2n$. Das Gesamtsystem kann durch folgende Zustandsraumdarstellung für die beiden Teilsysteme direkt anhand von Bild 11-3 angegeben werden:

$$\begin{bmatrix} \dot{\hat{x}} \\ \dot{\tilde{e}} \end{bmatrix} = \begin{bmatrix} (A - BF) & F_B C \\ o & (A - F_B C) \end{bmatrix} \begin{bmatrix} \hat{x} \\ \tilde{e} \end{bmatrix} + \begin{bmatrix} BV \\ o \end{bmatrix} w, \tag{36}$$

wobei $\tilde{e} = x - \hat{x}$ als Rekonstruktionsfehler oder Schätzfehler bezeichnet wird. Zur Untersuchung der *Stabilität* des Gesamtsystems verwendet man die charakteristische Gleichung

$$P_G(s) = \left| sI - \begin{bmatrix} (A - BF) & F_B C \\ o & (A - F_B C) \end{bmatrix} \right|$$
$$= \begin{vmatrix} sI - (A - BF) & -F_B C \\ o & sI - (A - F_B C) \end{vmatrix} = 0 .$$

Hieraus folgt schließlich

$$\begin{aligned} P_G(s) &= |sI - A + BF| \cdot |sI - A + F_B C| \\ &= P(s)\, P_B(s) = 0 , \end{aligned} \tag{37}$$

wobei $P(s)$ die charakteristische Gleichung des geschlossenen Regelsystems ohne Beobachter und $P_B(s)$ die charakteristische Gleichung des Beobachters darstellt. (37) enthält als wichtige Aussage das *Separationsprinzip*:

> Sofern das durch die Matrizen $\boldsymbol{A}$, $\boldsymbol{B}$, $\boldsymbol{C}$ vorgegebene offene System vollständig steuerbar und beobachtbar ist, können die n Eigenwerte der charakteristischen Gleichung des Beobachters und die n Eigenwerte der charakteristischen Gleichung des geschlossenen Regelsystems (ohne Beobachter) separat vorgegeben werden.

Anders formuliert besagt das Separationsprinzip auch, daß das Gesamtsystem stabil ist, sofern der Beobachter und das geschlossene Regelsystem (ohne Beobachter) je für sich stabil sind. Hieraus folgt, daß stets eine Reglermatrix $\boldsymbol{F}$ durch eine gewünschte Polvorgabe so entworfen werden kann, als ob alle Zustandsgrößen meßbar wären. Dann kann in einem getrennten Entwurfsschritt durch entsprechende Polvorgabe der Beobachter ermittelt werden, wobei im allgemeinen die Beobachterpole etwas links von den Polen des geschlossenen Regelsystems gewählt werden.
Die hier dargestellten optimalen Entwurfsverfahren für Zustandsregler lassen sich z. B. durch Ausgangsrückführungen erweitern und modifizieren, so daß sie auch direkt für Störgrößen- und Führungsgrößenregelungen eingesetzt werden können [3].

12 Systemidentifikation

Die Systemidentifikation hat zum Ziel, für ein dynamisches System, z. B. die Regelstrecke, ein mathematisches Modell zu ermitteln. Dies kann einerseits durch Beschreibung der in einem System sich abspielenden Elementarvorgänge mittels physikalischer Gesetzmäßigkeiten, z. B. mit Bilanzgleichungen, erfolgen. Andererseits besteht aber bei einer experimentellen Identifikation die Möglichkeit, einfacher, schneller und hinreichend genau ein für regelungstechnische Zwecke geeignetes mathematisches Modell zur Beschreibung des Eingangs-Ausgangs-Verhaltens eines Übertragungssystems zu ermitteln, wobei sich an die Messung der Zeitverläufe der Ein- und Ausgangssignale eine deterministische oder statistische Auswertung mit dem Ziel der Ermittlung eines mathematischen Modells anschließt.

12.1 Deterministische Verfahren zur Systemidentifikation

Bei diesen Verfahren werden bestimmte leicht reproduzierbare Testsignale zur Erregung der Eingangsgrößen eines dynamischen Systems verwendet. Die Auswertung des zugehörigen Ausgangssignals ermöglicht dann meist eine einfache Ermittlung eines mathematischen Modells. Als Testsignale werden gewöhnlich sprungförmige, rechteckimpulsförmige, rampenförmige oder sinusförmige Signale verwendet [1]. Speziell für aperiodische Übergangsfunktionen kann die Identifikation schnell und meist mit hinreichender Genauigkeit durchgeführt werden.

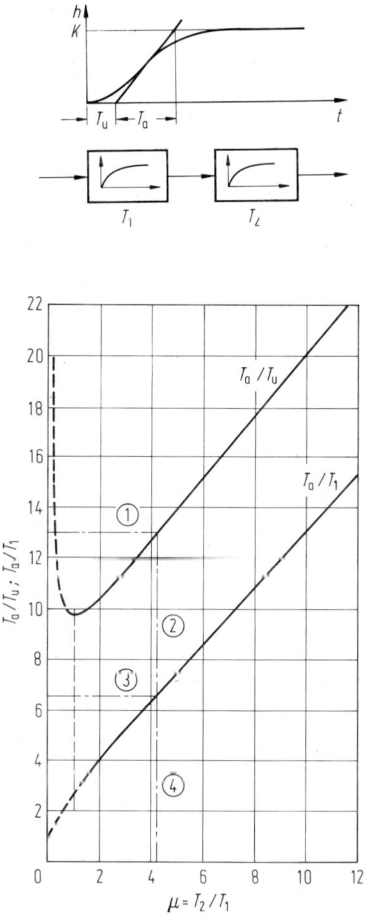

Beispiel:

T_a = 30 s; T_u = 2,3 s gegeben

① T_a/T_u = 13

②...③ T_a/T_1 = 6,55 → T_1 = 4,57 s

②...④ T_2/T_1 = 4,2 → T_2 = 19,2 s

Bild 12-1. Diagramm zur Umrechnung der Verzugszeit T_u und der Anstiegszeit T_a auf die Einzelzeitkonstanten T_1 und T_2.

12.1.1 Wendetangenten- und Zeitprozentkennwerte-Verfahren

Bei diesen Verfahren wird versucht, eine vorgegebene Übergangsfunktion $h_0(t)$ durch bekannte einfache Übertragungsglieder anzunähern, wobei die Modellstruktur gewöhnlich angenommen wird und die darin enthaltenen Koeffizienten zu bestimmen sind. Als Zeitprozentkennwert wird der Zeitpunkt t_m bezeichnet, bei dem $h_0(t_m)/K$ jeweils den Wert m % des stationären Endwertes bei 100 % erreicht, wobei K den Verstärkungsfaktor des Sy-

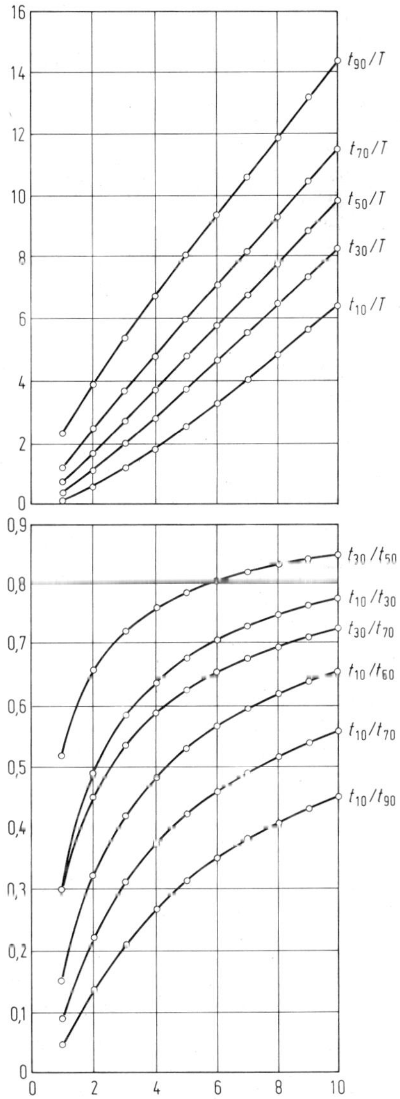

Bild 12-2. Bezogene Zeitprozentkennwerte für das mathematische Modell gemäß (2) in Abhängigkeit von der Systemordnung n.

Tabelle 12-1. Zur Approximation einer Übergangsfunktion durch ein mathematisches Modell gemäß (2)

n	T_a/T	T_a/T_u	n	T_a/T	T_a/T_u
1	1	∞	6	5,70	2,03
2	2,72	9,65	7	6,23	1,75
3	3,70	4,59	8	6,71	1,56
4	4,46	3,13	9	7,16	1,41
5	5,12	2,44	10	7,59	1,29

stems darstellt. Bei der Wendetangentenkonstruktion ergeben sich aus $h_0(t)$ als Systemkennwerte die Verzugszeit T_u und die Anstiegszeit T_a. Liegt für eine PT_n-Regelstrecke eine gemessene Übergangsfunktion vor, so kann aus dem Verhältnis T_a/T_u der Wendetangentenkonstruktion (siehe Bild 12-1) beurteilt werden, ob sie sich zu einer Approximation durch ein PT_2-Glied mit

$$G(s) = \frac{K}{(1+T_1 s)(1+T_2 s)} \tag{1}$$

eignet. Dies ist möglich für $T_a/T_u \geqq 9{,}64$. Durch die Approximation mittels eines PT_n-Gliedes mit gleichen Zeitkonstanten,

$$G(s) = K/(1+Ts)^n, \tag{2}$$

lassen sich Übergangsfunktionen auch mit wesentlich kleineren T_a/T_u-Werten anhand von Tabelle 12-1 und der Wendetangentenkonstruktion durch (2) gut annähern.

Da die Wendetangentenkonstruktion oft nicht hinreichend genau durchgeführt werden kann, wird man in vielen Fällen besser die genauer ablesbaren Zeitprozentkennwerte benutzen. Für das mathematische Modell gemäß (2) sind im Bild 12-2 die entsprechenden bezogenen Zeitprozentkennwerte in Abhängigkeit von n dargestellt.

Sehr gute Ergebnisse liefert eine weitere Zeitprozentkennwertmethode, bei der die Approximation mit einem PT_n-Glied mit zwei unterschiedlichen Zeitkonstanten,

$$G(s) = \frac{K}{(1+Ts)(1+\mu T s)^{n-1}}, \tag{3}$$

im Bereich $n = 1, 2, \ldots, 6$ und $1/20 \leqq \mu \leqq 20$ durchgeführt wird [2].

12.1.2 Identifikation im Frequenzbereich

Mit Hilfe des oben dargestellten Frequenzkennlinien-Verfahrens (Bode-Diagramm) läßt sich für einen gemessenen Frequenzgang bei minimalphasigen Systemen bereits aus dem Verlauf des Amplitudenganges durch graphische Ermittlung der Eckfrequenzen ein gutes mathematisches Modell herleiten. Allgemein und auch bei nichtminimalphasigen Systemen anwendbar sind Verfahren, mit deren Hilfe der gemessene Verlauf z. B. der Ortskurve durch eine gebrochen rationale Funktion approximiert wird [3].

12.1.3 Berechnung des Frequenzganges aus der Übergangsfunktion [4]

Wird ein Regelkreisglied durch eine Sprungfunktion der Höhe K^* erregt, dann erhält man die Sprungantwort $h^*(t)$ und somit gilt definitionsgemäß für die Übergangsfunktion $h(t) = h^*(t)/K^*$. Der exakte Zusammenhang zwischen $h(t)$ und dem Realteil $R(\omega)$ und Imaginärteil $I(\omega)$ von $G(j\omega)$ lautet:

$$R(\omega) = \omega \int_0^\infty h(t) \sin \omega t \, dt \tag{4 a}$$

$$I(\omega) = \omega \int_0^\infty h(t) \cos \omega t \, dt, \tag{4 b}$$

und daraus folgt durch Approximation

$$R(\omega) \approx h_0 - \frac{1}{\omega \Delta t} \sum_{\nu=0}^{N} p_\nu \sin(\omega \nu \Delta t) \tag{5 a}$$

$$I(\omega) \approx \frac{1}{\omega \Delta t} \sum_{\nu=0}^{N} p_\nu \cos(\omega \nu \Delta t), \tag{5 b}$$

wenn man die Übergangsfunktion in $N+2$ Punkten, also im Intervall $t_0 \leqq t \leqq t_{N+1}$, durch einen Geradenzug stückweise in äquidistanten Zeitintervallen Δt approximiert. Dabei gilt für die Hilfsgröße

$$p_\nu = \begin{cases} h_1 - h_0 & \text{für} \quad \nu = 0 \\ h_{\nu-1} - 2h_\nu + h_{\nu+1} & \text{für} \quad \nu = 1, 2, \ldots, N, \end{cases}$$

wobei die Werte h_i $(i = 0, 1, \ldots, N+1)$ direkt aus $h(t)$ abgelesen werden. Dieses Verfahren kann für jede beliebige Übergangsfunktion angewandt werden, die sich für $t \to \infty$ einer Geraden mit beliebiger endlicher Steigung nähert. Das Verfahren läßt sich für beliebige Eingangssignale erweitern [1].

12.1.4 Berechnung der Übergangsfunktion aus dem Frequenzgang [5]

Zwischen der Übergangsfunktion $h(t)$ und dem Frequenzgang $G(j\omega) = R(\omega) + jI(\omega)$ besteht der exakte Zusammenhang [1]:

$$h(t) = R(0) + \frac{2}{\pi} \int_0^\infty \frac{I(\omega)}{\omega} \cos \omega t \, d\omega, \quad t > 0 \tag{6 a}$$

oder

$$h(t) = \frac{2}{\pi} \int_0^\infty \frac{R(\omega)}{\omega} \sin \omega t \, d\omega, \quad t > 0. \tag{6 b}$$

Verwendet man z. B. (6 a), so wird der Verlauf von

$$v(\omega) = \frac{I(\omega)}{\omega}, \quad \omega \geqq 0, \quad v(0) \neq \infty, \tag{7}$$

als gegeben vorausgesetzt. Durch einen Geradenzug wird $v(\omega)$ im Bereich $0 \leqq \omega \leqq \omega_N$ so approximiert, daß für $\omega \geqq \omega_N$ der Verlauf von $v(\omega) \approx 0$ wird. Dann folgt für die Übergangsfunktion unter Verwendung von (6 a) die Approximation

$$h(t) \approx R(0) - \frac{2}{\pi t^2} \sum_{\nu=0}^{N} b_\nu \cos \omega_\nu t, \quad t > 0, \tag{8}$$

mit

$$b_\nu = \begin{cases} \dfrac{v_1 - v_0}{\omega_1 - \omega_0}; \quad \omega_0 = 0 \quad \text{für} \quad \nu = 0 \\ \dfrac{v_{\nu+1} - v_\nu}{\omega_{\nu+1} - \omega_\nu} - \dfrac{v_\nu - v_{\nu-1}}{\omega_\nu - \omega_{\nu-1}} \text{ für } \nu = 1, 2, \ldots, N. \end{cases}$$

Die Werte von v_ν $(\nu = 0, 1, \ldots, N)$ werden dabei direkt aus dem Verlauf von $v(\omega)$ bei geeignet gewählten Frequenzwerten $\omega = \omega_\nu$ entnommen, wobei $\nu_N = \nu_{N+1} = 0$ gewählt wird.

12.2 Statistische Verfahren zur Systemidentifikation [6]

Bei stochastisch gestörten Regelsystemen kann meist die Voraussetzung gemacht werden, daß der stochastische Prozeß stationär und ergodisch ist. Dies bedeutet einerseits, daß die Berechnung der die Signale beschreibenden Verteilungs- und Dichtefunktionen unabhängig vom gewählten Anfangszeitpunkt der Messung ist, und andererseits, daß die über ein Ensemble von gleichartigen Messungen gebildeten Erwartungswerte mit den zeitlichen Mittelwerten jeder einzelnen Messung übereinstimmt. Unter diesen Voraussetzungen kann für ein Regelkreisglied aus den stochastischen Signalverläufen der Ein- und Ausgangsgröße ein mathematisches Modell für das Übertragungsverhalten bestimmt werden.

12.2.1 Korrelationsanalyse

Die Autokorrelationsfunktion (AKF)

$$R_{xx}(\tau) = \lim_{T\to\infty} \frac{1}{2T} \int_{-T}^{T} x(t)\, x(t+\tau)\, \mathrm{d}t \tag{9}$$

und die Kreuzkorrelationsfunktion (KKF)

$$R_{xy}(\tau) = \lim_{T\to\infty} \frac{1}{2T} \int_{-T}^{T} x(t)\, y(t+\tau)\, \mathrm{d}t \tag{10}$$

beschreiben die gegenseitige Abhängigkeit bzw. den Verwandtschaftsgrad zwischen $x(t)$ und $x(t+\tau)$ bzw. $y(t+\tau)$. Diese Funktionen haben folgende Eigenschaften:

a) $R_{xx}(\tau) = R_{xx}(-\tau)$. (11)

b) $R_{xx}(0) \geqq R_{xx}(\tau)$. (12)

$R_{xx}(0)$ beschreibt die mittlere Signalleistung von $x(t)$.

c) Für verschwindenden Mittelwert von $x(t)$ gilt bei nicht periodischen Signalen

$$\lim_{\tau\to\infty} R_{xx}(\tau) = 0. \tag{13}$$

d) Für das stochastische Signal

$v(t) = x(t) + A\cos(\omega t + \vartheta) \quad \omega \neq 0$

folgt

$$R_{vv}(\tau) = R_{xx}(\tau) + \frac{A^2}{2}\cos\omega\tau, \tag{14}$$

und für $v(t) = x(t) + A_0$ ergibt sich

$$R_{vv}(\tau) = R_{xx}(\tau) + A_0^2. \tag{15}$$

g) $R_{xy}(\tau) = R_{yx}(-\tau)$. (16)

h) Sofern $x(t)$ oder $y(t)$ mittelwertfrei ist, gilt

$$\lim_{\tau\to\pm\infty} R_{xy}(\tau) = 0. \tag{17}$$

Die AKF und KKF sind leicht meßbare Funktionen. Sie können entweder mit einer digitalen Meßwerterfassungsanlage oder mit einem speziellen Korrelator ermittelt werden.

12.2.2 Spektrale Leistungsdichte

Die spektrale Leistungsdichte eines Signals $x(t)$ (auch als Leistungsdichtespektrum oder Leistungsspektrum bezeichnet) ergibt sich formal aus der Fourier-Transformation von $R_{xx}(\tau)$, also

$$S_{xx}(\omega) = \mathcal{F}\{R_{xx}(\tau)\} = 2\int_0^\infty R_{xx}(\tau)\cos\omega\tau\,\mathrm{d}\tau. \tag{18}$$

Durch inverse Fourier-Transformation erhält man umgekehrt

$$R_{xx}(\tau) = \mathcal{F}^{-1}\{S_{xx}(\omega)\} = \frac{1}{\pi}\int_0^\infty S_{xx}(\omega)\cos\omega\tau\,\mathrm{d}\omega. \tag{19}$$

In entsprechender Weise kann für die KKF zwischen zwei stochastischen Signalen $x(t)$ und $y(t)$ das Kreuzleistungsspektrum

$$S_{xy}(\mathrm{j}\omega) = \mathcal{F}\{R_{xy}(\tau)\} = \int_{-\infty}^{\infty} R_{xy}(\tau)\,\mathrm{e}^{-\mathrm{j}\omega\tau}\,\mathrm{d}\tau \tag{20}$$

mit

$$R_{xy}(\tau) = \mathcal{F}^{-1}\{S_{xy}(\mathrm{j}\omega)\} = \frac{1}{2\pi}\int_{-\infty}^{\infty} S_{xy}(\mathrm{j}\omega)\,\mathrm{e}^{\mathrm{j}\omega\tau}\,\mathrm{d}\omega \tag{21}$$

definiert werden. Da gewöhnlich $R_{xy}(\tau)$ keine gerade Funktion ist, stellt S_{xy} im Gegensatz zu S_{xx} eine komplexe Funktion dar.

12.2.3 Statistische Bestimmung dynamischer Eigenschaften linearer Systeme

Für ein lineares dynamisches System mit dem stochastischen Eingangssignal $u(t)$ und dem stochastischen Ausgangssignal $y(t)$ läßt sich über das Faltungsintegral unter Verwendung der oben definierten Korrelationsfunktionen folgende grundlegende Beziehung angeben:

$$R_{uy}(\tau) = \int_0^\infty R_{uu}(\tau - \sigma)\, g(\sigma)\, \mathrm{d}\sigma, \tag{22}$$

wobei $g(\cdot)$ die Gewichtsfunktion des Systems beschreibt. Diese wichtige Beziehung bietet die Möglichkeit, bei bekannter AKF $R_{uu}(\tau)$ und KKF $R_{uy}(\tau)$ durch eine Entfaltung von (22) die das untersuchte System beschreibende Gewichtsfunktion zu ermitteln.

Ein wichtiger Sonderfall von (22) liegt dann vor, wenn das erregende Eingangssignal $u(t)$ des untersuchten Systems als ideales weißes Rauschen beschrieben werden kann. Dann gilt für $R_{uu}(\tau) = \delta(\tau)$, und somit folgt aus (22) aufgrund der Ausblendeigenschaft der δ-Funktion

$$R_{uy}(\tau) = \int_0^\infty \delta(\tau - \sigma)\, g(\sigma)\, \mathrm{d}\sigma = g(\tau). \tag{23}$$

Dies bedeutet, daß hier die Messung der KKF identisch ist mit der Messung von $g(t)$. Verschiedene Signale, insbesondere quantisierte zwei- und dreistufige Signale (binäre und ternäre Signale), stehen zur Realisierung eines angenähert weißen Rauschsignals zur Verfügung. Mit diesen läßt sich (23) leicht realisieren.

Für beliebige Rauschsignale $u(t)$ und $y(t)$ ist es häufig zweckmäßig, (22) durch eine Fourier-Transformation im Frequenzbereich in der Form

$$S_{uy}(\mathrm{j}\omega) = S_{uu}(\omega)\, G(\mathrm{j}\omega) \tag{24}$$

darzustellen. Liegen die Spektren $S_{uy}(\mathrm{j}\omega)$ oder $S_{uu}(\omega)$ vor, z.B. indem die zugehörige AKF und KKF numerisch transformiert wurden, so läßt sich aus (24) der Frequenzgang des untersuchten Systems in nichtparametrischer Form

$$G(\mathrm{j}\omega) = S_{uy}(\mathrm{j}\omega)/S_{uu}(\omega) \tag{25}$$

berechnen.

In diesem Zusammenhang ist eine zweite Beziehung für die Berechnung des Frequenzganges wichtig:

$$S_{yy}(\omega) = |G(\mathrm{j}\omega)|^2\, S_{uu}(\omega). \tag{26}$$

Bei Systemen mit minimalphasigem Verhalten läßt sich dazu auch der Phasengang $\varphi(\omega)$ von $G(\mathrm{j}\omega)$ ermitteln.

Die für die Messung von Frequenzgängen eingesetzten Frequenzgangmeßplätze beruhen auf dem Prinzip einer Kreuzkorrelationsmessung [6]. Wird das untersuchte System am Eingang sinusförmig erregt, dann erhält man den Real- und Imaginärteil $R(\omega)$ und $I(\omega)$ von $G(\mathrm{j}\omega)$ durch die Messung der KKF-Werte

$$R(\omega) = R_{uy}(0), \tag{27 a}$$

$$I(\omega) = R_{uy}\left(-\frac{\pi}{2\omega}\right). \tag{27 b}$$

12.2.4 Systemidentifikation mittels Parameterschätzverfahren

Gegeben sind zusammenhängende Datensätze oder Messungen des zeitlichen Verlaufs der Ein- und Ausgangssignale $u(t)$ und $y(t)$ eines dynamischen Systems. Gesucht sind Struktur und Parameter eines geeigneten mathematischen Modells. Zur Lösung dieser Aufgabe wird meist die Modellstruktur festgelegt und dann werden die zugehörenden Parameter geschätzt. Durch Strukturprüfverfahren läßt sich die günstigste Form des Modells überprüfen.

Für Parameterschätzverfahren werden gerne mathematische Modelle in diskreter Form gewählt. Dies erscheint zumindest im Hinblick auf die numerische Behandlung zweckmäßig. Bei der Parameterschätzung geht man gewöhnlich von der Vorstellung aus, daß dem tatsächlichen (zu identifizierenden) System ein Modell möglichst gleicher Struktur und mit zusätzlich noch frei einstellbaren Parametern, die in dem Parametervektor $\boldsymbol{p}$ zusammengefaßt werden, parallel geschaltet sei. Beide Systeme werden durch $u(t)$ erregt. Die Qualität des Modells wird durch Vergleich der Ausgangsgrößen y und y_{M}, also durch den Modellausgangsfehler

$$e^*(k) = y(k) - y_{\mathrm{M}}(k) \tag{28}$$

überprüft. Das meßbare Ausgangssignal

$$y(k) = y_{\mathrm{s}}(k) + r_{\mathrm{s}}(k) \tag{29}$$

setzt sich aus dem ungestörten Ausgangssignal $y_{\mathrm{s}}(k)$ und dem stochastischen Störsignal $r_{\mathrm{s}}(k)$ zusammen. Das parallel geschaltete Modell wird durch die Differenzengleichung

$$y_{\mathrm{M}}(k) = -\sum_{\nu=1}^{n} a_\nu y_{\mathrm{M}}(k-\nu) + \sum_{\nu=0}^{n} b_\nu u(k-\nu) \tag{30}$$

beschrieben, wobei die Modellparameter a_ν und b_ν identifiziert (geschätzt) werden müssen.

Der Modellausgangsfehler $e^*(k)$ wird gewöhnlich für das angepaßte Modell nur dann verschwinden oder minimal werden, wenn das Modell einen zusätzlichen Teil für die Nachbildung des stochastischen Störsignals $r_{\mathrm{s}}(k)$ besitzt (Bild 12-3), der

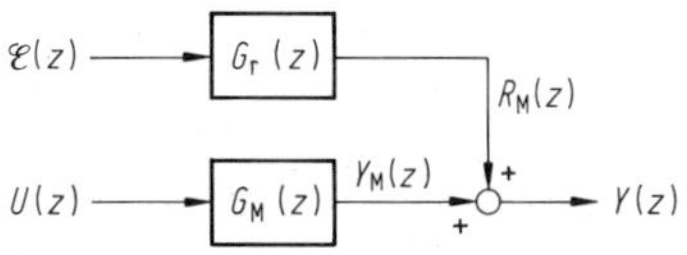

Bild 12-3. Vollständige Modellstruktur für das System und das stochastische Störsignal.

durch die Übertragungsfunktion

$$G_r(z) = R_M(z)/\mathscr{E}(z) \tag{31}$$

beschrieben wird. Dieses Störmodell erzeugt das stochastische Störsignal $r_M(k)$ durch Filterung von diskretem weißen Rauschen $\varepsilon(k)$, dessen Mittelwert Null ist. Im Fall der vollständigen Anpassung gilt dann

$$y(k) = y_M(k) + r_M(k), \tag{32}$$

oder im z-Bereich

$$Y(z) = Y_M(z) + G_r(z)\,\mathscr{E}(z)$$

bzw. mit $G_r(z) = G_r^*(z)/A(z^{-1})$ und (30) in der meist gebräuchlicheren Form

$$A(z^{-1})\,Y(z) - B(z^{-1})\,U(z) = G_r^*(z)\mathscr{E}(z) = V(z), \tag{33}$$

wobei $v(k) = z^{-1}\{V(z)\}$ ein autokorreliertes (farbiges) Rauschsignal ist. Mit

$$G_r^*(z) = V(z)/\mathscr{E}(z) = C(z^{-1})/D(z^{-1}) \tag{34}$$

stellt (33) die allgemeine Form eines ARMAX-Modells (*a*uto-*r*egressive *m*oving *a*verage with *ex*ogenious variable) dar. Durch spezielle Wahl von $G_r^*(z)$ lassen sich damit direkt die wichtigsten Modellstrukturen zur Parameterschätzung angeben [6]. Das *LS-Verfahren* (Verfahren der kleinsten Quadrate, *least squares*) erhält man z. B. für $G_r^*(z) = 1$. Für dieses Verfahren folgt aus (33) durch inverse z-Transformation

$$y(k) = \boldsymbol{m}^T(k)\,\boldsymbol{p} + \varepsilon(k) \tag{35}$$

mit dem Datenvektor

$$\boldsymbol{m}^T = [-y(k-1)\ldots -y(k-n) \,|\, u(k-1) \ldots u(k-n)]^T$$

und dem Parametervektor

$$\boldsymbol{p}(k) = [a_1 \ldots a_n \,|\, b_1 \ldots b_n]^T,$$

wobei $b_0 = 0$ gesetzt wurde (d. h., es werden nichtsprungförmige Systems betrachtet). Die Minimierung von

$$I(\boldsymbol{p}) = \frac{1}{2}\sum_{k=n+1}^{n+N} \varepsilon^2(k) = \frac{1}{2}\,\boldsymbol{\varepsilon}^T(N)\,\boldsymbol{\varepsilon}(N) \stackrel{!}{=} \text{Min} \tag{36}$$

liefert mit (35) als *direkte* analytische Lösung des Schätzproblems

$$\hat{\boldsymbol{p}} \equiv \hat{\boldsymbol{p}}(N) = [\boldsymbol{M}^T(N)\,\boldsymbol{M}(N)]^{-1}\,\boldsymbol{M}^T(N)\,\boldsymbol{y}(N) \tag{37}$$

aufgrund der endlichen Anzahl N der Meßdaten, wobei

$$\boldsymbol{M}(N) = \begin{bmatrix} \boldsymbol{m}^T(n+1) \\ \vdots \\ \boldsymbol{m}^T(n+N) \end{bmatrix}$$

die Datenmatrix der Meßwerte von $u(k)$ und $y(k)$ darstellt. Die Schätzung gemäß (37) ist konsistent.

Der Parametervektor $\hat{\boldsymbol{p}}$ läßt sich auch durch eine rekursive Lösung bestimmen *(RLS-Verfahren)*:

$$\hat{\boldsymbol{p}}(k+1) = \boldsymbol{p}(k) + \boldsymbol{q}(k+1)\,\hat{\varepsilon}(k+1) \tag{38 a}$$

$$\boldsymbol{q}(k+1) = \frac{\boldsymbol{P}(k)\,\boldsymbol{m}(k+1)}{1 + \boldsymbol{m}^T(k+1)\,\boldsymbol{P}(k)\,\boldsymbol{m}(k+1)} \tag{38 b}$$

$$\boldsymbol{P}(k+1) = \boldsymbol{P}(k) - \boldsymbol{q}(k+1)\,\boldsymbol{m}^T(k+1)\,\boldsymbol{P}(k) \tag{38 c}$$

$$\hat{\varepsilon}(k+1) = y(k+1) - \boldsymbol{m}^T(k+1)\,\hat{\boldsymbol{p}}(k). \tag{38 d}$$

Bei dieser Lösung kann man nach einer gewissen Anlaufphase eine ständige Schätzung der Parameter zu jedem Zeitpunkt $(k+1)$ unter Verwendung der um einen Zeitpunkt zurückliegenden Information erhalten. Dem Vorteil, daß die Inversion einer Matrix bei der rekursiven Lösung entfällt, steht als Nachteil die freie Wahl der Startwerte für $\hat{\boldsymbol{p}}(0)$ und $\boldsymbol{P}(0)$ (Kovarianzmatrix) gegenüber. Während gewöhnlich $\hat{\boldsymbol{p}}(0) = \boldsymbol{o}$ gesetzt wird, sollte für $\boldsymbol{P}(0) = \alpha\boldsymbol{I}$ mit $\alpha = 10^4$ gewählt werden.

13 Adaptive Regelsysteme

13.1 Begriffsdefinition

Ein adaptives Regelsystem ist eine Regelung, bei der sich beeinflußbare Eigenschaften automatisch im Sinne eines Gütemaßes auf veränderliche oder unbekannte Prozeßeigenschaften einstellen. Selbsteinstellend, selbstanpassend, selbstoptimierend sind im Sinne dieser Definition Synonyme für den Begriff „adaptiv". Die adaptive Regelung stellt eine natürliche Erweiterung des klassischen Regelungsprinzips dar. Gemäß Bild 13-1 wird dem Grundregelkreis das Anpassungssystem überlagert. Ein derartiges Anpassungssystem ist durch die drei charakteristischen Teilprozesse Identifikation, Entscheidungsprozeß und Modifikation gekennzeichnet:

— Die *Identifikation* hat in einem adaptiven Regelsystem die Aufgabe, Eigenschaften eines Systems oder eines Teilsystems zu ermitteln. Die Identifikation dient also der Gewinnung und/oder Aufbereitung von Information als Grundlage für den Entscheidungsprozeß.

— Im *Entscheidungsprozeß* wird die über die Identifikation des Systems erhaltene Information nach vorgegebenen Kriterien mit gewünschten Eigenschaften verglichen und entschieden, wie der Regler anzupassen ist.
— Die *Modifikation* ist die Realisierung der Resultate des Entscheidungsprozesses.

Dem gesamten adaptiven Regelsystem kann ein *Überwachungssystem* überlagert sein. Dieses hat zum Ziel, die ordnungsgemäße Funktion der Teilsysteme und/oder des Gesamtsystems sicherzustellen, also Fehler zu erkennen und entsprechende Maßnahmen einzuleiten.
Ein Regelsystem wird als *direktes* adaptives Regelsystem bezeichnet, wenn der zugehörige Entscheidungsprozeß ohne explizite Modellbildung der Regelstrecke direkt erfolgt, andernfalls stellt es ein *indirektes* adaptives Regelsystem dar. Unabhängig davon, ob ein direktes oder indirektes adaptives Regelsystem vorliegt, können adaptive Regelsysteme nach ihrer Wirkungsweise und ihrem Ausführungsprinzip unterschieden werden.

13.2 Drei wichtige Grundstrukturen adaptiver Regelsysteme

Adaptive Regelsysteme sind dadurch charakterisiert, daß sie in der Lage sind, bei sich ändernden oder unbekannten Betriebsbedingungen eine Selbsteinstellung ihrer Parameter, Struktur und Signale vorzunehmen. Dementsprechend läßt sich eine Unterscheidung nach
— parameteradaptiven,
— strukturadaptiven sowie
— signaladaptiven

Regelsystemen vornehmen. Während bisher nur wenige Verfahren für struktur- und signaladaptive Regelsysteme bekannt geworden sind, zählen nahezu alle in den letzten Jahren in der Literatur vorgeschlagenen adaptiven Regelverfahren zu der Gruppe der parameteradaptiven Methoden. Nur diese parameteradaptiven Regelsysteme — im

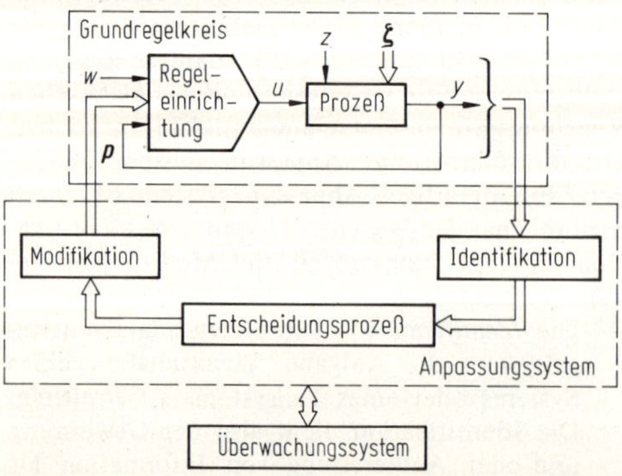

Bild 13-1. Grundstruktur eines adaptiven Regelsystems.

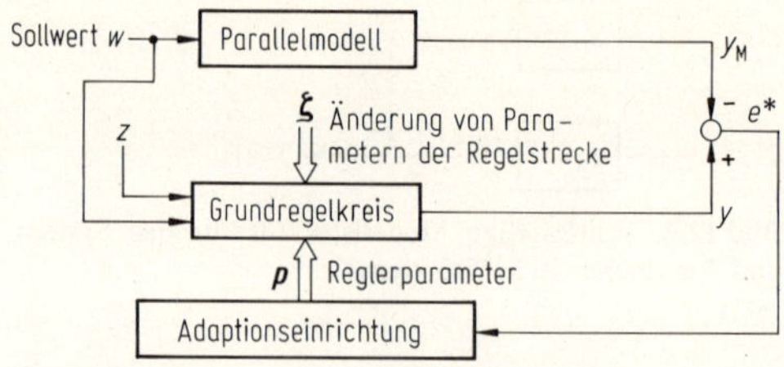

Bild 13-2. Adaptives Regelsystem mit parallelem Vergleichsmodell.

weiteren als adaptive Regelsysteme bezeichnet — sollen nachfolgend kurz behandelt werden.
Adaptive Regelsysteme lassen sich entsprechend ihrer Wirkungsweise und ihrem Ausführungsprinzip nach drei Grundstrukturen unterscheiden.
— *Verfahren der geregelten Adaption mit Vergleichsmodell:*
Je nach der Art und Anordnung des Vergleichsmodells gibt es verschiedene Möglichkeiten zur Realisierung adaptiver Regelsysteme. Die im Bild 13-2 dargestellte Struktur mit parallelem Vergleichsmodell spielt eine besonders wichtige Rolle. Bei dieser Struktur besteht die Aufgabe der Adaption darin, das Verhalten des Grundregelkreises durch Veränderung der Reglerparameter bei sich ändernden oder unbekannten Parametern der Regelstrecke stets an ein *fest vorgegebenes Modellverhalten* anzupassen. Der Grundregelkreis und das Modell erhalten dasselbe Eingangssignal $w(t)$. Die beiden Ausgangssignale von Modell $y_M(t)$ und Grundregelkreis $y(t)$ werden miteinander verglichen und daraus das Fehlersignal $e^*(t)$ gebildet. Dieses Fehlersignal $e^*(t)$ wird der Adaptionseinrichtung zugeführt, über die die Reglerparameter so lange verändert werden, bis $e^*(t)$ hinreichend klein oder ein vorgegebenes Gütekriterium erfüllt wird.
— *Verfahren der geregelten Adaption ohne Vergleichsmodell:*

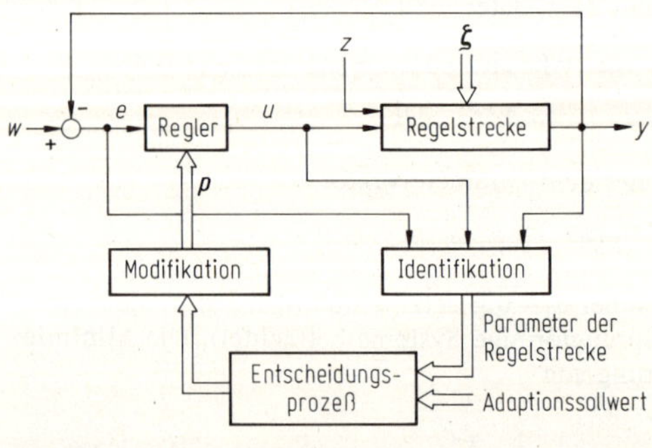

Bild 13-3. Adaptives Regelsystem mit geregelter Adaption ohne Vergleichsmodell.

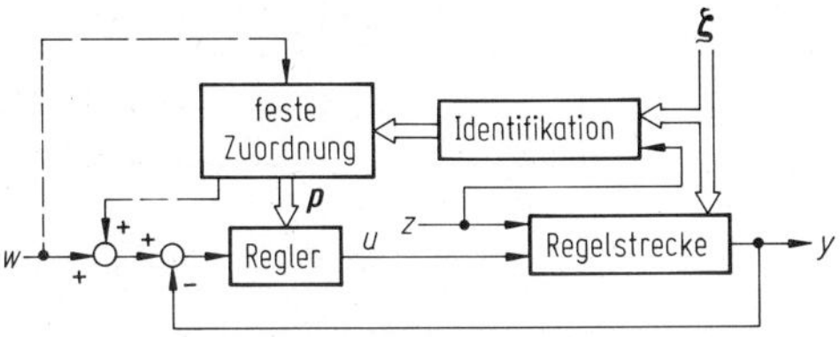

Bild 13-4. Prinzip der gesteuerten Adaption.

Die Struktur dieser Verfahren beruht auf dem in Bild 13-3 dargestellten Blockschema. Änderungen der Parameter der Regelstrecke werden in einer Identifikationsstufe erkannt. In einer Adaptionseinrichtung (Entscheidungsprozeß und Modifikation) werden in Abhängigkeit von dem gewählten Gütekriterium die Reglerparameter ermittelt und im Regler angepaßt. Hierbei wird die Auswirkung des Adaptionsvorganges in einem geschlossenen Kreis an den Entscheidungsprozeß zurückgemeldet.

— *Verfahren der gesteuerten Adaption:*
Ist das Verhalten eines Regelsystems für unterschiedliche Parameteränderungen ζ der Regelstrecke und Störungen z bekannt, dann ist es oft möglich, die erforderliche Anpassung der Reglerparameter $\boldsymbol{p}$ über eine zuvor berechnete *feste Zuordnung* vorzunehmen *(parameter scheduling)*. Da bei derartigen Systemen die Reglereinstellwerte den Eigenschaften der Prozeßeingangsgrößen (z. B. Arbeitspunktverschiebungen) ständig angepaßt werden, müssen sie ebenfalls zu den adaptiven Systemen gezählt werden. Man erkennt aber aus Bild 13-4, daß die überlagerte Adaptionseinrichtung keine Regelung, sondern eine Steuerung darstellt. Die Auswirkung der Adaption der Reglerparameter $\boldsymbol{p}$ wird hier nicht wieder zurückgeführt und kann somit auch nicht mehr korrigiert werden. Anstelle der Parameter $\boldsymbol{p}$ kann auch der Sollwert w angepaßt werden.
Die Bildung des funktionalen Zusammenhangs zwischen den Größen ζ, z sowie unter Umständen w einerseits und dem Parametervektor $\boldsymbol{p}$ oder eventuell dem anzupassenden Sollwert w andererseits kann meist nur auf der Grundlage einer genauen Kenntnis des Verhaltens der Regelstrecke erfolgen. Aufgrund dieser Kenntnis kann nun für jede Kombination von ζ, z und w eine feste Zuordnungsvorschrift bezüglich $\boldsymbol{p}$ (oder w) aufgestellt werden, die in der überlagerten adaptiven Steuerung gespeichert wird. Mittels dieser festen Zuordnung kann eine schnelle Anpassung des Grundregelkreises durchgeführt werden.

13.3 „On-line"-Identifikation der Regelstrecke

Die selbsttätige Anpassung der Reglerparameter in adaptiven Regelsystemen ist meist verbunden mit einer gleichzeitigen Identifikation der Regelstrecke. Diese „On-line"-Identifikation kann auf verschiedene Weise erfolgen. Eine der am meisten angewandten Methoden besteht in einer rekursiven Schätzung der Parameter der Regelstrecke mit Hilfe des Verfahrens der kleinsten Fehlerquadrate, das bereits in 12.2.4 beschrieben wurde.

13.4 Zwei wichtige Entwurfsprinzipien

Die wichtigsten Entwurfsprinzipien für adaptive Regelsysteme beruhen auf der Theorie des sogenannten *Self-tuning*-Reglers (ST-Reglers) und dem Verfahren des *Modellvergleichs*. Das Prinzip des ST-Reglers geht unmittelbar aus Bild 13-3 hervor. Der ST-Regler besteht aus zwei Regelkreisen, dem inneren Grundregelkreis und dem äußeren, übergeordneten adaptiven Regelsystem. Die Identifikationsstufe des adaptiven Regelsystems besteht gewöhnlich aus einem rekursiven Parameterschätzverfahren. Der Entscheidungsprozeß und die Modifikationsstufe enthalten das eigentliche Entwurfsprinzip, das hier in einer „On-line"-Reglersynthese für eine Regelstrecke besteht, deren Parameter aufgrund des Ergebnisses der Identifikationsstufe bekannt sind. Dieses Entwurfsprinzip kann auf sehr verschiedene Arten realisiert werden, so z. B. durch Vorgabe der Phasen- und Amplitudenreserve, durch Polfestlegung, durch Verwendung einer „Minimum-Varianz"-Regelstrategie oder einer optimalen Zustandsregelung.
Die Blockstruktur von Bild 13-3 stellt einen indirekten bzw. expliziten ST-Regler dar, da er auf der Basis eines expliziten Modells der Regelstrecke entworfen wird. Hierbei sind Identifikation und Regleranpassung getrennte Vorgänge. Häufig ist es günstiger, ohne die Parameter der Regelstrecke zu bestimmen, die Reglerparameter direkt zu identifizieren. Der so entworfene ST-Regler beruht dann auf einem impliziten Modell der Regelstrecke und stellt deshalb einen direkten bzw. impliziten ST-Regler dar. Derartige implizite ST-Regler erlauben eine beträchtliche Vereinfachung des Algorithmus für die Adaption.
Obwohl das Prinzip des ST-Reglers bereits 1958 von Kalman [1] vorgeschlagen wurde, wurde es erst 1973 von Aström und Wittenmark [2] zusammen mit rekursiven Parameterschätzverfahren als stochastischer Reglerentwurf eingeführt und 1975 durch Clarke und Gawthrop [3] erweitert. Der ST-Regler hat sich wegen seiner Flexibilität und einfachen Funktionsweise auch in der industriellen Praxis bewährt [4].

Wie bereits erwähnt, muß bei *modelladaptiven Regelsystemen* der Modellfehler $e^* = y - y_M$ (siehe Bild 13-2) möglichst klein gehalten oder ganz zum Verschwinden gebracht werden. Zahlreiche Vorschläge zur Lösung dieses Problems sind heute bekannt. Erstmals wurde dieses Problem 1958 von Whitacker [5] mit Hilfe einer Gradienten-Strategie zur kontinuierlichen Anpassung der Parameter einer adaptiven Regelung gelöst. Zwar ist dieses Verfahren sehr einfach, doch kann die *Stabilität* des gesamten adaptiven Regelsystems nur schwer untersucht werden. Einen gesicherten Stabilitätsbeweis dazu gibt es nicht. Deshalb werden heute modelladaptive Regelsysteme fast ausschließlich auf der Basis der *Stabilitätstheorie* nach Ljapunow oder der Hyperstabilitätstheorie nach Popov entworfen [6]. Beide Methoden liefern hinreichende Bedingungen für die Stabilität.
Die auf der Stabilitätstheorie beruhenden adaptiven Reglerentwurfsverfahren liefern strukturell ähnliche Adaptionsgesetze wie das Gradientenverfahren oder die ST-Regler. Diese Verfahren garantieren, daß das Verhalten des gesamten adaptiven Regelsystems global asymptotisch stabil ist, d. h., die Signale u und y bleiben beschränkt, so daß entweder der Modellfehler e^* oder der Zustandsmodellfehlervektor $\tilde{e}^* = x - x_M$ gegen Null konvergieren.

14 Binäre Steuerungstechnik

Die binäre Steuerungstechnik behandelt die Beeinflussung von Prozessen durch Binärsignale, also Signale, die entweder den Zustand „0" oder den Zustand „1" annehmen können. Diese Steuerung verarbeitet binäre Eingangssignale vorwiegend mit Verknüpfungs-, Zeit- und Speichergliedern zu binären Ausgangssignalen. Aufgabe einer binären Steuerung ist die Realisierung von vorgegebenen (zustands- oder zeitabhängigen) Abläufen, die Verriegelung von nicht erlaubten Stelleingriffen oder die Kombination von beiden.
Zu den wichtigsten theoretischen Grundlagen der Steuerungstechnik zählen die auf der Booleschen Aussagenlogik aufbauende Theorie der kombinatorischen Schaltungen und die von den Modellvorstellungen der Automatentheorie ausgehende Theorie der sequentiellen Schaltungen.

14.1 Grundstruktur binärer Steuerungen

14.1.1 Signalflußplan

Jede binäre Steuerung verarbeitet einen Vektor von binären Eingangssignalen zu einem Vektor binärer Ausgangssignale. Wie Bild 14-1 zeigt, setzt

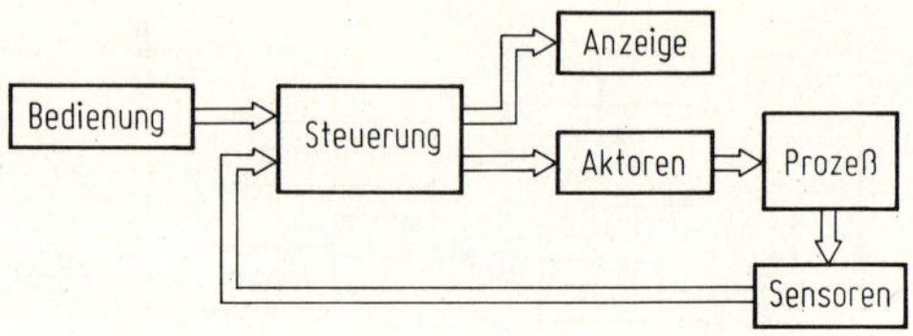

Bild 14-1. Elemente einer binären Steuerung.

sich der Eingangsvektor aus den Signalen zusammen, die von den Bedienelementen erzeugt werden, und den Signalen der den Prozeß beobachtenden Sensoren (Meßglieder). Der Ausgangsvektor steuert die Anzeigeelemente und die Aktoren (Stellglieder) an, mit deren Hilfe der Prozeß beeinflußt wird.
Beispiele für die Elemente einer binären Steuerung sind:
Bedienelemente: Schalter, Wahlschalter, Taster, Notausschalter, Meisterschalter (‚Joysticks'), Schlüsselschalter, Schlüsseltaster.
Sensoren: Endschalter, Näherungsinitiatoren, Druckschalter, Lichtschranken, Kopierwerke (Endschalter an Kurvenscheiben, z. B. für Maschinenpressen), Temperaturschalter, Niveauschalter, Überstromschalter, Rechnertastaturen, Lichtgriffel.
Anzeigeelemente: Kontrollampen (Glühlampen, LEDs), Sichtmelderelais, Warnhupen, rechnergesteuerte Displays und Fließbilder.
Aktoren: Motoren, Motorschieber, Magnetventile (hydraulisch, pneumatisch), Leistungsschalter, Magnetkupplungen, Magnetbremsen.

14.1.2 Klassifizierung binärer Steuerungen

- Eine *Verknüpfungssteuerung* ordnet im Sinne boolescher Verknüpfungen den Signalzuständen von Eingangsgrößen, Zwischenspeichern und Zeitgliedern Zustandsbelegungen der Ausgangssignale zu.
- Eine *Ablaufsteuerung* folgt einem festgelegten schrittweisen Ablauf (in dem auch bedingte Verzweigungen und Schleifen vorhanden sein dürfen), bei dem jeder Schritt einen Ausführungsteil und eine Weiterschaltbedingung enthält. Das Weiterschalten auf den jeweils nächsten Schritt erfolgt immer dann, wenn die aktuelle Weiterschaltbedingung erfüllt ist.

Nach der Art der technischen Realisierung wird zunächst, wie im Bild 14-2 dargestellt, zwischen verbindungs- und speicherprogrammierbaren Steuerungseinrichtungen unterschieden. Die gebräuchlichsten verbindungsprogrammierbaren Steuerungen sind die elektromechanischen Schütz- oder Relaissteuerungen. Bei speicherprogrammierbaren Steuerungen (SPS) wird die Funktion nicht durch eine Verschaltung einzelner Elemente, sondern durch ein im Speicher abgelegtes

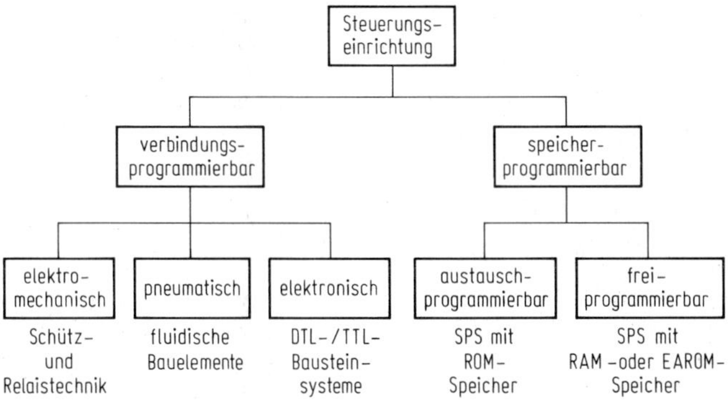

Bild 14-2. Einteilung binärer Steuerungen.

Programm realisiert. Ihr Vorteil liegt in der einfachen Modifizierbarkeit der Programme. Bei der technischen Realisierung der Speicher wählte man zunächst EPROM-Speicher (erasable programable read-only memory), die durch ein geeignetes Programmiergerät programmiert werden konnten. Die Steuerung enthält dabei einen frei zugänglichen Steckplatz für den Speicher, so daß der Benutzer das entsprechende EPROM in die Steuerung plazieren kann. Diese Steuerungen bezeichnet man deshalb als austauschprogrammierbare SPS, weil die Programmierung durch Austausch des Speichermoduls vorgenommen wird. Heute enthalten viele SPS entweder batteriegepufferte RAMs (random access memory) oder elektrisch löschbare ROMs (EEROM, electrically erasable read-only memory). Bei ihnen kann über eine Schnittstelle vom Programmiergerät oder Personal-Computer das entwickelte Programm direkt in die Steuerung geladen werden. Man spricht deshalb von freiprogrammierbaren Steuerungen (FPS).

Jede binäre Steuerung kann durch einen *Mealy-Automaten* beschrieben werden. Bei diesem automatentheoretischen Modell geht man von der Vorstellung aus, daß es in jeder Steuerungseinrichtung gespeicherte binäre Zustände gibt, deren Veränderung von ihrer Vorgeschichte und der Signalbelegung abhängt. Die Signalbelegung des Ausgangsvektors läßt sich aus diesen Zuständen und der Eingangsbelegung bilden. Bild 14-3 zeigt die Struktur eines Mealy-Automaten. Die Funktionen $\boldsymbol{G}(\boldsymbol{X}, \boldsymbol{S})$ und $\boldsymbol{F}(\boldsymbol{X}, \boldsymbol{S})$ stellen kombinatorische Verknüpfungen dar. Die speichernde Eigenschaft des Automaten ergibt sich erst durch die Rückführung des Zustandsvektors $\boldsymbol{S}$. Eine Sonderform des Mealy-Automaten stellt der Moore-Automat dar. Bei ihm wird der Ausgangsvektor $\boldsymbol{Y}$ ausschließlich aus dem Zustandsvektor $\boldsymbol{S}$ gebildet. (Anmerkung: Bei Binärsteuerungen werden Vektoren mit großen Buchstaben charakterisiert.)

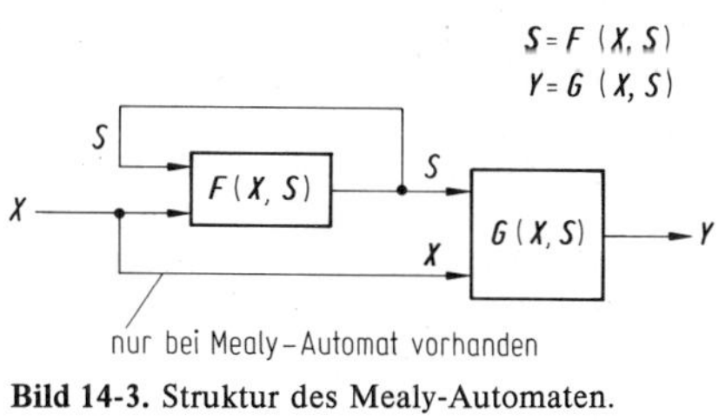

Bild 14-3. Struktur des Mealy-Automaten.

14.2 Grundlagen der Kombinatorik und der Theorie sequentieller Schaltungen

14.2.1 Kombinatorische Schaltungen

Eine kombinatorische Schaltung ist dadurch gekennzeichnet, daß der Signalzustand ihrer Ausgänge nur von der Signalbelegung ihrer Eingänge, nicht aber von der Vorgeschichte dieser Signalbelegungen abhängt. Eine kombinatorische Schaltung hat also keine Speichereigenschaften. Innerhalb einer solchen Struktur liegen nur logische Signalverknüpfungen, aber keine Signalrückführungen vor. Zur Beschreibung von logischen Funktionen ist es üblich, sogenannte *Wahrheitstabellen* aufzustellen, aus denen für jede Eingangssignalbelegung die korrespondierende Ausgangssignalbelegung ersichtlich ist, siehe A1.3.

Tabelle 14-1 zeigt die für logische Verknüpfungen festgelegte Symbolik, wie sie z. B. in Logik- und Funktionsplänen verwendet wird.

14.2.2 Synthese und Analyse sequentieller Schaltungen

Die meisten binären Steuerungen werden als sequentielle Schaltung ausgeführt. Dabei hängt die Signalbelegung des Ausgangsvektors nicht nur von der aktuellen Belegung des Eingangsvektors ab, sondern auch von dessen Vorgeschichte, also von der Sequenz der Eingangsbelegungen. Solche Schaltungen lassen sich nicht mehr nur mit Hilfe

Tabelle 14-1. Symbole und Schaltzeichen logischer Verknüpfungen

Schaltzeichen nach DIN 40700, IEC	Erläuterung	Schreibweise nach DIN 66000	Arbeitstabelle Eingänge	Arbeitstabelle Ausgang	alte deutsche Schaltzeichen	amerikan. Schaltzeichen
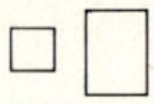	allgemein, Grundformen	——	——		——	——
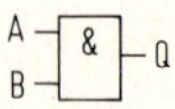	UND-Glied mit 2 Eingängen	$A \wedge B = Q$	A B 0 0 1 0 0 1 1 1	Q 0 0 0 1	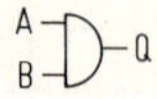	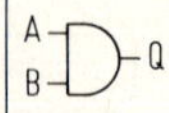
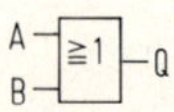	ODER-Glied mit 2 Eingängen	$A \vee B = Q$	A B 0 0 1 0 0 1 1 1	Q 0 1 1 1	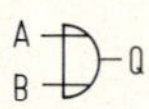	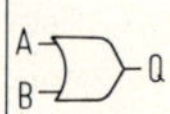
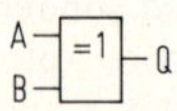	Exklusiv-ODER-Glied	$A \not\equiv B = Q$	A B 0 0 1 0 0 1 1 1	Q 0 1 1 0	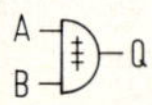	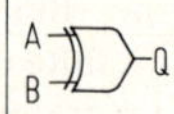
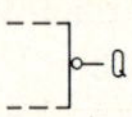	Signalumkehr (Negation) eines Ausgangs	——	——	—	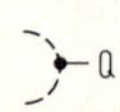	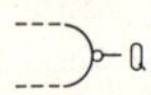
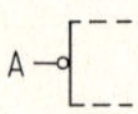	Signalumkehr (Negation) eines Eingangs	——	——	—	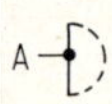	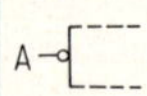
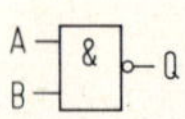	UND-Glied mit Signalumkehr des Ausgangs: NAND-Glied	$\overline{A \wedge B} = Q$	A B 0 0 1 0 0 1 1 1	Q 1 1 1 0	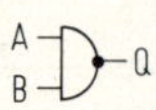	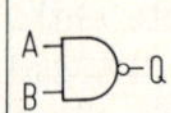
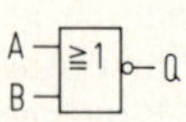	ODER-Glied mit Signalumkehr des Ausgangs: NOR-Glied	$\overline{A \vee B} = Q$	A B 0 0 1 0 0 1 1 1	Q 1 0 0 0		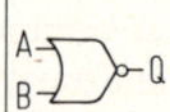
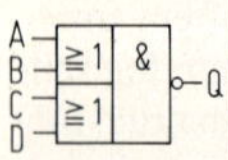	NAND-Glied mit 2 ODER-Eingangsgruppen (ODER vor „UND NICHT")	$\overline{(A \vee B) \wedge (C \vee D)} = Q$	$A \vee B$ $C \vee D$ 0 0 1 0 0 1 1 1	Q 1 0 0 0	——	——
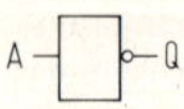	NICHT-Glied	$\bar{A} = Q$	A 0 1	Q 1 0	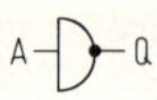	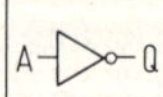

der Booleschen Aussagenlogik (siehe A 1.3) beschreiben, da diese nicht die Behandlung von Signalspeichern, wie sie in jeder sequentiellen Schaltung enthalten sind, umfaßt. Es ist aber möglich, jede Speicherschaltung auf logische Grundverknüpfungen mit mindestens einer Rückkopplung eines Signales auf den Eingang einer vorgeschalteten Verknüpfung zurückzuführen.

Ist $F_1(X)$ eine logische Funktion, deren Wert zu 1 wird für alle Eingangsbelegungen von X, bei denen der zu realisierende Speicher gesetzt wird und ist analog dazu $F_Y(X)$ eine Funktion, die zu 1 wird für alle Belegungen, in denen der Zustand des Speichers erhalten bleiben soll, so läßt sich der Speicher durch die *Speichergleichung*

$$Y^n = F_1(X)\,(F_Y(X)\,Y^{n-1}) \qquad (1)$$

beschreiben. Hierbei stellt Y^n das aktuelle Ausgangssignal des Speichers dar und Y^{n-1} den von der vorherigen Belegung stammenden Wert, der rückgekoppelt wird.

Trennt man alle Rückkopplungen einer sequentiellen Schaltung auf, so sind die verbleibenden Elemente einer Behandlung durch die Boolesche Logik zugänglich. Allerdings hat diese Schaltung

dann nur noch kombinatorischen Charakter. Der Ansatz, die rückgekoppelten Signale in einem System zu einem Vektor zusammenzufassen und die logischen Verknüpfungen von Signalvektoren zu Funktionsblöcken, führt zu den Modellen, wie sie auch in der Automatentheorie Verwendung finden. Für die weiteren Betrachtungen soll daher der zuvor eingeführte Mealy-Automat vorausgesetzt werden. Bei einem Mealy-Automaten mit aufgetrennter Zustandsrückführung hängen die logischen Funktionen $\boldsymbol{F}$ und $\boldsymbol{G}$ nun von den Signalvektoren $\boldsymbol{X}$ und $\boldsymbol{S}'$ ab, wobei $\boldsymbol{S}'$ den Ausgangszustand von $\boldsymbol{S}$ beschreibt.
Das wichtigste Verfahren, das auf diesen Modellen aufbaut, ist das Huffman-Verfahren zur Analyse und Synthese sequentieller Schaltkreise [1].

Beispiel:
Es soll eine Steuerung für eine Zweihandeinrückung an einer Maschinenpresse entworfen werden. Der Hub der Maschine (Y) darf hier nur dann ausgelöst werden, wenn beide Handtaster (X_1 und X_2) betätigt sind, so daß die Gefahr einer Verletzung des Bedienungspersonals ausgeschlossen ist. Zusätzlich soll jedoch überwacht werden, daß beide Taster nach einer Hubauslösung wieder losgelassen worden sind.

Tabelle 14-2. Flußtabelle für eine Zweihandeinrückung

X_1 X_2 0 0	X_1 X_2 0 1	X_1 X_2 1 0	X_1 X_2 1 1	Y
1	1	1	2	0
1	3	3	2	1
1	3	3	3	0

Zunächst wird für dieses Beispiel eine *Flußtabelle* (Tabelle 14-2) aufgestellt, in der alle Schritte des zu realisierenden Ablaufes, die Übergänge zwischen den Schritten in Abhängigkeit von der Belegung der Eingangssignale X_1 und X_2 und die den Schritten zugeordnete Belegung des Ausgangssignals Y eingetragen sind. Die Schritte werden im allgemeinen auch Zustände des Automaten genannt. Jede Zeile der Flußtabelle entspricht einem Zustand und jede Spalte für X_1 und X_2 einer Eingangsbelegung. Es sind drei Zustände vorgesehen. Im Zustand 1 ist das Ausgangssignal mit 0 belegt. Ein Übergang zum Zustand 2 ist nur bei der Eingangssignalbelegung $X_1 = 1$ und $X_2 = 1$ möglich, also nur dann, wenn beide Handtaster betätigt sind. In diesem Zustand ist auch das Ausgangssignal mit 1 belegt, so daß der Hub ausgelöst wird. Beim Loslassen nur eines der beiden Taster wird auf den Zustand 3 weitergeschaltet, bei dem der Hub abgeschaltet wird. Dieser Zustand kann nur verlassen werden, wenn beide Handtaster wieder losgelassen worden sind, also $X_1 = 0$ und $X_2 = 0$ sind. Nach dem Aufstellen der Flußtabelle ist zu überprüfen, ob die Anzahl der spezifizierten Schritte *minimal* ist, oder ob die zu realisierende Funktion nicht auch durch eine geringere Anzahl von Zuständen verwirklicht werden kann.
Nach der Minimierung der Zustände erfolgt die *Codierung*. Darunter versteht man die Zuordnung der Zustände zu den möglichen Binärkombinationen des Zustandsvektors. Da im vorliegenden Beispiel drei Zustände zu realisieren sind, muß der Zustandsvektor mindestens die Dimension 2 haben. (Mit der Dimension n können 2^n Zustände realisiert werden.) Die Zustände der Zweihandeinrückung sollen wie folgt codiert werden:

Zustand		S_1, S_2
1	$\rightarrow$	0 0
2	$\rightarrow$	1 0
3	$\rightarrow$	1 1
r	$\rightarrow$	0 1 (redundant, weil nicht genutzt).

Bei der Codierung ist darauf zu achten, daß keine *Wettläufe* entstehen können. Diese Wettlauferscheinungen treten immer dann auf, wenn sich bei einer Zustandsänderung mehr als ein Bit innerhalb des Zustandsvektors ändert und — bedingt durch unterschiedliche Signallaufzeiten in der kombinatorischen Schaltung, — der Signalübergang in diesen Binärpositionen nicht gleichzeitig erfolgt, so daß sich ein falscher Folgezustand einstellt.
Zur Bestimmung der kombinatorischen Gleichungen

$$\boldsymbol{S} = \boldsymbol{F}(\boldsymbol{X}, \boldsymbol{S}) \quad \text{und} \quad \boldsymbol{Y} = \boldsymbol{G}(\boldsymbol{X}, \boldsymbol{S}) \qquad (2\text{ a, b})$$

empfiehlt es sich, die Funktionen in Form von *Karnaugh-Diagrammen* darzustellen. Wesentliches Kennzeichen dieser Diagramme ist, daß sich bei einem Übergang von einem Feld zum Nachbarfeld nur eine der unabhängigen Binärgrößen ändern darf. Bild 14-4 zeigt die für die Zweihandein-

F - Tabelle (S_1 S_2)

S'_1 S'_2 \ X_1 X_2	00	01	11	10
00	00	00	10	00
10	00	11	10	11
11	00	11	11	11
01	00	r	r	r

G - Tabelle (Y)

S'_1 S'_2 \ X_1 X_2	00	01	11	10
00	0	0	0	r
10	r	r	1	r
11	r	0	0	0
01	0	r	r	r

Bild 14-4. *F*- und *G*-Tabelle für Zweihandeinrückung.

rückung aufgestellten F- und G-Tabellen des Karnaugh-Diagramms. Die redundanten Elemente der Tabellen sind mit „r" gekennzeichnet worden. Diese Redundanz kann man bei der sich anschließenden Schaltungsminimierung nutzen. Um einen kritischen Wettlauf zu vermeiden, ist in der unteren Zeile der G-Tabelle der Zustand $[S_1 \quad S_2] = [0 \quad 0]$ eingetragen. In der F-Tabelle ist, um den durch den verbleibenden nichtkritischen Wettlauf hervorgerufenen „Hazard" zu vermeiden, eine 0 eingetragen.
Mit Hilfe des Karnaugh-Verfahrens können nun die kombinatorischen Gleichungen gewonnen werden. Sie lauten:

$$S_1 = S_1' \wedge (X_1 \vee X_2) \vee X_1 \wedge X_2$$
$$S_2 = S_1' \wedge (X_1 \wedge X_2 \vee X_1 \wedge X_2) \vee S_2' \wedge (X_1 \vee X_2) \quad (3)$$
$$Y = S_1' \wedge S_2' \wedge X_1 \wedge X_2$$

Zusammen mit der Schließbedingung

$$S_1 = S_1'; \quad S_2 = S_2' \quad (4)$$

beschreiben sie die synthetisierte Steuerungsschaltung.

14.3 Darstellung von Zuständen durch Zustandsgraphen und Petri-Netze

Bild 14-5 zeigt einen Zustandsgraphen, der die oben entwickelte Zweihandeinrückung darstellt. Bei diesen Zustandsgraphen wird jedem Zustand des Automaten ein Platz zugeordnet, der gewöhnlich durch einen Kreis dargestellt wird. An den Zustandsübergängen sind die Eingangsbelegungen eingetragen, die zu einem Schalten auf den nächsten Zustand führen. Bei diesem Graphen ist zunächst keine Parallelarbeit darstellbar. Eine andere Möglichkeit der Darstellung von Steuerungsabläufen bieten die Petri-Netze [2]. Mit ihnen können auch parallele Prozesse beschrieben werden. Bei den Petri-Netzen handelt es sich um gerichtete Graphen, bei denen zwei Elemente immer einander abwechseln: *Transitionen* und *Plätze* (oder *Stellen*). Die Plätze stellen im allgemeinen

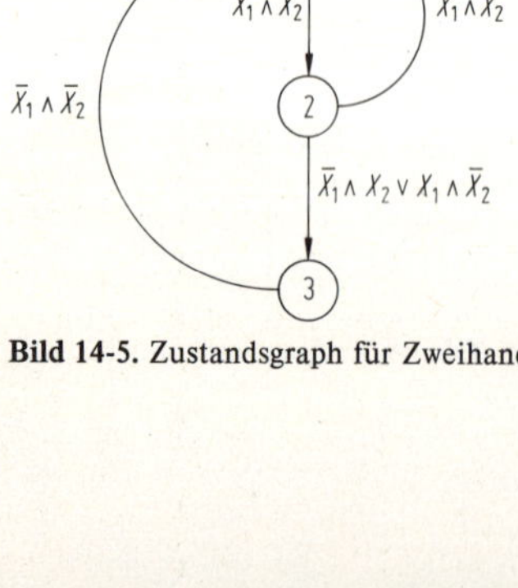

Bild 14-5. Zustandsgraph für Zweihandeinrückung.

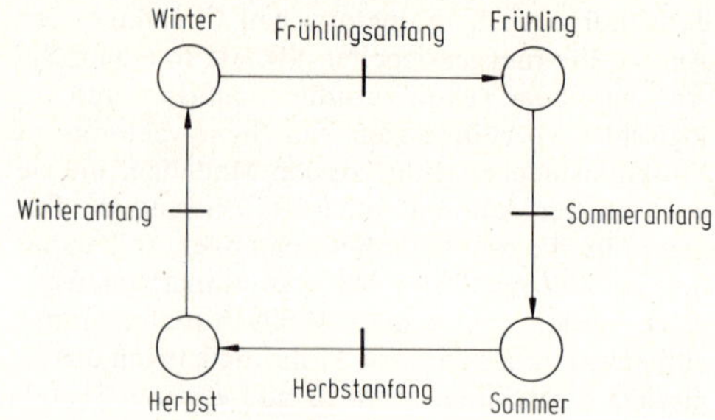

Bild 14-6. Einfaches Petri-Netz.

die Zustände eines Systems dar, während die Transitionen die möglichen Übergänge charakterisieren. Bild 14-6 zeigt einen einfachen Graphen, der den Zyklus der vier Jahreszeiten beschreibt. Ein Platz kann ein- oder mehrfach belegt werden. Man spricht hierbei meistens von einer *Markierung*. Für die Beschreibung steuerungstechnischer Prozesse eignen sich Petri-Netze, in denen nur eine Markierung pro Platz zugelassen ist. Man nennt solche Netze auch *Einmarkennetze*. Sie entsprechen dem Umstand, daß ein Automat einen Zustand annehmen oder auch nicht annehmen kann, der Zustand also nur markiert oder nicht markiert sein kann. Ein Übergang von einem Platz auf einen folgenden kann dann erfolgen, wenn die Transition „feuert". Vorbedingung ist hierzu eine Markierung des vorhergehenden Platzes. Bei Einmarkennetzen muß außerdem der nachfolgende Platz zunächst leer sein. Man spricht hier auch von einer Nachbedingung.
Von großer Bedeutung sind bei Petri-Netzen die Möglichkeiten der Aufspaltung und der Zusammenführung von Abläufen. In Bild 14-7 sind die möglichen Verzweigungen und Zusammenführungen in Petri-Netzen dargestellt. Grundsätzlich lassen sich diese Elemente beliebig kombinieren. Wichtige Standardformen stellen die in Bild 14-8 abgebildeten Verzweigungstypen dar. Bei der Al-

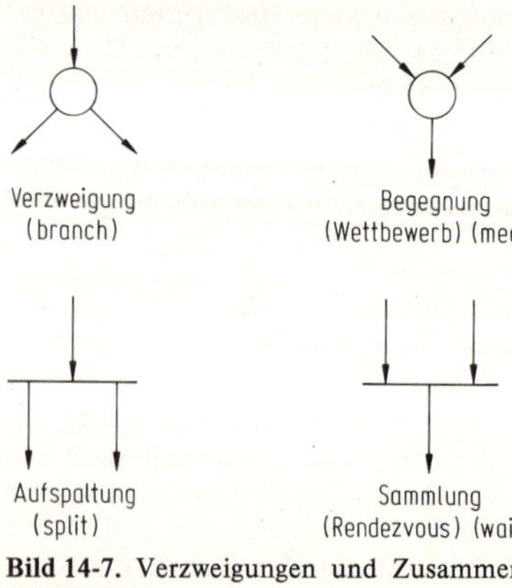

Bild 14-7. Verzweigungen und Zusammenführungen in Petri-Netzen.

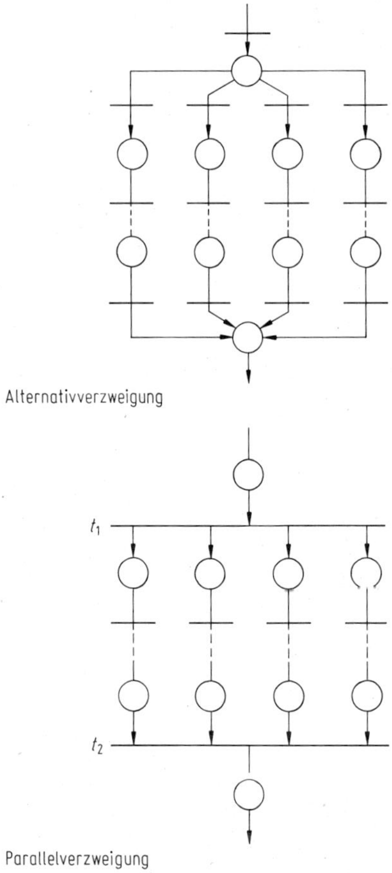

Bild 14-8. Verzweigungstypen in Petri-Netzen.

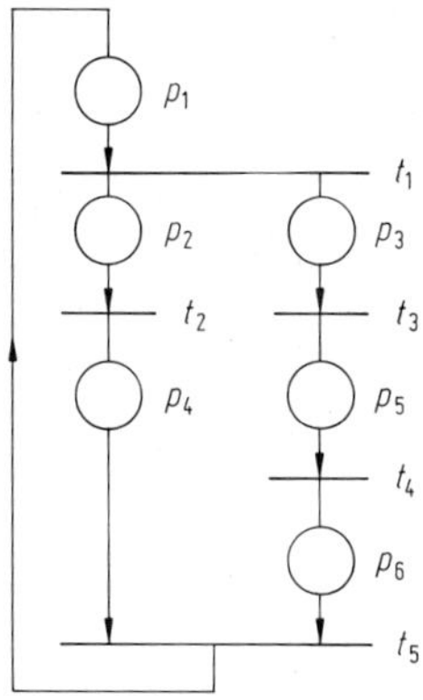

Bild 14-10. Petri-Netz für die Coilanlage.

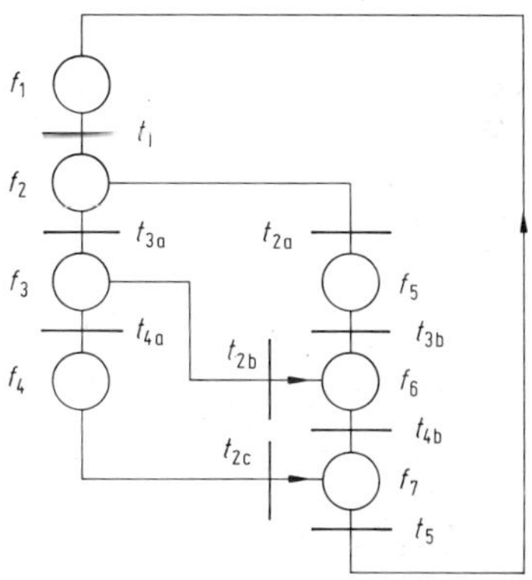

Bild 14-11. Übergeordneter Fallgraph für die Coilanlage.

ternativverzweigung wird nur ein einziger Zweig durchlaufen. Welcher Zweig dies ist, entscheidet sich an der ersten Transition eines jeden Zweiges. Die Transition, die zuerst feuert, leitet die Markierung des zugeordneten Pfades ein. Feuern mehrere Transitionen zur gleichen Zeit, so gilt die Konvention, daß der Pfad, der am weitesten ‚links' steht, durchlaufen wird. Bei der Parallelverzweigung werden alle Zweige gleichzeitig durchlaufen, wobei die abschließende Transition t_2 nur feuern kann, wenn alle letzten Plätze der Parallelpfade markiert sind. Probleme ergeben sich allerdings im Falle einer Parallelverzweigung bei der Zuordnung der Zustände eines Automaten. Beispiel:

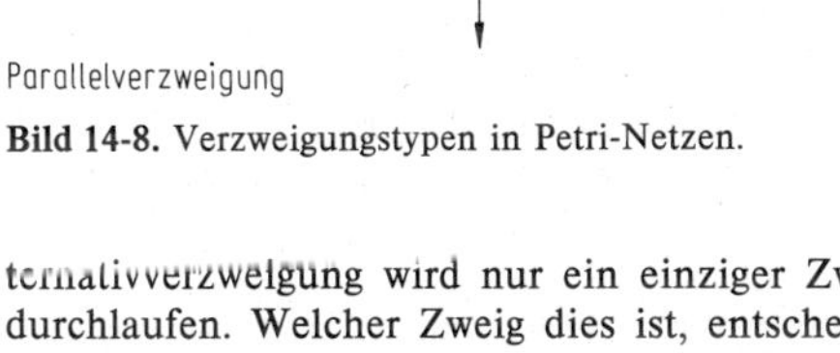

Bild 14-9. Coilanlage als steuerungstechnisches Beispiel.

Funktionsschema einer Coilanlage, Bild 14-9. Von einem Blechhaspel (Coil) wird ein Blechband abgewickelt. Ein Zangenvorschub greift das Band und befördert es um die gewünschte Schnittlänge zur Schere, die eine Blechtafel abschneidet. Damit an der Schnittkante das Blech plan aufliegt und beim Zurückfahren des Vorschubes nicht zurückrutscht, spannt ein Niederhalter das Blechband fest. Nachdem der Niederhalter gespannt hat, kann einerseits der Zangenvorschub lösen, zurückfahren und wieder spannen, andererseits, unabhängig davon, kann die Schere sich absenken und wieder hochfahren. In Bild 14-10 ist das zugehörige Petri-Netz dargestellt. Wie aus Tabelle 14-3 hervorgeht, sind genau 7 Kombinationen (man spricht auch von ‚Fällen') möglich. Man kann nun diesen Fällen wiederum Plätze in einem übergeordneten *Fallgraphen* zuordnen. Bild 14-11 zeigt den entsprechenden Fallgraphen. Wählt man die Abbildung der Zustände so, daß jedem Zustand des Automaten ein Platz im Fallgraphen, also einem Fall, entspricht, so läßt sich mit einem Automaten der gesamte Steuerungsprozeß realisieren.

Tabelle 14-3. Mögliche Fälle der Steuerung einer Coilanlage

	Markierungen					
Fall	1	2	3	4	5	6
1	×					
2		×	×			
3		×			×	
4		×				×
5			×	×		
6				×	×	
7				×		×

14.4 Technische Realisierung von verbindungsprogrammierten Steuerungseinrichtungen

14.4.1 Relaistechnik

Die ältesten Steuerungseinrichtungen waren ausschließlich in Relaistechnik ausgeführt. Die logischen Grundverknüpfungen werden durch die Art der Zusammenschaltung der Kontakte eines Relais realisiert. Die *Hintereinanderschaltung* von Kontakten bewirkt eine UND-Verknüpfung, die *Parallelschaltung* eine ODER-Verknüpfung. Außerdem ist eine Negation einzelner Signale dadurch möglich, daß man Kontakte verwendet, die bei Betätigung des Relais öffnen. Diese Kontakte werden Öffner genannt, im Gegensatz zu den Schließern, die beim Anziehen des Relais schließen.

14.4.2 Diskrete Bausteinsysteme (DTL- und TTL-Logikfamilien)

Mitte der sechziger Jahre entstanden die ersten elektronischen Logikbausteine. Sie waren zumeist zunächst in Dioden-Transistor-Logik (DTL) aufgebaut, später in integrierter Transistor-Transistor-Logik (TTL). Das Kennzeichen dieser Systeme ist die Anordnung verschiedener kombinatorischer Standardverknüpfungsglieder oder Speicher auf einem Modul. Die Module sind entweder als einfache Europakartensysteme aufgebaut oder in Form von vergossenen Blöcken für rauhe Umgebungsbedingungen. Die Programmierung geschieht durch die Zusammenschaltung der einzelnen Elemente. Tabelle 14-4 zeigt z. B. die wichtigsten Elemente zur Realisierung von Speicherfunktionen.

14.5 Speicherprogrammierbare Steuerungen

Seit Anfang der siebziger Jahre gibt es spezielle, auf steuerungstechnische Problemstellungen zugeschnittene Kleinrechner. Bei ihnen war es erstmals (sieht man von den schon länger existierenden Prozeßrechnern ab) möglich, die Funktion einer Steuerungseinrichtung durch ein im Speicher abgelegtes Programm zu bestimmen. Die ersten speicherprogrammierbaren Steuerungen waren nur auf die Abarbeitung von kombinatorischen Verknüpfungen ausgelegt. Später kamen an Erweiterungen hinzu:

Zählen, arithmetische Befehle, Zeitgliedverwaltung, Formulierung von Ablaufsteuerungen, Kopplungsmöglichkeiten an Rechner, Protokollieren, Regeln.

Damit ist allerdings die Grenze zum Prozeßrechner mehr und mehr fließend, weil die leistungsfähigen Steuerungen immer mehr Funktionen übernehmen, die bisher Prozeßrechnern vorbehalten waren.

14.5.1 Arbeitsweise einer speicherprogrammierbaren Steuerung (SPS)

Bild 14-12 zeigt die Arbeitsweise der meisten speicherprogrammierbaren Steuerungen. Am Anfang eines Bearbeitungszyklus werden alle Eingangsgrößen in den Eingangspuffer eingelesen. Von hier aus können sie als Eingangsoperanden angesprochen werden. Es folgt die Bearbeitung des Anwenderprogramms, das zumeist linear, also ohne Verzweigungen und Sprünge, abgearbeitet wird. Als Abschluß des Zyklus werden alle im Ausgangspuffer befindlichen Binärwerte an die Ausgänge der Steuerung übertragen.

Die lineare Abarbeitung der Anwendungsprogramme ist dadurch bedingt, daß die ersten speicherprogrammierbaren Steuerungen nur durch eine spezielle Hardware (Programmierkoffer) programmierbar waren, wobei die eingegebenen Befehle sofort nach der Eingabe übersetzt wurden (line-by-line assembling). Die Behandlung von Vorwärtsreferenzen — wie in assemblierten oder

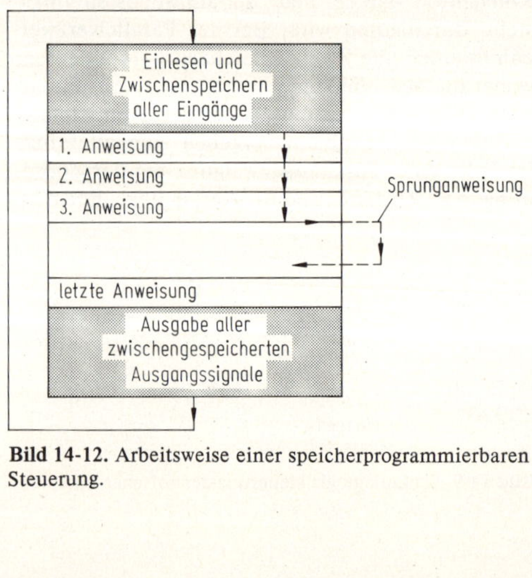

Bild 14-12. Arbeitsweise einer speicherprogrammierbaren Steuerung.

Tabelle 14-4. Elemente zur Realisierung von Speicherschaltungen

Schaltzeichen[a)]	Erläuterung	Schaltzeichen[a)]	Erläuterung
	allgemein, bistabiles Verhalten, auch Speicherglied (Flipflop)		dynamischer Eingang; wirksam bei Signalwechsel von 1 auf 0
	RS-Speicherglied mit Grundstellung $\bar{Q}=1$ nach Einschalten der Versorgungsspannung		Eingangsschaltung mit Vorbereitung J_G Vorbereitungseingang, G auslösender Eingang
	monostabiles Verhalten, Zeitglied		Speicherglied (J_G, K_G-Flipflop) auf jeder Seite ein statischer Eingang R, S und ein Vorbereitungseingang J_G, K_G; ein gemeinsamer auslösender Eingang G
	statisch wirkender Eingang Bezeichnung: Allgemein A, B, C... Setzen S Rücksetzen R Vorbereiten J, K		Verzögerungsglied, verzögert den Übergang von 0 auf 1 mit t_1 und den von 1 auf 0 mit t_2
	dynamischer Eingang; wirksam bei Signalwechsel von 0 auf 1		Zeitglied, monostabile Kippschaltung; mit drei statischen ODER-Eingängen

a) Erste Spalte nach DIN 40700, dritte Spalte nach IEC Publ. 117-15

compilierten Programmen üblich – ist bei dieser Methode natürlich nicht möglich. Hieraus folgt, daß die meisten SPS-Programme naturgemäß Verknüpfungssteuerungen beschreiben.

14.5.2 Sprachen für speicherprogrammierbare Steuerungen

a) Anweisungsliste (AWL)

Die *Anweisungsliste* (AWL) ist die älteste Form einer Programmiersprache für speicherprogrammierbare Steuerungen, DIN 19239. Bild 14-13 zeigt den Aufbau einer Anweisung. Die AWL hat die Grundstruktur einer Assemblersprache. Ein AWL-Programm besteht aus einer Folge von *Sätzen*. Jeder Satz besteht aus einem *Bedingungsteil*, in dem eine logische Verknüpfung spezifiziert ist, und einem *Ausführungsteil*, der in Abhängigkeit vom Verknüpfungsergebnis bearbeitet wird. Der Bedingungsteil kann die Struktur einer AOS-Standardform (Algorithmic Ordered Sequence) oder die Form einer RPN-Standardform (Reverse Polish Notation) aufweisen. Manche Steuerungen bieten überhaupt nicht die Möglichkeit, geschachtelte logische Ausdrücke zu behandeln. Bei ihnen müssen alle Zwischenergebnisse in Binärmerkern zwischengespeichert werden.

Im Ausführungsteil können Zuweisungen an Operanden vorgenommen werden. Die einfachste Form ist die *einfache Zuweisung*, die meistens durch das Symbol „=“ ausgedrückt wird. In diesem Fall nimmt der Zieloperand das logische Ergebnis des Verknüpfungsteils an. Bei der *setzenden Zuweisung*, die durch ein „S“ ausgedrückt wird, wird der Zieloperand ‚gesetzt‘, d. h., er bekommt den Wert der logischen Eins zugewiesen, wenn das Verknüpfungsergebnis ebenfalls Eins ist. Im anderen Fall bleibt der Wert des Zieloperanden unbeeinflußt. Mit der Spezifikation *‚rücksetzend‘* erhält bei dem Verknüpfungsergebnis eins der Zieloperand eine logische Null zugewiesen. Andernfalls bleibt auch er unbeeinflußt.

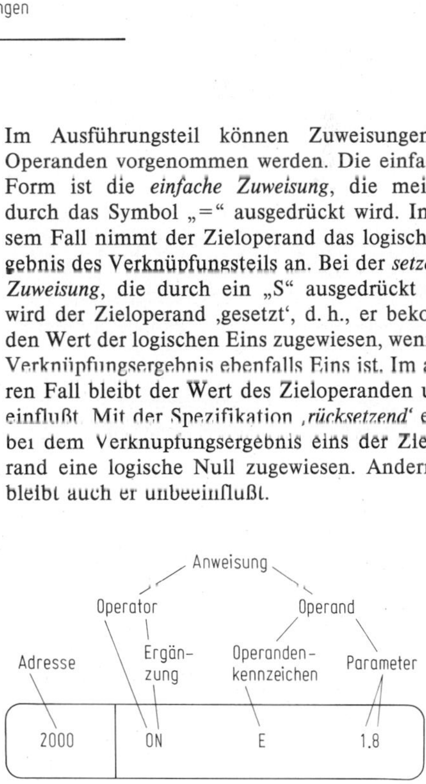

Bild 14-13. Aufbau einer Anweisung.

b) Kontaktplan (KOP)

Der *Kontaktplan* kommt dem Denken des aus der Praxis kommenden Steuerungstechnikers sehr entgegen. Der Kontaktplan ist eine formalisierte Darstellung des Stromlaufplans in der Schütztechnik. Bild 14-14 zeigt die wichtigsten im Kontaktplan verwendeten Symbole. Die Symbole sind so gewählt, daß sie z. B. mit Hilfe eines Druckers mit Standard-ASCII-Zeichen ausgegeben werden können. Beispiele für in KOP-Darstellung realisierte logische Verknüpfungen zeigt Bild 14-15. Es sind jedoch nicht alle in Schütztechnik realisierbaren Strukturen auch in KOP-Darstellung zugelassen, sondern nur solche, die aus Teilstrukturen aufgebaut sind, die – als Schaltung betrachtet – jeweils elektrische Zweipole darstellen.

Bei den „Schützspulen" sind Kennzeichnungen hinsichtlich der Art der Zuweisung möglich. Ist das Feld leer, gilt es als einfache Zuweisung auf den Operanden, ein „S" kennzeichnet eine setzende, ein „R" eine rücksetzende Zuweisung.

```
---] [---    Schließer

---]/[---    Öffner

---( )---    Schützspule zuweisend

---(S)---    Schützspule setzend

---(R)---    Schützspule rücksetzend

   +         Abzweig
   I
   I
```

Bild 14-14. Wichtigste Symbole bei der Darstellung von Kontaktplänen.

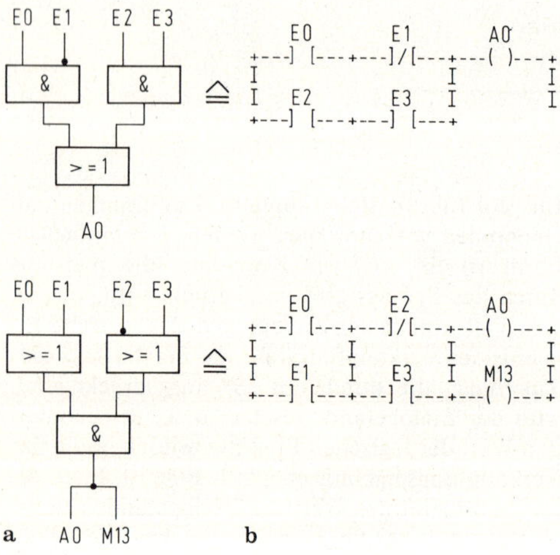

Bild 14-15. Beispiele logischer Verknüpfungen mit **a** LOP und **b** KOP.

c) Logikplan (LOP)

Während der Kontaktplan sich an der Vorstellung der Schütz-Stromlaufpläne orientiert, geht der *Logikplan* (LOP) von der Schaltplansymbolik logischer Verknüpfungsschaltungen aus. Die entsprechenden Symbole sind bereits in Tabelle 14-1 dargestellt.

d) Funktionsplan (FUP)

Der *Funktionsplan* (FUP) stellt eine von der jeweiligen Realisierung unabhängige Problemformulierung dar. Hierzu wird ein zu steuernder Prozeßablauf in eine Anzahl von Schritten unterteilt. Bild 14-16 zeigt eine mögliche Darstellungsform eines solchen Schrittes. Jeder Schritt enthält einen Bedingungsteil, der aus den Elementen des Logikplans aufgebaut ist. Dieser Bedingungsteil stellt die Transitions- oder Schrittbedingung dar, bei deren Erfülltsein zu dem betrachteten Schritt weitergeschaltet wird, wenn der vorhergehende Schritt aktiv war. Der Befehlsteil legt fest, welche Aktionen bei der Aktivierung des betreffenden Schrittes ausgeführt werden sollen. Jeder Befehl enthält drei Elemente. Das erste Feld legt die Art des Befehls fest. Dabei sind folgende Möglichkeiten vorgesehen:

D	*verzögert,*
S	*gespeichert,*
SD	*gespeichert und verzögert,*
NS	*nicht gespeichert,*
NSD	*nicht gespeichert und verzögert,*
SH	*gespeichert auch bei Energieausfall,*
T	*zeitlich begrenzt,*
ST	*gespeichert und zeitlich begrenzt.*

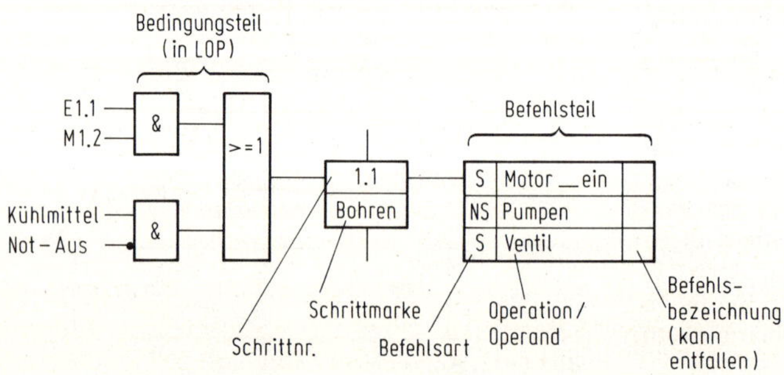

Bild 14-16. Darstellung eines Schrittes im FUP.

Im zweiten Feld wird die Wirkung des Befehls spezifiziert. Das letzte Feld wird zur Kennzeichnung einer Abbruchstelle genutzt. Es kann entfallen, wenn keine solche Abbruchstelle vorhanden ist. Die Funktionsplandarstellung ist ursprünglich als ein Dokumentations- und Beschreibungsmittel definiert worden und nicht als eine Programmiersprache. Daraus ergeben sich für die Nutzung des Befehlsteils gewisse Probleme. So ist bei der Spezifikation der Befehlswirkung keine Klartextbeschreibung mehr möglich. Auch bei der Kennzeichnung des Befehlstyps sind Einschränkungen unumgänglich, wenn der Funktionsplan als Programmiersprache genutzt werden soll. Es ist sehr schwer, alle zeitlichen Verzögerungen in der SPS in der durch die Befehlstypkennzeichnung (D, SD, NSD, T, ST) geforderten Weise zu verwalten. Eine Speicherung von Binärwerten auch bei Energieausfall (SH) ist überhaupt nicht ohne spezielle Hardware möglich. Die wichtigsten Befehlstypen sind die speichernde und nichtspeichernde Zuweisung. Bei der speichernden Zuweisung wird der betreffende Operand gesetzt oder rückgesetzt und bleibt in diesem Zustand, auch nachdem der aktuelle Schritt nicht mehr aktiv ist. Im nichtspeichernden Modus bleibt dieser Signalzustand nur für die Aktivierungsdauer des Schrittes erhalten.
Außerdem enthält jeder Schritt eine Schrittnummer oder Schrittmarke, um bei Sprüngen hierauf verweisen zu können. Im Funktionsplan lassen sich auch Alternativ- und Parallelverzweigungen formulieren. Bild 14-17 zeigt beide Verzweigungsmöglichkeiten.

e) GRAFCET

Bei der Formulierung von Ablaufsteuerungen in Funktionsplandarstellung liegen Logikstruktur und Ablaufstruktur in einer gemeinsamen Darstellung vor. Bei der Programmiersprache *GRAFCET* werden beide Strukturen getrennt. Die Ablaufstruktur wird in einer an die Darstellungsform von Petri-Netzen angenäherten Form abgebildet. Plätze – auch Aktionen genannt – werden als rechteckige Kästchen dargestellt, Transitionen als dickere Querstriche. Wie Bild 14-18 zeigt, wird jeder Aktion und Transition eine Logikfunktion zugeordnet, die bei der Editierung über eine besondere Funktionstaste „Lupe" sichtbar gemacht und editiert werden kann. Nach Rückkehr aus diesem „Untermenü" befindet man sich wieder – dargestellt durch einen geeigneten Cursor – an der zugeordneten Aktion/Transition in der übergeordneten Ablauf-Topographie. Die Form der Darstellung der zugrunde liegenden Logik kann sowohl in KOP als auch in LOP erfolgen. Die Logik einer Transition besitzt nur einen logischen Ausgang, der der Weiterschaltbedingung auf die nachfolgende Aktion entspricht. Die der Aktion zugeordnete Logik wird so lange bearbeitet, wie die betreffende Aktion aktiviert ist. Alternative Zweige werden durch einen Abzweig in einfacher dünner Vollinie, parallele Zweige durch zwei Abzweiglinien dargestellt.

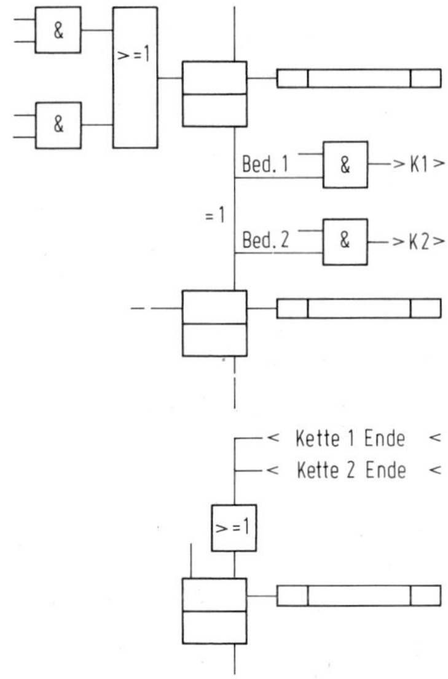

Alternativ- oder ODER-Verzweigung

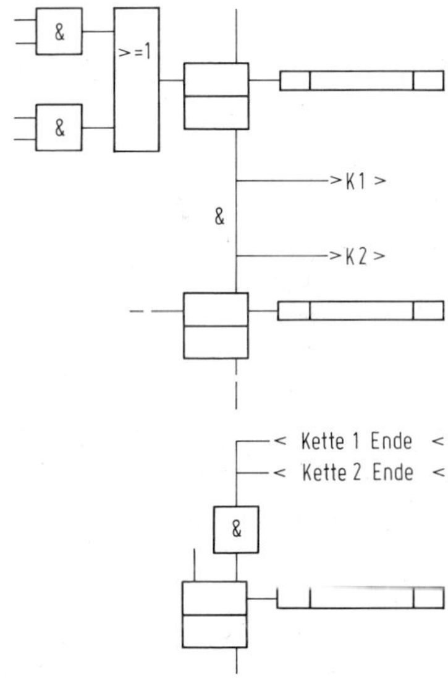

Parallel- oder UND-Verzweigung

Bild 14-17. Verzweigungsmöglichkeiten im FUP.

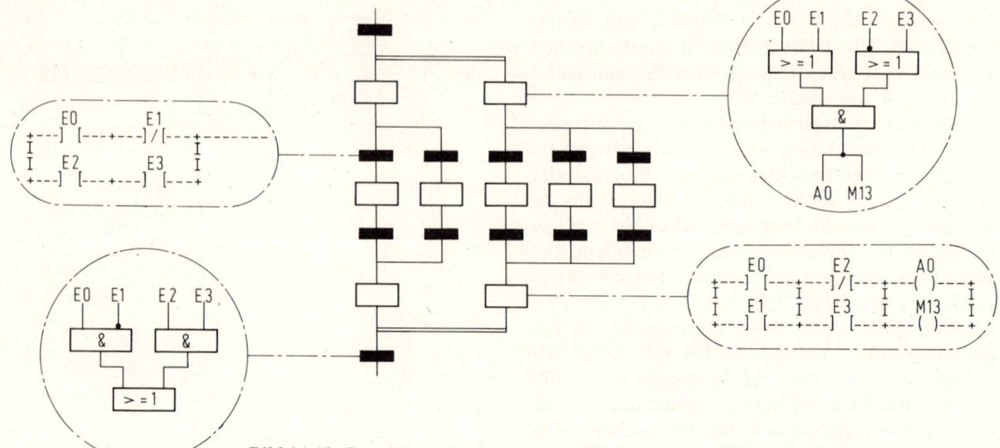

Bild 14-18. Zuordnung von Logikfunktionen bei der Darstellung im GRAFCET.

Formelzeichen

a) *Allgemeine Darstellung*

$e(t),\ f(t), \ldots$	kontinuierliche Zeitfunktionen oder Signale
$e(k),\ f(k), \ldots$	diskrete Zeitfunktionen oder Folgen
$E(s),\ F(s), \ldots$	Laplace-Transformierte von $e(t),\ f(t), \ldots$
$E(\mathrm{j}\omega),\ F(\mathrm{j}\omega), \ldots$	Fourier-Transformierte von $e(t),\ f(t), \ldots$
$E_Z(z),\ F_Z(z), \ldots$	z-Transformierte von $e(k)$, $f(k), \ldots$
$\boldsymbol{x},\ \boldsymbol{x}(t)$	Vektoren (konstant oder zeitabhängig)
$\boldsymbol{A},\ \boldsymbol{A}(t)$	Matrizen (konstant oder zeitabhängig)
$\lvert\boldsymbol{A}\rvert$	Determinante der Matrix $\boldsymbol{A}$
$\boldsymbol{X}(s),\ \boldsymbol{U}(s), \ldots$	Laplace-Transformierte der Vektoren $\boldsymbol{x}(t),\ \boldsymbol{u}(t), \ldots$
$\mathrm{G}(s),\ \boldsymbol{\Phi}(s)$	Matrizen, deren Elemente Funktionen oder Polynome von s sind
$\mathscr{L}$	Operator der Laplace-Transformation
$\mathscr{F}$	Operator der Fourier-Transformation
$\mathscr{z}$	Operator der z-Transformation
$\mathscr{Z}$	doppelter Operator für $\mathscr{z}\{\mathscr{L}^{-1}\{\ldots\}\rvert_{t=kT}\}$
$\boldsymbol{x}^{\mathrm{T}},\ \boldsymbol{A}^{\mathrm{T}}$	Transponierte des Vektors $\boldsymbol{x}$ bzw. der Matrix $\boldsymbol{A}$
$\boldsymbol{A}^{-1}$	Inverse der Matrix $\boldsymbol{A}$
$\hat{x},\ \hat{p}$	Schätzwert oder rekonstruierter Wert von x oder p

Ausnahme hiervon ist die Schreibweise bei binären Steuerungen: Vektoren werden dort mit großen Buchstaben (z. B. $\boldsymbol{X}$) gekennzeichnet.

b) *Spezielle Kennzeichnungen*

t	kontinuierliche Zeitvariable
$\sigma(t)$	Sprungfunktion
$\delta(t)$	Impulsfunktion
$h(t)$	Übergangsfunktion
$g(t)$	Gewichtsfunktion
k	diskrete Zeitvariable
$\delta_{\mathrm{d}}(k)$	diskreter Impuls
$h(k)$	Übergangsfolge
$g(k)$	Gewichtsfolge
s	komplexe Variable für die Laplace-Transformation, auch als Frequenzvariable bezeichnet ($s = \sigma + \mathrm{j}\omega$)
ω	Kreisfrequenz ($\omega = 2\pi/T$)
$G(s)$	Übertragungsfunktion
$G(\mathrm{j}\omega)$	Frequenzgang (allgemein)
$G_0(s)$ und $G_0(\mathrm{j}\omega)$	Übertragungsfunktion bzw. Frequenzgang des offenen Regelkreises
$G_{\mathrm{W}}(s)$	Führungsübertragungsfunktion
$G_{\mathrm{Z}}(s)$	Störungsübertragungsfunktion
z	komplexe Variable der z-Transformation
$G(z)$	z-Übertragungsfunktion
$R(\omega)$	Realteil von $G(\mathrm{j}\omega)$
$I(\omega)$	Imaginärteil von $G(\mathrm{j}\omega)$
$\boldsymbol{x}(t)$	Vektor der Zustandsgrößen oder Zustandsvektor
$\boldsymbol{u}(t)$	Vektor der Stellgrößen oder Stellvektor (auch Steuervektor)
$\boldsymbol{y}(t)$	Vektor der Ausgangsgrößen oder Ausgangsvektor
$R_{\mathrm{ab}}(\tau)$	Korrelationsfunktion
$S_{\mathrm{ab}}(\mathrm{j}\omega)$	Spektrum

Literatur

Allgemeine Literatur (zeitlich geordnet)

Kapitel 1 bis 8

Unbehauen, H.: Regelungstechnik I: Klassische Verfahren zur Analyse und Synthese linearer kontinuierlicher Regelsysteme. 6. Aufl. Braunschweig: Vieweg 1989.

Dickmanns, E.D.: Systemanalyse und Regelkreissynthese. Stuttgart: Teubner 1985.

Weinmann, A.: Regelungen: Analyse und technischer Entwurf. Bd. I. Lineare und linearisierte Systeme. Wien: Springer 1983.

Schmidt, G.: Grundlagen der Regelungstechnik. Berlin: Springer 1982.

Leonhard, W.: Einführung in die Regelungstechnik. Braunschweig: Vieweg 1981.

Reinisch, K.: Analyse und Synthese kontinuierlicher Steuerungssysteme. Berlin: Verlag Technik 1979.

Föllinger, O.: Regelungstechnik. Berlin: Elitera 1978.

D'Azzo, J.J.; Houpis, C.H.: Linear control system analysis and design. New York: McGraw-Hill 1975.

Oppelt, W: Kleines Handbuch technischer Regelvorgänge. Weinheim: Verlag Chemie 1972.

Solodownikow, W.W.: Stetige lineare Systeme. Berlin: Verlag Technik 1971.

Solodownikow, W.W.: Analyse und Synthese linearer Systeme. Berlin: Verlag Technik 1971.

Ogata, K.: Modern control engineering. Englewood Cliffs, New Jersey: Prentice-Hall 1970.

Takahashi, Y.: Rabins, M.J.; Auslander, D.M.: Control and dynamic systems. Reading (Mass.): Addison-Wesley 1970.

Schäfer, O.: Grundlagen der selbsttätigen Regelung. 5. Aufl. Technischer Verlag Gräfelfing 1965.

Kapitel 9

Föllinger, O.: Nichtlineare Regelung I. 4. Aufl. München: Oldenbourg 1987.

Atherton, D.: Nonlinear control engineering. London: van Nostrand 1981.

Parks, P.C.; Hahn, V.: Stabilitätstheorie. Berlin: Springer 1981.

Göldner, K.: Nichtlineare Systeme der Regelungstechnik. Berlin: Verlag Technik 1973.

Gibson, H.: Nonlinear automatic control. New York: McGraw-Hill 1963.

Kapitel 10

Ogata, K.: Discrete-time control systems. Englewood Cliffs, New Jersey: Prentice Hall 1987.

Günther, M.: Zeitdiskrete Steuerungssysteme. Berlin: Verlag Technik 1986.

Ackermann, J.: Sampled-data control systems. Berlin: Springer 1985.

Phillips, C.; Nagle, H.: Digital control system analysis and design. Englewood Cliffs, New Jersey: Prentice-Hall 1984.

Föllinger, O.: Lineare Abtastsysteme. München: Oldenbourg 1982.

Franklin, G.; Powell, D.: Digital control. Reading(Mass.): Addison-Wesley 1980.

Schwarz, H.: Zeitdiskrete Regelungssysteme. Braunschweig: Vieweg 1979.

Isermann, R.: Digitale Regelsysteme. Berlin: Springer 1977.

Thoma, M.: Theorie linearer Regelsysteme. Braunschweig: Vieweg 1973.

Leonhard, W.: Diskrete Regelsysteme. Mannheim: Bibliogr. Inst. 1972.

Tou, T.: Digital and sampled-data control systems. New York: McGraw-Hill 1959.

Kapitel 11

Unbehauen, H.: Regelungstechnik II: Zustandsregelungen, digitale und nichtlineare Regelsysteme. 5. Aufl. Braunschweig: Vieweg 1989.

Hippe, P.; Wurmthaler, Ch.: Zustandsregelung. Berlin: Springer 1985.

Ludyk, G.: Theorie dynamischer Systeme. Berlin: Elitera-Verlag 1977.

Hartmann, L.: Lineare Systeme. Berlin: Springer 1976.

Csaki, F.: Die Zustandsraum-Methode in der Regelungstechnik. Düsseldorf: VDI-Verlag 1973.

Ogata, K.: State space analysis of control systems. Englewood Cliffs, New Jersey: Prentice-Hall 1967.

Kapitel 12

Unbehauen, H.: Regelungstechnik III: Identifikation, Adaption, Optimierung. 3. Aufl. Braunschweig: Vieweg 1988.

Isermann, R.: Identifikation dynamischer Systeme. Berlin: Springer 1988.

Unbehauen, H.; Rao, G.P.: Identification of continuous systems. Amsterdam: North Holland 1987.

Ljung, L.: System identification. Theory for the user. Englewood Cliffs, New Jersey: Prentice-Hall 1987.

Norton, J.P.: An introduction to identification. London: Academic Press 1986.

Natke, H.: Einführung in Theorie und Praxis der Zeitreihen- und Modalanalyse. Braunschweig: Vieweg 1983.

Strobel, H.: Experimentelle Systemanalyse. Berlin: Akademie-Verlag 1975.

Eykhoff, P.: System identification: Parameter and state estimation. London: John Wiley 1974.

Unbehauen, H.; Göhring, B.; Bauer, B.: Parameterschätzverfahren zur Systemidentifikation. München: Oldenbourg 1974.

Unbehauen, H.: Übersicht über Methoden zur Identifikation (Erkennung) dynamischer Systeme. Regelungstechnik und Prozeß-Datenverarbeitung 21 (1973) 2-8.

Wilfert, H.: Signal- und Frequenzganganalyse an stark gestörten Systemen. Berlin: Verlag Technik 1969.

Kapitel 13

Unbehauen, H.: Regelungstechnik III: Identifikation, Adaption, Optimierung. 3. Aufl. Braunschweig: Vieweg 1988.

Chalam, V.: Adaptive control systems. New York: Dekker 1987.

Goodwin, G.; Sin, K.: Adaptive filtering and control. Englewood Cliffs, New Jersey: Prentice Hall 1984.

Harris, C.; Billings, S.: Self-tuning and adaptive control. London: P. Peregrinus 1981.

Landau, Y.: Adaptive Control. New York: Dekker 1979.

Zypkin, J.: Grundlagen der Theorie lernender Systeme. Berlin: Verlag Technik 1972.

Kapitel 14

Bocksnick, B.: Grundlagen der Steuerungstechnik. Esslingen: Verlag Festo-Didactic 1987.

Töpfer, H.; Besch, P.: Grundlagen der Automatisierungstechnik. München: Hanser 1987.

Lenz, W.; Oberst, E.; Koegst, M.: Grundlagen der Steuerungs- und Regelungstechnik. Heidelberg: Hüthig 1982.

Heep, W.: Elektronische Steuerungstechnik. Berlin: Elitera-Verlag 1974.

Spezielle Literatur

Kapitel 1

1. Wiener, N.: Cybernetics or control and communication in the animal and the machine. Masachusetts Institute of Technology; New York: John Wiley 1948. (Deutsche Ausgabe Düsseldorf Econ 1963).
2. DIN 19226: Regelungstechnik und Steuerungstechnik; Begriffe und Benennungen. (1968).

Kapitel 2

1. Schöne, A.: Simulation technischer Systeme (3 Bände). München: Hanser 1974.

Kapitel 3

1. Unbehauen, R.: Systemtheorie. 4. Aufl. München: Oldenbourg 1983.

Kapitel 4

1. Doetsch, G.: Anleitung zum praktischen Gebrauch der Laplace-Transformation und der z-Transformation. München: Oldenbourg 1974.
2. Föllinger, O.: Laplace- und Fourier-Transformation. Berlin: Elitera-Verlag 1977.
3. Unbehauen, H.: Regelungstechnik I: Klassische Verfahren zur Analyse und Synthese linearer kontinuierlicher Regelsysteme. 6. Aufl. Braunschweig: Vieweg 1989.

Kapitel 5

1. Unbehauen, H.: Regelungstechnik I: Klassische Verfahren zur Analyse und Synthese linearer kontinuierlicher Regelsysteme. 6. Aufl. Braunschweig: Vieweg 1989.
2. Tietze, U.; Schenk, Ch.: Halbleiter-Schaltungstechnik. 9. Aufl. Berlin: Springer 1989.

Kapitel 6

1. Hurwitz, A.: Über die Bedingungen, unter welchen eine Gleichung nur Wurzeln mit negativen reellen Teilen besitzt. Math. Annalen 46 (1895) 273-284.
2. Routh, E.J.: A treatise on the stability of a given state of motion. London: Macmillan 1877.
3. Nyquist, H.: Regeneration theory. Bell Syst. Techn. J. 11 (1932) 126-147.

Kapitel 7

1. Evans, W.R.: Control system dynamics. New York: McGraw-Hill 1954.

Kapitel 8

1. Newton G.C.; Gould, L.A.; Kaiser, J.F.: Analytical design of linear feedback control. New York: John Wiley 1957.
2. Unbehauen, H.: Stabilität und Regelgüte linearer und nichtlinearer Regler in einschleifigen Regelkreisen bei verschiedenen Streckentypen mit P- und I-Verhalten. (Fortschritt-Berichte Reihe 8, 13) Düsseldorf: VDI-Verlag 1970.
3. Oppelt, W.: Kleines Handbuch technischer Regelvorgänge. Weinheim: Verlag Chemie 1972, S. 462-476.
4. Ziegler, J.G.; Nichols, N.B.: Optimum settings for automatic controllers. Trans. ASME 64 (1942) 759-768.
5. Unbehauen, H.: Regelungstechnik I: Klassische Verfahren zur Analyse und Synthese linearer kontinuierlicher Regelsysteme. 6. Aufl. Braunschweig: Vieweg 1989.
6. Truxal, J.G.: Entwurf automatischer Regelsysteme. Wien, München: Oldenbourg 1960, S. 297-338.

Kapitel 9

1. Unbehauen, H.: Stabilität und Regelgüte linearer und nichtlinearer Regler in einschleifigen Regelkreisen bei verschiedenen Streckentypen mit P- und I-Verhalten. (Fortschritt-Berichte Reihe 8, 13). Düsseldorf: VDI-Verlag 1970.
2. Unbehauen, H.: Regelungstechnik II: Zustandsregelungen, digitale und nichtlineare Regelsysteme. 5. Aufl. Braunschweig: Vieweg 1989.
3. Gille, J.; Pelegrin, M.; Decaulne, O.: Lehrgang der Regelungstechnik, Bd. I. München: Oldenbourg 1960.
4. Feldbaum, A.: Rechengeräte in automatischen Systemen. München: Oldenbourg 1962.
5. Boltjanski, W.: Mathematische Methoden der Optimierung. München: Hanser 1972.
6. Hahn, W.: Theorie und Anwendung der direkten Methode von Ljapunow. Berlin: Springer 1959.
7. Aiserman, M.; Gantmacher, F.: Die absolute Stabilität von Regelsystemen. München: Oldenbourg 1965.
8. Schultz, D.; Gibson, J.: The variable gradient method for generating Lyapunov functions. Trans. AIEE 81, II (1962) 203-210.
9. Popov, V.: Absolute stability of nonlinear systems of automatic control. Automation and Remote Control 22 (1961) 961-978.

Kapitel 10

1. Doetsch, G.: Anleitung zum praktischen Gebrauch der Laplace-Transformation und der z-Transformation. 3. Aufl. München: Oldenbourg 1967.
2. Zypkin, S.: Theorie der linearen Impulssysteme. München: Oldenbourg 1967.
3. Unbehauen, H.: Regelungstechnik II: Zustandsregelungen, digitale und nichtlineare Regelsysteme. 5. Aufl. Braunschweig: Vieweg 1989.
4. Tustin, A.: Method of analysing the behaviour of linear systems in terms of time series. JIEE 94 (1947), II-A, S. 130-142.
5. Jury, E.: Theory and application of the z-transform method. New York: John Wiley 1964.
6. Föllinger, O.: Lineare Abtastsysteme. München: Oldenbourg 1982.
7. Takahashi, Y.; Chan, C.; Auslander, D.: Parametereinstellung bei linearen DDC-Algorithmen. Regelungstechnik 19 (1971) 237-244.

Kapitel 11

1. Unbehauen, H.: Regelungstechnik II: Zustandsregelungen, digitale und nichtlineare Regelsysteme. 5. Aufl. Braunschweig: Vieweg 1989.
2. Kalman, R.: On the general theory of control systems. Proc. 1st IFAC Congress, Moskau 1960, Bd. 1. London: Butterworth; München: Oldenbourg 1961, S. 481-492.

3. Unbehauen, H.: Regelungstechnik III: Identifikation, Adaption, Optimierung. 3. Aufl. Braunschweig: Vieweg 1988.

Kapitel 12

1. Unbehauen, H.: Regelungstechnik I: Klassische Verfahren zur Analyse und Synthese linearer kontinuierlicher Regelsysteme. 6. Aufl. Braunschweig: 1989.
2. Schwarze, G.: Algorithmische Bestimmung der Ordnung und Zeitkonstanten bei P-, I- und D-Gliedern mit zwei unterschiedlichen Zeitkonstanten und Verzögerung bis 6. Ordnung. messen, steuern, regeln 7 (1964) 10-18.
3. Unbehauen, H.; Rao, G.P.: Identification of continuous systems. Amsterdam: North Holland 1987.
4. Unbehauen, H.: Kennwertermittlung von Regelsystemen an Hand des gemessenen Verlaufs der Übergangsfunktion. messen, steuern, regeln 9 (1966) 188-191.
5. Unbehauen, H.: Bemerkungen zu der Arbeit von W. Bolte „Ein Näherungsverfahren zur Bestimmung der Übergangsfunktion aus dem Frequenzgang". Regelungstechnik 14 (1966) 231-233.
6. Unbehauen, H.: Regelungstechnik III: Identifikation, Adaption, Optimierung. 3. Aufl. Braunschweig: Vieweg 1988.

Kapitel 13

1. Kalman, R.: Design of a self-optimizing control system. Trans. ASME 80 (1958) 468-478.
2. Aström, K.; Wittenmark, B.: On self-tuning regulators. Automatica 9 (1973) 185-198.
3. Clarke, D.; Gawthrop, P.: Self-tuning controller. Proc. IEE 122 (1975) 929-934.
4. Aström, K.: Theory and applications of adaptive control: A survey. Automatica 19 (1983) 471-486.
5. Whitaker, H. et al.: Design of a model reference adaptive control system of aircraft. Report R-164, Instrumentation Lab., MIT, Cambridge, Mass. 1958.
6. Unbehauen, H.: Regelungstechnik III: Identifikation, Adaption, Optimierung. 3. Aufl. Braunschweig: Vieweg 1988.

Kapitel 14

1. Huffman, D.A.: The synthesis of sequential switching circuits. J. Franklin Institute, 1954, No. 254, pp. 161-190, 275-303.
2. Petri, C.A.: Kommunikation mit Automaten. Dissertation. Schriften des Rheinisch-Westfälischen Instituts für instrumentelle Mathematik, 1962.
3. Fasol, K.H.; Vingron, P.: Synthese industrieller Steuerungen. Berlin: Springer 1975.
4. VDI/VDE-Richtlinie 2880: Speicherprogrammierbare Steuerungsgeräte; Definition und Kenndaten. (1982)
5. DIN 19239: Steuerungstechnik; Speicherprogrammierbare Steuerungen; Programmierung. (1983)
6. DIN 40719 Teil 6: Schaltungsunterlagen; Regeln und graphische Symbole für Funktionspläne. (1977).
7. VDI/VDE-Richtlinie 3683: Beschreibung von Steuerungsaufgaben; Anleitung zum Erstellen eines Pflichtenheftes. (1986).

J Technische Informatik

H. Liebig, Th. Flik, P. Rechenberg

In der Informatik verbinden sich das axiomatische, logisch-strukturtheoretische Denken der Mathematik und das konstruktiv-ökonomische, d. h. ingenieurmäßige Handeln der Technik. Die Informatik ist daher sowohl eine Strukturwissenschaft, die abstrakt und immateriell betrieben wird, als auch eine Ingenieurwissenschaft, die sich konkret und materiell mit der Entwicklung und dem Bau technischer Produkte befaßt.

Von anderen Gebieten der Wissenschaften und der Technik unterscheidet sich die Informatik durch die Art dieser Produkte. Sie sind zum einen *Hardware*, die aufgrund ihrer materiellen Beschaffenheit nur schwer verändert werden kann, und zum andern *Software*, die — mechanistisch betrachtet — leicht zu verändern ist. Trotz ihrer gegensätzlichen Erscheinung sind Hardware und Software jedoch im Prinzip bis auf ein unvermeidliches Minimum an Rechenmaschine gegeneinander austauschbar.

In der Praxis existieren Hardware und Software nicht getrennt für sich, sondern bilden eine Einheit, wobei die Grenzziehung zwischen beiden von konstruktiven und ökonomischen Bedingungen abhängt. Diese Hardware-Software-Systeme erstrecken sich von kleinsten bis hin zu größten

Tabelle. Historische Entwicklung von Hardware und Software

Generation	Entwicklung der Hardware	Entwicklung der Software
1	*Bis Ende der fünfziger Jahre* Elektronenröhren als Schaltelemente; zentrale Speicher von wenigen hundert Maschinenwörtern.	*Bis Ende der fünfziger Jahre* Assemblercode; einfachste Betriebssysteme; lochkartenorientierter Einzelbetrieb.
2	*Seit Anfang der sechziger Jahre* Transistorschaltkreise; Ferritkern-, Band-, Trommel-, Plattenspeicher.	*Seit Anfang der sechziger Jahre* FORTRAN, ALGOL 60, COBOL; umfangreichere Betriebssysteme; lochkartenorientierter Stapelbetrieb.
3	*Seit Mitte der sechziger Jahre* Teilweise integrierte Schaltkreise.	*Seit Mitte der sechziger Jahre* PL/I, Pascal, APL, C; Hochkomplexe Betriebssysteme; dialogorientierter Mehrbenutzerbetrieb.
4	*Seit Anfang der siebziger Jahre* Überwiegend hochintegrierte Schaltkreise; Halbleiterspeicher; 8 Bit Prozessoren auf einem Chip (1 000 bis 10 000 Transistorfunktionen).	*Seit Anfang der achtziger Jahre* Modula-2, Ada, Lisp, Prolog, Programmierumgebungen mit grafischer Benutzeroberfläche; hochentwickelte Textverarbeitungs- und Grafikprogramme.
5	*Seit Anfang der achtziger Jahre* Hochintegrierte Schaltkreise; 16- und 32-Bit-Prozessoren auf einem Chip (bis zu 200 000 Transistorfunktionen).	*Für die neunziger Jahre erwartet* Vordringen der objektorientierten und nichtalgorithmischen Programmiersprachen; stärkere Parallelverarbeitung; vervollkommnete Software-Entwicklungsumgebungen.

Anwendungen, die in ihrer Komplexität an die Grenzen der physikalischen Realisierbarkeit wie der intellektuellen Beherrschbarkeit stoßen.

Wie in anderen Wissenschaften, so versucht man auch in der Informatik, das millionenfache Zusammenwirken ihrer „Atome" (bei der Hardware die elektronischen Schalter, bei der Software die Befehle der Programme) durch modulare und hierarchische Gliederung, d. h. durch wiederholte Abstraktion zu beherrschen.

Dieser mit *Technische Informatik* überschriebene Teil orientiert sich am *Computer* als *dem* technischen Repräsentanten der Informatik. Er beginnt mit der Beschreibung des Zusammenwirkens der elektronischen Schaltungen, den *Digitalen Systemen*, behandelt dann Struktur- und Betriebsaspekte in Rechnern, d. h. die *Rechnerorganisation*, und schließt mit der Nutzbarmachung von Rechenanlagen für unterschiedlichste Anwendungen, d. h. mit ihrer *Programmierung*. Dabei bleiben entsprechend dem Grundlagencharakter des Werkes besondere, nur für bestimmte Anwendungsgebiete relevante Computersysteme und -programme ausgespart.

Zur Kennzeichnung der historischen Entwicklung von Hardware und Software hat sich eine Einteilung in Generationen eingebürgert, die in der Tabelle auf Seite J 1 skizziert ist.

Digitale Systeme

H. Liebig

Digitale Systeme sind wohlstrukturierte, sehr komplexe Zusammenschaltungen ganz elementarer, als Schalter wirkender Funktionseinheiten. Am Anfang der Computertechnik Relais, heute fast ausschließlich Transistoren, haben solche elektronischen Schalter funktionell betrachtet nur zwei Zustände: Sie sind entweder offen oder geschlossen. Dementsprechend arbeiten digitale Systeme im mathematischen Sinn mit nur zweiwertigen, sog. binären Größen.

Auch arithmetische Operationen und logische Verknüpfungen lassen sich auf das „Rechnen" mit binären Größen zurückführen: die Ziffern von Dualzahlen sind entweder 0 oder 1; als Aussagen aufgefaßte Sätze sind entweder falsch oder wahr. Diese Gemeinsamkeit ermöglicht es, arithmetische und logische Prozesse mit digitalen Systemen, d. h. durch das Zusammenwirken ihrer Schalter, nachzubilden.

Digitale Systeme können nach steigender Komplexität ihrer Struktur und ihrer Funktion in Schaltnetze, Schaltwerke und Prozessoren eingeteilt werden. *Schaltnetze* sind imstande, den Kombinationen ihrer Eingangsgrößen einmal festgelegte Kombinationen ihrer Ausgangsgrößen zuzuordnen; sie werden deshalb auch Zuordner oder im Englischen „combinational circuits" genannt. *Schaltwerke* sind darüber hinaus in der Lage, vorgegebene Sequenzen ihrer Eingangsgrößen in vorgegebene Sequenzen ihrer Ausgangsgrößen abzubilden; sie werden deshalb auch Automaten oder im Englischen „sequential machines" genannt.

Prozessoren entstehen aus der Zusammenschaltung von arithmetisch-logischen Schaltnetzen mit operativen und steuernden Schaltwerken. Sie eignen sich primär zur Durchführung numerischer Berechnungen, insbesondere für die Verarbeitung großer Datenmengen. Prozessoren bilden somit die zentralen Verarbeitungseinheiten der elektronischen Rechenanlagen (central processing units, CPUs).

1 Schaltnetze

Ihrer Struktur nach sind Schaltnetze rückwirkungsfreie Zusammenschaltungen von Schaltgliedern. Ihre Funktion folgt den Gesetzen der Booleschen Algebra, die von George Boole (1815-1864) 1854 zur Formalisierung der mathematischen Logik (Aussagenlogik) formuliert worden ist, siehe z. B. [1]. Mit der Booleschen Algebra läßt sich der Begriff Schaltnetz wie folgt definieren: Ein Schaltnetz ist die schaltungstechnische Realisierung einer *booleschen Funktion*, mathematisch ausgedrückt durch die Abbildung $\boldsymbol{f}$ der Eingangsgröße $\boldsymbol{x}$ in die Ausgangsgröße $\boldsymbol{y}$ (vgl. A 1.3):

$$x \xrightarrow{f} y \qquad x -\!\boxed{f}\!- y \qquad y = f(x) \tag{1}$$

Wegen der Zweiwertigkeit der Größen, mit denen digitale Systeme arbeiten, spielt Binärcodierung von Information hier eine beherrschende Rolle. Bit steht dabei als Kurzform für „binary digit".

1.1 Signaldurchschaltung und -verknüpfung

Binär codierte Information wird durch Signale repräsentiert (z. B. elektrische Spannungen), die nur zwei Pegel annehmen können (z. B. 0 V/+5 V gegenüber „Masse", kurz ⏚/+ als „Potentiale"). Die Bezeichnung der Signale erfolgt durch beliebige Namen; die Bezeichnung der Pegel durch die beiden Ziffern 0 und 1, üblicherweise 0 für ⏚ und 1 für + (positive „Logik"). Entsprechend den in der Mathematik gebräuchlichen Bezeichnungsweisen werden Signale Variablen und ihre Pegel Werte genannt („das Signal x hat den Pegel 5 V" hat so die gleiche Bedeutung wie „die Variable x hat den Wert 1").

Die Übertragung und Verarbeitung von Signalen erfolgt mit Schaltern, die zu komplexen Gebilden zusammengeschaltet sind (Schalterkombinationen). Dabei können mehrere Schalter mit ein und demselben Eingangssignal gesteuert werden. In Schaltbildern wird das dadurch ausgedrückt, daß an jeden dieser Schalter derselbe Signalname geschrieben wird; und der Bequemlichkeit halber gibt man den Schaltern selbst auch gleich die Namen ihrer Steuersignale (das Signal x schaltet alle mit x bezeichneten Schalter bei $x = 1$ auf „ein").

In digitalen Systemen dienen Schalter und Schalterkombinationen (1.) zum Durchschalten von Signalen (Durchschaltglieder, transmission gates), (2.) zum Verknüpfen von Signalen (Verknüpfungsglieder, combinational gates). Beide *Gatter*-Arten erscheinen in Digitalschaltungen in großer Mannigfaltigkeit und werden innerhalb eines Systems gemischt eingesetzt.

Beispiel. Ein Schaltnetz zur Addition von zwei Dualzahlen besteht aus einer Zusammenschaltung von „Kästchen" (Bild 1-1 a), von denen jedes seinerseits eine Zusammenschaltung von Durchschalt- und Verknüpfungsgliedern enthält (siehe Bild 1-9). Jedes der Kästchen führt die Addition eines Ziffernpaares aus. Sie besteht aus der Berechnung der Ergebnisziffer z_i und des in Stelle i entstehenden Übertrags $ü_{i+1}$ aus den Summandenziffern x_i, y_i und dem von der Stelle $i-1$ kommenden Übertrag u_i (Bild 1-1 b).

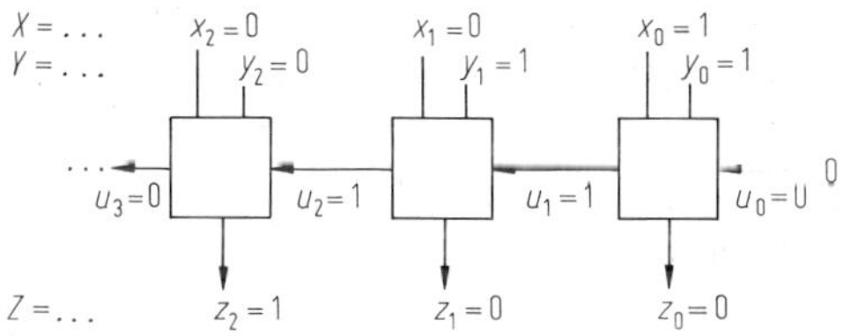

a

u_i	x_i	y_i	u_{i+1}	z_i
0	0	0	0	0
0	0	1	0	1
0	1	0	0	1
0	1	1	1	0
1	0	0	0	1
1	0	1	1	0
1	1	0	1	0
1	1	1	1	1

b

Bild 1-1. Addition von zwei Dualzahlen $Z = X + Y$. **a** Schaltnetz mit Zahlenbeispiel; **b** Definition einer Teilschaltung.

Schalter und Schalterkombinationen

Schalter und Schalterkombinationen haben die Aufgabe, Leitungsverbindungen von einem zum anderen Ende der Schaltung herzustellen, und zwar nach Maßgabe der an den Schaltern liegenden Eingangssignale. Somit kann ein an dem einen Ende anliegendes variables oder konstantes Potential entweder an das andere Ende übertragen werden (Leitung durchgeschaltet) oder nicht übertragen werden (Leitung nicht durchgeschaltet).

Operationen mit Schaltern. Es gibt Schalter mit normaler und Schalter mit inverser Funktion; weiter können Schalter mit normalen und invertierten Signalen angesteuert werden; und schließlich können Schalter seriell und parallel verbunden werden. Diese Operationen erlauben die planmäßige Konstruktion von Schalterkombinationen.

Normalfunktion/-ansteuerung eines Schalters (Identität): Die Leitungsverbindung ist durchgeschaltet, wenn der Schalter geschlossen ist; das ist bei $x = 1$ der Fall (bei $x = 0$ ist er geöffnet), in Formeln durch x ausgedrückt (Bild 1-2 a);

Inversfunktion/-ansteuerung eines Schalters (Negation, NICHT-Operation): Die Leitungsverbindung ist durchgeschaltet, wenn der Schalter geschlossen

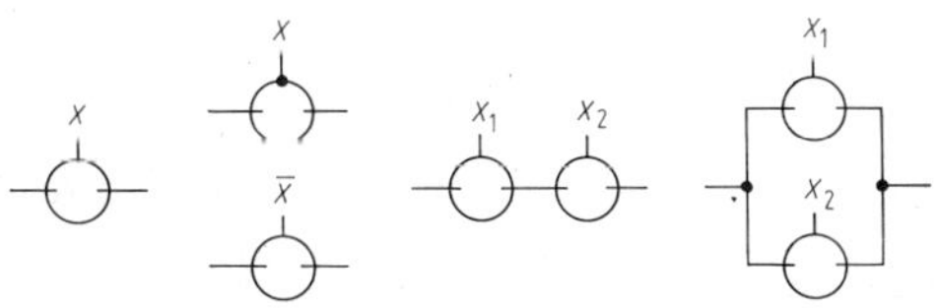

a x b $\overline{x}$ c $x_1 \cdot x_2$ d $x_1 + x_2$

Bild 1-2. Schalterkombinationen. **a** Identität (Schalter normal arbeitend und normal angesteuert); **b** Negation (Schalter invers arbeitend bzw. invers angesteuert); **c** Konjunktion (Schalter in Serie geschaltet); **d** Disjunktion (Schalter parallelgeschaltet).

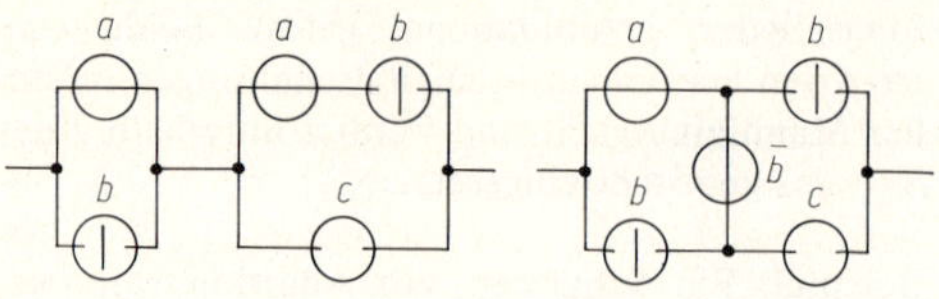

a $(a+b)\cdot(a\cdot b+c)$ b $a\cdot b+b\cdot c+a\cdot\bar{b}\cdot c+b\cdot\bar{b}\cdot b$

Bild 1-3. Zwei äquivalente Schalterkombinationen, **a** strukturgetreu, **b** nicht strukturgetreu durch Formeln beschreibbar. Die eingetragenen Schalterstellungen illustrieren den Fall $a=1$, $b=0$, c unbestimmt.

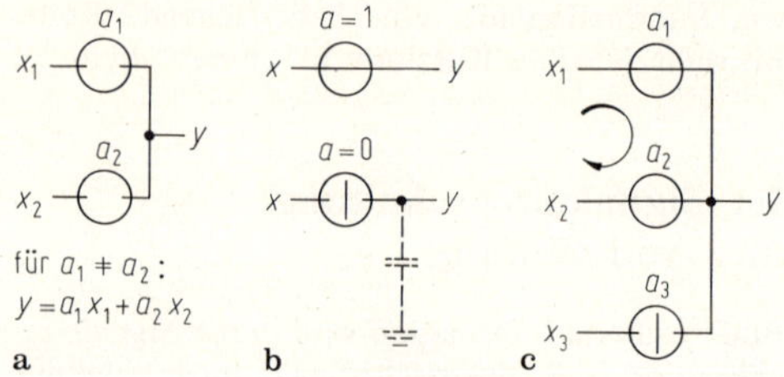

a b c

Bild 1-4. Durchschaltglieder (die Schalter stehen auch stellvertretend für Schalterkombinationen). **a** Grundschaltung; **b** Ladungsspeicherung (bei $a=0$); **c** Kurzschlußstrom (bei z. B. $x_1=1$ und $x_2=0$).

ist; das ist *nicht* bei $x=1$ der Fall (sondern bei $x=0$), in Formeln $\bar{x}$ (Bild 1-2b);

Serienschaltung von Schaltern (Konjunktion, UND-Verknüpfung): Die Leitungsverbindung ist durchgeschaltet, wenn Schalter x_1 geschlossen ist ($x_1=1$) *und* Schalter x_2 geschlossen ist ($x_2=1$), als Formel $x_1\cdot x_2$ (Bild 1-2c);

Parallelschaltung von Schaltern (Disjunktion, ODER-Verknüpfung): Die Leitungsverbindung ist durchgeschaltet, wenn Schalter x_1 geschlossen ist ($x_1=1$) *oder* Schalter x_2 geschlossen ist ($x_2=1$), als Formel x_1+x_2 (Bild 1-2d).

Bei ausschließlicher Verwendung dieser Operationen zum Aufbau einer Schalterkombination läßt sich aus der Struktur einer Formel eine Schaltung „derselben" Struktur entwickeln. Andere als mit diesen Elementaroperationen aufgebaute Schaltungen lassen sich zwar auch durch Formeln beschreiben, jedoch sind ihre Strukturen nicht mehr von gleicher Gestalt. Schaltung Bild 1-3a wird z. B. durch die darunter angegebene Formel strukturgetreu wiedergegeben, während für Schaltung Bild 1-3b lediglich die vier Möglichkeiten von Leitungsverbindungen aus der Formel abgelesen werden können (eine oben, eine unten, zwei über Kreuz).

Durchschaltglieder

Durchschaltglieder schalten die variablen Potentiale ihrer Eingangssignale x_i (siehe Bild 1-4a) entsprechend den Werten ihrer Eingangssignale a_i auf den Ausgang y entweder rückwirkungs*frei* durch ($y=x_1$, wenn $a_1=1$ *und* $a_2=0$; $y=x_2$, wenn $a_1=0$ *und* $a_2=1$), *gar nicht* durch ($y=?$, wenn $a_1=0$ *und* $a_2=0$) oder rückwirkungs*behaftet* durch ($y=!$, wenn $a_1=1$ *und* $a_2=1$).
Im Falle $y=x_1$ oder x_2 gilt $a_1 \neq a_2$, und der Ausgang hat denselben Wert wie der durchgeschaltete Eingang, d. h., $y=1$, wenn $a_1=1$ *und* $x_1=1$ *oder* $a_2=1$ *und* $x_2=1$.
Im Falle $y=?$ „hängt" der Ausgang „in der Luft". Dieser (neben 0 und 1) dritte Zustand ist entweder unzulässig, weil undefiniert, oder er hat wegen der Leitungskapazität des Ausgangs denjenigen Wert $y=0$ oder 1, den er vor der „Abtrennung" des Eingangssignals x_i hatte (Ladungsspeicherung). In Schaltung Bild 1-4b z. B. bleibt $y=1$ bei $a=0$ nur dann konstant, wenn sich die aufgeladene Kapazität nicht entladen kann, d. h., wenn kein Strom in die nachfolgende Schaltung fließt. Diese Annahme ist jedoch etwas unrealistisch, denn selbst bei sehr hohem Eingangswiderstand der Folgeschaltung (Eingang „hochohmig") fließen in Wirklichkeit — wenn auch sehr geringe — Leckströme, so daß sich der Kondensator entladen kann. Deswegen muß, wenn der Wert der Variablen y über einen längeren Zeitraum „gespeichert" werden soll, die Ladung periodisch durch ein Taktsignal erneuert werden oder durch Rückkopplung wieder aufgefrischt werden (siehe 2, insbesondere Bilder 2-3a bzw. 2-4a).
Im Fall $y=!$ „verkoppelt" der Ausgang die Eingänge. Dieser Fall unterliegt der Bedingung, daß niemals zu hohe Ströme von $1=+$ nach $0=\perp$ fließen dürfen, da sonst Schalter zerstört werden können (Kurzschlußströme). In Schaltung Bild 1-4c kann das bei $a_1=1$, $a_2=1$, $a_3=0$ eintreten, wenn mit $x_1=1$ in der vorhergehenden Schaltung (z. B. über einen Schalter ohne Widerstand — Ausgang „niederohmig") unmittelbar der Pluspol der Stromversorgung und mit $x_2=0$ unmittelbar der Massepol durchgeschaltet wird (vgl. z. B. Bild 1-8a als Ausgangsschaltung).

Grundschaltungen mit Dioden. Ladungsspeicherung wird verhindert, wenn ein Zweig im Durchschaltglied mit einem Widerstand versehen wird. In Bild 1-5a z. B. ist bei $a_1=0$ und $a_2=0$ $y=v=0/1=\perp/+$. (Da kein Strom durch den Widerstand fließt, entsteht an ihm kein Spannungsabfall, und das jeweilige Potential von v überträgt sich auf y.) Kurzschlußströme werden verhindert, indem selbststeuernde Schalter mit Ventilverhalten (Dioden) benutzt werden. Bei der ODER-Schaltung, Bild 1-5b, wird $v=\perp$ gewählt, so daß die Dioden (Schalter a_i) bei $x_i=1$ durchgeschaltet sind (d. h. Normalsteuerung der Schalter: $a_i=x_i$); daraus folgt $y=1$, wenn $x_1=1$ *oder*

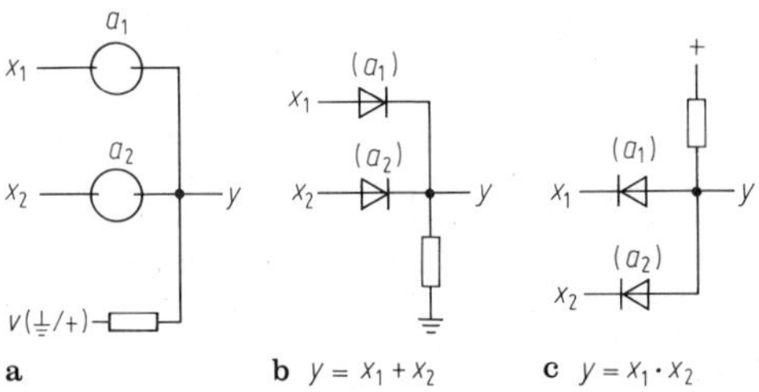

Bild 1-5. Durchschaltglieder. **a** Funktion $y = a_1 \cdot x_1 + a_2 \cdot x_2 + \bar{a}_1 \cdot \bar{a}_2 \cdot v$ (Ausgang auch bei $a_1 = 0$, $a_2 = 0$ definiert); **b** Dioden-ODER-Gatter; **c** Dioden-UND-Gatter.

$x_2 = 1$. Bei der UND-Schaltung, Bild 1-5c, wird $v = +$ gewählt, so daß die Dioden (Schalter a_i) bei $x_i = 1$ gesperrt sind (d. h. Inverssteuerung der Schalter: $a_i = \bar{x}_i$); daraus folgt $y = 1$, wenn $x_1 = 1$ *und* $x_2 = 1$. In beiden Schaltungen ist bei ungleichen Eingangspotentialen immer eine Diode gesperrt; und wie die Symbole zeigen, können Kurzschlußströme nicht auftreten.

Multiplexer/Logikmodul in MOS-Technik. Sowohl Ladungsspeicherung als auch Kurzschlußströme werden verhindert, wenn alle Zweige im Durchschaltglied mit Serienschaltungen von Schaltern ausgestattet sind (UND-Funktion) und die Schalter so gesteuert werden, daß immer genau ein Zweig durchgeschaltet ist. Bild 1-6 zeigt eine solche Schaltung mit MOS-Transistoren als Schalter (MOS, metal oxide semiconductor). Darin werden die Transistoren alle normal betrieben, jedoch mit normalen und invertierten Signalen gesteuert. — Die Schaltung kann als Multiplexer oder als Logikeinheit eingesetzt werden. Als Multiplexer hat sie die Aufgabe, genau eine der vier Eingangsleitungen x_0 bis x_3 mit den Steuersignalen a_1 und a_0 auf den gemeinsamen Ausgang y durchzuschalten, z. B. bei $[a_1 a_0] = [11]$ die unterste Leitung, d. h., $y = x_3$. Als Logikmodul kann sie durch Wahl der Steuersignale x_3, x_2, x_1, x_0 sämtliche $2^4 = 16$ Verknüpfungsmöglichkeiten mit den zwei Eingangsvariablen a_0 und a_1 bilden und der Ausgangsvariablen y zuordnen, z. B. bei $[x_3 x_2 x_1 x_0] = [1000]$ die UND-Funktion, d. h., $y = a_0 \cdot a_1$, und bei $[x_3 x_2 x_1 x_0] = [1110]$ die ODER-Funktion, d. h., $y = a_0 + a_1$.

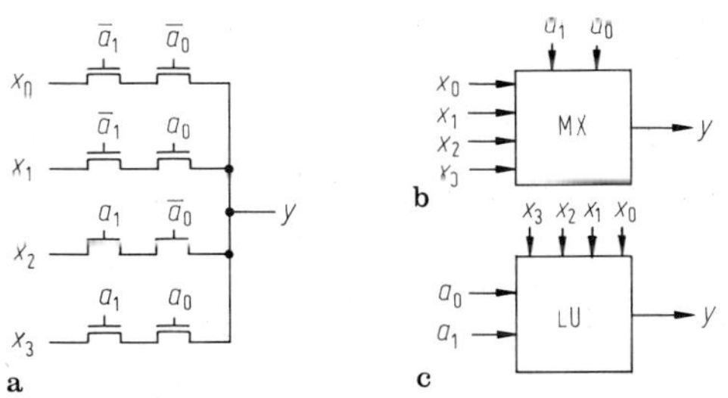

Bild 1-6. Universal-Durchschaltglied mit der Funktion $y = x_0 \cdot \bar{a}_1 \bar{a}_0 + x_1 \cdot \bar{a}_1 a_0 + x_2 \cdot a_1 \bar{a}_0 + x_3 \cdot a_1 a_0$. **a** MOS-Schaltung; **b** Verwendung als Multiplexer; **c** Verwendung als Logikeinheit. Die Schaltung kann auch in umgekehrter Richtung zum Demultiplexen oder Decodieren verwendet werden.

Verknüpfungsglieder

Verknüpfungsglieder verknüpfen die Werte ihrer Eingangssignale x_i durch Schalterkombinationen (in den Bildern 1-7a, b und 1-8a steht ein Schalter jeweils stellvertretend für eine Schalterkombination) und schalten entweder das Pluspotential auf den Ausgang durch ($y = 1 = +$) oder das Massepotential ($y = 0 = \perp$). Die Durchschaltung der konstanten Potentiale + und $\perp$ der Stromversorgung bei Verknüpfungsgliedern anstelle der variablen Potentiale 1 bzw. 0 bei Durchschaltgliedern ermöglicht eine Regenerierung der Spannungspegel des Ausgangssignals. Deshalb dürfen Verknüpfungsglieder (als „aktive" Schaltungen) im Gegensatz zu Durchschaltgliedern (als „passive" Schaltungen) vielstufig hintereinandergeschaltet werden (vgl. G 26.1). Begrenzungen ergeben sich durch die Anzahl an Folgeschaltungen, die der Ausgang eines Verknüpfungsgliedes zu „treiben" hat (fan-out) in bezug auf den Strom, den der Eingang einer Folgeschaltung aufnimmt (fan-in).

Grundschaltungen mit Transistoren. Bild 1-7a dient als Grundschaltung für logische Operationen in der Relaistechnik; in der Transistortechnik wird sie hauptsächlich als Ausgangsschaltung verwendet (z. B. als Stromtreiber bei ECL, emitter coupled logic). In der Transistortechnik dient Bild 1-7b als Grundschaltung für logische Operationen ($y = 1$, wenn *nicht* $x = 1$). Dabei erscheint die Wirkung des Schalters (bzw. der Schalterkombination) am Ausgang in invertierter Form (Inverterschaltung). In Schaltungen mit bipolaren Transistoren werden nur die Schalter, in Schaltungen mit unipolaren Transistoren (MOS-Technik) darüber hinaus auch die Widerstände mit Transistoren aufgebaut (die dann nicht als Schalter arbeiten). Die in den Bildern 1-7c, d und e dargestellten MOS-Schaltungen erklären sich aus der Invertierungseigenschaft der Grundschaltung in Verbindung mit nur einem Schalter (Negation, NICHT-Schaltung), mit mehreren parallelen Schaltern (negiertes ODER, negated OR, NOR-Schaltung) bzw. mit mehreren seriellen Schaltern (negiertes UND, negated AND, NAND-Schaltung).

CMOS-Schaltungen. Bild 1-8a dient in der Transistortechnik gleichermaßen als Ausgangsschaltung (z. B. als Stromtreiber bei TTL, transistor transistor logic; siehe auch 1.3, Tristate-Technik)

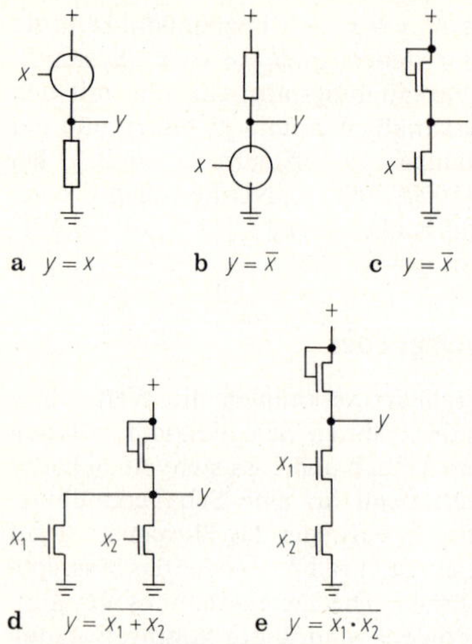

Bild 1-7. Verknüpfungsglieder (Lastwiderstand durch Transistor realisiert). **a** Transmitter-, **b** Inverter-Grundschaltung; **c** MOS-NICHT-Glied; **d** MOS-NOR-Glied; **e** MOS-NAND-Glied.

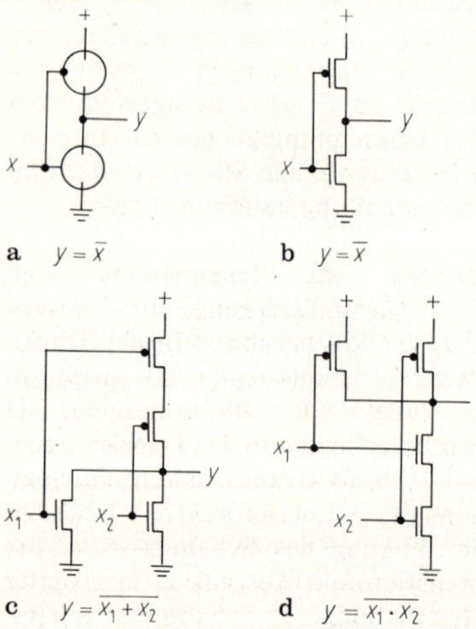

Bild 1-8. Komplementär-Verknüpfungsglieder (Inversbetrieb durch Punkt gekennzeichnet). **a** Inverter-Grundschaltung; **b** CMOS-NICHT-Glied; **c** CMOS-NOR-Glied; **d** CMOS-NAND-Glied.

wie als Grundschaltung für logische Operationen ($y = 1$, wenn *nicht* $x = 1$). Dabei muß die Wirkung der beiden Schalter (bzw. der Schalterkombinationen) immer gegensätzlich (komplementär) zueinander sein. In CMOS-Technik (CMOS, complementary MOS) werden dazu MOS-Transistoren mit komplementärer Funktion benutzt und ihre Verbindungsstrukturen „unten" und „oben" dual zueinander aufgebaut: in Bild 1-8 b Transistor unten normal, oben invers (NICHT-Schaltung), in Bild 1-8 c Transistoren unten parallel/normal, oben seriell/invers (NOR-Schaltung), in Bild 1-8 d unten seriell/normal, oben parallel/invers (NAND-Schaltung).

Symbolik. Anstelle der aufwendigen Zeichnungen der logischen Gatter bedient man sich in logischen Schaltplänen der in Tabelle 1-1 wiedergegebenen Symbole. Das allgemeine Symbol für boolesche Funktionen dient sowohl zum Ausdrücken des komplexen logischen Aufbaus elektronischer Schaltkreise (Abstraktion von Elektronik-Details) als auch der zusammenfassenden Darstellung der aus Schaltgliedern bestehenden oder durch Funktionstabellen oder -gleichungen definierten Schaltnetze (Abstraktion von Logik-Details).

Aufbau eines Addierglieds. Um eine Vorstellung vom Zusammenwirken der beschriebenen Schaltungen zu erhalten, ist in Bild 1-9 ein Glied der in Bild 1-1 a wiedergegebenen Additionsschaltkette in einer von vielen Varianten dargestellt. Es enthält einmal die Schaltung Bild 1-5 a, dreimal die Schaltung Bild 1-6 a und viermal die Schaltung Bild 1-7 b/c. Der Anschaulichkeit halber ist das Addierglied mit Schaltersymbolen gezeichnet. Für eine funktionsfähige elektronische Schaltung in MOS- oder CMOS-Technik kann die Schaltungsstruktur grundsätzlich beibehalten werden, jedoch sind aus technischen Gründen zusätzliche Schal-

Tabelle 1-1. Symbole für Schaltglieder (links DIN 40 700 Teil 14 (alt), Mitte DIN 40 900 Teil 12 (neu), rechts in USA vielfach benutzt)

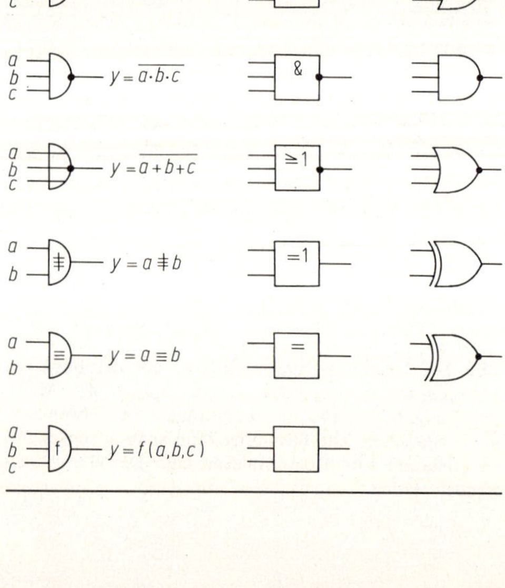

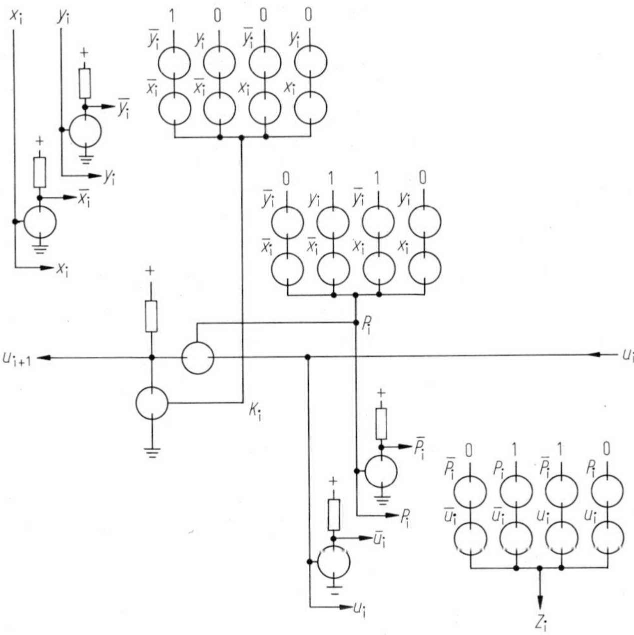

Bild 1-9. Schaltung eines Addierglieds (Volladdierer). Anhand der Tabelle Bild 1-1b läßt sich seine Funktion überprüfen, indem für jede Zeile die entsprechende Schalterstellung eingetragen und daraus die Werte für u_{i+1} und z_i ermittelt werden.

tungsmaßnahmen nötig. Insbesondere wird zur Steigerung der Schaltgeschwindigkeit das Verkettungssignal u_{i+1} der Schaltung „vorgeladen" sowie nach vier Serienschaltungen „verstärkt" [2, 3]. — *Funktion:* Mit $x_i = 0$ *und* $y_i = 0$ wird $u_{i+1} = 0$ (Übertrag „killed" — $K_i = 1$), mit $x_i = 0$ *und* $y_i = 1$ *oder* $x_i = 1$ *und* $y_i = 0$ wird $u_{i+1} = u_i$ (Übertrag „propagated" — $P_i = 1$), und mit $x_i = 1$ *und* $y_i = 1$ wird $u_{i+1} = 1$ (Übertrag weder „killed" noch „propagated", d. h. Übertrag „generated" — $G_i = 1$). Mit $P_i = 1$ *und* $u_i = 0$ *oder* $P_i = 0$ *und* $u_{i+1} = 1$ wird $z_i = 1$, anderenfalls wird $z_i = 0$ (Summenziffer gleich 1 bzw. 0).

Bemerkung. Die Volladdierschaltung (zur Addition von Dualziffern) bildet eine Art Keimzelle elektronischer Datenverarbeitungswerke: *n*-mal gemäß Bild 1-1a aufgebaut, entsteht ein Schaltnetz zur Addition von Dualzahlen; aus diesem, gemäß Bild 1-11 verallgemeinert, entsteht ein Schaltnetz zur Durchführung arithmetischer und logischer Operationen, aus diesem wiederum, gemäß Bild 2-13 mit Registern zusammengeschaltet, entstehen Schaltwerke zur Datenverarbeitung, wie sie für Prozessoren in Rechenanlagen benötigt werden (vgl. Bild 3-6, unterer Teil).

1.2 Funktionen in der Booleschen Algebra

Die Boolesche Algebra (siehe A 1.3) wurde 1938 von Claude Shannon zur Beschreibung der Funktion und der Struktur von Schalterverknüpfungen benutzt. Seitdem wird sie als formales Werkzeug beim Entwurf digitaler Systeme eingesetzt.

Boolesche Funktionen

Eine boolesche Funktion f beschreibt die Zuordnung der Werte 0 oder 1 einer abhängigen Variablen (Ausgangsgröße) y zu den 0/1-Kombinationen von n unabhängigen Variablen (Eingangsgrößen) $x_1, x_2, \ldots, x_n$. Faßt man die Eingangsgrößen zu einem booleschen Vektor zusammen (Eingangsvektor $\boldsymbol{x}$), so läßt sich dies kompakt durch $y = f(\boldsymbol{x})$ beschreiben. Liegen darüber hinaus nicht nur eine, sondern m Funktionen $y_1 = f_1(\boldsymbol{x}), \ldots, y_m = f_m(\boldsymbol{x})$ mit m Ausgangsgrößen (Ausgangsvektor $\boldsymbol{y}$) vor, so lassen sich diese ebenso zusammenfassen und durch $\boldsymbol{y} = \boldsymbol{f}(\boldsymbol{x})$ beschreiben; vgl. (1).

Eine Funktion, bei der für sämtliche 0/1-Kombinationen ihrer Eingangsgrößen die Funktionswerte ihrer Ausgangsgröße(n) definiert sind, heißt *vollständig definiert*. Andernfalls heißt sie *unvollständig definiert*.

Boolesche Funktionen haben vielfältige Darstellungsformen, die meist ohne Informationsverlust ineinander überführbar sind. Deswegen bedeutet *Entwurf* digitaler Systeme die *Transformation* von (zunächst oft vagen und deshalb zu konkretisierenden) *Angaben* über die Funktion in wirtschaftlich akzeptable *Schaltungen* für die Funktion; mit anderen Worten: die Transformation aus einer die Funktionsweise betonenden Beschreibungsform (Spezifikation) in eine die Schaltungsstruktur betonende Beschreibungsform (Realisation).

Funktionsgleichungen. Sie beschreiben sowohl die Schaltnetz*funktion* als auch die Schaltnetz*struktur* und sind somit Bindeglied zwischen Spezifikation und Realisation. Die Ausgangsgrößen der Funktion stehen einzeln links der Gleichheitszeichen; die Eingangsgrößen erscheinen innerhalb von Ausdrücken (d. h. mit Operationszeichen und gegebenenfalls mit Klammern versehen) rechts der Gleichheitszeichen.

Die einfachsten Funktionsgleichungen lassen sich mit den in A 1.3 definierten booleschen Grundverknüpfungen bilden: $y = x$ (Identität), $y = \bar{x}$ (Negation, NICHT x, NOT x), $y = x_1 \cdot x_2$ (Konjunktion, x_1 UND x_2, x_1 AND x_2), $y = x_1 + x_2$ (Disjunktion, x_1 ODER x_2, x_1 OR x_2), $y = x_1 \not\equiv x_2$ (Antivalenz, x_1 EXKLUSIV ODER x_2, x_1 XOR x_2), $y = \overline{x_1 \cdot x_2}$ (NAND-Verknüpfung, NOT (x_1 AND x_2)), $y = \overline{x_1 + x_2}$ (NOR-Verknüpfung, NOT (x_1 OR x_2)), $y = x_1 \equiv x_2$ (Äquivalenz, x_1 GLEICHWERTIG x_2, NOT (x_1 XOR x_2)).

Beispiel. Die Schaltnetzgleichungen eines Volladdierers lauten in zwei von vielen möglichen Varianten

— als vollständig definierte Funktion (abhängig von x_i und y_i; $x_i = 0/1$ und $y_i = 0/1$ in allen Kombinationen möglich, vgl. Bild 1-1 b)

$$u_{i+1} = x_i y_i + x_i u_i + y_i u_i, \tag{2}$$

$$z_i = x_i y_i \bar{u}_i + x_i \bar{y}_i u_i + \bar{x}_i y_i u_i + x_i y_i u_i, \tag{3}$$

— als unvollständig definierte Funktion (abhängig von K_i und P_i; gleichzeitig $K_i = 1$ und $P_i = 1$ nicht möglich, vgl. Bild 1-9)

$$u_{i+1} = \bar{K}_i \cdot (\bar{P}_i + u_i), \tag{4}$$

$$z_i = P_i \not\equiv u_i. \tag{5}$$

Funktionstabellen. Sie beschreiben die Schaltnetz*funktion* in Tabellenform (Bild 1-1 b für (2), (3) und Bild 1-10 a für (4), (5)). Für jede 0/1-Kombination der Eingangsgrößen (jeden Wert des Eingangsvektors) wird der zugehörige Wert der Ausgangsgrößen (des Ausgangsvektors) zeilenweise eingetragen. — Bei unvollständig definierten Funktionen erscheinen die nicht definierten Wertekombinationen nicht in der Tabelle.

Funktionstafeln. Sie heißen auch Karnaugh- oder Veitch-Diagramme und beschreiben die Schaltnetz*funktion* in einem matrixartigen Schema (Bild 1-10 b für (4), (5)). Dabei werden die Eingangsgrößen in zwei Gruppen aufgeteilt. Die 0/1-Kombinationen der einen Gruppe werden als Spalten nebeneinander, die der anderen Gruppe als Zeilen untereinander den Reihen der Tafel zugeordnet. Die Tafel hat so viele Felder, wie es mögliche Kombinationen der Eingangswerte gibt, d. h. bei n Variablen 2^n Felder. In die Felder werden die Funktionswerte eingetragen: entweder zusammengenommen als Vektor in eine einzige Tafel oder einzeln als Komponenten des Vektors in so viele Tafeln, wie der Vektor Komponenten hat. — Bei unvollständig definierten Funktionen erscheinen die nicht definierten Wertekombinationen als leere Felder (Leerstellen), auch als „don't cares" bezeichnet.

u_i	K_i	P_i	u_{i+1}	z_i
0	0	0	1	0
0	0	1	0	1
0	1	0	0	0
1	0	0	1	1
1	0	1	1	0
1	1	0	0	1

a

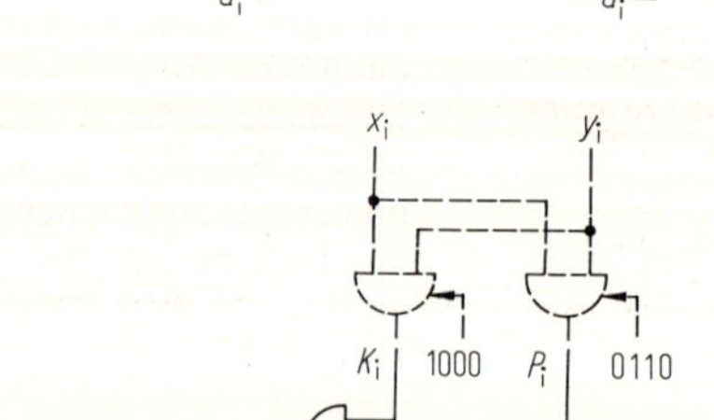

b

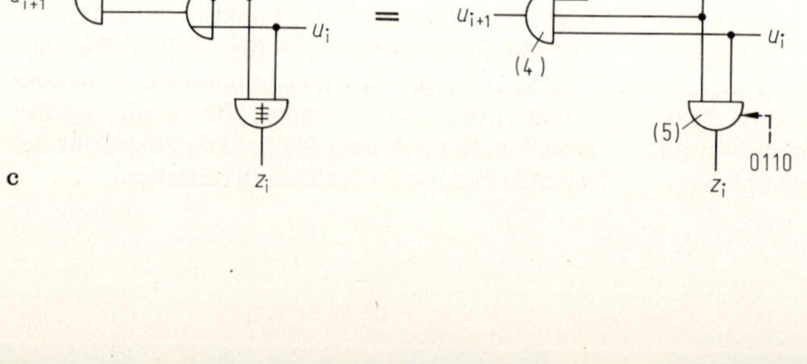

c

Bild 1-10. Teilschaltung eines Volladdierers. **a** Funktionstabelle; **b** Funktionstafeln (die gestrichelten Linien kennzeichnen Primimplikanten); **c** Funktionsbilder (gestrichelt die Kill- und die Propagate-Funktion von Bild 1-9; damit entsteht die Gesamtschaltung des Volladdierers).

Funktionsbilder. Sie beschreiben die Schaltnetz*struktur* mit den in Tabelle 1-1 dargestellten Symbolen, die in Analogie zu den Strukturen der Funktionsgleichungen untereinander verbunden sind (Bild 1-10c für (4), (5)). Die Eingangsgrößen erscheinen als Eingänge der Symbole, wobei die Negation einer Größe entweder durch einen Punkt am Symbol oder durch Überstreichung der Variablen dargestellt wird. Die Ausgangsgrößen bezeichnen die Ausgangsleitungen des Schaltnetzes. — Die Eigenschaft einer Funktion, unvollständig definiert zu sein, kommt im Funktionsbild nicht zum Ausdruck.

Kanonische Formen boolescher Funktionen

Unter den vielen Möglichkeiten, eine boolesche Funktion durch einen booleschen Ausdruck zu beschreiben, gibt es bestimmte Formen, die sich durch übersichtliche und besonders einfache Strukturen auszeichnen.

Normalformen. Jede boolesche Funktion kann geschrieben werden (1.) als Disjunktion von Konjunktionstermen (*disjunktive Normalform*, z. B. (2)), oder (2.) als Konjunktion von Disjunktionstermen (*konjunktive Normalform*). (1.) entspricht schaltungstechnisch einer Anzahl von UND-Gattern, deren Ausgänge durch ein ODER-Gatter, (2.) entspricht einer Anzahl von ODER-Gattern, deren Ausgänge durch ein UND-Gatter zusammengefaßt sind. Die Schaltnetzeingänge sind unmittelbar in normaler oder negierter Form an die Schaltglieder angeschlossen.

Ausgezeichnete Normalformen. Enthalten alle Terme einer Normalform sämtliche Variablen der Funktion genau einmal und sind gleiche Terme nicht mehrfach vorhanden, so hat man eindeutige Strukturen vor sich (*ausgezeichnete disjunktive*, z. B. (3), und *ausgezeichnete konjunktive Normalform*).

Minimierung von Funktionsgleichungen

Sie dient zur Vereinfachung von Schaltnetzstrukturen und hat heute wegen geringerer Kosten der Transistoren innerhalb hochintegrierter Schaltungen nicht mehr die herausragende Bedeutung wie früher. Trotzdem wird sie im Schaltungsentwurf noch häufig angewendet; und auch in der Programmierung, z. B. bedingter Anweisungen, kann sie nützlich sein.
Die Minimierung besteht aus zwei Teilen: (1.) dem Aufsuchen sämtlicher Primimplikanten (das ergibt UND-Gatter mit wenigen Eingängen) und (2.) der Ermittlung der minimalen Überdeckung der Funktion (das ergibt wenige UND-Gatter und damit auch wenige Eingänge des ODER-Gatters).

Primimplikant. Für jeden einzelnen Konjunktionsterm einer booleschen Funktion in disjunktiver Normalform gilt, daß, wenn er den Wert 1 hat, auch die Funktion selbst den Wert 1 hat. Das heißt, jeder Konjunktionsterm impliziert die Funktion, man sagt, er ist Implikant der Funktion. Läßt sich aus einem Implikanten einer Funktion keine Variable herausstreichen (ohne den Funktionswert zu ändern), so heißt er Primimplikant. In der Funktionstafel sind Primimplikanten anschaulich Felder mit maximal vielen Einsen oder Leerstellen, die sich durch einen einzigen Konjunktionsterm darstellen lassen (z. B. sind $\bar{K}_i\bar{P}_i$, $\bar{K}_i u_i$ und $P_i u_i$, nicht aber z. B. $\bar{K}_i\bar{P}_i u_i$, Primterme der Funktion u_{i+1} entsprechend den drei gestrichelt umrandeten Feldern in Bild 1-10b).

Minimale Überdeckung. Alle Konjunktionsterme einer Funktion, disjunktiv zusammengefaßt, stellen die Funktion in ihrer Gesamtheit dar, man sagt, sie bilden die Überdeckung der Funktion. Läßt sich aus einer Überdeckung einer Funktion kein Konjunktionsterm streichen (ohne die Funktion zu ändern), so heißt sie minimale Überdeckung. In der Anschaulichkeit der Funktionstafel gibt es dann kein umrandetes Feld, das durch zwei oder mehrere andere „erzeugt" wird (z. B. sind $\bar{K}_i\bar{P}_i + \bar{K}_i u_i$ oder $\bar{K}_i\bar{P}_i + P_i u_i$, nicht aber $\bar{K}_i\bar{P}_i + \bar{K}_i u_i + P_i u_i$, minimale Überdeckungen der Funktion u_{i+1}, Bild 1-10b).

Minimale Normalform. Die Minimierung führt gewöhnlich auf *disjunktive* Minimalformen. Die programmierbaren Verfahren folgen strikt der beschriebenen Zweiteilung, bei manuellen, graphischen Verfahren werden hingegen oft beide Teile zusammengefaßt, wobei in Kauf genommen wird, nicht in jedem Fall das absolute Minimum an Gattereingängen zu erhalten.
Zur graphischen Minimierung (siehe z. B. [4, 5]) wird die Funktion als Tafel dargestellt, und es werden alle Konjunktionsterme disjunktiv verknüpft herausgeschrieben, die jeweils maximal viele Einsen/Leerstellen umfassen, und zwar so lange, bis alle Einsen in der Tafel berücksichtigt sind (z. B. entstehen gemäß Bild 1-10b $u_{i+1} = \bar{K}_i\bar{P}_i + \bar{K}_i u_i$ — und daraus durch Ausklammern (4) — sowie $z_i = P_i\bar{u}_i + \bar{P}_i u_i$ — und daraus durch Umformen (5)).

1.3 Schaltnetze zur Datenverarbeitung und zum Datentransport

Datenverarbeitung und -transport bildet den Kern des *operativen* Teils programmgesteuerter datenverarbeitender Geräte (siehe 2.3).
Arithmetische Schaltnetze operieren auf Zahlen, meist 2-Komplement-Zahlen. Sie erlauben die Ausführung elementarer arithmetischer Operatio-

nen, wie Zählen, Komplementieren, Addieren, Subtrahieren. Darüber hinausgehende Operationen, wie Wurzelziehen, Multiplizieren usw., werden nur bei Bedarf als Schaltnetze verwirklicht; sonst werden sie (weniger „schnell") durch Schaltwerke oder (noch weniger „schnell") durch Programme realisiert.

Logische Schaltnetze operieren auf Bits, meist zusammengefaßt zu Bit-Vektoren. Sie verwirklichen oft alle 16 logischen Operationen, die mit 2 Variablen maximal möglich sind, darunter Negation, Konjunktion, Disjunktion, aber auch z. B. Identität (Transport) und Äquivalenz (Vergleich).

Transportschaltnetze interpretieren ihre Eingangsgrößen nicht, sie dienen lediglich zum Verbinden von Funktionseinheiten und gezieltem Durchschalten von Information. Zu ihnen zählen Tore, Multiplexer und Busse (Sammelleitungen zur Informationsübertragung). Shifter nehmen eine Zwitterstellung ein: sie verschieben die Bits ihrer Eingangsgrößen (Interpretation als Transportoperation) bzw. multiplizieren oder dividieren sie mit 2^n (Interpretation als Arithmetikoperation).

Arithmetisch-logische Einheiten

Arithmetisch-logische Einheiten werden oft nach Gesichtspunkten guter technischer Integrierbarkeit gebaut und enthalten deshalb neben sinnvollen arithmetischen und logischen Operationen auch eine große Anzahl sinnloser arithmetisch-logischer Mischoperationen. Als eigenständige Chips erlauben solche ALUs (arithmetic and logic units) die Ausführung auch dieser Mischoperationen; als Teile von Prozessoren sind ihre Operationen hingegen einer strengen Auswahl unterzogen, nur diese werden codiert (und „ALU-intern" decodiert; Bild 1-11a).

Aus der in Bild 1-9 dargestellten Volladdiererschaltung entsteht die Schaltung einer „1-Bit-Scheibe" einer arithmetisch-logischen Einheit, wenn die in der Volladdiererschaltung implizit enthaltenen *konstanten* Steuervektoren durch explizit aus der Schaltung herausgeführte *variable* Steuervektoren ersetzt werden; n solche ALU-Scheiben werden zu einer n-Bit-ALU zusammengesetzt, und es entsteht Bild 1-11b.

Arithmetik- und Logikoperationen. Mit den Steuervektoren $\boldsymbol{k} = [k_0k_1k_2k_3]$ zur Erzeugung der Kill-Funktion K_i (speziell $\boldsymbol{k} = [1000]$ in Bild 1-9), $\boldsymbol{p} = [p_0p_1p_2p_3]$ zur Erzeugung der Propagate-Funktion p_i (speziell $\boldsymbol{p} = [0110]$ in Bild 1-9) und $\boldsymbol{r} = [r_0r_1r_2r_3]$ zur Erzeugung der Result-Funktion z_i (speziell $\boldsymbol{r} = [0110]$ in Bild 1-9) lauten die Funktionsgleichungen zur Beschreibung von Bild 1-9 als ALU-Glied (zu seiner symbolischen Darstellung siehe auch Bild 1-10c, rechts, mit (6) für K_i, (7) für P_i und (9) statt (5)):

$$K_i = k_0\bar{x}_i\bar{y}_i + k_1\bar{x}_iy_i + k_2x_i\bar{y}_i + k_3x_iy_i, \quad (6)$$

$$P_i = p_0\bar{x}_i\bar{y}_i + p_1\bar{x}_iy_i + p_2x_i\bar{y}_i + p_3x_iy_i, \quad (7)$$

$$u_{i+1} = \bar{K}_i \cdot (\bar{P}_i + u_i), \quad (8)$$

$$z_i = r_0\bar{u}_i\bar{P}_i + r_1\bar{u}_iP_i + r_2u_i\bar{P}_i + r_3u_iP_i. \quad (9)$$

Für arithmetische Operationen ist $\boldsymbol{r} = [0110]$ oder $\boldsymbol{r} = [1001]$ zu wählen; in diesem Fall ist z_i nach (9) von u_i abhängig, d. h., $z_i = P_i \not\equiv u_i$ bzw. $z_i = P_i \equiv u_i$. Für logische Operationen ist $\boldsymbol{r} = [0101]$ zu wählen; in diesem Fall ist z_i nach (9) von u_i unabhängig, d. h., $z_i = P_i$. Mit der Zusammenschaltung von n solchen ALU-Gliedern entsprechend Bild 1-11b lassen sich arithmetische und logische Operationen mit n-stelligen 2-Komplement-Zahlen und Bitvektoren der Länge n durchführen; eine Auswahl zeigt Tabelle 1-2.

Bedingungsoperationen. Zu ihnen zählen Operationen mit arithmetischen Operanden (Zahlen) und logischem (booleschem) Ergebnis (wahr, falsch), z. B. $X = Y$, $X \neq Y$, $X < Y$, $X < 0$ usw. Die booleschen Werte dieser Relationen werden beim

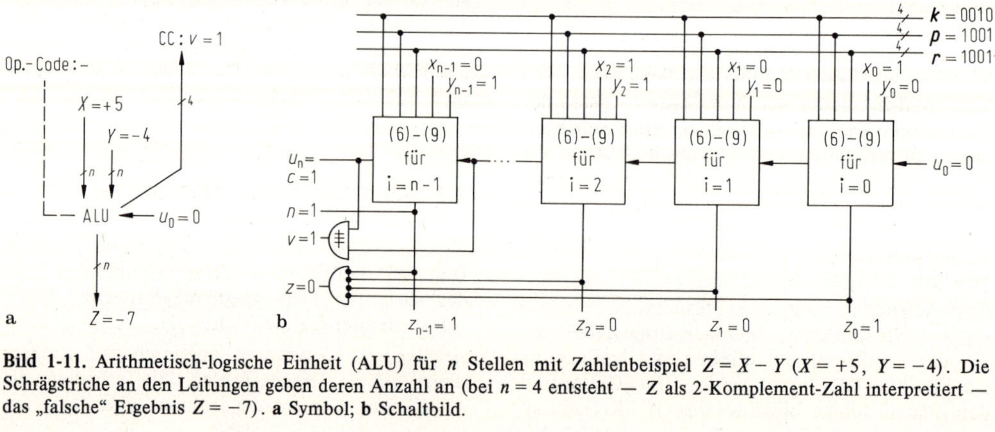

Bild 1-11. Arithmetisch-logische Einheit (ALU) für n Stellen mit Zahlenbeispiel $Z = X - Y$ ($X = +5$, $Y = -4$). Die Schrägstriche an den Leitungen geben deren Anzahl an (bei $n = 4$ entsteht — Z als 2-Komplement-Zahl interpretiert — das „falsche" Ergebnis $Z = -7$). **a** Symbol; **b** Schaltbild.

Tabelle 1-2. Auswahl an ALU-Operationen (+ Addition, − Subtraktion, · Multiplikation)

k_0	k_1	k_2	k_3	p_0	p_1	p_2	p_3	r_0	r_1	r_2	r_3	$Z =$
1	0	0	0	0	1	1	0	0	1	1	0	$X + Y + u_0$
0	0	1	0	1	0	0	1	1	0	0	1	$X - Y - u_0$
1	1	0	0	0	0	1	1	0	1	1	0	$X + u_0$
0	0	1	1	1	1	0	0	1	0	0	1	$X - u_0$
1	1	0	0	0	0	0	0	0	0	1	1	$X \cdot 2 + u_0$
0	0	0	0	0	0	0	1	0	1	0	1	X UND Y
0	0	0	0	0	1	1	1	0	1	0	1	X ODER Y
0	0	0	0	1	1	0	0	0	1	0	1	NICHT X
0	0	0	0	0	0	1	1	0	1	0	1	X
0	0	0	0	0	0	0	0	0	0	0	0	0

Anlegen des Operationscodes für die Subtraktion $Z = X - Y$ aus den zum Condition-Code CC zusammengefaßten Bedingungsbits z, n, c und v der ALU gewonnen (Bild 1-11b):

das Zero-Bit z zeigt an, ob das Ergebnis Null ist $(z = \bar{z}_{n-1}\bar{z}_{n-2}\ldots\bar{z}_1\bar{z}_0)$,
das Negative-Bit n zeigt an, ob das Ergebnis negativ ist $(n = z_{n-1})$,
das Carry-Bit c zeigt an, ob ein Übertrag in der höchsten Stelle entsteht $(c = u_n)$,
das Overflow-Bit v zeigt an, ob der Zahlenbereich für 2-Komplement-Zahlen von n Stellen (vgl. 4.4) überschritten wird $(v = u_n \not\equiv u_{n-1})$.

Carry-look-ahead-Technik. Funktionsgleichungen mit Propagate-Funktion, wie sie bei Arithmetik- und Vergleichsoperationen auftreten, beschreiben die stufenförmige Ausbreitung des Übertragssignals (carry) durch eine ganze Kette von Schaltgliedern (carry ripple). Der Übertrag ist für jede Stufe erforderlich und benötigt mit steigender Stufenanzahl immer höhere Laufzeiten (vgl. z. B. die Beeinflussung der u_i durch u_0 in Bild 1-11b). Um dies in Grenzen zu halten, wird er für eine gewisse Stufenzahl (z. B. 4) in jeder Stufe (d. h. der 2., der 3. und der 4.) vorausschauend berechnet (carry look-ahead, CLA). Dadurch verringert sich die Laufzeit (hier auf ein Viertel), und der Aufwand erhöht sich (nur auf etwas mehr als das Doppelte).

Multiplexer

Multiplexer dienen zum Durchschalten von mehreren Leitungsbündeln (im folgenden kurz Leitungen genannt) auf eine Sammelleitung; und zwar wird diejenige Leitung durchgeschaltet, deren Steuereingang aktiv ist bzw. deren Adresse am Adreßeingang anliegt (Bild 1-12a). Im Grenzfall hat der Multiplexer nur einen einzigen solchen Dateneingang (Torschaltung), der uncodiert oder mit einer Adresse angewählt wird (Bild 1-12b).

Funktionsgleichungen. Zu ihrer Darstellung in allgemeiner Form wäre die Einführung von Matrixoperationen nützlich [4]. Für den speziellen Fall eines Multiplexers mit 3 Dateneingängen $[c_{01}c_{00}]$, $[c_{11}c_{10}]$, $[c_{21}c_{20}]$, 3 Steuereingängen k_0, k_1, k_2 ohne Decodierung und $[y_0y_1]$ als Datenausgang lauten sie

$$y_0 = k_0\,c_{00} + k_1\,c_{10} + k_2\,c_{20}, \tag{10}$$

$$y_1 = k_0\,c_{01} + k_1\,c_{11} + k_2\,c_{21}. \tag{11}$$

Um die beschriebene Funktionsweise zu erfüllen, darf nur ein Steuereingang $k_i = 1$ sein; anderenfalls würde je nach Realisierung des Multiplexers die Eingangsinformation ODER-verknüpft (z. B. bei UND-/ODER-Gattern in (10)), oder es könnten Kurzschlußströme entstehen (z. B. über die Schalter in Bild 1-12c). Sind andererseits alle $k_i = 0$, so entsteht entweder am Ausgang ein definierter boolescher Wert (z. B. 0 in (10)), oder der Ausgang ist von den Eingängen abgetrennt (z. B.

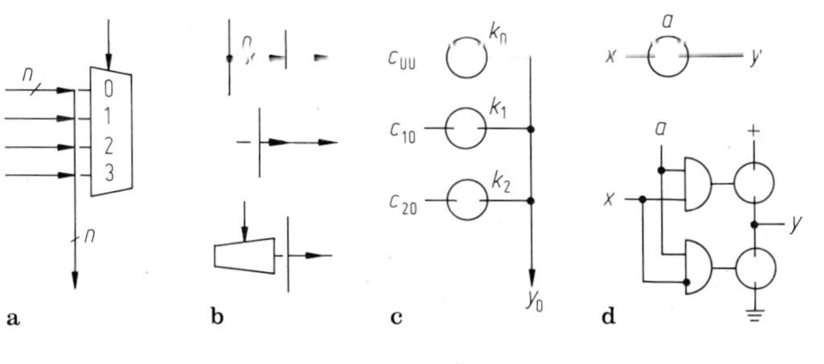

Bild 1-12. Datenweg-/Datentransportschaltungen. **a** Symbolische Darstellung eines Multiplexers; **b** Symbole für ein Tor; **c** 1-Bit-Multiplexer mit Schaltern; **d** Tristate-Ausgang und -Treiber (logisch äquivalent).

in Bild 1-12c). — Bei Multiplexerschaltungen mit integrierter Decodierung treten diese Fälle nicht auf, da immer genau ein $k_i = 1$ ist (siehe z. B. Bild 1-6a).

Tristate-Technik. Schaltungen der in Bild 1-12c wiedergegebenen Art lassen sich zur Dezentralisierung der Multiplexerfunktion benutzen. Die Schalter (früher Dioden, heute Transistoren) dienen als Ausgänge verstreut angeordneter (verteilter) Informationsquellen und brauchen nur noch verdrahtet zu werden. Entsprechend der Multiplexerdefinition darf nur ein einziger Schalter „seine" Quelle durchschalten (Ausgang niederohmig), während alle anderen Schalter ihre Quellen von dem gemeinsamen Sammelpunkt abkoppeln müssen (Ausgänge hochohmig). Diese Quellen liefern weder 0 noch 1, befinden sich also in einem dritten Zustand (tristate). Sind die Ausgänge sämtlicher Quellen im dritten Zustand, so ist es i. allg. auch der Zustand auf der Sammelleitung (in Impulsplänen als dritter Pegel zwischen dem 0- und dem 1-Pegel gezeichnet).
Während zur Erzielung geringer elektrischer Leistung Tristate-Ausgänge mit „passiven" Schaltern (Durchschaltglieder) ausreichen (Bild 1-12d, oben), werden für größere Leistungen, z. B. zur Überbrückung größerer Entfernungen zwischen Informationsquelle und -senke, Tristate-Ausgänge mit „aktiven" Schaltern (Verknüpfungsglieder) benötigt (Bild 1-12d, unten). Solche Tristate-Treiber findet man bei Bausteinausgängen oder als Sonderbausteine in Anwendungen, bei denen die Multiplexerfunktion der Quellen über die einzelnen Bausteine hinweg auf das gesamte System verteilt ist, wie z. B. in Bus-Systemen.

Shifter

Shifter entstehen aus matrixförmigen Zusammenschaltungen von Multiplexern, mit denen durch geeignete Wahl ihrer Steuereingänge mannigfaltige Operationen ausführbar sind: z. B. mit dem Links-Rechts-Shifter in Bild 1-13a die Multiplikation mit 2, 4, 8 (durch Linksshift bei „Nachziehen" der Konstanten 0), die Division durch 2, 4, 8 (durch Rechtsshift bei „Stehenlassen" der Variablen x_3) oder ein Rund-Shift nach links oder rechts (durch Nachziehen von x_3 bzw. x_0). Das angegebene Schema läßt sich auf n-stellige Operanden verallgemeinern sowie durch die Einbeziehung weiterer Leitungen, z. B. eines Eingangs für die Konstante 1, eines Carry-Eingangs oder eines Overflow-Ausgangs, erweitern. Um die Anzahl der Steuereingänge zu reduzieren, werden wie bei ALUs oft nur die relevanten Shiftoperationen codiert (und shifterintern decodiert). Spezielle Shifter mit nur einer einzigen Shiftoperation enthalten keine Gatter oder Schalter (z. B. werden bei k_{10}, k_{21}, k_{32}, k_{43} immer gleich 1 und alle anderen k_{ij} immer gleich 0 in Bild 1-13a zur Bildung der Operation $[y_3 y_2 y_1 y_0] = [x_2 x_1 x_0 0]$ keine Schalter benötigt).

Funktionsgleichungen. Für den speziellen Fall des Shifters Bild 1-13a lauten sie ausschnittweise

$$y_0 = x_0 k_{00} + x_1 k_{10} + x_2 k_{20} + x_3 k_{30} + 0 \cdot k_{40}, \quad (12)$$

$$y_1 = x_0 k_{01} + x_1 k_{11} + x_2 k_{21} + x_3 k_{31} + 0 \cdot k_{41}. \quad (13)$$

Der jeweils letzte Term kann entfallen, wenn die Ansteuerung der Multiplexer mit k_{ij} alle gleich 0 erlaubt ist. Das ist z. B. der Fall, wenn die Multiplexer mit Verknüpfungsgliedern, jedoch nicht, wenn sie als Durchschaltglieder aufgebaut sind.

Barrel-Shifter. Das sind spezielle Shifter, die zwei Operanden (ggf. auch dieselben) miteinander zu einem Bitvektor doppelter Länge verbinden (konkatenieren) und daraus einen Bitvektor einfacher Wortlänge ausblenden (extrahieren). Wegen ihres matrixförmigen Aufbaus (Zeilendrähte, Spaltendrähte, Transistoren in den Kreuzungspunkten) eignen sie sich besonders gut für hochintegrierte Schaltungen (Bild 1-13b). Je nach Ansteuerung der Transistoren lassen sich die konkatenierten Operandenteile an die Ausgänge durchschalten, z. B. $[z_3 z_2 z_1 z_0] = [x_1 x_0 y_3 y_2]$ bei $\boldsymbol{x}$ und $\boldsymbol{y}$ als Operanden oder
$[z_3 z_2 z_1 z_0] = [x_1 x_0 x_3 x_2]$ bei $\boldsymbol{y} = \boldsymbol{x}$ als Operanden (2.

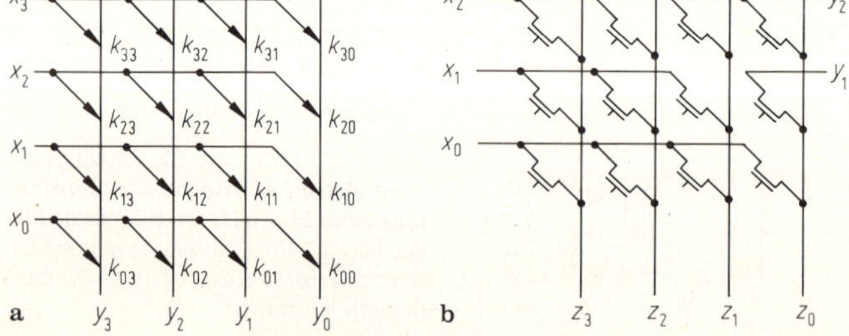

Bild 1-13. Shifter. **a** Prinzipschaltung für 4-Bit-Operand $\boldsymbol{x}$ und Konstante 0; **b** Barrel-Shifter für zwei 4-Bit-Operanden $\boldsymbol{x}$ und $\boldsymbol{y}$ (y_0 nicht ausgewertet).

und 6. Diagonale von links unten in Bild 1-13b). — Shifter dieser Art benötigt man zur schnellen Durchführung von Shiftoperationen über zwei Register, wie sie bei den Shiftbefehlen, aber auch innerhalb arithmetischer Befehle auftreten, z. B. beim Multiplikations- oder beim Divisionsbefehl.

Busse

Busse entstehen durch Zusammenschaltungen verteilter Informationsquellen (Sender) und -senken (Empfänger) über dezentralisierte Multiplexer und Torschaltungen. Bild 1-14a zeigt z. B. einen Bus, der die Sender (Index S) und die Empfänger (Index E) von sechs Systemkomponenten A bis F miteinander verbindet. — Ein Bus ist also eine Vorrichtung zum Transport von Information: Funktionell ein *Knoten* mit sternförmig angeordneten Schaltern und Abgriffen, technisch eine *Leitung* mit verteilt angeschlossenen Schaltungen für die (oft paarweise auftretenden) Sender und Empfänger der Systemkomponenten (z. B. ALUs, Register usw. innerhalb eines Mikroprozessors; Prozessoren, Speicher usw. innerhalb eines Mikroprozessorsystems).

Funktionsweise. Aufgrund der Multiplexerfunktion eines Busses (Bild 1-14b) darf immer nur *eine* Quelle senden, d. h. ihre Information auf den Bus schalten. Die Senken sind je nach Funktion *ohne* Tore ausgestattet, d. h. empfangen diese Information immer (broadcasting), oder sie sind *mit* Toren ausgestattet und empfangen die Information nur, wenn sie angewählt werden (selective addressing).

Unidirektionale Busse haben nur *eine* Quelle oder nur *eine* Senke — die Information läuft von der Quelle aus bzw. zur Senke hin in nur einer Richtung. Anderenfalls handelt es sich um *bidirektionale Busse* – die Information läuft mal in der einen, mal in der anderen Richtung. Die Systemkomponenten können unidirektional und bidirektional an einen bidirektionalen Bus angeschlossen werden. Die Auflösung der Richtungen erfolgt ggf. innerhalb der Systemkomponenten.

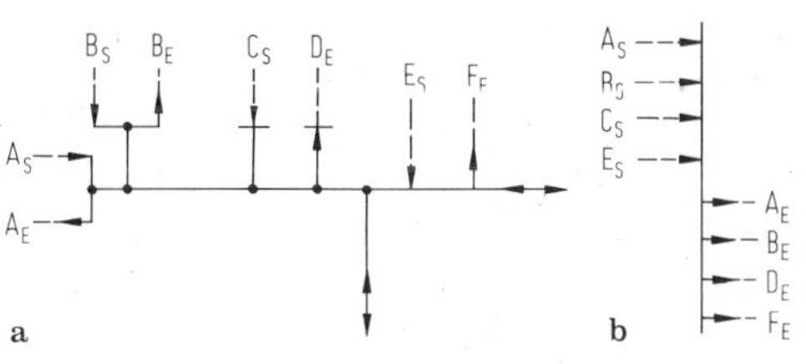

Bild 1-14. Bus (ausgezogen) mit Anschlüssen von Systemkomponenten (gestrichelt). **a** Technische Struktur; **b** logisches Äquivalent.

Technischer Aufbau. Busse werden im Rechnerbau benutzt (1.) zum Informationsaustausch zwischen den Schaltungen innerhalb eines Chips (chipinterne Busse), (2.) zum Verbinden der Chips zu Systemen (chipübergreifende oder Systembusse).

Bei chipinternen Bussen (vgl. Bild 2-13 als Beispiel für die Zusammenschaltung von Speicher- und ALU-Gliedern innerhalb eines Prozessorchips) dienen für Sender wie Empfänger einfache Schalter als Tore, die über die Phasen eines internen Takts gesteuert werden; zur Beschleunigung der Signalübertragung werden die Busleitungen ggf. vorgeladen [2, 3].

Bei chipübergreifenden Bussen (vgl. Bild 6-1a als Beispiel einer Zusammenschaltung von Prozessor- und Speicherchips zu einem Mikroprozessorsystem) dienen in den Sendern Tristate-Treiber und in den Empfängern Schalter oder Gatter als Tore, die auf chipintern getaktete Speicherschaltungen wirken. Die zeitliche Abfolge der (nicht getakteten) Bussignale zwischen den einzelnen (intern getakteten) Systemkomponenten ist durch bestimmte Regeln festgelegt (Busprotokolle, siehe 6.1).

1.4 Schaltnetze zur Datencodierung/-decodierung und -speicherung

Datencodierung/-decodierung bildet — obwohl auch im operativen Teil zu finden — den Kern des *steuernden* Teils programmgesteuerter datenverarbeitender Geräte (siehe 2.4).

Codierung/Decodierung dient zur *Adressierung von Funktionseinheiten*, sowohl „kleiner" mit wenigen Funktionen (z. B. Speicherzellen als Funktionseinheiten innerhalb eines Speicherchips) als auch „großer" mit vielen Funktionen (z. B. Speicher-, Interface-, Controller-Bausteinen als Funktionseinheiten innerhalb eines Mikroprozessorsystems). Codierung/Decodierung dient weiter zur *Speicherung feststehender Daten* jeglicher Art, d. h. von Daten, die sich während des Betriebs des Gerätes nicht ändern, dazu zählen feststehende Tabellen (z. B. von nichtanalytischen Funktionen oder mit alphanumerischer Information) oder gleichbleibende Programme (z. B. in Steuerwerken oder in Rechnern mit Steuerungsaufgaben). Codierung/Decodierung dient schließlich zur *Verwirklichung boolescher Funktionen*, d. h. zur Speicherung ihrer Wertetabellen in hochintegrierter Form, und zwar mit regelmäßiger (regular logic) oder unregelmäßiger Struktur (random logic).

Codierer, Decodierer

Codierer dienen zum *Ver*schlüsseln (Codieren) von Information im 1-aus-*n*-Code (genau 1 Bit von *n* Bits gesetzt) durch die Codewörter eines Bi-

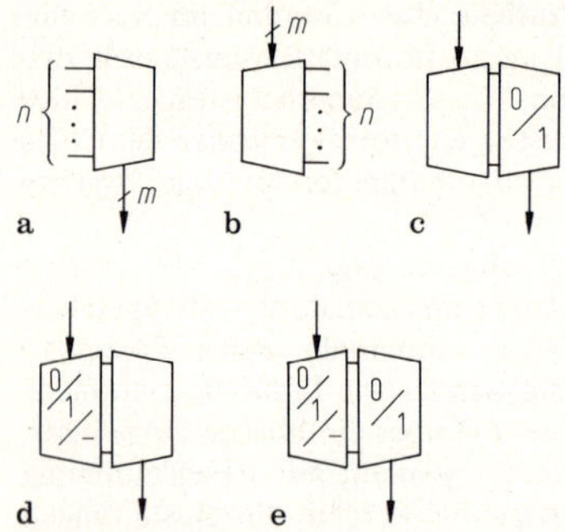

Bild 1-15. Datencodier-/-decodierschaltungen mit Andeutung ihrer Programmierbarkeit. **a** Codierer; **b** Decodierer; **c** ROM (read-only memory); **d** PAL (programmable array logic); **e** PLA (programmable logic array).

närcodes fester Wortlänge (i. allg. viel weniger als n Bits). Der Codierer, Bild 1-15a, gibt dasjenige Codewort aus, dessen zugeordneter Eingang (genau einer von n) aktiv ist. — Decodierer dienen zum *Ent*schlüsseln von Codewörtern eines Binärcodes fester Wortlänge in den 1-aus-n-Code. Der Decodierer, Bild 1-15b, aktiviert denjenigen Ausgang (genau einen von n), dessen Codewort an seinen Eingängen anliegt. Im Symbol kann der Code unmittelbar binär oder in symbolischer Entsprechung eingetragen werden (siehe z. B. die Decodiererinhalte in Bild 2-12).

Funktionsgleichungen. Sie lauten für die Spezialfälle der Codierung/Decodierung der ersten vier Wörter des Dualcodes mit k_0 bis k_3 als Eingangs- und y_0, y_1 als Ausgangsgrößen (Codierer) bzw. x_0, x_1 als Eingangs- und k_0 bis k_3 als Ausgangsgrößen (Decodierer) in ausführlicher Form (links), so daß man die Codewörter [00], [01], [10] und [11] erkennen kann, und in vereinfachter Form (rechts), so daß ihre logische Struktur zum Ausdruck kommt (ODER-Verknüpfungen beim Codierer, UND-Verknüpfungen beim Decodierer)

$$y_1 = k_0 \cdot 0 + k_1 \cdot 0 + k_2 \cdot 1 + k_3 \cdot 1; \; y_1 = k_2 + k_3, \quad (14)$$

$$y_0 = k_0 \cdot 0 + k_1 \cdot 1 + k_2 \cdot 0 + k_3 \cdot 1; \; y_0 = k_1 + k_3, \quad (15)$$

$$k_0 = (x_1 \equiv 0) \cdot (x_0 \equiv 0); \quad k_0 = \bar{x}_1 \bar{x}_0, \quad (16)$$

$$k_1 = (x_1 \equiv 0) \cdot (x_0 \equiv 1); \quad k_1 = \bar{x}_1 x_0, \quad (17)$$

$$k_2 = (x_1 \equiv 1) \cdot (x_0 \equiv 0); \quad k_2 = x_1 \bar{x}_0, \quad (18)$$

$$k_3 = (x_1 \equiv 1) \cdot (x_0 \equiv 1); \quad k_3 = x_1 x_0. \quad (19)$$

Für die angegebene Funktionsweise des Codierers ist es erforderlich, daß genau ein Eingang $k_i = 1$ ist; anderenfalls werden die durch die Eingangssignale angewählten Codewörter ODER-verknüpft.

Festwertspeicher

Festwertspeicher entstehen durch Zusammenschaltung eines Decodierers (zur Entschlüsselung der Adressen) und eines Codierers (zur Speicherung der unter den Adressen stehenden Wörter). Im Gegensatz zu Schreib-/Lesespeichern kann die in einem Festwertspeicher stehende Information *nur gelesen* werden, weshalb er als ROM (read-only memory) bezeichnet wird. Das heißt aber nicht, daß sein Inhalt überhaupt nicht verändert werden kann. Beim ROM steht zwar der Decodierinhalt fest, aber der Codierer ist „programmierbar" (Bild 1-15c). Sein Inhalt wird von der Herstellerfirma festgelegt (factory ROM, FROM) oder vom Kunden mit Hilfe von speziellen Geräten programmiert (programmable ROM, PROM), gegebenenfalls gelöscht und wieder programmiert (erasable PROM, EPROM). Dieser Vorgang geschieht *vor* der Inbetriebnahme des Gerätes, in dem der Festwertspeicher eingebaut ist.
Der Decodiererteil enthält bei einer Adreßlänge von n Bit die Adressen $0, 1, \ldots, 2^{n-1}$. Im Codiererteil können demnach 2^n Wörter untergebracht werden; bei einer Wortlänge von m Bit beträgt die Kapazität des ROM dann 2^n m-Bit-Wörter, d. h. $2^n \cdot m$ Bit. — Die Zeit, die vom Anlegen der Adresse bis zum Erscheinen des Worts vergeht, heißt Zugriffszeit. (Zur Kennzeichnung von Speichern durch technische Daten siehe auch 2.2.)

Funktionsgleichungen. Sie entstehen für den speziellen Fall eines Festwertspeichers mit der Wortlänge 2 und der Kapazität 4 aus (14) und (15), wenn darin die k_i durch (16) bis (19) ersetzt werden, wobei anstelle der unveränderlichen Konstanten 0 und 1 veränderliche, d. h. programmierbare „Konstanten" c_{ij} treten:

$$y_1 = \bar{x}_1 \bar{x}_0 c_{01} + \bar{x}_1 x_0 c_{11} + x_1 \bar{x}_0 c_{21} + x_1 x_0 c_{31}, \quad (20)$$

$$y_0 = \bar{x}_1 \bar{x}_0 c_{00} + \bar{x}_1 x_0 c_{10} + x_1 \bar{x}_0 c_{20} + x_1 x_0 c_{30}. \quad (21)$$

Jede dieser Gleichungen beschreibt nach Einsetzung bestimmter Werte für c_{ij}, d. h. nach der Programmierung, die gespeicherte Funktion in ausgezeichneter disjunktiver Normalform.

Logische Felder

Logische Felder entstehen — wie ROMs — durch Zusammenschaltung eines Decodierers und eines Codierers. Ihre industriellen Bezeichnungen sind PAL (programmable array logic) und PLA (programmable logic array).
Beim PAL ist der Decodierer programmierbar, und der Codierinhalt steht fest (Bild 1-15d). Schaltungstechnisch wird das erreicht, indem die UND-Gatter im Decodierteil mit einem PAL-Eingang unmittelbar (Programmierung von 1), negiert (Programmierung von 0) oder überhaupt nicht verbunden werden (Programmierung von −, d. h., die

entsprechende Variable wird nicht zur Decodierung herangezogen). Die ODER-Gatter im Codierteil sind nicht programmierbar, sondern mit einer festen Anzahl UND-Gatter verdrahtet.
Ein PLA kombiniert die Programmierbarkeit des PAL hinsichtlich seines Decodierteils mit der des ROM hinsichtlich seines Codierteils und ist damit der flexibelste Logikbaustein (Bild 1-15e). PLAs haben seit der Einführung der Mikroprogrammierung — zuerst als Diodenmatrizen, später mit Transistoren aufgebaut — im Rechnerbau eine große Bedeutung erlangt. Ihr Vorteil liegt in der 1-zu-1-Zuordnung der Anordnung der Dioden bzw. Transistoren zur Anordnung der 0- und der 1-Werte in der Tabelle einer booleschen Funktion, z. B. einer Steuerungsfunktion. Dieser Vorteil kommt insbesondere bei ihrer Verwendung innerhalb hochintegrierter Schaltungen zum Tragen, während ihr Einsatz als Baustein in der Form frei programmierbarer Felder (free PLA, FPLA) wegen komplizierterer Programmierbarkeit und damit verbundener Kosten derzeit etwas eingeschränkt ist.

Funktionsweise. Das logische Feld gibt diejenigen „Codewörter" ODER-verknüpft aus, deren (gegebenenfalls unvollständige und mehrdeutige) „Adressen" hinsichtlich ihrer 0- und 1-Bits mit der eingangs anliegenden 0/1-Kombination übereinstimmen. Die hier benutzte Speicherterminologie ist streng genommen nur anwendbar, wenn die ODER-Verknüpfung der Codewörter nicht ausgenutzt wird. Das trifft aber bei vielen Anwendungen von PLAs zu, z. B. bei der Speicherung von komprimierten Funktionstabellen in Steuerwerken.
Mit einem PAL oder einem PLA lassen sich so viele Funktionen unmittelbar in disjunktiver Normalform verwirklichen, wie ODER-Gatter im Baustein enthalten sind, wobei die Anzahl der UND-Gatter beim PAL pro ODER-Gatter (Minimierung durchführen) und beim PLA in seiner Gesamtheit (Kapazität beachten) vorgegeben ist.

Beispiel eines PLA-Steuerwerks

Bild 1-16 zeigt ein PLA, dessen Struktur für eine bestimmte Anwendung programmiert ist. Dabei handelt es sich um die Speicherung der Tabelle einer booleschen Steuerungsfunktion (in Bild 2-21 im PLA-Symbol eingetragen). Die Anordnung der Transistoren ist in ihrer Gestalt gleich der Anordnung der 0/1-Werte in der Tabelle: Links ist überall dort ein Transistor mit einem normalen Eingang verbunden, wo in der Tabelle eine 0 steht, und überall dort mit einem negierten Eingang, wo in der Tabelle eine 1 steht. Rechts ist an all denjenigen Stellen ein Transistor vorhanden, an denen in der Tabelle eine 1 steht. Wenn das PLA Teil einer integrierten Schaltung ist, werden dazu vom Hersteller an den entsprechenden Kreuzungspunkten von Zeilen- und Spaltendrähten Transistoren eingebaut. Bei einem PLA-Chip sind dagegen an allen Kreuzungspunkten Transistoren vorhanden; sie werden jedoch an den Stellen, an denen keine Transistoren sein sollen, vom Kunden mit Hilfe eines Programmiergerätes von ihren Eingängen abgetrennt und so wirkungslos gemacht.

Funktionsdarstellung/-speicherung. Obwohl die linke wie die rechte Transistormatrix als NOR-Funktionen verwirklicht sind (vgl. Bild 1-7d), lassen sich wegen der Negationsglieder an den Ein- und Ausgängen die linke Matrix als UND-Matrix (AND plane) und die rechte Matrix als ODER-

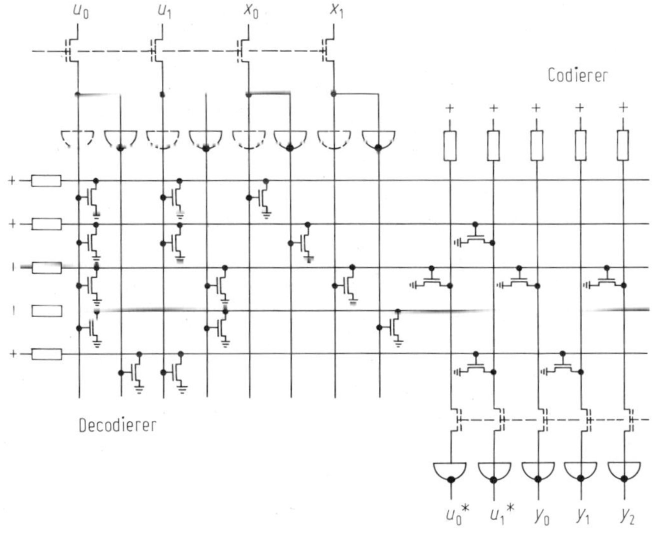

Bild 1-16. Transistorstruktur eines PLA (zur Einsparung von Transistoren, Zeilendrähten oder ausgangsseitigen Spaltendrähten lassen sich die Matrizen komprimieren, was in etwa einer Minimierung der Funktionsgleichungen entspricht).

Matrix (OR plane) interpretieren. Zum Beispiel sind in der 2. Zeile die NOR-Verknüpfung $\overline{u_0 + u_1 + \bar{x}_0}$ der UND-Verknüpfung $\bar{u}_0\bar{u}_1x_0$ und in der 5. Zeile die NOR-Verknüpfung $\overline{\bar{u}_0 + u_1}$ der UND-Verknüpfung $u_0\bar{u}_1$ äquivalent. In der 2. Spalte rechts werden diese Terme durch die NOR-Verknüpfung $\overline{\bar{u}_0\bar{u}_1x_0 + u_0\bar{u}_1}$ zusammengefaßt und anschließend negiert, was der ODER-Verknüpfung $\bar{u}_0\bar{u}_1x_0 + u_0\bar{u}_1$ äquivalent ist. Jede einzelne Funktion, hier an u_1^* gezeigt, ist also durch UND-ODER-Verknüpfungen, d. h. in disjunktiver Normalform beschreibbar. Auf diese Weise ist es möglich, mit einem PLA beliebige boolesche Funktionen in minimaler, in ausgezeichneter oder in irgendeiner disjunktiven Normalform „dazwischen" zu verwirklichen.

Aus der in Bild 1-16 wiedergegebenen Schaltung eines Steuerschaltnetzes läßt sich auf einfache Weise ein Steuerschaltwerk verwirklichen [2, 6]. Dazu werden die Ausgänge u_0^* und u_1^* mit den Eingängen u_0 bzw. u_1 „kurzgeschlossen", so daß die gestrichelt gezeichneten Schalttransistoren mit ihren nachgeschalteten Invertern zusammengenommen zwei Verzögerungsglieder gemäß Bild 2-3a bilden. Das PLA enthält das Steuerprogramm, und in den Verzögerungsgliedern wird der Zustand gespeichert, der den momentanen Stand des Programmablaufs widerspiegelt; vgl. Bild 2-21.

Bemerkung. Solche PLA-Steuerwerke bilden den Ausgangspunkt der Entwicklung elektronischer Programmsteuerwerke: Ein PLA, wie beschrieben rückgekoppelt, ergibt gemäß Bild 2-20a ein speziell auf eine bestimmte Aufgabenstellung zugeschnittenes Steuerwerk. Wird das Register in der Rückkopplungsschleife als Zähler ausgebildet und anstelle des PLA ein ROM verwendet, so ergibt sich gemäß Bild 2-20b ein universell für viele Anwendungen einsetzbares Steuerwerk. Wird der Programmspeicher mit Schaltungen zur Effizienzsteigerung versehen und mit einem Programm zur Steuerung der internen Abläufe eines Rechners geladen (Mikroprogramm), so entstehen Schaltwerke zur Programmsteuerung (Mikroprogrammwerke), wie sie für Prozessoren in Rechenanlagen benötigt werden (vgl. Bild 3-6, oberer Teil).

2 Schaltwerke

Ihrer Struktur nach sind Schaltwerke rückgekoppelte Schaltnetze. Nach ihrer Funktion können sie aufgefaßt werden als die technische Erscheinungsform rückwirkungsbehafteter (rekursiver) boolescher Funktionen (boolesche Algorithmen). Damit läßt sich der Begriff Schaltwerk auch wie folgt definieren: Ein Schaltwerk ist die schaltungstechnische Realisierung eines *booleschen Algorithmus*, mathematisch ausgedrückt durch das Paar f, g einer rekursiven Funktion f für die Zustandsgröße $\boldsymbol{u}$ (Übergangsfunktion) und einer gewöhnlichen Funktion g für die Ausgangsgröße $\boldsymbol{y}$ (Ausgangsfunktion), beide abhängig von der Zustandsgröße $\boldsymbol{u}$ und der Eingangsgröße $\boldsymbol{x}$. Im Gegensatz zu einer Funktion, deren Ergebnis nur vom Argument abhängt, hängt das Ergebnis eines Algorithmus außerdem vom Zustand ab, der sich i. allg. von Schritt zu Schritt ändert. Diese „Zustandsrekursion" wird – wie in höheren Programmiersprachen bei der Schreibweise von Anweisungen üblich – durch das Zeichen „:=" ausgedrückt (lies (1): Der Wert von $\boldsymbol{u}$ wird ersetzt durch den Wert von $f(\boldsymbol{u}, \boldsymbol{x})$).

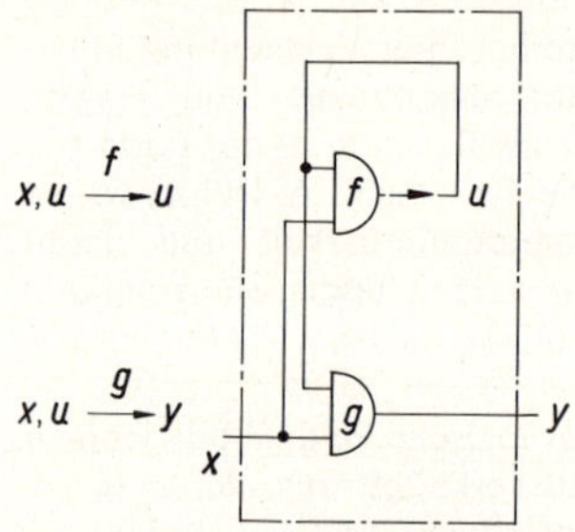

$$u := f(u, x) \quad (1)$$

$$y = g(u, x) \quad (2)$$

Modularer Aufbau. Schaltwerke verwirklichen verschiedene Arten von booleschen Algorithmen: (1.) operative, die aufgrund von Anweisungen bestimmte Operationen ausführen (*Operationswerke*), und (2.) steuernde, die solche Anweisungen in zeitlicher Reihenfolge ausgeben (*Steuerwerke*). Operative und steuernde Algorithmen sind in technischen Geräten als *einzelne* Schaltwerke realisiert (z. B. in Taschenrechnern zur Ausführung bestimmter Operationen oder in Werkzeugmaschinen zur Steuerung bestimmter Funktionen). Sie kommen aber auch — insbesondere in der elektronischen Datenverarbeitung — als *zusammenwirkende* Schaltwerke vor. Dann wird das Operationswerk *Datenwerk* genannt (es führt die Datenverarbeitung aus) und das Steuerwerk *Programmwerk* genannt (es führt die Programmabarbeitung durch). In dieser Konstellation bilden sie ein in gewisser Hinsicht autonomes Schaltwerk, das als *programmgesteuertes Datenverarbeitungswerk* bezeichnet wird.

Zur Ermöglichung der durch das Zeichen := in (1) ausgedrückten Rekursion, d. h. des fortwährenden schrittweisen Ersetzens des Zustands, dienen die natürlichen Signallaufzeiten im Übergangsschaltnetz, oder es bedarf für jede Komponente u von $\boldsymbol{u}$ des künstlichen Einbaus von Schaltungen, die ihre Eingangswerte (den Zustand) mit Hilfe eines Taktsignals um eine Taktperiode verzögern (Verzögerungsglieder) oder über mehrere Taktperioden speichern (Speicherglieder). In Datenwerken dienen sie zum Speichern des Zustands der Da-

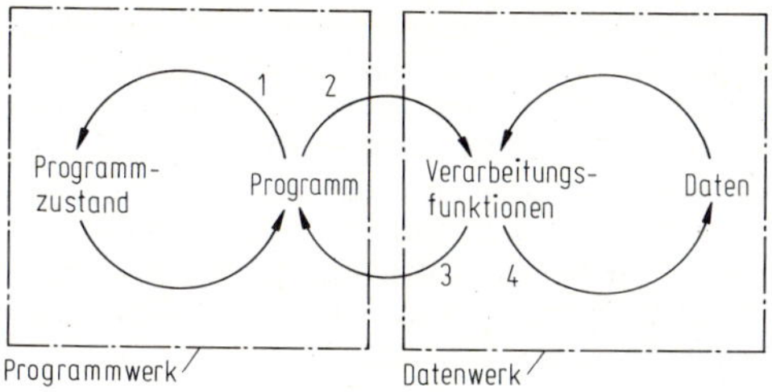

Bild 2-1. Informationsfluß in einem programmgesteuerten Datenverarbeitungswerk; die beiden Teilwerke sind untereinander zum Signalaustausch über ihre Eingangs- und Ausgangsleitungen verbunden. 1 Befehle zur Programmverzweigung, 2 Befehle zur Datenverarbeitung (operative Signale), 3 Bedingungen für Programmverzweigung (steuernde Signale), 4 Ergebnisse der Datenverarbeitung.

ten, d. h. der Werte der zu verarbeitenden Größen, und in Programmwerken zum Speichern des Zustands von Programmen, d. h. ihres gegenwärtigen Ausführungsstands. Programmgesteuerte Datenverarbeitung läßt sich demnach erklären als Komposition aus zwei sich gegenseitig beeinflussenden Zustandstransformationen (Bild 2-1).

Bemerkung. Der Begriff „Programmgesteuerte Datenverarbeitung" ist sehr weit gefaßt und „nach oben hin offen": Daten bestehen nicht nur aus Zahlen, sondern sind Aufzeichnungen jeder Art in allen möglichen Anwendungsgebieten, auch Programme und ihre Daten selbst. So kann z. B. ein programmgesteuertes Datenverarbeitungswerk seinerseits zur Programmsteuerung und Datenverarbeitung eines programmgesteuerten Datenverarbeitungswerkes benutzt werden (siehe 3).

Hierarchische Gliederung. Die Einführung eines Taktsignals zur Zustandsfortschaltung zu äquidistanten Zeitpunkten ermöglicht es, Schaltwerke auf Ebenen abnehmender Detaillierung, d. h. zunehmender Abstraktion, zu beschreiben: 1. Die Verzögerungen erfolgen nicht zeitgleich (asynchron) ohne technische Vorkehrungen allein durch die natürlichen, ungleichen Signallaufzeiten in den Bauelementen des Schaltwerks. Die Eingangssignale wirken im Modus unregelmäßig (oder regelmäßig, z. B. beim Taktsignal) eintreffender Ereignisgrößen (Signalflanken) auf das Schaltwerk (*Asynchronmodus-Ebene, Asynchronschaltwerk*). 2. Die Verzögerungen erfolgen zeitgleich (synchron) durch künstlich eingebaute getaktete Verzögerungsglieder in der Rückkopplung des Schaltwerks. Die Eingangssignale wirken im Modus periodisch durch das Taktsignal abgetasteter Zustandsgrößen (Signalpegel) auf das Schaltwerk (*Synchronmodus-Ebene, Synchronschaltwerk*). 3. Die Verzögerungen erfolgen innerhalb von Register- und Speicherelementen und aus ihnen zusammengesetzten Registern und Speichern. Der Takt, aber auch die Rückkopplung gleichbleibender Variablenwerte sind dabei „unsichtbar" (Speicherung der Werte), während sich ändernde Variablenwerte „sichtbar" über registerexterne Schaltnetze übertragen werden (Transfer der Werte) und auf die Register zurückwirken (*Registertransfer-Ebene, Register-/Speicherschaltwerk*). — Auf dieser Ebene werden Register- und Speicherschaltwerke mit Steuer- und Verarbeitungsschaltnetzen zu programmgesteuerten Datenverarbeitungswerken (siehe oben) zusammengesetzt. Abstraktionen von den auf diese Weise entstehenden modularen Strukturen, verbunden mit einer ganzheitlichen Sicht ihrer Funktion, führen von Registertransfer-Beschreibungen zu programmiersprachlichen Darstellungen von Algorithmen.

2.1 Signalverzögerung und -speicherung

Ein Verzögerungsglied als Baustein in programmgesteuerten Datenverarbeitungswerken erscheint auf der aus aussagenlogischer Sicht untersten Ebene, der Asynchronmodus-Ebene, als Asynchronschaltwerk, bei dem das Taktsignal als „logisches" Signal durch die Wirkung seiner Taktflanken explizit in seine Beschreibung eingeht. Eine Abstraktionsstufe höher, auf der Synchronmodus-Ebene, erscheint es als Synchronschaltwerk, bei dem das Taktsignal als „technisches" Signal nur noch implizit durch die Angabe von Zeitpunkten in der Beschreibung auftritt. Wiederum eine Stufe höher, auf der Registertransfer-Ebene, erscheint es als Register-/Speicherelement, bei dem das Taktsignal gar nicht mehr in Erscheinung tritt; dabei wechselt die Beschreibungsform von der Beschreibungsebene der Booleschen Algebra auf die Beschreibungsebene algorithmischer Sprachen.

Verzögerungsglied auf der Asynchronmodus-Ebene

Das Verzögerungsglied dient zur Verzögerung des Wertes genau einer Komponente u von $\boldsymbol{u}$ in (1) um genau ein Taktintervall (Bild 2-2). Mit dem Takt T tastet es den Pegel von u ab und hält ihn ab der negativen Taktflanke $T = 1 \to 0$ für die Dauer eines Taktintervalls stabil (Signal w). In getakteten digitalen Systemen erfolgen sämtliche Signaländerungen gleichzeitig, und zwar zu den z. B. durch die negative Taktflanke definierten Zeitpunkten, so daß neben w auch alle anderen Eingangswerte von f sich nur zu diesen Zeitpunkten ändern können, d. h., daß u nach einer gewissen Zeit (der Einschwingzeit von f) stabil ist und danach für die nächste Abtastung zur Verfügung steht.

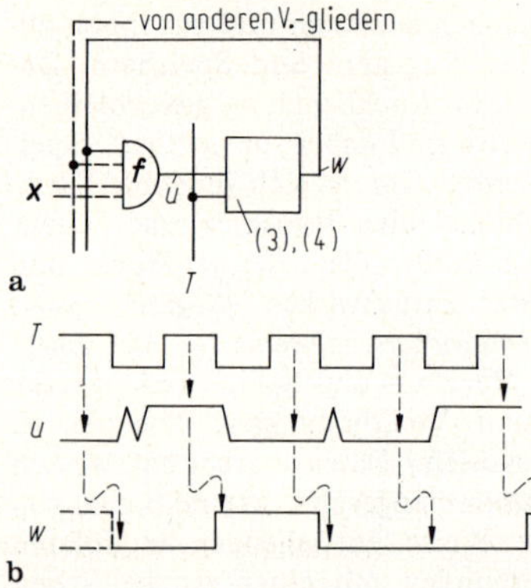

Bild 2-2. Verzögerungsglied in der Rückkopplung von ***f***. **a** Ausschnitt aus (1) für eine Komponente von ***u***; **b** Verhalten als Asynchronschaltwerk.

Grundschaltungen. Der Impulsplan Bild 2-2b illustriert die Funktion des Verzögerungsgliedes anhand des zeitlichen Verlaufs von Eingangs- und Ausgangssignalen, so daß die Wirkung der Signalflanken unmittelbar zur Geltung kommt. Um seine Funktion durch boolesche Gleichungen beschreiben zu können, muß jedoch auf die Signalpegel zurückgegriffen werden. Die Funktion lautet in Worten (vgl. Bild 2-2b): Der Wert von u wird mit $T = 1$ einer (nicht gezeichneten) Zwischengröße v zugewiesen und mit $T = 0$ gehalten, gleichzeitig erscheint er als Wert von v mit $T = 0$ als Ausgangsgröße w und wird mit $T = 1$ gehalten. Die Funktion lautet in Gleichungsform (die Verwendung von „$u^{d} = \ldots$" anstelle von „$u := \ldots$" entsprechend (1) soll auf die schaltnetzinternen Signalverzögerungen in Asynchronschaltwerken hinweisen; d delay):

$$v^{d} = Tu + \bar{T}v, \tag{3}$$

$$w^{d} = \bar{T}v + Tw. \tag{4}$$

(3) und (4) lassen sich in zahlreichen Varianten als Schaltungen verwirklichen: Bild 2-3a eignet sich für Anwendungen, in denen der Eingang *nicht* mit einer Steuergröße geschaltet wird, d. h. T unmittelbar auf den ersten Schalter wirkt, z. B. in PLA-Steuerwerken. Bild 2-3b eignet sich für Anwendungen, in denen der Eingang *mit* einer Steuergröße geschaltet wird, d. h. T über ein UND-Gatter auf den ersten Schalter wirkt, wie z. B. bei Registern in Operationswerken. Bild 2-3c ist die Grundschaltung von mit Gattern aufgebauten sog. Vorspeicher- oder Master-slave-Flipflops; durch Variation ihrer Eingangsbeschaltung entstehen verschiedene Typen getakteter Speicherglieder (siehe Bild 2-7).

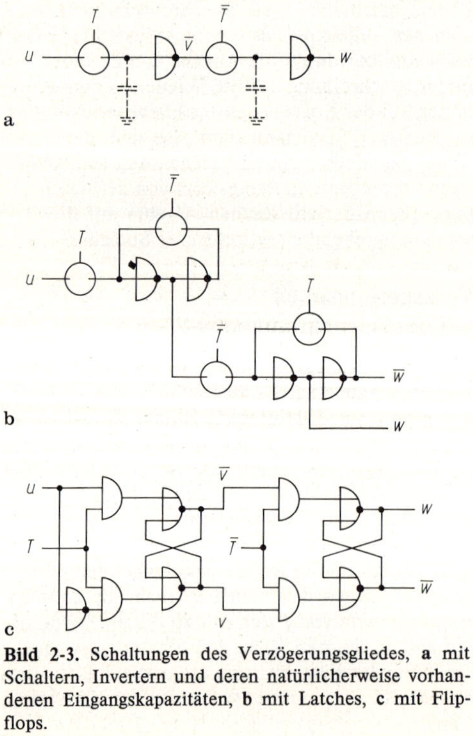

Bild 2-3. Schaltungen des Verzögerungsgliedes, **a** mit Schaltern, Invertern und deren natürlicherweise vorhandenen Eingangskapazitäten, **b** mit Latches, **c** mit Flipflops.

Latch, Flipflop. Die beiden elementaren rückgekoppelten Bausteine in den Bildern 2-3b und 2-3c werden (ohne Bezug auf ein Taktsignal) Latch bzw. Flipflop genannt (Bild 2-4) und dienen als Grundbausteine vieler Speicherschaltungen. Kennzeichnend für sie ist die „Schleife" mit den beiden hintereinandergeschalteten Invertern (in Bild 2-4a unmittelbar sichtbar, in Bild 2-4b in den NOR-Gattern versteckt). Diese „positive" Rückkopplung ermöglicht es, den Wert einer booleschen Variablen u, der vorher „gelatcht" ($u^{d} = d$

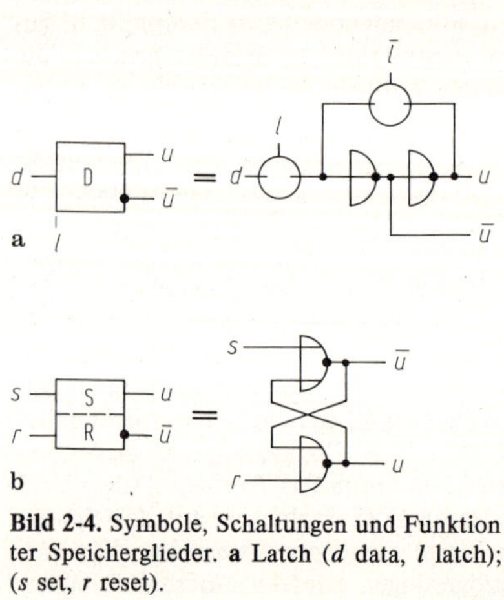

d	l	u^{d}
–	0	u
0	1	0
1	1	1

s	r	u^{d}
0	0	u
0	1	0
1	0	1

Bild 2-4. Symbole, Schaltungen und Funktion ungetakteter Speicherglieder. **a** Latch (d data, l latch); **b** Flipflop (s set, r reset).

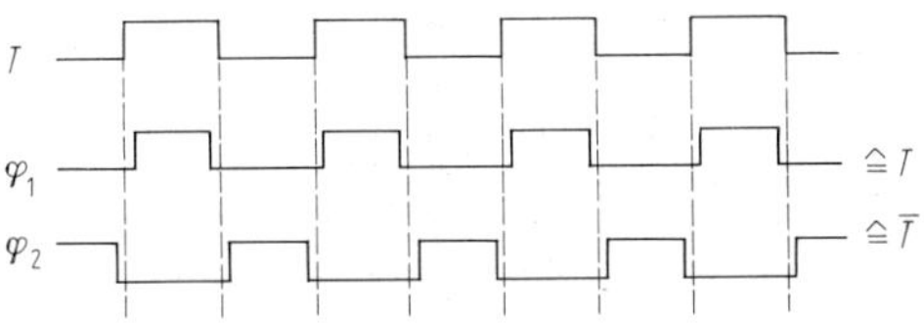

Bild 2-5. Zweiphasentakt mit den Taktphasen φ_1 und φ_2.

bei $l = 1$) bzw. „gesetzt" ($u^d = 1$ bei $s = 1$) oder „rückgesetzt" wurde ($u^d = 0$ bei $r = 1$), in den Schaltungen zu speichern ($u^d = u$ bei $l = 0$ bzw. $s = 0$ *und* $r = 0$). Mit dieser Funktionsbeschreibung der beiden ungetakteten Speicherglieder in Bild 2-4 läßt sich die Funktion der Schaltungen Bilder 2-3 b und 2-3 c sowie die daraus entstehenden Schaltungen getakteter Speicherglieder in Bild 2-7 folgendermaßen erklären: Während $T = 1$ übernimmt der Master die eingangsseitig anstehende Information; und mit $T = 0$ übergibt er sie dem Slave, der sie am Ausgang zur Verfügung stellt.

Zweiphasentakt. Beim Entwurf von Asynchronschaltwerken (siehe z. B. [1, 2]) muß die Wirkung der ungleichmäßigen Signallaufzeiten durch die Gatter des Übergangsschaltnetzes berücksichtigt werden. Sie können zu *essentiellen Hazards* führen (das sind zufällig auftretende, unerwünschte Signalflanken bei eigentlich konstantem Signalverlauf), oder sie können *kritische Läufe* veranlassen (z. B. zwischen zwei sich „gleichzeitig" ändernden Rückkopplungswerten, so daß zufällige, unerwünschte Wertekombinationen auftreten).
Die Schaltungen in Bild 2-3 sind frei von essentiellen Hazards und kritischen Läufen, wenn anstelle von T und $\bar{T}$ die Phasen φ_1 und φ_2 eines Zweiphasentakts benutzt werden (Bild 2-5). Bei einem solchen Takt dürfen sich die 1-Pegel der beiden Taktphasen zu keinem Zeitpunkt überlappen, auch nicht in unmittelbarer Nähe der Taktflanken. Dann ist sichergestellt, daß bei ihrer Verwendung in Synchronschaltwerken zu keinem Zeitpunkt der „Kreislauf" der über sie rückgekoppelten Zustandsgrößen „geschlossen" ist.

Verzögerungsglied auf der Synchronmodus-Ebene

Ein Verzögerungsglied bewirkt — wie erläutert — die Verzögerung seines Eingangssignales u um ein Taktintervall (Bilder 2-2 und 2-6). Auf der Synchronmodus-Ebene wird vom Takt abstrahiert, indem er in seiner „logischen" Erscheinungsform als boolesche Variable ersetzt wird durch sein „technisches" Äquivalent in der Form hochgestellter Zeitindizes.

Verzögerungsglied als Baustein. Der Impulsplan Bild 2-6 b zeigt das Verhalten des Verzögerungs-

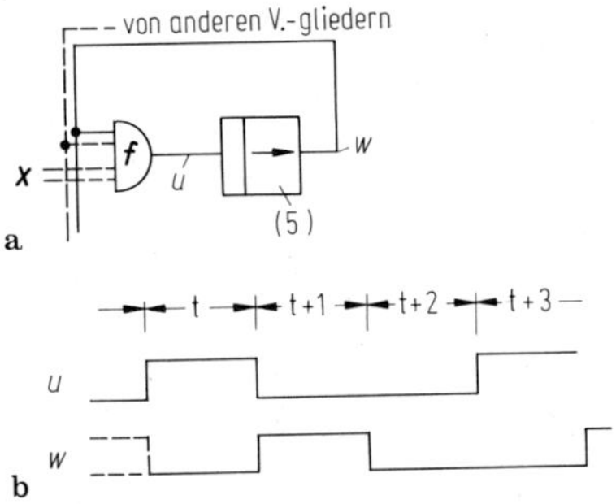

Bild 2-6. Verzögerungsglied. **a** Symbol für eine Komponente von u; **b** Verhalten als Synchronschaltwerk.

gliedes, aber in einer gegenüber Bild 2-2 b von Einschwingvorgängen abstrahierten Form. Daraus läßt sich seine Funktion unmittelbar ablesen. Sie lautet in Worten: Der Wert von u wird über genau ein Taktintervall verzögert und der Ausgangsgröße w zugewiesen. Sie lautet als Gleichung (die Verwendung von „u^{t+1}/u^t" anstelle von „$u :=$" entsprechend (1) weist auf die schaltnetzexterne Signalverzögerung in Synchronschaltwerken hin; t, $t+1$ zwei aufeinanderfolgende Taktzeitintervalle):

$$w^{t+1} = u^t. \qquad (5)$$

Die Beschreibung des Verzögerungsgliedes erfolgt also auf der Asynchron- wie auf der Synchronmodus-Ebene durch boolesche Funktionsgleichungen, jedoch dort mit und hier ohne T (vgl. (3), (4) gegenüber (5)).

D-, SR-, JK-Flipflop. Die Schaltungen für das Verzögerungsglied werden als D-Flipflop (D delay) bezeichnet; Bild 2-3 zeigt drei Schaltungsbeispiele in Master-slave-Technik. Master-slave-Schaltungen für das SR-Flipflop (S set, R reset) und das JK-Flipflop (J jump, K kill) entstehen durch geringfügige Änderungen der Schaltung Bild 2-3 c: Das SR-Flipflop entsteht durch Weglassen des Negationsgliedes am Eingang der Schaltung; das JK-Flipflop entsteht aus dem SR-Flip-

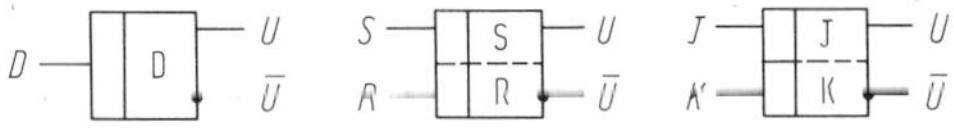

a

D	U^{t+1}
0	0
1	1

b

S	R	U^{t+1}
0	0	U^t
0	1	0
1	0	1

c

J	K	U^{t+1}
0	0	U^t
0	1	0
1	0	1
1	1	$\bar{U}^t$

Bild 2-7. Symbole und Funktion getakteter Speicherglieder. **a** D-Flipflop; **b** SR-Flipflop ($S = 1$ und $R = 1$ verboten); **c** JK-Flipflop (universelles Logik-/Speicherglied).

flop, indem seine Ausgänge über Kreuz rückgekoppelt und zusätzlich auf die Eingangs-UND-Gatter geschaltet werden. Alle diese Flipflops sind elementare Synchronschaltwerke, die durch ein Symbol dargestellt werden können und deren Verhalten sich durch Tabellen beschreiben läßt (Bild 2-7).

Einsatz in Synchronschaltwerken. Betrachtet man Bild 2-6a z. B. im Intervall $t+1$, so steht am Eingang des Verzögerungsgliedes u^{t+1} an, und an seinem Ausgang erscheint w^{t+1}, d. h. wegen (5) u^t. Da sich in einem Synchronschaltwerk die Ausgangssignale aller Verzögerungsglieder (Vektor $\boldsymbol{u}^t$) mit allen Eingangssignalen des Schaltwerks nur gleichzeitig ändern können (Vektor $\boldsymbol{x}^t$), schreibt man die Übergangsfunktion (1) in der Form

$$\boldsymbol{u}^{t+1} = \boldsymbol{f}(\boldsymbol{u}^t, \boldsymbol{x}^t)\,. \tag{6}$$

Bezüglich der Ausgangsfunktion lassen sich zwei Fälle unterscheiden: 1. Die Ausgangssignale (Vektor $\boldsymbol{y}^t$) hängen nur von den Zuständen ab. 2. Sie hängen auch von den Eingangssignalen ab; in Gleichungsform:

$$\boldsymbol{y}^t = \boldsymbol{g}(\boldsymbol{u}^t)\,, \tag{7}$$

$$\boldsymbol{y}^t = \boldsymbol{g}(\boldsymbol{u}^t, \boldsymbol{x}^t)\,. \tag{8}$$

Beide Schaltwerksstrukturen lassen sich ineinander überführen; bei gleicher Funktion hat (6), (7) gegenüber (6), (8) mehr Zustände, was einerseits zu mehr Übersichtlichkeit, andererseits zu mehr Aufwand führt. (In etwas abgewandelter Interpretation wird (6), (7) Moore-Automat genannt; (6), (8) wird Mealy-Automat genannt; siehe z. B. [3].)

Während die Schaltwerksstruktur (6) allein (Verzögerungsgliederausgänge gleich Schaltwerksausgänge) typisch für Register-/Speicherschaltwerke ist (siehe 2.2), findet die Struktur (6), (7) insbesondere in Datenverarbeitungswerken (siehe 2.3) und die Struktur (6), (8) insbesondere in Programmsteuerwerken Anwendung (siehe 2.4).

Bemerkung. Der Vorteil der Synchron- gegenüber der Asynchrontechnik ist, daß sämtliche „Einschwingvorgänge" am Ausgang des Übergangsschaltnetzes $\boldsymbol{f}$ (Hazards, Läufe usw.) beim Schaltwerksentwurf ignoriert werden können. Deshalb werden in der industriellen Praxis komplexe digitale Systeme vollständig in Synchrontechnik aufgebaut (z. B. Prozessoren, Controller) oder bei Asynchrontechnik mit sog. Handshake-Signalen versehen (z. B. zur Steuerung zusammengeschalteter Prozessoren, Speicher, Controller, Interfaces innerhalb eines Mikroprozessorsystems; siehe z. B. [4, 5]).

2.2 Registertransfer und Datenspeicherung

Die in 2.1 behandelten Verzögerungs-/Speicherglieder werden als Elemente zum Aufbau von Registern und Speichern benutzt, deren Inhalte über Leitungsverbindungen und Schaltnetze „transferiert" werden können. Dazu müssen sie (ohne ihre Inhalte zu verändern) „gelesen" und (um ihre Inhalte zu verändern) „beschrieben" werden können. *Speicherglieder* dienen zur Speicherung einzelner *Bits*, z. B. des Zustands boolescher Variablen. *Register* dienen zur Speicherung von aus Bits zusammengesetzten *Wörtern*, z. B. der Werte boolescher Vektoren oder arithmetischer Größen. *Speicher* dienen zur Speicherung von aus solchen Wörtern aufgebauten *Feldern*, z. B. zur kurz- oder längerfristigen Aufbewahrung von Daten jeglicher Art.

In Register-/Speicherschaltwerken wird nicht die Verzögerung, sondern die Speicherung der Werte von Variablen gefordert. Dazu nimmt die durch (6) beschriebene „Struktur" eine spezielle Form an; und je nach Anzahl ihrer Komponenten entstehen elementare, nur ein einziges oder einige Elemente umfassende (Flipflops, Register) oder komplexe, tausende von Elementen umfassende Schaltwerke (Speicher).

Verzögerungs-/Speicherglieder auf der Registertransfer-Ebene

Verzögerungs-/Speicherglieder speichern die Werte *boolescher Variablen*. Dazu wird bei D-Flipflops der Wert der Variablen rückgekoppelt, bei SR- oder JK-Flipflops ist das nicht nötig. Außerdem muß der Wert der Variablen verändert werden können, z. B. indem ihr der Wert einer anderen Variablen oder einer Funktion zugewiesen wird. Bild 2-8 zeigt entsprechende Schaltungen für die „Ansteuerung" eines Verzögerungs-/Speicher-

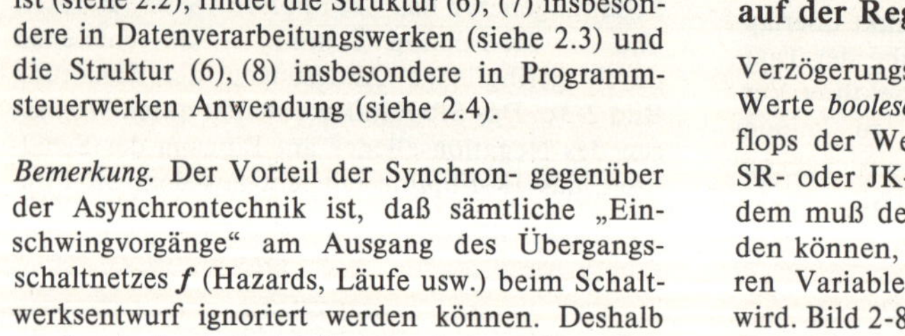

Bild 2-8. Verzögerungs-/Speicherglied als Prinzipschaltung und in symbolischer Darstellung. Zur Hervorhebung der Speicherelemente auf der Registertransfer-Ebene ist das Schaltnetz *op* ohne sein Funktionssymbol entsprechend Tabelle 1-1 gezeichnet.

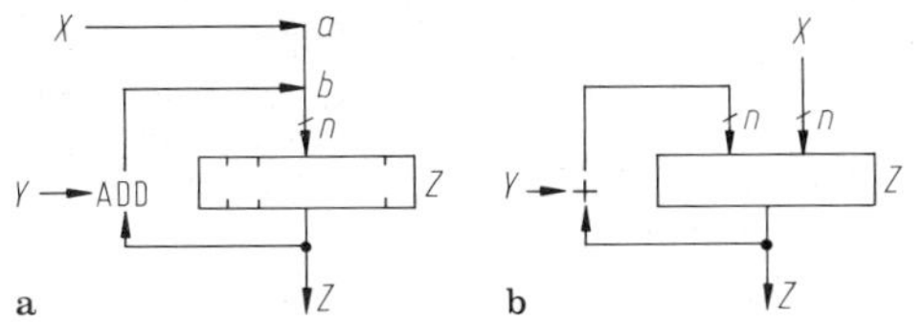

Bild 2-9. Symbolische Darstellungen eines einfachen Registerwerks, **a** mit Steuersignalen, **b** ohne Steuersignale.

gliedes z (gleichzeitig der Name der Variablen, des Speichergliedes sowie die Bezeichnung seines Ausgangs) mit einer Variablen x und (im Vorgriff auf 2.3) einer Funktion $op(z, y)$ über einen Multiplexer (mit den Steuergrößen a und b).

Das Gleichheitszeichen in diesem wie in den folgenden Bildern weist auf die Äquivalenz der Schaltungen hin, während der Pfeil den Übergang auf eine höhere Abstraktionsebene, hier die Registertransfer-Ebene, anzeigt. In den Formeln stellt sich diese Abstraktion durch eine detailärmere, dafür aber übersichtlichere Ausdrucksweise mit den Mitteln algorithmischer Sprachen dar (Registertransfer-Sprachen, Hardware-Sprachen).

Die in Bild 2-8 dargestellte Schaltung läßt sich als *Gleichung* der Booleschen Algebra beschreiben, und zwar mit implizit dargestelltem Takt bzw. vom Takt abstrahiert ($a = 1$ und $b = 1$ verboten):

$$z^{t+1} = a^t \cdot x^t + b^t \cdot op(z^t, y^t) + \overline{a^t} \cdot \overline{b^t} \cdot z^t, \tag{9}$$

$$z := a \cdot x + b \cdot op(z, y) + \bar{a} \cdot \bar{b} \cdot z. \tag{10}$$

Die Schaltung läßt sich auch als *Zuweisung* in einer algorithmischen Sprache beschreiben, zuerst unüblich ausführlich und dann wie üblich abgekürzt in drei verschiedenen Formen:

$z :=$ if a then x else if b then $op(z, y)$ else z (11)

$z :=$ if a then x else if b then $op(z, y)$ (12)

if a then $z := x$ else if b then $z := op(z, y)$ (13)

if a then $z := x$, if b then $z := op(z, y)$ (14)

Die letzte Form wird zur Beschreibung von Schaltungen bevorzugt. Sie gibt die in der Schaltung enthaltene Gleichzeitigkeit der Auswertung der Bedingungsgrößen durch die Verwendung des Kommas als Zeichen für (gleichberechtigte) Aufzählungen am besten wieder. In dieser Eigenschaft wird das Komma sowohl für die synchronisiert gleichzeitige Ausführung von bedingten wie von bedingungslosen Anweisungen benutzt.

Register, Speicherzellen

Register und Speicherzellen speichern die Werte *boolescher Vektoren*. Dazu wird eine Anzahl von Speicherelementen „horizontal" aneinandergesetzt und als Einheit betrachtet. Die Speicherelemente werden parallel betrieben; bei n-maligem Aufbau einer Schaltung aus Bild 2-8 entsteht z. B. die Schaltung in Bild 2-9. Dann lautet (14) zuerst in einer auf boolesche Vektoren verallgemeinerten und dann in einer höheren Programmiersprachen angepaßten Form (mit a und b als Steuergrößen, X, Y und Z als Rechengrößen und ADD z. B. als arithmetischer Operation „Addition"):

if a then $\mathbf{z} := \mathbf{x}$, if b then $\mathbf{z} := \mathbf{op}(\mathbf{z}, \mathbf{y})$ (15)

if a then $Z := X$, if b then $Z := \text{ADD}(Z, Y)$ (16)

In Formeln wie Bildern wird die mit dem Übergang zur Registertransfer-Ebene verbundene Abstraktion vom Detail unterstützt, indem auf die explizite Angabe der Steuergrößen verzichtet wird und die Operationen durch ihre üblichen Operationszeichen wiedergegeben werden, z. B. ADD durch „+". Mit $Z := X$, $Z := Z + Y$ entsprechend (16) bzw. Bild 2-9b wird dann lediglich das Vermögen der Schaltung beschrieben, die Transport- oder die Additionsoperation auszuführen. Zu welchen Zeitpunkten und gegebenenfalls unter welchen Bedingungen sie ausgeführt werden, geht nur daraus hervor, an welchen Stellen sie im Hardware-Programm erscheinen.

Operationen. Zur Kennzeichnung einzelner Registerelemente werden in spitze Klammern gesetzte Indizes verwendet; z. B. ist $Z\langle i \rangle$ das Element Nr. i des Registers Z. Die mit diesem Register Z ausführbaren Operationen lassen sich explizit be-

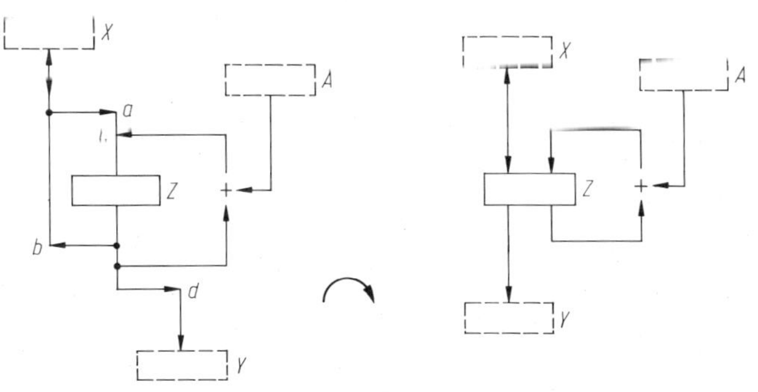

Bild 2-10. Prinzipschaltung und symbolische Darstellung eines komplexeren Registerwerks.

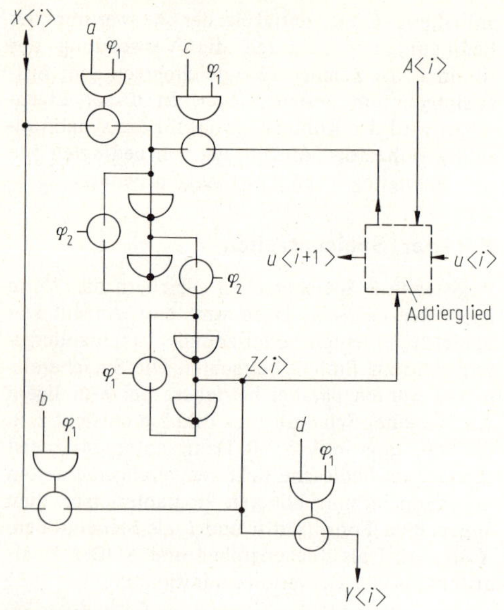

Bild 2-11. Beschaltung des Registerelements $Z\langle i\rangle$ aus Bild 2-10 mit D-Flipflop und Addierglied (Schaltung siehe z. B. Bild 1-9).

schreiben durch $Z\langle i\rangle := \ldots$ oder $Z := \ldots$ (Schreiben) sowie implizit durch Verwendung von Z auf der rechten Seite solcher Anweisungen (Lesen). Allein aufgrund des Vorkommens vieler solcher unterschiedlicher Anweisungen in ein und demselben Hardware-Programm entstehen die für die Registertransfer-Ebene typischen komplexen Zusammenschaltungen von Registern und Schaltnetzen (z. B. $X := Z$, $Y := Z$, $Z := X$, $Z := Z + A$ in Bild 2-10).

Beispiel. Bild 2-11 zeigt eine „Scheibe" von 1 Bit des in Bild 2-10 dargestellten Registerschaltwerks auf der Asynchronmodus-Ebene. Die eigentlich notwendige Rückkopplung des Flipflopinhalts auf sich selbst entfällt, da bei $a = 0$ und $c = 0$ sowie $\varphi_2 = 0$ die Eingangskapazität des ersten Inverters kurzzeitig die Speicherung der Master-Information übernimmt.

Schreib-/Lesespeicher

Schreib-/Lesespeicher speichern die Werte *boolescher Matrizen*. Dazu wird eine Anzahl von Registern/Speicherzellen „vertikal" untereinandergesetzt und als Einheit betrachtet. Die Speicherzellen werden über Torschaltungen/Multiplexer auf Schreib-/Lesebusse geschaltet, z. B. entsprechend Bild 2-12. Von den Speicherzellen ist immer nur eine auf einmal adressierbar, wobei alle hinsichtlich ihres Zugriffs gleichberechtigt sind. Zur Unterscheidung von Speichern mit anderen Zugriffsarten werden Schreib-/Lesespeicher deshalb als *Speicher mit wahlfreiem Zugriff* (random access memory, RAM) bezeichnet.

Operationen und Kenngrößen. Zur Kennzeichnung einzelner Speicherzellen werden in eckige Klammern gesetzte Indizes verwendet; z. B. ist $Z[i]$ die Speicherzelle Nr. i des Speichers Z. Die mit diesem Speicher Z ausführbaren Operationen lassen sich explizit darstellen durch $Z[\mathit{Adresse}] := \mathit{Datum}$ (Schreiben) sowie implizit durch Verwendung von $Z[\mathit{Adresse}]$ innerhalb von Anweisungen in Hardware-Programmen (Lesen).

Der Inhalt einer Speicherzelle wird als *Wort* bezeichnet, ihre Kenn-Nummer als *Adresse*. Die Anzahl der Bits pro Wort heißt *Wortlänge*, die der Bits pro Adresse *Adreßlänge*. Die Anzahl der Zellen pro Speicher heißt *Kapazität*; sie beträgt das 2^n-fache der Anzahl n der Adreßbits. Die *Zugriffszeit* ist die Zeit vom Anlegen der Adresse bis zum Erscheinen des gelesenen Worts. — Mit diesen technischen Daten werden auch Festwertspeicher (ROMs) gekennzeichnet.

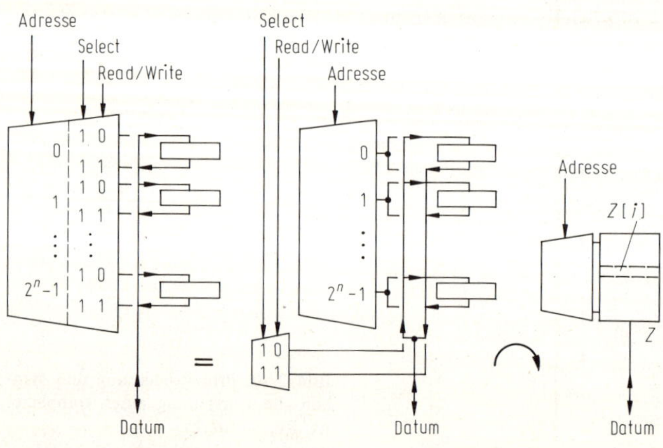

Bild 2-12. Prinzipschaltungen und symbolische Darstellung eines Schreib-/Lesespeichers (RAM).

Einsatz im Rechnerbau. RAMs dienen (1.) hauptsächlich zur Speicherung von ausführbereiten Daten und Programmen innerhalb von Rechenanlagen (prozessorexterne Speicher) und (2.) zur Zwischenspeicherung von Operanden und Ergebnissen innerhalb von Prozessoren (prozessorinterne Speicher).
Als prozessorexterne Speicher (Hauptspeicher, Primärspeicher) haben RAMs große Kapazitäten. Ihre Speicherelemente sind nicht getaktet. Sie werden mit Signalen für die Bausteinanwahl (Select) und die Übertragungsrichtung (Read/Write) angesteuert (Symbol eines Schreib-/Lesespeichers mit einem bidirektionalen Schreib-/Lesebus in Bild 2-12). Eine im Baustein integrierte Steuerlogik sorgt für den ordnungsgemäßen zeitlichen Ablauf der Lese- und Schreiboperationen und schaltet die bidirektionalen Datenbustreiber durch. Aufbau und Schaltungstechnik prozessorexterner Speicher, insbesondere von Hintergrundspeichern, folgen den unterschiedlichsten Prinzipien und Technologien (siehe 6.2).
Als prozessorinterne Speicher (Registerspeicher, Registersätze) haben RAMs kleine Kapazitäten, sind getaktet und oft als sog. Multiport-Speicher ausgelegt (Symbol eines Dual-port-Speichers mit einem unidirektionalen Schreib- und zwei unidirektionalen Lesebussen siehe Bild 2-19c). Sie erlauben gleichzeitiges Lesen und Schreiben über mehrere Tore. Dazu dienen mehrere unabhängige interne Multiplexer/Demultiplexer einschließlich ihrer Adreßdecodierer. Aufbau und Schaltungstechnik sind an die Struktur des Prozessors angepaßt. Die einzelnen Speicherelemente bestehen i. allg. nicht aus vollständigen Master-slave-Flipflops, sondern z. B. nur aus den Mastern, während die Slaves für alle Speicherzellen und jeden Ausgang nur einmal aufgebaut werden (im Symbol in Bild 2-19c mit enthalten) oder als Register an anderer Stelle im Prozessor erscheinen (z. B. DR1 und DR2 in Bild 3-6).

Beispiel. Bild 2-13 zeigt links einen Dual-port-Speicher der „Wortlänge“ 1 Bit mit als Schalter gezeichneten Transistoren. Die Speicherelemente einer solchen „Speicherebene“ sind eindimensional untereinander angeordnet und haben unterschiedliche Adressen. Ein Element wird durch seine Zeilenadresse und Angabe der Richtung angewählt und mit der Leitung *Bus1* oder *Bus2* verbunden. Zur Erzielung einer Wortlänge von mehr als einem Bit werden mehrere solcher Speicherebenen nebeneinander aufgebaut und mit denselben Adreßleitungen angesteuert.
Um einen Eindruck vom Zusammenwirken des Speichers mit einer arithmetisch-logischen Einheit (ALU) als Kern eines Prozessors zu erhalten, sind rechts in Bild 2-13 die Latches für die Eingänge eines ALU-Gliedes einschließlich deren Busankopplungen sowie die Busankopplungen des ALU-Glied-Ausgangs gezeichnet (in MOS-Technik etwas komplizierter mit Bus-Vorladen). Ein Speicher- und ein ALU-Latch zusammengenommen gleichen in ihrer Wirkung einem Master-slave-Flipflop. Mit φ_1 wird die am ALU-Ausgang anstehende und auf einen der Busse durchgeschal-

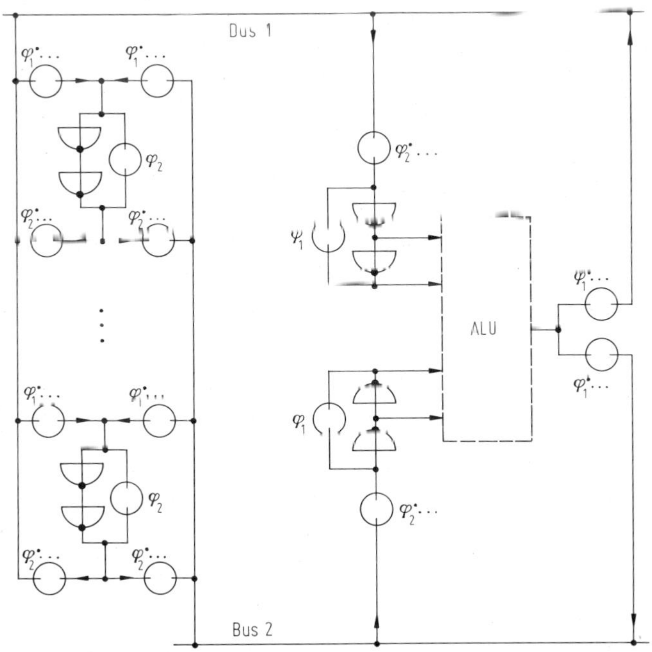

Bild 2-13. Zusammenschaltung eines Dual-port-Speichers mit einer ALU über 2 bidirektionale Busse für eine 1-Bit-Scheibe gemäß strichpunktiert markiertem Ausschnitt aus Bild 3-6 (die Punkte hinter den φ_1 und φ_2 bedeuten UND-Verknüpfungen mit Steuersignalen; zur Schaltung eines ALU-Gliedes siehe z. B. Bild 1-9).

tete Information in ein Speicher-Latch (Master) übernommen; und mit φ_2 wird der Inhalt eines dieser Latches über einen der Busse in ein Register-Latch (Slave) übertragen und erscheint damit am ALU-Eingang (in MOS-Technik wegen des Vorladens von Bus und ALU in 4 Taktphasen [6]).

2.3 Schaltwerke zur Datenverarbeitung

Wenn Schaltnetze zur Datenverarbeitung und zum Datentransport (1.3), z. B. zur Durchführung arithmetischer Operationen, mit Registern rückgekoppelt zusammengeschaltet werden, entstehen mannigfache Schaltwerke zur Datenverarbeitung (Datenwerke). Die Schaltnetze enthalten die Verarbeitungsfunktionen, und die Register speichern die momentanen Werte der Operanden (den Datenzustand). Die durch das Funktionspaar (6), (7) beschriebene Struktur bildet die Grundlage solcher Datenwerke. Sie reichen von elementaren, nur ein einziges Register umfassenden, bis zu komplexen, zahlreiche Register und Speicher umfassenden Werken.

Zähler. Zähler sind elementare Datenwerke, deren Registerelemente untereinander durch „Zähllogik" verknüpft sind. Im Register steht ein variabler Operand (die zu verändernde Zahl), zu/von dem durch das Schaltnetz ein konstanter Operand (die Zähleinheit) addiert/subtrahiert wird. — Bild 2-14 zeigt eine Schaltung für den einfachsten Fall eines Vorwärtszählers für Dualzahlen (Symbol dieses Zählers siehe Bild 2-15a).

Operationen. Beim Vorwärtszählen wird die Zähleinheit Inkrement und beim Rückwärtszählen Dekrement genannt; Vorwärtszählen und Rückwärtszählen können in einem Zähler vereinigt sein ($A := A + 1$, $A := A - 1$). Zähler — wie überhaupt alle Schaltwerke – werden beim Einschalten in einen bestimmten Zustand versetzt (normiert). Das Normieren erfolgt durch asynchron wirkende Normiersignale, die wie Stromversorgung und Takt zu den „technischen" Signalen zählen und deren Leitungen in logischen Schaltbildern nicht gezeichnet werden. Auch während des Betriebs kann ein Zähler auf bestimmte Werte gestellt werden ($A := X$). Wird der Zählmodus nicht geändert, so kehrt der Zähler nach n Schritten wieder in seinen Ausgangszustand zurück; er arbeitet modulo n.
Auf der Registertransfer-Ebene wird die in Bild 2-15 dargestellte Symbolik benutzt.

Shiftregister. Shiftregister, auch als Schieberegister bezeichnet, sind elementare Datenwerke, deren Registerelemente untereinander durch „Shiftlogik" verbunden sind. Der im Register stehende Bitvektor kann durch das Schaltnetz um eine Position nach links oder nach rechts geschoben werden. — Bild 2-16 zeigt eine Schaltung für den einfachsten Fall eines Linksshiftregisters (Symbol dieses Shiftregisters siehe Bild 2-17a).

Operationen. Beim arithmetischen Linksshift um eine Stelle wird in die Registerstelle rechts außen eine Null nachgezogen; dies entspricht der Multiplikation mit 2 bei „Abschneiden" des Überlaufs, wenn das im Register stehende 0/1-Muster als Dualzahl in 2-Komplement-Darstellung aufgefaßt wird ($A := A \cdot 2$). Beim arithmetischen Rechtsshift behält die Registerstelle links außen ihren Wert bei; dies entspricht der Division durch 2 mit „Abschneiden" des Rests ($A := A/2$).

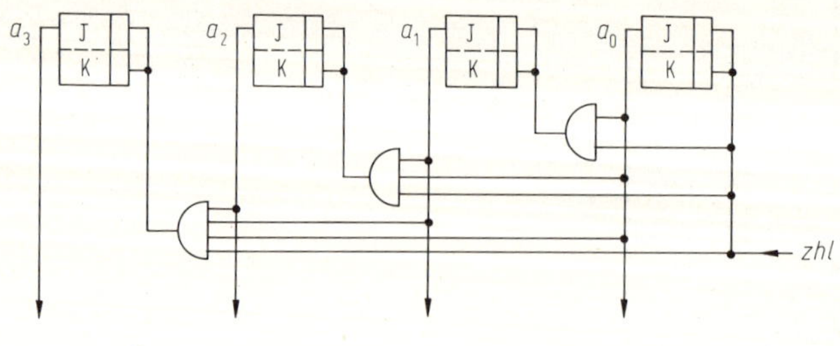

Bild 2-14. Schaltbild des Zählers Bild 2-15a (Steuergröße $zhl = 1$: Zählen; $zhl = 0$: nicht Zählen, d. h. Speichern).

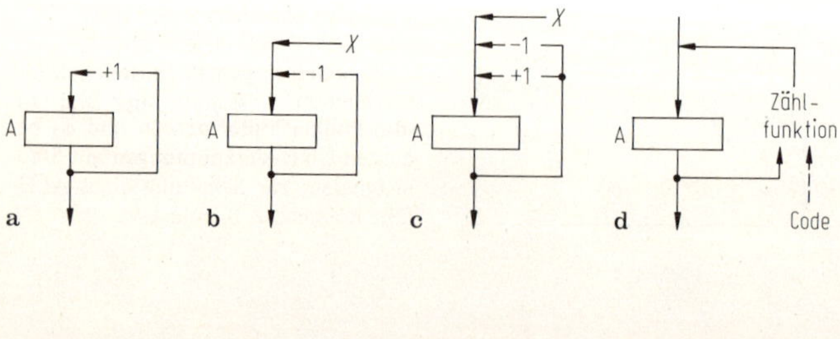

Bild 2-15. Symbolische Darstellungen von Zählern. **a** Vorwärtszähler; **b** Rückwärtszähler mit Stelleingang; **c** Vor-/Rückwärtszähler mit Stelleingang; **d** Zähler mit offener Funktion.

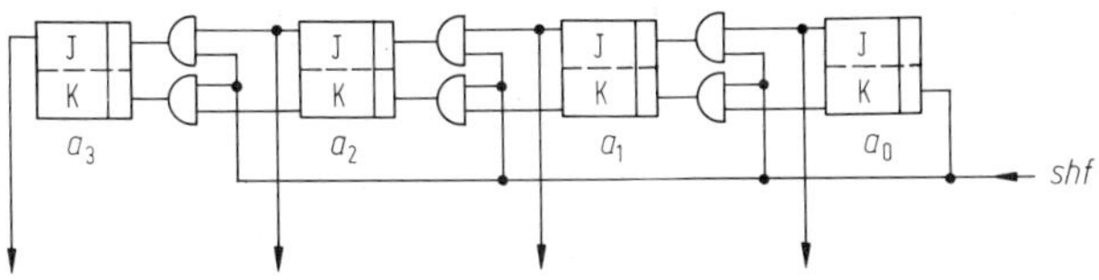

Bild 2-16. Schaltbild des Shiftregisters Bild 2-17a (Steuergröße $shf = 1$: Shiften; $shf = 0$: nicht Shiften, d. h. Speichern).

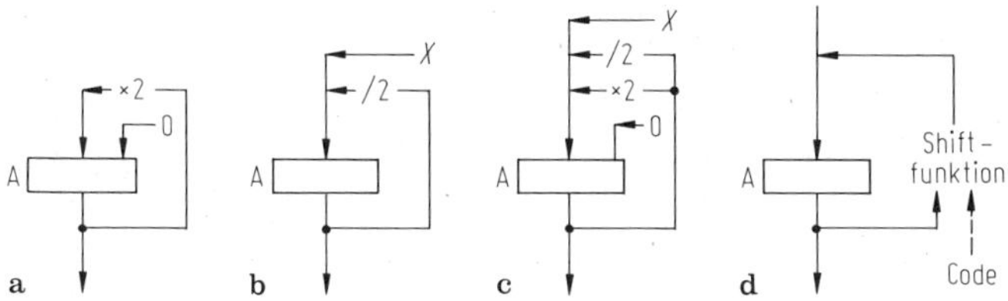

Bild 2-17. Symbolische Darstellungen für Shiftregister. **a** Linksshiftregister; **b** Rechtsshiftregister mit Paralleleingang; **c** Links-/Rechtsshiftregister mit Paralleleingang; **d** Shiftregister mit offener Funktion.

Beim Rundshift sind die beiden äußeren Registerstellen gekoppelt, so daß beim Linksrundshift um eine Stelle in die Registerstelle rechts außen der Inhalt der Registerstelle links außen und beim Rechtsrundshift in die Registerstelle links außen der Inhalt der Registerstelle rechts außen hineingeschoben wird ($A :=$ linksrund A bzw. $A :=$ rechtsrund A).

Werden Rundshiftregister der Länge n Bit mit nur einer 1 initialisiert, so können sie zum Zählen modulo n benutzt werden (Ringzähler). Auch andere als die beschriebenen Möglichkeiten können für die Ansteuerung der äußersten rechten oder linken Stelle vorgesehen werden; so kann z. B. die Rückführung beim Rundshift negiert erfolgen (siehe Bild G 26-34a), dann entsteht ein Zähler modulo $2n$ (Möbiusringzähler).

Mehrere Shiftregister können untereinander über Serienein- und -ausgänge verbunden werden. Besitzen sie darüber hinaus auch Parallelein- und -ausgänge, so kann parallel in seriell dargestellte Information umgeformt werden und umgekehrt.

Auf der Registertransfer-Ebene wird die in Bild 2-17 dargestellte Symbolik benutzt.

Akkumulatorregister, Rechenwerke. Akkumulatorregister und Rechenwerke sind elementare bis komplexe Datenwerke, deren Register-/Speicherelemente über eine arithmetisch-logische Einheit (ALU) verbunden sind. Zu einer im Register stehenden Zahl können mit der ALU z. B. laufend weitere Zahlen addiert werden; man sagt, die Zahlen werden akkumuliert. – Bild 2-18 zeigt eine Schaltung für den einfachen Fall einer Kette aus Volladdierern (VA) als „ALU" (Symbol dieses Akkumulatorregisters siehe Bild 2-19a).

Operationen. Bei den arithmetischen Operationen wird das im Register stehende 0/1-Muster als Dualzahl interpretiert und je nach Operation allein oder mit einer weiteren Dualzahl „verknüpft". An Operationen sind i. allg. vorgesehen: Inkrementierung ($A := A + 1$), Dekrementierung ($A := A - 1$), Komplementbildung ($A := -A$), Linksshift ($A := A \cdot 2$), Rechtsshift ($A := A/2$), Addition ($A := A + X$), Subtraktion ($A := A - X$). Dabei wird das Zwischenergebnis Y der jeweiligen Operation getestet: i. allg. auf „zero" ($z = (Y = 0)$), auf „negative" ($n = Y\langle n-1\rangle$), auf „carry" (c Übertrag), auf „overflow" (v Überschreitung des Zahlenbereichs bei 2-Komplement-Zahlen).

Bei den booleschen Operationen wird das im Register stehende 0/1-Muster als Bitvektor aufgefaßt. In der ALU sind entweder alle Operationen, die mit zwei booleschen Variablen möglich sind, oder eine bestimmte Auswahl aus diesen vorgesehen: Löschen ($A := 0$), Negation ($A :=$ NOT A), Transport ($A := X$), Konjunktion ($A := A$ AND X), Dis-

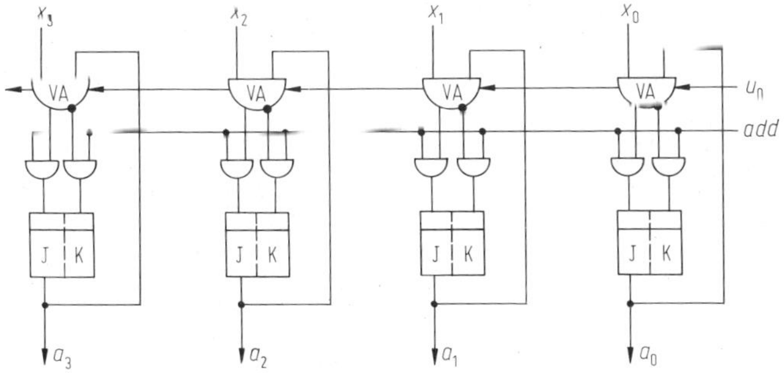

Bild 2-18. Schaltbild des Akkumulatorregisters Bild 2-19a (Steuergröße $add = 1$: Addieren; $add = 0$: nicht Addieren, d. h. Speichern).

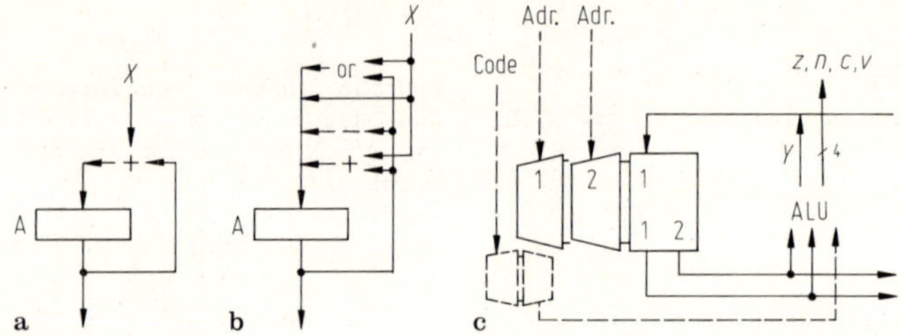

Bild 2-19. Symbolische Darstellungen für Akkumulatorregister und Rechenwerke. **a** Addierwerk; **b** Rechenwerk mit spezieller Funktion; **c** Rechenwerk mit universeller Funktion (siehe z. B. Bild 1-11).

junktion ($A := A$ OR X), Antivalenz ($A := A$ XOR X).

Auf der Registertransfer-Ebene wird die in Bild 2-19 dargestellte Symbolik benutzt.

2.4 Schaltwerke zur Programmsteuerung und zur programmgesteuerten Datenverarbeitung

Wenn Schaltnetze zur Datencodierung/-decodierung und -speicherung (1.4), z. B. zur Speicherung feststehender Steuerungsfunktionen, mit Registern rückgekoppelt zusammengeschaltet werden, entstehen Schaltwerke zur Programmsteuerung (Programmwerke). Die Schaltnetze enthalten die Steuerprogramme, und die Register speichern deren momentanen Ausführungsstand (Programmzustand). Die durch das Funktionspaar (6), (8) beschriebene Struktur bildet die Grundlage für solche Schaltwerke. Sie reichen von elementaren, nur mit 0/1-Mustern programmierbaren bis zu komplexen, mit einem umfangreichen Befehlsvorrat programmierbaren Werken.

Zusammengeschaltet mit den in 2.3 behandelten Datenwerken entstehen Werke zur programmgesteuerten Datenverarbeitung (siehe auch Bild 2-1).

PLA-Steuerwerke. PLA-Steuerwerke sind elementare Programmwerke, bei denen der Programmspeicher als „programmable logical array" (PLA) ausgeführt und über ein Register rückgekoppelt ist (Bild 2-20a). Typisch ist das gleichzeitig mögliche (parallele) Abfragen der Eingangssignale, so daß Mehrfachverzweigungen unmittelbar programmierbar sind. Technisch gesehen eignen sich PLA-Steuerwerke dann als Programmwerke, wenn die Anzahl der Ein-/Ausgänge und die Kapazität des PLA frei wählbar sind, wie z. B. innerhalb eines hochintegrierten digitalen Systems, etwa eines Mikroprozessors. Bei der Programmierung des Steuerspeichers geht man unmittelbar von einer die Gleichzeitigkeit von Abfragen und Anweisungen betonenden Darstellung des Steuerungsalgorithmus aus, z. B. einem *Zustandsgraphen* (Bild 2-21a als Beispiel).

Anstelle der „regular logic" des PLA (Bild 2-20c als Ausschnitt aus Bild 2-21b) können auch andere Schaltnetzformen verwendet werden, z. B. „random logic" in der Form von Gatternetzen. Dann ist das Programm in der Schaltnetzstruktur versteckt, und man spricht von fest verdrahteten Steuerwerken (Bild 2-20d als Alternative zu Bild 2-21b).

ROM-Steuerwerke. ROM-Steuerwerke sind komplexe Programmwerke, bei denen der Programmspeicher als „read-only memory" (ROM) ausgebildet ist und vielfach mit einem Zähler (sequencer) adressiert wird (Bild 2-20b). Typisch ist die nur nacheinander mögliche (serielle) Auswertung der

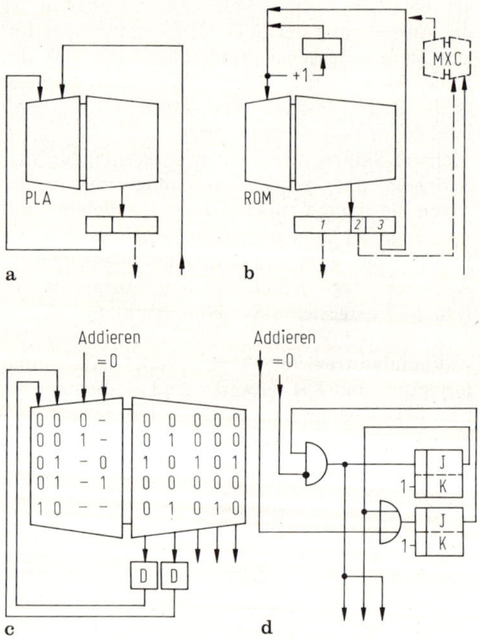

Bild 2-20. Programmwerke. **a** PLA-Steuerwerk; **b** ROM-Steuerwerk (*1* Operationen, *2* Code und *3* Adresse für Programmverzweigungen; MXC Multiplexer Control, steuert die Datenwege im Steuerwerk); **c** Beispiel für ein PLA-Steuerwerk; **d** Beispiel für ein Gatter-Steuerwerk (die Gatter und Flipflops können diskret aufgebaut oder innerhalb eines PAL integriert sein).

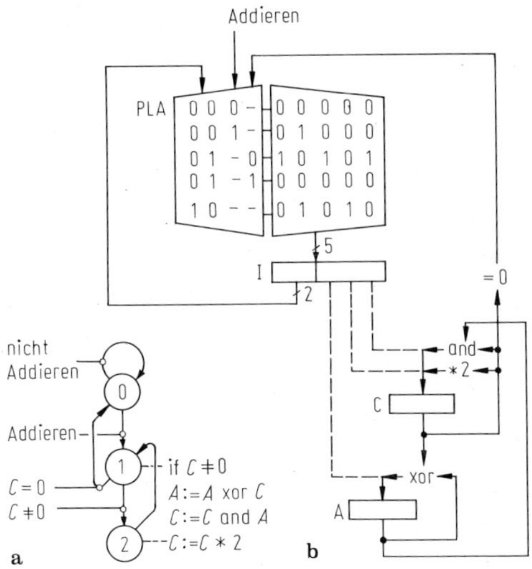

Bild 2-21. Carry-save-Addition von zwei Dualzahlen, **a** als Zustandsgraph dargestellt, **b** als „Spezialrechner“ konstruiert, Initialisierung von I mit [00 000].

Eingangssignale, so daß nur Einfachverzweigungen unmittelbar programmierbar sind. ROM-Steuerwerke werden vorteilhaft dann als Programmwerke eingesetzt, wenn die Modifizierbarkeit der Steuerprogramme im Vordergrund steht, z. B. um Fehler im Programm korrigieren oder es an geänderte Anforderungen anpassen zu können. Die Programmierung des Steuerspeichers erfolgt in ähnlicher Weise wie bei einem Digitalrechner, d. h., man geht von einer die zeitliche Abfolge von Abfragen und Anweisungen betonenden Darstellung des Steuerungsalgorithmus aus, z. B. einem *Flußdiagramm* (Bild 2-22a als Beispiel).
Anstelle von Festwertspeichern (wie in Bild 2-22b) können auch andere Speicher eingesetzt werden, z. B. Schreib-/Lesespeicher. Dann lassen sich Programme während des Betriebs nachladen oder auswechseln, und man spricht von dynamisch programmierbaren Steuerwerken (z. B. bei Austausch des ROM durch ein RAM in Bild 2-22b).

Beispiele programmgesteuerter Datenverarbeitungswerke

Die Bilder 2-21 und 2-22 zeigen zwei Zusammenschaltungen von Programm- und Datenwerken (vgl. Bild 2-1) als speziell auf die Aufgabenstellung zugeschnittener (konstruierter) Rechner bzw. als universell für verschiedene Aufgaben verwendbarer (programmierter) Rechner [7]. Es handelt sich dabei um „Maschinen“ für die Berechnung der Summe von in zwei Registern A und C gespeicherten Dualzahlen nach einem Algorithmus, der von Burks, Goldstine und von Neumann für die Addition in ihrem Universalrechner der ersten Generation vorgesehen war und der in verallgemeinerter Form heute bei der Verwirklichung von Multiplikationsalgorithmen angewendet wird, siehe z. B. [1]. Dieser — weil die Überträge in allen Stellen gleichzeitig gebildet und für den jeweils nächsten Schritt gerettet werden — Carry-save-Addition genannte Algorithmus tritt hier in zwei charakteristischen Darstellungen auf.

Horizontale Darstellung. In Bild 2-21a ist der Algorithmus als „horizontales Programm“ in der Form eines Zustandsgraphen wiedergegeben. Das Attribut „horizontal“ soll darauf hinweisen, daß — wenn immer möglich — die Operationen „nebeneinander“, d. h. parallel, ausgeführt werden. Zum Beispiel wird im Zustand 1 (siehe Graph) der Operand C auf Null abgefragt, und bei $C = 0$ werden gleichzeitig die beiden Operationen $A := A$ XOR C (XOR für alle Stellen) und $C := C$ AND A (AND für alle Stellen) ausgeführt und nach Zustand 2 verzweigt.
Im Programmwerk in Bild 2-21b findet sich dieser Programmausschnitt in der 3. Zeile des PLA in binär codierter Form wieder. Wenn dieser „Befehl“ im Register I (instruction register) steht, so wird damit der Zustand [10] = 2 als Folgezustand festgelegt und gleichzeitig mit [101] im Datenwerk die parallele Ausführung der beiden oben genannten Operationen veranlaßt. Die Bedingung $C = 0$ wird

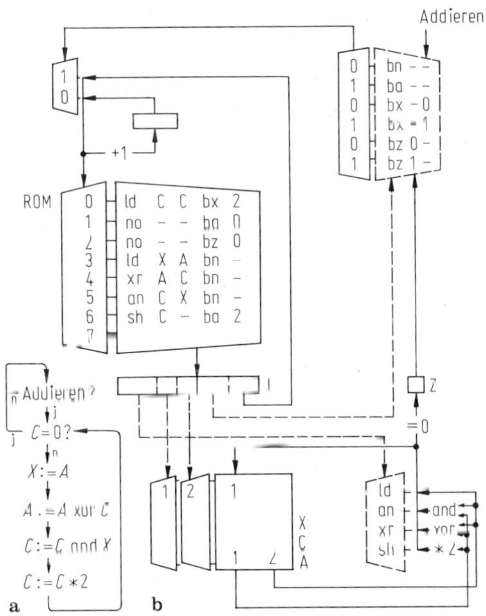

Bild 2-22. Carry-save-Addition von zwei Dualzahlen, **a** als Flußdiagramm dargestellt, **b** mit „Universalrechner“ programmiert, Codes: ld — load, no — no operation, xr — exclusive or, an — and, sh — shift, bn — branch never, ba — branch always, bx — branch if external, bz — branch if zero, Initialisierung von I mit „no– – ba 0“.

im Datenwerk in jedem Schritt ermittelt und steht so dem Programmwerk dauernd zur Auswertung zur Verfügung. Die Bedingung *Addieren* hingegen kommt von außen; würde der Additionsalgorithmus in einem elektronischen Taschenrechner verwendet, so entspräche ihre Erfüllung dem Drükken der Additionstaste.
Schaltungsdetails folgen den früher behandelten Prinzipien (siehe z. B. Bild 1-16 für das PLA-Steuerwerk).

Vertikale Darstellung. In Bild 2-22 a ist der Algorithmus als „vertikales Programm" in der Form eines Flußdiagramms dargestellt. Das Attribut „vertikal" soll darauf hinweisen, daß die Operationen — so gut wie immer — nacheinander, d. h. seriell, ausgeführt werden. Zum Beispiel wird in Schritt 2 (siehe Diagramm) der Operand C auf Null abgefragt, und bei $C = 0$ wird Schritt 3 ausgeführt. Dort und in den Schritten 4 und 5 werden nacheinander die drei Operationen $X := A$, $A := A$ XOR C und $C := C$ AND X ausgeführt.
Im Programmwerk in Bild 2-22 b findet man diesen Programmausschnitt unter den Adressen 2 bis 5 des ROM wieder. Wenn z. B. der Befehl Nr. 2 in I steht, so wird mit „no" im Datenwerk keine Operation veranlaßt, mit „bz 0" wird jedoch das Z-Bit abgefragt (zuvor mit „ld C C" oder „sh C" beeinflußt). Bei $Z = 0$ wird bei Adresse 3 fortgefahren, und die drei oben genannten Operationen werden seriell ausgeführt. Auch hier wird die Abfrage auf 0 im Datenwerk dauernd ermittelt; die Bedingung *Addieren* kommt wieder von außen.
Wegen seines Befehlsformates, das in jedem Befehl eine Ausnahmeadresse anzugeben gestattet, ist diese Art von Rechner insbesondere für die Mikroprogrammierung von Universalrechnern geeignet (vgl. z. B. das Mikrobefehlsregister in Bild 3-5).

Hardware-/Software-Programme. Sowohl das horizontale als auch das vertikale Programm in den Bildern enthalten einen operativen Anteil, die Datenanweisungen, und einen steuernden Anteil, die Programmverzweigungen, die in den Programmen nicht modular getrennt in Erscheinung treten, sondern ineinander verwoben sind. Mit der Abstraktion von diesen beiden Teilwerken eines programmgesteuerten Datenverarbeitungswerkes wird die Registertransfer-Ebene verlassen und die Ebene der Beschreibungsformen algorithmischer Programmiersprachen erreicht. Die Art der Realisierung des Algorithmus, ob als Schaltung (Hardware) oder als Programm (Software) tritt in den Hintergrund. Hardware- und Software-Beschreibung des Algorithmus unterscheiden sich nur durch mehr oder weniger Parallelität, z. B. in (1) als Hardware-Programm und in (2) als Software-Programm durch die unterschiedliche Verwendung von Kommas und Semikolons.

```
(1) do                                        Zustände im PLA:
      if Addieren,
      then while C≠0;                                        0
              do A:=A xor C, C:=C and A;                     1
                 C:=C*2 end;                                 2

(2) do                                        Befehle im ROM:
      if Addieren;
      then while C≠0;                                    0, 1, 2
              do X:=A;                                       3
                 A:=A xor C;                                 4
                 C:=C and X;                                 5
                 C:=C*2 end;                                 6
```

Auf diese Weise kann man für technisch-mathematische Probleme spezielle Rechner konstruieren oder diese auf universellen Rechnern programmieren. „Eingekapselt" unterscheiden sie sich nur durch ihre Geschwindigkeit bei der Bearbeitung des Problems. Komplexere als in diesem Beispiel behandelte Probleme enthalten anstelle solcher elementarer (logischer) komplexere (arithmetische) Operationen, so daß ihre Beschreibungen mehr den üblichen Rechenprogrammen technisch-wissenschaftlicher Anwendungen ähneln. Die Konstruktion solcher Spezialrechner erfolgt in Zukunft evtl. von ihrer algorithmischen Beschreibung ausgehend über sog. Silicon-Compiler, ähnlich wie heute ihre Programmierung auf einem Universalrechner z. B. von einem Pascal-Programm ausgehend über einen Pascal-Compiler läuft.
Praktisch relevante Aufgabenstellungen, wie z. B. der Bau eines Spezialrechners für die Schnelle Fourier-Transformation oder der Bau eines Universalrechners zur Programmierung aller möglichen Anwendungsfälle, unterscheiden sich von diesem Beispiel hauptsächlich durch eine drastische Steigerung der Komplexität.

3 Prozessoraufbau

Bei elementaren programmgesteuerten Datenverarbeitungswerken ist die funktionale Aufteilung in ein Programm- und ein Datenwerk auch gerätetechnisch sichtbar (siehe z. B. Bild 2-22 b, oberer bzw. unterer Teil). Bei komplexen Werken hingegen läßt sich diese Aufteilung nur gedanklich durchführen (z. B. bereits dann, wenn Programme und Daten in ein und demselben Speicher untergebracht sind). Eine andere sichtbare Aufteilung ist jedoch immer möglich: und zwar in einen Teil für die Programm- und Daten*verarbeitung* (Prozessor) und einen Teil für die Programm- und Daten*speicherung* (Speicher im weitesten Sinn). Damit verbunden ist bei komplexeren Werken der begriffliche Übergang von Datenverarbeitungswerken zu Datenverarbeitungsanlagen, kurz Rechenanlagen (Tabelle 3-1).

Tabelle 3-1. Aufteilung einer Rechenanlage (funktional in Programm- und Datenwerk gegliedert; physisch in Prozessor und Speicher gegliedert)

Rechenanlage, besteht aus	Prozessor, zuständig für	Speicher, zuständig für
Programmwerk, zuständig für	Programm-verarbeitung	Programm-speicherung
Datenwerk, zuständig für	Daten-verarbeitung	Daten-speicherung

Modulare Strukturierung. Mit der Erhöhung der Komplexität einer programmierbaren Rechenanlage geht einher die Entstehung (1.) einer „logischen", programm-hierarchischen Gliederung in *Ebenen* zunehmender Abstraktion: Mikroprogrammierung als elementare Ebene (entspricht in etwa der Registertransfer-Ebene aus 2); Maschinenprogrammierung; Assemblerprogrammierung; Programmierung in algorithmischen Sprachen; (2.) einer „physischen", datenhierarchischen Gliederung in *Moduln* zweckgebundener Funktion: Prozessor mit Arbeitsregistern (entspricht in etwa dem programmgesteuerten Datenverarbeitungswerk aus 2); Hauptspeicher; Hintergrundspeicher; Ein-/Ausgabegeräte. Bild 3-1 zeigt eine so gegliederte Rechenanlage, deren Komponenten durch einen Bus als universelles Kommunikationsmittel verbunden sind. Ein z. B. über die Tastatur eingegebenes Programm wird zunächst vorbereitend ausgeführt, indem es (über die logischen Ebenen) in ein Maschinenprogramm übersetzt wird (Compilierung, Assemblierung); dabei gelangt es (über die physischen Moduln) in den Hauptspeicher M der Rechenanlage. Die eigentliche Ausführung des Programms erfolgt dadurch, daß es auf der Mikroprogrammebene durch den Prozessor P der Rechenanlage interpretiert wird (run time). Dieser liest die einzelnen Maschinenbefehle aus M, transportiert die Eingabedaten (über die physischen Moduln) nach M, verarbeitet sie und transportiert sie als Ausgabedaten (über die physischen Moduln) zurück. Dazu bedient er sich für jeden Befehl eines in seinem Steuerspeicher stehenden Mikroprogramms, dessen Mikrobefehle als Registeroperationen in der Prozessor-Hardware ablaufen.

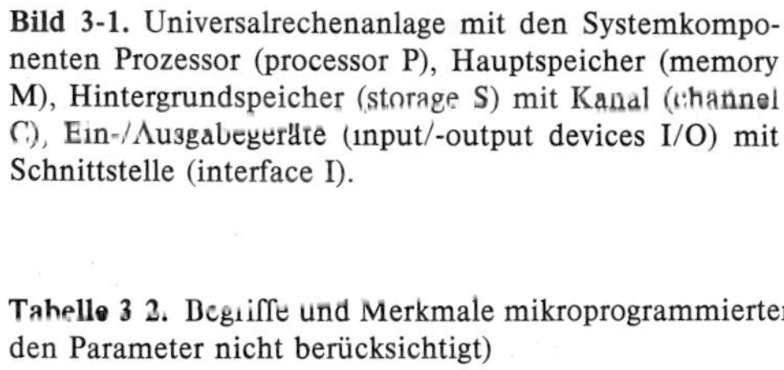

Bild 3-1. Universalrechenanlage mit den Systemkomponenten Prozessor (processor P), Hauptspeicher (memory M), Hintergrundspeicher (storage S) mit Kanal (channel C), Ein-/Ausgabegeräte (input/-output devices I/O) mit Schnittstelle (interface I).

3.1 Mikroprogrammierung und Prozessorstruktur

Zum „Bau" eines Prozessors gibt es — ausgehend von seinem Zweck, d. h. seinem Erscheinungsbild aus der Sicht des Anwenders (seiner *Architektur*) — drei grundsätzliche Möglichkeiten, die sich in einer Reihe von Merkmalen unterscheiden (Tabelle 3-2) und durch folgende Stichworte charakterisiert werden können:

Horizontale Mikroprogrammierung. Die dem Prozessor zugrundeliegende Struktur ist für seine Architektur maßgeschneidert, so daß sie sich für keine andere Architektur eignet (Mikroprogrammierung = Rechnerkonstruktion: einen Rechner strukturieren). Die Mikrobefehle des Prozessor umfassen viele Mikrooperationen; sie erscheinen im Steuerspeicher (PLA) des Prozessors „mehr neben- als untereinander" (horizontale Mikroprogrammierung, als elementares Beispiel vgl. das Additionswerk Bild 2-21).

Vertikale Mikroprogrammierung. Die dem Prozessor zugrundeliegende Struktur ist an seine

Tabelle 3-2. Begriffe und Merkmale mikroprogrammierter Prozessoren (die Kosten sind wegen zu vieler sie beeinflussenden Parameter nicht berücksichtigt)

	Prozessor-konstruktion	Prozessor-emulation	Prozessor-simulation
Prozessoraufbau durch	Hardware-Engineering	Firmware-Engineering	Software-Engineering
Prozessorstruktur	„maßgeschneidert"	„angepaßt"	„von der Stange"
Mikroprogrammierung	„horizontal"	„vertikal"	„extrem vertikal"
ein Befehl als Beispiel	vgl. Bild 2-21	vgl. Bild 2-22	vgl. Bild 3-8
Prozessoreigenschaften	sehr schnell, unflexibel	schnell, flexibel	langsam, sehr flexibel
beim Entwurf dominierend	Strukturierung	Strukturierung und Programmierung	Programmierung

Architektur angepaßt, so daß sie sich speziell für die Mikroprogrammierung von Rechnern eignet (Mikroprogrammierung = Rechneremulation: es einem Rechner gleichtun). Die Mikrobefehle des Prozessor umfassen weniger Mikrooperationen; sie erscheinen im Steuerspeicher (ROM) des Prozessors „mehr unter- als nebeneinander" (vertikale Mikroprogrammierung, als elementares Beispiel vgl. das Additionswerk Bild 2-22).

Rechnersimulation. Die dem Prozessor zugrundeliegende Struktur ist von seiner Architektur unabhängig, da für seine Mikroprogrammierung ein gewöhnlicher Universalrechner dient (Mikroprogrammierung = Rechnersimulation: einen Rechner nachahmen). Die Befehle seines Mikroprogramms sind gewöhnliche Maschinenbefehle; sie stehen im Arbeitsspeicher (RAM) des Rechners „alle untereinander" (extrem vertikale Mikroprogrammierung, gleichzusetzen mit Maschinenprogrammierung; als einfaches Beispiel vgl. das Additionsprogramm in Bild 3-8).

Beim Prozessorbau handelt es sich also sowohl um Strukturierung als auch um Programmierung, und dementsprechend sind — insbesondere bei vertikaler Mikroprogrammierung — sowohl die Prinzipien des Hardware-Entwurfs (hardware engineering) als auch des Software-Entwurfs (software engineering) gleich wichtig. Um dies zu verdeutlichen, hat sich der Begriff Firmware-Entwurf (firmware engineering) herausgebildet und als ökonomisch-technischer Kompromiß zwischen Mikroprogrammierung und Prozessorstrukturierung Bedeutung erlangt.

Mikrodatenwerk

Bild 3-2 zeigt ein Mikrodatenwerk, das aus Bild 2-19c entstanden ist, und zwar durch Hinzufügen von Schaltungen zur Steigerung der Effizienz der Mikroprogrammierung von Universalrechnern. Die Schaltungen ermöglichen mehr Parallelität an Mikrooperationen, wodurch die ursprünglich „sehr vertikale" Mikroprogrammierung des Datenwerks „etwas horizontaler" wird: so kann z. B. parallel zu einer ALU-Operation mit dem Registerspeicher R eine Shiftoperation mit dem Shiftregister SH durchgeführt werden. Das Multiplikationsschaltnetz MUL ist bei Rechnern geringerer Leistungsfähigkeit nicht vorhanden (vgl. Bild 3-4); die Multiplikation wird mit Addition und Shift mikroprogrammiert. Bei Rechnern höherer Leistungsfähigkeit ist es vorhanden (vgl. Bild 3-5); die Multiplikation wird in einem einzigen Schritt ausgeführt.
Der Befehlszähler PC (program counter) und das Befehlsregister IR (instruction register) sind nicht — wie es prinzipiell möglich wäre — Teil des Registerspeichers, sondern eigenständige Registerwerke; dadurch kann parallel zu anderen Operationen der PC erhöht oder IR ausgewertet werden.
Die Zwischenspeicherung der Bedingungsbits Z (zero), N (negative), C (carry) und V (overflow) als Condition-Code CC im Statusregister SR hat die Aufteilung eines bedingten Sprungbefehls in einen Compare- und einen Branch-Befehl zur Folge (siehe 3.2).

Befehlspuffer. Vielfach enthalten Mikrodatenwerke anstelle des Befehlsregisters einen sog. FIFO-Speicher (kurz FIFO), der mehrere Befehle speichern kann (in Bild 3-2 nicht dargestellt, siehe aber Bild 3-6). Mit FIFO (first in first out) bezeichnet man einen Zugriffsalgorithmus, bei dem das jeweils als erstes in den Speicher eingegebene Wort am Speicherausgang auch als erstes wieder verfügbar ist. Man kann sich einen solchen Speicher als Schlange (queue) vorstellen, ähnlich einer Menschenschlange, oder als Röhre (pipe), die hinten (entspricht dem Speichereingang) gefüllt und vorn (entspricht dem Speicherausgang) geleert wird. Mit Speichern dieser Zugriffsart ist es möglich, Information — hier die zur Ausführung bestimmten Befehlswörter — in derselben Reihenfolge zu puffern, in der sie später weiterverarbeitet werden sollen.

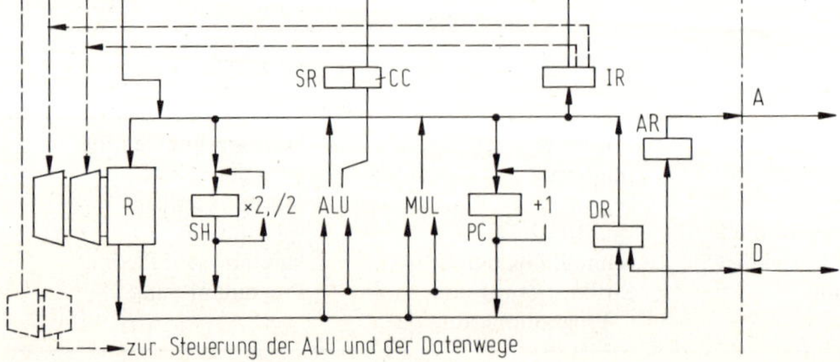

Bild 3-2. Struktur des Datenwerks eines Prozessors (Mikrodatenwerk) mit prozessorexternem Adreßbus A und Datenbus D (Varianten siehe Bilder 3-4, 3-5, 3-6); AR Adreßregister, DR Datenregister, μIR Mikrobefehlsregister (empfängt die Mikrobefehle vom Mikroprogrammwerk).

Mikroprogrammwerk

Bild 3-3 zeigt ein Mikroprogrammwerk, das aus Bild 2-20b entstanden ist, und zwar durch Hinzufügen von Schaltungen zur Aufwandsreduzierung (z. B. Reduzierung der Speicherchipfläche) und zur Geschwindigkeitssteigerung (z. B. Mikroprogrammierung von Mehrfachverzweigungen).

Zur Aufwandsreduzierung werden die Mikrobefehlswörter im Mikroprogrammspeicher ROM *1* teilweise oder ganz durch Dualzahlen codiert und in dem nachgeschalteten, vielfach Nanoprogrammspeicher genannten ROM/PLA *2* wieder decodiert. Die Dualzahlen stellen dann „Zeiger" dar, die auf die eigentlichen, für das Datenwerk bestimmten und uncodiert gespeicherten Mikrobefehlswörter im Nanoprogrammspeicher verweisen.

Zur Geschwindigkeitssteigerung werden die im Mikrodatenwerk zur Mikroprogrammverzweigung erzeugten Bitvektoren umgesetzt, und zwar in Startadressen für bestimmte, in sich abgeschlossene Teile des im Mikroprogrammspeicher stehenden Mikroprogramms. Deshalb wird dieses dem Mikroprogrammspeicher vorgeschaltete ROM/PLA *3* vielfach als Startadressenspeicher bezeichnet. Auch hier können die Startadressen als „Zeiger" angesehen werden, die auf bestimmte Mikrobefehle im Mikroprogrammspeicher verweisen.

In beiden Fällen handelt es sich — programmierungstechnisch gesprochen — um die indirekte Adressierung: im ersten Fall von Steuerwerks-Ausgangssignalen, im zweiten Fall von Steuerwerks-Eingangssignalen.

Rücksprungadressenspeicher. Vielfach enthalten Mikroprogrammwerke zusätzlich zum Mikrobefehlszähler einen sog. LIFO-Speicher (kurz LIFO), der mehrere Mikrobefehlszählerstände speichern kann (in Bild 3-3 nicht gezeichnet, siehe aber Bilder 3-4 und 3-5). Mit LIFO (last in first out) bezeichnet man einen Zugriffsalgorithmus, bei dem das jeweils als letztes in den Speicher eingegebene Wort am Speicherausgang als erstes wieder verfügbar ist. Man kann sich einen solchen Speicher als Stapel (stack) vorstellen, ähnlich einem Tellerstapel, oder als Keller (cellar), der oben (entspricht dem Speichereingang) gefüllt und auch oben (entspricht dem Speicherausgang) geleert wird. Mit Speichern dieser Zugriffsart ist es möglich, Information — hier die beim Untermikroprogrammaufruf geretteten Mikrobefehlszählerstände — in einer Reihenfolge aufzubewahren, die beim Rücksprung umgekehrt durchlaufen werden soll.

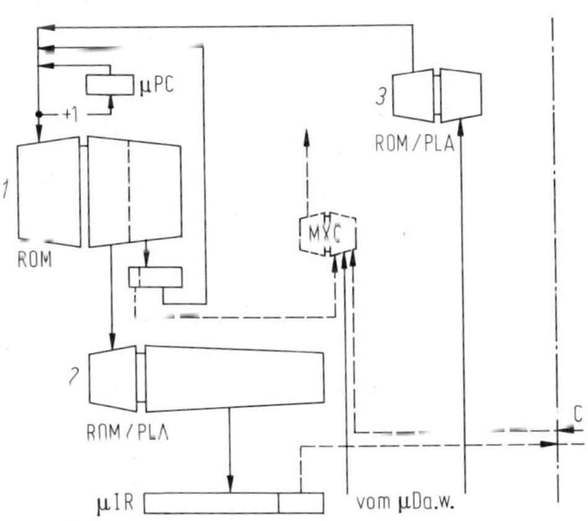

Bild 3-3. Struktur des Programmwerks eines Prozessors (Mikroprogrammwerk) mit prozessorexternem Steuerbus C (Varianten siehe Bilder 3-4, 3-5, 3-6); µPC Mikroprogrammzähler, µIR Mikrobefehlsregister (sendet die Mikrobefehle zum Mikrodatenwerk).

3.2 Befehlsformate, Befehlsvorrat

Zur Mikroprogrammierung geeignete Prozessoren, wie z. B. die in 3.3 kurz behandelten Bit-slice-Mikroprozessoren, haben i. allg. nur ein einziges Befehlsformat, das zwei oder mehr Operationscodes sowie mehrere Bitfelder umfaßt, und einen Befehlsvorrat, dessen Operationen einfach genug sind, daß sie in einem Schritt ausgeführt werden können (als einfaches Beispiel vgl. Bild 2-22 mit Logik- und Sprung-Operationen, parallel ausgeführt).

Zur Maschinenprogrammierung geeignete Prozessoren, wie z. B. die in 3.4 angesprochenen Ein-Chip-Mikroprozessoren, haben hingegen mehrere Befehlsformate, i. allg. nur mit einem einzigen Operationscode, aber mehreren, in ihrer Anzahl wechselnden Adressen (einschließlich ihrer Modifikationsfelder, siehe 5.2). Ihr Befehlsvorrat umfaßt einen umfangreichen Satz einfacher bis komplizierter Befehle, die sich oft über mehrere Speicherwörter ausdehnen und in vielen Schritten ausgeführt werden (als einfaches Beispiel vgl. Bild 3-8 mit arithmetisch-logischen Befehlen und bedingten Sprungbefehlen, seriell ausgeführt).

Befehlsformate

Bei der Maschinenprogrammierung wird vorausgesetzt, daß die Befehle gemäß ihrer Aufschreibungsreihenfolge im Speicher abgelegt sind und vom Befehlszähler in eben dieser Reihenfolge in den Prozessor geholt werden, so daß die Befehlsfolgeadresse (auch als +1-Adresse bezeichnet) nicht — wie bei der Mikroprogrammierung — in jedem Befehlswort angegeben zu werden braucht. Die folgenden, grundlegenden Befehlsformate ermöglichen eine einfache Einteilung von Rechnern gemäß ihrer Adreßanzahl (3-Adreß- bis 0-Adreß-Rechner).

3-Adreß-Befehle. Arithmetisch-logische Befehle enthalten zwei Adressen für die beiden Operanden und eine für das Ergebnis. *Beispiel.* Add-Befehl mit der Wirkung $S := X + Y$:

`ADD X,Y,S` oder `ADD S,X,Y` (1)

Bedingte Sprungbefehle enthalten zwei Adressen für die beiden Vergleichsgrößen und eine Adresse für das Sprungziel. *Beispiel.* Branch-if-equal-Befehl mit der Wirkung if $X = Y$ then goto L:

`BEQ X,Y,L` oder `BEQ L,X,Y` (2)

2-Adreß-Befehle. Bei arithmetisch-logischen Befehlen entfällt die Ergebnisadresse, so daß zur Adressierung des Ergebnisses eine der Operandenadressen mitbenutzt werden muß; d. h., der Inhalt der Speicherzelle für den einen Operanden wird durch das Ergebnis der Operation ersetzt. Sollen die Werte beider Operanden erhalten bleiben, so muß der Operation ein Move- oder Load-Befehl vorangestellt werden; dann ist (1) der folgenden Befehlsfolge äquivalent:

`MOVE X,S` oder `LD S,X` d. h. $S := X$;
`ADD Y,S` `ADD S,Y` $S := S + Y$;

Bei bedingten Sprungbefehlen entfällt die Sprungadresse, so daß Programmverzweigungen mit zwei Befehlen programmiert werden müssen: Ein Compare-Befehl enthält die Adressen der Vergleichsgrößen und speichert die Vergleichsergebnisse als Condition-Code $[Z, N, C, V]$ im Statusregister des Prozessors; die Conditional-branch-Befehle enthalten die Sprungadresse und werten den Condition-Code (der oft auch durch arithmetisch-logische Befehle beeinflußt wird) aus; dann ist (2) der folgenden Befehlsfolge äquivalent:

`CMP X,Y` d. h. $Z := (X - Y = 0)$;
`BEQ L` if Z then goto L;

1-Adreß-Befehle. Bei arithmetisch-logischen Befehlen wie bei bedingten Sprungbefehlen entfällt gegenüber 2-Adreß-Befehlen eine der Operandenadressen, so daß der entsprechende Operand in einem ausgezeichneten Register stehen muß (Akkumulator, AC). Die „Adresse" des AC ist implizit in der Befehlscode-Angabe enthalten; mit Load- und Store-Befehlen wird der Akkumulator geladen bzw. sein Inhalt gespeichert; dann sind (1) und (2) den folgenden Befehlsfolgen äquivalent:

`LDA X` d. h. $AC := X$;
`ADD Y` $AC := AC + Y$;
`STA S` $S := AC$;

`LDA X` d. h. $AC := X$;
`CMP Y` $Z := (AC - Y = 0)$;
`BEQ L` if Z then goto L;

0-Adreß-Befehle. Fehlt in den Befehlen die Angabe von Adressen völlig, so müssen die Operanden zur Verarbeitung immer in denselben Zellen gespeichert vorliegen. Diese Zellen sind z. B. die „obersten" beiden Zellen eines LIFO-Speichers oder -Speicherbereichs (stack). Bei der Durchführung einer Operation wird die oberste Stack-Eintragung (top of stack, TOS) ersetzt durch die Verknüpfung der zweitobersten (TOS_{-1}) mit der obersten Stack-Eintragung (TOS). Die Reihenfolge der Befehle muß dieser Verarbeitungsweise angepaßt werden. Sie entspricht der sog. Postfixnotation, wie sie bei Anwendung bestimmter Übersetzungsverfahren aus der syntaktischen Analyse arithmetischer Ausdrücke entsteht. Zum Füllen und Leeren des Stack (Laden bzw. Speichern von TOS) sind 1-Adreß-Befehle nötig, die mit Push bzw. Pop bezeichnet werden. – *Beispiel.* Der arithmetische Ausdruck $a \cdot b + u \cdot (v + w)$ lautet in Postfixnotation (Operationszeichen *nach* den Operanden) vollständig geklammert bzw. in klammerfreier Form:

$$((a, b) \cdot, (u, (v, w) +) \cdot) +$$
$$ab \cdot uvw + \cdot +$$

Die Reihenfolge der Befehle eines Nulladreßrechners folgt dieser Notation:

`PUSH A` $TOS := A$;
`PUSH B` $TOS := B$;
`MUL` $TOS := TOS_{-1} \cdot TOS$;
`PUSH U` $TOS := U$;
`PUSH V` $TOS := V$;
`PUSH W` $TOS := W$;
`ADD` $TOS := TOS_{-1} + TOS$;
`MUL` $TOS := TOS_{-1} \cdot TOS$;
`ADD` $TOS := TOS_{-1} + TOS$;

Befehlsvorrat

Der Vorrat an Maschinenbefehlen (die Befehlsliste) variiert von Rechner zu Rechner stark. Allen gemeinsam ist ein Repertoire grundlegender Befehle, ohne die selbst kleine Aufgaben nur sehr mühsam und ineffizient zu programmieren wären (obwohl im Prinzip eine Handvoll elementarer Befehle genügen würde, jede Aufgabe zu programmieren; vgl. das Beispiel am Ende dieses Kapitels). Das im folgenden skizzierte Grundrepertoire orientiert sich an den kleineren 16-Bit-Prozessoren der PDP-11-Familie der Digital Equipment Corporation (DEC), wobei die mnemonischen Befehlscodes nicht in allen Fällen mit den von DEC gewählten Abkürzungen übereinstimmen [1].

Arithmetisch-logische Befehle. Zu den *arithmetischen Befehlen* zählen alle Befehle, die ihre Operanden als Dualzahlen (vorzeichenlos, unsigned integer; vorzeichenbehaftet, signed integer) interpretieren:

Increment	`INC X`	$X := X + 1$
Decrement	`DEC X`	$X := X - 1$
Negate	`NEG X`	$X := -X$
Shift Left	`ASL X`	$X := X \cdot 2$
Shift Right	`ASR X`	$X := X/2$ ohne Rest
Add	`ADD X,Y`	$Y := Y + X$
Subtract	`SUB X,Y`	$Y := Y - X$
Multiply	`MUL X,Y`	$(Y, Y+1) := Y \cdot X$
Divide	`DIV X,Y`	$Y := (Y, Y+1)/X$, $Y + 1 :=$ Rest

Zu den *logischen Befehlen* zählen alle Befehle, die ihre Operanden als Bitvektoren interpretieren:

Not	`NOT X`	$X :=$ NOT X
And	`AND X,Y`	$Y := Y$ AND X
Or	`OR X,Y`	$Y := Y$ OR X
Exclusive Or	`XOR X,Y`	$Y := Y$ XOR X

Neben den rein arithmetischen und rein logischen gibt es Befehle, die keiner dieser Gruppen oder beiden zugeordnet werden können:

Clear	`CLR X`	$X := 0$
Rotate Left	`ROL X`	$X :=$ rotate left X
Rotate Right	`ROR X`	$X :=$ rotate right X
Move	`MOVE X,Y`	$Y := X$

Sprungbefehle. Dazu zählen alle Befehle, die den Befehlszähler PC beeinflussen und damit Programmverzweigungen hervorrufen. *Conditional-branch-Befehle* werten die Bedingungsbits des Statusregisters aus, die durch den unmittelbar davor stehenden Befehl beeinflußt werden. Dies geschieht in der Regel durch eigens dafür geschaffene Compare- und Test-Befehle, jedoch auch — gewissermaßen nebenbei — durch arithmetische Befehle. In Verbindung mit einem vorangestellten Compare-Befehl ergeben sich die folgenden Möglichkeiten:

Branch if Greater or Equal	`CMP X,Y` `BGE Label`	if $X \geqq Y$ then goto Label
Branch if Less Than	`CMP X,Y` `BLT Label`	if $X < Y$ then goto Label
Branch if Greater Than	`CMP X,Y` `BGT Label`	if $X > Y$ then goto Label
Branch if Less or Equal	`CMP X,Y` `BLE Label`	if $X \leqq Y$ then goto Label
Branch if Equal	`CMP X,Y` `BEQ Label`	if $X = Y$ then goto Label
Branch if Not Equal	`CMP X,Y` `BNE Label`	if $X \neq Y$ then goto Label

Unconditional-branch- oder *Jump-Befehle* entsprechen den Gotos höherer Programmiersprachen:

Branch Always	`BRA Label`	goto Label
Jump	`JMP Label`	goto Label

Darüber hinaus gibt es Jump-Befehle, die vor der Ausführung der Programmverzweigung den Prozessorstatus teilweise retten (insbesondere den PC), so daß später an die Stelle nach dem Jump-Befehl zurückgesprungen werden kann. Diese Befehle sind paarweise definiert und dienen zum Anschluß von Unterprogrammen (Subroutinen, Prozeduren), d. h. zum Hinsprung ins Unterprogramm und zum Rücksprung ins Hauptprogramm:

Jump to Subroutine	`JSR Name`	call Name
Return from Subroutine	`RET`	return

Systembefehle. Dazu zählen alle Befehle, die die Betriebsart des Rechners beeinflussen (siehe 5.4), wie Statusregister-Befehle, z. B. zum Verändern der Interruptmaske, Trap-Befehle zum Aufrufen von Systemroutinen, Return-Befehle zur Rückkehr von Interrupt- und Trap-Routinen sowie der Befehl

Halt	`HALT`	stop processor operation.

3.3 Prozessorbau mit Prozessorbausteinen

Die Industrie bietet hochintegrierte Bausteinsysteme an, mit denen leistungsfähige Prozessoren konstruiert und aufgebaut werden können, und zwar als Spezialrechner (z. B. Signalprozessoren zur Durchführung der Schnellen Fourier-Transformation oder Sortierprozessoren zum Durchsuchen großer Datenbestände) sowie für Universalrechner (z. B. 4-, 8-, 16-, 32-Bit-Prozessoren wachsender Komplexität und Leistungsfähigkeit). Dem Applikationsingenieur als Rechneranwender wie dem Entwicklungsingenieur beim Rechnerhersteller eröffnen diese Bausteinsysteme durch ihre hohe Flexibilität die Möglichkeit, z. B. kleinere Entwurfsfehler ohne Änderung der Prozessorstruktur allein durch Änderung des Programms bzw. Mikroprogramms zu bereinigen oder auf wechselnde Kundenwünsche oder Marktanforderungen schnell durch Modellmodifikationen bzw. Nachfolgemodelle zu reagieren.

Seit etwa 1980 setzt die Fa. Advanced Micro Devices (AMD) den Industriestandard mit ihren hochintegrierten Slice- und Modul-Mikroprozessorsystemen Am2900 [2, 3] bzw. Am29300 [4], deren Anwendung durch den im folgenden skizzierten Aufbau eines 16-Bit- und eines 32-Bit-Prozessors

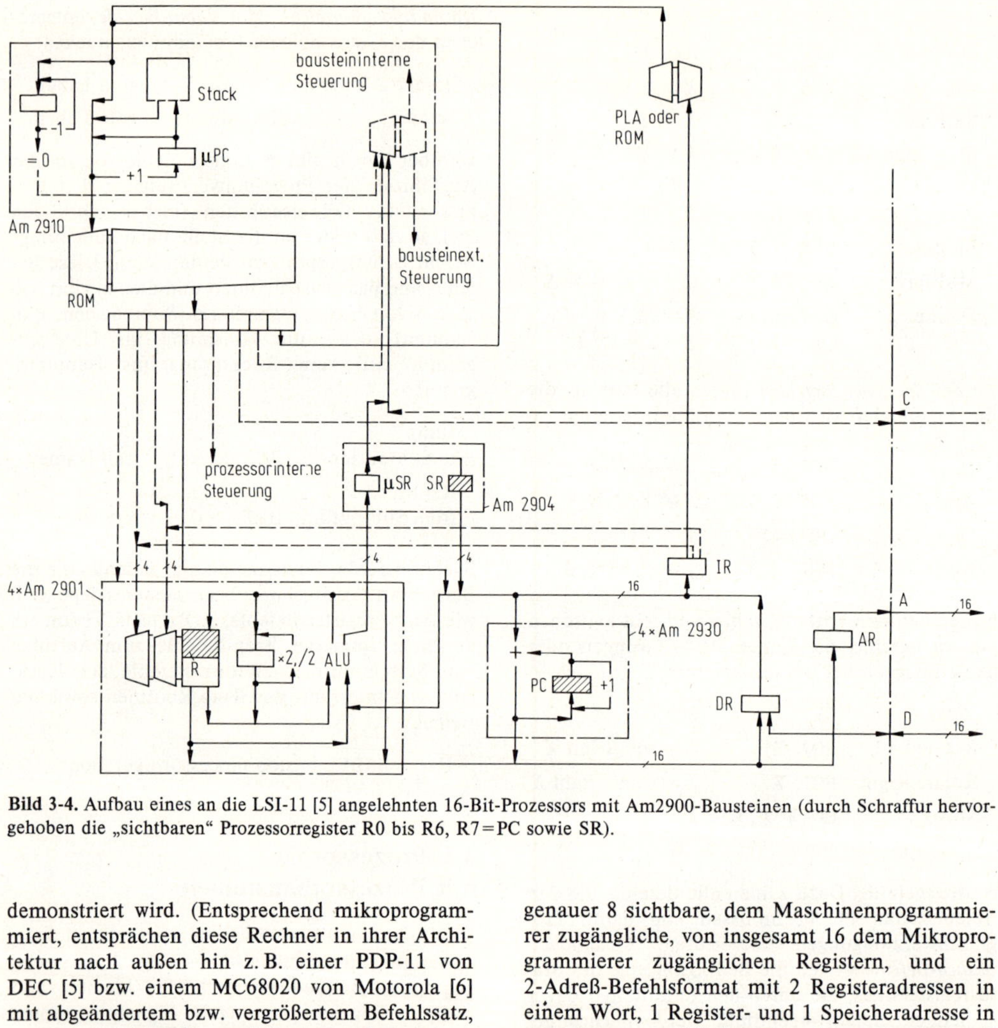

Bild 3-4. Aufbau eines an die LSI-11 [5] angelehnten 16-Bit-Prozessors mit Am2900-Bausteinen (durch Schraffur hervorgehoben die „sichtbaren" Prozessorregister R0 bis R6, R7=PC sowie SR).

demonstriert wird. (Entsprechend mikroprogrammiert, entsprächen diese Rechner in ihrer Architektur nach außen hin z. B. einer PDP-11 von DEC [5] bzw. einem MC68020 von Motorola [6] mit abgeändertem bzw. vergrößertem Befehlssatz, etwa mit Befehlen für spezielle Anwendungen.)

4-Bit-Slice-Mikroprozessorsystem Am2900. Hierbei handelt es sich um ein System mit 2-Bus-Architektur; 4 Bit Wortlänge, kaskadierbar; ECL/TTL-Schaltkreistechnik und 100 ns Systemzykluszeit.

Seine wichtigsten Bausteine sind

— der Mikroprogramm-Controller Am2910,
— der 4-Bit-Mikroprozessor-Slice Am2901,
— der Statusregister- und Shiftsteuerungsbaustein Am2904,
— der 4-Bit-Maschinenprogramm-Controller Am2930.

Daneben sind auch leistungsfähigere Mikroprozessor-Slices erhältlich.

Bild 3-4 illustriert den Aufbau eines 16-Bit-Prozessors mit den genannten Am2900-Komponenten und weiteren handelsüblichen integrierten Schaltungen. Der Prozessor hat 8 16-Bit-Register, genauer 8 sichtbare, dem Maschinenprogrammierer zugängliche, von insgesamt 16 dem Mikroprogrammierer zugänglichen Registern, und ein 2-Adreß-Befehlsformat mit 2 Registeradressen in einem Wort, 1 Register- und 1 Speicheradresse in zwei Worten und 2 Speicheradressen in drei aufeinanderfolgenden 16-Bit-Worten im prozessorexternen Speicher.

32-Bit-Modul-Mikroprozessorsystem Am29300. Dies ist ein System mit 4-Bus-Architektur, 32 Bit Wortlänge, ECL/TTL-Schaltkreistechnik und 100 ns Systemzykluszeit.

Seine wichtigsten Bausteine sind

— der Mikroprogramm-Sequencer Am29331,
— der 16-Bit-Register-Speicher Am29334,
— die 32-Bit-ALU Am29332,
— der 32-Bit-Multiplizierer Am29323.

Darüber hinaus ist noch ein Gleitkomma-Arithmetik-Prozessor verfügbar.

Bild 3-5 zeigt den Aufbau eines 32-Bit-Prozessors mit den genannten Am29300-Komponenten und weiteren handelsüblichen integrierten Schaltungen. Der Prozessor hat 16 32-Bit-Register, genauer 16 sichtbare von insgesamt 64 Registern, und ein 2-Adreß-Befehlsformat mit zwei 16-Bit-Befehlen in einem Wort, einem 32-Bit-Befehl in einem oder zwei Worten oder einem 48-Bit-Befehl in zwei aufeinanderfolgenden 32-Bit-Worten im prozessorexternen Speicher.

3.4 Architektur eines 32-Bit-Mikroprozessors

Ein für alle möglichen Anwendungen geeigneter Rechner darf nicht zu viele auf bestimmte Aufgabenstellungen zugeschnittene Eigenschaften aufweisen. Es ist der Kunst des Rechnerarchitekten vorbehalten zu entscheiden, ob ein solcher Rechner bei gleicher Integrationsdichte (1.) einen kleinen Satz einfacher Befehle bei größerem prozessorinternem Speicher und höherer Taktgeschwindigkeit (reduced instruction set computer, RISC) oder (2.) einen umfangreichen Satz komplexer Befehle bei kleinerem prozessorinternem Speicher und niedrigerer Taktgeschwindigkeit haben soll (complex instruction set computer, CISC).
Im folgenden ist die Architektur eines 32-Bit-Mikroprozessors grob beschrieben, der zwischen typischen RISC- und größeren CISC-Architekturen liegt (siehe z. B. [7, 8] bzw. [9, 10]) und damit einem guten technischen Kompromiß folgt. Sie orientiert sich am MC68020 von Motorola; Strukturbild und Befehlszyklus sind stark vereinfacht; das sich daran anschließende Programmbeispiel folgt wirklichkeitsgetreu dem Maschinencode des MC68020.

Prozessorstruktur mit Hauptspeicher

Bild 3-6 zeigt den 32-Bit-Prozessor, dargestellt auf der Registertransfer-Ebene: Zwei bidirektionale prozessorinterne Busse verbinden 8 Register zur Speicherung von Operanden (Datenregister D0 bis D7) mit einer arithmetisch-logischen Einheit (ALU) und einem Barrel-Shifter (SH) sowie 8 Register zur Speicherung von Adressen (Adreßregister A0 bis A7) mit einer adreßarithmetischen Einheit (AU). Die Busse können an den durch die Schaltersymbole gekennzeichneten Stellen getrennt werden, so daß drei unabhängig arbeitsfähige Funktionseinheiten entstehen. Auf diese Weise können die Ausführung eines Befehls, die Adreßrechnung des nächsten Befehls und das Holen des übernächsten Befehls überlappend vonstatten gehen. Dazu ist es notwendig, die Befehle in einem „Instruction Cache“ (unterirdisches, für den Programmierer unsichtbares Depot an Befehlen) zu puffern und sie in einer „Instruction Pipe“ (Röhre, durch die die Befehle hindurchströmen) zu decodieren.

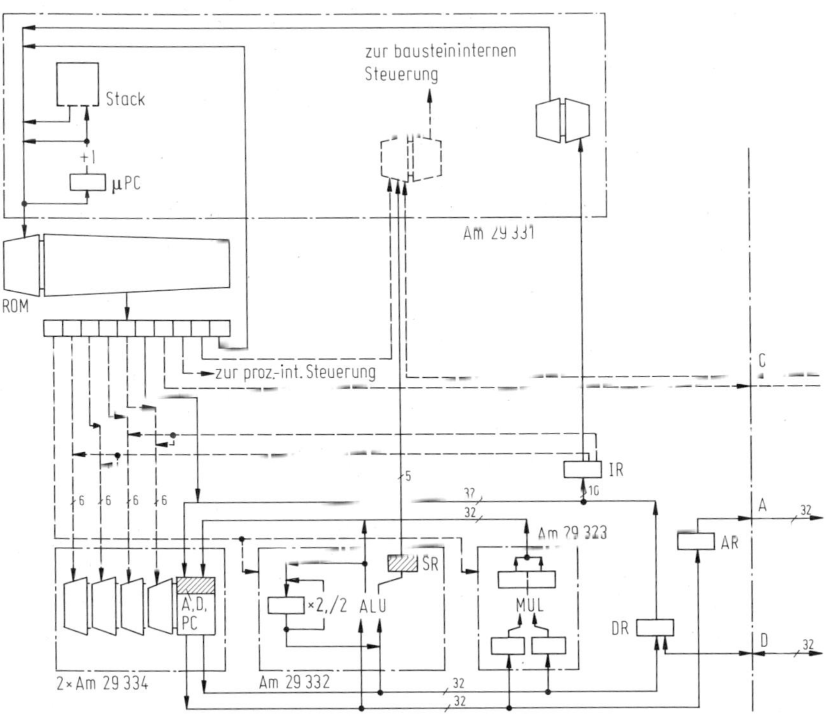

Bild 3-5. Aufbau eines an den MC68020 [6] angelehnten 32-Bit-Prozessors mit Am29300-Bausteinen (durch Schraffur hervorgehoben die „sichtbaren“ Prozessorregister D0 bis D7, A0 bis A7, PC sowie SR).

Instruction Cache. Einen Cache kann man sich vorstellen als einen RAM mit veränderbaren Adressen, der nicht nur die zur Programmausführung aktuellen Befehlswörter, sondern auch deren Hauptspeicheradressen enthält. Dadurch können für Befehle, die im Cache stehen, Hauptspeicherzugriffe und damit Systembusbelegungen entfallen. Befehle hingegen, die nicht im Cache stehen, werden wie üblich aus dem Hauptspeicher geholt und verarbeitet, aber darüber hinaus in den Cache geladen in der Annahme, daß sie in allernächster Zukunft wieder benötigt werden (Ausnutzung der Programmlokalität bei Programmschleifen). Dabei werden bei kleineren Caches diejenigen Befehle überschrieben, deren Benutzung am weitesten zurückliegt (least recently used, LRU, vgl. [11]). Bei größeren Caches, die neben Befehlen auch Operanden enthalten, geht man andere Wege (set associative cache, siehe 6.2).

Instruction Pipe. Eine Pipe kann man sich vorstellen als einen FIFO mit mehreren Ausgängen, so daß nicht nur das vorderste, sondern auch die dahinter stehenden Befehlswörter decodiert und vorverarbeitet werden können. Da die Befehlswörter neben dem Befehlscode nicht nur Adressen, sondern auch Operanden enthalten können, existieren neben den Hauptausgängen zum Mikroprogrammwerk für die Befehlsdecodierung und -parametrisierung (siehe [12]) auch Nebenausgänge zum Mikrooperationswerk für die Verarbeitung solcher Operanden (auch *Direkt*operanden genannt, siehe 5.2).

Bemerkungen zur Architektur. Cache-Memories sind eine spezielle Form sog. inhaltsadressierbarer oder Assoziativspeicher (content addressable memory, CAM). Mit CAMs lassen sich Tabellen unter Vorgabe einer oder mehrerer Spalten nach gespeicherter Information durchsuchen und die entsprechenden Tabellenzeilen markieren. (Trotz ihrer Vielseitigkeit sind Speicher dieser Art im Rechnerbau bis heute jedoch nicht in größerem Stil verwendet worden.) — Instruction Pipes bilden den Ausgangspunkt für die Entwicklung sog. Pipeline- oder Fließbandarchitekturen (pipeline architectures). Diesen liegt die Idee zugrunde, Information in mehreren Arbeitsgängen zu verarbeiten und dabei wie auf einem Fließband durch eine Reihe von Verarbeitungseinheiten zu schleusen. Dadurch ergibt sich bei hinreichend gleichmäßigem Informationsfluß eine starke Erhöhung des Durchsatzes der zu verarbeitenden Information. (Fließbandarchitekturen im großen Stil werden bei Rechenmaschinen angewandt, die zur Vektorverarbeitung eingesetzt werden; siehe z. B. [13].)

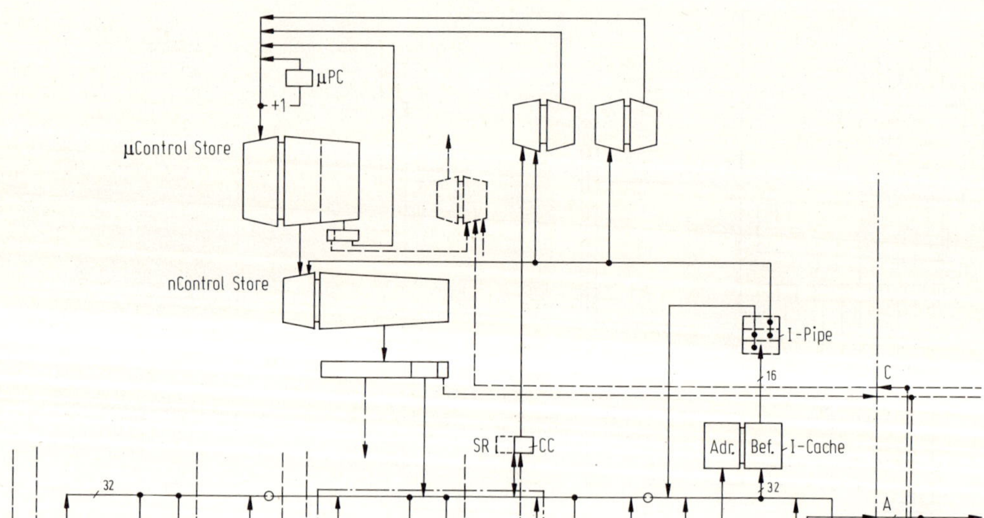

Bild 3-6. Struktur eines 32-Bit-Mikroprozessors in Anlehnung an den MC68020 (der strichpunktiert gekennzeichnete Ausschnitt des Datenwerks ist in Bild 2-13 für ein Bit Datenbreite im Detail dargestellt).

Beispiel für einen Befehlsablauf

Am Befehl ADD M,D1 wird demonstriert, wie eine in der Speicherzelle M stehende 16-Bit-Zahl zu einer im Register D1 stehenden 16-Bit-Zahl addiert wird. Nach außen hin stellt sich diese Operation als in einem Schritt ausgeführt dar; prozessorintern wird sie jedoch in vielen Schritten ausgeführt. Bild 3-7 zeigt den aus zwei 16-Bit-Worten bestehenden Maschinenbefehl im Hauptspeicher zusammen mit dem Zustand der durch ihn angesprochenen Speicherzelle M und der Prozessorregister PC und D1 zum Zeitpunkt der Ausführung des Befehls (Prozessorstatus).

Der Einfachheit halber ist in dem folgenden Ausschnitt des Mikroprogramms ein 16-Bit-Befehlsregister (IR) anstelle des in Bild 3-6 dargestellten Caches und der Pipe angenommen. Ebenfalls vereinfacht dargestellt sind die Hauptspeicher-Lesezyklen zu 1 Taktschritt (d. h. 2 Taktphasen). In Wirklichkeit sind bei einem Prozessor wie dem MC68020 jedoch mindestens 4 Taktschritte (8 Taktphasen) nötig, da die Datenübertragung zwischen Prozessor und Speicher synchronisiert werden muß und darüber hinaus in Abhängigkeit von der Speicherzugriffszeit gegebenenfalls Wartezyklen vorgesehen werden müssen (asynchroner Bus, siehe 6.1).

```
do AR:=PC, PC:=PC+2;
   DR:=Speicher[AR];
   IR:=DR;
   Befehlsdecodierung:
   :
   if Code = ADD then
     AR:=PC, PC:=PC+2;
     DR:=Speicher[AR];
     AR:=DR;
     DR:=Speicher[AR];
     DR1:=D[1], DR2:=DR;
     D[1]:=DR1+DR2, CC:=[z,n,c,v]
     end;
```

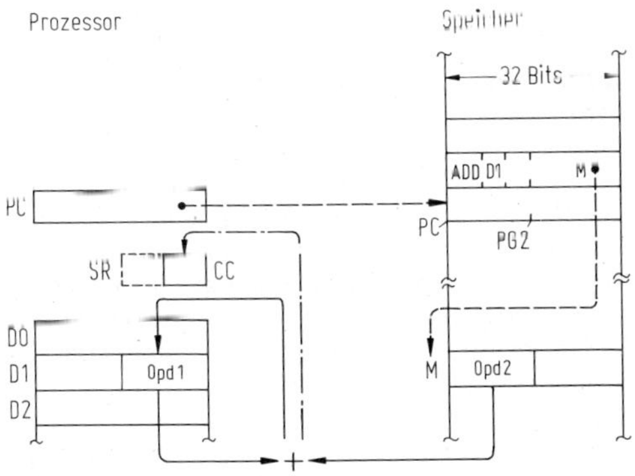

Bild 3-7. Ausführung des Maschinenbefehls ADD M,D1: Operand Opd1 wird durch die Summe von Opd1 und Opd2 ersetzt (D1 := D1 + M).

Beispiel für ein Maschinenprogramm

Angenommen, es gäbe im MC68020 keinen Additionsbefehl, so müßte die Wirkung von ADD M,D1 durch ein Maschinenprogramm simuliert werden, z. B. nach dem in 2.4 verwendeten Carry-save-Algorithmus. Bild 3-8 zeigt ein solches Programm in symbolischer Schreibweise (Assemblercode) sowie als symbolischen Speicherabzug (Maschinencode). Dabei ist berücksichtigt, daß der Speicher byteadressierbar ist, d. h., daß das erste 32-Bit-Wort die Adressen 0,1,2,3, das zweite die Adressen 4,5,6,7 usw. durchläuft. Auch die „Adressen" der beiden Branch-Befehle lassen sich damit erklären: Bei BEQ wird zum aktuellen PC-Stand 10 addiert, so daß zum Befehl mit der symbolischen Adresse E (exit) verzweigt wird. Bei BRA wird vom PC-Stand 16 subtrahiert, so daß der durch die Adresse L (loop) markierte CMP-Befehl als nächster ausgeführt wird.

```
     :
     MOVE   M,D0
L:   CMP    #0,D0
     BEQ    E
     MOVE   D1,D2
     EOR    D0,D1
     AND    D2,D0
     ASL    #1,D0
     BRA    L
E:   :
```

a

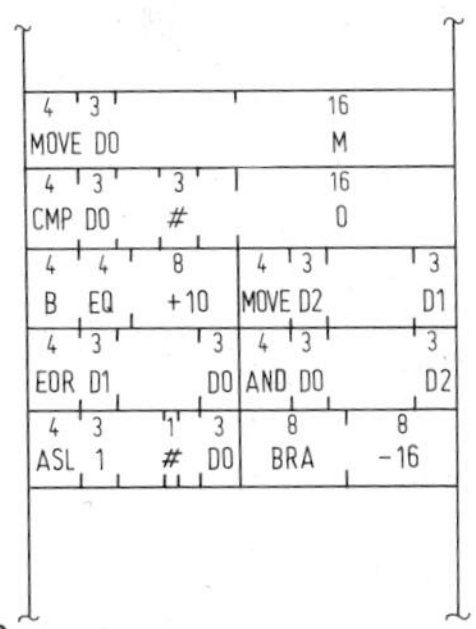

b

Bild 3-8. Simulation von ADD M,D1 durch ein Maschinenprogramm (MC68020-Code). a Assemblercode (Erklärung der Befehlscode siehe 3.2, EOR steht für XOR, # kennzeichnet Direktoperanden); b Maschinencode (die mnemonischen Codes sind in Wirklichkeit durch bestimmte 0/1-Muster codiert).

Bemerkung. Wie dieses Beispiel zeigt, gibt es bei der Auslegung eines Prozessors einen weiten Spielraum, der begrenzt ist durch das schaltungstechnisch Machbare einerseits und durch das programmierungstechnisch Wünschenswerte andererseits. Wie dieser Spielraum zu nutzen ist, wird durch die Einbettung des Prozessors in das gesamte Rechensystem bestimmt, d. h. die Einbeziehung des Prozessors in die Rechnerorganisation und die Programmierung.

Rechnerorganisation

Th. Flik

Rechnerorganisation umfaßt den Aufbau und die Funktion der Komponenten eines Rechnersystems und die für deren Zusammenwirken erforderliche Kommunikationsstruktur; hinzu kommt die für den Betrieb notwendige Systemsoftware. Zentraler Teil eines Rechnersystems ist der Prozessor. Er bestimmt weitgehend die *Informationsdarstellung*, d. h. die Codierung von Befehlen und Daten und deren Formate für den Transport und die Speicherung, und legt durch seine nach außen „sichtbaren" *Prozessorfunktionen* die für die System- und Anwendungsprogrammierung nutzbaren Leistungsmerkmale fest.
Rechnersysteme sind in ihrer Leistungsfähigkeit durch den Ausbau des Prozessors mit Speichereinheiten und Ein-/Ausgabegeräten und die sie verbindenden Übertragungswege geprägt. Systeme hoher Leistungsfähigkeit sind dabei häufig als Mehrprozessorsysteme oder als Verbund von Rechnern in Rechnernetzen ausgelegt. Die für den Betrieb von Rechnersystemen erforderliche Systemsoftware ist durch eine Vielzahl von *Betriebssystemen* für unterschiedliche Rechneranwendungen gekennzeichnet.

4 Informationsdarstellung

Die Informationsverarbeitung in Rechenanlagen geschieht durch das Ausführen von Befehlen auf Operanden (Rechengrößen). Da Befehle selbst wieder Operanden sein können, z. B. bei der Übersetzung eines Programms (Assemblierung, Compilierung), bezeichnet man Befehle und Operanden allgemein als *Daten*. Ihre Darstellung erfolgt z. Z. ausschließlich in binärer Form. Die kleinste Informationseinheit ist das *Bit* (binary digit, Binärziffer), das zwei Werte (Zustände) annehmen kann, die mit 0 und 1 bezeichnet werden. Technisch werden die beiden Werte in unterschiedlicher Weise dargestellt, z. B. als Spannungspegel, Kondensatorladungen oder Magnetisierungsrichtungen. — Als Größenmaße verwendet man die Bezeichnungen Kilo (K), Mega (M) und Giga (G) bezogen auf das Dualzahlensystem: $1\,\mathrm{K} = 2^{10} = 1024$, $1\,\mathrm{M} = 2^{20}$ und $1\,\mathrm{G} = 2^{30}$.

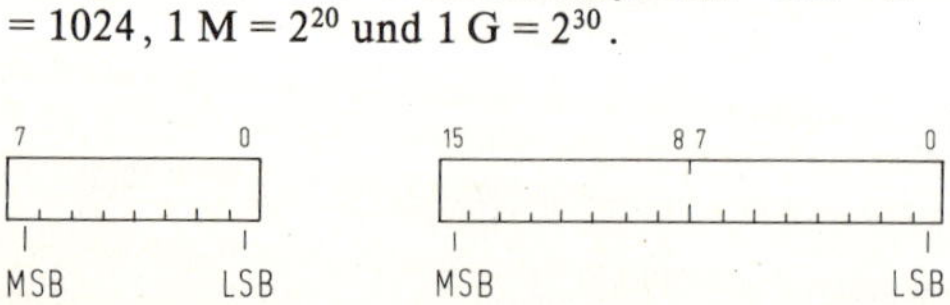

a b

Bild 4-1. Datenformate. **a** Byte; **b** Wort.

Zur Codierung der Daten werden Bits zu *Codewörtern* zusammengefaßt, die in ihrer Bitanzahl den für die Verarbeitung, den Transport und die Speicherung erforderlichen Datenformaten entsprechen. Standardformate sind das *Byte* (8 Bits) und geradzahlige Vielfache davon, wie das *Wort* (16 Bits) und das *Doppelwort* (32 Bits). Der Begriff „Wort" wurde zunächst für die jeweilige Verarbeitungs- und Speicherbreite eines Rechners verwendet (Speicherwort), heute steht er primär für das 16-Bit-Datenformat, wird aber auch unabhängig davon im Begriff „Codewort" verwendet. Zusätzliche Datenformate sind das einzelne Bit, das *Halbbyte (4 Bits, Nibble, Tetrade)* und das *Bitfeld* (Bitanzahl variabel).
In grafischen Darstellungen von Datenformaten werden die Bits mit Null beginnend von rechts nach links numeriert und ihnen im Hinblick auf die Darstellung von Dualzahlen aufsteigende Wertigkeiten zugewiesen (Bild 4-1). Das Bit ganz rechts gilt als niedrigstwertiges Bit (*least significant bit,* LSB), das Bit ganz links als höchstwertiges Bit (*most significant bit,* MSB).

4.1 Zeichen- und Zifferncodes

Die rechnerexterne Informationsdarstellung erfolgt symbolisch mit den Buchstaben, Ziffern und Sonderzeichen unseres Alphabets. Rechnerintern werden diese Zeichen (characters) binär codiert. Die wichtigsten hierfür eingesetzten Zeichencodes sind der ASCII- und der EBCDI-Code. Aufeinanderfolgende Zeichen bezeichnet man als *Zeichenkette* (character string). Neben den Zeichencodes gibt es reine Zifferncodes: die Binärcodes für Dezimalziffern, den Oktalcode und den Hexadezimalcode.

ASCII-Code. Der ASCII-Code (American Standard Code for Information Interchange) ist ein 7-Bit-Code mit weltweiter Verbreitung in der Computertechnik (Tabelle 4-1). Er erlaubt die Codierung von 128 Zeichen und umfaßt neben den Zeichen des Alphabets Zeichen zur Steuerung von Geräten und von Datenübertragungen (Steuerzeichen). Er ist durch die ISO (International Organization for Standardization) international standardisiert, sieht aber für einige Codewörter eine landesspezifische Nutzung vor. In der deutschen Version (DIN 66003 [3]) betrifft das die Umlaute, das Zeichen ß und das Paragraphzeichen. Die USA-Variante wird zur Unterscheidung von diesen Abweichungen auch als USASCII-Code be-

Tabelle 4-1. ASCII-Code. US-Version (USASCII)/deutsche Version

		höherwertige Bits							
binär		0 0 0	0 0 1	0 1 0	0 1 1	1 0 0	1 0 1	1 1 0	1 1 1
niedrigerwertige Bits	hex	0	1	2	3	4	5	6	7
0000	0	NUL	TC_7 (DLE)	SP	0	@/§	P	\`	p
0001	1	TC_1 (SOH)	DC_1	!	1	A	Q	a	q
0010	2	TC_2 (STX)	DC_2	"	2	B	R	b	r
0011	3	TC_3 (ETX)	DC_3	#	3	C	S	c	s
0100	4	TC_4 (EOT)	DC_4	$	4	D	T	d	t
0101	5	TC_5 (ENQ)	TC_8 (NAK)	%	5	E	U	e	u
0110	6	TC_6 (ACK)	TC_9 (SYN)	&	6	F	V	f	v
0111	7	BEL	TC_{10} (ETB)	'	7	G	W	g	w
1000	8	FE_0 (BS)	CAN	(	8	H	X	h	x
1001	9	FE_1 (HT)	EM	)	9	I	Y	i	y
1010	A	FE_2 (LF)	SUB	*	:	J	Z	j	z
1011	B	FE_3 (VT)	ESC	+	;	K	[/Ä	k	{/ä
1100	C	FE_4 (FF)	IS_4 (FS)	,	<	L	\\/Ö	l	|/ö
1101	D	FE_5 (CR)	IS_3 (GS)	–	=	M	]/Ü	m	}/ü
1110	E	SO	IS_2 (RS)	.	>	N	^	n	~/ß
1111	F	SI	IS_1 (US)	/	?	O	_	o	DEL

zeichnet. Rechnerintern wird wegen des Datenformats Byte ein achtes Bit (MSB) hinzugefügt, entweder mit festem Wert, als Paritätsbit oder als Codeerweiterung.

EBCDI-Code. Der EBCDI-Code (extended binary coded decimal interchange code) ist ein 8-Bit-Code (Tabelle 4-2). Er findet vorwiegend in der IBM-Welt Verwendung. Entwickelt wurde er aus dem 6-Bit-BCD-Code, der als Zeichencode heute ohne Bedeutung ist.

Binärcodes für Dezimalziffern (BCD-Codes). Sie sind Codes mit vier oder mehr Bits pro Codewort zur binären Codierung von Dezimalziffern. Der gebräuchlichste unter ihnen ist der Dualcode mit 4-Bit-Codewörtern (Tetraden), bei dem den Bits die Gewichte 8, 4, 2 und 1 zugeordnet sind (Dualzahlcodierung der Dezimalziffern). Andere Codes sind z. B. der Exzess-3-, der Aiken-, der Gray-, der Biquinär- und der 2-aus-5-Code (Tabelle 4-3). Da bei diesen Codes der Vorrat an möglichen Codewörtern nicht voll ausgeschöpft wird, ist der Co-

Tabelle 4-2. EBCDI-Code

		höherwertige Bits															
binär		0 0 0 0	0 0 0 1	0 0 1 0	0 0 1 1	0 1 0 0	0 1 0 1	0 1 1 0	0 1 1 1	1 0 0 0	1 0 0 1	1 0 1 0	1 0 1 1	1 1 0 0	1 1 0 1	1 1 1 0	1 1 1 1
niedrigerwertige Bits	hex	0	1	2	3	4	5	6	7	8	9	A	B	C	D	E	F
0000	0	NUL	DLE	DS		SP	&	–						{	}	\\	0
0001	1	SOH	DC_1	SOS						a	j	~		A	J		1
0010	2	STX	DC_2	FS	SYN					b	k	s		B	K	S	2
0011	3	ETX	DC_3							c	l	t		C	L	T	3
0100	4	PF	RES	BYP	PN					d	m	u		D	M	U	4
0101	5	HT	NL	LF	RS					e	n	v		E	N	V	5
0110	6	LC	BS	EOB (ETB)	UC					f	o	w		F	O	W	6
0111	7	DEL	IL	PRE (ESC)	EOT					g	p	x		G	P	X	7
1000	8		CAN							h	q	y		H	Q	Y	8
1001	9	RLF	EM						\\	i	r	z		I	R	Z	9
1010	A	SMM	CC	SM		¢	!	^	:								
1011	B	VT				.	$	,	#								
1100	C	FF	IFS		DC_4	<	*	%	@								
1101	D	CR	IGS	ENQ	NAK	(	)	_	'								
1110	E	SO	IRS	ACK		+	;	>	=								
1111	F	SI	IUS	BEL	SUB	|	¬	?	"								

Tabelle 4-3. Binärcodes für Dezimalziffern

	Dual	Exzess-3	Aiken	Gray	Biquinär	2-aus-5
Gewicht	8421		2421		543210	
0	0000	0011	0000	0000	000001	11000
1	0001	0100	0001	0001	000010	00011
2	0010	0101	0010	0011	000100	00101
3	0011	0110	0011	0010	001000	00110
4	0100	0111	0100	0110	010000	01001
5	0101	1000	1011	0111	100001	01010
6	0110	1001	1100	0101	100010	01100
7	0111	1010	1101	0100	100100	10001
8	1000	1011	1110	1100	101000	10010
9	1001	1100	1111	1101	110000	10100

dierungsaufwand an Bits zur Darstellung von Zahlen höher als bei der reinen Dualzahlcodierung. Diese Redundanz wird bei einigen Codes zur Codesicherung genutzt.

Oktalcode und Hexadezimalcode. Zifferncodes gibt es auch für die Zahlensysteme der Basen 8 und 16, den Oktal- und den Hexadezimalcode (Sedezimalcode, Tabelle 4-4). Sie haben für die Zahlenarithmetik heutzutage nur eine geringe Bedeutung und werden fast ausschließlich zur kompakten, rechnerexternen Darstellung binärcodierter Information beliebigen Inhalts benutzt. Bei der oktalen Darstellung werden, beginnend beim LSB, jeweils drei Bits zusammengefaßt und es werden ihnen, abhängig von ihrem Wert als Dualzahl, die Ziffern 0 bis 7 des Oktalzahlensystems zugeordnet. Bei der hexadezimalen Darstellung werden entsprechend jeweils vier Bits zusammengefaßt und ihnen die Ziffern 0 bis 9 und A bis F des Hexadezimalzahlensystems zugeordnet, z. B. hat das Bitmuster 01011010 die Oktalschreibweise 132 und die Hexadezimalschreibweise 5A.

Tabelle 4-4. Oktalcode und Hexadezimalcode

Binär	Oktal	Hexadez.
0 000	0	0
0 001	1	1
0 010	2	2
0 011	3	3
0 100	4	4
0 101	5	5
0 110	6	6
0 111	7	7
1 000		8
1 001		9
1 010		A
1 011		B
1 100		C
1 101		D
1 110		E
1 111		F

4.2 Codesicherung

Transport und Speicherung von Daten sind Störungen unterworfen, die auf Übertragungsleitungen und Speicherstellen wirken [10]. Dadurch hervorgerufene Änderungen von Binärstellen führen zu Fehlern in der Informationsdarstellung. Um solche Fehler zu erkennen und sie ggf. korrigieren zu können, muß die Nutzinformation durch Prüfinformation ergänzt werden (redundante Informationsdarstellung). Diese Codesicherung erfolgt entweder für einzelne Codewörter (Einzelsicherung) oder für Datenblöcke (Blocksicherung). Die Einzelsicherung ist typisch für die Übertragung einzelner Zeichen, z. B. zwischen Prozessor und einem Terminal, und für die Speicherung von Bytes in Halbleiterspeichern. Die Blocksicherung wird bei blockweiser Datenübertragung, z. B. bei der Datenfernübertragung, in Rechnernetzen und bei blockweiser Speicherung, z. B. bei Magnetplatten- und Magnetbandspeichern, eingesetzt. Alle Sicherungsverfahren basieren darauf, daß die vom Sender erzeugte und mitgelieferte Prüfinformation mit der vom Empfänger erneut erzeugten Prüfinformation übereinstimmt.

Einzelsicherung

Ein Maß für die Anzahl der erkennbaren bzw. korrigierbaren Fehler in einem Codewort ist die Hamming-Distanz h des redundanten Codes [11]. Sie gibt an, wie viele Stellen eines Codewortes sich ändern müssen, damit ein neues, gültiges Codewort entsteht. Bei der einfachsten Codesicherung durch ein *Paritätsbit* ist $h = 2$, womit ein 1-Bit-Fehler erkannt, jedoch nicht korrigiert werden kann, da er nicht lokalisierbar ist. Der Wert des Paritätsbits wird so bestimmt, daß die Quersumme des redundanten Codewortes entweder gerade (*even parity*) oder ungerade (*odd parity*) ist. Die Hamming-Distanz $h = 3$ erreicht man bei acht Bit Nutzinformation durch vier zusätzliche Prüfbits in geeigneter Codierung. Sie erlaubt es, entweder zwei 1-Bit-Fehler zu erkennen oder einen 1-Bit-Fehler zu korrigieren. — Die relativ aufwendige Sicherung mit $h \geqq 3$ wird bei Arbeitsspeichern in Halbleitertechnik verwendet und von der Hardware durch sog. EDAC-Bausteine (error detection and correction) unterstützt [9].

Blocksicherung

Bei der Blocksicherung wird einem Datenblock eine über alle Codewörter gebildete, gemeinsame Blocksicherungsinformation hinzugefügt. Einfache Verfahren mit eingeschränkter Fehlererkennung sind z. B. das Bilden von Paritätsbits über jeweils die Bits einer Bitposition oder das Bilden der Summe über alle Codewörter, wobei diese als Dualzahlen interpretiert werden und das Übertragungsbit entweder nicht berücksichtigt oder zum niedrigstwertigen Summandenbit addiert wird, so daß der Summand das Datenformat nicht überschreitet.
Ein wirksameres Verfahren ist die Blocksicherung mit *zyklischen Codes* (cyclic redundancy check, CRC). Hierbei werden die Bits der aufeinanderfolgenden Codewörter als Koeffizienten eines Polynoms betrachtet und durch ein fest vorgegebenes sog. Generatorpolynom dividiert [11]. Die binären Koeffizienten des dabei entstehenden Restpolynoms bilden die Prüfinformation, meist zwei Bytes, die an den Datenblock angefügt wird. Bei Fehlerfreiheit läßt sich der redundante Code ohne Rest durch das Generatorpolynom dividieren. Tritt ein Restpolynom (Fehlerpolynom) auf, so kann daraus auf die Fehlerart geschlossen werden. Durch geeignete Wahl des Generatorpolynoms kann das Prüfverfahren auf die Erkennung bestimmter Fehlerarten zugeschnitten werden. Die Division der Polynome läßt sich leicht in Hardware durch ein rückgekoppeltes Schieberegister realisieren [4].

4.3 Assemblersprache und Maschinencode

Die Informationsverarbeitung im Computer wird durch das Programm gesteuert, das als Folge von Maschinenbefehlen im Hauptspeicher steht und vom Prozessor Befehl für Befehl gelesen und ausgeführt wird. Die Befehle sind, wie Texte und Zahlen, binär codiert. Bei der Programmierung wird zur leichteren Handhabung eine symbolische Schreibweise gewählt. In der hardwarenächsten Ebene, der *Assemblerebene*, entspricht dabei ein symbolischer Befehl einem Maschinenbefehl. Die symbolische Schreibweise wird *Assemblersprache* genannt. Sie ist durch den Befehlssatz des Prozessors geprägt, jedoch in Symbolik und Befehlsdarstellung (Notation, Syntax) von der Hardware unabhängig. Die Umsetzung eines Assemblerprogramms (Assemblercode) in ein Maschinenprogramm (Maschinencode) übernimmt ein Übersetzungsprogramm, der Assembler (to assemble: montieren, [6]). Anweisungen an den Assembler, wie z. B. das explizite Zuordnen von symbolischen zu numerischen Adressen, erfolgen durch sog. Assembleranweisungen (Assemblerbefehle, Direktiven), die wie die Maschinenbefehle in das Programm eingefügt werden. Sie haben mit wenigen Ausnahmen keine codeerzeugende Wirkung.

Assemblersprache

Bild 4-2 zeigt rechts ein einfaches Programm in Assemblerschreibweise für die Auswertung des Polynoms

$$y = a_3x^3 + a_2x^2 + a_1x + a_0$$
$$= ((a_3x + a_2)x + a_1)x + a_0 .$$

Jede Zeile enthält einen Befehl, der aus Marke (optional), Operationsteil, Adreßteil und Kommentarteil besteht, die üblicherweise durch Leerzeichen (spaces) voneinander getrennt sind. Operations- und Adreßteil bilden den eigentlichen Befehl, mit der Marke (label) kann man einen Befehl als Einsprungstelle für Programmverzweigungen kennzeichnen. Der Adreßteil beschreibt hier ein Zweiadreßbefehlsformat, indem zunächst der erste Quelloperand und dann, durch Komma getrennt, der zweite Quelloperand bzw. die Zieladresse spezifiziert werden. Der Kommentarteil unterstützt die Programmdokumentation; er hat keine Wirkung auf den Assembliervorgang. Die Assembleranweisungen des Programms, `ORG`, `DC`, `DS`, `EQU` und `END`, unterliegen der gleichen Formatierung, wobei jedoch ihre Marken- und Adreßteile in individueller Weise genutzt werden. — Bild 4-2 zeigt links den Maschinencode des Programms und die für das Speichern im Hauptspeicher vergebenen Ladeadressen.

Symbole, Zahlen und Ausdrücke. Als Operationssymbole werden üblicherweise suggestive Abkürzungen (mnemonics) verwendet. Sie können um ein Suffix zur Bezeichnung des Datenformats erweitert sein, z. B. der Befehl „addiere *wortweise*" `ADD.W` oder die Assembleranweisung „definiere Konstante als *Byte*" `DC.B`. Mnemonisch vorgegeben sind auch die Bezeichner der programmierbaren Prozessorregister, z. B. `R0`, `R1`, ... für den allgemeinen Registerspeicher, `SP` für das Stackpointerregister und `SR` für das Statusregister. — Adreßsymbole im Markenfeld sind frei wählbar, unterliegen jedoch Vorschriften, wie: das erste Zeichen muß ein Buchstabe (Alphazeichen) sein und gewisse Sonderzeichen, z. B. das Leerzeichen, dürfen nicht verwendet werden. Gültige Symbole sind z. B. `LOOP` und `VAR_1`.

Nr.	Adr.	Maschinencode	Marke	Operation	Adreßteil	Kommentar
1		00001000		ORG	$1000	Setze Adr.-Zaehler
2	1000	03	N	DC.B	3	Initialisiere Polynomgrad
3	1002	02C8FFFB00070002	ARRAY	DC.W	712,-5,7,2	Initialisiere Koeffizient
4	100A	0001	X	DS.W	1	Reserviere Var.-Zelle
5		FFC0	DEVICE	EQU	$FFC0	Definiere Geraete-Adr.
6						
7	100C	0A00	START	CLR.W	R0	Loesche Indexregister
8	100E	97C01000		MOVE.B	N,R0	Lade Polynomgrad
9	1012	17DFFFC0100A		MOVE.W	DEVICE,X	Lies x ein
10	1018	1C011002		MOVE.W	ARRAY(R0),R1	Lade Koeffizient a(3)
11	101C	0AC0	LOOP	DEC.W	R0	Dekrementiere Polynomgrad
12	101E	705F100A		MUL	X,R1	Multipliziere a(i)*x
13	1022	6C011002		ADD.W	ARRAY(R0),R1	Addiere a(i)*x+a(i-1)
14	1026	25C00000		CMP.W	#0,R0	Vergleiche, ob Grad=0
15	102A	02F8		BNE	LOOP	Springe, wenn ungleich
16	102C	105FFFC0		MOVE.W	R1,DEVICE	Gib Variable y aus
⋮				⋮		
19				END	START	Ende des Ass.-Textes

Bild 4-2. Programm zur Polynomauswertung in Assemblerschreibweise (rechts) und als Maschinencode in hexadezimaler Schreibweise (links). Die Befehle und die Assemblersyntax wurden in Anlehnung an PDP-11 [8] und Motorola MC68020 [7] gewählt; der Maschinencode entspricht dem der PDP-11.

Zahlen sind dezimal (in Bild 4-2 keine Kennung), hexadezimal (in Bild 4-2 Kennung durch vorangestelltes $-Zeichen) und oktal (z. B. vorangestelltes @-Zeichen) darstellbar, z. B. `712`, `−5`, `$FFC0`, `@701`. Zeichen und Zeichenketten (Textoperanden) werden meist durch einschließende Hochkommata gekennzeichnet, z. B. `'TEXT NR. 1'`. Sie werden vom Assembler im ASCII- oder EBCDI-Code dargestellt. Bitvektoren werden in binärer Schreibweise (z. B. vorangestelltes %-Zeichen) oder in Hexadezimal- oder Oktalschreibweise angegeben.

Adreßsymbole, Zahlen, Bitvektoren und Textoperanden im Adreßteil können durch arithmetische und logische Operatoren zu Ausdrücken verknüpft werden, die vom Assembler in ihre Werte aufgelöst werden. Sie dienen zur Darstellung von Konstanten und Speicheradressen (verallgemeinert werden bereits ein Symbol oder eine Zahl als Ausdruck bezeichnet). *Beispiel:* Der Wert von `A+2·B` ergibt sich aus der vom Assembler ermittelten numerischen Entsprechung für `A`, erhöht um den doppelten Wert von `B`.

Adressierungsarten. Sie werden, soweit Register oder Speicherzellen nicht direkt adressiert werden, durch Sonderzeichen gekennzeichnet, z. B. vorangestelltes `#`-Zeichen für Direktoperand-Adressierung, `(Rn)` für registerindirekte Adressierung und `Symbol(Rm)` für die indizierte Adressierung (siehe auch 5.2).

Assembleranweisungen. Die Assembleranweisungen in Bild 4-2 haben folgende Wirkungen: `ORG` (origin) gibt mit `$1000` die Anfangsadresse der nachfolgenden Speicherbelegung an. Die erste `DC`-Anweisung (define constant) erzeugt eine Konstante im Speicher im Byteformat mit dem Wert 3 und der symbolischen Adresse `N` und weist `N` die numerische Adresse `$1000` zu. Die zweite `DC`-Anweisung erzeugt ein Speicherfeld mit vier Konstanten im Wortformat und weist dem Symbol `ARRAY` die nächste freie *gerade* Adresse `$1002` als Feldanfangsadresse zu. (Zugrundegelegt ist hier ein Prozessor, der für Wortzugriffe gerade Byteadressen fordert, um bei einem wortorganisierten Speicher nur einen Buszyklus ausführen zu müssen: data alignment. Andere Prozessoren erlauben abweichend davon auch den Zugriff über die Speicherwortgrenze hinweg; data misalignment.) Mit `DS` (define storage) wird entsprechend der Angabe im Adreßfeld und abhängig vom Suffix ein Wortspeicherplatz für die Variable `X` reserviert, ohne ihn zu initialisieren. Das Symbol `X` erhält als Wertzuweisung den um die acht Byteadressen (vier Wörter) des Feldes erhöhten Wert `$100A`. Die `EQU`-Anweisung (equate) hat keinen Einfluß auf die Speicherbelegung; sie weist dem Symbol `DEVICE` den Wert `$FFC0` zu. `DEVICE` wird nachfolgend als symbolische Geräteadresse verwendet. Dieses Vorgehen dient der Übersichtlichkeit und erleichtert eine nachträgliche Änderung eines solchen Wertes.

Die Adreßvergabe für die Maschinenbefehle beginnt im Anschluß an die Variable `X` mit `$100C`. Durch Weiterzählen dieser Adresse in Zweierschritten, entsprechend den von den Befehlen belegten Speicherwörtern, erhält `LOOP` als numerische Entsprechung den Adreßwert, unter dem der Befehl `DEC.W` gespeichert wird (`$101C`). Der logische Abschluß des Programms, z. B. der Rücksprung in das Betriebssystem ist hier offengelas-

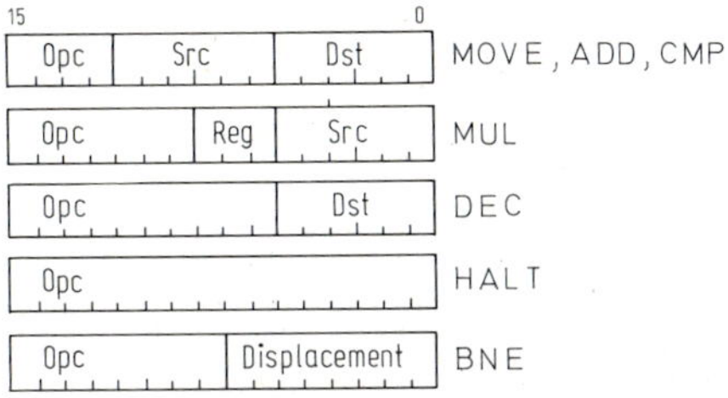

Bild 4-3. Fünf Befehlsformate der PDP-11 der in Bild 4-2 verwendeten Befehle und des `HALT`-Befehls [8]. Die Felder Src (source, Quelle) und Dst (destination, Ziel) beschreiben die Adressierungsart (3 Bits) und ggf. eine Registeradresse (3 Bits). Das Displacement-Feld enthält eine 2-Komplement-Distanz zum aktuellen PC-Stand. Speicheradressen und Direktoperanden erweitern die Befehle um weitere Speicherwörter (Mehrwortbefehle).

sen; das Ende des Assemblercodes (physischer Abschluß) wird dem Assembler mit der `END`-Anweisung angezeigt. Sie gibt außerdem in ihrem Adreßteil mit `START` die Programmstartadresse (`$100C`) für das Betriebssystem vor.

Befehlscodierung

Befehle werden wie Daten codiert im Speicher abgelegt. Abhängig vom Prozessor und der Befehlsart unterscheidet man verschiedene „Befehlsformate", deren wichtigstes Merkmal die Anzahl der darstellbaren Adressen ist (3-, 2-, 1-, und 0-Adreß-Befehle, siehe 3.2). Befehlsbestandteile sind: Operation, Datenformat, Adressierungsart(en), Registeradresse(n), Speicheradresse(n) und Konstante(n) als Direktoperand oder Adreßdistanz(en) (displacement). Heutige Prozessoren sehen für dyadische Operationen überwiegend das 2-Adreß-Format vor, haben daneben aber auch andere Befehlsformate (Bild 4-3).

4.4 Datentypen

Dieser Abschnitt behandelt die Datentypen aus hardwareorientierter Sicht. Eine programmiersprachlich orientierte Darstellung enthält Kapitel 9. Der Begriff Datentyp beschreibt die Eigenschaften von Datenobjekten hinsichtlich ihres *Datenformats* (Datenstruktur) und ihrer inhaltlichen Bedeutung (Interpretation). Elementare Datenformate, d. h. Formate, die nur eine Rechengröße umfassen, sind die Standardformate Byte, Wort, Doppelwort usw., wie sie als Transport- und Speichergrößen benutzt werden. Hinzu kommen die Zusatzformate Bit und Bitfeld. Bitoperanden werden im Prozessor innerhalb der Standardformate adressiert. Bitfelder werden zur Verarbeitung in den Registerspeicher des Prozessors geladen, dort rechtsbündig gespeichert und um die zum Standardformat fehlenden höherwertigen Bits ergänzt. Abhängig von der Transportoperation sind dies 0-Bits (*zero extension*) oder Kopien des höchstwertigen Operandenbits (*sign extension*).

Tabelle 4-5. Elementare Datentypen

Datentyp	Datenformate
Zustandsgröße	Bit
Bitvektor	Standardformate, Bitfeld
ganze Zahl	Standardformate, Bitfeld
Gleitkommazahl	Doppel-, Vierfachwort

Die Interpretation der in diesen Datenformaten enthaltenen Bits erfolgt durch die logischen und arithmetischen Operationen eines Prozessors. Die zu einem bestimmten Datentyp gehörenden Operationen interpretieren die Inhalte in gleicher Weise, z. B. die arithmetischen Befehle für Operanden einer bestimmten Zahlendarstellung. Aufgrund der elementaren Datenformate spricht man von elementaren Datentypen; Tabelle 4-5 zeigt deren wichtigste Vertreter, nach denen dieser Abschnitt gegliedert ist.

Faßt man Rechengrößen zu komplexeren Datenobjekten zusammen, so spricht man von *Datenstrukturen*. Sie sind vor allem bei höheren Programmiersprachen von Bedeutung (siehe 9). Häufig vorkommende Strukturen, wie Stack und Feld, werden in ihrem Zugriff durch die Adressierungsarten des Prozessors (siehe 5.2) oder durch spezielle Zugriffsoperationen unterstützt. Sind für die Interpretation einer solchen Datenstruktur Rechnerbefehle vorhanden, so spricht man – aus der Sicht der Rechnerhardware – von einem *höheren Datentyp*. Dies ist z. B. bei den sog. Vektorrechnern der Fall, deren Datentypen in diesem Abschnitt mitbetrachtet werden.

Zustandsgröße

Dieser Datentyp basiert auf dem Datenformat Bit mit den Werten 0 und 1. Die bitverarbeitenden Operationen sind: Testen, Testen und Setzen, Testen und Rücksetzen, Testen und Invertieren. Das Testergebnis wird im Statusregister durch das Zerobit Z angezeigt. *Beispiel:* Test von Bit 6 der Bytevariablen `STATE` und Programmverzweigung unter Auswertung des Z-Bits durch den Befehl `BEQ` (branch if equal zero).

```
BTST.B #6,STATE
BEQ    GLEICH_NULL
```

Bitvektor

Er besteht aus einer Aneinanderreihung einzelner Bits in einem der Standarddatenformate. Die diesen Datentyp beschreibenden Operationen sind die bitweise Verknüpfung zweier Vektoren durch die booleschen Operationen And, Or und Xor

(Antivalenz) und das bitweise Invertieren eines Vektors durch die boolesche Operation Not (siehe 3.2). *Beispiel:* Ausblenden (maskieren) der Bits 0, 1 und 5 der Bytevariablen BOOLE durch die Maske $23.

```
AND.B #$23,BOOLE   Src: BOOLE 10110101
                   Src: $23   00100011
                   ----------------------
                   Dst: BOOLE 00100001
```

Ganze Zahl (Integer)

Der Datentyp ganze Zahl wird unterschieden nach vorzeichenlosen Zahlen (*unsigned binary numbers*, Dualzahlen) und vorzeichenbehafteten Zahlen in 2-Komplement-Darstellung (*signed binary numbers*, 2-Komplement-Zahlen [5]) dargestellt in den Standardformaten. Die wichtigsten Operationen sind die vier Grundrechenoperationen Addition, Subtraktion, Multiplikation und Division sowie die Negation.
Der Zahlenwert einer n-stelligen vorzeichenlosen Zahl Z_u mit den binären Ziffern a_i beträgt

$$Z_u = \sum_{i=0}^{n-1} a_i 2^i .$$

Bei einer n-stelligen 2-Komplement-Zahl Z_s ergibt er sich zu

$$Z_s = -a_{n-1} 2^{n-1} + \sum_{i=0}^{n-2} a_i 2^i ,$$

wobei das höchstwertige Bit a_{n-1} als Vorzeichenbit interpretiert wird. Bei positivem Vorzeichen $a_{n-1} = 0$ ist der Zahlenwert gleich dem der vorzeichenlosen Zahl gleicher Codierung, bei negativem Vorzeichen $a_{n-1} = 1$ ist er gleich der vorzeichenlosen Zahl gleicher Codierung, jedoch um die Größe des halben Wertebereichs 2^{n-1} in den negativen Zahlenraum verschoben (Tabellen 4-6 und 4-7).
Die Befehle für die Addition und die Subtraktion sind von den beiden Zahlendarstellungen unabhängig. Sie unterscheiden diese (bei heutigen Prozessoren) durch Anzeige von Bereichsüberschreitungen im Statusregister: bei vorzeichenloser Interpretation durch das Carry-Bit C, bei vorzeichenbehafteter Interpretation durch das Overflow-Bit V (Statusbits, siehe 1.3 und 2.3). Ausgewertet werden diese Bits z. B. für Programmverzweigungen (siehe 5.3). Spezielle Additions- und Subtraktionsbefehle beziehen das C-Bit in die Operationen mit ein, so daß Zahlen, deren Stellenzahl die Standardformate überschreiten, in mehreren Schritten addiert bzw. subtrahiert werden können.
Die Multiplikation führt bei einfacher Operandenbreite von Multiplikand und Multiplikator (meist Verarbeitungsbreite des Prozessors) üblicherweise auf ein Produkt doppelter Breite, wahlweise auch einfacher Breite. Bei der Division hat der Dividend doppelte Breite, Divisor, Quotient und Rest haben einfache Breite. Ein Divisor mit dem Wert Null führt unmittelbar zum Befehlsabbruch (zero divide trap, siehe 5.4).

Tabelle 4-6. Darstellung ganzer Zahlen Z_u (vorzeichenlos) und Z_s (vorzeichenbehaftet) im Datenformat Byte

Binärcode	Z_u	Z_s
00000000	0	0
00000001	1	1
00000010	2	2
⋮	⋮	⋮
01111111	127	127
10000000	128	−128
10000001	129	−127
⋮	⋮	⋮
11111111	255	−1

Tabelle 4-7. Wertebereiche für ganze Zahlen Z_u (vorzeichenlos) und Z_s (vorzeichenbehaftet) bei der Darstellung mit n Bits

n	Z_u	Z_s
8	0 bis 255	−128 bis +127
16	0 bis 65 535	−32 768 bis +32 767
n	0 bis $2^n - 1$	-2^{n-1} bis $+2^{n-1} - 1$

Gleitkommazahl (Floating-point-Zahl)

Hier werden zur Erreichung eines größeren Wertebereichs die Zahlen halblogarithmisch durch „Mantisse" und „Exponent" dargestellt. Diese Darstellung ist durch das IEEE (Institute of Electrical and Electronic Engineers) standardisiert [1]. Sie hat die Form $Z_{FP} = (-1)^s (1.f) 2^{e - \text{bias}}$ und wird in zwei Basis-Datenformaten für einfache Genauigkeit (single precision, 32 Bits) und für doppelte Genauigkeit (double precision, 64 Bits) codiert (Bild 4-4). Rechenwerksintern kann darüber hinaus mit zwei erweiterten Formaten gearbeitet werden, um eine höhere Rechengenauigkeit zu erreichen. Der Übergang auf die Basisformate erfolgt dann durch Runden.
s ist das Vorzeichenbit der Gleitkommazahl ($s = 0$ positiv, $s = 1$ negativ). Die Mantisse (1.f) wird in *normalisierter Form* angegeben. Dazu wird sie, bei

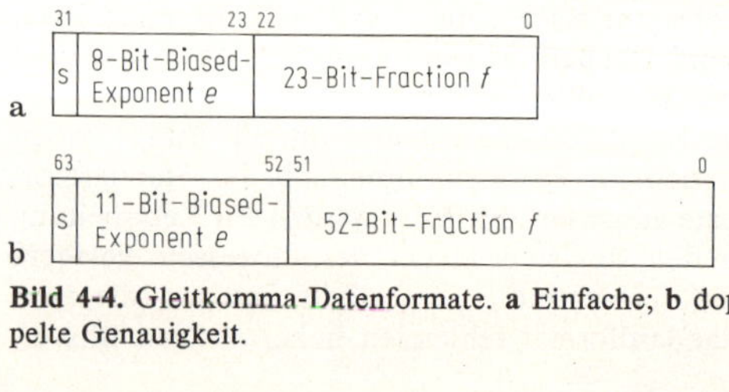

Bild 4-4. Gleitkomma-Datenformate. **a** Einfache; **b** doppelte Genauigkeit.

Tabelle 4-8. Zahlenbereiche und Darstellungsgenauigkeiten für Gleitkommazahlen der Form $Z_{FP} = (-1)^s (1.f) 2^E$ mit $1.f$ = Signifikand und $E = e - bias$

	einfache Genauigkeit	doppelte Genauigkeit
Signifikand	24 Bits	53 Bits
größter relativer Fehler	2^{-24}	2^{-53}
Genauigkeit	≈ 7 Dez.-Stellen	≈ 16 Dez.-Stellen
Biased Exp. *e*	8 Bits	11 Bits
Bias	127	1 023
Bereich für *E*	−126 bis 127	−1 022 bis 1 023
kleinste pos. Zahl	$2^{-126} \approx 1{,}2 \cdot 10^{-38}$	$2^{-1022} \approx 2{,}2 \cdot 10^{-308}$
größte pos. Zahl	$(2 - 2^{-23})\, 2^{127} \approx 3{,}4 \cdot 10^{38}$	$(2 - 2^{-52})\, 2^{1023} \approx 1{,}8 \cdot 10^{308}$

Tabelle 4-9. Beispiele zur Codierung von einfachgenauen Gleitkommazahlen. a) Null; b) denormalisiert; c) normalisiert; d) Unendlich; e) Not-a-Number

	s	*e*	*f* Wert
a	0/1	00000000	$00\ldots00 = \pm 0$
b	0/1	00000000	$00\ldots01 = +0{,}00\ldots01 \cdot 2^{-126}$
	0/1	00000000	$11\ldots11 = \pm 0{,}11\ldots11 \cdot 2^{-126}$
c	0/1	00000001	$00\ldots00 = \pm 1{,}00\ldots00 \cdot 2^{-126}$
	0/1	11111110	$11\ldots11 = \pm 1{,}11\ldots11 \cdot 2^{+127}$
d	0/1	11111111	$00\ldots00 = \pm\infty$
e	0/1	11111111	$00\ldots01$ = NaN
	0/1	11111111	$11\ldots11$ = NaN

gleichzeitigem Vermindern des Exponenten, soweit nach links geschoben, bis sie eine führende Eins aufweist. Das Komma (Dezimalpunkt) wird rechts von dieser Eins festgelegt. Im Datenformat gespeichert wird lediglich der gebrochene Anteil *f* (*fractional part*), die führende Eins wird vom Rechenwerk automatisch ergänzt. Die Mantisse wird auch als Signifikand *S* bezeichnet [1]; er hat den Wertebereich $1{,}0 \leqq S < 2{,}0$. Der Exponent wird als sog. *Biased-Exponent e* (deutsch: Charakteristik) dargestellt, d. h., er wird, ausgehend von der 2-Komplement Darstellung *E*, um einen Basiswert (bias, 127 bzw. 1023) erhöht und ergibt sich so als vorzeichenlose Zahl. Tabelle 4-8 zeigt für beide Basisformate die Zahlenbereiche und die Genauigkeiten bei normalisierter Darstellung

Der größte und der kleinste Exponentwert sind zur Darstellung von Null und Unendlich, von denormalisierten Zahlen und sog. Not-a-Numbers (NaNs) reserviert (Bild 4-5). Denormalisierte Zahlen haben mit der Mantisse $0.f$ eine geringere Genauigkeit als normalisierte Zahlen (Bereichsunterschreitung). Sie werden mit $e = 1$ interpretiert (Tabelle 4-9). NaNs erlauben keine mathematische Interpretation, sie kennzeichnen z. B. nichtinitialisierte Variablen.

a	$(-1)^0 * 0$	, $e = 0$, $f = 0$
b	$(-1)^S\,(0.f)\,2^{-126/-1022}$	, $e = 0$, $f \neq 0$
c	$(-1)^S\,(1.f)\,2^{e-127/-1023}$	, $0 < e < 255/2047$
d	$(-1)^S * \infty$	, $e = 255/2047$, $f = 0$
e	Not-a-Number	, $e = 255/2047$, $f \neq 0$

Bild 4-5. Darstellung von Gleitkommazahlen. **a** Null; **b** denormalisiert; **c** normalisiert; **d** Unendlich; **e** Not-a-Number.

Runden. Die rechenwerksinterne Verarbeitung in den erweiterten Formaten erfordert, sofern die zusätzlichen Fraction-Stellen signifikante Werte aufweisen, ein Runden der Werte beim Anpassen an die Basisformate. Dabei sollen exakte Ergebnisse arithmetischer Operationen erhalten bleiben (z. B. bei der Multiplikation mit 1). Die bestmögliche Ausmittelung von Rundungsfehlern erlaubt das sog. *korrekte Runden*. Bei ihm wird der Wert gleich dem im Zielformat nächstliegenden Wert, im Grenzfall gleich dem geradzahligen Wert, gesetzt. Hingegen wird beim *Aufrunden* der Wert in Richtung positiv unendlich, beim *Abrunden* in Richtung negativ unendlich gerundet. Unter Einsatz beider Verfahren lassen sich Resultate durch Schranken darstellen, innerhalb derer sich der korrekte Wert befindet (Intervallarithmetik). Beim *Runden gegen Null* werden die über das Basisformat hinausgehenden Bitpositionen abgeschnitten.

Operationen. Im IEEE-Standard werden die arithmetischen Operationen Addition, Subtraktion, Multiplikation, Division, Restbildung, Vergleich und Wurzelziehen vorgeschlagen. Hinzu kommen Konvertierungsoperationen zwischen verschiedenen Zahlendarstellungen. *Beispiel:* Subtraktion 4,0 minus 1,5 mit vorherigem Angleichen der Exponenten und Normalisieren des Resultats; Darstellung der Mantisse als Signifikand:

s	*e*	Signifikand
0	10000001	1.0000...0 = 4,0, normal. Minuend
0	01111111	1.1000...0 = 1,5, normalisierter Subtrahend

0 10000001 0.0110...0 = 1,5, Exponentenangleich
0 10000001 0.1010...0 = 2,5, Resultat
0 10000000 1.0100...0 = 2,5, normal. Resultat.

Vektor

Der Begriff Vektor steht hier, losgelöst von seiner mathematischen Definition, für höhere Datentypen, die auf der Datenstruktur Feld mit Datenobjekten einheitlichen, elementaren Datentyps basieren. Vektoren werden durch sog. Vektorbefehle elementweise verarbeitet, d. h., ein Befehl löst mehrere Elementaroperationen aus. Implementiert sind diese Datentypen auf Rechnern spezieller Struktur, sog. *Vektorrechnern*. Die wichtigsten Vektordatentypen, aufgezählt am Beispiel des Vektorrechners CRAY X-MP [2], sind: *Vektor aus Bitvektoren* mit den Elementaroperationen And, Or und Xor, *Vektor aus ganzen Zahlen* mit den Elementaroperationen Addition und Subtraktion und *Vektor aus Gleitkommazahlen* mit den Elementaroperationen Addition, Subtraktion, Multiplikation, Reziprokwertbildung, Normalisieren sowie weiteren, speziellen Operationen.

5 Prozessorfunktionen

Als Prozessorfunktionen werden im folgenden jene Hardwaremerkmale eines Prozessors betrachtet, die dem Programmierer auf der Maschinen- bzw. Assemblerebene „sichtbar" und damit zugänglich sind. Dies sind die programmierbaren Register, der Prozessorstatus, die Adressierungsarten, die Programmablaufsteuerung, die Verwaltung der Betriebsarten und die Behandlung von Programmunterbrechungen. Mit diesen Funktionen eng verknüpft ist der Befehlssatz eines Prozessors; siehe dazu 3.2 (Übersicht), 4.4 (operandenverarbeitend), 5.3 (programmsteuernd) und 5.4 (prozessorsteuernd).

5.1 Registersatz und Prozessorstatus

Registerfunktionen. Die dem Programmierer zugänglichen Register eines Prozessors bezeichnet man als dessen Registersatz oder Registerspeicher. Er dient als Pufferspeicher zwischen Prozessor und Hauptspeicher und hat kürzere Zugriffszeiten und erheblich kleinere Kapazitäten als der Hauptspeicher. Die Registerbreite ist üblicherweise mit der Verarbeitungsbreite des Prozessors, d. h. mit der Wortlänge der ALU und der des prozessorinternen und externen Datenbusses gleich. Ihre Bitanzahl spiegelt sich in der Prozessorbezeichnung wider, z. B. 16-Bit- oder 32-Bit-Prozessor. Register dienen zum Speichern von Operanden, d. h. von Rechengrößen, aber auch von Adressen und Indizes, d. h. von Information für die Adreßmodifikation (siehe 5.2). Beide Funktionen können in Universalregistern vereint oder in Universal- und Spezialregistern getrennt implementiert sein. Eine dritte Registerfunktion, die Statusspeicherung, wird immer durch ein spezielles Statusregister verwirklicht.

Akkumulatormaschine. Hierbei umfaßt der Registersatz für die Operandenspeicherung nur ein einzelnes (manchmal auch zwei), sog. Akkumulatorregister; weitere Register haben Spezialfunktionen, z. B. für die Adressierung. Die operandenverarbeitenden Befehle haben 1-Adreß-Format mit impliziter Adressierung des Akkumulators als eine der beiden Operandenquellen und als Resultatziel. Diese für die Programmierung unflexible Struktur ist typisch für ältere Rechner und für heutige 8-Bit-Mikroprozessoren mit ihrem vorwiegenden Einsatz für Steuerungsaufgaben. Bild 5-1 a zeigt einen Registersatz eines solchen 8-Bit-Mikroprozessors mit einer Adreßwortlänge von 16 Bits.

Registermaschine. Sie hat einen Registerspeicher von 8, 16 oder mehr Universalregistern, die gleichrangig für die Speicherung von Operanden und Adreßangaben eingesetzt werden können. Sonderfunktionen, z. B. die Stackpointerfunktion, sind entweder diesen Registern überlagert oder werden durch zusätzliche Spezialregister wahrgenommen. Adressiert wird der Registerspeicher explizit durch Registeradressen. Typisch ist diese Struktur für heutige Rechner mit Verarbeitungsbreiten von 16 und mehr Bits und mit 2-Adreß- oder 3-Adreß-Befehlsformaten. Bild 5-1 b zeigt einen Registersatz mit z. T. den Universalregistern überlagerten Spezialfunktionen.
Registerzugriffe auf Daten, deren Formate kürzer sind als die Registerbreiten, beziehen sich üblicherweise auf die niedrigerwertigen Registerbits. So beeinflußt z. B. ein Bytezugriff nur die Bitpositionen 0 bis 7. Für größere Datenformate als die Registerbreite werden Register auch zu Doppel- und Vierfachregistern zusammengefaßt.

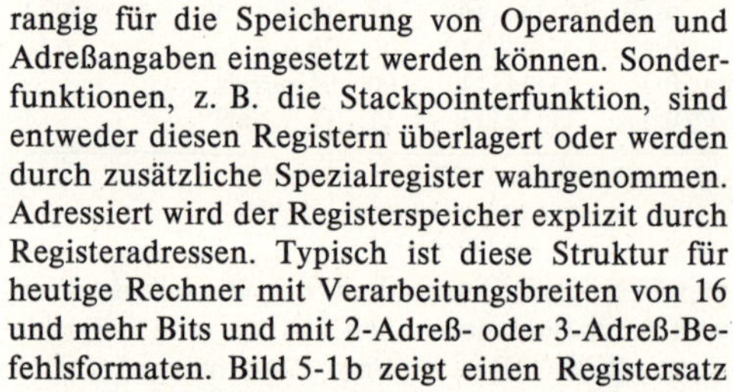

Bild 5-1. Registersatz. **a** Akkumulatormaschine (Motorola M6800 [1]); **b** Registermaschine (Digital Equipment VAX-11 [5]).

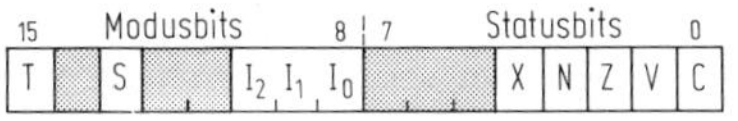

Bild 5-2. Statusregister des Mikroprozessors Motorola MC68000 [2]. T Trace Mode, S Supervisor/User, I_2-I_0 Interrupt Mask (Prozessorpriorität), X Extend, N Negtive, Z Zero, V Overflow, C Carry.

Prozessorstatus. Die Registerinhalte stellen insgesamt den Prozessorstatus dar, d. h. jene Information, die bei Unterbrechung einer Programmausführung gerettet werden muß, um das Programm zu einem späteren Zeitpunkt ohne Informationsverlust fortsetzen zu können. Das Retten in einen Kellerbereich des Hauptspeichers (stack) wird für die elementaren Statusanteile vom Prozessor automatisch durchgeführt: beim Unterprogrammaufruf betrifft dies den Befehlszählerinhalt (siehe 5.3), bei Programmunterbrechungen (Traps und Interrupts) zusätzlich den Statusregisterinhalt (siehe 5.4). Retten und Laden der universellen Register werden durch Blocktransferbefehle unterstützt. *Beispiel* (Motorola MC68020 [3]): Der Move-Multiple-Befehl `MOVEM.W R0-R3/R6,-(SP)` speichert die Wortinhalte der Register `R0` bis `R3` und `R6` in den durch das Stackpointerregister `SP` adressierten Stackdatenbereich; das zugehörige Laden erfolgt mit
`MOVEM.W (SP)+,R0-R3/R6`.
Bild 5-2 zeigt das Statusregister eines 16-Bit-Mikroprozessors. Es umfaßt Modusbits und Statusbits. Die Modusbits haben Steuerfunktionen und werden von der Systemsoftware verwaltet (siehe 5.4). Die Statusbits, auch Bedingungsbits (condition code, CC) genannt, werden von der ALU, abhängig vom Resultat des zuletzt ausgeführten Befehls, beeinflußt (siehe 1.3 und 2.3). Sie können vom Anwenderprogramm gelesen, und für Bedingungsabfragen bei Programmverzweigungen ausgewertet werden (siehe 5.3). Ihre Aussagen beziehen sich primär auf die Resultate von Operationen mit ganzen Zahlen. — Zum Retten und Laden des Inhalts des Statusregisters oder nur der Bedingungsbits gibt es spezielle Transportbefehle.

5.2 Adressierungsarten

Befehle enthalten in ihrem Adreßteil nur in den einfachsten Fällen die Adressen der Operanden, auf die sie sich beziehen, direkt. Die tatsächliche (sog. *effektive*) Adresse wird vielmehr oft zur Laufzeit aus mehreren Teilen, die im Befehl oder in Registern enthalten sind, berechnet (*Adreßmodifikation*). Gründe hierfür sind z. B.:

— Die Adresse der Elemente einer Datenstruktur setzt sich additiv aus einer Anfangsadresse und einer Distanz zusammen, wobei die Distanz oft erst zur Laufzeit bekannt ist.
— Der Operandenzugriff eines Befehls kann sich bei wiederholter Befehlsausführung, z. B. in einer Programmschleife, auf aufeinanderfolgende Adressen beziehen, die erst zur Laufzeit zu bilden sind.
— Das Zerlegen von Adressen in eine Basisadresse, die in einem Register steht, und in Distanzen, die in Befehlen stehen, erleichtert das Erzeugen von *verschiebbarem Code* und *verschiebbaren Variablenbereichen*. Da Distanzen oft eine geringere Breite als Adressen haben, werden außerdem die Befehle kürzer.

Die wichtigsten Adressierungsarten sind:

Konstantenadressierung (immediate addressing). Sie ist ein Sonderfall, bei dem der konstante Operand — auch Direktoperand genannt — selbst im Befehl steht. Eine eigentliche Adressierung entfällt damit.

Direktadressierung (direct addressing). Hier steht die effektive Operandenadresse als Speicher- oder Registeradresse im Adreßteil des Befehls. Bei Registeradressen ergeben sich kurze Befehle (siehe Bild 4-3).

Indirekte Adressierung (indirect addressing). Hier steht die effektive Operandenadresse in einer Speicherzelle oder einem Register und die Adresse dieser Zelle oder dieses Registers im Befehl (speicherindirekte, registerindirekte Adressierung). Das ermöglicht das Berechnen und Bereitstellen von Adressen zur Laufzeit. Unterstützt wird dies häufig durch Befehle, wie Load Effective Address, die die in ihrem Adreßteil angegebene effektive Quelladresse ermitteln und sie unter der im Adreßteil angegebenen Zieladresse speichern. *Beispiel:* `LEA FELD(R0),R1` addiert zu der im Befehl stehenden Basisadresse `FELD` den Inhalt von `R0` (indizierte Adressierung) und schreibt die resultierende Adresse nach `R1`.
Erweiterungen der indirekten Adressierung sind die *registerindirekte Adressierung mit Prädekrement* und *mit Postinkrement*. Bei ihnen wird die im Register stehende Adresse vor ihrer Benutzung automatisch dekrementiert bzw. nach ihrer Benutzung automatisch inkrementiert, abhängig von dem im Befehl angegebenen Datenformat, um 1 (Byte), 2 (Wort), 4 (Doppelwort).

Indizierte Adressierung (indexed addressing). Hier wird die effektive Adresse als Summe einer Basisadresse und eines Index berechnet:

Effektive Adresse = Basisadresse + Index.

Die Basisadresse steht als konstante Größe im Befehl, der Index als variable Größe in einem Register, dem sog. *Indexregister*. Der Index kann vorzeichenbehaftet sein (2-Komplement-Zahl).
In Verbindung mit der speicherindirekten Adressierung gibt es zwei weitere Adressierungsarten: die *Vorindizierung*, bei der der Index *vor* der indi-

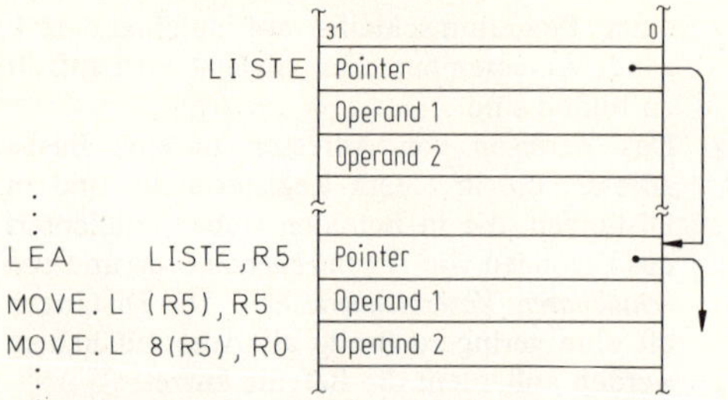

Bild 5-3. Zugriff auf Operand 2 im zweiten Element einer verketteten Liste mit der Kopfadresse `LISTE`. `LEA` lädt die Kopfadresse nach R5; mit ihr wird durch den ersten Move-Befehl der Pointer auf das zweite Element nach R5 geladen (registerindirekte Adressierung). Der zweite Move-Befehl benutzt diesen Pointer als Basisadresse und greift mit der Distanz 8 auf Operand 2 zu (Basisregisteradressierung mit Distanz; in Anlehnung an den MC68020 [3]).

rekten Adressierung ausgewertet wird und die *Nachindizierung*, bei der der Index *nach* der indirekten Adressierung ausgewertet wird.

Basisregisteradressierung (base register addressing). Hier wird die effektive Adresse als Summe aus einer Basisadresse, einer Distanz (*displacement, offset*) und eines Index berechnet:

Effektive Adresse
= Basisadresse + Distanz + Index.

Die Basisadresse steht wie der Index als variable Größe in einem Register (*Basisadreßregister*). Die Distanz steht als konstante Größe im Befehl. Sie kann vorzeichenbehaftet sein (2-Komplement-Zahl). Abwandlungen dieser Adressierungsart sehen entweder eine Distanz oder einen Index vor. — Bild 5-3 zeigt ein Adressierungsbeispiel.

Adressierung bei Sprungbefehlen. Der Adreßteil von Sprungbefehlen enthält keine Operandenadresse, sondern die Adresse des Sprungziels. Hier gibt es zwei Hauptvarianten:

— *Absolute Adressierung (absolute addressing).* Die effektive Adresse wird wie bei Befehlen, die sich auf Operanden beziehen, aus einem oder mehreren Anteilen berechnet (siehe oben).
— *Befehlszählerrelative Adressierung (program counter relative addressing).* Der Adreßteil enthält die Distanz zwischen dem augenblicklichen Stand des Befehlszählers und dem Sprungziel:

Effektive Adresse
= Befehlszählerstand + Distanz.

Die Distanz ist für Vorwärtssprünge positiv, für Rückwärtssprünge negativ (2-Komplement-Zahl). Bei Sprungbefehlen mit dieser Adressierungsart brauchen die Adreßteile nicht verändert zu werden, wenn das Programm im Speicher verschoben wird (verschiebbarer Code).

5.3 Ablaufsteuerung

Der Ablauf eines Programms ist primär durch die fortlaufende Adressierung seiner Befehle durch den Befehlszähler gegeben. Verzweigungen, Schleifen und Unterprogrammaufrufe erfordern jedoch die Unterbrechung des linearen Ablaufs durch Sprungbefehle.

Unbedingter Sprung. Er erfolgt mit einem unbedingten Sprungbefehl (z. B. Jump, `JMP`) durch Laden des Befehlszählers mit der im Sprungbefehl enthaltenen Adresse.

Bedingter Sprung und Programmverzweigung. Bedingte Sprungbefehle (z. B. Branch Conditionally, `Bcc`) sind solche, mit denen der Sprung abhängig von einer im Befehl angegebenen Bedingung cc (condition code) ausgeführt wird (Bedingung erfüllt) oder das Programm mit dem auf den Sprungbefehl folgenden Befehl fortgesetzt wird (Bedingung nicht erfüllt). Die Bedingungen beziehen sich auf die durch das Resultat des vorangegangenen Befehls beeinflußten Bedingungsbits im Prozessorstatusregister (siehe 3.2). Als vorbereitende Befehle bieten sich vor allem Compare- und Bit-Test-Befehle an, da sie die Operanden nicht verändern; häufig verwendet werden aber auch Dekrementbefehle. Compare-Befehle erlauben den Vergleich zweier Größen durch Subtraktion und beeinflussen alle Bedingungsbits (signed und unsigned integers). Bit-Test-Befehle spiegeln den Zustand des oder der getesteten Bits in den Bedingungsbits Zero und Negative wider; Dekrementbefehle eignen sich für Zählvorgänge mit nachfolgender Abfrage auf Null.
Eine Auflistung der gebräuchlichen Sprungbedingungen zeigt Tabelle 5-1. Dabei ist zu beachten, daß für die Vergleichsoperationen $<$, $\leqq$, $\geqq$ und $>$ zwei unterschiedliche Befehlsgruppen existieren, mit denen die beiden Ganzzahldarstellungen unterschieden werden.

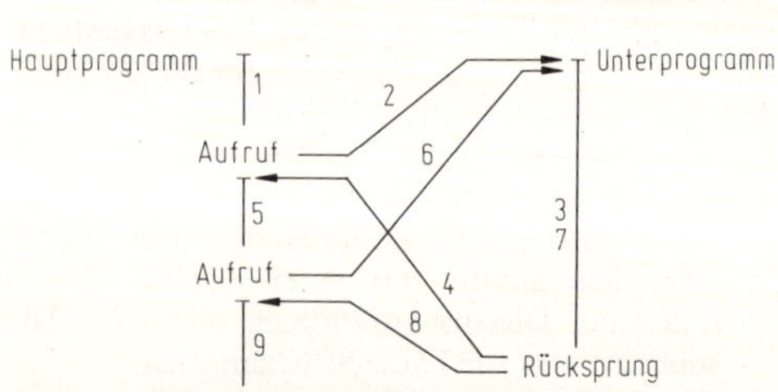

Bild 5-4. Zweimaliges Aufrufen eines Unterprogramms. Zeitlicher Ablauf entsprechend der Numerierung.

Tabelle 5-1. Sprungbedingungen cc der bedingten Sprungbefehle Bcc am Beispiel der PDP-11 [4]

Mnemon	cc		Test
BGT	GT	greater than (signed) >	$Z = 0$ *and* $N = V$
BGE	GE	greater or equal (signed) ≧	$N = V$
BLE	LE	less or equal (signed) ≦	$Z = 1$ *or* $N \neq V$
BLT	LT	less than (signed) <	$N \neq V$
BPL	PL	plus	$N = 0$
BMI	MI	minus	$N = 1$
BHI	HI	higher (unsigned) >	$Z = 0$ *and* $C = 0$
BHIS	HIS	higher or same (unsigned) ≧	$C = 0$
BLOS	LOS	lower or same (unsigned) ≦	$Z = 1$ *or* $C = 1$
BLO	LO	lower (unsigned) <	$C = 1$
BEQ	EQ	equal =	$Z = 1$
BNE	NE	not equal ≠	$Z = 0$
BVS	VS	overflow set	$V = 1$
BVC	VC	overflow clear	$V = 0$
BCS	CS	carry set	$C = 1$
BCC	CC	carry clear	$C = 0$

Unterprogramme. Unterprogramme (Prozeduren, subroutines) sind in sich abgeschlossene Befehlsfolgen mit meist eigenen lokalen Datenbereichen, die an beliebigen Stellen eines übergeordneten Programms, des Haupt- oder Oberprogramms, wiederholt aufgerufen und ausgeführt werden können. Nach Abarbeitung eines Unterprogramms wird das übergeordnete Programm hinter der Aufrufstelle fortgesetzt (Bild 5-4). Beim Aufruf kann ein Unterprogramm mit Rechengrößen versorgt werden, und es kann Ergebnisse an das Oberprogramm zurückgeben. Man bezeichnet diese Größen als Parameter und den Vorgang als Parameterübergabe. Vorteile dieser Technik sind: sich wiederholende Befehlsfolgen werden nur einmal geschrieben und gespeichert, Programme werden übersichtlicher und sind damit leichter zu testen, Unterprogramme können unabhängig vom Oberprogramm übersetzt werden und Standardunterprogramme können in Bibliotheken zur Verfügung gestellt werden.

Aufruf und Rückkehr. Der Aufruf erfolgt meist durch einen speziellen Sprungbefehl (z. B. Jump to Subroutine, JSR) mit der Angabe der Startadresse des Unterprogramms als Sprungziel. Vor Neuladen des Befehlszählers wird dessen Inhalt als Rücksprungadresse auf den durch ein Stackpointerregister verwalteten Stack geschrieben. Die Rückkehr erfolgt durch einen weiteren speziellen Sprungbefehl (z. B. Return from Subroutine, RTS), der als letzter Befehl des Unterprogramms den obersten Stackeintrag als Rücksprungadresse in den Befehlszähler lädt. Im Haupt- oder im Unterprogramm können zusätzlich durch Transportbefehle die Inhalte jener Register auf den Stack gerettet und später wieder zurückgeladen werden, die das Hauptprogramm noch benötigt bzw. die vom Unterprogramm verändert werden.

Parameterübergabe. Als Parameter werden beim Aufruf entweder die Werte von Operanden (*call by value*) oder deren Adressen übergeben (*call by reference*). Die Wertübergabe erfordert lokalen Speicherplatz im Unterprogramm und ist für einzelne Werte geeignet. Die Adreßübergabe ist insbesondere bei zusammengesetzten Datenobjekten, z. B. Feldern, von Vorteil, da die Werte nicht transportiert werden müssen und keinen zusätzlichen Speicherplatz benötigen. Sie erlaubt außerdem auf einfache Weise die Parameterrückgabe.

Grundsätzlich erfolgt die Parameterübergabe durch Zwischenspeicherung an einem Ort, der sowohl für das Hauptprogramm als auch für das Unterprogramm zugänglich ist. Dieser kann sein:

— Der Registerspeicher des Prozessors, sofern die Anzahl der freien Register ausreicht.
— Ein Datenbereich des Hauptprogramms, dessen Basisadresse im Registerspeicher übergeben wird.
— Der Programmbereich unmittelbar hinter dem aufrufenden Befehl. Der Zugriff erfolgt dann mittels der im Stack abgelegten Rücksprungadresse. Sie wird dabei auf den Befehl, der auf den Parameterbereich folgt, weitergezählt.
— Der Stack, der über das Stackpointerregister allgemein zugänglich ist.

Bild 5-5 zeigt ein Beispiel für die Parameterübergabe im Stack.

Schachtelung von Aufrufen. Ein Unterprogramm kann wiederum Unterprogramme aufrufen und erhält damit die Funktion eines „Oberprogramms". Der Aufrufmechanismus kann sich so über mehrere Stufen erstrecken. Man bezeichnet das als Schachtelung von Unterprogrammaufrufen und unterscheidet drei Arten:

Einfache Unterprogramme folgen dem bisherigen Prinzip von Aufruf und Rückkehr, wobei der für

```
Oberprogramm:
0.          :
1.      MOVE.W   VALUE,-(R15)
2.      LEA      STRING,-(R15)
3.      JSR      SUBR
9.      LEA      4(R15),R15

Unterprogramm:
4.SUBR  MOVEM.W  R1/R2,-(R15)
5.      MOVE.W   8(R15),R1
6.      MOVE.W   6(R15),R2
            :
7.      MOVEM.W  (R15)+,R1/R2
8.      RTS
```

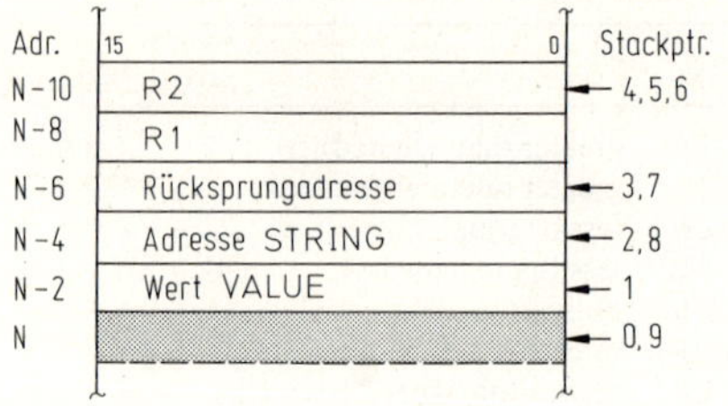

Bild 5-5. Parameterübergabe und Statusretten in einem wortorganisierten Stack mit Stackpointer in R15 (angelehnt an den MC68020 [3]).
Ablaufschritte:
1. Speichern des Parameters VALUE als Wert auf dem Stack (Stackadressierung registerindirekt mit Prädekrement).
2. Speichern des Parameters STRING als Adresse auf dem Stack.
3. Aufrufen des Unterprogramms.
4. Retten der Registerinhalte R1 und R2.
5. und 6. Laden der beiden Parameter nach R1 und R2 (Stackzugriff: Basisregisteradressierung mit Distanz).
7. Laden der alten Inhalte nach R1 und R2 (Stackadressierung registerindirekt mit Postinkrement).
8. Rücksprung ins Oberprogramm.
9. Freigabe des Parameterbereichs durch Erhöhen des Stackpointers um 4.

das Retten der Rücksprungadresse benutzte Stack mit seinem LIFO-Prinzip genau der Schachtelungsstruktur entspricht. Lokale Daten und Parameter können in gesonderten Speicherbereichen oder auf dem Stack verwaltet werden.

Rekursive Unterprogramme können aufgerufen werden, bevor sie ihre gegenwärtige Verarbeitung abgeschlossen haben. Dies geschieht entweder direkt, wenn sich das Unterprogramm selbst aufruft, oder indirekt, wenn der Wiederaufruf auf dem Umweg über ein oder mehrere Unterprogramme erfolgt. Bei rekursiven Unterprogrammen muß dafür gesorgt werden, daß mit jedem Aufruf ein neuer Datenbereich bereitgestellt wird, damit der zuletzt aktuelle Bereich nicht beim erneuten Aufruf überschrieben wird. Hier bietet sich wiederum der Stack an.

Reentrante (wiedereintrittsfeste) Unterprogramme können von unterschiedlichen Programmen aus aufgerufen werden und sind dabei wie die rekursiven Unterprogramme in ihrer Ausführung unterbrechbar. Bei ihnen ist jedoch der Zeitpunkt des Wiederaufrufs nicht bekannt, so z. B. beim Aufruf durch Interruptprogramme. Das heißt, das an beliebigen Stellen von einem Interrupt unterbrechbare Unterprogramm muß mit jedem Neuaufruf für das Retten seines Datenbereichs und seines Status selbst sorgen. Auch hier bietet sich wieder der Stack an. Diese Technik findet z. B. bei Mehrprogrammsystemen Einsatz.

5.4 Betriebsarten und Ausnahmebehandlung

Ein wesentlicher Aspekt für die Betriebssicherheit eines Rechners ist der Schutz der für den Betrieb erforderlichen Systemsoftware (z. B. Betriebssystem, operating system) gegenüber unerlaubten Zugriffen durch Anwendersoftware (Benutzerprogramme). Grundlage hierfür sind die in der Prozessorhardware verankerten Betriebsarten (Modi) zur Vergabe von Privilegienebenen. Üblich sind Systeme mit zwei oder vier Ebenen. Eng verbunden mit den Betriebsarten ist die Ausnahmebehandlung (*exception handling*), d. h. die Verwaltung von Programmunterbrechungen durch den Prozessor.

Betriebsarten

In einem Zwei-Ebenen-System laufen die elementaren Betriebssystemfunktionen im privilegierten *Supervisor-Modus* und die Benutzeraktivitäten im nichtprivilegierten *User-Modus* ab. Den Benutzeraktivitäten rechnet man hierbei auch Systemprogramme zu, die als Betriebssystemerweiterungen gelten, z. B. Compiler (siehe 7.2). Festgelegt wird die jeweilige Betriebsart durch ein Modusbit im Statusregister (S-Bit in Bild 5-2; bei vier Ebenen zwei Bits, z. B. bei der VAX-11 [5]). Der Schutzmechanismus besteht zum einen in der prozessorexternen Anzeige der jeweiligen Betriebsart durch die Statussignale des Prozessors. Dies kann von

einer Speicherverwaltungseinheit dazu genutzt werden, Zugriffe von im User-Modus laufenden Programmen für bestimmte Adreßbereiche einzuschränken (z. B. nur Lesezugriffe erlaubt) oder sie sogar ganz zu unterbinden (siehe 7.3). Demgegenüber können der Supervisor-Ebene die vollen Zugriffsrechte eingeräumt werden. Der Schutzmechanismus besteht zum andern in der Aufteilung der Stack-Aktivitäten auf einen Supervisor- und einen User-Stack. Dazu sieht die Hardware oft zwei Stackpointerregister vor, die abhängig von der Betriebsart „sichtbar" werden.
Einen weiteren Schutz bieten die sog. *privilegierten Befehle*, die nur im Supervisor-Modus ausführbar sind. Zu ihnen zählen alle Befehle, mit denen die Modusbits im Statusregister verändert werden können, so auch die Befehle für die Umschaltung in den User-Modus. Ein weiterer Befehl dient zum Anhalten des Prozessors. Programmen, die im User-Modus laufen, ist über die Einschränkung der Zugriffe auf die privilegierten Adreßbereiche hinaus die Ausführung privilegierter Befehle verwehrt. Versuche, dies zu durchbrechen, führen zu Programmunterbrechungen in Form von sog. Fallen (traps, siehe unten)
Der Übergang vom User-Modus in den Supervisor-Modus erfolgt durch sog. Betriebssystemaufrufe (system calls, supervisor calls, Trap-Befehle), die Rückkehr in die Benutzerebene durch einen besonderen privilegierten Befehl.

Programmunterbrechungen

Sie resultieren aus Anforderungen an den Prozessor, die Programmausführung zu unterbrechen und die Verarbeitung mit einer Unterbrechungsroutine fortzusetzen. Die Anforderungen treten als Traps und Interrupts auf.

Traps. Sie sind immer mit einer Befehlsausführung gekoppelt, lösen eine Anforderung also „synchron" mit der Programmausführung aus, z. B. bei:
— Division durch Null (zero divide trap),
— Bereichsverletzung bei Operationen mit ganzen Zahlen im 2-Komplement-Darstellung (overflow trap),
— Bereichsunterschreitungen bei Gleitkommaoperationen (floating underflow trap),
— Aufruf eines privilegierten Befehls im User-Modus (privilege violation trap),
— Aufruf eines Befehls mit unerlaubtem Operationscode (illegal instruction trap),
— Zugriff auf einen nicht vorhandenen Speicherbereich oder Verletzen der Zugriffsrechte (bus error trap),
— Ausführen eines Trap-Befehls (trap instruction trap, supervisor call),
— Ausführen eines beliebigen Befehls bei gesetztem Trace-Bit im Prozessorstatusregister (trace trap; erlaubt das schrittweise Durchlaufen eines Programms für Testzwecke; die Trace-Trap-Routine dient dabei zur Statusanzeige).

Interrupts. Sie werden durch prozessorexterne Ereignisse erzeugt, z. B. durch Synchronisationssignale von Ein-/Ausgabeeinheiten oder durch Anforderungssignale externer Prozesse. Dementsprechend treten diese Anforderungen nicht vorhersehbar, d. h. „asynchron" zur Programmausführung auf. Die notwendige Synchronisation wird dadurch erreicht, daß der Prozessor nur in bestimmten Zuständen die Interruptsignale abfragt, üblicherweise nach jeder Befehlsabarbeitung. Bei *maskierbaren Interrupts* können Anforderungen durch Setzen eines Maskenbits im Statusregister blockiert werden (in Bild 5-2: drei Maskenbits für 3-Bit-Anforderungen zur Unterscheidung von acht Prioritätenebenen). Da das Maskenbit ein Modusbit ist, kann das programmierte Rücksetzen nur durch einen privilegierten Befehl erfolgen. *Nichtmaskierbare Interrupts* werden immer ausgeführt. Dies gewährleistet eine schnelle Reaktion bei nichtaufschiebbaren Anforderungen, z. B. das Retten des Status auf einen Hintergrundspeicher, wenn die Versorgungsspannung einen kritischen Grenzwert unterschreitet (power fail save). Ein spezieller Interrupt (Reset-Signal) dient zur Systeminitialisierung. Er setzt u. a. im Statusregister den Supervisor-Modus, lädt den Befehlszähler mit einer vorgegebenen Adresse des Betriebssystems und leitet die Programmausführung ein.

Prioritäten. Allen Unterbrechungsanforderungen sind Prioritäten zugeordnet, die die Unterbrechbarkeit von Unterbrechungsroutinen regeln. Höchste Priorität hat das Reset-Signal, gefolgt von den fehleranzeigenden Traps. In einer weiteren Gruppe folgen die Interrupts und mit geringster Priorität die Trap-Befehle. Interrupts können prozessorextern weiter nach Prioritätenebenen unterteilt werden, womit sich mehrere Interruptquellen pro Signaleingang verwalten lassen (siehe 6.1).

Unterbrechungsbehandlung

Eine Unterbrechungsanforderung bewirkt, sofern sie durch den Prozessorstatus nicht blockiert wird, eine Unterbrechung des laufenden Programms und führt zum Aufruf einer Unterbrechungsroutine (Bild 5-6). Damit verbunden sind das Retten des aktuellen Prozessorstatus (Befehlszähler, Statusregister) auf den Supervisor-Stack, das Setzen des Maskenbits bei einer maskierbaren oder höheren Anforderung, das Umschalten in den Supervisor-Modus, das Lesen der Startadresse der Unterbrechungsroutine aus einer sog. Vektortabelle, das Laden der Adresse in den Befehlszähler und das Starten der Unterbrechungsroutine. Die Rückkehr erfolgt durch einen privilegierten Rücksprungbefehl, der den alten Status wieder lädt (Return from

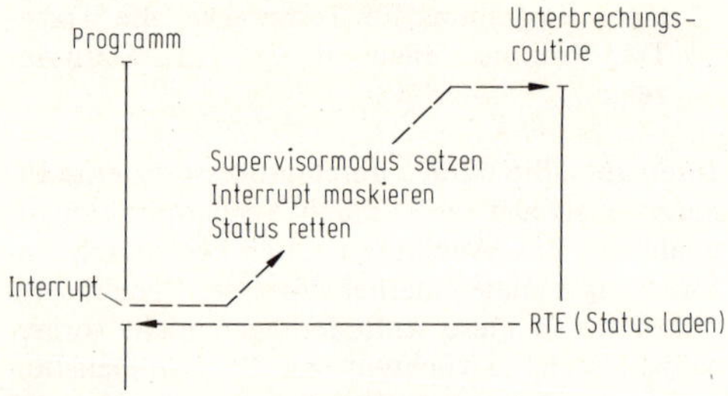

Bild 5-6. Aufruf einer Unterbrechungsroutine, ausgelöst durch einen maskierbaren Interrupt.

Exception, RTE). — Wurde die Unterbrechung z. B. durch einen maskierten Interrupt ausgelöst, so ist sie, wegen des damit verbundenen Setzens des Maskenbits, durch eine nachfolgende Anforderung gleicher Art nicht unterbrechbar, es sei denn das Maskenbit wird innerhalb der Routine explizit zurückgesetzt. Das automatische Rücksetzen erfolgt erst mit Laden des alten Prozessorstatus durch den Rücksprungbefehl.

Die *Vektortabelle* ist eine vom Betriebssystem verwaltete Tabelle im Speicher für die Startadressen aller Trap- und Interruptroutinen. Der Zugriff auf die Tabelle bei der Unterbrechungsbehandlung erfolgt über eine der Anforderung zugeordnete *Vektornummer*, die der Prozessor als Tabellenindex auswertet. Bei einem Trap oder einem sog. *nichtvektorisierten Interrupt* wird die Vektornummer, abhängig von der Trap-Ursache bzw. der aktivierten Interruptleitung, prozessorintern generiert. Bei einem sog. *vektorisierten Interrupt* wird sie von der anfordernden Interruptquelle bereitgestellt und vom Prozessor in einem Lesezyklus übernommen. Die der Quelle zugeordnete Vektornummer ist hierbei aus einem größeren Vorrat wählbar, d. h., es können mit nur einer Anforderungsleitung viele unterschiedliche Anforderungen verwaltet werden. Zu deren Priorisierung siehe 6.1.

6 Rechnersysteme

Rechnersysteme bestehen aus Funktionseinheiten, die durch Übertragungswege miteinander verbunden sind. Aktive Einheiten (Master) sind in der Lage, Datentransfers auszulösen und zu steuern. Sie arbeiten entweder programmiert (Prozessoren), oder ihre Funktion ist fest vorgegeben bzw. in eingeschränktem Maße programmierbar (Controller). Passive Einheiten (Slaves) werden von einem Master gesteuert (z.B. Speicher und passive Schnittstelleneinheiten zur Peripherie). — Die wichtigsten prozessorexternen Funktionen eines Rechnersystems sind das Durchführen von Datentransfers, das Verwalten von Speicherzugriffen und die Steuerung von Ein-/Ausgabevorgängen.

Einfache Rechnersysteme bestehen aus dem Zentralprozessor als einzigem Master, aus Speichern und passiven Ein-/Ausgabeeinheiten als Slaves und aus den erforderlichen Verbindungswegen. Eine Erhöhung der Leistungsfähigkeit erhält man durch weitere Master, z.B. Direct-memory-access-Controller (DMA-Controller) oder Ein-/Ausgabekanäle zur Steuerung von Ein-/Ausgabevorgängen oder durch weitere Prozessoren zur Aufteilung der zentralen Aufgaben. Dies führt zu Mehrprozessorsystemen und zu sog. verteilten Systemen, die neben höherer Leistungsfähigkeit auch eine höhere Ausfallsicherheit bieten. Die Verteilung der Rechenleistung reicht schließlich bis zur Vernetzung von Rechenanlagen durch lokale Netze und Weitverkehrsnetze.

6.1 Busse

Ein- und Mehrbussysteme

Die gebräuchlichsten Verbindungsstrukturen zwischen den Funktionseinheiten eines Rechners sind Bussysteme (siehe auch 1.3). Einen Bus, bestehend aus Daten-, Adreß- und Steuerleitungen, an den die Master und Slaves als Buskomponenten über mechanisch und elektrisch spezifizierte Schnittstellen angekoppelt sind, bezeichnet man als Systembus (Bild 6-1a). Die Datenübertragung geschieht üblicherweise parallel über mehrere Datenleitungen, z.B. im Byteformat oder geradzahli-

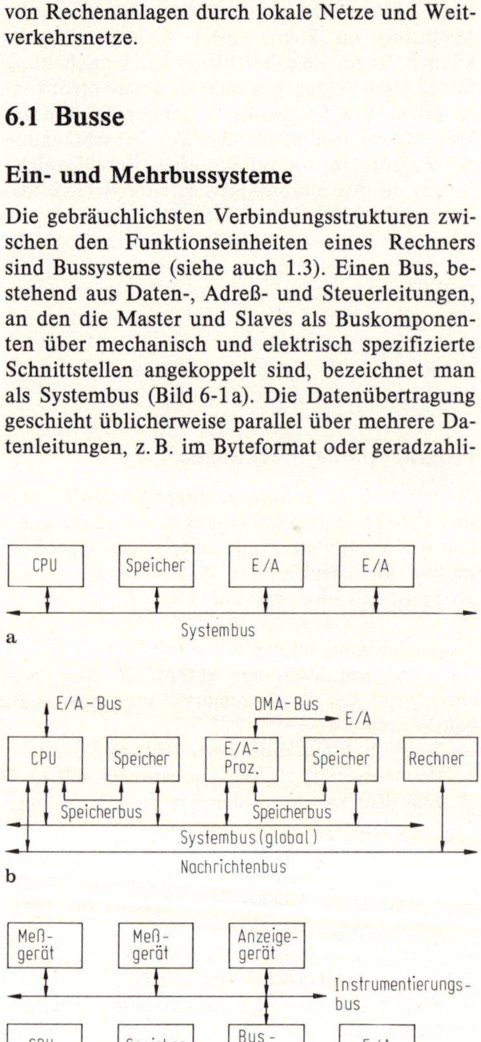

Bild 6-1. Bussysteme. **a** Systembus; **b** zusätzliche lokale und Peripheriebusse; **c** zusätzlicher Instrumentierungsbus.

gen Vielfachen von Bytes. Die Übertragungsgeschwindigkeit eines „schnellen" 32-Bit-Busses liegt z. Z. in der Größenordnung von 40 Mbyte/s.
Systembusse haben entweder sehr rechnerbezogene Eigenschaften, z. B. Q-Bus (LSI-11 [13]), Unibus (PDP-11/VAX-11 [15, 20]) und VAXBI-Bus (neuere VAX-Systeme [21]) von Digital Equipment, oder sie werden mit möglichst rechnerunabhängigen Eigenschaften als Quasi-Standards festgelegt. Beispiele hierfür sind der iPSB-Bus (Multibus II, Intel [14]) und der VME-Bus (Motorola, Mostek, Philips, Signetics [22]). Darüber hinaus gibt es standardisierte (genormte) Busse, wie den Futurebus ([19], geplant als IEEE-Standard, Institute of Electrical and Electronic Engineers).
Einbussysteme bieten eine große Flexibilität in der modularen Konfigurierung von Rechnersystemen. Ihr Nachteil ist jedoch, daß zu einer Zeit immer nur ein einziger Datentransport stattfinden kann und somit bei mehreren Mastern im System Engpässe auftreten können. Abhilfe schaffen Mehrbuskonfigurationen, wie in Bild 6-1b in Anlehnung an den Multibus II gezeigt [14]. Der zentrale Systembus (*globaler Bus*) wird hier ergänzt durch *lokale Busse* für den Prozessor-Speicher-Zugriff (Speicherbus), für den Direktspeicherzugriff durch einen DMA-Kanal (DMA-Bus) und für den Anschluß von Ein-/Ausgabegeräten (E/A-Bus, Peripheriebus). Hinzu kommt ein langsamer (bitserieller) Bus für die Übertragung von Nachrichten zwischen den Prozessoren des Systems (Nachrichtenbus).
Bild 6-1c zeigt eine anwendungsorientierte Erweiterung eines Rechnersystems durch einen sog. Instrumentierungsbus, wie den IEC-Bus [1] (IEC, International Electrotechnical Commission). Er ermöglicht den Zusammenschluß von Meß-, Steuer- und Anzeigegeräten (Instrumenten), z. B. im Laborbereich. Weitere Busse sind die Vielzahl der Prozeßdatenverarbeitungsbusse für den Aufbau von Systemen mit Meß-, Steuer-, Regelungs- und Automatisierungsaufgaben. Sie sind unter Berücksichtigung der Störeinflüsse in industrieller Umgebung, des Echtzeitverhaltens, einer großen Fehlertoleranz und leichter Wartbarkeit ausgelegt [9].

Systembus

Der Systembus ist Vermittler für die unterschiedlichen Funktionsabläufe zwischen den Busteilnehmern. Diese Abläufe unterliegen Regeln, die als sog. *Busprotokolle* Bestandteil der Busspezifikation sind. Zur Einhaltung dieser Regeln, in denen sich die Funktion der Bussignale, ihr Zeitverhalten (timing) und ihr Zusammenwirken widerspiegeln, sind bei den Busteilnehmern Steuereinheiten erforderlich, wie dies Bild 6-2 an einem Beispiel zeigt. Die wesentlichen Funktionen sind:

— die Datenübertragung zwischen Master und Slave,
— die Busarbitration (Buszuteilung) bei mehreren Mastern,
— die Interruptpriorisierung und
— Dienstleistungen (utilities), wie Stromversorgung, Taktversorgung (SYSCLK-Signal), Systeminitialisierung (RESET-Signal), Anzeige einer zu geringen Versorgungsspannung (AC-FAIL-Signal) und Anzeige von Systemfehlern (BUS-ERROR-Signal).

In seinem mechanischen Aufbau besteht der Systembus aus nebeneinanderliegenden Steckerleisten, auf die die Funktionseinheiten in Kartenform gesteckt werden, und aus einer Rückwandverdrahtung, die die Anschlüsse der Steckerleisten miteinander verbindet. Die übliche Verbindungsart ist die *Sammelleitung*, die alle Anschlüsse gleicher Nummer zusammenfaßt. Daneben gibt es die *Stichleitung* als Einzelverbindung zwischen zwei Steckern und die *Daisy-chain-Leitung*, die ebenfalls mehrere Steckerleisten miteinander verbindet, wobei jedoch das Weiterreichen des Signals von den gesteckten Karten abhängig ist (Bild 6-3).
Ihren Funktionen entsprechend unterscheidet man vier Leitungsbündel: den Datenbus, den Adreßbus, den Steuerungsbus und den Versorgungsbus. Der Datenbus richtet sich nach der Verarbeitungsbreite des zentralen Prozessors mit z.B. 8, 16 oder 32 Bits. Dies entspricht üblicherweise auch der Zugriffsbreite (Wortlänge) des Hauptspeichers. Der Adreßbus gibt mit seiner Breite den möglichen Gesamtadreßraum aller am Bus angeschlossenen Einheiten vor. Typische Werte sind 16 Bits für kleinere Rechner (Adreßraum von 64 Kbyte) und 24 oder 32 Bits für größere Rechner (Adreßräume von 16 Mbyte und 4 Gbyte).

Buszyklus. Die Datenübertragung für eine Schreib- oder Leseoperation wird vom Master ausgelöst und umfaßt die Adressierung des Slave und die Synchronisation der Übertragung. Die Regeln, nach denen ein solcher Buszyklus abläuft, sind im Busprotokoll festgelegt. Bei einem *synchronen Bus* sind Master und Slave durch einen gemeinsamen Bustakt (BUSCLK) miteinander synchronisiert, d.h., die Übertragung unterliegt einem festen Zeitraster mit fest vorgegebenen Zeitpunkten für die Bereitstellung und Übernahme von Adresse und Datum (Bild 6-4a). Gesteuert wird der Ablauf durch ein Signal, das den Beginn des Zyklus anzeigt (STROBE), und durch ein Read/Write-Signal, das dem Slave die Transportrichtung vorgibt ($R/\overline{W}$).
Bei fester Vorgabe der Bereitstellungs- und Übernahmezeitpunkte muß die Frequenz des Bustaktes an den langsamsten Busteilnehmer angepaßt werden. Diese Einschränkung läßt sich in einem geänderten Protokoll durch ein zusätzliches, im Normalzustand aktives Bereit-Signal vermeiden, das

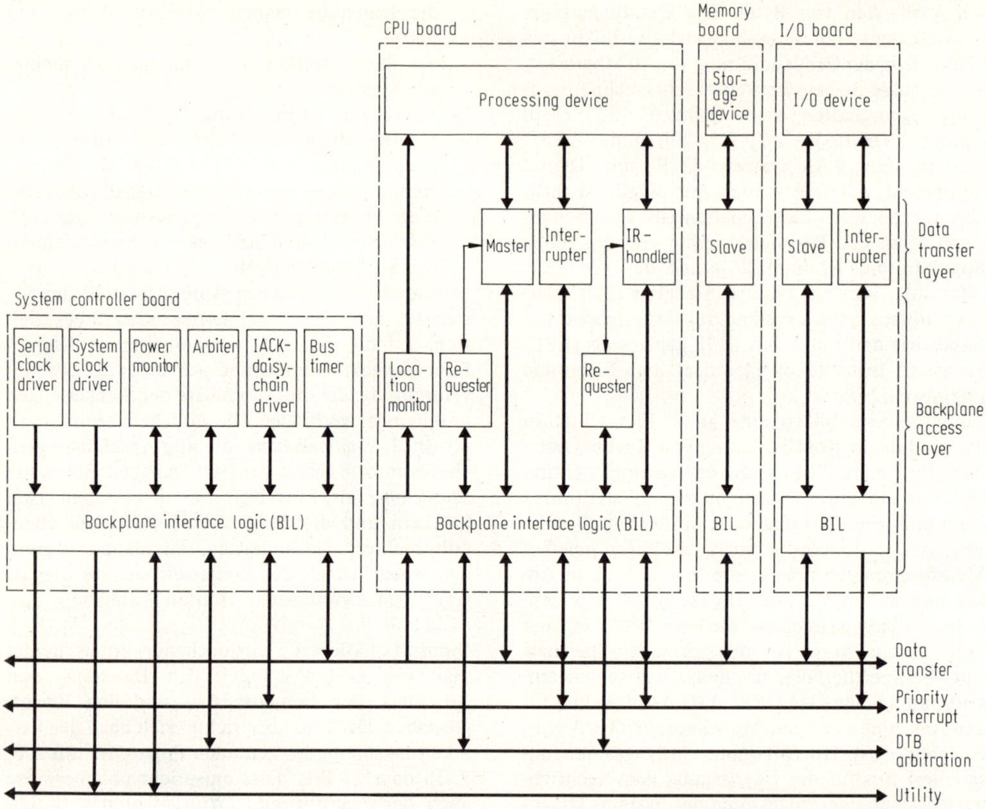

Bild 6-2. VME-Bus mit Funktionseinheiten für den Datentransfer, die Busarbitration, das Interrupt-Handling usw. (in Anlehnung an [22]).

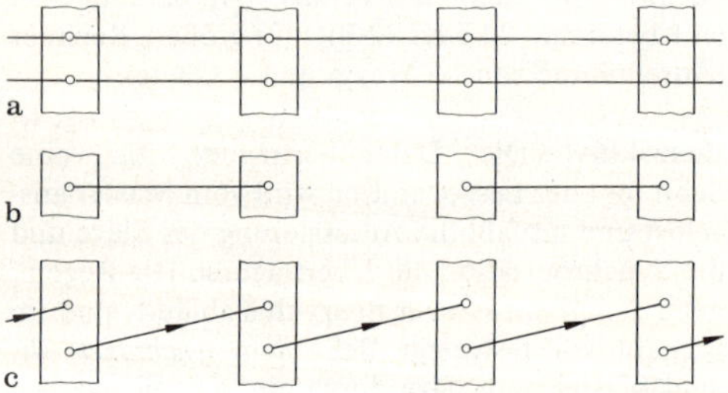

Bild 6-3. Leitungsverbindungen zwischen den Anschlüssen von Steckerleisten. **a** Sammelleitungen; **b** Stichleitungen; **c** Daisy-chain-Leitung.

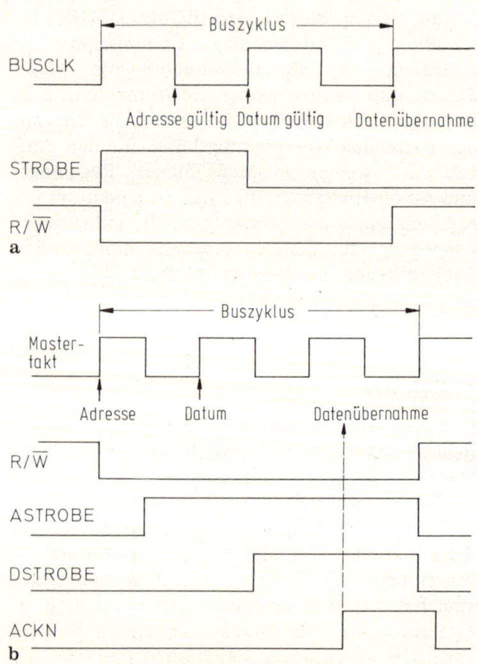

Bild 6-4. Buszyklus einer Schreiboperation, **a** synchroner; **b** asynchroner Bus.

von langsameren Slaves bis zur Datenübernahme (Schreibzyklus) bzw. Datenbereitstellung (Lesezyklus) inaktiviert wird. Der Buszyklus wird dann vom Busmaster um zusätzliche Wartezyklen (wait states) verlängert.
Bei einem *asynchronen Bus* gibt es keinen gemeinsamen Bustakt (Bild 6-4b). Hier zeigt der Master die Gültigkeit von Adresse und Datum durch ein Adreß- bzw. Datengültigkeitssignal (ASTROBE, DSTROBE) an, und der Slave signalisiert seine Datenübernahme bzw. -bereitstellung asynchron dazu durch Aktivieren eines Quittungssignals (ACKN). Das Ausbleiben des Quittungssignals bei defektem oder nicht vorhandenem Slave wird durch einen Zeitbegrenzer, einen sog. Watch-dog-Timer, überwacht, der dem Master das Überschreiten einer Grenzzeit (time-out) mittels eines Bus-Error-Signals meldet, worauf dieser den Zyklus abbricht (bus error trap).

Adressierung und Busankopplung. Die Anwahl eines Slave innerhalb des Buszyklus geschieht durch Decodierung der vom Master ausgegebenen Adresse (Bild 6-5). Dabei wird genau ein Slave aktiviert (Signal SELECT), der sich daraufhin mit seinen Datenleitungen an den Bus ankoppelt. Ausgangspunkt für die Decodierung ist die Festlegung der Größen von Adreßräumen der Slaves, z. B. in Zweierpotenzen. Bei einem Slave-Adreßraum der Größe 2^m und einem Gesamtadreßraum der Größe 2^n ($n \geqq m$), bilden die m niedrigerwertigen Adreßbits die Distanz (offset) im Adreßraum des Slave. Die verbleibenden $n - m$ höherwertigen Bits der Adresse dienen zu dessen Anwahl.
Die Ankopplung des Slaves an den Datenbus geschieht durch Treiberbausteine (bus drivers). Sie haben zum einen Schalterfunktion (Tristate-Technik, siehe 1.3), die durch ein Anwahlsignal gesteuert wird; zum andern können sie eine größere elektrische Buslast „treiben“ als z. B. die Tristate-Ausgänge der Prozessor- und Speicherbausteine. In dieser Eigenschaft werden sie auch als Treiber für die Adreß- und Steuersignale eingesetzt. Datenbustreiber arbeiten bidirektional, d. h., sie erlauben die Übertragung wahlweise in Schreib- oder Leserichtung, gesteuert durch das

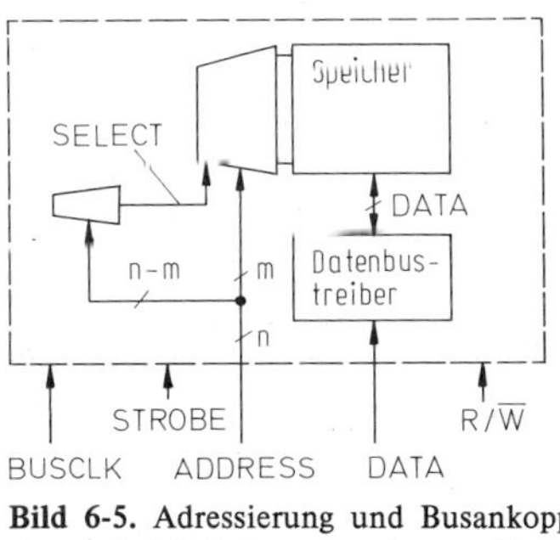

Bild 6-5. Adressierung und Busankopplung einer Speichereinheit bei einem synchronen Bus.

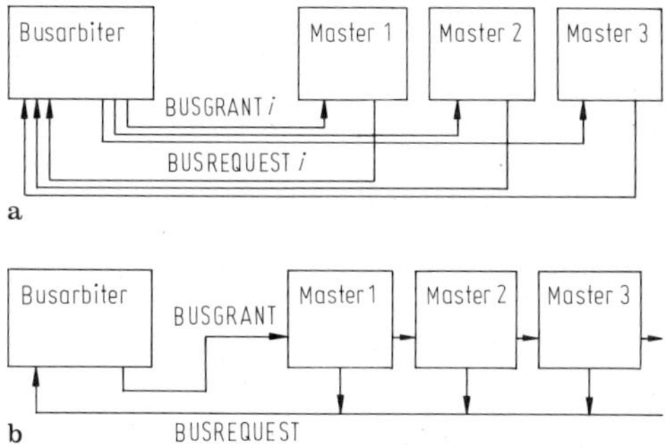

Bild 6-6. Busarbitration. **a** Zentrale Priorisierung im Arbiter; **b** dezentrale Priorisierung im Arbiter und in der Daisy-Chain.

R/$\overline{W}$-Signal. Als Adreß- und Steuerbustreiber werden, abhängig von den Signalfunktionen, unidirektionale oder bidirektionale Bausteine eingesetzt.

Busarbitration. Befinden sich an einem Bus mehrere Master, z. B. ein Prozessor und ein DMA-Controller oder mehrere Prozessoren, so muß der Buszugriff verwaltet werden, um Konflikte zu vermeiden. Dazu muß jeder Master, wenn er den Bus benötigt, diesen anfordern (bus request). Eine Busarbiter-Einheit (arbiter: Schiedsrichter) entscheidet im Zusammenwirken mit einer Auswertung der Prioritäten der einzelnen Master („Priorisierung“) über die Busgewährung (bus grant). Grundsätzlich kann dabei einem Master geringerer Priorität der Bus immer erst nach Abschluß seines momentanen Buszyklus entzogen werden.
Bei *zentraler Priorisierung* ist jedem Master eine Prioritätenebene in Form einer Request- und einer Grant-Leitung als Stichleitungen zum Busarbiter zugewiesen, der die Priorisierung zentral durchführt (Bild 6-6a). Bei *dezentraler Priorisierung* werden sämtliche Anforderungssignale auf einer Sammelleitung zusammengefaßt und dem Busarbiter zugeführt (Bild 6-6b). Dieser gibt bei Freiwerden des Busses das Grant-Signal auf eine Daisy-chain-Leitung, die die Anforderer miteinander verkettet. Die Priorisierung besteht darin, daß ein Anforderer seinen Daisy-chain-Ausgang blokkiert und den Bus übernimmt, sobald er das Grant-Signal an seinem Daisy-chain-Eingang erhält. Master, die keine Anforderung haben, schalten hingegen das Daisy-chain-Signal durch. So erhält der Anforderer, der dem Busarbiter am nächsten ist, die höchste Priorität; die in der Kette folgenden Nachbarn haben entsprechend abnehmende Prioritäten.
Die dezentrale Lösung hat den Vorteil geringerer Leitungsanzahl, aber den Nachteil, daß die Prioritäten der Busmaster mechanisch durch das Stekken der Karten an bestimmten Buspositionen festgelegt sind. Bei zentraler Priorisierung können

hingegen auf einfache Weise unterschiedliche Priorisierungsstrategien realisiert werden, z. B. feste Prioritäten, nach jeder Buszuteilung automatisch rotierende Prioritäten (Gleichverteilung, faire Zuteilung) und programmierte rotierende Prioritäten (beliebige Verteilung).

Interruptpriorisierung. Interrupts werden von Buskomponenten sowohl mit Slave-Funktion, z.B. passiven Ein-/Ausgabeeinheiten, als auch mit Master-Funktion, z. B. DMA-Controllern oder Ein-/Ausgabekanälen ausgelöst. Wie bei der Busarbitration müssen die Anforderungen „priorisiert" werden. Bei *zentraler Priorisierung* werden sie über Interrupt-Request-Leitungen (Prioritätenebenen) einem *Interrupt-Handler* zugeführt (Bild 6-7a). Dieser priorisiert sie und unterbricht ggf. den zuständigen Prozessor in der Bearbeitung einer Interruptroutine geringerer Priorität, indem er ein Interrupt-Request-Signal (IREQ) auf dessen maskierbaren Interrupteingang gibt. Der Prozessor quittiert die Unterbrechung durch ein Interrupt-Acknowledge-Signal (IACK) und übernimmt in einem damit aktivierten Lesezyklus (Interrupt-Acknowledge-Zyklus) die vom Interrupt-Handler der Ebene zugeordnete Vektornummer (siehe auch 5.4). Steht für diese Übertragung kein lokaler Bus zur Verfügung, so muß der Prozessor den globalen Systembus anfordern.
Bei *dezentraler Priorisierung* werden die Anforderungen auf einer Interrupt-Request-Sammelleitung zusammengefaßt und dem Interrupteingang des Prozessors zugeführt, der die Unterbrechungsgewährung über eine Interrupt-Acknowledge-Sammelleitung allen Interruptquellen mitteilt (Bild 6-7b). Die Priorisierung und die Anwahl des momentanen Anforderers höchster Priorität erfolgt durch ein Daisy-chain-Signal. Dieses ist am Daisy-chain-Eingang der Quelle höchster Priorität mit seinem Aktivpegel festgelegt und wird wie bei der Busarbiter-Daisy-Chain von den momentanen Anforderern in der Kette nicht weitergegeben. Anforderungen können nur gestellt werden, wenn dieses Signal vorliegt und IACK inaktiv ist. Ist IACK aktiv, so erhält jener Anforderer die Prozessorzuteilung, dessen Daisy-chain-Eingang aktiv

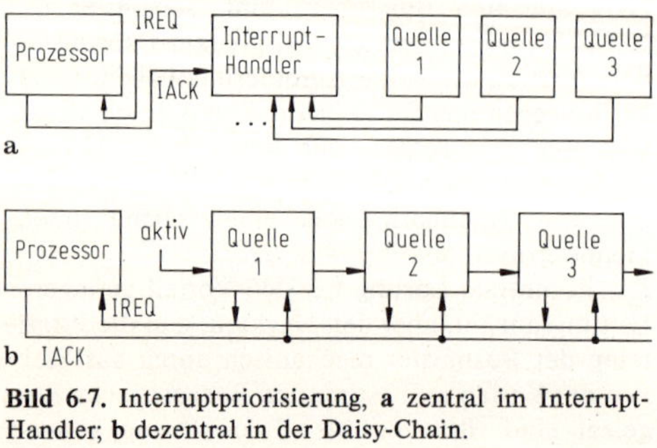

Bild 6-7. Interruptpriorisierung, **a** zentral im Interrupt-Handler; **b** dezentral in der Daisy-Chain.

ist. Der Anforderer gibt sich in dem durch IACK aktivierten Lesezyklus durch seine Vektornummer zu erkennen.

Instrumentierungsbus

Als Beispiel eines weitverbreiteten und genormten Industriebusses sei der IEC-Bus [1] herausgegriffen (weitere Bezeichnungen entsprechend den Standards: IEC 625, IEEE 488 oder allgemein GPIB, General Purpose Interface Bus). Er umfaßt acht bidirektionale Datenleitungen, die im Multiplexbetrieb auch als Adreßleitungen benutzt werden, drei Steuerleitungen für die Datentransfersteuerung und fünf weitere Steuerleitungen für die Bus- und Geräteverwaltung. Die Buslänge ist auf 20 m limitiert, die maximale Übertragungsgeschwindigkeit beträgt 1 Mbyte/s. Die bis zu 15 möglichen Busteilnehmer haben entweder Senderfunktion (talker, z. B. Meßgeräte), oder Empfängerfunktion (listener, z. B. Signalgeneratoren, Drucker) oder beides (z.B. Meßgeräte mit einstellbaren Meßbereichen).
Verwaltet wird der Bus von einem Controller, der gleichzeitig auch Sender und Empfänger sein kann. Er führt Initialisierungsaufgaben durch, legt fest, welche Busteilnehmer miteinander kommunizieren, und überwacht die Datenübertragung als Einzel- oder Blockübertragung. Dazu sendet er Adressen und Kommandos über die Datenleitungen an die einzelnen Busteilnehmer. Wie in Bild 6-1c gezeigt, wird die Controller-Funktion häufig von einem Rechner übernommen, womit die Gerätesteuerung durch entsprechende Software für den Benutzer komfortabel gestaltet werden kann.

6.2 Speicherorganisation

Speicher sind wesentlicher Bestandteil einer Rechenanlage und werden für die heutzutage großen Programmpakete und Datenmengen mit entsprechend großen Kapazitäten benötigt. Da Speicherzugriffe den Durchsatz einer Rechenanlage und damit ihre Leistungsfähigkeit stark beeinflussen, sind Speicher mit kurzen Zugriffszeiten gefordert. Beide Forderungen, große Kapazitäten und kurze Zugriffszeiten, führen zu hohen Kosten. Einen Kompromiß zwischen Kosten und Leistungsfähigkeit erhält man mit einer hierarchischen Speicherstruktur, d.h. mit Speichern, die im einen Extrem große Kapazitäten mit großen Zugriffszeiten und im andern Extrem kurze Zugriffszeiten bei geringen Kapazitäten aufweisen (Bild 6-8).
Zentraler Speicher einer solchen Hierarchie ist der Hauptspeicher (Arbeitsspeicher, Primärspeicher) als der vom Prozessor direkt adressierbare Speicher (früher Magnetkernspeicher, heute Halbleiterspeicher). Dieser wird versorgt von Hintergrundspeichern (Sekundärspeichern) mit großen

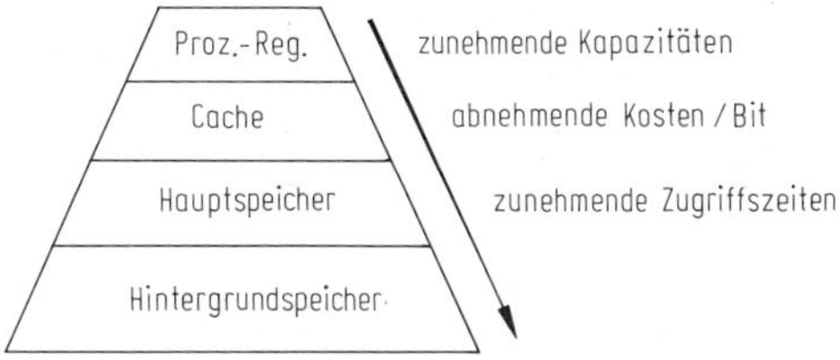

Bild 6-8. Speicherhierarchie.

Kapazitäten (z.B. Magnetplatten, Magnetbändern, „langsamen" Halbleiterspeichern, optischen Speichern). Zur Beschleunigung des Prozessorzugriffs auf den Hauptspeicher werden zwischen Prozessor und Hauptspeicher ein oder mehrere kleinere Pufferspeicher, sog. Caches, geschaltet. Sie erlauben als „schnelle" Halbleiterspeicher die Anpassung an die vom Prozessor vorgegebene Buszykluszeit. Schließlich gibt es in dieser Hierarchie den prozessorinternen Registerspeicher und ggf. einen Befehlspuffer (instruction queue) mit Zugriffszeiten im Verarbeitungstakt des Prozessors (siehe z. B. Bild 3-6).

Hauptspeicher

Der Hauptspeicher repräsentiert einen Speicherraum mit fortlaufender Adreßzählung und wahlfreiem Zugriff (random access) auf jede seiner Speicherzellen. Bei Betriebssystemen, die im Speicher gleichzeitig Programme und Daten mehrerer Benutzer halten (Mehrprogrammbetrieb), werden die logischen Programmadressen mittels einer Speicherverwaltungseinheit (memory management unit, MMU) auf den realen Speicherraum abgebildet. Das macht Programme und Daten von den Programmadressen unabhängig und damit im Speicher ohne Änderung verschiebbar. Darüber hinaus erlaubt es die Vergabe von Zugriffsattributen (Speicherschutz). Der durch das Programm benützbare Adreßraum wird, da er den physikalischen Speicherraum nur vorspiegelt, auch als *virtueller Adreßraum* bezeichnet (virtuelle Adressierung). Zur Hauptspeicherverwaltung siehe 7.3. — Die Kapazitäten von Hauptspeichern liegen bei Größen von 64 Kbyte bis zu vielen Mbyte. Verfügbar sind derzeit (1989) Bausteine mit bis zu 4 Mbit bei Zugriffszeiten unter 80 ns.

Cache

Caches dienen als Puffer zwischen Hauptspeicher und Prozessor, um Buszyklen für Speicherzugriffe ohne Wartezyklen ausführen zu können (Bild 6-9, [16]). Gespeichert werden Befehle und Operanden, es sind aber auch reine Befehls- oder Operanden-Caches üblich. Cache-Kapazitäten liegen üblicherweise im Bereich von 256 byte bis 4 Kbyte; Caches werden aber auch in Größen von bis zu 64 Kbyte eingesetzt. Verfügbar sind derzeit (1989) Bau-

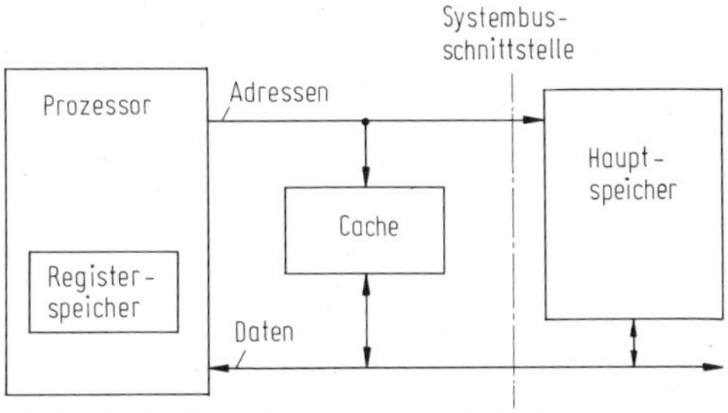

Bild 6-9. Struktur einer Prozessor-Cache-Hauptspeicher-Hierarchie.

steine mit bis zu 4 Kbit bei Zugriffszeiten unter 10 ns.

Lese- und Schreibzugriffe. Bei Lesezugriffen des Prozessors wird zunächst geprüft, ob sich das zur Hauptspeicheradresse gehörende Datum im Cache befindet. Bei einem „Treffer" (*cache hit*) wird es von dort gelesen; bei einem Fehlzugriff (*cache miss*) wird es aus dem Hauptspeicher gelesen und dabei auch in den Cache geladen. Dieses Laden bezieht sich bei den meisten Realisierungen nicht allein auf das adressierte Datum, sondern auf einen ganzen Block von Daten in Größenordnungen von 16 Bytes *(data prefetch)*. Unterstützt wird dies durch entsprechend breite Datenbusse zum Hauptspeicher oder durch schnelle Blocktransfers (burst mode transfers).

Schreibzugriffe auf den Cache erfordern immer auch ein Aktualisieren des Hauptspeichers. Beim *Write-through-Verfahren* erfolgt dies mit jedem Schreibzugriff, womit der Cache für Schreibzugriffe seinen Vorteil einbüßt. Beim *Copy-back-Verfahren* hingegen erfolgt das Rückschreiben erst dann, wenn ein Block im Cache überschrieben werden muß. Dieses Verfahren ist aufwendiger in der Verwaltung, gewährt jedoch den Zugriffsvorteil auch für einen Großteil der Schreibzugriffe.

Eine möglichst hohe Trefferrate (*hit rate*) an Cache-Zugriffen erhält man bei wiederholten Zugriffen, z.B. bei Befehlszugriffen für Programmschleifen, die sich vollständig im Cache befinden und bei Operationen, die sich auf eine begrenzte Anzahl von Operanden beziehen. Trefferraten werden je nach Realisierung und Anwendung im Bereich von 40 bis 95 % angegeben.

Adressierung. Die Adressierung eines Caches erfolgt entweder durch die virtuellen Adressen mit dem Vorteil einer zur MMU parallelen, d. h. unverzögerten Adreßauswertung oder durch die physikalischen Adressen mit dem Vorteil, daß die Cache-Steuerung — auch bei Hauptspeicherzugriffen anderer Master — immer in der Lage ist, Hauptspeicher und Cache miteinander zu aktualisieren. Bei virtueller Adressierung muß u. U. nach einem Schreibzugriff, z. B. durch einen DMA-Controller, der gesamte Cache-Inhalt als nicht mehr gültig, da nicht aktualisiert, verworfen wer-

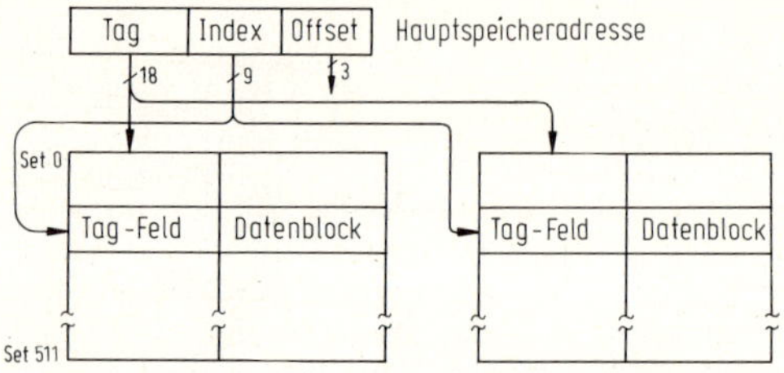

Bild 6-10. Adressierung eines Two-way-set-associative-Caches.

den. Unabhängig davon ist in beiden Fällen eine Adreßumsetzung von einem großen Adreßraum auf den kleineren des Caches erforderlich, wozu sich assoziative Speicherstrukturen anbieten.
Bei einem vollassoziativen Cache wird zusätzlich zu einem Datenblock dessen vollständige Adresse gespeichert, und die Adressierung erfolgt durch parallelen Vergleich der anliegenden Adresse mit allen gespeicherten Adressen. Der Vorteil hierbei ist, daß ein Block an jeder beliebigen Position im Cache stehen kann, dafür ist aber der Hardwareaufwand mit je einem Vergleicher pro Cache-Block sehr hoch.
Weniger Aufwand an Vergleichern erfordern teilassoziative Caches, bei denen jeweils zwei, vier oder mehr Blockbereiche im Cache zu Sätzen (sets) zusammengefaßt werden und nur ein Teil der Blockadresse als satzbezogene Blockkennung (tag) gespeichert wird. Der andere Teil der Blockadresse wird als Index zur direkten Anwahl eines Sets ausgewertet. Als Nachteil sind die Positionen der Speicherblöcke im Cache jetzt nicht mehr beliebig. Im einfachsten Fall von nur einem Block pro Set, bei dem jede Blockadresse über ihren Index-Anteil auf eine bestimmte Position abgebildet wird, dafür aber auch nur ein Vergleicher benötigt wird, spricht man von einem Direct-mapped-Cache, bei zwei oder vier Blöcken pro Set und damit zwei bzw. vier möglichen Positionen für jeden Speicherblock (bei zwei bzw. vier Vergleichern) von Two-way- bzw. Four-way-set-associative-Cache.
Bild 6-10 zeigt ein Beispiel eines Two-way-set-associative-Caches mit 512 Sets zu je zwei Blöcken mit je acht Bytes (8 Kbyte). Der mittlere Teil der angelegten Adresse (Index) adressiert einen der Sets in herkömmlicher Weise und wählt damit zwei Blöcke aus. Der höherwertige Adreßteil (Tag) wird mit den beiden Adreßeintragungen der Blöcke in den Tag-Feldern verglichen. Bei einem Cache-Hit gibt der niedrigstwertige Adreßteil (Offset) die Byteadresse im Block an. Zusätzliche Bits im Tag-Feld geben Auskunft über den Status der Eintragung, z. B. ob sie gültig (aktuell) ist.

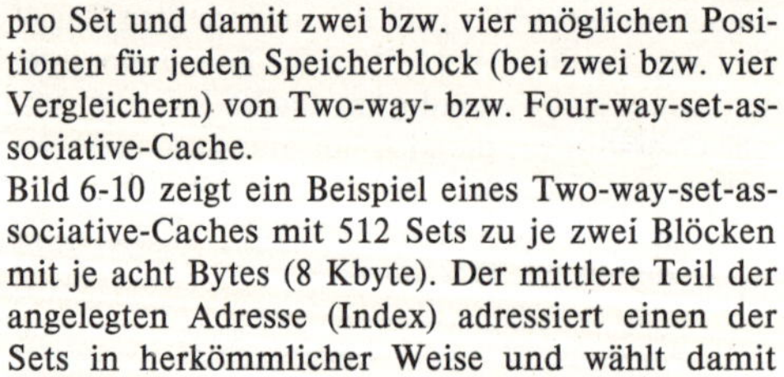

Bild 6-11. Datendarstellung in Blöcken auf einem 9-Spur-Magnetband.

Hintergrundspeicher

Hintergrundspeicher dienen zur Speicherung großer Datenmengen, entweder zu deren Archivierung, oder zur Entlastung des Hauptspeichers bei der aktuellen Bearbeitung. Die wichtigsten Datenträger sind das Magnetband und die Magnetplatte (früher auch die Magnettrommel). Typisch für diese Datenspeicher sind ihre — verglichen mit Hauptspeichern — großen Kapazitäten bei wesentlich geringeren Kosten pro Bit. Ihr Nachteil sind jedoch die durch mechanische Bewegungsabläufe bedingten langen Zugriffszeiten. Diese liegen um Größenordnungen über denen von Halbleiterspeichern und erst recht über den Taktzeiten von Prozessoren. Die Datenspeicherung erfolgt immer in Blöcken; der wahlfreie Zugriff auf einzelne Datenelemente, wie beim Hauptspeicher üblich, ist nicht unmittelbar möglich (sequential access).

Magnetband. Magnetbandspeicher haben als Datenträger ein flexibles Band, das auf einer Seite eine magnetisierbare Schicht trägt und zum Beschreiben und Lesen an einem Lese-/Schreibkopf vorbeigezogen wird [23]. Das Band ist entweder in herkömmlicher Weise als sog. Langband auf eine offene Spule gewickelt oder in kompakter Ausführung als Kassette ausgelegt (streamer tape, cassette tape). Die Informationsdarstellung erfolgt üblicherweise in neun nebeneinanderliegenden Spuren, womit ein Byte mit Paritätsbit in einem Rahmen (frame) gespeichert werden kann (Bild 6-11). Bytes werden aufeinanderfolgend in Blöcken (records) variabler oder fester Byteanzahl abgelegt; das Blockende wird jeweils durch eine End-of-file-Marke, die mehrere Bytes umfaßt, gekennzeichnet. Zwischen den Blöcken stehen unbeschriebene Bandstücke (gaps), um das Band blockweise starten und stoppen zu können. Der für das Starten und Stoppen erforderliche Geräteaufwand ist beim „Streamer" wesentlich geringer als beim Langband. — Die Speicherkapazitäten liegen bei 20 bis 200 Mbyte pro Band/Kassette.
Der Datenzugriff geschieht blockweise, d. h., die von der Steuereinheit eines Magnetbandspeichers auszuwertende Adreßinformation ist die Blocknummer. Der Zugriff auf einzelne Bytes obliegt der Software. Um einen bestimmten Block lesen zu können, müssen alle davorliegenden Blöcke überlesen und gezählt werden, wodurch sich mittlere Zugriffszeiten im Sekundenbereich ergeben. Neue Blöcke können immer nur hinten angefügt werden. Die Zugriffe werden durch Kommandos unterstützt, mit denen das Band um eine vorgeb-

Tabelle 6-1. Speicherkapazitäten und mittlere Zugriffszeiten bei Plattenlaufwerken

	Kapazität Mbyte	mittlere Zugriffszeit ms
Floppy-Disk	0,36 bis 10	80
Winchester-Disk	20 bis 600	25
Plattenspeicher (herkömmlich)	200 bis 5 000	16

bare Blockanzahl vor- oder zurückbewegt werden kann. — Magnetbänder werden bevorzugt zur Datenarchivierung eingesetzt.

Magnetplatte. Bei Magnetplattenspeichern wird die Information bitseriell in konzentrischen Spuren (tracks) einer rotierenden, auf einer oder beiden Oberflächen magnetisierbaren, kreisförmigen Platte gespeichert [10]. Der Zugriff auf die Spuren einer Oberfläche erfolgt mit einem auf einen radial bewegbaren Arm montierten Lese-/Schreibkopf. Magnetplattenspeicher existieren in unterschiedlichen Ausführungen mit unterschiedlichen technischen Daten (Tabelle 6-1). In kleiner Ausführung mit Plattendurchmessern von 3,5 und 5,25 Zoll gibt es sie als Floppy-Disk-Speicher mit einer „biegbaren" auswechselbaren Scheibe (Floppy Disk, Diskette) als Datenträger und als sog. Winchester-Plattenspeicher mit mehreren übereinanderliegenden „starren" auswechselbaren oder nicht auswechselbaren Platten als Plattenstapel (Bild 6-12). Herkömmliche Laufwerke mit größeren Durchmessern sind ebenfalls entweder als Fest- oder Wechselplattengeräte ausgelegt. Plattenstapel bieten den Vorteil, daß nach Positionierung der übereinanderliegenden Lese-/Schreibköpfe (Lese-/Schreibkamm) ein ganzer „Zylinder", d. h. mehrere übereinanderliegende Spuren, erreichbar ist.

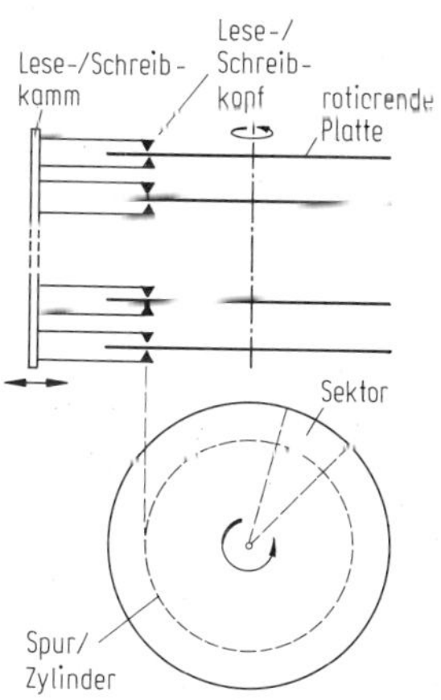

Bild 6-12. Zugriff auf den Plattenstapel eines Magnetplattenspeichers.

Die Aufteilung der Spuren erfolgt in einer festen Anzahl von Sektoren, die für alle Spuren gleich ist. Jeder Sektor enthält ein Datenfeld (z. B. 256 oder 512 Datenbytes) und ein vorangehendes Erkennungsfeld (identifier field, ID-Feld) mit den für den Zugriff benötigten Informationen: Spurnummer (Zylindernummer), Oberflächenangabe (Kopfnummer), Sektornummer und Datenfeldlänge. Ergänzt werden beide Felder durch vorangestellte Kennungsbytes (address marks) und angefügte Blocksicherungsbytes (CRC-Bytes, siehe 4.1). Die Felder einer Spur sind durch Zwischenräume voneinander getrennt. Vor der ersten Benutzung einer Platte muß sie formatiert werden. Dazu wird sie in obiger Weise in allen Spuren beschrieben, wobei die Datenfelder mit Platzhalteinformation gefüllt werden.
Der Zugriff auf Datenfelder geschieht dementsprechend nicht rein sequentiell wie beim Magnetband sondern direkt für die Spur- und Sektoranwahl und sequentiell für die Bytes eines Sektors. Die erforderlichen Adreßangaben für die Steuereinheit des Magnetplattenspeichers sind die Spurnummer zum Positionieren des Zugriffsarmes, die Oberflächenangabe zur Anwahl des Lese-/Schreibkopfes und die Sektornummer. Letztere wird mit den Sektornummereintragungen der Erkennungsfelder einer Spur verglichen, bis der gesuchte Sektor gefunden ist. Die Zugriffszeit auf ein Datenfeld hängt im wesentlichen von der Einstellzeit des Zugriffsarmes ab; hinzu kommt die Zeit zum Auffinden des Sektors, die maximal einer Plattenumdrehung entspricht.

6.3 Ein-/Ausgabeorganisation

Strukturen. Die Ein-/Ausgabeorganisation umfaßt die in Hardware und Software erforderlichen Strukturen und Abläufe, um Daten zwischen Hauptspeicher und Peripherie (Geräte, devices) zu übertragen. Zur Peripherie gehören die Hintergrundspeicher und die Ein-/Ausgabegeräte. Hinzu kommen anwendungsspezifische Ein-/Ausgabeeinheiten, z. B. zur Übertragung von Steuer-, Zustands-, Meß- und Stellgrößen, wie sie in der Prozeßdatenverarbeitung gebräuchlich sind.
Abhängig vom Peripheriegerät besteht ein Ein-/Ausgabevorgang aus unterschiedlichen Aktionen:
- Starten des Vorgangs, z. B. durch Starten des Geräts,
- Ausführen spezifischer Gerätefunktionen, z. B. Einstellen des Zugriffsarmes bei einem Magnetplattenspeicher oder Aufsuchen einer Blockidentifikation bei einem Magnetband,
- Übertragen von Daten, meist in Blöcken fester oder variabler Byteanzahl,
- Lesen und Auswerten von Statusinformation, z. B. für eine Fehlererkennung und -behandlung,

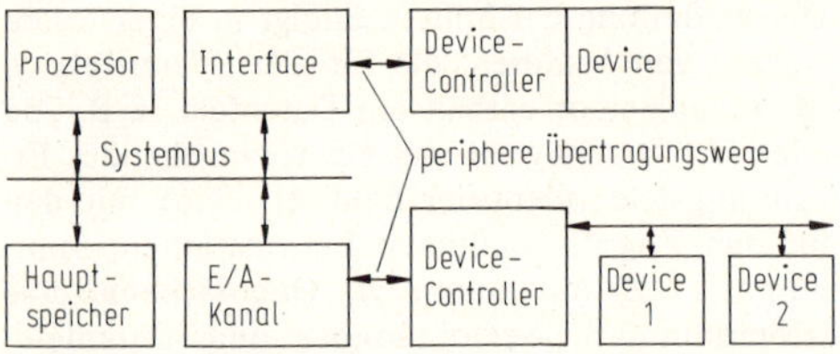

Bild 6-13. Rechnerstruktur mit Ein-/Ausgabe über ein Interface (prozessorgesteuert) und einen Ein-/Ausgabekanal (kanalgesteuert).

— Stoppen des Vorgangs, z.B. durch Stoppen des Geräts.

Darüber hinaus erfordern die unterschiedlichen Arbeitgeschwindigkeiten und Datendarstellungen (z. B. parallel mit bestimmter Bitanzahl oder seriell) eine individuelle Anpassung des Geräts an den Bus, an den der Hauptspeicher angeschlossen ist.

Bei einfachen Systemen geschieht die Busanpassung durch sog. Schnittstelleneinheiten (interfaces), und die Übertragungssteuerung übernimmt der Prozessor. Leistungsfähigere Systeme besitzen zusätzlich Steuereinheiten mit Busmasterfunktion (DMA-Controller), die den Prozessor von der Datenübertragung entlasten. In Erweiterung dieses Prinzips werden schließlich Steuereinheiten und Interfaces zu programmierbaren Einheiten (Ein-/Ausgabekanälen, Ein-/Ausgabeprozessoren), zusammengefaßt, die neben der Datenübertragung auch die erforderlichen Gerätefunktionen steuern können (Bild 6-13).

Die Steuerung der peripheren Geräte obliegt gerätespezifischen Steuereinheiten (Device-Controllern), die mit den Interfaces bzw. den Ein-/Ausgabekanälen durch periphere Datenwege verbunden sind. Sie führen spezifische Gerätefunktionen, die ihnen als Kommandos auf dem Datenweg übermittelt werden, durch, und verwalten die für die Synchronisation der Datenübertragung erforderlichen Steuersignale. Device-Controller sind entweder einzelnen Geräten zugeordnet, oder sie bedienen mehrere Geräte gleichen Typs im Multiplexbetrieb (Bild 6-13).

Synchronisation. Da bei einem Ein-/Ausgabevorgang zwei oder mehr Steuereinheiten gleichzeitig aktiv sind, müssen die in ihnen ablaufenden Prozesse, die entweder als Programme oder als Steuerungen realisiert sind, miteinander synchronisiert werden. Synchronisation heißt „aufeinander warten"; das gilt sowohl auf der Ebene der Einzeldatenübertragung (z. B. zwischen Interface und Device-Controller) als auch auf der Ebene der Block- oder Gesamtübertragung (z.B. zwischen Prozessor und DMA-Controller). Die Synchronisation der Einzelübertragung erfordert abhängig vom Zeitverhalten der Übertragungspartner unterschiedliche Techniken. Unter der Voraussetzung, daß einer der Partner immer *vor* dem anderen für eine Übertragung bereit ist, genügt es, wenn jeweils der langsamere Partner seine Bereitschaft signalisiert. Haben beide Partner variable Reaktionszeiten, so ist vor jeder Datenübertragung ein Signalaustausch in beiden Richtungen erforderlich. Man bezeichnet dieses Aufeinander-Warten auch als *Handshake-Synchronisation* (handshaking).

Prozessorgesteuerte Ein-/Ausgabe

Hierbei übernimmt der Prozessor im Zusammenwirken mit einem Interface die gesamte Steuerung eines Ein-/Ausgabevorgangs, d. h. das Ausgeben und Einlesen von Steuer- und Statusinformation sowie das Übertragen und Zählen der einzelnen Daten. Bild 6-14 zeigt dazu eine Konfiguration mit einem Interface für zeichenweise Datenübertragung. Die Geschwindigkeitsanpassung erfolgt durch ein Pufferregister (data register, DR) und zwei Steuerleitungen (RDY1, RDY2). Ein ladbares Steuerregister (control register, CR) erlaubt das Programmieren unterschiedlicher Interface-Funktionen, z. B. die Einsignal-, die Handshake-Synchronisation oder das Sperren und Zulassen von Interruptanforderungen an den Prozessor. Ein lesbares Statusregister (SR) zeigt dem Prozessor den Interface-Status an, z.B. den Empfang des Signals RDY2.

Der Ablauf einer Einzeldatenübertragung sei anhand einer Zeichenausgabe an einen Drucker demonstriert. Der Prozessor schreibt das Zeichen nach DR, wonach die Bits auf dem peripheren Datenweg anliegen. Das wird dem Drucker durch ein vom Interface mit dem Schreibvorgang ausgelöstes Bereitstellungssignal RDY1 angezeigt. Der Drucker übernimmt das Datum in ein eigenes Register oder einen Pufferspeicher und bestätigt die Übernahme durch das Quittungssignal RDY2. Das Interface setzt daraufhin ein Ready-Bit in SR und nimmt sein RDY1-Signal zurück. Daraufhin setzt auch der Drucker sein RDY2-Signal zurück. Das Ready-Bit signalisiert dem Prozessor den Abschluß der Übertragung und kann von diesem entweder programmgesteuert, d.h. durch wiederholtes Lesen von SR und Abfragen des Ready-Bits (*busy waiting, polling*), oder interruptgesteuert, d. h. durch Freigeben des Ready-Bits als Interrupt-Request-Signal, für die Synchronisation ausgewertet

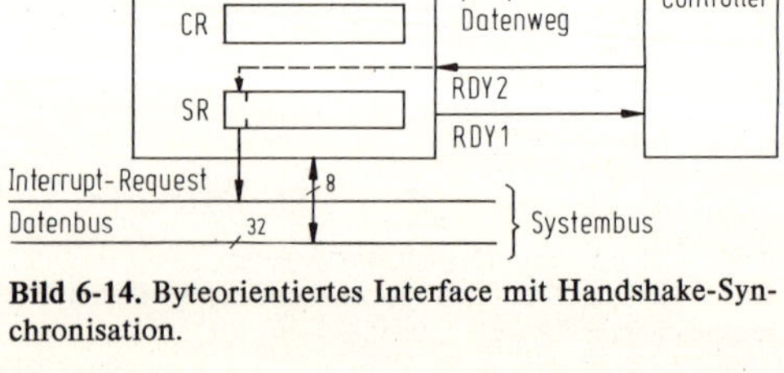

Bild 6-14. Byteorientiertes Interface mit Handshake-Synchronisation.

werden. (Das Rücksetzen des Ready-Bits erfolgt z. B. mit dem nächsten Schreibzyklus auf das Interface-Datenregister.)

Controller- und kanalgesteuerte Ein-/Ausgabe

DMA-Controller und Ein-/Ausgabekanäle entlasten als eigenständige Steuereinheiten den Prozessor, indem sie, einmal von ihm initialisiert und gestartet, eine Blockübertragung bzw. einen vollständigen Ein-/Ausgabevorgang selbständig und parallel zur Prozessorverarbeitung durchführen. Man bezeichnet diese Organisationsform, bei der die Daten ohne Prozessoreingriff direkt zum/vom Speicher fließen, auch als Ein-/Ausgabe mit *Direktspeicherzugriff* (direct memory access, DMA). Da die Übertragungssteuerungen dieser Einheiten in Hardware realisiert sind, werden gegenüber der Prozessorsteuerung höhere Übertragungsgeschwindigkeiten erreicht.
Eine solche Steuereinheit ist während der Initialisierungsphase Busslave des Prozessors und während eines Ein-/Ausgabevorgangs eigenständiger Busmaster, der sich in einem Einbussystem den Systembus mit dem Prozessor teilt. Die Synchronisation der parallelen Abläufe erfolgt mit denselben Techniken, wie bei der prozessorgesteuerten Einzeldatenübertragung, d. h., die Steuereinheit signalisiert den Abschluß ihrer Übertragung entweder durch eine vom Prozessor abzufragende Statusinformation oder durch eine Unterbrechungsanforderung.

DMA-Controller (DMAC). Er führt eine blockweise Datenübertragung durch. Gesteuert wird der Ablauf (Adressierung, Bytezählung, usw.) durch ein Steuerwerk, das die vom Prozessor vorgegebenen Inhalte seiner programmierbaren Register auswertet. (Ist der Registersatz mehrfach vorhanden, so spricht man von mehreren DMA-Kanälen, die im Multiplexbetrieb arbeiten.) Die Datenelemente werden entweder direkt mit jeweils einem Buszyklus übertragen, indem der DMAC gleichzeitig den Speicher über den Adreßbus und das Interface-Datenregister über ein Steuersignal adressiert, oder sie werden indirekt in zwei aufeinanderfolgenden Buszyklen übertragen, indem der DMAC nacheinander beide Einheiten adressiert und jedes Datenelement zwischenspeichert. Die zweite Technik ist zeitaufwendiger, ermöglicht dafür aber auch Speicher-zu-Speicher-Übertragungen, die mit Suchoperationen verknüpft sein können.
Bezüglich des Buszugriffs hat der DMAC höhere Priorität als der Prozessor. Arbeitet er im Vorrangmodus (*cycle stealing mode*), so verdrängt er den Prozessor jeweils für die Übertragung eines Datenelementes vom Bus und gibt danach den Bus bis zur nächsten Übertragung frei (für langsame Übertragungen geeignet). Arbeitet er im Blockmodus

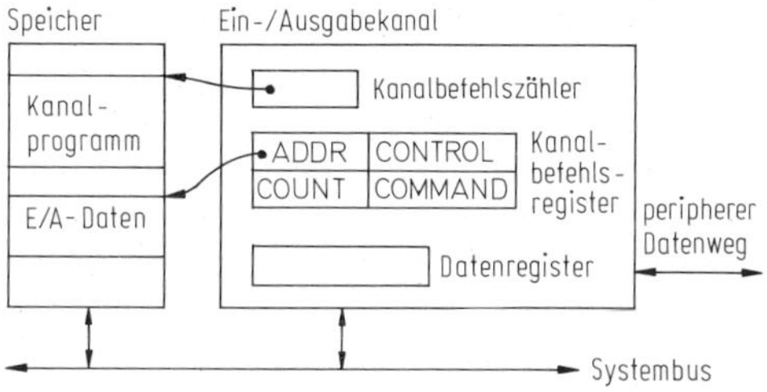

Bild 6-15. Ein-/Ausgabekanal mit aktuellem Kanalbefehl im Kanalbefehlsregister.

(*burst mode*), so belegt er den Bus für die Gesamtdauer einer Blockübertragung, wodurch der Prozessor für längere Zeit vom Bus verdrängt wird (für schnelle Übertragungen geeignet).

Ein-/Ausgabekanal (Ein-/Ausgabeprozessor). Hier bilden die Übertragungssteuerung und das Interface eine Einheit mit der Fähigkeit, sämtliche Schritte eines Ein-/Ausgabevorgangs eigenständig durch Abarbeiten eines Kanalprogramms durchzuführen (Bild 6-15). Dieses wird vom Prozessor in einer Initialisierungsphase im Hauptspeicher bereitgestellt und besteht aus Kanalbefehlen. Sie enthalten einen Operationsteil (COMMAND) für die an den Device-Controller zu übertragende Information zur Gerätesteuerung und Statusabfrage, einen Adreßteil (ADDR) für die Basisadresse des Ein-/Ausgabespeicherbereichs und einen Zählerteil (COUNT) für die Blocklängenangabe. Hinzu kommen einzelne Bits (CONTROL) zur Steuerung des Kanals in seinem Unterbrechungsverhalten, in seiner Reaktion auf Fehlermeldungen und in seinem Verhalten bzgl. des Abrufs weiterer Kanalbefehle, z. B. abhängig von einer Fertigmeldung des Device-Controllers.
Für eine optimale Anpassung an die Übertragungsgeschwindigkeiten und Ablaufschritte peripherer Geräte unterscheidet man Selektor-, Bytemultiplex- und Blockmultiplexkanäle. Beim *Selektorkanal* belegt ein Kanalprogramm den Kanal für die Gesamtdauer der Programmausführung, auch während der Zeiten, in denen keine Übertragungen stattfinden. Er eignet sich insbesondere für langsame Geräte. Mehrere Device-Controller sind anschließbar. Beim *Bytemultiplexkanal*, der ebenfalls für relativ langsame Geräte eingesetzt wird, existieren mehrere Unterkanäle mit gemeinsamer Steuerung, wobei sich die einzelnen Unterkanäle zwischen zwei Byteübertragungen gegenseitig unterbrechen können. Die Unterbrechbarkeit eines Unterkanals kann durch die Betriebsart Blockmodus aufgehoben werden. Beim *Blockmultiplexkanal*, der für schnelle Geräte eingesetzt wird und ebenfalls mehrere Unterkanäle besitzt, besteht die Unterbrechbarkeit auf der Blockübertragungsebene.

Ein-/Ausgabeberechner

Sie sind leistungsfähiger als Ein-/Ausgabekanäle, da sie als eigenständige Rechner mit mehreren DMA-Kanälen in der Lage sind, Datenvor- und Datennachverarbeitung durchzuführen, z. B. eine Datentransformation oder eine Datenformatierung. Außerdem können sie Statusmeldungen auswerten, um z.B. bei einer Fehleranzeige die Übertragung zu wiederholen.

Ein-/Ausgabegeräte

Zu den Ein-/Ausgabegeräten zählen zum einen die Hintergrundspeicher (siehe 6.2), zum andern jene Geräte, die die Mensch-Maschine-Schnittstellen für das Ein- und Ausgeben von Zeichen (Programme, Daten, Text) und von Grafik bilden. Dargestellt wird die Information vorwiegend nach dem Rasterprinzip, d.h. durch zeilen- und spaltenweises Aufteilen der Darstellungsfläche in Bildpunkte (pixels), die Grau- oder Farbwerte repräsentieren. Daneben gibt es das Vektorprinzip, d.h. die Informationsdarstellung durch Linien, deren Anfangs- und Endpunkte durch x,y-Koordinaten festgelegt werden [8]. Die wichtigsten Ein-/Ausgabegeräte sind:

Terminal. Es besteht aus einer Tastatur zur Eingabe von Zeichen im ASCII- oder EBCDI-Code und einer Bildschirmeinheit zur Ausgabe dieser Zeichen nach dem Rasterprinzip (Monitor, video display). Dargestellt werden die Zeichen in einer Matrix von z.B. 7×10 Bildpunkten bei 24 Bildschirmzeilen mit je 80 oder 132 Zeichen. Die Zeichenübertragung mit dem Rechner geschieht entweder asynchron seriell mit bis zu 19200 Baud (Bd) oder synchron seriell mit bis zu 48 kBd (siehe 6.4). Bildschirmeinheiten werden auch für die Grafikausgabe eingesetzt. Gebräuchlich ist hier wiederum das Rasterprinzip, wie es für die reine Textdarstellung verwendet wird. Weniger gebräuchlich ist das Vektorprinzip.

Maus. Sie besteht aus einem kleinen Gehäuse, das auf dem Tisch (mechanische Maus mit Rollkugel) oder auf einer reflektierenden Unterlage (optische Maus) bewegt wird und die Bewegung bzw. ihre Position auf dem Bildschirm durch eine Marke anzeigt. Über Tasten am Mausgehäuse können – im Zusammenwirken mit der unterstützenden Software – bestimmte Funktionen ausgelöst werden, z.B. das Anwählen von Feldern einer menügesteuerten Benutzeroberfläche oder das Fixieren von Bezugspunkten für grafische Objekte eines grafischen Editors (Zeichenprogramms).

Tablett (tablet). Das Tablett ist ein grafisches Eingabegerät, das eine Arbeitsweise wie mit Bleistift und Papier erlaubt. Es tastet die Position eines mit der Hand geführten Zeichenstiftes auf einer rechteckigen Fläche ab und überträgt die x,y-Werte an den Rechner. Die Bestimmung der Koordinatenpunkte geschieht durch galvanische, akustische, kapazitive, magnetische oder magnetostriktive Kopplung von Stift und Fläche.

Drucker. Sie dienen primär zur Ausgabe von Text, codiert im ASCII- oder EBCDI-Code. Sie sind jedoch, abhängig vom Druckerprinzip, auch mehr oder weniger für grafische Ausgaben geeignet. Einfache *Matrixdrucker* arbeiten als reine Textausgabegeräte mit Zeichenmatrizen von z.B. 7 oder 9 vertikalen Punkten bei ca. 3 mm Schriftzeichenhöhe. Die vertikalen Zeichenpunkte werden durch „Nadeln", die in einem horizontal bewegten Schreibkopf untergebracht sind, über ein Farbband auf Papier übertragen (7- bzw. 9-Nadel-Drucker). Aufwendigere Matrixdrucker haben ein feineres Raster von z. B. 2×12 zueinander versetzten vertikalen Punkten (24-Nadel-Drucker), womit ein wesentlich besseres Schriftbild erreicht wird. Darüber hinaus erlauben sie meist auch die Ausgabe von Grafik (bei punktweisem Walzenvorschub). Grundsätzlich können durch das Rasterverfahren unterschiedliche Zeichensätze und Schriftarten dargestellt und programmgesteuert angewählt werden. — *Tintenstrahldrucker* arbeiten wie Matrixdrucker mit horizontal bewegtem Druckkopf und mit punktförmiger Darstellung von Zeichen und Grafik. Anstelle der Nadeln haben sie jedoch feine Düsen, über die Tintentröpfchen gezielt auf Papier gespritzt werden. Bei getrennten Tintenbehältern für einzelne Düsen ist der Mehrfarbendruck möglich. Tintenstrahldrukker zeichnen sich durch eine hohe Punktauflösung und eine geringe Geräuschentwicklung aus.
Beim *Laserdrucker* als dem aufwendigsten Drucker wird die Information einer Druckseite durch einen Laserstrahl punktweise auf eine photoleitfähige Selenschicht einer rotierenden Trommel geschrieben. Ähnlich einem Kopiergerät wird diese Information durch Tonerpartikel auf Papier übertragen und fixiert. Durch das rein pixelorientierte Verfahren und eine sehr hohe Punktauflösung erhält man Schrift und Grafik in sehr guter Qualität, mit noch größerer Flexibilität in der Wahl von Schriftart und Zeichensatz als bei Matrix- und Tintenstrahldruckern.
Die Datenübertragung erfolgt entweder asynchron seriell über eine RS-232C-Schnittstelle (siehe 6.4) oder parallel mit 8 Bits über die sog. Centronics-Schnittstelle [17]. Zur Entlastung des Rechners und um die jeweils nächste Druckzeile aufbereiten zu können, haben die meisten Drucker Pufferspeicher mit Kapazitäten bis zu mehreren Kbyte (Laserdrucker, da sie seitenweise speichern, in Größenordnungen von Mbyte). Laserdrucker sehen üblicherweise eine programmiersprachliche Darstellung im Übertragungsprotokoll vor, die im Drucker interpretiert wird (z.B. die Postscript-Notation). Die Druckgeschwindigkeiten liegen für

Matrixdrucker bei 60 bis 300 Zeichen/s, für Tintenstrahldrucker bei bis zu 500 Zeichen/s und für Laserdrucker bei 6 bis 150 Seiten/min.

Zeichenautomat (Plotter). Er ist ein Ausgabegerät für Grafik und Text, das wie das Tablett der Arbeitsweise mit Bleistift und Papier nachgebildet ist. Ein Zeichenkopf, der einen Schreibstift führt, wird nach dem Vektorprinzip in einem x,y-Koordinatensystem bewegt und zum Zeichnen auf die Schreibunterlage (z. B. Papier) abgesenkt bzw. zur Positionierung von ihr abgehoben. Die Kopfbewegungen werden durch Servo- oder Schrittmotoren ausgeführt, denen die Bewegungsinformation über Digital-Analog-Umsetzer zugeführt wird.

6.4 Mehrprozessorsysteme und Rechnernetze

Mehrprozessorsysteme

Als Mehrprozessorsysteme bezeichnet man Rechner mit mindestens zwei Prozessoren mit gemeinsamem Zugriff auf eine oder mehrere Speichereinheiten (enge Kopplung) und zentraler Systemaufsicht, d. h. fester Zuordnung des Betriebssystems zu einem der Prozessoren. Dieser, der Masterprozessor, übernimmt die Verwaltung der Betriebsmittel, der Benutzerdateien und das Zuteilen von Verarbeitungsprozessen (Tasks) an die Slaveprozessoren.

In *asymmetrischen Mehrprozessorsystemen* behält bei Hinzunahme weiterer Prozessoren der bisherige Masterprozessor die Systemaufsicht bei, so z. B. bei der Erweiterung eines Einprozessorsystems zum Mehrprozessorsystem. Dieses Vorgehen zur Erhöhung der Rechnerleistung hat den Vorteil, daß die Anwendersoftware unverändert beibehalten werden kann und nur geringe Änderungen in der Systemsoftware erforderlich sind. Nachteilig ist, daß die Verfügbarkeit des Gesamtsystems von der des Masterprozessors abhängt.

Bei *symmetrischen Mehrprozessorsystemen* hat zwar einer der Prozessoren die Systemaufsicht, aber jeder der anderen Prozessoren muß zu jeder Zeit in der Lage sein, diese, z. B. bei Fehlverhalten des momentanen Masters, zu übernehmen. Das erfordert einen erheblichen Verwaltungsmehraufwand auf der Betriebssystemebene. So muß ein fehlerhaftes Prozessorverhalten erkannt werden, und alle Prozessoren müssen über den aktuellen Systemzustand informiert sein, d. h., viele Tabellen des Betriebssystems müssen für jeden Prozessor gehalten und aktualisiert werden. Hierbei ist es notwendig, die Tabellenzugriffe in eindeutiger Weise zu verwalten, indem sich Prozessoren ggf. gegenseitig vom Zugriff ausschließen (mutual exclusion). Der Vorteil eines solchen Systems ist eine hohe Sicherheit gegen Systemausfälle *(fehlertolerante Systeme).*

Verteilte Datenverarbeitungssysteme

Als verteiltes DV-System bezeichnet man einen Verbund von Verarbeitungseinheiten (Verarbeitungsknoten), in dem mehrere parallel ablaufende Prozesse (Tasks) miteinander kooperieren. Hierbei gibt es keine zentrale Systemaufsicht; diese ist auf die Verarbeitungsknoten verteilt. Abhängig von der Art der Verarbeitungsknoten und der räumlichen Ausdehnung des sie verbindenden Kommunikationssystems unterscheidet man zwischen verteilten Mehrprozessorsystemen und verteilten DV-Systemen in Form von Rechnernetzen. (Rechnernetze müssen nicht verteilte Systeme sein.) Bei den verteilten Mehrprozessorsystemen bestehen die Verarbeitungsknoten aus Prozessor-Speicher-Paaren, die um Ein-/Ausgabeeinheiten erweitert sein können. Verbunden sind diese Knoten in sehr kompakter räumlicher Anordnung, z. B. innerhalb eines Rechnerschrankes. Bei den Rechnernetzen handelt es sich meist um einen heterogenen Verbund von Rechnersystemen und DV-Geräten. — Die einzelnen Knoten kommunizieren durch den Austausch von Nachrichten (message passing, lose Kopplung). Dieser Austausch unterliegt bestimmten Regeln, die in sog. Protokollen festgelegt sind.

Der Vorteil verteilter Systeme liegt für den einzelnen Benutzer in der großen Vielfalt der verfügbaren Betriebsmittel. Hierzu gehören Programme (Funktionsverbund), Datenbestände (Datenverbund) und Verarbeitungskapazität in Form von Prozessorleistung und Nutzung peripherer Geräte (Lastverbund). Weitere Vorteile sind eine hohe Fehlertoleranz und eine leichte Erweiterbarkeit dieser Systeme.

Rechnernetze

Ein Rechnernetz besteht aus sog. Wirtsrechnern (hosts) und Terminals als Netzteilnehmer und einer Übertragungseinrichtung, über die sie miteinander kommunizieren. Die Leistungsfähigkeit der Rechner reicht dabei vom Personal-Computer bis zum Großrechner. Grundsätzlich unterscheidet man zwischen lokalen Netzen (Inhouse nets, *local area networks LANs*) und Weitverkehrsnetzen (long-haul networks, telecommunications networks, *wide area networks WANs*). LANs sind Verbunde innerhalb von Gebäuden oder Grundstükken, die von privaten Nutzern (z. B. Firmen) betrieben werden. Bei WANs werden die Hosts als Endgeräte zwar meist von privaten Nutzern betrieben, jedoch werden die Übertragungseinrichtungen durch die Fernmeldeinstitution eines Landes — z. B. durch die Deutsche Bundespost — bereitgestellt. Sie überbrücken Entfernungen, die unter Einsatz von Satelliten auch Kontinente überschreiten.

Weitverkehrsnetze (WANs). Bild 6-16 zeigt einen Ausschnitt aus einem *Punkt-zu-Punkt-Netz* als typische WAN-Struktur für die Vermittlung von Datenpaketen (siehe unten). Die Übertragungseinrichtung (Subnetz) besteht aus den Übertragungswegen und aus Vermittlungsrechnern an deren Knotenpunkten. Jeder Knoten erlaubt den Anschluß von einem oder mehreren Netzteilnehmern (Hosts, Terminals). Eine kostengünstige Nutzung eines solchen Anschlusses ergibt sich bei Verwendung eines Konzentrators, durch den die Daten in der Reihenfolge ihres Eintreffens im Multiplex-Verfahren weitergegeben werden. Innerhalb des Subnetzes werden die Datenpakete abhängig von der Wegewahl (routing) in einem oder mehreren dieser Knoten zwischengespeichert und weitergereicht (store-and-forward network). Den Punkt-zu-Punkt-Netzen stehen die sog. *Broadcast-Netze* gegenüber. Bei ihnen werden die Daten nicht über einen zwischen Sender und Empfänger hergestellten Datenweg übermittelt, sondern der Sender übermittelt seine Daten gleichzeitig an alle Netzteilnehmer, und der eigentliche Empfänger erkennt an der mitgelieferten Adreßinformation, daß die Nachricht für ihn bestimmt ist. Dies ist z. B. bei der Satellitenübertragung der Fall, wo mehrere Empfangsstationen im Sendebereich eines Satelliten liegen.

Die Datenübertragung über Einrichtungen der Fernmeldeinstitutionen bezeichnet man als *Datenfernübertragung.* Von der Bundespost wird hierfür zunächst das Fernsprechnetz mit seiner Analogübertragungstechnik und relativ geringen Übertragungsgeschwindigkeiten von 300 bis 4 800 bit/s eingesetzt. Hinzu kommen spezielle Datennetze mit digitaler Übertragungstechnik und Übertragungsgeschwindigkeiten bis zu 48 kbit/s [11]. Unterschieden wird hierbei ein Netz für die Leitungsvermittlung (DATEX-L), bei dem wie beim Fernsprechen beiden Partnern eine Leitung für die Dauer der Übertragung fest zugeordnet ist, und ein Netz für die Paketvermittlung (DATEX-P), bei dem Datenblöcke auf einem sog. virtuellen Weg transportiert werden. Hierbei können die einzelnen Blöcke, vorgegeben durch die Vermittlungsrechner, auf unterschiedlichen „realen" Wegen transportiert werden, um die Netzverbindungen optimal auszulasten. Konzipiert und in der Einführung ist ein Netz (*Integrated Services Digital Network, ISDN,* [5]), das eine Vielzahl von sog. Diensten für die Übertragung von Sprache, Daten, Text und Bildern vereinigt. Solche Dienste sind das Fernsprechen, das Bürofernschreiben (Teletex), das Fernkopieren (Telefax), aber auch der Zugang zu Bildschirmtext und zu Mail-Diensten (elektronischer Briefverkehr). Für jeden ISDN-Anschluß sind dazu zwei Übertragungskanäle mit Übertragungsgeschwindigkeiten von je 64 kbit/s und ein Signalisierkanal mit 16 kbit/s vorgesehen, an die in einer Busstruktur mehrere Geräte angeschlossen werden können.

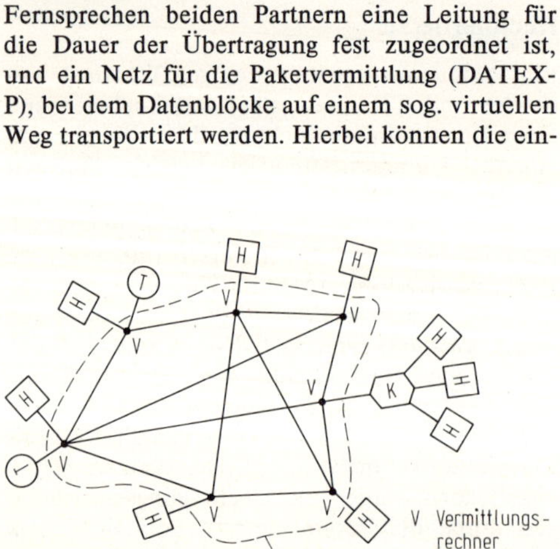

Bild 6-16. Punkt-zu-Punkt-Netzstruktur eines WANs.

Protokolle. Die Kommunikation zwischen zwei Hosts bzw. zwischen den auf ihnen laufenden Anwenderprozessen umfaßt eine Vielzahl von Funktionen, die von den übertragungstechnischen Voraussetzungen bis zu den logischen, organisatorischen Vorgaben auf der Anwenderebene reichen. Hierzu gehören: Aufbau, Aufrechterhaltung und Abbau einer Verbindung, Übertragen eines Bitstroms, Aufteilen eines Bitstroms in Übertragungsblöcke, Sichern der Datenübertragung und Fehlerbehandlung, Wegewahl im Netz, Synchronisieren der Übertragungspartner, Herstellen einer einheitlichen Datenrepräsentation, Aufteilen der zu übertragenden Information in logische und physikalische Abschnitte usw. Zur Beherrschung der hiermit verbundenen Komplexität wurde von der International Organization for Standardization (ISO) das *ISO-Referenzmodell* entwickelt, das die Kommunikation in sieben hierarchischen Schichten (layers) beschreibt [7], siehe Anhang: Normen, 3.8.

Datenübertragung. Um den Leitungsaufwand gering zu halten, werden Daten in WANs fast ausschließlich bitseriell übertragen, wobei die aufeinanderfolgenden Bits einem festen Zeitraster zugeordnet werden. Bei asynchron serieller Übertragung werden wahlweise fünf bis acht Datenbits eines Zeichens (ggf. plus Paritätsbit) in einem zur Synchronisation benötigten Rahmen (frame), bestehend aus einem Startbit und einem oder mehreren Stopbits, zusammengefaßt (Bild 6-17a). Bei der Übertragung aufeinanderfolgender Zeichen synchronisieren sich Sender und Empfänger mit jedem Zeichen anhand der fallenden Flanke des Startbits, so daß die Zeitabstände zwischen zwei Zeichenübertragungen beliebig variieren können. Diese schon bei Fernschreibern verwendete Technik wird häufig auch innerhalb von Rechenanlagen eingesetzt, z. B. für den Transfer mit einem Bildschirmterminal oder einem Drucker.

Bei der synchron seriellen Übertragung bilden die Datenbits aufeinanderfolgender Zeichen einen

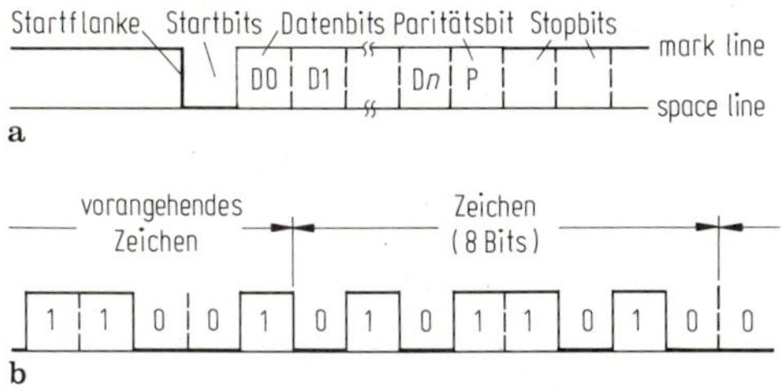

Bild 6-17. Serielle Datenübertragung, **a** asynchron; **b** synchron.

lückenlosen Bitstrom (Bild 6-17b), und die Synchronisation geschieht laufend anhand der Pegelübergänge im Datensignal. Um bei längeren 0- oder 1-Folgen den Pegelwechsel zu erzwingen, wird eine besondere Signalcodierung verwendet (non-return to zero with interchange, NRZI), bzw. werden vom Sender zusätzliche Bits eingefügt *(bit stuffing).* Diese Bits werden vom Empfänger erkannt und wieder entfernt. – Bei asynchroner wie bei synchroner Übertragung bezeichnet man die sich aus der konstanten Schrittweite des Zeitrasters ergebende Anzahl der Schritte pro Sekunde als Schrittgeschwindigkeit (Einheit Baud (Bd)). Typische Werte sind 300, 1 200, 2 400, 4 800, 9 600 und 19 200 Baud.

Bei der Datenübertragung zwischen zwei sog. Datenendeinrichtungen (DEE, z. B. Rechnern oder Terminals) muß bei Benutzung von Fernsprechnetzen mit analoger Signalübertragung die Binärinformation auf der Senderseite in eine analoge Form und auf der Empfängerseite wieder in die digitale Form umgesetzt werden (Bild 6-18). Dies geschieht durch spezielle Datenübertragungseinrichtungen (DÜE), sog. Modems (Modulator/Demodulator). Die analoge Darstellung geschieht durch sinusförmige Signale mit Codierung der Bits durch Frequenz-, Amplituden- oder Phasenmodulation. Frequenzmodulation z. B. heißt Darstellung der Werte 0 und 1 durch zwei sinusförmige Signale mit unterschiedlichen Frequenzen aus dem Übertragungsspektrum von 300 bis 3 400 Hz bei vorgegebener Zeitdauer (Schrittweite). Da mit diesen Techniken auch mehr als ein Bit pro Übertragungsschritt codiert werden kann, kann die Übertragungsgeschwindigkeit, gemessen in bit/s, höher als die Schrittgeschwindigkeit, gemessen in Baud, sein. — Bei digitalen Netzen entfallen die Modems; an ihre Stelle treten die Vermittlungsrechner als Datenübertragungseinheiten.

Abhängig von den Dialogmöglichkeiten auf der Übertragungsstrecke spricht man von Simplexbetrieb, wenn die Übertragung nur in einer Richtung, von Halbduplexbetrieb, wenn sie im Multiplexverfahren in beiden Richtungen, und von Vollduplex- oder Duplexbetrieb, wenn sie gleichzeitig in beiden Richtungen möglich ist.

Bild 6-18. Datenfernübertragung zwischen zwei Datenendeinrichtungen (DEE) mittels zweier Datenübertragungseinrichtungen (DÜE) für Analogsignale.

Schnittstellenvereinbarungen. Für die Festlegung der mechanischen, elektrischen und funktionellen Eigenschaften der Schnittstellen zwischen Datenendeinrichtungen und Datenübertragungseinrichtungen gibt es Vereinbarungen der Normungsorganisationen, so z. B. vom CCITT (Comité Consultatif International Télégraphique et Téléphonique) die V.-Empfehlungen für analoge Netze und die X.-Empfehlungen für digitale Netze. Die gebräuchlichste Empfehlung für analoge Netze ist V.24 (vergleichbar mit EIA RS-232C, Electronic Industries Association, und mit DIN 66020 [6]). Sie beschreibt eine 25polige Verbindung mit Daten-, Takt-, Melde-, Status- und Wählleitungen sowie Leitungen für Analogsignale (Bild 6-19). Reduziert auf die Datenleitungen und einige Melde- und Statusleitungen als Synchronisationsleitungen wird diese Schnittstellenvereinbarung auch rechnerintern, z. B. für Terminal- und Druckeranschlüsse verwendet. Weit verbreitet bei digitalen Netzen ist die X.21-Empfehlung. Sie beschreibt eine achtdrahtige Verbindung und ihre Benutzung, insbesondere auch den Verbindungsaufbau und -abbau. — V.24 und X.21 stellen Protokolle der untersten Schicht des ISO-Referenzmodells dar (Bitübertragungsschicht, physical layer).

Lokale Netze (LANs). Als Alternative zu den großen Time-Sharing-Anlagen mit ihren vielen Terminalarbeitsplätzen (siehe 7.1) werden verstärkt Arbeitsplatzrechner (workstations, personal computers) eingesetzt [12, 18]. Eine Vernetzung solcher Rechner, ggf. unter Einbeziehung leistungsfähigerer Host-Rechner, erlaubt es, teure Geräte gemeinsam zu benutzen (z. B. Plattenlaufwerke und Laserdrucker), auf im Netz vorhandene Datenbestände zuzugreifen (z. B. auf eine Datenbank oder ein Dokumentenarchiv) und die Software anderer Rechner mitzubenutzen (z. B. Compiler). Typische Anwendungen liegen im technisch-naturwissenschaftlichen Bereich, in den computerunterstützten Ingenieuranwendungen (z. B. computer-aided design, CAD, computer-aided engineering, CAE), in der industriellen Fertigung (computer-aided manufacturing, CAM), aber auch im Bürobereich (Bürokommunikation).

Aufgrund ihrer geringen räumlichen Ausdehnung mit Übertragungsentfernungen von maximal wenigen Kilometern erlauben LANs Übertragungsra-

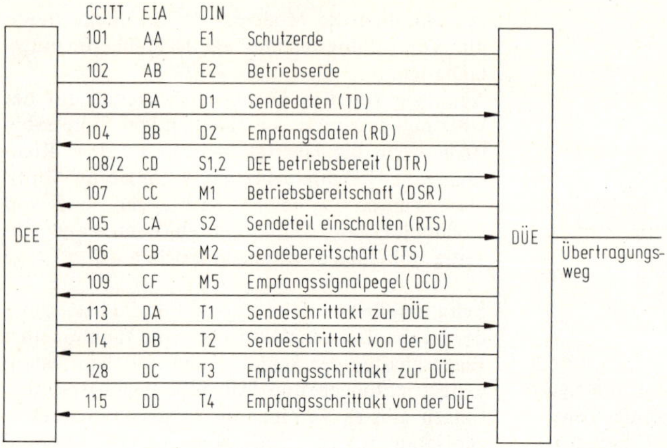

Bild 6-19. Die wichtigsten V.24-Schnittstellenleitungen (Kurzbezeichnungen in Klammern nach RS-232C).

ten von 100 Mbit/s und mehr, womit sie erheblich über denen von WANs liegen. Verwendet werden hierbei breitbandige Übertragungsmedien, wie Koaxialkabel und Lichtleiter (Glasfasern). Bei geringeren Übertragungsraten bis zu wenigen Mbit/s kommen auch die kostengünstigeren verdrillten Leitungen (Telefonkabel) zum Einsatz. Wie bei den WANs ist auch bei den LANs die Kommunikation in Protokollen festgelegt, wobei das ISO-Referenzmodell die Basis der meisten Netze ist. Daneben gibt es z. B. die IBM-eigene SNA-Architektur (system network architekture).

Strukturen lokaler Netze. Die grundlegenden Topologien von LANs sind die Ring-, die Bus- und die Sternstruktur (Bild 6-20, [18]).

Ringstruktur. Bei der Ringstruktur (Token-Ring) erfolgt die Kommunikation in fest vorgegebener Umlaufrichtung, wobei freie Übertragungskapazitäten durch eine oder mehrere umlaufende Marken (tokens) gekennzeichnet werden. Der sendende Teilnehmer übergibt einem freien Token seine Nachricht zusammen mit der Sender- und Empfängeradresse. Der sich mit der Adresse identifizierende Empfänger übernimmt die Nachricht und übergibt dem Token eine Empfangsbestätigung für den Sender. Der Sender gibt nach deren Empfang das Token wieder frei. Die Ringstruktur erfordert einen geringen Aufwand, hat jedoch den Nachteil, daß bei Ausfall eines Ringteilnehmers der gesamte Ring ausfällt (IEEE-Standard 802.5 [4]). Produktbeispiel: Token-ring-Netzwerk von IBM, 4 Mbit/s.

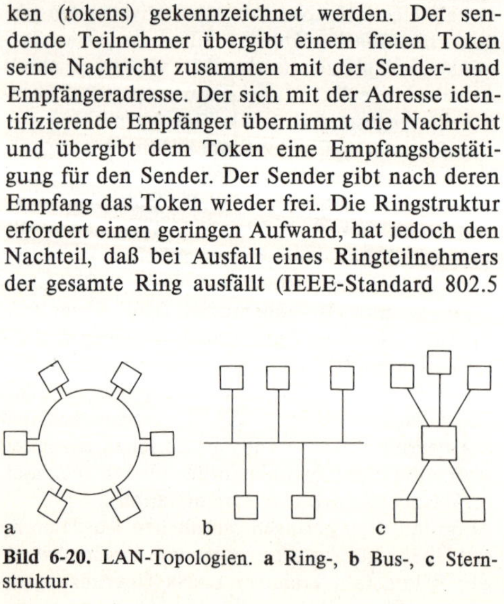

Bild 6-20. LAN-Topologien. **a** Ring-, **b** Bus-, **c** Sternstruktur.

Busstruktur. Bei der Busstruktur kommunizieren die Teilnehmer miteinander über einen Bus als passiven Vermittler. Das Übertragungsmedium ist z. B. ein Koaxialkabel, an das auch während des Betriebs des Netzes neue Teilnehmer angeschlossen werden können. Der Ausfall eines Teilnehmers beeinträchtigt die Funktionsfähigkeit des Restnetzes nicht. Die Möglichkeit des gleichzeitigen Buszugriffs aller Teilnehmer erfordert jedoch eine Strategie zur Vermeidung von Kollisionen. So muß ein Sender vor Sendebeginn anhand des Signalpegels auf dem Bus zunächst überprüfen, ob der Bus frei ist, und er muß mit Sendebeginn erneut prüfen, ob nicht gleichzeitig ein zweiter Sender zu senden begonnen hat. Im Konfliktfall muß er seine Übertragung aufschieben oder abbrechen, um sie z. B. nach einer zufallsgesteuerten Wartezeit erneut zu versuchen (CSMA/CD-Verfahren, carrier sense multiple access/collision detection; IEEE-Standard 802.3 [2]). Produktbeispiel: Ethernet von Xerox, 10 Mbit/s.
Eine davon abweichende Organisationsform hat der *Token-Bus*, bei dem wie beim Token-Ring ein Token zyklisch von Teilnehmer zu Teilnehmer weitergereicht wird, womit sich eine feste Zuteilung der Sendeberechtigungen ergibt (IEEE-Standard 802.4 [3]). Produktbeispiel: Industrie-LAN von IBM.

Sternstruktur. Bei der Sternstruktur übernimmt ein zentraler Vermittlungsrechner die Kommunikation zwischen den Netzteilnehmern. Dies entspricht der Struktur von digitalen Nebenstellenanlagen für Telefonvermittlung (private branch exchange, PBX), weshalb solche Anlagen auch für Sternnetze eingesetzt werden. Nachteilig ist, daß der Vermittlungsrechner bei starker Belastung zum Engpaß werden kann und daß von seiner Funktionsfähigkeit die des gesamten Netzes abhängt. Die typische Übertragungsrate ist 64 Kbit/s.

Mischformen. Weitere Topologien ergeben sich als Mischformen aus diesen drei Grundstrukturen. Für die Übergänge zwischen gleichartigen Netzen gibt es sog. *Bridges* als physische Netzverbinder. Für Übergänge zwischen unterschiedlichen Netzen und zu WANs werden sog. *Gateways* zur Protokollanpassung eingesetzt [7]. Der hierfür erforderliche Aufwand hängt davon ab, bis zu welcher Schicht des Referenzmodells eine Anpassung erforderlich ist (meist durch einen eigenständigen Rechner realisiert).

7 Betriebssysteme

Die Software eines Rechners wird grob unterteilt in die Systemsoftware zur Verwaltung der Rechnerfunktionen und in die Anwendersoftware zur Lösung der Anwenderprobleme. Basis der Systemsoftware ist das Betriebssystem *(operating system).* Es „setzt" unmittelbar auf der Hardware „auf" und bietet der darüberliegenden Software eine von der Hardware abstrahierte, leichter zugängliche Schnittstelle (Bild 7-1). Es verwaltet die Betriebsmittel des Rechners (resources), d. h. Prozessor(en), Hauptspeicher, Cache- und Hintergrundspeicher sowie die Ein-/Ausgabegeräte. Die übrige Systemsoftware setzt auf dem Betriebssystem auf und erlaubt dem Anwender das Erstellen und Ausführen von Programmen sowie das Verwalten von Programmen und Daten. Die wichtigsten hierfür verfügbaren Dienstprogramme (utilities) sind der Kommandointerpreter zur Kommunikation des Benutzers mit dem Rechner, Editoren zur Programmerstellung, Assembler und Compiler als Übersetzer für unterschiedliche Programmiersprachen, Testhilfeprogramme (debugger) und Programme zur Verwaltung von Dateien. Hinzu kommen Programme für Textverarbeitung, Tischrechnerarithmetik, elektronische Post in Mehrbenutzersystemen usw.

7.1 Betriebssystemarten

Stapelverarbeitung

In den Anfängen der Rechnertechnik wurde die Abwicklung eines Rechnerauftrags *(job, task)* durch den Bediener (operator) der Rechenanlage manuell über ein Bedienpult gesteuert. Dazu

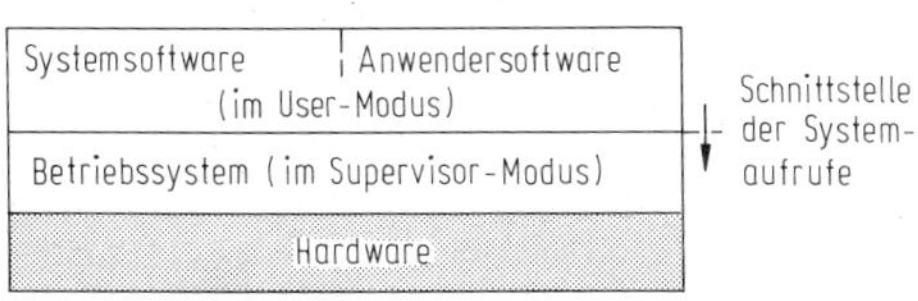

Bild 7-1. Systemstruktur bei zwei Softwareebenen.

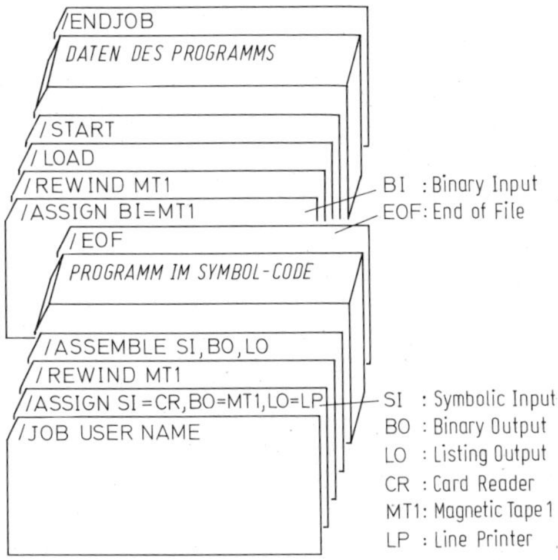

Bild 7-2. Lochkartenstapel mit Anweisungen zum Assemblieren, Laden und Starten eines Programms im Stapelbetrieb.

mußte das in Lochkarten gestanzte Programm und seine Daten in einem Lochkartenlesegerät bereitgestellt, das Programm eingelesen, übersetzt und gestartet werden. Mit den ersten Betriebssystemen wurde dieser Ablauf automatisiert und durch eingefügte Steueranweisungen einer Job-Steuersprache (job control language) gesteuert (Bild 7-2). Hinzu kam der automatische Job-Wechsel, womit aufeinanderfolgend mehrere Jobs in sog. Stapelverarbeitung *(batch processing)* ausgeführt werden konnten (siehe auch 10.1). Für den Benutzer hatten diese Systeme jedoch den Nachteil langer Wartezeiten (von der Abgabe eines Programms bis zum Erhalt des Resultats), und es bedurfte bei der Programmentwicklung oft vieler Durchläufe, bis ein Programm lauffähig war. Mit Verwendung von Magnetbandgeräten konnten die Wartezeiten minimiert werden, indem die Jobs nach ihren Laufzeiten vorsortiert wurden und kürzere Jobs zuerst ausgeführt wurden.

Heutige Stapelverarbeitungs-Betriebssysteme arbeiten im *Mehrprogrammbetrieb (multiprogramming, multitasking).* Hierbei sind mehrere Jobs gleichzeitig im Arbeitsspeicher geladen. Läuft der aktuelle Job auf eine Ein-/Ausgabeanforderung, so wird diese einem selbständig arbeitenden Ein-/Ausgabekanal übertragen, und der Prozessor erhält während der Wartezeit einen anderen Job zugeteilt. (Ein vom Betriebssystem verwalteter und von der Hardware unterstützter Speicherschutzmechanismus verhindert Zugriffe des aktuellen Jobs auf die Bereiche der anderen Jobs.)

Eine Unterstützung der Parallelverarbeitung bietet das sog. *Spooling* (simultaneous peripheral operation on line). Hierbei werden die Jobs, sobald sie vorliegen, auf einer Platteneinheit, die als Pufferspeicher wirkt, bereitgestellt. Der sequentielle

Zugriff, wie bei Bandgeräten üblich, entfällt somit. In gleicher Weise werden die Ausgabedateien eines Jobs auf Platte zwischengespeichert und unabhängig von der zentralen Verarbeitung ausgegeben, sobald das Ausgabemedium, z. B. ein Drukker, frei ist.

Teilnehmerbetrieb

Der Nachteil der langen Wartezeiten bei der Stapelverarbeitung entfällt bei den sog. *Teilnehmersystemen (multi-user systems, time-sharing systems).* Bei ihnen sind viele Teilnehmer gleichzeitig über je ein eigenes Terminal interaktiv mit dem System verbunden. In einer speziellen Form des Mehrprogrammbetriebs wird den von ihnen aktivierten Abläufen Rechenzeit in Zeitscheiben zugeteilt *(time slicing).* Kurze Abläufe, z. B. einzelne Schritte zur Programmerstellung, können so von ihm im *Dialogverkehr* abgewickelt werden (siehe auch 10.1). —Um mögliche Leerlaufzeiten des Prozessors zu nutzen, wird der Teilnehmerbetrieb oft mit einer im Hintergrund laufenden Stapelverarbeitung gekoppelt. In dieser Betriebsart werden Programme mit geringer Dringlichkeit und solche, die keine Interaktion benötigen, ausgeführt.

Einbenutzersysteme

Die unter dem Einfluß der Mikroprozessortechnik gesunkenen Kosten für Rechner kleinerer und mittlerer Größe erlauben es, von den großen Teilnehmersystemen abzugehen und jedem Anwender einen eigenen Kleinrechner *(personal computer, PC)* oder einen komfortableren Arbeitsplatzrechner *(workstation)* zur Verfügung zu stellen. Auf diesen Rechnern kommen neben leistungsfähigen Mehrbenutzerbetriebssystemen auch Einbenutzersysteme *(single user systems)* zum Einsatz. Diese arbeiten zum Teil ohne Speicherverwaltungseinheit, insbesondere ohne Speicherschutz, und kommen aufgrund ihres geringen Umfangs mit einem Disketten-Speicher als Hintergrundspeicher aus. Der Zugriff auf größere periphere Speicher und teure Ein-/Ausgabegeräte erfolgt über einen Anschluß an einen größeren Hintergrundrechner (host) oder an ein Rechnernetz.

Netzsysteme

Um Betriebsmittel (Geräte und Software) gemeinsam benutzen zu können, werden Personal Computer, Arbeitsplatzrechner und größere Rechenanlagen zu Netzen verbunden (siehe 6.4). Dazu werden entweder die einzelnen Betriebssysteme um Kommunikationssoftware zu Netzwerkbetriebssystemen erweitert oder durch ein übergeordnetes, verteiltes Betriebssystem ersetzt.

Prozeßsteuerungssysteme

Die Steuerung technischer Prozesse erfordert Rechnersysteme mit Reaktionszeiten im Millisekundenbereich, um auf kritische Prozeßzustände, wie sie z. B. durch Interruptsignale des Prozesses angezeigt werden, in vom Prozeß diktierten Zeiträumen reagieren zu können (Echtzeitsysteme, *real-time systems*). Echtzeitbetriebssysteme sind dementsprechend für einen schnellen Programmwechsel (task switching) ausgelegt und erlauben eine Überwachung der Reaktionszeiten. Dabei wird von ihnen eine hohe Zuverlässigkeit gefordert.

Transaktionssysteme

Ihre Anwendung liegt bei Informationssystemen mit sich laufend verändernden Datenbasen, z. B. bei Kontoführungssystemen von Banken oder Platzbuchungssystemen von Fluggesellschaften. Auch hier sind Betriebssysteme mit Echtzeiteigenschaften gefordert. Darüber hinaus müssen sie die Konsistenz der Datenbasis gewährleisten. So müssen beim Zugriff auf einen Datensatz Simultanzugriffe ausgeschlossen werden.

7.2 Prozeß-, Datei- und Ein-/Ausgabeverwaltung

Aus Gründen der Betriebssicherheit laufen die Routinen des Betriebssystems im Supervisor-Modus, d. h. in der privilegierten Betriebsart des Prozessors, und sind somit gegen unzulässige Zugriffe durch die im User-Modus laufende übrige Systemsoftware und die Anwenderprogramme geschützt. (Zweiebenenstruktur, siehe Bild 7-1; Strukturen mit mehr als zwei Ebenen sind ebenfalls üblich). Anforderungen aus der User-Ebene (Benutzerebene) an die Supervisor-Ebene (Systemebene) erfolgen über fest vorgegebene Eintrittspunkte als programmierte Programmunterbrechung, sog. *Systemaufrufe* (system calls, supervisor calls; durch Trap-Befehle realisiert). Solche Systemaufrufe bilden einzelne Betriebssystemfunktionen, deren wichtigsten die Prozeßverwaltung, die Interprozeßkommunikation, die Dateiverwaltung und die Ein-/Ausgabeverwaltung sind. Hinzu kommt die Hauptspeicherverwaltung (siehe 7.3).

Prozeßverwaltung

Heutige Rechnersysteme sind durch parallel ablaufende Aktivitäten charakterisiert. Hierbei handelt es sich entweder um echte Parallelität, z. B. bei der Ausführung eines Programms durch den Prozessor bei gleichzeitiger Abwicklung eines Ein-/Ausgabevorgangs durch eine Ein-/Ausgabeeinheit, oder es handelt sich um eine Quasiparalleli-

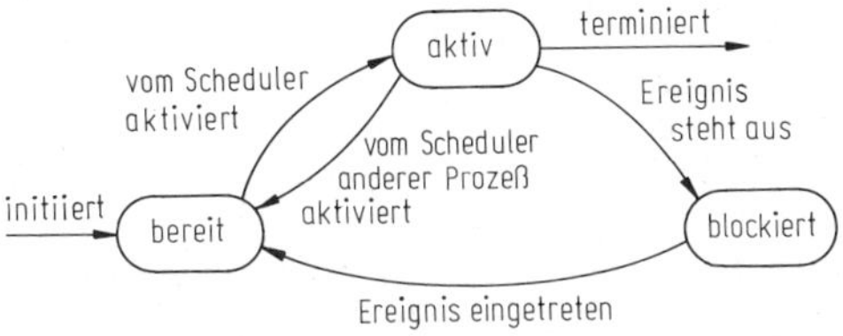

Bild 7-3. Prozeßzustände.

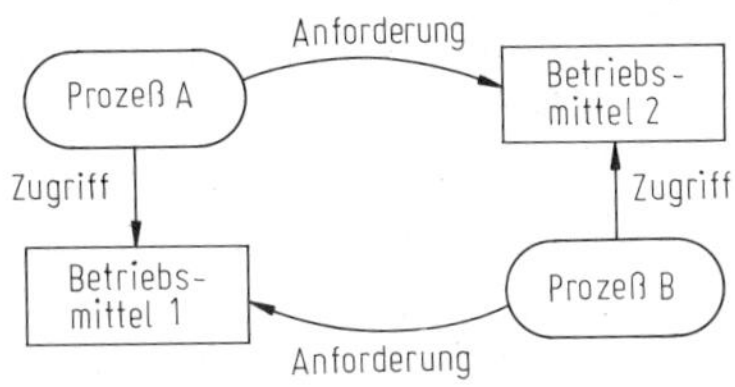

Bild 7-4. Verklemmung zweier Prozesse A und B durch gegenseitiges Festhalten der Betriebsmittel 1 und 2.

tät, z. B. wenn unterschiedliche Programmabläufe für eine kurze Zeitscheibe den Prozessor zugeteilt bekommen. Aus „größerem Abstand" betrachtet, kann die Ausführung dieser Programme als parallel angesehen werden. Um von den relativ komplizierten zeitlichen und örtlichen Abhängigkeiten dieser Abläufe zu abstrahieren, bedienen sich moderne Betriebssysteme des *Prozeßkonzepts.*

Als *Prozeß* bezeichnet man den zeitlichen Ablauf einer Folge von Aktionen, beschrieben durch ein Programm und die zu seiner Ausführung erforderliche Information. Diese umfaßt neben dem Programmcode die Daten (z. B. die Variablen im Speicher), die Inhalte des Befehlszählers, des Stackpointerregisters und weiterer Prozessorregister, Pufferbereichsadressen für die Ein-/Ausgabe, den aktuellen Status benutzter Dateien usw. Unterschiedliche Prozesse können dementsprechend denselben Programmcode bei unterschiedlichen Daten ausführen *(shared program).* Zur Verwaltung von Prozessen wird jedem Prozeß ein *Prozeßkontrollblock* zugeordnet, der dessen aktuellen Ausführungszustand (Prozeßstatus) anzeigt.

Während seiner „Lebenszeit" befindet sich ein Prozeß in einem von drei Zuständen (Bild 7-3). Er ist aktiv (running), wenn ihm ein Prozessor zugeteilt ist und sein Programm ausgeführt wird; er ist blockiert (blocked), wenn seine Weiterführung von einem Ereignis, z. B. der Beendigung eines Ein-/Ausgabevorgangs, abhängt; und er ist bereit (ready, runnable), wenn dieses Ereignis eingetreten ist und er auf die Zuteilung eines Prozessors wartet. Prozesse, die sich im Zustand „bereit" befinden, sind in eine Warteschlange *(process queue)* eingereiht. Die Zuteilung des Prozessors übernimmt der *Scheduler* des Betriebssystems (schedule: Zeitplan).

Interprozeßkommunikation

Die parallele bzw. quasiparallele Ausführung von Prozessen erfordert eine Kommunikation zwischen Prozessen, zum einen, um kooperierende Prozesse miteinander zu synchronisieren, z. B. das Warten eines Prozesses auf den Abschluß eines Ein-/Ausgabevorgangs, zum andern, um konkurrierende Zugriffe auf gemeinsame Betriebsmittel zu verwalten, z. B. Zugriffe auf Ein-/Ausgabegeräte oder auf Speicherbereiche. Die bekannteste Technik hierfür ist das *Semaphorkonzept* [2].

Beim Zugriff mehrerer Prozesse auf ein gemeinsames Betriebsmittel ist der Semaphor eine binäre Variable, die z. B. mit 0 den Belegt- und mit 1 den Freizustand des Betriebsmittels anzeigt. Bevor ein Prozeß, der das Betriebsmittel benötigt, in den kritischen Programmabschnitt des Zugriffs eintritt *(critical section),* prüft er den Semaphor. Ist er 0, so wird der Prozeß in eine dem Betriebsmittel zugeordnete Warteschlange eingereiht; ist er 1, so setzt der Prozeß ihn auf 0. Damit werden andere Prozesse vom Zugriff ausgeschlossen (gegenseitiger Ausschluß, *mutual exclusion*), und der Prozeß betritt den kritischen Abschnitt. Mit Verlassen des kritischen Abschnitts setzt er dann den Semaphor wieder auf 1, wonach ein sich in der Warteschlange befindlicher Prozeß aktiviert wird. Eine Verallgemeinerung dieses Konzepts verwendet auch größere Zahlen als 1 als Werte von Semaphoren.

Voraussetzung für das Funktionieren des Semaphorkonzeptes ist die Nichtunterbrechbarkeit einer Semaphoroperation. In Einprozessorsystemen läßt sich dies durch Blockieren des Interruptsystems, in Mehrprozessorsystemen durch Blockieren des Busarbiters erreichen. Letzteres wird von der Hardware unterstützt, z. B. durch einen Befehl, der das Abfragen und Ändern eines Operandenbits (binärer Semaphor) in einer nichtunterbrechbaren Folge von Buszyklen durchführt. — Beim konkurrierenden Zugriff besteht die Gefahr der Verklemmung (deadlock), wenn Prozesse auf Betriebsmittel warten, die sie gegenseitig festhalten (Bild 7-4).

Dateiverwaltung

Programme und Daten sind auf Hintergrundspeichern als Dateien *(files)* abgelegt und werden in dieser Form vom Betriebssystem verwaltet (siehe auch 9.6). Dateien abstrahieren von den physikalischen und funktionellen Eigenschaften der verschiedenen Hintergrundspeicher und ermöglichen dem Anwender einen einheitlichen Zugriff mit symbolischer Dateiadressierung. In einigen Betriebssystemen, z. B. UNIX [1], werden Ein-/Ausgabevorgänge in das Dateikonzept mit einbezogen und Ein-/Ausgabegeräte wie Dateien angesprochen. Details, wie blockorientierter Zugriff (Magnetplatte) und zeichenorientierter Zugriff (Terminal, Drucker), werden hierbei verdeckt.

Für die Dateiverwaltung (file handling) werden vom Betriebssystem verschiedene Operationen als Systemaufrufe bereitgestellt, z. B. create, remove, open, close, read und write (angelehnt an Aufrufe in der unter dem Betriebssystem UNIX verwendeten Programmiersprache C [4]). Create erzeugt eine Datei, indem der Dateiname in ein Dateiverzeichnis (file directory) eingetragen wird und diesem Eintrag die dateispezifischen Angaben zugeordnet werden. Dies sind u. a. die erlaubte Zugriffsart (read, write, execute, ggf. spezifiziert nach Dateiinhaber, Benutzergruppe und globaler Benutzung), die Gerätenummer des zugeordneten Hintergrundspeichers und ein Zeiger auf den ersten Bytespeicherplatz der Datei in diesem Speicher. Mit create wird die Datei gleichzeitig für den Zugriff geöffnet. Remove hebt die Wirkung von create wieder auf.

Lese- und Schreibzugriffe durch read bzw. write erfolgen bytesequentiell, wobei auf dem aktuellen Stand des Bytezeigers aufgesetzt und der Zeiger jeweils aktualisiert wird. Die Zugriffsrechte des Aufrufers werden zuvor überprüft. Mit close wird eine Datei geschlossen, womit weitere Zugriffe unterbunden und der für den Datentransfer bereitgestellte Pufferbereich im Arbeitsspeicher freigegeben wird. Das Öffnen einer geschlossenen Datei erfolgt mit open unter Vorgabe der erlaubten Zugriffsart, z. B. read. Hierbei wird geprüft, ob der Aufrufer das entsprechende Zugriffsrecht hat und ob die Datei bereits geöffnet ist. Erlaubt eine Datei den gemeinsamen Zugriff mehrerer Benutzer (shared program, shared data), so kann sie zwar gleichzeitig von mehreren lesenden, aber nur von einem schreibenden Benutzer geöffnet werden.

Eine Abgrenzung der Dateien verschiedener Benutzer (unabhängige Wahl der Dateinamen, Zugriffsschutz) erhält man in einfacher Weise durch eine einstufige Dateiverwaltung mit einem übergeordneten Hauptverzeichnis (master directory), dessen Inhalte auf die Benutzer- und System-Inhaltsverzeichnisse verweisen. Mehr Flexibilität bietet jedoch eine hierarchische Dateiverwaltung (Bild 7-5). Hierbei können Einträge wahlweise

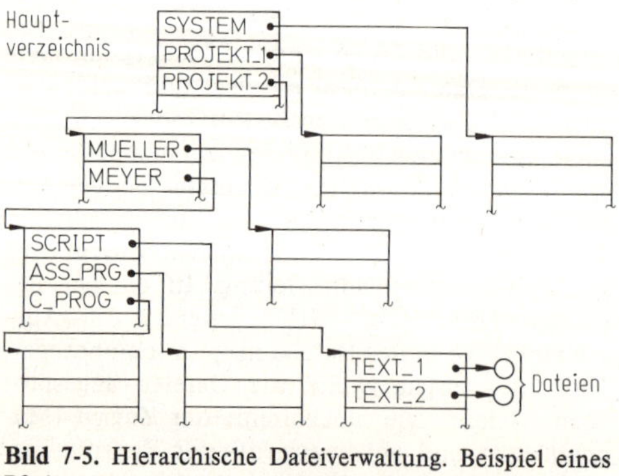

Bild 7-5. Hierarchische Dateiverwaltung. Beispiel eines Pfadnamens: `PROJECT_2/MEYER/SCRIPT/TEXT_1`.

Verweise auf andere Verzeichnisse oder auf Dateien sein, wodurch bei mehrfacher Stufung eine Baumstruktur entsteht. Dies ist nützlich für eine hierarchische Vergabe von Zugriffsrechten an Benutzergruppen und Einzelbenutzer und ermöglicht dem Benutzer die Strukturierung seiner Dateisammlung. Nachteilig sind die mit der Ebenenzahl wachsenden Pfadnamen zur Auswahl eines Verzeichnisses bzw. einer Datei.

Ein-/Ausgabeverwaltung

Die Systemsoftware für die Ein-/Ausgabeverwaltung stellt einerseits dem Benutzer eine von den Besonderheiten der Ein-/Ausgabegeräte und der peripheren Speicher abstrahierte Schnittstelle zur Verfügung. Diese wird durch geräteunabhängige Ein-/Ausgaberoutinen realisiert, die als Teil des Betriebssystems über Systemaufrufe aktiviert werden. Andererseits umfaßt sie die für die Geräteansteuerung spezifischen Gerätetreiber *(device drivers)*. Sie sind als Systemprozesse der Benutzerebene zugeordnet und werden von den Ein-/Ausgaberoutinen als Prozesse aktiviert.

Um dem Anwender die Systemaufrufe zu verdekken, führen Ein-/Ausgabeoperationen, wie read und write, zum Aufruf gleichnamiger Bibliotheksroutinen, die als Routinen der Benutzerebene in das Anwenderprogramm eingebunden sind. Diese Routinen bereiten die Parameter für die Systemaufrufe auf, z. B. die Datei- bzw. Gerätebezeichnung, die Adresse des Puffers im Arbeitsspeicher und die Byteanzahl der Datenübertragung. Darüber hinaus übernehmen sie auch komplexe Aufgaben, z. B. das Umsetzen von Formatierungsangaben und von Variablenwerten in eine entsprechende Zeichenkette für eine formatierte Ausgabe oder das Konvertieren dezimaler Zahlendarstellung in die binäre Darstellung und umgekehrt (ASCII to binary, binary to ASCII).

Die durch einen Systemaufruf aktivierte Ein-/Ausgaberoutine der Betriebssystemebene ordnet der Datei- bzw. Gerätebezeichnung die zugehörige Treibroutine zu, prüft die Gültigkeit der Parameter, prüft die Zugriffsart und Zugriffsberechtigung des Aufrufers (siehe create und open) und weist ggf. den Aufruf zurück. Bei positivem Prüfergebnis stellt sie einen Anforderungsblock für die Treiberroutine zusammen und reiht ihn in die Warteschlange bereits vorliegender Anforderungen ein.

Für jede Geräteklasse (z. B. für Terminals mit unterschiedlichen Protokollen) gibt es je einen Gerätetreiber. Dieser „kennt" die Registerstruktur des Device-Controllers und die von ihm ausführbaren Kommandos. Darüber hinaus kennt er die mechanischen Eigenschaften eines Geräts (z. B. die Plattenanzahl eines Plattenspeichers), dessen Informationsstruktur (z. B. die Formatierung einer Platte) und ist über den aktuellen Gerätezustand infor-

miert (z. B. über die Spurposition des Lese-/Schreibkopfes einer Platteneinheit).
Zur Durchführung einer Zugriffsoperation, z. B. Lesen eines Blockes einer auf einer Platteneinheit gespeicherten Datei, muß der Treiber zunächst die abstrakte Blockadresse in eine konkrete Spurnummer und Sektornummer abbilden. Danach gibt er das Kommando zur Positionierung des Lese-/Schreibkopfes und dann das Sektorlesekommando aus, wobei er sich jeweils mit der Steuereinheit synchronisiert. Nach jeder Kommandoausführung wird der Controller-Status überprüft und bei Fehleranzeige ggf. eine Fehlerbehandlung durchgeführt.

7.3 Hauptspeicherverwaltung

Zu den Aufgaben eines Betriebssystems gehört es, über freie und belegte Speicherbereiche Buch zu führen, Speicherplatz Prozessen zuzuweisen *(allocation)* und wieder freizugeben *(deallocation)*, die Übertragung zwischen Hintergrundspeicher und Hauptspeicher durchzuführen und Speicherbereiche gegen nicht zulässige Zugriffe zu schützen. Hinzu kommt als wichtiger Aspekt die Adreßumsetzung bei virtueller Speicherverwaltung [3].

Einprogrammsysteme

Bei einfacher Speicherverwaltung wird jeweils nur *ein* Anwenderprogramm mit seinen Daten in den Hauptspeicher geladen, in dem ein Teil des Betriebssystems und die Gerätetreiber residieren. Der verfügbare Adreßraum ist damit in Lage und Umfang statisch festlegbar. Der Betriebssystemteil wird gegenüber dem Anwenderprogramm zugriffsgeschützt, indem der Prozessorstatus in die Speicheranwahl mit einbezogen wird. (Die Gerätetreiber sind vielfach in einem Festwertspeicher abgelegt.)

Mehrprogrammsysteme und virtuelle Adressierung

Bei Betriebssystemen mit Mehrprogrammbetrieb werden gleichzeitig mehrere Programme bzw. Prozesse im Arbeitsspeicher gehalten. Geht man von einer dynamischen Speicherbelegung aus, so müssen Programme und Daten an beliebige Speicherstellen geladen werden können, d. h., sie müssen *verschiebbar (relocatable)* sein. Grundsätzlich kann die Verschiebbarkeit erreicht werden, indem vor oder während des Ladevorgangs zu sämtlichen (relativen) Programmadressen die aktuelle Ladeadresse (Basisadresse) addiert wird. Effizienter und flexibler ist es jedoch, die Adreßumsetzung zur Laufzeit eines Programmes in Verbindung mit den Speicherzugriffen durchzuführen. Dazu wird jede Adresse, bevor sie auf den Adreßbus gelangt, einer Speicherverwaltungseinheit (memory management unit, MMU) übergeben, die aus der sog. *virtuellen, logischen Programmadresse* eine *reale, physikalische Speicheradresse* erzeugt (Bild 7-6). Die hierfür erforderliche aktuelle Abbildungsinformation (memory map) stellt das Betriebssystem zur Verfügung. Mit der Adreßumsetzung wird eine Zugriffsüberwachung durchgeführt, indem die Zugriffsrechte eines Prozesses mit den in der MMU gespeicherten Zugriffsattributen verglichen werden (Speicherschutz). MMUs sind als Hardwareeinheiten in der Lage, die Adreßumsetzung und die Zugriffsüberwachung mit nur geringer Verzögerung der Speicherzugriffe durchzuführen. — Für das Abbilden des virtuellen Adreßraums eines Programms auf dessen physikalischen Speicherraum gibt es eine Vielzahl von Verfahren, auf die im folgenden nur exemplarisch eingegangen wird.

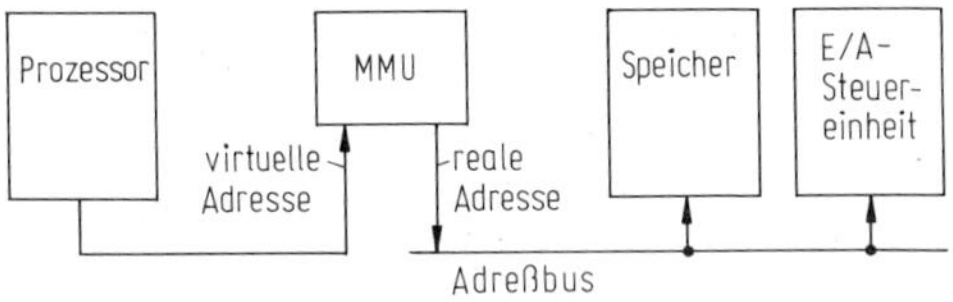

Bild 7-6. Rechnerstruktur mit Speicherverwaltungseinheit (MMU).

Basis- und Längenregister

Bei dieser einfachen Art der Speicherwaltung wird ein Basisregister vom Betriebssystem mit der Ladeadresse des aktuellen Programmsegments geladen. Die Adreßumsetzung erfolgt durch Addition der virtuellen Adresse zu dieser Basisadresse (Bild 7-7), wobei vorausgesetzt wird, daß der virtuelle Adreßraum des Segments bei Null beginnt. Die virtuellen Programmadressen wirken dementsprechend als Distanzen (offsets), d. h. als relative Adressen. Speicherschutz erhält man als reinen Bereichsschutz durch ein Längenregister, das mit der Längenangabe des Segments geladen wird. Sein Inhalt wird von der MMU mit der jeweiligen virtuellen Adresse verglichen. Zugriffe über die vorgegebene Segmentlänge hinaus werden unterbunden und lösen ein Trap-Signal aus (MMU Trap). Mit jedem Segmentwechsel werden die Inhalte beider Register aktualisiert.

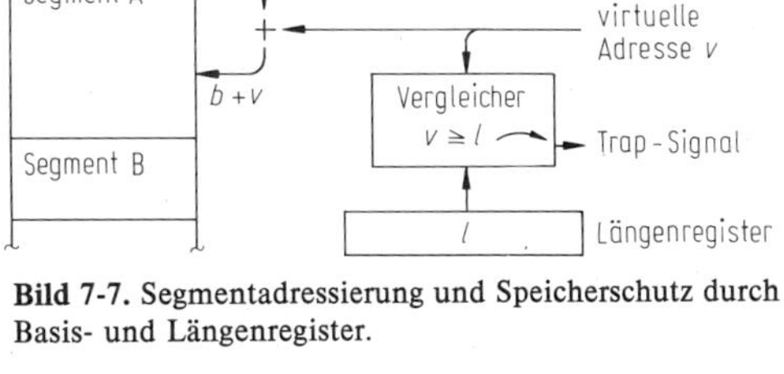

Bild 7-7. Segmentadressierung und Speicherschutz durch Basis- und Längenregister.

Segmentierung (segmenting)

Bei der Segmentierung wird der virtuelle Adreßraum in Segmente unterteilt, die durch virtuelle Segmentnummern adressiert werden. Im einfachsten Fall sind die Segmentgrößen einheitlich als Zweierpotenz 2^m festgelegt. Die m niedrigerwertigen virtuellen Adreßbits bilden dann den Byte-Offset innerhalb eines Segments, die restlichen, höherwertigen Bits die Segmentnummer. Aufwendigere Segmentierungen sehen variable Segmentgrößen, d. h. eine variable Adreßaufteilung, vor.
Im einfachsten Fall wird die virtuelle durch eine reale Segmentnummer aus einer Segmenttabelle ersetzt, die in einem Registerspeicher der MMU gehalten wird. Dies führt jedoch zu einer schlechten Speicherausnutzung, da der Speicher in gleicher Weise wie der virtuelle Adreßraum unterteilt wird: Unabhängig von der tatsächlichen Segmentgröße werden immer Bereiche von 2^m Bytes belegt. Günstiger ist es, die Segmente in kleinere Blöcke einheitlicher Größe zu unterteilen und die virtuelle Segmentnummer auf eine reale Blocknummer als reale Segmentbasis abzubilden, zu der die virtuelle Blocknummer als Block-Offset addiert wird. Dies erlaubt das Speichern von Segmenten an Blockgrenzen und reduziert den Platzbedarf auf die tatsächlich belegten Blöcke innerhalb eines virtuellen Segments. Bild 7-8 zeigt dazu ein Beispiel. (Grundsätzlich kann der reale Adreßraum kleiner oder größer als der virtuelle sein; entsprechend verringert bzw. erhöht sich die Bitanzahl für die reale Blocknummer und damit für die reale Adresse.)
Die Segmenttabelle enthält neben der Segmentlänge (Blockanzahl) weitere Schutzattribute, die von der MMU ausgewertet werden und in ihren einschränkenden Wirkungen die Benutzerzugriffe betreffen, z. B. no access, read only, execute only und read/write. Ein zusätzliches Bit (present bit) gibt an, ob das Segment überhaupt im Speicher steht und entscheidet damit, ob ein Zugriff generell möglich ist. Statusangaben in der MMU, wie „Segment wurde referenziert" und „Schreibzugriff ist erfolgt", werden vom Betriebssystem zur Segmentverwaltung herangezogen.
Beim Mehrprogrammbetrieb, bei dem aus Gründen des begrenzten Hauptspeicherplatzes zwischenzeitlich Prozesse ausgelagert werden müssen *(swapping)*, ist die reine Segmentierung ineffizient, da zum einen der Datenaustausch mit dem Hintergrundspeicher abhängig von der Segmentgröße sehr zeitaufwendig sein kann und zum andern ein Segment immer einen zusammenhängenden Speicherbereich benötigt und ggf. freie Speicherbereiche nicht genutzt werden können. Eine Lösung bietet die Seitenverwaltung.

Seitenverwaltung (paging)

Bei der Seitenverwaltung wird der virtuelle Adreßraum in kleinere Bereiche einheitlicher Länge (512 byte bis 8 Kbyte), sog. Seiten *(pages)*, unterteilt, die im Speicher auf entsprechende Seitenrahmen *(page frames)* gleicher Länge abgebildet werden (Bild 7-9). Die Adreßumsetzung erfolgt wie bei der Segmentierung, indem die höherwertigen Adreßbits als virtuelle Seitennummer in eine Rahmennummer abgebildet und die niedrigerwertigen Adreßbits als Byte-Offset ausgewertet werden. Der virtuelle Adreßraum wird somit in Seiten unterteilt, die in beliebige freie, nicht notwendigerweise zusammenhängende Seitenrahmen geladen werden können und so eine bessere Nutzung des Speichers erlauben. Diese Technik ermöglicht es auch, nur die aktuellen Seiten eines Prozesses *(working set)* im Speicher zu halten. Das Betriebssystem muß dann jedoch so ausgelegt sein, daß es beim Zugriffsversuch auf eine nicht geladene Seite die Zugriffsoperation unterbricht, den Prozeß in den Wartezustand versetzt, die fehlende Seite in den Speicher lädt und danach die Zugriffsoperation und damit den Prozeß wieder aufnimmt *(demand paging)*.
Typisch für die Seitenverwaltung ist das Abbilden eines großen linearen Adreßraums auf einen kleineren Speicherraum, unabhängig von einer logischen Aufteilung des Adreßraums. Im Gegensatz

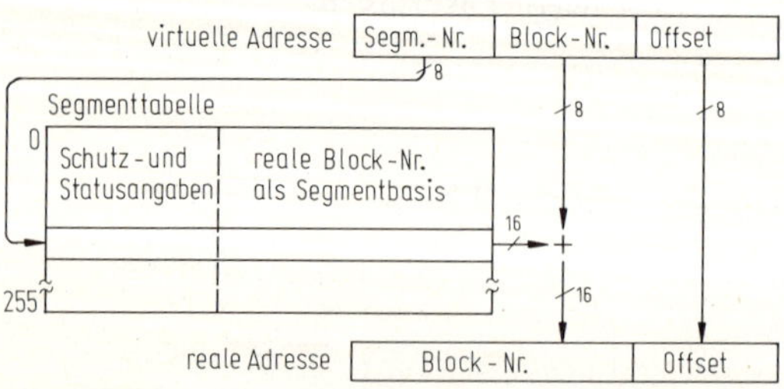

Bild 7-8. Adreßumsetzung für Segmente mit Blockunterteilung. Virtueller Adreßraum von 16 Mbyte (24-Bit-Adressen), aufgeteilt in 256 Segmente mit jeweils bis zu 256 Blöcken zu je 256 Bytes.

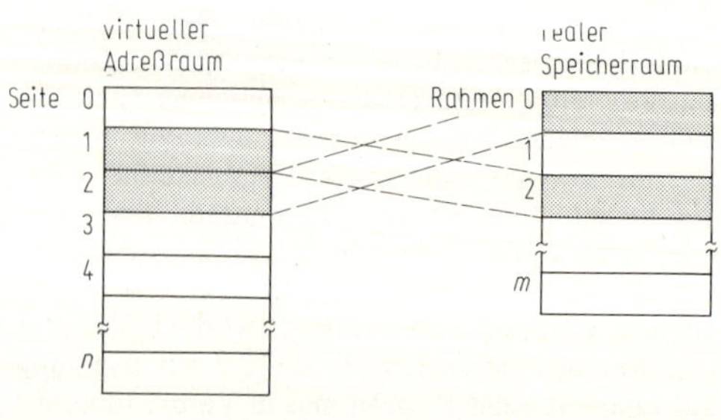

Bild 7-9. Abbildung der virtuellen Seiten 1 und 2 auf die Speicherrahmen 2 und 0.

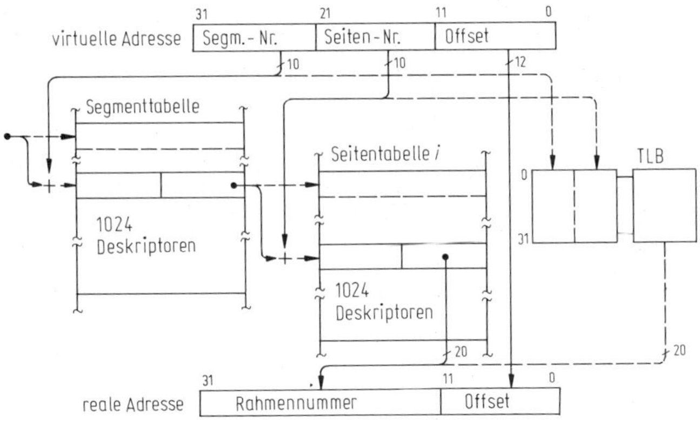

Bild 7-10. Zweistufige Adreßumsetzung für Segment- und Seitenverwaltung. Virtueller Adreßraum von 4 Gbyte (32-Bit-Adressen), aufgeteilt in 1024 Segmente mit jeweils bis zu 1024 Seiten von je 4 Kbyte. Von 1024 möglichen Seitentabellen ist nur eine dargestellt.

dazu bilden Segmente immer logische Einheiten, wie Programm-, Daten- und Stackbereiche. Man spricht deshalb bei der Segmentierung auch von zweidimensionaler Adressierung.

Segmentierung mit Seitenverwaltung

Um einerseits Segmente als logische Einheiten zu verwalten und andererseits diese in kleineren Einheiten zu speichern, verbindet man die Segmentierung mit der Seitenverwaltung und erhält so eine zweistufige Adreßabbildung (Bild 7-10). Ausgangspunkt ist eine Segmenttabelle, die für jedes Segment einen Deskriptor mit den Zugriffsattributen, dem Status und einem Zeiger auf eine Seitentabelle enthält. Die Seitentabelle wiederum enthält für jede Seite des Segments einen Deskriptor mit der Rahmennummer, dem Status (z. B. Seite geladen oder nicht geladen) und seitenspezifischen Zugriffsattributen. Weichen die Zugriffsattribute von denen des Segmentdeskriptors ab, so gelten die strengeren Vorgaben. Diese Technik erlaubt es z. B., Segmente verschiedener Benutzer sich in Teilen überlappen zu lassen und den Benutzern unterschiedliche Zugriffsrechte für den gemeinsamen Speicherbereich (shared memory) einzuräumen.

Die Segment- und Seitentabellen werden aufgrund ihres Umfangs nicht mehr in einem Registerspeicher mit schnellem Zugriff in der MMU gehalten, sondern als Seiten im Speicher. In der MMU ist jedoch ein Cache vorgesehen (siehe 6.3), der den aktuellen Ausschnitt aus den Tabellen, d. h. die Abbildungsinformation der jeweils zuletzt benutzten, in Bild 7-10 32 Seiten enthält (*translation look-aside buffer*, TLB). Zugriffe auf die Tabellen im Speicher erfolgen nur dann, wenn der entsprechende Eintrag im Cache nicht vorhanden ist. Hierbei wird die am längsten nicht benutzte Information im Cache durch die aktuelle überschrieben (*Least-recently-used-Prinzip*, LRU).

Programmierung

P. Rechenberg

Programmieren im Sinne der Informatik heißt, ein Lösungsverfahren für eine Aufgabe so formulieren, daß es von einem Computer ausgeführt werden kann. Der Programmierer muß dazu verschiedene Lösungsverfahren (*Algorithmen*) und *Datenstrukturen* kennen, mit denen sich die Lösung am günstigsten beschreiben läßt, und er muß eine *Programmiersprache* beherrschen. Je größer die Programme werden, um so mehr spielen zusätzlich Methoden der Projektplanung, Projektorganisation, Qualitätssicherung und Dokumentation eine Rolle, die man unter dem Begriff *Softwaretechnik* zusammenfaßt.

8 Algorithmen

8.1 Begriffe

Die Bezeichnung *Algorithmus* ist von dem Namen des arabischen Mathematikers Al-Charismi (Al-Khorezmi, etwa 780–850) abgeleitet. Definition:

> Ein Algorithmus ist ein endliches schrittweises Verfahren zur Berechnung gesuchter aus gegebenen Größen, in dem jeder Schritt aus einer Anzahl eindeutig ausführbarer Opera-

tionen und gegebenenfalls einer Angabe über den nächsten Schritt besteht.
Zur mathematischen Präzisierung siehe z. B. [8, 9, 12].

Ein Algorithmus hat i. allg. einen *Namen*; die gegebenen Größen heißen *Eingangsparameter*, die gesuchten *Ausgangsparameter*. Man beschreibt den Aufruf (d. h. die Ausführung) des Algorithmus Q mit dem Eingangsparameter x und dem Ausgangsparameter y durch $Q(x, y)$ oder deutlicher durch $Q(\downarrow x \uparrow y)$.
Wenn ein Algorithmus in einer Programmiersprache abgefaßt ist, so daß er (nach mechanischer Übersetzung) von einer Maschine ausgeführt werden kann, nennt man ihn *Programm*. Wegen der engen Verwandtschaft von Algorithmus und Programm werden beide Begriffe oft synonym gebraucht.

Ablaufstrukturen

Die Anordnung der Schritte in Algorithmen folgt einigen wenigen Mustern: Sequenz, Verzweigung und Schleife.
Die *Sequenz* entspricht der sukzessiven Ausführung von Schritten:

Ausführung von Schritt 1
Ausführung von Schritt 2
Ausführung von Schritt 3

Die *Verzweigung* entspricht der Auswahl von einer unter mehreren Möglichkeiten:

Falls Bedingung B erfüllt ist,
führe Schritt X aus,
sonst führe Schritt Y aus.

Die *Schleife* entspricht der wiederholten Ausführung eines Schritts:

Solange Bedingung B erfüllt ist,
wiederhole Schritt X.

Hier wird Schritt X wiederholt ausgeführt, bis einmal die Bedingung B nicht erfüllt ist (Schritt X muß dazu den Wert von B ändern).
Die Abläufe aller Algorithmen setzen sich aus diesen wenigen Grundstrukturen und einigen Modifikationen davon zusammen. Näheres siehe 10.3 und 11.3.

8.2 Darstellungsarten

Algorithmen lassen sich auf verschiedene Weisen darstellen, die jeweils ihre Vor- und Nachteile haben.

Stilisierte Prosa. Jeder Schritt wird numeriert und unter Benutzung von Umgangssprache halbformal beschrieben.
Programmablaufplan (Ablaufdiagramm). Eine Darstellung mit grafischen Elementen zur Hervorhebung der Ablaufstrukturen. Die Symbole von Ab-

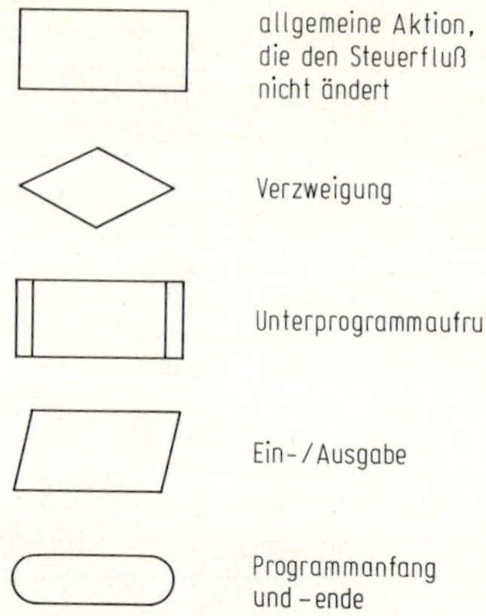

Bild 8-1. Die wichtigsten Symbole für Ablaufdiagramme (DIN 66001).

laufdiagrammen sind in DIN 66001 genormt; die wichtigsten zeigt Bild 8-1. (Die Norm ist allerdings veraltet; bessere Symbole enthalten z. B. [1, 16].)
Struktogramm (Nassi-Shneiderman-Diagramm). Benutzt noch einfachere grafische Symbole und beschränkt sich auf wenige bewährte Grundmuster für Sequenz, Verzweigung und Schleife. Struktogramme sind in DIN 66261 genormt. Die wichtigsten Symbole zeigt Bild 8-2.

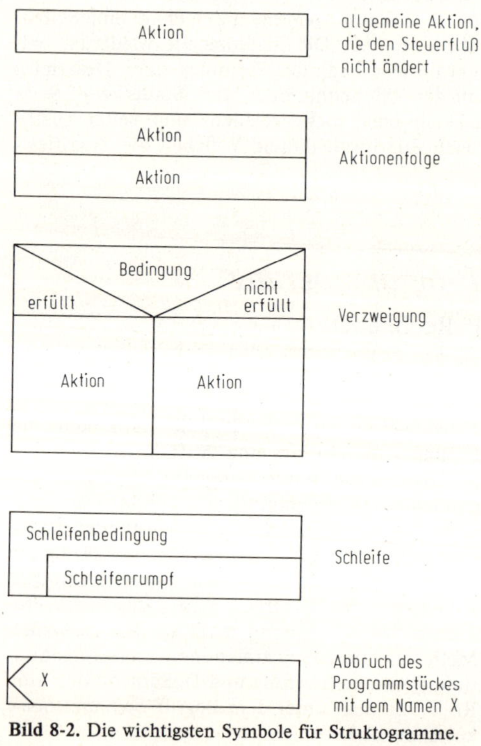

Bild 8-2. Die wichtigsten Symbole für Struktogramme.

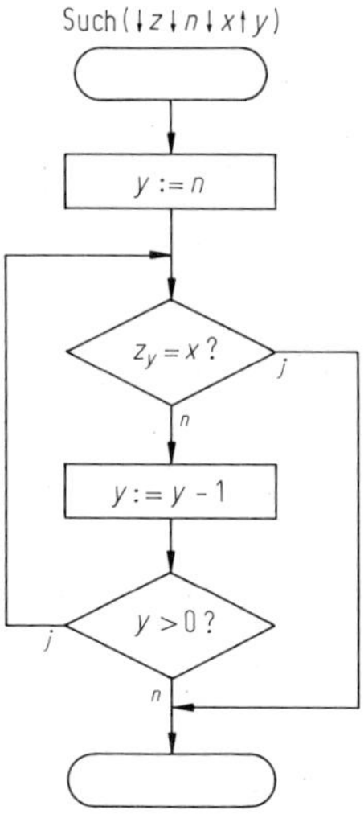

Bild 8-3. Suchen in einer Liste (Ablaufdiagramm).

Algorithmenbeschreibungssprache (Pseudocode). Programmiersprachenähnliche Darstellung, jedoch frei vom syntaktischen Ballast einer echten Programmiersprache (damit der Algorithmus klar hervortritt).
Programmiersprache. Das präziseste Instrument zur Darstellung eines Algorithmus.

Beispiel für die verschiedenen Darstellungen sei das einfache Suchproblem: Gegeben ist eine Liste aus n Zahlen $z_1, z_2, \ldots, z_n$ mit $n \geqq 1$ und eine Zahl x. Es soll festgestellt werden, ob x in der Liste enthalten ist und wenn ja, an welcher Stelle es steht. Ergebnis soll eine Zahl y sein, deren Wert der Index des gesuchten Listenelements ist oder 0, wenn x nicht in der Liste enthalten ist. Die Ausführungsreihenfolge der einzelnen Schritte ist, wenn nicht anders angegeben, sequentiell.
Stilisierte Prosa.

S. 1 *Initialisiere.* Setze y auf n.
S. 2 *Prüfe.* Wenn $z_y = x$ ist, ist der Algorithmus zu Ende, sonst vermindere y um 1.
S. 3 *Ende?* Wenn $y > 0$ ist, gehe nach S. 2 zurück, andernfalls ist der Algorithmus zu Ende.

Ablaufdiagramm s. Bild 8-3.
Struktogramm s. Bild 8-4.

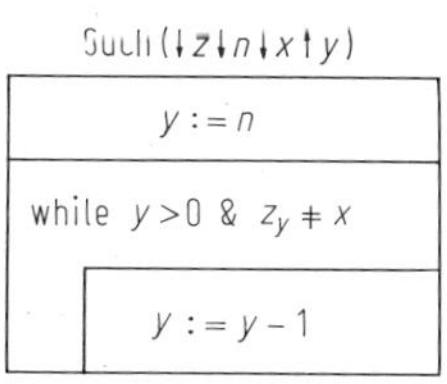

Bild 8-4. Suchen in einer Liste (Struktogramm).

Algorithmenbeschreibungssprache. In der Pascal- und Modula-2-ähnlichen Algorithmenbeschreibungssprache Adele [17] lautet der Algorithmus:

```
Such(↓z↓n↓x↑y):
 begin
 y:=n;
 while y>0 and z[y]≠x do                    (P-1)
  y:=y-1;
  end;
 end Such
```

Programmiersprache. Eine Formulierung in Modula-2 lautet:

```
TYPE Liste = ARRAY [1..n] OF INTEGER;

PROCEDURE Such(z:Liste; n,x:INTEGER;VAR y:INTEGER);
  BEGIN
  y:=n;
  WHILE (y>0) AND (z[y]<>x) DO              (P-2)
    y:=y-1
    END
  END Such;
```

Tabelle 8-1 zeigt die Vor- und Nachteile der verschiedenen Darstellungsarten.

Abstraktionsschichten

Je nach dem Zweck kann man einen Algorithmus in verschiedenen Abstraktionsschichten darstellen. In der abstraktesten, höchsten Schicht, wenn sein innerer Aufbau nicht interessiert, besteht er nur aus seinem Namen und den Parametern. Eine Verfeinerung davon kann seinen inneren Aufbau auf eine Weise darstellen, die noch nicht alle Einzelheiten enthält, weitere Verfeinerungen können diese hinzufügen.

Beispiel. Algorithmus zur aufsteigenden Sortierung einer Zahlenliste *list*[1] bis *list*[*n*] in verschiedenen Abstraktionsschichten:
Abstrakteste Schicht:

```
Sort(↕list ↓n);
```

Da *list* verändert wird, ist es ein *Übergangsparameter* (weder Eingangs- noch Ausgangsparameter). Die *erste Verfeinerung* zeigt, daß das *Austauschverfahren* zum Sortieren benutzt wird: Man sucht das kleinste Element in der gesamten Liste und vertauscht es mit dem ersten. Dann sucht man das kleinste Element in der Teilliste *list*[2] bis *list*[*n*] und vertauscht es mit dem zweiten, usw.:

```
Sort(↕list ↓n):
  local i,j;
  begin
  for i:=1 to n-1 do
    Suche den Index j des kleinsten Elements
      von list[i] bis list[n];
    Vertausche list[i] mit list[j];
    end;
  end Sort
```

Die *zweite Verfeinerung* detailliert die Prosatexte der ersten:

Tabelle 8-1. Charakteristik der Darstellungsarten von Algorithmen

Darstellungsart	Anwendungsbereich	Vorteile	Nachteile
Stilisierte Prosa	Übersichts- und Detaildarstellung	Durch Abwesenheit von Formalismus für jeden verständlich. Programmiersprachenunabhängig. Erläuterungen und Kommentare leicht hinzuzufügen.	Unübersichtlich. Struktur tritt schlecht hervor. Gefahr der Mehrdeutigkeit.
Ablaufdiagramm	Übersichtsdarstellung	Anschaulich. Unübertroffen gute (da zweidimensionale) Darstellung von Verzweigungen und Schleifen.	Nur für Steuerfluß. Deklarationen schlecht unterzubringen. Undisziplinierte Anwendung beim Entwurf fördert unklare Programmstrukturen.
Struktogramm	Übersichtsdarstellung	Beschränkung auf wenige Ablaufstrukturen. Fördert dadurch einfache Programmstrukturen.	Struktur weniger klar hervortretend als in Ablaufdiagrammen. Deklarationen und Kommentare schwer unterzubringen.
Algorithmenbeschreibungssprache (Pseudocode)	Übersichts- und Detaildarstellung	Flexibel und (meist) genügend präzise.	Linear und unanschaulich. Setzt Kenntnis der Sprache voraus.
Programmiersprache	Detaildarstellung	Größte Präzision. Nach Übersetzung unmittelbar für eine Maschine verständlich.	Sprachabhängig. Mit Details überladen. Setzt Kenntnis der Sprache voraus.

```
Sort(↕list ↓n):
 local i,j,k,h;
 begin
 for i:=1 to n-1 do
   j:=i;              --Suche Min. aus list[i] bis list[n]
   for k:=i+1 to n do
     if list[k]<list[j] then j:=k end;
     end;
   h:=list[i];        --Vertausche list[i] mit list[j]
   list[i]:=list[j];
   list[j]:=h;
   end;
 end Sort
```

8.3 Einteilungen

Gesichtspunkte, unter denen man Algorithmen klassifizieren kann, sind z. B. algorithmische Strukturen, Datenstrukturen und Anwendungsgebiete. Diese Einteilungen sind weder vollständig, noch gestatten sie die eindeutige Einordnung aller Algorithmen, aber sie helfen bei der Orientierung.

Einteilung nach Strukturmerkmalen

Diese Einteilung bezieht sich auf strukturelle Eigentümlichkeiten.

„Gewöhnliche" Algorithmen. Hierzu zählen alle Algorithmen, die zu keiner der anderen Klassen gehören. Insbesondere kommunizieren sie mit ihrer Umgebung nur über ihre Parameter; Variablen, die nur innerhalb des Algorithmus benutzt werden (*lokale* Variablen) bleiben nicht über eine Ausführung des Algorithmus hinaus erhalten (sog. *dynamische* Variablen). Gewöhnliche Algorithmen haben kein „Gedächtnis" (keinen „Zustand", der von einem Aufruf zum nächsten erhalten bleibt), d. h., ihre Ausgangsparameter sind allein eine Funktion der Eingangsparameter. Beispiele sind die meisten mathematischen Funktionen, wie $\sin(x)$ und die Algorithmen *Such* und *Sort* aus 8.2.

Algorithmen mit Gedächtnis. Diese Algorithmen besitzen wie Schaltwerke innere Zustände, die von

Tabelle 8-2. Schnittgeschwindigkeiten in m/min bei spanabhebender Bearbeitung
x_1: Bearbeitungsart; x_2: Werkstoffbeschaffenheit

x_1	x_2 weich	hart
Drehen	1 500	300
Hobeln	2 500	400
Bohren	200	150

der Vorgeschichte abhängen, so daß die Ergebnisse eine Funktion der Eingangsparameter *und* der inneren Zustände sind. Die inneren Zustände werden von Variablen repräsentiert, deren Werte von Aufruf zu Aufruf erhalten bleiben (sog. *statische* oder *externe* Variablen). Beispiel: ein Algorithmus, der u. a. zählt, wie oft er aufgerufen wurde. Die meisten größeren Programmsysteme enthalten Algorithmen mit Gedächtnis.

Rekursive Algorithmen. Ein Algorithmus heißt rekursiv, wenn er sich bei seiner Ausführung selbst aufruft. Rekursion ist ein wohlbekanntes Mittel zur Definition mathematischer Funktionen; in angewandter Mathematik und Technik kommen rekursiv definierte Funktionen nur selten vor und dementsprechend auch rekursive Algorithmen. Überall jedoch, wo Aufgaben oder Datenstrukturen (wie Bäume, siehe 9.4) auf natürliche Weise rekursiv definiert sind, sind rekursive Algorithmen das angemessene Werkzeug zu ihrer Bearbeitung. 9.4 enthält ein Beispiel.

Tabellengesteuerte (interpretative) Algorithmen. Oft sind Aufgaben zu bearbeiten, bei denen aus einer oder mehreren Argumentvariablen x eine oder mehrere Ergebnisvariablen y zu berechnen sind, wobei der funktionale Zusammenhang zwischen Argument- und Ergebniswerten als Tabelle gegeben ist. Tabelle 8-2 zeigt beispielhaft die Schnittgeschwindigkeit in Abhängigkeit von Bearbeitungsart und Werkstofflegierung bei spanabhebender Bearbeitung. Hier bedeutet x_1 die Bearbeitungsart mit den Werten *Drehen, Hobeln, Bohren*; x_2 die Werkstofflegierung mit den Werten *weich, hart* und y die Schnittgeschwindigkeit in m/min. Ein Algorithmus zur Berechnung der Schnittgeschwindigkeit kann die Tabelle als Matrix speichern und braucht dann nur zu den gegebenen Argumentwerten x_1 und x_2 den passenden Ergebniswert y zu suchen. Das ist im Prinzip unabhängig von Inhalt und Größe der Tabelle. Das Spezifische der Aufgabe ist hier in der Tabelle enthalten, nicht im Algorithmus. Tabellen einer bestimmten Art (sog. *Entscheidungstabellen*) sind in DIN 66241 genormt.

Wenn man die Tabelleneinträge als Operationen statt als Zahlenwerte deuten kann und der Algorithmus diese Operationen ausführt, dann spricht man von einem *interpretativen Algorithmus.* Da Algorithmen selbst aus einer Folge von Operationen bestehen und als Schaltwerke (siehe Kap. 2) mit Zuständen und Übergängen angesehen werden können, lassen sie sich auch als Tabellen verschlüsseln. Ein Algorithmus, der solche Tabellen interpretiert, ist folglich ein universeller Algorithmus, weil er jeden (in Tabellenform verschlüsselten) Algorithmus ausführen kann. Interpretation und universeller Algorithmus haben dementsprechend in der Informatik weitreichende Bedeutung.

Exhaustionsalgorithmen. Es gibt eine große Klasse von Problemen, bei denen man die Lösung nur durch erschöpfendes Ausprobieren aller Möglichkeiten findet. Sie lassen sich etwa so charakterisieren: Gegeben sind n Variablen (in manchen Fällen ist n auch nicht fest vorgegeben), x_1 bis x_n, die nur diskrete Werte aus einem endlichen Bereich annehmen können. Die Variablen bilden ein n-Tupel $x = (x_1, \ldots, x_n)$. Gesucht ist eine Belegung dieser Variablen mit solchen Werten, daß

- die Werte der x_1 bis x_n bestimmte Bedingungen erfüllen,
- eventuell eine gegebene Funktion $f(x_1, \ldots, x_n)$ einen bestimmten Wert (Maximum, Minimum) annimmt.

Eine Belegung von x, die diese Bedingungen erfüllt, nennt man ein *Lösungstupel.*

Beispiel. *(Rucksackproblem.)* Gegeben sind n Gegenstände mit verschiedenen Gewichten g_i und verschiedenen Werten $w_i (1 \leqq i \leqq n)$. Aus den Gegenständen sollen welche ausgewählt und in einen Rucksack gepackt werden, so daß ein gegebenes maximales Gesamtgewicht *gmax* nicht überschritten wird und der Gesamtwert der im Rucksack enthaltenen Gegenstände *wmax* möglichst groß wird. Formal: Gesucht ist ein n-Tupel

$$x = (x_1, \ldots, x_n) \quad \text{mit} \quad x_i \in \{0, 1\} \quad \text{derart, daß gilt:}$$

$$x_1 g_1 + \ldots + x_n g_n \leqq gmax$$

$$x_1 w_1 + \ldots + x_n w_n = wmax = \text{Maximum!}$$

$x_i = 1$ bedeutet „Gegenstand i im Rucksack", $x_i = 0$ bedeutet „Gegenstand i nicht im Rucksack".

Solche Aufgaben sind *kombinatorische Suchprobleme*, bei denen man aus allen möglichen Kombinationen der Werte der Eingangsvariablen diejenigen heraussuchen muß, die die Bedingungen erfüllen. Man kann für solche Probleme immer eine Lösung finden, auch wenn man keinen speziellen Algorithmus dafür kennt, indem man systematisch alle möglichen Wertetupel erzeugt (es sind endlich viele, da jede der n Lösungsvariablen nur endlich viele Werte annehmen kann) und prüft, ob das Wertetupel die Bedingungen an die Lösung erfüllt (systematisches Probieren). Da die Anzahl der Kombinationen von n Elementen, bei denen jedes p Werte annehmen kann, p^n beträgt, ist die Anzahl der möglicherweise dabei erzeugten Wertetupel p^n (im Beispiel 2^n). Exhaustionsalgorithmen spielen in der *Künstlichen Intelligenz* eine grundlegende Rolle.

Einteilung nach den Datenstrukturen

Die von Algorithmen verwendeten Datenstrukturen sind in mancher Hinsicht charakteristisch für sie und ermöglichen deshalb eine nützliche Einteilung (siehe Kap. 9).

Einteilung nach dem Aufgabengebiet

Ohne die Berücksichtigung der Aufgaben spezieller Fachgebiete, wie Physik, Chemie usw., ergibt sich etwa folgende Einteilung der Algorithmen.

Numerische Algorithmen betreffen Methoden der numerischen Mathematik, wie die Lösung von Gleichungssystemen, Approximation von Funktionen, numerische Integration, Lösung von Differentialgleichungssystemen [7, 18, 20].

Seminumerische Algorithmen. Dieser Begriff bezeichnet Algorithmen, die zwischen numerischem und symbolischem Rechnen stehen. Hierzu gehört die Erzeugung von Zufallszahlen, die Gleitkomma-Arithmetik, das Rechnen mit mehrfacher Genauigkeit, mit Brüchen und Polynomen [10].

Symbolisches Rechnen. Hierher gehören Algorithmen, die mathematische Formeln einem Kalkül gemäß transformieren (z. B. Differenzieren und Integrieren komplizierter Formelausdrücke) und Algorithmen zum automatischen Beweisen (z. B. von Formeln des Prädikatenkalküls) [2, 3].

Such- und Sortieralgorithmen treten in vielen Formen auf. Suchen und Sortieren im Arbeitsspeicher ist Teil fast aller größeren Programmsysteme, Suchen in externen Speichern ist eine zentrale Operation in Datenbanken, Sortieren in externen Speichern ist eine zentrale Operation in der kaufmännischen Datenverarbeitung.

Kombinatorische Algorithmen suchen Lösungen in einem vorgegebenen Lösungsraum aus endlich vielen diskreten Punkten; wichtig in Künstlicher Intelligenz, Operations Research, Analyse von Netzwerken aller Art, Optimierung.

Algorithmen zur Textverarbeitung oder *syntaktische Algorithmen* verarbeiten lange Zeichenfolgen, wie sie bei der maschinellen Bearbeitung von Dokumenten auftreten. Typische Anwendungen sind Mustersuche in Editoren, Syntaxanalyse in Sprachübersetzern, Datenkompression und -expansion, Kryptologie.

Algorithmen der digitalen Signal- und Bildverarbeitung analysieren und transformieren Signale, wie sie bei der digitalen Signalübertragung auftreten. Typische Anwendungen: digitale Filterung, Schnelle Fourier-Transformation (FFT) [14, 15].

Geometrische Algorithmen lösen Aufgaben im Zusammenhang mit Punkten, Linien und anderen einfachen geometrischen Objekten, z. B. Bildung der konvexen Hülle eines Punkthaufens, Feststellen, ob und wo sich Objekte schneiden, zweidimensionales Suchen [13].

Algorithmen der graphischen Datenverarbeitung schließen sich an geometrische Algorithmen an und behandeln die Darstellung zwei- und dreidimensionaler Objekte auf Bildschirmen und in Zeichnungen (z. B. Auffinden verdeckter Kanten, schnelle Rotation) [5, 6].

8.4 Komplexität

Für jede Aufgabe der Datenverarbeitung gibt es mehrere Algorithmen, die sich in bestimmten Merkmalen unterscheiden, wie z. B. Laufzeit, Speicherplatzbedarf, statische Länge des Algorithmus und Schachtelungsstruktur. Um Algorithmen miteinander vergleichen oder für sich allein kennzeichnen zu können, versucht man, die Merkmale in Abhängigkeit von geeigneten Meßgrößen zu quantifizieren. Man nennt die quantifizierten Merkmale „Komplexitäten“ und ihre Berechnung „Komplexitätsanalyse“.

Eines der wichtigsten Merkmale eines Algorithmus ist seine Laufzeit in Abhängigkeit von den Eingabedaten. Sie wird „Zeitkomplexität“ genannt.

Zeitkomplexität:
Laufzeit = *f*(*Umfang der Eingabedaten*)

Für den Umfang n der Eingabedaten gibt es kein einheitliches, vom betrachteten Algorithmus unabhängiges Maß. Tabelle 8-3 zeigt natürliche Maße für verschiedene Aufgabenklassen.

Die Laufzeit eines Algorithmus läßt sich durch Laufzeit*berechnung* (analytisch auf dem Papier) oder durch Laufzeit*messung* (unmittelbar mit der Maschine) bestimmen. Meist begnügt man sich aber mit viel gröberen Angaben, z. B. damit, daß die Laufzeit des einen Algorithmus sich „für große n“ wie die Funktion n^2 verhält, die eines anderen dagegen wie n^3; d. h., mit der Eingabegröße $2n$ läuft der erste viermal, der zweite achtmal so lange wie mit der Eingabegröße n. Man nennt diese Art der Zeitkomplexität auch die *asymptotische Zeitkomplexität* und benutzt zu ihrer Beschreibung die sogenannte *O-Notation.* Man schreibt $g(n) = O(f(n))$, gelesen: „$g(n)$ ist von der Ordnung $f(n)$“, wenn es eine positive Konstante c gibt, so daß

$$\lim_{n \to \infty} |g(n)/f(n)| \leqq c.$$

Das heißt: „Mit unbeschränkt wachsendem n wächst $g(n)$ nicht schneller als $f(n)$.“

Typische asymptotische Komplexitäten und ihre Eigenschaften (in Anlehnung an [19]) sind:

$O(1)$ *Konstante Komplexität*. Die Laufzeit ist unabhängig von der Eingabegröße. Der Idealfall, be-

Tabelle 8-3. Maße für den Umfang von Eingabedaten

Aufgabenklasse	Natürliches Maß für den Umfang der Eingabedaten
Sortieren, Suchen	Listenlänge
Matrixoperationen	Zeilen- oder Spaltenanzahl
Textverarbeitung	Länge des Eingabetextes
Mehrfachgenaue Multiplikation	Gesamtstellenanzahl der Operanden

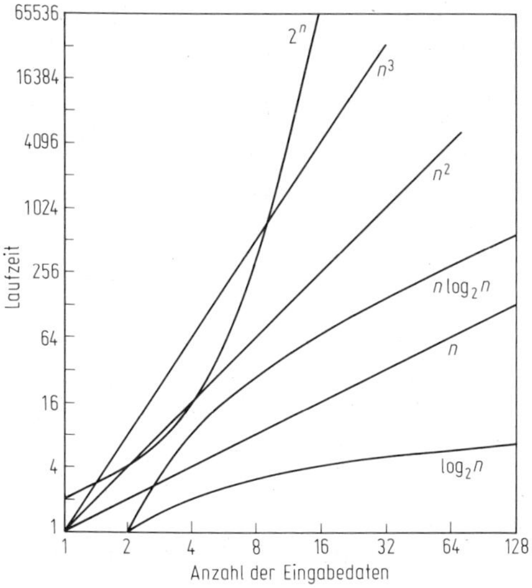

Bild 8-5. Wachstum einiger Funktionen, die bei der Komplexitätsanalyse benutzt werden (doppeltlogarithmische Darstellung!).

deutet aber möglicherweise, daß die Eingabegröße unpassend gewählt wurde.

$O(\log n)$ *Logarithmische Komplexität.* Sehr günstig, da die Laufzeit erheblich schwächer wächst als n. Verdopplung von n bedeutet nur einen Anstieg der Laufzeit um $\log 2$, d. h. um eine Konstante (abhängig von der Basis des Logarithmus). Erst bei der Quadrierung von n wächst $\log n$ auf das Doppelte seines Wertes.

$O(n)$ *Lineare Komplexität.* Immer noch günstig. Tritt auf, wenn auf jedes Eingabeelement eine feste Verarbeitungszeit entfällt. Verdopplung von n bedeutet Verdopplung der Laufzeit.

$O(n \log n)$ *Leicht überlineare Komplexität.* Nicht sehr viel schlechter als die lineare Komplexität, weil der Logarithmus von n klein gegen n ist. Tritt oft auf, wenn ein Problem fortgesetzt in Teilprobleme zerlegt wird, die unabhängig voneinander gelöst werden.

$O(n^2)$ *Quadratische Komplexität.* Ungünstig. Tritt z. B. auf, wenn der Algorithmus auf Datenpaare angewandt wird oder zwei geschachtelte Schleifen enthält, die auf alle Daten angewandt werden. Verdopplung von n bedeutet Vervierfachung der Laufzeit.

$O(n^3)$ *Kubische Komplexität.* Sehr ungünstig und nur auf kleine n anwendbar. Verdopplung von n bedeutet Verachtfachung der Laufzeit.

$O(2^n)$ *Exponentielle Komplexität.* Katastrophal für große n. Tritt auf, wenn zur Lösung eines Problems alle Möglichkeiten exhaustiv geprüft werden müssen. Verdopplung von n bedeutet Quadrierung der Laufzeit.

Bild 8-5 zeigt das Wachstum der verschiedenen Funktionen.

9 Datenstrukturen und Datentypen

Algorithmen operieren mit Daten, und man bezeichnet die Daten deshalb auch als *Objekte* (oder genauer Datenobjekte). Die Daten können einfach sein, wie z. B. Zahlen und Zeichen, oder zusammengesetzt, wie z. B. Matrizen, Anschriften (aus Name, Straße, Hausnummer, Ort), Graphen (aus Knoten und Kanten). Die Wahl der für eine Problemlösung am besten geeigneten Datenstrukturen ist ebenso wichtig wie die der am besten geeigneten Algorithmen. Beide hängen eng zusammen und müssen zusammen gesehen werden.

9.1 Begriffe

Datenstruktur. Eine Datenstruktur ist die Zusammenfassung von Datenelementen zu einem höheren Ganzen. Die Elemente können dabei unzusammengesetzt oder selbst wieder Datenstrukturen sein. Die gebräuchlichsten Datenstrukturen sind die *lineare Liste (Feld, Array)* und der *Verbund (Record).* Bild 9-1 und 9-2 zeigen Beispiele. Aus Einheitlichkeitsgründen kann man auch unzusammengesetzte Datenobjekte als Datenstrukturen bezeichnen.

Datentyp. Die Klasse aller Datenobjekte gleicher Struktur, auf die die gleichen Operationen angewandt werden können, bezeichnet man als *Datentyp* oder kurz *Typ* („Datentyp = Datenstruktur + Operationen"). Ein Typ bestimmt die Klasse von Werten, die eine Variable oder ein Ausdruck annehmen kann; jeder Operator erwartet Operanden und liefert ein Ergebnis eines bestimmten Typs. Die Kennzeichnung aller Datenobjekte durch Typen und die Möglichkeit, neue Typen zu definieren, ist ein bestimmender Charakterzug neuerer Programmiersprachen und von großem Einfluß auf ihre Ausdruckskraft. Typinformation wird benutzt, um die Darstellung der Daten im Speicher festzulegen und um sinnlose Konstruktionen zu verhindern oder schon bei der Übersetzung zu entdecken.

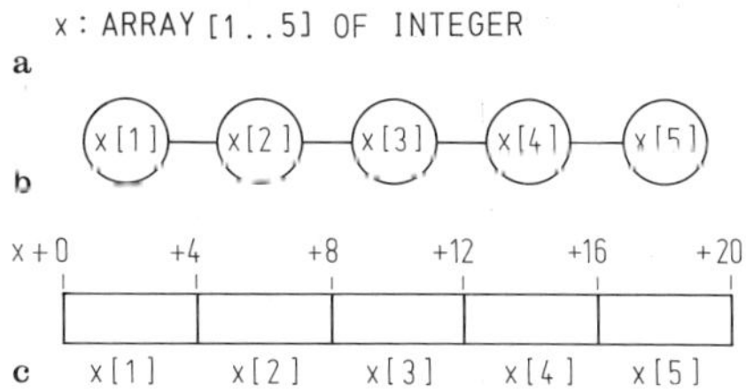

Bild 9-1. Eindimensionales Feld. **a** Deklaration in Modula-2; **b** Struktur als „Graph"; **c** Repräsentation im Speicher (Adressen in Byte unter der Annahme: 1 Feldelement = 4 Byte).

Beispiel. Der elementare Typ *Integer* bezeichnet die Klasse der ganzen Zahlen und damit die aller Objekte, die Operanden und Ergebnisse von ganzzahligen Additionen, Subtraktionen usw. sein können. Der elementare Typ *Real* bezeichnet die Klasse aller Objekte, die Operanden und Ergebnisse von Gleitkomma-Additionen, -Subtraktionen usw. sein können.

Repräsentation. Für die begriffliche Klarheit ist es wichtig, zwischen einer Datenstruktur und ihrer Repräsentation im Speicher zu unterscheiden. Eine Zahl vom Typ *Integer* kann im Speicher z. B. durch eine Folge von 16 oder 32 Bits dargestellt werden, eine natürliche Zahl mit oder ohne Vorzeichenbit, eine lineare Liste wie in Bild 9-1 c oder wie in Bild 9-3. Zur Unterscheidung von Datenstruktur und Repräsentation benutzt man auch Begriffspaare wie *externe* und *interne, logische* und *physische* Datenstruktur.

```
VAR Anschrift:RECORD
  Anrede:(Herr,Frau);
  Name:ARRAY[1..30] OF CHAR;
  Wohnung:RECORD
    Strasse:ARRAY[1..30] OF CHAR;
    Staat:  (D,A,CH,I);
    PLZ:    INTEGER;
    Ort:    ARRAY[1..20] OF CHAR;
    END;
  END;
```
a

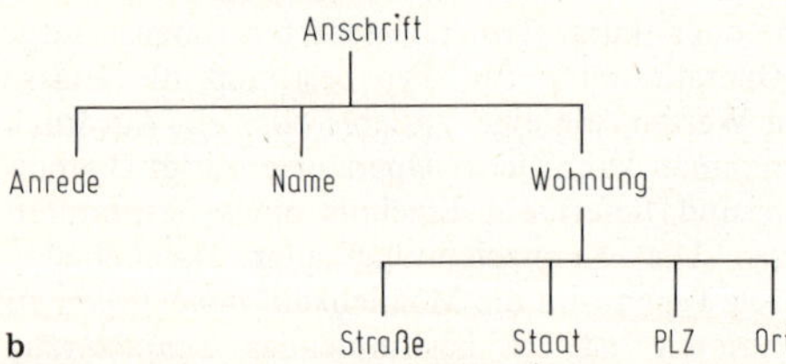

b

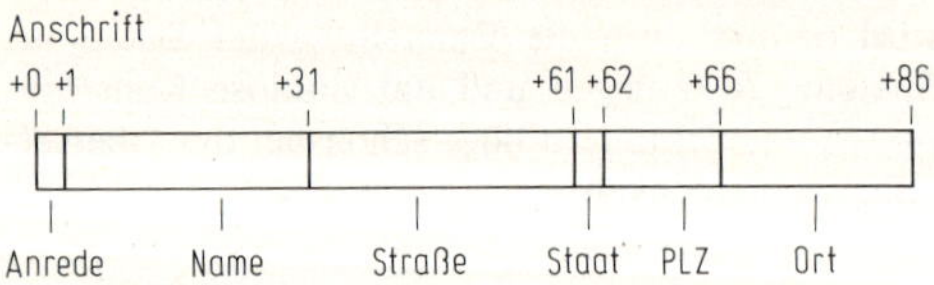

c

Bild 9-2. Verbund. **a** Deklaration in Modula-2; **b** Struktur als „Baum"; **c** Repräsentation im Speicher (Adressen in Byte unter der Annahme dichtester byteweiser Speicherung).

Statische und dynamische Datenstrukturen. Statische Datenstrukturen sind solche, deren Größe durch Deklaration im Quellprogramm festgelegt wird. Zum Beispiel wird durch

```
DIMENSION A(10)                  in FORTRAN
VAR a: ARRAY [1..10] OF REAL     in Modula-2
```

ein eindimensionales Feld aus 10 reellen Zahlen deklariert. Die Länge des Feldes steht damit fest, und der Compiler kann bereits bei der Übersetzung Speicherplatz für das Feld reservieren. Man verwendet statische Datenstrukturen, wenn man die Anzahl der Datenelemente, die man im Verlauf des Programms braucht, von vornherein kennt. Dynamische Datenstrukturen sind solche, für die erst zur Laufzeit des Programms Speicherplatz reserviert wird. Die Programmiersprache muß dazu die Möglichkeit bieten, zur Laufzeit des Programms Speicherplatz für Daten zu reservieren und Daten über *Zeiger (pointer)* miteinander zu verbinden. Ein Zeiger ist ein Datenobjekt, dessen Wert die Adresse eines anderen Objekts ist, und das somit auf dieses Objekt „zeigt". Zeiger, die auf kein Objekt zeigen, haben einen besonderen Wert, der meist mit *nil* bezeichnet wird. In Modula-2 wird ein Zeiger und eine Datenstruktur, die eine reelle Zahl und einen Zeiger auf den Nachfolger aufnehmen kann, z. B. so deklariert:

```
TYPE Nodeptr = POINTER TO Node;
     Node = RECORD
       val: REAL;                      (P-1)
       next: Nodeptr
       END
```

Eine Zeigervariable p vom Typ *Nodeptr* wird durch *VAR p: Nodeptr* deklariert. Zur Laufzeit kann (z. B. in Pascal) durch den Aufruf *NEW*(p) Speicherplatz für ein neues Exemplar vom Typ *node* erzeugt werden, auf das p zeigt. Auf dieses namenlose Element kann dann durch die Schreibweise p^ Bezug genommen werden; p ist eine *Referenz* (= Zeiger), p^ das referenzierte Objekt, „^" der *Dereferenzierungsoperator.* Durch den Aufruf *DISPOSE*(p) kann der Speicherplatz für das Exemplar später wieder freigegeben werden.
Bild 9-3 zeigt eine Bild 9-1 entsprechende lineare Datenstruktur aus 5 Variablen vom Typ *Node* ge-

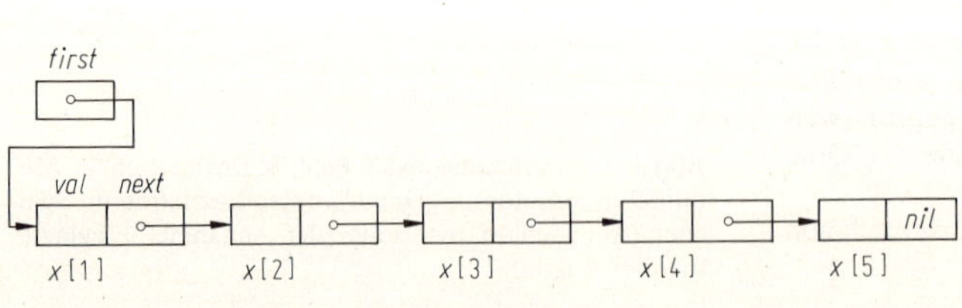

Bild 9-3. Lineare Liste aus Knoten gemäß Deklaration (P-1).

mäß Deklaration (P-1); auf die erste zeigt die Variable *first* vom Typ *Nodeptr*. (Einzelheiten des Umgangs mit dynamischen Datenstrukturen können hier nicht behandelt werden.)

Konkrete und abstrakte Datentypen. Jede Programmiersprache stellt einige elementare Datentypen zur Verfügung, und manche Programmiersprachen erlauben darüber hinaus die Konstruktion neuer Typen durch den Programmierer. Diese Datentypen kann man zusammen als *konkrete Datentypen* bezeichnen.

Beispiel. Einige Variablendeklarationen mit den konkreten Datentypen von Pascal:

```
VAR a: INTEGER;                 {elementar}
    b: CHAR;                    {elementar}
    c: ARRAY [0..100] OF CHAR;  {vom Benutzer konstruiert}
```

Über die konkreten Datentypen einer bestimmten Programmiersprache hinaus kann man jedoch jede Klasse von gleich strukturierten Objekten und die auf ihnen definierten Operationen, also das Paar *(Datenstruktur, Operationen)* als einen Datentyp ansehen. Wenn solch ein verallgemeinerter Datentyp nicht mit den Mitteln der Programmiersprache ausgedrückt werden kann, sondern durch Abstraktion vom Programmierer geschaffen werden muß, bezeichnet man ihn als *abstrakten Datentyp.*

Beispiel. In FORTRAN ist „komplexe Zahl“ ein konkreter Datentyp, d. h. man kann drei komplexe Zahlen x, y, z direkt durch *COMPLEX* x, y, z deklarieren und auf sie alle arithmetischen Operationen anwenden, also etwa $z = x + y$ schreiben. In Modula-2 gibt es keinen konkreten Datentyp „komplexe Zahl“. Man kann ihn sich aber als abstrakten Datentyp schaffen, indem man ihn durch die Typdeklaration *Complex = RECORD re, im: REAL END* als Paar der reellen Komponenten *re* und *im* sowie durch die Prozeduren *CPlus*(x, y, z), *CMinus*(x, y, z), *CMul*(x, y, z), *CDiv*(x, y, z) als Operationen mit komplexen Zahlen definiert.

9.2 Elementare Datentypen

Die meisten Programmiersprachen stellen elementare Datentypen für ganze Zahlen, Gleitkommazahlen, Wahrheitswerte und Zeichen als sog. *Standardtypen* zur Verfügung. Tabelle 9-1 zeigt den Typnamen und die Schreibweise von Konstanten für einige wichtige Programmiersprachen.

Ganze Zahlen. Zur Darstellung siehe 4.4. Ganze Zahlen sind immer exakt dargestellt, und arithmetische Operationen mit ihnen liefern immer exakte Ergebnisse (sofern der Wertebereich nicht überschritten wird).

Gleitkommazahlen. Über die Darstellung durch Mantisse und Exponent siehe 4.4. Für die Programmierung ist es wichtig, daß Gleitkommazahlen nur Approximationen sind. Bei bestimmten Folgen von Rechenoperationen können sich dadurch beträchtliche Abweichungen vom wahren Resultat ergeben. Die Abfrage, ob eine berechnete Gleitkommavariable x den Wert a hat, sollte deshalb niemals auf Gleichheit stattfinden, sondern immer eine Toleranz ε berücksichtigen; nicht *IF* $x = a$ *THEN* ..., sondern *IF ABS*$(x - a) < eps$ *THEN* ... (die Funktion *ABS* liefert den Betrag ihres Arguments). Um die Auswirkungen der approximativen Zahlendarstellung zu prüfen oder zu verringern, verwendet man oft Gleitkommazahlen sog. doppelter Genauigkeit.

Wahrheitswerte (*boolesche* Werte, auch *logische* Werte genannt), sind die beiden Werte „wahr“ *(true)* und „falsch“ *(false)*. Sie treten besonders in den Bedingungsteilen von If- und Schleifenanweisungen auf. Zum Beispiel kann eine boolesche Variable *looping* zum Abbruch einer Schleife so benutzt werden:

```
VAR looping: BOOLEAN;
...
looping:=true;
WHILE looping DO.. END
```

Tabelle 9-1. Elementare Datentypen in Programmiersprachen

	FORTRAN 77	PL/I	Modula-2	Ada
Ganze Zahlen	INTEGER	FIXED	INTEGER	INTEGER
Konstanten	314	314	314	314
Gleitkommazahlen	REAL	FLOAT	REAL	FLOAT
Konstanten	3.14, 314.E-2	3.14, 314.E-2	3.14, 314.E-2	3.14, 314.E-2
Wahrheitswerte	LOGICAL	BIT(1)	BOOLEAN	BOOLEAN
Konstanten	.FALSE., .TRUE.	'0'B, '1'B	FALSE, TRUE	FALSE, TRUE
Zeichen	CHARACTER	CHAR(1)	CHAR	CHARACTER
Konstanten	'A'	'A'	'A'	'A'

Damit die Schleife verlassen wird, muß *looping* in der Schleife auf den Wert *false* gesetzt werden.

Zeichen. Zeichen werden meist im sog. ASCII, auf Großrechnern auch im EBCDIC verschlüsselt (siehe 4.1).

Aufzählungstypen. Mit Pascal wurde erstmals eine Möglichkeit zur Definition elementarer Datentypen eingeführt, deren Wertebereiche aus *n* durch Namen bezeichneten Werten bestehen, z. B.

```
TYPE
  Jahreszeit = (fruehling,sommer,herbst,winter);
  Farbe = (rot,gruen,blau);
```

Hier sind *fruehling, sommer, herbst, winter* Konstanten vom Typ *Jahreszeit*, die man Variablen zuweisen und auf die man Variablen abfragen kann, z. B.:

```
VAR heute: Jahreszeit;
    kleid: Farbe;
...
IF heute=sommer THEN kleid:=blau END;
```

Aufzählungstypen erweisen sich zur sprechenden Bezeichnung von Werten als sehr nützlich.

9.3 Lineare Datenstrukturen

Lineare Datenstrukturen bestehen aus Elementen, die man sich linear angeordnet denken kann: Es gibt ein erstes und ein letztes Element, jedes Element außer dem letzten hat genau einen Nachfolger und jedes außer dem ersten genau einen Vorgänger. In fast allen Programmiersprachen gibt es als konkrete lineare Datenstrukturen ein- und mehrdimensionale Felder, in manchen zusätzlich Verbunde.

Felder

Ein eindimensionales Feld (auch *Array, Vektor, Liste* genannt) ist die geordnete Zusammenfassung einer Anzahl von Datenelementen desselben Typs. Das Feld hat einen Namen, und die Datenelemente werden durch Indizes unterschieden. Indizes sind ganze Zahlen zwischen einem unteren Grenzindex u (in manchen Programmiersprachen immer 1) und einem oberen Grenzindex o. Zum Beispiel wird ein Feld a aus 5 ganzen Zahlen mit $u = 1$, $o = 5$ in Pascal so deklariert:

```
VAR a: ARRAY [1..5] OF INTEGER
```

$a[1]$ ist sein erstes, $a[5]$ sein letztes Element. Die Elemente werden auch als *indizierte Variablen* bezeichnet und in aufeinanderfolgenden Speicherzellen gespeichert (Bild 9-1c). Indizierte Variablen kann man wie einfache Variablen in Ausdrücken verwenden und ihnen Werte zuweisen. Charakteristisch für Felder sind die Eigenschaften: ein gemeinsamer Name für alle Objekte, die Objekte sind geordnet, gleich schneller Zugriff zu allen Objekten, die Indizes sind meist Zahlen, d. h., man kann mit ihnen rechnen.
Besondere Bedeutung haben Felder mit dem Elementtyp *Zeichen*, denn sie werden zur Speicherung von Texten benutzt. Da Felder in fast allen Programmiersprachen eine feste, durch Deklaration bestimmte Länge haben, Texte in ihrer Länge aber stark variieren können, gibt es in einigen Programmiersprachen einen besonderen Datentyp *(String)*, der etwa einem Zeichenfeld mit unspezifiziertem oberen Grenzindex entspricht:

```
TYPE String = ARRAY [0..?] OF CHAR
```

In den meisten Programmiersprachen sind auch Felder mit mehreren Indizes zugelassen. Die Pascal-Deklarationen

```
VAR m: ARRAY [1..10,1..10] OF REAL;
    p: ARRAY [1..10,1..10,1..10] OF REAL;
```

definieren z. B. ein zweidimensionales Feld (Matrix) mit 100 und ein dreidimensionales Feld mit 1000 Gleitkommazahlen. Die Speicherung einer Matrix geschieht entweder zeilenweise (Pascal, Ada) oder spaltenweise (FORTRAN). Hierdurch besteht eine lineare Ordnungsbeziehung zwischen allen Elementen, die es gestattet, mehrdimensionale auf eindimensionale Felder zurückzuführen.

Verbunde

Verbunde *(Records)* sind geordnete Zusammenfassungen von Objekten verschiedenen Typs (Bild 9-2). Zum Beispiel wird in Pascal und Modula-2 ein Verbund x aus Objekten s_i mit den Typen T_i so deklariert:

```
VAR x: RECORD s1:T1; ...; sn:Tn END
```

Die Elemente eines Verbundes heißen *Komponenten* (leider auch mehrdeutig *Felder* genannt); sie sind durch die „Punktschreibweise" ansprechbar. Für Bild 9-2 gilt z. B.: *Anschrift.Name* bezeichnet den Namen, *Anschrift.Name[1]* bezeichnet den ersten Buchstaben des Namens, *Anschrift.Wohnung.PLZ* bezeichnet die Postleitzahl.

Abstrakte lineare Datenstrukturen

Es gibt einige abstrakte lineare Datenstrukturen, die sich in der Informatik als nützlich erwiesen haben. Die wichtigsten sind der Keller und die Schlange.

Keller. Ein Keller (auch *Stapel, stack, push-down store*) ist eine lineare Anordnung von Datenobjekten, für die zwei Operationen charakteristisch sind: Man kann ein Objekt am Ende des Kellers anfügen *(einkellern, push)*, und man kann ein Objekt vom Ende des Kellers lesen und entfernen

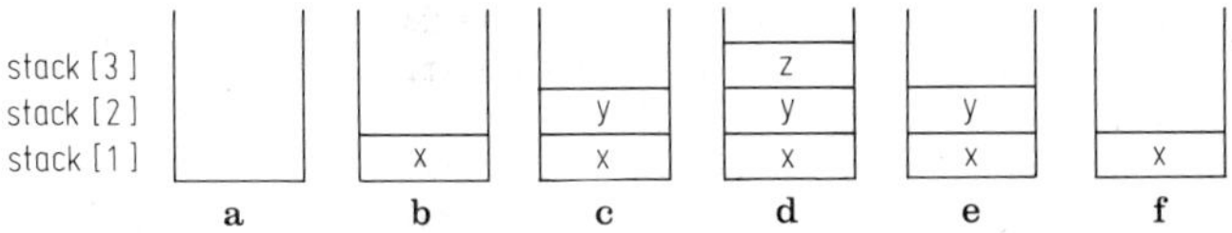

Bild 9-4. Die abstrakte Datenstruktur Keller. **a** Leerer Keller; **b** nach Einkellern von x; **c** nach Einkellern von y; **d** nach Einkellern von z; **e** nach Auskellern von z; **f** nach Auskellern von y.

(auskellern, pop). Beim Lesezugriff wird immer das zuletzt eingekellerte Objekt als erstes ausgekellert. Man denke an einen Bücher- oder Tellerstapel, bei dem man ebenfalls nur an das oberste Stück bequem heran kann. Keller werden deshalb auch *LIFO-Speicher* (*l*ast *i*n *f*irst *o*ut) genannt. Ein Keller wird in einfachster Weise durch ein eindimensionales Feld repräsentiert (siehe Bild 9-4). Einkellern heißt, ein Objekt an das Ende des belegten Teils des Feldes anfügen, Auskellern heißt, das Objekt am Ende des belegten Teils entfernen.

Folgende Operationen werden meist auf Keller angewandt:

NewStack(↑*s*). Liefert einen neuen leeren Keller mit dem Namen *s*.

Push(↕*s* ↓*x*). Kellert das Element *x* als oberstes in Keller *s* ein.

Pop(↕*s* ↑*x*) Kellert das oberste Element *x* aus Keller *s* aus.

Full(↓*s*). Liefert den Funktionswert *true*, wenn Keller *s* voll ist, sonst *false*.

Empty(↓*s*). Liefert den Funktionswert *true*, wenn Keller *s* leer ist, sonst *false*.

Keller lassen sich überall da einsetzen, wo die Reihenfolge der Bearbeitung von Datenobjekten durch eine Klammerstruktur im weitesten Sinn festgelegt ist, z. B. bei der Übersetzung geklammerter Ausdrücke, bei der Ausführung geschachtelter Prozeduraufrufe und bei der Unterbrechung eines laufenden Rechenprozesses durch einen anderen höherer Dringlichkeit.

Schlangen. Eine Schlange *(queue)* ist eine lineare Datenstruktur, an deren Ende *(rear)* Datenelemente angefügt und an deren Anfang *(front)* Datenelemente entnommen werden. Schlangen werden auch *FIFO-Speicher* (*f*irst *i*n *f*irst *o*ut) genannt, da das als erstes eingetragene Element als erstes entnommen wird. Die für Schlangen typischen Operationen sind:

NewQueue(↑*q*). Liefert eine neue leere Schlange mit dem Namen *q*.

Enqueue(↕*q* ↓*x*). Fügt Element *x* am Ende der Schlange *q* an.

Dequeue(↕*q* ↑*x*). Holt Element *x* vom Anfang der Schlange *q*.

Full und *Empty* analog zum Keller.

Schlangen werden zur Datenpufferung benutzt, d. h., wenn Datenelemente zwar in der Reihenfolge ihres Eintreffens, aber nicht schritthaltend damit, bearbeitet werden sollen.

9.4 Bäume und Graphen

Als „Baum" bezeichnet man eine endliche Menge von Datenobjekten, den *Knoten*, mit folgenden Eigenschaften: Es gibt einen besonderen Knoten, die *Wurzel*; die übrigen Knoten gehören zu $m \geqq 0$ elementefremden Mengen, die selbst wieder Bäume sind und *Unterbäume* der Wurzel genannt werden. Viele andere Definitionen sind möglich [2]. Bild 9-5 zeigt verschiedene Darstellungsarten für Bäume.

Ein Baum beschreibt eine hierarchische Struktur. Da hierarchische Strukturen bei Programmierproblemen in vielfältiger Art vorkommen (Gliederung einer Formel, eines Programmsystems, eines Schriftstücks, einer Bibliothek, einer Firma), sind Bäume in einigen Zweigen der Informatik wichtig.

Zur sprachlichen Beschreibung der hierarchischen Beziehungen zwischen den Knoten eines Baumes benutzt man oft Begriffe wie *Vater, Sohn* und *Bru-*

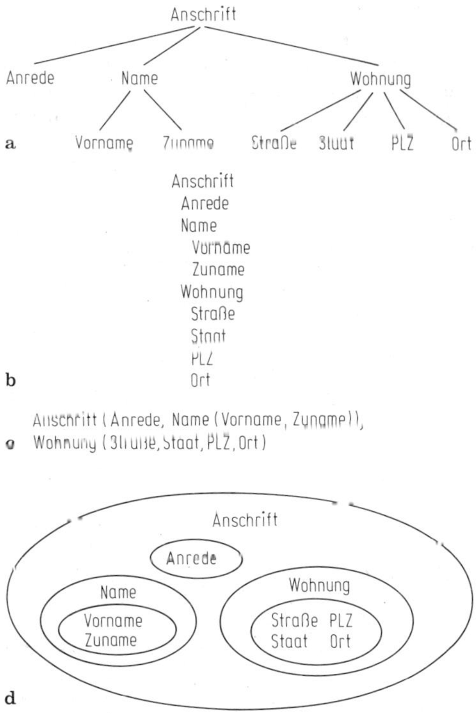

Bild 9-5. Darstellungsarten von Bäumen. **a** Graph; **b** Zeilenstruktur mit Einrückung; **c** lineare Zeichenfolge mit Klammern; **d** geschachtelte Mengen.

der (in offensichtlicher Bedeutung). Die Bruderknoten zeichnet man nebeneinander und nennt den linkesten den „ältesten“ und den rechtesten den „jüngsten“ Bruder. Ferner nennt man die Knoten, die keine Söhne mehr haben, *Blätter*. Ein Baum, in dem alle Knoten höchstens zwei Söhne haben, heißt *binärer Baum*, alle anderen Bäume heißen *Vielwegbäume*.

Binäre Bäume

Binäre Bäume sind von besonderer Bedeutung, weil sie einfach und regulär gebaut sind, besonders oft in den Anwendungen vorkommen und Vielwegbäume sich auf binäre Bäume zurückführen lassen. Bild 9-6 zeigt die Transformation eines Vielwegbaums in einen binären Baum. Das Verfahren besteht darin, daß man nicht sämtliche Söhne eines Vaterknotens, sondern den ältesten Sohn und den nächstjüngeren Bruder des Vaterknotens zu Unterbäumen des Vaterknotens macht. Wenn *lp (left pointer)* und *rp (right pointer)* Zeiger zum linken und rechten Unterbaum von Knoten *t* sind, zeigt nach der Transformation *lp* immer auf den ältesten Sohn und *rp* auf den nächstjüngeren Bruder von *t*.

Repräsentation. Der Knoten eines binären Baumes besteht aus einer Information *info* irgendeines Typs und den beiden Zeigern *lp* und *rp* zu den Unterbäumen. Die Speicherung kann statisch oder dynamisch geschehen. Statische Speicherung (*lp* und *rp* enthalten die Indizes der Wurzelknoten des linken und rechten Unterbaums):

```
TYPE Node = RECORD
        info: Infotyp;
        lp,rp: INTEGER
        END;
VAR tree: ARRAY [1..n] OF Node;
```

Dynamische Speicherung (die Variable *tree* zeigt auf den Wurzelknoten, *lp* und *rp* zeigen auf die Unterbäume):

```
TYPE Nodeptr = POINTER TO Node;
     Node = RECORD
        info: Infotyp;
        lp,rp: Nodeptr
        END;
VAR tree: Nodeptr;
```

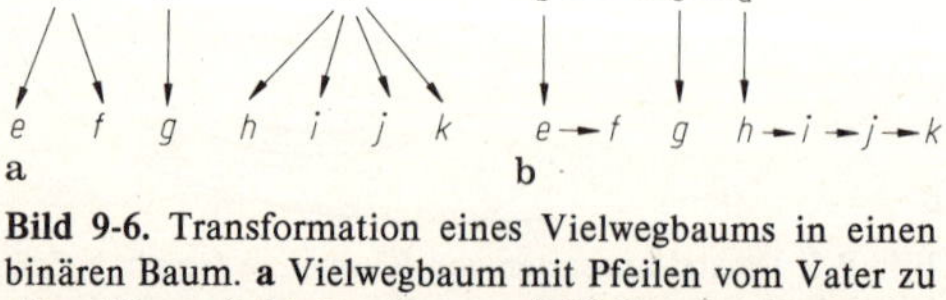

Bild 9-6. Transformation eines Vielwegbaums in einen binären Baum. **a** Vielwegbaum mit Pfeilen vom Vater zu allen Söhnen; **b** binärer Baum mit Pfeilen vom Vater zum ältesten Sohn und zum nächstjüngeren Bruder.

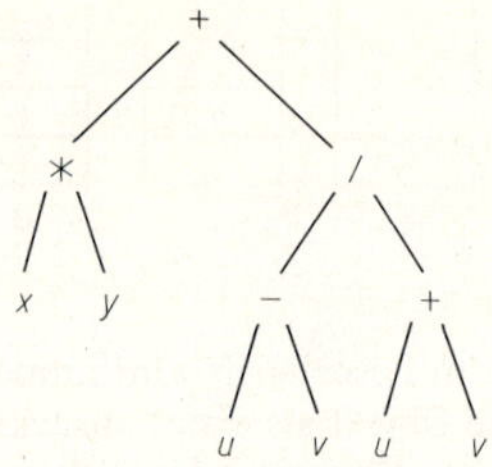

a + * / x y − + u v u v

b + * x y / − u v + u v

c x y * u v − u v + / +

d x * y + u − v / u + v

Bild 9-7. Besuchsreihenfolgen beim Durchwandern binärer Bäume. **a** Breitensuchen; **b** Tiefensuchen in Präordnung; **c** Tiefensuchen in Postordnung; **d** Tiefensuchen in symmetrischer Ordnung.

Baumdurchwandern. Um festzustellen, ob ein gegebener Baum einen Knoten mit einer bestimmten Information enthält, muß man ihn durchsuchen. Die wichtigste Operation im Zusammenhang mit Bäumen ist deshalb das „Durchwandern“ eines Baumes in einer Weise, daß jeder Knoten „besucht“ wird. Dazu gibt es zwei Vorgangsweisen: *Breitensuchen (breadth-first search)*: Man besucht zuerst die Wurzel, dann alle Söhne der Wurzel, dann alle Söhne der Söhne usw. *Tiefensuchen (depth-first search)*: Man versucht, von der Wurzel aus möglichst schnell „in die Tiefe“ zum ersten Blatt vorzustoßen. Beim Tiefensuchen lassen sich nach der Reihenfolge, in der man die Wurzel und ihre beiden Unterbäume besucht, drei Varianten unterscheiden: *Präordnung (preorder)*: Wurzel — linker Unterbaum — rechter Unterbaum; *Postordnung (postorder)*: Linker Unterbaum — rechter Unterbaum — Wurzel; *Symmetrische Ordnung (inorder)*: linker Unterbaum — Wurzel — rechter Unterbaum. Bild 9-7 zeigt die verschiedenen Besuchsreihenfolgen. Man beachte, daß jede eine linearisierte Darstellung des Baumes ist (aus Darstellung d kann der Baum jedoch nicht rekonstruiert werden).

Das Tiefensuchen ist die für die meisten Anwendungen besser geeignete Vorgehensweise. Ein Algorithmus, hier z. B. für das Tiefensuchen in Präordnung, wird am einfachsten rekursiv formuliert:

```
DepthFirstSearch(↓root ↓x ↑y):
  param root: Nodeptr; --Wurzel des Baumes
        x:    integer; --Gesuchter Wert
        y:    Nodeptr; --Gesuchter Knoten
  begin
  if root=nil
    then y:=nil
    else if root^.info=x
      then y:=root
```

```
      else
        DepthFirstSearch(↓root^.lp ↓x ↑y)
        if y=nil then
          DepthFirstSearch(↓root^.rp ↓x ↑y)
          end
      end
    end
end DepthFirstSearch
```

Dieser Algorithmus hat ebenso wie die Algorithmen für die anderen Suchmöglichkeiten die Laufzeitkomplexität O(n), wenn n die Knotenanzahl des Baumes ist.

Binäre Suchbäume. Außer zur Darstellung hierarchischer Beziehungen werden Bäume zur geordneten Speicherung von Daten in der Weise verwendet, daß alle Knoten, die Vorgänger der Wurzel sind, im linken Unterbaum und alle Knoten, die Nachfolger der Wurzel sind, im rechten Unterbaum gespeichert werden. Bild 9-8 zeigt ein Beispiel für einen binären Suchbaum, der so entstanden ist, daß folgende Liste der Namen bedeutender Informatiker von links nach rechts gelesen und in alphabetischer Ordnung in den anfangs leeren Baum eingefügt wurde: *Gries, Floyd, Dijkstra, Conway, Knuth, Wirth, Hoare, Earley, Grau, Naur.* Der erste Name, *Gries*, ergibt die Wurzel; der zweite Name, *Floyd*, steht alphabetisch vor *Gries* und bildet deshalb die Wurzel des linken Unterbaums, usw. So organisierte Bäume heißen *Suchbäume*, da sie sich gut zum schnellen Suchen eignen, besonders dann, wenn der Suchbaum „ausgeglichen“ ist, d. h. wenn seine Höhe (die Anzahl seiner Schichten) minimal ist. Ein ausgeglichener binärer Suchbaum mit n Knoten enthält höchstens $\lfloor \log_2 n \rfloor + 1$ Schichten, und man kann in ihm jeden Knoten durch den Besuch von maximal $\lfloor \log_2 n \rfloor + 1$ Knoten finden, also in logarithmischer Zeit. Das ist viel schneller als beim linearen Suchen. Der folgende rekursive Algorithmus für das Suchen in geordneten Bäumen ähnelt dem für das Tiefensuchen:

```
TreeSearch(↓root ↓x ↑y):
  param root: Nodeptr; --Wurzel des Baumes
        x:    integer; --Gesuchter Wert
        y:    Nodeptr; --Gesuchter Knoten
  begin
  if root=nil
    then y:=nil
    else if x=root^.info
      then y:=root
      else if x<root^.info
        then TreeSearch(↓root^.lp ↓x ↑y)
        else TreeSearch(↓root^.rp ↓x ↑y)
        end
      end
    end
  end TreeSearch
```

Das Einfügen und Löschen von Knoten in ausgeglichenen Bäumen erfordert ebenfalls nur logarithmische Zeit. Dabei entartet ein anfangs ausgeglichener Baum allerdings zu einem nichtausgeglichenen; es gibt jedoch Verfahren, bei denen

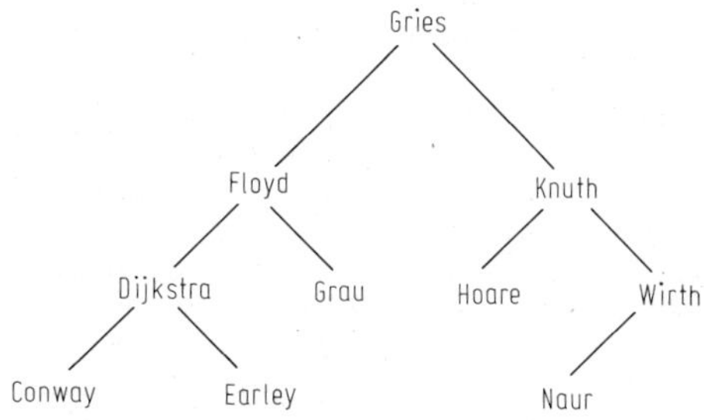

Bild 9-8. Binärer Suchbaum.

ausgeglichene Bäume durch Einfügen und Löschen wieder in ausgeglichene Bäume transformiert werden (sog. *AVL-Bäume*, nach *A*delson-*V*elsky und *L*andis; siehe Allg. Literatur).

Zyklenfreie und allgemeine Graphen

Bäume sind ein Spezialfall von zyklenfreien Graphen, und diese sind ein Spezialfall von allgemei-

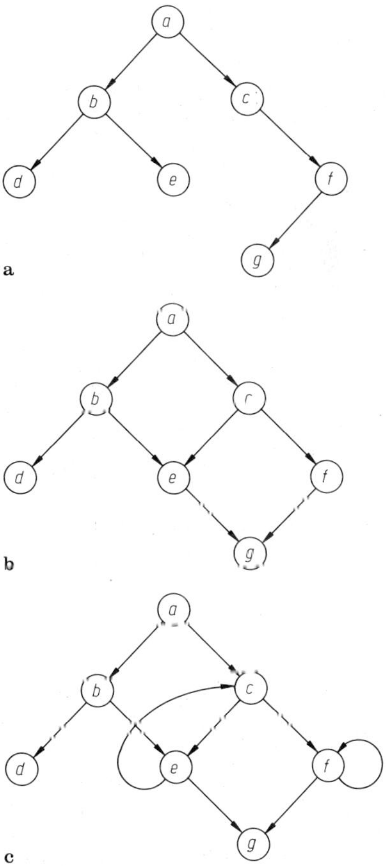

a

b

c

Bild 9-9. Bäume, zyklenfreie und zyklenbehaftete Graphen. **a** Baum; **b** zyklenfreier Graph; **c** zyklenbehafteter Graph.

nen (zyklenbehafteten) Graphen; Bild 9-9 zeigt die Unterschiede. Zyklenfreie und zyklenbehaftete Graphen werden wie Bäume durch Knoten und Zeiger dargestellt. Anwendungen gibt es überall da, wo nichtlineare und nichthierarchische Beziehungen dargestellt werden müssen. Beispiele sind Modelle von Datenbanken, elektrischen Netzwerken, Transportnetzen usw. Typische Algorithmen für Graphen betreffen das Auffinden kürzester Wege, Prüfung auf Zyklenfreiheit, Zusammenhang und viele weitere graphentheoretische Eigenschaften.

9.5 Mengen

Obwohl der Mengenbegriff grundlegend für die Mathematik ist, gibt es in keiner der in Kap. 10 behandelten Programmiersprachen einen Datentyp, der dem allgemeinen Mengenbegriff entspricht. Wer mit Mengen arbeiten will, muß sich deshalb abstrakte Datenstrukturen dafür konstruieren [1]. Pascal und seine Abkömmlinge haben zwar einen konkreten Datentyp *SET*, der dem allgemeinen Mengenbegriff jedoch nur teilweise entspricht. Er gestattet nämlich nur Mengen mit Elementen einfacher Typen und kleiner Mächtigkeit. Die Idee besteht darin, daß man zu einem Aufzählungstyp, wie *Grundfarbe*, einen Datentyp *Farbe* definiert, dessen Werte Mengen aus den Grundfarben sind:

```
TYPE Grundfarbe = (rot,gruen,blau);
TYPE Farbe = SET OF Grundfarbe;
```

Damit lassen sich aus den 3 Grundfarben 2^3 Farben bilden:

`{}` die leere Menge,
`{rot}, {gruen}, {blau}`
`{rot,gruen}, {rot,blau}, {gruen,blau},`
`{rot,gruen,blau}` die Allmenge.

Variablen vom Typ *Farbe* können diese 8 Werte annehmen und keine anderen. Der Wertebereich eines Typs *SET OF T*, dessen Basistyp *T n* Elemente hat, besteht aus 2^n verschiedenen Werten (= Potenzmenge von *T*), einschließlich der leeren Menge.

Repräsentation. Mengen kleiner Mächtigkeit lassen sich im Speicher platzsparend durch Bitfelder darstellen. Für die obige Menge *Farbe* braucht man z. B. nur 3 Bits. Eine 1 in Bit 1 bedeutet „rot ist in der Menge enthalten", eine 0 bedeutet „rot ist nicht in der Menge enthalten". Entsprechendes gilt für Bit 2 (grün) und Bit 3 (blau). Üblicherweise werden Mengen in einem einzigen Maschinenwort gespeichert; deshalb ist die Mächtigkeit der Mengen maschinenabhängig (z. B. 16 bei 16-Bit-Maschinen, 32 bei 32-Bit-Maschinen usw.).

Operationen. In Pascal und seinen Abkömmlingen können mit Konstanten und Variablen vom Typ *SET* die typischen mengenspezifischen Operationen ausgeführt werden:

`x in A` liefert *true*, wenn $x \in A$ ist, sonst *false*.
`A + B` liefert die Vereinigung $A \cup B$.
`A * B` liefert den Durchschnitt $A \cap B$.
`A - B` liefert die Mengendifferenz $A \setminus B$.

9.6 Dateien

Eine Datei *(file)* besteht aus einer Menge von Datenelementen gleichen Typs oder verschiedener Typen (siehe auch 7.2). Das einzelne Datenelement kann ein einzelnes Byte oder eine Bytefolge von beliebiger Länge sein und wird dann *Satz (logical record)* genannt. Die Anzahl der Sätze in einer Datei ist nicht beschränkt und kann durch Hinzufügen und Löschen von Sätzen verändert werden (dynamische Datenstruktur). Dateien stehen auf Hintergrundspeichern (Diskette, Magnetplatte, Magnetband), woraus sich einige besondere Eigenschaften ergeben: (1.) Dateien können viel umfangreicher als andere Datenstrukturen sein, so daß in der Regel nur ein Satz davon im Hauptspeicher bearbeitet werden kann; (2.) das Lesen eines Satzes erfordert eine Eingabeoperation, das Schreiben eine Ausgabeoperation; (3.) die Lebensdauer einer Datei ist oft größer als die Lebensdauer des Programms, das sie erzeugt.
Aus technischen und organisatorischen Gründen wird mit einer Ein-/Ausgabeoperation ein sogenannter *Block*, das ist ein Abschnitt fester Länge (typisch sind 256 bis 4 096 Byte) zwischen Haupt- und Externspeicher als Ganzes übertragen. Da Satzlänge und Blocklänge unabhängig voneinander sind, findet bei der Ein-/Ausgabe eine *Pufferung* statt (Bild 9-10): Wenn der Satz kürzer als der Block ist, werden mehrere Sätze in einen Block gepackt; wenn der Satz länger als der Block ist, wird ein Satz auf mehrere Blöcke verteilt. Diese Arbeiten führt üblicherweise das Betriebssystem automatisch aus, ohne daß der Programmierer etwas davon merkt.

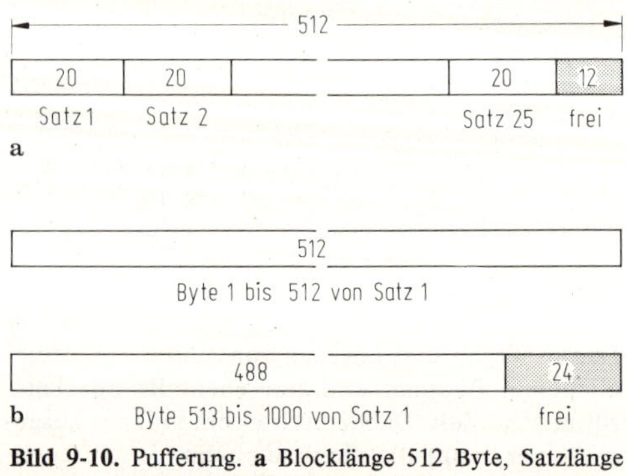

Bild 9-10. Pufferung. **a** Blocklänge 512 Byte, Satzlänge 20 Byte; **b** Blocklänge 512 Byte, Satzlänge 1000 Byte.

Einige Speichermedien (Magnetbänder) erfordern die sequentielle Anordnung aller Blöcke, andere (Magnetplatten, die in adressierbare Spuren und Sektoren eingeteilt sind) gestatten zwar eine nichtsequentielle Anordnung der Blöcke, aber auch hier spielt die sequentielle Anordnung eine dominierende Rolle. Man unterscheidet deshalb hinsichtlich ihrer programmierungstechnischen Eigenschaften sog. *sequentielle* und *Direktzugriffsdateien.*

Sequentielle Dateien (sequential files)

Hier ist die Menge der Sätze linear geordnet. Typische Operationen sind:

Open($\downarrow f$): Eröffne eine neue Datei mit dem Dateinamen f.

Write($\downarrow f \downarrow x$): Schreibe den Satz x auf die Datei f (füge x an das Ende von f an).

Read($\downarrow f \uparrow x$): Lies den nächsten Satz x von Datei f.

Close($\downarrow f$): Schließe Datei f (beende die Ein-/Ausgabe mit Datei f).

Um beim Lesen feststellen zu können, wann das Dateiende erreicht ist, bedient man sich einer Dateiende-Markierung *(eof = end of file)*, deren Erreichen man (bei den einzelnen Programmiersprachen in unterschiedlicher Weise) feststellen kann.

Textdateien und binäre Dateien. Ein im Arbeitsspeicher stehendes Maschinenwort kann auf zwei verschiedene Weisen auf eine Datei geschrieben werden: entweder als Bitmuster, so wie es im Arbeitsspeicher steht oder nach Transformation in eine druckbare Zeichenfolge (Bild 9-11 zeigt den Unterschied). Man nennt Dateien aus Bitmustern auch *binäre Dateien (binary files).* Das Schreiben und Lesen binärer Dateien geht schnell und ist sparsam im externen Speicherplatzverbrauch, aber die binäre Darstellung ist i. allg. programm- und maschinenabhängig und nicht druckbar. Man benutzt sie zur Speicherung von Objektprogrammen und für Zwischenergebnisse. Dateien, die nur aus druckbaren Zeichen bestehen (z. B. ASCII-Zeichen), nennt man *Textdateien.* Bei der Ausgabe auf eine Textdatei muß jedes Datenobjekt vor dem Schreiben entsprechend einem vorgegebenen Format in eine Zeichenkette konvertiert werden; bei der Eingabe muß die externe Zeichenkette in die maschineninterne Binärdarstellung konvertiert werden. Das kostet Zeit, ist aber erforderlich, wenn die externe Darstellung gedruckt oder auf andere Maschinen übertragen werden soll.

Direktzugriffsdateien (random access files)

Hier kann auf jeden Satz unter Angabe seiner Adresse direkt zugegriffen werden. Meist enthalten die Sätze von Direktzugriffsdateien ein Datenelement, das *Schlüssel (key)* genannt wird und den Satz eindeutig von allen anderen in der Datei unterscheidet. Die Sätze werden auf dem externen Medium in irgendeiner Weise (nicht unbedingt sequentiell) gespeichert. Um einen geschriebenen Satz später wieder aufzufinden, muß der Programmierer entweder die Adresse kennen, unter der der Satz geschrieben wurde, oder es muß eine (vom Betriebssystem verwaltete) Abbildung geben, die die externen Adressen der Sätze aus ihren Schlüsseln ohne wesentlichen Zeitverbrauch zu berechnen gestattet. Da Dateien (z. B. in Datenbanksystemen) viele tausend Sätze enthalten können, benötigt eine solche Abbildung viel Speicherplatz, so daß sie nicht im Arbeitsspeicher gehalten werden kann, sondern selbst in einer Datei untergebracht werden muß. Man ist bestrebt, Abbildungstechniken zu finden, die für jede Dateigröße nur sehr wenige Leseoperationen zur Berechnung der Adresse aus dem Schlüssel erfordern. Hierbei haben sich zwei sog. *Dateiorganisationen*, die *indizierte* und die *gestreute* als bewährte Muster herausgebildet.

Indizierte Dateiorganisation. Die Abbildung von Schlüsseln auf Adressen geschieht hier durch ein „Inhaltsverzeichnis" aus Paaren *(Schlüssel, Adresse)*, das *Index* genannt wird und selbst in einer Datei steht. Der Index ist meist als Vielweg-Suchbaum organisiert, der durch das Hinzufügen oder Löschen von Sätzen weitgehend ausgeglichen bleibt. Eine speziell für diesen Zweck geeignete Datenstruktur ist der sog. *B-Baum* (B: balanced).

Gestreute Dateiorganisation. Hier wird aus dem Schlüssel *key* des zu suchenden Satzes über eine Funktion $i = f(key)$ eine natürliche Zahl i zwischen 0 und einem Maximum n gebildet, wobei n wesentlich kleiner als die Anzahl der möglichen Schlüssel ist. Es gibt ferner eine Liste $Hash[0 \dots n]$ im Arbeitsspeicher, die die Adressen von Speicherblöcken enthält. Wenn *adr* die Adresse des Speicherblocks ist, der den Satz mit dem Schlüssel *key* enthält, wird $Hash[f(key)] = adr$ gesetzt, damit man *adr* direkt aus *key* berechnen kann. Da jedoch n viel kleiner als der Wertebereich von *key* ist, kommt es vor, daß verschiedene Schlüssel key_1 und key_2 in denselben Wert i $(0 \leq i \leq n)$ abgebil-

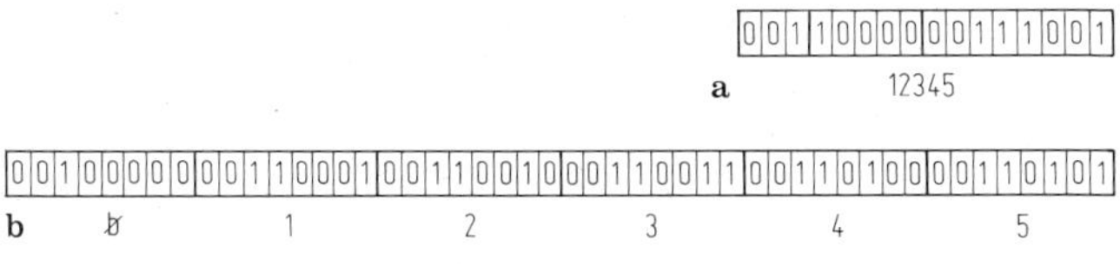

Bild 9-11. Darstellung der Zahl 12345; **a** als Dualzahl, **b** als Folge von ASCII-Zeichen mit einem führenden Leerzeichen.

det werden. In diesem Fall können z. B. die externen Datenblöcke der Sätze mit den Schlüsseln key_1 und key_2 durch Zeiger miteinander verkettet werden. Je größer die Liste *Hash* ist und je gleichmäßiger die Funktion f die Schlüssel auf die Zahlen 0 bis n verteilt, um so kürzer sind die verketteten Teillisten und um so weniger Speicherblöcke muß man lesen, um einen gesuchten Satz zu finden.

Mischsortieren

Eine wichtige Dateioperation neben dem Schreiben, Lesen und Suchen ist das Sortieren einer sequentiellen Datei nach den Schlüsseln ihrer Sätze. Es erfordert wegen des rein sequentiellen Zugriffs eine andere Technik als das Sortieren im Arbeitsspeicher. (Die Situation ist die gleiche, wie wenn man einen Stapel Spielkarten unter der Bedingung sortieren will, daß man immer nur etwas mit der zuoberst liegenden Karte anstellen kann.)
Das Verfahren beruht auf der Wiederholung zweier Vorgänge: *Verteilen* und *Mischen.* Man nennt dabei aufeinanderfolgende Sätze in der Datei, deren Schlüssel bereits richtig sortiert sind, „Läufe“. Bild 9-12a zeigt das Verteilen: Man liest die unsortierte Datei D und verteilt ihre n Läufe abwechselnd auf zwei sequentielle Hilfsdateien H_1 und H_2. Bild 9-12b zeigt das Mischen: Man liest H_1 und H_2 satzweise und verschmilzt dabei die beiden vordersten Läufe auf H_1 und H_2 zu einem neuen Lauf. Die entstehende Datei hat nur noch $\lceil n/2 \rceil$ Läufe und ist damit besser sortiert. Man wiederholt das Verteilen und Mischen, bis nur noch ein Lauf übrig bleibt. Mischen und nachfolgendes Verteilen lassen sich zu einem Vorgang, dem *Mischverteilen*, zusammenfassen. Wenn die ursprüngliche Datei n Läufe enthielt, kommt man mit maximal $\lceil \log_2 n \rceil$ Mischverteilvorgängen aus. Viele Verbesserungen dieses Grundverfahrens sind möglich.

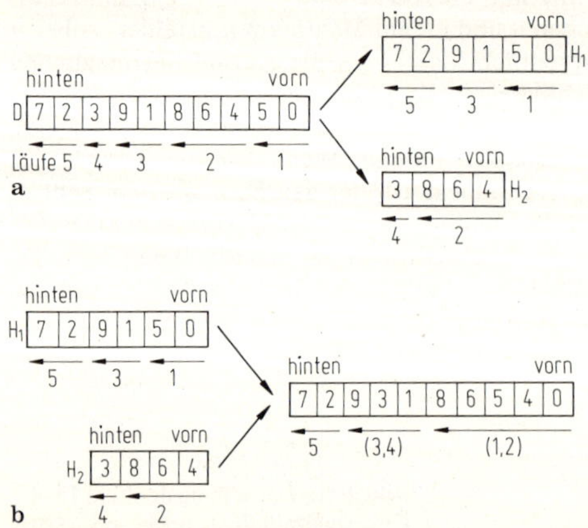

Bild 9-12. Verteilen und Mischen. **a** Verteilen; **b** Mischen.

10 Programmiersprachen

Programmiersprachen gestatten die Beschreibung von Programmen (d. h. von Algorithmen und Datenstrukturen) in einer so präzisen Weise, daß die Algorithmen von einer Maschine ausgeführt werden können. Sie sind damit das wichtigste Verbindungsglied zwischen Mensch und Maschine. Bei niederen Programmiersprachen bestehen die Programme aus den *Befehlen* der Maschinen- oder Assemblersprache einer bestimmten Maschine. Bei höheren oder „problemorientierten“ Programmiersprachen sind die Programme maschinenunabhängig und bestehen aus *Anweisungen*; sie müssen vor der Ausführung von einem Übersetzer *(Compiler)* in die Maschinensprache übersetzt werden. Hier werden nur höhere Programmiersprachen behandelt (über Maschinen- und Assemblersprachen siehe 4.3).

10.1 Begriffe und Einteilungen

Seit dem Erscheinen der ersten höheren Programmiersprache (FORTRAN, ca. 1957) sind viele hundert Programmiersprachen entstanden, von denen aber nur wenige größere Verbreitung erfahren haben. Von diesen sind wiederum, wenn man von Sprachen für spezielle Zwecke absieht, heute 10 bis 20 von größerer Bedeutung (Tabelle 10-1). Das Literaturverzeichnis enthält Hinweise auf die weiteren, für technische Anwendungen bedeutsamen Sprachen C++ [37], Chill [34], Concurrent Pascal [12], GPSS [40], Object-Pascal [35], Occam [26], PEARL [14, 16], Simula [33], Smalltalk [19]. Über die Geschichte der Programmiersprachen orientiert [41].

Universal- und Spezialsprachen

Universalsprachen sind für ein breites Anwendungsgebiet konzipiert, etwa für technisch-wissenschaftliche Probleme (FORTRAN- und ALGOL-Familie) oder für kommerzielle Probleme (COBOL). Spezialsprachen sind für die spezifischen Aufgaben eines schmaleren Gebietes besonders geeignet, etwa für die Simulation (GPSS), für Datenbanken, für die Berechnung elektrischer Netzwerke. Einige Sprachen stehen dazwischen; sie arbeiten mit speziellen Datenstrukturen, wie Vektoren (APL) oder Bäumen (Lisp, Prolog), sind aber nicht auf ein schmales Anwendungsgebiet spezialisiert.

Stapelorientierte und dialogorientierte Sprachen

Stapelorientierte Programmiersprachen basieren auf dem gedanklichen Modell des Algorithmus, der Eingabedaten (meist eine Datei) liest und Ausgabedaten (meist eine Datei) erzeugt, während

Tabelle 10-1. Merkmale bedeutender Programmiersprachen

Name	Abkürzung von	Erscheinungs-jahr	Denk-modell	Stapel/ Dialog	Literatur	Bemerkungen
FORTRAN	*for*mula *tran*slation	≈ 1957	algorithmisch	Stapel	[3]	Ausführliche Behandlung in 10.4.
ALGOL 60	*algo*rithmic *l*anguage	1960	algorithmisch	Stapel	[7]	Ursprung der „ALGOL-Familie". Bahnbrechende Ideen.
COBOL	*co*mmon *b*usiness-*o*riented *l*anguage	≈ 1960	algorithmisch	Stapel	[1]	Für kommerzielle Anwendungen auch heute noch die am meisten verwendete Sprache. Für technische Anwendungen ungeeignet.
BASIC	*b*eginners *a*ll purpose *s*ymbolic *i*nstruction *c*ode	≈ 1962	algorithmisch	Dialog	[4, 27]	Ausführliche Behandlung in 10.4.
APL	*a* *p*rogramming *l*anguage	1962	algorithmisch	Dialog	[18, 24, 43]	Auf Vektoren und Matrizen basierende Sprache mit speziellem Zeichensatz und vielen ungewöhnlichen Operatoren.
PL/I	*p*rogramming *l*anguage *I*	≈ 1965	algorithmisch	Stapel	[2, 15, 21, 32]	Sehr umfangreiche Sprache für techn.-wiss. *und* kommerzielle Anwendungen.
ALGOL 68	*algo*rithmic *l*anguage	1968	algorithmisch	Stapel	[38, 39]	Umfangreicher und komplizierter Nachfolger von ALGOL 60. Nur an einigen Universitäten benutzt.
Pascal	—	1971	algorithmisch	Stapel	[5, 25]	Ausführliche Behandlung in 10.4.
Snobol	*s*tring *o*riented *s*ym*bo*lic *l*anguage	1965	algorithmisch	Stapel	[20]	Spezialsprache zur Verarbeitung von Zeichenketten.
C	—	≈ 1973	algorithmisch	Stapel	[28]	Systemprogrammierungssprache, eng mit dem Betriebssystem Unix zusammenhängend.
Modula-2	—	≈ 1980	algorithmisch	Stapel	[11, 31, 42]	Ausführliche Behandlung in 10.4.
Ada	—	≈ 1980	algorithmisch	Stapel	[6, 8, 22]	Ausführliche Behandlung in 10.4.
Lisp	*lis*t *p*rocessing language	1962	funktional	Dialog	[29, 36]	Hauptsprache der „Künstlichen Intelligenz". Einzige Datenstruktur ist der binäre Baum (Liste).
Prolog	*Pro*gramming in *log*ic	1972	deklarativ	Dialog	[13, 17]	Modelliert das logische Schließen. Besonders für „Künstliche Intelligenz" geeignet. Einzige Datenstruktur ist der binäre Baum.

seines Ablaufs aber nicht mit dem Benutzer in ständiger Verbindung steht (obwohl diese Möglichkeit nicht ausgeschlossen wird). Ein Programm wird vom Benutzer geschrieben, als ganzes übersetzt und läuft anschließend ohne wesentliche Eingriffe durch den Benutzer als Teil eines Stapels aus vielen Programmen ab (siehe auch 7.1). Alle Sprachen für große Programmierprojekte sind bis heute von dieser Art. Dialogorientierte Sprachen hingegen basieren auf dem gedanklichen Modell einer ständigen Interaktion von Mensch und Maschine. Ein Programm kann hier, gesteuert durch den Benutzer, stückweise geschrieben und übersetzt werden *(inkrementelle Übersetzung)*, und ein Programmstück kann oft schon ausgeführt werden, bevor noch das ganze Programm vollständig vorliegt (APL, BASIC, Lisp, Prolog), siehe auch 7.1.

Denkmodelle

Nach dem Denkmodell, das einer Programmiersprache zugrunde liegt, unterscheidet man algorithmische, funktionale, deklarative und objektorientierte Sprachen (im folgenden an Hand der Berechnung des Ausdrucks $x*y + z$ illustriert).

Algorithmische (imperative) Sprachen bestehen aus einer Folge von *Anweisungen*, etwas auszuführen. Sie benutzen *Variablen* im Sinne von Behältern (Speicherplätzen), in die man in zeitlicher Folge verschiedene Datenwerte legen kann. Alle in technischen Anwendungen üblichen Programmiersprachen (FORTRAN, Pascal usw.) sind algorithmisch. Der Ausdruck $x * y + z$ wird hier unter Heranziehung einer Hilfsvariablen h in zwei Schritten berechnet: $h := x * y$ und $h := h + z$. Der Variablen h werden dabei nacheinander zwei verschiedene Werte zugewiesen.

Funktionale (applikative) Sprachen beruhen auf dem Modell der mathematischen *Funktion.* Jeder Algorithmus kann als eine Funktion aufgefaßt werden, die Argumente in Ergebnisse abbildet. Die schrittweise Ausführung ist dabei implizit in der Schachtelung von Funktionsaufrufen und rekursiven Funktionsdefinitionen enthalten. Der Wert von $x*y + z$ wird hier durch den geschachtelten Funktionsaufruf $Plus(Mal(x, y), z)$ ausgedrückt. Hauptvertreter der funktionalen Sprachen ist Lisp. Rein funktionale Sprachen kommen ohne Variablen aus (x, y und z sind hier Werte, die man nicht verändern kann — wie in der Mathematik).

Deklarative Sprachen beschreiben nur Daten und Beziehungen zwischen ihnen, der Algorithmus ist in der Semantik der Sprache verborgen. Sie sind dementsprechend von höherem Abstraktionsgrad als algorithmische Sprachen. Die z. Z. bedeutendste deklarative Sprache, *Prolog,* beruht auf der Semantik der Prädikatenlogik. Eine Gleichung, wie $u = x*y$, wird als Beziehung *(Relation, Prädikat)* zwischen den Variablen x, y und u angesehen, die je nach der Belegung von x, y und u mit Werten wahr oder falsch sein kann. Man schreibt dafür $Mal(x, y, u)$. *Mal* ist ein Prädikatsname, x, y, u sind *Terme* (Parameter). $Mal(2, 4, 8)$ ist wahr, $Mal(3, 4, 10)$ ist falsch. Das Prädikat $Mal(2, 4, u)$ bedeutet: „Suche alle Belegungen der Variablen u derart, daß $2*4 = u$ ist“; u bekommt dadurch den Wert 8. Der Wert von $x*y + z$ wird in Prolog als „Regel“ geschrieben:

```
MalPlus(x,y,z,h)-> Mal(x,y,u) Plus(u,z,h);
```

Gelesen: „Das Prädikat $MalPlus(x, y, z, h)$ ist dann wahr, wenn es eine Variable u gibt, so daß $Mal(x, y, u)$ und $Plus(u, z, h)$ beide wahr sind.“ Ein Algorithmus, der für gegebene Werte von x, y und z solche Werte von u und h berechnet, daß die Regel erfüllt wird, ist in Prolog eingebaut. Man beachte, daß durch die Regel das Problem nur spezifiziert, aber kein Lösungsalgorithmus beschrieben wird. Die Ausführungsreihenfolge mehrerer Regeln (mit bedingten Anteilen und Schleifen) wird in deklarativen Sprachen implizit beschrieben und tritt deshalb in den Hintergrund.

Objektorientierte Sprachen beruhen auf dem Denkmodell, daß alle Objekte (Daten) selbständig und aktiv in dem Sinn sind, daß sie Prozeduren ausführen und „Nachrichten“ an andere Objekte „senden“ können. Nachrichten entsprechen Prozeduraufrufen, die auch Parameter haben können. Wird z. B. dem Objekt x die Nachricht *print* gesendet, so druckt es seinen eigenen Wert aus. Wird ihm dagegen die Nachricht *mal* mit dem Parameter y gesendet und ist es eine Zahl, so liefert es dem Sender das Objekt mit dem Wert $x*y$ zurück. Der Ausdruck $x*y + z$ wird wie in algorithmischen Sprachen geschrieben und von links nach rechts ausgeführt. Zuerst durch die Nachricht *mal y* an das Objekt x und danach durch die Nachricht *plus z* an das Ergebnisobjekt von $x*y$. Einzelobjekte können zu Objektklassen zusammengefaßt werden (z. B. die Objekte „1“, „2“, ... zu der Klasse *Integer*), und der Programmierer kann neue Objektklassen definieren. Die einzige bedeutende rein objektorientierte Sprache ist z. Z. Smalltalk [19], objektorientierte Erweiterungen algorithmischer Sprachen sind z. B. C++ [37] und Object-Pascal [35].

Sequentielle und parallele Sprachen

Ein auf einer Maschine (Prozessor) ablaufender Algorithmus wird auch „Prozeß“ genannt. Die meisten algorithmischen Sprachen gestatten nur die Formulierung eines einzigen Prozesses, der für sich allein abläuft, ohne Kommunikation mit anderen Prozessen auf demselben oder parallel arbeitenden Prozessoren. Einige Programmiersprachen besitzen jedoch Möglichkeiten zur Formulierung paralleler Prozesse (z. B. Ada, ALGOL 68, Concurrent Pascal, Modula-2, Occam, PEARL, PL/I). Die hierbei auftretenden Probleme betreffen die Synchronisation und den Informationsaustausch zusammenarbeitender Prozesse [9]. Von diesen Sprachen zu unterscheiden sind solche für Supercomputer, bei denen umfangreiche, meist mathematisch-physikalische Rechnungen (z. B. Matrixoperationen) in Teile zerlegt werden, die auf vielen Prozessoren gleichzeitig oder zeitlich versetzt gerechnet werden *(Pipelining-Verfahren).* Hier gibt es bis heute fast nur maschinenspezifische Erweiterungen von Fortran [30].

10.2 Beschreibungsverfahren

Wer Programmiersprachen benutzt, muß Bedeutung *(Semantik)* und Form *(Syntax)* ihrer Konstruktionen genau kennen. Beides soll in einem Dokument, der *Sprachdefinition,* möglichst vollständig und eindeutig niedergelegt sein. Während man für die Beschreibung der Syntax zufriedenstellende formale Verfahren gefunden hat, ist das für die Beschreibung der Semantik bis heute noch nicht gelungen, weshalb man sich hier meist der Umgangssprache bedient. Elementare Kenntnisse der Beschreibungstechnik von Programmiersprachen sind für jeden, der eine Programmiersprache erlernen will, unerläßlich.

Syntax

Programmiersprachen setzen sich syntaktisch aus zwei Schichten zusammen. In der *lexikalischen* (unteren) Schicht besteht ein Programm aus der Aneinanderreihung von *Symbolen (symbols, tokens)*, die sich ihrerseits aus *Zeichen (characters)* zusammensetzen. In den meisten Programmiersprachen finden sich die Symbolarten

- *Schlüsselwörter (IF, DO, VAR, ...)*; das sind Buchstabenfolgen fester Bedeutung, die den Charakter einer Erweiterung des Zeichenvorrats haben;
- *Bezeichner (i, x, result, ...)*; das sind vom Programmierer vergebene Symbole zur Bezeichnung von Variablen, Konstanten, Typen, Prozeduren;
- *Zahlen* (1, 3.14, ...);
- *Strings ("abracadabra")*; das sind Zeichenkettenkonstanten, meist in Apostrophe oder Anführungszeichen eingeschlossen;
- *Einzelzeichen* (+, ∗, [,], ...) und *Verbundzeichen* (:=, <=, ...).

In der darüber liegenden eigentlichen *syntaktischen* Schicht sieht man die Symbole als unzusammengesetzt an und beschreibt ihre Zusammensetzung zu Ausdrücken, Anweisungen und Deklarationen.
Zur formalen Beschreibung der Syntax benutzt man die *Backus-Naur-Form (BNF)* und erweiterte Backus-Naur-Formen (*EBNFs*). Die syntaktische Struktur arithmetischer Ausdrücke wird z. B. durch drei BNF-Regeln so beschrieben:

```
expr→term | expr + term | expr - term
```

Gelesen: „Ein arithmetischer Ausdruck *expr* ist definiert als *term* oder als die Folge von *expr*, *Pluszeichen*, *term* oder als die Folge *expr*, *Minuszeichen*, *term*." Der senkrechte Strich trennt Alternativen.

```
term→fact | term * fact | term / fact
```

Gelesen: „Ein Term *term* ist definiert als *fact* oder als die Folge *term*, *Malzeichen*, *fact* oder als die Folge *term*, *Divisionszeichen*, *fact*."

```
fact→ident | number | (expr)
```

Gelesen: „Ein Faktor *fact* ist definiert als ein Bezeichner oder eine Zahl oder ein Ausdruck in Klammern."

Durch diese drei Regeln ist die syntaktische Struktur aller arithmetischen Ausdrücke aus Bezeichnern, Zahlen, den Operatoren +, −, ∗, / und Klammern eindeutig beschrieben (Bild 10-1). Die rekursiven Alternativen beschreiben Wiederholungen und Schachtelungen. Manche Autoren schreiben die Symbole der BNF in spitzen Klammern, also ⟨*expr*⟩ statt *expr*. Eine empfehlenswerte moderne EBNF ist die von Wirth [42]. Bei ihr wird das Gleichheitszeichen anstelle des Pfeils benutzt, jede Regel wird durch einen Punkt beendet, und Zeichenfolgen, die sich selbst bedeuten, werden in Anführungszeichen gesetzt. Runde Klammern werden zur Zusammenfassung, eckige als Optionssymbol und geschweifte als Wiederholungssymbol benutzt. *a*[*b*] bedeutet *a* oder *ab*, *a*{*b*} bedeutet *a* oder *ab* oder *abb* oder *abbb*... Die geschweiften Klammern gestatten den weitgehenden Verzicht auf Rekursion und machen die Grammatik leichter lesbar. Die Grammatik der arithmetischen Ausdrücke lautet in dieser EBNF:

```
expr = term {("+" | "-") term}.
term = fact {("*" | "/") fact}.
fact = ident | number | "(" expr ")".
```

Semantik

Die Bedeutung der Konstruktionen einer Programmiersprache nennt man ihre *Semantik* (im engeren Sinn). Zum Beispiel bedeutet die Anweisung $a := b + c * d$ die Berechnung des Wertes des Ausdrucks $b + c * d$ nach den Vorrangregeln der Mathematik und anschließende Zuweisung des berechneten Wertes zu der Variablen *a*. Die hier

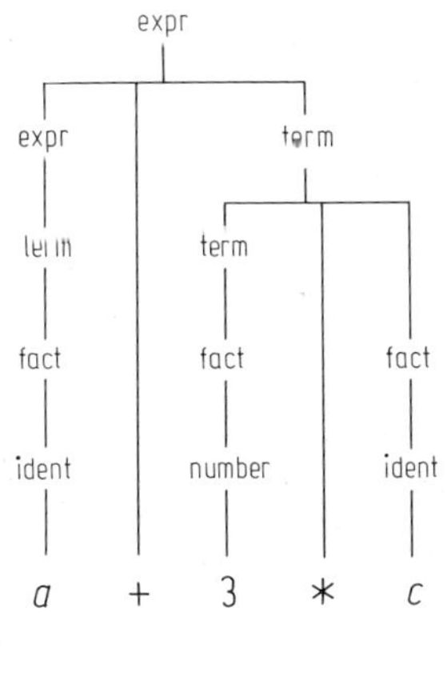


```
expr → term | expr + term | expr - term
term → fact | term * fact | term / fact
fact → ident | number | (expr)
```

Bild 10-1. Syntaxbaum des Ausdrucks $a + 3 * c$ gemäß der Grammatik.

verwendeten Begriffe *Berechnung, Wert, Ausdruck, Zuweisung, Variable* werden dabei als bekannt vorausgesetzt (ihre Semantik muß also schon vorher erklärt worden sein). Die Semantik mancher Konstruktionen ist umgangssprachlich leider nur ungenau beschreibbar; eine exakte formale Beschreibung läßt sich dagegen entweder nur unvollständig durchführen, oder sie wird so unhandlich und nur für den Spezialisten verständlich, daß man bei der Sprachdefinition auf sie verzichtet. Techniken zur formalen Semantikbeschreibung sind Forschungsgegenstand der Informatik [10].

Im weiteren Sinn umfaßt der Begriff Semantik alle Sprachregeln, die sich nicht durch eine formale Syntaxbeschreibung, wie BNF, ausdrücken lassen. Zum Beispiel ist der Text

```
PROGRAM Unsinn;
  VAR x:ARRAY[10..1] OF INTEGER;
  BEGIN a:=1 END
```

ein syntaktisch korrektes Pascal-Programm, aber er verstößt gegen die Sprachregeln: „Alle Namen, die im Programmrumpf vorkommen, müssen zuvor deklariert worden sein" und „In einer Felddeklaration muß der erste Grenzindex kleiner oder gleich dem zweiten sein". Solche die Syntax ergänzenden Sprachregeln nennt man „Kontextbedingungen" (auch *statische Semantik*) und rechnet sie traditionell zur Semantik, da sie sich nicht in BNF ausdrücken lassen, obwohl sie mit der eigentlichen Semantik weniger als mit der Syntax zu tun haben.

Im ALGOL-60-Bericht [7] wurde die Beschreibung einer umfangreichen Programmiersprache durch BNF und umgangssprachliche Semantik erstmals konsequent durchgeführt. Ähnliche Sprachdefinitionen *(language reports)* gibt es von ALGOL 68 [39], Pascal [25], Modula-2 [42] und Ada [6], aber leider von vielen anderen Sprachen nicht.

10.3 Konstruktionen algorithmischer Sprachen

Die wichtigsten Konstruktionen algorithmischer Programmiersprachen sind *Deklarationen* zur Beschreibung von Objekten, *Anweisungen* zur Ausführung von Aktionen, *Ausdrücke* zur Verknüpfung von Objekten, *Prozeduren* und *Moduln* zur Gliederung eines Programmsystems in Teile.

Deklarationen

Deklarationen beschreiben die im Anweisungsteil eines Programms verwendeten Objekte. Sie erfüllen drei Aufgaben: Sie gestatten es dem Programmierer, Objekte zu benennen und ihre Eigenschaften (z. B. ihren Typ) festzulegen; sie liefern dem Compiler Informationen über Namen, Struktur und Umfang aller Objekte; sie bilden nützliche Redundanz für den Compiler zur Auffindung von Eingabefehlern (sofern jeder im Anweisungsteil vorkommende Name deklariert sein muß). Beispiel eines Deklarationsteils in Modula-2:

```
CONST pi = 3.14159;                    (*Konstanten*)
      imax = 10;
TYPE  String = ARRAY [0..imax] OF CHAR;(*Typ*)
VAR   i,j,k: INTEGER;                  (*Variablen*)
      name: String;
PROCEDURE Innen ... END Innen;         (*Prozedur*)
```

Das Prinzip, jedem Objekt durch Deklaration einen (und nur einen) Typ zuzuordnen, der sich während des Programmablaufs nicht ändert, nennt man „statische Typisierung" *(static typing, strong typing)*. Einige ältere Programmiersprachen gestatten implizierte Deklarationen; z. B. werden in FORTRAN und PL/I alle nichtdeklarierten Namen, die mit I bis N anfangen, als Integer-Größen, alle anderen als Real-Größen angesehen. Manche Sprachen (besonders dialogorientierte) sind sogar deklarationsfrei (APL, Lisp, Prolog). Bei ihnen wird der Typ einer Variablen erst zur Laufzeit dadurch bestimmt, daß der Variablen ein Wert eines bestimmten Typs zugewiesen wird ($a := 10$ macht a zu einer Integer-Variablen, $b := 10.3$ macht b zu einer Real-Variablen).

Anweisungen

Die wichtigsten Anweisungsklassen sind Zuweisung, Verzweigungsanweisungen, Schleifenanweisungen, Prozeduraufrufe und Ein-/Ausgabe-Anweisungen.

Zuweisung. Einfachste und häufigste Anweisung; in den meisten Programmiersprachen von der Form *Variable* := *Ausdruck.*

Verzweigungsanweisungen. Die unbedingte Verzweigung zu der Anweisung mit der Marke *m* lautet meist *goto m*, die bedingte Verzweigung *if Bedingung then goto m.* Bessere Programmstrukturen (siehe 11.3) ergeben jedoch Verzweigungsanweisungen der Formen

```
if Bedingung then Anweisungsfolge end

if Bedingung
  then Anweisungsfolge 1
  else Anweisungsfolge 2
  end
```

Diese Anweisungen ermöglichen nur binäre Verzweigungen. Für Vielwegverzweigungen bieten moderne Sprachen die Fallunterscheidung, die in Modula-2 folgende Struktur hat:

```
case fall of
  1: Anweisungsfolge 1
| 2: Anweisungsfolge 2
| 3: Anweisungsfolge 3
  end
```

Abhängig davon, ob die Variable *fall* den Wert 1, 2 oder 3 hat, wird hier die Anweisungsfolge 1, 2 oder 3 ausgeführt.

Schleifenanweisungen. Fast alle algorithmischen Sprachen enthalten besondere Anweisungen zum wiederholten Durchlaufen von Anweisungsfolgen. Bei der *induktiven* Schleife (Zählschleife) durchläuft eine *Laufvariable* eine Folge von Werten, z. B. *i* die Werte 1 bis 10, wie in

```
FOR i:=1 TO 10 DO
  y[i]:=x[i]*2
  END
```

Bei der *iterativen* Schleife wird die Schleife so oft ausgeführt, wie die Bedingung am Anfang des Durchlaufs erfüllt ist, z. B.

```
i:=0;
WHILE n>0 DO
  n:=n DIV 10;
  i:=i+1
  END
```

Hier hängt die Anzahl der Schleifendurchläufe vom Anfangswert der Variablen *n* ab. Manche Sprachen bieten auch eine iterative Schleife mit der Bedingungsprüfung am Schleifenende, z. B.

```
i:=0;
REPEAT
  n:=n DIV 10;
  i:=i+1
  UNTIL n=0
```

Ein-/Ausgabe-Anweisungen sind sehr unterschiedlich ausgebildet. Manche Sprachen bieten eigene Anweisungen zur Ein- und Ausgabe für die verschiedenen Speichermedien, mit oder ohne Zusatzangaben für die Formatierung, mit einem oder mehreren Datenelementen pro Anweisung und vielen anderen Wahlmöglichkeiten; andere haben gar keine Ein-/Ausgabe-Anweisungen, sondern benutzen Prozeduren dafür.

Beispiel. Die Ausgabe der Variablen *x* und *y* mit den Werten 17 und 4 in der Druckanordnung (Format) `x = 17    y = 4` gestaltet sich in FORTRAN zu:

```
   WRITE(6,100) x,y
100 FORMAT ('x =',I3,X3,'y =',I2)
```

und in Modula-2 zu:

```
WriteString("x ="); WriteInt(x,3);
WriteString("   y ="); WriteInt(y,2);
```

Die FORTRAN-Fassung besteht aus einer Write-Anweisung, die die auszugebenden Variablen enthält und einer Format-Anweisung, die Textkonstanten und Platzangaben für die Werte der Variablen enthält (I3 heißt „Typ Integer, Feldweite 3", X3 heißt 3 Leerzeichen). Die Modula-2-Fassung besteht aus einem Prozeduraufruf für jedes Datenelement.

Ausdrücke

Ausdrücke setzen sich in den meisten Sprachen wie in der Mathematik aus Konstanten, Variablen, Operatoren und Klammern in beliebig tiefer Schachtelung zusammen. Zur Indizierung werden in manchen Sprachen runde Klammern verwandt: a(i) (BASIC, FORTRAN, PL/I, Ada), in anderen eckige: a[i] (Pascal, Modula-2). Pascal und Modula-2 unterscheiden zwischen den Operatoren „/" für die exakte Division und *DIV* für die Division mit Abschneiden des gebrochenen Teils.

Prozeduren

Prozeduren sind Zusammenfassungen von Deklarationen und Anweisungen zu einem höheren Ganzen, das einen Namen trägt und mit diesem Namen aufgerufen, d. h. ausgeführt werden kann. Man muß deshalb zwischen der Prozedur*deklaration* (Text aus Name, Deklarationen, Anweisungen) und dem Prozedur*aufruf* unterscheiden.

Beispiel. Prozedurdeklaration zur Berechnung von x^n in Modula-2:

```
PROCEDURE Potenz(x,n:INTEGER; VAR y:INTEGER);
  VAR i:INTEGER;
  BEGIN
  y:=1;
  FOR i:=1 TO n DO y:=y*x END
  END Potenz
```

Die Prozedur ist die wichtigste Programmstruktur in algorithmischen Sprachen. Sie erfüllt die Aufgaben: *Gliederung* eines Programms in überschaubare Teile; *Codeersparnis*, da der Anweisungsteil der Prozedur nur einmal gespeichert wird, aber von vielen Stellen aus aufgerufen werden kann; *Abstraktion* des Anweisungsteils durch den Prozedurnamen (beim Aufruf).

Gültigkeitsbereiche. In den meisten Programmiersprachen bildet eine Prozedur einen eigenen Gültigkeitsbereich für Namen. Eine in der Prozedur deklarierte Variable *x* (sog. *lokale* Variable) ist nur innerhalb der Prozedur gültig (sichtbar) und bezeichnet ein anderes Objekt als ein *x*, das außerhalb der Prozedur deklariert wurde. Im Anweisungsteil kann aber eine in einem umschließenden Gültigkeitsbereich deklarierte Variable *y* angesprochen werden, sofern sie nicht in der Prozedur neu deklariert wurde (*globale* Variable). Bild 10-2 zeigt die Verhältnisse. Im Anweisungsteil der Prozedur *P* sind die lokalen Variablen x_{Proz}, *z*, der formale Parameter *a* und die globale Variable *y* gültig, im Anweisungsteil des Hauptprogramms nur die Variablen x_{Main} und *y*. Die Idee getrennter Gültigkeitsbereiche erhöht die Freiheit bei der Wahl von Namen und ermöglicht erst die unabhängige Arbeit mehrerer Personen an einem Programmsystem. Sie ist deshalb von großer Bedeutung für die Entwicklung großer Programme.

```
program Main;
  var x,y: integer;
  ...
  procedure P(a:integer)
  var x,z:integer;
  begin
  ...{Benutze x,z,a,y}
  end;
...
begin(Main)
...  {Benutze x,y}
P(...);
...  {Benutze x,y}
end.
```

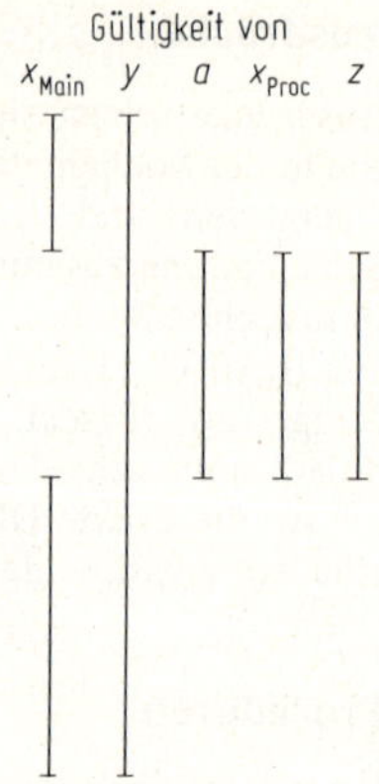

Bild 10-2. Gültigkeitsbereiche von Variablen.

Lokale Variablen existieren nur während der Ausführung der Prozedur; ihre Werte bleiben deshalb nicht bis zum nächsten Aufruf der Prozedur erhalten (*dynamische* Variablen).

Parameter. Prozeduren haben i. allg. Parameter. Sie dienen zur Beschreibung der Eingangs- und Ausgangsgrößen und bilden damit die Schnittstelle zwischen dem Schreiber und dem Benutzer (Rufer) der Prozedur. Die im Prozedurtext verwendeten Parameter sind einfache Namen. Sie heißen „formale Parameter" und haben nur den Charakter von Platzhaltersymbolen, die beim Aufruf durch die „aktuellen Parameter" ersetzt werden. Im vorhergehenden Beispiel sind *x, n, y* formale Parameter.

Beispiel. Durch den Aufruf *Potenz*(3,4,*result*) der im vorangehenden Beispiel definierten Prozedur wird zur Ausführungszeit im Anweisungsteil *x* durch 3, *n* durch 4 und *y* durch *result* ersetzt, und ausgeführt wird der nunmehrige Anweisungsteil mit dem Ergebnis *result* = 81.

```
result:=1;
FOR i:=1 TO 4 DO result:=result*3 END
```

Man unterscheidet *Eingangsparameter*, deren Werte in der Prozedur benutzt, aber nicht verändert werden, *Ausgangsparameter*, deren Werte in der Prozedur verändert, aber davor nicht benutzt werden und *Übergangsparameter*, deren Werte in der Prozedur zuerst benutzt und danach verändert werden. Im Beispiel sind *x* und *n* (formale) Eingangsparameter, *y* ist (formaler) Ausgangsparameter. Die Art der Parameterübergabe ist nicht in allen Sprachen gleich, was in den meisten Fällen unerheblich ist, manchmal aber zu schwer erkennbaren Fehlern führen kann *(Call by value, Call by reference, Call by name).* 5.3 enthält ein Beispiel für die Parameterübergabe in Assemblersprachen.

Funktionen. Eine Funktionsprozedur (oder einfach Funktion) ist eine Prozedur, durch deren Ausführung der Prozedurname einen Wert, den Funktionswert, bekommt, wie in der Mathematik, wo $f(x)$ auch die Berechnungsvorschrift und zugleich den Funktionswert bedeutet. Aufrufe von Funktionsprozeduren sind keine selbständigen Anweisungen, sondern treten als Operanden in Ausdrücken auf.

Beispiel. Eine Funktionsprozedur $Exp(x, n)$ zur Berechnung von x^n für ganzzahliges x und nichtnegatives ganzzahliges n lautet in Modula-2:

```
PROCEDURE Exp(x,n:INTEGER): INTEGER;
  VAR y:INTEGER;
  BEGIN
  y:=1;
  FOR i:=1 TO n DO y:=y*x END;
  RETURN y
  END Exp
```

Die Beendigung der Funktionsprozedur und die Rückgabe des Funktionswertes geschieht hier durch die Return-Anweisung. Der Aufruf von *Exp* findet innerhalb von Ausdrücken statt, wie in $result := 10 + Exp(3, 4)$ mit dem Ergebnis $result = 10 + 81 = 91$.

Moduln [11, 31]

In älteren Programmiersprachen ist die Prozedur die einzige Strukturierungsmöglichkeit für Programme, und große Programmsysteme bestehen aus vielen hundert Prozeduren. Neuere Programmiersprachen (Modula-2, Ada, Pascal-Dialekte) gestatten darüber hinaus die Zusammenfassung einer Anzahl von Daten und Prozeduren zu einem höheren Ganzen, dem Modul (engl. module). Zwei Sprechweisen sind gebräuchlich: *Der Modul, die Moduln* (wie aus der Mathematik gewöhnt) und *das Modul, die Module* (wie z. T. zur Bezeichnung von Bauelementen verwendet). In den verschiedenen Programmiersprachen werden Moduln verschieden benannt (*module* in Modula-2, *package* in Ada). Prinzipielles Aussehen (ähnlich Modula-2):

```
MODULE modulname;
  IMPORT Liste importierter Namen
  EXPORT Liste exportierter Namen

  CONST lokale Konstantendeklarationen
  TYPE lokale Typdeklarationen
  VAR lokale Variablendeklarationen

  PROCEDURE p1;...END p1;
  PROCEDURE p2;...END p2;
  PROCEDURE p3;...END p3;

  BEGIN
  Modulrumpf
  END modulname
```

Moduln bilden einen eigenen Gültigkeitsbereich für die in ihnen deklarierten Namen, d. h., die

Modulgrenzen wirken wie eine für Namen undurchlässige Wand: innen deklarierte Namen sind außen unsichtbar, und außen deklarierte Namen sind innen unsichtbar (letzteres im Gegensatz zur Prozedur). Innen definierte Namen von Typen, Daten und Prozeduren können jedoch *exportiert* werden, dann sind sie auch außerhalb des Moduls sichtbar (ansprechbar), und außen deklarierte Namen können vom Modul *importiert* werden, dann sind sie auch im Modul sichtbar (*Import-* und *Exportliste*). Die Werte der lokalen Variablen bleiben i. allg. während der gesamten Ausführung des Programms, zu dem der Modul gehört, erhalten (*statische* Variablen). Der Anweisungsteil (zwischen *BEGIN* und *END*) wird ein einziges Mal ausgeführt, wenn der Modul „angelegt" wird. Er dient zur Initialisierung der Variablen des Moduls. Man beachte, daß Moduln nicht wie Prozeduren aufgerufen oder anderweitig „ausgeführt" werden können, sondern nur Konstruktionen zur Abgrenzung der Gültigkeitsbereiche von Namen sind.

Moduln sind u. a. aus folgenden Gründen nützlich:

- Wenn die in dem Modul zusammengefaßten Daten und Prozeduren ein logisch zusammenhängendes Ganzes bilden, kann der Modul als Abstraktion davon angesehen werden. Beispiel: Keller (siehe 9.3). Der Modul ist dann die konkrete Implementierung einer abstrakten Datenstruktur (siehe auch 11.3).
- Ein Modul kann für sich allein übersetzt werden. Ein Programmsystem besteht dann aus einer Anzahl von getrennt übersetzbaren Moduln.

10.4 Programmiersprachen für technische Anwendungen

Dieser Abschnitt porträtiert die für Anwendungen in den Ingenieurwissenschaften wichtigsten universellen Programmiersprachen.

Zur Auswahl der Programmiersprache

Trotz ihrer großen Anzahl stehen dem Programmierer für eine Auswahl meist nur die wenigen Sprachen zur Verfügung, die auf seiner Maschine installiert sind, mit denen er vertraut ist und für die es genügend Unterstützung in Form von Programmbibliotheken und Programmberatung gibt. Außer diesen Einschränkungen sind folgende Gesichtspunkte zu beachten. Für die kleinen Programme des gelegentlich programmierenden Ingenieurs (z. B. für die Berechnung von Funktionsverläufen, technischen Formeln u. dgl.) sind „kleine" Dialogsprachen wie BASIC zu empfehlen, da sie einfach zu erlernen und Ergebnisse mit wenig Aufwand schnell zu erzielen sind. Für größere, numerisch betonte Anwendungen kommt immer noch FORTRAN in Betracht, vor allem wegen der umfangreichen Programmbibliotheken (z. B. für lineare Algebra, Baustatik, Statistik). Für große Programme, bei denen komplexe Datenstrukturen oder softwaretechnische Gesichtspunkte, wie Erweiterbarkeit, Wartbarkeit, Portabilität, im Vordergrund stehen (siehe 11), sind moderne Sprachen wie Pascal, Modula-2 oder Ada am besten geeignet. Eine Sonderstellung nimmt die Sprache C ein.

Im folgenden werden die Sprachen FORTRAN, Pascal, Modula-2, Ada, C und BASIC kurz charakterisiert. Um einen Eindruck vom Aussehen einer (wenn auch nur sehr kleinen) Prozedur in den betreffenden Sprachen zu geben, wird die Berechnung eines Polynoms mit dem Hornerschema in allen Sprachen gezeigt. Es handelt sich dabei um eine Prozedur, die den Wert des Polynoms

$$y = a_0 + a_1x + a_2x^2 + \ldots + a_nx^n$$

berechnet. Gegeben sind die Koeffizienten $a[0]$ bis $a[n]$ und die Variable x, gesucht ist der Polynomwert y.

Zum besseren Verständnis sind in jedem Programm die Schlüsselwörter und sog. Standardnamen (Namen mit festgelegter Bedeutung) fett gedruckt. Alle übrigen Namen wurden frei gewählt. Die Schreibweise mit großen oder kleinen Buchstaben folgt dem überwiegenden Gebrauch. Einige Sprachdefinitionen sehen a und A ausdrücklich als verschieden an (Modula-2), einige ausdrücklich als gleich (Ada) und wieder andere lassen diese Frage offen. Der Kommentar in jedem Beispiel zeigt, wie Kommentare in der betreffenden Sprache geschrieben werden.

FORTRAN

FORTRAN ist die älteste algorithmische Programmiersprache. Sie wurde bei IBM entwickelt, erstmals 1957 bekanntgemacht und später als *FORTRAN II, FORTRAN IV, FORTRAN 66* und in vielen Dialekten (auch für die Echtzeitverarbeitung) weiterentwickelt. Die letzte genormte Fassung heißt *FORTRAN 77*. Die neueste Fassung, *FORTRAN 8X*, steht vor der Normung. FORTRAN ist besonders für technisch-wissenschaftliche Berechnungen geeignet. Seine Syntax ist veraltet, die Möglichkeiten der Bildung von Datenstrukturen sind auf ein- und mehrdimensionale Felder beschränkt. Die schon ab FORTRAN IV als Standard vorhandenen Datentypen *Double Precision* und *Complex* sind jedoch ein Komfort, den man anderswo bis heute meist vergebens sucht. FORTRAN-Programme setzen sich aus unabhängig voneinander übersetzten Prozeduren (*Subroutinen* genannt) bausteinartig zusammen und ermöglichen damit die Anlage von Programmbibliotheken auf einfachste Weise. Die Gültigkeit der Namen ist auf eine Prozedur beschränkt. Durch die *Common-Anweisung* können jedoch prozedurübergreifende Namen eingeführt werden. FORTRAN hat keinen Deklarationszwang für einfache Variablen und ist nicht streng typisiert. Es gibt keine dynamisch angelegten Objekte, demzufolge auch keine Zeiger und keine rekursiven Prozeduren. Die Konstruktionen von FORTRAN sind relativ einfach und maschinennah, woraus sich kurze Übersetzungszeiten und schnelle Objektprogramme ergeben. (P-1) zeigt die Prozedur *Horner* in FORTRAN 77.

```
1       SUBROUTINE HORNER(A,N,X,Y)
2       REAL A(0:N)
3 C----------Keine globalen Groessen
4       Y=A(N)
5       DO 100 I=N-1,0,-1
6 100     Y=Y*X+A(I)
7       RETURN
8       END                                  (P-1)
```

In Zeile 2 wird der Parameter *A*, das Koeffizientenfeld, deklariert, die übrigen Parameter und die Laufvariable *I* sind implizit deklariert: *I* und *N* als Integer-Variablen, da alle Namen, die mit *I* bis *N* anfangen, automatisch vom Typ *Integer* sind, *X* und *Y* vom Typ *Real*, da alle übrigen Namen vom Typ *Real* sind. Zeile 5 zeigt die Zählschleife. 100 ist die Nummer der letzten Anweisung, die zur Schleife gehört. Der Ablauf jeder FORTRAN-Prozedur muß mit einer Return-Anweisung beendet werden, mit der das Programm zum Rufer zurückkehrt. (P-1) wird für sich allein und unabhängig von den Programmen, in denen es aufgerufen wird, übersetzt.

Pascal und Modula-2

Pascal wurde 1970 von N. Wirth entwickelt. Sein Ziel war Einfachheit und Klarheit der Prinzipien, Einführung der von Hoare [23] vorgeschlagenen Konstruktionen zur Erzeugung neuer Datenstrukturen und Sicherheit durch weitgehende Typisierung. Pascal war zuerst mehr für pädagogische Zwecke als für die Herstellung großer Programmsysteme gedacht und kennt deshalb keine getrennte Übersetzung. Erweiterungen der Sprache mit getrennter Übersetzbarkeit sind kein Standard-Pascal und für jede Implementierung verschieden. Pascal ist eine der wenigen Programmiersprachen, die sich ohne das kommerzielle Interesse einer Firma oder Organisation allein auf Grund ihrer Qualitäten weltweit durchgesetzt haben. Pascal gestattet die Deklaration von Konstanten, Typen, Variablen und Prozeduren; es gibt Zeigertypen, dynamische Speicherplatzverwaltung und rekursive Prozeduren. Die Prozedur *Horner* in Pascal ähnelt der in Modula-2 (P-2) so stark, daß auf ihre Wiedergabe hier verzichtet wird.

Modula-2 stammt ebenfalls von N. Wirth, ist eine Weiterentwicklung von Pascal (um 1980) und besitzt u. a. folgende über Pascal hinausgehende Eigenschaften: (1.) Systematischere Syntax, (2.) Moduln, (3.) separate Übersetzung von Moduln, (4.) Variablen vom Typ *procedure*, (5.) bei Bedarf: Zugriff auf Maschineneigenschaften (Adressen, Bytes, Wörter), Durchbrechung der Typisierung und Coroutinen als Grundlage der Programmierung paralleler Prozesse. (1) bis (4) machen Modula-2 zu einer Sprache, in der sich Algorithmen sehr gut maschinenunabhängig formulieren lassen. (5) macht Modula-2 zu einer *Systemprogrammierungssprache*, in der man maschinennahe Software schreiben kann (z. B. Betriebssysteme), ohne auf eine Assemblersprache zurückgreifen zu müssen. Trotz dieser Vielseitigkeit ist der Sprachumfang relativ klein, Compiler sind ebenfalls klein und schnell. (P-2) zeigt die Prozedur *Horner* in Modula-2.

```
1  PROCEDURE Horner(a:ARRAY OF REAL;
2                   n:INTEGER;
3                   x:REAL; VAR y:REAL);
4  VAR i:INTEGER;   (*Keine globalen Groessen*)
5  BEGIN
6  y:=a[n];
7  FOR i:=n-1 TO 0 BY -1 DO
8    y:=y*x+a[i]
9    END
10 END Horner                              (P-2)
```

Die Zeilen 1 bis 3 enthalten die Deklaration aller Parameter. Der Feld-Parameter *a* ist ein sog. „open array", dessen Feldlänge unspezifiziert bleibt. Die For-Schleife wird durch ein eigenes *END* abgeschlossen. Alles übrige gleicht Pascal und FORTRAN. Eine Return-Anweisung ist nicht erforderlich. (P-2) ist Bestandteil eines größeren Programms, kann aber leicht zu einem separat übersetzbaren Modul erweitert werden.

Ada

Ada wurde um 1980 auf Grund einer Ausschreibung des amerikanischen Verteidigungsministeriums entwickelt und ist die zentrale Sprache für alle militärischen Projekte der nächsten Zukunft. Ada ist eine der umfangreichsten Sprachen, da die Bedürfnisse verschiedener Benutzerkreise (parallele Prozesse, Echtzeitanwendungen, Zugriff auf Maschineneigenschaften u. a.) befriedigt werden sollten. Aus diesem Grund ist die Sprache nicht leicht zu erlernen, und die Compiler für sie sind groß. Ada baut auf Pascal auf, weicht aber von ihm viel weiter ab als Modula-2. Es hat u. a. folgende, über Pascal hinausgehende Eigenschaften: (1.) Gleitkomma-Arithmetik mit sauber definierten Genauigkeitsschranken, (2.) Moduln, hier *Pakete (packages)* genannt, in verschiedenen Varianten, (3.) ein fein abgestuftes System zur Behandlung von Ausnahmesituationen *(exception handling)*, (4.) parallele Prozesse *(tasks)* mit einem Synchronisations-Mechanismus (dem *Rendezvous-*

Konzept). (P-3) zeigt die Prozedur *Horner* in Ada.

```
1  n: constant INTEGER:=10;
2  type Coeff is array(INTEGER <>) of FLOAT;
3  a: Coeff(0..n);
   ...
4  procedure Horner(a:in Coeff; n:in INTEGER;
5                   x:in FLOAT; y:out FLOAT) is
6    result: FLOAT;    --Coeff ist global
7    begin
8    result:=a(n);
9    for i in reverse 0..n-1 loop
10     result:=result*x+a(i);
11     end loop;
12   y:=result;
13   end Horner;
```
(P−3)

Der Parametertyp *Coeff* muß in dem umschließenden Programm als „open array“ deklariert sein (Zeile 2). Die formalen Parameter von *Horner* werden durch *in* und *out* als Eingangs- und Ausgangsparameter gekennzeichnet (Zeilen 4, 5). *y* kann nicht im Prozedurrumpf zum Rechnen benutzt werden, weil es als Ausgangsparameter nicht in wertliefernder Position verwendet werden darf. Die ungewohnte Schleifenanweisung in Zeile 9 besagt, daß *i* die Werte von 0 bis *n* − 1 in umgekehrter Folge durchlaufen soll.

C

Die Sprache C wurde ursprünglich von D. Ritchie am Anfang der siebziger Jahre zur Programmierung des Betriebssystem UNIX entwickelt. Als Programmiersprache für sich betrachtet, ist C veraltet und entspricht nicht den Anforderungen an eine moderne algorithmische Sprache im Sinne von Pascal, Modula-2 oder Ada. Jedoch sind große Teile von UNIX und viele Unix-Bibliotheksprogramme in C geschrieben, so daß der Erfolg von UNIX zugleich der von C ist. C enthält außer den Konstruktionen höherer Sprachen (Prozeduren, Schleifenformen, Datentypen) auch solche niederer Sprachen (Inkrement-Operationen, Register als eigene Speicherklasse). Ähnlich FORTRAN-Programmen sind C-Programme relativ maschinennahe, woraus sich schnelle Objektprogramme ergeben. Die Struktur der Sprache unterstützt (wie eine Assemblersprache) den Übersetzer wenig beim Auffinden fehlerhafter Konstruktionen. Datentypen sind ganze und Gleitkommazahlen, Zeichen und Zeiger; boolesche Daten fehlen, d. h. werden durch die Zahlen 0 und 1 ausgedrückt. Datenstrukturen sind Felder und Verbunde (hier *structures* genannt). C ist im Gegensatz zu allen anderen hier behandelten Sprachen eine „Ausdruckssprache“ (expression language), d. h. jede Anweisung und Anweisungsfolge besitzt wie ein Ausdruck einen Wert und kann als Bestandteil von Ausdrücken verwendet werden. Alle Prozeduren sind Funktionsprozeduren, die rekursiv aufgerufen, aber textlich nicht geschachtelt werden dürfen. Die einzige Parameterübergabeart ist „call by value“, anstelle von Ausgangsparametern müssen deshalb Zeiger auf die eigentlichen Ausgangsparameter verwendet werden. (P-4) zeigt die Prozedur *Horner* in C (hier als Funktion geschrieben).

```
1  float Horner(a,n,x)
2    float a[],x;
3    int   n;
4    { float y;  /* Keine globalen Groessen */
5      int i;
6      y=a[n];
7      for (i=n-1; i>=0; i--)
8        y=y*x+a[i];
9      return y;
10   }
```
(P−4)

Zeile 1 definiert *Horner* als Funktionsprozedur mit dem Ergebnistyp *float*, Zeile 2 und 3 definieren die Typen der Parameter. Die geschweiften Klammern umfassen einen *Block*, d. h. den Anweisungsteil von Horner, bestehend aus den Deklarationen der lokalen Variablen *y*, *i* und den Anweisungen. Man beachte die ungewöhnliche Form der For-Schleife. Der Teil *i*−− ist eine Abkürzung für *i* := *i* − 1; er wird erst nach Zeile 8, also am Ende der Schleife, ausgeführt.

BASIC

BASIC, um 1962 am Dartmouth College entwickelt, ist eine besonders leicht zu erlernende Dialogsprache. Sie erfordert keine Deklarationen einfacher Variablen und kennt in den meisten Versionen nur die Datentypen Zahl und Zeichenkette. Ganze Zahlen werden als Gleitkommazahlen behandelt. Die tastatur- und bildschirmorientierte Ein- und Ausgabe ist kurz und sinnfällig, und die einzelnen Installationen bieten mannigfache, leicht benutzbare Erweiterungen für Matrixoperationen, grafische Ausgabe usw. Die Syntax ist an Fortran angelehnt und veraltet, *if then-else* und While-Schleife fehlen. Ablaufstrukturen werden hauptsächlich durch explizite Sprunganweisungen *(goto)* ausgedrückt. Ein schwerer Nachteil von BASIC besteht darin, daß alle Namen global sind. Prozeduren haben keine Parameter und keinen eigenen Gültigkeitsbereich von Namen. Das macht Arbeitsteilung und Programmbibliothek äußerst umständlich, z. T. sogar unmöglich. Rekursion ist ausgeschlossen. Sprachstruktur und Dialogorientiertheit haben zur Folge, daß BASIC-Programme meist interpretativ ausgeführt werden. Ihre Laufzeit ist deshalb um den Faktor 10 bis 100 größer als die übersetzter Programme. BASIC ist daher (zumindest in seiner Ursprungsform) nur auf kleine Probleme anwendbar, bei denen man mit wenig Aufwand schnell zu Ergebnissen kommen will. BASIC existiert jedoch in vielen Dialekten, von denen einige Pascal nahekommen und die hier beschriebenen Nachteile z. T. nicht aufweisen. (P-5) zeigt die Prozedur *Horner* in BASIC.

```
100 REM Y, A, N, I sind alle global
110 Y=A(N)
120 FOR I=N-1 TO 0 STEP -1
130 Y=Y*X+A(I)
140 NEXT I
150 RETURN
```
(P−5)

Sie ist kein in sich abgeschlossenes Programm (und trägt deshalb auch keinen Namen), sondern einfach ein Stück aus einem größeren Programm und kann von beliebigen Stellen aus durch die Anweisung *GOSUB* 110 aufgerufen werden. Damit springt die Ablaufsteuerung zur Anweisung 110 und mit der Return-Anweisung in 150 wieder zurück zu der auf *GOSUB* 110 folgenden Anweisung. Alle in dem Programmabschnitt Horner verwendeten Namen sind global, auch die Laufvariable *I*! Die For-Schleife wird in BASIC durch die Next-Anweisung abgeschlossen, sie erstreckt sich also von Anweisung 120 bis 140. Die Zeile 100 ist ein Kommentar (*REM* = remark). Alle Zeilen werden in BASIC meist automatisch in der angegebenen Weise numeriert.

11 Softwaretechnik

Dieses Kapitel behandelt die Herstellung „großer" Programme. Die dabei auftretenden Probleme sind nur zum Teil für die Informatik spezifisch; zum Teil sind es die gleichen wie bei anderen großen technischen Systemen. Diese Probleme gehören deshalb ebenso zur „Systemtechnik" wie zur Informatik. Die Aussagen dieses Kapitels sind aus diesem Grunde weniger scharf und formal als in den anderen, was sich auch im Darstellungsstil niederschlägt.

11.1 Begriffe, Aufgaben und Probleme

Kleine und große Programme

Programmsysteme können von sehr unterschiedlicher Größe sein. Tabelle 11-1 zeigt eine mögliche Einteilung in 4 Klassen; im folgenden wird aber nur zwischen „kleinen" und „großen" Programmen unterschieden. Wenn ein Programmsystem mit 500 Anweisungen von einem Programmierer ohne den Einsatz besonderer Techniken geschrieben werden kann, darf man nicht daraus schließen, daß die Herstellung eines Programmsystems mit 50000 Anweisungen nur ein Vielfaches an Personal und einige zusätzliche Koordination er-

Tabelle 11-2. Merkmale kleiner und großer Programme

„Kleine" Programme	„Große" Programme
Hersteller = Benutzer	Mehrere Hersteller, viele Benutzer
Seltene Benutzung	Oftmalige Benutzung (5-20 Jahre Lebensdauer)
Keine oder seltene Änderungen	Laufende Änderungen
Fehler führen zum Programmabbruch und richten keinen Schaden an	Fehler dürfen oft nicht zum Programmabbruch führen und keinen Schaden anrichten
Qualitätsmerkmale: • Korrektheit • Effizienz	Qualitätsmerkmale: • Korrektheit • Effizienz • Sicherheit und Zuverlässigkeit • Flexibilität (Übertragbarkeit, Anpaßbarkeit, Erweiterbarkeit) • Benutzerfreundlichkeit • Wartbarkeit
Keine Qualitätssicherung	Qualitätssicherung ist wichtiger Bestandteil der Herstellung
Keine Wartung	Vieljährige Wartung erforderlich, Wartungskosten können Herstellungskosten übersteigen
Keine oder einfache Dokumentation	Umfangreiche, schwer aktuell zu haltende Dokumentation
Kein Management	Umfangreiches und schwieriges Management

Tabelle 11-1. Einteilung von Programmsystemen nach ihrer Größe
Annahme: 1 Seite Programmtext = 50 Programmzeilen

	Programmgröße			
	klein	mittel	groß	sehr groß
Codezeilen	< 1000	1000-10000	10000-100000	> 100000
Seiten	< 20	20-200	200-2000	> 2000
Beispiele	Programmierübungen, kurzlebige Hilfsprogramme	Editoren, Binder, viele kleinere Werkzeuge, kleinere Echtzeitsysteme	Compiler, kleine Betriebssysteme, große Werkzeuge, Programmierumgebungen, größere Echtzeitsysteme	große Betriebssysteme, Datenbanken, militärische Überwachungssysteme

fordert. Ein quantitativer Unterschied von 1:100 oder mehr schlägt sich vielmehr immer auch in qualitativen Unterschieden nieder. Während bei kleinen Programmen meist Hersteller und Benutzer dieselbe Person und die Hauptkriterien für die Qualität des Programms seine Korrektheit und Effizienz sind, liegen die Verhältnisse bei großen Programmen völlig anders. Viele Software-Ingenieure müssen zusammenarbeiten, Hersteller und Benutzer sind verschiedene Personengruppen, und es gibt viele Benutzer. Große Programme haben eine lange Lebensdauer (5 bis 20 Jahre) und werden häufig geändert. Zuverlässigkeit, Flexibilität und Übertragbarkeit auf andere Maschinen können hier wichtigere Qualitätskriterien sein als die Effizienz. Da die Komplexität der Software nicht wie die der Hardware durch Materialeigenschaften begrenzt ist, glauben Programmierer, sie könnten im Prinzip beliebig große Programmsysteme schreiben, mit der Folge, daß diese tendenziell unsicher und undurchschaubar werden. In Tabelle 11-2 sind Unterschiede zwischen kleinen und großen Programmen zusammengestellt.

Begriff der Softwaretechnik

Herstellung, Qualitätssicherung, Wartung, Dokumentation und Management großer Programmsysteme, die *von mehreren für viele* geschrieben werden, erfordern besondere Techniken, Methoden und Werkzeuge, die man unter dem Namen *Softwaretechnik* (engl. software engineering) zusammenfaßt. Einige Facetten dieses Begriffs ergeben sich aus den drei folgenden (unter vielen anderen ausgewählten) Definitionen:

- *Das Ziel der Softwaretechnik ist die wirtschaftliche Herstellung zuverlässiger und effizienter Software* [5].
- *Das Ziel der Softwaretechnik ist die Entwicklung von Methoden, mit denen der Durchschnittsprogrammierer befähigt wird, gute Programme zu schreiben.*
- *Softwaretechnik ist die praktische Anwendung wissenschaftlicher Erkenntnisse auf den Entwurf und die Konstruktion von Computerprogrammen, verbunden mit der Dokumentation, die zur Entwicklung, Benutzung und Wartung der Programme erforderlich ist* [8].

Softwaretechnik hat den Charakter einer Ingenieurdisziplin: Es werden Produkte von mehreren für viele produziert, die sich in der Praxis bewähren müssen; prinzipielle Lösungen reichen nicht aus; das Kostendenken spielt eine Rolle, die Bearbeitung eines Projekts muß mit durchschnittlich Befähigten stattfinden können, das Ergebnis darf nicht vom Talent einiger abhängen.

Das Hauptproblem der Softwaretechnik ist der Kampf mit der logischen Komplexität großer Programme. Wenn n Prozeduren oder n Mitarbeiter Informationen austauschen (jeder mit jedem), ergeben sich $n(n-1)/2$ Verbindungen zwischen ihnen, d. h., die Anzahl der Verbindungen wächst quadratisch mit der Anzahl der verbundenen Objekte. Viele Methoden der Softwaretechnik, insbesondere Entwurfsmethoden, laufen deshalb darauf hinaus, durch Einschränkung der erlaubten Verbindungen auf bestimmte Muster und durch Abstraktion die Komplexität herabzusetzen.

Der Software-Lebenszyklus

Die Arbeit an einem Softwareprojekt gliedert sich in Phasen, wobei sich folgende Einteilung bewährt hat:

- Phase 1: *Problemanalyse*. Das zu lösende Problem wird in Zusammenarbeit mit dem Auftraggeber definiert und analysiert. Das Ergebnis ist die *Anforderungsdefinition* (Pflichtenheft).
- Phase 2: *Entwurf*. Das Softwaresystem wird als Ganzes entworfen und in Teile zerlegt (*Grobentwurf*), mit den Teilen wird ebenso verfahren (*Feinentwurf*); die dabei entstehenden Schnittstellen werden festgelegt (*Spezifikation*). Das Ergebnis ist die Systemstruktur und die Spezifikation aller Teile (Moduln).
- Phase 3: *Implementierung*. Die Moduln werden programmiert und jeder für sich getestet.
- Phase 4: *Test*. Die Zusammensetzung der Moduln zu Gruppen und das Gesamtsystem werden getestet. Das Ergebnis ist die Abnahme durch den Auftraggeber.
- Phase 5: *Wartung*. Im Betrieb entdeckte Fehler werden beseitigt, und das Programmsystem wird den sich verändernden Anforderungen angepaßt.

Bild 11-1 zeigt diese Phasen, wobei sich ein geschlossener Kreis ergibt, der anzeigt, daß bei Änderungen einige oder alle Phasen erneut durchlaufen werden müssen („Software-Lebenszyklus-Mo-

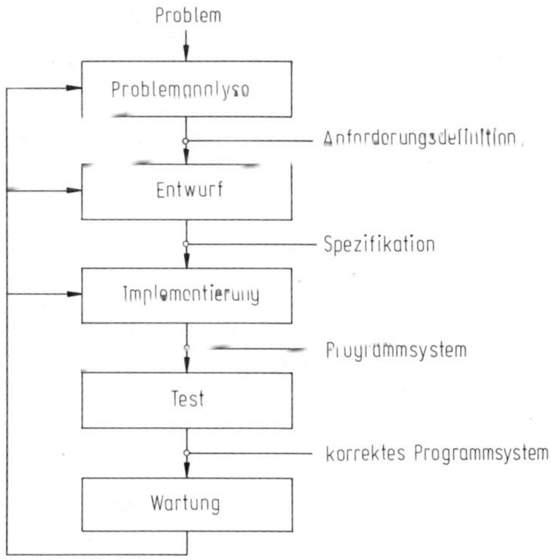

Bild 11-1. Der Software-Lebenszyklus.

dell"). Das in ihm ausgedrückte Prinzip, daß eine Phase vollständig abgeschlossen sein soll, bevor die nächste angefangen wird, ist allerdings in der Regel nicht realisierbar, weil sich die Richtigkeit der Entscheidungen in einer Phase erst in späteren Phasen zeigt. Das Modell ist deshalb auch vielfach variiert worden, wodurch sich seine prinzipielle Aussage aber nicht ändert.
Der Software-Lebenszyklus erfaßt nur die Herstellung und Wartung eines Softwareprodukts; Qualitätssicherung, Dokumentation und Management sind nicht darin enthalten, da sie sich über alle Phasen erstrecken.

Methoden und Werkzeuge

Zur Herstellung von Softwareprodukten braucht man Methoden und Werkzeuge. Methoden sind systematische Vorgehensweisen; für alle Phasen des Software-Lebenszyklus sind Methoden entwikkelt worden, die helfen sollen, die Probleme der betreffenden Phase zu meistern. In Tabelle 11-3 sind einige Methoden zusammengestellt (Näheres in den folgenden Abschnitten). Softwarewerkzeuge sind Programme, die Entwicklung, Test, Analyse oder Wartung von Programmen oder ihre Dokumentation unterstützen. Dieser weiten Definition zufolge fällt alle Software, die zur Lösung von Aufgaben im Rahmen der Programmherstellung dient, unter den Begriff der Werkzeuge. In Tabelle 11-4 sind einige Softwarewerkzeuge zusammengestellt (Näheres in den folgenden Abschnitten). Literatur: [1, 3, 16, 24, 39]

Software-Entwicklungs-Umgebungen

Methoden und Werkzeuge entfalten ihre volle Kraft erst dann, wenn sie aufeinander abgestimmt sind. Eine solche Sammlung von zusammenhängenden und aufeinander abgestimmten Methoden, Techniken und Werkzeugen nennt man

Tabelle 11-3. Methoden der Softwaretechnik

Name	Einsatzgebiet	Literatur
SADT, PSL/PSA	Anforderungsanalyse, Grobentwurf	[1, 42, 43, 46]
Schrittweise Verfeinerung	Entwurf, Implementierung	[15, 36, 48, 49]
Jackson	Entwurf, Implementierung	[19, 21]
Composite/structured design	Entwurf	[9, 29, 44, 52]
Schreibtischtest (Walkthrough u. a.)	Qualitätssicherung	[30]
Statische Programmanalyse	Qualitätssicherung	[6, 41]

Tabelle 11-4. Werkzeuge der Softwaretechnik

Werkzeuge	Einsatzgebiet
Editoren Struktogrammgeneratoren Ablaufdiagrammgeneratoren Compilergeneratoren	Entwurf und Programmentwicklung
Debugger Tracer Testrahmengeneratoren Testfallgeneratoren Werkzeuge für • Zeitmessung • Pfadzählung Analysatoren für • Anweisungshäufigkeiten • Schachtelungstiefen usw. Kreuzreferenzlistengeneratoren Stichwortverzeichnisgeneratoren Abhängigkeitsgraphgeneratoren	Test und Qualitätssicherung
Werkzeuge für • Textkompression • Codetransformation • Dateivergleich • Formatierung (Pretty-Printer) • Sortieren • Topologisches Sortieren	Datei- und Textverarbeitung

„Software-Entwicklungs-Umgebung" (software development environment, software engineering support environment), oft auch „Programmierumgebung" (programming environment). Der Idee nach ist eine Software-Entwicklungs-Umgebung eine zusammenhängende Sammlung von Werkzeugen, die mit einer einzigen Kommandosprache aufgerufen werden kann und die Programm-Entwicklung auf allen Teilgebieten des Software-Lebenszyklus unterstützt. Diese umfassende Aufgabe ist heute erst in Teilen verwirklicht [3, 14, 18, 27, 45]. Existierende Programmierumgebungen begnügen sich meist mit einer Verschmelzung der Vorgänge Editieren, Übersetzen, interaktives Testen. Der einflußreiche Stoneman-Report [53] versucht, Programmierumgebungen für die Sprache Ada zu spezifizieren.

11.2 Problemanalyse und Anforderungsdefinition

Am Anfang eines Softwareprojekts müssen Aufgabenstellung und Leistungsumfang vom Auftraggeber und Auftragnehmer gemeinsam festgelegt werden. Die hierfür in Frage kommenden Verfahren sind wenig spezifisch für die Softwaretechnik; sie treten bei der Planung anderer technischer Projekte ebenso auf und gehören damit mehr der Systemtechnik als der Softwaretechnik an (Ist-Zustandsanalyse, Systemabgrenzung, Systembeschreibung u. a.). Spezifisch für Softwareprojekte sind dagegen folgende Eigenschaften:

- Jedes Programm wird nur einmal entwickelt, eine Serienfertigung gibt es nicht. Planung und Aufwandabschätzungen sind darum besonders schwierig.
- Die technischen Bedingungen (Schnittstellen zur Hardware und Systemsoftware) ändern sich besonders schnell.
- Software als immaterielles Produkt unterliegt nicht den üblichen Schranken der Technik. Sie ist „im Prinzip“ jeder Situationsveränderung leicht anpaßbar; in Wirklichkeit zerstören nachträgliche Anpassungen mehr und mehr die Systemarchitektur und führen dadurch zu Fehlern und Chaos.

Methodische Hilfsmittel sind Zeichnungen und Tabellen aller Art, insbesondere Hierarchiediagramme, Ablaufdiagramme, Datenflußpläne, Entscheidungstabellen. Es gibt auch ausgeprägtere Methoden, die helfen, die Fülle der anfallenden Informationen und Planungsentscheidungen zu ordnen, ihre Vollständigkeit zu prüfen und Widersprüche aufzudecken. Die am weitesten verbreiteten sind:

- SADT (*s*tructured *a*nalysis and *d*esign *t*echnique) [1, 42, 43]. Benutzt Diagramme zur Darstellung von Zuständen und Zustandsübergängen, kann damit Funktions- und Datenaspekte darstellen, verzichtet aber absichtlich auf algorithmische Elemente wie Schleifen und Fallunterscheidungen. Unterstützt die hierarchische Darstellung.
- PSL/PSA (*p*roblem *s*tatement *l*anguage/*p*roblem *s*tatement *a*nalyzer) [1, 46]. Computerunterstützte Methode, bei der man Objekte und Beziehungen zwischen ihnen in einer Art Programmiersprache beschreibt. Die Beschreibungen werden in einer Datenbank gesammelt, auf Vollständigkeit, Widerspruchsfreiheit und andere Aspekte geprüft und als Tabellen verschiedener Art wieder ausgegeben.

Drei in Deutschland entwickelte computerunterstützte Software-Entwicklungs-Systeme, die auch die Problemanalyse unterstützen, sind *Epos* [27], *Plasma* [2] und *ProMod* [17].

Das Ergebnis der Problemanalyse soll ein Dokument, die „Anforderungsdefinition“, sein. Sie stellt das Pflichtenheft, die Vereinbarung zwischen Auftraggeber und Auftragnehmer über das zu liefernde Produkt dar. Eine ausführliche Behandlung dieses Themas findet man in [1, 2].

11.3 Entwurf und Programmentwicklung

Mit dem Entwurf wird die Architektur eines Softwaresystems festgelegt. Dazu wird das Gesamtsystem in Teilsysteme zerlegt, und die Teilsysteme und ihr Zusammenwirken werden spezifiziert. Je nachdem, ob die Zerlegung geschickt oder ungeschickt gewählt wird, ergibt sich später ein strukturell gutes, leicht verstehbares und leicht änderbares Softwareprodukt oder das Gegenteil. Da die Entwurfsentscheidungen zu einem Zeitpunkt getroffen werden müssen, wo man nur wenig über die Zusammenhänge weiß, ist der Entwurf eine schwierige, Erfahrung voraussetzende, schöpferische Tätigkeit. Entwurfsmethoden können ihn zwar unterstützen, garantieren aber nicht ein hochwertiges Softwareprodukt. Die Frage, wie man eine softwaretechnische Aufgabe in Teilaufgaben zerlegen muß, nimmt eine zentrale Stellung in der Softwaretechnik ein. Neben den Methoden für den Programmentwurf hat die Softwaretechnik auch Prinzipien aufgestellt, die bei der eigentlichen Programmentwicklung beachtet werden sollen, damit das gesamte System qualitativ hochwertig wird. Ihre wichtigsten Aspekte werden hier unter den Stichworten *modulares Programmieren, strukturiertes Programmieren* und *defensives Programmieren* behandelt.

Entwurfsmethoden

Die Methode der schrittweisen Verfeinerung propagiert einen Entwurf „von außen nach innen“ oder „von oben nach unten“ (top down). Man zerlege das Gesamtproblem in Teilprobleme, diese wieder, jedes für sich, in kleinere und setze dieses Verfahren fort, bis die Teilprobleme so klein und klar sind, daß man ihre Lösung in einer Programmiersprache formulieren kann. Die schrittweise Verfeinerung soll dabei nicht nur die Funktion der Aufgabe, sondern auch die Daten umfassen. Jeder Verfeinerungsschritt erfordert Entscheidungen, die sich der Entwerfer bewußt machen und für die er auch Alternativen in Betracht ziehen muß. Teilaspekte, die zuerst zusammenzuhängen scheinen, soll er so weit wie möglich entkoppeln und Entscheidungen über Einzelheiten der Datendarstellung so lange wie möglich zurückstellen. Das ergibt Programme, die einfacher an wechselnde Verhältnisse anzupassen sind. Wichtig ist, daß der Entwerfer, wenn er eine Entwurfsentscheidung bei weiterer Verfeinerung als ungünstig erkennt, bereit ist, den Weg der Zerlegung zurückzugehen und eine andere Zerlegung zu wählen. Ausführliche Beispiele findet man in [15, 36, 48, 49].

Diese sehr allgemeine Methode hat sich „im Prinzip“ und bei kleinen Programmen auch in der Realität bewährt; in der Anwendung auf große Programme bereitet sie Schwierigkeiten, weil die wichtigsten Entwurfsentscheidungen in den höchsten Stufen mit der geringsten Information durchgeführt werden müssen, was nur in einfacheren Fällen ohne Fehlentscheidungen möglich ist. Große und sehr große Programmsysteme können deshalb nicht konsequent mit dieser Methode entworfen werden. Sie ist dagegen hervorragend für die nachträgliche *Beschreibung* von Softwaresystemen *aller* Größen geeignet.

Die Jackson-Methode (M. A. Jackson [21]) beruht auf der Beobachtung, daß die günstigste Struktur eines Programmsystems oft ein Spiegel der Struktur seiner Eingabe- und Ausgabedaten ist. Wenn die Eingabedaten die Struktur

```
Einleitung, Satz, Satz, ..., Satz, Abschluß
```

haben, wird auch ein vernünftiges Programm zu ihrer Verarbeitung die Struktur

```
Verarbeite Einleitung;
loop Verarbeite Satz; end;
Verarbeite Abschluß;
```

haben, womit aus der Struktur der Eingabedaten bereits eine grobe Programmstruktur abgeleitet ist. Die Jackson-Methode baut diese Beobachtung aus, indem sie auch die Struktur der Ausgabedaten in Betracht zieht und aus der Korrespondenz zwischen Ein- und Ausgabedaten die passenden Programmstrukturen entwickelt. Die Jackson-Methode hat sich besonders in der kommerziellen Datenverarbeitung bewährt. Sie eignet sich allerdings nur für eine bestimmte Aufgabenklasse einfacher Struktur und kann deshalb nicht als universelles Entwurfsverfahren angesehen werden [19].

In der Literatur sind viele weitere Entwurfsmethoden beschrieben worden, z. B. *Hipo* [20], *LCP* [47], *Composite/structured design* [9, 29, 44], die zumeist wie die Jackson-Methode nur bei bestimmten Aufgabentypen ihre Vorteile entfalten und damit keine allgemeine Anwendbarkeit beanspruchen können.

Modulares Programmieren

Grundlegend für die Konstruktion technischer Geräte ist heute die Modultechnik (Bausteintechnik). Jeder Modul führt eine in sich abgeschlossene Aufgabe aus, und wenn er fehlerhaft ist, wird er als Ganzes gegen einen anderen ausgetauscht. Dazu muß jeder Modul eine festgelegte *Schnittstelle* zu den anderen Moduln des Gerätes besitzen, und alle Informationen müssen über die Schnittstelle laufen. Man überträgt diesen Modulbegriff auf die Softwaretechnik und fordert, daß beim Programmentwurf die Modulidee berücksichtigt wird. Die wichtigsten Ziele der modularen Zerlegung eines Programmsystems sind etwa:

- *Einfachheit*. Jeder Teil einer Zerlegung soll eine überschaubare, für sich allein verständliche Einheit sein.
- *Unabhängigkeit*. Die Teile einer Zerlegung sollen in dem Sinn voneinander unabhängig sein, daß sie durch verschiedene Bearbeiter programmiert werden können und Änderungen ihres inneren Aufbaus sich nicht auf ihre Umgebung auswirken.
- *Ganzheit*. Jeder Teil einer Zerlegung soll ein in sich abgeschlossenes logisches Ganzes bilden, damit er als Abstraktion dieses Ganzen aufgefaßt werden kann.

Ein Modul ist demnach ein selbständiges Programmstück mit Eingangs- und Ausgangsdaten, das unabhängig von der Umgebung, in der es verwendet wird, arbeitet. Von der Umgebung aus soll ein Modul als „schwarzer Kasten“ angesehen werden können, dessen innerer Aufbau zum Verständnis seiner Funktion irrelevant ist. Darauf bezieht sich das *Geheimnisprinzip* (principle of information hiding) von Parnas [34]:

> *Zerlege ein Programmsystem so in Moduln, daß die Moduln möglichst wenig Annahmen übereinander machen müssen. Das Innere eines Moduls sei allen anderen Moduln ein Geheimnis.*

Dieser softwaretechnische Modulbegriff ist mit dem programmiersprachlichen Modulbegriff von 10.3 eng verwandt aber nicht identisch; man kann auch in Programmiersprachen, die keine Modulkonstruktion nach 10.3 haben, wie Fortran, modular programmieren; in ihnen bildet jede Übersetzungseinheit (Prozedur) einen Modul im softwaretechnischen Sinn.

Schnittstellen. Die softwaretechnische Schnittstelle zwischen zwei Teilen eines Programmsystems besteht in erster Linie aus den *Daten*, die die Teile einander übergeben, in zweiter Linie aus allen *Annahmen*, die der eine Teil über den anderen macht (z. B. über sein Fehlerverhalten). Für die Datenübergabe zwischen zwei Prozeduren gibt es drei Mechanismen:

- *Parameterübergabe*. Hier sind die Daten, die die Schnittstelle bilden, im Programmtext explizit sichtbar, und zwei Prozeduren, die Daten nur über Parameter miteinander austauschen, sind sehr gut entkoppelt. Diese Schnittstellenart ist deshalb aus softwaretechnischer Sicht die beste.
- *Externe Daten*. Das sind Datenbereiche, die zu keiner Prozedur lokal sind. Auf sie können alle Prozeduren zugreifen, die es wünschen (*Common* in Fortran, *External* in PL/I). Trotz großer Bequemlichkeit und Effizienz ist diese Schnittstellenart softwaretechnisch ungünstig, da sie alle Prozeduren, die auf die externen Daten zugreifen, eng miteinander koppelt, die Kopplung im Programmtext nicht explizit sichtbar und nicht auf zwei Partner beschränkt ist. Die Folgen sind Fehlerträchtigkeit und schwere Änderbarkeit [37, 50].
- *Blockstruktur*. Die Gültigkeitsregeln für Namen in Sprachen mit Blockstruktur (ALGOL-Familie, PL/I) erlauben einer inneren Prozedur den Zugriff auf Objekte, die lokal zu einer sie umschließenden Prozedur sind. Der leichte Zugang zu nichtlokalen Objekten hat die gleichen Nachteile wie die externen Daten: keine explizite Sichtbarkeit, enge Kopplung, Fehlerträchtigkeit und schwere Änderbarkeit [37].

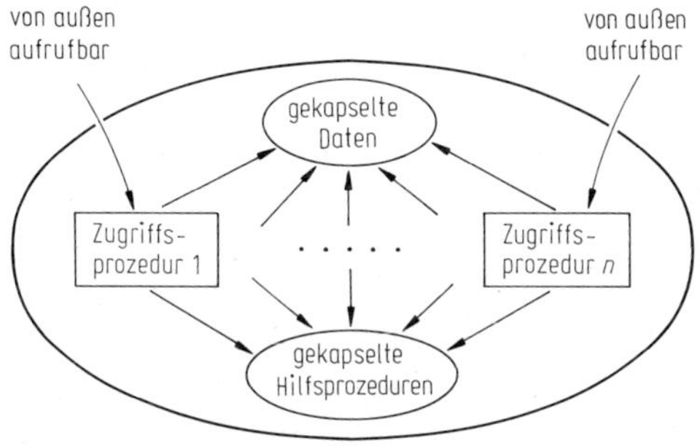

Bild 11-2. Datenkapsel. Zugriffsprozedur 1 bis *n* von außen aufrufbar; gekapselte Daten und gekapselte Prozeduren *nicht* von außen zugänglich.

Datenkapselung. Die beste Lösung der Schnittstellenprobleme bieten Moduln im Sinne von 10.3. Sie fassen mehrere Prozeduren und Daten zusammen und legen die Zugriffsrechte von innen nach außen und umgekehrt explizit sichtbar durch Export und Import fest. Die softwaretechnisch sicherste Form erhält man, wenn man aus einem Modul keine Daten, sondern nur Prozeduren exportiert. Man nennt einen solchen Modul auch *Datenkapsel*:

Eine Datenkapsel besteht aus der Deklaration von Daten und einer Sammlung von Prozeduren, die diese Daten verwalten. Die Datenkapsel bildet einen Modul. Einige oder alle Prozeduren (die sog. Zugriffsprozeduren) sind von außen zugänglich, die Daten und die übrigen Prozeduren nicht, so daß alle Programme sich nur über Zugriffsprozeduren auf die Daten der Datenkapsel beziehen können.

Bild 11-2 illustriert diesen Aufbau. Die Vorteile des Programmierens mit Datenkapseln sind:

- *Sicherheit*. Die gekapselten Daten sind vor dem direkten Zugriff durch äußere Prozeduren geschützt, die Fehlermöglichkeiten dadurch eingeschränkt.
- *Leichte Änderbarkeit*. Der Datenbestand ist in der Kapsel verborgen, die übrigen Moduln sehen nur die Zugriffsprozeduren. Jede Änderung der Repräsentation der gekapselten Daten erfordert nur die Änderung der Zugriffsprozeduren, nicht aber die Änderung der auf die Datenkapsel zugreifenden Prozeduren anderer Moduln. Datenkapseln verwirklichen damit Parnas' Geheimnisprinzip.

Strukturiertes Programmieren

In den siebziger Jahren hat sich die Erkenntnis durchgesetzt, daß der uneingeschränkte Gebrauch von Goto-Anweisungen verworrene Programmstrukturen entstehen läßt, die schwer zu verstehen, schwer zu prüfen und schwer zu ändern sind (Dijkstra: „*Die Qualität eines Programmierers ist umgekehrt proportional zu der Häufigkeit von Gotos in seinen Programmen*" [10]). Um eine einfache Programmstruktur zu erreichen, soll man sich auf Bausteine mit *einem* Eingang und *einem Ausgang* beschränken, wie sie die 5 nach Dijkstra benannten *D-Diagramm-Konstruktionen*

`action`	(einfache Aktion),
`action; action`	(Sequenz),
`if...then...end`	(bedingte Aktion),
`if...then...else...end`	(binäre Auswahl),
`while...do...end`	(Abweisschleife)

und die *erweiterten D-Diagramm-Konstruktionen*

`case...of...end`	(Fallunterscheidung),
`repeat...until...`	(Durchlaufschleife),
`for...do...end`	(Zählschleife),
`loop...exit...end`	(Endlosschleife)

ergeben. Wenn man kleine Effizienzeinbußen in Kauf nimmt, lassen sich alle denkbaren Programmstrukturen allein mit ihnen, ohne Goto-Anweisungen, konstruieren [25, 33]. In Modula-2 gibt es als Konsequenz davon keine Goto-Anweisung.

Defensives Programmieren

Der Software-Ingenieur muß immer damit rechnen, daß in seinen Programmen trotz sorgfältigsten Testens Fehler zurückbleiben, die sich vielleicht erst Jahre nach der Inbetriebnahme herausstellen. Er muß deshalb zusätzlichen Code zur Fehlerdiagnose von vornherein in seine Programme aufnehmen, der auch nach dem Testende im endgültigen Code verbleibt. Man hat diese Einstellung des Mißtrauens gegenüber dem eigenen Programm, die dazu führt, alle möglichen Fehlerprüfungen vorzunehmen und diagnostische Maßnahmen im Falle später auftretender Fehler vorzusehen, „defensives Programmieren" genannt. Das defensive Programmieren soll mindestens zweierlei leisten:

- *Kontrolle der Eingabedaten*. Eingabedaten (vom Benutzer, von Dateien, von anderen Prozeduren) sollen, soweit vertretbar, geprüft werden, ob sie im zulässigen Wertebereich liegen und zueinander passen (*Plausibilitätsprüfung*). Programme, die auf unzulässige Eingabedaten „vernünftig" reagieren, nennt man „robust".
- *Programmverfolgung*. Es soll immer möglich sein, den Programmablauf von Zustand zu Zustand durch die Ausgabe der wichtigsten Variablen zu verfolgen. Die Aktivierung der Programmverfolgung soll selektiv für einzelne Prozeduren geschehen können.

Mensch-Maschine-Kommunikation

Der verstärkte Einsatz von Bildschirmarbeitsplätzen, besonders wenn sie mit hochauflösendem Bildschirm und Maus arbeiten, läßt die Schnittstelle zwischen Mensch und Maschine immer mehr in den Vordergrund treten. Die Gestaltung der Mensch-Maschine-Kommunikation in einer den menschlichen Eigenschaften möglichst gut angepaßten Weise durch Dialogführung, Bildschirmmasken, Grafiken usw. wirft bedeutende Probleme auf, die erst ansatzweise geklärt sind [31, 32]. Neuerdings nennt man dieses noch schmale Teilgebiet der Softwaretechnik auch *Software-Ergonomie*. Von der Mensch-Maschine-Kommunikation geht auch die Entwurfsmethode des *Prototyping* aus, bei der man für ein großes Projekt zuerst mit möglichst kleinem Aufwand die Mensch-Maschine-Kommunikation entwickelt, um damit Erfahrungen über Einzelheiten der Anforderungsdefinition und des Entwurfs zu gewinnen.

11.4 Test

Begriffe

Testen ist das Prüfen eines Programms, ob es die vorgeschriebenen Anforderungen erfüllt, insbesondere daraufhin, ob es noch Fehler enthält. Man unterscheidet den *Modultest*, bei dem jeder Modul für sich auf Korrektheit geprüft wird; den *Integrationstest*, bei dem das Zusammenarbeiten von Moduln oder das gesamte Programmsystem auf Korrektheit geprüft wird; den *Leistungstest*, bei dem nicht die Korrektheit, sondern andere Qualitätsmerkmale, wie z. B. die Geschwindigkeit, geprüft werden und den *Abnahmetest*, der unter realen Betriebsbedingungen durchgeführt wird und die Abnahme des Programmprodukts durch den Auftraggeber zum Ziel hat [30].
Während bei diesen Tests die Programme ausgeführt werden, geht man beim *Schreibtischtest* das Programm oder den Programmentwurf Schritt für Schritt durch und simuliert seinen Ablauf in Gedanken. Schreibtischtests in kleinen Gruppen, auch *code inspection* oder *walk-through* genannt, sind auch schon in der Entwurfsphase nützlich.
Ausgehend von der richtigen, aber trivialen Aussage „Testen kann nur die Anwesenheit von Fehlern zeigen, nicht aber die Korrektheit eines Programms“ wird in der Literatur auch häufig die *Verifikation* oder der *Korrektheitsbeweis* von Algorithmen propagiert [11, 12]. Darunter versteht man den mit logisch-mathematischen Methoden geführten Beweis, daß ein gegebener Algorithmus seine Spezifikation erfüllt. Verifikation ist jedoch bis heute nur für kleine Algorithmen möglich und bezieht sich *nur auf den auf dem Papier stehenden Algorithmus, nicht auf das im Speicher stehende Objektprogramm*, was oft übersehen wird. Die Verifikation kann deshalb das Testen nicht ersetzen, nur ergänzen.

Testprogramme (Testtreiber)

Um einen Modul oder eine Gruppe von Moduln zu testen, braucht man ein Testprogramm, das den Prüfling mit verschiedenen Parameterwerten wiederholt aufruft. Das Testen läuft häufig interaktiv ab, d. h., die Parameterauswahl geschieht am Eingabegerät im Dialog zwischen Mensch und Maschine. In diesem Fall ist das Testprogramm das Verbindungsglied zwischen dem menschlichen Prüfer und dem Prüfling. Testprogramme haben in vielen Fällen die relativ gleichbleibende, einfache Struktur:

```
Testprogramm:
  begin
  Baue "Testumgebung" auf;
  loop
    Lies Testdaten vom Eingabegerät;
    if Testende signalisiert then exit end;
    Rufe Prüfling mit Testdaten auf;
    Gib Ergebnisse aus;
    end;
  end Testprogramm
```

Es gibt Software-Werkzeuge, die Testprogramme dieser Art mit komfortablen grafischen Benutzerschnittstellen generieren [4].
Eine sehr nützliche Hilfe zum Fehlersuchen sind sog. *dynamische Debugger*, das sind Werkzeuge, die ein Programm stückweise interpretieren. Dabei kann man Haltepunkte setzen oder das ganze Programm schrittweise Anweisung für Anweisung ausführen.

Modultest

Zur Auswahl der Testdaten beim Modultest unterscheidet man zwei Methoden: den *Struktur-* und den *Funktionstest*. Beim Strukturtest, auch *White-box-Test* genannt, benutzt man die Kenntnis des inneren Aufbaus des Prüflings und wählt die Testdaten so, daß jeder Programmzweig mindestens einmal durchlaufen wird (das impliziert, daß jede Anweisung mindestens einmal ausgeführt wird; das Umgekehrte gilt aber nicht!). Besser ist es, zusätzlich Testfälle vorzusehen, bei denen die wichtigsten Variablen den kleinsten und größten Wert annehmen und Schleifen nach Möglichkeit gar nicht, einmal und viele Male durchlaufen werden. Zum Nachweis, welche Programmzweige schon durchlaufen sind, kann man den Prüfling *instrumentieren*, d. h. mit Zählern für diesen Zweck versehen. Auch dazu gibt es Werkzeuge. Beim Funktionstest, auch *Black-box-Test* genannt, wird das Innere des Prüflings nicht betrachtet, sondern die Testdaten werden so ausgewählt, daß sie prüfen, ob der Prüfling seine Spezifikation erfüllt. Hierbei ergeben sich meist so viele Kombinationen der Eingabegrößen, daß man sich auf die wesentlichen beschränken muß.

Integrationstest

Hier kann i. allg. nur ein Funktionstest durchgeführt werden; trotzdem kann die Anzahl der Testdaten-Kombinationen, die das korrekte Zusammenwirken aller beteiligten Moduln prüfen sollen, ins Astronomische wachsen, und die Frage, welche man davon auswählen soll und wann genug getestet ist, kann sehr schwer zu beantworten sein. Im übrigen besteht kein wesentlicher Unterschied zum Modultest.

Leistungs- und Abnahmetest

Während es beim Modul- und Integrationstest hauptsächlich darum geht, die Korrektheit des Softwareprodukts nicht nur für den Normalfall, sondern auch für alle möglichen Sonderfälle zu prüfen, geht es hier um den Test unter Betriebsbedingungen mit realen Daten in meist viel größeren Mengen. Hierdurch werden zugleich die Robustheit gegenüber Eingabefehlern, Antwortzeiten, Belastbarkeit in Extremsituationen und anderes mehr geprüft.

11.5 Qualitätssicherung

Hierunter versteht man alle Maßnahmen, die die Verbesserung der Qualität eines Softwareproduktes zum Ziel haben. Die wichtigsten Merkmale der Qualität sind *Korrektheit, Effizienz, Zuverlässigkeit, Benutzerfreundlichkeit, Robustheit, Erweiterbarkeit, Wartbarkeit* und *Portabilität* (Definitionen dieser Begriffe und viele weitere Qualitätsmerkmale in [1]). Um zu vergleichbaren Aussagen zu gelangen, versucht man, diese Merkmale meßbar zu machen, was jedoch bisher nur sehr unvollkommen gelungen ist. Man unterscheidet *analytische* und *konstruktive* Maßnahmen zur Qualitätssicherung.
Analytische Maßnahmen bestehen in der Messung der Qualität des fertigen Produkts; ihr Ziel ist die Bestimmung der Qualitätsdaten des Produkts und die Ermittlung von Planungsdaten für Nachfolgeprodukte. Konstruktive Maßnahmen sind entwicklungsbegleitende Methoden, Sprachen und Werkzeuge, die dafür sorgen, daß das entstehende Produkt von vornherein bestimmte Qualitätseigenschaften besitzt.
Um die Qualität von Programmen zu quantifizieren, kann man z. B. eine *statische Programmanalyse* (Analyse des Quelltextes) durchführen und dabei allerlei Merkmale messen, die die Qualität angeblich widerspiegeln: etwa die Länge von Prozeduren, die Schachtelungstiefe von Bedingungen und Schleifen, die Anzahl von Goto-Anweisungen, die Struktur arithmetischer Ausdrücke, die Anzahl und Benutzungshäufigkeit von Variablen u. dgl. [38]. Zur Kennzeichnung der *softwaretechnischen Komplexität* von Programmen durch eine einzige Zahl sind verschiedene Verfahren, sog. *Software-Metriken*, vorgeschlagen worden [13, 28, 41]. Die einfachste und bekannteste stammt von McCabe [28] und lautet:

> Softwaretechnische Komplexität eines Programms = 1 + Anzahl der binären Verzweigungen.

Sie beruht auf dem Gedanken, daß ein Programm um so schwerer zu testen und verstehen ist, je mehr Pfade vom Eingang zum Ausgang verlaufen. Viele andere Komplexitätsmaße sind vorgeschlagen worden [41], ohne daß eines davon allgemeine Anerkennung gefunden hätte. Hinzu kommt, daß alle derartigen Metriken nur für das Programmieren im Kleinen, also innerhalb einer Übersetzungseinheit gelten. Beim Programmieren im Großen sind die hierarchischen Beziehungen und die Datenkopplungen zwischen den Übersetzungseinheiten ausschlaggebend. Hier sind die Ansätze noch bescheidener [6].
Einigkeit besteht darüber, daß die Qualitätssicherung alle Herstellungsphasen eines Softwareprodukts durchdringen, also schon bei der Anforderungsdefinition und beim Entwurf anfangen muß.

11.6 Dokumentation

Software ist, wie andere technische Produkte auch, auf Dokumentation angewiesen. Die Existenz und Qualität der Dokumentation ist deshalb ein wesentliches Merkmal der Softwarequalität. Alle Phasen eines Softwareprojekts sollen von Dokumentation begleitet sein. Noch größer als das Problem der Herstellung einer umfangreichen Dokumentation ist das Problem, die Dokumentation aktuell und konsistent zu halten. Datenbanken (*Projektbibliotheken*) und Dokumentationswerkzeuge sollen hier helfen.
Wie viele Dokumente im einzelnen Fall erforderlich sind, hängt von der Projektgröße und Projektart ab. Tabelle 11-5 zeigt typische Zusammenstellungen von Dokumenten für kleine, mittlere und große Projekte.

Dokumentgestaltung

Die Dokumentation soll vollständig und zugleich knapp sein. Sie soll hierarchisch gegliedert sein und den Leser vom Allgemeinen zum Speziellen führen. Für kleinere Softwareprojekte bewährt sich ein Aufbau nach dem Schalenprinzip (Bild 11-3). Die äußere Schale ist eine für den eiligen Leser bestimmte *Systemübersicht*, die das System nur von

Tabelle 11-5. Dokumentarten

Projekt	Dokumente
klein	Bedienungsanleitung
	Implementierungsbeschreibung
mittel	Benutzerdokumentation
	Systemübersicht
	Benutzerhandbuch
	Entwicklungsdokumentation
	Anforderungsdefinition
	Implementierungsbeschreibung
	Spezifikation
	Programmbeschreibungen
groß	Benutzerdokumentation
	Systemübersicht
	Benutzerhandbuch
	Operatorhandbuch
	Installationsbeschreibung
	Entwicklungsdokumentation
	Anforderungsdefinition
	Arbeitskonventionen
	Implementierungsbeschreibung
	Interner Systemaufbau
	Modulbeschreibungen
	Spezifikation
	Programmbeschreibungen
	Datenbeschreibungen
	Testprotokolle
	Organisationsdokumente
	Terminpläne
	Verwaltungsakten
	Projekttagebuch
	Produktbeschreibung
	Wartungsunterlagen

außen, seine besonderen Merkmale, Vorzüge und Schwächen zeigt. Die zweite Schale ist das *Benutzerhandbuch*, das das System immer noch von außen, aber mit allen Details, die zu seiner Benutzung erforderlich sind, zeigt. Der Kern ist die *Implementierungsbeschreibung*, die das System von innen zeigt und nur den Software-Ingenieur interessiert.

Die Dokumentation soll modular aufgebaut sein, d.h., sie soll aus deutlich voneinander abgesetzten Teilen bestehen, die weitgehend in sich abgeschlossen sind. Das vereinfacht ihren späteren Austausch, und es erleichtert das selektive Studium. Der Leser soll möglichst jedes Kapitel für sich verstehen können, ohne alle vorhergehenden gelesen haben zu müssen. Das leichte Zurechtfinden soll durch Tabellen, Querverweise, Begriffsdefinitionenverzeichnis und Stichwortverzeichnis unterstützt werden.

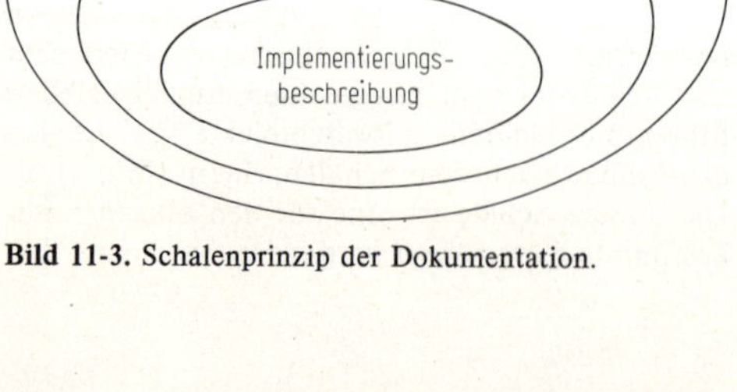

Bild 11-3. Schalenprinzip der Dokumentation.

Wenn mehrere Personen an einem Projekt arbeiten, ist Einheitlichkeit der Unterlagen wichtig. Sie läßt sich oft durch Formblätter (z. B. für Programmbeschreibungen) erreichen, die vorschreiben, welche Aussagen in welcher Reihenfolge zu machen sind.

Grafische Hilfsmittel aller Art (Ablaufdiagramme, Datenflußpläne, Hierarchiebilder, Entscheidungstabellen usw.) sind meist wertvoller als viele Worte. Formale Darstellungen sind meist besonders knapp und klar, sollten aber nur dann eingesetzt werden, wenn sie für den angesprochenen Leserkreis verständlich sind und wenn die Vorteile ihres Einsatzes die Umständlichkeit ihrer Einführung mehr als aufwiegen.

Dokumentationswerkzeuge

Es gibt viele Softwarewerkzeuge, die die Dokumentation unterstützen, angefangen von Kreuzreferenzlisten- und Stichwortverzeichnis-Generatoren bis zu Problembeschreibungs-Werkzeugen wie PSL/PSA. Einen ganz anderen (und wahrscheinlich bedeutsamen) Weg geht Knuth [26] mit seinem Werkzeug *Web*. Es handelt sich hier „nur" um ein Textverarbeitungssystem, dem man Stücke von Pascal-Programmen und erläuternden Text eingibt, die miteinander zu einer vollständigen Programmbeschreibung verwoben sind. Web trennt die Erläuterungen heraus und setzt die Programmstücke zu einem vollständigen Programm zusammen, das man testen kann. Web formatiert außerdem die Gesamtbeschreibung und versieht sie mit Querverweisen und Stichwortverzeichnis. Programm und Programmdokumentation verschmelzen dadurch zu einer Einheit. Wenn ein Programm fertig ist, ist es zugleich auch dokumentiert. Knuth hat gezeigt, daß diese Art der Software-Entwicklung auch für große Programmsysteme durchführbar ist, indem er Web selbst mit Web beschrieben hat.

Formelzeichen für die Kapitel 8 bis 11

$\downarrow$	Eingangsparameter	8.1
$\uparrow$	Ausgangsparameter	8.1
$\updownarrow$	Übergangsparameter	8.2
f	Funktion	
$O(n)$	O-Notation	8.4
$\{\}$	Mengenklammern	9.5
$\{\}$	Wiederholungssymbol	10.2
[ ]	Optionssymbol	10.2
$\vert$	Alternativentrennsymbol	10.2

Liste der Funktions-, Prozedur- und Programmnamen (Kapitel 8–11)

Close	Datei schließen	9.6
DepthFirstSearch	Tiefensuchen rekursiv	9.4
Dequeue	Schlangenoperation	9.3
Empty	Kelleroperation	9.3
Enqueue	Schlangenoperation	9.3
Exp	Berechnung von x^n	10.3
Full	Kelleroperation	9.3
Horner	Hornerschema	10.4
NewQueue	Schlangenoperation	9.3
NewStack	Kelleroperation	9.3
Open	Datei eröffnen	9.6
Pop	Kelleroperation	9.3
Potenz	Berechnung von x^n	10.3
Push	Kelleroperation	9.3
Read	Datei lesen	9.6
Sort	Sortieren	8.2
Such	Lineares Suchen	8.2
Testprogramm	Struktur von Testprogrammen	11.4
TreeSearch	Baumsuchen	9.4
Write	Datei schreiben	9.6

Literatur

Allgemeine Literatur

Aho, A.V.; Hopcroft, J.E.; Ullman, J.D.: Data structures and algorithms. Reading (Mass.): Addison-Wesley 1983

Anceau, F.: The architecture of microprocessors. Wokingham: Addison-Wesley 1986

Baer, J.-L.: Computer systems architecture. Rockville: Computer Science Press 1980

Balzert, H.: Die Entwicklung von Software-Systemen. Mannheim: Bibliogr. Inst. 1982

Bauer, F.L. (Hrsg.): Software engineering: An advanced course. Berlin: Springer 1975

Berger-Damiani, E.R.: Nachrichtentheorie – Zahlensysteme und Codierung. In: Steinbuch, K.; Weber, W. (Hrsg.): Taschenbuch der Informatik. Band 2. 3. Aufl. Berlin: Springer 1974

Färber, G. (Hrsg.): Bussysteme: Parallele und serielle Bussysteme, lokale Netze. 2. Aufl. München: Oldenbourg 1987

Flik, Th.; Liebig, H.: Mikroprozessortechnik. Berlin: Springer 1990

Ghezzi, C.; Jazayeri, M.: Programming language concepts. New York: Wiley 1987

Giloi, W.K.: Rechnerarchitektur. Berlin: Springer 1981

Giloi, W.; Liebig, H.: Logischer Entwurf digitaler Systeme. 2. Aufl. Berlin: Springer 1980

Hahn, R.: Höhere Programmiersprachen im Vergleich. Wiesbaden: Akademische Verlagsgesellschaft 1981

Hamming, R.W.: Information und Codierung: Fehlererkennung und -korrektur. Weinheim: VCH 1987

Hilberg, W. (Hrsg.): Digitale Speicher: Vorträge der ITG-Fachtagung v. 19.–21. Sept. 1988 in Darmstadt. Berlin: VDE-Verlag 1988

Hoffmann, R.: Rechenwerke und Mikroprogrammierung. 2. Aufl. München: Oldenbourg 1983

Horowitz, E.: Fundamentals of programming languages. 2. Aufl. Berlin: Springer 1984

Horowitz, E.; Sahni, S.: Fundamentals of computer algorithms. London: Pitman 1978

Hwang, K.; Briggs, F.A.: Computer architecture and parallel processing. New York: McGraw-Hill 1984

Kauffels, F.-J.: Einführung in die Datenkommunikation. Pulheim: Datacom 1986

Kimm, R.; u. a.: Einführung in Software Engineering. Berlin: de Gruyter 1979

Knuth, D.E.: The art of computer programming. vol. 1: (Fundamental algorithms). 2. Aufl. Reading (Mass.): Addison-Wesley 1973

Kruse, R.L.: Data structures and program design. Englewood Cliffs: Prentice-Hall 1984

Liebig, H.: Rechnerorganisation: Hardware und Software digitaler Rechner. Berlin: Springer 1976

Lister, A.M.: Fundamentals of operating systems. 3. Aufl. London: Macmillan 1984

Mackenzie, C.E.: Coded character sets: history and development. Reading: Addison-Wesley 1980

Marcotty, M.; Ledgard, H.: The world of programming languages. New York: Springer 1987

Matick, R.E.: Impact of memory systems on computer architecture and system organization, IBM Systems J. 25 (1986) 274–305

Pomberger, G.: Softwaretechnik und Modula-2. 2. Aufl. München: Hanser 1987

Pratt, T.W.: Programming languages: Design and implementation. 2. Aufl. Englewood Cliffs: Prentice-Hall 1984

Pressman, R.S.: Software engineering: A practitioner's approach New York: McGraw-Hill 1982

Protopapas, D.A.: Microcomputer hardware design. Englewood Cliffs: Prentice-Hall 1988

Schneider, H. J.: Problemorientierte Programmiersprachen. Stuttgart: Teubner 1981

Schnupp, P.: Rechnernetze. 2. Aufl. Berlin: de Gruyter 1982

Sedgewick, R.: Algorithms. 2. Aufl. Reading (Mass): Addison-Wesley 1988

Sommerville, I.: Software engineering. 2. Aufl. London: Addison-Wesley 1987

Tanenbaum, A.S.: Structured computer organization. 2. Aufl. Englewood Cliffs: Prentice-Hall 1984

Tanenbaum, A.S.: Operating systems: Design and implementation. Englewood Cliffs: Prentice-Hall 1987

Tanenbaum, A.S.: Computer networks. 2. Aufl. Englewood Cliffs: Prentice-Hall 1988

Wiener, R.S.; Sincovec, R.F.: Software engineering with Modula-2 and Ada. New York: Wiley 1984

Wirth, N.: Algorithmen und Datenstrukturen mit Modula-2. Stuttgart: Teubner 1986

Yourdon, E.N. (Hrsg.): Classics in software engineering. New York: Yourdon Press 1979

Spezielle Literatur

Kapitel 1

1. Hilbert, D.; Ackermann, W.: Grundzüge der theoretischen Logik. 5. Aufl. Berlin: Springer 1967
2. Mead, C., Conway, L.: Introduction to VLSI systems. Reading (Mass.): Addison-Wesley 1980
3. Weste, N.; Eshragian, K.: Principles of CMOS VLSI design. Reading (Mass.): Addison-Wesley 1985
4. Giloi, W.; Liebig, H.: Logischer Entwurf digitaler Systeme. 2. Aufl. Berlin: Springer 1980
5. Lagemann, K.: Rechnerstrukturen. Berlin: Springer 1987
6. Marino, L.R.: Principles of computer design. Rockville: Computer Science Press 1986

Kapitel 2

1. Giloi, W., Liebig, H.: Logischer Entwurf digitaler Systeme. 2. Aufl. Berlin: Springer 1980
2. Lind, L.F.; Nelson, J.C.C.: Analysis and design of sequential digital systems. London: Macmillan 1977
3. Momuth, H.H.: Einführung in die Automatentheorie. Braunschweig: Vieweg 1977
4. Wendt, S.: Nachrichtenverarbeitung. (Steinbuch, K.; Rupprecht, W.: Nachrichtentechnik, Bd. 3) 3. Aufl. Berlin: Springer 1982
5. Marino, L.R.: Principles of computer design. Rockville: Computer Science Press 1986
6. Mead, C.; Conway, L.: Introduction to VLSI systems. Reading (Mass.): Addison-Wesley 1980
7. Liebig, H.: Rechnerorganisation. Berlin: Springer 1976

Kapitel 3

1. PDP-11 processor handbook. Digital Equipment Corporation 1981
2. The Am2900 family data book. Advanced Micro Devices 1979
3. White, D.E.: Bit-slice design. New York: Garland 1981
4. Am29300 family handbook. Advanced Micro Devices 1985
5. Microcomputers and memories. Digital Equipment Corporation 1982
6. MC68020 32-bit microprocessor user's manual. 2nd ed. Englewood Cliffs: Prentice-Hall 1985
7. Horster, P.; Manstetten, D.; Pelzer, H.: Einführung in RISC-Computer. Heidelberg: Hüthig 1987
8. Tabak, D.: RISC architecture. Letchworth: Research Studies Press 1987
9. Siewiorek, D.P.; Bell, C.G.; Newell, A.: Computer structures. New York: McGraw-Hill 1982
10. Baer, J.-L.: Computer systems architecture. Rockville: Computer Science Press 1980
11. Hwang, K.; Briggs, F.A.: Computer architecture and parallel processing. New York: McGraw-Hill 1987
12. Anceau, F.: The architecture of microprocessors. Wokingham: Addison-Wesley 1986
13. Kogge, P.M.: The architecture of pipelined computers. New York: McGraw-Hill 1981

Kapitel 4

1. ANSI/IEEE 754-1985: IEEE standard for binary floating-point arithmetic
2. Cray X-MP series, models 11, 12 & 14, mainframe reference manual, Cray Research Inc. 1984
3. DIN 66003: 7-Bit-Code, (Juni 1974)
4. Hedtke, R.: Mikroprozessorsysteme: Zuverlässigkeit, Testverfahren, Fehlertoleranz. Berlin: Springer 1984
5. Hoffmann, R.: Rechenwerke und Mikroprogrammierung. 2. Aufl. München: Oldenbourg 1983
6. Liebig, H.: Rechnerorganisation: Hardware und Software digitaler Rechner. Berlin: Springer 1976
7. MC68020, 32-Bit microprocessor users's manual, 2nd ed., Motorola 1985
8. PDP-11, Architecture handbook, Digital Equipment 1983
9. Pohm, A.V.; Agrawal, O.P.: High-speed memory systems. Reston: Reston Publ. Comp. 1983
10. Protopapas, D. A.: Microcomputer hardware design. Englewood Cliffs: Prentice-Hall 1988
11. Tanenbaum, A. S.: Computer networks. 2. Aufl. Englewood Cliffs: Prentice-Hall 1988

Kapitel 5

1. M6800, Microprocessor programming manual, Motorola 1975
2. MC68000, 16-Bit microprocessor users's manual, 3rd ed., Motorola 1982
3. MC68020, 32-Bit microprocessor users's manual, 2nd ed., Motorola 1985
4. PDP-11, Architecture handbook, Digital Equipment 1983
5. VAX-11, Architecture handbook, Digital Equipment 1981

Kapitel 6

1. ANSI/IEEE 488 — 1978: Digital interface for programmable instrumentation
2. ANSI/IEEE 802.3a, b, c, e — 1985: Carrier sense multiple access with collision detection
3. ANSI/IEEE 802.4 — 1985: Token passing bus access method and physical layer specifications
4. ANSI/IEEE 802.5 — 1985: Token ring access method
5. Bocker, P.: ISDN: Das diensteintegrierende digitale Nachrichtennetz: Konzept, Verfahren, Systeme. 2. Aufl. Berlin: Springer 1987
6. DIN 66020 Teil 1: Datenübertragung; Funktionelle Anforderungen an die Schnittstelle zwischen DEE und DÜE in Fernsprechnetzen. (Mai 1981)
7. Effelsberg, W.; Fleischmann, A.: Das ISO-Referenzmodell für offene Systeme und seine sieben Schichten: Eine Einführung, Informatik-Spektrum 9 (1986) 280-299
8. Encarnaçao, J.; Straßer, W.: Computer Graphics: Gerätetechnik, Programmierung und Anwendung graphischer Systeme. 2. Aufl. München: Oldenbourg 1986
9. Färber, G. (Hrsg.): Bussysteme: Parallele und serielle Bussysteme, lokale Netze. 2. Aufl. München: Oldenbourg 1987
10. Haas, G.: Moderne Plattenspeicher in großen Rechnern. In: Hilberg, W. (Hrsg.): Digitale Speicher. Berlin: VDE-Verlag 1988, S. 15-26
11. Hillebrand, F.: DATEX: Infrastruktur der Daten- und Textkommunikation. Heidelberg: Decker's 1981
12. Kauffels, F.-J.: Lokale Netze: Systeme für den Hochleistungs-Informationstransfer. 2. Aufl. Köln: Müller 1986
13. Microcomputers and memories. Digital Equipment 1982
14. Multibus II, Bus architecture specification handbook. Intel 1984
15. PDP-11, Architecture handbook. Digital Equipment 1983
16. Pohm, A.V.; Agrawal, O.P.: High-speed memory systems. Reston: Reston Publ. Comp. 1983
17. Preuß, L.; Musa, H.: Computer-Schnittstellen. München: Hanser 1989
18. Spaniol, O.: Konzepte und Bewertungsmethoden für lokale Rechnernetze. Informatik-Spektrum 5 (1982) 152-170
19. Theus, J.; Taub, M.; Balakrishnan, R.V.: Futurebus anticipates coming needs. Electronics 57 (1984), no. 14, 108-112
20. VAX-11, Architecture handbook. Digital Equipment 1981
21. VAXBI, Options handbook. Digital Equipment 1986
22. VMEbus, Specification manual, revision C. Motorola 1985.

23. Winkler, K.: Magnetbandspeicher für die Datenverarbeitung. In: Hilberg, W. (Hrsg.): Digitale Speicher. Berlin: VDE-Verlag 1988, S. 27–36

Kapitel 7

1. Bourne, S.R.: Das UNIX System V. Bonn: Addison-Wesley 1987
2. Dijkstra, E.W.: Co-operating sequential processes. In: Genuys, F. (Ed.): Programming languages. London: Academic Press 1968
3. Flik, Th.; Liebig, H.: Mikroprozessortechnik. Berlin: Springer 1990
4. Kernighan, B.W.; Ritchie, D.M.: The C programming language. Englewood Cliffs: Prentice-Hall 1978

Kapitel 8

1. Blaschek, G.; Pomberger, G.; Ritzinger, F.: Einführung in die Programmierung mit Modula-2. 2. Aufl. Berlin: Springer 1987
2. Buchberger B. (Hrsg.): EUROCAL '85 (Lecture Notes in Computer Science, 203). Berlin: Springer 1985 (Proceedings einer Tagung über symbolisches Rechnen)
3. Buchberger, B.; u. a.: Rechnerorientierte Verfahren. Stuttgart: Teubner 1986
4. Elben, W.: Entscheidungstabellentechnik. Berlin: de Gruyter 1973
5. Encarnaçao, J.; Straßer, W.: Computer Graphics. 2. Aufl. München: Oldenbourg 1986
6. Foley, J.D.; van Dam, A.: Fundamentals of interactive computer graphics. Reading (Mass.): Addison-Wesley 1984
7. Henrici, P.: Elemente der numerischen Analysis (2 Bde.). Mannheim: Bibliogr. Inst. 1972/73
8. Hermes, H.: Aufzählbarkeit, Entscheidbarkeit, Berechenbarkeit. 2. Aufl. Berlin: Springer 1971
9. Knuth, D.E.: The art of computer programming. Bd. 1 Fundamental algorithms. 2. Aufl. Reading (Mass.): Addison-Wesley 1973
10. Knuth, D.E.: The art of computer programming. Bd. 2 Seminumerical algorithms. Reading (Mass.): Addison-Wesley 1969
11. Kowalski, R.: Logic for problem solving. New York: North-Holland 1979
12. Manna, Z.: Mathematical theory of computation. Tokyo: McGraw-Hill 1974
13. Mehlhorn, K.: Multi-dimensional searching and computational geometry. Berlin: Springer 1984
14. Oppenheim, A.V., Schafer, R.W.: Digital signal processing. Englewood Cliffs: Prentice-Hall 1975
15. Oppenheim, A.V. (Hrsg.): Applications of digital signal processing. Englewood Cliffs: Prentice-Hall 1978
16. Pomberger, G.: Softwaretechnik und Modula-2. 2. Aufl. München: Hanser 1987
17. Rechenberg, P.; Mössenböck, H.: Ein Compiler-Generator für Mikrocomputer. 2. Aufl. München: Hanser 1988
18. Rice, J.R.: Numerical methods, software, and analysis. New York: McGraw-Hill 1983
19. Sedgewick, R.: Algorithms. 2. Aufl. Reading (Mass.): Addison-Wesley 1988
20. Stetter, H.J.: Numerik für Informatiker. München: Oldenbourg 1976

Kapitel 9

1. Aho, A.V.; Hopcroft, J.E.; Ullman, J.D.: Data structures and algorithms. Reading (Mass.): Addison-Wesley 1983
2. Knuth, D.E.: The art of computer programming. Bd. 1 Fundamental algorithms. 2. Aufl. Reading (Mass.): Addison-Wesley 1973
3. Kruse, R.L.: Data structures and program design. Englewood Cliffs: Prentice-Hall 1984

Kapitel 10

1. ANSI X3.23-1985: Programming language COBOL
2. ANSI X3.53-1976: Programming language PL/I
3. ANSI X3.9-1978: Programming language FORTRAN
4. ANSI X3.60: Minimal BASIC 1978
5. ANSI/IEEE770X3.97: Programming language Pascal
6. ANSI/MIL1815A — 1983: Reference manual for the Ada programming language
7. Backus, J.W., u. a.: Revised report on the algorithmic language ALGOL 60. Numerische Mathematik 4 (1963) 420–453
8. Barnes, J.G.P.: Programmieren in Ada. München: Hanser 1983
9. Ben-Ari, M.: Grundlagen der Parallel-Programmierung. München: Hanser 1984
10. Bjørner, D.; Jones, C.B. (Hrsg.): The Vienna development method: the meta-language. (Lecture Notes in Computer Science, 61). Berlin: Springer 1978
11. Blaschek, G., Pomberger, G.; Ritzinger, F.: Einführung in die Programmierung mit Modula-2. Berlin: Springer 1986
12. Brinch Hansen, P.: The architecture of concurrent programs. Englewood Cliffs: Prentice-Hall 1977
13. Clocksin, W.F.; Mellish, C.S.: Programming in Prolog. Berlin: Springer 1981
14. DIN 66253 Programmiersprache PEARL Teil 2: Full PEARL (Okt. 1982); Teil 3: Mehrrechner-PEARL (Jan. 1989)
15. DIN 66 255 Programmiersprache PL/I (Mai 1980)
16. Frevert, L.: Echtzeit-Praxis mit PEARL. 2. Aufl. Stuttgart: Teubner 1987
17. Giannesini, F.; u. a.: Prolog. Bonn: Addison-Wesley 1986
18. Giloi, W.K.: Programmieren in APL. Berlin: de Gruyter 1977
19. Goldberg, A.; Robson, D.: Smalltalk-80. The language and its implementation. Reading (Mass.): Addision-Wesley 1983
20. Griswold, R.E., Poage, J.F.; Polonsky, I.P.: Die Programmiersprache SNOBOL 4. München: Hanser 1976
21. Grund, F.; Wissel, W.: PL/I-Programmierung. 2. Aufl. Berlin: Deutscher Verlag der Wissenschaften 1980
22. Habermann, A.N.; Perry, D.E.: Ada for experienced programmers. Reading (Mass.): Addison-Wesley 1983
23. Hoare, C.A.R.: Notes on data structuring. In: Dahl, O.-J.; Dijkstra, E.W.; Hoare, C.A.R.: Structured programming. London: Academic Press 1972
24. Iverson, K.E.: A Programming Language. New York: Wiley 1962
25. Jensen, K.; Wirth, N.: Pascal user manual and report (revised for the ISO Pascal standard). 3. Aufl. New York: Springer 1985
26. Jones, G.: Programming in Occam. Englewood Cliffs: Prentice-Hall 1987
27. Kemeny, J.G.; Kurtz, T.E.: BASIC programming. 2. Aufl. New York: Wiley 1971
28. Kernighan, B.W.; Ritchie, D.M.: Die Programmiersprache C. München: Hanser 1983
29. McCarthy, J.; et al.: LISP 1.5 programmer's manual. Cambridge (Mass.): MIT Press 1962

30. Perrot, R.H.; Zarea-Aliabadi, A.: Supercomputer languages. Computing Surveys 18 (1986) 5-22
31. Pomberger, G.: Softwaretechnik und Modula-2. 2. Aufl. München: Hanser 1987
32. Rechenberg, P.: Programmieren für Informatiker mit PL/I. 2 Bde. München: Oldenbourg 1974
33. Rohlfing, H.: Simula: Eine Einführung. Mannheim: Bibliogr. Institut 1973
34. Sammer, W.; Schwärtzel, H.: CHILL: Eine moderne Programmiersprache für die Systemtechnik. Berlin: Springer 1982
35. Schmucker, K.J.: Object oriented programming for the Macintosh. Hasbrouck Heights: Hayden 1986
36. Stoyan; H.; Görz, G.: LISP: Eine Einführung in die Programmierung. Berlin: Springer 1984
37. Stroustrup B.: The C++ programming language. Reading (Mass.): Addison-Wesley 1986
38. van der Meulen, S.G.; Kühling, P.: Programmieren in ALGOL 68, 2 Bde. Berlin: de Gryter 1974; 1977
39. van Wijngaarden, A.; et al.: Revised report on the algorithmic language ALGOL 68. Berlin: Springer 1976
40. Weber, K.; Trzebiner, R.; Tempelmeier, H.: Simulation mit GPSS. Bern: Paul Haupt 1983
41. Wexelblat R.L. (Hrsg.): History of programming languages. New York: Academic Press 1981
42. Wirth, N.: Programmieren in Modula-2. Berlin: Springer 1985
43. Zilahi-Szabo, M.G.: APL lernen, verstehen, anwenden. München: Hanser 1986

Kapitel 11

1. Balzert, H.: Die Entwicklung von Software-Systemen. Mannheim: Bibliogr. Inst. 1982
2. Balzert, H.: Methoden, Sprachen und Werkzeuge zur Definition, Dokumentation und Analyse von Anforderungen an Software-Produkte. Informatik-Spektrum 4 (1981) 145-163, 246-260
3. Balzert, H.: Moderne Software-Entwicklungssysteme und -werkzeuge. Mannheim: Bibliogr. Inst. 1985
4. Balzert, H.: Systematischer Modultest im Software-Engineering-Environment-System Plasma. Elektron. Rechenanlagen 27 (1985) 75-89
5. Bauer, F. L. (Hrsg.): Software engineering: An advanced course. Berlin: Springer 1975
6. Blaschek, G.: Statische Programmanalyse. Elektron. Rechenanlagen 27 (1985) 89-95
7. Blaschek, G.: A graphics oriented software development environment. Proc. ACM Computer Science Conference 1987
8. Boehm, B. W.: Software engineering. IEEE Trans. Computers, C-25 (1962) 1226-1241. (Auch enthalten in dem Sammelband von Yourdon, s. Allg. Literatur)
9. DeMarco, T.: Structured analysis and system specification. (In dem Sammelband von Yourdon, s. Allg. Literatur)
10. Dijkstra, E. W.: Goto statements considered harmful. Comm. ACM 11 (1968) 147-148
11. Dijkstra, E. W.: A discipline of programming. Englewood Cliffs: Prentice-Hall 1976
12. Elspas, B., u. a.: An assessment of techniques for proving program correctness. Computing Surveys 4 (1972) 97-147
13. Halstead, M.H.: Elements of software science. Amsterdam: Elsevier 1977
14. Hausen, H.-L.; Müllerburg, M.: Software-Produktionsumgebungen: Entwicklungsstand und Trends. In: Goos, G. (Hrsg.): Werkzeuge der Programmiertechnik (Informatik-Fachberichte, 43). Berlin: Springer 1981, S. 1-27
15. Henderson, P.; Snowdon, R.: An experiment in structured programming. Bit 2 (1972) 38-53
16. Hesse, W.: Methoden und Werkzeuge zur Software-Entwicklung. Informatik-Spektrum 4 (1981) 229-245
17. Hruschka, P.: PROMOD: ein durchgängiges Projektmodell. Elektron. Rechenanlagen 25 (1983) 129-138
18. Hruschka, P.: Integrierte Systemproduktionsumgebungen. Elektron. Rechenanlagen 27 (1985) 60-68
19. Hughes, J. W.: A formalization and explication of the Michael Jackson method of program design. Software-Practice and Experience 9 (1979) 191-202
20. IBM: Hipo: a design aid and documentation technique. GC 20-1851-11. White Plains, New York 1975
21. Jackson, M. A.: Grundlagen des Programmentwurfs. 6. Aufl. Darmstadt: Toeche-Mittler 1986
22. Johnson, S. C.: YACC: Yet another compiler-compiler. Techn. Rep. Nr. 32, Bell Laboratories, July 1975
23. Kastens, U.; u. a.: GAG: A practical compiler-generator. (Lecture Notes in Computer Science, 141.) Berlin: Springer 1982
24. Kernighan, B. W.; Plauger, P. J.: Software tools in Pascal. Reading (Mass.): Addison-Wesley 1981
25. Knuth, D. E.: Structured programming with goto statements. Computing Surveys 6 (1974) 261-301
26. Knuth, D. E.: Literate programming. The Computer Journal 27 (1984) 97-111
27. Lauber, R.; Lempp, P.: Integrierte Rechnerunterstützung für Entwicklung, Projektmanagement und Produktverwaltung mit EPOS. Elektron. Rechenanlagen 27 (1985) 68-74
28. McCabe, T.: A complexity measure. IEEE Trans. Software Engineering SE-2 (1976) 308-320
29. Myers, G. J.: Composite/structured design. New York: Van Nostrand 1978
30. Myers, G. J.: The art of software testing. New York: Wiley 1979
31. Nievergelt, J.: Errors in dialog design and how to avoid them. In: Nievergelt, J.; u. a. (Hrsg.): Document preparation systems. Amsterdam: North-Holland 1982
32. Nievergelt, J.; Ventura, A.: Die Gestaltung interaktiver Programme. Stuttgart: Teubner 1983
33. Oulsnam, G.: Unravelling unstructured programs. The Computer Journal 25 (1982) 379-387
34. Parnas, D. L.: On the criteria to be used in decomposing systems into modules. Communications ACM 15 (1972) 1053-1058
35. Pomberger, G.: Ein Werkzeug zur interaktiven Programmentwicklung und -dokumentation. Elektron. Rechenanlagen 24 (1982) 218-224
36. Pomberger, G.: Softwaretechnik und Modula-2. 2. Aufl. München: Hanser 1987
37. Rechenberg, P.: Daten- und Programm-Kontrollstrukturen. In: Rechenberg, P.; Schauer, H.; Schoitsch, E.: Software-Engineering: Trends, Methoden, Anwendungen. (Schriftenreihe der Österr. Computer Gesellschaft, 19) Wien: Oldenbourg 1983
38. Rechenberg, P.: Werkzeuge zur statischen Programmanalyse. Compass '84. Proceedings. Berlin: VDE-Verlag 1984, S. 519-533; Elektroniker 9 (1985), 61-67
39. Rechenberg, P.: Werkzeuge der Softwaretechnik. Eine kommentierte Literaturauswahl. Elektron. Rechenanlagen 27 (1985) 106-110
40. Rechenberg, P.; Mössenböck, H.: Ein Compiler-Generator für Mikrocomputer. 2. Aufl. München: Hanser 1988

41. Rechenberg, P.: Ein neues Maß für die softwaretechnische Komplexität von Programmen. Informatik – Forschung und Entwicklung 1 (1986) 26-37
42. Ross, D. T.: Structured analysis (SA): a language for communicating ideas. IEEE Trans. Software Engineering SE-3 (1977) 16-34
43. Ross, D. T.; Schoman, K. E.: Structured analysis for requirements definition. IEEE Trans. Software Engineering SE-3 (1977) 6-15. (Auch enthalten in dem Sammelband von Yourdon, s. Allgemeine Literatur)
44. Stevens, W.; Myers, G.; Constantine, L.: Structured design. IBM Systems Journal 13 (1974) 115-139. (Auch enthalten in dem Sammelband von Yourdon, s. Allgemeine Literatur)
45. Swinehart, D.; et al.: A structural view of the Cedar programming environment. ACM TOPLAS 8 (1986) 419-490
46. Teichroew, D.; Hershey, E. A.: PSL/PSA: A computer-aided technique for structured documentation and analysis of information processing systems. IEEE Trans. Software Engineering SE-3 (1977) 41-48. (Auch enthalten in dem Sammelband von Yourdon, s. Allgemeine Literatur)
47. Warnier, J. D.: Logical construction of programs. Leiden: Stenfert Kroese 1974
48. Wirth, N.: Program development by stepwise refinement. Communications ACM 14 (1971) 221-227
49. Wirth, N.: On the composition of well-structured programs. Computing Surveys 6 (1974) 247-259
50. Wulf, W.; Shaw, M.: Global variable considered harmful. ACM Sigplan Notices 2 (1973) 28-34
51. Yourdon, E.: Structured walkthrough. New York: Yourdon Press 1978
52. Yourdon, E.; Constantine, L.: Structured design. Englewood Cliffs: Prentice-Hall 1979
53. Requirements for Ada programming support environments — Stoneman. Department of Defense USA (Februar 1980)

K Entwicklung und Konstruktion

W. Beitz

1 Produktentstehung

1.1 Lebensphasen eines Produkts

1.1.1 Technischer Lebenszyklus

Ein technisches Produkt durchläuft einen Lebenszyklus, der Grundlage für Aktivitäten beim Produkthersteller und Produktanwender ist.
Bild 1-1 zeigt die wesentlichen Lebensphasen eines Produkts in der Reihenfolge des Herstellungsfortschritts und der Anwendung. Der Lebenszyklus technischer Produkte ist verknüpft mit dem allgemeinen „Materialkreislauf", siehe Bild D 1-1. Der Zyklus beginnt bei einer Produktidee, die sich aus einem Markt- oder Kundenbedürfnis ergibt und im Zuge einer Produktplanung so weit konkretisiert wird, daß sie durch eine Entwicklung und Konstruktion in ein realisierbares Produkt umgesetzt werden kann. Es folgt der Herstellungsprozeß mit Teilefertigung, Montage und Qualitätsprüfung. Der Ablauf beim Produkthersteller endet beim Vertrieb und Verkauf. Diese Phase ist die Schnittstelle zur Produktanwendung, die sich als Gebrauch oder Verbrauch darstellen kann. Zur Verlängerung der Nutzungsdauer können zwischengeschaltete Instandhaltungsschritte dienen. Nach der Primärnutzung folgt das Produkt-Recycling, das zu einer weiteren Nutzung bei gleichbleibenden oder veränderten Produktfunktionen (Wieder- bzw. Weiterverwendung) oder zur Altstoffnutzung bei gleichbleibenden oder veränderten Eigenschaften der Sekundärwerkstoffe (Wieder- bzw. Weiterverwertung) führen kann. Nicht recyclingfähige Komponenten enden dann auf der Deponie oder in der Umwelt.
Dieser Lebenszyklus gilt sowohl für materielle Produkte des Maschinen-, Apparate- und Gerätebaus als auch, abgesehen von Recycling bzw. Deponierung, für Software-Produkte. Er wird in einem Unternehmen zweckmäßigerweise durch eine Produktverfolgung überwacht.

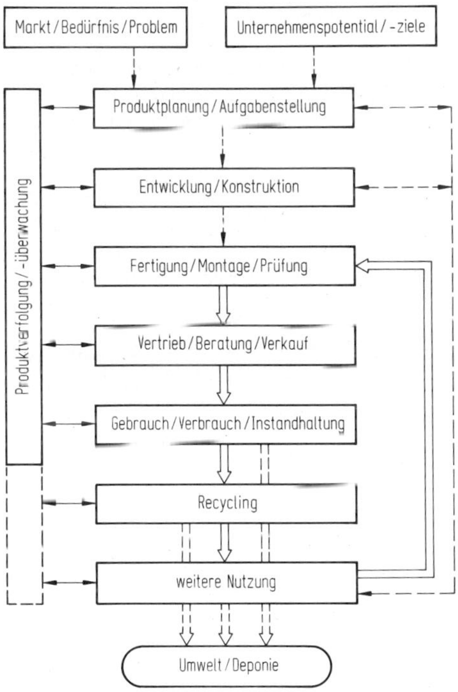

Bild 1-1. Lebensphasen eines technischen Produkts. In Anlehnung an [1, 2].

1.1.2 Wirtschaftlicher Lebenszyklus

Der Lebenszyklus eines Produkts kann nicht nur hinsichtlich der aufeinanderfolgenden Konkretisierungsstufen von Herstellung und Anwendung betrachtet werden, sondern auch hinsichtlich der wirtschaftlichen Daten, bezogen auf die jeweilige Phase des Produktlebens. Bild 1-2 zeigt den Bezug der Produktphasen auf Umsatz, Gewinn und Verlust. Man erkennt, daß vor Umsatzbeginn Realisierungskosten vom Unternehmen aufgebracht werden müssen (Aufwendungen), die bei einsetzendem Umsatz zunächst ausgeglichen werden müssen, ehe das Produkt in die Gewinnzone kommt. Diese erlebt dann eine Wachstums- und Sättigungsphase am Markt, ehe ein Verfall durch Umsatz- und Gewinnrückgang erfolgt. Eine Wiederbelebung von Umsatz und Gewinn, z. B. durch besondere Vertriebs- und Werbemaßnahmen, ist meistens nur von kurzer Dauer, so daß es erfolg-

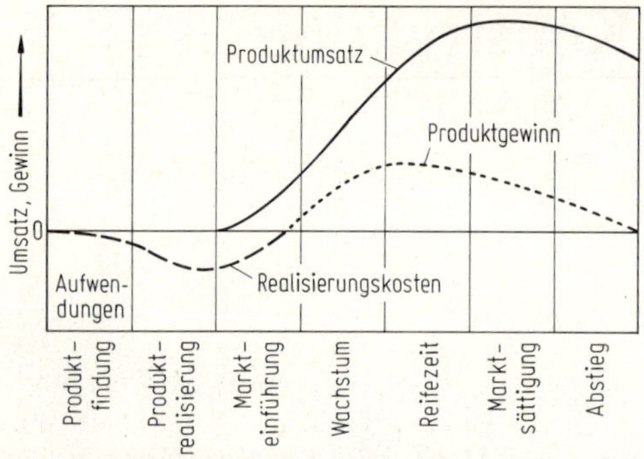

Bild 1-2. Lebenszyklus eines Produkts, gekennzeichnet durch Umsatz, Erlöse und Aufwendungen [3].

versprechender ist, rechtzeitig durch Entwicklung neuer Produkte einen Ausgleich abfallender Lebenskurven alter Produkte durch ansteigende Lebenskurven neuer Produkte zu erreichen.

1.2 Produktplanung

1.2.1 Bedeutung

Die Planung und Entwicklung marktfähiger Produkte gehören zu den wichtigsten Aufgaben der Industrie.

Wegen der unvermeidbaren Abstiegsphasen der vorhandenen Produkte oder Produktgruppen (siehe 1.1) muß eine systematische Planung neuer Produkte erfolgen, was auch als innovative Produktpolitik bezeichnet wird [5]. Strategien zur Produktplanung dürfen dabei gute Ideen von Erfindern und phantasiereichen Unternehmern nicht abblocken, vielmehr sollen diese durch methodische Hilfsmittel unterstützt und in einen notwendigen Zeitrahmen eingeordnet werden.

1.2.2 Grundlagen

Grundlage einer Produktplanung sind die Verhältnisse am Absatzmarkt, im Umfeld des Unternehmens und innerhalb des Unternehmens. Diese können gemäß Bild 1-3 als externe und interne Einflüsse auf ein Unternehmen und insbesondere auf seine Produktplanung definiert werden.

Externe Einflüsse: Sie kommen
— aus der Weltwirtschaft (z. B. Wechselkurse),
— aus der Volkswirtschaft (z. B. Inflationsrate, Arbeitsmarktsituation),
— aus Gesetzgebung und Verwaltung (z. B. Umweltschutz),
— aus dem Beschaffungsmarkt (z. B. Zulieferer- und Rohstoffmarkt),
— aus der Forschung (z. B. staatlich geförderte Forschungsschwerpunkte),
— aus der Technik (z. B. Entwicklungen der Mikroelektronik oder Lasertechnik) sowie
— aus dem Absatzmarkt.

Dabei sind die Verhältnisse des Absatzmarktes von entscheidender Bedeutung. Man unterscheidet zunächst zwischen einem *Käufermarkt* und *Verkäufermarkt.* Bei ersterem ist das Angebot größer als, bei zweitem kleiner als die Nachfrage. Beim Verkäufermarkt ist also die Produktion der Engpaß, beim Käufermarkt müssen dagegen Produkte geplant und entwickelt werden, die sich im Wettbewerb behaupten können.

Weitere Merkmale zur Kennzeichnung von Märkten sind:
— Wirtschaftsgebiete: Inlandsmarkt, Exportmärkte.
— Neuheit für das Unternehmen: Derzeitiger Markt, neuer Markt.
— Marktposition: Marktanteil, strategische Freiräume des Unternehmens, technische Wertigkeit seiner Produkte.

Interne Einflüsse: Sie kommen, vgl. Bild 1-3,
— aus der Organisation des Unternehmens (z. B. produktorientierte Vertikal- oder aufgabenorientierte Horizontalorganisation),
— aus dem Personalbestand (z. B. Vorhandensein qualifizierten Entwicklungs- und Fertigungspersonals),
— aus der Finanzkraft (z. B. den Investitionsmöglichkeiten),
— aus der Unternehmensgröße (z. B. hinsichtlich des verkraftbaren Umsatzes),
— aus dem Fertigungsmittelpark (z. B. hinsichtlich bestimmter Fertigungstechnologien),
— aus dem Produktprogramm (z. B. hinsichtlich übernehmbarer Komponenten und Vorentwicklungen),

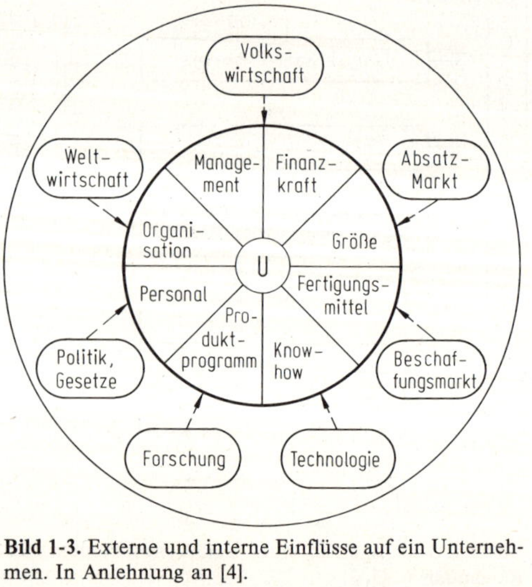

Bild 1-3. Externe und interne Einflüsse auf ein Unternehmen. In Anlehnung an [4].

— aus dem Know-how (z. B. Entwicklungs-, Vertriebs- und Fertigungserfahrungen) sowie
— aus dem Management (z. B. als Projektmanagement).

Die aufgeführten Einflüsse werden auch als Unternehmenspotential bezeichnet.

1.2.3 Vorgehensschritte

Eine systematische Produktplanung ist durch einen Ablaufplan gekennzeichnet, dessen Inhalt die in 1.2.2 genannten internen und externen Einflüsse berücksichtigen muß. Der in Bild 1-4 vorgeschlagene Ablauf faßt Vorschläge mehrerer Autoren zusammen [6, 7].

Der Markt, das Umfeld (externe Einflüsse) und das Unternehmen (interne Einflüsse) bilden die Eingangsinformationen für eine Produktplanung. Diese müssen zunächst nach mehreren Gesichtspunkten analysiert werden (Bild 1-4). Von besonderer Bedeutung ist dabei das Aufstellen einer Produkt-Markt-Matrix, aus der hervorgeht, in welche Märkte das Unternehmen seine derzeitigen Produkte mit welchem Umsatz, Gewinn und Marktanteil absetzt. Hieraus ergeben sich schon Stärken und Schwächen einzelner Produkte. Ergebnis dieser 1. Phase ist die *Situationsanalyse*, die Grundlage zum Aufstellen von Suchstrategien ist. Diese sollen zum Erkennen strategischer Freiräume sowie von Bedürfnissen und Trends bei Berücksichtigung von Zielen, Fähigkeiten und Potentialen des Unternehmens führen. So liefert z. B. die Produkt-Markt-Matrix nicht nur den Istzustand des Unternehmens, sondern zeigt auch Möglichkeiten auf, mit vorhandenen Produkten in neue Märkte, mit neuen Produkten in vorhandene Märkte und mit neuen Produkten in neue Märkte zu gehen. Die letzgenannte Strategie ist die am weitesten gehende, daher auch risikoreichste, aber in vielen Fällen auch die lohnendste. Ergebnis dieser 2. Phase ist ein *Suchfeldvorschlag*, der denjenigen Bereich abgrenzt, in dem das Suchen nach neuen Produktideen lohnt und unter den einschränkenden Bedingungen möglich ist.

Die 3. Phase umfaßt folgerichtig das Suchen und Finden von Produktideen. Dabei können neue Produktfunktionen (Aufgaben) und/oder neue Lösungsprinzipien gesucht werden (siehe 1.3 und 3). Es gibt zwei Vorgehensrichtungen bei der

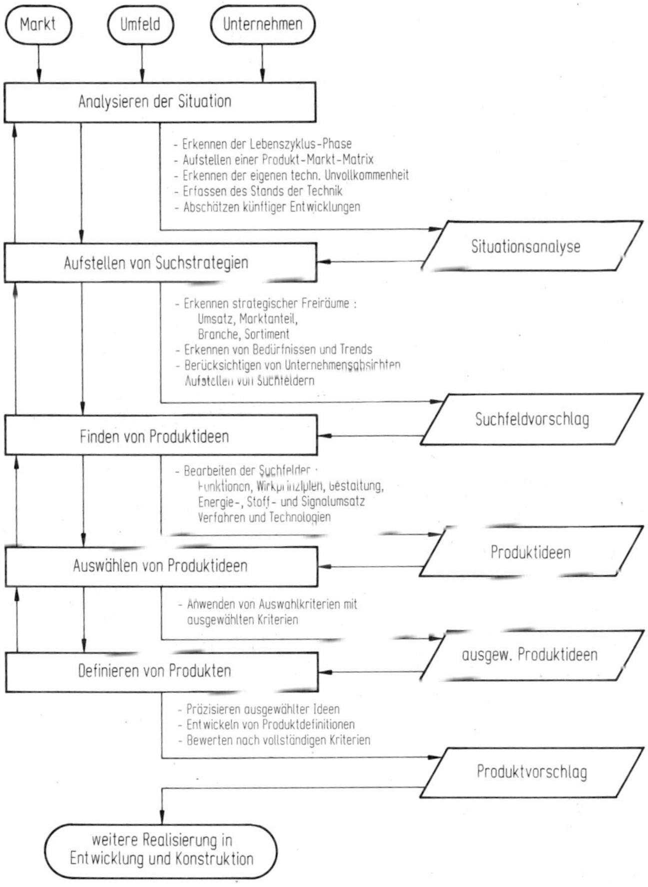

Bild 1-4. Vorgehensschritte einer Produktplanung [6].

Arbeitsabschnitte	Arbeitsschritte	Beispiel
1 Aufgabe ↓ Klären und Präzisieren der Aufgabenstellung ↓ Anforderungsliste	Ergänzen externer Anforderungen ↓ Hinzufügen interner Anforderungen ↓ Strukturieren der Anforderungen	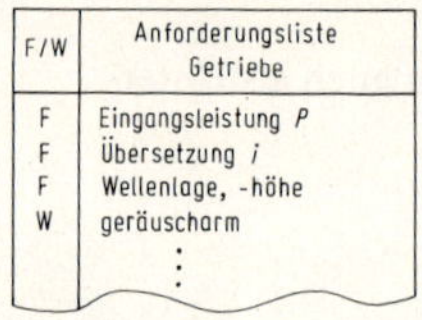
2 Ermitteln von Funktionen und deren Strukturen ↓ Funktionsstruktur	Erkennen wesentlicher Funktionen ↓ Verknüpfen zu Funktionsstrukturen	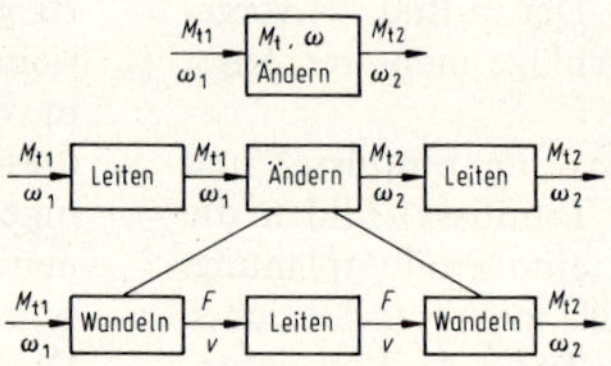
3 Suchen nach Lösungsprinzipien und deren Strukturen ↓ prinzipielle Lösung, Konzept	Suchen nach phys./chem. Effekten ↓ Festlegen von geom. und stoffl. Merkmalen ↓ Verknüpfen zu Wirkstrukturen ↓ Auswählen und Bewerten	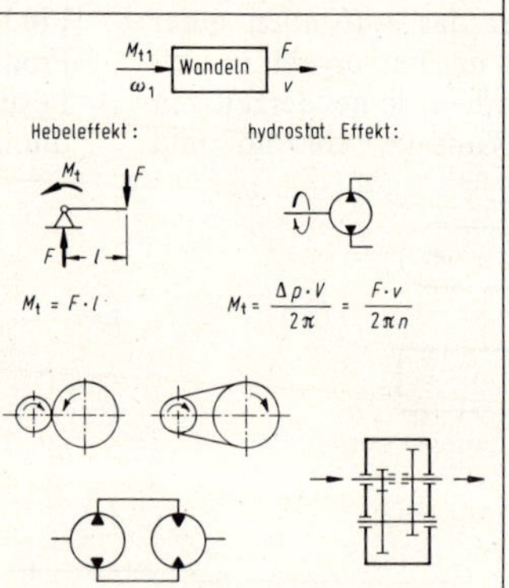
4 Gliedern in realisierbare Module ↓ modulare Struktur	Erkennen gestaltungsbestimmender Anforderungen ↓ Analysieren der prinzipiellen Lösung ↓ Strukturieren in gestaltungsbest. Hauptfunktionsträger	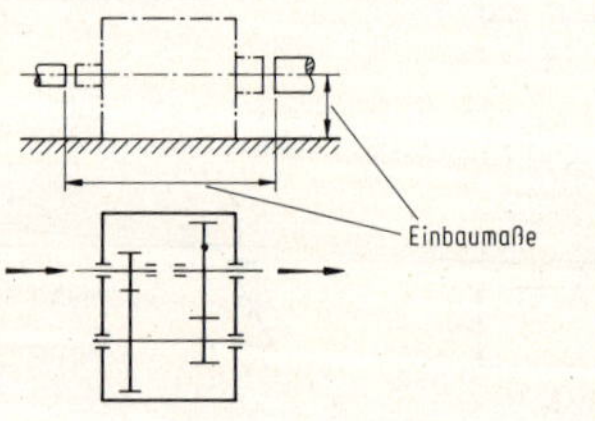 gestaltungsbestimmend: - Eingangs- und Ausgangswellen - Zahnradstufen abhängig: - Gehäuse
5 Gestalten der maßgebenden Module ↓ Vorentwürfe	Grobgestalten, Berechnen und Anordnen der gestaltungsbest. Hauptfunktionsträger ↓ Auswählen geeigneter Entwürfe	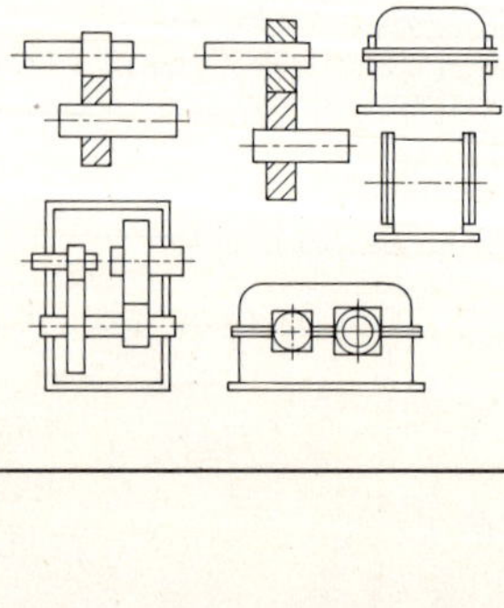

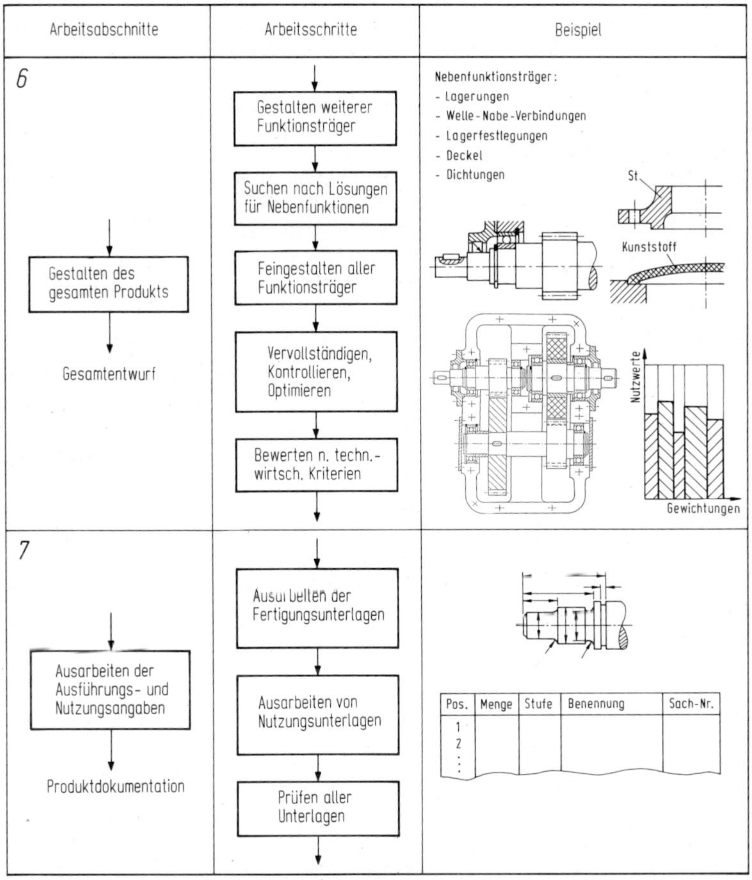

Bild 1-5. Vorgehensschritte einer Produktentwicklung: Arbeitsabschnitte nach VDI 2221 [1], Arbeitsschritte nach [6].

Innovation: Einmal eine neue Aufgabenstellung als neues Marktbedürfnis (Produktfunktion), die mit einem bekannten oder neuen Lösungsprinzip realisiert wird, oder ein bekanntes oder neues Lösungsprinzip, mit dem eine neue oder bekannte Aufgabenstellung (Produktfunktion) gelöst wird. Bei jeder Variante handelt es sich um eine Neuentwicklung oder Innovation. Ergebnisse dieser Phase sind neue *Produktideen*.

Diese müssen nun nach technisch-wirtschaftlichen Kriterien beurteilt werden, um die entwicklungswürdigen Ideen zu erkennen. Auswahlkriterien sind dabei die Unternehmensziele, die Unternehmensstärken und das Umfeld.

Die ausgewählten Produktideen werden schließlich in einer letzten Phase präzisiert, möglicherweise danach nochmals selektiert und als *Produktvorschläge* definiert.

Ein Produktvorschlag als Ergebnis der Produktplanung ist dann die Grundlage für die eigentliche Produktentwicklung und Konstruktion.

1.3 Produktentwicklung

1.3.1 Generelles Vorgehen

Auch für die Produktentwicklung haben sich Ablaufpläne mit aufeinanderfolgenden Arbeitsschritten eingeführt, die auf allgemeinen Lösungsmethoden bzw. arbeitsmethodischen Ansätzen (siehe 3.1) sowie den generellen Zusammenhängen beim Aufbau technischer Produkte (siehe 2) aufbauen. Trotz der Unterschiedlichkeit der Produktentwicklungen ist es möglich, einen einheitlichen branchenunabhängigen Ablaufplan aufzustellen, dessen Arbeitsschritte natürlich für die speziellen Bedingungen jeder Aufgabenstellung modifiziert werden müssen, Bild 1-5.

Das Vorgehen beginnt mit dem Klären und Präzisieren der Aufgabenstellung, was insbesondere bei neuen Konstruktionsaufgaben von großer Bedeutung ist. Der Konstrukteur muß aus der Fülle der vorgegebenen Anforderungen die wesentlichen, zu lösenden Probleme erkennen und diese in der Sprache seines Konstruktionsbereiches formulieren. Ergebnis: *Anforderungsliste*.

Die lösungsneutrale, d. h. Lösungen nicht vorfixierende Definition von Aufgaben erfolgt zweckmäßigerweise in Form von Funktionen, deren Verknüpfung zu Funktionsstrukturen führt (siehe 2.1). Solche Funktionsstrukturen stellen bereits eine abstrakte Form eines Lösungskonzepts dar und müssen anschließend schrittweise realisiert werden. Ergebnis: *Funktionsstruktur.*

Die Suche nach Lösungsprinzipien für die wesentlichen Anwenderfunktionen (siehe 3.2) dient der Festlegung einer geeigneten Wirkstruktur, die bei mechanischen Produkten auf physikalischen Effekten und deren prinzipieller Realisierung mit Hilfe geometrischer und stofflicher Merkmale beruht, bei Software-Produkten dagegen aus Algorithmen und Datenstrukturen besteht (siehe 2.2 und J 11). Ergebnis: *Prinzipielle Lösung, Konzept.*

Das Aufgliedern der prinzipiellen Lösung in realisierbare Module soll zu einer Baustruktur führen (siehe 2.3), die zweckmäßige Entwurfs- oder Gestaltungsschwerpunkte vor der arbeitsaufwendigen Konkretisierung erkennen läßt sowie eine fertigungs- und montagegünstige, instandhaltungs- und recyclingfreundliche und/oder baukastenartige Struktur erleichtert. Ergebnis: *Modulare Struktur.*

Das Gestalten maßgebender Module der Baustruktur, d. h. zum Beispiel bei mechanischen Systemen das Festlegen der Gruppen, Teile und Verbindungen zum Erfüllen der für das Produkt wesentlichen Hauptfunktionen bzw. zum Konkretisieren der für diese gefundenen prinzipiellen Lösungen, umfaßt vor allem folgende Tätigkeiten: Verfahrenstechnische Durchrechnungen, Spannungs- und Verformungsanalysen, Anordnungs- und Designüberlegungen, Fertigungs- und Montagebetrachtungen u. dgl. (siehe 3.3). Diese Arbeiten dienen in der Regel noch nicht fertigungs- und werkstofftechnischen Detailfestlegungen, sondern zunächst der Festlegung der wesentlichen Merkmale der Baustruktur, um diese nach technisch-wirtschaftlichen Gesichtspunkten optimieren zu können. Ergebnis: *Vorentwürfe.*

Der nächste Arbeitsschritt umfaßt das Gestalten weiterer, in der Regel abhängiger Funktionsträger, das Feingestalten aller Gruppen und Teile sowie deren Kombination zum Gesamtentwurf. Hierzu werden eine Vielzahl von Berechnungs- und Auswahlmethoden, Kataloge für Werkstoffe, Maschinenelemente, Norm- und Zukaufteile sowie Kalkulationsverfahren zur Kostenerkennung eingesetzt (siehe 4). Ergebnis: *Gesamtentwurf.*

Der letzte Arbeitsschritt dient dem Ausarbeiten der Ausführungs- und Nutzungsangaben, d. h. der Werkstattzeichnungen, Stücklisten oder sonstigen Datenträger zur Fertigung und Montage sowie von Bedienungsanleitungen, Wartungsvorschriften u. dgl. (siehe 5). Ergebnis: *Produktdokumentation.*

In der Praxis werden häufig mehrere Arbeitsschritte zu Entwicklungs- bzw. Konstruktionsphasen zusammengefaßt, z. B. aus organisatorischen oder tätigkeitsorientierten Gründen. So werden im Maschinenbau die ersten drei Abschnitte als *Konzeptphase*, die nächsten drei Abschnitte als *Entwurfsphase* und der letzte Abschnitt als *Ausarbeitungsphase* bezeichnet, Bild 1-6.

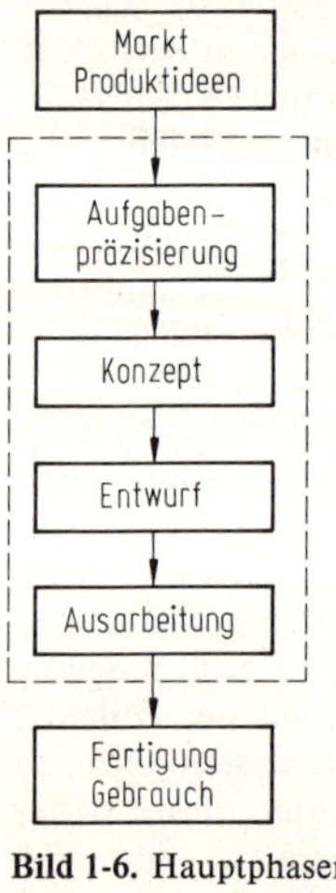

Bild 1-6. Hauptphasen des Entwicklungs- und Konstruktionsprozesses im Maschinenbau.

1.3.2 Produktspezifisches Vorgehen

Das generelle Vorgehen nach 1.3.1 muß bei Aufgabenstellungen bzw. Produkten modifiziert werden, bei denen *mehrere Fachgebiete* so beteiligt sind, daß die entsprechenden Fachaufgaben weitgehend unabhängig voneinander, aber koordiniert durchgeführt werden. Solche Verhältnisse liegen z. B. bei Anlagen der Energie- und Verfahrenstechnik vor, bei denen der Maschinenbau, das Bauingenieurwesen, die Technische Chemie und die Elektrotechnik beteiligt sind, oder bei Feingeräten, bei denen die Konstruktion des mechanischen Teils, die Entwicklung des elektrischen und elektronischen Schaltungs- und Steuerungsteils und die Entwicklung von Software zunächst weitgehend unabhängig von unterschiedlichen Spezialisten durchgeführt werden. Bild 1-7 zeigt den Ablaufplan für solche Produkte, aufbauend auf den sieben Arbeitsabschnitten nach Bild 1-5. Während das Aufstellen der Anforderungsliste und der Funktionsstruktur zweckmäßigerweise für das Gesamtprodukt erfolgt, verzweigen sich die weiteren Arbeitsschritte auf die parallelen Entwicklungspfade, natürlich in enger Abstimmung miteinander. Hierzu ist es hilfreich, nach größeren Konkretisierungssprüngen, z. B. nach Festlegen der modularen Baustruktur und nach Vorliegen der einzelnen Feinentwürfe die Arbeitsergebnisse zusammengefaßt zu dokumentieren (System-Baustruktur, Systementwurf), um fehlende Abstimmungen zu erkennen und ein homogenes Gesamt-

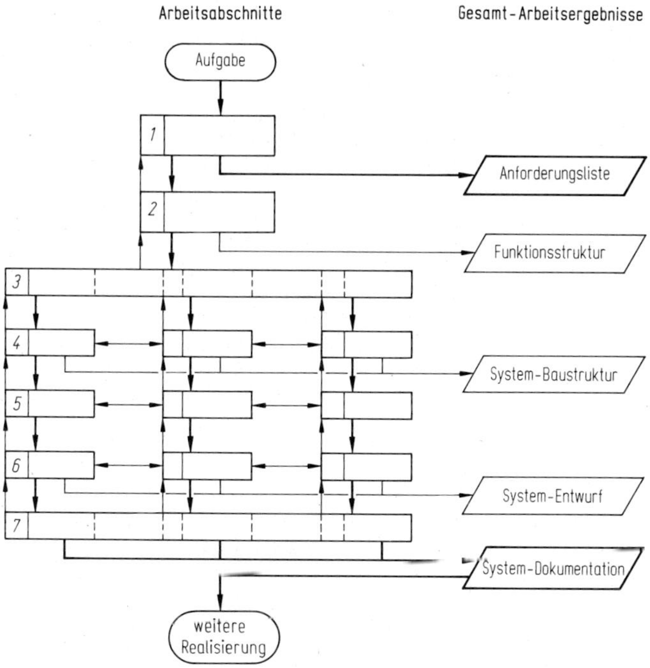

Bild 1-7. Vorgehensschritte bei einer Entwicklungsaufgabe mit unabhängigen, aber koordinierten Teilaufgaben. In Anlehnung an [1].

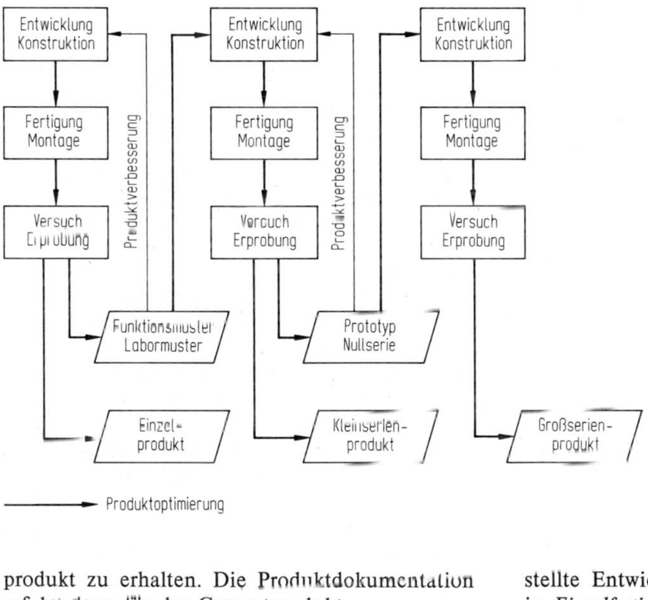

Bild 1-8. Produktentstehung bei unterschiedlichen Stückzahlen nach [1]

produkt zu erhalten. Die Produktdokumentation erfolgt dann für das Gesamtprodukt.

Während bei *Neuentwicklungen* alle Arbeitsabschnitte durchlaufen werden müssen, fallen bei *Weiterentwicklungen* oft die Abschnitte 2 und 3 (Bild 1-5) oder bei *Anpassungskonstruktionen* zusätzlich die Abschnitte 4 und 5 weg. In vielen Fällen hat es sich aber als zweckmäßig erwiesen, auch diese Entwicklungsschritte nochmals zu kontrollieren bzw. nachzuvollziehen, um sie mit dem aktuellen Wissensstand zu vergleichen. Der dargestellte Entwicklungsablauf erfolgt bei Produkten in *Einzelfertigung* in der Regel nur einmal, wobei einzelne Arbeitsabschnitte bei unbefriedigendem Arbeitsergebnis erneut durchlaufen werden. Bei Produkten mit *Serienfertigung*, z. B. Kraftfahrzeugen oder Haushaltsgeräten, wäre eine direkte Realisierung als Endprodukt zu risikoreich. Entsprechend Bild 1-8 ist es bei solchen Produkten üblich, den Entwicklungs- und Fertigungsdurchlauf mehrmals durchzuführen, um nach Fertigung zunächst von Funktions- bzw. Labormustern und gegebenenfalls von zusätzlichen Prototypen bzw. Nullserien in zwischengeschalteten Versuchs- und Erprobungsphasen Schwachstellen erkennen zu können, die dann in einem erneuten Konstruktions- und Fertigungsvorgang ausgemerzt werden.

Bei der Entwicklung von *Software-Produkten* kann im wesentlichen der gleiche Vorgehensplan wie bei mechanischen Produkten (Bild 1-5) eingesetzt werden, naturgemäß aber mit veränderten Arbeitsinhalten [6, 8], siehe auch J 11.

Beim Klären und Präzisieren der Aufgabenstellung, die stärker als bei mechanischen Produkten gemeinsam mit dem Programmanwender erarbeitet wird, wird die *Anwender-Funktionsstruktur* aufgestellt, die die gewünschten Anwenderfunktionen mit den erkennbaren Informationsflüssen verknüpft.

Im Arbeitsabschnitt 2 wird zunächst aus der Anwender-Funktionsstruktur eine grobe *Programm-Funktionsstruktur* abgeleitet. Parallel zur funktionalen Strukturierung müssen *Datenstrukturen* aufgebaut werden, die analog zu den Teilfunktionen einer Funktionsstruktur aus Teildatenbereichen bestehen, die zusammen den Gesamtdatenbestand des Programms bilden. Teilfunktionen werden programmtechnisch durch Funktionsmodule, Teildatenbereiche durch Datenmodule realisiert.

Im Arbeitsabschnitt 3 werden drei Arten von Wirkprinzipien gesucht (siehe 2.2):

— Das Organisationsprinzip als Algorithmus, der Datenmodule aus der Datenbasis holt und/oder wieder ablegt.
— Das Operationsprinzip als Algorithmus, der aus Eingangsdaten einer Teilfunktion durch arithmetische und/oder logische Operationen Ausgangsdaten erzeugt.
— Das Kommunikationsprinzip als Algorithmus, der den Datendialog vom und zum Benutzer ermöglicht.

Die Kombination der Wirkprinzipien (Systemkonzept) erfolgt gemäß den Funktionsstrukturen unter Beachtung der Datenstrukturen.

Im Arbeitsabschnitt 4 wird das Systemkonzept in gestaltungsbestimmende Hauptmodule als Funktions- und Datenmodule, die zur Realisierung der wesentlichen Anwenderfunktionen unverzichtbar sind, sowie sonstige Hauptmodule und Nebenmodule als Funktions- und Datenmodule zur Realisierung weniger wichtiger Anwenderfunktionen, aufgegliedert.

Im Arbeitsabschnitt 5 erfolgt die Grobgestaltung zunächst der gestaltungsbestimmenden Hauptdatenmodule und anschließend der Hauptfunktionsmodule bei Beachtung der Datenmodule. Diese besteht in der Regel aus einer nichtformalen Funktionsbeschreibung.

Im Arbeitsabschnitt 6 werden dann die sonstigen Hauptmodule grobgestaltet und für Nebenmodule Lösungen gesucht, soweit dieses in der Konzeptphase noch nicht möglich war. Ansonsten erfolgt auch eine Grobgestaltung der Nebenmodule.

Im Arbeitsabschnitt 7 erfolgt anders als bei materiellen Produkten erst das Feingestalten der Haupt- und Nebenmodule, das eine Reihe von Detailarbeitsschritten erfordert [8]. Neben Konkretisierungen der Funktionsmodule in Form von Struktogrammen und der Datenmodule in Form von Modulbeschreibungen erfolgt hier die Umsetzung der Module in die gewählte Programmiersprache. Anschließend wird das lauffähige Programmsystem durch Integration der gestalteten und zunächst einzeln getesteten Module entwickelt und in einer vollständigen Programmdokumentation festgehalten.

2 Aufbau technischer Produkte

Der Aufbau technischer Produkte ist durch mehrere generelle Zusammenhänge gekennzeichnet, die auch die unterschiedlichen Konkretisierungsstufen einer Produktentwicklung bestimmen (siehe 1.3).

2.1 Funktionszusammenhang

2.1.1 Allgemeines

Unter *Funktion* wird der allgemeine Zusammenhang zwischen Eingang und Ausgang eines Systems mit dem Ziel, eine Aufgabe zu erfüllen, verstanden: Bild 2-1.

Bei technischen Produkten oder Systemen sind die Ein- und Ausgangsgrößen *Energie-* und/oder *Stoff-* und/oder *Signalgrößen.* Da ein Signal die physikalische Realisierung einer Informationsübertragung ist, wird statt des Signals auch häufig die *Information* als Ein- und Ausgangsgröße gewählt.

Die Soll-Funktion oder die Soll-Funktionen sind eine abstrakte, lösungsneutrale und eindeutige Form einer Aufgabenstellung. Sie ergeben sich bei der Entwicklung neuer Produkte aus der Anforderungsliste.

Entsprechend Bild 2-2 unterscheidet man zwischen

— der Gesamtfunktion zur Beschreibung einer zu

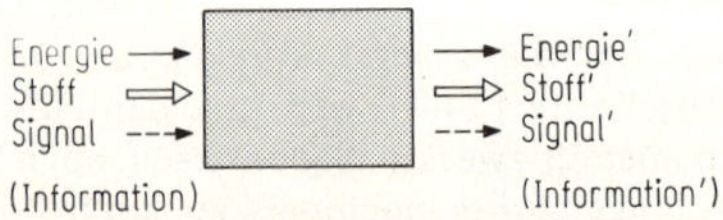

Bild 2-1. Definition einer Funktion in Black-box-Darstellung [1].

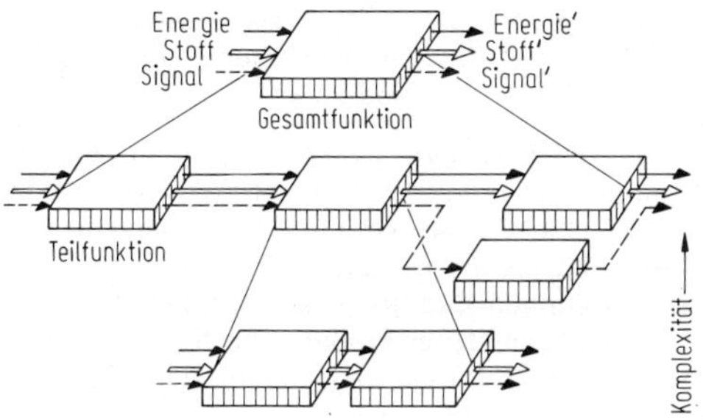

Bild 2-2. Funktionsstruktur eines technischen Produkts [1].

lösenden Gesamtaufgabe eines Produkts oder Systems und

— Teilfunktionen, die durch Aufgliederung einer Gesamtfunktion mit dem Ziel einfacher zu lösender Teilaufgaben entstehen. Dabei ist der zweckmäßigste Aufgliederungsgrad abhängig vom Neuheitsgrad einer Aufgabenstellung, von der Komplexität des zu entwickelnden Produkts sowie vom Kenntnisstand über Lösungen zur Erfüllung der Funktionen.

Teilfunktionen werden zu einer *Funktionsstruktur* verknüpft, wobei die Verknüpfungen durch logische und/oder physikalische Verträglichkeiten bestimmt werden.

Bild 2-3 zeigt als Beispiel die Funktionsstruktur einer Prüfmaschine, die zur Erklärung weiterer Begriffe dienen soll.

Die Übertragung vom Eingang zum Ausgang einer Funktion oder Funktionsstruktur bzw. die Verarbeitung der Energie-, Stoff- und Signalgrößen wird als Energie-, Stoff- und Signalfluß bzw. -umsatz bezeichnet. Die verschiedenen Flüsse bzw. Umsätze treten in der Regel gleichzeitig auf, wobei ein oder mehrere Flüsse bzw. Umsätze dominierend, d. h. produktbestimmend sein können. Man bezeichnet letztere als *Hauptflüsse* bzw. *Hauptumsätze*. Sie dienen unmittelbar der Funktionserfüllung eines Produkts. So ist eine Förderanlage durch einen Stoffumsatz als produktbestimmenden Hauptumsatz gekennzeichnet, während der Energieumsatz die Antriebsfunktionen und der Signalumsatz die Steuerfunktionen realisiert. Solche den Hauptumsatz begleitenden Umsätze bzw. Flüsse dienen nur unterstützend und nur mittelbar der Funktionserfüllung des Produkts, da sie sich nicht direkt von den Soll-Funktionen (Hauptfunktionen) der Aufgabenstellung ableiten, sondern von den gewählten Lösungen für diese Hauptfunktionen. Entsprechend werden sie auch als *Nebenumsätze* bzw. *Nebenflüsse* und die beteiligten Teilfunktionen als *Nebenfunktionen* bezeichnet.

In der Funktionsstruktur nach Bild 2-3 sind alle Teilfunktionen, die sich aus der Gesamtfunktion (Gesamtaufgabe), einen Prüfling definiert zu bela-

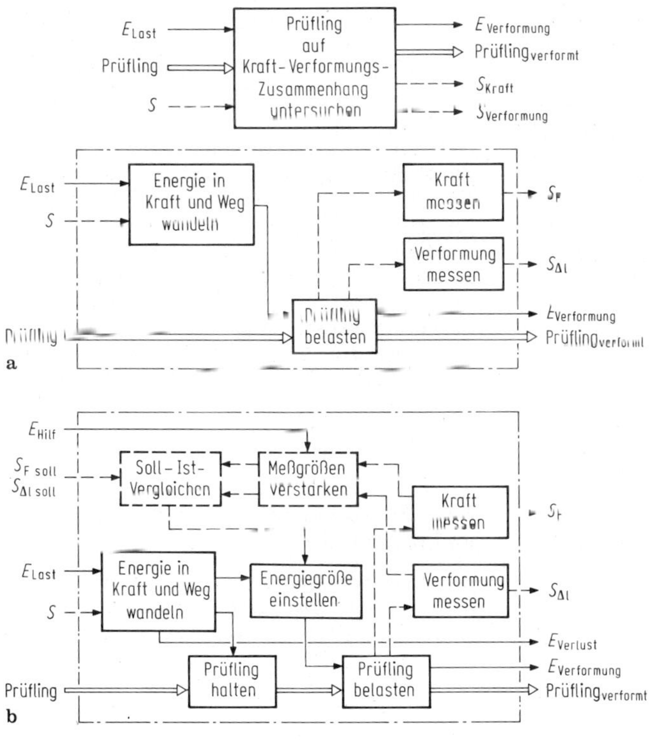

Bild 2-3. Gesamtfunktion und Funktionsstruktur einer Prüfmaschine [1]. **a** Grobstruktur mit Hauptfunktionen, **b** Feinstruktur mit weiteren Haupt- und Nebenfunktionen.

sten sowie Belastung und Verformung zu messen, ergeben, Hauptfunktionen, Bild 2-3a. Die aus den Meßprinzipien sich als erforderlich ergebenden Teilfunktionen „Meßgrößen verstärken" und „Soll-Ist-Vergleichen" sind dagegen Nebenfunktionen, 2-3b.

Zusammenfassend kann festgestellt werden: Es gibt keinen Stoff- oder Signalfluß ohne begleitenden Energiefluß, auch wenn die benötigte Energie sehr klein sein oder problemlos bereitgestellt werden kann. Ein Signalumsatz ohne begleitenden Stoffumsatz ist aber, z. B. bei Meßgeräten, möglich. Auch ein Energieumsatz zur Gewinnung z. B. elektrischer Energie ist mit einem Stoffumsatz verbunden, wobei der begleitende Signalfluß zur Steuerung ein wichtiger Nebenfluß ist.

2.1.2 Spezielle Funktionen

Logische Funktion:

Beim Entwurf und bei der Beschreibung technischer Systeme spielen häufig zweiwertige oder „binäre" Größen eine Rolle: Bedingungen (erfüllt — nicht erfüllt), Aussagen (wahr — falsch) und z. B. Schalterstellungen (ein — aus).

Der Entwurf von Systemen, die geforderte Abhängigkeiten zwischen binären Größen realisieren, heißt logischer Entwurf. Er bedient sich der mathematischen Aussagenlogik in Form der Booleschen Algebra (siehe A 1.3) mit den Grundverknüpfungen UND und ODER und der Negation.

Mit Booleschen Verknüpfungsgliedern können komplexe Schaltungen aufgebaut werden, die z. B. die Sicherheit von Steuerungs- und Meldesystemen erhöhen.

Bild 2-4 zeigt als Beispiel die Überwachung einer Lagerölversorgung, bei der die Soll- und Istwerte jeweils der Druckwächter und der Strömungswächter durch eine UND-Funktion verknüpft sind, während die Ausgangssignale der Druck- und Strömungswächter miteinander durch eine ODER-Funktion verknüpft sind. Alle Lager sind untereinander wieder durch eine UND-Verknüpfung verknüpft, d. h., alle Lager müssen mindestens eine wirksame Ölüberwachung haben, damit die Maschine betriebsbereit ist.

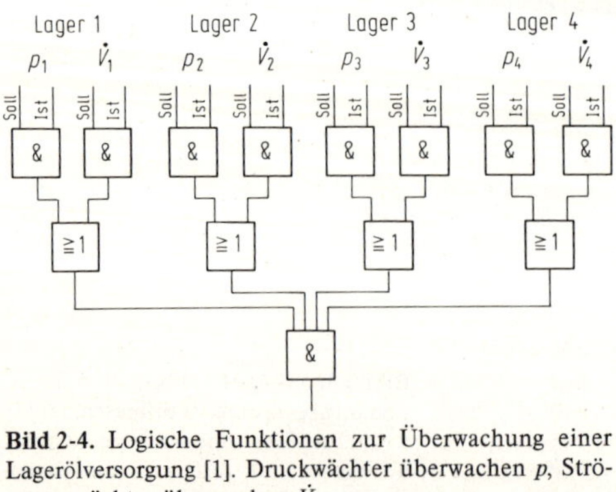

Bild 2-4. Logische Funktionen zur Überwachung einer Lagerölversorgung [1]. Druckwächter überwachen p, Strömungswächter überwachen $\dot{V}$.

Allgemein anwendbare Funktionen: Diese sind in technischen Produkten immer wiederkehrende Funktionen, die als Ordnungsmerkmale für Lösungskataloge, als Grundlage für Funktionsstruktur-Variationen und als Abstraktionshilfe bei der Analyse vorhandener Produkte nach ihren grundlegenden Funktionszusammenhängen dienen können.

In Bild 2-5 sind fünf derartige Funktionen zusammengestellt, die mit Hilfe einer Zuordnungsvariation von Eingang und Ausgang einer Funktion hinsichtlich Art, Größe, Anzahl, Ort und Zeit abgeleitet wurden. Weitere Vorschläge für allgemeine Funktionen siehe [1].

Bild 2-6 zeigt als Beispiel die in Bild 2-3a dargestellte Funktionsstruktur einer Prüfmaschine mit allgemein anwendbaren Funktionen.

2.2 Wirkzusammenhang

Die Teilfunktionen und die Funktionsstruktur des Funktionszusammenhanges eines technischen Produkts müssen durch einen Wirkzusammenhang erfüllt werden. Dieser besteht dementsprechend aus *Wirkprinzipien* zur Erfüllung der Teilfunktionen und aus einer *Wirkstruktur* zur Erfüllung der Funktionsstruktur. Die Wirkstruktur besteht also aus einer Verknüpfung mehrerer Wirkprinzipien. Ein Wirkprinzip wird durch einen physikalischen oder chemischen oder biologischen Effekt oder eine Kombination mehrerer Effekte sowie durch deren prinzipielle Realisierung mit geometrischen und stofflichen Merkmalen (wirkstrukturelle Merkmale) bestimmt.

Zur Realisierung von Funktions- und Datenstrukturen bei DV-Programmen (Software-Entwicklungen (siehe 1.3.2)) beinhalten Wirkprinzipien bzw. Wirkstrukturen Algorithmen zum Datentransfer zu und von Datenbasen, zum Erzeugen von Ausgangsdaten aus Eingangsdaten einer Funktion durch arithmetische und/oder logische Operationen sowie zur Kommunikation mit dem Programmbenutzer. Wirkstrukturelle Merkmale sind Strukturmerkmale, Leistungsmerkmale und Realisierungsmerkmale.

2.2.1 Physikalische, chemische und biologische Effekte

Bei stofflichen Produkten des Anlagen-, Maschinen-, Apparate- und Gerätebaus wird die Lösungsgrundlage durch Effekte vor allem aus der Physik, aber auch aus der Chemie und/oder der Biologie gebildet. Effekte sind durch Gesetze, die die beteiligten Größen einander zuordnen, auch quantita-

Merkmal Eingang E/Ausgang A	Allgemein anwendbare Funktionen	Symbole	Erläuterungen	Beispiele
Art	Wandeln		Art und Erscheinungsform von E und A unterschiedlich	Elektromotoren versch. Bauart; Hebel ($M_t \cdot \Delta\varphi$, $F \cdot \Delta s$)
Größe	Ändern: Vergrößern		E < A	Rädergetriebe (M_{t1}, M_{t2})
	Ändern: Verkleinern		E > A	Hebel (F_1, F_2)
Anzahl	Verknüpfen: Verknüpfen		Anzahl von E > A	$\dot{V}_a$, $\dot{V}_b$, $\dot{V} = \dot{V}_a + \dot{V}_b$ Rohrleitungen
	Verknüpfen: Verzweigen		Anzahl von E < A	Mehrweggetriebe
Ort	Leiten: Leiten		Ort von E ≠ A	$\dot{V}, w$ Rohrleitungen
	Leiten: Sperren		Ort von E = A	Sperrventil
Zeit	Speichern		Zeitpunkt von E ≠ A	Schwungrad (Rot.); potentielle Energie (m, h)

Bild 2-5. Allgemein anwendbare Funktionen [2].

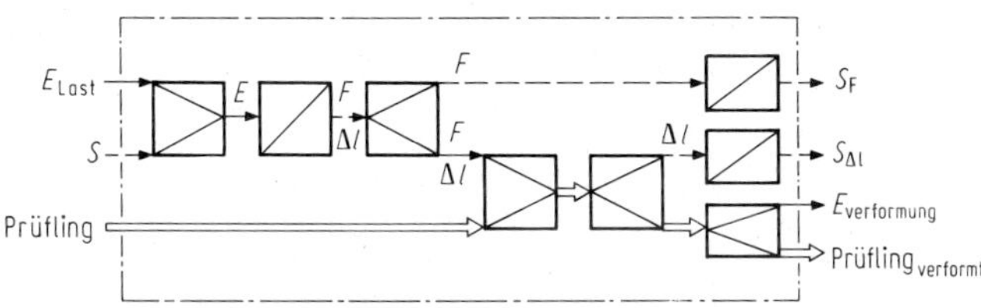

Bild 2-6. Funktionsstruktur nach Bild 2-3a mit allgemein anwendbaren Funktionen dargestellt.

tiv beschreibbar. Zum Beispiel werden bei der Schaltkupplung in Bild 2-7 die Teilfunktion „Schaltkraft F_S in Normalkraft F_N ändern" durch den physikalischen Hebeleffekt und die Teilfunktion „Umfangskraft F_U erzeugen" durch den Reibungseffekt realisiert. Vor allem Rodenacker [3], Koller [4] und Roth [5] haben physikalische Effekte für Konstruktionen zusammengestellt.

Die Erfüllung einer Teilfunktion kann oft erst durch Verknüpfen mehrerer Effekte erzielt werden, wie z. B. bei der Wirkungsweise eines Bimetalls, die sich aus dem Effekt der thermischen Ausdehnung und dem des Hookeschen Gesetzes (Spannungs-Dehnungs-Zusammenhang) aufbaut, vgl. D 12.

In der Regel kann eine Teilfunktion durch verschiedene Effekte erfüllt werden, z. B. die in Bild 2-7 aufgeführte „Kraftänderungsfunktion" durch den Hebeleffekt, Keileffekt, elektromagnetischen Effekt oder hydraulisch/pneumatischen Effekt. Hieraus können sich bereits für eine Aufgabenstellung unterschiedliche Lösungen und damit Produkte mit unterschiedlichen Eigenschaften ergeben.

2.2.2 Geometrische und stoffliche Merkmale

Die Stelle, an der ein Effekt oder eine Effektkombination zur Wirkung kommt, ist der *Wirkort.* Hier wird die Erfüllung der Funktion bei Anwendung des betreffenden Effekts durch die *Wirkgeometrie,* d. h. durch die Anordnung von Wirkflächen oder Wirkräumen und durch die Wahl von *Wirkbewegungen* (bei bewegten Systemen), erzwungen.

Mit der Wirkgeometrie müssen bereits Werkstoffeigenschaften festgelegt werden, damit der Wirkzusammenhang erkennbar wird, Bild D 12-1. Nur die Verbindung von Effekt und geometrischen sowie stofflichen Merkmalen (Wirkgeometrie, Wirkbewegung und Werkstoff) bildet das Prinzip der Lösung. Dieser Zusammenhang wird als Wirkprinzip bezeichnet. Die Kombination mehrerer Wirkprinzipien führt zur Wirkstruktur einer Lösung (auch Lösungsprinzip genannt).

In Bild 2-7 sind die beteiligten Wirkflächen, z. B. in Form der Kupplungslamellen (Reibscheiben), und die rotatorische Wirkbewegung des Hebels zur Erzeugung der Anpreßkraft erkennbar. Auch

Zusammenhänge	Elemente	Struktur	Beispiel
Funktions-zusammenhang	Funktionen	Funktions-struktur	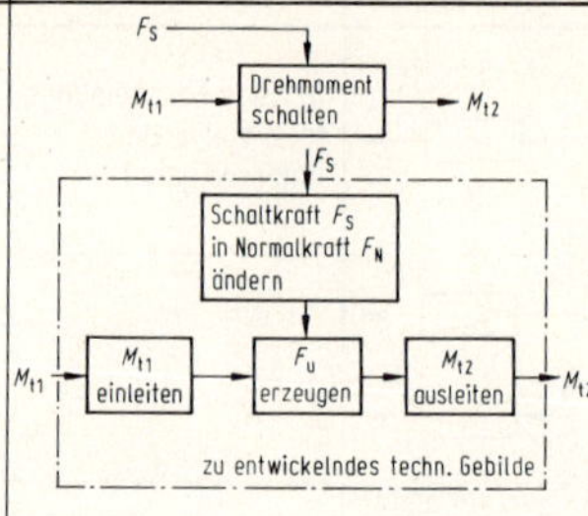
Wirk-zusammenhang	physikalische Effekte sowie geometrische und stoffliche Merkmale ↓ Wirkprinzipien	Wirk-struktur	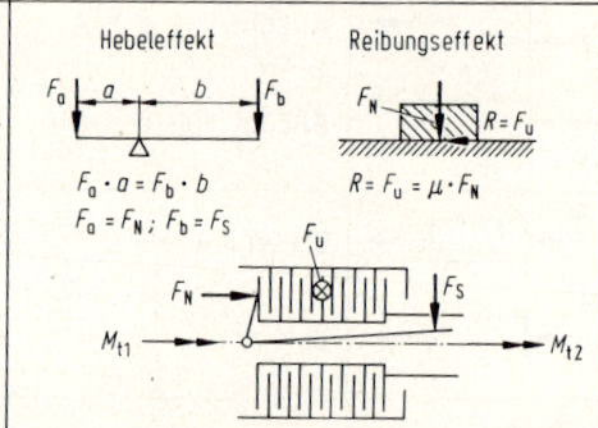
Bau-zusammenhang	Bauteile Verbindungen Baugruppen	Bau-struktur	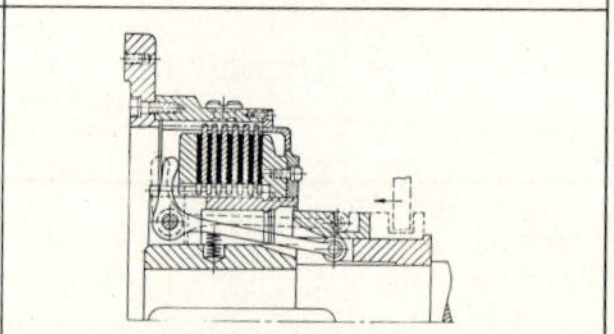
System-zusammenhang	techn. Gebilde Mensch Umgebung	System-struktur	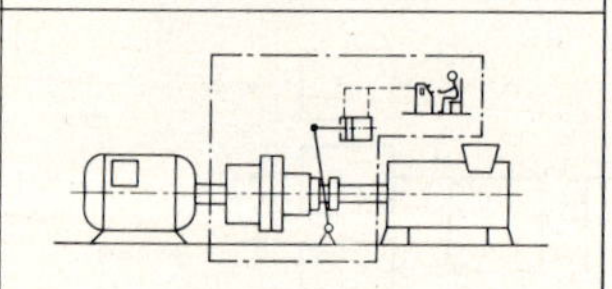

Bild 2-7. Zusammenhänge in technischen Systemen [1].

ordnende Gesichtspunkte		Merkmale	Lösungsvarianten					
wirkstrukturelle Merkmale	Wirkflächen	Art						
		Form						
		Lage						
		Größe						
		Anzahl						
	Wirkbewegungen	Art						
		Form						
		Richtung						
		Betrag						
		Anzahl						
	Stoffeigenschaften	Zustand	fest	flüssig	gasförmig			
		Verhalten	starr	elastisch	plastisch			
		Form	Staub	Pulver	Festkörper			

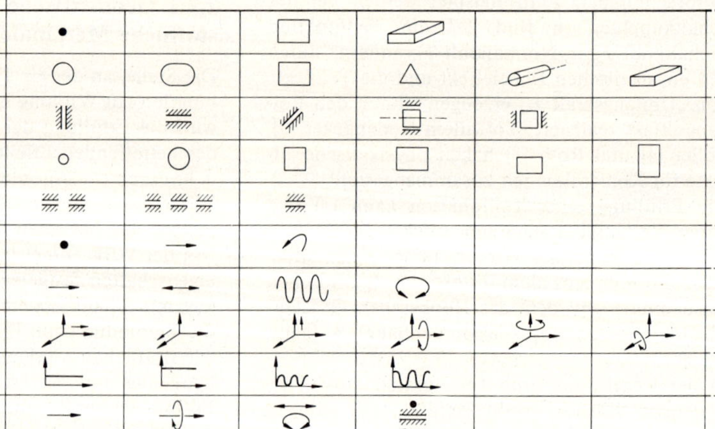

Bild 2-8. Variation von wirkstrukturellen Merkmalen.

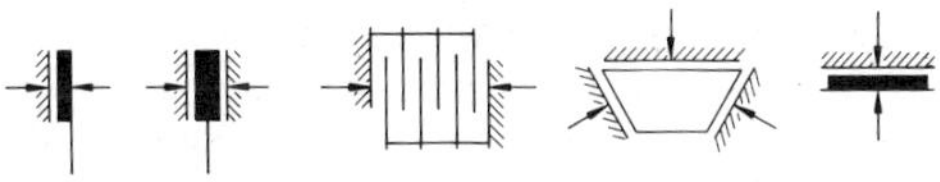

Bild 2-9. Variation der Wirkflächen einer fremdgeschalteten Reibungskupplung [6].

die geometrischen und stofflichen Merkmale bieten eine Grundlage zur Lösungsvariation. So läßt sich die Gestalt der Wirkfläche, die Wirkbewegung und die Art des Werkstoffs gemäß Bild 2-8 variieren.

Als Beispiel für eine solche Variation möge Bild 2-9 dienen, auf dem die Reibflächen einer Schaltkupplung gemäß Bild 2-7 nach ihrer Anzahl, Form und Lage variiert sind. Entsprechende Kupplungsbauformen sind in der Konstruktionspraxis bekannt (siehe 4.3).

2.3 Bauzusammenhang

Die gestalterische Konkretisierung des Wirkzusammenhangs führt zur *Baustruktur*. Diese verwirklicht die Wirkstruktur durch einzelne Bauteile, Baugruppen und Verbindungen (Bild 2-7), die vor allem nach den Notwendigkeiten der Auslegung, der Fertigung, der Montage und des Transports mit Hilfe der Gesetzmäßigkeiten der Festigkeitslehre (siehe E 5), Werkstofftechnik (siehe D), Thermodynamik (siehe F), Strömungsmechanik (siehe E 7–E 10), Fertigungstechnik u. a. festgelegt werden. Wichtige Grundlage sind auch bewährte Maschinenelemente [7] (siehe 4).

Bei DV-Programmen bedeutet der Bauzusammenhang im übertragenen Sinne die programmtechnische Realisierung der Funktions- und Datenmodule mit Hilfe geeigneter Programmiersprachen.

2.4 Systemzusammenhang

Technische Produkte sind Bestandteile übergeordneter Systeme, die von Menschen, anderen technischen Systemen und der Umgebung gebildet sein können. (Bild 2-7). Dabei ist ein *System* durch Systemelemente und Teilsysteme bestimmt, die von einer Systemgrenze umgeben und mit Energie-, Stoff- und/oder Signalgrößen untereinander und

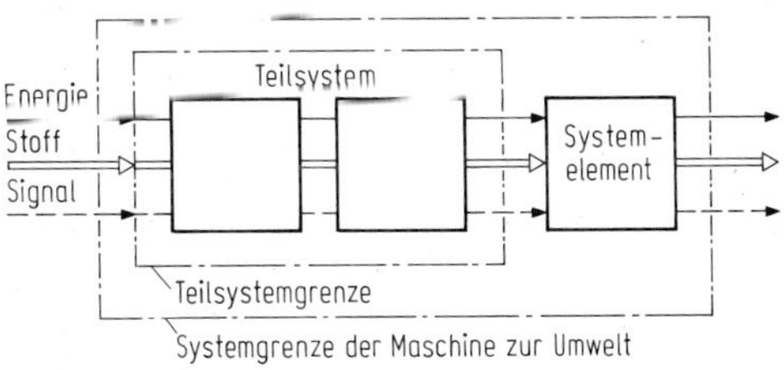

Bild 2-10. Genereller Aufbau eines technischen Systems.

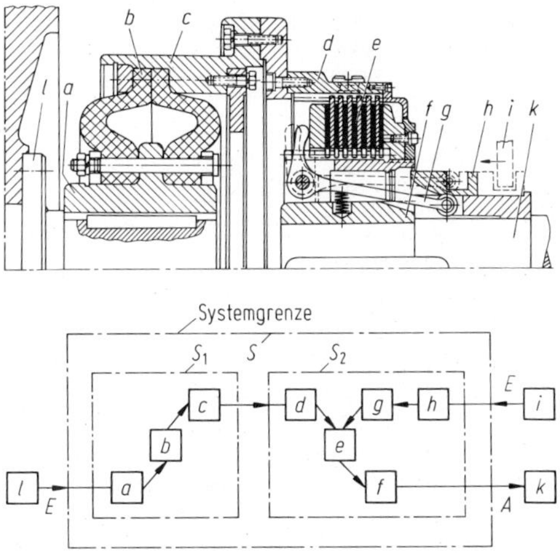

Bild 2-11. Systemstruktur der in Bild 2-7 dargestellten Schaltkupplung in Kombination mit einer drehnachgiebigen Kupplung [1].

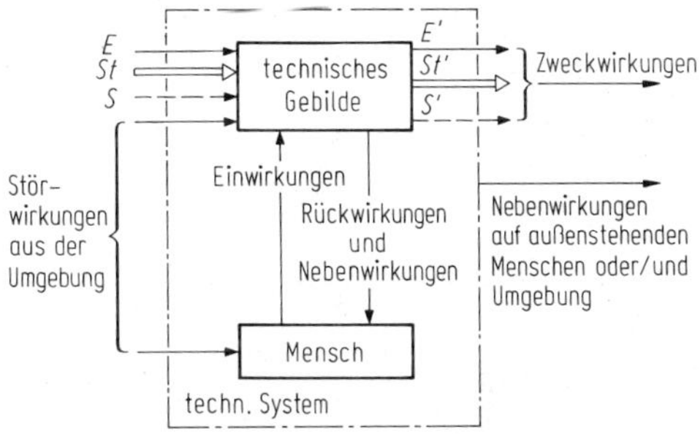

Bild 2-12. Wirkungen in technischen Systemen unter Beteiligung des Menschen [1].

mit der Umgebung verknüpft sind, Bild 2-10. Ein System bzw. Produkt ist zunächst durch seine eigene *Systemstruktur* gekennzeichnet. (Bild 2-11 zeigt eine solche für die Schaltkupplung in Bild 2-7 in Kombination mit einer drehnachgiebigen Kupplung). In einem übergeordneten System bildet diese die Zweckwirkung (Soll-Funktion). Hinzu kommen Störwirkungen aus der Umgebung, Nebenwirkungen nach außen und innerhalb des Systems sowie Einwirkungen vom Menschen und Rückwirkungen zum Menschen, Bild 2-12. Alle Wirkungen müssen im Zusammenhang gesehen werden (Systemzusammenhang).

2.5 Generelle Zielsetzungen für technische Produkte

Zielsetzungen und Restriktionen für technische Produkte sind zunächst als Forderungen, Wünsche und Bedingungen in der Anforderungsliste (Aufgabenstellung) als Grundlage einer speziellen

Tabelle 2-1. Generelle Zielsetzungen für materielle Produkte

Funktion erfüllen
Sicherheit gewährleisten
Ergonomie beachten
Fertigung vereinfachen
Montage erleichtern
Qualität sicherstellen
Transport ermöglichen
Gebrauch verbessern
Instandhaltung unterstützen
Recycling anstreben
Kosten minimieren

Produktentwicklung enthalten. Es können aber darüber hinaus generelle Zielsetzungen genannt werden, die, zwar mit unterschiedlicher Gewichtung im Einzelfall, im wesentlichen allgemeine Gültigkeit besitzen. Solche Zielsetzungen dienen als Leitlinie für die Aufstellung von Anforderungslisten sowie zur Lösungsauswahl in den verschiedenen Konkretisierungsstufen des Konstruktionsprozesses.
Tabelle 2-1 enthält solche generellen Zielsetzungen für materielle Produkte, die sich an den Lebensphasen eines Produkts orientieren (siehe Bild 1-1).
Bei DV-Programmen sind entsprechende Zielsetzungen formulierbar, Tabelle 2-2.

Tabelle 2-2. Generelle Zielsetzungen für Software-Produkte

Anwenderfunktionen erfüllen
Fehlerfreiheit sicherstellen
Modularität anstreben
Laufzeit reduzieren
Speicherbedarf minimieren
Anwendbarkeit verbreitern
Anlagenunabhängigkeit ermöglichen
Schnittstellen definieren
Dokumentation sicherstellen

2.6 Anwendungen

Die generellen Zusammenhänge, die den Aufbau technischer Produkte bestimmen, sind für mehrere Anwendungen wichtige Grundlage.
Bei der Produktentwicklung ermöglichen sie ein schrittweises Vorgehen, bei dem von den geforderten Soll-Funktionen ausgehend zunächst die prinzipiellen Lösungen gesucht werden, die dann durch Gestalt- und Werkstoffestlegungen konkretisiert werden. In jeder Konkretisierungsstufe kann eine Lösungsvielfalt als Grundlage einer Lösungsoptimierung durch Variation von Lösungsmerkmalen bzw. Merkmalen des jeweiligen Zusammenhangs aufgebaut werden. Solche Variationen können auch mit Hilfe von CAD-Systemen durchgeführt werden (siehe 5.2).

Ein weiteres wichtiges Anwendungsgebiet ist die Analyse vorhandener technischer Produkte mit dem Ziel einer Verbesserung, Weiterentwicklung oder Anpassung an spezielle Bedingungen [8]. Für solche Systemanalysen sind Vorgehensschritte und Merkmale erforderlich, die sich aus den generellen Zusammenhängen ableiten lassen. Als wichtiges Beispiel ist die Wertanalyse zu nennen, die die Funktionskosten technischer Produkte zu minimieren sucht [9].
Kennzeichnende Produktmerkmale, auch *Sachmerkmale* genannt [10, 11], sind für die Ordnung von Konstruktionskatalogen und Datenbanken sowie als Suchhilfen für gespeicherte Lösungen und Daten aus solchen Informationsspeichern hilfreich [12]. Für die Ableitung von Sachmerkmalen haben sich ebenfalls die generellen Zusammenhänge und generellen Zielsetzungen bewährt [13].

3 Konstruktionsmethoden

3.1 Allgemeine Lösungsmethoden

Unabhängig vom Konkretisierungsgrad im Laufe einer Lösungssuche haben sich mehrere allgemeine Methoden eingeführt, die auch als allgemeine Arbeitsmethodik angesehen werden können [1-3]. Voraussetzungen für methodisches Vorgehen sind:
— Ziele definieren,
— Bedingungen aufzeigen,
— Vorurteile auflösen,
— Varianten suchen,
— Beurteilen,
— Entscheidungen fällen.

3.1.1 Allgemeiner Lösungsprozeß

Das Lösen von Aufgaben besteht aus einer Analyse und einer anschließenden Synthese und läuft

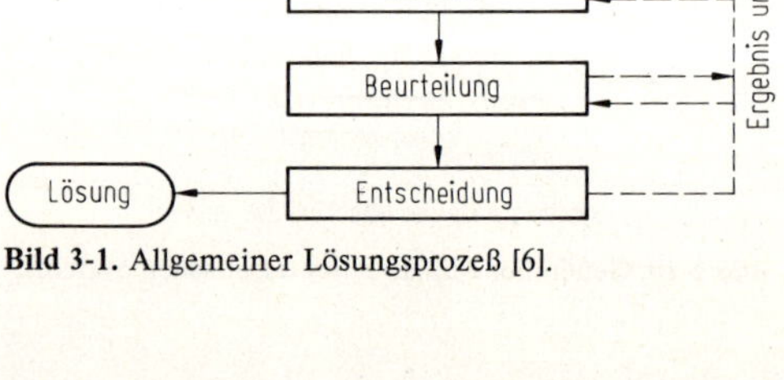

Bild 3-1. Allgemeiner Lösungsprozeß [6].

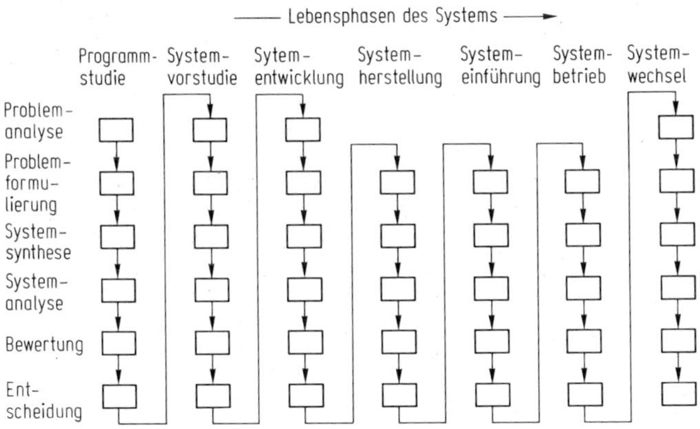

Bild 3-2. Systemtechnisches Vorgehensmodell [8, 9].

in abwechselnden Arbeits- und Entscheidungsschritten ab. Dabei wird in der Regel vom Qualitativen immer konkreter werdend zum Quantitativen fortgeschritten. Die Gliederung in Arbeits- und Entscheidungsschritte stellt sicher, daß die notwendige Einheitlichkeit von Zielsetzung, Planung, Durchführung und Kontrolle gewahrt bleibt.
In Anlehnung an [4, 5] zeigt Bild 3-1 ein Grundschema eines allgemeinen Lösungsprozesses. Jede Aufgabenstellung bewirkt zunächst eine Konfrontation mit zunächst Unbekanntem, die durch Beschaffung zusätzlicher Informationen mehr oder weniger aufgelöst werden kann. Eine anschließende Definition der wesentlichen zu lösenden Probleme präzisiert die Aufgabenstellung ohne Vorfixierung von Lösungen und öffnet damit die denkbaren Lösungswege. Die anschließende schöpferische Phase der Kreation umfaßt die eigentliche Lösungssuche. Bei Vorliegen mehrerer geeigneter Lösungsmöglichkeiten müssen diese beurteilt werden, um eine Entscheidung für die beste Lösung treffen zu können. Bei unbefriedigendem Ergebnis eines Arbeitsschrittes muß dieser — oder müssen mehrere — wiederholt werden, wobei das dann vorhandene höhere Informationsniveau beim erneuten Durchlaufen des Arbeitsprozesses auch bessere Arbeitsergebnisse erwarten läßt. Dieser iterative Prozeß kann deshalb auch als Lernprozeß aufgefaßt werden.

3.1.2 Systemtechnisches Vorgehen

Die Systemtechnik als interdisziplinäre Wissenschaft hat Methoden zur Analyse, Planung, Auswahl und optimalen Gestaltung komplexer Systeme entwickelt [7]. Aufbauend auf der Systemdefinition (siehe 2.4) hat sich ein Vorgehensmodell eingeführt, das für die unterschiedlichen Lebensphasen eines Systems (siehe Bild 1-1) einsetzbar ist, Bild 3-2. Man erkennt, daß die Arbeitsschritte praktisch mit denen in Bild 3-1 identisch sind und daß der zeitliche Werdegang eines Systems vom Abstrakten zum Konkreten verläuft.

3.1.3 Problem- und Systemstrukturierung

Neue und komplexe Aufgabenstellungen werden in der Regel leichter lösbar, wenn man das zu lösende Gesamtproblem zunächst in Teilprobleme und Einzelprobleme aufgliedert, um für diese dann nach Teil- oder Einzellösungen zu suchen, Bild 3-3. Methodische Grundlage für dieses Vorgehen ist eine Strukturierung von Systemen in Teilsysteme und Systemelemente zum besseren Erkennen von Zusammenhängen und Wirkungen innerhalb des Systems und nach außen zur Umgebung (siehe 2.4). Der Aufgliederungsgrad richtet sich nach Zweckmäßigkeitsüberlegungen, und hängt vom Neuheitsgrad des Problems und dem Kenntnisstand des Bearbeiters ab.
Eine solche Strukturierung fördert auch die Übernahme bekannter und bewährter Teillösungen, das Erarbeiten alternativer Lösungen, eine Systematisierung zur Nutzung von Lösungskatalogen und

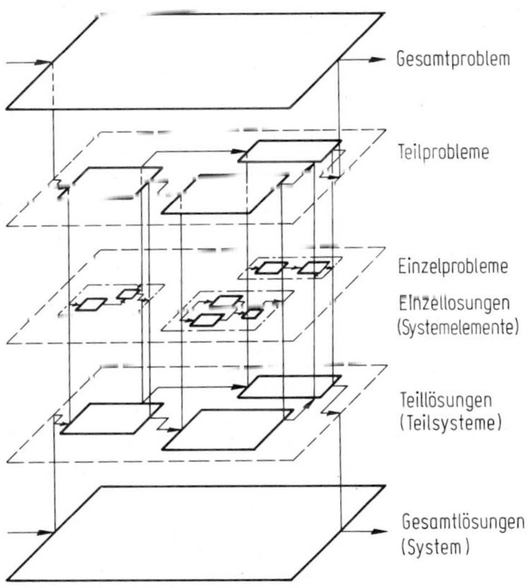

Bild 3-3. Problem- und Systemstrukturierung [10].

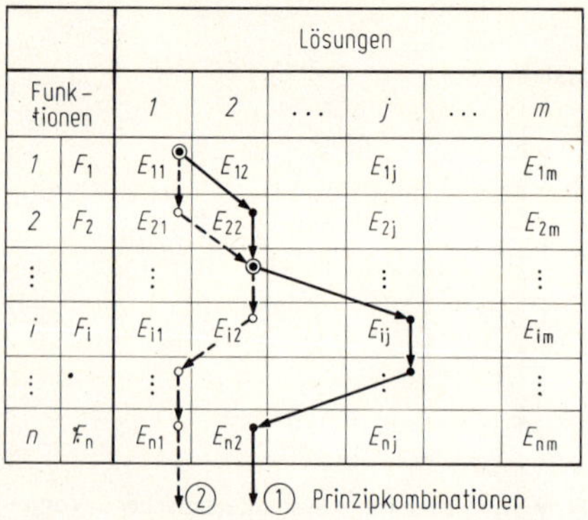

Bild 3-4. Kombinationsschema „Morphologischer Kasten“ [6].

Datenbanken, das Erkennen ganzheitlicher Zusammenhänge sowie das Einführen rationeller Arbeitsteilungen.

Während das Aufgliedern von Gesamtproblemen in Einzelprobleme das Finden von Teillösungen erleichtert, kann der anschließende Kombinationsprozeß, der die Teillösungen zur Gesamtlösung verknüpfen muß, Probleme hinsichtlich der Verträglichkeit der Teillösungen untereinander mit sich bringen. Als wichtiges Hilfsmittel hat sich das von Zwicky [11] als Morphologischer Kasten bezeichnete Kombinationsschema nach Bild 3-4 erwiesen, das die Teillösungen den zu erfüllenden Teilfunktionen in einem zweidimensionalen Ordnungsschema zuordnet.

In Bild 3-5 ist dieses Vorgehensprinzip der Problemaufgliederung und Lösungskombination auf den Ablauf einer Produktentwicklung übertragen (siehe 1.3). Dieses Vorgehen ist auch Grundlage für den Rechnereinsatz beim Entwicklungsprozeß, bei dem aus Datenbanken Einzel- oder Teillösungen abgerufen, bewertet und anschließend nach Verträglichkeitsregeln verknüpft werden.

Es gibt aber auch Aufgabenstellungen, bei denen eine Problemaufgliederung zu Beginn des Lösungsprozesses nicht hilfreich wäre, sondern zunächst die Erarbeitung eines ganzheitlichen Lösungskonzepts notwendig ist. Typisch hierfür sind Produkte, bei denen das *Industrial Design* eine besondere Bedeutung hat, z. B. Kraftfahrzeuge oder Haushaltsgeräte. Bei diesen hat die Konzeption des Gesamterscheinungsbildes einschließlich seiner ergonomischen Merkmale eine höhere Priorität als konstruktive Einzelheiten [12]. Industrial Design und methodische Problemlösung bedeuten keinen Gegensatz. Vielmehr setzt in diesem Fall eine methodische Problemaufgliederung und Lösungssuche erst nach Festlegung eines Gesamtentwurfs für das äußere Erscheinungsbild des Produkts ein.

3.1.4 Allgemeine Hilfsmittel

Literaturrecherchen in Fachbüchern, Fachzeitschriften, Patenten und Firmenunterlagen geben einen Überblick über den Stand der Technik und der Wettbewerber. Sie bieten darüber hinaus dem lösungssuchenden Konstrukteur neue Anregungen.

Durch *Analyse natürlicher Systeme* (Bionik, Biomechanik) kann man Formen, Strukturen, Organismen und Vorgänge der Natur erkennen und deren Prinzipien für technische Lösungen nutzen. Für die schöpferische Phantasie des Konstrukteurs kann die Natur viele Anregungen geben [13, 14].

Durch *Analyse bekannter technischer Systeme*, sei es des eigenen Unternehmens, sei es der Wettbewerber, kann man bewährte Lösungen auf neue Aufgabenstellungen übertragen sowie auch lohnende Weiterentwicklungen oder Lösungsvarianten erkennen [6].

Analogiebetrachtungen ermöglichen die Übertragung eines zu lösenden Problems oder zu realisierenden Systems auf ein analoges, gelöstes Problem

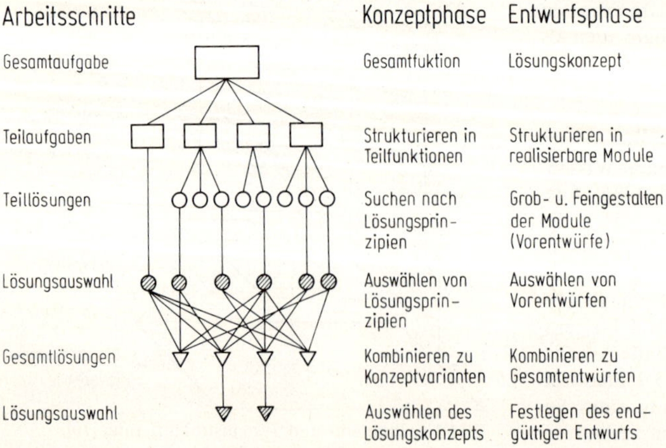

Bild 3-5. Arbeitsschritte des Aufgliederns, Kombinierens und Auswählens in der Konzept- und Entwurfsphase einer Produktentwicklung.

Tabelle 3-1. Heuristische Operationen

- Verallgemeinern, Assoziieren, Explorieren
- Definieren, Aktivieren, Aktualisieren
- Analysieren, Abstrahieren, Zergliedern
- Synthetisieren, Verbinden, Kombinieren
- Ordnen, Klassifizieren, Schematisieren
- Konkretisieren, Realisieren, Detaillieren
- Kontrollieren, Beurteilen, Vergleichen
- Aufnehmen, Speichern, Lernen, Erfassen
- Negieren, Ändern, Anpassen

bzw. realisiertes System. Insbesondere wird hiermit die Ermittlung oder Abschätzung der Systemeigenschaften sowie eine Simulation oder Modellierung erleichtert [6].

Messungen an ausgeführten Systemen und *Modellversuche* unter Ausnutzung der Ähnlichkeitsmechanik gehören zu den wichtigsten Informationsquellen des Konstrukteurs, um insbesondere von neuen Lösungen Eigenschaften zu ermitteln und schrittweise Weiterentwicklungen durchzuführen.

Heuristische Operationen nach Tabelle 3-1 erhöhen die Kreativität bei der Lösungssuche, insbesondere beim konventionellen Vorgehen durch den Menschen. Sie sind aber auch als Strategien bei der rechnerunterstützten Lösungssuche einsetzbar. Diese Operationen werden auch Kreativitätstechniken genannt und sind als Handwerkzeug zur methodischen Lösungssuche und zur Anleitung für ein Denken und Arbeiten in geordneter und effektiver Form aufzufassen. Sie tauchen deshalb auch bei speziellen Lösungs- und Vorgehensmethoden immer wieder auf [3].

3.2 Methoden des Konzipierens

Wenn man unter Konzipieren das Erarbeiten eines grundlegenden Lösungsprinzips oder Lösungskonzepts für eine Aufgabenstellung (Funktion) versteht (siehe 1.3, Bild 1-6), so sind die folgenden Methoden insbesondere zum Suchen prinzipieller Lösungen geeignet. Sie sind natürlich im Einzelfall auch für konkretere Gestaltungsaufgaben einsetzbar.

3.2.1 Intuitiv-betonte Methoden

Intuitiv-betonte Methoden nutzen gruppendynamische Effekte aus, mit denen die Intuition des Menschen durch gegenseitige Assoziationen zwischen den Partnern angeregt werden soll. Dabei wird unter Intuition ein einfallsbetontes, kaum beeinflußbares oder nachvollziehbares Vorgehen verstanden, das Lösungsideen aus dem Unterbewußtsein oder Vorbewußtsein hervorbringt. Man spricht auch von „primärer Kreativität" [15]. Die folgenden Methoden sind in [6] ausführlich beschrieben:

Bei der *Dialogmethode* diskutieren zwei gleichwertige Partner über eine Problemlösung, wobei in der Regel von einem ersten Lösungsansatz ausgegangen wird.

Beim *Brainstorming* findet eine Gruppensitzung mit möglichst interdisziplinärer Zusammensetzung ohne Hilfsmittel statt. Ideen sollen ohne Kritik und Bewertung geäußert werden, „Quantität geht vor Qualität".

Bei der *Synetik* werden während der Gruppensitzung zusätzlich Analogien aus nichttechnischen oder halbtechnischen Bereichen zur Ideenfindung genutzt.

Methode 635 ist eine Brainwriting-Methode, bei der 6 Teilnehmer in schriftlicher Form in 5 Runden je 3 Lösungsideen äußern, wobei die Vorschläge der vorangehenden Suchrunde den Teilnehmern bekannt sind und so ständig das Informationsniveau gesteigert wird.

Die *Galeriemethode* verbindet Einzelarbeit mit Gruppenarbeit derart, daß einzeln erarbeitete Lösungsvorschläge in Form von Skizzen der Gruppe in einer Art Galerie vorgelegt werden, um durch Diskussion dieser Lösungsvorschläge mit entsprechenden Assoziationen zu weiteren Lösungen oder Verbesserungen zu kommen, die dann aber wieder von den Gruppenmitgliedern einzeln erarbeitet werden sollen. Die Beurteilung und Selektion findet dann wieder in einer Gruppensitzung statt.

3.2.2 Diskursiv-betonte Methoden

Diskursiv-betonte Methoden ermöglichen Lösungen durch bewußt schrittweises, beeinflußbares und dokumentierbares Vorgehen („Sekundäre Kreativität" [15]).

Bei der *systematischen Untersuchung des physikalischen Geschehens* werden aus einer bekannten physikalischen Beziehung (einem physikalischen Effekt) mit mehreren physikalischen Größen verschiedene Lösungen dadurch abgeleitet, daß man die Beziehung zwischen einer abhängigen und einer unabhängigen Veränderlichen analysiert, wobei alle übrigen Einflußgrößen konstant gehalten werden. Eine weitere Möglichkeit besteht darin, bekannte physikalische Wirkungen in Einzeleffekte zu zerlegen und für diese nach Realisierung zu suchen [16].

Eine *systematische Suche mit Hilfe von Ordnungsschemata* geht davon aus, daß ein Ordnungsschema (z. B. als zweidimensionale Tabelle) zum Suchen nach weiteren Lösungen in bestimmten Richtungen anregt, andererseits das Erkennen wesentlicher Lösungsmerkmale und entsprechender Verknüpfungsmöglichkeiten erleichtert. Ausgangspunkt sind eine oder mehrere bekannte Lösungen, die nach ordnenden Gesichtspunkten oder unterscheidenden Merkmalen gekennzeich-

Gliederungsgesichtspunkte 1	2	3 usw.	Lösungen oder Elemente		Auswahlmerkmale 1	2	3 usw.
1	1.1	1.1.1	Anordnungsbeispiele, Gleichungen, Schaubilder	1	Beurteilung oder Beschreibung der Lösungen oder Elemente		
		1.1.2		2			
	1.2	1.2.1		3			
		1.2.2		4			
		1.2.3		5			
		1.2.4		6			
2	2.1	2.1.1		7			
		2.1.2		8			
		2.1.3		9			
	usw.	usw.		10			

Bild 3-6. Aufbau von Konstruktionskatalogen [17].

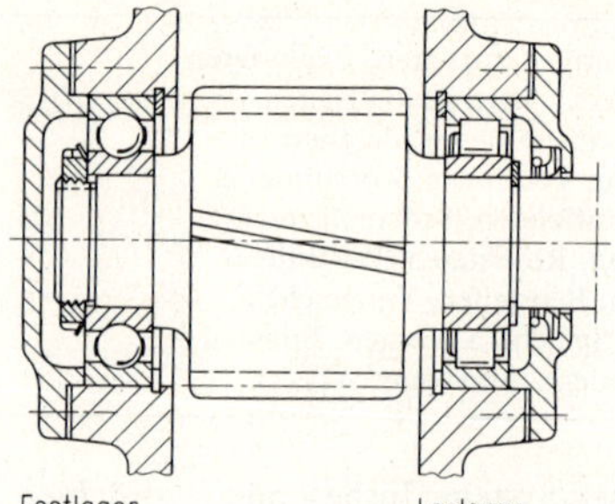

Bild 3-7. Eindeutige Lagerung einer Welle durch Fest- und Loslager (nach Werkbild SKF).

net werden. Solche Ordnungsgesichtspunkte bzw. Variationsmerkmale sind z. B. die Energiearten sowie die wirkstrukturellen Merkmale Wirkgeometrie, Wirkbewegung und Stoffart (siehe Bild 2-8). Ein solches Ordnungsschema ist auch der Morphologische Kasten nach Zwicky (siehe Bild 3-4).

Durch *Verwendung von Konstruktionskatalogen* als Sammlungen bekannter und bewährter Lösungen unterschiedlicher Konkretisierungs- und Komplexitätsgrade kommt der Konstrukteur schnell zu Lösungsvorschlägen, die aber häufig noch weiterentwickelt oder angepaßt werden müssen [17]. Wichtig ist die Zuordnung von Auswahlmerkmalen im Zugriffsteil eines Katalogs, um die Eignung einer Lösung zur Realisierung einer geforderten Funktion (Aufgabe) zu erkennen, Bild 3-6. Kataloge und Datenbanken sind naturgemäß auch bei der Suche nach Gestaltungsmöglichkeiten in der Entwurfsphase einer Produktentwicklung wichtige Arbeitsmittel.

3.3 Methoden der Gestaltung

Das Gestalten (Grobgestalten, Feingestalten) beim Entwurf eines Produktes (siehe 1.3) erfordert zunächst die Anwendung von Mechanik und Festigkeitslehre (E 5–E 6), Strömungsmechanik (E 7–E 10) und weiterer Fachgebiete.

Die folgenden Methoden und Regeln sind dagegen Empfehlungen und Strategien für den Konstrukteur, mit denen er ohne aufwendige Berechnungs- und Optimierungsverfahren die Voraussetzungen für eine gute Konstruktion legen kann [6].

3.3.1 Grundregeln der Gestaltung

Die Beachtung der Grundregeln
- Eindeutigkeit,
- Einfachheit und
- Sicherheit

führt zur eindeutigen Erfüllung der technischen Funktion, zu ihrer wirtschaftlichen Realisierung und zu Sicherheit für Mensch und Umwelt.

Die Beachtung der *Eindeutigkeit* hilft, Wirkung und Verhalten von Strukturen zuverlässig vorauszusagen. Bild 3-7 zeigt als Beispiel das bekannte Lagerungsprinzip „Festlager - Loslager“, das die thermische Wellenausdehnung beherrscht und eine eindeutige axiale Fixierung der Welle ergibt.

Einfachheit ergibt normalerweise eine wirtschaftliche Lösung.

Die Forderung nach *Sicherheit* zwingt zur konsequenten Gestaltung hinsichtlich Haltbarkeit, Zuverlässigkeit, Unfallfreiheit und Umweltschutz. Dem Konstrukteur stehen hierbei die Prinzipien der unmittelbaren Sicherheitstechnik („Sicheres Bestehen“, „Beschränktes Versagen“, „Redundante Anordnungen“) und der mittelbaren Sicherheitstechnik (Schutzsysteme, Schutzeinrichtungen) zur Verfügung [6]. Bild 3-8 zeigt die wesentlichen Bereiche der Sicherheit.

Das *Prinzip des sicheren Bestehens* (Safe-life-Verhalten) stellt sicher, daß alle Bauteile und ihr Zusammenhang im Produkt die vorgesehene Beanspruchung und Einsatzzeit ohne ein Versagen oder eine Störung überstehen.

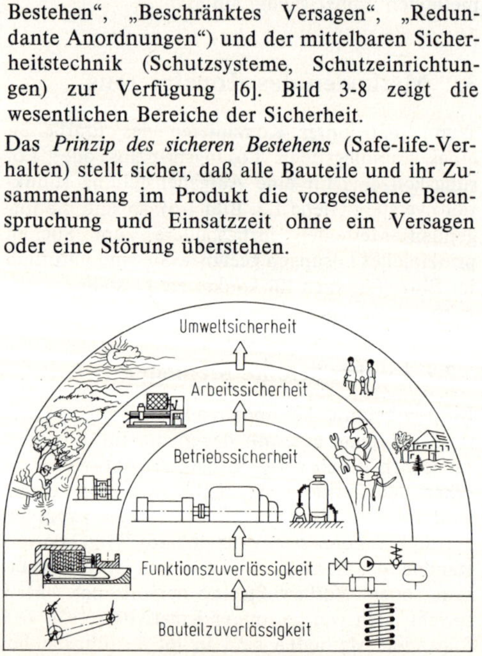

Bild 3-8. Bereiche der Sicherheit [6].

Das *Prinzip des beschränkten Versagens* (Fail-safe-Verhalten) läßt während der Einsatzzeit eine Funktionsstörung oder einen Schaden zu, ohne daß es dabei zu schweren Folgeschäden kommen darf.

Das *Prinzip der redundanten Anordnung* erhöht die Sicherheit, indem Reserveelemente bei Ausfall des regulären Elements die volle oder eingeschränkte Funktion übernehmen. Bei aktiver Redundanz beteiligen sich Normalelemente und Reserveelemente aktiv an der Funktionserfüllung, bei passiver Redundanz steht das Reserveelement im Normalbetrieb nur in Reserve. Prinzipredundanz liegt vor, wenn Normalelement und Reserveelement auf unterschiedlichen Wirkprinzipien beruhen. Redundante Elemente können in Parallel-, Serien-, Quartett-, Quartett-Kreuz-, 2-aus-3- und Vergleichsredundanz geschaltet werden.

3.3.2 Gestaltungsprinzipien

Allgemein anwendbare Gestaltungsprinzipien stellen Strategien zur optimalen Auslegung und Anordnung von Baustrukturen dar. Sie sind aber nicht in jedem Fall zweckmäßig, sondern müssen auf die speziellen Anforderungen einer Gestaltungsaufgabe abgestimmt werden [6].

Prinzipien der Kraftleitung dienen einer gleichen Gestaltfestigkeit, der wirtschaftlichen und beanspruchungsgünstigen Führung des Kraft- oder Leistungsflusses, der Abstimmung der Bauteilverformungen sowie einem Kraftausgleich:

— *Gleiche Gestaltfestigkeit* strebt über die geeignete Wahl von Werkstoff und Gestalt von Bauteilen eine überall gleich hohe Ausnutzung der Festigkeit an.

— Das *Prinzip der direkten und kurzen Kraftleitung* wählt den direkten und kürzesten Kraft-(Momenten)leitungsweg mit vorzugsweise Zug-/Druckbeanspruchung, um die Verformung klein zu halten und den Werkstoffaufwand durch gleichmäßige Spannungsverteilung zu senken.

— Das *Prinzip der gewollten großen Verformung* wählt dagegen einen langen Kraftleitungsweg und eine bewußt ungleichmäßige Spannungsverteilung über den Querschnitt, damit also vorzugsweise Biege- und Torsionsbeanspruchung. Bild 3-9 erläutert diese Verhältnisse bei der Abstützung eines Maschinenrahmens an Hand der Federkennlinien der Varianten.

— Das *Prinzip der abgestimmten Verformungen* gestaltet bei Fügeverbindungen die beteiligten Bauteile so, daß unter Last eine weitgehende Anpassung ihrer Verformungen erfolgt, was durch gleichgerichtete und gleichgroße Verformungen erreicht wird. Bild 3-10 zeigt als Beispiel eine drehmomentbelastete Welle-Nabe-Verbindung in günstiger und ungünstiger Gestaltung, Bild 3-11 die Möglichkeiten einer Verformungsabstimmung bei Kranlaufwerken, ohne die ein Schieflauf der Laufwerke eintreten würde.

— Das *Prinzip des Kraftausgleichs* sucht mit Ausgleichselementen oder durch eine symmetrische Anordnung die die Funktionshauptgrößen begleitenden Nebengrößen auf möglichst kleine Zonen zu beschränken, damit Bauaufwand und Energieverluste möglichst gering bleiben. Beispiel: Bild 3-12.

Das *Prinzip der Aufgabenteilung* ermöglicht durch Zuordnung von Bauteilen oder Baugruppen,

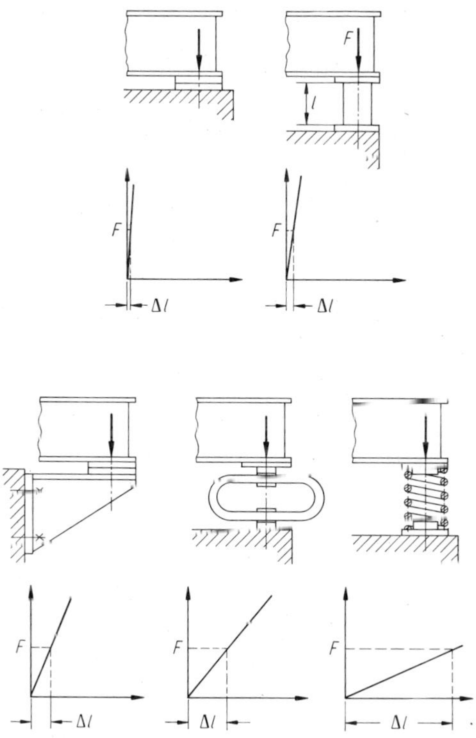

Bild 3-9. Abstützung eines Maschinenrahmens mit unterschiedlichen Steifigkeiten [6].

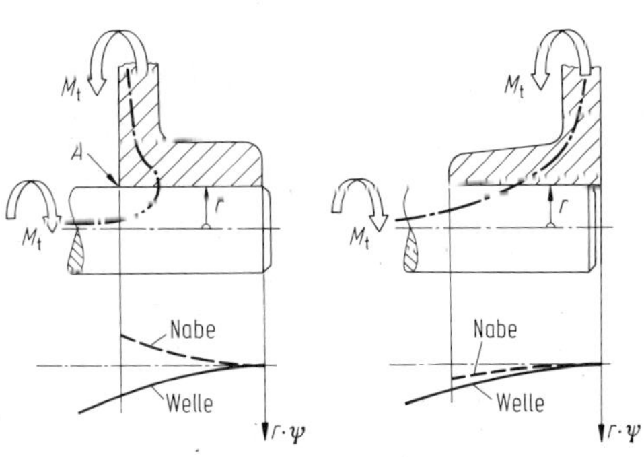

Bild 3-10. Welle-Nabe-Verbindungen mit unterschiedlicher Kraftflußumlenkung [6].

Werkstoffen oder sonstigen Konstruktionselementen zu einzelnen Teilfunktionen eines Lösungskonzepts ein eindeutiges und sicheres Verhalten dieser Funktionsträger, eine bessere Materialausnutzung und eine höhere Leistungsfähigkeit. Dieses Prinzip einer „Differentialbauweise“ steht damit im Gegensatz zur in der Regel kostengünstigeren „Integralbauweise“. Die Zweckmäßigkeit der Anwendung ist im Einzelfall zu überprüfen. Bild 3-13 zeigt als Beispiel eine Festlageranordnung, bei der die Radialkräfte durch ein Rollenlager und die Axialkräfte durch ein Rillenkugellager übertragen werden. Diese Anordnung ist bei hohen Belastungen der sonst üblichen Ausführung mit nur einem Rillenkugellager, das gleichzeitig die Radial- und Axialkräfte überträgt, überlegen.

Man wendet das Prinzip der Aufgabenteilung auch zur Aufteilung von Belastungen auf mehrere gleiche Übertragungselemente an, wenn bei nur einem Übertragungselement die Grenzbelastung überschritten würde. Beispiele hierfür sind leistungsverzweigte Mehrweggetriebe und Keilriemengetriebe mit mehreren parallelen Keilriemen.

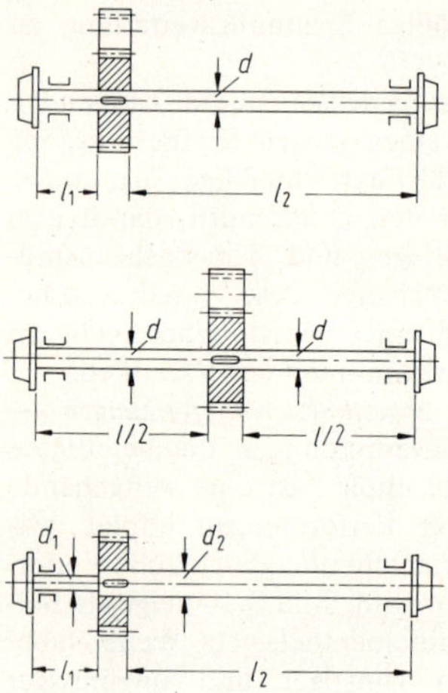

Bild 3-11. Verformungsabstimmung beim Antrieb von Kranlaufwerken [6].

Das *Prinzip der Selbsthilfe* führt durch geeignete Wahl und Anordnung von Komponenten in einer Baustruktur zu einer wirksamen gegenseitigen Unterstützung, die hilft, eine Funktion besser, sicherer und wirtschaftlicher zu erfüllen [18]. Dabei kann eine selbstverstärkende und selbstausgleichende Wirkung bei Normallast und eine selbstschützende Wirkung bei Überlast ausgenutzt werden. Bild 3-14 zeigt die *selbstverstärkende* Lösung eines Verschlusses bei Druckbehältern, bei der die Dichtkraft des Deckels durch den Innendruck des Behälters proportional erhöht wird. Eine *selbstausgleichende* Lösung liegt vor bei der schief eingespannten Schaufel eines Strömungsmaschinenläufers, bei der das Fliehkraftmoment das von der Umfangskraft herrührende Biegemoment ausgleicht, Bild 3-15. Eine *selbstschützende* Lösung schützt ein Element vor Überbeanspruchung

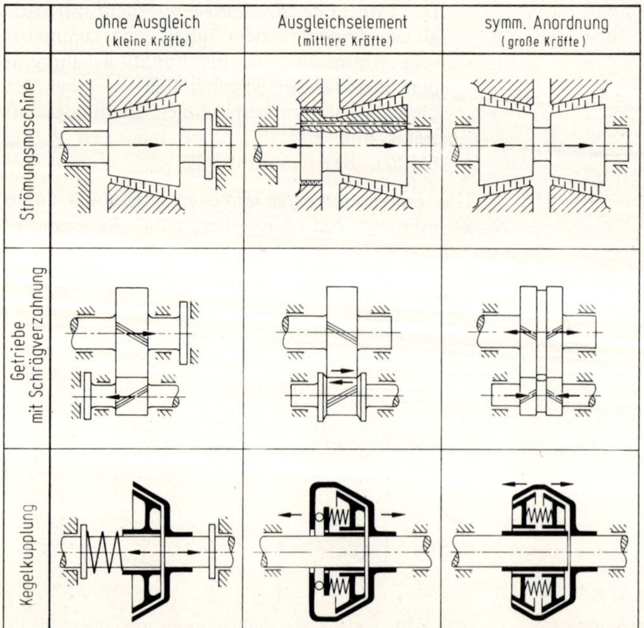

Bild 3-12. Möglichkeiten des Kraftausgleichs bei unterschiedlichen Maschinen [6].

durch Änderung der Beanspruchungsart bei Einschränkung der Funktionsfähigkeit, wie Bild 3-16 am Beispiel von Federn zeigt.

Das *Prinzip der Stabilität* hat zum Ziel, daß Störungen eine sie selbst aufhebende kompensierende oder mindestens abschwächende Wirkung hervorrufen. Bild 3-17 zeigt dieses Prinzip an einer Ausgleichskolbendichtung, die bei Erwärmung (Störung) entweder anschleift (labile Lösung) oder sich von der Gegenwirkfläche abhebt (stabile Lösung).

Mit dem *Prinzip der Bistabilität* erzielt man durch eine gewollte Störung Wirkungen, die die Störung so unterstützen und verstärken, daß bei Erreichen

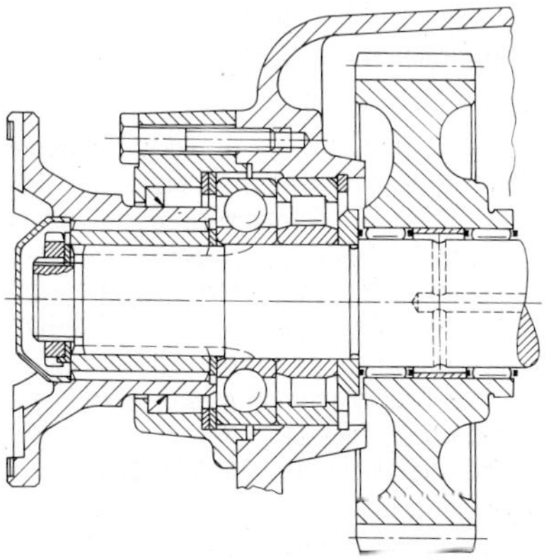

Bild 3-13. Festlager mit Trennung der Radial- und Axialkraftübernahme [6].

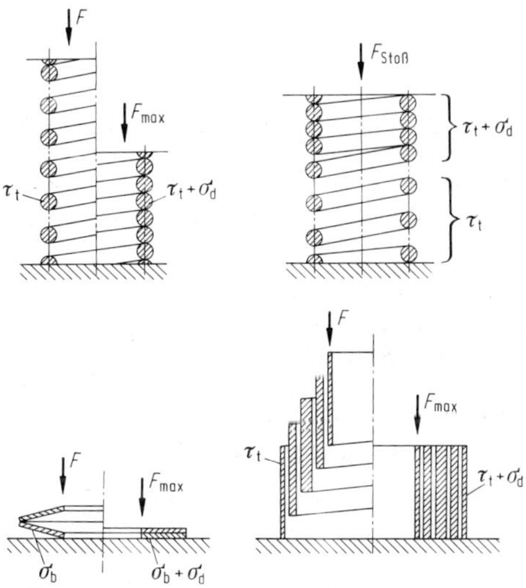

Bild 3-16. Selbstschützende Federn [6].

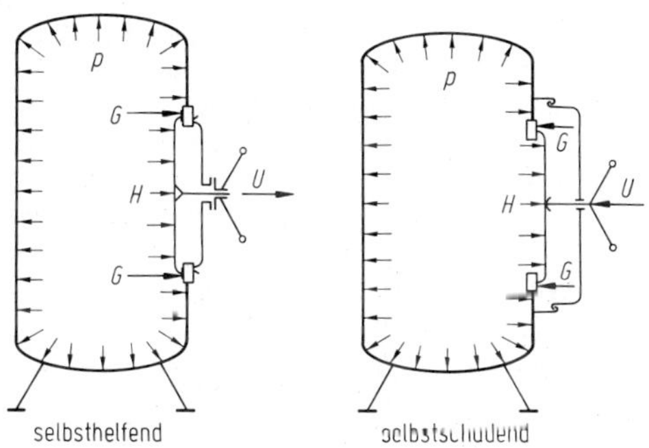

Bild 3-14. Selbstverstärkender Verschluß eines Druckbehälters [18].

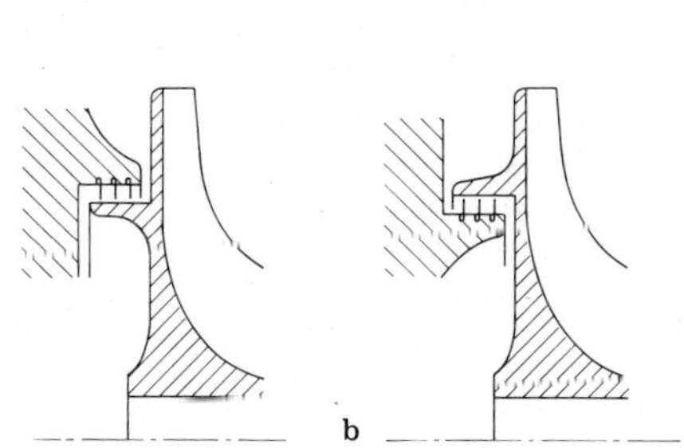

Bild 3-17. Ausgleichskolbendichtung an einem Turboladerrad [19]; **a** wärmelabil, **b** wärmestabil.

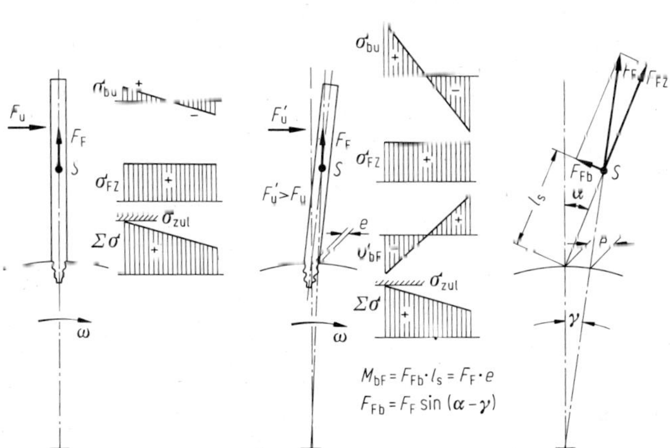

Bild 3-15. Selbstausgleichende Schaufeleinspannung bei Strömungsmaschinen [6]; **a** konventionelle, **b** selbstausgleichende Lösung, **c** Kräftediagramm.

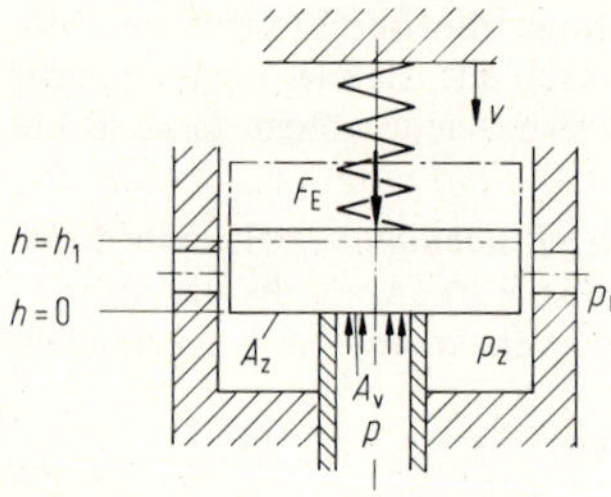

Bild 3-18. Bistabil öffnendes Ventil [6].

eines Grenzzustandes ein neuer deutlich unterschiedlicher Zustand ohne unerwünschte Zwischenzustände erreicht wird. Das Prinzip dient damit auch der Eindeutigkeit einer Wirkstruktur. Bild 3-18 zeigt dieses Prinzip an einem Sicherheitsventil, das schnell von dem geschlossenen Grenzzustand in den geöffneten Grenzzustand kommen soll (durch schlagartige Vergrößerung der Druckfläche A_v zu A_z nach Anheben des Ventiltellers).

3.3.3 Gestaltungsrichtlinien

Die folgenden Gestaltungsrichtlinien sind Empfehlungen für den Konstrukteur, die er beachten sollte, um den allgemeinen und speziellen Zielsetzungen einer Aufgabenstellung gerecht zu werden (siehe 2.5). Eine ausführliche Beschreibung dieser Gestaltungsrichtlinien ist in [6] zu finden.

Beanspruchungsgerecht gestalten bedeutet, zunächst für die äußeren Belastungen, die am Bauteil angreifen, vgl. D 8, die Längs- und Querkräfte, Biege- und Drehmomente, die durch diese entstehenden Normalspannungen als Zug- und Druckspannungen sowie Schubspannungen als Scher- und Torsionsspannungen (Spannungsanalyse) und die elastischen und/oder plastischen Verformungen (Verformungsanalyse) zu berechnen. Diesen Beanspruchungen werden die für den Belastungsfall gültigen Werkstoffgrenzwerte unter Beachten von Kerbwirkungen, Oberflächen- und Größeneinflüssen mit Hilfe von Festigkeitshypothesen gegenübergestellt, um die Sicherheit gegen Versagen ermitteln oder Lebensdauervorhersagen machen zu können. Dabei ist nach dem Prinzip der *gleichen Gestaltfestigkeit* anzustreben, daß alle Gestaltungszonen etwa gleich hoch ausgenutzt werden (siehe 3.3.2).

Schwingungsgerecht gestalten bedeutet, auftretende Eigenfrequenzen (Resonanzgebiete) zu beachten bzw. durch konstruktive Maßnahmen hinsichtlich Steifigkeiten und Massenanordnung so zu verändern, daß Maschinenschwingungen und Geräusche beim Betrieb minimiert werden (vgl. E 4).

Ausdehnungsgerecht gestalten heißt, thermisch und spannungsbedingte Bauteilausdehnungen, insbesondere Relativausdehnungen zwischen Bauteilen, so durch Führungen aufzunehmen und durch Werkstoffwahl auszugleichen (siehe Bild D 9-13 und Tabelle D 9-6), daß keine Eigenspannungen, Klemmungen oder sonstige Zwangszustände entstehen, wodurch die Tragfähigkeit der Strukturen herabgesetzt würde. Führungen sind in der Ausdehnungsrichtung oder in der Symmetrielinie des thermisch oder mechanisch bedingten Verzerrungszustandes des Bauteils anzuordnen.
Bei instationären Temperaturveränderungen sind die thermischen Zeitkonstanten benachbarter Bauteile anzugleichen, um Relativbewegungen zwischen diesen zu vermeiden [6].

Kriechgerecht gestalten heißt, die zeitabhängige plastische Verformung einzelner Werkstoffe, insbesondere bei höheren Temperaturen oder von Kunststoffen, durch Werkstoffauswahl und Gestaltung zu berücksichtigen, z. B. einen Spannungsabbau (Relaxation) bei verspannten Systemen (Schraubenverbindungen, Preßverbindungen) durch elastische Nachgiebigkeitsreserven weitgehend zu vermeiden (vgl. D 9.2.4). Durch Belastungs- und Temperaturhöhe, Werkstoffwahl und Beanspruchungszeit ist der Bereich des tertiären Kriechens zu vermeiden [6].

Korrosionsgerecht gestalten heißt, die Ursachen bzw. Voraussetzungen für die einzelnen Korrosionsarten zu vermeiden (Primärmaßnahmen) oder durch Werkstoffauswahl, Beschichtungen oder sonstige Schutz- bzw. Instandhaltungsmaßnahmen (Sekundärmaßnahmen) die Korrosionserscheinungen in zulässigen Grenzen zu halten (vgl. D 10.4) [21]. Bild 3-19 zeigt konstruktive Möglichkeiten zum Vermeiden von Feuchtigkeitssammelstellen, Bild 3-20 von Spaltkorrosionsstellen.

Verschleißgerecht gestalten heißt, durch tribologische Maßnahmen im System Werkstoff, Oberfläche, Schmierstoff die für den Betrieb erforderli-

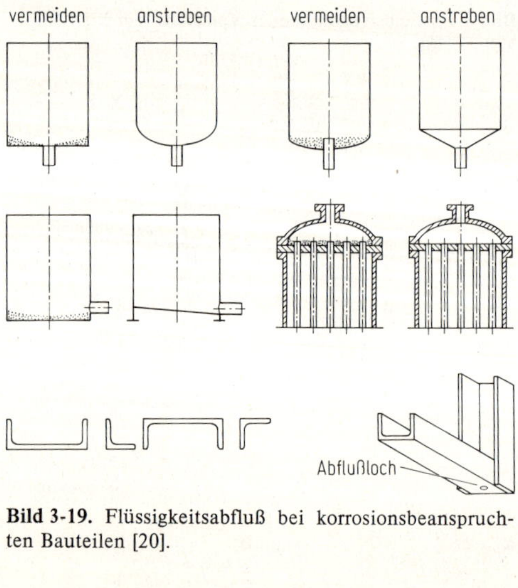

Bild 3-19. Flüssigkeitsabfluß bei korrosionsbeanspruchten Bauteilen [20].

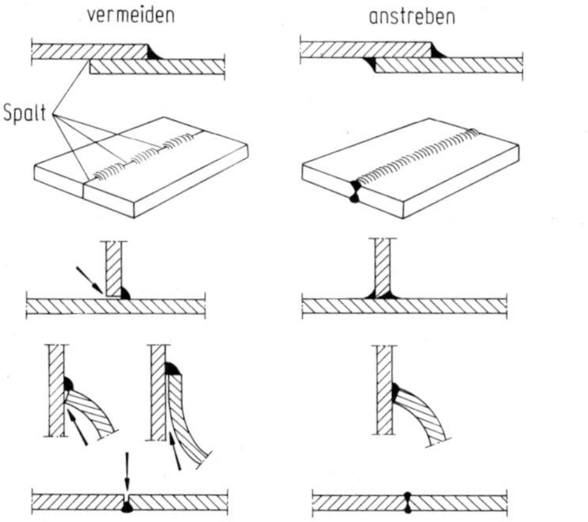

Bild 3-20. Beispiele für hinsichtlich Spaltkorrosion ungünstig und günstig gestaltete Schweißverbindungen [20].

chen Relativbewegungen zwischen Bauteilen möglichst verschleißarm aufzunehmen. Dabei können Verbundkonstruktionen mit hochfesten Randschichten und gestaltgebenden Basiswerkstoffen eine wirtschaftliche Lösung sein (vgl. D 10.6) [22].

Ergonomiegerecht gestalten heißt, die für den Produktgebrauch wesentlichen Eigenschaften, Fähigkeiten und Bedürfnisse des Menschen zu berücksichtigen. Dabei spielen biomechanische, physiologische und psychologische Aspekte eine Rolle. Man muß ferner zwischen einem aktiven Beitrag des Menschen (z. B. bei der Produktbedienung) und einem passiven Betroffensein (Rück- und Nebenwirkungen durch das Produkt) unterscheiden [23].

Formgebungsgerecht (Industrial Design [12, 24]) gestalten heißt, zu berücksichtigen, daß insbesondere Gebrauchsgegenstände nicht nur einer reinen Zweckerfüllung dienen, sondern auch ästhetisch ansprechen sollen. Das gilt vor allem für das Aussehen (Form, Farbe und Beschriftung).

Fertigungsgerecht gestalten heißt, den bedeutenden Einfluß konstruktiver Entscheidungen auf Fertigungskosten, Fertigungszeiten und Fertigungsqualitäten zu erkennen und bei der Bauteiloptimierung zu berücksichtigen [6]. Zur fertigungsgünstigen Gestaltung von Teilen (Werkstücken) müssen dem Konstrukteur die Eigenschaften der Fertigungsverfahren und die speziellen Gegebenheiten der jeweiligen Fertigungsstätte (Eigen- oder Fremdfertigung) bekannt sein. Tabelle 3-2 zeigt das Beziehungsfeld zwischen Konstruktion und Fertigung, aus dem die Einflußmöglichkeiten des Konstrukteurs auf die Fertigung erkennbar sind.

Tabelle 3-2. Beziehungsfeld zwischen Konstruktions- und Fertigungsbereich nach [6]

	Konstruktionsbereich	Fertigungsbereich
Baustruktur:	Baugruppengliederung Werkstücke Zukaufteile Normteile Füge- und Montagestellen Transporthilfen Qualitätskontrollen	Fertigungsablauf Montage- und Transportmöglichkeiten Losgröße der Gleichteile Anteil Eigen-/Fremdfertigung Qualitätskontrolle
Werkstückgestaltung:	Form und Abmessungen Oberflächen Toleranzen Passungen an Fügestellen	Fertigungsverfahren Fertigungsmittel, Werkzeuge Meßzeuge Eigen-/Fremdfertigung Qualitätskontrolle
Werkstoffwahl:	Werkstoffart Nachbehandlung Qualitätskontrollen Halbzeuge technische Lieferbedingungen	Fertigungsverfahren Fertigungsmittel, Werkzeuge Materialwirtschaft (Einkauf, Lager) Eigen-/Fremdfertigung Qualitätskontrolle
Standard- und Fremdteile:	Wiederholteile Normteile Zukaufteile	Einkauf Lagerhaltung Lagerfertigung
Fertigungsunterlagen:	Werkstattzeichnungen Stücklisten Rechnerintern gespeicherte Geometrie- und Technologiedaten Montageanweisungen Prüfanweisungen	Auftragsabwicklung Fertigungsplanung Fertigungssteuerung Qualitätskontrolle CAM, CAP/CAQ, CIM

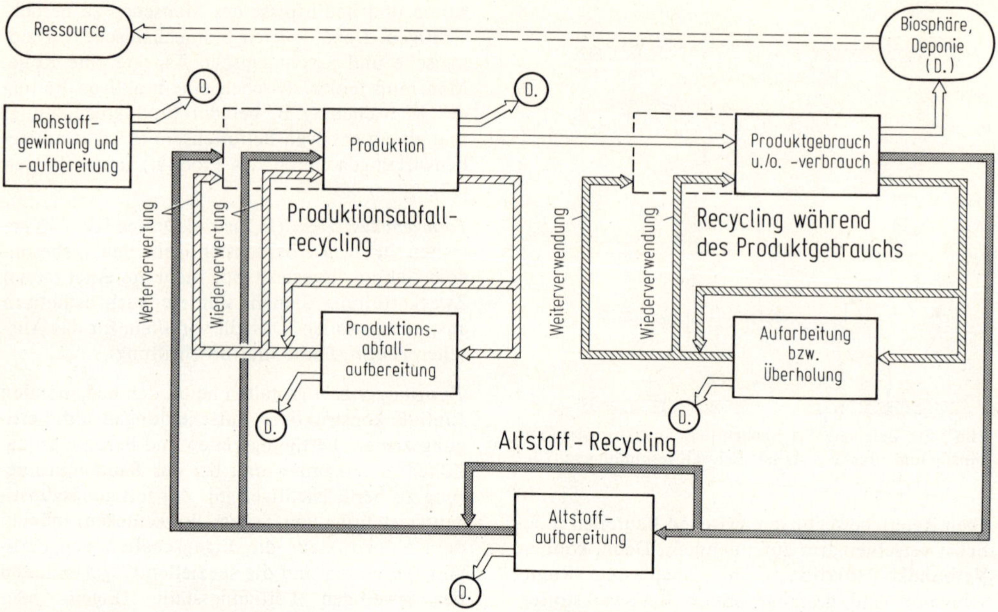

Bild 3-21. Recyclingmöglichkeiten [25].

Montagegerecht gestalten heißt, die erforderlichen Montageoperationen durch eine geeignete Baustruktur sowie durch die Gestaltung der Fügestellen und Fügeteile zu reduzieren, zu vereinfachen, zu vereinheitlichen und zu automatisieren [6].
Bei den Gestaltungsmaßnahmen zur Vereinfachung der Teilefertigung wie auch der Montage müssen Gesichtspunkte der Prüfung und Fertigungskontrolle beachtet werden: *Qualitätsgerecht* gestalten.

Normgerecht gestalten heißt, die aus sicherheitstechnischen, gebrauchstechnischen und wirtschaftlichen Gründen erforderlichen Normen und sonstigen technischen Regeln als anerkannte Regeln der Technik im Interesse von Hersteller und Anwender zu beachten (siehe 5.3).

Transport- und verpackungsgerecht gestalten heißt, bei Großmaschinen die Transportmöglichkeiten, bei Serienprodukten die genormten Verpackungs- und Ladeeinheiten (Container, Paletten) zu berücksichtigen [6].

Recyclinggerecht gestalten heißt, die Eigenschaften von Aufbereitungs- und Aufarbeitungsverfahren zu kennen und ihren Einsatz durch die Baugruppen- und Bauteilgestaltung (Form, Fügestellen, Werkstoffe) zu unterstützen. Dabei dienen aufarbeitungsfreundliche konstruktive Maßnahmen (erleichterte Demontage und Remontage, Reinigung, Prüfung sowie Nachbearbeitungs- oder Austauschfreundlichkeit) zugleich einer *instandhaltungsgerechten* Gestaltung (Inspektion, Wartung, Instandsetzung). Bild 3-21 zeigt die Recyclingmöglichkeiten für materielle Produkte, an denen sich konstruktive Maßnahmen zur Recycling-Erleichterung orientieren müssen [25-28].

3.4 Baustrukturen

3.4.1 Baureihen

Unter einer Baureihe versteht man eine Gruppe technischer Produkte, die *dieselbe* Funktion mit der *gleichen* Lösung in *mehreren* Größenstufen mit weitgehend *gleicher* Fertigung erfüllen. Das Prinzip der Baureihe dient der wirtschaftlichen Realisierung eines Bereichs von Abmessungen und Eigenschaften eines Produkts.

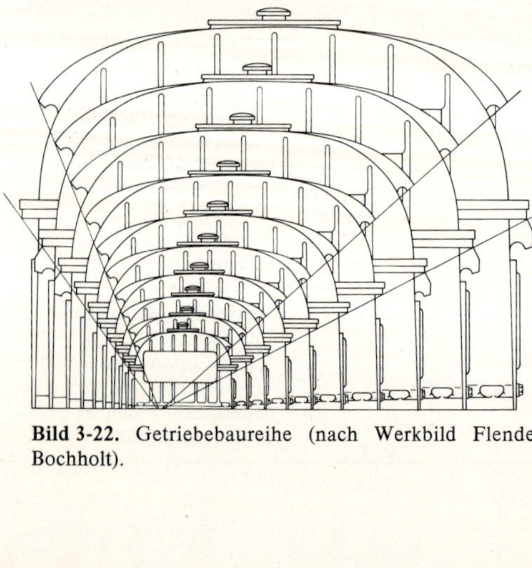

Bild 3-22. Getriebebaureihe (nach Werkbild Flender, Bochholt).

Die Baureihenentwicklung geht vom „Grundentwurf“ aus und leitet von diesem für die gewünschten Baugrößen „Folgeentwürfe“ ab. Bild 3-22 zeigt als Beispiel eine Getriebebaureihe in der Darstellung als Strahlenfigur, aus der die geometrische Ähnlichkeit hervorgeht.

Hilfsmittel:

- Dezimalgeometrische Normzahlenreihen, Tabelle 3-3.
- Ähnlichkeitsgesetze zur Ableitung von Kenngrößen der Folgeentwürfe aus dem Grundentwurf [6]. Man unterscheidet geometrisch *ähnliche* Baureihen (alle drei Koordinaten verändern sich mit dem gleichen Stufensprung) und geometrisch *halbähnliche* Baureihen (die drei Koordinaten weichen in ihren Stufensprüngen voneinander ab). Letztere werden häufig wegen des Wirksamwerdens mehrerer Ähnlichkeitsgesetze, wegen übergeordneter Forderungen aus der Aufgabenstellung und aus wirtschaftlichen Erfordernissen der Fertigung notwendig.

Tabelle 3-3. Normzahlreihen, DIN 323

Hauptwerte				Genaue Werte
Grundreihen				
R 5	R 10	R 20	R 40	
1,00	1,00	1,00	1,00	1,000 0
			1,06	1,059 3
		1,12	1,12	1,122 0
			1,18	1,188 5
	1,25	1,25	1,25	1,258 9
			1,32	1,333 5
		1,40	1,40	1,412 5
			1,50	1,496 2
1,60	1,60	1,60	1,60	1,584 9
			1,70	1,678 6
		1,80	1,80	1,778 3
			1,90	1,843 6
	2,00	2,00	2,00	1,995 3
			2,12	2,113 5
		2,24	2,24	2,234 7
			2,36	2,371 4
2,50	2,50	2,50	2,50	2,511 9
			2,65	2,660 7
		2,80	2,80	2,818 4
			3,00	2,905 4
	3,15	3,15	3,15	3,162 3
			3,35	3,349 7
		3,55	3,55	3,548 1
			3,75	3,75[illegible]
4,00	4,00	4,00	4,00	3,981 1
			4,25	4,217 0
		4,50	4,50	4,466 8
			4,75	4,731 5
	5,00	5,00	5,00	5,011 9
			5,30	5,304 4
		5,60	5,60	5,623 4
			6,00	5,956 6
6,30	6,30	6,30	6,30	6,309 6
			6,70	6,683 4
		7,10	7,10	7,079 5
			7,50	7,498 9
	8,00	8,00	8,00	7,943 3
			8,50	8,414 0
		9,00	9,00	8,912 5
			9,50	9,440 6

3.4.2 Baukästen

Unter einem Baukasten versteht man technische Produkte (Maschinen und Baugruppen), die mit *Bausteinen* oft unterschiedlicher Art durch deren Kombination *verschiedene Gesamtfunktionen* bzw. Funktionsstrukturen ermöglichen.
Die wirtschaftliche Realisierung von Funktionsvarianten erfolgt durch Auflösung der Funktionsstruktur in Grund-, Hilfs-, Sonder-, Anpaß- und auftragsspezifische Funktionen bzw. der Baustruktur in Grund-, Hilfs-, Sonder-, Anpaß- und Nichtbausteine sowie deren unterschiedliche Kombination Bild 3-23.
Tabelle 3-4 enthält weitere Begriffe der Baukastensystematik. Bild 3-24 zeigt als typisches Beispiel für ein geschlossenes Baukastensystem einen Getriebebaukasten, Bild 3-25, als Beispiel für offene Systeme, einen Baukasten aus der Fördertechnik.
Die Baukastentechnik ist in allen Branchen ein weitverbreitetes Konstruktionsprinzip, das eine vom Markt erwartete Variantenfülle rationell bereitstellt. Für den Entwurf eines wirtschaftlichen Baukastensystems müssen jedoch die Marktanforderungen genau bekannt sein.

3.4.3 Differentialbauweise

Unter Differentialbauweise versteht man die Auflösung eines Einzelteils (Träger eines oder mehrerer Funktionen) in mehrere fertigungstechnisch und kostenmäßig günstigere Werkstücke (Prinzip der fertigungsgerechten Teilung). Sie kann damit als fertigungsorientierte Ausprägung der Baustein- oder Baukastentechnik betrachtet werden und unterstützt somit auch die wirtschaftliche Realisierung von funktionsorientierten Baukastensystemen. Sie ist ferner bei Baureihenkonstruktionen nützlich und entspricht dem Prinzip der Aufgabenteilung. Bild 3-26 zeigt einen Maschinenläufer, der entweder als Schmiedestück oder als Plattenkonstruktion (in Differentialbauweise) gestaltet werden kann. Letztere erlaubt nicht nur eine rationelle Fertigung aus handelsüblichen Platten, sondern auch die Realisierung unterschiedlicher Läuferlängen durch Zwischenschalten weiterer Platten.

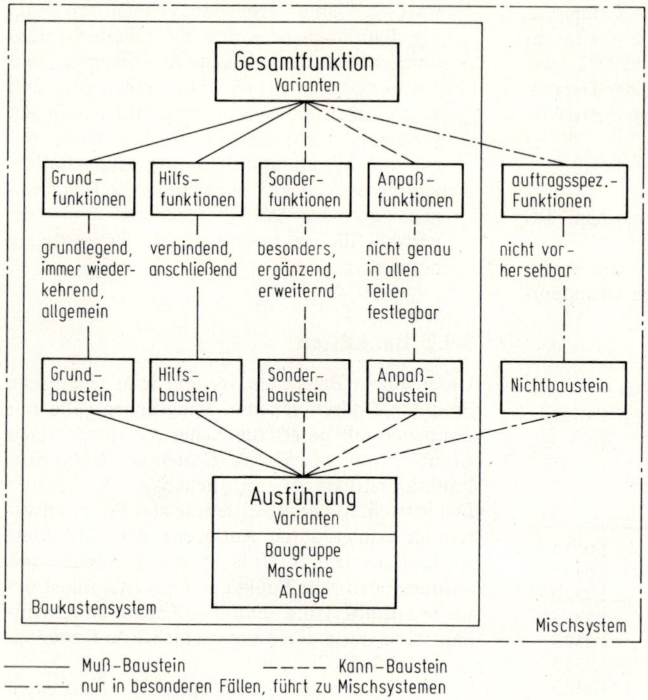

Bild 3-23. Funktions- und Bausteinarten bei Baukasten- und Mischsystemen [6].

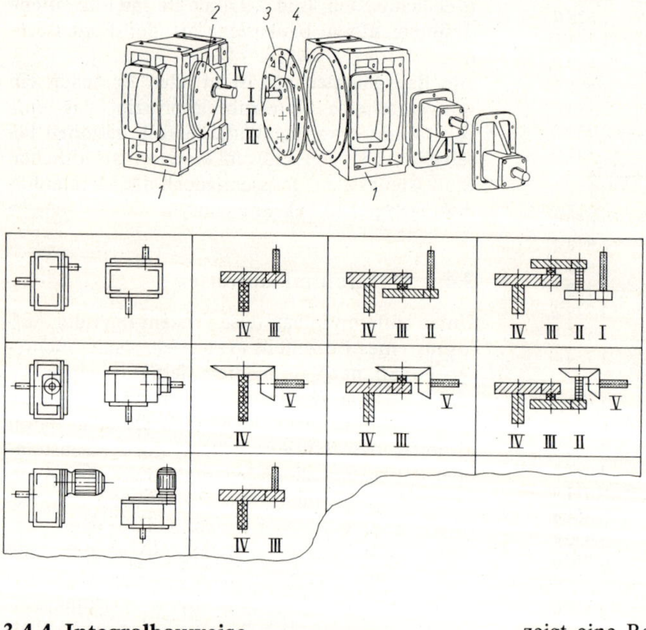

Bild 3-24. Getriebebaukasten „Hansen-Patent" [6].

3.4.4 Integralbauweise

Unter Integralbauweise wird das Vereinigen mehrerer Einzelteile zu einem komplexeren Werkstück verstanden (z. B. Guß- und Schmiedekonstruktionen statt Schweißkonstruktionen, Strangpreßprofile statt gefügter Normprofile). Bild 3-27 zeigt eine Radlagerung eines Kraftfahrzeugs, bei der das bisher übliche zweireihige Schrägkugellager durch ein zweireihiges Rillenkugellager ersetzt wurde, dessen Innen- und Außenringe in die Radnabe bzw. Felge integriert wurden.

Wann die Differential- oder die Integralbauweise günstiger ist, hängt im Einzelfall von der Stück-

Tabelle 3-4. Begriffe der Baukastensystematik nach [6]

Ordnende Gesichtspunkte	Unterscheidende Merkmale
Bausteinarten:	Funktionsbausteine — Grundbausteine — Hilfsbausteine — Sonderbausteine — Anpaßbausteine — Nichtbausteine Fertigungsbausteine
Bausteinbedeutung:	Muß-Bausteine Kann-Bausteine
Bausteinkomplexität:	Großbausteine Kleinbausteine
Bausteinkombination:	Nur gleiche Bausteine Nur verschiedene Bausteine Gleiche und verschiedene Bausteine Bausteine und Nichtbausteine
Baustein- und Baukastenauflösungsgrad:	Anzahl der Einzelteile je Baustein Anzahl der Bausteine und ihre Kombinationsmöglichkeit
Baukastenkonkretisierungsgrad:	nur als gegliederter Datensatz vorhanden unterschiedliche Konkretisierung einzelner Teile voll konkretisiert
Baukastenabgrenzung:	Geschlossenes System mit Bauprogramm Offenes System mit Baumusterplan

zahl, den Instandhaltungsanforderungen, den Volumenerwartungen, den verwendeten Werkstoffen, den Fertigungsgegebenheiten und den Montagemöglichkeiten ab.

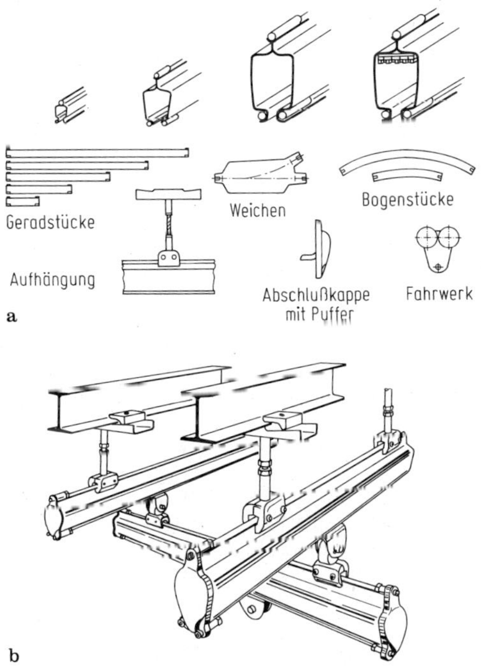

Bild 3-25. Offene Baukastensysteme der Fördertechnik (nach Werkbild Demag, Duisburg), **a** Bausteine, **b** Kombinationsbeispiel.

3.4.5 Verbundbauweise

Unter Verbundbauweise wird die

- *unlösbare* Verbindung mehrerer unterschiedlicher Rohteile oder Einzelteile aus gegebenenfalls unterschiedlichen Werkstoffen zu einem Werkstück bzw. Bauteil *oder* die
- *gleichzeitige* Anwendung mehrerer Fügeverfahren an einem Fügeflächenpaar (z. B. Kombination von Verschraubung oder Punktschweißung mit Klebung) verstanden.

Verbundbauweisen haben ihre große Bedeutung z. B. bei Kunststoffbauteilen, in die Metallteile aus Funktions- und Festigkeitsgründen integriert sind, oder bei verschleiß- und korrosionsbeanspruchten Bauteilen, bei denen nach dem Prinzip der Aufgabenteilung die Tragstruktur und die Oberflächenschicht aus unterschiedlichen Werkstoffen gefertigt sind.

3.5 Methoden der Auswahl

Auswahlmethoden dienen in jeder Konstruktionsphase oder Konkretisierungsstufe des Entwicklungs- bzw. Konstruktionsprozesses zur Beurteilung und Selektion von Lösungsvarianten mit dem Ziel, aus der Menge der Lösungsmöglichkeiten diejenigen zu erkennen, für die sich eine weitere Realisierung lohnt. Je nach dem Kenntnisstand über die Eigenschaften einer zu beurteilenden Lösung werden Verfahren zur Grobauswahl oder zur genaueren Feinauswahl eingesetzt.
Eine Grobauswahl ist durch die Tätigkeiten *Ausscheiden* (−) und *Bevorzugen* (+) gekennzeichnet.

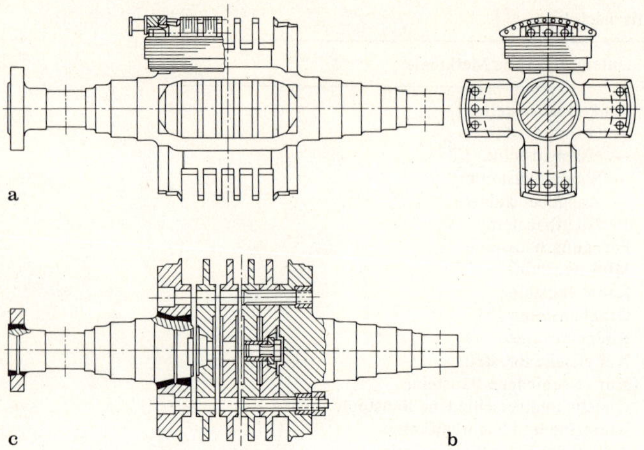

Bild 3-26. Maschinenläufer in Kammbauart (nach Werkbild AEG), **a** als Schmiedeteil, **b** als Plattenkonstruktion, **c** mit angeschweißten Flanschplatten.

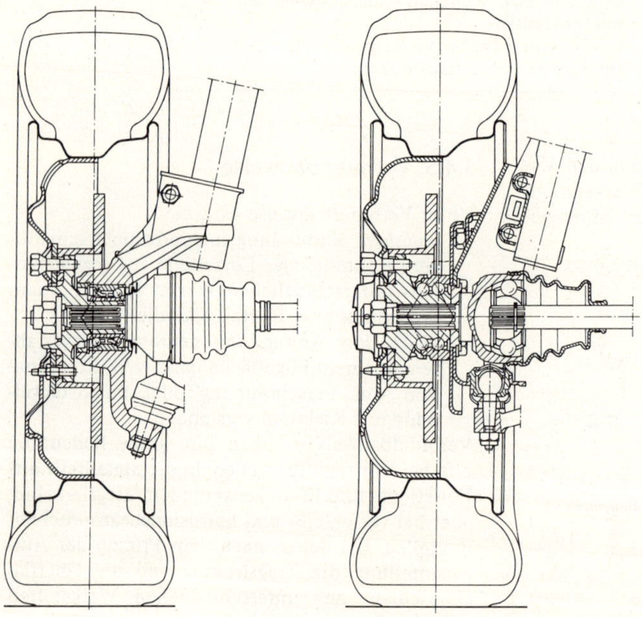

Bild 3-27. Radlagerung in Differential- und Integralbauweise (nach Werkbild SKF).

Mit Hilfe einer Auswahlliste (Bild 3-28) können zunächst die absolut ungeeigneten Lösungen ausgeschieden werden. Bleiben mehrere Lösungen übrig, sind die offenbar besseren zu bevorzugen. Die Auswahlkriterien sind den Zielen der Produktentwicklung und des Unternehmens anzupassen. Eine weitere Möglichkeit zur Grobauswahl bietet die relative Beurteilung nach Bild 3-29.

Für eine genauere Auswahl haben sich Bewertungsverfahren eingeführt, insbesondere die VDI-Richtlinie 2225 [30] und die Nutzwertanalyse [31]. Beide Verfahren arbeiten mit etwa gleichen Vorgehensschritten:

— Formulieren von Bewertungskriterien aufgrund der Wünsche der Anforderungsliste und weiterer Zielsetzungen.
— Gewichten der Bewertungskriterien mit Hilfe von Gewichtungsfaktoren g_i ($\sum g_i = 1$).
— Zusammenstellen der Lösungseigenschaften bezogen auf die Bewertungskriterien.
— Beurteilen dieser Eigenschaften hinsichtlich des Erfüllungsgrades der Bewertungskriterien nach den Wertvorstellungen des Beurteilers (0 bis 4 oder 0 bis 10 Punkte): w_{ij}.
— Bestimmen der Teilwerte $wg_{ij} = g_i \cdot w_{ij}$ und des Gesamtwertes $Gw_j = \sum_{i=1}^{n} g_i \cdot w_{ij}$ der einzelnen

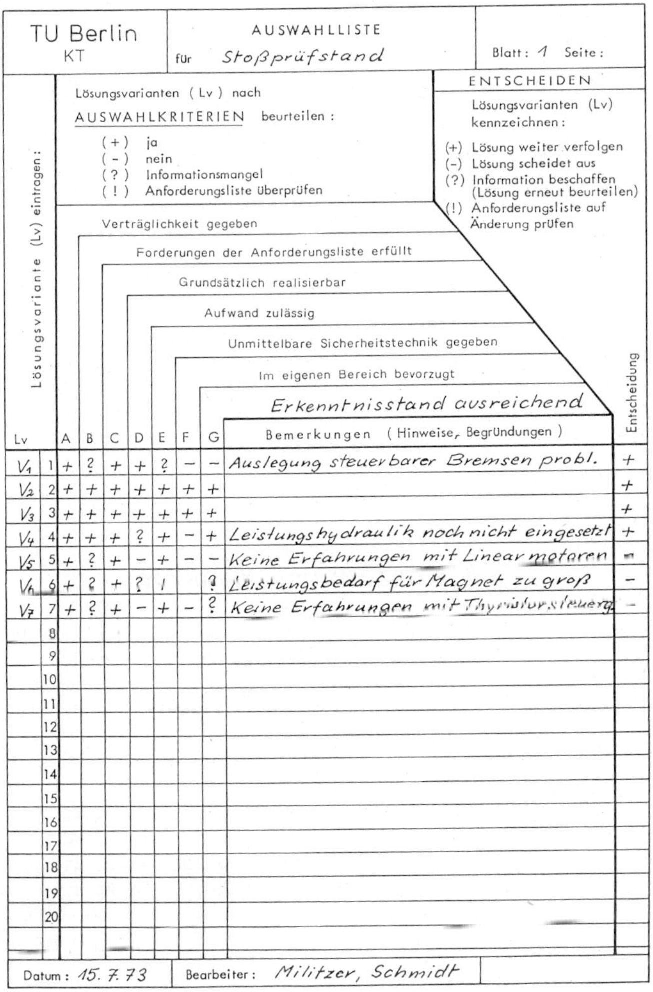

TU Berlin
KT

AUSWAHLLISTE
für *Stoßprüfstand*

Blatt: 1 Seite:

Lösungsvarianten (Lv) eintragen:

Lösungsvarianten (Lv) nach
AUSWAHLKRITERIEN beurteilen:
(+) ja
(–) nein
(?) Informationsmangel
(!) Anforderungsliste überprüfen

ENTSCHEIDEN
Lösungsvarianten (Lv) kennzeichnen:
(+) Lösung weiter verfolgen
(–) Lösung scheidet aus
(?) Information beschaffen (Lösung erneut beurteilen)
(!) Anforderungsliste auf Änderung prüfen

A Verträglichkeit gegeben
B Forderungen der Anforderungsliste erfüllt
C Grundsätzlich realisierbar
D Aufwand zulässig
E Unmittelbare Sicherheitstechnik gegeben
F Im eigenen Bereich bevorzugt
G *Erkenntnisstand ausreichend*

Lv		A	B	C	D	E	F	G	Bemerkungen (Hinweise, Begründungen)	Entscheidung
V_1	1	+	?	+	+	?	–	–	*Auslegung steuerbarer Bremsen probl.*	+
V_2	2	+	+	+	+	+	+	+		+
V_3	3	+	+	+	+	+	+	+		+
V_4	4	+	+	+	?	+	–	+	*Leistungshydraulik noch nicht eingesetzt*	+
V_5	5	+	?	+	–	+	–	–	*Keine Erfahrungen mit Linearmotoren*	–
V_6	6	+	?	+	?	/		?	*Leistungsbedarf für Magnet zu groß*	–
V_7	7	+	?	+	–	+	–	?	*Keine Erfahrungen mit Thyristorsteuerg.*	–
	8									
	9									
	10									
	11									
	12									
	13									
	14									
	15									
	16									
	17									
	18									
	19									
	20									

Datum: *15. 7. 73* Bearbeiter: *Militzer, Schmidt*

Bild 3-28. Auswahlliste (Beispiel) [6].

Im Vergleich zu Variante	Variante 1	2	3	4	5	6	7
1	—	1	0	1	0	1	0
2	0	—	0	1	0	0	0
3	1	1	—	1	0	1	0
4	0	0	0	—	0	0	0
5	1	1	1	1		1	1
6	0	1	0	1	0	—	0
7	1	1	1	1	0	1	—
Summe	3	5	2	6	0	4	1
Rang	4	2	5	1	7	3	6

1 ≙ besser 0 ≙ nicht besser

Bild 3-29. Relative Bewertung von Lösungsvarianten nach [29].

Lösungsvarianten. Bild 3-30 zeigt für dieses Vorgehen ein Formblatt.

— Ermitteln der besten Lösung durch Vergleichen der Gesamtwerte der Lösungsvarianten oder durch Bestimmen von Wertigkeiten Wg_j $= \dfrac{Gw_j}{w_{max} \sum_{i=1}^{n} g_i}$ für jede Lösungsvariante.

Die Wertigkeit bezieht den Gesamtwert auf eine gedachte Ideallösung (maximale Punktzahl) und zeigt damit die absolute Güte einer Lösung. Man unterscheidet auch zwischen *technischer Wertigkeit* W_t (berücksichtigt nur die technischen Bewertungskriterien) und *wirtschaftlicher Wertigkeit* W_w (berücksichtigt nur die wirtschaftlichen Bewertungskriterien, ins-

Nr.	Bewertungskriterien	Gew.	Eigenschaftsgrößen	Einh.	Variante V_1 (z.B. M_I) Eigensch. e_{i1}	Wert w_{i1}	gew. Wert wg_{i1}	Variante V_2 (z.B. M_V) Eigensch. e_{i2}	Wert w_{i2}	gew. Wert wg_{i2}	…	Variante V_j Eigensch. e_{ij}	Wert w_{ij}	gew. Wert wg_{ij}	…
1	geringer Kraftstoffverbr.	0,3	Kraftstoff-verbrauch	g/kWh	240	8	2,4	300	5	1,5	…	e_{1j}	w_{1j}	wg_{1j}	…
2	leichte Bauart	0,15	Leistungs-gewicht	kg/kW	1,7	9	1,35	2,7	4	0,6	…	e_{2j}	w_{2j}	wg_{2j}	…
3	einfache Fertigung	0,1	Einfachheit der Gußteile	—	kompliziert	2	0,2	mittel	5	0,5	…	e_{3j}	w_{3j}	wg_{3j}	…
4	hohe Lebensdauer	0,2	Lebensdauer	Fahr-km	80000	4	0,8	150000	7	1,4	…	e_{4j}	w_{4j}	wg_{4j}	…
⋮	⋮	⋮	⋮	⋮	⋮	⋮	⋮	⋮	⋮	⋮		⋮	⋮	⋮	
i		g_i			e_{i1}	w_{i1}	wg_{i1}	e_{i2}	w_{i2}	wg_{i2}	…	e_{ij}	w_{ij}	wg_{ij}	…
		$\sum_{i=1}^{i} g_i = 1$				Gw_1 W_1	Gwg_1 Wg_1		Gw_2 W_2	Gwg_2 Wg_2			Gw_j W_j	Gwg_j Wg_j	

Bild 3-30. Bewertungsliste (Beispiel) [6].

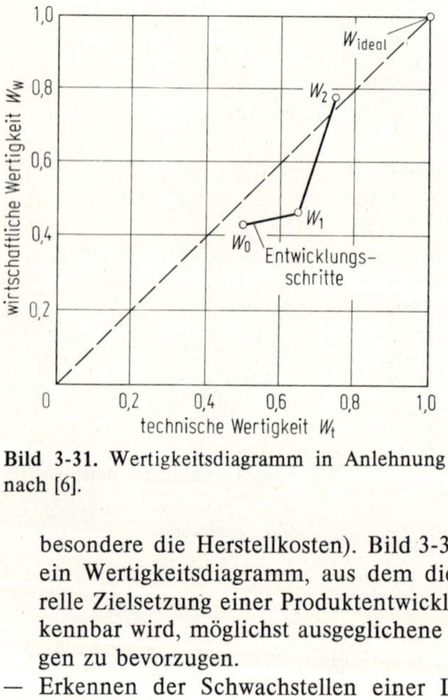

Bild 3-31. Wertigkeitsdiagramm in Anlehnung an [30] nach [6].

besondere die Herstellkosten). Bild 3-31 zeigt ein Wertigkeitsdiagramm, aus dem die generelle Zielsetzung einer Produktentwicklung erkennbar wird, möglichst ausgeglichene Lösungen zu bevorzugen.

— Erkennen der Schwachstellen einer Lösung, insbesondere der besten Lösung, durch Auswertung des Bewertungsergebnisses als Wertprofil, bei dem die Teilwerte aller Bewertungskriterien den Idealwerten gegenübergestellt werden.

— Abschätzen der Beurteilungsunsicherheiten des Bewertungsverfahrens, die sich durch die Subjektivität der Bewertung und durch die Toleranzen der Eigenschaftsgrößen der Lösungsvarianten ergeben.

4 Konstruktionselemente

Konstruktionselemente, auch unter der Bezeichnung Maschinenelemente bekannt, werden als Komponenten in Produkten des Maschinen-, Apparate- und Gerätebaus vielseitig eingesetzt. Sie gehören deshalb zu den wichtigsten Lösungen des Konstrukteurs zur Erfüllung von Funktionen. Während speziell entwickelte Konstruktionsteile mit Hilfe ingenieurwissenschaftlicher Grundlagen und der in 3 behandelten Konstruktionsmethoden konzipiert und gestaltet werden, liegen für Konstruktionselemente zumindest Wirkprinzipien und Wirkstrukturen bereits vor, in vielen Fällen sind sie sogar als handelsübliche oder genormte Komponenten unmittelbar einsetzbar. Bedingt durch die lange Entwicklung stehen heute eine Vielzahl unterschiedlicher Prinzipien und Bauformen zur Verfügung, die dem Konstrukteur die Auswahl einer für seinen Anwendungsfall geeigneten Lösung gestatten. Dieses Lösungsfeld und die erforderlichen Auslegungs- und Auswahlverfahren sind in einem umfangreichen Schrifttum [1], in Konstruktionskatalogen und in Datenbanken verfügbar. Es sollen deshalb im folgenden nur die wesentlichen Wirkzusammenhänge und strukturellen Merkmale der wichtigsten Konstruktionsele-

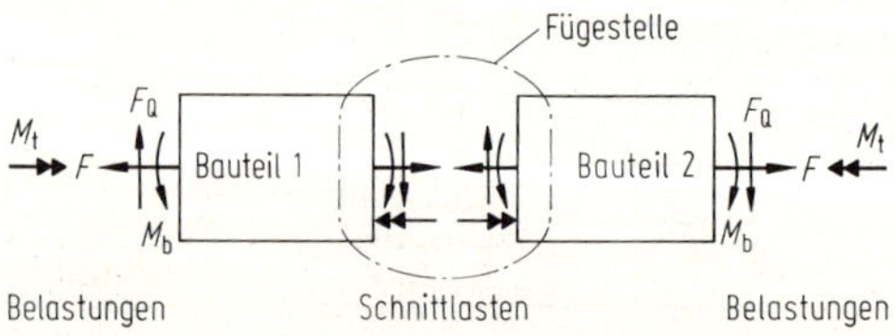

Bild 4-1. Belastungen und aufzunehmende Schnittlasten an der Fügestelle zweier Bauteile. F Axialkraft, F_Q Querkraft, M_b Biegemoment, M_t Drehmoment.

mente dargestellt werden, um die gemeinsamen Wirkprinzipien sowie wichtige strukturelle Merkmale als Kriterien zur Auslegung und zur Abschätzung ihrer Eigenschaften zu zeigen.

4.1 Bauteilverbindungen

4.1.1 Funktionen und generelle Wirkungen

Funktionen (Bild 4-1):

Übertragen von Kräften, Momenten und Bewegungen zwischen Bauteilen bei eindeutiger und fester Lagezuordnung.
Gegebenenfalls zusätzlich:
Aufnehmen von Relativbewegungen außerhalb der Belastungsrichtung.
Abdichten gegen Fluide.
Isolieren oder Leiten von thermischer oder elektrischer Energie.

Wirkungen:

Die Wirkfläche und Gegenwirkfläche an der Fügestelle werden durch eine montagebedingte (vorspannungs- und/oder eigenspannungsbedingte) und betriebsbedingte Beanspruchung beaufschlagt.

4.1.2 Formschluß

Wirkprinzip (Bild 4-2):

Übertragen von Kräften und Erfüllen von Zusatzfunktionen (Dichten, Isolieren, Leiten) an Wirk-

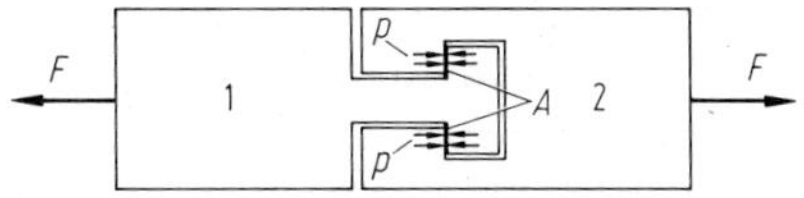

Bild 4-2. Formschlußverbindung zweier Bauteile bei einachsiger Kraftbelastung. A tragendes Wirkflächenpaar, p Flächenpressung.

flächenpaaren von Formschlußelementen durch Aufnehmen von Flächenpressungen p und Beanspruchungen nach dem Hookeschen Gesetz $\sigma = E \cdot \varepsilon$ (vgl. D 9.2.1 und E 5.3):

$$p = \frac{\text{Kraft}}{\text{Wirkfläche}} = \frac{F}{A} = E \cdot \varepsilon < p_{\text{zul}} .$$

Strukturelle Merkmale:

Form, Lage, Anzahl und Größe der Wirkflächenpaare (Formschlußelemente).
Lasteinleitung in die Fügezone.
Lastaufteilung (Pressungsverteilung) auf Formschlußelemente.
Werkstoffpaarung.
Steifigkeiten der Bauteile und Formschlußelemente.
Beanspruchung der Wirkflächenumgebung.
Vorspannungsmöglichkeiten und Toleranzausgleich.
Montage- und Demontagemöglichkeiten (Lösbarkeit).
Lockerungsmöglichkeit und -sicherung.

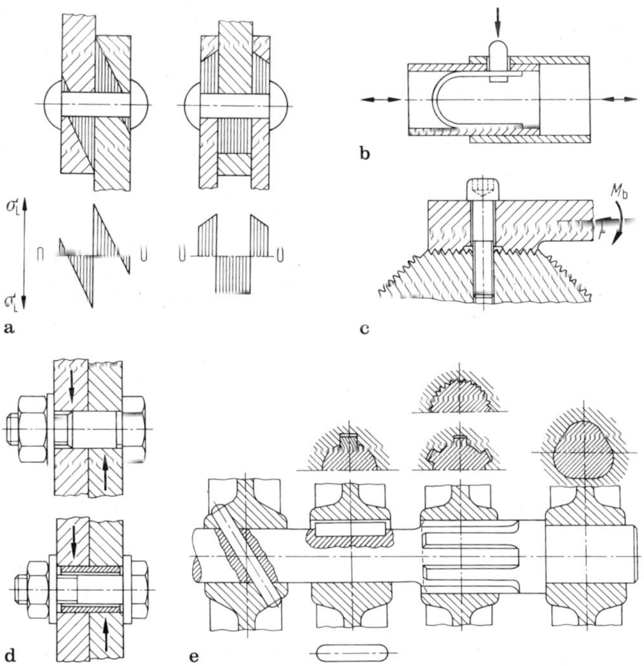

Bild 4-3. Bauformen von Formschlußverbindungen (Auswahl). **a** ein- und zweischnittige Nietung, **b** Schnappverbindung, **c** vorgespannte Kerbverzahnung, **d** querbeanspruchte Schraubenverbindungen, **e** Welle-Nabe-Formschlußverbindungen.

Bauformen (Bild 4-3):

Keil-, Bolzen-, Stift- und Nietverbindungen [1].
Welle-Nabe-Verbindungen [2, 10].
Elemente zur Lagesicherung [3, 4].
Schnapp-, Spann- und Klemmverbindungen [5, 6].

4.1.3 Reibschluß

Wirkprinzip (Bild 4-4):

Übertragen von Kräften an Wirkflächenpaaren durch Erzeugen von Normalkräften F_N und Reibungskräften F_R unter Ausnutzung des Coulombschen Reibungsgesetzes (siehe D 10.6.1 und E 2.5): $F \leqq F_R = \mu \cdot F_N$

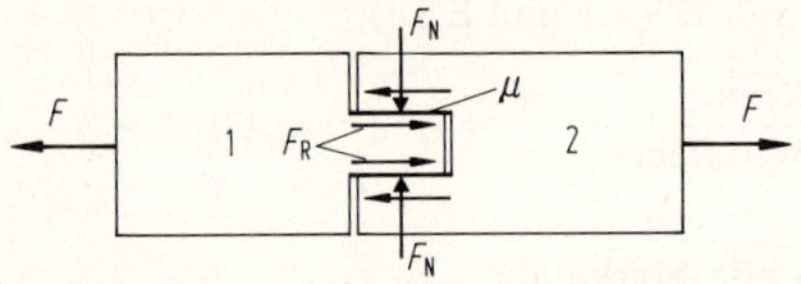

Bild 4-4. Reibschlußverbindung zweier Bauteile bei einachsiger Kraftbelastung. F_R Reibungskraft, F_N Normalkraft, μ Reibungszahl.

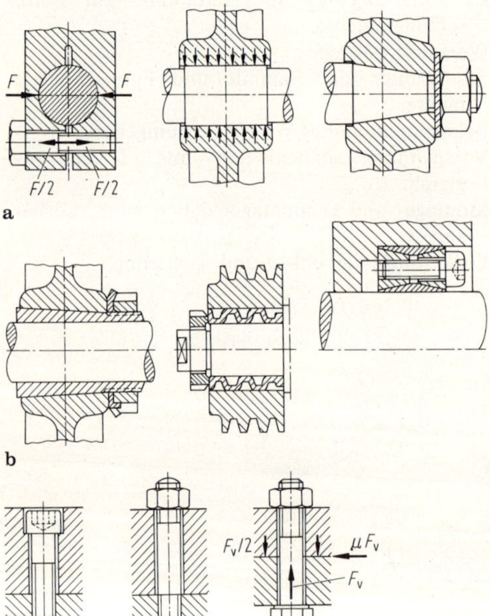

Bild 4-5. Bauformen von Reibschlußverbindungen (Auswahl). **a** Welle-Nabe-Reibschlußverbindungen ohne Zwischenelement, **b** Welle-Nabe-Reibschlußverbindungen mit elastischem Zwischenelement, **c** vorgespannte Schraubenverbindungen.

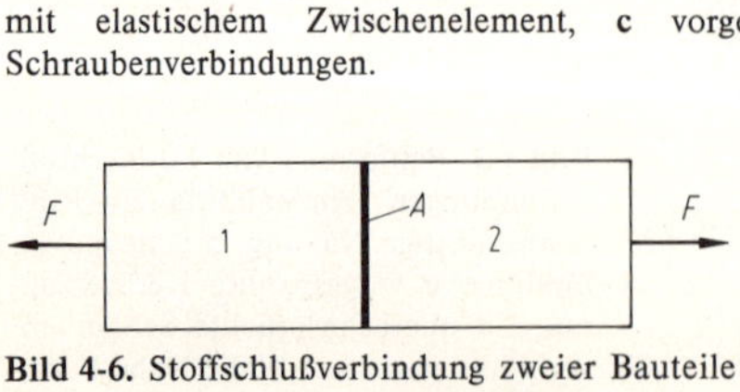

Bild 4-6. Stoffschlußverbindung zweier Bauteile bei einachsiger Kraftbelastung. A Fügefläche.

Strukturelle Merkmale:

Reibungszahl (Werkstoffpaarung).
Aufbringen der Normalkraft.
Flächenpressung.
Relativverformungen bei Montage und unter Last (Reibkorrosionszonen).
Anzahl der Wirkflächenpaare.
Steifigkeiten der Bauteile und Vorspannelemente.
Montage- und Demontagemöglichkeiten (Lösbarkeit).
Lockerungsmöglichkeit und -sicherung.

Bauformen (Bild 4-5):

Flansch- und Schraubenverbindungen [7-9, 57].
Welle-Nabe-Preßverbindungen ohne oder mit elastischen Zwischenelementen [2, 10, 11].

4.1.4 Stoffschluß

Wirkprinzip (Bild 4-6):

Übertragen von Kräften, Biege- und Drehmomenten an der Fügestelle durch stoffliches Vereinigen der Bauteilwerkstoffe ohne oder mit Zusatzwerkstoffen. Beanspruchungszustand nach Gesetzen der Festigkeitslehre (siehe E 5).

Strukturelle Merkmale:

Form, Lage, Größe und Anzahl der Fügeflächen.
Beanspruchungen der Fügestellen nach Fertigung (Eigenspannung) und unter Last.
Beteiligte Bauteil-Werkstoffe und Zusatzwerkstoffe.
Fertigungs- und Betriebstemperaturen.

Bauformen (Bild 4-7):

Schweißverbindungen [12-15].
Lötverbindungen [1, 16, 17].
Klebeverbindungen [1, 18].

4.1.5 Allgemeine Anwendungsrichtlinien

Formschlußverbindungen vorzugsweise zum
- häufigen und leichten Lösen,
- eindeutigen Zuordnen der Bauteile,
- Aufnehmen von Relativbewegungen,
- Verbinden von Bauteilen aus unterschiedlichen Werkstoffen.

Reibschlußverbindungen vorzugsweise zum
- einfachen und kostengünstigen Verbinden auch von Bauteilen aus unterschiedlichen Werkstoffen,
- Aufnehmen von Überlastungen durch Rutschen,
- Einstellen der Bauteile zueinander,

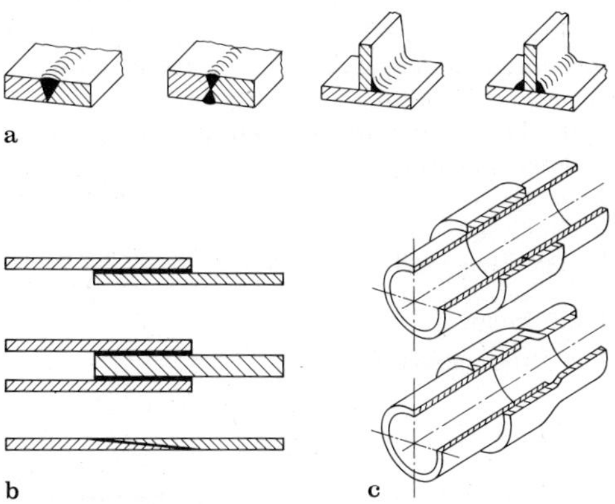

Bild 4-7. Bauformen von Stoffschlußverbindungen (Auswahl). **a** Schweißverbindungen, **b** Klebeverbindungen, **c** Lötverbindungen.

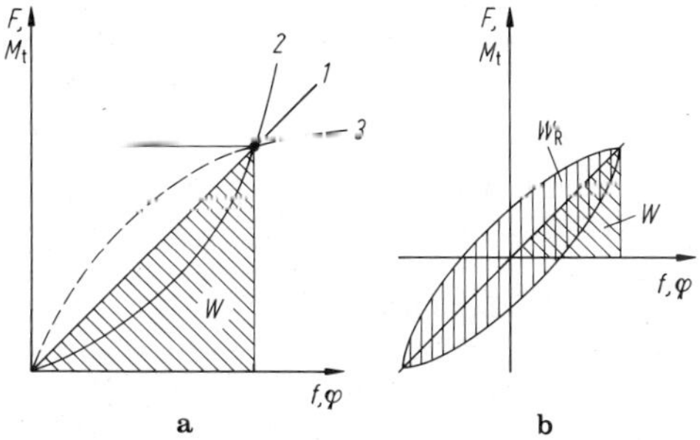

Bild 4-8. Federkennlinien bei Kraft-(F) oder Drehmoment-(M_t)belastung, f Federweg, φ Verdrehwinkel; **a** zügige Belastung: *1* gerade Kennlinie, *2* progressive Kennlinie, *3* degressive Kennlinie; **b** schwingende Belastung: W_R Verlustarbeit durch innere oder äußere Reibung, W elastische Verformungsenergie je Schwingspiel.

— Ermöglichen weitgehender Gestaltungsfreiheit für Bauteile.

Stoffschlußverbindungen vorzugsweise zum
— Aufnehmen mehrachsiger, auch dynamischer Belastungen,
— kostengünstigen Verbinden bei Einzelstücken und Kleinserien mit guter Reparaturmöglichkeit,
Dichten der Fügestellen,
— Verwenden von genormten Bauteilen und Profilen.

4.2 Federn

4.2.1 Funktionen und generelle Wirkungen

Funktionen:

Aufnehmen, Speichern und Abgeben mechanischer Energie (Kräfte, Momente, Bewegungen)
— zum Mildern von Stößen und schwingenden Belastungen,
— zum Erzeugen von Kräften und Momenten ohne Abbau (Kraftschluß, Reibschluß) oder mit Abbau (Federantriebe).

Wandeln mechanischer Energie in Wärmeenergie zum Dämpfen von Stößen und Schwingungen.

Wirkungen (Bild 4-8):

Federverhalten (vgl. E 5)

Formänderungsarbeit: $W = \int F \cdot \mathrm{d}f$;

$$W = \int M_t \cdot \mathrm{d}\varphi$$

Federsteifigkeit: $c = \dfrac{F}{f}$; $\quad c = \dfrac{\mathrm{d}F}{\mathrm{d}f}$

$$c_t = \frac{M_t}{\varphi};\quad c_t = \frac{\mathrm{d}M_t}{\mathrm{d}\varphi}$$

Nachgiebigkeit: $\delta = \dfrac{1}{c}$

Federschaltungen:

— Parallelschaltung: $F_{ges} = \sum_{i=1}^{n} F_i$

$$c_{ges} = \sum_{i=1}^{n} c_i .$$

— Hintereinanderschaltung: $f_{ges} = \sum_{i=1}^{n} f_i$

$$\frac{1}{c_{ges}} = \delta_{ges} = \sum_{i=1}^{n} \frac{1}{c_i} = \sum_{i=1}^{n} \delta_i .$$

Dämpfungsverhalten

— Verhältnismäßige Dämpfung

$$\psi = \frac{\text{Verlustarbeit}}{\text{Formänderungsarbeit}}$$

$$= \frac{W_R}{W} \text{ je Schwingspiel}$$

— Logarithmisches Dekrement (siehe E 4.1.1)

$$\vartheta = \ln \frac{f_{0n}}{f_{0n+1}} = \frac{\psi}{2},$$

4.2.2 Zug-druckbeanspruchte Metallfedern

Wirkprinzip (Bild 4-9):

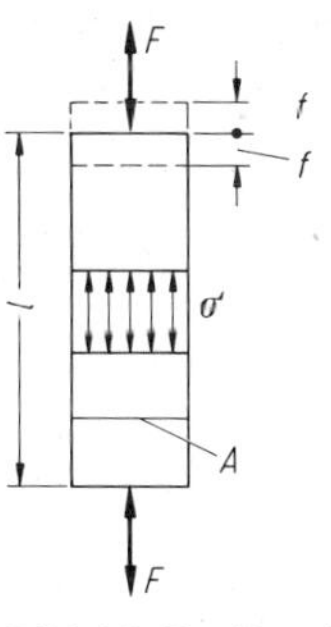

Bild 4-9. Zug-Druck-Stab mit einachsiger Kraftbelastung. A Stabquerschnitt, E Elastizitätsmodul, σ Normalspannung.

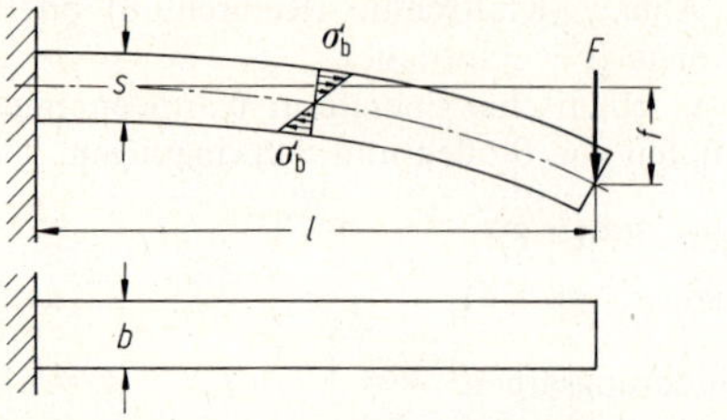

Bild 4-10. Einseitig eingespannte Rechteck-Blattfeder. σ_b Biegespannung, E Elastizitätsmodul.

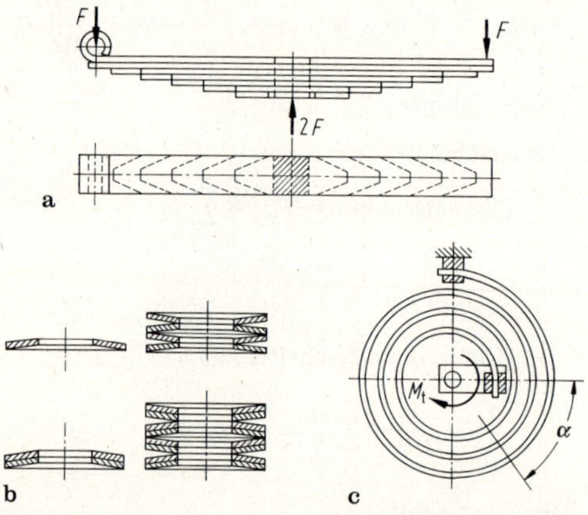

Bild 4-11. Bauformen biegebeanspruchter Metallfedern (Auswahl). **a** geschichtete Blattfeder (vor allem bei Kfz), **b** Tellerfeder einzeln oder als Paket (vielseitig durch Variation der Kennlinie einsetzbar), **c** Spiralfeder.

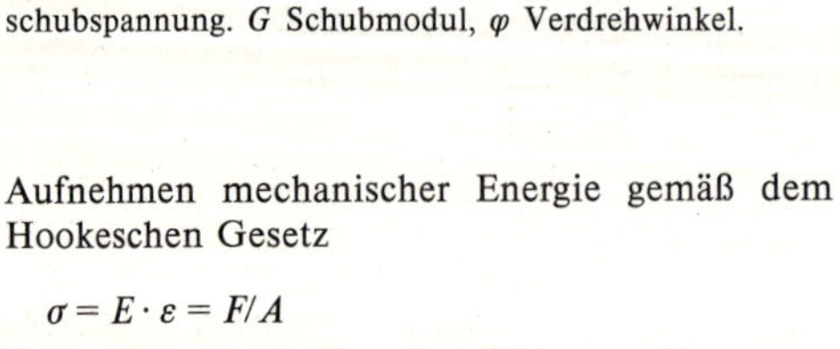

Bild 4-12. Einseitig eingespannter Drehstab. τ_t Torsionsschubspannung. G Schubmodul, φ Verdrehwinkel.

Aufnehmen mechanischer Energie gemäß dem Hookeschen Gesetz

$$\sigma = E \cdot \varepsilon = F/A$$

Zug-Druck-Stab als Grundform:

$$\text{Formänderungsarbeit} \quad W = \frac{E \cdot A}{l} \cdot \frac{f^2}{2} = \frac{A \cdot l}{2E}\,\sigma^2$$

$$\text{Federsteifigkeit} \quad c = \frac{F}{f} = \frac{E \cdot A}{l}.$$

Strukturelle Merkmale:

Form und Abmessungen der Federelemente.
Belastungseinleitung und Einspannung.
Anzahl und Schaltung der Einzelelemente bei Federsystemen.
Belastete Wirkflächenpaare mit Relativbewegung (Reibung).
Werkstoffeigenschaften.

Bauformen:

Zug-Druck-Stäbe, Ringfedern [1].

4.2.3 Biegebeanspruchte Metallfedern

Wirkprinzip (Bild 4-10):

Aufnehmen mechanischer Energie durch Biegeverformung (vgl. E 5.7.2).
Eingespannte Rechteck-Blattfeder als Grundform:

$$\text{Formänderungsarbeit} \quad W = \frac{b \cdot s \cdot l}{18E}\,\sigma_b^2 = \frac{2F^2 \cdot l^3}{E \cdot b \cdot s^3}$$

$$\text{Federsteifigkeit} \quad c = \frac{F}{f} = \frac{b \cdot s^3 \cdot E}{4l^3}.$$

Strukturelle Merkmale:

Form- und Abmessungen der Federelemente.
Belastungseinleitung und Einspannung.
Anzahl und Schaltung der Einzelelemente bei Federsystemen.
Belastete Wirkflächenpaare mit Relativbewegung (Reibung).
Werkstoffeigenschaften.

Bauformen (Bild 4-11):

Einfache und geschichtete Blattfedern, Spiralfedern, Tellerfedern [1, 19].

4.2.4 Drehbeanspruchte Metallfedern

Wirkprinzip (Bild 4-12):

Aufnehmen mechanischer Energie durch Torsionsverformung (vgl. E 5.7.7).
Eingespannter Drehstab als Grundform:

$$\text{Formänderungsarbeit} \quad W = \frac{\pi d^2 \cdot l}{16G}\,\tau_t^2 = \frac{16M_t^2 \cdot l}{\pi G \cdot d^4}$$

$$\text{Federsteifigkeit} \quad c_t = \frac{M_t}{\varphi} = \frac{\pi d^4 \cdot G}{32l}.$$

Strukturelle Merkmale:

Form und Abmessungen der Federelemente.
Belastungseinleitung und Einspannung.
Anzahl und Schaltung der Einzelelemente bei Federsystemen.
Werkstoffeigenschaften.

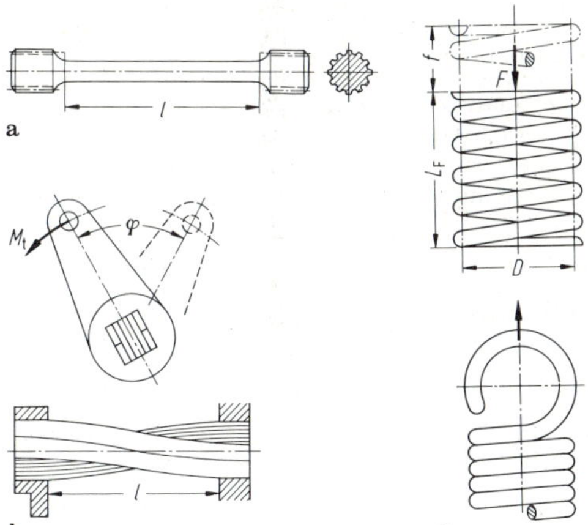

Bild 4-13. Bauformen verdrehbeanspruchter Metallfedern. **a** Drehstab, **b** gebündelte Rechteckfedern, **c** zylindrische Schraubenfedern.

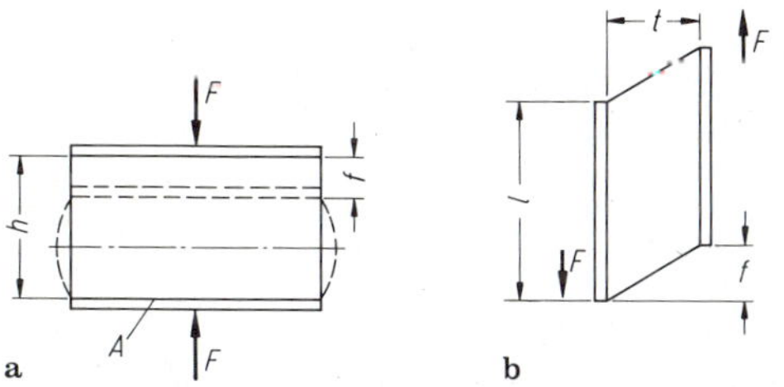

Bild 4-14. Gummifedern. **a** Druckfeder; **b** Parallelschubfeder. *A* Federquerschnitt, *E* Elastizitätsmodul, *G* Schubmodul, *b* Federbreite.

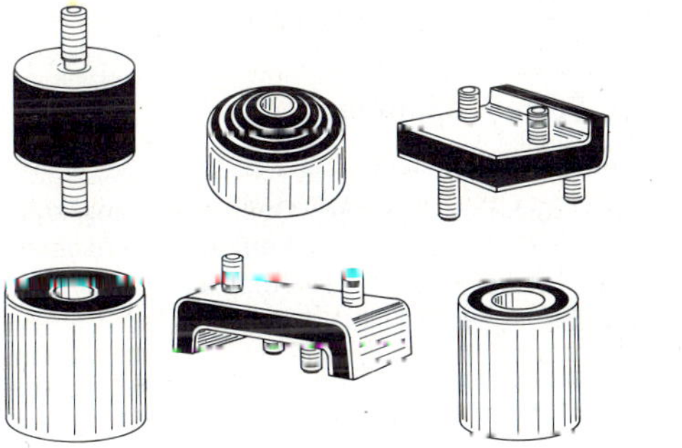

Bild 4-15. Bauformen von Gummifedern (bei hohen Stückzahlen große Gestaltungsfreiheit).

Bauformen (Bild 4-13):

Runde, rechteckige (einfache und gebündelte) Drehstabfedern, zylindrische Schraubenfedern mit Rund- und Rechteckdrähten [1, 19].

4.2.5 Gummifedern

Wirkprinzip (Bild 4-14):

Aufnehmen mechanischer Energie durch vorzugsweise Druck- und/oder Schubverformung (vgl. D 9.2.1).

Druck- und Parallelschubfedern als Grundformen:

Druckfeder:

Formänderungsarbeit $W \approx \frac{E \cdot A}{h} \int \mathrm{d}f$

Federsteifigkeit $c \approx \frac{E \cdot A}{h}$.

Der Elastizitätsmodul hängt vom Verhältnis belastete/freie Oberfläche ab.

Parallelschub:

Formänderungsarbeit $W \approx \frac{G \cdot l \cdot b}{t} \int \mathrm{d}f$

Federsteifigkeit $c \approx \frac{G \cdot A}{t} = \frac{G \cdot l \cdot b}{t}$.

Strukturelle Merkmale:

Zusätzlich zu Metallfedern:

Werkstoffeigenschaften abhängig von Belastungsart, -höhe und -frequenz sowie Temperatur und Belastungszeit.

Feder- und Dämpfungseigenschaften werden vor allem vom Werkstoff bestimmt (Stoffederung).

Tragfähigkeit geringer als bei Metallfedern.

Bauformen (Bild 4-15):

Scheibenfedern unter Parallel- oder Drehschub, Hülsenfedern unter Axial- oder Drehschub, Gummipuffer unter Drucklast, Sonderformen mit kombinierter Beanspruchung [1, 20, 21].

4.2.6 Gasfedern

Wirkprinzip (Bild 4-16):

Aufnehmen mechanischer Energie durch Kompression gasförmiger Fluide nach allgemeiner Zustandsgleichung $p \cdot V^n = \text{const}$ (siehe B 8.2).

Formänderungsarbeit $W = 0{,}5 F_1 (f_2 - f_1)(x + 1)$

Federsteifigkeit $c = \frac{F}{f} = \frac{F_1(x-1)}{f_2 - f_1}$

$x = \frac{f_3 - f_1}{f_3 - f_2} = 1{,}01$ bis $1{,}6$ (mit $n \approx 1$).

Strukturelle Merkmale:

Polytropenexponent der Gasfüllung.

Vordruck der Gasfüllung.

Dichtungselemente.

Niveauregelung durch Druck- und Zusatzflüssigkeit.

Bauformen (Bild 4-17) [1].

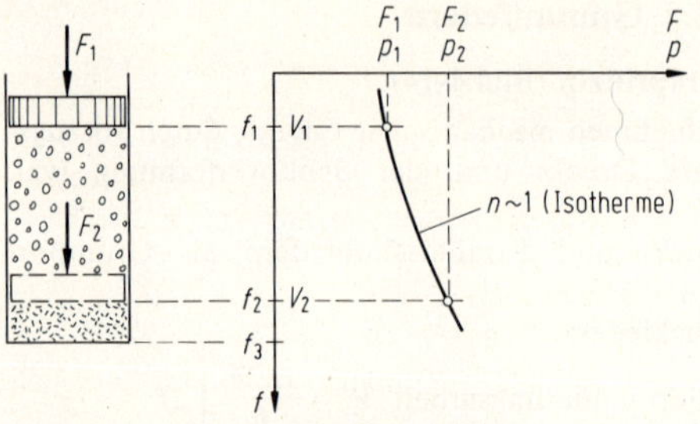

Bild 4-16. Gasfeder mit Druckbelastung.

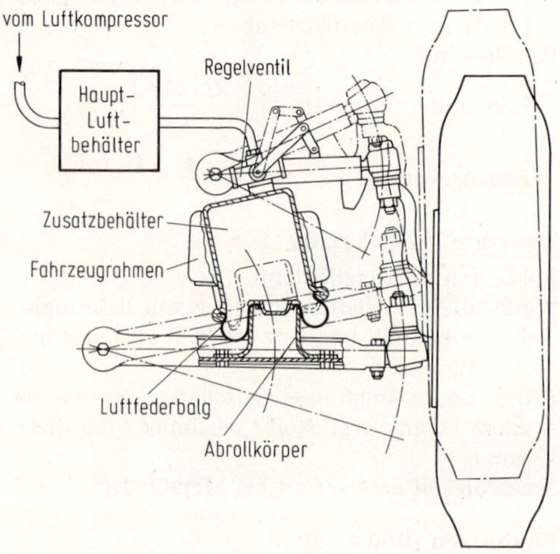

Bild 4-17. Luftfeder mit Niveauregelung (nach Werkbild Phoenix-Gummiwerke, Hamburg-Harburg).

4.2.7 Allgemeine Anwendungsrichtlinien

Zug/Druckbeanspruchte Metallfedern vorzugsweise zum

— Aufnehmen hoher Stoßenergien und Kräfte bei kleinem Werkstoffvolumen,
— Vorspannen von Klemmverbindungen,
— Dämpfen durch äußere Oberflächenreibung (Nachteil: Verschleiß).

Biege- und Drehbeanspruchte Metallfedern vorzugsweise zum

— weichen Abfedern von schwingenden Massen (Schwingungsisolierung),
— vielseitigen, kostengünstigen Einsatz als Normteil.

Gummifedern vorzugsweise zum

— Dämpfen durch verschleißlose innere Werkstoffreibung im Dauerbetrieb,
— weichen Abfedern von schwingenden Massen bei niedriger Belastungshöhe und Belastungsfrequenz,
— Anwenden mit großer Gestaltungsfreiheit nur bei großen Stückzahlen.

Gasfedern vorzugsweise zum

— verschleißfreien Abfedern von schwingenden Massen mit einstellbarer Federkennlinie und Niveauregelung.

4.3 Kupplungen und Gelenke

4.3.1 Funktionen und generelle Wirkungen

Funktionen:

Übertragen von Rotationsenergie (Drehmomenten, Drehbewegungen) zwischen Wellensystemen.

Gegebenenfalls zusätzlich:

Übertragen von Biegemomenten, Querkräften und/oder Längskräften.

Ausgleichen von Wellenversatz (radial, axial, winklig).

Verbessern der dynamischen Eigenschaften des Wellensystems durch Verändern der Drehfedersteifigkeit und Dämpfen von Drehschwingungen.

Schalten (Verknüpfen, Trennen) der Drehmoment- und Drehbewegungsleitung.

Wirkungen:

Die vom Drehmoment erzeugten Umfangskräfte, gegebenenfalls auch Biegemomente, Querkräfte und Längskräfte, werden an einem oder mehreren Wirkflächenpaaren durch Reibschluß, Formschluß oder anderen Kraftschluß übertragen, wobei durch Zwischenelemente zusätzliche Eigenschaften erzeugt werden können.

4.3.2 Feste Kupplungen

Wirkprinzip (Bild 4-18):

Übertragung von Umfangs-, Quer- und Längskräften durch Form- und Reibschluß an Wirkflächenpaaren. Wirksam sind das Hookesche und/oder das Reibungsgesetz (siehe 4.1).

Strukturelle Merkmale:

siehe 4.1.2 und 4.1.3.

Bauformen (Bild 4-19):

Flansch-, Scheiben-, Schalen- und Stirnzahnkupplungen [1, 22].

4.3.3 Drehstarre Ausgleichskupplungen

Wirkprinzip (Bild 4-20):

Winkeltreue Drehmomentübertragung erfolgt bei radialen und/oder winkligen Fluchtfehlern und/oder Axialverschiebungen der Wellen durch Ausgleichsmechanismen, bei denen die erforderlichen

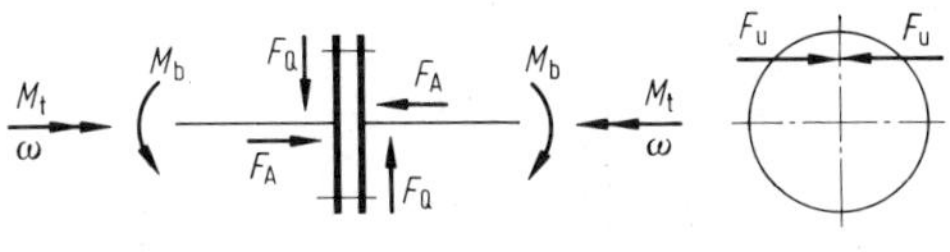

Bild 4-18. Belastungen an festen Kupplungen. M_t Drehmoment, M_b Biegemoment, ω Winkelgeschwindigkeit, F_A Axialkraft, F_Q Querkraft, F_U Umfangskraft.

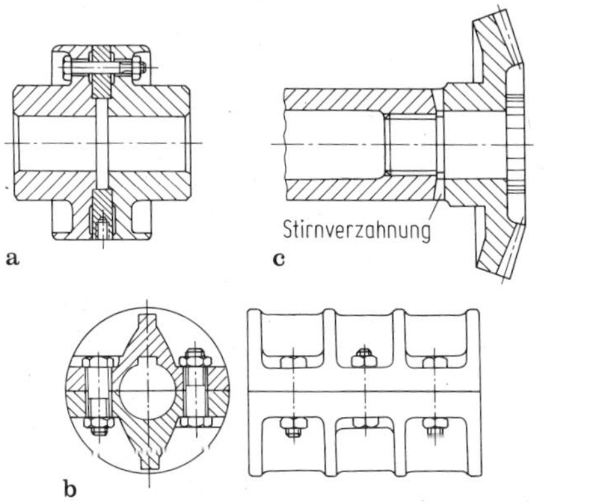

Bild 4-19. Bauformen fester Kupplungen (Auswahl). **a** Scheibenkupplung, **b** Schalenkupplung, **c** Stirnzahnkupplung.

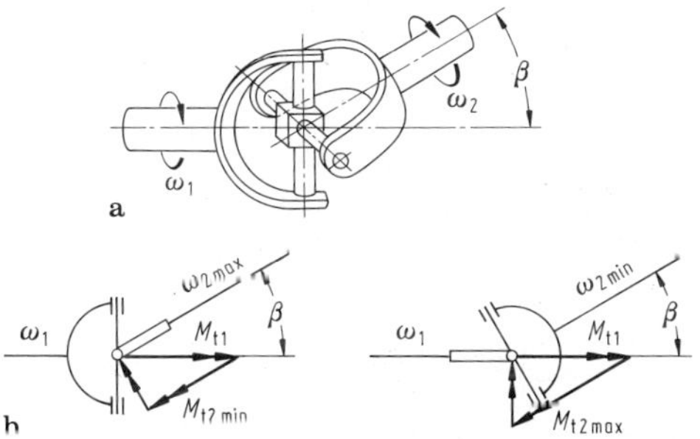

Bild 4-20. Wirkprinzip eines Kreuzgelenks als Grundform für drehstarre Ausgleichskupplungen. **a** Aufbau eines Kreuzgelenks, **b** Geschwindigkeits- und Momentenübertragung.

Ausgleichsbewegungen entweder durch reibungsbeaufschlagte Relativbewegungen von Wirkflächenpaaren (Längsführungen, Dreh- und Kugelgelenken) oder durch elastische Biegeverformungen an Ausgleichselementen aufgenommen werden. Durch Ausgleichsmechanismen entstehen belastungsabhängige Reaktionskräfte auf die zu verbindenden Wellensysteme.

Grundform: Kreuzgelenk

$$\omega_{2\,max} = \omega_1/\cos\beta\,; \quad \omega_{2\,min} = \omega_1 \cdot \cos\beta$$

$$M_{t_{2\,min}} = M_{t_1} \cdot \cos\beta\,; \quad M_{t_{2\,max}} = M_{t_1}/\cos\beta$$

Ungleichförmigkeitsgrad

$$u = (\omega_{2\,max} - \omega_{2\,min})/\omega_1 = \tan\beta \cdot \sin\beta\,.$$

Bei Hintereinanderschaltung von 2 Kreuzgelenken ($\beta_1 = \beta_2$, Gabeln der Verbindungswelle und An- und Abtriebswelle jeweils in einer Ebene) kann Pulsation ausgeglichen werden ($\omega_1 = \omega_3$).

Strukturelle Merkmale:

Form, Lage, Größe, Anzahl und Werkstoff der die Ausgleichsbewegung aufnehmenden Wirkflächenpaare.
Anzahl der Ausgleichsebenen (Bild 4-21a).
Ungleichförmigkeitsgrad der Drehbewegung.
Reaktionskräfte/-momente auf Wellensysteme.
Tribologische Anforderungen (Werkstoff, Schmierung).
Montage- und Demontagemöglichkeiten.

Bauformen (Bild 4-21):

Klauen-, Parallelkurbel- und Kreuzscheibenkupplungen [1, 22].
Kreuzgelenke, Gelenkwellen, Gleichlaufgelenke [1, 23, 56].
Zahn- und Doppelzahnkupplungen [1, 24].
Membrankupplungen [1, 25].

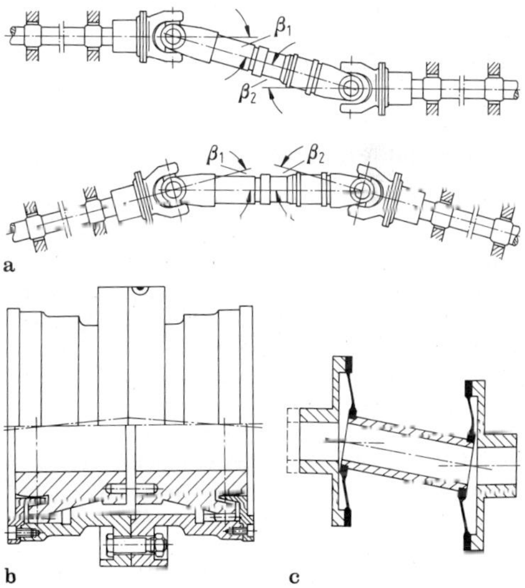

Bild 4-21. Bauformen drehstarrer Ausgleichskupplungen (Auswahl). **a** Gelenkwellen, **b** Doppelzahnkupplung, **c** Membrankupplung [59].

4.3.4 Elastische Kupplungen

Wirkprinzip (Bild 4-22):

Aufnahme von Drehmomentschwankungen (Umfangskraftschwankungen) und von Versatz der zu verbindenden Wellen durch das Wirksamwerden von Federelementen bzw. Federsystemen (siehe 4.2), die zwischen Flanschen angeordnet sind.

Feder- und Dämpfungseigenschaften können auch durch elektromagnetische Kräfte in Luftspalten und hydraulische Kräfte in Wirkräumen zwischen bewegten Wirkflächen entstehen.

Strukturelle Merkmale:

Art der Federung: Formfederung (Metallfedern), Stoffederung (Gummi- und Gasfedern, hydrostatische Federn), elektromagnetische Federung (elektrische Schlupfkupplungen), hydrodynamische Federung, (Föttinger-Kupplungen).

Anordnung und Beanspruchung der Federelemente.

Weitere Federmerkmale siehe 4.2.

Merkmale hydrodynamischer Kupplungen siehe 4.6.

Bauformen (Bild 4-23):

Metallische Kupplungen [1].

Elastomer-(gummielastische)Kupplungen [26].

Luftfederkupplungen [22].

Föttinger-Kupplungen, siehe 4.3.5.

Elektrische Schlupfkupplungen [1, 22].

4.3.5 Schaltkupplungen

Wirkprinzip:

Mit Ausnahme formschlüssiger Klauenkupplungen, die nur im Stillstand schaltbar sind, erfolgt die Umfangskraftübertragung zwischen den Wirkflächenpaaren bei mechanischen Kupplungen durch Reibschluß, bei hydrodynamischen Kupplungen gemäß dem Impulssatz (Eulersche Turbinengleichung, siehe E 8.5, Gl. (148)) und bei elektrischen Schlupfkupplungen durch das Drehen von stromdurchflossenen Leiterschleifen in einem Magnetfeld (siehe G 13.4). Schaltmechanismen bei mechanischen Reibungskupplungen verwenden zur Normalkrafterzeugung mechanische Hebelsysteme, hydrostatische und elektromagnetische Kräfte, Fliehkräfte und verformungsbedingte elastische Kräfte. Bei hydrodynamischen Kupplungen erfolgt das Schalten durch Flüssigkeitsfüllung bzw. -entleerung des Wirkraums, bei elektrischen Schlupfkupplungen durch Schaltung der elektrischen Energie.

Das Wirkprinzip mechanischer Reibungskupplungen als wichtigste Bauform beruht auf dem Coulombschen Reibungsansatz, Bild 4-24:

Übertragbares Drehmoment:

$$M_{\text{tü}} = \mu_{\text{stat/dyn}} \cdot F_p \cdot r_m \cdot z_R$$

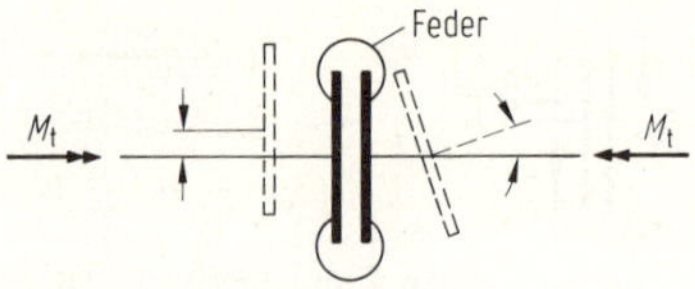

Bild 4-22. Wirkprinzip einer elastischen Kupplung.

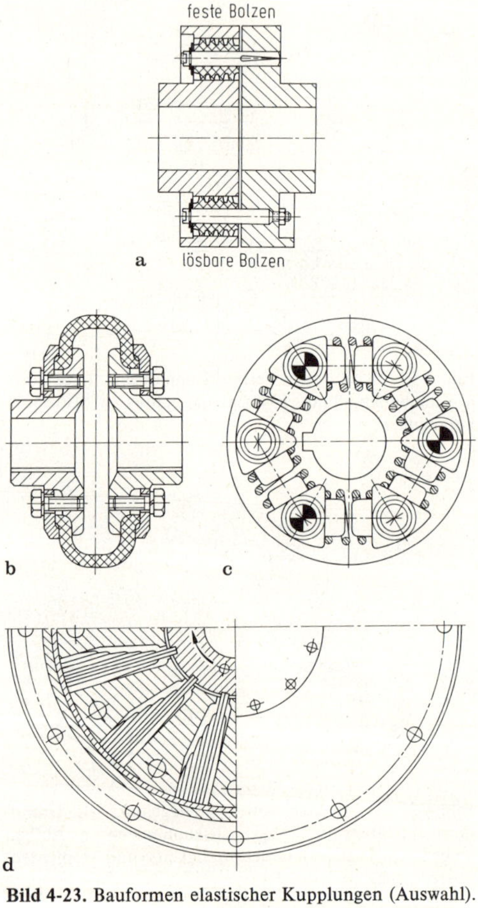

Bild 4-23. Bauformen elastischer Kupplungen (Auswahl). **a** Bolzenkupplung, **b** Wulstkupplung, **c** Schraubenfederkupplung, **d** Blattfederkupplung [59].

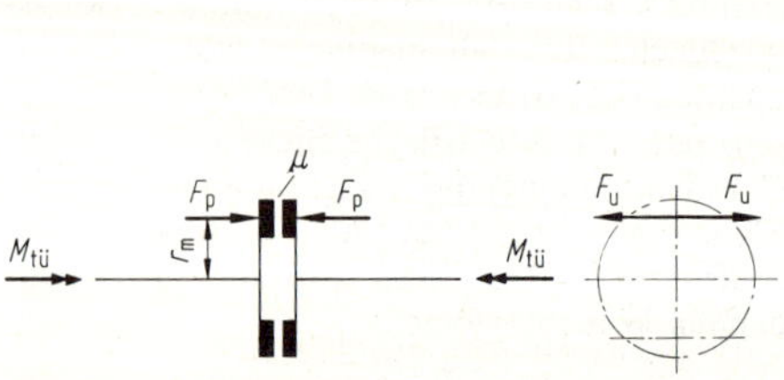

Bild 4-24. Wirkprinzip einer mechanischen Reibungskupplung. μ Reibungszahl, F_p Anpreßkraft der Reibflächen. z_R Anzahl der Reibflächenpaare. $F_u = M_{\text{tü}}/r_m$ Umfangskraft = Reibungskraft.

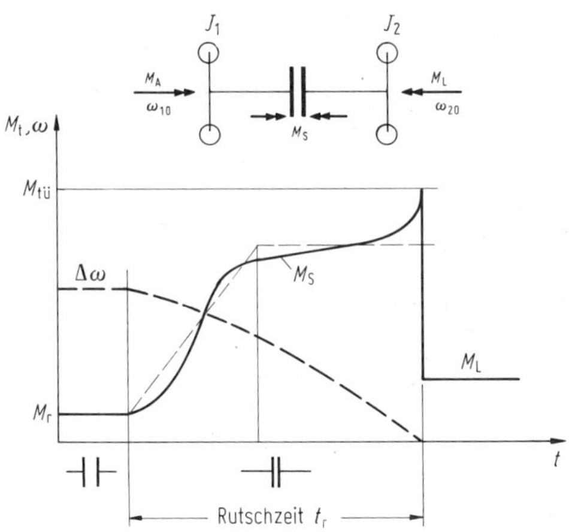

Bild 4-25. Drehmomente und Winkelgeschwindigkeiten bei Kupplung von zwei Massen (idealisierter Schaltvorgang). M_S Schaltmoment, M_r Leerlaufmoment, M_A Antriebsmoment, M_L Lastmoment, M_a Beschleunigungsmoment, t_r Rutschzeit, J_1 Massenträgheitsmoment des Antriebs, J_2 Massenträgheitsmoment des Abtriebs, ω_{10} Winkelgeschwindigkeit des Antriebs, ω_{20} Winkelgeschwindigkeit des Abtriebs.

Schaltbares Moment für die Rutschzeit t_r gemäß Bild 4-25:

$$M_S(=M_{tü} \quad \text{bei} \quad \mu_{dyn}) = M_a + M_{L\,Kupp} + M_{A\,Kupp}$$

$$= \frac{J_1 \cdot J_2}{J_1 + J_2} \cdot \frac{\omega_{10} - \omega_{20}}{t_r} + M_L \frac{J_1}{J_1 + J_2} + M_A \frac{J_2}{J_1 + J_2}.$$

Das Wirkprinzip reibschlüssiger Schaltkupplungen wird auch für Bremsen eingesetzt.

Strukturelle Merkmale:

Lage, Form, Anzahl und Werkstoff der Reibflächen- (Wirkflächen-)paare.
Reibungszahl (Werkstoffpaarung).
Flächenpressung an Wirkflächen.
Erzeugen der Normalkraft (Energieart).
Betriebsart: Trocken oder naß (Ölkühlung).
Schaltungsart: Fremdschaltung, selbsttätige Schaltung (drehmoment-, drehzahl-, richtungsgeschaltet).
Art der Wärmeabfuhr: Luftkühlung, Ölkühlung
Für hydrodynamische Kupplungen siehe 4.6.

Bauformen (Bild 4-26):

Fremdgeschaltete formschlüssige Kupplungen [1, 22].
Fremdgeschaltete reibschlüssige Kupplungen [1, 22, 27, 28].
Selbsttätig schaltende Kupplungen [1, 22, 29, 30].
Schaltbare Föttinger-Kupplungen [1, 31–33].
Schaltbare elektrische Schlupfkupplungen [1].
Bremsen [1].

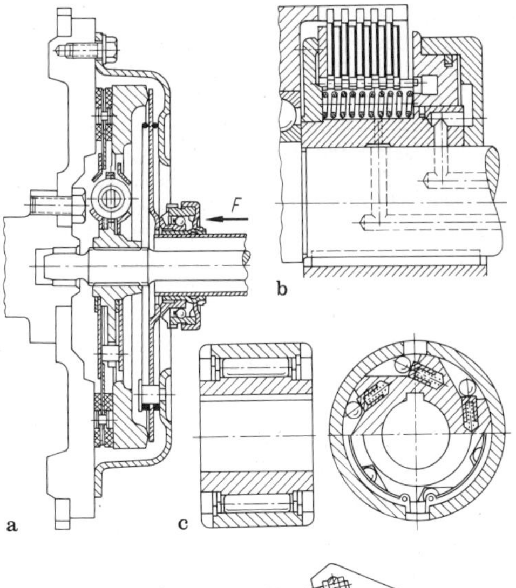

Bild 4-26. Bauformen von Schaltkupplungen und Bremsen (Auswahl). **a** Einscheiben-Trockenkupplung, **b** Lamellenkupplung, **c** Richtungsgeschaltete Kupplung (Klemmrollenfreilauf), **d** Doppelbackenbremse.

4.3.6 Allgemeine Anwendungsrichtlinien

Feste Kupplungen vorzugsweise bei
- einfachen, kostengünstigen Antrieben,
- hohen Drehmomenten,
- hohen Biege-, Querkraft- und Längskraftbelastungen,
- guter Ausrichtmöglichkeit der Wellen und steifen Lagerungen.

Drehstarre Ausgleichskupplungen vorzugsweise
- für winkeltreue Drehübertragung ohne besondere Anforderungen an die Drehschwingungsbeeinflussung,
- bei montage-, wärme- und belastungsbedingten Wellen- und Fundamentverlagerungen.

Elastische Metallfederkupplungen vorzugsweise zum
- Mildern von Drehmomentstößen,
- Verlagern von Dreheigenfrequenzen,
- Arbeiten bei rauhen Betriebsverhältnissen.

Elastische Elastomerkupplungen vorzugsweise zum

— Dämpfen von Drehschwingungen,
— Aufnehmen von Wellenverlagerungen, zusätzlich zur Drehschwingungsbeeinflussung,
— Ausgleichen bei niedrigen Belastungsfrequenzen (Erwärmungsproblem),
— verschleißfreien Betrieb.

Elastische Luftfederkupplungen, Föttinger-Kupplungen und elektrische Schlupfkupplungen vorzugsweise zum
— Verändern der Kupplungseigenschaften während des Betriebs,
— Anpassen der Übertragungsenergie an vorhandene Energiesysteme,
— Übertragen hoher Drehmomente.

Fremdgeschaltete Reibungskupplungen vorzugsweise
— bei Trockenlauf für niedrige Schalthäufigkeit und bei guten Abdichtungsmöglichkeiten,
— bei Naßlauf für hohe Belastungen und für Einbau in ölgeschmierte Antriebssysteme,
— bei hydraulischen und elektromagnetischen Schaltmechanismen für automatische Steuerungssysteme.

Selbsttätig schaltende Kupplungen vorzugsweise
— bei drehmomentabhängigem Schalten als Sicherheitskupplung (Rutschkupplung, Brechbolzen-Kupplung),
— bei drehzahlabhängigem Schalten als Anlaufkupplung zum Überwinden hoher Trägheits- und Lastmomente,
— bei richtungsabhängigem Schalten (Freiläufe) zum Sperren einer Drehrichtung.

Schaltbare Föttinger-Kupplungen und elektrische Schlupfkupplungen vorzugsweise für
— große Baueinheiten bzw. Schaltleistungen.

4.4 Lagerungen und Führungen

4.4.1 Funktionen und generelle Wirkungen

Funktionen:

Aufnahme und Übertragen von Kräften zwischen relativ zueinander bewegten Komponenten, Begrenzen von Lageveränderungen der Komponenten, außer in vorgesehenen Bewegungsrichtungen (Freiheitsgraden).

Wirkungen:

Die von den Belastungen an den relativ zueinander bewegten Wirkflächen hervorgerufene Reibung wird durch zwischen den Wirkflächen angeordnete Wälzkörper und Schmierstoffe (bei Wälzlagern und -führungen), durch unter Druck stehende Fluide zwischen den Wirkflächen (bei hydrodynamischen und hydrostatischen Gleitlagern und -führungen) oder durch magnetische Kräfte verringert. Dabei können durch Gestaltung und Anordnung der Wälzkörper und durch Gestaltung der Wirkflächen und des Fluiddruckaufbaus und durch Anordnung der Magnetfelder bestimmte Freiheitsgrade und sonstige Betriebseigenschaften realisiert werden.

4.4.2 Wälzlagerungen und -führungen

Wirkprinzip (Bild 4-27):

Im bewegten Wälzkontakt unter Last entstehen an den Wälzkörpern und den beteiligten Wirkflächen Deformationen und durch diese Berührflächen, deren Größe und Beanspruchung sich nach den Hertzschen Gleichungen errechnen (siehe E 5.11.4) sowie Roll- und Reibungswiderstände.
Die Lebensdauer der Wälzpaarung errechnet sich aus der vom Lagertyp und den Betriebsbedingungen abhängigen Tragzahl C, die auch die Lagerlebensdauer L bestimmt.

$$L = \left(\frac{C}{P}\right)^p \quad \text{in } 10^6 \text{ Umdrehungen}$$

P äquivalente Lagerbelastung, die für Lastkombinationen und Lastschwankungen eine einachsige Vergleichsbelastung darstellt, die der einachsigen Tragzahl gegenübergestellt werden kann

p Beanspruchungsexponent, abhängig von der Wälzkörperform

Strukturelle Merkmale:

Form und Anordnung der Wälzkörper.
Ausführung des Käfigs.
Genormte Maßreihen und Toleranzklassen.
Lastrichtungen, Belastungs-Zeit-Verläufe, Umlaufverhältnisse, Temperaturverhältnisse.
Tragzahl, Lebensdauer, Drehzahlgrenzen.
Lageranordnung und Einbauverhältnisse (Gestaltung und Werkstoffe der benachbarten Komponenten).
Einstellbarkeit und Montageeigenschaften.
Schmierung- und Dichtungssysteme.

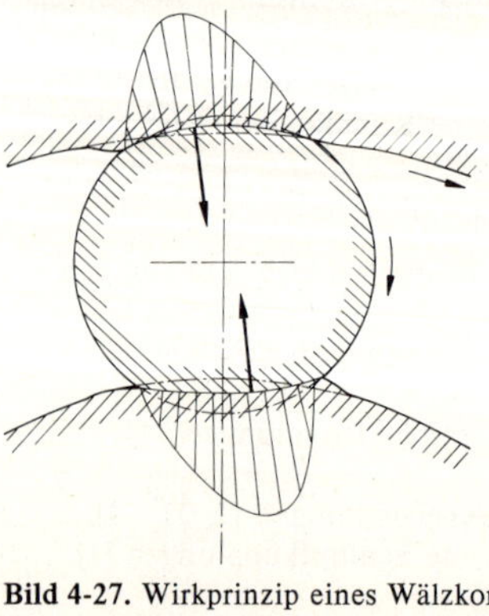

Bild 4-27. Wirkprinzip eines Wälzkontaktes.

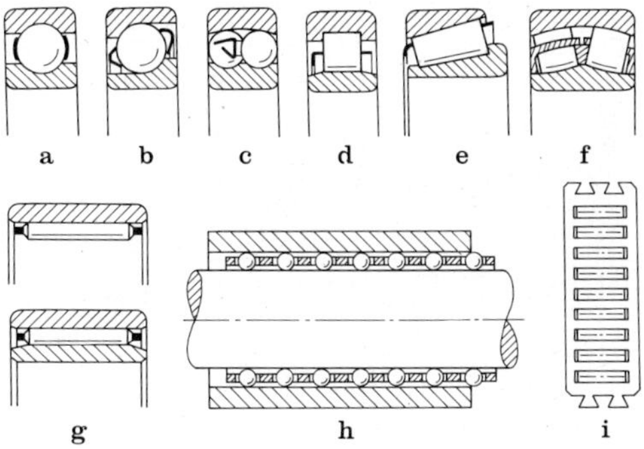

Bild 4-28. Bauformen von Wälzlagerungen und -führungen (Auswahl) [60]. **a** Rillenkugellager, **b** Schrägkugellager, **c** Pendelkugellager, **d** Rollenlager, **e** Kegelrollenlager, **f** Pendelrollenlager, **g** Nadellager, **h** Kugelführung, **i** Rollenführung.

Bauformen (Bild 4-28):

Kugellager, Rollenlager, Längsführungen [1, 34–36],

Dichtungen [37, 38].

4.4.3 Hydrodynamische Gleitlagerungen und -führungen

Wirkprinzip (Bild 4-29):

Oberhalb einer Grenzdrehzahl bzw. Grenzrelativgeschwindigkeit baut sich zwischen zwei Wirkflächen bei Vorhandensein eines Newtonschen Fluids und bei Benetzbarkeit der Wirkflächen nach dem Newtonschen Schubspannungsansatz ein Fluiddruck auf, der den äußeren Belastungen das Gleichgewicht hält (siehe E 35-3). Dadurch werden die Wirkflächen trotz Normalbelastung mechanisch getrennt und es entsteht Flüssigkeitsreibung. Die Reibungszustände werden durch die Stribeck-Kurve, Bild 4-30, gekennzeichnet (vgl. Bild D 10-3).

Hydrodynamische Tragfähigkeit in dimensionsloser Darstellung in Form der Sommerfeld-Zahl *So* ergibt sich für Radiallager durch Lösung der aus den Navier-Stokes-Gleichungen folgenden Reynoldsschen Differentialgleichung (siehe E 8.3):

$$So = \frac{\bar{p} \cdot \psi^2}{\eta \cdot \omega}$$

($\bar{p} = F/(B \cdot D)$, $\psi = S/D$ relatives Lagerspiel, η dynamische Viskosität, ω Winkelgeschwindigkeit).

Reibungskennzahl:

$So < 1$ (niedrige Belastung): $\frac{\mu}{\psi} = \frac{k}{So}$

$So > 1$ (hohe Belastung): $\frac{\mu}{\psi} = \frac{k}{\sqrt{So}}$.

(k schwankt je nach Bauart zwischen 2 und 3,8)

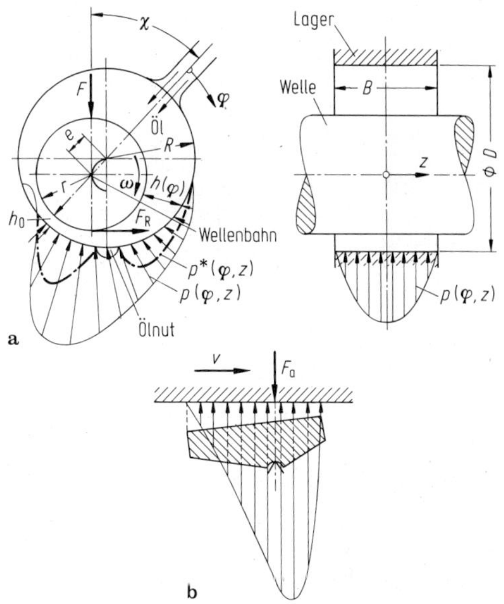

Bild 4-29. Hydrodynamisches Wirkprinzip [60]. **a** Radiallager. Bezeichnungen: F Lagerlast, R Lagerschalenradius, r Wellenradius, D Lagerdurchmesser, B Lagerbreite, p Öldrücke im Gleitraum, p^* Öldrücke bei Anordnung einer Ölnut in der Tragzone, φ und z Koordinaten, e Exzentrizität, h Schmierspalthöhe, h_0 kleinste Schmierspalthöhe, ω Winkelgeschwindigkeit der Welle, χ Richtungswinkel der Wellenverschiebung, $R - r = s$ radiales Lagerspiel im Betrieb, $S = 2s$ Betriebslagerspiel, $e/s = \varepsilon$ relative Exzentrizität, $\psi = S/D$ relatives Betriebslagerspiel, F_R Reibungskraft. **b** Längsführung.

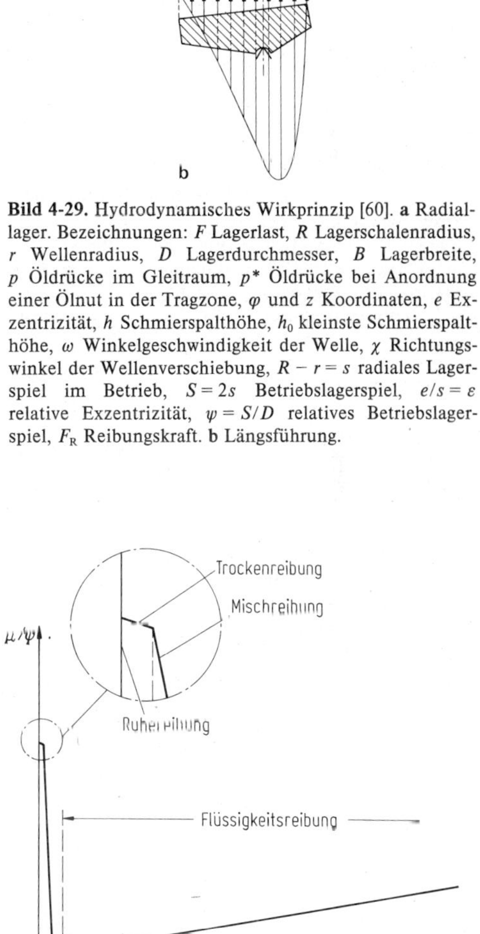

Bild 4-30. Reibungsverhalten von Gleitlagern und -führungen (Ü = Übergangsbereich von Misch- zu Flüssigkeitsreibung).

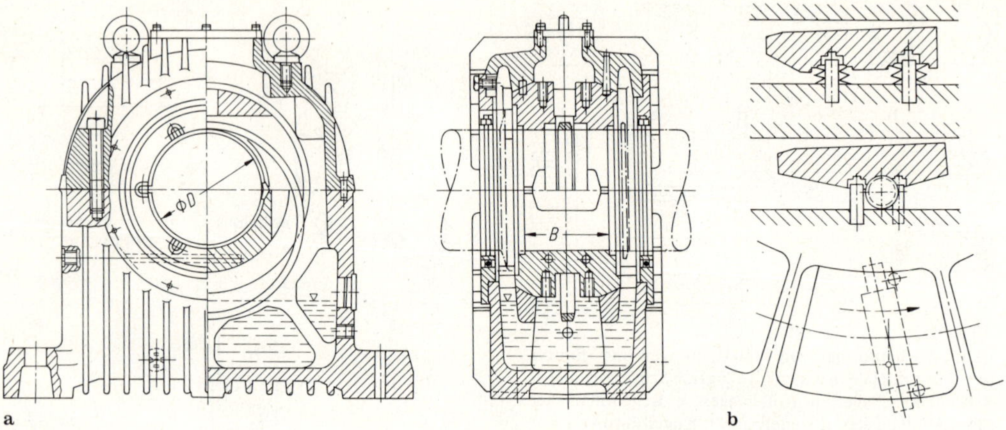

Bild 4-31. Bauformen hydrodynamischer Gleitlagerungen und -führungen (Auswahl). **a** Radiallager, **b** Axiallager/Längsführung.

Strukturelle Merkmale:

Abmessungen, Anzahl und Lage der Wirkflächen (Gleitflächen, Druckzonen).

Lagerspiel, Keilspaltverhältnis, Spaltweite.

Lagerwerkstoffe und Wirkflächen-Rauhigkeiten (wichtig für Mischreibungsgebiet).

Art und Viskosität des Fluids (Luft, Wasser, Öl, Fett).

Lastrichtungen, Bewegungsrichtungen, Relativgeschwindigkeit.

Steifigkeit der Lagerkomponenten.

Art der Wärmeabfuhr (Konvektion, Schmierstoffkühlung) und Temperaturniveau.

Schmierungs- und Dichtungssysteme.

Bauformen (Bild 4-31):

Ein- und mehrflächige Radialgleitlager, Axialgleitlager, Gleitführungen [1, 39–41].

Dichtungssysteme [37, 38].

4.4.4 Hydrostatische Gleitlagerungen und -führungen

Wirkprinzip (Bild 4-32):

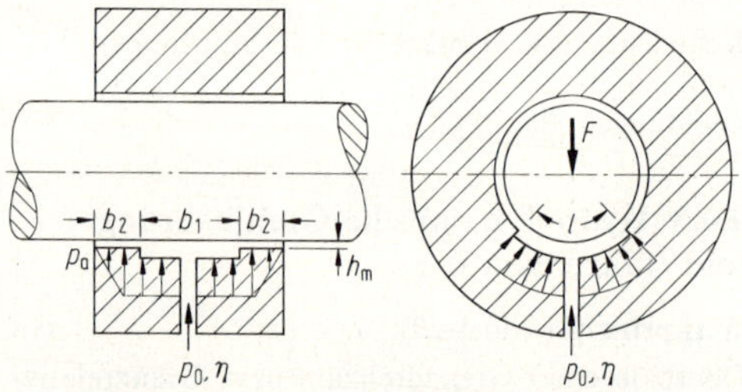

Bild 4-32. Hydrostatisches Wirkprinzip. p_0 Öldruck (Quellendruck), p_a Außendruck, η dynamische Viskosität des Öls.

Fluiddruck wird außerhalb des Lagers mit einer Pumpe erzeugt und Druckkammern zugeführt. Fluid fließt über enge Spalte ab.

Lagerbelastung: $F = (p_0 - p_a) \cdot (b_1 + b_2) \cdot l$

Fluidmenge: $\dot{V} = 2\,\dfrac{(p_0 - p_a) \cdot h_m^3 \cdot l}{12\eta \cdot b_2}$.

Strukturelle Merkmale:

Zusätzlich zu hydrodynamischen Gleitlagerungen:

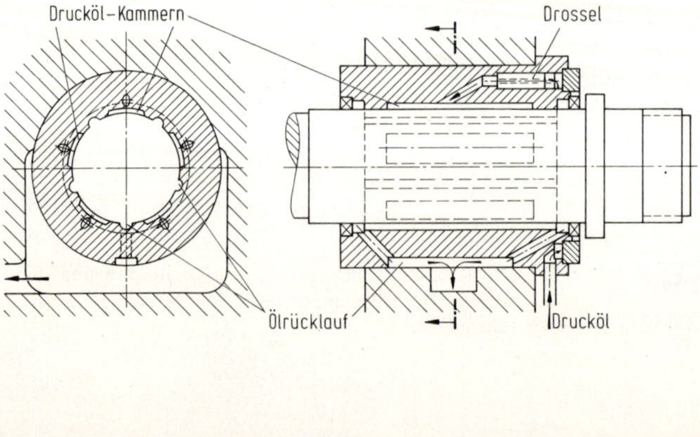

Bild 4-33. Bauform eines hydrostatischen Lagers.

Abmessungen, Anzahl und Lage der Drucktaschen.
Höhe und Länge der begrenzenden Spalte.

Bauformen (Bild 4-33):

Hydrostatische Radiallager und Axiallager [1, 42].

4.4.5 Magnetische Lagerungen und -führungen

Wirkprinzip (Bild 4-34):

Berührungsfreies Getrennthalten mit Luftspalt zweier relativ zueinander bewegter Körper durch magnetische Kräfte, die durch Elektromagnete erzeugt und mittels Stellungssensoren geregelt werden.

Strukturelle Merkmale:

Abmessungen, Anordnung und Stärke der Magnetfelder.
Luftspalte.
Ferromagnetische Werkstoffe.
Relativgeschwindigkeit.
Fangsystem für An- und Abfahren sowie Störfälle.

Bauformen (Bild 4-35):

Radial- und Axiallager, letztere auch als Längsführungen [55].

4.4.6 Allgemeine Anwendungsrichtlinien

Wälzlagerungen vorzugsweise
- als kostengünstiges, handelsübliches Einbaulager,
- für niedrige Anlaufreibung und niedrige Drehzahlen,
- für genaue, spielfreie Präzisionslagerungen,
- zur einfachen Aufnahme von kombinierten Lagerbelastungen,
- für einfache Fettschmierung.

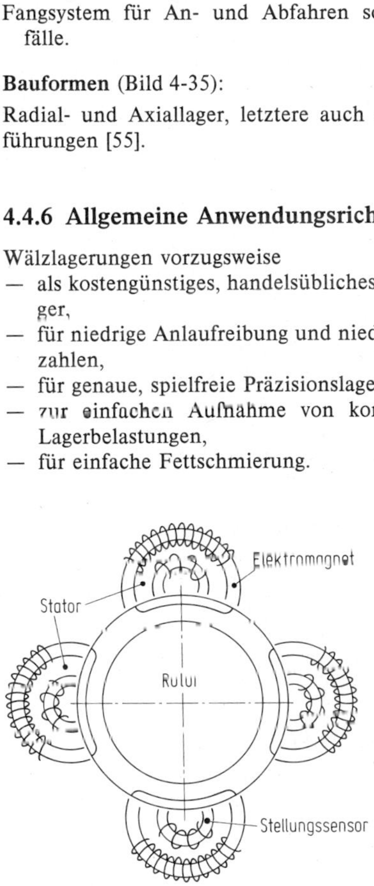

Bild 4-34. Wirkprinzip eines Magnetlagers [55].

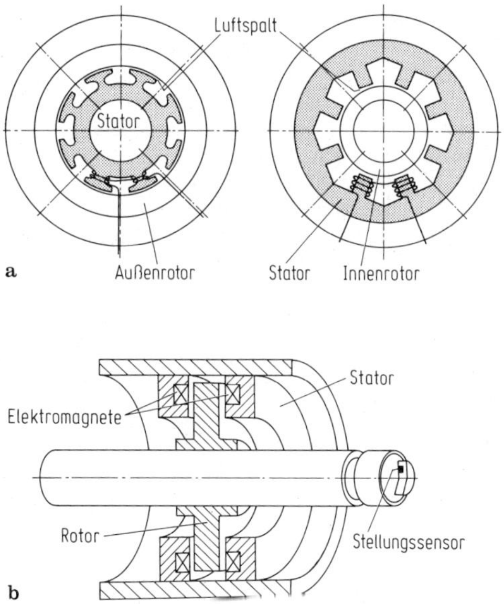

Bild 4-35. Bauformen von Magnetlagern [55]. **a** Radiallager, **b** Axiallager.

Hydrodynamische Gleitlagerungen vorzugsweise
- für verschleißfreien Dauerbetrieb,
- bei hohen Belastungen und Drehzahlen,
- zur Aufnahme stoßartiger Belastungen,
- als montagegünstiges geteiltes Lager,
- zur Anpassung an spezielle Einbaubedingungen,
- für große und größte Abmessungen

Hydrostatische Gleitlagerungen vorzugsweise
- für verschleißfreie Präzisionslagerungen,
- für verschleißfreie Lager bei niedrigen Drehzahlen.

Magnetische Lagerungen vorzugsweise
- für berührungslosen, verschleißfreien Betrieb,
- für hohe Relativgeschwindigkeiten bei mittleren Belastungen,
- für einstellbare Steifigkeit und Dämpfung,
- für einstellbaren Luftspalt.

4.5 Mechanische Getriebe

4.5.1 Funktionen und generelle Wirkungen

Funktionen:

Übertragen von Leistungen $P = M_t \cdot \omega$ (Drehbewegung) oder $P = F \cdot v$ (Schubbewegung) bei Änderung von M_t bzw. F und Geschwindigkeiten:
- Vergrößern oder Verkleinern (Ändern) der Eingangsgrößen M_t, $\omega(n)$ bei gleichbleibender

Bewegungsart (gleichförmig übersetzende Getriebe) ohne oder mit Richtungswechsel.
— Wandeln der Bewegungsart (ungleichförmig übersetzende Getriebe).

Beim Übertragen von Drehbewegungen:
Übersetzung $i = \omega_a / \omega_b = i_{a/2} \cdot i_{2/3} \cdot \ldots i_{j/b}$
$|i| > 1$ Übersetzung ins Langsame
$|i| < 1$ Übersetzung ins Schnelle
Bei Änderung des Drehsinns von Antrieb (a) und Abtrieb (b) wird i negativ.

Wirkungen:

Die Kraftübertragung an den beteiligten Wirkflächenpaaren erfolgt durch Form- und/oder Reibschluß (siehe 4.1), die Bewegungsänderung durch Wirksamwerden des Hebelgesetzes und kinematischer Gesetze (siehe E 1).

4.5.2 Zahnradgetriebe

Wirkprinzip (Bild 4-36):
Bedingt durch die am Berührungspunkt der Wälzkreise erforderliche gleiche Umfangsgeschwindigkeit ergibt sich:

$$v_1 = (d_1/2) \cdot \omega_1 = v_2 = (d_2/2) \cdot \omega_2 \rightarrow \frac{\omega_1}{\omega_2} = \frac{n_1}{n_2} = \frac{d_2}{d_1}.$$

Mit Teilkreisdurchmesser

$$d = m \cdot z \rightarrow \frac{\omega_1}{\omega_2} = \frac{d_2}{d_1} = \frac{z_2}{z_1}.$$

Ohne Berücksichtigung von Verlusten ergibt sich entsprechend:

$$P_1 = M_{t_1} \cdot \omega_1 = P_2 = M_{t_2} \cdot \omega_2 \rightarrow \frac{\omega_1}{\omega_2} = \frac{M_{t_2}}{M_{t_1}}.$$

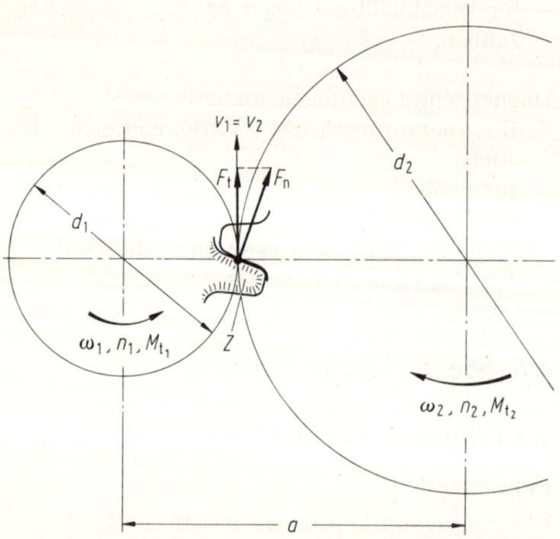

Bild 4-36. Kenngrößen einer Stirnradstufe mit Evolventenverzahnung als Getriebegrundtyp. z Zähnezahl, m Modul = Zahnteilung/π, ω Winkelgeschwindigkeit, F_t Tangentialkraft = $2M_t/d$, F_n Zahnnormalkraft.

Die durch die Tangentialkräfte an den Zahnflanken hervorgerufenen Zahnnormalkräfte belasten die Zähne durch Flächenpressung (Wälzpressung) und Biegung, ferner die Lagerungen der Zahnradwellen.

Strukturelle Merkmale:

Lage der Verzahnung zur Wellenachse: Gerad-, Schräg-, Pfeil-, Doppelschrägverzahnung.
Lage der Wellenachsen zueinander: Parallel (Stirnräder als Außenradpaar oder Innenradpaar), schneidend (Kegelräder), kreuzend (Schraubenradpaar, Schneckenradsatz).
Lage der Verzahnung zum Radkranz: Außen- oder Innenverzahnung.
Zahnflankenform: Evolventen- ohne oder mit Profilverschiebung, Zykloiden-, Kreisbogen-, Triebstock- und Sonderverzahnungen.
Bewegungsmöglichkeiten der An- und Abtriebswellen und des Gehäuses: Übersetzungsgetriebe mit stillstehendem Gehäuse, Umlaufgetriebe (Planetengetriebe) mit drehbar gelagertem Gehäuse und mit diesem verbundener zusätzlicher Welle (Standgetriebe mit festen Achsen, Überlagerungsgetriebe als Differential- oder Summiergetriebe, Zweiwellengetriebe mit umlaufenden Steg).
Übersetzung: Konstant oder stufenweise veränderlich (Schaltgetriebe).
Zahnradwerkstoffe und Oberflächenbehandlungen.
Fertigungsverfahren und Toleranzen (Verzahnungsqualitäten).
Schmierungs- und Kühlungsarten.
Leistungs- und Geschwindigkeitsbereiche.
Gehäusegestaltung (Bauarten).

Bauformen (Bild 4-37):
Getriebe mit fester Übersetzung, Umlaufgetriebe, schaltbare Getriebe [1, 43, 44, 58].

4.5.3 Kettengetriebe

Wirkprinzip (Bild 4-38):
Kraftübertragung zwischen Kettenrad und Kette formschlüssig mit überlagertem Reibschluß oder nur reibschlüssig. Übersetzung abhängig von Durchmesser- und Zähnezahlverhältnis der Kettenräder wie bei Zanradgetrieben.
Beanspruchungsverhältnisse ähnlich Zahnrädern.

Strukturelle Merkmale:

Kettenart: Antriebsketten, Last- und Förderketten.
Kettenanordnung.
Feste und veränderbare Übersetzung (in Stufen, stufenlos).
Anzahl der Kettenräder (treibend, getrieben, Leiträder).

Zahnform der Kettenräder.
Werkstoffe für Räder und Ketten.
Schmierungs- und Staubschutzarten.

Bauform (Bild 4-39):

Offene und geschlossene Antriebskettengetriebe, Stell- und Regelkettengetriebe, Last- und Förderketten [1, 43].

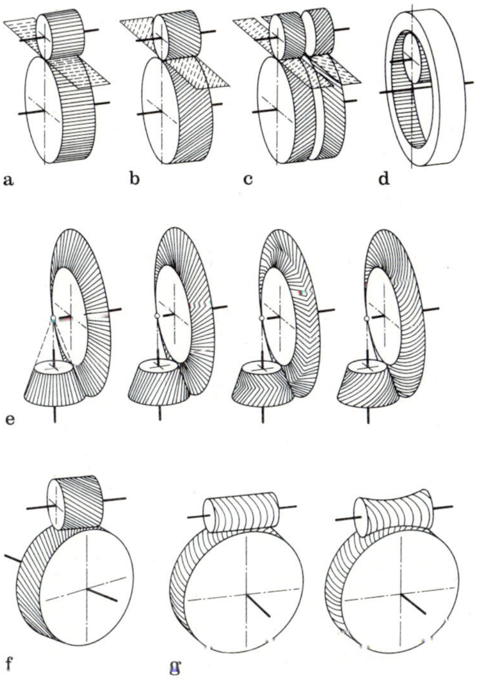

Bild 4-37. Bauformen von Zahnradgetrieben (Auswahl). Stirnrad-Außenradpaar mit **a** Geradverzahnung, **b** Schrägverzahnung, **c** Doppelschrägverzahnung, **d** Stirnrad-Innenradpaar, **e** Kegelradpaar mit Gerad-, Schräg-, Pfeil- und Bogenverzahnung, **f** Stirnschraubradpaar, **g** Schneckenradsätze.

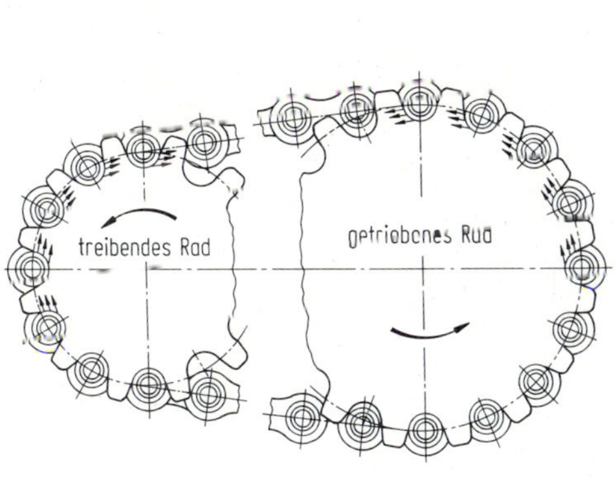

Bild 4-38. Wirkprinzip eines Kettengetriebes.

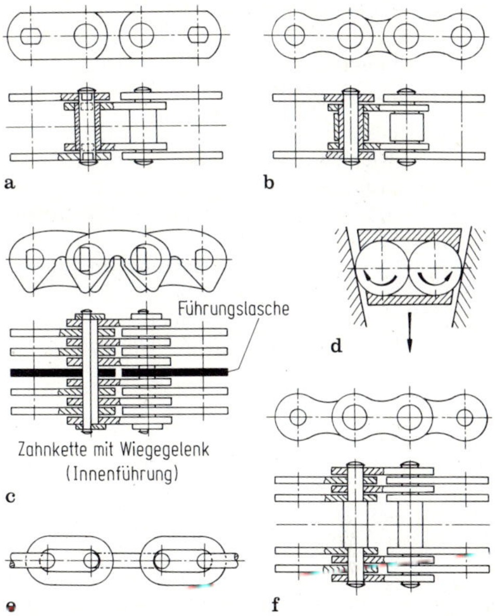

Bild 4-39. Bauformen von Kettengetrieben (Auswahl). Antriebsketten: **a** Buchsenkette, **b** Rollenkette, **c** Zahnkette, **d** kraftschlüssige Rollenkette; Last- und Förderketten: **e** Rundstahlkette, **f** Gallkette.

4.5.4 Riemengetriebe

Wirkprinzip (Bild 4-40):

Kraftübertragung zwischen Riemenscheiben und Riemen rein reibschlüssig oder mit zusätzlichem Formschluß. Übersetzung abhängig vom Durchmesserverhältnis der Riemenscheiben. Grundgleichung für Umschlingungsgetriebe nach Eytelwein (siehe E 2.5.2):

$$F_1 = F_2 \cdot e^{\mu\alpha}.$$

Nutzlast: $F_t = F_1 - F_2$.

Erforderliche Vorspannung: $F_v \geq 0{,}5\,(F_1 + F_2) + F_F$ je Riementrum.

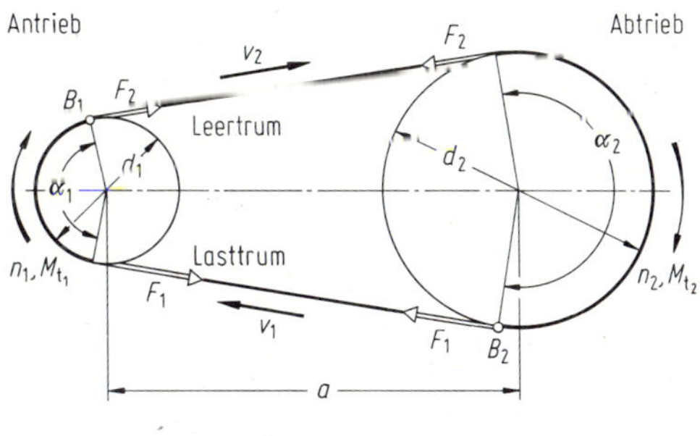

Bild 4-40. Wirkprinzip eines Riemengetriebes.

Beanspruchung im Riemen durch Riemenkräfte (Trumkräfte), Fliehkräfte, Riemenbiegung, Riemenschränkung.

Strukturelle Merkmale:

Riemenart: Flach-, Keil-, Rund-, Zahnriemen.
Form der Riemenscheiben.
Riemenführung, Lage der Wellenachsen.
Art der Vorspannung (fest, Spannrolle, Selbstspannung).
Feste und veränderbare Übersetzung (in Stufen, stufenlos).
Werkstoffe und Aufbau der Riemen.
Art und Höhe des Schlupfes.

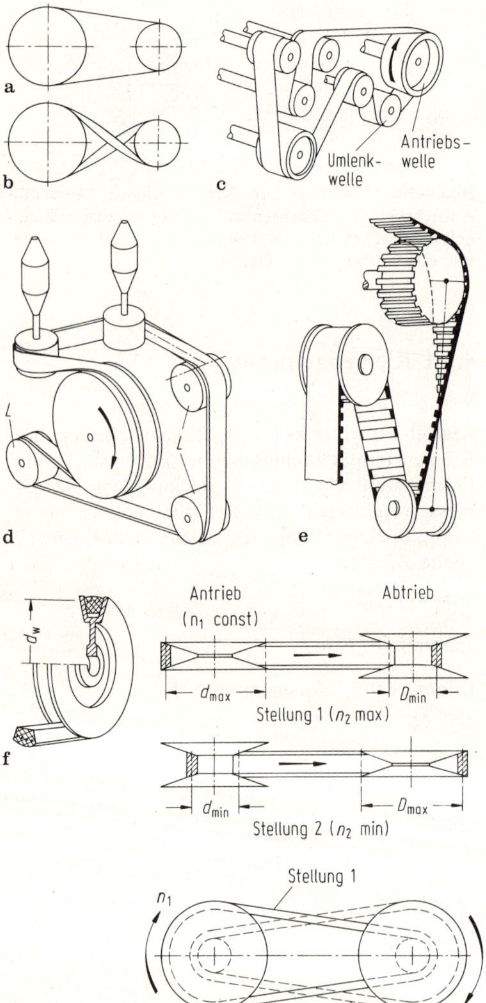

Bild 4-41. Bauformen von Riemengetrieben (Auswahl). **a** offen, **b** gekreuzt, **c** Vielwellenantrieb, **d** räumliches Getriebe, **e** Zahnriemen, **f** Keilriemen, **g** Keilriemen-Verstellgetriebe.

Bauformen (Bild 4-41):

Flachriemen-, Keilriemen-, Zahnriemen-, Verstellgetriebe [1, 43].

4.5.5 Reibradgetriebe

Wirkprinzip (Bild 4-42):

Kraftübertragung zwischen Wirkflächenpaaren der Räder und gegebenenfalls Wälzkörper durch

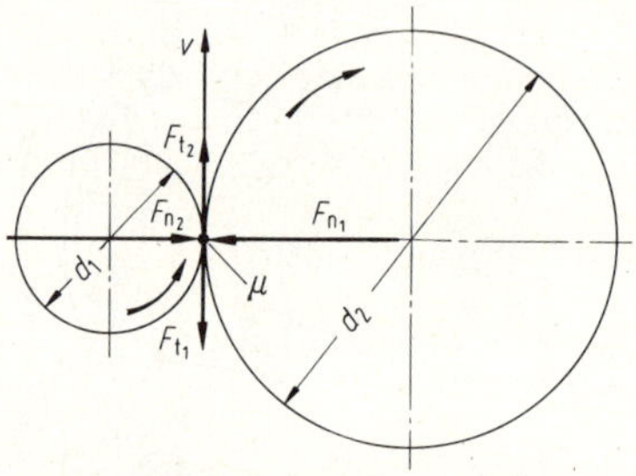

Bild 4-42. Wirkprinzip eines Reibradgetriebes. μ Reibungszahl, S_R Sicherheit gegen Rutschen, F_t übertragbare Umfangskraft, F_n aufgezwungene Normalkraft.

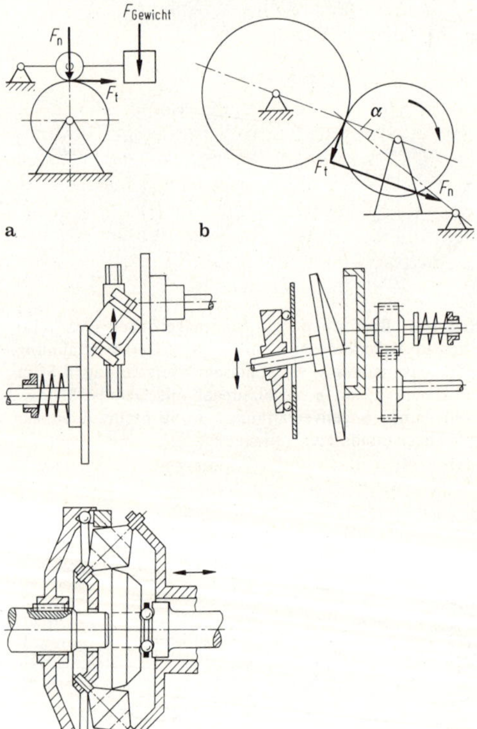

Bild 4-43. Bauformen von Reibradgetrieben (Auswahl). **a** konstante Anpreßkraft durch Gewicht oder Feder, **b** drehmomentabhängige Anpreßkraft durch Keilwirkung, **c** einstellbare Wälzgetriebe.

Wälzreibung. Übersetzung abhängig vom Durchmesserverhältnis der Räder bzw. wirksamen Radius der Berührungsstellen der Wälzkörper.
Beanspruchung an der Berührungsfläche durch Hertzsche Pressung (siehe E 5.11.4).
Übertragbare Umfangskraft: $F_t = \mu \cdot F_n / s_R$.

Strukturelle Merkmale:

Reibradform: Zylinder, Planscheiben, Kegel, Doppelkegel, Kugelkalotten, Kugeln, Torusflächen.
Aufbringen der Anpreßkraft: Gewicht, Federkraft, elastische Vorspannung, Keilwirkung, Achskraft, Selbstspannung.
Feste und veränderbare Übersetzung.
Lage der Wellenachsen: Parallel, sich schneidend.
Reibradwerkstoffe (Gummi/Metall, Metall/Metall).
Betriebsart: Trocken oder ölgeschmiert.
Art und Höhe des Schlupfes.

Bauformen (Bild 4-43):

Reibradgetriebe mit konstanter und stufenlos einstellbarer Übersetzung (Wälzgetriebe) [1, 43, 45].

4.5.6 Kurbel-(Gelenk-) und Kurvengetriebe

Wirkprinzip (Bild 4-44):

Grundtyp dieser Getriebeart zum Wandeln von Bewegungen und Energien ist das Gelenkviereck mit 4 Gliedern und 4 Drehgelenken. Getriebevarianten entstehen durch Ersetzen von Drehgelenken durch Schubgelenke, durch Erhöhung der Anzahl der Glieder, durch Festlegen unterschiedlicher Glieder als Gestell und durch Ersatz eines Gliedes durch eine Kurvenscheibe.
Bewegungsabläufe von Antrieb und Abtrieb sind abhängig von der Getriebeart, den Abmessungen und der Lage der Getriebeglieder sowie der Ausführung der Getriebegelenke bzw. Kurvenscheiben.
Bewegungsgesetze und Beanspruchungen von Gliedern und Gelenken sind mit den generellen Zusammenhängen der Kinematik (siehe E 1.6) und Kinetik (siehe E 3) bestimmbar.

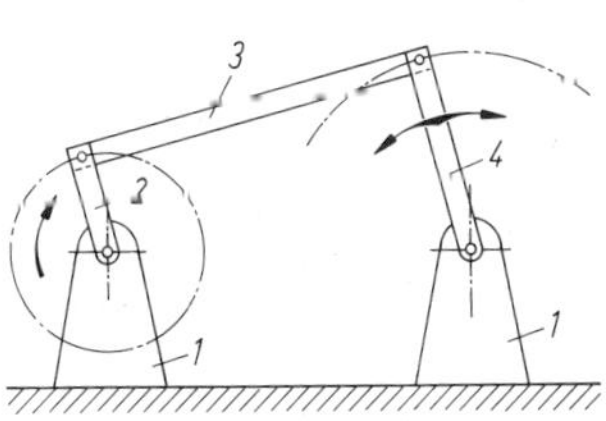

Bild 4-44. Wirkprinzip eines Gelenkvierecks als Grundtyp mechanischer Kurbel- und Kurvengetriebe. *1* Gestell, *2* Kurbel, *3* Koppel, *4* Schwinge.

Strukturelle Merkmale:

Anzahl der Glieder: Viergliedrig, mehrgliedrig.
Gelenkart: Drehgelenke, Schubgelenke.
Lage der Dreh- und Schubgelenke zueinander in der Ebene und im Raum.
Durchlauffähigkeit mit unterschiedlicher Verteilung von Umlauf- und Schwinggelenken.
Lage des festgelegten Gestellgliedes.
Zuordnung von An- und Abtrieb.
Form der Kurvenscheibe mit vollumrollter oder teilberollter Kurve.
Werkstoffe und Gestaltungsdetails.

Bauformen (Bild 4-45):

Kurbel-(Gelenk-)Getriebe: Kurbelschwinge, Schubkurbel, Kurbelschleife, Schubschwinge, Schubkurbel, Kreuzschubkurbel, Doppelschleife und -schieber. Kurvengetriebe, Sondergetriebe [1, 46, 47].

4.5.7 Allgemeine Anwendungsrichtlinien

Zahnradgetriebe vorzugsweise
- für hohe und höchste Leistungen, Drehmomente und Drehzahlen,
- für synchrone Drehbewegungsübertragung hoher Laufgüte,
- für hohe Stückzahlen,
- für Schaltgetriebe (Fahrzeuggetriebe),
- für Baukasten- und Baureihentechnik,
- für mittlere Übersetzungen und Abstände von An- und Abtriebswellen.

Kettengetriebe vorzugsweise
- für mittlere Leistungen, Drehmomente und Drehzahlen,
- für mittelgroße, grob tolerierte Achsabstände,
- für synchrone Drehbewegungsübertragung mit Mehrfachabtrieben beiderseitig der Kette,
- für kostengünstige, gut zugängliche und robuste Antriebssysteme.

Riemengetriebe vorzugsweise
- für kleine und mittlere Leistungen, Drehmomente und Drehzahlen,
- zur Überbrückung großer, grob tolerierter Achsabstände,
- für große Freiheiten hinsichtlich Drehsinn und Lage von An- und Abtriebswellen sowie Mehrfachabgriff,
- zur Überlastsicherung durch Rutschen,
- für stoß- und geräuscharmen Betrieb,
- für einfache, kostengünstige, ungeschmierte Antriebssysteme mit leichter Austauschbarkeit des Riemens,
- für stufenlose Übersetzungsänderung.

Reibradgetriebe vorzugsweise
- für kleine Leistungen, Drehmomente und Drehzahlen,
- für kleine Achsabstände und platzsparende Anordnungen,

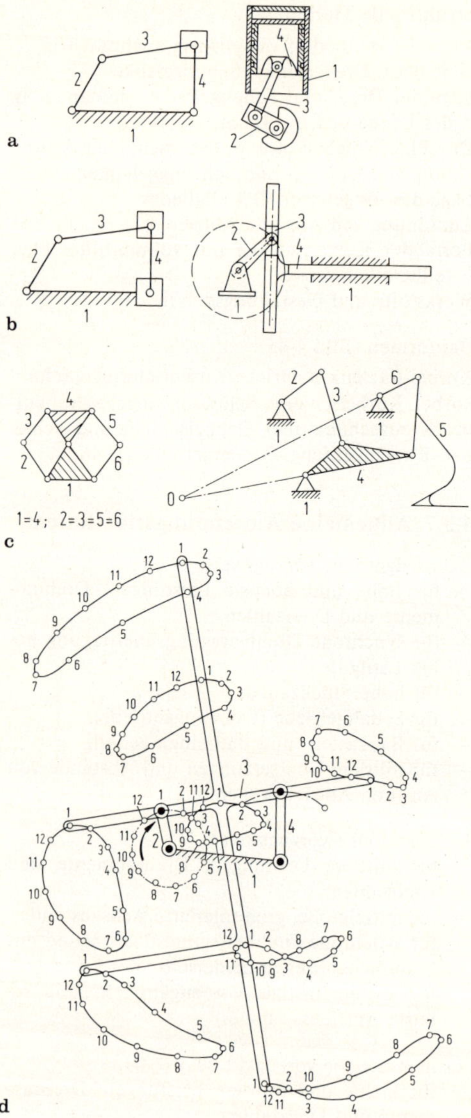

Bild 4-45. Bauformen von Kurbel- und Kurvengetriebe (Auswahl). **a** Schubkurbel, **b** Kreuzschubkurbel, **c** 6gliedriges Getriebe, **d** Kurbelschwinge mit Koppelkurven, **e** Kurvengetriebe.

— für einfache, kostengünstige Antriebssysteme,
— zur Überlastsicherung durch Rutschen,
— zum einfachen Ändern und Schalten der Antriebsbewegungen,
— auch für trockenlaufende Antriebssysteme.

Kurbel- und Kurvengetriebe vorzugsweise
— zur Wandlung von gleichförmigen Antriebsbewegungen in ungleichförmige Abtriebsbewegungen und umgekehrt,
— zur Realisierung spezieller Bewegungsgesetze,
— zur eindeutigen Zuordnung von An- und Abtriebsbewegungen hoher Laufgüte.

4.6 Hydraulische Getriebe

4.6.1 Funktionen und generelle Wirkungen

Funktionen:

Analog denen mechanischer Getriebe.

Wirkungen:

Die Leistungskopplung zwischen An- und Abtrieb erfolgt durch ein inkompressibles Fluid (Hydrauliköl, siehe D 7.2) unter Ausnutzung von Druckenergie (hydrostatische Getriebe) oder Geschwindigkeitsenergie (hydrodynamische Getriebe).

4.6.2 Hydrostatische Getriebe (Hydrogetriebe)

Wirkprinzip (Bild 4-46):

Mit einer Verdrängerpumpe wird ein Förderstrom

$$\dot{V}_1 = n_1 \cdot V_1 \cdot \eta_{\mathrm{Vol}_1} = (\omega_1/2\pi) \cdot V_1 \cdot \eta_{\mathrm{Vol}_1}$$

eines Fluids erzeugt, der über Rohrleitungen zu einem Verdrängermotor geleitet wird, der diesen als Schluckstrom $\dot{V}_2 = n_2 \cdot V_2/\eta_{\mathrm{Vol}_2}$ aufnimmt.
Das Pumpen-Drehmoment ergibt sich zu:

$$M_{t_1} = \frac{\Delta p_1 \cdot \dot{V}_1}{\omega_1 \cdot \eta_{\mathrm{hm}_1} \cdot \eta_{\mathrm{Vol}_1}}.$$

Das Motor-Drehmoment ergibt sich zu:

$$M_{t_2} = \frac{\Delta p_2 \cdot \dot{V}_2}{\omega_2} \cdot \eta_{\mathrm{hm}_2} \cdot \eta_{\mathrm{Vol}_2}.$$

Die Antriebsleistung ergibt sich zu:

$$P_{\mathrm{an}} = \frac{\Delta p_1 \cdot \dot{V}_1}{\eta_{\mathrm{hm}_1} \cdot \eta_{\mathrm{Vol}_1}}.$$

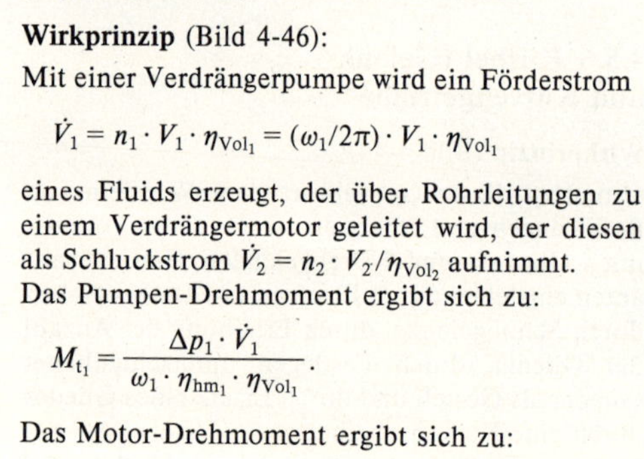

Bild 4-46. Wirkprinzip eines Hydrogetriebes (Hydrostatisches Getriebe) (Leistungsangaben ohne Wirkungsgrade) [61].

Die Abtriebsleistung ergibt sich zu:

$$P_{ab} = \Delta p_2 \cdot \dot{V}_2 \cdot \eta_{hm_2} \cdot \eta_{Vol_2} .$$

Drehzahlverhältnis (Übersetzung):

$$i_n = \frac{n_a}{n_b} = \frac{\dot{V}_1}{\dot{V}_2} \cdot \frac{V_2}{V_1} \cdot \frac{1}{\eta_{Vol_1} \cdot \eta_{Vol_2}} .$$

Hierin sind: V_1 und V_2 Verdrängervolumina von Pumpe und Motor, $\dot{V}_1$ und $\dot{V}_2$ Förderstrom der Pumpe bzw. Schluckstrom des Motors, n_1, ω_1, n_2, ω_2 Drehzahlen bzw. Winkelgeschwindigkeiten von Pumpe und Motor, Δp_1 und Δp_2 die Druckdifferenz zwischen Saug- und Druckseite bei Pumpe und Motor, η_{Vol_1} und η_{Vol_2} volumetrische Wirkungsgrade, η_{hm_1} und η_{hm_2} hydraulisch-mechanische Wirkungsgrade.
Bei Hubverdrängermaschinen sind die Leistungs- und Energiegrößen für Hubbewegungen anzusetzen ($F \mathrel{\widehat{=}} M_t$, $v \mathrel{\widehat{=}} \omega$, $P = F \cdot v$).

Strukturelle Merkmale:

Bauformen der Verdrängereinheiten.
Verstellung (Änderung) der Verdrängervolumina.
Regelung. Pumpen-, Motor-, Verbund- und Drosselregelung (letztere im Haupt- oder Nebenstrom).
Systemaufbau: Eigen- und fremdbetätigte Systeme, offene und geschlossene Stromkreise.
Art von Antriebs- und Abtriebsbewegung: Drehend, Hubbewegung.

Bauformen (Bild 4-47):

Hydropumpen, Hydromotoren, Hydroventile, Hydrokreise, Hydrogetriebe [1, 48, 49].

4.6.3 Hydrodynamische Getriebe (Föttinger-Getriebe)

Wirkprinzip (Bild 4-48):

Die hydrodynamische Leistungsübertragung erfolgt mit einer Kreiselpumpe (P) und einer Flüssigkeitsturbine (T) in einem gemeinsamen Gehäuse, wobei ein zwischengeschaltetes, mit dem Gehäuse verbundenes Leitrad (Reaktionsglied R) ein Differenzmoment zwischen Pumpe und Turbine aufnehmen kann.
Leistungsübertragung erfolgt nach der Eulerschen Turbinengleichung (Impulssatz, siehe E 8.5):

Hydraulische Leistung

$$P_h = \dot{V} \cdot \varrho \cdot \omega (c_{ua} \cdot r_a - c_{ue} \cdot r_e)$$
$$= \dot{m} \cdot \omega \cdot \Delta c_u \cdot r .$$

Strukturelle Merkmale:

Schaufelformen des Pumpen-, Turbinen- und Leitrades: Gerade (drehrichtungsunabhängig), gekrümmt (bessere Wirkungsgrade).
Verstellmöglichkeit der Leitradschaufeln zur Anpassung an Antriebs- und Abtriebsmaschinen-Kennlinien.

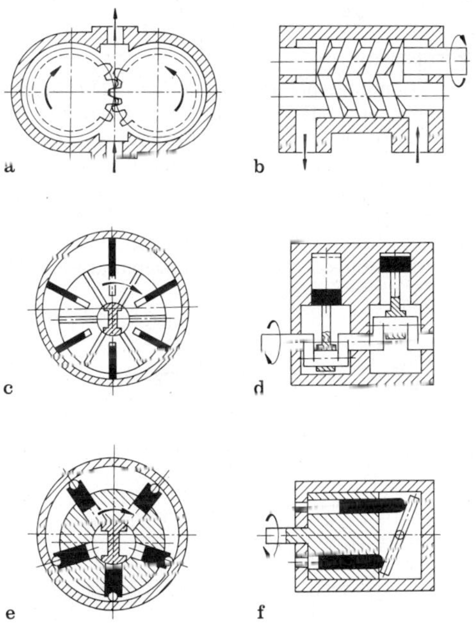

Bild 4-47. Bauformen von Verdrängereinheiten für Hydrogetriebe (Auswahl) [61]. **a** Zahnradpumpe, **b** Schraubenpumpe, **c** Flügelzellenpumpe, **d** Reihenkolbenpumpe, **e** Radialkolbenpumpe, **f** Axialkolbenpumpe.

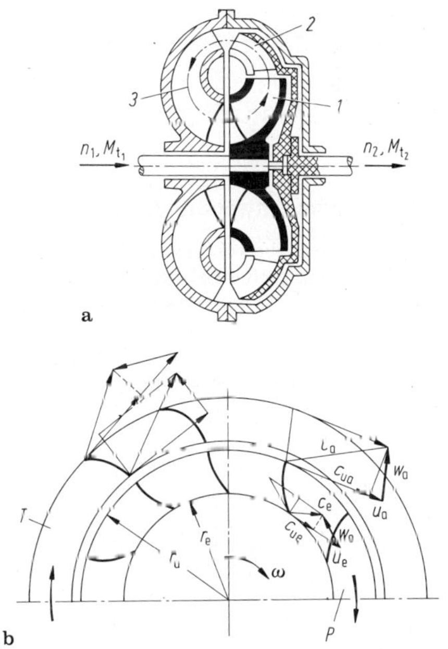

Bild 4-48. Wirkprinzip eines hydrodynamischen Getriebes. *1* Pumpe (P), *2* Turbine (T), *3* Leitrad (Reaktionsglied R). **a** prinzipieller Aufbau, **b** Geschwindigkeiten (*c* absolute Geschwindigkeiten, *w* relative Geschwindigkeiten).

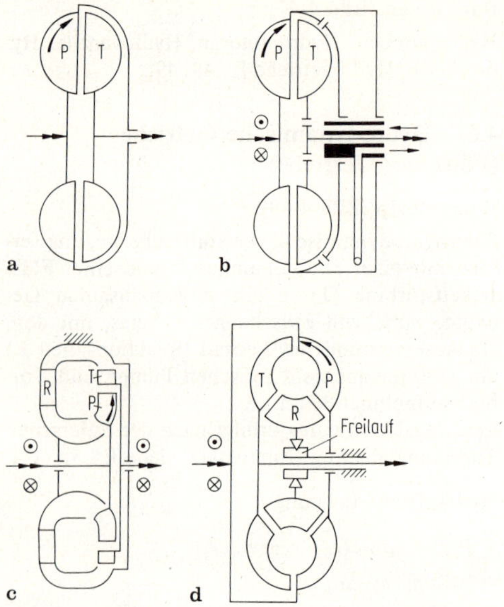

Bild 4-49. Bauformen von Föttinger-Getrieben (Auswahl) [62]. **a** Föttinger-Kupplung (nicht verstellbar), **b** Föttinger-Kupplung zur stufenlosen Drehzahlanpassung, **c** einphasiger, einstufiger Föttinger-Wandler zur stufenlosen Drehzahlanpassung und Drehmomentwandlung, **d** mehrphasiger Föttinger-Wandler.

Schaltungen als mehrphasige Wandler und/oder mit Föttinger-Kupplungen, letztere mit Füllungssteuerung (Regel- und Schaltkupplung).

Bauformen (Bild 4-49):

Föttinger-Wandler [1, 31–33].

4.6.4 Allgemeine Anwendungsrichtlinien

Hydrostatische Getriebe vorzugsweise

- zur Übertragung großer Leistungen und Kräfte mit einfachen und betriebssicheren Komponenten bei kleiner Baugröße,
- zur flexiblen Anordnung von Antrieb und Abtrieb und bei größeren Abständen,
- zum einfachen Mehrfachabtrieb bei nur einer Antriebseinheit,
- zur einfachen, feinfühlig stufenlosen Drehzahl- und Drehmomentänderung mit großem Stellbereich,
- zur einfachen Wandlung von drehender in Hubbewegung und umgekehrt,
- für hohe Schaltgeschwindigkeiten,
- als kostengünstiges Getriebe mit handelsüblichen Bauelementen.

Hydrodynamische Getriebe vorzugsweise

- als Anfahrgetriebe,
- zur verschleißfreien, schwingungstrennenden Leistungsübertragung,
- für große und größte Leistungen,
- als automatisches Kraftfahrzeuggetriebe in Kombination mit Planetengetrieben.

4.7 Elemente zur Führung von Fluiden

4.7.1 Funktionen und generelle Wirkungen

Funktionen:

Führen eines Fluids auf definierten Wegen mit geringen Strömungs- und Leckverlusten, gegebenenfalls unter Verändern sowie zeitweisem Sperren des Fluidstromes.

Wirkungen:

Die Strömung von Flüssigkeiten (inkompressiblen Fluiden) erfolgt nach den Gesetzen der Hydrodynamik (siehe E 8), die von Gasen (kompressiblen Fluiden) nach den Gesetzen der Gasdynamik (siehe E 9). Kennzeichnend sind der Strömungszustand (laminar, turbulent; Kenngröße: Reynolds-Zahl $Re = (v \cdot d)/\nu$), die Rohrreibung, die Strömungsverluste in Rohrelementen, Rohrschaltern und sonstigen Einbauten sowie die mechanischen und thermischen Rückwirkungen des Strömungssystems auf das Rohrnetz (Verbindungen) und die Umgebung (Halterungen).

4.7.2 Rohre

Wirkprinzip (Bild 4-50):

Die Strömungsenergie (Gefälle- und/oder thermische Eigenenergie, Expansion bei Gasen, Fremdenergie durch Pumpen und Gebläse) gleicht die Strömungsverluste (siehe E 8.4) aus und erzeugt einen Volumenstrom mit gewünschter Geschwindigkeit und gewünschtem Druck. Mechanische Beanspruchungen durch Rohrkräfte und thermische Belastungen von Rohrleitungen und Rohrver-

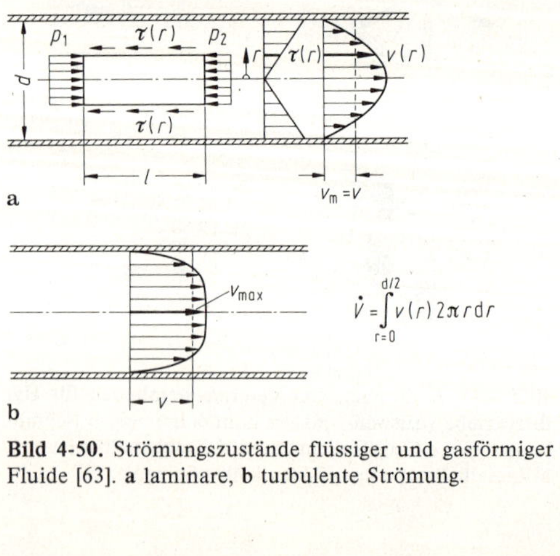

Bild 4-50. Strömungszustände flüssiger und gasförmiger Fluide [63]. **a** laminare, **b** turbulente Strömung.

bindungen sowie Zusatzforderungen, z. B. hinsichtlich Isolation und Korrosionsbeständigkeit, werden mit Mitteln der Mechanik und Werkstofftechnik beherrscht.

Strukturelle Merkmale:

Rohrarten und Abmessungen (Strömungsquerschnitte, Rohrlängen, Rohrwandstärken).
Verlegungs- und Einbauarten (Halterungen, Isolation, Korrosionsschutz).
Rohrverbindungen und Dichtungen.
Werkstoffe (Stahl, Gußeisen, Kupfer, Blei, Kunststoffe, Zement), Normen.

Bauformen (Bild 4-51):

Rohrarten, Verbindungsarten, Werkstoffe, Normen [1, 50-52], Apparateelemente [1, 53].

4.7.3 Absperr- und Regelorgane (Armaturen)

Wirkprinzip (Beispiel 4-52):

Das Absperren einer Fluidströmung erfolgt durch Betätigen eines Absperrorgans (eigen- oder fremdbetätigt), d. h. durch dichtes Unterbrechen des Strömungsweges.
Das Verändern (Steuern, Regeln) des Volumenstromes eines Fluids in Abhängigkeit von Stellgrößen, wie z. B. Druck, Temperatur oder Wasserstand, um einen bestimmten Betriebszustand im Rohrnetz einzustellen, erfolgt durch Verändern

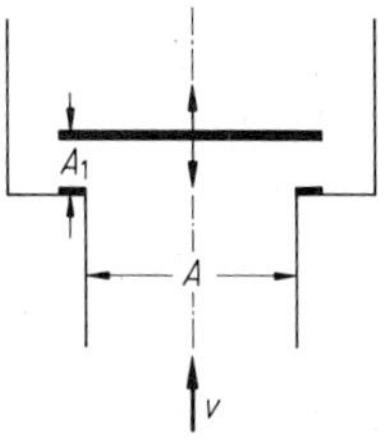

Bild 4-52. Wirkprinzip eines Absperr- und Regelorgans. Widerstandsbeiwert $\zeta = f(A_1/A)$, A_1 kleinster Durchflußquerschnitt, v Strömungsgeschwindigkeit.

des Strömungsquerschnitts mit Erzeugen von Strömungsverlusten.

Strukturelle Merkmale:

Bewegungsrichtung des Drosselorgans (Ventil, Schieber, Klappe, Hahn) zur Strömungsrichtung.
Einbaumerkmale (Gerad-, Schrägsitz-, Eck-Armaturen).
Steuerkennlinie (Strömungsverluste).
Öffnungs- und Schließzeiten.
Bereiche für Nennweite (DN) und Nenndruck (PN).
Betätigungsart (von Hand, durch hydraulische, pneumatische, elektrische Stellmotore, durch Strömungskräfte).
Werkstoffe von Armaturengehäuse, Absperrorganen, Dichtungen.

Bauformen (Bild 4-53):

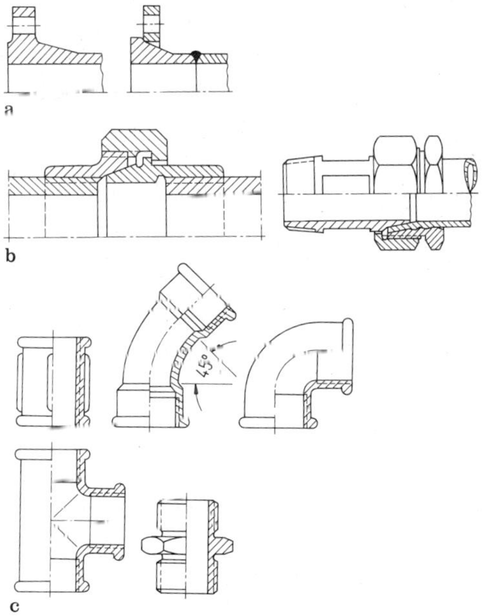

Bild 4-51. Bauformen von Rohrnetz-Komponenten (Auswahl) [64]. **a** Flanschformen, **b** Rohrverbindungen, **c** Rohrfittings.

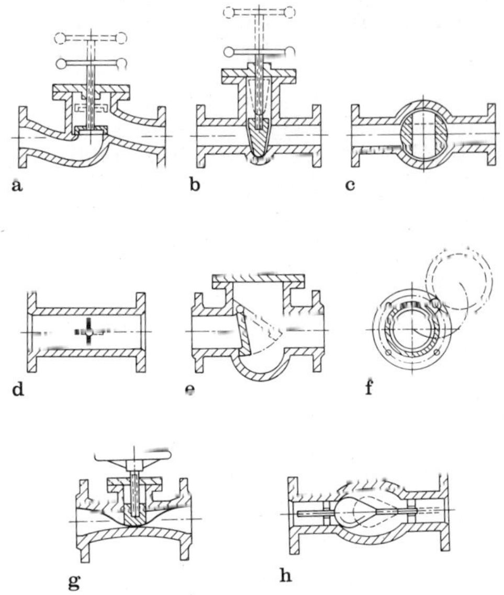

Bild 4-53. Bauformen von Absperrorganen (Auswahl) [64]. **a** Ventil, **b** Schieber, **c** Hahn, **d** Drehklappe im Rohr, **e** Klappe auf Rohrstutzen, **f** einklappbare Scheibe, **g** Ventil mit Membranabschluß, **h** tropfenförmiger Körper im Rohr.

Ventile, Schieber, Klappen, Hähne, Rückschlagventile, Druckminderer, Kondensatableiter [1, 54].
Hydroventile (Wegeventile, Druckventile, Stromventile) [1].

5 Konstruktionsmittel

5.1 Zeichnungen

Die zeichnerische Darstellung von Lösungsideen, prinzipiellen Lösungen oder maßstäblich entworfenen Bauteilen und Baugruppen gehört zu den wichtigsten Aufgaben des Konstrukteurs. Zwar steht mit Einführung der graphischen Datenverarbeitung ein Arbeitsmittel zur Verfügung, mit dem in zunehmendem Maße die Erstellung von Fertigungsunterlagen erfolgen wird. Es bleibt aber für den Konstrukteur die Notwendigkeit, in allen Konkretisierungsstufen des Entwicklungs- und Konstruktionsprozesses die Zeichnung als Kommunikationsmittel zur Erstellung der Fertigungsunterlagen sowie zur Ordnung und Anregung seiner eigenen Ideen und Lösungsvorschläge einzusetzen. Hierbei ist es von sekundärer Bedeutung, ob die Zeichnung auf dem Papier oder auf dem Bildschirm entsteht. Bei beiden Vorgehensweisen muß der Konstrukteur die wesentlichen Regeln der zeichnerischen Darstellung beherrschen und sie mit räumlichem Vorstellungsvermögen und kreativem Drang einsetzen können.
Für den Erfinder und konzipierenden Konstrukteur ist die Freihandskizze zur Objektivierung seiner Gedanken und als Diskussionsgrundlage im Arbeitsteam die wichtigste Darstellungsform.
In DIN 199 sind die wesentlichen Begriffe des Zeichnungs- und Stücklistenwesens definiert. Danach kann unterschieden werden zwischen:
— Skizzen, die, meist freihändig und/oder grobmaßstäblich, nicht unbedingt an Form und Regeln gebunden sind,
— normgerechten maßstäblichen Zeichnungen,
— Maßbildern,
— Plänen,
— Diagrammen und
— Schema-Zeichnungen.

Hinsichtlich ihres Inhalts wird unterschieden zwischen:
— Gesamt-Zeichnungen als Haupt- oder Zusammenbau-Zeichnungen,
— Gruppen-Zeichnungen,
— Einzelteil-Zeichnungen,
— Anforderungs-Plänen,
— Rohteil-Zeichnungen,
— Modell-Zeichnungen und
— Schema-Zeichnungen.

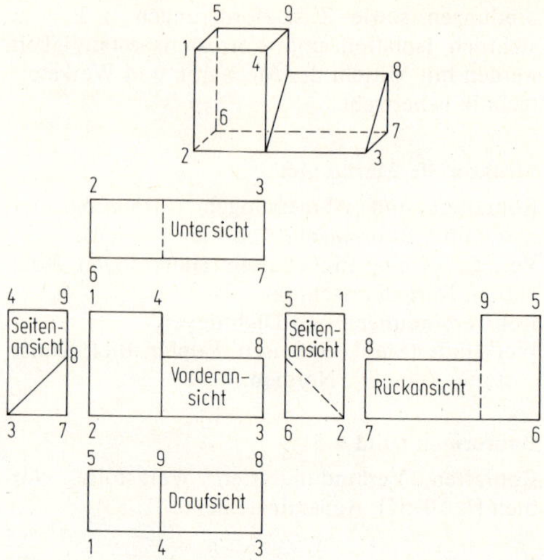

Bild 5-1. Anordnung der Ansichten und Schnitte bei Normalprojektion [3].

Für die Anfertigung normgerechter Zeichnungen sei neben DIN 6, DIN 15, DIN 30, DIN 406, DIN 6771, DIN 6774 und DIN 6789 auf einschlägiges Schrifttum verwiesen [1, 2].
Gegenstände sind in Gesamt-Zeichnungen und Gruppen-Zeichnungen in der Gebrauchslage, in Einzelteil-Zeichnungen bevorzugt in der Fertigungslage darzustellen. Dabei werden Ansichten und Schnitte in der Regel in Normalprojektion angeordnet, Bild 5-1. Weitere Projektionsarten siehe A 5.

5.2 Rechnerunterstützte Konstruktion

5.2.1 Grundlagen

Der Einsatz der Datenverarbeitung in der Konstruktion dient der Produktverbesserung sowie zur Senkung des Konstruktions- und Fertigungsaufwands. Die mit dem Rechnereinsatz verbundene Arbeitstechnik des Konstruierens unter Nutzung entsprechender Geräte und Programme wird international als *Computer Aided Design (CAD)* bezeichnet. Bei Verknüpfung von Konstruktionsprogrammen mit DV-Systemen für andere technische Aufgaben spricht man von *Computer Aided Engineering (CAE)*, bei Einbindung in die Datenverarbeitung und -verwaltung eines Gesamtunternehmens von *Computer Integrated Manufacturing (CIM)*.
Programmsysteme zur Unterstützung der Konstruktion setzen sich grundsätzlich aus folgenden Programmbereichen zusammen, Bild 5-2.
— Ein Kommunikationsbereich organisiert die Datenein- und -ausgabe vom und zum Konstrukteur.

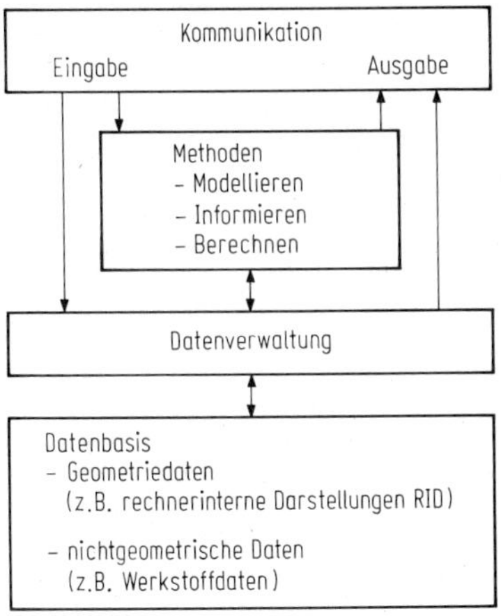

Bild 5-2. Generelle Struktur von CAD-Programmsystemen [4].

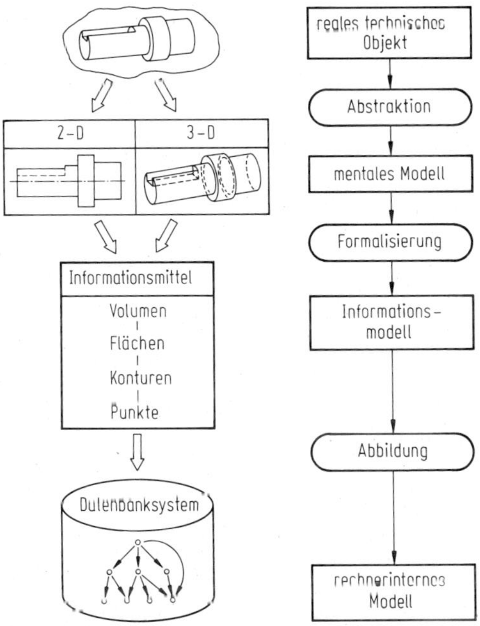

Bild 5-3. Modelle für technische Objekte [5].

— Ein Methodenbereich enthält fachspezifische Arbeitsmodule zum Modellieren, Informieren und Berechnen.
— Ein Datenverwaltungsbereich (Datenbankverwaltungssystem) organisiert alle Datentransfers und Datenspeicherungen zwischen Methodenalgorithmen und Kommunikationsbereich einerseits und Datenbanksystem oder Einzeldateien andererseits.
— Ein Datenbasis (Datenbank) enthält alle gespeicherten Geometriedaten und nichtgeometrischen Daten, die von den Konstruktionsmethoden sowie zur Kommunikation zwischen Konstrukteur und CAD-System benötigt werden.

Von besonderer Bedeutung für CAD-Systeme ist die *rechnerinterne Darstellung geometrischer Objekte (RID)*, die aus dem realen Objekt so hervorgeht: durch Abstraktion entsteht ein mentales Modell, daraus durch Formalisierung ein Informationsmodell und aus diesem schließlich durch Abbildung ein rechnerinternes Modell, Bild 5-3. In Bild 5-4 sind die Möglichkeiten einer 3D-Objektdarstellung und des Übergangs vom Informationsmodell (Elemente eines Informationsmodells: Volumen, Flächen, Konturen und/oder Punkte) zum rechnerinternen Modell (RIM) erläutert. Eine Objektdarstellung kann mit Hilfe eines Volumenmodells, eines Flächenmodells oder eines Linien(Draht-, Kanten-)modells erfolgen. Das Volumenmodell kann körperorientiert oder flächenorientiert aufgebaut sein. Körperorientierung bedeutet die rechnerinterne Generierung eines dreidimensionalen Körpers, was für Berechnungen unerläßlich ist. Mit einem Flächenmodell ist nur für Teile gleichmäßiger Dicke (z. B. Blechteile) oder für rotationssymmetrische Teile eine hinreichende Volumenbeschreibung möglich. Mit Hilfe zweidimensionaler Darstellungen (2D-Flächen- oder Linienmodelle) lassen sich nur ebene und rotationssymmetrische Teile eindeutig beschreiben. Diese Modelle sind nur für die rechnerinterne Darstellung von Ansichten und Schnitten geeignet. Zur Zeichnungserstellung reicht dieses aus.
Die Rekonstruktionstechnik [6, 7] gestattet eine weitgehend automatisierte 3D-Modellbildung aus z. B. handskizziert eingegebenen 2D-Ansichten.
Die Makrotechnik [4, 5] beruht auf der Verwendung bereits bestehender bzw. gespeicherter Geometriemodelle für Bauteile und Baugruppen, die gegebenenfalls nur an spezielle Bedingungen angepaßt werden. Wichtiges Anwendungsgebiet ist das Eingeben von Norm- und Wiederholteilen, z. B. handelsüblichen Konstruktionselementen.

5.2.2 Rechnereinsatz in den Konstruktionsphasen

Für die Bearbeitung einzelner Konstruktionsaufgaben bzw. -tätigkeiten sind eine Vielzahl von Einzelprogrammen und Programmsystemen verfügbar [4, 5].
Ein Programmpool zur Unterstützung des Konstrukteurs kann wie folgt gegliedert sein:
— Berechnungsprogramme zur festigkeitsmäßigen, thermischen, verfahrenstechnischen u. dgl. Nachrechnung, Auslegung und Optimierung von Bauteilen und Baustrukturen. Hierzu zählen auch Simulationsprogramme, die die Abhängigkeit von Objektmerkmalen von der Zeit berechnen und darstellen.

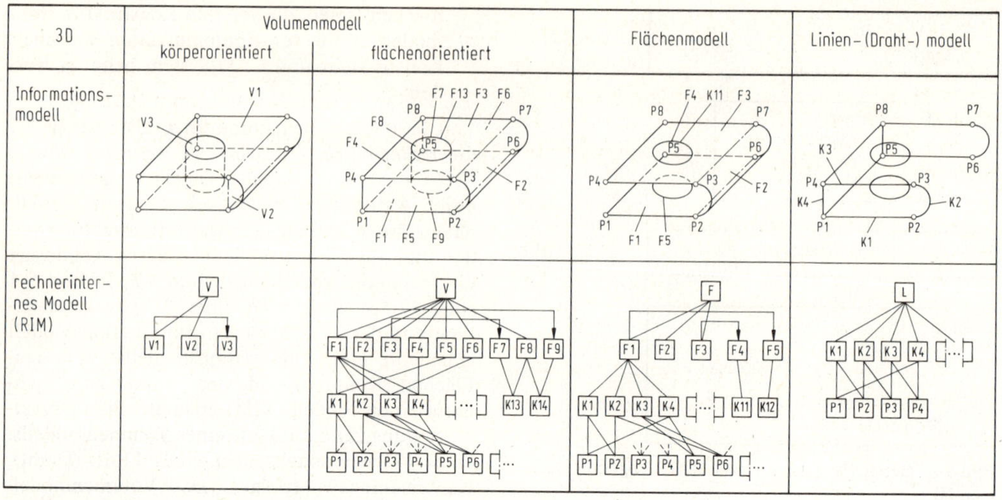

Bild 5-4. Modellarten für 3D-Objektdarstellungen in Anlehnung an [5] nach [4].

- Gestaltungsprogramme, die Geometriedarstellung, Berechnung und Konstruktionsdatenbereitstellung in einem kontinuierlichen Dialogbetrieb integriert ausführen können. Insbesondere muß die Variation (Modellierung) der Geometrie dreidimensional rechnerintern und in der Projektion möglich sein.
- Programme zur bloßen Informationsbereitstellung, z. B. über Lösungsprinzipien, Normteile, Werkstoffe, Zukaufteile, Kostendaten u. dgl. (Datenbanksysteme). Solche Datenbanken werden durch dialogfähige Suchprogramme anwendungsfreundlicher.
- Programme zur reinen Zeichnungserstellung. Hierzu genügen meist Systeme für zweidimensionale Darstellungen.
- Programme zur Unterlagenerstellung bei Baureihen-, Baukasten- oder Anpassungskonstruktionen, die für eingegebene Aufgabenstellungen durch Kombination von Bausteinen in Form von Bauteilen und Baugruppen sowie durch Parametervariation die Fertigungsunterlagen für das gewünschte Produkt ausgeben.

Zur Unterstützung der kreativen Konstruktionstätigkeit sind vor allem Programme zur Geometriemodellierung, zur Simulation und zur Informationsbereitstellung über bewährte Lösungen hilfreich, da mit diesen schnell Variationsmöglichkeiten und Auswirkungen konstruktiver Maßnahmen sowie die Eigenschaften und Fähigkeiten bekannter Lösungen und der Stand der Technik ermittelt werden können.
Beim Arbeiten mit CAD-Systemen helfen auch zahlreiche Hilfsfunktionen, wie z. B. sog. Explosionsdarstellungen, Perspektiven, Durchsichten, Umwandlungen von 2D- in 3D-Darstellungen, Ausschnittsvergrößerungen, Maßstabsveränderungen, Körperdrehungen und Bewegungen, Einfärbungen und mehr, was beim konventionellen Zeichnen wegen des großen Aufwands in der Regel unterbleibt. Insofern wirkt dieses Arbeitsverfahren sowohl rationalisierend als auch kreativitätsfördernd.
Neben rein zeichnerischen Darstellungen hat die Verknüpfung von Berechnungsschritten mit geometrischen Ergebnisausgabe große Bedeutung für die Optimierung der Konstruktionen und die Entwurfsarbeit des Konstrukteurs. Zu nennen wären hierfür die Finite-Elemente-Methode (FEM) (siehe E 5.13) zur Spannungs- und Verformungsanalyse komplexer geometrischer Strukturen und Simulationsprogramme, z. B. für kinematische Probleme [8, 9].

5.3 Normen

Das Beachten von Normen (vgl. Teil L Normung) und sonstigen technischen Regeln während der einzelnen Entwicklungs- und Konstruktionsschritte ist eine wichtige Voraussetzung für international marktfähige Produkte bzw. zum Bestehen des Innovationswettlaufs zwischen den Industrienationen. Sie haben die Rolle von Spielregeln zwischen Produktherstellern und Produktbenutzern und sind eine Fixierung technischen Wissens, das der Allgemeinheit zur freiwilligen Nutzung als unverbindliche Empfehlung zur Verfügung gestellt wird. Nur in dem Maße, in dem sie Anwendung in der Praxis finden, können sie den Stand der Technik widerspiegeln. Daneben erfüllen technische Normen einen Zweck schon dadurch, daß sie bevorzugte technische Lösungen, Begriffsbestimmungen, Abmessungen zu allgemeinen machen und dadurch die Rationalisierung fördern [10].

Nach der Herkunft können folgende im Teil L genauer beschriebene Normen und technische Regeln unterschieden werden:

- Werknormen der einzelnen Unternehmen.
- DIN-Normen des DIN (Deutsches Institut für Normung) einschließlich VDE-Bestimmungen der DKE (Deutsche Elektrotechnische Kommission im DIN).
- EN-Normen (Europäische Normen von CEN-Comité Européen de Normalisation — und CENELEC — Comité Européen de Normalisation Electrotechnique).
- IEC- und ISO-Normen und -Empfehlungen (Internationale Normen von IEC — International Electrotechnical Commission — und ISO — International Organization for Standardization).
- Vorschriften der Vereinigung der Technischen Überwachungsvereine.
- Richtlinien des Vereins Deutscher Ingenieure (VDI).

Für die Bereitstellung überbetrieblicher technischer Regeln ist das Deutsche Informationszentrum für technische Regeln (DITR) zuständig, das diese entweder im Direktanschluß an die DITR-Datenbank zur Verfügung stellt oder über den DIN-Katalog mit vollständigem Nummern- und Stichwortverzeichnis [11].
Daten über Normteile werden in Normteildatenbanken bereitgestellt [12].
Die Einführung und Anwendung überbetrieblicher Normen und auch von Werknormen wird unterstützt durch den ANP (Ausschuß Normenpraxis im DIN) und durch die IFAN (Internationale Föderation der Ausschüsse Normenpraxis).
Die Entwicklung von Normen kann sinnvoll mit der methodischen Entwicklung eines technischen Produkts verglichen werden [13].

5.4 Kostenerkennung, Wertanalyse

5.4.1 Beeinflußbare Kosten

Ein rechtzeitiges Erkennen von Kosten in allen Entwicklungs- und Konstruktionsphasen sowie bei der Arbeitsplanung ist für das Einhalten von Kostenzielen von größter Bedeutung. Bild 5-5 zeigt in einer Übersicht Entstehung und Zusammensetzung von Kosten. Bei den Herstellkosten wird zwischen *Einzelkosten* (direkt einem Kostenträger, z. B. Einzelteil, zuordenbar) und *Gemeinkosten* (nicht direkt einem Kostenträger zuordenbar) unterschieden. Ferner unterscheidet man zwischen *fixen Kosten* (für einen Zeitraum unveränderlich anfallend) und *variablen Kosten* (abhängig von Auftragsmenge, Losgröße, Beschäftigungsgrad), die zusammen die Herstellkosten ausmachen. Entscheidungen bei der Produktentwicklung beeinflussen vor allem die variablen Kosten, so daß diese insbesondere zur frühzeitigen Kostenabschätzung herangezogen werden.

5.4.2 Methoden der Kostenerkennung

Kalkulieren mit variablen Anteilen der Herstellkosten, VHK

Ansatz: VHK = MEK + $\sum$ FLK

$$\text{MEK} = k_G \cdot G = k_v \cdot V \quad \text{Materialeinzelkosten}$$

(k_G Materialpreis/Gewicht, k_v Materialpreis/Volumen, G Gewicht, V Volumen des Einzelteils)

$$\text{FLK} \sim k_L(t_h + t_n + t_r) \quad \text{Fertigungslohnkosten}$$

(k_L Verrechnungslohnsatz, t_h Fertigungshauptzeit, t_n Fertigungsnebenzeit, t_r Fertigungsrüstzeit).

Die Fertigungslohnkosten beziehen sich auf die Fertigungszeiten der einzelnen Fertigungs- und Montageoperationen. Sie werden additiv zu dem variablen Anteil der fertigungsbedingten Herstellkosten zusammengesetzt.
Kenngrößen und genauere Berechnungsverfahren siehe [14].
Allgemeiner Berechnungsansatz als Kostenfunktion:

$$\text{VHK} = \sum_{i=1}^{n} C_i \cdot \prod_{j=1}^{m} x_{ij}^{p_{ij}}$$

(C Konstante, x kostenbeeinflussender Parameter, p zu x zugehöriger Exponent, n Anzahl der Kostenanteile, m Anzahl der Parameter x_j im Kostenanteil i).
Bei Zusammenfassung aller Kostenparameter zu nur einer variablen kennzeichnenden Größe, z. B. eine Abmessung oder das Gewicht, kann die Kostenfunktion vereinfacht geschrieben werden:

$$\text{VHK} = a + bx^p .$$

Vergleichen mit Relativkosten

Relativkosten sind Kosten oder Preise, zu einer Bezugsgröße ins Verhältnis gesetzt. Die Werte von Relativkosten sind dadurch weniger von Preisschwankungen abhängig als die von Absolutkosten.

$$k^*_{G,V} = \frac{k_{G,V}}{k_{G,V\,(\text{Bezugsgröße})}}$$

Relativkostenkataloge für Werkstoffe, Halbzeuge und Zukaufteile siehe [1, 14].

Schätzen über Materialkostenanteil

Ist in einem bestimmten Anwendungsbereich das Verhältnis m von Materialkosten MK zu Herstellkosten HK bekannt und für alle Produkte annähernd gleich, können die Herstellkosten aus den ermittelten Materialkosten abgeschätzt werden:

$$\text{HK} = \text{MK}/m ,$$

m-Werte nach VDI 2225 [15].

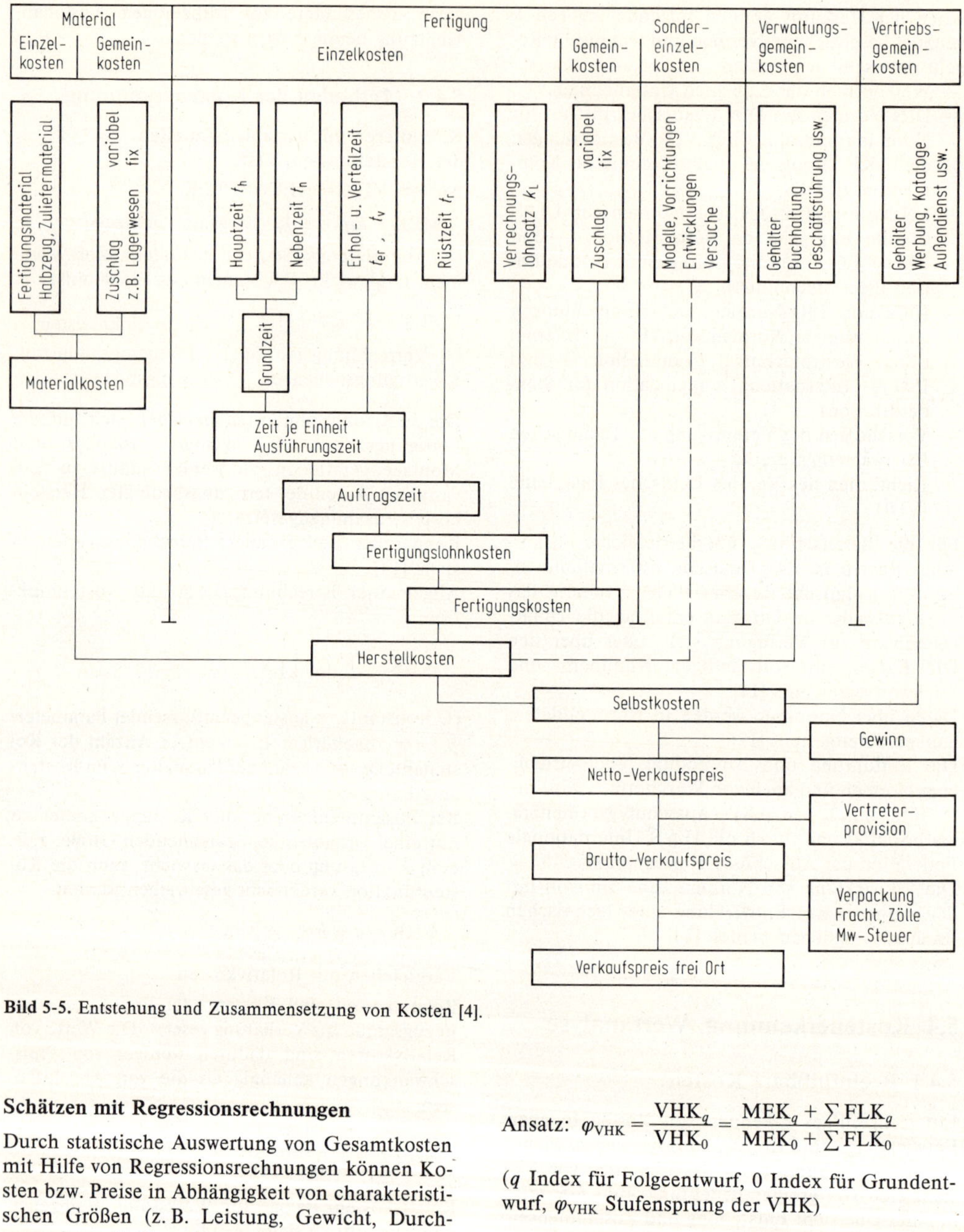

Bild 5-5. Entstehung und Zusammensetzung von Kosten [4].

Schätzen mit Regressionsrechnungen

Durch statistische Auswertung von Gesamtkosten mit Hilfe von Regressionsrechnungen können Kosten bzw. Preise in Abhängigkeit von charakteristischen Größen (z. B. Leistung, Gewicht, Durchmesser) ermittelt werden.
Beispiele für solche Regressionsanalysen und mit diesen ermittelte Kostenfunktionen: siehe [4, 16].

Hochrechnen mit Ähnlichkeitsbeziehungen

Entsprechend den Entwicklungsstrategien bei Baureihen (siehe 3.4.1) können auch Kostenwachstumsgesetze aus Ähnlichkeitsbeziehungen abgeleitet werden, wobei die ermittelten Kosten eines Grundentwurfs als Basis dienen.

Ansatz: $$\varphi_{\mathrm{VHK}} = \frac{\mathrm{VHK}_q}{\mathrm{VHK}_0} = \frac{\mathrm{MEK}_q + \sum \mathrm{FLK}_q}{\mathrm{MEK}_0 + \sum \mathrm{FLK}_0}$$

(q Index für Folgeentwurf, 0 Index für Grundentwurf, φ_{VHK} Stufensprung der VHK)

Bei bekannten Kostenwachstumsgesetzen der Einzelanteile ergibt sich:

$$\varphi_{\mathrm{VHK}} = a_{\mathrm{m}} \cdot \varphi_{\mathrm{MEK}} + \sum_k a_{\mathrm{F}_k} \cdot \varphi_{\mathrm{FLK}_k}$$

$$\left(a_{\mathrm{m}} = \frac{\mathrm{MEK}_0}{\mathrm{VHK}_0},\ a_{\mathrm{F}_k} = \frac{\mathrm{FLK}_{k_0}}{\mathrm{FLK}_0} \text{ je } k \cdot \text{Fertigungs-operation}\right).$$

Berechnung für geometrisch ähnliche Teile siehe [4, 17].

5.4.3 Wertanalyse

Die Wertanalyse hat das Ziel, Kosten zu senken. Ihr Vorgehen ist in einem genormten Ablaufplan festgelegt [18, 19]. Dieser schreibt Teamarbeit und funktionsorientierte Kostenentscheidungen zwingend vor. Entsprechend ergeben sich zwei Schwerpunkte des Vorgehens:

— Arbeitsergebnisse entstehen durch interdisziplinäre Zusammenarbeit von Fachleuten aus Vertrieb, Einkauf, Konstruktion, Fertigung und Kalkulation.
— Die Kosten werden als Funktionskosten definiert und ermittelt. Dazu werden die vom Produkt bzw. dem untersuchten Bauteil zu erfüllenden Funktionen Funktionsträgern zugeordnet, die aus einem oder mehreren Einzelteilen gebildet werden können. Aus den kalkulierten Kosten der Einzelteile läßt sich dann abschätzen, welche Kosten zur Realisierung der geforderten Gesamtfunktion und notwendigen Teilfunktionen entstehen. Durch Wahl anderer Lösungen können sowohl einzelne Teilfunktionen eingespart oder diese kostengünstiger realisiert werden (Reduzierung der Funktionskosten).

Literatur

Kapitel 1

Allgemeine Literatur

Andreasen, M.M.; Hein, L.: Integrated product development. Bedford; Berlin: IFS Ltd.; Springer 1987
Baumann, H.G.: Systematisches Projektieren und Konstruieren. Berlin; Düsseldorf: Springer; Stahleisen-Verlag 1982
DABEI-Handbuch für Erfinder und Unternehmer. Hrsg.: Deutsche Aktionsgemeinschaft Bildung — Erfindung — Innovation. Düsseldorf: VDI-Verlag 1987
Systems Engineering Hrsg.: W.F. Daenzer Köln: Haunstein 1977
DIN 69910: Wertanalyse (Aug. 1987)
Ehrlenspiel, K.: Kostengünstig Konstruieren. (Konstruktionsbücher, 35). Berlin: Springer 1985
Hubka, V.: Theorie technischer Systeme. Berlin: Springer 1984
Koller, R.: Konstruktionslehre für den Maschinenbau. Berlin: Springer 1985
Kramer, F.: Innovative Produktpolitik. Berlin: Springer 1987
Pahl, G.; Beitz, W.: Konstruktionslehre. 2. Aufl. Berlin: Springer 1986
Rodenacker, W.: Methodisches Konstruieren. (Konstruktionsbücher, 27). 3. Aufl. Berlin: Springer 1984
Roth, K.: Konstruieren mit Konstruktionskatalogen. Berlin: Springer 1982
Seeger, H.: Industrie-Designs. Grafenau: expert 1983
VDI 2221: Methodik zum Entwickeln und Konstruieren technischer Systeme und Produkte (Nov. 1986)
Systematische Produktplanung: ein Mittel zur Unternehmenssicherung. (VDI-Taschenbuch, T76). Düsseldorf: VDI-Verlag 1976
Wertanalyse. (VDI-Taschenbuch, T35). Düsseldorf: VDI-Verlag 1981
Warnecke, H.J.; u. a.: Planung in Entwicklung und Konstruktion: Grafenau: expert 1980

Spezielle Literatur

1. VDI 2221: Methodik zum Entwickeln und Konstruieren technischer Systeme und Produkte (Nov. 1986)
2. VDI 2243: Recyclingorientierte Gestaltung technischer Produkte (Entwurf Dez. 1984)
3. Systematische Produktplanung: ein Mittel zur Unternehmenssicherung. (VDI-Taschenbuch, T76). Düsseldorf: VDI-Verlag 1976
4. Kehrmann, H.: Die Entwicklung von Produktstrategien. Diss. TH Aachen 1972
5. Kramer, F.: Innovative Produktpolitik. Berlin: Springer 1987
6. Pahl, G.; Beitz, W.: Konstruktionslehre. 2. Aufl. Berlin: Springer 1986
7. VDI 2220: Produktplanung; Ablauf, Begriffe und Organisation (Mai 1980)
8. Brunthaler, St.: Methodische Entwicklung technischer Systeme mit Software- und Hardwarekomponenten für integrierte Meßdatenverarbeitung. (Schriftenreihe Konstruktionstechnik (Hrsg.: W. Beitz), 9). Berlin: TU Berlin 1986

Kapitel 2

Allgemeine Literatur

Hansen, F.: Konstruktionssystematik. Berlin: Verlag Technik 1966
Hubka, V.: Theorie technischer Systeme. 2. Aufl. Berlin: Springer 1984
Koller, R.: Konstruktionslehre für den Maschinenbau. 2. Aufl. Berlin: Springer 1985
Pahl, G.; Beitz, W.: Konstruktionslehre; 2. Aufl. Berlin: Springer 1986
Rodenacker, W.G.: Methodisches Konstruieren. (Konstruktionsbücher, 27). Berlin: Springer 1984
Roth, K.: Konstruieren mit Konstruktionskatalogen. Berlin: Springer 1982
VDI 2221: Methodik zum Entwickeln und Konstruieren technischer Systeme und Produkte (Nov. 1986)

Spezielle Literatur

1. Pahl, G.; Beitz, W.: Konstruktionslehre. 2. Aufl. Berlin: Springer 1986
2. Krumhauer, P.: Rechnerunterstützung für die Konzeptphase der Konstruktion. Diss. TU Berlin 1974
3. Rodenacker, W.G.: Methodisches Konstruieren. (Konstruktionsbücher, 27). Berlin: Springer 1984
4. Koller, R.: Konstruktionslehre für den Maschinenbau. 2. Aufl. Berlin: Springer 1985
5. Roth, K.: Konstruieren mit Konstruktionskatalogen. Berlin: Springer 1982
6. Ehrlenspiel, K.: Kupplungen und Bremsen. In: Dubbel. 16. Aufl. Berlin: Springer 1987, Teil G, Kap 4
7. Dubbel: Taschenbuch für den Maschinenbau. 16. Aufl. Berlin: Springer 1987
8. Petra, H.: Systematik, Erweiterung und Einschränkung von Lastausgleichslösungen für Standgetriebe mit zwei Leistungswegen Diss. TU München 1981
9. DIN 69910: Wertanalyse (Aug. 1987)
10. Sachmerkmale, DIN 4000 — Anwendung in der Praxis. Hrsg.: DIN Berlin: Beuth 1979
11. DIN 4000 (z. Z. mit Entwürfen 66 Teile): Sachmerkmal-Leisten [für Norm- und Konstruktionsteile]

12. DIN (Hrsg.): CAD-Normteildatenbank — wann? Berlin: Beuth 1984
13. Krauser, D.: Methodik zur Merkmalbeschreibung technischer Gegenstände. (DIN-Normungskunde, 22). Berlin: Beuth 1986

Kapitel 3

Allgemeine Literatur

Dubbel: Taschenbuch für den Maschinenbau. 16. Aufl. Berlin: Springer 1987

Ehrlenspiel, K.: Kostengünstig Konstruieren. (Konstruktionsbücher, 35). Berlin: Springer 1985

Koller, R.: Konstruktionslehre für den Maschinenbau. 2. Aufl. Berlin: Springer 1985

Leyer, A.: Maschinenkonstruktionslehre. (Technica-Reihe, 1-6). Basel: Birkhäuser 1963-1971

Niemann, G.: Maschinenelemente, Bd. 1. 2. Aufl. Berlin: Springer 1975

Pahl, G.; Beitz, W.: Konstruktionslehre. 2. Aufl. Berlin: Springer 1986

Rodenacker, W.G.: Methodisches Konstruieren. (Konstruktionsbücher, 27). 3. Aufl. Berlin: Springer 1984

Roth, K.: Konstruieren mit Konstruktionskatalogen. Berlin: Springer 1982

VDI 2221: Methodik zum Entwickeln und Konstruieren technischer Systeme und Produkte (Nov. 1986). (Mit umfangreichem Schrifttum).

Spezielle Literatur

1. Holliger-Uebersax, H.: Handbuch der allgemeinen Morphologie. 4. Aufl. Zürich: MIZ-Verlag 1980
2. Müller, J.: Grundlagen der systematischen Heuristik. Berlin: Dietz 1970
3. Schmidt, H.G.: Heuristische Methoden als Hilfen zur Entscheidungsfindung beim Konzipieren technischer Produkte. (Schriftenreihe Konstruktionstechnik (Hrsg.: W. Beitz), 1). Berlin: TU Berlin 1980
4. Krick, V.: An introduction to engineering and engineering design. 2nd ed. New York: Wiley 1969
5. Penny, R.K.: Principles of engineering design. Postgraduate J. 46 (1970) 344-349
6. Pahl, G.; Beitz, W.: Konstruktionslehre. 2. Aufl. Berlin: Springer 1986
7. Systems Engineering. (Hrsg.: W.F. Daenzer). Köln: Haunstein 1977
8. Blass, E.: Verfahren mit Systemtechnik entwickelt. VDI-Nachr. Nr. 29 (1981)
9. Franke, H.M.: Der Lebenszyklus technischer Produkte. (VDI-Ber., 512). Düsseldorf: VDI-Verlag 1984
10. VDI 2221: Methodik zum Entwickeln und Konstruieren technischer Systeme und Produkte (Nov. 1986)
11. Zwicky, F.: Entdecken, Erfinden, Forschen im morphologischen Weltbild. München: Droemer-Knaur 1966; 1971
12. Seeger, H.: Industrie-Designs. Grafenau: expert 1983
13. Hertel, H.: Biologie und Technik. Mainz: Krausskopf 1963
14. Kerz, P.: Konstruktionselemente und -prinzipien in Natur und Technik. Konstruktion 39 (1987) 474-478; Natürliche und technische Konstruktionen in Sandwichbauweise. Konstruktion 40 (1988) 41-47; Zugbeanspruchte Konstruktionen in Natur und Technik. Konstruktion 40 (1988) 277-284
15. Kroy, W.: Abbau von Kreativitätshemmungen in Organisationen. In: Personal-Management in der industriellen Forschung und Entwicklung. (Schriftenreihe Forschung, Entwicklung, Innovation; 1) Köln: Heymanns 1984
16. Rodenacker, W.G.: Methodisches Konstruieren. (Konstruktionsbücher, 27). 3. Aufl. Berlin: Springer 1984
17. Roth, K.: Konstruieren mit Konstruktionskatalogen. Berlin: Springer 1982
18. Kühnpast, R.: Das System der selbsthelfenden Lösungen in der maschinenbaulichen Konstruktion. Diss. TH Darmstadt 1968
19. Reuter, H.: Stabile und labile Vorgänge in Dampfturbinen. BBC-Nachr. 40 (1958) 391-398
20. Spähn, H.; Rubo, E.; Pahl, G.: Korrosionsgerechte Gestaltung. Konstruktion 25 (1973) 455-459
21. Rubo, E.: Kostengünstiger Gebrauch ungeschützter korrosionsanfälliger Metalle bei korrosivem Angriff. Konstruktion 37 (1985) 11-20
22. Habig, K.-H.: Verschleiß und Härte von Werkstoffen. München: Hanser 1980
23. VDI 2242 Blatt 1 und 2: Konstruieren ergonomiegerechter Erzeugnisse (April 1986)
24. Klöcker, I.: Produktgestaltung. Berlin: Springer 1981
25. VDI 2243: Recyclingorientierte Gestaltung technischer Produkte (Entwurf Dez. 1984)
26. Mayer, H.: Recyclingorientierte Produktgestaltung. (Fortschrittber. VDI-Z., Reihe 1, Nr. 98). Düsseldorf: VDI-Verlag 1983
27. Pourshirazi, M.: Recycling und Werkstoffsubstitution bei technischen Produkten als Beitrag zur Ressourcenschonung. (Schriftenreihe Konstruktionstechnik (Hrsg.: W. Beitz), 12). Berlin: TU Berlin 1987
28. Weege, R.-D.: Recyclinggerechtes Konstruieren. Düsseldorf: VDI-Verlag 1981
29. Feldmann, K.: Beitrag zur Konstruktionsoptimierung von automatischen Drehmaschinen. Diss. TU Berlin 1974
30. VDI 2225 Blatt 1 und 2: Technisch-wirtschaftliches Konstruieren (April 1977)
31. Zangemeister, Ch.: Nutzwertanalyse in der Systemtechnik. München: Wittemann 1970

Kapitel 4

Allgemeine Literatur

Decker, K.-H.: Maschinenelemente. 9. Aufl. München: Hanser 1986

Dubbel: Taschenbuch für den Maschinenbau. (Hrsg.: W. Beitz, K.H. Küttner). 16. Aufl. Berlin: Springer 1987

Köhler, G.; Rögnitz, H.: Maschinenteile, Teil 1 und 2. 7. Aufl. Stuttgart: Teubner 1986

Konstruktionsbücher (Hrsg.: G. Pahl). Berlin: Springer.

Niemann, G.: Maschinenelemente, Bd. 1. 2. Aufl. Berlin: Springer 1975

Niemann, G.; Winter, H.: Maschinenelemente, Bd. II u. III. 2. Aufl. Berlin: Springer 1985

Roloff, H.; Matek, W.: Maschinenelemente. 8. Aufl. Braunschweig: Vieweg 1983

Steinhilper, W.; Röper, R.: Maschinen- und Konstruktionselemente. Bd. 1: Grundlagen der Berechnung und Gestaltung; Bd. 2: Verbindungselemente, elastische Elemente, Achsen und Wellen, Dichtungstechnik; Bd. 3: Reibrad-, Zugmittel- und Zahnradgetriebe, Berlin: Springer 1982; 1986; 1989

Tochtermann, W.; Bodenstein, F.: Konstruktionsele-

mente des Maschinenbaus, Teile 1 u. 2. 9. Aufl. Berlin: Springer 1979
VDI-Handbuch Konstruktion. Düsseldorf: VDI-Verlag.
Zeitschrift Konstruktion. Berlin: Springer

Spezielle Literatur

1. Dubbel: Taschenbuch für den Maschinenbau (Hrsg.: W. Beitz, K.H. Küttner). 16. Aufl. Berlin: Springer 1987
2. Kollmann, F.G.: Welle-Nabe-Verbindungen. (Konstruktionsbücher, 32). Berlin: Springer 1984
3. Heinrich, J.: Kerbwirkung an Sicherungsringnuten und Berechnung von Sicherungsringverbindungen. Diss. TH Darmstadt 1984 (auch: FVA-Heft 181)
4. Pfeiffer, B.: Einfluß von Sicherungsverbindungen auf die Dauerschwingfestigkeit dynamisch belasteter Wellen. Diss. TU Berlin 1985 (auch: FVA-Heft 182)
5. Gertig, J.: Tragfähigkeit von Gestaltungsvarianten linienhafter Kraftformschlußverbindungen aus Thermoplasten. (Schriftenreihe Konstruktionstechnik (Hrsg.: W. Beitz), 3). Berlin: TU Berlin 1981
6. Bruchhold, I.: Untersuchung der Tragfähigkeit und des Füge- und Trennverhaltens von lösbaren Verbindungen. (Schriftenreihe Konstruktionstechnik (Hrsg.: W. Beitz), 15). Berlin: TU Berlin 1988
7. Galwelat, M.: Rechnerunterstützte Gestaltung von Schraubenverbindungen. (Schriftenreihe Konstruktionstechnik (Hrsg.: W. Beitz), 2). Berlin: TU Berlin 1980
8. Grote, K.-H.: Untersuchungen zum Tragverhalten von Mehrschraubenverbindungen. (Schriftenreihe Konstruktionstechnik (Hrsg.: W. Beitz), 6). Berlin: TU Berlin 1984
9. VDI 2230: Systematische Berechnung hochbeanspruchter Schraubenverbindungen (Juli 1987)
10. Seefluth, R.: Dauerfestigkeitsuntersuchungen an Wellen-Naben-Verbindungen. Diss. TU Berlin 1970
11. Galle, G.: Tragfähigkeit von Querpreßverbänden. (Schriftenreihe Konstruktionstechnik (Hrsg.: W. Beitz), 4). Berlin: TU Berlin 1981
12. Ruge, J.: Handbuch der Schweißtechnik. Bd. I und II. 2. Aufl. Berlin: Springer 1980
13. Scheermann, H.: Leitfaden für den Schweißkonstrukteur. Düsseldorf: Deutscher Verlag für Schweißtechnik (DVS) 1986
14. Neumann, A.: Schweißtechnisches Handbuch für Konstrukteure, Teil 1 bis 3. Düsseldorf: Deutscher Verlag für Schweißtechnik (DVS) 1985; 1986
15. Dorn, L.: Schweißgerechtes Konstruieren. Ehningen bei Böblingen: expert 1988
16. Dorn, L.; u. a.: Hartlöten. Sindelfingen: expert 1985
17. Zaremba, H.: Hart- und Hochtemperaturlöten. Düsseldorf: DVS-Verlag 1987
18. Habenicht, G.: Kleben. Berlin: Springer 1986
19. Gross, S.: Berechnung und Gestaltung von Metallfedern. Berlin: Springer 1969
20. Göbel, E.F.: Gummifedern. (Konstruktionsbücher, 7). 3. Aufl. Berlin: Springer 1969
21. Battermann, W.; Köhler, R.: Elastomere Federung, elastische Lagerungen. Berlin: Ernst 1982
22. Schalitz, A.: Kupplungsatlas. 5. Aufl. Ludwigsburg: AGT-Verlag 1975
23. Dittrich, O.; Schumann, R.: Anwendungen der Antriebstechnik, Bd. II: Kupplungen. Mainz: Krausskopf 1974
24. Fleiss, R.: Das Radial- und Axialverhalten von Zahnkupplungen. (FKM-Heft, 68). Frankfurt: Forschungskuratorium Maschinenbau 1978
25. Henkel, F.: Membrankupplungen: Theoretische und experimentelle Untersuchung ebener und konzentrisch gewellter Kreisringmembranen. Diss. TU Hannover 1980
26. Peeken, H.; Troeder, C.: Elastische Kupplungen. (Konstruktionsbücher, 33). Berlin: Springer 1986
27. Winkelmann, S.; Hartmuth, H.: Schaltbare Reibkupplungen. (Konstruktionsbücher, 34). Berlin: Springer 1985
28. VDI 2241 Blatt 1 und 2: Schaltbare fremdbetätigte Reibkupplungen und -bremsen (Juni 1982; Sept. 1984)
29. Timtner, K.: Die Berechnung der Drehfederkennlinien und zulässigen Drehmomente bei Freilaufkupplungen mit Klemmkörpern. Diss. TH Darmstadt 1974
30. Stölzle, K.; Hart, S.: Freilaufkupplungen. (Konstruktionsbücher, 19). Berlin: Springer 1961
31. Wolf, M.: Strömungskupplungen und Strömungswandler. Berlin: Springer 1962
32. Kickbusch, E.: Föttinger-Kupplungen und Föttinger-Getriebe. (Konstruktionsbücher, 21). Berlin: Springer 1963
33. VDI 2153: Hydrodynamische Getriebe; Begriffe, Bauformen, Wirkungsweise (April 1974)
34. Hamp, W.: Wälzlagerungen. (Konstruktionsbücher, 23). Berlin: Springer 1971
35. Bartz, W.J.: Wälzlagertechnik. Sindelfingen: expert 1985
36. Kataloge der Wälzlager-Hersteller
37. Trutnovsky, K.: Berührungsdichtungen. (Konstruktionsbücher, 17). 2. Aufl. Berlin: Springer 1975
38. Trutnovsky, K.: Berührungsfreie Dichtungen. 4. Aufl. Düsseldorf: VDI-Verlag 1981
39. Lang, O.R.; Steinhilper, W.: Gleitlager. (Konstruktionsbücher, 21). Berlin: Springer 1978
40. Vogelpohl, G.: Betriebssichere Gleitlager. Berlin: Springer 1958
41. Bartz, W.J.; u. a.: Gleitlagertechnik, Teil 1 und 2. Grafenau; Sindelfingen: expert 1981; 1986
42. Peeken, H.: Dimensionierung und Optimierung hydrostatischer Querlager. (VDI-Ber., 196). Düsseldorf: VDI-Verlag 1973
43. Niemann, G.; Winter, H.: Maschinenelemente, Bd. 2 und 3. 2. Aufl. Berlin: Springer 1983
44. Müller, H.W.: Die Umlaufgetriebe. (Konstruktionsbücher, 20). Berlin: Springer 1971
45. VDI 2155: Gleichförmig übersetzende Reibschlußgetriebe, Bauarten und Kennzeichen (April 1977)
46. Hagedorn, L.: Konstruktive Getriebelehre. 3. Aufl. Düsseldorf: VDI-Verlag 1976
47. Kiper, G.: Katalog einfacher Getriebebauformen. Berlin: Springer 1982
48. Findeisen, D.; Findeisen, F.: Ölhydraulik. 3. Aufl. Berlin: Springer 1978
49. Matthies, H.J.: Einführung in die Ölhydraulik. Stuttgart: Teubner 1984
50. Recknagel, H.; Sprenger, E.; Hönmann, W.: Taschenbuch für Heizung und Klimatechnik. 64. Aufl. München: Oldenbourg 1987
51. Taschenbuch der Rohrleitungstechnik. Hrsg.: L. Steinmüller; C. Steinmüller. 4. Aufl. Essen: Vulkan 1982
52. Schwaigerer, S.: Rohrleitungen. Berlin: Springer 1967

53. Klapp, E.: Apparate- und Anlagentechnik. Berlin: Springer 1980
54. Jahrbuch Industriearmaturen. Essen: Vulkan 1986/87
55. ACTIDYNE. Prospekt der Société de Mécanique Magnétique, Vernon, France
56. Schmelz, F.; Graf von Seherr-Thoss, H.-C.; Aucktor, E.: Gelenke und Gelenkwellen — Berechnung, Gestaltung, Anwendungen. (Konstruktionsbücher, 36). Berlin: Springer 1988
57. Wiegand, H.; Kloos, K.-H.; Thomala, W.: Schraubenverbindungen. (Konstruktionsbücher, 5). Berlin: Springer 1988
58. Loomann, J.: Zahnradgetriebe. (Konstruktionsbücher, 26). Berlin: Springer 1988
59. Ehrlenspiel, K.: Kupplungen und Bremsen. In: Dubbel. 16. Aufl. Berlin: Springer 1987, G4
60. Peeken, H.: Wälzlagerungen, Gleitlagerungen. In: Dubbel. 16. Aufl. Berlin: Springer 1987, G5 u. G6
61. Röper, R.: Ölhydraulik und Pneumatik. In: Dubbel. 16. Aufl. Berlin: Springer 1987, H1
62. Siekmann, H.: Föttinger-Getriebe. In: Dubbel. 16. Aufl. Berlin: Springer 1987, R5
63. Rumpel, G.; Sondershausen, H. D.: Mechanik. In: Dubbel. 16. Aufl. Berlin: Springer 1987, B6

Kapitel 5

Allgemeine Literatur

DIN: Handbuch der Normung: Innerbetriebliche Normungsarbeit. Bd. 1 Überbetriebliche Normung. (6. Aufl. 1985), Bd. 2 Grundlagen (5. Aufl. 1985), Bd. 3 Methoden und Datenverarbeitungssysteme (6. Aufl. 1985), Bd. 4 Führungswissen (2. Aufl. 1985). Berlin: Beuth

Grundnormen. (DIN-Taschenbuch, 1). 21. Aufl. Berlin: Beuth 1988

Zeichnungswesen, Teil 1. (DIN-Taschenbuch, 2). 10. Aufl. Berlin: Beuth 1988

Normen für Studium und Praxis. (DIN-Taschenbuch, 3). 8. Aufl. Berlin: Beuth 1985

DIN 69910: Wertanalyse (Aug. 1987)

Dubbel: Taschenbuch für den Maschinenbau. 16. Aufl. Berlin: Springer 1987

Ehrlenspiel, K.: Kostengünstig Konstruieren. (Konstruktionsbücher, 35). Berlin: Springer 1985

Eigner, M.; Maier, H.: Einstieg in CAD. München: Hanser 1985

Pahl, G.; Beitz, W.: Konstruktionslehre. 2. Aufl. Berlin: Springer 1986

Pahl, G.; Rieg, F.: Kostenwachstumsgesetze für Baureihen. München: Hanser 1984

Spur, G.; Krause, F.-L.: CAD-Technik. München: Hauser 1984

Susanto, A.: Methodik zur Entwicklung von Normen. (DIN-Normungskunde, 23). Berlin: Beuth 1988

Spezielle Literatur

1. Zeichnungswesen Teil 1. (DIN-Taschenbücher, 2). 10. Aufl. Berlin: Beuth 1988
2. Bachmann, A.; Forberg, R.: Technisches Zeichnen. 15. Aufl. Stuttgart: Teubner 1969
3. Pahl, G.: Grundlagen der Konstruktionstechnik. In: Dubbel. 16. Aufl. Berlin: Springer 1987, F6
4. Pahl, G.; Beitz, W.: Konstruktionslehre. 2. Aufl. Berlin: Springer 1986
5. Spur, G.; Krause, F.-L.: CAD-Technik. München: Hanser 1984
6. Farny, B.: Rekonstruktion eines 3D-Getriebemodells aus Orthogonalprojektionen beim rechnerunterstützten Konstruieren. Diss. TU Braunschweig 1985
7. Jansen, H.; Meyer, B.: CASUS: ein System zur Rekonstruktion von Volumenmodellen aus handskizzierten Ansichten. ZWF 79 (1984) 420-434
8. Daßler, R.: Variable Geometriemodelle und ausgewählte Anwendungen. Diss. TU Berlin 1985
9. Feng, P.-E.: Optimierungsmethodik für Arbeitseinrichtungen von Hydraulikbaggern. (Schriftenreihe Konstruktionstechnik (Hrsg.: W. Beitz), 8). Berlin: TU Berlin 1985
10. Grundlagen der Normungsarbeit des DIN. (DIN-Normenheft, 10). Berlin: Beuth 1982
11. DIN-Katalog für technische Regeln. Berlin: Beuth jährlich
12. DIN: CAD-Normteildatenbank — wann? Berlin: Beuth 1984
13. Susanto, A.: Methodik zur Entwicklung von Normen. (DIN-Normungskunde, 23). Berlin: Beuth 1988
14. DIN 32992 Teil 3: Kosteninformationen; Berechnungsgrundlagen; Ermittlung von Relativkosten-Zahlen (März 1987)
15. VDI 2225 Blatt 1: Technisch-wirtschaftliches Konstruieren; Vereinfachte Kostenermittlung (Entwurf Dez. 1984)
16. Klasmeier, U.: Kurzkalkulationsverfahren zur Kostenermittlung beim methodischen Konstruieren. (Schriftenreihe Konstruktionstechnik (Hrsg.: W. Beitz), 7). Berlin: TU Berlin 1985
17. Pahl, G.; Rieg, F.: Kostenwachstumsgesetze für Baureihen. München: Hanser 1984
18. DIN 69910: Wertanalyse (Aug. 1987)
19. Wertanalyse. (VDI-Taschenbücher, T35). Düsseldorf: VDI-Verlag 1972

L Normung

H. Reihlen

1 Normung in Deutschland

1.1 Normung: eine technisch-wissenschaftliche und wirtschaftliche Optimierung

Normung ist die planmäßige, durch die interessierten Kreise gemeinschaftlich durchgeführte Vereinheitlichung von materiellen und immateriellen Gegenständen zum Nutzen der Allgemeinheit (DIN 820). Normung fördert die Rationalisierung und Qualitätssicherung in Wirtschaft, Technik, Wissenschaft, Verwaltung und dient der Sicherheit von Menschen und Sachen sowie der Qualitätsverbesserung in allen Lebensbereichen. Der Inhalt der DIN-Normen ist an den Erfordernissen der Allgemeinheit zu orientieren. Normen sollen die Entwicklung und die Humanisierung der Technik fördern.

Seitdem Auswirkungen des technischen Fortschritts auch als Bedrohung empfunden werden, sind DIN-Normen zu einer Vertrauen schaffenden Grundlage des Gebrauchs der Technik geworden. Ihre Festlegungen schützen vor eventuell schädigenden Folgen der Technik. Deshalb haben DIN-Normen für den Verbraucherschutz, den Arbeitsschutz, den Unfallschutz, den Datenschutz sowie den Umweltschutz besondere Bedeutung gewonnen. Da DIN-Normen Empfehlungen zu einem gleichgerichteten Verhalten von unterschiedlichen Marktteilnehmern darstellen, unterliegen sie der besonderen Aufmerksamkeit des Kartellamtes.

1.2 Das DIN Deutsches Institut für Normung e. V.

Die technische Normung wird im DIN Deutsches Institut für Normung e. V. als eine dem Gemeinwohl verpflichtete Aufgabe der Selbstverwaltung der an der Normung interessierten Kreise der Wirtschaft unter Einschluß des Staates durchgeführt.

1975 haben die Bundesrepublik Deutschland und das DIN einen Vertrag geschlossen, in dem das DIN als die zuständige Normenorganisation für das Bundesgebiet und Berlin (West) sowie als die nationale Normenorganisation in den nicht staatlichen internationalen und westeuropäischen Normenorganisationen anerkannt wird[1]. Das DIN hat sich verpflichtet, bei der Normungsarbeit das öffentliche Interesse gemäß den Normungs-Verfahrensregeln (DIN 820) zu beachten, zur internationalen Verständigung beizutragen und damit zwischenstaatliche Vereinbarungen zur Liberalisierung des Handels zu fördern und damit den Abbau technischer Handelshemmnisse zu erleichtern. Das DIN hat sich ferner verpflichtet, eine Datenbank über sämtliche in der Bundesrepublik Deutschland gültigen technischen Regeln (DIN-Normen, technische Regeln des Staates und von Körperschaften des öffentlichen Rechts sowie technische Regeln anderer privater Regelsetzer) zu unterhalten und Dritten zugänglich zu machen.

Die Normungsarbeit des DIN orientiert sich an neun Grundsätzen:

Freiwilligkeit: Jedermann — wenn die Gegenseitigkeit gewährleistet ist, auch am Markt vertretene Ausländer — hat das Recht, mitzuarbeiten.

Öffentlichkeit: Alle Normungsvorhaben und Entwürfe zu DIN-Normen werden öffentlich bekannt gemacht, Kritiker an den Verhandlungstisch gebeten.

Beteiligung aller interessierten Kreise: Jedermann kann sein Interesse einbringen. Der Staat ist dabei ein wichtiger Partner neben anderen. Ein Schlichtungs- und Schiedsverfahren sichert die Rechte von Minderheiten.

Einheitlichkeit und Widerspruchsfreiheit: Das Deutsche Normenwerk befaßt sich mit allen technischen Disziplinen. Die Regeln der Normungsarbeit sichern seine Einheitlichkeit. Vor der Herausgabe werden neue Normen auf Widerspruchsfreiheit zu den bereits bestehenden DIN-Normen geprüft.

Sachbezogenheit: Das DIN normt keine Weltanschauung. DIN-Normen sind ein Spiegelbild der Wirklichkeit. Sie werden auf der Grundlage tech-

[1] Die gleiche Regelung ist im Juli 1990 mit der Deutschen Demokratischen Republik vereinbart worden.

nisch-naturwissenschaftlicher Erkenntnis abgefaßt, ohne sich darin zu erschöpfen.

Ausrichtung am allgemeinen Nutzen: DIN-Normen haben gesamtgesellschaftliche Ziele einzubeziehen. Es gibt keine wertfreie Normung. Der Nutzen für alle steht über dem Vorteil einzelner.

Ausrichtung am Stand der Technik: Die Normung vollzieht sich in dem Rahmen, den die naturwissenschaftliche Erkenntnis setzt. Sie sorgt für die schnelle Umsetzung neuer Erkenntnisse. DIN-Normen sind Niederschrift des Standes der Technik.

Ausrichtung an den wirtschaftlichen Gegebenheiten: Jede Normensetzung ist auf ihre wirtschaftlichen Wirkungen hin zu untersuchen. Es darf nur das unbedingt Notwendige genormt werden. Normung ist kein Selbstzweck.

Internationalität: Die Normungsarbeit des DIN unterstützt das volkswirtschaftliche Ziel eines von technischen Hemmnissen freien Welthandels und eines Gemeinsamen Marktes in Westeuropa. Das erfordert als Richtschnur Internationale und in wachsendem Maße Europäische Normen.

1.3 DIN-Normen — Verfahren zu ihrer Erarbeitung und rechtliche Bedeutung

DIN-Normen werden in einem in DIN 820 *geregelten Verfahren* erarbeitet, das u. a. festlegt (Bild 1):

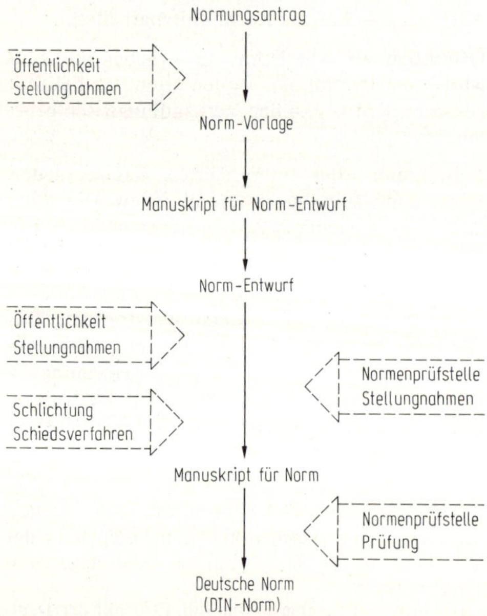

Bild 1. Werdegang einer DIN-Norm.

- Jedermann kann die Erarbeitung einer Norm beantragen, tunlichst unter Hinzufügen einer Normvorlage.
- DIN-Normen werden in Arbeitsausschüssen von Fachleuten aus den interessierten Kreisen, die in einem angemessenen Verhältnis zueinander vertreten sein sollen, erarbeitet.
- Die vorgesehene Fassung jeder DIN-Norm muß vor ihrer endgültigen Festlegung der Öffentlichkeit zur Stellungnahme vorgelegt werden.
- Jeder zu einem Norm-Entwurf eingegangene Einspruch muß mit dem Einsprecher verhandelt werden. Der Einsprecher hat die Möglichkeit, die Durchführung eines Schlichtungs- und Schiedsverfahrens zu beantragen, wenn sein Einspruch verworfen wird.
- Die Normenprüfstelle prüft die Norm-Entwürfe vor ihrer Aufnahme ins Deutsche Normenwerk daraufhin, ob die Regeln und Grundsätze für die Normungsarbeit eingehalten wurden, insbesondere, daß die neue Norm nicht im Widerspruch zu bereits bestehenden Normen steht.
- Die bestehenden DIN-Normen müssen spätestens alle 5 Jahre daraufhin überprüft werden, ob sie noch dem Stand der Technik entsprechen und, falls dies nicht der Fall ist, überarbeitet oder zurückgezogen werden.
- DIN-Normen haben den jeweiligen Stand der Technik unter Einschluß wissenschaftlicher Erkenntnisse und die wirtschaftlichen Gegebenheiten zu berücksichtigen.
- Die in Bearbeitung befindlichen Normungsvorhaben und die Herausgabe der Norm-Entwürfe und der DIN-Normen wird öffentlicht bekannt gemacht.

DIN-Normen werden als Maßstab herangezogen, so in Ausschreibungen und Verträgen zwecks Bestimmung der Leistung, in Rechts- und Verwaltungsvorschriften, um anzugeben, wie der Zweck der Vorschrift erfüllt werden kann, in der Rechtsprechung, wenn es um die Frage des Fehlers, der Fahrlässigkeit oder um die Ausfüllung der Begriffe „anerkannte Regel der Technik" oder „Stand der Technik" geht.
Für die *Rezeption von DIN-Normen durch die Rechtsordnung* kommen drei Methoden in Frage: Die starrste Methode der Rezeption ist die *Inkorporation*. Der Inhalt einer DIN-Norm wird wörtlich — auszugsweise oder vollständig — in die Rechtsvorschrift selbst aufgenommen und in einem amtlichen Veröffentlichungsorgan als Teil der Rechtsvorschrift abgedruckt. Ein Beispiel ist DIN 51607 (Flüssige Mineralölerzeugnisse; Unverbleite Ottokraftstoffe; Mindestanforderungen) in der Benzinqualitätsangabeverordnung. Bei der *Verweisung* nimmt die Rechtsnorm Bezug auf eine DIN-Norm, indem deren Nummer und Titel zitiert werden. Man spricht von der starren Verwei-

sung, wenn auch das Ausgabedatum angegeben wird, und von der gleitenden Verweisung, wenn die DIN-Norm in ihrer jeweils neuesten Fassung gelten soll. (Gegen die gleitende Verweisung werden verfassungsrechtliche Bedenken wegen der Verlagerung von Rechtsetzungskompetenzen in einen dazu nicht befugten privaten Verein vorgebracht.) Beispiel für die gleitende Verweisung ist die 2. Durchführungsverordnung zum Energiewirtschaftsgesetz, die sämtliche DIN-VDE-Normen in Bezug nimmt. Beispiel für die starre Verweisung ist die Verordnung über die verbrauchsabhängige Abrechnung der Heiz- und Warmwasserkosten, die die Norm DIN 4713, Ausgabe Dezember 1980, (Verbrauchsabhängige Wärmekostenabrechnung) in Bezug nimmt. Die dynamischste Verknüpfung zwischen Rechtsnorm und technischer Norm ist die *Generalklausel*. Durch die Verwendung eines unbestimmten Rechtsbegriffes, z. B. des Begriffes der anerkannten Regeln der Technik, wird ein konkret nicht bestimmter Standard der Technik generalisierend angesprochen. Zur Ausfüllung dieses unbestimmten Rechtsbegriffes werden dann die einschlägigen DIN-Normen vom zuständigen Ministerium bezeichnet. Beispiele sind die Bauordnungen der Länder, das Immissionsschutzgesetz und das Gerätesicherheitsgesetz.

DIN-Normen gewinnen durch entsprechende vertragliche Vereinbarung rechtliche Verbindlichkeit zwischen den Vertragspartnern, insbesondere im Kauf- und Werkvertragsrecht. Da es zweckmäßig ist, die vertraglich zu erbringenden Leistungen so genau wie möglich zu bestimmen, machen die Parteien gern einschlägige DIN-Normen zum Inhalt ihres Vertrages mit der Folge, daß bei Abweichungen je nach dem Vertragstyp entsprechende Gewährleistungsansprüche erhoben werden können. Die Bezugnahme auf DIN-Normen bewirkt jedoch keine Zusicherung von Eigenschaften im Sinne des § 459/2 BGB.

Darüber hinaus durchzieht der schuldrechtliche Grundsatz (§ 276 BGB), daß der Schuldner für das Außerachtlassen der im Verkehr erforderlichen Sorgfalt haftet, sämtliche Schuldverhältnisse bis hin zur unerlaubten Handlung. Für den Anwender von DIN-Normen spricht der Beweis des ersten Anscheins, daß er die im Verkehr erforderliche Sorgfalt beachtet hat. Damit kann er dem Vorwurf der Fahrlässigkeit begegnen.

Die Anwendung von DIN-Normen stehen jedermann frei. Eine Anwendungspflicht kann sich aus Rechts- oder Verwaltungsvorschriften, Verträgen oder aus sonstigen Rechtsgrundlagen ergeben. DIN-Normen bilden als Ergebnis ehrenamtlicher technisch-wissenschaftlicher Gemeinschaftsarbeit aufgrund ihres Zustandekommens nach hierfür geltenden Grundsätzen und Regeln einen Maßstab für einwandfreies technisches Verhalten. Dieser Maßstab ist auch im Rahmen der Rechtsordnung von Bedeutung. DIN-Normen sollen sich als „anerkannte Regeln der Technik" einführen.

DIN-Normen sind urheberrechtlich geschützt. Die *Urheberrechte* nimmt das DIN wahr. Vervielfältigungen von DIN-Normen, auch das Einspeichern von DIN-Normen und Norm-Inhalten in DV-Anlagen, müssen zuvor durch das DIN genehmigt worden sein.

2 Internationale und westeuropäische Normung

Die technische Normung wird auf 3 Ebenen durchgeführt (Bild 2); der Ebene der nationalen Normung (DIN-Normen und Werknormen), der europapolitisch gewünschten Ebene der europäischen Normung und der Ebene der internationalen Normung, auf der sich ein wesentlicher Teil deutscher Wirtschaftsinteressen abspielt. Gegenwärtig bestehen ca. 10 000 Internationale Normen, 1 400 Europäische Normen und 20 000 DIN-Normen.

2.1 Internationale Normung

Die International Organization for Standardization ISO und die International Electrotechnical Commission IEC bilden gemeinsam das *System der internationalen Normung*. Beide sind private Vereine nach Schweizer Recht mit Sitz in Genf. Jedes Land kann mit einem nationalen Normungsinstitut Mitglied sein. Bei Abstimmungen hat jedes Land

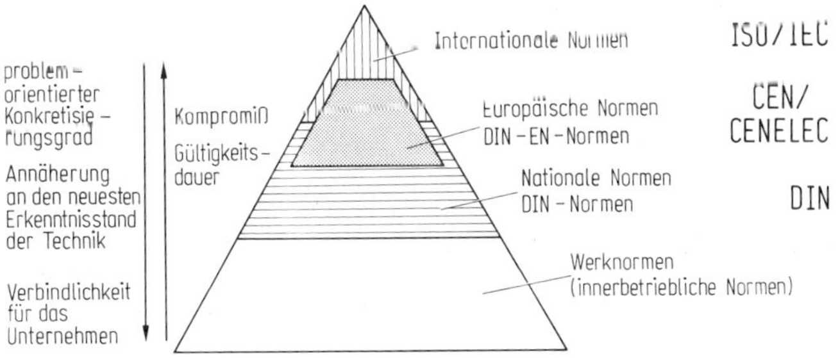

Bild 2. Normenpyramide.

eine Stimme. Gegenwärtig gehören der ISO 86 Mitglieder an. Die Mitgliedschaft für die Bundesrepublik Deutschland nimmt in der ISO das DIN, in der IEC die Deutsche Elektrotechnische Kommission im DIN und VDE wahr. Internationale Normen werden in den 1000 Technischen Komitees und Unterkomitees von ISO und IEC erarbeitet. Deren technische Sekretariate werden von den Mitgliedsinstituten geführt. Internationale Normen stellen Empfehlungen zur Angleichung der entsprechenden nationalen Normen. In geringerem Umfang dienen sie auch der unmittelbaren Anwendung, so z. B. bei Unternehmen mit multinationaler Fertigung und in Entwicklungsländern, die keine hinreichend ausgebildeten eigenen Normungsinstitute besitzen.

2.2 Westeuropäische Normung

Das Europäische Komitee für Normung CEN und das Europäische Komitee für Elektrotechnische Normung CENELEC, zwei Vereine privaten belgischen Rechts mit Sitz in Brüssel, bilden die *Gemeinsame Europäische Normeninstitution*. Mitglieder sind die nationalen Normungsinstitute der Mitgliedsländer der Europäischen Gemeinschaft und der Europäischen Freihandelszone. CEN/CENELEC arbeiten ähnlich wie ISO/IEC, jedoch mit folgenden Unterscheidungen. Bei Abstimmungen über Europäische Normen haben, angelehnt an die Wirtschaftskraft des Landes, die einzelnen Länder unterschiedliche Stimmgewichte, z. B. Bundesrepublik Deutschland 10, Luxemburg 2. Das Zustandekommen einer Europäischen Norm verlangt eine qualifizierte Mehrheit. Eine Europäische Norm muß von allen Mitgliedsländern, auch von denjenigen, die gegen sie gestimmt haben, in die nationalen Normenwerke aufgenommen, entgegenstehende nationale Normen zurückgezogen werden. Europäische Normen werden in das Deutsche Normenwerk als DIN-EN-Normen aufgenommen. CEN/CENELEC haben mit der Europäischen Gemeinschaft und der Europäischen Freihandelszone ähnliche Vereinbarungen getroffen, wie das DIN mit der Bundesrepublik Deutschland.

2.3 Übernahme internationaler Normen in das deutsche Normenwerk

Das DIN unterscheidet zwischen der unveränderten, der modifizierten und der teilweisen Übernahme von Internationalen Normen in das Deutsche Normenwerk.

Bei der *unveränderten Übernahme* wird die Internationale Norm vollständig, unverändert und formgetreu, lediglich ins Deutsche übersetzt, wiedergegeben. Unverändert übernommene Internationale Normen können als DIN-ISO- oder DIN-IEC-Normen gekennzeichnet werden.

Modifizierte Übernahme ist das Verfahren, bei dem in einer DIN-Norm der Inhalt einer Internationalen Norm vollständig und formgetreu wiedergegeben, jedoch durch gekennzeichnete nationale Modifizierungen (Änderungen, Ergänzungen, Streichungen) verändert wird. Sie erhalten eine reine DIN-Nummer. Auf die Internationale Norm wird jedoch im Titel der DIN-Norm hingewiesen.

Teilweise Übernahme ist das Verfahren, bei dem in einer DIN-Norm der Inhalt einer Internationalen Norm verändert (geändert, ergänzt, gekürzt) und nicht formgetreu wiedergegeben wird. Solche Normen erhalten eine reine DIN-Nummer. In einer Vorbemerkung wird auf den Zusammenhang mit der Internationalen Norm hingewiesen.

3 Ergebnisse der Normung

Ende 1990 liegen Normen für folgende Fachgebiete vor (Tabelle 3-1):

Tabelle 3-1. Übersicht über die Normen auf den verschiedenen technischen Sachgebieten

	Deutsche Normen (DIN[a])	Internationale Normen (ISO und IEC)	Europäische Normen
Grundnormen	680	374	19
Informationstechnik, Zeichnungswesen, Graph. Symbole, Film	904	564	21
Maschinenbau	6740	2441	61
Elektrotechnik	6135	2881	700
Werkstoffe	2804	2481	346
Bauwesen	1684	377	127
Medizin und Gesundheitswesen	786	278	84
Landwirtschaft	350	702	7
Umweltschutz	427	302	15
	20510	10400	1380

[a] Einschließlich DIN-EN-, DIN-ISO- und DIN-IEC-Normen.

Auf verschiedenen fachlichen Gebieten bestehende Normen sind in DIN-Taschenbüchern zusammengefaßt, z. B. 1: Mechanische Technik. Grundnormen; 2: Zeichnungswesen. Teil 1; 3: Maschinenbau. Normen für Studium und Praxis; 4: Stahl und Eisen. Gütenormen 1; 5: Beton- und Stahlbeton-Fertigteile. (Verlag: Beuth, Berlin). Im folgenden wird eine Übersicht über Ergebnisse der Normung auf allgemeinen und übergeordneten Gebieten gegeben.

3.1 Terminologie

Die Norm DIN 2330 (Begriffe und Benennungen; Allgemeine Grundsätze) enthält folgende Grundgedanken: Jeder Mensch lebt in einer Umwelt von *Gegenständen* und ihren Beziehungen zueinander. Die gedankliche Zusammenfassung von individuellen Gegenständen führt zu Denkeinheiten, die als *Begriffe* bezeichnet werden. In den Begriffen werden die gemeinsamen *Merkmale* einer Menge von individuellen Gegenständen, zusammengefaßt. Die Gesamtheit der Merkmale, die eine gedankliche Zusammenfassung von individuellen Einheiten und die gegenseitige Abgrenzung der Begriffe ermöglichen, ist der *Begriffsinhalt*.
Zeichen sind die sinnlich wahrnehmbare Repräsentation von Begriffen. Eine Gruppe solcher *Zeichen* ist die *Sprache*. Das System Sprache hat zwei Hauptbestandteile, nämlich das Lexikon, d. h. die Gesamtheit der Zeichen, die Begriffe repräsentieren und die Grammatik, d. h. die Gesamtheit der Regeln, die die Kombination der Zeichen ermöglicht. Natürliche Sprachen sind historisch gewachsene Sprachen. Künstliche Sprachen sind auf Widerspruchsfreiheit und Eindeutigkeit hin konstruierte Zeichensysteme.

Bezeichnungen in natürlichen Sprachen sind im wesentlichen Benennungen. Eine Benennung ist die mindestens ein Wort umfassende Bezeichnung eines Begriffs. *Namen* sind Benennungen für Individualbegriffe. Eine *Benennung* besteht aus einem oder mehreren Wortelementen. Ein Wortelement ist die die kleinste Bedeutung tragende Gestalteinheit in der natürlichen Sprache.

3.2 Rationalisierung

Rationalisierung umfaßt die Optimierung verschiedener Zielwerte, wie Materialeinsatz, Arbeitseinsatz, Energieeinsatz, Sicherheit, Gesundheit, natürliche Umwelt.
Im *Dienstleistungssektor* dient der *Bürorationalisierung* die Norm DIN 476 (Papierendformate). Die Papierformatnormung geht von 3 Grundsätzen aus. Das Format A0 hat die Fläche von 1 m². Alle Formate sind sich ähnlich. Das nächstfolgende Format geht aus dem vorangehenden Format

A-Reihe nach DIN 476	Vordrucke	Geschäftsbrief	DIN 676
		Vordrucke im Lieferantenverkehr	DIN 4991
		Entwurfsblätter	DIN 4998
		Endlosvordrucke	DIN 9771
		Papiere für Büromaschinen	DIN 9770
		Stücklisten	DIN 6771
	Briefhüllen	Formate	DIN 678
		Fensterbriefhüllen	DIN 680
	Schriftgut-behälter	Stehordner Hefter Abheftlöcher	DIN 821
		Karteikästen	DIN 4544
	Zeichnungen	Vordrucke	DIN 6771
		Ablageformat	DIN 824
	Büromöbel	Registratur- und Karteischränke	DIN 4545
		Schreibtische Bildschirmarbeitstische	DIN 4549
	Büromaschinen	Schreibmaschinen	DIN 2129
		Büro-Rechenanlagen	DIN 9761
		Bürokopiergeräte	DIN 9783
	Mikrofilm	Mikroplanfilm	DIN 19054
		Mikrofilm-Lesegeräte	DIN 19078

Bild 3. System der Büronormung.

durch Hälftung hervor. Die Formatnormung bildet den Ausgangspunkt für ein System der Büronormung, das Vordrucke, Briefhüllen, Schriftgutbehälter, Zeichnungen, Mikrofilme, Büromöbel und Büromaschinen umfaßt (siehe Bild 3).
Gegenwärtig werden DIN-Normen für den *elektronischen Geschäftsverkehr* erarbeitet, der den bisher üblichen Austausch von Papierdokumenten ersetzen wird. Wie bei einer Sprache legen DIN 16556 (EDIFACT-Elektronischer Datenaustausch) und DIN 16559 (Austausch von Handelsdaten) für den elektronischen Geschäftsverkehr den zu verwendenden Zeichensatz, den Wortschatz und die Grammatik (Syntax) fest. Mit Hilfe dieser Elemente und Sprachregeln lassen sich dann Standardnachrichten für die einzelnen Geschäftsabwicklungen (z. B. Rechnungstellung) entwickeln, die hard- und softwareneutral und für alle Kommunikationspartner verständlich weiterverarbeitbar sind (siehe auch Abschn. 3.8).

Transportrationalisierung erfordert, weil die einzelnen Transportmittel räumlich begrenzte, optimale Einsatzbereiche haben, den Güterumschlag. Die Normen DIN 30781 (Transportkette) und DIN 30783 (Modulordnung in der Transportkette) schaffen die Voraussetzung für die Verknüpfung der einzelnen Glieder der Transportkette (z. B. Packstück, Palette, Container, Fahrzeug, Schiff). Die technische Verknüpfung setzt Systemverträglichkeit der eingesetzten Sachmittel voraus. Die organisatorische Verknüpfung wird erreicht durch die Koordinierung der Informations- und Steuerungssysteme sowie der rechtlichen und kommerziellen Bereiche. Sie führt dazu, daß man an den Umschlagplätzen Einzelstücke zu Ladeeinheiten bündelt, daß man die Abmessungen der Ladeeinheiten auf wenige genormte Größen reduziert und damit die Mechanisierung der Umschlagvorgänge erleichtert.

3.3 Sicherheit

Gefahren im Sinne der Norm DIN VDE 1000 (Allgemeine Leitsätze für das sicherheitsgerechte Gestalten technischer Erzeugnisse) sind Gefahren aller Art für Leben oder Gesundheit, soweit ihre Wirkungen bei bestimmungsgemäßer Verwendung technischer Erzeugnisse ein nach dem Stand der Technik hinzunehmendes Risiko überschreiten, (einschließlich der Gefahren, durch Lärm, Erschütterung, Luft- oder Wasserverunreinigungen, Hitzeentwicklung). Die Norm DIN 31004 Teil 1 (Begriffe der Sicherheitstechnik; Grundbegriffe) definiert Gefahr als eine Sachlage, bei der das Risiko größer ist als das Grenzrisiko. Das Risiko, das mit einem bestimmten technischen Vorgang oder Zustand verbunden ist, wird zusammenfassend durch eine Wahrscheinlichkeitsaussage beschrieben, die die zu erwartende Häufigkeit des Eintritts eines zum Schaden führenden Ereignisses und das beim Ereigniseintritt zu erwartende Schadensausmaß berücksichtigt. Das Grenzrisiko ist das größte vertretbare Risiko eines bestimmten technischen Vorganges oder Zustandes. Es wird durch sicherheitstechnische Festlegungen beschrieben. Sicherheit ist eine Sachlage, bei der das Risiko kleiner ist als das Grenzrisiko. Sicherheitstechnische Festlegungen sind Angaben über technische Werte und Maßnahmen sowie Verhaltensanweisungen, deren Einhaltung im Rahmen des jeweiligen technischen Konzeptes sicherstellen soll, daß das Grenzrisiko nicht überschritten wird. Sicherheitstechnische Festlegungen werden sowohl durch Gesetze und Rechtsverordnungen erlassen, als auch in Übereinstimmung mit der unter Fachleuten vorherrschenden Meinung in DIN-Normen festgelegt. Schutz ist die Verringerung des Risikos durch Maßnahmen, die entweder die Eintrittshäufigkeit oder das Ausmaß des Schadens oder beide einschränken.

3.4 Ergonomie

Die *Ergonomie* beschäftigt sich mit der Erforschung anthropometrischer, physiologischer und psychologischer Eigenarten und Fähigkeiten des arbeitenden Menschen. Durch die anthropometrischen Erkenntnisse können die Maße des menschlichen Körpers bei der Gestaltung von Arbeitsplatz und Arbeitsmittel berücksichtigt werden. Die physiologischen Erkenntnisse ermöglichen die Berücksichtigung der individuellen Leistungsfähigkeit des arbeitenden Menschen. Die meßbaren Veränderungen im menschlichen Organismus während der Arbeit, z. B. die Herzfrequenz, die Körpertemperatur, der Blutdruck, die Atemfrequenz und andere Größen, geben einen Anhalt über die arbeitsbedingte Beanspruchung des Menschen. Die psychologischen Untersuchungen schließlich beschäftigen sich mit Fragen der Arbeitszufriedenheit, der Motivation, der Arbeitsunterweisung und mit Monotonieerscheinungen bei der Arbeit. Mit den Erkenntnissen der Ergonomie werden Notwendigkeit, Möglichkeiten und Grenzen einer angemessenen wechselseitigen Anpassung zwischen Mensch und Arbeit aufgezeigt, um die Verhältnisse und Bedingungen am Arbeitsplatz menschengerecht zu gestalten. Die Anwendung der gesicherten arbeitswissenschaftlichen Erkenntnisse wird durch das Arbeitssicherheitsgesetz und das Betriebsverfassungsgesetz gefordert. DIN 33400 (Gestalten von Arbeitssystemen nach arbeitswissenschaftlichen Erkenntnissen; Begriffe und allgemeine Leitsätze) behandelt Grundlagenaspekte der Ergonomienormung.

3.5 Qualitätssicherung

Qualität ist nach DIN 55350 Teil 11 (Begriffe der Qualitätssicherung und Statistik) die Beschaffenheit einer Einheit bezüglich ihrer Eignung, festgelegte und vorausgesetzte Erfordernisse zu erfüllen. Dabei ist die Einheit ein Erzeugnis, eine Tätigkeit, ein Prozeß, eine Dienstleistung, ein Datenverarbeitungsprogramm, ein Konstruktionsentwurf. Unter *Beschaffenheit* versteht man die Gesamtheit der Merkmale und Merkmalswerte einer Einheit. Die *Qualitätsforderung* ist die Gesamtheit der betrachteten Einzelforderungen an die Beschaffenheit einer Einheit in der betrachteten Konkretisierungsstufe der Einzelforderungen.

Für ein herstellendes Unternehmen oder ein Dienstleistungsunternehmen (d. h. auch für eine Behörde, ein Krankenhaus, einen Verkehrsbetrieb), ist es notwendig, aufgrund der Kundenbedürfnisse und aufgrund der eigenen Zielsetzungen die Qualitätsforderung festzulegen. *Qualitätssicherung* (QS) ist nach DIN 55350 Teil 11 die Gesamtheit der Tätigkeiten des Qualitätsmanagements, der Qualitätsplanung, der Qualitätslenkung und der Qualitätsprüfungen. Die festgelegte Ablauf- und Aufbauorganisation zur Durchführung der Qualitätssicherung sowie die hierfür erforderlichen Mittel bilden das Qualitätssicherungssystem. Die Beurteilung der Wirksamkeit des Qualitätssicherungssystems oder seiner Elemente durch eine unabhängige systematische Untersuchung wird Qualitätsaudit genannt.

Nach DIN ISO 9004 (Qualitätsmanagement und Elemente eines Qualitätssicherungssystems; Leitfaden) sollen bei der Einrichtung eines Qualitätssicherungssystems die folgenden Elemente berücksichtigt werden: Managementaufgaben, Grundsätze zum QS-System, internes Qualitätsaudit, Wirtschaftlichkeitsbetrachtungen, Überlegungen zu Qualitätskosten sowie die Qualitätssicherungselemente Vertrieb, Entwicklung, Beschaffung, Produktionsvorbereitung, Produktion (einschließlich Überwachung und Rückverfolgbarkeit), Qualitätsnachweise, Prüfmittelüberwachung, Behandlung fehlerhafter Einheiten, Korrekturmaßnahmen, Umgang mit Produkten und Angaben nach der Produkt-Realisierung (einschließlich Kundendienst), Qualitätsaufzeichnungen, Mitarbeiter, Produktsicherheit und Produkthaftung, statistische Verfahren, vom Auftraggeber beigestellte Produkte.

Will ein Abnehmer von Produkten Vertrauen in die Qualitätsfähigkeit des Lieferunternehmens gewinnen, kann er sich vertraglich anhand eines von ihm veranlaßten Qualitätsaudits die im speziellen Fall wichtigsten Qualitätssicherungselemente nachweisen lassen. Diesem Zweck dienen die Normen DIN ISO 9001, DIN ISO 9002 und DIN ISO 9003 (Qualitätssicherungssysteme; Qualitätssicherungs-Nachweisstufen). Die umfassendste Qualitätssicherungs-Nachweisstufe nach DIN ISO 9001 betrifft QS-Elemente in der Entwicklung und Konstruktion, Produktion, Montage und beim Kundendienst. Mit DIN ISO 9002 ist eine vertraglich anwendbare QS-Nachweisstufe genormt im Hinblick auf die QS-Elemente bei Produktion und Montage. DIN ISO 9003 beschränkt sich auf den Qualitätssicherungs-Nachweis für Endprüfungen.

3.6 Verbraucherschutz

Das Informationsbedürfnis der Verbraucher und der faire Leistungswettbewerb verlangen nach Objektivität, Verständlichkeit und Vergleichbarkeit der Informationen. Zur Befriedigung dieses Informationsbedürfnisses haben sich drei Möglichkeiten bewährt, Warenkennzeichnungssysteme, Warenbeschreibungssysteme und Warentests.

Unter *Warenkennzeichnung* wird die Bestätigung durch Bild-/Schriftzeichen oder formalisierte Kurzbezeichnungen verstanden, daß eine Ware bestimmten, in Normen niedergelegten nachprüfbaren Anforderungen genügt. Warenkennzeichnung dient der Übermittlung von nachprüfbaren Informationen über Waren in jeweils einheitlicher Form zum Zweck der Verständigung zwischen Anbietern und Nachfragern.

Beispiele für Warenkennzeichnungssysteme sind

— Normenkonformitätszeichen wie das Zeichen DIN. (Es kennzeichnet die eigenverantwortliche Behauptung des Herstellers, sein Erzeugnis entspreche den einschlägigen DIN-Normen.)
— DIN-Prüf- und Überwachungszeichen und das DIN-DVGW-Zeichen. (Die Normenkonformität wird von einer unabhängigen Prüfstelle überprüft). Normenkonformitätszeichen können je nach Inhalt der Norm auch Sicherheits- oder Gütezeichen sein.
— Sicherheitszeichen
GS-geprüfte Sicherheit, VDE-Zeichen
— Gütezeichen
diverse Gütezeichen vorwiegend im Textil-, Landwirtschafts- und Kunststoffbereich

Eine *Warenbeschreibung* ist eine nach bestimmten Prinzipien geordnete, vergleichbare und nachprüfbare Information über die Gesamtheit von Merkmalen oder die wesentlichen Einzelmerkmale einer Ware. Wie die Warenkennzeichnung dient eine Warenbeschreibung der Übermittlung von nachprüfbaren Informationen über Waren in jeweils einheitlicher Form zum Zweck der Verständigung zwischen Anbietern und Nachfragern.

Beispiele für Warenbeschreibungssysteme sind die Produktinformationen der Deutschen Gesellschaft für Produktinformation GmbH und die RAL-Testate.

Ein *Warentest* ist nach DIN 66052 (Warentest; Begriff) die Prüfung und Bewertung der für die Gebrauchstauglichkeit maßgebenden Eigenschaften von ihrer Herkunft nach bestimmbaren Waren. Sein Ziel ist es, dem Käufer die als Grundlage für den Kaufentschluß notwendigen sachlichen Informationen in allgemein verständlicher Form zugänglich zu machen. In der Regel umfaßt ein Warentest den Vergleich einer repräsentativen Auswahl der für denselben Verwendungszweck angebotenen Waren. Die Vergleichbarkeit der Untersuchungsergebnisse wird dadurch gewährleistet, daß die Waren in allen die Untersuchungsergebnisse beeinflussenden Punkten gleich behandelt werden. Hierbei sind DIN 66051 (Untersuchung von Waren; Allgemeine Grundsätze) und DIN 66054 (Warentest: Grundsätze) für die technische Durchführung, sinngemäß anzuwenden.

3.7 Umweltschutz

Die Bestimmung von schädlichen Stoffen im Boden, Luft und Wasser setzt Prüfverfahren zur Feststellung der Wirksamkeit von Emissions- und Immissionsschutzmaßnahmen und der Einhaltung von Grenzwerten für schädliche Stoffe voraus. In Einzelfällen, in denen der Gesetzgeber bisher keine Grenzwerte vorgelegt hat, finden sich diese in DIN-Normen, wie die Grenzwerte für die Blei- und Kadmiumabgabe aus Geschirr (DIN 51032). Für die Bestimmung der Schwermetallgehalte in Lacken und Farben gilt die Norm DIN ISO 3856

(Lacke und Anstrichstoffe; Bestimmung des löslichen Metallgehaltes). Die Bestimmung des Gehalts und der Abgabe des Stoffes Formaldehyd aus Spanplatten und Isolierschäumen ist in einer Serie von DIN-Normen und in einer DIN-EN-Norm festgelegt worden.
Luftschadstoffe breiten sich über große Entfernungen aus. Normen auf dem Gebiet der *Luftreinhaltung* bedürfen deshalb der internationalen Abstimmung. Die Norm DIN ISO 7168 (Luftbeschaffenheit; Darstellung von Immissionsdaten in numerischer Form) regelt die Darstellung von Immissionsdaten für den nationalen und internationalen Austausch der Werte zwischen den Meßstationen und den politischen Entscheidungsträgern. Die Verfahren zur Probenahme und Analyse der einzelnen Luftbeschaffenheitsmerkmale sind in ISO-Normen festgelegt. Die Norm DIN ISO 4225 (Luftbeschaffenheit; Allgemeine Gesichtspunkte; Begriffe) behandelt allgemeine Grundsätze der Luftbeschaffenheit. Die aus dem internationalen Normenwerk der ISO übernommene DIN ISO 3830 (Mineralölerzeugnisse; Ottokraftstoffe; Bestimmung des Bleigehaltes; (Iodmonochlorid-Verfahren) beschreibt die Bestimmung des Bleigehaltes, die Norm DIN 51607 (Flüssige Kraftstoffe; Unverbleite Ottokraftstoffe; Mindestanforderungen) beschreibt unverbleites Benzin, eine Voraussetzung für die Abgasreinigung bei Kraftfahrzeugen durch Katalysatoren.
Die Norm DIN 18005 Teil 1 (Schallschutz im Städtebau; Berechnungsverfahren) enthält schalltechnische Orientierungswerte. Ihre Festlegungen sollen den Menschen sowohl vor der Geräuschbelästigung von der Straße bzw. von der näheren Umgebung her schützen. Insbesondere mit Geräuschen, die im Gebäude entstehen, befaßt sich DIN 4109 (Schallschutz im Hochbau; Anforderungen und Nachweise). Vorzug vor defensiven Maßnahmen gegen den Lärm hat die Vermeidung von Lärm an der Quelle. Um hier Grenzwerte festzulegen, sind Prüfnormen erforderlich, wie DIN ISO 362 (Messung des von beschleunigten Straßenfahrzeugen abgestrahlten Geräusches) oder DIN 45635 Teil 44 (Geräuschmessung an Maschinen; Luftschallemission, Hüllflächenverfahren, Müllsammelfahrzeuge).
Zur Ausfüllung des Abwasserabgabengesetzes, des Wasserhaushaltsgesetzes und der Trinkwasserverordnung erarbeitet das DIN Normen über Analyseverfahren zur Bestimmung *schädlicher Wasserinhaltsstoffe*. Die Norm DIN 38407 Teil 4 (Deutsches Einheitsverfahren zur Wasser-, Abwasser- und Schlammuntersuchung) behandelt das Analyseverfahren zur Bestimmung leichtflüssiger Halogenkohlenwasserstoffe, die in vielfältiger Weise in Industrie und Gewerbe verwendet werden und in Grund- und Oberflächengewässer gelangen können. Auch in Produktnormen werden Umweltfragen berücksichtigt, so in der Norm DIN 19300 Teil 1 (Papier und Pappe; Vorzugsfarben für holzhaltige Naturpapiere) die Anforderungen für farbige Papiere für den Bürobedarf festlegt.
Da der *Boden* durch zivilisatorischen Stoffeintrag stark belastet sein kann, hat die Bundesregierung im Februar 1985 ein Bodenschutzprogramm beschlossen. Das DIN hat sich bereit erklärt, die erforderlichen Normen zu erarbeiten, sobald die Schutzziele durch die Bundesregierung definiert worden sind. Auch in der ISO wurde ein entsprechendes Arbeitsgremium gegründet, dessen Sekretariat das DIN übernommen hat, um von vornherein einen internationalen Abgleich der nicht nur in der Bundesrepublik Deutschland benötigten Normen zu erreichen.

3.8 Informationstechnik — Kommunikation offener Systeme (Open Systems Interconnection OSI)

Die weltweite Datenkommunikation zwischen Rechenanlagen untereinander bzw. mit ihren räumlich verteilten Peripheriegeräten, mit Arbeitsstationen und Datenbanken und Übertragungsnetzen macht Internationale Normen notwendig. Sie orientieren sich an einem Referenzmodell der Kommunikation offener Systeme (Open Systems Interconnection, OSI). Ein offenes System ist ein System, das mit anderen Systemen nach Regeln (Normen) kommunizieren kann. Ein System ist ein Komplex aus einem oder mehreren Rechnern und der entsprechenden Software, peripheren Geräten, Terminals, Betriebspersonal, Benutzer, Übertragungsmedien usw., die ein autonomes Ganzes bilden, fähig, Daten zu verarbeiten, zu übertragen und zu speichern (archivieren). Die Kommunikation offener Systeme erfolgt nach genormten Verfahren, deren wechselseitige Befolgung Prozesse bzw. Benutzer in die Lage versetzt, über Datenstationen, Netze und Rechner zusammenzuarbeiten.
Das OSI-Referenzmodell nach DIN ISO 7498 (Informationsverarbeitung; Kommunikation Offener Systeme; Basis-Referenzmodell) legt die Grundregeln fest, nach denen die Kommunikation im Verbund offener Systeme zu erfolgen hat. Durch die hierarchische Unterteilung der Kommunikationsfunktionen werden Subsysteme definiert. Faßt man die Subsysteme gleicher Funktionalität zusammen, die in sämtlichen am Verbund beteiligten Systemen enthalten sind, so erhält man Funktionsschichten. Jede dieser Schichten hat der nächst höheren ganz bestimmte Dienstleistungen zu erbringen. Diese werden im OSI-Referenzmodell für jede einzelne Schicht definiert. Das OSI-Referenzmodell definiert sieben Schichten (Bild 4). Die Verarbeitungsschicht hat die Funktion der Informationsverarbeitung. Sie ist gewissermaßen die Ebene des Denkens in gleichen Begriffen und des darauf beruhenden Verstehens. Ihr

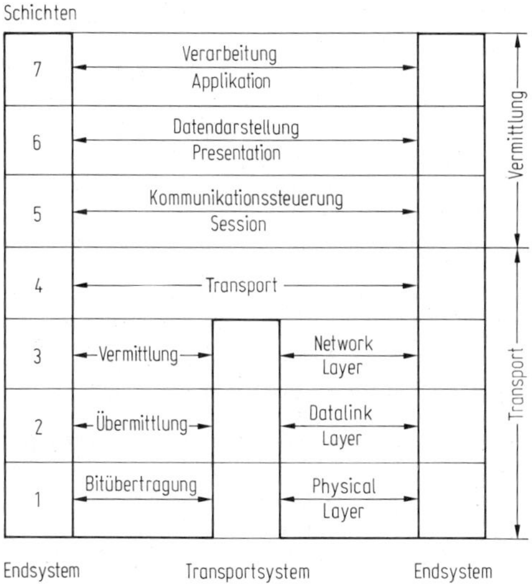

Bild 4. OSI-Referenzmodell der ISO.

unterlagert ist die Datendarstellungsschicht. Sie bietet der darüberliegenden Schicht zwei Dienstleistungen, die Kommunikationssteuerung und die einvernehmliche Darstellung und Manipulation strukturierter Daten. Sie ist die Ebene des Sprechens der gleichen Sprache. Auf die Datendarstellungsschicht folgt die Kommunikationssteuerungsschicht, die für die geordnete, auf Synchronisierung beruhende Aufnahme, Durchführung und Beendigung von Kommunikationen sorgt. Sie ist die Ebene der formalen Umgangsformen. Diesen drei anwendungsorientierten Schichten sind vier transportorientierte Schichten unterlagert, die sicherstellen, daß anwendungsorientierte Instanzen in verschiedenen Systemen miteinander Verbindung aufnehmen können. Als unterste Schicht dient die Übertragungsschicht der Übertragung von Bitströmen über Übertragungsteilstrecken zwischen Endsystemen und Transitsystemen. Die darüberliegende Übermittlungsschicht dient der Erkennung und Behebung von Übertragungsfehlern und macht aus einer Übertragungsteilstrecke einen gegen den Einfluß von Übertragungsfehlern gesicherten Übermittlungsabschnitt. Die Vermittlungsschicht verknüpft Übermittlungsabschnitte zu Netzverbindungen von Endsystem zu Endsystem. Die Transportschicht schließlich erweitert Netzverbindungen zu Transportverbindungen zwischen Verarbeitungsinstanzen.

3.9 Rechnergestützte Entwicklung, Konstruktion und Produktion (CAE, CAD, CIM)

Rechnerunterstützte Techniken wurden bisher überwiegend als in sich abgeschlossene Lösungsfelder der Fertigungsindustrie eingesetzt. Fortschreitende Integrationsprozesse machen zwischen den einzelnen Inseln Daten- bzw. informationsbezogene Verknüpfungen erforderlich.
Wichtige Einsatzbereiche für rechnerunterstützte Techniken sind Entwicklung und Konstruktion, Produktplanung und Steuerung sowie Prozeßautomation in der Fertigung. Sie erfordern in Zukunft umfangreiche Normungsprogramme unter dem Stichwort *Computer Integrated Manufacturing (CIM).* Ein Teilbereich betrifft die Verantwortung des Konstrukteurs für eine fertigungsgerechte Entwicklung, Projektierung und Konstruktion (Computer Aided Engineering CAE). Innerhalb dieses Bereiches werden unter dem Begriff *CAD (Computer Aided Design)* traditionelle Arbeitsabläufe durch rechnerunterstützte Techniken teilweise abgelöst.

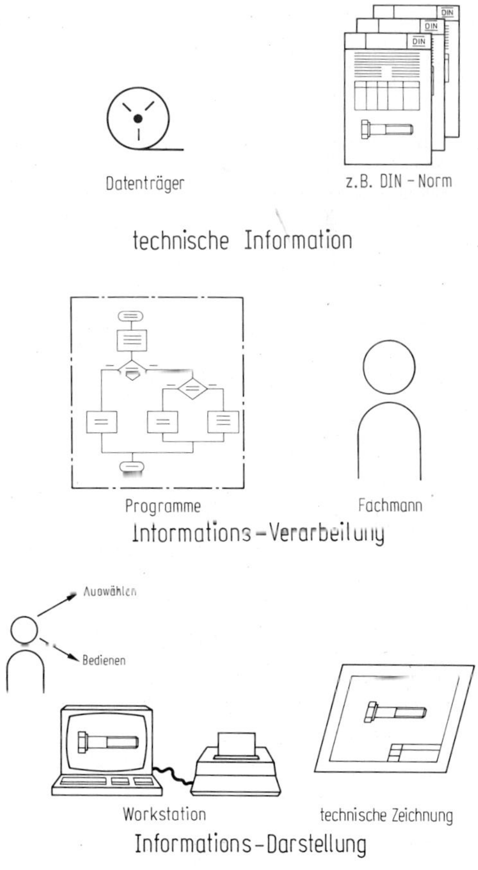

Bild 5. Konstruktionsprozeß gestern — heute.

Das DIN stellt Dateien für konstruktionsbezogene Normteile (Bild 5) systemneutral bereit. Im Rahmen des Normungsvorhabens CAD-Normteiledatei werden graphikbezogene Daten von CAD-relevanten Normteilen auf der Basis von Sachmerkmal-Leisten in einer Datei zusammengestellt und um weitere, für die Geometrie notwendige Daten ergänzt. Ergebnis dieser Arbeiten sind zunächst DIN-Normen mit Angaben über notwendige Normteiledarstellungen auf CAD-Systemen, Angaben der Beziehungen zwischen Produktnormen und Dateimerkmalen, Beschreibung des Dateiformates und Angaben zur Unterstützung der Geometrie-Software. Im Rahmen des Normungsvorhabens Format zum Austausch von Normteiledaten wird die systemneutrale Bereitstellung von Programmen zur Normteil-Geometrieerzeugung in CAD-Systemen ermöglicht werden. Zentrale Bedeutung hat hierbei die Vereinbarung einheitlicher Unterprogramm-Aufrufe und Programmierrichtlinien auf der Basis der Programmiersprache FORTRAN 77 (DIN 66027).

Literatur

Klein: Einführung in die DIN-Normen. 10. Aufl. Stuttgart: Teubner; Berlin: Beuth 1989

Heller, W.; Hunecke, G.; Krieg, K.G.: Leitfaden der DIN-Normen. Stuttgart: Teubner; Berlin: Beuth 1983

Lindemann, G.: Bauen mit DIN-Normen. Stuttgart: Teubner; Berlin: Beuth 1986

Handbuch der Normung. (DIN Deutsches Institut für Normung. Hrsg.) Berlin: Beuth 1989

—, Bd. 1: Grundlagen der Normungsarbeit. 7. Aufl.

—, Bd. 2: Methoden und Datenverarbeitungssysteme. 6. Aufl.

—, Bd. 3: Führungswissen für die Normungsarbeit. 7. Aufl.

Verweisung auf technische Normen in Rechtsvorschriften. Herausgegeben von DIN Deutsches Institut für Normung. Berlin: Beuth 1982

Rechtliche Aspekte der Bedeutung von technischen Normen für den Verbraucherschutz. Herausgegeben von DIN Deutsches Institut für Normung. Berlin: Beuth 1984

Marburger, P.: Die Regeln der Technik. Köln: Heymann 1974

Marburger, P.: Technische Normen im Recht der technischen Sicherheit. DIN-Mitt. 64 (1985) 570-577

Mohr, C.: Vereinbarung EG-Kommission-CEN/CENELEC. DIN-Mitt. 64 (1985) 78-79

Mohr, C.: Europäische Normung im Aufbruch. DIN-Mitt. 64 (1985) 395-401

Bericht des Sonderausschusses „Warenkennzeichnung für Verbraucher“. DIN-Mitt. 59 (1980) 7-11

Rohmert, W.: Grundlagen der technischen Arbeitsgestaltung. In: Ergonomie, Bd. 2: Gestaltung von Arbeitsplatz und Arbeitsumwelt (Schmidtke, H. (Hrsg.). München: Hanser 1974

Schulz, K.P.: Aufbau und Arbeitsweise übernationaler Normenorganisationen. DIN-Mitt. 63 (1984) 365-374

Thielen, H.; Steinrück, D.: Sicherheitsgerechtes Verhalten. etz 102 (1981) 186-189

Schmidtke, H. (Hrsg.): Ergonomie. (3 Bde.). München: Hanser 1973

Volkmann, D.: Struktur eines Zertifizierungssystems. DIN-Mitt. 63 (1984) 548-550

Referate zur Tagung CAD-Normteiledatei und CAD-Software. Berlin: Beuth 1986

Gürtler, G.: Aufbereitung des Deutschen Normenwerks zur Anwendung in rechnerunterstützten Techniken — dargestellt am Beispiel der CAD-Normteiledatei. DIN-Mitt. 66 (1987) 178-181

M Recht

J. Borck

1 Materielles Recht: Überblick

Unter Recht im objektiven Sinn wird die Gesamtheit der Rechtsvorschriften verstanden, nach denen sich das Verhältnis der Menschen zueinander und ihre Beziehungen zu den Verwaltungsträgern (und deren Beziehungen untereinander) bestimmen.

Privatrecht

Die Rechtsbeziehungen von Personen untereinander werden herkömmlicherweise als *bürgerliches Recht* (oder *Zivilrecht*) bezeichnet. Es ist in erster Linie im *Bürgerlichen Gesetzbuch* (BGB) geregelt, das am 1. Januar 1900 in Kraft getreten ist und seither natürlich einige Änderungen erfahren hat. Das BGB regelt die grundsätzlichen Materien Schuld-, Sachen-, Familien- und Erbrecht. Daneben haben sich Sonderrechtsgebiete, wie das Arbeitsrecht, Gesetz über die allgemeinen Geschäftsbeziehungen, Abzahlungsgesetz, Wohnungseigentumsgesetz und das Wirtschaftsrecht, herausgebildet.

Öffentliches Recht

Gegenstand des öffentlichen Rechts sind die Beziehungen des Staates und der mit staatlichen Befugnissen ausgestatteten Verbände zu ihren Mitgliedern und untereinander. Mittelpunkt des öffentlichen Rechts ist das *Verwaltungsrecht*, das in zahlreichen Bundes- und Landesgesetzen geregelt ist, z. B. in Polizeigesetzen, im Baugesetzbuch, in der Gewerbeordnung, der Handwerksordnung, den Beamtengesetzen, den Wehrgesetzen, dem Bundesausbildungsförderungsgesetz u. a. Neben dem eigentlichen Verwaltungsrecht haben sich das *Sozialrecht*, insbesondere mit den Regelungen des sozialen Renten-, Kranken- und Arbeitslosenversicherungsrechts und das *Steuerrecht* als gesonderte Rechtsgebiete herausgebildet.

Strafrecht und Ordnungswidrigkeitenrecht

Im *Strafgesetzbuch (StGB)* und im sog. Nebenstrafrecht (zahlreiche öffentlich-rechtliche Gesetze und Verordnungen) bestimmt der Gesetzgeber, welche Taten er als straf- (oder bußgeld-)würdig ansieht und welche Konsequenzen er aus einem Verstoß zieht. Keinesfalls ist davon nur der „Kriminelle" betroffen, sondern jeder Bürger (Straßenverkehrsordnung!), insbesondere auch der Ingenieur in seiner täglichen Arbeit. Viele verwaltungsrechtlichen Normen, z. B. Umweltgesetze, Abfallbeseitigungsgesetz, Datenschutzgesetz, Bauordnungen, das Lebensmittelrecht mit zahlreichen Verordnungen, die Straßenverkehrszulassungsordnung, die Gewerbeordnung und viele andere sehen Straf- und Ordnungswidrigkeitenbestimmungen vor.

2 Verfahrensrecht

2.1 Gerichtsbarkeiten

Das materielle Recht regelt die Rechte des Bürgers zum Bürger, des Bürgers zum Staat (und der staatlichen Verwaltung in sich); wie dieses Recht jedoch durchgesetzt wird, regeln die Verfahrensrechte. Entsprechend den großen Rechtsgebieten gibt es in Deutschland fünf Gerichtsbarkeiten: die sog. *ordentliche Gerichtsbarkeit* (Zivilrecht und Strafrecht), die *Arbeits-*, *Verwaltungs-*, *Sozial-* und *Finanzgerichtsbarkeit*, siehe Tabelle 2-1.

Kennzeichnend für die Gerichtsbarkeiten ist, daß — von sog. Bagatellsachen abgesehen — in der Regel die Möglichkeit der Überprüfung einer gerichtlichen Entscheidung in einem *Rechtsmittelverfahren* besteht. Diese Rechtsmittel werden bei Urteilen als *Berufung* (Überprüfung in tatsächlicher und rechtlicher Hinsicht) und *Revision* (Überprüfung nur in rechtlicher Beziehung) bezeichnet. Nicht alle Streitigkeiten können alle Instanzen durchlaufen. Für die jeweiligen Stufen der Überprüfung gibt es unterschiedliche Gerichte (Instanzen); den verschiedenen Gerichtsbarkeiten entsprechen verschiedene Verfahrensgesetze, siehe Tabelle 2-1.

Das Bundesverfassungsgericht steht außerhalb des normalen Instanzenzuges und befaßt sich u. a. mit Beschwerden über Grundrechtsverletzungen, wenn alle Rechtsmittel erschöpft sind.

Einige besonders bedeutsame Ordnungsaufgaben

Tabelle 2-1. Gerichtsbarkeiten, Instanzen und Verfahrensgesetze

Gerichtsbarkeiten	Instanzen	Verfahrensgesetze
Ordentliche Gerichtsbarkeit (Zivilrecht und Strafrecht)	Amtsgericht (AG) Landgericht (LG) Oberlandesgericht Bundesgerichtshof (BHG)	Zivilprozeßordnung (ZPO) Strafprozeßordnung (StPO)
Arbeitsgerichtsbarkeit	Arbeitsgericht Landesarbeitsgericht Bundesarbeitsgericht	Arbeitsgerichtsgesetz (ArbGG)
Verwaltungsgerichtsbarkeit	Verwaltungsgericht Oberverwaltungsgericht Bundesverwaltungsgericht	Verwaltungsgerichtsordnung (VGO)
Sozialgerichtsbarkeit	Sozialgericht Landessozialgericht Bundessozialgericht	Sozialgerichtsgesetz (SGG)
Finanzgerichtsbarkeit	Finanzgericht Bundesfinanzhof	Finanzgerichtsordnung (FGO)

sind verfahrensrechtlich dem Amtsgericht zugeordnet, nämlich das Grundbuchwesen, die Registerführung (Handels-, Genossenschafts-, Vereins-, Güterstandsregister u. a.), Nachlaß- und Vormundschaftssachen. Weil sich hier normalerweise keine streitenden Parteien gegenüberstehen, wird dieses Gebiet als *freiwillige Gerichtsbarkeit* bezeichnet.

Die Verfahrensordnungen sehen — im einzelnen sehr unterschiedlich — vor, daß sich Parteien vor bestimmten Gerichten nur durch *Rechtsanwälte* vertreten lassen dürfen (Anwaltszwang). In Zivilgerichtssachen ist dies z. B. der Fall bei allen Streitigkeiten, die vor das Landgericht gehören (z. Z. Streitwerte ab 5 000 DM). Die Rechtsanwälte erhalten Vergütungen, die in der *Bundesrechtsanwaltsgebührenordnung* (BRAGO) geregelt sind. Diese Gebühren regeln sich i. allg. nach Streitwerten und Verfahrensfortschritten, nicht aber nach dem Umfang der Arbeit des Rechtsanwalts. Diese wird jedoch berücksichtigt in den Fällen, wo es die streitwertabhängige Berechnung nicht gibt, bei den sogenannten Rahmengebühren im Strafrecht und Sozialrecht.

Für gewisse Verträge und Erklärungen in dem Bereich der freiwilligen Gerichtsbarkeit benötigt man einen *Notar*, z. B. bei Grundstückskaufverträgen oder Gesellschaftsverträgen über eine GmbH, bei der Beantragung eines Erbscheines, bei allen Grundbuch- und Registeranmeldungen. Damit soll sichergestellt werden, daß besonders bedeutsame und schwierige Verträge nicht unüberlegt und unsachgemäß geschlossen werden und die wichtige Registertätigkeit der Gerichte durch sachkundige — mit einer Personenidentitätskontrolle verbundene — Erklärungen der Anmelder unterstützt wird. Die Gebühren der Notare richten sich nach der Kostenordnung. Die dort festgesetzten Gebühren hängen von Geschäftswerten ab.

2.2 Klage- und Mahnverfahren

Um einen streitigen zivilrechtlichen Anspruch mit Zwang durchsetzen zu können, muß *Klage* erhoben werden. Bei Streitigkeiten über vermögensrechtliche Ansprüche ist das Amtsgericht bis zu einem Streitwert von 5 000 DM zuständig, ohne Rücksicht auf den Wert des Streitgegenstandes auch für Streitigkeiten über die Räumung von Mieträumen und andere wenig häufige Streitgegenstände. Vor dem Amtsgericht kann jeder sich selbst vertreten. Dies empfiehlt sich allerdings nur in einfachen und immer wiederkehrenden Streitsachen. Die Berufung gegen amtsgerichtliche Urteile ist nur möglich, wenn eine Partei mit einem Mindestbetrag unterlegen ist (z. Z. 700 DM, Achtung: der Gesetzgeber verändert von Zeit zu Zeit die Wertgrenzen). Besteht die Erwartung, daß der Schuldner keine sachlichen Einwendungen erheben will, ist das gerichtliche *Mahnverfahren* billiger und sollte (eigentlich) schneller als der Klageweg sein. Dazu muß man sich der amtlich vorgeschriebenen und im Handel erhältlichen Vordrucke bedienen. Auch dieses Verfahren bietet für Laien Schwierigkeiten, weil — besonders im automatisierten Mahnverfahren — genaue Angaben hinsichtlich des Klagegrundes, der Zinsbegründung und der Gesellschafts- und Vertretungsverhältnisse erwartet werden.

Entgegen landläufigen Vorstellungen ist die schnelle *einstweilige Verfügung* (sie ergeht in der Regel ohne mündliche Verhandlung aufgrund des einseitigen und glaubhaft gemachten Sachvortrags des Antragstellers) nur in Ausnahmefällen zulässig, nämlich, wenn zu befürchten ist, daß durch eine Veränderung des bestehenden Zustandes die Verwirklichung eines Rechts einer Partei vereitelt oder wesentlich erschwert werden könnte. Mit der einstweiligen Verfügung soll in der Regel nur die Zustandsänderung bekämpft, nicht Erfüllung verlangt werden.

2.3 Zwangsvollstreckung und Konkurs

Das Klageverfahren schließt mit einem Urteil ab, das Mahnverfahren mit dem Vollstreckungsbescheid. Mit diesen gerichtlichen Entscheidungen kann, sollte der Schuldner nicht zahlen, der Gläubiger die Zwangsvollstreckung betreiben. Dies ist auch möglich, wenn ein gerichtlich protokollierter Vergleich oder ein notarielles Schuldanerkenntnis vorliegt.

Die wohl häufigste Art der Zwangsvollstreckung ist die Beauftragung eines *Gerichtsvollziehers* mit der sogenannten Mobiliarpfändung (Vollstreckung in „körperliche Sachen"). Verweigert der Schuldner dem Gerichtsvollzieher den Zutritt, muß der Gläubiger beim Amtsgericht einen Durchsuchungsbeschluß erwirken und dann den Gerichtsvollzieher mit der Fortsetzung der Vollstreckung beauftragen. Ihr fruchtloser Versuch ist die Voraussetzung dafür, daß der Gläubiger den Schuldner über das Amtsgericht zur Ablegung der *eidesstattlichen Versicherung* über die Richtigkeit eines von ihm zu erstellenden Verzeichnisses seines Vermögens (früher „Offenbarungseid") laden lassen kann. Daraus können sich insbesondere Erkenntnisse über Arbeitgeber und Bankverbindungen ergeben. *Die Pfändung von Forderungen*, insbesondere die Lohnpfändung, ist beim Amtsgericht zu beantragen. Das Amtsgericht erläßt dann einen Pfändungs- und Überweisungsbeschluß, der dem vom Schuldner angegebenen Dritten („Drittschuldner") zugestellt wird. Dieser muß entsprechend dem Pfändungs- und Überweisungsbeschluß des Gerichts die gepfändete Forderung an den Gläubiger (statt an den Schuldner) zahlen, bei der Lohnpfändung allerdings unter Berücksichtigung der *pfändungsfreien Beträge*. Die pfändungsfreien Beträge sind nach der Zahl der unterhaltsberechtigten Angehörigen unterschiedlich hoch und einer Pfändungstabelle zu entnehmen. Zahlt ein Drittschuldner nach der Zustellung des gerichtlichen Beschlusses noch an den Schuldner, ist er von seiner Leistung nicht frei und muß die Forderung noch einmal an den Gläubiger bezahlen.

Schließlich kann in Grundstücke und Eigentumswohnungen von Schuldnern die Vollstreckung durch die Eintragung einer *Sicherungshypothek*, durch Zwangsversteigerung oder Zwangsverwaltung betrieben werden. Für die entsprechenden Anordnungen ist das Amtsgericht zuständig, in dem die Immobilie liegt.

Ist eine Mehrzahl von Schuldnern vorhanden und so viel Vermögen, daß die Verfahrenskosten mindestens gedeckt werden, ist schließlich die Durchführung eines *Konkursverfahrens* möglich. Dieses Verfahren dient dazu, die Konkursmasse zusammenzufassen und zur gemeinschaftlichen Befriedigung der Gläubiger zu verwenden. Wenn eine die Verfahrenskosten übersteigende „Masse" vorhanden ist, wird ein Konkursverwalter vom Amtsgericht eingesetzt, der alle Forderungen des Gemeinschuldners realisiert und dann dessen Gläubiger nach einer bestimmten Reihenfolge (Arbeitnehmer, Versicherungsträger, öffentliche Forderungen und übrige Forderungen) befriedigt. Den Antrag auf Konkurs kann der Schuldner (im Verfahren „Gemeinschuldner" genannt) und jeder Gläubiger beim Amtsgericht stellen. Ein solches Konkursverfahren kann auch mit einem Zwangsvergleich enden, wenn der Gemeinschuldner einen entsprechenden Vorschlag unterbreitet. Ein Vergleichsverfahren kann auch ohne vorgeschalteten Konkursantrag beim Konkursgericht beantragt werden. Der Vergleichsvorschlag muß dann vorsehen, daß den Vergleichsgläubigern mindestens 35 v. H. ihrer Forderungen gewährt werden.

2.4 Strafprozeß und Bußgeldverfahren

Im *Strafverfahren* erhebt die Staatsanwaltschaft Anklage — je nach Bedeutung der Straftat und der erwarteten Strafe beim Amtsgericht oder Landgericht. Das Gericht eröffnet das Verfahren, wenn es den Angeklagten für hinreichend verdächtig hält. In einer Hauptverhandlung werden dann der Angeklagte gehört, die Zeugen vernommen, manchmal Sachverständige angehört und Urkunden verlesen. Aufgrund des Ergebnisses der Hauptverhandlung entscheidet das Gericht nach den Plädoyers der Staatsanwaltschaft und des Verteidigers.

Gegen das Urteil des Amtsgerichts gibt es das Rechtsmittel der Berufung an das Landgericht, gegen das Urteil des Landgerichts nur die Revision. Die Rechtsmittel sind jeweils spätestens eine Woche nach Verkündung des Urteils einzulegen.

Die Kriminalpolizei (Hilfsbeamte der Staatsanwaltschaft) kann einen Verdächtigen nicht länger als bis zum Ende des Tages nach dem Ergreifen in eigenem Gewahrsam halten. Spätestens dann muß ein Richter über die Anordnung der *Untersuchungshaft* entscheiden, die nur verhängt werden darf, wenn dringender Tatverdacht und Flucht-, Verdunklungs- oder Wiederholungsgefahr bei schweren Straftaten besteht.

Der Gesetzgeber hat einen großen Teil früherer Tatbestände aus dem Strafrecht herausgenommen und verfolgt diese als *Ordnungswidrigkeiten* im *Bußgeldverfahren*. Dabei handelt es sich zumeist um Verstöße gegen Ordnungsvorschriften, die sich nahezu in jeder Verwaltungsvorschrift befinden. Der Bußgeldbescheid wird von der Verwaltungsbehörde erlassen und wird rechtswirksam, wenn nicht innerhalb von zwei Wochen nach Zustellung dagegen Einspruch eingelegt wird. Diese Frist ist — wie alle gesetzlichen Fristen — genau zu nehmen. Wird die Frist versäumt, gibt es nur den Antrag auf Wiedereinsetzung in den vorigen Stand, in dem glaubhaft gemacht werden muß, daß die Fristversäumnis nicht verschuldet ist.

Gleichzeitig muß der Einspruch nachgeholt werden. Wird Einspruch eingelegt, entscheidet das Amtsgericht darüber, ob eine Ordnungswidrigkeit vorliegt und wie sie zu ahnden ist.

3 Verträge und Haftung

3.1 Kauf- und Werkvertrag

Gegenstand eines *Werkvertrages* ist die Herstellung oder Veränderung einer Sache oder ein anderer durch Leistung herbeizuführender Erfolg (z. B. handwerkliche Arbeiten, freiberufliche Ingenieurleistungen). Kauf- und Werkvertrag sind die häufigsten Vertragstypen. Sie sind im BGB geregelt. Einer besonderen Form bedürfen solche Verträge nicht, doch ist — sieht man einmal von den Geschäften über den Ladentisch ab — zum schriftlichen Abschluß (in einer Urkunde oder etwa durch Angebot und Annahme in gesonderten Schreiben) zu raten.

Die häufigsten Streitpunkte beim *Kaufvertrag* ergeben sich aus der Gewährleistung wegen Mängeln der verkauften Sache. Als Folge eines Mangels kann der Käufer wandeln (zurücktreten) oder den Kaufpreis mindern, unter Umständen auch Schadenersatz wegen Nichterfüllung verlangen. Wichtig ist, daß der Käufer eine von ihm als mangelhaft erkannte Sache nur unter Vorbehalt annimmt, weil er sonst seine Mängelansprüche verliert. Die Verjährungsfristen sind kurz: bei beweglichen Sachen nur sechs Monate seit der Lieferung, bei Grundstücken ein Jahr nach Übergabe. Kauft der Käufer nur eine der Gattung nach bestimmte Sache, kann er statt der angeführten Rechte die Lieferung einer mangelfreien Sache verlangen.

Auch beim *Werkvertrag* wird am häufigsten wegen der mangelhaften Erfüllung des Vertrages gestritten. Hier besteht grundsätzlich zunächst nur ein Nachbesserungsrecht. Der Besteller kann nach vergeblicher Abmahnung den Schaden selbst beseitigen und Ersatz der Kosten verlangen. Er kann auch eine angemessene Frist bestimmen und erklären, daß er die Beseitigung des Mangels nach Ablauf der Frist ablehnen und Wandlung oder Minderung geltend machen will, u. U. — bei Verschulden — auch Schadensersatz wegen Nichterfüllung. In diesen Fällen ist allerdings der Anspruch auf Beseitigung des Mangels ausgeschlossen. Vielfach wird es praktischer sein, von dem Unternehmer einen Vorschuß für die Beseitigung des Mangels zu verlangen, der gerichtlich durchgesetzt werden kann, und nach Behebung des Mangels abgerechnet werden muß. Vor der Beseitigung des Mangels — nach Ablauf der gesetzten Frist — müssen allerdings für eine spätere gerichtliche Auseinandersetzung die Nachweise für den Mangel gesichert werden. Dies kann in weniger bedeutenden Fällen durch Zeugen und Fotos geschehen; in wichtigeren Fällen, bei denen ohne das Gutachten eines Sachverständigen nicht ausgekommen werden kann, empfiehlt sich die Einholung eines Gutachtens im Rahmen eines gerichtlichen *Beweissicherungsverfahrens*, das schon vor dem eigentlichen Rechtsstreit beantragt werden kann. Auch beim Werkvertrag sind die kurzen Verjährungsfristen wie beim Kaufvertrag zu beachten, jedoch mit der Ausnahme, daß bei Bauwerken die Verjährungsfrist für Mängelansprüche fünf Jahre beträgt. Wenn beim Werkvertrag der Preis nicht ausdrücklich vereinbart ist, was häufig geschieht, wird die übliche Vergütung geschuldet.

3.2 Bauvertrag

Der Bauvertrag ist ein Unterfall des Werkvertrages, so daß im Prinzip die Ausführungen in 3.1 gelten. Diese allgemeinen Vorschriften werden jedoch bei Bauverträgen, die über Reparaturarbeiten hinausgehen, oft ersetzt durch die Vereinbarung (von sich aus gilt sie nicht!) der Verdingungsordnung für Bauleistungen (VOB). Dabei handelt es sich um Regeln, die von dem Deutschen Verdingungsausschuß für Bauleistungen erarbeitet worden sind. Es gibt den Teil A für die Vergabe von Bauleistungen, den Teil B für deren Ausführung und den Teil C mit allgemeinen technischen Vorschriften.

Bei Mängeln kann der Bauherr dem Bauunternehmer eine Frist setzen und nach deren erfolglosem Ablauf einen Schadensersatzanspruch geltend machen oder ihm nach vorheriger Androhung den Auftrag entziehen. Der Bauherr kann dann den noch nicht fertiggestellten Teil zu Lasten des Unternehmers durch einen Dritten erledigen lassen. Im übrigen regeln die VOB/B den Ablauf der Bauarbeiten umfassend, z. B. Gefahrtragung, Behinderungen, Abnahme, Schlußrechnung, Schlußzahlung u. a.

3.3 Architekten- und Ingenieurvertrag

Bei beiden Verträgen handelt es sich in der Regel um Unterfälle des Werkvertrages, so daß grundsätzlich die Vorschriften des BGB gelten. Die Fehler des Architekten in der Bauplanung oder Bauüberwachung oder des Ingenieurs bei der Projektierung lassen sich oft kaum durch Nachbesserung beseitigen. Der Bauherr wird deshalb zumeist mit Schadensersatzansprüchen versuchen, die Folgen der Mängel auszugleichen. Für den Abschluß von Architektenverträgen bedienen sich die Architekten meist des formularmäßigen Einheits-Architektenvertrages.

Die Vergütung wird durch die *Honorarordnung für Architekten und Ingenieure (HOAI)* geregelt. Die HOAI legt für die einzelnen Leistungen Mindest- und Höchstsätze fest. In diesem Rahmen können die Parteien schriftliche Bestimmungen über die Anwendung der Sätze treffen. Geschieht dies nicht, gelten die Mindestsätze.
Die HOAI unterscheidet zwischen Grundleistungen und besonderen Leistungen. Die Vergütung bemißt sich nach der Honorarzone des Bauwerks, den anrechenbaren Kosten und tatsächlichen Leistungen. Die Grundleistungen sind in neun Leistungsphasen aufgeteilt, auf die bestimmte Quoten des Honorars entfallen. In der HOAI gibt es Vergütungsregelungen für die Entwicklung und Herstellung von Fertigteilen, rationalisierungswirksame Leistungen, Projektsteuerung, Gutachten, Wertermittlung, städtebauliche Leistungen, landschaftsplanerische Leistungen, Ingenieurbauwerke (Wasserbau, Abfallbeseitigung, Ver- und Entsorgung, Verkehrsanlagen), Tragwerksplanung, Schallschutz, Bodenmechanik, Vermessung u. a. Der selbständig arbeitende Ingenieur muß sich in diese Regelungen einarbeiten.

3.4 Internationale Anlagenverträge

Gegenstand solcher Verträge ist die Planung, Lieferung, Errichtung und Inbetriebnahme einer schlüsselfertigen Industrieanlage. Die Komplexität des darin eingeschlossenen Bündels von Leistungen und Lieferungen, die sich über längere Zeit hinziehen, bei denen es regelmäßig um viel Geld geht und die mit großen Risiken behaftet sind, erfordern umfangreiche vertragliche Regelungen. Diese sich schon aus der Sache ergebende umfangreiche Regelungsbedürftigkeit wird dadurch verstärkt, daß es dem Auftragnehmer schwerfallen wird, die Geltung seiner heimischen Rechtsordnung mit dem Auftraggeber zu vereinbaren, der sich auf der anderen Seite aber auch nicht gern dem Recht des Landes unterwerfen will, dem der Auftragnehmer angehört. Da auch bei einem noch so umfangreichen Vertragswerk eine gerichtliche Auseinandersetzung nicht ausgeschlossen werden kann, muß im Vertrag vereinbart werden, welche Rechtsordnung gelten soll. Dies ist für die Auslegung, Lückenfüllung und Ergänzung notwendig. Dabei kommt auch die Vereinbarung eines neutralen Rechts in Betracht. Regelmäßig wird der Auftragnehmer das gesamte Leistungsbild von der Planung über die Errichtung bis zur Wartung während der Garantiezeit übernehmen, meistens zu einem vereinbarten Pauschalfestpreis. Dies erfordert eine sehr genaue Leistungsbeschreibung, um Streit darüber auszuräumen, ob eine bestimmte vom Auftraggeber geforderte Leistung zusätzlich zu vergüten oder mit dem Pauschalpreis abgegolten ist. Wegen der schwerwiegenden Auswirkungen von Fehlentscheidungen bei der Errichtung der Anlage muß der Vertrag dafür sorgen, daß möglichst frühzeitig Meinungsverschiedenheiten bereinigt und Risiken gegeneinander abgegrenzt werden.
Beide Vertragsparteien müssen sachkundige Vertreter am Ort haben, die die technischen Entscheidungen verbindlich regeln können. Beim Auftragnehmer ist dies selbstverständlich; beim Auftraggeber wird diese Aufgabe von einem Ingenieurbüro übernommen werden (Consulting Engineer). Herkömmlicherweise wird diesem Ingenieurbüro in Anlehnung an britische Rechtsvorstellungen bei gewissen Konflikten eine schiedsrichterliche Funktion übertragen. Der Vertrag wird deshalb möglichst genau regeln müssen, wer bei Konflikten die letzte Entscheidung über den einzuschlagenden Weg trifft und wer die Risiken für die Weisungen dieses Ingenieurs trägt. Das Verfahren der Meinungsabstimmung muß geregelt werden. Oft wird schließlich die Einrichtung eines Schiedsgerichts vereinbart für die Fälle, in denen die Regeln der Konfliktbereinigung am Ort den Konflikt oder die Folgen nicht bereinigen konnten.
Die Verträge enthalten Bestimmungen über die zwischen den Parteien anzuwendende Sprache (meist Englisch), die Währung für die Vergütung, die Zahlungsbedingungen, Vertragsstrafen, Versicherungen, die Inbetriebnahme und Abnahme der Leistung, die Garantiezeit und Schlußabnahme, die Schulung der Mitarbeiter des Auftraggebers, die Montageeinrichtungen und vieles andere.
Die Komplexität des Vertragsgegenstandes und die internationale Verflechtung macht es unmöglich, den Vertrag in einem nationalen Recht zu typisieren. Es gibt auf Betreiben der Internationalen Vereinigung Beratender Ingenieure den Versuch eines Vertragsmusters „Internationale Vertragsbedingungen für Ingenieurarbeiten“ und “Conditions of Contract (International) for Electrical and Mechanical Works (including Erection on Site)”.
Material dazu kann die Bundesgeschäftsstelle des Verbandes Beratender Ingenieure (VBI) liefern. Inzwischen gibt es auch aus juristischer Sicht formulierte Vertragsmuster.

3.5 Mietvertrag und Leasing

Zu unterscheiden ist zunächst zwischen der Wohnungsmiete und anderen Mietverhältnissen. Die *Wohnungsmiete* unterliegt den Mieterschutzbestimmungen. Die Materie ist grundsätzlich im BGB gesetzlich geregelt. Der Sozialschutz im Wohnungsmietrecht drückt sich insbesondere durch eine Erschwernis der Kündigung auf Seiten des Vermieters aus (Kündigungen prinzipiell nur bei Zahlungsverzug, Störung des Mietverhältnisses oder Eigenbedarf), auch wenn das Mietverhältnis befristet ist.

Die Befristung führt nur unter engen Voraussetzungen zur Beendigung des Wohnungsmietvertrages. Für *Gewerberäume* gibt es keinen vergleichbaren Mieterschutz. In diesem Bereich wirken Kündigungen bei Mietverhältnissen auf unbestimmte Zeit ohne jede Begründung, zeitlich befristete Verträge laufen aus. Dies ermöglicht es Vermietern von Gewerberäumen, Verhandlungen über die Neufestsetzung des Mietzinses zu erzwingen. Bei Wohnräumen ist dies nur nach Maßgabe des Gesetzes zur Regelung der Miethöhe möglich (Zustimmung zur Erhöhung auf die üblichen Entgelte, wenn drei Vergleichswohnungen benannt werden, ein Sachverständiger die Üblichkeit feststellt oder diese durch einen Mietspiegel nachgewiesen werden). In der Regel wird heute in den Mietverträgen entsprechend dem genannten Gesetz unterschieden zwischen der Grundmiete und den einzelnen Betriebskosten. Die Betriebskosten unterliegen der Abrechnung. Die Vorauszahlungen können ermäßigt und erhöht werden. Besonderen Bestimmungen unterliegen *öffentlich geförderte Wohnungen* (Wohnungsbindungsgesetz, Neubaumietenverordnung). Auch *bewegliche Gegenstände* können Gegenstand eines Mietvertrages sein, z. B. Fahrzeuge oder Maschinen.

Fahrzeuge werden weitgehend auf der Grundlage von allgemeinen Geschäftsbedingungen der Kraftfahrzeugvermieter gemietet.

Einen Sonderfall der Miete stellt der *Leasingvertrag* dar. Er hat für den Selbständigen den Vorteil, daß er die Leasingraten bei der Zahlung als Betriebskosten verbuchen kann, ohne den steuerlichen Nachteil, die Abschreibung eines Kaufpreises auf mehrere Jahre verteilen zu müssen. Betriebswirtschaftlich spart er den Kapitalaufwand. Beim Leasingvertrag überläßt der Leasinggeber eine Sache dem Leasingnehmer gegen ein in Raten zu zahlendes Entgelt zum Gebrauch. Er tritt in der Regel die Mängelansprüche gegen den Lieferanten an den Leasingnehmer ab. Meist wird der Vertrag über einen bestimmten Zeitraum geschlossen, oft mit Verlängerungs- oder Kaufoption. Zumeist liegen dem Leasingvertrag umfängliche Geschäftsbedingungen zugrunde, die im einzelnen der gerichtlichen Kontrolle unterliegen.

3.6 Haftung und Schadensersatz

Im Rahmen eines *Vertragsverhältnisses* haftet jeder Vertragspartner allgemein dafür, daß er „die im Verkehr erforderliche Sorgfalt" bei der Erfüllung seiner Vertragspflichten wahrt. Verletzt er diese Sorgfaltspflicht und erleidet sein Vertragspartner dadurch einen Schaden, muß er diesen ersetzen.

Die Anspruchsgrundlagen dafür sind im BGB geregelt und zum Teil durch die Rechtsprechung zum allgemeinen Teil des Schuldrechts im BGB herausgearbeitet worden.

Neben dieser vertraglichen Haftung gibt es auch noch die sogenannte *deliktische Haftung*, die grundsätzlich ebenfalls im BGB geregelt ist.

Hiernach haftet jeder auf Schadensersatz, der in schuldhafter Weise ein sogenanntes absolutes Rechtsgut (Leben, Körper, Gesundheit, Freiheit, Eigentum) oder ein vergleichbares Recht, insbesondere das „Recht am eingerichteten und ausgeübten Gewerbebetrieb", verletzt. Die Schadensersatzverpflichtung trifft auch denjenigen, der gegen ein den Schutz eines anderen bezweckendes Gesetz verstößt. Die Zahl der Schutzgesetze ist kaum überschaubar. Darunter fallen Strafgesetze, aber auch Bestimmungen aus dem Arzneimittelgesetz, dem Bundesdatenschutzgesetz, den Bauordnungen, dem Pflanzenschutzgesetz, dem Wasserhaushaltsgesetz und vielen anderen.

Neben den Ansprüchen, die ein Verschulden, also mindestens Fahrlässigkeit des Täters voraussetzen, gibt es auch verschuldenunabhängige Schadensersatzansprüche, etwa gegen den Tierhalter oder den Grundstücksbesitzer, die ebenfalls im BGB geregelt sind. Größere Bedeutung haben die *Gefährdungshaftungstatbestände*, die sich aus dem Betrieb erfahrungsgemäß besonders gefährlicher Anlagen ergeben: die bekannte Haftung des Kraftfahrers und Halters nach dem Straßenverkehrsgesetz und entsprechende Vorschriften für den Betrieb von Eisenbahnen, Luftfahrzeugen und Kernkraftwerken.

Um sich vor diesen Haftpflichtgefahren zu schützen, kann man — oder muß sogar — *Haftpflichtversicherungen* abschließen. Neuerdings gewinnt die Produzentenhaftung eine immer größere Bedeutung. Darunter wird die Haftung des Herstellers eines Produkts für Schäden verstanden, die ein Verbraucher bei der Benutzung eines fehlerhaften Produktes erleidet. Besonders gefährlich ist diese Haftung, wenn ein fehlerhaftes Einzelteil eine daraus hergestellte Sache insgesamt störanfällig macht und dadurch Folgeschäden auslöst (z. B. fehlerhafte Bereifung löst Kfz-Unfall aus).

4 Wirtschaftsrecht

Das Recht der Kaufleute ist im Handelsgesetzbuch (HGB) geregelt. Kaufleute sind natürliche oder juristische Personen, die im Handelsregister eingetragen sind. Einzutragen sind Gewerbebetriebe, die sich mit kaufmännischen Geschäften befassen, sowie solche, die einen kaufmännischen Geschäftsbetrieb erfordern. Unter einer Firma versteht man den Namen, unter dem ein Kaufmann seinen Gewerbebetrieb betreibt. Es gibt Einzelkaufleute, Offene Handelsgesellschaften (OHG) und Kommanditgesellschaften (KG). Diese Kaufleute haben gemeinsam, daß mindestens einer der „Inhaber" persönlich — also auch mit seinem Privatvermögen — für die Schulden des Betriebes

haftet. Der Kommanditist hat nur die Verpflichtung, seine Kommanditeinlage einzuzahlen und ist darüber hinaus von der Haftung der Gesellschaftsschulden befreit, vertritt auch die Gesellschaft nicht nach außen.
Daneben gibt es Kapitalgesellschaften, die gemeinsam haben, daß die Haftung gegenüber Dritten sich auf das Gesellschaftsvermögen beschränkt, daß also weder Vertretungsorgane noch Gesellschafter für die Gesellschaftsschulden haften. Dazu zählen die Aktiengesellschaft (AG) und — für den selbständigen Ingenieur eher geeignet — die Gesellschaft mit beschränkter Haftung (GmbH). Die GmbH wird durch den Geschäftsführer vertreten. Auch er kann in die persönliche Haftung geraten, wenn er die ihm nach dem GmbH-Gesetz oder der Konkursordnung obliegenden Verpflichtungen verletzt. Der Gesellschaftsvertrag einer GmbH bedarf der notariellen Beurkundung. Alle Anmeldungen zum Handelsregister müssen grundsätzlich in notariell beglaubigter Form abgegeben werden.
Jeder Kaufmann ist verpflichtet, Bücher zu führen. Er muß nach vorgeschriebenen Grundsätzen bilanzieren. Im HGB befinden sich besondere Vorschriften über bestimmte wichtige Handelsgeschäfte, insbesondere den Handelskauf, für den gegenüber dem BGB verschärfte Vorschriften bestehen. Gewerbeunternehmen müssen eine Vielzahl von Gesetzen beachten, die zum Schutz der Allgemeinheit der Verbraucher und der Konkurrenten bestehen, z. B. das *Gesetz gegen Wettbewerbsbeschränkungen* (Kartellgesetz), das *Gesetz gegen den unlauteren Wettbewerb* (UWG), das *Gesetz über Preisnachlässe* (Rabattgesetz). Die *Gewerbeordnung* gilt für alle Gewerbetreibende, also auch für Nichtkaufleute. Grundsätzlich ist die Aufnahme eines Gewerbebetriebes frei, einige Betriebe benötigen jedoch Genehmigungen, z. B. die Betreiber von Privatkrankenanstalten, Spielgeräten, das Bewachungsgewerbe und Bauträger. Bei Unzuverlässigkeit kann die Gewerbeausübung durch die Verwaltungsbehörde untersagt werden. Weitere Einschränkungen bringt die *Handwerksordnung* mit sich, die für eine ganze Reihe handwerklicher Betätigungen vorschreibt, daß die selbständige Ausübung nur Personen gestattet ist, die die Meisterprüfung in dem Handwerk bestanden haben.
Im übrigen bestimmt die Handwerksordnung, daß die im Zusammenhang mit der Berufsregelung anfallenden öffentlichen Aufgaben durch Handwerkskammern in Selbstverwaltung des Berufsstandes geregelt werden. Nach gleichen Modellen gibt es Kammern für die Kaufleute (Industrie- und Handelskammern) und für die freien Berufe (Ärzte, Rechtsanwälte, Notare, Steuerberater, Apotheker, Architekten).

5 Arbeitsrecht

5.1 Quellen

Quelle des Arbeitsrechts sind eine Vielzahl von Einzelgesetzen, der Abschnitt „Dienstverträge“ im BGB, ähnliche Bestimmungen im HGB und der Gewerbeordnung und branchenbezogene Tarifverträge der Tarifvertragsparteien. Tarifverträge gelten zunächst einmal nur für Angehörige der Tarifvertragsparteien (Arbeitgeberverbände und Gewerkschaften), werden manchmal aber auch von den Landesbehörden für allgemein verbindlich erklärt und vielfach zum Inhalt der Einzelarbeitsverträge gemacht. Da die Tarifverträge regelmäßig detailliertere Bestimmungen enthalten als die Gesetze es vorsehen, ist bei jeder Anspruchsprüfung zunächst zu fragen, ob tarifvertragliche Regelungen bestehen. Gelten diese, darf der Arbeitgeber nur zu Gunsten des Arbeitnehmers von den tarifvertraglichen Bestimmungen abweichen. Es gibt meistens Manteltarifverträge mit den grundsätzlichen Bestimmungen sowie Lohn- und Gehaltstarifverträge und Urlaubstarifverträge. Besonders im Arbeitsrecht spielen die obergerichtlichen Entscheidungen eine große Rolle.

5.2 Arbeitnehmerschutzrechte

Es gibt eine Vielzahl von Schutzgesetzen für die Arbeitnehmer. Dazu zählt in erster Linie das *Kündigungsschutzgesetz*, das den Arbeitnehmer, der länger als sechs Monate in einem Betrieb mit mehr als 5 Arbeitnehmern gearbeitet hat, vor unbegründeter Kündigung schützt. Er kann nur aus persönlichen Gründen (Geeignetheit), verhaltens- oder betriebsbedingten Gründen gekündigt werden, wobei die Rechtsprechung hohe Anforderungen an die Begründung stellt. Neben der fristgerechten Kündigung gibt es auch die Möglichkeit der fristlosen Beendigung eines Arbeitsverhältnisses, wenn einer Partei dessen Fortsetzung bis zum Ablauf der Kündigungsfrist unzumutbar ist. Wo das Kündigungsschutzgesetz gilt, muß der Arbeitnehmer innerhalb von drei Wochen nach Zugang der Kündigung Kündigungsschutzklage beim Arbeitsgericht erhoben haben, wenn er die Unwirksamkeit der Kündigung geltend machen will.
Die *Arbeitszeitordnung*, das *Jugendarbeitsschutzgesetz*, das *Mutterschutzgesetz*, das *Schwerbehindertengesetz* schränken zum Schutz der Arbeitnehmer allgemein oder besonderer Gruppen die Rechte des Arbeitgebers ein. Die *Gewerbeordnung* verpflichtet den Unternehmer, Arbeitsräume, Betriebsvorrichtungen und Maschinen so einzurichten und die Betriebsabläufe so zu regeln, daß die Arbeiter vor Gesundheitsschäden geschützt werden.

5.3 Urlaub

Das *Bundesurlaubsgesetz* regelt die Mindestansprüche auf Urlaub. Meistens sind die einzelvertraglichen oder tarifvertraglichen Urlaubsansprüche höher als die im Bundesurlaubsgesetz vorgesehenen. Wichtig ist, daß das Bundesurlaubsgesetz vorsieht, daß der Urlaub prinzipiell im Kalenderjahr genommen werden und nur ausnahmsweise auf das nächste Kalenderjahr übertragen werden kann, dann jedoch in den ersten drei Monaten gewährt und genommen werden muß. Nach Ablauf dieser Frist verfällt der Urlaub (und eine etwaige Abgeltung, wenn er nicht genommen werden konnte) endgültig.

5.4 Mitwirkungs- und Mitbestimmungsrechte

Das *Betriebsverfassungsgesetz* (im öffentlichen Dienst das *Personalvertretungsgesetz*) regelt die Mitbestimmung des Betriebsrates (Personalrates). Betriebsräte können von den Arbeitnehmern in allen Betrieben gewählt werden, die in der Regel mindestens fünf Wahlberechtigte beschäftigen (Arbeitnehmer, die über 18 Jahre alt sind). Die Beteiligungsrechte des Betriebsrates werden in Mitwirkungs- und Mitbestimmungsrechte unterteilt. Wo Mitwirkungsrechte des Betriebsrates bestehen, kann er sich informieren und beraten, muß er angehört werden. Er kann aber die Maßnahme des Arbeitgebers letztlich nicht verhindern. Bei den Mitbestimmungsrechten hingegen hat er entweder ein Widerspruchsrecht, das eine beabsichtigte Maßnahme des Arbeitgebers hindern kann (z. B. Einstellungen, Eingruppierungen, Versetzungen) oder er muß sogar für die Wirksamkeit der Maßnahme zustimmen (z. B. Beginn und Ende der täglichen Arbeitszeit, Pausenregelung, Einführung und Anwendung von technischen Einrichtungen zur Überwachung des Verhaltens oder der Leistung der Arbeitnehmer, Regelungen zur Verhütung von Arbeitsunfällen und Berufskrankheiten).
Wichtig ist, daß jede Kündigung eines Arbeitnehmers unwirksam ist, wenn der Arbeitgeber den Betriebsrat vorher nicht über die Gründe der beabsichtigten Kündigung informiert und angehört hat.

5.5 Urheberrecht

Urheber von Werken der Literatur, Wissenschaft und Kunst werden durch das *Urheberrechtsgesetz* geschützt. Zu diesen Werken zählen auch Darstellungen wissenschaftlicher oder technischer Art, wie Zeichnungen, Pläne, Karten, Skizzen und Tabellen, wenn sie eine „persönliche geistige Schöpfung“ darstellen. Der Urheber hat das Recht zu bestimmen, ob und wie sein Werk zu veröffentlichen und zu verwerten ist. Über Urheberrechte wird kein Register geführt. Wer Rechte an einer Urheberschaft geltend macht, muß die Schöpfung durch sich nachweisen. Dabei hilft es ihm, wenn sein Name als Urheber auf dem Original oder einer Vervielfältigung aufgeführt ist. Ist der Urheber Arbeitnehmer, stehen die Nutzungsrechte ganz oder teilweise dem Arbeitgeber zu, wenn der Arbeitsvertrag dies ausdrücklich bestimmt oder sich dies aus dem Zweck des Arbeitsvertrages ergibt. In diesen Fällen entsteht kein besonderer Vergütungsanspruch, es sei denn, daß die Arbeitsvergütung in einem groben Mißverhältnis zu den Erträgnissen aus der Nutzung des Werkes steht.

6 Verwaltungsrecht

6.1 Verwaltung

Die öffentliche Verwaltung ist die Tätigkeit, die der Staat oder ein anderer öffentlich-rechtlicher Verband zur Erfüllung seiner Aufgaben ausübt, die weder Gesetzgebung noch Rechtsprechung ist. Alle Verwaltungstätigkeit ist an das Recht gebunden, kann sich darin aber allein nicht erschöpfen. Das sich mit der öffentlichen Verwaltung beschäftigende Verwaltungsrecht verwendet deshalb auch allgemeine Begriffe (unbestimmte Rechtsbegriffe) und gewährt der Verwaltung Spielräume („Ermessen“), um der Vielfalt des Verwaltungshandelns einen geeigneten rechtlichen Rahmen zu geben. Die Verwaltungsbehörden sind bei ihrem Handeln an die Gesetzgebung gebunden und werden durch die Verwaltungsgerichtsbarkeit kontrolliert (Gewaltenteilung). Neben den allgemeinen Verwaltungsgrundsätzen gibt es das besondere Verwaltungsrecht der einzelnen Verwaltungsbereiche. Erschwert wird der Überblick dadurch, daß es keine Kodifikationen des allgemeinen oder besonderen Verwaltungsrechts gibt, sondern nur Einzelgesetze.

6.2 Allgemeines Verwaltungsrecht

Die Hauptträger der öffentlichen Verwaltung sind die *Gebietskörperschaften* (daneben gibt es auch Personalkörperschaften z. B. Universitäten, Anstalten, z. B. Schulen und Stiftungen). Die Verfassung weist die Verwaltungsaufgaben (ebenso die Gesetzgebungskompetenzen) im förderativen System dem Bund oder den Ländern oder auch den Gemeinden zu. Die Länderverwaltungen sind wieder unterteilt in Landesverwaltung, Regierungsbezirke und Stadt-/Landkreise.
Öffentliche Sachen sind Gegenstände, deren sich die Verwaltung bei ihrer Tätigkeit bedient. Dazu

gehören das Verwaltungsvermögen, das im Eigentum des Verwaltungsträgers steht (z. B. Dienstgebäude) und die Sachen, die allen Bürgern zur Nutzung zu dienen bestimmt sind „Gemeingebrauch“, z. B. Straßen).
Eine Behörde erfüllt ihre Aufgaben in der Regel dadurch, daß sie Verwaltungsakte setzt; darunter versteht man jede Verfügung, Entscheidung oder andere hoheitliche Maßnahmen, die eine Behörde zur Regelung eines Einzelfalls auf dem Gebiet des öffentlichen Rechts mit Rechtswirkung nach außen trifft. Je nach der Art des Handelns gibt es belastende (z. B. eine Polizeiverfügung), begünstigende (z. B. Sozialhilfeleistungen) und auch feststellende (z. B. Rentenbescheid) Verwaltungsakte. Die Behörde kann sie von sich aus erlassen, wie meist bei den belastenden Verwaltungsakten, oder auch auf Antrag, wie meist bei den begünstigenden Verwaltungsakten.

6.3 Verwaltungsverfahren

Das Verwaltungsverfahren ist in den Landesverwaltungsverfahrensgesetzen und den Bundesverwaltungsverfahrensgesetzen sowie in der Verwaltungsgerichtsordnung geregelt. In der Regel wird ein Verwaltungsakt schriftlich erlassen und wird begründet werden, es sei denn, daß die Behörde einem Antrag entspricht. Läßt das Gesetz zu, daß die Behörde nach Ermessen handeln darf, müssen Zweck und Grenzen des Ermessens eingehalten werden. Der Verwaltungsakt muß eine Rechtsmittelbelehrung enthalten.
Soweit er begrünstigend ist, darf er — wenn sich später die Rechtswidrigkeit herausstellt — nur unter Einschränkungen von der Behörde zurückgenommen werden.
Ist ein Betroffener mit einem Verwaltungsakt nicht einverstanden, steht ihm in der Regel der Widerspruch innerhalb eines Monats nach Zustellung des Verwaltungsakts zu. Im Rahmen des dadurch eingeleiteten Vorverfahrens prüft die Behörde erneut und hat dann den Vorgang, wenn sie nicht „abhilft“, an die nächsthöhere Behörde abzugeben. Diese überprüft den Verwaltungsakt und erläßt einen Widerspruchsbescheid. Fühlt der Betroffene sich auch durch diesen in seinen Rechten beeinträchtigt, kann er die Verwaltungsentscheidung mit einer Anfechtungsklage (beim belastenden Verwaltungsakt) oder einer Verpflichtungsklage (bei der Ablehnung eines begünstigenden Verwaltungsakts) beim Verwaltungsgericht überprüfen lassen.

6.4 Besonderes Verwaltungsrecht

Für die einzelnen Verwaltungsbereiche gibt es zahlreiche Gesetze und Verordnungen, die teils Bundes-, teils Landesrecht sind. Hier muß eine beispielsweise Aufzählung die Darstellung ersetzen: Allgemeine Sicherheits- und Ordnungsgesetze („Polizeirecht“), beamtenrechtliche Gesetze, öffentliches Baurecht, Schulrecht, Sozialhilferecht, Jugendpflege und Jugendfürsorge, Wasserrecht, Wegerecht, Gewerberecht, Verkehrsrecht, Hochschulrecht, Straßenrecht, Güterkraftverkehr und Personenbeförderung, Luftfahrtrecht, Umweltrecht, Bildungsförderung, Ausländerrecht, Wehrrecht und noch viele andere Rechtsgebiete. In den Kapiteln 8 bis 10 werden noch Sondergebiete behandelt.

7 Steuern und Sozialversicherung

Wer selbständig tätig wird, hat dies seinem Betriebsfinanzamt zu melden und muß jährlich seine Einkommensteuererklärung abgeben. Daneben muß er Umsatzsteuer (Mehrwertsteuer) auf die von ihm erbrachten Lieferungen und Leistungen zahlen. Betreibt er ein Gewerbe, wird er daneben gewerbesteuerpflichtig. Der Freiberufler kann sich mit einer Überschußrechnung begnügen. Der Gewerbetreibende ermittelt in der Regel seine Einkünfte durch Vergleich der Betriebsvermögen am Anfang und am Schluß des Wirtschaftsjahres, d. h. durch eine geordnete Buchführung und Bilanzierung.
Umsatzsteuererklärungen sind regelmäßig monatlich abzugeben. Auf die voraussichtliche Einkommensteuerschuld setzt das Finanzamt Steuervorauszahlungen fest, die vierteljährlich zu leisten sind. In der Praxis lassen sich die Selbständigen nahezu immer von Angehörigen der steuerberatenden Berufe bei der Erfüllung ihrer *Steuerverpflichtungen* helfen.
Der Arbeitnehmer hat es zunächst einmal einfacher: der Arbeitgeber ist verpflichtet, die von ihm zu zahlende Lohnsteuer zu errechnen, vom Arbeitseinkommen abzuziehen und für Rechnung des Arbeitnehmers an das Finanzamt abzuführen. Nur wenn der Arbeitnehmer gewisse Einkommensgrenzen überschreitet (24 000 DM, bei Zusammenveranlagung mit dem Ehegatten 48 000 DM) findet eine Veranlagung zur Einkommensteuer von Amts wegen statt.
Arbeitnehmer sind *pflichtversichert* in der Rentenversicherung, der Arbeitslosenversicherung und bis zu gewissen Einkommensgrenzen in der Krankenversicherung. Die Beiträge dafür tragen in der Regel die Arbeitnehmer und die Arbeitgeber zu gleichen Teilen. Der Arbeitgeber ist verpflichtet, die Abzüge von der Arbeitsvergütung einzubehalten und abzuführen. Auf diese Weise erwirbt der Arbeitnehmer Ansprüche auf Altersruhegeld, Erwerbs- und Berufsunfähigkeitsrente, Krankenversorgung, Arbeitslosengeld u. a. Er ist außerdem gegen Arbeitsunfälle bei der Berufsgenossenschaft

versichert, die nach Branchen gegliedert ist, und für die der Arbeitgeber allein die Beiträge aufbringt.

8 Datenschutz

Der Datenschutz ist im *Bundesdatenschutzgesetz* und in den Länderdatenschutzgesetzen geregelt. Durch diese Gesetze soll ein Mißbrauch bei der Datenverarbeitung verhindert werden. Geschützt sind personenbezogene Daten, die in Dateien gespeichert, verändert oder aus Dateien übermittelt werden.

Verarbeitet werden dürfen personenbezogene Daten nur, wenn dies durch eine Rechtsvorschrift erlaubt ist oder der Betroffene eingewilligt hat.

Behörden dürfen solche Daten speichern, wenn dies zur rechtmäßigen Erfüllung ihrer Aufgaben erforderlich ist. Nur unter dieser Voraussetzung dürfen Daten an andere Stellen übermittelt werden. Werden Daten nach außen übermittelt, muß der Empfänger ein berechtigtes Interesse glaubhaft machen, und es dürfen keine schutzwürdigen Belange des Betroffenen beeinträchtigt werden. Der Betroffene hat einen Anspruch auf Auskunft über die über ihn gespeicherten Daten. Ein Datenschutzbeauftragter kontrolliert die Einhaltung der Vorschriften. Wer mit solchen Dateien zu tun hat, muß sich eingehend informieren, da er persönlich bei Verstoß gegen das Datengeheimnis verantwortlich gemacht werden kann. Die Anwendung ist deshalb so schwierig, weil die Zuständigkeiten der übermittelnden und der empfangenden Behörden überprüft werden müssen. Die Datenschutzgesetze modifizieren den allgemeinen Grundsatz der Amtshilfe.

Für die Datenspeicherung im *nicht-öffentlichen Bereich* ist die Zweckbestimmung des Vertragsverhältnisses maßgebend für die Zulässigkeit. Dies gilt auch für die Datenübermittlung. Werden erstmals zur Person Daten gespeichert, ist der Betroffene zu benachrichtigen, wenn er nicht schon Kenntnis davon hat. Davon gibt es jedoch im Interesse des Geheimnisschutzes Ausnahmen.

9 Energierecht

Das *Energiewirtschaftsgesetz* ist die Grundlage der Energiewirtschaft und regelt deren Aufsicht und Anzeigepflicht sowie die Preisgestaltung. In Durchführungsverordnungen ist bestimmt, daß Energieanlagen und Gasspeicheranlagen nach den anerkannten Regeln der Technik eingerichtet und unterhalten werden müssen. Die Tarifgestaltung ist in den Bundestarifordnungen Elektrizität und Gas rahmenmäßig vorgeschrieben. Im Prinzip besteht für die Energieversorgungsunternehmen bestimmter Gebiete eine allgemeine Anschluß- und Versorgungspflicht.

Seit 1975 gilt nach den Erfahrungen der vorangegangenen Erdölkrise das *Energiesicherungsgesetz.* Dieses Gesetz gibt der Bundesregierung die Möglichkeit von weitgehenden Eingriffen in die Produktion, den Transport, die Lagerung, die Verteilung, den Bezug, die Verwendung und die Preise von Energieträgern. Eine Frucht der Ölkrise war das *Energieeinsparungsgesetz*, das die Bundesregierung ermächtigt, durch Verordnung die Anforderungen an den Wärmeschutz von Gebäuden und an heizungs- und raumlufttechnische Anlagen sowie an Brauchwasseranlagen festzulegen. Die Bundesregierung hat davon mit der Wärmeschutzverordnung und der Heizungsanlagen-Verordnung sowie der Heizungsbetriebs-Verordnung Gebrauch gemacht.

Für die Errichtung und den Betrieb von Energieversorgungsanlagen gelten im übrigen die besonderen Genehmigungserfordernisse, wie sie sich aus den einzelnen Gesetzen und Verordnungen ergeben, von denen in 10 die Rede ist.

10 Umweltschutz

Eine Kodifikation des Umweltschutzes gibt es nicht. Neben dem *Bundesnaturschutzgesetz*, das Regeln für die Eingriffe in Natur und Landschaft aufstellt, und schon eine gewisse Tradition hat, gibt es eine Vielzahl von Gesetzen, in denen der Staat versucht, durch technische Beschränkungen, Überwachung, Erlaubnis- und Genehmigungsvorbehalte, die durch unsere Zivilisation verursachten Belastungen des Menschen und der Umwelt zu verringern und den Verbrauch der Ressourcen zu verlangsamen.

Das *Bundes-Immissionsschutzgesetz* soll den Schutz vor schädlichen Umwelteinwirkungen durch Luftverunreinigungen, Geräusche, Erschütterungen und ähnliche Vorgänge gewährleisten. Anlagen, die solche schädlichen Umwelteinwirkungen hervorzurufen geeignet sind, bedürfen der Genehmigung. Dafür gibt es ein förmliches Genehmigungsverfahren, das auch vorsieht, daß die zuständige Behörde das Vorhaben in ihrem amtlichen Veröffentlichungsblatt und in örtlichen Tageszeitungen bekannt macht.

Die Ermittlung von Emissionen und Immissionen kann angeordnet werden. Die Luftverunreinigung ist von den Landesbehörden in den Belastungsgebieten fortlaufend festzustellen. Auf der Grundlage dieses Gesetzes sind zahlreiche Verordnungen und Verwaltungsvorschriften erlassen worden, so u. a. die Verordnungen über Feuerungsanlagen, Chemischreinigungsanlagen, zur Auswurfbegrenzung von Holzstaub, Beschränkung von PCB, PCT und VC und die *Technische Anleitung zur Reinhaltung der Luft* (TA Luft).

Tradition haben die Überwachungs- und Genehmigungserfordernisse der *Gewerbeordnung*, die dem Schutz der Beschäftigten und Dritter vor Gefahren durch Anlagen in Gewerbebetrieben dienen.
Das *Chemikaliengesetz* soll schädliche Einwirkungen gefährlicher Stoffe verhindern, die sich in Lebensmitteln, Futtermitteln, Arzneimitteln, Abfällen, Abwässern und Altölen befinden. Diese Stoffe dürfen nur in den Verkehr gebracht werden, wenn mit der Anmeldung Prüfnachweise vorgelegt werden. Die Bundesregierung wird ermächtigt, durch Rechtsverordnungen Verbote und Beschränkungen auszusprechen und bestimmte betriebliche Maßnahmen anzuordnen. Die Regelungen werden ergänzt durch die *Gefahrstoffverordnung*, die Ermittlungs-, Schutz- und Überwachungspflicht bei der Arbeit mit gefährlichen Gasen, Dämpfen und Schwebstoffen vorsieht.
Das *Abfallgesetz* regelt die Entsorgung von Abfällen aus gewerblichen oder öffentlichen Einrichtungen, die gesundheits- oder umweltgefährdend, explosibel oder brennbar sind oder Erreger übertragbarer Krankheiten enthalten können. Grundsätzlich dürfen solche Abfälle nur in besonderen Abfallentsorgungsanlagen behandelt und gelagert werden. Solche Anlagen bedürfen der Zulassung. Die Produzenten der Abfälle, die Beförderer und die Betreiber von Abfallentsorgungsanlagen haben Anzeigepflichten und werden von der zuständigen Behörde überwacht.
Besonders einschneidend sind die Eingriffsmöglichkeiten des Staates auf dem Gebiet der Kernenergie und des Strahlenschutzes. Das *Atomgesetz* regelt die Überwachung der Ein- und Ausfuhr von Kernbrennstoff, die Verwahrung, Beförderung und die Genehmigung von Anlagen zur Erzeugung oder zur Bearbeitung, Verarbeitung oder Spaltung von Kernbrennstoffen sowie ihrer Aufarbeitung. Für die Genehmigung muß eine Reihe von Voraussetzungen vorliegen, so Zuverlässigkeit des Antragstellers, sachkundiges Personal, die nach dem Stand von Wissenschaft und Technik erforderliche Vorsorge gegen Schäden und für die Erfüllung gesetzlicher Schadensersatzverpflichtungen, der Schutz gegen Störmaßnahmen und kein Verstoß gegen überwiegende öffentliche Interessen der Reinhaltung des Wassers, der Luft und des Bodens. Die Haftung für nukleare Ereignisse ist — auch international — im westeuropäischen Bereich als Gefährdungshaftung ausgestaltet, sieht also eine Haftung ohne Verschulden vor. Der Betreiber hat nachzuweisen, daß er die zureichende Vorsorge getroffen hat.
Das *Strahlenschutzvorsorgegesetz* regelt die Überwachung der Radioaktivität in der Umwelt und ermächtigt die zuständigen Bundesminister, Dosiswerte festzulegen und den Verkehr mit kontaminierten Lebensmitteln zu verbieten oder zu beanstanden. Die *Strahlenschutzverordnung* bestimmt im einzelnen detailliert den Umgang mit und die Beförderung von radioaktiven Stoffen, die Genehmigungspflicht von Anlagen zur Erzeugung ionisierender Strahlen und den Schutz der in ihrem Bereich tätigen Personen.
Die Benutzung der Gewässer, dazu gehört auch das Entnehmen und Ableiten von Wasser, das Einbringen und Einleiten von Stoffen in oberirdische Gewässer oder Grundwasser, bedarf nach dem *Wasserhaushaltsgesetz* der Erlaubnis bzw. der Bewilligung. Sie sind von der Behörde zu versagen, wenn eine Gefährdung der öffentlichen Wasserversorgung zu erwarten ist. Schon die Errichtung und der Betrieb von Rohrleitungsanlagen zur Beförderung wassergefährdender Stoffe bedarf der Genehmigung ebenso wie Anlagen zum Lagern, Abfüllen und Umschlagen wassergefährdender Stoffe. Ein spezielles *Waschmittelgesetz* begrenzt insbesondere den Gehalt an Phosphorverbindungen in Wasch- und Reinigungsmitteln und regelt die Beschriftung mit Dosierungsempfehlungen. Dem Umweltbundesamt sind die Rahmenrezepturen von den Herstellern mitzuteilen.

Literatur

Kapitel 1

Model-Creifelds: Staatsbürger-Taschenbuch. 9. Aufl. München: Beck 1988

Kapitel 2

Baumbach/Lauterbach/Alberts/Hartmann: Zivilprozeßordnung. 47. Aufl. München: Beck 1989

Kleinknecht/Meyer: Strafprozeßordnung. 38. Aufl. München: Beck 1987

Kapitel 3

Palandt: Bürgerliches Gesetzbuch. 48. Aufl. München: Beck 1989

Kapitel 4

Baumbach/Duden/Hopf: Handelsgesetzbuch. 27. Aufl. München: Beck 1987

Rittner, F.: Wirtschaftsrecht. 2. Aufl. Heidelberg: C.F. Müller 1987

Krüger, D.: Zweckmäßige Wahl der Unternehmensform. 3. Aufl. Bonn: Stollfuß 1985

Kapitel 5

Schaub, G.: Arbeitsrechts-Handbuch. 6. Aufl. München: Beck 1987

Kapitel 6

Maurer, H.: Allgemeines Verwaltungsrecht. 6. Aufl. München: Beck 1988

Kapitel 7

Tipke, K.: Steuerrecht. 11. Aufl. Köln: Otto Schmidt 1987

Erlenkämpfer, A.: Sozialrecht: Leitfaden für die Praxis. 2. Aufl. Köln: Heymann 1988

Kapitel 8

Schaffland, H.; Wiltfang, N.: Bundes-Datenschutzgesetz (BDSG). (Loseblatt-Kommentar). Berlin: Erich Schmidt

Kapitel 9

Evers, H.: Das Recht der Energieversorgung. 2. Aufl. Baden-Baden: Nomos 1983

Kapitel 10

Landmann/Rohmer: Gewerbeordnung. Band III: Umweltrecht. (Loseblatt-Kommentar). München: Beck

N Patentwesen

E. Häußer

1 Bedeutung des Patentwesens

Das Patentwesen ist wichtiger Bestandteil des Systems gewerblicher Schutzrechte (Patente, Gebrauchsmuster, Warenzeichen, Dienstleistungsmarken, Geschmacksmuster), die jeweils für sich oder in ihrem Zusammenwirken unverzichtbare Instrumente im technischen und wirtschaftlichen Wettbewerb sind.

1.1 Technische Schutzrechte

Aufgabe des Patentwesens ist der Schutz der Ergebnisse von Forschung und Entwicklung, von technischen Erfindungen, durch Patente und Gebrauchsmuster. Diese (technischen) Schutzrechte sollen den Urhebern fortschrittlicher Technik, Wissenschaftlern, Forschern und Erfindern, den *gerechten Lohn* für die von ihnen zum Wohle der Allgemeinheit erbrachten Leistungen sichern. Dies geschieht dadurch, daß dem Erfinder oder seinem Rechtsnachfolger ein Ausschließlichkeitsrecht gewährt wird, kraft dessen er allein über den Gegenstand der geschützten Erfindung verfügen kann.
Durch das *Arbeitnehmererfindungsgesetz* wird für Erfindungen von Arbeitnehmern im privaten oder öffentlichen Dienst ein Anspruch auf angemessene Vergütung gewährt, wenn der Arbeitgeber die Diensterfindung in Anspruch genommen hat.
Technische Schutzrechte fördern so den technischen Fortschritt, weil für selbständige und angestellte Erfinder ein unmittelbarer Anreiz gegeben wird, sich um neue technische Erkenntnisse und Ergebnisse zu bemühen.
Technische Schutzrechte sind unabdingbare Voraussetzung für die Umsetzung neuer technischer Erkenntnisse und Ergebnisse in konkurrenzfähige neue Produkte oder Verfahren, also für Innovationsmaßnahmen. Forschung und Entwicklung, vor allem aber die Anwendung daraus hervorgehender Ergebnisse in neuen Produkten oder Verfahren und deren Durchsetzung auf dem Markt erfordern hohe Investitionen. Die damit verbundenen Risiken können nur dann getragen werden, wenn Nachahmer durch Schutzrechte abgewehrt werden können. Ohne Schutzrechte sind deshalb sinnvolle Innovationen nicht möglich.

1.2 Technische Information

Die Gewährung von rechtlichem Schutz wirkt dem Bestreben entgegen, durch Geheimhaltung tatsächliche Ausschließlichkeit und damit die Verfügungsmöglichkeit über neue technische Ergebnisse zu behalten. Daraus ergibt sich die dem Patentwesen von Anfang an zugeordnete zweite wichtige Funktion, nämlich die Vermittlung technischer Information an alle mit Forschung und Entwicklung befaßten Stellen.
Die Patentämter veröffentlichen die angemeldeten Erfindungen frühzeitig (in aller Regel achtzehn Monate nach dem Anmeldetag) und berücksichtigen bei der Prüfung der Patentfähigkeit den weltweiten Stand der Technik.
Der Prüfstoff des Deutschen Patentamts umfaßt mehr als 28 Millionen Patentdokumente und Literaturfundstellen aus aller Welt, die nach der Internationalen Patentklassifikation (IPC) abgelegt sind, einem international vereinbarten Ordnungssystem mit etwa 60 000 Klassifikationseinheiten; jährlich werden dieser Sammlung mehr als 600 000 neue Dokumente zugeführt. Diese wohl vollkommenste technische Informationseinrichtung steht in den Auslegehallen des Patentamts (München und Berlin) und in den regional verteilten Patentschriftenauslegestellen weitgehend auch der Öffentlichkeit zur Verfügung. Um die Zugriffsmöglichkeiten zu verbessern, sind umfangreiche Bemühungen im Gange, die Dokumentenbestände des Patentamts elektronisch aufzubereiten. Das Patentregister (Patentrolle) und die Titelseiten der Offenlegungsschriften, ab 1981 mit Zusammenfassung und Zeichnung, sind bereits on line zugänglich (PATDPA).
Technische Information ist ein zunehmend wichtiger „Rohstoff“ für Forschung und Entwicklung und für die Erhaltung der Wettbewerbsfähigkeit einzelner Unternehmen und der Volkswirtschaft. Das Wissen über den neuesten Stand der Technik vermittelt nicht nur dem Erfinder vielfältige weiterführende Anregungen, sondern verhindert nicht selten Fehlinvestitionen schon bei Forschungs-

und Entwicklungsvorhaben. Durch die Nichtbeachtung des vorhandenen technischen Wissens entstehen der Volkswirtschaft jährlich vermeidbare Ausgaben in Milliardenhöhe.

1.3 Deutsches und Europäisches Patentamt

Zuständig für alle Arten gewerblicher Schutzrechte ist das 1877 errichtete Deutsche Patentamt, seit 1949 mit Sitz in München. Es ist insbesondere zuständig für die Anmeldung, Prüfung und Erteilung von Patenten, die Eintragung von Gebrauchsmustern und für die Verwaltung dieser Schutzrechte bis zu deren Erlöschen. Seit dem Inkrafttreten des Europäischen Patentübereinkommens (EPÜ) am 7. Oktober 1977 können Patente auch beim Europäischen Patentamt (Sitz in München und Den Haag) angemeldet werden, die in den (benannten) Vertragsstaaten Wirkung entfalten. Für diese Patentanmeldungen ist das Europäische Patentamt lediglich *zentrale Prüfungs- und Erteilungsbehörde*. Erteilte europäische Patente gelten als nationale Patente und werden während der verbleibenden Laufzeit von den nationalen Patentämtern in den benannten Vertragsstaaten verwaltet.

1.4 Patentstatistik

Im Jahre 1988 gingen beim Deutschen Patentamt 41 745 Patentanmeldungen ein, davon 32 522 von Anmeldern aus dem Inland. Die Anmeldungen verteilten sich auf die fünf traditionellen großen

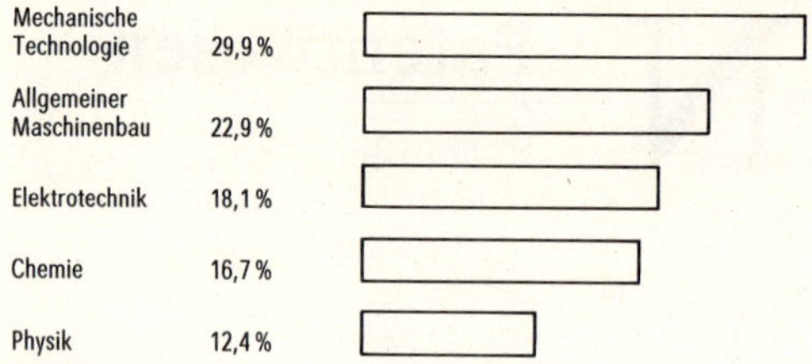

Bild 1-1. Patentanmeldungen nach technischen Gebieten (1988)

technischen Bereiche, wobei unverändert das Schwergewicht bei Erfindungen in den Bereichen Mechanische Technologie und Allgemeiner Maschinenbau lag (Bild 1-1).

Tabelle 1-1. Patentanmeldungen nach IPC-Klassen (mit mehr als 800 Anmeldungen im Jahre 1988)

G 01	Messen, Prüfen	2 412
B 60	Fahrzeuge im Allgemeinen	2 241
F 16	Maschinenelemente und Einheiten	2 230
B 65	Fördern, Packen, Lagern; Handhaben von Stoffen	1 966
H 01	Grundlegende elektrische Bauteile	1 872
A 61	Medizin und Tiermedizin; Hygiene	1 743
C 07	Organische Chemie	1 626
H 04	Elektrische Nachrichtentechnik	1 027
B 01	Physikalische oder chemische Verfahren	986
C 08	Organische makromolekulare Verbindungen	982
F 02	Brennkraftmaschinen	951
A 47	Möbel, Haushaltsgeräte	834
H 02	Erzeugung, Umwandlung oder Verteilung elektrischer Energie	831
G 08	Berechnen, Rechnen, Zählen	819

Tabelle 1-2. Patentanmeldungen nach Herkunftsländern mit Wirkung in der Bundesrepublik Deutschland

	Anmeldungen beim DPA				Anmeldungen beim EPA			
	1985	1986	1987	1988	1985	1986	1987	1988
Bundesrepublik Deutschland	32 215	32 180	31 615	31 932	6 693	7 766	8 333	11 329
Japan	4 117	3 934	3 583	3 527	5 744	5 899	6 592	9 089
USA	2 521	2 160	1 758	1 521	8 546	9 307	9 768	13 565
Schweiz	903	814	835	847	1 489	1 510	1 618	2 044
DDR	632	651	585	590	35	38	*	*
Frankreich	546	433	368	326	2 918	3 276	3 384	4 314
Italien	485	433	401	401	1 050	1 266	1 472	1 897
Großbritannien	457	394	311	273	2 332	2 495	2 803	3 507
Österreich	417	330	388	388	390	428	385	519
Sowjetunion	199	233	223	170	1	*	*	*
Schweden	262	199	158	139	471	465	476	997
Niederlande	238	175	142	142	1 081	1 205	1 331	1 643
Ungarn	169	141	128	102	55	50	*	*
Sonstige	2 052	1 416	1 353	822	1 581	1 718	2 197	2 662
Euro-PCT-Anmeldungen					3 774	5 953	5 822	(7 539)
	45 213	43 493	41 848	41 180	36 160	41 376	44 181	52 312

* ohne Angabe

Die Aufgliederung nach den engen technischen Fachgebieten der Internationalen Patentklassifikation (IPC) ergibt, daß in 14 IPC-Klassen jeweils mehr als 800 Patentanmeldungen eingingen; traditionell nahm dabei der IPC-Bereich G 01 (Messen, Prüfen) mit 2412 Anmeldungen die Spitzenposition ein (Tabelle 1-1).

Beim Europäischen Patentamt wurde 1988 die Bundesrepublik Deutschland in 50270 Patentanmeldungen als Vertragsstaat benannt, 11329 davon kamen von deutschen Anmeldern, die in aller Regel den Altersrang (Priorität) einer Erstanmeldung beim nationalen Patentamt in Anspruch nahmen.

Die Entwicklung der Eingangszahlen beim nationalen Patentamt und beim Europäischen Patentamt zeigt, daß sich die Zahl der für die Bundesrepublik Deutschland wirksamen Patentanmeldungen ausländischer Herkunft in den letzten Jahren deutlich erhöht hat; der Anteil der Inlandsanmeldungen, der vorher nie unter 50% lag, ist dadurch bisher auf etwa 42% gesunken (Tabelle 1-2).

Die Zahl der Gebrauchsmusteranmeldungen stieg von 11319 im Jahre 1986 auf 15677 im Jahre 1987 bzw. 15211 im Jahre 1988.

Die Gesamtzahl der Anmeldungen für alle vom Deutschen Patentamt bearbeiteten Schutzrechtsarten erhöhte sich 1988 im Vergleich zum Vorjahr um 7,2% auf 101210 (1987: 94413).

2 Patente

Das Patent ist das wichtigste gewerbliche Schutzrecht; es ist ein „geprüftes Schutzrecht". Es wird in einem förmlichen Verfahren vor dem Patentamt erteilt (vgl. Bild 2-1), wenn die Voraussetzungen der Patentfähigkeit vorliegen.

2.1 Voraussetzungen der Patentfähigkeit

Patente werden nur für (technische) Erfindungen erteilt, die (1.) neu sind, (2.) auf einer erfinderischen Tätigkeit beruhen und (3.) gewerblich anwendbar sind (§ 1 Abs. 1 PatG).

2.1.1 Technische Erfindung

Nur *Erfindungen* sind dem Patentschutz zugänglich. Eine Erfindung ist eine Regel für *technisches* Handeln. Technisch ist eine Lehre zum planmäßigen Handeln unter Einsatz beherrschbarer Naturkräfte zur Erreichung eines kausal übersehbaren Erfolgs, der ohne Zwischenschaltung menschlicher Verstandestätigkeit die unmittelbare Folge des Einsatzes dieser Naturkräfte ist.

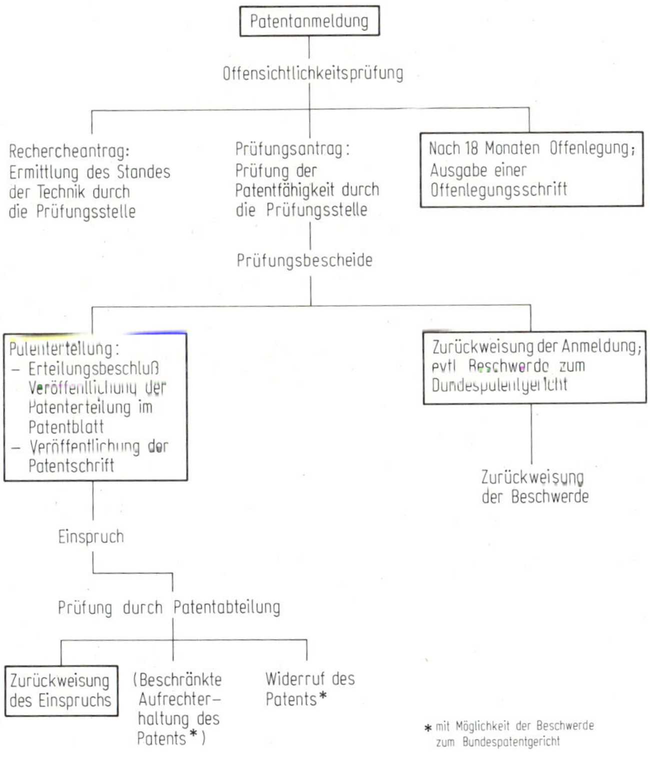

Bild 2-1

Demgemäß werden als Erfindungen insbesondere nicht angesehen: Entdeckungen, wissenschaftliche Theorien und mathematische Methoden, ästhetische Formschöpfungen, Pläne, Regeln, Verfahren für gedankliche Tätigkeiten, für Spiele oder geschäftliche Tätigkeiten und die Wiedergabe von Informationen, sofern für diese Gegenstände als solche Schutz begehrt wird; auch *Computerprogramme als solche* werden nicht als Erfindungen angesehen (§ 1 Abs. 2 und 3 PatG). Software kann jedoch urheberrechtlich geschützt sein (§ 2 Abs. 1 Nr. 1 UrhG).

2.1.2 Neuheit

Nur *neue* Erfindungen sind patentfähig. Eine Erfindung gilt als neu, wenn sie nicht zum *Stand der Technik* gehört. Der Stand der Technik umfaßt alle Kenntnisse, die vor dem für den Zeitrang der Anmeldung maßgeblichen Tag der Öffentlichkeit durch Beschreibung, Benutzung oder in sonstiger Weise zugänglich gemacht worden sind (§ 3 Abs. 1 PatG). Nach § 3 Abs. 2 PatG gilt als Stand der Technik z. B. auch der Inhalt deutscher Patentanmeldungen mit älterem Zeitrang, die erst an oder nach dem für den Zeitrang der jüngeren Anmeldung maßgeblichen Tag veröffentlicht worden sind.

Dem Zeitrang einer Anmeldung kommt bei der Neuheitsprüfung ausschlaggebende Bedeutung zu.

Er richtet sich zunächst nach dem *Anmeldetag*, also dem Zeitpunkt, an dem die (Erst-)Anmeldung beim Patentamt eingeht.

Unter bestimmten Voraussetzungen kann aber auch der Zeitpunkt einer früheren Anmeldung (Priorität) beansprucht werden. Dies gilt vor allem für die Inanspruchnahme der *Priorität einer ausländischen Anmeldung* (Unionspriorität) nach der Pariser Verbandsübereinkunft zum Schutz des gewerblichen Eigentums (PVÜ). Danach genießt derjenige, der in einem der Verbandsländer eine Patent- oder Gebrauchsmusteranmeldung vorschriftsmäßig hinterlegt hat, für die Anmeldung derselben Erfindung in anderen Ländern innerhalb von zwölf Monaten seit Einreichung der ersten Anmeldung ein Prioritätsrecht (§ 41 PatG). Unter den Voraussetzungen des § 40 PatG kann auch der Altersrang einer früheren *inländischen Anmeldung* beansprucht werden (innere Priorität).

Besondere Bedeutung gewinnt die Priorität deshalb, weil sich grundsätzlich auch die eigene Voranmeldung oder eine andere frühere Veröffentlichung des Anmelders „neuheitsschädlich" auswirken können. Eine sog. *Neuheitsschonfrist* (Unschädlichkeit der eigenen Offenbarung z. B. innerhalb von sechs Monaten vor dem Anmeldetag) kommt ihm nur noch unter den sehr engen Voraussetzungen des § 3 Abs. 4 PatG und für Gebrauchsmusteranmeldungen (§ 3 Abs. 1 GbmG) zugute.

2.1.3 Erfindungshöhe

Voraussetzung der Patentfähigkeit ist ferner, daß die angemeldete Erfindung auf einer *erfinderischen Tätigkeit* beruht (§ 1 Abs. 1 PatG); sie muß die erforderliche „Erfindungshöhe" aufweisen.

Eine Erfindung gilt als auf einer erfinderischen Tätigkeit beruhend, wenn sie sich für den (durchschnittlichen) Fachmann nicht in naheliegender Weise aus dem Stand der Technik in seiner Gesamtheit ergibt (§ 4 Satz 1 PatG). Nur eine schöpferische technische Leistung, die über das Können des Durchschnittfachmanns hinausgeht, rechtfertigt den Patentschutz.

2.1.4 Gewerbliche Anwendbarkeit

Eine Erfindung gilt als *gewerblich anwendbar*, wenn ihr Gegenstand auf irgendeinem gewerblichen Gebiet einschließlich der Landwirtschaft hergestellt oder benutzt werden kann (§ 5 Abs. 1 PatG).

Verfahren zur chirurgischen oder therapeutischen Behandlung des menschlichen oder tierischen Körpers und entsprechende Diagnoseverfahren gelten nicht als gewerblich anwendbare Erfindungen, wohl aber Erzeugnisse zur Anwendung in einem Heil- oder Diagnoseverfahren, wie Arzneimittel oder medizinische Apparate und Instrumente (§ 5 Abs. 2 PatG).

2.2 Die Patentanmeldung

Das Recht auf das Patent steht dem Erfinder oder seinem Rechtsnachfolger zu (§ 6 Satz 1 PatG). Im Verfahren vor dem Patentamt gilt jedoch der Anmelder als berechtigt, die Erteilung des Patents zu verlangen (§ 7 Abs. 1 PatG).

Die Anmeldung ist schriftlich in deutscher Sprache einzureichen (§ 126 PatG). Sie muß enthalten: Einen Antrag auf Erteilung des Patents mit einer kurzen und genauen Bezeichnung der Erfindung; einen oder mehrere Ansprüche; eine Beschreibung der Erfindung; (erforderlichenfalls) die Zeichnungen, auf die sich die Patentansprüche oder die Beschreibung beziehen (§ 35 Abs. 1 Satz 3 PatG).

In den Patentansprüchen ist anzugeben, was als patentfähig unter Schutz gestellt werden soll (§ 35 Abs. 1 Satz 3 Nr. 2 PatG). Der Patentanspruch besteht regelmäßig (nicht zwingend) aus zwei Teilen, nämlich dem *„Oberbegriff"* und dem *„kennzeichnenden Teil"* (§ 4 Abs. 1 Satz 1 PatAnmVO).

In den *ursprünglichen* Anmeldungsunterlagen muß die Erfindung *so deutlich und vollständig offenbart* werden, daß ein Durchschnittsfachmann sie ausführen kann (§ 35 Abs. 2 PatG); aus nachträglichen Änderungen, die den Gegenstand der Anmeldung

erweitern, können Rechte nicht hergeleitet werden (unzulässige Erweiterung, § 38 PatG).
Mit der *Anmeldung* ist die Anmeldegebühr (100 DM) zu entrichten (§ 35 Abs. 3 Satz 1 PatG). Unterbleibt die Zahlung, gibt das Patentamt dem Anmelder Nachricht, daß die *Anmeldung als zurückgenommen gilt*, wenn die Gebühr nicht bis zum Ablauf eines Monats nach Zustellung der Nachricht entrichtet wird (§ 35 Abs. 3 Satz 2 PatG).
Der Anmeldung ist ferner eine *Zusammenfassung* (Abstract) beizufügen, die ausschließlich der technischen Unterrichtung der Öffentlichkeit dient. Sie kann innerhalb von fünfzehn Monaten nach dem Anmelde- oder Prioritätstag nachgereicht werden (§ 36 PatG). Innerhalb der gleichen Frist ist die Erfinderbenennung vorzulegen (§ 37 Abs. 1 PatG).
Mit der Wahrung seiner Interessen im Patentverfahren *kann* der Anmelder einen Vertreter (z. B. einen Patent- oder Rechtsanwalt) beauftragen. Ein Anmelder, der im Inland weder Sitz noch Niederlassung hat, *muß* einen Patentanwalt oder Rechtsanwalt als Vertreter (Inlandsvertreter) bestellen (§ 25 PatG).
Vor jeder Patentanmeldung sollte überlegt werden, ob eine *Auskunft zum Stand der Technik* (§ 29 Abs. 3 PatG) beantragt werden sollte. Das Patentamt erteilt sie auch ohne förmliche Patentanmeldung auf gebührenpflichtigen Antrag (850 DM), allerdings ohne Gewähr für die Vollständigkeit und ohne patentrechtliche Bewertung. Der ermittelte Stand der Technik erlaubt Rückschlüsse auf die Erfolgsaussichten einer beabsichtigten Patentanmeldung.
Ausführliche Merkblätter für Patentanmelder und Formulare werden vom Patentamt kostenlos ausgegeben.

2.3 Erteilungsverfahren

Für die Bearbeitung der Patentanmeldungen sind die Prüfungsstellen zuständig, die von *technischen Mitgliedern* des Patentamts (Prüfern) geleitet werden (§ 27 Abs. 2 PatG).
Als technisches Mitglied soll in der Regel nur angestellt werden, wer im Inland an einer Universität, einer technischen oder landwirtschaftlichen Hochschule oder einer Bergakademie ein technisches oder naturwissenschaftliches Studium abgeschlossen, danach mindestens fünf Jahre praktisch gearbeitet hat und die erforderlichen Rechtskenntnisse besitzt (§ 26 Abs. 2 Satz 1 PatG).

2.3.1 Offensichtlichkeitsprüfung und Offenlegung

Die *Offensichtlichkeitsprüfung* (§ 42 PatG) beschränkt sich darauf, ob die Anmeldung den förmlichen Erfordernissen der §§ 35 bis 38 PatG offensichtlich nicht entspricht, und ob sie einen offensichtlich nicht patentfähigen Gegenstand betrifft (keine Erfindung, fehlende gewerbliche Anwendbarkeit). Behebt der Anmelder die gerügten formalen Mängel nicht rechtzeitig, oder wird die Anmeldung aufrechterhalten, obwohl ihr Gegenstand offensichtlich nicht patentfähig ist, wird sie durch Beschluß zurückgewiesen.
Achtzehn Monate nach dem Anmelde- oder Prioritätstag wird die Anmeldung vom Patentamt *offengelegt*. Nach der Veröffentlichung eines entsprechenden Hinweises steht die Einsicht in die Akten der Anmeldung jedermann frei (§ 31 Abs. 2 Nr. 2 PatG), vorher wird Dritten Akteneinsicht nur bei Glaubhaftmachung eines berechtigten Interesses gewährt (§ 31 Abs. 1 Satz 1 PatG). Mit der Offenlegung werden die ursprünglich eingereichten Unterlagen der Patentanmeldung in Form der *Offenlegungsschrift* veröffentlicht (§ 32 Abs. 2 PatG).
Nach der Offenlegung der Patentanmeldung kann bis zur Erteilung des Patents jedermann die veröffentlichte Erfindung (befugt) benutzen. Der Anmelder hat lediglich einen Anspruch auf eine nach den Umständen angemessene Entschädigung gegen jeden Dritten, der den Gegenstand der Anmeldung benutzt hat (§ 33 Abs. 1 PatG). Über offengelegte Patentanmeldungen und erteilte Patente führt das Patentamt die *Patentrolle* (§ 30 PatG). Sie enthält Namen und Wohnort des Anmelders oder Patentinhabers, die Bezeichnung des Gegenstands der Anmeldung oder des Patents, sowie bestimmte Verfahrensstandsdaten (z. B. Anfang, Ablauf und Erlöschen der Schutzrechte).
Wichtig ist die *Legitimationswirkung* der Patentrolle: Nur der eingetragene Anmelder oder Patentinhaber kann Verfahrenshandlungen vor dem Patentamt oder dem Patentgericht vornehmen (vgl. § 30 Abs. 3 Satz 3 PatG).

2.3.2 Prüfung auf Patentfähigkeit

Im Verlauf des Patenterteilungsverfahrens ermittelt das Patentamt auf Antrag des Patentsuchers oder eines Dritten *(Rechercheantrag)* die für die Beurteilung der Patentfähigkeit der angemeldeten Erfindung in Betracht zu ziehenden Druckschriften (§ 43 Abs. 1 PatG). Mit dem Antrag ist eine *Antragsgebühr* (200 DM) zu entrichten; wird sie nicht gezahlt, gilt der Antrag als nicht gestellt (§ 43 Abs. 2 Satz 4 PatG). Die Prüfung der Anmeldung auf das Vorliegen der Voraussetzungen der Patentfähigkeit wird vom Patentamt nicht mehr von Amts wegen, sondern nur auf besonderen Antrag *(Prüfungsantrag)* vorgenommen (verschobene Prüfung). Der Prüfungsantrag kann von dem Patentsucher und jedem Dritten bis zum Ablauf von sieben Jahren nach Einreichung der Anmeldung gestellt werden. Die Prüfungsantragsgebühr beträgt 400 DM; sie ermäßigt sich auf 250 DM, wenn

vorher die Gebühr für den Recherchenantrag nach § 43 entrichtet wurde.
Wird bis zum Ablauf der Prüfungsantragsfrist ein Prüfungsantrag nicht gestellt, so gilt die Anmeldung als zurückgenommen (§ 58 Abs. 3 PatG).
Stellt die Prüfungsstelle im Prüfungsverfahren fest, daß die Anmeldung den Anforderungen der §§ 35, 37 und 38 PatG nicht genügt, so fordert sie den Anmelder auf, die Mängel innerhalb einer bestimmten Frist zu beseitigen (§ 45 Abs. 1 PatG). Kommt die Prüfungsstelle zu dem Ergebnis, daß eine nach den §§ 1 bis 5 PatG patentfähige Erfindung nicht vorliegt, benachrichtigt sie den Anmelder hiervon unter Angabe von Gründen und fordert ihn auf, sich innerhalb einer bestimmten Frist zu äußern (§ 45 Abs. 2 PatG). Im Verlauf des Prüfungsverfahrens kann die Prüfungsstelle jederzeit die Beteiligten laden und anhören und Zeugen und Sachverständige vernehmen (§ 46 Abs. 1 Satz 1 PatG).
Beseitigt der Anmelder die nach § 45 Abs. 1 PatG gerügten Mängel nicht, oder wird die Anmeldung aufrechterhalten, obgleich eine patentfähige Erfindung nicht vorliegt, so weist die Prüfungsstelle die Anmeldung durch Beschluß zurück (§ 48 PatG).
Stellt die Prüfungsstelle fest, daß die Anmeldung den gesetzlichen Voraussetzungen genügt und der Gegenstand der Anmeldung patentfähig ist, so erläßt sie den *Erteilungsbeschluß* (§ 49 Abs. 1 PatG). Mit der Zustellung des Erteilungsbeschlusses wird die Erteilungsgebühr (150 DM) fällig (§ 57 Abs. 1 Satz 2 PatG).
Die Erteilung des Patents wird im Patentblatt veröffentlicht; gleichzeitig wird die Patentschrift veröffentlicht (§ 58 Abs. 1 und 2 PatG). Erst mit der Veröffentlichung der Erteilung im Patentblatt treten die Wirkungen des Patents ein (§ 58 Abs. 1 Satz 3 PatG).
Gegen die Beschlüsse der Prüfungsstelle findet die *Beschwerde* zum Bundespatentgericht statt, die innerhalb eines Monats nach Zustellung des Beschlusses schriftlich einzulegen ist (§ 73 Abs. 1 Satz 2 PatG). Wurde durch den angefochtenen Beschluß die Anmeldung zurückgewiesen, so ist innerhalb der Beschwerdefrist auch die Beschwerdegebühr (200 DM) zu entrichten; wird sie nicht rechtzeitig gezahlt, gilt die Beschwerde als nicht erhoben (§ 73 Abs. 3 PatG).

2.4 Einspruchsverfahren

Innerhalb von drei Monaten nach der Veröffentlichung der Erteilung kann jedermann, im Falle der widerrechtlichen Entnahme nur der Verletzte, Einspruch erheben (§ 59 Abs. 1 Satz 1 PatG). Der Einspruch kann nur auf die Behauptung gestützt werden, daß einer der Widerrufsgründe des § 21 PatG vorliegt (§ 59 Abs. 1 Satz 3 PatG), nämlich fehlende Patentfähigkeit der Erfindung (§§ 1 bis 5 PatG), mangelnde Offenbarung der Erfindung (§ 35 Abs. 2 PatG), widerrechtliche Entnahme (der Gegenstand des Schutzrechts beruht auf der unbefugten Inanspruchnahme fremder technischer Leistungen) und unzulässige Erweiterung (§ 38 PatG).
Die Patentabteilung (§ 61 Abs. 1 Satz 1 und § 27 Abs. 1 Nr. 2 und Abs. 2 PatG) entscheidet durch Beschluß, ob und in welchem Umfang das Patent aufrechterhalten oder widerrufen wird (§ 61 Abs. 1 Satz 1 PatG). Gegen diese Entscheidung findet ebenfalls die Beschwerde an das Patentgericht statt.

2.5 Schutzdauer, Jahresgebühren und Zahlungserleichterungen

Das Patent dauert höchstens 20 Jahre, die mit dem Tag beginnen, der auf die Anmeldung der Erfindung folgt (§ 16 Abs. 1 PatG).
Für jede Patentanmeldung und jedes Patent ist für das dritte und jedes folgende Jahr, gerechnet vom Anmeldetag an, eine Jahresgebühr zu entrichten (§ 17 Abs. 1 PatG). Die Jahresgebühren sind der Höhe nach für die einzelnen Jahre gestaffelt (100 DM für das dritte und vierte Patentjahr bis 3 300 DM für das zwanzigste Patentjahr). Verglichen mit nur kurzfristig wirksamen, aber kostspieligen Maßnahmen der Werbung sichert das Patent einen langwährenden Wettbewerbsvorteil zu äußerst günstigen Kosten.
Wird die Jahresgebühr nicht innerhalb von zwei Monaten nach Fälligkeit (§ 17 Abs. 1 Satz 3 PatG) entrichtet, so muß der tarifmäßige Zuschlag in Höhe von zehn Prozent entrichtet werden (§ 17 Abs. 3 Satz 2 PatG).
Nach Ablauf dieser Frist gibt das Patentamt dem Anmelder oder Patentinhaber Nachricht, daß die Anmeldung als zurückgenommen gilt (§ 58 Abs. 3 PatG) oder das Patent erlischt (§ 20 Abs. 1 PatG), wenn die Gebühr mit dem Zuschlag nicht innerhalb von vier Monaten nach Ablauf des Monats, in dem die Nachricht zugestellt worden ist, entrichtet wird (§ 17 Abs. 3 PatG).
Wird die Jahresgebühr mit Zuschlag nicht innerhalb dieser Nachholungsfrist entrichtet, treten die angekündigten nachteiligen Rechtsfolgen ein. In diesem Zusammenhang gewinnt die Wiedereinsetzung in den vorigen Stand besondere Bedeutung: Wer ohne Verschulden eine Frist versäumt hat, kann unter den Voraussetzungen des § 123 PatG Wiedereinsetzung erhalten.
Das Patentgesetz sieht verschiedene Möglichkeiten vor, einem finanziell schlechter gestellten Anmelder oder Patentinhaber Erleichterungen bei der Zahlung von Jahresgebühren zu gewähren. So kann das Patentamt auf Antrag die Absendung der Gebührennachricht (§ 17 Abs. 4 PatG) hinausschieben. Auch können die Gebühren für die Erteilung und die Jahresgebühren für das dritte bis

zwölfte Jahr bis zum Beginn des dreizehnten Jahres auf Antrag gestundet werden (§ 18 Abs. 1 PatG).

2.6 Nichtigkeitsverfahren

Das erteilte Patent kann während der gesamten Laufzeit mit der *Nichtigkeitsklage* angegriffen werden. Für nichtig wird ein Patent erklärt, wenn einer der in § 21 Abs. 1 PatG genannten Widerrufsgründe vorliegt, oder wenn der Schutzbereich des Patents unzulässig erweitert worden ist (§ 22 Abs. 1 PatG). Zur Erhebung der Nichtigkeitsklage ist grundsätzlich jedermann berechtigt (Popularklage). Im Falle der widerrechtlichen Entnahme ist nur der dadurch Verletzte klagebefugt (§ 81 Abs. 3 PatG).
Die Nichtigkeitsklage ist beim Patentgericht schriftlich zu erheben (§ 81 Abs. 3 Satz 1 PatG). Über die Klage wird durch Urteil entschieden (§ 84 Abs. 1 PatG). Es kann lauten auf Klageabweisung, Erklärung der Nichtigkeit des erteilten Patents, teilweise Erklärung der Nichtigkeit oder Klarstellung des Patents. Gegen die Urteile der Nichtigkeitssenate des Patentgerichts findet die Berufung an den Bundesgerichtshof statt (§ 110 Abs. 1 Satz 1 PatG).

2.7 Verfügungen über das Patent und Lizenzvereinbarungen

Das Recht auf das Patent (§ 6 PatG), der Anspruch auf Erteilung des Patents (§ 7 PatG) und das Recht aus dem Patent (§§ 9, 10 PatG) sind vererblich und können beschränkt oder unbeschränkt auf andere übertragen werden (§ 15 Abs. 1 Satz 1 und 2 PatG).
Diese Rechte können ganz oder teilweise Gegenstand von ausschließlichen oder nichtausschließlichen *Lizenzen* sein (§ 15 Abs. 2 Satz 1 PatG). Bei einer einfachen (nichtausschließlichen) Lizenz ist der Lizenzgeber nicht gehindert, Dritten weitere Lizenzen zu erteilen. Dagegen kann bei einer ausschließlichen Lizenz keine weitere Lizenz an Dritte vergeben werden.
Der Patentsucher oder der in der Patentrolle als Patentinhaber Eingetragene kann sich dem Patentamt gegenüber schriftlich bereit erklären, jedermann die Benutzung der Erfindung gegen angemessene Vergütung zu gestatten. Diese *Lizenzbereitschaftserklärung* hat zur Folge, daß sich die nach Eingang der Erklärung fällig werdenden Jahresgebühren auf die Hälfte ermäßigen (§ 23 Abs. 1 Satz 1 PatG). Sie ist unwiderruflich und ermöglicht nur die Vergabe einfacher Lizenzen.
Seit 1. Juli 1985 besteht die Möglichkeit, eine unverbindliche sog. Lizenzinteresseerklärung abzugeben, die jederzeit widerrufen werden kann und die Vergabe ausschließlicher Lizenzen ermöglicht.
Sonstige Vorteile (z. B. Halbierung der Jahresgebühren) treten dadurch nicht ein; es kann jedoch erwartet werden, daß dadurch ein nicht unwesentlicher Beitrag zur Vermarktung von geschützten Erfindungen geleistet werden kann.

2.8 Wirkungen des Patents

Das Patent hat vor allem die Wirkung, daß allein der Patentinhaber befugt ist, die patentierte Erfindung zu benutzen; ohne sein Einverständnis ist Dritten die Benutzung verboten (§ 9 PatG). Die Wirkung des Patents erstreckt sich nicht auf die nach § 11 PatG erlaubten Handlungen, z. B. Handlungen, die im privaten Bereich zu nicht gewerblichen Zwecken oder zu Versuchszwecken vorgenommen werden.
Nach dem Grundsatz der *Territorialität* des Patentrechts sind die Wirkungen des erteilten Patents auf das Gebiet des Staates beschränkt, für dessen Geltungsbereich das Patent erteilt wurde.
Für die Wirkungen des erteilten Patents ist dessen Schutzbereich maßgebend, der durch den Inhalt der *Patentansprüche* bestimmt wird, wobei die Beschreibung und die Zeichnungen zur Auslegung der Ansprüche heranzuziehen sind (§ 14 PatG). Vom Schutzbereich werden die identische und die äquivalente, in der Regel auch die teilweise und die unvollkommene Benutzung der geschützten Erfindung erfaßt.
Gegen einen Verletzer steht dem Patentinhaber ein Unterlassungsanspruch zu (§ 139 Abs. 1 PatG); bei schuldhafter Patentverletzung hat der Geschädigte einen Schadenersatzanspruch (§ 139 Abs. 2 Satz 1 PatG).
Für Verletzungsklagen und alle weiteren Klagen, durch die ein Anspruch aus einem im Patentgesetz geregelten Rechtsverhältnis geltend gemacht werden *(Patentstreitsachen)*, sind die Zivilkammern der Landgerichte ohne Rücksicht auf den Streitwert erstinstanzlich ausschließlich zuständig (§ 143 Abs. 1 PatG). Das Patent genießt darüber hinaus strafrechtlichen Schutz (§ 142 Abs. 1 PatG).

3 Europäisches Patentrecht

Das „Übereinkommen über die Erteilung europäischer Patente“ (EPÜ) ist 1977 in Kraft getreten. Im selben Jahr wurde das Europäische Patentamt errichtet, eine Patentorganisation, der 1989 dreizehn Vertragsstaaten angehören: Belgien, Bundesrepublik Deutschland, Frankreich, Griechenland, Italien, Liechtenstein, Luxemburg, Niederlande, Österreich, Schweden, Schweiz, Spanien und Vereinigtes Königreich. Es erteilt europäische Patente, die in jedem Vertragsstaat, der in der europäischen Patentanmeldung benannt wurde, dieselbe Wirkung wie ein in dem jeweiligen Staat erteiltes nationales Patent haben (Art. 2 EPÜ). Das europäische Patent ist ein zentral erteiltes Bündel europäischer Einzelpatente mit jeweils nationaler Wirkung, die nach der rechtskräftigen Erteilung von den nationalen Ämtern verwaltet und deren Rechtsbeständigkeit und Schutzumfang nach nationalen Maßstäben beurteilt werden.

Die Voraussetzungen der Patentfähigkeit entsprechen im wesentlichen denen des deutschen Patentgesetzes. Auch europäische Patente werden nur für Erfindungen erteilt, die neu sind, auf einer erfinderischen Tätigkeit beruhen und gewerblich anwendbar sind (Art. 52 Abs. 1 EPÜ).

3.1 Die europäische Patentanmeldung

Die europäische Patentanmeldung kann entweder beim Europäischen Patentamt oder beim nationalen Patentamt eingereicht werden (Art. 75 Abs. 1 EPÜ, Art. II § 4 Abs. 1 IntPatÜG). Die mit der Anmeldung zu zahlenden Gebühren (Anmeldegebühr und Recherchegebühr) sind in jedem Fall unmittelbar an das Europäische Patentamt zu entrichten (Art. II § 4 Abs. 1 IntPatÜG).

Die europäische Patentanmeldung muß enthalten: Den Antrag auf Erteilung des europäischen Patents, die Beschreibung der Erfindung, einen oder mehrere Patentansprüche, die erforderliche Zeichnung und eine Zusammenfassung (Art. 78 EPÜ). Im Erteilungsantrag muß mindestens ein Vertragsstaat des Übereinkommens benannt werden (Art. 79 Abs. 1 EPÜ). Europäische Anmeldungen können in den Amtssprachen Deutsch, Englisch oder Französisch eingereicht werden (Art. 14 Abs. 1 EPÜ). Es besteht die Möglichkeit, nach der Pariser Verbandübereinkunft zum Schutz des gewerblichen Eigentums die Priorität einer früheren Anmeldung derselben Erfindung in Anspruch zu nehmen (Art. 87 bis 89 EPÜ).

3.2 Das europäische Verfahren

Im Rahmen der Formalprüfung (Art. 91 EPÜ) wird geprüft, ob die Anmeldung den förmlichen Erfordernissen genügt. Gleichzeitig wird — durch die Zweigstelle Den Haag des Europäischen Patentamts (Art. 17 EPÜ) — der europäische Recherchenbericht erstellt, der ohne patentrechtliche Bewertung die druckschriftlichen Veröffentlichungen aufführt, die für die Beurteilung von Neuheit und Erfindungshöhe in Betracht zu ziehen sind (Art. 92 EPÜ).

Nach Ablauf von achtzehn Monaten nach dem Anmelde- oder Prioritätstag wird die europäische Anmeldung zusammen mit dem Recherchenbericht veröffentlicht (Art. 93 EPÜ). Mit dem Hinweis auf die Veröffentlichung des europäischen Recherchenberichts im Europäischen Patentblatt beginnt die Frist von sechs Monaten für den *Prüfungsantrag*. Wird der Prüfungsantrag nicht fristgerecht gestellt, gilt die europäische Patentanmeldung als zurückgenommen (Art. 94 EPÜ).

Wird festgestellt, daß die Anmeldung und die Erfindung den Erfordernissen des Übereinkommens genügen, wird die Erteilung des europäischen Patentes beschlossen (Art. 97 Abs. 2 EPÜ). Mit dem Hinweis auf die Patenterteilung im Europäischen Patentblatt entsteht der Patentschutz (Art. 97 Abs. 4 EPÜ). Die Laufzeit des europäischen Patents beträgt zwanzig Jahre vom Anmeldetag an (Art. 63 Abs. 1 EPÜ).

Erweist sich die Erfindung als nicht patentfähig, wird die Patentanmeldung zurückgewiesen (Art. 97 Abs. 1 EPÜ). Gegen den Zurückweisungsbeschluß kann der Anmelder Beschwerde beim Europäischen Patentamt einlegen.

Innerhalb von neun Monaten nach der Bekanntmachung des Hinweises auf die Erteilung kann jedermann gegen das europäische Patent *Einspruch* erheben. Der Einspruch kann nur darauf gestützt werden, daß der Gegenstand des Patents nicht patentfähig ist, oder die Erfindung nicht vollständig offenbart wurde, oder das Patent über den Inhalt der ursprünglichen Anmeldungsunterlagen hinausgeht (Art. 99, 100 EPÜ). Die Entscheidungen im Einspruchsverfahren (nach Art. 102 EPÜ Widerruf des erteilten Patents, Zurückweisung des Einspruchs oder Aufrechterhaltung des Patents in beschränktem Umfang) sind ebenfalls mit der Beschwerde anfechtbar.

Die Kosten für eine europäische Patentanmeldung sind erheblich: Anmeldegebühr (560 DM), Recherchengebühr (1 790 DM), Benennungsgebühr für jeden benannten Vertragsstaat (280 DM), Prüfungsgebühr (2 120 DM) und Erteilungsgebühr (460 DM). Darüber hinaus sind während der Dauer des europäischen Patenterteilungsverfahrens an das Europäische Patentamt für das dritte und jedes folgende Jahr, gerechnet vom Anmeldetag an, Jahresgebühren zu entrichten, die der Höhe nach für die einzelnen Jahre gestaffelt sind (von 460 DM für das 3. Jahr über 1 100 DM für das 7. Jahr bis 1 950 DM für das 10. und jedes weitere Jahr).

Für die Jahre, die auf das Jahr folgen, in dem der Hinweis auf die Erteilung des europäischen Patents bekanntgemacht wurde, sind die Jahresgebühren an das nationale Patentamt zu entrichten (Art. II § 7 IntPatÜG, §§ 7 bis 19 PatG). Ein Anteil von derzeit 50 % wird an das Europäische Patentamt abgeführt.

3.3 Das erteilte europäische Patent

Das erteilte europäische Patent hat in jedem der benannten Vertragsstaaten grundsätzlich dieselbe Wirkung und unterliegt regelmäßig denselben Vorschriften wie ein in diesem Staat erteiltes nationales Patent (Art. 2 Abs. 2 EPÜ). Gegen das europäische Patent kann Nichtigkeitsklage beim Bundespatentgericht erhoben werden, jedoch nur aus den in Art. 138 Abs. 1 EPÜ genannten Gründen, die im wesentlichen den Nichtigkeitsgründen des § 22 PatG für ein deutsches Patent entsprechen. Auch die Verletzung eines europäischen Patents wird nach nationalem Recht behandelt (Art. 64 EPÜ).

3.4 Vor- und Nachteile des europäischen Patents

Vorteile bietet das europäische Patenterteilungsverfahren insbesondere für Anmelder, die eine Erfindung in mehreren Vertragsstaaten schützen lassen wollen. Nach den bisherigen Erfahrungen werden in jeder europäischen Patentanmeldung durchschnittlich sieben Vertragsstaaten benannt.
Als nachteilig erweisen können sich die relativ hohe Kostenbelastung und die häufig lange Verfahrensdauer als Folge der Trennung der für die Ermittlung des Standes der Technik und die Durchführung des Prüfungsverfahrens zuständigen Stellen des Europäischen Patentamts. Es wird deshalb sorgfältig abzuwägen sein, ob im Einzelfall der europäische oder der nationale Weg vorteilhafter ist.
In jedem Fall ist es empfehlenswert, zunächst eine nationale Anmeldung einzureichen und unter Inanspruchnahme der Priorität dieser Erstanmeldung innerhalb von zwölf Monaten das europäische Patent anzumelden. 96 % der europäischen Patentanmeldungen beruhen auf einer nationalen Erstanmeldung.

4 (Internationaler) Patentzusammenarbeitsvertrag (PCT)

Der „Vertrag über die Internationale Zusammenarbeit auf dem Gebiet des Patentwesens“ (Patent Cooperation Treaty, PCT) ist für die Bundesrepublik Deutschland im Jahre 1978 in Kraft getreten. Dem PCT gehören derzeit 41 Staaten an, darunter alle wichtigen Industrieländer. Er eröffnet dem Anmelder einer Erfindung die Möglichkeit, durch eine einzige internationale Anmeldung Patentschutz in mehreren Staaten zu erlangen. Der PCT schafft ein einheitliches Anmeldeverfahren mit einer internationalen Neuheitsrecherche und einem vorläufigen Gutachten zur Patentfähigkeit (internationale Phase), während die endgültige Prüfung der internationalen Anmeldung und die Erteilung des Patents in jedem der vom Anmelder bestimmten Staaten gesondert und nach dem dort geltenden Recht erfolgen (nationale Phase).

4.1 Die PCT-Anmeldung

In der internationalen Phase wird die Anmeldung vom zuständigen Anmeldeamt entgegengenommen, an die „Weltorganisation für geistiges Eigentum“ (WIPO) in Genf weitergereicht und von dieser an die Bestimmungsämter geleitet. Anmelder mit deutscher Staatsangehörigkeit oder mit Sitz oder Wohnsitz in der Bundesrepublik Deutschland können internationale Anmeldungen wahlweise beim Deutschen Patentamt oder beim Europäischen Patentamt einreichen (Art. 10 PCT, Art. III § 1 Abs. 1 IntPatÜG, Art. 151 EPÜ). Die Anmeldung muß enthalten: Einen Antrag, die Beschreibung, einen oder mehrere Patentansprüche, (erforderlichenfalls) Zeichnungen, eine Zusammenfassung und die Bestimmung eines oder mehrerer Vertragsstaaten, in denen um Schutz nachgesucht wird (Art. 4 bis 7 PCT).
Bei der Auswahl der Bestimmungsämter kann der Anmelder statt oder neben den nationalen Ämtern auch das Europäische Patentamt bestimmen und die entsprechenden europäischen Staaten für den Patentschutz benennen („Euro-PCT-Anmeldung“-Art. 45 PCT, Art. 153 EPÜ).
Wird die internationale Anmeldung beim Deutschen Patentamt eingereicht, sind innerhalb eines Monats nach dem Anmeldetag folgende Gebühren an das Deutsche Patentamt zu entrichten (Art. III § 1 Abs. 3 IntPatÜG): Übermittlungsgebühr (150 DM), Recherchengebühr 2 095 DM), Grundgebühr (870 DM) und Bestimmungsgebühren (für jedes Bestimmungsamt 210 DM, höchstens jedoch 2 100 DM). Für die internationale Anmeldung kann nach der Pariser Verbandsübereinkunft zum Schutz des gewerblichen Eigentums die Priorität einer früheren Anmeldung in Anspruch genommen werden.

4.2 Das PCT-Verfahren

Während der internationalen Phase wird für jede internationale Anmeldung eine internationale Recherche zum Stand der Technik durchgeführt (Art. 15 Abs. 1 und 2 PCT), die keine sonstige Bewertung enthält. Achtzehn Monate nach dem Anmelde- oder Prioritätstag wird die Anmeldung — in der Regel zusammen mit dem internationalen Recherchenbericht — veröffentlicht (Art. 21 PCT) sog. internationale Veröffentlichung.
Innerhalb von zwanzig Monaten nach dem Anmelde- oder Prioritätsdatum hat der Anmelder die Erfordernisse für den Eintritt in die nationale Phase vor den jeweiligen Bestimmungsämtern zu erfüllen (Art. 22 PCT). Ist das Deutsche Patentamt Bestimmungsamt, so gelten folgende Erfordernisse: Grundsätzlich ist die Anmeldegebühr (100 DM) zu entrichten; für Anmeldungen, die nicht in deutscher Sprache eingereicht worden sind, ist eine Übersetzung vorzulegen; die Erfin-

derbenennung ist vorzulegen, sofern sie nicht bereits in der internationalen Anmeldung enthalten ist. Erforderlichenfalls muß ein Inlandsvertreter bestellt werden.
Beantragt der Anmelder die internationale vorläufige Prüfung (Art. 31 ff. PCT), wird ein vorläufiges, nicht bindendes Gutachten über das Vorliegen von Neuheit, erfinderischer Tätigkeit und gewerblicher Anwendbarkeit erstattet. Der Antrag hat die Wirkung, daß die Frist für den Eintritt in die nationale Phase von zwanzig auf dreißig Monate verlängert wird (Art. 39 Abs. 1 PCT, Art. III § 6 Abs. 2 IntPatÜG). Die Gebühr für die internationale vorläufige Prüfung beträgt zur Zeit 2 385 DM.

4.3 Vor- und Nachteile

Der PCT hat den entscheidenden Vorteil, daß er die Möglichkeit internationaler Patentanmeldungen wesentlich erleichtert und verbessert. Auf der anderen Seite ist zu berücksichtigen, daß die Gebühren für die internationale Anmeldung relativ hoch sind, und wegen des komplizierten Verfahrens im Regelfall die Hilfe eines Anwalts in Anspruch genommen werden muß.

5 Gebrauchsmuster

Das Gebrauchsmuster hat große praktische Bedeutung. Es ist einfach zu erlangen, nicht mit hohen Gebühren belastet und gewährt den vollen Schutz gegen die unbefugte Benutzung einer geschützten Erfindung. Es wird deshalb zu recht als „kleines Patent" bezeichnet.
Gesetzliche Grundlage des Gebrauchsmusterschutzes und des patentamtlichen Eintragungsverfahrens ist das Gebrauchsmustergesetz (GbmG) in der Fassung vom 28. August 1986; es gilt für alle nach dem 1. Januar 1987 angemeldeten Gebrauchsmuster.

5.1 Schutzfähige Erfindungen

Das Gebrauchsmuster ist wie das Patent ein Schutzrecht für technische Erfindungen. Schutzfähig sind Arbeitsgerätschaften, Gebrauchsgegenstände oder Teile davon, die eine neue Gestaltung, Anordnung, Vorrichtung oder Schaltung aufweisen, auf einem erfinderischen Schritt beruhen und gewerblich anwendbar sind (§ 1 Abs. 1 GbmG). Der Gegenstand der Anmeldung muß in einer *Raumform* verkörpert sein, so daß Verfahren, chemische Stoffe und nicht mit einer Arbeitsgerätschaft, einem Gebrauchsgegenstand oder Teilen davon verbundene elektrische Schaltungen vom Gebrauchsmusterschutz ausgeschlossen sind.

Im übrigen entsprechen die Regelungen über den Ausschluß vom Gebrauchsmusterschutz (§§ 1 Abs. 2, 2 GbmG) und das Erfordernis der gewerblichen Anwendbarkeit (§ 3 Abs. 2 GbmG) denen des Patentgesetzes.

5.2 Neuheit und Erfindungshöhe

Abweichungen vom Patentrecht ergeben sich hinsichtlich der Neuheit und der Erfindungshöhe:
Neuheitsschädlich sind *nur inländische offenkundige Vorbenutzungshandlungen*; öffentliche mündliche Beschreibungen sind nicht Stand der Technik; eine innerhalb von sechs Monaten vor dem für den Zeitrang der Anmeldung maßgeblichen Tag erfolgte Beschreibung oder Benutzung ist nicht neuheitsschädlich, wenn sie auf der Ausarbeitung des Anmelders oder seines Rechtsnachfolgers beruht („Neuheitsschonfrist" — § 3 Abs. 1 GbmG).
An die Erfindungshöhe, das Vorliegen des „erfinderischen Schritts" (§ 1 Abs. 1 GbmG), werden geringere Anforderungen als beim Patent gestellt.
Die Inanspruchnahme des Altersrangs (Priorität) einer ausländischen Anmeldung oder einer inländischen früheren Patent- oder Gebrauchsmusteranmeldung ist in gleicher Weise geregelt wie im Patentgesetz (§ 6 GbmG).
Der Anmelder hat auch die Möglichkeit, den für eine früher eingereichte Patentanmeldung maßgebenden Anmeldetag für eine Gebrauchsmusteranmeldung in Anspruch zu nehmen, die denselben Gegenstand betrifft; ein für die Patentanmeldung beanspruchtes Prioritätsrecht bleibt dann auch für die Gebrauchsmusteranmeldung erhalten (§ 5 Abs. 1 Satz 1 und 2 GbmG). Dieses Recht auf *„Abzweigung"* kann bis zum Ablauf von zwei Monaten nach dem Ende des Monats ausgeübt werden, in dem die Patentanmeldung endgültig erledigt ist, jedoch längstens bis zum Ablauf des achten Jahres nach dem Anmeldetag der Patentanmeldung (§ 5 Abs. 1 Satz 3 GbmG). Die Abzweigung kann auch während des Patenterteilungsverfahrens beansprucht werden.

5.3 Anmeldung und Eintragung

Die schriftliche Anmeldung muß enthalten (§ 4 Abs. 2 GbmG): Einen Antrag auf Eintragung des Gebrauchsmusters mit einer kurzen und genauen Bezeichnung des Gegenstandes, einen oder mehrere Schutzansprüche, eine Beschreibung und (zwingend) eine Zeichnung.
Mit der Anmeldung ist eine Gebühr (50 DM) zu zahlen. Unterbleibt die Zahlung, gibt das Patentamt dem Anmelder Nachricht, daß die Anmeldung als zurückgenommen gilt, wenn die Gebühr

nicht bis zum Ablauf eines Monats nach Zustellung der Nachricht entrichtet wird (§ 3 Abs. 4 GbmG).
Das Gebrauchsmuster ist schneller als das Patent zu erlangen, weil es kein „geprüftes" Schutzrecht ist. Im Eintragungsverfahren — zuständig ist die Gebrauchsmusterstelle (§ 10 Abs. 1 GbmG) — wird nur das Vorliegen der (förmlichen) Erfordernisse der Anmeldung (§ 4 GbmG) und der materiell-rechtlichen *Voraussetzungen der Gebrauchsmusterfähigkeit* (§§ 1 und 2 GbmG) geprüft; eine Prüfung auf Neuheit, erfinderischen Schritt und gewerbliche Anwendbarkeit findet nicht statt (§ 8 Abs. 1 Satz 2 GbmG). Diese Prüfung erfolgt im Löschungsverfahren (§§ 15ff. GbmG), das vor der Gebrauchsmusterabteilung (§ 10 Abs. 3 GbmG) auf Antrag Dritter durchgeführt wird. Die Prüfung dieser Schutzvoraussetzungen kann auch vom Gericht des Verletzungsrechtsstreits vorgenommen werden, wenn der Beklagte entsprechende Einwendungen erhebt (vgl. § 13 Abs. 1 GbmG).
Das Patentamt ermittelt auf Antrag (Gebühr 450 DM) die öffentlichen Druckschriften, die für die Beurteilung der Schutzfähigkeit des Gegenstandes der Gebrauchsmusteranmeldung oder des eingetragenen Gebrauchsmusters in Betracht zu ziehen sind (§ 7 Abs. 1 GbmG); der Antrag kann von dem Anmelder, dem Inhaber des Gebrauchsmusters und jedem Dritten gestellt werden (§ 7 Abs. 2 GbmG). Sinn dieser Gebrauchsmusterrecherche ist es, dem Anmelder Klarheit darüber zu verschaffen, ob sein Schutzrecht rechtsbeständig ist oder — wegen fehlender Neuheit oder Erfindungshöhe — nur ein Scheinrecht darstellt. Für denjenigen, der ein Löschungsverfahren einleiten will, ermöglicht die Recherche die Abschätzung des Verfahrensrisikos.

5.4 Wirkungen und Laufzeit des Gebrauchsmusters

Durch die Eintragung des Gebrauchsmusters in die Gebrauchsmusterrolle entsteht ein Ausschließlichkeitsrecht (§ 11 Abs. 1 GbmG). Seine Laufzeit ist durch die Gebrauchsmustergesetznovelle 1986 auf insgesamt acht Jahre verlängert worden: Die Dauer des Schutzrechts beträgt zunächst drei Jahre seit dem auf den Anmeldetag folgenden Tag mit der Möglichkeit zweimaliger Verlängerung von drei bzw. zwei Jahren. Die Gebühr für die erste Verlängerung beträgt 350 DM, die für die zweite Verlängerung DM 600 DM (§ 23 Abs. 1, 2 und 6 GbmG).
Ein besonderer Vorteil des Gebrauchsmusters besteht darin, daß bei gleichzeitiger Patent- und Gebrauchsmusteranmeldung die häufig längere Dauer des Patenterteilungsverfahrens bis zum Entstehen des vollen Patentschutzes durch den Schutz überbrückt werden kann, der mit der Eintragung des Gebrauchsmusters alsbald nach Einreichung der Anmeldung eintritt.
Ein ausführliches Merkblatt für Gebrauchsmusteranmelder ist beim Patentamt kostenlos erhältlich.

6 Arbeitnehmererfindungsrecht

Das Gesetz über Arbeitnehmererfindungen vom 25. Juli 1957 (ArbEG) regelt Rechte und Pflichten an Erfindungen und technischen Verbesserungsvorschlägen von Arbeitnehmern im privaten und im öffentlichen Dienst, von Beamten und Soldaten (§§ 1 bis 3 ArbEG).
Das Gesetz geht von dem Grundsatz aus, daß auch eine *Diensterfindung* oder *gebundene Erfindung* ursprünglich dem Erfinder zusteht (§ 3 PatG). Es gewährt aber dem Arbeitgeber ein Aneignungsrecht. Der Arbeitgeber kann durch einseitige Erklärung die Diensterfindung (beschränkt oder unbeschränkt) in Anspruch nehmen; mit der Inanspruchnahme gehen die Rechte an der Diensterfindung (ganz oder teilweise) auf den Arbeitgeber über. Dem Arbeitnehmererfinder erwächst mit der Inanspruchnahme der Erfindung ein Anspruch auf angemessene Vergütung. Bei sogenannten *freien Erfindungen* ist der Erfinder verpflichtet, dem Arbeitgeber zumindest ein nichtausschließliches Recht zur Benutzung der Erfindung zu angemessenen Bedingungen anzubieten.

6.1 Freie und gebundene Erfindungen

Gebundene Erfindungen (Diensterfindungen) sind nach § 4 Abs. 2 ArbEG die während der Dauer des Arbeitsverhältnisses gemachten Erfindungen, die entweder aus der dem Arbeitnehmer im Betrieb oder in der öffentlichen Verwaltung obliegenden Tätigkeit entstanden sind oder maßgeblich auf Erfahrungen oder Arbeiten des Betriebs oder der öffentlichen Verwaltung beruhen.
Sonstige Erfindungen von Arbeitnehmern sind *freie Erfindungen*. Sie unterliegen jedoch gewissen Beschränkungen (§§ 4 Abs. 3, 18, 19 ArbEG).
Erfindungen von Professoren, Dozenten und wissenschaftlichen Assistenten bei den wissenschaftlichen Hochschulen, die von diesem Personenkreis in dieser Eigenschaft gemacht werden, sind freie Erfindungen (Professorenprivileg); sie unterliegen auch keinen Beschränkungen (§ 42 Abs. 1 ArbEG).
Hat der Dienstherr für Forschungsarbeiten, die zu der Erfindung geführt haben, besondere Mittel aufgewendet, so ist die Verwertung dem Dienstherrn mitzuteilen (Art der Verwertung und Höhe des erzielten Entgelts); bis zur Höhe der aufgewendeten Mittel kann der Dienstherr eine ange-

messene Beteiligung am Ertrag der Erfindung beanspruchen (§ 42 Abs. 2 ArbEG).
Die Begünstigung von Hochschulangehörigen hinsichtlich ihrer Erfindungen erweist sich häufig eher als nachteilig, weil sie auch die Kosten für Schutzrechtsanmeldungen selbst tragen müssen. Vorschläge, einen Fonds zur (möglichst großzügigen) Übernahme dieser Kosten gegen Beteiligung des Fonds an den Erträgnissen aus der Verwertung der geschützten Erfindungen von Hochschulangehörigen zu bilden, konnten bisher nicht durchgesetzt werden.

6.2 Meldung und Inanspruchnahme

Der Arbeitnehmer, der eine Diensterfindung gemacht hat, ist verpflichtet, sie unverzüglich (ohne schuldhaftes Zögern, § 121 BGB) dem Arbeitgeber gesondert schriftlich zu melden und hierbei kenntlich zu machen, daß es sich um die Meldung einer Erfindung handelt; der Arbeitgeber hat den Zeitpunkt des Eingangs der Meldung unverzüglich schriftlich zu bestätigen (§ 5 Abs. 1 ArbEG).
Der Arbeitgeber kann eine Diensterfindung unbeschränkt oder beschränkt in Anspruch nehmen (§ 6 Abs. 1 ArbEG). Die Inanspruchnahme erfolgt durch schriftliche Erklärung gegenüber dem Arbeitnehmer; die Erklärung soll sobald wie möglich, sie muß spätestens bis zum Ablauf von vier Monaten nach Eingang der ordnungsgemäßen Erfindungsmeldung abgegeben werden (§ 6 Abs. 2 ArbEG). Die Diensterfindung wird frei, wenn sie der Arbeitgeber nicht innerhalb dieser Frist in Anspruch nimmt (§ 8 Abs. 1 Nr. 3 ArbEG).
Mit Zugang der Erklärung der unbeschränkten Inanspruchnahme gehen alle Rechte an der Diensterfindung auf den Arbeitgeber über (§ 7 Abs. 1 ArbEG).
Mit der Erklärung der beschränkten Inanspruchnahme erwirbt der Arbeitgeber nur ein nichtausschließliches Recht zur Benutzung der Diensterfindung (§ 7 Abs. 2 ArbEG). Die beschränkte Inanspruchnahme hat zur Folge, daß die Diensterfindung im übrigen frei wird (§ 8 Abs. 1 Nr. 2 ArbEG).
Auch während der Dauer des Arbeitsverhältnisses entstandene freie Erfindungen sind unverzüglich dem Arbeitgeber schriftlich mitzuteilen (§ 18 Abs. 1 ArbEG), es sei denn, daß die Erfindung offensichtlich im Arbeitsbereich des Betriebs nicht verwendbar ist (§ 18 Abs. 3 ArbEG).
Bevor der Arbeitnehmer eine freie Erfindung anderweitig verwertet, hat er zunächst dem Arbeitgeber mindestens ein nichtausschließliches Recht zur Benutzung der Erfindung zu angemessenen Bedingungen anzubieten, wenn die Erfindung in den vorhandenen Arbeitsbereich des Betriebes fällt (§ 19 Abs. 1 ArbEG); dieses Vorrecht erlischt, wenn der Arbeitgeber das Angebot innerhalb von drei Monaten nicht annimmt (§ 19 Abs. 2 ArbEG).

6.3 Pflichten des Arbeitgebers

Der Arbeitgeber ist *verpflichtet und allein berechtigt*, eine gemeldete Diensterfindung *im Inland* zur Erteilung eines Schutzrechts (Patent oder Gebrauchsmuster) anzumelden; eine patentfähige Erfindung ist zum Patent anzumelden; die Anmeldung hat unverzüglich zu erfolgen (§ 13 Abs. 1 ArbEG). Zur Durchführung des Schutzrechtserteilungsverfahrens und zur Übernahme der dadurch entstehenden Kosten ist der Arbeitgeber nur bei unbeschränkter Inanspruchnahme der Diensterfindung verpflichtet. Ist die Diensterfindung z. B. durch beschränkte Inanspruchnahme frei geworden (§ 8 Abs. 1 Nr. 2 ArbEG), so entfällt die Verpflichtung des Arbeitgebers zur Anmeldung (§ 13 Abs. 2). Nur der Arbeitnehmer ist dann zur Schutzrechtsanmeldung berechtigt; Rechte aus einer vom Arbeitgeber bereits vorgenommenen Schutzrechtsanmeldung gehen auf den Arbeitnehmer über (§ 13 Abs. 4 ArbEG).
Nach unbeschränkter Inanspruchnahme ist der Arbeitgeber auch berechtigt, die Diensterfindung im Ausland zur Erteilung von Schutzrechten anzumelden (§ 14 Abs. 1 ArbEG); andernfalls muß er die Diensterfindung insoweit freigeben und dem Arbeitnehmer den Erwerb von Auslandsschutzrechten ermöglichen (§ 14 Abs. 2 ArbEG). Der Arbeitgeber hat den Arbeitnehmer über den Fortgang von Schutzrechtserteilungsverfahren zu unterrichten (§ 15 Abs. 1 ArbEG); der Arbeitnehmer hat den Arbeitgeber beim Erwerb von Schutzrechten zu unterstützen und die erforderlichen Erklärungen abzugeben (§ 15 Abs. 2 ArbEG).
Im übrigen sind beide Seiten zur Geheimhaltung der Diensterfindung verpflichtet (§ 24 Abs. 1 und 2 ArbEG).
Von der Erwirkung von Schutzrechten kann nur abgesehen werden, wenn berechtigte Belange des Betriebes es erfordern *(Betriebsgeheimnisse)* und der Arbeitgeber die Schutzfähigkeit der Diensterfindung anerkennt (§ 17 Abs. 1 ArbEG).

6.4 Vergütungsanspruch

Sobald der Arbeitgeber die Diensterfindung unbeschränkt in Anspruch genommen hat, steht dem Arbeitnehmer ein Anspruch auf angemessene Vergütung zu (§ 9 Abs. 1 ArbEG).
Bei beschränkter Inanspruchnahme ist Voraussetzung des Anspruchs auf angemessene Vergütung, daß der Arbeitgeber die Diensterfindung auch *benutzt* (§ 10 Abs. 1 ArbEG).
Für technische Verbesserungsvorschläge, die dem Arbeitgeber eine ähnliche Vorzugsstellung gewähren wie ein Schutzrecht, hat der Arbeitnehmer

ebenfalls einen Anspruch auf angemessene Vergütung, sobald der Arbeitgeber sie *verwertet* (§ 20 Abs. 1 ArbEG).
Für die Bemessung der Vergütung sind insbesondere die wirtschaftliche Verwertbarkeit der Diensterfindung, die Aufgaben und die Stellung des Arbeitnehmers im Betrieb sowie der Anteil des Betriebs an dem Zustandekommen der Diensterfindung maßgebend (§§ 9 Abs. 2, 10 Abs. 1 Satz 2 ArbEG). Die vom Bundesminister für Arbeit und Sozialordnung gemäß § 11 ArbEG erlassenen Vergütungsrichtlinien regeln Einzelheiten über die Bemessung der Vergütung. Die Art und Höhe der Vergütung soll in angemessener Frist nach der Inanspruchnahme der Diensterfindung durch Vereinbarung zwischen dem Arbeitgeber und dem Arbeitnehmer festgestellt werden (§ 12 Abs. 1 ArbEG). Kommt eine solche Vereinbarung nicht zustande, so hat der Arbeitgeber die Vergütung durch eine begründete schriftliche Erklärung festzusetzen (§ 12 Abs. 3 ArbEG). Die Festsetzung der Vergütung wird für beide Teile verbindlich, wenn der Arbeitnehmer nicht innerhalb von zwei Monaten schriftlich widerspricht (§ 12 Abs. 4 ArbEG).
Vereinbarungen über Diensterfindungen sind unwirksam, soweit sie in erheblichem Maße unbillig sind. Dies gilt auch für die Festsetzung der Vergütung (§ 23 Abs. 1 ArbEG).

6.5 Streitigkeiten

In allen Streitfällen zwischen Arbeitgeber und Arbeitnehmer kann jederzeit die beim Deutschen Patentamt errichtete Schiedsstelle angerufen werden; die Schiedsstelle hat zu versuchen, eine gütliche Einigung herbeizuführen (§ 28 ArbEG). Die Schiedsstelle hat den Beteiligten einen begründeten Einigungsvorschlag zu machen, der als angenommen gilt, wenn nicht innerhalb eines Monats nach Zustellung des Vorschlags ein schriftlicher Widerspruch eines der Beteiligten bei der Schiedsstelle eingeht (§ 34 Abs. 2 und 3 ArbEG).
Für das Verfahren vor der Schiedsstelle werden keine Gebühren oder Auslagen erhoben (§ 36 ArbEG).
Rechte oder Rechtsverhältnisse nach dem Arbeitnehmererfindungsgesetz können im Wege der Klage grundsätzlich erst geltend gemacht werden, *nachdem* ein Verfahren vor der Schiedsstelle vorausgegangen ist (§ 37 Abs. 1 ArbEG). Wichtige Ausnahme, wenn der Arbeitnehmer aus dem Betrieb ausgeschieden ist (§ 37 Abs. 2 Nr. 3 ArbEG).
Bei einem Streit über die Höhe der Vergütung kann die Klage auch auf Zahlung eines vom Gericht zu bestimmenden angemessenen Betrages gerichtet werden (§ 38 ArbEG).
Mit Ausnahme von Rechtsstreitigkeiten, die ausschließlich Ansprüche auf Leistung einer festgestellten oder festgesetzten Vergütung für eine Erfindung zum Gegenstand haben, sind für alle Rechtsstreitigkeiten über Erfindungen eines Arbeitnehmers die Landgerichte in erster Instanz ohne Rücksicht auf den Streitwert ausschließlich zuständig (§ 39 ArbEG; § 143 PatG).

Literatur

Benkard, G.: Patentgesetz. Gebrauchsmustergesetz. 8. Aufl. München: Beck 1988
Schulte, R.: Patentgesetz. 4. Aufl. Köln: C. Heymann 1987
Reimer, E.; Schade, H.; Schippel, H.: Das Recht der Arbeitnehmererfindungen, 5. Aufl. Berlin: E. Schmidt 1975
Volmer, B.; Gaul, D.: Arbeitnehmererfindungsgesetz. Kommentar. 2. Aufl. München 1983
Patentgesetz in der Fassung vom 16. 12. 1980 (PatG). BGBl. 1981 I S. 1
Übereinkommen über die Erteilung europäischer Patente (EPÜ) Vertrag über die internationale Zusammenarbeit auf dem Gebiet des Patentwesens (Patent Cooperation Treaty — PCT)
— die beiden internationalen Verträge wurden durch das Gesetz über internationale Patentübereinkommen vom 21. 06. 1976 (IntPatUG) ratifiziert — BGBl. 1976 II S. 649
Gebrauchsmustergesetz in der Fassung vom 28. 08. 1986 (GbmG). BGBl. 1986 I S. 1455
Gesetz über Arbeitnehmererfindungen vom 25. 07. 1957 (ArbEG). BGBl. 1957 I S. 786
Verordnung über das Deutsche Patentamt vom 05. 09. 1968 (DPAVO) BGBl. 1968 I S. 997
Verordnung über die Anmeldung von Patenten vom 29. 05. 1981 (PatAnmVO). BGBl. 1981 I S. 521
Verordnung über die Anmeldung von Gebrauchsmustern vom 12. 11. 1986 (GbmAnmVO). BGBl. 1986 I S. 1739
Richtlinien für die Vergütung von Arbeitnehmererfindungen im privaten Dienst (RL) — Beilage zum Bundesanzeiger Nr. 156 vom 18. 08. 1959

O Betriebswirtschaft

W. Plinke

1 Gegenstand der Betriebswirtschaftslehre

Betriebswirtschaftslehre und Volkswirtschaftslehre sind die Einzeldisziplinen der Wirtschaftswissenschaft. Die Volkswirtschaftslehre behandelt Probleme unterschiedlich aggregierter Wirtschaftsbereiche (Konjunktur, Einkommen, Beschäftigung, Wachstum und Inflation in einzelnen Ländern oder Ländergruppen). Die Betriebswirtschaftslehre beschäftigt sich mit den Betrieben als den Elementen der Wirtschaftsbereiche.

Der *Betrieb* (synonym: Unternehmen, Unternehmung) ist ein System, das Güter zur Fremdbedarfsdeckung hervorbringt. Da die aktiven Elemente des Systems „Betrieb" Menschen und Maschinen sind, kann auch von einem sozio-technischen System gesprochen werden. Güter sind materielle und immaterielle (z. B. Dienstleistungen, Rechte) Mittel zur menschlichen Bedürfnisbefriedigung. Dabei ist die Aufgabe des Betriebes nicht die Hervorbringung freier Güter, sondern die Produktion knapper Güter. Freie Güter sind dadurch gekennzeichnet, daß selbst bei einem Preis von null die Nachfrage das Angebot nicht übersteigt. Die Aufgabe der Hervorbringung von Gütern umfaßt nicht nur die technische Herstellung der Güter, sondern sämtliche Funktionen, die dazu beitragen, marktreife Güter zu erstellen, wie z. B. Entwicklung, Beschaffung, Lagerung, Absatz. Das Merkmal der Fremdbedarfsdeckung grenzt den Betrieb vom Haushalt ab, dessen Aufgabe in der Eigenbedarfsdeckung liegt [1].

Die Aufgabe der Betriebswirtschaftslehre liegt in der Formulierung von Aussagen über das Wirtschaften im Betrieb. Als Aussagenkategorien können beschreibende (deskriptive) und empfehlende (normative) Aussagen unterschieden werden. Deskriptive Aussagen entwerfen ein Abbild des realen betrieblichen Geschehens. Dazu gehören sowohl verbale und zahlenmäßige Beschreibungen von Zuständen und Geschehnisabläufen als auch Annahmen (Hypothesen) über Zusammenhänge zwischen Ereignissen. Soweit in der Betriebswirtschaftslehre Ursache-Wirkungs-Beziehungen beschrieben werden, dominieren stochastische und quasi-stochastische Aussagen (Wahrscheinlichkeitsaussagen).

Normative Aussagen nehmen Bezug auf Werte bzw. Ziele und stellen Empfehlungen für zweckmäßiges Verhalten dar. Die wichtigste normative Aussage der Betriebswirtschaftslehre ist das (formale) ökonomische Prinzip (Wirtschaftlichkeitsprinzip). Es besagt in seiner mengenmäßigen, produktivitätsbezogenen Definition, daß alle wirtschaftlichen Wahlhandlungen so auszurichten sind, daß mit gegebenem Einsatz an Produktionsfaktoren der größtmögliche Gütertrag zu erzielen ist (Maximalprinzip), oder daß ein bestimmter Gütertrag mit geringstmöglichem Einsatz von Produktionsfaktoren (Betriebsmittel, Werkstoffe, objektbezogene und dispositive Arbeitsleistungen) erwirtschaftet wird (Minimalprinzip). Die wertmäßige Definition des ökonomischen Prinzips basiert auf der Wirtschaftlichkeit und verlangt, so zu handeln, daß eine bestimmte, in Geldeinheiten bewertete Leistung mit möglichst geringem, in Geldeinheiten bewerteten Mitteleinsatz oder daß mit einem gegebenen bewerteten Mitteleinsatz eine möglichst günstige bewertete Leistung erreicht wird.

Die moderne Betriebswirtschaftslehre versteht sich als praktisch normative Disziplin, die bestrebt ist, aufbauend auf der systematisierenden Beschreibung betrieblicher Zustände und Prozesse, die Probleme der betrieblichen Praxis zu erkennen und Lösungs- und Gestaltungshilfen im Hinblick auf empirisch feststellbare Zielvorstellungen der Betriebe anzubieten.

2 Das Grundmodell der Betriebswirtschaftslehre

Durch die Ausrichtung der Betriebswirtschaftslehre am wirtschaftlichen Aspekt menschlichen Handelns steht das Entscheidungsverhalten der Menschen im Betrieb als Bestimmungsgröße betriebswirtschaftlicher Prozesse im Mittelpunkt der Betrachtung. Entscheidungen sind Prozesse der menschlichen Informationsverarbeitung und Willensbildung. Um entscheiden zu können, werden Informationen benötigt über das zu lösende Entscheidungsproblem und über Ziele, an denen sich die Entscheidung zu orientieren hat. Weiter interessieren die zur Verfügung stehenden Handlungsalternativen zur Problemhandhabung und deren Auswirkungen unter verschiedenen Umweltbedingungen.

Durch *Zielentscheidungen* (Zielsetzungsentscheidungen) wird festgelegt, welche Ziele durch die betriebliche Betätigung erreicht werden sollen. Die Gesamtheit der Ziele eines Betriebes ist das *Zielsystem*. *Mittelentscheidungen* (Zielerreichungsentscheidungen) legen fest, auf welche Weise die gesetzten Ziele zu verwirklichen sind; sie sind insofern von den Zielentscheidungen abhängig, als sie immer auf die Erreichung der Ziele ausgerichtet sein müssen. Nebenwirkungen müssen beachtet werden.

Entscheidungen werden durch Planungs- und Kontrollprozesse unterstützt. *Planung* ist die gedankliche Vorstrukturierung späterer Handlungen. Durch *Kontrolle* werden Plangrößen Vergleichsgrößen gegenübergestellt und die Abweichungen zwischen den Größen ermittelt und analysiert.

Entscheidungen im Betrieb beziehen sich auf konstitutive und funktionsbezogene Entscheidungstatbestände (Bild 2-1).

Konstitutive Entscheidungen umfassen solche Entscheidungstatbestände, die für das Gesamtsystem „Betrieb“ konstituierend sind. Sie wirken längerfristig und bilden den strategischen Rahmen für funktionsbezogene Entscheidungen. Durch konstitutive Entscheidungen wird das System „Betrieb“ von anderen, den Betrieb umgebenden Systemen abgegrenzt. Konstitutive Entscheidungstatbestände sind die Gestaltung des Lebenszyklus des Betriebes (Gründung, Wachstum und Beendigung des Betriebes), die Betriebsverfassung und betriebliche Zusammenschlüsse.

Funktionsbezogene Entscheidungen betreffen primär einzelne Subsysteme des Betriebes. Die Subsysteme werden gebildet nach den vier Kategorien

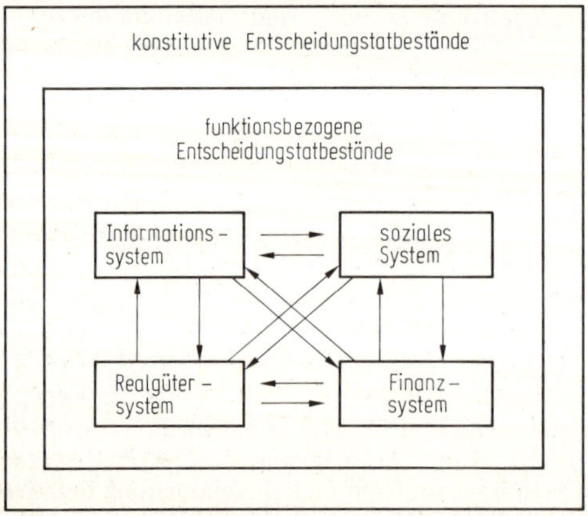

Bild 2-1. Grundmodell der Betriebswirtschaftslehre.

von Elementen, aus deren Kombination der Betriebsprozeß entsteht: Menschen, Güter, Geld, Informationen. Das offene System „Betrieb“ nimmt vom Umsystem Elemente auf, verbindet sie miteinander, verändert sie und gibt Elemente an das Umsystem ab. Dabei sind vier Betrachtungsebenen des Betriebsprozesses zu unterscheiden: Das soziale System (Organisation, Personalwirtschaft, Mitarbeiterführung), das Realgütersystem, das Finanz- oder Nominalgütersystem und das Informationssystem (Rechnungswesen und weitere Informationssysteme über Subsysteme des Betriebes). Der Betriebsprozeß vollzieht sich in der Realität als permanentes sinnvolles Zusammenwirken aller vier Subsysteme.

3 Konstitutive Entscheidungen

3.1 Die Gründung des Betriebes

3.1.1 Einflußfaktoren der Gründungsentscheidung

Unter Gründung eines Betriebes wird nicht nur der juristische oder finanzielle „Gründungsakt“ verstanden, sondern ein Prozeß, der die Gesamtheit aller Planungs- und Vorbereitungsschritte umfaßt, die notwendig sind, um die Lebensfähigkeit des Betriebes herzustellen und zu sichern. Dazu gehören auch Fragen der Grundlagenentwicklung, der Entwicklung zur Serienreife und der Markteinführung.

Der Erfolg einer Betriebsgründung wird durch eine Vielzahl von Einflußfaktoren bestimmt. Diese Erfolgsfaktoren lassen sich in sechs Kategorien zusammenfassen: Gründer, Gründungsvorgang, beschaffungs- und absatzbezogene Faktoren, behördliche Instanzen und Öffentlichkeit [2].

Teilmerkmale des Gründers sind seine Qualifikation, die verfügbaren Handlungsfreiräume, die Leistungsfähigkeit und -bereitschaft und die Motive, die zur Gründung führen.

Zum Gründungsvorgang zählen die sorgfältige Gründungsplanung, die die Ziel- und Strategiesowie die funktionsbezogene Maßnahmenplanung umfaßt, die organisatorische Kompetenzabgrenzung, wenn bereits bei Gründung mehrere Mitarbeiter beschäftigt sind, und die Implementierung eines Kontrollsystems, das einen jederzeitigen Überblick über den Liquiditäts- und Erfolgsstatus ermöglicht, um Planabweichungen rechtzeitig erkennen und Gegenmaßnahmen ergreifen zu können.

Beschaffungsprobleme bei der Betriebsgründung liegen neben der Beschaffung von Halb- und Fertigfabrikaten, Personal, Grundstücken und Gebäuden und Know-how vor allem in der Beschaffung

finanzieller Mittel. Die mit einer erfolgreichen Gestaltung der Absatzbeziehungen verbundenen Probleme variieren je nachdem, ob die Gründung erfolgt, um in einen bestehenden Markt einzutreten oder ob ein neuer Markt erschlossen werden soll.
Die notwendige Einschaltung behördlicher Instanzen bei der Betriebsgründung wirft zwei Hauptprobleme auf, die häufig die Gründung erschweren: fehlende Rechtskenntnis der Gründer und langwierige Bearbeitungsdauer bei Gründungsvorgängen. Daneben prägt das gesellschaftliche Umfeld die Gründungsentscheidung.

3.1.2 Der betriebliche Standort

Als Standort eines Unternehmens werden die Orte bezeichnet, an denen ein Unternehmen dauerhaft tätig ist. Der Standort ist nicht identisch mit dem Sitz eines Unternehmens. Unternehmen in Form einer juristischen Person haben ihren Sitz an dem Ort, an dem die Verwaltung durchgeführt wird (§ 24 BGB [Bürgerliches Gesetzbuch]). Neben der unternehmerischen Tätigkeit an seinem Sitz kann ein Unternehmen aber auch an mehreren anderen Orten tätig sein, ohne daß sich an diesen Orten der Sitz des Unternehmens befindet. Neben der Betriebsgründung stellt sich das Problem der Standortwahl auch bei Unternehmensverlagerung und Filialisierung (Standortspaltung). Standortentscheidungen werden durch Standortfaktoren beeinflußt. Als *Standortfaktoren* werden Merkmale bezeichnet, die die Wahl eines Standorts beeinflussen, sofern überhaupt eine Wahlmöglichkeit zur Diskussion steht. Standorte können nämlich aufgrund von Beschaffungs-, Produktions- oder Absatzbedingungen vorgegeben sein.
Ist der Standort grundsätzlich disponibel, wird ein Betrieb seinen Standort so wählen, daß der Einfluß der Standortfaktoren möglichst günstig auf das unternehmerische Zielsystem wirkt. Die Standortfaktorenlehre hat zum Ziel, alle potentiellen Standortfaktoren zu erfassen, zu systematisieren und in ihrer Bedeutung zu analysieren. Auf diesen Ergebnissen aufbauend können Aussagen zu einer rationalen Standortentscheidung, z.B. im Rahmen der Nutzwertanalyse, getroffen werden.
Standortfaktoren lassen sich im wesentlichen auf durch den Standort bedingte Erlös- und Kostenunterschiede zurückführen. Im einzelnen werden folgende Faktoren für die nationale und internationale Standortwahl als bedeutsam angesehen: Einflußfaktoren der Beschaffungsmärkte (Grund und Boden, Gebäude, Transport und Verkehr, Investitionsgüter-, Arbeits-, Kapital-, Energiemarkt), Einflußfaktoren der Absatzmärkte (Absatzpotential, Absatztransportkosten und -zeit, Absatzkontakte), Einflußfaktoren der staatlichen Rahmenbedingungen (Steuern, Gebühren, Zölle, Rechts- und Wirtschaftsordnung, Auflagen und Beschränkungen, staatliche Subventionen) und naturgegebene Einflußfaktoren (geologische Bedingungen, Umweltbedingungen) [3].

3.2 Das Wachstum des Betriebes

In der Regel verändert sich im Lebenszyklus eines Betriebes seine Größe. Unternehmenswachstum bezeichnet den Prozeß einer positiven, längerfristigen Größenveränderung. Zur Bestimmung der *Betriebsgröße* werden verschiedene Maßgrößen herangezogen wie Bilanzsumme, Umsatzerlöse, Zahl der Beschäftigten, Wertschöpfung und Marktanteil.
Das Wachstum des Betriebes kann extern und intern erfolgen. *Externes Wachstum* erfolgt durch den Erwerb von Verfügungsmacht über bereits bestehende Kapazitäten, *internes Wachstum* durch Erwerb von Verfügungsmacht über vom Betrieb neu erstellte Kapazitäten. Das interne Wachstum führt im Gegensatz zum externen Wachstum zu einer Erhöhung der gesamtwirtschaftlichen Kapazität. Wegen möglicher Konkurrenzwirkungen stößt das externe Wachstum an engere wettbewerbsrechtliche Grenzen als das interne Wachstum.

3.3 Die Beendigung des Betriebes

Ein Betrieb wird beendet (liquidiert), wenn er seine gesamte Tätigkeit oder wesentliche Teile davon einstellt. Nach Veranlassung der Beendigung kann zwischen freiwilliger oder erzwungener Beendigung unterschieden werden. Eine *freiwillige Betriebsbeendigung* erfolgt, weil die mit dem Betrieb verfolgten Ziele erreicht sind oder weil die verfolgten Ziele als unerreichbar angesehen werden. Gründe der *erzwungenen Betriebsbeendigung* können in der Person eines Gesellschafters, im Entzug der Gewerbeerlaubnis und im Konkurs liegen. Der *Konkurs* ist eine rechtliche Konsequenz bestimmter ökonomischer Tatbestände, die äußerlich an Merkmalen der Finanzierungssituation anknüpfen. Konkursgründe sind Zahlungsunfähigkeit und Überschuldung des Betriebes. *Zahlungsunfähigkeit* (Illiquidität) liegt vor, wenn der Betrieb nicht in der Lage ist, seinen fälligen Zahlungsverpflichtungen nachzukommen. *Überschuldung* bedeutet, daß die Verbindlichkeiten des Betriebes den Wert des Betriebsvermögens übersteigen. Die Überschuldung ist als Konkursgrund im wesentlichen nur für Kapitalgesellschaften zwingend.
Vor einer endgültigen Liquidation des Betriebes kann, wenn die wirtschaftlichen Voraussetzungen eines Konkurses gegeben sind, auf Antrag des Betriebes ein *Vergleichsverfahren* durchgeführt werden, in dem die Gläubiger des Betriebes zur Vermeidung der Eröffnung des Konkursverfahrens zur Stundung oder zum Teilerlaß der Schulden aufgefordert werden.

3.4 Die Verfassung des Betriebes

3.4.1 Die Rechtsform des Betriebes

Zur Gestaltung des organisatorischen Zusammenschlusses von Wirtschaftssubjekten zu gemeinschaftlichem wirtschaftlichem Zweck werden durch die Rechtsordnung verschiedene Grundtypen als mögliche Rechtsformen des Betriebes vorgegeben. Es handelt sich dabei um Organisationsmuster, die eine Vorabregelung wichtiger Konfliktfälle (insbesondere Leitungsbefugnis, Information und Kontrolle, Gewinnverteilung, Haftung) zwischen den Beteiligten durch die Bestimmung spezifischer Rechte und Pflichten vornehmen.

Die Firma ist der Name des Unternehmens, an den aus rechtlicher Sicht je nach Rechtsform unterschiedliche Anforderungen gestellt werden.

Die Rechtsformen können in solche privaten und solche des öffentlichen Rechts eingeteilt werden (Bild 3-1).

Die *Einzelunternehmung* wird von einer einzelnen natürlichen Person rechtlich repräsentiert, die für alle Verbindlichkeiten der Firma allein und unbeschränkt mit ihrem Gesamtvermögen (Betriebs- und Privatvermögen) haftet. Als Konsequenz der vollen Risikoübernahme ergibt sich das alleinige Leitungs- und Entscheidungsrecht des Einzelunternehmers, das dieser allerdings in Form der Handlungsvollmacht oder Prokura teilweise delegieren kann.

Die Einzelunternehmung ist die häufigste Rechtsform in der Bundesrepublik Deutschland. Aufgrund der Haftungsregelung und der in der Regel begrenzten Finanzierungsmöglichkeiten findet sie überwiegend für Kleinbetriebe Verwendung. Für die Einzelunternehmung gelten die Vorschriften des Handelsgesetzbuches (§§ 1-104 HGB).

Die *Gesellschaft bürgerlichen Rechts* (BGB-Gesellschaft, GbR) ist ein Zusammenschluß von natürlichen oder juristischen Personen, die sich durch Gesellschaftsvertrag verpflichten, die Erreichung eines gemeinsamen Zweckes zu fördern. Die GbR kann auf bestimmte Dauer oder unbefristet angelegt sein, der zu fördernde Zweck kann sowohl wirtschaftlicher als auch nichtkommerzieller Natur sein. Die Gesellschafter haften persönlich unbeschränkt als Gesamtschuldner, die Führung der Geschäfte steht ihnen gemeinsam zu. Geregelt ist die GbR in §§ 705 bis 740 BGB. Sie ist häufig in der Form der sogenannten Gelegenheitsgesellschaft (Arbeitsgemeinschaft, Konsortium) anzutreffen.

Die *Offene Handelsgesellschaft* (OHG) ist eine Gesellschaft, deren Zweck auf den Betrieb eines Gewerbes unter gemeinschaftlicher Firma gerichtet ist. Die Gesellschafter haften den Gläubigern persönlich unbeschränkt als Gesamtschuldner. Bei Fehlen anders lautender Regelungen im Gesellschaftsvertrag sind alle Gesellschafter zur Führung der Geschäfte berechtigt und verpflichtet. Die OHG besitzt wie alle Personengesellschaften keine eigene Rechtspersönlichkeit, kann jedoch unter ihrer Firma am Rechtsverkehr teilnehmen. Ihre Regelung findet sich in §§ 105 bis 160 HGB.

Die *Kommanditgesellschaft* (KG) ist ebenso wie die OHG eine Gesellschaft, deren Zweck der Betrieb eines Gewerbes unter gemeinschaftlicher Firma ist. Sie unterscheidet sich dadurch von der OHG, daß sie zwei Gruppen von Gesellschaftern kennt: den persönlich unbeschränkt haftenden Komplementär und den Kommanditisten, dessen Haftung auf den Betrag seiner Vermögenseinlage beschränkt ist. Entsprechend sind die Kommanditisten von der Führung der Geschäfte ausgeschlossen. Geregelt ist die KG in §§ 161 bis 177a HGB.

Die *Stille Gesellschaft* (StG) ist eine reine Innengesellschaft, die nach außen nicht transparent wird, da der stille Gesellschafter für Außenstehende nicht in Erscheinung tritt. Die Einlage des stillen Gesellschafters geht in das Vermögen des Inhabers über. Die Haftung des stillen Gesellschafters ist auf seine Einlage beschränkt. Er ist am Gewinn beteiligt, eine Verlustbeteiligung kann ausgeschlossen werden. Die Geschäftsführung erfolgt durch den Inhaber. Die StG ist in §§ 230 bis 237 HGB geregelt.

Die *Gesellschaft mit beschränkter Haftung* (GmbH) ist als Kapitalgesellschaft eine Gesellschaft mit ei-

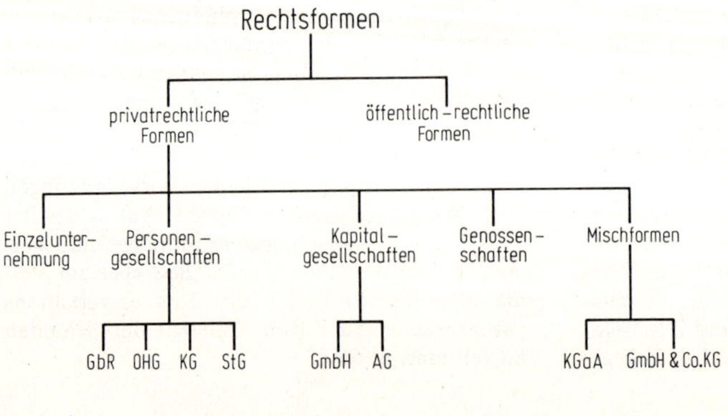

Bild 3-1. Rechtsformen.

gener Rechtspersönlichkeit und ist im GmbH-Gesetz (GmbHG) geregelt. Sie kann auf der Grundlage eines Gesellschaftsvertrags von einer oder mehreren Personen zu jedem gesetzlich zulässigen Zweck errichtet werden. An der GmbH sind die Gesellschafter durch Stammeinlagen auf das Stammkapital beteiligt. Sowohl für Stammkapital als auch Stammeinlagen gelten Mindestvorschriften. Der Mindestnennbetrag des Stammkapitals beträgt 50 000 DM, wovon mindestens die Hälfte einbezahlt sein muß. Die Mindesthöhe einer Stammeinlage beläuft sich auf 500 DM. Die Haftung der Gesellschafter ist auf die Höhe der Stammeinlage beschränkt. Zu Geschäftsführern einer GmbH können Gesellschafter und andere Personen bestellt werden. Organe der GmbH sind die Geschäftsführung, der Aufsichtsrat (nicht immer zwingend) und die Gesellschafterversammlung.

Die *Aktiengesellschaft* (AG) ist wie die GmbH eine juristische Person. Sie ist im Aktiengesetz (AktG) geregelt. Die Anteilseigner (Aktionäre) sind mit ihren Einlagen an dem in Aktien zerlegten Grundkapital beteiligt. Ihre Haftung ist auf die Höhe der Einlage beschränkt. Den Gläubigern für die Verbindlichkeiten der Gesellschaft haftet nur das Gesellschaftsvermögen. Der Mindestnennbetrag des Grundkapitals ist 100 000 DM. Der Mindestnennbetrag der Aktien beträgt 50 DM. An der Gründung einer AG müssen mindestens fünf Personen beteiligt sein. Organe der AG sind der Vorstand, dem die Führung der Geschäfte und die Vertretung der Gesellschaft obliegt, der Aufsichtsrat, der die Vorstandsmitglieder bestellt und abberuft und ihre Geschäftsführung überwacht, und die Hauptversammlung als Organ der Aktionäre, dem die grundlegenden Entscheidungen in der AG zustehen, insbesondere Entscheidungen über die Kapitalstruktur und den Fortbestand des Unternehmens sowie die Wahl der Kapitalvertreter im Aufsichtsrat und die Entlastung der Mitglieder des Vorstands und des Aufsichtsrats.

Eingetragene Genossenschaften (eG) sind Gesellschaften mit nicht geschlossener Mitgliederzahl, welche die Förderung des Erwerbs oder der Wirtschaft ihrer Mitglieder mittels gemeinschaftlichen Geschäftsbetriebs bezwecken. Eine Genossenschaft ist eine juristische Person, sie ist im Genossenschaftsgesetz (GenG) geregelt. Zur Errichtung einer Genossenschaft sind sieben Mitglieder (Genossen) erforderlich, ein bestimmtes Grundkapital ist nicht vorgeschrieben. Für Verbindlichkeiten haftet den Gläubigern nur das Vermögen der Genossenschaft. Die Statuten der Genossenschaft bestimmen, ob die Genossen nur beschränkt mit ihrer Einlage haften oder ob eine Nachschußpflicht besteht. In letzterem Fall können die Nachschüsse entweder unbeschränkt oder auf eine bestimmte Haftsumme beschränkt sein. Organe der Genossenschaft sind Vorstand, Aufsichtsrat und General- oder Vertreterversammlung. Die Geschäftsführung obliegt dem Vorstand, der von der General- oder Vertreterversammlung gewählt wird.

Die *Kommanditgesellschaft auf Aktien* (KGaA) ist eine Kombination von KG und AG. Sie kennt wie die KG zwei Gruppen von Gesellschaftern: den persönlich und unbeschränkt haftenden Komplementär und die Kommanditaktionäre, die nur mit ihrer Einlage an dem in Aktien zerlegten Grundkapital haften. Die KGaA kennt keinen Vorstand, die Geschäftsführung steht den persönlich haftenden Gesellschaftern zu.

Die *GmbH & Co. KG* ist eine Kommanditgesellschaft, bei der in der Regel einziger Komplementär eine GmbH ist. Durch diese Konstruktion wird letztlich die Haftung aller natürlichen Personen auf ihre Kapitaleinlage beschränkt. Nicht selten sind die Gesellschafter der GmbH zugleich auch Kommanditisten der KG. Die Geschäftsführungsbefugnisse stehen der Geschäftsführung der GmbH zu [4].

3.4.2 Die Mitbestimmung

Träger betrieblicher Führungsentscheidungen sind die Eigentümer des Betriebes und die von den Eigentümern zur Führung des Betriebes bestellten Führungsorgane (Geschäftsführer, Manager). Daneben steht die Mitbestimmung der Arbeitnehmer als drittes Zentrum betrieblicher Willensbildung.

Die Mitwirkung und Mitbestimmung der Arbeitnehmer in den Betrieben ist in drei verschiedenen Gesetzen geregelt, die die Tatsache und die Art der Mitbestimmung von Größenmerkmalen und Branchenmerkmalen des Betriebes abhängig machen: das Betriebsverfassungsgesetz (BetrVG) von 1952 in der Fassung von 1972, das Montan-Mitbestimmungsgesetz von 1951 und das Gesetz über die Mitbestimmung der Arbeitnehmer (MitbestG) von 1976.

Die im Betriebsverfassungsrecht und im Tarifrecht geregelte Mitbestimmung wird als arbeitsrechtliche Mitbestimmung bezeichnet. Sie räumt den Arbeitnehmern in Einzelfragen, die insbesondere das tägliche Arbeitsleben, den Arbeitsplatz und die Lohngestaltung betreffen, ein Recht auf Information, Anhörung und Mitentscheidung ein. Die arbeitsrechtliche Mitbestimmung unterscheidet sich grundlegend von der unternehmerischen Mitbestimmung der Mitbestimmungsgesetze (qualifizierte Mitbestimmung), die den Arbeitnehmern eine unmittelbare Einflußnahme auf die unternehmerischen Entscheidungen und Planungen einräumt.

Im Rahmen der *arbeitsrechtlichen Mitbestimmung* sieht das Betriebsverfassungsgesetz für Betriebe mit mindestens fünf Arbeitnehmern eine bestimmte Organisation der Mitwirkung der Arbeitnehmer vor.

Hauptorgan der Arbeitnehmer ist der *Betriebsrat*, der ab fünf Arbeitnehmern gebildet werden kann.

Die Größe des Betriebsrates richtet sich nach der Zahl der im Betrieb beschäftigten wahlberechtigten Arbeitnehmer. Er setzt sich entsprechend dem zahlenmäßigen Verhältnis aus Vertretern der Arbeiter und Angestellten zusammen.
Zur Vertretung der Arbeitnehmerinteressen sind dem Betriebsrat genau umschriebene Kompetenzen eingeräumt. Diese beziehen sich in sachlicher Hinsicht auf soziale, personelle und wirtschaftliche Angelegenheiten. Nach der Intensität der Einflußmöglichkeiten auf Entscheidungen lassen sich Mitwirkungs- und Mitbestimmungsrechte des Betriebsrates unterscheiden. Mitwirkungsrechte beinhalten Informationsrechte über Planungen zur Gestaltung von Arbeitsplatz, Arbeitsablauf und Arbeitsumgebung, Personalplanung, personelle Einzelmaßnahmen (Einstellung, Ein- und Umgruppierung, Versetzung), wirtschaftliche Angelegenheiten und Betriebsänderungen. Weiter bestehen das Recht auf Anhörung bei Kündigungen, das Recht auf Beratung und Verhandlung bei Fragen der Berufsbildung und das Recht auf Widerspruch bei Kündigung.
Die Mitbestimmungsrechte des Betriebsrates sind der Anspruch auf Aufhebung bei personellen Einzelmaßnahmen, das Zustimmungs- oder Vetorecht bei sozialen Angelegenheiten, der Gestaltung von Personalfragebögen und Beurteilungs- und Auswahlrichtlinien und der Bestellung eines betrieblichen Ausbilders und das Initiativrecht bei sozialen Angelegenheiten, nicht menschengerechten Arbeitsplätzen, Personalauswahlrichtlinien, Durchführung betrieblicher Berufsbildungsmaßnahmen und bei der Aufstellung eines Sozialplans.
Der Betriebsrat wird von der *Betriebsversammlung* gewählt, die aus den Arbeitnehmern des Betriebes besteht. Die Betriebsversammlung kann dem Betriebsrat keine Weisungen erteilen, sondern sie besitzt ein Recht auf Information und Beratung. Sie nimmt in vierteljährlichem Abstand den Tätigkeitsbericht des Betriebsrats entgegen.
In Betrieben mit mehr als 100 Arbeitnehmern ist ein *Wirtschaftsausschuß* zu bilden, der aus drei, höchstens sieben vom Betriebsrat bestimmten Mitgliedern besteht, wobei mindestens ein Mitglied zugleich dem Betriebsrat angehören muß. Aufgabe des Wirtschaftsausschusses ist es, wirtschaftliche Angelegenheiten mit dem Unternehmer zu beraten und den Betriebsrat zu unterrichten.
In Betrieben mit mehr als 5 jugendlichen Arbeitnehmern ist die Wahl einer *Jugendvertretung* vorgeschrieben, die die besonderen Belange der jugendlichen Arbeitnehmer zu vertreten hat.
Die *Einigungsstelle*, die sich aus einer gleichen Anzahl von Arbeitgeber- und Arbeitnehmervertretern und einem unparteiischen Vorsitzenden zusammensetzt, hat die Funktion, bei Nichteinigung zwischen den betrieblichen Parteien Entscheidungen zu treffen.

Die *unternehmerische Mitbestimmung* der Arbeitnehmer wird durch Vertretung der Arbeitnehmer im Aufsichtsrat realisiert. Es bestehen drei unterschiedliche gesetzliche Grundlagen.
Das *Mitbestimmungsgesetz 1976* erfaßt im wesentlichen Betriebe mit eigener Rechtspersönlichkeit mit mehr als 2 000 Arbeitnehmern. Ausgenommen sind Betriebe der Montanindustrie. Die Mitbestimmung soll durch einen paritätisch besetzten Aufsichtsrat gewährleistet werden. Der Aufsichtsrat besteht aus mindestens sechs Arbeitnehmer- und sechs Arbeitgebervertretern.
Die Arbeitgebervertreter im Aufsichtsrat werden durch die Hauptversammlung bestimmt. Die Arbeitnehmervertreter setzen sich aus Arbeitnehmern des Betriebes und Repräsentanten der im Betrieb vertretenen Gewerkschaften zusammen (mindestens zwei Vertreter). Die Arbeitnehmer des Unternehmens bilden drei Gruppen: Arbeiter, nicht leitende Angestellte und leitende Angestellte. Diese Gruppen sind entsprechend ihrem zahlenmäßigen Verhältnis im Aufsichtsrat vertreten, mindestens stellt jedoch jede Gruppe einen Vertreter.
Beschlüsse des Aufsichtsrats bedürfen der Mehrheit der abgegebenen Stimmen. Bei Stimmengleichheit kommt dem Vorsitzenden bei der zweiten Abstimmung eine doppelte Stimme zu.
Das *Mitbestimmungsgesetz für die Montanindustrie* für Betriebe mit mehr als 1 000 Arbeitnehmern sieht eine paritätische Besetzung des Aufsichtsrates mit Arbeitgeber- und Arbeitnehmervertretern vor. Ein zusätzliches Mitglied des Aufsichtsrates (der „Unparteiische") verhindert Pattsituationen. Dieses Mitglied wird von den übrigen Aufsichtsratsmitgliedern gewählt. Ein Vorstandsmitglied (Arbeitsdirektor) muß für Personal- und Sozialfragen zuständig sein. Der Arbeitsdirektor kann nicht gegen die Stimmen der Arbeitnehmervertreter im Aufsichtsrat berufen werden.
Das *Betriebsverfassungsgesetz 1952* gilt in der Regel für Gesellschaften mit eigener Rechtspersönlichkeit und mehr als 500 Arbeitnehmern. Der Aufsichtsrat, der aus mindestens 3 Mitgliedern besteht, setzt sich aus Repräsentanten der Arbeitgeber und Arbeitnehmer im Verhältnis 2:1 zusammen [5].

3.5 Betriebliche Zusammenschlüsse

Betriebliche Zusammenschlüsse sind Vereinigungen rechtlich selbständiger Betriebe zu wirtschaftlichen Zwecken. Nach der Intensität der Bindung können Kooperation und Konzentration unterschieden werden. Die *Kooperation* ist eine auf Verträgen beruhende Zusammenarbeit rechtlich und wirtschaftlich selbständiger Betriebe in bestimmten Bereichen ihrer Tätigkeit. Dagegen ist die *Konzentration* eine Zusammenfassung von Betrie-

ben unter einheitlicher Leitung, die von einer wirtschaftlichen Integration begleitet ist.
Betriebliche Zusammenschlüsse streben durch Abstimmung des Verhaltens in einem oder mehreren Entscheidungstatbeständen ein günstigeres wirtschaftliches Ergebnis an, als es gegenüber nicht abgestimmtem Verhalten auftreten würde. Ziele abgestimmten Verhaltens sind die Erhöhung der Wirtschaftlichkeit durch Erzielung von Rationalisierungseffekten, die Stärkung der Wettbewerbsfähigkeit durch Verbesserung der Marktstellung gegenüber Abnehmern, Lieferanten oder potentiellen Kreditgebern sowie die Minderung des Risikos durch Aufteilung des Risikos auf mehrere Partner.
Eine spezielle Kooperationsform ist das *Kartell*. Kartelle sind vertragliche Zusammenschlüsse rechtlich selbständiger Betriebe, die ein abgestimmtes Verhalten zum Gegenstand haben. Die Dispositionsfreiheit der dem Kartell angehörenden Betriebe wird je nach den vertraglichen Vereinbarungen unterschiedlich stark eingeschränkt. Das Gesetz gegen Wettbewerbsbeschränkungen (GWB) sieht ein grundsätzliches Kartellverbot vor, das allerdings eine Reihe von Ausnahmen enthält. *Anmeldekartelle* (Normen- und Typenkartelle, Angebots- und Kalkulationsschemakartelle, Exportkartelle mit auf das Ausland beschränkten Absprachen) werden durch Anmeldung bei der zuständigen Kartellbehörde wirksam. *Widerspruchskartelle* (Konditionen-, Rabatt-, Spezialisierungs- und Kooperationskartelle) werden wirksam, wenn die Kartellbehörde nicht innerhalb einer Frist von drei Monaten nach der erforderlichen Anmeldung widerspricht. *Erlaubniskartelle* können danach unterschieden werden, ob die Erlaubnis unter bestimmten Bedingungen erteilt werden muß (Rationalisierungs- und Exportkartelle mit Absprachen für In- und Ausland) oder ob ihre Erteilung im Ermessen der Kartellbehörde steht (Strukturkrisen-, Importkartelle und Kartelle nach § 8 GWB, die aus Gründen des Gemeinwohls und der Gesamtwirtschaft genehmigt werden können). Die nicht aufgeführten Kartellformen (z. B. Preiskartelle) sind generell verboten.
Die typische Form der Konzentration von Betrieben ist der *Konzern*. Konzerne sind Zusammenschlüsse rechtlich selbständiger Unternehmen unter einheitlicher Leitung. Im Gegensatz zur *Fusion* (Verschmelzung) geben die betroffenen Betriebe ihre rechtliche Selbständigkeit zugunsten eines neuen Einheitsbetriebes nicht auf. Zusammenschlüsse können durch das Bundeskartellamt untersagt werden, wenn zu erwarten ist, daß durch den Zusammenschluß eine marktbeherrschende Stellung entsteht oder verstärkt wird [6].

4 Funktionsbezogene Entscheidungen

4.1 Das Realgütersystem

4.1.1 Beschaffung

Die Beschaffung von Realgütern ist die Gesamtheit aller Aktivitäten, die ein Betrieb plant und durchführt, um die Verfügung über die zur Leistungserstellung erforderlichen materiellen und immateriellen Güter zu erlangen. Materielle Güter sind Material (Roh-, Hilfs- und Betriebsstoffe, Halbfabrikate, Teile). Immaterielle Güter sind Dienste und Rechte.
Strategische Beschaffungsentscheidungen beziehen sich auf die langfristige Versorgung des Betriebes mit den benötigten Realgütern. Sie betreffen die grundsätzliche Auswahl der zu beschaffenden Güter und schließen Entscheidungen über „Eigenfertigung oder Fremdbezug" ein. Weiter umfaßt die strategische Beschaffungspolitik auch die Gestaltung langfristiger Kooperationsverträge mit Lieferanten (vertikale Kooperation) und anderen einkaufenden Betrieben mit ähnlichem Bedarf (horizontale Kooperation).
Die *operativen Beschaffungsentscheidungen* umfassen die mengen- und zeitmäßige Planung des Bedarfs einschließlich der Fixierung der Liefermengen, der Lieferzeitpunkte und der jeweiligen Lieferanten, die Festlegung der Beschaffungsart (fallweise Beschaffung, fertigungssynchrone Beschaffung [Just-in-Time-Systeme], Vorratsbeschaffung), die Festlegung der Kontrahierungspolitik (Preis-, Rabattpolitik, Liefer- und Zahlungsbedingungen) und Fragen der Beschaffungswerbung.

4.1.2 Produktion

Produktion ist der gelenkte Einsatz von Sachgütern und Dienstleistungen, um andere Sachgüter und Dienstleistungen zu erzeugen. Theoretischer Kern der wissenschaftlichen Durchdringung des Produktionsbereichs ist die Produktionsfunktion, die das Verhältnis des Faktoreinsatzes zum Produktionsergebnis quantitativ beschreibt. Die Betriebswirtschaftslehre hat mehrere Varianten von Grundmodellen der Produktionsfunktion entwickelt. Die modernen Produktionsfunktionen gehen wesentlich auf den theoretischen Grundansatz von E. Gutenberg zurück, der die Produktionsfunktion aus technischen Verbrauchsfunktionen ableitet [7]. Die Verbrauchsfunktion gibt die funktionalen, technisch bedingten Beziehungen wieder, die zwischen dem Leistungsgrad einer Maschine (Intensität) und dem Verbrauch an Produktionsfaktoren je Leistungseinheit bestehen.
Bei der Formulierung von Zielen im Produktionsbereich ergeben sich besondere Schwierigkeiten

daraus, daß Fertigungsentscheidungen keinen unmittelbaren Marktbezug haben. Sie sind eingebettet in marktbezogene Beschaffungs- und Absatzentscheidungen. Da sich der Erfolg des Betriebes letztlich aber immer erst am Markt entscheidet, ergeben sich Zurechnungsprobleme bei der Formulierung produktionswirtschaftlicher Erfolgsziele. Im Produktionsbereich stehen daher Mengen- und Zeitgrößen als Unterziele im Vordergrund. Inhalte fertigungswirtschaftlicher Ziele sind z. B. die Produktivitätssteigerung als Steigerung des Wirkungsgrades der eingesetzten Produktionsfaktoren, die Minimierung der Auftragsdurchlaufzeiten und die Verbesserung der Humanität der Arbeitsorganisation. Produktionswirtschaftliche Entscheidungen können strategischen und operativen Charakter besitzen. Die langfristig wirkenden strategischen Entscheidungen beziehen sich auf die Bestimmung der Produktarten sowie die globalen mengenmäßigen Begrenzungen (Produkt-Höchst- und -Mindestmengen), den Gesamtumfang der technisch-wirtschaftlichen Forschung und Entwicklung sowie die Auswahl von Projekten der Produkt- und Verfahrensforschung, die Auswahl der Fertigungsverfahren, die Festlegung der Kapazitäten der zugehörigen Kombinationen von Maschinen und Anlagen und die Festlegung der Basisorganisation für den Produktionsvollzug (Einsatzfolge bzw. Anordnung der Produktionsanlagen).

Durch in der Regel kurzfristig ausgelegte operative Produktionsentscheidungen werden die strategischen Rahmenbedingungen ausgefüllt. Operative Produktionsentscheidungen sind die Produktionsprogrammplanung, im Rahmen derer, ausgehend von den Daten der Absatzplanung, der art- und mengenmäßige Output in einer gegebenen Periode festgesetzt wird, und die Produktionsprozeßplanung, im Rahmen derer alle Entscheidungen zur Realisierung des geplanten Produktionsprogramms getroffen werden. Die Prozeßplanung umfaßt Entscheidungen über die einzusetzenden Verfahren, die Maschinenbelegung, Arbeitsverteilung, Auftragsterminierung, Festlegung der Losgrößen und die innerbetriebliche Steuerung von Fertigungsmaterial, Zwischenprodukten und Betriebsstoffen [8].

4.1.3 Absatz

Absatzpolitik ist die bewußte Beeinflussung und Steuerung des Absatzes aus der betrieblichen Zielsetzung heraus. Die Art absatzpolitischer Anstrengungen hängt stark davon ab, ob der Betrieb auf einem Verkäufer- oder einem Käufermarkt operiert. Auf Verkäufermärkten sind die Anbieter aufgrund von Güterknappheit und geringen Ausweichmöglichkeiten der Nachfrager in einer günstigen Lage. Auf Käufermärkten ist dagegen das Angebot relativ zur Nachfrage im Überfluß vorhanden, und die Käufer haben für sich befriedigende Ausweichmöglichkeiten unter konkurrierenden Anbietern.

Jeder Anbieter in einem Käufermarkt muß danach streben, in den Augen seiner aktuellen und potentiellen Käufer gewisse Vorteile gegenüber seinen Konkurrenten bieten zu können (komparative Konkurrenzvorteile), wenn sein Angebot nicht gegen das eines Konkurrenten unterliegen soll. Darüber hinaus wird ein Betrieb zur Sicherung seiner Existenz und seines Wachstums danach trachten, mit neuen Produkten in neue Märkte einzutreten. Diese Bestrebungen setzen voraus, daß sich die Absatzpolitik an den aktuellen und potentiellen Käufern orientiert. Die Konzeption der Absatzpolitik, die sich zur Erreichung der Ziele des Betriebes an den Bedürfnissen der Käufer orientiert, wird als *Marketing* bezeichnet. Ausgangspunkt der planmäßigen Gestaltung des Marketings ist die Abgrenzung des *relevanten Marktes*, der gegebenenfalls in mehrere Teilmärkte gegliedert werden kann *(Marktsegmentierung)*.

Marketing-Entscheidungen zielen auf die Beeinflussung der Märkte des Betriebes und die Nutzung der Marktsituation im Interesse des Betriebes ab. Inhalte von Marketing-Zielen sind der Markteintritt, die Verteidigung und Stärkung der Marktposition, die Änderung der Marktposition sowie der Marktaustritt.

Als Mittel zur Erreichung der Marketing-Ziele stehen verschiedene Instrumente zur Verfügung: Produkt- und Sortiments-, Kommunikations-, Vertriebs- und Kontrahierungspolitik.

Die *Produkt- und Sortimentspolitik* umfaßt alle Entscheidungen, die sich auf die Gestaltung einzelner Sach- und Dienstleistungen oder auf das ganze Sortiment (Vertriebsprogramm) beziehen.

Die *Kommunikationspolitik* ist der Gesamtbereich aller Maßnahmen eines Unternehmens, die auf die Beeinflussung der Käufer durch Kommunikation gerichtet sind. Durch *Werbung* werden Käufer mittels nichtpersönlicher Kommunikation über Medien angesprochen. Im Rahmen der Werbeentscheidung ist festzulegen, für welche Werbeobjekte (Leistungen des Betriebes), für welche Werbesubjekte (Adressaten der Werbung), mit welchen Werbebotschaften (Inhalt der Werbung), mit welchen Werbemitteln (gestalterische Umsetzung der Werbebotschaft), in welchen Werbemedien (Träger der Werbemittel [Presse, Rundfunk, Fernsehen usw.]) und mit welchem finanziellen Einsatz (Werbebudget) geworben werden soll. Der *Persönliche Verkauf* dient der unmittelbaren Bearbeitung der Kunden durch persönliche Kommunikation. *Verkaufsfördernde Maßnahmen* (Sales-promotion) unterstützen Werbung und Persönlichen Verkauf durch überwiegend kurzfristig wirkende Maßnahmen (Gutscheine, Preisausschreiben, zeitlich begrenzte Preisnachlässe).

Im Rahmen der *Vertriebspolitik* ist zunächst über den *Absatzweg* (Vertriebsweg) der Leistungen des Betriebes zu entscheiden. Durch Direktvertrieb werden im Gegensatz zum indirekten Vertrieb die Verwender unmittelbar unter Ausschaltung potentieller Absatzmittler (Handel) bearbeitet. Weitere Entscheidungen betreffen die *Marketing-Logistik*, die alle Entscheidungen zur physischen Bereitstellung der Güter umfaßt.

Die *Kontrahierungspolitik* umfaßt zunächst Entscheidungen über die Höhe des Preises einer Einzelleistung, über das Verhältnis des Preises eines bestimmten Marktgutes zum Preis anderer Absatzgüter, über die Preisermittlungsmethode einschließlich der Rabattgewährung und über die Einflußnahme auf die Preisentscheidung nachgelagerter Marktstufen. Darüber hinaus sind Entscheidungen über die Liefer- und Zahlungsbedingungen und über Kreditgewährungen zu treffen.

4.2 Das Finanzsystem

Dem Realgüterstrom entgegen läuft der Strom an Nominalgütern. Nominalgüter sind Geld und in Geldwerten ausgedrückte Güter (Forderungs- und Schuldtitel). Die aus der betrieblichen Tätigkeit hervorgebrachten Absatzgüter werden durch Verkauf auf den Absatzmärkten zu Geld. Dieses Geld wird wiederum dazu verwandt, Produktionsfaktoren zu beschaffen, Kredite zurückzuzahlen und Zahlungen an den Eigentümer und den Staat (Fiskus) zu leisten.

Die Notwendigkeit von Finanzierungsentscheidungen ergibt sich aus drei Problemkreisen.

Die Sicherstellung der *Kapitalaufbringung* ist das erste Grundproblem der Finanzierung. Real- und Nominalgüterstrom fließen nicht zeitgleich. Bevor aus der betrieblichen Tätigkeit Einzahlungen zu erwarten sind, müssen Auszahlungen für die Gründung des Betriebes, die Beschaffung von Produktions- und Verwaltungseinrichtungen und die Produktion geleistet werden. Da für die Güterbeschaffung Auszahlungen geleistet werden müssen, bevor aus dem Absatz der Güter Einzahlungen erzielt werden, entsteht ein Kapitalbedarf (Bild 4-1).

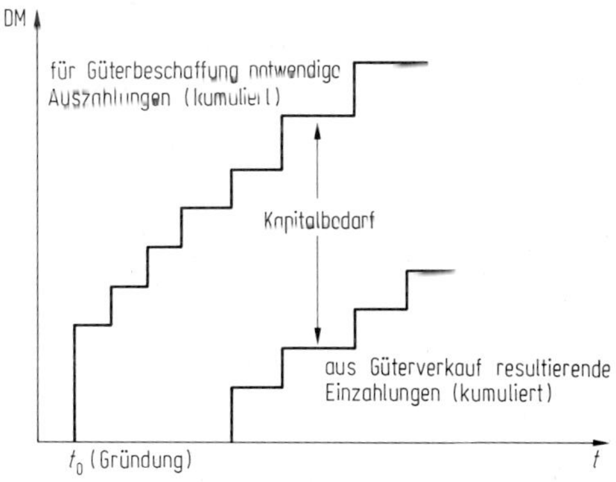

Bild 4-1. Kapitalbedarf [9].

Der Kapitalbedarf wird durch Finanzzahlungen von Kapitalgebern gedeckt.

Das zweite Grundproblem der Finanzierung ist die jederzeitige Sicherstellung des *finanziellen Gleichgewichts*. Der laufende Betrieb leistet täglich an verschiedene Empfänger Auszahlungen und erhält ebenso täglich von verschiedenen Geldgebern Einzahlungen. Diese Zahlungsströme müssen so gesteuert werden, daß das finanzielle Gleichgewicht des Betriebes gesichert ist, d. h. daß alle in einer Planperiode fälligen Zahlungsverpflichtungen ausgeglichen werden können. Ist dies nicht möglich, droht aufgrund der Rechtsordnung wegen Zahlungsunfähigkeit der Konkurs.

Das dritte Grundproblem der Finanzierung ist die Sicherung der *Eigenkapitalzuführung* bei großen Verlusten. Durch Erwirtschaftung von Verlusten wird das Eigenkapital aufgezehrt. Für den Fall der Aufzehrung des Eigenkapitals durch Verluste droht bei bestimmten Rechtsformen der Konkurs des Betriebes.

Arten der Finanzierung können nach der Kapitalherkunft in Außen- und Innenfinanzierung unterschieden werden. *Außenfinanzierung* bedeutet, daß das Kapital dem Betrieb von außen aus Kapitaleinlagen oder Kreditgewährung zufließt. Von *Innenfinanzierung* wird gesprochen, wenn die finanziellen Mittel aus dem Umsatzprozeß stammen. Dabei ist zwischen neu gebildeten Mitteln (z. B. Gewinn) und solchen Mitteln zu unterscheiden, die aus Vermögensumschichtung stammen (z. B. Verkauf von Gütern).

Nach der Rechtsstellung der Kapitalgeber kann zwischen *Eigenfinanzierung* (Zuführung von Eigenkapital, das die Haftung für die Verbindlichkeiten trägt) und *Fremdfinanzierung* (Zuführung von Gläubigerkapital) unterschieden werden. Beide Formen können Außen- und Innenfinanzierung sein [10].

4.3 Das soziale System

4.3.1 Die Organisation des Betriebes

Die Bewältigung komplexer Problemstellungen zur Erreichung der betrieblichen Ziele erzwingt eine Zerlegung und Verteilung der Sachaufgaben. Die Aufgabenteilung bedingt gleichzeitig ein sachliches, zeitliches und personelles Abstimmungs-(Koordinations-)Problem, wenn die Gesamtaufgabe zielgerecht erfüllt werden soll. Durch organisatorische Regelungen wird die Aufgabenteilung und Koordination der Teilaufgaben im Sinne einer möglichst reibungslosen Verwirklichung der Gesamtziele des Betriebes gestaltet.

Die Aufbauorganisation des Betriebes zeigt die Teilaufgaben der Aufgabenträger und die zwischen diesen bestehenden Beziehungen. Stehen die sachlichen, in Raum und Zeit ablaufenden

Prozesse im Vordergrund, die sich bei und zwischen den Aufgabenträgern vollziehen, spricht man von Ablauforganisation.
Die Gestaltungsvariablen der Organisationsstruktur des Betriebes lassen sich unterteilen in Aufgabenverteilung, Verteilung von Weisungsrechten, Verteilung von Entscheidungsrechten, Programmierung und das Kommunikationssystem.
Die *Aufgabenverteilung* (Spezialisierung) ist der Ausgangspunkt jeder Strukturierung einer Organisation. Sie umfaßt die Bildung von Teilaufgaben und die Bildung organisatorischer Einheiten als Träger von Teilaufgaben. Als Aufgabenträger kommen Stellen, Abteilungen und Kollegien in Frage.
Eine Stelle ist ein Aufgabenkomplex, der von einer dafür qualifizierten Person normalerweise bewältigt werden kann und der grundsätzlich unabhängig vom jeweiligen Stelleninhaber gebildet wird. Je nach den mit der Stelle verbundenen Handlungsrechten (Kompetenzen) können Ausführungs-, Leitungs- und Stabsstellen unterschieden werden. Ausführungsstellen sind im wesentlichen mit Ausführungs- und Zugriffskompetenzen ausgestattet. Bei Leitungsstellen konzentrieren sich Weisungs- und Entscheidungsrechte. Stabsstellen besitzen im wesentlichen Kompetenzen für die Durchführung der Planung und Kontrolle von Entscheidungen. Sie sollen bestimmte Leitungsstellen entlasten und besitzen keine Entscheidungs- oder Weisungsrechte.
Abteilungen sind nach einem bestimmten Kriterium dauerhaft zusammengefaßte Stellen, die von einer Leitungsstelle (Instanz) geleitet werden.
Kollegien (Komitees, Projektgruppen) werden von mehreren Personen auf Zeit gebildet, um eine ihnen zugewiesene Spezialaufgabe gemeinschaftlich zu bewältigen. Ansonsten erfüllen die Mitglieder des Kollegiums eigene Stellenaufgaben in ihrem eigentlichen Aufgabenbereich.
Die Aufgabenverteilung auf der von oben gesehen zweiten organisatorischen Ebene entscheidet über den sachlichen Globalaufbau des Betriebes (Abteilungsspezialisierung). Bei der verrichtungs- oder funktionsorientierten Organisation findet das Verrichtungskriterium bei der Aufgabengliederung Verwendung (Bild 4-2). Bei Anwendung des Objektkriteriums gestaltet sich die Organisation objektorientiert (Sparten-, Geschäftsbereichs- oder divisionalisierte Organisation; Bild 4-3). Die Objekte der Leistungserstellung können nach Produktart, Kundengruppe und Absatzregion differenziert werden. In der Praxis dominieren sowohl auf der zweiten als auch auf der dritten Gliederungsebene Mischformen der Gliederungsprinzipien.
Die *Verteilung von Weisungsrechten* soll zu einer möglichst reibungslosen Abstimmung der Teilaufgabenerfüllung zwischen den organisatorischen Einheiten durch persönliche Einflußnahme und Verantwortung eines Vorgesetzten beitragen. Die Gestaltung des Weisungsrechts wird im sogenannten Einliniensystem dadurch geregelt, daß jeder Untergebene nur von seinem direkten Vorgesetz-

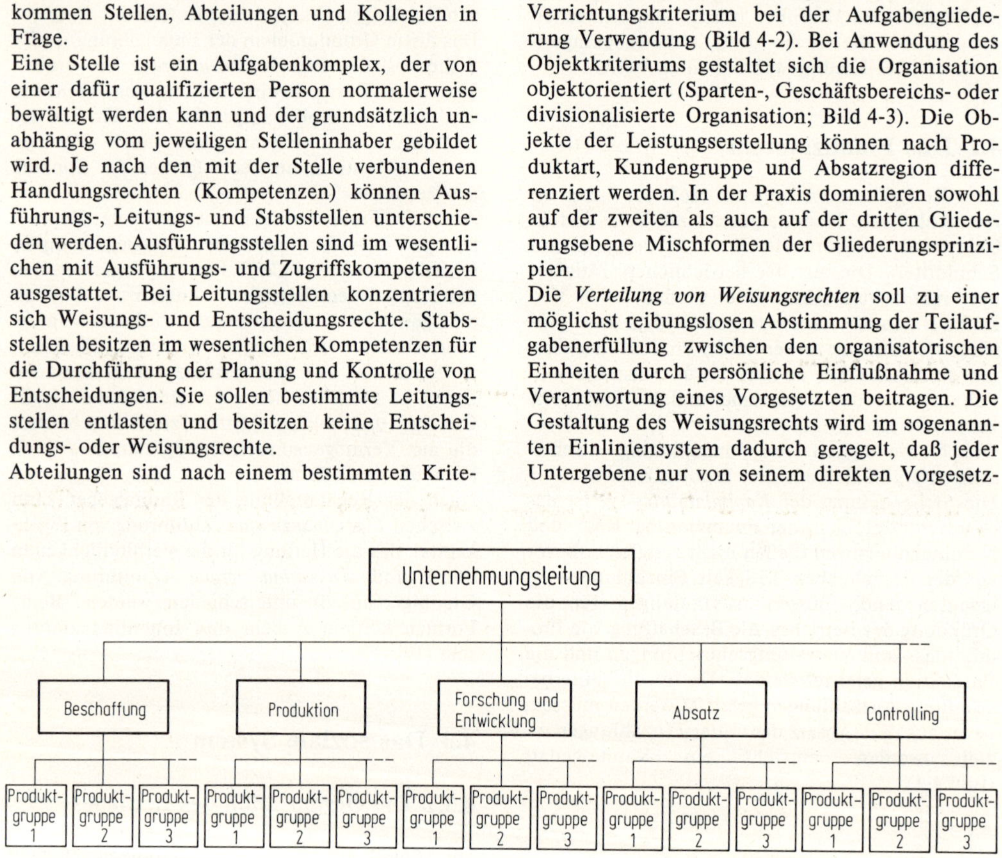

Bild 4-2. Funktionsorientierte Organisation des Betriebes (Beispiel).

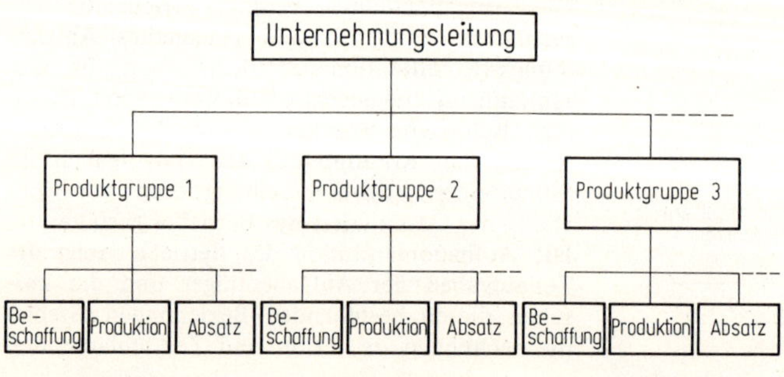

Bild 4-3. Objektorientierte Organisation des Betriebes (Beispiel).

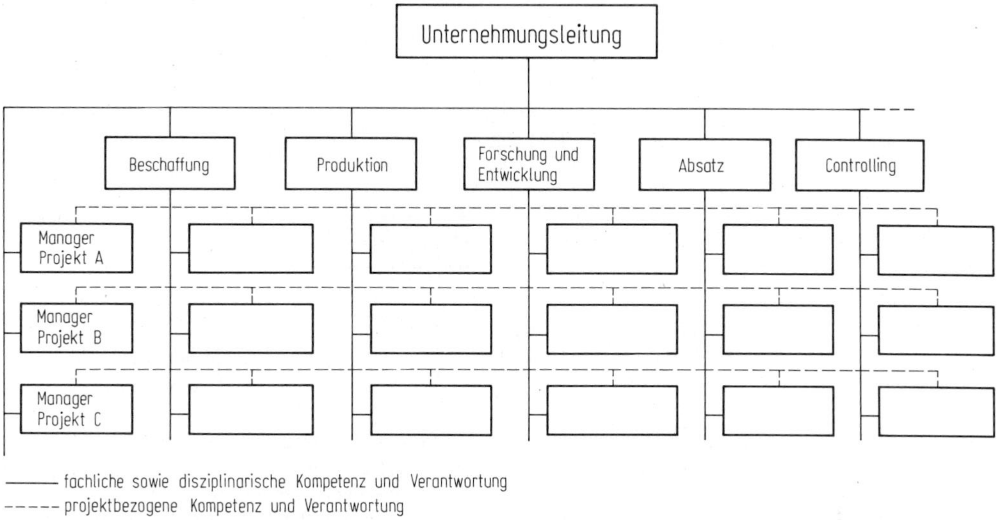

Bild 4-4. (Projekt-)Matrix-Organisation (Beispiel).

ten Weisungen erhält, dem er auch allein für die Aufgabenerfüllung verantwortlich ist. Zur Bewältigung des Überforderungsproblems von Vorgesetzten kann das Einlinien- zum Stabliniensystem erweitert werden, indem spezialisierte Stabsstellen außerhalb der Linie eingerichtet werden. Im Mehrliniensystem sind nachgeordnete Stellen mehrfach unterstellt. Bei der echten Matrixorganisation wird unterhalb der Betriebsleitungsebene quer zur verrichtungsorientierten Linienorganisation eine objektorientierte Linienorganisation, die nach Produkten, Regionen, Kunden oder Projekten gegliedert ist, eingeführt (Bild 4-4). Die Stellen mit verrichtungs- und objektorientierter Aufgabenzuordnung sind gleichberechtigt gegenüber Unterabteilungen. Durch die spezialisierte Weisungsbefugnis nach den beiden Kriterien soll eine qualifizierte und zugleich rechtzeitige Koordination erreicht werden.

Durch *Verteilung von Entscheidungsrechten* wird die inhaltliche Gestaltungskompetenz der Aufgabenerfüllung in Betrieben geregelt. Durch Delegation werden Entscheidungsrechte weitergegeben. Partizipation betrifft die Frage, in welchem Ausmaß die Personen einer nachgeordneten Ebene an der Entscheidungsfindung der übergeordneten Ebene beteiligt sind.

Durch *Programmierung* wird das Problemlösungsverhalten von Aufgabenträgern im Betrieb durch Vorgabe allgemeiner Instruktionen gesteuert. Diese können sich im wesentlichen beziehen auf Abläufe, Verfahrensrichtlinien, Planungs- und Kontrollsysteme und das Ausmaß der Dokumentation des betrieblichen Geschehens.

Durch das *Kommunikationssystem* wird die Art und Weise der Informationsübertragung zwischen Personen geregelt [11].

4.3.2 Personalwirtschaft

Das Grundproblem der Personalwirtschaft besteht darin, einen quantitativ, qualitativ, zeitlich und räumlich differenzierten Personalbedarf mit einem entsprechend differenzierten Personalbestand zu decken. Der *Personalbedarf* leitet sich aus den Teilplänen der Bereiche des Betriebes ab. Ermittelte Abweichungen zwischen vorhandener (Istbestand) und benötigter personeller Kapazität (Sollbestand) führen zum jeweiligen Betrachtungszeitpunkt zum Ausweis einer erwarteten personellen Über- oder Unterdeckung oder Deckung.

Entscheidungen über die *Personalbeschaffung* werden bedingt durch das Angebot auf den Beschaffungsmärkten und die Dauer des Personalbedarfs. Die Personalbeschaffung kann auf dem betriebsinternen Arbeitsmarkt durch die Veränderung bestehender Arbeitsverträge/-bedingungen (Überstunden, Versetzung, Übergang von Teil- zu Vollzeitarbeit) oder auf dem externen Arbeitsmarkt durch Abschluß neuer Verträge (Einstellung, Personalleasing) erfolgen.

Personalabbau kann auf dem betriebsinternen Arbeitsmarkt durch Abbau von Überstunden, Kurzarbeit, Übergang von Voll- zu Teilzeitarbeit und Versetzung erfolgen. Auf den externen Arbeitsmarkt bezogene Maßnahmen sind die Förderung freiwilligen Ausscheidens und die Entlassung.

Durch *Personalentwicklung* wird die Qualifikation der Mitarbeiter für die Zukunft zu sichern gesucht. Aufbauend auf der Analyse des Qualifikationsbedarfs sind Entscheidungen über ein Bildungsprogramm zu treffen. Dabei kann zwischen eigenerstellten Bestandteilen des Bildungsprogramms (Weiterbildung am Arbeitsplatz, firmeneigene Bildungszentren) und fremdbeschafften

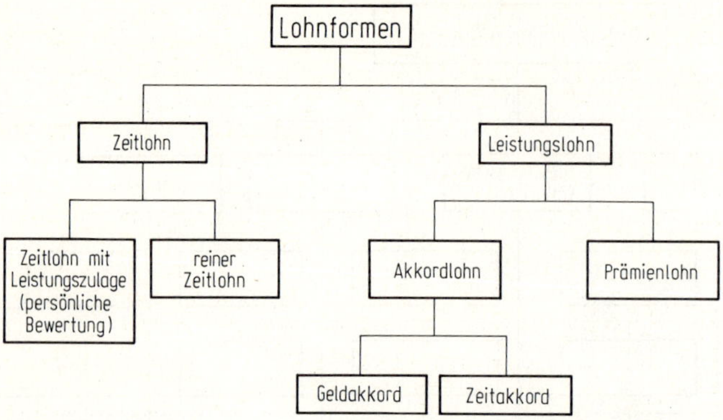

Bild 4-5. Lohnformen [12].

Bestandteilen (Bildungsurlaub, Weiterbildung auf betriebsexternen Seminaren) unterschieden werden.

Zur *Förderung der Leistungsbereitschaft* der Mitarbeiter muß über den Einsatz monetärer und nichtmonetärer Anreize entschieden werden.

Monetäre Anreize werden primär durch das *Entlohnungssystem* vermittelt. Die Formen des Entgelts für die menschliche Arbeitsleistung sind Zeit- und Leistungslohn (Bild 4-5). Beim Zeitlohn wird ein bestimmter Lohnsatz für eine definierte Zeiteinheit festgelegt (reiner Zeitlohn). Zur Schaffung eines unmittelbar wirksamen Lohnanreizes kann der reine Zeitlohn durch Leistungszulagen, die auf subjektiv eingeschätzten Kriterien von Vorgesetzten beruhen, ergänzt werden. Akkordlöhne als Form des Leistungslohns werden für eine vorgegebene Zeit (Zeitakkord) oder als fester Geldwert für eine Produktionseinheit (Geldakkord) gezahlt und sind damit unmittelbar abhängig vom Leistungsergebnis. Beim Prämienlohn erhält der Mitarbeiter zum Grundlohn nach objektiven, vorher festgelegten Kriterien ein Zusatzentgelt (Prämie) für eine bestimmte erbrachte Leistung.

Nichtmonetäre Leistungsanreize können durch die *Gestaltung des Personaleinsatzes* vermittelt werden. Ziel der Personaleinsatzplanung ist die Realisierung der bestmöglichen Zuordnung von Arbeitskräften und Arbeitsplätzen unter Berücksichtigung von Arbeitsplatzsicherheit und Aufstiegsmöglichkeiten.

4.3.3 Mitarbeiterführung

Mitarbeiterführung ist die Beeinflussung des Verhaltens und der Einstellung von einzelnen Mitarbeitern sowie die Beeinflussung der Interaktionen in und zwischen innerbetrieblichen Systemen. Führungszweck ist die gemeinsame Erreichung bestimmter Ziele.

Zur Wahrnehmung ihrer Führungsaufgabe können die Vorgesetzten unterschiedliche Verhaltensweisen wählen, d. h. sie können unterschiedliche Führungsstile pflegen. Der Führungsstil besteht in einem relativ konstanten Führungsverhalten, das durch eine persönliche Grundeinstellung des Vorgesetzten gegenüber Mitarbeitern geprägt wird.

Führungsstile können nach dem Ausmaß der Anwendung von Autorität durch den Vorgesetzten und dem Ausmaß an Entscheidungsfreiheit der Mitarbeiter auf einem Kontinuum vom extrem vorgesetzten-zentrierten (autoritären) zum extrem mitarbeiter-zentrierten (demokratischen) Führungsverhalten geordnet werden. Bei autoritärem Führungsstil entscheidet der Vorgesetzte und ordnet an. Bei patriarchalischer Führung entscheidet der Vorgesetzte zwar, er ist aber bestrebt, die Mitarbeiter von seinen Entscheidungen vor deren Anordnung zu überzeugen. Beratender Führungsstil liegt vor, wenn der Vorgesetzte vor seiner Entscheidung Fragen gestattet, um durch deren Beantwortung die Akzeptierung seiner Entscheidung zu erreichen. Ein Führungsstil ist kooperativ, wenn der Vorgesetzte, bevor er die endgültige Entscheidung trifft, die Mitarbeiter informiert und zum Entscheidungsgegenstand befragt. Partizipativer Führungsstil beinhaltet die Entwicklung von Vorschlägen durch die Mitarbeiter, aus denen der Vorgesetzte einen wählt. Beim demokratischen Führungsstil entscheidet die Gruppe, nachdem der Vorgesetzte zuvor das Problem aufgezeigt und die Grenzen des Entscheidungsspielraums festgelegt hat, oder der Vorgesetzte fungiert lediglich als Koordinator der Entscheidung [13].

4.4 Das Informationssystem

4.4.1 Informationssysteme des Betriebes

Elemente eines Informationssystems sind Menschen, Organisationseinheiten und Maschinen (Datenverarbeitungsanlagen). Die Elemente stehen zum Informationsaustausch in Wechselbeziehung zueinander. Informationssysteme sollen die Informationen liefern, die zur Planung, Entschei-

dung, Durchführung und Kontrolle der Maßnahmen in den betrieblichen Funktionsbereichen benötigt werden. Informationssysteme sollen geeignet sein, das Problemlösungsverhalten im Sinne einer rationalen Betriebsführung zu verbessern.
Teilinformationssysteme eines denkbaren umfassenden betrieblichen Informationswesens (Management-Informations-System) sind das Personalinformationssystem [14], das Marketinginformationssystem [15], das Produktionsinformationssystem [16], das Logistikinformationssystem [17] und das Finanzinformationssystem. Im folgenden werden zwei der wichtigsten speziellen Informationssysteme erläutert.

4.4.2 Das externe Rechnungswesen

Das Rechnungswesen als Informationssystem des Betriebes stellt Informationen über wirtschaftliche Tatbestände wie den Erfolg des Betriebes, seine Zahlungsfähigkeit und sein Wachstum zur Verfügung. Das externe Rechnungswesen umfaßt den Jahresabschluß mit der Bilanz, der Gewinn- und Verlustrechnung und gegebenenfalls dem Anhang und den Lagebericht. Im Gegensatz zu den Rechenwerken des internen Rechnungswesens sind Aufstellung, Inhalt, Prüfung und Veröffentlichung der externen Rechnungslegung gesetzlich reglementiert. Die Interessentengruppen der externen Rechnungslegung sind Gläubiger, die Informationen über die Zahlungsfähigkeit des Betriebes benötigen, Anteilseigner, die Informationen über die Erfolgsentwicklung und Ausschüttungspolitik des Betriebes benötigen, Belegschaft und Öffentlichkeit, die über die wirtschaftliche Entwicklung des Betriebes informiert sein wollen, und die Leitung des Betriebes, für die der Jahresabschluß die Grundlage für die Finanzierungs- und Ausschüttungspolitik darstellt.
Zur Befriedigung der teilweise konkurrierenden Informationsbedürfnisse ist im HGB geregelt, daß der Jahresabschluß ein den tatsächlichen Verhältnissen entsprechendes Bild der Vermögens-, Finanz- und Ertragslage zu vermitteln hat. Besonders umfangreiche gesetzliche Vorschriften existieren für große Kapitalgesellschaften. Diese werden im folgenden zugrunde gelegt. Während alle Kaufleute gesetzlich verpflichtet sind, einen Jahresabschluß zu erstellen (Bilanz und Gewinn- und Verlustrechnung), müssen Kapitalgesellschaften ihren Jahresabschluß um den sogenannten Anhang erweitern und einen Lagebericht erstellen.
In der *Bilanz* werden in zusammengefaßter Form die Vermögensteile (Aktiva) und die Schulden (Passiva) eines Betriebes gegenübergestellt und durch das Reinvermögen (Eigenkapital) zum Ausgleich gebracht. Grundlage der Bilanz ist das Inventar, das ein ausführliches, nach Art, Menge und Wert gegliedertes Verzeichnis aller Vermögensgegenstände und Schulden darstellt. Das Inventar seinerseits ist Ergebnis der Inventur, die die obligatorische Tätigkeit der jährlichen art-, mengen- und wertmäßigen Bestandsaufnahme aller Vermögensteile und Schulden des Betriebes umfaßt. Der Grundaufbau der Bilanz kann entsprechend den Gliederungsvorschriften des § 266 HGB in folgender Form dargestellt werden (Bild 4-6).
Aktiv- und Passivseite der Bilanz geben in unterschiedlicher Weise Auskunft über das im Betrieb vorhandene Kapital. Die rechte Seite der Bilanz (Passivseite) zeigt, wer die zur Anschaffung der Vermögensgegenstände erforderlichen Mittel zur Verfügung gestellt hat. Die Passivseite weist somit die Quellen des Kapitals, die Kapitalherkunft, aus (Eigen- oder Fremdkapital). Die Aktivseite zeigt dagegen die Kapitalverwendung auf (Vermögensformen). Eine direkte Zuordnung der Positionen der Passivseite zu bestimmten Positionen der Aktivseite der Bilanz ist nicht möglich. Die Summe beider Bilanzseiten ist stets gleich. Der Ausgleich erfolgt durch die Positionen „Jahresüberschuß" bzw. „Jahresfehlbetrag".
Unter dem Anlagevermögen werden sämtliche Vermögensgegenstände des Betriebes ausgewiesen, die dauernd dem Geschäftsbetrieb zu dienen bestimmt sind. Immaterielle Vermögensgegenstände des Anlagevermögens beinhalten Konzessionen, Lizenzen, Schutzrechte und den Geschäfts- oder Firmenwert. Sachanlagen sind materielles Anlagevermögen, das dem Betrieb zur Nutzung bereitstellt wie Grundstücke und Anla-

Aktiva	Passiva
A. Anlagevermögen I. Immaterielle Vermögensgegenstände II. Sachanlagen III. Finanzanlagen	A. Eigenkapital I. Gezeichnetes Kapital II. Kapitalrücklage III. Gewinnrücklagen IV. Gewinnvortrag / Verlustvortrag V. Jahresüberschuß/-fehlbetrag
B. Umlaufvermögen I. Vorräte II. Forderungen und sonstige Vermögensgegenstände III. Wertpapiere IV. Schecks, Kassenbestand, Guthaben bei Kreditinstituten	B. Rückstellungen C. Verbindlichkeiten D. Rechnungsabgrenzungsposten
C. Rechnungsabgrenzungsposten	

Bild 4-6. Bilanz.

gen. Zu Finanzanlagen gehören insbesondere Beteiligungen und Ausleihungen an verbundene Unternehmen. Das Umlaufvermögen umfaßt Vermögensgegenstände, die dem Betrieb nur kurzfristig dienen.

Das gezeichnete Kapital ist der Teil des Eigenkapitals, auf den die Haftung der Gesellschafter oder Aktionäre für die Verbindlichkeiten des Betriebes gegenüber den Gläubigern beschränkt ist. In die Kapitalrücklage sind im wesentlichen die Differenzbeträge zwischen Emissionskurswert und Nennwert bei der Ausgabe von Anteilen und Schuldverschreibungen einzustellen. In der Gewinnrücklage werden Beträge ausgewiesen, die aus Gewinnen gebildet worden sind (thesaurierte Gewinne). Der Gewinn- oder Verlustvortrag ist der Rest, der nach der Ergebnisverwendung im Vorjahr verblieben ist. Der Jahresüberschuß oder -fehlbetrag zeigt die Höhe des im abgelaufenen Geschäftsjahr erwirtschafteten Ergebnisses an und entspricht dem in der Gewinn- und Verlustrechnung ausgewiesenen Saldo aus Aufwendungen und Erträgen. Rückstellungen sind Verpflichtungen gegenüber Dritten, die aber dem Grunde und/oder der Höhe nach ungewiß sind und in der Periode ihrer Entstehung aufwandswirksam passiviert werden. Unter Verbindlichkeiten sind im Gegensatz zu den Rückstellungen ausschließlich Verpflichtungen verbucht, die hinsichtlich der Höhe und der Fälligkeit feststehen.

Aktive und passive Rechnungsabgrenzungsposten berichtigen Aufwendungen bzw. Erträge, die infolge von Ausgaben bzw. Einnahmen bereits im alten Jahr gebucht sind, wirtschaftlich jedoch in die Erfolgsrechnung des neuen oder eines späteren Geschäftsjahres gehören.

Bei der Bilanzaufstellung sind zwei grundsätzlich voneinander verschiedene, aber aufeinander folgende Bilanzierungsentscheidungen zu treffen. Zunächst ist zu entscheiden, ob ein Wirtschaftsgut (Vermögensgegenstände, Schulden) in die Bilanz aufzunehmen ist (Bilanzierung dem Grunde nach). Wenn diese Entscheidung positiv ausfällt, ist zu entscheiden, mit welchem Wert das Wirtschaftsgut anzusetzen ist (Bilanzierung der Höhe nach).

Die Entscheidung, ob ein Wirtschaftsgut in die Bilanz aufzunehmen ist, orientiert sich zunächst am Grundsatz der vollständigen Aufnahme aller Vermögensgegenstände und Schulden. Ausnahmen dieses Bilanzierungsgebots ergeben sich durch Bilanzierungsverbote und Bilanzierungswahlrechte. Bilanzierungsverbote liegen insbesondere vor, wenn das rechtliche oder wirtschaftliche Eigentum fehlt, wenn es sich um selbstgeschaffene immaterielle Werte handelt oder wenn ein selbstgeschaffener Geschäfts- oder Firmenwert vorliegt. Bei den Bilanzierungswahlrechten bleibt es dem Betrieb überlassen, ob ein Gut in die Bilanz aufgenommen werden soll. Wahlrechte bestehen z. B. beim entgeltlich erworbenen Geschäfts- oder Firmenwert, beim Damnum von Verbindlichkeiten oder bei bestimmten Rückstellungen.

Bei der Bilanzierung der Höhe nach geht es um die Prinzipien zur Bewertung der Wirtschaftsgüter, die der Gesetzgeber für die Wertansätze in der Bilanz vorschreibt. Zur Begrenzung des Bewertungsspielraums und um überhöhte Gewinnausschüttungen zu Lasten der Haftungssubstanz zu vermeiden (Gläubigerschutz), muß die Bewertung dem Vorsichtsprinzip entsprechen. Konkretisiert wird das Vorsichtsprinzip bei der Bewertung der Aktiva durch Höchstwertvorschriften und bei der Bewertung von Passiva durch Mindestwertvorschriften. Vermögensgegenstände sind höchstens mit deren Anschaffungs- oder Herstellungskosten bzw. Verbindlichkeiten mindestens mit deren Rückzahlungsbetrag anzusetzen. Damit andererseits durch eine zu großzügige Auslegung des Vorsichtsprinzips ein zu niedriger Erfolgsausweis aus Gründen des Anteilseignerschutzes verhindert wird, müssen Mindestwertvorschriften bei der Bewertung von Aktiva und Höchstwertvorschriften bei der Bewertung von Passiva berücksichtigt werden.

Aus dem Vorsichtsprinzip leiten sich das Realisationsprinzip für die Berücksichtigung von Gewinnen und das Imparitätsprinzip für die Behandlung von vorhersehbaren Verlusten ab. Das Realisationsprinzip besagt, daß Gewinne nur auszuweisen sind, wenn sie am Abschlußtag realisiert, d. h. durch Umsatz in Erscheinung getreten sind. Dadurch soll die Ausschüttung noch nicht erzielter Gewinne verhindert werden. Im Gegensatz zum Verbot des Ausweises nichtrealisierter Gewinne im Jahresabschluß müssen nach dem Imparitätsprinzip alle vorhersehbaren Verluste (also auch nicht realisierte) berücksichtigt werden, die bis zum Abschlußstichtag oder zwischen Abschlußstichtag und Tag der Aufstellung des Jahresabschlusses bekanntgeworden sind.

Das strenge Niederstwertprinzip gilt für die Bewertung des Umlaufvermögens am Abschlußstichtag. Es besagt, daß von zwei möglichen Wertansätzen (Anschaffungskosten versus Wert am Abschlußstichtag) stets der niedrigere anzusetzen ist. Das gemilderte Niederstwertprinzip gilt für das Anlagevermögen. Hier muß nur dann der niedrigere Wert angesetzt werden, wenn es sich um eine voraussichtlich dauernde Wertminderung des Anlagegegenstandes handelt.

Entsprechend gilt für die Bewertung der Passiva das Höchstwertprinzip, das besagt, daß für die Bewertung von Verbindlichkeiten bei einem höheren aktuellen Wert der Verbindlichkeit gegenüber dem Wert zum Zeitpunkt des Eingangs der Verbindlichkeit der höhere zu passivieren ist.

Im Gegensatz zur zeitpunktbezogenen Bestandsrechnung der Bilanz ist die *Gewinn- und Verlustrechnung* eine periodenbezogene Rechnung mit Stromgrößen. Das Handelsgesetz schreibt für alle Kaufleute vor, am Schluß eines jeden Geschäfts-

jahres die Aufwendungen und Erträge des Geschäftsjahres einander gegenüberzustellen. Der Saldo aus Erträgen und Aufwendungen weist den wirtschaftlichen Erfolg des Betriebes (Jahresüberschuß, -fehlbetrag) in der betrachteten Periode aus.
Aufwand ist der bewertete Verbrauch an Wirtschaftsgütern in einer Periode. Der Aufwand des Betriebes gliedert sich in Zweckaufwand und neutralen Aufwand. Der Zweckaufwand ist derjenige Teil des Gesamtaufwands, der auf den Betriebszweck gerichtet und in der betrachteten Periode verursacht worden ist. Neutraler Aufwand ist entweder nicht auf den Betriebszweck gerichtet (betriebsfremder Aufwand), in einer anderen Periode verursacht (periodenfremder Aufwand) oder er ist in der Höhe nach außerordentlich (außerordentlicher Aufwand). Der Ertrag umfaßt den Bruttowertzuwachs in einer Periode. Analog zum Aufwand kann zwischen Zweckertrag und neutralem Ertrag unterschieden werden.
Folgt man dem Gesamtkostenverfahren als einer vom Handelsgesetz vorgesehenen Möglichkeit zur Aufstellung der Gewinn- und Verlustrechnung (§ 275 Abs. 2 HGB), zeigt sich folgender Grundaufbau der Gewinn- und Verlustrechnung (Bild 4-7).
Ausgangspunkt der Gewinn- und Verlustrechnung sind die Umsatzerlöse, die sich aus Verkauf, Vermietung und Verpachtung von Waren und Erzeugnissen sowie der Erbringung von Dienstleistungen ergeben. Da nach dem Gesamtkostenverfahren den Umsatzerlösen sämtliche Aufwendungen der Periode gegenübergestellt werden, müssen Abweichungen zwischen produzierter und abgesetzter Menge zur periodengerechten Erfolgsermittlung berücksichtigt werden. Für den Fall, daß die Produktionsmenge die Absatzmenge übersteigt, werden die Lagerbestandserhöhungen als Erträge erfaßt. Für den Fall, daß die Absatzmenge die Produktionsmenge übersteigt, wird die Minderung des Bestandes an fertigen und unfertigen Erzeugnissen als Aufwand erfaßt. Unter Berücksichtigung aller weiteren Erträge und der Aufwendungen des Betriebes in der Periode wird durch entsprechende Saldierung der Größen der Jahresüberschuß bzw. -fehlbetrag festgestellt.

	Umsatzerlöse
+/−	Erhöhung oder Verminderung des Bestandes an fertigen und unfertigen Erzeugnissen
+	betriebliche Erträge (ohne außerordentliche Erträge)
−	betriebliche Aufwendungen (ohne außerordentliche Aufwendungen)
	Ergebnis der gewöhnlichen Geschäftstätigkeit
+	außerordentliche Erträge
−	außerordentliche Aufwendungen
	außerordentliches Ergebnis
−	Steuern vom Einkommen, vom Ertrag und sonstige Steuern
	Jahresüberschuß / Jahresfehlbetrag

Bild 4-7. Der Grundaufbau der Gewinn- und Verlustrechnung.

Der *Anhang* stellt den dritten konstitutiven Teil des Jahresabschlusses dar. Im Anhang sind die einzelnen Positionen der Bilanz und der Gewinn- und Verlustrechnung entsprechend den gesetzlichen Vorschriften ausführlich zu erläutern, und es sind diejenigen Angaben zu machen, die aufgrund eines Wahlrechtes nicht in der Bilanz oder Gewinn- und Verlustrechnung erscheinen.
Über den Jahresabschluß hinaus ist von Kapitalgesellschaften ein *Lagebericht* aufzustellen. Dieser soll auf Vorgänge von besonderer Bedeutung, die nach dem Schluß des Geschäftsjahres eingetreten sind, die voraussichtliche Entwicklung der Kapitalgesellschaft und den Bereich Forschung und Entwicklung eingehen [18].

4.4.3 Das interne Rechnungswesen

Adressat des internen Rechnungswesens ist ausschließlich die Leitung des Betriebes. Das interne Rechnungswesen wird aus rein innerbetrieblichen Überlegungen heraus gestaltet, um die Steuerung der betrieblichen Prozesse zu ermöglichen, es wird freiwillig erstellt, und seine Ergebnisse werden nicht veröffentlicht.
Spezielle Rechenwerke des internen Rechnungswesens sind die Kosten- und Leistungsrechnung [19] und die Wirtschaftlichkeitsrechnung (Investitionsrechnung).
Die *Kosten- und Leistungsrechnung* verfolgt verschiedene Zwecke. In den Fällen, in denen kein Marktpreis für Produkte gegeben ist, dient die Kostenrechnung der Preiskalkulation. Soll geprüft werden, ob zu einem bestimmten, vorgegebenen Preis eine Leistung angeboten werden soll, spricht man von Preisbeurteilung. Die Wirtschaftlichkeitskontrolle soll Schwachstellen (Unwirtschaftlichkeiten) aufdecken. Aufgabe der Kostenrechnung ist in diesem Fall die Vorgabe von Höchstwerten, wieviel je Kostenart für eine bestimmte Forschungs-, Entwicklungs-, Produktions- oder Vertriebsaufgabe verbraucht werden darf, ohne daß die Durchführung unwirtschaftlich wird. Weiter dient die Kostenrechnung der Gewinnung von Unterlagen für Entscheidungsrechnungen, mit denen der relative Nutzen von Handlungsmöglichkeiten bestimmt wird (z. B. Verfahrensvergleiche, Programmplanung, Auftragsentscheidungen). Die Aufgabe der Erfolgsermittlung wird durch Gegenüberstellung von Leistung und Kosten für den Betrieb als ganzen oder für bestimmte Bereiche desselben in einer Periode durch die Kosten- und Leistungsrechnung bewältigt. Schließlich kann die Kosten- und Leistungsrechnung die notwendigen Informationen für die Bewertung von fertigen und unfertigen Erzeugnissen im Jahresabschluß bereitstellen.
Die Rechengrößen der Kosten- und Leistungs-

rechnung sind Kosten und Leistung. *Kosten* sind betriebszweckbezogener, bewerteter Güterverzehr. Im Gegensatz zum Aufwand wird in den Kosten nicht der gesamte Güterverzehr einer Periode erfaßt, sondern ausschließlich der Verzehr, der dem Betriebszweck innerhalb einer Periode dient. Betriebsfremde, außerordentliche und periodenfremde Güterverzehre werden also nicht berücksichtigt. Auf der anderen Seite werden als Kosten Güterverzehre erfaßt, die nicht Aufwand sind. Diese Kosten werden als kalkulatorische Kosten bezeichnet. Kalkulatorische Kosten können Güterverzehre sein, die der Sache nach zwar sowohl Aufwand als auch Kosten sind, die in der Kostenrechnung jedoch in ihrem Mengen- und/oder Wertgerüst anders behandelt werden als im externen Rechnungswesen (Anderskosten). Kalkulatorische Kosten können auch Güterverzehre sein, denen überhaupt kein Aufwand entspricht (Zusatzkosten).

Leistung ist die bewertete, betriebszweckbezogene Güterentstehung in einer Periode. Analog zur Abgrenzung der Kosten vom Aufwand umfaßt die Leistung nicht die betriebsfremde, außerordentliche und periodenfremde Entstehung von Gütern. Auf der anderen Seite kann Leistung im Prinzip auch über den im externen Rechnungswesen ermittelten Ertrag hinausgehen, wenn kalkulatorisch zusätzliche Güterentstehung berücksichtigt wird.

Kosten können nach verschiedenen Merkmalen klassifiziert werden. Nach der Abhängigkeit der Kostenhöhe von Kosteneinflußgrößen unterteilt man in fixe und variable Kosten. Als Kosteneinflußgröße wird in der Regel die Beschäftigung (Leistungs- bzw. Ausbringungsmenge) herangezogen. Fixe Kosten (Bereitschaftskosten) sind in ihrer Höhe unabhängig, variable Kosten (Leistungskosten) sind in ihrer Höhe abhängig von Beschäftigungsänderungen.

Die Unterscheidung von Einzel- und Gemeinkosten hebt auf die Verursachung der Kosten und auf die Zurechnung der Kosten zu den Bezugsobjekten der Kostenrechnung (z. B. Leistungseinheit, Auftrag) ab. Einzelkosten sind Kosten, die von einem Bezugsobjekt einzeln verursacht und der einzelnen Leistungseinheit aufgrund genauer Aufzeichnungen unmittelbar zugeordnet werden. Gemeinkosten sind solche Kosten, die dem einzelnen Bezugsobjekt nicht unmittelbar zugerechnet werden. Sie sind Kosten, die für mehr als eine Leistungseinheit gemeinsam anfallen.

Die Unterstützung der betrieblichen Steuerung durch die Kosten- und Leistungsrechnung setzt voraus, daß die Zahlen, die als Kosten und Leistung erfaßt werden, die realen Gegebenheiten des Betriebes wirklich widerspiegeln. Die Zahlen müssen objektiv, d. h. prinzipiell durch Belege überprüfbar sein. Ferner müssen die Kosten vollständig, genau und aktuell erfaßt werden. Dabei geht es bei all diesen Prinzipien nicht um größtmögliche Erfüllung, vielmehr tritt das Prinzip der Wirtschaftlichkeit der Kostenerfassung und -verrechnung als Korrektiv neben die genannten Prinzipien.

Die Erfassung der Kosten erfolgt im Zeitpunkt des Güterverbrauchs durch z. B. Materialentnahmescheine, Lohnzettel, Gehaltslisten. Die betriebliche Leistung ergibt sich aus den Rechnungsbelegen einer Periode (verkaufte Leistung, Erlös), die nicht verkaufte Leistung wird durch Inventur erfaßt.

Die Zurechnung von Kosten bzw. Leistung auf das Bezugsobjekt erfolgt grundsätzlich nach dem Verursachungsprinzip, das eine Zurechnung nur dann zuläßt, wenn Kosten bzw. Leistung tatsächlich von diesem Bezugsobjekt allein verursacht worden sind. Die Zurechnung nach dem Verursachungsprinzip ist nur bei Einzelkosten und einzeln zurechenbarer Leistung möglich. Wenn allerdings in einer Vollkostenrechnung alle Kosten der Periode auf die Bezugsobjekte zugerechnet werden sollen (Kostenüberwälzungsprinzip), müssen für die Zurechnung der Gemeinkosten Hilfsprinzipien herangezogen werden. Nach dem Beanspruchungsprinzip werden die Kosten von Produktionsfaktoren, die in unterschiedlichen Quanten beschafft und verbraucht werden (Potentialfaktoren, z. B. Maschine), nach Maßgabe von deren Inanspruchnahme durch die Bezugsobjekte zugerechnet. Nach dem Durchschnittsprinzip werden die Gemeinkosten in gleichen Anteilen auf die Bezugsobjekte verteilt. Nach dem Kostentragfähigkeitsprinzip werden die Gemeinkosten nach Maßgabe der Kostentragfähigkeit der Produkte bzw. Aufträge im Markt auf die Bezugsobjekte verteilt.

Je nach Art der Entscheidung, die durch Informationen der Kosten- und Leistungsrechnung fundiert werden soll, und je nach den Umständen, unter denen die Entscheidung getroffen wird, müssen unterschiedliche Informationen bereitgestellt werden. Auf diese Weise ist eine Fülle von verschiedenen Rechnungsarten entstanden, die jeweils ihre eigenständige Bedeutung haben. Die Rechnungsarten können durch vier Merkmale beschrieben werden.

a) Nach dem Bezugsobjekt der Rechnung kann unterschieden werden, ob die Kosten bzw. Leistung für den Gesamtbetrieb in einer Periode, für Bereiche des Gesamtbetriebs in einer Periode oder für Einzelobjekte (das einzelne Erzeugnis, Projekt oder der einzelne Auftrag) ermittelt werden.
b) Nach dem Umfang der Kostenerfassung und -verrechnung bei dem Bezugsobjekt wird in Voll- und Teilrechnung differenziert. Bei der Vollrechnung werden alle Kosten des Betriebes in der Periode auf die Bezugsobjekte verteilt. Bei der Teilrechnung werden nur bestimmte Teile der Gesamtkosten (Einzelkosten oder variable Kosten) bei den Bezugsobjekten ausgewiesen, die verbleibenden Kosten müssen

			Gesamtbetriebsrechnung	Bereichsrechnung	Objektrechnung
Vollrechnung	Vollrechnung als reine Istrechnung	als reine Kostenrechnung	Kostenartenrechnung	Kostenstellenrechnung (BAB)	Kostenträgerstückrechnung (Nachkalkulation)
		als Kosten-Leistungsrechnung = Nettoerfolgsrechnung	Betriebserfolgsrechnung (kurzfristige Erfolgsrechnung)	Bereichserfolgsrechnung (Profit-Center-Rechnung)	Stückerfolgs-/Auftragserfolgs-Rechnung
	Vollrechnung als Soll-Ist-Rechnung	als reine Kostenrechnung		Plankostenstellenrechnung	Plankostenträgerrechnung (Plankalkulation, Vorkalkulation)
		als Kosten-Leistungsrechnung = Nettoerfolgsrechnung	Planbetriebserfolgsrechnung	Planbereichserfolgsrechnung	Planauftragserfolgsrechnung (Projekt-Controlling)
Teilrechnung	keine Differenzierung nach reiner Istrechnung und Soll-Ist-Rechnung	als reine Kostenrechnung	Betriebsmodelle (Einflußgrößenrechnung)	Plankostenstellenrechnung auf Grenzkostenbasis (Grenzplankostenrechnung)	Grenzkostenkalkulation Einzelkostenkalkulation Primärkostenrechnung
		als Kosten-Leistungsrechnung = Bruttoerfolgsrechnung	Wertschöpfungsrechnung Deckungsbeitragsrechnung auf Einzelkostenbasis mit offenen Perioden	bereichsbezogene Deckungsbeitragsrechnung	Stückdeckungsbeitragsrechnung

Bild 4-8. Die Systeme der Kosten- und Leistungsrechnung.

durch Überschüsse der Erlöse über die Teilkosten (Deckungsbeiträge) gedeckt werden.

c) Nach ihrer Stellung im Planungs- und Kontrollprozeß kann zwischen einer Ist-Rechnung (die Kosten- und Leistungsinformationen beruhen auf tatsächlich eingetretenen Entwicklungen), einer Planrechnung (die Informationen werden als Vorgaben benutzt) und einer Soll-Ist-Rechnung (der Kontrollaspekt steht im Vordergrund) unterschieden werden.

d) Schließlich können die Rechnungsarten danach unterschieden werden, ob eine ausschließliche Kostenrechnung oder eine Kosten-Leistungsrechnung (Erfolgsrechnung) vorliegt. Bild 4-8 gibt einen Überblick über die Systeme der Kosten- und Leistungsrechnung.

Im traditionellen internen Rechnungswesen, das die Grundlage jeder Kosten- und Leistungsrechnung im Industriebetrieb darstellt, werden im Hinblick auf die Bezugsobjekte Gesamtbetrieb, Bereich des Betriebes und Objekt die Kostenarten-, Kostenstellen- und Kostenträgerstückrechnung unterschieden.

Aufgabe der *Kostenartenrechnung* ist die belegmäßige Erfassung sämtlicher in einer Periode im Gesamtbetrieb angefallenen Kosten (Dokumentationsaufgabe) und deren sachliche Gliederung nach der Art der verzehrten Güter (Gliederungsfunktion). Die Kostenartenrechnung erfaßt nur primäre Kostenarten, die sich aus dem Verbrauch von Produktionsfaktoren ergeben, die der Betrieb von außen bezogen hat. Im Gegensatz dazu erge-

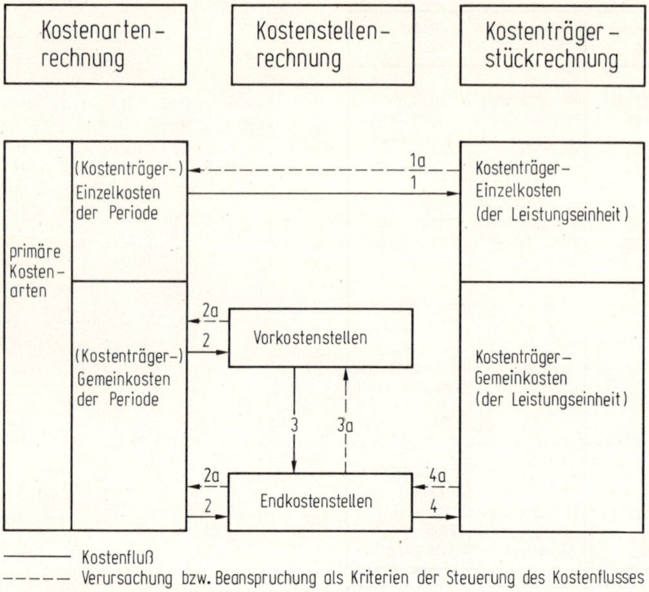

Bild 4-9. Kostenfluß zwischen Kostenarten-, Kostenstellen- und Kostenträgerstückrechnung.

ben sich sekundäre Kostenarten aus dem Verbrauch selbsterstellter Güter (innerbetriebliche Leistung).

In der *Kostenstellenrechnung* wird die unterschiedliche Kostenentstehung in den einzelnen Teilbereichen des Betriebes (Kostenstellen) transparent gemacht. Kostenstellen sind Bereiche eines Betriebes, in denen Kosten entstehen und denen Kosten angelastet werden. In der Kostenstellenrechnung (Bild 4-9) werden keine Einzelkosten der Leistungseinheiten erfaßt (1), sondern lediglich die Gemeinkosten: die Kostenstellenrechnung ist eine Gemeinkostenrechnung. Sie erfaßt die Entstehung der Gemeinkosten in den Kostenstellen (2), verrechnet die so erfaßten primären Kostenstellenkosten zum Teil auf andere Kostenstellen (3) und hält schließlich die Kostenstellenkosten bereit für die Weiterverrechnung auf die Leistungseinheit (4). Da die Gemeinkosten nicht direkt auf die Leistungseinheit zugerechnet werden können, erfolgt ihre Verrechnung indirekt über Kostenstellen. Dabei wird soweit wie möglich das Beanspruchungsprinzip berücksichtigt, d. h. Leistungseinheiten (Kostenträger) sollen jeweils in dem Maße Kosten tragen, in dem sie die Kostenstellen beansprucht haben (4a).

Die *Kostenträgerstückrechnung* ermittelt die Kosten, die der einzelne Kostenträger (die einzelne Leistungseinheit wie Stück, m, kg oder die Verkaufseinheit [Auftrag]) tragen soll. Diesen Kostenbetrag nennt man Selbstkosten (Kalkulation). Je nach der Methode der Verteilung der Gemeinkosten des Betriebes auf die einzelnen Kostenträger stehen verschiedene Kalkulationsverfahren zur Verfügung.

Im Gegensatz zur Kostenrechnung, die den Güterverzehr und die Leistungsentstehung unter kurzfristigem Aspekt behandelt und die in der Regel im Rahmen der gegebenen Kapazität oder Betriebsmittelausstattung operiert, dient die *Wirtschaftlichkeitsrechnung* der fallweisen Ermittlung der Vorteilhaftigkeit von Entscheidungsalternativen bei Investitionen oder investitionsähnlichen Situationen, in denen unter langfristigem Aspekt über Veränderungen der Kapazität des Betriebes entschieden werden muß. Sie basiert in der Regel nicht auf Kostenrechnungen, sondern auf diskontierten (abgezinsten) Ein- und Auszahlungen und steht eigenständig neben der Kosten- und Leistungsrechnung.

Investitionen sind in betriebswirtschaftlicher Sicht durch eine Zahlungsreihe gekennzeichnet, die sich aus Auszahlungen und Einzahlungen zusammensetzt. Saldiert man alle einem Zahlungszeitpunkt zuzurechnenden Ein- und Auszahlungen, so erhält man die Nettozahlungen für diesen Zahlungszeitpunkt. Es ergeben sich entweder Einzahlungs- oder Auszahlungsüberschüsse. Die Nettozahlungen können in drei Bestandteile zerlegt werden. Die Investitionsauszahlungen umfassen die Auszahlungen für die Beschaffung oder Herstellung des Investitionsobjekts. Die Rückflüsse sind die Differenzen aus laufenden Ein- und Auszahlungen während des Investitionszeitraums. Der Liquidationserlös ist die Einzahlung aus der Veräußerung oder Verschrottung des Investitionsobjekts am Ende des Investitionszeitraums.

Nach der *Kapitalwertmethode* wird zur Beurteilung der Vorteilhaftigkeit einer Einzelinvestition der Barwert ihrer Nettozahlungen (Kapitalwert) ermittelt. Der Kapitalwert bringt die zu erwartende Erhöhung oder Verminderung des Geldvermögens bei einem gegebenen Verzinsungsanspruch in Höhe des Kalkulationszinssatzes i zum Ausdruck. Dabei wird die erwartete Veränderung des Geldvermögens auf den Beginn des Planungszeitraums bezogen.

Der Kapitalwert ist definiert als:

$$C_0 = \sum_{t=0}^{T} N_t \cdot \frac{1}{(1+i)^t},$$

wobei:

N_t Nettozahlung zum Zeitpunkt t

t Zahlungszeitpunkt ($t = 0$ ist der Zeitpunkt der ersten Investitionszahlung, T bezeichnet das Ende des Investitionszeitraums)

i Kalkulationszinssatz

Ist der Kapitalwert einer Investition Null, dann verzinst sich das zu jedem Zahlungszeitpunkt noch gebundene Kapital zum Kalkulationszinssatz i; ist der Kapitalwert positiv, so wird darüber hinaus ein Vermögenszuwachs erzielt. Ist der Kapitalwert einer Investition negativ, dann verzinst sich das zu jedem Zahlungszeitpunkt noch gebundene Kapital zu einem Zinssatz, der unter dem Kalkulationszinssatz liegt.

Unter der Voraussetzung, daß der Kalkulationszinssatz ein Kapitalmarktzinssatz ist, zu dem der Investor unbeschränkt finanzielle Mittel anlegen und aufnehmen kann, ist die Realisierung eines Investitionsprojekts im Vergleich zu einer Anlage auf dem Kapitalmarkt dann vorteilhaft, wenn der Kapitalwert größer Null ist [20].

Literatur

Allgemeine Literatur

Backhaus, K.; Plinke, W.: Rechtseinflüsse auf betriebswirtschaftliche Entscheidungen. Stuttgart: Kohlhammer 1986

Bea, F.X.; Dichtl, E.; Schweitzer, M. (Hrsg.): Allgemeine Betriebswirtschaftslehre. Bd. 1: Grundfragen, 4. Aufl., Bd. 2: Führung, 4. Aufl., Bd. 3: Leistungsprozeß, 3. Aufl., Stuttgart: Fischer 1988; 1989; 1988

Heinen, E.: Einführung in die Betriebswirtschaftslehre. 9. Aufl. Wiesbaden: Gabler 1985

Heinen, E. (Hrsg.): Industriebetriebslehre. 8. Aufl. Wiesbaden: Gabler 1985

Vahlens Kompendium der Betriebswirtschaftslehre, Bd. 1 und 2. München: Vahlen 1984

Wöhe, G.: Einführung in die Allgemeine Betriebswirtschaftslehre. 16. Aufl. München: Vahlen 1986

Spezielle Literatur

1. Schweitzer, M.: Gegenstand der Betriebswirtschaftslehre. In: Allgemeine Betriebswirtschaftslehre (Hrsg. von F.X. Bea, E. Dichtl, M. Schweitzer), Bd. 1: Grundfragen 4. Aufl. Stuttgart: Fischer 1988
2. Szyperski, N.; Nathusius, K.: Probleme der Unternehmensgründung. Stuttgart: Poeschel 1977
3. Steiner, M.: Konstitutive Entscheidungen. In: Vahlens Kompendium der Betriebswirtschaftslehre, Bd. 1. München: Vahlen 1984, S. 115-118
4. Steiner, M.: Konstitutive Entscheidungen. In: Vahlens Kompendium der Betriebswirtschaftslehre, Bd. 1. München: Vahlen 1984, S. 129-153
5. Wöhe, G.: Einführung in die Allgemeine Betriebswirtschaftslehre. 16. Aufl. München: Vahlen 1986, S. 92-108. — Steinmann, H.; Gerum, E.: Unternehmensordnung. In: Allgemeine Betriebswirtschaftslehre. (Hrsg. von F.X. Bea, E. Dichtl und M. Schweitzer), Bd. 1: Grundfragen 4. Aufl. Stuttgart: Fischer 1988, S. 211-249
6. Wöhe, G.: Einführung in die Allgemeine Betriebswirtschaftslehre. 16. Aufl. München: Vahlen 1986, S. 313-379. — Kappler, E.; Wegmann, M.: Konstitutive Entscheidungen. In: Industriebetriebslehre (Hrsg. E. Heinen) 8. Aufl. Wiesbaden: Gabler 1985, S. 215-231
7. Gutenberg, E.: Grundlagen der Betriebswirtschaftslehre, Bd. 1: Die Produktion. 24. Aufl. Berlin: Springer 1983. — Kern, W.: Industrielle Produktionswirtschaft. 3. Aufl. Stuttgart: Poeschel 1980, S. 24-40
8. Laßmann, G.: Produktionsplanung. In: Handwörterbuch der Betriebswirtschaft (Hrsg. E. Grochla und W. Wittmann). 4. Aufl. Stuttgart: Poeschel 1975, S. 3102-3121
9. Backhaus, K.; Plinke, P.: Rechtseinflüsse auf betriebswirtschaftliche Entscheidungen. Stuttgart: Kohlhammer 1986, S. 179
10. Wöhe, G.: Einführung in die Allgemeine Betriebswirtschaftslehre. 16. Aufl. München: Vahlen 1986, S. 670-679
11. Picot, A.: Organisation. In: Vahlens Kompendium der Betriebswirtschaftslehre. Bd. 2. München: Vahlen 1984, S. 97-134. — Kieser, A.; Kubicek, H.: Organisation. 2. Aufl. Berlin: de Gruyter 1983
12. Backhaus, K.; Plinke, P.: Rechtseinflüsse auf betriebswirtschaftliche Entscheidungen. Stuttgart: Kohlhammer 1986, S. 205
13. Staehle, W.: Management. 3. Aufl. München: Vahlen 1987, S. 534-547
14. Hackstein, R.; Koch, G.A.: Personalinformationssysteme. In: Handwörterbuch des Personalwesens (Hrsg. E. Gaugler) Stuttgart: Poeschel 1975, S. 1571-1582
15. Mathieu, G.: Informationssysteme im Marketing. In: Handwörterbuch der Absatzwirtschaft (Hrsg. B. Tietz). Stuttgart: Poeschel 1974, S. 850-876. Moffert, H.: Computergestützte Marketing-Informationssysteme. Wiesbaden: Gabler 1975
16. Thome, R.: Fertigungsinformationssysteme. In: Handwörterbuch der Produktionswirtschaft (Hrsg. W. Kern). Stuttgart: Poeschel 1979, S. 774-783
17. Hahn, D.; Wagner, R.: Informationssysteme für die Materialwirtschaft. In: Handwörterbuch der Produktionswirtschaft (Hrsg. W. Kern). Stuttgart: Poeschel 1979, S. 783-795
18. Wöhe, G.: Bilanzierung und Bilanzpolitik. 7. Aufl. München: Vahlen 1987 — Bähr, G.; Fischer-Winkelmann, W.F.: Buchführung und Jahresabschluß. 2. Aufl. Wiesbaden: Gabler 1987
19. Plinke, W.: Industrielle Kostenrechnung für Ingenieure. Berlin: Springer 1989
20. Blohm, H.; Lüder, K.: Investition. 5. Aufl. München: Vahlen 1983

Sachverzeichnis

Abbe B231, B238
Abbesche Auflösungsgrenze B231, B239
Abbesche Mikroskoptheorie B230, B232
Abbesche Zahl D22, D60
Abbildung A6, A7, A71
–, bijektive A7
–, Fixpunkt A105
–, gebrochen lineare A71
–, injektive A7
– komplexer Zahlen A71
–, kontrahierende A105
– krummlinig begrenzter Gebiete A56
–, lineare A71
–, reelle B221
– der s-Ebene in die z-Ebene I61
–, surjektive A7
–, virtuelle B221
Abbildungsfehler B223–B224
Abbildungsgleichung B220
Abbildungsmaßstab B221, B222
Abbildungsmatrix A60
Abbruchkriterium A108
Aberrationen B223
Abfall D1
Abfallgesetz M11
abgeglichene Brücke G11
Abgeschlossenheit A2
Abgleichvorgänge H56
Abgleitung von Versetzungen D46
Abklingkoeffizient (der Amplitude) B28–B31, B143, B146
– der Energie B28
Abklingzeit B30, B32
Ablaufdiagramm J74, J76
Ablauforganisation O10
Ablaufsteuerung H79, I78
Ablaufstrukturen J74
Ableiten, logarithmisches A42
Ableitung, mehrfache, eines Produktes A42
Ableitungen, einseitige A41
– von Feldgrößen A63
– elementarer Funktionen A42
–, höhere partielle A51
– höherer Ordnung A42
–, Koordinatendarstellungen A64
–, partielle A50
– von Umkehrfunktionen A42
Ableitungsbelag G36
Ableitungsregeln A41
Ablenkempfindlichkeit, Berechnung H64
Ablenkplatten B100
Ablenkung, magnetische B121
Ablenkwinkel B100
– des Prismas B217
Abnahmeprüfzeugnis D81
Abnahmetest J105
Abraham E149
Abrasion D68
Absatz O8
Absatzpolitik O8
Absatzweg (Vertriebsweg) O8
Abschätzung[en] für inverse Formen A11
–, linearer Abbildung A11
Abschirmströme B158
Abschirmung des Coulomb-Potentials B149
Abschlußwiderstand G37
absolute Stabilität I54
Absorption B212
– eines Lichtquants B210
Absorptionsgrad B205, B219, D60
– des schwarzen Körpers B205
Absorptionsspektrum B204, B211
Absperrorgane E146
abstrakte Datenstruktur J95
abstrakte Datentypen J81
Abstraktionsschichten J75
Abtast- und Haltekreis H69
Abtastfehler H69
Abtastfrequenz I56
Abtastperiode[ndauer] I6, I56
Abtastsignal I6, I58
Abtasttheorem G83, H68, H69
Abtastzeit I56, I65
Abteilungen O10
Abtrennungsregel A4
Abweichungen, fertigungsbedingte I110
Abzählbarkeit A1
Abzweigungen N10
Acetaldehyd C67, C71, C74, C75
Acetamid C71
Aceton C67, C71, C75
Acetonitril C71
Acetophenon C72
Acetylchlorid C76
Acetylen (Ethin) C19, C29, C66–C69
–, Verbrennung C28
–, Zerfallsreaktion C28, C69
Acetylsalicylsäure C72
Achromat B224
Achsenabschnitte G13, G32
Ackeret-Formel E159, E163
Actinium C55
Actinoide C11, D8
actio = reactio E17, E19
Ada J89, J90, J92, J96
Adaption G100
–, gesteuerte I77
– mit Vergleichsmodell I76
– ohne Vergleichsmodell I76
Adaptives Regelsystem, direktes I76
–, indirektes I76
Addierglied J6
Addierverstärker H53
Addition H39
–, Schaltnetz J13
Additionsreaktionen C69
Additionssatz A127
Additivität A83, A126
Adhäsion D68
Adiabaten B72
Adiabatenexponent B68, B72, B192
Adiabatengleichungen B19, B65, B72, B191
adiabatische Entspannung B63
adiabatische Kompression B193
adjungierter Operator A89
Admittanz B146, G9
Admittanzmatrix G15
Admittanz-Ortskurve G10
Adresse, logische J71
–, physikalische J71
–, virtuelle J71
Adressierung, absolute J48
–, befehlszählerrelative J48
–, indizierte J47
–, registerindirekte J47
–, speicherindirekte J47
–, virtuelle J57
Adressierungsarten J42, J47
Adsorptionsbindung D3
ADU siehe Analog-Digital-Umsetzer
aerobe Bakterien D65
Aerodynamik B85
Aerostatik E121

äußere Grenzschicht D6
Aggregatzustände B38
Ähnlichkeitsabbildung I71
Ähnlichkeitsbeziehungen K56
Ähnlichkeitsgesetz für Strömungen B85
Airysche Spannungsfunktion E94, E95
Akkordlohn (Zeitakkord, Geldakkord) O12
Akkumulatoren C54, G3, G67
Akkumulatormaschine J46
Akkumulatorregister J25
Aktiengesellschaft M7, O5
aktive Filter H55
aktive Größe G129
Aktivierungsenergie C38, C39
Aktivität B180
Aktivitätskoeffizient F29, F32
–, Druckabhängigkeit F32
–, rationeller F29
–, Temperaturabhängigkeit F32
– nach UNFAC F33
– nach UNIQUAC F33
Aktivkohle C58
Aktoren I78
aktuelle Parameter J94
akustische Holographie D78
akustische Tribokenngrößen D81
akustische Verfahren der Materialprüfung D77
Akzeptoren B164, B165
Alanin C76
Aldehyde C71, C73, C74–C75
–, aromatische C72
algebraische Funktionen, A36
– 3. und 4. Ordnung A36
–, Cassinische Kurve A36
–, kartesisches Blatt A36
–, Konchoide A36
–, Strophoide A36
–, Zissoide A36
algebraische Gleichungen A31
algebraisches Entwurfsverfahren I46
Algen D65
ALGOL 60 J89
ALGOL-60-Bericht J92
ALGOL 68 J89, J90, J92
Algorithmen J73–J79
– der digitalen Signal- und Bildverarbeitung J78
– der graphischen Datenverarbeitung J78
– mit Gedächtnis J76
– zur Textverarbeitung J78
Algorithmenbeschreibungssprache J75, J76
algorithmische (imperative) Sprachen J89
Algorithmus H42
–, boolescher J16
Alkalimetalle C11, C55, D8
Alkalimetallhydride C55
Alkalimetallhydroxide C46, C56
Alakne C66, C67
Alkene C66–C68, C73
Alkine C66, C68, C69
Alkohole C71–C74
–, einwertige C73
–, primäre C73
–, sekundäre C73, C74
–, tertiäre C73
–, zweiwertige C73
Alkylierungsmittel C72
Alkyl-Reste C66
Allene C69
allgemeine Lösungsmethoden
–, allgemeine Hilfsmittel K16
–, allgemeiner Lösungsprozeß K14
–, Problem- und Systemstrukturierung K15
–, systemtechnisches Vorgehen K15
Allpaßglied I22
allseitiger Druck D38
Allyl C68
Alphateilchen C5
Alphazerfall B178
Alternativhypothese A144
Alterung D63
alterungsbeständige Stähle D13
Alterungsschutzmittel D63
Alumination C58
Aluminium C57, C58, D15, G5, G6
–, elementares C58
–, Normen D14
–, Weltproduktion D2
Aluminiumhydroxid C58
Aluminiumoxid C58, D21
Aluminiumverbindungen C58
ALU (arithmetic and logic unit) J10
Am2900 J33, J34
Am29300 J33, J34
Ameisensäure C46, C67, C75, C76
Amide C71
Amine C71
Aminocarbonsäuren C76
Aminoplaste D30
Aminosäuren, siehe Aminocarbonsäuren
Ammoniak C12, C14, C19, C21, C28, C29, C42, C46, C50, C60
Ammoniakgleichgewicht C33, C34, C40
Ammoniaksynthese, Mechanismus C40
Ammoniumchlorid C48
Ammoniumion C12
amorphe Festkörper D3
amorphe Thermoplaste D28
Ampere, Definition B2, G2
Ampère-Maxwellsches Gesetz B135, B136
Ampèresches Gesetz B117, B130, B135
Amplitude B23–B25, B30, B31, B83, B187, E46
–, komplexe G7, G9
Amplitudendichtespektrum I14
Amplitudenfunktion B35
Amplitudengang H7, H27, I16
–, logarithmischer I17
Amplitudenmodulation B33
Amplitudenquantisierung I56
Amplitudenrand I32, I41
Amplitudenresonanz B32
Amplitudenverhältnis H5
anaerobe Bakterien D65
Analog-Digital-Umsetzer (ADU) I56, G122, G123
–, sukzessive Approximation H78
Analog-Digital-Umsetzung über Frequenz als Zwischengröße H73
–, Kompensationsprinzip H76
–, schnelle H79
– über Zeit als Zwischengröße H73
analoge Meßwerke H57
Analogiebetrachtungen K16
Analogmultiplikation G122
Analysator B218
Analyse (chem.) anorganischer Stoffe D70
–, gravimetrische C4
– organischer Stoffe D71
Analyse bekannter technischer Systeme K16
– natürlicher Systeme K16
Analyseverfahren L8
Anastigmate B222
Ändern K11
anelastisches Verfahren D42
Anergie F16
– der Enthalpie F17
– der inneren Energie F17
– der Volumenänderungsarbeit F17
– eines Wärmestroms F17
Anergiebilanz F17
anerkannte Regel der Technik L2
Anfachung E46, E58
Anfangsbedingungen B27, B28, B31, B37
Anfangsgeschwindigkeit B6
Anfangsphase B24, B33
Anfangswerte A120
Anfangswertaufgabe, explizite A87
Anfangswertaufgaben A81, A120–A123
Anfangszustand eines Schieberegisters G133, G134
Anforderungsdefinition J100
Anforderungsliste K4, K5
Anforderungs-Pläne K52
Anforderungsprofil, Werkstoffeigenschaften D82
Angriffspunkt E11
Anhang (des Jahresabschlusses) O13, O15
Anilin C72
Anion C14
anisotroper Stoff G39
Ankathete A32
Anker G62
Ankerstrom G62
Anlagenverträge M5
Anlaufstromgebiet B174

Anmeldeamt N9
Anmeldegebühr N8
Anmelder N6
Anmeldung N10
–, internationale N9
–, Zurückweisung N3
Annihilation B184
Anobien D81
Anode C53, G1
Anodenfall B168
anodische Oxidation von Aluminium C55
anorganische Naturstoffe D18
anorganisch-nichtmetallische Baustoffe D23
anorgansich-nichtmetallische Stoffe D7
anorganisch-nichtmetallische Werkstoffe D18–D25
–, siehe auch Werkstoffeigenschaften
Anpaßbaustein K26
Anpaßfunktionen K26
Anpassung G24
Anpassungskonstruktion K7
Anpassungssystem T75
Anpassungsübertrager G25
Anregelzeit I36
Anrißbildung D62
Ansatz nach Art der rechten Seite A85
Ansatzfunktionen E93, E103, E105
Anspruch auf angemessene Vergütung N12
Ansprüche N4
Anstiegsgeschwindigkeit der Ausgangsspannung G119
Anstiegszeit I36
Antennen G56, G94
Antennengewinn G94
Anthracen C71
Antialiasing-Filter H69
Antiferromagnetismus B126, B128
Antimon C60, C61
Antimon(V)-oxid C3
Antimonwasserstoff C61
Antineutrino B179
Antiquark B186
Antischaummittel D36
Antiteilchen B184
Antivalenz A3, J8
Antivalenz-Verknüpfung G128
Antoine, Dampfdruckgleichung von F37
Antriebskettengetriebe K45
Antriebsmoment B18
Anwaltszwang M2
Anweisungen J89, J92
Anzeigeelemente I78
Anziehungskräfte C16
Apatit, Härte D18
aperiodischer Fall B28, B29
– Grenzfall B28, B29, H7
APL J89
Approximation H42
Äquipartitionsprinzip B59
Äquipotentialflächen B96, G41
Äquipotentiallinien B101
Äquivalent, elektrochemisches B166
Äquivalente Dreipole G12
Äquivalente Stromquelle G15
Äquivalente Impedanzstern G12
Äquivalenz A2, A3, J8
– aktiver Zweipole G13
– von Energie und Masse B23
– von Kräftepaaren E12
– von Kräftesystemen E12
Äquivalenzbedingung E13, E14
Äquivalenzkriterien E13
Äquivalenzprinzip B16, B209
Äquivalenzpunkt siehe Reaktionsendpunkt
Äquivalenz-Verknüpfung A3, G128
Arago-Rad B133
Arbeit B18, B19, B66, B71, B72, C26, E35
–, äußere B43, E88, F2
–, dissipierte F2
–, elektrische B138, F1, F2
– einer Kraft E19
–, mechanische F1
– eines Moments E19
–, Prinzip der virtuellen E20
–, virtuelle E19
–, Volumenänderungs- F2
–, Wellen- F2
Arbeitnehmererfindungsgesetz N1
Arbeitnehmererfindungsrecht N11
Arbeitsbewegung I50
Arbeitsdirektor O6
Arbeitsgerade G13, G32–G34
Arbeitsgerichtsbarkeit M1
Arbeitsgleichung E89
Arbeitskoordinaten F2
Arbeitsmaschinen (Pumpen) E151
Arbeitsmittel L6
Arbeitsplatz L6
Arbeitspunkte G32
Arbeitspunkteinstellung G33, H56
Arbeitsrecht M7
Arbeitssatz E35
Arbeitssicherheit K18
Arbeitssicherheitsgesetz L6
Archimedisches Prinzip E122
Architektenvertrag M4
Arcuscosinus A34
Arcuscotangens A34
Arcusfunktionen A34
–, Hauptwerte A34
Arcussinus A34
Arcustangens A34
Ardenne, von B239
Areacosinus A36
Areacotangens A36
Areafunktionen A36
–, explizite Darstellung A36
Areahyperbelsinus A36
Areasinus A36
Areasinus hyperbolicus A36
Areatangens A36
Argon C19, C64
Argumentmenge A40, A67
Aristarch von Samos B93
Aristoteles B93
ARMAX-Modell I75
Aromaten D37
Aron-Schaltung G30
Array J82
Arrhenius-Basen C45
Arrhenius-Gleichung C38
Arrhenius-Säuren C45, C46
Arsen C60, C61
Arsenik C61
Arsin C61
Arten der Finanzierung O9
Asbest C59
Asche von technischen Fluiden D36
ASCII-Code J38
ASS siehe Acetylsalicylsäure
Assembleranweisungen J41, J42
Assemblercode J37
Assemblersprache I85, J41
Assoziativität A2
Assoziativspeicher J36
astabile Kippstufe G130
Astigmatismus B222
astronautische Geschwindigkeit, erste B97
–, zweite B96, B98
–, dritte B98
asymmetrische Belastung G29
asymmetrische Rückkopplung G134
asymptotisch stabil E44
asymptotische Stabilität I53
– im Großen I53
– im Kleinen I53
asymptotische Zeitkomplexität J78
asynchron serielle Übertragung J64
asynchrone Zähler G133
Asynchronmodus-Ebene J17
Asynchronmotoren G64
Asynchronschaltwerk J17
Atomabsorptionsspektrometrie D71
atomare Masseneinheit B175
Atombau C5
Atombindung B152, C11 C14, D3
Atombombe B181
Atomkern B147, C5
–, Aufbau C9
Atommasse, relative B175
Atommassenkonstante B3, B175
Atommodell, quantenmechanisches B151, C7
– von Bohr C5
– von Rutherford C5
Atomorbitale C8, C12
Atomradius C5, C11, C15
Atomschwingungen B38
Atomspektren C5, C6
Atomwärme B69
AT-Schnitte H71

Ätzlösungen für Werkstoffe D72
Aufbau technischer Produkte K8
–, Bauzusammenhang K13
–, Funktionszusammenhang K8
–, generelle Zielsetzungen K13
–, Systemzusammenhang K13
–, Wirkzusammenhang K10
Aufbauorganisation O9
Aufbereitung (von Signalen) G74
Aufenthaltswahrscheinlichkeit B151
Auffangregister G132
Aufgabenpräzisierung K6
Aufgabenverteilung (Spezialisierung) O10
Auflösen von Metallen in Säuren C51
Auflösung H73
Auflösungsvermögen B217, B238
–, spektrales, eines Prismas B218
Aufsichtsrat O5, O6
Auftragschweißen D34
Auftrieb E158
Auftriebsbeiwerte E148
Aufwand O15, O16
–, außerordentlicher O15
–, betriebsfremder O15
–, Gesamt- O15
–, neutraler O15
–, periodenfremder O15
–, Zweck- O15
Aufweitungstransformation A119, A120
Aufzählungstypen J82
Augendiagramm G97
Auger-Elektronenspektroskopie D73
Ausarbeitung K6
Ausarbeitungsphase K6
Ausbreitungsgeschwindigkeit B187, E53
Ausbreitungskoeffizient G37
Ausdruckssprache J97
Ausdrücke J93
–, arithmetische J91
Ausflußgeschwindigkeit B87
Ausgangsfaktor (Fan-out) G127
Ausgangsfolge I57
Ausgangsgleichung, stationäre H2
Ausgangslastfaktor G126
Ausgangsparameter J74, J94
Ausgangssignale, frequenzanaloge H43
Ausgangsstrom G118
Ausgangsvektor I12
Ausgangswiderstand G119, G123
Ausgleichskriterien H42
Ausgleichsrechnung H42
Ausgleichsvorgänge in Vierteilchensystemen B79
Auslenkung B23, B24
Ausnahmebehandlung (exception handling) J50
Ausregelzeit I36, I40
Aussagen, zweiwertige A3
Aussagenkalkül A4
Aussagenverknüpfungen A3
Ausscheidungshärtung D50
Ausschlagverfahren (Teilkompensation) H47
Ausschließlichkeitsrecht N1
Außenfinanzierung O9
Außenkreis A23
Außenleiterspannung G27, G28
Außenleiterströme G28, G29
äußere Grenzschicht D6
Ausstrahlung, spezifische B212
Austauschverfahren J75
Austenit D9
Austenitbildner D11
Austrittsarbeit B169, B171, B207
Austrittspotential B169
Austrittspotentialschwelle B172
Auswahlkriterien für Werkstoffe D82
Auswahlliste K28
Auswuchten E34
Autokorrelationsfunktion I73
Automatenstähle D13
Automatentheorie I78
Automatisierungstechnik I1
AVL-Bäume J85
Avogadro, Gesetz von B57
Avogadro-Konstante B3, B55, B57, B78, C1, C2
Axialgleitlager K42
Axialkolbenpumpe K49
Axiome E17
axonometrische Bilder, Achsenprofil A30
–, Ähnlichkeit A29
–, axonometrische Abbildungen A30
–, Dimetrie A30
–, Ingenieuraxonometrie A30
–, Isometrie A30
–, Kavalierperspektive A30
–, Kongruenz A29
–, Militärperspektive A30
–, normale Axonometrie A29, A30
–, Parallelprojetion A29
–,–, orthogonale A29
–,–, schräge A29, A30
–, Projektionsrichtung A29
–, Spurdreieck A29, A30
–, Trimetrie A30
–, Zentralprojektion A29
Azide

Backus-Naur-Form (BNF) J91
Badnitrieren D11
Bahnbeschleunigung B6
Bahndrehimpuls B18, B41, B52
Bahndrehimpuls-Quantenzahl C7–C9
Bahnkurve E1, E2
Bahnlinien B86
Bahnmagnetismus B126
Bakterien
–, aerobe D65
–, anaerobe D65
Balkenmechanismus E119
Ballistik E44
ballistisches Pendel B47
Balmer-Serie B211, C6
Bandbreite G20, I22
–, absolute G20
–, relative G20
Bändermodell D58
–, Fermi-Niveau G136
– des Halbleiters B161
–, Leitungsband G136
–, Valenzband G136
Bandsilicate C59
Bardeen B160, B165
Barium C56
Bariumhydroxid C57
Bariumtitanat H31
Barkhausen-Sprünge B129
barometrische-Höhenformel B58
Barrel-Shifter J12
Baryonen B184, B185
Baryonenladung B184, B185
Baryonenzahl B184, B186
Basalt D19
Basen (Chem.) C45–C48
–, schwache C48
–, starke C47
Basen (Math.) A13, A15, A62
–, Umrechnung A5
BASIC J89, J97
Basis A4, A13, A62
–, allgemeine A13, A62
–, kartesische A62, A64
–, kontravariante A62, A63
–, kovariante A62, A63
–, krummlinige A64
–, lokale A62
–, normierte A13
–, orthogonale A13
–, orthonormale A13
Basisbandsignal G80
Basiseinheiten B2
Basiskomponenten F7
Basisregisteradressierung J48
Basisvektoren A62
–, partielle Ableitungen A62
Bastfasern D26
Batterie, galvanische G3
Baud G93
Bauelemente G30
Baugipse D23
Baukastenabgrenzung K27
Baukastenkonkretisierungsgrad K27
Baukastensystematik, Begriffe K27
Baukeramik D20
Baum G14, J83
Baumdurchwandern J84
Baumstruktur G88
Baumwolle D26
Baureihen, ähnliche K25
–, halbähnliche K25
Baustähle D13
Bausteinarten K27
Bausteine K25
Baustein- und Baukastenauflösungsgrad K27
Baustoffe D23

Baustruktur K12, K13
–, Baukästen K25
–, Baureihen K24
–, Differentialbauweise K25
–, Integralbauweise K26
–, Verbundbauweise K27
Bauteilverbindungen, allgemeine Anwendungsrichtlinien K32
–, Formschluß K31
–, Funktionen und generelle Wirkungen K31
–, Reitschluß K32
–, Stoffschluß K32
Bauteilzuverlässigkeit K18
Bauvertrag M4
Bauvolumen G62
Bauxit C58, D8
Bayessche Formel A128
B-Baum J87
BCD-Code J39
BCS-Theorie B160
Beanspruchung, Normen D75
– von Werkstoffen D37
Beanspruchungskollektiv tribologischer Vorgänge D67
Becquerel B178
Bedienelemente I78
Befehle, arithmetische J32
–, Conditional-branch- J33
–, logische J33
–, Unconditional-branch- J33
Befehlscodierung J43
Befehlsformate J31
Befehlspuffer J30
Befehlsregister J30
Befehlstypenkennzeichnung I87
Befehlszähler J30
Befestigungsschrauben E27
begleitendes orthogonales Dreibein A60
Begrenzung I49
Begriffe L5
Beharrungsverhalten I4
Beharrungsvermögen B12
belasteter Spannungsteiler H45
Belegungsdichte G101
BEM (Boundary Element Method) A95
Bemessung der Vergütung N12
Bemessungsvorschrift G111
Benennungen L5
Benennungsgebühr N8
Benzaldehyd C72
Benzin C67
Benzochinon C72
Benzoesäure C72
Benzol C29, C66, C67, C70, C71
Benzophenon C72
Beobachtbarkeit I8, I12, I66, I67
Beobachter I69
Beobachtungsmatrix I12
Beobachtungsnormalform I66
Berandungsfunktionen A54, A55
Berechnungen, stöchiometrische C4
Berechnungsprogramme K53
Bereichsintegrale, uneigentliche A54
Bereinigung (Deflation) A111
Bergbautechniken D7
Bernoulli, Gesetz von H32
Bernoulli-Balken A84
Bernoulli-Gleichung B87, B90, E123, E144, F14, H32
Bernoulli-Hypothese E80
Bernoullische Differentialgleichung A83
Bernoullis Separationsansatz E54
Bernstein G5
Berthelot-Thomsensches Prinzip C27, C31
Berühren, direktes G69
–, indirektes G69
Berührungsschutz G69
Berufung M1
Beryll C59
Beryllium C56
Berylliumhydroxid C57
Berylliumoxid D21
Beschaffung O7
Beschleunigung B4, B11, B13, E1, E10, E11
–, absolute E29
–, –, des Systemschwerpunkts E29
–, Coriolis- B12, E8
–, generalisierte E9
–, negative B4
–, Normal- B7
–, Tangential- B8
–, Zentripetal- B7
Beschleunigungsarbeit B19
Beschleunigungsaufnehmer H26
Beschleunigungsverteilung im starren Körper E8
Beschreibung N4, N10
Beschreibungsfunktion I50
Beschwerde N6
Beschwerdefrist N6
Beschwerdegebühr N6
Besetzungsinversion B214
Besetzungswahrscheinlichkeit B154, B161
Besetzungszahl-Inversion B213
bestimmte Integrale, Werte A49
Bestimmtheitsmaß A145
Bestimmung der molaren Masse C43, C44
Bestimmungsämter N9
Bestrahlungsstärke B205
Betafunktion A40
Betastabilität, Linie der B177
Betastrahlung B178
Betratron B131
Betazerfall B178, B179, B182
Beth B209
Bethe B183
Bethe-Weizsäcker-Zyklus B183
Beton D23, D24, D33
Betragsbildung I49
Betragskennlinie I17
Betragsresonanz G18, G19, G20
Betrieb O1
betriebliche Zusammenschlüsse O6
Betriebsarten J50
Betriebsbeanspruchung D39
Betriebsbeendigung O3
Betriebsgeheimnisse N12
Betriebsgründung O2
Betriebsmittel J67
Betriebsrat O5
Betriebssicherheit K18
Betriebsspannung G126, G127
Betriebssystem (operating system) J67
Betriebstemperatur G118
Betriebsverfassungsgesetz L6, O6
Betriebsversammlung O6
Betriebsversuch D80
Betriebswirtschaftslehre O1, O19
Betz-Zahl E141
Beugung B197, B225
– am Doppelspalt B228
– am Einfachspalt B227
– am Gitter B228
– mittelschneller Elektronen B237
– an Raumgittern B229
Beugungsbild des Objekts B232
Beugungsfehler B224
Beugungsfehlerscheibchen B224
Beugungsformel, Kirchhoffsche B226
Beugungsintensität des Doppelspalts B228
Beugungswinkel beim Einfachspalt B228
Beuleigenform E105
Beulform E105
Beweglichkeit B138, B161, G137
– der Elektronen B156, B162
– von Löchern B162
Bewegung, Differentialgleichungen der E30
–, ebene E3, E5, E33
–, geradlinige B4, E2
–, harmonische B24
–, Kreis- B7
–, krummlinige B6
–, räumliche E2
– des starren Körpers E2
Bewegungsgesetz des starren Körpers B51
Bewegungsgleichung B22, F47, E123
–, klassische B22
–, linearisierte E47
Bewegungsgröße B12, E29
Bewegungsreibung B14
Bewertungskriterien K28
Bewertungsliste K30
Bewertungsmatrix I69
Bewitterungsprüfungen D79
Bezeichner J91
Beziehungen zwischen grad, div und rot A64
Bézier-Interpolation A116
Bézier-Punkte A117
Bézier-Splines, kubische A116
Bezugsknoten G15
Bezugssystem B8
Biegebalken A88

Biegedrillknicken E101, E104
Biegelinie E82, E93
–, Differentialgleichung E80
Biegelinien des Knickstabes E101
Biegemoment D38, E20, E73–E75
Biegemomentenlinie E74
Biegestab E82
Biegestabelement E107
Biegeversuch, Normen D75
Biegewiderstandsmoment E69, E76
Biegung D38
–, gerade E76, E80
–, Querkraft- E81
–, reine E76
–, schiefe E76, E77, E81
– schwach gekrümmter Stäbe E89
– von Stäben aus Verbundwerkstoff E77, E81
– vorgekrümmter Stäbe E78
Bilanz O13
Bilanzaufstellung O14
Bilanzgleichungen der Thermodynamik F10
Bildbereich A40
Bildfunktion A78, I12
Bildkonstruktion B221
Bildkraft B110, B170, B171
–, elektrische B110
Bildmenge A7, A40
Bildverarbeitung D79
Bildweite B220, B221
bilineare Form A89
binäre Bäume J84
binäre Dateien J87
binäre Steuerungstechnik I78
binäre Verzweigungen J92
Binärsignale I78
Binäruntersetzungen G132
Binärzahl G128, G129
Bindemittel D23
Bindung, chemische C11
–, koordinative C12
–, kovalente siehe Atombindung
–, metallische B153, C12, C15, C20
Bindungen E10
–, kinematische E8
Bindungsenergie B43
– je Nukleon B176, B181
Bindungsgleichung E3, E4, E37
–, holonome E9
Bindungszustände in Kristallen C22
Binnendruck B61, B63
binomiale Sätze A8
Binomialkoeffizient A8
bnomischer Satz A8
Binormalen E1
Biokeramik D20
biologische Beanspruchungen D37, D39, D61
biologische Materialschädigung D64
biologische Prüfungen D81
Biomasse D25
Biot-Savartsches Gesetz B118, G47
Biphenyl C70
Bipolartransistor G142
Bipotentialgleichung A95, A99, E94, E95
–, kartesische Koordination A65
–, Lösungsvielfalt A95
–, Polarkoordination A65
Biprisma B238
–, elektronenoptisches B237
–, Fresnelsches B237
Bismut C60
bistabile Kippstufe G129
Bit G129, G132, H68, J38
bit stuffing J65
Bitfeld J38
Bitter-Verfahren B129, B159
Bitvektor J43
Black-box-Test J104
Blasius E138, E141
Blattfederkupplung K38
Blattfedern K34
Bläuepilze D65
Blei C58–C60, D17, G5, G6
–, Normen D14
–, Weltproduktion D2
Bleiakkumulator C54
Bleiazid C60
Bleichmittel C62
Bleiglanz C63, D8
Bleiglas D22
Bleikammerverfahren C40
Blindleistung G23, G30, G60
Blindleistungsaustausch G64
Blindleistungskompensation G24
Blindleitwert G9
Blindstromkompensation G24
Blindwiderstand B142, G9
Bloch-Wand B129, D58
Block J86
Blockierung E168, G88, G89
Blockschaltbild I1
–, Symbole I1
Blocksicherung J41
Blockstruktur J102
B-Metalle D8
Bode-Diagramm G119, 117
Boden L8
Böden D24
Boersch B160, B237, B238
Bogenentladung B168, G66
Bogenlänge A57, E1, E2
Bogenmaß A33
Bogenverzahnung K45
Bohm B169
Bohr B149
Bohr-Magneton B3, B126, B152
Bohr-Radius B3, B150
Bohrsche Bahnen, Strahlungslosigkeit der B235
Bohrsche Frequenzbedingung B150, B210
Bohrsche Quantenbedingung B235
Bohrsches Atommodell B149, B150, B210
Bohrsches Postulat, 1. B149
–, 2. B150
Bohr-Sommerfeldsches Atommodell B99
Boltzmann-Beziehung B78
Boltzmann-Faktor B54, B58
Boltzmann-Konstante B3, B54, B57
Boltzmann-Näherung B162
Boltmannscher e-Satz B58, B116, B128
Boltzmann-Verteilung B156
Bolzenkupplung K38
Bolzenverbindungen K32
Bombe, kalorimetrische C27
Boole, George J2
Boolesche Algebra A3, G128, J6–J9
–, Axiome A3
–, Rechenregeln A3
Boolesche Aussagenlogik I78
boolesche Verknüpfungen G124
boolesche Werte J81
Bor C57
Borane C57
Borate C57
Borax C57
Borazon C57
Borcarbid C57
Borgruppe C57
Boride D21
Born-Haberscher Kreisprozeß C15
Bornitrid C57
Bornsche Näherung, 1. B149
Borsäure C57
Borsilikatglas D22
Bortrioxid C57
Borwasserstoff C57
Bose-Einstein-Statistik E161
Bose-Teilchen B161
Bottom B184, B186
Boudouard-Gleichgewicht C59
Bourdonfedern H30
Boyle und Mariotte, Gesetz von B56, B57
Brachystochrone A97
Brackett-Serie B211
Bragg-Winkel B230
Braggsche Gleichung B230, B237
Brahe, Tycho B93
Brainstorming K17
Brattain B165
Brauneisen D8
Braunfäule D65
Braunstein C62
Bravais-Gittertypen D3
Brechgrad D60
Brechkraft B220, B222
Brechung B197, B215
Brechungsgesetz B216, B219,
– für elektrische Feldlinien G43
– für die elektrische Stromdichte G45
–, Snelliussches B215
Brechzahl B202, B215, B217, B218

Bredtsche Formel E73, E79
Breitensuchen J84
Bremsen K39
Bremsspektrum B212
Bremsstrahlung B211
Brennen, thermonukleares B184
Brennstoffzellen C54, G67
Brennweite B220, B221
Brennwert C27
Brenzkatechin C72
Brewster-Winkel B213, B218, B219
Bridges J67
Brinellhärte D76
Brom C62, C64
Bromwasserstoff C47
–, Bildung C36
Brönstedt-Säuren C46
Bronze D16
Brownsche Bewegung B38, B54
Bruch D61
Bruchausbildungsformen D62
Brüche B239
Brucheinschnürung D45
Bruchflächenmorphologie D62
Bruchflächenverlauf D62
bruchmechanische Prüfungen D74
Bruchmechanik D49
Bruchmechanismus D62
Bruchzähigkeit D49
Brückenabgleich G11
Brückenschaltung G10–G13, G15, G105
–, aktive H53
Brückenspeisung mit konstantem Strom H48
– mit konstanter Spannung H48
Brummspannung G105
Brutprozeß B182
Buchsenkette K45
Bündel G88
Bündelfluß G50
Bundes-Immissionsschutzgesetz M10
Bundesgerichtshof N7
Bundespatentgericht N6
bürgerliches Recht M1
Burgers-Modell D44
Burgers-Vektor D4
Bürsten G63
burst mode J61
Bus J13, J52
–, asynchroner J53
–, bidirektionaler J 13
–, globaler J53
–, lokaler J53
–, synchroner J53
–, unidirektionaler J13
Busarbitration J55
Busch B239
Busemann-Polare E157
Busprotokolle J53
Busy waiting J60
Buszyklus J53
1,3-Butadien C69
Butan C19, C65, C66, C67
2-Butenyl C68
Buttersäure C75
Byte H68, J38
C J89, J97
C^{++} J88, J90
C(OS)MOS G127
Cache J35, J36, J57, J73
–, Direct-mapped- J58
–, Two-way-set-associative- J58
–, vollassoziativer J58
CAD (Computer Aided Design) K52, L9
CAE (Computer Aided Engineering) K52, L9
Caesium C55, C56
Caesiumchlorid C24
Caesiumchloridstruktur C24
Calcium C56
Calciumcarbid C58
Calciumcarbonat, thermischer Zerfall C33
Calciumhydrid C55
CAM (content addressable memory) J36
Candela B2
Carbide C58, C64, D21
–, kovalente C58
–, metallische C58
–, salzartige C58
Carbonat-Ion C58
Carbonate C64
Carbonsäureamide C76
Carbonsäurederivate C76
Carbonsäureester C76
Carbonsäurehalogenide C76
Carbonsäuren C71, C72, C74, C75–C76
–, aromatische C72, C75
–, gesättigte C75
–, ungesättigte C75
Carbonylgruppe C75
Carborundum C58
Carboxylgruppe C72, C75
Carnot B76
Carnot-Diffusor E144
Carnot-Faktor F15
Carnot-Prozeß B73, B74, B76, B77, B78
Carnot-Wirkungsgrad B76
Carry-Bit J11
carry look-ahead J11
carry ripple J11
Carry-save-Addition J27, J37
Case J92
Cassinische Kurven A37
Castigliano, Sätze von E90
Cauchy-Riemann-Bedingung A71
Cauchy-Riemannsche-Differentialgleichung A68
– in Polarkoordinaten A68
Cauchyscher Hauptwert A49
Cauchyscher Integralsatz A69
Cavendish B94
Cellulose D26
Cellulosefasern D25, D26
Celsius-Skala B56, B57
CEN/CENELEC L4
Čerenkov-Detektoren B195
Čerenkov-Strahlung B195
Cermets D32
Chadwick B147, B175
Chalkogene C61
Chalcosin D8
Charakter, metallischer C11
–, nichtmetallischer C11
Charakteristiken E162, E163
charakteristische Gleichung A84, A91, E37, I7, I23, I38, I61, I65
– des geschlossenen Systems I68
–, Wurzeln A84
charakteristische Röntgenstrahlung B201, B211
charakteristisches Polynom I30
Charge-balancing-Umsetzer H73
Charm B184, B186
Chemiefasern D26
Chemikaliengesetz M11
chemische Abscheidung aus der Gasphase D34
chemische Analyse von Werkstoffen D70
chemische Beanspruchungen D37, D61
Chemisorption D5
Chemokeramik D20
Chemolumineszenz C61
CHILL J88
Chlor C14, C19, C63
–, elementares C63
Chloralkali-Elektrolyse C55
Chlorbenzol C71
Chlorethan C71
chlorige Säure C47, C64
Chlorknallgasreaktion C63
Chlorkohlenwasserstoffe C72
Chlorsäure C47, C64
Chlorverbindungen C64
Chlorwasserstoff C3, C12, C19, C42, C45, C47, C63, C64
–, gravimetrische Analyse C4
Cholesky-Zerlegung A103
Christoffel-Symbole A62, A63
chromatische Aberration B224
CIM (Computer Integrated Manufacturing) K52, L9
Cis-trans-Isomerie C65
CISC (complex instruction set computer) J35
Clausius, Theorem von B76
Clausius-Clapeyronsche Gleichung B62, F37
Clausius-Mosotti-Formeln E115
Clear G131
Clock G131
Close J87
CMOS (complementary MOS) G126, G127, J6
CMOS-Schaltungen J5
CN-Zyklus B183
COBOL J89
COD-Konzept (crack opening displacement) D49, D75
Code G129
code inspection J104
Codewörter J38
Codierer J13
Codierung G73, G83, H76, I81
Coesit C59

Coilanlage I83
Colebrook E142
COMPLEX J81
Compton-Effekt B208, B210
Compton-Streuung B208
Compton-Wellenlänge des Elektrons B3, B209
Computerprogramme N4
Computertomographie D78
computerunterstützte Techniken L9
Concurrent Pascal J88, J90
Condition-Code J11, J30
Cooper B160
Cooper-Paar-Bildung von Löchern B161
Cooper-Paare B160
Copolymerisation D27
Copy-back-Verfahren J57
Cordierit D20
Coriolis-Beschleunigung B12, E8
Coriolis-Kraft B17, E31
Cosinus A32
Cotangens A32
Couette-Strömung E133
Coulomb, Ch. A. B99
Coulomb (Enheit) B99
Coulomb-Abstoßung B181
Coulomb-Feld B104
Coulomb-Gesetz B99, B110, G38
Coulomb-Kraft B121, B147, B165, B175
Coulomb-Potential B148, B176
– des H-Atoms B236
Coulombsche Reibkraft E35
Coulometrie D71
Covolumen B61, B63, C18
Cowan B179
CPU (central processing unit) J2
Cristobalit C59
Curie, Marie u. Pierre B178
Curie-Konstante B128
Curiesches Gesetz B116, B128
Curie-Temperatur B116, B128, B130, D9
Curie-Weisssches Gesetz B116, B130
cycle stealing mode J61
Cyclohexan C66, C70
Cyclohexen C70
Cyclopropan C36, C70

d'Alembertsche Lösung E163
d'Alembertsches Paradoxon E129
d'Alembertsches Prinzip E39
Dämpfe D35
Dämpfung B28–B32, E46, E51, E58, G76, G81, G117
Dämpfungsgrad E46, E60, H5, H7, H44, I8, I20, I40, I41
Dämpfungskoeffizient G37
Dämpfungskonstante B28–B30, H5
Dämpfungsmaß G76
Dämpfungsmatrix E51
Dämpfungsverhalten K33
Daisy-chain J53, J55, J56
Daltonsches Gesetz F26
Dampf B62
–, nasser F38
–, spezifische Zustandsgrößen F39
–, übersättigter C18
Dampf-Flüssigkeits-Gleichgewicht binärer Systeme F41
– reiner Stoffe F37
–, Bedingungen F44
Dampfdruck B88, F37
Dampfdruckerniedrigung C42
–, isotherme F43
–, relative C42
Dampfdruckkorrelationen F37
Dampfdruckkurve B62, F36
– einer Lösung C42
Dampfdruckthermometer B56, B63
Dampfgehalt F39
Dampfstrahlpumpe B87
Dampftafel für das Naßdampfgebiet von Wasser F38
Dampftafeln F24, F37
Dampfturbine I3
Daniell-Element C52, C53
Darbouxscher Vektor A60
Darlington-Schaltung G110
Darstellung von Aluminium C54
– von Metallen C51
– unedler Metalle C54
Dateien J86
Dateiorganisation, gestreute J87
–, indizierte J87
Dateiverwaltung (file handling) J69
Daten J38
Datenbanksystem K53
Datenbankverwaltungssystem K53
Datenbasis (Datenbank) K53
Datenerhebung A139
Datenfernübertragung J64
Datenformat J43
Datenkapselung J103
Datenkommunikation L8
Datenmodule K8
Datenschutz M10
Datenstrukturen J43, J79, K8
Datentyp J79–J88
Datenvektor I75
Datenverarbeitungswerk J16
Datenverarbeitungswerke, Beispiele J27
Datenverwaltung K53
Datenwerke J24
DATEX-L J64
DATEX-P J64
DAU siehe Digital-Analog-Umsetzer
Dauerfestigkeit D48
Dauermagnet G45, G49
Dauerschwingungen I52
Dauerschwingversuch D48
Dauerstrombetrieb B160
Davisson B237
DDC-Betrieb I56
D-Diagramm J103
de Broglie B234, B235, B237
De-Broglie-Beziehung B234, B235
De-Broglie-Wellenlänge B237
– von Elektronen B234
deadbeat response I64
Deaver B160
Debugger J104
Debye-Hückel-Theorie B166
Debye-Scherrer-Diagramme B229, B230, B237
Decan C67
Deckfilmbildung D5
Decoder G128
Decodierer J14
Decodiermatrix G128, G129
Deemphasis G76
Defekt A124
Defektelektronen B161
Defektfunktionen A124
Defektquadrat A104
–, integrales A124
–, diskretes A124
defensives Programmieren J103
Definitheit A103, A111
Definitionsbereich A40, A50, A67
Definitionsmenge A40, A50
Deflagrationen C39
Deflation A107, A111
Deformation E61
Deformationstensor E62
Dehngrenze D45
Dehnsteifigkeit E80
Dehnung B191, D38, E62, H28
Dehnungsanalyse D73
Dehnungsmessen D73, H27
Dehnungsmeßstreifen D73, H27, H28
Dehnungsmeßstreifenrosette E63
Deklarationen J92
deklarative Sprachen J90
Dekompressionsphase E40
Delegation O11
Delon-Schaltung G106
Delta-Abtaster I57
Delta-Funktion A39, A78, A79, H3, H10, I57
Delta-Impuls I57 siehe auch Delta-Funktion
Delta-Modulation G88
Delta-Operator A64
Demand paging J72
Demodulation G97
Demodulatoren G96
De-Morgansche Regeln A3
Denkmodelle von Programmiersprachen J89
Dequeue J83
Dereferenzierungsoperator J80
Desublimationslinie F36
Detergentien D36, D37
Determinante A14
Determinanten A11
–, Additivität A11
–, Antisymmetrie A11
–, Hadamardsche Ungleichung A11
–, Rechenregeln A11

Determinantenberechnung A103
determinierende Gleichung A87
Detonationen C39
Detonationsgeschwindigkeiten C39
Detonationsgrenzen C39
Detonationsspritzen D34
Deuterium B183, C55
Deuterium-Zyklus B183
Deuteronen B180
Deutsche Elektronische Kommission im DIN und VDE L4
Deutsches Patentamt N2
Deviationsmoment E31, E67
Device-Controller J60
dezentrale Einzelprozesse H1
Dezibel G76
Dezimalsystem, Stellenwert A5
Dezimalzähler G133
D-Flipflop G132, J19
D-Glied (differnzierendes Glied) I19
Diabas D19
Diagonalexpansion A109
Diagonalform I66
Diagonaltransformation eines Tripels A110
Diagramme K52
Dialogmethode K17
dialogorientierte Sprachen J88
diamagnetische Stoffe G46
Diamagnetismus B126
–, idealer B158
Diamant C29, C32, C58, D18
–, Härte D18
Diamantstruktur C25
Diboran C57
1,2-Dibromethan C68
1,2-Dibromethan C69
Dicalciumsilicat D24
Dichloridfluormethan C19, C73
1,2-Dichlorethylen C65
Dichlormethan C73
Dichroismus B219
Dichte B49, C3, E120
– von technischen Fluiden D36
– von Werkstoffen D40
Dichtefunktion A130
Dichtungen K41
Dichtungssysteme K42
Dielektrikum B111, B112, B 113, G8
Dielektrizitätskonstante B112, G38
Dielektrizitätszahl B111, G39,
Diene C69
Diensterfindung N11, N12
–, angemessene Vergütung N11
–, Arbeitgeber N12
–, Arbeitnehmer N11
–, beschränkte Inanspruchnahme N12
–, Erfindungsmeldung N12
–, freie Erfindung N11
–, Inanspruchnahme N11, N12
–, unbeschränkte Inanspruchnahme N12
Dieselkraftstoff C67
Diethylether C67, C71, C73
differential input voltage G118
Differential, vollständiges A51, A52
Differentialbauweise K20
Differentialgeometrie im Raum A62
Differentialgeometrie gekrümmter Flächen A60
–, Kurven A57
Differentialgleichung Biegelinie E80, E81
–, Besselsche A91
–, Eulersche E97
–, gewöhnliche I14
–, der Hermiteschen Polynome A90
–, hypergeometrische A90
–, der konfluenten hypergeometrischen Reihe A90
–, Laguerresche A90
–, Legendresche A90
–, lineare I5
–, lineare homogene A81
–, lineare inhomogene A81
–, lineare mit konstanten Koeffizienten A84
–, Mathieusche A91
–, partielle 1. Ordung, verkürzte homogene Form A91
–, selbstadjungierte A89
–, spezielle Ansätze zur Lösung A89
–, Tschebyscheffsche A90
Differentialgleichungen I8
–, der Bewegungen E30
–, elliptische A92
–, explizite, 1. Ordnung A82
–, gewöhnliche I6
–,– lineare I8
–,–, Einteilung A81
–,–, explizite Form A81
–,–, Normalform A81
–, hyperbolische A92
–, kinematische E5, E35
–, Klassifikation A92
–, klassische nichtelementare A90
–, lineare A83
–, Normalformen A92
–, parabolische A92
–, partielle I6, I9
–,– lineare I8
–,– 1. Ordnung A91
–,– 2. Ordnung A92
–, Separationsverfahren A93
–, steife A121
–, Systeme A87
–, Vektor- I6
Differentialquotient A41
Differentialvektor A59, A60
Differentialzeit I25
Differentiation in Feldern A63
– komplexer Funktionen A67
– reeller Funktionen A50
differentieller Widerstand G32
Differenzcodierung G83
Differenz-Eingangswiderstand H54
Differenzengleichung A80, A81, A112, I57, I74
Differenzenquotient A41, A50, I57
Differenzierer G122
Differenzierglied G130
Differenzierungen, implizite A51
Differenzprinzip H14, H28
–, Anwendungen H15
Differenzsignal H15
Differenzspannung G118
Differenztemperaturmessungen H37
Differenzverstärker G110
Diffusion B78, B79
Diffusionsströme in Halbleitern G137
Diffusionsstromdichte B80
Diffusionszone B165
Diffusor E139, E141
Digital-Analog-Umsetzer (DAU) I56, G122
–, bewertete Leitwerte H76
–, Widerstandskettenleiter H77
digitale Regelung I56
digitales Netz J65
Digitaloszilloskop H80
Dihydrogenphosphate C61
Dihydroxydiphenylmethan C74
Dimethylether C65
DIN Deutsches Institut für Normung e. V. L1
DIN-Normen K55
Diode G124, G138
Dioden J4
Diodengatter G124
Diodenkennlinie G32, G35, G122
Diodenschaltnetz G125
Diodenschaltungen J4
Dioden-Transistor-Logik G126, G127, I84
Diorit D19
Diphosphorsäure C61
Dipol B100, B101
–, elektrischer B112
–, Fitzgeraldscher G57
–, Hertzscher G57
–, magnetischer B117, B123, B124
–, Potential eines B112
Dipolantenne B196
Dipol-Dipol-Wechselwirkung B116
Dipole, permanente elektrische B115
Dipolkräfte C20
Dipolmoment einer Spule B124
– einer Stromschleife B124
–, elektrisches B112
–, magnetisches B124, B125, B176
–, permanentes elektrisches C14
Dipolstrahlung B201
Dipol[–Strahlungs]charakteristik B198, B218
Dirac A39, B152

Dirac-Distribution A78, A79, siehe auch Delta-Funktion
Dirac-Impuls 110, siehe auch Delta-Funktion
Direktadressierung J47
Direktspeicherzugriff J61
Direktzugriffsdateien J87
Dirichletsche Bedingungen A77, A78
Disiloxane C59
Disjunktion A3, J4, J8
disjunktive Normalform G127
disjunktive Verknüpfung G124
diskrete Bausteinsysteme I84
diskrete Kompensation, Grundgleichung I64
diskrete Kompensationsalgorithmen I63
diskrete Systemdarstellung I57
diskrete Totzeit I63
diskrete Transformationen, Z-Transformation A81
diskreter Impuls I57
diskreter PID-Regler I62
diskretes Spektrum A76
diskretes Übertragungssystem I56
Dispergentien D37
Dispersion B202, B217, B224, D22, D32, D60
–, anomale B191, B203
–, normale B191, B203
Dispersionsformel B203
Dispersionshärtung D50
Dispersionskräfte C16, C20
Dispersionsmittel C41, D37
Dispersionsrelation im Plasma B204
DISPOSE J80
Disproportionierungen C55
Dissipationsenergie F13
Dissipationsfunktion E132
Dissoziation B165, C46
Dissoziationsarbeit B165
Dissoziationsgrad C46
Dissoziationskonstante C46
Distickstoffmonoxid C19, C60
Distickstoffpentoxid C37
Distribution A39, I10
Distributivität A2
Divergenz A63–A65
Division H39
DMA (direct memory access) J61
DMA-Controller (DMAC) J60, J61
DMA-Kanäle J61
Dodecan C67
Dokumentation J105
Dokumentationswerkzeuge J106
Doll B160
Dolomit D19
Domänenstruktur B116
dominierendes Polpaar I44
Donatoren B163, B165
Doolittle-Algorithmus A103
Doppelbackenbremse K39
Doppelbrechung B219
Doppeldrossel H21
Doppeldrosselsystem H26
Doppelintegrale A53, A55
–, Regeln A54
Doppelleitung B199
–, ideale B199
Doppelschieber K47
Doppelschleife K47
Doppelschrägverzahnung K45
doppelt-integrales Verhalten I24
Doppelwort J38
Doppelzahnkupplungen K37
Doppler B193
Doppler-Effekt B194, B209
–, akustischer B194
– elektromagnetischer Wellen B194
–, relativistischer B194
Doppler-Modulation G98
Doppler-Verschiebung B194
Dotierung B163, C59
Down B186
Drahtziehen E116, E117
Drall B17, E33
Drallerhaltungssatz E34 siehe auch Drehimpulserhaltungssatz
Drallsatz E17, E33
Dreheisenmeßwerke H61
Drehfederkonstante H5
Drehfeld G62
–, elliptisches G63
–, Kreis- G63
Drehimpuls B17, B18, B26, B39, B41, B52, B60, B93, B235, E33, E151
– bei Ellipsenbahnen B99
– eines Teilchensystems B41
– eines starren Körpers B51
Drehimpulserhaltung B18, B51, B93
Drehimpulserhaltungssatz (Drallsatz) B18, B41, B52, B96
Drehimpulsquantelung B52
Drehimpuls-Quantenzahl B60, B151
Drehklappe K51
Drehmoment B17, B18, B39, B41, B52, B89, B113, D38, E152, F2, G62, G64
–, rücktreibendes B25, B26
Drehmomentenstoß B18
Drehmomentmessung, Dehnungsmeßstreifen H29
Drehpendel B25
Drehpol B25, E6
Drehprozesse, irreversible B129
Drehschubgelenk E4, E10
Drehschwingung B25
Drehspulmeßgerät B124, G1
Drehmeßwerk H57
Drehstabfedern K35
Drehstreckung A71
Drehstrom G26, G68
–, symmetrisches Drehstromnetz G59
Drehstrommotor B133
Drehung
– um feste Achse E3, E4, E6, E33
– um festen Punkt E3
–, räumliche A60
–,–, Drehachse A60
–,–, Drehwinkel A60
–,–, um festen Punkt E6
–, resultierende E3, E5
–, virtuelle E3, E9, E39
Drehungen, permanente E35
Drehvektor E9, E10
Drehwaage B94
Drehwinkel B7
Drehzahl B7
–, synchrone G63, G64
Drehzahlaufnehmer H24
Drehzahlmessung, digitale H72
Dreiecksungleichung A48
Dreieckschaltung G27
Dreiecksdiagramme F42
Dreiecksform, obere A101
–, untere A101
Dreiecksschwingung B35
Dreieckströme G28
Dreieckszerlegung A11
Dreielektrodenlinse B239
Dreifachintegrale A54, A55
Dreigelenkbogen E22
Dreimomentengleichung E92
Drei-Niveau-System B213
Dreiphasensystem G26
Dreipunkt-Biegeprobe D74
Dreipunktregler I49, I50
Dreipunktverhalten I49
Driftgeschwindigkeit B108, B120, B121, B138, B167
– in Halbleitern G137
– in Kupfer B108, G2
– der Leitungselektronen B108, B123, B156
Drillung E87
Drossel als Wegaufnehmer H20
Drosselgerät H33, H40
Drosselregelung K49
Drosselsysteme H40
Druck B45, B57, D38, F2
–, allseitiger D38
–, dynamischer B86, B87, B88, E125
–, hydrostatischer B86
–, kritischer F23
–, osmotischer C42–C44
–, statischer B86, B87, B88, B89, E125
Druckaufnehmer, piezoelektrische H31
Druckbehälter, dickwandiger E99
Druckfestigkeit von Naturstein D19
Druckkoeffizient E128
Druckkräfte B86
Druckmeßsonde B87
Druckmessung, Auslenkung von Federkörpern H30
–, Dehnungsmeßstreifen H29
Druckrückgewinnungsfaktor E145
Druckspannung D38
Druckverlust E141

Druckverlustzahl E141
Druckversuch, Normen D75
Drude B155
Drude-Lorentz-Modell B156
DTL (Dioden-Transistor-Logik) G127
DTL-Gatter G125, G126
DTL-Technik G126
Dual-port-Speicher J23
Dual-slope-Umsetzer H74, H75
Dualsystem A5
Dualzahlen G128, G129
Duane-Huntsches Gesetz B201
Duffing-Schwinger E58, E59, E60, E61
Duhamel-Formel A85, A86, A88
–, Einmassenschwinger A85
Düker B237, B238
duktiler Bruch D62
Dulong-Petit, Regel von B69
Düngemittel C61
Dunkelsteuerung H65
Dünnschichtchromatographie D71
Durchbiegung D38, E80, E82
Durchbruchmechanismen, Lawinendurchbruch G139
–, Zenerdurchbruch G140
Durchflußmeßgeräte E146
Durchflußmessung, magnetische Induktion H33
–, Wirkdruckverfahren H32
Durchflußzahl E126
Durchflutung B117, G47
Durchflutungssatz B117, B118, B136, G47
Durchgangsmatrix I12
Durchlaßbereich G124
Durchlaufträger E90, E92, E110, E112, E118, E119
Durchmesser, hydraulischer E143
Durchschaltglieder J4
Durchschaltverfahren G89
Durchschnitt A125
Durchtrittsfrequenz I41
Duroplaste D31
duroplastische Polymerwerkstoffe
Aminoplaste: Harnstoff-Formaldehyd D30
–, Epoxidharze D30
–, Melamin-Formaldehyd D30
–, Phenoplaste: Phenol-Formaldehyd D30
–, ungesättigte Polyesterharze D30
Düse E139
dyadische Spektralzerlegung A110
Dynamik B12, G77, G79
–, relativistische B22
– starrer Körper B48
dynamische Datenstrukturen J80
dynamische Viskosität B82
– von Gasen B83
dynamischer Takteingang G131
dynamisches Verhalten H26
EBCDI-Code J39
Ebene A19
ebene Dreiecke A22
–, Außenkreis A22
–, Cosinussatz A22
–, Halbwinkelsatz A22
–, Innenkreis A22
–, Mittelpunkt A22
–, Mollweide-Formel A22
–, Schwerpunkt A22
–, Sinussatz A22
–, Tangenssatz A22
ebene Kurven, Bodenlänge A58
–, Geradengleichung A58
–, Normale A58
–, Steigung A58
–, Tangente A58
ebene Wellen B188, F58
Ebene im Raum A18
–, Abstand zum Ursprung A19
–, Achsenabschnitte A19
–, Normalenvektor A19
Ebene kleinster Verwirrung B223
Ebenengleichung A19
Ebenen im Raum A19
–, Schnittgerade A19
–, Winkel zwischen A19
Echowelle G36
Echtzeitsysteme (real-time systems) J68
Eckenmechanismus E119
Eckert-Zahl E133
Eckfrequenz I19, I43
ECL (Emitter Coupled Logic) G127
Edelgase C11, C16, C19, C64
Edelmetalle D8, D15
effektive Masse B121, B162
Effektivwert B140, H60
–, komplexer G7–G9
Effektivwertmessung H61
Effusiometer von Bunsen B87
EFNFs J91
e-Funktion, Matrixexponent A88
eidesstattliche Versicherung M3
Eigenbewegung I65
Eigendissoziation von Wasser C45
Eigendrehimpuls B52
– des Elektrons B152
Eigendynamik I68
Eigenenergie B42, B64
Eigenfinanzierung O9
Eigenform E47, E54, E55, E56, E102, E106, E109, E112
Eigenfrequenz B37, B38, E37, E47, E54–E56, E106, E109, E112, G18, H27, I20, I40
Eigenfunktion A81, A94, C7
Eigenkapital O13, O14
Eigenkreisfrequenz E46, G19
Eigenleitung B161, B162
Eigenleitungs[träger]dichte B161, G135
Eigenpaare A81
Eigenschaften, kolligative C42
Eigenschaften, orthogonale A10
Eigenschwingungen E45, E108, E110, E112, G19
– bei endlich vielen Freiheitsgraden E47
–, lineare E46
Eigenspannung D6, E78
Eigenvektoren A61, A110, A113, E64
Eigenwert A81, A94, A108, A109, A113, C7, E47, E54, E64, E102, E103, E105
Eigenwertlöser A111
Eigenwertnest A111
Eigenwertproblem A20, A61
–, allgemeines A109
–, Hauptachsenlängen A20
–, Hauptrichtungen A20
–, lineares A109
–, Matrizenpolynom A109
–, nichtlineares A109
–, Normalform A20
–, spezielles A109
Eigenwertproblem-Paare, nützliche Beziehungen A110
Eigenwerttheorie A108
Eigenzeit B10, B22
Eikonalgleichung B216
Ein- und Dreiphasen-Induktionszähler H63
Ein-/Ausgabe, controller- und kanalgesteuerte J61
–, prozeßgesteuerte J60
Ein-/Ausgabe-Anweisungen J93
Ein-/Ausgabekanal J61
Ein-/Ausgaberechner J62
Ein-Bit-Speicher G129–G132
Eindeutigkeit K18
Eindringtiefe B159, G56
Einfachheit K18
Einflußeffekte H10, H19, H43, H58
Einflußgrenze E167
Einflußgrößen H10
Einfrierungseigenschaft E168
Eingang, nichtinvertierender G31, G117
Eingangsadmittanz G25
Eingangsfolge I57
Eingangsgröße H2, H44
Eingangsparameter J74, J94
Eingangsruhestrom G119
Eingangsteiler, frequenzkompensierter H66
Eingangsvektor I12
Eingangswiderstand G37, G119 G123
Eingrößenregelstrecke in der Regelungsnormalform I69
Einheitensystem, Internationales B1
Einheitsmultiplikationen A67
Einheitsspalte A102
Einheitssprung A86
Einheitssprungfunktion H3
Einhüllende A58
Einigungsstelle O6
einklappbare Scheibe K51
Einliniensystem O10

Einphasentransformator G26
einphasige Festkörper D3
1-aus-*n*-Code J13
Einsatzstähle D13
Einscheiben-Trockenkupplung K39
Einschlußparameter B184
Einschnürung D62
einschrittiger Code G129
Einschrittverfahren A121
Einschwingvorgang B30
Einseitenbandmodulation G86
Einselement A2, A3
Einspannung, feste E21
–, kräftefreie E21
–, längskräftefreie E21
–, querkraftfreie E21
Einspruch N3, N6, N8
–, Offenbarung N6
–, Patentabteilung N6
–, Patentfähigkeit N6
–, unzulässige Erweiterung N6
–, widerrechtliche Entnahme N6
–, Widerrufsgründe N6
Einspruchsverfahren N6, N8
Einstein B9, B16, B171, B207, B210, B212
Einstein-Koeffizient B212, B213
Einstein-de-Haas-Effekt B126
Einstellregeln I39, I63
– von Ziegler und Nichols, Methode des Stabilitätsrandes I39
– von Ziegler und Nichols, Methode der Übergangsfunktion I39
Einstellwerte des Reglers I25
Einstellzeit H7
Einstoffsysteme C25
einstweilige Verfügung M2
Eintragung N10
Eintragungsverfahren N10
Einweggleichrichtung G6
Einweggleichrichtwert G7
Einzelkaufleute M6
Einzelkosten K55, K56
Einzellinse, elektrische B238
Einzelprodukt K7
Einzelteil-Zeichnungen K52
Einzelunternehmung O4
Einzelzeichen J91
Eisen D8, G5, G6
Eisen(II)-oxid C1
Eisencarbid D9
Eisenkern einer Spule G7
Eisen-Kohlenstoff-Zustandsdiagramm D9
Eisenportlandzement D24
Eisenverluste G8, G26
Eisenwerkstoffe D8
–, systematische Benennung D12
Eispunkt des Wassers B73
Eiweißfasern D26
Eiweißstoffe siehe Proteine
elastische Bettung (Winkler-Bettung) E81
elastische Wellen B191
Elastizität D42
Elastizitätsgrenze D45
Elastizitätsmodul B191, E66, H28
–, von Werkstoffen D44
Elastizitätstheorie E61
Elastohydrodynamik D67
Elastomere D31
elastomere Polymerwerkstoffe
–, Polyurethan D31
–, Silicon D31
–, Styrol-Butadien-Kautschuk D31
Elastomerkupplungen K38
elektrische Eigenschaften von Werkstoffen D56
elektrische Einzellinse, Brechkraft B239
elektrische Feldkonstante G39
elektrische Feldstärke G38
elektrische Flußdichte G39
elektrische Kraftkompensation H26
elektrische Leistung G44
elektrische Leiter B109
elektrischer Dipol im inhomogenen Feld B113
–, potentielle Energie B113
elektrischer Fluß G39, G40
elektrischer Strom B107, G44
elektrischer Widerstand von Werkstoffen D58
elektrische Schlupfkupplungen K38, K39
elektrisches Feld, homogenes B113
elektrische Spannung G38
elektrische Stromdichte G44
elektrische Strömungsfelder G44
elektrische Tribokenngrößen D81
elektrische Verfahren der zerstörungsfreien Materialprüfung D78
elektrische Verschiebung G39
elektrochemische Beanspruchung D39
elektrochemische Spannungsreihe D64
elektrochemische Verfahren D71
Elektrodenpotential C52, C53
Elektrodynamik, phänomenologische B136
Elektrographit C58
Elektrokeramik D20
Elektrolyse B165, C53–C55, C66
Elektrolyte B165, C41, C48, G1, G5, G66
–, echte C42
–, feste C41
–, potentielle C41, C42
elektrolytische Abscheidung B166
elektrolytischer Mittelwert G7
Elektrolytlösungen C41
–, echte C41
Elektrolytschmelzen C41
Elektromagnet G53, G65, G66
elektromagnetische Felder B130, G54
elektromagnetische Schwingungen B143
–, erzwungene B144
–, freie gedämpfte B143
elektromagnetisches Spektrum B200, B202
elektromagnetische Verträglichkeit H19
elektromagnetische Wechselwirkung B92
elektromagnetische Wellen B137, B202, G54–G58
Elektrometer B99
Elektrometerverstärker (instrumentation amplifier) G33, G34, G123, H54
Elektromotor B123
elektromotorische Kraft (EMK) C31, C52, C53, G3
Elektron G1
–, Ruhemasse B3
–, magnetisches Moment B3
Elektron-Loch-Paar B163
Elektron-Neutrino B179, B185
Elektron-Positron-Paar B184
Elektronegativität C14
Elektronen B99, B105, B147, C5, G135
–, freie G2
Elektronen-Plasmakreisfrequenz B169
Elektronenaffinität C6, C14
Elektronenbahnen C5
Elektronenbesetzung für O_2 C13
Elektronenbeugung B237
Elektronendichte C7
Elektroneneinfang B179
Elektronenemission B169, G66
Elektronengas B161, C15, D6
–, freies B153, B155, B156, B169
– in Metallen B169
–, zweidimensionales B164
Elektronengasmodell C15
Elektronenholographie B238
Elektronenhülle B149
Elektroneninterferenzen B237
Elektronenkonfiguration C9
– von Molekülen C12
Elektronenladung, spezifische B3
Elektronenleitfähigkeit D52
Elektronenleitung B164
Elektronenlinsen B239
Elektronenmasse B106
Elektronenmikroskop B232, D72
–, elektrostatisches B239
–, magnetisches B239
Elektronenoktett C12
Elektronenoptik B238, E239
elektronenoptisches Biprisma B237
Elektronenpaare B152
–, bindende C12
–, einsame C12
– im Supraleiter B160
Elektronenröhre G1
Elektronenschalen B152
Elektronensonde B239
Elektronenspektroskopie für die chemische Analyse D73

Elektronenspin B128
Elektronenspinresonanz B53
Elektronenstoß B122, B212
Elektronenstoßanregung B213
Elektronenstrahlhärten D34
Elektronenstrahlmikroanalyse D72
Elektronenstrahloszilloskop H63–H67
Elektronenstrahlröhre, Ablenkempfindlichkeit H63
Elektronenzustände B151
Elektrostatik G54
elektrostatische Felder G38
Element A1
–, inverses, Existenz A2
Elementaranalyse D73
elementare Datentypen J81
elementare Umformtheorie E116
Elementarereignis A125
Elementarladung B3, B105, B106, G1
Elementarmechanismen E119
Elementarreaktion C36
Elementarteilchen B106, B184
–, stabile B185
–, Umwandlung von B175
Elementarwellen B225
Elementarzelle C22, C24
Elemente, chemische C9–C11
Elemente zur Führung von Fluiden, Absperr- und Regelorgane (Armaturen) K51
–, Funktionen K50
–, generelle Wirkungen K50
–, Rohrnetze K50
Elemente zur Lagesicherung K32
Elementenetz E106
Element, galvanisches G3
Elementmatrizen E106
Ellipse A20, A24
Ellipsoid A28
Elongation B23, B24
Eloxal-Verfahren C55
Email D33
Emission, induzierte B212, B213
–, spontane B212, B213
Emissions- und Immissionsschutzmaßnahmen L7
Emissionsgrad H38
Emissionsspektrum B204
Emitter Coupled Logic G127
Emitterschaltung G125
EMK siehe elektromotorische Kraft
Empfindlichkeit G96, H2, H28
Empty J83
Emulgatoren D36, D37
Energie B18, F1, F6, G42, G59
–, elektrische G42
– einer Feder E19
–, freie F5, F6
–, innere B43, B57, B72, F1
–, innere potentielle, des Teilchensystems B42
–, kinetische B19, B21, B23, B27, B42, E34, E47, E56, E57, F1, F2
–, eines Teilchens B42
–, eines Körpers E19
–, magnetische G50, G53
–, materiegebundene F1
–, mittlere kinetische B55, B57, B59
–, potentielle B20, B21, B23, B27, B95, E19, E28, E29, E34, E47, E56, E57, E88, E102, F1, F2, G2, G3
–,–, der Feder E19
–,–, des Körpers E19
–, relativistische B23
–, Satz vom stationären Wert E88
–, spezifische innere, idealer Gase F18
–,–, idealer Gasgemische F26
–,–, inkompressibler Fluide F22
–,–, realer Fluide F24
–, spezifische, im T,s-Diagramm F39
–,–, im h,s-Diagramm F40
Energiebänder, quasikontinuierliche B153
Energiebändermodell B153
Energiebänderschema B154
Energiebilanz F11
– einer geschlossenen Phase F11
– eines Kontrollraums mit feststehenden Grenzen F12
–, eines stationären Fließsystems mit einem Massenstrom F12
Energiedichte G60
– des elektromagnetischen Wellenfeldes B197
– des elektrostatischen Feldes B112
– des magnetischen Feldes B135
–, elektrische G42
–, magnetische G51
Energie-Eigenwerte des Wasserstoffatoms B237
Energieerhaltung B21, D44, B46
Energieerhaltungssatz B22, B42, B96, E34, E57
– der Mechanik B21
– für Teilchensysteme B42
– für Vielteilchensysteme B66
Energieform F2, F3
Energiegrößen K8
Energieinhalt des harmonischen Oszillators B27
– eines Kondensators B112
Energielücke B153, B154, B160, B161, B162, B164
– in Halbleitern bzw. Isolatoren B163
Energiemaß A99
Energiemethoden E87
Energieniveaus B28
–, Besetzung C9
Energieprofile C40
Energierecht M10
Energieregel C9
Energierohstoffe D1
Energiesatz B21, B86, E124, E153
– der Mechanik B23
Energieschwelle B178
Energiespeicher I19
Energiespektrum der Alphastrahlung B179
– der Betastrahlung B179
Energiestromdichte B188, B198
Energieumwandlung, elektrodynamische G60
Energieverbrauch, Werkstofferzeugung D8
Energieverlust B47
Energiewerte, diskrete B27
Energiezustände, stationäre B210
EN-Normen K55
Enqueue J83
Entartung B37, C7, C8
Entfestigung D48
Enthalpie B63, B69, B71, C26, F5, F6
–, freie F5, F6
–, spezifische, auf Siede- und Taulinie F37
–,–, feuchter Luft F27
–,–, idealer Gase F18
–,–, idealer Gasgemische F26
–,–, inkompressibler Fluide F22
–,–, realer Fluide F24
Enthalpiedifferenz, isentrope F20
–,–, idealer Gase F21
–,–, inkompresssibler Fluide F22
–,–, realer Fluide F24
Entkopplung G125
Entkopplung der Zustandsgleichungen I68
Entkopplungsgrad G89
Entlohungssystem O12
Entropie B75, B77, B78, C29, C30, F2, F6
– des idealen Gases B78
–, spezifische, auf Siede- und Taulinie F37
–,–, idealer Gase F19
–,–, idealer Gase beim Standarddruck F20
–,–, idealer Gasgemische F26
–,–, inkompressibler Fluide F22
–,–, realer Fluide F24
Entropiebilanz F12
– einer geschlossenen Phase F13
– eines Kontrollraums F14
– eines ruhenden offenen Mehrphasensystems F12
– eines stationären Fließsystems mit einem Massenstrom F14
Entropieerzeugung F13
– bei Nichtgleichgewichts-Expansion F13
– bei chemischen Reaktionen F13
– beim Stoffübergang F13
– beim Wärmeübergang F13
Entropiesatz B77
Entscheidungen O1, O2
–, funktionsbezogene O2
–, konstitutive O2
–, Mittel- (Zielerreichungsentscheidungen) O2

–, Ziel- (Zielsetzungsentscheidungen) O2
Entscheidungsprozeß I76
Entscheidungsrecht O11
Entscheidungstabellen J11
Entspannung, adiabatische B63
–,– gedrosselte B63
Entspiegelung B219
Entwicklung K1
Entwicklungsstelle A87
Entwurf J101, K6
– im Frequenzbereich I40
– im Zeitbereich I35
Entwurfsmethoden J101
Entwurfsphase K6
Entwurfsverfahren, analytische I44
–, lineare kontinuierliche Regelsysteme I35
Enveloppe A58
eof (end of file) J87
Epizykloide B93, E164
–, gewöhnliche A37
Epizykloidendiagramm E164
Epoxidharze D30
Erbrecht M1
Erdalkalimetalle C11, C56
–, Gewinnung C57
Erdalkalimetallhydroxide C46, C57
Erdbeschleunigung B12, B13, B26
Erdfeld B20, B21
Erdgas C67
Erdöl D1
–, Weltproduktion D2
Erdrotation B12
Erdstoffe D24
Ereignis A125
–, Komplementär- A125
–, sicheres A125
–, unmögliches A125
Ereignisraum A125
Ereignisse, disjunkte A125
–, paarweise disjunkte A127
erfinderische Tätigkeit N3, N4, N9
Erfindungen N3
–, gebundene N11
– von Professoren N11
–, technische N1, N3
Erfindungshöhe N4, N8, N10
Ergebnismenge A125
Ergonomie K14, L6
Erhaltungssatz für die elektrische Ladung B105, B184
Erlang G101
Ermüdung D48
Erregeramplitude E48, E60
Erregerfrequenz B31, E48, E51, E60
Erregerfunktion E50, E51
Erregerkräfte E109
Erregermechanismus E45
Erregung, harmonische E48, E51, E60
–, nichtharmonische periodische E51
–, nichtperiodische E50
–, parabelförmige I24
–, periodische E50
–, rampenförmige I24
–, sprungförmige I24
– durch Stöße E51
error function H12
Ersatzschaltbild (Operationsverstärker) G119
Ersatzschaltung G24, G26
Ersatzspannungsquelle G13
Ersatzstromquelle G13
Ersatzzweipole G13
Erstarren B69, B78
Erstarrungslinie F36
erste Integrale A97
Erteilungsbeschluß N6
Erteilungsgebühr N8
Erteilungsverfahren, Prüfungsstellen N5
Ertrag O15
–, Zweck- O15
–, neutraler O15
Erwärmung E94, E96
Erwartungswert einer diskreten oder stetigen Zufallsgröße A130
– einer Funktion A130
– einer Zufallsgröße A130
Erze, Aufbereitung D7
–, metallhaltige Bestandteile D8
–, regionale Verteilung D8
–, Trennprozesse D7
Erzeuger G3
Erzeugnisse, keramische C59
erzwungene Reaktion I65
erzwungene Schwingung B30
–, Differentialgleichung B144
Esmann B159
Essigsäure C46, C47, C48, C67, C71, C74, C75, C76
Essigsäureethylester C67, C75
Essigsäuremethylester C71
Ester C71
Ethan C19, C29, C66, C67, C68
Ethanol C65, C67, C71, C73, C74, C75
Ethansulfonsäure C71
Ethen siehe Ethylen
Ether C71
Ethernet J66
Ethin siehe Acetylen
Ethyl C66
Ethylalkohol siehe Ethanol
Ethylen (Ethen) C12, C19, C66, C67, C68, C73
Ethylenglykol C73, C74
Ethylenoxid C19
Euler, Axiom von E33
–, Satz von F4
Euler-Gleichungen E162
Euler-Formel A67
Euler-Parameter A60, E3, E4, E5
Eulersche Bewegungsgleichungen B86
Eulersche Differentialgleichung A83, A97, A99
Eulersche Gleichung F4
Eulersche Knickfälle E102
Eulersche Methode E122
Eulersche Turbinengleichung E151, K49
Euler-Verfahren I60
Eulerwinkel E3–E10
Euler-Zahl E133
Europäische Normen L4
Europäisches Patentamt N2, N3, N7, N8
–, Amtssprachen N8
–, Beschreibung der Erfindung N8
–, Erteilungsantrag N8
–, Patentansprüche N8
–, Zusammenfassung N8
europäisches Patentrecht N7
Eutektikum D9
Evolute A58
Evolvente A58
Evolventenverzahnung K44
E-Welle G56
Exergie F16
–, Enthalpie F17
–, innere Energie F17
–, Volumenänderungsarbeit F17
–, Wärmestrom F17
Exergiebilanz F17
Exergieverluststrom F17
Exhaustionsalgorithmen J77
Exklusiv-ODER-Verknüpfung G128
Exp J94
Expansion A109
–, adiabatische B64, B65
–, isobare B65
–, isotherme B65
experimentelle Beanspruchungsanalyse D73
Explosionen C39
Explosionsdruck D56
Explosionsgrenzen C39, C67, D56
Exponent A4
Exponentialfunktionen A32
externe Daten J102
Extrema A45, A52
–, Nebenbedingungen A53
–, globale A45
–, lokale A45
–, notwendige Bedingungen A52
–, relative A45
Extremalaussagen A96
Extremale A96
–, notwendige Bedingung A97
Extremalfunktional A99
Extreme-pressure-Additive D36
Extremwerte, lineare H59
Extrusion D48
Exzentrizität E43

Fachwerk E88, E89, E91, E93
–, einfaches E23
–, ideales E23
Fadenpendel B21, B25, E31
–, Schwingung B25
Fällung D70
Fairbank B160
Faktor, azentrischer F22, F23

Faktorisierung A102
Fakultätsfunktion A53
Fall, freier B6
Fallbeschleunigung B12, B13, B94, E43, F2
Fallgraphen I83
Fallunterscheidung A4, J92
Faltungsintegral (Duhamelsches Integral) H43, I11, I74
Faltungssatz A79
Faltungssumme I57
Familienrecht M1
Fan-in J5
Fan-out J5
Faraday B92, B100, B130
Faraday-Becher B109
Faraday-Effekt B129
Faraday-Gesetz B166, C54
Faraday-Henry-Gesetz B132, B135, B136, B196
Faraday-Käfig B109
Faraday-Konstante B3, B166, C52, C54
Farbfehler B224
Farbpyrometer H39
Farbzerstreuung D22, D60
Fasern D26
–, Weltproduktion D2
Faserplatten D25
Faserverbundwerkstoffe D32
Fay, du B99
FCKW siehe Fluorchlorkohlenwasserstoffe
Feder-Masse-System H26
Federkette B59
Federkraft B13
Federkraftmessung H26
Federn, allgemeine Anwendungsrichtlinien K36
–, biegebeanspruchte Metallfedern K34
–, drehbeanspruchte Metallfedern K34
–, Funktionen und generelle Wirkung K33
–, Gasfedern K35
–, Gummifedern K35
–, zug-druckbeanspruchte Metallfedern K33
Federpendel B24, B28, B30, E30
Federpendelschwingung B24, B27
Federschaltungen K33
Federstähle D13
Federsteifigkeit K33–K35
Federverhalten K33
Fehler, absoluter H8
–, dynamischer H2, H4
–, Gesamt- H8
–, Hysterese- H9
–, Linearitäts- H9
–, Nullpunkt- H9
–, relativer H8, H75
–, relativer dynamischer H4
–, Steigungs- H9
–, systematischer H8
–, zufälliger H8
–, zulässiger H10
Fehleranteile H8
Fehleranzeige G129
Fehlerfortpflanzung systematischer Fehler H13
– zufälliger Fehler H13
Fehlerfunktion H12
Fehlerkurve H8
Fehlermaß H42
Fehlerscheibchen B222
Feinkeramik D19
Feinkornhärtung D51
Feinstrukturkonstante B3
Feinstrukturmethoden D77
Feld (elektrisches) B106
–, elektrostatisches B100, G38
–, homogenes B100, B103, B104
–, inhomogenes G38
Feld (magnetisches) der Zylinderspule B118
Feldeffekttransistoren mit iosliertem Gate
–, Anreicherungs-IGFET G148
–, IGFET G148
–, MISFET G148
–, MNSFET G148
–, MOSFET G148
–, Verarmungs-IGFET G148
Feldemission B110, B170, B171
Feldelektronenmikroskop B110
Feldemissionsstromdichte B172
Felder (arrays) J82
Felder, elektrische G38
–, elektromagnetische G54
–, Grundgesetze stationärer G48
–, magnetische G45–G49
– quasistationärer Ströme G54
– stationärer Ströme G44, G54
Feld der (Vektoranalysis) A63–A67
Feldgrößen, skalare G38
–, vektorielle G38
Feldionenmikroskop B110
Feldkonstante
–, elektrische B99, B112
–, magnetische B2, B99, B119, B125
Feldlinien B93, B96, B100, G40
–, elektrische B101
Feldplatten H23
Feldspat C58, C59, D20
Feldstärke B92
–, elektrische B100, B131, G38 im Plattenkondensator B103, B104
–, magnetische B118, B119, G46
Feldversuch D80
Feldwellenimpedanz G55
Feldwellenwiderstand B197, G55
Fensterkomparator G120
Fermatsches Prinzip B216
Fermi B182
Fermi-Dirac-Statistik B161
Fermi-Dirac-Verteilung B154–B156, B161, B162, B170
Fermi-Energie B154, B155, B162
Fermi-Kante B154, B164
Fermi-Niveau s. Fermi-Energie
Fermi-See B170, B171
Fermi-Temperatur B154
Fernfeld B196, B197, G57
Fernordnung B38, C20, D3
Fernrohr B221, B222, B232
–, Auflösungsgrenze B232
Fernschreibcodes G73
Ferrimagnetismus B126, B128
Ferrit D9
Ferritbildner D11
Ferrite D21
Ferroelektrika B116
Ferroelektrizität B116
Ferromagnetika B128, B130, G46
Ferromagnetismus B126, B128
Fertigung K1, K14
Fertigungskosten K56
Fertigungstechnologien D1
Festigkeit D44
Festigkeits-Dichte-Verhältnis D41
Festigkeitsgrößen D45
Festigkeitshypothesen D82, E114
Festigkeitslehre E61
Festigkeitsprüfungen D74
Festigkeitssteigerung, Maßnahmen D50
Festkörper B38, C11, C22–C25
–, Aufbauprinzipien D2
Festkörperlaser B214
Festkörperreibung B14, D66
Festpunktmethode H9
Festschmierstoffe D37
Festwertregelung I2, I23
Festwertspeicher J14
FET G109
FET-Eingang G119
Fette C76
Feuchte, absolute F26
–, relative F27
Feueraluminieren D35
Feuerfestwerkstoffe D20
Feuerfestkeramik D20
Feuerverbleien D35
Feuerverzinken D35
Feuerverzinnen D35
Fibroin D26
Ficksches Gesetz, 1. B80
FIFO (first in first out) J30
Figurenachse E35, E36
Filter G77, G78, G91, G103
–, Allpässe G104
–, Resonanzfilter G104
Filterung, integrierende H75
Finanzgerichtsbarkeit M1
finanzielles Gleichgewicht O9
Finanzierung O9
finite Elemente E106
Firma O4
Firmware engineering J30
Fission B181
Fitzgeraldscher Dipol G57
Fixpunkte B56
Fixpunktiteration A105
Flächeninhalt A23–A28
Fläche konstanter Phase G58
Flächen, gekrümmte A60–A61
–, Klassifizierung A61
Flächen 2. Ordnung A21–A22
–, einschaliges Hyperboloid A21–A22
–, Ellipsoid A21, A22

–, elliptische A61
–, elliptischer Doppelkegel A22
–, elliptischer Zylinder A22
–, elliptisches Paraboloid A21
–, gekrümmte A60
–, Hauptachsenlängen A22
–, Hauptrichtungen A22
–, hyperbolische A61
–, hyperbolischer Zylinder A22
–, hyperbolisches Paraboloid A21
–, Klassifizierung A22, A61
–, Mittelpunktform A22
–, Normalform A22
–, Orthogonalität A22
–, parabolische A61
–, zweischaliges Hyperboloid A21, A22
Flächengeschwindigkeit B93
Flächenkoordinaten A16
–, Integration A16
–, Koordinatenlinien A16
Flächenkorrosion D64
Flächenladungsdichte B103, B109, G43
Flächenmodell K54
Flächenmoment(e) 2. Grades E67, E69
–, axiale E67
–, biaxiales E67
–, Haupt- E68
–, polares E72
–, Torsions- E72
– für zusammengesetzte Querschnitte E68
Flächenmomente, statische E68
Flächenpunkt
–, elliptischer A61
–, hyperbolischer A61
–, Klassifizierung A61
–, parabolischer A61
Flächensatz B93
Flächenschwerpunkt E67
Flächenträgheitsmoment E67
Flächentragwerke E94, E96, E97
Flächenwiderstand E148
Flachkantkrümmer E146
Flachriemengetriebe K46
Flammhärten D34
Flammpunkt D56
– technischer Fluide D36
Flammspritzen D34
Flanschformen K51
Flanschkupplungen K36
Flanschverbindungen K32
Flash-Converter, parallele Analog-Digital-Umsetzer H79
Flatterschwingung E58
Fliehkraft E26, E28, E31, E56, E93
Fließ- und Strömungseigenschaften D35
Fließbandarchitekturen J36
Fließbedingung E114
Fließflächen E115
Fließgelenke E118, E119
Fließgeschwindigkeit E114
Fließgrenze D45, E114
Fließkriterien E114
Fließkurve E121
Fließscheiden E117
Fließschnittgrößen E118
Fließspannung (yield stress) E115
Fließregel(n) E115
– von Prandtl-Reuß E115
– von Saint-Venant/Levy/ von Mises E115
– zum Tresca-Kriterium E116
Fließsystem F10
Flintglas B224
Flipflop G126, G129–G132, H70, J18
Floppy-Disk-Speicher J59
Floquet A91
–, Theorie von E52
Flotation D7
Fluchtgeschwindigkeit B96, B98, E44
– der Erde B96
Flugdauer E44
Flügelradzähler H34
Flügelzellenpumpe K49
Flughöhe E44
Fluid, inkompressibles F22
–, reales F22
Fluide D35
Fluor C9, C63
–, elementares C63
Fluorchlorkohlenwasserstoffe C72, C73
Fluorverbindungen C63
Fluorwasserstoff C21, C47, C63
Fluß A65, A66
–, elektrischer B101, B102, G39
–, magnetischer B119, G47
Flußdiagramm J27
Flußdichte, elektrische B102, B114, B137, G39
–, kritische B157, B158, B160
–, magnetische B119, G45
Flüssig-flüssig-Gleichgewicht, Bedingungen F45
– eines ternären Systems F42, F46
Flüssigkeiten B38, C11, C20, D35
–, Einteilung C20
–, ideale B39, B89
–, inkompressible B86
–, inkompressible ideale B87
–, polare C20
–, reale B87
–, Struktur C20
–, überexpandierte C18
–, überhitzte C32
–, unpolare C20
–, unterkühlte C21, C32
Flüssigkeitschromatographie D71
Flüssigkeitsreibung B14, D67, K41
Flußquant B3
–, magnetischer B160
Flußquantisierung B160
Flußschläuche, magnetische B159, B160
Flußspat, Härte D18
Flußtabelle I81
Folge, arithmetische A7
–, geometrische A7
Folgen A7
Folgeregelung I2, I23
For J93
Förderketten K45
Formänderungsarbeit K33–K35
Formänderungsenergie D82, E88, E90, E92, E107
Formänderungsfestigkeit E115
Formaldehyd C50, C67, C74
formale Parameter J94
Formalprüfung N8
Formeln, chemische C3
Formfaktor G7, H60
Formfunktionen E106, E107
Formwiderstand E148
FORTRAN J89, J95
Föttinger-Kupplungen K38, K39
Föttinger-Wandler K50
Foucault B12, B216
Foucault-Pendel B12
Fourier-Analyse B35
Fourier-Darstellung B34
Fourier-Interpolation A117
Fourier-Reihen A73, A75
–, Koeffizienten A74
–, Symmetrieeigenschaften A74
–, unstetige Funktionen A74
Fouriersches Gesetz B81
Fourier-Spektrum I14
–, diskretes A74
Fourier-Transformation A77, I13
–, inverse I73
Fourier-Transformierte A77
–, inverse I13
Fourier-Zahl E133
Fowler-Nordheim-Gleichung B172
Francium C55
Franck-Hertz-Versuch B210
Frank-Read-Mechanismus D46
Franz B156
Fraunhofer B204
Fraunhofer-Beugung B226, B227, B237
Fraunhofer-Beugungsbild B230, B231
Fraunhofersche Linien B216
freie Berufe M7
Freie Enthalpie C30
freie Reaktion I65
Freie Reaktionsenthalpie C31, C35, C39, C52
freier Fall B21
freies Elektron B236
Freie Standardreaktionsenthalpie C31
Freiheitsgrade B38, B48, B59, B60, B68, E7, E8, E9, E10, E20, E21
– der Rotation B48, B59, B68, E3, E5
– der Schwingung B59

Freiheitsgrade der Translation B48, B59, B68
Freistrahl E147
freiwillige Gerichtsbarkeit M2
Fremdfinanzierung O9
fremdgeschaltete formschlüssige Kupplungen K39
fremdgeschaltete reibschlüssige Kupplungen K39
Fremdkapital C13
Frenetische Formeln A60
Frenkel-Paar D4
Frequenz B7, B24–B26
–, normierte B32
Frequenzauflösung H72
Frequenzaufspaltung B37
Frequenzbereich I13
Frequenzfaktor C38
Frequenzgang H7, I16
–, Darstellung durch Frequenzkennlinien I17
– bei Extrapolation nullter Ordnung H69
–, Ortskurvendarstellung I16
– aus Übergangsfunktion I72
Frequenzgangdarstellung I16
Frequenzgangkorrektur G117
Frequenzgangmeßplätze I74
Frequenzgleichung E54, E55
Frequenzkennlinie I17
Frequenzkompensation H67
frequenzkompensierte Spannungteiler, Jitter G103
Frequenzmessung, Auflösung H72
–, digitale H70, H71
–, Meßzeit H72
Frequenzmodulation G86
Frequenzspektrum B34, B36
Frequenzumtastung G87
Frequenzunschärfe B234
Frequenzvergleich B33
Frequenzverhalten I13
Fresnel B225
Fresnel-Beugung B226, B227
Fresnelsche Beugung von Elektronen an einer Kante B237
Fresnelsche Elektronenbeugung B238
Fresnelsche Formeln B219
Fresnelsche Integrale A38
Fresnelsche Biprisma B237
Fresnel-Zahl B226, B227
fretting fatigue D67
friction modifier D37
Friedrich B230
Frobenius-Form I66
Froude-Zahl E133
Fugazität reiner Stoffe F25
– von Gemischkomponenten F29
Fugazitätskoeffizient für spezielle Zustandsgleichungen F28
– reiner Stoffe F25
– von Gemischkomponenten F29
Führungsgröße I1, I2
Führungssteuerung I3
Führungsstil O12
Führungsübertragungsfunktion I47
Full J83
Fundamentalfrequenzen der Federkette B190
Fundamentalgleichung für die Enthalpie F5
– für die freie Energie F5
– für die freie Enthalpie F5
– für die innere Energie F3
Fundamentalkonstanten B2
Fundamentallösungen A95
Fundamentalmatrix I65
Fundamentalmoden B37, B38
Fundamentalsatz der Algebra A31
–, reelle Koeffizienten A31
–, Vietasche Wurzelsätze A31
Fundamentalschwingungen B37, B59
Fundamentalsystem A83, A84
–, normiertes A85
Fünfeck, vollständiges G17
Fungizide D66
Funken B168
Funktion K14
funktionale (applikative) Sprachen J90
Funktionale A96
–, quadratische A97, A99
Funktionalmatrix A51, A55, A108
Funktionen A6
–, Ableitung A41
–, adjungierte A100
–, algebraische A6
–,–, ganzrationale A6
–,–, gebrochen rationale A6
–, boolesche A3
–, Darstellung nach Taylor A42, A52
–, holomorphe A68
–, homogene F4
–, hyperbolische A32
–, irrationale A6
–, komplexwertige A67
–, positiv definite I53
–, positiv semidefinite I53
–, mit quadratischer Form I53
–, transzendente A6
–, trigonometrische A32
–, unstetige A40
Funktionsbildung H58
Funktionsmaterialien D82
Funktionsmodule K8
Funktionsmuster K7
Funktionsprozedur J94
Funktionsstruktur K4, K6, K12
Funktionstest J104
Funktionswerkstoffe D31
Funktionszusammenhang, allgemein anwendbare Funktionen K10
–, Black-box K8
–, Funktion K8
–, Funktionsstruktur K9
–, Gesamtfunktion K8
–, Hauptflüsse bzw. Hauptumsätze K9
–, Hauptfunktionen K9
–, logische Funktion K10
–, Nebenfunktion K9
–, Nebenumsätze bzw. Nebenflüsse K9
–, Soll-Funktion K8
–, spezielle Funktionen K10
–, Teilfunktionen K9
Funktionszuverlässigkeit K18
Furan C72
Furnierplatten D25
Fusion O7
Fusionsreaktor B183

Gabbro D19
Gabor B232
Galeriemethode K17
Galerkin-Verfahren A124
Galilei-Transformation B8–B10
–, Beschleunigung B8
–, Geschwindigkeiten B8
–, Koordinaten B8
Gallium C57
Galliumarsenid D6
Gallkette K43
galvanisches Element G3
galvanische Verfahren D34
Gammafunktion A39, A40, A49, A53
Gammaquanten B180
Gammastrahlung B178
Gamow B178
Gangpolbahn E6
Gangpolkegel E7
Gangunterschied B228
ganze Zahl (Integer) J44, J80
Gas, ideales B53, B56, B57, B71, F18
Gasblase, Steiggeschwindigkeit E136
Gaschromatographie D71
Gas-Dampf-Gemisch F26
Gasdruck B46, B55
Gasdynamik E152
gasdynamische Grundgleichung E162
Gase B38, C16, C19, C20, D35
–, ideale B39, C16, C17
–, reale C16–C20
–, Zusammensetzung C19
Gasentladung B166
–, selbständige B167
–, unselbständige B166
–, Kennlinie B166
Gasexplosion C39
Gasgesetz, ideales B60
–,– siehe auch Zustandsgleichung idealer Gase
Gasgesetze B56
Gaskonstante E154
–, spezielle F18
–, von Gemischen F25
–, universelle (molare) B3, B57, B66, C16, F9, F18
Gaslaser B214
Gasnitrieren D11
Gasreaktionen, homogene C33
Gasreibung B14
Gastheorie, kinetische B57

Gasthermometer B56
Gateways J67
Gatter G124
Gauß-Ausgleich A104
Gauß-Banachiewicz-Zerlegung A102
Gauß-Integration, Dreiecke A120
–, Hermite-Quadraturformeln A119
–, Quadraturfehler A119
–, Tetraeder A120
Gauß-Quadraturformeln A118
Gaußsche Fehlerquadratmethode H42
Gaußsche Fehlerwahrscheinlichkeit H12
Gaußsche Pi-Funktion A39
Gaußscher Satz in der Elektrostatik G39
Gaußsches Fehlerintegral A48
Gaußsches Gesetz B103, B114
– des elektrischen Feldes B102
– für elektrisches Feld in Materie B114
– des magnetischen Feldes B120
Gaußsches Koordinatennetz A61
Gaußsche Verteilung H11
Gaußsche Zahlenebene A67, G8
Gauß-Transformation A102
gaußverwandte Verfahren A102
Gay-Lussac, Gesetz von B57
Gay-Lussac-Versuch B78
Gebiet, einfach zusammenhängendes A69
–, unbeschränktes A69
–, zweifach zusammenhängendes A69
Gebietskörperschaften M8
Gebrauch K14
Gebrauchsdauer D1
Gebrauchskeramik D20
Gebrauchsmuster N1, N10
Gebrauchsmusterabteilung N10
Gebrauchsmustergesetz N10
Gebrauchsmusterrecherche N11
Gebrauchsmusterrolle N11
Gebrauchsmusterstelle N10
gebrochen lineare Abbildung A71
Gebühren M2
Gefährdungshaftungstatbestände M6
Gefahrstoffverordnung C71 M11
Gefrierpunktserniedrigung C42, C43, F43
GefStoffV siehe Gefahrstoffverordnung
Gefügeuntersuchungen D71
Gefügezustände D9
gefüllte Kunststoffe D32
Gegeninduktivität G51, G52
Gegenkathete A32
Gegenkörper D67
Gegenkopplung B147, G109, G121, H15, I15
–, invertierende G33
–, nichtinvertierende G33, G34
Gegenkopplungsnetzwerk H52
Gegenkraft B15
Gegenstandsweite B220, B221
Gegenstromverfahren, Lindesches B64
Gegentakt-Spannungsverstärkung G118
Gehalt ungelöster Stoffe von technischen Fluiden D36
Geheimnisprinzip J102
Geiger B147, B149, B168, B175
Geiger-Nuttallsche Regel B178
gekoppelte Oszillatoren B36–B38
gekoppelte Pendel B36
gekoppelte Schwingungen B36
Gelenke E10, E20, E111
Gelenkketten E39
Gelenkkoordinaten E11
–, generalisierte E10
Gelenklager, festes E21
–, verschiebliches E21
Gelenkpunkt E10, E11
Gelenkwellen K37
Gell-Mann B186
Gell-Mann und Nishijima, Formel von B185
Gelpermeationschromatographie D71
Gemeinkosten K55, K56
Gemische, endotherme F30
–, exotherme F30
gemischter Zustand B159
Genauigkeitsklasse H58
Generalklausel L3
Generation G135
Generator G3
Generator-Dreieckschaltung G27
Generatorstern G28
Generator-Sternschaltung G27
generelle Zusammenhänge K8
Genossenschaften O4, O5
Geometrie A15
geometrische Algorithmen J78
geometrische Größen H20
geometrische Optik B214, B216, B219, B220, B224, B227
geostationäre Kreisbahn E44
Gerade, Abstand zum Ursprung A17
–, Achsenabschnitte A17, A18
–, drei Punkte A18
– in der Ebene A17, A18
–, Normalenvektor A17
–, Richtungsvektor A17
–, Steigung A17, A18
Geraden im Raum, Abstand A19
–, Geradengleichung A19
–, Lagebeziehungen A19
–, Parallelität A19
–, windschiefe A19
Geraden, nicht parallele A18
Geradverzahnung K45
Gerätetreiber (device driver) J70
Germanium C58, C59, D6, G5
Germer B237
Gerüstsilicate C59
Gesamtausstrahlung, Larmorsche Formel B199
– des Hertzschen Dipols B198
– einer beschleunigten Ladung B199
Gesamtdruck E125
Gesamtenergie B27, B44
– von Satellitenbahnen B97
Gesamtentwurf K5, K6
Gesamtfluß G50
Gesamtfunktion H42
Gesamtimpuls B15, B44
– eines Teilchens B39
– eines Teilchensystems B40
Gesamtkostenverfahren O15
Gesamtlösung A84
Gesamtschwerpunkt E31
Gesamtverstärkung G33, G34, G121, G123
Gesamtwerte K28
Gesamt-Zeichnungen K52
Geschäftsverkehr, elektronischer L5
Geschirrkeramik D20
geschlossenes System K27
Geschwindigkeit B4, E1, E10, E11, F2
–, absolute E29
–, generalisierte E9, E37
–, mittlere B54
–, relative B8
–, relativistische B22
–, wahrscheinlichste B54
Geschwindigkeit chemischer Reaktionen C35
Geschwindigkeitsalgorithmus I62
Geschwindigkeitsgefälle D35
Geschwindigkeitkonstante C35, C36, C38
Geschwindigkeitsplan E5–E7
Geschwindigkeitpol E6, E22
Geschwindigkeitsquadrat, mittleres B55
Geschwindigkeitsselektor für Molekularstrahlen B54, B55
Geschwindigkeitssprünge E40
Geschwindigkeitsverteilung, Maxwellsche B54, B58
– im starren Körper E5
Geschwindigkeitsverteilungsgesetz B58
Gesellschaft bürgerlichen Rechts O4
Gesellschaft mit beschränkter Haftung M7, O4
Gesetz der konstanten Proportionen C1
Gesetz der multiplen Proportionen C1
Gesetz gegen Wettbewerbsbeschränkungen O7
Gesetz gegen den unlauteren Wettbewerb M7
Gesetz über Arbeitnehmererfindungen
–, Arbeitnehmer im privaten und im öffentlichen Dienst N11
–, Beamte N11
–, Erfindungen N11
–, Soldaten N11
–, technische Verbesserungsvorschläge N11

Gesetz von Boyle und Mariotte C17
Gesetz von der Erhaltung der Masse C1, C2
Gesetz von Gay-Lussac C17
Gesetz von Henry und Dalton C44
gestaffeltes System A101
Gestaltänderungsenergie D82
Gestaltänderungsenergiehypothese E114
Gestaltfestigkeit K19
Gestaltungsprogramm K54
Gestaltungsrichtlinien
–, ausdehnungsgerecht K22
–, beanspruchungsrecht K22
–, ergonomiegerecht K23
–, fertigungsgerecht K23
–, formgebungsgerecht K23
–, gleiche Gestaltfestigkeit K22
–, instandhaltungsgerecht K24
–, korrosionsgerecht K22
–, kriechgerecht K22
–, montagegerecht K24
–, normgerecht K24
–, recyclinggerecht K24
–, schwingungsgerecht K22
–, transport- und verpackungsgerecht K24
–, verschleißgerecht K22
Gestein D18
gesteuerte Quellen G9
Getriebe, ebene E6
– mit fester Übersetzung K44
Getriebelose I49
Gewährleistung M4
Gewaltbruch D48, D62, D63
gewerbliche Anwendbarkeit N4, N9
Gewicht E14
gewichtete Residuen A124
Gewichtsfaktoren A118, A120, H42
Gewichtsfolge I57
Gewichtsfunktion A73, A124
Gewichtsfunktion (Impulsantwort) I10, I28, H4
Gewichtskraft B13, B25, B26
Gewinn K56
Gewinn- und Verlustrechnung O13
Gewinnrechnung O14
Gewinnrücklage O14
Gewinnvortrag O14
Gibbs-Duhem, Gleichung von F4
–, für Aktivitätskoeffizienten F29
Gibbs-Helmholtzsche Gleichung C31, C33
Gibbs-Parameter A60
Gibbssche Fundamentalform der inneren Energie F3
– für die Enthalpie F5
– für die freie Energie F5
– für die freie Enthalpie F5
Gibbssche Phasenregel F35
Ginsburg-Landau-Theorie E159
Gips C63
–, Härte D18
Gipsprodukte D23
Gitter, kubisch flächenzentriertes C24
–, kubisch raumzentriertes C23, C24
Gitterbaufehler D3
Gitterbeugungsfunktion B229
Gitterdispersion B229
Gitterenergie C14, C15, C44
Gitterkonstante B228, B230
Gitterleitfähigkeit D52
Gitterschwingungen, thermische B157
Gitterspektrograph B229
Gittertypen C23
Gläser C21, C22
–, metallische C22
Glas D22, G5
–, Weltproduktion D2
Glasbaustoffe D23
Glasfaser D22, G92
Glasfaseroptik B217
glasfaserverstärkte Kunststoffe D32
Glaskeramik D22
Glastemperatur C22
Glasumwandlung C21
Gleichanteil G6
Gleichgewicht B17, B78, E14, E17, E29
–, Bedingungen F7
–, chemisches C25, C32, C39
–, heterogenes C48
–, indifferentes B17
–, inneres C21
–, instabiles E28
–, labiles B17
–, mechanisches F7
–, osmotisches C43
–, stabiles B17, E28
–, statistisches B54
–, stoffliches F7
–, thermisches B59, B65, B77, B170, F7, F9
– zwischen Phasen, Bedingungen F7, F43
–,–, punktweise Berechnung F43
gleichgerichtete, gekoppelte C34
Gleichgewichtsbedingungen B17, F17, E20, E63, E74
Gleichgewichtsdiagramm binärer Systeme F40
Gleichgewichtskonstante C32, C33, C38, C39
–, Berechnung C33
–, Temperaturabhängigkeit C33
Gleichgewichtskriterium F6
Gleichgewichtslagen E28, I52
–, asymptotisch stabile E45
–, indifferente E29
–, instabile E29, E45
–, stabile E45
Gleichgewichtsverhältnis F45
Gleichgewichtszusammensetzung bei Phasenzerfall, Berechnung F46
Gleichgewichtszustand F2, F6
gleichgradige Differentialgleichung A83
Gleichlaufgelenke K37
Gleichmächtigkeit A1
Gleichrichter G71, G138
Gleichrichterschaltungen G105
Gleichrichtwert H59
Gleichspannung G3
Gleichspannungsquelle G3
Gleichstromkreise B138
Gleichstrommaschine G3
Gleichstrommotor B124
Gleichtaktverstärkung G119
Gleichung, charakteristische I15
–, chemische C3
–, kubische A32
–, quadratische A32
Gleichverteilungssatz B27, B59, B213
Gleitbruch D62
Gleiten D39, D67
Gleitführungen K42
Gleitkommazahl (Floatingpoint-Zahl) J44
Gleitlinien E116
Gleitreibung B14
Gleitreibungskräfte E27
Gleitreibungswinkel E27
Gleitreibungszahl B14, E26–E28
Gleitsysteme D5, D46
Gleitverschleiß D67
Gliedergetriebe E6
Gliederkette E25
Glimmer C58, C59, G5
Glimmlampe G31
Glixon-Code G128, G129
Globalalgorithmen A111
globale asymptotische Stabilität I54
globale Variable J93
Globalstrahlung D79
Glühbehandlungen D11
Glühemission D170
Glühlampe G31
Glycerin C74
Glycerinaldehyd C65
Glycerintrinitrat siehe Nitroglycerin
Glycin C76
Glykokoll siehe Glycin
Glykol siehe Ethylenglykol
Gold G5
goto J92
Goudsmit B152
GPSS I88
Grad Celsius F10
Grad Fahrenheit F10
Gradient A51, A63, A64
Gradientenverfahren A108
Gradmaß A33
GRAFCET I87
Grammatik der arithmetischen Ausdrücke J91
Granit D19
Graph A18, A59, A61, G13, G14
–, allgemeiner J85
–, zyklenfreier J85

graphische Lösung G32
graphische Papiere D26
Graphit C25, C29, C32, C58, D18, D37, G5
Graphitstruktur C25
Grauwacke D19
Gravimetrie siehe Analyse, gravimetrische
Gravitation E43
Gravitationsbeschleunigung B94
Gravitationsfeldstärke B94, B65
Gravitationsgesetz B94
Gravitationskonstante B2, B94, E43
Gravitationskraft B97, E19, E34, E43
Gravitationsmoment E43
Gravitationspotential B95, B96
Gravitationswechselwirkung B91
Greensche Formeln A66
Greensche Funktion A86, A95
–, notwendige Eigenschaften A86
–, praktische Berechnung A86
Greinacher-Kaskade G106
Grenzempfindlichkeit G76
Grenzflächen
- im elektrischen Feld G43
- im elektrischen Strömungsfeld G45
- im magnetischen Feld G47
Grenzflächenenergie B159
Grenzfrequenz G102, H5
- der Photoemission B171
- des Röntgenspektrums B201
Grenzgeschwindigkeit, kritische, für Kavitation B88
Grenzkontinuum B211
Grenz-Machlinie E167
Grenzreibung D66
Grenzreibungseigenschaften von Schmierstoffen D36
Grenzrisiko L6
Grenzschicht B83, B84
- der laminaren Strömung B83
Grenzschichtablösung B90
Grenzschichttheorie E137
Grenzschwingung, stabile I51
Grenzschwingungen I50
Grenztemperatur B60
Grenzwert A7, A40, A41, A50
–, linksseitig A40
–, rechtsseitig A40
Grenzwertberechnungen durch eine Reihenentwicklung A44
Grenzwerte L7
Grenzwerte durch Ableitungen A43
Grenzwertsätze A40
Grenzwinkel der Totalreflexion B216
Grenzzyklen E58–E60, G100, I52
–, instabile I52
–, semistabile I52
–, stabile I52
Grobkeramik D19
Grobstrukturprüfungen D77
Größenstufen K24
Großserienprodukt K7
Großsignalverstärker, A-Betrieb G111
–, aktiv normaler Betrieb G113
–, Brückenverstärkerschaltung G112
–, charakteristische Gleichung G113
–, Flipflop-Schaltung G115
–, Gegentakt-B-Komplementärstufe G112
–, Grenzleistung G112
–, nichtlineare Betriebsweise G114
–, Sättigungszustand G113
–, Schwingbedingungen G113
–, Sendeverstärker G114
–, Sperrzeit G115
–, Sperrzustand G113
–, Übergangsbereich G114
Großintegration G126
Grundbaustein K26
Grundcharakteristiken A91
Grundfrequenz B34
Grundfunktionen K26
–, digitale H39
Grundgesamtheit A138
Grundkapital O5
Grundkörper D67
Grundlösungen A96
Grundschaltungen G102, H50
Grundschaltungen gegengekoppelter Meßverstärker H52
Grundschwingung G27
Grundton B35
Grundübertragungsdämpfung G94
Grundverknüpfungen, digitale H39
Grundverstärkung H51, H52
Grundzustand C8
Grüneisensche Regel D53
Gruppe A2
–, Abelsche A2
Gruppengeschwindigkeit B190, B191, B216, B235
Gruppenschaltungen G9, G10
Gruppensilicate C59
Gruppen-Zeichnungen K52
Guldinsche Regeln A28
Gültigkeitsbereich für Namen J93
Gummipuffer K35
Gur-Dynamit C39
Gußeisen D12
- mit Kugelgraphit D14
- mit Lamellengraphit D14
Gußeisendiagramm nach Maurer D11
Güte B31, B32, G19
Gütemaße im Zeitbereich I35
Güter O1
–, freie O1
–, knappe O1
gyromagnetisches Verhältnis B126

Haber-Bosch-Verfahren C40
Hadamardsche Ungleichung A11
Hadronen B184, B185
Haftpflichtversicherung M6
Haftreibung B14
Haftung M6
Hagen und Poiseuille, Gesetz von B84
Hagen-Poiseuille B141
Hahn, Otto B181
Hahn K51
Halbleiter B161–B165, D6, D58, G1, G5, G135–G152
Halbleiterdiode B165
Halbleitung B161–B165, G137
Halbraum (Boussinesq-Problem) E99
Halbwertsbreite B31, B36
–, Amplituden- B32
–, Leistungs- B32
Halbwertszeit B180, C37
Hall-Effekt B133
- in Halbleitern B164
Hall-Feldstärke B132
Hall-Generatoren B133
Hall-Koeffizient B164, H23
- für Elektronenleitung B132
- für Löcherleitung B133
Hall-Petch D51
Hall-Sensoren H22
Hall-Sonden B133
Hall-Spannung B132
Hallwachs B171
Hall-Widerstand B164, B165
Halogene C11, C63
Halogenide C71
Halogenierung C68, C69, C71
Halogenkohlenwasserstoffe C72
Halteglied I56
- nullter Ordnung I58, I59
Haltepunkte B69, B70, D9
Hämatit D8
Hamilton-Funktion A82, A100
Hamming-Distanz J40
Hämolyse C44
Handelsgesetzbuch M6
Handshake-Synchronisation J60
Handwerksordnung M7
Hängebrücken E26
Hankelsche Funktionen A91
Hantelkörper B25
harmonische Analyse A117
harmonische Balance E58, E60
harmonische Bewegung B24
harmonische Bindung B236
harmonischer Oszillator, quantenmechanischer B27
harmonische Schwingungen A34
–, Überlagerung von B32
harmonischer Oszillator B24, B236
–, ungedämpfter B28
Harnstoff C75
Harnstoff-Formaldehyd D30
Harnstoff-Formaldehydharze C75
Härte des Wassers C49
–, permanente C49
–, temporäre C49
Härten D10
Härteprüfungen D75
Härteprüfverfahren D76
Härteriß D63

Härte mineralischer Naturstoffe D18
Hartguß D14
hartmagnetische Werkstoffe D59
Hartmetalle D32
Hartporzellan D20
Hartstoffe D21
Hash J87
Häufigkeit A139
–, absolute A139
–, relative A139
Häufigkeitsfaktor C38
Häufigkeitstabelle A140
Häufigkeitsverteilung A139, A140
Häufungspunkt A67
Hauptachsen E32, E68
–, Dehnungs- E63
–, zentrale E68
Hauptdehnungen E63
Hauptebene B221, B222
Hauptflächenmomente E68
Hauptgruppenelemente C6, C11, C15
Hauptinduktivität G26
Hauptkrümmung A61
Hauptkrümmungsrichtungen A61
Hauptnormalen E1
Hauptnormalspannungen E64
Haupt-Quantenzahl B150–B152, C5, C7–C9
Hauptsatz der Differential- und Integralrechnung A48
Hauptsatz der Thermodynamik
–, erster B22, B66, B68, B72, C26, F1
–, zweiter B73, B76, B77, C29, F2
–, dritter C29, C30, F2
–, nullter F9
Hauptschubspannung E64
Hauptschwingung E48
Hauptspeicher J57
Hauptsystem E91, E92
Hauptträgheitsachse B51
Hauptträgheitsmoment E32
Hauptvalenzbindungen D3
Hauptversammlung O5, O6
Hauptverzerrungsgeschwindigkeiten E115
Hauptwelle G36
Hausbockkäfer D65, D81
Hausschwamm D65
Hazards, essentielle J19
HCMOS G126
Heaviside-Funktion A37, A39, A78
–, antimetrische A37
–, Rechenregeln A39
–, symmetrische A37
Heavisidescher Entwicklungssatz A79
Hebelarm E12, E13
Hebelgesetz der Phasenmengen F39, F41, F42
Hefen D65
Heisenberg B151, B234
Heisenbergsche Unschärferelation B234, B235, C6
Heißgaskorrosion D64
Heißleiter G31, H36, H46
Heißluftmotor B74
Heizöl C67
Helium C19, C64, C66
Heliumbrennen B183
Helmholtz B89
Helmholtz-Gleichung A94
–, Eigenfunktionen A94
–, Eigenwerte A94
Helmholtz-Gleichungen G55
Helmholtzsche Wirbelsätze B89
Hemicellulosen D25
Henryscher Koeffizient F30, F44
–, Druckabhängigkeit F44
Henrysches Gesetz F45
Heptan C67
Heraklid B93
Hermite-Entwicklungen A76, A77
Hermite-Integration A119
Hermite-Interpolation A115
Hermite-Polynome, Integralmatrizen A124
Herstellkosten K55, K56
Herstellung keramischer Werkstoffe D20
Hertz B171, B195, B197
Hertzsche Formeln E100
Hertzsche Pressung K47
Hertzscher Dipol G57
Hertzscher Oszillator B198, B207
Hertzsche Theorie B198
Herzkurve E157
Hesse-Matrix A53
Heßscher Satz C27
heteroazeotroper Punkt F41
Heterocyclen siehe Verbindungen, heterocyclische
heteropolare Bindung B152, D3
heuristische Operationen K17
Hexadezimalcode J40
hexagonal dichtgepacktes Gitter D46
Hexan C67
hierarchische Struktur J83
high-speed TTL G127
high-cycle fatigue D63
Hilfsbaustein K26
Hilfsfunktionen K26
Hilfskraft E89
Hilfsmomente E89
Hillsche Determinante E52
Hillsche Differentialgleichung E52
Hintereinanderschaltung I15, I17
Histogramm A140
HOAI M5
Hochfrequenz-Linearbeschleuniger B 107
Hochkantkrümmer E146
Hochleistungskeramik D20
Hochofenprozeß C51
Hochofenzement D24
Höchstauflösungs-Elektronenmikroskopie B238
Höchstwertgatter G124
Höchstwertprinzip O14
hochschmelzende Metalle C8
Hochtemperatur-Supraleitung B157, B160, G5
Hochtemperatursprödbruch D63
Hochtemperaturwerkstoffe D16
Hochvakuumdiode G1
Höhenformel, barometrische B58
Höhenstandsmessung H22
Hohlquerschnitt, dünnwandiger E73, E79
Hohlraum B212
Hohlraumstrahler B205, B207, B212
Hohlraumstrahlung B206, B210
Hohlspiegelpyrometer H39
Hologramm B232, B233
Holographenebene E157
Holographie B232, B233
holographische Verformungsmessung D73
holomorphe Funktionen A95
Holz D25, G5
Holzschädlinge D65
Holzschutzmittel D66
Holzwerkstoffe D25
homöopolare Bindung B152, D3
Homogenität A83
Hookesches Gesetz B14, B25, B191, B192, D42, E65, E66, E115
Horner-Schema A31, A107, J95
Householder-Schritt A104
Householder-Transformation A104
h,s-Diagramm reiner Stoffe F39
Hubarbeiten B19, B20
Huber und von Mises, Fließkriterium E115
Hubverdrängermaschinen K49
Hückelsche Regel C70
Hüllfläche G39
Hüllkurve A58, A59
Hülsenfedern K35
Hundsche Regel C9, C12
Hurwitz-Kriterium I28
Hurwitz-Sektor I56
Hüttenwesen D7
Huygens und Steiner, Satz von E31, E67
Huygens-Fresnelsches Prinzip B225, B226
Huygenssches Prinzip B215, B218, B225
H-Welle G56
Hybridisierung C13
Hybridorbitale C13, C68, C69
Hydratation C44, C45
–, primäre C45
–, sekundäre C45
Hydratationsenergie C44
Hydrathülle C45
Hydraulikflüssigkeiten D36
hydraulische Bindemittel D23
hydraulische Leistung K49
hydraulisches Getriebe, allgemeine Anwendungsrichtlinien K50

–, Föttinger-Getriebe K49
–, Funktionen K48
–, generelle Wirkungen K48
–, hydrodynamisches Getriebe K49
–, Hydrogetriebe K48
–, hydrostatisches Getriebe K48
Hydrazin C60
Hydride C55
–, ionische (salzartige) C55
–, komplexe C55
–, kovalente C21, C55
–, metallartige C55
Hydridion C55
Hydrierung C68, C69
Hydrochinon C72
Hydrodynamik B85–B91, D67, E122–E152
hydrodynamisches Wirkprinzip K41
Hydrogencarbonation C58
Hydrogenphosphate C61
Hydrogetriebe K49
Hydrokreise K49
Hydrolyse C48
Hydromotoren K49
Hydropumpen K49
Hydrostatik E121, E147
hydrostatischer Druck D38
hydrostatisches Axiallager K43
hydrostatisches Radiallager K43
hydrostatisches Wirkprinzip K42
Hydroventile K49
Hydroxidionen C45
Hydroxylgruppe C72
Hyperbel A20
Hyperbelcosinus A35
Hyperbelcotangens A35
Hyperbelfunktionen A35–A36
–, Additionstheoreme A35
–, Beziehungen A35
–, Differenzen A36
–, doppeltes Argument A36
–, halbes Argument A36
–, inverse A36
–, Potenzen A36
–, Summen A36
Hyperbelsinus A35
Hyperbeltangens A35
hyperbolische Funktionen A35–A36
hyperbolischer Integralsinus A48
Hyperladung B185
Hyperonen B185
Hyperschall E155
Hyperstabilitätstheorie I78
Hypersystem A109
hypochlorige Säure C47, C63, C64
Hypothenuse A32
Hypozykloide, gewöhnliche A37
Hysterese B130, G129
Hystereseschleife D58, D59, G46, G51
Hystereseverhalten I49
Hystereseverluste G8, G26, G51

ideale Gasgemische F25
ideale Spannungstransformation G25
ideale Stromtransformation G25
idealer Operationsverstärker G118
idealer Transformator B141, G25, G26
idealer Verstärker G119
ideales Gas, Zustandsgleichung B61
ideales weißes Rauschen I74
Identifikation I75
–, experimentelle I70
– im Frequenzbereich I72
–, On-line- I77
Identität A3, J3
Identitätsbeobachter I70
IEC-Normen K55
If J92
I-Glied, integrierendes Glied I17
Ikosaeder A26
Illiquidität O3
Imidozol C72
Imparitätsprinzip O14
Impedanz G9
Impedanzmatrix G14, G15
Impedanz-Ortskurve G10
Impedanztransformation, ideale G25
Impedanzwandler G123
Implikation A3
implizite Form A51
Impuls B12, B39, E29, F2
–, relativistischer B22
Impulsabgriffe H25
Impulsänderung B15
Impulsantwort H4
Impulsdiagramm B46, B47, G131, G134
Impulsechoverfahren D77
Impulserhaltung B44, B46
Impulserhaltungssatz B15, E30
Impulsfunktion H3, I10, siehe auch Delta-Funktion
Impulshärten D34
Impulsmoment E33
Impulssatz E30, E153
Impulsstärke I10
Impulsstromdichte B82
Impulsunschärfe B234, B236
Impulsverlustdicke E138
Indexregister J47
indirekter Beweis A4
Indium C57
Indiumantimonid D6
indizierte Variable J82
Induktion B130, B136
–, elektromagnetische B130
–, magnetische B119
Induktionsabgriff H25
Induktionsannahme A4
Induktionsbeginn A4
Induktionsfluß G50
Induktionsgesetz B131, B132, B135, B136, B141, B196, G50
Induktionshärten D34
Induktionskonstante G45
Induktionsschluß A4
Induktions-Schmelzofen B141
Induktionsschritt A4
Induktionszähler, Integralwertbestimmung H63
induktive Aufnehmer H21
induktive Längenaufnehmer H20
induktiver Abgriff H25
induktive Schleife J93
induktive Wegaufnehmer H20
Induktivität B134, B142, G7, G8, G51, G52, H21
Induktivitätsbelag B199, G36
Induktivitätsbrücke H50
industrielle Großprozesse H1
induzierte Emission B212, B213
induzierte Spannung G50
Inertialsystem B8–B10, E29
infinitesimale Drehung A60
Influenz B100, B109, B112, G40
Influenzkonstante G38
Influenzladungen G40
Information G73
–, technische N1
Informationsfluß G78
Informationsgehalt G73, H17
Informationsmodell K54
Informationsspeicherung, magnetische B130
Informationssystem O12
–, Finanz- O13
–, Logistik- O13
–, Marketing- O13
–, Personal- O13
–, Produktions- O13
Informationstechnik L8
–, Datenbanken L8
Informationsverarbeitung I1
Informationsverlust H67
Infrarotspektrometrie D71
Infrarotstrahlung B200
Ingenieurvertrag M4
Inhibitor C39
Injektion von Ladungsträgern G137
Inkorporation L2
inkrementale Aufnehmer H23
inkrementelle Übersetzung J89
Inlandsvertreter N9
Innenfinanzierung O9
Innenkreis A23
innere Energie B42, B64, B71, C26
innere Grenzschicht D6
innere Kräfte B15
innere Reibung B79
innerer Photoeffekt G149
Innovation K5
input voltage G118
Insekten, Nagetätigkeit D65
Insektizide D66
Inselsilicate C59
instabiler Arbeitspunkt G32, G34
Instabilität E44, E45
Instandhaltung K14
Instrumentierungsbus J56
Instrumentierungssystem, Struktur H17
Integer J44, J80
Integral, unbestimmtes A45
Integralbauweise K20
Integralcosinus A48

Integrale, bestimmte A48
–, Regeln A48
–, uneigentliche A49, A55
integrales Verhalten I24
Integralfunktion A45
–, ausgewählte A47
–, elementare A46
–, nichtelementare A48
Integralgleichungen A87
–, Fredholmsche A87
–, Volterrasche A87
Integralkriterien I36
Integralsätze A66
Integralsatz von Gauß
in der Ebene A66
– im Raum A66
Integralsatz von Stokes A66
Integralsinus A48
Integraltransformationen
A77–A81, I12
–, diskrete Laplace-Transformation A81
–, Fourier- A81
–, Fourier-Cosinus- A81
–, Fourier-Sinus- A81
–, Hilbert- A81
–, Laplace- A81
–, Mellin- A81
–, Stieltjes- A81
Integralzeit I25
Integration A53, H39
–, partielle A46
Integration durch Interpolation
A118
–, Lagrangesche Interpolation
A118
–, Quadraturfehler A118
Integration durch Reihenentwicklung A87
Integration in Feldern A63
Integration komplexer
Funktionen A67
Integration reeller Funktionen
A45
Integrationspunkte A120
Integrationsregeln A46
Integrationstest J105
Integrationsverstärker H56
Integrationszeitkonstante I17
integrierender Faktor A83
Integrierer G121
Integrierte Schaltkreise (IC,
Integrated circuits) G118
Intelligenz, dezentrale H17
–, komponentenspezifische
H18
Intensität einer Welle B188
Interferenz B33, B225
Interferenzintensität B9
Interferometer B9
interkristalliner Bruch D62
Internationale Normung, DIN-IEC-Normen L4
–. DIN-ISO-Normen L4
–, IEC L3
–, ISO L3
Internationale Patentklassifikation (IPC) N1, N3
internationale Phase N9
internationaler Recherchenbericht N9
Interpolation H40, H41
–, Bézier- A114
–, gebrochen rationale A116
–, Hermite- A114
–, Lagrange- A114
–, Newton- A114
–, Padé- A114
–, Spline- A114
interpolatorische Quadratur
A118
Interrupt-Handler J56
Interrupts J51
–, maskierbare J51
–, nichtvektorisierte J52
–, nichtmaskierbare j51
–, vektorisierte J52
Intervalle, Grundrechenarten
A6
–, Ordnungsrelationen A6
Intervallrechnung A6
Intervallschachtelung A106
Intervallschätzung A143
intrinsische Trägerdichte B161
Intrusionen D48
Invarianten E64
Inventar O13
Inventur O13
Inverse A113
inverse Abbildung, Eigenschaften
A71
inverser Betrieb G126
inverse z-Transformation I58
Inversion G125
Inversionstemperatur B63, B64
Inverter G125, G131
invertierende Mitkopplung G34,
G123
invertierender Eingang G31,
G117, G118
invertierender Komparator G120
Invertierer H53
Investitionen O18
Iod C11, C63, C64
–, atomares C36
–, molekulares C36
Iod-Wasserstoff-Gleichgewicht
C30, C33
Ionen G1
Ionen-Plasmakreisfrequenz B169
Ionenbeweglichkeit B166
Ionenbindung B152, C11, C14,
D3
Ionenchromatographie D71
Ionenimplantieren D34
Ionenkristalle B152, C14, C23
–, Struktur C24
Ionenplattieren D34
Ionenprodukt des Wassers C43
Ionenradius B166, C15
Ionenverbindungen C14
Ionisation der Gasmoleküle B166
Ionisationskammer B167
Ionisierung B211
Ionisierungsenergie B152, C6,
C11, C14
Irdengut D20
I-Regler I26, I27
irreversible Verformung D41
Isaohm H45
ISDN (Integrated Services
Digital Network) J64, G94
Isentrope idealer Gase F20
Isentropenexponent B65, B68,
B72
– idealer Gase F18
– realer Fluide F25
– für spezielle Zustandsgleichungen F28
ISO-Normen K55
Isobare C9
Isobaren im *h,s*-Diagramm F39
– idealer Gase F18
– im *T,s*-Diagramm F39
Isobutan C65, C66
Isobutyl C66
Isochore idealer Gase F18
Isoklinen A82
Isoklinenfeld A82
Isolierstoffe G5
isolierter Punkt A67
Isomerie C65
isoparametrische Ansätze E109
isoparametrisches Konzept A124
isoparametrisches Problem
–, Funktional A98
–, Nebenbedingungen A98
Isopren C69
Isopropanol C75
Isopropenyl C68
Isopropyl C66
Isospin B185, B186
Isospinkomponente B184
Isotherme, kritische B62, F9
Isothermen B61, B63, B72
– idealer Gase F18
– im *h,s*-Diagramm F40
– im *p,v*-Diagramm F36
Isotope B175, C9
Isotopeneffekt B160
isotroper Stoff G39
Istkennlinie H9
Istwert I2
Iterationsfolge, divergente A106
–, konvergente A106
Iterationsstufe A106
iterative Schleife J93
I-Verhalten I24
I_2-Verhalten I24

Jackson-Methode J102
Jacobi-Determinante A92, A120
Jacobi-Matrix A51, A55, A56,
A82, A108
Jacobi-Rotationsverfahren A111
Jahresabschluß O13
Jahresfehlbetrag O13
Jahresgebühr N6, N8
–, tarifmäßiger Zuschlag N6
Jahresüberschuß O13
JK-Flipflop G131–G133, J19
Jod siehe Iod
Johannson B239
Johnson-Zähler G133, G134
Jordan-Matrix I66
Jordansche Normalform A110
Joule (Einheit) B66

Joule-Thomson-Effekt B63, B64
Joulesche Wärme B138
Jugendvertretung O6
Jury-Stabilitätskriterium I61

Käfer D65
Käfigläufer G64
Kalifeldspat C58
Kalilauge C56
Kalium C55, C56
Kaliumhydroxid C56
Kalke D23
Kalk-Natron-Glas D22
Kalksandstein D23
Kalkspat, Härte D18
Kalkstein D19
Kalkulationszinssatz O19
Kalorie B66
Kalorimeter B68, C27
Kalorimetrie C27
Kaltarbeitsstähle O13
Kältemaschine B75, F15
Kaltleiter G31, H36
kaltzähe Stähle D13
Kamera B221
Kamerlingh Onnes B157
Kanalcodierung G84
Kanalkapazität G78, G91, G98
Kanalmultiplier B173
Kanaltrennung G91
Kapazität B110, G8, G41
- der Kugel B110
- des Kondensators B111
- des Plattenkondensators mit Dielektrikum B111
Kapazitätsbelag B199, G36
Kapazitätsbrücke H50
Kapazitätsdioden G108, G141
kapazitive Aufnehmer H22
Kapital, gezeichnetes O14
Kapitalbedarf O9
Kapitalwertmethode O18
Kapitalgesellschaften O4
Kapitalrücklage O14
Kapitalwert O18
Kapselfedern H30
Kardanwinkel E3–E5, E9
Kardinalität A1
Kármánsche Parameter E168
Kármánsche Wirbelstraße B90
Karnaugh-[Veitch-]Diagramm G128, I81, J8
Kartell O7
–, Anmelde- O7
–, Erlaubnis- O7
–, Widersrpuchs- O7
kartesische Koordinaten E1, E2
kartesisches Blatt E157
Karton D26
Katalysator C35, C39, C40
Katalyse C39
–, heterogene C40
–, homogene C40
–, negative C39
–, positive C39
Kathode C53, G1
Kathodenfall B168
Kation C14
Käufermarkt O8
Kaufvertrag M4
Kaustiklinie B22
Kautschuk, Weltproduktion D2
Kavitation B88, D67
Kegel, gerader Kreis- A27
Kegelradgetriebe E7
Kegelradpaar K45
Kegelrollenlager K41
Kegelschnitte A20
–, entartete A20
–, imaginäre A20
Kehrmatrix A10
Keil A26
Keilriemen K46
Keilriemengetriebe K46
Keilriemen-Verstellgetriebe K46
Keilverbindungen K32
Keim C20, C32
K-Einfang B179
Keller J82
Kelvin B2, F9
Kelvin-Skala B56
Kennedy und Aronhold, Satz von E6
Kenngrößen (Parameter) H2
Kennlinie, statische H2, I4
Kennlinienfunktion H2, H10
Kennzahlen E132
Kepler B93
Keplersche Gesetze B93, E34, E44
Keramiksintermaterialien G5
keramische Baustoffe D23
keramische Werkstoffe D19–D23 siehe auch Werkstoffeigenschaften
Kerbschlagbiegeversuch, Normen D75
Kerbspannungen E101
Kern (einer Integralgleichung) A87
Kern eines Querschnitts E76
Kernbindungsenergie B176
Kerndichte B175
Kerne, symmetrische B177
Kernenergie M11
Kernenergiegewinnung B180
Kernexplosion B181
Kernfusion B169, B182, B183
–, kontrollierte B183
–, unkontrollierte B182
Kernholz D25
Kernkräfte B175
Kernladungszahl B175
Kernmagnetmeßwerk, radiales Sinusfeld H58
Kernmodelle B176
Kernpotential B176
Kernradius B149, B175
Kernreaktor B45, B180, B182
Kernspaltung B181
–, neutroneninduzierte B181
Kernspin B176
Kernsuszeptibilität B56
Kernumwandlung, künstliche B180
Kernvolumen B175
Kernwechselwirkung B92
Kerr-Effekt B129
Kesselformeln E99
Kesselstein C49
Ketone C71, C74, C75
–, aromatische C72
Kettenabbruch C39
Kettenbpfeilung G17
Kettenform der Vierpolgleichungen G18
Kettenlinie A38, E24
Kettenreaktion B181, C38
Kettenregel A41, A42, A46, A51
Kettenschluß A4
Kettensilicate C59
Kettenstruktur H14
Kettenzählpfeile G25
K-Faktor H28
Kies D24
Kieselglas siehe Quarzglas
Kilogramm B2
Kinematik A60, B4, E1
- des deformierbaren Körpers E61
- offener Gelenkketten E10
- des Punktes E1
- des Punktes mit Relativbewegung E8
–, relativistische B10
- des starren Körpers E2
kinematische Größen H20
kinematische Operationen B4
kinematische Viskosität B82
Kinetik E29
- der Punktmasse im beschleunigten Bezugssystem E31
kinetische Theorie der Gase B53
Kippen E104
Kippmoment G65
Kippschaltungen G129–G132
- mit Thyristor G116
- mit Unijunktiontransistor G116
Kippschlupf G65
Kippschwingungen G33
Kuppstufe s. Kippschaltungen
Kirchhoff B206, B226
Kirchhoffsche Beugungstheorie B226
Kirchhoffsche Plattengleichung E96
Kirchhoffscher Satz, erster G2, G44
Kirchhoffscher Satz, zweiter G3, G44
Kirchhoffsche Sätze B138, C29, G8, G9
Kirchhoffsches Integral B227, B231, B232
Kirchhoffsches Strahlungsgesetz B206
Kissenverzeichnung B224
Klänge B35
Klangfarbe B35
Klanghöhe B35
Klasseneinteilung A139
Klauenkupplungen K37
Klebeverbindungen K33
Kleinserienprodukt K7
Kleinsignalverstärker, Arbeitspunkte G109
–, Stabilität G109

Klemmenspannung B139
Klemmrollenfreilauf K39
Klemmverbindungen K32
Klemmvorrichtung E26, E27
v. Klitzing B164
Klitzing-Effekt B164
Klothoide A38
K-Mesonen B185
Knallgaselement C54
Knallgasreaktion C38, C39
Knicken E101
Knickstab mit Eigengewicht E102
– mit veränderlichem Querschnitt E102
Knipping B230
Knoll B239
Knoophärte D76
Knoten B139, E23, E106, J83
–, Anzahl G13
–, innerer E109
–, Rand- E109
Knotenadmittanzen G15
Knotenanalyse G15, G17
Knotengleichungen, linear unabhängige G14
Knotenkräfte E106, E108
Knotenpunkt A82
Knotenregel B139, G8
Knotenschnittverfahren E23
Knotenverschiebung E106, E108
Knudsen-Zahl E174
Koaxialleitungen G92
Kochsalzlösung G5
Koeffizient, stöchiometrischer F7
Koeffizientenvergleich A46
Koerzitivfeldstärke B116, B130, D58, G46
Koexistenzkurve F8, F36
Kohärenz B233
Kohärenzlänge B160, B228
Kohäsionsdruck B61, C18
kohäsionslose Erdstoffe D24
kohäsive Erdstoffe D24
Kohle D1
–, Weltproduktion D2
Kohle (Bürstenkohle) G5
Kohlendioxid C19, C28, C29, C58
Kohlenmonoxid C19, C28, C29, C33, C51, C59
Kohlensäure C46, C47, C58
Kohlenstoff C9, C28, C58, D18
–, elementarer C58
–, Modifikationen C64
–, Oxide C64
–, Verbrennung C4, C28, C51
Kohlenstoffasern D19
kohlenstoffaserverstärkte Kunststoffe D32
Kohlenstoffdisulfid C59
Kohlenstoffgruppe C58
Kohlenstoffstähle D11
Kohlenstoffverbindungen C58
Kohlenwasserstoffe C16, C19, C66–C71, D37
–, alicyclische C66, C70
–, aliphatische C66
–, aromatische C66, C70
–, cyclische C66
– mit isolierten Doppelbindungen C70
– mit konjugierten Doppelbindungen C69
– mit kumulierten Doppelbindungen C69
Koks C58
Kollegien O10
Kollektormaschinen G62
Kollermühle E35
Kolloide C41
–, monodisperse C41
–, polydisperse C41
Kollokation A124
Koma B222
Kombinationsresonanzen E61
Kombinatorik I79
kombinatorische Algorithmen J78
kombinatorische Gleichungen I81
kombinatorische Schaltungen I78
kombinatorische Suchprobleme J77
Komitees O10
Kommanditgesellschaft (KG) M6, O4
Kommanditgesellschaft auf Aktien O5
Kommunikation G74, L8
Kommunikationspolitik O8
Kommunikationssystem O11
Kommutativität A2
Kommutatormaschinen G62
Kommutierung G71
–, Zwangskommutierung G70
Kompakt-Zugprobe D74
Komparator, nichtinvertierender G119, G120
Komparatoren G119–G112, G128
Kompatibilitätsbedingungen E62
Kompensation G24
Kompensationsalgorithmus, endliche Einstellzeit I64
Kompensationsanzeiger H51
Kompensationsglieder I42
Kompensationsprinzip H15
Kompensationswicklung G62
Kompensatoren H47
komplexe Funktion, abgeschlossenes Gebiet A68
–, Ableitung A68
–, Additionstheoreme A71
–, Differenzierbarkeit A68
–, Entwicklung A69
–, Exponentialfunktion A71
–, Grenzwert A68
–, Häufungspunkte A68
–, Integration A68
–, Laurent-Reihe A70
–, Stammfunktion A70, A71
–, Stetigkeit A67, A68
–, Taylor-Reihe A69
–, zusammenhängendes Gebiet A68, A69
komplexe G-Ebene I15
komplexe Größe G7, G10
komplexe Prüfverfahren C79
komplexer Operator G27
komplexe Zahlen, Grundoperationen A5
–, imaginäre Einheit A5
–, Imaginärteil A5
–, konjugierte A5
–, Moivresche Formel A5
–, Potenzen A5
–, Realteil A5
–, Wurzeln A5
Komplexität J78
Komponenten (eines Vektors) A13
Komponenten einer Kraft E12
Kompressibilität B38, B61, B87, B191, B192
Kompression D38
Kompressionsmodul B191
Kompressionsphase E40
Kompressionssysteme G92
Kondensation B60
Kondensator B110, B111, G7, G8, G23, G40
–, Ersatzschaltung G8
Kondensatoren
–, Parallelschaltung G41
–, Reihenschaltung G41
Kondensieren B69, B78
Kondensorlinse B222
Konditionszahl A105, A111
Konduktanz G9
Konduktivität G4
Konduktometrie D71
Konfidenzintervall A143
Konfidenzschätzer A143
konforme Abbildung A71, I15
–, inverse A71
–, maßstabstreue A71
–, winkeltreue A71
konjugiert komplexer Wert G30
Konjunktion A3, J4, J8
konjunktive Normalform G128
konjunktive Verknüpfung G124
konkrete Datentypen J81
Konkurs O3, O9
Konkursverfahren M3
Konoden F41, F42, F46
konservatives System E19, E34, E88
Konstantan G5, H45
konstante Beanspruchung, Normen D75
Konstante
–, ebullioskopische C43
–, kryoskopische C42–C43
konstante Leistung G28
Konstantenadressierung J47
Konstantstromquelle G123
Konstruktion K1
Konstruktionselemente K30
–, Bauteilverbindung K31
–, Elemente zur Führung von Fluiden K50
–, Federn K33
–, hydraulisches Getriebe K48
–, Kupplungen und Gelenke K36

–, Lagerungen und Führungen K40
–, mechanisches Getriebe K43
Konstruktionskataloge K18
Konstruktionsmethoden K14
–, allgemeine Lösungsmethoden K14
–, Baustrukturen K24
–, Methoden der Auswahl K27
–, Methoden der Gestaltung K18
–, Methoden des Konzipierens K17
Konstruktionsmittel K52
–, Kostenerkennung K55
–, rechnerunterstützte Konstruktion K52
–, Wertanalyse K55
–, Zeichnungen K52
Konstruktionstechnologien D1
Konstruktionswerkstoffe, Sicherheitsbeiwert D55
Kontaktkorrosion D64
Kontaktplan I86
Kontaktprobleme E100
Kontextbedingungen J92
kontinuierliches Spektrum B204
Kontinuitätsgleichung B85, B86, B87, E123, E162
– für die elektrische Ladung B108, B139
Kontinuum A1, A40
Kontrahierungspolitik O8
Kontraktion D38
Kontraktionszahl E144
Kontraposition A4
Kontrolle O2
Kontrollgebiet F10
Konvektion B81
Konvergenz, absolute A7
–, gleichmäßige A8
Konvergenzbereich A8
Konvergenzgeschwindigkeit A106, A111, A112
Konvergenzkriterien, Quotientenkriterium A7
–, Wurzelkriterium A7
Konvergenzordnung A105, A106
Konvergenzquotient A106
Konvergenzradius A8
Konversionskonstante G106
Konzentration C3, O6
Konzept, prinzipielle Lösung K4, K7
Konzeptphase K6
Konzern O7
Kooperation O6
–, horizontale O7
–, vertikale O7
Kooperationsverträge O7
Koordinaten
–, Gelenk- E10
–, generalisierte E3, E9
–, Integration A16
–, kartesische A13, E1
– einer Kraft E11, E12
–, krummlinige A56, A63
–, Kugel- A17, E1
–, physikalische A64
–, eines Punktes A15
–, Polar- A16, E1
–, überzählige E9, E37, E38
–, unabhängige E9
– eines Vektors A13, E3
–, virtuelle Änderung E9
–, Volumen- A16
–, Zylinder- A17, E1
Koordinatenflächen A17
Koordinatentransformation E62, E64, E108
Koordinatentransformationsmatrix E32
Koordinationszahl C21, C23, C24
Kopernikus B93
Kopfwellen B195
Koppelschwingung E45
Kopplung B30, B37
Kopplungsadmittanzen G15
Kopplungsfaktor G25
Kopplungsimpedanz G15
Kopplungsparameter B36
Korngrenzen D5
Korngrenzengleiten D48
Körper (Algebra) A3, A4
Körper
–, prismatischer E148
–, starre B39
Korrektheitsbeweis J104
Korrektur H43
–, dynamische H43, H44
Korrekturglied I47
Korrekturglieder I42
–, Amplitude I43
–, Phase I43
Korrelation A131
Korrelationsanalyse I73
Korrelationskoeffizient A131
–, empirischer A142
Korrelator B221
Korrespondenztafel I13
Korrosion D63
–, elektrochemische C53
Korrosionsarten D64
korrosionsbeständige Stähle D13
korrosionsgerechte Gestaltung D64
Korrosionsinhibitoren D36, D37
Korrosionsmechanismen D64
Korrosionsprüfungen D79
Korrosionsschutz D37, D64
Korrosionsverschleiß D67
Korrosionszelle, elektrochemische C53
korrosives Medium D64
Korund C58
–, Härte D18
Kosten K14, K55, O16
–, Einzel- O16
–, fixe O16
–, Gemein- O16
–, variable O16
Kostenerkennung K55
Kostenstellen O18
kovalente Bindung B152, D3
Kovarianz A131
–, empirische A142
Kovarianzmatrix I75
Kraft E11, E17, G1, G2, G42
–, äußere B43, E17, E19
– auf bewegte Ladung G46
–, Coriolis- E31
–, eingeprägte E17, E19
–, generalisierte E19, E20, E87
–, Gleitreibungs- E27
–, innere E17, E19
–, Komponente einer E12
–, konservative B43, B94
–, Koordinate einer E11, E12
– auf Ladung G38
–, Längs- E73, E75
–, periodische B30
–, Quer- E73, E75
–, resultierende E13
–, rücktreibende B23, B24
–, Ruhereibungs- E26
– auf stromdurchflossenen Leiter G45
–, Zentrifugal- E31
–, Zwangs- E17, E19, E21, E39
Kraftaufnehmer, piezoelektrische H31
Kraftausgleich K19
Kraftbelag G43
Kraftdichte G43
Kräfte, äußere B40, E17, E19
–, eingeprägte E17, E19, E27
–, generalisierte E19, E20
–, innere B15, B40, B44, E17, E19
–, konservative B20, B42
– im Magnetfeld G53
–, nichtkonservative B21, B28
–, zwischen Strömen B124
–, zwischenmolekulare C16
Kräftebedingung E17
Krafteck E13
Kräftegleichgewichtsbedingung E18
Kräftepaar B17, E12
Kräfteparallelogramm E12
Kräfteplan E12, E24
Kräftepolygon E13, E18
Kräftesystem, ebenes E13
–, Reduktion E13
–, resultierendes E13
Kräftesysteme, Ebene E13
Kraftfeld, konservatives B23, B104
Kraftgesetz B112
–, Newtonsches B13, B22
Kraftgrößenverfahren E91
Kraftlinien B93
Kraftmaschinen (Turbinen) E151
Kraftmesser B14
Kraftmessung H28
–, Auslenkung von Federkörpern H30
Kraftstoß B43, E40, E51
Kreation K14
Kreis A24
Kreisbahngeschwindigkeit B98
– von Satelliten B97
Kreisbeschleuniger B121, B122
Kreisbewegung B7
–, gleichförmige B7, B24

Kreisbogenstäbe E90
Kreisel B52, E33, E35
–, kräftefreier B52
–, symmetrischer E35, E36
Kreiselgleichungen, Eulersche E35
–, linearisierte E36
Kreiselkompaß B53
Kreiselmechanik E35
Kreiselstabilisierung B52
Kreisfrequenz B7, B24, B28, B30, G6
Kreisfunktionen A32
Kreisprozeß B62, B71, B72, F16
–, Born-Haberscher C74
–, idealisierter B73
–, irreversible B77
–, reversible B77
Kreisprozeß nach Carnot B72
Kreisrepetenz G55
Kreisresolvente A37, A38
Kreisring A24
Kreisschaltung I15
Kreisscheibe, längs angeströmte E150
–, quergestellte E150
Kreissegment A24
Kreisstruktur H15, H31
Kreisverstärkung I24
Kreiszylinder E129
Kreiszylinderschale E105
Kresol C72
Kreuzgelenke K37
Kreuzgitter B229
Kreuzkorrelationsfunktion I73
Kreuzleistungsspektrum I73
Kreuzprodukt A13
–, doppeltes A14
Kreuzscheibenkupplungen K37
Kreuzschubkurbel K47
Kreuzspulmeßwerk, Quotientenbestimmung H59
Krichevsky-Ilinskaya, Gleichung von F45
Kriechbruch D48
Kriechen D47
Kriechfall B29
Kristallbaufehler C25
Kristalle C22
–, mit komplexen Bindungsverhältnissen C25
–, kovalente C23, C25
–, reale C25
Kristallgitter B38, C22
Kristallite D5
Kristallplastizität D46
Kristallstrukturen D3
Kristallsysteme C22, D4
kritische Länge E103
kritische Last E101, E102, E104, E105
kritische Masse B182
kritischer Punkt B62, I31
Kronecker-Symbol A62
Kronglas B224, D22
Krümmer E140, E141
Krümmung A58, A59, E80
–, Gaußsches Maß A61
–, mittlere A61
Krümmungskreis A58, A59, E1
–, Mittelpunkt A58, A59
Krümmungsradius E1, E2
Krümmungstensor A61
kryogene Flüssigkeiten B64
Kryokanal E174
Kryotechnik B64
Krypton C11, C19, C64
kubisch flächenzentriertes Gitter D46
kubisch raumzentriertes Gitter D46
Kugel, geladene B103
–, Großkreis A27
Kugelführung K41
Kugelfunkenstrecke B168
Kugelfunktionen A73
Kugelkappe A27
Kugelkondensator G42
Kugelkoordinaten A17, A55, A56, A62, A64, E1, E2
–, Divergenz A65
–, Gradient A65
–, Laplace-Operator A65
–, Linienelement A65
–, Rotation A65
–, Volumenelement A65
Kugellager K41
Kugeloberfläche, homogen geladene B102
Kugelpackung, hexagonal dichteste C23, C24
–, kubisch dichteste C23, C24
Kugelpackungen, dichteste C23, C24
Kugelschicht A28
Kugelsektor A27
Kugelspalt E152
Kugeltanz B21
Kugeltensor E64
Kugelumströmung B91
–, laminare B91
Kugelwelle B188, B226, G58
Kündigungsschutzgesetz M7
Kunstgraphit C58
Kunststoffe D26–D31 siehe auch Werkstoffeigenschaften
Kupfer D16, G5, G6
–, Normen D14
–, Weltproduktion D2
Kupferdraht G2
Kupferleitungen G22
Kupfersulfatlösung G5
Kupferverlust G8
Kupplungen und Gelenke, allgemeine Anwendungsrichtlinien K39
–, drehstarre Ausgleichskupplungen K36
–, elastische Kupplungen K38
–, feste Kupplungen K36
–, Funktionen K36
–, generelle Wirkungen K36
–, Schaltkupplungen K38
Kurbel-(Gelenk-)Getriebe K47
Kurbelschleife K47
Kurbelschwinge K47
Kursregelung I3
Kurven, ebene A57
–, Krümmung A57
–, Kurvennormale A61
–, Tangente A57, A61
Kurven auf Flächen A61
Kurvengetriebe K47
Kurvengleichung, implizite A58
Kurvenintegral A56, A57
–, nichtorientiertes A56
–, orientiertes A57
–, wegunabhängiges A57
Kurven 2. Ordnung A20
–, Ellipse A20
–, Geradenpaar A20
–, globale Klassifikation A20
–, Hauptachsen A20
–, Hyperbel A20
–, Normalenvektor A20
–, Parabel A20
–, Tangentenrichtung A20
Kurvenschar, A58, A59
Kurzschluß-Ausgangsadmittanz G18
Kurzschluß-Eingangsadmittanz G18
Kurzschluß-Kernadmittanz G18
Kurzschlußstrom B139, G13
Kutta-Joukowski-Formel E129
KV-Diagramm G128
Kybernetik I1

Labormuster K7
Laborsystem B39, B40
Lachgas siehe Distickstoffmonoxid
Lackierverfahren D33
Ladekondensator G105
Ladungen, elektrische B99, B137, G1, G2, G3, G38
–, influenzierte G40
Ladungsbelag G43
Ladungsdichte B102
Ladungsdoppelschicht B170
Ladungsmenge B99, B104
Ladungsträgerdichte B164
Ladungsträgerlawine B167
Ladungsverstärker H32, H55
Ladungszahlen C50
Lage E1, E10
Lagebericht O13, O15
Lagekoordinaten E1, E2
–, generalisierte E9, E37
–, unabhängige E9
Lageparameter A130
Lageplan E12, E13
Lager E20, E21, E111
Lagerlebensdauer K40
Lagermetalle D17
Lagerreaktionen E20–E23, E26, E34, E74
Lagersetzungen E91
Lagerung, statisch bestimmte E21
Lagerungen und Führungen, allgemeine Anwendungsrichtlinien K43
–, Funktionen und generelle Wirkungen K40

–, hydrodynamische Gleitlagerungen und -führungen K41
–, hydrostatische Gleitlagerungen und -führungen K42
–, magnetische Lagerungen und -führungen K43
–, Wälzlagerungen und -führungen K40
Lagerwertigkeit E20
Lag-Glied I43
Lagrange E122
Lagrange-Entwicklung A77
Lagrangesche Funktion E38
Lagrangesche Gleichung E38
Lagrangesche Interpolationspolynome A124
Lagrangesche Multiplikatoren A53, A98, E38
Lambertscher Strahler B205
Lambertsches Cosinusgesetz B204, B226
Lamellenkupplung K39
Laminare Strömung B83, B84, K50
Laminate D32, D33
LAN (local area network) J63
Lanczos-Verfahren A111
Landau-Diamagnetismus B127
Längenausdehnung D52
Längenausdehnungskoeffizient, thermischer E66
Längenkontraktion B10
Langfasern D32
Langmuir B38
Längsführungen K41
Längskraft E73, E75
Längssteifigeit E80
Langzeitbeanspruchung D39
Lanthanoide C11, D8
Laplace-Gleichung E127
Laplace-Integral I12
Laplace-Operator A64, A68
Laplace-Rücktransformation H44
Laplace-Transformation A77, I12
–, Addition A78
–, Ähnlichkeitssatz A79
–, Dirichletsche Bedingungen A78
–, Divisionssatz A79
–, Integrationssatz A79
–, Multiplikationssatz A79
–, Patrialbruchzerlegung A80
–, Rechenregeln A78
–, Transformation einer periodischen Funktion A79
–, Umkehrtransformation A78, A80
Laplace-Transformierte A78
–, Differentiation im Zeitbereich A78
L_1-Approximation H42
L_{OO}-Aproximation H42
Larmor-Frequenz B127
Laser B212–B214, B232
Laserdrucker J62
Laserfusion B183
Laser-Interferometer H24
Laserprozeß B214
Laserstrahlhärten D34
Last- und Förderketten K45
Lastketten K45
Lastmoment G65
Latch J18
v. Laue B201, B230
Laue-Diagramme B230
Läufe, kritische J19
Laufvariable J93
Lavaldüse E159
Lawrence B122
Lawson-Kriterium B184
LC-Oszillator H43
Leasingvertrag M6
Lebensdauer, mittlere B180
Lebenszyklus, technischer K1
–, wirtschaftlicher K1
Lecher-System B199, B202
Leclanché-Element C54
Ledeburit D10
Leerlauf-Ausgangsimpedanz G18
Leerlauf-Eingangsimpedanz G18
Leerlauf-Kernimpedanz G18
Leerlaufspannung B139, G13
Leerlaufverstärkung G31, G118, G119, G121
Leerstellen D3
Legendresche Funktionen A73
Legendre-Transformation F5
Legierungen G4–G6
–, metallische C22
Legierungselemente D11
Lehrsches Dämpfungsmaß E46
Leibniz-Regel A53
Leichtbeton D24
Leichtmetalle D8, D15
Leistung B19, E19, E35, E152, G21–G24, G27, G28, G59, G60, G66, O16
–, abgestrahlte G57
–, elektrische B109, F13, G2
–, mechanische F13, G65
Leistungsanpassung G22
leistungsarme Standard-TTL G127
Leistungsbilanz F11
– einer ruhenden offenen Phase F11
– eines Kontrollraums mit feststehenden Grenzen F12
– eines ruhenden offenen Mehrphasensystems F11
Leistungsdichte G44
Leistungsdichtespektrum I73
Leistungsfaktor G23
Leistungsmesser G30
Leistungsmessung H62
Leistungsmessung in Netzen H62
Leistungsresonanz B32
Leistungsspektrum I73
Leistungstest J105
Leistungsverstärkung G117
Leistungszahl
–, einer Kältemaschine F15
–, einer Wärmepumpe F15
Leiten K11
Leiter (elektrische) B109, D58
–, metallische G1
Leiterschleife, stromdurchflossene B123
Leiterspannungen G27
Leitfähigkeit (elektrische) B137, B156, G4
–, von Halbleitern B161
–, metallische B153
– von Wasser C45
Leith B233
Leitrad K49
Leitung, elektrische B79
–, elektrolytische B165
Leitungen G36
–, Belastbarkeit G22
Leitungsband B153, B154, D58
Leitungseigenschaften von Halbleitern B163
– von Isolatoren B163
– von Metallen B163
Leitungselektronen B108, B155
Leitungsgleichungen G37
Leitungsmechanismen B147
Leitungsverluste G37
Leitungswellen B199
Leitwert, elektrischer B137, G4
Leitwert, magnetischer G49
Leitwertform, Vierpolgleichungen in der G17
Leitwertmatrix G18
Leitwertparameter G18
Lemniskate A37
Lenard B147, B171
Lenard-Einsteinsche Gleichung B171
Lenzsche Regel B133, B134, B135, B141, B142, B158, G50
Leptonen B175, B184, B185
Leptonenladung B184, B185
Leptonenzahl B184
Leucin C76
lexikalische Schicht J91
Licht, natürliches B218
Lichtablenkung B16
Lichtausbreitung B16
Lichtbeständigkeit D79
Lichtbogen B168
Lichtbogenspritzen D34
Lichtdruck B208
lichtelektrischer Effekt B171, B207
Lichtenberg B99
Lichtfasern D22
Lichtgeschwindigkeit B9, B22, B216, G56
–, Vakuum- B2
Lichtleiterfasern B217
Lichtmikroskop B232
Lichtquanten B207
Lichtquantenhypothese B163, B171, B201, B210
Lichtschnittmikroskop D72
Lichtstrahlung B204
LIFO (last in first out) J31
Lignin D25
Likelihood-Funktion A143
Lindesches Gegenstromverfahren B64

Lindstedt E59
Linearbeschleuniger B107
lineare Abbildung A71
lineare Bauelemente G30
lineare Datenstrukturen J82
lineare Gleichstromnetze G9
linear-elastisches Verhalten D42
lineare Schaltungen G30, G31
lineares Gleichungssystem A101
Linearisierung H40, I5
– nichtlinearer Differentialgleichungen I5
– statischer Kennlinien I5
Linearität I56
Linearitätsfehler H9, H35
Linearkombination A83
Linien-(Draht)modell K54
Linienladung B103, G40
Linienladungsdichte B121
Linienspektrum B204
–, des Wasserstoffatoms C6
Linke-Hand-Regel I31
Links-rechts-Transformation A109
Linolensäure C75
Linolsäure C75
Linse, magnetische B238
Linsen, asphärische B222
–, dicke B222
–, dünne B222
Linsenfehler B222
Linsenformel B220
Linsenpyrometer H39
– mit Silizium-Photoelement H39
Lipschitz-Bedingung A82
Lipschitz-Konstante A82, A105
Liquiduslinie D9
Lischke B160
LISP J89
Lissajous-Figuren B33
Liste J82
Literaturrecherchen K16
Lithium C55, C56
Lithiumaluminiumhydrid C55
Lithiumhydrid C55
Lizenz, ausschließliche N7
–, nichtausschließliche N7
Lizenzbereitschaftserklärung N7
Lizenzinteresseerklärung N7
Lizenzvereinbarungen N7
Ljapunow, Methode von E45
Ljapunow-Funktion I53
–, Ermittlung I54
Ljapunow-Gleichung A99, I54
LM 148 G118
Löcher B161, G135
Löcherleitung B164
Lochkorrosion D64
Lockergestein D24
LOCMOC G126
Logarithmen A4, A5
logarithmischer Amplitudengang I17
logarithmisches Dekrement B29, E47, K33
logarithmische Verhältnisgrößen (Pegel) G117
Logarithmus, Briggscher A5
–, dekadischer A5
–, natürlicher A5
Logik, Abtrennungsregel A4
–, Äquivalenz A3
–, Antivalenz A3
–, atomare Form A3
–, Aussagenverknüpfungen A3
–, Disjunktion A3
–, Fallunterscheidung A4
–, Implikation A3
–, indirekter Beweis A4
–, Kettenschluß A4
–, Konjunktion A3
–, Kontraposition A4
–, NAND-Funktion A3
–, Negation A3
–, NOR-Funktion A3
–, Schluß auf eine Äquivalenz A4
Logikeinheit J5
lokale Fehlerordnung A121
lokale Netze (LANs) J63, J65
lokale Variable J93
Lokalelemente D64
Lokalisierbarkeit von Wellen B233
London B158
Londonsche Gleichungen B158, B159
Londonsche Theorie B158
Longitudinalwelle B188
Lorentz B155
Lorentz-Faktor B120
Lorentz-Kontraktion B120, B121
Lorentz-Kraft B120, B131, B137, B173
Lorentz-Transformation B9, B10, B22
– für Geschwindigkeiten B10
– für Koordinaten B9
Lorenz B156
Löschen G129
Löschen eines Flipflops G131
Loschmidt-Konstante B55
Loschmidt-Zahl B55
Löschungsverfahren N10
Lösemittel siehe Lösungsmittel
Löslichkeit C48
Löslichkeit von Gasen, Bedingungen F44
–, Druckabhängigkeit F45
– in Flüssigkeiten C44
–, Temperaturabhängigkeit F45
Löslichkeitsprodukt C48, C49
Lösung, allgemeine A81
–, partikuläre A81
–, spezielle A81
Lösungen C41–C49
–, alkalische C46
–, gesättigte C48
–, ideale F29
–, neutrale C46
–, saure C46
–, übersättigte C32, C49
Lösungsenthalpie C44
Lösungsmittel C41
–, polare C41
Lösungsschar A81
Lösungsvarianten K12
Lösungsvorgang C42
Lote D17
Lötverbindungen K33
low-power Schottky G127
low-power TTL G127
low-cycle fatigue D63
LRU (least recently used) J36, J73
LSI (large scale integration) G126
LSI-11 K34
LSL G126, G127
LS-Verfahren I75
Luft C19
–, trockene, Zusammensetzung F26
–, feuchte F26
Luftbeschaffenheitsmerkmale L8
Luftbindemittel D23
Luftdruck H10
Luftfederkupplungen K38
Luftfeuchte H10
Luftreibung D67
Luftreinhaltung L8
Luftspulen H22
Luftverflüssigung B64
Lumineszenzdiode (LED) G151
Lummer B206
Lupe B221
Lyman-Serie B211, C6
L_2-Approximation (least square method) H42

MacLaurien A44
MacLaurien-Formel A43, A52
MacLaurien-Reihen A44
Mach-Kegel B195
Mach-Zahl B195, E155
–, kritische E160
machinery condition monitoring D77
Machsche Linien E162
Machscher Winkel E157
Mächtigkeit A1
magische Zahlen B177
magmatische Gesteine D18
Magnesium C56, D15
–, Normen D14
Magnesiumhydroxid C57
Magnesiumoxid D21
Magnetband J58
Magnetfeld einer Stromschleife B119
Magnetfelder G6
–, stationäre G45
–, zeitlich veränderliche G49
magnetische Aufnehmer H22
magnetische Eigenschaften von Werkstoffen D58
magnetische Energie G50
magnetische Feldkonstante G46
magnetische Feldstärke G46
magnetische Flußdichte G45
magnetische Induktion G45
magnetische Kopplung G51
magnetische Kraft B120–B124, B131
– auf stromdurchflossene Leiter B123

magnetische Kreise G48
magnetische Linse B239
–, Brechkraft B239
magnetische Pole G45
magnetischer Abgriff H25
magnetischer Einschluß B183
magnetischer Fluß G47
magnetischer Leitwert G49
magnetischer Widerstand G48
magnetisches Moment, inudziertes, eines Atoms B127
magnetische Spannung G49
magnetisches Streufluß-Verfahren D77
magnetische Streuung G25
magnetische Verfahren der zerstörungsfreien Materialprüfung D78
magnetische Wechselwirkung B117
magnetische Werkstoffe D58, G46
Magnetisierbarkeit D58
Magnetisierung B125, B130
– diamagnetischer Stoffe B127
Magnetisierung, spontane B128
Magnetisierungskurve B129, G26, G46
Magnetit D8
magnetohydrodynamischer Generator B132
Magnetokeramik D20
magnetomechanischer Parallelismus B126, B151
magnetooptische Effekte B129
Magnetosphäre der Erde B122
Magnetostatik G54
magnetostatisches Feld B117
Magnetplatte J59
Magnetpole B117
Magnetquantenzahl B151, C8
Magnetwerkstoffe D58
Magnonen B130
Mahnverfahren M2
Majorantenprinzip A7
Majoritäts[ladungs]träger B164, G136
Majoritätsträgerinjektion G137
Makrorißausbreitung D62
Makrotechnik K53
Malonsäure C75
Malus, Satz von B214, B215
Manganin G5, G6, H44
Mantelthermoelemente H37
Marketing O8
Marketing-Logistik O9
Marketing-Ziele O8
Markt K1, K3, O8
Marktanteil K2
Marktsegmentierung O8
Marmor D19
Marsden B147, B149, B175
Masche B138
Maschenanalyse G14, G17
Maschenimpedanz G15
Maschennentz G101
Maschenregel B139, G8
Maschinen, elektrische F14
Maschinencode J37, J41
Maser B213
Maßanalyse C4
Maßbilder K52
Masse E29, E32, F2
–, molare B55, C2, C3, F3
–,–, von Gemischen F25
–, relativistische B22
–, schwere B16
–, träge B13, B16, B23
Massenanteile C2, F4
Massenbilanz F10
Massenbruch siehe Massenanteil
Massendefekt B176
Massenerhaltung E152
Massenmatrix E47, E107, E108
Massenmittelpunkt E14
Massenpunkt B4
Massenspektrometer B122
–, magnetisches B122
Massenspektrometrie D71
Massenstrom F10
Massenträgheitsmoment B26, E31, E32
Massenverhältnis B45
Massenwerkstoffe D82
Massenwirkungsgesetz C32, C33, C37, C46, C48
Massenwirkungskonstante siehe Gleichgewichtskonstante
Massenzahl B175, C9
Massenzentrum B39, B40, B48
Master-slave-Flipflop G131, J18
Materialauswahl D82
Materialgleichungen B136, B137, G54
Materialkosten K56
Materialkostenanteil K55
Materialkreislauf D1, K1
Materialprüfmethodik D70
Materialprüfung D69
Materialprüfungen, Bescheinigungen D81
Materialschädigung D61
Materialschädlinge D65
Materialschutz D61
– gegen Organismen D65
Materiewellen B233, B234, B235
–, stehende B235
Materiewellenhypothese B237
Materiewellenlänge B234
mathematisches Modell I70
Mathieusche Differentialgleichung A91, E52
Matrix, antimetrische A9
–, charakteristisches Polynom A88
–, Diagonal- A9
–, Einheits- A9
–, Elemente A8
–, hermetische A10
–, inverse A10
–, involutorische A10
–, konjugierte Transponierte A9
–, nicht normale A110
–, Null- A9
–, obere Dreiecks- A9
–, obere Hessenberg A9
–, quadratische A9
–, Rang A9
–, Rechteck- A9
–, schiefthermitesche A9
–, Spur A9
–, transponierte A8
–, Tridiagonal- A9
–, unitäre A10
–, Unter- A8
Matrix-Riccati-Gleichungen, algebraische I69
Matrixdrucker J62
Matrixnormen A10
Matrixorganisation O11
Matrixstruktur G88
Matrizen A8–A11
–, Addition A9
–, dyadisches Produkt A9
–, Jacobi- I6
–, Multiplikation A9
–, Rechenregeln A10
–, Skalarprodukt A9
–, Zerlegung modifizierter A103
Matrizeneigenwertproblem A108
Matrizenfunktionen A108, A109
Matrizenkondensation E109
Matrizenmultiplikation A9
Matrizenpaare, symmetrische A111
Matrizenschreibweise G14, G18
Matrizen-Tripel A113
Mauerbinder D23
Maus J62
Maxima A45
maximale Überschwingweite I36, I40
maximale Verlustleistung G126
Maximalfrequenz H78
Maximum, eigentliches A45
–, globales A45
–, lokales A45
–, strenges A45
Maximum-Likelihood-Methode A132
Maximum-Likelihood-Schätzwert A143
Maximumsprinzip von Pontrjagin I53
Maxwell B137, B195, B197
Maxwell und Betti, Satz von E91
Maxwell-Beziehungen F5
Maxwell-Kriterium F8
Maxwell-Modell D44
Maxwellsche Ergänzung B136
Maxwellsche Gleichung, 1. G47
–, 2. G50
Maxwellsche Gleichungen B9, B136, B219, G54
– in differentieller Form G54
– bei harmonischer Zeitabhängigkeit G55
– in integraler Form G54
Maxwellsche Relation B202
Maxwellsches Gesetz B135, B197
MC68020 J35, J36
MDR (magnetic field depending resistor) H23

Mealy-Automat I79, J20
Mechanik, relativistische B9
–, statistische B42
mechanische Beanspruchungen D37, D61, D82
mechanische Eigenschaften von Werkstoffen D41
mechanische Getriebe, allgemeine Anwendungsrichtlinien K47
–, Funktionen K43
–, generelle Wirkungen K43
–, Kettengetriebe K44
–, Kurbel-(Gelenk-)Getriebe K47
–, Kurvengetriebe K47
–, Reibradgetriebe K46
–, Riemengetriebe K45
–, Zahnradgetriebe K44
mechanisch-technologische Prüfverfahren D74
Mechanismus E6, E8, E20, E118
Mechanokeramik D20
Median A130
–, empirischer A140
Medien, geschichtete E122
–, newtonsche E121
–, nicht-newtonsche E121
Meerwasser G5
Meerwasserentsalzung C44
mehrachsige Beanspruchungen D79
mehrachsiger Spannungszustand D82
Mehrelektronensysteme B150, C8
Mehrfachprodukte A14
Mehrkörpersysteme E37
Mehrliniensystem O11
Mehrphasensysteme G26
mehrphasige Festkörper D3
Mehrprogrammbetrieb (multi programming, multiasking) J67
Mehrprozessorsysteme J63
Mehrstoffsysteme C25
Meißner B147
Meißner-Ochsenfeld-Effekt B158
Melamin C72, C75
Melamin-Formaldehyd D30
Melamin-Formaldehydharze C75
Melaphyr D19
Membran E97, E98
–, semipermeable C43
Membrananalogie, Prandtls E72, E79
Membranfilter C41
Membrankupplungen K37
Menabrea, Satz von E92
Menge A1
–, echte Teil- A2
–, endliche A1
–, Komplement A2
–, leere A1
–, Potenz- A2
–, Produkt- A2
–, Teil- A2
–, unendliche A1
Mengen A1, J86
–, Differenz A2
–, Diskrepanz A2
–, Durchschnitt A2
–, Gleichheit A2
–, Vereinigung A2
–, Verknüpfungsmerkmale A2
Menninge C62
Mensch-Maschine-Kommunikation J104
Merkmale A139, L5
–, metrische A139
–, nominale A139
–, ordinale A139
–, qualitative A139
–, quantitative A139
Merkmalausprägungen A139
Mesomerie C70
Mesonen B184, B185
Meßbereichsanfang H9
Meßbrücke G12, H47
Meßeffekt H19
Meßeinrichtungen H1
Messen D70
Meßfehler H8
Meßfrequenz H72
Meßglied I2, I23
Meßglieder höherer Ordnung H7
Meßgrößenaufnehmer H18–H44
Messing D16, G5
Meßketten H1
Meßsignale, zeitlicher Verlauf periodischer H64
Meßsignalverarbeitung H14
–, analoge H39
–, arthropospezifische H18
–, inkrementale H39
–, sensorspezifische H39
Meßsysteme H1
Meßtechnik H1–H81
–, analoge H56–H67
–, digitale H67–H80
Meß- und Prüfprozesse H1
Messungen K17
Meßverstärker H44, H50
Meßverstärker-Schaltungen H53
Meßwerke H58
–, Multiplikation mit elektrodynamischen H62
Meßwertanalyse H80
Meßwiderstände H45
Metaborate C57
Metallboride C58
Metallcyanide C64
Metalle D6–D18, G4
–, edle C53
–, Einteilung D7
–, flüssige C20
–, unedle C53
metallische Bindung D3
metallische Gläser D17
metallische Kupplungen K38
metallische Werkstoffe D6–D18 siehe auch Werkstoffeigenschaften
–, Herstellung D7
Metallkristalle C23
–, Struktur C23
Metallographie D71
Metallurgie D7
Metal Oxide Semiconductor (MOS) G127
metamorphe Gesteine D18
metastabiles Niveau B213
Meter B2
Methan C14, C19, C29, C55, C66, C67
Methanol C20, C50, C67, C74
Methode 653 K17
Methoden der Gestaltung, Gestaltungsprinzipien K19
–, Gestaltungsrichtlinien K22
–, Grundregeln der Gestaltung K18
Methoden der Softwaretechnik J100
Methoden des Konzipierens, diskursiv-betonte Methoden K17
–, intuitiv-betonte Methoden K17
Methyl C66
Methylalkohol siehe Methanol
Methylamin C71
Methylenchlorid siehe Dichlormethan
Metrik A62
Metrikkoeffizienten A14, A61, A62
MF siehe Melamin-Formaldehydharze
$Mg(OH)_2$ C49
MHD-Generator B132
Michelson B9
Michelson-Morley-Experiment B9
mikrobiologische Prüfungen D81
Mikroelektroniksysteme H17
Mikrogeometrie von Oberflächen D6
Mikroorganismen D65
Mikroprogrammierung, horizontale J29
–, vertikale J29
Mikroprogrammspeicher J31
Mikroprogrammwerk J31
Mikrorißausbildung D62
Mikroskop B221, B222, B231
–, Auflösungsgrenze B231
Mikrosonde D72
Mikrostruktur D3
Mikrostruktur-Untersuchungsverfahren D71
Mikrotomschnittpräparation D71
Miller B9
Millersche Indizes D3
Millikan Versuch B105
mineralische Naturstoffe D7
Mineralklassen D18
Mineralöle D37
Minima A45
minimale Ausregelzeit I64
Minimalformen G128, J9
Minimalphasenverhalten I22
Minimierung G128, J9
Minimum, eigentliches A45
–, globales A45
–, lokales A45
–, strenges A45

Minimum-Varianz-Regelstrategie I77
Minoritätsträger G136
Minoritätsträgerinjektion G137
Mischbinder D23
Mischelemente C9
Mischen J88
Mischkristalle D9
Mischkristallhärtung D50
Mischphasen, quantitative Zusammensetzung C2
Mischreibung D67, K41
Mischsortieren J88
Mischstrom G6, G7
Mischung G106
Mischungsenthalpie, molare F30
Mischungsentropie idealer Gasgemische F26
Mischungsgrößen, molare F30
Mischungslücke F41
Mischungstemperatur B67
Mischungsvolumen, molares F30
Mischverteilen J88
Mitbestimmung M8, O5
–, arbeitsrechtliche O5
–, unternehmerische O5
Mitbestimmungsgesetz O6
– für die Montanindustrie O6
Mitkopplung B147, G33, G34, G123, G129, I15
–, nichtinvertierende G34, G123
mittelschmelzende Metalle D8
Mitteltemperatur, thermodynamische F15
Mittelwert G6
–, arithmetischer A4, A140, G7
–, geometrischer A4
–, harmonischer A4
Mittelwertbildung H55
Mittelwerte A4
–, lineare H59
–, quadratische B140, H60
Mittelwertsatz A43, A52
– der Integralrechnung A49, A54
mittlere Signalleistung I73
MMU (memory management unit) J57, J71
Mobilarpfändung M3
modale Dämpfung A110
modale Regelung I68
Modalmatrix A110, E48
Möbiusringzähler J25
Modalwert A130
–, empirischer A141
modelladaptive Regelsysteme I78
Modellausgangsfehler I74
Modelle, mathematische I4
Modellfunktionen, physikalische H40
Modellstruktur I74
Modell-Verschleißprüfungen D80
Modellversuche D80, K17
Modell-Zeichnungen K52
Modem J65
Moderator B182
Moderatorsubstanzen B182
Moderfäule D65
Modifikation I76
Modul (Zahnrad) K44
Modula-2 J89, J90, J92, J96
modulares Programmieren J102
modulare Struktur K4, K6
Modulation G6, G84
Modulationsfrequenz B33
Modulationsgrad B34, G85
Modulationsperiodendauer B33
Modulationsprinzip H16
Modulatorscheibe H17
Modul-Mikroprozessorsystem J34
Moduln J94, J102
Modultest J104
MO-Energieniveauschema C13
Mohrscher Dehnungskreis E63
Mohrscher Kreis für Flächenmomente 2. Grades E67
Mohrscher Spannungskreis E65
Mohssche Härteskala D18
Moiré-Verfahren D73
Mol B2, C2
Molanteil F4 siehe auch Stoffmengenanteil
molare Masse siehe Masse, molare
molare Wärmekapazität bei konstantem Druck D65
molares Volumen B55
Molekulardiffusion B80
Molekulargewicht siehe Masse, molare
Molekularität C36
Moleküle C11
Molekülgeschwindigkeit, gaskinetische B57
Molekülkonfiguration von Polymerwerkstoffen D27
Molekülkristalle C23
Molekülmasse, relative B175
Molekülorbitale C12
–, bindende C12
–, lockernde C12
Molekülorbital-Theoretische siehe MO-Theorie
Molenbruch siehe Stoffmengenanteil
Möllenstedt B237, B238
Molmasse siehe Masse, molare
Molmassenbestimmung B87
Molvolumen B55
Molybdändisulfid D37
Moment E11
– einer Bewegungsgröße E12
– einer Kraft E12
– eines Kräftepaares E12
–, resultierendes, eines Kräftesystems E13
Momentanleistung H62
Momentanpol der Geschwindigkeit E6
Momentanpole E10
Momentengleichgewichtsbedingungen E18
Momentenmethode A143
Monoflop G130
Monopole, magnetische B117, B137
Monosilan C59
monostabile Kippstufe G130
Montage K1, K14
Moore-Automat I79, J20
Morley B9
morphologischer Kasten K16
Mörtel D23
MOS (metal oxide semiconductor) J5, G126, G127
Mößbauer-Effekt B209
MOS-Schaltungen J5
MO-Theorie C12, C15
Motorregelung K49
Müller B110, B168
Mullit D20
Multiemittertransistor G126
Multiperiodendauermessung H73
multiple Skalen, Methode der E59, E61
Multiplex G75, G89
Multiplexer J5, J11
Multiplikation H39
Multiplikationssatz I28
Multiplizierer G122
Multiport-Speicher J23
Muster G79, G100
Musterkennung G78
Myon B185
–, magnetisches Moment B3
–, Ruhemasse B3

Näbauer B160
Nablaoperator A63
Nachbesserungsrecht M4
Nachgiebigkeit K33
Nachgiebigkeitsmatrix E91
Nachindizierung J48
Nachkalkulation O17
Nachlaufregelung I2, I23
Nachlaufumsetzer mit Zweirichtungszähler H77, H78
Nachricht G73
Nachrichtenquader G77
Nachstellzeit I25
Nadeldrucker J62
Nadellager K41
Nahfeld B196, G57
Nahordnung C20, D3
NAND-Gatter G126, G129, G130
NAND-Verknüpfung A3, J8
nanokristalline Materialien D5
Nanoprogrammspeicher J31
Naphthacen C71
Naphthalin C71
Naphthene D37
naß-chemische Analyse D70
Naßdampfgebiet F36, F39, F41
Nassi-Shneiderman-Diagramm J74
nationale Phase N9
Natrium C14, C55, C56
Natriumacetat C48
Natriumchlorid-Gitter C24
Natriumhydroxid C45, C56
Natriumnitrat C61
Natriumnitrit C61
Natriumthiosulfat, maßanalytische Bestimmung C4

Natronlauge C56
Naturbaustoffe D22
Natursteine D19
Naturstoffe D7
Naumann-Diagramm E172
Navier-Stokessche Gleichungen B86, E133
Nebenbedingungen A53
Nebengruppenelemente C11
Neben-Quantenzahl B151, B152 siehe auch Bahndrehimpuls-Quantenzahl
Nebenvalenzbindungen D3
n-Eck A23
Néel-Temperatur B128
Negation A3, J3, J8
Negative Logik G124, G125
Negative-Bit J11
Neigungen E82
Neilsche Parabel A58
Nennscheinleistung G26
Nennspannung G26
Neon C19, C64
Nernstsches Verteilungsgesetz C44
Nernstsches Wärmetheorem C30
Netze, lineare G9, G12
Netzebenen D3
Neuentwicklungen K7
Neuheit N4, N8, N9, N10
Neuheitsschonfrist N4, N10
Neukurve B129, G46
Neumannsche Funktionen A91
Neusilber D16
neutrale Faser E76
Neutralisation C35, C45, C48
Neutralisationszahl von technischen Fluiden D36
Neutrinos B179
Neutron C9
–, magnetisches Moment B3
–, Ruhemasse B3
Neutron-Antineutron-Paar B184
Neutronen B105, B147, B175, B180
–, prompte B182
–, verzögerte B182
Neutronenmoderator B45
Neutronenüberschuß B177, B179
Neutronenumwandlung B179
NEW J80
Newmark-Verfahren A123
NewQueue J83
NewStack J83
Newton B94
Newton-Cotes-Formeln A118
Newton-Interpolation A114
Newton-Verfahren A107
Newtonsche Axiome E17, E29
–, erstes B12
–, zweites B9, B13
–, drittes B15
newtonsche Flüssigkeit B82, D35
Newtonsches Einzelschrittverfahren A108
Newtonsches Gravitationsgesetz B92, B93, B94
Newtonsches Modell E172
Newtonsches Reibungsgesetz B82, B84
N-Halbleiter B165
nichtebene Dreiecke A22
–, geodätische Linie A22
–, Großkreis A22
–, Kugeldreiecke A22
Nichteisenlegierungen D15
Nichteisenmetalle D15
– und ihre Legierungen (Übersicht) D14
Nichtelektrolytlösungen C41
Nichtigkeitsklage N7, N8
–, widerrechtliche Entnahme N7
Nichtigkeitsverfahren N7
–, Berufung N7
Nichtleiter D58
nichtlinear-elastisches Verhalten D42
nichtlineare Bauelemente G30
nichtlineare Gleichungen A105
nichtlineare Gleichungssysteme A108
nichtlineare Schaltungen G30
nichtlineare Verzerrung G117
nichtlineare Zweipole G35
Nichtlinearitäten I5
nichtminimales Phasenverhalten I22
Nichtnegativität A126
nicht-newtonsche Flüssigkeiten D35
Nichtoxidkeramik D21
nichtperiodische Interpolation A114
nichtschwarzer Körper B206, B207
Nickel D16, G5
–, Normen D14
Nickel-Cadmium-Akkumulator C34
Niederstwertprinzip C14
niedriglegierter Stahl D11, D12
niedrigschmelzende Metalle D8
Nietverbindungen K32
Nioblegierungen G6
Nitrate C61
Nitration C50
Nitride D21
Nitrieren D110
Nitrierhärten D11
Nitrierstähle D13
Nitrierung C71
Nitrile C71
Nitrite C61
Nitrition C50
Nitrobenzol C71, C72
Nitroglycerin C39, C74
–, Detonation C35
Nitromethan C71
Nitroverbindungen C71
Niveaulinien A50
N-Kanal-MOS G127
N-Leiter B163
N-Leitung B164
N-MOS G127
NMR(nuclear magnetic resonance)-Spektrometrie D71
Nomenklatur C66
Nonan C67
NOR-Gatter G125, G129
NOR-Verknüpfung A3, J8
Nordpol, magnetischer G45
Norm, Abschätzungen A10
–, Betragssummen- A10
–, Dreiecksungleichung A10
–, euklidische A10
–, Homogenität A10
–, Matrix- A10
–, Maximum- A10
–, Spalten- A10
–, Zeilen- A10
Normal A109
Normalbeschleunigung B6, B7, B8
Normalbeton D24
Normale B2
Normalenschar A58
Normalform G127
–, disjunktive J9
–, konjunktive J9
Normalformen A92, A108, J9
–, allgemeine Lösungen A93
–, ausgezeichnete J9
–, charakteristische Gleichung A93
Normalgleichung A104
Normalglühen D11
Normalitätsbedingung (Matrizenpaar) A109, A110
Normalkoordinaten B37
Normalluftdruck B55
Normalprojektion K52
Normalschwingungen B37
Normalspannung E64
Normalspannungshypothese E114
Normalverteilung H11
Normblenden E146
Normdüsen E146
Normen K54
Normenorganisation L1
Norm-Entwurf L2
Normfallbeschleunigung B13
Normiertheit A126
Normort B13
Normteile L10
–, CAD-Normteiledatei L10
Normung, DIN 820 L1
–, DIN-Normen L1
–, Normungsvorhaben L1
–, westeuropäische L4
Normzahlreihen K25
Normzustand F18
Notar M2
NPN-Transistor G125
Nucleinsäure C16
Nukleonen B175, C9
Nuklide B175, C2, C9
Nullhypothese A144
Nullindikator H51
Nullphasenwinkel B24, E46, E51, G6, H6
Nullpunktfehlergrößen H56
Nullserie K7
Nullstäbe E23
Nullstellen A30, I14

Nullvektor A12
Nullverstärker H51
numerische Algorithmen J78
Nutation E36
Nutationskegel E36
Nutationswinkelgeschwindigkeit E36
Nutzungsgrad G91
Nutzwertanalyse K28
Nyquist-Kriterium I31
–, Frequenzkennlinien-darstellung I31
–, Ortskurvendarstellung I30
–, vereinfachte Formen I32
Nyquist-Ortskurve I16
Nyquist-Verfahren I29

Oberfläche A23–A28, A57
Oberflächenanalytik D72
Oberflächenbeanspruchungen D39, D61
Oberflächenfehler, Materialprüfung D77
Oberflächenfeldstärke B103, B105, B109, B110
Oberflächenintegrale A57
–, Flächeninhalt A57
–, nichtorientierte A57
–, orientierte A57
Oberflächenladung G45
Oberflächenrauheitsmeßtechnik D72
Oberflächentechnologien D33
Oberflächenzerrüttung D68
Oberschwingungen B34, G27
Obertöne B35
Object-Pascal J88, J90
Objektfunktion B227
objektorientierte Sprachen J90
Objektwelle B232, B233, B238
Occam J88, J90
Octan C67
ODER-Gatter G124, G125
ODER-Verknüpfung G124, I84
Off-axis-Holographie B233
Offene Handelsgesellschaft (OHG) M6, O4
offener Stromkreis G47
offenes System K27
Offenlegung N5
Offenlegungsschrift N3
Offensichtlichkeitsprüfung N5
öffentliche Sachen M8
Öffnungsfehlerkoeffizienten B239
Öffnungswinkel des Objektivs B231
–, optimaler B224
Offsetspannung G118, G119
Offsetstrom G119
Ohm G4
Ohmmeter, lineares H53
Ohmsches Gesetz B109, B136, B137, B138, B156, G4, G44
– des magnetischen Kreises G49
– der Wärmeleitung B81
– des Wechselstromkreises B144

ökonomische Bedeutung von Materialschädigungen D61
ökonomisches Prinzip (Wirtschaftlichkeitsprinzip) O1
Oktaeder A25
Oktaederlücken C23, C24
Oktalcode J40
Öle C76
Olivin C59
Ölsäure C75
O-Notation J78
Open J87
Operating Temperature Range G118
Operationsverstärker G30, G31, G33, G34, G116–G124, H51
–, nichtübersteuerter G17
–, Typ 741 G118, G119
Operator, vektorieller A63
Operatoren, partielle Integration A90
Operatorpfeile G10
optimale Steuerung A100
optimale Zustandsregelung I77
optimaler Regelparameter I37
optimaler Zustandsregler I69
Optimalkurve I38
Optimalpunkt I37, I38
Optimierung A99
–, lineare A100
Optimierungskriterium mit Nebenbedingungen I52
Optionssymbol J91
optische Abbildung B219–B223, B232–B233
optische Eigenschaften von Werkstoffen D60
optische Gläser D60
optisch einachsige Kristalle B219
optische Kenngrößen D60
optische Linsen B220
optischer Abgriff H26
optisches Glas D22
optisches System B220
Optokeramik D20
Orbitale B151
Orbitale siehe auch Atom- bzw. Molekülorbitale
ordentliche Gerichtsbarkeit M1
Ordnungserniedrigung A111
Ordnungsrelationen A4, A6
Ordnungsschemata K17
Ordnungswidrigkeiten M3
Ordnungszahl B152, B175
Organisation des Betriebes O9
organische Beschichtungen D33
organische Naturstoffe D7, D25–D26
organische Stoffe D7, D25–D31 siehe auch Werkstoffeigenschaften
Organismen D64
Orientierungskräfte C16
Orientierungspolarisation B113, B115
Originalfunktion A77, A78, I12
Ørsted B117
Ørsted-Versuch B130

Orthoborate C57
Orthogonalisierung A73
Orthogonalität E48, E54
–, belastete A89
– der Eigenfunktionen A94
Orthogonalitätseigenschaften A89
Orthogonalnetz A61
Orthogonalsystem A72
–, gewichtetes A73
–, normiertes A72
Orthokieselsäure C59
Orthoklas C58
–, Härtewerte D18
Orthonormalbasis, kartesische A16
–, rechtshändige A16
Orthophosphorsäure C61
Orthotomie B214
Ortskurve G10
–, des Frequenzganges I15
Ortsunschärfe B234, B236
Ortsvektor A59, A60, A63, B4, E1, E2, E11
Oseen E149
Oszillator B32
–, harmonischer B24, B26
–, linearer B24
–, quantenmechanischer B60
–, Rotations- B25
Oszillatoren, gekoppelte B36, B38
Oszillatorenstärken B203
Oszillatorschaltungen G113
Oszillatorstrahlung B206
Oszillograph, Blockschaltbild H65
Oszillographenröhre B100
output current G118
Ovalradzähler H34
Overflow-Bit J11
Oxalsäure C75
Oxidation C50, D5
Oxidationsinhibitoren D36
Oxidationsmittel C50
Oxidationsstabilität D37
Oxidationszahl C49, C50
Oxid-Dispersions-Härtung D16
Oxidkeramik D21
Ozon C36, C62

Paarbildung B184
Paarvernichtung B184
Packungsdichte C24
Padé-Approximation A123
–, harmonische Schwingung A123
Padé-Entwicklungen A76
– von exp(x) A76
Padé-Interpolation A116
Pakete J96
PAL (programmable arrey logic) J14
Palmitinsäure C75
Papier D26, G5
Pappe D26
Parabel A20
Paradoxon, hydrodynamisches B88

Paraffine D37 siehe auch Alkane
Parallelepiped A13
Parallelfeder H30
Parallelkurbelkupplungen K37
Parallelogramm A23
Parallelogrammaxiom E12
Parallelogrammregel E5
Parallelresonanz G21
Parallelschaltung G9, I15
Parallelschwingkreis B145, G19–G21
Parallelstruktur (Differenzprinzip) H14
paramagnetische Stoffe G46
paramegnetische Suszeptibilität B56
Paramagnetismus B126, B128
Parameter H46, J74, J94
Parameterdarstellung A57, E157
Parameterintegrale A53, A54
Parameterübergabe J49, J102
Parametervektor I74, I75
Pariser Verbandsübereinkunft N4, N8, N9
Parität B186
Paritätsbit I40
Parsevalsche Gleichung I37
Partialbruchzerlegung A46, A79, I58
Partialdruck F26
partielle Differentialgleichungen A94
–, Lösungsvielfalt A95
Partikelgeschwindigkeit B22
partikuläre Lösung A84, A85
Partizipation O11
parts per billion siehe ppb
parts per million siehe ppm
Pascal J89, J92, J96
Pascalsches Dreieck A8, A42
Paschen-Serie C6
Paschensches Gesetz B167
passive Vierpole G18
Passungsrost D67
PATDPA N1
Patentabteilung N3
Patentanmeldung, Anmeldegebühr N5
–, Erfinderbenennung N5
–, europäische N8
–, unzulässige Erweiterung N5
–, Zusammenfassung (Abstract) N5
Patentanmeldungen N2
Patentansprüche N9
–, Oberbegriff N4
–, kennzeichnender Teil N4
Patentblatt N6
–, Europäisches N8
Patente N1, N3
Patenterteilung N8
–, Erteilungsbeschluß N3
–, Patentblatt N3
Patentfähigkeit N1, N3
–, gewerblich anwendbar N3
Patentinhaber N7
Patentrecht N8
Patentrolle N1, N5
Patentschrift N3, N6
Patentschutz N3
Patentstatistik N2
Patentverletzung, Verletzter N7
Patentzusammenarbeitsvertrag (PCT) N9
Pauli B179
Pauling-Symbolik C9
Pauli-Paramegnetismus B128
Pauli-Prinzip B152, B153, C9, C12
PBX (private branch exchange) J66
PCT-Anmeldung N9
PCT-Verfahren N9
PD-Regler I26, I27
PDP-11 J32
PE siehe Polyethylen
PEARL J88, J90
Péclet-Zahl E133
Pegasusmethode A107
Pegel G76
Pendel E33, E44, E57, E58
– mit bewegtem Aufhängepunkt E33
–, mathematisches B25, B26
–, physikalisches B26
–, räumliches E34
Pendel, gekoppelte B36
Pendeleigenfrequenz E31
Pendelkugellager K41
Pendellänge, reduzierte B26
Pendelrollenlager K41
Pentagondodekaeder A26
Pentan C67
Per siehe Tetrachlorethylen
Perborate C57
Perchlorethylen siehe Tetrachlorethylen
Perchlorsäure C46, C47, C64
Perigäum E43
Periodendauer B7, B23, B24, E33, E45, E46, E57, G6
–, Auflösung H72
–, Meßzeit H72
Periodensystem der Elemente B152, B175, C6, C9–C11, C14
periodische Interpolation A117
–, schnelle Fourier-Transformation A117
–, Sonderfälle A117
periodische Koeffizienten A81
periodischer Fall B28, B29
Periodisches System der Elemente siehe Periodensystem der Elemente
Periodizität B24
– einer Schwingung B23
Perlit D10
Permanganation C50
Permeabilität B119, B125, G45
–, relative G46
– des Vakuums B119, G46
Permeabilitätszahl B119, B125, B128, D58, G46
Permittivität B112, G38
– des Vakuums G39
Permittivitätszahl B111, B114, B116, G39
Peroxide C62
Perpetuum mobile erster Art B66
– zweiter Art B76
persönlicher Verkauf O8
Personalabbau O11
Personalbedarf O11
Personalbeschaffung O11
Personalentwicklung O11
Personalwirtschaft O11
Personalgesellschaften O4
Petri-Netze I82
–, Einmarkennetze I82
–, Markierung I82
–, Plätze I82
–, Transitionen I82
PF siehe Phenol-Formaldehydharze
Pfändung von Forderungen M3
Pfeilverzahnung K45
Pflanzenfasern D26
Pfund-Serie B211
P-Glied, proportional wirkendes Glied I17
P-Halbleiter B165
Phase (Schwingung) B24, B187, E46
Phase (Thermodynamik)
–, disperse C41
–, fluide Nichtelektrolyt- F1
–, instabile C32
–, intermetallische C1
–, metastabile C32, C49
–, reine C25
–, stabile C32
Phasenänderung I30
Phasenbahn I52
Phasenbeziehung H75
Phasendiagramm, für Phasenkorrekturglieder I44
Phasendiagramme F40
– binärer Systeme F40
Phasendiagramme ternärer Systeme F42
Phasendifferenz B30
Phasenebene I51
Phasenfläche B188, B225, G58
Phasengang H7, I14, I16
Phasengeschwindigkeit B187, B190, B191, B216, G58
– elektromagnetischer Wellen B197, B202
–, Leitungswellen B199
– longitudinaler Wellen B192
–, Materiewellen B235
– transversaler Scherwellen B193
Phasengrenzen D5
Phasengrenzreaktionen D64
phasenhebendes Glied I43
Phasenintegral B149
Phasenkennlinie I17
Phasenkoeffizient G37, G58
Phasenkorrekturglieder I43
Phasenkurven E45, E57
Phasemodulation G86
Phasenporträt A82, E45, E57, E58, E60, I52
Phasenrand I41
Phasenresonanz G18, G19, G20

Phasensprung bei Reflexion B189
Phasenstabilität C18, C22, C32, C49
Phasenübergänge B78
–, 1. Art B69
Phasenumtastung G87
Phasenumwandlung B69, B70
Phasenumwandlungswärme B69
Phasenverschiebung B140
–, Reihenresonanzkreis B145
Phasenwechsel, isobarer, binäre Systeme F41
–, isobarer, reiner Stoffe F35
Phasenwinkel B32, E48, E49, I40
Phasenzerfall F8
Phasoren G55
Phenanthren C71
Phenol C74, C75
Phenole C72, C73
–, einwertige C72
–, zweiwertige C72
Phenol-Formaldehyd D30
Phenol-Formaldehydharze C75
Phenoplaste C74, D30
Phenyl C70
Phononen B81
Phosgen C33
Phosphate, tertiäre C61
Phosphin C61
Phosphor C60, C61
–, elemetarer C61
–, roter C61
–, schwarzer C61
–, weißer C32, C61
phosphorige Säure C61
Phosphorpentoxid C61
Phosphorsäure C47
–, kondensierte C61
Phosphortrioxid C61
Phosphorverbindungen C61
photochemische Verfahren D71
Photodiode G151
Photoeffekt B171, B207, B210, B211
–, Grenzfrequenz B171
Photoemission B170, B171
Photoleitung B163, B207
Photonen B171, B207
Photonenabsorption D60
Photonendrehimpuls B209
Photonenenergie B207
Photonenimpuls B208
Photonenmasse B208
Phototransistor G151
photovoltaischer Effekt G67
Photowiderstand G150
Phthalsäure C72
pH-Wert C46, C47
physikalische Abscheidung aus der Gasphase D34
physikalische Prüfverfahren D77
Physisorption D5
PI-Regler I27, I37
PID-Regler I25, I27
–, realer I26
–, Übergangsfunktion I26
–, Übertragungsfunktion I25
piezoelektrische Kraftaufnahme H26
piezokeramische Aufnehmer H32
Piezomodul H31
Pikrinsäure C72
Pilze D65
Pincheffekt B169, B183
Pinch-off-Spannung G109
PIN-Diode G141
Pines B169
Pinning-Zentren B160
Pipe J30, J35, J36
Pipelinearchitekturen J36
Pipelining-Verfahren J90
Pirani-Manometer B82
Pitotrohr B87, E156
Pivotelemente A103
Pivotstrategien A103
P-Kanal-MOS G127
Pkw-Motorenöle D36
PL/I J89, J90
PLA (programmable logic array) J14
PLA-Steuerwerk, Beispiel J15
PLA-Steuerwerke J26
Pläne K52
Planck B210
Planck-Konstante siehe Plancksches Wirkungsquantum
Plancksches Strahlungsgesetz B204, B206, B212, H37
Plancksches Wirkungsquantum B2, B27, B52, B171, B207, B234
Planetenbahnen B93
Planetenbewegung B91, B93
Planetengetriebe E6
Planetenmodell des Atoms, Rutherfordsches B149
Planetenradgetriebe E7
Planimetrie A22
Plankalkulation O17
Planung O2
Plasma B39, B168, B183, G66
Plasmafrequenz B169, B204
Plasmanitrieren D11
Plasmaschwingungen B169
Plasmazustand B38, B169
Plasmone B169
plastische Lastreserve E117
plastischer Formfaktor E117
Plastizitätstheorie E114
Platin G5
Platin-Widerstandsthermometer B56, H35
Platte mit Polarkoordinaten E97
Platte, quadratische E97
Platte, Rechteck- E105
Platten E96
–, Kreis- E97
–, Kreisring- E97
–, kritische Lasten E105
Plattenbeulung E105
Plattenfeder H30
Plattengrenzschicht E138
Plattenkondensator B103, B111, G41
Plattensteifigkeit E96, E105
Plattieren D34
P-Leitung B164
Plotter J63
P-MOS G127
PN-Übergang B165, G138–G140
–, Kennliniengleichung G140
–, Raumladungszone G138
– in Flußpolung G139
– in Sperrpolung G139
Poiseuille-Strömung E134
Poisson-Formel, Halbebene A69
–, Kreis A69
Poisson-Gleichung B72, B173
Poisson-Zahl D42, E66, H28
Pol E6
Polarisation B188, B197, B214, B218
–, elektrische B112, B113
–, magnetische B124, B125
–, spontane B116
Polarisationsebene B218
Polarisationsfilter B197, B219
Polarisationsladungen B113
Polarisierbarkeit B203
polarisiertes Licht B210
Polarkoordinaten A5, A56, E1, E2, E43
–, Delta-Operator A65
–, Divergenz A65
–, Gradient A65
–, Rotation A65
Polarlichter B122
Polarographie D71
Polbahnen E5
Pole I14
– der Übergangsfunktion I21
Polfestlegung I77
Polling J60
Polonium C61, C62
Polpaarzahl G63, G64
Polplan E7
Polradwinkel, Wirkleistung G64
Polstellen I13
Polstrahlen E13
Polüberschuß I46
Polvorgabe I44
Polyaddition D27
Polyamid 66 D29
Polyborate C57
Polybutylenterephthalat D29
Polycarbonat C22, D29
Polyeder A25–A26
Polyester C74
Polyetheröle D37
Polyethylen C68, D29, G5
Polyethylenterephthalat D29
Polygonzug-Interpolation H40
Polyimid D29
Polykondensation C74, D27
Polymerbeton D32
polymerfaserverstärkte Kunststoffe D32
Polymergemische D28
Polymerisation C68, D26
Polymerwerkstoffe D26–D31 siehe auch Werkstoffeigenschaften
–, Aufbau D27
–, Herstellung D26

Polymethacrylat C22
Polymethylmethacrylat D29
Polynome H41
Polynomentwicklungen, Hermite A76
–, Lagrange A76
–, nichtorthogonale A76
–, Padé A76
–, Taylor A76
Polynomfläche A24
polynominale Sätze A8
Polynom-Interpolation H40
Polyoxymethylen C74, C75, D29
Polypeptide C76
Polypropylen D29
Polysiloxane C59
Polystyrol C22, D29, G5
Polytetrafluorethylen C73, D29
Polyurethan D31
Polyvinylchlorid C69, C73, D29
Pontrjaginsches Prinzip A100
Pop J83
Popov-Gerade I55
–, kritische I56
Popov-Kriterium I55
Popov-Ortskurve I55
Popov-Ungleichung I55
Portlandzement D24
Porzellan D20, G5
Positionsalgorithmus I62
positive Logik G124, G125
Postordnung J84
Posttriggerung H80
Postulate von Bohr C5
Potential E19, E66, E88, E93
Potential (chemisches) C30, C31, F3
– einer Komponente in einem realen Gemisch F29
– einer Komponente in einem idealen Gasgemisch F26
– reiner Stoffe F25
– reiner idealer Gase F21
Potential (elektrisches) B103, G3, G39, G40
– einer Punktladung B104
Potentialberg B172
Potentiale, thermodynamische F6
Potentialfaktoren O16
Potentialflächen B104
Potentialfunktion G39, G40
Potentialgleichung A94, A95, A99, B173, B174
–, Lösungsvielfalt A95
Potentialkraft E19, E34
Potentialströmung B86, B89, B90, E127
Potentialtopf B170
– der Kernkräfte B178
Potentialtopfmodell B170
Potentialwall B169
Potentialwirbel E125, E135
potentielle Energie B19
Potentiometrie D71
Potenz A4, J93, J94
Potenzmethode A111
Potenzreihen A7, A8
Potenzreihenentwicklung I58
Pourpoint von technischen Fluiden D36
Poynting, Satz von B198
Poynting-Korrektur F44
Poynting-Vektor B198, G57
ppb C2
ppm C2
Prädikatenkalkül A4
praktische Instabilität I53
Prallen D39, D67
Prallverschleiß D67
Prämienlohn C12
Prandtl B83, B90, E138
Prandtl-Glauertsche Regel E163
Prandtl-Meyer-Expansion E165
Prandtl-Relation E157
Prandtl/Reuß, Fließregeln E115
Prandtlscher Mischungsweg-ansatz E136
Prandtlsches Staurohr B87, E125
Prandtl-Schlichtung E138
Präordnung J84
Präzessions B52, B53, E4
–, reguläre E36
Präzessionsswinkelgeschwindig-keit E36
Präzisionsgleichrichtung H54
Präzisionswaagen H31
Preemphasis G76
P-Regler I26, I27
Preisbeurteilung O15
Preiskalkulation O15
Preset G131
Pretriggerung H80
primäre Kreativität K17
Primärelement C54, G66
Primärseite C26
Primärzementit D10
Primimplikant J9
Pringsheim B206
Prinzip der Aufgabenteilung K19
Prinzip der Bistabilität K21
Prinzip der Selbsthilfe K20
Prinzip der Stabilität K21
Prinzip der korrespondierenden Zustände, erweitertes F22
Prinzip der redundanten Anord-nung K19
Prinzip der virtuellen Arbeit E20, E22, E24
Prinzip des beschränkten Versagens K18
Prinzip des sicheren Bestehens K18
Prinzip des kleinsten Zwanges siehe Prinzip von le Chatelier und Braun
Prinzip von le Chatelier und Braun C34, C40
prinzipielle Lösung, Konzept K4, K6
Prinzipien der Kraftleitung K19
Prinzipien zur Bewertung der Wirtschaftsgüter O14
Priorität N4, N8, N9, N10
–, innere N4
–, Unions- N4
Prisma A25, B217
–, gerades A25
–, reguläres A25
Prismenspektographen B217
privilegierte Befehle J51
Probennahme D69
Problemanalyse J100
Produkt, äußeres A14
–, inneres A13
Produkt-Markt-Matrix K3
Produktdokumentation K5, K6
Produktentstehung K1
–, Lebensphasen K1
–, Produktentwicklung K5
–, Produktplanung K2
Produktentwicklung, generelles Vorgehen K5
–, produktspezifisches Vorgehen K6
Produktfunktion K5
Produktgewinn K2
Produktidee K1, K3
Produktion O7
Produktionsfaktoren O1
Produktionsfunktion O7
Produktleben K1
Produktmerkmale K14
Produktplanung K1
–, Absatzmarkt K2
–, Beschaffungsmarkt K2
–, Grundlagen K2
–, Käufermarkt K2
–, Verkäufermarkt K2
–, Vorgehensschritte K3
–, externe Einflüsse K2
–, interne Einflüsse K2
Produktpolitik O8
Produktüberwachung K1
Produktumsatz K2
Produktverfolgung K1
Produktvorschlag K3
Produzentenhaftung M6
Professorenprivileg N11
Profildiagramme D72
Profilstäbe E150
Programm J74
Programm, kleine und große J98
Programmentwicklung J101
Programm-Funktionsstruktur K8
Programmieren J73
Programmiersprachen J76, J88
–, Geschichte J88
Programmierumgebung J100
Programmierung O11
Programmsteuerung I3
–, Ablaufsteuerung I3
–, Wegplansteuerung I3
–, Zeitplansteuerung I3
Programmverzweigung J44, J48
Programmwerke J26
Projektgruppen O10
Projektionen
–, Flächen A29
–, Inzidenz A29
–, Parallelität A29
–, Projektionsebene A29
–, Strecken A29
–, Streckenverhältnis A29

–, Teilungsverhältnis A29
–, Winkel A29
Projektionsfunktionen A124
Projektor B221, B222
Prolog J89, J90
Promille C2
Promotionsenergie C14
Propadien siehe Allen
Propan C19, C29, C66, C67, C70
Propen C36, C67
Propionsäure C75
proportionales Verhalten I24
Propyl C66
Proteine C16, C76
Protokolle J64
Proton B175, C9, G1
–, gyromagnetisches Verhältnis B3
–, magnetisches Moment B3
Proton-Antiproton-Paar B184
Protonen B99, B105, B147, B180
Protonenladung, spezifische B3
Prototyp K7
Prototyping J104
Prozeduraufruf J93
Prozedurdeklaration J93
Prozeduren J93
Prozent C2
Prozeßdatenverarbeitung I1
Prozesse F3
–, adiabatische B65, B71
–, Austausch- F6
–, irreversible B75
–, isenthalpische B71
–, isentropische B71, B77
–, isobare B65, B71
–, isochore B71
–, isotherme B65, B71
–, reversible B78, F13
–, reversible adiabatische B77
–, thermodynamische B66
Prozeßgleichung A99
Prozeßgrößen B71, F3
Prozessor J28
Prozessorstatus J47
Prozeßrechner I56
Prozeßverwaltung J68
Prüfen D70
Prüffunktion A144
Prüfstandversuch D80
Prüfstoff N1
Prüfung K1
– auf Patentfähigkeit N5
–, internationale vorläufige N9
Prüfungsantrag N5, N8
–, Prüfungsbescheide N3
Prüfungsgebühr N8
Prüfungsstellen, technisches Mitglied N5
Prüfungsverfahren N6
Prüfverfahren A144
Pseudocode J75, J76
Pseudoinverse A113, A114
–, Eigenschaften A114
PSL/PSA J101
p, *T*-Diagramm eines reinen Stoffes F37
PT_1-Glied, Verzögerungsglied 1. Ordnung I19
PT_2S-Glied, Verzögerungsglied 2. Ordnung I19
PTFE siehe Polytetrafluorethylen
Ptolemäus B93
Pufferung J86
Pulscodemodulation G83, G88
pulsierende Leistung G28
Pulsmodulation G87
Pumpenrad K49
Pumpenregelung K49
Pumplicht-Kavität B214
Pumpstrahlung, optische B213
Pumpvorgang B213
Punkt, azeotroper F41
–,– C18, F9, F36, F42
–,–, im *T*,*s*-Diagramm F39
–,–, im *h*,*s*-Diagramm F39
Punktfehler D3
Punktladung B100, B101, G2, G38
Punktprodukt A13
Punktschätzung A142
Punktschreibweise J82
Push J83
Putzbinder D23
PVC siehe Polyvinylchlorid
p, *V*-Diagramm, Bedeutung von Flächen F14
– eines reinen Stoffes B65, F36
P-Verhalten I24
p, *V*, *T*-Fläche reiner Stoffe F35
Pyramide A25
–, reguläre A25
Pyramidenstumpf A25
γ-Pyran C72
Pyrazin C72
Pyrazol C72
Pyridazin C72
Pyridin C72
Pyrimidin C72
Pyrit C63
pyroelektrischer Effekt H32
Pyrometer B56, H37–H39
Pyrrol C72

QAM-Modulation G94
Quader A25
quadratische Form A99
quadratische Regelfläche I37, I38
quadratischer Mittelwert G7
quadratisches Gütekriterium I69
Quadrierer G122
Qualität D1, K14, L6
Qualitätsaudit L6
Qualitätssicherung J105
Qualitätssicherungssystem L6
Quantelung der Oszillatorenenergien B28
Quanten B187, B207
Quantenbedingungen B190
Quanten-Hall-Effekt B164
Quanten-Hall-Widerstand B3, B164
Quantenmechanik B27
Quantentheorie B206
Quantenzahlen B151, C8, C9, C12
Quantil A130
Quantisierung G81, H67, I49
Quantisierung der elektrischen Ladung B105
– des elektromagnetischen Strahlungsfeldes B171
Quantisierungseffekt I56
Quantisierungsfehler H68, H76
–, absoluter H70
–, relativer H67, H72
Quantisierungskennlinie G123
Quark B186
Quarkmodell B186
Quarz C59, D20
–, Härte D18
Quarzglas C22, C59
Quarzkristall H31
Quarzoszillator H70, H71
Quarzporphyr D19
Quarzuhr H71
Quecksilber G5
Quecksilberthermometer B56
Quellen G74
–, gesteuerte G17
–, ideal G15
Quellencodierung G84
Quellenfeld G38
Quellenfreiheit des magnetischen Feldes B120
Quellstrom F10
Querdehnung H28
Querdehnungszahl E66, siehe auch Poisson-Zahl
Querkraft E73, E74, E75, E78, E158
Querkraftlinie E74
Querkraftmittelpunkt E70
Querschnitte aus dünnen Stegen E70, E78, E79
Querschnitte, nichtkreisförmige E143
Querschnittsänderungen, unstetige E144
Querschubzahlen E70, E81
Querzahl E66, siehe auch Poisson-Zahl
Queue J83
Quotientenbildung H39

Radar G98
Radialgleitlager K42
Radialkolbenpumpe K49
radioaktiver Zerfall B178, B180
Radioaktivität, natürliche B178
Radiocarbonmethode B180
Radiographie D78
Radium C56
Radiumhydroxid C57
Radius der Gasteilchen C18
Radiusvektor E1
Radizierschwert H39
Radon C11
Raffination, elektrolytische C54
Rahmenmechanismus E119

Rakete E42
–, Flughöhe E42
–, Geschwindigkeit E42
Raketenantrieb B16
RAM (random access memory) J22
Ramanspektrometrie D71
Rampenantwort H4
Rampenfunktion H3
Randbedingung, natürliche A97
–, wesentliche A98
Randelementmethode A95, A119, A124
Randintegralmethoden A95
Randknoten E109
Randschichthärten D34
Randwertproblem, erstes E94, E95
–, gemischtes E94
–, zweites E94
Randwertprobleme A81, A123
Rankine F10
Rankine-Hugoniot-Relation E153
Rankine-Wirbel B89
Raoultsches Gesetz F43, F44
Raster-Scanner-Prinzip H80
Rasterelektronenmikroskop B173–B239, D72
Rastlinien D63
Rastpolbahn E6
Rastpolkegel E7
rationale Funktionen A30
–, ganzrationale A30
–, Nullstellen A30
Rationalisierung L5
Rauheitskenngrößen D72
Raum R^3 A62, A63
Raumfläche A61
Raumform N10
Raumgitter B229, B230, C22, D3
Raumladung B173
Raumladungsdichte B108, G40
Raumladungsgebiet B174
räumliche Kurven A59
–, Binormale A60
–, Krümmung A60
–, Normale A59
–, Tangente A59
–, Windung A60
räumliches Getriebe K46
Rauschen, weißes I75
Rauschsignal, autokorreliertes I73
Rayleigh-Formel E156
Rayleigh-Gerade E154
Rayleigh-Jeanssches Strahlungsgesetz B206, B212
Rayleigh-Quotient A89, A99, E56, E102
–, Wertebereich A111
Rayleigh-Scheibe B89
Read J87
Reaktanzen B142, G9, G21
Reaktanzfunktion G21
Reaktanzschaltungen G20
Reaktanzzweipole G20, G21
Reaktionen der Alkalimetalle C56
–, chemische F7
Reaktionen, biomolekulare C36
–, endotherme C27, C31, C34
– der Erdalkalimetalle C56
– erster Ordnung C36
–, exotherme C27, C31, C51
–, heterogene C33
–, monomolekulare C36
–, trimolekulare C36
–, unabhängige F7
Reaktionsendpunkt C4
Reaktionsenergie B44, C26, C27
Reaktionenthalpie C27, C28
–, Druckabhängigkeit C28
–, freie siehe freie Reaktionsenthalpie
–, Temperaturabhängigkeit C28
Reaktionsentropie C30
Reaktionsgeschwindigkeit C35–C39
–, Konzentrationsabhängigkeit C36
–, Temperaturabhängigkeit C38
Reaktionsgesetz B15
Reaktionskette C39
Reaktionskinetik C35
Reaktionslaufzahl siehe Umsatzvariable
Reaktionsmechanismus C36
Reaktionsordnung C35
Reaktionvariable siehe Umsatzvariable
Reaktorkeramik D20
Realanteil der spezifischen Entahlpie für spezielle Zustandsgleichungen F28
Realanteil der spezifischen Entropie für spezielle Zustandsgleichungen F28
Realanteil der spezifischen inneren Energie für spezielle Zustandsgleichungen F28
Realanteil kalorischer Zustandsgrößen F24
Realanteil kalorischer Zustandsgrößen für spezielle Zustandsgleichungen F28
reale Gase B60
Realgasfaktor F22
–, im kritischen Zustand F23
Realisationsprinzip O14
Realisierbarkeitsbedingung für den Regler I45, I46
Realisierungskosten K2
Rechenanlagen J28
Rechenregeln für Erwartungswerte A130
– für Varianzen A131
Rechenverstärker G121
Recherche, internationale N9
Rechercheantrag N5
–, Prüfungsstelle N3
Recherchegebühr N8
Recherchenbericht, europäischer N8
rechnerinterne Darstellung geometrischer Objekte (RID) K53
rechnerinternes Modell (RIM) K54
Rechnernetze J63
rechnerunterstützte Techniken L9
Rechnung, Bereichserfolgs- O17
–, Betriebserfolgs- O17
–, Deckungsbeitrags- O17
–, Kosten- O15
–, Kostenarten- O17
–, Kostenstellen- O17
–, Kostenträgerstück- O17
–, Leistungs- O15
–, Plankosten- O17
–, Plankostenträger- O17
–, Stückdeckungsbeitrags- O17
–, Stückerfolgs- O17
–, Teil- O17
–, Voll- O17
–, Wirtschaftlichkeits- O15, O18
Rechnungsbegrenzungsposten, aktive O14
–, passive O14
Rechnungswesen, externes O13
–, internes O13, O15
Rechteckfunktion I10
Rechteckmatrizen A113
Rechteckschwingung B35
Rechteckspannung G121
Rechts-links-Asymmetrie B186
Rechtsform des Betriebes O4
Rechtsmittel M1, M3
Rechtsordnung L2
Rechtsschraubenregel B7
Rechtsschraubensinn B17, B18
Rechtssystem A13
Recovery-Faktor E172
Recycling D2, K1, K14
Redoxgleichung C14
Redoxreaktionen C31, C49–C52
Reduktion C50
– von Metalloxiden C51
– oxidischer Eisenerze C51
Reduktionsmittel C50, C52
Reduktion von Kräftesystemen E13
Redundanz G78, G79
reduzierte Masse B46, B47, B150
Referenz J80
Referenzfrequenz H70
Referenzmodell L8
Referenzwelle B232, B233, B238
Referenzzeit H70
Reflexion B197, B215, E53
Reflexionsbeugung langsamer Elektronen B237
Reflexionsfaktor G38
Reflexionsgesetz B215, B216
Reflexionsgrad B218, D60
Reflexionsvermögen B219
Reflexivität A2
Refraktion B215
3/8-Regel von Newton A118
4/90-Regel A118
Regel von de l'Hospital A43
Regel- und Schaltkupplung K50
Regelabweichung I2, I24
Regelalgorithmen I56, I62–I65
–, PID-Algorithmus I62

–, diskrete Kompensationsalgorithmen I63
–, Kompensationsalgorithmus für endliche Einstellzeit I64
Regeleinrichtung I23
Regelfaktor I23
, statistischer I25
Regelgröße I1, I2, I23
Regelgütediagramm I38
Regelkettengetriebe K45
Regelkreis I2
–, dynamisches Verhalten I23
–, geschlossener I30
–,–, Übertragungsfunktion für Störverhalten I23
–, Hauptbestandteile I2
–, Meßglied I2
–, offener I23, I30
–, Regelstrecke I2
–, Regler I2
–, stationäres Verhalten I24
–, Stellglied I2
–, Wirkungsablauf geschlossen I2
–, Wirkungsablauf offen I2
Regelorgane E146
Regelstrecke I2, I23
Regelsysteme, adaptive I75
–, nichtlineare I49
–, parameteradaptive I76
–, signaladaptive I76
–, strukturadaptive I76
–, zeitoptimale I52
Regelung I2
–, negative Rückkopplung I2
–, Raumheizungsanlage I2
–, Wirkungsablauf geschlossener I2
Regelungsnormalform I66
Regelungstechnik I1
Regen, saurer C51
Register J21
Registermaschine J46
Registersatz J46
Registerschaltwerk J17
Registerspeicher J23
Registertransfer-Ebene J17
Registertransfer-Sprachen J21
Regler I2, I23
Reglerentwurf, Frequenzkennlinien-Verfahren I42
–, Wurzelortskurvenverfahren I43
Reglermatrix I67–I70
Regression A145
Regressionsfunktion A145
–, empirische A145
Regressionsgrade A145
Regressionskoeffizient A145
Regressionsrechnungen K56
Regula falsi A106
Reibbeanspruchung D39
Reibdauerbruch D67
Reibkorrosion D67
Reibradintegrator H39
Reibung D66
–, elektromagnetische B14
–, Festkörper- B14
–, Flüssigkeits- B14
–, Gas- B14
–, innere B82
–, Seile E28
–, Treibriemen E28
Reibungsarbeit B22, D66
Reibungskennzahl K41
Reibungskräfte B14, B86, E26, E27
Reibungskupplung K38
Reibungsmeßgrößen D80
Reibungsverhalten K41
Reibungswärme B14
Reibungswiderstand B84, E138
Reibungswinkel E27
Reibungszahl B14, D66, E27
Reibungszustände D66
Reibwertminderer D37
Reichweite B92, B174, E44
– von α-Teilchen B178
Reihe, homologe C66
Reihen A7
–, alternierende A7
–, Grenzwerte A7
–, Konvergenz A7
–, Potenz- A7
–, Potenzen von A8
–, unendliche A7
Reihenkolbenpumpe K49
Reihenresonanz G21
Reihenresonanzkreis, Phasenverschiebung B145
Reihenschaltung G9
Reihenschlußmotor G62
Reihenschwingkreis G18–G21
Reihenelemente C9
Reinigung von Gold C54
– von Kupfer C54
– von Metallen C54
Reinmetalle G5
Reinvermögen (Eigenkapital) O13
Rekombination B167
Rekombinationsreaktionen C36
Rekombinieren G135
Rekonstruktion B238
– der Objektwelle B232
Rekonstruktionsfehler I70
Rekonstruktionstechnik K53
Rekristallisationsglühen D11
rekursive Algorithmen J77
rekursive Parameterschätzverfahren I77
Relaissystem I52
Relaistechnik I84
Relationen A2
Relativbewegung, geradlinig beschleunigte B11
–, gleichförmige translatorische B8
–, rotatorische B11
Relativgeschwindigkeit B8, B9
Relativitätsprinzip B8, B9, B22
–, allgemeines B16, B209
Relativitätstheorie B23
–, spezielle B9, B22
Relativkosten K55
Relaxationsfaktor A108
Relaxationsmodul D43
Relaxationszeit C22, D43
Remanenz B130
Remanenzflußdichte B130, G46
Repeat J93
Reservoir F16
Reset G129, G133
Residuenberechnung I59
Residuenquadrat A104
Residuum A70
Resistanz B142, G9
resistive Wegaufnehmer H20
resistive Winkelaufnehmer H20
Resistivität G4, G5, G44
Resolversystem H40
Resonanz B30–B32, B36, B145, E48, E50, E51, G18–G21
Resonanzen, Kombinations- E61
–, subharmonische E61
–, superharmonische E61
Resonanzfrequenz B144, B146, I21
Resonanzkatastrophe B31
Resonanzkreise B144
Resonanzkreisfrequenz B31
Resonanzkurven E61, G19
Resonanzüberhöhung B31
Resonator, optischer B213
Resorcin C72
Restbruch D63
Restglied A43, A52
Restseitenbandmodulation G86
Restwiderstand B157, D58
resultierende Kennlinie G35
– von Kräften E12
– eines Kräftesystems E13
Retardation D44
Return-Anweisung J94
reversible Verformung D41
Reversionspendel B26
Revision M1
Reynolds B85
Reynoldscher Strömungsversuch B84
Reynolds-Zahl B85, B90, B91, E133
Reziprokwertbildung H73
rheologische Eigenschaften von Schmierstoffen D36
Rhombus A23
Riccati-Gleichung A99
Riccatische Differentialgleichung A83
Richardson-[Dushman-]Gleichung B170, B171, B174
Richardson-Konstante B171
Richmannsche Mischungsregel B66
Richtfunk G90, G95
Richtgröße B25, B36
Richtlinien (VDI) K55
Richtungsableitung A64
Richtungscosinus E3, E5
Richtungsfelder A61, A82
Richtungsquantelung B151, B152, B176
Richtungssymmetrie G18
Riemann-Raum A55
Riemengetriebe, gekreuzt K46
–, offen K46
Rillenkugellager K41

Ring A2
–, rotierender E94
Ringelement E109
Ringintegral A65
Ringrohr-Winkelaufnehmer H20
Ringsilicate C59
Ringzähler G133, J25
RISC (reduced instruction set computer) J35
Risiko L6
Rißausbreitung D61
Rißbildung D61
Rißinstabilität D61
Rißwachstum D61
Ritterschnitt E23, E24
Ritz-Ansatz E107
Ritz-Iteration A111
Ritzsches Kombinationsprinzip B211
Ritz-Verfahren (FEM) A124, E57, E93, E97, E103, E105
Rockwellhärte D76
Rohrarten K51
Rohre E141
Rohreinlaufströmung E143
Röhrenmodell E116, E117
Rohrfedern H30
Rohrfittings K51
Rohrhydraulik E146
Rohrreibungszahl E141
Rohrströmung B84, E134
–, laminare B85
–, turbulente B85, E137
Rohrverbindungen K51
Rohstofferzeugung D1
Rohstoffgewinnung D7
Rohstofftechnologien D1
Rohteil-Zeichnungen K52
Rollen D67
Rollenführung K41
Rollenkette K45
Rollenlager K41
Rollkurven A39
Rollpendel E29
Rollreibung B14, D67
Rollreibungszahlen B14
ROM (read-only memory) H39, J14
ROM-Steuerwerke J26
Rompe B169
Röntgen B201
Röntgenbeugung B230
Röntgenbremsstrahlung B200, B201, B207
Röntgenemissionsspektrometrie D70
Röntgenfluoreszenz-Spektroskopie B212
Röntgenlinien, charakteristische B212
– innerer Schalen B212
röntgenographischer Spannungsmessung D74
Röntgenquanten B201
Röntgenröhre B201
Röntgenspektroskopie B212
Röntgenstrahlbeugung an Kristallen B230
Röntgenstrahlung, charakteristische B153, B179
Rosetten-Dehnungsmeßstreifen H29
Rotation A63, A64, A66, B16, B17, B48, B50, B53, E4, E17, E127
–, Bewegungsgesetz B52
Rotationsenergie B21, B49, B60
Rotationsfreiheitsgrade B59, B60, B68
Rotationskörper E149
Rotationsparaboloid A28
rotierende Strömungskanäle E151
Rotordynamik E34
Rotoren mit elastischer Lagerung E36
Routh-Kriterium I29
Routh-Schema I29
RS-Flipflop G129
RS-232C-Schnittstelle J65
Rubidium C55, C56
Rückführmatrizen I67
Rückführung, Zustandsvektor I67
– des Ausgangsvektors I68
Ruckgleiten (stick-slip) E27
Rückkopplung B146, G33, G121, G129, G130, G133, G134
–, negative I15
–, positive I15
Rückkopplungsfaktor B147
Rückkopplungsgenerator B147
Rückkopplungsspule B146
Rucksackproblem J77
Rücksetzen G129, G131
Rücksprunghärteprüfung D76
Rückstellungen O14
Rückstoßenergie B209
rückstoßfreie Resonanzabsorption B209
Rückstoßprinzip B16
Rückwärtsdioden G142
Rückwärtselimination A104
Rückwirkungen H10
Ruhedruck E125
Ruheenergie B23
Ruhegrößen E155
Ruhelage I5, I52, I53
Ruhemasse B22
–, der Nukleonen B175
–, des Elektrons B107
Ruhereibung B14, K41
Ruhereibungskegel E26
Ruhereibungskräfte E26, E27
Ruhereibungswinkel E26
Ruhereibungszahl B14, E26, E28
Rundfunk G95
Rundstahlkette K45
Runge A117
Runge-Kutta-Verfahren A121
–, explizites A121, A122
–, implizites A121, A123
–, Konsistenzbedingungen A121
–, lokaler Fehler A122
Ruska B239
Russ C51, C58
Rutherford B147, B175, B180
Rutherford-Bohrsches Atommodell B126
Rutherfordsche Streuformel B149
Rutherford-Streuquerschnitt, differentieller B148
Rutherford-Streuung B147, B148
Rydberg-Frequenz B3, B211, C6
Rydberg-Konstante B3

Sachenrecht M1
Sachmerkmale K14
Sachmerkmal-Leisten L10
SADT J101
Saint-Venant/Levy/von Mises, Fließregeln E115
Saint-Venant-Torsion E79, E87
Saite E52, E53
Salicylsäure C72
Salpeter-Prozeß B183
Salpetersäure C46, C47, C61
salpetrige Säure C46, C47, C61
Salze C14, C15
Salzsäure C3, C46, C47, C51
Salzschmelzen C20
Sammellinse B220, B221
–, dünne B220
Sand D24
Sandstein D19
Satelliten B97
–, Geschwindigkeit B98
Satellitenbahn, Bahngeschwindigkeit E43
–, Exzentrizität E43
–, Halbachsen E44
–, Umlaufzeit E44
Satellitenbahnen B96, E43
Sattelpunkt A45, A82
Sättigung B167
Sättigungsdampfdruck B62
– von Wasser und Eis F27
Sättigungsfeldstärke G46
Sättigungskonzentration C48, C49
Sättigungsmagnetisierung B129
Sättigungsstromdichte G140
Sättigungsstromgebiet B174
Satz von Cayley-Hamilton A88
Satz von Moivre A36
Satz von Stokes A67
Säuren C45
–, schwache C46, C47
–, starke C46
Sauerstoff C13, C16, C19, C50, C61, C62
–, atomarer C36
–, elementarer C62
–, molekularer C36, C62
Schadenersatzanspruch N7
Schadensabhilfe D69
Schadensanalyse D69
Schadensbericht D69
Schadensbild D69
Schadenskunde D61
Schale C8
Schalen E97

Schalenbeulung E105
Schalenkupplungen K36
Schalenmodell B177
Schallemission D78
Schallgeschwindigkeit B87, B192, E154
– in Flüssigkeiten B193
– in Gasen B193
–, kritische E157
Schallschnelle B89
Schallschutz im Städtebau L8
Schallwellen B191
schaltbare Getriebe K44
Schalterkombinationen J3
Schaltfolgetabelle G129, G130
Schaltfrequenz G126, G127
Schalthysterese G34, G123
Schaltkreisfamilien G126, G127
Schaltkurve I52
Schaltnetze G127, J2
Schaltungen, lineare G9
Schaltwerke G129, G132, J16
Schätzfehler I70
Schätzfunktion A142
–, erwartungstreue A142
Schätzproblem, direkte analytische Lösung I75
Schätzverfahren A142
Schätzwert, erwartungstreuer A142
Scheduler J69
Scheibe E94
–, keilförmige E95
– mit Loch E96, E113
– ohne Loch E113
–, Polarkoordinaten E95
–, Rechteck- E95
–, rotationssymmetrische E96
–, rotierende E96
– in unendlicher Halbebene E95
–, Vollkreis- E96
Scheibenfedern K35
Scheibenkupplungen K36
Scheibenmodell E116, E117
Scheinleistung G23, G60
–, komplexe G23
Scheinleitwert B146, G9
Scheinwiderstand B141, G9
– des ohmschen Widerstandes B142
– einer Induktivität B142
– einer Kapazität B142
Scheitelfaktor G7
Scheitelwert G6, G7
Schema-Zeichnungen K52
Scherbruch D62
Schergeschwindigkeit E121
Scherkräfte B193
Scherung B191, D38, E62
Scherungsgerade G49
Scherversuch, Normen D75
Schichtaufbau technischer Oberflächen D6
Schichtpreßstoffe D33
Schichtsilicate C59
Schichtverbundwerkstoffe D33
Schiebehülse, längskraftfreie E21
Schieber K51
Schieberegister G132, G133, G134
Schiedsstelle, Einigungsvorschlag N13
schiefe Ebene B13, E30
schiefer Stoß E156
Schimmelpilze D65
schlagartige Beanspruchung, Normen D75
Schlaghärteprüfung D76
Schlagversuch, Normen D75
Schlange J83
Schlankheitsgrad E103
Schleifdraht-Meßbrücke H49
Schleifenanweisungen J93
Schleifennetz G101
Schleifringausführung G64
Schleifringe G63
Schleppkurve A38
Schleusenspannung G105
schlichte Strömung B83
Schlichtungs- und Schiedsverfahren L2
Schluff D24
Schlupf G64
Schlupfvariable A100
Schluß auf eine Äquivalenz A4
Schlüssel J87
Schlüsselwörter J91
Schmelzdruckkurve F36
Schmelzen B69, B78
Schmelzenthalpie B69, B70
Schmelzflußelektrolyse C54, C57, C58
Schmelzgebiet F36
Schmelzlinie F36
Schmelzsicherungen G22
Schmelztauchschichten D35
Schmelztemperatur B69, B70, D53, G6
–, von Werkstoffen D54
Schmelzwärme D53
Schmierfette D37
Schmieröle D37
Schmierstoff D67
Schmierstoffe D36–D37
Schmitt-Trigger G123
Schnappverbindungen K32
Schneckenradsätze K45
Schnellarbeitsstähle D13
schnelle Standard-TTl G126, G127
Schnittgrößen E73, E110
– in gekrümmten Stäben E75
Schnittprinzip E19, E22, E30
Schnittstellen G75, J65, J102
Schnittstelleneinheiten (interfaces) J60
Schnittufer E64, E73
Schockwelle B195
Schottky-Effekt B171
Schottky-Langmuirsche Raumladungsgleichung B174
Schottky-TTL G126, G127
Schrägkugellager K41
Schrägverzahnung K45
Schrankensatz E116
Schraubachse E4
Schraubenfederkupplung K38
Schraubenfedern H22, K35
Schraubenpumpe K49
Schraubenverbindungen K32
Schraubenversetzung D4
Schraubung E4
Schreib-/Lesespeicher J22
Schreibtischtest J104
Schrieffer B160
Schrittgeschwindigkeit J65
schrittweise Verfeinerung J101
Schrittweitensteuerung A121
Schrödinger B151
Schrödinger-Gleichung B27, B150, B151, B236, C7, C8, C12
–, eindimensionale zeitfreie B236
Schrumpfpressung E98
Schrumpfsitz E98
Schub D38
–, reiner E78
Schubkraft B83, E140
Schubkurbel K47
Schubmittelpunkt E70, E71, E73, E78, E87, E104
Schubmodul B191, B193, E66, H29
Schubschwinge K47
Schubspannung B82, D35, D38
–, scheinbare E137
Schubspannungen E63, E78, E79
Schubspannungshypothese E114
Schuldrecht M1
Schutz L6
Schutzansprüche N10
Schutzattribute J72
Schutzdauer N6
Schutzgasschweißen D15
Schutzleiter G69
Schutzmaßnahmen G69
Schutzrechte, technische N1
Schutzschalter G22
Schütztechnik I86
schwache Wechselwirkung B175, B179
Schwarz-Christoffel-Abbildung A72
schwarzer Körper B204, B205, B207, B212
schwarze Strahlung B206
Schwarzsche Ungleichung A48
Schwebebahn B141
Schwebekörper-Durchflußmessung H33
Schwebungen B33, B34, B36, B37
Schwebungsdauer B33, B36
Schwefel C61, C62, C63
–, elementarer C63
Schwefeldioxid C19, C51, C63
Schwefelkies C63
Schwefelkohlenstoff C59
Schwefelsäure C45, C46, C47, C63, G5
–, Herstellung C40
Schwefeltrioxid C40, C51, C63
Schwefelwasserstoff C21, C47, C55, C63

schweflige Säure C47, C63
Schweißspannungsriß D63
Schweißtransformator B141
Schweißverbindungen K33
Schwellenenergie B182, B183
Schwellenspannung G125
Schwerbeton D24
Schwerebeschleunigung B13, B16
Schweredruck B87
Schwerelosigkeit B11
Schwerkraft B13, B16
Schwermetalle D8, D15
Schwerpunkt B39, B40, B48, B50, E13, E14, E15, E16
Schwerpunktbewegung B40, B42
Schwerpunkthöhe F2
Schwerpunktgeschwindigkeit E30
Schwerpunktskoordinate B39
Schwerpunktsystem B39, B42
Schwingbeanspruchung D39
–, Normen D75
Schwingbruch D62
schwingende Einstellung H6
Schwinger E45
–, Duffing- E58
–, konservative E59, E60
–, nichtkonservative E60
–, selbsterregte E59
–, Van-der-Pol- E58
Schwingfall B29
Schwingkondensator-Verstärker B104
Schwingkreis B144
–, elektromagnetischer B144
Schwingkreise G18–G21, G33
–, verlustlose G20, G21
Schwingsaiten, Kraftmessung H30
Schwingsaiten-Waage H31
Schwingungen B23, E45, G6
–, akustische B35
–, anharmonische B34, B35
–, autonome E45
–, Biege- E56
–, Eigen- E45
– eindimensionaler Kontinua E52
–, elektromagnetische B143, B147
–, erzwungene B30, E45, E51, E106, E109, E110, E111, E112
–,– lineare E48
–,– nichtlineare E60
–, freie E45, E111
–,– gedämpfte B28
–, fremderregte E45
–, gedämpfte B24
–, harmonische B21, B24, E46
–, Haupt- E48
–, Koppel- E45
–, lineare E45
–, lineare parametererregte E52
–, Longitudinal- E52, E56
–, mechanische B23
–, Methode der kleinen E58
–, nichtlineare E45, E57
–, Ober- E61
–, parametererregte E45
–, periodische E45
–, Platten- E56
–, selbsterregte E27, E45, E58
–, stationäre E48, E51
–, Torsions- E48, E52, E56
–, Transversal- E52
–, ungedämpfte B23, B27, B146, E46
–, unharmonische B33
Schwingungsbäuche B189
Schwingungsbeanspruchung D39
Schwingungsdauer B23, B24, B25, B26, B187
Schwingungsenergie B26, B29, B36
Schwingungsfreiheitsgrade B59, B60, B68, B69
Schwingungsfrequenz B25
Schwingungsgleichung B26, B143, E30
– des freien gedämpften Oszillators B28
– des harmonischen Oszillators B26
Schwingungsknoten B189
Schwingungsmittelpunkt B26
Schwingungstilgung E51
Schwingungsverschleiß D67
Sedimentgesteine D18
Segmentierung (segmenting) J72
Segmentierung mit Seitenverwaltung J73
Sehnenviereck A23
Seiden D26
Seifen C75
Seil, gewichtsloses mit Einzelgewichten E24
–, rotierendes E26
–, schweres E25
–,–, mit Einzelgewicht E25, E26
Seileckverfahren E13, E24
Seilkräfte E24, E25, E28
Seillinie E24, E25, E26
Seilpolygon E24
Seilreibung E28
Seiten (pages) J72
Seitenband G83
Seitenfrequenz B34
Seitenrahmen (page frame) J72
Seitenverwaltung (paging) J72
Sekante A41
Sekantenmethode A107
Sektor I54
sekundäre Kreativität K17
Sekundärelektronen-Emissionskoeffizient B172
Sekundärelektronen-Vervielfacher B173
Sekundärelektronenemission B172
Sekundärelemente C54
Sekundäremission B170
Sekundärionen- Massenspektrometrie D73
Sekundärzementit D10
Sekunde B2
selbstadjungierter Operator A89
–, Eigenlösungen A89
–, Eigenwerte A89
–, Orthogonalitätsbedingungen A89
selbstausgleichende Lösung K20
Selbstdiffusion B80
– in Gasen B80
Selbstdiffusionskoeffizient B81
Selbsterregung elektromagnetischer Schwingungen B146
Selbsterregungsbedingung B147
selbstgeschützte Lösung K20
Selbstinduktion B134, B142
Selbstinduktivität G51, G52
Selbstkosten K56
selbsttätig geschaltete Kupplungen K39
selbstverstärkende Lösung K20
Selektionsalgorithmen A111
Selektivität G19
Selen C61, C62
Selenwasserstoff C21
Self-tuning-Regler I77
Seltsamkeit B185
Semantik J90, J91
Semaphor J69
seminumerische Algorithmen J78
Senkbremsschaltung G65
Senken G74
Senkenstrom F10
senkrechter Stoß E155
Sensoren D82, H18–H44, I78
–, Anforderungen H19
–, Aufgabe H18
– für geometrische und kinematische Größen H20
– für mechanische Beanspruchungen H27–H32
– für strömungstechnische Kenngrößen H23–H35
– zur Temperaturmessung H35–H39
Sensorkennlinien H40–H43
–, kubische Splines H41
Sensorsignale H19
Sensorsystem H18, H43
Separationsansatz, Bernoullischer E54
Separationsprinzip I70
Separatrix E46, E57
sequentielle Dateien J87
sequentielle Schaltkreise, Analyse und Synthese, Huffmann-Verfahren I81
sequentielle Schaltungen I78
–, Synthese und Analyse I79
–, Theorie I79
sequentielle und parallele Sprachen J90
Serienfertigung K7
Servoregelung I2
SET, Operationen J86
Setzen eines Flipflops G131
Shannon, Claude J7
Shannon (Einheit) H17
Shannonsches Abtasttheorem H68

Shifter J12
Shiftregister J24
Shockley B165
SIALON D22
Sicherheit K14, K18, L6
Sicherheitsbeiwerte von Konstruktionswerkstoffen D55
– für technische Konstruktionen D56
Sicherheitstechnik K18
sicherheitstechnische Kenndaten D55
sicherheitstechnische Kenngrößen brennbarer Stoffe D56, D57
Sicherungshypothek M3
Sieblinien D24
Siedelinie F36, F39, F41
–, Minima oder Maxima F41
Siedediagramm binärer Systeme F40
Siedegrenze B61
Sidelinie binärer Systeme, Differentialgleichung F42
Siedepunkterhöhung C42, C43
–, isobare F43
Siedetemperatur von Mehrstoffsystemen, Berechnung F45
Siedetemperaturen B64, B69, B70, G6
Siedeverzug C32
Siemens G4
Signal, diskretes I6
–, zeitdiskretes H68, I6
Signalabtastung I56
Signaldarstellung, digitale H67
Signaldynamik G96
Signale G72, G80
–, binäre I74
–, ternäre I74
–, Übertragung I1
Signalflußplan binärer Steuerungen I78
Signalform H19
Signalgeschwindigkeit B191, B216
Signalgrößen K8
Signallaufzeit G126, G127
Signalregeneration G125
Signalreproduktion G98, G99
Signalspeicherung G99
Signalumformung H44
Signalverarbeitung G99
Signalverlauf, kontinuierlicher I6
Signalwandler G80
Signifikanzniveau A144
Silane C59
Silandiole C59
Silber G5
Silberazid C60
Silberchlorid C48
Silberhydroxid C46
Silicate C59
Silicatgläser C22, C59
Silicide D21
Silicium C58, C59, D6
–, elementares C59
Siliciumcarbid C58, D21
Siliciumdioxid C59
Siliciummonoxid C59
Siliciumnitrid D22
Siliciumoxide C59
Siliciumverbindungen C59
Silicon D31
Silicone C59
Siliconöle D37
Silikatkeramik D20
Silizium, eigenleitendes G135
Silizium (rein) G5
Silizium-Widerstandsthermometer H36
Siloxane C59
Simplexverfahren A100
Simpson-Integration
– im Quadrat A119
– im Würfel A119
Simpson-Regel A118
Simula J88
Simulation I4
Simultaniteration A111
singuläre Integranden A119
singulärer Punkt A70, A82, I52
–, isolierter A82
Singulärwertzerlegung A113, A114
Sinus A32
Situationsanalyse K3
Skalar A63
Skalarprodukt, Rechenregeln A13
Skalenverlauf H57, H61
Skalierung A103, H40
Skizzen K52
Slave G131
slew rate G119
Slice-Mikroprozessorsystem J34
Smalltalk J88, J90
Smog C51
Snellius B215
SNOBOL J80
Software-Entwicklungs-Umgebung J100
Software-Ergonomie J104
Software-Lebenszyklus J99
Software-Metriken J105
Software-Pridukte K8, K14
Softwaretechnik J98
softwaretechnische Komplexität J105
Solarkonstante B205
Solarzelle G3, G151
Soliduslinie D9
Sollkennlinie H9
Sollwert I2
Solvatation C44
Solvatationsenthalpie C44
Solvatationsenergie C44
Sommerfeld B150, B156, B226
Sommerfeld-Feinstrukturkonstante B3
Sommerfeld-Zahl K41
Sommeröle D36
Sonderbaustein K26
Sondercarbide D11
Sondereinzelkosten K56
Sonderfunktionen K26
Sondergetriebe K47
Sonnenwind B122
Sort J76
Sortierung einer Zahlenliste J75
Sortimentspolitik O8
Sozialgerichtsbarkeit M1
Sozialrecht M1
Sozialversicherung M9
Spaltbeugungsfunktion B227, B229
Spaltbruch D62
Spaltenmatrix G18
Spaltentausch A102
Spaltfunktion B228
Spaltkorrosion D64
Spaltneutronen B181
Spannbeton D33, E77, E81
Spannung
–, Deviator- E66
–, Eigen- E78
–, kritische E103
–, Längs- E76
–, Normal- E64, E76
–, Schub- E64
Spannung, elektrische B104, F2, G2, G3, G39
–,–, induzierte G50
Spannung, magnetische G49
Spannungen E63
–, Hauptnormal- E64
–, Hauptschub- E64
–, in Stäben E67
Spannungs-Dehnungs-Diagramm D45
Spannungs-Frequenz-Umsetzer H74
Spannungs-Strom-Kennlinie H66
Spannungs-Verformungs-Diagramme D42
Spannungsanalyse D73
Spannungsarbeit B19
Spannungsarmglühen D11
Spannungsbegrenzung G35
Spannungsdeviator E64, E115
Spannungsenergie B20, B21, B24
Spannungsfolger G123
Spannungshauptachsen E64
Spannungsintensitätsfaktor D49
– in korrosiver Umgebung D64
Spannungskompensation H47
Spannungskreis, Mohrscher E65
Spannungsmesser H58
Spannungsnullinie E76
Spannungsoptik D74
Spannungsquelle B138, G3, G12, G13, G17
–, ideale G3, G15, G17
–, spannungsgesteuerte G17, G30, G116
Spannungsreihe, elektrochemische C52, C53
Spannungsrelaxation D44, D48
Spannungsresonanz B146
Spannungsrißkorrosion D64
Spannungsteiler G10, G13, G22, G32, H45
Spannungstensor D42, E63, E64
–, Reynoldscher E136
–, Koordinatentransformation E64

Spannungsüberhöhung G19, G20
Spannungsvektor E63
Spannungsverstärker H51
Spannungsverstärkung[sfaktor] B174, G116, G117
Spannungswandlung B141
Spannungszustand E64
–, ebener E65, E67, E94, E98
–, einachsiger E67
Spannverbindungen K32
Spanplatten D25
Spat A12, A13
Spatprodukt A60, A62
–, Regeln A14
Speicher G129, G130, J28
–, EEROM I79
–, RAM I79
Speichergleichung I80
Speicherglieder I78, J20
Speichern K11
speicherprogrammierbare Steuerungen (SPS) I78, I84
–, Sprachen für I85
Speicherschutz J71
Speicherverfahren G89
Speicherverwaltungseinheit J57, J71
Speicherzellen J21
Spektralanalyse B204
Spektraldarstellung A77
spektrale Ausstrahlung, spezifische B205
spektrale Leistungsdichte I73
spektrale Zerlegung A114
spektraler Absorptionsgrad B205
Spektralfolge A76
Spektralfunktion A77
Spektralverschiebung A111
Spektralzerlegung A113
Spektrometer B211
Spektroskopie B210, B211
spektroskopische Methoden D70
Spektrum B229, G73
Sperrbereich G124
Sperrholz D25
Sperrschicht B165
Sperrschicht-Feldeffekt-Transistor
–, Drain G147
–, Gate G147
–, JFET G147
–, Junction-FET G147
–, MSFET G147
–, PN-FET G147
–, Source G147
Sperrschichtkapazität G141
Sperrspannung G70
spezifische Ausstrahlung B205
– des schwarzen Körpers B207
spezifische Ladung B122
– freier Elektronen B155
spezifischer Widerstand, Temperaturabhängigkeit B164, G4–G6
Spiegelbildisomerie C65
Spiegelung
– am Einheitskreis A71
– an der reellen Achse A71
Spin B41, B152
– des Photons B209
Spin-Quantenzahl B152, B176, C7, C8
Spinwellen B130
Spirale, Archimedische A38, A39
–, Cornusche A38
–, hyperbolische A38
–, logarithmische A38
Spiralen A38–A39
Spiralfeder B25, K34
Spitzengleichrichtung H60
Spline-Interpolation H40
Splines A115
Splintholz D25
spontane Emission B210
Spooling J67
Sprachdefinition J90
Sprechfunk G96
Sprödbruch D62
Sprung, bedingter J48
–, unbedingter J48
Sprungantwort H4, H5
Sprungfunktion A39, A78
Sprungtemperatur B157, B158, G5, G6
Spule G7, G8, G22, G51–G53
–, eisenlose G7
–, Ersatzschaltung G8
Sputtern D34
SR-Flipflop G129–G131, J19
SR-Master-Slave-Flipflop G131
Stabachse E73
Stäbe, rotierende E93
stabil E44
stabiler Arbeitspunkt G32, G34
Stabilisierbarkeit I68
Stabilisierung G121
Stabilität A91, E28, E45, E101, I70
–, absolute A123, I55
–, asymptotische E45, I28
–, bedingte A123
–, Bedingung im Zeitbereich I60
–, Bedingung in der z-Ebene I60
– von Bewegungen E44
–, diskreter Regelsysteme I60
–, einfache I53
– von Gewichtslagen E44
–, Grenzstabilität I28
–, Instabilität I28
–, linearer kontinuierlicher Regelsysteme I28
–, numerische A123
–, Testaufgabe A123
Stabilitätsbedingungen F8, I28
Stabilitätsgrenze F8
Stabilitätskarte E52
Stabilitätskriterien I28, I61
–, algebraische I28
Stabilitätskriterium von Popov I54
Stabilitätslinie B177, B178
Stabilitätsrand I38
Stabilitätstheorie I78
Stabilitätstheorie nach Ljapunow I53
Stabilitätsuntersuchungen, Hurwitz A31
–, Lienard-Chipart A31
–, Routh A32
–, Stodola A31
Stabkraft E20, E23
Stabliniensystem O11
Stabquerschnitt mit dünnen Stegen E71, E72
Stabvertauschung E24
Stack J31, J82
Stahl D11
–, Weltproduktion D2
Stahlbeton D33
Stähle, Einteilung D11
– für besondere Fertigungsverfahren D13
– mit besonderen technologischen Eigenschaften D13
–, hochlegierte D11, D12
– für Konstruktionsteile D13
– für Schrauben und Muttern D13
– für Wärmebehandlungen D13
Stahlguß D13
Stammeinlagen O5
Stammfunktion A45, H43
Stammkapital O5
Stand der Technik L2, N1, N4
Standard-TTL G127
Standardabweichung A130, A141, H11
Standardbildungsenthalpie C28, C29
Standardelektrodenpotential C52, C53
Standardellipse A20–121
–, Brennpunkte A20
–, Konstruktion A21
Standardentropie C29
Standardformen für Übergangsfunktionen I44
Standardhyperbel A21
–, Asymptoten A21
Standardmengen, ganze Zahlen A1
–, komplexe Zahlen A1
–, natürliche Zahlen A1
–, rationale Zahlen A1
–, reelle Zahlen A1
Standardparabel A20, A21
–, Brennpunkt A20
–, Leitlinie A20
Standardreaktionsentropie C30
Standardregler I25
Standardschaltkreise G126
Standardtypen J81
Standardübertragungsfunktion I24
Standardverstärker 741 G118, G119
Standardwasserstoffelektrode C52, C53
Standort, betrieblicher C3
Standortfaktoren O3
Stapel J82
Stapelfehler D5
stapelorientierte Sprachen J88
Stapelverarbeitung (batch processing) J67
starrer Körper B17, B48
–, Beschleunigungsverteilung E8

–, Geschwindigkeitsverteilung E5
–, Impuls E25
–, Kinematik E2
–, kinetische Energie E34
–, Statik E11 ff.
–, Trägheitstensor E31
–, virtuelle Verschiebung E9
Starrkörperdrehung E62
Starrkörperrotation E135
Starrkörpertranslation E62
Starrkörperverschiebung E62
Starrkörperwirbel E125
Startreaktion C39
Statik starrer Körper E11
stationärer Punkt, Charakteristik A52
–, Extremum A53
–, Maximum A52, A53
–, Minimum A52, A53
stationärer Wert A52
statisch bestimmt (Stab) E74
statisch bestimmt gelagert E21
statisch bestimmt, innerlich E23
statisch bestimmte Probleme E19
statische Aufladungen G126
statische Beanspruchung D39
statische Datenstrukturen J80
statische Eigenschaften, lineares Drehspulmeßwerk H57
statische Programmanalyse J105
statische Semantik J92
Statistik, beurteilende A142
–, deskriptive (beschreibende) A138
–, induktive (schließende) A138, A142
statistische Mechanik B42, B53
Statusregister J30, J44, J47
Staubexplosion C39
Staudruck B87
Staulinie B88, B90
Staupunkt B88, B89, B90, B91
Stearinsäure C75
Steatit D20
Steenbeck B169
Stefan-Boltzmann-Konstante B207
Stefan-Boltzmannsches Gesetz B207, H38
Steifheit A121
Steifigkeitsmatrix E47, E91, E107, E108
Steighöhe B6
Steigung in Polarkoordination A58
Steigzeit B6
Steilheit B174, G109
Steine D24
Steiner, Satz von B50, E31, E67
Steingut D20
Steinzeug D20
Stellaratoren B184
Stelle der Bestimmtheit A87
Stellen O10
–, Ausführungs- O10
–, Leitungs- O10
–, Stabs- O10
Stellenergie A99
Stellenwertsysteme A5
Stellglied I23
Stellgrößen A99, I2, I23
Stellgrößenbeschränkungen A100
Stellkettengetriebe K45
Stellverhalten I23
Stereoisometrie C65
Stereometrie A22
Stereomikroskop D72
Stern-Dreieck-Umwandlung G12
Stern-Gerlach-Versuch B151
Sternnetz G100
Sternpunkte G28
Sternschaltung G27
Sternspannungen G59
Sternvierer G92
Stern-Vieleck-Umwandlungen G12
Stetigkeit A40, A50
– der Normalkomponenten G43
– der Tangentialkomponenten G43
Steuerbarkeit I8, I12, I66
Steuergerät I2
Steuergitter B174
Steuerkette I2
Steuermatrix I12
Steuerung, Raumheizungsanlage I2
–, offener Wirkungsablauf I2
Steuerungen, binäre, speicherprogrammierbare I4
Steuerungstechnik I1
Steuervektor I12
Steuerverpflichtungen M9
Stichprobe A138
Stichprobenauswahl, geschichtete A142
–, mehrstufige A142
–, uneingeschränkte A142
Stichprobenfunktionen A142
Stickoxide C34
Stickstoff C12, C19, C29, C60, G5
–, elementarer C60
Stickstoffdioxid C29, C37, C60
Stickstoffgruppe C60
Stickstoffmonoxid C29, C37, C60
Stickstoff-Sauerstoff-Gemische C34
Stickstoffverbindungen C60, C72
Stickstoffwasserstoffsäure C60
Stiftverbindungen K32
stilisierte Prosa J75, J76
stille Gesellschaft O4
Stirling-Kreisprozeß B74
Stirling-Motor B74, B75
Stirnrad-Innenradpaar K45
Stirnschraubradpaar K45
Stirnzahnkupplungen K36
Stishovit C59
stochastische Beanspruchungskollektive D79
Stöchiometrie C1
stöchiometrische Berechnungen C4
Stockpunkterniedriger D37
Stoffgößen K8
Stoffmenge B55, C1, C2, C16, F3
Stoffmengenanteil C2, F4
Stoffmengenbilanz F10
Stoffmengenkonzentration siehe Konzentration
Stokes E149
Stokessche Kugelumströmung B85, B105, E135
Stokessche Schichtenströmungen E133
Stokessches Problem E134
Störabstand G76, G77, G81
Störeffekte H19
Störfunktion E50
Störglied A81
Störgrößen H19, I23
Störgrößenregelung I2, I23
störsichere Logik G127
Störsignal G126, I2
–, Reglerfunktion I2
–, stochastisches I74
Störspannungen H75
Störspannungsabstand G126, G127
Störstellenleitung B163
Störungen I2
Störungsrechnung E59
Störverhalten I23
Störwerterfassung H80
Stoß E40, E51
–, elastischer B44
–, gerader zentraler E41
– gegen Pendel E41
–, nichtzentraler elastischer B45
–, schiefer exzentrischer E41
–, total unelastischer zentraler B47
–, unelastischer B44, B47
–, zentraler elastischer B44
Stöße B42, B43–B48
– an Mehrkörpersystemen E40
– ohne Reibung E40
–, teilplastische E40
–, vollelastische E40
Stoß-Grenzschicht-Interferenz E173
Stoßanregung B210
Stoßbeanspruchung D39
Stoßbeschleunigung H27
Stoßdauer E40
Stoßdiffusor E156
Stoßen D39, D67
Stoßfrequenz, mittlere B79, B80
Stoßgleichungen E153
Stoßionisation B167
Stoßkreis B46, B47
Stoßmittelpunkt B26, E41
Stoßnormale E40
Stoßparameter B46, B79, B148
Stoßphase B43
Stoßquerschnitt B79
Stoßstelle E40
Stoßverschleiß D67
Stoßversuche B43
Stoßvorgänge B42
Stoßwellen C39
Stoßzahl E40

Stoßzeit B43
–, mittlere B161
Strafrecht und Ordnungswidrigkeitenrecht M1
Strafverfahren M3
Strahl, außerordentlicher B219
–, ordentlicher B219
Strahldichte B205
Strahlenkonzept B219
Strahlenoptik B219
Strahlensätze A18
Strahlenschutz M11
Strahlkontraktion E144
Strahltriebwerk E140
Strahlungscharakteristik, beschleunigte Ladung B199
Strahlungsdruck B46
– des Lichtes B208
strahlungsfreie Bahnen B149
Strahlungsgleichgewicht B212
Strahlungsintensität einer elektromagnetischen Welle B198
Strahlungsisothermen B207
Strahlungsleistung B204
–, Antenne B198
–, schwarzer Strahler B207
Strahlungsmaximum der Sonne B204, B207
strahlungsphysikalische Beanspruchungen D37, D39, D61
Strahlungsthermometer H37
Strahlungsübertragung, Grundgesetz B205
Strahlungswiderstand G58
–, Antenne B198
–, Hertzscher Dipol B198
Strange B186
Strangeness B184, B185, B186
Strassmann B181
Streamer J58
Streckenlast E13, E74
Streckgrenze D45
Streifenmodell E116, E117
Streptomyceten D65
Streuexperimente B148
Streufaktor G25
Streufluß B141
Streuinduktivität G25
Streuquerschnitt B148, B175
Streuungsdiagramm A141
Streuungsparameter A130
Stribeck-Kurve D36, D66
Stribecksche Pressung K47
String J82, J91
Strom, dreieckförmiger G7
–, elektrischer G1
–, sinusförmiger G7
Stromarbeit B108
Strombilanz B146
Stromdichte B108, B138
–, elektrische B107, G44
–, kritische G6
Strom einer Größe F10
Ströme, Kräfte zwischen B124
Strömen D39, D67
Stromfadentheorie E123, E159
Stromfunktion E127
stromgesteuerte Spannungsquelle G17
stromgesteuerte Stromquelle G17, G117
Stromkompensation H47
Stromkreise, elektrische B137
Stromlaufplan I86
Stromlinien B86, E122
Stromlinienkörper B91, E150
Strommessung G1
Stromquelle B137, G12, G13
–, ideale G16, G17
–, spannungsgesteuerte G17, G123
Stromresonanz B145
Stromrichtung, konventionelle G1
Strom-Spannungs-Kennlinien G13, G30, G35
– nichtlinearer Zweipole G31
Strom-Spannungs-Umformung H44
Stromstärke, elektrische B107, F2
Stromteiler G10, H45
Stromtragfähigkeit der Supraleiter B160
Stromüberhöhung G20
Stromübersetzung G24
Strömung B82
–, instationäre E126
–, laminare B14, B83, B84, B85, B86, B91
–, quasistationäre E126
–, stationäre B86
–, turbulente B14, B84, B85, B86, B91
Strömungen, hydrodynamisch ähnliche B91
– idealer Flüssigkeiten B86
– realer Flüssigkeiten B90
–, transsonische E167
–, turbulente E136
Strömungsablösung E138
Strömungsbeanspruchung D39
Strömungsgeschwindigkeit F10
Strömungskörper H33
Strömungsquerschnitt F10
Strömungsumlenkung E145
Strömungswiderstand B84, B85, B91, E141
Stromverstärker H53, H55
Stromverstärkung G108, G117, G123
Stromverzweigung B139
Strontium C56
Strouhal-Zahl E133
Strudelpunkt A82
Struktogramm J74, J75, J76
Struktur J104
Struktur eines Netzes G13
Struktur tribologischer Systeme D67
Strukturdynamik A110, A123
Strukturen der Meßtechnik H14
Strukturgruppenunterteilung von Molekülen F30
strukturiertes Programmieren J103
Strukturisomerie C65
Strukturmaterialien D82
Strukturoptimierung I52
Strukturprüfverfahren I74
Strukturuntersuchung B230
Stützwerte H41
Stufenpunkt A45
Stufenversetzung D4
Stufenzahl A121
Styrol C71
Styrol-Butadien-Kautschuk D31
Sublimationsdruckkurve F36
Sublimationsgebiet F36
Sublimationslinie F36
Sublimationstemperatur B70
Sublimieren B69
substantielle Änderung E122
Substanzen, amorphe C22
–, glasbildende C22
Substitution A83
–, Hilfsfunktionen A46
Substitutionsmethode A46
Substitutionsreaktionen C71
Substruktur F109
Subtrahierer G121
Subtrahierverstärker H53, H54
Subtraktion H39
Such- und Sortieralgorithmen J78
Suchbäume J85
Suchfeldvorschlag K3
Südpol, magnetischer G45
Sulfate C63
Sulfation C50
Sulfid C63
Sulfonsäuren C71
Summation H39
Summationskonvention A13
Summationsregel A62
–, Einklammerung A62
Summe der Zerfallszahlen C43
Summenhäufigkeit A140
–, absolute A140
Summenhäufigkeitskurve A140
Summenhäufigkeitstabelle A140
Summenhäufigkeitsverteilung A140
Summenwahrscheinlichkeit H13
Supercomputer J90
Superlegierungen D16
Superposition H77
–, ungestörte B32
Superpositionsgesetz H3
Superpositionsprinzip A84, E51, E74, E76, E80, E81, G12, I4
Supervisor-Modus J50
supply voltage G118
Supraleiter D58, G6
– 1. Art B157, B158, B159, B160
– 2. Art B157, B158, B159, B160
– 3. Art B157, B160
–, keramische B157
Supraleitung B157–B161, G5
Suprastrom B160
Suprastromdichte B158
Supressordioden G107
Suszeptanz G9, G21
Suszeptanzfunktionen G21
Suszeptibilität, elektrische B114
–, magnetische B125
–, paraelektrische B116

swapping J72
Syenit D19
Sylvester-Test A111
Symbole G77
symbolisches Rechnen J78
Symmetrie A2
symmetrische Bepfeilung G17
symmetrische Drehstromsysteme G28
symmetrische Ordnung J84
symmetrische Zählpfeile G25
synchron serielle Übertragung J64
Synchronisation J60
Synchronmaschine G63
Synchronmodus-Ebene J17
Synchronsatelliten B97
Synchronschaltwerk J17
Synchrotron B122
Synchrotronstrahlung B201
Synchrozyklotron B122
Synetik K17
syntaktische Algorithmen J78
syntaktische Schicht J91
Syntax J90, J91
Syntaxbaum J91
Synthese im Zustandsraum I67
synthetische Methode E38
System F1
– ,abgeschlossenes C25, F1
–, binäres F40
–, von Differentialgleichungen, homogenes A88
–, von Differentialgleichungen, inhomogenes A88
–, disperses C41
–, Eingrößen- I1, I8
–, elektrisches I8
–, geschlossenes C25
–, grobdisperses C41
–, heterogenes C25
–, hoch abgestimmtes H27
–, holonomes E9
–, holonom-rheonomes E9
–, holonom-skleronomes E9
–, homogenes C25
–, instabiles I8
–, kausales I7
–, kolloiddisperses C41
–, konservatives E19, E28, E47, E56, E57, E59
–, lineares I4
–, lineares kontinuierliches, Beschreibung im Zeitbereich I8
–, Beschreibung im Frequenzbereich I12
–, mechanisches I8
–, Mehrgrößen- I1, C87
–, Mehrstufen- I1, I8
–, molekulardisperses C41
–, nichtholonomes E9
–, nichtlineares I4, I12
–, offenes F1
–, rheonomes E9
–, skleronomes E9
–, stabiles I8
–, stationäres F10
–, statisch bestimmtes E108
–, statisch unbestimmtes E91, E92, E108, E117
–, ternäres F42
–, thermisches I8
–, thermodynamisches C25
–, tief abgestimmtes H27
Systemaufrufe J68
System-Baustruktur K7
Systembus J52, J53–J56
Systeme (digitale Regelung), lineare zeitdiskrete I56
– mit deterministischen Variablen I7
– mit diskreter Arbeitsweise I6
– mit kontinuierlicher Arbeitsweise I6
– mit konzentrierten Parametern I6
– mit minimalem und nichtminimalem Phasenverhalten I22
– mit stochastischen Variablen I7
– mit verteilten Parametern I6
–, zeitvariante und zeitinvariante I6
Systemeigenschaften I4
Systemenergie A99
Systementwurf K7
Systemgrenze F1
Systemidentifikation I70
–, deterministische Verfahren I70
– mittels Parameterschätzverfahren I74
–, statistische Verfahren I73
Systemmatrix I12
Systemmethodik zur Materialauswahl D83
Systemparameter H43
Systemprogrammierungssprache J96
Systemstruktur K12
systemtechnisches Vorgehen K15
–, Bewertung K15
–, Problemanalyse K15
–, Problemformulierung K15
–, Programmstudie K15
–, Systemanalyse K15
–, Systembetrieb K15
–, Systemeinführung K15
–, Systementwicklung K15
–, Systemherstellung K15
–, Systemsynthese K15
–, Systemvorstudie K15
–, Systemwechsel K15
Systemwissenschaften I1
Systemzusammenhang
–, Nebenwirkungen K13
–, Rückwirkungen K13
–, Störwirkungen K13
–, System K13
–, Systemstruktur K13
–, Teilsysteme K13
–, Zweckwirkung K13

tabellarische Abspeicherung H40
tabellengesteuerte (interpretative) Algorithmen J77
Tablett J62
Tachogeneratoren H25
Taktflanken-Steuerung G131
Taktgenerator G130
taktzustandsgesteuertes Flipflop G130
Taktzustands-Steuerung G131
Talk, Härte D18
TA Luft M10
Tangens A32
Tangente A41, A58
Tangentenviereck A23
Tangentialbeschleunigung B8
Tangentialebene A51, A61
–, Normalenvektor A61
Tarifverträge M7
Tastschnittgeräte D72
Tastteiler H66
Tastverhältnis G126
Tauchkernsysteme H21
Tauchspulsystem H31
Taugrenze B61
Taulinie
– binärer Systeme, Differentialgleichung F42
Taupunkttemperatur eines Gas-Dampf-Gemisches F26
– von Mehrstoffsystemen, Berechnung F45
Tautologien A3, A4
Taylor-Entwicklung A44, A52
–, Sattelpunkt A53
Taylor-Formel, allgemeine A43
– für Polynome A42
Taylor-Reihe A67, I5
technische Erfindungen N10
technische Fluide D35
technische Keramik D20
technische Papiere D26
technische Regeln L1
Technische Regeln für Gefahrstoffe (TRGS) C71
technisches Porzellan D20
technische Stahlsorten, Übersicht D13
technische Verbesserungsvorschläge N12
technische Wertigkeit K29
technologische Prüfungen D76
Teilchenbahnen E122
Teilchensysteme B38
Teilchenverbundwerkstoffe D32
Teileverhältnis H45
Teilewiderstand H66
Teilkreisdurchmesser K44
teilkristalline Thermoplaste D28
Teilnehmersysteme (multi-user systems) J68
Teilwerte K28
Telegrafie G93
Teleperm-Abgriff H39
Tellerfedern K34
Tellur C11, C61, C62
Tellurwasserstoff C21
Temperatur B56, B57, H10
–, Celsius- F10
–, empirische F9
–, Fahrenheit- F10

– des Gasthermometers F9
–, kritische B61, B63, B157, C18, F9, F23
–, thermodynamische B56, F2, F9
– des Tripelpunkts von Wasser F9
Temperaturänderung E66
Temperaturaufnehmer H36
Temperaturbeiwerte G5
Temperaturen, tiefe B60
Temperaturerhöhung E113
Temperaturfelder E94
Temperaturfixpunkt B63
Temperaturgang H71
Temperaturkoeffizient G104
–, kubischer H71
–, linearer H71
–, quadratischer H71
Temperaturleitzahl E132
Temperaturmessung B56, F9, H35
Temperaturskala, thermodynamische B57, B73
Temperaturskalen B56
Temperaturstrahlung B204
Temperaturwechselbruch D63
Temperaturwechselriß D63
Temperguß D14
TEM-Welle G56
Tensor A63
–, Addition A15
–, Antimetrie A15
–, Basis A15
–, Einheits- A15
–, Elastizitäts- A15
–, inverser A15
–, Koordinaten A15
–, Symmetrie A15
–, Transposition A15
–, Verzerrungs- A15
Tensoren A15
–, Doppelskalarprodukt A15
–, dyadisches Produkt A15
–, Kreuzprodukte A15
–, Skalarprodukte A15
–, tensorielles Produkt A15
–,–, Indexnotation A15
–,–, Matrixnotation A15
Terminal J62
Terminologie L5
Termiten D65, D81
Termschema B43, B150
Territorialität des Patentrechts, Schutzbereich N7
Test J104
Testfunktionen H3
Testmatrizen A104
–, Dekker A105
–, Hilbert A105
–, komplexe Eigenwerte A113
–, Konstruktion A112
–, Polynomtransformation A112
–, Zielke A105
Testprogramme J104
Testsignale I79
Tetmajer E103
Tetrabromethan, 1,1,2,2- C69
Tetracalciumaluminatferrit D24
Tetrachlorethylen C73
Tetrachlorkohlenstoff siehe Tetrachlormethan
Tetrachlormethan C73
Tetraederlücken C23, C24
Tetrafluorethylen C29, C31, C73
Tetrafluormethan C29, C31, C73
Tetrahydroxoalumination C58
TE-Welle G56
Textdateien J87
Textilien D26
Texturinhomogenitäten D6
TFE siehe Tetrafluorethylen
T-Flipflop G132
Thallium C57
Theorie 1. Ordnung E74
Theorie 2. Ordnung E101
thermische Ausdehnung D52
thermische Beanspruchungen D37,D61
thermische Eigenschaften von Werkstoffen D51
thermische Tribokenngrößen D81
thermischer Längenausdehnungskoeffizient von Werkstoffen D54
thermisches Spritzen D34
thermochemische Verfahren D34
Thermodynamik B42, B53
– chemischer Reaktionen C25
–, 1. Hauptsatz B71
–, phänomenologische B53
Thermoelement B56, H36
Thermoemission B168, B170, B171
Thermoempfindlichkeit H37
Thermofeldemission B171
Thermokette H37
Thermometer F9
Thermoplaste D28–D30
Thermospannung H44
Thermostatik B42
Thermoumformer H61
1.3 Thiazol C72
Thiopen C72
γ-Thiopyran C72
Thomson B237
Thomson, Elihu, Versuch von D134
Thomson, Theorem von B76
Thomsonsche Schwingungsformel B145, B146
Thyristor G107, G145–G147
–, Diac G147
–, Freiwerdezeit G146
–, GTO-, Gate-turn-off-Thyristor G146
–, Triac G147
Tiefdruckwirbel B90
Tiefensuchen J84
Tiefpaßfilter 1. Ordnung H55
Tiefpaßverhalten G102
Tiefstwertgatter G124, G125
Tintenstrahldrucker J62
Tischlerplatten D25
Titan D15
–, Normen D14
Titanate D21
Titandioxid D21
Titration D70
TM-Welle G56
TNT siehe Trinitroluol
Toggle-Flipflop G132
Tokamak B183
Token-Bus J66
Token-Ring J66
Toleranzbandmethode H9
Toleranzklassen A und B H35
Toleranzmeßbrücke H50
Tolman-Versuch B155
Toluol C67, C71
Tone C58, C59
Tonerde D20
tonkeramische Werkstoffe D20
Tonminerale C59
Tonnenverzeichnung B224
Top B186
Topas, Härte D18
Torricellische Formel E126
Torricellisches Ausströmgesetz B87
Torschaltung J11
Torsion D38
– mit Wölbbehinderung E79, E87
– ohne Wölbbehinderung E79, E87
Torsionsflächenmoment E72, E87
Torsionskonstante B25
Torsionsmoment E73, E75, H29
Torsionsstab B25
Torsionssteifigkeit E87
Torsionsversuch, Normen D75
Torsionswaage B99
Torsionswellen B193
Torsionswiderstandsmoment E72, E79
Torus A28
Torzeit H72
totales Differential A51, A83
– höherer Ordnung A51
Totalreflexion B215–B217
tote Zone I49
Totwassergebiet B90
Totzeit I10, I14, I59, I60
Totzeitglied I22
Townsend B167
Townsendsche Zündbedingung B167
T-Polynome
Traganteilkurven D72
träge Masse B13
Trägerfrequenz B34, H16, H17
Trägerfrequenzverfahren G89
Trägerschwingung H16
Trägertastung G87
Trägheit B12, B20
Trägheitsbeschleunigung B11
Trägheitseinschluß B183
Trägheitsgesetz B12
Trägheitskräfte B11, B16, E31
Trägheitsmatrix E31
Trägheitsmoment B49, B52, H5
–, zentrifugales E31
Trägheitsmomente B50, E31
–, axiale E31

Trägheitsnavigation B53, H56
Trägheitsradius E32
Trägheitstensor B51, E31
Traglast E117, E119
Traglasten von Behältern bei Innendruck E119
– für Durchlaufträger
– von Platten E119
– für Rahmen E119
– von Schalen E119
– von Scheiben E119
Traglastsätze E118
Traglastverfahren E104
Tragzahl K40
Trajektorie I12, I52
Traktrix A38
Transformation
– auf Diagonalform A110
–, Ähnlichkeit A109
–, Äquivalenz A109
– in Einheitsdreiecke A55
– zum Einheitstetraeder A56
–, Kongruenz A109
Transformationsmatrix E3, E10, E11
Transformator B140, G24
–, eisenfreier G25
–, idealer B141, G25
–, verlust- und streuungsfreier G24, G25
–, verlustloser G24
Transformator-Gleichungen G24, G25
Transformatoröl G5
Transformator-Schaltzeichen G5
Transientenrecorder H80
Transientenspeicher H80
Transientenspeicherung H79
Transistor, bipolarer B165, G125, G142–G145
–, aktiver Bereich G144
–, Basis G143
–, Emitter G143
–, Ermitterwirkungsgrad G143
–, Ersatzschaltbild G143
–, Kollektor G143
–, Sättigungsbereich G144
–, Spannungsgrenzen G144
–, Sperrbereich G144
–, Stromverstärkungsfaktor G143
–, Transitzeit G144
–, Transportfaktor G143
–, Vierpolparameter G143
Transistor-Transistor-Logik G126, I84
Transitfrequenz G119
Transitionsmatrix A91
Transitivität A2
transkristalliner Bruch D62
Translation A71, B17, B48, B50, B52, B53, E4, E6, E11, E17
Transmission E53
Transmissionsgrad B218, D60
Transport K14
Transporterscheinungen B79
Transportkette L5
Transportkoeffizient B83, E133
Transportrationalisierung L5
Transportvorgang (Beschreibung) I10
Transportvorgänge B78
Transversalitätsbedingungen A98
Transversalwellen B196
transzendente Funktionen A32
Trapez A23
Trapezregel A118
Traps J51
Traßzement D24
Träuble B159
Trefftz-Ansatz A124
Trefftz-Ebene E158
Treiberbaustein J55
Trennung der Veränderlichen A82
Tresa-Fließkriterium E115
TRGS siehe Technische Regeln für Gefahrstoffe
tribochemische Reaktionen D68
Tribologie D66
tribologisch beanspruchte Werkstoffe D66
tribologische Beanspruchungen D37, D39, D61, D67
tribologische Prüfungen D80
tribologische Wechselwirkungen D67
Tribometerprüfungen D80
Tribosysteme D66
Tricalciumaluminat D24
Tricalciumsilicat D24
1,1,1-Trichlorethan C73
Trichlorethylen C73
Trichlorfluormethan C73
Trichlormethan C73
Tridiagonalmatrix A111
Tridymit C59
Triggersignal H80
Triggerung H65
trigonometrische Funktionen A32
–, Additionstheoreme A33, A34
–, Beziehungen A33
–, halbe Argumente A33
–, Hauptwerte A35
–, inverse A34, A35
–, Periodizität A33
–, Potenzen A34
–, Produkte von Funktionen A34
–, spezielle Werte A33
–, Vielfaches der Argumente A33
Trinitrotoluol C72
Triode B174
Tripellinie B63, F36
Tripelpunkt B56, B63, F36
Tristate-Technik J12
Tritium B183, C55
Tritonen B180
Trockenreibung K41
Tröpfchenmodell B177, B181
T-Schaltung, symmetrisches G25
Tschebyscheff-Integration A118
Tschebyscheff-Polynome A73
Tschebyscheffsche Quadraturformeln A118
T,S-Diagramme reiner Stoffe F39
T,S-Diagramm, Bedeutung von Flächen F14
Tsien-Parameter E173
TTL G126, G127
TTL-Gatter G126
Tunneldiode G31, G32, G107, G141
Tunneleffekt B183
–, quantenmechanischer B172, B178
Turbinen-Durchflußmesser H34
Turbinenrad K49
turbulente Strömung K50
Turbulenz B85
Turbulenzgrad E136
Turbulenzmodelle E136
Tustin-Formel I60
Typisierung J92

Überanpassung G22
überbestimmte Systeme A104
Übercarnot-Maschine B76
Übereinkommen über die Erteilung europäischer Patente (EPU) N7
Übergangsfunktion (normierte Sprungantwort) H4, I10, I16
–, aus Frequenzgang I72
Übergangsfunktionen H3
Übergangsmatrix I65
Übergangsmetalle D8
Übergangsparameter J94
Überlagerungssatz G12
Überschallgebiet, lokales E167
Überschallgeschwindigkeit B195
Überschuldung O3
Überschwingweite H6
Übersetzer J88
Übersetzung H52, K44
Übersetzungsverhältnis B141
Übersteuerung G33
Übertrager G26
Übertragung elektrischer Energie G67
Übertragungseigenschaften H2
–, dynamische H2
Übertragungsfunktion H44, I14, I16, I23, I65
– für Führungsverhalten I23
–, rationale I23
Übertragungsgeschwindigkeit J65
Übertragungsglied
– 1. Ordnung H3, H5
– 2. Ordnung H5
Übertragungsglieder I1, I17
Übertragungsmatrix A86, A88, A91, E110, I65
–, Eigenschaften A86
–, erweiterte E110
– des masselosen Stabfeldes E110
– für starre Körper E111
– für Stabsysteme E110
Übertragungsmatrizen für elastische Stützen E111
– für rotierende Scheiben E113

Übertragungssysteme I1
Übertragungsweg G74, G75
Überwachung laufender Maschinenanlagen D77
Überwachungssystem I76
$U^3/_2$-Gesetz B174
u.g-Kerne B177
Uhlenbeck B152
Uhrenparadoxon B10
Ultrarotstrahlung B200
Ultraschall-Durchflußmessung H34
Ultraschallprüfung D77
Ultraschallverfahren H34
Ultraviolettkatastrophe B206
Ultraviolettstrahlung B200
Umdrehungsfläche A28
Umdrehungskörper A28
Umfang A23
Umfeld K3
Umformleistung E116
Umformung elektrischer Energie G70
Umgebung F1, F16
Umgebungsmedium D67
Umkehraddierer G121, G122
Umkehrfunktion A4, A5, A7, A32
Umkehrintegral I13
Umkehrosmose C44
Umkehrtransformation A77, A78
Umkehrverstärker G17, G33, G34, G121, H53
Umlaufanalyse G14
Umlaufbiegeversuch, Normen D75
Umlaufgetriebe K44
Umlaufsinn A66
Umlaufspannung, elektrische B104, B135
–, magnetische B117, B135, B136
Umlaufzeit B7, E44
Ummagnetisierung G26
Ummagnetisierungsverluste B130, B141, D58, G8, G51
Umrichter G71
Umsatzgleichung C36
Umsatzvariable C25, C26, C35
Umschlag, laminar-turbulenter E149
Umschlingungsgetriebe K45
Umströmung einer Kugel D84
Umströmungsprobleme E148
Umwandlungsenthalpie B78
Umweltbeanspruchung D39
Umweltschäden C51
Umweltschutz L7, M10
Umweltsicherheit K18
Unabhängigkeit, vollständige A127
Unabhängigkeit von Ereignissen A127
Unabhängigkeit von Zufallsgrößen A127, A131
unbestimmte Form A43
unbestimmter Rechtsbegriff L3
Undecan C67
UND-Gatter G120, G124, G125, H70
UND-Verknüpfung G120, G124, I84
ungesättigte Polyesterharze D30
Ungleichungen A100
UNIFAC-Methode F33
UNIFAC-Wechselwirkungsparameter F32
UNIQUAC-Ansatz F32
Universalregler I26
unlegierte Stähle D11, D12
Unordnung C31
Unschärferelation B233, B235
Unteranpassung G22
Unternehmen K3
Unternehmenspotential K1
Unternehmensziele K1
Unterprogramme J49
–, reentrante J50
–, rekursive J50
Unterraumprojekt A111
Unterschallgebiet, lokales E167
Untersuchungseinheit A138
Untersuchungsplan D69
Untertöne E61
Unwucht E34
Up B186
Upatnieks B233
Urbildmenge A7
Urheberrecht M8
– an DIN-Normen L3
Urlaub M8
Urliste A139
User-Modus J50
u,u-Kerne B177

Vakuumdiode B107, B173
Vakuumlichtgeschwindigkeit B2, B8, B9, B22, B99, B107, B235
Valenzbänder D58
Valenzband B153, B154
Valenzelektronen B152, C12
Valin C76
van't-Hoffsche Reaktionsisobare C34
Van-Allen-Strahlungsgürtel B122
Van-de-Graaf-Generator B107
Van-der-Pol-Schwinger E58, E59, E60
Van-der-Waals-Bindung C12, C16, D3
Van-der-Waals-Gas B61
Van-der-Waals-Gleichung B61, B62, B63, C18
Van-der-Waals-Konstante B62
Van-der-Waals-Kräfte B60
Van-der-Waals-Kristalle B152
van-der-Waalssche Oberfläche, relative, von Strukturgruppen F30
van-der-Waalssches Volumen, relatives, von Strukturgruppen F30
Vanadiumcarbid C58
Varaktoren G141
Variable F1, J89
variable Kosten K55
Variablentransformation A55
– im Frequenzbereich A78
– im Zeitbereich A78
Varianz A130, A141, H11
–, empirische A141
Variation, extremale A97
–, freie obere Grenze A98
–, Funktional A97
Variation der Konstanten A84
Variationsfunktion A97
Variationskoeffizient A131
Variationsproblem I52
–, Euler-Lagrangesche Gleichung A97
– mit Nebenbedingungen A98
Variationsrechnung A96, I52
VDI-Richtlinie 2225 K28
Veitch-Diagramm J8
Vektor A63
–, Betrag A12
–, Einheits- A12
–, freier A12
–, gebundeener A12
–, linienflüchtiger A1
–, Norm A12
–, Null- A12
–, Orts- A12
–, Richtung A12
–, Richtungssinn A12
–, Wirkungslinie A12
Vektor (array) J82
–, boolescher J7
Vektordifferentialgleichung I11
Vektoren
–, Addition A12
–, kollineare A12
–, komplanare A12
–, linear unabhängige A13
Vektoriteration A111
Vektorprodukt, Rechenregeln A14
Venn-Diagramme A1, A2
Ventil K51
Ventilstähle D13
Venturidüse H33
Venturirohr B88, E125, E146
veränderliche Masse E42
Verarbeitung G74
Verbindlichkeiten O14
Verbindungen, alicyclische C64
–, aliphatische C64
–, aromatische C64
– mit funktionellen Gruppen C72
–, heterocyclische C64, C72
–, nichtstöchiometrische C1
–, organische C64
–, stöchiometrische C1
Verbindungsarten K51
verbindungsprogrammierbare Steuerungen I78
verbindungsprogrammierte Steuerungseinrichtungen I84
Verbindungszweige G14
verbotene Zonen B153
Verbraucher G3
Verbraucherdreieck G28
Verbraucher-Dreieckschaltung G29
Verbraucherkennlinie G32

Verbraucherschutz L7
Verbraucherspannungen G28
Verbraucherstern G28
Verbraucher-Sternschaltung G29
Verbraucherzählpfeilsystem G2
Verbrauchsfunktion O7
Verbrennung von Kohlenwasserstoff C51
- von Schwefel C51
Verbrennungsreaktionen C27, C62
Verbrennungsvorgänge C4, C38, C51
Verbunde (Records) J82
Verbundregelung K49
Verbundwerkstoffe D7, D31–D35 siehe auch Werkstoffeigenschaften
Verbundzeichen J91
Verdampfung B60, B69, B78
Verdampfungsenthalpie B69, B70
–, spezifische F38
–, spezifische im *T,s*-Diagramm F39
Verdichtungsstöße E153
Verdrängermotor K48
Verdrängerpumpe K48
Verdrängungsdicke E138
Verdrängungszähler H34
Verdrehwinkel E87
Verdrillung D38
Vereinheitlichung L1
Vereinigung A125
Veresterung C74, C75
Verfahren, aluminothermisches C57
Verfahren der harmonischen Balance I50
Verfahren der harmonischen Linearisierung I50
Verfahren der kleinsten Quadrate I75
Verfahren der Polvorgabe I68
Verfahren der wiederholgen Ableitung A83
Verfahren des Modellvergleichs I77
Verfahren mit einer Hilfskraft E89
Verfahren nach Truxal-Guillemin I45
Verfassung des Betriebes O4
Verfestigung D48, E115, E117
Verflüssigung von Gasen B63
- von Helium B64
Verformung D44
–, elastische B15
Verformungsalterung D63
Verformungsanalyse D73
Verformungsarbeit B20, D45
Verformungsbruch D62
Verformungskenngrößen D45
Verformungsrelaxation D44
Verformungstensor D42
Verformungsverfestigung D51
Verfügbarkeit G89
Vergleicher G120
Vergleichsformänderung E115
Vergleichsformänderungsgeschwindigkeit E115, E116
Vergleichsfunktionen A90
Vergleichsspannungen D32, E114
Vergleichsverfahren O3
Vergrößerungsfunktion E48, E49, E51
Vergütungsrichtlinien N12
Vergütungsstähle D13
verhältnismäßige Dämpfung K33
Verhalten, dilatantes E121
–, dynamisches I4
–, pseudoplastisches E121
–, rheopexes E121
–, statisches I4
–, thixotropes E121
Verifikation K104
Verjährungsfristen M4
Verkäufermarkt O8
Verkauf K1
verkaufsfördernde Maßnahmen O8
Verkaufspreis
verkettete Spannungen G59
Verklemmung G100
Verknüpfen K11
Verknüpfungsglieder I78, J5
Verknüpfungssteuerung I78
Verlagerungsspannung G28, G29
Verluste G68
–, elektrische G61
–, mechanische G61
–, ohmsche G20
Verlustfaktor G19
Verlustleistung G126, G127
Verlustrechnung O14
Verlustsystem G101
Verlustvortrag O14
Vermittlungseinrichtungen G93
Vermittlungsprotokoll G93
Vermittlungsstellen G101
Verneinung, doppelte A3
Verriegelung I78
Verrückung, mittlere quadratische B79, B80
Versagensarten D82
Verschiebung, generalisierte E88, E110
–, virtuelle E9, E19, E20, E107
–, eines Punktes E9
–, eines starren Körpers E9
Verschiebungen E61
Verschiebungsaxiom E12
Verschiebungsdichte, elektrische B102
Verschiebungspolarisation B113, B114
–, elektronische B115
–, ionische B115
Verschiebungsstromdichte G47
Verschleiß D67
Verschleißarten D67
Verschleiß-Erscheinungsformen D80
Verschleißkenngrößen D67
Verschleißmechanismen D68
Verschleiß-Meßgrößen D67, D80
Verschleißprüfungen D80
–, betriebliche D80
Verschleiß-Schutz D68
Verschulden M6
Versetzungen D4
Versetzungsklettern D48
Versetzungsstrukturen D48
Versorgungsspannung G118, G119, H10
Verstärker G31, G33
Verstärkung G116
–, lineare G31, G33, G116, G117, G118
Verstärkungsfaktor B147, I17, I25, I59
Verstärkungskennlinie (VKL) G31, G33, G117, G118, G119
- Operationsverstärker G30
Verstellgetriebe K46
Vertauschbarkeitsbedingungen A110, A113
Verteilen J88
verteilte Datenverarbeitungssysteme J63
Verteilung gelöster Stoffe C44
Verteilungsfunktion A129
–, diskreter Zufallsgröße A129
–, stetiger Zufallsgröße A129
Verteilungsfunktionen H11
Verteilungskoeffizient C44
Vertrieb K1
Vertriebsgemeinkosten K56
Vertriebspolitik O8
Verwaltungsakt M9
Verwaltungsgemeinkosten K56
Verwaltungsgerichtsbarkeit M1
Verwaltungsrecht M1, M8
Verwaltungsverfahren M9
Verweisung L2
–, gleitende L3
–, starre L2
Verzeichnungen B224
Verzerrungen E61, E62, G76, G79
Verzerrungsdeviator E115
Verzerrungsgeschwindigkeit E114
Verzerrungstensor E61, E62
–, Koordinatentransformation E62
verzögerte Neutronen B180
Verzögerung B4
Verzögerungsglied G130
- 1. Ordnung H44
–, 2. Ordnung H44
- als Asynchronschaltwerk J18
–, Einsatz in Synchronschaltwerken J20
- als Synchronschaltwerk J19
Verzweigungsanweisungen J92
Verschiebung, elektrische B114
Vibrationsfreiheitsgrade B60
Vickkershärte D76
Vielwegbäume J84
Vielwegverzweigungen J92
Vielwellenantrieb K46
Vier-Niveau-System B213

Viereck A23
–, vollständiges G14
Vierpol G17
Vierpolersatzschaltungen G25
Vierpolgleichungen G17, G18
Vietasche Wurzelsätze A31, A61
Vietascher Satz A32
Villard-Schaltung G106
Vinyl C68
Vinylchlorid C69, C73
Vinyliden C68
Virialentwicklung B61
Virialgleichung C17
–, Berlin-Form F22
–, Leiden-Form F22
Virialkoeffizient F22
–, zweiter, von Gemischen F28
–,–, generalisierte Dartellung F22
Virialkoeffizient C18, C43,
– von Gemischen F28
virtuelle Arbeit E107
–, Prinzip der E22, E24, E74, E88, E118
virtuelle Verschiebung G42, G53
Viskoelastizität D42
Viskosität B79, B82, B166, D35, E120
– von Gasen B82
– von technischen Fluiden D36
Viskositäts-Druck-Funktion D35
Viskositätsklassen D36
Viskositäts-Temperatur-Funktion D35
VKL siehe Verstärkungskennlinie
Voigt-Kelvin-Modell D44
Volkswirtschaftslehre O1
Volladdierer J7, J8
Vollkostenrechnung O16
Vollraum (Kelvin Problem) E99
vollständige Induktion A4
vollständiger Baum G14, G15, G16
vollständiges Differential A82
Volt G2
Voltametrie D71
Volumen A23, F2
–, molares, kritisches F23
–, spezifisches B71
–,–, feuchter Luft F27
Volumenanteil C2
Volumenarbeit B61, B64, B65, B68, B69, B72, C26
Volumenausdehnung D52
Volumenbeanspruchung D38, D61
Volumendehnung E66, E67
Volumenfehler, Materialprüfung D77
Volumenkräfte B86, E65, E94
Volumenmodell K54
Volumenstrom F10
Volumina, spezifische auf Siede- und Taulinie F37
Vorbereitungs-Eingänge G131
Vorentwürfe K4, K6
Vorfilter I47
Vorgang, irreversibler C29, C30
–, reversibler C30
Vorhalt G100
Vorhaltezeit I25
Vorindizierung J47
Vorsichtsprinzip O14
Vorspeicher-Flipflop J18
Vorstand O5
Vorwärts- und Rückwärtselimination A103
Vorwärts-rückwärts-Zähler H78
Vorwärtselimination A104
Vorzugszeit I36
V.24-Schnittstelle J65

Waage mit elektrodynamischer Kraftkompensation H31
Wabenbruch D62
Wachstum des Betriebes O3
–, externes O3
–, internes O3
Wahrheitstabelle A3, G128, I79
Wahrheitswerte A3
Wahrscheinlichkeit A126, B78
–, bedingte A126
–, totale A128
Wahrscheinlichkeitsamplitude B236
Wahrscheinlichkeitsdichte A130, H12, siehe auch Elektronendichte
Wahrscheinlichkeitsfunktion A129
– diskreter Zufallsgröße A129
Wahrscheinlichkeitspapier H12
Wahrscheinlichkeitsverteilung A128
Walk-through J104
Waltenhofensches Pendel B133
Wälzen D39, D67
Wälzgetriebe K46, K47
Wälzkontakt K40
Wälzkreise K44
Wälzlagerstähle D13
Wälzverschleiß D67
WAN (wide area network) J63
Wände, adiabate F1
Wandeln K11
Wandler K50
Wandrauhigkeit E141
Wandscheibe E95
Wandverschiebungen, irreversible B129
Warenbeschreibung L7
Warenkennzeichnung L7
Warenkennzeichnungssysteme L7
Warentest L7
Warmarbeitsstähle D13
Warmbruch D63
Wärme B65, B66, B71, B72, C26, F1, F2
–, reduzierte B77
Wärme- und Stoffströme F13
Wärmeäquivalent, elektrisches B66
–, mechanisches B66
Wärmebehandlung D10
Wärmebewegung B116
Wärmekapazität B69, C28, D51
– von Gasen B60
–, isobare F12
–, isobare spezifische F5
–, idealer Gase F18
–, isochore F5, F12
–, isochore spezifische, idealer Gase F18
–,–, idealer Gasgemische F26
– bei konstantem Druck F5
– bei konstantem Volumen F3
–, mittlere spezifische, idealer Gase F18, F19
–,–, idealer Gasgemische F26
–, molare B65, B66, B191, C28
–,– bei konstantem Volumen B68
–, spezifische B66, B69, F6
–,–, inkompressibler Fluide F22
Wärmekapazitäten, molare, von Festkörpern B67, B68
–,–, von Gasen B67, B68
Wärmekraftmaschine D74, F15
Wärmeleitfähigkeit B81, D52
–, einatomiger Gase B82
–, der Metalle B156
–, von Werkstoffen D51
Wärmeleitung B78, B79, B81
– in Gasen B81
Wärmemischung B67
Wärmen, reduzierte B77
Wärmepumpe B75, F15
Wärmereservoir B72, B73, B74, B75
Wärmestrahlung B81, B200, B204
Wärmestrom B81
Wärmestromdichte B81
Wärmewiderstand B81
warmfeste Stähle D13
Warmgewaltbruch D63
Warmriß D63
Warmschwingbruch D63
Wasser C1, C14, C16, C20, C21, C29, C55, C62, G5
– als Lösungsmittel C44
Wasserabspaltung, intermolekulare C73
Wasserbeladung feuchter Luft F27
Wassergehalt von technischen Fluiden D36
Wasserglas C59
Wasserhaushaltsgesetz M11
Wasserinhaltsstoffe L8
Wassermolekül C21
Wasserpumpen B87
Wasserstoff C3, C19, C29, C55, C67
wasserstoffähnliche Systeme B150
Wasserstoffatom B149
–, Masse C2
–, Termschema C6
Wasserstoffbombe B182
Wasserstoffbrennen B183

Wasserstoffbrückenbindung C12, C16, C20
Wasserstoffionen C45
Wasserstoffmolekül B60
Wasserstoff-Orbitale C8
Wasserstoffperoxid C1, C50, C62
Wasserstoff-Sauerstoff-Zelle C54
Wasserstoffspektrum B211
Wasserstoffverbindungen C55
Wasserstoffversprödung C63
Web J106
Wechselfestigkeit D48
Wechselrichter G71
–, Blindleistung G72
Wechselspannung B132, B139, G3
Wechselstrom G6, G7
Wechselstromarbeit B140
Wechselstrombrücken H50
Wechselstromgenerator B132
Wechselstromkreise B139, B140
Wechselwirkung, starke B92, B175
Wechselwirkungen, fundamentale B91
Wechselwirkungsparameter der Zustandsgleichung von Redlich-Kwong-Soave F28
Wegaufnehmer H23, H45
Weglänge, mittlere freie B79, B81, B82, B155, B156, B161
–, optische B216, B228
Wegmeßverfahren D73
wegunabhängiges Integral G39
Weichglühen D11
Weichlote D17
Weichmacher D28
weichmagnetische Werkstoffe B130, D58
Weichporzellan D20
Weisssche Bezirke B128, B129, B130
Weißfäule D65
Weisungsrechte O10
Weiterverwendung K1
Weiterverwertung K1
Weitverkehrsnetze (WANs) J63, J64
Weizsäcker-Formel B177
Weizsäcker-Kurve B181
Welle, elektromagnetische G55
–, harmonische E53
– in einem Leiter G56
–, laufende E53
–, primäre G36
–, rücklaufende G36
–, stehende E53
–, TE- G56
–, TEM- G56
–, TM- G56
– im Vakuum G56
Wellen B186, E53
–, ebene G58
–, elektromagnetische B195, B196
–, fortschreitende B187
–, harmonische B187
–, Kugel- G58
– auf Leitungen G36
–, Reflexion E53
–, stehende B27, B188–B190
–, Transmission E53
–, Zylinder- G58
Welle (eines Rotors) mit Scheiben E37
Welle-Nabe-Preßverbindungen K32
Welle-Nabe-Verbindungen K32
Wellenanpassung G37
Wellenausbreitung B187
– in einem Leiter G56
Welleneigenschaften B27
– der Röntgenstrahlung B230
Wellenfeld G55
Wellenfläche B188, B225
Wellenfront B188
Wellenfunktion B151, B236, G58 siehe auch Zustandsfunktion
Wellengleichung A94, B187, B199, B236, E52, G55
–, dreidimensionale B188
–, eindimensionale B188
– für elektromagnetische Wellen B197
– für Leitungswellen B199
– longitudinaler Wellen im Festkörper B192
–, Produktansatz A94
–, Separation A94
Wellengruppe B187, B190, B191
Wellenlänge B187, E53, G37
– von Elektronen B238
Wellenleiter G92
Wellenmechanik B27, B237
Wellennormale G58
Wellenpaket B171, B190, B207, B234
–, Ort und Impuls B234
Wellentheorie, skalare B226
Wellenwiderstand G37
– der Doppelleitung B200
Wellenwiderstand (Strömung) E159
Wellenzahl B187, B190
Wellenzüge B35
Weltorganisation für geistiges Eigentum (WIPO) N9
Weltsystem, geozentrisches B93
–, heliozentrisches B93
Wendepole G62
Wendepunkt A45
Wendetangenten- und Zeitprozentkennwerte-Verfahren I71
Wendetangentenkonstruktion I72
Werbung O8
Werknormen K55
Werksbescheinigung D81
Werksprüfzeugnis D81
Werkstoffanalytik D70
Werkstoffe, Aufbau D2
Werkstoffe der Elektrotechnik D58
Werkstoffeigenschaften, Alterung D63
–, biologische Materialschädigung D64–D66
–, Bruchmechanik D49–D50
–, Bruchvorgänge D61–D63
–, Dichte D40–D41
–, Elastizität D42–D44
–, elektrische Eigenschaften D56, D58, D59
–, Ermüdung D48
–, Festigkeit D44–D46, D50–D51
–, Korrosion D63–D64
–, Kriechen D47–D48
–, magnetische Eigenschaften D58–D60
–, mechanische Eigenschaften D41–D51
–, optische Eigenschaften D60
–, Reibung D66–D67
–, Schmelztemperatur D53–D55
–, Sicherheitsbeiwerte D55–D57
–, thermische Ausdehnung D52–D54
–, thermische Eigenschaften D51–D55
–, tribiologisches Verhalten D66–D69
–, Verformung D44–D46
–, Verschleiß D67–D69
–, Viskoelastizität D42–D44
–, Wärmeleitfähigkeit D51–D52
–, Wechselfestigkeit D48–D49
–, Zeitstandverhalten D47–D48
Werkstoffgebiet, Gliederung D2
Werkstoffgruppen, Klassifikation D6
Werkstoffkennwerte, Bruchzähigkeit D49
–, Dichte D41
–, Elastizitätsmodul D44
–, Schmelztemperatur D54
–, Sicherheitsbeiwerte D56
–, spezifischer Widerstand D58
–, thermischer Ausdehnungskoeffizient D54
–, Wärmeleitfähigkeit D51
–, Zugfestigkeit D46
Werkstofftechnologien D1
Werkszeugnis D81
Werkvertrag M4
Werkzeuge der Softwaretechnik J100
Werkzeugstähle D13
Wertanalyse K57
Wertebereich A40, A50, A67
Wertemenge A50
Wertigkeit E21, K29
westeuropäische Normung, DIN-EN-Normen L4
Wetterbeständigkeit D79
Wettläufe I81
Wheatstone-Brücke, Abgleichverfahren H49
While J93
White-box-Test J104
Wicklungsverluste G7, G8, G20, G25
Wicklungswiderstände G24

Wideroe B107
Widerspruch M9
Widerstand (elektrischer) B137, E158, G8, G21, G22, G44
– von Halbleitern B162
–, innerer G3, G13
–, komplexer G9
–, ohmscher G3, G7
–, spezifischer B137, B156, B162, G4, G5
–, Temperaturabhängigkeit B138, G4
Widerstand (magnetischer) G48
Widerstand (Strömungs-) E158
–, induzierter E159
siehe auch Strömungswiderstand
Widerstandsbeiwerte E148
Widerstandsbelag G36
Widerstandserwärmung G66
Widerstandsform, Vierpolgleichungen G18
Widerstandskraft B91
Widerstandslegierungen B157
Widerstandsmatrix G18
Widerstandsmessung, direktanzeigende H46
Widerstandsnormal B165
Widerstandsparameter G18
Widerstandsreduzierung E150
Widerstandssatz von Oswatitsch E159
Widerstandsthermometer B56, H35
–, Germanium- B56
–, Kohle- B56
–, Platin- H35
Widerstandswandler G123
Wiedemann B156
Wiedemann-Franzsches Gesetz B156, D52
Wiedereinsetzung in den vorigen Stand M3, N6
Wiederholungssymbol J91
Wiederverwendung K1
Wiederverwertung K1
Wiensche Strahlungsformel B206
Wiensches Verschiebungsgesetz B206, H38
Winchester-Plattenspeicher J59
Windenergieanlage E140
Windschattenproblem E150
Windungszahlverhältnis G24
Winkelaufnehmer H23, H45
Winkelbeschleunigung B7, B25, B52, E7, E10, E11
Winkelgeschwindigkeit B7, B26 B49, B52, B97, E2, E5, E6, E10, E11, F2
–, absolute E33
– der Erde B12
Winkelgeschwindigkeiten, kritische des Rotors E37
Winkelgeschwindigkeitsplan E6, E7
Winkellage E3, E4, E5
Winkelrichtgröße B25, B26
Winkelvektoren E5
Winkelverteilung B148
Winkler-Bettung E103
Winteröle D36
Wirbel B89, B90, E124
Wirbelachse B89
Wirbelfeld G38
wirbelfreies Feld G39
Wirbelintensität B89, B90
Wirbelpunkt A82
Wirbelringe B90
Wirbelstromaufnehmer H21
Wirbelstrombremsung B14, B133
Wirbelströme B133, B141, G56
Wirbelstromtachometer B133, H24
Wirbelstromverfahren D78
Wirbelstromverluste B141, G8, G26
Wirbelstromwelle G56
Wirkdruckverfahren H14
Wirkleistung B140, B142, G22–G24, G60, G65, G117, H63
Wirkleistungsmessung G30
Wirkleitwert G9
Wirkstruktur K12
Wirkung B19
Wirkungsgrad B72, B73, G22, G24, G35, G68
–, Arbeitswirkungsgrad G59
–, Carnotscher F15
– einer elektrischen Heizung B75
–, exergetischer F17
–, größtmöglicher B76
– der Kältemaschine B75
–, Leistungswirkungsgrad G59
–, thermischer F15
–, Verlustleistung G66
– der Wärmekraftmaschine B75
– der Wärmepumpe B75
Wirkungslinie E11, E13
Wirkungsquerschnitt, gaskinetischer B79
Wirkungsrichtung I1
Wirkwiderstand B142, G9
Wirkzusammenhang
–, geometrische Merkmale K11
–, physikalische, chemische und biologische Effekte K10
–, stoffliche Merkmale K11
–, Wirkbewegungen K11
–, Wirkgeometrie K11
–, Wirkprinzipien K10
–, Wirkstruktur K10
–, wirkstrukturelle Merkmale K10
wirtschaftliche Wertigkeit K29
Wirtschaftlichkeit O1
Wirtschaftlichkeitskontrolle O15
Wirtschaftsausschuß O6
Wirtschaftsrecht M6
Wirtschaftswissenschaft O1
Wismut siehe Bismut
Wöhler-Kurve D48
Wohnungsmiete M5
Wölbbehinderung E79, E87
Wölbwiderstand E71, E73, E79, E87
Wolle D26
working set J72
Wort J38
Wortlänge H68
Write J87, J93
Write-through-Verfahren J57
WriteInt J93
WriteString J93
Wronski-Determinante A84
Wronski-Matrix A84, A86
W-Transformation I61
Wulstkupplung K38
Wurf, schräger B6
–, senkrechter B6
Wurfparabel B49
Wurfweite B7
Wurzel (Knoten) J83
Wurzeln A4, A6
Wurzelortskurven, Regeln zur Konstruktion I33
Wurzelortskurvenverfahren I32

Xenon C11, C19, C64
Xenondifluorid C64
Xenondioxid C64
Xenonhexafluorid C64
Xenonoxid C64
Xenontetrafluorid C64
Xenontrioxid C64
x,y-Betrieb H66
Xylol C71

y,t-Betrieb H65

zäher Bruch D61
Zähigkeit B82
Zahlen, algebraische A4
–, ganze A4
–, komplexe A5
–, natürliche A4
–, rationale A4
–, reelle A4
–, stöchiometrische C25, C26, C35
–, transzendente A4
Zahlenfolge I56
Zähler G133, J24
Zählflipflop G131
Zählpfeile G2, G9, G14
–, symmetrische G24
Zählrohr B168
Zählschleife J93
Zahlungserleichterungen N6
Zahlungsunfähigkeit O3
Zähnezahl K44
Zahnkette K45
Zahnkupplungen K37
Zahnnormalkraft K44
Zahnradpumpe K49
Zahnriemen K46
Zahnriemengetriebe K46
Z-Diode G31, G35, G107
z-Ebene I60
Zeichenkette (charakter string) J38
Zeichenautomat (Plotter) J63
Zeichnungen N9, N10
Zeiger A5, A67, G8, J80
–, Länge A5

Zeigerdiagramm G8
Zeilentausch A102
Zeitablenkgenerator H65
Zeitauflösung H71
Zeitbereich I13
Zeitbruchlinie D48
Zeitdehnlinie D48
Zeitdilatation B10
Zeitfestigkeit D48
Zeitfunktion, komplexe G7
Zeitgesetz 1. Ordnung C36
– 2. Ordnung C37
Zeitglieder I78
Zeitkomplexität J78
Zeitkonstante G130, H3, H5, I19
zeitlicher Verlauf von Beanspruchungen D39
Zeitlohn O12
Zeitmessung B25
–, digitale H70, H71
Zeitmultiplexverfahren G90
zeitoptimaler Vorgang I52
Zeitprozentkennwert I71
Zeitrang, Anmeldetag N4
Zeitstandbeanspruchung D39
Zeitstandriß D63
Zeitstandverhalten D47
Zeitstandversuch D47
–, Normen D75
Zeitverhalten H3, I4
Zellen, elektrochemische C31, C52
–, galvanische C54
Zement D23
–, Weltproduktion D2
Zemente D23
Zementit D9
Zenerdioden G140
Zentralfeld B96
Zentralkraft B93, B99, E34
Zentralkraftfeld A66
Zentrifugalbeschleunigung B11
Zentrifugalkraft B16, B17, E31
Zentripetalbeschleunigung B7, B11, B16
Zentripetalkraft B16, B93
Zentrumsmannigfaltigkeit E45
Zeolithe C59
Zerfallsgesetz B178, B180
Zerfallskonstante B180
Zerfallswahrscheinlichkeit B178
Zerlegung von Kräften E12
Zero-Bit J11
Zerrüttung D78
Zersetzung, spinodale C32
Zersetzungstemperatur B70
Zerstrahlung B184
Zerstreuungslinse B221
Zielfunktion A100
–, lineare A100
Zielsystem O2
Zierkeramik D20
Zink C3, D17
–, Normen D14
Zinkblende C63, D8
Zinkblende-Gitter C24
Zinkchlorid C3
Zinn C58, C59, C60, D17, G5
–, Normen D14
Zinnpest C60
Zirkulation A65, A66, B89, B90, E127
Zirkulationsströmung B89
zonale Lösungsverfahren E175
zoologische Prüfungen D81
z-Transformation A80, I58
–, approximierte I60
–, Rücktransformation A81
z-Transformierte I58
z-Übertragungsfunktion I59
–, approximierte I60
Zufallsereignisse A125
Zufallsexperiment A125
Zufallsgrößen, diskrete A129
–, stetige A129
–, stochastisch unabhängige A131
–, unkorrelierte A131
Zufallsvariable A128
Zug D38
Zugfestigkeit D45
– von Werkstoffen D46
zügige Beanspruchung, Normen D75
Zugspannung B191, D38
Zugstabelement E106, E108
Zugversuch D45
–, Normen D75
Zündspannung B167
Zündtemperatur D56
Zusammenfassung N9
Zusatzenthalpie, freie, molare F30
–, freie, molare, nach UNIQUAC F32
–, molare F30
Zusatzentropie, molare F30
Zusatzgrößen, molare F30
Zusatzvolumen, molares F30
Zustände, kritische F9
–,–, binärer Systeme F41
–, stationäre C6
Zustand, instabiler F8
–, metastabiler F8
–, stabiler F8
–, supraflüssiger C64
Zustandsänderung, adiabatische B72
–, isochore B72, B78
–, isotherme B72, B78
Zustandsänderungen bei idealen Gasen B71
Zustandsänderungen, irreversible B71
–, reversible B71
Zustandsbereiche thermoplastischer Polymerwerkstoffe D30
Zustandsdiagramm, Eisen-Kohlenstoff- D9
Zustandsdiagramme D3
Zustandsdichte B155, B170
– im Leitungsband B162
– im Valenzband B162
Zustandsfunktion C7, C8
Zustandsgleichung E120, I65
– idealer Gase B72, C5, C16
–, kalorische, idealer Gase F18
–, realer Gase B61
– von Redlich-Kwong-Soave F24
–– für Gemische F28
–, thermische F3
–,–, idealer Gase F18
–,–, idealer Gasgemische F25
–,–, inkompressibler Fluide F22
–,–, realer Fluide F22
Zustandsgraph I82, J26
Zustandsgrößen B57, B71, F1, I11, J43
–, extensive F3, F4
–, intensive F3, F4
–, molare F4
–, partielle molare F4
–, reduzierte F22
–, spezifische F4
Zustandsgrößenregelung I68
Zustandskurve I12, I51
Zustandspunkt I12
Zustandsraumdarstellung I15, I65
–, Eingrößensysteme I11
–, Mehrgrößensysteme I12
–, Normalformen für Eingrößensysteme I65
Zustandsschaubild keramischer Stoffe D21
Zustandsvektor E110, I11, I12
–, erweiterter E110
Zuverlässigkeit D1
Zuweisung J92
Zwangskräfte E17, E19, E21, E39
– der Bewegung E30
Zwangsvollstreckung M3
Zwei-Bit-Kompensator G128
Zwei-Leistungsmesser-Methode G30
Zweidrittel-Mehrheit G127, G128
Zweiortskurvenverfahren I51
Zweiphasengebiet B61, B63
Zweiphasentakt J19
Zweipol G2, G3, G13, G22
–, aktiver linearer G13
Zweipolersatzschaltung G25, G26
Zweipunktregler I49
Zweipunktverhalten I49
Zweistrahl-Elektroneninterferenzen B238
Zweistrahlinterferenz B228
Zweiteilchensysteme B42
Zweitore G17
Zwischengitteratome D4
Zwischenlager E21
Zwischenreaktionen E21
Zwischenspeicherung G131
Zwischenstoff D67
Zwischenzustand B159
zyklisch permutierter Code G129
zyklische Codes J41
Zykloiden A37–A39
–, Astroide A38
–, Epizykloide A38, A39
–, gewöhnliche A38
–, Herzkurve A38
–, Hypozykloide A37–139
–, Kardiode A38
–, Sternkurve A38

–, verkürzte A38
–, verlängerte A37, A38
Zyklotron V121
Zyklotronfrequenz B121
Zyklotronresonanz B121
Zylinder, gerader Kreis- A26
–, rotierende E135
–, schräg abgeschnittener Kreis- A26
Zylinderkondensator G41
Zylinderkoordinaten A17, A56, A64, E1, E2
–, Delta-Operator A64
–, Divergenz A64
–, Gradient A64
–, Laplace-Operator A64
–, Linienelemente A64
–, Rotation A64
–, Volumenelement A64
Zylinderspule B134
Zylinderumströmung E129
Zylinderwelle B188, G58

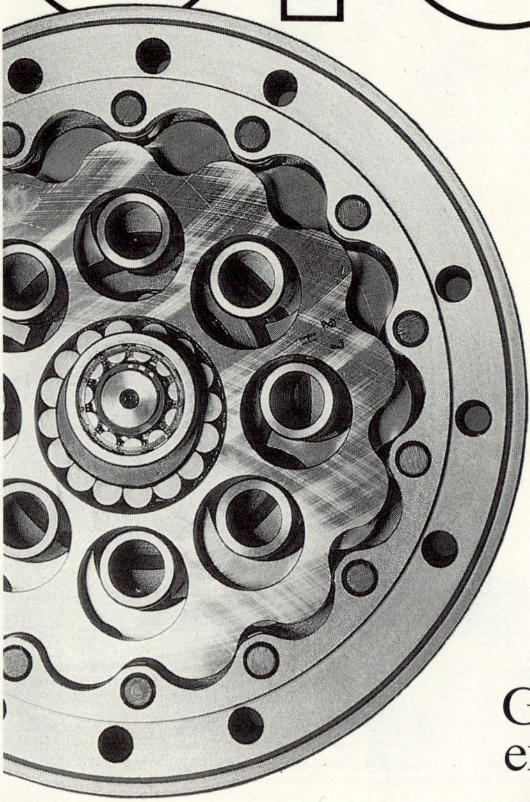